Michel FLEUTRY

DICTIONNAIRE

ENCYCLOPÉDIQUE

D' ÉLECTRONIQUE

ANGLAIS - / - FRANÇAIS

LA MAISON DU DICTIONNAIRE

Michel FLEUTRY

DICTIONNAIRE

ENCYCLOPÉDIQUE

D'ÉLECTRONIQUE

ANGLAIS - / - FRANÇAIS

LA MAISON DU DICTIONNAIRE

98, Boulevard du Montparnasse 75014 PARIS

TEL : (1) 43.22.12.93 - TELEX : 203097 M. DICO - FAX : (1) 43.22.01.77

© LA MAISON DU DICTIONNAIRE

PARIS 1991
Dépôt légal 3ème trimestre 1991
ISBN : 2-85608-043-X
Code livre : 3-74-55-131
Imprimé en France

PREFACE

Oeuvrant dans l'aérospatial, puis l'électronique depuis nombre d'années, j'ai voulu rassembler mes connaissances en électronique, tout en les complétant, pour les avoir "sous la main" et pouvoir les mettre à la disposition de la communauté mondiale intéressée.

Cette intention partiellement didactique m'a conduit à donner des définitions **accessibles au plus grand nombre** sans pour autant renoncer à la rigueur scientifique qu'un tel domaine implique.

Je me suis en outre efforcé d'éviter les duplications plus ou moins complètes de définitions en ne donnant le cas échéant qu'une définition très générale d'un terme, chaque ensemble ou terme important couvert par celui-ci étant défini plus en détail à sa place, et ainsi de suite.

Voulant donner à mon ouvrage une véritable valeur encyclopédique, j'ai imaginé un système élaboré de renvois qui permet, par étapes successives, de "faire le tour de la question".

La lecture régulière et l'analyse de revues américaines spécialisées m'ont permis de donner un grand nombre d'informations sur un sujet d'actualité brûlante : l'électronique militaire.

L'informatique, qui n'est qu'une application de l'électronique, n'est pas oubliée malgré qu'il ne s'agisse pas d'un dictionnaire d'informatique. On comprendra dès lors que l'ouvrage couvre principalement l'aspect "matériel" de ce domaine, ainsi que la logique.

S'agissant d'un premier essai, le présent dictionnaire ne peut être parfait, ni complet. Il est néanmoins, et de loin, sans équivalent au monde.

Michel FLEUTRY

PREFACE

After many years of involvement in aerospace and then electronics, I decided to concentrate all the knowledge I had acquired on electronics, and to add to that knowledge, to create a handy reference tool which could be of service to anyone in the world with a personal or professional interest in this field.

Definitions are given with a view to making the content of this publication accessible to as many users as possible without losing any of the scientific rigor required by such a specialist subject.

Further, I have tried to avoid duplicating definitions. Where the definitions of several entries overlap, I have defined each entry in very general terms. Each important word or concept used is then defined in greater detail in the relevant place.

As this is an «encyclopedic» dictionary, it uses an elaborate cross-reference system so that the user can cover all aspects of a particular question in successive steps.

Regular reading and analysis of specialized American publications has enabled me to provide a significant amount of information on defense electronics, which is a particularly topical issue today.

Information technology — just one of the many applications of electronics — has not been overlooked, although this is not intended to be a specialized computer dictionary. The IT entries in this publication mainly involve hardware, but the underlying logic is also covered to some extent.

This first edition does not claim to be exhaustive, perfect or definitive. It is, however, the only publication of its kind in the world.

Michel FLEUTRY

Abréviations

a	adjectif
accu	accumulateur électrique
acou	acoustique
adv	adverbe
alim	alimentation
alim. déc	alimentation à découpage
ampli	amplificateur
app. mesure	appareil de mesure
avia	aviation
BF	basse fréquence
c-à-d.	c'est-à-dire
cfa.	voir aussi
CH	circuits intégrés hybrides
CI	circuits intégrés
clpf	cas le plus fréquent
CP	circuits imprimés
écran cath	écran cathodique
élec	électricité
élt	électrotechnique
enr	enregistrement
enr. disque	enregistrement sur disque
enr. mag	enregistrement magnétique
enr. numérique	enregistrement numérique
espace	technique spatiale
f	féminin
fab. CI	fabrication des circuits intégrés
fab. semi	fabrication des composants à semiconducteur
faisceau hz	faisceau hertzien
fam	familier
GB	terme anglais
hifi	haute fidélité
hyper	hyperfréquences
inf	informatique
m	masculin
mar	marine
mar. mil	marine militaire
math	mathématiques
micro	microphone
mil	militaire
opto	optoélectronique
oscillo	oscilloscope
parf.	parfois
préampli	préamplificateur
propa	propagation des ondes
piézo	piézoélectricité
radio	radioélectricité
radiocom	radiocommunications
radiodif	radiodiffusion sonore et/ou visuelle
radionav	radionavigation
radiotél	radiotéléphonie
radiotlg	radiotélégraphie
s	substantif
sf	substantif féminin
sm	substantif masculin
sdpo	se dit par opposition
semi	semiconducteur
super	récepteur superhétérodyne
TEC	transistor à effet de champ
tél	téléphonie
tél. auto.	téléphonie automatique
télinf	téléinfomatique
tg	terme générique
tlg	télégraphie
tls	télécommunications
trans. données	transmission de données
tube	tube électronique
tube cath	tube cathodique
TV	télévision
TVC	télévision en couleurs
V	verbe ou forme verbale

Organisation du dictionnaire

1°) l'ordre des mots anglais est l'ordre alphabétique du premier mot, c'est-à-dire que les mots composés ayant un trait d'union et les termes formés de plusieurs mots sont classés d'après le premier mot, puis le deuxième éventuellement, et ainsi de suite;

2°) les abréviations sont incorporées au corps du dictionnaire et renvoient généralement au terme en toutes lettres, sauf pour des abréviations consacrées par l'usage telle que TTL, ECL, etc.;

3°) lorsque deux ou plusieurs entrées anglaises, en caractères gras, sont affectées chacune d'un petit chiffre en caractère romain placé en exposant, cela signifie que, par exemple, le premier est un substantif, le deuxième un adjectif, le troisième un verbe, etc., ces catégories grammaticales étant indiquées, ou bien qu'il s'agit de mots d'une même catégorie mais d'acceptions tellement différentes qu'ils ne peuvent être classés dans la même rubrique;

4°) dans une rubrique comportant deux ou plusieurs chiffres en caractères gras suivis d'une parenthèse en gras, chaque chiffre correspond à une acception différente du terme anglais ;

5°) toutes les définitions et les informations complémentaires telles que les explications et les indications de domaine (inf, mil, avia, etc.) sont en italique ;

6°) lorsqu'un équivalent français a deux ou plusieurs acceptions, les définitions correspondantes, en italique, sont précédées chacune d'une lettre entre parenthèses (a), (b), (c), etc., en caractères romains;

7°) lorsqu'une même acception couvre plusieurs sous-acceptions, les définitions de celles-ci sont précédées de (a1), (a2), (a3), etc., éventuellement (b1), (b2), (b3), etc., également en caractères romains;

8°) lorsque sous-acception couvre plusieurs "sous-sous-acceptions", les définitions de celles-ci sont précédées de (a1a), (a1b), (a1c), etc., éventuellement (b1a), (b1b), (b1c), etc., également en caractères romains;

9°) tous les renvois "normaux" sont en caractères romains précédés de "(cf. aussi", en italique, réduit parfois à "(cfa.", également en italique, pour gagner une ligne;

10°) les termes des renvois sont séparés par une virgule, sauf les deux derniers, qui sont séparés par "et", en italique, sauf coquille non corrigée ou pour gagner une ligne;

11°) dans le cas général, les renvois renvoient d'abord aux sous-catégories, puis à la catégorie supérieure éventuelle ou à un terme apparenté, puis aux termes importants, particuliers ou intéressants de la définition;

12°) lorsqu'un terme anglais a plusieurs acceptions ayant un ou des renvois communs, ceux-ci sont généralement placés immédiatement après le terme anglais, et les acceptions peuvent avoir des renvois supplémentaires distincts;

13°) les renvois "spéciaux", c'est-à-dire les renvois à des termes étroitement associés à une définition, sont précédés de "(voir aussi", en italique.

Organization of the Dictionary

1. English entries are listed alphabetically by the first word. Compound or hyphenated terms and terms consisting of several words therefore will be found by looking for the first word, then the second word if necessary, and so on.

2. Abbreviations are incorporated into the body of the dictionary and generally refer the user to the full term, except in the case of abbreviations which have become terms in themselves, such as TTL, ECL, etc.

3. When two or more English entries (in bold face) are marked by a small roman figure (in superscript) this indicates that, for example, the first term is a noun, the second an adjective, the third a verb, etc. (grammatical categories are indicated). This notation could also signify that these terms belong to the same category but have such different meanings that they cannot be listed under the same heading.

4. Under one heading comprising two or more figures in bold face followed by a bold face parenthesis, each figure indicates a different meaning of the English term.

5. All definitions and complementary information, such as explanations and indication of the subject field (inf., mil., avia., etc.) are written in italics.

6. If a French term has two or more meanings, the corresponding definitions, in italics, are each preceded by a letter in parentheses (a), (b), (c), etc., in roman.

7. When one meaning covers several «sub-meanings», their definitions are preceded by (a1), (a2), (a3), etc., and if applicable, (b1), (b2), (b3), etc., also in roman characters.

8. When one sub-meaning covers several « sub-submeanings », their definitions are preceded by (a1a), (a1b), (a1c), etc., and if applicable, (b1a), (b1b), (b1c), etc., also in roman characters.

9. All «normal» cross-references are written in roman characters preceded by «(cf. aussi» in italics, sometimes contracted to «(cfa.», also in italics, to gain space.

10. Terms cross-referenced are separated by a coma, and the last two listed are separated by «et», in italics, except for printing errors or to gain space.

11. In general, cross-references refer first to sub-categories, then, if applicable, to the broader category, or to a related term, then to important, specific or pertinent terms contained in the definition.

12. When an English term has several meanings which share one or more cross-references, these are generally placed immediately after the English term, and may also include further, different cross-references.

13. «Special» cross-references, i.e., which refer to terms closely related to a definition, are preceded by «(voir aussi)» in italics.

A *cf.* ampere.

a.c. *cf.* alternating current.

a.c. ... *cf.* ac ...

a-c *cf.* alternating current.

a-c ... *cf.* ac ...

A channel voie gauche *(hifi) (cf. aussi* left channel).

a-d ... *cf.* analog-to-digital ...

a/d ... *cf.* analog-to-digital ...

A/D ... *cf.* analog-to-digital ...

A display présentation du type A *(présentation des informations sur l'écran d'un radar dans laquelle la distance de la cible est proportionnelle à la distance entre l'écho et l'impulsion origine sur la base de temps) (cf. aussi* K display, M display, radar data (a), radar scope *et* time base (a)).

A-law loi A *(loi européenne de compression de la parole) (est la plus employée, sa courbe représentative étant en fait une ligne brisée formée de huit segments approximant une fonction logarithmique) (tél, etc.) (cf. aussi* speech compression law).

A/m *cf.* ampere per meter.

A-N radio range radiophare équisignal, balise équisignal *(radiophare émettant un A et un N en Morse de part et d'autre de quatre axes de balisage à 90⁰ formant quatre quadrants : deux quadrants A opposés par le sommet et deux quadrants N opposés par le sommet) (lorsqu'un avion se dirige vers le radiophare en suivant un des axes de balisage, les signaux A et N entendus par le pilote dans son casque étant complémentaires, ils se fondent en un son continu indiquant au pilote qu'il est bien sur l'axe) (dans le cas contraire, l'un des deux signaux prédomine selon le quadrant dans lequel se trouve l'avion, et ce proportionnellement à sa distance de l'axe) (radionav) (cf. aussi* A quadrant, N quadrant, Morse code *et* radio range).

A-N range *cf.* A-N radio range.

A quadrant quadrant A *(un des deux quadrants dans lesquels est entendu le signal A d'un radiophare équisignal) (radionav) (cf. aussi* A-N radio range).

A scan *cf.* A display.

A scope 1) écran à présentation du type A *(radar) (cf. aussi* A display). 2) *cf.* waveform monitor.

A signal signal A *(signal Morse A entendu dans les deux quadrants A d'un radiophare équisignal) (radionav) (cf. aussi* A-N radio range *(plus haut)*).

A station station A, station pilote (du système Loran) *(radionav) (cf. aussi* Loran pair).

a-to-d ... *cf.* analog-to-digital ...

A-to-D ... *cf.* analog-to-digital ...

A wind enroulement A, sens A *(enroulement d'une bande magnétique sur une bobine de telle façon que la couche magnétique soit tournée vers l'intérieur de la bobine, donc non apparente) (est employé notamment sur la plupart des magnétophones à bobines et des magnétoscopes) (cf. aussi* wind).

AAA radar *cf.* anti-aircraft-artillery radar.

abbreviated dialling numérotation abrégée *(obtention d'une communication téléphonique ou télégraphique à l'aide d'un numéro à un ou deux chiffres ou d'une ou plusieurs lettres déclenchant la composition d'un numéro d'appel ordinaire mis en mémoire dans l'appareil, celui-ci étant un poste téléphonique à fréquences vocales ou un téléimprimeur électronique) (tls) (cf. aussi* dialling *et* touch-tone telephone set).

ABC 1) *cf.* automatic bass compensation. 2) *cf.* automatic brightness control.

abnormal glow discharge décharge luminescente anomale *(ou* anormale) *(le premier terme est le plus employé),* décharge anomale *(idem) (la forme abrégée est la plus employée) (régime de décharge précédant le régime d'arc dans un tube à décharge et caractérisé par le fait que la surface entière de la cathode participe à la décharge en se pulvérisant) (cf. aussi* discharge tube).

abnormal propagation propagation anormale *(propagation d'une onde radioélectrique dans l'atmosphère dans des conditions telles que la portée de l'émetteur est nettement différente de la portée normale, ou l'amplitude de l'onde reçue en un point déterminé présente des fluctuations importantes) (cf. aussi* multipath propagation, sporadic-E propagation, fading *et* radio wave propagation).

abnormal reflection réflexion sporadique *(propa) (cf. aussi* sporadic-E reflection).

abort[1] *s (en informatique)* arrêt non programmé, *(parf. aussi)* suspension d'exécution (du programme) *(arrêt de l'exécution d'un programme d'ordinateur suite à un incident de traitement) (inf) (cf. aussi* computer program).

abort[2] *v* suspendre l'exécution du programme *(cf. aussi* abort[1]).

about center screen à peu près au centre de l'écran *(oscillo, etc.).*

above earth *(GB) cf.* above ground.

above ground par rapport à la masse *(parf.* à la terre) *(tension) (cf. aussi* ground[1] *et* voltage).

abreast connection montage en parallèle *(éléments de circuit) (cf. aussi* parallel arrangement).

abrupt junction jonction abrupte *(jonction PN dans laquelle le gradient de concentration d'impuretés dans la zone de transition est très grand et, par conséquent, l'épaisseur de cette zone est très petite) (la faible épaisseur de la jonction réduit la charge accumulée dans celle-ci pendant le passage du courant direct et, par conséquent, le temps de recouvrement inverse) (cf. aussi* p-n junction, impurity concentration, gradient, forward current *et* reverse recovery time).

abscissa axis axe des abscisses *(système de coordonnées rectangulaires) (cf. aussi* X axis).

absolute address adresse absolue *(adresse effective d'une position de mémoire) (inf) (cf. aussi* address[1]).

absolute addressing adressage absolu *(inf) (cf. aussi* direct addressing).

absolute amplitude measurement   mesure absolue d'amplitude *(cf. aussi* absolute measurement *et* amplitude*)*.

absolute code   adresse absolue en langage machine *(inf) (cf. aussi* absolute address *et* machine language*)*.

absolute measurement   mesure absolue *(mesure exprimée en unités absolues) (clpf) (cf. aussi* absolute unit *et* measurement*)*.

absolute permeability   perméabilité magnétique absolue *(cf. aussi* permeability of free space*)*.

absolute permittivity   permittivité absolue *(cf. aussi* permittivity of free space*)*.

absolute unit   unité absolue, unité de mesure absolue *(unité de mesure définie en termes d'une grandeur physique : longueur, masse, temps, charge électrique) (clpf) (cf. aussi* unit 1))*.

absorbent   *cf.* absorbing material.

absorber   *cf.* absorbing material.

absorber material   *cf.* absorbing material.

absorbing material   matière absorbante, *(parf. aussi)* matériau absorbant *(matière absorbant une fraction relativement grande de l'énergie d'une onde acoustique ou électromagnétique incidente, ce qui réduit proportionnellement l'énergie réfléchie) (propa) (cf. aussi* anechoic room, sound absorbing material, sonar absorbing material, radar absorbing material, absorption, energy, wave, reflection (a) *et* material*)*.

absorbing medium   milieu absorbant *(nom parfois donné à un milieu matériel pour rappeler qu'il absorbe une partie de l'énergie d'une onde acoustique ou électromagnétique qui s'y propage) (cf. aussi* material medium, energy *et* wave*)*.

absorbing paint   peinture absorbante, peinture antiradar *(peinture absorbant une grande partie de l'énergie des signaux d'un radar qui atteignent la surface qu'elle recouvre) (mil, etc.) (cf. aussi* radar absorbing material*)*.

absorbing wedge   coin absorbant *(élément en forme de pyramide à base carrée généralement pointue ou de coin relativement effilé en mousse plastique chargée ou en fibres collées utilisé en grand nombre dans une chambre anéchoïde) (les éléments en forme de coin ne sont généralement utilisés qu'en acoustique) (cf. aussi* absorption *et* anechoic room*)*.

absorptance   absorptance *(nom parfois donné au coefficient d'absorption, notamment en acoustique) (cf. aussi* absorption coefficient*)*.

absorption   absorption *(dans la théorie de la propagation des ondes, absorption plus ou moins complète d'une onde électromagnétique ou acoustique par un milieu matériel dans lequel celle-ci se propage, c.-à-d. conversion en chaleur d'une partie plus ou moins grande de l'énergie du rayonnement correspondant par le milieu due à l'interaction de l'onde avec les molécules ou les atomes du milieu) (cf. aussi* absorption band, absorption peak, absorption coefficient, propagation, wave, material medium, energy, radiation *et* molecule*)*.

absorption band   bande d'absorption *(bande de fréquences dans laquelle l'absorption d'une onde électromagnétique ou acoustique par le milieu traversé est maximale) (propa) (cf. aussi* absorption peak, absorption *et* frequency band*)*.

absorption capacity   *cf.* absorptive power.

absorption circuit   circuit absorbant *(nom parfois donné à un circuit oscillant série pour rappeler qu'il permet l'absorption d'énergie aux fréquences à éliminer) (filtre) (cf. aussi* series resonant circuit*)*.

absorption coefficient   coefficient d'absorption *(nombre compris entre zéro et l'unité représentant la fraction de l'énergie d'un rayonnement absorbée par une surface atteinte par celui-ci) (ce terme s'applique notamment à un rayonnement acoustique) (propa) (cf. aussi* Sabine coefficient *et* absorption*)*.

absorption current   *(parf.* intensité du) courant d'absorption *(courant d'intensité infime et décroissante circulant dans le circuit d'un condensateur à diélectrique matériel relié à une source de courant, après sa charge initiale, et dû à l'absorption de charges électriques par le diélectrique ou, parfois, intensité de ce courant) (cf. aussi* capacitor *et* material dielectric*)*.

absorption loss   pertes par absorption *(noter l'emploi quasi-général du pluriel en français) (perte d'énergie d'une onde due à l'absorption par le milieu traversé) (propa) (cf. aussi* absorption *et* loss*)*.

absorption losses   *cf.* absorption loss.

absorption modulation   modulation par absorption *(modulation d'amplitude réalisée par absorption d'une fraction variable de la puissance d'émission sous l'action du signal modulant) (émetteur) (cf. aussi* amplitude modulation *et* PIN diode modulator*)*.

absorption peak   pic d'absorption *(fréquence, ou longueur d'onde correspondante, à laquelle l'absorption d'une onde par le milieu traversé est maximale) (la notion de pic d'absorption étant employée principalement pour une onde optique, sa valeur est généralement indiquée en longueur d'onde plutôt qu'en fréquence) (cf. aussi* absorption *et* wavelength*)*.

absorption-type ...   *cf.* absorption ... *ou* absorptive ...

absorption wavemeter   ondemètre à absorption *(ondemètre utilisant la forte augmentation de l'énergie absorbée par un résonateur électrique à la résonance pour mesurer la fréquence d'un signal à fréquence radioélectrique) (cf. aussi* cavity-resonator wavemeter, grid-dip meter, wavemeter *et* resonator*)*.

absorptive attenuator   atténuateur à absorption *(hyper) (cf. aussi* PIN diode attenuator*)*.

absorptive element   élément absorbant *(hyper) (cf. aussi* dissipative element*)*.

absorptive loss   *cf.* absorption loss.

absorptive losses   *cf.* absorption loss.

absorptive modulator   modulateur à absorption *(modulateur réalisant la modulation par absorption) (cf. aussi* modulator *et* absorption modulation*)*.

absorptive paint   *cf.* absorbing paint.

absorptivity   absorptivité *(faculté d'absorption d'un corps exprimée par le coefficient d'absorption) (cf. aussi* absorption coefficient*)*.

ac   *cf.* alternating current.

AC   1) *cf.* alternating current. 2) *cf.* accumulator (b).

AC ...   *cf.* ac ...

ac adapter   adaptateur secteur *(petite alimentation à courant redressé prévue pour être utilisée avec un appareil à piles en remplacement de celles-ci) (cf. aussi* power supply 2))*.

ac ammeter   ampèremètre pour courant alternatif, ampèremètre à courant alternatif, ampèremètre alternatif *(ampèremètre permettant la mesure de courants alternatifs) (ampèremètre thermique, appareil ferromagnétique gradué en ampèremètre ou ampèremètre à galvanomètre équipé d'un pont redresseur) (cf. aussi* thermal ammeter, moving-iron instrument *et* galvanometer*)*.

ac amplifier   amplificateur de courant alternatif *(nom parfois donné à un amplificateur ordinaire pour le différencier d'un amplificateur à courant continu) (cf. aussi* amplifier*)*.

ac armature relay   relais à armature à courant alternatif, *(parf.)* relais à courant alternatif à armature *(relais à armature conçu pour pouvoir être excité par un courant alternatif ou, exprimé différemment, relais à courant alternatif réalisé sous la forme d'un relais à armature) (est caractérisé par son noyau et généralement par une armature pénétrant un peu dans la bobine et la présence d'une spire de Frager) (cf. aussi* armature relay, ac relay *et* shading ring 2°))*.

ac bias   polarisation par courant alternatif, polarisation alternative *(enr. mag) (cf. aussi* magnetic bias (a))*.

ac biasing   création d'une polarisation magnétique, *(parf.)* emploi *(idem) (cf. aussi* ac bias*)*.

ac bridge   pont à courant alternatif, pont de mesure à courant alternatif *(noms souvent donnés à un pont d'impédance pour rappeler la nature du courant qu'il utilise) (mesure) (cf. aussi* impedance bridge*)*.

ac calibration   1) étalonnage en courant alternatif *(étalonnage d'un appareil de mesure pour courant alternatif) (cf. aussi* calibration 1))*. 2) calibrage en courant alternatif *(calibrage effectué au moyen d'un calibrateur alternatif) (cf. aussi* calibration 2) *et* ac calibrator*)*.

ac calibrator   calibrateur à courant alternatif, calibrateur alternatif *(calibrateur fournissant des tensions alternatives) (cf. aussi* calibrator*)*.

ac capacitor   condensateur pour courant alternatif *(condensateur conçu pour pouvoir supporter une tension alternative relativement grande en service continu) (cf. aussi* capacitor, ac voltage *et* continuous duty*)*.

ac circuit circuit à courant alternatif *(circuit parcouru par un courant alternatif) (cf. aussi* lumped-element circuit, distributed-element circuit, circuit *et* alternating current*)*.

ac component composante alternative *(variation alternée de l'intensité d'un courant continu, notamment à la sortie d'un redresseur ou d'un amplificateur, ou de la tension continue qu'il produit aux bornes d'un élément de circuit) (cf. aussi* ripple*)*.

ac control réglage d'un courant alternatif *(réglage de l'intensité moyenne d'un courant alternatif dans un appareil ou une machine électrique effectué généralement à l'aide d'un ou plusieurs thyristors ou triacs) (cf. aussi* silicon controlled rectifier *et* triac*)*.

ac coupled à liaison en courant alternatif *(cf. aussi* ac coupling*)*.

ac-coupled input entrée à liaison en courant alternatif *(étage, appareil) (cf. aussi* ac coupling*)*.

ac coupling liaison en courant alternatif *(liaison entre étages dans laquelle seule la composante alternative du courant de sortie du premier étage est appliquée au second) (liaison par condensateur ou par transformateur ou, naturellement, par coupleur optique) (cf. aussi* resistance-capacitance coupling, impedance coupling, transformer coupling, optocoupler *et* stage coupling*)*.

ac current *cf.* alternating current.

ac current generation génération de courant alternatif *(cf. aussi* ac current source*)*.

ac current generator *cf.* ac generator.

ac current measurement mesure de courant alternatif *(mesure de l'intensité d'un courant alternatif) (cf. aussi* ac ammeter *et* ac measurement*)*.

ac current probe sonde pour courant alternatif *(sonde de multimètre formant avec celui-ci l'équivalent d'une pince ampèremétrique) (cf. aussi* probe[1] (a), multimeter *et* snap-on ammeter*)*.

ac current source source de courant alternatif, source alternative *(dispositif produisant un courant alternatif) (terme générique couvrant notamment l'alternateur, l'onduleur, l'oscillateur électrique harmonique et, en toute rigueur, l'enroulement secondaire d'un transformateur) (cf. aussi* ac generator, inverter 1), harmonic oscillator, transformer 1) *et* alternating current*)*.

ac dialling sélection par impulsions de courant alternatif *(tél. auto) (cf. aussi* dialling*)*.

ac discharge décharge en courant alternatif *(décharge électrique produite par un courant alternatif) (cf. aussi* electric discharge *et* alternating current*)*.

ac display **1)** affichage par courant alternatif *(affichage par un afficheur à courant alternatif) (voir aussi 2) ci-après).* **2)** afficheur à courant alternatif *(afficheur dans lequel les électrodes à exciter le sont par une tension alternative) (cf. aussi* ac plasma display*)*.

ac display panel panneau afficheur à courant alternatif *(cf. aussi* display panel *et* ac display 2) *)*.

ac dump coupure de courant *(le terme anglais est employé principalement en informatique) (cf. aussi* power failure 1) *)*.

ac effect *cf.* ac Josephson effect.

ac electric ... *cf.* ac ... *(pour les termes qui ne figurent pas ci-après).*

ac electric field *cf.* alternating electric field.

ac electrical ... *cf.* ac ...

ac electromotive force force électromotrice alternative *(force électromotrice dont le sens change périodiquement) (en d'autres termes, force électromotrice dans une source de courant alternatif ou de tension alternative) (cf. aussi* electromotive force, ac current source *et* ac voltage source*)*.

ac emf *cf.* ac electromotive force.

ac EMF *cf.* ac electromotive force.

ac erase *cf.* ac erasing.

ac erase head tête d'effacement à courant alternatif, tête d'effacement ca *(cas général) (cf. aussi* erasing head *et* ac erasing*)*.

ac erasing effacement par courant alternatif *(effacement d'informations enregistrées sur un support d'enregistrement magnétique, notamment sur une bande ou un disque magnétique, par application d'un champ magnétique alternatif créé par un courant à haute fréquence avec diminution progressive de l'intensité du champ au niveau du support pour faire parcourir des cycles d'hystérésis de plus en plus petits aux points aimantés pour les désaimanter) (cas général) (la décroissance de l'intensité du champ magnétique au niveau du support est généralement obtenue en éloignant progressivement celui-ci de la zone d'intensité maximale du champ magnétique) (dans un appareil à bande ou disque magnétique, cet éloignement est produit automatiquement par le défilement du support devant la tête d'effacement) (cf. aussi* bulk eraser, magnetic recording, magnetic field strength, hysteresis loop *et* erasing head*)*.

ac erasing head *cf.* ac erase head.

ac excitation excitation par un courant alternatif, excitation en alternatif *(excitation d'un électro-aimant par un courant alternatif ou, par nature, excitation de l'enroulement primaire d'un transformateur) (cf. aussi* excitation (d) *et* alternating current*)*.

ac failure *cf.* ac power failure.

ac field *cf.* alternating field.

ac gas-discharge ... *cf.* ac plasma ...

ac generation *cf.* ac current generation.

ac generator générateur de courant alternatif, *(souvent)* génératrice de courant alternatif *(le terme anglais désigne presque toujours un alternateur ; le premier terme français a un sens plus large) (cf. aussi* alternator *et* ac current source*)*.

ac induction motor *cf.* induction motor.

ac input entrée en courant alternatif, entrée alternative *(cf. aussi* electrical input *et* alternating current*)*.

ac input current *(parf.* intensité du) courant d'entrée alternatif *(cf. aussi* ac input*)*.

ac input voltage tension d'entrée alternative *(cf. aussi* ac input*)*.

ac interruption *cf.* ac power failure.

ac Josephson effect effet Josephson alternatif, effet alternatif *(apparition d'un courant alternatif à haute fréquence dans une jonction Josephson à laquelle est appliquée une tension continue) (supraconduction) (cf. aussi* Josephson effect*)*.

ac line ligne à courant alternatif *(ligne électrique parcourue par un courant alternatif) (secteur, etc.) (cf. aussi* ac power line*)*.

ac line ... *cf.* power line ...

ac load charge à courant alternatif *(charge alimenté par un courant alternatif) (cf. aussi* load[1] (a) *et* alternating current*)*.

ac machine machine à courant alternatif, machine électrique à courant alternatif *(machine électrique conçue pour produire ou utiliser uniquement un courant alternatif) (est caractérisé par l'emploi d'un circuit magnétique feuilleté) (alternateur, moteur à courant alternatif, transformateur) (cf. aussi* alternator, ac motor, transformer 1), laminated core, alternating current *et* electrical machine*)*.

ac magnetic field *cf.* alternating magnetic field.

ac measurement mesure en courant alternatif, mesure en alternatif *(mesure effectuée sur un courant alternatif ou une tension alternative) (cf. aussi* ac current measurement, ac voltage measurement, alternating current *et* measurement*)*.

ac meter appareil de mesure à courant alternatif, appareil à courant alternatif *(le terme anglais désigne généralement un appareil de mesure électromécanique indicateur conçu pour des mesures en alternatif) (cf. aussi* meter[1] 1) *et* ac measurement*)*.

ac microvoltmeter microvoltmètre pour courant alternatif, microvoltmètre à courant alternatif, microvoltmètre alternatif *(cf. aussi* microvoltmeter *et* ac voltmeter*)*.

ac milliammeter milliampèremètre pour courant alternatif, milliampèremètre à courant alternatif, milliampèremètre alternatif *(cf. aussi* milliammeter *et* ac ammeter*)*.

ac millivoltmeter millivoltmètre pour courant alternatif, millivoltmètre à courant alternatif, millivoltmètre alternatif *(cf. aussi* millivoltmeter *et* ac voltmeter*)*.

ac monitoring mesures en courant alternatif, mesures en alternatif *(le terme anglais désigne des mesures effectuées par une centrale de mesure) (cf. aussi* ac measurement *et* data logger*)*.

ac motor moteur à courant alternatif, moteur électrique à courant alternatif *(moteur électrique conçu pour être alimenté uniquement par un courant alternatif)* (est caractérisé par la nature de son circuit magnétique) *(moteur synchrone, moteur asynchrone, moteur à réluctance variable ou moteur à collecteur uniquement pour courant alternatif, c.-à-d. moteur à répulsion, moteur à répulsion-induction ou moteur triphasé à collecteur) (élt) (cf. aussi* synchronous motor, induction motor, reluctance motor, repulsion motor, repulsion-induction motor, ac machine *et* electric motor).

ac network réseau à courant alternatif, réseau électrique à courant alternatif *(réseau électrique parcouru uniquement par des courants alternatifs) (cf. aussi* network 1), alternating current *et* vector network analysis).

ac noise immunity *cf.* noise immunity.

ac noise margin *cf.* noise immunity.

ac normal-mode ... *cf.* normal-mode ...

ac-operated fonctionnant en courant alternatif *(cf. aussi* ac operation).

ac operation fonctionnement en courant alternatif *(relais, moteur électrique, etc.) (cf. aussi* alternating current).

ac output sortie en courant alternatif, sortie alternative *(cf. aussi* electrical output *et* alternating current).

ac output current *(parf.* intensité du) courant de sortie alternatif *(cf. aussi* ac output).

ac output voltage tension de sortie alternative *(cf. aussi* ac output).

ac panel *cf.* ac display panel.

ac pick-up *(parf.* captation des) parasites du secteur *(cf. aussi* power-line interference).

ac plasma display 1) affichage par plasma en courant alternatif *(voir aussi* 2) ci-après). 2) afficheur à plasma à courant alternatif *(afficheur à plasma dans lequel la tension créant le champ électrique ionisant est une tension alternative) (cf. aussi* plasma display 2)).

ac plasma panel panneau à plasma à courant alternatif *(cf. aussi* plasma panel *et* ac plasma display 2)).

ac power énergie en courant alternatif, *(parf.)* courant du secteur *(énergie mise en jeu sous la forme d'un courant alternatif, celui-ci pouvant notamment être le courant du secteur) (cf. aussi* energy *et* alternating current).

ac power failure coupure de courant *(cf. aussi* power failure 1)).

ac power line ligne de transport d'énergie à courant alternatif, *(parf.)* (le) secteur (à courant alternatif) *(clpf) (cf. aussi* power line).

ac power supply *cf.* ac supply.

ac receiver récepteur à courant alternatif *(récepteur radio ou de télévision conçu pour être alimenté par le secteur, c.-à-d. équipé d'une alimentation à courant redressé) (cf. aussi* power supply 2) *et* power grid).

ac relay relais à courant alternatif *(relais électromagnétique pouvant être excité par un courant alternatif) (est caractérisé par l'emploi d'un circuit magnétique feuilleté) (relais à induction, relais à noyau-plongeur, relais à armature à courant alternatif) (cf. aussi* induction relay, plunger relay, ac armature relay, laminated core *et* electromagnetic relay).

ac resistance résistance en courant alternatif *(cf. aussi* effective resistance).

ac riding on dc voltage tension alternative superposée à une tension continue *(parf.* à la ...) *(tension alternative constituant une composante alternative) (cf. aussi* ac component).

ac ripple *cf.* ripple.

ac servomotor servomoteur à courant alternatif *(autre nom, plus général, d'un moteur asynchrone diphasé) (asser) (cf. aussi* two-phase motor 1)).

ac source source alternative *(source de courant alternatif ou de tension alternative) (cf. aussi* ac current source, ac voltage source *et* source[1] 1)).

ac-supplied alimenté en courant alternatif *(cf. aussi* ac supply).

ac supply alimentation en courant alternatif *(d'un circuit ou autre dispositif ou matériel électrique ou électronique) (cf. aussi* power supply 1) *et* alternating current).

ac switch *cf.* triac.

ac switching commutation de courant alternatif *(parf.* d'un ...) *(cf. aussi* switching 1) (a) *et* alternating current).

ac tachogenerator génératrice tachymétrique à courant alternatif *(asser) (cf. aussi* tachogenerator (b)).

ac tachometer *cf.* ac tachogenerator.

ac thick-film electroluminescent display 1) affichage par électroluminescence en couches épaisses et courant alternatif *(voir aussi* 2) ci-après). 2) afficheur électroluminescent à couches épaisses à courant alternatif *(afficheur électroluminescent à couches épaisses dans lequel la tension créant le champ électrique d'excitation est une tension alternative) (cf. aussi* thick-film electroluminescent display 2) *et* alternating voltage).

ac thin-film electroluminescent display *cf.* thin-film electroluminescent display.

ac-to-dc conversion conversion alternatif/continu, conversion d'alternatif en continu, conversion d'un courant alternatif en courant continu *(noms descriptifs du redressement d'un courant) (cf. aussi* rectification).

ac-to-dc converter convertisseur alternatif/continu *(ou de courant alternatif en courant continu)*, convertisseur ca/cc *(termes génériques couvrant la commutatrice fonctionnant en mode de redressement et l'alimentation à courant redressé) (cf. aussi* dynamotor *et* power supply 2)).

ac voltage *cf.* alternating voltage.

ac voltage measurement mesure de tension alternative *(mesure de la valeur d'une tension alternative) (cf. aussi* ac voltmeter *et* ac measurement).

ac voltage source source de tension alternative *(ce terme désigne en fait souvent une source de courant alternatif) (cf. aussi* voltage source, ac voltage *et* ac current source).

ac voltmeter voltmètre pour courant alternatif, voltmètre à courant alternatif, voltmètre pour tension alternative, voltmètre alternatif *(voltmètre permettant la mesure de tensions alternatives) (galvanomètre équipé d'un redresseur en pont, voltmètre ferromagnétique, voltmètre électrodynamique, voltmètre thermique, voltmètre numérique équipé d'un redresseur en pont) (cf. aussi* galvanometer, bridge rectifier, iron-wave instrument, thermal voltmeter, digital voltmeter, ac voltage *et* voltmeter).

ac volts volts alternatifs *(valeur d'une tension alternative exprimée en volts) (cf. aussi* ac voltage *et* volt).

accelerated life test essai d'endurance accéléré *(essai d'endurance effectué dans des conditions volontairement défavorables pour accélérer l'apparition d'une défaillance) (composant, etc.) (cf. aussi* life test).

accelerating anode *cf.* accelerating electrode *(ce terme étant le plus employé).*

accelerating electrode anode d'accélération, anode accélératrice *(anode de tube électronique ou autre dispositif portée à un potentiel positif élevé par rapport à la cathode pour créer un champ accélérateur pour les électrons émis par celle-ci) (dans le cas fréquent d'un tube cathodique, l'anode d'accélération est la dernière électrode du ou des canons à électrons, souvent prolongée par une couche métallique déposée sur une certaine longueur de la paroi intérieure du tube, et sert à donner aux électrons une vitesse suffisante pour produire l'effet de cathodoluminescence) (cf. aussi* accelerating field, potential, cathode-ray tube *et* cathodoluminescence).

accelerating field champ accélérateur, champ électrique accélérateur *(champ électrique appliqué, généralement dans le vide, à des particules chargées pour leur communiquer une grande vitesse) (en électronique, ces termes désignent souvent un champ électrique accélérant les électrons dans tout ou partie de leur trajectoire dans un tube électronique ou autre dispositif à flux ou faisceau d'électrons) (les électrons étant accélérés par le champ, ils lui empruntent de l'énergie) (dans un tube électronique, ces termes désignent souvent le champ positif créé par l'anode ou l'électrode équivalente mais, dans le cas d'un tube hyperfréquence, ils peuvent aussi désigner le champ électrique créé par le signal dans une zone déterminée de l'espace d'interaction d'un tube à modulation de vitesse pendant une alternance du signal durant laquelle son sens est tel qu'il est accélérateur pour les électrons) (cf. aussi* accelerating anode, electric field, charged particle, anode (b), interaction gap, velocity-modulated tube *et* half-period).

accelerating potential *cf.* accelerating voltage.

accelerating voltage tension d'accélération, tension accélératrice, potentiel d'accélération, potentiel accélérateur *(tension positive élevée appliquée à une anode d'accélération) (cf. aussi* accelerating electrode *et* positive voltage).

acceleration pick-up *cf.* accelerometer.

acceleration space espace d'accélération *(partie d'un dispositif à vide dans laquelle est créé un champ accélérateur) (cf. aussi* acceleration field).

accelerometer accéléromètre, capteur d'accélération *(capteur fournissant un signal électrique dont l'amplitude est proportionnelle à l'accélération qu'il subit) (l'élément sensible d'un accéléromètre est une masse à déplacement rectiligne ou pendulaire) (cf. aussi* velocity meter, distance meter, sensor *et* sensing element).

accelerometer group bloc accélérométrique *(ensemble groupant les accéléromètres d'un système de navigation inertielle) (cf. aussi* accelerometer *et* inertial navigation system).

accentuation préaccentuation *(cf. aussi* pre-emphasis).

accentuator circuit de préaccentuation *(cf. aussi* volume expander).

acceptable quality level niveau de qualité acceptable *(pourcentage acceptable d'échantillons défectueux dans un lot de composants électroniques ou autres matériels soumis à un contrôle de fabrication ou de réception).*

acceptable reliability level niveau de fiabilité acceptable *(pourcentage acceptable d'échantillons défaillants dans un lot de composants électroniques ou autres matériels ayant subi un essai de fiabilité) (cf. aussi* reliability test).

acceptance angle angle d'admission *(valeur maximale admissible de l'angle formé par l'axe d'une fibre optique et la droite joignant le centre de l'extrémité de la fibre à la source de lumière formant émetteur) (cf. aussi* optical fiber *et* numerical aperture).

acceptor *cf.* acceptor atom.

acceptor atom atome accepteur *(atome susceptible d'acquérir un électron dans un cristal semiconducteur, c-à-d. atome d'impureté acceptrice) (cf. aussi* acceptor impurity).

acceptor circuit *cf.* series resonant circuit.

acceptor impurity impureté acceptrice *(ou du type accepteur ou du type P),* impureté P *(impureté donnant le type P à un semiconducteur en augmentant la conduction par trous grâce au fait que le nombre d'électrons de valence de ses atomes est inférieur à ce qu'il faut pour assurer les liaisons avec les atomes voisins du semiconducteur, ce qui crée des trous) (impureté dont les atomes sont trivalents) (cf. aussi* impurity, p-type semiconductor *(au début de la lettre P),* hole conduction, valence electron *et* trivalent atom).

acceptor ion ion accepteur *(nom souvent donné à un atome accepteur ayant acquis un électron) (semi) (cf. aussi* ion (a) *et* acceptor atom).

acceptor level niveau accepteur, niveau d'énergie accepteur *(niveau d'énergie d'un atome de semiconducteur susceptible d'acquérir un électron) (est formé dans la bande interdite, près de la bande de valence, par introduction d'impuretés acceptrices) (cf. aussi* energy level, semiconductor, forbidden band, valence band *et* acceptor impurity).

access arm bras de lecture/écriture *(organe portant une ou plusieurs têtes magnétiques dans une mémoire à disque(s) magnétique(s)) (inf) (cf. aussi* magnetic disk memory).

access control register registre de commande d'accès *(registre d'ordinateur dont le contenu commande l'accès à une mémoire) (cf. aussi* register[1] 1) (a) *et* computer memory).

access speed vitesse d'accès *(inverse du temps d'accès) (cf. aussi* access time).

access time temps d'accès *(temps nécessaire pour accéder à une mémoire ou à une information quelconque) (inf, etc.) (cf. aussi* memory access).

access transistor transistor d'accès *(transistor commandant l'accès à une cellule d'une mémoire à semiconducteur pour y lire ou écrire une information) (CI) (inf) (cf. aussi* transistor, memory cell *et* semiconductor memory).

accidental jamming brouillage involontaire *(radio, radar) (mil) (cf. aussi* jamming).

accidental printing transfert entre spires *(bande mag) (cf. aussi* print-through).

accumulating counter compteur progressif *(cf. aussi* up counter).

accumulating register registre accumulateur, registre de cumul, accumulateur *(registre d'ordinateur où apparaît le résultat cumulé d'une suite d'opérations) (inf) (cf. aussi* register[1] 1) (a) *et* one-address instruction).

accumulator accumulateur *s (a) accumulateur électrique) (cf. aussi* storage cell 1)) ; (b) *registre accumulateur) (cf. aussi* accumulating register).

accumulator register *cf.* accumulating register.

accuracy rating précision nominale *(app. mesure) (cf. aussi* accurate instrument *et* ratings).

accurate instrument instrument précis, *(souvent en électricité et électronique)* appareil précis *(instrument de mesure précis, appareil de mesure précis, générateur de signaux précis, atténuateur précis, etc.) (cf. aussi* precision instrument *et noter que les deux termes ne sont pas toujours synonymes).*

accurate measurement mesure précise *(mesure très proche de la valeur effective de la grandeur mesurée ou, au sens de mesurage, mesure donnant un tel résultat) (en d'autres termes, mesure effectuée à l'aide d'un instrument ou appareil de mesure précis) (cf. aussi* measurement *et* accurate instrument).

accurate range 1) distance exacte *(d'une cible, etc.).* 2) plage de précision, intervalle de mesure précise *(partie de l'échelle d'un appareil de mesure analogique dans laquelle la précision de mesure est maximale) (cf. aussi* upper-scale accuracy *et* analog meter).

acetate base support en acétate *(bande mag, film) (cf. aussi* acetate tape).

acetate tape bande en acétate de cellulose, bande magnétique en acétate de cellulose *(cf. aussi* magnetic tape).

ACF *cf.* autocorrelation function.

achromatic locus lieu achromatique *(zone du blanc de référence sur le diagramme de chromaticité) (TVC, etc.) (cf. aussi* reference white 1) *et* chromaticity diagram).

ACI *cf.* ac current.

ACIA *(vient de « asynchronous communications interface adapter »)* circuit ACIA *(circuit d'interface asynchrone analogue au circuit UART, mais provenant d'un autre fabricant) (CI) (cf. aussi* UART).

ACK *(vient de « aknowledge »)* ACK, accusé de réception (positif) *(caractère de commande de transmission transmis après bonne réception d'un message) (trans. données) (cf. aussi* transmission control character).

aknoledge *v* accuser réception (de) *(cf. aussi* acknowledgment).

aknoledgment accusé de réception (d'un message) *(tls) (cf. aussi* ACK *et* NAK).

aclinic line ligne aclinique *(géomagnétisme) (cf. aussi* magnetic equator).

acorn tube tube-gland *(tube électronique subminiature pour ultra-hautes fréquences dont la forme et les dimensions rappellent celles d'un gland) (cf. aussi* subminiature tube *et* ultra-high frequency).

acoustic absorbing material matériau absorbant acoustique *(cf. aussi* sound-absorbing material, *ce terme étant le plus employé).*

acoustic absorption absorption acoustique *(cf. aussi* sound absorption, *ce terme étant le plus employé).*

acoustic absorption coefficient coefficient d'absorption acoustique *(cf. aussi* sound absorption coefficient, *ce terme étant le plus employé).*

acoustic absorption loss pertes acoustiques par absorption *(noter l'emploi du pluriel) (perte d'énergie d'une onde acoustique subissant une absorption) (cf. aussi* acoustic absorption *et* loss).

acoustic absorption losses *cf.* acoustic absorption loss.

acoustic absorptivity *cf.* acoustic absorption coefficient.

acoustic admittance admittance acoustique *(inverse de l'impédance acoustique, c.-à-d. aptitude d'un milieu à la propagation d'une onde acoustique) (cf. aussi* acoustic impedance).

acoustic ambiance ambiance sonore *(hifi, etc.) (cf. aussi* acoustic environment).

acoustic attenuation constant constante d'atténuation acoustique *(partie réelle, au sens mathématique, de la constante de propagation acoustique) (représente l'atténuation par unité de longueur produite par le milieu de propagation) (cf. aussi* acoustic propagation constant *et* attenuation).

acoustic camouflage camouflage acoustique, camouflage sonar *(noms donnés à l'emploi d'un revêtement absorbant les ondes acoustiques sur la coque d'un sous-marin) (mar. mil) (cf. aussi* sonar absorbing material *et* passive acoustic countermeasures).

acoustic capacitance *cf.* acoustic compliance.

acoustic carrier porteuse acoustique *(porteuse constituée par une onde acoustique) (tls, sonar) (cf. aussi* carrier 1*),* acoustic wave, acoustic communications *et, à titre d'information,* sound carrier).

acoustic channel canal acoustique *(sonar) (cf. aussi* sound channel 3*)).*

acoustic CM *cf.* acoustic countermeasures.

acoustic communications télécommunications acoustiques *(télécommunications faisant appel à une porteuse acoustique pour la transmission des signaux) (ce terme désigne généralement les télécommunications acoustiques sous-marines) (cf. aussi* underwater communications, acoustic carrier *et* communications).

acoustic compliance élasticité acoustique, capacité acoustique, souplesse *(inverse de la rigidité acoustique) (est l'analogue acoustique de la capacité d'un condensateur) (cf. aussi* acoustic stiffness *et* capacitance).

acoustic counter-countermeasure anti-contre-mesure acoustique, anti-contre-mesure sonar *(noms parfois donnés à l'emploi du filoguidage pour le guidage d'une torpille guidée, le choix de ce type de guidage constituant une anti-contre-mesure) (mar. mil) (cf. aussi* wire-guided torpedo).

acoustic countermeasures contre-mesures acoustiques, contre-mesures sonar *(contre-mesures destinées à réduire les risques de détection d'un navire, notamment d'un sous-marin, par un sonar de l'adversaire ou les risques d'atteinte par une torpille guidée) (mar. mil) (cf. aussi* passive acoustic countermeasures, active acoustic countermeasures *et* countermeasures).

acoustic coupler coupleur acoustique *(dispositif associé à un modem à faible vitesse de transmission pour permettre de relier un appareil informatique à une ligne téléphonique en posant le combiné sur un boîtier comportant un microphone et un petit haut-parleur) (le microphone du combiné téléphonique se trouve en face du haut-parleur du coupleur, qui émet les signaux à transmettre, tandis que l'écouteur du combiné se trouve en face du microphone du coupleur, qui reçoit les réponses) (télinf) (cf. aussi* modem *et* transmission speed).

acoustic coupling couplage acoustique *(couplage entre une source d'ondes acoustiques et un corps ou un organe) (ce terme désigne notamment le couplage entre un générateur d'ultrasons et le corps ou l'organe irradié, ce couplage étant alors réalisé par de l'eau lorsque c'est possible, et le couplage réalisé dans un coupleur acoustique) (cf. aussi* coupling 1) (b)*,* acoustic wave, ultrasonic generator *et* acoustic coupler).

acoustic decoy leurre acoustique *(sonar mil) (cf. aussi* sonar decoy).

acoustic delay line ligne à retard acoustique *(ligne à retard dans laquelle le signal électrique à retarder est converti en une onde acoustique pour obtenir le retard désiré grâce à la vitesse de propagation relativement faible de ces ondes, puis reconverti en signal électrique à la sortie après avoir subi un retard proportionnel à la distance parcourue par l'onde dans le milieu retardateur en un ou plusieurs trajets) (la conversion électrique/acoustique d'entrée et la conversion acoustique/électrique de sortie sont réalisées par des transducteurs piézoélectriques) (récepteur radar, récepteur TVC, etc.) (cf. aussi* mercury delay line, quartz delay line, BAW delay line, SAW delay line, delay line, speed of sound *et* piezoelectric transducer 1*)).*

acoustic depth finder écho-sondeur *(sonar) (cf. aussi* sonic depth finder).

acoustic detection détection acoustique *(détection d'un objet ou autre obstacle fondée sur la captation d'une onde acous-*tique émise ou réfléchie par celui-ci) (est utilisée principalement dans le sonar et par la chauve-souris) (cf. aussi* passive acoustic detection, active acoustic detection, acoustic wave *et* sonar).

acoustic detector détecteur acoustique *(nom généralement donné à un capteur acoustique utilisé aux fins de détection) (cf. aussi* acoustic sensor *et* acoustic detection).

acoustic diffraction diffraction acoustique *(diffraction d'une onde acoustique) (propa) (cf. aussi* diffraction *et* acoustic wave).

acoustic dispersion dispersion acoustique *(décomposition d'une onde acoustique complexe en ses composantes par suite des différences entre les vitesses de phase de celles-ci) (en d'autres termes, la durée d'un son complexe très court augmente, très légèrement, au cours de sa propagation) (propa) (cf. aussi* acoustic wave, complex wave *et* phase velocity).

acoustic dissipation element *cf.* acoustic dissipator.

acoustic dissipator dissipateur acoustique *(élément réalisé en matériau absorbant acoustique) (cf. aussi* acoustic absorbing material).

acoustic Doppler effect effet Doppler acoustique *(effet Doppler observé avec une onde acoustique et notamment une onde sonore) (est l'effet observé initialement par Doppler) (cf. aussi* Doppler effect, acoustic wave *et* sound wave).

acoustic Doppler shift fréquence Doppler acoustique, le Doppler acoustique *(cf. aussi* Doppler shift *et* acoustic Doppler effect).

acoustic duct conduit acoustique *(tuyau ou autre conduit rempli d'air ou autre fluide constituant un milieu de transmission confiné pour une onde acoustique) (on notera que les tuyaux du stéthoscope du médecin ou du mécanicien motoriste sont des conduits acoustiques) (cf. aussi* telephony *(au début de la rubrique) et* acoustic transmission line).

acoustic echo écho acoustique *(écho d'une onde acoustique) (peut être audible ou non selon que l'onde produit un son audible ou non) (cf. aussi* echo *et* acoustic wave).

acoustic emission émission acoustique *(émission d'une onde acoustique par un corps en vibration et notamment par l'élément vibrant d'un transducteur électroacoustique émetteur ou, par extension, cette onde elle-même) (sonar, etc.) (cf. aussi* acoustic wave *et* acoustic radiation source).

acoustic emission source *cf.* acoustic radiation source.

acoustic energy énergie acoustique *(cf. aussi* sound energy, *ce terme étant le plus employé).*

acoustic energy ... *cf.* sound energy ...

acoustic environment ambiance acoustique, environnement acoustique, *(souvent aussi)* ambiance sonore *(ensemble des sons audibles ou inaudibles émis dans un lieu déterminé et notamment dans une salle de spectacle ou dans le milieu marin) (comprend les sons utiles et éventuellement le bruit acoustique) (cf. aussi* acoustic ambiance, acoustic noise, audible sound, non-audible sound *et* sound[1]).

acoustic feedback effet Larsen, réaction acoustique *(réaction d'un haut-parleur d'un système de sonorisation sur le microphone du système lorsque les ondes sonores émises par le premier atteignent directement le second en produisant ainsi une réaction positive) (se traduit par une sonorité métallique désagréable lorsque la réaction est faible ou par un sifflement d'accrochage lorsqu'elle est forte) (Nota : l'effet Larsen étant dû à un couplage par l'air du local, il ne doit pas être confondu avec l'effet microphonique malgré une certaine ressemblance) (électroacou) (cf. aussi* public-address system, positive feedback, singing *et* microphonics).

acoustic filter filtre acoustique *(dispositif affaiblissant fortement certaines composantes fréquentielles d'un son complexe, audible ou inaudible) (cf. aussi* low-pass acoustic filter, bandpass acoustic filter, frequency component *et* complex tone).

acoustic frequency fréquence acoustique *(cf. aussi* sound frequency, *ce terme étant le plus employé).*

acoustic generator générateur acoustique *(nom souvent donné à un transducteur électroacoustique émetteur) (cf. aussi* transmitting electroacoustic transducer).

acoustic guidance guidage acoustique *(autopoursuite acoustique considérée sous le seul angle du guidage de la torpille) (mar. mil) (cf. aussi* acoustic homing *et* guidance).

acoustic hardening écrouissage par ultrasons *(écrouissage indésirable du métal d'une connexion ou autre élément soudé par ultrasons) (composant, etc.) (cf. aussi* ultrasonic welding).

acoustic hologram hologramme acoustique *(hologramme obtenu par holographie acoustique) (cf. aussi* hologram *et* acoustic holography).

acoustic holography holographie acoustique, holographie ultrasonore *(holographie dans laquelle la lumière utilisée est remplacée par un rayonnement ultrasonore monochromatique pour faire apparaître une structure tridimensionnelle à l'intérieur d'un milieu tel qu'un liquide ou la chair, l'image obtenue étant formée sur un écran cathodique) (acou, optique) (cf. aussi* holography, ultrasonic radiation *et* monochromatic radiation).

acoustic homing autopoursuite acoustique, autopoursuite au sonar, autopoursuite sonar, autopoursuite par autodirecteur acoustique *(ou* sonar) *(autopoursuite par une torpille autoguidée) (mar. mil) (cf. aussi* passive acoustic homing, active acoustic homing, homing torpedo *et* homing[1] 2)).

acoustic homing torpedo *cf.* homing torpedo.

acoustic horn pavillon acoustique *(pavillon d'instrument à vent, de porte-voix, de haut-parleur à pavillon, de mégaphone) (cf. aussi* horn loudspeaker).

acoustic image image acoustique *(image obtenue par imagerie acoustique) (cf. aussi* acoustic imaging *et* picture).

acoustic imager imageur acoustique, visualisateur acoustique *(imageur réalisant l'imagerie acoustique) (termes et définition génériques couvrant les dispositifs d'holographie acoustique et d'échographie) (cf. aussi* imager *et* acoustic imaging).

acoustic imagery images acoustiques *(cf. aussi* acoustic image *et* imagery).

acoustic imaging imagerie acoustique, imagerie par ultrasons, visualisation acoustique, *(idem) (mise en évidence de la structure interne d'un objet ou un corps opaque à l'aide d'ultrasons) (termes et définition génériques couvrant l'échographie et l'holographie acoustique) (cf. aussi* sonography, acoustic holography, ultrasound *et* imaging).

acoustic impedance impédance acoustique *(opposition à la propagation d'une onde acoustique manifestée par un corps) (est une grandeur complexe, au sens mathématique, dont la partie réelle est la résistance acoustique et la partie imaginaire la réactance acoustique) (est l'analogue acoustique de l'impédance électrique) (cf. aussi* acoustic resistance, acoustic reactance, acoustic wave *et* impedance (a)).

acoustic inertance inertance, inertie acoustique, masse acoustique *(réactance acoustique due à l'inertie du corps) (est l'analogue acoustique de l'inductance) (cf. aussi* acoustic reactance *et* inductance).

acoustic inertia *cf.* acoustic inertance.

acoustic insulation isolation acoustique *(cf. aussi* soundproofing, *ce terme étant le plus employé et noter que le premier est le terme scientifique).*

acoustic intelligence (le) renseignement acoustique *(parfois au pluriel) (noms donnés aux informations d'intérêt militaire obtenues par écoute microphonique) (mar. mil, etc.) (cf. aussi* acoustic surveillance *et* intelligence 2)).

acoustic intensity intensité acoustique *(cf. aussi* sound intensity, *ce terme étant le plus employé).*

acoustic interferometer interféromètre acoustique *(interféromètre utilisant une onde acoustique et sa réflexion pour permettre la mesure de la vitesse du son dans un fluide) (cf. aussi* acoustic interferometry).

acoustic interferometry interférométrie acoustique *(interférométrie faisant appel à une onde acoustique) (cf. aussi* interferometry, acoustic wave *et* acoustic interferometer).

acoustic jamming brouillage acoustique *(émission d'ondes acoustiques aux fins de brouillage d'un sonar) (mar. mil) (cf. aussi* acoustic wave *et* sonar decoy).

acoustic labyrinth labyrinthe acoustique *(labyrinthe à parois recouvertes d'un matériau absorbant acoustique dans une enceinte acoustique et débouchant à l'arrière ou au fond de l'enceinte pour renforcer les sons graves en augmentant la charge acoustique du haut-parleur de graves aux fréquences correspondantes par effet de résonance) (le matériau absor-*

bant sert à limiter l'effet du labyrinthe à ces fréquences en formant un filtre acoustique passe-bas) (hifi) (cf. aussi* acoustic absorbing material, loudspeaker system, resonance *et* low-pass acoustic filter).

acoustic memory mémoire acoustique *(nom parfois donné à une ligne à retard acoustique pour rappeler qu'elle conserve le signal d'entrée pendant un certain temps) (cf. aussi* acoustic delay line).

acoustic line ligne acoustique (a) *cf. aussi* acoustic delay line) ; (b) *cf. aussi* acoustic transmission line).

acoustic mass *cf.* acoustic inertance.

acoustic mine mine acoustique *(mine sous-marine dont l'explosion est commandée par un hydrophone captant les sons émis par un navire) (mar. mil) (cf. aussi* hydrophone *et* mine).

acoustic mirage mirage acoustique *(nom parfois donné à la réfraction acoustique produite par un grand gradient de température dans le plan vertical dans l'atmosphère ou dans l'eau, la source sonore paraissant plus près du point de réception du son qu'elle n'est en réalité) (ce phénomène s'observe principalement dans la mer) (sonar, etc.) (cf. aussi* acoustic refraction *et* gradient).

acoustic noise bruit de fond acoustique, bruit de fond *(noms donnés à un son indésirable masquant ou pouvant masquer plus ou moins un son utile et formant souvent un fond sonore plus ou moins crépitant) (sonar, etc.) (cf. aussi* ambient noise, background noise *et* sound[1]).

acoustic ohm ohm acoustique *(unité d'impédance acoustique et, par conséquent, de résistance acoustique et de réactance acoustique) (est l'impédance acoustique d'un milieu dans lequel une pression acoustique de 0,1 pascal produit un flux de vitesse acoustique de 1 cm^3/s) (cf. aussi* acoustic impedance, acoustic resistance, acoustic reactance, acoustic pressure *et* volume velocity).

acoustic phase constant constante de phase acoustique *(partie imaginaire, au sens mathématique, de la constante de propagation acoustique) (représente le déphasage produit par le milieu de propagation) (cf. aussi* acoustic propagation constant *et* phase shift).

acoustic pick-up tête de lecture mécanique *(cf. aussi* mechanical phonograph).

acoustic picture *cf.* acoustic image *(cf. aussi* picture).

acoustic power puissance acoustique *(cf. aussi* sound power, *ce terme étant le plus employé).*

acoustic power ... *cf.* sound power ...

acoustic pressure pression acoustique *(cf. aussi* sound pressure, *le premier terme étant peu employé).*

acoustic propagation *cf.* acoustic wave propagation.

acoustic propagation constant constante de propagation acoustique *(constante de propagation d'un milieu pour une onde acoustique qui s'y propage) (propa) (cf. aussi* propagation constant, acoustic attenuation constant, acoustic phase constant *et* acoustic wave).

acoustic pulse impulsion acoustique *(cf. aussi* sound pulse, *ce terme étant le plus employé).*

acoustic quality qualité acoustique (a) *qualité de l'acoustique d'un local) (cf. aussi* acoustics (b)) ; (b) *fidélité de reproduction du son par une chaîne électroacoustique) (cf. aussi* sound reproducing system).

acoustic radar radar acoustique (a) *nom parfois donné à un sonar actif pour rappeler l'analogie entre son principe de fonctionnement et celui du radar) (cf. aussi* active sonar *et* radar) ; (b) *cf. aussi* sodar).

acoustic radiation rayonnement acoustique *(rayonnement se produisant sous la forme d'une onde acoustique) (cf. aussi* radiation *et* acoustic wave).

acoustic radiation pressure pression de radiation acoustique *(pression de radiation exercée par une onde acoustique sur un obstacle et sur sa source) (cf. aussi* radiation pressure).

acoustic radiation source source de rayonnement acoustique, source d'énergie acoustique, source d'ondes acoustiques, source acoustique *(source de rayonnement produisant un rayonnement acoustique) (transducteur électroacoustique émetteur, organe ou corps en vibration, dispositif utilisant un tel organe ou corps, phénomène mettant un corps en vibra-*

tion, notamment explosion) (cf. aussi sound source, transmitting electroacoustic transducer, radiation source *et* acoustic radiation).

acoustic radiator élément rayonnant acoustique *(organe produisant l'onde émise par un générateur acoustique) (membrane d'écouteur ou de haut-parleur, face parlante de projecteur sonar, disque ou tige de générateur d'ultrasons) (cf. aussi* acoustic generator).

acoustic radiometer radiomètre acoustique *(radiomètre mesurant la pression de radiation d'une onde acoustique) (comprend essentiellement un pendule de torsion formé d'un fil de quartz portant une plaque de mica verticale sur laquelle agit l'onde considérée) (radiométrie) (cf. aussi* Crookes radiometer, Rayleigh disk, acoustic radiation pressure *et* radiometer).

acoustic radiometry radiométrie acoustique *(mesure de la pression de radiation des ondes acoustiques) (cf. aussi* acoustic radiometer).

acoustic range measurement *cf.* acoustic ranging.

acoustic ranging télémétrie acoustique *(cf. aussi* sound ranging, *ce terme étant le plus employé).*

acoustic ray rayon acoustique *(cf. aussi* sound ray, *ce terme étant le plus employé).*

acoustic reactance réactance acoustique *(partie imaginaire, au sens mathématique, de l'impédance acoustique, c.-à-d. opposition à la propagation d'une onde acoustique due uniquement à l'inertance ou à l'élastance résultant du corps) (est l'analogue acoustique de la réactance électrique) (cf. aussi* acoustic inertance, acoustic stiffness, acoustic impedance *et* reactance (a)).

acoustic reflection réflexion acoustique *(cf. aussi* sound reflection, *ce terme étant le plus employé).*

acoustic reflection coefficient coefficient de réflexion acoustique *(cf. aussi* sound reflection coefficient) *(idem).*

acoustic reflectivity *cf.* acoustic reflection coefficient.

acoustic refraction réfraction acoustique *(réfraction des ondes acoustiques) (cf. aussi* refraction, acoustic wave, acoustic mirage *et* thermocline).

acoustic regeneration *cf.* acoustic feedback.

acoustic resistance résistance acoustique *(partie réelle, au sens mathématique, de l'impédance acoustique, c.-à-d. opposition à la propagation d'un gradient de pression due aux frottements dans le corps) (est l'analogue acoustique de la résistance électrique) (cf. aussi* acoustic impedance, gradient *et* resistance 1) (a)).

acoustic resonator résonateur acoustique *(résonateur formé d'une cavité et d'un conduit ouvert contenant un gaz) (résonateur de Helmholtz, enceinte acoustique résonnante, etc.) (cf. aussi* Helmholtz resonator *et* resonator).

acoustic scattering diffusion acoustique *(diffusion des ondes acoustiques) (cf. aussi* scattering (c) *et* acoustic wave).

acoustic seeker autodirecteur acoustique, autodirecteur sonar, *(etc.) (autodirecteur de torpille dans lequel le détecteur est un petit sonar) (est le seul type d'autodirecteur de torpille) (mar. mil) (cf. aussi* homing head, passive acoustic seeker, active acoustic seeker *et* sonar).

acoustic sensing *cf.* acoustic detection.

acoustic sensor capteur acoustique *(nom parfois donné à un microphone ou, notamment, à un hydrophone ou, par extension, à un sonar et plus particulièrement à une bouée acoustique) (cf. aussi* acoustic detector, microphone, hydrophone, sonar, sonobuoy *et* sensor).

acoustic shock choc acoustique *(impression désagréable produite par un son intense et soudain) (cf. aussi* sound[1]).

acoustic signal signal acoustique *(signal constitué par une onde acoustique émise à cette fin ou non) (noter que le terme anglais et le terme français sont employés principalement en technique de détection acoustique) (cf. aussi* signal[1], acoustic wave, acoustic detection *et* sound signal 1)).

acoustic signal processor processeur de signaux acoustiques *(sonar) (cf. aussi* sonar processor).

acoustic signature empreinte acoustique, signature acoustique *(forme d'écho caractéristique d'un type de cible militaire ou non sur l'écran d'un sonar) (cf. aussi* sonar target, signature analysis 1) *et* signature 1)).

acoustic sounding sondage acoustique *(utilisation d'ondes*

acoustiques pour sonder le milieu aquatique, notamment marin, ou l'atmosphère) (cf. aussi sonic depth finder, acoustic ranging, sodar *et* acoustic wave).

acoustic source *cf.* acoustic radiation source.

acoustic stiffness rigidité acoustique, capacitance acoustique *(inverse de l'élasticité acoustique d'un milieu) (est l'analogue acoustique de la capacitance) (cf. aussi* acoustic compliance *et* elastance).

acoustic storage 1) mémorisation acoustique *(mémorisation dans une mémoire acoustique) (cf. aussi* acoustic memory). 2) *cf.* acoustic memory.

acoustic store *cf.* acoustic memory.

acoustic suite équipement acoustique, panoplie acoustique *(ensemble des sonars et éventuellement leurres sonars dont sont équipés certains navires militaires et notamment les sous-marins) (mar. mil.) (cf. aussi* sonar *et* sonar decoy).

acoustic surface wave *cf.* surface acoustic wave.

acoustic surveillance écoute microphonique *(nom donné à l'utilisation d'un ou plusieurs hydrophones pour assurer la veille sous-marine) (mar. mil) (cf. aussi* hydrophone *et* sonobuoy).

acoustic telecommunications *cf.* acoustic communications.

acoustic telemetry télémesure acoustique *(mesure de caractéristiques d'un milieu marin ou d'un fond marin à l'aide d'un sonar actif spécial) (ne pas confondre avec « télémétrie acoustique ») (cf. aussi* sonar *et* acoustic ranging).

acoustic threat menace acoustique, menace sonar, *(parf.)* émission acoustique hostile *(parfois au pluriel) (menace constituée par un ou plusieurs sonars ou autodirecteurs sonar hostiles) (mar. mil) (cf. aussi* active acoustic threat, passive acoustic threat, sonar, acoustic seeker *et* threat).

acoustic transmission 1) transmission acoustique *(transmission de signaux par une porteuse acoustique modulée) (tls) (cf. aussi* acoustic carrier). 2) *cf.* acoustic emission.

acoustic transmission coefficient coefficient de transmission acoustique *(cf. aussi* sound transmission coefficient, *ce terme étant le plus employé).*

acoustic transmission line ligne de transmission acoustique, ligne acoustique *(ligne de transmission dans laquelle le signal est transmis sous la forme d'une onde acoustique) (conduit acoustique ou, dans une certaine mesure, tige métallique ou autre solide allongé à module d'élasticité suffisamment grand) (cf. aussi* acoustic duct, acoustic wave *et* transmission line).

acoustic transmitter émetteur acoustique, émetteur de signaux acoustiques *(noms donnés à un transducteur électroacoustique émetteur utilisé pour l'émission de signaux) (cf. aussi* transmitting electroacoustic transducer *et* signal[1]).

acoustic transmitting *cf.* acoustic transmission 1).

acoustic transmittivity *cf.* acoustic transmission coefficient.

acoustic treatment traitement acoustique *(cf. aussi* soundproofing, *ce terme, plus ancien, étant encore le plus employé).*

acoustic velocity vitesse acoustique, vitesse des ondes acoustiques, vitesse d'une onde acoustique *(vitesse de propagation d'une onde acoustique) (cf. aussi* speed of sound).

acoustic warfare (la) guerre acoustique *(nom parfois donné à la guerre sous-marine avec utilisation du sonar et de torpilles autoguidées) (mar. mil) (cf. aussi* sonar *et* homing torpedo).

acoustic wave onde acoustique *(onde élastique produisant un son audible ou inaudible selon sa longueur) (en d'autres termes, onde élastique dont la longueur dans le milieu de propagation considéré correspond à une fréquence infrasonore, sonore, ultrasonore ou hypersonore) (cf. aussi* elastic wave, wavelength, sound frequency 1) *et* sound wave *et noter que ce dernier terme est plus employé que « acoustic wave », bien qu'il ne soit qu'un cas particulier de celui-ci lorsqu'il est employé correctement).*

acoustic-wave filter filtre à ondes acoustiques, filtre à ondes élastiques *(autres noms, plus généraux, d'un filtre à ondes acoustiques de surface) (cf. aussi* SAW filter).

acoustic wave propagation propagation des ondes acoustiques *(ou sonores)*, propagation d'une onde acoustique *(idem)*, propagation acoustique, propagation du son *(noter que l'emploi du qualificatif « sonore » à la place de « acoustique » est généralement réservé au cas d'une onde acoustique produisant un son audible) (cf. aussi* propagation, acoustic wave *et* audible sound).

acoustic wave source *cf.* acoustic radiation source.

acoustic wave velocity *cf.* acoustic velocity.

acoustic wavefront front d'onde acoustique *(front d'une onde acoustique) (cf. aussi* wavefront *et* acoustic wave*)*.

acoustic wedge coin absorbant acoustique, coin acoustique *(coin absorbant conçu pour absorber les ondes acoustiques dans une chambre anéchoïde) (cf. aussi* absorbing wedge *et* acoustic wave*)*.

acoustic white noise bruit blanc acoustique *(bruit acoustique constituant un bruit blanc) (cf. aussi* acoustic noise *et* white noise*)*.

acoustical ... *cf.* acoustic ... *(pour les termes qui ne figurent pas ci-après)*.

acoustical engineering (l')acoustique appliquée *(cf. aussi* acoustics (b) *)*.

acoustically absorbent absorbant les ondes acoustiques *(matière) (cf. aussi* acoustic absorption*)*.

acoustics (l')acoustique *sf* (a) *branche de la physique traitant de la nature, la génération, la propagation et les effets des ondes acoustiques et notamment des sons audibles) (cf. aussi* acoustic wave*)* ; (b) *technique couvrant les applications de cette science et activités associées)* ; (c) *propriétés d'un local pour la propagation du son à partir d'un point déterminé, c.-à-d. absence ou présence de réverbération et importance éventuelle de celle-ci) (acoustique d'une salle de spectacles, d'une église, d'un auditorium, d'une salle de séjour) (acoustique architecturale et notamment acoustique « des grandes salles ») (cf. aussi* reverberation*)*.

acousto-optic Bragg cell *cf.* acousto-optic cell.

acousto-optic cell cellule de Bragg *(cf. aussi* Bragg cell*)*.

acousto-optic device dispositif acousto-optique *(autre nom, plus général, d'une cellule de Bragg dans ses différentes applications) (cf. aussi* Bragg cell*)*.

acousto-optic effect effet acousto-optique *(action d'une onde acoustique sur la propagation d'un faisceau de lumière dans un corps transparent par modification de l'indice de réfraction de celui-ci) (l'indice de réfraction augmente aux endroits où l'onde acoustique comprime le corps et diminue aux endroits où elle l'étire) (cf. aussi* acoustic wave, refractive index *et* acousto-optic modulator*)*.

acousto-optic material corps acousto-optique *(corps dans lequel l'effet acousto-optique peut être produit) (quartz fondu, niobate de lithium, etc.) (cf. aussi* acousto-optic effect *et* material*)*.

acousto-optic modulation modulation acousto-optique *(modulation d'une lumière monochromatique par une onde acoustique) (cf. aussi* modulation (a) *et* acousto-optic modulator*)*.

acousto-optic modulator modulateur acousto-optique, modulateur de lumière à ultrasons *(modulateur de lumière utilisant la variation de fréquence d'une lumière monochromatique produite par sa diffracton par des ultrasons dans un liquide transparent pour moduler un faisceau laser en fréquence à l'aide d'un faisceau d'ultrasons modulé par un signal à transmettre par le faisceau laser) (est généralement une cellule de Bragg) (un faisceau laser constituant une porteuse à fréquence très élevée, ce modulateur peut être utilisé pour transmettre un signal de télévision par faisceau laser) (cf. aussi* light modulator, monochromatic light, ultrasonic light diffraction, laser beam, ultrasonic beam, Bragg cell *et* television signal*)*.

acousto-optic processing traitement acousto-optique (des signaux) *(traitement de signaux analogiques, notamment corrélation, convolution, filtrage et analyse de spectres, par un traiteur opto-acoustique de signaux) (cf. aussi* signal processing (a) *et* acousto-optic processor*)*.

acousto-optic processor processeur acousto-optique *(anglicisme courant)*, traiteur acousto-optique (de signaux) *(terme que j'ai proposé) (montage utilisant l'effet acousto-optique pour remplir une fonction de traitement de signaux analogiques) (comprend essentiellement une source de lumière généralement cohérente (laser), un modulateur acousto-optique (cellule de Bragg), une optique réalisant la transformation de Fourier pour faire passer la modulation du signal du domaine temporel au domaine fréquentiel et un groupement de photodétecteurs (barrette de photodiodes ou matrice de CCD, notamment) correspondant aux différentes*

fréquences ou bandes de fréquences du signal obtenu) (cf. aussi acousto-optic effect, acousto-optic processing, laser, Bragg cell, Fourier transformation *et* photodetector*)*.

acousto-optic receiver récepteur acousto-optique, récepteur à cellule de Bragg *(nom parfois donné à un analyseur acousto-optique de spectres utilisé notamment dans un détecteur de radars) (mil) (cf. aussi* acousto-optic spectrum analyzer *et* radar warning receiver*)*.

acousto-optic spectrum analysis analyse acousto-optique de spectres, analyse optique de spectres *(analyse de spectres effectuée à l'aide d'un analyseur acousto-optique de spectres) (cf. aussi* spectrum analysis *et* acousto-optic spectrum analyzer*)*.

acousto-optic spectrum analyzer analyseur acousto-optique de spectres, analyseur optique de spectres *(noms donnés à un traiteur acousto-optique de signaux conçu pour réaliser l'analyse de spectres) (cf. aussi* acousto-optic processor *et* spectrum analysis*)*.

acousto-optical ... *cf.* acousto-optic ...

acousto-optics (l')acousto-optique *sf* (a) *branche de la physique traitant de l'interaction des ondes acoustiques et de la lumière et notamment de l'effet acousto-optique) (cf. aussi* acousto-optic effect*)* ; (b) *technique couvrant les applications de cette science et activités associées)*.

acquire *v (voir aussi* acquisition*)* 1) accrocher, localiser. 2) intercepter. 3) recueillir.

acquisition 1) accrochage, *(parf.)* localisation *(d'une cible radar ou autre) (cf. aussi* target acquisition*)*. 2) interception *(d'un signal) (mil) (cf. aussi* intercept^2*)*. 3) *cf.* data acquisition.

acquisition and tracking radar radar de localisation et poursuite *(radar assurant la localisation des cibles et ensuite leur poursuite grâce à la possibilité des deux modes de fonctionnement) (mil, etc.) (cf. aussi* acquisition radar *et* tracking radar*)*.

acquisition phase phase de localisation *(radar, etc.) (cf. aussi* target acquisition*)*.

acquisition radar radar de localisation *(radar de veille classique à l'antenne duquel est asservi un radar de poursuite prenant en charge la poursuite d'une cible après localisation de celle-ci par le premier radar) (ne pas employer « radar d'acquisition ») (avia. mil, espace) (cf. aussi* search radar *et* tracking radar*)*.

acquisition receiver récepteur d'écoute *(mil) (cf. aussi* surveillance receiver*)*.

acquisition time 1) temps d'accrochage (de la cible) *(temps nécessaire pour accrocher une cible radar ou autre) (cf. aussi* target acquisition*)*. 2) temps d'interception *(temps nécessaire pour intercepter un signal) (mil) (cf. aussi* intercept^2*)*. 3) temps de mesure *(temps nécessaire à une chaîne de mesure pour faire une mesure) (cf. aussi* data acquisition system 1) *)*.

across ... *(dans le cas d'une tension ou d'un composant)* aux bornes de ... *(tension aux bornes d'un composant ou d'un circuit, ou composant monté aux bornes d'un autre composant ou d'un circuit)*.

across the aperture dans le plan de l'ouverture *(répartition du champ électrique dans le plan d'une ouverture rayonnante) (hyper) (cf. aussi* radiating aperture*)*.

across the load aux bornes de la charge *(cf. aussi* across ...*)*.

action action *(sens usuel), (parf.)* effect *(cf. aussi* action at a distance, control action, transistor action *et* laser action*)*.

action at a distance action à distance *(nom donné en physique à une action produite sans contact et sans intermédiaire) (en physique moderne, on considère qu'une action ne peut être produite à distance que par l'intermédiaire d'un champ de forces) (cf. aussi* field of force*)*.

activate *v (voir aussi* activation*)* 1) activer. 2) amorcer.

activation 1) activation *(augmentation du pouvoir émissif d'une cathode à émission thermoélectronique par un traitement spécial) (tube) (cf. aussi* hot cathode*)*. 2) amorçage *(d'une pile amorçable) (cf. aussi* reserve cell*)*.

activator activateur *(corps ajouté en petite quantité à un luminophore pour augmenter sa luminosité) (écran cath) (cf. aussi* phosphor*)*.

active acoustic CM *cf.* active acoustic countermeasures.

active acoustic countermeasures contre-mesures acoustiques actives *(contre-mesures acoustiques nécessitant l'émission d'ondes acoustiques) (se réduisent en pratique à l'utilisation de leurres sonar) (mar. mil) (cf. aussi* sonar decoy *et* acoustic countermeasures).

active acoustic detection détection acoustique active *(détection acoustique nécessitant l'émission de signaux acoustiques par le détecteur) (en d'autres termes, détection par sonar actif ou par écholocation) (mar., etc.) (cf. aussi* active sonar detection, echolocation *et* acoustic detection).

active acoustic homing autopoursuite acoustique active *(poursuite d'une cible par une torpille équipée d'un autodirecteur acoustique actif) (permet d'atteindre une cible totalement silencieuse telle qu'un sous-marin à l'arrêt, mais comporte un risque de détection du fait de l'émission d'impulsions acoustiques qu'elle implique) (mar. mil) (cf. aussi* active acoustic seeker *et* acoustic homing).

active acoustic homing system *cf.* active acoustic seeker.

active acoustic seeker autodirecteur acoustique actif, autodirecteur sonar actif *(autodirecteur acoustique dont le détecteur est un sonar actif) (mil) (cf. aussi* acoustic seeker *et* active sonar).

active acoustic threat menace acoustique active, menace sonar active, *(parf.)* émission acoustique hostile *(parfois au pluriel) (menace constituée par l'émission d'un ou plusieurs sonars actifs hostiles ou autodirecteurs sonar actifs hostiles ou, parfois, ces émissions elles-mêmes) (mar. mil) (cf. aussi* active sonar, active sonar seeker *et* acoustic threat).

active acoustic tracker *cf.* active acoustic seeker.

active acoustic tracking *cf.* active acoustic homing.

active aerial *(GB) cf.* active antenna.

active antenna antenne active *(antenne à balayage électronique dont chacun des éléments est complété par des circuits d'amplification pour l'émission et pour la réception) (radar, etc.) (cf. aussi* phased-array antenna).

active area surface active, aire de la surface active *(dispositif photosensible, etc.)*

active band-elimination filter *cf.* active band-stop filter.

active band-pass filter filtre passe-bande actif *(filtre passe-bande réalisé sous la forme d'un filtre actif) (cf. aussi* Bessel filter, Butterworth filter, Chebyshev filter, band-pass filter *et* active filter).

active band-rejection filter *cf.* active band-stop filter.

active band-stop filter filtre coupe-bande actif *(filtre coupe-bande réalisé sous la forme d'un filtre actif) (cf. aussi* band-stop filter *et* active filter).

active chaff leurre radar actif *(petit brouilleur de radars parachuté) (mil) (cf. aussi* radar jammer, chaff, expendable countermeasures *et* active decoy).

active channel voie active *(voie d'un multiplex transmettant effectivement un signal) (cf. aussi* multiplex[1]).

active circuit *cf.* active network.

active circuit element *cf.* active element (a).

active communications satellite satellite de télécommunications actif, satellite actif *(satellite de télécommunications dans lequel les signaux à transmettre sont amplifiés avant d'être réémis vers la zone à desservir s'il s'agit d'un multiplex fréquentiel ou régénérés s'il s'agit d'un multiplex temporel) (cas général) (cf. aussi* communications satellite, frequency-division multiplex, time-division multiplex *et* pulse regeneration).

active component 1) composant actif, composant électronique actif *(composant électronique constituant un élément de circuit actif ou pouvant se comporter de la même façon dans certaines conditions) (tube électronique à grille de commande, transistor (première catégorie) ; diode à avalanche, diode à résistance négative, magnétron, notamment (deuxième catégorie)) (noter qu'une pile électrique ou un accumulateur miniature sont des composants actifs électriques, bien que cela soit rarement mentionné) (cf. aussi* active element (a), gridcontrolled tube, transistor, avalanche diode, negative-resistance diode *et* magnetron). 2) composante active, composante en phase, composante wattée *(composante d'un courant alternatif sinusoïdal dans un circuit ou un élément de circuit en phase avec la tension aux bornes de celui-ci) (noter que la présence d'une composante active implique celle d'une composante réactive) (cf. aussi* active power, sinusoidal current, in phase *et* component 3)).

active countermeasures contre-mesures actives *(contre-mesures nécessitant l'émission d'un rayonnement) (ce terme désigne souvent les contre-mesures électroniques actives, mais couvre également les contre-mesures acoustiques actives) (mil) (cf. aussi* active electronic countermeasures, active acoustic countermeasures, radiation *et* countermeasures).

active countermeasures equipment matériel de contre-mesures actives *(ce terme désigne généralement le matériel de contre-mesures électroniques actives, mais couvre également le matériel employé pour les contre-mesures acoustiques actives) (mil) (cf. aussi* active ECM equipment *et* active acoustic countermeasures).

active deceptive countermeasures contre-mesures de diversion actives *(contre-mesures de diversion constituant des contre-mesures actives, c.-à-d. emploi de brouilleurs répéteurs, de brouilleurs parachutés ou de leurres sonar) (mil) (cf. aussi* repeater jammer, sonar decoy, deceptive countermeasures *et* active countermeasures).

active deceptive ECM *cf.* active deceptive countermeasures.

active decoy leurre actif *(leurre constituant une contre-mesure active) (brouilleur parachuté, leurre infrarouge, leurre sonar) (mil) (cf. aussi* active chaff, flare 1), sonar decoy, decoy[1] *et* active countermeasures).

active detection détection active *(détection d'un obstacle ou d'une présence par émission d'un rayonnement et captation du rayonnement réfléchi par l'obstacle ou l'être considéré) (mil, etc.) (radar, sonar, écholocation, infrarouge) (cf. aussi* radar, active acoustic detection, active infrared detection *et* detection 2)).

active detection device dispositif de détection active *(autre nom, plus général, d'un capteur actif) (cf. aussi* active sensor).

active detection equipment matériel de détection active, *(parf.)* moyens de détection active *(capteurs actifs) (mil, etc.) (cf. aussi* active sensor).

active detection system système de détection active *(ensemble de capteurs actifs équipant une cible militaire et notamment un navire militaire) (cf. aussi* active sensor).

active device dispositif actif *(dispositif électronique ou assimilé fonctionnant en pouvant fournir de l'énergie électrique ou en émettant un rayonnement) (composant actif, afficheur actif, capteur actif) (cf. aussi* active component 1), active display, active sensor *et* electronic device).

active dipole dipôle actif *(nom parfois donné à un élément de circuit actif, notamment à une source de courant, dans les théories correspondantes) (cf. aussi* active element 1) *et* dipole 2)).

active discrete *cf.* active discrete component.

active discrete component composant actif discret *(composant actif réalisé sous la forme d'un composant discret) (transistor discret, etc.) (cf. aussi aussi* discrete component *et* active component 1)).

active discrete device dispositif discret actif *(autre nom, plus général, d'un composant discret actif) (cf. aussi* active discrete component).

active display afficheur actif, afficheur émissif *(afficheur émettant lui-même de la lumière) (peut, par conséquent, être observé dans l'obscurité sans source de lumière auxiliaire) (afficheur à incandescence, à tubes d'affichage, à diodes lumineuses, à plasma, à fluorescence, à électroluminescence) (cf. aussi* incandescent display, readout tube, LED display 2), plasma display 2), vacuum fluorescent display 2), electroluminescent display 2) *et* display[1]).

active ECM *cf.* active electronic countermeasures.

active ECM equipment matériel de contre-mesures électroniques actives, matériel de contre-mesures actives *(brouilleurs et antennes associées et, en toute rigueur, leurres infrarouges et lance-leurres associés) (mil) (cf. aussi* jammer, flare 1) *et* active countermeasures equipment).

active electric network *cf.* active network.

active electronic component *cf.* active component 1).

active electronic countermeasures contre-mesures électroniques actives, contre-mesures actives *(le second terme est le plus employé, mais il est imprécis) (contre-mesures électroniques nécessitant l'émission d'un rayonnement électromagnétique) (en d'autres termes, emploi de brouilleurs radio, radar ou infrarouges et, en toute rigueur, de leurres infrarouges) (ont l'inconvénient que le rayonnement émis risque d'être capté et exploité par l'adversaire ou l'autodirecteur d'un missile autoguidé hostile) (mil) (cf. aussi* jammer, electromagnetic radiation *et* electronic countermeasures).

active electronic countermeasures ... *cf.* active ECM ...

active electronic equipment *cf.* active detection equipment.

active electronic warfare guerre électronique active *(guerre électronique avec emploi de contre-mesures électroniques actives) (mil) (cf. aussi* electronic warfare *et* active electronic countermeasures).

active electronics *cf.* active detection equipment.

active element élément actif (a) élément de circuit actif *(élément de circuit pouvant fournir de l'énergie au circuit dont il fait partie) (source de courant ou composant pouvant se comporter comme tel, c.-à-d. composant actif) (cf. aussi* circuit element, active component 1) *et* energy) ; (b) *élément d'antenne actif) (cf. aussi* radiating element).

active EW *cf.* active electronic warfare.

active filter filtre actif *(filtre comportant un ou plusieurs amplificateurs accordés renforçant certaines fréquences et atténuant les autres) (cf. aussi* filter[1] *et* tuned amplifier).

active filtering filtrage actif *(ou* par filtre actif*) (filtrage réalisé par un filtre actif) (cf. aussi* active filter).

active ground-based radar radar au sol actif *(mil) (cf. aussi* active radar *et* ground-based).

active guidance *cf.* active homing.

active guidance head *cf.* active seeker.

active-guidance missile *cf.* active homing missile.

active guidance system *cf.* active seeker.

active guidance unit *cf.* active seeker.

active-high line ligne active à l'état haut *(nom donné à une ligne de sélection de boîtier lorsque la sélection est réalisée pour l'état haut de la ligne) (inf) (cf. aussi* chip-select line *et* ONE state).

active homer 1) *cf.* active homing missile. 2) *cf.* active seeker.

active homing autopoursuite active, autoguidage actif *(autopoursuite utilisant un rayonnement émis par l'engin et réfléchi par la cible) (la poursuite est donc autonome comme l'autopoursuite passive, le rayonnement étant émis par l'engin, elle ne nécessite pas une cible rayonnante, mais elle n'est pas discrète) (est réalisée par un autodirecteur actif) (mil) (cf. aussi* homing 2), active seeker *et* radiating target).

active homing guidance *cf.* active homing.

active homing head *cf.* active seeker.

active homing missile missile à autodirecteur actif, missile à autoguidage actif *(missile équipé d'un autodirecteur actif) (mil) (cf. aussi* active seeker).

active homing radar radar d'autopoursuite actif *(radar d'autodirecteur radar actif) (mil) (cf. aussi* active radar seeker).

active homing sensor *cf.* active seeker.

active homing torpedo torpille à autodirecteur actif, *(etc.) (torpille autoguidée équipée d'un autodirecteur acoustique actif) (mar. mil) (cf. aussi* homing torpedo *et* active acoustic seeker).

active homing unit *cf.* active seeker.

active ICM *cf.* active infrared countermeasures.

active imagery images actives *(images obtenues par imagerie active) (cf. aussi* active imaging).

active imaging imagerie active *(imagerie nécessitant l'émission d'un rayonnement approprié dans la direction de la scène pour obtenir les images) (terme générique couvrant l'imagerie radar, l'imagerie laser et, en toute rigueur, l'imagerie par sonar actif et l'imagerie infrarouge avec utilisation d'un projecteur infrarouge) (mil, etc.) (cf. aussi* radar imaging, laser imaging *et* imaging).

active infrared CM *cf.* active infrared countermeasures.

active infrared countermeasures contre-mesures infrarouges actives *(emploi de brouilleurs infrarouges et, en toute rigueur,*

éjection ou lancement de leurres infrarouges) (mil) (cf. aussi infrared jammer, flare 1) *et* active countermeasures).

active infrared detection détection infrarouge active *(détection d'une cible ou autre obstacle par émission d'un rayonnement infrarouge dans sa direction et exploitation du rayonnement réfléchi par l'obstacle, notamment à l'aide d'un convertisseur d'image infrarouge) (est utilisée notamment dans le télescope infrarouge et pour la conduite de nuit de véhicules militaires sans éclairage) (cf. aussi* snooperscope *et* infrared searchlight).

active infrared device dispositif infrarouge actif *(nom parfois donné à un émetteur infrarouge) (cf. aussi* infrared emitter *et* infrared device).

active infrared threat menace infrarouge active, *(parf.)* émission infrarouge hostile *(parfois au pluriel) (menace constituée par l'émission d'un projecteur infrarouge hostile ou, parfois, cette émission elle-même) (mil) (cf. aussi* infrared searchlight *et* infrared threat).

active integrator intégrateur actif *(circuit intégrateur comportant un amplificateur) (cf. aussi* integrator).

active IR CM *cf.* active infrared countermeasures.

active IRCM *cf.* active infrared countermeasures.

active jamming brouillage actif *(brouillage intentionnel opéré par émission d'un rayonnement approprié constituant un signal de brouillage) (mil) (cf. aussi* jamming signal *et* jamming).

active layer couche active *(couche, généralement superficielle, naturelle ou artificielle, du substrat d'un composant à semiconducteur ou autre dans laquelle sont formés les éléments de circuit ou les électrodes du composant) (le premier cas est celui d'une couche active de circuit intégré monolithique et le second celui de la couche active d'un composant discret à semiconducteur) (cf. aussi* epitaxial layer, substrate, semiconductor component *et* circuit element).

active line ligne de balayage *(tube cath) (cf. aussi* scanning line).

active load charge active *(dans un circuit intégré monolithique, charge d'un étage à transistor MOS ou dérivé constituée par un autre transistor MOS utilisé comme résistance variable par action sur la grille) (semi) (cf. aussi* load[1] (a) *et* MOS transistor).

active load device *cf.* active load.

active-low line ligne active à l'état bas *(nom donné à une ligne de sélection de boîtier lorsque la sélection est réalisée pour l'état bas de la ligne) (inf) (cf. aussi* chip-select line *et* ZERO state).

active magnetic bearing palier magnétique actif *(palier dans lequel l'arbre est maintenu centré sans frottement par des électroaimants dont l'excitation est asservie à la position radiale de l'arbre par des capteurs et des amplificateurs) (est un système asservi en position) (cf. aussi* electromagnet, sensor *et* position control system).

active material 1) matière active (a) *matière garnissant les alvéoles des plaques d'un accumulateur électrique et dans laquelle se produit la réaction chimique nécessaire au fonctionnement de celui-ci) (cf. aussi* storage cell 1)) ; (b) *nom parfois donné à un luminophore) (cf. aussi* phosphor). 2) *cf.* active medium.

active measures *cf.* active countermeasures.

active medium milieu actif *(milieu matériel dans lequel se déroule un processus déterminé) (laser, etc.) (cf. aussi* lasing medium *et* material medium).

active microwave component composant hyperfréquence actif *(composant hyperfréquence constituant un composant actif, c.-à-d. tube hyperfréquence ou transistor hyperfréquence) (cf. aussi* microwave tube, microwave transistor *et* active component 1)).

active microwave device dispositif hyperfréquence actif *(autre nom, plus général, d'un composant hyperfréquence actif) (cf. aussi* active microwave component).

active microwave IC *cf.* active microwave integrated circuit.

active microwave integrated circuit circuit intégré hyperfréquence actif *(circuit intégré hyperfréquence comportant au moins un transistor) (cf. aussi* microwave integrated circuit).

active microwave remote sensing télédétection hyperfréquence active, télédétection active *(noms parfois donnés à la télédétection par radar) (cf. aussi* radar remote sensing *et* microwave remote sensing).

active microwave sensing *cf.* active microwave remote sensing.

active microwave sensor capteur hyperfréquence actif *(nom parfois donné à un radar cartographique considéré en tant que capteur hyperfréquence et capteur actif, notamment dans un satellite de télédétection) (cf. aussi* ground mapping radar, microwave sensor, active sensor *et* remote-sensing satellite).

active missile *cf.* active homing missile.

active missile guidance autoguidage actif d'un missile *(cf. aussi* active homing).

active missile guidance head *cf.* active missile seeker.

active missile guidance system *cf.* active missile seeker.

active missile guidance unit *cf.* active missile seeker.

active missile seeker autodirecteur actif de missile, *(etc.) (noms parfois donnés à un autodirecteur radar actif) (mil) (cf. aussi* active radar seeker).

active missile seeker head *cf.* active missile seeker.

active missile tracker *cf.* active missile seeker.

active missile tracking head *cf.* active missile seeker.

active mode mode actif *(mode de fonctionnement d'un dispositif actif ou fonctionnant comme un tel dispositif) (cf. aussi* active device *et* operating mode 1)).

active navigation countermeasures contre-mesures antinavigation actives *(contre-mesures antinavigation consistant à émettre des signaux de brouillage ou de diversion susceptibles d'être captés par les appareils de navigation des aéronefs et missiles de l'adversaire) (mil) (cf. aussi* jamming signal, deception signal, navigation instrument *et* navigation countermeasures).

active network réseau actif, réseau électrique actif *(réseau électrique comportant un ou plusieurs éléments de circuit actifs) (ces termes désignent souvent un quadripôle actif) (cf. aussi* network 1), active element (a) *et* active quadripole).

active notch filter filtre coupe-bande à bande étroite actif *(filtre coupe-bande à bande étroite réalisé sous la forme d'un filtre actif) (cf. aussi* notch filter *et* active filter).

active power 1) puissance active *(puissance mise en jeu par la composante active d'un courant alternatif) (est égale au produit de la puissance apparente par le facteur de puissance et s'exprime en watts) (circuits à courant alternatif) (cf. aussi* power[1] 1), active component 2), apparent power, power factor *et* watt). **2)** puissance en activité *(puissance consommée par une mémoire à semiconducteur pendant une opération de lecture ou d'écriture) (cf. aussi* power[1] 1), semiconductor memory, read operation *et* write operation).

active probe sonde active *(sonde d'oscilloscope ou autre appareil comportant un amplificateur de gain unité à grande impédance d'entrée pour réduire l'influence de l'appareil sur le fonctionnement du circuit contrôlé) (cf. aussi* probe[1] (a), unity-gain amplifier *et* input impedance).

active pull-up *cf.* active pull-up device.

active pull-up device dispositif actif d'excursion haute *(autre nom, plus général, d'un transistor d'excursion haute) (circuit logique) (cf. aussi* pull-up transistor).

active quadripole quadripôle actif *(quadripôle constituant un réseau électrique actif) (exemples : amplificateur, modulateur, filtre actif) (cf. aussi* quadripole *et* active network).

active radar radar actif *(nom parfois donné à un radar ordinaire par opposition à un radar passif) (cf. aussi* radar *et* passive radar).

active radar-controlled missile *cf.* active radar homing missile.

active radar guidance *cf.* active radar homing.

active radar guidance head *cf.* active radar seeker.

active radar guidance system *cf.* active radar seeker.

active radar guidance unit *cf.* active radar seeker.

active radar-guided homing missile *cf.* active radar homing missile.

active radar homing autopoursuite radar active *(autopoursuite d'une cible par un missile à autodirecteur radar actif) (mil) (cf. aussi* homing[1] 2) *et* active radar homing missile).

active radar homing head *cf.* active radar seeker.

active radar-homing illumination illumination par un autodirecteur radar actif *(illumination d'une cible attaquée par un missile à autodirecteur radar actif) (mil) (cf. aussi* target illumination *et* active radar seeker).

active radar homing missile missile à autodirecteur radar actif, missile à autopoursuite radar active, missile à autoguidage radar actif *(missile dont le pilotage est assuré par un autodirecteur radar actif) (mil) (cf. aussi* active radar seeker).

active radar homing sensor *cf.* active radar seeker.

active radar homing unit *cf.* active radar seeker.

active radar seeker autodirecteur radar actif *(etc.) (autodirecteur de missile dans lequel le détecteur est un petit radar de poursuite dont l'antenne illumine la cible et reçoit les échos renvoyés par celle-ci, lesquels sont analysés dans le récepteur pour élaborer les signaux de pilotage) (utilise une petite antenne parabolique montée à la cardan ou, plus récemment, une antenne à balayage électronique, généralement montée à la cardan) (assure l'autopoursuite active de la cible) (mil) (cf. aussi* homing head, tracking radar, parabolic antenna, phased-array antenna, active homing, repeater jammer *et* radar seeker).

active radar seeker head *cf.* active radar seeker.

active radar seeking head *cf.* active radar seeker.

active radar terminal guidance guidage terminal par radar actif *(guidage terminal assuré par un autodirecteur radar actif) (missile) (cf. aussi* terminal guidance *et* active radar seeker).

active-radar terminal-guidance head *cf.* active-radar terminal-guidance seeker.

active radar terminal-guidance seeker autodirecteur de guidage terminal à radar actif *(nom descriptif d'un autodirecteur radar terminal) (missile) (cf. aussi* radar terminal seeker).

active-radar terminal-guidance system *cf.* active-radar terminal-guidance seeker.

active-radar terminal-guidance unit *cf.* active-radar terminal guidance seeker.

active radar terminal homing *cf.* active radar terminal guidance.

active radar terminal seeker *cf.* active-radar terminal-guidance seeker.

active radar threat menace radar active *(nom parfois donné à la menace radar ordinaire pour la distinguer de la menace radar passive) (mil) (cf. aussi* radar threat).

active radar unit *cf.* active radar seeker.

active range measurement *cf.* active ranging.

active ranging télémétrie active *(télémétrie nécessitant l'émission de signaux) (télémétrie radar, télémétrie laser, télémétrie sonar active) (cf. aussi* radar ranging, laser ranging, active sonar ranging *et* range-finding).

active RC filter filtre RC actif *(filtre RC réalisé sous la forme d'un filtre actif) (cf. aussi* RC filter *et* active filter).

active region zone active *(zone du substrat d'un composant à semiconducteur ou autre dans laquelle se déroule un processus nécessaire au fonctionnement du composant) (exemple, dans une diode à semiconducteur, la zone active est la zone de la jonction) (noter que ce terme peut désigner une couche active) (cf. aussi* active layer).

active remote sensing télédétection active *(télédétection nécessitant l'émission d'un rayonnement par le capteur utilisé, le rayonnement capté par celui-ci étant le rayonnement réfléchi par la surface observée) (en d'autres termes, télédétection par radar cartographique) (cf. aussi* remote sensing 1) *et* ground-mapping radar).

active return *cf.* active sonar return.

active RF ... *cf.* active radar ...

active satellite *cf.* active communications satellite.

active scanning exploration active *(exploration d'une zone de l'espace avec émission d'un rayonnement) (cf. aussi* scanning (a2) (a) *exploration d'une zone de l'espace aérien ou cosmique par un radar à impulsions utilisé normalement, c.-à-d. avec l'émetteur et le récepteur en fonctionnement) (cf. aussi* pulse radar) ; (b) *exploration d'une zone de l'espace sous-marin par un sonar actif et notamment un sonar de veille actif) (mar) (cf. aussi* active search sonar).

active search veille active *(veille assurée par un radar de veille ou par un sonar de veille actif) (mil) (cf. aussi* search radar *et* active search sonar).

active search sonar sonar de veille actif *(sonar de veille constitué par un sonar actif à basse fréquence et faisceau large) (l'emploi d'impulsions à basse fréquence permet d'obtenir une portée relativement grande, condition nécessaire pour la veille) (mar. mil) (cf. aussi* search sonar *et* active sonar*)*.

active seeker autodirecteur actif, *(etc.) (autodirecteur émettant un rayonnement en direction de la cible poursuivie et exploitant la fraction du rayonnement réfléchie par celle-ci dans sa direction pour remplir sa fonction d'autoguidage) (réalise par conséquent l'autopoursuite active) (autodirecteur radar actif ou autodirecteur sonar actif) (mil) (cf. aussi* homing head, active homing, active radar seeker *et* active sonar seeker*)*.

active seeker head *cf.* active seeker.

active sensing *cf.* active remote sensing.

active sensor capteur actif *(capteur émettant un rayonnement pour remplir sa fonction) (permet par conséquent la détection active dans le cas général) (nom parfois donné à un radar ordinaire, à un radar optique, à un sonar actif ou à un télémètre laser considéré comme un capteur) (noter que le télémètre laser est un capteur actif, mais n'est pas utilisé aux fins de détection) (voir ces termes en anglais) (cf. aussi* sensor *et* active detection*)*.

active signature empreinte active, empreinte par émission *(ou par réflexion)*, signature active, signature par émission *(idem) (empreinte d'une cible obtenue par émission d'un rayonnement en direction de celle-ci, c.-à-d. à l'aide d'un radar ordinaire, d'un radar optique ou d'un sonar actif) (mil) (cf. aussi* signature 1), radar, optical radar *et* active sonar*)*.

active sonar sonar actif *(sonar émettant une impulsion acoustique et utilisant l'écho de celle-ci, c.-à-d. sonar au sens initial et correct du terme) (mar, etc.) (cf. aussi* sonar*)*.

active sonar CM *cf.* active sonar countermeasures.

active sonar countermeasures *cf.* active acoustic countermeasures.

active sonar detection détection par sonar actif *(détection d'obstacles immergés, notamment d'un sous-marin, par un sonar actif) (mar) (cf. aussi* active sonar*)*.

active sonar localization localisation par sonar actif *(localisation d'obstacles immergés, notamment d'un sous-marin, par un sonar actif) (mar) (cf. aussi* active sonar*)*.

active sonar location *cf.* active sonar localization.

active sonar range measurement *cf.* active sonar ranging.

active sonar ranging télémétrie acoustique active, télémétrie sonar active, télémétrie par sonar actif *(parf. par un sonar actif)*, mesure de distance par sonar actif *(idem) (mesure de la distance d'un obstacle effectuée à l'aide d'un sonar actif et fondée sur la connaissance de la vitesse du son dans le milieu considéré et la mesure de la durée du trajet aller et retour d'une impulsion) (mar, etc.) (cf. aussi* active sonar, speed of sound, sonar range-finder *et* sonar ranging*)*.

active sonar return écho sonar *(cf. aussi* sonar echo*)*.

active sonar signal signal de sonar actif *(signal acoustique émis par un sonar actif, écho de ce signal ou signal électrique produit par cet écho) (cf. aussi* sonar signal *et* active sonar*)*.

active sonar signal analysis analyse de signaux de sonars actifs *(mar. mil) (cf. aussi* sonar signal analysis *et* active sonar signal*)*.

active sonar signal processing traitement de signaux de sonars actifs *(mar. mil) (cf. aussi* sonar signal processing *et* active sonar signal*)*.

active sonar system station sonar active *(station sonar équipée d'un sonar actif) (mar) (cf. aussi* sonar system *et* active sonar*)*.

active sonar target cible d'un sonar actif *(cible sous-marine ou autre atteinte par les signaux d'un sonar actif) (mar. mil, etc.) (cf. aussi* sonar target *et* active sonar*)*.

active sonar target ... *cf.* active sonar ...

active sonobuoy bouée sonore active, bouée active *(bouée sonore équipée d'un petit sonar actif) (mil) (cf. aussi* sonobuoy*)*.

active submarine detection détection active des sous-marins *(détection des sous-marins par des sonars actifs) (mar. mil) (cf. aussi* active sonar*)*.

active terminal-guidance ... *cf.* active radar terminal-guidance ...

active threat menace active, *(parf.)* émission hostile *(parfois au pluriel) (menace constituée par une ou plusieurs émissions hostiles ou, parfois, ces émissions elles-mêmes) (menace radar active, menace acoustique active, menace infrarouge active, menace laser, menace d'une arme à faisceau d'énergie) (mil) (cf. aussi* active radar threat, active acoustic threat, active infrared threat, laser threat, beam weapon *et* threat*)*.

active tracker *cf.* active seeker.

active tracking poursuite active *(poursuite d'une cible avec émission d'un rayonnement et exploitation du rayonnement réfléchi par la cible) (poursuite par un radar actif, un sonar actif, un radar optique ou un autodirecteur actif) (noter à propos du dernier exemple que la poursuite active inclut l'autopoursuite active et que, par conséquent, le terme anglais a un sens plus large que « active homing ») (mil, etc.) (cf. aussi* active radar, active sonar, optical radar, active seeker, active homing *et* tracking 1) (a))*.

active tracking head *cf.* active seeker.

active tracking sensor *cf.* active seeker.

active tracking system *cf.* active seeker.

active tracking unit *cf.* active seeker.

active transducer transducteur actif *(transducteur comprenant une source d'énergie susceptible d'introduire un gain entre la grandeur d'entrée et la grandeur de sortie) (la puissance fournie à la charge peut donc être supérieure à la puissance absorbée à l'entrée) (cf. aussi* transducer 1))*.

actively homing ... *cf.* active homing ...

actuating signal signal d'erreur *(asser) (cf. aussi* error signal*)*.

actuating variable grandeur d'influence *(asser) (cf. aussi* influence quantity (c))*.

actuator actionneur *s*, organe de puissance, organe d'exécution *(vérin, servomoteur, moteur pas-à-pas, moteur couple, électro-aimant ou autre dispositif actionnant un organe dans un servomécanisme) (cf. aussi* analog actuator, digital actuator, servomotor, stepper motor, torque motor, electromagnet *et* servomechanism*)*.

ACV *cf.* ac voltage.

AD radar *cf.* air-defense radar.

Ada *(marque déposée) (du nom de Augusta Ada Byron, collaboratrice du mathématicien anglais Charles Babbage, qui a programmé le calculateur numérique mécanique inventé par celui-ci vers 1836 et appelé « The analytical engine » — la machine analytique —, qui est l'ancêtre de l'ordinateur avec son entrée des informations par cartes perforées, son organe de calcul mécanique, sa mémoire à roues dentées et l'impression des résultats)* Ada *(langage de programmation évolué adopté par le « Department of Defense » (Ministère de la Guerre) aux États-Unis) (inf) (cf. aussi* high-level langage*)*.

adapter adaptateur *s (dispositif permettant d'associer deux dispositifs de même nature, mais de constructions ou caractéristiques différentes) (cf. aussi* socket adapter *et* microwave adapter*)*.

adaptive aerial *(GB) cf.* adaptive antenna.

adaptive antenna antenne adaptative, antenne auto-adaptative *(antenne de radar à balayage électronique commandée par microprocesseur adaptant automatiquement et instantanément la forme du faisceau émis au mode et conditions de fonctionnement de l'appareil) (mil, etc.) (cf. aussi* phased-array antenna, microprocessor *et* multimode radar*)*.

adaptive array *cf.* adaptive antenna.

adaptive array antenna *cf.* adaptive antenna.

adaptive control *(la)* commande adaptative *(ou* auto-adaptative) *(commande automatique réalisée par un système asservi adaptatif) (cf. aussi* adaptive control system*)*.

adaptive control system système asservi adaptatif *(ou* auto-adaptatif) *(système asservi adaptant une ou plusieurs de ses caractéristiques de fonctionnement, notamment le gain de l'amplificateur de la chaîne directe, à ses conditions de fonctionnement, généralement à l'aide d'un microprocesseur) (asser) (cf. aussi* closed-loop control system, operating characteristics, gain 1), forward path, operating conditions *et* microprocessor*)*.

adaptive delta modulation modulation delta adaptative *(ou* auto-adaptative) *(méthode de compression de la parole utilisant la modulation delta) (cf. aussi* speech compression *et* delta modulation*)*.

adaptive electronic warfare receiver *cf.* adaptive surveillance receiver.

adaptive equalization égalisation automatique, égalisation adaptative *(ou* auto-adaptative) *(égalisation de voies ou lignes téléphoniques réalisée par un égaliseur ou un modem équipé d'un microprocesseur adaptant automatiquement l'affaiblissement introduit aux conditions de transmission) (tls) (cf. aussi* equalization (b), modem *et* microprocessor).

adaptive equalizer égaliseur automatique, égaliseur adaptatif *(ou* auto-adaptatif) *(égaliseur téléphonique réalisant l'égalisation automatique) (tls) (cf. aussi* equalizer 3) *et* adaptive equalization).

adaptive EW receiver *cf.* adaptive electronic warfare receiver.

adaptive filter filtre adaptatif *(filtre actif de récepteur dont le gabarit peut être modifié automatiquement et quasi-instantanément par un microprocesseur selon les signaux reçus) (radar mil, etc.) (cf. aussi* active filter, attenuation contour *et* microprocessor).

adaptive filtering filtrage adaptatif *(filtrage réalisé par un filtre adaptatif) (cf. aussi* adaptive filter).

adaptive nulling antenna antenne antibrouillage adaptative, *(etc.) (antenne antibrouillage dans laquelle l'orientation des zéros de réception suit celle des brouilleurs) (mil) (cf. aussi* nulling antenna).

adaptive processing *cf.* adaptive signal processing.

adaptive radar radar adaptatif, radar auto-adaptatif *(radar à impulsions équipé d'une antenne adaptative et d'un récepteur à traitement adaptatif des signaux) (mil, etc.) (cf. aussi* pulse radar, adaptive antenna *et* adaptive signal processing).

adaptive routing acheminement adaptatif *(acheminement des messages dans un réseau de télécommunications à commutation de paquets) (cf. aussi* packet switching).

adaptive signal processing traitement adaptatif des signaux *(traitement numérique de signaux dans lequel les opérations exécutées sur ceux-ci dépendent de certaines de leurs caractéristiques) (est exécuté sous la direction d'un microprocesseur) (radar, etc.) (cf. aussi* digital signal processing *et* microprocessor).

adaptive surveillance receiver récepteur d'écoute adaptatif *(ou* auto-adaptatif) *(récepteur d'écoute équipé d'un microprocesseur lui permettant de s'accorder automatiquement sur la fréquence d'un signal hostile malgré les sauts de fréquence éventuels de celui-ci, ce entre certaines limites) (mil) (cf. aussi* surveillance receiver *et* tuning).

adaptive sweep balayage adaptatif *(balayage dont la vitesse varie automatiquement en fonction d'un événement extérieur) (cf. aussi* sweep[1]).

adaptive tuning accord adaptatif *(ou* auto-adaptatif) *(noms parfois donnés à l'accord automatique d'un récepteur d'écoute adaptatif) (cf. aussi* adaptive surveillance receiver).

ADC *cf.* analog-to-digital converter.

Adcok aerial *(GB) cf.* Adcok antenna.

Adcok antenna antenne Adcok *(antenne d'émission directive formée de deux brins verticaux produisant un diagramme de rayonnement en forme de huit) (cf. aussi* radiation pattern *et* Adcok direction finder).

Adcok direction finder radiogoniomètre Adcock, station VDF *(radiogoniomètre au sol fonctionnant en bande VHF et utilisant deux ou plusieurs antennes Adcok fixées en haut d'un mât et dont les brins sont disposés deux à deux aux sommets opposés d'un polygone régulier, l'ensemble étant complété par une antenne centrale permettant le lever de doute) (radionav) (avia) (cf. aussi* radio direction finder, VHF band, Adcok antenna *et* ambiguity resolution (a)).

add-and-divide principle principe d'addition et de division (de fréquences) *(synthèse de fréquence) (cf. aussi* frequency synthesis).

add-in board *(ou* card) carte d'extension *(inf) (cf. aussi* expansion board).

add-on capability possibilités d'extension *(parfois au singulier) (possibilité d'élargir le domaine d'utilisation d'un appareil par adjonction ou échange de cartes ou tiroirs enfichables ou par adjonction d'appareils complémentaires) (cf. aussi* expansion board, plug-in[1] *et* capability).

add-on memory mémoire additionnelle *(mémoire conçue pour pouvoir être ajoutée à une mémoire modulaire) (inf) (cf. aussi* modular memory).

add-on unit bloc additionnel *(ensemble de circuits ou dispositif monté dans un boîtier destiné à être utilisé en liaison avec un appareil pour élargir ses possibilités).*

add-ons extensions *(non donné, notamment en informatique, aux « accessoires » conçus pour élargir les possibilités d'un matériel) (cf. aussi* add-on capability).

add with carry *v* additionner avec report *(inf) (cf. aussi* binary addition *et* carry).

adder additionneur *s* , *(souvent aussi)* circuit d'addition *(dispositif exécutant une addition) (ce terme désigne généralement un additionneur binaire) (cf. aussi* binary adder).

adder-subtracter additionneur-soustracteur *(montage fonctionnant en additionneur binaire ou en soustracteur binaire selon l'absence ou la présence d'un signal de commande approprié) (inf) (cf. aussi* binary adder *et* binary subtracter).

adding circuit *cf.* adder.

adding counter compteur progressif *(cf. aussi* up counter).

addition circuit *cf.* adder.

addition instruction instruction d'addition *(instruction commandant l'exécution d'un sous-programme d'addition) (inf) (cf. aussi* instruction *et* addition subroutine).

addition subroutine sous-programme d'addition *(sous-programme d'ordinateur établi pour l'exécution d'additions, celles-ci étant effectuées sous la forme binaire) (inf) (cf. aussi* subroutine *et* binary addition).

additive method *cf.* additive process.

additive mixing (la) synthèse additive (des couleurs) *(reproduction d'une couleur par superposition ou juxtaposition de trois flux lumineux de couleurs primaires convenablement dosés, la sensation visuelle étant la même dans les deux cas à partir d'une certaine distance) (est employée notamment pour la formation des images de télévision en couleurs, la juxtaposition des couleurs primaires étant réalisée à l'aide de triplets de luminophores) (cf. aussi* primary color *et* triad 1)).

additive primaries (les) primaires additives *(nom souvent donné aux couleurs primaires utilisées dans la synthèse additive) (cf. aussi* additive mixing).

additive process méthode additive, procédé additif *(noter l'ordre de préférence des termes) (procédé de fabrication de circuits imprimés dans lequel le réseau de conducteurs est formé sur un substrat isolant nu, généralement par galvanoplastie) (est très peu employé) (cf. aussi* printed circuit *et* electrodeposition).

address[1] *s* adresse (a) *en informatique, mot binaire identifiant un emplacement de mémoire ou un organe d'un ordinateur ou, par extension, cet emplacement ou cet organe) (cf. aussi* absolute address, base address, relative address, physical address, virtual address, column address, line address, binary word *et* memory location) ; (b) *en affichage matriciel ou en présentation matricielle, coordonnées d'un point de la matrice de points ou signaux représentant ces coordonnées) (cf. aussi* matrix display *et* bit-mapped display).

address[2] *v* adresser *(désigner par son adresse pour y accéder) (cf. aussi* address[1]).

address bits binaires d'adresse *(binaires formant une adresse) (cf. aussi* bit *et* address[1]).

address buffer *cf.* address-line buffer.

address bus bus d'adresses *(bus d'ordinateur par lequel transite un signal d'adresse émis par l'unité de commande à destination du registre d'adresse lorsqu'une opération en mémoire est nécessaire) (inf) (cf. aussi* bus (a1), address signal, control unit 2), address register *et* memory operation).

address column colonne de positions de mémoire, colonne d'emplacements de mémoire *(rangée verticale de positions de mémoire dans une mémoire matricielle) (inf) (cf. aussi* memory location *et* matrix memory).

address computation calcul d'adresse *(détermination d'une adresse effective) (inf) (cf. aussi* effective address).

address decoder décodeur d'adresses, logique de décodage d'adresses *(partie du décodeur d'instructions d'un ordinateur chargée du décodage de la partie adresse des instructions) (inf) (cf. aussi* instruction decoder, address[1] *et* address decoding).

address decoding décodage des adresses *(dans le décodeur d'adresses d'un ordinateur, émission de signaux représentant une adresse) (inf) (cf. aussi* address decoder*).*

address decoding circuitry circuits de décodage d'adresses *(circuits d'un décodeur d'adresses) (inf) (cf. aussi* address decoder *et* circuitry*).*

address decoding logic *cf.* address decoder.

address driver *cf.* address-line driver.

address field zone adresse, partie adresse *(zone d'une instruction d'ordinateur contenant une adresse) (inf) (cf. aussi* instruction field *et* address[1]*).*

address format format d'adresse, format des adresses, *(parf.)* format de l'adresse *(inf) (cf. aussi* format[1] *et* address[1] (a) *).*

address information *cf.* addressing information.

address input *cf.* address signal.

address input buffer *cf.* address-line buffer.

address line ligne d'adresse *(une des lignes d'un bus d'adresses) (inf) (cf. aussi* address bus*).*

address-line buffer *cf.* address-line driver.

address-line driver attaqueur de ligne d'adresse, *(etc.) (attaqueur monté à l'entrée d'une ligne d'adresse) (inf) (cf. aussi* driver 1) *et* address line*).*

address part *cf.* address field.

address range *cf.* address space.

address register registre d'adresse *(registre d'ordinateur contenant une adresse ou des éléments nécessaires au calcul de celle-ci) (inf) (cf. aussi* base register, index register, address[1] (a), address computation *et* register[1] (a) *).*

address row ligne de positions de mémoire, ligne d'emplacements de mémoire *(rangée horizontale de positions de mémoire dans une mémoire matricielle) (inf) (cf. aussi* memory location *et* matrix memory*).*

address selection sélection d'adresse *(mise en communication de l'unité arithmétique et logique d'un ordinateur avec la position de mémoire dont l'adresse est contenue dans le registre d'adresse) (inf) (cf. aussi* arithmetic-and-logic unit *et* address register*).*

address selection circuitry *cf.* address selection logic.

address selection logic logique de sélection (d'adresse), circuits de sélection *(idem) (logique assurant la sélection d'adresse dans un ordinateur) (inf) (cf. aussi* logic (b) *et* address selection*).*

address signal signal d'adresse *(signal numérique parallèle représentant une adresse dans un ordinateur) (inf) (cf. aussi* parallel digital signal, address[1] (a) *et* address bus*).*

address space espace d'adressage, espace des adresses *(ensemble des adresses virtuelles dans un ordinateur utilisant le concept de mémoire virtuelle) (est égal à la somme des adresses réelles des différentes mémoires adressables de l'appareil) (noter que deux adresses virtuelles successives de l'espace d'adressage peuvent correspondre à deux adresses réelles appartenant à deux mémoires distinctes) (inf) (cf. aussi* virtual address, virtual memory *et* real address*).*

address strobe impulsion de sélection d'adresse *(impulsion transmise par une ligne d'adresse dans un ordinateur lorsque celle-ci est à l'état haut) (inf) (cf. aussi* address line, high level 2) *et* strobe pulse 1) *).*

address translation translation d'adresse *(changement de l'adresse de la première instruction d'un programme d'ordinateur et, par conséquent, des adresses des instructions suivantes dans la mémoire centrale de l'appareil juste avant l'exécution du programme, dans le fonctionnement en multiprogrammation, pour l'amener dans la zone voulue de la mémoire) (en d'autres termes, changement de l'adresse absolue de chacune des instructions du programme) (inf) (cf. aussi* address[1] (a), instruction, multiprogramming *et* absolute address*).*

addressability adressabilité, possibilité d'adressage *(propriété d'une mémoire adressable) (inf) (cf. aussi* addressable memory*).*

addressable memory mémoire adressable *(mémoire numérique dont tous les emplacements sont repérés par une adresse) (mémoire à tambour magnétique, mémoire à tores magnétiques, mémoire à disque(s), mémoire RAM, mémoire ROM ou dérivée) (inf) (cf. aussi* digital memory *et* address[1] (a)*).*

addressable register registre adressable *(registre d'ordina-*

teur pouvant être désigné par une adresse dans une instruction d'un programme) (inf) (cf. aussi* register[1] 1) (a), address[1] (a) *et* address field*.*

addressable storage *cf.* addressable memory.

addressable store *cf.* addressable memory.

addressing adressage *(affectation d'adresses ou émission de signaux correspondants) (inf, etc.) (cf. aussi* address[1], address signal *et* addressing mode*).*

addressing capacity capacité d'adressage *(étendue d'un espace d'addressage effectif ou possible dans un ordinateur) (inf) (cf. aussi* address space*).*

addressing data *cf.* addressing information.

addressing information information d'adressage *(information constituée par une adresse) (inf, etc.) (cf. aussi* address[1] *et* information*).*

addressing mode mode d'adressage, type d'adressage *(manière dont l'adressage est réalisé pour des informations déterminées en informatique) (adressage direct, indirect, relatif, indexé, réel ou virtuel) (cf. aussi* direct adressing, indirect addressing, relative addressing, indexed addressing, real addressing, virtual addressing *et* addressing*).*

addressing space *cf.* address space. *(ce terme étant le plus employé).*

ADF *cf.* automatic direction finder.

ADF loop cadre de radiocompas *(radionav) (cf. aussi* automatic direction finder*).*

adjacent channel **1)** canal voisin *(bande de fréquences occupée par une émission radio la plus proche de celle de l'émission sur laquelle est accordé un récepteur radio) (cf. aussi* frequency band *et* adjacent-channel interference*).* **2)** voie contiguë *(voie d'un multiplex téléphonique la plus proche d'une autre voie du même multiplex) (cf. aussi* multiplex[1]*).*

adjacent-channel attenuation atténuation des canaux voisins, réjection des canaux voisins *(grandeur exprimant la sélectivité proche d'un récepteur radio accordé sur une émission déterminée) (cf. aussi* attenuation *et* adjacent-channel selectivity*).*

adjacent-channel interference **1)** interférence entre canaux voisins *(radio) (cf. aussi* adjacent-channel selectivity*).* **2)** diaphonie *(multiplex tél) (cf. aussi* crosstalk 1) *et* multiplex[1]*).*

adjacent-channel rejection *cf.* adjacent-channel attenuation.

adjacent-channel selectivity sélectivité proche *(sélectivité d'un récepteur radio par rapport à un canal voisin) (cf. aussi* selectivity (a) *et* adjacent channel 1) *).*

adjacent-track crosstalk diaphonie entre pistes voisines *(enr. mag) (cf. aussi* crosstalk 1) *).*

adjacent-track interference *cf.* adjacent-track crosstalk.

adjustability ajustabilité *(nom souvent donné à la définition d'un potentiomètre ou un condensateur ajustable) (cf. aussi* resolution (d) *et* trimmer 1) *).*

adjustable capacitor condensateur ajustable *(cf. aussi* trimmer capacitor*).*

adjustable ceramic capacitor condensateur céramique ajustable *(cf. aussi* ceramic capacitor *et* adjustable capacitor*).*

adjustable core noyau réglable, noyau magnétique réglable *(au sens du terme anglais, noyau de transformateur haute fréquence) (cf. aussi* RF transformer*).*

adjustable index bug repère mobile *(repère déplaçable sur le cadran d'un appareil de mesure analogique) (cf. aussi* meter scale*).*

adjustable resistor résistance ajustable, résistance à collier *(résistance bobinée à fil nu ou apparent munie d'un collier déplaçable serré par une vis et destiné à être relié à une des deux bornes de la résistance par une connexion souple pour court-circuiter une longueur réglable de celle-ci, ou parfois, laissé tel quel pour utiliser la résistance comme diviseur de tension à résistances ajustable) (cf. aussi* wirewound resistor, rheostat connection *et* resistor voltage divider*).*

adjustable short court-circuit réglable *(hyper) (cf. aussi* sliding short*).*

adjustable voltage divider diviseur de tension réglable *(nom descriptif d'un potentiomètre monté normalement) (cf. aussi* potentiometer 1)).

adjusted decibel décibel pondéré *(acou) (cf. aussi* decibels adjusted*).*

adjusting¹ *s cf.* adjustment.

adjusting² *a* de réglage *(dispositif) (cf. aussi* adjustment 1)).

adjustment **1)** réglage *(fixation de la valeur effective d'une grandeur variable à l'aide d'un dispositif approprié) (cf. aussi* zero adjustment *et* variable quantity). **2)** ajustage *(cf. aussi* trimming).

adjustment in steps réglage par paliers, *(etc.) (cf. aussi* adjustement 1) *et* in steps).

adjustment potentiometer potentiomètre d'ajustement *(cf. aussi* trimming potentiometer).

admittance **1)** admittance, Y *(inverse de l'impédance, c.-à-d. aptitude d'un circuit ou un élément de circuit à laisser passer un courant alternatif) (est une grandeur complexe, au sens mathématique, dont la partie réelle est la conductance et la partie imaginaire la susceptance) (cf. aussi* conductance, susceptance *et* impedance). **2)** *cf.* acoustic admittance.

ADP **1)** *cf.* automatic data processing. **2)** *cf.* ammonium dihydrogen phosphate.

ADT *cf.* automatic detection and tracking.

advanced electronics *(cf. aussi* electronics) **1)** (l')électronique de pointe *(électronique faisant appel aux notions les plus récentes de cette science).* **2)** électronique évoluée *(matériel électronique mettant en œuvre l'électronique de pointe) (cf. aussi* electronic equipment *et* 1) *ci-dessus).*

advanced low-power Schottky TTL logique TTL Schottky à faible consommation améliorée, logique TTL ALS *(sigle du qualificatif anglais) (le premier terme, trop long, est peu employé) (logique TTL Schottky à faible consommation à temps de commutation encore plus court) (cf. aussi* low-power Schottky TTL *et* switching time 1)).

advanced packaging techniques nouvelles méthodes d'encapsulation, nouveaux procédés d'encapsulation *(composants) (cf. aussi* packaging 1)).

advanced signal processing traitement élaboré des signaux *(traitement numérique de signaux avec utilisation d'un programme complexe, donc d'un ordinateur à grande puissance de traitement) (inf) (cf. aussi* digital signal processing *et* processing power).

aerial *s et a cf.* antenna *(de même pour les termes dérivés qui ne figurent pas ci-après).*

aerial cable câble aérien *(câble téléphonique ou autre constituant une ligne aérienne) (cf. aussi* telephone cable *et* overhead line).

aerial line ligne aérienne *(cf. aussi* overhead line).

aerial target cible aérienne *(cible radar ou autre située dans l'espace aérien) (avion ou hélicoptère, avec ou sans pilote, plate-forme de surveillance, missile, bombe planante, nuage d'eau ou de sauterelles, etc.) (mil, etc.) (cf. aussi* target (a) *et* air search).

aerosol absorption absorption par les aérosols *(absorption d'un faisceau laser par les particules liquides en suspension dans l'atmosphère) (cf. aussi* aerosol countermeasures *et* laser weapon).

aerosol breakdown *cf.* aerosol scattering.

aerosol countermeasures contre-mesures par aérosols *(création d'un nuage d'aérosols dans l'atmosphère par une cible visée par une arme laser pour arrêter la propagation du faisceau laser) (mil) (cf. aussi* aerosol scattering *et* laser weapon).

aerosol scattering diffusion par les aérosols *(faisceau laser) (cf. aussi* scattering *et* aerosol absorption).

aerospace electronics (l')électronique aérospatiale *(terme couvrant l'avionique et l'électronique spatiale) (cf. aussi* avionics, space electronics *et* electronics (a) *et* (b)).

AEW *cf.* airborne early warning. *(de même pour les termes dérivés).*

AF *cf.* audio frequency *(de même pour les termes dérivés).*

AFC *cf.* automatic frequency control.

AFC loop circuit de commande automatique de fréquence, circuit CAF *(super) (cf. aussi* automatic frequency control).

AFT *cf.* automatic fine tuning.

aft jamming brouillage vers l'arrière, brouillage arrière *(brouillage opéré par un brouilleur d'aéronef militaire dont l'antenne rayonne vers l'arrière de l'appareil) (le brouilleur considéré est souvent un brouilleur d'autoprotection) (cf. aussi* self-protection jammer *et* jamming).

aft jamming antenna antenne de brouillage arrière *(cf. aussi* aft jamming).

aft radar radar de queue *(avion mil) (cf. aussi* tail warning radar).

afterglow persistance *(écran cath) (cf. aussi* persistence).

afterimage traînage *(image TV) (cf. aussi* streaking).

AGC *cf.* automatic gain control.

AGC loop circuit de commande automatique de gain, *(etc.) (super) (cf. aussi* automatic gain control).

age of computing (l')ère de l'informatique *(cf. aussi* computer age).

agile *cf.* frequency-agile.

agile ... *cf.* frequency-hopping ... *(pour les termes qui ne figurent pas ci-après).*

agile-agile problem problème de la double agilité (en fréquence), problème des doubles sauts de fréquence *(problème posé par le choix du meilleur compromis entre les sauts de la fréquence des impulsions émises par un radar militaire à sauts de fréquence et les sauts de la fréquence de récurrence de ces impulsions) (cf. aussi* frequency-hopping radar, pulse carrier frequency *et* pulse repetition frequency).

agility *cf.* frequency agility.

aging *s* vieillissement *(variation naturelle ou non d'une ou plusieurs caractéristiques d'une matière ou d'un composant en fonction du temps) (cf. aussi* artificial aging, aging performance *et* material).

aging drift dérive due au vieillissement *(nom souvent donné à la dérive temporelle de la fréquence d'oscillation d'un résonateur à quartz) (cf. aussi* time drift *et* quartz resonator).

aging performance comportement au vieillissement, comportement dans le temps *(vieillissement plus ou moins rapide et régulier) (isolant, résonateur à quartz, etc.) (cf. aussi* aging *et* aging rate).

aging rate vitesse de vieillissement *(vieillissement par unité de temps, celle-ci étant souvent l'heure, le jour ou le mois) (cf. aussi* aging).

agitation noise bruit d'agitation thermique *(cf. aussi* thermal noise).

agonic line ligne agonique *(ligne courbe imaginaire passant par les points de la surface de la Terre où la déclinaison magnétique est nulle) (géomagnétisme) (cf. aussi* magnetic declination).

AGPO *cf.* angle-gate pull-off.

agrionics (l')électronique agricole, (l')agronique *sf (technique du matériel électronique conçu pour être utilisé sur machines agricoles et caractérisé par une excellente protection contre la poussière, l'humidité et les vibrations) (cf. aussi* electronics¹ (b)).

AGWO *cf.* angle-gate walk-off.

Ah *cf.* ampere-hour.

AI *cf.* artificial intelligence *(de même pour les termes dérivés qui ne figurent pas ci-après).*

AI radar *cf.* airborne interception radar.

aided tracking poursuite semi-automatique *(poursuite automatique d'une cible par un radar, en azimut ou en site, avec réglage périodique ou non de la vitesse de poursuite par l'opérateur) (avia) (cf. aussi* automatic tracking).

AIDS *cf.* aircraft integrated data system.

AIM *cf.* avalanche-induced migration.

aiming pointage *(au sens du terme anglais, pointage avec une intention hostile, c.-à-d. pointage d'une arme laser ou autre ou d'un marqueur laser en direction d'une cible) (cf. aussi* pointing, beam weapon *et* laser designator).

air-air ... *cf.* air-to-air ...

air-based radar *cf.* airborne radar.

air-bearing wafer stage porte-plaquette à coussin d'air *(fab. semi) (cf. aussi* wafer stage).

air capacitor condensateur à air *(condensateur dans lequel le diélectrique est de l'air, les armatures étant maintenues à une certaine distance l'une de l'autre) (cas général des condensateurs variables notamment) (cf. aussi* capacitor *et* variable capacitor).

air cell pile à dépolarisation par l'air *(pile galvanique dans laquelle la dépolarisation est assurée par l'oxygène de l'air) (pile Maiche inventée en 1879 ou pile Féry, amélioration de la précédente, réalisée en 1916) (cf. aussi* depolarization (a)).

air-combat mode mode de tir air-air, mode air-air *(mode de fonctionnement d'un radar multimode d'avion militaire utilisé pour la conduite de tir en combat aérien) (cf. aussi* multimode radar *et* fire-control radar).

air-combat radar radar de combat aérien *(nom parfois donné à un radar de conduite de tir d'avion militaire utilisé pour le combat aérien) (cf. aussi* air-combat mode).

air conduction conduction aérienne *(nom parfois donné à la propagation du son dans un conduit rempli d'air, notamment dans l'oreille et alors par opposition à la conduction osseuse) (cf. aussi* bone conduction *et* sound[1]).

air controller *cf.* air traffic controller.

air-cooled tube tube refroidi par air, tube électronique refroidi par air *(tube électronique de puissance refroidi par convection naturelle ou forcée de l'air ambiant léchant éventuellement des ailettes radiales) (cf. aussi* power tube).

air core noyau à air *(noyau d'une bobine d'inductance haute fréquence ou d'un transformateur haute fréquence constitué par de l'air, c.-à-d. absence de noyau, pour réduire à zéro les pertes par hystérésis magnétique et par courants de Foucault) (cf. aussi* magnetic core 1), hysteresis loss *et* eddy-current loss).

air-core coil bobine à air, bobine sans fer, bobine sans noyau (magnétique), inductance *(idem) (bobine d'inductance haute fréquence à air) (cf. aussi* RF coil *et* air core).

air-core inductor *cf.* air-core coil. *(ce terme étant le plus employé) (cf. aussi* inductor).

air-core transformer transformateur à air, transformateur sans fer, transformateur sans noyau (magnétique) *(transformateur haute fréquence à air) (cf. aussi* RF transformer *et* air core).

air-data computer centrale anémométrique *(calculateur électronique d'avion fournissant des signaux tenant compte des différents signaux fournis notamment par le badin ou le tube de Pitot et une sonde d'incidence) (avia) (cf. aussi* electronic computer).

air-defense Doppler radar radar Doppler anti-aérien, radar Doppler de défense aérienne *(mil) (cf. aussi* Doppler radar *et* air-defense radar).

air-defense radar radar anti-aérien, radar de défense aérienne *(radar de veille ou de poursuite anti-aérienne, de conduite de tir anti-aérien ou de guidage de missiles sol-air) (mil) (cf. aussi* air-search radar, tracking radar, fire-control radar, beam-rider guidance *et* radar).

air-defense radar jamming brouillage des radars anti-aériens (ou de défense aérienne) *(par des aéronefs militaires, avec ou sans pilote, équipés de brouilleurs appropriés) (cf. aussi* radar jamming *et* air-defense radar).

air gap **1)** entrefer *(solution de continuité ménagée dans un circuit magnétique pour empêcher celui-ci de se saturer et éventuellement pour permettre le déplacement d'une partie du circuit par rapport à l'autre) (on se rappellera que, pour une même intensité de champ magnétique, l'induction magnétique créée par celui-ci est beaucoup moins grande dans l'air que dans un corps ferromagnétique, la perméabilité magnétique de l'air étant beaucoup moins grande que celle d'un tel corps) (la présence d'un entrefer empêche donc la saturation du circuit magnétique en limitant l'induction dans celui-ci à la valeur qu'elle a dans l'entrefer, les deux éléments du circuit magnétique — partie métallique et air de l'entrefer — étant disposés en série sur le parcours des lignes de force du champ magnétique dans le circuit magnétique) (cette action d'un entrefer sur l'induction dans un circuit magnétique est donc l'analogue magnétique de l'action d'une résistance insérée dans un circuit électrique pour limiter l'intensité du courant à la valeur qu'elle a dans la résistance) (machine électrique) (élt) (cf. aussi* magnetic circuit, magnetic saturation, magnetic field strength, magnetic induction 2), ferromagnetic material, permeability *et* electrical machine). **2)** éclateur *(cf. aussi* spark gap).

air-ground ... *cf.* air-to-ground ...

air-insulated isolé par l'air *(cf. aussi* air insulation).

air insulation isolation par l'air *(isolation de deux conducteurs nus ou éléments de conducteur nu maintenus à une certaine distance l'un de l'autre dans l'air ambiant, celui-ci constituant l'isolant et devant être sec) (les éléments de conducteur sont généralement les spires successives d'une bobine en fil nu, notamment en haute fréquence, le « fil » pouvant être gros comme le doigt dans un émeteur radioélectrique de grande puissance) (cf. aussi* insulation 1) (a)).

air intercept radar *cf.* airborne interception radar.

air-interception radar *cf.* airborne interception radar.

air-isolated structure structure isolée par l'air *(structure de circuit intégré monolithique dans laquelle certains éléments chevauchent d'autres éléments dont ils ne sont isolés que par une mince couche d'air) (cf. aussi* monolithic integrated circuit).

air navigation navigation aérienne *(navigation des aéronefs, c.-à-d. en pratique des avions et des hélicoptères) (cf. aussi* navigation).

air navigation aid aide à la navigation aérienne *(avia) (cf. aussi* navigation aid).

air radio navigation radionavigation aérienne *(radionavigation des aéronefs) (clpf) (cf. aussi* radio navigation).

air route surveillance radar radar de surveillance de couloir aérien *(avia) (cf. aussi* radar *et* en-route navigation).

air search veille aérienne *(surveillance de l'espace aérien par un radar de veille en vue de détecter les cibles aériennes éventuelles) (le radar peut être un radar au sol, fixe ou monté sur véhicule, un radar de navire ou un radar d'aéronef) (mil) (cf. aussi* air-search radar *et* aerial target).

air search radar radar de veille aérienne *(radar de veille conçu pour la veille aérienne) (mil) (cf. aussi* search radar *et* air search).

air-surface ... *cf.* air-to-surface ...

air surveillance *cf.* air search.

air surveillance radar *cf.* air search radar.

air target *cf.* aerial target.

air-target indicator système ATI *(initiales du terme anglais),* MTI d'amplitude *(dans un radar panoramique, dispositif éliminateur d'échos fixes utilisant l'augmentation de la différence d'amplitude entre les échos utiles et les échos de sol pour éliminer ceux-ci) (cette augmentation est obtenue à l'aide d'une antenne émettant un faisceau à couverture haute pendant un tour, puis un faisceau à couverture basse pendant le tour suivant, et ainsi de suite, grâce à un dispositif de commutation) (la couverture haute permet une bonne visualisation de la zone proche du radar en diminuant l'amplitude des échos de sol dans celle-ci) (la couverture basse sert à explorer la zone lointaine, les échos de sol étant peu gênants dans celle-ci) (il faut donc deux tours d'antenne pour explorer toute la zone couverte par le radar, ce qui oblige à la faire tourner deux fois plus vite pour une même cadence de renouvellement des informations radar) (ce système est beaucoup plus simple que le MTI classique, mais il est moins performant) (avia) (cf. aussi* moving-target indicator *et* radar data (a)).

air-to-air attack mode *cf.* air-combat mode.

air-to-air communications liaisons air-air, liaisons entre aéronefs *(cf. aussi* air-to-air link).

air-to-air data link liaison de transmission de données entre aéronefs *(cf. aussi* data link *et* air-to-air communications).

air-to-air down-look mode mode de couverture basse air-air *(mode de fonctionnement d'un radar multifonction d'aéronef militaire utilisé pour la surveillance de l'espace aérien situé en avant et au-dessous de l'appareil) (cf. aussi* multimode radar).

air-to-air link liaison air-air, liaison entre aéronefs *(liaison radio en deux aéronefs) (cf. aussi* radio link *et* aircraft communications).

air-to-air mode mode air-air *(mode de fonctionnement d'un radar multifonction d'aéronef militaire cherchant, détectant ou suivant une cible aérienne, éventuellement en remplissant la fonction de conduite de tir dans le dernier cas) (cf. aussi* air-to-air search mode, air-combat mode *et* multimode radar).

air-to-air radar *cf.* airborne interception radar.

air-to-air ranging télémétrie air-air *(mesure de la distance d'une cible aérienne par un radar d'avion militaire) (cf. aussi* aerial target *et* radar ranging).

air-to-air role *cf.* air-to-air mode.

air-to-air search *cf.* airborne search.

air-to-air search and tracking veille et poursuite air-air *(veille aérienne et poursuite de cibles aériennes par un radar d'aéronef militaire à balayage électronique)* (cf. aussi air search, tracking 1) (a) et track-while-scan radar).

air-to-air search and tracking capability possibilités de veille et poursuite air-air *(parfois au singulier) (radar d'aéronef militaire)* (cf. aussi air-to-air search and tracking et capability).

air-to-air search and tracking mode mode de veille et poursuite air-air *(un des modes de fonctionnement de certains radars d'aéronefs militaires)* (cf. aussi air-to-air search and tracking).

air-to-air search mode mode de veille air-air *(un des modes de fonctionnement d'un radar multifonction d'aéronef militaire)* (cf. aussi air-to-air search et multimode radar).

air-to-air surveillance cf. air-to-air search.

air-to-air threat menace air-air *(menace aérienne pour un aéronef, c.-à-d. radar d'aéronef suivant un aéronef adverse ou missile air-air poursuivant ce dernier)* (cf. aussi threat).

air-to-air up-look mode mode de couverture haute air-air *(mode de fonctionnement d'un radar multifonction d'aéronef militaire utilisé pour la surveillance de l'espace aérien situé en avant et au-dessus de l'appareil)* (cf. aussi multimode radar).

air-to-ground attack capability possibilités d'utilisation pour l'attaque au sol *(parfois au singulier) (radar multifonction d'aéronef militaire)* (cf. aussi multimode radar et capability).

air-to-ground attack mode mode d'attaque au sol, mode air-sol *(un des modes de fonctionnement d'un radar multifonction d'aéronef militaire)* (cf. aussi multimode radar).

air-to-ground communications liaisons air-sol, liaisons entre aéronefs et le sol *(cf. aussi air-to-ground link).*

air-to-ground data link liaison de transmission de données air-sol *(liaison de transmission de données par radio entre un aéronef et le sol)* (cf. aussi data link et radio link).

air-to-ground link liaison air-sol *(liaison radio entre un aéronef et le sol)* (cf. aussi radio link et aircraft communications).

air-to-ground mapping cartographie aérienne *(cartographie effectuée à bord d'un avion)* (cf. aussi ground mapping).

air-to-ground mode mode air-sol *(voir aussi air-to-air mode et adapter la définition).*

air-to-ground ranging télémétrie air-sol *(mesure de la distance d'un aéronef militaire ou autre à un point situé au sol par le radar ou le télémètre laser de l'appareil)* (cf. aussi radar ranging et laser range-finder).

air-to-ground ranging mode mode de télémétrie air-sol *(un des modes de fonctionnement d'un radar multifonction d'aéronef militaire)* (cf. aussi air-to-air ranging et multimode radar).

air-to-sea ... cf. air-to-surface ...

air-to-surface mode mode air-surface *(nom souvent donné au mode air-sol d'un radar d'aéronef lorsque l'on veut couvrir également le cas d'une cible à la surface de la mer)* (cf. aussi air-to-ground mode).

air-to-surface radar radar air-surface *(cf. aussi air-to-surface mode).*

air-to-surface ranging télémétrie air-surface *(cf. aussi air-to-surface et air-to-ground ranging).*

air-to-surface search veille surface dans les airs *(veille surface assurée à bord d'un aéronef)* (cf. aussi surface search).

air traffic control régie de la navigation aérienne *(terme que j'ai proposé) (ne pas employer « contrôle de la navigation aérienne »)* (cf. aussi air traffic controller).

air traffic control radar beacon system cf. ATCRBS. *(le terme complet, peu maniable, étant peu employé).*

air traffic controller régisseur de vols *(terme que j'ai proposé)*, aiguilleur du ciel *(opérateur radar dirigeant le vol des aéronefs à proximité d'un aérodrome ou aéroport) (ne pas employer « contrôleur de la navigation aérienne »* (cf. aussi radar operator, radar vector, air traffic control et control tower).

air trimmer cf. air trimmer capacitor.

air trimmer capacitor condensateur ajustable à air *(condensateur ajustable réalisé sous la forme d'un petit condensateur variable classique simplifié à quelques lames)* (cf. aussi trimmer capacitor et variable capacitor).

air vane trimmer cf. air trimmer capacitor.

air variable capacitor condensateur variable à air *(cas général)* (cf. aussi variable capacitor).

air warning system système d'alerte aérienne *(chaîne de radars de veille, liaisons de télécommunications et moyens d'analyse de la situation associés) (mil)* (cf. aussi search radar et early warning).

airborne aéroporté *(s'emploie de moins en moins pour le matériel, sauf dans quelques cas précis figurant plus loin)*, d'aéronef, de bord, embarqué *(s'emploie de plus en plus pour le matériel monté sur aéronef).*

airborne active ECM cf. airborne active electronic countermeasures.

airborne active ECM equipment matériel de contre-mesures électroniques actives embarqué, matériel de contre-mesures actives embarqué *(matériel de contre-mesures électroniques actives conçu pour être monté sur un aéronef militaire)* (cf. aussi active ECM equipment).

airborne active electronic countermeasures contre-mesures électroniques actives aériennes, contre-mesures actives aériennes *(avia. mil)* (cf. aussi active electronic countermeasures et airborne electronic countermeasures).

airborne active electronic countermeasures ... cf. airborne active ECM ...

airborne air search radar radar de veille aérienne aéroporté *(radar de veille aérienne monté sur un aéronef militaire) (noter que « aéroporté » convient mieux que « embarqué » dans ce cas précis car, ici, c'est l'aéronef qui est l'auxiliaire du radar qu'il porte et non l'inverse)* (cf. aussi airborne, air search et AWACS).

airborne air surveillance radar cf. airborne air search radar.

airborne beacon cf. airborne transponder.

airborne communications télécommunications aéronautiques *(liaisons air-air et air-sol)* (cf. aussi air-to-air communications, air-to-ground communications et communications).

airborne computer calculateur embarqué, calculateur de bord *(calculateur monté dans un aéronef ou un missile)* (cf. aussi computer 1)).

airborne countermeasures cf. airborne electronic countermeasures.

airborne designator cf. airborne laser designator.

airborne DF cf. airborne direction finder.

airborne direction finder radiogoniomètre de bord, goniomètre de bord, gonio *(fam) (radiogoniomètre monté sur un aéronef)* (cf. aussi radio direction finder).

airborne Doppler radar radar Doppler embarqué *(avia)* (cf. aussi Doppler radar et airborne radar).

airborne early warning alerte lointaine par aéronef *(alerte donnée par un avion d'alerte lointaine) (mil)* (cf. aussi AWACS).

airborne early-warning radar radar d'alerte lointaine aéroporté *(mil)* (cf. aussi AWACS).

airborne ECM cf. airborne electronic countermeasures.

airborne ECM equipment matériel de contre-mesures électroniques embarqué, matériel de contre-mesures embarqué *(matériel de contre-mesures électroniques conçu pour être monté sur un aéronef militaire)* (cf. aussi ECM equipment).

airborne ECM gear cf. airborne ECM equipment.

airborne ECM hardware cf. airborne ECM equipment.

airborne electromagnetic prospecting cf. airborne magnetic prospecting.

airborne electronic countermeasures contre-mesures électroniques aériennes, contre-mesures aériennes *(contre-mesures électroniques mises en œuvre à bord d'un aéronef militaire ou d'un missile)* (cf. aussi electronic countermeasures).

airborne electronic warfare guerre électronique aérienne *(guerre électronique à laquelle prennent part des aéronefs militaires équipés de matériel approprié)* (cf. aussi electronic warfare).

airborne electronics (l')électronique embarquée *(avionique et électronique montée dans des missiles et autres projectiles)* (cf. aussi avionics).

airborne ESM equipment matériel d'écoute embarqué *(matériel d'écoute conçu pour être monté dans un aéronef militaire)* (cf. aussi ESM equipment).

airborne EW cf. airborne electronic warfare.

airborne fire-control radar radar de tir embarqué *(radar de tir d'aéronef militaire) (cf. aussi* fire-control radar).

airborne IFF interrogator interrogateur IFF embarqué *(interrogateur d'un radar IFF monté sur un aéronef militaire) (cf. aussi* interrogator).

airborne infrared threat menace infrarouge aérienne *(menace infrarouge constituée par un missile à autodirecteur infrarouge) (mil) (cf. aussi* infrared threat *et* infrared seeker).

airborne intercept radar *cf.* airborne interception radar.

airborne interception radar radar d'interception embarqué *(nom donné à un radar multifonction d'avion d'interception utilisé en mode d'interception, c.-à-d. de recherche, localisation et poursuite d'un avion hostile) (cf. aussi* multimode radar).

airborne interrogator *cf.* airborne IFF interrogator.

airborne jammer brouilleur embarqué *(brouilleur monté sur un aéronef militaire) (cf. aussi* jammer).

airborne jamming brouillage aérien, brouillage par un aéronef, *(parf.)* brouillage par des aéronefs *(brouillage opéré par un ou plusieurs brouilleurs embarqués) (mil) (cf. aussi* airborne jammer).

airborne jamming equipment matériel de brouillage embarqué *(mil) (cf. aussi* jamming equipment *et* airborne jamming).

airborne laser laser embarqué, laser monté sur aéronef *(marqueur laser, télémètre laser ou arme laser monté(e) sur un aéronef militaire) (cf. aussi* laser designator, laser rangefinder, laser weapon *et* laser).

airborne laser designation marquage laser par marqueur embarqué, *(etc.) (marquage laser opéré par un marqueur laser embarqué) (avia mil) (cf. aussi* laser designation *et* airborne laser designator).

airborne laser designator marqueur laser embarqué, *(etc.) (marqueur laser monté sur un hélicoptère militaire) (cf. aussi* laser designator).

airborne laser illumination *cf.* airborne laser designation.

airborne laser illuminator *cf.* airborne laser designator.

airborne laser pointer *cf.* airborne laser designator.

airborne laser pointing *cf.* airborne laser designation.

airborne laser range-finder télémètre laser embarqué *(télémètre laser monté sur un aéronef militaire) (mil) (cf. aussi* laser range-finder).

airborne laser tracker laser de poursuite embarqué *(laser de poursuite conçu pour être monté sur un aéronef militaire, dans celui-ci ou dans une nacelle suspendue à la cellule) (cf. aussi* laser tracker).

airborne link liaison par aéronef *(liaison par faisceau hertzien en deux bonds utilisant un aéronef comme station relais) (mil, etc.) (cf. aussi* microwave radio 1) *et* airborne relay).

airborne magnetic prospection prospection magnétique aérienne *(prospection faisant appel à la mesure des anomalies du champ magnétique terrestre) (utilise le fait que l'hétérogénéité de la structure de l'écorce terrestre due à la présence d'un gisement modifie la direction et l'intensité du champ magnétique de la Terre) (ces anomalies sont mises en évidence à l'aide d'un magnétomètre spécial suspendu à un avion par un câble comme un détecteur d'anomalies magnétiques à usage militaire) (l'avion ainsi équipé est parfois appelé « avion renifleur ») (cf. aussi* terrestrial magnetic field, magnetic anomaly detector *et* prospecting).

airborne missile launch detector détecteur de tirs de missiles (monté sur aéronef) *(mil) (cf. aussi* infrared warning receiver).

airborne monostatic radar radar monostatique embarqué *(radar classique d'aéronef) (cf. aussi* monostatic radar).

airborne monostatic radar system station radar monostatique embarquée *(cf. aussi* radar system *et* airborne monostatic radar).

airborne noise jammer brouilleur à bruit embarqué, *(etc.) (avia. mil) (cf. aussi* noise jammer *et* airborne jammer).

airborne pointer *cf.* airborne laser designator.

airborne pointing *cf.* airborne laser designation.

airborne pointing device *cf.* airborne laser designator.

airborne pointing system *cf.* airborne laser designator.

airborne radar radar embarqué, radar d'aéronef, radar aéro-porté *(radar monté sur un aéronef) (est souvent un radar multifonction) (cf. aussi* multimode radar).

airborne radar set (un) radar embarqué, *(etc.) (cf. aussi* airborne radar *et* radar set).

airborne radar system station radar embarquée, *(etc.) (avia) (cf. aussi* airborne radar *et* radar system).

airborne-radar technician technicien radar sur matériel embarqué *(technicien radar spécialiste des radars embarqués) (cf. aussi* radar technician *et* airborne radar).

airborne relay relais aérien, relais aéroporté *(relais hertzien constitué par un aéronef équipé d'un répéteur hertzien) (radiocom) (mil, etc.) (cf. aussi* radio relay, radio repeater *et* airborne link).

airborne search veille aéroportée, veille dans les airs *(veille aérienne ou veille surface assurée par un radar d'aéronef militaire) (cf. aussi* air search, surface search *et* radar).

airborne sound son aérien *(son transmis par l'air) (sdpo à « son transmis par l'eau, le sol, etc. ») (cf. aussi* sound[1]).

airborne surveillance *cf.* airborne search.

airborne target *cf.* aerial target.

airborne target designator *cf.* airborne laser designator.

airborne threat menace aérienne, *(parf.)* émission hostile aérienne *(menace constituée par un aéronef ou un missile hostile, par un marqueur laser embarqué hostile ou par l'émission du radar d'un aéronef hostile ou de l'autodirecteur d'un missile hostile à autodirecteur radar actif ou d'un marqueur laser embarqué hostile) (mil) (cf. aussi* airborne laser designator, radar, active radar seeker *et* threat).

airborne threat laser marqueur laser d'aéronef hostile *(mil) (cf. aussi* laser designator).

airborne threat radar radar d'aéronef hostile *(mil) (cf. aussi* radar *et* threat).

airborne transmitter émetteur embarqué, émetteur aéroporté *(émetteur radio ou radar monté sur un aéronef) (cf. aussi* radio transmitter *et* radar transmitter).

airborne transponder répondeur embarqué, répondeur d'aéronef *(radar d'identification) (cf. aussi* transponder).

airborne warning alerte par aéronef *(alerte donnée par un aéronef militaire) (cf. aussi* AWACS).

airborne warning and control system *cf.* AWACS. *(le terme complet, peu maniable, étant peu employé).*

airborne warning system système d'alerte embarqué, système d'alerte monté sur aéronef *(terme général couvrant notamment le radar de veille d'avion d'alerte lointaine, le détecteur de radars et le détecteur de tirs de missiles) (mil) (cf. aussi* AWACS, radar warning receiver *et* missile launch detector).

aircraft ... *cf.* airborne ... *(pour les termes qui ne figurent pas ci-après).*

aircraft aerial *(GB) cf.* aircraft antenna.

aircraft antenna antenne d'aéronef *(cf. aussi* blade antenna, flush-mounted antenna, conformal antenna *et* antenna).

aircraft bonding métallisation des aéronefs *(cf. aussi* bonding 2)).

aircraft communications télécommunications aéronautiques *(terme peu employé)*, radiocommunications aéronautiques, *(parf.)* liaisons aéronautiques *(cf. aussi* air-to-air communications, air-to-ground communications, radio communications *et* voice link).

aircraft integrated data system centrale de calcul d'aéronef, centrale de calcul embarquée *(calculateur numérique analysant les signaux fournis par les capteurs utilisés pour contrôler le fonctionnement des organes importants d'un aéronef) (cf. aussi* digital computer *et* sensor).

aircraft radar *cf.* airborne radar.

aircraft radar cross section surface équivalente d'un aéronef *(radar) (cf. aussi* radar cross-section).

aircraft self-protection autoprotection des aéronefs *(mil) (cf. aussi* self-protection).

aircraft self-protection system système d'autoprotection d'aéronef *(mil) (cf. aussi* self-protection system).

aircraft voice communications liaisons en phonie air-air et air-sol *(radiocom) (avia) (cf. aussi* air-to-air communications, air-to-ground communications *et* voice link).

airfield control radar radar d'aérodrome *(avia) (cf. aussi* airport surveillance radar).

airfield package balise transportable *(balise radio d'aérodrome transportable) (avia) (cf. aussi* radio beacon).

airfield radar radar d'aérodrome *(cf. aussi* airport radar).

airfoil array antenne multiphase de voilure *(antenne multiphase montée dans l'aile d'un avion militaire ou autre, généralement dans le bord d'attaque) (cf. aussi* antenna array).

airframe bonding métallisation de cellules d'aéronefs *(parf.* de la cellule (de l'aéronef) *(cf. aussi* bonding 3)).

airing émission *(au sens du terme anglais, action d'émettre un programme de radiodiffusion) (radiodif) (cf. aussi* on air *et* broadcast[2]).

airline avionics avionique pour avions de ligne *(cf. aussi* avionics).

airport radar radar d'aéroport, *(parf.)* radar d'aérodrome *(radar utilisé dans un aéroport pour la navigation dans la zone terminale, l'atterrissage ou la surveillance au sol) (avia) (cf. aussi* airport surveillance radar, secondary surveillance radar, airport surface detection equipment, SRE, PAR *et* radar).

airport surface detection equipment radar de pistes *(radar d'aéroport dont l'écran reproduit les pistes et voies de circulation avec les avions et autres véhicules qui s'y trouvent) (est utile principalement par temps de brouillard et la nuit) (avia) (cf. aussi* taxi radar *et* radar).

airport surveillance radar radar primaire, radar de surveillance *(radar détectant et suivant les avions évoluant dans une zone plus ou moins étendue centrée sur un aéroport pour assurer la régie de la navigation aérienne dans cette zone afin de faciliter l'atterrissage et le décollage des avions tout en réduisant les risques de collision en vol) (cf. aussi* airport radar).

AJ *cf.* antijam *et* antijamming.

Al-GaAs *cf.* AlGaAs. *(un peu plus loin) (de même pour les termes dérivés).*

alarm 1) alarme, alerte. 2) alarme, sonnerie.

alarm display présentation de l'alarme *(présentation d'informations sur un écran cathodique ou autre présenteur vidéo pour alerter l'opérateur de l'appareil) (mil, etc.) (cf. aussi* display[1] 1)).

alarm flag voyant à drapeau *(index coloré apparaissant sur le cadran d'un appareil indicateur, notamment d'un instrument de bord d'avion, pour attirer l'attention sur une situation critique).*

alarm signal signal d'alarme *(signal destiné à attirer l'attention sur une situation particulière) (en radiocommunications, ce terme désigne généralement le signal d'alarme radiotélégraphique international) (cf. aussi* international radiotelegraph alarm signal *et* signal[1]).

AlGaAs arséniure de gallium dopé à l'aluminium *(semi) (cf. aussi* gallium arsenide).

AlGaAs double heterojunction laser diode *cf.* AlGaAs laser diode.

AlGaAs heterojunction transistor transistor hétérojonction AlGaAs *(ou* à l'arséniure de gallium dopé à l'aluminium) *(semi) (cf. aussi* heterojunction transistor).

AlGaAs laser diode diode laser AlGaAs, diode laser à l'arséniure de gallium dopé à l'aluminium, diode laser à double hétérojonction (AlGaAs), diode laser à double hétérostructure *(idem) (cf. aussi* semiconductor laser, AlGaAs *et* heterojunction).

ALGOL *(vient de « algorithmic language »)* ALGOL *(langage de programmation international conçu pour permettre d'écrire un algorithme quelconque sous la forme d'un programme d'ordinateur indépendamment de l'application envisagée pour cet algorithme) (inf) (cf. aussi* programming language, algorithm *et* computer program).

algorithm algorithme *(suite finie et préétablie d'opérations à effectuer dans l'ordre correspondant pour exécuter un type d'opération arithmétique ou résoudre un type de problème) (exemples : algorithme de la multiplication ou du calcul d'un pourcentage) (en informatique, un programme d'ordinateur est établi à partir d'un algorithme, les opérations à effectuer pouvant être arithmétiques, logiques ou autres) (cf. aussi* ALGOL, analyst, computer program *et* logic operation).

alias ... *cf.* aliased ... *(pour les termes qui ne figurent pas ci-après).*

alias back *v* se replier *(sur la bande de base) (cf. aussi* aliasing 1)).

aliased component *cf.* aliased frequency.

aliased frequency fréquence de repliement (du spectre), composante de repliement *(idem) (fréquence indésirable produite par repliement du spectre dans un signal échantillonné) (cf. aussi* aliasing 1)).

aliased signal signal à spectre replié *(signal échantillonné déformé par repliement du spectre) (cf. aussi* aliasing 1)).

aliased spectrum spectre de repliement *(spectre de fréquences indésirable d'un signal échantillonné chevauchant le spectre du signal initial dans le cas de repliement du spectre) (cf. aussi* aliasing 1)).

aliasing 1) repliement du spectre *(nom donné à l'apparition d'une fréquence indésirable de basse valeur dans un signal échantillonné lorsque le signal à échantillonner contient des fréquences trop élevées pour la cadence d'échantillonnage adoptée) (en d'autres termes, apparition d'une basse fréquence indésirable dans un signal échantillonné lorsque le théorème de Shannon n'est pas respecté) (cette fréquence est due au chevauchement du spectre de fréquences du signal à échantillonner et du spectre du signal échantillonné) (sa présence empêche la reproduction correcte du signal initial lors de la dénumérisation du signal numérisé obtenu : il y a donc distorsion du signal final) (numériseur) (cf. aussi* sampling theorem, frequency spectrum (b) *et* anti-aliasing filter). 2) (formation de *parf.* tracé en) marches d'escalier *(défaut géométrique d'une ligne oblique tracée par points ou segments successifs, notamment par un ordinateur sur un écran ou sur le support graphique d'une imprimante ou d'un traceur numérique) (inf, etc.) (cf. aussi* digital plotter).

aliasing component *cf.* aliased frequency.

aliasing distortion distorsion par repliement du spectre *(distorsion d'un signal dénumérisé due au repliement du spectre lors de l'échantillonnage) (cf. aussi* aliasing 1)).

aliasing filter *cf.* anti-aliasing filter.

aliasing frequency *cf.* aliased frequency.

alight allumé *(voyant lumineux, etc.) (cf. aussi* pilot light).

align *v (voir aussi* alignment) 1) aligner. 2) aligner, mettre en coïncidence. 3) caler. 4) orienter. 5) recaler.

aligner graveur à projection *(CI, semi) (cf. aussi* projection printer).

aligning *cf.* alignment.

aligning key détrompeur *s (cf. aussi* mounting polarization).

aligning plug téton de centrage *(protubérance cylindrique ménagée notamment au centre du culot de certains tubes électroniques pour assurer le centrage de celui-ci par rapport à son support avant que les broches du culot pénètrent dans les alvéoles du support) (cf. aussi* loktal base *et* octal base).

aligning tool outil à aligner *(tournevis ou clé à douille en matière amagnétique utilisé(e) pour aligner les circuits accordés d'un récepteur) (cf. aussi* alignment 1)).

alignment 1) alignement (a) *réglage des circuits accordés d'un récepteur radio sur une même fréquence) (cf. aussi* tuned circuit *et* radio receiver) (a1) *réglage des circuits d'accord d'un récepteur à amplification directe sur la fréquence de la porteuse captée par l'antenne) (cf. aussi* tuning circuits *et* tuned radio-frequency receiver) ; (a2) *réglage des circuits accordés de l'amplificateur à fréquence intermédiaire d'un récepteur superhétérodyne sur la valeur nominale de la fréquence intermédiaire) (cf. aussi* IF amplifier) ; (b) *réglage des circuits d'accord d'un récepteur superhétérodyne pour obtenir la valeur nominale de la fréquence intermédiaire dans toute la gamme de longueurs d'ondes ou de fréquences affichée et faire correspondre les indications du cadran avec les émissions effectivement reçues) (cf. aussi* tuning circuits, preselector *et* intermediate frequency). 2) alignement, mise en coïncidence *(mise en coïncidence des couches successives d'un circuit intégré, notamment monolithique, obtenue par mise en coïncidence des masques successifs par rapport à un ou plusieurs repères en forme de croix ou autres) (cf. aussi* integrated circuit *et* mask[1] 2)). 3) calage *(pointage de l'axe de la toupie d'un gyroscope ou d'une antenne directive fixe dans une direction déterminée à conserver) (cf. aussi* gyroscope *et* boresight[1]). 4) alignement, orientation, détrompage *(selon le* contexte) *(cf. aussi* alignment pin). **5)** recalage d'images, recalage *(mise en coïncidence, avec la première image d'une scène fixe, des images successives de la même scène obtenues à bord d'un mobile en translation) (la scène fixe est généralement le sol et le mobile est généralement un avion ou un satellite équipé d'un radar cartographique ou autre capteur d'images) (mil, etc.) (cf. aussi* ground-mapping radar *et* image sensor).

alignment key *cf.* alignment mark.

alignment mark repère d'alignement *(CI) (cf. aussi* alignment 2)).

alignment pin ergot d'orientation, détrompeur *(culot de tube électronique, connecteur rond, etc.) (cf. aussi* mounting polarization).

alive sous tension *(conducteur).*

alkali metal métal alcalin *(métal formant des composés alcalins, c.-à-d. qui possèdent des propriétés chimiques d'une base) (pour l'électronique, est caractérisé par un faible potentiel d'ionisation conduisant à un faible travail de sortie et dû à la présence d'un électron de valence éloigné du noyau, donc peu lié à celui-ci par les forces d'attraction électrostatiques) (lithium, sodium, potassium, rubidium, césium, francium) (cf. aussi* ionization potential, work function, valence electron, lithium cell, sodium-vapor lamp, rubidium-vapor frequency standard *et* cesium-beam frequency standard).

alkaline battery **1)** pile alcaline (à plusieurs éléments) *(cf. aussi* alkaline cell). **2)** *cf.* alkaline storage battery.

alkaline cell **1)** pile alcaline (au manganèse), élément de pile alcaline *(idem) (pile galvanique utilisant un électrolyte alcalin, à savoir une solution d'hydroxyde de potassium, l'électrode positive étant un mélange de poudre de carbone et de bioxyde de manganèse, ce dernier étant le dépolarisant) (fournit une tension nominale de près de 1,5 volt) (est dérivée de la pile Leclanché et peut débiter un courant relativement intense de façon continue, alors que celle-ci nécessite un temps de récupération pour un tel courant) (est très employée) (cf. aussi* Leclanche cell). **2)** *cf.* alkaline storage cell.

alkaline-earth metal métal alcalino-terreux *(métal dont les propriétés sont intermédiaires entre celles des métaux alcalins et celles des terres rares) (calcium, strontium, baryum, radium) (cf. aussi* alkaline metal *et* rare earths).

alkaline-manganese cell *cf.* alkaline cell.

alkaline metal *cf.* alkali metal.

alkaline storage battery batterie d'accumulateurs alcalins, batterie alcaline *(cf. aussi* storage battery *et* alkaline storage cell).

alkaline storage cell accumulateur alcalin, accumulateur à électrolyte alcalin, *(parf. aussi)* élément de batterie alcaline *(accumulateur électrique dans lequel l'électrolyte est une solution alcaline, généralement une solution de potasse) (accumulateur cadmium-nickel ou accumulateur argent-zinc, notamment) (cf. aussi* nickel-cadmium cell, silver-zinc storage cell *et* storage cell 1)).

all-aspect capability possibilités de présentation quelconque *(parfois au singulier) (caractéristique d'un radar militaire capable de détecter un aéronef quel que soit son angle de présentation ou d'un missile équipé d'un autodirecteur lui permettant d'attaquer une telle cible) (cf. aussi* aspect angle *et* homing head).

all-aspect detection *cf.* all-aspect target detection. *(de même pour les termes dérivés).*

all-aspect guidance *cf.* all-aspect homing.

all-aspect homing autopoursuite d'une cible en présentation quelconque, autopoursuite en présentation quelconque *(missile) (cf. aussi* homing[1] 2) *et* all-aspect target).

all-aspect missile missile pour présentation quelconque *(missile équipé d'un autodirecteur lui permettant d'intercepter une cible à présentation quelconque) (avia. mil) (cf. aussi* homing head *et* all-aspect target).

all-aspect target cible en présentation quelconque *(cible aérienne d'un radar militaire ou d'un missile dont l'angle de présentation peut être quelconque sans que cela empêche le radar de la détecter ou le missile de l'atteindre) (cf. aussi* aspect angle).

all-aspect target capability *cf.* all-aspect capability.

all-aspect target detection détection de cibles en présentation quelconque, détection en présentation quelconque *(radar mil) (cf. aussi* all-aspect target).

all-aspect target detection capability possibilités de détection de cibles en présentation quelconque, *(etc.) (parf. au singulier) (cf. aussi* all-aspect target detection *et* capability).

all-aspect weapon *cf.* all-aspect missile.

all-azimuth coverage couverture sur 360° (dans le plan horizontal) *(radar, sonar, etc.) (cf. aussi* radar coverage *et* azimuth 1)).

all-capacitor filtering filtrage par capacité seule *(filtrage du courant de sortie d'une alimentation à courant redressé réalisé par un condensateur électrolytique de forte valeur, sans bobine de lissage) (cf. aussi* power supply 2), electrolytic capacitor *et* ripple filter).

all-digital *a* entièrement numérique *(qualificatif appliqué à un appareil ou un système utilisant uniquement des circuits numériques) (cf. aussi* digital circuit).

all-glass encapsulated component composant enrobé de verre *(cf. aussi* glass coating).

all-glass encapsulated unit version enrobée de verre *(composant) (cf. aussi* unit 3)).

all-glass fiber *cf.* all-glass optical fiber.

all-glass optical fiber fibre optique verre-verre, fibre optique tout verre, fibre verre-verre, *(idem) (fibre optique dont le cœur et la gaine sont en verre) (cf. aussi* optical fiber).

all-in-one ... *cf.* single-chip ...

all-pass filter filtre passe-tout *(filtre ne filtrant pas, c.-à-d. produisant une atténuation et un déphasage approximativement constants à toutes les fréquences du signal appliqué à son entrée) (peut être considéré comme un atténuateur fixe à déphasage) (cf. aussi* filter[1], attenuation, fixed attenuator *et* phase shift).

all-pass network *cf.* all-pass filter.

all-plastic fiber *cf.* all-plastic optical fiber.

all-plastic optical fiber fibre optique plastique-plastique, fibre optique tout plastique, fibre plastique-plastique, *(idem) (fibre optique dont le cœur et la gaine sont en matière plastique) (cf. aussi* optical fiber).

all-plastic step-index fiber *cf.* all-plastic step-index optical fiber.

all-plastic step-index optical fiber fibre optique à saut d'indice plastique-plastique *(ou tout plastique) (cf. aussi* step-index optical fiber *et* all-plastic optical fiber).

all-purpose ... *cf.* general-purpose ...

all-solid state entièrement transistorisé *(qualificatif appliqué à un appareil électronique utilisant des transistors et autres composants à semiconducteur à la place de tubes électroniques, ou aux circuits d'un tel appareil) (cf. aussi* transistor *et* semiconductor device).

all-tantalum capacitor *cf.* all-tantalum wet-slug capacitor.

all-tantalum wet-slug capacitor condensateur tout tantale, condensateur à anode frittée tout tantale *(condensateur au tantale à anode frittée à boîtier en tantale) (peut supporter une tension inverse atteignant 3 volts, ce qui le fait préférer au modèle à boîtier en argent pour les applications nécessitant une haute fiabilité, c.-à-d. principalement pour les applications militaires et spatiales) (cf. aussi* wet-slug tantalum capacitor *et* reverse voltage).

all-tantalum wet slugs (les) condensateurs tout tantale *(cf. aussi* all-tantalum wet-slug capacitor).

all-wave aerial *(GB) cf.* all-wave antenna.

all-wave antenna antenne à large bande *(réception) (cf. aussi* wideband antenna).

all-wave receiver récepteur toutes ondes, récepteur radio toutes ondes *(récepteur radio comportant au moins les gammes GO, PO et OC) (cf. aussi* radio receiver).

all-wave set *cf.* all-wave receiver.

alligator clip pince crocodile *(petite pince en tôle à becs garnis de dents et maintenus serrés par un ressort, qui s'emboîte sur une fiche banane de cordon ou se connecte directement au cordon et sert à réaliser des connexions temporaires) (cf. aussi* banana plug).

allocate *v (voir aussi* allocation) **1)** attribuer. **2)** affecter.

allocated frequency fréquence attribuée *(cf. aussi* frequency allocation).

allocation 1) attribution *(de fréquences, etc.) (cf. aussi* frequency allocation). **2)** affectation *(d'une zone de mémoire, etc.) (cf. aussi* memory allocation).

allophone allophone *(son constituant une variante d'un phonème suivant que celui-ci est bref, long, aspiré, expiré, arrondi, retenu, etc.) (analyse et synthèse de la parole) (cf. aussi* phoneme *et* allophonic system).

allophone-based ... *cf.* allophonic ...

allophonic analysis analyse allophonique *(mise en évidence des allophones contenus dans des paroles) (analyse de la parole) (cf. aussi* allophone).

allophonic speech (la) parole allophonique *(paroles naturelles, ou paroles artificielles formées d'allophones) (en d'autres termes, paroles prononcées par l'homme ou par un synthétiseur allophonique) (cf. aussi* allophone *et* allophonic synthesizer).

allophonic-speech ... *cf.* allophonic ...

allophonic synthesis synthèse par allophones, synthèse allophonique *(synthèse de la parole réalisée par concaténation d'allophones) (donne des paroles à consonnance relativement naturelle) (cf. aussi* speech synthesis *et* allophone).

allophonic synthesizer synthétiseur allophonique, synthétiseur à allophones, *(etc.) (synthétiseur vocal réalisant la synthèse par allophones) (synthèse de la parole) (cf. aussi* speech synthesizer *et* allophonic synthesis).

allophonic system *cf.* allophonic synthesizer.

allotter distributeur (de chercheurs) *(sélecteur déterminant l'ordre de fonctionnement d'un groupe de chercheurs dans un central téléphonique électromécanique) (tls) (cf. aussi* selector 1) *et* finder).

allowed band bande permise, bande d'énergie permise *(bande d'énergie dans laquelle peuvent se trouver des électrons d'un atome d'un corps déterminé) (bande de valence ou bande de conduction) (cf. aussi* valence band, conduction band *et* energy band).

allowed energy band *cf.* allowed band.

allowed transition transition permise *(transition électronique dont la probabilité est grande d'après les règles de sélection) (atome) (cf. aussi* electron transition *et* selection rules).

alloy diode diode à jonction par alliage *(diode à jonction dans laquelle celle-ci est obtenue par alliage) (semi) (cf. aussi* junction diode *et* alloy junction).

alloy junction jonction par alliage, jonction obtenue par alliage *(ancien type de jonction PN obtenu par fusion partielle d'une petite bille métallique de nature appropriée sur un substrat semiconducteur) (la jonction se forme lors de la cristallisation par refroidissement de l'alliage ainsi formé dans la zone de fusion des deux éléments) (la bille peut être notamment en indium, en phosphore ou en aluminium) (cf. aussi* p-n junction *et* semiconductor substrate).

alloy-junction transistor transistor à jonctions par alliage *(ancien type de transistor bipolaire dans lequel les jonctions sont formées par alliage, une sur chaque face du substrat, au même point de celui-ci) (semi) (cf. aussi* bipolar transistor *et* alloy junction).

alloy transistor *cf.* alloy-junction transistor.

alloying method méthode d'alliage, procédé d'alliage *(procédé de fabrication de jonctions par alliage) (semi) (cf. aussi* alloy junction).

alloying technique *cf.* alloying method.

alnico *(vient de « aluminium, nickel, cobalt »)* alnico *(alliage à aimants permanents à grand champ coercitif contenant du fer, de l'aluminium, du nickel, du cobalt, généralement du cuivre et éventuellement du titane ou du niobium) (l'alnico 5 ou « ticonal », à 24 % de cobalt, 14 % de nickel, 8 % d'aluminium, 3 % de cuivre, le reste, soit 51 %, en fer, est le plus employé) (cf. aussi* permanent magnet *et* coercive force).

along-track distance *cf.* along-track error.

along-track error erreur longitudinale, erreur sur la distance *(erreur de position d'un mobile le long de la direction suivie par celui-ci) (nav) (cf. aussi* position-fixing error).

alpha error *cf.* alpha-particle-induced error.

alpha-induced ... *cf.* alpha-particle-induced ...

alpha particle particule alpha, particule α *(particule atomique complexe et stable formée de deux protons et deux neutrons)* *(est émise au cours de la désintégration du noyau de l'atome de certains corps et a pour particularité d'être semblable au noyau de l'atome d'hélium) (atome) (cf. aussi* alpha upset, proton *et* neutron).

alpha particle bombardment bombardement par particules alpha *(CI, etc.) (cf. aussi* alpha-particle-induced error).

alpha-particle error *cf.* alpha-particle-induced error.

alpha-particle-induced error erreur induite par particule alpha *(erreur induite résultant d'un basculement par particule alpha) (circuit logique) (cf. aussi* soft error *et* alpha-particle upset).

alpha-particle-induced soft error *cf.* alpha-particle-induced error.

alpha-particle sensitivity sensibilité aux particules alpha *(CI, etc.) (cf. aussi* alpha-particle upset).

alpha-particle susceptibility *cf.* alpha-particle sensitivity.

alpha-particle upset basculement par particule alpha *(basculement intempestif d'un circuit logique intégré atteint par une particule alpha émise par la matière du boîtier présentant une légère radioactivité résiduelle) (cf. aussi* upset[1], alpha particle, alpha-particle-induced error *et* radioactivity).

alpha sensitivity *cf.* alpha-particle sensitivity.

alpha susceptibility *cf.* alpha-particle sensitivity.

alpha upset *cf.* alpha-particle upset.

alphabetic character caractère alphabétique, caractère de l'alphabet *(caractère représentant une lettre de l'alphabet) (imprimante, afficheur, etc.) (cf. aussi* character (a)).

alphagraphic ... *cf.* graphic ...

alphameric ... *cf.* alphanumeric ...

alphamerics *cf.* alphanumeric characters.

alphamosaics semi-graphisme *(formation d'images sur un terminal vidéotex ou autre à l'aide d'une matrice de points carrés ou rectangulaires relativement gros ne permettant d'obtenir que des dessins stylisés) (télinf) (cf. aussi* videotex terminal).

alphanumeric characters caractères alphanumériques *(caractères pouvant être des lettres ou des chiffres ou des lettres et des chiffres) (afficheur, etc.) (cf. aussi* character (a)).

alphanumeric data informations alphanumériques *(informations représentées par des caractères alphanumériques) (cf. aussi* information *et* alphanumeric characters).

alphanumeric display 1) affichage alphanumérique, présentation alphanumérique *(affichage de caractères alphanumériques) (voir aussi 2) ci-après).* **2)** afficheur alphanumérique *(afficheur pouvant afficher des caractères alphanumériques) (cf. aussi* matrix display 2), 18-segment display, alphanumeric character *et* display[1] 5)).

alphanumeric indicator *cf.* alphanumeric display 2).

alphanumeric readout *cf.* alphanumeric display 1).

alphanumeric telegraphy télégraphie alphanumérique, télégraphie classique *(télégraphie permettant uniquement la transmission d'informations alphanumériques) (le réseau Télex est un réseau de télégraphie alphanumérique) (tls) (cf. aussi* telegraphy *et* alphanumeric information).

alphanumeric terminal terminal alphanumérique, terminal non graphique *(terminal à écran pouvant afficher des caractères alphanumériques, mais non présenter des dessins) (inf) (cf. aussi* display terminal *et* alphanumeric characters).

alphanumeric tube *cf.* readout tube.

alphanumerical ... *cf.* alphanumeric ...

alphanumerically sous forme alphanumérique *(affichage ou présentation d'informations) (cf. aussi* alphanumeric display 1)).

alphanumerics *cf.* alphanumeric characters.

ALS *cf.* advanced low-power Schottky TTL.

alterability possibilité de reprogrammation *(propriété d'une mémoire reprogrammable) (inf) (cf. aussi* REPROM).

alternate action action alternée *(en électricité, ce terme désigne souvent le mode de fonctionnement d'un inverseur à point milieu) (cf. aussi* alternate-action switch).

alternate-action switch inverseur à point milieu, commutateur à point milieu *(inverseur comportant une position de repos entre les deux positions actives, la borne du premier circuit n'étant reliée à aucune des deux autres bornes sur cette position) (l'exemple le plus courant d'inverseur à point milieu* *est le commutateur de commande des feux clignotants d'une automobile) (cf. aussi* double-throw switch).

alternate mode mode alterné, modc de balayage alterné *(mode de balayage d'un oscilloscope à double trace dans lequel le faisceau d'électrons trace alternativement les deux signaux sur l'écran, l'un pendant un balayage et l'autre pendant le balayage suivant, et ainsi de suite) (la persistance de l'écran et la persistance des impressions rétiniennes permettent de voir les deux courbes en même temps, mais leur phase relative est modifiée par ce procédé, ce qui peut être inadmissible dans certains cas) (cf. aussi* dual-trace oscilloscope, persistence, relative phase *et* sweep mode).

alternate path voie détournée, chemin détourné, *(parf.)* voie de déroutement, *(idem)* (tls) (*cf. aussi* alternate routing).

alternate routing acheminement détourné *(acheminement d'un message par une voie détournée, notamment dans un réseau de télécommunications à commutation de paquets) (cf. aussi* packet switching).

alternate source *cf.* second source *(de même pour les termes dérivés).*

alternate sourced avec licencié *(composant, etc.) (cf. aussi* second source).

alternate sourcing *cf.* second sourcing *(de même pour les termes dérivés).*

alternate sweep display visualisation en mode alterné, *(etc.) (oscillo) (cf. aussi* alternate mode *et* display[1] 3)).

alternate sweep mode *cf.* alternate mode.

alternating component composante alternative *(courant redressé, etc.) (cf. aussi* ac component, *ce terme étant le plus employé).*

alternating current courant alternatif, courant électrique alternatif, ca *(courant électrique dont le sens de circulation s'inverse périodiquement) (ces termes désignent généralement un courant sinusoïdal, mais un courant peut être alternatif sans être sinusoïdal) (cf. aussi* sinusoidal current, single-phase current, polyphase current, ac current source *et* electric current).

alternating-current ... *cf.* ac ...

alternating electric field champ électrique alternatif *(champ électrique dont le sens change périodiquement) (est créé par une tension alternative, par un corps électrisé tournant autour d'un axe passant entre ses deux pôles ou par un champ magnétique alternatif) (cf. aussi* electric field *et* alternating field).

alternating field champ alternatif *(champ périodique temporel dont le sens change à chaque période, l'intensité du champ s'annulant lors du changement de sens) (est souvent un champ sinusoïdal) (noter que le terme anglais et le terme français ne sont normalement pas employés pour désigner un champ périodique spatial) (cf. aussi* alternating electric field, alternating magnetic field, time periodic field, field direction *et* sinusoidal field).

alternating magnetic field champ magnétique alternatif *(champ magnétique dont le sens change périodiquement) (est créé par un courant alternatif, par un aimant tournant autour d'un axe passant entre ses deux pôles ou par un champ électrique alternatif) (cf. aussi* magnetic field *et* alternating field).

alternating quantity grandeur alternative *(grandeur variable prenant des valeurs alternativement positives et négatives ou de noms opposés) (position angulaire d'un pendule par rapport à la verticale ou d'un balancier à spiral par rapport à la position de repos, courant alternatif, tension alternative, champ électrique ou magnétique alternatif, flux de déplacement ou flux magnétique alternatif, etc.) (une grandeur alternative est généralement une grandeur périodique et souvent une grandeur sinusoïdale, mais ces propriétés ne sont pas nécessaires au caractère alternatif d'une grandeur) (on notera en outre qu'un flux de lumière peut être discontinu, mais non alternatif, ce qui ne permet pas d'employer les mêmes procédés pour la transmission ou l'enregistrement optique d'informations numériques que pour leur transmission électrique ou leur enregistrement magnétique) (cf. aussi* periodic quantity, sinusoidal quantity *et* alternation).

alternating sequence suite alternée *(suite d'impulsions alter-*

nativement positives et négatives, etc.) (cf. aussi pulse sequence).

alternating voltage tension alternative, tension électrique alternative *(tension électrique dont la polarité s'inverse périodiquement) (est créé par une force électromotrice alternative ou par un courant alternatif) (ces termes désignent généralement une tension sinusoïdale, mais une tension peut être alternative sans être sinusoïdale) (cf. aussi* voltage polarity, ac electromotive force, alternating current *et* sinusoidal voltage).

alternation alternance *(grandeur sinusoïdale) (cf. aussi* half-cycle, *ce terme étant le plus employé).*

alternative source autre source (d'approvisionnement) *(en composants ou autres produits) (cf. aussi* second source *et* multiple sourcing).

alternator alternateur s, génératrice de courant alternatif *(génératrice produisant un courant alternatif monophasé ou polyphasé généralement induit dans le bobinage statorique par le champ magnétique du rotor) (le champ magnétique du rotor est produit par des électro-aimants excités par un courant continu amené par des bagues tournantes, ou par un ou plusieurs aimants permanents ou par un électro-aimant et des aimants) (la fréquence du courant produit est proportionnelle à la vitesse de rotation du rotor et, pour une vitesse déterminée, au nombre de paires de pôles de celui-ci) (élt) (cf. aussi* magneto, generator 2), ac generator *et* alternating current).

altitude accuracy précision en altitude *(précision de détermination de l'altitude d'une cible par un radar tridimensionnel ou autre appareil) (cf. aussi* three-dimensional radar).

altitude discrimination discrimination en altitude *(cible radar) (cf. aussi* target discrimination (a)).

altitude hole cercle d'altitude *(zone circulaire sans échos au centre de l'écran d'un radar panoramique d'aéronef et dont le rayon est proportionnel au temps d'aller et retour des ondes émises, c.-à-d. à l'altitude de l'appareil) (cf. aussi* PPI display).

altitude information information d'altitude *(valeur de l'altitude d'un aéronef ou d'une cible radar ou analogue considérée en tant qu'information) (dans le second cas, est obtenue à partir de l'information de site et de l'information de distance) (cf. aussi* elevation information, range information *et* radio altitude).

altitude resolution 1) pouvoir séparateur en altitude *(distance verticale minimale entre deux cibles aériennes d'un radar pour laquelle les échos des deux cibles peuvent encore être distingués l'un de l'autre sur l'écran du radar) (autre façon d'exprimer le pouvoir séparateur en site) (cf. aussi* elevation resolution). **2)** *cf.* altitude discrimination.

altitude signal signal d'altitude, signal altimétrique *(nom parfois donné à l'écho renvoyé par le sol situé au-dessous d'un aéronef équipé d'un radioaltimètre, ou au signal électrique produit par cet écho) (cf. aussi* radio altimeter).

ALU *cf.* arithmetic-and-logic unit.

ALU section *cf.* ALU.

alumina alumine, oxyde d'aluminium, ALO_2 *(céramique utilisée notamment comme isolant réfractaire dans des tubes électroniques à cathode chaude grâce à sa facilité de dégazage, dans des résistances, des circuits intégrés hybrides et des condensateurs électrolytiques) (cf. aussi* resistor core, hybrid-circuit substrate *et* aluminium electrolytic capacitor).

alumina hybrid substrate *cf.* alumina substrate.

alumina substrate substrat en alumine *(substrat de circuit intégré hybride en alumine) (cf. aussi* hybrid-circuit substrate *et* alumina).

aluminium *(GB)* aluminium *(métal léger bon conducteur de la chaleur et l'électricité) (en électronique, est utilisé notamment dans des condensateurs électrolytiques, des tubes cathodiques et des circuits intégrés monolithiques, ainsi que pour des lames de condensateurs variables, des blindages et des boîtiers) (cf. aussi* aluminum electrolytic capacitor, aluminized screen *et* metallization (a)).

aluminium anode anode en aluminium *(condensateur, etc.) (cf. aussi* aluminium electrolytic capacitor).

aluminium cap *(fam) cf.* aluminium electrolytic capacitor.

aluminium capacitor *cf.* aluminium electrolytic capacitor.

aluminium device *cf.* aluminium electrolytic capacitor.

aluminium electrolytic *cf.* aluminium electrolytic capacitor.

aluminium electrolytic capacitor condensateur électrolytique à l'aluminium, condensateur électrochimique à l'aluminium, condensateur à l'aluminium *(condensateur électrolytique dans lequel la cathode est une mince bande d'aluminium pur et l'anode une mince bande d'aluminium lisse ou gravée chimiquement pour augmenter sa surface de contact et recouverte d'une couche très mince d'alumine Al_2O_3 formée par électrolyse et constituant le diélectrique) (les deux bandes sont bobinées ensemble avec interposition de deux bandes de papier spécial et imprégnées à chaud sous vide avec de l'électrolyte après montage dans un boîtier en aluminium) (cf. aussi* solid aluminium capacitor *et* electrolytic capacitor).

aluminium electrolytics (les) condensateurs électrolytiques à l'aluminium, (les) condensateurs à l'aluminium *(cf. aussi* aluminium electrolytic capacitor).

aluminium-GaAs ... *cf.* AlGaAs ...

aluminium gate grille en aluminium *(transistor MOS) (cf. aussi* metal gate).

aluminium-gate ... *cf.* metal-gate ...

aluminium interconnect *cf.* aluminium interconnection.

aluminium interconnection interconnection en aluminium *(clpf) (CI) (cf. aussi* interconnection (b)).

aluminium metallization métallisation à l'aluminium *(parf. en ...) (cas général) (CI) (cf. aussi* metallization (a)).

aluminium-metallized chip puce métallisée à l'aluminium *(CI) (cf. aussi* chip 1) *et* metallization (a)).

aluminium oxide oxyde d'aluminium *(cf. aussi* alumina).

aluminium-oxide dielectric diélectrique en alumine, *(etc.) (condensateur) (cf. aussi* aluminium electrolytic capacitor).

aluminium-silicon dissolution dissolution de l'aluminium dans le silicium *(cf. aussi* electromigration).

aluminium solid capacitor *cf.* aluminium solid-electrolyte capacitor.

aluminium solid-electrolyte capacitor condensateur à électrolyte solide à l'aluminium *(cf. aussi* solid aluminium capacitor).

aluminium solids (les) condensateurs à électrolyte solide à l'aluminium *(cf. aussi* solid aluminium capacitor).

aluminium ultrasonic bond soudure par ultrasons sur connexion en aluminium *(cf. aussi* ultrasonic bonding).

aluminium unit version à l'aluminium *(condensateur) (cf. aussi* aluminium electrolytic capacitor *et* unit 3)).

aluminiums *cf.* aluminium electrolytics.

aluminized phosphor *cf.* aluminized screen.

aluminized screen écran aluminisé *(écran de tube cathodique, notamment de tube-image, dans lequel la couche de luminophore est recouverte d'une mince couche d'aluminium que les électrons du faisceau traversent avant d'atteindre la première couche) (cette couche a trois fonctions : 1°) n'étant pas traversée par les ions du faisceau du fait de leur vitesse insuffisante, elle les empêche d'atteindre la couche de luminophore et évite ainsi le risque de formation d'une tache ionique sans qu'il soit nécessaire de recourir à un piège à ions ; 2°) elle facilite l'écoulement des électrons reçus par l'écran vers l'anode finale en évitant ainsi l'apparition d'une charge négative sur l'écran susceptible de freiner les électrons du faisceau avant leur impact ; 3°) elle sert de réflecteur à la lumière émise par les grains de luminophore excités par le faisceau et augmente ainsi la brillance du point lumineux formé sur l'écran, donc la luminosité de la trace ou l'image produite par celui-ci) (récepteur TV, etc.) (cf. aussi* cathode-ray tube, picture tube, phosphor *et* ion burn).

aluminum *(USA) cf.* aluminium. *(de même pour les termes dérivés).*

AM *cf.* amplitude modulation.

AM broadcast émission en modulation d'amplitude, émission à modulation d'amplitude, émission AM *(émission d'une station de radiodiffusion en modulation d'amplitude) (cf. aussi* AM broadcasting).

AM broadcast station station de radiodiffusion en modulation d'amplitude, *(etc.) (cf. aussi* AM broadcasting *et* broadcast station).

AM broadcast transmitter émetteur de radiodiffusion à mo-

dulation d'amplitude, *(etc.) (cf. aussi* AM broadcasting *et* radio transmitter).

AM broadcasting radiodiffusion en modulation d'amplitude, radiodiffusion AM *(radiodiffusion utilisant une porteuse modulée en amplitude pour transmettre les informations à diffuser) (cf. aussi* broadcasting *et* amplitude modulation).

AM carrier porteuse modulée en amplitude, porteuse AM *(cf. aussi* amplitude modulation).

AM envelope enveloppe de modulation (d'amplitude) *(cf. aussi* modulation envelope).

AM/FM receiver récepteur AM/FM *(récepteur radio utilisable comme récepteur à modulation d'amplitude et comme récepteur à modulation de fréquence, les circuits d'entrée et la partie basse fréquence étant communs aux deux types de modulation) (cf. aussi* AM receiver *et* FM receiver).

AM jamming brouillage en modulation d'amplitude, brouillage AM *(mil) (cf. aussi* jamming).

AM jamming technique *(voir aussi* AM jamming) méthode de ..., procédé de ...

AM noise bruit modulé en amplitude *(bruit électrique dont l'amplitude moyenne est modulée) (cf. aussi* noise 2) (a)).

AM radio *cf.* AM receiver.

AM radio set *cf.* AM receiver.

AM receiver récepteur à modulation d'amplitude, récepteur AM, récepteur radio *(idem),* poste *(idem) (récepteur radio conçu pour recevoir des signaux transmis par une porteuse modulée en amplitude et caractérisé en conséquence par l'emploi d'un détecteur d'enveloppe) (cf. aussi* radio receiver, amplitude modulation *et* detector 2)).

AM reception réception en modulation d'amplitude, réception d'un signal à modulation d'amplitude *(ou* AM), réception d'une porteuse modulée en amplitude *(ou* AM), réception AM *(cf. aussi* AM receiver).

AM set *cf.* AM receiver.

AM signal signal modulé en amplitude *(terme impropre et courant désignant une porteuse modulée en amplitude) (cf. aussi* amplitude modulation).

AM/SSB *cf.* SSB.

AM subcarrier sous-porteuse modulée en amplitude, sous-porteuse AM *(signal TVC, etc.) (cf. aussi* subcarrier *et* amplitude modulation).

AM transmission 1) transmission par modulation d'amplitude *(signal télégraphique à sauts d'amplitude) (cf. aussi* amplitude-shift keying). 2) émission en modulation d'amplitude, émission AM *(radio, etc.) (cf. aussi* amplitude modulation).

AM transmitter émetteur à modulation d'amplitude, émetteur AM *(émetteur radioélectrique dont l'antenne émet une onde porteuse modulée en amplitude) (radiodif, radiocom) (cf. aussi* amplitude modulation).

AM vestigial sideband television system procédé de télévision à modulation d'amplitude à bande latérale atténuée *(type classique) (cf. aussi* vestigial sideband transmission).

AM wave onde modulée en amplitude *(onde porteuse modulée en amplitude) (cf. aussi* amplitude modulation).

amagnetic *a* amagnétique *a (cf. aussi* non-magnetic material).

amateur *(en radiocommunications)* radio-amateur, amateur s *(personne ayant obtenu une autorisation officielle pour l'utilisation non professionnelle d'un émetteur de trafic fixe) (en France, cette autorisation est accordée après passage d'un examen et délivrance du « certificat d'opérateur radiotélégraphique-radiotéléphoniste » et examen du dossier concernant de la station) (noter que l'utilisation du récepteur de trafic toujours associé à l'émetteur ne nécessite pas d'autorisation) (cf. aussi* communications transmitter, communications receiver, radiotelegraphy *et* radiotelephony).

amateur band bande des amateurs *(bande de fréquences d'émission réservée aux radio-amateurs) (cf. aussi* frequency band *et* amateur).

amateur license certificat d'opérateur *(cf. aussi* amateur).

amateur radio *cf.* amateur radio receiver.

amateur radio operator *cf.* amateur.

amateur radio receiver récepteur d'amateur, poste d'amateur, récepteur radio *(idem) (récepteur de trafic de radio-*

amateur) *(radiocom)* *(cf. aussi* communications receiver *et* amateur).

amateur radio service   service des radio-amateurs, service des amateurs *(service de radiocommunications assuré par les radio-amateurs à titre gracieux, notamment en cas d'urgence)* *(cf. aussi* amateur).

amateur radio set   *cf.* amateur radio receiver.

amateur radio station   station radio d'amateur, station d'amateur *(cf. aussi* radio station *et* amateur).

amateur receiver   *cf.* amateur radio receiver.

amateur service   *cf.* amateur radio service.

amber light   voyant orange *(voyant lumineux émettant une lumière orange)* *(cf. aussi* pilot light).

ambience   ambiance *(acoustique ou autre)* *(cf. aussi* acoustic environment).

ambient illumination   éclairage ambiant *(éclairage produit par la lumière ambiante)* *(cf. aussi* ambient light).

ambient light   lumière ambiante *(lumière naturelle ou artificielle baignant un lieu et notamment un local)* *(observation d'un écran cathodique, lecture d'un afficheur, etc.)*

ambient-light filter   filtre de lumière ambiante *(filtre optique incorporé ou ajouté à l'écran d'un tube-image pour réduire les reflets à la lumière ambiante)* *(récepteur TV, etc.)* *(cf. aussi* picture tube).

ambient noise   bruit ambiant *(bruit de fond acoustique dans un local, à l'extérieur ou dans le milieu marin)* *(hifi, sonar, etc.)* *(cf. aussi* undersea ambient noise *et* acoustic noise).

ambient sea noise   bruit ambiant marin *(ou de la mer)* *(sonar, etc.)* *(cf. aussi* undersea ambient noise).

ambiguity resolution   lever d'ambiguïté, lever de doute *(élimination de l'ambiguïté d'une indication d'un appareil de radionavigation)* *(cf. aussi* radio navigation) *(a)* détermination du sens de déplacement d'un aéronef le long d'une direction indiquée par un radiogoniomètre ou un radio-compas de bord *(cf. aussi* radio direction finder *et* automatic direction finder) ; *(b)* détermination du chenal de navigation exact dans lequel se trouve un mobile utilisant les signaux d'un système de navigation hyperbolique pour déterminer sa position) *(cf. aussi* lane).

American Morse code   code Morse américain *(est différent du code Morse international et, par conséquent, n'est pas utilisé en dehors des États-Unis)* *(cf. aussi* Morse code).

American Standard Code for Information Exhange   *cf.* ASCII. *(le terme complet, peu maniable, étant peu employé).*

American wire gage   jauge américaine des fils *(cf. aussi* wire gage).

AML   *cf.* automatic modulation limiting.

ammeter   ampèremètre *(appareil de mesure conçu pour mesurer des intensités de courant électrique)* *(cf. aussi* dc ammeter, ac ammeter, analog ammeter, digital ammeter *et* current 2)).

ammonia-beam maser   *cf.* ammonia maser.

ammonia maser   maser à l'ammoniaque *(maser à gaz dans lequel celui-ci est un jet de molécules d'ammoniaque, celles-ci ayant par nature deux niveaux d'énergie, le niveau inférieur étant le plus peuplé)* *(le jet d'ammoniaque passe dans un tube où quatre électrodes longitudinales portées deux à deux à une tension continue élevée, respectivement positive et négative, créent un gradient de potentiel radial concentrant ces molécules à niveau d'énergie supérieur sur l'axe du jet, ce qui crée l'inversion de population nécessaire, après quoi le jet traverse la cavité résonnante)* *(électronique quantique)* *(cf. aussi* gas maser *et* potential gradient).

ammonia maser clock   horloge à maser à l'ammoniaque *(horloge atomique utilisant un maser à l'ammoniaque comme référence de fréquence)* *(cf. aussi* atomic clock *et* ammonia maser).

ammonium dihydrogen phosphate   phosphate d'ammonium *(corps piézoélectrique)* *(cf. aussi* piezoelectric material).

amorphous germanium   germanium amorphe *(semi)* *(cf. aussi* germanium *et* amorphous material).

amorphous layer   couche amorphe *(couche de semiconducteur amorphe)* *(cf. aussi* amorphous semiconductor).

amorphous magnetic material   corps magnétique amorphe, *(etc.)* *(cf. aussi* magnetic material *et* amorphous material).

amorphous material   corps amorphe, corps non cristallisé, *(souvent aussi)* solide amorphe, *(idem)* *(corps ne possédant pas de réseau cristallin)* *(en d'autres termes, corps à structure non ordonnée, la disposition des atomes étant quelconque)* *(tous les gaz, tous les liquides et certains solides tels que le verre et la glace, notamment)* *(cf. aussi* material *et* crystalline material).

amorphous semiconductor   semiconducteur amorphe *(cf. aussi* semiconductor *et* amorphous material).

amorphous silicon   silicium amorphe *(cf. aussi* silicon *et* amorphous material).

amorphous substrate   substrat amorphe *(substrat en semiconducteur amorphe ou, parfois, substrat en verre)* *(composant)* *(cf. aussi* semiconductor substrate *et* amorphous material).

amp   **1)** *cf.* ampere. **2)** *cf.* amplifier. **3)** *cf.* amplitude.

AMP   *cf.* amp. *(lorsqu'il ne s'agit pas du nom de marque AMP).*

amperage   ampérage *(nom parfois donné, notamment par les profanes, à l'intensité d'un courant électrique)* *(cf. aussi* ampere *et* intensity).

ampere   ampère, A *(unité d'intensité de courant électrique du système SI)* *(est l'intensité d'un courant constant qui, circulant dans deux conducteurs rectilignes et parallèles de longueur infinie et de section circulaire négligeable placés à 1 mètre l'un de l'autre dans le vide, produit entre ces conducteurs une force de 2×10^{-7} newton par mètre de longueur)* *(noter la complexité de la définition officielle)* *(la force exercée entre les conducteurs est une force d'attraction ou de répulsion selon les sens respectifs des courants)* *(en termes simples et conformément à la loi d'Ohm, l'ampère est l'intensité du courant circulant dans une résistance de 1 ohm aux bornes de laquelle est maintenue une tension de 1 volt)* *(on notera toutefois que cette définition n'en est pas une puisque l'ohm et le volt sont officiellement définis à partir de l'ampère)* *(élec)* *(cf. aussi* current, Ohm's law *et* proximity effect (a)).

ampere-hour   ampèreheure, Ah *(unité de capacité d'un accumulateur ou d'une pile électrique ou d'une batterie d'accumulateurs ou de piles)* *(le produit de l'intensité en ampères du courant constant débité et du temps pendant lequel il est débité donne la capacité du dispositif en ampèreheures)* *(exemple : une batterie de voiture pouvant débiter l'équivalent d'un courant de 10 ampères pendant 6 heures a une capacité de 60 ampèreheures)* *(élec)* *(cf. aussi* storage cell 1), electric cell *et* ampere).

ampere-hour meter   ampèreheure-mètre *(appareil de mesure intégrant l'intensité d'un courant continu pour indiquer la quantité d'électricité fournie en ampèreheures)* *(cf. aussi* ampere-hour *et* integration 1)).

ampere per meter   ampère par mètre, A/m *(unité d'intensité de champ magnétique du système SI)* *(est l'intensité du champ magnétique créé au centre d'un circuit circulaire de 1 mètre de diamètre à conducteur de section négligeable dans lequel circule un courant constant de 1 ampère)* *(cf. aussi* magnetic field strength *et* ampere).

Ampere's law   loi d'Ampère *(loi physique selon laquelle la contribution d'un élément de conducteur parcouru par un courant à l'induction magnétique produite en un point proche du conducteur est proportionnelle à l'intensité du courant dans le conducteur, à la longueur de l'élément et au sinus de l'angle formé par l'élément ou sa tangente et la droite reliant celui-ci au point et inversement proportionnelle au carré de la distance de l'élément au point)* *(cf. aussi* magnetic induction *et* ampere).

Ampere's rule   règle du bonhomme d'Ampère *(règle de physique selon laquelle un observateur placé sur un conducteur rectiligne parcouru par un courant de telle manière que le courant lui entre par les pieds et lui sorte par la tête voit le vecteur induction magnétique dirigé vers sa gauche)* *(cf. aussi* magnetic induction vector).

ampere-turn   ampère-tour *(unité de force magnétomotrice du système SI)* *(est égale à un courant de 1 ampère circulant dans une spire d'un bobinage)* *(le nombre d'ampères-tours d'une bobine de 1 000 spires parcourue par un courant de 0,1 ampère est donc égal à 100)* *(cf. aussi* magnetomotive force *et* ampere).

amplidyne *(vient de « amplifying dynamo »)* amplidyne *f (amplificateur tournant à stator à deux pôles principaux portant les enroulements d'excitation et de compensation et deux pôles auxiliaires non bobinés et à quatre balais dont les deux disposés sur la ligne des pôles auxiliaires sont reliés directement entre eux par une connexion) (était l'amplificateur tournant le plus employé) (cf. aussi* rotary amplifier *et* compensation winding).

amplidyne drive commande par amplidyne *(antenne de radar, etc.) (cf. aussi* amplidyne).

amplification amplification *(en électronique notamment, augmentation provoquée de l'amplitude d'un signal ou, plus précisément, obtention d'un signal reproduisant un signal initial de même nature, avec une amplitude instantanée plus grande) (le signal initial ou « signal d'entrée » de l'amplificateur est généralement une tension variable ou une intensité de courant variable ; le signal obtenu est le « signal de sortie ») (cf. aussi* voltage amplification, current amplification, power amplification, amplitude *et* amplifier).

amplification circuit *cf.* amplifying circuit. *(de même pour les termes dérivés).*

amplification factor coefficient d'amplification (en tension) *(rapport entre une petite variation de la tension de l'anode d'un tube électronique à grille de commande monté en amplificateur et la variation de la tension de la grille produisant la même variation de l'intensité du courant anodique) (est égal au produit de la pente du tube par sa résistance interne) (la notion de coefficient d'amplification en tension, créée initialement pour un tube électronique, peut être étendue au transistor à effet de champ et porte alors le nom de « gain en tension ») (on notera que le terme « coefficient d'amplification » est rarement employé pour un transistor bipolaire, celui-ci étant, en principe, un amplificateur de courant ; le terme normalement employé pour un transistor bipolaire monté en amplificateur de tension est « gain en tension ») (cf. aussi* amplification, grid-controlled tube, amplifier, transconductance, field-effect transistor *et* bipolar transistor).

amplification stage étage d'amplification *(amplification opérée par un étage amplificateur) (cf. aussi* amplifier stage).

amplifier amplificateur *s (dispositif réalisant l'amplification d'un signal en empruntant à une source extérieure l'énergie nécessaire pour obtenir la différence entre la puissance mise en jeu à la sortie du dispositif et la puissance mise en jeu à l'entrée) (en d'autres termes, dispositif dans lequel une faible variation de l'amplitude d'un signal appliqué à l'entrée produit une variation plus grande du signal de sortie) (en électronique, le terme « amplificateur » désigne généralement un amplificateur électronique, c.-à-d. utilisant un élément de circuit actif — tube électronique, transistor ou, parfois, diode spéciale — pour réaliser le transfert de puissance d'une source de courant au signal à amplifier, mais peut également désigner un amplificateur magnétique au sens non restreint du terme ou un amplificateur optique) (cf. aussi* amplification, amplifier types, power[1] 1), active element (a), magnetic amplifier *et* optical amplifier).

amplifier chain chaîne d'amplificateurs, chaîne d'amplification *(selon le contexte) (suite d'étages amplificateurs) (dépasse rarement trois étages) (cf. aussi* amplifier stage).

amplifier chip puce amplificatrice *(puce d'amplificateur intégré) (cf. aussi* chip 1) *et* integrated amplifier).

amplifier class classe de l'amplificateur *(parf.* d'un amplificateur) *(nom donné au mode de fonctionnement d'un amplificateur de puissance caractérisé par l'angle de conduction du ou des éléments actifs qu'il utilise et déterminé par la polarisation de celui-ci ou ceux-ci) (cf. aussi* class A amplifier, class AB amplifier, class B amplifier, class C amplifier, conduction angle, bias[1] *et* power amplifier).

amplifier electron tube *cf.* amplifier tube.

amplifier gain gain de l'amplificateur *(parf.* d'un amplificateur) *(cf. aussi* gain 1)).

amplifier load charge de l'amplificateur *(parf.* d'un amplificateur) *(charge montée dans le circuit de sortie d'un amplificateur et donc alimentée par le courant débité par celui-ci) (dans un amplificateur de tension, la charge sert à recueillir à ses bornes le signal amplifié ; elle a donc nécessairement une*

résistance ou une impédance relativement élevée) (la charge d'un amplificateur de tension est une résistance, une bobine d'inductance ou un circuit accordé) (dans un amplificateur de puissance, la charge est le dispositif à alimenter par un courant d'intensité variable dont l'amplificateur constitue le « robinet à action instantanée ») (exemples de charge d'amplificateur de puissance : haut-parleur, bobines de déviation de tube cathodique, servomoteur) (cf. aussi* load[1] (a), amplifier, voltage amplifier *et* power amplifier).

amplifier noise bruit de l'amplificateur *(parf.* d'un amplificateur) *(bruit interne d'un amplificateur) (cf. aussi* internal noise *et* amplifier).

amplifier offset décalage de l'amplificateur *(parf.* d'un amplificateur) *(décalage d'un amplificateur différentiel) (cf. aussi* offset[1] (a)).

amplifier output sortie de l'amplificateur *(parf.* d'un amplificateur) *(au sens du terme anglais, bornes, signal ou puissance de sortie d'un amplificateur) (noter l'imprécision du terme anglais) (cf. aussi* output[1] *et* amplifier).

amplifier plug-in tiroir amplificateur *(tiroir enfichable contenant un ou plusieurs amplificateurs) (dans le cas fréquent d'un tiroir amplificateur d'oscilloscope, le tiroir contient l'amplificateur vertical, ou les deux amplificateurs verticaux s'il s'agit d'un oscilloscope à deux voies) (cf. aussi* plug-in *et* vertical amplifier).

amplifier response 1) réponse de l'amplificateur *(parf.* d'un amplificateur) *(manière dont un amplificateur reproduit plus ou moins fidèlement la forme du signal appliqué à son entrée) (cf. aussi* response 1) *et* amplifier). 2) *cf.* amplifier response curve.

amplifier response curve courbe de réponse de l'amplificateur *(parf.* d'un amplificateur) *(cf. aussi* response curve *et* amplifier response 1)).

amplifier saturation saturation de l'amplificateur *(parf.* d'un amplificateur) *(situation dans laquelle l'amplitude du signal de sortie d'un amplificateur est à sa valeur maximale et ne peut plus croître si l'amplitude du signal d'entrée continue d'augmenter) (cf. aussi* amplifier *et* saturation).

amplifier stage étage amplificateur *(amplificateur opérant une seule amplification du signal appliqué à son entrée) (cf. aussi* amplifier *et* stage 1)).

amplifier types types d'amplificateur *(cf. aussi* tube amplifier, transistor amplifier, diode amplifier, voltage amplifier, current amplifier, power amplifier, linear amplifier, non-linear amplifier, logarithmic amplifier, wideband amplifier, narrow-band amplifier, audio amplifier, RF amplifier, video amplifier, microwave amplifier, single-stage amplifier, multi-stage amplifier, magnetic amplifier *et* optical amplifier).

amplifier tube tube amplificateur, tube électronique amplificateur *(tube électronique conçu pour être utilisé comme élément actif d'un amplificateur et possédant, par conséquent, une grille de commande ou une électrode équivalente) (cf. aussi* grid-controlled tube, microwave amplifier tube *et* amplifier).

amplify *v* amplifier *(un signal, etc.) (cf. aussi* amplification).

amplifying circuit montage amplificateur *(nom parfois donné à un amplificateur électronique) (cf. aussi* amplifier).

amplifying circuitry *cf.* amplifying circuits. *(cf. aussi* circuitry).

amplifying circuits circuits d'amplification, circuits amplificateurs *(selon le contexte) (noms parfois donnés à un ensemble de deux ou plusieurs étages amplificateurs dans un appareil électronique) (cf. aussi* amplifier stage).

amplifying stage *cf.* amplifier stage.

amplifying transistor transistor amplificateur, transistor monté en amplificateur *(transistor utilisé comme élément actif d'un amplificateur) (cf. aussi* transistor *et* amplifier).

amplifying tube tube amplificateur, tube électronique amplificateur, tube monté en amplificateur, *(idem) (tube électronique à grille de commande ou équivalent utilisé comme élément actif d'un amplificateur) (cf. aussi* grid-controlled tube *et* amplifier).

amplitron amplitron *(tube amplificateur hyperfréquence à champs croisés utilisant l'onde inverse) (cf. aussi* crossed-field amplifier *et* backward wave 1)).

amplitude amplitude *(valeur d'une grandeur variable en un* *point déterminé du temps ou de l'espace) (en électronique et sciences connexes, ce terme désigne souvent la valeur maximale d'une tension variable constituant ou non un signal) (est parfois employé avec le sens de « intensité » dans le cas d'un courant électrique ou d'un champ de forces) (est souvent appelée « niveau » dans le cas d'une puissance) (cf. aussi* instantaneous amplitude, intensity, level 1) *et* variable quantity).

amplitude adjustment réglage d'amplitude, *(souvent)* réglage de l'amplitude *(signal fourni par un générateur de signaux, etc.) (cf. aussi* amplitude).

amplitude-amplitude characteristic *cf.* amplitude-amplitude response curve.

amplitude-amplitude distortion distorsion d'amplitude *(manque de proportionnalité entre l'amplitude du signal de sortie d'un amplificateur et l'amplitude du signal d'entrée, la caractéristique du montage n'étant pas rectiligne) (en d'autres termes, manque de linéarité de la réponse en amplitude de l'amplificateur) (cf. aussi* amplitude-amplitude response 1), characteristic curve *et* distortion).

amplitude-amplitude response 1) réponse en amplitude, réponse amplitude-amplitude *(manière dont l'amplitude du signal de sortie d'un amplificateur varie en fonction de l'amplitude du signal d'entrée) (noter que le premier terme, le plus employé, prête à confusion et voir à ce sujet* frequency response) *(cf. aussi* amplitude-amplitude distortion, amplitude, amplifier *et* distortion). 2) *cf.* amplitude-amplitude response curve.

amplitude-amplitude response characteristic *cf.* amplitude-amplitude response curve.

amplitude-amplitude response curve courbe de réponse en amplitude, courbe de réponse amplitude-amplitude, caractéristique amplitude-amplitude *(cf. aussi* amplitude-amplitude *et* response curve).

amplitude as a function of frequency *cf.* amplitude versus frequency. *(ce terme étant le plus employé).*

amplitude-balance control commande cyclique de gain *(radar) (cf. aussi* sensitivity-time control).

amplitude cal *(fam) cf.* amplitude calibration.

amplitude calibration calibrage d'amplitude, *(souvent)* calibrage de l'amplitude *(du signal d'entrée d'un oscilloscope ou du signal de sortie d'un générateur de signaux, notamment) (cf. aussi* calibration 2) *et* voltage calibrator).

amplitude calibrator calibrateur d'amplitude *(nom parfois donné à un calibrateur de tension) (oscillo) (cf. aussi* voltage calibrator).

amplitude change variation d'amplitude.

amplitude characteristic *cf.* amplitude response curve.

amplitude control commande d'amplitude, *(parf.)* potentiomètre de réglage d'amplitude *(bouton d'un potentiomètre de réglage réglant l'amplitude d'un signal ou, parfois, ce potentiomètre lui-même) (cf. aussi* control potentiometer *et* amplitude).

amplitude control knob bouton de réglage d'amplitude *(cf. aussi* amplitude control).

amplitude data *cf.* amplitude information.

amplitude demodulation démodulation d'amplitude *(démodulation d'une porteuse modulée en amplitude) (récepteur, etc.) (cf. aussi* demodulation, amplitude modulation *et* detector 2)).

amplitude discriminator discriminateur d'amplitude (d'impulsion) *(cf. aussi* pulse-height discriminator).

amplitude distortion *cf.* amplitude-frequency distortion.

amplitude distortion versus frequency distorsion d'amplitude en fonction de la fréquence *(ampli, etc.) (cf. aussi* frequency distortion).

amplitude distortion vs frequency *cf.* amplitude distortion versus frequency.

amplitude dynamic range *cf.* dynamic range.

amplitude-frequency characteristic *cf.* amplitude-frequency response curve.

amplitude-frequency distortion distorsion amplitude-fréquence *(ampli, etc.) (cf. aussi* frequency distortion).

amplitude-frequency response 1) réponse amplitude-fréquence *(quadripôle) (cf. aussi* frequency response). 2) *cf.* amplitude-frequency response curve.

amplitude-frequency response characteristic *cf.* amplitude-frequency response curve.

amplitude-frequency response curve courbe de réponse amplitude-fréquence *(quadripôle) (cf. aussi* frequency response curve).

amplitude gate porte de sélection d'amplitude *(nom souvent donné à un limiteur à seuil pour rappeler sa fonction effective) (cf. aussi* clipper-limiter *et* gate[1]).

amplitude gating sélection d'amplitude (par porte) *(cf. aussi* amplitude gate *et* amplitude selection).

amplitude information information d'amplitude *(amplitude d'un signal considérée en tant qu'information, c.-à-d. valeur de l'amplitude du signal) (cf. aussi* amplitude value *et* information).

amplitude keying *cf.* amplitude-shift keying.

amplitude level *cf.* amplitude.

amplitude limiter limiteur d'amplitude *(cf. aussi* limiter 1)).

amplitude limiting limitation d'amplitude *(cf. aussi* limiting 1)).

amplitude-limiting circuit *cf.* amplitude limiter.

amplitude measurement mesure d'amplitude *(mesure de l'amplitude d'un signal sur l'écran d'un oscilloscope ou d'un analyseur de signaux à l'aide du graticule de celui-ci) (cf. aussi* amplitude reading, amplitude readout, amplitude, graticule *et* measurement).

amplitude-modulate *v* moduler en amplitude *(une porteuse) (cf. aussi* amplitude modulation).

amplitude-modulated *a* modulé en amplitude *(souvent au féminin) (cf. aussi* amplitude modulation).

amplitude-modulated ... *cf.* AM ... *(pour les termes qui ne figurent pas ci-après).*

amplitude-modulated pulses impulsions modulées en amplitude *(cf. aussi* pulse-amplitude modulation).

amplitude modulation modulation d'amplitude, AM *(abréviation anglaise et classique),* MA *(abréviation la plus récente) (modulation dans laquelle la caractéristique variable de la porteuse est son amplitude, la fréquence restant constante) (radio, etc.) (cf. aussi* double-sideband modulation, single-sideband modulation, independent-sideband modulation, positive modulation, negative modulation *et* modulation (a)).

amplitude-modulation ... *cf.* AM ...

amplitude modulator modulateur d'amplitude *(modulateur réalisant la modulation d'amplitude) (est souvent un amplificateur dont le gain varie en fonction de l'amplitude du signal modulant) (cf. aussi* double-sideband modulator, single-sideband modulator, amplitude modulation, amplifier *et* gain 1)).

amplitude noise bruit d'amplitude *(nom parfois donné au bruit électrique pour le distinguer du bruit de phase et du bruit de fréquence) (cf. aussi* noise 2) (a), phase noise *et* frequency noise).

amplitude non-symmetry asymétrie d'amplitude *(asymétrie de la courbe de réponse en fréquence d'un filtre et notamment d'un filtre de bande d'émetteur de télévision ou d'un filtre à flanc de Nyquist) (cf. aussi* frequency response curve *et* vestigial sideband filter).

amplitude peak pic d'amplitude, pic *(point de la représentation graphique d'un signal où l'amplitude de celui-ci atteint un maximum) (cf. aussi* peak 1) *et* amplitude).

amplitude range intervalle d'amplitudes, gamme d'amplitudes, plage d'amplitudes *(d'un signal) (cf. aussi* amplitude *et* range 3), 4) *et* 5)).

amplitude reading amplitude indiquée *(cf. aussi* amplitude measurement).

amplitude readout indication de l'amplitude *(cf. aussi* amplitude measurement).

amplitude resolution définition en amplitude *(cf. aussi* resolution *et* amplitude) (a) *finesse de réglage de l'amplitude d'un signal fourni par un générateur de signaux) (cf. aussi* signal generator) ; (b) *précision de lecture de l'amplitude d'un signal sur l'écran d'un oscilloscope ou d'un analyseur de signaux) (cf. aussi* oscilloscope *et* signal analyzer).

amplitude response réponse en amplitude (en fonction de la fréquence) *(quadripôle) (cf. aussi* frequency response).

amplitude selection sélection d'amplitude (*sélection de la partie d'un signal située au-dessus ou au-dessous d'une amplitude déterminée ou entre deux amplitudes déterminées*) (*cf. aussi* amplitude, threshold detector, limiter 1) *et* amplitude gating).

amplitude selector discriminateur d'amplitude (d'impulsions) (*cf. aussi* pulse-height discriminator).

amplitude-sensing monopulse radar radar mono-impulsion d'amplitude, radar mono-impulsion à comparaison d'amplitude, radar monopulse (*idem*) (*radar mono-impulsion dans lequel la comparaison des échos reçus porte sur l'amplitude de ceux-ci, leurs phases étant pratiquement égales*) (*ce résultat est obtenu notamment à l'aide d'une antenne à quatre cornets disposés deux à deux symétriquement par rapport à l'axe de celle-ci dans le plan horizontal et le plan vertical*) (*la différence d'amplitude entre les deux échos reçus dans un plan est proportionnelle au dépointage de l'antenne dans celui-ci*) (*cf. aussi* monopulse radar, amplitude, horn antenna *et* pointing error).

amplitude-shift keying modulation par sauts d'amplitude, modulation ASK (*modulation télégraphique consistant en une modulation d'amplitude à deux valeurs non nulles de celle-ci, la plus faible représentant le binaire « 0 » et l'autre le binaire « 1 »*) (*est peu employée, principalement en raison de la sensibilité aux parasites du signal ainsi obtenu*) (*tls*) (*cf. aussi* telegraph modulation, amplitude *et* bit).

amplitude spectra spectres d'amplitudes (*cf. aussi* amplitude spectrum).

amplitude spectrum spectre d'amplitudes (*spectre représentant l'amplitude de chacune des composantes fréquentielles d'un signal complexe sur l'écran d'un analyseur de spectres ou, parfois, sur un support graphique*) (*cf. aussi* spectrum (b), amplitude, frequency component *et* spectrum analyzer).

amplitude threshold seuil d'amplitude (*terme générique couvrant notamment le seuil de tension et le seuil d'intensité*) (*cf. aussi* threshold *et* amplitude).

amplitude value valeur de l'amplitude, (*parf.*) valeur d'amplitude (*valeur numérique d'une amplitude*) (*exemple : 5 volts, − 10 volts, etc.*) (*cf. aussi* amplitude *et* amplitude information).

amplitude versus frequency amplitude en fonction de la fréquence (*réponse d'un quadripôle*) (*cf. aussi* frequency response).

amplitude vs frequency *cf.* amplitude versus frequency.

analog *a* analogique (*vient de « analogue »*) (*en électronique, caractéristique d'un signal non représenté par des nombres ou d'un dispositif ou appareil fournissant, utilisant ou transmettant un tel signal*) (*cf. aussi* analog signal, analog instrument *et* digital).

analog ac ammeter ampèremètre alternatif analogique, ampèremètre analogique (pour courant) alternatif (*cf. aussi* ac ammeter *et* analog ammeter).

analog ac voltmeter voltmètre alternatif analogique, voltmètre analogique (pour courant) alternatif (*cf. aussi* ac voltmeter *et* analog voltmeter).

analog actuator actionneur analogique (*nom parfois donné à un actionneur autre qu'un moteur pas-à-pas par opposition à celui-ci*) (*cf. aussi* actuator *et* analog).

analog ammeter ampèremètre analogique (*ampèremètre réalisé sous la forme d'un appareil indicateur analogique*) (*type classique*) (*cf. aussi* ammeter *et* analog meter).

analog applications applications analogiques (*applications de composants ou autre matériel électronique ou autre mettant en jeu des signaux analogiques*) (*cf. aussi* application, analog signal *et* analog equipment).

analog area *cf.* analog field.

analog arrangement *cf.* analog circuit arrangement.

analog audio disk disque audio analogique (*nom parfois donné à un disque phonographique classique pour le distinguer d'un disque audio numérique*) (*cf. aussi* phonograph record).

analog avionics (l')avionique analogique (*avionique réalisée sous la forme d'un matériel analogique*) (*avionique classique*) (*avia*) (*cf. aussi* avionics *et* analog equipment).

analog bipolar circuit *cf.* analog bipolar integrated circuit.

analog bipolar IC *cf.* analog bipolar integrated circuit.

analog bipolar integrated circuit circuit intégré bipolaire analogique, circuit bipolaire analogique (*circuit intégré bipolaire réalisé sous la forme d'un circuit intégré analogique*) (*semi*) (*cf. aussi* bipolar integrated circuit *et* analog integrated circuit).

analog bipolar process procédé bipolaire analogique (*CI*) (*cf. aussi* bipolar process *et* analog process).

analog bipolar processing fabrication par un procédé bipolaire analogique (*cf. aussi* analog bipolar process).

analog bipolars (les) circuits bipolaires analogiques (*cf. aussi* analog bipolar integrated circuit).

analog board carte analogique, carte à circuit imprimé analogique, carte enfichable analogique, carte imprimée analogique, (*parf.*) plaquette à circuit imprimé analogique (*carte ou, parfois, plaquette à circuit imprimé constituant un dispositif analogique et ne portant, par conséquent, normalement pas de circuits intégrés numériques*) (*cf. aussi* printed-circuit board, analog device *et* digital integrated circuit).

analog calculation *cf.* analog computation.

analog capability possibilités analogiques (*parfois au singulier*) (*possibilité pour un appareil ou un dispositif numérique d'être également utilisé pour des signaux analogiques*) (*cf. aussi* digital instrument, digital device, analog signal *et* capability).

analog card *cf.* analog board.

analog central office *cf.* analog telephone exchange.

analog channel *cf.* analog transmission channel.

analog chip puce analogique (*puce de circuit intégré analogique*) (*cf. aussi* chip 1) *et* analog integrated circuit).

analog circuit circuit analogique, montage analogique (*le premier terme est le plus employé, mais il s'agit en fait d'un montage*) (*montage conçu pour fournir ou utiliser des signaux analogiques*) (*le premier terme désigne souvent un circuit intégré analogique*) (*cf. aussi* arrangement 1), analog signal *et* analog integrated circuit).

analog circuit arrangement montage de circuits analogiques, montage analogique (*cf. aussi* arrangement 1) *et* analog circuit).

analog circuit design conception des circuits analogiques (*ce terme désigne souvent la conception des circuits intégrés analogiques*) (*cf. aussi* analog circuit).

analog circuit technology (la) technique des circuits analogiques (*ce terme désigne souvent la technique des circuits intégrés analogiques*) (*cf. aussi* analog circuit *et* technology).

analog circuitry circuits analogiques (*cf. aussi* analog circuit *et* circuitry).

analog closed-loop control system *cf.* analog control system.

analog closed-loop system *cf.* analog control system.

analog CMOS *cf.* analog CMOS integrated circuit.

analog CMOS circuit *cf.* analog CMOS integrated circuit.

analog CMOS IC *cf.* analog CMOS integrated circuit.

analog CMOS integrated circuit circuit intégré CMOS analogique, circuit CMOS analogique (*est peu courant*) (*cf. aussi* CMOS integrated circuit *et* analog integrated circuit).

analog communications télécommunications analogiques (*télécommunications dans lesquelles l'information est transmise par un signal analogique*) (*la transmission peut se faire en bande de base ou par modulation analogique*) (*télécommunications classiques*) (*cf. aussi* communications, analog signal, baseband *et* analog modulation).

analog communications … *cf.* analog telephone … (*pour les termes qui ne figurent pas ci-après, s'il s'agit de téléphonie*).

analog communications link liaison de télécommunications analogique, liaison analogique (*liaison de télécommunications permettant les télécommunications analogiques*) (*cf. aussi* communications link *et* analog communications).

analog communications system système de télécommunications analogiques (*cf. aussi* communications system *et* analog communications).

analog comparator comparateur analogique (*montage fournissant un signal binaire 1 lorsque la somme des deux tensions analogiques appliquées à ses entrées est positive ou un signal binaire 0 lorsque leur somme est négative*) (*cf. aussi* binary signal, binary 1 *et* analog voltage).

analog-compatible logic logique compatible analogique, logique compatible avec l'analogique *(logique intégrée réalisée par un procédé utilisable tant pour la fabrication de circuits intégrés analogiques que de circuits intégrés numériques) (inf) (cf. aussi* integrated logic, analog integrated circuit *et* digital integrated circuit).

analog component composant analogique *(composant électronique ou autre constituant un dispositif analogique) (circuit intégré analogique, capteur d'angle à sortie analogique, actionneur analogique, etc.) (cf. aussi* analog device).

analog computation (un *ou* le) calcul analogique *(selon le contexte) (cf. aussi* analog computing).

analog computation circuits circuits de calcul analogique *(circuits d'un calculateur analogique) (cf. aussi* analog computer).

analog computer calculateur analogique *(calculateur utilisant l'analogie entre la variation de grandeurs électriques ou, parfois, hydrauliques ou pneumatiques ou, anciennement surtout, mécaniques et celle des variables d'un problème à données variables pour résoudre celui-ci, le résultat obtenu pouvant notamment être un signal électrique utilisé ou non aux fins de commande directe d'un processus) (a l'avantage de fournir le résultat cherché quasi-instantanément, tous ses opérateurs fonctionnant en parallèle, et l'inconvénient d'une précision limitée à celle des composants électriques ou autres employés) (il est à noter que le calculateur analogique n'est pas une machine mathématique au sens strict du terme car il ne résoud pas de façon analytique le problème posé) (un calculateur analogique électronique utilise notamment des amplificateurs opérationnels, des potentiomètres et résistances de précision, des condensateurs intégrateurs à faibles pertes, des condensateurs et bobines d'inductance variables de précision, des transformateurs à rapport variable de précision, des synchromachines, des trigonomètres et des génératrices tachymétriques, en tout ou partie selon le courant utilisé : calculateur à courant continu, à courant à fréquence industrielle (50 ou 400 Hz, parfois plus) ou à haute fréquence (généralement 472 kHz)) (voir ces termes en anglais et notamment* operational amplifier, servo multiplier, synchro, resolver *et* tachogenerator) *(cf. aussi* electrical quantity *et* computer 1)).

analog computing (le) calcul analogique *(calcul portant sur des grandeurs pouvant prendre des valeurs quelconques entre des limites déterminées) (cf. aussi* analog computation *et* analog computer).

analog control asservissement analogique *(asservissement réalisé par un système asservi analogique) (cf. aussi* analog control system *et* control[1]).

analog control system système asservi analogique *(système asservi dans lequel le signal d'erreur est obtenu et utilisé sous la forme d'un signal analogique) (cf. aussi* closed-loop control system, error signal *et* analog signal).

analog counterpart (l')équivalent analogique *(composant, montage, appareil ou système analogique remplissant la même fonction qu'un composant, montage, appareil ou système numérique déterminé) (cf. aussi* analog component *et* digital component).

analog data informations analogiques *(parfois au singulier)*, *(parf. aussi)* données analogiques *(informations représentées par un signal analogique) (cf. aussi* information *et* analog signal).

analog data acquisition (la) mesure analogique *(cf. aussi* analog measurement).

analog data acquisition system chaîne de mesure analogique, chaîne analogique *(chaîne de mesure dans laquelle le signal fourni par le capteur est analogique et transmis sous cette forme) (type classique) (cf. aussi* data acquisition system *et* analog signal).

analog data processing traitement de l'information analogique *(nom parfois donné au traitement des signaux analogiques pour rappeler qu'il s'agit d'un traitement d'informations) (cf. aussi* analog signal processing *et* information processing).

analog data system *cf.* analog data acquisition system.

analog delay line *cf.* delay line.

analog device dispositif analogique *(dispositif conçu pour fournir, utiliser, traiter, mémoriser, visualiser ou mesurer un ou plusieurs signaux analogiques) (ce terme peut désigner notamment un composant, un montage ou un appareil analogique) (cf. aussi* analog signal, analog component *et* analog instrument).

analog-digital ... *cf.* analog-to-digital ... *(pour les termes qui ne figurent pas ci-après).*

analog-digital circuit *cf.* analog-digital integrated circuit.

analog-digital computer *cf.* hybrid computer.

analog-digital IC *cf.* analog-digital integrated circuit.

analog-digital integrated circuit circuit intégré analogique et numérique, circuit intégré analogique-numérique, circuit *(idem) (circuit intégré monolithique comportant des circuits analogiques et des circuits numériques) (exemple : numériseur ou dénumériseur monopuce) (cf. aussi* monolithic integrated circuit, analog circuit *et* digital circuit).

analog/digital ... *cf.* analog-to-digital ...

analog display indication analogique, affichage analogique, présentation analogique *(indication de la valeur d'une grandeur par un appareil de mesure indicateur analogique ou par un afficheur incrémental) (cf. aussi* analog meter, bar-graph display *et* display[1] 1)).

analog domain (le) domaine analogique *(au sens du terme anglais, autre nom du domaine fréquentiel) (cf. aussi* frequency domain *et, à titre d'information,* analog field).

analog electric signal signal électrique analogique *(clpf) (sdpo notamment à « signal optique analogique ») (cf. aussi* electric signal, analog signal *et* optical signal).

analog electronics (l')électronique analogique *(branche de l'électronique utilisant des signaux analogiques et circuits électroniques correspondants) (cf. aussi* electronics[1] (b), (c) *et* analog signal).

analog equipment matériel analogique *(matériel électronique ou autre conçu pour des applications analogiques) (cf. aussi* electronic equipment *et* analog applications).

analog exchange *cf.* analog telephone exchange.

analog extractor *cf.* analog plot extractor.

analog feedback rétroaction analogique, *(etc.) (rétroaction dans un système asservi analogique) (cf. aussi* feedback *et* analog control system).

analog feedback control *cf.* analog control.

analog feedback control system *cf.* analog control system.

analog feedback system *cf.* analog control system.

analog field (le) domaine analogique *(au sens du terme anglais, domaine d'activité scientifique, industrielle, commerciale ou autre relative au matériel analogique) (cf. aussi* analog equipment *et, à titre d'information,* analog domain).

analog filter filtre analogique *(filtre conçu pour filtrer un signal analogique) (filtre classique, c.-à-d. filtre LC ou RC ou quadripôle passif ou actif utilisant un tel filtre) (cf. aussi* LC filter, RC filter, analog signal, quadripole *et* filter[1]).

analog filtering filtrage analogique, filtrage par filtre analogique *(cf. aussi* analog filter).

analog form forme analogique *(forme d'informations analogiques ou d'un signal analogique) (cf. aussi* analog data).

analog format format analogique *(format d'un signal analogique auquel cette notion peut s'appliquer, c.-à-d. notamment format du signal représentant une ligne d'une image de télévision analogique ou format d'un signal d'un système de radionavigation hyperbolique) (cf. aussi* analog signal format, analog signal, analog television *et* hyperbolic navigation system).

analog Fourier analyzer analyseur de Fourier analogique *(analyseur de Fourier utilisant un calculateur analogique de transformée de Fourier) (analyseur de spectres) (cf. aussi* Fourier analyzer *et* analog Fourier processor).

analog Fourier processor calculateur analogique de transformée de Fourier *(calculateur de transformée de Fourier réalisé sous la forme d'un calculateur analogique) (est plus rapide qu'un calculateur analogue numérique et, pour cette raison, théoriquement plus intéressant pour un détecteur de radars) (analyseur de signaux) (cf. aussi* Fourier-transform processor *et* analog computer).

analog front-end circuits d'entrée analogiques *(cf. aussi* front-end 1) *et* analog circuit).

analog function *cf.* analog processing function.

analog gate   porte analogique *(porte laissant passer un signal analogique pendant un intervalle de temps ou d'amplitude déterminé par la largeur d'une impulsion appliquée à sa deuxième entrée) (cf. aussi* amplitude gate, time gate *et* gate[1] 1)).

analog IC   *cf.* analog integrated circuit. *(de même pour les termes dérivés).*

analog image   image analogique *(image obtenue, transmise, traitée ou mémorisée sous la forme d'un signal analogique) (TV, tube à mémoire, etc.) (cf. aussi* picture *et* analog signal).

analog implementation   réalisation analogique *(réalisation d'une fonction de traitement de signaux ou de calcul sous la forme d'un montage analogique et notamment d'un circuit intégré analogique) (cf. aussi* signal processing function *et* analog circuit).

analog in-circuit capability   possibilités de contrôle analogique in situ *(parfois au singulier) (possibilité pour un contrôleur numérique in situ de contrôler également des circuits analogiques) (cf. aussi* digital in-circuit tester *et* capability).

analog information   *cf.* analog data. *(de même pour les termes dérivés) (cf. aussi* information).

analog input   entrée analogique *(bornes d'entrée d'un signal analogique sur un composant, un montage ou un appareil ou, par extension, ce signal lui-même) (cf. aussi* analog signal *et* input[1]).

analog-input chip   puce d'entrée analogique *(nom parfois donné à une puce de numériseur) (cf. aussi* chip 1) *et* analog-to-digital converter).

analog input signal   signal d'entrée analogique *(cf. aussi* analog input).

analog instrument   appareil analogique *(voir* analog device *et noter que ce terme désigne souvent un appareil de mesure analogique) (cf. aussi* analog measuring instrument).

analog instrumentation   instrumentation analogique *(appareils analogiques) (cf. aussi* analog instrument).

analog instrumentation system   *cf.* analog data acquisition system.

analog integrated circuit   circuit intégré analogique, microcircuit analogique *(circuit intégré monolithique constituant un dispositif analogique) (cf. aussi* monolithic integrated circuit *et* analog device).

analog integrated circuit ...   *cf.* integrated-circuit ... *et ajouter* analogique.

analog line   *cf.* analog telephone line.

analog link   *cf.* analog communications link.

analog magnetic recorder   enregistreur magnétique analogique *(nom parfois donné à un magnétophone ou un magnétoscope classique pour rappeler le type d'enregistrement réalisé par ces appareils) (cf. aussi* tape recorder *et* analog magnetic recording).

analog magnetic recording   (l')enregistrement magnétique analogique *(enregistrement magnétique de signaux analogiques) (cf. aussi* magnetic recording, analog signal *et* analog magnetic recorder).

analog magnetic tape   bande magnétique analogique, bande analogique *(bande magnétique sur laquelle sont enregistrés des signaux analogiques) (cf. aussi* magnetic tape *et* analog magnetic-tape recorder).

analog magnetic tape ...   *cf.* analog tape ...

analog market   *cf.* analog integrated circuit market.

analog measurement   (une) mesure analogique *(mesure effectuée à l'aide d'un appareil de mesure analogique) (cf. aussi* analog meter *et* measurement).

analog measuring equipment   appareils de mesure analogiques *(cf. aussi* analog measuring instrument).

analog measuring instrument   appareil de mesure analogique *(ce terme désigne généralement un appareil indicateur analogique, mais peut désigner un oscilloscope analogique ou un enregistreur analogique utilisé aux fins de mesure) (cf. aussi* analog meter *et* measuring instrument).

analog memory   mémoire analogique *(mémoire conçue pour conserver directement l'information représentée par un signal analogique) (terme générique couvrant la grille à mémoire et l'écran à mémoire dans un tube cathodique à mémoire) (cf. aussi* storage mesh, storage screen, analog signal *et* memory).

analog meter   appareil indicateur analogique, appareil analogique (indicateur), appareil de mesure *(idem) (appareil de mesure donnant une indication continue de la valeur de la grandeur mesurée à l'aide d'une aiguille se déplaçant devant une échelle graduée) (type classique) (cf. aussi* analog measuring instrument, meter[1] *et* pointer 1)).

analog metering   (la) mesure analogique *(de grandeur déterminées et non de grandeurs quelconques) (cf. aussi* analog data acquisition).

analog method   *cf.* analog processing method.

analog microcircuit   *cf.* analog integrated circuit.

analog microwave link   liaison par faisceau hertzien analogique, *(souvent)* faisceau hertzien analogique *(radiocom) (cf. aussi* microwave link *et* analog microwave radio).

analog microwave radio   (les) faisceaux hertziens analogiques *(faisceaux hertziens transmettant des signaux analogiques, c.-à-d. utilisant un multiplex fréquentiel) (radiocom) (cf. aussi* microwave radio 1) *et* frequency-division multiplex).

analog modulation   modulation analogique *(nom parfois donné à la modulation classique par opposition à la modulation numérique) (cf. aussi* modulation (a)).

analog module   module analogique *(module constituant un dispositif analogique) (cf. aussi* module (a) *et* analog device).

analog MOS   *cf.* analog MOS integrated circuit.

analog MOS circuit   *cf.* analog MOS integrated circuit.

analog MOS device   *cf.* analog MOS integrated circuit.

analog MOS IC   *cf.* analog MOS integrated circuit.

analog MOS integrated circuit   circuit intégré MOS analogique, circuit MOS analogique, microcircuit MOS analogique *(circuit intégré MOS constituant un dispositif analogique) (semi) (cf. aussi* MOS integrated circuit *et* analog device).

analog moving-target indication   élimination analogique des échos fixes, élimination des échos fixes par MTI analogique *(radar) (cf. aussi* analog moving-target indicator).

analog moving-target indicator   éliminateur d'échos fixes analogique, éliminateur analogique d'échos fixes, MTI analogique *(nom parfois donné à un éliminateur d'échos fixes classique pour le distinguer d'un éliminateur numérique) (récepteur de radar MTI) (cf. aussi* moving-target indicator).

analog MTI   *cf.* analog moving-target indicator.

analog multiplex   multiplex analogique *(tél, etc.) (cf. aussi* frequency-division multiplex).

analog multiplexer   multiplexeur analogique *(tél, etc.) (cf. aussi* frequency-division multiplexer).

analog multiplexing   multiplexage analogique *(tél, etc.) (cf. aussi* frequency-division multiplexing).

analog multiplexor   *cf.* analog multiplexer.

analog multiplication   multiplication analogique *(multiplication effectuée par un multiplieur analogique) (cf. aussi* analog multiplier).

analog multiplier   multiplieur analogique *(nom parfois donné à un multiplieur classique pour le distinguer d'un multiplieur numérique) (cf. aussi* multiplier 1) (a)).

analog network   *cf.* analog communications network.

analog nulling meter   *cf.* nulling meter.

analog office   *cf.* analog telephone exchange.

analog oscilloscope   *cf.* analog storage oscilloscope.

analog output   sortie analogique *(bornes de sortie d'un signal analogique sur un composant, un montage ou un appareil ou, par extension, ce signal lui-même) (cf. aussi* analog signal *et* output[1]).

analog output signal   signal de sortie analogique *(cf. aussi* analog output).

analog panel meter   appareil analogique de tableau, appareil de mesure analogique de tableau, appareil indicateur analogique de tableau *(cf. aussi* analog meter *et* panel meter).

analog peaking meter   appareil analogique indicateur de maximum *(appareil indicateur analogique utilisé pour chercher le maximum d'un courant ou d'une tension au cours d'un réglage) (cf. aussi* analog meter).

analog PID controller   régulateur PID analogique *(régulateur PID constituant un système asservi analogique) (asser) (cf. aussi* PID controller *et* analog control system).

analog plot   *cf.* plot[1] 1).

analog plot extractor extracteur de plots analogique, extrateur analogique (de plots) *(extracteur de plots réalisé sous la forme d'un montage analogique) (radar) (cf. aussi* plot extractor *et* analog circuit).

analog plotter traceur analogique *(enr) (cf. aussi* X-Y recorder).

analog portion *cf.* analog section.

analog position sensor capteur de position analogique *(nom parfois donné à un capteur de position autre qu'un codeur d'angle pour rappeler qu'il s'agit d'un capteur analogique) (mesure) (cf. aussi* position sensor, shaft-position encoder *et* analog sensor).

analog position transducer *cf.* analog position sensor.

analog process procédé analogique *(procédé de fabrication de circuits intégrés analogiques) (semi) (cf. aussi* analog bipolar process *et* analog integrated circuit).

analog processing traitement analogique (des signaux) *(cf. aussi* analog signal processing).

analog processing function fonction de traitement analogique, fonction analogique *(fonction de traitement de signaux analogiques) (cf. aussi* signal processing function *et* analog signal).

analog processing method *cf.* analog processing technique. *(le premier terme étant peu employé).*

analog processing technique méthode de traitement analogique (des signaux), méthode analogique *(cf. aussi* analog signal processing).

analog processor *cf.* analog computer.

analog radar radar analogique *(radar dont le récepteur utilise le traitement analogique des signaux produits par les échos reçus) (type classique) (cf. aussi* radar receiver *et* signal processing (a)).

analog radar receiver récepteur de radar analogique *(cf. aussi* analog radar).

analog radio *cf.* analog radio communications.

analog radio communications radiocommunications analogiques *(radiocommunications constituant des télécommunications analogiques) (cf. aussi* radio communications *et* analog communications).

analog radio link liaison radio analogique *(liaison radio constituant une liaison de télécommunications analogique) (cf. aussi* radio link *et* analog communications link).

analog radio route artère de radiocommunications analogiques *(nom parfois donné à un faisceau hertzien analogique) (cf. aussi* analog microwave radio).

analog reading *cf.* analog display.

analog record 1) (un) enregistrement analogique *(cf. aussi* analog recording). 2) *cf.* analog audio disk.

analog recorder enregistreur analogique *(enregistreur conçu pour l'enregistrement analogique) (peut être un enregistreur graphique, optique ou magnétique) (cf. aussi* analog recording, graphic recorder, optical recorder, magnetic recorder *et* recorder).

analog recording (l')enregistrement analogique, (l')enregistrement de signaux analogiques *(cf. aussi* analog signal *et* analog recorder).

analog representation représentation analogique *(représentation d'une grandeur variable par un signal analogique) (cf. aussi* variable quantity *et* analog signal).

analog sampled-data ... *cf.* sampled-data analog ...

analog satellite communications télécommunications analogiques par satellite *(cf. aussi* analog communications *et* satellite communications).

analog scope *cf.* analog storage oscilloscope.

analog section partie analogique *(ensemble des circuits analogiques d'un composant, d'un montage ou d'un appareil comportant en outre des circuits numériques) (cf. aussi* analog circuit *et* digital circuit).

analog semicustom ... *cf.* semicustom ... *(et ajouter analogique) (CI) (cf. aussi* analog integrated circuit).

analog sensor capteur analogique *(capteur fournissant un signal analogique) (nom parfois donné à un capteur de mesure classique pour le distinguer d'un capteur de mesure numérique) (cf. aussi* analog position sensor, sensor *et* analog signal).

analog shift register registre à décalage analogique, registre analogique *(registre à décalage assurant la progression d'un signal analogique) (en d'autres termes, registre à décalage assurant le transport des charges électriques d'un élément au suivant dans un composant à transfert de charges et notamment dans un circuit à CCD) (cf. aussi* shift register, analog signal *et* CCD).

analog signal signal analogique *(signal dont l'amplitude peut prendre n'importe quelle valeur entre deux limites déterminées) (un signal analogique est donc un signal à variation continue, même s'il présente des pics d'amplitude) (le signal analogique le plus employé est une tension variable à variation continue) (cf. aussi* signal[1] *et* amplitude).

analog signal generator générateur de signaux analogiques, générateur analogique (de signaux) *(noms parfois donnés à un générateur de signaux classique, ou non synthétisé, c.-à-d. à réglage absolument continu de la fréquence du signal fourni pour le distinguer d'un générateur synthétisé) (cf. aussi* signal generator *et* synthesized signal generator).

analog signal line *cf.* analog line.

analog signal processing traitement analogique des signaux *(traitement des signaux analogiques restés sous cette forme) (cf. aussi* signal processing (a) *et* analog data processing).

analog signal recording *cf.* analog recording.

analog signal transmission transmission de signaux analogiques, (la) transmission analogique *(cf. aussi* analog signal *et* transmission 1)).

analog sonar sonar analogique *(sonar dont le récepteur utilise le traitement analogique des signaux produits par les échos reçus) (type classique) (cf. aussi* sonar receiver *et* signal processing (a)).

analog sonar receiver récepteur de sonar analogique *(cf. aussi* analog sonar).

analog sound (le) son analogique *(nom parfois donné aux sons reproduits à partir d'un disque audio analogique) (cf. aussi* analog audio disk).

analog speech signal *cf.* analog voice signal.

analog storage 1) mémorisation analogique *(mémorisation d'informations dans une mémoire analogique) (cf. aussi* analog memory). 2) *cf.* analog memory.

analog storage oscilloscope oscilloscope à mémoire analogique, oscilloscope analogique à mémoire *(selon le contexte) (oscilloscope à mémoire dans lequel le signal à visualiser est mémorisé sous sa forme initiale à l'aide d'un tube à mémoire) (type classique) (cf. aussi* storage oscilloscope *et* storage tube).

analog storage scope *cf.* analog storage oscilloscope.

analog switch 1) interrupteur analogique *(nom parfois donné à un transistor de commutation utilisé pour la commutation analogique ou à un relais statique) (cf. aussi* switching transistor, static relay *et* analog switching). 2) *cf.* analog telephone switch.

analog switching (la) commutation analogique *(commutation de signaux analogiques) (ce terme désigne souvent la commutation téléphonique analogique) (cf. aussi* switching (a), analog signal *et* analog telephone switching).

analog switching device dispositif de commutation analogique *(nom parfois donné à un interrupteur analogique) (cf. aussi* analog switch *et à titre d'information,* switching device).

analog switching equipment matériel de commutation analogique *(ou* spatiale) *(autocommutateurs spatiaux) (tél. auto) (cf. aussi* space-division switch).

analog switching office (USA) *cf.* analog exchange.

analog switching system *cf.* analog telephone switching system.

analog system 1) système analogique *(cf. aussi* system *et* analog) (a) *cf. aussi* analog control system ; (b) *cf. aussi* analog telephone system) ; (c) *cf. aussi* analog communications system). 2) chaîne analogique *(cf. aussi* analog data acquisition system).

analog tape *cf.* analog magnetic tape.

analog tape recorder enregistreur à bande magnétique analogique, enregistreur magnétique analogique *(le second terme est le plus employé, mais il est imprécis) (enregistreur à bande magnétique conçu pour l'enregistrement de signaux analo-*

giques) (magnétophone, magnétoscope classique, enregistreur de mesure classique) (cf. aussi magnetic-tape recorder *et* analog signal).

analog tape recording (l')enregistrement analogique sur bande magnétique *(cf. aussi* analog tape recorder).

analog technique méthode analogique (a) *cf. aussi* analog processing technique ; (b) *cf. aussi* analog measurement technique.

analog technology (la) technique analogique *(technique des circuits analogiques et notamment des circuits intégrés analogiques) (cf. aussi* analog circuit *et* technology).

analog telecommunications *cf.* analog communications *(de même pour les termes dérivés).*

analog telegraphy télégraphie analogique *(télégraphie assurant la transmission intégrale du graphisme du document à transmettre, le document reçu étant la copie exacte de celui-ci) (terme générique couvrant la téléautographie et la télécopie) (tls) (cf. aussi* Telautograph, facsimile *et* telegraphy).

analog telemetering *cf.* analog telemetry.

analog telemetry télémesure analogique *(télémesure utilisant un multiplex analogique pour transmettre les valeurs des grandeurs mesurées, le multiplex se réduisant à une porteuse modulée en amplitude dans le cas d'un seul signal à transmettre) (cf. aussi* telemetry *et* frequency-division multiplex).

analog telephone (le) téléphone analogique *(téléphone classique) (cf. aussi* analog telephony).

analog telephone channel voie téléphonique analogique *(voie d'un multiplex téléphonique analogique) (tls) (cf. aussi* telephone channel *et* frequency-division multiplex).

analog telephone equipment matériel téléphonique analogique *(matériel téléphonique conçu pour émettre, transmettre ou recevoir des signaux téléphoniques analogiques) (matériel téléphonique classique) (tls) (cf. aussi* telephone equipment *et* analog telephone signal).

analog telephone exchange central téléphonique analogique, central analogique *(central téléphonique équipé d'un autocommutateur analogique) (tls) (cf. aussi* telephone exchange *et* analog switch 2)).

analog telephone line ligne téléphonique analogique, ligne analogique *(ligne téléphonique conçue pour transmettre des signaux analogiques, c.-à-d. ligne à bande passante relativement étroite) (type classique) (tls) (cf. aussi* telephone line, analog signal, bandwidth 2) *et* conditioning 1)).

analog telephone link liaison téléphonique analogique *(liaison téléphonique réalisée à l'aide d'une ligne téléphonique analogique ou d'une voie téléphonique analogique) (tls) (cf. aussi* analog telephone line, analog telephone channel *et* telephone link).

analog telephone multiplex multiplex téléphonique analogique *(tls) (cf. aussi* telephone multiplex *et* frequency-division multiplex).

analog telephone set poste téléphonique analogique, poste analogique *(poste téléphonique dans lequel le signal analogique fourni par le microphone est transmis sous sa forme initiale) (type classique) (tls) (cf. aussi* analog signal *et* telephone set).

analog telephone signal signal téléphonique analogique *(signal émis par un poste téléphonique analogique) (cf. aussi* analog telephone set).

analog telephone switch autocommutateur téléphonique analogique, autocommutateur analogique *(central tél.) (cf. aussi* space-division switch).

analog telephone switching (la) commutation téléphonique analogique, (la) commutation analogique *(central tél.) (cf. aussi* space-division switching).

analog telephone switching system système de commutation téléphonique analogique, système de commutation analogique *(central tél.) (cf. aussi* space-division switching system).

analog telephone system système téléphonique analogique *(tls) (cf. aussi* telephone system *et* analog telephony).

analog telephony (la) téléphonie analogique *(procédé de téléphonie dans lequel la parole est transmise par un signal analogique) (téléphonie classique) (tls) (cf. aussi* telephony *et* analog telephone signal).

analog television (la) télévision analogique *(télévision dans laquelle les images et, accessoirement, les sons sont transmis par un signal analogique) (cas général en 1990) (cf. aussi* television signal *et* analog signal).

analog television signal signal de télévision analogique *(cf. aussi* analog television).

analog-to-digital conversion numérisation, conversion numérique, conversion analogique/numérique, conversion d'analogique en numérique *(conversion d'un signal analogique en un signal numérique) (en d'autres termes, conversion d'une tension continue variable en une suite de mots binaires) (est réalisée par échantillonnage du signal analogique, quantification des échantillons obtenus et codage numérique des échantillons quantifiés, c.-à-d. représentation de chacun d'eux par un mot binaire) (on voit d'après cette explication que la conversion proprement dite constitue la dernière étape de l'opération) (cf. aussi* successive-approximation analog-to-digital conversion, parallel conversion, analog signal, digital signal, binary word, sampling, quantization *et* digital-to-analog conversion).

analog-to-digital converter numériseur, convertisseur numérique, convertisseur analogique/numérique, CAN *(montage complexe réalisant la numérisation d'un signal analogique) (est réalisé sous la forme d'une carte à circuit imprimé ou d'un circuit hybride ou, plus récemment, d'un circuit intégré monolithique) (cf. aussi* integrating analog-to-digital converter, dual-slope analog-to-digital converter, successive approximation analog-to-digital converter, parallel converter 1), analog-to-digital conversion *et* sample-and-hold circuit).

analog-to-digital converter chip puce de numériseur, *(etc.) (puce de circuit intégré sur laquelle est réalisé un numériseur) (semi) (cf. aussi* analog-to-digital converter, chip 1) *et* monolithic integrated circuit).

analog-to-digital data ... *cf.* analog-to-digital ...

analog-to-digital unit *cf.* analog-to-digital converter.

analog transducer *cf.* analog sensor.

analog transmission 1) *cf.* analog signal transmission. 2) (une) émission analogique *(émission d'un signal analogique) (cf. aussi* analog signal *et* transmission 2)).

analog transmission channel voie de transmission analogique, voie analogique *(voie de transmission de signaux analogiques) (ce terme désigne généralement une voie téléphonique analogique) (tls) (cf. aussi* transmission channel, analog signal *et* analog telephone channel).

analog transmission equipment *cf.* analog telephone equipment.

analog transmission line ligne de transmission analogique, ligne analogique *(ligne de transmission transmettant des signaux analogiques) (ce terme désigne souvent une ligne téléphonique analogique) (cf. aussi* transmission line, analog signal *et* analog telephone line).

analog transmitter émetteur analogique *(émetteur radio ou de télévision émettant un signal analogique) (nom parfois donné à un émetteur classique pour le distinguer d'un émetteur numérique) (cf. aussi* analog signal).

analog unit version analogique *(d'un appareil ou autre matériel) (cf. aussi* unit 3) *et* analog).

analog video tape recorder magnétoscope analogique *(magnétoscope dans lequel les images et, accessoirement, le son sont enregistrés sous la forme de signaux analogiques) (cas général en 1990) (cf. aussi* video tape recorder *et* analog signal).

analog voice channel *cf.* analog telephone channel.

analog voice communications télécommunications vocales analogiques *(cf. aussi* voice communications *et* analog communications).

analog voice signal signal vocal analogique *(signal vocal se présentant sous la forme d'un signal analogique, c.-à-d. sous la forme sous laquelle il est obtenu aux bornes d'un microphone) (cf. aussi* voice signal).

analog voltage tension analogique *(tension constituant un signal analogique) (cf. aussi* analog signal *et* voltage).

analog voltage measurement mesure analogique de tensions *(parfois au singulier) (mesure de tensions à l'aide d'un voltmètre analogique) (cf. aussi* analog voltmeter).

analog voltmeter voltmètre analogique *(voltmètre réalisé sous* *la forme d'un appareil indicateur analogique) (type classique) (cf. aussi* voltmeter *et* analog meter).

analog waveform *cf.* analog signal. *(cf. aussi* waveform).

analysis equipment matériel d'analyse *(analyseurs et accessoires) (cf. aussi* analyzer).

analysis instrumentation *cf.* analysis equipment.

analyst analyste *(en informatique, spécialiste analysant des problèmes à résoudre sur ordinateur et établissant les algorithmes correspondants) (cf. aussi* algorithm).

analyzer analyseur *s*, appareil analyseur *(en électronique, ces termes désignent généralement un analyseur de signaux ou de réseaux) (cf. aussi* signal analyzer *et* network analyzer).

And *v* exécuter l'opération ET (exclusif), *(etc.)*, faire une intersection, faire le produit logique *(inf) (cf. aussi* AND).

AND ET (exclusif), intersection, conjonction, multiplication logique, produit logique *(noter que le dernier terme est impropre ici, mais très courant) (= les deux « 1 », mais pas l'un « 1 » et l'autre « 0 » ni les deux « 0 ») (opérateur logique) (inf) (cf. aussi* AND gate, logic product *et* logic operator).

AND array matrice de portes ET (exclusif), matrice ET (exclusif) *(ensemble de portes ET exclusif disposées en matrice sur un circuit prédiffusé ou autre circuit intégré monolithique) (inf) (cf. aussi* AND gate *et* gate array).

AND circuit *cf.* AND gate.

AND element élément ET (exclusif), *(etc.) (inf) (cf. aussi* AND *et* logic element).

AND function fonction ET (exclusif), *(etc.) (fonction logique constituée par le produit de deux variables binaires) (inf) (cf. aussi* AND, logic function *et* logic product).

AND gate porte ET (exclusif), circuit ET (exclusif), *(etc.) (circuit logique fournissant le produit de deux signaux binaires, c.-à-d. que sa sortie est à l'état « 1 » quand les deux entrées sont à l'état « 1 » et passe à l'état « 0 » quand une entrée est à l'état « 1 » et l'autre à l'état « 0 » ou quand les deux entrées sont à l'état « 0 ») (il suffit donc qu'une entrée soit à l'état « 0 » pour que la sortie le soit également) (inf) (cf. aussi* AND, logic gate *et* logic state).

AND-gate array *cf.* AND array.

AND-ing exécution de l'opération ET (exclusif), *(etc.) (inf) (cf. aussi* AND *et* logic operation).

AND logic logique ET *(logique formée de portes ET exclusif) (inf) (cf. aussi* logic (b) *et* AND gate).

AND logic ... *cf.* AND ...

AND operation opération ET (exclusif), *(etc.) (opération logique fournissant le produit de deux variables binaires) (inf) (cf. aussi* AND, logic operation *et* logic product).

AND operator opérateur ET (exclusif), *(etc.) (opérateur logique représentant ou exécutant l'opération ET exclusif) (inf) (cf. aussi* AND, logic operator *et* AND operation).

AND plane *cf.* AND array.

Anderson bridge pont d'Anderson *(pont de mesure d'inductance propre conçu pour éviter l'emploi d'inductances étalons, la bobine d'inductance de référence étant remplacée par un condensateur étalon, beaucoup moins coûteux) (cf. aussi* self-inductance *et* impedance bridge).

anechoic chamber *cf.* anechoic room.

anechoic coating revêtement absorbant acoustique *(cf. aussi* sound-absorbing material).

anechoic room chambre anéchoïde, chambre sourde *(le second terme est employé principalement en acoustique) (local dont les parois intérieures sont revêtues de matière absorbant les ondes acoustiques ou radioélectriques aux fréquences étudiées, généralement utilisée sous la forme de coins absorbants fixés par leur base aux parois, et conçu pour effectuer des mesures en acoustique ou sur des antennes hyperfréquence) (ne pas employer « chambre anéchoïque ») (cf. aussi* absorbing wedge *et* echo).

angel **1)** ange *(cf. aussi* angels). **2)** leurre suspendu *(réflecteur radar suspendu à un ballon libre ou captif ou à un cerf-volant pour servir de leurre radar) (mil) (cf. aussi* radar reflector *et* chaff).

angels anges *(anglicisme désignant des échos parasites apparaissant sur l'écran d'un radar panoramique lorsque le gradient d'indice de réfraction dans l'atmosphère est tel qu'il courbe le trajet du faisceau au point que celui-ci atteint le sol à*

une distance relativement grande du radar ou lorsque le faisceau rencontre une zone atmosphérique produisant un effet analogue) (cf. aussi PPI-display radar, gradient *et* refractive index).

angle deception diversion angulaire *(brouillage de diversion d'un radar de veille ou d'un radar, ou un autodirecteur radar, à balayage conique consistant à amener le radar à suivre une fausse cible située dans une direction légèrement différente de celle de la cible détectée) (terme générique désignant généralement le brouillage par inversion de gain, mais couvrant également le mode duo) (avia. mil) (cf. aussi* inverse-gain jamming, buddy mode, angle-gate pull-off, search radar, conical-scan radar, active radar seeker *et* deception).

angle deception jammer brouilleur de diversion angulaire *(brouilleur répéteur réalisant la diversion angulaire) (avia. mil) (cf. aussi* repeater jammer *et* angle deception).

angle deception jamming brouillage par diversion angulaire *(radar mil) (cf. aussi* angle deception).

angle deception mode mode de diversion angulaire *(mode de fonctionnement d'un brouilleur de diversion angulaire) (avia. mil) (cf. aussi* angle deception jammer).

angle deception protection protection par diversion angulaire *(ou brouillage angulaire) (aéronef mil) (cf. aussi* angle deception *et* self-protection).

angle-deception protection protection contre la diversion angulaire *(ou le brouillage angulaire) (radar militaire ou autodirecteur radar) (cf. aussi* angle deception).

angle-denial ... *cf.* angle deception ...

angle gate porte de sélection angulaire *(dans un récepteur de radar de poursuite, porte analogique ne transmettant que les échos correspondant à un étroit intervalle d'angles d'orientation du faisceau de l'antenne pour permettre la poursuite angulaire automatique d'une cible située dans cet intervalle ou, par extension, impulsion rectangulaire provoquant l'ouverture de la porte) (cf. aussi* angle gating, angle deception, angle gate pull-off, tracking rader *et* analog gate).

angle-gate memory circuits circuits de sélection angulaire *(cf. aussi* angle gate).

angle-gate pull-off décrochage de la poursuite angulaire, décrochage de la porte angulaire, décrochage de la porte de sélection angulaire, décrochage du créneau angulaire, décrochage de la fenêtre angulaire, décrochage angulaire) *(situation du récepteur d'un radar de poursuite militaire dans laquelle, sous l'action d'un brouillage de diversion angulaire opéré par la cible, l'écho réel de celle-ci sort du créneau de sélection angulaire : le radar a perdu la cible qu'il suivait) (ce terme s'applique notamment à un missile équipé d'un autodirecteur radar actif) (cf. aussi* angle window).

angle-gate stealing *cf.* angle-gate pull-off.

angle gate walk-off *cf.* angle gate pull-off.

angle gating sélection angulaire *(limitation de l'angle d'azimut ou de site dans lequel les échos de cibles reçus par l'antenne d'un radar de poursuite militaire sont pris en compte par le récepteur de celui-ci pour éliminer les échos provenant d'autres cibles situées de part et d'autre de la direction utile) (cf. aussi* angle gate).

angle jammer *cf.* angle deception jammer.

angle jamming brouillage angulaire *(brouillage d'un radar par diversion angulaire) (mil) (cf. aussi* angle deception *et* radar jamming).

angle-jamming buddy mode mode duo de diversion angulaire *(brouillage) (mil) (cf. aussi* buddy mode *et* angle jamming).

angle jamming technique méthode de brouillage angulaire *(mil) (cf. aussi* angle jamming).

angle measurement technique méthode de mesure angulaire *(goniométrie) (cf. aussi* radiogoniometry *et* radar direction finding).

angle modulation modulation angulaire *(modulation dans laquelle la caractéristique variable de la porteuse est un angle) (terme générique couvrant la modulation de fréquence et la modulation de phase) (cf. aussi* frequency modulation, phase modulation *et* modulation (a)).

angle of arrival angle de réception *(d'une onde radioélectrique par une antenne ou d'une onde lumineuse par un dispositif photosensible ou d'une onde acoustique par un* *microphone ou un hydrophone) (cette notion est utilisée notamment en radiogoniométrie militaire passive, c.-à-d. pour la détermination de la direction d'un émetteur radio ou radar de l'adversaire d'après les signaux reçus (cf. aussi* time of arrival).

angle of azimuth angle d'azimut *(au sens le plus courant en électronique, angle formé dans le plan horizontal par la direction d'un point ou un objet, notamment la direction de la cible d'un radar, et une direction prise pour origine, à savoir généralement la direction du nord) (cf. aussi* azimuth 1)).

angle of cut angle de coupe *(angle formé par le plan de coupe d'un élément de quartz ou l'axe électrique du cristal initial pris comme référence) (cf. aussi* crystal cut).

angle of depression angle de site négatif *(angle formé par l'horizontale et la droite joignant une antenne de radar ou autre objet à une cible ou un point situé au-dessous de l'horizontale) (cf. aussi* angle of elevation).

angle of elevation angle de site *(angle formé par l'horizontale et la droite joignant une antenne de radar ou autre objet à une cible ou un point situé au-dessus de l'horizontale) (cf. aussi* angle of depression *et* elevation resolution).

angle of incidence angle d'incidence *(angle formé par le rayon incident et la normale au point d'incidence dans le phénomène de réflexion ou de réfraction) (propa) (cf. aussi* reflection *et* refraction).

angle of reflection angle de réflexion *(angle formé par le rayon réfléchi et la normale au point d'incidence dans le phénomène de réflexion) (propa) (cf. aussi* reflection *et* reflection laws).

angle of refraction angle de réfraction *(angle formé par le rayon réfracté et la normale au point d'incidence dans le phénomène de réfraction) (cf. aussi* refraction *et* refraction laws).

angle resolution *cf.* angular resolution.

angle technique *cf.* angle jamming technique.

angle track *cf.* angle tracking.

angle track break *cf.* angle-gate pull-off.

angle tracking poursuite angulaire *(poursuite d'une cible radar ou autre nécessitant une rotation de l'antenne — ou de son faisceau — ou autre capteur dans un des deux plans) (terme générique couvrant la poursuite en azimut et la poursuite en site) (cf. aussi* azimuth tracking, elevation tracking *et* tracking 1) (a)).

angle tracking break *cf.* angle-gate pull-off.

angle tracking circuits circuits de poursuite angulaire *(porte de sélection angulaire et circuits associés dans un radar) (cf. aussi* angle gate).

angle tracking error erreur de poursuite angulaire, erreur angulaire *(angle formé par la direction d'une cible dans le plan horizontal ou vertical indiquée par un radar de poursuite et la direction effective de la cible dans le plan considéré) (erreur de poursuite en azimut ou en site, respectivement) (cf. aussi* angle tracking).

angle window créneau angulaire, fenêtre angulaire *(intervalle angulaire défini par une porte angulaire dans un radar) (cf. aussi* angle gate).

angular ... *cf.* angle ... *(pour les termes qui ne figurent pas ci-après).*

angular coverage couverture angulaire *(angle couvert notamment par un radar dans l'espace aérien ou cosmique ou au sol) (cf. aussi* radar coverage).

angular deviation écart angulaire *(angle formé par une direction déterminée et une direction de référence) (dans une mesure de position angulaire ou dans un système asservi en position angulaire, l'écart angulaire est la différence entre la position angulaire de l'organe considéré et la position de référence, celle-ci étant la valeur de consigne dans le second cas) (cf. aussi* angular position, set point *et* angular error).

angular displacement sensing *cf.* angular position measurement.

angular displacement sensor *cf.* angular position sensor.

angular displacement transducer *cf.* angular position sensor.

angular error erreur angulaire *(écart angulaire indésirable) (asser, radar, etc.) (cf. aussi* angular deviation *et* angle tracking error).

angular error signal signal d'erreur angulaire, signal d'écart angulaire *(signal d'erreur dans un système asservi en position angulaire) (cf. aussi* error signal *et* angular position control system).

angular frequency pulsation, θ *(fréquence d'une grandeur sinusoïdale exprimée en radians par seconde et égale au produit de la fréquence de l'oscillation en hertz par 2π : $\theta = 2\pi f$) (en d'autres termes, fréquence d'une grandeur sinusoïdale exprimée sous la forme de la vitesse angulaire du rayon vecteur de la représentation de la valeur de la grandeur en coordonnées polaires) (cf. aussi* frequency, sinusoidal quantity, radian, hertz, angular velocity *et* polar coordinates).

angular motion ... *cf.* angular position ...

angular position position angulaire *(position d'un organe mobile en rotation par rapport à la position prise comme référence) (cf. aussi* angular position sensor).

angular position control *(cf. aussi* angular position) **1)** commande de position angulaire *(cf. aussi* position control 1)). **2)** asservissement de position angulaire *(cf. aussi* angular position control system).

angular position control system système asservi en position angulaire, *(etc.) (cf. aussi* position control system *et* angular position).

angular position measurement mesure de position angulaire *(cf. aussi* angular position sensor *et* measurement).

angular position pick-up *cf.* angular position sensor.

angular position sensing détection de position angulaire *(nom parfois donné à la mesure de position angulaire) (cf. aussi* angular position measurement).

angular position sensor capteur de position angulaire, capteur de déplacement angulaire, détecteur *(idem) (capteur de position permettant de mesurer la position angulaire d'un arbre ou autre organe tournant) (capteur à potentiomètre monotour de précision, capteur à transformateur différentiel à rotation, codeur d'angle ou synchrotransmetteur) (cf. aussi* pick-off, single-turn potentiometer, rotary variable differential transformer, shaft-position encoder, synchro transmitter, angular position *et* position sensor).

angular position transducer *cf.* angular position sensor.

angular rate *cf.* angular velocity. *(et noter que le premier terme est employé notamment pour un gyromètre) (cf. aussi* rate gyro).

angular resolution **1)** pouvoir séparateur angulaire, pouvoir discriminateur angulaire, définition angulaire *(angle minimal formé par les directions de deux cibles proches l'une de l'autre pour lequel les échos des deux cibles peuvent encore être distingués l'un de l'autre par les circuits du récepteur du radar) (dans le cas d'un radar à grand pouvoir séparateur angulaire, cette notion est parfois étendue à deux points relativement espacés d'une même cible) (cf. aussi* azimuth resolution, elevation resolution *et* spatial resolution). **2)** définition angulaire, définition *(angle minimal de rotation de l'axe de commande d'un potentiomètre rotatif pour lequel la résistance ou la tension mesurée à ses bornes de sortie varie) (dans le cas d'un potentiomètre bobiné, la définition angulaire est égale à l'angle correspondant au passage du curseur d'une spire de la résistance à la suivante) (dans un potentiomètre à élément résistant moulé, la définition angulaire est beaucoup plus grande, c.-à-d. que l'angle est beaucoup plus petit, mais elle est toujours finie, même si certains de ces potentiomètres sont appelés « potentiomètres à résolution infinie ») (ne pas employer « résolution angulaire » ni « résolution ») (cf. aussi* rotary potentiometer *et* resolution (d)).

angular technique *cf.* angle jamming technique.

angular velocity vitesse angulaire *(vitesse de rotation exprimée en radians) (cf. aussi* angular rate, radian *et* angular frequency).

angular velocity sensor capteur de vitesse angulaire, capteur de vitesse de rotation *(capteur de mesure fournissant un signal proportionnel à la vitesse de rotation d'un arbre ou autre organe mécanique tournant) (est employé dans des compte-tours électriques ou appareils dérivés et dans des systèmes asservis en vitesse de rotation) (capteur à émission d'impulsions, génératrice tachymétrique, tachymètre à courants de Foucault) (cf. aussi* drag-cup transducer, tachogenerator *et* sensor).

anion anion *(dans l'électrolyse, ion se portant à l'anode par attraction électrostatique, cette attraction étant due au fait qu'il s'agit d'un ion négatif) (cf. aussi* ion, electrostatic attraction, electrolysis *et* electronegative element).

ANL *cf.* automatic noise limiter.

anneal[1] *v* recuire *(fab. semi, etc.) (cf. aussi* annealing).

anneal[2] *s cf.* annealing.

annealing recuit *s (en électronique, chauffage général ou localisé d'une plaquette à gravure après une opération d'implantation ionique pour réparer les dommages causés au réseau cristallin du semiconducteur par le choc des ions et ramener celui-ci à l'état cristallin s'il est passé à l'état amorphe en certains points sous l'action de ces chocs) (cf. aussi* oven annealing, laser annealing, electron-beam annealing, wafer 2), ion implantation, crystalline material *et* amorphous material).

annihilation annihilation *(en physique des particules, processus de combinaison d'une particule élémentaire avec son antiparticule, les deux particules disparaissant et leur masse étant convertie totalement ou partiellement en énergie électromagnétique émise sous la forme d'un rayonnement gamma) (dans le cas le plus fréquent de l'annihilation électron-positon, le rayonnement gamma émis est composé de deux photons gamma si les deux particules sont libres, c.-à-d. exemptes de toute interaction avec d'autres particules ; dans le cas contraire, il peut y avoir un ou plusieurs photons émis) (dans le cas de l'annihilation proton-antiproton et d'autres paires de particules, une partie de l'énergie disponible est émise sous la forme de photons gamma et le reste sous la forme de particules nouvelles et notamment de mésons) (l'annihilation électron-positon est le phénomène inverse de la création d'une paire d'électrons ; c'est en outre la confirmation expérimentale du principe d'équivalence masse-énergie d'Einstein) (cf. aussi* elementary particle, antiparticle, electromagnetic energy, gamma radiation, positronium, gamma photon, proton, antiproton, pair production *et* mass-energy equation).

announcer **1)** commentateur, commentatrice *(personne animant une émission de radiodiffusion sonore) (ne pas employer « speaker »).* **2)** présentateur, présentatrice *(personne animant une émission de télévision diffusée).*

annular resonator cavité résonnante annulaire *(klystron, etc.) (cf. aussi* rhumbatron).

annunciator annonciateur *s (dispositif destiné à attirer l'attention de l'opérateur d'un appareil)* (a) volet annonciateur *(petit volet métallique basculant vers le bas dans un standard téléphonique lorsqu'un abonné actionne la manette de la magnéto d'appel de son poste) (cf. aussi* switchboard 2) *et* signalling generator) ; (b) voyant annonciateur *(voyant lumineux jouant le rôle d'un volet annonciateur sur un standard ou un rôle similaire sur un appareil ou un tableau) ;* (c) annonciateur sonore *(ronfleur jouant le rôle d'un voyant annonciateur) (voir aussi (b) ci-dessus) (cf. aussi* buzzer).

annunciator drop *cf.* annunciator (a).

annunciator flap *cf.* annunciator (a).

annunciator lamp *cf.* annunciator (b).

anode anode *(électrode par laquelle le courant sort d'un générateur ou d'un récepteur de courant électrique comportant des électrodes) (cette électrode est* **négative** *dans un tel générateur et normalement positive dans un tel récepteur) (noter cette différence importante et généralement ignorée, une anode étant implicitement et incorrectement considérée comme une électrode positive par définition) (noter également que, de ce fait, dans un tel générateur, la borne positive est la borne reliée à la* **cathode***) (remarquer au sujet de cette contradiction apparente qu'un courant électrique ayant à l'évidence le même sens tout le long du circuit dans lequel il circule, la polarité des électrodes du générateur est forcément l'inverse de celle du récepteur, un simple schéma « en rond » d'une pile électrique connectée à une diode à vide, par exemple, permettant de s'en rendre compte) (en d'autres termes,* (à) électrode rendue négative par l'afflux d'électrons produit par la force électromotrice dans une pile électrique, un accumulateur électrique ou une cellule photovoltaïque et par laquelle le courant sort du générateur), (b) électrode normalement rendue positive dans un récepteur de courant à électrodes tel qu'un tube électro-

nique, un thyristor ou une cuve à électrolyse, par exemple, par connexion à la borne positive d'un générateur de courant continu pour attirer les électrons émis par une cathode ou les ions négatifs d'un électrolyte et par laquelle le courant sort du récepteur) (dans le cas fréquent d'un tube électronique, l'anode — souvent appelée « plaque » du fait de sa forme initiale — est l'électrode plane ou non, de surface relativement grande, destinée à recueillir les électrons émis par la cathode lorsqu'elle est positive par rapport à celle-ci) (dans un tube électronique à grille de commande, l'anode est normalement toujours très positive par rapport à la cathode) (dans un tube diode, dans le cas fréquent ou celui-ci est connecté à une source de courant alternatif, la polarité de l'anode suit celle des alternances successives de la tension qui lui est appliquée ; elle est donc périodiquement positive, puis négative, par rapport à la cathode) (il en est de même pour un redresseur sec ou un redresseur à jonction PN) (cf. aussi* cathode, electrode, current direction, electron tube, thyristor, electrolytic cell *et* anion).

anode breakdown voltage tension d'amorçage *(tube à gaz) (cf. aussi* firing voltage).

anode bypass capacitor *cf.* anode decoupling capacitor.

anode characteristic caractéristique d'anode, caractéristique de plaque, caractéristique anodique *(courbe représentant la variation de l'intensité du courant anodique dans un tube électronique à grille de commande en fonction de la tension anodique pour une valeur déterminée et constante de la tension de grille) (triode, etc.) (cf. aussi* anode current, anode voltage, grid voltage, grid-controlled tube *et* characteristic curve).

anode circuit circuit anodique, circuit de l'anode *(circuit reliant l'anode d'un tube électronique à grille de commande ou d'un thyristor à la cathode de celui-ci en passant par la charge et la source de courant anodique) (cf. aussi* anode (b)).

anode current *(parf.* intensité du*) courant anodique (courant circulant dans un circuit anodique ou, parfois, intensité de ce courant) (cf. aussi* anode circuit).

anode dark space zone obscure anodique *(zone obscure comprise entre la lueur anodique et l'anode dans un tube à décharge) (cf. aussi* discharge tube).

anode decoupling capacitor condensateur de découplage du circuit anodique *(condensateur de découplage connecté à l'anode d'un tube électronique à grille de commande) (cf. aussi* decoupling capacitor *et* grid-controlled tube).

anode detection détection par l'anode, détection par la plaque, détection plaque *(dans des récepteurs radio à tubes électroniques simplifiés, détection d'enveloppe réalisée en même temps que l'amplification par un tube triode monté en amplificateur et polarisé suffisamment pour que seules les alternances positives de la porteuse modulée soient amplifiées) (noter que l'amplificateur fonctionne ainsi en classe B) (cf. aussi* detection 2), bias[1] (a) *et* class B amplifier).

anode dissipation dissipation anodique, dissipation par l'anode, *(souvent aussi)* dissipation par la plaque *(dissipation d'énergie électrique sous forme de chaleur par l'anode d'un tube électronique et notamment d'un tube de puissance) (est due principalement à l'échauffement produit par le choc des électrons recueillis par l'anode) (cf. aussi* electrical energy, anode (b), power tube, Vapotron *et* anode efficiency).

anode efficiency rendement anodique *(rapport entre la puissance en courant alternatif débitée dans la charge par un tube électronique de puissance et la puissance en courant continu fournie au tube) (est toujours inférieur à l'unité, la différence étant représentée par la dissipation anodique) (cf. aussi* power[1] 1) *et* anode dissipation).

anode foil anode en bande, anode *(bande d'aluminium ou de tantale formant l'anode dans un condensateur électrolytique bobiné) (cf. aussi* anode (b), aluminum electrolytic capacitor *et* tantalum-foil capacitor).

anode glow lueur anodique *(zone lumineuse étroite située entre la colonne positive et la zone obscure anodique dans un tube à décharge) (cf. aussi* discharge tube).

anode input power *cf.* anode power input.

anode keying manipulation dans l'anode, manipulation dans la plaque *(manipulation d'un émetteur radiotélégraphique à* *tubes électroniques par interruption du circuit anodique de l'étage de sortie à l'aide d'un relais commandé par le manipulateur) (radiocom) (cf. aussi* keying 1) *et* anode circuit).

anode load charge anodique *(charge insérée dans le circuit anodique d'un tube électronique) (résistance, bobine d'inductance, circuit accordé ou enroulement primaire de transformateur) (cf. aussi* load[1] *(a) et* anode circuit).

anode load impedance impédance de la charge anodique *(montage à tube) (cf. aussi* impedance *et* anode load).

anode modulation modulation par la plaque, modulation par l'anode *(le premier terme est le plus employé) (modulation d'amplitude dans un émetteur à tubes électroniques réalisée par transfert de l'énergie du signal modulant au circuit anodique de l'étage de sortie à l'aide d'un transformateur) (cf. aussi* amplitude modulation).

anode neutralization neutrodynage *(ampli. à tube) (cf. aussi* neutralization).

anode power input puissance fournie à l'anode *(ou à la plaque) (puissance en courant continu fournie à l'anode d'un tube électronique à grille de commande) (est égale au produit de la tension anodique moyenne par l'intensité moyenne du courant anodique) (cf. aussi* power[1] 1) *et* anode circuit).

anode rays ions positifs d'anode *(ions positifs émis par l'anode d'un tube à décharge sous l'action du choc des ions du gaz) (cf. aussi* positive ion, anode *(b) et* discharge tube).

anode region zone anodique, zone de l'anode *(zone entourant une anode) (dans un tube à décharge, la zone anodique comprend, en allant vers l'anode, la colonne positive, la lueur anodique et la zone obscure anodique) (cf. aussi* anode *(b) et* discharge tube).

anode saturation saturation du courant anodique *(limite supérieure de l'intensité du courant anodique d'un tube électronique monté en amplificateur ou non, atteinte lorsque tous les électrons pouvant être émis par la cathode par unité de temps sont effectivement attirés par l'anode) (cf. aussi* anode current, cathode *(b) et* saturation current *(b)).*

anode sputtering émission d'ions par l'anode *(tube) (cf. aussi* anode rays).

anode strap barrette de jumelage *(magnétron) (cf. aussi* strap 2)).

anode supply alimentation anodique, alimentation de l'anode *(application d'une tension continue positive élevée à l'anode d'un tube électronique à grille de commande pour permettre à celle-ci de capter les électrons émis par la cathode et créer ainsi le courant anodique) (cf. aussi* anode *(b) et* anode current).

anode tab sortie d'anode *(lamelle conductrice reliant l'anode à la borne d'anode dans un condensateur électrolytique bobiné) (cf. aussi* aluminum electrolytic capacitor *et* tantalum-foil capacitor.

anode terminal borne d'anode, borne de l'anode, sortie *(idem) (selon le contexte) (borne connectée à une anode) (cf. aussi* terminal 1) *et* anode).

anode voltage tension anodique, tension de l'anode, tension appliquée à l'anode *(tension continue positive de valeur appropriée appliquée entre l'anode et la cathode d'un récepteur de courant comportant de telles électrodes) (cf. aussi* dc voltage, positive voltage *et* anode *(b)).*

anodic coating couche anodique *(couche d'oxyde obtenue par anodisation) (cf. aussi* anodizing).

anodize *v* anodiser *(recouvrir d'une couche anodique) (cf. aussi* anodic coating).

anodizing anodisation, oxydation anodique *(procédé de formation d'une couche protectrice, et éventuellement décorative, d'oxyde sur l'aluminium et ses alliages par électrolyse dans une solution diluée d'acide sulfurique ou chromique notamment, la pièce à traiter constituant l'anode) (cf. aussi* electrolysis).

anomalous propagation propagation anomale *(sans « r ») (propagation d'une onde radioélectrique dans des conditions anormales) (cf. aussi* propagation anomaly).

answer back *v* répondre *(tls).*

answer mode mode de réponse, mode réponse *(mode de fonctionnement d'un appareil ou dispositif télégraphique émetteur-récepteur répondant à une interrogation) (cf. aussi* telegraph instrument).

answerer répondeur (téléphonique) *(cf. aussi* telephone answerer).

answering service service des abonnés absents *(central tél.).*

antenna antenne *(dispositif convertissant un courant alternatif en une onde radioélectrique ou vice versa) (tout conducteur parcouru par un courant alternatif de fréquence suffisamment élevée agit comme une antenne d'émission ; en l'absence de courant, le conducteur agit comme une antenne de réception) (une antenne servant généralement à convertir un signal, elle peut alors être considérée comme un transducteur dans lequel une des grandeurs est électrique et l'autre est électromagnétique) (cf. aussi* transmitting antenna, receiving antenna, non-directional antenna, directional antenna, untuned antenna, tuned antenna, alternating current, radio wave *et* transducer 1)).

antenna aperture ouverture de l'antenne *(parf. d'une antenne) (rapport entre la plus grande dimension d'une antenne d'émission directive et la longueur des ondes émises ou reçues) (dans le cas fréquent d'une antenne parabolique, la dimension considérée est le diamètre du réflecteur) (plus l'ouverture d'une antenne est grande, plus l'angle d'ouverture du faisceau d'ondes émis est petit et, par conséquent, plus l'antenne est directive) (noter qu'une antenne à grande ouverture émet un faisceau à faible ouverture et vice versa) (cf. aussi* transmitting antenna, directional antenna, wavelength, parabolic antenna, beam angle *et* synthetic-aperture radar).

antenna array groupement d'antennes, antenne multi-élément, antenne multiphase *(terme que j'ai proposé),* antenne réseau, antenne-réseau, antenne en réseau *(termes courants mais impropres résultant d'une mauvaise traduction initiale) (groupement monodimensionnel ou bidimensionnel d'éléments rayonnants excités avec des phases différentes déterminées pour obtenir une directivité également déterminée) (un groupement bidimensionnel est souvent un groupement à déphasage) (cf. aussi* broadside array, end-fire array, phased array, array, radiating element, phase *(a) et* directivity *(a)).*

antenna bandwith bande passante de l'antenne *(parf. d'une antenne) (bande de fréquences pour lesquelles le gain d'une antenne de réception n'est pas inférieur de plus de 3 décibels à sa valeur maximale) (cf. aussi* bandwith 2), gain 3) *et* decibel).

antenna base insulator isolateur de pied d'antenne *(antenne verticale) (cf. aussi* vertical antenna).

antenna beam faisceau de l'antenne *(parf. d'une antenne),* faisceau émis par l'antenne *(idem) (faisceau d'ondes radioélectriques émis par une antenne d'émission directive) (cf. aussi* antenna aperture).

antenna beam constraints limitations dues à la largeur du faisceau émis *(faisceau hz, radar, sat. tls) (cf. aussi* antenna beam width *et* contoured beam).

antenna beam width largeur du faisceau de l'antenne, *(etc.) (cf. aussi* antenna beam *et* beam width).

antenna clearance cone cône de débattement de l'antenne *(antenne montée à la cardan) (cf. aussi* gimballed antenna).

antenna boresight axe de l'antenne *(cf. aussi* boresight[1]).

antenna circuit circuit d'antenne *(nom donné au circuit partiel formé par une antenne et les conducteurs et autres éléments de circuit qui la relient à la terre) (cf. aussi* antenna *et* circuit element).

antenna coil bobinage d'antenne *(bobinage haute fréquence monté entre la borne d'antenne d'un récepteur radio ou de télévision et la masse et aux bornes duquel apparaît la tension à haute fréquence modulée constituant le signal reçu) (cf. aussi* RF coil).

antenna counterpoise contrepoids d'antenne, contrepoids *(terre artificielle montée au pied d'une antenne d'émission pour l'isoler galvaniquement du sol tout en permettant son fonctionnement en haute fréquence) (cf. aussi* artificial ground).

antenna coupler transformateur d'antenne *(transformateur haute fréquence monté entre l'étage de sortie d'un émetteur radio et l'antenne d'émission ou entre l'étage d'entrée d'un récepteur et l'antenne de réception pour réaliser l'adaptation d'impédance entre le circuit d'antenne et l'étage correspondant) (cf. aussi* RF transformer *et* impedance matching).

antenna coverage couverture de l'antenne *(émetteur)* *(cf. aussi* coverage (a)).

antenna crosstalk *cf.* antenna interference.

antenna current *(parf.* intensité du) courant dans l'antenne, *(parf.) (idem)* courant d'antenne *(ces termes s'appliquent surtout à une antenne d'émission)* *(cf. aussi* antenna).

antenna curtain nappe de brins rayonnants *(cf. aussi* curtain array).

antenna despin mechanism mécanisme de contrarotation (de l'antenne) *(satellite)* *(cf. aussi* despun antenna).

antenna director directeur (d'antenne) *(antenne Yagi)* *(cf. aussi* director).

antenna disk réflecteur parabolique (d'antenne) *(cf. aussi* parabolic reflector).

antenna down-lead *cf.* antenna lead-in.

antenna drive mécanisme d'entraînement de l'antenne *(servomoteurs et réducteurs commandant la rotation d'une antenne à balayage mécanique)* *(cf. aussi* servomotor *et* mechanical scanning antenna).

antenna duplexer *cf.* duplexer.

antenna effect effet d'antenne *(léger manque de directivité d'un cadre se comportant plus ou moins comme une antenne de réception ordinaire du fait de la masse métallique constituée par les spires du bobinage) (cet effet est naturellement très réduit dans le cas d'un cadre monospire associé à un amplificateur compensant la faible valeur de la tension ainsi recueillie)* *(cf. aussi* directivity (b) *et* loop antenna).

antenna electronics (l')électronique de l'antenne *(nom parfois donné aux circuits hyperfréquence réalisant les déphasages nécessaires dans une antenne à balayage électronique)* *(cf. aussi* phased-array antenna).

antenna element antenne élémentaire *(antenne simple constituant un élément d'une antenne multiple) (brin, dipôle, antenne en hélice, antenne cornet, fente, etc.)* *(cf. aussi* antenna *et* radiating element).

antenna energy *cf.* antenna radiated energy.

antenna engineer ingénieur en antennes *(ingénieur électronicien spécialisé dans la conception et l'essais des antennes) (ce terme désigne souvent un ingénieur en antennes hyperfréquence)* *(cf. aussi* microwave antenna).

antenna excitation excitation de l'antenne *(excitation électrique d'une antenne d'émission par le courant à fréquence radioélectrique fourni par l'étage de sortie de l'émetteur auquel elle est reliée)* *(cf. aussi* antenna).

antenna feed source primaire (de l'antenne) *(cf. aussi* feed[2] 2)).

antenna feed horn source primaire à cornet rayonnant *(antenne)* *(cf. aussi* feed horn).

antenna feeder ligne d'antenne *(émetteur)* *(cf. aussi* feeder).

antenna gain gain de l'antenne, *(parf.)* gain d'antenne *(cf. aussi* gain (b) *et* (c)).

antenna grid grille rayonnante *(antenne d'émission)* *(cf. aussi* ELF transmitting antenna).

antenna inlet prise d'antenne *(borne ou socle de connecteur sur un récepteur)* *(cf. aussi* antenna terminal).

antenna input power puissance fournie à l'antenne *(puissance électrique fournie à une antenne d'émission)* *(cf. aussi* electrical power 1) *et* transmitting antenna).

antenna interference interférence entre antennes *(interférence entre les émissions de deux ou plusieurs antennes d'émissions proches l'une de l'autre) (avion, etc.)* *(cf. aussi* electromagnetic compatibility).

antenna isolation séparation des antennes, séparation électromagnétique des antennes *(précautions prises dans la disposition des antennes d'émission et de réception sur un mobile pour que les signaux émis à bord ne perturbent pas la réception des signaux en provenance de l'extérieur)* *(cf. aussi* electromagnetic compatibility).

antenna lead-in descente d'antenne *(cf. aussi* lead-in).

antenna lens lentille hyperfréquence *(dans certaines antennes hyperfréquence, assemblage de lames métalliques ou diélectriques collimatant les ondes émises par une source primaire ou concentrant les ondes reçues, de la même façon qu'une lentille optique)* *(cf. aussi* lens antenna).

antenna loading insertion d'une charge dans l'antenne *(inser-*

tion d'une bobine ou d'un condensateur variable entre la borne d'antenne d'un émetteur radio et la terre pour accorder le circuit d'antenne sur la fréquence d'émission) *(cf. aussi* antenna tuning coil, antenna tuning capacitor *et* tuning).

antenna location emplacement de l'antenne *(emplacement d'une antenne sur un terrain, un immeuble, un mobile ou dans une zone géographique déterminée)* *(cf. aussi* antenna *et* antenna siting).

antenna measurements mesures sur antennes *(cf. aussi* antenna testing *et* measurement).

antenna mount socle d'antenne *(ensemble métallique pouvant être très grand et complexe supportant une antenne et notamment une antenne orientable) (radar, etc.)* *(cf. aussi* steerable antenna).

antenna noise temperature température de bruit de l'antenne *(parf.* d'une antenne) *(température de bruit d'une antenne de réception et notamment d'une antenne de radar ou autre antenne destinée à capter des signaux très faibles)* *(cf. aussi* noise temperature *et* signal buried in noise).

antenna nulling création d'un zéro de réception *(antenne mil)* *(cf. aussi* nulling antenna).

antenna output *cf.* antenna radiated power.

antenna pattern diagramme de l'antenne *(diagramme de directivité d'une antenne)* *(cf. aussi* radiation pattern).

antenna pointing pointage de l'antenne *(action d'amener l'axe électrique d'une antenne directive dans une direction déterminée ou résultat de cette action) (radar, faisceau hertzien, radiotélescope, etc.)* *(cf. aussi* electrical boresight).

antenna pointing accuracy précision de pointage de l'antenne *(cf. aussi* antenna pointing).

antenna pointing mechanism mécanisme de pointage de l'antenne *(sat. tls, etc.)* *(cf. aussi* antenna pointing *et* antenna drive).

antenna pointing performance *cf.* antenna pointing accuracy.

antenna polarization polarisation de l'antenne *(parf.* d'une antenne) *(polarisatoin de l'onde émise par une antenne d'émission)* *(cf. aussi* electromagnetic wave polarization *et* transmitting antenna).

antenna positioning *cf.* antenna pointing. *(de même pour les termes dérivés).*

antenna post mât d'antenne *(tube vertical, généralement de plusieurs mètres de longueur, supportant une antenne)* *(cf. aussi* antenna tower).

antenna power *cf.* antenna input power.

antenna power gain gain en puissance de l'antenne *(cf. aussi* gain 2)).

antenna radiated power puissance rayonnée par l'antenne *(puissance rayonnée par une antenne d'émission)* *(cf. aussi* radiated power *et* transmitting antenna).

antenna reflector réflecteur d'antenne (directive) *(cf. aussi* reflector (a)).

antenna relay relais de commutation d'antenne, relais d'émission/réception *(relais connectant l'antenne d'une station d'émission-réception radio à l'émetteur pour émettre ou au récepteur pour recevoir)* *(cf. aussi* T/R switching *(au début de la lettre T),* relay[1] (a), radio station *et* antenna switching).

antenna resistance résistance de l'antenne *(résistance d'une antenne d'émission en fonctionnement vis-à-vis du courant qui l'excite) (est sensiblement égale à la somme de la résistance de rayonnement de l'antenne et de sa résistance en courant alternatif)* *(cf. aussi* radiation resistance, effective resistance, resistance *et* transmitting antenna).

antenna resonant frequency fréquence de résonance de l'antenne *(ce terme s'applique principalement à une antenne accordée)* *(cf. aussi* resonant frequency *et* tuned antenna).

antenna rod brin d'antenne *(brin parasite)* *(cf. aussi* parasitic element).

antenna rotate control commande de rotation de l'antenne *(antenne orientable)* *(cf. aussi* steerable antenna).

antenna scan (un) balayage de l'antenne *(antenne à balayage)* *(cf. aussi* scanning antenna).

antenna scanning (le) balayage de l'antenne *(antenne à balayage)* *(cf. aussi* scanning antenna).

antenna series capacitor *cf.* antenna tuning capacitor.

antenna site *cf.* antenna location.

antenna siting implantation de l'antenne (*choix de l'emplacement d'une antenne ou cet emplacement lui-même*) (*cf. aussi* antenna siting study).

antenna siting study étude d'implantation d'antenne(s) (*étude du meilleur emplacement à retenir pour une ou plusieurs antennes d'émission ou de réception pour obtenir le maximum de portée ou de sensibilité, respectivement, et le minimum d'interférences et de parasites*) (*cf. aussi* antenna location *et* electromagnetic compatibility).

antenna size dimensions de l'antenne (*parf.* d'une antenne) (*noter que les dimensions d'une antenne se réduisent à sa longueur dans le cas d'une antenne filaire monobrin ou équivalente, ou à son diamètre dans le cas d'une antenne à réflecteur parabolique*) (*cf. aussi* antenna *et* antenna aperture).

antenna socket prise d'antenne (*socle de connecteur coaxial remplaçant la borne d'antenne sur un poste moderne*) (*cf. aussi* connector socket, coaxial connector *et* antenna terminal).

antenna steering orientation de l'antenne (*au sens d'action d'orienter*) (*antenne orientable*) (*cf. aussi* steerable antenna).

antenna switching 1) commutation de l'antenne (*commutation d'une antenne entre un émetteur radioélectrique et le récepteur associé*) (*cf. aussi* antenna relay *et* duplexer). 2) commutation d'antennes (*réception en diversité*) (*cf. aussi* diversity reception).

antenna target cible suivie par l'antenne (*radar*) (*cf. aussi* radar target).

antenna temperature température de l'antenne (*ce terme désigne généralement la température de bruit d'une antenne*) (*cf. aussi* antenna noise temperature).

antenna terminal borne d'antenne (*borne permettant de connecter la sortie d'un émetteur radio ou de télévision à la ligne d'antenne, ou l'entrée d'un récepteur à la descente d'antenne*) (*cf. aussi* feeder, lead-in *et* antenna socket).

antenna test (un) essai d'antenne (*cf. aussi* antenna testing).

antenna test range base d'essai d'antennes (*installation pour essai d'antennes hyperfréquence*) (*cf. aussi* antenna testing).

antenna testing (l')essai d'antennes (*nom souvent donné aux mesures de directivité et de gain effectuées sur des antennes et notamment des antennes hyperfréquence*) (*cf. aussi* directivity (a) *et* (b), gain 2) *et* 3) *et* microwave antenna).

antenna tower pylône d'antenne (*pylône métallique supportant une antenne d'émission de grandes dimensions, généralement en combinaison avec un ou plusieurs autres pylônes, ou constituant lui-même une telle antenne*) (*noter qu'un pylône de relais hertzien n'est pas appelé « pylône d'antenne »*) (*cf. aussi* guyed antenna tower, self-supporting antenna tower, tower radiator *et* transmitting antenna).

antenna transformer transformateur d'antenne (*transformateur haute fréquence assurant le couplage et l'adaptation d'impédance entre le circuit d'antenne d'un récepteur radio ou de télévision et le circuit d'entrée du premier étage du récepteur et augmentant la sélectivité de celui-ci grâce à son circuit secondaire accordé et éventuellement à son circuit primaire également accordé*) (*noter que l'enroulement primaire du transformateur est monté comme un bobinage d'antenne, qu'il remplace*) (*cf. aussi* antenna coil, RF transformer, transformer coupling, impedance matching, tuned circuit *et* selectivity (a)).

antenna tuning accord de l'antenne (*émetteur*) (*cf. aussi* tuned antenna).

antenna tuning capacitor condensateur d'accord d'antenne (*condensateur variable monté en série avec une antenne d'émission accordée pour permettre de faire varier la fréquence d'accord de l'antenne en exerçant un effet de réduction de la longueur électrique de celle-ci*) (*cf. aussi* variable capacitor *et* antenna tuning coil).

antenna tuning coil bobine d'accord d'antenne, inductance d'accord d'antenne (*bobine d'inductance variable montée en série avec une antenne d'émission accordée pour permettre de faire varier la fréquence d'accord de l'antenne en exerçant un effet d'augmentation de la longueur électrique de celle-ci*) (*permet donc d'utiliser l'antenne pour des longueurs d'onde d'émission plus grandes que celle pour laquelle elle est prévue,

c.-à-d. pour des fréquences d'émission plus basses*) (*est normalement montée dans l'émetteur et complétée par un condensateur d'accord d'antenne exerçant l'effet contraire pour élargir la bande des fréquences d'émission possibles dans l'autre sens, un commutateur permettant d'insérer le dispositif d'accord voulu dans le circuit d'antenne, si nécessaire*) (*cf. aussi* variable inductance, tuned antenna, electric length, wavelength *et* antenna tuning capacitor).

antenna turning gear *cf.* antenna drive.

antenna windage prise au vent de l'antenne (*cette notion s'applique surtout aux antennes à réflecteur, notamment lorsque celui-ci est de grandes dimensions, et conduit à l'utilisation de réflecteurs ajourés — treillis, tiges, grillage, tôle perforée — chaque fois que c'est possible*) (*cf. aussi* reflector antenna).

anti-aircraft-artillery radar radar de tir anti-aérien (*radar de conduite de tir de canons anti-aériens*) (mil) (*cf. aussi* fire-control radar).

anti-aircraft gun radar *cf.* anti-aircraft artillery radar.

anti-aircraft radar radar anti-aérien (mil) (*cf. aussi* air-defense radar).

anti-alias ... *cf.* anti-aliasing ...

anti-aliasing 1) antirepliement du spectre (*cf. aussi* aliasing 1)). 2) lissage des obliques (*cf. aussi* aliasing 2)).

anti-aliasing filter filtre antirepliement de spectre (*filtre passe-bas éliminant les fréquences supérieures d'un signal analogique à numériser pour éviter le repliement du spectre*) (*numériseur*) (*cf. aussi* low-pass filter *et* aliasing).

anti-aliasing filtering filtrage (par filtre) antirepliement de spectre (*cf. aussi* anti-aliasing filter).

anti-aliasing prefilter *cf.* anti-aliasing filter.

anti-aliasing prefiltering *cf.* anti-aliasing filtering.

anti-blooming structure structure anti-tache (*structure de capteur à CCD conçue pour réduire le risque de tache sur l'image reproduite*) (*cf. aussi* blooming 1) *et* CCD sensor).

anticathode anticathode (*un des trois noms de l'anode ou cible d'un tube à rayons X*) (*cf. aussi* X-ray tube *et* anode (b)).

anticlockwise ... *cf.* counterclockwise ...

anticlutter circuit *cf.* anticlutter system.

anticlutter gain control commande cyclique de gain (*radar*) (*cf. aussi* sensitivity-time control).

anticlutter system système éliminateur d'échos parasites (*système éliminant les échos parasites dans un récepteur de radar*) (*avia*) (*cf. aussi* moving-target indicator, air-target indicator *et* clutter).

anticoincidence anticoïncidence (*circuits logiques, etc.*) (*cf. aussi* exclusive OR).

anticoincidence ... (*en circuits logiques*) *cf.* exclusive-OR ...

anticollision radar radar anticollision (*radar utilisé notamment à bord d'un navire pour éviter les collisions avec d'autres navires ou des obstacles fixes ou dérivants*) (*cf. aussi* radar).

antielectron antiélectron (*cf. aussi* positron).

antifading aerial (GB) *cf.* antifading antenna.

antifading antenna antenne antifading (*antenne d'émission radio dont le lobe principal du diagramme de rayonnement dans le plan vertical est presque horizontal pour limiter la propagation de l'onde de ciel et les évanouissements dus à celle-ci*) (*est donc une antenne directive dans le plan vertical*) (*cf. aussi* fading, main lobe, radiation pattern *et* sky wave).

antiferroelectric material corps antiferroélectrique (*corps cristallin possédant la propriété d'antiferroélectricité*) (*est caractérisé par une constante diélectrique élevée*) (*oxyde de tungstène, titanate de baryum, niobate de potassium ou de sodium, zirconate de plomb, etc.*) (*cf. aussi* antiferroelectricity, dielectric constant *et* material).

antiferroelectricity antiferroélectricité (*propriété des corps possédant deux polarisations électriques égales et de sens opposés, la polarisation résultante étant nulle*) (*cf. aussi* antiferroelectric material *et* ferroelectricity).

antiferromagnetic material corps antiferromagnétique (*solide cristallin possédant la propriété d'antiferromagnétisme*) (*fluorure de manganèse, oxyde de manganèse, sulfure de manganèse, oxyde de fer, chrome, etc.*) (*cf. aussi* antiferromagnetism *et* material).

antiferromagnetism antiferromagnétisme *(propriété des corps dans lesquels les moments magnétiques des atomes voisins ont des directions opposées deux à deux et s'annulent donc mutuellement en l'absence de champ magnétique extérieur, ces corps étant légèrement paramagnétiques en présence d'un tel champ) (cette propriété est due au fait que le réseau cristallin d'un tel corps est composé de deux sous-réseaux dont les atomes ont des moments magnétiques opposés) (magnétisme) (cf. aussi* Néel temperature, antiferromagnetic material, magnetic moment, paramagnetism *et* magnetism*).*

antiglare coating couche antireflet *(nom donné notamment à une couche antiréfléchissante déposée sur l'écran d'un tube cathodique) (cf. aussi* antireflection coating*).*

antihunt circuit circuit antipompage *(asser) (cf. aussi* hunting 2)).

anti-inductive resistor *cf.* non-inductive resistor.

anti-intercept features caractéristiques anti-interception *(signal radio ou radar militaire) (cf. aussi* low probability of intercept*).*

antijam[1] *a* d'antibrouillage, antibrouilleur *a*, difficile à brouiller *(selon le contexte) (qualificatifs appliqués à un dispositif ou un procédé de protection contre le brouillage d'un récepteur radio ou radar militaire ou à un signal ou une liaison de radiocommunications utilisant un tel procédé) (cf. aussi* jamming *et* counter-countermeasures*).*

antijam[2] *s cf.* antijam device.

antijam capability possibilités d'antibrouillage *(parfois au singulier) (émetteur radio ou radar militaire, autodirecteur, satellite de télécommunications militaires, etc.) (cf. aussi* antijam[1] *et* capability*).*

antijam communications link *cf.* antijam link.

antijam data link liaison de transmission de données difficile à brouiller, *(etc.),* liaison de données *(idem) (mil) (cf. aussi* data link *et* antijam link*).*

antijam device dispositif antibrouilleur *(nom parfois donné à un filtre incorporé à un récepteur militaire pour réduire les risques de brouillage par l'adversaire ou à une antenne antibrouillage) (cf. aussi* jamming *et* nulling antenna*).*

antijam features caractéristiques antibrouillage *(d'un signal ou d'un récepteur militaire) (cf. aussi* antijam[1]*).*

antijam link liaison difficile à brouiller, liaison antibrouillage *(liaison de télécommunications militaires difficile à brouiller, c.-à-d. liaison radio à sauts de fréquence ou à étalement du spectre notamment ou, parfois, liaison laser ou, rarement et par nature, liaison filaire) (tls) (cf. aussi* radio link, frequency hopping, spread-spectrum signal, laser link *et* wire link*).*

antijam radio *cf.* antijam transceiver.

antijam radio link liaison radio difficile à brouiller, *(etc.) (cf. aussi* antijam link*).*

antijam transceiver émetteur-récepteur antibrouillage, poste antibrouillage *(émetteur-récepteur militaire difficile à brouiller grâce à l'emploi de sauts de fréquence ou à l'étalement du spectre du signal émis) (cf. aussi* transceiver, frequency hopping *et* spread-spectrum signal*).*

antijammer *cf.* antijam device.

antijamming[1] *s* antibrouillage *(prise de mesures contre le brouillage intentionnel) (mil) (cf. aussi* antijam[1]*).*

antijamming[2] *a cf.* antijam[1]. *(de même pour les termes dérivés).*

antimagnetic ... *cf.* non-magnetic ... *(le second qualificatif étant le meilleur).*

antimicrophonic antimicrophonique, non microphonique, sans effet microphonique *(propriété d'un organe d'appareil de reproduction du son conçu pour ne pas être sujet à l'effet microphonique) (cf. aussi* microphonics*).*

antimony antimoine, Sb *(le symbole vient du nom latin initial : stibium) (élément chimique semi-métallique, c.-à-d. existant sous la forme métallique et sous la forme d'un métalloïde) (en électrotechnique, l'antimoine est utilisé principalement en alliage avec le plomb des plaques des accumulateurs au plomb pour durcir celui-ci ; en électronique, il est utilisé principalement comme impureté donneuse) (cf. aussi* lead-acid cell *et* donor impurity*).*

antimony oxide oxyde d'antimoine *(semi) (cf. aussi* antimony*).*

antineutron antineutron *(antiparticule du neutron) (a une charge électrique nulle) (cf. aussi* antiparticle *et* neutron*).*

antinode ventre *(un des points fixes et équidistants où l'amplitude d'une onde stationnaire est maximale) (ligne de transmission, etc.) (cf. aussi* current antinode, voltage antinode *et* standing wave*).*

antinoise microphone microphone antibruit, microphone pour milieu bruyant, microphone pour ambiance bruyante *(microphone pour locuteur conçu pour réduire la captation des bruits parasites) (termes génériques couvrant le microphone de proximité, le microphone labial et le laryngophone) (électroacou) (cf. aussi* close-talking microphone, lip microphone, throat microphone *et* microphone*).*

Antiope *(vient de « acquisition numérique et télévisualisation d'images organisées en pages d'écriture »)* Antiope, ANTIOPE, service Antiope, *(idem) (sigle et nom du service télétexte français ou, plus précisément, de la norme correspondante) (télinf) (cf. aussi* teletext*).*

antiparallel arrangement montage tête-bêche *(montage en parallèle, mais inversé, de deux composants identiques à conduction unidirectionnelle tels que deux diodes ou deux thyristors notamment, la cathode de l'un étant connectée à l'anode de l'autre et vice-versa, l'ensemble étant inséré dans le circuit considéré) (cf. aussi* parallel arrangement *et* unidirectional conduction*).*

antiparallel-connected ... *cf.* antiparallel ...

antiparallel connection *cf.* antiparallel arrangement.

antiparallel diodes diodes montées tête-bêche *(diodes à jonction PN, dans le cas général, montées tête-bêche) (semi) (cf. aussi* p-n junction diode *et* antiparallel arrangement*).*

antiparticle antiparticule *(particule élémentaire correspondant à une particule élémentaire de même nature et possédant notamment la même masse et le même spin, mais une charge électrique de signe opposé et un moment magnétique de sens opposé) (positron, etc.) (cf. aussi* positron, antiproton, antineutron, elementary particle, spin, electric charge *et* magnetic moment*).*

antipersonnel radar radar antipersonnel *(radar portatif d'infanterie conçu pour détecter les mouvements de l'adversaire à courte distance la nuit et par mauvaise visibilité) (peut détecter un homme au pas à une distance suffisamment courte) (mil) (cf. aussi* radar*).*

antiphase en opposition de phase *(grandeurs sinusoïdales) (cf. aussi* in phase opposition*).*

antipodal effect effet d'antipode *(effet dans lequel, près de l'antipode du lieu de l'émetteur d'une station de radionavigation à grande distance, les différents trajets du signal autour de la Terre convergent en produisant généralement une augmentation de l'amplitude du signal reçu) (cf. aussi* long-range navigation*).*

antiradar coating couche antiradar *(couche de matière absorbante antiradar appliquée notamment sur un avion militaire invisible au radar) (cf. aussi* radar absorbing material *et* stealth aircraft*).*

antiradar missile *cf.* antiradiation missile. *(ce terme étant le plus employé).*

antiradar paint peinture antiradar *(mil) (cf. aussi* antiradar coating*).*

antiradiation homing autopoursuite sur signaux hostiles *(mil) (cf. aussi* antiradiation missile*).*

antiradiation homing missile *cf.* antiradiation missile.

antiradiation missile missile antiradar *(missile équipé d'un autodirecteur radar passif et lancé d'un aéronef militaire en direction d'un radar hostile, généralement situé au sol, pour le détruire) (cf. aussi* passive radar seeker*).*

antiradiation-missile ... *cf.* ARM ...

antiradiation seeker autodirecteur antiradar *(nom parfois donné à un autodirecteur de missile antiradar pour rappeler sa fonction) (mil) (cf. aussi* antiradiation missile*).*

antireflection coating couche antiréfléchissante *(couche de matière transparente réduisant la réflexion de la lumière par la surface d'une lentille ou autre élément transparent) (objectif, écran de tube cathodique, cellule solaire, etc.) (cf. aussi* antiglare coating *et* reflection (a)).

antiresonance antirésonance *(circuit oscillant) (cf. aussi* parallel resonance*).*

antiresonance circuit *cf.* antiresonant circuit.

antiresonant circuit circuit antirésonant *(circuit oscillant) (cf. aussi* parallel resonant circuit).

antisatellite laser laser antisatellite *(arme laser conçue pour la destruction des satellites artificiels hostiles dans l'espace) (mil) (cf. aussi* laser weapon).

antisidetone circuit circuit antilocal, (l')antilocal *(circuit réduisant l'effet local dans l'écouteur du combiné d'un poste téléphonique) (comprend essentiellement un enroulement de la bobine d'induction monté en opposition avec l'enroulement inséré dans le circuit du microphone et un réseau d'équilibrage formé d'une résistance montée entre l'extrémité libre du premier enroulement et le microphone et pontée par un condensateur) (les deux moitiés de l'enroulement primaire de la bobine d'induction étant en opposition, les courants qu'elles induisent dans l'enroulement secondaire — comprenant l'écouteur — lorsque l'on parle devant le microphone sont de sens contraires et s'annulent donc mutuellement plus ou moins complètement, ce qui réduit fortement l'effet local) (la ligne étant connectée aux extrémités de l'enroulement primaire complet, le courant de la ligne en provenance du poste du correspondant circule dans un seul sens d'un bout à l'autre du primaire complet en induisant donc un seul courant dans l'enroulement secondaire et en produisant ainsi effectivement des sons dans l'écouteur) (on voit que l'astuce de l'antilocal consiste à faire circuler le courant microphonique dans une moitié seulement de l'enroulement primaire de la bobine d'induction, tandis que le courant de la ligne circule dans toute la longueur de cet enroulement) (on notera par ailleurs que l'enroulement primaire constitue à lui seul un autotransformateur élévateur de tension et que, pour des raisons techniques, ses deux « moitiés » ne sont pas égales) (on notera en outre que le réseau d'équilibrage est souvent appelé « réseau antilocal », mais n'est en fait qu'un élément du circuit antilocal) (cf. aussi* sidetone, telephone induction coil *et* step-up autotransformer).

antisinging *a cf.* antimicrophonic.

antiskating compensation de la poussée latérale *(tourne-disque) (cf. aussi* antiskating device).

antiskating device compensateur de poussée latérale, dispositif de compensation de la poussée latérale *(dispositif incorporé au pivot du bras de lecture d'un tourne-disque à bras pivotant de haut de gamme pour compenser la poussée latérale en exerçant une légère poussée, réglable, sur le bras dans le sens opposé) (cf. aussi* skating).

antispoof data link liaison de transmission de données inviolable, liaison de données inviolable *(liaison de transmission de données par radio, militaire ou non, dans laquelle les messages sont chiffrés à l'aide d'un code complexe, généralement pseudo-aléatoire) (télinf) (cf. aussi* data link, pseudo-random code *et* secure communications).

antistatic coating couche antistatique *(couche de matière conductrice déposée sur une surface isolante pour éviter l'accumulation d'électricité statique sur celle-ci) (cf. aussi* static electricity).

antistiction oscillator oscillateur d'activation *(le terme anglais est souvent employé à la place de « dither oscillator » lorsque le signal fourni par l'oscillateur sert à éviter le frottement au repos d'un organe) (cf. aussi* dither oscillator).

Anti-Submarine Detection Investigation Committee *cf.* asdic.

antisubmarine torpedo torpille anti-sous-marin *(nom parfois donné à une torpille filoguidée pour rappeler sa fonction) (mar. mil) (cf. aussi* wire-guided torpedo).

antisubmarine warfare lutte anti-sous-marine *(ensemble des activités de détection et de destruction des sous-marins hostiles) (la détection des sous-marins est fondée principalement sur l'écoute microphonique et l'emploi du sonar et du détecteur d'anomalies magnétiques) (mar. mil) (cf. aussi* acoustic surveillance, sonar *et* magnetic anomaly detector).

antisubmarine warfare ... *cf.* ASW ...

anti-TR switch *cf.* anti-transmit-receive tube.

anti-TR tube *cf.* anti-transmit-receive tube.

anti-transmit-receive switch *cf.* anti-transmit-receive tube.

anti-transmit-receive tube tube de blocage d'écho *(radar) (cf. aussi* ATR tube, *le terme complet étant peu employé).*

antivoice-operated transmission émission commandée par la voix avec seuil *(radiotél) (cf. aussi* ANTIVOX).

ANTIVOX Antivox, anti-VOX, ANTIVOX, circuit *(idem) (montage réduisant la sensibilité du système VOX d'une station radio lorsque le haut-parleur fonctionne pour éviter que l'émetteur soit mis en service intempestivement par celui-ci) (cf. aussi* VOX).

AO *cf.* acousto-optics.

AO ... *cf.* acousto-optic ...

AOA *cf.* angle of arrival.

AP *cf.* array processor *et* array processing.

APC *cf.* automatic phase control.

APD *cf.* avalanche photodiode.

aperiodic *a* apériodique *a (propriété d'un dispositif n'ayant pas tendance à être le siège d'oscillations) (cf. aussi* oscillation).

aperiodic aerial *(GB) cf.* aperiodic antenna.

aperiodic antenna antenne apériodique *(cf. aussi* untuned antenna).

aperiodic circuit circuit apériodique *(circuit dans lequel un courant alternatif ne peut entrer en résonance par suite d'un amortissement supérieur à la valeur critique) (cf. aussi* resonance *et* critical damping (b)).

aperiodic damping suramortissement *(cf. aussi* overdamping).

aperture aerial *(GB) cf.* aperture antenna.

aperture antenna antenne à ouverture rayonnante *(hyper) (cf. aussi* radiating aperture).

aperture delay *cf.* aperture time.

aperture distortion distorsion d'ouverture *(nom donné à la perte de définition d'une image de télévision obtenue à l'aide d'une caméra à tube analyseur et due au fait que le diamètre du faisceau d'analyse n'étant pas infiniment petit, celui-ci explore simultanément plusieurs éléments de la mosaïque photosensible en entraînant une perte des détails fins de l'image) (cf. aussi* television image definition *et* camera tube).

aperture grille masque à fentes *(tube-image couleur) (cf. aussi* slot mask).

aperture illumination illumination de l'ouverture, éclairement de l'ouverture *(parf. d'une ouverture) (création d'un champ électromagnétique à répartition d'intensité déterminée dans le plan d'une ouverture rayonnante) (cf. aussi* electromagnetic field, field strength *et* radiating aperture).

aperture jitter gigue d'ouverture, fluctuations du temps d'ouverture *(cf. aussi* aperture time *et* jitter).

aperture mask masque perforé *(tube-image couleur) (cf. aussi* shadow mask).

aperture plane plan de l'ouverture *(plan d'une ouverture rayonnante) (hyper) (cf. aussi* radiating aperture).

aperture radiation rayonnement de l'ouverture *(rayonnement d'une ouverture rayonnante) (hyper) (cf. aussi* radiation *et* radiating aperture).

aperture radiator ouverture rayonnante *(hyper) (cf. aussi* radiating aperture).

aperture time temps d'ouverture (de l'interrupteur) *(au sens du terme anglais, temps écoulé entre l'émission de l'impulsion d'ouverture de l'interrupteur d'un échantillonneur et le blocage effectif du transistor) (doit être aussi court que possible pour réduire l'erreur de mesure si l'amplitude du signal échantillonné change pendant ce temps) (numériseur) (cf. aussi* sampling switch 2) *et* sample-and-hold circuit).

aperture uncertainty *cf.* aperture jitter.

apex angle angle au sommet *(antenne dièdre, cornet rayonnant, etc.) (cfa.* corner-reflector antenna *et* horn antenna).

apex drive *cf.* apex excitation.

apex-driven antenna antenne excitée par le sommet *(cf. aussi* apex excitation).

apex excitation excitation par le sommet *(excitation d'une antenne losange ou d'une antenne en V) (cf. aussi* antenna excitation, rhombic antenna *et* V antenna).

APL *(vient de « a programming language »)* APL *(langage de programmation évolué élaboré initialement pour la résolution de problèmes scientifiques et développé ultérieurement pour permettre la résolution de problèmes plus généraux en mode interactif) (inf) (cf. aussi* high-level language *et* interactive mode).

APM *cf.* antenna pointing mechanism.

apodization mise à longueur *(méthode de réglage de la réponse d'un filtre à ondes de surface consistant à faire varier la longueur en regard des électrodes pour faire varier l'amplitude du signal acoustique produit par une paire d'électrodes par rapport à celle d'une autre paire) (cf. aussi* SAW filter).

apparatus room salle de l'autocommutateur *(central tél. auto) (cf. aussi* telephone switch).

apparent power puissance apparente *(produit de la valeur efficace de la tension aux bornes d'un circuit à courant alternatif par la valeur efficace de l'intensité du courant dans le circuit) (s'exprime en voltampères et ne dépend pas du déphasage éventuel entre la tension et le courant) (élec) (cf. aussi* RMS value 2), active power 1), phase shift *et* ac circuit).

Applegate diagram diagramme d'Applegate *(graphique représentant la distance parcourue par les électrons dans l'espace de regroupement d'un klystron — en fonction du temps et de l'instant de la période du signal auquel ils passent devant les lèvres de la cavité d'entrée — avant de se grouper en paquet dans une période du signal, et illustrant ce phénomène) (l'axe des abscisses du graphique représentant le temps, l'axe des ordonnées la distance et les électrons se déplaçant à vitesse constante, leur mouvement est représenté pour chacun d'eux par une droite inclinée vers la droite et dont l'inclinaison est inversement proportionnelle à la vitesse de l'électron, une vitesse théorique infinie correspondant à une droite perpendiculaire à l'axe des temps) (tous les électrons arrivent à la première lèvre avec la même vitesse ; cette partie de leur trajectoire est donc représentée, au-dessous de l'axe des temps, par des droites de même inclinaison, donc parallèles, aboutissant à celui-ci) (dans une période quelconque du signal, l'électron qui traverse l'espace interlèvres au milieu de la période, donc d'un cycle, c.-à-d. à l'instant ou le champ électrique entre les deux lèvres est nul, continue à la même vitesse puisqu'il ne subit aucune influence et sa droite au-dessus de l'axe des temps est donc dans le prolongement de la partie inférieure) (cet électron est appelé « électron de référence ») (dans la même période, un électron qui traverse l'espace interlèvres un peu avant l'électron de référence, c.-à-d. pendant la demi-période où le champ électrique est retardateur, est ralenti par celui-ci ; sa droite est donc plus inclinée que celle de l'électron de référence et, comme elle est située à gauche de celle-ci, elle la coupe à une certaine distance de l'axe des temps, c.-à-d. au point où l'électron retardé est rattrapé par l'électron de référence) (un électron qui traverse l'espace interlèvres un peu après l'électron de référence, c.-à-d. dans la demi-période où le champ électrique est accélérateur, est accéléré par celui-ci ; sa droite est donc moins inclinée que celle de l'électron de référence et, comme elle est située à droite de celle-ci, elle la coupe à une certaine distance de l'axe des temps, c.-à-d. au point où l'électron accéléré rattrape l'électron de référence) (le point d'intersection de la droite d'un électron ralenti d'une valeur déterminée avec la droite de l'électron de référence coïncide naturellement avec le point d'intersection de la droite d'un électron accéléré de la même valeur) (par ailleurs, plus un électron traverse l'espace interlèvres avant l'électron de référence, dans les limites de la seconde moitié de la demi-période considérée, plus le champ électrique retardateur est intense et, par conséquent, plus sa droite est inclinée, grâce à quoi toutes les droites des électrons ralentis coupent celles de l'électron de référence approximativement au même point en formant un faisceau de droites convergentes en ce point) (le raisonnement inverse s'appliquant par symétrie aux électrons accélérés, toutes les droites se coupent approximativement au même point, ce qui signifie que tous les électrons qui traversent l'espace interlèvres pendant la seconde moitié de la première demi-période et la première moitié de la seconde demi-période ont tendance à se grouper en paquet autour de l'électron de référence en un point de l'espace de regroupement dont la distance mesurée par rapport au milieu de l'espace interlèvres est représentée par l'ordonnée du point d'intersection des droites sur le diagramme) (le même phénomène se reproduit le long de l'axe des temps à chaque période successive du signal, les droites des 3 à 5 électrons généralement représentés à chaque période formant des faisceaux successifs inclinés vers la droite le long de cet axe) (on voit d'après ce qui précède que le diagramme d'Applegate illustre bien le groupement des électrons en paquets dans un klystron) (on notera que la formation de paquets d'électrons n'intéresse qu'une partie des électrons émis par la cathode pendant une période du signal, ceux qui traversent l'espace interlèvres pendant la première moitié de la première demi-période et la seconde moitié de la seconde demi-période subissant un ralentissement ou une accélération inversement proportionnel(le) à leur avance ou leur retard, respectivement, du fait de l'inversion du sens de variation de l'intensité du champ électrique dans ces quarts de période) (toutes les explications données ci-dessus s'appliquent également au klystron réflex, les faisceaux de droites convergentes devenant des faisceaux de courbes venant converger sur l'axe des temps, ce qui est normal puisque le groupement des électrons se fait dans l'unique espace interlèvres du tube, c.-à-d. au point de départ du processus) (hyper) (cf. aussi* klystron).

Appleton layer couche d'Appleton *(ionosphère) (cf. aussi* F layer).

appliance appareil électrique (domestique) *(au sens du terme anglais, tout appareil domestique, électroménager ou autre, alimenté par le secteur ou non, depuis la lampe de chevet jusqu'au magnétoscope).*

application application *(sens usuel et notamment sens de catégorie d'utilisations d'un matériel, d'un logiciel, d'un principe ou d'une théorie) (cf. aussi* analog applications, digital applications *et* power applications).

application area domaine d'application *(domaine d'utilisation courante d'un matériel ou autre entité) (cf. aussi* application).

application generator générateur d'applications *(nom donné à un logiciel permettant de créer plus rapidement des programmes d'application en reprenant des programmes distincts de celui-ci et éventuellement en les modifiant ou en les combinant à d'autres programmes compatibles, ou les deux) (inf) (cf. aussi* software *et* application program).

application package *cf.* application software.

application program programme d'application *(programme d'ordinateur élaboré en vue d'une application déterminée) (traitement de textes, gestion de fichier, tableur, etc.) (inf) (cf. aussi* computer program *et* application).

application routine *cf.* application program.

application software logiciel d'application, *(souvent)* programme d'application *(inf) (cf. aussi* software *et* application program).

... applications application des (du) (de la) ... *(selon le contexte) (cf. aussi* application).

applicator électrode de chauffage *(une des deux électrodes utilisées dans le chauffage diélectrique) (cf. aussi* dielectric heating).

applied appliqué(e) *(tension, champ, charge, effort, pression, science, théorie, méthode, etc.).*

apply accross the ... *v* appliquer aux bornes du ... (de la, des) *(une tension) (cf. aussi* across ...).

apply power *v* mettre sous tension *(cf. aussi* power-up).

apply voltage *v* appliquer la tension *(appliquer une tension aux bornes d'un circuit ou autre dispositif, appareil ou machine électrique) (cf. aussi* voltage).

approach control radar radar d'approche *(nom parfois donné à un radar primaire lors de son utilisation pour l'approche à l'atterrissage d'un avion et souvent donné, par nature, à un radar d'approche finale) (aéroport, aérodrome) (cf. aussi* airport surveillance radar *et* precision approach radar).

approach radar *cf.* approach control radar.

approaching target cible en rapprochement, cible en présentation frontale *(ou* de face), cible frontale, cible de face *(cible mobile se rapprochant du radar ou autre appareil qui la suit) (avia. mil, etc.) (cf. aussi* aspect angle).

APT 1) *(vient de « automatically programmed tools »)* APT *(langage de programmation élaboré pour la programmation des machines-outils à commande numérique) (inf) (cf. aussi* programming language *et* numerical control). **2)** *cf.* automatic picture transmission.

AQL *cf.* acceptable quality level.

Aquadag *(marque déposée)* Aquadag *(solution colloïdale de graphite utilisée principalement pour former une couche conductrice sur la face intérieure de la partie conique d'un tube-image pour faciliter l'écoulement des électrons secondaires émis par la couche fluorescente) (récepteur TV, etc.) (cf. aussi* picture tube *et* secondary electron).

Aquadag coating couche d'Aquadag *(cf. aussi* Aquadag).

aqueous electrolyte électrolyte aqueux *(électrolyte liquide composé d'une solution d'eau et d'un corps constituant l'électrolyte proprement dit) (clpf) (cf. aussi* liquid electrolyte).

arbiter *(en informatique)* arbitre *(circuit intégré logique assurant l'arbitrage des conflits d'accès) (cf. aussi* logic integrated circuit *et* arbitration).

arbitration *(en informatique)* arbitrage des conflits (d'accès), arbitrage *(détermination de la priorité d'accès à un organe ou une ligne commune d'après des règles préétablies en cas de conflit d'accès) (cf. aussi* contention *et* arbiter).

arbitration chip puce d'arbitrage *(puce de circuit d'arbitrage) (CI) (cf. aussi* chip 1) *et* arbiter).

arbitration circuit *cf.* arbiter.

arbitration device *cf.* arbiter.

arbitration logic logique d'arbitrage des conflits (d'accès), logique d'arbitrage *(logique d'un circuit d'arbitrage) (inf) (cf. aussi* logic (b) *et* arbiter).

arbitration unit *cf.* arbiter.

arc[1] *s* arc (électrique) *(cf. aussi* electric arc).

arc[2] *v* cracher, projeter des étincelles *(balai de machine électrique tournante, etc.).

arc-back retour d'arc, *(parf.)* arc en retour *(passage accidentel du courant d'électrons d'une anode d'un redresseur à vapeur de mercure polyanodique à la cathode pendant une alternance du courant à redresser où l'anode considérée est négative par rapport à la cathode, les rôles des deux électrodes étant alors inversés) (ce phénomène se produit lorsque l'intensité du bombardement de l'anode par les ions positifs qu'elle attire pendant cette alternance est localement et accidentellement telle que l'échauffement résultant provoque la fusion locale de la surface du métal, c.-à-d. la formation de l'équivalent d'une tache cathodique) (le retour d'arc produit un court-circuit, lequel est d'ailleurs plus nuisible au transformateur qu'au redresseur) (élt) (cf. aussi* multianode rectifier, half-cycle *et* positive ion).

arc baffle déflecteur *(tube à cathode liquide) (cf. aussi* splash baffle).

arc current *(parf.* intensité du) courant dans l'arc *(cf. aussi* arc[1]).

arc discharge décharge d'arc *(décharge électrique disruptive lumineuse caractérisée par la résistance négative de l'arc et la grande densité de courant dans celui-ci) (cf. aussi* disruptive discharge, negative resistance, electric arc *et* current density).

arc-discharge tube tube à décharge d'arc *(tube à décharge fonctionnant en régime d'arc) (cf. aussi* discharge tube *et* arc discharge).

arc drop chute de tension dans l'arc *(chute de tension dans un arc électrique) (est caractérisée par sa faible valeur) (cf. aussi* voltage drop *et* electric arc).

arc lamp lampe à arc *(lampe électrique dans laquelle la lumière est produite par un arc électrique dans une ampoule remplie d'un gaz inerte ou, anciennement, dans l'air) (cf. aussi* xenon arc lamp, zirconium arc lamp, electric arc *et* electric lamp).

arc-over contournement par un arc, (formation d')un arc en surface *(isolant) (cf. aussi* flash-over *et* electric arc).

arc-over voltage tension de contournement par un arc, *(etc.) (cf. aussi* arc-over).

arc path trajet de l'arc, chemin suivi par l'arc *(chemin suivi par un arc électrique, notamment sur un isolant) (cf. aussi* electric arc).

arcade game *cf.* arcade video game.

arcade video game jeu d'arcades, jeu vidéo public, jeu vidéo en salle, jeu en salle *(jeu vidéo pour salles de jeux, cafés et autres lieux publics) (cf. aussi* video game).

architectural approach type de structure, *(etc.) (inf etc.) (cf. aussi* architecture).

architecture structure, *(parf. aussi)* organisation *(le terme anglais désigne notamment la structure d'un ordinateur, d'un circuit intégré numérique ou d'un réseau de télécommunications et particulièrement d'un réseau informatique local) (éviter d'employer « architecture »).

archival disk disque d'archivage *(nom parfois donné à un disque optique classique utilisé dans une mémoire à disque optique du fait de sa très grande capacité de mémorisation et de l'impossibilité de l'effacer) (inf) (cf. aussi* optical-disk memory).

archive storage mémorisation des archives, archivage en mémoire *(mise en mémoire d'informations à archiver dans une mémoire de masse) (inf) (cf. aussi* mass memory).

arcing formation d'un arc (électrique) *(entre deux conducteurs portés à des potentiels nettement différents et notamment entre les électrodes d'un tube à décharge ou entre deux contacts lors de leur ouverture) (cf. aussi* electric arc).

arcover *cf.* arc-over. *(plus haut) (de même pour les termes dérivés).

area zone, *(parf.)* aire *(cf. aussi* service area, board area, chip area *et* safe operating area). **2)** domaine *(domaine d'activité, domaine fréquentiel ou temporel, etc.) (cf. aussi* frequency domain *et* time domain).

... area *cf.* ... field.

area array *cf.* two-dimensional array.

area control radar radar de zone *(radar de régie de la navigation aérienne couvrant une zone étendue de l'espace aérien au voisinage d'un aéroport) (avia) (cf. aussi* ATC radar).

area efficiency rendement surfacique *(pourcentage de l'aire du substrat d'un circuit intégré ou imprimé effectivement occupé par des éléments de circuit) (cf. aussi* substrate *et* circuit element).

area image sensor capteur d'images bidimensionnel *(capteur d'images utilisant un groupement bidimensionnel d'éléments photosensibles) (caméra TV) (cf. aussi* image sensor *et* array).

area imager *cf.* area image sensor.

area imaging device *cf.* area image sensor.

area jamming brouillage de zone *(brouillage par bruit intéressant une zone étendue) (mil) (cf. aussi* noise jamming).

area navigation navigation de zone *(radionavigation aérienne sur une distance relativement grande avec utilisation de points à survoler) (avia) (cf. aussi* radio navigation *et* way-point).

area of coverage zone de couverture *(zone centrée sur un émetteur dans laquelle il est possible de recevoir les signaux de celui-ci) (radio, radar) (cf. aussi* coverage (a) *et* service area).

area of hearing aire d'audition *(cf. aussi* auditory sensation area).

area ratio rapport des aires, rapport de surface *(cf. aussi* area-ratioed capacitors).

area-ratioed capacitors condensateurs à rapport de surface *(paire de condensateurs de circuit intégré monolithique dont on utilise le rapport de capacité pour obtenir une valeur de résistance reproductible, ce qui est impossible avec un seul condensateur) (cf. aussi* switched-capacitor technique).

area sensor *cf.* area image sensor.

areal charge density densité surfacique de charge *(charge électrique portée par unité d'aire de la surface d'un corps électrisé) (électrode, etc.) (cf. aussi* surface charge density).

areal density densité surfacique *(densité par unité d'aire d'une surface) (a) cf. aussi* areal charge density) ; *(b) cf. aussi* areal recording density.

areal recording density densité surfacique d'enregistrement *(densité d'enregistrement sur disque magnétique ou optique par unité d'aire de la surface utile d'une face du disque) (est fonction de la densité linéaire de binaires et de la densité de pistes) (inf, etc.) (cf. aussi* recording density, linear bit density *et* track density).

argon argon, A *(gaz rare et, par conséquent, neutre de l'air) (est utilisé notamment pour le remplissage de nombreuses lampes à incandescence, en addition à d'autres gaz, dans des lampes à décharge, dans le soudage à l'arc sous atmosphère protectrice, dans des fours de traitement des semiconducteurs ou autres et dans le laser à l'argon) (cf. aussi* argon laser).

argon laser laser à l'argon (ionisé), laser à argon *(idem) (laser* *à gaz dans lequel celui-ci est de l'argon ionisé) (nécessite une décharge à grande densité de courant pour son pompage et émet une lumière bleu-vert) (cf. aussi* gas laser, argon *et* current density).

argument argument *(en mathématiques) (partie imaginaire d'une grandeur complexe) (peut être représenté par un angle polaire) (déphasage, etc.) (cf. aussi* polar coordinates).

arithmetic-and-logic unit unité arithmétique et logique, unité de calcul, organe de calcul, bloc de calcul *(partie de l'organe de traitement d'un ordinateur effectuant les opérations arithmétiques et logiques sur les informations à traiter sous la direction de l'unité de commande) (inf) (cf. aussi* arithmetic-logic unit, processor 1), logic operation *et* data path 1)).

arithmetic circuit circuit arithmétique *(circuit intégré monolithique exécutant une opération arithmétique) (semi) (cf. aussi* monolithic integrated circuit *et* arithmetic operation).

arithmetic element *cf.* arithmetic-and-logic unit.

arithmetic instruction instruction arithmétique *(instruction de programme d'ordinateur commandant l'exécution d'une opération arithmétique) (inf) (cf. aussi* instruction *et* arithmetic operation).

arithmetic-logic unit *cf.* arithmetic-and-logic unit. *(et noter toutefois que le premier terme est le terme initial).*

arithmetic operation opération arithmétique *(addition, soustraction, multiplication, division, élévation à une puissance, extraction d'une racine) (math, inf) (cf. aussi* arithmetic instruction *et* operation 4)).

arithmetic operator opérateur arithmétique *(opérateur représentant ou exécutant une opération arithmétique) (math, inf) (cf. aussi* operator 1) (b) *et* arithmetic operation).

arithmetic processor *cf.* array processor.

arithmetic register registre arithmétique *(registre d'ordinateur destiné à contenir un résultat partiel d'une opération) (inf) (cf. aussi* register[1] 1) (a) *et* operation 4)).

arithmetic section *cf.* arithmetic-and-logic unit.

arithmetic shift décalage arithmétique *(décalage du mot contenu dans un registre à décalage effectué sans changer le signe du mot) (inf) (cf. aussi* shift register).

arithmetic unit *cf.* arithmetic-and-logic unit.

ARL *cf.* acceptable reliability level.

arm 1) bras *(de lecture ou autre) (cf. aussi* pick-up arm). 2) branche *(d'un montage en pont ou autre) (cf. aussi* bridge).

ARM *cf.* antiradiation missile.

ARM receiver récepteur de missile antiradar *(récepteur de l'autodirecteur d'un missile antiradar) (mil) (cf. aussi* antiradiation missile).

ARM seeker autodirecteur de missile antiradar, *(etc.) (mil) (cf. aussi* homing head *et* antiradiation missile).

armature armature *(partie mobile d'un circuit magnétique non entièrement fixe) (cf. aussi* magnetic circuit) (a) *partie mobile du circuit magnétique d'un électro-aimant ou d'un relais dit « à armature ») (l'électro-aimant à armature est beaucoup moins employé que le relais à armature ; sa constitution est essentiellement la même, mise à part l'absence de contacts) (cf. aussi* armature relay, electromagnet *et* energized position) ; (b) *partie mobile du circuit magnétique d'une machine électrique tournante ou dérivée c.-à-d. rotor de celle-ci ou son équivalent à translation) (noter que les termes « rotor » et « induit » désignent en fait l'armature munie de son bobinage éventuel) (le terme « induit » employé avec cette acception l'a été initialement et correctement pour désigner le rotor d'une dynamo, lequel est effectivement un rotor induit puisque portant un bobinage induit) (il est également et correctement employé pour désigner le rotor d'un alternateur à rotor induit, ce type d'alternateur étant d'ailleurs peu courant) (le rotor d'un moteur électrique à collecteur ressemblant beaucoup à celui d'une dynamo, cette acception du terme « induit » a été étendue à un tel rotor, tout à fait incorrectement car il ne s'agit nullement d'un rotor induit) (par contre, il est rarement employé pour désigner le rotor d'un moteur asynchrone, car ce rotor ne ressemble pas à celui d'une dynamo, bien qu'il s'agisse effectivement d'un rotor induit) (élt) (cf. aussi* stationary armature, rotor (a) *et* armature winding).

armature chatter vibration de l'armature *(relais à armature à courant alternatif) (cf. aussi* ac armature relay).

armature contact contact porté par l'armature *(contact mobile de relais à armature porté par celle-ci) (clpf) (cf. aussi* moving contact (a) *et* armature relay).

armature holding force force de maintien de l'armature (en position de travail) *(relais ou électro-aimant à armature excité) (cf. aussi* armature relay *et* energized position).

armature reaction réaction d'induit *(déformation des lignes de forces du champ magnétique du stator d'une dynamo ou d'un moteur à collecteur due à l'action du champ magnétique du rotor sur celui du stator, le champ effectif dans le circuit magnétique de la machine étant la résultante des deux champs composants) (ce phénomène entraîne un manque d'uniformité du flux magnétique dans l'entrefer avec une diminution du flux utile et un décalage angulaire de l'axe neutre) (il en résulte une diminution du rendement de la machine et une augmentation du risque d'étincelles entre certaines lames du collecteur, ainsi qu'une augmentation des difficultés de commutation) (on l'atténue éventuellement à l'aide d'un enroulement de compensation) (élt) (cf. aussi* compensation winding, magnetic line of force, dynamo, collector motor, magnetic flux, air gap[1] *et* commutation).

armature reaction compensation compensation de la réaction d'induit *(cf. aussi* armature reaction).

armature relay relais à armature, *(souvent aussi)* relais à palette, relais électromagnétique à armature, *(idem) (relais électromagnétique dans lequel les contacts sont portés ou actionnés par une pièce en acier doux fermant le circuit magnétique par pivotement ou, parfois, translation en venant à la position de travail) (clpf) (cf. aussi* electromagnetic relay, relay armature *et* energized position).

armature stop butée d'entrefer *(relais) (cf. aussi* residual pin).

armature travel course de l'armature *(longueur de déplacement de l'armature d'un électro-aimant à armature ou d'un relais à armature pivotante ou à translation) (cf. aussi* armature (a)).

armature voltage control réglage de la tension aux bornes du rotor *(ou, moins bien, de l'induit) (démarrage d'un moteur shunt) (élt) (cf. aussi* starting rheostat).

armature winding bobinage induit, bobinage d'induit, *(parf. aussi* enroulement induit, *(idem) (au sens correct du terme anglais et des termes français, bobinage d'une machine électrique tournante ou dérivée dans lequel une force électromotrice est induite en fonctionnement) (noter que l'induit d'une machine électrique tournante ou dérivée est la partie mobile de la machine dans le cas d'une dynamo, d'un alternateur à rotor induit, d'un moteur asynchrone ou d'un moteur linéaire, ou la partie fixe dans le cas d'un alternateur à rotor inducteur) (noter que dans ce type d'alternateur, de loin le plus employé, l'inducteur est le rotor et l'induit le stator) (il en résulte que, contrairement à l'opinion quasi-générale, le terme « l'induit » ne désigne pas forcément la partie mobile d'une machine tournante ou dérivée) (noter en outre qu'il n'y a aucun courant induit dans un moteur à courant continu ni dans un moteur universel et que l'emploi, général, du terme « l'induit » pour désigner le rotor d'un tel moteur est tout à fait incorrect et une source de confusion) (élt) (cf. aussi* induced electromotive force *et* armature (b)).

armed light voyant d'armement *(voyant situé sur la face avant d'un oscilloscope et s'allumant lorsque la base de temps est armée en mode de balayage monocourse) (cf. aussi* single sweep).

arming armement *(d'un dispositif à déclenchement, etc.) (cf. aussi* armed light).

armor armure *(d'un câble armé, etc.) (cf. aussi* armored cable).

armored cable câble armé *(câble électrique ou téléphonique ou autre protégé contre les actions mécaniques extérieures par un feuillard d'acier ou autre, généralement enroulé en hélice, ou par des fils d'acier, généralement galvanisés et formant généralement une tresse à mailles lâches, avant de recevoir l'enveloppe protectrice extérieure) (cf. aussi* shielded cable).

armored cord cordon armé, cordon à spirale protectrice *(en fil d'acier) (cordon de combiné de cabine téléphonique publique).*

armoring protection par une armure *(cf. aussi* armored cable).

armour *(GB) cf.* armor. *(de même pour les termes dérivés).*

ARQ *(vient de « automatic repeat request »)* ARQ, demande automatique de répétition *(caractère de commande de transmission analogue au caractère NAK) (télinf) (cf. aussi* transmission control character *et* NAK).

arranged in parallel montés en parallèle *(éléments ou parties de circuit, ou circuits complets) (cf. aussi* parallel arrangement).

arranged in series montés en série *(éléments ou parties de circuit) (cf. aussi* series arrangement).

arrangement **1)** montage *(électrique ou électronique) (ensemble d'éléments de circuit ou de dispositifs équivalents connectés en vue d'obtenir un résultat déterminé, notamment de réaliser une fonction déterminée, et comprenant souvent plusieurs circuits) (montage en parallèle, en série, en pont, etc. ; montage amplificateur, modulateur, mélangeur, détecteur, redresseur, etc.) (noter que le terme anglais « arrangement » est de plus en plus utilisé à la place de « connection » dans cette acception de ce dernier, sauf dans des termes consacrés tels que « common-emitter connection » et les termes analogues, notamment (cf. aussi* parallel arrangement, series arrangement, symmetrical arrangement, unsymmetrical arrangement, antiparallel arrangement, back-to-back arrangement, bridge arrangement, function[1] 1) (a), stage 1) *et* circuit). **2)** disposition *(contacts, etc.) (cf. aussi* contact arrangement).

array **1)** groupement *(terme le plus général),* matrice, rangée, batterie, alignement, barrette *(selon le contexte) (au sens du terme anglais, ensemble d'éléments identiques disposés suivant des règles géométriques, les éléments successifs dans une direction étant également équidistants) (alignement d'éléments rayonnants ou autres, rangée ou batterie d'interrupteurs ou de voyants, notamment, rangée de perforations, barrette de photodétecteurs ou autres dispositifs, matrice d'éléments rayonnants, de transducteurs électroacoustiques ou de portes logiques, notamment, ensemble d'éléments rayonnants ou autres le long de circonférences concentriques ou d'une spirale, etc.) (cf. aussi* linear array, two-dimensionnal array, detector array, phased array *et, à titre d'information,* gate array). **2)** éventail, large gamme *(de produits).*

array ... *cf.* gate-array ... *(pour les termes qui ne figurent pas ci-après).*

array computer *cf.* array processor *(le premier terme étant peu employé).*

array computation calcul sur des tableaux de données *(inf) (cf. aussi* array processor).

array element élément d'un groupement *(parf. du ...) (cf. aussi* array).

array of diodes matrice de diodes *(cf. aussi* diode array).

array processor calculateur arithmétique *(terme que j'ai proposé),* ordinateur *(idem),* processeur *(idem) (ordinateur généralement associé à un autre ordinateur et conçu pour travailler sur un grand nombre de données numériques organisées en tableaux avec exécution simultanée d'une même instruction sur des données homologues d'un tableau) (inf) (cf. aussi* processor array *et* computer 2)).

array radar radar à balayage électronique *(cf. aussi* phased-array radar).

array response réponse de la matrice (de détecteurs) *(caméra infrarouge) (cf. aussi* spatial response).

array sonar sonar multivoie *(sonar d'étrave utilisant un projecteur composé de centaines de transducteurs disposés en colonnes émettant des faisceaux fixes et juxtaposés d'ondes acoustiques dont l'ensemble couvre tout le secteur à surveiller) (mar. mil) (cf. aussi* sonar).

arrester limiteur de surtension, *(parf.)* parafoudre *(cf. aussi* surge arrester *et* lightning arrester).

arrestor *cf.* arrester.

Arrhenius plot diagramme d'Arrhénius *(graphique représentant le taux de défaillance de dispositifs en fonction de la température) (essais d'endurance de composants) (cf. aussi* failure rate *et* life test).

arrival radar *cf.* approach radar.

arsenic arsenic, As *(élément chimique à éclat métallique) (est utilisé en électronique comme impureté donneuse) (cf. aussi* donor impurity).

arsenic implant implant d'arsenic, ions d'arsenic implantés *(semi) (cf. aussi* implant *et* arsenic).

arsenic implantation implantation d'arsenic, implantation d'ions d'arsenic *(fab. semi) (cf. aussi* ion implantation *et* arsenic).

arsenic-implanted region zone implantée à l'arsenic, zone dopée par implantation d'arsenic, *(etc.) (semi) (cf. aussi* arsenic implantation).

arsenic-implanted substrate substrat ... *(voir aussi* arsenic-implanted region *et* adapter) *(cf. aussi* semiconductor substrate).

arsenic ion implantation *cf.* arsenic implantation.

ARSR *cf.* air route surveillance radar.

articulation netteté (de la parole), intelligibilité *(idem) (qualité de reproduction de la parole à l'extrémité réceptrice d'une ligne téléphonique) (tls) (cf. aussi* articulation for logatoms).

articulation for logatoms indice de netteté, indice d'intelligibilité *(pourcentage de logatomes compris à l'extrémité réceptrice d'une ligne téléphonique au cours d'une mesure de qualité de transmission) (tls) (cf. aussi* logatom *et* articulation reference equivalent).

articulation reference equivalent affaiblissement équivalent (de référence) pour la netteté *(indice de netteté normalisé utilisé pour les mesures de qualité de transmission téléphonique) (tls) (cf. aussi* articulation for logatoms *et* master telephone transmission reference system).

articulation test (un) essai de netteté, mesure de netteté *(tél) (cf. aussi* articulation).

artificial aerial *(GB) cf.* artificial antenna.

artificial aging vieillissement artificiel *(dans le cas d'un résonateur à quartz, opération consistant à le faire osciller en sortie de fabrication dans des conditions déterminées d'excitation électrique, de température et de durée pour stabiliser sa fréquence d'oscillation) (cf. aussi* quartz resonator *et, à titre d'information,* burn-in).

artificial antenna antenne fictive *(cf. aussi* dummy antenna).

artificial ear oreille artificielle *(dispositif conçu pour mesurer la pression acoustique produite par un écouteur aux différentes fréquences d'un signal d'étalonnage) (comprend essentiellement une partie simulant l'impédance acoustique de l'oreille humaine moyenne et un microphone étalonné) (électroacou) (cf. aussi* sound pressure, headphone, acoustic impedance *et* microphone).

artificial earth *(GB) cf.* artificial ground.

artificial echo écho artificiel *(écho radar produit par une boîte à échos) (essais de radar) (cf. aussi* echo box).

artificial extension line complément de longueur *(répéteur tél.) (cf. aussi* building-out network).

artificial glint scintillation artificielle *(contre-mesure électronique opposée par un avion militaire à un radar, ou un autodirecteur radar, mono-impulsion hostile consistant à utiliser une antenne de brouillage à l'extrémité de chaque aile, dont les signaux, de phase relative appropriée, interfèrent au niveau de l'antenne du radar ou de l'autodirecteur en créant un zéro de réception dans l'axe de celle-ci) (si l'amplitude de l'écho de l'avion est inférieure à la perte de sensibilité ainsi créée au niveau du récepteur hostile, le radar ou l'autodirecteur perd la cible suivie) (l'efficacité de cette contre-mesure est proportionnelle à l'envergure de l'aile) (cf. aussi* monopulse radar, monopulse seeker, relative phase, null[1] (c) *et* target scintillation).

artificial glint technique méthode de scintillation artificielle, procédé *(idem) (cf. aussi* artificial glint).

artificial ground terre artificielle, sol artificiel *(réseau de conducteurs maintenu à une certaine distance du sol au pied d'une antenne et isolé ou non de la terre) (cf. aussi* antenna counterpoise, ground-plane antenna *et* ground[1] 2)).

artificial intelligence (l')intelligence artificielle *(nom donné à l'apparence d'intelligence de l'ordinateur et principalement d'un système expert) (l'intelligence étant essentiellement la faculté de réagir correctement face à une situation nouvelle, non connue et non déductible de situations antérieures, l'ordi-*

nateur n'est pas et ne peut être intelligent, contrairement à ce que certains auteurs laissent entendre, car il ne peut faire que ce qui est prévu dans le ou les programmes qu'il exécute) (même les ordinateurs dits « autoadaptatifs » ne peuvent s'adapter à la situation du moment, c.-à-d. modifier l'exécution de leur programme et éventuellement celui-ci, que dans les limites et conditions prévues dans ce dernier) (quel que soit le nombre astronomique n de cas prévus dans le programme, si un jour il se produit le cas n + 1, ne serait-ce qu'une simple virgule absente ou en trop, l'ordinateur fournira un résultat erroné, aux conséquences éventuellement catastrophiques ou ridicules, ou, au mieux, s'arrêtera en indiquant son incapacité) (le fait que certains ordinateurs seront bientôt capables d'élaborer eux-mêmes leurs propres programmes pour diverses applications ne change rien à la question car, une fois de plus, ils exécuteront ce travail à partir d'un programme général couvrant toutes ces applications) (il ne faut pas oublier que, même dans les tâches de décision qui paraissent nécessiter une certaine intelligence de sa part, l'ordinateur ne procède que par comparaisons successives et ultra-rapides de la situation en présence à des modèles mis en mémoire et dont le nombre peut être extrêmement grand) (l'ordinateur est supérieur à l'homme en ce qui concerne la vitesse de calcul ou autre traitement puisqu'un superordinateur peut, en 1990, exécuter plusieurs dizaines de millions d'opérations logiques élémentaires par seconde, en attendant mieux) (cette vitesse est rendue possible principalement par la très grande vitesse de déplacement des électrons dans les conducteurs et par l'intégration de plus en plus poussée des circuits logiques, ce qui réduit toujours plus le temps de parcours d'un circuit à l'autre) (l'ordinateur a également l'avantage de l'absence d'erreur en l'absence d'erreur de programmation et de défaut de fonctionnement, ainsi que d'être infatigable et toujours disposé à travailler ...) (pour conclure, je rappelle que l'ordinateur étant par nature un dispositif logique, on ne peut lui attribuer d'intelligence au sens strict du terme puisque celle-ci conduit parfois à prendre une décision qui, à priori, est illogique) (inf) (cf. aussi computer 2), expert system, computer program, learning machine, processing speed, supercomputer *et* integration density).

artificial-intelligence area *cf.* artificial-intelligence field.

artificial-intelligence community (la) communauté de l'intelligence artificielle *(ensemble des personnes s'occupant d'intelligence artificielle dans une zone géographique déterminée) (cf. aussi* artificial intelligence).

artificial-intelligence expert (grand) spécialiste de l'intelligence artificielle *(cf. aussi* artificial intelligence specialist).

artificial-intelligence field domaine de l'intelligence artificielle *(domaine d'activité scientifique ou autre) (inf) (cf. aussi* artificial intelligence).

artificial-intelligence language langage d'intelligence artificielle *(langage de programmation spécialement créé pour l'élaboration des programmes de systèmes experts) (inf) (cf. aussi* LISP, programming language *et* expert system).

artificial-intelligence specialist spécialiste de l'intelligence artificielle *(analyste ou autre ingénieur en informatique spécialisé dans l'intelligence artificielle) (cf. aussi* analyst *et* artificial intelligence).

artificial-intelligence technology (la) technique de l'intelligence artificielle *(cf. aussi* artificial intelligence *et* technology).

artificial language langage artificiel *(langage créé pour satisfaire un besoin de communication particulier) (langage des mathématiques, langage de programmation, etc.) (cf. aussi* programming language).

artificial line ligne artificielle *(réseau électrique dont l'impédance simule celle d'un tronçon de ligne de transmission de type déterminé) (l'impédance du réseau peut être fixe ou réglable) (tls) (cf. aussi* artificial extension line, network 1), impedance, transmission line *et* crosstalk meter).

artificial load charge fictive *(cf. aussi* dummy load).

artificial magnet aimant artificiel *(aimant permanent dans lequel la polarisation magnétique est acquise, c.-à-d. conservée après l'application d'un champ magnétique continu) (cf. aussi* permanent magnet, dc magnetic field *et* magnetic domain).

artificial mouth bouche artificielle *(petit haut-parleur monté dans un support, l'ensemble ayant la directivité de la bouche humaine moyenne) (sert à faire des mesures de sensibilité, fidélité et directivité sur des microphones) (électroacou) (cf. aussi* loudspeaker, directivity (c) *et* (d) *et* microphone).

artificial target cible artificielle *(dispositif reproduisant les caractéristiques de réflexion ou autres d'une cible radar, sonar ou laser aux fins d'essai) (cf. aussi* target characteristics *et, à titre d'information,* false target).

artificial vision vision artificielle *(inf) (cf. aussi* computer vision, *ce terme étant le plus employé).

artificial voice voix artificielle (a) *voix d'une bouche artificielle) (cf. aussi* artificial mouth) ; (b) *synthèse vocale) (cf. aussi* synthesized speech, *ce terme étant le plus employé).

artillery-location radar radar de localisation de batterie *(mil) (cf. aussi* counter-battery radar).

artistic supervision direction artistique *(d'un programme de télévision).

artwork plotter *cf.* coordinatograph.

ARU *cf.* audio response unit.

as-fired resistance résistance après cuisson *(valeur ohmique d'une résistance à couche épaisse après cuisson et avant ajustage) (cf. aussi* resistance, thick-film resistor *et* resistor trimming).

Asat laser *cf.* antisatellite laser.

ASC *cf.* automatic sensitivity control.

ASCII character caractère ASCII *(un des caractères du code ASCII) (cf. aussi* ASCII code).

ASCII code *(ASCII vient de « American Standard Code for Information Interchange » ; se prononce « askee » en anglais et en français)* code ASCII *(code de transmission de données dans lequel chaque caractère est représenté par sept binaires d'information complétés par un binaire de parité) (les sept binaires d'information offrent* $2^7 = 128$ *combinaisons, ce qui permet de représenter les caractères alphabétiques, en minuscules et en majuscules, les accents, les signes de ponctuation, les principaux symboles mathématiques et commerciaux, les caractères de fonction agissant sur l'appareil récepteur et les caractères de commande de transmission) (télinf) (cf. aussi* data transmission, bit, parity bit *et* transmission control character).

ASCR *(vient de « asymmetrical silicon controlled rectifier »)* thyristor asymétrique, thyristor ASCR *(thyristor dans lequel la tension de blocage est nettement plus faible dans le sens inverse que dans le sens direct, cette caractéristique — non recherchée — résultant des mesures prises pour réduire les temps de blocage et de déblocage du thyristor et améliorer ainsi sa tenue en fréquence) (ce résultat et une diminution corrélative de la chute de tension dans le sens passant sont obtenus essentiellement en réduisant l'épaisseur de la zone N intermédiaire du thyristor, ce qui réduit malheureusement la tension de blocage dans le sens direct, et en insérant une zone* N^+ *entre celle-ci et la zone P extrême pour compenser partiellement cet effet, ce qui réduit à son tour la tension de blocage dans le sens inverse, cet inconvénient étant toutefois moins gênant que le précédent) (le thyristor ainsi obtenu est un thyristor de commutation haute fréquence à faibles pertes employé notamment dans des onduleurs) (semi) (cf. aussi* silicon controlled rectifier, forward blocking voltage, reverse blocking voltage, frequency capability, forward direction (b), n^+ region *et* switching loss).

ASDE *cf.* airport surface detection equipment.

asdic *(vient de « Anti-Submarine Detection Investigation Committee » = « Comité pour l'étude de la détection des sous-marins » créé en Grande-Bretagne pendant la Seconde guerre mondiale)* asdic *(nom initial du sonar) (le terme anglais « asdic » a été rapidement supplanté par le terme américain « sonar » et les Britanniques eux-mêmes ne l'emploient presque plus) (noter que le sonar est une invention essentiellement britannique) (mil) (cf. aussi* sonar).

ASIC *(vient de « application-specific integrated circuit »)* ASIC *(dernier en date des noms donnés aux circuits personnalisés) (à éviter) (CI) (cf. aussi* custom circuit).

ASK *cf.* amplitude-shift keying.

aspect angle angle de présentation *(angle sous lequel un avion* *ou autre cible est vu par l'antenne d'un radar ou par tout autre appareil qui le suit) (mil, etc.) (cf. aussi* approaching target, receding target, all-aspect capability *et* radar target).

aspect ratio *(dans un tube-image)* format de l'image *(rapport entre la longueur et la hauteur d'une image de télévision ou similaire) (est normalement de 4 : 3, soit 1,33) (cf. aussi* picture tube).

ASR 1) *cf.* airport surveillance radar. 2) *cf.* automatic send-receive set.

assembler assembleur *s*, programme assembleur, programme d'assemblage *(programme traducteur d'ordinateur traduisant en langage machine un programme écrit en langage assembleur, en faisant correspondre une instruction machine à chaque instruction du programme source) (inf) (cf. aussi* cross assembler, translator 3), machine language *et* assembly language).

assembler program *cf.* assembler.

assembly code 1) code d'assemblage *(code employé dans un langage assembleur) (inf) (cf. aussi* assembly language). 2) programme en langage assembleur *(ou* d'assemblage) *(programme d'ordinateur écrit en langage assembleur) (inf) (cf. aussi* computer program *et* assembly language).

assembly language langage assembleur, langage d'assemblage *(langage de programmation permettant d'écrire un programme source sous une forme très proche du langage machine, chaque instruction du langage correspondant à une seule instruction machine, propre à l'ordinateur prévu pour l'exécution du programme, et le langage étant, par conséquent, également propre à l'ordinateur) (est un langage à bas niveau) (inf) (cf. aussi* programming language, source program, machine language, machine instruction, low-level language *et* assembler).

assembly-language code *cf.* assembly code 1).

assembly-language programming programmation en langage assembleur, *(etc.) (inf) (cf. aussi* programming (b) *et* assembly language).

assembly program *cf.* assembler.

assembly routine *cf.* assembler.

assigned frequency *cf.* allocated frequency.

associated gain gain au minimum du bruit *(gain en puissance d'un amplificateur à transistor pour le niveau du signal d'entrée, la valeur de la charge et la tension de polarisation qui donnent la valeur minimale du facteur de bruit à une fréquence déterminée) (cf. aussi* power gain 1), bias voltage *et* noise figure).

associative memory mémoire associative, mémoire adressable par le contenu *(mémoire d'ordinateur dont les positions sont identifiées par l'information qu'elles contiennent et non par une adresse) (plus précisément, une mémoire associative permet de savoir si une information déterminée est contenue dans la mémoire et, dans l'affirmative, fournit une information associée) (comprend donc deux parties : une partie dans laquelle l'information de recherche est comparée en parallèle à tous les mots contenus dans la mémoire et une partie contenant les informations associées à ces mots) (inf) (cf. aussi* computer memory *et* memory location).

associative storage *cf.* associative memory.

astable circuit montage astable, circuit astable *(montage électronique à sortie à deux états passant alternativement et régulièrement de l'un à l'autre) (termes génériques couvrant le multivibrateur astable et l'oscillateur à relaxation) (cf. aussi* astable multivibrator *et* relaxation oscillator).

astable multivibrator multivibrateur astable, circuit astable *(multivibrateur prenant alternativement deux états instables et constituant un oscillateur à impulsions) (fournissant des signaux carrés, il est employé comme générateur d'impulsions et peut facilement être synchronisé sur la fréquence d'un signal appliqué à son entrée) (cf. aussi* multivibrator).

astatic galvanometer galvanomètre astatique *(galvanomètre à aimant mobile insensible à l'action des champs magnétiques extérieurs, notamment du champ magnétique terrestre, grâce à l'emploi de deux aiguilles aimantées solidaires en rotation et disposées en sens inverses dans le même plan vertical) (en d'autres termes, galvanomètre à aimant mobile dont l'indication ne dépend pas de l'orientation de l'équipage mobile par*

rapport à la direction du méridien magnétique du lieu d'utilisation) (dans le premier galvanomètre astatique, inventé par Nobili, l'aiguille compensatrice se trouve en dehors du cadre ; dans le modèle perfectionné de Thomson, cette aiguille tourne dans un second cadre disposé au-dessus du premier, dans le même plan, et monté en série avec celui-ci, mais bobiné en sens contraire, de sorte que les actions magnétiques des deux cadres s'ajoutent, ce qui augmente nettement la sensibilité de l'appareil) (cf. aussi moving-magnet galvanometer).

astatic microphone *cf.* omnidirectional microphone.

Aston dark space zone obscure d'Aston *(zone obscure étroite touchant à la cathode et précédant la lueur cathodique dans un tube à décharge) (cf. aussi* discharge tube).

Astor *cf.* antisubmarine torpedo.

ASTOR *cf.* antisubmarine torpedo.

astrionics (l')électronique spatiale *(cf. aussi* space electronics).

ASW *cf.* antisubmarine warfare.

ASW capability possibilités de lutte anti-sous-marine *(parfois au singulier) (cf. aussi* antisubmarine warfare *et* capability).

ASW sensor détecteur de sous-marins *(terme générique couvrant notamment le sonar passif, le sonar de veille, la bouée acoustique et le détecteur d'anomalies magnétiques) (lutte anti-sous-marine) (mil) (cf. aussi* passive sonar, search sonar, sonobuoy *et* magnetic anomaly detector).

asymmetric ... *cf.* asymmetrical ... *(le second qualificatif étant le plus employé).*

asymmetrical conduction conduction asymétrique, conduction dissymétrique *(conduction unidirectionnelle imparfaite, c.-à-d. conduction « unidirectionnelle » dans une jonction redresseuse) (cf. aussi* unidirectional conduction *et* rectifying junction).

asymmetrical conductivity conductibilité asymétrique, conductibilité dissymétrique *(conductibilité électrique d'un dispositif à conduction asymétrique) (cf. aussi* electrical conductivity *et* asymmetrical conduction).

asymmetrical-sideband transmission *cf.* vestigial-sideband transmission.

asymmetrical SCR *cf.* ASCR.

asymmetrical silicon controlled rectifier *cf.* ASCR.

asynchronous asynchrone *(propriété de ce qui n'est pas synchrone) (cf. aussi* synchronous).

asynchronous bit rate cadence binaire en mode asynchrone *(tlg) (cf. aussi* bit rate *et* asynchronous transmission).

asynchronous communications télécommunications asynchrones, *(souvent)* liaisons asynchrones *(tlg) (cf. aussi* asynchronous link).

asynchronous communications interface adapter *cf.* ACIA.

asynchronous communications link *cf.* asynchronous link.

asynchronous communications protocol *cf.* asynchronous protocol.

asynchronous computer calculateur asynchrone *(nom donné à un ordinateur dans lequel le passage d'une opération à la suivante nécessite la réception, par le séquenceur, d'un signal émis par l'opérateur utilisé lui signalant que la première opération est exécutée) (est peu employé) (inf) (cf. aussi* computer 2), sequencer (b) *et* logic operator (b)).

asynchronous controller régisseur asynchrone, régisseur de transmission asynchrone, régisseur de ligne (de transmission) asynchrone *(ne pas employer « contrôleur ... ») (transmission de données) (cf. aussi* communications controller *et* asynchronous transmission).

asynchronous controller chip puce de régisseur asynchrone *(CI) (tlg) (cf. aussi* controller chip *et* asynchronous controller).

asynchronous data informations asynchrones, *(parf. aussi)* données asynchrones *(informations transmises en mode asynchrone) (tlg) (cf. aussi* asynchronous transmission).

asynchronous data communications (les) transmissions de données asynchrones *(ou* en mode asynchrone), (les) transmissions asynchrones, *(idem) (télinf) (cf. aussi* data communications *et* asynchronous transmission).

asynchronous data link liaison informatique asynchrone, liaison de transmission de données asynchrone *(télinf) (cf. aussi* asynchronous link).

asynchronous data stream flux d'informations asynchrones, *(etc.) (cf. aussi* asynchronous data *et* data stream).

asynchronous data transfer *cf.* asynchronous transfer.

asynchronous data transmission transmission de données asynchrone *(ou* en mode asynchrone) *(télinf) (cf. aussi* data transmission *et* asynchronous transmission).

asynchronous format format asynchrone, format de transmission asynchrone *(nombre et disposition des binaires utilisés pour transmettre un caractère en mode asynchrone) (est caractérisé par la présence d'un binaire de départ et d'un binaire d'arrêt) (tlg) (cf. aussi* asynchronous transmission).

asynchronous interference *cf.* asynchronous return.

asynchronous line controller *cf.* asynchronous controller.

asynchronous line protocol *cf.* asynchronous protocol.

asynchronous link liaison asynchrone, liaison à transmission asynchrone, liaison télégraphique asynchrone, *(souvent aussi)* liaison informatique asynchrone, liaison de transmission de données asynchrone *(liaison de transmission de données à transmission asynchrone ou liaison par téléimprimeurs asynchrones) (tls) (cf. aussi* data link, asynchronous transmission *et* asynchronous teleprinter).

asynchronous logic logique asynchrone *(logique dont le fonctionnement n'est pas cadencé, une opération pouvant commencer à n'importe quel instant) (inf) (cf. aussi* logic (b), clocking *et* asynchronous computer).

asynchronous machine machine asynchrone, machine électrique asynchrone *(noms parfois donnés à un moteur électrique asynchrone pour rappeler qu'il s'agit d'une machine électrique) (cf. aussi* asynchronous motor *et* electrical machine).

asynchronous memory mémoire asynchrone *(mémoire d'ordinateur dont le fonctionnement n'est pas cadencé, une opération en mémoire pouvant commencer à n'importe quel instant) (inf) (cf. aussi* computer memory, clocking *et* memory operation).

asynchronous mode mode asynchrone *(mode de fonctionnement, de transmission, d'exploitation, de transfert, ou de rafraîchissement asynchrone) (cf. aussi* asynchronous operation, asynchronous transmission, asynchronous transfer *et* asynchronous refresh).

asynchronous modem modem asynchone, modem pour transmission asynchrone *(modem conçu pour assurer la transmission asynchrone des informations à transmettre) (transmission de données) (cf. aussi* modem *et* asynchronous transmission).

asynchronous motor moteur asynchrone *(cf. aussi* induction motor, *le premier terme étant rarement employé).*

asynchronous network operation exploitation d'un réseau en mode asynchone *(exploitation d'un réseau informatique en mode asynchrone) (télinf) (cf. aussi* data communications network *et* asynchronous transmission).

asynchronous operation **1)** fonctionnement asynchrone *(fonctionnement de deux ou plusieurs dispositifs ou autres matériels sans synchronisme) (cf. aussi* synchronism). **2)** fonctionnement en mode asynchrone *(fonctionnement d'un appareil ou d'un dispositif en mode de transmission asynchrone) (transmission de données) (cf. aussi* asynchronous transmission). **3)** exploitation en mode asynchrone *(exploitation d'une liaison ou d'un réseau télégraphique, notamment informatique, à transmission asynchrone) (cf. aussi* asynchronous transmission).

asynchronous protocol protocole asynchrone, protocole de transmission asynchrone, protocole de ligne (de transmission) asynchrone *(protocole élaboré pour être appliqué à des liaisons informatiques à transmission asynchrone) (télinf) (cf. aussi* protocol *et* asynchronous transmission).

asynchronous refresh rafraîchissement asynchrone *(rafraîchissement d'une mémoire RAM dynamique commandé par un circuit indépendant de l'unité centrale et arbitrant entre les besoins d'accès à la mémoire de celle-ci et les besoins de rafraîchissement de la mémoire) (CI) (inf) (cf. aussi* RAM refresh *et* central processing unit).

asynchronous refresh mode mode de rafraîchissement asynchrone, mode asynchrone *(inf) (cf. aussi* asynchronous refresh).

asynchronous reply réponse asynchrone *(radar d'identification) (cf. aussi* fruit).

asynchronous reply suppression élimination des réponses asynchrones *(radar d'identification) (cf. aussi* defruiting).

asynchronous return *cf.* asynchronous reply. *(de même pour les termes dérivés).*

asynchronous scheme *cf.* asynchronous format.

asynchronous transfer transfert asynchrone (des informations), transfert en salve *(transfert d'informations entre un périphérique d'ordinateur et la mémoire centrale, effectué en une seule fois en interdisant momentanément l'accès de l'unité centrale à la mémoire) (inf) (cf. aussi* synchronous transfer).

asynchronous transfer mode mode de transfert asynchrone *(ou* en salve), mode asynchrone *(idem) (inf) (cf. aussi* asynchronous transfer).

asynchronous transmission transmission asynchrone, transmission en mode asynchrone *(mode de transmission télégraphique dans lequel chaque caractère transmis est précédé d'un signal mettant en marche l'appareil ou le dispositif récepteur et suivi d'un signal l'arrêtant) (le récepteur étant ainsi synchronisé avec l'émetteur, caractère par caractère, la cadence de transmission des caractères peut être quelconque et il n'y a pas besoin de signal d'horloge pour assurer la synchronisation du récepteur) (téléimprimeur, transmission de données) (cf. aussi* START bit, STOP bit, synchronism, clock signal *et* telegraph transmission).

asynchronous transmission format *cf.* asynchronous format.

asynchronous transmission mode mode de transmission asynchrone, mode asynchrone *(tlg) (cf. aussi* asynchronous transmission).

asynchronous transmission scheme *cf.* asynchronous format.

asynchronous voice-grade modem modem téléphonique asynchrone, modem téléphonique pour transmission asynchrone *(tlg) (cf. aussi* voice-grade modem *et* asynchronous transmission).

asynchronously de façon asynchrone, de manière asynchrone, en mode asynchrone, *(parf.)* sans synchronisme *(cf. aussi* asynchronous).

at a null condition *cf.* at null.

at break à l'ouverture (des contacts) *(relais) (cf. aussi* break contact).

at center screen au centre de l'écran *(oscillo, etc.).*

AT cut coupe AT *(coupe d'une lame de quartz suivant un plan formant un angle de 35° avec l'axe optique du cristal initial) (type le plus courant de coupe d'un quartz ; est caractérisée par des vibrations de cisaillement en épaisseur) (cf. aussi* quartz plate, optical axis (b), thickness shear *et* crystal cut).

AT-cut crystal quartz à coupe AT *(cf. aussi* AT cut).

at full load à pleine charge *(cf. aussi* full load).

at make à la fermeture (des contacts) *(relais) (cf. aussi* make contact).

at mid-band à mi-bande *(fréquences) (cf. aussi* mid-band frequency).

at no load à vide, *(etc.) (cf. aussi* under no-load conditions).

at null au zéro *(indication d'un appareil de mesure ou valeur d'une de ses caractéristiques pour une valeur nulle de la grandeur mesurée, c.-à-d. en l'absence de celle-ci) (cf. aussi* null reading).

at standby **1)** en attente *(terme utilisable dans tous les cas).* **2)** à l'écoute *(radio).* **3)** en veilleuse *(mémoire RAM) (cf. aussi* power-down feature).

at the bench or in the field au laboratoire comme en clientèle *(emploi d'un appareil de mesure, etc.).*

at the board level au niveau de la carte *(cf. aussi* at the component level *et* board swapping).

at the card level *cf.* at the board level.

at the chip level au niveau de la puce *(exécution d'une opération de fabrication ou de contrôle sur une puce après découpe de celle-ci, indication d'une vitesse de traitement dans une puce de microprocesseur ou autre, etc.) (semi) (cf. aussi* chip 1), scribing *et* at the wafer level).

at the component level au niveau du composant *(étude, contrôle, recherche de panne, réparation, échange, amélioration, erreur de conception, etc.) (cf. aussi* component 1)).

at the flip of a switch en actionnant simplement un interrupteur, *(etc.), (parf.)* il suffit d'actionner un interrupteur (pour ...) *(utilisation d'un appareil) (cf. aussi* switch[1]).

at the module level au niveau du module (*cf. aussi* at the component level *et* module (a)).

at the push of a button en appuyant simplement sur un bouton, *(parf.)* il suffit d'appuyer sur un bouton (pour ...) *(utilisation d'un appareil)* (*cf. aussi* pushbutton).

at the receiving end à l'extrémité réceptrice, du côté réception, du côté du récepteur (*cf. aussi* receiving end).

at the system level au niveau du système (*cf. aussi* at the component level *et* system).

at the touch of a button en touchant simplement un bouton, *(parf.)* il suffit de toucher un bouton (pour ...) *(utilisation d'un appareil)* (*cf. aussi* touch switch).

at the transistor level au niveau du transistor *(conception d'un circuit logique intégré, etc.)* (*cf. aussi* transistor *et* integrated logic circuit).

at the transmitting end à l'extrémité émettrice, du côté émission, du côté de l'émetteur *(tls)* (*cf. aussi* transmitting end).

at the twist of a knob en tournant simplement un bouton, *(parf.)* il suffit de tourner un bouton (pour ...) *(utilisation d'un appareil)*.

at the unit level au niveau de l'appareil (*cf. aussi* at the component level *et* unit 2)).

at the wafer level au niveau de la plaquette *(exécution d'une opération de fabrication ou de contrôle sur des puces avant l'opération de découpe ou d'intégration de circuits)* *(fab. CI)* (*cf. aussi* chip 1), wafer 2), scribing, wafer-scale integration *et* at the chip level).

ATC *cf.* air traffic control.

ATC computer calculateur de trafic aérien *(ordinateur associé à un radar de régie de la navigation aérienne)* (*cf. aussi* computer 2) *et* air traffic control).

ATC radar radar de régie aérienne *(radar de régie de la navigation aérienne)* (*cf. aussi* airport surveillance radar, area control radar, secondary surveillance radar, air traffic control *et* radar).

ATC transponder *cf.* transponder.

ATCR *cf.* automatic tap-changing regulator.

ATCRBS *(vient de « air traffic control radar beacon system »)* ATCRBS *(sigle officiel — rarement employé — du radar secondaire)* *(avia)* (*cf. aussi* secondary surveillance radar).

ATE *cf.* automatic test equipment.

ATI *cf.* air-target indicator.

atmospheric absorption absorption atmosphérique, absorption par l'atmosphère *(absorption d'une onde par l'atmosphère)* *(radar, laser, etc.)* (*cf. aussi* absorption).

atmospheric acoustic wave *cf.* atmospheric sound wave. *(ce terme étant le plus employé)*.

atmospheric attenuation atténuation atmosphérique, atténuation par l'atmosphère, atténuation de propagation (dans l'atmosphère), affaiblissement *(idem)* *(affaiblissement d'une onde se propageant dans l'atmosphère)* *(est dû à l'absorption atmosphérique et souvent à la diffusion atmosphérique)* *(propa)* (*cf. aussi* attenuation, atmospheric absorption *et* atmospheric scattering).

atmospheric duct couche-piège (atmosphérique) *(propa)* (*cf. aussi* duct 1)).

atmospheric ducting formation d'une couche-piège (dans l'atmosphère), *(etc.)* *(propa)* (*cf. aussi* duct 1)).

atmospheric interference *cf.* atmospherics.

atmospheric loss pertes atmosphériques, pertes dans l'atmosphère *(perte d'énergie subie par une onde se propageant dans l'atmosphère)* (*cf. aussi* propagation loss).

atmospheric losses *cf.* atmospheric loss.

atmospheric noise bruit atmosphérique *(bruit électrique dû aux parasites atmosphériques, notamment dans un récepteur radio)* (*cf. aussi* electrical noise *et* atmospherics).

atmospheric propagation propagation atmosphérique, propagation dans l'atmosphère *(propagation d'une onde dans l'atmosphère)* (*cf. aussi* wave propagation).

atmospheric radio wave onde radioélectrique atmosphérique, onde atmosphérique *(onde radioélectrique se propageant dans l'atmosphère, c.-à-d. onde radioélectrique autre que l'onde de sol)* *(propa)* (*cf. aussi* radio wave *et* atmospheric wave).

atmospheric refraction réfraction atmosphérique, réfraction par l'atmosphère *(réfraction d'une onde se propageant dans l'atmosphère)* *(propa)* (*cf. aussi* refraction).

atmospheric scattering diffusion atmosphérique, diffusion par l'atmosphère *(diffusion d'une onde ou d'un faisceau de particules par l'atmosphère)* *(faisceau hz, laser, etc.)* *(propa)* (*cf. aussi* scattering).

atmospheric sound wave onde acoustique atmosphérique, onde sonore atmosphérique, onde atmosphérique *(onde acoustique se propageant dans l'atmosphère)* *(clpf)* *(propa)* (*cf. aussi* sound wave *et* atmospheric wave).

atmospheric transmission window fenêtre de transmission atmosphérique *(ou de* l'atmosphère*)* *(une des fenêtres de transmission de l'atmosphère)* *(propa)* (*cf. aussi* transmission window).

atmospheric wave onde atmosphérique *(onde se propageant dans l'atmosphère)* *(propa)* (*cf. aussi* atmospheric radio wave, atmospheric sound wave *et* wave propagation).

atmospheric window *cf.* atmospheric transmission window.

atmospherics parasites atmosphériques *(parasites électrostatiques créés dans l'atmosphère par la foudre ou un autre phénomène naturel)* (*cf. aussi* static[2]).

atom atome *(plus petite partie d'un corps simple — ou élément chimique — conservant les propriétés de celui-ci et pouvant, par conséquent, entrer dans une combinaison chimique)* *(est composé d'un noyau autour duquel gravite(nt) un ou plusieurs électrons)* *(l'atome le plus simple est l'atome d'hydrogène, ce corpuscule étant composé d'un proton constituant le noyau autour duquel gravite un unique électron)* *(physique de la matière)* (*cf. aussi* nucleus, electron, atomic number, energy state, ionization, molecule *et* corpuscle).

atomic battery *cf.* nuclear battery.

atomic beam faisceau atomique, faisceau d'atomes *(étalon de fréquence, etc.)* (*cf. aussi* beam[1] *et* atom).

atomic-beam frequency reference *cf.* atomic-beam frequency standard.

atomic-beam frequency source source de fréquence à jet atomique *(nom donné à un étalon de fréquence à jet atomique considéré en tant que source de fréquence)* (*cf. aussi* atomic-beam frequency standard *et* frequency source).

atomic-beam frequency standard étalon de fréquence à jet atomique, étalon à jet atomique *(étalon atomique de fréquence dans lequel les atomes utilisés le sont sous la forme d'un jet ou, plus précisément, d'un faisceau)* *(est un étalon primaire)* *(terme générique couvrant l'étalon à jet de césium et le maser à hydrogène)* (*cf. aussi* cesium-beam frequency standard, hydrogen maser, atomic frequency standard *et* primary standard).

atomic clock horloge atomique *(étalon de temps de très haute précision formé essentiellement d'un étalon atomique de fréquence suivi de circuits démultipliant la fréquence de l'oscillateur à quartz)* *(une horloge atomique est donc une horloge à quartz de précision stabilisée par un étalon atomique de fréquence)* (*cf. aussi* atomic frequency standard, quartz clock *et* time standard).

atomic frequency fréquence atomique *(fréquence caractéristique des atomes d'un corps déterminé et, par conséquent, invariante puisque constituant une constante naturelle)* (*cf. aussi* atom *et* atomic frequency standard).

atomic frequency reference *cf.* atomic frequency standard.

atomic frequency source source atomique (de fréquence) *(noms donnés à un étalon atomique de fréquence considéré en tant que source de fréquence)* (*cf. aussi* atomic frequency standard *et* frequency source).

atomic frequency standard étalon atomique de fréquence, étalon atomique *(étalon de fréquence formé d'un oscillateur à quartz thermostaté asservi à la fréquence du rayonnement électromagnétique émis par les atomes d'un corps lors d'une transition électronique déterminée produite par émission stimulée)* *(cette fréquence étant une constante des atomes du corps considéré, la stabilité à court terme et à long terme de la fréquence de l'étalon est automatiquement assurée)* *(termes génériques couvrant l'étalon à jet atomique ou moléculaire et l'étalon au rubidium)* (*cf. aussi* atomic-beam frequency standard, molecular-beam frequency standard, rubidium-vapor frequency standard, temperature-controlled crystal oscillator, electron transition, stimulated emission, atomic frequency *et* frequency standard).

atomic gas laser laser à gaz atomique, laser atomique *(laser à gaz utilisant un gaz à molécules monoatomiques) (laser au néon ou à l'argon, notamment) (cf. aussi* helium-neon laser, argon laser *et* gas laser).

atomic hydrogen maser maser à hydrogène (atomique) *(cf. aussi* hydrogen maser).

atomic number numéro atomique, nombre atomique *(nombre d'électrons d'un atome non ionisé) (est égal au nombre de protons de l'atome considéré) (le numéro atomique de l'hydrogène est 1, celui de l'uranium est 92) (cf. aussi* electron, atom *et* ionization).

atomic source *cf.* atomic frequency source.

atomic standard *cf.* atomic frequency standard.

atomic time temps atomique *(temps indiqué par un étalon atomique de temps et notamment et officiellement par une horloge atomique à jet de césium) (cf. aussi* atomic time standard.

atomic time standard étalon atomique de temps *(nom parfois donné à une horloge atomique pour rappeler qu'il s'agit d'un étalon de temps) (cf. aussi* atomic clock).

atomic-type … *cf.* atomic …

ATR 1) *cf.* ATR tube. 2) *cf.* automatic target recognition.

ATR cell *cf.* ATR tube.

ATR switch *cf.* ATR tube.

ATR tube *(ATR vient de « anti-transmit-receive »)* tube ATR, tube de blocage d'écho *(terme descriptif que j'ai proposé) (tube de commutation monté entre la sortie de l'émetteur d'un radar à impulsions et l'antenne pour empêcher les échos reçus par celle-ci d'atteindre l'émetteur, ce qui réduirait fortement la puissance reçue par le récepteur) (lors de l'émission d'une impulsion par l'émetteur, la puissance importante mise en jeu par celle-ci provoque l'ionisation du gaz du tube et l'impulsion peut alors traverser le tube pour atteindre l'antenne, après quoi le gaz se désionise et, lorsque l'écho de l'impulsion émise est reçu par l'antenne, il ne peut atteindre l'émetteur, sa puissance étant insuffisante pour ioniser le gaz) (le processus se reproduit à chaque impulsion émise, c.-à-d. à la fréquence de récurrence de l'émetteur) (le tube TR fait partie du duplexeur du radar) (cf. aussi* switching tube, pulse radar, power[1] 1), ionization, pulse repetition frequency *et* duplexer).

attack radar radar de tir (d'aéronef) *(mil) (cf. aussi* fire-control radar).

attack sonar sonar d'attaque *(sonar actif utilisé pour la localisation précise d'un objectif marin ou sous-marin) (est un sonar à fréquence relativement élevée émettant un faisceau relativement fin) (l'emploi d'une fréquence élevée améliore la directivité du projecteur au prix d'une réduction de la portée, mais celle-ci est acceptable pour l'attaque à la torpille qui se fait à distance relativement courte de l'objectif) (mar. mil) (cf. aussi* active sonar).

attended operation fonctionnement sous surveillance *(fonctionnement d'un appareil ou système ou d'une machine sous la surveillance d'un opérateur).*

attented station station surveillée *(station d'émission notamment ou station radar fonctionnant sous la surveillance d'un opérateur) (cf. aussi* station 1)).

attenuating element élément atténuateur *(nom parfois donné à l'élément dissipatif d'un atténuateur hyperfréquence) (cf. aussi* dissipative element *et* microwave attenuator).

attenuation atténuation, affaiblissement *(le premier terme est un anglicisme bien implanté ; le second est le terme correct, mais il est peu employé en dehors de la téléphonie) (diminution indésirable ou provoquée de l'amplitude d'un signal ou d'une onde due à une perte d'énergie) (s'exprime en décibels) (cf. aussi* amplitude, signal[1], wave, loss *et* decibel) (a) *diminution d'amplitude indésirable dans une ligne de transmission ou un milieu de propagation) (cf. aussi* transmission line *et* propagation medium) ; (b) *diminution d'amplitude provoquée dans un atténuateur ou un filtre) (cf. aussi* attenuator *et* filter[1]).

attenuation band bande atténuée *(filtre coupe-bande) (cf. aussi* stop-band).

attenuation coefficient coefficient d'atténuation, coefficient d'affaiblissement *(noms parfois donnés à la constante d'atténuation) (cf. aussi* attenuation constant).

attenuation constant constante d'atténuation, constante d'affaiblissement *(taux d'atténuation d'une onde progressive dans la direction de propagation) (est la partie réelle de la constante de propagation) (cf. aussi* attenuation (a) *et* propagation constant).

attenuation contour gabarit de filtrage, gabarit d'un filtre, gabarit du filtre *(selon le contexte) (schéma représentant la forme et la largeur du couloir à angles droits de forme diverse dans lequel la courbe d'atténuation d'un filtre de type et performances déterminées doit s'inscrire) (ce couloir a la forme d'un U pour un filtre passe-bande, d'un U retourné pour un filtre coupe-bande, d'un S redressé pour un filtre passe-bas ou d'un Z redressé pour un filtre passe-haut) (synthèse des filtres) (cf. aussi* attenuation curve, filter[1] *et* filter synthesis).

attenuation distortion distorsion d'affaiblissement *(distorsion de fréquence d'un signal téléphonique due au fait que l'affaiblissement en cours de transmission n'est pas le même pour toutes les fréquences) (ce terme s'applique principalement à un multiplex téléphonique à répartition de fréquence) (tls) (cf. aussi* frequency distortion, attenuation (a), frequency-division multiplex *et* equalization (b)).

attenuation element *cf.* attenuating element.

attenuation equalizer égaliseur s *(tél) (cf. aussi* equalizer 3)).

attenuation factor *cf.* attenuation coefficient.

attenuation measurement mesure d'atténuation, *(etc.) (cf. aussi* attenuation *et* measurement).

attenuation per unit length atténuation linéique, affaiblissement linéique *(affaiblissement produit par une ligne de transmission par unité de longueur de celle-ci) (l'unité de longueur employée est généralement le mètre pour les courtes longueurs ou le kilomètre pour les grandes longueurs comme dans le cas d'une ligne téléphonique notamment) (s'exprime donc en décibels par mètre (dB/m) ou par kilomètre (dB/km)) (cf. aussi* attenuation (a)).

attenuation range gamme d'atténuations, plage d'atténuations *(atténuateur variable, etc.) (cf. aussi* attenuation).

attenuation setting réglage d'atténuation *(atténuateur variable) (cf. aussi* setting *et* variable attenuator).

attenuation swept measurement mesure d'atténuation avec balayage de fréquence *(filtre hyper, etc.) (cf. aussi* attenuation (b) *et* swept-frequency measurement).

attenuation test *cf.* attenuation measurement.

attenuation versus frequency atténuation en fonction de la fréquence *(filtre, etc.) (cf. aussi* attenuation).

attenuation vs frequency *cf.* attenuation versus frequency.

attenuator atténuateur s *(anglicisme bien implanté)*, affaiblisseur s *(terme correct, mais très peu employé) (dispositif réduisant l'amplitude d'un signal sans introduire de distorsion de phase notable) (est employé principalement à la sortie d'un générateur de signaux, notamment en hyperfréquences, ou à l'entrée d'un appareil, notamment d'un oscilloscope) (cf. aussi* fixed attenuator, variable attenuator, microwave attenuator, all-pass filter, phase distortion *et* attenuation).

attenuator diode diode d'atténuation, diode atténuatrice *(cf. aussi* PIN diode attenuator).

attenuator probe sonde atténuatrice *(sonde d'oscilloscope à atténuateur fixe incorporé) (est utilisée pour la visualisation de signaux de grande amplitude) (cf. aussi* probe[1] (a) *et* fixed attenuator).

attenuator setting réglage de l'atténuateur *(cf. aussi* attenuation setting).

attributes attributs (typographiques) *(anglicisme commode)*, effets *(idem) (en présentation informatique, nom donné à une caractéristique d'un ou plusieurs caractères affichés sur écran ou imprimés sur papier destinée à les mettre en évidence : surbrillance, clignotement, soulignement, graissage, inversion vidéo, etc. d'un caractère affiché, ou impression en gras ou en italique, soulignement, impression blanc sur noir, etc. d'un caractère imprimé) (cf. aussi* character (a)).

AU *cf.* arithmetic unit.

audibility audibilité *(propriété d'un son audible) (acoustique physiologique) (cf. aussi* audible sound).

audibility threshold seuil d'audition (*cf. aussi* threshold of audibility).

audible ... *cf.* audio ... (*pour les termes qui ne figurent pas ci-après*).

audible alarm alarme sonore (*sonnerie, ronfleur, klaxon, etc.*).

audible cue repère sonore, top sonore (*bande de magnétophone, etc.*).

audible frequency fréquence audible (*fréquence d'une vibration produisant un son audible*) (*acou*) (*cf. aussi* frequency, vibration *et* audible sound).

audible indication indication sonore (*indication donnée par un indicateur sonore*) (*cf. aussi* audio indicator).

audible sound son audible (*son perçu par l'homme*) (*son pur dont la fréquence est comprise entre 15 hertz et 20 000 hertz, ces limites dépendant du sujet, principalement la limite supérieure, ou son complexe comprenant au moins une de ces fréquences*) (*la limite supérieure peut atteindre 40 000 hertz chez le chien et 100 000 chez la chauve-souris*) (*acoustique physiologique*) (*cf. aussi* pure tone, complex tone, hertz, sound[1] *et* echolocation).

audio a (*mot latin signifiant « j'entends »*) audio (*qualificatif appliqué à un type de signal représentant des sons, notamment des paroles ou de la musique, ou à un dispositif ou appareil fournissant, transmettant, convertissant ou utilisant un tel signal*) (*électroacou*) (*cf. aussi* sound[1] *et* audio signal).

audio ... *cf.* audio-frequency ... (*pour les termes qui ne figurent pas ci-après*).

audio amp (*fam*) *cf.* audio-frequency amplifier.

audio amplifier *cf.* audio-frequency amplifier.

audio analysis *cf.* audio signal analysis.

audio attenuator atténuateur basse fréquence, atténuateur BF, atténuateur audiofréquence (*atténuateur conçu pour affaiblir des signaux à basse fréquence*) (*cf. aussi* attenuator *et* audio signal).

audio band *cf.* audio range.

audio cassette cassette audio, audiocassette (*cassette à bande magnétique de petites dimensions conçue pour être utilisée dans un magnétophone à cassettes*) (*cf. aussi* magnetic-tape cassette *et* cassette audio tape recorder).

audio channel 1) voie audio, (*parf. aussi*) voie son, canal son (*voie d'un multiplex utilisée pour la transmission de signaux téléphoniques ou de programmes radiophoniques ou du son d'une émission de télévision*) (*cf. aussi* multiplex[1]). 2) partie son (*récepteur TV*) (*cf. aussi* sound channel 1)).

audio communications *cf.* voice communications.

audio cue 1) *cf.* audible cue. 2) *cf.* audio warning.

audio disc *cf.* audio disk.

audio disk disque audio, disque phonographique (*le premier terme, le plus récent, a été forgé par analogie à « disque vidéo »*) (*disque portant un enregistrement sonore*) (*électroacou*) (*cf. aussi* analog audio disk, digital audio disk *et* phonograph record).

audio engineering (l')électroacoustique appliquée (*le qualificatif est généralement omis*) (*cf. aussi* electroacoustics).

audio enthusiast *cf.* audiophile.

audio equipment matériel électroacoustique, matériel audio (*matériel conçu pour être utilisé dans une chaîne électroacoustique ou constituant une telle chaîne*) (*tourne-disque, magnétophone, récepteurs radio, amplificateurs basse fréquence, haut-parleurs, enceintes acoustiques, casques d'écoute, et, par extension, microphones, tables de mélange, etc.*) (*cf. aussi* sound reproducing system).

audio filter filtre basse fréquence, filtre BF, filtre audiofréquence (*filtre électrique conçu pour filtrer des signaux à basse fréquence*) (*cf. aussi* electrical filter *et* audio signal).

audio frequency fréquence audible, audiofréquence, (*souvent aussi*) basse fréquence (*fréquence d'une vibration produisant un son audible*) (*cf. aussi* audible sound, sound frequency *et* voice frequency).

audio-frequency ... *cf.* audio ... (*pour les termes qui ne figurent pas ci-après*).

audio-frequency amplification amplification basse fréquence, amplification BF (*amplification d'un signal à basse fréquence et notamment d'un signal fourni directement ou indirectement par un microphone*) (*cf. aussi* amplification *et* audio-frequency signal).

audio-frequency amplifier amplificateur basse fréquence, amplificateur BF, amplificateur audiofréquence (*amplificateur conçu pour réaliser l'amplification basse fréquence*) (*utilise un ou plusieurs transistors ou, anciennement, tubes électroniques, pour remplir sa fonction et peut être un amplificateur de puissance alimentant notamment un haut-parleur, ou un amplificateur de petits signaux amplifiant notamment le signal fourni par un microphone*) (*cf. aussi* audio-frequency amplification, power amplifier *et* small-signal amplifier).

audio-frequency current courant à basse fréquence (*courant alternatif dont la fréquence est comprise dans la gamme des basses fréquences*) (*cf. aussi* alternating current *et* audio frequency).

audio-frequency harmonic distortion distorsion harmonique en basse fréquence (*distorsion harmonique d'un signal à basse fréquence*) (*cf. aussi* harmonic distortion *et* audio signal).

audio-frequency oscillator oscillateur basse fréquence, oscillateur BF (*oscillateur harmonique produisant un courant à basse fréquence*) (*cf. aussi* harmonic oscillator *et* audio-frequency current).

audio frequency shift keying modulation par déplacement de fréquence audible, modulation AFSK (*abréviation du terme anglais*) (*modulation radiotélégraphique réalisée par changement de la fréquence d'une porteuse émise en permanence par application d'impulsions de tension alternative à fréquence audible, généralement 2 125 hertz pour l'état marque et 2 975 hertz pour l'état espace*) (*radiocom*) (*cf. aussi* mark/space modulation *et* radiotelegraphy).

audio-frequency signal *cf.* audio signal.

audio-frequency signal generator générateur de signaux à basse fréquence (*ou BF*), générateur basse fréquence, générateur BF (*générateur de signaux sinusoïdaux à basse fréquence*) (*cf. aussi* sinusoidal signal generator *et* audio signal).

audio-frequency stage étage basse fréquence, étage BF (*étage fournissant ou traitant un signal basse fréquence dans un appareil électronique*) (*ces termes désignent généralement un oscillateur basse fréquence ou un amplificateur basse fréquence, ce dernier cas étant le plus fréquent*) (*cf. aussi* audio signal, audio-frequency oscillator, audio-frequency amplifier *et* stage 1)).

audio-frequency transformer transformateur basse fréquence (*ou BF*), transformateur audiofréquence (*transformateur à noyau de fer conçu pour être monté entre la sortie d'un amplificateur basse fréquence et sa charge pour réaliser l'adaptation d'impédance entre les deux*) (*cf. aussi* iron-core transformer, audio-frequency amplifier *et* impedance matching).

audio generator *cf.* audio-frequency signal generator.

audio indicator indicateur sonore (*générateur sonore dont le son constitue une indication, un avertissement ou une alarme*) (*cf. aussi* sound generator).

audio input entrée micro (*socle de connecteur monté sur un appareil pour recevoir le connecteur correspondant du cordon d'un microphone*) (*cf. aussi* connector socket *et* microphone).

audio level *cf.* sound level.

audio level meter vumètre (*électroacou*) (*cf. aussi* VU meter).

audio link 1) liaison téléphonique (*tls*) (*cf. aussi* telephone link). 2) liaison en phonie (*radiocom*) (*cf. aussi* voice link).

audio magnetic tape *cf.* audio tape.

audio masking masquage acoustique (*masquage d'une onde sonore*) (*cf. aussi* masking (c) *et* sound wave).

audio modulation modulation basse fréquence (*ou BF ou audiofréquence ou audio*) (*modulation par un signal à basse fréquence*) (*cas fréquent*) (*cf. aussi* modulation (a) *et* audio signal).

audio monitor haut-parleur de contrôle (du son) (*régie son*) (*cf. aussi* monitor[1] 2)).

audio oscillator *cf.* audio-frequency oscillator.

audio output sortie basse fréquence, sortie BF, sortie audiofréquence (*bornes de sortie d'un signal à basse fréquence ou, par extension, ce signal lui-même*) (*cf. aussi* audio signal *et* output[1]).

audio path *cf.* audio channel.

audio power puissance basse fréquence, puissance BF, puissance audiofréquence *(puissance mise en jeu par un signal à basse fréquence) (cf. aussi* power[1] 1) *et* audio signal).

audio power amplifier amplificateur de puissance basse fréquence *(ou* BF *ou* audiofréquence) *(cf. aussi* power amplifier *et* audio-frequency amplifier).

audio preamp *(fam) cf.* audio preamplifier.

audio preamplifier préamplificateur basse fréquence *(ou* BF *ou* audiofréquence), préampli BF *(fam) (amplificateur basse fréquence employé comme préamplificateur) (cf. aussi* audio-frequency amplifier *et* preamplifier).

audio products produits audio *(cf. aussi* audio equipment).

audio program programme sonore *(radiodif) (cf. aussi* radio program).

audio quality *cf.* acoustic quality (b).

audio range gamme des basses fréquences *(ou* audiofréquences), gamme BF, bande des basses fréquences *(idem) (le dernier terme, sous ses différentes formes, est peu employé, de même que son équivalent anglais « audio band ») (cf. aussi* audio frequency).

audio recorder *cf.* audio tape recorder.

audio response réponse vocale *(cf. aussi* voice response).

audio response unit répondeur d'ordinateur *(cf. aussi* voice-response unit).

audio signal signal à basse fréquence, signal BF, signal audiofréquence, signal audio *(signal ne contenant pas de fréquence dépassant la limite supérieure des fréquences audibles) (est généralement un signal électrique) (cf. aussi* audio frequency).

audio signal analysis analyse de signaux à basse fréquence, *(etc.) (analyseur de signaux, oscilloscope) (cf. aussi* audio signal *et* signal analysis).

audio signal generator *cf.* audio-frequency signal generator.

audio spectrum spectre des basses fréquences, *(etc.) (cf. aussi* audio frequency *et* frequency spectrum (a)).

audio spectrum analysis analyse de spectres basse fréquence, *(etc.) (cf. aussi* audio spectrum *et* spectrum analysis).

audio spectrum analyzer analyseur de spectres basse fréquence, *(etc.) (analyseur de spectres conçu pour l'analyse des signaux à basse fréquence) (cf. aussi* audio signal *et* spectrum analyzer).

audio stage *cf.* audio-frequency stage.

audio subcarrier *cf.* sound carrier.

audio system 1) chaîne électroacoustique *(cf. aussi* sound reproducing system). 2) *cf.* audio channel 2).

audio tape bande audio, bande magnétique audio *(bande magnétique utilisée ou utilisable dans un magnétophone) (cf. aussi* magnetic tape *et* audio tape recorder).

audio tape equipment matériel audio à bande magnétique *(magnétophones, lecteurs de cassettes audio et accessoires) (cf. aussi* audio tape recorder *et* cassette player).

audio tape recorder magnétophone *(enregistreur à bande magnétique conçu pour l'enregistrement du son) (peut être un enregistreur à bobines ou à cassette) (électroacou) (cf. aussi* magnetophone, tape recorder, open-reel audio tape recorder, cassette audio tape recorder, monophonic tape recorder, stereo tape recorder *et* magnetic-tape recorder).

audio tape recording (l')enregistrement du son sur bande magnétique *(cf. aussi* audio tape recorder).

audio taper variation logarithmique *(au sens du terme anglais, variation logarithmique droite d'un potentiomètre de réglage d'intensité sonore destinée à compenser la variation logarithmique de la sensibilité de l'oreille) (ampli BF) (cf. aussi* logarithmic potentiometer *et* left-hand taper).

audio tone signal sonore.

audio track *cf.* sound track.

audio transformer *cf.* audio-frequency transformer.

audio transmission 1) transmission de signaux à basse fréquence, *(etc.)*, transmission audio *(tls) (cf. aussi* audio signal). 2) transmission du signal son *(ou* audio) *(TV) (cf. aussi* sound signal 2)). 3) émission du signal son *(ou* audio) *(TV) (cf. aussi* sound signal 2)). 4) transmission en bande de base *(tél) (cf. aussi* voice-frequency telephony).

audio warning alarme vocale *(cf. aussi* voice warning).

audio wave onde sonore *(cf. aussi* sound wave).

audio wave analyzer analyseur de signaux à basse fréquence *(ou* BF), analyseur d'ondes basse fréquence *(idem)*, analyseur basse fréquence, analyseur BF *(analyseur d'ondes conçu pour l'analyse de signaux à basse fréquence) (cf. aussi* wave analyzer *et* audio signal).

audio waveform *cf.* audio signal. *(cf. aussi* waveform).

audiogram audiogramme *(graphique représentant le seuil d'audition et éventuellement le seuil de douleur d'un sujet en fonction de la fréquence du son produit par un audiomètre) (audiométrie) (cf. aussi* threshold of audibility, threshold of feeling *et* audiometer).

audiometer audiomètre *(générateur de sons purs de fréquence et intensité réglables conçu pour l'audiométrie) (le son utilisé est produit par un écouteur ou, parfois, par deux écouteurs, ou par un haut-parleur ou un vibrateur pour transmission par conduction osseuse) (cf. aussi* pure tone *et* audiometry).

audiometry audiométrie *(étude quantitative de l'audition, c.-à-d. détermination de l'acuité auditive d'un sujet) (acoustique médicale) (cf. aussi* audition (a), hearing ability, Fechner's law, Fletcher-Munson curves *et* audiometer).

audion *(s'écrivait initialement avec une majuscule)* audion *(marque déposée de la triode de Lee de Forest) (cf. aussi* triode tube).

audiophile audiophile *(amateur de haute fidélité) (cf. aussi* high fidelity).

audiovisual *a* audiovisuel *a (caractère de ce qui fait appel simultanément à l'ouïe et à la vue) (cf. aussi* audiovisual field).

audiovisual aids moyens audiovisuels *(nom donné au matériel audiovisuel employé à des fins éducatives) (cf. aussi* audiovisual equipment).

audiovisual area *cf.* audiovisual field.

audiovisual equipment matériel audiovisuel *(projecteurs de diapositives et magnétophones associés et, par extension, magnétoscopes, récepteurs de télévision et projecteurs de cinéma) (cf. aussi* audiovisual field).

audiovisual field (l')audiovisuel *s (domaine d'activité couvrant la projection ou la reproduction d'images fixes ou animées accompagnées d'un commentaire et le matériel employé à cette fin) (ce terme, initialement limité à la projection commentée de diapositives, est maintenant étendu à la magnétoscopie, à la télévision et même au cinéma) (cf. aussi* audiovisual).

audit roll bande de contrôle *(bande de papier à déroulement saccadé sur laquelle sont imprimés les termes et le résultat des opérations effectuées par une calculatrice imprimante) (inf) (cf. aussi* printing calculator).

audit trail vérification à rebours *(vérification des opérations successives exécutées par un ordinateur sur des informations, généralement pour trouver la cause d'une erreur dans le résultat obtenu) (inf) (cf. aussi* computer 2)).

audition audition *(action d'entendre) (a) perception d'un son audible pour le sujet considéré, homme ou animal) (acoustique physiologique) (cf. aussi* audible sound *et* hearing ability) ; (b) *écoute d'une représentation musicale ou vocale aux fins d'appréciation ou non ou, par extension, exécution d'une telle représentation).

auditory perspective relief sonore, impression de relief sonore, perspective sonore *(le second terme est le meilleur et le premier le plus employé) (impression produite par la perception auditive spatiale) (hifi, etc.) (cf. aussi* spatial auditory perception).

auditory sensation sensation auditive *(sensation produite par l'audition) (acoustique physiologique) (cf. aussi* audition (a)).

auditory sensation area aire d'audition *(nom donné à la zone comprise entre la courbe du seuil d'audition et la courbe du seuil de douleur sur un audiogramme) (audiométrie) (cf. aussi* threshold of audibility, threshold of feeling *et* audiogram).

Auger effect effet Auger *(désexcitation d'un atome excité avec émission d'un électron au lieu d'un rayon X) (est une transition non radiative) (cf. aussi* Auger yield, excited state, electron, X ray *et* non-radiative transition).

Auger electron électron Auger *(électron émis par effet Auger) (cf. aussi* Auger effect).

Auger yield rendement Auger *(nom donné à la probabilité de désexcitation d'un atome par effet Auger, ce phénomène étant régi par les lois de la probabilité) (cf. aussi* Auger effect).

aural alarm *cf.* audible alarm.

aural indicator *cf.* audio indicator.

aural masking *cf.* audio masking.

aural null **1)** extinction *(décroissance jusqu'à zéro de l'intensité du son produit par un haut-parleur ou un écouteur connecté à un récepteur radio utilisant un cadre comme antenne lorsque le cadre est soumis à un mouvement de rotation autour de son axe vertical jusqu'à ce que son plan soit perpendiculaire à la direction de l'émetteur considéré) (ce phénomène est dû au fait que, dans cette position angulaire du cadre, le flux magnétique qu'il embrasse est nul) (cf. aussi* loop antenna). **2)** *cf.* zero beat.

aural-null direction direction d'extinction *(direction de l'axe du bobinage d'un cadre dans laquelle l'extinction est obtenue, c.-à-d. direction de l'émetteur considéré) (récepteur radio) (cf. aussi* aural null 1)).

aural-null position position d'extinction *(position angulaire d'un cadre dans le plan horizontal correspondant à la direction d'extinction) (cf. aussi* aural-null direction).

aural radio range radiophare parlant *(radiophare émettant des signaux convertis en sons par le récepteur du mobile qui les reçoit) (terme générique couvrant notamment le radiophare équisignal et le Consol) (radionav.) (cf. aussi* A-N radio range, Consol *et* radio range).

aural signal **1)** signal sonore *(cf. aussi* sound signal 1)). **2)** signal son *(TV) (cf. aussi* sound signal 2)).

aural transmitter émetteur son *(TV) (cf. aussi* sound transmitter 1)).

auroral absorption absorption aurorale *(absorption d'une onde radioélectrique par une aurore polaire pour certaines valeurs inférieures du taux d'ionisation dans celle-ci) (constitue une anomalie de propagation de l'onde de ciel réduisant la portée d'un émetteur) (propa) (cf. aussi* radio wave, ionization degree, sky wave *et* propagation anomaly).

auroral reflection réflexion aurorale *(réflexion d'une onde radioélectrique sur une aurore polaire lorsque le taux d'ionisation dans celle-ci est suffisamment élevé) (constitue une anomalie de propagation de l'onde de ciel) (propa) (cf. aussi* radio wave, ionization degree, sky wave *et* propagation anomaly).

auto mode *cf.* automatic mode.

autoalarm *cf.* automatic alarm receiver.

autocalibration *cf.* automatic calibration.

autocode langage autocode, langage autocodeur *(langage de programmation ancien dans lequel à chaque instruction du programme source correspond une instruction du programme machine) (il y a donc autant d'instructions dans le programme source que dans le programme machine et, par conséquent, pas de macro-instructions) (inf) (cf. aussi* programming language, instruction, source program, machine code *et* macro-instruction).

autocorrelation autocorrélation *(corrélation de signaux dans laquelle le signal de référence est le signal lui-même, considéré à un instant antérieur) (en d'autres termes et plus précisément, comparaison d'un signal périodique noyé dans le bruit au même signal observé à un instant antérieur pour l'extraire du bruit par effet cumulatif de son amplitude, cet effet n'existant pas pour le bruit en raison du caractère aléatoire de son amplitude) (le signal à un instant antérieur est retardé à l'aide d'une ligne à retard pour pouvoir effectuer la corrélation) (l'autocorrélation est utilisée notamment dans le récepteur d'un « radar à corrélation ») (cf. aussi* signal buried in noise, delay line *et* correlation (b)).

autocorrelation function fonction d'autocorrélation *(fonction de corrélation obtenue par autocorrélation) (cf. aussi* correlation function *et* autocorrelation).

autocorrelation receiver récepteur à autocorrélation, récepteur autocorrélateur, autocorrélateur *(récepteur de radar à autocorrélation) (cf. aussi* autocorrelation).

autocorrelator *cf.* autocorrelation receiver.

autocycling cyclage automatique *(cyclage exécuté sans intervention manuelle sauf, généralement, pour le démarrage du premier cycle) (composants, etc.) (cf. aussi* cycling 1)).

autodyne montage autodyne *(détectrice à réaction dans laquelle la réaction est réglée pour que le montage fonctionne en oscillateur pour permettre la réception de signaux en ondes entretenues par battement de ceux-ci avec le signal de l'oscillateur de battement incorporé ainsi créé) (récepteur radio) (cf. aussi* regenerative detector *et* beat-frequency oscillator).

autodyne reception réception autodyne *(réception d'émissions radio en ondes entretenues à l'aide d'un récepteur équipé d'un montage autodyne) (radiotlg) (cf. aussi* autodyne circuit).

autograph *cf.* autographic curve.

autographic curve courbe tracée automatiquement *(courbe tracée par un enregistreur graphique) (le terme anglais est utilisé principalement dans le domaine des essais de matériaux) (cf. aussi* graphic recorder).

autographic instrumentation appareils enregistreurs *(pour machines d'essais des matériaux) (cf. aussi* autographic curve).

autographically plotted relationship *cf.* autographic curve.

auto-insertable encliquetable *(composant) (cf. aussi* snap-in component).

auto-insertion *cf.* automatic insertion.

auto-manual exchange central mixte, central téléphonique mixte *(central téléphonique équipé d'un autocommutateur et d'un commutateur manuel) (tls) (cf. aussi* telephone exchange, telephone switch *et* switchboard 2).

auto-manual switch inverseur automatique/manuel *(inverseur permettant de choisir le mode de fonctionnement — manuel ou automatique — d'un appareil) (cf. aussi* double-throw switch).

auto radio autoradio, poste autoradio *(récepteur de radiodiffusion sonore conçu pour être monté sur automobile) (cf. aussi* radio receiver).

auto zero *cf.* autozeroing. *(plus loin).*

autofocus focalisation automatique *(cf. aussi* automatic focusing).

automata *(pluriel de « automaton ») cf.* automaton.

automata theory théorie des automates, théorie des machines cybernétiques *(asser, etc.) (cf. aussi* cybernetics).

automated layout tracé automatisé *(tracé de circuits, notamment d'un circuit intégré numérique complexe, effectué sur un terminal à écran connecté à un ordinateur programmé en conséquence) (inf) (cf. aussi* layout 3) *et* digital integrated circuit).

automated software logiciel automatisé *(logiciel élaboré par ordinateur) (cf. aussi* software *et* automatic programming).

automated test equipment *cf.* automatic test equipment.

automatic *a* automatique *a (caractéristique d'une action déterminée se produisant en temps voulu sans nécessiter d'intervention extérieure ou, par extension, propriété d'un dispositif ou autre matériel capable d'une telle action ou de telles actions) (cf. aussi* automatic control).

automatic acquisition **1)** *cf.* automatic target acquisition. **2)** *cf.* automatic data acquisition.

automatic aiming *cf.* automatic tracking.

automatic alarm receiver récepteur automatique de signaux de détresse *(récepteur radio déclenchant un dispositif d'alarme sonore en cas de réception d'un signal sur la fréquence de détresse internationale) (cf. aussi* radio receiver *et* international distress frequency).

automatic answering réponse automatique *(parf. aux appels) (tlg, tél).*

automatic-answering capability possibilités de réponse automatique *(parfois au singulier) (cf. aussi* automatic answering *et* capability).

automatic background control *cf.* automatic brightness control.

automatic bass compensation renforcement des graves *(ampli. BF) (cf. aussi* bass boost).

automatic bias polarisation automatique *(tube) (cf. aussi* self-bias, ce terme étant le plus employé).

automatic board testing (le) contrôle automatique des cartes (à circuit imprimé) *(contrôle de cartes à circuit imprimé sur un contrôleur de cartes commandé par un microprocesseur faisant exécuter le programme de contrôle) (cf. aussi* board tester *et* microprocessor).

automatic brightness control commande automatique de luminosité *(ou* de luminance) *(dans un récepteur de télévision, montage maintenant à une valeur approximativement constante la luminosité moyenne de l'image en présence de fluctuations lentes de l'amplitude de la porteuse reçue) (est l'équivalent en télévision de l'antifading) (cf. aussi* automatic volume control).

automatic calibration calibrage automatique *(calibrage d'un appareil électronique à microprocesseur effectué par celui-ci) (cf. aussi* calibration 2) *et* microprocessor-based).

automatic call answering *cf.* automatic answering.

automatic centering cadrage automatique *(cadrage de la trace formée sur l'écran d'un oscilloscope ou appareil dérivé assuré par un montage approprié) (cf. aussi* centering).

automatic chroma control *cf.* automatic color control.

automatic chrominance control *cf.* automatic color control.

automatic color control commande automatique de saturation *(nom parfois donné à la commande automatique de gain de l'amplificateur de chrominance d'un récepteur de télévision en couleurs pour rappeler que son rôle consiste à maintenir la saturation des couleurs de l'image à peu près constante en présence de fluctuations du signal reçu) (cf. aussi* automatic gain control, chrominance amplifier *et* color saturation).

automatic color purifier *cf.* automatic degausser.

automatic component insertion insertion automatique des composants, insertion automatique *(utilisation d'une machine spéciale pour poser en série des composants à sorties radiales ou à sorties par broches sur des cartes à circuit imprimé) (l'écartement des sorties ou des broches des composants utilisés est un multiple du pas de la grille internationale, ce qui permet de les amener automatiquement en face des trous dans lesquels elles doivent être introduites pour poser et connecter ensuite le composant) (cf. aussi* radial leads, printed-circuit board *et* grid 2)).

automatic contrast control commande automatique de contraste *(montage maintenant approximativement le contraste d'une image de télévision obtenu à l'aide de la commande manuelle de contraste) (récepteur TV) (cf. aussi* contrast control).

automatic control 1) commande automatique *(commande d'un processus ou d'un organe réalisé sans l'intervention d'un opérateur) (cf. aussi* automatic control system, adaptive control *et* control theory). **2)** (l')automatique *sf,* (la) commande automatique *(science et technique de la commande automatique) (voir aussi 1) ci-dessus).*

automatic control engineering technique de la commande automatique *(cf. aussi* automatic control 2)).

automatic control system système de commande automatique *(autre nom d'un système asservi, le terme anglais désignant toutefois souvent un régulateur) (asser) (cf. aussi* closed-loop control system *et* regulator).

automatic controller *cf.* controller.

automatic data acquisition (la) mesure automatique *(nom parfois donné à la mesure centralisée) (cf. aussi* data logging).

automatic data processing traitement automatique de l'information *(inf) (cf. aussi* data processing).

automatic data-processing system système de traitement automatique de l'information, système informatique *(le second terme est le plus employé) (système administratif, commercial ou autre mettant en œuvre un ou plusieurs ordinateurs pour le traitement des informations utilisées) (inf) (cf. aussi* integrated data processing, computer 2) *et* information processing).

automatic degausser dégausseur automatique, circuit de dégaussage automatique *(montage comportant des enroulements démagnétisant le tube-image d'un récepteur de télévision en couleurs pendant un certain temps après chaque mise en marche) (cf. aussi* degaussing coil).

automatic detection and tracking détection et poursuite automatiques *(radar mil) (cf. aussi* radar detection *et* automatic tracking (a)).

automatic dialer composeur téléphonique *(cf. aussi* dialer).

automatic dialling numérotation automatique, appel automatique, composition automatique du numéro d'appel *(tél) (cf. aussi* dialer).

automatic direction finder radiocompas (automatique) *(radiogoniomètre de bord dans lequel la recherche de la position d'extinction est effectuée automatiquement et en permanence par un servomécanisme cherchant le minimum du signal de sortie du récepteur) (radionav) (avia) (cf. aussi* compensated-loop direction finder, radio direction finder *et* servomechanism).

automatic drafting machine machine à dessiner *(cf. aussi* drafting machine).

automatic equalization égalisation automatique *(tél) (cf. aussi* adaptive equalization, *ce terme étant le plus employé).*

automatic equalizer égaliseur automatique *(tél) (cf. aussi* adaptive equalizer, *ce terme étant le plus employé).*

automatic equipment matériel automatique, *(parf.)* appareil automatique *(le terme anglais et le premier terme français désignent souvent le matériel téléphonique automatique) (cf. aussi* automatic telephone equipment).

automatic error correction correction automatique des erreurs *(correction des erreurs de mémoire ou de transmission à l'aide d'un code correcteur d'erreur) (inf, tls) (cf. aussi* error correcting code).

automatic exchange central automatique *(central téléphonique ou télégraphique automatique) (tls) (cf. aussi* automatic telephone exchange, telegraph exchange *et* exchange).

automatic fault isolation localisation automatique des pannes *(système d'autocontrôle) (cf. aussi* built-in test).

automatic fine tuning accord fin automatique *(récepteur) (cf. aussi* automatic tuning).

automatic focusing focalisation automatique *(maintien automatique de la focalisation du faisceau d'un tube cathodique lorsque son intensité varie, notamment dans un oscilloscope) (cf. aussi* focusing).

automatic following *cf.* automatic tracking.

automatic frequency control commande automatique de fréquence, CAF *(maintien de la fréquence d'accord d'un récepteur superhétérodyne à une valeur constante par action sur la fréquence de l'oscillateur local ou, par extension, circuit assurant ce maintien) (cf. aussi* tuning frequency, superheterodyne receiver *et* local oscillator).

automatic frequency control ... *cf.* AFC ...

automatic gain control commande automatique de gain, CAG *(réglage automatique du gain de l'amplificateur intermédiaire d'un récepteur superhétérodyne pour maintenir constante l'amplitude du signal de sortie en présence de fluctuations lentes de l'amplitude de la porteuse ou, par extension, circuit assurant ce réglage) (cf. aussi* automatic volume control, gain 1), IF amplifier *et* superheterodyne receiver).

automatic gain control ... *cf.* AGC ...

automatic hunting recherche libre *(recherche d'un connecteur disponible par un sélecteur dans un central téléphonique électromécanique classique) (tls) (cf. aussi* connector (b) *et* selector 1)).

automatic insertion *cf.* automatic component insertion.

automatic insertion equipment *cf.* automatic insertion machine.

automatic insertion machine machine à insérer les composants, machine d'insertion automatique *(cf. aussi* automatic component insertion).

automatic jamming mode mode de brouillage automatique *(mode de fonctionnement d'un brouilleur ne nécessitant pas l'intervention d'un opérateur) (mil) (cf. aussi* jamming).

automatic level control commande automatique de niveau *(montage maintenant à une valeur approximativement constante le niveau d'enregistrement moyen d'un signal sonore en présence de variations notables du niveau de celui-ci) (cf. aussi* recording level).

automatic loop radio compass *cf.* automatic radio compass.

automatic message accounting taxation automatique des communications (téléphoniques), taxation au compteur *(tls) (cf. aussi* telephone charging).

automatic measurement capability possibilités de mesures automatiques *(parfois au singulier) (analyseur de signaux, multimètre numérique, etc.) (cf. aussi* capability).

automatic mode mode automatique *(mode de fonctionne-*

ment, de commande ou d'exploitation automatique) (cf. aussi automatic operation).

automatic modulation control régulateur de niveau (de modulation) *(radiotél) (cf. aussi* volume compressor).

automatic modulation limiting régulation de niveau (de modulation) *(cf. aussi* automatic modulation control).

automatic navigation receiver récepteur de navigation automatique *(récepteur de navigation à microprocesseur) (cf. aussi* navigation receiver *et* microprocessor-based).

automatic operation 1) fonctionnement automatique, *(parf.)* commande automatique *(fonctionnement ou commande d'un appareil ou autre matériel sans intervention manuelle, c.-à-d. sans nécessiter la présence d'un opérateur) (cf. aussi* automatic control 1)). **2)** exploitation automatique *(exploitation d'une liaison ou d'un réseau de télécommunications ou d'une station de radiodiffusion ou autre sans intervention manuelle).*

automatic overload control limitation automatique des surcharges *(limitation des surcharges assurée par un dispositif de protection) (cf. aussi* overload protection).

automatic phase control commande automatique de phase *(parf.* de la phase) *(commande automatique de la phase du signal fourni par un oscillateur pour la faire coïncider avec la phase d'un signal de référence ou, par extension, montage remplissant cette fonction) (est réalisée par le comparateur et l'élément variable de l'oscillateur asservi en phase utilisé pour obtenir ce résultat) (dans le cas fréquent d'un récepteur de télévision en couleurs NTSC, ce terme désigne la commande automatique de la phase du régénérateur de sous-porteuse de chrominance par rapport à la salve de référence) (cf. aussi* phase (a), phase-locked oscillator, chrominance subcarrier oscillator *et* color burst).

automatic picture transmission transmission automatique des images *(nom donné notamment à la transmission des images captées à bord d'un satellite artificiel par une caméra de télévision à tube vidicon à retour du faisceau) (cf. aussi* return-beam vidicon *et* slow-scan television).

automatic polarity *cf.* autopolarity.

automatic polarity selection *cf.* autopolarity.

automatic power-down mise en veilleuse (automatique) *(mémoire) (cf. aussi* power-down feature).

automatic power-down feature *cf.* automatic power-down.

automatic program generation *cf.* automatic programming.

automatic program generator *cf.* program generator.

automatic programming programmation automatique, génération automatique de programmes (d'ordinateurs) *(élaboration de programmes d'ordinateur par un ordinateur programmé en conséquence) (a des possibilités encore très limitées en 1990) (inf) (cf. aussi* programming (b), program generator *et* artificial intelligence).

automatic radio compass radiocompas automatique *(radionav) (cf. aussi* automatic direction finder, *ce terme étant le plus employé).*

automatic radio direction finder *cf.* automatic radio compass.

automatic range changing *cf.* autoranging.

automatic range reacquisition raccrochage automatique en distance *(raccrochage automatique d'une cible aérienne par un radar militaire ou un autodirecteur radar actif après perte de celle-ci, dans des limites très étroites d'écart angulaire entre la direction du faisceau d'ondes émis par l'antenne et la direction de la cible après décrochage) (cf. aussi* target acquisition).

automatic range selection *cf.* autoranging.

automatic range tracking poursuite automatique en distance *(radar) (cf. aussi* range tracking).

automatic ranging *cf.* autoranging.

automatic record changer *cf.* record changer.

automatic refresh *cf.* self-refresh.

automatic regulation régulation automatique *(sens généralement donné au terme « régulation », la régulation manuelle étant généralement impossible à réaliser pour des raisons de temps de réponse, d'inattention, de fatigue et de présence nécessaire d'un opérateur) (asser) (cf. aussi* regulation).

automatic repeat request *cf.* ARQ.

automatic reset réarmement automatique *(cf. aussi* reset[2] 2)).

automatic resource management gestion automatique des ressources *(ce terme s'applique généralement à un système d'autoprotection, la gestion des ressources étant alors assurée par un microprocesseur) (cf. aussi* resources *et* microprocessor).

automatic retry tentative de relance automatique *(tentative de relance commandée par le système d'exploitation de l'ordinateur) (inf) (cf. aussi* retry[1] *et* operating system).

automatic routine programme automatique *(programme exécuté par un ordinateur sans intervention de l'opérateur lorsque des conditions particulières sont remplies au cours de l'exécution d'un programme) (inf) (cf. aussi* computer program).

automatic scanning 1) balayage automatique *(balayage d'un récepteur d'écoute à balayage commandé par l'appareil lui-même, généralement avec possibilité d'arrêt automatique du balayage lorsqu'un signal est intercepté) (mil) (cf. aussi* scanning surveillance receiver). **2)** *cf.* automatic search 1).

automatic-scanning receiver récepteur à balayage automatique *(récepteur d'écoute à balayage automatique) (mil) (cf. aussi* scanning surveillance receiver *et* automatic scanning 1)).

automatic search 1) exploration automatique (de l'espace aérien), veille automatique *(exploration de l'espace aérien par l'antenne d'un radar dont les mouvements du faisceau sont commandés par l'appareil) (mil, etc.) (cf. aussi* search radar). **2)** *cf.* automatic scanning 1).

automatic search and track mode *cf.* dogfight mode.

automatic sender *cf.* automatic tape transmitter.

automatic send-receive set téléimprimeur à lecteur-perforateur de bande *(tlg) (cf. aussi* teleprinter).

automatic sensitivity control commande automatique de sensibilité *(nom parfois donné à la commande cyclique de gain d'un radar) (cf. aussi* sensitivity-time control).

automatic sequencing séquencement automatique *(ass) (cf. aussi* sequence control).

automatic sequential operation fonctionnement séquentiel automatique *(asser) (cf. aussi* sequence control).

automatic shutdown arrêt automatique *(au sens du terme anglais, arrêt du fonctionnement d'un appareil ou autre matériel commandé généralement par un dispositif de sécurité) (cf. aussi* overload protection).

automatic signalling signalisation automatique *(signalisation entre deux postes téléphoniques automatiques ou deux téléimprimeurs ou autres appareils ou dispositifs télégraphiques) (tls) (cf. aussi* signalling 1)).

automatic station station automatique *(radio, etc.) (cf. aussi* unattended station, *ce terme étant le plus employé).*

automatic switching 1) commutation automatique *(commutation commandée par un dispositif, sans intervention manuelle) (cf. aussi* switching (a)). **2)** (la) commutation automatique *(commutation téléphonique ou télégraphique automatique) (tls) (cf. aussi* automatic telephone switching *et* telegraph exchange).

automatic switching center centre de commutation automatique *(autre nom, plus récent et moins maniable, d'un central automatique) (tls) (cf. aussi* automatic exchange).

automatic switching equipment matériel de commutation automatique *(téléphonique ou télégraphique) (tls) (cf. aussi* automatic telephone switching equipment *et* telegraph exchange).

automatic switching system système de commutation automatique *(téléphonique ou télégraphique ou autre) (tls, etc.) (cf. aussi* automatic switching *et* automatic telephone switching system).

automatic tap-changing regulator régulateur autocommuté *(régulateur à découpage à commutation automatique de prises au transformateur en fonction de la tension à convertir) (alim. déc) (cf. aussi* switching regulator *et* transformer tap).

automatic tape transmitter transmetteur automatique *(tlg) (cf. aussi* tape transmitter).

automatic target acquisition accrochage automatique de la cible *(accrochage d'une cible sans intervention manuelle) (cf. aussi* target acquisition) (a) *accrochage d'une cible par un radar sans intervention de l'opérateur de l'appareil)* ; (b) *accrochage d'une cible par un autodirecteur et notamment un* autodirecteur radar actif) (mil) (cf. aussi homing head et active radar seeker).

automatic target recognition reconnaissance automatique des cibles (reconnaissance de cibles militaires par un système expert à partir d'informations fournies par un radar classique ou optique, une caméra infrarouge ou une caméra de télévision classique, ou par plusieurs de ces capteurs, avec indication sur écran du type des cibles reconnues ou, à terme, action directe sur un système d'armes ou accrochage autonome d'une de ces cibles) (cf. aussi expert system et autonomous target acquisition).

automatic target-track capability cf. automatic tracking capability.

automatic telegraph exchange central télégraphique automatique, central télex (tls) (cf. aussi telegraph exchange).

automatic telegraph transmission transmission télégraphique automatique (transmission télégraphique assurée par un transmetteur automatique) (tls) (cf. aussi transmission 1) et tape transmitter).

automatic telephone equipment matériel téléphonique automatique, matériel automatique (matériel de commutation téléphonique automatique et postes téléphoniques automatiques) (tls) (cf. aussi automatic telephone switching equipment, automatic telephone set et telephone equipment).

automatic telephone exchange central téléphonique automatique, central automatique (central téléphonique dans lequel la commutation est automatique) (tls) (cf. aussi telephone exchange et automatic telephone switching).

automatic telephone set poste téléphonique automatique, poste automatique (poste téléphonique conçu pour être connecté à un réseau commuté dans lequel la commutation est automatique et permettant ainsi à un usager d'entrer en communication avec un autre poste sans intervention d'un tiers) (tls) (cf. aussi dial telephone set, pushbutton telephone set, switched network, automatic telephone switching et telephone set).

automatic telephone switching (la) commutation téléphonique automatique, (la) commutation automatique (le second terme est le plus employé, mais il est imprécis) (commutation téléphonique réalisée par un autocommutateur, sans intervention manuelle) (cas presque général dans les centraux des réseaux téléphoniques publics en 1990) (tls) (cf. aussi telephone switching et telephone switch).

automatic telephone switching equipment matériel de commutation téléphonique automatique, matériel de commutation automatique (autocommutateurs téléphoniques et concentrateurs et leurs organes constitutifs considérés séparément) (tls) (cf. aussi telephone switch, concentrator et automatic telephone equipment).

automatic telephone switching system système de commutation téléphonique automatique (tls) (cf. aussi telephone switching system et automatic telephone switching).

automatic telephone system cf. automatic telephone switching system).

automatic telephony (la) téléphonie automatique (téléphonie dans un réseau téléphonique à commutation automatique) (tls) (cf. aussi telephony et automatic telephone switching).

automatic test (un) contrôle automatique (contrôle effectué par un appareil ou dispositif de contrôle automatique) (cf. aussi built-in test).

automatic test equipment appareillage de contrôle automatique (ensemble d'appareils de contrôle montés dans un même coffret et mis en circuit successivement, ou non pour certains d'entre eux, par un programmateur ou un microprocesseur pour contrôler un matériel de type déterminé, généralement avec impression des résultats des contrôles) (cf. aussi built-in test equipment, test instrument, programmer 2) et microprocessor).

automatic testing (le) contrôle automatique (cf. aussi automatic test).

automatic toroid-winding machine machine automatique à bobiner les tores (machine à bobiner automatiquement conçue pour le bobinage des noyaux toroïdaux) (cf. aussi toroidal core).

automatic track cf. automatic tracking.

automatic tracking poursuite automatique, autopoursuite, (souvent aussi) poursuite en mode automatique (poursuite d'une cible sans intervention manuelle, c.-à-d. asservissement à la direction de la cible) (cf. aussi tracking 1) (a) et closed-loop control) (a) poursuite d'une cible par un radar dont le faisceau de l'antenne est asservi aux évolutions de la cible par des circuits du récepteur) (cf. aussi range tracking et angle tracking) ; (b) poursuite d'un satellite de télécommunications ou autre à défilement par une antenne au sol asservie au déplacement du satellite sur son orbite) (cf. aussi communications satellite) ; (c) poursuite d'un satellite à défilement de l'adversaire par une arme à faisceau d'énergie au sol d'un belligérant asservie au déplacement du satellite sur son orbite) (cf. aussi beam weapon) ; (d) poursuite du Soleil par un ou plusieurs panneaux de cellules solaires ou réflecteurs au sol ou dans l'espace pour maintenir un ensoleillement maximal) (cf. aussi solar-cell panel et solar power satellite) ; (e) cf. aussi homing).

automatic tracking aerial cf. automatic tracking antenna.

automatic tracking antenna antenne à poursuite automatique (antenne de télécommunications par satellite située au sol) (cf. aussi automatic tracking (b)).

automatic tracking capability possibilités de poursuite automatique, (etc.) (parfois au singulier) (radar, etc.) (cf. aussi automatic tracking et capability).

automatic tracking initiation enclenchement de la poursuite automatique (par l'opérateur d'un radar, à l'aide d'un inverseur, après accrochage manuel d'une cible) (cf. aussi automatic tracking (a) et target acquisition).

automatic tracking mode mode de poursuite automatique, mode d'autopoursuite (radar, etc.) (cf. aussi automatic tracking).

automatic transmitter émetteur automatique (émetteur de signaux fonctionnant sans intervention manuelle) (a) émetteur de station automatique) (cf. aussi unattended station) ; (b) transmetteur automatique) (tlg) (cf. aussi tape transmitter).

automatic triggering déclenchement automatique (dans un oscilloscope, déclenchement de la base de temps indépendamment du signal visualisé ou en l'absence de celui-ci) (cf. aussi triggering).

automatic tuning accord automatique (accord d'un appareil électronique réalisé par commande automatique de fréquence ou par sélection d'une fréquence préréglée) (cf. aussi tuning, automatic frequency control et preset frequency).

automatic tuning system système de fréquences préréglées (récepteur radio, etc.) (cf. aussi preset frequency).

automatic volume compression cf. volume compression.

automatic volume compressor cf. volume compressor.

automatic volume control commande automatique de volume, CAV, antifading (le dernier terme est le plus employé) (noms donnés à la commande automatique de gain d'un récepteur radio, sa principale fonction étant de compenser l'effet des évanouissements du signal reçu) (cf. aussi automatic gain control et fading).

automatic volume control ... cf. AVC ...

automatic volume expander cf. volume expander.

automatic volume expansion cf. volume expansion.

automatic wire bonder soudeuse de connexions automatique, soudeuse automatique pour connexions (soudeuse de connexions soudant automatiquement un ou plusieurs types déterminés de connexions sur des composants de types également déterminés) (fab. semi, CH) (cf. aussi wire bonder).

automatic wire bonding soudage automatique des connexions (cf. aussi automatic wire bonder et wire bonding).

automatic zeroing cf. autozeroing.

automatically smoothed a à lissage automatique (signal visualisé par un oscilloscope à échantillonnage) (cf. aussi sampling oscilloscope).

automatically tuned a à accord automatique (récepteur, etc.) (cf. aussi automatic tuning).

automatically tuned communications intercept receiver récepteur d'écoute de trafic à accord automatique (récepteur d'écoute de trafic à balayage automatique à arrêt automatique du balayage) (mil) (cf. aussi communications intercept receiver et automatic scanning 1)).

automatics (l')automatique sf (cf. aussi automatic control 2)).

automating cf. automatization.

automating programming automatisation de la programmation (des ordinateurs) (inf) (cf. aussi automatic programming).

automation (vient de « automated production » ; terme créé vers 1950 chez Ford, USA) automatisation de la production (industrielle), production automatisée (cf. aussi automatization).

automatism (l')automatisme (qualité de ce qui est automatique) (ne pas employer ce terme pour désigner un système asservi) (cf. aussi automatic et closed-loop control system).

automatization automatisation (action d'automatiser) (cf. aussi automatize et automation).

automatize v automatiser (rendre automatique) (cf. aussi automatic).

automaton (pluriel : « automata » ou « automatons ») automate sm (au sens du terme anglais et au sens initial du terme français, appareil ayant l'aspect d'un homme ou autre être animé et exécutant automatiquement certains mouvements ou gestes de celui-ci sous l'action d'un programmateur mécanique ou autre) (automates de Vaucanson notamment) (n'est pas une machine cybernétique) (cf. aussi programmer 2), cybernetics et process controller).

automotive electronics (l')électronique automobile (partie de l'électronique véhiculaire relative aux véhicules routiers) (cf. aussi vehicular electronics).

automotive radio cf. auto radio.

automotive radio set cf. auto radio.

autonomous IFF system radar IFF à antenne indépendante, radar IFF indépendant (radar IFF dont l'antenne est indépendante de l'antenne du radar de veille) (navire mil) (cf. aussi IFF radar).

autonomous missile missile autonome (missile équipé d'un autodirecteur actif ou, si l'on admet une autonomie incomplète, équipé d'un autodirecteur passif) (noter qu'un missile ou, plus généralement, un engin équipé d'un autodirecteur passif n'est pas complètement autonome car, si la cible peut cesser de rayonner, l'autodirecteur la perd) (mil) (cf. aussi active seeker et passive seeker).

autonomous target acquisition accrochage autonome de la cible (accrochage d'une cible déterminée par l'autodirecteur d'un missile air-sol indépendamment de toute action de l'équipage de l'aéronef lanceur) (exploit technique constituant un des principaux buts du programme VHSIC) (mil) (cf. aussi target acquisition, homing head, VHSIC program et automatic target recognition).

autopilot pilote automatique (dispositif utilisant deux gyroscopes, des accéléromètres, des calculateurs, des amplificateurs et des servomoteurs de commande des gouvernes pour maintenir un aéronef sur une trajectoire déterminée en l'absence d'intervention du pilote) (l'ensemble forme avec les gouvernes un servomécanisme à trois boucles d'asservissement : lacet, tangage et roulis) (avia) (cf. aussi gyroscope, accelerometer, servomotor, servomechanism et autopilot coupler).

autopilot coupler coupleur radio, coupleur de pilote automatique (appareil électronique permettant d'appliquer les signaux de sortie du récepteur de navigation d'un aéronef au pilote automatique de celui-ci pour lui faire suivre la trajectoire définie par les signaux reçus, notamment une radiale VOR ou l'axe ILS) (cf. aussi autopilot, radial et ILS).

autopolarity polarité automatique, sélection automatique de la polarité (dans un multimètre numérique utilisé pour mesurer une tension continue, permutation des cordons de l'appareil réalisée automatiquement par un montage électronique lorsque la polarité de branchement est incorrecte, avec affichage du signe « moins » devant la valeur indiquée par l'appareil) (cf. aussi digital multimeter et voltage polarity).

autorange cf. autoranging.

autoranging calibre automatique, gamme automatique, sélection automatique du calibre (ou de la gamme) (adaptation automatique de la sensibilité d'un multimètre numérique à la valeur de la tension mesurée par choix automatique du calibre encadrant le mieux celle-ci) (cf. aussi digital multimeter et measurement range).

autoregistration autoalignement, alignement automatique (dans le domaine des circuits intégrés monolithiques, ces termes désignent souvent l'alignement d'une grille auto-alignée) (cf. aussi self-aligned-gate process).

autosyn (vient de « automatically synchronous ») synchromachine (asser) (cf. aussi synchro 2)).

autotrack[1] s cf. autotracking.

autotrack[2] v poursuivre automatiquement (cf. aussi automatic tracking).

autotracker autodirecteur s (engin guidé) (mil) (cf. aussi homing head).

autotracking autopoursuite (cf. aussi automatic tracking).

autotransformer autotransformateur (transformateur comportant un seul enroulement dont une partie sert d'enroulement primaire ou secondaire et la totalité sert d'enroulement secondaire ou primaire, respectivement) (la partie considérée de l'enroulement peut être fixe, c.-à-d. déterminée par une prise ménagée sur celui-ci, ou réglable) (élt) (cf. aussi step-down autotransformer, step-up autotransformer, variable autotransformer et transformer 1)).

autozero cf. autozeroing.

autozeroing 1) zéro automatique, réglage automatique du zéro (multimètre numérique) (cf. aussi zero adjustment (a)). 2) annulation automatique du décalage (de sortie) (d'un amplificateur différentiel) (est réalisée par un montage connectant alternativement un condensateur entre la sortie de l'amplificateur et la masse, puis entre la masse et l'entrée inverseuse pour appliquer à celle-ci la tension recueillie et produire ainsi une contre-réaction annulant approximativement la tension de décalage de sortie) (d'autres procédés, dérivés de celui-ci, existent également) (cf. aussi output offset, differential amplifier, capacitor, inverting input et negative feedback).

auxiliary anode anode d'entretien, anode auxiliaire (anode disposée relativement près du mercure dans un redresseur à cathode liquide et maintenue à une tension continue ou alternative suffisante pendant le passage à zéro de chaque cycle du courant à redresser pour maintenir l'ionisation de la vapeur de mercure pendant ce passage) (cf. aussi mercury-pool tube).

auxiliary electrode électrode auxiliaire (électrode nécessaire, mais non suffisante, au fonctionnement d'un tube à gaz) (cf. aussi auxiliary anode et ignitor).

auxiliary memory cf. auxiliary storage. (le premier terme étant peu employé, bien qu'il soit meilleur que le second).

auxiliary routine programme auxiliaire (programme d'ordinateur facilitant l'exécution du programme principal ou l'utilisation de l'appareil, c.-à-d. programme du système d'exploitation ou programme utilitaire) (inf) (cf. aussi translator 3), utility routine, operating system et computer program).

auxiliary storage mémoire auxiliaire (mémoire d'ordinateur autre que la mémoire centrale et caractérisée par un temps d'accès généralement beaucoup plus long que celui de celle-ci) (mémoire à bande magnétique, mémoire à disque(s), mémoire ROM, etc.) (inf) (cf. aussi magnetic-tape memory, disk memory, ROM, mass memory, main memory et access time).

auxiliary store cf. auxiliary memory.

auxiliary transmitter émetteur de secours (émetteur de radiodiffusion ou de trafic maintenu prêt à fonctionner en cas de panne de l'émetteur principal) (radio) (cf. aussi broadcast transmitter et communications transmitter).

available power puissance disponible (puissance maximale pouvant être fournie par une source ou un convertisseur d'énergie et notamment un moteur électrique ou autre ou un amplificateur de puissance) (dans le second cas, est obtenue lorsque les impédances sont adaptées, cette condition ayant d'ailleurs son équivalent mécanique dans le premier cas) (cf. aussi power[1] 1), power amplifier et impedance matching).

available power gain gain en puissance à l'adaptation (gain d'un amplificateur de puissance à l'adaptation, c.-à-d. valeur maximale du gain d'un tel amplificateur) (cf. aussi power gain 1) et available power).

avalanche avalanche *(multiplication cumulative des porteurs de charge dans un gaz ou un semiconducteur à la suite d'une ionisation par choc)* (cf. aussi avalanche ionization, avalanche breakdown, charge carrier *et* impact ionization).

avalanche breakdown claquage par avalanche *(claquage d'une jonction PN lorsque, la tension inverse augmentant, l'intensité du champ électrique dans la jonction atteint la valeur nécessaire pour que se produise le premier choc ionisant parmi les porteurs de charge constituant le faible courant inverse) (est l'analogue, dans une jonction PN, de l'ionisation par avalanche dans un gaz)* (semi) (cf. aussi breakdown 3), avalanche, electric field strength, avalanche ionization, avalanche diode *et* avalanche photodiode).

avalanche conditions régime d'avalanche (a) *mode de conduction d'un tube à gaz présentant le phénomène d'ionisation par avalanche)* (cf. aussi avalanche ionization) ; (b) *mode de conduction d'une jonction PN ou d'une diode à jonction PN présentant le phénomène de claquage par avalanche)* (cf. aussi avalanche breakdown).

avalanche conduction conduction par avalanche (cf. aussi avalanche).

avalanche diode 1) diode à avalanche *(diode à jonction PN dans laquelle le phénomène de claquage par avalanche est utilisé pour en faire un stabilisateur de tension, une référence de tension ou un élément amplificateur ou oscillateur)* (cf. aussi p-n junction diode, avalanche breakdown, voltage-regulator diode, voltage-reference diode *et* Impatt diode). 2) cf. avalanche photodiode).

avalanche effect effet d'avalanche (cf. aussi avalanche).

avalanche gain gain d'avalanche *(rapport entre l'intensité du courant dans une photodiode à avalanche en régime d'avalanche et l'intensité du courant à l'instant précédant l'avalanche)* (semi) (cf. aussi avalanche diode).

avalanche-induced migration migration induite par avalanche, AIM *(sigle du terme anglais) (migration d'ions d'aluminium de la connexion d'anode d'une diode de circuit intégré monolithique, en direction de la cathode, produite par une impulsion de courant appropriée provoquant le claquage par avalanche de la jonction de la diode) (la mise en court-circuit de la diode qui en résulte est utilisée dans les mémoires PROM à jonctions)* (semi) (cf. aussi electromigration, avalanche breakdown *et* diode-link PROM).

avalanche ionization ionisation en avalanche, ionisation cumulative *(ionisation d'un gaz résultant d'une ionisation par choc déclenchant le phénomène d'avalanche)* (cf. aussi ionization, ionization by collision *et* avalanche).

avalanche multiplication multiplication cumulative (cf. aussi avalanche).

avalanche noise bruit d'avalanche *(bruit d'une diode à avalanche) (est dû au caractère discontinu du phénomène)* (semi) (cf. aussi noise 2) (a) *et* avalanche diode).

avalanche photodiode photodiode à avalanche *(photodiode utilisant l'effet d'amplification du phénomène de claquage par avalanche pour avoir une grande sensibilité) (est utilisable, en régime d'impulsions, jusqu'à une fréquence de récurrence d'environ 1 MHz, mais souffre du bruit d'avalanche) (ne pas employer « diode à avalanche », ce terme prêtant à confusion avec une telle diode)* (semi) (cf. aussi photodiode, avalanche breakdown, avalanche noise *et* avalanche diode 1)).

avalanche photodiode detector détecteur à photodiode à avalanche *(photodétecteur constitué par une photodiode à avalanche, notamment à l'extrémité réceptrice d'une liaison par fibre optique)* (semi) (cf. aussi photodetector *et* avalanche photodiode).

avalanche region (cf. aussi avalanche breakdown) 1) zone d'avalanche *(zone d'une jonction PN dans laquelle se produit un claquage par avalanche)*. 2) domaine d'avalanche *(domaine du graphique courant inverse-tension inverse d'une jonction PN ou d'une diode à jonction PN dans lequel se produit le claquage par avalanche)*.

avalanche shot noise cf. avalanche noise.

avalanche zone cf. avalanche region 1).

AVC cf. automatic volume control.

AVC loop circuit antifading, *(etc.) (super)* (cf. aussi automatic volume control).

AVE cf. automatic volume expander.

average-responding voltmeter voltmètre à valeur moyenne *(type courant de voltmètre pour courant alternatif indiquant une valeur égale à 0,636 fois la valeur de crête de la tension mesurée si celle-ci est sinusoïdale)* (cf. aussi ac voltmeter).

average transmitting power puissance moyenne d'émission, puissance moyenne *(puissance d'émission d'un radar à impulsions calculée sur une période de récurrence du train d'impulsions émis) (le rapport cyclique des impulsions d'un radar étant beaucoup plus petit que l'unité, la puissance moyenne d'émission est beaucoup plus petite que la puissance crête)* (cf. aussi peak power, duty cycle 1), pulse repetition interval *et* pulse radar).

averaging moyennage *(obtention de la valeur moyenne d'une grandeur variable dans un intervalle de temps déterminé, généralement par intégration des valeurs instantanées de la grandeur dans cet intervalle de temps)* (cf. aussi variable quantity *et* integration 1)).

averaging period temps de moyennage *(intervalle de temps sur lequel porte un moyennage)* (cf. aussi averaging).

aviation electronics cf. avionics. *(ce terme étant le plus employé) (de même pour les termes dérivés)*.

avionics (l')avionique sf, (l')électronique aéronautique *(matériel électronique conçu pour être utilisé sur aéronef et activités qui s'y rattachent) (récepteurs de bord, radars de bords, instruments de bord, etc.) (noter que le matériel inertiel pour aéronefs est généralement classé dans l'avionique)* (cf. aussi electronic equipment *et* inertial equipment).

avionics bay compartiment de l'avionique, compartiment avionique *(compartiment d'un aéronef prévu pour y monter du matériel avionique) (ne pas employer « baie avionique »)* (cf. aussi avionics).

avionics equipment matériel avionique (cf. aussi avionics).

avionics expert (grand) spécialiste en avionique (cf. aussi avionics specialist).

avionics hardware cf. avionics equipment.

avionics maker cf. avionics manufacturer.

avionics manufacturer constructeur d'avionique, *(etc.)* (cf. aussi avionics).

avionics package cf. avionics suite.

avionics software logiciel avionique *(logiciel élaboré pour être utilisé dans du matériel avionique numérique)* (cf. aussi software, avionics equipment *et* digital avionics).

avionics specialist spécialiste en avionique *(ingénieur ou agent technique électronicien spécialisé dans l'avionique)* (cf. aussi avionics).

avionics suite équipement avionique, panoplie avionique *(ensemble du matériel électronique monté dans un aéronef)* (cf. aussi avionics).

avionics technician technicien en avionique *(agent technique en avionique)* (cf. aussi avionics).

AWACS *(vient de « airborne warning and control system »)* avion d'alerte lointaine (et de commandement) *(avion militaire équipé notamment d'un radar de veille à grande portée dont l'antenne est généralement montée dans un rotodome et à partir duquel peuvent être dirigées des opérations aériennes)* (cf. aussi search radar *et* rotodome).

axial connections cf. axial leads.

axial field champ axial *(champ de forces dont les lignes de force sont parallèles à l'axe d'un cylindre) (champ magnétique dans un solénoïde, etc.)* (cf. aussi field of force).

axial lead sortie axiale (cf. aussi axial leads).

axial-lead arrangement cf. axial-lead configuration.

axial-lead capacitor condensateur à sorties axiales (cf. aussi axial leads).

axial-lead ceramic capacitor condensateur céramique à sorties axiales (cf. aussi axial leads).

axial-lead component composant à sorties axiales (cf. aussi axial leads).

axial-lead configuration configuration à sorties axiales *(composant)* (cf. aussi axial leads).

axial-lead device cf. axial-lead component.

axial-lead diode diode à sorties axiales (cf. aussi axial leads).

axial-lead electrolytic capacitor condensateur électrolytique à sorties axiales (cf. aussi axial leads).

axial-lead inductor inductance à sorties axiales *(inductance miniature)* *(cf. aussi* axial leads).

axial-lead package boîtier à sorties axiales *(boîtier de condensateur notamment)* *(cf. aussi* axial leads).

axial-lead resistor résistance à sorties axiales *(clpf)* *(cf. aussi* axial leads).

axial-lead unit version à sorties axiales, *(parf.)* modèle à sorties axiales *(composant)* *(cf. aussi* axial leads *et* unit 3)).

axial-leaded ... *cf.* axial-lead ...

axial leads sorties axiales *(sorties d'un composant de forme cylindrique ou prismatique, généralement de petites dimensions, disposées aux extrémités de celui-ci, suivant son axe ou sa grande dimension) (résistance, condensateur, diode à jonction, etc.)* *(cf. aussi* lead^2 2)).

axial mode *cf.* axial radiating mode.

axial radiating mode mode de rayonnement axial, mode axial *(antenne)* *(cf. aussi* end-fire array).

axially ended ... *cf.* axial-lead ...

AWG *cf.* American wire gage.

Ayrton-Perry winding bobinage Ayrton-Perry *(bobinage de résistance bobinée non inductive formée de deux fils résistants enroulés dans le même sens et montés en série de telle façon que le courant les parcoure en sens inverse ou enroulés en sens contraire l'un par-dessus l'autre et montés en parallèle) (il est à noter que pour une même longueur totale de fil résistant, la valeur ohmique de la résistance est environ quatre fois plus petite dans le second cas que dans le premier)* *(cf. aussi* non-inductive resistor *et* ohmic value).

az-indicator *cf.* azel scope.

azel mount *cf.* azimuth-elevation mount.

azel scope *(azel vient de « azimuth-elevation »)* écran azel, écran azimut-site *(écran d'indicateur radar de système GCA sur lequel la pente de la trajectoire de l'avion est représentée dans la moitié supérieure et l'azimut de celui-ci par rapport à l'axe de la piste dans la moitié inférieure) (par rapport aux premiers systèmes utilisant un indicateur pour la pente et un autre pour l'azimut, l'écran azel constitue un perfectionnement et ne nécessite qu'un seul opérateur radar pour diriger l'atterrissage) (avia)* *(cf. aussi* indicator (b) *et* GCA).

azimuth 1) azimut *(position angulaire d'un point ou d'un objet dans le plan horizontal)* *(cf. aussi* angle of azimuth). 2) *cf.* bearing 1).

azimuth adjustment réglage d'azimut *(parf.* de l'azimut) *(réglage de l'alignement en azimut) (enr. mag.)* *(cf. aussi* azimuth alignment).

azimuth aerial *(GB)* *cf.* azimuth antenna.

azimuth alignment alignement en azimut *(parallélisme plus ou moins parfait de l'entrefer de la tête de lecture par rapport à l'entrefer de la tête d'enregistrement dans un enregistreur à bande magnétique)* *(cf. aussi* azimuth effect).

azimuth alignment effect *cf.* azimuth effect.

azimuth angle angle d'azimut *(radar, etc.)* *(cf. aussi* angle of azimuth).

azimuth antenna antenne de guidage en azimut, antenne d'azimut *(antenne émettant un faisceau d'ondes en éventail dans le plan vertical dans un système d'atterrissage guidé) (avia)* *(cf. aussi* instrument landing).

azimuth beam width largeur du faisceau en azimut *(largeur du faisceau d'un radar panoramique ou autre émetteur dans le plan horizontal)* *(cf. aussi* beam width *et* azimuth 1)).

azimuth blanking suppression en azimut *(suppression du faisceau d'ondes émis par un radar panoramique dans un ou plusieurs secteurs plus ou moins larges de la rotation de l'antenne pour éviter de brouiller la réception de certaines émissions, et suppression résultante de la ou des zones correspondantes de l'image sur l'écran)* *(cf. aussi* PPI-display radar).

azimuth coverage couverture en azimut *(angle couvert par l'antenne d'un radar ou autre émetteur dans le plan horizontal)* *(cf. aussi* radar coverage *et* azimuth 1)).

azimuth data *cf.* azimuth information.

azimuth deception diversion en azimut *(diversion angulaire dans le plan horizontal) (cas général de la diversion angulaire) (mil)* *(cf. aussi* angle deception *et* azimuth 1)).

azimuth effect effet d'azimut, effet d'erreur d'azimut *(diminution de l'amplitude du signal fourni par la tête de lecture d'un enregistreur à bande magnétique lorsque l'entrefer de la tête n'est pas rigoureusement parallèle à celui de la tête d'enregistrement)* *(cf. aussi* magnetic head *et* magnetic-tape recorder).

azimuth-elevation mount monture équatoriale *(monture d'antenne parabolique ou équivalente permettant d'orienter celle-ci à volonté dans les deux plans) (type classique de monture d'antenne de radar, de station de télécommunications par satellite ou de radiotélescope, analogue à la monture de nombreux télescopes)* *(cf. aussi* parabolic antenna).

azimuth error erreur d'azimut (a) *différence entre l'azimut d'une cible indiqué par un radar et son azimut effectif)* *(cf. aussi* azimuth 1)) ; (b) *défaut d'alignement en azimut d'une tête magnétique)* *(cf. aussi* azimuth alignment).

azimuth error effect *cf.* azimuth effect.

azimuth error signal signal d'erreur en azimut *(signal d'erreur dans un système de poursuite en azimut d'une antenne de radar de poursuite ou autre dispositif fonctionnant en mode d'autopoursuite)* *(cf. aussi* error signal *et* azimuth tracking).

azimuth gating intensification d'azimut *(augmentation de la brillance d'un secteur déterminé de l'image formée sur l'écran d'un radar panoramique pour le mettre en évidence)* *(cf. aussi* PPI-display radar).

azimuth guidance guidage en azimut, guidage en direction *(guidage d'un avion par rapport à l'axe de la piste lors d'un atterrissage guidé) (avia)* *(cf. aussi* instrument landing).

azimuth information information d'azimut *(valeur d'un angle d'azimut considérée en tant qu'information) (radar, etc.)* *(cf. aussi* azimuth 1) *et* information).

azimuth information processing traitement de l'information d'azimut *(cf. aussi* azimuth information).

azimuth jamming *cf.* azimuth deception.

azimut marker marqueur d'azimut *(trait radial lumineux pouvant être amené en coïncidence avec l'écho d'une cible sur l'écran d'un radar panoramique)* *(cf. aussi* PPI-display radar).

azimuth monopulse capability possibilités de fonctionnement en mono-impulsion en azimut, possibilités mono-impulsion en azimut, possibilités monopulse en azimut *(parfois au singulier) (radar)* *(cf. aussi* monopulse radar, azimuth 1) *et* capability).

azimuth processing *cf.* azimuth information processing.

azimuth rate vitesse de variation de l'azimut *(vitesse angulaire de variation de l'azimut d'une cible radar ou analogue)* *(cf. aussi* azimuth 1)).

azimuth resolution pouvoir séparateur en azimut, pouvoir discriminateur en azimut, définition en azimut (a) *pouvoir séparateur angulaire d'un radar dans le plan horizontal) (en d'autres termes, pouvoir séparateur en direction) (ne pas employer « résolution en azimut »)* *(cf. aussi* angular resolution 1) *et* azimuth 1) ; (b) *(cf. aussi* synthetic-aperture radar).

azimuth tracking poursuite en azimut *(poursuite angulaire dans le plan horizontal) (en d'autres termes, poursuite en direction d'une cible radar ou analogue)* *(cf. aussi* angle tracking *et* azimuth 1)).

azimuth tracking circuits circuits de poursuite en azimut *(circuits assurant la poursuite en azimut dans un radar de poursuite ou autre dispositif fonctionnant en mode d'autopoursuite)* *(cf. aussi* azimuth tracking *et* automatic tracking).

azimuth scanning balayage en azimut, exploration en azimut *(balayage dans le plan horizontal, notamment par le faisceau d'un radar)* *(cf. aussi* scanning (a2) *et* azimuth 1)).

azimuth-stabilized PPI *cf.* north-stabilized PPI.

azimuthal ... *cf.* azimuth ... *(pour les termes qui ne figurent pas ci-après).*

azimuthal quantum number nombre quantique azimutal *(atome)* *(cf. aussi* orbital quantum number).

azimuthally en azimut *(balayage, poursuite, pointage, etc.)* *(cf. aussi* azimuth 1)).

B

b *cf.* bit

B **1)** *cf.* base 3). **2)** *cf.* bel

B⃗ *cf.* magnetic induction 2).

B⃗ *cf.* **B.** *(ci-dessus).*

B channel voie droite *(hifi) (cf. aussi* right channel).

B display présentation du type B *(présentation des informations sur l'écran d'un radar dans laquelle l'azimut de la cible est proportionnel à l'abscisse de l'écho et sa distance à son ordonnée) (cf. aussi* radar display *et* azimuth 1)).

B-H curve courbe d'aimantation *(aimant) (cf. aussi* magnetization curve).

B scan *cf.* B display.

B scope écran à présentation du type B *(radar) (cf. aussi* B display).

B station station B, station asservie *(Loran) (cf. aussi* Loran)·

b/w **1)** *cf.* bandwidth. **2)** *cf.* black-and-white …

B/W *cf.* b/w.

B wind enroulement B, sens B *(enroulement d'une bande magnétique sur une bobine de telle façon que la couche magnétique soit tournée vers l'extérieur de la bobine) (est employé notamment dans les cassettes pour magnétophones) (cf. aussi* wind).

B-Y signal signal B-Y *(signal bleu moins luminance) (TVC) (cf. aussi* color-difference signal).

babble crosstalk diaphonie multiple *(diaphonie entre plus de deux circuits téléphoniques) (cf. aussi* crosstalk 1)).

BABS *(vient de « blind approach beacon system »)* balise répondeuse d'approche *(type de balise répondeuse utilisée comme aide à l'atterrissage) (avia) (cf. aussi* radar beacon).

back … *cf.* reverse … *(pour les termes qui ne figurent pas ci-après).*

back azimuth coverage couverture arrière en azimut *(antenne de radar d'aide à l'atterrissage) (radionav) (avia) (cf. aussi* azimuth coverage *et* MLS).

back beam **1)** faisceau réfléchi *(vers la source) (cf. aussi* reflected beam). **2)** *cf.* back lobe.

back bias polarisation inverse *(diode, jonction) (cf. aussi* reverse bias).

back coupling réaction *(cf. aussi* feedback).

back echo écho arrière *(écho parasite produit par un lobe arrière du diagramme de rayonnement de l'antenne d'un radar) (cf. aussi* radiation pattern).

back edge flanc arrière *(impulsion) (cf. aussi* trailing edge).

back electromotive force force contre-électromotrice *(cf. aussi* counter electromotive force).

back emf *cf.* back electromotive force.

back EMF *cf.* back electromotive force.

back emission *cf.* reverse emission.

back equalizing pulses impulsions de post-égalisation *(impulsions d'égalisation situées après les impulsions de synchronisation de trame dans un signal de télévision) (cf. aussi* equalizing pulses).

back lobe lobe arrière *(du diagramme de rayonnement d'une antenne directive) (cf. aussi* radiation pattern).

back-plate plaque-signal *(couche conductrice déposée sur la face arrière de la cible d'un tube analyseur, la face avant portant la mosaïque photosensible) (caméra TV) (cf. aussi* camera tube).

back porch palier arrière *(dans un signal de télévision, partie d'une impulsion de suppression de ligne située après l'impulsion de synchronisation de ligne que celle-ci porte) (le palier arrière porte la salve couleur éventuelle) (cf. aussi* horizontal blanking pulse, horizontal synchronization pulse *et* color burst).

back radiation *cf.* backward radiation.

back resistance *cf.* reverse resistance.

back-scatter *cf.* backscatter. *(plus loin).*

back swing dépassement négatif *(impulsion) (cf. aussi* undershoot[1]).

back-terminate *v* refermer sur une charge *(ligne) (cf. aussi* terminate 1)).

back termination bouclage *(sur une charge) (cf. aussi* back-terminate).

back-to-back arrangement **1)** montage tête-bêche *(diodes, etc.) (cf. aussi* antiparallel arrangement). **2)** montage en opposition *(condensateurs, etc.) (cf. aussi* non-polarized electrolytic capacitor (b)).

back-to-back connection *cf.* back-to-back arrangement.

back-to-back diodes diodes montées tête-bêche *(cf. aussi* antiparallel arrangement).

back-up *s* dispositif de secours, *(parf.)* réserve, *(parf.)* sauvegarde *(cf. aussi* battery back-up *et* back-up copy).

back-up battery **1)** batterie de secours *(cf. aussi* standby battery). **2)** batterie de sauvegarde *(mémoire RAM) (cf. aussi* RAM back-up).

back-up computer ordinateur de secours *(ordinateur maintenu prêt à remplacer un autre ordinateur en cas de défaillance de celui-ci) (centrale nucléaire ou autre, tour de régie de la navigation aérienne, chaîne de radars d'alerte, etc.) (inf) (cf. aussi* computer 2)).

back-up copy copie de sauvegarde *(copie de tout ou partie du contenu d'un disque magnétique ou autre support d'informations sur un support analogue par mesure de sécurité contre un effacement accidentel) (exemples : copie de sauvegarde d'un logiciel effectué avant sa première utilisation ; copie de sauvegarde d'un disque dur) (cf. aussi* hard-disk back-up).

back-up disc *cf.* back-up disk.

back-up disk disque de sauvegarde *(inf) (cf. aussi* hard-disk back-up).

back-up floppy disquette de sauvegarde *(inf) (cf. aussi* hard-disk back-up).

back-up memory mémoire de sauvegarde *(mémoire d'ordinateur utilisée pour conserver pendant un temps pouvant être long des informations contenues temporairement dans une* *autre mémoire de l'appareil) (inf) (cf. aussi* hard-disk back-up *et* computer memory).

back-up mode **1)** mode de secours *(mode de fonctionnement d'une alimentation secourue en présence d'une coupure de courant) (cf. aussi* uninterruptible power supply). **2)** mode de sauvegarde *(mode de fonctionnement d'une mémoire RAM secourue en présence d'une coupure de courant) (inf) (cf. aussi* DIP battery).

back-up power supply alimentation de secours *(le terme anglais est souvent relatif à une mémoire RAM) (cf. aussi* DIP battery *et* standby power supply).

back-up storage **1)** mémorisation en sauvegarde *(mémorisation d'informations dans une mémoire de sauvegarde) (inf) (cf. aussi* back-up memory). **2)** *cf.* back-up memory.

back-wall cell *cf.* back-wall photovoltaic cell.

back-wall photovoltaic cell cellule photovoltaïque à couche postérieure *(cellule photovoltaïque dans laquelle la lumière traverse une électrode métallique transparente et une couche de semiconducteur avant d'atteindre la couche d'arrêt de la jonction) (semi) (cf. aussi* photovoltaic cell *et* barrier layer).

back wave *cf.* spacing wave.

backfire retour d'arc *(tube) (cf. aussi* arc-back).

backfire aerial *(GB) cf.* backfire antenna.

backfire antenna antenne à source frontale *(antenne d'émission hyperfréquence à réflecteur dans laquelle la source primaire est un cornet rayonnant) (le qualificatif anglais « backfire » rappelle que le rayonnement est d'abord émis vers l'arrière de l'antenne) (clpf) (cf. aussi* reflector microwave antenna).

background fond *(sonore, lumineux ou thermique) (acou, TV, infrarouge, etc.) (cf. aussi* background noise).

background clutter fond d'échos parasites *(radar) (cf. aussi* clutter).

background discrimination discrimination par rapport au fond *(action de distinguer la trace d'un objet sur un fond de bruit) (ce terme désigne notamment la discrimination d'une cible par un autodirecteur infrarouge sur le fond de bruit qui l'entoure du fait du rayonnement infrarouge indésirable des corps ou objets environnants) (mil, etc.) (cf. aussi* background noise *et* infrared seeker).

background echo écho de fond *(cf. aussi* background clutter).

background job *cf.* background task.

background-limited infrared photon detector *cf.* BLIP detector.

background luminance luminance du fond *(TV, etc.) (cf. aussi* luminance).

background music fond musical *(radiodif, sonorisation, etc.)*.

background noise bruit de fond, *(parf. aussi)* fond de bruit *(bruit électrique ou acoustique, le premier pouvant résulter du second) (récepteur radio, chaîne électroacoustique, image vidéo infrarouge, sonar, etc.) (cf. aussi* noise 2) (a) *et* acoustic noise).

background noise level niveau du bruit de fond *(cf. aussi* background noise *et* level 1)).

background operation *cf.* background task.

background processing traitement d'arrière-plan, *(etc.) (inf) (cf. aussi* background task).

background signal *cf.* background noise.

background suppression élimination du bruit de fond *(caméra infrarouge, etc.) (cf. aussi* background discrimination).

background task tâche d'arrière-plan, tâche de fond, tâche secondaire, tâche non prioritaire, traitement *(idem) (noms donnés à un traitement d'informations ou autre tâche exécuté par un ordinateur en plus du traitement proprement dit en cours) (exemples : exécution de calculs, impression de pages ou sauvegarde du contenu de la mémoire centrale pendant un traitement de texte) (inf) (cf. aussi* spool[3] *et* foreground task).

backing electrode *cf.* back-plate.

backing storage *cf.* back-up storage.

backlight *v* éclairer par l'arrière, *(souvent aussi)* éclairer par transparence *(cf. aussi* backlighting).

backlighted legend inscription éclairée par l'arrière *(cf. aussi* backlighting (a)).

backlighting éclairage par l'arrière (a) *éclairage d'une inscription portée par un support transparent assuré par une*

source de lumière disposée derrière celui-ci) (cadran transparent d'appareil, bouton-poussoir lumineux, etc.) (cf. aussi illuminated pushbutton) ; (b) *éclairage d'un afficheur à cristaux liquides à transmission) (cf. aussi* transmission liquid-crystal display).

backpack radio *cf.* backpack transceiver.

backpack transceiver émetteur-récepteur à bretelles, poste à bretelles *(émetteur-récepteur radio militaire ou non relativement lourd muni de bretelles permettant à l'opérateur de le porter comme un sac à dos) (cf. aussi* transceiver).

backplane fond de panier *(plaque isolante formant le fond d'un panier à cartes et portant des connecteurs plats dans lesquels les cartes ou les connecteurs qu'elles portent viennent s'enficher) (cf. aussi* card cage *et* two-piece connector).

backplane short court-circuit au niveau du fond de panier *(parf.* d'un ...*) (cf. aussi* backplane).

backscatter rétrodiffusion *(réflexion diffuse approximativement dans la direction d'incidence, la surface réfléchissante étant normale à celle-ci) (cf. aussi* diffuse reflection).

backscattered rétrodiffusée *(onde) (cf. aussi* backscatter).

backscattering *cf.* backscatter.

backscattering coefficient coefficient de rétrodiffusion *(rapport entre l'amplitude d'une onde rétrodiffusée et l'amplitude de l'onde incidente) (cf. aussi* backscatter).

backside-illuminated detector détecteur illuminé par l'arrière *(caméra infrarouge) (cf. aussi* hybrid focal-plane array).

backside-illuminated detector array matrice de détecteurs illuminés par l'arrière *(cf. aussi* array 1)).

backside-illuminated focal-plane array *cf.* hybrid focal-plane array.

backside-illuminated FPA *cf.* hybrid focal-plane array.

backup *cf.* back-up *(plus haut) (de même pour les termes dérivés)*.

backward ... *cf.* reverse ... *(pour les termes qui ne figurent pas ci-après)*.

backward busying simulation d'occupation amont *(précaution prise dans un central téléphonique automatique pour éviter qu'un circuit retiré du service ne soit sélecté) (tls) (cf. aussi* automatic telephone exchange *et* telephone circuit).

backward diode diode inverse, diode unitunnel *(type de diode tunnel légèrement moins dopée que celle-ci et à coude de conduction très brusque en polarisation inverse, dont la conduction est plus grande dans le sens inverse que dans le sens direct, d'où son nom) (cf. aussi* tunnel diode *et* reverse bias[1]).

backward direction sens inverse *(diode, jonction) (cf. aussi* reverse direction).

backward radiation rayonnement arrière *(rayonnement dû au lobe arrière du diagramme de rayonnement d'une antenne d'émission directive) (cf. aussi* radiation pattern).

backward read lecture arrière *(transfert d'informations de la bande magnétique d'un dérouleur de bande à la mémoire centrale d'un ordinateur pendant que la bande est rebobinée sur la bobine débitrice) (inf) (cf. aussi* tape drive).

backward wave **1)** onde régressive, onde inverse, onde progressive inverse *(dans un tube à onde progressive ou dérivé de celui-ci, onde électromagnétique se propageant le long de la ligne à onde lente dans le sens contraire du mouvement des électrons du faisceau) (hyper) (cf. aussi* travelling-wave tube, slow-wave structure *et* backward-wave tube). **2)** onde réfléchie *(dans une ligne de transmission) (cf. aussi* reflection (b)).

backward-wave oscillator oscillateur à onde régressive, carcinotron, tube oscillateur à onde régressive *(le premier terme est un autre nom, plus précis, du tube à onde régressive ; le deuxième terme, forgé par l'inventeur, vient du grec « karcinos », qui signifie « écrevisse », celle-ci étant réputée marcher à reculons ; ce terme est le plus employé) (noter que ces termes désignent souvent le carcinotron O, mais couvrent également le carcinotron M) (hyper) (cf. aussi* O-type carcinotron, M-type carcinotron, backward-wave tube *et* microwave oscillator).

backward-wave oscillator tube *cf.* backward-wave oscillator.

backward-wave tube tube à onde régressive, tube hyperfréquence à onde régressive *(tube hyperfréquence à faisceau* *droit ou à champs croisés dans lequel l'onde inverse est utilisée pour produire une réaction positive suffisante pour entraîner le fonctionnement en oscillateur) (cf. aussi* backward-wave oscillator, linear-beam tube, crossed-field tube, backward wave, positive feedback *et* oscillator).

bad device *(souvent)* mauvais composant, *(souvent aussi)* mauvaise puce *(CI, semi) (cf. aussi* working device *et* faulty device).

baffle **1)** écran (de haut-parleur), *(souvent)* enceinte (acoustique) *(cf. aussi* loudspeaker baffle). **2)** écran d'anode, écran *(plaque métallique empêchant les projections accidentelles de mercure d'atteindre l'anode ou une anode dans un tube à cathode liquide) (cf. aussi* mercury-pool tube).

balance[1] *s* équilibre *(au sens le plus fréquent en électricité et sciences connexes, état de deux grandeurs variables ayant la même valeur absolue et des signes opposés ou semblables) (équilibre de deux tensions, deux courants, deux intensités sonores, etc.) (ne pas employer « balance ») (cf. aussi* bridge *et* unbalance[1]).

balance[2] *v* équilibrer, *(parf. aussi)* amener à l'équilibre *(cf. aussi* balance[1]).

balance ... *cf.* balancing ... *(pour les termes qui ne figurent pas ci-après).*

balance condition état d'équilibre *(cf. aussi* balance[1]).

balance control commande d'équilibre *(potentiomètre permettant de rendre égales les intensités sonores des deux voies d'une chaîne stéréophonique, ou bouton de commande de ce potentiomètre) (ne pas employer « commande de balance ») (hifi) (cf. aussi* potentiometer 1) *et* stereophonic sound system).

balance detector *cf.* balance indicator.

balance indicator détecteur de zéro *(pont de mesure) (cf. aussi* null detector).

balance point point d'équilibre *(pont de mesure, etc.) (cf. aussi* null method).

balance potentiometer **1)** potentiomètre d'équilibrage *(cf. aussi* balance control). **2)** *cf.* balancing potentiometer.

balance-to-unbalance coupler *cf.* balun.

balance-to-unbalance transformer *cf.* balun

balanced amplifier amplificateur symétrique *(cf. aussi* push-pull amplifier).

balanced circuit circuit symétrique *(circuit électrique dont les deux moitiés sont semblables du point de vue de leur caractéristiques électriques et symétriques par rapport à un point de référence, celui-ci étant souvent la masse) (cf. aussi* symmetrical arrangement, circuit *et* ground[1] 1)).

balanced converter *cf.* balun.

balanced crystal mixer *cf.* balanced mixer. *(ce terme étant le plus employé).*

balanced currents courants équilibrés *(courants d'égale intensité et de sens opposés) (courants dans une ligne équilibrée, notamment) (cf. aussi* current direction *et* balanced line).

balanced detector détecteur symétrique *(nom parfois donné à un discriminateur de fréquence pour rappeler la symétrie de sa structure) (cf. aussi* frequency discriminator).

balanced input entrée symétrique *(entrée d'un circuit dont les deux bornes sont isolées de la masse par des impédances de même valeur) (cf. aussi* impedance).

balanced line ligne équilibrée, ligne de transmission équilibrée *(ligne de transmission dans laquelle les tensions dans les deux conducteurs sont partout d'amplitude égale et de polarités opposées par rapport à la terre ou à la masse) (noms parfois donnés à une ligne bifilaire pour rappeler sa propriété ou la distinguer d'une ligne coaxiale) (cf. aussi* two-wire line).

balanced method méthode de zéro *(mesure) (cf. aussi* null method).

balanced mixer mélangeur symétrique, mélangeur équilibré *(mélangeur hyperfréquence utilisant un montage symétrique à un ou deux transformateurs à point milieu et deux ou quatre diodes à semiconducteur, respectivement, pour réaliser l'isolement en courant alternatif de deux ou trois, respectivement, de ses trois accès, c.-à-d. pour éviter que la tension à haute fréquence présente à l'un de ses accès apparaisse plus ou moins à un autre accès ou aux deux, respectivement) (cf. aussi* single-balanced mixer, double-balanced mixer *et* microwave mixer).

balanced modulator modulateur équilibré *(modulateur d'amplitude utilisant un montage symétrique à deux transformateurs pour réaliser la modulation à porteuse supprimée) (la suppression de la porteuse est obtenue en la faisant circuler en sens opposés dans les deux moitiés de l'enroulement primaire à point milieu d'un transformateur, les forces électromotrices induites dans l'enroulement secondaire s'annulant ainsi mutuellement, tandis que le signal modulant est appliqué de façon à créer une asymétrie évitant son annulation) (terme générique désignant initialement le modulateur symétrique à deux tubes pentode et couvrant ensuite également le modulateur en anneau) (émetteur) (cf. aussi* ring modulator, amplitude modulator, suppressed-carrier modulation *et* center-tapped transformer).

balanced network réseau équilibré, réseau électrique équilibré *(réseau électrique à deux ou plusieurs branches dans lequel les impédances des branches sont égales) (exemples : un pont de mesure à l'équilibre est un réseau équilibré à deux branches ; un réseau triphasé en état normal est un réseau équilibré à trois branches) (élec) (cf. aussi* network 1) *et* impedance).

balanced to earth *(GB) cf.* balanced to ground.

balanced to ground équilibré par rapport à la masse *(parf.* à la terre) *(potentiel de deux bornes ou autres conducteurs) (cf. aussi* balanced input *et* balanced line).

balanced transmission line *cf.* balanced line.

balanced voltages tensions équilibrées *(ensemble de deux tensions d'égale amplitude et de polarités opposées par rapport à la masse ou à la terre) (cf. aussi* balanced line, voltage polarity *et* ground[1]).

balancing network réseau d'équilibrage *(réseau électrique dont l'impédance est égale en module et opposée en signe à l'impédance d'un autre réseau électrique auquel il est connecté pour compenser l'effet de celle-ci) (cf. aussi* network 1) *et* impedance) (a) équilibreur *s*, réseau d'équilibrage *(réseau de résistances, inductances et capacités connecté aux bornes appropriées d'un transformateur différentiel téléphonique pour équilibrer l'impédance de la ligne connectée aux bornes opposées, afin d'empêcher l'amorçage d'oscillations dans la ligne) (cf. aussi* hybrid coil 1) *et* terminating set ; (b) réseau d'équilibrage *(poste tél) (cf. aussi* antisidetone circuit).

balancing potentiometer potentiomètre d'asservissement *(le terme anglais désigne généralement le potentiomètre d'asservissement d'un enregistreur potentiométrique) (cf. aussi* servo-driven potentiometer).

balancing resistor résistance d'équilibrage *(résistance montée en série dans un circuit pour rendre sa résistance totale égale à celle d'un autre circuit dans un montage symétrique) (cf. aussi* balance, resistor, series arrangement, resistance *et* symmetrical arrangement).

balancing transformer *cf.* balun.

ball bond soudure à boule *(cf. aussi* ball bonding).

ball bonder soudeuse à boule *(soudeuse à ultrasons ou à thermocompression réalisant le soudage par boule) (cf. aussi* ball bonding, ultrasonic bonder *et* thermocompression bonder).

ball bonding soudage par boule, soudure par boule *(le premier terme est le meilleur) (soudage de connexions en fil d'or par thermocompression ou par ultrasons par écrasement d'une minuscule boule formée automatiquement au chalumeau ou à l'arc au bout du fil) (CI, etc.) (cf. aussi* thermocompression bonding *et* ultrasonic bonding).

ballast resistor résistance de protection *(cf. aussi* protection resistor).

ballasting insertion d'une résistance de protection, utilisation *(idem),* emploi *(idem) (cf. aussi* protection resistor).

ballasting circuit circuit de protection *(au sens du terme anglais, circuit de base de transistor bipolaire muni d'une résistance de protection) (cf. aussi* base ballasting).

ballasting resistor *cf.* ballast resistor.

ballistic galvanometer galvanomètre balistique *(galvanomètre conçu pour mesurer la quantité d'électricité transportée par une impulsion de courant de courte durée produite notamment par la décharge d'un condensateur) (est généralement un galvanomètre magnétoélectrique dans lequel le fonctionne-*

ment en régime balistique, c.-à-d. « avec élan », est obtenu en donnant une grande inertie à l'équipage mobile pour qu'il n'ait pas le temps de tourner de l'angle correspondant à l'amplitude de l'impulsion pendant le temps que dure celle-ci et continue ensuite sur son élan jusqu'à la position correspondante, sans dépasser celle-ci) (cf. aussi moving-coil galvanometer et quantity of electricity).

ballistic-missile early-warning system *cf.* BMEWS. *(le terme complet, trop long, étant peu employé).*

balun *(vient de « balanced-to-unbalanced »)* symétriseur d'antenne *(dispositif monté entre une antenne symétrique telle qu'un dipôle et la ligne de transmission asymétrique qu'est un câble coaxial) (TV, FM) (cf. aussi dipole antenna et coaxial cable).*

banana binding post borne à écrou et douille banane *(borne à écrou moleté isolé percée sur une profondeur suffisante pour recevoir une fiche banane) (permet d'utiliser un fil dénudé quelconque serré sous l'écrou ou un cordon de mesure) (app. mesure, etc.) (cf. aussi binding post, banana jack et test lead).*

banana jack douille banane *(douille filetée, généralement isolée, recevant la fiche banane d'une extrémité d'un cordon pour établir une connexion temporaire) (cf. aussi banana plug).*

banana plug fiche banane *(fiche isolée montée à une extrémité d'un cordon et s'enfichant dans une douille banane pour établir une connexion temporaire, ou recevant une pince crocodile ou une pointe de touche) (cf. aussi banana jack, alligator clip et test prod).*

banana socket *cf.* banana jack.

band bande *(de fréquences, de pistes d'enregistrement, bande passante, bande coupée, bande d'énergie, etc.) (cf. aussi frequency band, passband, stop band, energy band et, à titre d'information, tape[1]).*

band compression *cf.* bandwidth compression.

band conversion conversion de bande *(nom parfois donné au changement de fréquence d'une porteuse modulée) (super) (cf. aussi frequency conversion).*

band diagram *cf.* energy diagram.

band edge bord de la bande *(cf. aussi energy band).*

band-edge energy énergie au bord de la bande interdite *(énergie d'un électron orbital au bord inférieur ou supérieur de la bande interdite, c.-à-d. respectivement au bord supérieur de la bande de valence ou au bord inférieur de la bande de conduction) (noter que ce terme s'applique à deux valeurs d'énergie) (cf. aussi energy band).*

band elimination coupure de bande, suppression de bande, élimination de bande, réjection de bande *(filtre coupe-bande) (cf. aussi band-stop filter).*

band-elimination filter *cf.* band-stop filter.

band gap bande interdite *(électron) (cf. aussi forbidden band).*

band-gap energy énergie de la bande interdite *(différence d'énergie entre la bande de conduction et la bande de valence dans un semiconducteur ou un isolant) (cf. aussi energy band).*

band-gap reference *cf.* band-gap voltage reference.

band-gap voltage tension de la barrière de potentiel *(cf. aussi band-gap voltage reference).*

band-gap voltage reference référence de tension à barrière de potentiel, référence à barrière de potentiel *(dans un circuit intégré monolithique à semiconducteur, généralement bipolaire, référence de tension utilisant la barrière de potentiel d'une jonction PN correspondant à la largeur de la bande interdite du semiconducteur, soit 1,22 volt dans le cas fréquent du silicium) (cf. aussi voltage reference, bipolar integrated circuit, potential barrier, p-n junction et forbidden band).*

band-limit *v* réduire la largeur de bande, comprimer la bande *(d'un signal) (cf. aussi bandwidth compression).*

band-limited signal signal à bande réduite *(ou comprimée),* signal comprimé *(cf. aussi bandwidth compression).*

band limiting *cf.* bandwidth compression.

band-limiting filter *cf.* band-pass filter.

band of frequencies bande de fréquences *(cf. aussi frequency band, ce terme étant le plus employé).*

band-pass[1] *a* passe-bande *a (filtre) (cf. aussi pass-band filter).*

band-pass[2] *s* bande passante *(filtre, etc.) (cf. aussi passband et noter que le premier terme est parfois employé comme substantif).*

band-pass acoustic filter filtre acoustique passe-bande *(filtre acoustique réalisé sous la forme d'un filtre passe-bande) (cf. aussi SAW filter, acoustic filter et band-pass filter).*

band-pass amplifier amplificateur accordé *(cf. aussi tuned amplifier).*

band-pass filter filtre passe-bande *(filtre atténuant fortement tout le spectre de fréquences d'un signal complexe appliqué à son entrée, sauf une bande de fréquences pour laquelle l'atténuation, inévitable, est assez faible pour pouvoir être négligée) (cf. aussi Butterworth filter, Chebyshev filter, passband et filter[1]).*

band-pass filter response 1) réponse d'un filtre passe-bande *(atténuation plus ou moins grande du signal appliqué à l'entrée d'un filtre passe-bande en fonction de la fréquence du signal) (cf. aussi band-pass filter et response 1)).* 2) *cf.* band-pass filter response curve.

band-pass filter response curve courbe de réponse d'un filtre passe-bande *(courbe représentant la réponse d'un filtre passe-bande) (cf. aussi band-pass filter response).*

band-pass filter shaping mise au gabarit par filtre passe-bande *(limitation de la largeur de la bande de fréquences occupée par un signal réalisée à l'aide d'un filtre passe-bande) (cf. aussi band-pass filter et attenuation contour).*

band-pass filtering filtrage par filtre passe-bande *(cf. aussi band-pass filter).*

band pressure level niveau de pression acoustique dans la bande *(niveau de pression acoustique dans une bande de fréquences déterminée d'un signal acoustique complexe) (cf. aussi sound pressure level, frequency band, acoustic signal et complex signal).*

band-reject filter *cf.* band-stop filter.

band rejection *cf.* band elimination.

band-rejection filter *cf.* band-stop filter.

band-select switch *cf.* band selector.

band selection *(voir aussi band selector)* 1) sélection de gamme *(d'ondes).* 2) sélection de bande *(de fréquences).*

band selector 1) commutateur de gammes d'ondes *(commutateur permettant de choisir une gamme d'ondes, notamment la gamme des grandes ondes, des petites ondes ou des ondes courtes, sur un récepteur radio) (cf. aussi selector switch, frequency band et radio receiver).* 2) commutateur de bande *(de fréquences) (commutateur permettant de choisir une bande fréquences de fonctionnement d'un appareil électronique tel qu'un générateur de signaux notamment) (cf. aussi selector switch, frequency band et signal generator).*

band separation 1) sélection de bande *(sélection d'une bande de fréquences dans un signal à l'aide d'un filtre passe-bande) (cf. aussi band-pass filter).* 2) séparation des fréquences d'émission *(émetteurs radio) (cf. aussi guard band).*

band-separatioan filter *cf.* band-pass filter.

band-split filter *cf.* band-pass filter.

band splitting *cf.* band separation 1).

band-splitting filter *cf.* band-pass filter.

band spread *cf.* band spreading.

band-spread tuning control bouton d'accord de bande étalée *(bouton d'accord utilisable uniquement pour la réception en bande étalée dans un récepteur radio) (cf. aussi band spreading).*

band spreading étalement de la bande, *(parf.)* bande étalée *(élargissement de la plage d'accord sur une émission en ondes courtes dans certains récepteurs radio par « démultiplication électrique » du bouton de recherche des stations par mise en parallèle d'un petit condensateur variable sur chaque cage du condensateur d'accord pour faciliter l'obtention de l'accord) (cf. aussi variable capacitor).*

band-stop filter filtre coupe-bande *(filtre atténuant fortement une bande de fréquences déterminée dans le spectre de fréquences d'un signal complexe appliqué à son entrée et atténuant très peu les autres fréquences) (cf. aussi filter[1]).*

band-stop filtering filtrage par filtre coupe-bande *(cf. aussi band-stop filter).*

band suppression *cf.* band elimination.

band-suppression filter *cf.* band-stop filter.

band switch *cf.* band selector.

band theory of solids théorie des bandes (d'énergie) *(théorie faisant appel à la notion de bande d'énergie pour expliquer la conductibilité électrique plus ou moins grande des solides et classer ceux-ci en conducteurs, semiconducteurs et isolants) (physique des solides) (cf. aussi* energy band, conductor, semiconductor *et* insulator 1)).

band-to-band recombination recombinaison de bande à bande *(recombinaison par transition directe) (semi) (cf. aussi* electron-hole pair recombination *et* direct transition).

band-to-band tunneling transition de bande à bande par effet tunnel *(électron) (cf. aussi* tunnel effect).

banded pattern **1)** réseau de bandes *(image TV, etc.) (cf. aussi* banding). **2)** réseau de stries *(défaut de la surface d'un substrat semiconducteur ou autre, etc.).*

banding apparition de bandes dans l'image, formation *(idem) (apparition de bandes parasites sombres ou claires, horizontales ou verticales, sur une image de télévision par suite d'un mauvais fonctionnement du récepteur) (cf. aussi* streaking).

bandoliered components composants en bande *(résistances ou autres composants à sorties axiales ou radiales, réunis respectivement par deux bandes ou une bande de papier ou matière plastique enroulée(s) sur une bobine pour utilisation sur machine à poser les composants) (cf. aussi* axial leads, radial leads *et* automatic insertion).

bandpass *cf.* band-pass. *(plus haut).*

bandwidth **1)** largeur de bande (a) *largeur d'une bande de fréquences) (cf. aussi* frequency band) ; (b) *étendue du spectre des fréquences d'un signal complexe) (cf. aussi* frequency spectrum (b) *et* complex signal). **2)** bande passante *(bande des fréquences d'un signal complexe qu'un quadripôle ou un transducteur transmet, ou qu'un oscilloscope ou appareil dérivé visualise, sans modifier excessivement les amplitudes relatives correspondantes, c.-à-d. sans déformer excessivement le signal, ou qu'un récepteur radioélectrique peut recevoir simultanément) (en d'autres termes, bande des fréquences du signal d'entrée d'un dispositif ou appareil que celui-ci transmet ou reproduit correctement) (voir aussi notamment* narrow-band filter, narrow-band amplifier, wideband amplifier, wideband antenna *et* wideband receiver) *(cf. aussi* passband, frequency band, complex signal, quadripole, transducer 1) *et* gain-bandwidth product).

bandwidth compression compression de bande, réduction de largeur de bande *(réduction de la largeur de bande d'un signal à l'aide d'un filtre passe-bande dans le cas d'un signal analogique ou par compression d'impulsions dans le cas d'un signal numérique) (cf. aussi* bandwidth 1), band-pass filter *et* pulse compression (b)).

bandwidth compression technique méthode de compression de bande, procédé *(idem) (cf. aussi* bandwidth compression).

bandwidth compressor *cf.* band-pass filter.

bandwidth control commande de largeur de bande, *(parf.)* bouton de réglage de la largeur de bande *(filtre passe-bande à bande passante réglable) (oscillo, etc.) (cf. aussi* bandwidth 2) *et* band-pass filter).

bandwidth coverage largeur de la bande passante *(cf. aussi* bandwidth 2)).

bandwidth expansion expansion de bande, expansion de largeur de bande, augmentation de la largeur de bande *(d'un signal) (cf. aussi* bandwidth 1) (b)).

bandwidth-limited signal *cf.* band-limited signal.

bandwidth limiting *cf.* bandwidth compression.

bandwidth requirements impératifs de bande passante, *(souvent)* bande passante nécessaire *(pour transmettre un signal déterminé, notamment un signal de télévision et plus particulièrement un signal de télévision à haute définition, la largeur de la bande passante nécessaire étant proportionnelle au nombre d'informations élémentaires à transmettre simultanément) (cf. aussi* bandwidth 1) (b) *et* television channel).

bang-bang control *cf.* on/off control.

bang-bang servo système asservi par tout ou rien *(cf. aussi* on/off control).

bank **1)** rangée *(de boutons, voyants, contacts, etc.) (cf. aussi*

bank of contacts). **2)** batterie *(de condensateurs, résistances, filtres, etc.) (cf. aussi* capacitor bank, bank of filters *et* bank of RAMs). **3)** *cf.* data bank.

bank of capacitors batterie de condensateurs *(cf. aussi* capacitor bank).

bank of contacts *(cf. aussi* contact (a)) **1)** rangée de contacts *(commutateur à glissière, etc.) (cf. aussi* slide switch). **2)** couronne de contacts *(commutateur téléphonique rotatif, etc.) (cf. aussi* stepping switch).

bank of filters batterie de filtres *(groupe de filtres passe-bande couvrant des bandes de fréquences généralement successives) (démultiplexeur à répartition de fréquence, analyseur de spectres, etc.) (cf. aussi* band-pass filter).

bank of oscillators batterie d'oscillateurs *(groupe d'oscillateurs fournissant des signaux à fréquences successives plus ou moins rapprochées) (radar à sauts de fréquence, etc.) (cf. aussi* oscillator *et* frequency hopping).

bank of pilot lights rangée de voyants (lumineux) *(cf. aussi* pilot light).

bank of RAMs batterie de mémoires RAM *(ou* vives), batterie de RAMs *(groupe de boîtiers de mémoire RAM formant tout ou partie des mémoires d'une carte mémoire) (ne pas employer « banque de RAMs » (CI) (inf) (cf. aussi* RAM[1] *et* memory board).

bank of switches rangée d'interrupteurs, *(etc.) (cf. aussi* switch[1] 1), 2) *et* 3)).

banked winding bobinage extra-plat *(bobinage haute fréquence à capacité répartie réduite) (cf. aussi* RF coil *et* distributed capacitance).

bar code code à barres *(nom donné au faisceau de bandes parallèles alternées noires et blanches de largeur et espacement variables imprimé sur l'emballage de produits alimentaires ou autres et dont les combinaisons de largeurs successives forment un mot binaire, généralement à 10 binaires, identifiant le fabricant et l'article, et lu à l'aide d'un lecteur de code à barres) (les informations lues, notamment par une caissière d'une « grande surface », sont transmises à un ordinateur central qui affiche le prix de l'article et, éventuellement d'autres informations, sur l'écran du terminal du point de vente et modifie l'inventaire en conséquence) (inf) (cf. aussi* binary word *et* bar-code reader).

bar-code reader lecteur de code à barres, lecteur de barres *(tube formant crayon optique muni à son extrémité active d'une source de lumière destinée à éclairer un code à barres et d'un photodétecteur destiné à capter la lumière réfléchie par les barres successivement « lues » par le crayon, les impulsions de lumière réfléchie étant converties en impulsions de courant, ou dispositif fixe équivalent) (cf. aussi* bar code *et* photodetector).

bar-code scanner *cf.* bar-code reader.

bar-code scanning lecture de codes à barres, lecture de barres *(cf. aussi* bar-code reader).

bar-code scanning wand *cf.* bar-code reader.

bar-code symbol barre de code à barres *(cf. aussi* bar code).

bar display *cf.* bar-graph display.

bar generator générateur de barres de couleur, mire de barres (de couleur) *(le second terme est le plus employé, mais il désigne en fait l'image formée sur l'écran et non l'appareil qui la produit) (générateur de signaux normalisés, généralement huit bandes verticales de couleurs différentes, conçu pour le réglage des circuits de chrominance des récepteurs de télévision en couleurs) (cf. aussi* chrominance channel).

bar graph *cf.* bar-graph display.

bar-graph display **1)** affichage incrémental *(ou* par échelons) *(voir aussi* 2) *ci-après).* **2)** afficheur incrémental *(terme que j'ai proposé),* afficheur à échelons *(ne pas employer « bar-graph ») (afficheur comportant des traits successifs, généralement horizontaux et superposés comme la graduation d'un thermomètre ordinaire, qui s'illuminent ou apparaissent jusqu'au point correspondant à la valeur de la grandeur mesurée) (constitue une solution intermédiaire entre un appareil de mesure analogique et un appareil numérique en combinant l'indication de tendance du premier à la précision du second) (cf. aussi* analog meter *et* digital measuring instrument).

bar-graph display driver attaqueur d'afficheur incrémental, *(etc.) (cf. aussi* display driver *et* bar-graph display).

bar-graph driver *cf.* bar-graph display driver.

bar magnet barreau aimanté *(aimant permanent constitué par un barreau d'acier aimanté de section circulaire ou autre) (cf. aussi* permanent magnet *et* magnetic needle).

bar pattern mire de barres (de couleur) *(écran TVC) (cf. aussi* bar generator).

bar test (un) contrôle à la mire de barres *(récepteur TVC) (cf. aussi* bar generator).

bar testing (le) contrôle à la mire de barres *(cf. aussi* bar test).

bare *v* dénuder *(un fil isolé, etc.) (cf. aussi* stripping 1)).

bare board *cf.* bare printed-circuit board.

bare bones unit version nue *(version d'un appareil fourni sans coffret) (alim, etc.) (cf. aussi* unit 3)).

bare card *cf.* bare printed-circuit board.

bare chip puce nue *(puce non montée dans un boîtier ou un porte-puce) (cf. aussi* chip 1)).

bare-chip hybrid *cf.* bare-chip hybrid circuit.

bare-chip hybrid circuit circuit hybride à puces nues *(parf. au singulier) (circuit hybride dans lequel les puces sont montées directement sur le substrat par collage ou formation d'un alliage eutectique, avec connexion par des fils ou des lamelles, ou fixées directement sur les conducteurs du substrat par soudage des connexions elles-mêmes, sans être montées dans un porte-puce) (clpf) (cf. aussi* hybrid circuit, chip 1) *et* chip carrier).

bare circuit board *cf.* bare printed-circuit board.

bare foil feuille nue, couche nue *(feuille de cuivre de substrat pour circuits imprimés livré sans couche de vernis protecteur pelable sur la couche de cuivre) (cf. aussi* printed-circuit substrate).

bare pc board *cf.* bare printed-circuit board.

bare PC board *cf.* bare printed-circuit board.

bare PCB *cf.* bare printed-circuit board.

bare printed-circuit board substrat nu (pour circuits imprimés) *(substrat pour circuits imprimés fabriqués par la méthode additive) (cf. aussi* bare substrate *et* additive process).

bare substrate substrat nu *(substrat pour circuits imprimés ou hybrides dont aucune des deux faces n'est recouverte d'une couche de cuivre) (cf. aussi* printed-circuit substrate *et* hybrid-circuit substrate).

bare wire fil nu, fil non isolé *(cf. aussi* bared wire *et* wire).

bared wire fil dénudé *(fil isolé dont l'isolant a été enlevé sur une certaine longueur, généralement aux deux extrémités) (cf. aussi* bare wire).

barium titanate titanate de baryum, $BaTiO_3$ *(céramique piézoélectrique) (cf. aussi* piezoelectric material).

Barkhausen effect effet Barkhausen *(augmentation par paliers de l'aimantation d'un corps ferromagnétique soumis à un champ magnétique d'intensité croissante) (est due au déplacement successif de la paroi de Block de chacun des domaines de Weiss du corps) (cf. aussi* magnetization 1) (b), ferromagnetic material, magnetic field strength, Bloch wall *et* Weiss domain).

Barkhausen noise bruit dû à l'effet Barkhausen *(cf. aussi* noise 2) (a) *et* Barkhausen effect).

Barnett effect effet Barnett, effet gyromagnétique inverse, (effet d')aimantation par rotation *(aimantation d'une barre cylindrique de métal ferromagnétique relativement longue produite en la faisant tourner à grande vitesse autour de son axe) (cet effet est dû à l'action de la force centrifuge sur l'orbite des électrons des atomes du métal) (cf. aussi* gyromagnetic effect).

barometric switch *cf.* baroswitch.

baroresistor barorésistance *(potentiomètre commandé par une capsule anéroïde) (avia, etc.) (cf. aussi* potentiometer 1)).

baroswitch barocontact *(interrupteur commandé par une capsule anéroïde) (est souvent un microcontact) (cf. aussi* limit switch).

barrage *cf.* barrage jamming.

barrage jammer brouilleur à large bande *(brouilleur à bruit permettant le brouillage à large bande) (mil) (cf. aussi* noise jammer *et* barrage jamming).

barrage jamming brouillage à large bande *(brouillage par*

bruit dans lequel le signal émis par le brouilleur occupe une large bande de fréquences pour pouvoir brouiller simultanément plusieurs émetteurs travaillant sur différentes fréquences ou un émetteur employant des sauts de fréquence) (mil) (cf. aussi* noise jamming *et* frequency hopping transmitter).

barrage-jamming mode mode de brouillage à large bande, mode de bruit à large bande, mode à large bande *(un des deux modes de fonctionnement d'un brouilleur à bruit bimode, ou mode unique d'un brouilleur à large bande) (cf. aussi* barrage jamming *et* spot-and-barrage capability).

barrage noise bruit à large bande *(au sens du terme anglais, signal émis par un brouilleur à large bande) (mil) (cf. aussi* barrage jammer).

barrage noise mode *cf.* barrage jamming mode.

barrage-type … *cf.* barrage …

barrel distortion distorsion en tonneau *(distorsion d'une image de télévision dont les bords sont convexes) (cf. aussi* television picture distortions).

barrel reactor four-tunnel *(four pour diffusion thermique, recuit ou autre traitement thermique formé essentiellement d'une enceinte cylindrique horizontale chauffée) (cf. aussi* diffusion 1) (b) *et* annealing).

barrel-stave reflector réflecteur en pelure d'orange *(antenne de radar) (cf. aussi* truncated paraboloid).

barreling *cf.* barrel distortion.

barretter 1) *cf.* bolometer. 2) *cf.* ballast resistor.

barretter mount *cf.* bolometer mount.

barrier barrière *(de potentiel ou autre) (cf. aussi* potential barrier).

barrier cell *cf.* barrier-layer cell.

barrier grid grille d'arrêt *(grille disposée près de la cible dans certains tubes à mémoire pour réduire la redistribution par répulsion électrostatique exercée sur les électrons secondaires émis par la cible) (cf. aussi* redistribution *et* electrostatic force).

barrier-grid storage tube tube à mémoire à grille (d'arrêt) *(cf. aussi* barrier grid).

barrier height hauteur de la barrière (de potentiel) *(cf. aussi* potential barrier).

barrier layer couche d'arrêt *(jonction) (cf. aussi* depletion layer).

barrier-layer cell cellule à couche d'arrêt, cellule photovoltaïque *(idem) (cellule photovoltaïque dans laquelle la jonction est du type métal-semiconducteur) (l'électrode métallique est une couche extrêmement mince d'or déposée sur le semiconducteur et traversée par la lumière pour produire l'effet photovoltaïque dans la jonction ; le semiconducteur était initialement de l'oxyde de cuivre, puis du sélénium) (premier type de cellule photovoltaïque ; a une constitution analogue à celle d'un redresseur sec) (cf. aussi* photovoltaic cell, metal-semiconductor junction *et* metallic rectifier).

barrier-layer photocell *cf.* barrier-layer cell.

barrier-layer photovoltaic cell *cf.* barrier-layer cell.

base 1) culot *(partie d'un tube électronique ou d'une lampe électrique permettant son branchement et généralement sa fixation) (cf. aussi* tube base *et* socket 2) *et* 1) (b)). 2) embase (enfichable) *(équivalent d'un culot pour un relais enfichable, notamment) (voir aussi* 1) ci-dessus) (cf. aussi* plug-in relay). 3) base, électrode de base *(électrode de commande d'un transistor bipolaire) (cf. aussi* bipolar transistor). 4) *cf.* base film. 5) *cf.* substrate. 6) base (de numération) *(dans un système de numération, nombre d'unités d'un certain ordre qu'il faut avoir pour passer à l'ordre supérieur, les ordres successifs étant des puissances successives de la base) (exemple : dans le système de numération décimale, il faut 10 unités pour passer à la dizaine, 10 dizaines pour passer à la centaine, et ainsi de suite) (math, inf) (cf. aussi* decimal number system, binary number system, octal number system *et* hexadecimal number system).

base address adresse de base, adresse de référence, adresse origine *(le premier terme est le plus employé) (adresse d'une position de mémoire à partir de laquelle est définie une adresse relative) (inf) (cf. aussi* address[1] (a) *et* relative address).

base-address register *cf.* base register.

base area aire de la base, surface de la base, *(parf.)* zone de la base *(transistor) (cf. aussi* base 3)).

base areal charge density densité surfacique de charges dans la base *(transistor) (cf. aussi* surface charge density *et* base 3)).

base ballasting insertion d'une résistance dans la base *(ou dans le circuit de la base) (précaution prise pour limiter l'intensité du courant dans la base d'un transistor bipolaire de puissance et, par conséquent, l'intensité du courant dans le transistor pour éviter l'emballement thermique) (cf. aussi* base 3) *et* thermal runaway).

base bias 1) polarisation de la base *(transistor bipolaire) (cf. aussi* bipolar transistor *et* transistor bias). 2) *cf.* base bias voltage.

base bias voltage tension de polarisation de la base *(tension base-émetteur produite par le courant de polarisation) (transistor) (cf. aussi* base-emitter voltage *et* bias current).

base cement ciment à culots, ciment à coller les culots *(ciment spécial employé pour coller le culot d'un tube électronique à enveloppe en verre ou d'une lampe électrique sur l'ampoule) (cf. aussi* tube base).

base cementing collage du culot (au ciment) *(cf. aussi* base cement).

base charge charge de la base *(charge électrique accumulée dans la base d'un transistor et due aux porteurs minoritaires présents dans celle-ci) (cf. aussi* base areal charge, electric charge, base 3) *et* minority carrier).

base-collector junction jonction base-collecteur *(transistor bipolaire) (cf. aussi* bipolar transistor).

base-collector leakage current *(parf.* intensité du) courant de fuite base-collecteur *(ou* de la base au collecteur) *(courant de fuite dans la jonction base-collecteur d'un transistor bipolaire ou, parfois, intensité de ce courant) (semi) (cf. aussi* junction leakage current *et* bipolar transistor).

base contact contact de la base, contact de base *(zone de la base d'un transistor par laquelle se fait le contact avec la connexion de cette électrode) (est microscopique dans un transistor intégré, la connexion l'étant également) (cf. aussi* base 3)).

base current *(parf.* intensité du) courant de base *(ou* dans la base *ou* dans le circuit de la base *ou* circulant *(idem))* *(transistor bipolaire) (cf. aussi* base 3)).

base current crowding conduction localisée (dans la base) *(transistor bipolaire) (cf. aussi* current crowding).

base current limitation limitation du courant de base, *(etc.) (ou* de l'intensité du ...) *(idem) (transistor bipolaire) (cf. aussi* base ballasting).

base-diffused resistor résistance du type base *(CI) (cf. aussi* diffused-base resistor).

base diffusion diffusion de la base *(formation de la base d'un transistor bipolaire par diffusion localisée d'impuretés appropriées dans le substrat) (semi) (cf. aussi* diffusion 1) (b) *et* base 3)).

base doping dopage de la base *(transistor bipolaire) (cf. aussi* doping *et* base 3)).

base doping profile profil de dopage de la base, profil de concentration d'impuretés dans la base *(transistor bipolaire) (cf. aussi* doping profile *et* base 3)).

base dose dose d'impuretés introduites dans la base, dose d'atomes *(ou* d'ions) d'impureté introduits dans la base *(nombre d'atomes d'impureté introduits dans la zone de la base pour former celle-ci) (semi) (cf. aussi* impurity *et* base 3)).

base drive 1) attaque de la base, commande de la base *(application d'un signal à amplifier ou autre à la base d'un transistor bipolaire) (semi) (cf. aussi* base 3)). 2) *cf.* base current. 3) *cf.* base drive power.

base drive current *cf.* base current.

base drive-in *cf.* base drive 1).

base drive input *cf.* base drive signal.

base drive power puissance d'attaque de la base *(puissance électrique fournie ou à fournir pour attaquer la base d'un transistor bipolaire de puissance de façon suffisamment énergique pour permettre un fonctionnement normal de celui-ci) (semi) (cf. aussi* electric power 1) *et* base drive 1)).

base-drive power requirements puissance nécessaire pour attaquer la base *(cf. aussi* base drive power).

base drive requirements *cf.* base-drive power requirements.

base drive signal signal appliqué à la base *(transistor bipolaire) (cf. aussi* base 3)).

base drive stage étage d'attaque de la base, étage de commande de la base *(étage fournissant le signal appliqué à la base d'un transistor bipolaire) (cf. aussi* stage 1) *et* base 3)).

base driving *cf.* base drive 1).

base electrode *cf.* base 3).

base-emitter circuit circuit base-émetteur, circuit de la base *(circuit reliant la base d'un transistor bipolaire à l'émetteur de celui-ci dans un montage utilisant un tel transistor) (est le circuit de commande du transistor) (semi) (cf. aussi* bipolar transistor).

base-emitter junction jonction émetteur-base *(transistor bipolaire) (cf. aussi* bipolar transistor).

base-emitter voltage tension base-émetteur *(tension appliquée entre la base et l'émetteur d'un transistor bipolaire) (est la somme algébrique de la tension de la polarisation de la base et de la valeur instantanée de la tension variable résultant de l'application du signal à celle-ci) (semi) (cf. aussi* base bias *et* bipolar transistor).

base film support *(au sens du terme anglais, bande de matière plastique portant la couche magnétique d'une bande magnétique classique) (cf. aussi* magnetic tape).

base group *cf.* basic group.

base impurities (les) impuretés de la base *(impuretés créant la base d'un transistor bipolaire) (semi) (cf. aussi* impurity *et* base 3)).

base impurity impureté de base *(parf.* de la base) *(cf. aussi* base impurities).

base impurity concentration concentration d'impuretés dans la base *(transistor bipolaire) (cf. aussi* base impurities).

base impurity concentration profile *cf.* base doping profile.

base indexing pin ergot d'orientation, détrompeur s *(culot de tube électronique ou embase analogue de relais enfichable) (cf. aussi* mounting polarization).

base insulator isolateur de pied d'antenne *(isolateur, généralement en porcelaine, interposé entre l'extrémité inférieure d'une antenne verticale et son support) (antenne-fouet, etc.) (cf. aussi* vertical antenna).

base-line 1) base (de navigation) *(distance entre la station pilote et une station asservie dans un système de navigation hyperbolique) (cf. aussi* hyperbolic navigation system). 2) base de temps *(oscillo, etc.) (cf. aussi* time base (a)). 3) base de distance *(équivalent, sur l'écran d'un radar, de la base de temps d'un oscilloscope) (cf. aussi* time base (a)).

base load charge insérée à la base *(antenne) (cf. aussi* base-loaded antenna).

base-loaded aerial *(GB) cf.* base-loaded antenna.

base-loaded antenna antenne chargée à la base *(antenne verticale dont la hauteur électrique est augmentée par une bobine d'inductance insérée entre la ligne d'alimentation et l'extrémité inférieure de l'antenne) (cf. aussi* antenna tuning coil *et* vertical antenna).

base loading insertion d'une charge à la base *(antenne) (cf. aussi* base-loaded antenna).

base metal métal ordinaire *(ou* non précieux) *(pour les résistances à couche épaisse) (cf. aussi* non-noble metal *et* thick-film resistor).

base-metal glaze couche résistive à base de métal ordinaire *(cf. aussi* base metal).

base-metal resistor *cf.* base-metal thick-film resistor.

base-metal thick-film resistor résistance à couche épaisse à métal ordinaire *(ou* à base de métal ordinaire) *(cf. aussi* base metal).

base-metal thick-films (les) résistances ... *(voir aussi* base-metal thick-film resistor).

base modulation modulation par la base *(modulation de l'intensité du courant dans un transistor bipolaire produite par un signal d'amplitude variable appliqué à sa base) (mode de fonctionnement normal d'un tel transistor, notamment monté en modulateur d'amplitude) (semi) (cf. aussi* modulation (a), base 3) *et* amplitude modulator).

base pin broche du culot *(parf.* de l'embase) *(tube, relais, etc.) (cf. aussi* pin 1) *et* base 1) *et* 2)).

base plate embase, *(parf.)* platine *(au sens du second terme, plaque métallique portant des composants électroniques ou autres éléments) (cf. aussi* front panel).

base point virgule *(dans un nombre non entier) (math, inf) (cf. aussi* decimal point *et* binary point).

base region zone de la base *(nom parfois donné à la base d'un transistor) (cf. aussi* base 3)).

base register registre de base *(registre d'ordinateur destiné à contenir une adresse de base) (inf) (cf. aussi* register[1] 1) (a) *et* base address).

base regrown oxide oxyde de base reformé *(oxyde isolant reformé au-dessus de la base d'un transistor après formation d'un contact et connexion de celui-ci) (fab. semi) (cf. aussi* oxide window *et* base 3)).

base resistance résistance de la base, résistance série de la base *(résistance de la base d'un transistor bipolaire) (semi) (cf. aussi* base 3) *et* series resistance).

base station centre émetteur-récepteur, *(parf.)* station de base *(station fixe du service radiotéléphonique assurant les liaisons avec des stations fixes et les stations mobiles jusqu'à une certaine distance) (radiocom) (cf. aussi* fixed service, mobile service, cellular mobile service *et* radiotelephony).

base voltage *cf.* base-emitter voltage.

base widening épaississement de la base *(augmentation apparente de l'épaisseur de la base d'un transistor bipolaire lorsque la densité d'injection de porteurs dans la base est suffisamment grande pour modifier temporairement le dopage de celle-ci au point de déplacer la jonction base-collecteur vers celui-ci) (cf. aussi* base 3) *et* minority-carrier injection).

base width épaisseur de la base, largeur de la base *(si l'on considère l'épaisseur de la base d'un transistor bipolaire comme étant sa largeur dans la vue en coupe du transistor) (le premier terme est le meilleur) (semi) (cf. aussi* base 3)).

base-width control limitation de l'épaisseur de la base, *(etc.) (fab. transistor) (cf. aussi* base width).

base-width modulation modulation de l'épaisseur de la base, *(etc.) (cf. aussi* base width *et* modulation).

base-width scaling réduction de l'épaisseur de la base, *(etc.) (cf. aussi* base width *et* scaled technology).

baseband bande de base *(bande de fréquences occupée par un signal téléphonique ou autre envoyé tel quel dans la ligne ou considérée avant de faire subir une transposition de fréquence au signal) (dans un multiplex téléphonique à répartition de fréquence, la bande de base est la bande de fréquences occupée par les 12 voies du groupe primaire de base) (tls) (cf. aussi* frequency-division multiplex *et* basic group).

baseband network réseau en bande de base (a) *réseau téléphonique ou télégraphique utilisant la transmission en bande de base) (notamment réseau urbain ou privé ou réseau militaire de campagne) (cf. aussi* baseband transmission) ; (b) *nom donné à un réseau informatique local utilisant un multiplex à répartition du temps pour la transmission des signaux) (inf) (cf. aussi* local computer network *et* time-division multiplex).

baseband repeater répéteur en bande de base *(répéteur de faisceau hertzien dans lequel la fréquence de la porteuse réémise est la même que celle de la porteuse reçue) (radiocom) (cf. aussi* radio repeater).

baseband signal signal en bande de base *(signal téléphonique ou autre n'ayant pas subi de transposition de fréquence) (cf. aussi* baseband).

baseband signalling transmission en bande de base *(sous-entendu d'un signal télégraphique) (tls) (cf. aussi* baseband, telegraph signal *et* baseband transmission).

baseband transmission transmission en bande de base *(transmission d'un signal quelconque en bande de base) (tls) (cf. aussi* baseband *et* baseband signalling).

basegroup *cf.* basic group.

BASIC *(vient de « beginner's all-purpose symbolic instruction code »)* Basic, langage Basic, langage de programmation Basic *(ou* BASIC) *(langage de programmation symbolique, à l'origine pour non-spécialistes, fourni avec pratiquement tous les micro-ordinateurs et dont le nombre initial d'une dizaine d'instructions a augmenté progressivement au point d'en faire un langage aux possibilités professionnelles) (a la particularité*

d'être initialement un langage interprété et non structuré) (inf) (cf. aussi symbolic language, interpretive language, structured language *et* microcomputer).

basic circuit circuit de base, montage de base *(montage dont est dérivé un autre, généralement plus compliqué) (cf. aussi* circuit).

basic circuit element élément de base d'un circuit *(élément de circuit répété un certain nombre de fois dans un montage) (diode d'une matrice de diodes, porte d'un réseau de portes logiques, etc.) (cf. aussi* circuit element).

basic frequency *cf.* fundamental frequency.

basic group groupe de base *(dans un multiplex téléphonique à répartition de fréquence, groupe de voies choisi arbitrairement et formant l'élément de base d'un palier de transposition de fréquence à partir duquel les autres groupes du même palier se déduisent) (est normalement formé de 12 voies occupant chacune une bande de fréquence de 4 kHz, soit 48 kHz pour le groupe) (groupe primaire de base, secondaire de base, tertiaire de base ou quaternaire de base) (le terme anglais désigne normalement le groupe primaire de base, c.-à-d. le groupe de base du premier palier de transposition de fréquence) (tls) (cf. aussi* basic supergroup *et* group).

basic Q *cf.* non-loaded Q.

basic supergroup groupe supérieur de base *(groupe supérieur d'un multiplex téléphonique à répartition de fréquence choisi comme groupe de base du palier de transposition de fréquence correspondant) (groupe secondaire de base, groupe tertiaire de base ou groupe quaternaire de base) (tls) (cf. aussi* supergroup *et* basic group).

basing diagram schéma de brochage *(schéma indiquant la fonction des différentes broches du culot d'un tube électronique ou de l'embase d'un relais enfichable) (cf. aussi* pinout *et* base 1) *et* 2)).

basket coil *cf.* basket winding.

basket winding bobinage en nid d'abeilles *(bobinage haute fréquence dont les spires successives sont croisées pour réduire la capacité répartie) (cf. aussi* RF coil *et* distributed capacitance).

bass (les) basses, (les) sons graves, *(parf. aussi)* le registre grave, le grave *(sons dont la fréquence est comprise dans la partie inférieure de la gamme des fréquences audibles, c.-à-d. est inférieure à 300 Hz, cette limite étant fixée arbitrairement) (acou) (cf. aussi* pitch 1), audio range *et* woofer).

bass boost renforcement des graves *(augmentation provoquée du gain d'un amplificateur basse fréquence aux fréquences basses du signal d'entrée lorsque celui-ci est de faible amplitude) (sert à compenser la sensibilité moins grande de l'oreille humaine aux sons graves qu'aux sons aigus lorsque les sons sont de faible intensité) (électroacou) (cf. aussi* gain 1), audio-frequency amplifier *et* bass).

bass compensation *cf.* bass boost.

bass control commande des graves *(potentiomètre agissant sur l'intensité des graves dans un amplificateur basse fréquence ou bouton de commande de ce potentiomètre) (cf. aussi* bass *et* potentiometer 1)).

bass frequencies fréquences des graves, fréquences graves *(fréquences des sons graves) (acou) (cf. aussi* bass).

bass reflex baffle enceinte à évent, enceinte bass reflex, enceinte acoustique *(idem) (enceinte acoustique comportant une ouverture antérieure de petite section disposée au-dessous du haut-parleur pour améliorer le rendement de l'ensemble dans les graves par entrée en résonance, à ces fréquences, de l'air sortant par l'évent et, par conséquent, de l'enceinte) (électroacou) (cf. aussi* loudspeaker baffle, bass *et* resonance).

bass response réponse aux graves *(reproduction plus ou moins parfaite des sons graves par un haut-parleur) (électroacou) (cf. aussi* bass *et* loudspeaker).

bassy grave, à prédominance de graves *(son) (cf. aussi* bass).

batch process procédé collectif, procédé de traitement collectif, *(souvent)* procédé de fabrication collective *(cf. aussi* batch processing 1)).

batch-process *v (voir aussi* batch processing) **1)** traiter collectivement *(ou par un procédé collectif), (souvent)* fabriquer collectivement *(idem).* **2)** traiter par lots.

batch processing 1) traitement collectif, *(parf.)* fabrication collective *(traitement simultané d'un nombre de puces pouvant être très grand sur une plaquette de semiconducteur ou autre matière, ou d'un certain nombre de substrats de circuits hybrides à couches minces) (cf. aussi* chip 1), wafer 2), hybrid-circuit substrate *et* thin-film hybrid circuit). **2)** traitement par lots, traitement en temps différé, traitement différé *(traitement d'informations de même nature groupées par lots et traitées un temps quelconque après avoir été recueillies) (inf) (cf. aussi* data processing).

bath-tub capacitor condensateur pavé *(condensateur à boîtier parallélépipédique à coins arrondis rappelant la forme d'un pavé) (cf. aussi* capacitor).

battery 1) batterie *(d'accumulateurs électriques ou de piles électriques, notamment galvaniques) (cf. aussi* storage battery *et* primary battery). **2)** accumulateur (électrique) *(cf. aussi* storage cell 1)). **3)** pile (électrique) *(cf. aussi* primary cell).

battery back-up alimentation de secours par batterie *(parf.* par pile), *(parf.)* sauvegarde par batterie *(idem) (mémoire RAM, etc.) (cf. aussi* RAM back-up).

battery back-up refresh rafraîchissement avec alimentation par pile de secours *(mémoire RAM dynamique) (cf. aussi* back-up mode *et* refresh[2]).

battery-backed applications applications avec sauvegarde par batterie *(parf.* par pile) *(mémoire volative) (inf) (cf. aussi* RAM back-up).

battery-backed RAM mémoire RAM secourue *(mémoire RAM à alimentation de secours) (inf) (cf. aussi* RAM back-up).

battery charge charge de batteries (d'accumulateurs), charge d'accumulateurs, *(parf.)* charge de la batterie *(idem) (rétablissement de la charge d'un ou plusieurs accumulateurs électriques par passage d'un courant continu ou redressé de sens approprié dans ceux-ci) (est réalisée à l'aide d'un chargeur de batteries, d'une dynamo ou d'un alternateur suivi d'un redresseur) (élec) (cf. aussi* trickle charge, topping charge, storage battery, battery charger, dynamo *et* alternator).

battery charger chargeur de batteries, chargeur *(appareil ou dispositif fournissant un courant redressé à basse tension pour la charge d'accumulateurs à partir du courant du secteur) (est comparable à une alimentation classique sans filtre fournissant un courant à basse tension) (élec) (cf. aussi* trickle charger, battery charge, rectified current *et* power supply 2)).

battery charging charge de la batterie *(parf.* de batteries) *(au sens du terme anglais, action de charger une ou plusieurs batteries d'accumulateurs) (cf. aussi* battery charge).

battery clip pince à batterie *(genre de grosse pince crocodile ou équivalente à connexion par vis ou soudure prévue pour connecter temporairement un fil électrique sur une borne d'une batterie d'accumulateurs, notamment pour la recharger) (cf. aussi* alligator clip).

battery condition 1) état de la batterie *(état de charge d'une batterie d'accumulateurs) (cf. aussi* battery charge) **2)** état de la pile *(état d'usure d'une pile galvanique) (cf. aussi* electric cell).

battery/line operation alimentation piles/secteur, *(etc.) (cf. aussi* battery operation *et* line operation).

battery-operated *cf.* battery-powered.

battery operation alimentation par pile *(souvent au pluriel), (souvent aussi)* fonctionnement sur pile *(idem), (parf.)* alimentation par batterie d'accumulateurs, *(idem) (selon le contexte) (noter que le contexte ne suffit pas toujours pour déterminer s'il s'agit de piles électriques ou d'une batterie d'accumulateurs, ce cas étant un exemple de l'imprécision de l'anglais technique) (appareil portatif, machine) (cf. aussi* electric cell *et* storage battery).

battery pack batterie d'alimentation *(batterie d'accumulateurs ou, parfois, de piles incorporée à un appareil ou une machine pour assurer son alimentation en courant continu, ou en courant alternatif par l'intermédiaire d'un onduleur) (cf. aussi* battery operation *et* inverter power supply).

battery power énergie fournie par une batterie, *(etc.), (parf.)* fourniture d'énergie par une batterie *(idem), (parf.)* alimentation par batterie *(idem) (cf. aussi* battery operation).

battery-powered alimenté par batterie, *(etc.) (cf. aussi* battery operation).

battery-powered applications applications avec alimentation par batterie *(parf.* par piles) *(cf. aussi* battery operation).

battery-powered instrument appareil alimenté par batterie *(parf.* par piles) *(oscilloscope portatif, etc.) (cf. aussi* battery operation).

battery-powered receiver *cf.* battery receiver.

battery receiver récepteur à piles *(parf.* à batterie), poste à piles *(idem) (poste à transistors ou ancien poste à « lampes » portatif ou téléviseur portatif) (cf. aussi* battery operation).

battery standby power alimentation de secours par batterie *(parf.* par piles) *(cf. aussi* battery operation).

battlefield ... *cf.* tactical ...

batwin aerial *(GB) cf.* batwin antenna.

batwin antenna antenne super-tourniquet *(radio) (cf. aussi* superturnstile antenna).

baud *(vient de « Baudot », inventeur de l'appareil télégraphique utilisant le code à cinq moments)* baud *(unité de rapidité de modulation télégraphique égale à un élément de signal par seconde, soit en général un binaire par seconde) (cf. aussi* telegraph signalling speed).

baud rate rapidité de modulation (télégraphique), cadence de modulation *(idem) (le premier terme est le terme officiel, mais le second est meilleur) (nombre d'éléments de signal émis par seconde par un appareil télégraphique émetteur) (tls) (cf. aussi* baud *et* transmission speed).

baud-rate generator générateur de cadence télégraphique, générateur (d'impulsions) de synchronisation télégraphique *(montage fournissant les impulsions de synchronisation d'une liaison de transmission de données en mode synchrone) (télinf) (cf. aussi* synchronous transmission *et* baud rate).

Baudot code code Baudot, code à cinq moments *(code de transmission télégraphique dans lequel chaque caractère est représenté par cinq impulsions encadrées d'une impulsion de départ et une impulsion d'arrêt) (tls) (cf. aussi* telegraph code, START bit *et* STOP bit).

Baudot code character caractère du code Baudot *(cf. aussi* Baudot code).

BAW *cf.* bulk acoustic wave.

BAW ... *cf.* bulk acoustic wave *et* SAW ... *et* adapter.

bay travée *(ensemble de plusieurs bâtis électroniques disposés les uns à côté des autres, notamment dans un central téléphonique automatique) (ne pas employer « baie ») (cf. aussi* rack 1)).

bayonet base culot à bayonnette *(culot de lampe électrique à verrouillage par bayonnette) (cf. aussi* bayonet coupling).

bayonet coupling verrouillage par bayonnette *(verrouillage d'un culot de lampe électrique dans la douille correspondante ou d'un connecteur mâle dans le connecteur femelle correspondant réalisé par deux ou trois ergots radiaux extérieurs équidistants s'engageant dans des logements à bossage correspondants) (cf. aussi* base 1) *et* connector (a)).

bayonet socket socle à bayonnette *(socle de connecteur à verrouillage par bayonnette) (cf. aussi* connector socket *et* bayonet coupling).

bazooka *(fam) cf.* balun.

BB *cf.* building block. *(de même pour les termes dérivés).*

BBD *(vient de « bucket brigade device »)* BBD, circuit BBD *(dispositif à transfert de charges comparable au circuit CCD, mais comportant en outre des transistors MOS disposés entre les condensateurs et rendus successivement conducteurs par des impulsions d'horloge pour provoquer le déplacement des charges électriques d'un condensateur au suivant) (est antérieur au CCD et n'a pas connu le même succès) (CI) (cf. aussi* charge transfer device, CCD *et* MOS transistor).

BC *cf.* board connector.

BCAS *(vient de « beacon-based collision avoidance system »)* système BCAS, système anticollision à répondeurs *(système de radar anticolision d'aéronef utilisant une balise répondeuse sur chaque appareil) (cf. aussi* radar beacon).

BCD *(vient de « binary-coded decimal »)* décimal codé binaire, BCD *(qualificatif appliqué à un nombre dont chaque chiffre est codé individuellement en binaire, c.-à-d. représenté par quatre binaires, indépendamment des autres chiffres du* *nombre) (il n'y a donc pas de puissances de 2 comme dans un nombre codé en binaire pur) (en d'autres termes, un nombre décimal codé binaire comprend autant de groupes de quatre binaires que le nombre décimal initial comprend de chiffres) (inf) (cf. aussi* bit *et* pure binary code*).*

BCD coding codage BCD *(inf) (cf. aussi* BCD*).*

BCD input entrée BCD *(bornes d'entrée d'un signal BCD sur un appareil ou un montage ou, par extension, ce signal lui-même) (cf. aussi* BCD*).*

BCD number nombre décimal codé binaire *(cf. aussi* BCD*).*

BCD output sortie BCD *(bornes de sortie d'un signal BCD sur un appareil, un montage ou un capteur ou, par extension, ce signal lui-même) (cf. aussi* BCD*).*

BCD-to-binary conversion conversion de BCD en binaire, conversion de décimal codé binaire en binaire, conversion BCD/binaire *(conversion d'un nombre décimal codé binaire en un nombre binaire) (inf, etc.) (cf. aussi* BCD*).*

BCI *cf.* broadcast interference.

BCS theory théorie BCS *(supraconduction) (cf. aussi* superconductivity*).*

Bd *cf.* baud.

BDW *cf.* bandwidth.

be on the air *v* être émis, être en cours d'émission *(radiodif) (cf. aussi* put on the air*).*

beacon balise, *(parf. aussi* répondeur*), (parf. aussi* radiophare*) (en électronique, émetteur radioélectrique destiné à faciliter la localisation d'un lieu ou d'un mobile) (radionav) (cf. aussi* non-directional beacon, directional beacon, marker beacon, distress beacon, radar beacon *et* radio range*).*

beacon return 1) réponse d'une balise, signal de réponse d'une balise *(balise répondeuse au sol ou sur bouée) (radionav).* 2) réponse d'un répondeur, signal de réponse d'un répondeur *(répondeur d'aéronef) (cf. aussi* beacon target*).*

beacon return presentation présentation de la réponse de la balise *(parf. du répondeur) (sur l'écran d'un radar) (cf. aussi* beacon return*).*

beacon return signal *cf.* beacon return.

beacon target cible équipée d'un répondeur, cible coopérante *(avion coopérant avec un radar d'identification ou engin autoguidé ou spatial coopérant avec un radar de poursuite) (cf. aussi* IFF radar *et* radar beacon*).*

beacon target return (signal de) réponse d'une cible équipée d'un répondeur *(cf. aussi* beacon target*).*

beacon target signal *cf.* beacon target return.

beacon tracking poursuite sur répondeur *(poursuite au radar d'une cible équipée d'une balise répondeuse) (avia, etc.) (cf. aussi* tracking beacon*).*

bead rondelle de centrage *(rondelle ou élément équivalent en matière isolante à faibles pertes en haute fréquence centrant de place en place le conducteur central d'un câble coaxial à faibles pertes) (cf. aussi* coaxial cable *et* RF loss*).*

bead thermistor thermistance goutte *(thermistance dont la forme rappelle celle d'une goutte d'eau) (cf. aussi* thermistor*).*

beam[1] *s* faisceau *(flux unidirectionnel plus ou moins concentré d'ondes ou de particules) (faisceau radar, faisceau de lumière, faisceau d'ultrasons, faisceau d'électrons, etc.) (voir ces termes en anglais) (cf. aussi* flux (a) *et* (b), wave, particle 2) *et notamment* beam power density *et* beam weapon*).*

beam[2] *v* 1) rayonner sous la forme d'un faisceau *(de l'énergie) (antenne directive, projecteur acoustique ou lumineux) (cf. aussi* energy, directional antenna, sound projector 2) *et* beam[1]*).* 2) émettre *(des signaux à l'aide d'une antenne directive) (faisceau hz, etc.) (cf. aussi* directional antenna *et* microwave radio 1) *).*

beam agility agilité du faisceau *(aptitude d'une antenne de radar à changer rapidement l'orientation du faisceau d'ondes émis) (ce terme s'emploie surtout pour une antenne à balayage électronique) (cf. aussi* phased-array antenna*).*

beam angle angle d'ouverture du faisceau, ouverture angulaire du faisceau *(dans le cas d'un faisceau d'ondes émis par une antenne, l'angle d'ouverture du faisceau est généralement mesuré au point où la puissance disponible dans celui-ci est égale à la moitié de la puissance rayonnée et porte le nom de « largeur à demi-puissance » ou « largeur à 3 dB » (ou, plus correctement mais moins employé, « largeur à −3 dB »),*

notamment dans le cas d'une antenne de radar) (cf. aussi beam width, power density *et* decibel*).*

beam antenna antenne directive *(cf. aussi* directional antenna*).*

beam aperture ouverture du faisceau *(cf. aussi* beam angle*).*

beam attenuation atténuation du faisceau *(diminution progressive de la puissance d'un faisceau se propageant dans un milieu matériel due aux pertes d'énergie par absorption) (cf. aussi* beam power 1) *et* absorption*).*

beam axis axe du faisceau *(axe d'un faisceau de révolution) (cf. aussi* beam[1]*).*

beam bender piège à ions *(tube cath) (cf. aussi* ion trap*).*

beam blanking suppression du faisceau *(tube cath) (cf. aussi* blanking*).*

beam bombardment bombardement par faisceau de particules *(cf. aussi* electron-beam bombardment, ion-beam bombardment *et* beam[1]*).*

beam capture interception du faisceau *(interception du faisceau de guidage par un missile guidé par alignement) (mil) (cf. aussi* beam-rider guidance*).*

beam clearance dégagement du faisceau *(dans le cas fréquent d'un faisceau hertzien, hauteur du faisceau au-dessus du sol) (cf. aussi* microwave radio *et* Fresnel zone*).*

beam contouring mise en forme du faisceau (dans le plan de la section droite), mise en forme de la section droite du faisceau *(sat. tls, etc.) (cf. aussi* contoured beam *et* beam shaping*).*

beam convergence convergence des faisceaux *(tube à masque perforé) (cf. aussi* convergence*).*

beam coupling couplage par faisceau d'électrons, *(parf.)* couplage du faisceau *(tube hyper) (cf. aussi* velocity-modulated tube*).*

beam coupling structure structure de couplage du faisceau *(nom parfois donné à une ligne à onde lente pour rappeler sa finalité) (tube hyper) (cf. aussi* slow-wave structure*).*

beam current *(parf.* intensité du) courant dans le faisceau *(courant électrique constitué par un faisceau d'électrons ou d'ions ou, parfois, intensité de ce courant) (cf. aussi* convection current, electric current, electron beam, ion beam, beam[1] *et* current 2) *).*

beam current density densité de courant du faisceau *(cf. aussi* current density *et* beam current*).*

beam density densité du faisceau (a) *cf.* beam current density ; (b) *cf.* beam power density.

beam energy énergie du faisceau *(énergie transportée par un faisceau d'ondes ou de particules) (cf. aussi* energy, beam power *et* beam[1]*).*

beam finder chercheur de faisceau *(bouton-poussoir monté sur la face avant d'un oscilloscope et circuits associés ramenant le point lumineux dans les limites de l'écran quand on appuie sur le bouton, quelle que soit la position des boutons agissant sur la trace) (agit en limitant la déviation du point lumineux aux dimensions de l'écran) (cf. aussi* oscilloscope*).*

beam focusing concentration du faisceau *(parf.* d'un faisceau), focalisation du faisceau *(idem) (tube cath, etc.) (cf. aussi* focusing*).*

beam forming formation du faisceau *(parf.* d'un faisceau), *(parf.)* mise en forme *(idem) (fixation de la forme d'un faisceau d'ondes dans sa section droite, dans le plan horizontal ou dans le plan vertical, ou les deux ou trois) (radar, etc.) (cf. aussi* beam contouring, cosecant-squared beam, beam forming *et* beam[1]*).*

beam-forming array groupement à déphasage *(antenne) (cf. aussi* phased array*).*

beam-forming lens lentille hyperfréquence *(antenne) (cf. aussi* antenna lens*).*

beam-forming network réseau de formation du faisceau *(réseau de lignes de transmission hyperfréquence alimentant les différents éléments rayonnants d'une antenne multisource et notamment d'une antenne à balayage électronique) (est généralement un réseau de guides d'ondes dans chacun desquels est généralement inséré un déphaseur) (cf. aussi* microwave transmission line, radiating element, multifeed antenna, phased-array antenna, waveguide *et* phase shifter*).*

beam forming technique méthode de formation du faisceau, procédé *(idem) (cf. aussi* beam forming*).*

beam gating déblocage du faisceau (*rétablissement d'un faisceau de particules supprimé, notamment dans un tube cathodique*) (*cf. aussi* blanking).

beam-gating electrode *cf.* blanking electrode.

beam heating échauffement dû au faisceau (*ou* produit par le faisceau) (*échauffement d'une surface frappée par un faisceau de particules ou d'ondes à densité de puissance relativement grande*) (*écran de tube cathodique, pièce soudée ou percée par faisceau d'électrons ou faisceau laser, substrat soumis à l'implantation ionique, cible atteinte par une arme à faisceau d'énergie, etc.*) (*cf. aussi* beam power density).

beam intensity intensité du faisceau (de faisceau, d'un faisceau) (*selon le contexte*) (*tube cath, laser, etc.*) (*cf. aussi* intensity *et* beam[1]).

beam lead 1) patte de puce (*cf. aussi* beam-lead chip). 2) *cf.* beam-lead chip.

beam-lead bond soudure sur patte de puce (*cf. aussi* beam-lead bonder).

beam-lead bonder soudeuse pour pattes de puce, machine à souder (*idem*) (*soudeuse par thermocompression utilisée pour souder les pattes des puces à pattes sur les conducteurs de circuits hybrides*) (*cf. aussi* thermocompression bonder *et* beam-lead chip).

beam-lead bonding soudage des pattes de puce, soudure (*idem*) (*cf. aussi* beam-lead bonder).

beam-lead bonding machine *cf.* beam-lead bonder.

beam-lead chip puce à pattes (*terme que j'ai proposé*), puce à conducteurs poutres (*anglicisme courant mais à éviter*) (*puce de transistor ou de circuit intégré destinée à être montée nue sur un circuit hybride et dont les plages de connexion en or disposées toutes sur la face active sont prolongées, par galvanoplastie, par des pattes en or de section rectangulaire soudées ultérieurement sur des conducteurs du circuit hybride pour assurer à la fois le raccordement électrique et la fixation de la puce*) (*cf. aussi* chip 1), hybrid circuit *et* electrodeposition).

beam-lead device composant à pattes, (*etc.*) (*noms souvent donnés à une puce à pattes simple ou multiple dont la face active est protégée par autant de boîtiers minuscules*) (*cf. aussi* beam-lead chip).

beam-leaded ... *cf.* beam-lead ...

beam magnet aimant de convergence (*tube à masque perforé*) (*cf. aussi* convergence magnet).

beam off éteint par suppression (*état de fonctionnement d'un tube cathodique pendant une période de suppression du faisceau*) (*cf. aussi* blanking *et* beam on).

beam-off voltage *cf.* blanking voltage.

beam on allumé (*état de fonctionnement normal d'un tube cathodique, le point lumineux apparaissant sur l'écran*) (*cf. aussi* beam off).

beam path trajet du faisceau, chemin suivi par le faisceau (*propa*) (*cf. aussi* path *et* beam[1]).

beam pattern diagramme de rayonnement (*antenne*) (*cf. aussi* radiation pattern).

beam-penetration cathode-ray tube tube cathodique à pénétration, tube à pénétration (*tube cathodique équipé d'un écran à pénétration*) (*cf. aussi* penetration screen).

beam-penetration color display présentation en couleurs par tube à pénétration, affichage (*idem*) (*présentation d'informations radar*) (*cf. aussi* beam-penetration cathode-ray tube *et* radar data display).

beam-penetration CRT *cf.* beam-penetration cathode-ray tube.

beam-penetration tube *cf.* beam-penetration cathode-ray tube.

beam power puissance du faisceau (*puissance transportée par un faisceau d'ondes ou de particules*) (*cf. aussi* power density 1), power[1] 1) *et* beam[1]).

beam power density densité de puissance du faisceau (*cf. aussi* power density 1)).

beam power input *cf.* beam power.

beam power tube tétrode à faisceaux dirigés (*tétrode de puissance dans laquelle deux plaques déflectrices disposées aux extrémités de la grille-écran ovale réduisent le flux d'électrons émis par la cathode à deux faisceaux larges frappant l'anode*) (*a une caractéristique de plaque meilleure que celle d'une pentode*) (*cf. aussi* tetrode).

beam processing gravure par faisceau de particules (*gravure de motifs par faisceau d'électrons ou, plus rarement, par faisceau d'ions*) (*fab. CI*) (*cf. aussi* pattern printing, electron-beam lithography *et* ion-beam lithography).

beam refresh rafraîchissement de l'image (*tube cath*) (*cf. aussi* refresh[2] (b)).

beam-refreshed image image rafraîchie (par le faisceau) (*tube cath*) (*cf. aussi* refresh[2] (b)).

beam rider missile guidé par alignement (*mil*) (*cf. aussi* beam-rider guidance).

beam-rider guidance guidage par alignement (*autoguidage d'un missile sol-air le long d'un faisceau d'ondes émis par un radar au sol en direction de la cible à atteindre*) (*mil*) (*cf. aussi* self-guidance).

beam scanning balayage par un faisceau (*parf.* par le faisceau) (*cf. aussi* scanning (a)).

beam scattering diffusion du faisceau (*parf.* d'un faisceau) (*diffusion d'un faisceau d'ondes ou de particules se propageant dans un milieu matériel et notamment dans l'atmosphère terrestre*) (*arme à faisceau d'énergie, etc.*) (*cf. aussi* scattering, beam[1], thermal blooming *et* material medium).

beam shaping mise en forme du faisceau (*cf. aussi* beam forming).

beam sharpening affinement du faisceau (*radar, etc.*) (*cf. aussi* Doppler beam sharpening).

beam sharpening ratio rapport d'affinement du faisceau (*rapport entre l'angle d'ouverture normal d'un faisceau radar et l'angle obtenu par affinement Doppler*) (*cf. aussi* beam angle *et* Doppler beam sharpening).

beam signal signal du faisceau (*signal transmis par un faisceau d'ondes ou constitué par la présence de celui-ci*) (*faisceau hz, radionav, etc.*) (*cf. aussi* signal[1] *et* beam[1]).

beam splitting division du faisceau (*division en deux parties de la section droite d'un faisceau de particules, notamment dans un tube cathodique*) (*cf. aussi* split-beam cathode ray tube *et* beam[1]).

beam spot point produit par le faisceau (*tube cath, graveur à faisceau d'électrons, etc.*) (*cf. aussi* luminous spot).

beam steering pointage du faisceau (*antenne, etc.*) (*cf. aussi* antenna pointing *et* beam[1]).

beam switching 1) commutation de faisceaux (*passage de l'émission d'un faisceau d'ondes déterminé à l'émission d'un autre faisceau d'ondes, à angle d'ouverture différent ou à forme de section droite différente, notamment dans un satellite de télécommunications*) (*cf. aussi* beam angle *et* contoured beam). 2) *cf.* lobe switching.

beam-switching network réseau de commutation de faisceaux (*ensemble des circuits assurant la commutation de faisceaux*) (*cf. aussi* beam switching).

beam tetrode *cf.* beam power tube.

beam transmission 1) transmission par faisceau d'ondes (*transmission de signaux par un faisceau hertzien ou un faisceau laser*) (*tls*) (*cf. aussi* microwave radio *et* laser communications). 2) transport par faisceau d'ondes (*transport d'énergie par un faisceau d'ondes ultra-courtes*) (*satellite héliogénérateur, etc.*) (*cf. aussi* solar power satellite).

beam tube *cf.* beam power tube.

beam voltage *cf.* accelerating voltage.

beam weapon arme à faisceau d'énergie (*arme agissant par l'émission d'un faisceau d'énergie électromagnétique ou cinétique à grande densité de puissance, capable de fondre localement un revêtement métallique ou autre*) (*terme générique couvrant l'arme laser, l'arme hyperfréquence, et les armes à faisceau de particules*) (*cf. aussi* laser weapon, microwave weapon, particle-beam weapon, death ray, energy *et* power density 1)).

beam width largeur du faisceau (*parf.* de faisceau) (*largeur d'un faisceau d'ondes ou de particules et notamment du faisceau d'ondes émis par une antenne d'émission directive et plus particulièrement par une antenne de radar*) (*est mesurée par l'angle d'ouverture du faisceau*) (*cf. aussi* azimuth beam width, elevation beam width, beam angle *et* beam[1]).

beam-width error erreur due à la largeur du faisceau (*erreur angulaire d'un radar de poursuite ordinaire due à la largeur relativement grande du faisceau d'ondes émis, la cible suivie pouvant de ce fait se trouver en dehors de l'axe du faisceau*) (*cf. aussi* angle tracking error, beam width *et* tracking radar).

beamed acoustic energy *cf.* beamed sound energy.

beamed energy énergie rayonnée (sous la forme d'un faisceau) (*cf. aussi* beam²).

beamed electromagnetic energy énergie électromagnétique rayonnée (*cf. aussi* electromagnetic energy *et* beamed energy).

beamed rf energy *cf.* beamed RF energy.

beamed RF energy énergie haute fréquence rayonnée (*antenne*) (*cf. aussi* RF energy *et* beamed energy).

beamed sound energy énergie acoustique rayonnée (*projecteur sonar, etc.*) (*cf. aussi* sound energy *et* beamed energy).

BEAMOS (*vient de « beam-accessed MOS »*) mémoire BEAMOS (*mémoire numérique expérimentale et relativement ancienne formée essentiellement d'un petit tube cathodique spécial dont le faisceau d'électrons charge des condensateurs MOS formés sur la face intérieure de la dalle et constituant les cellules de mémoire*) (*inf*) (*cf. aussi* EBAM, digital memory, cathode-ray tube, MOS capacitor *et* faceplate).

bearing 1) gisement (*direction d'un point au sol, notamment d'une balise radio, par rapport à la direction de référence, c.-à-d. angle formé par les deux directions*) (*est l'azimut au sol au sens courant du mot azimut*) (*nav*) (*cf. aussi* relative bearing, true bearing, take a bearing, azimuth 1) *et, à titre d'information*, heading 1)). **2)** palier (*d'arbre tournant*) (*cf. aussi* active magnetic bearing).

bearing accuracy précision en gisement (*précision de détermination d'un gisement, notamment en radionavigation*) (*cf. aussi* bearing 1)).

bearing cursor disque d'azimut (*disque transparent portant un trait radial, et des graduations angulaires périphériques, que l'on amène sur un écho sur l'écran d'un radar panoramique*) (*cf. aussi* PPI-display radar).

bearing deviation indicator indicateur de gisement (*indicateur sonar indiquant le gisement de la cible par rapport à l'axe du projecteur*) (*cf. aussi* sonar indicator, bearing 1) *et* sonar projector).

bearing information information de gisement (*valeur chiffrée d'un gisement*) (*cf. aussi* bearing 1) *et* information).

bearing resolution pouvoir séparateur en gisement (*pouvoir séparateur en azimut au sol*) (*cf. aussi* azimuth resolution (a)).

beat¹ *s* (un) battement (*cf. aussi* beating).

beat² *v* battre (*cf. aussi* beating).

beat frequency fréquence de battement (*fréquence d'une oscillation sinusoïdale obtenue par battement*) (*cf. aussi* frequency, beating *et* beat-frequency oscillator).

beat-frequency oscillator oscillateur de battement, BFO (*sigle du terme anglais*) (*oscillateur auxiliaire incorporé notamment à un récepteur de trafic ou un radiocompas pour obtenir un signal audible par battement avec l'onde porteuse reçue lorsque celle-ci est une onde entretenue*) (*radio*) (*cf. aussi* beat-note detector, beating, continuous wave, communications receiver *et* oscillator).

beat indicator indicateur de battement (*haut-parleur ou casque d'écoute utilisé pour entendre un signal de battement audible et notamment pour mettre en évidence un battement zéro*) (*cf. aussi* beat note *et* zero beat).

beat note signal de battement audible (*son émis par un indicateur de battement lorsque la fréquence du battement est une fréquence audible*) (*cf. aussi* beat indicator *et* audio frequency).

beat-note detector détecteur de battement (*nom parfois donné au détecteur d'un récepteur de trafic lorsqu'il est utilisé en liaison avec l'oscillateur de battement de l'appareil*) (*radiocom*) (*cf. aussi* detector 2), communications receiver *et* beat-frequency oscillator).

beat reception réception hétérodyne (*radio*) (*cf. aussi* heterodyne réception).

beat signal signal de battement (*signal obtenu par battement*) (*cf. aussi* beating *et* signal¹).

beat tone *cf.* beat note.

beat-tone oscillator *cf.* beat-frequency oscillator.

beating (le) battement (*au sens de « action de battre »*) (*interaction de deux oscillations sinusoïdales de fréquences différentes et voisines dans un élément non linéaire donnant lieu à l'apparition d'une fréquence égale à la somme des deux fréquences d'entrée et d'une fréquence égale à leur différence, cette dernière fréquence constituant le signal utile*) (*cf. aussi* sinusoidal oscillation, frequency, non-linear element, mixer, sideband, beat¹ *et* beat frequency).

beating effect effet de battement (*cf. aussi* beating).

beating-in syntonisation (*accord de deux oscillateurs sur la même fréquence, généralement par la méthode de battement zéro*) (*cf. aussi* tuning *et* zero beat).

beats battements (*cf. aussi* beat¹).

beavertail beam faisceau en éventail horizontal (*ou dans le plan horizontal*) (*faisceau d'ondes émis notamment par l'antenne d'un radar altimétrique*) (*cf. aussi* fan beam *et* height-finding radar).

bed of nails lit de clous (*dispositif à matrice de pointes de touche à ressort utilisé pour le contrôle rapide des cartes à circuit imprimé*) (*cf. aussi* test prod *et* printed-circuit board).

bed-of-nails fixture *cf.* bed-of-nail test jig.

bed-of-nails test jig contrôleur à lit de clous, testeur (*idem*) (*cf. aussi* bed of nails).

bed-of-nails testing (le) contrôle sur lit de clous (*cf. aussi* bed-of-nails).

bedspring aerial (*GB*) *cf.* billboard antenna.

bedspring antenna *cf.* billboard antenna.

bedspring array *cf.* billboard antenna.

beefed-up version version améliorée (*version d'un appareil ou d'un logiciel dotée de possibilités plus grandes que celles de la version précédente, celle-ci pouvant être le modèle de base*).

beginning-of-tape sensor détecteur de début de bande (*dérouleur de bande*) (*cf. aussi* end-of-tape sensor).

bel (*vient de Graham Bell*) bel, B (*unité de rapport choisie de telle façon que le nombre de bels soit égal au logarithme décimal du rapport considéré*) (*exemples : 1 bel représente un rapport de 10 puisque* $\log_{10} 10 = 1$, *2 bels représentent un rapport de 100 puisque* $\log_{10} 100 = 2$, *etc.*) (*cette unité a été créée pour représenter des rapports de puissance électrique ou acoustique ou de tension, donc des gains ou des atténuations mais, étant trop grande, elle a été remplacée par le décibel*) (*cf. aussi* decibel, level, gain *et* attenuation).

bell sonnerie (*électrique ou autre*) (*cf. aussi* electric bell).

bell ringing appel par sonnerie (*tél, etc.*) (*cf. aussi* telephone bell).

bell wire fil de sonnerie (*fil isolé de petit diamètre*) (*cf. aussi* wire¹ 1)).

Bellini-Tosi system système Bellini-Tosi, sytème d'antennes Bellini-Tosi (*système d'antennes de radiogoniomètre au sol formé de deux cadres fixes de grandes dimensions disposés en croix dans le plan horizontal et reliés respectivement à deux petits cadres disposés de la même façon et couplés par induction électromagnétique à une bobine tournante dont la rotation fait tourner le diagramme de directivité du système d'antennes*) (*radionav*) (*avia*) (*cf. aussi* octantal error, radio direction finder, loop antenna, electromagnetic induction *et* directivity pattern).

belt drive entraînement par courroie (*en électroacoustique, entraînement en rotation du plateau d'un tourne-disque par une courroie plate passant sur une poulie de petit diamètre calée sur l'arbre du moteur et sur une poulie de grand diamètre solidaire du plateau*) (*cf. aussi* turntable drive).

belt printer imprimante à courroie (*imprimante dérivée de l'imprimante à chaîne par remplacement de la chaîne par une courroie plate portant les caractères*) (*est employée notamment dans les calculatrices imprimantes de poche, la courroie étant alors très petite*) (*inf*) (*cf. aussi* chain printer).

bench ... *cf.* laboratory ... (*pour les termes qui ne figurent pas ci-après*).

bench-mark problem problème d'évaluation (*problème employé pour déterminer les performances de vitesse de traitement et éventuellement de précision de calcul d'un ordinateur aux fins de comparaison à un autre ordinateur pris comme référence*) (*inf*) (*cf. aussi* processing speed).

bench stand support pour utilisation sur table (*multimètre, oscilloscope portatif, etc.*)

bench-top instrument appareil de table (*appareil de mesure ou autre conçu pour être utilisé sur une table*).

bench use utilisation sur table *(appareil) (sdpo à « utilisation en bâti », etc.) (cf. aussi* bench-top instrument).

benchtopper *cf.* bench-top instrument.

bend *s* **1)** coude *(de guide d'ondes, etc.) (cf. aussi* waveguide bend). **2)** courbure, flexion *(fibre optique, etc.) (cf. aussi* macrobend *et* microbend).

bending loss perte de courbure *(perte de lumière dans une fibre optique due à une courbure de celle-ci) (tls) (cf. aussi* macrobend, microbend *et* optical fiber).

bent-gun ion trap piège à ion à canon coudé *(tube cath) (cf. aussi* ion trap (a)).

BER *cf.* bit error rate.

BER measurement mesure de taux d'erreur en binaires *(inf, tls) (cf. aussi* bit error rate *et* measurement).

Bessel filter filtre de Bessel, filtre passe-bande de Bessel *(filtre passe-bande actif dont la réponse en phase en fonction de la fréquence est approximativement linéaire dans la bande passante et dans lequel, par conséquent, le délai de groupe dans la bande passante est approximativement constant) (cf. aussi* active band-pass filter, phase response 1) *et* group delay).

Bessel response *(parf.* courbe de) réponse d'un filtre de Bessel *(cf. aussi* Bessel filter).

beta bêta, β *(gain en courant d'un transistor bipolaire monté en émetteur commun) (cf. aussi* current gain *et* common-emitter connection).

β *cf.* beta.

beta particle particule bêta, rayon bêta, radiation bêta *(noms donnés à un électron négatif ou positif émis au cours de la désintégration du noyau d'un atome) (physique nucléaire) (cf. aussi* electron, radioactivity *et* particle 2)).

beta test (un) essai extérieur *(cf. aussi* beta testing).

beta testing (l')essai extérieur *(souvent au pluriel) (terme que j'ai proposé),* bêta tests *(anglicisme courant mais à éviter) (essais d'un micro-ordinateur, ou autre matériel informatique, de présérie confiés à des utilisateurs indépendants du constructeur).*

beta tests essais extérieurs, *(etc.) (cf. aussi* beta testing).

Bethe directional coupler coupleur directif de Bethe, coupleur de Bethe *(le second terme est le plus employé) (coupleur directif en guide d'ondes dans lequel le côté commun est un grand côté des guides, le couplage étant obtenu à l'aide d'un trou unique autour de l'axe duquel les deux guides peuvent pivoter pour créer l'effet directif) (cet effet est créé lorsque l'angle formé par les deux guides est tel que le coefficient de couplage magnétique par le trou est différent du coefficient de couplage électrique, celui-ci restant constant puisque les lignes de force du champ électrique de l'onde sont parallèles à l'axe du trou, tandis que les lignes de force du champ magnétique sont perpendiculaires à l'axe de la ligne primaire et forment donc des boucles de couplages orientées dans la ligne secondaire) (hyper) (cf. aussi* waveguide directional coupler).

Bethe hole directional coupler *cf.* Bethe directional coupler.

bezel encadrement *(partie d'un appareil à cadran ou à écran entourant généralement celui-ci ou enjoliveur chanfreiné entourant un bouton-poussoir ou autre composant).*

bezel adapter *cf.* camera adapter.

BFO *cf.* beat-frequency oscillator.

bi-FET *cf.* BIFET. *(plus loin).*

BI-FET *cf.* BIFET. *(plus loin).*

bi-MOS *cf.* BIMOS. *(plus loin).*

BI-MOS *cf.* BIMOS. *(plus loin).*

bias¹ *s* polarisation *(au sens du terme anglais, décalage provoqué de la valeur d'une grandeur électrique, magnétique ou mécanique par rapport à la valeur d'une autre grandeur de même nature prise comme référence pour fixer le point de fonctionnement d'un dispositif) (a) (polarisation d'une électrode) (état électrique d'une électrode par rapport à une autre électrode prise comme référence, c.-à-d. différence de potentiel entre les deux électrodes et signe de cette différence) (est créée par application d'une tension continue constante de polarité et d'amplitude déterminées entre les deux électrodes) (noter que le terme anglais est souvent employé avec le sens de « bias voltage », c.-à-d. qu'il désigne souvent cette tension et non l'effet qu'elle produit) (la polarisation électrique est em-*ployée notamment dans un tube électronique à grille de commande pour fixer son point de fonctionnement en portant la grille à un potentiel plus ou moins négatif par rapport à la cathode et dans une diode autre qu'une diode de redressement pour déplacer son seuil de conduction en portant la cathode à un potentiel positif par rapport à l'anode) (cf. aussi* positive bias, negative bias, forward bias, reverse bias, potential, operating point *et, à titre d'information,* polarization) ; (b) *polarisation magnétique) (cf. aussi* magnetic bias).

bias² *v* polariser *(appliquer une tension de polarisation ou un champ magnétique de polarisation) (cf. aussi* bias¹).

bias battery pile de polarisation *(pile électrique utilisée notamment dans des montages de mesure et dans certains montages à tubes électroniques pour polariser une ou plusieurs électrodes) (cf. aussi* bias¹ (a)).

bias circuit circuit de polarisation *(circuit aux bornes duquel est créée une tension de polarisation ou dans lequel circule un courant de polarisation) (cf. aussi* bias¹).

bias circuitry circuits de polarisation *(cf. aussi* bias circuit *et* circuitry).

bias current *(parf.* intensité du) courant de polarisation *(courant dont la circulation produit une tension de polarisation ou un champ magnétique de polarisation) (cf. aussi* input bias current *et* bias¹).

bias-current frequency fréquence du courant de polarisation (magnétique), fréquence de polarisation *(idem) (enr. mag) (cf. aussi* magnetic bias (a)).

bias-current stabilizer stabilisateur de courant de polarisation *(cf. aussi* bias stabilization).

bias detection *cf.* grid detection.

bias distortion distorsion télégraphique *(différence entre la durée ou la position d'une impulsion reçue à une extrémité d'une liaison télégraphique et celle de l'impulsion initiale émise à l'autre extrémité) (est due principalement à la capacité parasite de la ligne) (tls) (cf. aussi* telegraph link, parasitic capacitance *et* telegraph line).

bias field champ de polarisation (magnétique) *(cf. aussi* magnetic bias).

bias-field magnet *cf.* biasing magnet.

bias-field permanent magnet *cf.* biasing magnet.

bias frequency *cf.* bias-current frequency.

bias generator générateur de polarisation *(montage fournissant une tension ou un courant de polarisation, notamment dans un circuit intégré monolithique) (cf. aussi* bias¹ (a)).

bias level *cf.* bias voltage.

bias magnet *cf.* biasing magnet.

bias modulation *cf.* grid modulation.

bias network *cf.* bias circuit.

bias off *v* bloquer, *(etc.) (transistor, etc.) (cf. aussi* turn off 2)).

bias on *v* débloquer, *(etc.) (transistor, etc.) (cf. aussi* turn on 2)).

bias oscillator oscillateur de polarisation *(ou de prémagnétisation) (oscillateur fournissant le courant de polarisation magnétique dans un magnétophone) (sert généralement aussi pour l'effacement) (cf. aussi* magnetic bias (a) *et* oscillator).

bias resistor résistance de polarisation *(résistance insérée dans le circuit d'une électrode pour produire une chute de tension constituant la tension de polarisation de l'électrode) (la chute de tension est produite par le courant circulant dans le circuit de l'électrode s'il s'agit d'un courant continu ou par sa composante continue s'il s'agit d'un courant variable) (cf. aussi* self-bias, bias¹ (a) *et* voltage drop).

bias resistor network pont de polarisation *(diviseur de tension à deux résistances au point intermédiaire duquel est connectée une électrode à polariser, notamment d'un tube électronique ou d'un transistor) (cf. aussi* resistor voltage divider *et* bias¹ (a)).

bias signal *cf.* bias current.

bias source source de polarisation *(source de tension de polarisation) (peut être une pile ou un accumulateur ou, le plus souvent, être constituée par une résistance de polarisation) (cf. aussi* bias¹ (a) *et* bias resistor).

bias stabilization stabilisation de la polarisation *(stabilisation* *d'une tension ou d'un courant de polarisation) (cf. aussi* bias[1] (a) *et* voltage stabilization).

bias telegraph distortion *cf.* bias distortion.

bias voltage tension de polarisation *(tension appliquée à une électrode pour la polariser) (cf. aussi* bias[1] (a)).

bias winding enroulement de polarisation *(ampli. magnétique, etc.) (cf. aussi* magnetic amplifier).

biased polarisé(e) *(cf. aussi* bias[1]).

biased AGC *cf.* biased automatic gain control.

biased automatic gain control commande automatique de gain à seuil *(récepteur) (cf. aussi* delayed automatic gain control).

biased-off switch interrupteur monostable *(ou* à contact momentané) *(interrupteur rappelé par ressort à la position d'ouverture, comme un bouton-poussoir ordinaire) (cf. aussi* switch[1] 1) *et* pushbutton).

biased switch *cf.* biased-off switch.

biasing arrangement *cf.* bias circuit.

biasing magnet *(cf. aussi* magnet) aimant de polarisation (a) *aimant d'un relais polarisé) (cf. aussi* polarized relay) ; (b) *aimant déterminant la polarité magnétique de la couche active d'une mémoire à bulles magnétiques) (cf. aussi* magnetic garnet layer).

bibliographic retrieval recherche documentaire *(recherche de titres de documents, notamment d'ouvrages ou d'articles, généralement à l'aide d'un terminal à écran, d'après des mots-clés ou autres éléments liés au contexte) (les titres sont complétés par des indications telles que les noms d'auteurs, l'année de publication, l'éditeur et le nombre de pages, souvent un résumé, et peuvent donner accès à la publication complète si celle-ci est mémorisée avec son titre, les informations étant affichées sur un écran ou imprimées par une imprimante, ou les deux) (inf, etc.) (cf. aussi* display terminal).

BICMOS BICMOS *(cf.* BIFET *et* CMOS *et adapter).*

biconical aerial *(GB) cf.* biconical antenna.

biconical antenna antenne bicône *(ou* biconique) *(antenne d'émission omnidirectionnelle formée de deux cônes en tôle à axe vertical opposés par le sommet, le cône inférieur étant connecté au conducteur extérieur du câble coaxial d'alimentation et le cône supérieur au conducteur central) (cf. aussi* discone antenna, transmitting antenna, omnidirectional antenna *et* coaxial cable).

biconical array *cf.* biconical antenna.

biconical horn antenna *cf.* biconical antenna.

biconical omnidirectional antenna *cf.* biconical antenna.

BIDFET process *(BI vient de « bipolar », D de « DMOS » et FET de « MOSFET »)* procédé BIDFET *(procédé de fabrication de circuits intégrés numériques combinant des transistors bipolaires, des transistors DMOS et des transistors CMOS sur la même puce) (semi) (cf. aussi* digital integrated circuit, bipolar transistor, DMOS transistor, CMOS transistors *et* chip 1)).

bidirectional aerial *(GB) cf.* bidirectional antenna.

bidirectional antenna antenne bidirectionnelle *(antenne rayonnant et recevant avec le maximum d'efficacité dans deux directions opposées) (en d'autres termes, antenne dont le gain est maximal dans deux directions opposées, et dont, par conséquent, le diagramme de directivité a la forme d'un huit) (doublet ou antenne équivalente) (cf. aussi* gain (b) *et* (c), radiation pattern *et* dipole antenna).

bidirectional counter compteur bidirectionnel *(inf, etc.) (cf. aussi* up/down counter).

bidirectional coupler coupleur bidirectionnel *(hyper) (cf. aussi* dual directional coupler).

bidirectional data bus bus de données bidirectionnel *(bus de données parcouru dans un sens par les données à traiter et, après traitement, dans l'autre sens par les résultats du traitement) (inf) (cf. aussi* data bus).

bidirectional device dispositif bidirectionnel *(dispositif utilisable dans deux directions opposées ou dans les deux sens) (antenne, microphone, triac, etc.). (cf. aussi* bidirectional antenna, bidirectional microphone *et* triac).

bidirectional microphone microphone bidirectionnel *(microphone dont l'efficacité est maximale dans deux directions opposées perpendiculaires au plan de sa membrane) (en*

d'autres termes, microphone réagissant au maximum aux ondes sonores arrivant par devant et par derrière et dont, par conséquent, le diagramme de directivité a la forme d'un huit) (nom parfois donné au microphone à vitesse pour rappeler sa propriété et définitions correspondantes) (électroacou) (cf. aussi velocity microphone *et* directivity pattern).

bidirectional network *cf.* bilateral network.

bidirectional port accès bidirectionnel *(accès utilisé dans les deux sens) (inf, etc.) (cf. aussi* port 1)).

bidirectional printer imprimante bidirectionnelle *(ou* à impression bidirectionnelle) *(imprimante matricielle dans laquelle la tête d'impression se déplace de gauche à droite pour imprimer les lignes impaires et de droite à gauche pour imprimer les lignes paires) (en d'autres termes, imprimante matricielle dans laquelle le temps de retour du chariot est mis à profit pour imprimer une ligne, ce qui augmente la vitesse d'impression par page) (inf) (cf. aussi* matrix printer).

bidirectional printing impression bidirectionnelle, impression dans les deux sens *(impression réalisée par une imprimante bidirectionnelle) (inf) (cf. aussi* bidirectional printer).

bidirectional pulse train train d'impulsions bidirectionnelles, *(etc.) (cf. aussi* bidirectional pulses *et* pulse train).

bidirectional pulses impulsions bidirectionnelles *(ou* à double polarité) *(impulsions dont certaines sont positives et les autres négatives, généralement de façon alternée) (cf. aussi* positive pulse, negative pulse *et* pulse[1]).

bidirectional radiation pattern diagramme de rayonnement bidirectionnel *(diagramme de rayonnement d'une antenne bidirectionnelle) (cf. aussi* radiation pattern *et* bidirectional antenna).

bidirectional scrolling défilement bidirectionnel, défilement dans les deux sens *(défilement en montant ou en descendant) (écran inf) (cf. aussi* scrolling).

bidirectional semiconductor switch *cf.* bidirectional switch.

bidirectional switch interrupteur bidirectionnel, interrupteur à semiconducteur bidirectionnel *(interrupteur à semiconducteur pouvant laisser passer le courant dans les deux sens et, par conséquent, utilisable en courant alternatif) (triac, etc.) (cf. aussi* semiconductor switch *et* triac).

bidirectional thyristor *cf.* triac.

bidirectional transducer *cf.* bilateral transducer.

BIFET *(vient de « bipolar + FET » ; en réalité l'inverse)* BIFET *(voir rubriques ci-après et notamment « BIFET circuit ») (cf. aussi* BIMOS).

BIFET chip puce BIFET *(puce de circuit BIFET) (CI) (cf. aussi* chip 1) *et* BIFET circuit).

BIFET circuit circuit BIFET, circuit intégré BIFET, circuit intégré monolithique BIFET *(circuit intégré monolithique dans lequel les circuits d'entrée utilisent des transistors à effet de champ à jonction pour avoir une grande impédance d'entrée, tandis que les autres circuits utilisent des circuits bipolaires) (semi) (cf. aussi* BIFET, monolithic integrated circuit, junction field-effect transistor, bipolar transistor *et* input impedance).

BIFET device *cf.* BIFET circuit.

BIFET IC *cf.* BIFET circuit.

BIFET integrated circuit *cf.* BIFET circuit.

BIFET op amp *(fam) cf.* BIFET operational amplifier.

BIFET operational amplifier amplificateur opérationnel BIFET, ampli op BIFET *(fam) (amplificateur opérationnel réalisé sous la forme d'un circuit BIFET) (cf. aussi* operational amplifier *et* BIFET circuit).

BIFET technology (la) technique BIFET *(technique des circuits BIFET) (cf. aussi* BIFET circuit *et* technology).

bifilar resistor résistance bifilaire *(résistance bobinée rendue non inductive en faisant circuler le courant dans les deux sens grâce à l'emploi de deux fils résistants enroulés et raccordés en conséquence) (cf. aussi* π-winding *(avant* PIC), Ayrton-Perry winding, non-inductive resistor *et* wirewound resistor).

bifilar suspension suspension bifilaire *(suspension du cadre mobile d'un galvanomètre formée de deux fils conducteurs parallèles tendus accrochés à un côté du cadre et deux fils identiques accrochés au côté opposé) (cf. aussi* suspension (a)).

bifilar transformer transformateur bifilaire *(transformateur* *haute fréquence dans lequel les fils des deux enroulements sont bobinés côte-à-côte pour obtenir un coefficient de couplage magnétique maximal) (cf. aussi* RF transformer *et* coupling coefficient).

bifilar winding   enroulement bifilaire *(enroulement formé de deux fils bobinés côte-à-côte et éventuellement connectés entre eux à une extrémité ou aux deux) (cf. aussi* bifilar resistor, bifilar transformer *et* winding[1] 1)).

bifurcated contact   contact à fourche, contact à barrette fendue *(contact banalisé le plus simple) (cf. aussi* hermaphroditic contact).

big bottle ECM system   *cf.* big bottle jammer.

big bottle jammer *(fam)* brouilleur à tube unique *(brouilleur à bruit utilisant un tube amplificateur unique excitant tous les éléments d'un groupement d'antenne) (cf. aussi* noise jammer *et* antenna array).

bigit   *cf.* binary digit.

bigrid electron tube   *cf.* bigrid tube.

bigrid tube   tube bigrille *(cf. aussi* tetrode).

bilateral aerial *(GB)*   *cf.* bidirectional antenna.

bilateral amplifier   amplificateur bilatéral *(amplificateur utilisé pour l'émission et pour la réception dans certains émetteurs-récepteurs) (cf. aussi* amplifier *et* transceiver).

bilateral antenna   *cf.* bidirectional antenna.

bilateral-area sound track   *cf.* bilateral-area track.

bilateral-area track   piste à trace bilatérale *(piste sonore à densité fixe modulée symétriquement sur chaque bord, la partie non impressionnée étant au milieu de la piste) (film ciné) (cf. aussi* variable-area sound track).

bilateral bearing   gisement ambigu *(gisement présentant une ambiguïté de 180°) (en d'autre termes, gisement relevé avec un radiogoniomètre utilisant une antenne bidirectionnelle et ne pouvant, par conséquent, indiquer si l'émetteur considéré est devant ou derrière, à droite ou à gauche, etc.) (radionav) (cf. aussi* bearing 1), bidirectionnal antenna *et* ambiguity resolution (a)).

bilateral network   réseau bilatéral, réseau électrique bilatéral *(réseau électrique dans lequel la chute de tension produite par un courant d'intensité déterminée est la même dans les deux sens de circulation du courant) (en d'autres termes, réseau électrique conduisant le courant de la même façon, dans les deux sens et ne comportant, par conséquent, pas d'élément de circuit à conduction unidirectionnelle) (théorie des réseaux électriques) (cf. aussi* network 1) *et* unidirectional conduction).

bilateral transducer   transducteur bilatéral *(transducteur dans lequel l'application d'un signal à la sortie fait apparaître un signal à l'entrée) (autres nom et définition, plus généraux, d'un transducteur réversible) (cf. aussi* reversible transducer *et* transducer 1)).

bilevel operation   fonctionnement à deux niveaux (de puissance) *(appareil, composant, etc.) (cf. aussi* power level).

billboard aerial *(GB)*   *cf.* billboard antenna.

billboard antenna   antenne panneau *(antenne directive formée de plusieurs dipôles disposés devant un réflecteur plan vertical en treillis) (cf. aussi* directional antenna *et* dipole antenna).

billboard array   *cf.* billboard antenna.

bimetallic element   *cf.* bimetallic strip.

bimetallic strip   bilame *sf (en électrotechnique, interrupteur thermique formé de deux lames accolées à coefficients de dilatation thermique différents dont une extrémité est fixe et l'autre appuie sur un contact fixe et s'incurve par échauffement en coupant le circuit après un certain temps de passage du courant de chauffage dans un fil résistant entourant la bilame ou, parfois, du courant à couper passant directement dans la bilame) (la lame à coefficient de dilatation le plus grand est disposée du côté du contact fixe pour que l'incurvation de la bilame se produise dans le sens nécessaire pour que les contacts s'écartent à chaud) (commande de lampe clignotante, relais thermique, etc.) (dans un thermostat, le chauffage de la bilame est généralement assuré par le milieu dont la température doit être régulée) (cf. aussi* Joule heat, thermal flasher, thermal relay *et* thermostat).

bimetallic wire   fil à âme d'acier *(fil téléphonique pour lignes aériennes comportant une âme porteuse en acier entourée de*

brins de cuivre ou d'aluminium) (mil, etc.) (cf. aussi overhead line *et* wire[1] 1)).

BIMOS *(vient de « bipolar + MOS »; en réalité l'inverse)* BIMOS *(cf. aussi* BIMOS circuit).

BIMOS ...   *cf.* BIMOS *et* BIFET ... *et adapter. (pour les termes qui ne figurent pas ci-après).*

BIMOS circuit   circuit BIMOS, circuit intégré BIMOS *(circuit intégré monolithique analogue au circuit BIFET, mais utilisant des transistors MOS au lieu des JFET) (cf. aussi* BIMOS, BIFET circuit *et* MOS transistor).

binary   binaire *a (propriété d'une grandeur qui ne peut prendre que deux valeurs, généralement « 1 » et « 0 », ou caractéristique de ce qui en constitue une application ou, par extension, qualificatif parfois appliqué à un élément bistable) (math, inf) (cf. aussi* binary number system, binary information, bit *et* bistable element).

binary adder   additionneur binaire, additionneur, opérateur d'addition (binaire), *(souvent aussi)* circuit additionneur (binaire), circuit d'addition (binaire) *(opérateur logique matériel effectuant l'addition binaire) (inf) (cf. aussi* half-adder, full adder, adder-subtracter, adder, logic operator (b) *et* binary addition).

binary addition   addition binaire *(addition d'un nombre binaire à un autre nombre binaire) (les règles de l'addition binaires sont les suivantes : 0 + 0 = 0, 0 + 1 = 1, 1 + 0 = 1, 1 + 1 = 10, le zéro étant conservé à sa place et la retenue 1 reportée à la position de gauche, comme dans l'addition de nombres décimaux ; ces règles correspondent à la réunion logique) (inf, etc.) (cf. aussi* binary number, OU *et* adder).

binary area-ratioed capacitor array   groupement de condensateurs à rapports binaires de capacité *(groupement de condensateurs à rapports de capacité dans lequel les rapports successifs suivent une échelle binaire) (cf. aussi* area-ratioed capacitors *et* binary scale).

binary arithmetic   (l')arithmétique binaire *(arithmétique des nombres binaires) (math, inf) (cf. aussi* binary number *et* binary operation).

binary arithmetical operation   *cf.* binary operation.

binary arithmetics   calculs binaires *(cf. aussi* binary arithmetic).

binary cell   cellule binaire *(nom parfois donné à une cellule de mémoire pour rappeler sa nature binaire) (cf. aussi* memory cell *et* binary).

binary chain   chaîne binaire, chaîne de circuits binaires *(suite de circuits binaires montés en cascade) (compteur binaire, etc.) (cf. aussi* binary circuit, cascade arrangement *et* binary counter).

binary character   *cf.* binary-coded character.

binary circuit   circuit binaire *(nom parfois donné à un circuit logique pour rappeler la nature des informations qu'il traite) (inf) (cf. aussi* logic circuit *et* binary information).

binary code   code binaire, code à deux états *(code de représentation d'informations quelconques à l'aide de deux éléments d'information seulement, répétés, ordonnés et groupés de façon déterminée) (les deux éléments d'information utilisés sont les chiffres « 1 » et « 0 » et sont représentés par la présence ou l'absence, ou parfois l'inversion d'une tension électrique, d'une charge électrique, d'une aimantation, etc.) (inf, tls) (cf. aussi* binary *et* code[1] 1)).

binary-coded character   caractère codé en binaire *(ou codé binaire),* caractère binaire *(caractère alphanumérique représenté par un groupe de binaires) (cf. aussi* alphanumeric characters, bit, binary code *et* binary word).

binary-coded decimal   *cf.* BCD. *(de même pour les termes dérivés).*

binary-coded signal   signal codé en binaire *(signal formé d'impulsions codées suivant un code binaire) (inf, tls) (cf. aussi* binary code).

binary coding   codage binaire *(ou en binaire ou à l'aide d'un code binaire ou selon un code binaire) (cf. aussi* binary code).

binary configuration   configuration binaire *(inf, etc.) (cf. aussi* bit pattern).

binary counter   compteur binaire *(compteur formé de plusieurs échelles de comptage binaires montées en cascade) (inf) (cf. aussi* binary scaler *et* cascade arrangement).

binary data *cf.* binary information. *(le premier terme étant presque devenu un pléonasme par le fait de l'informatique) (cf. aussi* data).

binary digit chiffre binaire *(math, inf) (cf. aussi* binary numeral).

binary display présentation binaire *(nom parfois donné à l'affichage de l'état logique) (analyse logique) (cf. aussi* logic state display).

binary divider diviseur binaire, diviseur, opérateur de division (binaire), *(souvent aussi)* circuit diviseur (binaire), circuit de division (binaire) *(opérateur binaire matériel effectuant la division binaire) (inf) (cf. aussi* logic operator (b) *et* binary division).

binary division division binaire *(division d'un nombre binaire par un autre nombre binaire) (s'effectue par soustractions successives avec décalages intermédiaires) (inf, etc.) (cf. aussi* binary subtraction).

binary element élément binaire *(inf, etc.) (cf. aussi* bit).

binary form forme binaire *(forme de représentation binaire) (inf, etc.) (cf. aussi* binary representation).

binary format *cf.* binary form.

binary information informations binaires *(parfois au singulier) (informations représentées par un certain nombre de binaires ou, parfois, information élémentaire représentée par un seul binaire) (noter que le terme « informations binaires » (au pluriel) a un sens plus large que le terme « informations numériques » à la place duquel il est néanmoins souvent employé) (noter également que le terme anglais est beaucoup moins employé que le terme français et qu'il fait généralement place à « digital information » ou à « digital data ») (inf, etc.) (cf. aussi* information, bit *et* digital data).

binary input *cf.* digital input.

binary level *cf.* logic level.

binary modulation *cf.* binary phase-shift keying.

binary multiplication multiplication binaire *(multiplication d'un nombre binaire par un autre nombre binaire) (les règles de la multiplication binaire sont les suivantes : $0 \times 0 = 0$, $0 \times 1 = 0$, $1 \times 0 = 0$, $1 \times 1 = 1$; elles correspondent à l'intersection) (la multiplication de deux nombres binaires de plusieurs chiffres s'effectue généralement par additions successives avec décalages intermédiaires) (inf, etc.) (cf. aussi* binary number, AND *et* binary addition).

binary multiplier multiplieur binaire, multiplieur, opérateur de multiplication (binaire), *(souvent aussi)* circuit multiplieur (binaire), circuit de multiplication (binaire) *(opérateur logique matériel effectuant la multiplication binaire) (inf) (cf. aussi* logic operator (b) *et* binary multiplication).

binary notation *cf.* binary representation *(et noter toutefois que le premier terme est souvent employé, incorrectement, à la place du second pour des raisons de brièveté).*

binary number nombre binaire *(nombre du système de numération binaire) (cf. aussi* binary number system).

binary number system système de numération binaire, système de numération à base deux *(ou* 2), système binaire, système à base deux *(ou* 2), (la) numération binaire *(idem) (système de numération dans lequel la base est égale à deux et utilisant, par conséquent, deux chiffres seulement — les chiffres 1 et 0 —, chaque chiffre d'un nombre binaire en partant de la droite représentant une puissance croissante de deux) (en d'autres termes, système de numération dans lequel les nombres sont représentés par des chiffres représentant eux-mêmes des puissances de 2 croissantes à partir de la droite) (inf, etc.) (cf. aussi* pure binary code, BCD, bit, number system *et* base 7)).

binary numeral chiffre binaire *(un des deux chiffres employés dans un système de numération binaire) (cf. aussi* binary number system *et* bit).

binary 1 (le *ou* un) 1 binaire, UN *(toujours en majuscules)*, « 1 », 1 *(les guillemets sont omis lorsqu'il n'y a pas de risque de confusion avec le 1 décimal) (nombre « un » ou chiffre 1 employé comme chiffre binaire) (inf, etc.) (cf. aussi* binary number system *et* logic 1).

binary one *cf.* binary 1. *(ci-dessus).*

binary operation opération binaire, opération arithmétique binaire *(opération arithmétique portant sur des nombres bi-*

naires) *(inf, etc.) (cf. aussi* binary addition, binary subtraction, binary multiplication, binary division *et* binary arithmetic).

binary operator *cf.* logic operator.

binary output *cf.* digital output.

binary phase-shift keying modulation de phase à deux états, modulation par déplacement de phase à deux états, modulation BPSK *(modulation par déplacement de phase dans laquelle le nombre de phases possibles est égal à deux, soit $0°$ pour représenter le binaire « 0 » et $180°$ pour représenter le binaire « 1 ») (tlg) (cf. aussi* phase-shift keying *et* bit).

binary point virgule binaire *(virgule figurant dans certains nombres binaires) (inf, etc.) (cf. aussi* fixed-point operation, floating-point operation *et* binary number).

binary position position binaire *(position d'un binaire dans un nombre binaire ou un mot binaire) (cf. aussi* binary weight, bit, binary number *et* binary word).

binary-ratioed capacitor array *cf.* binary area-ratioed capacitor array.

binary representation représentation binaire *(représentation d'un nombre sous la forme d'un nombre binaire) (en informatique, le premier nombre peut représenter une information quelconque) (math, inf) (cf. aussi* binary notation, binary number *et* information).

binary scale échelle binaire *(nom parfois donné à une progression géométrique de raison 2, soit 1, 2, 4, 8, 16, 32, 64, ..., 2^{n-1}) (math) (cf. aussi* binary area-ratioed capacitor array).

binary scaler diviseur par deux, échelle (de comptage) binaire, échelle de deux *(circuit bistable fournissant une impulsion toutes les deux impulsions reçues à son entrée et formant généralement un étage d'un compteur binaire) (inf) (cf. aussi* bistable circuit *et* binary counter).

binary search recherche dichotomique, recherche par dichotomie *(recherche d'une information dans un fichier par divisions par 2 successives de celui-ci effectuée notamment par un ordinateur) (l'ordinateur consulte le fichier au milieu de celui-ci et selon que l'information cherchée se situe généralement avant ou après l'information trouvée, dans l'ordre de classement adopté, il recommence au milieu de la première ou la seconde moitié du fichier, respectivement, et ainsi de suite jusqu'à ce qu'il y ait concordance entre l'information trouvée et l'information cherchée) (recherche dans une banque de données, etc.) (inf, etc.) (cf. aussi* data base).

binary sequence *cf.* bit string.

binary shift décalage binaire *(décalage d'un mot binaire vers la droite ou la gauche, de la valeur d'une position binaire, généralement dans un registre à décalage) (sert notamment à effectuer la division ou la multiplication par 2, respectivement, du mot binaire dans un registre à décalage) (inf) (cf. aussi* binary word, binary position *et* shift register).

binary signal signal binaire *(signal à deux états tels que présence et absence d'un courant ou d'un rayonnement, inversion de la polarité d'une tension continue, déplacement de fréquence, de phase ou d'amplitude, etc.) (ce terme désigne souvent un signal numérique) (tlg, inf, tél) (cf. aussi* bipolar signal, digital signal *et* signal[1]).

binary state état binaire *(état d'un signal binaire ou d'une borne d'un élément de circuit à laquelle est présent un signal binaire) (ce terme désigne souvent un état logique) (inf, tls) (cf. aussi* binary signal *et* logic state).

binary subtracter soustracteur binaire, soustracteur, opérateur de soustraction (binaire), *(souvent aussi)* circuit soustracteur (binaire), circuit de soustraction (binaire) *(opérateur logique matériel effectuant la soustraction binaire) (inf) (cf. aussi* logic operator (b) *et* binary subtraction).

binary subtraction soustraction binaire *(soustraction d'un nombre binaire d'un autre nombre binaire) (s'effectue par addition du complément du premier nombre au second nombre) (inf, etc.) (cf. aussi* binary number, binary addition *et* complement).

binary subtractor *cf.* binary subtracter.

binary synchronous transmission *cf.* synchronous transmission.

binary-to-BCD conversion conversion de binaire en BCD *(ou* en décimal codé binaire), conversion binaire/BCD *(conver-*

sion d'un nombre binaire en un nombre décimal codé binaire) (inf) (cf. aussi binary number et BCD number).

binary-to-decimal conversion conversion de binaire en décimal, conversion binaire/décimal (conversion d'un nombre binaire en un nombre décimal) (inf, etc.) (cf. aussi binary number et decimal number).

binary-to-decimal converter convertisseur binaire/décimal (montage réalisant la conversion binaire/décimal) (cf. aussi binary-to-decimal conversion).

binary value valeur binaire (valeur d'une variable binaire à un instant déterminé) (inf, etc.) (cf. aussi binary variable).

binary variable variable binaire (variable ne pouvant prendre que deux valeurs, nettement distinctes, celles-ci constituant des binaires) (amplitude d'une tension continue, phase ou fréquence d'une tension alternative, sens d'une aimantation, état de continuité ou de coupure d'un circuit, etc.) (inf, etc.) (cf. aussi bit, logic variable, binary signal, Boolean algebra et variable quantity).

binary weight poids binaire (nom souvent donné au rang d'une position binaire compté à partir de la droite, c.-à-d. dans le sens des puissances croissantes dans le cas d'un nombre) (math, inf) (cf. aussi binary position, least significant bit et most significant bit).

binary-weighted code cf. weighted code.

binary-weighted currents courants à poids binaires, courants pondérés (de façon binaire ou selon une loi binaire) (courants continus dont les intensités croissent suivant une échelle binaire) (courants fournis notamment par une échelle de résistances) (cf. aussi binary scale et resistor ladder).

binary word mot binaire, mot (groupe de binaires représentant un ou plusieurs caractères alphanumériques) (inf) (cf. aussi bit, dibit, tribit, nibble, byte, alphanumeric characters et word).

binary 0 (le ou un) 0 binaire, zéro binaire, ZERO (toujours en majuscules), « 0 », 0 (les guillemets sont omis lorsqu'il n'y a pas de risque de confusion avec le zéro décimal) (nombre zéro ou chiffre 0 employé comme chiffre binaire) (inf, etc.) (cf. aussi binary number system et logic 0).

binary zero cf. binary 0. (ci-dessus).

binaural binaural (caractéristique de ce qui fait appel aux deux oreilles) (noter que ce qualificatif est parfois employé incorrectement dans les deux langues à la place de « stéréophonique ») (acou, audiométrie, hifi) (cf. aussi binaural audition et stereophonic).

binaural audition audition binaurale (audition simultanée de sons par les deux oreilles) (cf. aussi binaural, stereophonic audition, et ne pas confondre, et audition (a)).

binaural hearing cf. binaural audition.

binaural listening écoute binaurale (audition binaurale volontaire) (casque d'écoute, etc.) (hifi, etc.) (cf. aussi binaural audition).

binaural perception cf. binaural audition.

binder liant (pâte à circuits, etc.) (cf. aussi ink 2)).

binding energy énergie de liaison (énergie nécessaire pour rompre une liaison chimique) (cf. aussi energy et chemical bond).

binding material cf. binder.

binding post borne à écrou (tige filetée munie d'un écrou prévue, généralement au nombre de deux, sur un appareil ou un composant pour permettre le branchement de celui-ci) (cf. aussi terminal 1)).

bioelectronics (vient de « biology » et « electronics ») (la) bioélectronique (les avis diffèrent sur ce que désigne ce terme, certains auteurs en faisant même un synonyme de « bionique » qui, en réalité, en est la contraction et a pris un sens différent) (j'ai proposé la définition suivante : partie de la biologie traitant de l'élaboration, la transmission et l'utilisation des signaux électriques chez les organismes vivants) (cf. aussi bionics).

bioinstrument cf. biosensor.

biological electronics cf. bioelectronics.

bioluminescence bioluminescence (chimiluminescence se produisant chez un organisme vivant) (bioluminescence végétale : champignon luminescent ; bioluminescence animale : luciole, lampyre (verre luisant), etc. ; bioluminescence bacté-rienne : bactérie luminescente) (cf. aussi chemiluminescence).

bionics (la) bionique (science alliant la biologie et l'électronique pour étudier les fonctions des organismes vivants, notamment le fonctionnement des organes sensoriels, en vue de les reproduire à l'aide de circuits électroniques) (cf. aussi bioelectronics et electronic circuit).

biosensor biocapteur, capteur biologique (capteur de mesure pour applications biologiques ou médicales) (cf. aussi sensor et biotelemetry).

Biot-Savart's law loi de Biot et Savart (loi physique étendant la loi d'Ampère au cas d'un conducteur rectiligne infiniment long et de petit diamètre) (lois de l'électromagnétisme) (cf. aussi Ampere's law).

biotelemetry biotélémesure, télémesure biologique (ou de paramètres biologiques) (mesure in vivo de paramètres biologiques à l'aide de biocapteurs portés par le sujet, avec transmission des valeurs mesurées par un émetteur radio miniature également porté par le sujet) (surveillance médicale, cosmonautes, etc.) (cf. aussi telemetry et biosensor).

biphase coding cf. binary phase-shift keying.

biphase keying cf. binary phase-shift keying.

biphase modulation cf. binary phase-shift keying.

biphase phase-shift keying cf. binary phase-shift keying.

biphase PSK cf. binary phase-shift keying.

biphase shift keying cf. binary phase-shift keying.

biphase signal signal à deux états (de phase) (cf. aussi binary phase-shift keying).

biphase signalling cf. binary phase-shift keying.

bipin a à deux broches (fiche mâle, connecteur mâle) (cf. aussi pin 1), plug[1] et male connector).

bipolar[1] a bipolaire (caractéristique de ce qui a deux pôles ou deux polarités ou utilise deux polarités) (voir les rubriques ci-après commençant par ce terme) (cf. aussi pole[1] (1) et polarity).

bipolar[2] s cf. bipolar transistor.

bipolar amplifier amplificateur bipolaire, amplificateur à transistor bipolaire (parf. au pluriel) (amplificateur utilisant un ou plusieurs transistors bipolaires, dans un circuit intégré monolithique ou en composants discrets) (cf. aussi amplifier et bipolar transistor).

bipolar analog cf. bipolar analog integrated circuit.

bipolar analog chip puce analogique bipolaire (puce de circuit intégré analogique bipolaire) (semi) (cf. aussi chip 1) et bipolar analog integrated circuit.

bipolar analog circuit cf. bipolar analog integrated circuit.

bipolar analog IC cf. bipolar analog integrated circuit.

bipolar analog integrated circuit circuit intégré analogique bipolaire, circuit analogique bipolaire (circuit intégré analogique utilisant des transistors bipolaires) (cf. aussi analog integrated circuit et bipolar transistor).

bipolar area cf. bipolar field.

bipolar array cf. bipolar gate array.

bipolar bit slice cf. bit slice (de même pour les termes dérivés).

bipolar charge pump cf. charge pump.

bipolar chip puce bipolaire (puce de composant bipolaire) (semi) (cf. aussi chip 1) et bipolar component).

bipolar chip ... cf. bipolar chip et chip ... et adapter.

bipolar circuit cf. bipolar integrated circuit.

bipolar component cf. bipolar device (le premier terme étant peu employé).

bipolar converter convertisseur bipolaire (convertisseur de signaux réalisé sous la forme d'un circuit intégré bipolaire) (ce terme désigne souvent un numériseur ou un dénumériseur bipolaire) (cf. aussi signal converter et bipolar integrated circuit).

bipolar CPU slice cf. bit slice.

bipolar device composant bipolaire (transistor bipolaire ou circuit intégré bipolaire) (cf. aussi bipolar transistor et bipolar integrated circuit).

bipolar digital cf. bipolar digital integrated circuit.

bipolar digital chip puce numérique bipolaire (puce de circuit intégré numérique bipolaire) (semi) (cf. aussi chip 1) et bipolar digital integrated circuit).

bipolar digital circuit cf. bipolar digital integrated circuit.

bipolar digital IC *cf.* bipolar digital integrated circuit.

bipolar digital integrated circuit circuit intégré numérique bipolaire, circuit numérique bipolaire *(circuit intégré numérique réalisé sous la forme d'un circuit bipolaire) (semi) (cf. aussi* digital integrated circuit *et* bipolar integrated circuit).

bipolar diode diode à jonction classique *(sdpo à « diode Zener ») (cf. aussi* p-n junction diode *et* Zener diode).

bipolar family famille bipolaire, famille logique bipolaire *(famille logique dont les membres sont des circuits intégrés bipolaires) (cf. aussi* logic family *et* bipolar integrated circuit).

bipolar field domaine des composants bipolaires, domaine du bipolaire *(domaine d'activité scientifique, industrielle, commerciale ou autre relative aux composants bipolaires) (cf. aussi* bipolar device).

bipolar flash converter *cf.* bipolar parallel converter.

bipolar function *cf.* bipolar logic function.

bipolar fuse-link PROM mémoire PROM bipolaire à fusibles *(CI) (cf. aussi* fuse-link PROM *et* bipolar memory).

bipolar gate porte bipolaire, porte à transistors bipolaires *(au singulier dans le cas particulier de la porte inverseuse)* porte logique bipolaire, *(idem) (porte logique utilisant un ou plusieurs transistors bipolaires dans un circuit intégré monolithique ou, parfois et notamment anciennement, dans un montage à composants discrets) (inf) (cf. aussi* logic gate, bipolar transistor, monolithic integrated circuit *et* inverter gate).

bipolar gate array matrice de portes bipolaires, (etc.) *(matrice de portes dans laquelle celles-ci sont des portes bipolaires) (CI) (cf. aussi* gate array *et* bipolar gate).

bipolar gridistor gridistor bipolaire *(gridistor utilisant les deux types de porteurs de charge) (semi) (cf. aussi* gridistor *et* charge carrier).

bipolar IC *cf.* bipolar integrated circuit.

bipolar injection logic *cf.* I^2L. *(au début de la lettre I).*

bipolar input entrée bipolaire, entrée sur transistor bipolaire *(entrée d'un montage se faisant par un transistor bipolaire auquel est appliqué le signal d'entrée) (CI, etc.) (cf. aussi* input[1], arrangement 1) *et* bipolar transistor.

bipolar integrated circuit circuit intégré bipolaire, circuit bipolaire *(circuit intégré monolithique utilisant des transistors bipolaires) (semi) (cf. aussi* monolithic integrated circuit *et* bipolar transistor).

bipolar integrated injection logic *cf.* I^2L. *(au début de la lettre I).*

bipolar integration intégration bipolaire, intégration des transistors bipolaires *(réalisation des circuits intégrés bipolaires) (semi) (cf. aussi* bipolar integrated circuit *et* monolithic integration).

bipolar I^2L *cf.* I^2L *(au début de la lettre I).*

bipolar large-scale integration intégration à haute densité de transistors bipolaires, haute intégration de transistors bipolaires, haute intégration en bipolaire, LSI bipolaire *(CI) (cf. aussi* large-scale integration *et* bipolar transistor).

bipolar linear *cf.* bipolar analog integrated circuit.

bipolar linear ... *cf.* bipolar analog ...

bipolar logic logique bipolaire *(logique utilisant des transistors bipolaires) (les transistors utilisés étaient initialement des transistors discrets et sont des transistors intégrés depuis la généralisation des circuits intégrés monolithiques) (inf) (cf. aussi* logic (b) *et* bipolar transistor).

bipolar logic circuit circuit logique bipolaire *(ou* à transistors bipolaires) *(parfois au singulier)*, circuit bipolaire *(circuit logique formé d'une ou plusieurs portes bipolaires) (inf) (cf. aussi* logic circuit *et* bipolar gate).

bipolar logic family *cf.* bipolar family. *(ce terme étant le plus employé).*

bipolar logic function fonction logique bipolaire *(fonction logique réalisée par un circuit logique bipolaire) (inf) (cf. aussi* logic function *et* bipolar logic circuit).

bipolar logic gate *cf.* bipolar gate. *(ce terme étant le plus employé).*

bipolar LSI 1) *cf.* bipolar large-scale integration. 2) *cf.* bipolar LSI circuit.

bipolar LSI circuit circuit LSI bipolaire, circuit à haute

densité bipolaire *(circuit intégré à haute densité utilisant des transistors bipolaires) (semi) (cf. aussi* LSI circuit *et* bipolar transistor).

bipolar LSI component *(ou* **device** *ou* **part** *ou* **unit**) *cf.* bipolar LSI circuit.

bipolar memory mémoire bipolaire, mémoire à transistors bipolaires *(mémoire à semiconducteur réalisée sous la forme d'un circuit intégré bipolaire) (inf) (cf. aussi* semiconductor memory *et* bipolar integrated circuit).

bipolar memory ... *cf.* bipolar memory *et* memory ... *et* adapter.

bipolar microprocessor microprocesseur bipolaire, microprocesseur à transistors bipolaires *(microprocesseur utilisant des transistors bipolaires) (CI) (inf) (cf. aussi* bit-slice microprocessor, microprocessor *et* bipolar transistor).

bipolar microprocessor ... *cf.* bipolar microprocessor *et* microprocessor ... *et* adapter.

bipolar mode mode bipolaire *(mode de fonctionnement bipolaire) (cf. aussi* bipolar operation).

bipolar monolithic process procédé monolithique bipolaire *(procédé de fabrication de circuits intégrés bipolaires) (cf. aussi* bipolar integrated circuit).

bipolar op amp *cf.* bipolar operational amplifier.

bipolar operating mode *cf.* bipolar mode.

bipolar operation fonctionnement bipolaire, fonctionnement en mode bipolaire (a) *fonctionnement d'un montage ou appareil à sortie bipolaire) (cf. aussi* bipolar output 1)) ; (b) *fonctionnement d'un transistor bipolaire) (cf. aussi* bipolar transistor).

bipolar operational amplifier amplificateur opérationnel bipolaire *(amplificateur opérationnel réalisé sous la forme d'un circuit intégré bipolaire) (semi) (cf. aussi* operational amplifier *et* bipolar integrated circuit).

bipolar output 1) sortie bipolaire *(sortie d'un montage ou appareil à courant continu sur deux bornes dont l'une est connectée à la masse de celui-ci, la tension recueillie à la borne isolée pouvant être positive ou négative par rapport à la masse) (alim, dénumériseur, etc.) (cf. aussi* ground[1] 1) *et* voltage polarity). 2) sortie bipolaire, sortie sur transistor bipolaire *(parfois au pluriel) (sortie d'un montage par un ou plusieurs transistors bipolaires) (circuit BIFET, etc.) (cf. aussi* BIFET circuit).

bipolar parallel converter convertisseur parallèle bipolaire, (etc.) *(convertisseur parallèle réalisé sous la forme d'un circuit intégré bipolaire) (cas général, la grande vitesse de commutation des transistors bipolaires étant essentielle pour un tel convertisseur) (cf. aussi* parallel converter, bipolar integrated circuit *et* switching speed 1)).

bipolar power device *cf.* bipolar power transistor.

bipolar power supply alimentation bipolaire *(alimentation fournissant une tension positive et une tension négative de même valeur absolue par rapport à une borne commune) (cf. aussi* power supply 2) *et* dual-ended output).

bipolar power switching transistor transistor de commutation de puissance bipolaire, transistor bipolaire pour commutation de puissance *(semi) (cf. aussi* power switching transistor *et* bipolar transistor).

bipolar power transistor transistor bipolaire de puissance, transistor de puissance bipolaire *(le premier terme est le plus employé) (transistor bipolaire réalisé sous la forme d'un transistor de puissance) (présente l'inconvénient de l'emballement thermique) (semi) (cf. aussi* bipolar transistor, power transistor *et* thermal runaway).

bipolar process procédé bipolaire *(procédé de fabrication de composants bipolaires) (semi) (cf. aussi* bipolar device).

bipolar processing fabrication par un procédé bipolaire *(cf. aussi* bipolar process).

bipolar processing technology (la) technologie bipolaire *(technologie des composants bipolaires) (cf. aussi* processing technology *et* bipolar component).

bipolar processor *cf.* bipolar microprocessor.

bipolar programmable read-only memory *cf.* bipolar PROM.

bipolar programmable ROM *cf.* bipolar PROM.

bipolar PROM mémoire PROM bipolaire *(mémoire PROM utilisant des transistors bipolaires) (CI) (inf) (cf. aussi* PROM *et* bipolar transistor).

bipolar PROM ... *cf.* bipolar PROM et PROM ... *et adapter.*

bipolar RAM mémoire RAM bipolaire, mémoire vive bipolaire *(mémoire RAM utilisant des transistors bipolaires) (CI) (inf) (cf. aussi* RAM[1] *et* bipolar transistor).

bipolar RAM ... *cf.* bipolar RAM *et* RAM ... *et adapter.*

bipolar random-access memory *cf.* bipolar RAM.

bipolar read-only memory *cf.* bipolar ROM.

bipolar ROM mémoire ROM bipolaire, mémoire morte bipolaire *(mémoire ROM utilisant des transistors bipolaires) (CI) (inf) (cf. aussi* ROM *et* bipolar transistor).

bipolar ROM ... *cf.* bipolar ROM *et* ROM ... *et adapter.*

bipolar Schottky technology (la) technique bipolaire Schottky *(technique des circuits intégrés bipolaires utilisant des diodes Schottky) (logique TTL Schottky, etc.) (cf. aussi* Schottky bipolar integrated circuit *et* technology).

bipolar semiconductor device *cf.* bipolar device.

bipolar Si IC *cf.* bipolar silicium integrated circuit.

bipolar signal signal à double polarité *(signal binaire formé d'impulsions à double polarité) (tlg) (cf. aussi* binary signal *et* bidirectional pulses).

bipolar silicon IC *cf.* bipolar silicon integrated circuit.

bipolar silicon integrated circuit circuit intégré bipolaire au silicium *(semi) (cf. aussi* bipolar integrated circuit *et* silicon integrated circuit).

bipolar slice *cf.* bit slice.

bipolar stage étage bipolaire *(étage utilisant un ou plusieurs transistors bipolaires) (cf. aussi* stage 1) *et* bipolar transistor).

bipolar static RAM mémoire RAM statique bipolaire, *(etc.) (mémoire RAM statique utilisant des transistors bipolaires) (CI) (cf. aussi* static RAM *et* bipolar transistor).

bipolar static RAM ... *cf.* bipolar static RAM *et* RAM ... *et adapter.*

bipolar structure structure bipolaire *(structure d'un transistor bipolaire) (semi) (cf. aussi* bipolar transistor).

bipolar support circuit circuit auxiliaire bipolaire *(circuit auxiliaire constitué par un circuit intégré bipolaire) (semi) (cf. aussi* support circuit *et* bipolar integrated circuit).

bipolar switching transistor transistor de commutation bipolaire *(transistor de commutation constitué par un transistor bipolaire conçu pour cet usage) (semi) (cf. aussi* switching transistor *et* bipolar transistor).

bipolar technology (la) technique bipolaire *(technique des composants bipolaires, c.-à-d. procédés de fabrication et conception de ces composants) (semi) (cf. aussi* bipolar device *et* technology).

bipolar transistor transistor bipolaire, transistor du type bipolaire, transistor à jonctions *(au pluriel) (le premier terme est le plus employé, le troisième prête à confusion avec le transistor à effet de champ à jonction) (transistor dans lequel la conduction est assurée par les deux types de porteurs de charge, à savoir les électrons et les trous, ce résultat étant dû à la présence de jonctions PN sur le trajet du courant entre les deux électrodes extrêmes du transistor) (en d'autres termes, transistor formé essentiellement de deux jonctions PN accolées montées en opposition, la première étant polarisée dans le sens direct et la seconde dans le sens inverse, et formant trois zones, dans lequel le passage d'un faible courant entre les deux premières zones, insérées dans le circuit de commande, provoque le passage d'un courant beaucoup plus intense entre la première et la troisième zone, insérées dans le circuit d'utilisation) (la première zone, appelée « émetteur », fournit les porteurs de charge injectés dans la deuxième zone et peut être du type P ou du type N ; la deuxième zone, très mince et appelée « base », est l'électrode de commande et son type est l'opposé de celui de l'émetteur — elle est commune aux deux jonctions puisque celles-ci sont montées en opposition ; la troisième zone, appelée « collecteur », est l'électrode par laquelle le courant qui traverse la base sort du transistor, et son type est le même que celui de l'émetteur puisque les deux jonctions sont en opposition) (le transistor bipolaire comprend donc trois zones successives PNP ou NPN) (sous forme simplifiée, le fonctionnement du transistor NPN est le suivant et se transpose au transistor PNP en inversant la polarité des tensions appliquées et le sens de déplacement des porteurs de charge : une tension positive est appliquée entre le collecteur et l'émetteur ; la première jonction — jonction « NP » formée par l'émetteur et la base — se trouve alors polarisée dans le sens direct et laisserait passer tout le courant possible si la seconde jonction — jonction PN formée par la base et le collecteur — ne se trouvait pas polarisée dans le sens inverse, grâce à quoi elle ne laisse passer qu'un très faible courant inverse normalement négligeable : le robinet constitué par le transistor est fermé, aux fuites près représentées par ce courant de fuite ; l'application à la base d'une tension positive, moins élevée que la première, par rapport à l'émetteur fait circuler un courant d'électrons de l'émetteur à la base puisque la jonction formée par ces deux zones se trouve polarisée dans le sens direct vis-à-vis de cette tension comme vis-à-vis de la première ; un nombre relativement petit, du fait de la minceur de la base, de ces électrons accélérés par le champ électrique positif de la base se recombinent avec les trous présents dans celle-ci, qui est du type P, tandis que ceux qui n'ont pas été piégés par des trous utilisent l'énergie résultant de leur accélération initiale pour franchir la barrière de potentiel de la seconde jonction, polarisée dans le sens inverse, en formant dans celle-ci un courant inverse relativement intense et quittent le transistor par le collecteur pour parcourir le circuit extérieur — circuit d'utilisation — comprenant la charge et la source de courant, et revenir à l'émetteur pour recommencer le processus : le robinet est ouvert) (le nombre d'électrons injectés dans la base, c.-à-d. émis par l'émetteur, étant proportionnel à l'intensité du champ électrique créé par la base, il suffit d'agir sur la tension appliquée à la base pour ouvrir plus ou moins le robinet) (l'intensité du courant dans le circuit extérieur étant beaucoup plus grande que l'intensité du courant dans le circuit de la base — circuit de commande — qui lui a donné naissance, ce dernier courant, qui constitue le signal d'entrée, est donc amplifié : c'est l'« effet transistor » qui, sous une forme simplifiée, peut être assimilé à un effet d'entraînement des électrons du circuit extérieur par les électrons du circuit de la base, les premiers ne pouvant franchir la barrière de potentiel de la seconde jonction sans l'aide des seconds, et résulte de la proximité des deux jonctions) (semi) (cf. aussi* pnp transistor, npn transistor, lateral transistor, vertical bipolar transistor, Early effect, base widening, p-n junction, forward bias, reverse bias, silicon controlled rectifier *et* transistor).

bipolar transistor ... *cf.* bipolar transistor *et* transistor ... *et adapter. (pour les termes qui ne figurent pas ci-après).*

bipolar transistor noise bruit d'un transistor bipolaire, bruit des transistors bipolaires *(bruit à la sortie d'un transistor bipolaire monté en amplificateur ou non) (semi) (cf. aussi* noise 2) (a) *et* bipolar transistor).

bipolar unit version bipolaire *(composant bipolaire) (cf. aussi* bipolar device *et* unit 3)).

bipolar very-large-scale integration intégration à très haute densité de transistors bipolaires, très haute intégration des transistors bipolaires, très haute intégration en bipolaire, VLSI bipolaire *(CI) (cf. aussi* very-large-scale integration *et* bipolar transistor)·

bipolar VLSI *cf.* bipolar very-large-scale integration.

bipolar VLSI ... *cf.* bipolar VLSI *et* LSI ... *et adapter.*

bipolars (les) bipolaires *(les composants bipolaires) (semi) (cf. aussi* bipolar device).

bisignal zone zone d'équisignal *(secteur étroit centré sur l'axe matérialisé par les signaux d'un radiophare équisignal et dans lequel les deux signaux reçus ont la même amplitude) (radionav) (cf. aussi* A-N radio range *(au début de la lettre A)).*

bismuth telluride tellurure de bismuth, Bi_2Te_3 *(semi).*

bispectral sensor capteur bispectral *(caméra infrarouge à balayage à deux barrettes parallèles de photodétecteurs sensibles à deux intervalles distincts de longueurs d'onde) (cf. aussi* infrared scanner).

bistable circuit *cf.* bistable multivibrator.

bistable device dispositif bistable, *(etc.) (dispositif constituant ou utilisant un élément bistable) (cf. aussi* bistable element).

bistable element élément bistable, élément à deux états stables *(nom donné à un dispositif pouvant prendre deux états stables nettement distincts et pouvant, par conséquent, être utilisé comme élément de mémoire) (relais, tore magnétique, bascule électronique, élément fluidique, etc.) (cf. aussi* relay[1] 1), magnetic core 1), flip-flop, fluidics, storage element (a) *et* switching time 2)).

bistable mode *cf.* bistable-persistence mode.

bistable multivibrator multivibrateur bistable, circuit bistable, (un) bistable, bascule d'Eccles-Jordan, bascule bistable, bascule *(multivibrateur dans lequel les deux états sont stables, et passant de l'un à l'autre et inversement à chacune des impulsions successives appliquées à son entrée) (fournissant une impulsion toutes les deux impulsions reçues, il est employé notamment comme diviseur par deux et comme cellule de mémoire) (cf. aussi* Schmitt trigger, multivibrator, binary scaler, memory cell *et* flip-flop).

bistable noise bruit en créneaux *(cf. aussi* popcorn noise).

bistable operation 1) fonctionnement bistable *(dispositif bistable) (cf. aussi* bistable device). **2)** fonctionnement en mode bistable, *(etc.) (tube à mémoire) (cf. aussi* bistable-persistence mode).

bistable-persistence mode mode de persistance bistable, mode de fonctionnement bistable, mode bistable *(mode de visualisation d'un tube à mémoire bistable) (oscillo) (cf. aussi* bistable storage tube).

bistable phosphor cathode-ray tube tube cathodique à luminophore bistable, tube à *(idem) (oscillo) (cf. aussi* bistable storage tube).

bistable-phosphor CRT *cf.* bistable-phosphor cathode-ray tube.

bistable relay relais bistable *(relais électromagnétique dans lequel les deux positions de l'élément mobile sont stables en l'absence de courant d'excitation, la commande se faisant par impulsions) (en d'autres termes, relais à deux enroulements dont l'excitation de l'un ou l'autre par une impulsion de courant fait passer l'élément mobile à la position correspondante où il reste verrouillé par un aimant ou un moyen mécanique qui peut être le simple frottement de contacts élastiques à translation) (cf. aussi* polarized relay *et* electromagnetic relay).

bistable storage mémorisation par tube bistable *(oscillo) (cf. aussi* bistable storage tube).

bistable storage oscilloscope oscilloscope à mémoire bistable *(oscilloscope à mémoire équipé d'un tube à mémoire bistable) (cf. aussi* storage oscilloscope *et* bistable storage tube).

bistable storage tube tube à mémoire bistable, tube bistable *(tube cathodique d'oscilloscope dans lequel la couche de luminophore reste lumineuse aux endroits atteints par le faisceau d'électrons après éloignement ou suppression de celui-ci lorsqu'il est utilisé en mode mémoire, l'effacement étant commandé par l'opérateur) (cf. aussi* cathode-ray tube, phosphor *et* storage oscilloscope).

bistable tube *cf.* bistable storage tube.

bistable unit *cf.* bistable element.

bistatic airborne radar radar embarqué bistatique *(radar dont l'émetteur est dans un aéronef qui illumine ainsi la cible, et le récepteur dans un autre qui attaque en exploitant les échos provenant de la cible, le récepteur étant synchronisé sur l'émetteur) (l'avantage de cette méthode d'attaque au radar consiste en ce que l'aéronef qui attaque n'émettant pas de signaux radar, il risque moins d'être détecté) (mil) (cf. aussi* bistatic radar).

bistatic angle angle bistatique *(angle formé par la droite joignant l'antenne d'émission d'un radar bistatique à la cible, et la droite joignant la cible à l'antenne de réception) (cf. aussi* bistatic radar).

bistatic clutter échos parasites (bistatiques), *(etc.) (les échos parasites peuvent être plus gênants dans un radar bistatique que dans un radar monostatique du fait de l'influence plus grande des lobes secondaires du diagramme de rayonnement de l'antenne de l'émetteur) (cf. aussi* bistatic radar *et* clutter).

bistatic cross section *cf.* bistatic target cross section.

bistatic jammer brouilleur bistatique *(nom parfois donné à un brouilleur de radars brouillant un radar bistatique) (mil) (cf. aussi* radar jammer *et* bistatic radar).

bistatic mode mode bistatique *(mode de fonctionnement d'un radar bistatique ou un des deux modes d'un radar hybride) (mil) (cf. aussi* bistatic radar *et* hybrid radar).

bistatic operation fonctionnement en mode bistatique *(radar) (cf. aussi* bistatic mode).

bistatic radar radar bistatique *(radar à impulsions dont l'émetteur et le récepteur sont distincts, séparés par une certaine distance et munis chacun d'une antenne, le récepteur étant synchronisé sur l'émetteur par une horloge interne de très haute précision) (l'émetteur est généralement installé au sol ou monté dans un aéronef et le récepteur monté dans un aéronef) (mil) (cf. aussi* pulse radar).

bistatic radar receiver *cf.* bistatic receiver.

bistatic radar system *cf.* bistatic radar.

bistatic radar target *cf.* bistatic target.

bistatic radar technology (la) technique du radar bistatique *(mil) (cf. aussi* bistatic radar *et* technology).

bistatic radar transmitter *cf.* bistatic transmitter.

bistatic range portée en mode bistatique *(radar mil) (cf. aussi* bistatic radar).

bistatic receiver récepteur bistatique, récepteur de radar bistatique *(mil) (cf. aussi* bistatic radar *et* radar receiver).

bistatic stable local oscillators *cf.* bistatic stalos.

bistatic sonar sonar bistatique *(sonar actif dont l'émetteur et le récepteur sont distincts et portés par deux navires séparés par une distance de plusieurs centaines de mètres) (est encore au stade expérimental en 1990) (mar. mil) (cf. aussi* active sonar).

bistatic stalos *(vient de « bistatic stable local oscillators »)* oscillateurs locaux ultra-stables bistatiques, stalos bistatiques *(paire d'oscillateurs locaux ultra-stables synchronisés dont l'un est monté dans l'émetteur d'un radar bistatique et l'autre dans le récepteur) (mil) (cf. aussi* stalo *et* bistatic radar).

bistatic target cible bistatique, cible de radar bistatique *(cible suivie par un radar bistatique) (mil) (cf. aussi* bistatic radar *et* radar target).

bistatic target cross section surface équivalente bistatique *(surface équivalente d'une cible bistatique) (dépend de la cible, de l'angle de présentation de celle-ci et de l'angle bistatique) (radar mil) (cf. aussi* radar cross section, bistatic target *et* bistatic angle).

bistatic transmission émission bistatique *(émission d'un radar bistatique) (mil) (cf. aussi* bistatic radar *et* radar transmission).

bistatic transmitter émetteur bistatique *(émetteur d'un radar bistatique) (mil) (cf. aussi* bistatic radar *et* radar transmitter).

Bisync *(vient de « binary synchronous »)* protocole Bisync, *(etc.) (protocole à caractères de la société IBM devenu une norme de fait pour ce type de protocole) (télinf) (cf. aussi* character-oriented protocol).

BiSync *cf.* Bisync.

BISYNC *cf.* Bisync.

bit *(vient de « binary digit »)* (un) binaire, chiffre binaire, élément binaire *(ne pas employer « bit ») (employer* b *comme symbole d'unité) (élément d'information dont la présence est représentée par le chiffre « 1 » et l'absence par « 0 ») (en d'autres termes, chiffre binaire employé pour représenter une information élémentaire, notamment en informatique) (cf. aussi* binary 1, binary 0, data bit, overhead bit, least-significant bit, most-significant bit, sign bit, parity bit, control bit, bit pattern, bit stream, bit rate, bit density, binary numeral *et* byte).

BIT 1) *cf.* built-in test. **2)** *cf.* bit.

BIT ... *cf.* built-in test ...

bit array *cf.* bit pattern.

bit capacity capacité de mémoire *(inf) (cf. aussi* memory capacity).

bit cell point mémoire *(pluriel :* points mémoire) *(au sens du terme anglais, emplacement défini sur un disque magnétique ou autre support d'informations pour mémoriser un binaire) (dans le cas d'un disque magnétique, les points mémoire sont définis au cours de l'opération de formattage) (inf) (cf. aussi* bit, bit center, formatting, FM encoding *et* storage mode).

bit center milieu d'un binaire *(parf. du binaire) (milieu de l'intervalle de temps nécessaire pour transmettre un binaire dans un signal télégraphique, ou d'un point mémoire sur un support d'informations) (tls, inf) (cf. aussi* telegraph signal *et* bit cell).

bit combination *cf.* bit pattern.

bit configuration *cf.* bit pattern.

bit count   nombre de binaires *(contenus dans un ou des mots binaires, une mémoire, etc.) (inf, tls) (cf. aussi* bit).

bit density   densité de binaires *(nom parfois donné à la densité d'enregistrement pour rappeler l'unité employée) (inf) (cf. aussi* recording density).

bit-efficient   *a* peu gourmand en mémoire *(inf) (cf. aussi* memory-efficient).

bit error   erreur sur un binaire *(erreur affectant un seul binaire d'un mot binaire) (inf, tls) (cf. aussi* correctable error, word error *et* parity bit).

bit error rate   taux d'erreurs sur des binaires *(pourcentage de binaires erronés dans une suite de binaires) (inf, tls) (cf. aussi* bit *et* error rate).

bit errors   erreurs sur des binaires *(inf) (cf. aussi* bit error).

bit fiddling   *cf.* bit manipulation.

bit flipping   *cf.* bit manipulation.

bit handling   *cf.* bit manipulation.

bit-interleaved multiplex   multiplex numérique *(tls) (cf. aussi* time-division multiplex).

bit interleaving   multiplexage numérique *(tls) (cf. aussi* time-division multiplexing).

bit line   ligne de binaire *(conducteur aboutissant à une, et une seule, cellule d'une mémoire intégrée ou équivalente pour y écrire ou y lire une information élémentaire) (inf) (cf. aussi* bit, memory cell, solid-state memory *et* word line).

bit location   emplacement de binaire *(parf.* d'un binaire, *parf.* du binaire) *(nom parfois donné à une cellule de mémoire considérée du point de vue du binaire qu'elle contient) (inf) (cf. aussi* memory cell *et* bit position).

bit manipulation   manipulation de binaires *(changement intentionnel d'un ou plusieurs binaires d'un mot binaire) (inf) (cf. aussi* binary word).

bit map   grille de points, *(etc.) (inf) (cf. aussi* bit-mapped display).

bit-map ...   *cf.* bit-mapped ... *(pour les termes qui ne figurent pas ci-après).*

bit-map memory   mémoire à grille de points, *(etc.) (inf) (cf. aussi* bit mapped-display).

bit-mapped display   présentation matricielle, présentation par grille de points (binaires *ou* par grille de binaires), présentation par points, présentation en mode matriciel *(ou* en mode point) *(présentation d'images ou de caractères sur un écran d'ordinateur ou de terminal à écran par formation de points successifs correspondant chacun à une cellule d'une mémoire intégrée ou équivalente contenant un binaire 1, le nombre de cellules de la mémoire étant égal au nombre de points pouvant être formés sur l'écran et l'absence de point correspondant à un binaire 0 dans la cellule associée) (inf) (cf. aussi* picture element, display terminal, memory cell, solid-state memory *et* bit).

bit-mapped graphics   graphisme matriciel, *(etc.) (graphisme obtenu par présentation matricielle) (cf. aussi* bit-mapped display *et* technology).

bit-mapped raster display   *cf.* bit-mapped display.

bit-mapped raster graphics   graphisme à balayage tramé et grille de points *(cf. aussi* raster graphics *et* bit-mapped display).

bit-mapped raster-scan ...   *cf.* bit-mapped raster ...

bit-mapped raster technology   (la) technique du balayage tramé à grille de points *(cf. aussi* bit-mapped display).

bit-mapped screen   écran à présentation matricielle, *(etc.) (cf. aussi* bit-mapped display).

bit mapping   (emploi de la) présentation matricielle, *(etc.) (cf. aussi* bit-mapped display).

bit of data   *cf.* bit of information *(le premier terme étant peu employé).*

bit of information   binaire d'information *(inf, etc.) (cf. aussi* data bit).

bit 1   binaire 1, binaire UN *(inf, etc.) (cf. aussi* bit).

bit one   *cf.* bit 1. *(ci-dessus).*

bit ONE   *cf.* bit 1. *(ci-dessus).*

bit-oriented protocol   protocole à binaires, protocole au niveau du binaire *(protocole de transmission synchrone dans lequel l'unité d'information transmise est le binaire, les contrôles portant sur chaque binaire pris individuellement et la* longueur du champ d'information d'une trame du signal transmis pouvant être pratiquement quelconque) (trans. données) (cf. aussi* SDLC, HDLC, synchronous protocol *et* information field).

bit overhead   binaires auxiliaires *(cf. aussi* overhead bit).

bit packing density   *cf.* bit density.

bit parallel   *a* (sous forme) parallèle *(inf) (cf. aussi* parallel form).

bit-parallel ...   *cf.* parallel ...

bit pattern   combinaison de binaires, configuration binaire *(groupe de binaires, généralement déterminés et disposés dans un ordre déterminé pour représenter une ou plusieurs informations) (est matérialisée notamment sur l'écran d'un analyseur d'états logiques) (inf) (cf. aussi* logic pattern, bit, information *et* logic-state analyzer).

bit plane   plan mémoire *(inf) (cf. aussi* memory plane).

bit position   *cf.* binary position.

bit protocol   *cf.* bit-oriented protocol.

bit rate   débit binaire, *(parf.)* cadence binaire *(nombre de binaires transmis par unité de temps par une liaison télégraphique et notamment une liaison de transmission de données) (s'exprime en bauds) (tls) (cf. aussi* bit, telegraph link, data link *et* baud).

bit-rate generator   générateur de cadence binaire *(nom parfois donné à l'horloge d'une liaison synchrone) (télinf) (cf. aussi* clock[1] *et* synchronous link).

bit-rate recovery   *cf.* clock recovery.

bit serial   *a* (sous forme) série *(tls, inf) (cf. aussi* serial form).

bit-serial ...   *cf.* serial ...

bit serially   sous forme série *(cf. aussi* bit serial).

bit slice   puce partielle *(CI) (cf. aussi* bit-slice microprocessor).

bit-slice chip   *cf.* bit slice.

bit-slice device   *cf.* bit-slice microprocessor.

bit-slice μC   *cf.* bit-slice microcomputer.

bit-slice microcomputer   micro-ordinateur à puces partielles *(micro-ordinateur utilisant un microprocesseur à puces partielles) (inf) (cf. aussi* microcomputer *et* bit-slice microprocessor).

bit-slice μP   *cf.* bit-slice microprocessor.

bit-slice microprocessor   microprocesseur à puces partielles *(ou* multipuce), microprocesseur segmenté *(termes que j'ai proposé) (ne pas employer « microprocesseur en tranches ») (microprocesseur bipolaire formé de plusieurs boîtiers identiques fonctionnant en parallèle et traitant chacun quatre binaires des mots à traiter) (ces boîtiers remplissent les fonctions arithmétiques et logiques d'un microprocesseur monopuce, les fonctions de commande étant remplies par un ou plusieurs boîtiers spécialisés associés) (a été inventé peu de temps après le microprocesseur monobloc pour contourner l'obstacle de la densité d'intégration relativement faible, principalement à cette époque, des circuits intégrés bipolaires, laquelle gêne la réalisation de microprocesseurs à chemin de données de grande largeur en technique bipolaire) (CI) (inf) (cf. aussi* bipolar microprocessor, binary word, single-chip microprocessor, integration density *et* data-path width).

bit-slice processing   traitement par un ... *(voir aussi* bit-slice microprocessor).

bit-slice processor   *cf.* bit-slice microprocessor.

bit stream   train de binaires *(longue suite de binaires) (cf. aussi* serial bit stream, parallel bit stream *et* bit string).

bit string   suite de binaires, suite binaire *(binaires se succédant dans une ligne de transmission, un milieu de propagation ou un milieu d'enregistrement) (tls, inf) (cf. aussi* bit *et* bit stream).

bit synchronization   synchronisation des binaires *(transmission synchrone) (cf. aussi* synchronous transmission).

bit twiddling   *cf.* bit manipulation.

bit 0   binaire 0, binaire ZÉRO *(inf, etc.) (cf. aussi* bit).

bit zero   *cf.* bit 0. *(ci-dessus).*

bit ZERO   *cf.* bit 0. *(ci-dessus).*

BITE   *cf.* built-in test equipment.

bits per inch   binaire par pouce, bpi, BPI *(abréviations du terme anglais) (unité de densité linéique d'enregistrement binaire) (l'unité de longueur anglo-saxonne employée sera un* jour remplacée par le centimètre) (inf, etc.) (cf. aussi linear bit density).

bits per second binaire par seconde, bps *(unité de débit binaire)* *(cf. aussi* bit rate).

black-and-white camera caméra noir et blanc *(ou* monochrome), caméra de télévision *(idem)* *(caméra de télévision dont le signal de sortie ne reproduit que la luminance de chaque point de la scène analysée)* *(cf. aussi* television camera, luminance *et* black-and-white television).

black-and-white cathode-ray tube tube cathodique noir et blanc, tube cathodique monochrome *(le premier terme est le meilleur)* *(noms parfois donnés à un tube-image noir et blanc pour rappeler qu'il s'agit d'un tube cathodique)* *(cf. aussi* black-and-white picture tube).

black-and-white CRT *cf.* black-and-white cathode-ray tube.

black-and-white display présentation en noir et blanc, *(etc.)* *(présentation d'informations sur l'écran d'un tube-image noir et blanc ou sur un écran équivalent) (TV, etc.)* *(cf. aussi* display[1] *et* black-and-white cathode-ray tube).

black-and-white image *cf.* black-and-white picture.

black-and-white picture image en noir et blanc, image monochrome *(le premier terme est le meilleur, le second prêtant à confusion)* *(image de télévision en noir et blanc ou autre image en noir et blanc)* *(cf. aussi* gray scale, monochrome picture *et* black-and-white television).

black-and-white picture signal signal vidéo noir et blanc *(ou* monochrome), *(etc.)* *(signal vidéo représentant une image en noir et blanc) (TV)* *(cf. aussi* picture signal, video signal *et* black-and-white).

black-and-white picture tube tube-image noir et blanc, tube-image monochrome *(le premier terme est le meilleur, le second prêtant à confusion)* *(tube-image produisant une image en noir et blanc grâce à l'emploi d'un luminophore émettant une lumière blanche plus ou moins intense suivant l'intensité du faisceau d'électrons) (TV, etc.)* *(cf. aussi* picture tube, black-and-white picture, phosphor *et* monochrome cathode-ray tube).

black-and-white receiver récepteur noir et blanc *(ou* monochrome), récepteur de télévision *(idem), (etc.)* *(cf. aussi* television receiver *et* black-and-white television).

black-and-white receiving *cf.* black-and-white reception.

black-and-white reception réception en noir et blanc, réception d'émissions en noir et blanc, *(etc.) (TV)* *(cf. aussi* television reception *et* black-and-white television).

black-and-white set *cf.* black-and-white receiver.

black-and-white signal signal noir et blanc, signal monochrome *(le premier terme est le meilleur)* *(signal de télévision en noir et blanc ou signal analogue, c.-à-d. signal transmettant une image en noir et blanc)* *(cf. aussi* composite video signal *et* black-and-white television).

black-and-white system procédé noir et blanc *(ou* monochrome), procédé de télévision en noir et blanc *(idem) (ne pas employer « système... »)* *(cf. aussi* black-and-white television).

black-and-white television télévision en noir et blanc, télévision monochrome *(le premier terme est le meilleur)* *(télévision dans laquelle l'image reproduite sur l'écran du ou des récepteurs est une image en demi-teinte, du blanc au noir, indépendamment de la couleur des différentes zones de la scène reproduite)* *(cf. aussi* television, gray scale, black-and-white picture tube *et* black-and-white camera).

black-and-white television ... *cf.* black-and-white ...

black-and-white transmission *(cf. aussi* black-and-white television) **1)** (une) émission en noir et blanc, émission monochrome, émission de télévision *(idem).* **2)** (la) transmission de signaux de télévision en noir et blanc, *(etc.).*

black-and-white transmitter émetteur noir et blanc, émetteur monochrome, émetteur de télévision en noir et blanc, *(idem)* *(cf. aussi* television transmitter *et* black-and-white television).

black-and-white transmitting *cf.* black-and-white transmission 2).

black-and-white TV *cf.* black-and-white television.

black-and-white TV ... *cf.* black-and-white ...

black area zone noire, plage noire, partie noire *(image TV ou autre)* *(cf. aussi* blacks *et* television picture).

black body *cf.* blackbody. *(plus loin).*

black box boîte noire *(nom souvent donné aux coffrets d'appareils électroniques montés notamment sur aéronefs et généralement à surfaces extérieures anodisées en noir mat pour améliorer l'évacuation, par rayonnement, de la chaleur dégagée à l'intérieur)* *(cf. aussi* blackbody (plus loin)).

black ceramic *cf.* ferrite.

black compression saturation des noirs *(réduction de l'amplification d'un signal de télévision aux points correspondant aux noirs de l'image pour réduire le contraste dans ces zones)* *(cf. aussi* television signal *et* blacks).

Black diagram diagramme de Black, abaque de Black, lieu de Black *(lieu de transfert construit dans un système de coordonnées rectangulaires dans lequel l'amplitude de la grandeur de sortie est représentée par l'ordonnée du point figuratif et sa phase par l'abscisse de ce point) (asser)* *(cf. aussi* transfer diagram).

black level niveau du noir *(signal TV)* *(cf. aussi* reference black level).

black-level clamping rétablissement du niveau du noir *(récepteur TV)* *(cf. aussi* clamping 2)).

black light lumière noire *(nom parfois donné à la lumière ultraviolette pour rappeler sa propriété particulière)* *(cf. aussi* ultraviolet light).

black negative (les) noirs négatifs *(caractéristique d'un signal vidéo dans lequel l'amplitude correspondant au noir est moins élevée que l'amplitude correspondant au blanc, c.-à-d. caractéristique d'un signal de télévision à modulation positive)* *(cf. aussi* picture signal *et* positive modulation).

black peak crête de noir *(point d'amplitude maximale du signal vidéo dans un signal de télévision à modulation négative) (correspond à une zone noire de l'image transmise)* *(cf. aussi* video signal *et* negative modulation).

black positive (les) noirs positifs *(caractéristique d'un signal vidéo dans lequel l'amplitude correspondant au noir est plus élevée que l'amplitude correspondant au blanc, c.-à-d. caractéristique d'un signal de télévision à modulation négative)* *(cf. aussi* picture signal *et* negative modulation).

Black plane plan de Black *(plan complexe — au sens mathématique — dans lequel est construit le lieu de Black)* *(cf. aussi* Black diagram).

black recording reproduction en modulation négative *(reproduction par un télécopieur d'un document transmis en modulation négative) (tlg)* *(cf. aussi* black transmission).

black reference level *cf.* black level.

black saturation *cf.* black compression.

black signal signal de noir *(signal produit par l'exploration d'une zone noire du document à transmettre dans un télécopieur fonctionnant en mode d'émission) (tlg)* *(cf. aussi* black transmission *et* white signal).

black-to-white transition transition du noir au blanc, transition noir/blanc *(passage d'une zone noire à une zone blanche contiguë dans une image de télévision ou autre ou dans un signal vidéo)* *(cf. aussi* video signal).

black transmission transmission en modulation négative *(transmission d'un document par un télécopieur à l'aide d'une porteuse à modulation négative) (tlg)* *(cf. aussi* negative modulation 2)).

blackbody (le) corps noir *(corps hypothétique dont la surface absorbe la totalité du rayonnement thermique incident, à toutes les longueurs d'onde de celui-ci, et, par conséquent, émet le maximum possible de rayonnement thermique à chaque température) (est généralement simulé par une surface recouverte de noir de fumée) (théorie du rayonnement thermique)* *(cf. aussi* thermal radiation).

blackbody radiation (le) rayonnement du corps noir *(cf. aussi* blackbody).

blacker-than-black level *cf.* blacker-than-black region.

blacker-than-black region l'ultra-noir *(nom donné à l'intervalle des amplitudes du signal vidéo ou de luminance d'un signal de télévision situé au-delà du niveau du noir, c.-à-d. du côté des impulsions de synchronisation)* *(cf. aussi* reference black level).

blackout *cf.* communications blackout.

blacks les noirs, les zones noires, *(etc.)* *(cf. aussi* black area).

blade aerial *(GB) cf.* blade antenna.

blade antenna antenne sabre *(antenne de petites dimensions disposée dans un carénage profilé relativement mince monté notamment sur aéronef, généralement suivant la normale à la surface du revêtement au point de fixation, celui-ci étant souvent sur le fuselage) (cf. aussi* flush antenna*).*

blank[1] *s* **1)** ébauche *(sens général).* **2)** élément nu *(piézo) (cf. aussi* crystal blank*).* **3)** (un) blanc *(espace vide dans une ligne) (inf, etc.).*

blank[2] *a* vide, vierge, en blanc, inutilisé, non perforé, *(etc.) (selon le contexte).*

blank[3] *v* **1)** supprimer le faisceau *(cf. aussi* blanking*).* **2)** effacer *(mémoire) (cf. aussi* erasure*).*

blank groove sillon non modulé *(disque) (cf. aussi* unmodulated groove*).*

blank medium support vide *(support d'informations ne contenant pas d'informations) (inf) (cf. aussi* storage medium*).*

blank panel platine avant nue, face avant nue *(platine avant de châssis ou tiroir ne portant aucun bouton, voyant ou autre organe) (cf. aussi* front panel*).*

blank tape bande vide *(bande magnétique ou perforée ne portant pas d'informations) (cf. aussi* magnetic tape, punched tape *et* information*).*

blank value valeur avant ajustage *(résistance à couche) (cf. aussi* resistor trimming*).*

blanked beam faisceau supprimé *(tube-image, etc.) (cf. aussi* blanking*).*

blanked picture signal signal vidéo avec les impulsions de suppression *(signal vidéo d'un signal de télévision à la sortie de l'étage d'émission dans lequel les impulsions de suppression lui sont ajoutées avant que les impulsions de synchronisation le soient également pour donner le signal vidéo composite) (cf. aussi* picture signal *et* composite picture signal*).*

blanker *cf.* noise reducer.

blanket area zone de couverture immédiate *(partie de la zone desservie par l'onde de sol située à proximité immédiate de la station et dans laquelle la force du signal est assez grande pour gêner la réception des autres stations) (radiodif) (cf. aussi* primary service area *et* signal strength 2)).*

blanketing masquage par émission locale *(masquage d'un signal radio faible en provenance d'un émetteur lointain par un signal fort provenant d'un émetteur proche) (cf. aussi* blanket area*).*

blanking suppression du faisceau, *(parf.)* blocage du faisceau *(interruption de l'émission d'un faisceau d'électrons produite par l'application d'une tension appropriée au wehnelt du canon à électrons, notamment dans un tube-image ou un tube analyseur pendant les retours de ligne ou de trame ou dans un tube cathodique d'oscilloscope pendant le retour du faisceau à gauche de l'écran ou dans un graveur à faisceau d'électrons dirigé, pendant le passage d'un trait au suivant) (noter que dans le cas d'un tube analyseur, c'est le second terme qui est employé) (cf. aussi* blanking pulse, control grid 2), retrace 1), picture tube, camera tube *et* blanking rate*).*

blanking ... *cf.* retrace ... *(pour les termes qui ne figurent pas ci-après).*

blanking circuit **1)** *cf.* blanking generator. **2)** *cf.* interference filter.

blanking electrode électrode de suppression du faisceau *(nom parfois donné à un wehnelt) (cf. aussi* control grid 2) *et* blanking*).*

blanking generator générateur d'impulsions de suppression (du faisceau) *(montage fournissant des impulsions de suppression) (cf. aussi* blanking pulse*).*

blanking interval intervalle de suppression (du faisceau) *(partie d'un signal de télévision occupée par une impulsion de suppression) (cf. aussi* horizontal blanking interval, vertical blanking interval, blanking pulse *et* television signal*).*

blanking level niveau de suppression (du faisceau) *(nom donné à l'amplitude d'une impulsion de suppression, notamment dans un signal de télévision) (cf. aussi* blanking pulse*).*

blanking pulse impulsion de suppression (du faisceau) *(impulsion de tension négative appliquée au wehnelt d'un canon à électrons — ou, parfois, impulsion de tension positive appliquée à la cathode — pour obtenir la suppression du faisceau)*

(cf. aussi blanking, horizontal blanking pulse *et* vertical blanking pulse*).*

blanking rate fréquence de suppression (du faisceau) *(fréquence à laquelle un faisceau d'électrons est supprimé et notamment fréquence maximale à laquelle le faisceau d'électrons peut être supprimé dans un graveur à faisceau d'électrons dirigé pour passer d'un point à l'autre de la puce en cours de gravure) (cf. aussi* blanking *et* direct-write electron-beam machine*).*

blanking signal signal de suppression *(parf.* de blocage) *(signal formé par une suite d'impulsions de suppression, notamment en télévision, ou constitué par une de ces impulsions) (cf. aussi* horizontal blanking signal, vertical blanking signal *et* blanking pulse*).*

blanking signals (les) signaux de suppression *(nom souvent donné à l'ensemble des impulsions de suppression en télévision) (cf. aussi* blanking signal *et, à titre d'information,* synchronization signals*).*

blanking voltage tension de suppression (du faisceau) *(cf. aussi* blanking pulse*).*

blanking waveform *cf.* blanking signal. *(cf. aussi* waveform*).*

bleeder charge stabilisatrice *(résistance stabilisatrice ou montage à transistor remplissant la même fonction) (alim) (cf. aussi* bleeder resistor 1)).*

bleeder current *(parf.* intensité du) courant de stabilisation *(courant dans une charge stabilisatrice ou, parfois, intensité de ce courant) (cf. aussi* bleeder*).*

bleeder resistor résistance stabilisatrice *(résistance de valeur ohmique relativement faible montée aux bornes de sortie d'une alimentation non régulée à filtre à inductance en tête pour augmenter la stabilité de la tension de sortie en présence de variations de l'intensité du courant absorbé par la charge) (l'emploi de cette résistance est dû au fait que l'effet stabilisateur de tension d'un filtre d'alimentation à inductance en tête augmente sensiblement à partir d'une certaine valeur de l'intensité du courant débité appelée « courant critique ») (cette résistance a pour effet secondaire de décharger le condensateur du filtre lors de la mise hors tension de l'alimentation) (cf. aussi* power supply 2), ripple filter *et* choke-input filter*).*

blind approach beacon system *cf.* BABS.

blind cone *cf.* blind spot.

blind flying pilotage sans visibilité *(avia) (cf. aussi* instrument flying*).*

blind sector secteur aveugle *(sur l'écran d'un radar panoramique, secteur masqué par un obstacle fixe situé à courte distance de l'antenne tel qu'un immeuble au sol, une cheminée sur un navire, etc.) (cf. aussi* blind spot *et* PPI-display radar*).*

blind speed *cf.* blind velocity.

blind spot zone aveugle *(radar) (cf. aussi* dead zone 1)).*

blind velocity vitesse aveugle *(vitesse radiale de la cible d'un radar à impulsions à laquelle la cible ne peut pas être distinguée d'une cible fixe par exploitation de l'effet Doppler, la fréquence Doppler créée par la cible étant proche de la fréquence de récurrence du radar ou d'un multiple de cette fréquence) (est due au fait qu'à ces valeurs de la vitesse radiale, la distance radiale parcourue par la cible est égale à la moitié de la longueur d'onde λ/2 de la porteuse des impulsions compte tenu du trajet aller d'une impulsion et retour de son écho, ce qui a pour résultat que l'écho d'une impulsion n'est pas déphasé, à la réception, par rapport à l'écho de l'impulsion précédente et ne peut donc en être distingué, ce qui le fait prendre pour un écho fixe par les circuits de filtrage Doppler du récepteur) (est notamment une des vitesses radiales d'une cible d'un radar MTI auxquelles l'écho de la cible apparaît comme un écho fixe au dispositif MTI, qui l'élimine en conséquence) (cf. aussi* moving-target indicator, range rate, pulse radar, Doppler shift *et* pulse repetition frequency*).*

blinking clignotement *(écran d'ordinateur, etc.) (cf. aussi* attributes*).*

blip écho sur l'écran, écho *(impulsion pointue ou tache brillante représentant une cible détectée sur l'écran d'un radar) (se dit également « pip » en anglais) (cf. aussi* radar target *et* radar scope*).*

BLIP detector *(vient de « background-limited infrared photon detector »)* détecteur infrarouge à faible bruit *(détecteur* *infrarouge dont le bruit propre est inférieur au bruit dû aux photons)* (cf. aussi infrared detector, internal noise *et* photon shot noise).

blip-scan ratio nombre de balayages par plot *(nombre de passages du faisceau de l'antenne d'un radar panoramique sur une cible nécessaire pour obtenir un plot exploitable) (avia) (cf. aussi* plot[1] 2)).

blister carénage d'antenne *(radome d'aéronef faisant saillie sur le fuselage de celui-ci ou carénage d'antenne radio en saillie ou dôme sonar faisant saillie sur la coque d'un navire) (cf. aussi* blister antenna, radome *et* sonar dome).

blister antenna antenne sous carénage *(sur aéronef) (cf. aussi* aircraft antenna).

Bloch wall paroi de Bloch *(paroi d'un domaine de Weiss) (magnétisme) (cf. aussi* magnetic domain).

block 1) bloc (d'informations *ou* de données) *(suite de mots binaires considérée comme un tout et, par conséquent, enregistrée ou transmise en une seule fois) (inf, tls) (cf. aussi* binary word). 2) pavé *(figure géométrique de schéma fonctionnel ou d'organigramme) (cf. aussi* block diagram *et* flowchart 2)).

block code code à blocs *(code télégraphique pour transmission de données dans lequel les binaires de parité servent à contrôler les informations qui les précèdent dans un bloc déterminé) (cf. aussi* telegraph code, data communications, parity bit *et* block 1)).

block coding codage par code à blocs, emploi d'un code à blocs *(cf. aussi* block code).

block diagram schéma fonctionnel *(ou* synoptique), synoptique *sm (schéma de principe simplifié d'un montage ou d'un appareil, dans lequel les étages ou principaux organes sont représentés par des rectangles ou autres figures géométriques portant généralement le nom de l'étage ou l'organe et réunis entre eux par un simple trait ou plusieurs traits représentant chacun un ou plusieurs conducteurs électriques ou autres) (cf. aussi* circuit diagram).

block gap espace entre blocs *(inf, tls) (cf. aussi* interblock gap).

block length longueur de bloc *(parf.* du bloc, *parf.* d'un bloc) *(nombre de mots contenus dans un bloc) (inf, tls) (cf. aussi* block 1)).

block mark drapeau de bloc *(mot binaire marquant la fin d'un bloc) (inf) (cf. aussi* block 1)).

block marker cf. block mark.

block of data cf. block 1).

block of information cf. block 1).

block-oriented memory mémoire à blocs, mémoire organisée en blocs *(mémoire intégrée dont les positions sont organisées en plusieurs groupes généralement identiques) (CI) (inf) (cf. aussi* solid-state memory *et* memory location).

block-oriented RAM mémoire RAM à blocs, *(etc.) (mémoire RAM réalisée sous la forme d'une mémoire à blocs) (CI, inf) (cf. aussi* RAM[1] *et* block-oriented memory).

block-replicate architecture organisation en blocs identiques, structure à blocs identiques *(mémoire à bulles, etc.) (cf. aussi* block-oriented memory *et* architecture).

block-replicate structure cf. block-replicate architecture. *(ce terme étant le plus employé).*

block size cf. block length.

block sort tri par grands groupes *(tri d'un fichier informatique d'après le binaire de plus fort poids du mot constituant la clé du tri) (cf. aussi* file[1] *et* most significant bit).

blocked-grid keying manipulation par blocage de grille *(manipulation d'un émetteur radiotélégraphique à tubes électroniques par application d'une tension suffisamment négative à la grille de commande de l'étage de sortie pour bloquer le tube lorsque le bras du manipulateur est levé) (cf. aussi* keying 1) *et* cut-off voltage 1)).

blocked impedance impédance statique *(impédance d'entrée d'un transducteur électroacoustique émetteur lorsque l'organe mobile est maintenu immobile) (cf. aussi* input impedance *et* transmitting electroacoustic transducer).

blocked reactance réactance statique *(réactance d'une impédance statique) (électroacou) (cf. aussi* reactance *et* blocked impedance).

blocked resistance résistance statique *(résistance d'une impédance statique) (électroacou) (cf. aussi* resistance *et* blocked impedance).

blockette petit bloc, bloc de courte longueur, bloc à petit nombre de mots *(inf) (cf. aussi* block 1)).

blocking 1) blocage *(arrêt de la conduction dans un tube électronique ou un composant à semiconducteur par application d'une tension de polarisation de polarité appropriée et d'amplitude suffisante à l'électrode de commande du composant ou, dans le cas d'une diode, entre l'anode et la cathode) (cf. aussi* bias[1]). 2) groupage, formation d'un bloc *(inf) (cf. aussi* block 1)).

blocking capacitor condensateur de liaison *(étage) (cf. aussi* coupling capacitor).

blocking coil bobine d'arrêt *(cf. aussi* choke coil).

blocking concentrator concentrateur avec blocage *(concentrateur de lignes téléphoniques équipé d'un réseau de connexion avec blocage) (tél) (cf. aussi* concentrator *et* blocking network).

blocking direction cf. reverse direction (b).

blocking layer couche d'arrêt *(jonction) (cf. aussi* depletion layer).

blocking-layer photocell cf. barrier-layer photocell.

blocking network réseau de connexion avec blocage, réseau avec blocage *(réseau de connexion dans lequel la probabilité de pouvoir, à tout instant, relier n'importe quelle entrée à n'importe quelle sortie, n'est pas de 100 %, le nombre de points de connexion du réseau étant inférieur au produit du nombre d'entrées par le nombre de sorties) (autocommutateur) (cf. aussi* switching network).

blocking oscillator oscillateur bloqué *(nom donné à l'oscillateur à relaxation employé notamment comme générateur de base de temps pour le balayage des tubes-image) (cf. aussi* relaxation oscillator, time-base generator *et* picture tube).

blocking-oscillator driver étage d'attaque à oscillateur bloqué *(oscillateur bloqué dont le signal de sortie mis en forme d'impulsions rectangulaires attaque le modulateur d'un radar) (cf. aussi* blocking oscillator *et* radar modulator).

blocking period période de blocage *(temps de blocage périodique) (cf. aussi* blocking 1) *et* period).

blocking state état bloqué *(transistor, etc.) (cf. aussi* off-state).

blocking time *(cf. aussi* blocking 1)) 1) temps de blocage, durée de blocage. 2) instant de blocage *(instant auquel commence un blocage).*

blocking voltage tension de blocage *(tension de polarisation produisant un blocage) (cf. aussi* bias voltage *et* blocking 1)).

blooming 1) tache *(tache brillante produite notamment sur un écran de télévision ordinaire par le soleil ou une source de lumière située devant la caméra, ou sur un écran de télévision infrarouge par une zone de la scène visualisée beaucoup plus chaude que le reste de celle-ci) (cf. aussi* television *et* infrared television). 2) cf. thermal blooming.

blooming decoy leurre infrarouge *(mil) (cf. aussi* flare 1)).

blow a fuse *v* claquer un fusible *(faire fondre un fusible en y faisant passer un courant d'intensité excessive, parfois volontairement) (mémoire PROM, etc.) (cf. aussi* fuse *et* blow a PROM).

blow a PROM *v* programmer une PROM, *(etc.)*, claquer une PROM *(idem) (fam) (CI) (inf) (cf. aussi* PROM *et* fuse-link PROM).

blower ventilateur (électrique) *(monté notamment dans un appareil électronique pour améliorer son refroidissement, parfois avec aspiration de l'air extérieur à travers un filtre) (le moteur employé dans un tel appareil est toujours un petit moteur asynchrone monophasé) (cf. aussi* single-phase induction motor).

blown-fuse indicator indicateur de fusible sauté *(languette rouge à ressort apparaissant sur le corps d'un fusible lorsque celui-ci est fondu ou lampe au néon montée en parallèle sur le fusible et s'allumant alors) (cf. aussi* fuse *et* neon lamp).

blowout coil bobine de soufflage *(disjoncteur, etc.) (cf. aussi* magnetic blowout).

blowout magnet aimant de soufflage *(aimant permanent remplissant la fonction d'une bobine de soufflage, avec une* *efficacité constante au lieu d'être proportionnelle à l'intensité du courant à couper, donc moins grande aux grandes intensités) (cf. aussi* permanent magnet *et* magnetic blowout*).*

blue beam **1)** faisceau bleu, faisceau de lumière bleue. **2)** faisceau bleu, faisceau d'électrons bleu *(faisceau d'électrons émis par un canon bleu) (TVC) (cf. aussi* blue gun*).*

blue-beam gun *cf.* blue gun.

blue-beam magnet aimant du faisceau bleu, aimant de convergence latérale statique *(aimant cylindrique multiple dont la rotation permet de régler la convergence latérale statique dans un tube-image à masque perforé en déplaçant plus ou moins le faisceau bleu vers la droite ou la gauche) (récepteur TVC) (cf. aussi* horizontal static convergence *et* blue beam 2)).

blue gain control commande de gain des bleus *(potentiomètre ajustable permettant de régler l'amplitude du signal appliqué au wehnelt du canon bleu d'un tube-image couleur à trois canons) (récepteur TVC, etc.) (cf. aussi* blue gun, control grid 2) *et* trimmer potentiometer*).*

blue-green laser laser bleu-vert *(laser émettant une lumière visible dont la longueur d'onde est d'environ 0,48 micron et dont la couleur est donc un bleu tirant légèrement sur le vert comme celle de la turquoise) (cette lumière monochromatique a la propriété de se propager dans l'eau de mer sur une distance d'une centaine de mètres, ce qui permet de l'utiliser pour des liaisons avec des sous-marins en plongée normale) (les principaux types de laser bleu-vert étudiés en 1990 sont le laser YAG à fréquence doublée, le laser au chlorure de xénon et le laser au bromure de mercure) (mil) (cf. aussi* laser, frequency-doubled YAG laser, xenon-chloride laser, mercury-bromide laser, monochromatic light *et* submarine laser communications*).*

blue gun canon bleu, canon du faisceau bleu *(dans un tube-image couleur à trois canons, canon à électrons dont le faisceau frappe les luminophores bleus) (récepteur TVC) (cf. aussi* three-gun color picture tube, blue phosphor *et* blue-beam magnet*).*

blue gun beam *cf.* blue beam 2).

blue phosphor luminophore bleu *(luminophore émettant une lumière bleue) (sulfure de zinc activé à l'argent notamment) (écran cath) (cf. aussi* phosphor*).*

blue plane plan bleu *(mémoire) (cf. aussi* memory plane*).*

blue signal signal bleu, signal des bleus *(signal de chrominance représentant les zones bleues de la scène analysée) (TVC) (cf. aussi* chrominance signal*)* (a) *signal fourni par les circuits d'une caméra de télévision analysant les zones bleues de la scène)* ; (b) *signal appliqué au wehnelt d'un canon bleu) (cf. aussi* blue gun*).*

blue tube tube bleu *(tube-image projetant l'image bleue dans un système de télévision en couleurs à projection à trois tubes-image) (cf. aussi* three-tube projection television system*).*

blue video voltage tension vidéo des bleus *(autre nom du signal bleu) (TVC) (cf. aussi* blue signal*).*

blurring flou (de l'image) *(TV, etc.).*

BMEWS *(vient de « ballistic-missile early-warning system »)* chaîne BMEWS, chaîne d'alerte lointaine contre les missiles stratégiques *(chaîne américaine d'alerte lointaine s'étendant du Groenland (à Thule) à la Grande-Bretagne avec une station en Alaska (à Clear)) (mil) (cf. aussi* early-warning network*).*

BNC connector connecteur BNC, prise BNC *(terme ancien) (connecteur coaxial à verrouillage par bayonnette de type très courant) (hyper) (cf. aussi* coaxial connector *et* bayonet coupling*).*

board **1)** tableau *(plaque isolante disposée verticalement ou non et supportant des organes électriques tels que interrupteurs, commutateurs, voyants, potentiomètres, bornes, douilles bananes, jacks, appareils de mesure, coupe-circuit, etc.).* **2)** printed-circuit board.

board area surface de la carte *(parf.* de la plaquette), aire *(idem), (souvent)* place disponible sur la carte, place sur la carte *(idem) (CP) (cf. aussi* printed-circuit board *et* real estate*).*

board capacitance capacité due au substrat *(capacité existant* entre deux conducteurs opposés d'un circuit imprimé double face) (cf. aussi* capacitance *et* double-sided printed circuit*).*

board-cleaning fluid solvant pour circuits imprimés, produit de nettoyage *(idem) (Freon, etc.).*

board computer *cf.* board-level computer.

board connector connecteur pour circuit imprimé *(cf. aussi* printed-circuit connector*).*

board layout *(souvent)* disposition des composants sur la carte *(CP) (cf. aussi* printed-circuit layout*).*

board level *cf.* at the board level.

board-level computer ordinateur sur carte *(inf) (cf. aussi* single-board microcomputer*).*

board-level implementation réalisation sur carte (à circuit imprimé, (etc.)) *(d'un montage ou appareil tel qu'un modem, un micro-ordinateur, etc.) (cf. aussi* printed-circuit board*).*

board-level modem modem sur carte *(cf. aussi* modem *et* board-level implementation*).*

board modem *cf.* board-level modem.

board stack-up empilement de cartes (à circuit imprimé) *(cf. aussi* printed-circuit board*).*

board set jeu de cartes *(ensemble de cartes à circuit imprimé utilisé dans un appareil électronique déterminé et constituant l'essentiel de celui-ci du point de vue fonctionnel) (les cartes sont montées dans un panier à cartes) (cf. aussi* printed-circuit board, card cage *et* backplane*).*

board space place sur la carte, *(etc.) (CP) (cf. aussi* board area*).*

board swapping échange de cartes, remplacement de cartes *(remplacement de la ou des cartes enfichables défectueuses d'un appareil électronique, suivi de l'envoi à l'usine pour réparation) (méthode de dépannage rapide comparable à « l'échange standard » dans l'industrie de l'automobile) (cf. aussi* printed-circuit board*).*

board test *(un)* essai de carte (à circuit imprimé) *(cf. aussi* board testing*).*

board tester contrôleur de cartes (à circuit imprimé), testeur *(idem) (cf. aussi* PC-board tester*).*

board testing (l')essai des cartes (à circuit imprimé) *(cf. aussi* PC-board tester*).*

board trace *(un)* ruban de la carte, *(etc.) (CP) (cf. aussi* trace[1] 2)).

board washing *cf.* board cleaning.

boat nacelle *(au sens du terme anglais, petit creuset de forme allongée dans lequel des plaquettes à gravure sont disposées verticalement et transversalement pour les soumettre à un traitement de diffusion thermique ou de recuit dans un four tunnel) (fab. semi) (cf. aussi* wafer 2), diffusion 1) *et* diffusion oven*).*

bobbin bobine isolante *(support d'une bobine électrique) (relais, transfo, etc.) (cf. aussi* coil form *et* coil[1]).

BOD *cf.* breakover diode.

Bode diagram diagramme de Bode *(graphique à échelle logarithmique en abscisses indiquant soit la partie réelle (au sens mathématique) de la transmittance d'un quadripôle, c.-à-d. l'amplification ou l'affaiblissement produit par le quadripôle, soit la partie imaginaire, c.-à-d. le déphasage entre le signal d'entrée et le signal de sortie produit par le quadripôle, en fonction de la fréquence du signal d'entrée) (le graphique représentant l'amplification produite par un amplificateur ou l'atténuation produite par un filtre est généralement appelé « courbe de réponse en fréquence » ; le graphique représentant le déphasage produit par un quadripôle quelconque est appelé « courbe de réponse en phase ») (cf. aussi* transmittance (b), quadripole, frequency response curve *et* phase response curve*).*

body capacitance **1)** capacité du corps *(capacité du condensateur formé par le corps d'un individu et un conducteur électrique situé à une faible distance) (cf. aussi* capacitance, capacitor *et* body-capacitance alarm*).* **2)** capacité de l'opérateur *(capacité du corps d'un opérateur et notamment capacité du condensateur formé par sa main et un circuit ou un composant sur lequel il effectue un réglage) (voir aussi* 1) *ci-dessus).*

body-capacitance alarm détecteur d'intrus à capacité, *(etc.),* détecteur à capacité *(détecteur d'intrus utilisant la variation de la capacité du corps de l'intrus par rapport à une surface conductrice, notamment d'un objet à protéger ou proche de celui-ci) (gardiennage électronique) (cf. aussi* intrusion detector *et* body capacitance 1)).

body effect effet du substrat *(augmentation de la tension de seuil d'un transistor MOS lorsque la tension de la source augmente dans le sens positif) (entraîne à son tour une augmentation du temps de passage à l'état conducteur du transistor lorsque celui-ci est utilisé en commutation) (on réduit cet effet en appliquant une polarisation négative au substrat) (CI) (cf. aussi* threshold voltage, MOS transistor, source 2), on-state, switching 1) (a) *et* negative bias).

Bohr magneton magnéton de Bohr *(valeur minimale du moment magnétique d'un électron en mouvement) (cf. aussi* magnetic moment *et* electron).

bolometer bolomètre *(dispositif permettant de mesurer la puissance d'un rayonnement électromagnétique dans le domaine des hyperfréquences ou des rayons infrarouges) (comprend essentiellement un élément résistant exposé au rayonnement à mesurer et dont la résistance varie par suite de l'échauffement dû à l'absorption d'énergie, ce qui déséquilibre un pont de mesure dans lequel il est monté) (cf. aussi* power[1] 1), electromagnetic radiation *et* bridge).

bolometer mount support de bolomètre *(sur guide d'ondes ou composant hyperfréquence en guide d'ondes) (cf. aussi* bolometer *et* waveguide).

bond[1] *s* liaison (de fixation) *(terme générique couvrant la liaison chimique, la soudure et la collure) (cf. aussi* chemical bond *et* bonding 1).

bond[2] *v* lier *(par soudage ou collage), (souvent)* souder, *(parf.)* coller *(cf. aussi* bond[1]).

bond failure rupture de la liaison *(arrachement d'une connexion soudée, décollement d'une puce collée, etc.) (cf. aussi* bond[1]).

bond pull efficiency efficacité en traction de la soudure *(rapport entre la force de traction appliquée à une connexion de circuit intégré ou autre composant à l'instant de sa rupture et sa charge de rupture normale) (est généralement inférieur à 1) (essais mécaniques de composants) (cf. aussi* integrated-circuit connection *et* bond[1]).

bond strength résistance mécanique de la liaison, résistance de la liaison *(résistance à l'arrachement d'une soudure ou au décollement d'une collure, locale comme dans le cas d'une puce collée, ou étendue comme dans le cas de la couche de cuivre d'un circuit imprimé) (cf. aussi* bond[1]).

bonder soudeuse, machine à souder *(cf. aussi* wire bonder).

bonding **1)** réalisation d'une liaison (de fixation *ou* mécanique) *(entre deux pièces)* (a) soudage par diffusion , soudure *(idem) (le premier terme est le meilleur) (soudage de connexions de circuit intégré ou autre composant, etc.) (cf. aussi* thermocompression bonding, ultrasonic bonding, diffusion 1) (a) *et* integrated-circuit connection) ; (b) collage *(d'une puce de circuit intégré, etc.) (cf. aussi* chip bonding). **2)** métallisation *(au sens du terme anglais, dans un avion ou autre véhicule, réunion de toutes les pièces métalliques en contact incertain par des conducteurs souples pour éliminer le risque d'accumulation de charges électriques sur des pièces et les décharges électriques qui peuvent en résulter, ce aux fins d'antiparasitage) (cf. aussi* potential difference, electric charge, electric discharge *et* interference suppression).

bonding clip collier de métallisation *(collier métallique serré sur une tige mobile et auquel est connecté un conducteur de métallisation) (cf. aussi* bonding jumper).

bonding conductor *cf.* bonding jumper.

bonding jumper conducteur de métallisation *(tresse, bande mince ou fil souple en cuivre reliant deux pièces métalliques aux fins de métallisation) (cf. aussi* bonding 2)).

bonding lead *cf.* bonding jumper. *(ce terme étant le plus employé).*

bonding lug cosse de métallisation *(cosse montée ou à monter à une extrémité d'un conducteur de métallisation) (cf. aussi* lug *et* bonding jumper).

bonding machine *cf.* bonder.

bonding pad plage de connexion *(ou* de contact), pastille *(idem),* contact *(zone métallisée circulaire ou non, distincte ou constituant une partie élargie d'un conducteur, formée sur un substrat de circuit intégré ou autre composant ou sur une couche d'un tel substrat pour permettre d'établir une liaison électrique par soudage d'une connexion) (cf. aussi* substrate *et* contact window).

bonding strip bande de métallisation *(cf. aussi* bonding jumper).

bone conduction conduction osseuse *(conduction des sons par les os du crâne) (cf. aussi* air conduction *et* sound[1]).

booking computer ordinateur de réservation (de places) *(transports, etc.) (cf. aussi* computer 2)).

booking time **1)** heure de réservation *(cf. aussi* booking computer). **2)** heure de la demande de communication *(central tél. manuel ou semi-auto) (cf. aussi* telephone call).

Boolean ... *cf.* logic ... *(pour les termes absents ci-après).*

Boobean algebra algèbre de Boole, algèbre booléenne, algèbre binaire, algèbre logique, algèbre des propositions, algèbre des fonctions logiques *(algèbre des variables binaires) (est matérialisée par les opérations logiques et les fonctions logiques et constitue la base de l'informatique) (cf. aussi* binary variable, logic operation, logic function *et* data processing).

Boolean connective opérateur booléen *(inf) (cf. aussi* logic operator).

boom perche *(long tube portant le micro de prise de son dans un studio de télévision ou de cinéma).*

boost *v* amplifier *(cf. aussi* amplify).

booster *cf.* booster amplifier.

booster amplifier préamplificateur *(cf. aussi* preamplifier).

boot *v* démarrer *(un ordinateur) (cf. aussi* reboot).

bootstrap[1] *s* séquence d'amorçage, programme d'amorçage *(partie initiale d'un système d'exploitation contenue en ROM et permettant le chargement de celui-ci dans la mémoire centrale, un programme d'ordinateur, quel qu'il soit, ne pouvant commander son propre chargement) (inf) (cf. aussi* operating system, ROM *et* main memory).

bootstrap[2] *v* amorcer *(cf. aussi* bootstrap[1]).

bootstrap amplifier *cf.* bootstrap circuit.

bootstrap circuit montage autoélévateur *(cf. aussi* bootstrapping 1))).

bootstrap driver circuit d'attaque autoélévateur *(circuit d'attaque, notamment par modulateur de radar, réalisé sous la forme d'un montage autoélévateur) (cf. aussi* driver 1) *et* bootstrap circuit).

bootstrapping **1)** auto-élévation *(emploi d'un condensateur pour produire une réaction positive à 100 % dans un étage amplificateur à gain unité pour obtenir une tension de sortie en dent de scie linéaire ou pour augmenter une excursion logique) (cf. aussi* positive feedback, unity gain, sawtooth voltage *et* logic swing). **2)** amorçage *(inf) (cf. aussi* bootstrap[1]).

BOP *cf.* bit-oriented protocol.

BORAM *cf.* block-oriented RAM.

boresight[1] *s* axe de l'antenne *(axe géométrique ou électrique d'une antenne parabolique, notamment de radar de poursuite) (les deux axes ne coïncident pas forcément) (cf. aussi* electrical boresight (a), parabolic antenna *et* boresighting).

boresight[2] *s* centrer le faisceau *(antenne) (cf. aussi* boresighting).

boresight acquisition accrochage dans l'axe (de l'antenne), accrochage de la cible *(idem) (radar) (cf. aussi* boresight acquisition mode).

boresight acquisition mode mode d'accrochage dans l'axe *(mode de fonctionnement d'un radar multimode d'aéronef militaire dans lequel il suffit au pilote de diriger son appareil vers la cible choisie pour que le radar accroche automatiquement celle-ci) (cf. aussi* boresight[1], multimode radar *et* target acquisition).

boresight error erreur de centrage, écart dû au centrage *(erreur de direction observée dans un radar de poursuite lorsque la cible n'est pas exactement dans la direction indiquée par l'écho sur l'écran) (cf. aussi* boresight[1]).

boresighting centrage du faisceau *(au sens du terme anglais, opération consistant à faire coïncider l'axe électrique d'une* *antenne de radar de poursuite avec son axe géométrique) (cf. aussi* boresight[1] *et* tracking radar).

boron bore, B *(élément chimique employé principalement comme impureté acceptrice en électronique) (cf. aussi* acceptor impurity).

boron implant implant de bore, ions de bore implantés *(fab. semi) (cf. aussi* implanted impurity).

boron implantation implantation de bore *(ou* d'ions de bore) *(fab. semi) (cf. aussi* ion implantation *et* boron).

boron-implanted region zone implantée au bore, zone dopée par implantation de bore *(cf. aussi* boron implantation).

boron-implanted resistor résistance implantée au bore *(CI) (cf. aussi* implanted resistor *et* boron implantation).

both-way ... *cf.* two-way ...

Bose-Einstein statistics statistique de Bose-Einstein *(statistique quantique des particules non soumises au principe d'exclusion de Pauli, un état d'énergie pouvant être occupé par un nombre quelconque de particules) (physique quantique) (cf. aussi* quantum statistics, Pauli exclusion principle *et* boson).

boson boson *(nom donné aux particules qui obéissent à la statistique de Bose-Einstein) (les bosons sont caractérisés par un spin entier, c.-à-d. par un nombre quantique de spin égal à 1, 2, ..., n) (le principal boson, notamment pour l'électronicien, est le photon) (cf. aussi* Bose-Einstein statistics, spin quantum number *et* photon).

BOT sensor *cf.* beginning-of-tape sensor.

bottom echo écho de fond *(écho sonar produit par un fond marin ou autre) (écho-sondeur, etc.) (cf. aussi* sonar echo *et* sonic depth finder).

bottom mapping cartographie du fond marin *(ou* de la mer), relevé du profil du fond marin *(idem) (à l'aide d'un écho-sondeur) (cf. aussi* sonic depth finder).

bottom profiling *cf.* bottom mapping.

bounce-free operation fonctionnement sans rebondissement *(relais électromagnétique dont les contacts ne rebondissent pas ou, par nature même, relais statique) (cf. aussi* contact bounce *et* static relay).

bound electron électron lié *(ce terme est synonyme de « électron orbital », mais est employé dans un contexte différent, à savoir celui de la conduction électrique) (atome) (cf. aussi* orbital electron, electrostatic force *et* electric conduction).

bound state état lié *(état d'énergie d'un électron lié) (atome) (cf. aussi* energy state *et* bound electron).

bow done sonar *cf.* bow sonar.

bow-mounted sonar *cf.* bow sonar.

bow sonar sonar de proue *(sonar de navire dont le projecteur est monté dans un bulbe sonar situé au bas de l'étrave) (cf. aussi* sonar, sonar projector *et* sonar dome).

bow-tie aerial *(GB) cf.* bow-tie antenna.

bow-tie antenna antenne panneau *(antenne directive à réflecteur plan ajouré devant lequel sont disposées une ou plusieurs paires de « dipôles en V », souvent quatre dipôles) (les deux V d'un dipôle sont opposés par la pointe et excités au niveau de celle-ci ; ils peuvent être formés par des tiges repliées en V ou par des plaques métalliques triangulaires qui rappellent un nœud papillon, d'où le terme anglais) (est utilisée principalement comme antenne de réception en télévision UHF) (cf. aussi* dipole antenna *et* UHF television).

box lug sortie tubulaire *(borne tubulaire à souder ou à sertir, sur un composant, notamment un connecteur).*

boxar pulse impulsion rectangulaire allongée, impulsion longue *(impulsion rectangulaire dans laquelle le rectangle repose sur un grand côté) (cf. aussi* rectangular pulse).

boxcar-type output (signal de) sortie en forme d'impulsions longues *(cf. aussi* boxcar).

BP *cf.* band-pass.

BP filter *cf.* band-pass filter.

BPF *cf.* band-pass filter.

bpi *cf.* bits per inch.

BPI *cf.* bits per inch.

bps *cf.* bits per second.

BPS *cf.* bits per second.

BPSK *cf.* binary phase-shift keying.

bracing wire hauban *(cf. aussi* guy wire).

Bragg cell cellule de Bragg *(modulateur acousto-optique*

formé d'un petit barreau transparent à section carrée dans lequel un signal à fréquence élevée appliqué à un transducteur piezoélectrique collé à une extrémité du barreau est converti en une onde acoustique longitudinale qui module un faisceau de lumière) (le barreau est un cristal de niobate de lithium ou, anciennement, un tube de verre rempli de liquide transparent, et le transducteur utilise l'effet piézoélectrique inverse) (cf. aussi acousto-optic modulator, piezoelectric transducer, longitudinal wave *et* inverse piezoelectric effect).

Bragg-cell modulator modulateur à cellule de Bragg *(modulateur acousto-optique à cellule de Bragg) (cf. aussi* acousto-optic modulator *et* Bragg cell).

Bragg receiver récepteur à cellule de Bragg *(cf. aussi* acousto-optic receiver).

braid tresse (a) tresse de blindage *(gaîne de fils de cuivre étamés recouvrant l'enveloppe d'un conducteur souple isolé ou d'un câble et connectée à la masse pour former un blindage) (cf. aussi* shielded wire, shielded cable *et* shield[1]) ; (b) tresse de connexion *(conducteur souple et nu, généralement plat, en fils de cuivre étamé ou non utilisé comme conducteur de métallisation ou comme câble nu très souple) (cf. aussi* braided wire *et* bonding jumper).

braid connection connexion par tresse, *(parf.)* tresse de connexion *(cf. aussi* braid (b)).

braid-covered sous tresse *(fil ou câble) (cf. aussi* braid (a)).

braid lead *cf.* braid (b).

braided wire tresse ronde *(tresse de connexion à section ronde) (cf. aussi* braid (b)).

branch 1) dérivation *(chemin conducteur créé en parallèle sur un circuit) (cf. aussi* circuit). 2) branche *(partie d'un réseau comprise entre deux nœuds de celui-ci) (peut être formée d'un simple conducteur dans le cas d'un réseau électrique) (cf. aussi* node 1) (a)). 3) branchement, rupture de séquence, renvoi à un sous-programme *(arrêt commandé de l'exécution du programme en cours d'exécution dans un ordinateur pour passer à l'exécution d'un sous-programme, après quoi l'exécution du premier programme est reprise) (inf) (cf. aussi* unconditional branch, conditional branch, branch instruction *et* subroutine).

branch circuit circuit dérivé *(ou* monté en dérivation) *(sur un autre circuit) (cf. aussi* circuit *et* branch 1)).

branch current *(parf.* intensité du) courant dans la branche *(cf. aussi* branch 2)).

branch exchange central secondaire *(tél) (cf. aussi* minor exchange).

branch instruction instruction de branchement *(instruction de programme d'ordinateur commandant l'exécution d'un branchement) (inf) (cf. aussi* instruction *et* branch 3)).

branch off *v* dériver (le courant) *(cf. aussi* branch 1)).

branch office *cf.* branch exchange.

branch point 1) point de dérivation *(point d'un circuit où une dérivation est faite) (cf. aussi* branch 1)). 2) point de branchement *(point d'un programme d'ordinateur où se produit un branchement) (inf) (cf. aussi* branch 3)).

branch voltage tension aux bornes de la branche *(cf. aussi* branch 2)).

branched waveguide jonction en Y *(hyper) (cf. aussi* Y junction).

branching 1) dérivation *(au sens de l'action) (cf. aussi* branch 1)). 2) *cf.* branch 3.

branching network réseau aiguilleur, réseau d'aiguillage *(montage dirigeant les signaux reçus par un appareil récepteur vers tel ou tel appareil ou circuit suivant leur contenu, dans une liaison de télécommunications).

brass laiton, cuivre jaune *(alliage de cuivre et de 20 à 40 % de zinc) (en électrotechnique et électronique, est utilisé principalement pour fabriquer des pièces conductrices, notamment dans l'appareillage électrique) (cf. aussi* nickel silver *et* copper).

brassboard semi-prototype *(appareil, circuit intégré, etc.) (cf. aussi* breadboard[1]).

brassboard chip puce semi-prototype *(CI) (cf. aussi* chip 1)).

brassboard design 1) conception de semi-prototypes. 2) *cf.* brassboard.

brassboard device composant semi-prototype *(CI, etc.)*.

brassboard equipment matériel semi-prototype.

brassboard-installed monté comme semi-prototype *(composant dans un appareil, appareil dans un système ou un véhicule, etc.)*.

brassboard model modèle semi-prototype.

Braun tube tube de Braun *(cf. aussi* cathode-ray tube*)*.

breadboard[1] *s cf.* breadboard model.

breadboard[2] *v* réaliser un montage d'essai, faire *(idem) (cf. aussi* breadboard model*)*.

breadboard and brassboard equipment *cf.* breadboard and brassboards.

breadboard circuit *cf.* breadboard model.

breadboard construction *cf.* breadboard model.

breadboard model montage d'essai *(réalisation provisoire d'un montage, appareil ou système aux fins d'essai ou de démonstration) (cf. aussi* arrangement 1) *et* brassboard*)*.

breadboarding réalisation d'un montage d'essai *(cf. aussi* breadboard model*)*.

breadboards and brassboards montages d'essai et semi-prototypes.

break[1] *s* 1) ouverture, coupure, rupture *(d'un circuit par un interrupteur ou un dispositif équivalent) (cf. aussi* break contact, break-induced current, single-throw switch, switching device, circuit *et* make[1]*)*. 2) interruption *(inf, etc.) (cf. aussi* interrupt*)*. 3) *cf.* break-lock.

break[2] *v (voir aussi* break[1]*)* 1) ouvrir, couper, rompre. 2) interrompre. 3) *cf.* break lock.

break a cipher *v* trouver la clé d'un code *(message chiffré) (cf. aussi* encipherment*)*.

break a circuit *v* couper un circuit, *(etc.) (cf. aussi* break[2] 1) *)*.

break-before-make action commutation sans chevauchement, non-chevauchement *(commutation réalisée par des contacts sans chevauchement) (cf. aussi* switching 1) (a) *et* break-before-make contacts*)*.

break-before-make contacts contacts sans chevauchement *(au sens du terme anglais, jeu de contacts inverseurs de relais dans lequel le contact mobile quitte le contact de repos avant de toucher le contact de travail, et vice versa) (clpf) (cf. aussi* change-over contact *et, à titre d'information,* non-bridging contact*)*.

break-before-make feature absence de chevauchement *(contact inverseur) (cf. aussi* break-before-make contacts*)*.

break contact contact de repos, contact repos, jeu de contacts *(idem) (jeu de contacts de relais maintenu fermé par un ressort ou autre dispositif de rappel lorsque la bobine du relais n'est pas excitée par un courant approprié et s'ouvrant lorsque l'armature ou le noyau-plongeur vient à la position de travail) (cf. aussi* relay contact *et* pull-in*)*.

break current 1) *(parf.* intensité du*)* courant à l'ouverture (du circuit) *(courant circulant dans un circuit, en principe non inductif, lors de l'ouverture du circuit, notamment par un contact, ou, parfois, intensité de ce courant) (cf. aussi* non-inductive circuit*)*. 2) *cf.* break-induced current.

break distance distance d'ouverture *(distance entre les contacts d'un jeu de contacts de travail en position de repos) (relais) (cf. aussi* make contact*)*.

break down *v (cf. aussi* breakdown*) (plus loin)* 1) claquer, être traversé. 2) claquer, devenir conductrice. 3) s'amorcer. 4) tomber en panne. 5) décomposer.

break impulse impulsion d'extra-courant de rupture *(cf. aussi* break-induced current*)*.

break-in keying *cf.* break-in operation.

break-in operation réception entrelacée *(terme que j'ai proposé)*, réception en break-in, travail en break-in *(anglicismes bien implantés) (mode d'exploitation d'une station radiotélégraphique dont l'émetteur et le récepteur sont équipés de circuits permettant la réception des signaux du correspondant entre les signes du message émis, le récepteur étant automatiquement bloqué pendant l'émission d'un signe et débloqué entre deux signes successifs et l'opérateur laissant le manipulateur levé un court moment, généralement après une phrase) (radiocom) (cf. aussi* break-in relay *et* radiotelegraphy*)*.

break-in relay relais d'entrelacement *(terme que j'ai proposé)*, relais de réception entrelacée *(idem)*, relais de break-in *(relais à faible inertie à contact de travail commandé par le manipulateur d'une station radiotélégraphique pour court-circuiter l'entrée du récepteur lorsque le manipulateur est abaissé afin de permettre la réception entrelacée) (cf. aussi* break-in-operation *et* relay[1] 1) *)*.

break-induced current *(parf.* intensité de l'*)*extra-courant de rupture *(courant produit par l'ouverture d'un circuit inductif ou, parfois, intensité de ce courant) (est le courant produit par auto-induction dans le ou les éléments inductifs du circuit lors de la variation de l'intensité du courant dans celui-ci résultant de son ouverture) (électromagnétisme) (interrupteur, relais, etc.) (cf. aussi* inductive voltage spike, self-induction *et* inductive element*)*.

break jack jack à rupture *(jack téléphonique comportant un contact de repos qui s'ouvre lorsque la fiche est enfoncée, pour couper un circuit auxiliaire) (cf. aussi* jack*)*.

break lock *v* décrocher (de la cible), perdre la cible *(radar) (cf. aussi* break-lock*)*.

break-lock *s* décrochage, perte de la cible *(état d'un radar, généralement militaire, ou d'un autodirecteur radar actif dans lequel, par suite d'une évolution brusque de la cible poursuivie ou d'un langage de leurres ou d'un brouillage de diversion opéré par la cible, celle-ci réussit à sortir du faisceau d'ondes émis par le radar ou l'autodirecteur) (cf. aussi* pull-off, lock-on, chaff, deception jamming, radar *et* active radar seeker*)*.

break of continuity solution de continuité *(coupure accidentelle dans un circuit, etc.)*

break off *cf.* break lock.

break-out *cf.* breakout. *(plus loin)*.

break-point *cf.* breakpoint. *(plus loin)*.

break position position d'ouverture *(contact de relais) (cf. aussi* relay contact*)*.

break pulse impulsion d'ouverture, impulsion de commande d'ouverture *(impulsion de courant appliquée à un relais bistable pour provoquer l'ouverture d'un ou plusieurs contacts) (cf. aussi* bistable relay*)*.

break test essai de continuité *(cf. aussi* continuity tester*)*.

break time instant d'ouverture *(contact de relais) (cf. aussi* relay contact*)*.

breakdown *s* 1) claquage, *(parf. aussi)* percement *(destruction locale, temporaire ou définitive, d'un isolant produite par une décharge disruptive dans celui-ci) (cf. aussi* breakdown voltage 1) *et* disruptive discharge*)*. 2) claquage *(d'une jonction PN) (augmentation brusque et importante de l'intensité du courant inverse dans une jonction PN polarisée dans le sens inverse lorsque la tension inverse atteint une valeur suffisamment élevée) (en d'autres termes, perte du pouvoir bloquant de la jonction dans le sens inverse ou, exprimé différemment, passage de la conduction quasi-unidirectionnelle à la conduction bidirectionnelle) (est dû à l'effet d'avalanche ou à l'effet Zener et peut être destructif) (semi) (cf. aussi* avalanche breakdown, Zener breakdown *et* reverse-biased junction*)*. 3) amorçage *(tube à gaz) (cf. aussi* firing 1) *)*. 4) panne *(machine) (cf. aussi* failure*)*.

breakdown diode diode à claquage *(diode à jonction PN utilisant le claquage de la jonction pour remplir une fonction particulière) (terme générique couvrant la diode à avalanche et la diode Zener) (semi) (cf. aussi* avalanche diode, Zener diode, p-n junction diode *et* breakdown 2) *)*.

breakdown region zone de claquage *(zone d'un isolant ou d'une jonction dans laquelle se produit un claquage) (cf. aussi* breakdown 1) *et* 2) *)*.

breakdown voltage *(cf. aussi* breakdown*)* 1) tension de claquage, tension disruptive, potentiel disruptif *(tension appliquée à un isolant à laquelle la rigidité diélectrique de celui-ci étant dépassée, le claquage se produit) (cf. aussi* dielectric strength, breakdown 1) *et* voltage*)*. 2) tension de claquage (de la jonction). 3) tension d'amorçage.

breakdown voltage rating tension de claquage nominale *(cf. aussi* breakdown 1) *et* 2) *et* rated value*)*.

breaker 1) rupteur *(cf. aussi* interrupter*)*. 2) disjoncteur *(cf. aussi* circuit breaker*)*.

breaker points contacts de rupteur *(cf. aussi* interrupter*)*.

breaking *cf.* break[1] 1).

breaking ... *cf.* break ... *(pour les termes qui ne figurent pas ci-après).*

breaking arc arc de rupture *(arc électrique jaillissant entre deux contacts lors de leur ouverture) (cf. aussi* electric arc).

breaking capacity pouvoir de coupure *(intensité du courant qu'un jeu de contacts peut couper un grand nombre de fois sans être endommagé par l'étincelle ou l'arc de rupture) (cf. aussi* contact (a) *et* break-induced current).

breakout sortie *(au sens du terme anglais, point d'un faisceau de fils où sortent un ou plusieurs fils de celui-ci) (cf. aussi* wiring harness).

breakover amorçage *(au sens du terme anglais, passage à l'état conducteur d'un thyristor ou d'une diode Schokley) (semi) (cf. aussi* silicon controlled rectifier, Schokley diode *et* firing 1)).

breakover diode diode à quatre couches *(semi) (cf. aussi* four-layer diode *et, à titre d'information,* breakdown diode).

breakpoint point d'arrêt, point d'interruption, point de rupture (de séquence) *(point d'un programme d'ordinateur auquel une interruption se produit ou peut se produire) (inf) (cf. aussi* interrupt *et* rerun point).

breakthrough *cf.* breakdown 1).

bremsstrahlung *(noter que ce nom allemand est généralement écrit sans majuscule dans les autres langues)* bremsstrahlung, rayonnement de freinage, radiation de freinage *(traductions du terme allemand) (le premier terme est le plus employé) (rayonnement électromagnétique à très courte longueur d'onde émis par une particule chargée à haute énergie passant à proximité d'un corpuscule chargé et déviée et, par conséquent, ralentie par le champ électrique du corpuscule, l'énergie perdue par la particule au cours de son ralentissement étant convertie en un photon de rayonnement X ou gamma) (la particule ralentie est généralement un électron, mais peut être un positron ; le corpuscule est généralement le noyau d'un atome, mais peut être un électron de celui-ci, l'effet de bremsstrahlung étant alors nettement moins marqué) (physique atomique) (cf. aussi* electromagnetic radiation, wavelength, charged particle, high-energy particle, corpuscle, X rays *et* gamma ray).

BRG *cf.* bit-rate generator.

bridge pont, montage en pont, circuit en pont, réseau en pont *(montage formé de quatre branches comportant chacune une impédance et connectées en série pour former un circuit, généralement représenté par un carré posé sur un angle dont les sommets de deux angles opposés sont connectés à une source de courant, les deux autres sommets étant connectés à un détecteur de zéro dans le cas d'un pont de mesure ou à une charge dans le cas d'un pont de redressement) (dans un pont de mesure ou un montage analogue, l'impédance de chaque branche peut être créée par une résistance, un condensateur ou une bobine d'inductance, fixe ou variable, ou par une combinaison de deux de ces éléments de circuit montés en série ou en parallèle ou de trois éléments montés généralement en série-parallèle ; dans un pont de redressement, elle est constituée par une diode) (dans un pont de mesure, la source de courant peut être une source de courant continu ou alternatif selon la grandeur à mesurer ; dans un pont de redressement, c'est par définition une source de courant alternatif) (du fait de la représentation toujours adoptée pour un pont de mesure, le conducteur dans lequel est inséré le détecteur de zéro est appelé « diagonale du pont ») (dans le cas le plus fréquent d'un pont de mesure à courant continu, lorsque les résistances des deux paires de branches qui se trouvent montées en parallèle sur la source de courant sont égales et que les deux résistances de chacune des paires de branches sont égales, leurs points de connexion de l'une à l'autre, c.-à-d. les extrémités de la diagonale, sont au même potentiel ; leur différence de potentiel étant nulle, le détecteur de zéro n'est traversé par aucun courant et indique donc « zéro », c.-à-d. que le pont est à l'équilibre) (si l'on remplace la résistance, connue, d'une branche par une résistance à mesurer, a priori de valeur différente, l'équilibre est rompu entre les deux paires de branches, ce qui crée une différence de potentiel entre les extrémités de la diagonale et, par conséquent, la circulation* d'un courant dans le détecteur de zéro qui indique alors le déséquilibre du pont) (le principe est le même pour un pont de mesure à courant alternatif, mais la notion de résistance est alors remplacée par celle, plus compliquée, d'impédance et la fréquence du courant fourni par la source de courant entre en jeu) (noter que l'équivalent anglais « measuring bridge » de « pont de mesure » n'est jamais employé) (cf. aussi* dc bridge, ac bridge, bridge rectifier, null detector *et* strain-gage bridge).

bridge apex sommet du pont *(parf.* d'un pont) *(un des quatre sommets d'un montage en pont) (cf. aussi* bridge).

bridge arm branche du pont *(parf.* d'un pont) *(une des quatre ou, parfois six, branches d'un montage en pont) (cf. aussi* bridge).

bridge arrangement *cf.* bridge circuit *(cf. aussi* arrangement 1)).

bridge balance équilibre du pont *(parf.* d'un pont) *(cf. aussi* bridge).

bridge balancing équilibrage du pont *(parf.* d'un pont) *(cf. aussi* bridge).

bridge circuit montage en pont *(cf. aussi* bridge).

bridge connection *cf.* bridge circuit.

bridge duplex system duplexage en pont *(montage en pont de Wheatstone de l'électro-aimant de réception d'un téléimprimeur aux deux extrémités d'une ligne exploitée en duplex pour que les impulsions émises par la partie émission de l'appareil ne fassent pas fonctionner son électro-aimant de réception tout en faisant fonctionner celui de l'appareil récepteur, à l'autre extrémité de la ligne) (tlg) (cf. aussi* Wheatstone bridge, teleprinter *et* duplex).

bridge hybrid jonction hybride *(hyper) (cf. aussi* hybrid junction).

bridge mixer mélangeur équilibré *(hyper) (cf. aussi* balanced mixer).

bridge network *cf.* bridge circuit.

bridge rectifier redresseur en pont, pont redresseur *(ou de redresseurs ou de redressement), pont de Graetz (redresseur pleine onde formé de quatre éléments redresseurs montés en pont de façon appropriée) (est le plus souvent monté aux bornes d'un enroulement secondaire de transformateur d'alimentation, la tension alternative étant appliquée aux sommets opposés compris entre deux éléments montés dans le même sens et la tension continue étant recueillie entre les deux autres sommets, ceux-ci étant compris entre des éléments montés en opposition) (cf. aussi* full-wave rectifier *et* bridge).

bridge transformer transformateur de pont de mesure *(transformateur utilisé en deux exemplaires dans certains ponts de mesure à courant alternatif et ponts universels pour coupler la source de courant et le détecteur de zéro aux circuits correspondants) (cf. aussi* transformer 1) *et* ac bridge).

bridged ponté *(cf. aussi* shunt[2]).

bridged-T network réseau en T ponté *(réseau en T dans lequel les deux branches formant la barre du T sont pontées par une quatrième branche comportant une impédance) (cf. aussi* T network, bridged *et* impedance).

bridging 1) pontage *(par une résistance, etc.) (cf. aussi* shunt[2]). 2) chevauchement (des contacts) *(commutateur) (cf. aussi* bridging contacts).

bridging contacts contacts à chevauchement, contacts à court-circuit *(contacts de commutateur suffisamment rapprochés pour que le frotteur touche un contact avant de quitter le précédent) (cf. aussi* multiposition switch *et, à titre d'information,* make-before-break contact).

bright cathode-ray tube tube cathodique à grande luminosité *(tube cathodique produisant une trace très lumineuse grâce à l'emploi d'un luminophore à bon rendement lumineux et d'une tension d'accélération élevée) (cf. aussi* cathode-ray tube, phosphor *et* accelerating voltage).

bright CRT *cf.* bright cathode-ray tube.

bright display 1) affichage très lumineux *(affichage par un afficheur formant des caractères très lumineux) (cf. aussi* display[1] 4)). 2) présentation très lumineuse *(présentation d'informations quelconques sur un écran cathodique très lumineux) (cf. aussi* information *et* bright cathode-ray tube). 3) présentation sur écran de télévision *(présentation d'infor-*

mations radar sur un écran de télévision pour en faciliter l'observation en plein jour) (cf. aussi radar data). **4)** *cf.* bright trace.

bright moving object   objet brillant en mouvement *(traînage sur image de télévision) (cf. aussi* streaking).

bright trace   trace très lumineuse *(trace formée notamment sur l'écran d'un tube cathodique à haute luminosité) (cf. aussi* trace[1] 1) *et* bright cathode-ray tube).

brigth tube   *cf.* bright cathode-ray tube.

brightening pulse   impulsion d'intensification (de brillance) *(impulsion de tension positive appliquée au wehnelt d'un tube cathodique pour augmenter la luminosité de la partie de la trace correspondant à la durée de l'impulsion) (oscillo, radar, etc.) (cf. aussi* control grid 2)).

brightness   luminosité, brillance *(écran cathodique ou autre, afficheur, etc.) (cf. aussi* luminance).

brightness control   commande de luminosité *(potentiomètre de réglage de la luminosité de la trace d'un oscilloscope ou appareil dérivé ou bouton de commande de celui-ci) (cf. aussi* brightness, trace[1] 1) *et* potentiometer 1)).

brilliance   *cf.* brightness.

brilliant weapon   engin intelligent *(nom parfois donné à un missile autonome doté d'intelligence artificielle lui permettant de reconnaître ou choisir sa cible dans certaines limites) (mil) (cf. aussi* autonomous missile *et* artificial intelligence).

Brillouin zone   zone de Brillouin *(zone polyédrique définie par les composantes du vecteur d'onde associé à un électron libre en mouvement dans un cristal et à laquelle correspond une bande d'énergie permise) (théorie des bandes) (cf. aussi* wave vector, de Broglie wave, free electron *et* energy band).

British Broadcasting Company *(est généralement désignée par le sigle BBC)*   (la) BBC *(chaîne de radiodiffusion sonore et visuelle nationale britannique) (cf. aussi* Columbia Broadcasting System).

broad-band ...   *cf.* broadband ... *(plus loin).*

broad-banded ...   *cf.* broadband ... *(plus loin).*

broad-bandpass ...   *cf.* broadband ... *(plus loin).*

broad dimension   grande dimension *(dimension d'un grand côté de guide d'ondes) (cf. aussi* broad wall).

broad sector beam   faisceau en éventail à grande ouverture *(antenne d'émetteur pour atterrissage guidé, etc.) (cf. aussi* fan beam).

broad-sector transmission   émission dans un secteur à grande ouverture *(cf. aussi* broad sector beam).

broad tuning   accord grossier, accord approximatif *(récepteur, etc.) (cf. aussi* tuning).

broad wall   grand côté (d'un guide d'ondes rectangulaire) *(hyper) (cf. aussi* rectangular waveguide).

broadband ...   *cf.* wideband ... *(et noter toutefois que le premier qualificatif est souvent préféré au second dans le domaine des hyperfréquences) (cf. aussi* microwave).

broadcast[1] *a*   diffusé, *(etc.) (cf. aussi* broadcasting).

broadcast[2] *s*   (une) émission *(cf. aussi* broadcasting).

broadcast[3] *v*   diffuser, *(etc.) (cf. aussi* broadcasting).

broadcast aerial *(GB)*   *cf.* broadcast antenna.

broadcast antenna   antenne de radiodiffusion *(antenne d'émission d'une station de radiodiffusion sonore ou visuelle) (cf. aussi* transmitting antenna).

broadcast authority   organisme de radiodiffusion *(cf. aussi* broadcaster).

broadcast band   bande de radiodiffusion *(bande de fréquences attribuée à des émetteurs de radiodiffusion sonore ou visuelle) (cf. aussi* frequency band *et* frequency allocation).

broadcast camera   caméra de studio, caméra de télévision de studio *(caméra de télévision perfectionnée, lourde et encombrante, montée sur pied rigide ou sur chariot et utilisant comme viseur un petit récepteur de télévision monté sur le dessus de la caméra et connecté directement aux circuits de celle-ci) (radiodif) (cf. aussi* television camera).

broadcast channel   canal de radiodiffusion *(partie d'une bande de radiodiffusion occupée par les émissions d'un émetteur) (cf. aussi* broadcast band *et* television channel).

broadcast facility   *cf.* broadcast station.

broadcast industry   industrie de la radiodiffusion, *(etc.) (cf. aussi* broadcasting).

broadcast interference   interférence pour la radiodiffusion *(interférence entre les signaux d'un émetteur radio quelconque et ceux d'un émetteur de radiodiffusion) (cf. aussi* interference 2) *et* broadcast transmitter).

broadcast power   puissance d'émission *(au sens du terme anglais, puissance d'un émetteur de radiodiffusion) (cf. aussi* power[1] 1) *et* broadcast transmitter).

broadcast radiation   rayonnement d'une antenne de radiodiffusion *(cf. aussi* broadcast antenna).

broadcast radiator   *cf.* broadcast antenna.

broadcast radio   radiodiffusion sonore, radiodiffusion *(le premier terme est le meilleur, le second ayant un sens plus large) (radiodiffusion d'informations uniquement sonores et reçues en conséquence par des récepteurs radio) (cf. aussi* broadcasting *et* radio receiver).

broadcast receiver   récepteur de radiodiffusion *(récepteur radioélectrique conçu pour recevoir des émissions de radiodiffusion sonore ou visuelle, c.-à-d. récepteur radio grand public ou récepteur de télévision grand public) (cf. aussi* radio receiver, television receiver *et* RF receiver).

broadcast reception   réception d'émissions radiodiffusées, réception de progammes de radiodiffusion *(cf. aussi* broadcasting).

broadcast relaying   relayage d'émissions de radiodiffusion (sonore *ou* visuelle) *(relais hertzien) (cf. aussi* broadcasting *et* radio relay).

broadcast satellite   satellite de radiodiffusion, satellite de télévision *(satellite de radiodiffusion visuelle et éventuellement sonore, directe ou non) (cf. aussi* direct-broadcast satellite *et* satellite broadcasting).

broadcast satellite service   service par satellite de radiodiffusion *(cf. aussi* satellite broadcast service).

broadcast service   service de radiodiffusion *(parf. de diffusion par câble) (cf. aussi* broadcasting).

broadcast signal   signal radiodiffusé *(cf. aussi* broadcasting *et* WWV).

broadcast station   station de radiodiffusion *(sonore ou visuelle) (installation comprenant essentiellement un ou plusieurs émetteurs radio, souvent de grande puissance, ou de télévision, nettement moins puissants, et l'antenne ou les antennes correspondantes, celles-ci pouvant être très grandes dans le cas d'une station radio) (est souvent éloignée du lieu où sont réalisés les programmes diffusés) (cf. aussi* broadcasting, radio transmitter *et* television transmitter).

broadcast teletext   télétexte diffusé *(télinf) (cf. aussi* teletext).

broadcast television   télévision diffusée *(télévision radiodiffusée ou diffusée par câble) (cf. aussi* broadcasting, television *et* cable television).

broadcast transmission   émission diffusée *(par radio ou par câble), (souvent)* émission radiodiffusée, émission de la radiodiffusion *(cf. aussi* broadcasting).

broadcast transmitter   émetteur de radiodiffusion *(sonore ou visuel) (cf. aussi* broadcast station).

broadcast TV   *cf.* broadcast television.

broadcast video   *cf.* broadcast television.

broadcaster *(voir aussi* broadcasting*)*   organisme de ..., *(parf.)* société de ..., *(parf.)* exploitant de station de ...

broadcasting *s*   diffusion d'informations (par radio *ou* par fil), *(souvent)* radiodiffusion (sonore *ou* visuelle), *(parf.)* émission de programmes (de radio *ou* de télévision) *(le premier terme, sans complément, est à employer, de préférence, lorsque le terme anglais désigne ou couvre la télévision par câble) (diffusion d'informations au sens large du terme destinées au grand public, à l'aide d'ondes radioélectriques captées par l'antenne de récepteurs radio ou de télévision, ou à l'aide de lignes de transmission) (les lignes de transmission employées peuvent être des lignes téléphoniques pour la radiodiffusion sonore et sont obligatoirement des câbles coaxiaux ou optiques pour la radiodiffusion visuelle) (cf. aussi* information, radio wave, wired radio, cable television, radio receiver *et* television receiver).

broacasting ...   *cf.* broadcast ...

broadside aerial *(GB)*   *cf.* broadside array.

broadside antenna   *cf.* broadside array.

broadside antenna array   *cf.* broadside array.

broadside array antenne multiphase à rayonnement transversal, *(etc.)* antenne à rayonnement transversal *(antenne d'émission multiphase dans laquelle le lobe principal du diagramme de rayonnement est perpendiculaire à la ligne ou au plan du groupement d'éléments rayonnants dans les conditions d'excitation normales de celles-ci) (cf. aussi* antenna array *et* main lobe).

broken link liaison interrompue *(tls, etc.) (cf. aussi* communications link).

broken-tape indicator indicateur de rupture de bande *(en cas de rupture de la bande dans un dérouleur de bande magnétique) (inf) (cf. aussi* tape drive 1)).

bronze bronze *(alliage de cuivre et d'étain utilisé en électrotechnique principalement sous la forme de bronze phosphoreux) (cf. aussi* phosphor bronze).

brought-out control commande sortie *(commande d'un appareil disposée de façon à pouvoir être actionnée de l'extérieur de celui-ci) (ce terme désigne souvent un ajustable accessible de l'extérieur) (cf. aussi* control² *et* trimmer).

Brown and Sharpe gage jauge américaine des fils *(cf. aussi* wire gage).

brown-out creux de tension, baisse de tension, microcoupure *(le premier terme est le meilleur, le dernier est le plus employé) (diminution brusque, plus ou moins importante, parfois complète, et de courte durée de la tension du secteur) (alim, etc.) (cf. aussi* line voltage change *et* voltage droop).

brown-out protection protection contre les microcoupures *(inf, etc.) (cf. aussi* brown-out).

brown-out rating insensibilité aux microcoupures *(aptitude d'une alimentation à maintenir sa tension de sortie en présence d'une microcoupure) (cf. aussi* brown-out *et* hold-up time).

brown-out recovery rétablissement après microcoupure, récupération *(idem) (rétablissement de la tension de sortie en charge d'une alimentation régulée après une microcoupure) (cf. aussi* brown-out).

brown-out time temps de microcoupure, *(etc.)*, durée de la microcoupure *(idem) (cf. aussi* brown-out).

brown plague peste brune *(oxydation d'un conducteur en alliage d'argent d'un circuit hybride à substrat en tôle émaillée à la suite d'un contact accidentel avec la tôle sur un bord du substrat) (cf. aussi* porcelain-coated steel *et, à titre d'information,* purple plague).

browse *v* parcourir, survoler *(un texte) (cf. aussi* browsing).

browsing survol *(en informatique, consultation rapide d'un texte sur un écran d'ordinateur ou de terminal en faisant défiler les pages ou les lignes) (cf. aussi* scrolling).

brush balai *(organe conducteur maintenu élastiquement en contact permanent ou temporaire avec une pièce métallique mobile pour assurer la continuité d'un circuit électrique) (peut être notamment un bloc de carbone chargé ou non de poudre de cuivre ou autre métal ou une lamelle ou un fil de bronze phosphoreux) (machine tournante, etc.) (cf. aussi* slip ring, commutator, brush station *et* phosphor bronze).

brush discharge effluve *m (ce terme est souvent employé au pluriel sans raison et, incorrectement, au féminin) (décharge électrique répartie peu intense et peu lumineuse entre un conducteur porté à une tension relativement élevée et l'air ambiant) (cf. aussi* corona discharge *et* electric discharge).

brush encoder codeur d'angle à balais *(cf. aussi* shaft-position encoder).

brush station poste de lecture *(partie d'un lecteur classique de cartes perforées ou de bande perforée où les informations portées par le support d'information sont lues à l'aide d'un dispositif à contacts) (inf, tlg) (cf. aussi* tape reader *et* card reader).

brush-type dc motor moteur à courant continu à collecteur *(type classique) (cf. aussi* dc motor).

brush wiper curseur multibrin *(potentiomètre, etc.) (cf. aussi* multifingered wiper).

brushless dc motor moteur à courant continu sans collecteur *(ou à commutation électronique ou à collecteur électronique) (moteur à courant continu dans lequel le stator joue le rôle du rotor d'un moteur à courant continu ordinaire et porte donc un certain nombre d'enroulements successifs mis successivement sous tension par des thyristors ou des transistors* commandés par des détecteurs réagissant au passage d'un point déterminé du rotor pour créer un champ tournant entraînant le rotor à aimant permanent ou bobiné jouant le rôle du stator d'un moteur ordinaire) (lorsque le rotor est bobiné, il porte deux bagues collectrices pour amener le courant continu d'excitation au bobinage, ce qui réintroduit une cause d'usure, toutefois moindre que celle d'un collecteur) (noter 1°) que c'est pour pouvoir opérer la commutation sur des enroulements fixes, et supprimer ainsi le collecteur, que les rôles des deux parties du moteur sont permutés et 2°) que ce moteur est un moteur à champ tournant, bien que cela soit rarement mentionné) (cf. aussi* dc motor).

brute-force filter filtre à capacité seule *(alim) (cf. aussi* all-capacitor filtering).

brute-force filtering filtrage par capacité seule *(alim) (cf. aussi* all-capacitor filtering).

brute-force jammer *cf.* brute-force noise jammer.

brute-force noise jammer brouilleur à bruit à haut niveau *(mil) (cf. aussi* high-power jammer).

BSC *(vient de « binary synchronous communications »)* protocole BSC *(nom parfois donné au protocole Bisync) (tls) (cf. aussi* Bisync).

bubble chip puce à bulles (magnétiques) *(puce de mémoire à bulles magnétiques) (CI) (cf. aussi* chip 1) *et* magnetic-bubble memory).

bubble component *cf.* bubble memory.

bubble detection détection des bulles (magnétiques) *(cf. aussi* bubble detector).

bubble detector détecteur de bulles (magnétiques) *(magnétorésistance microscopique détectant le passage d'une bulle dans une mémoire à bulles magnétiques) (la variation de résistance produite par le passage de la bulle produit à son tour une variation de l'intensité du courant dans le circuit de détection dans lequel la magnétorésistance est montée, ce qui indique la présence d'un binaire « 1 ») (cf. aussi* magnetoresistor *et* magnetic-bubble memory).

bubble device *cf.* bubble memory.

bubble generation génération des bulles (magnétiques) *(cf. aussi* bubble generator).

bubble generator générateur de bulles (magnétiques) *(dans une mémoire à bulles magnétiques, conducteur microscopique en forme de boucle dans lequel une courte impulsion de courant est envoyée pour produire un champ magnétique créant une bulle magnétique) (le sens de circulation du courant dans la boucle est tel que le sens du champ magnétique créé soit opposé à celui du champ de polarisation de la couche magnétique, cette condition étant indispensable à la création d'une bulle) (cf. aussi* magnetic-bubble memory *et* magnetic field direction).

bubble memory mémoire à bulles (magnétiques) *(CI) (cf. aussi* magnetic-bubble memory).

bubble memory cassette cassette mémoire à bulles (magnétiques) *(cassette mémoire contenant une mémoire à bulles magnétiques) (inf) (cf. aussi* cassette memory *et* magnetic-bubble memory).

bubble memory chip puce de mémoire à bulles (magnétiques) *(CI) (cf. aussi* chip 1) *et* magnetic-bubble memory).

bubble memory component *cf.* bubble memory.

bubble memory controller régisseur de mémoire à bulles (magnétiques) *(régisseur de mémoire conçu pour être utilisé avec une mémoire à bulles magnétiques de type déterminé) (CI) (inf) (cf. aussi* memory controller *et* magnetic-bubble memory).

bubble memory device *cf.* bubble memory.

bubble memory mask masque pour mémoires à bulles (magnétiques) *(masque de gravure utilisé pour une opération de fabrication de mémoires à bulles) (fab. CI) (cf. aussi* mask 2) *et* magnetic-bubble memory).

bubble memory masking masquage de mémoires à bulles (magnétiques) *(emploi de masques pour mémoires à bulles) (cf. aussi* bubble memory mask).

bubble memory storage 1) mémorisation dans une mémoire à bulles (magnétiques) *(inf) (cf. aussi* storage 1) *et* magnetic-bubble memory). **2)** *cf.* bubble memory.

bubble memory technology (la) technique des mémoires à

bulles (magnétiques) *(cf. aussi* magnetic-bubble memory *et* technology).

bubble replication duplication des bulles (magnétiques) *(cf. aussi* bubble stretcher).

bubbler replicator *cf.* bubble stretcher.

bubble shifting déplacement des bulles (magnétiques) *(dans une boucle d'une mémoire à bulles) (CI) (cf. aussi* magnetic-bubble memory).

bubble spacing espacement des bulles, distance entre bulles *(le long d'une boucle d'une mémoire à bulles) (CI) (cf. aussi* magnetic-bubble memory).

bubble storage *cf.* bubble memory storage.

bubble store *cf.* bubble memory.

bubble stretcher duplicateur de bulles (magnétiques) *(dans une mémoire à bulles magnétiques, conducteur microscopique en forme de U allongé au niveau duquel une bulle se trouve allongée par une impulsion de courant dans le U et coupée en deux pour éviter la destruction de l'information lors de la lecture de cette bulle par le détecteur, la partie correspondant à la bulle initiale restant dans la boucle majeure tandis que l'autre partie est lue et détruite par la lecture) (CI) (cf. aussi* magnetic-bubble memory).

bubbles 1) (les) bulles (magnétiques) *(cf. aussi* magnetic-bubble). 2) (les) mémoires à bulles (magnétiques) *(cf. aussi* magnetic-bubble memory).

bucket brigade (device) *cf.* BBD.

bucking coil enroulement de compensation *(enroulement produisant un champ magnétique de sens opposé à celui d'un autre enroulement pour en annuler l'effet) (cf. aussi* hum-bucking coil).

bucking current *(parf.* intensité du) courant de compensation *(courant circulant dans un enroulement de compensation ou, parfois, intensité de ce courant) (cf. aussi* bucking coil).

bucking voltage tension de compensation *(tension continue de polarité opposée à celle d'une autre tension continue de même valeur et servant à annuler l'effet de celle-ci, et notamment tension appliquée aux bornes d'un enroulement de compensation) (cf. aussi* bucking coil *et* dc voltage).

buddy mode mode duo *(méthode de brouillage de diversion coopératif d'un radar hostile par deux avions volant de front à une certaine distance l'un de l'autre et dont les brouilleurs répéteurs renvoient des échos déformés de telle manière que le radar suit une fausse cible située entre les deux avions) (mil) (cf. aussi* deception jamming, cooperative jamming *et* repeater jammer).

buddy-mode jamming brouillage en mode duo *(mil) (cf. aussi* buddy mode).

buddy-mode jamming technique méthode de brouillage duo, méthode duo *(mil) (cf. aussi* buddy mode).

buddy-mode technique *cf.* buddy-mode jamming technique.

buffer[1] *s* organe tampon *(tg) (entité séparent deux autres entités du point de vue fonctionnel)* (a) circuit tampon *(montage électronique formant tampon)* (a1) porte de puissance *(porte logique utilisant un transistor de puissance en sortie pour permettre de l'utiliser comme étage de sortie ou, parfois, d'attaque en entrée) (cf. aussi* output buffer, input buffer, logic gate, power transistor *et* output stage) ; (a2) amplificateur séparateur *(cf. aussi* buffer amplifier) ; (a3) mémoire tampon *(cf. aussi* buffer memory) ; (b) gaîne intermédiaire *(gaîne en matière plastique entourant chaque fibre d'un câble à plusieurs fibres optiques) (cf. aussi* loose buffer, tight buffer *et* optical fiber).

buffer[2] *v (voir aussi* buffer[1]) 1) munir d'un organe tampon, *(etc.).* 2) servir de tampon, faire office de tampon, *(parf.)* séparer, isoler.

buffer amplifier amplificateur séparateur *(amplificateur monté entre deux étages pour réduire l'influence du second sur le premier en réalisant l'adaptation d'impédance entre les deux étages) (est monté notamment entre un oscillateur et sa charge dans certains cas pour réduire l'action des variations de la charge sur la fréquence de l'oscillateur) (cf. aussi* amplifier *et* impedance matching).

buffer amplifier stage étage amplificateur séparateur *(cf. aussi* buffer amplifier *et* stage 1)).

buffer circuit circuit tampon *(cf. aussi* buffer[1] (a)).

buffer layer couche intermédiaire *(couche formée entre le substrat d'un circuit intégré et une couche active) (cf. aussi* active layer).

buffer length longueur de la mémoire tampon, longueur du tampon *(noms souvent donnés à la profondeur d'une pile utilisée comme mémoire tampon) (inf) (cf. aussi* buffer memory).

buffer memory mémoire tampon, mémoire-tampon, tampon *(mémoire numérique disposée entre deux organes d'un ordinateur fonctionnant à des vitesses différentes pour adapter celles-ci) (dans les deux cas qui peuvent se présenter, la mémoire tampon est d'abord chargée par l'organe émetteur, puis déchargée par l'organe récepteur, le processus se reproduisant au rythme de l'opération la plus lente) (le cas le plus fréquent est celui de la mémoire tampon insérée entre l'unité centrale d'un ordinateur et une imprimante et pouvant contenir une ligne ou une page à imprimer, pour adapter la vitesse d'impression à la vitesse, beaucoup plus grande, de lecture et transfert des informations à imprimer contenues dans la mémoire centrale) (est généralement une mémoire FIFO) (inf) (cf. aussi* FIFO memory, central processing unit *et* digital memory).

buffer register registre tampon *(registre d'ordinateur constituant une mémoire tampon ou faisant partie d'une telle mémoire) (inf) (cf. aussi* register[1] 1) (a) *et* buffer memory).

buffer stage étage tampon *(terme générique couvrant l'amplificateur séparateur et la porte de puissance) (cf. aussi* buffer amplifier, buffer[1] (a1)) *et* stage 1)).

buffer storage 1) mémorisation dans une mémoire tampon *(cf. aussi* buffer memory). 2) *cf.* buffer memory.

buffer storage device *cf.* buffer memory.

buffer store *cf.* buffer memory.

buffered 1) équipé d'une mémoire tampon, muni *(idem),* doté *(idem),* à mémoire tampon, tamponné *(cf. aussi* buffer memory). 2) muni d'une porte de puissance *(cf. aussi* buffer[1] (a1)). 3) suivi d'un amplificateur séparateur *(cf. aussi* buffer amplifier). 4) muni(e) d'une gaîne intermédiaire *(cf. aussi* buffer[1] (b)).

buffered by the transistor ... transmis par le transistor... fonctionnant en amplificateur séparateur *(signal) (cf. aussi)* buffer amplifier).

buffered data informations transitant par une mémoire tampon, données *(idem) (cf. aussi* buffer memory *et* data).

buffered gate porte à mémoire tampon, porte tamponnée *(porte logique équipée d'une mémoire tampon d'entrée ou de sortie) (inf) (cf. aussi* logic gate, input buffer *et* output buffer).

buffered input entrée à porte de puissance *(inf) (cf. aussi* input buffer).

buffered output sortie à porte de puissance *(inf) (cf. aussi* output buffer).

buffered peripheral appareil périphérique à mémoire tampon, *(etc.) (cf. aussi* buffered 1) *et* peripheral device).

buffering *(voir aussi* buffer[1]) emploi d'un(e) ..., *(parf.)* servant de ..., *(parf.)* séparant.

bug[1] *s* 1) erreur de programmation *(inf) (cf. aussi* program bug). 2) défaut de fonctionnement *(appareil, etc.)* 3) microphone d'espionnage *(microphone minuscule destiné à être dissimulé dans un local et pouvant être relié à un émetteur radio miniature également dissimulé) (ambassade, état-major, salle de conférences privée, etc.) (cf. aussi* microphone). 4) manipulateur semi-automatique *(manipulateur télégraphique à manette à axe vertical produisant une série de points correctement espacés lorsqu'elle est poussée à gauche, et un trait lorsqu'elle est poussée à droite) (tlg) (cf. aussi* key[1] 2)). 5) index réglable *(index métallique ou non pouvant être déplacé le long de l'échelle d'un appareil de mesure à aiguille pour servir de repère mobile) (cf. aussi* analog meter). 6) *cf.* DIP.

bug[2] *v* 1) équiper de microphones d'espionnage *(cf. aussi* bug[1] 3)). 2) introduire des erreurs *(dans un programme d'ordinateur pour observer l'effet produit sur les résultats obtenus) (inf) (cf. aussi* program bug).

bug-free *a* exempt d'erreurs, *(etc.),* sans erreurs *(idem) (programme d'ordinateur) (inf) (cf. aussi* program bug).

bug-ridden *a* plein d'erreurs, *(etc.)*, bourré *(idem)*, truffé *(idem)* *(programme d'ordinateur) (inf) (cf. aussi* program bug).

bug seeding *cf.* bugging 2).

bug shooting recherche des erreurs, *(parf.* des pannes) *(inf, etc.) (cf. aussi* debugging *et* trouble-shooting).

bugged 1) équipé de microphones d'espionnage *(cf. aussi* bug[1])). 2) contenant des erreurs *(programme d'ordinateur) (inf) (cf. aussi* bug-ridden *et* program bug).

bugging 1) emploi de microphones d'espionnage *(cf. aussi* bug[1] 3)). 2) introduction d'erreurs *(cf. aussi* bug[2] 2)).

buggy *cf.* bugged 2).

build-up time temps d'établissement *(d'un courant dans un circuit).*

building block bloc fonctionnel *(cf. aussi* module (a)).

building-block arrangement (une) construction modulaire *(cf. aussi* modular construction (a)).

building-block concept (le) principe de construction modulaire *(cf. aussi* modular construction (a)).

building-block memory mémoire modulaire *(inf) (cf. aussi* modular memory).

building-block technique (la) construction modulaire *(cf. aussi* modular construction (a)).

building-out network complément de longueur *(nom donné au réseau électrique ajouté à un répéteur téléphonique pour porter l'affaiblissement de la section d'amplification correspondante à la valeur nominale lorsque la longueur de cette section est inférieure au pas d'amplification adopté pour le câble considéré) (tls) (cf. aussi* network 1), repeater 1) (a) *et* repeater section).

building-out section *cf.* building-out network.

built-in *a* incorporé(e) *(antenne à un poste récepteur ou émetteur-récepteur portatif ou non, plan de masse à un substrat de circuit imprimé ou hybride, charge adaptée à un composant hyperfréquence, etc.).*

built-in test autocontrôle *(contrôle automatique du fonctionnement d'un appareil par un dispositif incorporé à celui-ci, ce dispositif étant généralement un microprocesseur exécutant un programme de contrôle approprié) (cf. aussi* microprocessor).

built-in test equipment système d'autocontrôle *(cf. aussi* built-in test).

bulb ampoule *(de lampe électrique ou de tube électronique) (cf. aussi* envelope 1)).

bulk acoustic wave onde acoustique en volume, onde élastique en volume, onde en volume *(onde acoustique se propageant dans un solide allongé en intéressant toute la section de celui-ci après avoir été créée à une de ses extrémités par un transducteur approprié, généralement piézoélectrique) (peut être une onde longitudinale ou une onde transversale) (filtre, etc.) (cf. aussi* longitudinal wave, shear wave, acoustic wave *et* piezoelectric transducer).

bulk acoustic wave ... *cf.* BAW ...

bulk capacitance capacité totale *(somme des capacités d'une batterie de condensateurs ou de plusieurs condensateurs de découplage d'alimentation sur une carte logique, etc.) (cf. aussi* capacitance).

bulk cell *cf.* bulk-material solar cell.

bulk chaff leurres radar en vrac *(leurres radar largués en vrac) (clpf) (mil) (cf. aussi* chaff).

bulk chaff dispenser lance-leurres en vrac *(mil) (cf. aussi* chaff dispenser *et* bulk chaff).

bulk chaff dispensing largage de leurres radar en vrac *(mil) (cf. aussi* bulk chaff dispenser).

bulk-channel CCD *cf.* buried-channel CCD.

bulk CMOS circuit CMOS sur silicium, *(etc.) (circuit intégré CMOS dans lequel les transistors sont réalisés dans un substrat de silicium ou autre semiconducteur) (clpf) (cf. aussi* CMOS integrated circuit *et* silicon).

bulk CMOS ... *cf.* bulk CMOS et CMOS ... et adapter.

bulk current leakage courant de fuite dans le substrat *(transistor, etc.)*

bulk data storage *cf.* bulk storage.

bulk elastic wave *cf.* bulk acoustic wave. *(cf. aussi* elastic wave).

bulk eraser four à effacer, effaceur en bloc, effaceur de bandes magnétiques *(idem) (appareil réalisant l'effacement en bloc d'une bande magnétique enroulée sur sa bobine par application d'un champ magnétique haute fréquence et éloignement progressif de la bobine pour soumettre les dipôles magnétiques formés par l'enregistrement à un champ magnétique alternatif d'intensité décroissante qui leur fait parcourir des cycles d'hystérésis de plus en plus petits provoquant leur disparition) (cf. aussi* magnetic tape, magnetic field strength *et* hysteresis loop).

bulk lifetime durée de vie en profondeur, durée de vie des porteurs en profondeur *(durée de vie des porteurs de charge en profondeur dans un semiconducteur) (cf. aussi* carrier lifetime *et* bulk properties).

bulk magnetic wave *cf.* bulk magnetostatic wave.

bulk magnetostatic wave onde magnétostatique de volume, *(parf.)* onde de volume magnétostatique *(onde magnétostatique se propageant à l'intérieur du corps) (cf. aussi* magnetostatic wave).

bulk-material solar cell cellule solaire à substrat non épitaxié *(cellule solaire réalisée sur un substrat non épitaxié) (semi) (cf. aussi* solar cell *et* bulk substrate).

bulk memory mémoire de masse *(inf) (cf. aussi* mass memory *et* noter toutefois que le premier terme est le terme initial).

bulk-metal resistor résistance à couche métallique *(cf. aussi* metal-film resistor).

bulk-metal unit version à couche métallique *(résistance) (cf. aussi* unit 3) *et* metal-film resistor).

bulk MOS transistor transistor MOS non épitaxié *(transistor MOS réalisé dans un substrat non épitaxié) (semi) (cf. aussi* MOS transistor *et* bulk substrate 1)).

bulk MOSFET *cf.* bulk MOS transistor.

bulk MOST *cf.* bulk MOS transistor.

bulk oven reflow soldering soudage en bloc par refusion au four, soudure *(idem) (sorties de condensateurs, etc.) (cf. aussi* reflow soldering).

bulk properties propriétés en profondeur *(propriétés d'un substrat semiconducteur dans les couches éloignées de sa surface) (ce terme rappelle implicitement que la durée de vie des porteurs de charge dans un cristal semiconducteur n'est pas la même en surface qu'en profondeur) (noter que la profondeur est ici très relative puisqu'elle dépasse rarement quelques microns) (semi) (cf. aussi* bulk lifetime).

bulk recombination recombinaison en profondeur, recombinaison des porteurs en profondeur *(recombinaison des porteurs de charge en profondeur dans un semiconducteur) (cf. aussi* electron-hole pair recombination *et* bulk properties).

bulk recombination rate *cf.* bulk recombination velocity.

bulk recombination velocity vitesse de recombinaison en profondeur *(semi) (cf. aussi* recombination velocity *et* bulk recombination).

bulk resistance *cf.* bulk resistivity.

bulk resistivity résistivité en profondeur *(semi) (cf. aussi* bulk properties *et* resistivity).

bulk resistor résistance du type collecteur *(résistance de valeur élevée réalisée dans la couche des collecteurs des transistors d'un circuit intégré bipolaire à transistors NPN) (la couche des collecteurs est la couche épitaxiale du type N qui constitue la couche active du transistor) (la résistance est réalisée par formation de contacts écartés d'une distance proportionnelle à la valeur ohmique à obtenir et diffusion d'une couche « de pincement » du type P entre les contacts pour réduire l'épaisseur de la couche N et augmenter ainsi la valeur ohmique de la résistance obtenue) (ce type de résistance intégrée souffre de plusieurs défauts de la résistance à base pincée, à savoir le manque de précision et de linéarité et la dérive en température) (semi) (cf. aussi* bipolar integrated circuit, npn transistor, epitaxial layer, n-type layer *(au début de la lettre N),* pinched resistor *et* integrated-circuit resistor).

bulk semiconductor semiconducteur non épitaxié, semiconducteur massif *(substrat semiconducteur ne portant pas de couche épitaxiale) (transistor, CI, etc.) (cf. aussi* semiconductor substrate *et* epitaxial layer).

bulk semiconductor ... *cf.* bulk semiconductor *et* semiconductor ... et adapter.

bulk silicon silicium non épitaxié, *(etc.) (cf. aussi* bulk semiconductor *et* silicon).

bulk-silicon CMOS *cf.* bulk CMOS.

bulk solar cell *cf.* bulk-material solar cell.

bulk storage 1) mémorisation dans une mémoire de masse, archivage *(inf) (cf. aussi* bulk memory). 2) *cf.* bulk memory.

bulk storage device *cf.* bulk memory.

bulk storage memory *cf.* bulk memory.

bulk storage unit *cf.* bulk memory.

bulk substrate 1) substrat non épitaxié, substrat massif *(substrat semiconducteur ou autre ne portant pas de couche épitaxiale et constituant, par conséquent, la couche active du composant) (CI, etc.) (cf. aussi* semiconductor substrate, epitaxial layer *et* active layer). 2) substrat proprement dit *(d'un substrat épitaxié) (voir aussi* 1) ci-dessus).

bulk tape eraser *cf.* bulk eraser.

bulk wafer plaquette non épitaxiée, *(souvent aussi)* plaquette à gravure *(idem) (plaquette à gravure ou autre ne portant pas de couche épitaxiale) (fab. semi, CI) (cf. aussi* wafer 2) *et* epitaxial layer).

bulk wave *cf.* bulk acoustic wave.

bulk-wave oscillator oscillateur à ondes en volume *(oscillateur utilisant un résonateur à ondes acoustiques en volume) (cf. aussi* oscillator *et* bulk-wave resonator).

bulk-wave resonator résonateur à ondes en volume *(résonateur constitué par un dispositif à ondes acoustiques en volume convenablement excité) (cf. aussi* resonator *et* BAW device).

bump contact bosse de contact, bosse de connexion *(sur une puce à bosses, etc.) (cf. aussi* flip-chip).

bump mounting montage par bosses, fixation par bosses *(puce à bosses, etc.) (cf. aussi* flip-chip).

bumped chip puce à bosses *(semi) (cf. aussi* flip-chip).

bumped tape bandes à bosses *(bande plastique utilisée dans un procédé dérivé de celui des puces à bosses, les bosses de contact étant formées sur des lamelles de connexion portées par la bande au lieu d'être formées sur les puces) (fab. CH) (cf. aussi* flip-chip).

bumped wafer plaquette à bosses *(plaquette à gravure sur laquelle sont formées des puces à bosses) (semi) (cf. aussi* wafer 2) *et* flip-chip).

bumping test (un) essai aux secousses *(appareil, etc.)*.

bunch paquet *(d'électrons, etc.) (cf. aussi* bunching).

bunched beam faisceau en paquets, *(etc.) (particules) (cf. aussi* bunched electron beam).

bunched electron beam faisceau d'électrons en paquets *(ou groupés en paquets), faisceau de paquets d'électrons (tube hyper) (cf. aussi* bunching).

bunched electrons électrons en paquets, *(etc.) (cf. aussi* bunched electron beam).

buncher *cf.* buncher resonator.

buncher cavity *cf.* buncher resonator.

buncher gap espace de modulation *(klystron) (cf. aussi* input gap).

buncher resonator cavité d'entrée, cavité résonnante d'entrée, résonateur d'entrée *(cavité résonnante d'un klystron à deux ou plusieurs cavités à laquelle est appliqué le signal à amplifier) (hyper) (cf. aussi* cavity resonator *et* klystron).

buncher space *cf.* buncher gap *(cf. aussi* bunching space).

bunching groupement des électrons en paquets, groupement des électrons, groupement, formation de paquets d'électrons *(dans un tube hyperfréquence à modulation de vitesse, transformation du faisceau d'électrons continu initial en une suite de paquets d'électrons) (klystron, etc.) (cf. aussi* velocity modulation).

bunching of wires groupement des fils en faisceau *(tél, etc.) (cf. aussi* wire bundle).

bunching space espace de groupement *(klystron) (cf. aussi* drift space).

bundle faisceau *(de fils, etc.) (cf. aussi* wire bundle).

buoyant aerial *(GB) cf.* buoyant antenna.

buoyant antenna antenne flottante, antenne remorquée flottante *(câble muni de flotteurs remorqué à la surface de l'eau par un sous-marin en plongée au périscope pour capter les signaux radio émis à son intention) (radiocom. mil) (cf. aussi* submarine communications).

buried aerial *(GB) cf.* buried antenna.

buried antenna antenne enterrée *(antenne d'émission enterrée) (radiocom. mil) (cf. aussi* ELF transmitting antenna).

buried cable câble enterré *(câble téléphonique ou autre posé dans une tranchée à même la terre et recouvert de terre) (cf. aussi* underground cable).

buried channel canal enterré *(canal de transistor à effet de champ formé dans le substrat sous une mince couche de semiconducteur de type opposé à celui du substrat, ce qui repousse le canal légèrement au-dessous de la surface du substrat et évite ainsi les pertes de porteurs de charge par recombinaison en surface) (la couche formée sur la surface peut être obtenue par épitaxie ou par implantation ionique) (semi) (cf. aussi* channel[1] 1) (a) semiconductor type, surface recombination, epitaxy *et* ion implantation).

buried-channel CCD CCD à canaux enterrés, *(etc.) (cf. aussi* CCD *et* buried channel).

buried-channel JFET transistor JFET à canal enterré, *(etc.) (semi) (cf. aussi* junction field-effect transistor *et* buried channel).

buried-channel junction FET *cf.* buried-channel JFET.

buried contact contact enterré *(plage de contact de circuit intégré monolithique réalisée par formation d'une mince couche d'aluminium ou autre métal par une fenêtre de contact) (la couche métallique peut être formée notamment par évaporation sous vide ou par pulvérisation cathodique) (semi, etc.) (cf. aussi* bonding pad, contact window, vapor deposition 1) *et* sputtering).

buried-contact technology (la) technique des contacts enterrés *(cf. aussi* buried contact *et* technology).

buried in noise noyé dans le bruit *(signal) (cf. aussi* signal buried in noise).

buried layer couche enterrée *(couche du substrat d'un transistor bipolaire intégré située sous le collecteur et fortement dopée pour réduire la résistance du collecteur) (est réalisée par diffusion ou par implantation ionique avant toute autre opération de diffusion ou d'implantation ou de formation d'une couche épitaxiale) (semi) (cf. aussi* integrated bipolar transistor, impurity concentration *et* series resistance 2)).

buried n$^+$ layer couche N$^+$ enterrée *(semi) (cf. aussi* n$^+$ region *et* buried layer).

buried n$^+$ region *cf.* buried n$^+$ layer.

buried Zener reference diode diode de référence Zener enterrée *(diode de référence Zener réalisée sur le substrat d'un circuit intégré monolithique avant le dépôt d'une couche la recouvrant) (semi) (cf. aussi* Zener diode, voltage-reference diode *et* monolithic integrated-circuit substrate).

burn[1] *s* brûlure, marque *(cf. aussi* burning).

burn[2] *v* 1) brûler, marquer *(cf. aussi* burning). 2) claquer (une PROM) *(fam) (programmer une mémoire PROM) (inf) (CI) (cf. aussi* PROM).

burn in *v* faire subir un vieillissement accéléré, soumettre à un *(idem) (composant) (cf. aussi* burn-in).

burn-in *s* vieillissement artificiel *(ne pas employer « déverminage ») (opération consistant à faire fonctionner des circuits intégrés ou autres composants dans des conditions généralement défavorables pour stabiliser leurs caractéristiques de fonctionnement en accélérant leur vieillissement et pour faire apparaître les composants présentant des défaillances prématurées afin de les éliminer) (les conditions de fonctionnement défavorables comprennent notamment une température ambiante excessive, une tension d'alimentation non nominale et des signaux d'entrée non nominaux) (est très employé pour les composants militaires et notamment les circuits hybrides militaires) (cf. aussi* screening 3), integrated circuit, operating characteristics *et* early failure).

burn-in board carte pour essais de vieillissement (artificiel), carte de vieillissement, carte à vieillir *(carte à circuit imprimé portant des composants soumis à un essai de vieillissement) (cf. aussi* burn-in).

burn-in period période de stabilisation *(composant) (cf. aussi* early-failure period).

burn-in screening sélection par vieillissement artificiel *(composants) (cf. aussi* screening 3) *et* burn-in).

burn-in socket support de vieillissement, support pour essais de vieillissement *(support de circuit intégré ou autre composant monté sur une carte de vieillissement) (cf. aussi* burn-in board *et* socket 2)).

burn-in test (un) essai de vieillissement *(cf. aussi* burn-in).

burn-in testing (l')essai de vieillissement *(cf. aussi* burn-in test).

burn-in yield rendement de l'essai de vieillissement *(pourcentage de composants déclarés bons après l'essai) (cf. aussi* burn-in).

burn into a PROM *v* mémoriser dans une mémoire PROM *(inf) (cf. aussi* burn² 2)).

burn mark trace de brûlure, marque *(idem) (cf. aussi* burning).

burn out *v* détruire (par échauffement excessif), *(parf.)* être détruit(e) *(idem)*, claquer *(tr et intr)*, griller *(fam) (idem) (cf. aussi* burnout) *(plus loin)*.

burn resistance résistance au marquage *(ou* aux brûlures) *(cf. aussi* burning).

burn-resistant phosphor luminophore résistant au marquage *(ou* aux brûlures) *(écran cath) (cf. aussi* phosphor *et* burning).

burn through *v* traverser le brouillage *(émettre un signal d'amplitude beaucoup plus grande que celle d'un signal de brouillage par bruit émis par l'adversaire) (mil) (cf. aussi* radar burnthrough).

burned-in image image photorémanente *(image persistant un certain temps dans le signal de sortie d'un tube analyseur après passage à une autre scène) (est due à la constante de temps des circuits d'analyse associés au tube) (caméra TV) (cf. aussi* camera tube *et* time constant).

burned-in picture *cf.* burned-in image.

burning *(dans le cas d'un luminophore)* brûlure, marquage *(le premier terme est le meilleur et le second le plus employé) (diminution plus ou moins grande de la luminosité d'un luminophore après excitation de celui-ci par un faisceau d'électrons intense pendant un temps relativement long) (est dû aux transformations physico-chimiques irréversibles produites dans le luminophore par la température excessive de celui-ci qui en résulte) (écran cath) (cf. aussi* phosphor).

burnishing surface facette de brunissage *(petit chanfrein de quelques microns de largeur ménagé sur les deux arêtes coupantes d'un burin graveur pour améliorer l'état de surface des flancs du sillon par lissage et réduire ainsi le bruit de fond dû à leur rugosité) (enregistrement sur disque gravé) (cf. aussi* cutting stylus).

burnout *s* destruction (par échauffement excessif), *(souvent aussi)* claquage (destructif) *(destruction d'un composant, notamment à semiconducteur, par fusion d'un élément essentiel de celui-ci due au passage d'un courant d'intensité excessive) (diode à jonction, transistor, fusible, etc.) (cf. aussi* breakdown 2)).

burnout resistance résistance au claquage *(diode, etc.) (cf. aussi* burnout).

burnout site point de claquage *(jonction PN, etc.) (cf. aussi* burnout).

burst¹ *s* **1)** augmentation brusque d'amplitude *(du signal reçu par une antenne par suite d'une variation brusque et favorable des conditions de propagation ionosphérique sous l'action d'un phénomène météorologique ou extra-atmosphérique) (propa) (cf. aussi* ionospheric propagation). **2)** salve *(cf. aussi* color burst, burst transmission *et* burst-mode refresh).

burst² *v* séparer en feuillets *(inf) (cf. aussi* burster).

burst amplifier amplificateur de salves (couleur) *(dans un récepteur de télévision en couleurs NTSC ou PAL, amplificateur haute fréquence amplifiant la salve couleur) (cf. aussi* NTSC receiver, PAL receiver, RF amplifier *et* color burst).

burst comm *(fam) cf.* burst communications.

burst communications télécommunications en salves, *(radiocommunications avec émission en salves) (mil, etc.) (cf. aussi* burst transmission).

burst encoding codage en salves *(codage de signaux émis en salves) (mil, etc.) (cf. aussi* burst transmission).

burst mode mode en salves *(mode d'émission, de transfert ou de rafraîchissement en salves) (cf. aussi* burst transmission, burst transfer *et* burst refresh).

burst-mode ... *cf.* burst ...

burst noise bruit en créneaux *(cf. aussi* popcorn noise).

burst of pulses salve d'impulsions *(cf. aussi* pulse burst).

burst refresh rafraîchissement en salves, *(parf. au singulier)*, mode (de rafraîchissement) en salves *(idem) (mode de rafraîchissement d'une mémoire RAM dynamique dans lequel la totalité des cycles de rafraîchissement est effectuée en une seule fois) (CI) (inf) (cf. aussi* RAM refresh).

burst refreshing *cf.* brush refresh.

burst transmission émission en salves *(mode de radiocommunications numériques dans lequel le signal à émettre est d'abord introduit dans une mémoire numérique, puis émis pendant de courts intervalles de temps à répartition pseudo-aléatoire sous la commande d'un microprocesseur, pour réduire les risques d'interception) (mil, etc.) (cf. aussi* digital radio communications, digital memory, pseudo-random sequence, microprocessor *et* communications intercept).

burster rupteuse *(machine d'atelier de façonnage séparant les feuillets du papier en accordéon à la sortie d'une imprimante) (inf) (cf. aussi* fan-folded paper *et* forms handling equipment).

bursting 1) *cf.* burst transmission. **2)** séparation des feuillets, éclatement (en feuillets) *(inf) (cf. aussi* burster).

bus bus *(artère d'interconnexion ou d'alimentation)* (a) bus d'interconnexion (a1) *artère d'interconnexion formée d'un groupe de conducteurs assurant le transfert parallèle des informations entre les organes de l'unité centrale complète d'un ordinateur) (inf) (cf. aussi* data bus, address bus, control bus, parallel transfer *et* central processing unit) ; (a2) *artère d'interconnexion à deux conducteurs le long de laquelle sont raccordées les stations d'un réseau informatique local dit « à bus ») (télinf) (cf. aussi* bus network) ; (a3) *artère d'interconnexion à plusieurs voies, généralement multiplexées, reliant notamment des capteurs à un ou plusieurs appareils de bord dans un véhicule) (cf. aussi* multiplexed bus *et* sensor) ; (b) bus d'alimentation *(cf. aussi* bus bar).

bus access accès au bus *(établissement des liaisons nécessaires au transfert d'informations entre un organe émetteur et un bus) (inf) (cf. aussi* bus (a) *et* bus contention).

bus-access ... *cf.* bus ...

bus activity activité du bus *(existence d'opérations de transfert par un bus d'ordinateur) (inf) (cf. aussi* bus transaction).

bus arbiter arbitre d'accès au bus *(etc.) (inf) (cf. aussi* arbiter *et* bus access).

bus arbitration arbitrage des accès au bus, arbitrage du bus *(inf) (cf. aussi* arbitration *et* bus access).

bus arbitration chip puce d'arbitrage de bus *(puce de circuit d'arbitrage de bus) (CI) (cf. aussi* arbitration chip *et* bus arbitration).

bus bar barre bus, bus d'alimentation *(le second terme s'emploie par opposition à « bus d'interconnexion ») (artère d'alimentation de plusieurs appareils ou modules constituée par un conducteur, généralement nu, de section relativement grande et souvent rectangulaire) (cf. aussi* power supply 1), module (a) *et, pour information,* bus (a)).

bus buffer tampon de bus *(registre tampon monté entre un organe d'un ordinateur et un bus de celui-ci) (inf) (cf. aussi* buffer register *et* bus (a1)).

bus buffering tamponnage du bus *(fonction remplie par un tampon de bus) (inf) (cf. aussi* bus buffer).

bus contention conflit d'accès au bus *(inf) (cf. aussi* contention *et* bus access).

bus controller régisseur de bus *(régisseur intégré commandant l'accès à un bus dans un ordinateur) (CI) (inf) (cf. aussi* controller 1) *et* bus (a1)).

bus cycle cycle du bus *(cycle de transfert d'informations par un bus d'ordinateur en correspondance avec un cycle d'horloge) (en d'autres termes, opération de transfert d'un bus considérée en tant que cycle) (inf) (cf. aussi* bus transaction *et* clock cycle).

bus driver circuit d'attaque de bus, *(etc.) (circuit d'attaque monté entre la sortie d'un organe d'un ordinateur et un bus de celui-ci pour fournir la puissance nécessaire au transfert des signaux de sortie de l'organe) (inf) (cf. aussi* driver 1) *et* bus (a1)).

bus line ligne du bus *(parf.* de bus) *(un des conducteurs d'un bus d'ordinateur) (inf) (cf. aussi* bus (a1)).

bus network réseau en bus *(nom parfois donné à un réseau multipoint pour rappeler l'analogie entre le type de la voie de transmission employée et un bus d'ordinateur) (cf. aussi* multipoint network *et* bus (a2)).

bus operation fonctionnement du bus *(parf.* d'un bus) *(fonctionnement des circuits d'accès à un bus, notamment d'ordinateur, et des circuits de sortie du bus) (inf, etc.) (cf. aussi* bus (a1) *et, à titre d'information,* bus transaction).

bus-oriented architecture structure à bus *(structure d'un appareil ou système informatique ou autre utilisant un ou plusieurs bus pour la transmission des signaux entre organes ou stations) (cf. aussi* bus (a)).

bus-oriented structure *cf.* bus-oriented architecture. *(ce terme étant le plus employé).*

bus request demande d'accès au bus *(signal numérique émis à destination d'un régisseur de bus par un organe de traitement de multiprocesseur lorsque cet organe a des informations à transférer) (inf) (cf. aussi* bus controller, processor 1) *et* multiprocessor).

bus transaction opération de transfert (du bus), opération du bus *(nom donné à une séquence de transfert d'informations par un bus d'ordinateur : accès de l'organe émetteur au bus, transmission des informations par le bus et réception de celles-ci par l'organe récepteur) (inf) (cf. aussi* bus (a1), bus cycle, bus contention, strobe pulse *et, à titre d'information,* bus operation).

busbar *cf.* bus bar. *(plus haut).*

bush *cf.* bushing.

bushing **1)** traversée isolante, *(parf.)* manchon isolant *(cf. aussi* feed-through insulator). **2)** canon fileté *(partie antérieure tubulaire filetée à pas fin, généralemnt métallique, dans laquelle passe l'organe de commande d'un composant actionné à la main, permettant de fixer celui-ci à l'aide d'un écrou extra-plat sur une platine avant ou autre support) (potentiomètre rotatif, interrupteur, commutateur, etc.) (cf. aussi* front panel).

bushing ... *cf.* bushing-mounted.

bushing insulator *cf.* bushing 1).

bushing-mounted *a* à fixation par canon fileté, à canon fileté *(composant) (cf. aussi* bushing 2)).

bushing-type ... *cf.* bushing-mounted.

business applications applications de gestion *(applications d'un ordinateur à la gestion) (inf) (cf. aussi* business data processing *et* application).

business call communication professionnelle, communication téléphonique professionnelle *(communication téléphonique relative à une activité professionnelle) (tél) (cf. aussi* telephone call).

business communications télécommunications d'entreprise *(télécommunications dans les limites d'une entreprise ou d'un organisme) (cf. aussi* communications *et* local computer network).

business computer ordinateur de gestion *(ordinateur conçu et programmé principalement pour l'exécution de travaux administratifs pouvant porter sur un très grand nombre d'informations organisées en fichiers pouvant aussi être très nombreux et nécessitant, par conséquent, une grande capacité de mémoire, cet ordinateur n'étant, en contre-partie, pas prévu pour l'exécution de calculs compliqués) (inf) (cf. aussi* computer 2)).

business computing *cf.* business data processing.

business data informations commerciales *(ou* de gestion), données commerciales *(idem) (informations relatives à des activités commerciales et notamment prévisions de vente, prix de revient et de vente, volume des ventes, crédit, composition et importance des stocks, etc.) (inf, etc.) (cf. aussi* business data processing *et* data).

business data processing (l')informatique de gestion *(informatique appliquée aux informations commerciales) (cf. aussi* data processing, business data *et* business computer).

business DP *cf.* business data processing.

business game jeu d'entreprise *(application de la théorie des jeux consistant à simuler, généralement sur ordinateur, la*

situation financière et commerciale de plusieurs entreprises concurrentes à partir d'une situation initiale, en fonction des décisions prises et de l'évolution du marché) (inf, etc.) (cf. aussi* game theory).

business hours heures d'ouverture *(d'une entreprise commerciale, etc.), (parf.)* heures de service, *(parf.)* vacation *(tls, etc.) (cf. aussi* period of duty).

business language langage de gestion *(langage de programmation élaboré pour des applications de gestion) (cf. aussi* programming language, business applications *et* COBOL).

business machine machine de bureau *(machine à écrire, machine à calculer, machine comptable, ordinateur, etc.) (cf. aussi* office automation).

business-oriented ... *cf.* business ...

busing *cf.* bussing.

bussing interconnexion par bus *(interconnexion des organes d'un ordinateur ou de stations par un bus) (cf. aussi* bus (a)).

bussing technique méthode d' ..., procédé *(idem) (cf. aussi* bussing).

busy occupé(e), pas libre *(ligne téléphonique ou, par extension, poste téléphonique) (cf. aussi* busy tone).

busy condition état occupé *(ligne téléphonique) (cf. aussi* busy tone).

busy hours heures de pointe *(central tél, etc.)*

busy on toll connection occupé par l'interurbain *(circuit dans un central téléphonique) (tls) (cf. aussi* toll service).

busy relay *cf.* busy-test relay.

busy signal *cf.* busy tone.

busy test (le) test du demandé, le test *(noms donnés au contrôle de l'occupation éventuelle de la ligne de l'abonné demandé dans un central téléphonique) (est effectué manuellement par l'opératrice dans un central manuel et automatiquement par un « relais de test » dans un central automatique) (cf. aussi* busy tone *et* relay[1] 1)).

busy-test relay relais de test *(tél) (cf. aussi* busy test).

busy tone tonalité d'occupation, tonalité « occupé » *(signal sonore discontinu émis par l'écouteur d'un poste téléphonique automatique lorsque le combiné du poste du demandé est décroché) (tls) (cf. aussi* busy-tone generator).

busy-tone generator générateur de tonalité d'occupation *(dans un central téléphonique, montage fournissant des impulsions de courant alternatif à basse fréquence produisant la tonalité d'occupation) (cf. aussi* busy tone).

butterfly capacitor condensateur variable à plage élargie *(récepteur radio) (cf. aussi* variable capacitor).

Butterworth filter filtre de Butterworth *(filtre passe-bande actif à courbe de réponse plate dans la bande passante et flancs modéremment raides) (cf. aussi* band-pass filter, active filter *et* filter response).

Butterworth response *(parf.* courbe de) réponse d'un filtre de Butterworth *(cf. aussi* Butterworth filter).

button **1)** capsule microphonique *(tél) (cf. aussi* microphone button). **2)** bouton-poussoir *(cf. aussi* pushbutton).

button cell pile bouton *(petite pile sèche dont la forme et la taille rappellent celles d'un bouton de vêtement) (est utilisée notamment dans des appareils photographiques, des caméras, les montres à quartz, les appareils de prothèse auditive, des stimulateurs cardiaques, etc.) (cf. aussi* mercury cell *et* dry cell).

button switch *cf.* pushbutton.

buzz crachements *(cf. aussi* scratches).

buzzer vibreur acoustique *(terme que j'ai proposé),* ronfleur *(ne pas employer « buzzer ») (petit avertisseur sonore incorporé à un appareil) (est généralement réalisé sous la forme d'un élément piézoélectrique en forme de disque excité par une tension à fréquence audible et utilisant, par conséquent, l'effet piézoélectrique inverse) (cf. aussi* piezoelectric element *et* inverse piezoelectric effect).

bw *cf.* bandwidth.

BW *cf.* bandwidth.

BWA *cf.* backward-wave amplifier.

BWO *cf.* backward-wave oscillator.

BX cable câble sous tube flexible.

by radar standards *(etc.)* pour un radar *(exemple : this beam aperture is rather wide by radar standards = cette ouverture de faisceau est plutôt grande pour un radar).*

by steps par paliers, par échelons *(variation discontinue de la valeur d'une grandeur variable) (cf. aussi* variable quantity).

bypass[1] *s* dérivation, *(parf.)* contournement *(cf. aussi* shunt[2]).

bypass[2] *v* contourner, shunter *(cf. aussi* shunt[2]).

bypass capacitor condensateur de découplage *(cf. aussi* decoupling capacitor).

byte multiplet (binaire) *(autres noms, plus généraux et peu employés, d'un mot binaire, le terme anglais, très employé, désignant en fait presque toujours un « eight-bit byte » et étant normalement traduit en conséquence) (inf) (cf. aussi* eight-bit byte, four-bit byte *et* binary word).

byte instruction instruction d'un octet *(instruction de programme d'ordinateur nécessitant un octet pour la représenter) (inf) (cf. aussi* instruction *et* byte).

byte-oriented memory *cf.* byte-wide memory.

byte-oriented protocol protocole à caractère *(tls) (cf. aussi* character-oriented protocol).

byte-wide access accès par octets *(accès à une mémoire à octets) (inf) (cf. aussi* byte-wide memory).

byte-wide architecture structure à octets, organisation par octets *(structure d'une mémoire à octets) (inf) (cf. aussi* byte-wide memory *et* architecture).

byte-wide array *cf.* byte-wide memory.

byte-wide bus bus à octets, bus à huit lignes *(bus conçu pour transmettre des octets) (inf) (cf. aussi* bus (a1) *et* byte).

byte-wide DRAM *cf.* byte-wide dynamic RAM.

byte-wide dynamic RAM mémoire RAM dynamique à octets, *(etc.) (mémoire RAM dynamique réalisée sous la forme d'une mémoire à octets) (cf. aussi* dynamic RAM *et* byte-wide memory).

byte-wide memory mémoire à octets *(ou à accès par octets) (mémoire RAM ou autre en un seul boîtier formée de huit suites de cellules aboutissant chacune à une borne d'accès, les binaires des octets à mémoriser étant appliqués simultanément chacun à la borne correspondant à son rang) (CI) (inf) (cf. aussi* byte, RAM[1], bus (a1) *et* memory depth).

byte-wide RAM mémoire RAM à octets, *(etc.) (mémoire RAM réalisée sous la forme d'une mémoire à octets) (CI) (cf. aussi* static RAM *et* byte-wide memory).

byte-wide SRAM *cf.* byte-wide static RAM.

byte-wide static RAM mémoire RAM statique à octets, *(etc.) (mémoire RAM statique réalisée sous la forme d'une mémoire à octets) (CI) (cf. aussi* static RAM *et* byte-wide memory).

bytewise data transfer transfert des informations *(ou des* données) par octets *(ou en parallèle par octets) (transfert d'informations par l'intermédiaire d'un bus à octets dans un ordinateur) (inf) (cf. aussi* data transfer *et* byte-wide bus).

C

c 1) *cf.* velocity of light. **2)** *cf.* curie. **3)** *cf.* character.

C 1) *cf.* coulomb. **2)** *cf.* capacitance. **3)** *cf.* capacitor. **4)** *cf.* collector (a).

C band bande C *(bande des fréquences comprises entre 3 900 et 6 200 MHz, soit 7,69 à 4,84 cm de longueur d'onde) (est à cheval sur la bande S et la bande X) (hyper) (cf. aussi* microwave band).

C core noyau en C *(noyau magnétique d'électro-aimant à deux bobines, de transformateur ou de bobine d'inductance, en forme de U) (dans le cas d'un électro-aimant, la section droite du noyau est généralement circulaire ; dans les autres cas, elle est généralement rectangulaire et le U est fermé par une barrette amovible de même matière que le noyau, après bobinage) (cf. aussi* magnetic core 1)).

C^3 *(se prononce « C cubed » et vient de « command, control and communications »)* C^3, commandement, contrôle et télécommunications *(mil) (cf. aussi* C^3I).

C^3I *(se prononce « C cubed I » et vient de « command, control, communications and intelligence »)* C^3I, commandement, contrôle, télécommunications et espionnage électronique) *(mil) (cf. aussi* electronic intelligence).

C display présentation du type C *(présentation des informations sur l'écran d'un radar dans laquelle la cible est représentée par une tache lumineuse dont la coordonnée horizontale est proportionnelle à l'angle d'azimut de la cible et la coordonnée verticale est proportionnelle à son angle de site) (cf. aussi* radar display, angle of azimuth *et* angle of elevation).

C/I ratio *cf.* carrier-to-interference ratio.

C-meter *cf.* capacitance meter.

C-MOS *cf.* CMOS.

C/N ratio *cf.* carrier-to-noise ratio.

C network réseau en C *(réseau électrique formé de trois branches montées en série, l'entrée se faisant entre les bornes extrêmes et la sortie se faisant aux bornes de la branche montée entre les deux autres) (cf. aussi* network 1)).

c/s *cf.* cycles per second.

C scan *cf.* C display.

C scope écran à présentation du type C *(radar) (cf. aussi* C display).

cabinet 1) coffret *(d'un appareil).* **2)** armoire *(de commande, etc.).*

cabinet assembly coffret complet *(coffret d'appareil avec poignées, etc.).*

cable 1) câble (a) *câble métallique) (conducteur de section relativement grande, isolé ou non, généralement obtenu par enroulement en hélice de plusieurs fils métalliques ou de torons de tels fils, ou groupe de conducteurs multibrins isolés maintenus ensemble sur toute leur longueur, généralement par une enveloppe protectrice commune) (cf. aussi* stranded cable, coaxial cable, electrical cable, telegraph cable, telephone cable *et* video cable) ; (b) *câble optique) (cf. aussi* fiber-optic cable ; (c) *câblogramme) (cf. aussi* cablegram). **2)** fil (électrique) *(cf. aussi* wire¹ 1)).

cable armoring machine machine à armer les câbles *(machine appliquant l'armure d'un câble téléphonique ou autre, armé) (cf. aussi* armor).

cable assignment record registre d'affectation des câbles *(central tél).*

cable box boîte de raccordement *(de câbles téléphoniques ou autres).*

cable bundle faisceau de câbles *(tél, etc.).*

cable capacitance capacité du câble *(parf.* d'un câble) *(capacité parasite d'un câble à deux conducteurs ou de chacune des paires d'un câble à paires) (tél, etc.) (cf. aussi* parasitic capacitance *et* paired cable).

cable circuit circuit en câble, circuit téléphonique en câble *(circuit téléphonique utilisant une ou deux paires d'un câble téléphonique, le premier cas étant celui d'un câble téléphonique quelconque, le second étant toujours celui d'un câble à grande distance) (tls) (cf. aussi* telephone circuit, two-wire circuit, four-wire circuit *et* telephone cable).

cable clamp 1) collier à câble *(tél, etc.).* **2)** serre-câble *(sur un connecteur, etc.).*

cable clamp bush douille serre-câble *(sur un connecteur, etc.).*

cable clamping cone cône de blocage (du câble) *(connecteur coaxial) (cf. aussi* coaxial connector).

cable compound brai à câbles *(brai utilisé pour assurer l'étanchéité des raccordements des câbles téléphoniques souterrains).*

cable conductor 1) (un) conducteur du câble *(parf.* d'un câble) *(câble multiconducteur).* **2)** *cf.* cable core.

cable conduit conduit de câbles *(gros tube en plastique ou en fibrociment dans lequel passent des câbles téléphoniques ou autres).*

cable connector connecteur *(cf. aussi* connector (a)).

cable core âme du câble *(parf.* d'un câble) *(conducteur d'un câble à un seul conducteur).*

cable count nombre de mots *(télégramme).*

cable covering enveloppe de câble *(partie extérieure d'un câble téléphonique, coaxial ou autre protégeant les conducteurs).*

cable distribution head tête de câble *(tél).*

cable drum touret *(très grosse bobine sur laquelle est enroulé un câble téléphonique ou autre à poser).*

cable duct *cf.* cable conduit.

cable end extrémité d'un câble, tête de câble *(tél, etc.).*

cable entry 1) entrée de câble *(sur un appareil, etc.).* **2)** arrivée du câble *(central tél. etc.).*

cable fan peigne (de câble) *(épanouissement des conducteurs d'un câble à proximité des points de connexion sur une réglette à cosses, etc.) (tél, etc.).*

cable fault défaut du câble *(parf.* d'un câble) *(coupure, défaut d'isolement, mauvais contact, etc.) (câble multiconducteur ou coaxial) (tél, TV, etc.) (cf. aussi* cable-fault locating).

cable-fault localization *cf.* cable-fault locating.

cable-fault locating localisation des défauts des câbles *(cf. aussi* cable fault *et* cable-fault locator).

cable fault location emplacement du défaut du câble *(parf.* d'un câble) *(cf. aussi* cable fault).

cable-fault location *cf.* cable-fault locating.

cable-fault locator contrôleur de câbles *(appareil indiquant approximativement la distance de l'emplacement d'un défaut d'un câble téléphonique ou autre à partir du point de contrôle, généralement par mesure au pont de Wheatstone ou par réflectométrie selon le type de câble et de défaut) (tls, etc.) (cf. aussi* cable fault, Wheatstone bridge *et* reflectometry (b)).

cable form *cf.* cable fan.

cable gland presse-étoupe *(de connecteur ou d'entrée de câble).*

cable grip serre-câble *(dispositif à barrette ou autre maintenant le cordon d'alimentation d'un appareil à l'entrée de celui-ci, etc.).*

cable-grip nut écrou serre-câble *(sur entrée de câble ou connecteur).*

cable joint jonction de câbles *(tél, etc.).*

cable laying pose de câbles *(tél, etc.).*

cable line ligne en câble *(tél, etc.).*

cable link liaison par câble *(liaison de télécommunications utilisant un câble métallique ou optique pour la transmission des signaux) (cf. aussi* communications link *et* cable 1) (a) *et* (b)).

cable loading charge des câbles *(parf.* du câble) *(tél) (cf. aussi* loaded cable).

cable loss pertes dues au câble, pertes dans le câble *(tél, etc.) (cf. aussi* transmission loss).

cable operator *cf.* cable television operator.

cable pair paire en câble *(paire d'un câble téléphonique à paires) (cf. aussi* paired cable).

cable repeater répéteur sur câble *(répéteur de ligne téléphonique en câble) (cas général) (cf. aussi* repeater 1) (a)).

cable route trajet suivi par un câble, *(parf.)* trajet du câble *(tél, etc.).*

cable run tronçon de câble, (une certaine) longueur de câble *(tél, etc.).*

cable screen *(GB) cf.* cable shield.

cable seal assembly *cf.* cable gland.

cable sealing box *cf.* cable terminal box.

cable sheath *cf.* cable covering.

cable shield blindage de câble *(parf.* du câble) *(cf. aussi* shielded cable).

cable ship navire câblier *(navire conçu pour la pose des câbles téléphoniques ou électriques sous-marins).*

cable tank cuve à câble *(cuve de grand diamètre dans laquelle le câble à immerger est lové, dans un navire câblier) (cf. aussi* cable ship).

cable television télévision par câble, télédistribution *(système de réception d'émissions de télévision dans lequel les récepteurs sont reliés par câble coaxial une antenne commune éloignée avec préamplification du signal reçu avant de le transmettre aux abonnés du système ou transmission du signal d'un émetteur local) (cf. aussi* television *et* coaxial cable).

cable television operator entreprise de télédistribution *(société commerciale ou autre entité exploitant un réseau de télévision par câble) (cf. aussi* cable television).

cable terminal box boîte d'extrémité *(de câble) (tél, etc.).*

cable termination 1) élément de connexion d'un câble *(parf.* d'un fil) (cosse, fiche, etc.).* 2) tête de câble *(tél, etc.).*

cable-to-cable connector connecteur câble-à-câble *(connecteur dont la partie femelle n'est pas prévue pour montage sur châssis, platine ou tableau) (cf. aussi* female connector).

cable-to-panel connector connecteur câble-à-châssis *(connecteur dont la partie femelle comporte une embase ou un fût fileté pour montage sur châssis, platine ou tableau) (cf. aussi* femelle connector).

cable transmission transmission par câble *(tls) (cf. aussi* cable link *et* transmission 1)).

cable tray chemin de câbles *(profilé en U large à bords bas, généralement perforé, en métal ou en matière plastique, conçu pour être porté par des consoles fixées à un mur et porter des câbles électriques ou autres fixés ou non par des colliers passés dans des perforations) (cf. aussi* raceway).

cable trough caniveau à câbles *(caniveau construit pour y faire passer des câbles électriques ou autres) (cf. aussi* raceway).

cable TV *cf.* cable television.

cabled core âme câblée *(âme d'un conducteur isolé formée de plusieurs fils ou torons de fils de diamètre relativement petit) (fil souple, câble) (cf. aussi* cable core).

cabling câblage *(cf. aussi* wiring 1), *ce terme étant le plus employé).*

cache *cf.* cache memory.

cache buffer *cf.* cache memory.

cache memory mémoire d'attente *(terme que j'ai proposé),* mémoire cache, antémémoire *(petite mémoire vive à court temps d'accès insérée entre l'unité arithmétique et la mémoire centrale ou entre celle-ci et un disque dur, ou les deux, dans un ordinateur) (contient la dernière information lue et les suivantes, dont la probabilité d'utilisation immédiate par l'unité arithmétique est la plus grande, ce qui réduit leur temps d'accès et augmente donc la vitesse de traitement de l'ordinateur) (inf) (cf. aussi* RAM cache, disk cache, central processing unit *et* processing speed).

cache unit *cf.* cache memory.

caching emploi d'une mémoire cache *(cf. aussi* cache memory).

CAD *cf.* computer-aided design.

cadmium selenide séléniure de cadmium *(semi).*

cadmium selenide photoconductive cell cellule photoconductrice au séléniure de cadmium *(cf. aussi* photovaristor).

cadmium sulfide sulfure de cadmium *(semi).*

cadmium sulfide photoconductive cell cellule photoconductrice au sulfure de cadmium *(cf. aussi* photovaristor).

CAE *cf.* computer-aided engineering.

caesium *cf.* cesium.

cage antenna antenne en cage d'écureuil *(antenne formée de tiges ou fils verticaux disposés en cercle comme les barreaux d'une cage d'écureuil) (radioélectricité) (cf. aussi* antenna).

CAL *cf.* calibration.

cal lab *(fam) cf.* calibration laboratory.

calculating machine machine à calculer *(cf. aussi* computer 2)).

calculating unit unité de calcul *(ordinateur) (cf. aussi* arithmetic-and-logic unit).

calculation calcul *(le terme anglais désigne souvent un calcul effectué à la main) (cf. aussi* computation).

calculator 1) calculatrice (électronique) *(de poche ou de bureau) (petite machine à calculer dans laquelle les calculs sont effectués par un circuit intégré logique et les résultats sont affichés ou imprimés, ou les deux, les modèles de haut de gamme étant de véritables petits micro-ordinateurs) (inf) (cf. aussi* pocket calculator, desk-top calculator, non-printing calculator, printing calculator, logic integrated circuit *et* microcomputer). 2) calculateur *(parf.* calculatrice) *(personne travaillant dans un bureau de calcul).*

calculator chip puce de calculatrice *(puce de circuit intégré constituant le cœur d'une calculatrice électronique) (cf. aussi* chip 1) *et* calculator 1).

calibrate *v (cf. aussi* calibration) 1) étalonner. 2) calibrer.

calibrate by transfer *v* étalonner par report *(une résistance de précision, etc.).*

calibrate in terms of ... *v* calibrer en ... *(tension, fréquence, etc.).*

calibrated offset tension de décalage calibrée *(ampli. différentiel) (oscillo, etc.) (cf.aussi* offset error *et* calibration 2)).

calibrated output sortie calibrée *(bornes de sortie d'une tension calibrée, notamment sur un générateur de signaux, ou par extension, cette tension elle-même) (cf. aussi* calibration 2)).

calibrated range gamme calibrée *(gamme de tensions, atténuations, fréquences de balayage, etc., sur un appareil) (cf. aussi* calibration 2)).

calibrated scale échelle graduée *(app. mesure, etc.) (ce terme très courant est un pléonasme, une échelle de mesure ou analogue étant graduée par définition) (cf. aussi* meter scale).

calibrated steps paliers calibrés *(valeurs discrètes successives calibrées d'une tension, fréquence, résistance, etc. déterminées par un commutateur) (cf. aussi* calibration 2)).

calibrated sweep *cf.* calibrated sweep rate.

calibrated sweep display visualisation avec balayage calibré *(oscilloscope ou traceur de courbes attaqué par un générateur de fréquences à balayage calibré) (cf. aussi* sweeping generator *et* calibration 2)).

calibrated sweep rate vitesse de balayage calibrée *(oscillo) (cf. aussi* sweep rate *et* calibration 2)).

calibrated to x % étalonné à x % près *(app. mesure, etc.).*

calibrating … *cf.* calibration …

calibration 1) étalonnage *(utilisation d'un étalon pour amener l'indication d'un appareil de mesure à la valeur effective de la grandeur mesurée) (noter que le terme « étalonnage » ne s'applique qu'à un appareil de mesure) (voir aussi 2) ci-après) (cf. aussi* standard[1] 1)). 2) calibrage *(réglage d'une caractéristique de fonctionnement d'un appareil autre qu'un appareil de mesure en vue de l'amener à une valeur déterminée, éventuellement commutable, généralement à l'aide d'une référence intérieure ou extérieure dont la précision est moindre que celle d'un étalon) (noter que le terme « calibrage » ne s'applique pas à un appareil de mesure) (calibrage de l'atténuation d'un atténuateur fixe, ou d'un atténuateur variable pour les différentes positions du bouton de commande et, par conséquent, de l'amplitude du signal fourni par un générateur de signaux, calibrage de l'intensité de déclenchement d'un disjoncteur, calibrage de la déviation verticale du point lumineux d'un oscilloscope ou de la déviation de la plume d'un enregistreur graphique, etc.) (cf. aussi* calibrator).

calibration chart tableau de calibrage *(tableau indiquant des valeurs de réglage à afficher pour obtenir un résultat déterminé et notamment des valeurs déterminées d'un signal fourni par un appareil) (cf. aussi* calibration 2)).

calibration curve courbe d'étalonnage, *(parf.)* courbe de calibrage *(graphique représentant les valeurs effectives d'une grandeur variable en fonction des valeurs indiquées de celle-ci) (cf. aussi* calibration).

calibration data 1) résultats d'étalonnage *(différences éventuelles entre les valeurs indiquées d'une grandeur variable et ses valeurs effectives) (cf. aussi* calibration curve). 2) paramètres de calibrage *(indications contenues notamment dans un tableau indiquant, par exemple, les valeurs à afficher pour faire fonctionner un émetteur radio sur une fréquence déterminée) (cf. aussi* calibration 2)).

calibration lab *(fam) cf.* calibration laboratory.

calibration laboratory laboratoire d'étalonnage *(en électronique, local équipé pour l'étalonnage des appareils de mesure et le calibrage des générateurs de signaux) (cf. aussi* calibration).

calibration link liaison de calibrage *(liaison radio entre le sol et un avion utilisée pour le calibrage d'aides radioélectriques à la navigation aérienne, cet anglicisme désignant en fait l'étalonnage des appareils de bord) (cf. aussi* calibration *et* radio navigation aid).

calibration marker marqueur calibré *(marqueur correspondant à une distance ou une direction précise sur un écran de radar) (cf. aussi* marker 1) (a) *et* calibration 2)).

calibration signal signal de calibrage *(signal transmis par une liaison de calibrage) (cf. aussi* calibration link).

calibration source source étalon *(fréquence, etc.) (cf. aussi* standard source).

calibration voltage 1) tension d'étalonnage *(tension fournie par un étalon de tension) (cf. aussi* voltage standard). 2) tension de calibrage *(tension fournie par un calibrateur) (cf. aussi* calibrator).

calibrator calibrateur (de tension), dispositif de calibrage (de tension) *(montage fournissant des tensions de valeur connue et relativement précise et constante dans le temps aux fins de calibrage, notamment dans un oscilloscope ou, parfois, un enregistreur graphique) (dans un oscilloscope, le calibrateur sert à calibrer la déviation verticale sur le graticule pour effectuer ensuite des mesures de tension ; dans un enregistreur, il facilite le choix de la sensibilité à utiliser) (est essentiellement un diviseur de tension à plusieurs résistances de*

précision connecté aux bornes d'une référence de tension et dont les différentes prises sont reliées aux bornes d'un commutateur permettant de choisir une des tensions fournies) (cf. aussi dc calibrator, ac calibrator, calibration 2), resistor voltage divider, precision resistor, voltage reference, vertical deflection *et* graticule).

call[1] *s* 1) appel (téléphonique), *(etc.) (cf. aussi* telephone call). 2) appel (d'un sous-programme) *(inf) (cf. aussi* subroutine call).

call[2] *v* 1) appeler (au téléphone), téléphoner, passer un coup de téléphone *(fam)*, passer un coup de fil *(fam)*. 2) appeler (un sous-programme) *(inf) (cf. aussi* subroutine call).

call back *v* rappeler (au téléphone).

call bell sonnerie (d'appel) *(tél) (cf. aussi* telephone bell.

call box cabine téléphonique (publique).

call circuit circuit téléphonique *(cf. aussi* telephone circuit).

call circuit key clé de conversation *(central tél).*

call collect *v* appeler en PCV *(demander une communication téléphonique payée par l'abonné demandé).*

call-connected en communication *(poste d'abonné) (tél).*

call-connection sequence séquence de mise en communication *(suite d'opérations manuelles ou automatiques nécessaires pour établir une communication téléphonique).*

call finder chercheur *(central tél) (cf. aussi* finder).

call forwarding transfert d'appel *(transfert d'un appel téléphonique du poste demandé à un autre numéro de poste mis en mémoire dans le premier poste par l'utilisateur de celui-ci avant de se rendre au lieu où se trouve le second poste) (poste à clavier à fréquences vocales).*

call from a subscriber appel en provenance d'un abonné *(tél).*

call in *v* faire entrer en ligne *(un abonné) (opératrice de central téléphonique).*

call letters indicatif *(groupe de lettres et éventuellement de chiffres attribué à un émetteur radio par l'autorité compétente).*

call notification avis d'appel *(tél).*

call number numéro d'appel *(tél) (cf. aussi* telephone number).

call on hand appel en instance *(central tél).*

call originating émission des appels *(tél).*

call processing traitement des appels *(par les circuits d'un central téléphonique électronique) (cf. aussi* electronic telephone exchange).

call signal *cf.* calling signal.

call ticket ticket (de communication) *(tél. manuel).*

call to a subscriber appel à destination d'un abonné *(tél).*

call toll-free *v cf.* call collect.

called exchange central d'arrivée, central de destination *(central téléphonique desservant un abonné auquel est adressé un appel téléphonique interurbain, c-à-d. ayant transité par un autre central au moins) (cf. aussi* trunk exchange).

called line ligne appelée *(ligne du demandé) (tél).*

called party (le) demandé *(tél).*

called-party release libération par le demandé, libération de la ligne par le demandé *(libération d'une ligne téléphonique dans un central automatique produite par le raccrochage du combiné de l'abonné demandé) (cf. aussi* release[1] 1).

called-party's station poste du demandé *(tél).*

called station poste demandé *(tél).*

called subscriber abonné demandé *(tél).*

called-subscriber release *cf.* called-party release.

called subscriber's station poste de l'abonné demandé *(tél).*

caller *cf.* calling party.

calling buzzer *cf.* buzzer.

calling current *(parf.* intensité du) courant d'appel *(tél).*

calling device dispositif d'appel *(dispositif émettant le signal d'appel d'un poste téléphonique) (magnéto d'appel, cadran d'appel, clavier d'appel ou composeur de numéros d'appel) (tls) (cf. aussi* signalling generator, telephone dial, push-button telephone set, dialer *et* calling signal).

calling dial cadran d'appel *(tél) (cf. aussi* telephone dial).

calling jack jack local *(central tél. manuel) (cf. aussi* jack 1)).

calling line ligne appelante *(ligne du demandeur) (tél).*

calling party (le) demandeur *(tél).*

calling-party release libération par le demandeur, libération de la ligne par le demandeur *(libération d'une ligne téléphonique dans un central automatique produite par le raccrochage du combiné de l'abonné demandeur) (cf. aussi* release[1] 1).

calling-party's station poste du demandeur *(tél).*

calling rate taux d'appel *(nombre moyen d'appels par circuit et par unité de temps dans un central téléphonique).*

calling sequence *cf.* call-connection sequence.

calling signal signal d'appel *(signal formé d'une ou plusieurs impulsions de courant émises par le dispositif d'appel d'un poste téléphonique pour demander ou provoquer la mise en communication avec un autre poste) (le cas d'une seule impulsion de courant est celui du signal émis par un poste manuel) (tls) (cf. aussi* calling device).

calling subscriber abonné demandeur *(tél).*

calling subscriber release *cf.* calling-party release.

calling-subscriber's station poste de l'abonné demandeur *(tél).*

calling tone signal sonore d'appel *(tél).*

CAM **1)** *cf.* content-addressable memory. **2)** *cf.* computer-aided manufacturing.

camcorder camescope *(caméra vidéo équipée d'un magnétoscope miniature intégré à cassettes et d'une cible à CCD ou équivalente) (l'emploi d'une cible à CCD résout les problèmes d'alimentation des caméras à tube, diminue sensiblement la consommation d'énergie et procure une grande sensibilité rendant inutile tout éclairage additionnel) (vidéo) (cf. aussi* video camera, video cassette recorder *et* CCD sensor).

camera **1)** appareil photographique, appareil photo, *(parf.)* chambre photographique *(cf. aussi* camera adapter). **2)** caméra *(de télévision classique ou infrarouge) (cf. aussi* television camera).

camera adapter adaptateur de prise de vues *(cadre métallique conçu pour permettre le montage d'une chambre ou un appareil photographique sur l'écran d'un oscilloscope de marque et type déterminés) (cf. aussi* oscillogram (a)).

camera chain chaîne de prise de vues *(ensemble formé d'une caméra de télévision ou d'une caméra vidéo et des circuits extérieurs d'alimentation, de commande et de contrôle ou de liaison à un enregistreur vidéo, ou les deux) (cf. aussi* television camera, video camera *et* video recorder).

camera hood parasoleil *(caméra TV).*

camera monitor viseur électronique *(petit tube-image et ses circuits auxiliaires, montés dans un boîtier fixé sur une caméra de télévision ou une caméra vidéo (cf. aussi* picture tube, television camera *et* video camera).

camera signal signal fourni par la caméra, signal de sortie de la caméra, signal vidéo en sortie de caméra *(TV) (cf. aussi* video signal *et* television camera).

camera tube tube analyseur, tube de prise de vues *(transducteur optoélectronique constituant l'œil d'une caméra de télévision et formé d'un type spécial de tube cathodique dans lequel le faisceau d'électrons animé d'un mouvement de balayage tramé neutralise successivement les charges électriques créées sur une mosaïque photosensible par l'image à transmettre, les variations d'intensité du courant du faisceau qui en résultent reproduisant les différences de luminosité d'un point à l'autre de la scène formant l'image) (cf. aussi* iconoscope, image iconoscope, image dissector, orthicon, image orthicon, plumbicon, vidicon, mosaic *et* television camera).

camp-on rappel automatique *(rappel d'un poste téléphonique automatique occupé effectué automatiquement dès que la ligne est libérée) (tls) (cf. aussi* automatic telephone set).

can boîtier métallique *(composant).*

canal rays rayons positifs, rayons-canaux *(flux d'ions positifs allant de l'anode à la cathode dans un tube à décharge sous l'action de l'attraction électrostatique de cette dernière) (le second terme est la traduction littérale du nom « Kanalstrahlen » donné à ce flux de particules par le physicien allemand Goldstein en 1886 qui les a découverts et mis en évidence à l'aide d'un trou long et de très petit diamètre percé dans la cathode d'un tube à décharge) (les rayons positifs ont été utilisés par le physicien anglais Joseph John Thomson – à ne pas confondre avec lord Kelvin – dans le premier spectrographe de masse, qui porte son nom et lui a permis de* découvrir les premiers isotopes ; ils sont également utilisés dans le spectrographe de masse du physicien anglais Francis William Aston qui a découvert d'autres isotopes) (cf. aussi* flux (c), positive ion, discharge tube, electrostatic attraction *et* Kelvin).

cancel *v* **1)** annuler, effacer *(le contenu d'une mémoire) (inf).* **2)** annuler *(un appel téléphonique manuel, etc.).*

cancelled video (la) vidéo éliminée *(signal vidéo, dans le récepteur d'un radar MTI, après élimination des échos fixes par simple annulation ou double annulation réalisée par le dispositif MTI) (cf. aussi* moving-target indicator).

cancellation ratio taux d'élimination des échos fixes *(radar) (cf. aussi* moving-target indicator).

cancellation region zone de réception nulle, zone d'annulation du signal *(zone de réception d'un signal à trajets multiples dans laquelle l'onde ayant suivi le rayon réfléchi est en opposition de phase avec l'onde ayant suivi le rayon direct, ce qui annule plus ou moins complètement le signal reçu) (propa) (cf. aussi* multipath propagation).

canceller **1)** circuit d'annulation *(nom donné au montage réalisant l'élimination des échos fixes dans un éliminateur d'échos fixes) (radar) (cf. aussi* moving-target indicator). **2)** *cf.* echo canceller.

candela candela, cd *(unité d'intensité lumineuse du système SI) (est l'intensité lumineuse, dans une direction déterminée, d'une ouverture de 1/60 cm² perpendiculaire à cette direction et rayonnant comme le corps noir à la température de solidification du platine) (optique) (cf. aussi* luminous intensity *et* blackbody).

candela per square meter candela par mètre carré, cd/m² *(unité de luminance du système SI) (est la luminance d'une source de lumière dont l'intensité lumineuse est 1 candela et l'aire 1 mètre carré) (optique) (cf. aussi* luminance *et* candela).

candle *cf.* candela.

canned device composant sous *(ou* en) boîtier métallique.

canned music musique en boîte *(fam) (musique enregistrée en cassette ou sur disque).*

canned program programme d'application *(inf) (cf. aussi* application program).

canned routine *cf.* canned program.

cannibalize *v* cannibaliser, déshabiller *(prendre des pièces en bon état sur un appareil pour en réparer un autre).*

cantilever-beam card-edge connector connecteur classique pour carte enfichable *(connecteur plat) (cf. aussi* printed-circuit connector).

cap **1)** capuchon, chapeau, embout *(cf. aussi* end cap). **2)** *cf.* capacitor.

CAP *cf.* capacitor.

capabilities *cf.* capability.

capability possibilités, possibilité, pouvoir, puissance, capacité, tenue *(selon le contexte) (noter que le terme anglais correspond souvent au premier terme français et que le pluriel « capabilities » est de plus en plus employé à sa place avec ce sens) (noter en outre que le terme anglais se traduit rarement par « capacité », contrairement à ce que l'on voit souvent écrit, et s'omet parfois) (cf. aussi, par exemple,* infrared capability, measurement capability, monopulse capability, plug-in capability, power-handling capability, resolution capability, reverse-bias capability, ripple-current capability, surge capability *et* warning capability).

capacitance capacité *(d'un condensateur) (grandeur de la charge électrique accumulée sur les armatures d'un condensateur) (ne pas confondre le terme anglais « capacitance » et le terme français « capacitance ») (cf. aussi* input capacitance, output capacitance, lumped capacitance, distributed capacitance, parasitic capacitance, capacitor *et* capacitive reactance).

capacitance adjustment réglage de capacité *(souvent de la capacité) (condensateur variable ou ajustable) (cf. aussi* capacitance setting *et* adjustment 1)).

capacitance balance équilibre de la capacité *(pont de mesure de capacité) (cf. aussi* capacitance bridge).

capacitance balancing équilibrage de la capacité *(pont de mesure de capacité) (cf. aussi* capacitance bridge).

capacitance box   boîte de capacités *(boîte à décades contenant des condensateurs) (cf. aussi* decade box).

capacitance bridge   pont de mesure de capacité, pont à capacités *(pont d'impédance conçu pour mesurer la capacité de condensateurs) (pont de Nernst, pont de Schering, pont de Wien, etc.) (cf. aussi* Nernst bridge, Schering bridge, Wien bridge, impedance bridge *et* capacitance).

capacitance-coupled ...   *cf.* capacitively coupled ...

capacitance coupling   *cf.* capacitive coupling 2).

capacitance key   touche capacitive *(type de touche à effleurement de clavier d'appareil).*

capacitance keyboard   clavier à touches capacitives.

capacitance keyswitch   interrupteur de touche capacitive.

capacitance level indicator   jauge capacitive *(jauge de niveau dans laquelle le liquide du réservoir constitue le diélectrique d'un condensateur à armatures verticales dont l'une peut être la paroi du réservoir si celui-ci est métallique, la capacité du condensateur ainsi formé étant proportionnelle à la hauteur du liquide et la jauge étant montée dans une branche d'un pont de mesure de capacité) (cf. aussi* capacitor *et* capacitance bridge).

capacitance loss   pertes par capacité *(pertes d'énergie dues à une capacité parasite) (cf. aussi* parasitic capacitance *et* loss).

capacitance meter   capacimètre *(appareil conçu pour mesurer la capacité des condensateurs) (cf. aussi* capacitance).

capacitance monitor   contrôleur de capacité *(appareil conçu pour le contrôle de fabrication en continu de l'isolant de fils isolés) (cf. aussi* capacitance).

capacitance of a capacitor   capacité d'un condensateur *(cf. aussi* capacitance).

capacitance per unit area   capacité surfacique, capacité par unité de surface *(ou* d'aire) *(capacité d'un condensateur plan par unité d'aire de la surface en regard de ses armatures) (est proportionnelle à la constante diélectrique du diélectrique employé et inversement proportionnelle à l'épaisseur de celui-ci) (cf. aussi* capacitance, parallel-plate capacitor *et* dielectric constant).

capacitance per unit length   capacité linéique, capacité par unité de longueur *(capacité, généralement parasite, d'une ligne de transmission par unité de longueur) (cf. aussi* capacitance *et* transmission line).

capacitance ratio   rapport de capacité *(rapport entre les capacités de deux condensateurs ou entre les valeurs extrêmes de la capacité d'un condensateur variable ou ajustable ou d'une diode varicap) (cf. aussi* capacitance *et* area-ratioed capacitors).

capacitance setting   réglage de capacité *(condensateur variable ou ajustable) (cf. aussi* capacitance adjustment *et* setting).

capacitance standard   étalon de capacité *(cf. aussi* standard capacitor).

capacitance to earth   *(GB) cf.* capacitance to ground.

capacitance to ground   capacité par rapport à la masse *(parf. à la terre) (capacité entre un conducteur d'un dispositif et la masse ou la terre) (cf. aussi* capacitance *et* ground[1]).

capacitance trimmer   condensateur ajustable *(cf. aussi* trimmer capacitor).

capacitance unit   unité de capacité (électrique) *(cf. aussi* farad).

capacitance value   valeur de la capacité, *(parf.)* valeur de capacité *(valeur de la capacité d'un condensateur) (cf. aussi* capacitance unit).

capacitance-voltage product   produit capacité-tension *(condensateur) (cf. aussi* CV product, *ce terme étant le plus employé).*

capacitive circuit   circuit capacitif *(circuit possédant une réactance capacitive) (cf. aussi* capacitive reactance *et* reactive circuit).

capacitive coupling   1) couplage capacitif *(transmission d'énergie électrique par un condensateur proprement dit ou entre deux conducteurs formant condensateur et notamment transmission d'un signal parasite entre deux circuits par une capacité parasite) (cf. aussi* electric energy, capacitor *et* parasitic capacitance). **2)** liaison par capacité *(liaison entre étages assurée par un condensateur dit de liaison transmettant le signal constitué par la tension alternative qui apparaît aux bornes de la charge du premier étage tout en arrêtant la composante continue constituée par la tension d'alimentation du premier étage) (cf. aussi* resistance-capacitance coupling *et* stage coupling).

capacitive diaphragm   iris capacitif *(iris possédant une réactance capacitive à la fréquence du signal transmis) (dans un guide d'ondes rectangulaire utilisant le mode* TE_{10}, *ce résultat est obtenu lorsque l'axe de la fente est parallèle aux grands côtés du guide) (dans un guide d'onde circulaire, il est obtenu lorsque l'iris est un disque maintenu au centre du guide ; il ne s'agit donc plus d'un iris au sens propre du terme) (hyper) (cf. aussi* iris *et* capacitive reactance).

capacitive divider   *cf.* capacitive voltage divider.

capacitive feedback   réaction capacitive, rétroaction capacitive *(réaction positive obtenue à l'aide d'un condensateur monté entre les deux circuits ou due à une capacité parasite entre ceux-ci et notamment à une capacité intérélectrode) (ampli, oscillateur) (cf. aussi* positive feedback, capacitor, parasitic capacitance *et* interelectrode capacitance).

capacitive impedance   impédance capacitive *(impédance dont la partie imaginaire est une réactance capacitive) (impédance d'un condensateur ou d'une charge capacitive) (cf. aussi* impedance *et* capacitive reactance).

capacitive iris   *cf.* capacitive diaphragm *(ce terme étant le plus employé).*

capacitive key   *cf.* capacitance key.

capacitive load   charge capacitive *(charge réactive dont la réactance est capacitive) (alim, etc.) (cf. aussi* reactive load *et* capacitive reactance).

capacitive-load switching   commutation d'une charge capacitive, commutation sur charge capacitive *(commutation d'un circuit comportant une charge capacitive) (alim, etc.) (cf. aussi* switching 1) (a) *et* capacitive load).

capacitive loading   application d'une charge capacitive *(cf. aussi* capacitive load).

capacitive loss   *cf.* capacitance loss.

capacitive neutralization   neutrodynage capacitif *(neutrodynage réalisé à l'aide d'un condensateur ajustable monté entre l'électrode de sortie de l'élément actif de l'amplificateur et un circuit oscillant à point milieu à la masse en haute fréquence monté dans le circuit de l'électrode de commande, ou entre celle-ci et un circuit oscillant à point milieu à la masse en haute fréquence monté dans le circuit de l'électrode de sortie) (clpf) (cf. aussi* neutralization *et* trimmer capacitor).

capacitive node   point-mémoire capacitif *(capacité grille-substrat d'un transistor MOS de mémoire RAM dynamique) (cf. aussi* dynamic RAM[1]).

capacitive pick-up   captation de parasites par couplage capacitif, parasitage capacitif *(circuit téléphonique, circuit de mesure, etc.) (cf. aussi* interference 1) *et* capacitive coupling 1)).

capacitive post   tige capacitive, tige à réactance capacitive, tige d'adaptation *(idem) (tige d'adaptation d'impédance reliant les petits côtés du guide d'ondes pour créer une réactance capacitive dans celui-ci) (hyper) (cf. aussi* matching post *et* capacitive reactance).

capacitive reactance   réactance capacitive, capacitance *(réactance d'un condensateur jusqu'à sa fréquence de résonance ou d'un élément de circuit se comportant comme un condensateur, c-à-d. dans lequel le courant est en avance sur la tension) (cf. aussi* capacitor reactance, circuit element *et* reactance).

capacitive sensing   détection capacitive, *(parf.)* mesure capacitive *(détection ou mesure effectuée au moyen d'un capteur capacitif) (cf. aussi* variable-capacitance transducer).

capacitive sensor   capteur capacitif *(cf. aussi* variable-capacitance sensor).

capacitive storage   mémorisation par capacité *(mémorisation d'un binaire dans une cellule de mémoire RAM dynamique, etc.) (cf. aussi* dynamic RAM).

capacitive touch key   *cf.* capacitance key.

capacitive touch switch   *cf.* capacitance keyswitch.

capacitive transducer   *cf.* capacitive sensor.

capacitive tuning   accord capacitif, accord par variation de capacité *(accord d'un résonateur électrique obtenu par variation de sa capacité) (cf. aussi* tuning *et* capacitance).

capacitive video disk disque vidéo capacitif *(disque vidéo utilisant les variations de capacité produites dans la tête de lecture par les ondulations des sillons représentant le signal pour reproduire celui-ci) (cf. aussi* video disk *et* capacitance).

capacitive voltage divider diviseur de tension capacitif *(ou à* condensateurs), diviseur capacitif *(idem) (diviseur de tension pour haute tension formé de deux condensateurs montés en série, la tension désirée étant prélevée entre le point de connexion des condensateurs et l'autre borne de l'un d'entre eux) (est utilisé notamment à la place d'un transformateur de tension dans les lignes à haute tension et avec certains voltmètres pour augmenter fortement leur calibre) (élt) (cf. aussi* voltage divider *et* voltage transformer).

capacitively coupled circuits *(cf. aussi* capacitive coupling) **1)** circuits couplés par capacité *(effet parasite, en général).* **2)** circuits à liaison par capacité.

capacitively coupled gate grille reliée par capacité *(CI) (cf. aussi* floating gate).

capacitively coupled noise bruit transmis par capacité *(cf. aussi* noise 2) (a) *et* capacitive coupling 1)).

capacitively loaded antenna *cf.* capacitively tuned antenna.

capacitively tuned antenna antenne accordée par capacité *(émetteur) (cf. aussi* antenna tuning capacitor).

capacitivity permittivité *(d'un diélectrique) (cf. aussi* permittivity).

capacitor condensateur *(dispositif permettant d'accumuler de l'électricité sous la forme de charges électrostatiques de noms contraires portées par deux électrodes appelées « armatures » et séparées par un isolant appelé « diélectrique ») (chaque armature peut être notamment une surface métallique simple ou multiple et le diélectrique peut être solide, liquide ou gazeux ou le vide) (sert à accumuler une charge électrique, à permettre la circulation d'un courant alternatif tout en empêchant celle d'un courant continu et à former un circuit oscillant) (noter que la force électrostatique exercée par la charge d'une armature sur l'autre armature tend à rapprocher celles-ci) (cet effet est mis à profit dans un type de haut-parleur) (cf. aussi* electricity (a), Leyden jar, non-electrolytic capacitor, electrolytic capacitor, energy-storage capacitor, storage capacitor 1), fixed capacitor, variable capacitor, trimmer capacitor, capacitance, dielectric[1], electrostatic force, electrostatic loudspeaker *et, à titre d'information,* storage cell 1)).

capacitor array groupement de condensateurs *(groupe de condensateurs intégrés) (ce terme désigne souvent les condensateurs d'un réseau de condensateurs) (cf. aussi* integrated capacitor, capacitor network *et* array 1)).

capacitor bank batterie de condensateurs *(groupe de condensateurs disposés les uns près des autres et montés en parallèle ou non) (les condensateurs considérés sont généralement des condensateurs pour accumulation d'énergie ou des condensateurs de puissance) (cf. aussi* capacitor, parallel arrangement, energy-storage capacitor *et* power-handling capacitor).

capacitor box *cf.* capacitance box.

capacitor capacitance capacité du condensateur *(parf.* d'un ...) *(cf. aussi* capacitance).

capacitor chip *cf.* chip capacitor.

capacitor color code code des couleurs des condensateurs *(code d'indication de la capacité des condensateurs, des tolérances sur celle-ci, etc. par des points, des cercles ou des traits de couleur sur le boîtier ou l'enrobage) (cf. aussi* capacitor *et* color code).

capacitor coupling *cf.* capacitive coupling 2).

capacitor dielectric diélectrique de condensateur *(cf. aussi* capacitor).

capacitor discharge décharge d'un condensateur *(parf.* du condensateur) *(disparition plus ou moins rapide de l'électricité accumulée dans un condensateur chargé lorsque l'on réunit ses armatures par un conducteur ou à une charge) (cf. aussi* capacitor *et* load[1] (a)).

capacitor divider *cf.* capacitive voltage divider.

capacitor foil clinquant d'armatures de condensateurs, clinquant d'armatures, clinquant pour *(idem) (cf. aussi* film-and-foil capacitor).

capacitor impedance impédance d'un condensateur *(parf.* du condensateur) *(somme de la résistance et de la réactance d'un* condensateur) *(est par conséquent capacitive ou inductive selon que la réactance est elle-même capacitive ou inductive) (cf. aussi* capacitor reactance).

capacitor inductance inductance d'un condensateur *(parf.* du condensateur) *(cf. aussi* inductive capacitor).

capacitor-input filter filtre à capacité en tête *(filtre d'une alimentation à courant redressé dans lequel la bobine de lissage est précédée d'un condensateur de filtrage) (type classique) (cf. aussi* power-supply filter).

capacitor integrator circuit intégrateur à condensateur *(cas général) (cf. aussi* integrating capacitor).

capacitor ladder échelle de condensateurs *(groupe de condensateurs intégrés, généralement réalisés en ligne et de valeurs croissantes, d'où leur nom, souvent sur un circuit hybride) (cf. aussi* integrated capacitor).

capacitor leakage current *(parf.* intensité du) courant de fuite d'un condensateur *(parf.* du condensateur) *(courant continu dans un condensateur chargé à diélectrique imparfait, c.-à-d. autre que le vide absolu ou, parfois, intensité normalement très faible de ce courant) (cf. aussi* capacitor *et* leakage current).

capacitor loudspeaker haut-parleur électrostatique *(cf. aussi* electrostatic loudspeaker).

capacitor memory mémoire électrostatique *(cf. aussi* electrostatic memory).

capacitor microphone microphone à condensateur *(cf. aussi* electrostatic microphone).

capacitor motor moteur à condensateur, moteur asynchrone à condensateur *(moteur asynchrone monophasé dans lequel le champ auxiliaire de démarrage est créé par un enroulement statorique alimenté au moins pendant le démarrage par l'intermédiaire d'un condensateur dont le déphasage ainsi produit sur le courant alternatif décale le champ magnétique créé par cet enroulement par rapport au champ de l'inducteur) (élt) (cf. aussi* capacitor-start motor, capacitor start-run motor, single-phase induction motor, capacitor *et* phase shift).

capacitor network réseau de condensateurs *(groupe de condensateurs subminiature réalisés sous la forme d'un circuit hybride encapsulé dans un boîtier SIP ou autre) (cf. aussi* capacitor, hybrid circuit *et* SIP).

capacitor pickup tête de lecture électrostatique *(tête de lecture de tourne-disque dans laquelle les mouvements de la pointe de lecture font varier la capacité d'un condensateur plan analogue à celui d'un microphone à condensateur) (tourne-disque) (cf. aussi* phonograph pick-up *et* electrostatic microphone).

capacitor plate armature de condensateur *(cf. aussi* capacitor).

capacitor ratio *cf.* capacitance ratio.

capacitor reactance réactance d'un condensateur *(la réactance d'un condensateur est capacitive au-dessous de la fréquence de résonance du circuit oscillant formé par la capacité du condensateur et son inductance, et inductive au-dessus de cette fréquence) (cf. aussi* reactance *et* capacitor impedance).

capacitor resistance résistance d'un condensateur *(cf. aussi* resistance *et* capacitor impedance).

capacitor-shunted resistor résistance pontée *(ou* shuntée) par un condensateur *(cf. aussi* resistor *et* capacitor).

capacitor-start motor moteur à démarrage par condensateur, moteur à condensateur, moteur asynchrone *(idem) (moteur asynchrone à condensateur dans lequel l'enroulement auxiliaire n'est maintenu en circuit que pendant le démarrage, généralement à l'aide de l'interrupteur de mise en marche que l'on maintient au-delà de la position de marche pendant ce temps et qui y revient sous l'action d'un ressort dès qu'on lâche le levier) (clpf) (cf. aussi* capacitor motor).

capacitor start-run motor moteur à condensateur permanent *(élt) (cf. aussi* permanent-split capacitor motor).

capacitor storage **1)** mémorisation électrostatique, *(parf.)* mémorisation par condensateur *(cf. aussi* electrostatic memory). **2)** *cf.* electrostatic memory.

capacitor trimming ajustage des condensateurs *(opération consistant à amener à la valeur désirée la capacité d'un condensateur de circuit hybride, généralement par sectionnement d'une ou plusieurs dents de l'une des armatures réalisées* *en forme de peignes croisés) (cf. aussi* integrated hybrid capacitor *et* trimming).

capacitor-type bushing condensateur de traversée *(petit condensateur céramique réalisé sous la forme d'une traversée isolante et servant à découpler un fil d'alimentation d'étage haute fréquence au point où il traverse un châssis ou un blindage) (cf. aussi* bushing 1)).

capacitor voltage divider *cf.* capacitive voltage divider.

capacity **1)** capacité (a) *d'une mémoire) (inf) (cf. aussi* memory capacity) ; (b) *d'un accumulateur ou d'une batterie d'accumulateurs) (quantité d'électricité pouvant être fournie par un accumulateur ou une batterie d'accumulateurs dans des conditions déterminées) (cf. aussi* ampere-hour, weight capacity *et* storage cell 1)) ; (c) *d'une machine, etc.) (cf. aussi* throughput). **2)** puissance (de traitement) *(ordinateur) (cf. aussi* processing power). **3)** *cf.* capacitance.

capacity storage stockage par capacité *(accumulation d'énergie électrique dans une batterie de condensateurs de forte capacité pour alimenter un circuit à décharge de puissance) (arme à faisceau d'énergie, etc.) (cf. aussi* energy storage *et* beam weapon).

capless resistor résistance sans embouts *(type le plus courant de résistance à sorties axiales) (cf. aussi* end cap *et* axial leads).

capstan cabestan *(tambour entraînant la bande par frottement dans un appareil à bande magnétique) (cf. aussi* magnetic-tape instrument).

capstan idler galet presseur *(du cabestan) (cf. aussi* pressure roller).

capstan motor moteur du cabestan *(parf.* de cabestan) *(moteur électrique d'entraînement d'un cabestan) (cf. aussi* capstan).

capture **1)** interception du faisceau (de guidage) *(cf. aussi* capture a beam) **2)** étouffement *(cf. aussi* capture effect). **3)** synchronisation *(cf. aussi* capture range).

capture a beam *v* intercepter un faisceau *(engin à guidage par alignement) (mil) (cf. aussi* beam-rider guidance).

capture effect effet d'étouffement *(étouffement d'un signal faible par un signal fort de fréquence identique, dans un récepteur à modulation de fréquence) (cf. aussi* FM receiver).

capture range plage de synchronisation *(intervalle de fréquences dans lequel un oscillateur peut être synchronisé sur une porteuse à fréquence proche de sa fréquence centrale) (cf. aussi* lock-in range, lock range *et* phase-locked loop).

car radio autoradio *(cf. aussi* auto radio).

carbon button capsule microphonique (à grenaille de charbon) *(tél) (cf. aussi* microphone button).

carbon comp *(fam) cf.* carbon-composition resistor.

carbon-comp resistor *(fam) cf.* carbon-composition resistor.

carbon-composition resistor résistance agglomérée *(résistance formée d'un petit tube de bakélite muni d'un fil de connexion appelé « sortie » à chaque extrémité et contenant un mélange de poudre de carbone, de silice et de bakélite moulé à chaud et constituant l'élément résistant auquel aboutissent les deux sorties) (cf. aussi* self-heating coefficient *et* carbon resistor).

carbon dioxide laser laser à gaz carbonique, laser à CO_2 *(laser à gaz moléculaire dans lequel celui-ci est du gaz carbonique mélangé à de l'azote moléculaire et de l'hélium) (le pompage par décharge excite d'abord les molécules d'azote qui excitent à leur tour les molécules de gaz carbonique, l'hélium améliorant le rendement du processus) (ce laser peut fournir une puissance optique importante en régime continu et, pour cette raison, est employé comme laser de puissance à fonctionnement continu) (cf. aussi* molecular gas laser *et* high-energy laser).

carbon film **1)** couche de carbone *(potentiomètre ou résistance à couche de carbone).* **2)** *cf.* carbon film resistor.

carbon film resistor résistance à couche de carbone *(résistance à couche dans laquelle celle-ci est constituée par du carbone pur ou, anciennement par un mélange de poudre de carbone et de poudre d'isolant) (est formée d'un bâtonnet de céramique recouvert d'un dépôt de carbone par pyrolyse au four et muni à chaque extrémité d'un embout portant un fil de connexion appelé « sortie », l'ensemble étant ensuite protégé*

par une laque cuite au four ou un enrobage plastique) (l'épaisseur de la couche résistive est, en principe, inversement proportionnelle à la valeur ohmique à obtenir mais, pour les fortes valeurs, la couche trop mince étant fragile et sa valeur ohmique instable, on utilise une épaisseur moyenne et on obtient la valeur ohmique voulue par spiralage) (cf. aussi helixing, film resistor *et* carbon resistor).

carbon microphone microphone à grenaille de charbon *(microphone dans lequel une membrane métallique vibrant sous l'action des ondes sonores comprime plus ou moins des grains de charbon en faisant ainsi varier leur résistance de contact, ce qui module le courant continu qui circule dans le circuit dans lequel la grenaille de charbon est insérée) (a une fidélité médiocre, mais une bonne efficacité de modulation, ce qui le fait employer en téléphonie) (cf. aussi* microphone button *et* microphone).

carbon monoxide laser laser à oxyde de carbone *(ou à monoxyde de carbone),* laser à CO *(voir aussi* carbon dioxide laser).

carbon potentiometer potentiomètre à piste en carbone, potentiomètre à piste carbone, potentiomètre au carbone *(potentiomètre dont l'élément résistant est formé d'une plaquette de bakélite recouverte d'une couche formée d'un mélange de noir de fumée, de graphite en poudre, de résine bakélite et de solvant, avec cuisson au four après application du mélange) (cf. aussi* potentiometer 1)).

carbon resistor résistance au carbone *(résistance discrète dans laquelle l'élément résistant est composé de poudre de carbone pure ou en mélange) (cf. aussi* carbon-composition resistor, carbon-film resistor, discrete resistor *et* resistive element).

carbon unit version au carbone *(résistance ou potentiomètre) (cf. aussi* carbon resistor, carbon potentiometer *et* unit 3)).

carbon-zinc battery pile charbon-zinc (à plusieurs éléments) *(cf. aussi* carbon-zinc cell).

carbon-zinc cell pile charbon-zinc *(pile galvanique dans laquelle l'électrode positive est en charbon et l'électrode négative en zinc) (les deux principales piles charbon-zinc sont la pile Leclanché et la pile Féry, cette dernière — à dépolarisation par l'oxygène de l'air — ayant été abandonnée) (cf. aussi* Leclanche cell *et* galvanic cell).

carbon-zinc primary cell *cf.* carbon-zinc cell.

carbonized filament filament traité au carbone *(cathode en tungstène thorié sur laquelle une couche de carbure de tungstène est formée à chaud par contact avec de la poudre de carbone pour permettre une augmentation de la température de fonctionnement sans évaporation excessive du thorium) (tube) (cf. aussi* thoriated tungsten filament).

carborundum carborundum *(semi) (cf. aussi* silicon carbide).

carborundum detector détecteur au carborundum *(ancien détecteur d'enveloppe analogue au détecteur à galène, mais utilisant du carborundum) (cf. aussi* detector 2) *et* crystal detector).

carcinotron carcinotron *(tube hyper) (cf. aussi* backward-wave oscillator, *ce terme étant le terme initial en anglais).*

card carte *(carte à circuit imprimé ou carte perforée d'ordinateur) (cf. aussi* printed-circuit board *et* punched card).

card-based computer *cf.* card-oriented computer.

card cage panier à cartes *(dans un appareil, casier muni de guides en U dans lesquelles on introduit des cartes à circuit imprimé dont les plages de connexion ou le connecteur plat mâle s'enfiche en fin de course dans un connecteur femelle porté par le fond de panier) (cf.aussi* printed-circuit board *et* backplane).

card chassis *cf.* card cage.

card collator interclasseuse (de cartes perforées) *(inf) (cf. aussi* collator).

card column colonne de carte (perforée) *(inf) (cf. aussi* punched card).

card computer *cf.* card-oriented computer.

card connector *cf.* card-edge connector.

card-edge connector connecteur de carte enfichable *(cf. aussi* printed-circuit connector).

card feed mécanisme d'alimentation en cartes *(mécanisme faisant avancer les cartes une par une dans un appareil ou une machine à cartes perforées et notamment dans un lecteur de cartes) (inf) (cf. aussi* card reader).

card frame *cf.* card cage.

card guide guide-carte *(profilé en U fixé dans un panier à cartes) (cf. aussi* card cage).

card image image de carte *(reproduction du contenu d'une carte perforée sur un support d'informations) (inf) (cf. aussi* punched tape *et* storage medium).

card module module sur carte *(carte à circuit imprimé considérée comme un module) (cf. aussi* printed-circuit board *et* module (a)).

card-oriented computer ordinateur à cartes (perforées) *(ordinateur dans lequel les informations à traiter sont introduites à l'aide de cartes perforées) (est généralement un ordinateur de type ancien) (inf) (cf. aussi* computer 2) *et* punched card).

card-programmed computer *cf.* card-oriented computer.

card punch perforatrice (de cartes), perforateur *(idem) (au sens du terme anglais, machine conçue pour enregistrer des informations sur des cartes perforées par exécution des perforations correspondantes sous l'action directe des touches d'un clavier ou de signaux électriques émis par les touches d'un clavier ou par un appareil informatique) (le terme au masculin est employé principalement dans le troisième cas) (inf) (cf. aussi* keypunch, punched card *et, à titre d'information,* keypunch operator).

card reader lecteur de cartes (perforées) *(appareil permettant d'introduire dans la mémoire centrale d'un ordinateur des informations enregistrées sur des cartes perforées, les signaux électriques correspondants étant obtenus comme dans un lecteur de bande perforée et la lecture se faisant simultanément le long de toutes les colonnes ou, dans des lecteurs rapides à cellules photoélectriques, le long de toutes les lignes) (inf) (cf. aussi* punched card *et* tape reader).

card reproducer reproductrice (de cartes) *(machine conçue pour reproduire un jeu de cartes perforées, en un ou plusieurs exemplaires) (inf) (cf. aussi* punched card).

card row ligne de carte perforée *(inf) (cf. aussi* punched card).

card slot emplacement de carte (enfichable, *etc.) (ensemble de deux guide-carte occupés par une carte ou prévus en réserve pour une carte d'extension) (cf. aussi* card guide *et* expansion card).

card sorter trieuse de cartes (perforées) *(machine conçue pour trier des cartes perforées d'après le chiffre ou la lettre porté dans la zone de tri, qui peut être une ligne ou une colonne) (exemple : toutes les cartes qui ont une perforation sur la ligne 1 sont dirigées vers la case 1, toutes celles qui ont une perforation sur la ligne 2 vont dans la case 2, etc.) (inf) (cf. aussi* punched card).

card-to-tape conversion conversion de cartes à bande, conversion cartes/bande *(enregistrement sur bande magnétique ou perforée des informations portées par des cartes perforées) (inf) (cf. aussi* punched tape).

card-to-tape converter convertisseur cartes/bande *(machine mécanographique réalisant la conversion de cartes à bande) (inf) (cf. aussi* card-to-tape conversion).

cardioid diagram diagramme cardioïde *(diagramme de directivité dont la forme rappelle celle d'un cœur) (cf. aussi* directivity pattern).

cardioid microphone microphone cardioïde, microphone à diagramme (de directivité) cardioïde *(cf. aussi* microphone *et* cardioid diagram).

cardioid pattern *cf.* cardioid diagram.

Carey-Foster bridge pont de Carey-Foster *(pont d'impédance conçu pour la mesure des inductances mutuelles, la bobine formant enroulement primaire étant insérée dans le circuit de la source de courant et la bobine formant enroulement secondaire étant montée dans une branche du pont, en série avec une résistance connue de valeur ohmique beaucoup plus élevée que celle de cette bobine) (cf. aussi* impedance bridge *et* mutual inductance).

carrier **1)** porteuse *s, (souvent aussi)* onde porteuse, *(parf. aussi)* courant porteur *(onde entretenue modulée, ou destinée à l'être, par un ou plusieurs signaux à transmettre) (peut être une onde électromagnétique ou acoustique ou un courant alternatif) (peut donc être radioélectrique, optique, acoustique ou électrique) (dans le cas d'un courant, celui-ci est fourni par un oscillateur et généralement amplifié ; dans le cas d'une onde, celle-ci est émise par une antenne, une source de lumière ou un transducteur électroacoustique émetteur, respectivement, excité par un tel courant) (cf. aussi* RF carrier, optical carrier, acoustic carrier, carrier system, AM carrier, FM carrier, pulse carrier, picture carrier, sound carrier, continuous wave, modulation (a), oscillator *et* transmitting antenna). **2)** *cf.* charge carrier. **3)** *cf.* chip carrier. **4)** *cf.* common communications carrier. **5)** *cf.* protective carrier foil.

carrier acquisition accrochage de la porteuse *(action, pour un récepteur radio à sauts de fréquence, de s'accorder sur la fréquence instantanée de la porteuse de l'émission à recevoir) (mil) (cf. aussi* frequency-hopping receiver).

carrier amplifier amplificateur à courant porteur *(amplificateur à courant continu dans lequel le signal à amplifier module un courant porteur qui est ensuite amplifié de façon classique, puis redressé pour faire apparaître l'enveloppe de modulation amplifiée) (cf. aussi* dc amplifier *et* detection 2)).

carrier bandwith largeur de bande de la porteuse *(largeur de la bande de fréquences occupée par une porteuse modulée) (cf. aussi* bandwidth 1) (a) *et* carrier 1)).

carrier channel *cf.* carrier line.

carrier chrominance ... *cf.* chrominance ...

carrier communications (les) télécommunications par courants porteurs *(cf. aussi* carrier system).

carrier concentration concentration des porteurs (de charge) *(parf. de ...),* densité de porteurs (de charge) *(nombre de porteurs de charge par unité de volume dans une zone déterminée d'un cristal semiconducteur) (cf. aussi* charge carrier).

carrier current courant porteur *(cf. aussi* carrier 1)).

carrier detection détection de porteuse *(souvent* de la porteuse) *(détection de la présence d'une porteuse dans un appareil ou un dispositif récepteur, notamment dans la partie réceptrice d'un modem, en vue de valider les signaux reçus qui, en l'absence de porteuse, ne représenteraient que des parasites, ou dans un réseau local à détection de porteuse) (tls) (cf. aussi* carrier 1), modem *et* CSMA/CD).

carrier detector détecteur de porteuse *(montage réalisant la détection d'une porteuse avec émission d'un signal en présence de celle-ci) (cf. aussi* carrier detection).

carrier deviation *cf.* carrier frequency deviation.

carrier diffusion diffusion des porteurs de charge *(dans une zone déterminée d'un cristal semiconducteur) (cf. aussi* diffusion 1) (a) *et* charge carrier).

carrier diffusion constant constante de diffusion des porteurs de charge *(semi) (cf. aussi* diffusion constant).

carrier diffusion length longueur de diffusion des porteurs de charge *(semi) (cf. aussi* diffusion length).

carrier foil couche protectrice *(CP) (cf. aussi* protective carrier foil).

carrier frequency fréquence porteuse, fréquence de la porteuse *(selon le contexte) (cf. aussi* carrier 1)).

carrier frequency deviation excursion de fréquence de la porteuse *(signal à modulation de fréquence) (cf. aussi* frequency deviation).

carrier frequency drift dérive de fréquence de la porteuse, dérive de la fréquence porteuse *(émetteur) (cf. aussi* frequency drift *et* carrier 1)).

carrier-frequency oscillator oscillateur à fréquence porteuse *(oscillateur d'un émetteur) (cf. aussi* oscillator *et* carrier 1)).

carrier-frequency pulse impulsion de fréquence porteuse *(radar, etc.) (cf. aussi* radar pulse *et* carrier 1)).

carrier-frequency range gamme de fréquences porteuses *(émetteur) (cf. aussi* carrier frequency).

carrier frequency swing *cf.* carrier frequency deviation.

carrier-frequency voltmeter voltmètre accordé *(cf. aussi* tuned voltmeter).

carrier generation **1)** génération de la porteuse *(émetteur) (cf. aussi* carrier 1)). **2)** génération des *(parf. de)* porteurs (de charge) *(création de paires électron-trou dans une zone déterminée d'un cristal semiconducteur) (cf. aussi* electron-hole pair).

carrier gradient gradient de porteurs de charge *(dans une jonction PN notamment) (cf. aussi* gradient, charge carrier *et* p-n junction, *au début de la lettre P).

carrier injection injection de porteurs (de charge) *(cf. aussi* minority-carrier injection).

carrier/interference ratio *cf.* carrier-to-interference ratio.

carrier leak porteuse résiduelle *(signal à porteuse supprimée) (cf. aussi* suppressed-carrier signal).

carrier level niveau de la porteuse *(amplitude d'une porteuse non modulée exprimée en décibels par rapport un niveau de référence) (cf. aussi* carrier 1) *et* decibel).

carrier lifetime durée de vie des porteurs de charge *(intervalle de temps moyen entre la génération et la recombinaison des porteurs minoritaires dans une zone déterminée d'un cristal semiconducteur) (cf. aussi* bulk lifetime, surface lifetime *et* minority carrier).

carrier line ligne à courants porteurs *(tél) (cf. aussi* carrier telephony).

carrier-line link liaison par ligne à courants porteurs *(tél).*

carrier mobility mobilité des porteurs de charge *(aptitude des porteurs de charge à se déplacer à grande vitesse dans un semiconducteur) (détermine la fréquence maximale des signaux que peut admettre un transistor ou autre composant à semiconducteur) (cf. aussi* charge carrier *et* semiconductor).

carrier-mode operation fonctionnement en ondes entretenues *(émetteur, récepteur) (cf. aussi* continuous wave).

carrier modulation modulation de la porteuse *(cf. aussi* modulation (a) *et* carrier 1)).

carrier noise bruit de la porteuse *(fluctuations d'amplitude ou de fréquence d'une porteuse en l'absence de modulation) (cf. aussi* noise 2) (a) *et* carrier 1)).

carrier noise level niveau de bruit de la porteuse *(cf. aussi* carrier noise *et* level 1)).

carrier oscillator *cf.* carrier-frequency oscillator.

carrier-pass filter filtre d'antenne *(récepteur radio) (cf. aussi* wave trap).

carrier phase shift déphasage de la porteuse *(signal TVC, etc.) (cf. aussi* phase shift, carrier 1) *et* NTSC system).

carrier population population de porteurs de charge *(semi, laser) (cf. aussi* charge carrier *et* population inversion).

carrier-protected ultra-thin foil feuille (de cuivre) ultra-mince avec couche protectrice *(sur substrat pour circuits imprimés) (cf. aussi* ultra-thin foil).

carrier recovery *cf.* carrier acquisition.

carrier reinsertion régénération de la porteuse *(récepteur) (cf. aussi* suppressed-carrier modulation).

carrier reinsertion oscillator oscillateur de régénération de la porteuse *(oscillateur associé à un détecteur synchrone et fournissant à celui-ci une tension sinusoïdale à haute fréquence proche de la fréquence de la porteuse à fréquence intermédiaire pour permettre la détection d'enveloppe) (noter que la fréquence de la porteuse régénérée n'est pas égale à la fréquence de la porteuse supprimée à l'émission comme on le croit généralement) (cet oscillateur est l'équivalent d'un oscillateur local) (récepteur BLU, etc.) (cf. aussi* synchronous detector *et* local oscillator).

carrier repeater répéteur *(tél) (cf. aussi* repeater 1)).

carrier selection *(cf. aussi* carrier 1)) **1)** choix d'une porteuse *(émission).* **2)** séparation de porteuses *(récepteur).* **3)** affichage de la porteuse *(émetteur).*

carrier-sense multiple access with collision detection accès multiple par détection de porteuse avec détection de collision *(réseau local) (cf. aussi* CSMA/CD network).

carrier sensing *cf.* carrier detection.

carrier shift déplacement de la fréquence (de la) porteuse *(tlg) (cf. aussi* frequency-shift keying).

carrier signalling signalisation par impulsions à fréquence audible *(tél) (cf. aussi* signalling 1) *et* audible frequency).

carrier storage accumulation des porteurs de charge *(jonction) (cf. aussi* storage effect).

carrier suppression suppression de la porteuse, *(parf.)* suppression de porteuse *(opération effectuée dans un émetteur de signaux à bande latérale unique ou atténuée ou à bandes latérales indépendantes ou, éventuellement, en l'absence de signal modulant dans un émetteur de type quelconque pour réduire les interférences éventuelles entre émetteurs proches) (cf. aussi* suppressed-carrier modulation).

carrier swing *cf.* carrier frequency deviation.

carrier system système à courants porteurs *(nom souvent donné à une liaison ou un réseau téléphonique utilisant la transmission par courants porteurs) (tls) (cf. aussi* carrier telephony).

carrier telegraphy télégraphie par courant porteur *(télégraphie dans laquelle les signaux sont transmis par modulation d'un courant porteur) (tls) (cf. aussi* amplitude-shift keying, frequency-shift keying, phase-shift keying, carrier 1) *et* telegraphy).

carrier telephone equipment matériel téléphonique à courants porteurs *(cf. aussi* carrier telephony).

carrier telephone link liaison téléphonique à courants porteurs *(cf. aussi* carrier telephony).

carrier telephony téléphonie par courants porteurs *(procédé de transmission téléphonique dans lequel le signal électrique émis par le microphone d'un poste module, en une ou plusieurs étapes, un courant à fréquence plus élevée appelé « courant porteur » qui le transmet jusqu'à un central où il est récupéré par démodulation avant d'être aiguillé vers le poste du demandé) (est la base des systèmes multiplex) (cf. aussi* carrier system, multiplex[1] *et* telephony).

carrier-to-interference ratio rapport porteuse/parasites *(rapport entre l'amplitude d'une onde porteuse captée par une antenne et l'amplitude des parasites captés en même temps par l'antenne) (ce terme ne doit être appliqué au signal que jusqu'à l'entrée du récepteur) (radio) (cf. aussi* carrier 1) *et* interference 1)).

carrier-to-noise ratio rapport porteuse/bruit *(rapport entre l'amplitude de la porteuse et l'amplitude du bruit dans un récepteur à modulation d'amplitude ou à l'entrée de celui-ci) (le terme « bruit » couvrant tant le bruit introduit par les étages du récepteur que les parasites captés par l'antenne, le terme « rapport porteuse/bruit » peut être appliqué au signal depuis l'antenne jusqu'à la sortie du récepteur) (tls) (cf. aussi* carrier 1) *et* noise 2) (a)).

carrier-to-thermal noise ratio rapport porteuse/bruit thermique *(rapport entre l'amplitude d'une porteuse modulée en amplitude à la sortie d'un amplificateur et l'amplitude de la tension de bruit thermique due à l'amplificateur) (récepteur) (cf. aussi* thermal noise *et* carrier 1)).

carrier tracking poursuite en fréquence *(récepteur à accord automatique ou à sauts de fréquence) (cf.aussi* frequency tracking).

carrier tracking loop circuit de poursuite en fréquence, circuit d'accord automatique *(récepteur) (cf. aussi* carrier tracking).

carrier transmission transmission par courants porteurs *(tél) (cf. aussi* carrier telephony).

carrier wave onde porteuse *(cf. aussi* carrier 1)).

carrierless ultra-thin foil feuille (de cuivre) ultra-mince sans couche protectrice *(sur un substrat pour circuits imprimés) (cf. aussi* ultra-thin foil).

carriers of opposite signs porteurs (de charge) de signes opposés *(semi) (cf. aussi* charge carrier).

carry s report *(analogue en calcul binaire, notamment, de la retenue en calcul décimal) (est matérialisé par l'émission d'un signal lorsque la somme de deux chiffres d'une colonne est égale ou supérieure à la base du système de numération employé ou lorsque la différence de ces chiffres est inférieure à zéro) (dans le cas du système binaire, le signal émis est une impulsion représentant un binaire 1) (inf) (cf. aussi* binary number system *et* full adder).

carrying capacity intensité admissible *(contacts de relais, etc.) (cf. aussi* current-carrying capacity).

carrying handle poignée de transport *(appareil portatif ou portable).*

Cartesian coordinate system système de coordonnées cartésiennes *(ou rectilignes) (système de coordonnées utilisant deux ou trois axes orthogonaux ou non) (cf. aussi* rectangular coordinate system *et* coordinate system).

Cartesian coordinates coordonnées cartésiennes *(coordonnées d'un point dans un système de coordonnées cartésiennes) (cf. aussi* Cartesian coordinate system).

cartographic mapping *cf.* ground mapping.

cartridge 1) cartouche *(à bande ou disques magnétiques) (inf,* *etc.) (cf. aussi* tape cartridge). **2)** tête de lecture (de tourne-disque) *(cf. aussi* phonograph pick-up).

cartridge disk drive mémoire à disque en cartouche *(mémoire à disque magnétique non incorporée comportant un disque en cartouche et, souvent, un disque fixe) (dans le cas de deux disques, le disque amovible sert généralement à sauvegarder et éventuellement transporter et transférer les informations enregistrées sur le disque fixe) (inf) (cf. aussi* magnetic disk memory *et* disk cartridge).

cartridge point-contact detector diode diode de détection à pointe en cartouche *(diode hyperfréquence) (cf. aussi* point-contact detector diode).

cartridge point-contact mixer diode diode mélangeuse à pointe en cartouche *(diode hyperfréquence) (cf. aussi* point-contact mixer diode).

cartridge recorder *cf.* cassette recorder.

cartridge Schottky detector diode diode de détection Schottky en cartouche *(diode hyperfréquence) (cf. aussi* detector diode *et* Schottky diode).

cartridge Schottky mixer diode diode mélangeuse Schottky en cartouche *(diode hyperfréquence) (cf. aussi* mixer diode *et* ,Schottky diode).

cartridge tape bande magnétique en cartouche *(inf) (cf. aussi* tape cartridge).

cartridge tape drive mémoire à bande magnétique en cartouche *(inf) (cf. aussi* tape cartridge).

CAS 1) *cf.* collision avoidance system. **2)** *cf.* column address strobe.

cascade *v* monter en cascade *(cf. aussi* cascade arrangement).

cascade amplifier amplificateur à plusieurs étages *(cf. aussi* multistage amplifier).

cascade-amplifier klystron klystron à trois cavités résonantes *(hyper) (cf. aussi* multicavity klystron).

cascade arrangement montage en cascade *(montage d'étages amplificateurs ou autres dont la sortie du premier est reliée à l'entrée du deuxième, et ainsi de suite) (cf. aussi* stage 1).

cascade connection *cf.* cascade arrangement.

cascade control commande en cascade *(mode de fonctionnement d'un système de commande dans lequel chaque organe de commande agit sur le suivant) (cf. aussi* control system).

cascade image tube tube convertisseur d'images à plusieurs sections *(ou* étages) d'amplification *(cf. aussi* image converter tube).

cascaded montés en cascade, successifs *(étages, etc.) (cf. aussi* cascade arrangement).

cascaded carry report en cascade *(méthode de prise en compte des reports éventuels dans l'addition de deux nombres binaires consistant à obtenir la somme sans les reports et un nombre formé des reports successifs, puis à additionner ces deux nombres de la même façon, et ainsi de suite jusqu'à ce qu'il n'y ait plus aucun report) (permet de réduire le temps d'exécution de l'addition par rapport à la méthode classique de report d'un rang au précédent) (inf) (cf. aussi* carry).

cascaded configuration *cf.* cascade arrangement.

cascode amplifier amplificateur cascode *(amplificateur à grand gain et faible bruit utilisant une double triode dont la première section est attaquée normalement par la grille, tandis que la plaque est reliée à la cathode de la deuxième section, la grille étant mise à la masse) (dans la version à transistors, le collecteur du premier transistor formant étage d'entrée est relié à l'émetteur du second transistor formant étage de sortie) (cf. aussi,* totem-pole arrangement, gain 1) *et* internal noise).

cascode-connected amplifier *cf.* cascode amplifier.

cased device composant sous boîtier *(ou* en boîtier).

Cassegrain antenna antenne Cassegrain *(antenne parabolique fondée sur le principe du télescope Cassegrain, dans laquelle la source primaire est disposée dans une ouverture pratiquée au centre d'un réflecteur parabolique qu'elle excite par l'intermédiaire d'un petit réflecteur auxiliaire disposé en face d'elle à une certaine distance du réflecteur principal et renvoyant vers celui-ci les ondes émises par la source) (a l'avantage de permettre une construction plus légère que l'antenne classique à source primaire disposée devant le réflecteur) (hyper) (cf. aussi* parabolic antenna).

Cassegrain mirror réflecteur auxiliaire (d'antenne Cassegrain) *(cf. aussi* Cassegrain antenna).

Cassegrain reflector réflecteur (principal) d'antenne Cassegrain *(cf. aussi* Cassegrain antenna).

cassette cassette *(boîtier facilement interchangeable, généralement plat et en matière plastique, contenant un support d'enregistrement ou d'informations) (cf. aussi* magnetic-tape cassette, bubble memory cassette, recording medium 1), storage medium *et* cartridge 1)).

cassette audio tape recorder magnétophone à cassettes *(noter que le pluriel est le plus employé) (magnétophone conçu pour utiliser des bandes magnétiques en cassette) (cf. aussi* audio tape recorder *et* magnetic-tape cassette).

cassette interface (circuit d')interface pour mémoire à cassette *(inf) (cf. aussi* interface 2) *et* cassette).

cassette magnetic tape bande magnétique en cassette *(cf. aussi* magnetic-tape cassette).

cassette memory mémoire en cassette *(mémoire numérique réalisée sous la forme d'une cassette) (inf) (cf. aussi* digital memory *et* cassette).

cassette player lecteur de cassettes *(magnétophone à cassettes simplifié ne permettant que la lecture de cassettes audio, celles-ci devant être enregistrées préalablement sur un magnétophone à cassettes complet) (électroacou) (cf. aussi* cassette audio tape recorder).

cassette read-only memory *cf.* cassette ROM.

cassette recorder enregistreur à cassette *(tg) (enregistreur à bande magnétique conçu pour utiliser des cassettes) (magnétophone à cassettes, magnétoscope à cassettes, enregistreur embarqué ou de laboratoire à cassette) (cf. aussi* magnetic-tape recorder *et* magnetic-tape cassette).

cassette ROM mémoire ROM en cassette *(inf) (cf. aussi* ROM *et* cassette).

cassette storage 1) mémorisation dans une mémoire en cassette *(cf. aussi* cassette memory). **2)** *cf.* cassette memory.

cassette tape recorder *cf.* cassette recorder.

cassette tape transport platine à cassette *(platine d'un enregistreur magnétique à cassette) (cf. aussi* tape transport *et* cassette).

cassette transport *cf.* cassette tape transport.

casting resin résine d'enrobage *(cf. aussi* dip coating).

casual earthing *(GB) cf.* casual grounding.

casual grounding mise à la masse accidentelle, *(parf.)* mise à la terre accidentelle *(cf. aussi* ground[1]).

cat's wisker *cf.* cat-wisker.

cat-wisker *(littéralement : moustache de chat)* pointe de contact *(court fil métallique de très petit diamètre formant environ une spire d'une hélice et dont une extrémité est ainsi maintenue élastiquement contre un cristal semiconducteur pour former une jonction redresseuse) (cf. aussi* crystal detector, point-contact diode, point-contact transistor *et* rectifying junction).

cat-wisker diode diode à pointe *(hyper) (cf. aussi* point-contact diode).

cat-wisker transistor transistor à pointes *(premier type de transistor bipolaire, dans lequel l'émetteur et le collecteur sont constitués par deux pointes de contact très proches l'une de l'autre appuyant sur une même face d'un cristal de germanium du type N constituant la base, les pointes formant avec celle-ci les deux jonctions ; n'est plus employé) (semi) (cf. aussi* bipolar transistor *et* point-contact diode).

catastrophic breakdown claquage destructif *(jonction) (cf. aussi* destructive breakdown).

catastrophic failure défaillance catastrophique *(défaillance d'un composant électronique ou autre par claquage, coupure ou rupture entraînant une panne franche du matériel dans lequel il est monté) (cf. aussi* failure).

catcher *cf.* catcher cavity.

catcher cavity cavité de sortie, cavité résonante de sortie, résonateur de sortie *(cavité résonante d'un klystron dans laquelle est prélevé le signal amplifié) (cf. aussi* klystron).

catcher gap espace d'excitation *(klystron) (cf. aussi* output gap).

catcher resonator *cf.* catcher cavity.

catcher space *cf.* catcher gap.

catenary suspension câble porteur *(câble en acier portant une ligne aérienne) (tél, etc.) (cf. aussi* overhead line).

cathode cathode *(électrode par laquelle le courant rentre dans un générateur ou un récepteur de courant comportant des électrodes) (cette électrode est **positive** dans un tel générateur et négative dans un tel récepteur) (voir ce point plus en détail à la rubrique* anode*) (en d'autres termes : (a) électrode rendue positive par le départ d'électrons produit par la force électromotrice dans une pile électrique, un accumulateur, une cellule photovoltaïque ou un redresseur — qui se comporte comme un générateur de courant — et par laquelle le courant rentre dans le générateur); (b) électrode rendue négative par connexion au pôle négatif d'un générateur de courant continu dans un récepteur de courant tel qu'un tube électronique — autre qu'un tube redresseur — ou une cuve à électrolyse, par exemple, pour émettre des électrons ou des ions, respectivement, et par laquelle le courant rentre dans ce récepteur) (élec) (cf. aussi* anode, cold cathode, hot cathode *et* cation).

cathode beam faisceau cathodique *(faisceau d'électrons émis par la cathode d'un canon à électrons) (cf. aussi* electron gun).

cathode bias polarisation cathodique *(montage à tube) (cf. aussi* self-bias).

cathode circuit circuit cathodique, circuit de la cathode *(nom donné au conducteur et autres éléments de circuit éventuels reliant la cathode d'un tube électronique ou d'un thyristor au pôle négatif de la source de courant, c.-à-d. généralement à la masse du montage connectée elle-même à ce pôle) (cf. aussi* cathode (b) *et* ground[1] 1)).

cathode current *(parf.* intensité du) *courant cathodique (ou dans la cathode) (courant circulant dans la cathode d'un tube électronique ou, parfois, intensité de ce courant) (dans un tube électronique à plus de deux électrodes, l'intensité du courant cathodique est égale à la somme des intensités du courant dans les autres électrodes) (cf. aussi* cathode (b) *et* electron tube).

cathode dark space zone obscure cathodique *(tube à décharge) (cf. aussi* Crookes dark space).

cathode disintegration destruction de la cathode *(destruction lente de la cathode d'un tube à décharge par pulvérisation de ses couches superficielles sous l'action du bombardement des ions émis par l'anode pour une valeur suffisante du vide dans le tube et de la tension entre l'anode et la cathode) (ce phénomène est mis à profit dans les cloches à pulvérisation cathodique utilisées notamment pour la fabrication des circuits hybrides à couches minces) (cf. aussi* cathode (b), discharge tube, ion, anode (b) *et* sputtering).

cathode drop chute de tension cathodique, chute de tension à la cathode, chute cathodique *(noms donnés à la différence de potentiel existant entre les deux extrémités de la zone obscure de Crookes dans un tube à décharge) (est due au fait que cette zone est peu conductrice) (cf. aussi* electric potential *et* Crookes dark space).

cathode efficiency rendement d'émission, rendement de la cathode *(rendement du processus d'émission thermoélectronique d'une cathode d'un tube électronique à cathode chaude, c.-à-d. intensité du flux d'électrons émis à une température déterminée) (dépend du travail de sortie) (cf. aussi* thermionic emission, hot cathode *et* work function).

cathode feedback retour à la cathode, réinjection à la cathode *(application de la tension de contre-réaction à la cathode d'un tube électronique monté en amplificateur) (cf. aussi* negative feedback).

cathode foil cathode (en clinquant) *(bande de clinquant formant la cathode, avec l'électrolyte, dans un condensateur électrolytique bobiné) (cf. aussi* aluminium electrolytic capacitor *et* tantalum-foil capacitor).

cathode follower montage cathodyne *(étage à tube électronique dans lequel la charge est montée dans le circuit de la cathode au lieu d'être insérée dans le circuit anodique pour produire une contre-réaction totale en tension donnant un gain légèrement inférieur à l'unité avec une grande impédance d'entrée et une faible impédance de sortie) (est employé comme étage séparateur ou adaptateur d'impédance) (cf. aussi* cathode circuit, voltage feedback, gain 1), impedance matching *et* emitter follower).

cathode-follower amplifier *cf.* cathode follower.

cathode glow lueur cathodique *(zone lumineuse proche de la*

cathode *et séparée de celle-ci par la zone obscure d'Aston dans un tube à décharge) (cf. aussi* discharge tube).

cathode-grid capacitance capacité grille-cathode *(tube) (cf. aussi* grid-cathode capacitance).

cathode heater filament *(tube) (cf. aussi* heater).

cathode heating time temps de chauffage de la cathode, temps de préchauffage de la cathode *(temps nécessaire à une cathode chaude pour une émission thermoélectronique normale après application de la tension de chauffage) (ce terme s'applique surtout à une cathode à chauffage indirect) (cf. aussi* hot cathode).

cathode keying manipulation dans le circuit cathodique, manipulation dans la cathode *(manipulation d'un émetteur radiotélégraphique à tubes par interruption du circuit cathodique de l'étage de sortie par le manipulateur monté dans ce circuit ou agissant par l'intermédiaire d'un relais) (cf. aussi* keying 1) *et* cathode circuit).

cathode-loaded amplifier *cf.* cathode-follower.

cathode modulation modulation par la cathode *(modulation de l'intensité du faisceau d'un tube cathodique, notamment d'un tube-image, réalisée en appliquant le signal modulant à la cathode du canon à électrons avec la polarité nécessaire, le wehnelt étant connecté à la masse en courant alternatif) (cf. aussi* control grid 2).

cathode poisoning empoisonnement de la cathode *(réduction du rendement d'émission de la cathode d'un tube électronique due à l'action chimique des gaz résiduels contenus dans l'enveloppe du tube) (cf. aussi* cathode efficiency *et* getter[1]).

cathode potential drop *cf.* cathode drop.

cathode preheating time *cf.* cathode heating time. *(ce terme étant le plus employé).*

cathode pulse modulation modulation par impulsions appliquées à la cathode *(cf. aussi* cathode modulation).

cathode radiant sensitivity sensibilité spectrale de la cathode *(sensibilité d'une photocathode aux différentes longueurs d'onde de la lumière) (cf. aussi* spectral sensitivity *et* photocathode).

cathode ray *cf.* cathode rays.

cathode-ray ... *cf.* CRT ... *(pour les termes qui ne figurent pas ci-après).*

cathode-ray oscillograph oscillographe cathodique *(cf. aussi* oscillograph (b)).

cathode-ray oscilloscope oscilloscope *(cf. aussi* oscilloscope).

cathode-ray storage tube tube cathodique à mémoire *(cf. aussi* storage tube).

cathode-ray trace 1) trace cathodique *(écran cath) (cf. aussi* trace[1] 1)). **2)** *cf.* oscillogram.

cathode-ray tube tube à rayons cathodiques, tube cathodique, tube de Braun *(terme initial, du nom de l'inventeur) (tube à faisceau d'électrons à enveloppe en verre dans lequel le faisceau, d'intensité réglable, est focalisé sur un écran fluorescent fermant le tube à l'extrémité opposée à celle du canon à électrons et dévié dans les deux plans par deux paires d'électrodes ou de bobines pour produire une trace lumineuse de forme déterminée) (peut utiliser plusieurs faisceaux d'électrons et notamment deux faisceaux indépendants comme dans certains oscilloscopes ou trois faisceaux convergents comme un tube à masque perforé) (a été inventé par le physicien allemand Braun en 1897) (est utilisé dans les oscilloscopes et appareils dérivés, notamment les analyseurs de signaux, les analyseurs de réseaux, les analyseurs logiques et les indicateurs radar et sonar, ainsi que dans les récepteurs de télévision, les appareils informatiques à écran classique et les présenteurs vidéo) (cf. aussi* oscilloscope tube, storage tube, picture tube, skiatron, cathode rays, electron-beam tube, focusing, fluorescent screen, faceplate, deflection plate, deflection coil, neck, funnel *et* trace[1] 1)).

cathode-ray tube ... *cf.* CRT ...

cathode-ray tuning indicator indicateur d'accord (à trèfle cathodique) *(récepteur) (cf. aussi* magic eye).

cathode rays rayons cathodiques *(nom donné aux électrons émis par la cathode d'un tube électronique à gaz à basse pression et cathode froide tel qu'un tube à décharge, sous l'action de chocs d'ions positifs provenant du gaz du tube et accélérés par le champ électrique intense régnant dans celui-ci* *lorsque la pression est suffisamment basse dans le tube et la tension suffisamment élevée entre l'anode et la cathode) (le terme « rayons cathodiques » ne s'applique donc, en toute rigueur, qu'aux électrons émis par une cathode par le phénomène d'émission secondaire et ne doit pas être appliqué aux électrons émis par émission thermoélectronique normale ni aux électrons émis par émission de champ) (il en résulte que le terme « tube à rayons cathodiques » est impropre puisque ce tube utilise des électrons émis par chauffage de la cathode et c'est pourquoi il est toujours préférable d'employer le terme « tube cathodique ») (cf. aussi* secondary emission *et* cathode-ray tube.

cathode region zone cathodique *(zone entourant la cathode dans un tube électronique) (cf. aussi* electron tube).

cathode resistor résistance de cathode *(résistance reliant la cathode d'un tube électronique à la masse dans un étage à tube) (cf. aussi* self-bias).

cathode space charge charge d'espace cathodique *(tube) (cf. aussi* space charge).

cathode spot tache cathodique *(zone très brillante et mobile à la surface du mercure d'un tube redresseur à cathode liquide) (cette zone est le point de départ de l'arc assurant la conduction dans le tube) (cf. aussi* mercury-pool tube).

cathode sputtering pulvérisation cathodique *(cf. aussi* sputtering).

cathode tab sortie de cathode *(lamelle conductrice reliant la cathode au boîtier dans un condensateur électrolytique bobiné) (cf. aussi* electrolytic capacitor).

cathodic cross *cf.* cathode-ray tuning indicator.

cathodic protection protection cathodique *(protection d'une structure en acier enterrée ou immergée contre la corrosion électrochimique réalisée en lui faisant jouer le rôle de la cathode d'une cellule d'électrolyse au lieu du rôle de l'anode qu'elle joue naturellement et en faisant jouer ce dernier rôle à une plaque métallique généralement consommable et facilement remplaçable disposée à une certaine distance de la structure) (ce résultat peut être obtenu de deux façons différentes : 1°) en connectant la borne négative d'une source de courant continu à la structure et la borne positive à la plaque métallique ; 2°) en reliant la structure à la plaque constituée alors d'un métal plus électronégatif que le fer, en l'occurence du zinc ou du magnésium, et appelée « anode réactive ») (le second procédé, qui ne nécessite pas de source de courant, s'emploie notamment en l'absence courants vagabonds ou en présence de risque d'explosion comme dans le cas de citernes d'hydrocarbures et de conduites de gaz) (conduites d'eau ou autres, réservoirs enterrés, portes d'écluses, plate-formes de forage, coques de navires, etc.) (cf. aussi* electrolytic corrosion, electrolytic cell, cathode (a) *et* anode (a)).

cathodochromic cathodochromique *(propriété d'un scotophore) (écran cath) (cf. aussi* scotophor).

cathodoluminescence cathodoluminescence, luminescence par rayons cathodiques *(luminescence d'un corps bombardé par des électrons à grande vitesse) (anode de tube électronique, luminophore) (cf. aussi* luminescence, cathode rays *et* phosphor).

cation cation *(ion se portant à la cathode par attraction électrostatique dans l'électrolyse, cette attraction étant due au fait qu'il s'agit d'un ion positif) (cf. aussi* ion, electrostatic attraction, electrolysis *et* electropositive element).

CATV *(vient de « community-antenna television »)* télévision par câble *(cf. aussi* cable television).

CAV *cf.* constant angular velocity.

cavity cavité (résonante) *(hyper) (cf. aussi* cavity resonator).

cavity-backed crossed slot fente cruciforme à cavité (résonnante) *(antenne) (cf. aussi* crossed slot *et* cavity resonator).

cavity-backed spiral antenna antenne spirale à cavité (résonnante) *(type d'antenne hyperfréquence montée sur aéronef) (cf. aussi* spiral antenna *et* cavity resonator).

cavity filter filtre à cavités (résonnantes) *(hyper).*

cavity frequency meter *cf.* cavity-resonator frequency meter.

cavity magnetron magnétron à cavités *(type classique) (hyper) (cf. aussi* magnetron).

cavity oscillator oscillateur à cavité (résonnante) *(cas général d'un oscillateur hyperfréquence) (cf. aussi* microwave oscillator).

cavity resonance résonance dans une cavité (résonnante) *(hyper) (cf. aussi* resonance *et* cavity resonator).

cavity resonator cavité résonnante *(enceinte métallique de forme et dimensions déterminées dans laquelle les oscillations d'un champ électromagnétique hyperfréquence sont entretenues à la fréquence de résonance par une excitation électrique à la même fréquence) (est l'équivalent hyperfréquence d'un circuit oscillant) (cf. aussi* resonator *et* electromagnetic field).

cavity-resonator frequency meter fréquencemètre à cavité (résonnante) *(fréquencemètre hyperfréquence formé essentiellement d'une cavité résonnante cylindrique accordée par un piston commandé par un bouton moleté avec lecture sur une échelle graduée généralement tracée en hélice sur le corps de la cavité, l'accord sur la fréquence à mesurer produisant une baisse de la puissance de sortie indiquant cet accord) (cf. aussi* direct-reading frequency meter, cavity resonator *et* microwave frequency meter).

cavity-resonator wavemeter ondemètre à cavité (résonnante) *(ancien nom du fréquencemètre à cavité) (cf. aussi* cavity-resonator frequency meter).

cavity-stabilized oscillator *cf.* cavity oscillator.

cavity-tuned oscillator *cf.* cavity oscillator.

cavity wavemeter *cf.* cavity-resonator wavemeter.

CAZ *cf.* commutating autozero.

CB *(vient de « citizens' band » et se prononce à l'anglaise : « sibi »)* CB *(bande de fréquences située autour de 27 MHz et réservée aux émetteurs-récepteurs privés, fixes ou mobiles, d'abord aux États-Unis, puis en Europe ou, par extension, appareils et activités relatifs à cette bande de fréquences).*

CB radio *cf.* CB transceiver.

CB transceiver poste CB, émetteur-récepteur CB *(cf. aussi* transceiver *et* CB).

CB user cibiste, utilisateur de poste CB *(cf. aussi* CB transceiver).

CBS 1) *cf.* Columbia Broadcasting System. 2) *cf.* central battery system.

CC *cf.* constant current.

CCC *cf.* ceramic chip carrier.

CCD *(vient de « charge-coupled device »)* CCD, circuit CCD, circuit à couplage de charges, *(parf.)* dispositif à couplage de charges *(circuit à transfert de charges comprenant essentiellement un certain nombre de condensateurs MOS, avec déplacement de charges électriques de l'un à l'autre sous l'action d'impulsions de tension appliquées successivement aux condensateurs) (fonctionne comme un registre à décalage) (est utilisé notamment comme mémoire dynamique à accès séquentiel ou semi-direct, comme filtre dynamique et comme cible de caméra de télévision) (cf. aussi* CTD *et* MOS capacitor).

CCD analog shift register registre à décalage analogique à CCD *(cf. aussi* analog shift register *et* CCD).

CCD area sensor capteur bidimensionnel à CCD *(autre nom, plus précis, d'un capteur à CCD) (cf. aussi* CCD sensor *et* area sensor).

CCD array matrice de CCD *(cf. aussi* array *et* CCD).

CCD camera caméra à CCD *(caméra de télévision ou vidéo dans laquelle le tube analyseur est remplacé par un capteur à CCD) (cf. aussi* television camera, video camera *et* CCD sensor).

CCD chip puce CCD *(puce de circuit intégré à CCD) (cf. aussi* chip 1) *et* CCD).

CCD comb filter filtre en peigne à CCD *(filtre en peigne réalisé sous la forme d'un circuit à CCD) (cf. aussi* comb filter *et* CCD).

CCD demultiplexer démultiplexeur à CCD *(démultiplexeur réalisé sous la forme d'un circuit à CCD) (cf. aussi* demultiplexer *et* CCD).

CCD detector array matrice de détecteurs à CCD *(nom descriptif d'un capteur à CCD) (cf. aussi* CCD sensor).

CCD device composant à CCD *(mémoire, filtre, multiplexeur, démultiplexeur, cible de caméra de télévision, etc. réalisé sous la forme d'un circuit intégré à CCD) (cf. aussi* CCD).

CCD filter filtre à CCD, filtre intégré à CCD *(filtre réalisé sous la forme d'un circuit à CCD) (cf. aussi* filter[1] *et* CCD).

CCD IC *cf.* CCD integrated circuit.

CCD image image de caméra à CCD *(image obtenue à l'aide d'une caméra à CCD) (cf. aussi* CCD camera).

CCD image sensor *cf.* CCD sensor.

CCD imager *cf.* CCD sensor.

CCD imaging imagerie par CCD, *(etc.) (imagerie avec utilisation d'une caméra à CCD) (cf. aussi* imaging *et* CCD camera).

CCD imaging device *cf.* CCD sensor.

CCD imaging sensor *cf.* CCD sensor.

CCD infrared imaging imagerie infrarouge par CCD *(ou par* caméra à CCD), télévision infrarouge *(idem) (cf. aussi* infrared imaging *et* CCD camera).

CCD infrared imaging device dispositif d'imagerie infrarouge à CCD, capteur infrarouge à CCD *(capteur à CCD pour caméra de télévision infrarouge ou, par extension, la caméra elle-même) (cf. aussi* CCD infrared imaging).

CCD infrared sensor *cf.* CCD infrared imaging device.

CCD integrated circuit *cf.* CCD.

CCD integrated filter *cf.* CCD filter.

CCD integrator intégrateur à CCD *(intégrateur réalisé sous la forme d'un circuit à CCD) (cf. aussi* integrator *et* CCD).

CCD light sensor *cf.* CCD sensor.

CCD low-pass filter filtre passe-bas à CCD *(cf. aussi* low-pass filter *et* CCD filter).

CCD memory mémoire à CCD *(type de mémoire intégrée à accès semi-direct utilisant des registres à décalage bouclés à CCD) (peut être à structure bouclée ou à structure série-parallèle-série) (cf. aussi* CCD shift register, LARAM *et* serial-parallel-serial architecture).

CCD memory chip puce mémoire à CCD *(cf. aussi* chip 1) *et* CCD memory).

CCD multiplexer multiplexeur à CCD *(multiplexeur réalisé sous la forme d'un circuit à CCD) (cf. aussi* multiplexer *et* CCD).

CCD MUX *cf.* CCD multiplexer.

CCD procesing 1) fabrication des circuits à CCD *(cf. aussi* CCD). 2) *cf.* CCD signal processing.

CCD processing chip puce de traitement à CCD *(cf. aussi* processing chip *et* CCD).

CCD programmable transversal filter filtre transversal programmable à CCD *(cf. aussi* transversal filter, programmable filter *et* CCD filter).

CCD register *cf.* CCD shift register.

CCD sampled-data filter filtre à CCD pour signaux échantillonnés *(cf. aussi* CCD filter *et* sampled data).

CCD sensing device *cf.* CCD sensor.

CCD sensor capteur à CCD *(circuit à CCD conçu pour remplir la même fonction qu'un tube analyseur grâce à une disposition matricielle des condensateurs formant autant d'éléments photosensibles sur lesquels l'image de la scène à transmettre ou enregistrer est formée par l'objectif, les charges électriques ainsi créées par formation de paires électron-trou étant transférées vers le haut le long de registres verticaux qui aboutissent à un registre horizontal de la longueur d'une ligne dont les charges, qui représentent une ligne de l'image, sont transférées ligne par ligne à un amplificateur qui fournit le signal vidéo) (les registres verticaux sont des registres à décalage spéciaux de largeur microscopique pour signaux analogiques, qui forment des colonnes courant entre les éléments photosensibles successifs des lignes superposées) (le registre horizontal est d'un type analogue) (le déplacement des charges le long des registres est commandé par des signaux d'horloge) (le balayage de l'image ainsi effectué peut être entrelacé ou non) (caméra TV) (cf. aussi* CCD, camera tube, electron-hole pair *et* interlacing 1)).

CCD serial memory mémoire à accès séquentiel à CCD *(cf. aussi* serial memory *et* CCD memory).

CCD shift register registre à décalage à CCD *(registre à décalage réalisé sous la forme d'un circuit à CCD) (cf. aussi* shift register *et* CCD).

CCD signal processing traitement de signaux par circuit à CCD *(ou par* CCD), traitement par *(idem) (filtrage notamment) (cf. aussi* signal processing *et* CCD).

CCD storage 1) mémorisation dans une mémoire à CCD *(cf. aussi* CCD memory). 2) *cf.* CCD memory.

CCD technology (la) technique des CCD *(etc.) (cf. aussi* CCD *et* technology).

CCD television camera caméra de télévision à CCD *(cf. aussi* television camera *et* CCD camera).

CCD transversal filter filtre transversal à CCD *(cf. aussi* transversal filter *et* CCD filter).

CCD video camera caméra vidéo à CCD *(cf. aussi* video camera *et* CCD camera).

CCD visible camera caméra en visible à CCD, caméra pour lumière visible à CCD, caméra de télévision en *(ou* pour*)* lumière visible à CCD *(caméra à CCD classique) (cf. aussi* CCD camera).

CCD visible imaging imagerie en visible par CCD *(ou par* caméra à CCD), télévision en visible par caméra à CCD *(télévision classique utilisant une caméra à CCD) (cf. aussi* CCD camera).

CCD visible imaging device dispositif d'imagerie en visible à CCD, capteur en visible à CCD *(capteur à CCD pour lumière visible ou, par extension, la caméra elle-même) (cf. aussi* CCD sensor).

CCD visible sensor *cf.* CCD visible imaging device.

CCM *cf.* counter-countermeasures.

CCO *cf.* current-controlled oscillator.

CCS *cf.* continuous commercial service.

CCT *cf.* circuit.

CCTV *cf.* closed-circuit television.

CCW *cf.* counterclockwise.

CDI *cf.* collector diffusion isolation.

CDI chip puce CDI *(CI) (cf. aussi* CDI *et* chip 1)).

CDIC *cf.* custom-design integrated circuit.

CdS *cf.* cadmium sulfide.

CdS cell cellule au sulfure de cadmium *(cf. aussi* cadmium sulfide photoconductive cell).

CD *cf.* Compact-Disc.

CD-ROM *(vient de « Compact-Disc ROM »)* disque CD-ROM, disque optique numérique *(idem) (disque optique numérique non effaçable analogue au Compact-Disc, utilisé avec un lecteur approprié et servant notamment à la diffusion d'encyclopédies et autres gros ouvrages) (inf) (cf. aussi* digital optical disk *et* Compact-Disc).

CDIP *cf.* ceramic DIP.

CDS *cf.* countermeasure dispensing system.

CE *cf.* chip enable.

celestial guidance guidage astronomique *(nom souvent donné à la navigation astronomique lorsque le mobile est un engin spatial ou un missile stratégique) (cf. aussi* celestial navigation *et* guidance).

celestial navigation navigation astronomique *(navigation d'après des corps célestes pris comme repères de position) (cf. aussi* celestial guidance *et* navigation (b)).

cell 1) cellule *(photoélectrique, de mémoire, etc.) (cf. aussi* photocell *et* memory cell). 2) élément *(de pile électrique ou de batterie d'accumulateurs) (cf. aussi* electric cell *et* storage cell 1)).

cell area surface d'une cellule *(parf.* de la cellule), aire d'une cellule *(idem) (aire de la surface occupée par une cellule de mémoire sur une puce de circuit intégré numérique) (se chiffre en micromètres carrés) (cf. aussi* memory cell *et* chip 1)).

cell capacitance capacité d'une cellule *(parf.* de la cellule) *(mémoire RAM dynamique) (cf. aussi* dynamic RAM).

cell charge charge des cellules *(parf.* d'une cellule) *(mémoire à semiconducteur) (cf. aussi* dynamic RAM).

cell customization personnalisation des cellules *(matrice prédiffusée) (cf. aussi* gate array).

cell polarization polarisation (d'une pile) *(formation d'une couche d'hydrogène autour de l'électrode positive d'une pile galvanique débitant un courant, accompagnée d'une augmentation de la résistance interne de la pile et d'une diminution de la tension à ses bornes) (on combat ce phénomène par l'adjonction à l'électrolyte d'un corps oxydant tel que le bioxyde de manganèse, appelé « dépolarisant », qui se combine avec l'hydrogène en donnant de l'eau pour le neutraliser à mesure qu'il se forme) (cf. aussi* galvanic cell).

cell size taille d'une cellule *(parf.* de la cellule), dimensions d'une cellule *(idem) (mémoire intégrée) (cf. aussi* cell area).

cell voltage tension d'un élément *(parf.* de l'élément, *parf.* de la pile) *(cf. aussi* cell 2)).

cellular array matrice cellulaire, *(etc.) (matrice de portes logiques ou autres éléments dont les éléments forment des groupes distincts, généralement identiques) (CI) (inf) (cf. aussi* logic array).

cellular computer ordinateur cellulaire, machine cellulaire, calculateur cellulaire *(ordinateur utilisant un grand nombre d'organes de traitement identiques travaillant plus ou moins en parallèle sur des données éventuellement différentes et communiquant entre eux) (inf) (cf. aussi* processor 1), parallel computer *et* computer 2)).

cellular horn **1)** cornet multiple *(antenne hyper) (cf. aussi* horn antenna). **2)** pavillon multiple *(haut-parleur) (cf. aussi* horn loudspeaker).

cellular land-mobile ... *cf.* cellular mobile.

cellular logic logique cellulaire *(logique intégrée réalisée sous la forme d'une ou plusieurs matrices cellulaires) (CI) (inf) (cf. aussi* logic (b) *et* cellular array).

cellular machine *cf.* cellular computer. *(cf. aussi* machine).

cellular mobile communications system système de téléphonie cellulaire, *(parf.)* réseau téléphonique cellulaire *(cf. aussi* cellular telephony).

cellular mobile service service mobile cellulaire, service téléphonique mobile cellulaire *(service téléphonique mobile dans lequel une zone d'une certaine étendue, par exemple autour d'une grande ville, est divisée en « cellules » de quelques dizaines de kilomètres de rayon au maximum desservies chacune par une « station de base » à émetteur relativement peu puissant et récepteur, reliées à un central, relié lui-même aux autres centraux, et caractérisé par l'affectation dynamique des fréquences, c.-à-d. par l'affectation d'une fréquence libre à un abonné appelant — sur une fréquence prédéterminée appelée « voie balise » — pour permettre une utilisation maximale, appelée « rendement spectral », de la bande de fréquences disponible) (il n'y a donc plus de fréquence affectée en permanence à un abonné pour les appels et les communications ; par ailleurs, la faible puissance des émetteurs permise par la faible étendue des cellules réduit les risques d'interférences entre les communications) (est appelé à supplanter rapidement le servive mobile classique car permet une augmentation importante du nombre de communications simultanées dans une zone déterminée, mais nécessite un grand nombre de stations de base pour couvrir un pays) (radiocom) (cf. aussi* mobile service).

cellular radio service *cf.* cellular mobile service.

cellular telephone *cf.* cellular telephony.

cellular telephony (la) téléphonie cellulaire *(nom souvent donné au service téléphonique mobile cellulaire) (cf. aussi* cellular mobile service).

cellulose nitrate disk disque à couche de laque cellulosique *(électroacou) (cf. aussi* lacquer disk).

center expansion dilatation du centre *(de l'image sur un écran radar) (cf. aussi* expanded-center PPI display).

center feed **1)** alimentation au milieu *(antenne dipôle) (cf. aussi* dipole antenna). **2)** entraînement par perforations alignées *(cf. aussi* center-feed tape).

center-feed tape bande à perforations alignées *(bande perforée dont les perforations d'entraînement sont dans le prolongement exact des perforations de code dans la direction transversale) (inf) (cf. aussi* punched tape).

center frequency fréquence centrale (a) *fréquence, en l'absence de modulation, d'une porteuse modulée en fréquence) (cf. aussi* resting frequency *et* frequency modulation) ; (b) *fréquence située au centre de la bande passante d'un filtre passe-bande ou de la bande coupée d'un filtre coupe-bande) (cf. aussi* band-pass filter *et* band-stop filter).

center-frequency stability stabilité de la fréquence centrale, stabilité de la porteuse *(signal FM) (cf. aussi* center frequency 1)).

center line ligne équidistante *(de deux points où lignes de référence) (radionav, etc.).*

center of phase centre de phase *(antenne) (cf. aussi* phase center).

center of radiation centre de rayonnement *(antenne) (cf. aussi* phase center).

center point point de symétrie *(d'un montage symétrique, etc.) (peut être un point milieu) (cf. aussi* symmetrical arrangement *et* center tap).

center screen *cf.* at center screen.

center tap point milieu, prise médiane *(point de connexion prévu au milieu d'un enroulement, notamment de l'enroulement secondaire d'un transformateur d'alimentation ou de l'enroulement d'une résistance bobinée) (cf. aussi* transformer tap).

center-tap ... *cf.* center-tapped ...

center-tapped primary *cf.* center-tapped primary winding.

center-tapped primary winding enroulement primaire à point milieu *(transfo) (cf. aussi* primary winding *et* center tap).

center-tapped secondary *cf.* center-tapped secondary winding.

center-tapped secondary winding enroulement secondaire à point milieu *(transfo) (cf. aussi* secondary winding *et* center tap).

center-tapped transformer transformateur à point milieu *(cf. aussi* transformer 1) *et* center tap).

center-tapped winding enroulement à point milieu *(cf. aussi* center tap).

center-to-center spacing entre-axe *sm,* distance entre axes *(contacts de connecteur, trous de carte à circuit imprimé, etc.) (cf. aussi* grid 2)).

center zero zéro central, zéro au milieu de l'échelle *(cf. aussi* center-zero meter).

center-zero ammeter ampèremètre à zéro central *(est employé notamment dans des automobiles, généralement anciennes, et permet de voir si la batterie se charge ou se décharge) (cf. aussi* ammeter *et* center-zero meter).

center-zero instrument *cf.* center-zero meter.

center-zero meter appareil de mesure à zéro central *(appareil de mesure analogique dans lequel la position de repos de l'aiguille est au milieu de l'échelle du cadran) (cf. aussi* analog meter).

centering cadrage *(centrage de la trace ou de l'image sur un écran cathodique) (oscillo, TV, etc.) (cf. aussi* horizontal centering, vertical centering *et* centering control).

centering control commande de cadrage, *(parf.)* potentiomètre de cadrage *(potentiomètre permettant de régler le cadrage sur un écran cathodique ou bouton de commande de ce potentiomètre) (oscillo, TV, etc.) (cf. aussi* horizontal centering control, vertical centering control *et* centering).

centering knob bouton de cadrage *(cf. aussi* centering control).

centimeter wave *cf.* centimetric wave.

centimetric wave onde centimétrique *(onde radioélectrique de 10 à 1 cm de longueur correspondant une fréquence de 3 à 30 GHz, c.-à-d. à la bande SHF) (cf. aussi* radio wave, wavelength *et* SHF band).

centimetric wave band gamme des ondes centimétriques *(cf. aussi* centimetric wave).

central battery batterie centrale *(tél) (cf. aussi* central battery system).

central battery system système à batterie centrale *(système téléphonique classique, dans lequel le microphone du poste des abonnés est alimenté en courant continu par une batterie d'accumulateurs située au central qui les dessert) (cf. aussi* telephone system).

central blind spot zone aveugle (au centre de l'écran) *(partie centrale de l'écran d'un radar panoramique dans laquelle l'écho de la cible n'apparaît pas) (cf. aussi* dead zone 1)).

central computer ordinateur central *(inf) (cf. aussi* host computer, *ce terme étant le plus employé).*

central control *cf.* centralized control.

central mainframe *cf.* central computer.

central office *(USA)* central (téléphonique) *(on ne dit plus « bureau central ») (cf. aussi* telephone exchange).

central processing element *cf.* central processing unit.

central processing unit unité centrale (de traitement) *(partie d'un ordinateur comprenant l'unité de commande et l'unité de calcul, certains auteurs y ajoutant la mémoire centrale) (constitue le cœur de l'ordinateur) (inf) (cf. aussi* processor 1), control unit (a), arithmetic-and-logic unit, main memory, microprocessor *et* computer 2)).

central processor *cf.* central processing unit.

centralized control (la) commande centralisée *(commande de plusieurs processus assurée par un appareil ou un dispositif unique et notamment un ordinateur) (commande automatique) (cf. aussi* process control 1)) *et* computer 2)).

centralized data processing traitement centralisé de l'information, traitement centralisé *(traitement d'informations en provenance de plusieurs endroits exécuté en un même lieu par un ordinateur unique et généralement puissant) (inf) (cf. aussi* data processing).

centralized processing *cf.* centralized data processing.

cepstrum *(vient de « spectrum », par inversion des lettres de la première syllabe)* cepstre *(vient de « spectre », de la même façon) (nom donné au spectre du logarithme du spectre de puissance d'un signal complexe) (est constitué par la transformée de Fourier de ce logarithme) (analyse de la parole, etc.) (cf. aussi* power spectrum *et* Fourier transform).

ceramic cap *(fam) cf.* ceramic capacitor.

ceramic capacitor condensateur céramique *(condensateur dont le diélectrique est constitué par de la céramique) (cf. aussi* ceramic chip capacitor, tubular ceramic capacitor *et* capacitor).

ceramic carrier *cf.* ceramic chip carrier.

ceramic cartridge **1)** capsule céramique *(capsule de microphone piézoélectrique dans laquelle l'élément sensible est une céramique piézoélectrique) (cf. aussi* crystal microphone). **2)** tête céramique, *(etc.) (tête de lecture piézoélectrique de tourne-disque dans laquelle l'élément sensible est une céramique piézoélectrique) (cf. aussi* crystal pick-up).

ceramic chip capacitor condensateur pastille céramique *(condensateur formé d'une plaquette de céramique métallisée sur les deux faces pour former les armatures, ou de plusieurs plaquettes métallisées sur une face, et monté nu sur le substrat d'un circuit hybride) (cf. aussi* chip component *et* ceramic capacitor).

ceramic chip carrier porte-puce céramique, porte-puce en céramique *(CH) (cf. aussi* chip carrier).

ceramic-coated steel substrate substrat en acier recouvert de céramique *(CH) (cf. aussi* porcelain-coated steel).

ceramic core bâtonnet de céramique *(résistance à couche) (cf. aussi* film resistor).

ceramic device composant céramique *(ou en céramique) (condensateur céramique, résistance à couche, circuit intégré à boîtier céramique, porte-puce céramique, etc.)*.

ceramic DIL package *cf.* ceramic DIP.

ceramic DIP boîtier DIP céramique *(ou en céramique) (CI, etc.) (cf. aussi* DIP).

ceramic disk capacitor condensateur bouton céramique *(condensateur céramique en forme de petit disque bombé) (cf. aussi* ceramic capacitor).

ceramic-encased carbon-composition resistor résistance agglomérée sous céramique *(cf. aussi* carbon-composition resistor).

ceramic flatpack boîtier plat céramique *(ou en céramique) (composant) (cf. aussi* flatpack).

ceramic hybrid substrate substrat de circuit hybride en céramique *(cf. aussi* hybrid-circuit substrate).

ceramic magnet aimant céramique, aimant fritté, aimant en ferrite *(aimant permanent composé de ferrite dur) (cf. aussi* permanent magnet *et* ferrite).

ceramic microphone microphone céramique *(cf. aussi* ceramic cartridge 1)).

ceramic motherboard *cf.* ceramic-on-steel board. *(cf. aussi* motherboard).

ceramic-on-steel board carte à circuit imprimé en acier-céramique *(cf. aussi* ceramic-on-steel substrate, *et* pc board *pour les termes abrégés)*.

ceramic-on-steel motherboard *cf.* ceramic-on-steel board. *(cf. aussi* motherboard).

ceramic-on-steel substrate substrat en acier-céramique *(substrat de circuit hybride, ou parfois de circuit imprimé, formé d'une tôle d'acier couverte d'une mince couche de céramique) (cf. aussi* porcelain-coated steel).

ceramic package boîtier céramique *(ou en céramique) (boîtier de composant, pour températures élevées ou non)*.

ceramic-packaged en boîtier céramique, sous *(idem) (composant) (cf. aussi* ceramic package).

ceramic packaging encapsulation en *(ou sous)* boîtier céramique, *(parf.)* en *(ou sous)* boîtier céramique *(CI, etc.)*.

ceramic pickup *cf.* ceramic cartridge 2).

ceramic resonator résonateur céramique, résonateur en céramique *(résonateur piézoélectrique en céramique) (cf. aussi* piezoelectric resonator).

ceramic substrate substrat en céramique *(CH) (cf. aussi* hybrid-circuit substrate).

ceramic-to-metal bond scellement céramique sur métal *(ou céramique-métal)*, liaison céramique-métal *(sorties de tube de puissance, etc.)*.

ceramic-to-metal bonding exécution d'un ... *(cf. aussi* ceramic-to-metal bond).

ceramic transducer capteur céramique *(capteur dont l'élément sensible est une céramique piézoélectrique) (cf. aussi* transducer 2) *et* piezoelectric ceramic).

ceramic trimmer *cf.* ceramic trimmer capacitor.

ceramic trimmer capacitor condensateur ajustable céramique, (un) ajustable céramique *(cf. aussi* trimmer capacitor).

ceramic tube tube céramique, tube à enveloppe céramique *(tube électronique pour montages soumis à des températures élevées) (cf. aussi* electron tube).

cerdip *cf.* ceramic DIP.

CERDIP *cf.* ceramic DIP.

cermet *(vient de « ceramic-metal »)* cermet *(composé formé de poudre d'or, d'argent, d'oxyde de ruthénium, etc., de poudre de verre, d'alumine, etc. et d'un liant, la pâte ainsi formée étant déposée par sérigraphie sur un substrat en céramique, alumine, etc. et cuite au four pour former une résistance ou une piste de potentiomètre) (cf. aussi* cermet resistor *et* cermet trimmer).

cermet compound *cf.* cermet.

cermet element piste cermet *(potentiomètre) (cf. aussi* cermet).

cermet-film resistor *cf.* cermet resistor.

cermet pot *(fam) cf.* cermet trimmer.

cermet potentiometer *cf.* cermet trimmer.

cermet resistor résistance cermet *(type de résistance discrète à couche épaisse) (cf. aussi* thick-film discrete resistor *et* cermet).

cermet trimmer potentiomètre ajustable à piste cermet *(cf. aussi* trimming potentiometer *et* cermet).

cermet trimming pot *(fam) cf.* cermet trimmer.

cermet trimming potentiometer *cf.* cermet trimmer.

certified common carrier société de télécommunications agréée *(aux USA notamment) (cf. aussi* communications common carrier).

cesium césium, Cs *(métal alcalin à très faible travail de sortie) (est utilisé pour cette raison comme cathode photoémissive, généralement en association avec de l'antimoine ou sur une couche d'argent oxydé, ainsi que dans des étalons de fréquence) (cf. aussi* alkali metal, phototube *et* cesium-beam frequency standard).

cesium-beam frequency reference *cf.* cesium-beam frequency standard.

cesium-beam frequency source source de fréquence à jet de césium, *(etc.) (noms parfois donnés à un étalon de fréquence à jet de césium considéré en tant que source de fréquence) (cf. aussi* cesium-beam frequency standard *et* frequency source).

cesium-beam frequency standard étalon de fréquence à jet de césium, étalon de fréquence au césium *(ou à césium)*, étalon au césium, *(idem) (étalon de fréquence à jet atomique dans lequel les atomes utilisés sont des atomes de césium vaporisé) (le jet d'atomes de césium à deux états d'énergie obtenu par chauffage passe dans un champ magnétique transversal à grand gradient d'intensité, donc fortement non uniforme, produit par un aimant spécial appelé « sélecteur d'état » qui dévie les atomes dont l'état d'énergie n'est pas celui désiré, pour créer une inversion de population, et laisse les autres traverser une cavité résonnante accordée sur la fréquence de la transition voulue et dans laquelle ils sont soumis à un champ électromagnétique de même fréquence pour produire l'émis-*

sion stimulée) (à la sortie de la cavité résonnante, un second séparateur d'état dirige vers un détecteur les atomes qui ont subi une transition dans le sens désiré, où ils produisent un courant utilisé pour asservir la fréquence de l'oscillateur à quartz) (cf. aussi atomic-beam frequency standard, cesium, gradient et cavity resonator).

cesium-beam primary standard   étalon primaire à jet de cesium (nom parfois donné à un étalon de fréquence à jet de césium pour rappeler qu'il s'agit d'un étalon primaire) (cf. aussi cesium-beam frequency standard et primary standard).

cesium-beam reference   cf. cesium-beam frequency standard.

cesium-beam resonator   résonateur à jet de césium (nom parfois donné à un tube à jet de césium) (cf. aussi cesium-beam tube).

cesium-beam standard   cf. cesium-beam frequency standard.

cesium-beam standard frequency   fréquence d'un étalon de fréquence au césium, (etc.) (cf. aussi cesium-beam frequency standard).

cesium cathode   cathode au césium (photocathode à couche de césium-antimoine ou de césium sur argent oxydé) (phototube) (cf. aussi photocathode et cesium).

cesium frequency ...   cf. cesium-beam frequency ...

cesium hollow cathode   cathode creuse au césium (cathode à diffusion contenant du césium à sa partie inférieure) (cf. aussi dispenser cathode et cesium).

cesium iodide   iodure de césium (composé photoémissif) (cf. aussi cesium).

cesium phototube   phototube au césium (phototube à cathode au césium) (cf. aussi phototube et cesium cathode).

cesium source   cf. cesium-beam frequency source.

cesium standard   cf. cesium-beam frequency standard.

CF   cf. center frequency.

CFA   cf. cross-field amplifier.

CFAR   cf. constant false-alarm rate.

CGI   cf. computer-generated imagery.

chaff   leurres radar (petites bandes de papier métallisé larguées ou éjectées en vrac à une altitude déterminée par un avion, une fusée ou un obus pour créer des faux échos radar) (mil) (cf. aussi window 2) et decoy[1]).

chaff-and-flare ...   cf. chaff/flare ...

chaff cloud   nuage de leurres (radar) (mil) (cf. aussi chaff).

chaff dispenser   lance-leurres (radar) (souvent d'aéronef) (mil) (cf. aussi chaff).

chaff dispenser pod   nacelle lance-leurres (radar) (nacelle montée sur aéronef militaire) (cf. aussi chaff).

chaff dispensing   lancement de leurres (radar) (par un aéronef militaire poursuivi par un missile à autodirecteur radar actif ou suivi par un radar) (cf. aussi chaff et active radar seeker).

chaff-dispensing pod   cf. chaff dispenser pod.

chaff-dispensing rocket   cf. chaff rocket.

chaff fall rate   vitesse de chute des leurres (radar) (mil) (cf. aussi chaff).

chaff-filled cartridge   cartouche de leurres (radar) (cartouche éjectée par un lance-leurres) (mil) (cf. aussi chaff dispenser).

chaff/flare allocation   affectation des leurres (radar et infra-rouges) (système d'autoprotection) (mil) (cf. aussi decoy[1], resource allocation et self-protection).

chaff/flare dispenser   lance-leurres radar et infrarouges (mil) (cf. aussi chaff dispenser et flare 1)).

chaff/flare dispenser system   cf. chaff/flare dispenser.

chaff hand-off   cf. chaff dispensing.

chaff/IR-flare dispenser   cf. chaff/flare dispenser.

chaff launcher   lance-leurres (radar) (à tubes) (dispositif à tubes presque verticaux monté notamment sur navire militaire pour lancer des fusées à leurres radar, généralement à l'aide d'air comprimé) (cf. aussi chaff rocket et chaff dispenser).

chaff launching   lancement de leurres radar (par un lance-leurres radar à tubes) (mil) (cf. aussi chaff launcher).

chaff launching system   cf. chaff launcher.

chaff missile   cf. chaff rocket.

chaff package   cf. chaff cartridge.

chaff protection   protection par lancement de leurres (radar) (cible radar mil) (cf. aussi chaff dispensing et chaff launching).

chaff returns   échos de leurres (radar) (échos parasites pro-duits sur l'écran d'un radar par des leurres radar) (mil) (cf. aussi chaff).

chaff rocket   fusée à leurres (radar) (petite fusée lancée d'un navire militaire attaqué par un missile susceptible d'être équipé d'un autodirecteur radar, pour créer à une altitude déterminée un nuage de leurres radar formant un écho plus fort que celui de la cible, sur lequel l'autodirecteur de l'engin se cale en passant ainsi au-dessus de la cible) (cf. aussi chaff).

chaff rocket launcher   cf. chaff launcher.

chaff seeding   cf. chaff dispensing.

chaff target   cible en leurres (radar) (fausse cible créée par des leurres radar) (mil) (cf. aussi chaff).

chain   chaîne (suite d'éléments ou d'organes associés, appelés « maillons », quelle que soit leur nature) (chaîne d'amplifica-tion, de stations d'émission, de radars, etc.) (cf. aussi measu-ring system).

chain printer   imprimante à chaîne (imprimante à percussion dans laquelle les caractères sont portés, par jeux complets, par les maillons d'une chaîne sans fin qui se déplace de façon continue, parallèlement aux lignes) (inf) (cf. aussi belt printer et impact printer).

challenge[1] s   **1)** interrogation (d'un répondeur par un radar d'identification) (avia) (cf. aussi IFF radar). **2)** cf. challen-ging signal.

challenge[2] v   interroger (un répondeur radar) (cf. aussi IFF radar).

challenger   interrogateur (radar d'identification) (cf. aussi interrogator).

challenging signal   signal d'interrogation (signal émis par un radar d'identification) (cf. aussi IFF radar).

change s   changement, (souvent) variation (d'une grandeur variable), (parf.) modification (cf. aussi time change, space change, rate of change, zero change et variable quantity).

change of color   changement de teinte (image TVC).

change over v   inverser (cf. aussi change-over).

change-over s   inversion (au sens du terme anglais, commuta-tion entre une borne et deux autres) (voir ci-après les rubriques commençant par ce terme).

change-over contact   contact inverseur, jeu de contacts inver-seurs (jeu de contacts de relais ou de bouton-poussoir formant inverseur) (comprend deux contacts fixes entre lesquels se déplace un contact mobile venant porter sur l'un ou l'autre — ou, parfois, deux contacts mobiles encadrant un contact fixe — selon que le relais est excité ou non ou que le bouton est enfoncé ou non, respectivement) (cf. aussi break-before-make contacts, make-before-break contact, double-throw switch et relay contact).

change-over relay   relais à contacts inverseurs (cf. aussi re-lay[1] (a) et change-over contact).

change-over switch   inverseur s (cf. aussi double-throw switch).

change-over time   temps d'inversion, durée de l'inversion (contact inverseur de relais) (cf. aussi change-over contact).

change state v   changer d'état (transistor, bascule, tore magné-tique, etc.) (cf. aussi on-state, off-state, flip-flop et magnetic core 2)).

channel[1] s   **1)** canal (a) zone assurant la conduction entre la source et le drain dans un transistor à effet de champ ou entre deux électrodes successives dans un dispositif à transfert de charges et notamment dans un circuit à CCD) (cf. aussi surface channel, buried channel, field-effect transistor et charge transfer device); (b) bande de fréquences occupée par une émission de télévision (cf. aussi television channel); (c) ligne multifilaire reliant l'unité centrale d'un ordinateur à un appareil ou un circuit périphérique, et circuits associés aux deux extrémités) (l'information étant transmise sous forme parallèle par cette ligne, elle comprend autant de conducteurs que les mots binaires utilisés comprennent de binaires d'infor-mation et de binaires auxiliaires, plus les conducteurs trans-mettant les signaux de commande et de contrôle) (cf. aussi central processing unit et peripheral device); (d) rangée de perforations dans le sens de la longueur d'une bande perforée) (tlg, inf) (cf. aussi code channel, feed channel et punched tape). **2)** voie (d'un multiplex téléphonique ou autre ou d'une chaîne stéréophonique) (cf. aussi multiplex[1], subchannel et stereophonic sound system). **3)** *cf.* multiplex¹. **4)** piste *(bande mag. multipiste) (cf. aussi* magnetic track (b) *et* multitrack recording). **5)** passage *(entre chicanes d'enceinte acoustique) (cf. aussi* loudspeaker baffle).

channel² *v* **1)** canaliser *(des informations).* **2)** acheminer *(des signaux ou des informations).*

channel allocated to ... *(cf. aussi* channel allocation) **1)** voie affectée à ... **2)** canal attribué à ...

channel allocation **1)** affectation des voies *(d'un multiplex téléphonique ou de télémesure) (cf. aussi* multiplex¹, DAMA system *et* telemetry). **2)** attribution des canaux *(ou* bandes de fréquences) *(radiodif) (cf. aussi* frequency allocation).

channel balance équilibre des voies *(ne pas employer « balance ») (hifi) (cf. aussi* stereophonic sound system).

channel bandwidth *(cf. aussi* bandwidth 1)) **1)** largeur de bande d'une voie *(multiplex) (cf. aussi* multiplex¹). **2)** largeur de bande d'un canal *(TV) (cf. aussi* channel¹ 1) (b)).

channel bank batterie de circuits de voie *(ensemble des circuits opérant la première transposition de fréquence sur les signaux initiaux d'un multiplex téléphonique à répartition de fréquence dans le multiplexeur ou la dernière démodulation du signal multiplex pour retrouver les signaux initiaux dans le démultiplexeur) (cf. aussi* frequency-division multiplex).

channel breakdown claquage du canal *(claquage par avalanche du canal d'un transistor à effet de champ lorsque la tension entre la source et le drain atteint une valeur excessive) (semi) (cf. aussi* avalanche breakdown *et* channel¹ 1) (a)).

channel capacity **1)** capacité d'une voie, capacité de transmission d'une voie *(multiplex) (cf. aussi* multiplex¹). **2)** capacité d'un canal, débit d'un canal *(inf) (cf. aussi* channel¹ 1) (c)).

channel conductance conductance du canal *(TEC) (cf. aussi* conductance *et* channel¹ 1) (a)).

channel controller régisseur de canal, régisseur de périphérique(s) *(ne pas employer « contrôleur ... ») (inf) (cf. aussi* controller 2) *et* channel¹ 1 (c)).

channel dedicated to ... voie affectée à ... *(multiplex) (cf. aussi* multiplex¹).

channel depletion region zone de déplétion du canal *(TEC) (cf. aussi* depletion layer *et* channel¹ 1) (a)).

channel designator numéro de voie *(multiplex) (cf. aussi* multiplex¹).

channel dopant *cf.* channel impurities.

channel doping dopage du canal *(TEC) (cf. aussi* doping *et* channel¹ 1) (a)).

channel effect effet de canal *(passage d'un courant de fuite entre deux zones de la surface d'un composant à semiconducteur portées à des potentiels différents et notamment entre l'émetteur et le collecteur d'un transistor bipolaire) (cf. aussi* bipolar transistor).

channel filter filtre de voie (téléphonique) *(filtre mécanique utilisé dans un démultiplexeur fréquentiel pour séparer une voie du signal multiplex reçu) (cf. aussi* mechanical filter *et* frequency-division demultiplexer).

channel frequency **1)** fréquence de la voie *(multiplex) (cf. aussi* multiplex¹). **2)** fréquence du canal *(TV) (cf. aussi* channel¹ 1 (b)).

channel group groupe de voies (téléphoniques) *(multiplex tél) (cf. aussi* basic group, supergroup *et* telephone multiplex).

channel identification identification des voies *(multiplex) (cf. aussi* multiplex¹).

channel implant **1)** impuretés implantées du canal *(TEC) (cf. aussi* impurity, ion implantation *et* channel¹ 1) (a)). **2)** *cf.* channel implantation. **3)** *cf.* implanted channel.

channel implantation implantation du canal *(TEC) (cf. aussi* ion implantation *et* channel¹ 1) (a)).

channel impurities impuretés du canal *(TEC) (cf. aussi* impurities *et* channel¹ 1) (a)).

channel length longueur du canal *(TEC) (cf. aussi* channel¹ 1) (a)).

channel mobility mobilité des porteurs (de charge) du canal *(TEC) (cf. aussi* carrier mobility *et* channel¹ 1) (a)).

channel modulation modulation du canal *(modulation de l'aire de la section droite du canal d'un transistor à effet de*

champ par application d'une tension variable à la grille pour faire varier proportionnellement l'intensité du courant de drain du transistor) (fonctionnement d'un transistor à effet de champ en mode d'amplification) (semi) (cf. aussi* modulation (a) *et* channel¹ 1) (a)).

channel noise bruit de la voie *(parf.* des voies) *(bruit à l'extrémité réceptrice d'une voie d'un multiplex téléphonique) (tls) (cf. aussi* noise 2) (a) *et* telephone multiplex).

channel oxide oxyde du canal *(couche d'oxyde très mince formant isolant entre la grille et la zone du canal dans un transistor MOS) (cf. aussi* MOS transistor).

channel pinch-off pincement du canal *(TEC) (cf. aussi* pinch-off voltage).

channel pinch-off voltage tension de pincement du canal *(TEC) (cf. aussi* pinch-off voltage).

channel region zone du canal *(zone d'un semiconducteur dans laquelle se forme un canal) (cf. aussi* channel¹ 1) (a)).

channel resistance résistance du canal *(TEC) (est inversement proportionnelle à l'aire de la section droite de celui-ci) (cf. aussi* channel modulation).

channel reversal permutation des voies *(branchement de la voie gauche d'une chaîne stéréophonique sur le haut-parleur droit et vice versa ou retour au branchement normal) (cf. aussi* stereophonic sound system).

channel sampling échantillonnage des voies *(multiplex temporel) (cf. aussi* sampling *et* time-division multiplex).

channel sampling rate cadence d'échantillonnage des voies, fréquence *(idem) (multiplex temporel) (cf. aussi* sampling rate *et* time-division multiplex).

channel selector sélecteur de canaux *(commutateur ou dispositif équivalent permettant de choisir l'émission désirée sur un récepteur de télévision à plusieurs canaux) (cf. aussi* turret tuner *et* television channel).

channel separation séparation des voies *(au sens du terme anglais, absence plus ou moins complète de diaphonie entre les voies d'une chaîne stéréophonique) (électroacou) (cf. aussi* crosstalk 1), stereophonic sound system *et, à titre d'information,* channel-to-channel isolation).

channel spacing **1)** espacement des voies *(multiplex fréquentiel) (cf. aussi* frequency-division multiplex). **2)** espacement des canaux *(TV, radio) (cf. aussi* channel¹ 1) (b).

channel stop **1)** arrêt de canal *(zone de conductibilité appropriée, ou isolante, créée par dopage, ou oxydation, de chaque côté du canal d'un transistor MOS intégré ou d'un élément de capteur à CCD pour l'isoler des éléments voisins et fixer sa largeur) (cf. aussi* channel¹ 1) (a) *et* doping). **2)** *cf.* channel stopper.

channel stopper anneau de garde *(au sens du terme anglais, zone fortement dopée entourant un transistor bipolaire intégré ou chaque transistor d'une paire CMOS pour, dans le premier cas, empêcher que la zone de la base se prolonge accidentellement jusqu'au bord de la puce entre la surface de celle-ci et la couche d'oxyde épais sous l'action de charges parasites, ce qui augmenterait le courant de fuite ou, dans le second cas, empêcher la formation de composants parasites) (semi) (cf. aussi* impurity concentration, integrated bipolar transistor, CMOS transistors, base 3), chip 1), field oxide *et* parasitic component).

channel switch *cf.* channel selector.

channel switching commutation des canaux *(TV, radio) (cf. aussi* channel selector).

channel-to-channel isolation séparation des voies *(au sens du terme anglais, absence plus ou moins complète de diaphonie entre les voies d'un multiplex téléphonique) (tls) (cf. aussi* crosstalk 1), telephone multiplex *et, à titre d'information,* channel separation).

channel translator transposeur de fréquence *(circuit élevant la fréquence de signaux téléphoniques dans un multiplex fréquentiel) (cf. aussi* frequency translation).

channel vocoder phonateur à canaux, *(etc.) (phonateur utilisant un certain nombre de filtres de bande découpant le spectre de fréquences de la parole en autant de bandes de fréquences appelées « canaux ») (cf. aussi* vocoder).

channel width **1)** largeur du canal *(TEC) (cf. aussi* channel¹ 1) (a)). **2)** *cf.* channel bandwidth.

channelization division en canaux, découpage en canaux *(cf. aussi* channelized receiver).

channelized receiver récepteur à canaux, récepteur multicanal *(récepteur d'écoute dans lequel le spectre des fréquences à surveiller est divisé en un certain nombre de bandes de fréquences plus ou moins étroites au moyen de batteries de filtres passe-bande pour obtenir une grande sensibilité dans tout le spectre couvert et augmenter ainsi la probabilité d'interception, notamment en présence d'un grand nombre de signaux) (mil) (cf. aussi* surveillance receiver, band-pass filter *et* low probability of intercept).

channelized receiving system *cf.* channelized receiver.

channelizer *cf.* channelized receiver.

channelizing *cf.* channelization.

channelled to ... dirigé vers ... *(cf. aussi* route² 3)).

CHAR *cf.* character.

character caractère (a) *au sens graphique, c.-à-d. lettre de l'alphabet, chiffre, signe de ponctuation, symbole mathématique ou autre) (cf. aussi* alphabetic character, numerical character *et* alphanumeric character) ; (b) *au sens informatique, c.-à-d. caractère binaire) (cf. aussi* binary character).

character-buffered tamponné d'un caractère, muni d'un tampon d'un caractère, muni d'une mémoire-tampon d'un caractère, équipé *(idem)*, doté *(idem)* *(organe d'ordinateur) (cf. aussi* buffer memory *et* character (b)).

character-controlled ... *cf.* character-oriented ...

character density densité de caractères *(nom donné à la densité d'enregistrement lorsqu'elle est exprimée en caractères par unité de longueur) (inf) (cf. aussi* recording density).

character generation génération de caractères *(formation de caractères sur un écran, généralement au moyen de points apparaissant sous l'action de signaux fournis par un générateur de caractères) (cf. aussi* character generator).

character generator générateur de caractères (a) *montage électronique fournissant des signaux permettant de former des caractères sur un écran, sous forme matricielle ou vectorielle) (dans le premier cas, est une mémoire morte à grille de points) (inf) (cf. aussi* bit-mapped display, vector display *et* ROM) ; (b) *programme d'ordinateur produisant le même résultat) (cf. aussi* computer program).

character machine *cf.* character-oriented machine.

character-oriented machine machine à caractères *(nom souvent donné à un ordinateur dans lequel l'unité d'information traitée est le caractère binaire) (en d'autres termes, ordinateur travaillant sur des caractères et non des mots) (cas fréquent des ordinateurs de gestion) (inf) (cf. aussi* computer 2), binary character *et* business computer).

character-oriented protocol protocole à caractères *(ou établi au niveau du caractère) (protocole de transmission synchrone dans lequel la véritable unité d'information transmise est le caractère binaire, la longueur du champ d'information étant, par ailleurs, normalement limitée à un nombre déterminé de caractères) (trans. données) (cf. aussi* Bisync, synchronous protocol, binary character *et* information field).

character per second caractère par seconde, cps *(unité de vitesse d'impression d'une imprimante à caractères) (cf. aussi* serial printer).

character printer imprimante caractère par caractère *(inf) (cf. aussi* serial printer).

character processing machine *cf.* character-oriented machine.

character protocol *cf.* character-oriented protocol.

character reader lecteur de caractères *(appareil permettant la lecture automatique d'informations représentées au moyen de caractères de forme ou structure normalisée en vue de leur traitement par ordinateur) (inf) (cf. aussi* magnetic-character reader, optical character reader *et* character).

character reading lecture des caractères *(inf) (cf. aussi* character reader *et* character recognition).

character recognition reconnaissance des caractères *(nom donné à la lecture optique des caractères dans le cadre de la théorie de la reconnaissance des formes) (inf) (cf. aussi* optical character recognition *et* pattern recognition).

character synchronization synchronisation des caractères *(transmission de données en mode synchrone) (cf. aussi* character *et* synchronous transmission).

character-writing tube tube générateur de caractères *(tube cathodique conçu pour présenter du texte en caractères de qualité imprimerie sur son écran sous l'action des signaux émis par un générateur de caractères pour photographie dans une photocomposeuse) (photocomposition) (imprimerie) (cf. aussi* cathode-ray tube *et* character generator).

Charactron *(marque déposée)* Charactron *(marque américaine de tube générateur de caractères) (cf. aussi* character-writing tube).

characteristic s caractéristique *sf* (a) *sens usuel, c.-à-d. valeur d'une grandeur propre à un corps, un objet ou un phénomène) (caractéristique mécanique, électrique, optique, etc.) (cf. aussi* electrical characteristic *et* quantity 2)) ; (b) *cf. aussi* characteristic curve.

characteristic curve courbe caractéristique, caractéristique *sf (le second terme est le plus employé pour des raisons de brièveté, relative, mais il prête à confusion) (ligne — courbe, droite ou brisée — représentant la variation de la valeur d'une caractéristique d'un dispositif en fonction de la variation d'une grandeur déterminée dont elle dépend) (cf. aussi* amplitude-frequency characteristic, anode characteristic, control characteristic, current-voltage characteristic, dynamic characteristic, forward characteristic, gain-frequency characteristic, grid characteristic, linear characteristic, non-linear characteristic, reverse characteristic, spectral characteristic, torque-speed characteristic, transfer characteristic *et* voltage-current characteristic).

characteristic impedance impédance caractéristique *(grandeur, exprimée en ohms, caractéristique de la constitution d'une ligne de transmission à deux conducteurs et donnant à la ligne le comportement d'une ligne de longueur infinie lorsque la charge de la ligne a la valeur de cette impédance) (est donnée par la formule* $Z_c = \sqrt{L/C}$, *dans laquelle L est l'inductance de la ligne considérée et C sa capacité) (la valeur de* Z_c *étant liée au* rapport *des deux caractéristiques de la ligne, elle est indépendante de la valeur de celles-ci et, par conséquent, de la longueur de la ligne : elle est donc caractéristique de cette dernière) (est à une ligne de transmission à deux conducteurs ce que l'impédance d'onde est à un milieu de propagation) (théorie des lignes) (cf. aussi* impedance, transmission line, inductance, capacitance *et* wave impedance).

characteristic wave impedance *cf.* wave impedance.

characterization mise en chiffres *(terme que j'ai proposé)*, détermination des caractéristiques, caractérisation *(anglicisme courant mais à éviter) (détermination des caractéristiques de nouveaux composants électroniques ou autres, généralement par mesure au cours d'essais effectués aux valeurs nominales des paramètres de fonctionnement et éventuellement à d'autres valeurs intéressantes de ceux-ci) (cf. aussi* electrical characterization, characteristic (a), electronic component, rated value *et* operating parameters).

characterization test (un) essai de ... *(cf. aussi* characterization).

characterization testing (l')essai de ... *(cf. aussi* characterization).

charge¹ s *(voir aussi, à titre d'information,* load¹) (a) *charge électrique) (cf. aussi* electric charge) ; (b) *cf. aussi* charging 1)).

charge² v charger, *(parf. aussi)* électriser *(cf. aussi* charge¹).

charge amplifier amplificateur de charge *(amplificateur opérationnel ou autre amplifiant les variations de charge électrique constituant le signal de sortie d'un capteur capacitif pour fournir un signal de sortie d'amplitude suffisante) (cf. aussi* operational amplifier, electric charge *et* variable-capacitance sensor).

charge-balance comparator comparateur de convertisseur à pesée, *(etc.) (numériseur) (cf. aussi* successive-approximation analog-to-digital converter).

charge-balancing successive-approximation ... *cf.* successive-approximation ...

charge buildup accumulation de charges (électriques) *(formation d'une charge électrique de plus en plus grande sur un corps ou un objet isolant ou sur un conducteur isolé) (électrostatique) (cf. aussi* electric charge *et* electrostatic generator).

charge carrier porteur de charge, porteur *(particule élémentaire portant une charge électrique) (électron libre dans un *métal, un gaz ou le vide, électron de conduction dans un semiconducteur ou, par convention, trou dans un semiconducteur) (noter qu'un ion n'entre pas dans le cadre de la définition donnée) (cf. aussi* majority carrier, minority carrier, elementary particle, free electron, conduction electron, hole 1), carrier density, carrier injection *et* ion).

charge carrier ... *cf.* carrier ...

charge control limitation de la charge (électrique), *(parf. aussi)* limitation de charge *(limitation de la charge électrique portée par un corps ou un objet dans certaines conditions et notamment par un opérateur ou un satellite artificiel) (cf. aussi* static control *et* charge buildup).

charge-coupled ... *cf.* CCD ... *(pour les termes qui ne figurent pas ci-après).*

charge-coupled device circuit à couplage de charges *(CI) (cf. aussi* CCD).

charge density densité de charge (électrique) *(charge électrique portée par un corps électrisé, par unité de longueur, de surface ou de volume) (cf. aussi* linear charge density, areal charge density, volume charge density *et* electric charge).

charge distribution répartition de la charge (électrique) *(parf. des charges) (idem) (répartition d'une charge électrique globale sur la surface d'un coprs ou dans le volume de celui-ci) (cf. aussi* electric charge).

charge-equalization conversion conversion par pesée *(numériseur) (cf. aussi* successive-approximation analog-to-digital conversion).

charge injection injection de charges *(semi) (cf. aussi* minority-carrier injection).

charge-injection device *cf.* CID.

charge integration accumulation de charge *(condensateur) (cf. aussi* integrating capacitor).

charge leakage fuite de la charge *(accumulée dans un condensateur) (cf. aussi* capacitor leakage current).

charge-mass ratio rapport charge/masse *(particule chargée) (cf. aussi* charged particle).

charge packet paquet de charges *(charge électrique concentrée dans une zone de petites dimensions) (cf. aussi* electric charge).

charge partition gate grille de partage (de la charge) *(électrode située sous la grille d'un élément de certains circuits à CCD et divisant en deux parties, généralement inégales, la charge électrique accumulée entre la grille et le substrat) (cf. aussi* CCD).

charge partitioner *cf.* charge partition gate.

charge partitioning partage de la charge *(CCD) (cf. aussi* charge partition gate).

charge pattern relief de charges *(cf. aussi* electric image 1)).

charge pump pompe à charge *(circuit à transistor bipolaire fournissant la tension nécessaire pour maintenir la charge d'un condensateur et notamment des condensateurs MOS dans certaines mémoires RAM pseudostatiques) (CI) (cf. aussi* pseudo-static RAM).

charge-pump circuit *cf.* charge pump.

charge-pump phase detector comparateur de phase à pompe à charge *(comparateur de phase dans lequel une pompe à charge modifie dans un sens ou dans l'autre la charge d'un condensateur suivant le sens du déphasage à la sortie du comparateur) (oscillateur asservi en phase) (cf. aussi* phase detector, charge pump *et* phase-locked oscillator).

charge-pump transfer characteristic caractéristique de transfert de la pompe à charge *(cf. aussi* transfer characteristic *et* charge pump).

charge removal élimination de la charge (électrique) *(portée par un corps, par transfert de celle-ci à un autre corps) (électrostatique) (cf. aussi* electric charge).

charge retention conservation de la charge (électrique) *(cf. aussi* charge storage).

charge storage conservation de charges (électriques) *(dans un condensateur, une mémoire électrostatique, une jonction PN, etc.) (cf. aussi* electric charge, capacitor *et, à titre d'information,* charge build-up).

charge-storage diode diode à coupure brusque *(semi) (cf. aussi* step-recovery diode).

charge storage time temps de conservation de la charge *(etc.) (cf. aussi* storage time 1) *et* 4)).

charge-storage tube tube à mémoire *(tube cath) (cf. aussi* storage tube).

charge transfer transfert de charge *(entre corps, électrodes ou particules) (cf. aussi* electric charge *et* CTD).

charge-transfer clocking sequence séquence de cadencement du transfert de charge *(CTD) (cf. aussi* CTD).

charge transfer device circuit à transfert de charges *(CI) (cf. aussi* CTD).

charge transfer efficiency efficacité du transfert de charge, rendement du transfert de charge *(pourcentage de la charge électrique accumulée dans un élément de circuit à transfert de charges, qui est effectivement transféré dans l'élément suivant à chaque impulsion) (on emploie aussi la notion inverse, équivalente en pratique, d'« inefficacité du transfert de charge » représentée par la différence entre 100 % et l'efficacité du transfert de charge) (cf. aussi* CTD).

charge-transfer inefficiency inefficacité du transfert de charge *(CTD) (cf. aussi* charge-transfer efficiency).

charge transport transport de charges (électriques) *(parf. des charges) (générateur électrostatique) (cf. aussi* electrostatic generator).

chargeable call communication taxée *(communication téléphonique effectivement imputée au compte de l'abonné) (cf. aussi* telephone call 1)).

charged chargé(e), *(etc.) (cf. aussi* charge^2).

charged beam *cf.* charged-particle beam.

charged carrier *cf.* charge carrier.

charged droplets gouttelettes électrisées *(nuage d'orage, etc.) (cf. aussi* charge^2).

charged layer couche chargée d'électricité, couche ionisée *(ionosphère) (cf. aussi* ionosphere).

charged particle particule chargée (électriquement) *(particule élémentaire ou non portant une charge électrique) (électron, proton, ion, poussière, etc.) (cf. aussi* particle *et* electric charge).

charged-particle beam faisceau de particules chargées *(cf. aussi* beam^1 *et* charged particle).

charged-particle beam weapon arme à faisceau de particules chargées *(arme à faisceau de particules dans laquelle les particules accélérées sont projetées telles quelles, ce qui pose le problème non résolu de leur décollimatage par répulsion électrique mutuelle, notamment dans le vide cosmique) (les particules employées sont, de préférence, des protons en raison de leur masse relativement grande, d'où le terme « canon à protons », les électrons, beaucoup plus légers, transportant une énergie cinétique beaucoup moins grande à vitesse égale) (mil) (cf. aussi* particle-beam weapon, electrical repulsion *et* proton).

charged-particle stream flux de particules chargées *(ionosphère, etc.) (cf. aussi* charged particle).

charged under N volts chargé sous n volts *(condensateur, accu) (cf. aussi* charging 1)).

charged voltage tension à l'état chargé *(condensateur, accu) (cf. aussi* charging 1)).

charger chargeur (de batteries) *(cf. aussi* battery charger).

charges of like sign charges de même signe *(cf. aussi* like charges).

charges of opposite sign *cf.* charges of unlike sign.

charges of unlike sign charges de signes contraires *(cf. aussi* unlike charges).

charging **1)** charge (action de charger) *(au sens du terme anglais, action d'accumuler de l'électricité, notamment dans un condensateur ou un accumulateur en le connectant à une source de courant continu) (dans le cas d'un condensateur et d'un courant alternatif, la charge se produit dans un sens à chaque alternance positive et dans l'autre sens à chaque alternance négative) (cf. aussi* constant-current charging, electric charge (a), capacitor, storage cell 1) *et* half-cycle). **2)** taxation *(détermination du prix des communications téléphoniques ou autres prestations publiques).*

charging area zone de taxation *(zone géographique d'un réseau téléphonique public pour laquelle le prix de l'unité des communications téléphoniques est fixé à une valeur déterminée).*

charging circuit circuit de charge *(circuit parcouru par un courant de charge) (cf. aussi* charging 1) *et* circuit).

charging current *(parf.* intensité du) courant de charge *(condensateur, accu) (cf. aussi* charging 1)).

charging rate *(cf. aussi* charging 1)) **1)** vitesse de charge *(condensateur).* **2)** régime de charge *(accu).*

charging voltage tension de charge *(condensateur, accu) (cf. aussi* charging 1) *et* voltage).

chart **1)** graphique. **2)** tableau. **3)** enregistrement *(graphique tracé par un enregistreur).* **4)** *cf.* chart paper.

chart comparaison unit système de superposition de carte *(sur l'écran d'un radar panoramique) (avia).*

chart drive entraînement de la bande *(entraînement de la bande de papier d'un enregistreur graphique à défilement) (cf. aussi* strip-chart recorder).

chart paper papier pour enregistrement, papier à enregistrements *(papier en bande utilisé sur un enregistreur graphique à défilement, ou en feuilles utilisé sur un traceur de courbes).*

chart readout sortie sur papier *(présentation de résultats de mesure ou de calcul à l'aide d'un enregistreur graphique ou, parfois, d'une imprimante) (cf. aussi* graphic recorder *et* plotting).

chart recorder enregistreur graphique *(cf. aussi* graphic recorder).

chart recording (l')enregistrement graphique *(cf. aussi* graphic recording).

chart recording instrument *cf.* chart recorder.

chart speed vitesse de défilement (de la bande de papier), vitesse de la bande (de papier) *(enregistreur) (cf. aussi* strip-chart recorder).

chart table table *(surface plane sur laquelle la bande de papier glisse dans un enregistreur graphique à défilement) (cf. aussi* strip-chart recorder).

charting relevé de courbes *(à l'aide d'un enregistreur graphique) (cf. aussi* graphic recorder *et* plotting).

chassis châssis *(ossature d'un appareil électronique formée de profilés métalliques et de tôles ou de platines c.-à-d. de tôles épaisses et planes, ou uniquement d'une ou plusieurs tôles embouties) (cf. aussi* plug-in[1], rack *et* ground[1] 1)).

chassis assembly châssis complet *(châssis d'appareil ou de système, équipé de la platine avant, des côtés, poignées, etc.) (cf. aussi* chassis).

chassis frame ossature du châssis *(ensemble des profilés en tôle sur lequel sont fixées la platine horizontale, la platine avant, etc.) (cf. aussi* chassis).

chassis ground masse *(cf. aussi* ground[1] 1) *et* chassis).

chassis mouting montage sur châssis *(d'un circuit ou composant) (sdpo à « montage sur circuit imprimé ») (cf. aussi* chassis *et* PC-board mounting).

chassis punch emporte-pièce *(emporte-pièce en deux parties utilisé au marteau, à l'étau ou au balancier pour pratiquer des ouvertures circulaires dans un châssis ou une platine d'appareil électronique) (est beaucoup moins employé depuis que les transistors ont remplacés les tubes électroniques, généralement enfichés dans un support à emboîtement circulaire) (cf. aussi* chassis).

chatter **1)** vibration des contacts *(relais) (cf. aussi* relay contact). **2)** vibration parasite du burin *(graveur de disques) (cf. aussi* cutting stylus).

chattering *cf.* chatter.

Chebyshev filter filtre de Tchebychev *(filtre actif à courbe de réponse à fond ondulé et flancs raides) (cf. aussi* active filter *et* filter response curve).

Chebyshev ... filter *cf.* Chebyshev filter *et* ... filter.

Chebyshev response réponse d'un filtre de Tchebychev *(cf. aussi* filter response *et* Chebyshev filter).

check bit binaire de contrôle *(binaire de parité ou d'imparité) (binaire ajouté à un mot binaire pour permettre la détection d'une erreur éventuelle en cours de transfert ou de transmission) (inf, tls) (cf. aussi* parity bit).

check digit *cf.* check bit.

check-out *s* contrôle final *(contrôle général d'un composant, appareil ou système effectué avant sa livraison ou sa mise en service).*

check out *v* soumettre au contrôle final *(cf. aussi* check-out).

check point point de contrôle, *(parf.)* point de reprise *(cf. aussi* test point *et* rerun point).

check problem *cf.* check routine.

check register registre de contrôle *(registre d'ordinateur contenant un mot auquel est comparé le même mot après un transfert pour déceler toute erreur intervenue pendant celui-ci) (inf) (cf. aussi* register[1] 1) (a)).

check routine programme de contrôle *(programme d'ordinateur permettant de contrôler le fonctionnement de celui-ci en faisant travailler tous ses organes, le résultat à obtenir étant connu à l'avance) (inf) (cf. aussi* computer program).

check-sum *cf.* checksum. *(plus loin).*

checker-board pattern mire de carrés, mire en damier *(TV) (cf. aussi* test pattern (a)).

checksum *(en informatique)* somme de contrôle *(somme des binaires « 1 » lus dans une mémoire vive ou morte calculée et comparée au nombre qui doit être trouvé, à titre de contrôle rapide du fonctionnement de la mémoire) (inf) (cf. aussi* bit, RAM[1] *et* ROM).

cheese aerial *(GB) cf.* cheese antenna.

cheese antenna antenne demi-lune *(terme que j'ai proposé) (antenne hyperfréquence à réflecteur cylindrique parabolique limité en haut et en bas par une plaque perpendiculaire à l'axe du cylindre) (sa forme rappelle celle d'une boîte de camembert coupée en deux par un plan vertical, d'où le nom anglais) (cf. aussi* parabolic reflector).

chelate laser laser à chélate *(laser à liquide dans lequel le milieu actif effectif est un chélate en solution dans un liquide approprié, les ions de terre rare constituant ce milieu étant insérés dans des molécules organiques) (laser au néodyme chélaté, laser à l'europium chélaté, etc.) (cf. aussi* liquid laser *et* lasing medium).

chemical bond liaison chimique *(association de deux atomes entrant dans la composition d'une molécule) (chimie physique) (cf. aussi* electrovalent bond, covalent bond, valence, atome *et* molecule).

chemical doping dopage chimique *(dopage d'un semiconducteur par diffusion gazeuse) (sdpo à « implantation ionique ») (cf. aussi* diffusion 1) (b)).

chemical etching attaque chimique *(fab. CP, CH, CI, semi) (cf. aussi* etching).

chemical laser laser chimique, laser à pompage chimique *(laser utilisant l'énergie libérée par une réaction chimique pour créer l'inversion de population nécessaire pour produire l'effet laser) (cf. aussi* laser *et* population inversion).

chemical vapor deposition dépôt chimique en phase vapeur, dépôt en phase vapeur (a) *procédé de fabrication de fibres optiques par dépôt de vapeurs métalliques chlorées oxydées à chaud sur une paroi d'un tube de silice extra-pure chauffé à blanc, l'ensemble étant ensuite rétreint, également à chaud, pour faire disparaître le trou central en donnant une tige appelée « préforme », laquelle est ensuite chauffée à blanc à une extrémité pour former la fibre optique par étirage) (cf. aussi* inside chemical vapor deposition, outside chemical vapor deposition *et* optical fiber); (b) *dépôt sous vide en phase vapeur avec réaction chimique produite par un gaz approprié pour obtenir notamment une couche d'oxyde ou de nitrure) (fab. CI) (cf. aussi* vapor deposition 1)).

chemically deposited germanium germanium déposé par voie chimique *(fab. semi) (cf. aussi* germanium).

chemically deposited printed circuit circuit imprimé réalisé par dépôt chimique *(cf. aussi* additive method).

chemically pumped laser *cf.* chemical laser.

chemiluminescence chimiluminescence *(luminescence due à une réaction chimique, à savoir une oxydation lente fournissant l'énergie d'excitation nécessaire) (cf. aussi* bioluminescence *et* luminescence).

chest set micro plastron *(cf. aussi* microphone).

chevron propagation structure structure (de propagation) en chevrons *(mémoire à bulles) (cf. aussi* propagation structure *et* magnetic-bubble memory).

chevron structure *cf.* chevron propagation structure.

Child's law loi de Child-Langmuir *(formule donnant l'intensité du courant dans une diode à vide en fonction de la tension anodique et de la pervéance de la diode) ($I = p\,U_a^{3/2}$, où I est l'intensité du courant dans la diode, U_a la tension anodique et p la pervéance) (cf. aussi* perveance, diode tube *et* anode voltage).

chimney accélérateur de convection *(petite jupe en tôle emboîtée sur le dissipateur d'un transistor de puissance pour canaliser l'air sur les ailettes du dissipateur) (cf. aussi heat sink 2))*.

chip *(cf. aussi CHIP, avant chirp)* **1)** puce, pastille, plaquette, microplaquette *(petite plaquette de semiconducteur (germanium à l'origine, silicium le plus souvent depuis lors ou, en hyperfréquences, arséniure de gallium) ou autre corps dans laquelle est réalisé un circuit intégré monolithique, un transistor ou un autre composant à semiconducteur) (le mot « chip » est souvent employé pour désigner un circuit intégré monolithique complet et doit alors être traduit par « circuit intégré », « circuit » ou « boîtier » selon le contexte) (cf. aussi wafer 2), germanium, silicon, gallium arsenide, monolithic integrated circuit et transistor).* **2)** confetti *(a) petit disque de papier produit par l'exécution d'une perforation dans une bande perforée) (tlg, inf) (cf. aussi punched tape)* ; *(b) petit rectangle de carton produit par l'exécution d'une perforation dans une carte perforée) (inf) (cf. aussi punched card).* **3)** copeau *(matière enlevée dans un disque original par le burin graveur pour former le sillon lors d'un enregistrement sur disque classique) (cf. aussi cutting stylus).*

chip-and-wire hybrid circuit circuit hybride à puces nues connectées par fils *(cf. aussi bare-chip hybrid circuit).*

chip-and-wire multilayer ceramic hybrid circuit circuit hybride céramique multicouche à puces nues *(cf. aussi multilayer hybrid circuit et chip-and-wire hybrid circuit.*

chip-and-wire packaging encapsulation avec puces nues *(CH) (cf. aussi chip-and-wire hybrid circuit).*

chip architect *cf.* chip designer.

chip area surface de la puce *(parf.* d'une puce), aire de la puce *(idem) (« aire » est le terme correct, mais « surface » est beaucoup plus employé) (CI, semi) (cf. aussi chip 1) et real estate).*

chip attachment *cf.* chip bonding.

chip-bearing substrate substrat portant la puce *(parf.* les puces) *(CH) (cf. aussi chip bonding).*

chip bond attache de la puce *(collure ou soudure fixant une puce) (cf. aussi chip bonding).*

chip bonding fixation de la puce *(fixation d'une puce de circuit intégré ou autre composant dans un boîtier ou un porte-puce ou sur le substrat d'un circuit hybride à l'aide d'une colle époxy ou par soudure eutectique or-silicium) (cf. aussi chip 1) et chip carrier).*

chip capacitor condensateur pastille *(cf. aussi chip component et capacitor).*

chip carrier porte-puce *(petit boîtier conçu pour recevoir une puce à monter dans un circuit hybride) (cf. aussi leadless chip carrier, leaded chip carrier, chip bonding et hybrid integrated circuit).*

chip cavity logement de la puce *(dans un porte-puce) (cf. aussi chip carrier).*

chip codec codec intégré, codec en circuit intégré *(codec réalisé sous la forme d'un circuit intégré monolithique) (cf. aussi codec et monolithic integrated circuit).*

chip complexity complexité de la puce *(cette notion s'applique surtout aux circuits LSI et encore plus aux circuits VLSI, ULSI et VHSIC) (cf. aussi chip 1), LSI circuit, VLSI circuit, ULSI circuit et VHSIC circuit).*

chip component composant pastille *(terme que j'ai proposé),* composant pour montage en surface, composant CMS *(condensateur, résistance, inductance, diode à jonction, transistor, etc. subminiature en forme de pastille rectangulaire et sans boîtier ou constituée par celui-ci, conçu pour être soudé sur les conducteurs d'un circuit hybride ou imprimé) (cf. aussi hybrid circuit et surface mounting).*

chip count nombre de boîtiers *(nombre de circuits intégrés monolithiques en boîtier nécessaire pour remplir une ou plusieurs fonctions déterminées) (noter l'emploi de « chip » en anglais et non de « package ») (cf. aussi package count, monolithic integrated circuit, chip 1) et function[1] 1) (a)).*

chip cracking fissuration de la puce *(détérioration d'une puce, notamment de transistor de puissance, soudée directement sur l'embase du boîtier, pouvant se produire lorsque les coefficients de dilatation thermique des deux éléments ne sont pas identiques) (cf. aussi chip 1).*

chip density densité d'intégration *(CI) (cf. aussi integration density).*

chip design conception des puces *(parf.* de la puce, *parf.* d'une puce) *(nom souvent donné à la conception des circuits intégrés monolithiques) (cf. aussi chip 1) et monolithic integrated circuit).*

chip designer concepteur de circuits intégrés *(cf. aussi IC designer).*

chip diode diode pastille, *(etc.) (diode monté dans un microboîtier formant un composant pastille) (semi) (cf. aussi chip component et junction diode).*

chip enable *cf.* chip selection. *(et noter qu'il s'agit de la même chose).*

chip enable ... *cf.* chip select ...

chip enabling *cf.* chip enable.

chip enabling ... *cf.* chip select ...

chip inductor inductance pastille *(cf. aussi inductor et chip component).*

chip layout tracé de la puce *(parf.* des puces) *(CI) (cf. aussi integrated-circuit layout).*

chip maker *cf.* chip manufacturer.

chip manufacturer fabricant de circuits intégrés monolithiques *(cf. aussi monolithic integrated circuit).*

chip mask masque à puce *(autre nom du réticule) (sdpo à « masque à plaquette ») (fab. CI, semi) (cf. aussi reticle et wafer mask).*

chip metallization métallisation (de la puce, *parf.* des puces) *(cf. aussi metallization (a)).*

chip-on-tape method méthode *(ou* procédé) de connexion sur bande *(fab. CH) (cf. aussi tape automated bonding).*

chip package *cf.* integrated-circuit package.

chip packaging encapsulation des puces *(CI, semi) (cf. aussi integrated-circuit packaging).*

chip passivation passivation de la puce *(parf.* des puces) *(fab. CI, semi) (cf. aussi passivation).*

chip pattern motif de la puce *(dessin formé par les éléments de circuit réalisés, ou à réaliser, dans une puce de circuit intégré, de transistor ou autre composant à semiconducteur) (cf. aussi circuit element et pattern).*

chip real estate place sur la puce, *(etc.) (CI) (cf. aussi chip area).*

chip-related failure défaillance *(ou* panne) due à la puce *(CI, semi) (cf. aussi chip 1) et failure mechanism).*

chip-related failure mode type de défaillance *(ou* de panne) due à la puce *(CI, semi).*

chip resistor résistance pastille, *(etc.) (cf. aussi chip component et resistor).*

chip select 1) *cf.* chip selection. **2)** *cf.* chip select pulse.

chip-select input *cf.* chip select pulse.

chip-select line ligne de sélection de boîtier *(ou* de validation de boîtier) *(conducteur d'un microprocesseur ou d'une carte logique prévu pour transmettre une impulsion de sélection de boîtier) (inf) (cf. aussi active-low line, active-high line et chip selection).*

chip-select pulse impulsion de sélection de boîtier *(ou* de validation de boîtier), signal *(idem) (impulsion opérant une sélection de boîtier) (inf) (cf. aussi chip selection).*

chip-select signal *cf.* chip select pulse.

chip-select time instant de ... *(voir aussi* chip selection).

chip selection sélection de boîtier, validation *(idem) (mise en circuit d'un boîtier de mémoire vive d'une carte mémoire par application d'une impulsion appropriée à une broche déterminée du boîtier pour accéder effectivement à des positions de la mémoire contenues dans le boîtier) (cf. aussi chip enable, RAM[1], memory board et memory location).*

chip selection ... *cf.* chip select ...

chip set jeu de puces *(groupe de plusieurs puces de circuit intégré généralement utilisées ensemble) (cf. aussi chip 1)).*

chip size taille de la puce *(parf.* des puces), dimensions *(idem) (CI, semi).*

chip testability facilité de contrôle de la puce *(notion importante pour les circuits LSI et encore plus pour les circuits VLSI, ULSI et VHSIC) (CI) (voir ces termes).*

chip transistor transistor pastille, *(etc.) (transistor monté dans un microboîtier formant un composant pastille) (semi) (cf. aussi chip component et transistor).*

chip yield rendement de fabrication *(CI, semi) (cf. aussi* yield (b) *)*.
chipless hybrid *cf.* chipless hybrid circuit.
chipless hybrid circuit circuit hybride à porte-puce *(circuit hybride dans lequel les puces de circuits intégrés, de transistors ou autre composants à semiconducteur sont montées dans des porte-puce) (cf. aussi* chip carrier*)*.
CHIP *cf.* gold CHIP integrated circuit.
chirp 1) fluctuation de fréquence d'une impulsion *(effet parasite) (radiotlg, etc.)*. 2) *cf.* chirp modulation.
chirp filter filtre d'expansion ou de compression d'impulsions *(radar) (cf. aussi* down-chirp *et* up-chirp*)*.
chirp modulation modulation de fréquence d'impulsion *(décroissance régulière provoquée de la fréquence d'une porteuse émise par impulsions, pendant la durée de chacune de celles-ci, pour élargir son spectre de fréquences) (est réalisée à l'aide d'un filtre élargisseur d'impulsions et employée notamment dans le radar à compression d'impulsions) (cf. aussi* down-chirp, expansion filter, up-chirp, compression filter, chirp radar, carrier 1) *et* frequency spectrum 2) *)*.
chirp pulse impulsion modulée en fréquence *(cf. aussi* chirp modulation*)*.
chirp-pulsed radar *cf.* chirp radar.
chirp radar radar à compression d'impulsions *(radar à impulsions dans lequel la durée des échos reçus par l'antenne est réduite par un filtre spécial dans le récepteur pour améliorer la précision en distance, le spectre de fréquences des impulsions émises étant élargi par modulation de fréquence d'impulsion pour permettre ce résultat) (pour augmenter la portée d'un radar, on peut accroître sa puissance crête ou augmenter la durée des impulsions émises. La première solution conduit rapidement à des puissances susceptibles de détériorer certains composants de l'émetteur; la seconde a l'inconvénient de réduire la précision en distance puisque celle-ci est inversement proportionnelle à la durée des impulsions) (pour une puissance crête donnée, on choisit d'émettre des impulsions de longue durée modulées en fréquence pour pouvoir réduire la durée des échos reçus à l'aide d'un filtre spécial dans le récepteur, ce qui rétablit la précision en distance) (cf. aussi* chirp modulation, compression filter, time-bandwidth product, pulse radar *et* peak power 1) *)*.
chirp signal *cf.* chirp pulse.
chirp sounder sondeur à modulation de fréquence, sondeur FM *(sondeur ionosphérique à impulsions modulées en fréquence) (propa) (cf. aussi* ionosonde *et* chirp radar*)*.
chirp transducer ligne dispersive *(radar) (cf. aussi* dispersive delay line*)*.
chirp waveform *cf.* chirp pulse. *(cf. aussi* waveform*)*.
CHNL *cf.* channel.
choke 1) *cf.* choke coil. 2) piège *(au sens du terme anglais, rainure et espace périphériques de forme et dimensions déterminées ménagés à l'extrémité d'un guide d'ondes ou entre un élément mobile dans un guide d'ondes et celui-ci pour produire l'effet d'un court-circuit par inversion d'impédance et assurer ainsi la continuité électrique vis-à-vis de l'onde à transmettre, indépendamment de tout contact mécanique) (est le dispositif qui a permis la réalisation des joints tournants) (hyper) (cf. aussi* choke flange, choke plunger, rotary joint, waveguide *et* impedance*)*.
choke coil bobine d'arrêt *(bobine d'inductance destinée à arrêter la composante à haute fréquence d'un courant tout en laissant passer la composante à basse fréquence) (ne pas employer « bobine de choc » ni « self de choc ») (cf. aussi* inductor *et* RF component*)*.
choke coupling raccord à piège, *(parf.)* raccordement par bride à piège *(raccord de guides d'ondes exempt de fuites de rayonnement) (hyper) (cf. aussi* choke flange*)*.
choke filter filtre à bobine de lissage *(type classique de filtre d'alimentation à courant redressé) (cf. aussi* smoothing filter*)*.
choke flange bride à piège *(bride de guide d'ondes comportant un piège sur la face de raccordement pour empêcher les fuites de rayonnement électromagnétique grâce à la continuité électrique ainsi réalisée) (hyper) (cf. aussi* waveguide flange *et* choke 2*)*.
choke inductor bobine de lissage *(alim) (cf. aussi* smoothing filter*)*.

choke-input filter filtre à inductance en tête *(filtre d'alimentation à courant redressé dont le premier élément est une inductance) (cf. aussi* smoothing filter*)*.
choke joint *cf.* choke coupling.
choke piston *cf.* choke plunger.
choke plunger piston à piège *(piston coulissant dans un guide d'onde sans le toucher grâce à un piège) (hyper) (cf. aussi* plunger 2 *et* choke 2*))*.
chop *v* découper *(en électronique et sciences connexes, interrompre périodiquement un flux continu) (ne pas employer « hacher ») (cf. aussi* chopper*)*.
chopped beam faisceau découpé *(cf. aussi* chop*)*.
chopped current courant découpé *(cf. aussi* chop*)*.
chopped mode mode découpé, mode de balayage découpé *(mode de fonctionnement d'un oscilloscope bicourbe monocanon monofaisceau dans lequel le faisceau d'électrons trace quasi-simultanément, point par point, les deux signaux sur l'écran pendant un même balayage, un point d'un signal, puis un point de l'autre, et ainsi de suite) (le temps nécessaire au faisceau pour passer d'une courbe l'autre après chaque point tracé étant négligeable, elles sont tracées pratiquement en même temps et leur phase mutuelle n'est pas modifiée) (cf. aussi* dual-trace oscilloscope*)*.
chopped signal signal découpé *(cf. aussi* chop*)*.
chopped sweep mode *cf.* chopped mode.
chopper découpeur *s*, dispositif de découpage *(ne pas employer « hacheur ») (dispositif réalisant le découpage d'un courant continu ou d'un faisceau de lumière) (est un dispositif de commutation périodique spécial électromécanique ou électronique dans le premier cas, ou un dispositif d'occultation périodique mécano-optique ou électro-optique dans le second cas) (sert notamment à convertir un courant continu en courant alternatif semi-directement dans le premier cas ou indirectement dans le second) (cf. aussi* vibrator, light chopper *et* chopper amplifier*)*.
chopper amplifier amplificateur à découpage (du signal) *(amplificateur à courant continu dans lequel le signal à amplifier est découpé à une fréquence relativement élevée pour pouvoir l'amplifier comme un courant alternatif, le signal de sortie étant découpé en synchronisme avec le signal d'entrée pour le redresser, puis filtré par un filtre passe-bas pour éliminer la composante à haute fréquence produite par le découpage initial) (est un type particulier d'amplificateur à courant porteur dans lequel le courant porteur est obtenu à partir du signal à amplifier lui-même) (cf. aussi* carrier amplifier, dc amplifier, chop, ac amplifier, synchronism, rectification *et* low-pass filter*)*.
chopper stabilization stabilisation par découpage *(amplificateur à courant continu) (cf. aussi* chopper-stabilized amplifier*)*.
chopper-stabilized amplifier amplificateur stabilisé par découpage *(amplificateur à courant continu formé d'un amplificateur à découpage suivi d'un amplificateur opérationnel attaqué en outre directement par le signal initial par l'intermédiaire d'un condensateur) (l'amplificateur à découpage assure l'amplification et la stabilité nécessaires pour les variations lentes du signal à amplifier tandis que les variations rapides éventuelles sont transmises par le condensateur au deuxième amplificateur, qui les amplifie ainsi que le signal de sortie du premier amplificateur) (est donc en fait un amplificateur mixte formé d'un amplificateur à courant continu à découpage et d'un amplificateur à courant alternatif monté en cascade avec celui-ci pour les fréquences basses et en parallèle sur celui-ci pour les fréquences plus élevées) (cf. aussi* dc amplifier, chopper amplifier, operational amplifier *et* ac amplifier*)*.
chopping découpage *(ne pas employer « hachage ») (cf. aussi* chop*)*.
chorus chœur de l'aube *(radiocom) (cf. aussi* dawn chorus*)*.
chrom-on-glass ... ... en verre chromé *(masque de gravure ou réticule) (clpf) (cf. aussi* mask 2) *et* reticle*)*.
chrom-on-quartz ... *cf.* chrom-on glass ... *et* adapter.
chroma 1) *cf.* color saturation. 2) *cf.* chrominance.
chroma ... *cf.* chrominance ... *(sauf termes ci-après)*.
chroma band *cf.* chrominance-signal bandwidth.

chroma band-pass *cf.* chrominance-channel bandwidth.

chroma burst *cf.* color burst.

chroma control commande de saturation (des couleurs), *(parf.)* potentiomètre de réglage de la *(idem) (dans un récepteur de télévision en couleurs, potentiomètre agissant sur le gain de l'amplificateur de chrominance pour régler la saturation des couleurs, ou dispositif de commande de ce potentiomètre) (cf. aussi* potentiometer 1), gain, chrominance amplifier *et* color saturation).

chroma oscillator *cf.* chrominance subcarrier oscillator.

chroma passband *cf.* chrominance-channel bandwidth.

chromatic dispersion dispersion chromatique *(élargissement d'une impulsion de lumière non absolument monochromatique transmise par une fibre optique monomode dû aux différences de temps de propagation des composantes spectrales de l'impulsion) (ne pas confondre avec la dispersion modale) (cf. aussi* monochromatic light, monomode optical fiber, spectral component *et* modal dispersion).

chromaticity chromaticité *(caractéristique d'une couleur englobant ses deux caractéristiques colorimétriques, c.-à-d. sa teinte et sa saturation, indépendamment de sa luminosité) (la chromaticité exprime la sensation chromatique produite sur l'œil par la couleur considérée ; elle se déduit des coordonnées de celle-ci dans le triangle des couleurs) (TVC, etc.) (cf. aussi* chromaticity diagram *et* color saturation).

chromaticity coordinates coordonnées trichromatiques *(coordonnées du point figuratif d'une couleur dans le triangle des couleurs) (sont une autre façon d'exprimer un coefficient trichromatique) (colorimétrie) (TVC, etc.) (cf. aussi* chromaticity diagram *et* trichromatic coefficient).

chromaticity diagram diagramme trichromatique, triangle des couleurs *(le second terme est le plus employé, bien que non officiel) (courbe fermée, approximativement triangulaire, construite dans un système de coordonnées rectangulaires pour représenter dans un plan, c.-à-d. avec deux dimensions, les trois caractéristiques physiques des couleurs — teinte, saturation, luminosité — qui nécessitent théoriquement une représentation tridimensionnelle) (colorimétrie) (TVC, etc.) (cf. aussi* reference white 1) *et* purple boundary).

chromaticity flicker fluctuations de chrominance *(image TVC) (cf. aussi* chrominance).

chromatron chromatron, tube de Lawrence *(tube-image couleur à un seul canon à électrons émettant un seul faisceau d'électrons, dans lequel les luminophores sont déposés sur l'écran sous la forme de bandes horizontales alternativement rouges, vertes et bleues et le faisceau est dévié vers la bande de couleur rouge ou bleue de la ligne balayée par deux réseaux de fils horizontaux imbriqués disposés les uns derrière les bandes rouges et les autres derrière les bandes bleues et excités en conséquence) (présente notamment l'avantage de ne pas nécessiter de réglage de convergence grâce à l'emploi d'un seul faisceau d'électrons) (cf. aussi* color picture tube *et* convergence).

chromel *(vient de « chromium-nickel »)* chromel *(alliage nickel-chrome utilisé dans certains thermocouples) (cf. aussi* thermocouple).

chrominance chrominance *(valeur colorimétrique d'une couleur par rapport au blanc de référence pour des valeurs égales de la luminance des deux couleurs) (colorimétrie) (TVC, etc.) (cf. aussi* reference white 1)).

chrominance amplifier amplificateur de chrominance *(ou de sous-porteuse de chrominance) (dans un récepteur de télévision en couleurs, amplificateur du genre vidéo amplifiant la sous-porteuse de chrominance après séparation de celle-ci du signal de luminance et du signal son, et avant sa démodulation pour en tirer les signaux de différence de couleurs) (cf. aussi* video amplifier, chrominance subcarrier, luminance signal, sound signal 2), demodulation *et* color-difference signal).

chrominance bandpass *cf.* chrominance-channel bandwidth.

chrominance bandwidth *cf.* chrominance-channel bandwidth.

chrominance carrier *cf.* chrominance subcarrier.

chrominance-carrier reference *(signal)* sous-porteuse de chrominance régénérée *(récepteur TVC) (cf. aussi* chrominance subcarrier oscillator).

chrominance channel partie chrominance, voie de chrominance, circuits de chrominance *(ensemble des circuits d'une caméra, d'un émetteur ou d'un récepteur de télévision en couleurs traitant le signal de chrominance) (cf. aussi* chrominance signal).

chrominance-channel bandpass *cf.* chrominance-channel bandwidth.

chrominance-channel bandwidth bande passante de la partie chrominance, *(etc.) (cf. aussi* chrominance channel *et* bandwidth 2)).

chrominance-channel in-phase response réponse de la partie chrominance à la composante en phase *(du signal de chrominance) (cf. aussi* chrominance channel *et* I signal).

chrominance-channel in-phase transient response réponse de la partie chrominance aux transistoire de la composante en phase *(du signal de chrominance), (etc.) (cf. aussi* chrominance-channel transient response *et* I signal).

chrominance-channel overall bandwidth *cf.* chrominance-channel bandwidth.

chrominance-channel passband *cf.* chrominance channel bandwidth.

chrominance-channel quadrature response réponse de la partie chrominance à la composante en quadrature *(du signal de chrominance), (etc.) (cf. aussi* chrominance channel *et* Q signal 1)).

chrominance-channel quadrature transient response réponse de la partie chrominance aux transitoires de la composante en quadrature *(du signal de chrominance), (etc.) (cf. aussi* chrominance-channel transient response *et* Q signal 1)).

chrominance-channel response réponse de la partie chrominance, *(etc.) (récepteur TVC) (cf. aussi* chrominance channel, chrominance-channel transient response, chrominance-channel in-phase response, chrominance-channel quadrature response *et* response 1)).

chrominance-channel transient response réponse de la partie chrominance aux transitoires du signal de chrominance *(ou aux transitoires de couleur), (etc.) (reproduction plus ou moins fidèle des variations brusques du signal de chrominance par la partie chrominance d'un récepteur de télévision en couleurs) (détermine la qualité de reproduction chromatique du bord des plages colorées) (cf. aussi* chrominance channel, transient response *et* color transition).

chrominance components *cf.* chrominance-signal components.

chrominance demodulator *cf.* chrominance subcarrier demodulator.

chrominance in-phase distortion *cf.* chrominance-signal in-phase distortion.

chrominance information information de chrominance, information couleur *(ou* chromatique *ou* transmise par la sous-porteuse de chrominance) *(caractéristiques colorimétriques transmises par la sous-porteuse de chrominance dans un signal de télévision en couleurs) (cf. aussi* chromaticity).

chrominance modulator *cf.* chrominance subcarrier modulator.

chrominance oscillator *cf.* chrominance subcarrier oscillator.

chrominance primary primaire *sf* de chrominance *(TVC) (cf. aussi* color-difference signal).

chrominance quadrature distorsion *cf.* chrominance-signal quadrature distorsion.

chrominance signal signal de chrominance *(partie d'un signal de télévision en couleurs transmettant l'information de chrominance, c.-à-d. sous-porteuse de chrominance modulée ou chacun des signaux transmis par celle-ci) (cf. aussi* chrominance subcarrier, chrominance information *et* color television signal).

chrominance-signal bandwidth largeur de bande du signal de chrominance *(TVC) (cf. aussi* bandwidth 1) (b) *et* chrominance signal).

chrominance-signal components (les) composantes du signal de chrominance, (les) composantes de chrominance *(noms parfois donnés aux signaux de différence de couleurs pour rappeler leur rôle dans le signal de chrominance) (cf. aussi* color-difference signal *et* chrominance signal).

chrominance signal in-phase distortion distorsion de la composante en phase du signal de chrominance *(réception d'un signal de télévision en couleurs NTSC ou PAL) (cf. aussi* distortion *et* I signal).

chrominance-signal processing circuits circuits de traitement du signal de chrominance *(cf. aussi* chrominance channel).

chrominance-signal quadrature crosstalk interférence entre les composantes (en quadrature) du signal de chrominance *(signal de télévision en couleurs NTSC ou PAL) (cf. aussi* I signal *et* Q signal 1)).

chrominance-signal quadrature distortion distorsion de la composante en quadrature du signal de chrominance *(réception d'un signal de télévision en couleurs NTSC ou PAL) (cf. aussi* distortion *et* Q signal 1)).

chrominance-signal sidebands *cf.* chrominance subcarrier sidebands.

chrominance-signal spectrum spectre du signal de chrominance, spectre des fréquences du signal de chrominance *(signal TVC) (cf. aussi* frequency spectrum (b) *et* chrominance signal).

chrominance-signal transient response *cf.* chrominance-channel transient response.

chrominance subcarrier sous-porteuse de chrominance *(sous-porteuse transmettant l'information de chrominance dans un signal de télévision en couleurs en étant modulée par les signaux de différence de couleur ou des signaux tirés de ceux-ci) (cf. aussi* subcarrier, chrominance information, color-difference signal *et* chrominance signal).

chrominance subcarrier bandwidth *cf.* chrominance-signal bandwidth.

chrominance subcarrier demodulation démodulation de la sous-porteuse de chrominance *(traitement de la sous-porteuse de chrominance dans un récepteur de télévision en couleurs pour en extraire les signaux de différence de couleur) (cf. aussi* demodulation, chrominance subcarrier *et* color-difference signal).

chrominance subcarrier demodulator démodulateur de sous-porteuse de chrominance *(démodulateur réalisant la démodulation de la sous-porteuse de chrominance dans un récepteur de télévision en couleurs) (cf. aussi* demodulator *et* chrominance subcarrier demodulation).

chrominance subcarrier frequency fréquence de la sous-porteuse de chrominance *(signal TVC) (cf. aussi* chrominance subcarrier).

chrominance subcarrier information *cf.* chrominance information.

chrominance subcarrier modulation modulation de la sous-porteuse de chrominance *(application des signaux de différence de couleur à la sous-porteuse de chrominance dans un émetteur de télévision en couleurs) (cf. aussi* modulation (a), color-difference signal *et* chrominance subcarrier).

chrominance subcarrier modulation sidebands *cf.* chrominance subcarrier sidebands.

chrominance subcarrier modulator modulateur de (la) sous-porteuse de chrominance *(modulateur réalisant la modulation de la sous-porteuse de chrominance dans un émetteur de télévision en couleurs) (cf. aussi* modulator *et* chrominance subcarrier modulation).

chrominance subcarrier oscillator (oscillateur) régénérateur de sous-porteuse (de chrominance), oscillateur de régénération (de la sous-porteuse de chrominance) *(dans un récepteur de télévision en couleurs NTSC ou PAL, oscillateur produisant la sous-porteuse de chrominance régénérée appliquée directement au démodulateur I et, après déphasage de 90°, au démodulateur Q pour permettre la détection synchrone des signaux I et Q) (cf. aussi* chrominance subcarrier, carrier reinsertion oscillator, I demodulator, Q demodulator, synchronous detection *et* automatic phase control).

chrominance subcarrier reference signal *cf.* chrominance carrier reference.

chrominance subcarrier sidebands bandes latérales de la sous-porteuse de chrominance *(ou du signal de chrominance) (bandes latérales produites par la modulation de la sous-porteuse de chrominance par les signaux de différence de couleur, dans un signal de télévision en couleurs) (cf. aussi* sideband, chrominance subcarrier *et* color-difference signal).

chrominance subcarrier signal *cf.* chrominance signal.

chrominance transient performance *cf.* chrominance-channel transient response.

chromium-fuse technology technique des fusibles au chrome (mémoire) *(cf. aussi* fuse-link PROM *et* technology).

CID *(vient de « charge-injection device »)* CID, circuit CID, circuit à injection de charges, *(parf.)* dispositif *(idem) (circuit à transfert de charges dans lequel la charge collectée par un élément photosensible est injectée dans le substrat lors de la lecture, et caractérisé par l'accès direct à ses éléments pour la lecture grâce à leur adressage matriciel) (semi) (cf. aussi* CTD *et* matrix addressing).

CID processing traitement par circuit CID, traitement de *(parf.* des) signaux par circuit CID.

cinching glissement de spire *(manque de serrage d'une spire d'une bande magnétique enroulée sous faible tension mécanique sur une bobine, dû la réduction brusque de la vitesse de rotation de celle-ci lors d'un arrêt).*

cipher[1] *s* (le) chiffre *(autre nom, plus général, de la clé d'un code cryptographique, pouvant également désigner le code complet, le texte chiffré obtenu ou l'activité correspondante) (cf. aussi* key[1] 4)).

cipher[2] *v* chiffrer *(un message) (cf. aussi* encipher).

cipher telephony cryptophonie *(radiotéléphonie ou, plus rarement, téléphonie dans laquelle le signal de conversation est crypté par embrouillage avant d'être émis, et décrypté à la réception pour assurer le secret de la communication) (cf. aussi* encrypt *et* scrambling).

ciphered information informations chiffrées *(parf. au singulier) (informations contenues dans un message chiffré) (cf. aussi* information *et* encipherment).

ciphered telephony *cf.* cipher telephony.

ciphering chiffrage *(d'un message) (cf. aussi* encipherment).

ciphony *cf.* cipher telephony.

circuit circuit (électrique *ou* magnétique) *(ce terme employé sans qualificatif désigne presque toujours un circuit électrique) (noter : 1°) qu'un « circuit ouvert » n'est plus un circuit ; 2°) que le terme circuit est souvent employé dans les deux langues pour désigner un montage ; et 3°) qu'il peut désigner un circuit intégré ou, plus rarement, un circuit imprimé) (cf. aussi* electric circuit, electronic circuit, arrangement 1), circuit element, circuit theory, ac circuit, dc circuit, communications circuit, analog circuit, digital circuit, logic circuit, pulse circuit, resistive circuit, reactive circuit, integrated circuit, printed circuit, electricity *et* magnetic circuit).

circuit analysis analyse des circuits *(analyse du fonctionnement d'un montage plus ou moins complexe effectuée notamment à l'aide d'un schéma de principe de celui-ci) (cf. aussi* circuit, circuit diagram *et* circuit theory).

circuit analyzer *cf.* multimeter.

circuit arrangement montage (de circuits) *(cf. aussi* arrangement 1)).

circuit attachment fixation (d'un composant) sur un circuit imprimé *(cf. aussi* printed circuit).

circuit board carte imprimée *(cf. aussi* printed-circuit board).

circuit-board mounting montage sur carte (à circuit imprimé) *(potentiomètre ajustable, relais miniature, etc.).*

circuit breaking ouverture d'un circuit *(parf.* du circuit), coupure *(idem) (par un contact de relais, etc.) (cf. aussi* break contact).

circuit-breaking time lag temporisation à l'ouverture, retard à l'ouverture *(relais) (cf. aussi* off-delay relay).

circuit capacity *cf.* circuit transmission capacity.

circuit card *cf.* circuit board.

circuit component *cf.* circuit element.

circuit conditions *cf.* circuit operating conditions.

circuit conditioning conditionnement des circuits, amélioration des circuits *(amélioration de la qualité de transmission d'un circuit téléphonique ou télégraphique par réduction du bruit, égalisation de la réponse en fréquence et en phase, etc., généralement en vue de l'utiliser pour la transmission de données) (cf. aussi* telephone circuit *et* data transmission).

circuit configuration structure du circuit *(parf.* d'un circuit), constitution *(idem),* configuration *(idem) (cf. aussi* circuit).

circuit constants constantes du circuit *(parf.* d'un circuit) (électrique) *(capacité et inductance d'un circuit) (cf. aussi* distributed constants *et* lumped constants).

circuit delay   temps de propagation *(circuit logique) (cf. aussi* gate delay).

circuit density   densité de circuits *(nom parfois donné à la densité d'intégration) (CI) (cf. aussi* integration density).

circuit design   conception des circuits *(établissement du schéma de principe d'un montage électronique et calcul de la valeur de ses éléments) (ce terme désigne souvent la conception des circuits intégrés et plus particulièrement des circuits intégrés monolithiques) (cf. aussi* circuit, circuit element *et* integrated circuit).

circuit designer   concepteur de circuits *(ingénieur électronicien ou agent technique électronicien de haut niveau chargé de la conception des circuits) (cf. aussi* circuit design).

circuit device   composant *(au sens du terme anglais, composant d'un circuit intégré monolithique : transistor ou diode le plus souvent) (cf. aussi* monolithic integrated circuit).

circuit diagram   schéma de principe, *(parf.)* schéma des circuits *(schéma représentant les circuits d'un appareil ou d'un montage) (cf. aussi* circuit schematic *et* block diagram).

circuit element   élément de circuit *(partie constitutive d'un circuit électrique ou électronique possédant une propriété électrique bien marquée ou composant électrique ou électronique constituant une telle partie de circuit) (la propriété est une résistance, une capacité, une inductance, une conduction unidirectionnelle ou une force électromorice) (le composant est respectivement une résistance, un condensateur, une bobine d'inductance ou un transformateur, une jonction redresseuse ou une diode, ou une source de courant) (cf. aussi* passive element (a), active element (a), linear element, non-linear element, lumped element, distributed element *et* circuit).

circuit engineer   ingénieur en circuits *(ingénieur concepteur de circuits) (cf. aussi* circuit designer).

circuit engineering   *cf.* circuit design.

circuit fault indicator   indicateur de circuit défectueux *(voyant à diode lumineuse, etc.).*

circuit hybridization   hybridation des circuits *(cf. aussi* hybridization).

circuit integration   intégration des circuits *(CI) (cf. aussi* integration 2)).

circuit layout   implantation des circuits *(cf. aussi* layout 3)).

circuit making   fermeture du circuit *(parf.* d'un circuit) *(par un contact de relais, etc.) (cf. aussi* make contact).

circuit-making time lag   temporisation à la fermeture, retard à la fermeture *(relais) (cf. aussi* on-delay relay).

circuit module   module *(cf. aussi* module (a)).

circuit network   *cf.* circuit-switching network.

circuit node   (un) point du circuit *(point particulier d'un montage auquel une tension ou un signal est appliqué(e), recueilli(e), contrôlé(e) ou mesuré(e)) (cf. aussi* circuit).

circuit noise   bruit du circuit, bruit dû au circuit, bruit provenant du circuit *(cf. aussi* noise 2) (a)).

circuit noise level   niveau de bruit du circuit *(rapport, exprimé en décibels, entre la valeur de la tension de bruit en un point quelconque d'une ligne de transmission et la valeur de la tension de bruit prise comme référence) (cf. aussi* level 1), noise 2) (a) *et* transmission line).

circuit-noise meter   *cf.* psophometer.

circuit operating conditions   condition de fonctionnement du circuit *(parf.* des circuits) *(cf. aussi* operating conditions *et* circuit operation).

circuit operation   fonctionnement du circuit *(parf.* des circuits) *(noter que le premier terme est souvent employé avec le sens du second, c.-à-d. désigne alors en fait le fonctionnement d'un montage) (cf. aussi* circuit, arrangement 1) *et* quadripole).

circuit outage   dérangement d'un circuit *(état d'un circuit de télécommunications défectueux) (cf. aussi* communications circuit).

circuit package   boîtier de circuit intégré *(cf. aussi* integrated-circuit package).

circuit packaging   **1)** modularisation des circuits *(groupement des circuits d'un appareil en modules divers aussi petits que*

possibles) *(cf. aussi* module (a)). **2)** encapsulation des circuits, mise sous boîtier des circuits *(circuits intégrés) (cf. aussi* packaging 1) *et* integrated circuit).

circuit-packaging engineer   ingénieur en ... *(voir aussi* circuit packaging).

circuit portioning   division des circuits *(division d'un montage complexe en plusieurs montages plus simples effectuée en vue de réaliser ceux-ci sous la forme de modules et notamment de cartes à circuit imprimé ou de circuits hybrides) (cf. aussi* arrangement 1) *et* module (a)).

circuit schematic   schéma de circuit *(schéma d'un circuit isolé) (cf. aussi* circuit diagram *et* circuit).

circuit-shorting   mise en court-circuit *(cf. aussi* short-circuit[1] 1)).

circuit switch   autocommutateur de circuits *(tél) (cf. aussi* space-division switch).

circuit-switch *v*   commuter par circuits *(tél) (cf. aussi* circuit switching).

circuit-switched network   réseau à commutation de circuits, réseau de télécommunications *(idem) (réseau de télécommunications, notamment réseau téléphonique, utilisant un ou plusieurs autocommutateurs à commutation de circuits) (type classique) (cf. aussi* communications network *et* space-division switch).

circuit-switched telephone network   réseau téléphonique à commutation de circuits *(tls) (cf. aussi* telephone network *et* circuit-switched network).

circuit-switched telephone system   système téléphonique à commutation de circuits, système à commutation de circuits *(système de commutation téléphonique automatique utilisant la commutation de circuits) (tls) (cf. aussi* telephone switching system *et* space-division switching).

circuit switching   commutation de circuits *(commutation téléphonique ou télégraphique classique) (cf. aussi* space-division switching).

circuit switching network   réseau de connexion *(central tél. auto.) (cf. aussi* switching network).

circuit-switching network   *(avec un trait d'union) cf.* circuit-switched network *(et ne pas confondre avec le terme sans trait d'union ci-dessus).*

circuit terminal   borne (d'un circuit) *(cf. aussi* terminal 1)).

circuit theory   théorie des circuits électriques, théorie des circuits *(noms donnés à l'étude et la description des phénomènes pouvant se produire dans un circuit électrique selon les éléments qui le composent, le courant qui y circule et l'état dans lequel il se trouve) (cf. aussi* lumped-element circuit theory, distributed-element circuit theory, circuit element, ac circuit, dc circuit, transient conditions *et* steady state).

circuit usage   taux d'occupation d'un circuit *(souvent des circuits) (pourcentage de temps d'occupation d'un ou plusieurs circuits de télécommunications et notamment téléphoniques) (tls) (cf. aussi* communications circuit).

circuit voltage   tension aux bornes du circuit *(cf. aussi* voltage *et* circuit).

circuitry   circuits, ensemble des circuits *(parf.* de), circuiterie *(ce dernier terme a une nuance péjorative en français et doit être évité dans les textes et conférences) (cf. aussi* circuit).

circular aerial *(GB) cf.* circular antenna.

circular antenna   antenne circulaire (a) *antenne d'émission formée d'un dipôle replié cintré en forme de circonférence, les deux extrémités du dipôle se rejoignant presque et se trouvant diamétralement opposées au point d'alimentation de l'antenne) (a un diagramme de rayonnement circulaire dans le plan du cercle ainsi formé) (émetteur) (cf. aussi* folded dipole, radiation pattern *et* transmitting antenna); (b) *cf. aussi* circular array).

circular array   groupement circulaire *(groupement d'antennes ou autres éléments dont les éléments sont disposés le long d'une circonférence ou de plusieurs circonférences concentriques) (antenne hyper, etc.) (cf. aussi* antenna array).

circular-chart recorder   enregistreur à coordonnées polaires *(enregistreur à feuille de papier dans lequel celle-ci est maintenue sur un plateau tournant de 360° pendant qu'une ou plusieurs plumes se déplacent suivant le rayon du plateau).*

circular dial   cadran circulaire *(cadran dont les divisions sont* *portées sur tout ou partie d'une ou plusieurs circonférences) (cf. aussi* dial[1] 1)).

circular guide *cf.* circular waveguide.

circular horn cornet circulaire *(antenne-cornet à section circulaire) (hyper) (cf. aussi* horn antenna).

circular polarization polarisation circulaire *(polarisation d'une onde électromagnétique dans laquelle la rotation du vecteur champ électrique engendre un cercle pendant chaque période de l'onde) (la polarisation circulaire n'est qu'un cas particulier de la polarisation elliptique dans lequel, le module du vecteur champ électrique étant constant, l'ellipse se réduit à un cercle) (cf. aussi* right-hand polarization, left-hand polarization, elliptical polarization *et* electromagnetic wave polarization).

circular-polarized ... *cf.* circularly polarized ...

circular radiation pattern diagramme de rayonnement circulaire *(diagramme de rayonnement d'une antenne omnidirectionnelle dans le plan considéré — généralement le plan horizontal) (cf. aussi* radiation pattern).

circular scan (un) balayage circulaire *(cf. aussi* circular scanning).

circular scanning (le) balayage circulaire *(balayage d'une surface ou d'un espace par un faisceau décrivant une circonférence) (faisceau de tube cathodique, antenne de radar) (cf. aussi* scanning (a)).

circular shift décalage en boucle, décalage circulaire *(décalage des informations dans un registre bouclé) (cf. aussi* circulating register).

circular trace trace circulaire *(sur l'écran d'un tube cathodique) (oscillo, etc.) (cf. aussi* trace[1] 1) *et* circular scanning).

circular waveguide guide d'ondes circulaire *(guide d'ondes à section droite circulaire) (hyper) (cf. aussi* waveguide).

circularly polarized aerial *cf.* circularly polarized antenna.

circularly polarized antenna antenne à polarisation circulaire *(antenne conçue pour émettre ou recevoir une onde à polarisation circulaire : antenne hélice, cornet à lame diélectrique, etc.) (cf. aussi* antenna *et* circular polarization).

circularly polarized beam faisceau à polarisation circulaire, faisceau d'ondes *(idem) (cf. aussi* circular polarization).

circularly polarized horn antenna antenne-cornet à polarisation circulaire *(cf. aussi* horn antenna *et* circular polarization).

circularly polarized wave onde à polarisation circulaire, onde polarisée circulairement *(cf. aussi* circular polarization).

circulating memory mémoire à circulation *(mémoire dans laquelle l'information circule en boucle fermée comme, par exemple, dans un registre bouclé) (inf) (cf. aussi* memory *et* circulating register).

circulating register registre bouclé *(registre à décalage dont la sortie est reliée à l'entrée et dans lequel l'information circule, par conséquent, en boucle fermée) (inf) (cf. aussi* shift register *et* circulating memory).

circulating storage *cf.* circulating memory.

circulation circulation *(dans un champ vectoriel, nom donné à l'intégrale curviligne du vecteur champ le long d'un contour fermé) (théorie des champs) (cf. aussi* field vector *et* integral).

circulator circulateur s *(dispositif hyperfréquence à trois ou quatre voies dans lequel un signal entrant par une voie ressort par la voie suivante comptée dans le sens de rotation déterminé par le sens d'aimantation d'un bloc de ferrite disposé au centre du dispositif) (noter que tous les circulateurs sont fondés sur le déplacement ou la rotation, par un bloc de ferrite aimanté, du champ magnétique de l'onde à transmettre et que, par conséquent, le terme « circulateur à ferrite » parfois employé est un pléonasme) (utilise la propriété des éléments non réciproques pour obliger le signal à sortir par une voie autre que l'entrée, le déphasage produit par le bloc de ferrite n'étant pas le même dans les deux sens de propagation de l'onde) (est utilisé notamment comme duplexeur, ainsi que dans les amplificateurs à résistance négative et dans des masers amplificateurs) (hyper) (cf. aussi* Y circulator, Faraday ferrite circulator, non-reciprocal element, phase shift, duplexer *et* negative-resistance amplifier).

CISC *(vient de « complex-instruction-set computer »)* CISC *(qualificatif appliqué à un microprocesseur conçu pour uti-*

liser un jeu important d'instructions dont une grande partie sont complexes, c.-à-d. à un microprocesseur ordinaire moderne) (le nombre des instructions peut atteindre plusieurs centaines et le décodage d'une instruction complexe, appelée « instruction puissante », fait appel à la microprogrammation) (inf) (cf. aussi microprocessor, instruction set, instruction decoding *et* microprogramming).

CISC ... *cf.* CISC *et ... et* adapter.

citizens' band *cf.* CB.

citizens' radio service service radiotéléphonique des cibistes *(ensemble des liaisons radiotéléphoniques entre utilisateurs de postes CB) (cf. aussi* CB).

civil marine navigation radar radar de navigation de *(parf.* pour) navire marchand *(cf. aussi* navigation radar).

CKT *cf.* circuit.

clad board carte plaquée *(carte à circuit imprimé découpée dans un substrat plaqué) (cf. aussi* printed-circuit board *et* clad substrate).

clad substrate substrat plaqué *(substrat de circuit imprimé formé d'une plaque isolante recouverte d'une mince feuille de cuivre sur une ou deux faces) (clpf) (cf. aussi* printed-circuit substrate).

cladding 1) placage, feuille plaquée *(CP, etc.) (cf. aussi* printed-circuit substrate). 2) gaîne *(partie extérieure d'une fibre optique) (cf. aussi* optical fiber).

cladding index *cf.* cladding refractive index.

cladding material matière de la gaîne *(cf. aussi* cladding *et* material).

cladding refractive index indice de réfraction de la gaîne, indice de la gaîne *(fibre optique) (cf. aussi* cladding 2) *et* refractive index).

clamp[1] s *cf.* clamping circuit.

clamp[2] v fixer un niveau, *(parf.)* rétablir un niveau *(de tension) (cf. aussi* clamping).

clamp ... *cf.* clamping ...

clamp-on s *cf.* camp-on.

clamp-on ammeter pince ampèremétrique *(cf. aussi* snap-on ammeter).

clamping 1) fixation de niveau *(fixation du niveau de saturation d'un transistor, etc.) (cf. aussi* level 1) *et* transistor saturation). 2) rétablissement de niveau *(rétablissement de la composante continue d'un signal après passage dans un étage à liaison par capacité et notamment rétablissement du niveau de référence des impulsions de synchronisation du signal vidéo composite dans un récepteur de télévision après passage dans le séparateur de synchronisation) (noter que le terme « fixation de niveau » peut également s'employer ici) (cf. aussi* clamping diode *et* synchronization separator).

clamping circuit circuit de fixation de niveau, *(parf.)* circuit de rétablissement de niveau *(cf. aussi* clamping).

clamping diode diode de niveau, diode de fixation de niveau, *(parf.)* diode de rétablissement de niveau *(ou de la composante continue) (ne pas employer « diode de restitution ... ») (cf. aussi* clamping).

clamping force force d'accostage *(force exercée sur un fil ou une lamelle de connexion de circuit intégré ou autre composant à semiconducteur par l'embout d'une soudeuse à ultrasons ou à thermocompression pour l'appliquer sur la plage de connexion du composant pendant l'opération de soudage) (cf. aussi* ultrasonic bonding *et* thermocompression bonding).

clamping network *cf.* clamping circuit.

clapper armature pivotante (de relais) *(plaquette de fer doux ou non, sensiblement rectangulaire, pivotant autour d'un point fixe situé à l'extrémité opposée à celle des contacts ou formant une équerre pivotant au sommet de son angle intérieur) (clpf) (cf. aussi* pivoted armature, hinged armature, hingeless armature *et* relay armature).

clarifier commande de netteté *(commande d'accord fin de récepteur BLU) (cf. aussi* tuning control *et* single-sideband receiver).

class-A amplifier amplificateur fonctionnant *(ou* travaillant) en classe A, amplificateur classe A *(amplificateur de puissance à tube électronique ou à transistor polarisé de telle façon que son point de fonctionnement soit situé au milieu de la caractéristique, de sorte que le courant circule pendant les* *alternances positives et négatives complètes d'un signal sinusoïdal d'amplitude déterminée appliqué son entrée) (cf. aussi* power amplifier *et* half-cycle).

class-AB amplifier amplificateur fonctionnant *(ou* travaillant) en classe AB, amplificateur classe AB *(amplificateur de puissance à tube électronique ou à transistor polarisé de telle façon que son point de fonctionnement soit situé assez bas sur la caractéristique pour que le courant circule pendant les alternances positives complètes d'un signal sinusoïdal d'amplitude déterminée appliqué son entrée et pendant une partie seulement des alternances négatives) (cf. aussi* power amplifier *et* half-cycle).

class-B amplifier amplificateur fonctionnant *(ou* travaillant) en classe B, amplificateur classe B *(amplificateur de puissance à tube électronique ou à transistor polarisé de telle façon que son point de fonctionnement soit situé en bas de la caractéristique, au point de coupure, de sorte que le courant ne circule que pendant les alternances positives d'un signal quelconque appliqué son entrée) (cf. aussi* power amplifier *et* half-cycle).

class C amplifier amplificateur fonctionnant *(ou* travaillant) en classe C, amplificateur classe C *(amplificateur de puissance à tube électronique ou à transistor polarisé de telle façon que son point de fonctionnement soit situé tout en bas de la caractéristique, en deça du point de coupure, de sorte que le courant ne circule que pendant la partie supérieure des alternances positives d'un signal sinusoïdal d'amplitude suffisante appliquée à son entrée) (cf. aussi* power amplifier *et* half-cycle).

clean room salle blanche, salle propre *(noms donnés à un local climatisé et dépoussiéré à un degré plus ou moins élevé dans lequel a lieu notamment la fabrication des circuits intégrés ou l'assemblage des composants et centrales inertiels) (cf. aussi* integrated circuit *et* inertial reference unit).

clean switching commutation sans rebondissement *(commutation par une diode, un transistor, un thyristor) (sdpo à « commutation par contacts ») (cf. aussi* switching 1) (a)).

clear *v* **1)** effacer *(une mémoire) (inf).* **2)** remettre à zéro *(une bascule, etc.) (inf) (cf. aussi* reset[1] 1)). **3)** supprimer *(une panne ou un dérangement téléphonique).* **4)** libérer *(une ligne téléphonique en raccrochant le combiné).* **5)** former *(un condensateur, c.-à-d. éliminer, par autocicatrisation, les points faibles du diélectrique de certains types de condensateurs) (cf. aussi* self-healing).

clear a fault *v* **1)** supprimer un défaut de fonctionnement. **2)** supprimer une panne, dépanner. **3)** supprimer un dérangement *(tél).*

clear an alarm *v* arrêter une alarme, arrêter un dispositif d'alarme.

clear area zone libre, zone non occupée *(mémoire centrale) (inf) (cf. aussi* main memory).

clear-back signal signal de fin de communication *(tél).*

clear channel longueur d'onde privilégiée *(longueur d'onde d'un émetteur de radiodiffusion bénéficiant de l'interdiction ou la suppression des émetteurs gênants dans la zone de desserte principale) (cf. aussi* primary service area).

clear-channel broadcast émission sur longueur d'onde privilégiée *(signal émis) (cf. aussi* clear channel).

clear-channel broadcasting émission sur une longueur d'onde privilégiée *(action d'émettre) (cf. aussi* clear channel).

clear-channel broadcasting station *cf.* clear-channel station.

clear-channel station station d'émission privilégiée, station émettant sur une longueur d'onde privilégiée *(cf. aussi* clear channel).

clear to send *cf.* CTS.

clear-to-send delay délai d'émission *(tlg).*

clearing *(voir aussi* clear) **1)** effacement. **2)** remise à zéro. **3)** suppression. **4)** libération. **5)** formation.

clearing relay relais de fin *(de communication) (central tél.).*

clearing signal signal de fin *(de communication) (central tél).*

clearing spike impulsion de formation *(condensateur autocicatrisant) (cf. aussi* clear 5)).

clearing time **1)** instant de libération *(de la ligne) (tél).* **2)** temps de dépannage, durée de dépannage *(appareil).* **3)** temps *(ou* durée) de suppression du dérangement *(tél).*

clearness of sound qualité du son, pureté du son, qualité acoustique *(hifi, etc.) (cf. aussi* acoustic quality (b)).

click claquement de manipulation *(radiotlg) (cf. aussi* key click).

click filter filtre de manipulation *(radiotlg) (cf. aussi* key-click filter).

click knob bouton à positions encliquetées *(bouton de commande de commutateur rotatif ou à glissière) (cf. aussi* detent).

clip *v* écrêter *(un signal),* limiter l'amplitude *(d'un signal) (étage limiteur de récepteur FM, etc.) (cf. aussi* limiting 1)).

clip lead cordon à pinces crocodile *(cf. aussi* test lead *et* alligator clip).

clip-lead connection connexion par cordon à pinces.

clip-on *a* à pince *(cordon d'appareil de mesure) (cf. aussi* clip lead).

clipped speech paroles mutilées *(radiotél).*

clipper limiteur *(d'amplitude) (cf. aussi* limiter 1)).

clipper amplifier amplificateur limiteur *(cf. aussi* limiting amplifier).

clipper circuit *cf.* clipper.

clipper diode diode écrêteuse *(cf. aussi* limiter diode).

clipper-limiter limiteur à seuil *(limiteur laissant passer un signal entre deux valeurs de l'amplitude de celui-ci) (cf. aussi* amplitude gate *et* limiter 1)).

clipping écrêtage *(cf. aussi* limiting 1)).

clipping diode *cf.* clipper diode.

clipping level niveau d'écrêtage *(amplitude à partir de laquelle un signal est écrêté dans un limiteur d'amplitude) (cf. aussi* limiter 1) *et* level 1)).

CLK *cf.* clock[1].

clock[1] *s* horloge, cadenceur, rythmeur, générateur de cadencement *(ou* de rythme *ou* de synchronisation), générateur d'impulsions d'horloge *(ou* de cadencement *ou* de rythme *ou* de synchronisation) *(montage fournissant des impulsions étroites régulièrement espacées pour synchroniser le fonctionnement de circuits logiques dans un ordinateur synchrone ou dans une liaison à transmission synchrone) (cf. aussi* synchronous computer *et* synchronous transmission).

clock[2] *v* cadencer, rythmer, synchroniser *(le fonctionnement de circuits logiques ou la transmission de signaux formés d'impulsions, etc.) (cf. aussi* clock[1]).

clock circuit circuit d'horloge *(ou* de cadencement *ou* de rythme *ou* de synchronisation) *(autres noms d'une horloge pour systèmes à impulsions) (cf. aussi* clock[1]).

clock cycle cycle d'horloge *(cycle formé par une impulsion d'horloge et l'intervalle qui la sépare de l'impulsion suivante) (cf. aussi* cycle, clock[1] *et* clock period).

clock driver attaqueur d'horloge, *(etc.) (cf. aussi* driver 1) *et* clock[1]).

clock frequency fréquence d'horloge *(ou* de cadencement *ou* de rythme *ou* de synchronisation), fréquence des impulsions d'horloge *(idem) (fréquence de récurrence des impulsions fournies par une horloge) (cf. aussi* pulse repetition frequency *et* clock[1]).

clock generator *cf.* clock[1].

clock input **1)** entrée d'horloge *(ou* du signal d'horloge) *(borne d'une bascule ou autre montage à laquelle est appliqué un signal d'horloge) (cf. aussi* clock signal). **2)** *cf.* clock pulse.

clock line ligne d'horloge *(conducteur transmettant des signaux d'horloge, notamment dans un ordinateur) (cf. aussi* clock signal).

clock oscillator *cf.* clock[1].

clock period période d'horloge *(durée d'un cycle d'horloge) (cf. aussi* clock cycle *et* period).

clock pulse impulsion d'horloge *(ou* de cadencement *ou* de rythme *ou* de synchronisation) *(une des impulsions fournies par une horloge) (cf. aussi* clock[1]).

clock-pulse generator *cf.* clock[1].

clock radio radio-réveil *(récepteur de radiodiffusion sonore équipé d'une horloge numérique et de circuits permettant sa mise en marche à l'heure voulue, notamment pour servir de réveille-matin) (cf. aussi* radio receiver *et* digital clock).

clock rate *cf.* clock frequency.

clock recovery extraction du signal d'horloge *(d'un multiplex* *temporel pour assurer la synchronisation du récepteur sur l'émetteur) (tls) (cf. aussi* clock signal *et* time-division multiplex).

clock retrieval margin marge admissible de perte d'impulsions d'horloge, *(etc.) (transmission synchrone) (cf. aussi* clock pulse *et* synchronous transmission).

clock signal signal d'horloge *(signal formé d'un train d'impulsions d'horloge ou, parfois, constitué par une telle impulsion) (cf. aussi* clock pulse).

clock skew déphasage des impulsions d'horloge, *(etc.) (retard ou avance de certaines impulsions d'horloge par rapport à d'autres ayant ou non suivi un trajet différent) (cf. aussi* clock pulse).

clock speed *cf.* clock frequency.

clock swing excursion du signal d'horloge *(nom parfois donné à l'amplitude d'un signal d'horloge) (cf. aussi* clock signal *et* swing).

clock synchronization synchronisation des horloges *(synchronisation d'une ou plusieurs horloges sur une autre, notamment de l'horloge de la station réceptrice sur l'horloge de la station émettrice dans une liaison synchrone ou de l'horloge de chaque station asservie sur l'horloge de la station principale dans un système de navigation hyperbolique) (est assurée par l'émission de signaux impulsionnels appropriés) (cf. aussi* synchronization, clock[1], synchronous link *et* hyperbolic navigation system).

clock synchronizing *cf.* clock synchronization.

clock track piste de synchronisation *(sur bande vidéo, etc.) (cf. aussi* timing track).

clock tracking maintien de la synchronization *(récepteur à étalement du spectre, etc.) (cf. aussi* clock synchronization *et* spread-spectrum receiver).

clock transition transition d'horloge *(ou du signal d'horloge) (changement brusque du niveau d'un signal d'horloge produit par une impulsion de celui-ci) (cf. aussi* clock[1]).

clock waveform *cf.* clock signal. *(cf. aussi* waveform).

clocked access accès cadencé, accès rythmé, accès synchronisé *(accès à une mémoire d'ordinateur synchronisé par les impulsions d'horloge de l'appareil) (cf. aussi* clock[1]).

clocked-access memory mémoire à accès cadencé *(inf) (cf. aussi* clocked access).

clocked circuit circuit cadencé *(circuit, généralement au sens de montage et notamment de circuit logique, à fonctionnement cadencé par des impulsions d'horloge reçues sur une borne particulière en plus des signaux d'entrée) (inf, etc.) (cf. aussi* logic circuit, clock pulse *et* circuit).

clocked circuitry circuits cadencés *(cf. aussi* clocked circuit *et* circuitry).

clocked electrodes électrodes excitées successivement par des impulsions d'horloge *(CCD, etc.) (cf. aussi* clock pulse, electrode *et* CCD).

clocked flip-flop bascule synchrone, bascule synchronisée *(bascule dont le basculement ne peut se produire qu'aux instants de réception des impulsions de l'horloge du dispositif dont elle fait partie, appliquées à une entrée supplémentaire dite « de synchronisation ») (cf. aussi* flip-flop *et* clock[1]).

clocked memory *cf.* clocked-access memory.

clocked RS flip-flop bascule RS synchrone, bascule RS synchronisée *(circuit logique) (cf. aussi* RS flip-flop *et* clocked flip-flop).

clocking cadencement, rythmage *(le premier terme est le meilleur), (parf.)* synchronisation, *(parf.)* application de signaux d'horloge, *(etc.) (imposition d'une cadence de fonctionnement à un dispositif) (inf, tls) (cf. aussi* clock[1]).

clocking ... *cf.* clock ... *(pour les termes qui ne figurent pas ci-après).*

clocking error erreur de synchronisation *(cf. aussi* clock[1]).

clocking information information de cadencement *(nom parfois donné à un signal d'horloge pour rappeler sa fonction) (cf. aussi* clock signal *et* information).

clocking rate *cf.* clock frequency.

clocking scheme type de cadencement *(cadencement par une horloge monophase, biphase, triphase, interne, extérieure, etc.) (cf. aussi* clocking, single-phase clock 1), two-phase clock 1) *et* three-phase clock 1)).

clocking sequence séquence de cadencement *(suite d'impulsions d'horloge à deux ou plusieurs phases appliquées à un circuit pour en commander le fonctionnement suivant un rythme déterminé) (inf, tls) (cf. aussi* two-phase clocking *et* three-phase clocking).

clockwise à droite, vers la droite, en sens d'horloge, dans le sens des aiguilles d'une montre *(sens de rotation d'un bouton de commande, d'un vecteur, etc.) (cf. aussi* counterclockwise).

clockwise capacitor condensateur variable à capacité croissante vers la droite *(cf. aussi* variable capacitor).

clockwise circular polarization polarisation circulaire droite *(onde, antenne) (cf. aussi* right-hand circular polarization).

clockwise polarization *cf.* clockwise circular polarization.

clockwise polarized wave onde à polarisation circulaire droite *(cf. aussi* right-hand circular polarization).

clockwise taper (loi de) variation à pente décroissante *(potentiomètre) (cf. aussi* right-hand taper).

close coupling couplage serré *(transfo) (cf. aussi* tight coupling).

close-frequency signals signaux à fréquences proches (l'une de l'autre) *(fréquences porteuses le plus souvent) (cf. aussi* carrier frequency).

close-in components *cf.* close-in spectral components.

close-in coverage couverture rapprochée, couverture à courte distance *(radar) (cf. aussi* radar coverage).

close-in ground reflection réflexion sur le sol au voisinage de l'antenne *(émetteur).*

close-in ground return écho de sol rapproché *(écho parasite provenant d'un obstacle au sol situé à faible distance de l'antenne, sur l'écran d'un radar) (cf. aussi* ground return 3)).

close-in measurement mesure proche de la porteuse *(mesure de l'amplitude des composantes spectrales proches d'une porteuse) (cf. aussi* close-in spectral components *et* amplitude).

close-in phase noise bruit de phase près de la porteuse *(bruit de phase des fréquences d'un signal radioélectrique proches de la fréquence de la porteuse) (radiocom, etc.) (cf. aussi* phase noise).

close-in range courte distance *(d'une cible d'un radar, etc.) (cf. aussi* target range).

close-in spectral components composantes spectrales proches de la porteuse *(composantes spectrales proches de la fréquence d'une porteuse non absolument sinusoïdale et constituant, par conséquent, en toute rigueur un signal complexe) (cf. aussi* spectral component *et* sinusoidal carrier).

close-talking microphone microphone de proximité *(microphone maintenu près de la bouche pour réduire l'effet du bruit ambiant sur le signal émis) (type de microphone antibruit) (cf. aussi* antinoise microphone).

close-tolerance resistor résistance à tolérances serrées, résistance de précision *(cf. aussi* precision resistor).

close-wound turns spires jointives *(spires d'un enroulement bobinées régulièrement en se touchant) (clpf) (cf. aussi* close-wound winding).

close-wound winding enroulement à spires jointives, *(parf.)* bobinage à spires jointives *(cf. aussi* winding *et* close-wound turns).

closed circuit circuit fermé *(circuit dans lequel un courant peut circuler, c.-à-d. circuit au sens strict du terme) (cf. aussi* circuit).

closed-circuit signalling signalisation sans ouverture du circuit *(tlg) (cf. aussi* signalling 1)).

closed-circuit television télévision par fil, télévision filaire *(système de télévision à courte distance dans lequel la sortie de la caméra est reliée directement au récepteur par un câble) (il n'y a donc pas d'émetteur radioélectrique pour transmettre le signal ni, par conséquent, d'antennes d'émission et de réception) (télévision industrielle, médicale, de surveillance, d'enseignement, etc.) (ne pas confondre avec la télévision par câbles, bien que le « fil » soit en fait un câble) (ne pas employer « télévision en circuit fermé ») (cf. aussi* television).

closed-circuit television equipment matériel de ... *(cf. aussi* closed-circuit television *et* television equipment).

closed-circuit voltage 1) tension en circuit fermé, tension en charge *(alimentation, pile, cellule photovoltaïque)*. **2)** tension en circuit fermé, tension de décharge *(accu)*.

closed contacts contacts fermés, contacts en position de fermeture *(cf. aussi* contact (a)).

closed electron shell couche électronique complète, couche complète *(couche électronique d'un atome comportant le maximum d'électrons qu'elle peut contenir) (cf. aussi* electron shell).

closed loop boucle fermée *(circuit ou chaîne d'organes ramenant à l'entrée d'un système quelconque une partie plus ou moins grande de la grandeur de sortie de celui-ci) (asser) (cf. aussi* closed-loop control system *et* output quantity).

closed-loop aiming pointage asservi *(aux évolutions de la cible) (canon anti-aérien commandé par radar) (mil) (cf. aussi* closed-loop control).

closed-loop control asservissement *(maintien de la valeur de la grandeur de sortie d'un système le plus près possible de la valeur d'une grandeur de référence de même nature et variable dans le cas général) (exemple : asservissement de la phase du signal d'un oscillateur local à la phase du signal reçu, asservissement de l'orientation d'une antenne de radar aux évolutions de la cible, etc.) (la régulation est un cas particulier de l'asservissement, dans lequel la grandeur de référence a une valeur fixe ou lentement variable) (dans un système asservi au sens restreint du terme, c.-à-d. un « système suiveur », on cherche à réduire au minimum la différence, positive ou négative, entre une grandeur variable et une autre grandeur variable prise comme référence, les deux grandeurs pouvant varier simultanément de façon importante) (dans un système de régulation, on cherche à réduire au minimum les variations relativement faibles d'une grandeur variable autour d'une valeur fixe ou lentement variable appelée « point de consigne ») (d'après ce qui précède, on voit que l'asservissement dans un système suiveur fait intervenir deux grandeurs de même nature, tandis que la régulation met en jeu deux valeurs d'une seule et même grandeur) (on peut aussi dire que la notion d'asservissement s'applique à un système à référence variable de façon quelconque, tandis que la notion de régulation s'applique à un système à référence fixe ou lentement variable) (lorsque le point de consigne d'un système de régulation varie lentement, comme dans le cas de la montée en température d'un four à température régulée et montée programmée, par exemple, le système fonctionne à la fois en régulateur et — dans une certaine mesure vu la faible vitesse de variation du point de consigne — en système suiveur) (on notera que le terme « asservissement » désigne tant l'action exercée par le système que le résultat de cette action) (cf. aussi* output quantity, closed-loop control system *et* regulation).

closed-loop control system système asservi, système à rétroaction, système bouclé, système à retour, système à bouclage, système de commande *(idem) (système dans lequel la valeur de la grandeur de sortie est maintenue le plus près possible de la valeur d'une grandeur de référence de même nature et variable dans le cas général) (un système asservi peut être mécanique, hydraulique, pneumatique, électromécanique, électronique, biologique, etc. ou formé d'une combinaison quelconque de deux ou plusieurs de ces types) (un amplificateur à contre-réaction, une alimentation régulée, un oscillateur à phase asservie, sont des systèmes asservis électroniques) (cf. aussi* closed-loop control *et* servomechanism).

closed-loop gain gain en boucle fermée (a) *gain d'un amplificateur à contre-réaction) (cf. aussi* gain 1) *et* feedback amplifier) ; (b) *gain de la chaîne d'amplification d'un système asservi lorsque la boucle de contre-réaction est en circuit) (cf. aussi* closed-loop control system *et* feedback loop).

closed-loop stability stabilité en boucle fermée *(stabilité de fonctionnement d'un système asservi lorsque la boucle de contre-réaction est en circuit) (cf. aussi* closed-loop control system *et* feedback loop).

closed-loop system système en boucle fermée, système bouclé, système à rétroaction *(système dans lequel la grandeur de sortie réagit sur la grandeur d'entrée dans le sens positif ou négatif) (termes génériques et définition générale couvrant les systèmes oscillateurs et les systèmes asservis) (cf. aussi* feedback, oscillator *et* closed-loop control system).

closed magnetic circuit circuit magnétique sans entrefer *(cf. aussi* air gap 1)).

closed shell *cf.* closed electron shell.

closed subroutine sous-programme fermé *(sous-programme d'ordinateur mémorisé en dehors du programme principal et appelé par une instruction de branchement autant de fois qu'il est nécessaire de l'exécuter au cours de l'exécution du programme principal) (inf) (cf. aussi* subroutine *et* subroutine call).

closed waveguide guide d'ondes fermé *(guide d'ondes ne comportant pas de fente rayonnante ou autre ouverture) (clpf) (hyper) (cf. aussi* waveguide).

closely spaced targets cibles proches l'une de l'autre *(radar, etc.) (cf. aussi* angular resolution 1)).

closest point of approach point de rapprochement maximal, point de distance radiale minimale *(cible radar ou autre) (cf. aussi* target range).

closing course cap de rapprochement *(cap d'un mobile se rapprochant d'un point déterminé et notamment direction d'une cible radar se rapprochant du radar qui la suit) (nav) (cf. aussi* course 1) *et* approaching target).

closing domain domaine de fermeture *(domaine de Weiss situé à la surface du corps et fermant le circuit magnétique parcouru par le flux magnétique circulant entre deux domaines non superficiels) (ferromagnétisme) (cf. aussi* magnetic domain *et* magnetic flux).

closing Doppler fréquence Doppler en rapprochement, *(etc.) (variation de la fréquence Doppler, notamment dans le récepteur d'un radar Doppler, lorsque la source se rapproche) (cf. aussi* Doppler shift).

closing Doppler false target fausse cible Doppler en rapprochement, cible Doppler fictive en rapprochement *(faux écho produit par le brouilleur de diversion Doppler d'un avion militaire suivi par un radar Doppler et donnant l'impression que l'avion se rapproche du radar) (cf. aussi* false Doppler target *et* self-protection jammer).

closing-in speed *cf.* closing rate.

closing rate vitesse de rapprochement *(vitesse à laquelle la cible d'un radar, notamment, se dirige vers celui-ci) (avia) (cf. aussi* range rate).

closing velocity *cf.* closing rate *(ce terme étant le plus employé)*.

cloud absorption absorption par les nuages *(absorption atmosphérique due aux gouttelettes d'eau des nuages) (propa) (cf. aussi* atmospheric absorption).

cloud attenuation atténuation par les nuages *(ou due aux nuages)*, affaiblissement *(idem) (diminution de l'amplitude d'une onde dans l'atmosphère due à l'absorption par les nuages) (cf. aussi* cloud absorption).

cloud echo écho de nuage *(écho produit sur l'écran d'un radar par la réflexion des ondes émises sur les gouttelettes d'eau en suspension dans un nuage) (est considéré comme un écho utile dans le cas d'un radar météorologique et comme un écho parasite dans les autres cas) (avia, météo) (cf. aussi* meteorological radar).

cloud pulse impulsion de charge d'espace *(impulsion parasite produite par la charge d'espace dans un tube à mémoire lorsque l'on allume ou éteint le tube) (cf. aussi* space charge *et* storage tube).

cloud return *cf.* cloud echo.

clover-leaf antenna antenne en trèfle *(antenne d'émission VHF omnidirectionnelle à plusieurs nappes d'éléments rayonnants dont la forme et la disposition rappellent un trèfle à quatre feuilles) (cf. aussi* VHF antenna, omnidirectional antenna *et* radiating element).

CLR *cf.* clear.

cluster system système multiposte *(système de traitement de texte ou autre à plusieurs postes de travail connectés à un ordinateur central) (inf) (cf. aussi* word processing system *et* work station).

clutter fouillis, échos parasites, bruit *(le premier terme est le plus récent) (échos produits par la réflexion du faisceau d'un radar sur des obstacles autres que la cible) (cf. aussi* ground clutter, sea clutter, rain clutter *et* radar echo).

clutter area zone de fouillis, *(etc.) (radar) (cf. aussi* clutter).

clutter cancellation *cf.* clutter suppression.

clutter filter filtre anti-fouillis *(filtre éliminant les fréquences des échos parasites dans le récepteur d'un radar à ondes entretenues) (cf. aussi* filter[1], clutter *et* CW radar).

clutter frequencies fréquences des échos parasites, *(etc.) (radar) (cf. aussi* clutter).

clutter gating élimination commandée (des échos fixes) *(mise en circuit automatique de l'éliminateur d'échos fixes d'un récepteur de radar pour les zones de l'écran présentant des échos parasites) (cf. aussi* moving-target-indicator *et* clutter).

clutter-limited target cible masquée par les échos parasites *(radar) (cf. aussi* clutter *et* signal buried in noise).

clutter rejection *cf.* clutter suppression.

clutter returns *cf.* clutter.

clutter returns' frequency spectrum *cf.* clutter spectrum.

clutter signals *cf.* clutter.

clutter spectrum spectre des échos parasites, spectre de fréquences des échos parasites *(radar) (cf. aussi* frequency spectrum (b) *et* clutter).

clutter suppression élimination des échos parasites *(radar) (cf. aussi* moving-target indication).

CM *cf.* countermeasures.

CML *(vient de « current-mode logic »)* logique CML, logique à commutation de courant, logique à aiguillage de courant, logique à couplage de courant *(parmi les termes complets, le premier est le meilleur) (ancienne logique bipolaire non saturée dans laquelle le changement d'état logique de la sortie est obtenu en faisant passer un courant d'intensité sensiblement constante dans l'une ou l'autre des deux branches d'un amplificateur différentiel à transistors bipolaires dont les émetteurs sont réunis) (noter que ces termes sont parfois employés comme termes génériques couvrant également les logiques dérivées de la CML et notamment la logique ECL) (CI) (cf. aussi* bipolar logic, non-saturated logic, differential amplifier *et* ECL).

CMOS CMOS, MOS complémentaires *(transistors) (cf. aussi* CMOS transistors).

CMOS a-d converter *(ou* **a/d converter** *ou* **A/D converter** *ou* **ADC)** *cf.* CMOS analog-to-digital converter.

CMOS analog circuit *cf.* CMOS analog integrated circuit.

CMOS analog IC *cf.* CMOS analog integrated circuit.

CMOS analog integrated circuit circuit (intégré) analogique CMOS *(cf. aussi* CMOS integrated circuit *et* analog integrated circuit).

CMOS analog-to-digital converter numériseur CMOS, *(etc.) (numériseur réalisé sous la forme d'un circuit intégré CMOS) (cf. aussi* analog-to-digital converter *et* CMOS integrated circuit).

CMOS array *cf.* CMOS gate array.

CMOS capacitor condensateur CMOS *(condensateur MOS réalisé dans un circuit intégré CMOS) (cf. aussi* MOS capacitor *et* CMOS integrated circuit).

CMOS chip puce CMOS *(puce de circuit intégré CMOS) (cf. aussi* chip 1) *et* CMOS integrated circuit).

CMOS circuit *cf.* CMOS integrated circuit.

CMOS codec codec CMOS *(codec réalisé sous la forme d'un circuit intégré CMOS) (cf. aussi* codec *et* CMOS integrated circuit).

CMOS compatibility compatibilité CMOS, compatibilité avec la logique CMOS *(propriété d'un circuit logique ou d'un composant pouvant utiliser des signaux de sortie de circuits CMOS comme signaux d'entrée ou de commande, respectivement) (en d'autres termes, propriété d'un circuit logique ou d'un composant pouvant utiliser des signaux logiques à bas niveau pour fonctionner) (CI) (cf. aussi* CMOS integrated circuit *et* compatibility (a)).

CMOS-compatible compatible CMOS *(ou* avec la logique CMOS) *(cf. aussi* CMOS compatibility).

CMOS d-a converter *(ou* **d/a converter** *ou* **D/A converter** *ou* **DAC)** *cf.* CMOS digital-to-analog converter.

CMOS device *cf.* CMOS circuit.

CMOS digital circuitry circuits numériques CMOS *(CI) (cf. aussi* digital circuitry *et* CMOS integrated circuit).

CMOS digital logic *cf.* CMOS logic.

CMOS digital-to-analog converter dénumériseur CMOS,

(etc.) (dénumériseur réalisé sous la forme d'un circuit intégré CMOS) (cf. aussi digital-to-analog converter *et* CMOS integrated circuit).

CMOS driver circuit d'attaque CMOS, *(etc.) (circuit d'attaque utilisant des transistors CMOS) (CI) (cf. aussi* driver 1)) *et* CMOS transistors.

CMOS DVM chip puce CMOS pour voltmètre numérique *(CI) (cf. aussi* CMOS chip).

CMOS EPROM mémoire EPROM CMOS *(mémoire EPROM dont les cellules utilisent des transistors CMOS) (CI) (cf. aussi* EPROM *et* CMOS transistors).

CMOS flash converter numériseur parallèle CMOS, *(etc.) (numériseur parallèle réalisé sous la forme d'un circuit intégré CMOS) (cf. aussi* flash converter *et* CMOS integrated circuit).

CMOS gate porte CMOS, porte logique CMOS *(porte logique utilisant des transistors CMOS) (CI) (cf. aussi* logic gate *et* CMOS transistors).

CMOS gate array matrice prédiffusée CMOS, *(etc.) (matrice prédiffusée utilisant des transistors CMOS) (CI) (cf. aussi* gate array *et* CMOS transistors).

CMOS gate-array technology (la) technique des matrices prédiffusées CMOS, *(etc.) (CI) (cf. aussi* CMOS gate array *et* technology).

CMOS IC *cf.* CMOS integrated circuit.

CMOS integrated circuit circuit intégré CMOS, circuit CMOS *(circuit intégré numérique utilisant des transistors CMOS) (est caractérisé par une très faible consommation, les transistors CMOS ne consommant du courant que pendant les commutations, la consommation au repos étant réduite au courant de fuite de ces transistors ; il est à noter toutefois que la consommation est proportionnelle à la fréquence de commutation) (cf. aussi* digital integrated circuit *et* CMOS transistor).

CMOS logic logique CMOS *(logique intégrée utilisant des transistors CMOS) (CI) (cf. aussi* integrated logic *et* CMOS transistors).

CMOS logic array *cf.* CMOS gate array.

CMO logic family (la) famille logique CMOS, (la) famille CMOS *(CI) (cf. aussi* logic family *et* CMOS logic).

CMOS LSI *cf.* CMOS LSI circuit.

CMOS LSI chip puce de circuit intégré LSI CMOS *(cf. aussi* CMOS chip) *et* LSI).

CMOS LSI circuit circuit LSI CMOS *(CI) (cf. aussi* LSI *et* CMOS integrated circuit).

CMOS memory mémoire CMOS *(mémoire à semiconducteur réalisée sous la forme d'un circuit intégré CMOS) (inf) (cf. aussi* semiconductor memory *et* CMOS integrated circuit).

CMOS μP *cf.* CMOS microprocessor.

CMOS microprocessor microprocesseur CMOS *(microprocesseur réalisé sous la forme d'un circuit intégré CMOS) (CI) (cf. aussi* microprocessor *et* CMOS integrated circuit).

CMOS microprocessor chip puce de microprocesseur CMOS *(CI) (cf. aussi* microprocessor chip *et* CMOS microprocessor).

CMOS n-channel transistor transistor à canal N d'une paire complémentaire *(ou* d'une paire CMOS) *(CI) (cf. aussi* CMOS transistors).

CMOS on sapphire *cf.* CMOS/SOS.

CMOS-on-SOS *cf.* CMOS/SOS.

CMOS p-channel transistor transistor à canal P d'une paire complémentaire *(ou* d'une paire CMOS) *(CI) (cf. aussi* CMOS transistors).

CMOS pair *cf.* CMOS transistor pair.

CMOS process procédé CMOS *(procédé de fabrication des circuits intégrés CMOS) (cf. aussi* CMOS integrated circuit).

CMOS processing fabrication par le procédé CMOS *(CI) (cf. aussi* CMOS process).

CMOS processing technology (la) technologie CMOS *(technologie de fabrication des circuits intégrés CMOS) (cf. aussi* CMOS technolgoy).

CMOS processor *cf.* CMOS microprocessor.

CMOS PROM mémoire PROM CMOS *(mémoire PROM réalisée sous la forme d'un circuit intégré CMOS) (CI) (cf. aussi* PROM *et* CMOS integrated circuit).

CMOS RAM mémoire RAM CMOS, *(etc.)* *(mémoire RAM réalisée sous la forme d'un circuit intégré CMOS) (CI) (cf. aussi* RAM[1] *et* CMOS integrated circuit).

CMOS/SOS *cf.* SOS CMOS. *(de même pour les termes dérivés) (et noter toutefois que le premier terme, le plus ancien, est le plus employé).*

CMOS static RAM mémoire RAM statique CMOS, *(etc.)* *(mémoire RAM statique réalisée sous la forme d'un circuit intégré CMOS) (CI) (cf. aussi* static RAM *et* CMOS integrated circuit).

CMOS technology (la) technique CMOS *(technique des circuits intégrés CMOS, c.-à-d. procédé de fabrication et conception de ces circuits intégrés) (semi) (cf. aussi* CMOS integrated circuit *et* technology).

CMOS transistor pair paire de transistors CMOS, paire CMOS *(cf. aussi* CMOS transistors).

CMOS transistors *(vient de « complementary MOS transistors »)* transistors CMOS, transistors MOS complémentaires, *(etc.)* *(paire de transistors MOS, l'un à canal P, l'autre à canal N, montés en série et formant l'élément de base des circuits intégrés CMOS) (cf. aussi* MOS transistor *et* CMOS integrated circuit).

cmr *cf.* common-mode rejection.

CMR *cf.* common-mode rejection.

CMRR *cf.* common-mode rejection ratio.

CMV *cf.* common-mode voltage.

CNI *(vient de « communications, navigation and identification »)* télécommunications, navigation et identification, TNI *(mil) (cf. aussi* C[3]) *(au début de la lettre C).*

CNT *cf.* count.

CNTL *cf.* control.

CNTR *cf.* counter.

CO 1) *cf.* cavity oscillator. 2) *cf.* crystal oscillator.

CO laser *cf.* carbon monoxide laser.

co- ... *voir plus loin le terme sans trait d'union.*

CO₂ laser *cf.* carbon dioxide laser.

coarse adjustment réglage approximatif, réglage grossier, réglage approché *(d'une tension, fréquence, etc.) (cf. aussi* adjustment 1)).

coarse chrominance primary signal Q *(TVC) (cf. aussi* Q signal[1]).

coarse-fine adjustment réglage successif grossier-fin *(fréquence, etc.) (cf. aussi* coarse adjustment).

coarse scanning balayage rapide *(antenne de radar) (cf. aussi* scanning antenna).

coarse tuning accord approximatif, accord grossier, accord approché *(récepteur, etc.) (cf. aussi* tuning).

coarse tuning adjustment réglage approximatif de l'accord, *(etc.) (cf. aussi* coarse tuning *et* adjustment 1)).

coarse tuning control commande d'accord approximatif, *(etc.) (cf. aussi* coarse tuning *et* tuning control).

coast-to-coast call communication *(parf.* appel) d'une côte à l'autre *(des États-Unis) (tél) (cf. aussi* telephone call).

coastal radar radar côtier *(radar civil ou militaire, à usage maritime ou aérien, installé sur une côte) (mar, avia) (cf. aussi* radar).

coastal refraction réfraction des ondes au passage de la côte *(radiocommunications transocéaniques, etc.) (tls) (cf. aussi* refraction *et* radio wave).

coasting time temps d'arrêt *(appareil à bande ou disque).*

coated cathode cathode à oxydes *(tube) (cf. aussi* oxide-coated cathode).

coated filament filament à oxydes *(filament chauffant réalisé sous la forme d'une cathode à oxydes) (tube) (cf. aussi* filament *et* oxide-coated cathode).

coating *(pour un composant)* enrobage *(protection d'un composant électronique par formation d'une couche de matière isolante) (cf. aussi* dip coating, encapsulating material *et* electronic component).

coating glass verre d'enrobage, fritte de verre *(verre spécial en poudre à point de fusion relativement bas utilisé comme matière d'enrobage) (cf. aussi* encapsulating material).

coating material matière de revêtement, *(souvent en électronique)* matière d'enrobage *(cf. aussi* encapsulating material).

coax *(fam) s cf.* coaxial cable.

coax ... *cf.* coaxial ... *(pour les termes qui ne figurent pas ci-après).*

coax-to-coax adapter adaptateur coaxial/coaxial *(dispositif permettant de raccorder deux câbles coaxiaux munis de connecteurs de types différents) (cf. aussi* coaxial cable).

coax-to-waveguide adapter *cf.* coaxial-to-waveguide adapter.

coaxial adapter *cf.* coax-to-coax adapter.

coaxial aerial *(GB) cf.* coaxial antenna.

coaxial antenna antenne coaxiale *(antenne d'émission formée à l'extrémité libre d'une ligne coaxiale) (hyper) (cf. aussi* transmitting antenna *et* coaxial line).

coaxial attenuator atténuateur coaxial *(atténuateur conçu pour être inséré dans une ligne coaxiale) (hyper) (cf. aussi* attenuator *et* coaxial line).

coaxial band-pass filter filtre passe-bande coaxial *(filtre passe-bande réalisé sous la forme d'un filtre coaxial) (cf. aussi* band-pass filter *et* coaxial filter).

coaxial cable câble coaxial *(câble à deux conducteurs pour signaux à haute fréquence dans lequel un des deux conducteurs a la forme d'un tube dans l'axe duquel l'autre est maintenu par un isolant à faibles pertes en haute fréquence réalisé sous forme continue ou sous forme de rondelles espacées) (le conducteur extérieur est relié à la masse ou à la terre et sert ainsi d'écran électromagnétique et électrostatique au conducteur intérieur) (cf. aussi* coaxial line *et* shield[1]).

coaxial cable diode *cf.* coaxial diode.

coaxial cable line ligne en câble coaxial, ligne de transmission en câble coaxial *(hyper, tél, TV par câbles, etc.) (cf. aussi* transmission line *et* coaxial cable).

coaxial-cable transmission line *cf.* coaxial cable line.

coaxial cavity cavité coaxiale *(cavité résonnante réalisée sous la forme d'un tronçon de ligne coaxiale rigide) (hyper) (cf. aussi* cavity resonator *et* rigid coaxial line).

coaxial component composant coaxial *(ou pour ligne coaxiale)*, composant hyperfréquence *(idem) (composant hyperfréquence conçu pour être inséré dans une ligne coaxiale ou monté à une extrémité d'une telle ligne et possédant, par conséquent, une structure analogue) (connecteur coaxial, atténuateur coaxial, charge coaxiale, etc.) (hyper) (cf. aussi* coaxial line).

coaxial connector connecteur coaxial, prise coaxiale *(connecteur conçu pour permettre de connecter un câble coaxial sur un composant coaxial ou un appareil) (hyper) (cf. aussi* connector (a) *et* coaxial cable).

coaxial coupler *cf.* coaxial directional coupler.

coaxial crystal detector détecteur à cristal coaxial *(détecteur à cristal muni d'un connecteur coaxial à chaque extrémité) (hyper) (cf. aussi* crystal detector 2) *et* coaxial connector).

coaxial device dispositif coaxial *(autre nom, plus général, d'un composant coaxial) (cf. aussi* coaxial component).

coaxial diode diode coaxiale *(diode hyperfréquence conçue pour être insérée dans une ligne coaxiale) (cf. aussi* microwave diode *et* coaxial line).

coaxial directional coupler coupleur directif coaxial *(coupleur directif pour lignes coaxiales) (hyper) (cf. aussi* directional coupler *et* coaxial line).

coaxial directional detector détecteur directif coaxial *(coupleur directif coaxial à détecteurs à cristal incorporés) (hyper) (cf. aussi* coaxial directional coupler *et* crystal detector 2)).

coaxial dummy load charge fictive coaxiale *(charge fictive conçue pour être montée à l'extrémité d'une ligne coaxiale) (hyper) (cf. aussi* dummy load *et* coaxial line).

coaxial ferrite circulator circulateur à ferrite coaxial *(circulateur à ferrite pour ligne coaxiale) (hyper) (cf. aussi* ferrite circulator *et* coaxial line).

coaxial filter filtre coaxial *(filtre hyperfréquence réalisé sous la forme d'un tronçon de ligne coaxiale rigide) (hyper) (cf. aussi* microwave filter *et* rigid coaxial line).

coaxial fixed attenuator atténuateur fixe coaxial *(hyper) (cf. aussi* coaxial attenuator *et* fixed attenuator).

coaxial fixed load charge fixe coaxiale, charge coaxiale fixe *(charge adaptée fixe réalisée sous la forme d'une charge coaxiale) (hyper) (cf. aussi* fixed load *et* coaxial load).

coaxial fixed termination terminaison fixe coaxiale, terminaison coaxiale fixe *(hyper) (cf. aussi* coaxial termination *et* fixed termination).

coaxial harmonic mixer mélangeur harmonique coaxial *(mélangeur harmonique pour ligne coaxiale) (hyper) (cf. aussi* harmonic mixer *et* coaxial line*)*.

coaxial input entrée coaxiale, entrée par connecteur coaxial, entrée sur prise coaxiale *(appareil, composant ou circuit) (cf. aussi* coaxial connector*)*.

coaxial isolator isolateur coaxial *(isolateur hyperfréquence réalisé sous la forme d'un tronçon de ligne coaxiale) (cf. aussi* isolator 1*) et* coaxial line*)*.

coaxial land line ligne coaxiale terrestre *(ligne terrestre constituée par un câble coaxial) (tls) (cf. aussi* land line *et* coaxial cable*)*.

coaxial lead *cf.* coaxial line.

coaxial line ligne coaxiale *(ou* à structure coaxiale*)*, ligne de transmission *(idem) (ligne de transmission hyperfréquence ou autre formée d'un conducteur filiforme disposé suivant l'axe d'un conducteur tubulaire et séparé de celui-ci par un diélectrique) (cf. aussi* coaxial cable, rigid coaxial line, unbalanced line *et* dielectric[1]*)*.

coaxial-line connector *cf.* coaxial connector.

coaxial-line frequency meter fréquencemètre à ligne coaxiale *(fréquencemètre hyperfréquence dans lequel le résonateur est un résonateur coaxial) (cf. aussi* coaxial resonator *et* microwave frequency meter*)*.

coaxial-line link liaison par ligne coaxiale *(généralement par câble coaxial) (tls, etc.) (cf. aussi* coaxial line*)*.

coaxial line measurement mesure sur ligne coaxiale *(hyper) (cf. aussi* coaxial line *et* coaxial slotted line*)*.

coaxiale-line resonator résonateur à ligne coaxiale, résonateur coaxial *(résonateur hyperfréquence formé d'un court tronçon de ligne coaxiale rigide court-circuité à une extrémité) (cf. aussi* microwave resonator, rigid coaxial line *et* coaxial-line frequency meter*)*.

coaxial-line termination *cf.* coaxial termination

coaxial-line transmission transmission par ligne coaxiale *(généralement par câble coaxial) (tls, etc.) (cf. aussi* coaxial line*)*.

coaxial link *cf.* coaxial-line link.

coaxial load charge coaxiale *(charge adaptée hyperfréquence réalisée sous la forme d'un composant coaxial, à savoir approximativement sous la forme d'un connecteur coaxial mâle) (cf. aussi* matched load (b) *et* coaxial connector*)*.

coaxial loudspeaker haut-parleur coaxial *(haut-parleur de graves comportant un haut-parleur d'aigus en son centre) (hifi) (cf. aussi* woofer *et* tweeter*)*.

coaxial low-pass filter filtre passe-bas coaxial *(filtre passe-bas hyperfréquence réalisé sous la forme d'un filtre coaxial) (cf. aussi* low-pass filter *et* coaxial filter*)*.

coaxial magnetron magnétron coaxial *(magnétron à cavité résonante extérieure entourant l'espace d'interaction auquel elle est reliée par des fentes longitudinales) (hyper) (cf. aussi* magnetron*)*.

coaxial measurement *cf.* coaxial-line measurement.

coaxial microwave component *cf.* coaxial component.

coaxial movable termination terminaison réglable coaxiale, terminaison coaxiale réglable *(autres noms, plus généraux, d'une charge coulissante coaxiale) (hyper) (cf. aussi* coaxial sliding load*)*.

coaxial net *cf.* coaxial network.

coaxial network réseau en câble coaxial *(tél, TV par câble, etc.) (cf. aussi* coaxial cable*)*.

coaxial output sortie coaxiale, sortie sur connecteur coaxial, sortie sur prise coaxiale *(appareil, composant ou circuit) (cf. aussi* coaxial connector*)*.

coaxial pair paire coaxiale *(paire téléphonique formée d'un câble coaxial de petit diamètre généralement réuni avec d'autres sous une enveloppe protectrice pour former un câble téléphonique dit « à paires coaxiales ») (cf. aussi* pair 1*)* (a) *et* coaxial cable*)*.

coaxial-pair cable câble à paires coaxiales *(cf. aussi* coaxial pair*)*.

coaxial phase shifter déphaseur coaxial *(déphaseur réalisé sous la forme d'un composant coaxial et pouvant utiliser notamment une ligne coulissante repliée en forme de trombone pour créer le déphasage) (hyper) (cf. aussi* phase shifter *et* coaxial component*)*.

coaxial plug fiche coaxiale *(partie mâle d'un connecteur coaxial) (hyper) (cf. aussi* coaxial connector*)*.

coaxial point-contact detector diode diode de détection à pointe coaxiale *(ou* pour ligne coaxiale*)*, diode de détection coaxiale à pointe *(hyper) (cf. aussi* point-contact detector diode *et* coaxial diode*)*.

coaxial point-contact mixer diode diode mélangeuse à pointe coaxiale *(ou* pour ligne coaxiale*)*, diode mélangeuse coaxiale à pointe *(hyper) (cf. aussi* point-contact mixer diode *et* coaxial diode*)*.

coaxial power divider diviseur de puissance coaxial *(diviseur de puissance pour ligne coaxiale) (hyper) (cf. aussi* power divider *et* coaxial line*)*.

coaxial probe sonde coaxiale *(sonde hyperfréquence conçue pour être montée à l'extrémité d'un câble coaxial) (cf. aussi* probe[1] (b) *et* coaxial cable*)*.

coaxial reed relay relais à tiges coaxial, relais coaxial *(relais à tiges conçu pour être inséré dans un câble coaxial pour couper le conducteur central) (hyper) (cf. aussi* reed relay *et* coaxial cable*)*.

coaxial resonator *cf.* coaxial-line resonator.

coaxial Schottky detector diode diode de détection Schottky coaxiale *(ou* pour ligne coaxiale*)*, diode de détection coaxiale Schottky *(hyper) (cf. aussi* Schottky detector diode *et* coaxial diode*)*.

coaxial short court-circuit coaxial *(court-circuit hyperfréquence formé d'un très court tronçon de ligne coaxiale rigide court-circuité à une extrémité et muni d'un connecteur coaxial à l'autre extrémité) (cf. aussi* short[2] (b), rigid coaxial line *et* coaxial connector*)*.

coaxial short-circuit *cf.* coaxial short.

coaxial sliding load charge coulissante coaxiale *(charge coulissante réalisée sous la forme d'une ligne coaxiale rigide télescopique) (hyper) (cf. aussi* sliding load *et* rigid coaxial line*)*.

coaxial slotted line ligne de mesure coaxiale *(ligne de mesure à tronçon de mesure coaxial, pour mesures sur lignes coaxiales) (hyper) (cf. aussi* slotted line *et* coaxial slotted section*)*.

coaxial slotted section tronçon de mesure coaxial *(tronçon de mesure composé de deux plans de masse disposés de part et d'autre d'un conducteur central rigide longitudinal, et muni d'une prise coaxiale à chaque extrémité) (hyper) (cf. aussi* slotted section*)*.

coaxial socket socle de connecteur coaxial *(partie femelle d'un connecteur coaxial) (hyper) (cf. aussi* coaxial connector*)*.

coaxial step attenuator atténuateur à plots du type coaxial *(hyper) (cf. aussi* step coaxial attenuator*)*.

coaxial stub adaptateur d'impédance coaxial *(ou* à ligne coaxiale*)*, adaptateur coaxial *(idem) (adaptateur d'impédance formé d'un tronçon de ligne coaxiale rigide monté lui-même sur une ligne coaxiale rigide et dont la longueur est égale au quart de la longueur de l'onde qui se propage dans cette ligne) (hyper) (cf. aussi* stub *et* rigid coaxial line*)*.

coaxial switch inverseur coaxial *(relais inverseur unipolaire muni de connecteurs coaxiaux utilisé pour relier le conducteur central d'une ligne coaxiale à celui de l'une ou l'autre de deux autres lignes coaxiales) (hyper) (cf. aussi* SPDT relay *et* coaxial line*)*.

coaxial termination terminaison coaxiale *(terminaison conçue pour être montée à l'extrémité d'une ligne coaxiale) (hyper) (cf. aussi* termination 1*) et* coaxial line*)*.

coaxial thermistor mount support de thermistance coaxial, support coaxial de thermistance *(support de thermistance conçu pour être monté sur une ligne coaxiale) (hyper) (cf. aussi* thermistor mount *et* coaxial line*)*.

coaxial-to-waveguide adapter adaptateur coaxial-guide d'ondes *(nom parfois donné à un adaptateur guide d'ondes-coaxial) (hyper) (cf. aussi* waveguide-to-coaxial adapter*)*.

coaxial transmission line *cf.* coaxial line.

coaxial tuner adaptateur d'impédance réglable coaxial, adaptateur réglable coaxial *(adaptateur d'impédance réglable réalisé sous la forme d'un tronçon de ligne coaxiale rigide, les éléments coulissants étant des adaptateurs à ligne de longueur réglable par piston) (hyper) (cf. aussi* tuner 3), rigid coaxial line *et* stub*)*.

coaxial variable attenuator atténuateur variable coaxial, atténuateur coaxial variable *(hyper)* (cf. aussi variable attenuator *et* coaxial attenuator).

coaxial wavemeter ondemètre à ligne coaxiale *(fréquence-mètre à ligne coaxiale gradué en longueurs d'onde) (hyper)* (cf. aussi coaxial-line frequency meter).

coaxial wiring câblage en câble coaxial *(ensemble des tronçons de câble coaxial utilisés dans certains appareils hyper-fréquence)* (cf. aussi coaxial cable).

COBOL *(vient de « common business-oriented language »)* COBOL, langage COBOL *(langage de gestion évolué) (est caractérisé par l'emploi d'un nombre relativement grand de noms, anglais, non abrégés et par le fait qu'il comprend quatre parties appelées « divisions »: division d'identification (du programme à établir); division environnement (décrit l'ordinateur utilisé); division données (décrit les informations à traiter et leurs fichiers; division procédure (constitue le programme proprement dit) (inf)* (cf. aussi business language, high-level language *et* business computer).

cochannel interference interférence entre voies *(multiplex)* (cf. aussi multiplex[1]).

cochannel operation exploitation en multiplex *(liaison de télécommunications par faisceau hertzien)* (cf. aussi multiplex[1]).

cochannel radio stations stations radio à fréquence partagée *(stations de radiodiffusion sonore — éloignées l'une de l'autre — émettant sur la même fréquence).*

code[1] *s* **1)** code *(ensemble de règles adoptées pour représenter des informations par des signaux électriques, des chiffres, des perforations, etc.) (inf, tls)* (cf. aussi binary code *et* telegraph code). **2)** programme *(d'ordinateur) (sous une des formes autres que celle du programme source, c.-à-d. écrit en langage assembleur, en langage symbolique ou en langage machine) (inf)* (cf. aussi computer program *et* programming language).

code[2] *v* (cf. aussi code[1]) **1)** coder, mettre en code *(un signal ou un message) (tls).* **2)** coder, écrire, programmer *(les instructions d'un programme d'ordinateur) (inf).*

code beacon balise à émission codée *(radionav)* (cf. aussi beacon).

code bit (un) binaire de code *(parf. du code) (binaire d'un code binaire) (inf, tls)* (cf. aussi bit *et* binary code).

code breaking découverte du code *(action de trouver la clé d'un code de chiffrage) (tls, etc.)* (cf. aussi code[1] 1) *et* encipherment).

code channel canal de perforations significatives *(sdpo à « canal de perforations d'entraînement ») (bande perforée)* (cf. aussi channel[1] (d)).

code character caractère d'un code *(combinaison de binaires représentant un caractère codé) (inf, tlg)* (cf. aussi bit).

code conversion conversion de code, transcodage *(passage d'un code un autre, c.-à-d. changement du code de représentation d'informations codées) (ces termes désignent souvent le passage d'un code binaire à un autre code binaire) (inf)* (cf. aussi code[1] 1)).

code converter convertisseur de code, transcodeur *(dispositif électronique réalisant la conversion de code)* (cf. aussi code conversion).

code delay délai de code *(intervalle de temps ajouté entre deux impulsions déterminées du signal émis par une station d'un système de navigation hyperbolique à impulsions tel que le Loran notamment, pour augmenter la fiabilité des mesures de position et faciliter le lever d'ambiguïté de chenal) (radionav)* (cf. aussi Loran, position fixing *et* ambiguity resolution (b)).

code disk disque codeur *(d'un codeur d'angle)* (cf. aussi shaft-position encoder).

code efficiency efficacité du code *(parf. d'un code) (rapport entre un nombre de binaires d'informations d'un code binaire et le nombre de transitions nécessaire pour transmettre ou enregistrer ces binaires) (tls, enr. mag)* (cf. aussi bit, binary code *et* transition (c)).

code element **1)** élément de code *(parf. d'un code parf. du code) (impulsion, perforation, etc.) (inf).* **2)** moment d'un code *(télégraphique)* (cf. aussi telegraph code).

code hole perforation significative *(sdpo à « perforation d'entraînement ») (bande perforée) (inf, tlg)* (cf. aussi channel[1] (d)).

code line ligne de programme *(ou de code) (unité de mesure approximative de la longueur d'un programme d'ordinateur) (inf)* (cf. aussi computer program).

code memory cf. program memory.

code number **1)** numéro de code. **2)** indicatif *(d'un poste émetteur)* (cf. aussi call letters).

code patching câblage du programme *(sur une matrice de programmation) (inf)* (cf. aussi programming board).

code pattern combinaison de perforations *(sur une bande ou une carte perforée) (inf, tlg)* (cf. aussi punched tape *et* punched card).

code recorder récepteur-enregistreur *(récepteur télégraphique enregistrant les signaux reçus)* (cf. aussi reperforator).

code ringing appel par sonnerie codée *(tél).*

code selector sélecteur de groupe *(central tél).*

code track cf. code channel.

code translation cf. code conversion.

code translator cf. code converter.

code transmitter émetteur télégraphique *(cf. aussi* telegraph transmitter).

codec *(vient de « coder-decoder »)* codec *(circuit d'interface complexe utilisé pour la transmission numérique du signal analogique fourni par le microphone d'un poste téléphonique) (est réalisé sous la forme d'un circuit hybride ou d'un ou deux circuits intégrés monolithiques montés dans le poste téléphonique et assure notamment la numérisation du signal vocal à l'émission et sa dénumérisation à la réception)* (cf. aussi integrated circuit, analog-to-digital conversion *et, à titre d'information,* modem).

codec chip puce de codec *(CI)* (cf. aussi codec *et* chip 1)).

coded **1)** codé *(signal, etc.)* (cf. aussi code[1] 1). **2)** chiffré *(message secret)* (cf. aussi encipherment).

coded-aperture radar cf. synthetic-aperture radar.

coded decimal digit chiffre décimal codé *(chiffre décimal représenté par une combinaison de binaires) (inf)* (cf. aussi bit).

coded interrogation interrogation codée *(cf. aussi* coded interrogator).

coded interrogator interrogateur à émission codée *(interrogateur émettant des impulsions d'interrogation codées destinées au répondeur d'un mobile déterminé) (radar d'identification)* (cf. aussi interrogator).

coded-pulse anticlutter system éliminateur d'échos fixes à impulsions codées *(radar)* (cf. aussi anticlutter system).

coded rotary switch roue codeuse *(cf. aussi* thumbwheel switch).

coder **1)** codeur (a) *codeur d'impulsions)* (cf. aussi pulse coder); (b) *codeur de signaux)* (cf. aussi encoder (a). **2** programmeur *(inf)* (cf. aussi programmer 1)).

coder-decoder cf. codec.

coding **1)** codage *(représentation d'informations au moyen d'un code)* (cf. aussi code[1] 1)). **2)** cf. programming (b).

coding delay cf. code delay.

coding disk cf. code disk.

coding error **1)** erreur de codage *(erreur commise notamment dans le codage binaire de la valeur d'une grandeur)* (cf. aussi Gray code). **2)** erreur de programmation *(inf)* (cf. aussi programming error).

coding matrix matrice de codage *(ensemble de deux nappes orthogonales isolées de conducteurs parallèles reliés deux à deux à certains points de croisement par une diode à semi-conducteur ou un transistor pour établir des connexions permettant de coder en binaire des tensions discrètes successives appliquées à la nappe d'entrée, le mot binaire correspondant à chaque tension étant obtenu aux bornes de l'autre nappe) (numériseur)* (cf. aussi analog-to-digital converter).

coding requirements **1)** impératifs de codage *(cf. aussi* coding 1)). **2)** besoins en programmation *(inf)* (cf. aussi programming (b)).

coding scheme procédé de codage *(cf. aussi* coding 1)).

coding section partie codage, circuits de codage *(émetteur TVC, etc.)* (cf. aussi coder 1)).

coding technique méthode de codage *(nom parfois donné à un code considéré sous l'angle de son utilisation)* (cf. aussi code[1] 1)).

coefficient of coupling *cf.* coupling coefficient.

coefficient potentiometer potentiomètre de coefficient *(ou* d'affichage de coefficient) *(calculateur analogique) (cf. aussi* potentiometer 1) *et* analog computer).

coercive force champ coercitif *(intensité du champ magnétique, de sens opposé à celui d'un corps aimanté, nécessaire pour désaimanter celui-ci) (cf. aussi* magnetic field strength).

cofire *v* cuire ensemble *(deux ou plusieurs couches différentes sur un substrat de circuit hybride à couches épaisses) (cf. aussi* thick-film hybrid circuit).

cohered video *cf.* coherent video.

coherence cohérence *(constance de l'angle de phase entre deux grandeurs sinusoïdales, dans le temps ou l'espace, ou les deux) (laser, radar, etc.) (cf. aussi* spatial coherence, temporal coherence, phase angle *et* coherent light).

coherence area aire de cohérence *(aire du cercle entourant un point d'une surface émettrice de lumière dans lequel la phase de la vibration est constante) (le diamètre de ce cercle étant approximativement égal à la longueur d'onde de la lumière émise, l'aire de cohérence totale d'une source de lumière non cohérente reste négligeable, tandis que celle d'un laser est égale à l'aire de la section droite du faisceau émis par suite de la cohérence spatiale de la lumière du laser, ce qui contribue à la puissance optique extraordinaire du faisceau laser) (cf. aussi* spatial coherence, laser, phase (a), wavelength, non-coherent light source *et* optical power).

coherence time temps de cohérence *(temps pendant lequel il existe une relation de phase entre une onde quasi monochromatique considérée à un instant déterminé et la même onde à un instant postérieur ou antérieur) (plus ce temps Δt est long, plus la cohérence temporelle de l'onde est grande ; dans le cas théorique où Δt est infini, l'onde est vraiment monochromatique) (laser, etc.) (cf. aussi* temporal coherence *et* phase relationship).

coherent cohérent(e), à angle de phase constant *(onde, signal) (cf. aussi* coherence).

coherent detection détection cohérente, détection de phase cohérente *(dans le comparateur de phase d'un récepteur, comparaison de la phase des signaux reçus à celle du signal fourni par un oscillateur cohérent) (radar MTI, etc.) (cf. aussi* phase detector *et* coherent oscillator).

coherent detector détecteur cohérent *(détecteur réalisant la détection cohérente) (cf. aussi* coherent detection).

coherent light lumière cohérente *(lumière émise notamment par un laser) (cf. aussi* light[1] 1), coherence *et* laser).

coherent moving-target indicator *cf.* MTI.

coherent MTI *cf.* MTI.

coherent optical-signal processing traitement cohérent des signaux optiques *(cf. aussi* coherent signal processing).

coherent oscillator oscillateur cohérent *(oscillateur à très grande stabilité de phase dont le signal constitue une référence de phase à laquelle est comparée la phase des signaux reçus par un récepteur) (est utilisé notamment dans un radar MTI) (cf. aussi* oscillator, phase (a) *et* moving-target indicator).

coherent phase detection *cf.* coherent detection.

coherent pulse operation fonctionnement en impulsions cohérentes *(mode de fonctionnement d'un radar cohérent) (cf. aussi* coherent radar).

coherent pulse radar *cf.* coherent radar.

coherent pulse transmitter *cf.* coherent transmitter.

coherent pulses impulsions cohérentes *(impulsions d'une onde porteuse obtenue à partir du signal fourni par un oscillateur cohérent) (émetteur radar, etc.) (cf. aussi* coherent oscillator).

coherent radar radar cohérent, radar à impulsions cohérentes *(radar à impulsions émettant des impulsions cohérentes) (cf. aussi* pulse radar *et* coherent pulses).

coherent radiation rayonnement cohérent *(rayonnement formé d'ondes cohérentes) (rayonnement d'un laser) (cf. aussi* radiation, coherent waves *et* laser).

coherent reference référence cohérente *(référence de phase constituée par le signal d'un oscillateur cohérent) (cf. aussi* coherent oscillator).

coherent side-lobe cancellation suppression cohérente des lobes secondaires *(suppression des lobes secondaires par*

détection cohérente) *(cf. aussi* side-lobe cancellation *et* coherent detection).

coherent signal processing traitement cohérent des signaux *(traitement de signaux, dans un récepteur, fondé sur la comparaison de leur phase à celle du signal fourni par un oscillateur cohérent) (radar, etc.) (cf. aussi* coherent oscillator).

coherent transmitter émetteur cohérent, émetteur d'impulsions cohérentes *(radar, etc.) (cf. aussi* coherent pulses).

coherent video vidéo cohérente *(signal de sortie du détecteur cohérent du récepteur d'un radar MTI) (cf. aussi* coherent detector *et* moving-target indicator).

coherent waves ondes cohérentes *(ondes périodiques entre lesquelles peut être observée la propriété de cohérence) (cf. aussi* periodic wave *et* coherence).

coherer cohéreur *(premier type de détecteur d'enveloppe, inventé par Edouard Branly en 1890) (cf. aussi* detector 2)).

COHO *cf.* coherent oscillator.

coil[1] *s* bobine électrique, bobine, *(parf. aussi)* bobinage *(conducteur enroulé sur un support ou sans support de façon à former un certain nombre de spires) (cf. aussi* inductor, solenoid 1), winding, turn 2), bobbin, tapped coil, relay coil, flip coil, induction coil, former *et* coil form).

coil[2] *v* enrouler, bobiner *(un fil électrique, une bande magnétique, etc.) (cf. aussi* coil[1] *et* reel[2]).

coil form carcasse de bobine, carcasse *(nom généralement donné à une bobine isolante dont la section droite n'est pas circulaire) (transfo, etc.) (cf. aussi* bobbin *et* coil[1]).

coil-generated field champ créé par la bobine *(parf. une bobine) (champ magnétique créé par un courant circulant dans une bobine) (cf. aussi* magnetic field *et* coil[1]).

coil inductance inductance de la bobine *(parf.* d'une bobine) *(cf. aussi* inductance).

coil-loaded cable câble pupinisé, câble à charge discontinue *(câble téléphonique à grande distance dont chaque circuit est muni de bobines de charge) (cf. aussi* loaded cable *et* loading coil 1)).

coil loading pupinisation, charge discontinue *(insertion de bobines d'inductance spéciales à intervalles réguliers dans un câble téléphonique à grande distance pour le charger) (cf. aussi* loaded cable *et* loading coil 1)).

coil loss *cf.* copper loss.

coil neutralization neutrodynage inductif *(ampli HF) (cf. aussi* inductive neutralization).

coil pot pot *(pour bobinage HF) (cf. aussi* pot core).

coil resistance résistance de la bobine *(parf.* d'une bobine) *(relais, etc.) (cf. aussi* resistance *et* coil[1]).

coil serving protection par ruban isolant *(généralement imprégné de vernis isolant) (bobine de transformateur, de relais, etc.) (cf. aussi* serving).

coil spacing pas de pupinisation *(distance, généralement égale à 1 830 m, entre deux bobines de charge successives d'un câble téléphonique à grande distance) (cf. aussi* loading coil).

coil tap prise *(sur une bobine) (point de connexion prévu en un certain point d'une bobine) (cf. aussi* tap[1] *et* coil[1]).

coil voltage tension aux bornes de la bobine *(relais, etc.) (cf. aussi* coil[1] *et* voltage).

coiled-coil filament filament bispiralé, filament en double spirale *(filament spiralé enroulé ensuite en hélice, principalement pour réduire son encombrement et obtenir ainsi une source de lumière relativement ponctuelle) (lampe) (cf. aussi* coiled filament (a)).

coiled cord cordon spiralé, cordon extensible *(pour combiné téléphonique, etc.) (cf. aussi* cord).

coiled filament filament spiralé, filament en spirale (a) *filament de lampe à incandescence enroulé en hélice à spires non jointives, principalement pour réduire sa longueur) (cf. aussi* coiled-coil filament *et* incandescent lamp) ; (b) *filament de cathode à chauffage indirect plié en épingle à cheveux et ensuite torsadé à spires non jointives pour réduire sa longueur) (noter que dans les deux cas, il s'agit en fait d'un filament hélicoïdal) (cf. aussi* indirectly heated cathode).

COIN *cf.* COINCIDENCE.

COINCIDENCE *cf.* exclusive NOR *(de même pour les termes dérivés).*

coincidence circuit   **1)** circuit à coïncidence *(circuit émettant une impulsion lorsque les deux tensions appliquées à ses entrées ont la même valeur).* **2)** *cf.* exclusive-NOR circuit.

coincidence gate   *cf.* coincidence circuit.

coincident-current selection   sélection par coïncidence de courants *(sélection d'un tore de mémoire à tores magnétiques pour lecture ou écriture, etc.)* *(inf)* *(cf. aussi* core memory).

coincident transponder   répondeur à coïncidence *(répondeur n'émettant un signal de réponse que s'il reçoit simultanément deux signaux d'interrogation déterminés)* *(radar d'identification)* *(cf. aussi* IFF radar).

cold cathode   cathode froide *(cathode de tube électronique émettant des électrons à la température ambiante sous l'action d'un champ électrique suffisamment intense)* *(cf. aussi* cathode (b) *et* field emission).

cold-cathode counter tube   tube compteur à cathode froide *(cf. aussi* counter tube *et* cold cathode).

cold-cathode electron tube   *cf.* cold-cathode tube.

cold-cathode emission   émission par une cathode froide *(émission d'électrons par une cathode froide)* *(cf. aussi* cold cathode).

cold-cathode gas tube   tube à gaz à cathode froide *(nom parfois donné à un tube à décharge pour rappeler ses deux caractéristiques)* *(cf. aussi* discharge tube, gas tube *et* cold cathode).

cold-cathode tube   tube à cathode froide, tube électronique *(idem)* *(tube photoélectrique, tube à vapeur de mercure, tube à décharge, etc.)* *(cf. aussi* cold cathode).

cold cutting stylus   burin de gravure à froid *(burin de gravure ne comportant pas de dispositif de chauffage pour ramollir la laque du disque original)* *(enregistrement sur disque à sillon)* *(cf. aussi* cutting stylus).

cold emission   émission à froid *(cathode de tube)* *(cf. aussi* field emission *et* cold cathode).

cold impedance   impédance au repos, impédance en l'absence d'oscillations *(magnétron, etc.)* *(cf. aussi* impedance *et* magnetron).

cold junction   soudure froide, jonction de référence *(celle des deux soudures d'un thermocouple qui n'est pas exposée à la chaleur du corps dont on veut mesurer la température)* *(cf. aussi* reference junction *et* thermocouple).

cold-junction compensation   compensation de soudure froide *(compensation de la variation, avec la température, de la tension apparaissant aux bornes de la soudure froide d'un thermocouple par application d'une tension de polarité opposée égale à la différence, ou par prise en compte de la variation dans le calcul de température)* *(cf. aussi* hardware compensation, software compensation *et* cold junction).

cold packaging ceramic   céramique pour boîtiers (de circuits intégrés) à faible rayonnement alpha *(cf. aussi* soft error).

cold plate   plaque de refroidissement, dissipateur plan *(dissipateur thermique formé d'une plaque d'aluminium ou de cuivre reliée thermiquement à des transistors de puissance ou autres composants à refroidir)* *(cf. aussi* heat sink (2)).

cold switching   commutation au zéro du courant *(thyristor, etc.)* *(cf. aussi* zero crossing).

cold test   (un) essai sur composant au repos *(tube hyper, etc.).*

cold testing   (l')essai sur composants au repos *(cf. aussi* cold test).

collapsible antenna   antenne télescopique *(radio)* *(cf. aussi* telescopic antenna).

collapsible mast   mât télescopique *(antenne).*

collator   interclasseuse (de cartes perforées) *(machine conçue pour incorporer un fichier de cartes perforées à un autre en respectant l'ordre de classement des cartes de celui-ci et en éliminant les cartes éventuellement en double)* *(inf)* *(cf. aussi* punched card).

collect *v*   collecter, recueillir, saisir *(des informations)* *(inf)* *(cf. aussi* data collection).

collect call   communication en PCV *(tél)* *(cf. aussi* toll-free call).

collected charge   charge recueillie, charge électrique recueillie *(sur une électrode)* *(cf. aussi* electric charge *et* electrode).

collecting electrode   *cf.* collector.

collecting grid   *cf.* collector grid.

collecting region   zone collectrice *(zone de collecteur dans un transistor bipolaire, etc.)* *(cf. aussi* bipolar transistor).

collection efficiency   rendement de captation *(cellule solaire)* *(cf. aussi* solar cell).

collection of data   saisie de l'information *(inf)* *(cf. aussi* data collection).

collection of electrons   captation des électrons *(par l'anode d'un tube électronique)* *(cf. aussi* anode (b)).

collector   collecteur, électrode collectrice (a) *zone d'un transistor bipolaire attirant la majeure partie des porteurs de charge émis par l'émetteur)* *(cf. aussi* bipolar transistor) ; (b) *nom donné à l'anode d'un tube hyperfréquence à modulation de vitesse) (noter que le terme anglais ne peut pas être employé pour désigner le collecteur d'une machine électrique tournante à collecteur)* *(cf. aussi* anode (b), velocity-modulated tube *et* commutator 1)).

collector area   aire du collecteur, surface du collecteur *(le premier terme est le meilleur),* *(parf.)* zone du collecteur *(cf. aussi* collector, notamment (a)).

collector-base bias   **1)** polarisation collecteur-base *(transistor bipolaire)* *(cf. aussi* bias^1 1) *et* bipolar transistor). **2)** *cf.* collector-base bias voltage.

collector-base bias voltage   tension de polarisation collecteur-base *(transistor bipolaire)* *(cf. aussi* collector-base bias).

collector-base breakdown   claquage de la jonction collecteur-base *(transistor bipolaire)* *(cf. aussi* breakdown 2) *et* bipolar transistor).

collector-base capacitance   capacité de la jonction collecteur-base *(transistor bipolaire)* *(cf. aussi* junction capacitance *et* bipolar transistor).

collector-base junction   jonction collecteur-base *(transistor bipolaire)* *(cf. aussi* bipolar transistor).

collector-base leakage   fuites de la jonction collecteur-base *(cf. aussi* collector-base leakage current).

collector-base leakage current   *(parf.* intensité du) courant de fuite collecteur-base *(ou de la jonction collecteur-base)* *(transistor bipolaire)* *(cf. aussi* junction leakage current *et* bipolar transistor).

collector-base resistance   résistance collecteur-base, résistance de la jonction collecteur-base *(transistor bipolaire)* *(cf. aussi* bipolar transistor *et* resistance).

collector capacitance   *cf.* collector-base capacitance.

collector-cathode circuit   circuit collecteur-cathode, circuit du collecteur *(circuit reliant le collecteur d'un tube hyperfréquence à collecteur à la cathode du tube, en passant par l'alimentation, dans un montage utilisant un tel tube)* *(cf. aussi* collector (b)).

collector circuit   circuit du collecteur (a) *cf. aussi* collector-emitter circuit) ; (b) *cf. aussi* collector-cathode circuit).

collector contact   contact du collecteur, contact de collecteur *(zone du collecteur d'un transistor par laquelle se fait le contact avec la connexion de cette électrode) (est microscopique dans un transistor intégré, la connexion l'étant également)* *(cf. aussi* collector (a) *et* contact window).

collector current   *(parf.* intensité du) courant de collecteur *(ou dans le collecteur ou dans le circuit du collecteur ou circulant (idem)) (courant sortant par le collecteur d'un transistor bipolaire ou d'un tube hyperfréquence à collecteur ou, parfois, intensité de ce courant) (constitue le courant de sortie dans le premier cas)* *(cf. aussi* collector).

collector current gain   gain (en courant) *(transistor bipolaire)* *(cf. aussi* current gain *et* bipolar transistor).

collector-current runaway   emballement thermique *(transistor bipolaire de puissance)* *(cf. aussi* thermal runaway).

collector cutoff   (point de) blocage *(valeur de la polarisation de la jonction émetteur-base d'un transistor bipolaire pour laquelle le courant de collecteur est réduit aux fuites de cette jonction) (semi)* *(cf. aussi* bias^1, bipolar transistor *et* junction leakage current).

collector cutoff current   *(parf.* intensité du) courant à l'état bloqué *(transistor bipolaire)* *(cf. aussi* collector cutoff).

collector depression   cuvette du collecteur *(tube à onde progressive)* *(hyper)* *(cf. aussi* collector (b)).

collector diffusion isolation   isolement par diffusion de collecteur *(CI)* *(cf. aussi* CDI logic).

collector doping dopage du collecteur *(dopage de la zone formant le collecteur d'un transistor bipolaire) (cf. aussi* doping *et* collector (a)).

collector doping density *cf.* collector doping level.

collector doping level niveau de dopage du collecteur *(transistor bipolaire) (cf. aussi* collector doping *et* doping level).

collector-emitter circuit circuit collecteur-émetteur, circuit du collecteur *(circuit reliant le collecteur d'un transistor bipolaire à l'émetteur de celui-ci, en passant par la charge et l'alimentation, dans un montage utilisant un tel transistor) (cf. aussi* bipolar transistor, load[1] (a) *et* power supply 2)).

collector-emitter saturation voltage tension de saturation collecteur-émetteur *(transistor bipolaire) (cf. aussi* saturation voltage *et* collector-emitter voltage).

collector-emitter voltage tension collecteur-émetteur *(transistor bipolaire) (cf. aussi* collector voltage (a)).

collector junction *cf.* collector-base junction.

collector resistance résistance du collecteur, résistance série du collecteur *(résistance du collecteur d'un transistor bipolaire) (semi) (cf. aussi* collector (a), series resistance *et* buried layer).

collector series resistance *cf.* collector resistance.

collector transition *cf.* collector junction.

collector voltage tension du collecteur *(ou* de collecteur), tension appliquée au collecteur (a) *tension de quelques volts appliquée entre le collecteur et l'émetteur d'un transistor bipolaire) (est négative pour un transistor PNP ou positive pour un transistor NPN) (cf. aussi* bipolar transistor, positive voltage *et* negative voltage) ; (b) *tension positive élevée appliquée entre le collecteur et la cathode d'un tube électronique à collecteur) (cf. aussi* collector (b) *et* positive voltage).

collimate *v* collimater *(rendre parallèles les rayons d'un faisceau de lumière ou les trajectoires des particules d'un faisceau de particules tel qu'un faisceau d'électrons ou d'ions) (cf. aussi* collimated beam).

collimated beam faisceau collimaté *(faisceau de lumière ou de particules dont le point de focalisation est situé l'infini, c.-à-d. dont les rayons ou les trajectoires sont parallèles) (laser, etc.).*

collimation collimation *(action de collimater) (cf. aussi* collimate).

collimation electrode électrode collimatrice *(tube à mémoire, etc.) (cf. aussi* electrode *et* collimate).

collinear array antenne à dipôles alignés, *(parf.)* alignement de dipôles *(antenne d'émission formée d'un certain nombre de dipôles disposés et orientés suivant une ligne droite) (cf. aussi* dipole antenna *et, à titre d'information,* linear array).

collision collision, choc *(entre particules) (gaz ionisé, semiconducteur) (cf. aussi* collision excitation).

collision avoidance system système anticollision *(système à radar anticollision monté sur aéronef pour émettre une alarme lorsqu'un autre aéronef est détecté sur un cap de rencontre) (avia) (cf. aussi* anticollision radar *et* collision course).

collision course cap de rencontre *(cap coupant celui d'un autre mobile) (nav) (cf. aussi* course 1)).

collision-course homing autopoursuite sur cap de rencontre *(engin autoguidé) (mil) (cf. aussi* homing[1] 2) *et* collision course).

collision excitation excitation par choc *(excitation d'un corpuscule par le choc d'un corpuscule possédant une énergie cinétique suffisante, avec transfert de tout ou partie de celle-ci au corpuscule heurté) (cf. aussi* excitation (a), kinetic energy *et* ionization by collision).

collision frequency fréquence de collision *(nombre moyen de chocs d'une particule par unité de temps dans un gaz ionisé) (cf. aussi* particle (b) *et* ionized gas).

collision ionization ionisation par chocs *(gaz) (cf. aussi* ionization by collision).

color ... *cf.* chrominance ... *(pour les termes qui ne figurent pas ci-après).*

color balance équilibre des couleurs *(image TVC, etc.).*

color-banded resistor résistance à anneaux de couleurs *(résistance à sorties axiales portant des anneaux de couleur indiquant sa valeur ohmique et les tolérances sur celles-ci, conformément au code des couleurs) (clpf) (cf. aussi* color code *et* axial leads).

color banding formation de bandes de couleur *(phénomène parasite sur une image de télévision en couleurs).*

color bar barre de couleur *(TVC) (cf. aussi* color-bar test pattern).

color-bar generator (générateur de) mire de barres de couleur, mire de barres *(on notera que « mire de barres (de couleur) » désigne tant l'appareil que l'image qu'il produit sur l'écran) (cf. aussi* color-bar test pattern).

color-bar signal signal de la mire de barres (de couleur) *(TVC) (cf. aussi* color-bar generator).

color-bar signal components composantes du signal de la mire de barres (de couleur) *(TVC) (cf. aussi* color-bar test pattern).

color-bar test pattern mire de barres (de couleur) *(ensemble de barres de couleur verticales juxtaposées formé par un générateur spécial sur l'écran d'un récepteur de télévision en couleurs pour contrôler son fonctionnement et effectuer éventuellement son réglage) (cf. aussi* color-bar generator).

color breakup décomposition momentanée des couleurs *(impression de décomposition en couleurs primaires des couleurs d'une image de télévision due à un brusque mouvement de la tête, à un clignement d'yeux ou à toute autre variation brusque des conditions d'observation).*

color broadcast *s* émission en couleurs, émission de télévision en couleurs, émission couleur *(cf. aussi* color television).

color-broadcast *v* émettre en couleurs, émettre un programme de télévision en couleurs *(cf. aussi* color television).

color burst salve, salve couleur, salve de référence, salve de synchronisation, signal de synchronisation de chrominance *(signal formé d'une dizaine de cycles de la sous-porteuse de chrominance supprimée, après chaque impulsion de synchronisation de ligne, dans un signal de télévision en couleurs pour synchroniser l'oscillateur de régénération de la sous-porteuse de chrominance sur la phase de celle-ci, dans le récepteur, et débloquer l'amplificateur de chrominance) (la synchronisation de l'oscillateur de régénération de la sous-porteuse de chrominance est nécessaire pour obtenir une reproduction correcte des couleurs) (le déblocage de l'amplificateur de chrominance d'un récepteur couleur par la salve assure la compatibilité inverse par le fait que, lors de la réception d'une émission en noir et blanc (qui ne comporte pas de salves) par un tel récepteur, sa partie chrominance reste inactive et seul le signal de luminance est amplifié pour éviter l'apparition de couleurs parasites sur l'image en noir et blanc) (cf. aussi* horizontal synchronization pulse, carrier-reinsertion oscillator, chrominance subcarrier, color killer *et* reverse compability).

color camera caméra couleur, caméra de télévision en couleurs *(caméra de télévision fournissant, en plus du signal équivalent à celui d'une caméra noir et blanc, trois signaux de couleur élémentaires dont la combinaison représente la couleur de chaque point de l'image) (dans une caméra couleur classique, les signaux de couleur élémentaires sont généralement obtenus à l'aide de miroirs dichroïques et de tubes analyseurs classiques, notamment des plumbicons, le signal de luminance étant obtenu par matriçage des signaux de couleur ou directement au moyen d'un quatrième tube analyseur recevant la lumière non filtrée) (cf. aussi* single-tube color camera, black and-white television camera, primary color, dichroic mirror, plumbicon *et* matrixing (b)).

color camera tube tube analyseur couleur, tube de prise de vues en couleurs *(tube analyseur conçu pour remplir la même fonction que l'ensemble des trois tubes d'une caméra couleur classique grâce à l'emploi de bandes colorées filtrantes parallèles formant un réseau ou deux réseaux croisés derrière la fenêtre d'entrée du tube et décomposant les couleurs de la scène en couleurs primaires) (est destiné principalement aux caméras vidéo couleurs en raison de la réduction d'encombrement qu'il permet et plus particulièrement aux caméras grand public du fait de l'abaissement du prix de revient qui résulte de la complexité beaucoup moins grande de la caméra) (cf. aussi* color television camera *et* video camera).

color cap cabochon de couleur, cabochon coloré *(cabochon de voyant lumineux) (cf. aussi* pilot light).

color capability possibilités d'affichage en couleurs *(parfois* *au singulier) (afficheur ou procédé d'affichage) (cf. aussi* capability *et* display[1] 5).

color carrier *cf.* chrominance subcarrier.

color-carrier reference *cf.* chrominance-carrier reference (signal).

color cathode-ray tube tube cathodique couleur *(ou poly-chrome),* tube couleur *(idem) (tube cathodique produisant une image en couleurs grâce à un écran à plusieurs séries ou couches de luminophores de couleurs différentes) (terme génériques couvrant notamment le tube à masque perforé et le tube à pénétration) (TV, etc.) (cf. aussi* shadow-mask tube, penetration tube, single-gun color tube *et* cathode-ray tube).

color cell *cf.* color triad.

color channel *cf.* chrominance channel.

color code code des couleurs *(règles établies pour l'indication de la valeur, des tolérances sur celle-ci et parfois d'autres caractéristiques des résistances et des condensateurs par des anneaux, des points ou des traits de couleur portés sur leur boîtier ou leur enrobage) (cf. aussi* resistor color code).

color-coded controls organes de commande et réglage repérés par des couleurs *(boutons des commutateurs, atténuateurs, etc. d'un oscilloscope, par exemple, repérés en rouge pour la déviation horizontale, en vert pour la déviation verticale, etc.)*

color coder codeur de chrominance, matrice de codage des signaux de chrominance *(partie d'un émetteur de télévision en couleurs dans laquelle les signaux de différence de couleur sont élaborés) (cf. aussi* color-difference signal).

color coding 1) codage des signaux de chrominance *(émetteur TVC) (cf. aussi* color coder). 2) codage des informations par l'emploi de plusieurs couleurs *(informations présentées sur un écran radar ou un terminal à écran).* 3) marquage suivant le code des couleurs *(résistance, condensateur) (cf. aussi* color code).

color control commande de saturation des couleurs *(récepteur TVC) (cf. aussi* chroma control).

color coordinate *cf.* chromaticity coordinate.

color correction filter filtre de correction de chrominance *(filtre utilisé dans un émetteur ou un récepteur de télévision en couleurs pour modifier la courbe de réponse en fréquence de l'amplificateur auquel il est associé) (peut être un filtre anti-cloche ou en cloche selon le cas et le procédé) (cf. aussi* notch filter, peaking circuit *et* color system).

color CRT *cf.* color cathode-ray tube.

color decoder décodeur de chrominance, matrice de décodage (des signaux de chrominance) *(partie d'un récepteur de télévision en couleurs dans laquelle les trois signaux de couleur appliqués respectivement aux canons rouge, vert et bleu du tube-image sont élaborés à partir des deux signaux de différence de couleurs transmis par la sous-porteuse de chrominance) (cf. aussi* color-difference signal *et* electron gun).

color demodulation *cf.* chrominance subcarrier demodulation.

color demodulation process procédé de démodulation de la sous-porteuse de chrominance *(récepteur TVC).*

color demodulator *cf.* chrominance subcarrier demodulator.

color-difference signal signal de différence de couleur, primaire *sf* de chrominance *(signal R-Y ou B-Y, c-à-d. « rouge moins luminance » ou « bleu moins luminance », dans un signal de télévision couleurs) (cf. aussi* I signal, Q signal 1), chrominance subcarrier, color coder, color decoder *et* luminance signal).

color display *(cf. aussi* monochrome display) 1) présentation en couleurs *(des informations sur un écran radar ou autre).* 2) affichage en couleurs *(de résultats par un afficheur).*

color distortion distorsion chromatique, altération de la teinte *(image TVC) (cf. aussi* distortion).

color edge bord d'une plage colorée *(parf.* des plages colorées) *(image TVC).*

color-edge desaturation délavage du bord des plages colorées *(image TVC).*

color-edge distortion altération de la teinte sur le bord des plages colorées, distorsion chromatique aux transitions de couleur *(image TVC) (cf. aussi* color fringing).

color-edge reproduction *(parf.* qualité de) reproduction de la teinte sur le bord des plages colorées *(image TVC).*

color-edge smear *cf.* color edge desaturation.

color encoder *cf.* color coder.

color encoding *cf.* color coding.

color error erreur chromatique, erreur de couleur *(différence entre la sensation chromatique produite par une couleur de l'image sur un écran de télévision en couleurs et la sensation originale, ou différence correspondante sur le triangle des couleurs) (est généralement due à la phase différentielle dans le procédé NTSC) (cf. aussi* chromaticity diagram *et* NTSC system).

color fidelity fidélité de reproduction des couleurs, fidélité chromatique *(image TVC, etc.).*

color filter filtre coloré *(caméra TVC, etc.).*

color flicker instabilité des couleurs *(image TVC).*

color fringe frange colorée *(image TVC, etc.) (cf. aussi* color fringing).

color fringing formation de franges colorées *(défaut apparaissant parfois sur le bord des plages colorées d'une image de télévision en couleurs) (cf. aussi* color-edge distortion).

color gamut gamme de couleurs *(TVC, etc.).*

color graphics graphisme en couleurs, graphisme couleur *(terminal à écran) (inf) (cf. aussi* graphics).

color-graphics cathode-ray tube tube cathodique graphique couleur *(terminal à écran) (inf) (cf. aussi* color cathode-ray tube *et* graphic display 2)).

color-graphics CRT *cf.* color-graphics cathode-ray tube.

color-graphics tube *cf.* color-graphics cathode-ray tube.

color image *cf.* color picture.

color information information couleur *(signal TVC) (cf. aussi* chrominance information).

color intensity *cf.* color saturation.

color killer circuit d'achromanisme, portier, circuit portier *(circuit bloquant l'amplificateur de chrominance d'un récepteur de télévision en couleurs en l'absence de salves pour permettre la réception des émissions en noir et blanc avec le minimum de perturbations chromatiques) (cf. aussi* color burst).

color killer circuit *cf.* color killer.

color kinescope *cf.* color picture tube.

color lock-up accrochage de la couleur *(magnétoscope couleur).*

color match *cf.* color registration.

color matrix *cf.* color coder.

color meter *cf.* colorimeter.

color-mixture data *cf.* color information.

color monitor présenteur vidéo couleur *(ne pas employer « moniteur couleur ») (TV, vidéo) (cf. aussi* video monitor).

color oscillator *cf.* chrominance subcarrier oscillator.

color-pattern generator *cf.* color-bar generator.

color phase phase des signaux de chrominance *(phase du signal I ou du signal Q par rapport à la salve de référence dans le signal de télévision en couleur des procédés NTSC et PAL) (cf. aussi* color burst, I signal *et* Q signal 1)).

color phase alternation alternance de phase d'une composante de chrominance *(après chaque trame) (signal TVC) (cf. aussi* PAL system).

color phase detection comparaison de la phase de la porteuse de référence (de chrominance) *(récepteur TVC) (cf. aussi* color phase detector).

color phase detector comparateur de phase (couleur) *(dans un récepteur de télévision en couleurs, circuit comparant la phase du signal fourni par l'oscillateur de régénération de la sous-porteuse de chrominance à la phase de la salve couleur du signal reçu pour introduire les correction éventuellement nécessaires pour que le signal produit dans le récepteur ait constamment la même phase que la sous-porteuse supprimée à l'émission qu'il remplace) (cf. aussi* color burst *et* phase detector).

color-phase diagram diagramme de chrominance *(représentation vectorielle de la teinte d'une couleur dans le procédé de télévision en couleurs NTSC par rapport à la salve de référence) (cf. aussi* color burst).

color picture image en couleurs, image couleur, image polychrome *(image de télévision en couleurs ou autre image en couleurs) (cf. aussi* color television *et* picture).

color picture signal signal vidéo couleur, signal image couleur *(signal vidéo représentant une image en couleurs) (comprend le signal de luminance et la sous-porteuse de chrominance) (TV) (cf. aussi* picture signal, luminance signal, chrominance signal *et* color signal).

color picture tube tube-image couleur *(ou* trichrome), tube *(idem) (tube-image permettant la reproduction ou la présentation d'images en couleurs) (TV, etc.) (cf. aussi* picture tube *et* color cathode-ray tube).

color plane plan des luminophores *(plan généralement approximatif, l'écran étant normalement légèrement bombé, dans lequel sont situés les luminophores dans un tube-image couleur) (TVC) (cf. aussi* phosphor dot).

color primaries (les) couleurs primaires *(cf. aussi* color primary).

color primary (une) couleur primaire *(etc.) (colorimétrie) (cf. aussi* primary color).

color-processing circuits *cf.* chrominance-signal processing circuits.

color purity pureté des couleurs, pureté de couleur *(TVC, etc.) (cf. aussi* color-purity magnet).

color-purity magnet aimant de pureté, bagues de pureté *(ensemble enfilé sur le col d'un tube à masque perforé et formé de deux aimants annulaires accolés que l'on peut faire tourner l'un par rapport à l'autre pour faire varier l'intensité du champ magnétique en leur centre, puis faire tourner ensemble pour orienter ce champ jusqu'à ce que le faisceau rouge ne frappe plus que les luminophores rouges au centre de l'écran, les autres faisceaux étant éteints et les balayages arrêtés) (récepteur TVC) (cf. aussi* magnetic field strength, field direction 1), red beam 2) *et* shadow-mask tube).

color quadrature distortion *cf.* chrominance-signal quadrature distortion.

color radar radar couleur *(radar dont l'indicateur est équipé d'un tube cathodique couleur, généralement à pénétration) (cf. aussi* indicator (b) *et* color cathode-ray tube).

color receiver récepteur couleur, récepteur de télévision en couleurs, téléviseur couleur *(cf. aussi* television receiver *et* color television).

color receiving *cf.* color reception.

color reception réception en couleurs, réception d'émissions en couleurs, *(etc.) (TV) (cf. aussi* television reception *et* color television).

color registration superposition des (couleurs) primaires *(sur l'écran d'un système de projection à trois tubes, etc.) (TVC, etc.) (cf. aussi* three-tube projection television system).

color resolution gradation des couleurs *(TVC, etc.)*.

color response réponse spectrale *(cf. aussi* spectral sensitivity).

color sampling rate cadence d'échantillonnage des couleurs primaires *(émetteur de télévision en couleurs numérique) (cf. aussi* sampling rate).

color saturation saturation (des couleurs) *(parf.* d'une couleur), degré de pureté *(idem) (absence plus ou moins complète de blanc dans une couleur) (colorimétrie) (TVC, etc.) (cf. aussi* saturated color *et* non-saturated color).

color-saturation control *cf.* chroma control.

color scene scène en couleurs *(TV, etc.)*.

color sensivity *cf.* color response.

color separation filter filtre de séparation de couleur *(ou* de séparation chromatique) *(caméra TV couleur)*.

color separation optics optique de séparation des couleurs *(miroirs dichroïques) (caméra TVC) (cf. aussi* dichroic mirror).

color set *cf.* color television set.

color sidebands *cf.* chrominance subcarrier sidebands.

color signal signal couleur *(signal de télévision en couleurs ou signal analogue, c-à-d. signal transmettant une ou des images en couleurs) (transmet à cette fin des informations de chrominance et des signaux de référence de couleurs en plus des différentes informations transmises par un signal de télévision en noir et blanc) (comprend le signal vidéo couleur composite et, notamment en télévision diffusée, le signal son) (cf. aussi* chrominance information, color burst, composite color signal, black-and-white television signal *et* television signal).

color-splitting optics *cf.* color separating optics.

color standard norme couleur, norme de télévision en couleurs *(norme d'émission de télévision établie pour un procédé de télévision en couleurs, notamment en vue d'assurer une qualité déterminée de reproduction des couleurs et la double compatibilité du procédé) (cf. aussi* television transmission standards, color television system *et* double compatibility).

color stimulus stimulus chromatique *(signal reçu par la rétine lorsque l'œil voit une couleur) (TVC, etc.)*.

color subcarrier *cf.* chrominance subcarrier. *(de même pour les termes dérivés qui ne figurent pas ci-après)*.

color subcarrier reference *cf.* chrominance-carrier reference.

color-sync signals *cf.* color synchronization signals.

color synchronization signals signaux de synchronisation de couleurs *(signaux incorporés à un signal de télévision en couleurs pour synchroniser le fonctionnement de la partie chrominance du ou des récepteurs sur celle de l'émetteur afin de permettre la reproduction correcte des couleurs de la scène analysée par la caméra) (terme générique couvrant les salves du signal NTSC ou PAL et les signaux d'identification — également appelés salves par analogie — du signal SECAM) (cf. aussi* color burst, chrominance channel, color television signal *et* SECAM system).

color system procédé couleur, procédé de télévision en couleurs *(ne pas employer « système ... »)* *(cf. aussi* NTSC system, PAL system, SECAM system *et* television system).

color tape recorder *cf.* color video tape recorder.

color television télévision en couleurs, télévision polychrome *(le second terme est rarement employé) (télévision dans laquelle les couleurs de la scène observée sont reproduites sur l'écran du ou des récepteurs) (cf. aussi* color camera, color system *et* television).

color television ... *cf.* color ...

color temperature température de couleur *(température absolue, c-à-d. en degrés Kelvin, à laquelle il faut porter le corps noir pour qu'il produise la même sensation chromatique que la couleur considérée) (colorimétrie) (TVC, etc.) (cf. aussi* blackbody).

color tone teinte *(cf. aussi* hue).

color-trace cathode-ray tube *cf.* color cathode-ray tube.

color-trace CRT *cf.* color cathode-ray tube.

color transition transition de couleur *(ou* chromatique) *(passage d'une couleur à une autre sur le bord d'une plage colorée d'une image de télévision en couleurs ou autre) (cf. aussi* color-edge distortion).

color transmission distortion *cf.* color-edge distorsion.

color transmission *(cf. aussi* color television) 1) (une) émission en couleurs *(ou* émission couleur *ou* émission de télévision en couleurs). 2) (la) transmission de signaux de télévision en couleurs *(ou* de signaux couleur).

color transmitter émetteur couleur, émetteur de télévision en couleurs *(cf. aussi* television transmitter *et* color television).

color transmitting *cf.* color transmission 2).

color triad triplet de luminophores *(tube à masque perforé) (cf. aussi* triad 1)).

color triangle triangle des couleurs *(TVC, etc.) (cf. aussi* chromaticity diagram).

color tube tube couleur *(TV, etc.) (cf. aussi* color cathode-ray tube, color picture tube *et* color camera tube).

color TV *cf.* color television.

color TV ... *cf.* color ...

color video vidéo couleur *(vidéo avec reproduction des couleurs grâce à l'emploi d'une caméra et autre matériel appropriés) (cf. aussi* video² (a) *et* color video camera).

color video camera caméra vidéo couleur *(cas général en 1990) (cf. aussi* video camera *et* color television camera).

color video cassette recorder magnétoscope couleur à cassettes *(cas général des magnétoscopes grand public) (cf. aussi* color video tape recorder *et* cassette recorder).

color video monitor présenteur vidéo couleur, présenteur couleur *(présenteur vidéo permettant la présentation d'images en couleurs) (est généralement équipé d'un tube-image couleur) (TV, etc.) (cf. aussi* video monitor *et* color picture tube).

color video signal signal vidéo couleur *(signal fourni par une caméra de télévision en couleurs ou obtenu dans un récepteur couleur après séparation du son) (cf. aussi* color television signal).

color video tape recorder magnétoscope couleur *(magnétoscope permettant la reproduction des couleurs des images enregistrées grâce à l'enregistrement des informations de chrominance associées à chaque point de l'image, selon le principe de la télévision en couleurs) (cf. aussi* video tape recorder *et* color television).

color weather radar radar météo couleur *(cf. aussi* weather radar *et* color radar).

colorcast *s cf.* color broadcast.

colorimeter colorimètre *(TVC, etc.).*

colorimetric measurement method méthode colorimétrique *(TVC, etc.).*

colorimetry colorimétrie *(TVC, etc.).*

colour ... *(GB) cf.* color ...

Colpitts oscillator oscillateur Colpitts *(oscillateur à triode ou à transistor dans lequel l'inductance du circuit oscillant n'a pas de prise intermédiaire pour assurer la réaction du circuit de sortie sur le circuit d'entrée, celle-ci étant obtenue en remplaçant le condensateur unique du circuit oscillant par deux condensateurs appropriés montés en série et en reliant leur point commun à la cathode ou à l'émetteur, respectivement, cette électrode étant reliée à la masse, généralement par une résistance) (cf. aussi* triode oscillator, transistor oscillator *et* oscillator).

Columbia Broadcasting System *(est généralement désignée par le signe CBS)* (la) CBS *(la plus grande des chaînes de radiodiffusion sonore et visuelle des États-Unis).*

column address adresse de colonne *(rang d'une colonne d'un dispositif matriciel, notamment d'une mémoire matricielle ou d'un afficheur matriciel, ou caractère ou signal représentant ce rang) (cf. aussi* matrix addressing *et* address¹).

column-address circuit *cf.* column-address decoder.

column-address circuitry *cf.* column-address decoder. *(cf. aussi* circuitry).

column-address decoder décodeur d'adresses de colonne, *(etc.) (inf) (cf. aussi* address decoder *et* column address).

column-address decoding décodage des adresses des colonnes *(parf.* de l'adresse de la colonne) *(inf) (cf. aussi* address decoding *et* column adress).

column-address decoding ... *cf.* column-address decoder.

column-address logic *cf.* column-address decoder.

column-address selection *cf.* column selection.

column-address strobe impulsion de sélection de colonne *(impulsion opérant la sélection d'une colonne dans une mémoire matricielle et notamment une mémoire RAM) (inf) (cf. aussi* column address *et* matrix memory).

column-decode ... *cf.* column-address decoder.

column decoder *cf.* column-address decoder.

column decoding *cf.* column-address decoding.

column decoding ... *cf.* column-address decoder.

column-line capacitance capacité d'une ligne de colonne *(capacité parasite) (mémoire).*

column loudspeaker colonne de sonorisation *(haut-parleur long et étroit formé en réalité de plusieurs haut-parleurs disposés côte à côte dans un coffret utilisé en position verticale) (électroacou) (cf. aussi* loudspeaker *et* public-address system).

column selection sélection des colonnes *(parf.* d'une colonne, *parf.* de la colonne) *(mémoire) (cf. aussi* column-address strobe *et* address selection).

column speaker *cf.* column loudspeaker.

column strobe *cf.* column-address strobe.

columnar-display affichage vertical *(afficheur à échelons) (cf. aussi* bar-graph display).

coma coma *sf (allongement progressif du point lumineux formé sur l'écran d'un tube cathodique par le faisceau d'électrons au fur et à mesure que celui-ci s'écarte du centre de l'écran) (ce défaut est dû au fait que le rayon de courbure de l'écran étant nettement plus grand que la longueur du faisceau au centre, ce dernier forme un angle de plus en plus aigu avec l'écran à mesure qu'il s'éloigne du centre) (TV, etc.) (cf. aussi* cathode-ray tube *et* dynamic convergence).

comb filter filtre en peigne *(filtre passe-bande à bandes passantes multiples et étroites donnant une courbe de réponse formée de pics rappelant les dents d'un peigne) (cf. aussi* band-pass filter *et* filter response curve).

comb filtering filtrage par filtre en peigne *(cf. aussi* comb filter).

comb generation génération de spectres en peigne *(cf. aussi* comb spectrum).

comb generator générateur de spectres en peigne *(montage fournissant un spectre en peigne) (cf. aussi* comb spectrum).

comb of frequencies peigne de fréquences *(nom parfois donné à un spectre en peigne) (cf. aussi* comb spectrum).

comb spectrum spectre en peigne *(spectre de fréquences équidistantes dont les raies rappellent les dents d'un peigne) (cf. aussi* frequency spectrum (b)).

combat surveillance radar radar de surveillance du champ de bataille *(mil) (cf. aussi* tactical radar).

combed frequency response réponse en fréquence en peigne, courbe de réponse en peigne *(filtre) (cf. aussi* comb filter).

combination cable câble à paires ou quartes *(tél) (cf. aussi* pair 1) (a) *et* quad 1)).

combination ECM system *cf.* combination jammer.

combination frequency fréquence synthétisée *(cf. aussi* synthetized frequency).

combination jammer brouilleur mixte *(brouilleur de radars pouvant émettre en régime d'impulsions ou d'ondes entretenues suivant le type de radar à brouiller) (mil) (cf. aussi* radar jammer (a)).

combination-tone distortion intermodulation *(signal amplifié) (cf. aussi* intermodulation).

combinational ... *cf.* combinatorial ... *(le second qualificatif étant appelé à supplanter le premier).*

combinatorial circuit circuit combinatoire, circuit logique combinatoire *(circuit logique utilisé dans une logique combinatoire) (inf) (cf. aussi* logic circuit *et* combinatorial logic).

combinatorial logic logique combinatoire *(logique dans laquelle les signaux de sortie dépendent uniquement de la combinaison des signaux d'entrée à l'instant considéré, indépendamment de toute autre grandeur) (en d'autres termes, logique dans laquelle les signaux de sortie ne dépendent pas de l'état antérieur des entrées ni, par conséquent, de l'ordre d'application des signaux d'entrée ni, par voie de conséquence, du temps, cette logique étant donc caractérisée par l'absence de fonction mémoire) (est la logique utilisée en informatique) (cf. aussi* logic (b)).

combinatorial logic circuit *cf.* combinatorial circuit.

combined double tee jonction en double T *(hyper) (cf. aussi* T junction).

combined head *cf.* read/write head.

combined read/write head tête de lecture/écriture double *(inf) (cf. aussi* read/write head).

combined receive-radiation pattern diagramme de directivité *(antenne) (cf. aussi* directivity pattern).

combiner 1) *cf.* combiner circuit. 2) *cf.* multiplexer.

combiner circuit circuit mélangeur *(circuit combinant les signaux de luminance et, éventuellement, de chrominance avec les signaux de synchronisation dans un émetteur de télévision) (cf. aussi* luminance signal, chrominance signal *et* synchronization signals).

come on *v* s'allumer *(voyant lumineux) (cf. aussi* pilot light).

comet tail traînage *(image TV) (cf. aussi* trailing).

comet tailing *cf.* comet tail.

comint *cf.* communications intelligence.

comjam *cf.* communications jamming.

comjammer *cf.* communications jammer.

comlink *cf.* communications link.

comlognet *(vient de « combat logistic network »)* réseau Comlognet *(réseau de transmission de données militaire américain) (cf. aussi* data communications network).

comm ... *cf.* communications ...

comm-nav equipment matériel de télécommunications et de navigation *(cf. aussi* communications equipment *et* navigation equipment).

command¹ *s* 1) ordre *(cf. aussi* command signal 1)). 2) télécommande *(par radio) (cf. aussi* radio control). 3) (la) command *(nom souvent donné à la grandeur de référence dans un système asservi) (cf. aussi* closed-loop control system). **4)** *cf.* instruction.

command² v émettre un ordre *(émettre un signal déclenchant l'exécution d'une opération) (tlc).*

command circuit circuit de transmission d'ordres *(tlc).*

command computer calculateur d'ordres *(ordinateur élaborant les ordres transmis par télécommande à un engin guidé ou autre objet) (mil, etc.) (cf. aussi* computer 2) *et* command guidance).

command, control and communications *cf.* C³. *(au début de la lettre C).*

command, control, communications and intelligence *cf.* C³I. *(au début de la lettre C).*

command data link liaison numérique de télécommande *(liaison de télécommande réalisée sous la forme d'une liaison de transmission de données) (mil, etc.) (cf. aussi* command link, data link *et* command down-link).

command data processor *cf.* command computer.

command down-link liaison de télécommande avion-engin *(liaison de télécommande entre un avion militaire et un engin qu'il a lancé) (le terme « down-link » signifie qu'il s'agit d'une liaison vers le bas, c-à-d. une liaison avec un engin air-sol ou air-surface) (le cas « avion-engin » est le plus fréquent, mais il peut naturellement être remplacé par « hélicoptère-engin » si tel est le cas ou par « aéronef-engin » en cas de doute ou de nécessité d'un terme générique) (cf. aussi* command link, command data link *et* down-link).

command guidance téléguidage, guidage par télécommande *(guidage d'un mobile réalisé par télécommande de ses organes de pilotage et éventuellement de son système de propulsion) (dans le cas fréquent d'un engin militaire téléguidé, ces termes couvrent le radioguidage et le filoguidage) (guidage) (cf. aussi* radio guidance, wire guidance, guidance *et* remote control).

command guidance antenna antenne de téléguidage *(ou de guidage par télécommande ou de radiocommande ou de radioguidage) (antenne émettrice sur un aéronef militaire ou civil, ou au sol, ou antenne réceptrice sur un engin ou autre aéronef militaire ou civil) (cf. aussi* radio guidance).

command guided missile missile téléguidé, *(etc.) (cf. aussi* command-guided weapon).

command guided weapon engin téléguidé, engin guidé par télécommandé *(tout engin guidé, sauf l'obus guidé, peut être téléguidé) (mil) (cf. aussi* command guidance *et* guided weapon).

command link liaison de télécommande *(liaison radio ou filaire entre un opérateur et un engin guidé ou autre mobile télécommandé) (mil, etc.) (cf. aussi* radio link, wire link, radio control *et* wire guidance).

command net réseau de commandement *(réseau de transmissions militaires) (cf. aussi* communications network *et* military communications).

command receiver récepteur de télécommande *(récepteur radio monté dans un engin guidé ou autre mobile militaire ou civil pour transmettre notamment aux organes de pilotage les ordres émis par un émetteur au sol ou porté par un aéronef ou autre mobile) (cf. aussi* radio receiver *et* radio guidance).

command reception réception de la télécommande, réception des ordres de télécommande *(noms souvent donnés à la réception de signaux de télécommande) (cf. aussi* command signal 1)).

command resolution progressivité de la commande *(asser).*

command sequence suite d'ordres *(suite de signaux, notamment d'impulsions, constituant ou non des ordres de télécommande) (cf. aussi* command¹ 2)).

command set poste de télécommande *(émetteur ou récepteur de télécommande) (cf. aussi* command¹ 2)).

command signal **1)** signal de télécommande *(signal transmettant un ordre de télécommande) (cf. aussi* command¹ 2)). **2)** *cf.* command¹ 3).

command station station de télécommande (par radio) *(ou de radiocommande) (station équipée d'un ou plusieurs émetteurs de radiocommande) (cf. aussi* radio control *et* station).

command transmitter émetteur de télécommande *(cf. aussi* radio control).

commentary channel voie de parole *(tls) (cf. aussi* voice-frequency channel).

commentary signal signal de parole *(tls) (cf. aussi* voice-frequency signal).

commentator **1)** commentateur, (« speaker »), commentatrice, (« speakerine ») *(radiodif. sonore).* **2)** présentateur, présentatrice *(TV).*

commercial *s* **1)** annonce publicitaire *(radiodif. sonore).* **2)** séquence publicitaire *(TV).*

commercial amplifier amplificateur civil, amplificateur pour matériel civil.

commercial applications applications civiles *(utilisation d'un composant ou appareil électronique ou autre dans un matériel destiné à un usage civil, pour lequel les impératifs de fiabilité et de fonctionnement dans des conditions défavorables sont généralement moins rigoureux que pour le matériel militaire) (cf. aussi* electronic component *et* application).

commercial avionics (l')avionique civile *(avionique pour aéronefs civils) (cf. aussi* avionics).

commercial broadcasting *(cf. aussi* broadcasting) **1)** radio-diffusion commerciale *(radiodiffusion sonore ou visuelle).* **2)** émission d'annonces publicitaires.

commercial communications télécommunications civiles *(télécommunications assurées pour des activités civiles) (cf. aussi* communications).

commercial communications satellite satellite de télécommunications civil *(cf. aussi* communications satellite).

commercial communications satellite system réseau de satellites de télécommunications civils *(cf. aussi* communications satellite).

commercial component *(souvent) cf.* commercial electronic component.

commercial computer **1)** ordinateur de gestion *(sdpo à « ordinateur scientifique ») (inf) (cf. aussi* business computer). **2)** ordinateur civil *(sdpo à « ordinateur militaire ») (inf) (cf. aussi* military computer).

commercial device *(souvent) cf.* commercial electronic component.

commmercial electronic component composant électronique civil, composant civil *(cf. aussi* electronic component *et* commercial electronic equipment).

commercial electronic equipment matériel électronique civil, matériel civil *(matériel électronique conçu pour des applications civiles) (cf. aussi* electronic equipment *et* commercial applications).

commercial electronics l'électronique civile *(matériel électronique civil et activités qui s'y rattachent) (cf. aussi* commercial electronic equipment *et* electronics¹ (b)).

commercial electronics applications applications civiles de l'électronique *(cf. aussi* application).

commercial electronics area *cf.* commercial electronics field.

commercial electronics field domaine de l'électronique civile *(cf. aussi* commercial electronics *et* electronics field).

commercial electronics market marché de l'électronique civile, marché civil (de l'électronique) *(cf. aussi* commercial electronics).

commercial IC *cf.* commercial integrated circuit.

commercial integrated circuit circuit intégré civil *(circuit intégré pour applications civiles) (cf. aussi* integrated circuit *et* commercial applications).

commercial marine radar radar de navire de commerce *(cf. aussi* marine radar).

commercial market *cf.* commercial electronics market.

commercial power frequency (la) fréquence industrielle *(nom souvent donné à la fréquence du secteur dans le domaine professionnel) (cf. aussi* power-line frequency).

commercial radar radar civil *(radar d'aéroport, d'aéronef civil, de navire de commerce, de port, etc.) (cf. aussi* radar).

commercial radio service *cf.* commercial broadcasting 1).

commercial radio set poste de radio civil *(cf. aussi* radio set).

commercial radio station station de radiodiffusion commerciale *(parf.* civile), station commerciale *(idem) (noter qu'une station de radiodiffusion n'est pas forcément commerciale) (cf. aussi* broadcast station *et* WWV).

commercial satellite communications télécommunications civiles par satellite *(cf. aussi* commercial communications *et* satellite communications).

commercial semiconductor company société fabriquant des composants à semiconducteur civils, *(etc.) (cf. aussi* commercial semiconductor device).

commercial semiconductor device composant à semiconducteur civil, semistor civil *(composant à semiconducteur pour applications civiles) (cf. aussi* semiconductor device *et* commercial applications).

commercial semiconductor firm *cf.* commercial semiconductor company.

commercial semiconductor house *cf.* commercial semiconductor company.

commercial semiconductor manufacturer fabricant de composants à semiconducteur civils *(etc.) (cf. aussi* commercial semiconductor device).

commercial semiconductor supplier *cf.* commercial semiconductor manufacturer.

commercial station *cf.* commercial radio station.

commercial television télévision publicitaire *(diffusion d'annonces et programmes publicitaires par télévision).*

commercial temperature range plage de températures civile *(plage de températures ambiantes admissible pour du matériel électronique civil) (cf. aussi* commercial electronic equipment).

commercial transceiver émetteur-récepteur civil *(émetteur-récepteur pour usage civil) (cf. aussi* transceiver).

commercial TV *cf.* commercial television.

commercial unit version civile, version pour applications civiles *(d'un composant électronique ou autre matériel) (cf. aussi* commercial applications *et* unit 3).

commit to silicon *v* convertir en circuit intégré monolitique *(un schéma de circuits électroniques) (cf. aussi* monolithic integrated circuit).

common aerial *(GB) cf.* common antenna.

common-anode connection montage à anode commune *(nom parfois donné au montage cathodyne pour rappeler que l'anode est au potentiel de la masse en courant alternatif) (cf. aussi* cathode follower).

common antenna *(cf. aussi* antenna) **1)** antenne commune *(à l'émetteur et au récepteur d'une station) (émetteur-récepteur radio, radar monostatique) (cf. aussi* transceiver *et* monostatic radar). **2)** antenne collective *(antenne commune à plusieurs récepteurs de télévision ou autres) (cf. aussi* community-antenna television).

common-antenna television *cf.* community-antenna television.

common-base amplifier amplificateur à base commune *(autre nom, plus précis, d'un montage à base commune) (cf. aussi* common-base connection).

common-base arrangement *cf.* common-base connection.

common-base bipolar transistor transistor bipolaire monté en base commune *(cf. aussi* common-base connection).

common-base circuit *cf.* common-base connection.

common-base configuration *cf.* common-base connection.

common-base connection montage à base commune *(montage amplificateur de tension à transistor bipolaire dans lequel la base, reliée à la masse, est commune aux circuits d'entrée et de sortie, l'entrée se faisant entre l'émetteur et la base, et la sortie entre le collecteur et la base) (ce montage a une faible impédance d'entrée et une grande impédance de sortie ; le signal de sortie est en phase avec le signal d'entrée ; est l'équivalent du « montage à grille à la masse » dans le cas d'un tube électronique et du « montage à grille commune » dans le cas d'un transistor à effet de champ) (cf. aussi* voltage amplifier, bipolar transistor, input impedance, output impedance, in phase, common-emitter connection *et* common-collector connection).

common-base current gain gain en courant avec base commune *(ampli à transistor) (cf. aussi* current gain *et* common-base connection).

common-base device *cf.* common-base transistor.

common-base npn transistor transistor NPN monté en base commune *(cf. aussi* npn transistor *et* common-base connection).

common-base stage étage à base commune *(cf. aussi* common-base connection *et* stage 1)).

common-base transistor transistor monté en base commune *(cf. aussi* common-base connection).

common battery batterie centrale *(batterie d'accumulateurs située dans un central téléphonique et alimentant le microphone des postes des abonnés desservis par le central) (cas général) (cf. aussi* storage battery *et* telephone exchange).

common-battery central office *cf.* common-battery exchange.

common-battery exchange central (téléphonique) à batterie centrale *(cf. aussi* telephone exchange *et* common battery).

common-battery exchange area zone desservie par un central à batterie centrale *(tél) (cf. aussi* common battery).

common-battery system système (téléphonique) à batterie centrale *(cf. aussi* telephone system *et* common battery).

common-battery telephone set poste d'abonné d'un réseau téléphonique à batterie centrale *(cf. aussi* telephone set *et* common battery).

common carrier *cf.* communications common carrier.

common carrier ... *cf.* public ... *(le cas échéant).*

common cathode cathode commune *(cathode commune aux deux ou trois parties d'un tube électronique tel qu'une double diode, une double diode-triode, une triode-hexode, etc.) (cf. aussi* cathode (b)).

common-collector amplifier amplificateur à collecteur commun *(autre nom, plus précis, d'un montage à collecteur commun) (cf. aussi* common-collector connection).

common-collector arrangement *cf.* common-collector connection.

common-collector bipolar transistor transistor bipolaire monté en collecteur commun *(cf. aussi* common-collector connection).

common-collector circuit *cf.* common-collector connection.

common-collector configuration *cf.* common-collector connection.

common-collector connection montage à collecteur commun *(montage à transistor bipolaire dans lequel le collecteur, relié à la masse, est commun aux circuits d'entrée et de sortie, l'entrée se faisant entre la base et le collecteur, et la sortie entre l'émetteur et le collecteur) (ce montage a une grande impédance d'entrée et une faible impédance de sortie, c'est pourquoi il est employé comme adaptateur d'impédance pour attaquer une charge à basse impédance à partir d'une source à haute impédance ; son gain est inférieur à l'unité et il mérite donc plus le nom d'atténuateur que d'amplificateur qui lui est donné ; est l'équivalent du « montage avec anode à la masse » appelé aussi « montage cathodyne » dans le cas d'un tube électronique et du « montage à drain commun » dans le cas d'un transistor à effet de champ ; est aussi la base du « montage émidyne ») (cf. aussi* bipolar transistor, input impedance, output impedance, impedance matching, cathode follower, emitter follower, common-base connection *et* common-emitter connection).

common-collector device *cf.* common-collector transistor.

common-collector stage étage à collecteur commun *(cf. aussi* common-collector connection *et* stage 1)).

common connecting point point commun *(à plusieurs circuits).*

common-control switching commutation (téléphonique) à commande par orienteur *(central tél. auto.) (cf. aussi* automatic telephone switching).

common-control system système de commutation (téléphonique) à commande par orienteur *(central tél. auto.).*

common-drain amplifier amplificateur à drain commun *(autre nom, plus précis, d'un montage à drain commun) (cf. aussi* aussi common-drain connection).

common-drain arrangement *cf.* common-drain connection.

common-drain circuit *cf.* common-drain connection.

common-drain configuration *cf.* common-drain connection.

common-drain connection montage à drain commun *(montage amplificateur à transistor à effet de champ analogue au montage à collecteur commun) (cf. aussi* field-effect transistor *et* common-collector connection).

common-drain device *cf.* common-drain field-effect transistor.

common-drain FET *cf.* common-drain field-effect transistor.

common-drain field-effect transistor transistor à effet de champ monté en drain commun, TEC *(idem) (cf. aussi* common-drain connection).

common-drain output stage étage de sortie à drain commun *(cf. aussi* output stage *et* common-drain connection).

common-drain stage étage à drain commun *(cf. aussi* common-drain connection *et* stage 1)).

common-drain transistor transistor monté en drain commun *(cf. aussi* common-drain connection).

common-emitter amplifier amplificateur à émetteur commun *(autre nom, plus précis, d'un montage à émetteur commun) (cf. aussi* common-emitter connection).

common-emitter bipolar transistor transistor bipolaire monté en émetteur commun *(cf. aussi* common-emitter connection).

common-emitter circuit *cf.* common-emitter connection.

common-emitter connection montage à émetteur commun *(montage à transistor bipolaire pour amplification de tension ou de puissance ou pour commutation dans lequel l'émetteur, relié à la masse, est commun aux circuits d'entrée et de sortie, l'entrée se faisant entre la base et l'émetteur, et la sortie entre le collecteur et l'émetteur) (ce montage a une impédance d'entrée relativement basse et une impédance de sortie relativement élevée ; le signal de sortie est en opposition de phase avec le signal d'entrée ; est l'équivalent du « montage a cathode à la masse » dans le cas d'un tube électronique et du « montage à source commune » dans le cas d'un transistor à effet de champ ; est, de loin, le plus employé des trois montages amplificateurs à transistor) (cf. aussi* bipolar transistor, amplification, switching 1) (a), input impedance, output impedance, phase opposition, common-base connection *et* common-collector connection).

common-emitter device *cf.* common-emitter transistor.

common-emitter npn transistor transistor NPN monté en émetteur commun *(cf. aussi* npn transistor *et* common-emitter connection).

common-emitter stage étage à émetteur commun *(cf. aussi* common-emitter connection *et* stage 1)).

common-emitter transistor transistor monté en émetteur commun *(cf. aussi* common-emitter connection).

common-gate amplifier amplificateur à grille commune *(autre nom, plus précis, d'un montage à grille commune) (cf. aussi* common-gate connection).

common-gate arrangement *cf.* common-gate connection.

common-gate circuit *cf.* common-gate connection.

common-gate connection montage à grille commune *(montage amplificateur à transistor à effet de champ analogue au montage à base commune) (cf. aussi* field-effect transistor *et* common-base connection).

common-gate device *cf.* common-gate field-effect transistor.

common-gate FET *cf.* common-gate field-effect transistor.

common-gate field-effect transistor transistor à effet de champ monté en grille commune, TEC *(idem) (cf. aussi* common-gate connection).

common-gate stage étage à grille commune *(cf. aussi* common-gate connection).

common-gate transistor transistor monté en grille commune *(cf. aussi* common-gate connection).

common mode mode commun *(mode de fonctionnement d'un amplificateur différentiel dont les deux entrées sont attaquées en parallèle par le même signal pour se placer dans les mêmes conditions que lorsqu'elles sont attaquées par deux signaux identiques) (le terme « mode commun » désigne aussi, par extension, la tension recueillie à la sortie de l'amplificateur dans ces conditions) (cf. aussi* common-mode rejection).

common-mode ac pickup *cf.* common-mode pickup.

common-mode error erreur en mode commun *(erreur d'un circuit de mesure à amplificateur différentiel due à la tension de mode commun de celui-ci) (cf. aussi* common-mode voltage).

common-mode gain gain en mode commun *(rapport entre la tension de sortie d'un amplificateur différentiel attaqué en mode commun et la tension appliquée à ses entrées) (est nul dans le cas de l'amplificateur parfait théorique) (cf. aussi* gain 1) *et* common mode).

common-mode input voltage *cf.* common-mode voltage.

common-mode interference bruit en mode commun, parasites captés en mode commun *(tension de bruit mesurée entre la sortie d'un amplificateur différentiel et la masse lorsque celui-ci est attaqué en mode commun) (cf. aussi* noise 2) (a) *et* common mode).

common-mode noise *cf.* common-mode interference *(ce terme étant le plus employé).*

common-mode output voltage *cf.* common-mode voltage.

common-mode pickup captation des parasites en mode commun *(ampli différentiel) (cf. aussi* common-mode interference).

common-mode potential *cf.* common-mode voltage.

common-mode rejection réjection du mode commun *(aptitude d'un amplificateur différentiel à ne pas fournir de tension à sa sortie lorsque ses deux entrées sont attaquées en mode commun) (cette aptitude n'est jamais totale parce que les deux branches de l'amplificateur ne sont jamais rigoureusement identiques, ce qui entraîne l'apparition d'une tension de sortie en mode commun ; plus elle est faible, meilleur est l'amplificateur) (cf. aussi* common mode, common-mode rejection ratio *et* differential amplifier).

common-mode rejection ratio rapport de réjection en mode commun *(ou du mode commun) (le premier terme est le meilleur) (rapport entre le gain différentiel et le gain en mode commun d'un amplificateur différentiel) (la qualité de celui-ci est proportionnelle à la valeur de ce rapport) (ne pas employer « taux de réjection ... ») (cf. aussi* common-mode rejection, common-mode gain *et* differential gain).

common-mode signal signal de mode commun *(moyenne instantanée des deux tensions appliquées aux entrées d'un amplificateur différentiel) (cette tension est considérée comme un signal de mode commun superposé à la différence de tension à amplifier) (ne pas confondre avec « tension de mode commun ») (cf. aussi* differential amplifier *et* common-mode voltage.

common-mode voltage tension de mode commun *(tension appliquée entre les entrées réunies d'un amplificateur différentiel, d'une part, et la masse du montage, d'autre part, pour mesurer le rapport de réjection du mode commun) (noter que ce terme désigne souvent la tension maximale de mode commun, au-delà de laquelle les circuits d'entrée de l'amplificateur risquent d'être endommagés) (cf. aussi* common-mode rejection ratio).

common return retour commun *(à plusieurs circuits) (conducteur par lequel plusieurs circuits montés en parallèle se referment) (peut être notamment la masse d'un appareil ou la terre) (cf. aussi* circuit, parallel arrangement *et* ground[1]).

common-source amplifier amplificateur à source commune *(autre nom, plus précis, d'un montage à source commune) (cf. aussi* common-source connection).

common-source arrangement *cf.* common-source connection.

common-source circuit *cf.* common-source connection.

common-source configuration *cf.* common-source connection.

common-source connection montage à source commune *(montage amplificateur à transistor à effet de champ analogue au montage à émetteur commun (cf. aussi* field-effect transistor *et* common-emitter connection).

common-source device *cf.* common-source field-effect transistor.

common-source FET *cf.* common-source field-effect transistor.

common-source field-effect transistor transistor à effet de champ monté en source commune, TEC *(idem) (cf. aussi* common-source connection).

common-source stage étage à source commune *(cf. aussi* common-source connection *et* stage 1)).

common-source transistor transistor monté en source commune *(cf. aussi* common-source connection).

communication (la) communication *(au sens général) (fourniture ou échange d'informations entre deux personnes ou entre une personne et un ordinateur en tant que tel ou incorporé à un appareil ou une machine, ou entre deux ordinateurs) (cf. aussi* man-machine communication *et* communications).

communication distance distance de transmission *(tls)*.

communication range 1) portée *(émetteur)*. 2) *cf.* communication distance.

communications (les) télécommunications *(transmission d'informations autre personnes, appareils ou machines séparés par une certaine distance ou placés dans des conditions empêchant ou gênant l'utilisation directe des ondes vocales comme moyen de transmission dans le premier cas) (télégraphie, y compris télécopie, téléphonie, transmission de données, télévision entre deux points déterminés, la transmission pouvant selon le cas se faire par fil, par radio, par fibre optique, pas faisceau laser, par ondes acoustiques ou successivement par plusieurs de ces moyens) (cf. aussi* acoustic communications, wire communications, radio communications, optical communications, satellite communications, underwater communications, undersea communications, commercial communications, military communications, communication, information, telegraph[1], telephone[1] *et* data transmission).

communications aerial *(GB) cf.* communications antenna.

communications antenna antenne de télécommunications *(antenne d'un émetteur de trafic ou d'un récepteur de trafic) (radiocom) (cf. aussi* antenna, communications transmitter *et* communications receiver).

communications area *cf.* communications field.

communications authorities (l')Administration des télécommunications *(les « PTT » en France)*.

communications band bande de télécommunications *(bande de fréquences réservée à l'Administration des télécommunications) (radiocom)*.

communications beam faisceau de télécommunications *(faisceau hertzien ou, parfois, faisceau laser) (cf. aussi* microwave radio *et* laser communications).

communications blackout interruption de la transmission *(des signaux émis par une cabine spatiale ou à destination de celle-ci pendant sa rentrée dans l'atmosphère par suite de la réflexion des ondes radioélectriques sur l'air ionisé par l'échauffement dû à la vitesse élevée de la cabine) (radiocom) (cf. aussi* thermal ionization).

communications cable câble de télécommunications *(câble téléphonique ou télégraphique) (cf. aussi* telephone cable, telegraph cable *et* cable 1) (a) *et* (b)).

communications channel voie de télécommunications *(voie d'un multiplex téléphonique) (cf. aussi* multiplex[1]).

communications chip puce pour télécommunications *(puce de circuit intégré utilisé dans un appareil faisant partie d'un système de télécommunications) (cf. aussi* chip 1) *et* communications system).

communications circuit circuit de télécommunications *(circuit téléphonique ou télégraphique) (cf. aussi* telephone circuit *et* telegraph circuit).

communications common carrier société de télécommunications *(aux États-Unis, notamment, où les télécommunications n'étant pas un monopole d'État comme en France, sont assurées par des sociétés privées telles que Bell, ITT, la Comsat, etc.)*.

communications consultant ingénieur-conseil en télécommunications, conseil *(idem)*, consultant *(idem) (anglicisme)*.

communications consulting activité de conseil en télécommunications.

communications consulting firm société de conseil en télécommunications.

communications controller régisseur de transmission, régisseur de ligne *(ne pas employer « contrôleur ») régisseur intégré commandant la transmission bilatérale de l'information dans une liaison de transmission de données) (cf. aussi* controller 1) *et* data link).

communications countermeasures contre-mesures des transmissions *(contre-mesures électroniques visant les transmissions radio de l'adversaire) (terme générique couvrant le brouillage et la diversion des transmissions) (mil) (cf. aussi* communications jamming, communications deception *et* electronic countermeasures).

communications deception diversion des transmissions *(émission de messages faux ou de signaux déformés pour induire l'adversaire ou ses récepteurs radio en erreur) (mil) (cf. aussi* communications countermeasures).

communications emitter *cf.* communications transmitter.

communications encryption cryptage des messages *(ou des* transmissions) *(mil, etc.) (cf. aussi* encryption).

communications engineer ingénieur des télécommunications *(ou en télécommunications) (le premier terme est le plus employé) (ingénieur électronicien spécialisé dans les télécommunications) (cf. aussi* communications).

communications engineering (la) technique des télécommunications, les télécommunications *(cf. aussi* communications).

communications equipment matériel de télécommunications *(émetteurs et récepteurs de trafic, réémetteurs de relais hertziens, antennes, postes et autocommutateurs téléphoniques, matériel télégraphique, etc.) (cf. aussi* communications transmitter, communications receiver, radio repeater, telephone equipment, telegraph equipment *et* communications).

communications equipment industry industrie du matériel de télécommunications *(cf. aussi* communications equipment).

communications expert (grand) spécialiste des télécommunications *(cf. aussi* communications specialist).

communications facilities installations de télécommunications *(stations d'émission et de réception, relais hertziens, centraux téléphoniques, etc.)*.

communications failure panne *(ou* défaillance) d'une liaison de télécommunications.

communications field domaine des télécommunications *(domaine d'activité scientifique, industrielle, commerciale ou autre) (cf. aussi* communications).

communications filter filtre pour télécommunications *(filtre de voie téléphonique, etc.) (cf. aussi* channel filter).

communications gear *cf.* communications equipment.

communications hardware *cf.* communications equipment.

communications IC *cf.* communications integrated circuit.

communications industry *(cf. aussi* communications) 1) industrie des télécommunications *(aux États-Unis notamment) (cf. aussi* communications common carrier). 2) *cf.* communications equipment industry.

communications integrated circuit circuit intégré pour les télécommunications *(circuit intégré monolithique ou hybride conçu pour remplir une fonction particulière à un matériel de télécommunications) (cf. aussi* integrated circuit *et* communications equipment).

communications intelligence écoute des transmissions *(forme d'espionnage faisant appel à l'interception des transmissions) (mil) (cf. aussi* communications intercept).

communications intercept interception des transmissions *(ou* des signaux de télécommunications) *(interception des messages, signaux de télécommande et de télémesure, etc. transmis par radio ou autre moyen en vue de les exploiter après déchiffrage éventuel) (mil, etc.) (cf. aussi* communications intelligence, communications intercept receiver *et* communications security).

communications intercept receiver récepteur d'écoute de trafic *(récepteur de trafic spécialement conçu pour l'interception des transmissions radio) (mil) (cf. aussi* surveillance receiver *et* communications intercept).

communications interface interface de télécommunications *(circuit d'interface conçu pour raccorder un appareil ou un dispositif émetteur ou récepteur ou émetteur-récepteur à une liaison ou un réseau de télécommunications) (modem, codec, etc.) (cf. aussi* interface[1] 2), modem, codec *et* communications link).

communications interface circuit *cf.* communications interface.

communications jammer brouilleur radio, brouilleur de trafic, brouilleur de transmissions *(brouilleur spécialement conçu pour le brouillage du trafic radio de l'adversaire) (mil) (cf. aussi* jammer *et* communications countermeasures).

communications jamming brouillage du trafic (radio), brouillage des transmissions *(brouillage intentionnel des émissions radio de l'adversaire à l'aide d'un brouilleur de trafic) (mil) (cf. aussi* communications jammer *et* communications jamming countermesures).

communications jamming countermeasures contre-mesures par brouillage des transmissions *(exemple : on peut empêcher une bombe planante à guidage par télévision d'atteindre la cible visée en brouillant la liaison de télévision de la bombe à l'aéronef lanceur ou la liaison de télécommande de pilotage entre ce dernier et la bombe) (mil) (cf. aussi* communications jamming, communications countermeasures, electronic countermeasures *et* television-guided bomb).

communications line ligne de télécommunications *(ligne téléphonique ou télégraphique) (cf. aussi* telephone line, telegraph line *et* communications).

communications link liaison de télécommunications *(liaison permettant la télécommunication) (liaison téléphonique, radiotéléphonique, télégraphique ou radiotélégraphique) (cf. aussi* link 1), communication, telegraph link, telephone link, data communications link, wire link, cable link, radio link, optical link, point-to-point link, multipoint link, transmission line *et* transmission channel).

communications machine appareil de télécommunications *(téléphone, téléimprimeur, télécopieur, etc.).*

communications man (un) professionnel des télécommunications.

communications, navigation and identification *cf.* CNI.

communications net *cf.* communications network.

communications network réseau de télécommunications *(ensemble de liaisons de télécommunications) (les liaisons sont presque toujours interconnectables deux à deux ou plus, ou toutes interconnectées en permanence) (réseau téléphonique ou télégraphique, par fil ou par radio, terrestre ou par satellites) (cf. aussi* communications link, switched network, multipoint network *et* domestic network).

communications-oriented computer *cf.* communications processor.

communications package équipement de télécommunications *(matériel de télécommunications monté dans un satellite de télécommunications) (cf. aussi* communications satellite).

communications path trajet d'une liaison de télécommunications, chemin suivi par une liaison de télécommunications *(au sol, sous la mer, par satellite, etc.) (cf. aussi* communications link).

communications port accès pour télécommunications *(accès d'un ordinateur ou autre appareil informatique destiné au raccordement de celui-ci à un réseau de télécommunications) (est constitué par un socle de connecteur monté sur le boîtier de l'appareil) (cf. aussi* port 1) *et* communications network).

communications processor calculateur de transmission, ordinateur de télécommunications *(ordinateur utilisé dans une liaison de transmission de données ou de téléphonie numérique) (cf. aussi* computer 2), data transmission *et* digital telephony).

communications protocol *cf.* protocol.

communications receiver récepteur de trafic *(récepteur professionnel à double changement de fréquence et autres perfectionnements prévu pour une utilisation intensive par les PTT, l'armée, la gendarmerie, les radioamateurs, etc. pour des liaisons de télécommunications par radio à courte, moyenne ou grande distance) (cf. aussi* double-conversion superheterodyne receiver, oscillator, noise limiter 1), crystal filter, S-meter *et* Q multiplier).

communications satellite satellite de télécommunications, satellite relais *(satellite artificiel de la Terre relayant un trafic radio de la même façon qu'un relais hertzien s'il s'agit d'un satellite actif) (peut en outre servir de central téléphonique automatique et être utilisé en même temps pour relayer des émissions de radiodiffusion visuelle et éventuellement sonore dans le cas d'un satellite civil) (est généralement un satellite géostationnaire, mais peut-être un satellite à défilement ; les premiers satellites de télécommunications étaient tous de ce dernier type ; est toujours un satellite actif, mis à part les premières expériences) (cf. aussi* active communications satellite, passive communications satellite, automatic telephone exchange, multiple access, satellite relay, geostionary satellite, spot beam, zone beam, global beam *et* communications).

communications satellite ... *cf.* satellite communications ... *(le cas échéant).*

communications Satellite Corporation *cf.* Comsat.

communications security sécurité des transmissions *(absence plus ou moins complète de risque d'interception de signaux transmis, notamment par radio, principalement dans une zone d'opérations militaires) (cf. aussi* LPI communications, tell-tale communications, communications intercept *et* military communications).

communications service service de télécommunications *(service généralement public) (cf. aussi* communications).

communications set poste de trafic *(émetteur ou récepteur de trafic) (cf. aussi* communications receiver).

communications signal signal de télécommunications *(signal transmis par une liaison de télécommunications) (peut-être un signal électrique, radioélectrique, optique ou, exceptionnellement, acoustique) (cf. aussi* communications link *et* signal[1]).

communications signal intercept *cf.* communications intercept.

communications software logiciel de transmission *(ou de télécommunications) (logiciel élaboré pour un ordinateur utilisé dans un système de télécommunications numérique pour régir la transmission des informations dans celui-ci) (télinf, tél) (cf. aussi* software, communications system *et* digital communications).

communications spectrum spectre de fréquences des radiocommunications *(spectre des fréquences occupées par les liaisons radio) (cf. aussi* frequency spectrum 2) *et* radio communications).

communications station station de télécommunications *(station radio équipée au moins d'un émetteur de trafic et d'un récepteur de trafic) (cf. aussi* radio station, communications transmitter *et* communications receiver).

communications switching la commutation dans les télécommunications *(commutation téléphonique ou télégraphique) (cf. aussi* telephone switching).

communications system système de télécommunications *(système permettant des télécommunications) (terme générique couvrant la liaison et le réseau de télécommunications) (cf. aussi* communications link, communications network *et* system).

communications technology (la) technique des télécommunications *(cf. aussi* technology).

communications terminal terminal de télécommunications *(tg) (récepteur de trafic, poste téléphonique, téléimprimeur, télécopieur, etc.).*

communications test equipment appareils de contrôle de transmission *(ou de télécommunications ou pour télécommunications) (analyseurs et générateurs de signaux, psophomètres, etc.) (cf. aussi* signal analyser, signal generator, psophometer *et* communications).

communications tower tour de relais hertzien, *(parf.)* pylône de relais hertzien, *(parf.)* relais hertzien *(cf. aussi* microwave radio).

communications traffic trafic de télécommunications *(cf. aussi* traffic).

communications transceiver emetteur-récepteur de trafic *(appareil monté sur véhicule ou portable à dos d'homme) (mil) (cf. aussi* transceiver *et* communications receiver).

communications transmitter émetteur de trafic *(émetteur radio de type professionnel conçu pour permettre des télécommunications, généralement avec un récepteur du même type à l'autre extrémité de la liaison) (cf. aussi* radio transmitter et communications receiver).

communications travelling-wave tube tube à onde progressive pour télécommunications *(tube pour émetteur de trafic) (hyper) (cf. aussi* travelling-wave tube *et* communications transmitter).

communications TWT *cf.* communications travelling-wave tube.

communications-type ... *cf.* communications ...

communications with submarines télécommunications avec les sous-marins, *(souvent)* liaisons *(idem) (tls mil) (cf. aussi* undersea communications *et* military communications).

community antenna antenne collective *(antenne commune à plusieurs récepteurs) (TV, FM).*

community-antenna television télévision par câble *(cf. aussi* cable television).

community dial telephone service service téléphonique automatique rural, (le) téléphone automatique rural *(cf. aussi* automatic telephony).

community television *cf.* community-antenna television.

commutating autozero autozéro par commutation *(méthode de réduction de la tension de décalage d'un amplificateur opérationnel intégré et circuits correspondants) (cf. aussi* offset voltage).

commutation 1) commutation *(au sens du terme anglais, action de relier successivement les enroulements du rotor d'une machine électrique tournante à collecteur aux bornes de la machine par l'intermédiaire du collecteur et des balais et, éventuellement, du ou d'un bobinage statorique) (cf. aussi* commutator 1) *et, à titre d'information,* switching 1)). 2) commutation cyclique *(noter que la commutation définie en 1) ci-dessus est également cyclique, mais cette caractéristique n'est pas prise en considération dans le cas d'un collecteur) (cf. aussi* scanning (b), *le terme anglais « commutation » étant peu employé avec cette acception).*

commutation capacitor condensateur pour impulsions *(condensateur conçu pour fonctionner en régime d'impulsions à fréquence de récurrence élevée) (condensateur pour alimentation à découpage, etc.) (cf. aussi* capacitor).

commutator 1) collecteur *s,* collecteur mécanique *(le second terme est employé lorsque l'on veut préciser qu'il ne s'agit pas d'un collecteur électronique) (ensemble de lames conductrices isolées formant un cylindre ou un disque calé sur l'arbre d'une dynamo ou d'un moteur électrique dit à collecteur et connectées aux extrémités des enroulements du rotor pour assurer la continuité électrique de ceux-ci malgré la rotation grâce à deux ou plusieurs balais glissant sur ces lames) (noter que dans une dynamo, le collecteur joue un rôle supplémentaire et essentiel) (élt) (cf. aussi* commutation 1), *dynamo et* commutator motor). 2) scrutateur *(télémesure, etc.) (cf. aussi* scanner 2), *le terme anglais « commutator » étant peu employé avec cette acception).*

commutator dc motor moteur à courant continu à collecteur (mécanique *ou* classique) *(moteur à courant continu classique) (élt) (cf. aussi* series dc motor, shunt motor, commutator motor *et* dc motor).

commutator motor moteur à collecteur *(moteur électrique dont le rotor est muni d'un collecteur permettant de l'exciter) (moteur à courant continu à collecteur, moteur universel, moteur à répulsion, moteur à répulsion-induction, moteur triphasé à collecteur) (cf. aussi* commutator dc motor, universal motor, repulsion motor, commutator 1) *et* electric motor).

commutator switch scrutateur mécanique *(télémesure, etc.) (cf. aussi* scanning switch).

Compact-Disc *(marque déposée du disque audionumérique optique de 12 cm, puis 8 cm, de diamètre et de très longue durée à une seule face « gravée » inventé par la société hollandaise Phillips) (remplace de plus en plus le disque microsillon et sert de mémoire de masse) (électroacou) (cf. aussi* CD-ROM, digital audio disk *et* optical disk).

companded ... *cf.* companding ... *(pour les termes qui ne figurent pas ci-après).*

companded signal signal à compression-expansion *(ou* comprimé-expansé), signal à compansion *(ou* compansé) *(signal soumis initialement à une compression de dynamique et ultérieurement à une expansion de dynamique) (cf. aussi* companding *et* signal[1]).

compander *(vient de « compressor-expander »)* companseur, compresseur-expanseur *(système formé d'un compresseur de dynamique à l'émission ou à l'enregistrement d'un signal et d'un expanseur de dynamique à la réception ou à la lecture du signal) (Nota: un companseur n'est pas un circuit unique et, sauf dans un magnétophone, les deux circuits qui le forment sont contenus dans deux appareils distincts qui peuvent être très éloignés l'un de l'autre dans le cas d'un radiotéléphone) (cf. aussi* companding, volume compressor, volume expander *et* Dolby).

companding *(vient de « compressing-expanding »)* compres-

sion-expansion *(de la dynamique),* compansion *(réduction de la dynamique d'un signal à modulation d'amplitude à l'émission ou à l'enregistrement et opération contraire à la réception ou à la lecture pour améliorer le rapport signal/bruit des faibles amplitudes du signal à la réception ou à la reproduction) (radiotéléphone, graveur de disques, électrophone, magnétophone, codec) (cf. aussi* compander, dynamic range (a) *et* signal-to-noise ratio).

companding a-d converter *(ou* a/d converter *ou* A/D converter *ou* ADC) *cf.* companding analog-to-digital converter.

companding analog-to-digital converter numériseur à compression *(codec) (cf. aussi* analog-to-digital converter *et* companding codec).

companding codec codec à compression-expansion, codec à compansion *(tls) (cf. aussi* codec *et* companding).

companding d-a converter *(ou* d/a converter *ou* D/A converter *ou* DAC) *cf.* companding digital-to-analog converter.

companding digital-to-analog converter dénumériseur à expansion *(codec) (cf. aussi* digital-to-analog converter *et* companding codec).

compandor *cf.* compander.

companion chip puce auxiliaire *(CI) (cf. aussi* support chip).

companion source générateur auxiliaire *(générateur de signaux utilisé avec un autre appareil) (cf. aussi* signal generator).

companion tracking source générateur auxiliaire à balayage *(analyse de réseaux, mesures hyper) (cf. aussi* companion source *et* sweeping generator).

comparator 1) comparateur, montage comparateur, circuit comparateur *(montage comparant deux tensions, deux phases ou deux informations binaires et fournissant un signal dont la polarité est fonction du signe de la différence entre la grandeur comparée et la grandeur de référence et, dans les deux premiers cas, dont l'amplitude est proportionnelle à la valeur de cette différence) (cf. aussi* voltage comparator *et* phase detector). 2) *cf.* tape comparator.

comparator circuit *cf.* comparator 1).

comparing unit *cf.* tape comparator.

comparison bridge pont de comparaison *(circuit en pont utilisé pour comparer deux tensions) (cf. aussi* bridge).

comparison circuit *cf.* comparator 1).

comparison measurement mesure par comparaison *(cf. aussi* comparaison method).

comparison method méthode de comparaison, méthode de mesure par comparaison *(méthode de mesure de la valeur ohmique d'une résistance par comparaison de la tension à ses bornes à la tension aux bornes d'une résistance de valeur connue montée en série avec la résistance à mesurer, le rapport des tensions étant égal au rapport des résistances alimentées en courant continu) (permet de mesurer, au moins approximativement, une résistance à l'aide d'un simple voltmètre) (cf. aussi* series connection *et* resistance measurement).

compass boussole, compas *(instrument, principalement de navigation, indiquant le nord magnétique au moyen d'une aiguille aimantée horizontale pivotant librement en son milieu autour d'un axe vertical et disposée au-dessus d'un cadran circulaire — appelé « rose des vents » — portant au moins l'indication des quatre points cardinaux — nord, est, sud, ouest) (utilise le champ magnétique terrestre, l'aiguille s'alignant sur les lignes de force de celui-ci, lesquelles sont approximativement parallèles à la direction des méridiens géographiques) (cf. aussi* magnetic compass, gyrocompass, radio compass, magnetic needle, terrestrial magnetism *et* magnetic line of force).

compass bearing gisement au compas *(gisement indiqué par un radiocompas) (radionav) (avia) (cf. aussi* bearing 1) *et* automatic direction finder).

compatibility compatibilité *(propriété d'un matériel pouvant utiliser ou fournir des signaux respectivement fournis ou utilisables par un matériel différent ou d'un procédé de réalisation d'un tel matériel ou d'un support d'enregistrement de tels signaux) (compatibilité d'un procédé de télévision en couleurs, de la gravure stéréophonique ou d'une émission stéréophonique, d'une famille logique, d'un ordinateur, d'un logiciel, etc.) (cf. aussi* television system compatibility, stereo/mono compatibility, TTL compatibility, CMOS compatibility, ECL comptability, pin compatibility, plug compatibility, compatible microcomputer *et* software compatibility).

compatible¹ *a*   compatible *a (cf. aussi* compatibility).

compatible² *s*   *cf.* compatible microcomputer.

compatible color television system   procédé de télévision en couleurs compatible, procédé couleur compatible *(procédé de télévision couleurs possédant la double compatibilité) (procédé NTSC, PAL, SECAM, etc.) (cf. aussi* color television system *et* double compatibility).

compatible logic   logique compatible *(famille logique utilisable avec une autre famille logique grâce à des niveaux logiques d'entrée et de sortie comparables) (cf. aussi* TTL-compatible, CMOS-compatible, ECL-compatible, logic family *et* logic level).

compatible microcomputer   micro-ordinateur compatible, (un) compatible *(micro-ordinateur conçu pour pouvoir utiliser la plupart des programmes élaborées pour le micro-ordinateur IBM PC ou le dérivé de celui-ci auquel il correspond, grâce notamment à l'emploi du même système d'exploitation, le MS-DOS en l'occurence ou son successeur) (inf) (cf. aussi* microcomputer, computer program, PC 2), operating system, MS-DOS *et* compatibility).

compatible software   logiciel compatible *(inf) (cf. aussi* software compatibility).

compatible stereo signal   signal stéréophonique compatible *(signal stéréophonique pouvant être reçu par un récepteur monophonique) (stéréophonie multiplex) (cf. aussi* stereo-mono compatibility).

compatible stereo system   procédé stéréophonique compatible *(procédé d'enregistrement stéréophonique sur disque ou sur bande magnétique permettant l'utilisation d'un tourne-disque ou d'un magnétophone monophonique, ou procédé de radiodiffusion stéréophonique permettant l'utilisation d'un récepteur monophonique) (cf. aussi* stereo-mono compatibility).

compensated amplifier   amplificateur à très large bande *(cf. aussi* wideband amplifier).

compensated intrinsic semiconductor   *cf.* compensated semiconductor.

compensated-loop direction-finder   radiocompas à cadre compensé *(radiocompas dans lequel l'erreur quadrantale est compensée par des circuits additionnels appropriés) (radio) (avia) (cf. aussi* automatic direction finder *et* quadrantal error).

compensated semiconductor   semiconducteur compensé *(semiconducteur quasi intrinsèque obtenu par l'introduction d'impuretés de type opposé à celui des impuretés contenues dans le semiconducteur extrinsèque initial) (cf. aussi* intrinsic semiconductor, extrinsic semiconductor *et* impurity).

compensated volume control   commande d'intensité sonore avec correction des fréquences inférieures *(récepteur, ampli, BF) (cf. aussi* volume control).

compensating cable   cordon de compensation *(thermocouple) (cf. aussi* thermocouple).

compensating errors   erreurs autocompensées, erreurs qui se compensent mutuellement *(mesure, inf, etc.)*.

compensating lead   *cf.* compensating cable.

compensating network   *cf.* compensation network.

compensating voltage   tension de compensation *(cf. aussi* bucking voltage).

compensation   compensation *(d'amplitude, de polarité, de température, etc.) (cf. aussi* armature reaction compensation, compensated amplifier, compensated semiconductor, temperature compensation *et* compensation winding).

compensation for ambient temperature   compensation de température *(cf. aussi* temperature compensation).

compensation network   1) réseau correcteur *(montage modifiant la réponse d'un amplificateur à certaines fréquences) (cf. aussi* frequency response 1)). 2) *cf.* temperature compensation network.

compensation winding   enroulement de compensation *(enroulement statorique auxiliaire créant un champ magnétique compensant la réaction d'induit dans une machine électrique à*

collecteur d'une certaine puissance) (élt) (cf. aussi* armature reaction).

compensator   compensateur, montage compensateur, circuit de compensation *(cf. aussi* compensation).

compile *v*   compiler (a) *sens usuel* ; (b) *sens informatique, c-à-d. compiler un programme source) (cf. aussi* compiler).

compiler *s*   programme compilateur, programme de compilation *(programme d'ordinateur traduisant un programme source écrit en langage évolué pour un ordinateur déterminé en un programme machine destiné à celui-ci) (est à un programme-source écrit en langage évolué ce que l'assembleur est à un tel programme écrit en langage assembleur) (inf) (cf. aussi* cross compiler, computer program, source program, high-level language, machine code 2) *et* assembler).

compiler program   *cf.* compiler.

compiler routine   *cf.* compiler.

complaint desk   table des réclamations *(central tél.)*.

complement   complément (a) *dans l'algèbre de Boole, le complément d'une variable binaire est l'autre variable binaire, c-à-d. que le binaire « 0 » est le complément du binaire « 1 » et vice versa) (par conséquent, dans un circuit logique, le complément de la sortie du circuit est l'état logique autre que celui de celle-ci) (inf, etc.) (cf. aussi* NOT, Boolean algebra, binary variable, bit *et* logic state) ; (b) *complément à une base, c-à-d. nombre A qu'il faut ajouter à un nombre de n chiffres exprimé dans une base de numération déterminée a pour que la somme de ces deux nombres soit égale à* a^n, *donc nombre* $a^n - A$*) (cherchons le complément d'un nombre décimal — donc exprimé en base 10, donc le complément à 10 — d'un nombre tel que 247, par exemple : son complément est égal à* $10^3 - 247 = 753$*) (inf, etc.) (cf. aussi* true complement *et* diminished-radix complement).

complementarity principle   principe de complémentarité *(principe énoncé par le physicien danois Niels Bohr en 1928 selon lequel la nature ondulatoire du rayonnement électromagnétique et la nature corpusculaire de la matière sont complémentaires, c-à-d. n'expliquent chacune que des propriétés qui sont complémentaires de celles de l'autre, tout en s'excluant mutuellement, les deux natures ne pouvant être observées simultanément) (mécanique quantique) (cf. aussi* uncertainty principle *et* wave mechanics).

complementary bipolar transistors   transistors bipolaires complémentaires *(ou à symétrie complémentaire) (paire de transistors bipolaires formée d'un transistor NPN et d'un transistor PNP) (semi) (cf. aussi* npn transistor, pnp transistor, silicon controlled rectifier *et* complementary pair).

complementary metal-oxide-semiconductor   *cf.* CMOS. *(de même pour les termes dérivés)*.

complementary MOS   transistor MOS complémentaires *(CI) (cf. aussi* CMOS transistors).

complementary MOS ...   *cf.* CMOS ...

complementary operator   opérateur de complémentation *(inf) (cf. aussi* NOT operator).

complementary-output circuit   circuit à sorties complémentaires *(circuit logiques) (cf. aussi* complementary outputs).

complementary outputs   sorties complémentaires *(sorties d'un circuit logique dont l'une est la fonction logique normale des états des entrées du circuit et l'autre est son complément) (inf) (cf. aussi* logic circuit, logic function *et* complement (a)).

complementary pair   paire complémentaire, paire à symétrie complémentaire, paire de transistors *(idem) (paire de transistors à structures complémentaires, c-à-d. ayant des électrodes de types opposés) (semi) (cf. aussi* complementary bipolar transistors, complementary MOS *et* transistor).

complementary push-pull   *cf.* complementary-transistor push-pull.

complementary structure   structure complémentaire *(structure d'une paire de transistors complémentaires intégrés) (cf. aussi* complementary pair).

complementary symmetry   symétrie complémentaire *(propriété d'une paire de transistors complémentaires ainsi appelée lorsque ceux-ci sont utilisés dans un montage symétrique) (cf. aussi* complementary pair *et* symmetrical arrangement).

complementary-symmetry MOS   *cf.* complementary MOS.

complementary-transistor amplifier   *cf.* complementary-transistor push-pull.

complementary-transistor logic logique à transistors complémentaires *(CI) (cf. aussi* logic (b) *et* complementary pair).

complementary transistor pair *cf.* complementary pair.

complementary-transistor push-pull amplificateur symétrique à transistors complémentaires *(amplificateur symétrique utilisant un transistor bipolaire PNP dans une branche et un NPN dans l'autre, ce qui évite d'utiliser un transformateur à point milieu au secondaire ou un étage déphaseur pour attaquer l'amplificateur) (cf. aussi* push-pull amplifier).

complementary transistors transistors complémentaires *(cf. aussi* complementary pair).

complementary unijunction transistor transistor unijonction complémentaire *(transistor unijonction dans lequel les courants et tensions de fonctionnement sont respectivement de sens et de polarité opposés aux courants et tensions dans un transistor unijonction classique) (cf. aussi* unijunction transistor).

complete a call *v* établir une communication (téléphonique) *(cf. aussi* completion of a call).

complete carry report complet *(en informatique, propagation d'un report résultant lui-même de l'addition de reports) (cf. aussi* carry).

complete ground *(cf. aussi* ground[1]) **1)** masse franche, bonne masse *(connexion à la masse d'un appareil).* **2)** terre franche, bonne terre *(prise de terre pour un appareil).*

complete grounding *(cf. aussi* complete ground) **1)** mise à la masse parfaite. **2)** mise à la terre parfaite.

complete the circuit *v* fermer le circuit *(ce terme s'applique généralement à une résistance, un enroulement, un fil de connexion, etc.) (cf. aussi* circuit).

completion of a call établissement d'une communication (téléphonique) *(par une opératrice d'un central manuel ou l'autocommutateur d'un central automatique) (cf. aussi* telephone call 1) *et* telephone exchange).

complex current *(parf.* intensité du) courant complexe *(courant alternatif dans un circuit ou élément de circuit à réactance) (cf. aussi* reactance *et* alternating current).

complex function fonction complexe *(fonction de traitement de signaux formée d'un certain nombre de fonctions simples) (fonction telle que l'autocorrélation, la transformation de Fourier, la numérisation, la convolution, le filtrage adapté, le codage binaire à anticipation, etc. réalisée par un circuit intégré numérique ou une partie d'un tel circuit) (cf. aussi* signal processing, simple function, digital integrated circuit *et* function[1] 1) (a)).

complex-function chip puce à fonction complexe *(puce de circuit intégré à fonction complexe) (cf. aussi* chip 1) *et* complex-fonction integrated circuit).

complex-function circuit *cf.* complex-function integrated circuit.

complex-function device *cf.* complex-function integrated circuit.

complex-function IC *cf.* complex-function integrated circuit.

complex-function integrated circuit circuit intégré complexe *(circuit intégré monolithique réalisant une ou plusieurs fonctions complexes) (circuit LSI, VLSI, ULSI ou VHSIC) (cf. aussi* complex function, LSI, VLSI, ULSI *et* VHSIC).

complex-function microcircuit *cf.* complex-function integrated circuit.

complex hybrid *cf.* complex hybrid circuit.

complex hybrid circuit circuit hybride complexe *(circuit hybride monté dans un boîtier dont le périmètre intérieur est supérieur à 50 mm, selon une règle empirique appliquée dans l'industrie électronique américaine) (cf. aussi* hybrid integrated circuit).

complex IC *cf.* complex integrated circuit.

complex impedance impédance complexe, impédance *(nom parfois donné à une impédance au sens propre du terme, c-à-d. à une impédance comprenant au moins une réactance) (cf. aussi* impedance).

complex integrated circuit *cf.* complex-function integrated circuit.

complex particle particule complexe *(particule composée de deux ou plusieurs particules élémentaires) (noyau atomique, atome, molécule, ion, particule alpha) (noter que le noyau de l'atome d'hydrogène étant composé d'un unique proton, ce n'est pas une particule complexe) (cf. aussi* elementary particle, nucleus, atome, molecule *et* ion).

complex plane plan complexe *(nom donné à un graphique utilisé pour représenter la variation d'une grandeur complexe) (peut être un graphique en coordonnées polaires ou un graphique en coordonnées rectangulaires) (math, élec, asser, etc.) (cf. aussi* complex quantity, Nyquist plane *et* Black plane).

complex quantity grandeur complexe *(grandeur comprenant une partie réelle et une partie imaginaire (au sens mathématique)) (impédance, etc.) (cf. aussi* quantity 2) *et* impedance).

complex reflection coefficient coefficient de réflexion complexe *(même remarque que pour « complex impedance ») (ligne de transmission, quadripôle) (cf. aussi* reflection coefficient).

complex reflector réflecteur complexe *(réflecteur d'ondes électromagnétiques formé d'un certain nombre de surfaces planes orientées sous divers angles par rapport à l'onde incidente) (le réflecteur dièdre est le type le plus simple de réflecteur complexe ; le réflecteur en coin de cube est un autre exemple) (cf. aussi* corner reflector).

complex signal signal complexe *(signal formé d'oscillations à une fréquence dite « fondamentale » et d'un certain nombre d'harmoniques pairs ou impairs, ou les deux, de celle-ci) (mis à part une onde entretenue absolument pure, qui n'a qu'une fréquence, tous les signaux électriques, électromagnétiques ou acoustiques sont des signaux complexes) (cf. aussi* fundamental frequency, harmonic, continuous wave *et* signal[1]).

complex sound wave onde sonore complexe *(acou) (cf. aussi* sound wave *et* complex wave).

complex target cible complexe *(cible radar formée de plusieurs surfaces bien distinctes) (un avion est une cible complexe) (cf. aussi* radar target).

complex tone son complexe *(son composé de plusieurs fréquences) (cf. aussi* tone 1) *et* complex signal).

complex transmission coefficient coefficient de transmission (complexe) *(ligne de transmission) (même remarque que pour « complex impedance ») (cf. aussi* transmission coefficient).

complex voltage tension complexe *(tension alternative aux bornes d'un circuit ou élément de circuit à réactance) (cf. aussi* reactance *et* alternating voltage).

complex wave onde complexe *(cf. aussi* non-sinusoidal wave).

complex waveform *cf.* complex signal. *(cf. aussi* waveform).

compliance **1)** *cf.* acoustic compliance. **2)** élasticité (de la suspension), souplesse *(idem),* mobilité, compliance *(anglicisme à éviter) (aptitude de l'équipage mobile d'un transducteur électroacoustique à se déplacer sous l'action d'une force et notamment longueur de déplacement d'une pointe de lecture par unité de force appliquée) (est proportionnelle à l'élasticité de l'élastomère assurant la suspension de l'équipage mobile et, dans le cas général d'une tête de lecture, à la longueur de la barrette portant la pointe de lecture et s'exprime généralement en centimètre par dyne (cm/dyne) ou en millimètre par newton (mm/N)) (ne présente une certaine importance qu'aux grandes amplitudes des ondulations du sillon, c-à-d. aux fréquences basses du signal à reproduire, ce qui est heureux car sa valeur diminue aux fréquences élevées par suite de l'hystérésis du caoutchouc) (électroacou) (cf. aussi* lateral compliance, vertical compliance *et* stylus 1)).

compliance voltage tension en courant constant *(tension de sortie d'une alimentation à courant constant) (cf. aussi* constant-current power supply).

compliant leads sorties déformables *(fils ou barrettes de connexion d'un composant dont la section est assez petite pour qu'ils puissent être pliés facilement pour les monter dans un circuit) (cas le plus fréquent pour les résistances, condensateurs, transistors et diodes à semiconducteur utilisés en électronique normale, c-à-d. autre que l'électronique de puissance) (cf. aussi* lead[2] 2)).

component **1)** composant *(électronique ou autre) (élément d'un ensemble fonctionnel) (cf. aussi* electronic component). **2)** pièce détachée *(terme ancien remplacé par « composant »* en électronique). **3)** composante *(partie à propriété détermi-nées d'un tout ou résultant de la décomposition d'un tout) (composante continue, composante alternative, composante fréquencielle, composante active, composante réactive, composante d'un vecteur, etc.) (cf. aussi* dc component, ac component, frequency component, active component 2) *et* reactive component 1)).

component aging vieillissement des composants *(parf.* du composant) *(modification indésirable d'une ou plusieurs ca-ractéristiques de certains composants électroniques ou autres sous l'action du temps, due elle-même au vieillissement des matières utilisées) (cf. aussi* aging).

component area *cf.* component field.

component company société de composants *(société spéciali-sée dans la fabrication de composants électroniques ou autres) (cf. aussi* component 1)).

component count nombre de composants *(nécessaire pour réaliser un montage ou montés sur une carte à circuit imprimé, etc.).*

component density densité de composants *(nombre de composants montés ou réalisés par unité de surface d'un circuit imprimé ou intégré, hybride ou monolithique, ou par unité de volume d'un module tridimensionnel ou d'un appa-reil ou, dans un proche avenir, d'un circuit intégré tridimen-sionnel) (cf. aussi* component 1)).

component encapsulation encapsulation des composants (électroniques) *(protection des composants électroniques par mise sous boîtier, hermétique ou non, ou par enrobage dans une matière plastique ou un verre spécial) (cf. aussi* pac-kage[1] 1), packaging *et* electronic component).

component failure défaillance d'un composant *(parf.* du composant) *(électronique ou autre) (cf. aussi* failure 1) *et* electronic component).

component field (le) domaine des composants *(électroniques ou autres) (domaine d'activité industrielle, commerciale ou autre) (cf. aussi* electronic component).

component firm *cf.* component company.

component house *cf.* component company.

component layout disposition des composants *(sur un châssis, une carte à circuit imprimé, un substrat de circuit hybride ou une puce de circuit intégré) (cf. aussi* layout 2)).

composant level *cf.* at the component level.

component-level fault isolation localisation des pannes au niveau des composants *(appareil à carte enfichables) (cf. aussi* component-level repair).

component-level repair réparation au niveau des composants *(réparation d'un appareil électronique ou informatique effec-tué par remplacement du ou des composants défectueux sur une carte à circuit imprimé, et non par remplacement de la carte complète) (cf. aussi* board swapping).

component-level test (un) contrôle au niveau des composants *(cf. aussi* at the component level).

component-level testing (le) contrôle au niveau des compo-sants *(cf. aussi* component-level test).

component maker *cf.* component manufacturer.

component manufacturer fabricant de composants *(électro-niques ou autres) (cf. aussi* component 1)).

component packing density *cf.* component density.

component part *cf.* component 1).

component producer *cf.* component manufacter.

component scaling réduction des dimensions (des compo-sants), réduction d'échelle (des composants) *(CI, etc.) (cf. aussi* scaled technology).

component supplier fournisseur de composants (électro-niques) *(fabricant de composants ou distributeur de celui-ci).*

component technology (la) technique des composants *(élec-troniques ou autres) (cf. aussi* component 1) *et* technology).

component test (un) essai de composant(s) *(parf.* contrôle).

component testing (l')essai de composants *(parf.* des ...) *(parf.* contrôle ...).

component under test composant essayé, *(etc.) (cf. aussi* device under test).

component values valeurs des composants *(valeurs de la grandeur électrique caractéristique de chacun des composants d'un ensemble électronique ou électrique) (cf. aussi* electrical quantity *et* component 1)).

component vendor *cf.* component supplier.

componentry les composants *(d'un appareil électronique ou autre matériel) (cf. aussi* component 1)).

composite cable câble composite *(câble téléphonique compre-nant des paires torsadées et des paires coaxiales ou des paires et des quartes, etc.) (cf. aussi* pair 1) (a) *et* quad[1]).

composite chrominance channel response *cf.* chrominance-channel response.

composite color signal signal vidéo couleur composite, signal vidéo composite *(signal émis par la partie « image » d'un émetteur de télévision en couleurs) (comprend le signal de luminance Y, les deux signaux de chrominance R-Y et B-Y, les impulsions de synchronisation de lignes et de trames, les impulsions de suppression de lignes et de trames et les salves de référence couleur) (ce signal est appelé « composite » parce qu'il comprend tous les signaux (impulsions) nécessaires au fonctionnement des récepteurs en plus des trois signaux vidéo partiels) (l'émission simultanée du signal « son » par la partie « son » de l'émetteur donne finalement le « signal couleur complet ») (cf. aussi* composite video signal).

composite color sync synchronisation couleur composite, signal de *(idem) (signal partiel formé par les divers signaux de synchronisation dans un signal de télévision en couleurs) (comprend les mêmes impulsions que le signal de synchroni-sation noir et blanc composite, plus les salves couleurs, soit cinq signaux distincts) (cf. aussi* composite synchronization signal *et* color burst).

composite color sync signal *cf.* composite color sync. *(ce terme étant le plus employé).*

composite color television signal *cf.* composite color signal.

composite color TV signal *cf.* composite color signal.

composite color video signal *cf.* composite color signal.

composite conductor conducteur composite *(cf. aussi* bime-tallic wire).

composite NTSC color television signal signal vidéo compo-site du procédé NTSC *(TVC) (cf. aussi* composite color signal *et* NTSC system).

composite passband bande passante résultante *(bande pas-sante résultant du montage de deux filtres ou cellules de filtre en cascade) (cf. aussi* passband, filter section *et* cascade arrangement).

composite picture signal *cf.* composite video signal.

composite pulse impulsion composite *(impulsion formée de plusieurs impulsions se recouvrant plus ou moins) (radionav, etc.) (cf. aussi* pulse[1]).

composite serial stream multiplex temporel *(tls) (cf. aussi* time-division multiplex).

composite signal signal composite *(signal formé de deux ou plusieurs signaux partiels transmis par une même onde por-teuse ou un même courant porteur) (signal stéréophonique, signal de télévision, signal multiplex téléphonique, etc.) (cf. aussi* composite video signal *et* composite color signal).

composite sync synchronisation composite, signal de *(idem) (signal partiel formé par les divers signaux de synchronisation dans un signal de télévision en noir et blanc) (comprend les impulsions de synchronisation de lignes et de trames et les impulsions de suppression de ligne et de trame, soit quatre signaux distincts) (ce signal est dit composite parce qu'il comprend les impulsions de suppression en plus des impul-sions de synchronisation proprement dites) (cf. aussi* horizon-tal synchronization pulse, vertical synchronization pulse, horizontal blanking pulse, vertical blanking pulse, black-an-white television signal *et* composite color sync).

composite sync signal *cf.* composite sync. *(ce terme étant le plus employé).*

composite video *cf.* composite video signal.

composite video signal **1)** signal vidéo composite *(signal émis par la partie « image » d'un émetteur de télévision en noir et blanc) (comprend le signal vidéo et le signal de synchronisa-tion composite) (l'émission simultanée du signal « son » par la partie « son » de l'émetteur donne finalement le « signal noir et blanc complet ») (cf. aussi* video signal, composite sync signal *et* television signal). **2)** *cf.* composite color signal.

composite video test signal signal vidéo composite de contrôle *(signal fourni par un générateur de mire) (TV) (cf. aussi* test-pattern generator).

composition resistor *cf.* carbon-composition resistor.

compound action action combinée, compensation combinée *(mode de fonctionnement d'un régulateur dans lequel la correction de l'écart est proportionnelle à deux ou trois grandeurs liées à celui-ci) (asser) (cf. aussi* two-term action, three-term action *et* continuous action).

compound modulation modulation successive *(modulation d'une porteuse par une sous-porteuse, notamment dans un multiplex fréquentiel) (tél, etc.) (cf. aussi* carrier 1), subcarrier *et* frequency-division multiplex).

compound signal *cf.* composite signal 1).

compound target *cf.* complex target.

compressed-air loudspeaker haut-parleur à air comprimé *(haut-parleur à pavillon de grande puissance dans lequel l'équipage mobile commande une soupape modulant un débit d'air comprimé) (cf. aussi* horn loudspeaker).

compressed pulse width largeur de l'impulsion comprimée *(parf. des impulsions comprimées) (récepteur radar à compression d'impulsions) (cf. aussi* chirp radar).

compressed signal signal comprimé *(cf. aussi* band-limited signal).

compressed speech (la) parole comprimée *(cf. aussi* speech compression).

compressed video (la) vidéo comprimée *(cf. aussi* image compression).

compression compression *(en électronique, réduction d'un intervalle d'amplitudes, de fréquences ou de temps ou d'un nombre d'impulsions) (cf. aussi* volume compression, bandwidth compression, pulse compression *et* data compression).

compression algorithm algorithme de compression *(d'informations) (cf. aussi* algorithm *et* data compression).

compression filter filtre de compression d'impulsions, compresseur d'impulsions *(circuit formé d'une ligne à retard dispersive dans laquelle les fréquences supérieures des impulsions longues modulées en fréquence appliquées à son entrée subissent un retard plus important que les fréquences inférieures, ce qui permet à ces dernières d'arriver à la sortie du filtre en même temps que les premières en produisant ainsi une impulsion beaucoup plus courte qu'elle n'était à l'entrée) (récepteur de radar à compression d'impulsions) (cf. aussi* chirp radar, dispersive delay line *et* expansion filter).

compression law loi de compression *(numérisation) (cf. aussi* speech compression law).

compression ratio 1) rapport de compression (de la dynamique) *(rapport de réduction de l'intervalle de modulation d'un signal à modulation d'amplitude) (cf. aussi* volume compression). **2)** rapport de compression (d'impulsions) *(rapport entre la largeur d'une impulsion à l'entrée d'un filtre de compression et sa largeur à la sortie du filtre) (cf. aussi* compression filter). **3)** rapport de compression (d'informations) *(rapport entre le nombre de mots binaires théoriquement nécessaire pour représenter un signal analogique numérisé et le nombre de mots effectivement employé) (vidéo, parole) (cf. aussi* data compression).

compression technique méthode de compression, procédé *(idem) cf. aussi* compression.

compression wave *cf.* longitudinal wave.

compressive receiver récepteur à compression (de bande) *(récepteur d'écoute utilisant la compression de la bande de fréquences des signaux captés, au moyen d'une ligne à retard dispersive, pour éviter l'emploi de canaux) (la suppression de la batterie de filtres qui en résulte permet une réduction sensible de l'encombrement et du poids de l'appareil) (est encore peu employé en 1990) (mil) (cf. aussi* surveillance receiver, dispersive delay line *et* channelizer receiver).

compressor 1) compresseur (de dynamique), régulateur de niveau *(radiotél, enr. disque) (cf. aussi* volume compressor). **2)** *cf.* compression filter.

compromise network équilibreur moyen *(équilibreur dont les caractéristiques d'impédance constituent un compromis permettant de l'utiliser tel quel dans la plupart des cas) (tél) (cf. aussi* balancing network (a)).

comps *(fam) (vient de « carbon-composition resistors »)* (les)

résistances agglomérées *(cf. aussi* carbon-composition resistor).

compunications *cf.* computer communications.

computation (le *ou* un) calcul *(en informatique, le terme anglais désigne souvent un ou des calculs effectués autrement qu'à la main) (cf. aussi* calculation *et* computer).

computation time temps de calcul, durée du calcul *(souvent des calculs) (inf, etc.) (cf. aussi* computation *et, à titre d'information,* computer time).

computational ... *cf.* computing ... *(pour les termes qui ne figurent pas ci-après).*

computational load nombre de calculs à effectuer, volume de calculs *(inf, etc.) (cf. aussi* computation).

computational resources moyens de calcul, *(parf.* moyens informatiques) *(cf. aussi* computer facilities).

computational throughput *cf.* computer power.

computer 1) calculateur *(tg) (dispositif effectuant des opérations arithmétiques ou autres sur des informations représentées par des grandeurs électriques ou autres) (calculateur analogique ou numérique ou hybride) (voir aussi 2) ci-après) (cf. aussi* analog computer, hybrid computer *et* calculator 1)). **2)** ordinateur *(calculateur numérique, généralement électronique, à programme enregistré pouvant effectuer des opérations arithmétiques, donc des calculs, et des opérations logiques, donc notamment des classements, des recherches et des modifications d'informations introduites sous forme numérique dans une mémoire de l'appareil) (comprend essentiellement une partie effectuant le traitement des informations sous la commande du programme, une mémoire subdivisée pour contenir les informations à traiter, le programme à exécuter et les résultats du traitement, et des organes permettant d'introduire les informations à traiter et souvent le programme, et de connaître les résultats du calcul ou autre traitement d'informations effectué) (il est à noter 1°) que le terme « ordinateur » désigne implicitement un calculateur numérique et ne peut donc être employé pour désigner un calculateur analogique) ; 2°) que ce terme est applicable à tout calculateur numérique à programme enregistré quels que soient sa forme de réalisation, sa taille, sa fonction et ses organes auxiliaires ; 3°) qu'un ordinateur n'est donc pas forcément électronique et peut être notamment optique ou fluidique) (cf. aussi* digital computer, microcomputer, minicomputer, main frame 1), supercomputer, computer generation 2), personal computer, business computer, industrial computer, scientific computer, military computer, machine, central processing unit, computer memory, peripheral device 1), computer program, arithmetic operation, logic operation, digital data, fluidics, information processing *et* artificial intelligence).

computer age (l')ère de l'ordinateur *(ou de l'informatique).*

computer-aided design conception assistée par ordinateur, étude informatisée, CAO *(conception d'un matériel avec utilisation d'un ordinateur pour en faire apparaître au moins les lignes essentielles sur l'écran de l'appareil, éventuellement sous divers angles, les modifier et les faire compléter au besoin par l'appareil et en obtenir des caractéristiques géométriques ou d'interconnexion, notamment) (cette définition montre que la conception assistée par ordinateur s'applique principalement au dessin des pièces mécaniques et des schémas de circuits, notamment de circuits intégrés numériques complexes, cette application étant la première en date des applications de la CAO) (cf. aussi* computer-aided engineering, computer-aided manufacturing *et* computer 2)).

computer-aided drafting dessin assisté par ordinateur, DAO *(dessin technique sur écran d'ordinateur à l'aide d'un programme approprié et sortie du dessin sur une imprimante graphique également appropriée et notamment sur une machine à dessiner) (inf) (cf. aussi* computer graphics *et* drafting machine).

computer-aided engineering ingénierie assistée par ordinateur, IAO *(nom donné à la conception assistée par ordinateur au niveau le plus élevé, avec l'utilisation d'un poste de travail graphique autonome disposant d'une banque de données interne et de moyens perfectionnés d'analyse logique et de simulation, ainsi que d'une tablette graphique) (inf) (cf. aussi* computer-aided design, graphics work station, data base, logic analysis, computer simulation *et* graphics tablet).

computer-aided instruction enseignement assisté par ordinateur, EAO *(inf) (cf. aussi* teaching machine).

computer-aided learning *cf.* computer-aided instruction.

computer-aided manufacturing fabrication assistée par ordinateur, fabrication informatisée, FAO *(fabrication avec utilisation d'un ou plusieurs ordinateurs pour la commande des machines-outils et autres matériels de production) (inf) (cf. aussi* numerical control *et* process controller).

computer-aided retrieval recherche assistée par ordinateur, RAO *(informations) (inf) (cf. aussi* information retrieval).

computer-aided teaching *cf.* computer-aided instruction.

computer-aided test (un) essai assisté par ordinateur, *(etc.) (cf. aussi* computer-aided testing).

computer-aided testing (l')essai assisté par ordinateur *(ou* informatisé), EAO *(essai de matériel avec fixation et éventuellement variation des conditions de fonctionnement par un ordinateur exécutant un programme d'essai préétabli) (cf. aussi* operating conditions 1)).

computer analysis analyse par ordinateur, analyse sur ordinateur *(analyse d'informations, généralement nombreuses, effectuée par un ordinateur, notamment pour faire ressortir certaines d'entre elles ou faire apparaître une ou plusieurs relations entre certaines d'entre elles) (cf. aussi* information).

computer analyst analyste (en informatique) *(cf. aussi* analyst).

computer-animated imagery images animées par ordinateur *(cf. aussi* computer animation).

computer animation animation d'images par ordinateur, animation par ordinateur *(formation d'images animées sur un écran sous la commande d'un ordinateur) (inf) (cf. aussi* computer-generated image).

computer applications applications de l'ordinateur, *(parf.)* applications sur ordinateur *(sont innombrables et ne dépendent que de l'élaboration des programmes correspondants et de la puissance de traitement disponible) (inf) (cf. aussi* application, computer program, processing power *et* artificial intelligence).

computer architecture organisation interne d'un ordinateur *(parf.* de l'ordinateur) *(nature, nombre et mode d'interconnexion des différents organes d'un ordinateur) (inf.) (cf. aussi* computer 2) *et* architecture).

computer-based ... 1) *cf.* computer-controlled ... 2) *cf.* computer-aided ...

computer board carte micro-ordinateur *(CP) (cf. aussi* microcomputer board).

computer bus bus d'ordinateur *(inf) (cf. aussi* bus (a1)).

computer card *cf.* computer board.

computer cataloguing *cf.* computer target cataloguing.

computer center centre de calcul *(inf) (cf. aussi* information center).

computer code code machine *(inf) (cf. aussi* machine code).

computer communications (la) téléinformatique *(autre nom, plus récent, du traitement d'informations à distance) (inf) (cf. aussi* remote processing *et* telematics).

computer community (la) communauté informatique *(ensemble des professionnels de l'informatique dans une zone géographique ou politique déterminée) (cf. aussi* data processing *et* computer world).

computer company société d'informatique *(au sens du terme anglais, société de construction d'ordinateurs) (cf. aussi* computer manufacturer).

computer-compatible utilisable en liaison avec un ordinateur, compatible avec un ordinateur *(appareil numérique ou système de gestion, de réservation, etc.) (inf).*

computer computation calcul sur ordinateur, calcul par ordinateur *(calcul effectué par un ordinateur) (cf. aussi* computation).

computer console pupitre d'opérateur *(pupitre de commande d'un ordinateur d'une certaine importance) (inf).*

computer control 1) commande par ordinateur, *(parf.)* gestion par ordinateur. 2) commande par calculateur *(appareil à bord d'un véhicule quelconque, machine) (inf).*

computer-controlled *voir* computer control *et* adapter.

computer-controlled machine-tool machine-outil à commande numérique *(cf. aussi* numerical control).

computer-controlled network réseau géré par ordinateur *(réseau de télécommunications ou autre) (cf. aussi* communications network).

computer-controlled receiver récepteur à calculateur, récepteur à microprocesseur *(récepteur de radionavigation ou d'écoute).*

computer course cours d'informatique *(enseignement) (cf. aussi* data processing).

computer crime vol informatique *(accès clandestin à des informations contenues dans la mémoire d'un ordinateur, notamment en vue d'en tirer un profit ou un avantage).*

computer criminal voleur informatique *(cf. aussi* computer crime).

computer data base banque de données (sur ordinateur) *(inf) (cf. aussi* data base).

computer department service informatique *(cf. aussi* data-processing department).

computer designer concepteur d'ordinateurs *(ingénieur électronicien spécialisé dans la conception des ordinateurs).*

computer-directed ... *cf.* computer-controlled ...

computer-drawn tracé par ordinateur *(dessin, courbe, etc.) (cf. aussi* computer-aided drafting).

computer-driven ... *cf.* computer-controlled ...

computer equipment matériel informatique *(cf. aussi* data-processing equipment).

computer expert (grand) spécialiste en informatique *(ou de* l'informatique).

computer expertise compétence en informatique.

computer facilities moyens informatiques *(cf. aussi* computing facilities *et* data-processing facilities).

computer facility installation informatique *(cf. aussi* data processing facility).

computer field (le) domaine de l'informatique *(cf. aussi* data processing field).

computer field service service après-vente du matériel informatique.

computer file fichier informatique, fichier sur ordinateur *(inf) (cf. aussi* file[1]).

computer firm *cf.* computer company.

computer-generated account compte établi par ordinateur *(comptabilité informatisée).*

computer-generated display présentation par ordinateur *(présentation d'informations sur un écran ou autre moyen sous la commande d'un ordinateur, ces informations pouvant être des images) (inf) (cf. aussi* information *et* computer-generated image).

computer-generated image image créée par ordinateur *(image formée sur un écran ou tracée par un traceur numérique sous l'action de signaux émis par un ordinateur, ces signaux pouvant être la représentation d'une image conservée dans la mémoire de l'appareil ou le résultat de traitements effectués par celui-ci) (cf. aussi* electronic map *et* digital plotter).

computer-generated imagery images créés par ordinateur *(cf. aussi* computer-generated image *et* imagery).

computer-generated graphics graphisme créé par ordinateur *(inf) (cf. aussi* graphics *et* computer graphics).

computer-generated list liste établie par ordinateur *(inf) (cf. aussi* listing).

computer-generated music musique créée par ordinateur *(inf) (cf. aussi* electronic music).

computer-generated program programme élaboré par ordinateur *(ou* établi ...) *(programme d'ordinateur élaboré par un ordinateur) (inf) (cf. aussi* automatic programming).

computer-generated sounds sons produits par ordinateur *(paroles ou musique produites sous la commande d'un ordinateur) (cf. aussi* computer-generated voice *et* computer-generated music).

computer-generated voice voix artificielle (produite par ordinateur) *(cf. aussi* synthesized speech).

computer generation 1) génération par ordinateur, *(etc.) (voir aussi les rubriques commençant par* computer-generated). 2) génération d'ordinateurs *(catégorie d'ordinateurs* *considérée en tant qu'étape dans l'évolution de ce type d'appareil d'après les composants utilisés, la structure adoptée et la puissance de traitement obtenue) (inf) (cf. aussi* first-generation computer, second-generation computer, third-generation computer, fourth-generation computer, fifth-generation computer, computer architecture *et* processing power).

computer-grade aluminium capacitor condensateur (électrolytique) à l'aluminium de qualité informatique *(cf. aussi* computer-grade electrolytic capacitor).

computer-grade capacitor *cf.* computer-grade electrolytic capacitor.

computer-grade electrolytic *cf.* computer-grade electrolytic capacitor.

computer-grade electrolytic capacitor condensateur électrolytique de qualité informatique *(condensateur de filtrage d'alimentation d'ordinateur) (la moindre coupure de courant d'alimentation d'un ordinateur risquant de faire perdre les informations contenues dans les mémoires volatiles, les condensateurs électrolytique du filtre de l'alimentation, qui constituent un point faible de tout appareil électronique alimenté par le secteur, doivent être de très haute qualité) (cf. aussi* electrolytic capacitor).

computer graphic capability possibilités graphiques de l'ordinateur *(aptitude de l'ordinateur à créer des dessins plus ou moins compliqués sur écran cathodique ou autre, traceur de courbes ou machine à dessiner) (inf) (cf. aussi* graphics *et* capability).

computer graphics informatique graphique, infographie *(tracé d'images par un ordinateur sur un écran ou sur papier) (le second terme, déposé par le constructeur de machines à dessiner Benson, est employé principalement pour les images tracées sur papier) (l'écran peut être celui de l'ordinateur ou celui d'un terminal plus ou moins éloigné ; le papier est celui d'une imprimante graphique ou d'un traceur numérique) (cf. aussi* computer-aided drafting, primitive, computer 2) *et* digital plotter).

computer hardware *cf.* computer equipment.

computer holography holographie par ordinateur *(obtention d'un hologramme par photographie d'une image produite par un traceur numérique commandé par un ordinateur calculant le noircissement de chaque point de l'image d'un objet réel ou imaginaire comme si cette image était un hologramme obtenu par la méthode holographique classique) (optique, inf) (cf. aussi* holography, computer 2) *et* digital plotter).

computer hobbyist amateur de micro-informatique, amateur de micro *(cf. aussi* microcomputing).

computer house *cf.* computer company.

computer image *cf.* computer-generated image.

computer image generation création d'images par ordinateur *(inf) (cf. aussi* computer-generated image).

computer image processing traitement d'images par ordinateur *(parf. des images ...) (inf) (cf. aussi* image enhancement).

computer imagery *cf.* computer-generated imagery.

computer imaging *cf.* computer image generation.

computer industry industrie des ordinateurs *(partie de l'industrie du matériel informatique s'occupant plus particulièrement des ordinateurs proprement dits) (cf. aussi* computer equipment *et* data-processing industry).

computer instruction instruction d'ordinateur *(inf) (cf. aussi* instruction).

computer intelligence intelligence de l'ordinateur, *(parf.)* intelligence artificielle *(inf) (cf. aussi* artificial intelligence).

computer journal revue d'informatique (de haut niveau) *(cf. aussi* computer magazine).

computer land pays de l'informatique *(nom donné au monde de l'informatique dans des expressions comme « au pays de l'informatique », qui ont un sens différent de « dans le monde de l'informatique » (cf. aussi* computer world).

computer language langage d'ordinateur *(nom parfois donné à un langage de programmation) (inf) (cf. aussi* programming language.

computer-limited lié à la vitesse de traitement *(parf. de calcul) (cas de traitement d'informations sur ordinateur dans lequel le temps de traitement proprement dit est plus grand que le temps d'introduction des données et de sortie des résultats) (inf) (cf. aussi* processing speed).

computer literacy connaissances en informatique.

computer-literate person personne qui connaît l'informatique.

computer magazine revue d'informatique (d'intérêt général) *(cf. aussi* computer journal).

computer maker *cf.* computer manufacturer.

computer man *cf.* computer professional.

computer-managed géré par ordinateur *(stock, système de réservation de places, etc.) (inf).*

computer manufacter constructeur d'ordinateurs *(inf).*

computer memory mémoire d'ordinateur *(mémoire numérique dans laquelle sont introduites des informations à traiter ou fournies par un ordinateur, ou tout ou partie d'un programme de traitement, ou les deux) (en d'autres termes, mémoire centrale ou mémoire auxiliaire d'ordinateur ou ensemble de ces mémoires, notamment dans le concept de mémoire virtuelle) (inf) (cf. aussi* main memory, auxiliary memory, virtual memory, digital memory *et* computer 2)).

computer model modèle pour ordinateur *(simulation) (cf. aussi* modelling).

computer modeling (USA) modélisation sur ordinateur *(simulation) (cf. aussi* modelling).

computer modelling (GB) *cf.* computer modeling.

computer monitoring surveillance par ordinateur *(processus industriel, etc.) (inf).*

computer net *cf.* computer network.

computer network réseau informatique *(ensemble d'ordinateurs reliés par un réseau de télécommunications pour permettre aux utilisateurs de l'un quelconque d'entre eux de communiquer avec les autres et de disposer des ressources de l'ensemble) (cf. aussi* local computer network, resources (a), computer 2) *et* communications network).

computer networking gestion de réseaux informatiques *(cf. aussi* computer network).

computer on a chip ordinateur sur une puce *(inf, CI) (cf. aussi* single-chip computer).

computer-operated ... *cf.* computer-controlled ...

computer operating mode mode d'exploitation d'un ordinateur *(parf. de l'ordinateur) (cf. aussi* uniprogramming, multiprogramming, multitasking, time sharing *et* computer 2)).

computer operating system système d'exploitation d'un ordinateur *(parf. de l'ordinateur) (inf) (cf. aussi* operating system).

computer operation *(cf. aussi* computer 2)) **1)** opération machine *(opération effectuée par un ordinateur) (cf. aussi* operation 4)). **2)** fonctionnement de l'ordinateur.

computer operator opérateur d'ordinateur *(ou sur ordinateur)*, pupitreur, opérateur *(agent chargé de faire fonctionner un ordinateur, c-à-d. notamment de mettre en place et retirer les supports d'informations, mettre l'appareil en marche, surveiller son fonctionnement et l'arrêter après le traitement ou en cas d'incident) (inf) (cf. aussi* computer 2)).

computer-oriented system système utilisable (en liaison) avec un ordinateur, *(parf.)* système informatisable.

computer output sortie d'ordinateur *(informations fournies par un ordinateur avec présentation par impression ou tracé sur papier, affichage sur écran cathodique ou, parfois, prononciation par haut-parleur) (inf) (cf. aussi* hard copy, soft copy, voice output *et* information).

computer output microfilm microfilm de sortie d'ordinateur *(microfilm obtenu par photographie d'un écran d'ordinateur conçu pour ce type de sortie des informations stockées notamment sur une bande magnétique) (inf).*

computer peripheral (un) périphérique d'ordinateur *(inf) (cf. aussi* peripheral device).

computer population parc d'ordinateurs *(ensemble des ordinateurs utilisés dans une société, un pays, etc.) (inf).*

computer power **1)** puissance de l'ordinateur *(parf. d'un ordinateur) (puissance de traitement de l'ordinateur en général ou, parfois, d'un ordinateur déterminé) (inf) (cf. aussi* computing power *et* processing power). **2)** *cf.* computing power.

computer-prepared établi par ordinateur *(document) (inf).*

computer processing traitement par ordinateur *(informations)*.

computer-produced *cf.* computer-prepared.

computer professional professionnel *sm* de l'informatique, informaticien.

computer program programme d'ordinateur, programme informatique *(suite d'opérations à effectuer par un ordinateur pour exécuter un traitement d'informations) (programme de traitement de textes, de gestion de fichiers ou de banque de données, de calcul, de comptabilité, de tracé de graphiques, de dessin, de simulation, de jeu, etc.) (inf) (cf. aussi* algorithm, source program, translator 3), machine code, auxiliary routine, main program, subroutine, routine, instruction, program memory, programming language *et* computer 2)).

computer routine *cf.* computer program.

computer run passage en machine *(nom donné à l'exécution de tout ou partie d'un programme d'ordinateur, notamment pour vérifier l'absence d'erreurs dans celui-ci) (inf) (cf. aussi* program bug).

computer science (l')informatique théorique *(l'informatique considérée sur le plan de ses principes théoriques, notamment de l'algèbre de Boobe, de la structure des ordinateurs et des langages de programmation) (cf. aussi* data processing, Boolean algebra, computer structure *et* programming language).

computer scientist théoricien de l'informatique *(cf. aussi* computer science).

computer simulation simulation sur ordinateur *(simulation dans laquelle les équations du modèle mathématique du processus à simuler sont résolues par un ordinateur) (simulation du fonctionnement d'un appareil ou système en projet, des causes d'une panne, du comportement d'une population d'individus ou d'objets, etc. sur un ordinateur) (inf) (cf. aussi* modeling, computer 2) *et* simulation).

computer software *cf.* software.

computer specialist spécialiste de l'informatique *(cf. aussi* computer expert).

computer storage 1) mémorisation dans une mémoire d'ordinateur *(cf. aussi* computer memory). 2) *cf.* computer memory.

computer storage device *cf.* computer memory.

computer storage unit *cf.* computer memory.

computer store 1) *cf.* computer memory. 2) boutique informatique *(magasin spécialisé dans la vente de matériel informatique et notamment de micro-ordinateurs, appareils périphériques associés et accessoires) (cf. aussi* microcomputer *et* peripheral device).

computer-stored data informations en mémoire *(banque de données, etc.) (inf.) (cf. aussi* data storage).

computer supplier *cf.* computer manufacturer.

computer system système informatique *(système formé d'un ou plusieurs ordinateurs et des appareils périphériques associés) (cf. aussi* computer 2) *et* peripheral device).

computer tape bande magnétique pour ordinateur, bande pour ordinateur *(inf) (cf. aussi* magnetic tape *et* tape drive 1)).

computer target cataloguing *cf.* computer target classification.

computer target classification classification des cibles par ordinateur *(mil) (cf. aussi* target classification).

computer technique méthode informatique *(méthode de résolution d'un problème avec utilisation d'un ordinateur) (cf. aussi* computer modeling).

computer technology (la) technique de l'ordinateur *(partie de l'informatique traitant de l'ordinateur lui-même, c-à-d. notamment de sa structure et des circuits logiques et, par voie de conséquence, des composants employés) (cf. aussi* computer 2), computer structure, logic circuit *et* technology).

computer terminal terminal d'ordinateur, terminal informatique, terminal *(appareil ou machine permettant de communiquer avec un ordinateur) (ce terme désigne souvent un terminal à écran, mais couvre aussi notamment une machine à écrire électrique, un téléimprimeur ou un poste téléphonique utilisé en liaison avec un ordinateur) (une imprimante proprement dite, une mémoire extérieure à lecture seule, un lecteur de cartes perforées, de bande perforées, de cartes magnétiques, ou de code à barres, par exemple, n'est pas un terminal, la*

communication étant implicitement bidirectionnelle) *(cf. aussi* display terminal, dumb terminal, intelligent terminal, man-machine communication, peripheral device *et* computer 2)).

computer time temps machine, heures machine *(temps de fonctionnement d'un ordinateur nécessaire pour traiter des informations déterminées) (inf)*.

computer-to-computer communications liaisons entre ordinateurs *(transmission de données) (cf. aussi* data communications).

computer typesetting composition sur ordinateur *(composition d'un texte analogue au traitement de textes avec mise en pages automatique ou non suivie de l'obtention d'un cliché par page de façon analogue à la sortie sur microfilm, mais à l'échelle 1, en vue de l'impression du texte) (imprimerie, inf) (cf. aussi* word processing, computer output microfilm *et* computer 2)).

computer unit organe d'ordinateur *(exemples: unité de calcul, unité de commande ou mémoire centrale d'un ordinateur ou partie d'un tel organe constituant elle-même un organe comme, par exemple, le décodeur d'instructions ou le séquenceur) (inf) (cf. aussi* computer 2)).

computer user utilisateur d'ordinateur(s).

computer utility centre informatique (public) *(cf. aussi* information center).

computer vendor *cf.* computer manufacturer.

computer vision vision artificielle *(robotique) (cf. aussi* robot vision).

computer world (le) monde de l'informatique *(ensemble formé par le domaine de l'informatique et la communauté informatique) (cf. aussi* computer field, computer community *et* computer land).

computerdom *cf.* computer world.

computere *s* jargon de l'informatique, jargon informatique.

computerizable informatisable, susceptible d'être confié(e) à un ordinateur *(cf. aussi* computerization).

computerization informatisation *(adaptation de tâches à leur exécution par un ou plusieurs ordinateurs) (informatisation de la comptabilité, de la gestion des stocks, de la prise en compte des commandes d'une entreprise, de la réservation de places, de la régulation d'un trafic de véhicules, etc.) (cf. aussi* integrated data processing *et* computer 2)).

computerize *v* informatiser, *(parf. aussi)* confier à un ordinateur *(cf. aussi* computerization).

computerized informatisé, *(etc.) (cf. aussi* computerize).

computerized simulation *cf.* computer simulation.

computerizing *cf.* computerization.

computing 1) (le) calcul *(notamment sur ordinateur), (parf.)* traitement *(cf. aussi* computation). 2) *cf.* data processing.

computing capability possibilités de calcul *(parf. au singulier) (calculatrice, etc.) (cf. aussi* computing power *et* capability).

computing center centre de calcul *(inf) (cf. aussi* information center).

computing circuit circuit de calcul *(nom parfois donné à un circuit logique) (inf) (cf. aussi* logic circuit).

computing circuitry circuits de calcul *(cf. aussi* computing circuit *et* circuitry).

computing engine *cf.* computing machine.

computing equipment *cf.* computer equipment.

computing facilities moyens de calcul *(nom souvent donné à des moyens informatiques pour rappeler leur fonction essentielle) (cf. aussi* computer facilities).

computing machine machine à calculer *(terme générique couvrant tous les appareils effectuant des calculs: machines mécaniques, machines électromécaniques et machines électroniques, c-à-d. ordinateurs) (inf) (cf. aussi* computer).

computing node nœud de traitement, nœud *(noms donnés notamment aux organes de traitement d'un ordinateur parallèle) (inf) (cf. aussi* processor 1) *et* parallel computer).

computing power puissance dc calcul *(nom donné à la puissance de traitement d'un ordinateur lorsqu'il s'agit de calculs) (inf) (cf. aussi* computer power 1)).

computing speed vitesse de calcul *(nom donné à la vitesse de traitement d'un ordinateur lorsqu'il s'agit de calculs) (inf) (cf. aussi* processing speed).

computing technique méthode de calcul *(inf, etc.)*.

computing technology (l')informatique (cf. aussi data processing et technology).

computing time cf. computation time.

Comsat (vient de « Communications Satellite Corporation ») (la) Comsat (société nationale américaine des télécommunications par satellites, membre de l'organisation internationale « Intelsat ») (cf. aussi communications satellite).

comsec cf. communications security.

concatenation enchaînement (d'opérations, etc.) (inf, etc.).

concealment countermeasures contre-mesures de camouflage (contre-mesures passives faisant appel à un moyen de masquage ou équivalent) (camouflage classique, émission d'un écran de fumée par une cible attaquée par un engin autoguidé, emploi de matière absorbantes antiradar ou antisonar, d'écrans cache-flamme, etc.) (mil) (cf. aussi radar camouflage, passive infrared countermeasures, smoke screen, acoustic camouflage, electronic silence et passive countermeasures).

concentrating processor concentrateur à microprocesseur (tél) (cf. aussi concentrator et microprocessor).

concentration 1) concentration (de lignes téléphoniques) (cf. aussi concentrator). 2) concentration (d'impuretés) (semi) (cf. aussi impurity concentration).

concentration gradient gradient de concentration (exemple: gradient de concentration d'impuretés dans une zone d'un cristal semiconducteur et notamment de chaque côté d'une jonction PN) (cf. aussi gradient, impurity concentration et abrupt junction).

concentrator concentrateur, concentrateur de lignes (téléphoniques) (type spécial d'autocommutateur téléphonique permettant de desservir un certain nombre de lignes d'abonnés à faible trafic à l'aide d'un nombre plus petit de lignes au départ du central) (cf. aussi blocking concentrator, non-blocking concentrator, rearrangeable concentrator et telephone switch).

concentric cable cf. coaxial cable.

concentric groove sillon central (disque) (cf. aussi locked groove).

concentric knobs boutons concentriques, boutons de commande (idem) (sur récepteur, oscilloscope, etc.).

concentric line cf. coaxial line.

concentric transmission line cf. coaxial line.

concentric turns-counting dial double cadran compte-tours (sur potentiomètre multitour double, etc.) (oscillo, etc.) (cf. aussi turns counting dial).

concurrency simultanéité (nom parfois donné au parallélisme en informatique pour rappeler la propriété qui en résulte) (cf. aussi parallelism).

concurrent computation cf. concurrent processing.

concurrent computer ordinateur simultané, machine simultanée (noms parfois donnés à un ordinateur parallèle) (inf) (cf. aussi parallel computer et concurrency).

concurrent computing cf. concurrent processing.

concurrent machine cf. concurrent computer.

concurrent processing traitement simultané (nom parfois donné au traitement parallèle pour rappeler la propriété qui en résulte) (inf) (cf. aussi parallel processing).

concurrent processor cf. concurrent computer.

condensed discharge décharge de condensateur (cf. aussi electric discharge et capacitor).

condenser cf. capacitor (de même pour les termes dérivés).

conditional branch branchement conditionnel (branchement soumis à une condition) (la condition peut être notamment le résultat de la comparaison de deux informations) (inf) (cf. aussi branch 3)).

conditional branch instruction instruction de branchement conditionnel (instruction de programme d'ordinateur commandant l'exécution d'un branchement conditionnel) (inf) (cf. aussi instruction et conditional branch).

conditional branch operation cf. conditional branch.

conditional branching cf. conditional branch.

conditional jump cf. conditional branch.

conditional skip cf. conditional branch.

conditional transfer cf. conditional branch.

conditioned line ligne conditionnée, ligne téléphonique

conditionnée (ligne téléphonique ayant subi des travaux de conditionnement) (tls) (cf. aussi line conditioning).

conditioning conditionnement (en électronique, préparation à un traitement ou à une fonction) (cf. aussi signal conditioning et line conditioning).

conductance conductance (inverse 1/R de la résistance, c-à-d. aptitude d'un conducteur à laisser passer un courant continu) (forme la partie réelle (au sens mathématique) de l'admittance et se mesure siemens) (cf. aussi siemens et admittance).

conducted emi cf. conducted interference.

conducted EMI cf. conducted inteference.

conducted interference parasites conduits (parasites transmis par la ligne d'alimentation d'un appareil électronique alimenté par une source extérieure de courant et notamment par le secteur) (cf. aussi power-line interference).

conducted leakage cf. conducted interference.

conducted noise cf. conducted interference.

conducting aera cf. conducting region.

conducting boundary paroi conductrice (guide d'ondes) (hyper) (cf. aussi waveguide).

conducting channel canal (conducteur) (TEC) (cf. aussi channel[1] 1) (a)).

conducting material corps conducteur, (etc.) (cf. aussi conductor et material).

conducting path chemin conducteur, chemin de conduction (gaz ionisé, etc.) (cf. aussi circuit).

conducting period période de conduction (transistor de commutation, etc.) (cf. aussi period et on-state).

conducting region zone conductrice, zone de conduction (semi).

conducting state état conducteur (transistor, etc.) (cf. aussi on-state).

conduction conduction (notamment de l'électricité) (cf. aussi unidirectional conduction, photoconduction, superconductivity, conductor et electrical property).

conduction angle angle de conduction (angle de phase dans lequel un thyristor est rendu conducteur à chaque alternance positive d'une tension alternative appliquée à ses bornes) (semi) (cf. aussi phase angle et silicon controlled rectifier).

conduction band bande de conduction (bande d'énergie dans laquelle les électrons peuvent se déplacer sous l'action d'un champ électrique) (est vide ou partiellement occupée) (solide) (cf. aussi energy band et electric field).

conduction by majority carriers conduction par les porteurs majoritaires (semi) (cf. aussi majority carrier).

conduction by minority carriers conduction par les porteurs minoritaires (semi) (cf. aussi minority carrier).

conduction current courant de conduction (courant électrique formé par le déplacement d'électrons dans un métal, ou d'électrons ou de trous, ou les deux, dans un semiconducteur, ou d'électrons et d'ions positifs dans un gaz ionisé) (en l'absence de précisions, le terme « courant » employé seul signifie toujours « courant de conduction ») (cf. aussi electron, hole 1), ion et electric current).

conduction electron électron de conduction (nom donné à un électron libre dans la théorie de la conduction électrique pour rappeler sa fonction) (cf. aussi free electron).

conduction loss pertes par effet Joule, pertes résistives (cf. aussi Joule effect (a)).

conduction pump pompe à conduction (pompe magnétohydrodynamique dans laquelle la création d'un courant électrique transversal dans la veine liquide ne fait appel qu'au phénomène de conduction électrique) (dans cette pompe, le courant transversal est créé par un champ électrique constant très intense produit par deux électrodes disposées de part et d'autre de la veine auxquelles est appliquée une tension continue élevée) (cf. aussi magnetohydrodynamic pump, electric field et field strength).

conduction time temps de conduction (intervalle de temps pendant lequel un transistor de commutation, un thyristor, un triac ou un autre dispositif de commutation est rendu conducteur par un signal approprié appliqué à son électrode de commande) (cf. aussi on-state).

conductive coating revêtement conducteur, couche conductrice *(à l'intérieur d'un tube cathodique, etc.) (cf. aussi* Aquadag coating).

conductive epoxy *cf.* conductive epoxy adhesive.

conductive epoxy adhesive colle époxy conductrice (de la chaleur) *(colle époxy contenant de la poudre métallique destinée à diminuer sa résistance thermique et faciliter ainsi le transfert de chaleur entre une puce ou un autre composant collé sur un substrat et celui-ci) (cf. aussi* thermal resistance *et* chip 1)).

conductive epoxy bond collure en colle époxy conductrice *(cf. aussi* conductive epoxy adhesive).

conductive epoxy bonding fixation par colle époxy conductrice, collage *(idem) (cf. aussi* conductive epoxy adhesive).

conductive gasket joint conducteur *(joint de guide d'ondes, métallique ou contenant de la poudre métallique pour assurer la continuité électrique de la paroi du guide et supprimer ainsi les pertes d'énergie par rayonnement) (hyper) (cf. aussi* waveguide gasket).

conductive ink pâte conductrice *(pâte à circuits composée de poudre de métaux bons conducteurs tels que le palladium-argent, le palladium-or ou le platine-or en proportion relativement grande, de verre fritté en poudre et d'un liant organique, utilisée pour réaliser des conducteurs) (CH) (cf. aussi* ink 2)).

conductive material matériau conducteur *(cf. aussi* conducting material).

conductive paste *cf.* conductive ink.

conductive pattern *cf.* conductor pattern.

conductive plastic plastique conducteur *(matière composée de poudre de carbone ou de métal, ou des deux, et d'une résine synthétique formant liant) (est utilisée comme élément résistant de potentiomètre, appelé « piste plastique ») (cf. aussi* potentiometer 1)).

conductive-plastic element *cf.* conductive-plastic resistance element.

conductive-plastic potentiometer potentiomètre à piste plastique *(cf. aussi* conductive plastic).

conductive-plastic resistance element piste plastique, piste en plastique (conducteur), élément résistant en plastique (conducteur) *(potentiomètre) (cf. aussi* conductive plastic).

conductivity 1) conductibilité *(en électricité, aptitude d'un corps à laisser passer un courant électrique) (sens qualitatif) (cf. aussi* conductance). 2) conductivité *(inverse de la résistivité) (sens quantitatif) (noter que l'on observe une tendance à employer le terme « conductivité » pour exprimer les deux notions) (cf. aussi* resistivity).

conductivity modulation modulation de la conductivité *(dans un semiconducteur, par variation de la densité des porteurs de charge) (cf. aussi* conductivity).

conductivity region zone de conductibilité *(semi) (cf. aussi* channel[1] 1) (a)).

conductor conducteur *sm (en électricité, corps ou élément de circuit dans lequel un courant continu peut circuler sans rencontrer de résistance appréciable grâce à la présence d'électrons libres) (cf. aussi* solid conductor, stranded conductor, superconductor, semiconductor, circuit element, dc current, resistance, free electron *et* insulator 1)).

conductor bundle faisceau de conducteurs *(formant l'essentiel d'un câble multiconducteur) (cf. aussi* multicore cable *et* wire bundle).

conductor deposition dépôt des conducteurs, formation des conducteurs (par dépôt) *(CH, CI) (cf. aussi* integrated circuit).

conductor layout disposition des conducteurs, *(parf.)* configuration du réseau de conducteurs *(CP, CH, CI, etc.)*.

conductor pattern réseau de conducteurs *(formé sur le substrat d'un circuit imprimé ou intégré) (cf. aussi* printed circuit *et* integrated circuit).

conductor patterning formation du réseau de conducteurs *(cf. aussi* conductor pattern).

conduit conduit de câbles *(cf. aussi* cable conduit).

cone membrane (conique) *(haut-parleur) (cf. aussi* loudspeaker diaphragm).

cone aerial *(GB) cf.* conical antenna.

cone antenna *cf.* conical antenna.

cone loudspeaker haut-parleur à cône, haut-parleur à membrane conique *(type classique) (cf. aussi* loudspeaker diaphragm).

cone of confusion zone d'incertitude *(zone conique située au-dessus d'une balise radio, dans laquelle le pilote d'un avion ne peut se fier aux indications du récepteur de navigation correspondant) (la partie centrale de cette zone est généralement occupée par la « zone de silence ») (cf. aussi* cone of silence *et* radio beacon).

cone of nulls *cf.* cone of silence.

cone of silence zone de silence *(zone conique située au-dessus d'une balise radio, dans laquelle les signaux émis par la balise ne sont pas reçus) (la zone de silence est beaucoup moins étendue que la zone d'incertitude) (radionav) (avia) (cf. aussi* cone of confusion).

cone resonance résonance de la membrane *(haut-parleur) (phénomène gênant) (cf. aussi* loudspeaker diaphragm).

conference call conférence par téléphone *(communication téléphonique établie entre trois postes ou plus) (cf. aussi* telephone call 1)).

conference capability possibilité de conférence *(poste tél) (cf. aussi* conference call *et* capability).

conference-type display indicateur radar (à écran) horizontal *(sur navire, etc.) (cf. aussi* radar display).

configuration 1) configuration, structure, constitution *(d'un circuit, etc.)*. 2) disposition *(des composants sur un circuit imprimé ou intégré)*. 3) montage *(cf. aussi* arrangement 1)).

conformal aerial *(GB) cf.* conformal array.

conformal antenna *cf.* conformal array.

conformal array antenne en forme *(antenne de radar à balayage électronique dont la forme épouse celle du fuselage ou de l'aile de l'aéronef, ou autre support, sur lequel elle est montée) (cf. aussi* phased array).

conformal-array radar radar à antenne en forme *(cf. aussi* conformal array).

conformal coating enrobage de faible épaisseur *(enrobage en plastique d'un composant, dont l'épaisseur est assez réduite pour que la forme du composant reste apparente) (cf. aussi* dip coating).

conformal ECM system système de contre-mesures rapporté *(système formé d'un ou plusieurs brouilleurs rapportés) (mil) (cf. aussi* paste-on jammer *et* ECM system).

conformal phased-array antenna *cf.* conformal array.

conformal radar *cf.* conformal-array radar.

confuse *v* leurrer, tromper *(l'adversaire, par l'emploi de leurres) (mil) (cf. aussi* decoy[1]).

confusion diversion, *(parf.)* confusion *(mil) (cf. aussi* deception).

confusion jamming brouillage de diversion *(mil) (cf. aussi* deception jamming).

confusion reflector leurre radar *(mil) (cf. aussi* chaff).

conical aerial *(GB) cf.* conical antenna.

conical antenna antenne conique *(antenne dont le ou les éléments rayonnants forment un cône) (cf. aussi* conical helix antenna, conical horn, umbrella antenna *et* antenna).

conical helix antenna antenne-hélice conique *(cf. aussi* helical antenna *et* conical antenna).

conical horn cornet conique *(antenne hyper) (cf. aussi* horn antenna).

conical horn antenna antenna à cornet conique *(hyper) (cf. aussi* horn antenna).

conical scan (un) balayage conique *(cf. aussi* conical scanning).

conical-scan aerial *(GB) cf.* conical-scan antenna.

conical-scan antenna antenne à balayage conique *(antenne de radar de poursuite émettant un faisceau d'ondes oblique tournant autour de l'axe de l'antenne pour engendrer une surface conique centrée sur cet axe afin d'augmenter la précision de la poursuite angulaire) (le faisceau oblique tournant est obtenu au moyen d'une source primaire constituée par un cornet excentré tournant autour de l'axe de l'antenne) (cette antenne peut être considérée comme le cas limite de l'antenne à commutation de lobes, les lobes successifs rapprochés formant la surface conique) (est utilisée en liaison avec un écran à présentation du type I) (cf. aussi* tracking radar antenna, angle tracking, primary radiator, lobe-switching antenna *et* I display (au début de la lettre I)).

conical-scan deception diversion du balayage conique, brouillage de (idem) (radar) (mil) (cf. aussi inverse-gain jamming).
conical-scan deception jamming cf. conical-scan deception.
conical-scan jamming cf. conical-scan deception.
conical-scan radar cf. conical-scan tracking radar.
conical-scan tracking poursuite avec balayage conique (radar) (cf. aussi conical-scan tracking radar).
conical-scan tracking radar radar de poursuite à balayage conique, radar à balayage conique, radar à scanning (anglicisme courant mais à éviter) (radar de poursuite équipé d'une antenne à balayage conique et d'un indicateur correspondant) (avia) (cf. aussi tracking radar et conical-scan antenna).
conical scanning (le) balayage conique (radar) (cf. aussi conical scan et conical-scan antenna).
conical-scanning ... cf. conical-scan ...
conical spiral antenna antenne spirale conique (antenne spirale formant un cône, dont l'angle au sommet est normalement plus grand que celui d'une antenne-hélice conique) (hyper) (cf. aussi spiral antenna et conical helix antenna).
conjugate branches branches conjuguées (paire de branches d'un réseau électrique dans laquelle l'application d'une tension aux bornes d'une des deux branches n'a pas pour résultat la circulation d'un courant dans l'autre branche) (cf. aussi network 1)).
conjugate impedance impédance conjuguée (impédance dont le module est égal à celui d'une autre impédance et l'argument est de signe opposé) (a une réactance inductive si la première impédance a une réactance capacitive, et vice versa) (cf. aussi impedance, modulus et argument).
conjunction conjonction (opération logique) (inf) (cf. aussi AND).
connect v (cf. aussi connection) 1) connecter, brancher, raccorder (un appareil, etc.). 2) monter (en série, en parallèle, en pont, en diviseur de tension, en rhéostat, etc.). 3) relier (deux composants, circuits ou appareils). 4) mettre en communication (deux postes téléphoniques ou autres).
connect in parallel v monter en parallèle (des résistances, etc.) (cf. aussi parallel arrangement).
connect in serie v monter en série (des résistances, etc.) (cf. aussi series arrangement).
connect to frame v connecter au châssis, mettre à la masse (cf. aussi ground[1] 1)).
connect to ground v mettre à la masse, (parf.) mettre à la terre (cf. aussi ground[1]).
connect up v raccorder (au secteur, à un appareil, etc.).
connected across ... monté(e) aux bornes de ... (condensateur, résistance, etc.) (cf. aussi across ...).
connected as a triode montée en triode (tétrode ou pentode) (cf. aussi triode).
connected in parallel (with) monté en parallèle (sur), monté en dérivation (sur) (composant, circuit) (cf. aussi parallel arrangement).
connected in series (with) monté en série (avec) (composant, circuit) (cf. aussi series arrangement).
connected load charge appliquée (à une source de courant) (cf. aussi current source).
connected to earth (GB) cf. connected to ground.
connected to frame connecté au châssis, mis à la masse (composant ou circuit d'un appareil) (cf. aussi ground[1] 1)).
connected to ground mis à la masse, (parf.) mis à la terre (composant, circuit, appareil) (cf. aussi ground[1] 1)).
connected-word recognition cf. continuous speech recognition.
connecting cf. connection 1).
connecting cable câble de liaison (ou de raccordement) (entre deux appareils, etc.) (cf. aussi cable (a)).
connecting cord cordon de branchement, cordon de raccordement, cordon de liaison.
connecting lead conducteur de connextion (cf. aussi connection 2) (b)).
connecting lug cosse (cf. aussi lug).
connecting plug fiche de raccordement (fiche banane ou autre montée au bout d'un cordon) (cf. aussi banana plug).
connecting strip barrette à connexions, barrette de connexion, barrette de raccordement, barrette relais (bar-

rette en matière isolante portant des cosses ou des picots pour le raccordement de conducteurs généralement soudés à l'étain après leur mise en place).
connecting tag languette de connexion (borne en forme de languette sur laquelle s'emboîte une cosse enfichable).
connecting wire fil de connexion (cf. aussi connection 2) (b) et wire[1] 1)).
connection 1) connexion, branchement, raccordement (action de relier deux ou plusieurs conducteurs ensemble, notamment un fil électrique et une borne, ou des conducteurs deux à deux) (voir aussi 2) ci-après) (cf. aussi wire[1] 1) et terminal 1)). 2) connexion (seulement) (a) contact permanent réalisé entre deux ou plusieurs conducteurs et notamment entre un fil électrique et une borne (cf. aussi solderless connection et soldered connection) ; (b) conducteur reliant deux bornes ou autres conducteurs) (cf. aussi integrated-circuit connection). 3) montage (cf. aussi arrangement 1), common-base connection, common-collector connection, common-emitter connection, common-gate connection, common-drain connection et common-source connection). 4) communication (téléphonique ou télégraphique) (tls) (cf. aussi telephone call 1) et telegraph connection). 5) mise en communication (de deux ou plusieurs abonnés à un servide de télécommunications) (cf. aussi exchange).
connection diagram schéma de branchement (d'un appareil).
connection to carth cf. connection to ground.
connection to frame connexion au châssis (fil ou tresse de masse).
connection to ground mise à la masse, (parf.) mise à la terre (cf. aussi ground[2]).
connector connecteur (a) dispositif de raccordement de câbles bifilaires, multiconducteurs, coaxiaux ou à fibre optique assimilable à une « prise de courant » perfectionnée, miniaturisée, souvent dotée d'un dispositif de verrouillage et pouvant comporter un grand nombre de contacts et être étanche) (un connecteur pour câble coaxial est également appelé « prise coaxiale »; un connecteur pour fibre optique ne comporte évidemment pas de contacts) (cf. aussi male connector, female connector, hermaphroditic connector, connector socket, printed-circuit connector, coaxial connector et fiber-optic connector); (b) type de commutateur de central téléphonique automatique).
connector base cf. connector socket.
connector contact contact de connecteur (cf. aussi contact (a) et connector (a)).
connector receptable 1) cf. connecteur socket. 2) connecteur femelle (cf. aussi female connector).
connector socket socle de connecteur (partie d'un connecteur prévue pour être montée sur un châssis ou sur la face avant d'un appareil et comportant en conséquence une embase munie de trous de fixation ou une partie filetée sur laquelle se visse un écrou de fixation de grand diamètre) (cf. aussi connector (a) et front panel).
conscan cf. conical scan.
conservation of space économie de place (mise en mémoire d'un programme d'ordinateur, etc.) (inf) (cf. aussi conserve space).
conservative field champ conservatif, champ irrotationnel (champ de forces dérivant d'un potentiel scalaire, c-à-d. créé par un tel potentiel) (en termes simples, champ de forces dans lequel les lignes de force ne s'enroulent pas en hélice) (théorie des champs) (cf. aussi force field, scalar potential et conservative flux).
conservative flux flux conservatif (dans un champ de forces, flux du vecteur force constant le long d'un tube de flux, la densité de flux augmentant lorsque l'aire de la section droite du tube diminue et vice versa) (en d'autres termes, flux dans un champ solénoïdal) (théorie des champs) (cf. aussi flux (b), force field, vector flux, flux tube, flux density et solenoidal field).
conservatively rated calculé largement, prévu largement, (parf. aussi) surabondant (composant, etc.) (cf. aussi derate).
conserve space v économiser de la place (dans une mémoire d'ordinateur, par une élaboration optimale du programme à y loger, etc.) (inf) (cf. aussi memory space).

Consol système Consol *(système de radionavigation destiné principalement à la navigation maritime).*

Consol beacon balise Consol *(radionav.) (cf. aussi* Consol).

console 1) pupitre *(de commande, etc.) (ne pas employer « console »).* 2) meuble *(récepteur TV, chaîne stéréo en meuble).*

console receiver récepteur en meuble *(TV, radio).*

constant[1] *a* constant, invariable.

constant[2] *s cf.* constant quantity.

constant-amplitude modulation modulation à amplitude constante *(nom parfois donné à la modulation de fréquence pour rappeler sa caractéristique essentielle) (cf. aussi* frequency modulation).

constant-amplitude recording gravure à amplitude constante *(gravure d'un disque dans laquelle l'amplitude de déplacement du burin graveur est constante, quelle que soit la fréquence des sons enregistrés) (cas général pour les disques monophoniques) (cf. aussi* recording disk).

constant angular velocity vitesse angulaire constante *(disque vidéo ou autre) (permet notamment l'arrêt sur image et l'accès à une image déterminée, chaque tour correspondant à une image) (cf. aussi* video disk).

constant area zone des constantes *(ou* réservée aux constantes) *(mémoire) (inf) (cf. aussi* constant memory).

constant current courant constant *(courant d'intensité constante) (cf. aussi* current).

constant-current characteristic caractéristique à courant constant *(cf. aussi* characteristic curve).

constant-current charging charge à courant constant *(charge d'un condensateur ou d'un accumulateur par un courant d'intensité constante) (cf. aussi* charging 1)).

constant-current generator *cf.* constant-current source.

constant-current mode mode à courant constant *(mode de fonctionnement d'une alimentation régulée en courant) (cf. aussi* constant-current power sypply).

constant-current modulation modulation à courant constant *(type de modulation d'amplitude employée dans certains émetteurs à tubes électroniques) (cf. aussi* amplitude modulation).

constant-current oscillator oscillateur à courant constant *(oscillateur se comportant comme une source à courant constant) (cf. aussi* oscillator *et* constant-current source).

constant-current power supply alimentation à courant constant *(alimentation régulée se comportant comme une source à courant constant) (cf. aussi* regulated power supply *et* constant-current source).

constant-current source source à courant constant, générateur à courant constant *(source de courant débitant un courant d'intensité constante en présence de variations de la charge, dans un intervalle limité de celles-ci) (alimentation régulée en courant ou dispositif se comportant de la même façon, notamment résistance montée en série avec une source de tension constante et la charge considérée) (cf. aussi* constant-current power supply *et* current source).

constant-current supply *cf.* constant-current power supply.

constant-current transformer transformateur à courant constant *(nom parfois donné à un transformateur saturable) (cf. aussi* saturable transformer).

constant-cycle operation fonctionnement à cycle constant *(fonctionnement cyclique d'un dispositif sans possibilité de faire varier la période du cycle) (ce terme désigne souvent le fonctionnement d'un calculateur synchrone) (cf. aussi* period, cycle *et* synchronous computer).

constant-delay discriminator discriminateur d'espace (d'impulsions) *(cf. aussi* pulse demoder).

constant delay line ligne à retard constant *(ligne à retard retardant à peu près également les différentes fréquences composant le signal appliqué à son entrée) (clpf) (cf. aussi* delay line).

constant failure rate period période à taux de défaillances constant, période utile, vie utile *(période de la vie d'un composant, appareil ou système pendant laquelle le taux de défaillance de celui-ci est à peu près constant) (cf. aussi* failure rate).

constant false-alarm rate taux de fausse alarme constant,

TFAC *(taux de fausse alarme d'un récepteur radar qui ne dépend pas du rapport signal/bruit à son entrée entre des limites déterminées de ce rapport) (mil) (cf. aussi* false-alarm rate *et* Dicke fix).

constant-gain mode mode à gain constant *(mode de fonctionnement d'un brouilleur de radars dans lequel le gain de la chaîne d'amplification ne varie pas) (mil) (cf. aussi* radar jammer).

constant-k filter filtre à k constant *(filtre formé d'un réseau en échelle à k constant) (cf. aussi* constant-k network *et* filter[1]).

constant-k network réseau à k constant *(réseau en échelle dans lequel le produit des impédances série par les impédances parallèles est indépendant de la fréquence du signal appliqué à l'entrée entre des limites déterminées de cette fréquence) (filtre) (cf. aussi* ladder network).

constant linear velocity vitesse linéaire constante *(disque vidéo ou autre) (permet de doubler approximativement la capacité du disque, mais ne permet pas l'arrêt sur image ni l'accès à une image déterminée, notamment) (cf. aussi* video disk).

constant-luminance transmission transmission à luminance constante *(transmission d'images de télévision en couleurs dans laquelle les signaux de chrominance n'influent pas sur le signal de luminance) (cette condition est nécessaire pour permettre la compatibilité directe et nécessite à son tour que l'information de luminance et les informations de chrominance soient transmises par deux porteuses distinctes) (cas général) (cf. aussi* chrominance signal, luminance signal, direct compatibility *et* color television).

constant memory mémoire des constantes *(partie de la mémoire d'une calculatrice électronique ou d'un ordinateur destinée à contenir des constantes à utiliser dans des calculs) (inf) (cf. aussi* constant area *et* computer memory).

constant-percentage bandwidth filter filtre à bande passante relative constante *(cf. aussi* bandwidth 2)).

constant power-output mode mode à puissance d'émission constante *(un des modes de fonctionnement d'un brouilleur multimode) (mil) (cf. aussi* multimode jammer).

constant quantity grandeur constante, (une) constante *(le second terme est le plus employé) (math, etc.) (cf. aussi* quantity 2)).

constant-velocity recording gravure à vitesse constante *(gravure d'un disque dans laquelle la vitesse de déplacement du burin graveur est constante, quelle que soit la fréquence des sons enregistrés) (cf. aussi* recording disk).

constant voltage tension constante *(tension de valeur constante) (cf. aussi* voltage).

constant-voltage constant-current power supply alimentation à tension et courant constants *(alimentation régulée fonctionnant à tension constante sur une charge à résistance relativement grande, et à courant constant sur une charge à résistance relativement faible) (cf. aussi* regulated power supply).

constant-voltage/constant-current supply *cf.* constant-current/constant-voltage power supply.

constant-voltage/current limiting power supply alimentation à tension constante et courant limité *(alimentation régulée fonctionnant à tension constante sur une charge à résistance relativement élevée, et à courant limité mais non constant, sur une charge à résistance relativement faible) (cf. aussi* regulated power supply).

constant-voltage/current-limiting supply *cf.* constant-voltage/current-limiting power supply.

constant-voltage mode mode à tension constante *(un des deux modes de fonctionnement possibles d'une alimentation régulée) (cf. aussi* constant-voltage power supply).

constant-voltage power supply alimentation à tension constante *(alimentation régulée dans laquelle la tension de sortie est maintenue à peu près constante malgré les variations de la charge, dans un intervalle limité de celles-ci) (clpf) (cf. aussi* regulated power supply).

constant-voltage source source à tension constante *(source de tension fournissant une tension de valeur constante entre des limites déterminées de l'intensité du courant débité) (alimentation régulée en tension ou dispositif se comportant de la même façon) (cf. aussi* constant-voltage power supply *et* current source).

constant-voltage supply *cf.* constant-voltage power supply.

constantan constantan *(alliage de cuivre et de nickel utilisé pour la fabrication de résistances bobinées de précision et dans certains thermocouples) (cf. aussi* precision wirewound resistor *et* thermocouple).

constructive interference interférence constructive *(interférence de deux ondes de même longueur et en phase, donc se renforçant mutuellement) (propagation par trajets multiples, interféromètre, etc.) (cf. aussi* wavelength, in phase, multipath propagation *et* wave interference).

consumed power puissance absorbée *(par un appareil, etc.) (cf. aussi* power consumption).

consumer electronic equipment matériel électronique grand public *(ou* de type grand public), matériel grand public *(matériel électronique destiné au grand public, c-à-d. non conçu pour un usage professionnel) (récepteurs ordinaires de radio et de télévision, magnétoscopes, talkie-walkies civils, chaînes électroacoustiques, calculatrices, etc. et partie électronique de certains appareils ménagers, jouets, appareils photographiques, caméras, etc. et composants utilisés pour ces fabrications) (cf. aussi* electronic equipment).

consumer electronics (l')électronique grand public *(matériel électronique grand public et activités qui s'y rattachent) (cf. aussi* consumer electronic equipment *et* electronics[1] (b)).

consumer electronics area *cf.* consumer electronics field.

consumer electronics company société de construction de matériel électronique grand public, société d'électronique grand public *(cf. aussi* consumer electronic equipment).

consumer electronics field domaine de l'électronique grand public, domaine grand public *(domaine d'activité industrielle, commerciale ou autre) (cf. aussi* consumer electronics).

consumer electronics firm *cf.* consumer electronics company.

consumer electronics house *cf.* consumer electronics company.

consumer electronics industry industrie de l'électronique grand public *(cf. aussi* consumer electronics).

consumer electronics maker *cf.* consumer electronics manufacturer.

consumer electronics manufacturer constructeur de matériel électronique grand public *(cf. aussi* consumer electronics).

consumer electronics market *(cf. aussi* consumer electronics) 1) marché de l'électronique grand public. 2) marché grand public de l'électronique *(terme à employer lorsque l'accent est mis sur « grand public »).*

consumer electronics producer *cf.* consumer electronics manufacturer.

consumer electronics supplier *cf.* consumer electronics manufacturer.

consumer electronics vendor *cf.* consumer electronis manufacturer.

consumer equipment *cf.* consumer electronic equipment.

consumer firm *cf.* consumer electronics firm.

consumer-grade component *cf.* consumer-grade electronic component.

consumer-grade electronic component composant grand public, composant électronique grand public, composant (électronique) de qualité grand public *(cf. aussi* consumer electronic equipment).

consumer item article grand public *(appareil, composant ou système électronique grand public) (cf. aussi* consumer electronic equipment).

consumer market marché grand public *(de l'électronique ou autre) (cf. aussi* consumer electronics).

consumer radio *cf.* consumer radio set.

consumer radio set poste de radio grand public, récepteur radio grand public *(cf. aussi* radio set).

consumer set poste grand public *(poste de radio ou de télévision) (cf. aussi* radio set *et* television set).

consumer television *cf.* broadcast television.

consumer television receiver récepteur de télévision grand public *(cf. aussi* television receiver).

consumer television set *cf.* consumer television receiver.

consumer TV *cf.* consumer television *(de même pour les termes dérivés).*

contact contact *(en électricité et techniques connexes)* (a) *pièce* ou zone en métal bon conducteur de l'électricité permettant d'assurer ou d'interrompre la continuité d'un circuit électrique, notamment en association avec une pièce identique ou équivalente) (contacts d'interrupteur, de relais, de connecteur, d'électrode de composant à semiconducteur, etc.) (cf. aussi* mating contacts, mated contacts, relay contact, contact window, emitter contact, base contact, collector contact, source contact, gate contact *et* drain contact ; (b) *état de deux conducteurs qui se touchent et notamment qualité de la continuité électrique qui en résulte : faire bon contact ou mauvais contact) (cf. aussi* contact resistance *et* conductor).

contact aligner *cf.* contact printer.

contac area aire de contact *(aire d'une surface de contact effectif ou non) (contact de relais, de connecteur, etc. ; connexion de composant à semiconducteur, etc.) (cf. aussi* contact).

contact arrangement disposition des contacts *(connecteur, relais, etc.) (cf. aussi* pinout).

contact bank banc de contacts, couronne de contacts, *(parf.)* rangée de contacts *(commutateur tél., etc.) (cf. aussi* stepping switch *et* Strowger system).

contact bounce rebondissement des contacts *(parf.* du contact) *(rebondissement d'un ou plusieurs contacts mobiles de relais ou de certains interrupteurs ou inverseurs lors de leur fermeture sous l'effet du choc et de l'élasticité des contacts fixes) (cf. aussi* contact (a) *et* clean switching).

contact bouncing *cf.* contact bounce.

contact chatter vibration des contacts *(relais) (cf. aussi* relay contact).

contact clearance *cf.* contact spacing.

contact closure fermeture des contacts *(parf.* du contact) *(relais, etc.).*

contact-closure control commande par fermeture d'un contact *(commande à distance d'un appareil ou autre matériel par un interrupteur ou un relais).*

contact configuration *cf.* contact arrangement.

contact dissolution dissolution des contacts *(connexions de circuit intégré) (cf. aussi* electromigration).

contact electromotive force force électromotrice de contact *(force électromotrice à laquelle est dû le potentiel de contact) (cf. aussi* electromotive force *et* contact potentiel).

contact emf *cf.* contact electromotive force.

contact EMF *cf.* contact electromotive force.

contact follow course après fermeture, accompagnement *(course de l'armature d'un relais après fermeture d'un contact de travail, ou course de celui-ci lorsque le contact fixe est monté sur une lame élastique) (cf. aussi* electromagnetic relay).

contact force force de contact *(force exercée par un contact mobile de relais ou autre dispositif sur le contact fixe correspondant, ou par un contact femelle de connecteur ou de support de composant enfichable sur la broche ou le contact mâle correspondant) (cf. aussi* contact pressure *et* contact (a)).

contact gap *cf.* contact spacing.

contact layout *cf.* contact arrangement.

contact life durée de vie des contacts *(nombre de cycles de fermeture et ouverture ou vice versa d'un jeu de contacts de relais ou autre avant détérioration par l'étincelle ou l'arc jaillissant principalement à l'ouverture) (cf. aussi* relay contact *et* break-induced current).

contact lithography gravure avec masque en contact, gravure en contact *(gravure dans laquelle le masque est franchement en contact avec la surface à sensibiliser) (fab. CI, semi) (cf. aussi* lithography *et* mask 2)).

contact making *cf.* contact closure.

contact-making galvanometer relais galvanométrique *(relais ultra-sensible) (cf. aussi* meter-type relay).

contact-making meter *cf.* contact-making galvanometer.

contact mask masque en contact *(fab. CI, semi) (cf. aussi* contact lithography).

contact-mask aligner *cf.* contact printer.

contact masking masquage avec contact *(fab. CI, semi) (cf. aussi* contact lithography).

contact material matériau pour contacts *(argent pur ou allié,* *platine, tungstène, cuivre, laiton, mercure, etc.) (cf. aussi* contact (a) *et* material).

contact microphone microphone à contact (direct) *(microphone maintenu directement en contact avec la source sonore) (laryngophone, etc.) (cf. aussi* laryngophone, lip microphone *et* microphone).

contact noise tension de bruit de contact *(tension parasite aux bornes d'un circuit due à des fluctuations de la résistance d'un contact monté en série dans le circuit) (cf. aussi* noise voltage *et* contact resistance).

contact overtravel *cf.* contact follow.

contact pad plage de contact *(CP, etc.) (cf. aussi* bonding pad).

contact photolithography *cf.* contact lithography.

contact pin broche de contact *(de conneteur, etc.) (cf. aussi* pin 1)).

contact piston *cf.* contact plunger.

contact plunger piston à contact *(piston coulissant dans un guide d'ondes en frottant contre la paroi de celui-ci) (hyper) (cf. aussi* plunger 2)).

contact point 1) point de contact *(point d'un conducteur, notamment d'un contact, ou se fait effectivement le contact avec un autre conducteur et notamment un autre contact) (cf. aussi* contact (b)). 2) *cf.* contact (a)). 3) contact de rupteur *(cf. aussi* breaker points).

contact potential potentiel de contact *(cf. aussi* Volta effect).

contact potential barrier barrière de potentiel de contact *(barrière de potentiel formée par le contact de deux corps conducteurs de nature différente) (cf. aussi* potential barrier).

contact potential difference différence de potentiel de contact *(cf. aussi* Volta effect).

contact pressure pression de contact *(force de contact par unité d'aire de contact effectif) (cf. aussi* contact force *et* contact area).

contact print system *cf.* contact printer.

contact printer graveur à masque en contact *(graveur de motifs dans lequel le masque est franchement en contact avec la surface à sensibiliser) (fab. CI, semi) (cf. aussi* printer 2) *et* mask 2).

contact printing *cf.* contact lithography.

contact rated to ... *cf.* contacts rated to ...

contact rating 1) pouvoir de coupure *(d'un jeu de contacts) (cf. aussi* breaking capacity). 2) pouvoir de fermeture *(d'un jeu de contacts) (cf. aussi* making capacity). 3) courant admissible *(intensité maximale admissible en service continu pour les contacts d'un connecteur) (cf. aussi* connector (a)).

contact rectifier redresseur sec *(cf. aussi* metal rectifier).

contact release ouverture des contacts *(relais) (cf. aussi* relay contact).

contact resistance resistance de contact *(résistance électrique au point de contact de deux conducteurs et notamment de deux contacts) (est due au fait que le contact ne se fait en réalité que par quelques points des surfaces en contact, et souvent à la présence d'un oxyde isolant sur celles-ci) (contacts de relais, d'interrupteur, de connecteur, etc., curseur de potentiomètre) (cf. aussi* resistance, contact (a) *et* silver).

contact socket alvéole de contact *(contact femelle de connecteur) (cf. aussi* female connector).

contact spacing écartement des contacts, distance entre contacts *(relais, etc.).

contact spring lame de contact, lamelle de contact *(selon les dimensions de la section droite de celle-ci) (lame ou lamelle élastique dont une extrémité, ou chaque extrémité, constitue ou porte un contact) (relais, frotteur, curseur, etc.) (cf. aussi* contact (a)).

contact sticking collage des contacts *(défaut d'ouverture d'un jeu de contacts de relais ou autres due à une soudure produite entre les surfaces en contact par un arc ayant jailli entre elles lors de la fermeture précédente) (cf. aussi* relay contact *et* making capacity).

contact style 1) *cf.* contact arrangement. 2) *cf.* contact termination style.

contact system 1) système de contacts *(commutateur, relais, etc.).* 2) *cf.* contact printer.

contact termination style forme de queue de contact *(connecteur) (cf. aussi* connector (a)).

contact voltmeter relais galvanométrique *(cf. aussi* meter-type relay).

contact window fenêtre de contact *(fenêtre pratiquée dans l'oxyde d'un composant à semiconducteur pour pouvoir métalliser la surface sous-jacente aux fins de connexion ou d'interconnexion) (fab. CI, semi) (cf. aussi* oxide window, bonding pad *et* metallization (a)).

contact wipe frottement des contacts *(mouvement de translation éventuel de la portée d'un contact mobile par rapport à la portée d'un contact fixe correspondant) (interrupteur, commutateur, relais, etc.) (cf. aussi* wiping contact).

contacts rated to N amperes contacts admettant n ampères *(relais, interrupteur, connecteur, etc.).*

contending *a* en conflit *(cf. aussi* contention).

content-addressable memory mémoire adressable par le contenu *(inf) (cf. aussi* associative memory).

content-addressed storage *cf.* content-addressable memory.

contention conflit d'accès, conflit *(situation dans laquelle deux ou plusieurs organes d'un ordinateur ou appareils informatiques tentent simultanément d'avoir accès à un organe ou un circuit commun accessible à tour de rôle) (cf. aussi* bus contention, line contention, memory contention *et* arbitration).

contiguous-disk bubble memory mémoire à bulles (magnétiques) à disques contigus *(cf. aussi* contiguous-disk propagation structure).

contiguous-disk device *cf.* contiguous-disk bubble memory.

contiguous-disk memory *cf.* contiguous-disk bubble memory.

contiguous-disk propagation structure structure de propagation à disques contigus *(structure de propagation d'une mémoire à bulles, dont les éléments sont des disques successifs qui se touchent) (en réalité, les disques employés à l'origine ont fait place à des carrés, des losanges ou, plus récemment, des triangles dont la forme exploite mieux les caractéristiques triaxiales de la couche supérieure du substrat de grenat) (cf. aussi* propagation structure).

contiguous-disk technology (la) technique des disques contigus *(mémoire à bulles) (cf. aussi* continuous-disk propagation structure *et* technology).

continental drift déformation radiale *(d'une plaquette à gravure circulaire) (cf. aussi* wafer 2)).

continuity continuité (électrique) *(absence de coupure dans un circuit électrique ou une partie de circuit) (cf. aussi* continuity tester).

continuity pilot tone onde pilote de continuité *(onde pilote servant à faciliter le contrôle de la continuité de la liaison) (faisceau hz) (cf. aussi* pilot tone 1)).

continuity test (un) essai de continuité *(cf. aussi* continuity tester).

continuity tester contrôleur de continuité, sonnette *(ohmmètre de faible précision ou montage à pile et lampe ou vibreur servant à contrôler la continuité des circuits électriques) (cf. aussi* continuity *et* ohmmeter).

continuity testing (l')essai de continuité *(cf. aussi* continuity tester).

continuity tone *cf.* continuity pilot tone.

continuous action action continue, action progressive, compensation *(idem) (mode de compensation d'un régulateur dans lequel la correction de l'écart est réalisée de façon progressive) (asser) (cf. aussi* proportional action, derivative action, integral action, compound action *et* control action).

continuous adjustment réglage continu, *(souvent aussi)* réglage progressif *(d'une tension, fréquence, résistance, etc.) (cf. aussi* adjustment 1)).

continuous adjustment between steps réglage continu entre positions successives *(d'un commutateur).

continuous beam faisceau continu, faisceau à émission continue, faisceau émis en continu *(tube cath, laser, etc.) (cf. aussi* beam[1]).

continuous-beam operation fonctionnement en émission continue, fonctionnement en mode *(ou* en régime) d'émission continue *(cf. aussi* continuous beam).

continuous carrier porteuse continue, porteuse non interrompue *(tls) (cf. aussi* carrier 1)).

continuous commercial service (pour) service commercial

continu *(classification des tubes électroniques et autres composants utilisés pour la radiodiffusion sonore ou visuelle)*.

continuous component composante continue *(cf. aussi* de component).

continuous control 1) commande continue. 2) *cf.* continuous action.

continuous current 1) courant continu *(cf. aussi* dc current, *le premier terme étant rarement employé avec cette acceptation)*. 2) courant non pulsé *(courant continu ou alternatif ininterrompu) (cf. aussi* ac current).

continuous dash trait continu *(tlg)*.

continuous duty service continu, *(parf.)* pour service continu *(service ininterrompu d'un matériel) (cf. aussi* duty).

continuous-duty rating puissance admissible en service continu *(cf. aussi* rated power *et* continuous duty).

continuous-duty service *cf.* continuous duty.

continuous electron beam faisceau d'électrons continu, faisceau d'électrons non pulsé *(cf. aussi* electron beam).

continuous film scanner télécinéma à défilement continu *(du film transmis sur les ondes) (studio TV) (cf. aussi* flying-spot scanner).

continuous form papier en continu *(bande de papier pour imprimante, généralement pliée en accordéon) (inf) (cf. aussi* fan-folded paper).

continuous frequency spectrum spectre de fréquence continu *(spectre de la lumière notamment) (cf. aussi* frequency spectrum (a) *et* continuous spectrum).

continuous laser laser continu, laser à émission continue, laser à faisceau continu, laser non pulsé *(cf. aussi* laser).

continuous laser action effet laser continu *(émission d'un faisceau laser continu) (cf. aussi* laser action).

continuous laser beam faisceau laser continu, faisceau de laser à émission continue, faisceau laser non pulsé *(cf. aussi* laser beam).

continuous load *(cf. aussi* load¹ (a)) 1) charge continue *(charge non pulsatoire)*. 2) charge admissible en régime continu *(alim, etc.) (cf. aussi* continuous rating). 3) *cf.* continuous loading.

continuous loading charge continue, charge répartie, *(parf.)* krarupisation *(charge d'un câble téléphonique répartie sur toute la longueur du câble) (cf. aussi* continuously loaded cable.

continuous operation fonctionnement continu *(ou* sans interruption)*.

continuous oscillation oscillation entretenue *(cf. aussi* sustained oscillation).

continuous output power puissance fournie en service continu *(ampli BF, etc.) (cf. aussi* power¹ 1) *et* continuous duty).

continuous-phase frequency-shift keying *cf.* CPFSK.

continuous-phase FSK *cf.* CPFSK.

continuous power *cf.* continuous output power.

continuous power spectrum spectre de puissance continu *(spectre d'un bruit blanc, etc.) (signal) (cf. aussi* power spectrum, continuous spectrum *et* white noise).

continuous rating *cf.* continuous-duty rating.

continuous recorder enregistreur continu *(enregistreur enregistrant sur un support à défilement à déplacement rectiligne, dont la longueur peut théoriquement être illimitée) (terme générique et définition couvrant l'enregistreur graphique à défilement et l'enregistreur à bande ou fil magnétique) (cf. aussi* strip-chart recorder, magnetic-tape recorder, magnetic-wire recorder, moving medium *et* recorder).

continuous recording (l')enregistrement continu *(enregistrement pouvant théoriquement être effectué sans interruption pendant un temps illimité) (cf. aussi* continuous recorder).

continuous reverse voltage tension inverse en service continu *(diode) (cf. aussi* reverse voltage *et* continuous duty).

continuous ringing appel continu, appel par sonnerie continue *(tél, etc.) (cf. aussi* telephone ringing).

continuous ringing bell sonnerie continue *(cf. aussi* continuous ringing).

continuous scanning balayage sans entrelacement *(TV) (cf. aussi* progressive scanning).

continuous signal signal continu *(signal constitué par une onde entretenue) (radionav, etc.) (cf. aussi* signal¹ *et* continuous wave).

continuous spectrum spectre continu *(spectre dont toutes les raies se touchent et sont, par conséquent, indiscernables) (cf. aussi* continuous frequency spectrum, continuous power spectrum *et* spectrum 1)).

continuous speech recognition reconnaissance de la parole continue, reconnaissance des mots liés *(reconnaissance, par un ordinateur, des phrases dites normalement, c-à-d. sans s'arrêter après chaque mot) (est très difficile) (reconnaissance de la parole) (cf. aussi* speech recognition).

continuous-tape relay méthode de la bande continue, procédé *(idem) (méthode de la bande perforée dans laquelle la bande sortant d'un récepteur passe directement dans un transmetteur automatique associé à celui-ci et pouvant être connecté à n'importe quelle ligne sortante du central) (tlg) (cf. aussi* tape relay).

continuous tone tonalité continue, son continu *(radionav, etc.) (cf. aussi* tone 3 (b)).

continuous tuning accord continu, accord à réglage continu *(oscillateur, récepteur) (cf. aussi* tuning *et* adjustment 1)).

continuous wave onde entretenue *(onde périodique dont l'amplitude et la période sont maintenues constantes) (est donc une onde sinusoïdale et sert souvent de porteuse) (cf. aussi* periodic wave, sine wave *et* carrier 1)).

continuous-wave ... *cf.* CW ...

continuously adjustable à réglage continu, réglable de façon continue *(fréquence, atténuation, etc.) (cf. aussi* adjustment 1)).

continuously loaded cable câble à charge continue, câble krarupisé *(câble téléphonique à grande distance dans lequel un fil ou un ruban de fer doux est enroulé à spires jointives autour de chaque conducteur de cuivre pour charger les circuits) (a cédé la place au câble à charge discontinue) (cf. aussi* continuous loading *et* loaded cable).

continuously rated pour service continu, pour fonctionnement en service continu *(cf. aussi* continuous-duty rating).

continuously rated current intensité nominale en service continu *(alim., etc.) (cf. aussi* rated current *et* continuous duty).

continuously rated voltage tension nominale en service continu *(condensateur, etc.) (cf. aussi* rated voltage, continuous duty *et* working voltage 1)).

continuously tunable oscillator oscillateur à accord continu *(ou* accordable en continu *ou* de façon continue) *(cf. aussi* oscillator *et* tuning).

continuously variable à variation continue, variable de façon continue, continûment variable *(tension, fréquence, résistance, etc.)*.

continuously variable attenuator atténuateur à variation continue, atténuateur variable *(idem) (atténuateur hyperfréquence dans lequel l'atténuation peut être réglée de façon continue par déplacement d'un ou deux éléments dissipatifs) (hyper) (cf. aussi* variable attenuator *et* dissipative element).

continuously variable marker marqueur à réglage continu *(analyseur, etc.) (cf. aussi* marker 1) (a)).

continuously-variable-slope delta modulator modulateur delta à pente variable en continu *(émetteur) (cf. aussi* delta modulation).

continuously variable transformer transformateur à réglage progressif *(transformateur à rapport variable de façon continue) (cf. aussi* variable transformer).

contoured beam faisceau mis en forme, faisceau mis au contour *(faisceau d'ondes émis par une antenne multisource de satellite de télécommunications à couverture régionale dont la section droite normalement circulaire est déformée volontairement par un choix approprié de la loi de phase et d'amplitude d'alimentation des différentes sources primaires pour obtenir un diagramme de couverture au sol épousant approximativement la forme de la zone à couvrir en respectant les territoires limitrophes) (ne pas employer « faisceau contouré ») (cf. aussi* spill-over 2), communications satellite *et* primary radiator).

contrarotating circularly-polarized ... *cf.* cross-polarized ...

contrast *s* contraste *(rapport entre la luminosité des zones les plus claires d'une image de télévision ou autre et celle des zones les plus foncées, ou entre la luminosité d'un afficheur et l'intensité de l'éclairage ambiant)*.

contrast adjustment réglage du contraste *(cf. aussi* contrast *et* adjustment).

contrast control commande de contraste, bouton de réglage du contraste *(récepteur TV) (cf. aussi* contrast).

contrast enhancement accentuation du contraste, augmentation du contraste *(cf. aussi* contrast).

contrast expansion *cf.* contrast enhancement.

contrast range plage de variation du contraste *(cf. aussi* contrast).

contrast ratio *cf.* contrast.

contrast seeker autodirecteur optique *(mil) (cf. aussi* optical seeker).

contrast tracker *cf.* contrast seeker.

control[1] s *(ne pas traduire par « contrôle », sauf pour « quality control ») (au sujet de cet anglicisme que l'on rencontre partout, il convient de rappeler que la commande d'une action s'exerce avant celle-ci, tandis que le contrôle de son résultat s'exerce après ; la confusion entre les deux termes est donc inexcusable pour celui qui prétend connaître les deux langues)* 1) action d'agir sur quelque chose *(sens fondamental)*. 2) commande, pilotage *(cf. aussi* open-loop control *et* closed-loop control). 3) réglage *(effectué en permanence) (cf. aussi* adjustment). 4) dosage *(au sens de 3))*. 5) asservissement *(cf. aussi* closed-loop control). 6) régulation *(cf. aussi* regulation). 7) direction, régie, gestion. 8) maîtrise. 9) limitation, action de limiter. 10) moyen d'action.

control[2] s commande, organe de commande *(levier, bouton ou autre organe commandant un dispositif tel que notamment un potentiomètre ou un condensateur variable en électronique, ou ce dispositif lui-même) (cf. aussi* control[1]).

control[3] v *(ne pas traduire par « contrôler »)* 1) agir sur ..., exercer une action sur ... *(sens fondamental)*. 2) commander, piloter. 3) régler. 4) doser. 5) asservir. 6) réguler, régulariser. 7) diriger, régir, gérer ; coiffer *(une filiale, etc.)*. 8) maîtriser, avoir la maîtrise de ..., être maître de ... 9) limiter.

control accuracy 1) précision de commande. 2) précision d'asservissement *(cf. aussi* closed-loop control).

control action action (de régulation), compensation (de l'écart) *(mode d'annulation de l'écart dans un régulateur) (asser) (cf. aussi* on/off action, continuous action, step-by-step action, deviation 1) *et* regulator).

control adjustment retouche des réglages *(appareil) (cf. aussi* adjustment 1)).

control applications applications à la commande *(applications d'un composant, circuit ou appareil dans lesquelles celui-ci sert à commander le fonctionnement d'un composant, circuit ou appareil) (exemples : utilisation d'un triac pour régler la vitesse d'une perceuse électrique, utilisation d'un microprocesseur pour commander le fonctionnement d'une machine à laver à la place du programmateur électromécanique classique) (cf. aussi* control[1] *et* application).

control bay *cf.* control rack. *(ne pas employer « baie »)*.

control bit binaire de commande *(binaire constituant un signal de commande) (peut être un signal en soi ou faire partie d'un mot de commande) (tls, inf) (cf. aussi* START bit, STOP bit, bit, control signal *et* control word).

control box boîte de commande *(coffret portant les organes de commande d'un appareil ou système généralement situé à une certaine distance) (cf. aussi* control[2] *et* control unit (b)).

control bus bus de commande *(bus d'ordinateur reliant l'unité de commande à l'unité arithmétique et logique pour transmettre les signaux commandant l'exécution des opérations par celle-ci) (inf) (cf. aussi* bus (a1), control unit (a) *et* arithmetic-and-logic unit).

control cabinet coffret de commande, *(parf.)* armoire de commande *(coffret ou armoire contenant des organes de commande électrique ou autre d'une machine ou autre matériel)*.

control capability possibilités de commande *(parf. au singulier) (appareil à microprocesseur, etc.) (cf. aussi* capability).

control character caractère de commande *(caractère binaire constituant un signal de commande, notamment dans une liaison informatique) (cf. aussi* transmission control character, binary character *et* control signal).

control characteristic caractéristique de commande *(courbe*

représentant la tension d'amorçage d'un thyratron en fonction de la tension négative de la grille) (fait apparaître que plus la grille est négative, plus la tension de l'anode doit être élevée pour que le thyratron s'amorce) (tube) (cf. aussi thyratron *et* characteristic curve).

control chip puce de commande *(puce de circuit intégré remplissant une fonction de commande et notamment puce de mémoire de commande) (cf. aussi* chip 1) *et* control memory).

control circuit 1) circuit de commande *(circuit dans lequel circule le courant commandant le fonctionnement d'un appareil ou dispositif)*. 2) circuit d'asservissement, *(parf.)* circuit de régulation *(cf. aussi* closed-loop control).

control circuitry circuits de commande *(cf. aussi* control circuit 1) *et* circuitry).

control code code de commande *(suite de caractères alphanumériques transmis notamment à une imprimante pour lui faire exécuter une fonction particulière) (exemple : code de passage en italique, etc.) (cf. aussi* alphanumeric characters *et* printer 1)).

control computer calculateur pilote, *(souvent aussi)* régisseur de processus *(inf) (ordinateur commandant le fonctionnement d'un ensemble complexe) (cf. aussi* controller 1)).

control console pupitre de commande *(pupitre portant des commandes et souvent des appareils de contrôle) (ne pas employer « console de commande ») (cf. aussi* control[2]).

control counter compteur d'instructions *(inf) (cf. aussi* program counter).

control current *(parf.* intensité du) courant de commande *(cf. aussi* control circuit 1)).

control data ordres, *(parf.)* grandeurs de commande, *(parf.)* paramètres.

control electrode électrode de commande *(électrode d'un dispositif à électrodes à laquelle est appliqué un signal de commande ou un signal à traiter) (la première grille dans un tube électronique classique, la base dans un transistor bipolaire, la grille dans un transistor à effet de champ, la gâchette dans un thyristor, le wehnelt dans un tube cathodique, etc.) (cf. aussi* electrode, control grid, base 3) *et* gate 2) *et* 3)).

control electronics (l')électronique de commande *(électronique commandant le fonctionnement d'un appareil ou autre matériel) (cf. aussi* electronics[1] (c)).

control element élément d'asservissement *(actionneur ou autre dispositif agissant sur la grandeur de sortie dans un système asservi) (cf. aussi* actuator *et* output quantity).

control engineering *cf.* control system engineering.

control equipment appareils de commande, appareillage de commande.

control gate grille de commande *(au sens du terme anglais, électrode de commande située au-dessus de la grille flottante isolée dans un transistor FAMOS ou de type dérivé et modifiant le potentiel de celle-ci par effet capacitif) (CI) (cf. aussi* FAMOS).

control grid 1) grille de commande *(grille à laquelle est normalement appliqué le signal dans un tube électronique à plusieurs électrodes) (est l'électrode la plus proche de la cathode) (est polarisée négativement et suffisamment par rapport à la cathode en l'absence de signal pour repousser la majeure partie des électrons émis par celle-ci) (l'application du signal à la grille fait varier sa polarisation au point de repos et module ainsi l'intensité du flux d'électrons qui atteint l'anode, et par conséquent, l'intensité du courant anodique) (cf. aussi* triode action *et* negative bias). 2) wehnelt *(du nom de l'inventeur) (électrode en forme de godet percé d'un trou au fond, dans lequel passe le faisceau d'électrons émis par la cathode du canon à électrons d'un tube cathodique et à laquelle une tension normalement négative par rapport à la cathode est appliquée pour régler l'intensité du faisceau et, par conséquent, la brillance du point lumineux formé sur l'écran) (cf. aussi* electron gun).

control in azimuth commande en azimut, *(parf.)* pointage en azimut *(antenne de radar, antenne au sol de télécommunications par satellite, radiotélescope) (cf. aussi* azimuth).

control in elevation commande en site, *(parf.)* pointage en site *(antenne directive) (cf. aussi* control in azimuth *et* elevation).

control knob bouton de commande, *(parf.)* bouton de réglage *(sur un appareil).*

control line ligne de commande *(conducteur transmettant des signaux de commande) (mémoire, etc.) (en informatique, sdpo à « ligne de données ») (cf. aussi* control signal *et* data line).

control logic logique de commande *(logique assurant la commande d'un processus)* (a) *suite d'opérations logiques à exécuter à cette fin) (cf. aussi* logic operation) ; (b) *circuits logiques exécutant ces opérations) (cette seconde acceptation du terme anglais est la plus fréquente) (inf) (cf. aussi* logic (b)).

control loop 1) boucle d'asservissement *(cf. aussi* feedback loop 2)). 2) *cf.* control tape 2).

control memory mémoire de commande *(mémoire ROM ou dérivée contenant un microprogramme dans un ordinateur microprogrammé) (ne pas employer « mémoire de contrôle ») (CI) (inf) (cf. aussi* writable control store, ROM *et* microprogram).

control mode mode de commande *(un des modes de fonctionnement de certains appareils ou dispositifs).*

control output *cf.* control signal.

control panel 1) tableau de commande, *(parf.)* platine de commande. 2) tableau de connexions *(inf) (cf. aussi* plugboard).

control pin broche de commande *(broche d'un circuit intégré ou autre composant à laquelle est appliquée un signal de commande) (cf. aussi* pin 1) *et* control signal).

control point point de consigne *(asser) (cf. aussi* set point).

control potentiometer potentiomètre de réglage *(potentiomètre classique, c-à-d. muni d'un axe dépassant pour recevoir un bouton de commande) (cf. aussi* potentiometer 1)).

control pulse impulsion de commande *(impulsion constituant un signal de commande) (relais pas-à-pas, etc.) (cf. aussi* pulse[1] *et* control signal).

control quantity grandeur réglante *(nom donné à la grandeur d'entrée dans un système de régulation) (asser) (cf. aussi* input quantity *et* regulation system).

control rack bâti de commande *(bâti contenant des circuits et organes de commande) (cf. aussi* rack).

control range plage de régulation *(intervalle des valeurs que la grandeur d'entrée d'un système de régulation peut prendre sans que la grandeur de sortie s'écarte du point de consigne au-delà des tolérances admises) (cf. aussi* regulation, input quantity *et* output quantity).

control read-only memory *cf.* control ROM.

control register *cf.* control counter.

control relay relais de commande *(relais dont les contacts sont insérés dans un circuit de commande) (cf. aussi* relay[1] (a) *et* control circuit).

control ROM mémoire ROM de commande, mémoire morte de commande, mémoire CROM *(mémoire ROM utilisée comme mémoire de commande) (CI) (cf. aussi* control memory).

control room 1) salle de commande *(local d'où est commandé au moins un processus).* 2) régie *(local dans lequel est assurée la direction technique d'une émission de radiodiffusion sonore ou visuelle) (cf. aussi* television control room).

control section partie commande *(partie d'un appareil ou système assurant la commande de celui-ci ou d'un processus extérieur) (dans un ordinateur, cette partie est généralement appelée « unité de commande ») (cf. aussi* control unit (a)).

control sequence séquence de commande *(suite des opérations commandant le déroulement d'un processus, ou signaux correspondants).*

control setting réglage, position de la commande, position du bouton *(s'il s'agit d'une commande par bouton) (appareil, etc.) (cf. aussi* setting *et* control[2]).

control settings réglages, position des commandes, position des boutons *(cf. aussi* control setting).

control signal signal de commande *(signal déclenchant ou modifiant le fonctionnement d'un appareil ou autre matériel) (cf. aussi* signal[1]).

control stage étage de commande *(cf. aussi* driver 1)).

control store *cf.* control memory.

control structure structure de commande *(nom donné à la stratégie de raisonnement adoptée dans un moteur d'inférence pour résoudre un problème) (système expert) (inf) (cf. aussi* IF-THEN rule *et* inference engine).

control synchro *cf.* control transformer.

control system système de commande, *(souvent)* système asservi, *(en aérospatial notamment, parf.)* système de pilotage *(système permettant d'agir sur la valeur d'une grandeur géométrique, mécanique, électrique ou autre, avec ou sans asservissement) (cf. aussi* open-loop control system, closed-loop control system *et* control system theory).

control system area *cf.* control system field.

control system engineering (la) technique des systèmes asservis *(cf. aussi* closed-loop control system).

control system field domaine des systèmes asservis *(domaine d'activité scientifique, industrielle, commerciale ou autre) (cf. aussi* closed-loop control system).

control system order ordre du système asservi *(parf.* d'un ...) *(ordre de la fonction de transfert d'un système asservi) (cf. aussi* transfer function order *et* closed-loop control system).

control system theory théorie des systèmes asservis *(partie de la théorie de la commande traitant des systèmes asservis) (cf. aussi* control theory *et* closed-loop control system).

control tape 1) bande de commande *(bande perforée ou magnétique commandant le fonctionnement d'une machine à commande numérique ou autre matériel) (cf. aussi* numerical control). 2) bande pilote, bande de commande sans fin *(bande perforée sans fin commandant l'impression sur papier en continu, chaque cycle de lecture de la bande commandant l'impression d'un feuillet) (inf) (cf. aussi* fan-folded paper).

control theory théorie de la commande *(théorie mathématique des actions à exercer pour amener ou maintenir un système dans un état déterminé) (asser, etc.) (cf. aussi* optimum control theory, dynamic programming *et* control system theory).

control tower tour de régie *(terme que j'ai proposé)*, tour de contrôle *(anglicisme courant, mais à éviter) (tour construite sur un terrain d'aviation et dont l'étage supérieur à parois entièrement vitrées abrite notamment les indicateurs radar utilisés par les régisseurs de vol) (cf. aussi* radar indicator, air traffic controller *et* airport radar).

control track 1) piste de commande *(piste d'enregistrement sur laquelle sont enregistrés des signaux de commande, notamment sur un film de cinéma) (cf. aussi* track[1] 1) *et* control signal). 2) *cf.* timing track.

control transformer synchrotransformateur *(asser) (cf. aussi* synchro transformer).

control transistor transistor de commande *(transistor permettant de commander un dispositif électrique ou électronique en agissant sur l'intensité du courant d'alimentation de celui-ci) (est souvent un transistor de puissance) (semi) (cf. aussi* power transistor).

control unit unité de commande (a) *partie de l'unité centrale d'un ordinateur comprenant le décodeur d'instructions et le séquenceur) (inf) (cf. aussi* instruction decoder, sequencer (b) *et* central processing unit) ; (b) *nom parfois donné à une boîte de commande, notamment lorsqu'il s'agit d'un dispositif complexe, d'un coffret, d'un châssis ou d'un tiroir enfichable) (cf. aussi* control box).

control use *cf.* control application.

control voltage tension de commande *(tension constituant un signal de commande) (cf. aussi* control signal *et* voltage).

control winding enroulement de commande *(enroulement dans lequel la circulation d'un courant d'intensité réglable permet d'agir sur le fonctionnement d'un dispositif) (ampli magnétique, servomoteur, etc.) (cf. aussi* winding).

control word mot de commande *(mot binaire commandant une opération dans un appareil informatique) (inf) (cf. aussi* binary word *et* control bit).

controllable qui peut être commandé, pouvant *(idem).*

controlled *(voir* control[3] *et* adapter).

controlled-avalanche ... *cf.* avalanche ...

controlled-carrier modulation modulation à taux constant *(modulation d'amplitude dans laquelle la porteuse est modulée par le signal à transmettre et par l'enveloppe de celui-ci* *pour maintenir constant le taux de modulation) (émetteur) (cf. aussi* modulation factor).

controlled current   courant régulé *(courant dont l'intensité est maintenue constante malgré les variations de la charge) (courant débité par une alimentation régulée) (cf. aussi* regulated power supply).

controlled frequency   **1)** fréquence commandée *(par un paramètre extérieur) (oscillateur commandé en tension, etc.) (cf. aussi* voltage-controlled oscillator). **2)** fréquence pilotée par quartz *(oscillateur à quartz) (cf. aussi* crystal oscillator).

controlled modulation   *cf.* controlled-carrier modulation.

controlled oscillator   oscillateur commandé *(oscillateur commandé en tension ou piloté par quartz) (cf. aussi* controlled frequency).

controlled output   **1)** sortie régulée *(tension de sortie ou intensité du courant de sortie d'une alimentation régulée) (cf. aussi* regulated power supply). **2)** *cf.* controlled quantity.

controlled potentiometer   potentiomètre asservi *(cf. aussi* servo-driven potentiometer).

controlled quantity   *cf.* controlled variable.

controlled switch   interrupteur commandé *(nom parfois donné à un relais) (cf. aussi* relay[1] (a)).

controlled variable   grandeur réglée *(nom donné à la grandeur de sortie dans un système de régulation) (asser) (cf. aussi* output quantity *et* regulation system).

controlled voltage   **1)** tension commandée *(ou à variation commandée) (tension variant automatiquement sous l'action d'un dispositif approprié).* **2)** *cf.* regulated voltage.

controller *(ne pas employer « contrôleur »)*   **1)** régisseur *(terme que j'ai proposé) (appareil ou microprocesseur commandant le fonctionnement d'un appareil ou autre matériel) (cf. aussi* CRT controller, line controller, memory controller, peripheral controller, process controller *et* microprocessor) *(voir en outre* air traffic controller). **2)** *cf.* regulator.

controller chip   puce de régisseur *(puce de circuit intégré sur laquelle est réalisé un régisseur) (cf. aussi* chip 1) *et* controller 1)).

controlling element   **1)** élément déterminant *(sens usuel).* **2)** *cf.* control element.

controlling exchange   central directeur *(central téléphonique à partir duquel sont dirigées les opérations nécessaires pour établir une communication manuelle passant par un ou plusieurs autres centraux) (cf. aussi* manual telephone exchange).

controlling input   *cf.* control quantity.

controlling office   *cf.* controlling exchange.

controlling operator   opératrice directrice *(central tél) (cf. aussi* controlling exchange).

controlling output   *cf.* control signal.

controlling quantity   *cf.* control quantity.

convection current   *(parf.* intensité du) courant de convection *(courant formé par un flux ou un faisceau d'électrons dans une enceinte où règne le vide ou, parfois, intensité de ce courant) (courant produit notamment par la cathode d'un tube à vide ou d'un dispositif à canon à électrons) (cf. aussi* electron gun *et* electric current).

conventional camera   *cf.* conventional television camera.

conventional camera tube   tube analyseur classique, tube de prise de vues classique *(tube de prise de vues pour télévision en lumière visible) (sdpo notamment à tube analyseur infrarouge ou pour bas niveau de lumière) (cf. aussi* camera tube).

conventional equipment   matériel classique *(électronique ou autre) (ne pas employer « équipement conventionnel »).*

conventional I²L   I²L classique *(circuit logique I²L sans diodes Schottky) (cf. aussi* I²L *(au début de la lettre I)).*

conventional oscilloscope   oscilloscope classique *(oscilloscope qui n'est ni numérique, ni à mémoire, ni à échantillonnage, c.-à-d. oscilloscope analogique classique) (cf. aussi* analog oscilloscope).

conventional radar   radar classique *(radar à impulsions à antenne à balayage mécanique) (cf. aussi* pulse radar *et* mechanical scanning (b)).

conventional signal   signal non protégé *(signal radio ou radar ne possédant pas de caractéristiques antibrouillage) (mil) (cf. aussi* antijam[1] *et* signal[1]).

conventional subtractive method   méthode soustractive classique *(méthode soustractive utilisant la photogravure) (fab. CP) (cf. aussi* subtractive method).

conventional tantalun wet-slug capacitor   *cf.* conventional wet-slug tantalum capacitor.

conventional televison   télévision classique *(télévision qui n'est ni infrarouge, ni numérique, ni en relief, c.-à-d. télévision en lumière visible, analogique et sans relief) (cf. aussi* television).

conventional television camera   caméra classique, caméra de télévision classique *(caméra de télévision qui n'est ni infrarouge, ni à CCD, c.-à-d. caméra à tube analyseur pour lumière visible) (cf. aussi* television camera).

conventional television camera tube   *cf.* conventional camera tube.

conventional triggered sweep   balayage déclenché récurrent *(mode de balayage déclenché de l'écran d'un oscilloscope, dans lequel le balayage se répète indéfiniment) (sdpo à « balayage monocourse ») (cf. aussi* triggered sweep).

conventional TV   *cf.* conventional television. *(de même pour les termes dérivés).*

conventional wet-slug tantalum capacitor   condensateur au tantale à anode frittée et électrolyte gélifié sous boîtier en argent *(type classique) (sdpo à « condensateur au tantale à anode frittée et électrolyte gélifié sous boîtier en tantale ») (cf. aussi* wet-slug tantalum capacitor).

convergence *(en télévision)*   convergence (des faisceaux) *(convergence, au niveau du masque perforé, des faisceaux d'électrons émis par les trois canons à électrons dans un tube à masque perforé) (récepteur TVC ou appareil dérivé) (cf. aussi* static convergence, dynamic convergence *et* shadow-mask tube).

convergence coil   bobine de convergence *(une des bobines assurant la convergence dynamique dans un tybe à masque perforé) (récepteur TVC) (cf. aussi* dynamic convergence).

convergence control   commande de convergence, *(parf.)* potentiomètre de convergence *(potentiomètre ajustable permettant de régler la convergence dynamique dans un tube à masque perforé par action sur l'intensité du courant circulant dans des bobines de correction, la convergence statique étant réglée par rotation d'aimants permanents) (récepteur TV, etc.) (cf. aussi* horizontal convergence control, vertical convergence control, dynamic convergence *et* trimming potentiometer).

convergence electrode   électrode de convergence *(dans un tube cathodique à plusieurs faisceaux d'électrons ou dispositif analogue, électrode créant un champ électrique assurant la convergence des faisceaux) (cf. aussi* electrode, electric field *et* convergence).

convergence magnet   aimant de convergence *(aimant permanent créant un champ magnétique d'intensité réglable par rotation et servant à dévier légèrement le faisceau d'électrons émis par le canon à électrons correspondant dans un tube à masque perforé pour régler la convergence statique) (récepteur TVC, etc.) (cf. aussi* magnet, convergence *et* magnetic field strength).

convergence plane   plan de convergence *(plan tangent au point où les trois faisceaux d'électrons convergent dans un tube à masque perforé) (est tangent au masque perforé lorsque la convergence est bien réglée) (récepteur TVC, etc.) (cf. aussi* convergence).

convergence surface   surface de convergence *(surface à double courbure engendrée par le point de convergence des trois faisceaux d'électrons dans un tube à masque perforé) (récepteur TVC, etc.) (cf. aussi* convergence).

convergence test pattern   mire de convergence *(mire de carreaux ou de points carrés utilisée pour régler la convergence d'un tube à masque perforé) (récepteur TVC, etc.) (cf. aussi* convergence *et* test pattern (a)).

conversational ...   *cf.* interactive ...

conversion cycle   cycle de conversion *(ensemble des opérations effectuées par un numériseur pour convertir un échantillon en un signal numérique) (cf. aussi* analog-to-digital converter).

conversion detector   changeur de fréquence *(super) (cf. aussi* mixer).

conversion efficiency rendement de conversion *(rapport entre la puissance fournie à un convertisseur d'énergie et la puissance disponible à sa sortie) (cf. aussi* energy converter).

conversion electron électron de conversion interne *(électron de la couche K ou, plus rarement, L ou M d'un atome, émis au cours de la désexcitation non radioactive du noyau) (cf. aussi* K shell).

conversion frequency fréquence de l'oscillateur local *(super) (cf. aussi* local oscillator frequency).

conversion-frequency oscillator *cf.* conversion oscillator.

conversion gain gain de conversion *(gain d'un changeur de fréquence) (cf. aussi* gain 1) *et* mixer).

conversion gain ratio *cf.* conversion gain.

conversion loss perte de conversion *(perte d'énergie du signal reçu par un récepteur superhétérodyne due au changement de fréquence) (a pour effet une réduction de la sensibilité du récepteur) (cf. aussi* mixer).

conversion oscillator oscillateur local *(super) (cf. aussi* local oscillator).

conversion rate vitesse de conversion *(inverse du temps de conversion) (numériseur) (cf. aussi* conversion time).

conversion time temps de conversion *(temps nécessaire à un numériseur pour exécuter un cycle de conversion) (cf. aussi* conversion cycle).

conversion transconductance pente de conversion *(pente d'un tube électronique monté en changeur de fréquence) (est nettement inférieure à la pente du même tube monté en amplificateur) (super) (cf. aussi* transconductance *et* mixer).

conversion transducer *cf.* frequency converter.

conversion voltage gain gain en tension du changeur de fréquence *(super) (cf. aussi* voltage gain *et* mixer).

converter 1) convertisseur *(tg) (voir* code converter, data converter, energy converter, power converter *et* V/f converter). 2) changeur de fréquence complet *(ensemble formé par le changeur de fréquence proprement dit et l'oscillateur local dans un récepteur superhétérodyne) (cf. aussi* mixer *et* local oscillator).

converter chip puce de convertisseur *(puce de circuit intégré sur laquelle est réalisé un type quelconque de convertisseur) (cf. aussi* converter 1) *et* chip 1)).

converter tube 1) tube changeur de fréquence *(tube électronique à six électrodes ou plus utilisé dans un récepteur superhétérodyne « à lampes » et dont une partie formant triode est montée en oscillateur local, tandis que l'autre partie est montée en changeur de fréquence proprement dit) (cf. aussi* mixer *et* local oscillator). 2) tube convertisseur d'image *(cf. aussi* image converter tube).

convey the information *v* transmettre l'information *(porteuse) (cf. aussi* carrier 1)).

convolution convolution *(multiplication de deux fonctions d'une variable complexe) (ne pas confondre avec le produit de convolution) (filtrage, etc.) (cf. aussi* frequency-domain convolution, time-domain convolution, convolution product *et* correlation (b)).

convolution function fonction de convolution *(nom donné au produit de convolution considéré en tant que fonction mathématique) (cf. aussi* convolution product *et* function[1] 1) (b)).

convolution product produit de convolution *(résultat de la convolution) (cf. aussi* convolution *et* convolution function).

convolutional code code à convolution *(code de transmission de données dans lequel les binaires de parité permettent le contrôle des binaires d'information qui les précèdent dans un bloc déterminé et dans les blocs précédents) (cf. aussi* Viterbi algorithm, parity bit *et* block).

convolutional coding codage à convolution *(codage effectué à l'aide d'un code à convolution) (cf. aussi* convolutional code).

convolutional filter *cf.* convolver.

convolutional filtering filtrage par convolution *(filtrage réalisé par un convoluteur) (cf. aussi* convolver).

convolver convoluteur, filtre à convolution *(montage réalisant la corrélation par convolution) (cf. aussi* correlation (b) *et* convolution).

cooled-anode transmitting tube tube d'émission à anode refroidie *(tube électronique amplificateur pour émetteur très puissant ou autre appareil de grande puissance, dans lequel l'anode est refroidie par convection forcée, par circulation d'eau froide ou par vaporisation d'eau bouillante) (cf. aussi* Vapotron *et* transmitting tube).

cooled infrared detector détecteur infrarouge refroidi *(détecteur infrarouge maintenu à très basse température pour réduire le bruit d'agitation thermique masquant le très faible signal de sortie et augmenter ainsi sa sensibilité) (cf. aussi* infrared detector *et* thermal noise).

Coolidge tube *(du nom de l'inventeur)* tube de Coolidge *(premier type de tube à rayons X à vide) (cf. aussi* X-ray tube).

Cooper pair paire de Cooper, paire d'électrons de Cooper, paire d'électrons négatifs, paire d'électrons *(ensemble de deux électrons négatifs groupés par interaction attractive aux très basses températures dans un supraconducteur malgré leurs charges de même signe) (supraconduction) (ne pas confondre avec une paire d'électrons de signes contraires) (cf. aussi* negative electron, superconductor *et, à titre d'information,* pair production).

cooperating target cible coopérante *(cible radar équipée d'une balise répondeuse facilitant sa localisation et sa poursuite par le radar) (avia, espace) (cf. aussi* radar beacon).

cooperative CM *cf.* cooperative countermeasures.

cooperative countermasures contre-mesures coopératives *(contre-mesures nécessitant la coopération de deux ou plusieurs opérateurs) (mil) (cf. aussi* buddy mode).

cooperative guidance system système de guidage coopératif, système coopératif *(système de guidage d'un missile, dans lequel celui-ci transmet des informations par radio facilitant ou permettant le guidage par l'opérateur situé au sol ou dans un aéronef) (le guidage par télévision d'un missile, d'une bombe planante ou d'un avion sans pilote est un système de guidage coopératif) (mil) (cf. aussi* television guidance (a) *et* (c)).

cooperative jamming brouillage coopératif *(brouillage d'un émetteur militaire opéré simultanément par deux ou plusieurs brouilleurs portés par autant d'aéronefs) (cf. aussi* buddy mode *et* jamming).

cooperative system 1) *cf.* cooperative guidance system. 2) *cf.* cooperative tracking system.

cooperative tracking poursuite coopérative *(poursuite d'une cible coopérante) (cf. aussi* cooperating target).

cooperative tracking system système de poursuite coopérative, système coopératif *(système de poursuite utilisant une cible coopérante) (cf. aussi* cooperating target).

coordinate storage mémoire à accès direct *(inf) (cf. aussi* random-access memory).

coordinate switch commutateur Crossbar *(central tél. auto.) (cf. aussi* crossbar switch).

coordinate system système de coordonnées *(système d'axes permettant de définir la position d'un point dans un plan ou dans l'espace ou de représenter un vecteur) (noter que les axes peuvent être rectilignes ou curvilignes) (les deux systèmes de coordonnées les plus employés en électronique et sciences connexes sont le système de coordonnées cartésiennes et le système de coordonnées polaires) (cf. aussi* Cartesian coordinate system, polar coordinate system *et* coordinates).

coordinates coordonnées *(nombres successifs avec dimension associés aux axes d'un système de coordonnées, positifs dans un sens à partir de l'origine du système et négatifs dans l'autre sens (la dimension peut notamment être une longueur ou un temps le long d'un axe ou un angle à partir d'un axe) (cf. aussi* coordinate system).

coordinatograph coordinatographe *(table à dessiner spéciale utilisée pour reproduire un dessin de circuit à grande échelle sur une feuille pelliculable par incision de la pellicule de vernis pelable effectuée par un outil coupant) (fab. CH, CI) (cf. aussi* Rubylith).

COP *cf.* character-oriented protocol.

cophasal en phase, de même phase *(grandeurs sinuoïdales) (cf. aussi* in phase).

copier *(en télécommunications)* télécopieur *(appareil émetteur-récepteur permettant la reproduction à distance de l'information graphique portée sur un document) (tlg) (cf. aussi* facsmile)

coplanar contacts contacts coplanaires *(plages de contact* *d'une puce de transistor ou de circuit intégré monolithique disposées toutes sur la même face de la puce) (puce destinée à être montée nue sur le substrat d'un circuit hybride) (cf. aussi* bonding pad, chip 1) *et* hybrid integrated circuit).

coplanar electrodes électrodes coplanaires *(électrodes disposées dans un même plan) (tube, etc.) (cf. aussi* electrode).

coplanar waveguide guide d'ondes coplanaire *(nom parfois donné à un guide d'ondes rectangulaire ordinaire, c-à-d. non torsadé) (hyper) (cf. aussi* rectangular waveguide).

copper cuivre, cuivre rouge *(métal rose, mou, à densité de 8,96 ° C, très bon conducteur de la chaleur et de l'électricité) (en électrotechnique et électronique, est employé notamment pour la fabrication de la plus grande partie des conducteurs, approximativement pur, très pur ou allié à d'autres métaux) (cf. aussi* electrolytic copper, brass *et* bronze).

copper-clad[1] *a* cuivré, plaqué cuivre *(métal, isolant)*.

copper-clad[2] *s cf.* cooper-clad insulating material.

copper-clad insulating material isolant cuivré, isolant plaqué cuivre, isolant recouvert d'une feuille de cuivre *(substrat de circuit imprimé) (cf. aussi* copper-clad printed-circuit substrate).

copper-clad pc-board substrate *cf.* copper-clad printed-circuit substrate.

copper-clad printed-board substrate *cf.* copper-clad printed-circuit substrate.

copper-clad printed-circuit substrate substrat cuivré pour circuits imprimés, substrat à couche *(ou* à feuille) de cuivre pour circuits imprimés, substrat plaqué cuivre pour circuits imprimés *(type classique) (cf. aussi* copper foil *et* printed circuit substrate).

copper-clad substrate substrat cuivré *(CP) (cf. aussi* copper-clad printed-circuit substrate).

copper conductor pattern réseau de conducteurs en cuivre, réseau de rubans de cuivre *(ensemble des conducteurs formés sur le substrat d'un circuit imprimé, généralement par photogravure) (cf. aussi* printed-circuit substrate, photolithography *et* trace[1] 2)).

copper foil feuille de cuivre, clinquant de cuivre *(CP, etc.) (cf. aussi* printed-circuit substrate).

copper-foil-clad ... *cf.* copper-clad ...

copper ink pâte au cuivre, pâte à base de cuivre *(pâte conductrice utilisée pour former des conducteurs sur certains circuits imprimés) (cf. aussi* ink 2)).

copper lead conducteur en cuivre *(clpf) (cf. aussi* lead[2] 1) *et* copper).

cooper loss pertes dans le cuivre *(nom donné aux pertes par effet Joule dans le bobinage d'une machine électrique) (élt) (cf. aussi* ohmic loss *et* electrical machine).

copper losses *cf.* copper loss.

copper-oxide rectifier redresseur à l'oxyde de cuivre *(ancien et premier redresseur sec, dans lequel la plaque métallique est en cuivre et la couche de semiconducteur est l'oxyde de cuivre formé sur la plaque par chauffage, après quoi une plaque de plomb est serrée contre la couche d'oxyde pour répartir uniformément le courant dans celle-ci) (cf. aussi* metallic rectifier).

copper pattern *cf.* copper conductor pattern.

copper septum cloison en cuivre *(hyper) (cf. aussi* septum).

copper wire fil de cuivre, fil en cuivre *(cf. aussi* wire[1] 1) *et* copper).

copper-wire braid tresse en fil de cuivre *(cf. aussi* braid).

coprocessing cotraitement *(traitement avec utilisation d'un cotraiteur) (inf) (cf. aussi* coprocessor).

coprocessor cotraiteur *(terme que j'ai proposé)*, coprocesseur *(anglicisme courant mais à éviter) (microprocesseur spécialisé adjoint, éventuellement en différents exemplaires, à un microprocesseur ordinaire pour exécuter un type déterminé d'instructions avec une vitesse de traitement plus grande que celle du microprocesseur principal grâce à une structure interne optimisée pour ce type d'instructions, notamment grâce à une programmation interne par « câblage » évitant la commande détaillée des opérations successives par le programme) (a en outre l'avantage évident d'augmenter la disponibilité du microprocesseur principal pour d'autres tâches) (inf) (cf. aussi* math coprocessor, graphic coprocessor, microprocessor, instruction *et* processing speed).

cord cordon *(câble très souple, généralement à deux ou plusieurs conducteurs et de longueur limitée) (cordon de connexion, cordon prolongateur, cordon d'alimentation d'un appareil alimenté par le secteur, cordon de combiné téléphonique, de clavier d'ordinateur, etc.) (cf. aussi* power cord, coiled cord *et, pour information,* test lead).

cord circuit dicorde *m (central tél) (cf. aussi* patch cord 1)).

cord pair *cf.* cord circuit.

cordless computer ordinateur portatif *(cfa.* computer 2)).

cordless receiver récepteur portatif, poste portatif *(cf. aussi* battery receiver).

cordless switchboard commutateur manuel à clés *(ou* sans dicordes) *(commutateur de central téléphonique manuel dans lequel la mise en communication des abonnés s'effectue à l'aide d'interrupteurs appelés « clés ») (cf. aussi* manual telephone exchange).

cordwood module module-fagot, module à composants parallèles *(module formé de deux plaquettes à circuit imprimé séparées par des composants tubulaires disposés les uns contre les autres perpendiculairement aux plaquettes avec leurs sorties soudées aux plages de connexion de celles-ci) (cf. aussi* module (a)).

core 1) cœur *(partie intérieure transmettant la lumière dans une fibre optique) (cf. aussi* optical fiber). 2) noyau *(magnétique) (relais, etc.) (cf. aussi* magnetic core 2)). 3) tore *(magnétique) (mémoire à tores) (cf. aussi* magnetic-core memory). 4) âme *(d'un fil isolé) (cf. aussi* insulated wire). 5) conducteur *(d'un câble multiconducteur) (cf. aussi* multiconductor cable). 6) mémoire centrale *(à tores magnétiques) (cf. aussi* main memory). 7) mandrin *(de rouleau de bande perforée ou non)*.

core array matrice de tores *(magnétiques) (mémoire à tores) (cf. aussi* core plane).

core-cladding interface interface cœur-gaine *(interface située entre le cœur et la gaine d'une fibre optique) (cf. aussi* interface[1] (a) *et* optical fiber).

core conductor *cf.* core 5).

core diameter diamètre du ... *(voir aussi* core).

core dump vidage de la mémoire (centrale) *(inf) (cf. aussi* memory dump).

core index *cf.* core refractive index.

core iron fer à circuits magnétiques, fer doux *(cf. aussi* lamination).

core laminations (les) tôles du noyau *(tôles d'un noyau magnétique feuilleté) (transfo, etc.) (cf. aussi* lamination).

core loss pertes dans le fer, pertes dans le circuit magnétique *(pertes d'énergie dans le circuit magnétique d'une machine électrique à courant alternatif) (sont dues à la nature périodiquement variable de ce courant et comprennent les pertes par courants de Foucault et les pertes par hystérésie magnétique) (élt) (cf. aussi* eddy-current loss, hyteresis loss *et* loss).

core losses *cf.* core loss.

core map topogramme de la mémoire (centrale) *(plan d'affectation des différentes zones d'une mémoire à tores magnétiques) (inf) (cf. aussi* magnetic-core memory).

core material matériau du ... *(voir aussi* core) *(cf. aussi* core material).

core matrix *cf.* core array.

core memory mémoire à tores *(inf) (cf. aussi* magnetic-core memory).

core plane plan de tores *(magnétiques)*, plan de mémoire (à tores) *(matrice de tores magnétiques enfilés aux points de croisement de deux nappes perpendiculaires de fils conducteurs équidistant tendus entre les côtés opposés d'un cadre) (est utilisé en nombre plus ou moins grand dans une mémoire à tores magnétiques) (inf) (cf. aussi* magnetic-core memory).

core refractive index indice de réfraction du cœur, indice du cœur *(fibre optique) (cf. aussi* core 1) *et* refractive index).

core saturation saturation du noyau *(transfo, inductance saturable) (cf. aussi* saturable reactor *et* saturable transformer).

core size 1) taille du noyau, dimensions du noyau *(transfo, etc.) (cf. aussi* transformer core). 2) *cf.* core diameter. 3) capacité de la mémoire centrale *(inf) (cf. aussi* memory capacity *et* main memory).

core storage 1) mémorisation par tores magnétiques, mémorisation dans une mémoire à tores (magnétiques) *(inf) (cf. aussi* magnetic-core memory). 2) *cf.* core memory.

core storage unit *cf.* core memory.

core-type transformer transformateur à fer, transformateur à noyau magnétique *(clpf) (cf. aussi* transformer 1)).

cored solder soudure à flux incorporé *(soudure à l'étain en fil pour l'électronique et l'électrotechnique contenant du flux dans un ou plusieurs canaux longitudinaux de très petit diamètre) (cf. aussi* solder[1] 1) *et* soldering flux).

coreless sans noyau, sans fer, à air *(inductance ou transformateur) (cf. aussi* air-core coil *et* air-core transformer).

corner coude *(de guide d'ondes, etc.) (hyper) (cf. aussi* waveguide bend).

corner antenna *cf.* corner-reflector antenna.

corner reflector 1) réflecteur dièdre *(réflecteur d'antenne dièdre) (cf. aussi* corner-reflector antenna). 2) réflecteur en coin de cube *(cf. aussi* trihedral reflector).

corner-reflector antenna antenne dièdre *(antenne de réception pour ondes ultracourtes formée d'un dipôle droit ou replié disposé transversalement dans l'angle d'un dièdre de 60° à 90° formé par deux surfaces théoriques matérialisées chacune par un grillage ou des tiges transversales pour réduire la prise au vent) (cf. aussi* dipole antenna).

corona discharge décharge en couronne, décharge par effet corona *(cf. aussi* corona effect).

corona effect effet corona, effet couronne *(phénomène lumineux en forme de couronne entourant un conducteur à haute tension et dû à des pertes d'électricité par ionisation localisée de l'air ambiant sous l'action du champ électrique intense régnant autour du conducteur) (cf. aussi* ionization *et* electric field strength).

corpuscle corpuscule *(terme générique couvrant la particule élémentaire et la particule complexe) (cf. aussi* elementary particle, complex particle *et* particle (b)).

corpuscular *a* corpusculaire *(caractéristique de ce qui est relatif aux corpuscules ou composé de corpuscules) (cf. aussi* corpuscule).

corpuscular nature nature corpusculaire *(nature de ce qui est composé de corpuscules) (cf. aussi* corpuscle, corpuscular theory of light *et* wave-particle duality).

corpusclar theory of light théorie corpusculaire de la lumière *(théorie selon laquelle la lumière est composée de particules transportant chacune une petite quantité de lumière) (a été élaborée par Newton vers 1680) (optique) (cf. aussi* theory of light *et* particle 2)).

correctable error erreur corrigeable, erreur corrigible, erreur récupérable *(erreur dans un mot binaire affectant un seul binaire et pouvant, par conséquent, être corrigée par un code correcteur d'erreurs) (inf, tls) (cf. aussi* word error *et* parity).

correcting network *cf.* corrective network.

correcting variable signal d'erreur *(asser) (cf. aussi* error signal).

correction time temps d'amortissement (des oscillations), temps de stabilisation *(temps nécessaire à un système de régulation pour que la grandeur de sortie se stabilise au point de consigne après une perturbation) (cf. aussi* regulation, controlled variable *et* set point).

corrective network réseau correcteur (a) *filtre généralement inséré dans la chaîne directe d'un système asservi pour modifier sa fonction de transfert en boucle ouverte pour parvenir à un compromis satisfaisant entre la stabilité et la précision du système en agissant sur la phase du signal transmis) (cf. aussi* closed-loop control system, forward path *et* transfer function)* ; (b) *filtre assurant l'égalisation des niveaux des signaux dans un câble téléphonique à grande distance) (cf. aussi* line equalization).

correlation corrélation (a) *relation réciproque entre deux choses ou évènements) (sens général)* ; (b) *nom donné à la comparaison d'un signal à un signal de référence retardé lorsque cette comparaison est effectuée par convolution) (cf. aussi* correlation function, autocorrelation, cross-correlation, convolution *et* correlation receiver).

correlation detection détection à corrélation *(détection d'un signal noyé dans le bruit opérée dans un récepteur à corrélation) (radar, sonar) (cf. aussi* correlation receiver).

correlation function fonction de corrélation *(fonction mathématique obtenue par corrélation et représentant le degré de similitude des deux signaux en fonction du retard) (terme générique couvrant la fonction d'intercorrélation et la fonction d'autocorrélation) (cf. aussi* correlation (b) *et* function[1] 1) (b)).

correlation radar radar à corrélation *(radar utilisant un récepteur à corrélation) (cf. aussi* correlation receiver).

correlation receiver récepteur à corrélation *(récepteur de radar ou de sonar utilisant l'autocorrélation des échos reçus pour faire apparaître les échos noyés dans le bruit, ce procédé procurant une augmentation importante du rapport signal/ bruit) (mil, etc.) (cf. aussi* autocorrelation, signal buried in noise, signal-to-noise ratio, radar receiver *et* sonar receiver).

correlation sonar sonar à corrélation *(sonar utilisant un récepteur à corrélation) (cf. aussi* sonar *et* correlation receiver).

correlation-type ... *cf.* correlation ...

correlator 1) corrélateur, filtre corrélateur, circuit de corrélation *(récepteur à corrélation) (cf. aussi* correlation receiver). 2) *cf.* correlation receiver.

correspondence quality qualité courier *(imprimante) (cf. aussi* letter quality).

corrugated elliptical waveguide guide d'ondes flexible elliptique *(ou à section elliptique) (hyper) (cf. aussi* flexible waveguide).

corrugated line ligne à retard cannelée, ligne à retard métallique *(partie cannelée d'une antenne plaquée) (hyper) (cf. aussi* corrugated-surface antenna).

corrugated-surface antenna antenne plaquée *(antenne émettrice hyperfréquence de faible encombrement en hauteur composée d'un cornet rayonnant rectangulaire suivi d'une surface métallique munie de cannelures transversales formant ligne à retard et plaquée sur une surface telle que le revêtement d'un aéronef) (cf. aussi* delay line).

corrugated waveguide guide d'ondes flexible *(hyper) (cf. aussi* flexible waveguide).

COS/MOS *(vient de « complementary symmetry/metal-oxide-semiconductor »)* *(sigle initial des circuits intégrés CMOS) (cf. aussi* CMOS integrated circuit).

cosecant aerial *(GB) cf.* cosecant-squared antenna.

cosecant antenna *cf.* cosecant-squared antenna.

cosecant-squared antenna antenne cosécante carrée *(antenne de radar émettant un faisceau en cosécante carrée) (radar au sol ou d'aéronef) (mil) (cf. aussi* cosecant-squared beam).

cosecant-squared beam faisceau en cosécante carrée *(faisceau d'antenne de radar dans lequel l'intensité du champ électromagnétique dans le plan vertical varie comme la cosécante carrée de l'angle de site du faisceau pour que la distance de la cible influe peu sur l'amplitude des échos dans une plage limitée d'altitudes s'il s'agit d'un radar au sol, ou à la surface de la Terre s'il s'agit d'un radar d'aéronef) (est obtenu à l'aide d'une antenne cylindro-parabolique et d'un alignement vertical de cornets rayonnants disposés et orientés pour augmenter le gain de l'antenne pour les grands angles de site, ou d'une source primaire unique, la courbure en C du réflecteur dans le plan vertical étant alors plus refermée en bas ou, plus rarement, remplacée par une courbure appropriée en S pour produire le même résultat) (cf. aussi* cosecant-squared radiation pattern, primary radiator *et* radar antenna).

cosecant-squared pattern *cf.* consecant-squared radiation pattern.

cosecant-squared radiation pattern diagramme de rayonnement en cosécante carrée *(diagramme de rayonnement, dans le plan vertical, d'une antenne cosécante carrée) (radar) (cf. aussi* cosecant-squared beam *et* radiation pattern).

cosine carrier porteuse cosinus *(faisceau hz) (cf. aussi* sine carrier).

cosine pot *(fam) cf.* cosine potentiometer.

cosine potentiometer potentiomètre cosinus *(ou à variation en cosinus ou à loi (de variation) en cosinus) (potentiomètre non linéaire dans lequel la valeur de la résistance aux bornes de sortie est proportionnelle au cosinus de l'angle de rotation de l'axe de commande à partir de la position de repos) (cf. aussi* non-linear potentiometer).

cosine taper variation en cosinus, loi en cosinus, loi cosinus, loi de variation en cosinus *(potentiomètre) (cf. aussi* cosine potentiometer).

cosine-taper potentiometer *cf.* cosine potentiometer.

cosmic noise bruit cosmique, bruit d'origine cosmique *(parasites captés par l'antenne d'un récepteur dus à des phénomènes électromagnétiques se produisant dans l'espace extra-atmosphérique) (cf. aussi* interference 1)).

cosmic-ray upset basculement par rayon cosmique *(basculement intempestif d'un circuit logique intégré atteint par un rayon cosmique dans l'espace extra-atmosphérique, à bord d'un engin spatial ou sur une planète) (CI) (inf) (cf. aussi* radiation-induced upset).

cost per bit coût du binaire, prix du binaire *(prix de revient d'un binaire mis en mémoire, c-à-d. prix de vente de la mémoire divisé par sa capacité) (cette notion s'applique notamment aux mémoires intégrées et plus particulièrement aux mémoires RAM) (inf) (cf. aussi* bit, memory capacity, solid-state memory *et* RAM[1]).

cotton-served wire fil guipé coton *(fil électrique isolé) (cf. aussi* serving).

CO₂ laser *cf.* carbon dioxide laser.

coulomb coulomb *(unité de quantité d'électricité et, par conséquent, de charge électrique, égale à la quantité d'électricité transportée en une seconde par un courant continu de un ampère) (cf. aussi* electricity *et* ampere).

Coulomb field champ coulombien *(champ de forces de Coulomb) (élec) (cf. aussi* force field *et* Coulomb force).

Coulomb force force de Coulomb *(force obéissant à la loi de Coulomb) (élec) (cf. aussi* Coulomb's law).

Coulomb scattering diffusion coulombienne *(diffusion de particules chargées sous l'action de forces électrostatiques) (cf. aussi* electrostatic force).

Coulomb's law loi de Coulomb *(loi physique selon laquelle l'intensité de la force électrostatique qui s'exerce entre deux charges électriques ou de la force magnétique qui s'exerce entre deux pôles magnétiques est proportionnelle au produit des deux charges ou des deux masses magnétiques, respectivement, et inversement proportionnelle à la distance qui les sépare, ou formule exprimant cette relation) (électrostatique et magnétisme) (cf. aussi* electrostatic force, magnetic force *et* pole strength).

coulombmeter *cf.* coulometer.

coulometer 1) coulombmètre *(appareil mesurant la quantité d'électricité circulant dans un conducteur par charge d'un condensateur réalisant l'intégration du courant traversant une résistance pendant un temps déterminé) (cf. aussi* coulomb *et* integrating capacitor). 2) voltamètre *(cf. aussi* voltameter).

count *s* compte, *(parf.)* nombre, *(parf.)* point *(cf. aussi* chip count *et* number of digits 2)).

count-down *s* décomptage, comptage en décroissant, comptage régressif, *(parf.)* compte à rebours *(compteur) (cf. aussi* down counter).

count-down counter décompteur *s (cf. aussi* down counter).

count-down logic logique de décomptage *(logique d'un décompteur) (cf. aussi* logic (b) *et* down counter).

count rate *cf.* counting rate.

count time temps de comptage, *(parf.)* durée du comptage *(temps pendant lequel un compteur compte des impulsions ou autres événements) (cf. aussi* counter).

count-up *s* comptage progressif, comptage en croissant *(compteur) (cf. aussi* up counter).

count-up counter compteur progressif *(cf. aussi* up counter).

count-up logic logique de comptage progressif *(logique d'un compteur progressif) (cf. aussi* logic (b) *et* up counter).

counter compteur *s*, dispositif de comptage (a) *cf. aussi* pulse counter ; (b) *cf. aussi* frequency counter ; (c) *cf. aussi* radiation counter ; (d) *en informatique, registre dont le contenu augmente ou diminue à chaque impulsion reçue) (cf. aussi* up counter, down counter, up/down counter *et* register[1] 1) (a)).

counter-battery radar radar de contre-batterie, radar anti-artillerie, radar de localisation de batterie (d'artillerie) *(radar militaire au sol pouvant suivre un obus de l'adversaire le long d'une partie de sa trajectoire pour calculer le point de départ de celle-ci d'après les informations ainsi recueillies, ce qui permet de déterminer la situation géographique de la batterie adverse en vue de la neutraliser) (cf. aussi* counter-mortar radar *et* radar).

counter circuit circuit de comptage (d'impulsions) *(circuit recevant des impulsions à son entrée et fournissant un signal de sortie proportionnel au nombre d'impulsions reçues) (autre nom, et définition plus générale, d'un circuit de division) (cf. aussi* scaler).

counter-countermeasures anti-contre-mesures, ACM *(contre-mesures destinées à réduire l'efficacité de contre-mesures de l'adversaire) (ce terme désigne généralement les anti-contre-mesures électroniques, mais couvre également les anti-contre-mesures acoustiques) (mil) (cf. aussi* electronic counter-countermeasures, acoustic counter-countermeasures *et* countermeasures).

counter-countermeasures capability possibilités d'anti-contre-mesures *(parf. au singulier) (cf. aussi* counter-countermeasures *et* capability).

counter decade diviseur par dix *(compteur) (cf. aussi* decade scaler).

counter electromotive force force contre-électromotrice, f.c.é.m. *(force électromotrice existant dans certains circuits et dont le sens est opposé à celui de la force électromotrice créant un courant dans le circuit) (cf. aussi* electromotive force) (a) force électromotrice créée par l'effet de génératrice dans les conducteurs du rotor d'un moteur électrique à rotor bobiné lorsque celui-ci tourne sous l'action du courant d'alimentation) (c'est cette force contre-électromotrice qui fait que l'intensité du courant absorbé par un tel moteur diminue quand sa vitesse de rotation augmente et c'est son absence à l'arrêt qui explique l'appel de courant au démarrage) (cf. aussi* wound-rotor motor) ; (b) *force électromotrice créée dans un circuit inductif par une augmentation de l'intensité du courant dans celui-ci) (cf. aussi* self-induction) ; (c) *force électromotrice apparaissant aux bornes d'un condensateur ou d'un accumulateur au cours de sa charge et arrêtant celle-ci lorsque sa valeur absolue est égale à celle qui crée le courant de charge) (cf. aussi* charging).

counter-mortar radar radar anti-mortier *(radar de contre-batterie utilisé contre des mortiers) (mil) (cf. aussi* counter-battery radar).

counter stage étage de compteur, étage de comptage *(compteur d'impulsions) (cf. aussi* scaler).

counter-timer compteur-intervallomètre *(cf. aussi* time-interval counter).

counter tube tube compteur *(tube électronique permettant de compter des impulsions, celles-ci pouvant représenter des événements) (cf. aussi* cold-cathode counter tube *et* radiation counter tube).

counterclockwise vers la gauche, à gauche, en sens inverse d'horloge, dans le sens contraire des aiguilles d'une montre *(sens de rotation d'un bouton sur un appareil, etc.).

counterclockwise capacitor condensateur variable à capacité croissante vers la gauche *(cf. aussi* variable capacitor).

counterclowise circular polarization polarisation circulaire gauche *(onde électromagnétique, antenne) (cf. aussi* left-hand circular polarization).

counterclockwise circularly-polarized ... *cf.* counterclockwise polarized ...

counterclockwise polarized aerial *(GB) cf.* counterclockwise polarized antenna.

counterclockwise polarized antenna antenna à polarisation circulaire gauche *(cf. aussi* left-hand polarized antenna).

counterclockwise polarized wave onde à polarisation circulaire gauche *(cf. aussi* left-hand polarized wave).

counterclockwise taper (loi de) variation à pente croissante *(potentiomètre) (cf. aussi* left-hand taper).

counterelectrode contre-électrode *(électrode séparée d'une autre par un isolant ou deux semiconducteurs de types opposés ou un métal et un semiconducteur) (cf. aussi* electrode).

counterelectromotive force counter electromotive force. *(plus haut).

countermeasures contre-mesures *(parfois au singulier, également en anglais) (mesures prises par un belligérant ou, le plus souvent, par un constructeur de matériel électronique militaire* *pour réduire l'efficacité des moyens de télécommunications, principalement par radio, d'écoute, de détection, de localisation ou de guidage de l'adversaire) (mil) (cf. aussi* electronic countermeasures, optical countermeasures, acoustic countermeasures *et* counter-countermeasures).

countermeasures ... . de contre-mesures, *(etc.) (voir aussi* ECM ... *et* adapter).

counterpoise contrepoids (d'antenne) *(antenne d'émission) (cf. aussi* antenna counterpoise).

counterpoise antenna antenne à contrepoids *(antenne d'émission) (cf. aussi* antenna counterpoise).

counting circuit *cf.* counter circuit.

counting dial cadran compte-tours *(cadran monté sur l'axe d'un potentiomètre multitour ou sur l'axe d'un bouton démultiplié commandant un condensateur variable ou un autre composant réglable).*

counting efficiency rendement de comptage *(rapport entre le nombre moyen de particules effectivement comptées par un détecteur de particules et le nombre moyen de particules atteignant la surface sensible de celui-ci) (cf. aussi* radiation counter).

counting rate cadence de comptage *(nombre moyen d'impulsions ou de particules comptées par unité de temps).*

counting-rate meter ictomètre *(appareil indiquant la cadence de comptage de particules) (cf. aussi* counting rate *et* radiation counter).

counting tube *cf.* counter tube.

couple *s* couple (thermoélectrique) *(cf. aussi* thermocouple).

coupled circuits circuits couplés *(circuits reliés par un condensateur ou par induction, c-à-d. reliés en courant alternatif et isolés en courant continu) (ce terme désigne souvent deux circuits oscillants couplés par induction, c-à-d. les circuits d'un transformateur accordé au primaire et au secondaire) (cf. aussi* capacitive coupling 1), inductive coupling 1) *et* tuned transformer).

coupler coupleur *s (en électronique et sciences connexes, dispositif assurant le transfert d'un signal entre deux circuits dans des conditions particulières) (en électrotechnique, le terme français à une acceptation très différente) (cf. aussi* optical coupler, directional coupler, acoustic coupler *et* series-parallel switch).

coupling 1) couplage, *(parf.)* liaison *(transfert d'énergie, intentionnel ou non, entre deux circuits, deux corps ou deux dispositifs, l'énergie transférée pouvant être un signal) (cf. aussi* direct coupling, resistive coupling, inductive coupling, capacitive coupling, impedance coupling, acoustic coupling, optical coupling, energy *et* signal[1]). 2) raccordement *(cf. aussi* waveguide coupling). 3) accouplement *(cf. aussi* shaft coupling).

coupling aperture ouverture de couplage *(ouverture ménagée dans la paroi d'un guide d'ondes ou d'une cavité résonnante hyperfréquence pour permettre le transfert d'énergie électromagnétique dans un sens ou dans l'autre) (hyper) (cf. aussi* coupling hole, coupling slot, coupling loop, coupling probe, waveguide, cavity resonator *et* electromagnetic energy).

coupling between stages liaison entre étages *(transmission du signal de sortie d'un étage d'un montage ou d'un appareil à l'entrée de l'étage suivant) (éviter d'employer « couplage entre étages ») (cf. aussi* ac coupling, dc coupling, optical coupling (b) *et* stage 1)).

coupling capacitor condensateur de liaison *(condensateur monté entre la sortie d'un étage et l'entrée de l'étage suivant ou d'un appareil pour transmettre le signal à courant variable du premier au second tout en empêchant le passage du courant continu d'alimentation du premier étage au second) (cf. aussi* capacitor *et* coupling transformer).

coupling coefficient coefficient de couplage *(valeur numérique du degré de couplage magnétique entre les deux enroulements d'un transformateur ou, par conséquent, entre deux circuits couplés au sens usuel en radioélectricité) (est égal à 1 dans le cas théorique où le flux de fuite est nul, tout le flux magnétique créé par le primaire étant embrassé par le secondaire; en pratique est égal à environ 0,95 dans un transformateur ordinaire, environ 0,98 dans un transformateur audio et peut descendre à moins de 0,5 dans un transformateur*

haute fréquence, où un couplage lâche est souvent recherché) (cf. aussi loose coupling, tight coupling, overcoupling, coupling degree, magnetic coupling (a), transformer 1), coupled circuits, leakage flux *et* coupling 1)).

coupling degree degré de couplage *(complétude plus ou moins grande d'un couplage) (ce terme s'applique souvent à un couplage magnétique) (cf. aussi* coupling 1) *et* coupling coefficient).

coupling efficiency rendement de couplage *(rapport entre la puissance effectivement transférée et la puissance mise en jeu dans un processus ou un dispositif de couplage) (ce terme s'applique souvent à une fibre optique) (cf. aussi* coupling loss).

coupling factor *cf.* coupling coefficient.

coupling hole trou de couplage *(ouverture de couplage de forme circulaire) (hyper) (cf. aussi* coupling aperture).

coupling loop boucle de couplage *(boucle métallique formée à l'extrémité du conducteur central d'une ligne coaxiale et soudée au conducteur extérieur, puis introduite dans une cavité résonnante ou un guide d'ondes pour y appliquer ou prélever un signal par couplage magnétique en formant une spire incomplète) (hyper) (cf. aussi* magnetic coupling (a), coaxial line *et* coupling probe).

coupling loss pertes de couplage *(noter l'emploi du pluriel en français) (perte de puissance dans un couplage incomplet) (ce terme désigne souvent la perte de puissance optique dans le raccordement d'une fibre optique à une autre fibre optique ou à un dispositif tel qu'un émetteur ou un récepteur pour fibre optique) (cf. aussi* power[1] 1), coupling 1), optical power, coupling efficiency *et* optical fiber).

coupling probe sonde de couplage *(petite tige connectée à une extrémité du conducteur central d'une ligne coaxiale et introduite dans une cavité résonnante ou un guide d'ondes pour y appliquer ou prélever un signal par couplage électrique en formant une petite antenne) (hyper) (cf. aussi* electric coupling 1), coaxial line *et* coupling loop).

coupling slot fente de couplage *(ouverture de couplage de forme allongée) (hyper) (cf. aussi* coupling aperture).

coupling transformer transformateur de liaison *(transformateur monté entre la sortie d'un étage et l'entrée de l'étage suivant pour transmettre le signal à courant variable du premier au second tout en empêchant le passage du courant continu d'alimentation du premier étage au second et pour réaliser l'adaptation d'impédance) (la principale différence entre la liaison par transformateur et la liaison par capacité est l'adaptation d'impédance que la première permet de réaliser; de plus, un transformateur assure une isolation galvanique totale, tandis qu'un condensateur a des fuites) (cf. aussi* transformer 1), impedance matching, coupling capacitor, galvanic isolation *et* coupling 1)).

course 1) route suivie *(direction effectivement suivie par un mobile allongé, notamment un navire ou un avion, indépendamment de l'orientation de son axe longitudinal, c-à-d. direction du vecteur vitesse du mobile) (noter que dans les expressions, le terme ci-dessus est remplacé par le terme impropre « cap ») (nav) (cf. aussi* closing course, opening course, collision course, velocity vector *et* heading). 2) axe de balisage, axe radioélectrique *(axe formé par une des directions matérialisées par les signaux d'un radiophare équisignal) (avia) (cf. aussi* A-N radio range *(au début de la lettre A)).

course computer calculateur de cap *(radionav).*

course deviation *cf.* course error.

course error erreur de cap *(nav) (cf. aussi* course 1)).

course-indicating beacon radiophare *(radionav) (cf. aussi* radio range).

course line *cf.* course *(de même pour les termes dérivés).*

covalent bond liaison de covalence, liaison covalente, liaison homopolaire *(liaison chimique entre deux atomes voisins formée par la mise en commun d'une ou plusieurs paires d'électrons provenant par moitié de chacun des deux atomes) (cf. aussi* chemical bond).

cover an event *v* retransmettre un événement *(radiodif, TV).*

cover grille grille de protection *(haut-parleur) (cfa.* grille).

coverage couverture (a) *étendue, forme et, parfois, altitude relative de la zone atteinte par les ondes émises par un* *émetteur radio, radar ou sonar*) *(cf. aussi* regional coverage, world coverage *et* radar coverage) ; (b) *couverture en fréquence*) *(cf. aussi* frequency coverage).

coverage area **1)** zone couverte, zone de couverture (a) *zone dans laquelle les signaux d'un émetteur radio sont reçus normalement*; (b) *zone dans laquelle un radar peut détecter une cible dans des conditions déterminées.* **2)** zone desservie *(s'ajoute à 1) dans le cas d'un émetteur de radiodiffusion sonore ou visuelle).*

coverage diagram diagramme de couverture *(plan de la zone couverte par un radar ou une balise de radionavigation).*

coverage distance distance de couverture, portée *(émetteur).*

coverage pattern *cf.* coverage diagram.

coverage radius *cf.* coverage distance.

coverlay couche protectrice *(pellicule de matière plastique souple recouvrant la face portant les rubans conducteurs d'un circuit imprimé souple pour les protéger) (cf. aussi* flexible printed circuit).

covert battlefield communications *cf.* covert tactical communications.

covert communications liaisons discrètes, transmissions discrètes *(liaisons radio militaires utilisant des signaux difficiles à intercepter et déchiffrer, ou ces signaux eux-mêmes) (signaux à sauts de fréquence ou à étalement du spectre transmettant des messages généralement chiffrés) (cf. aussi* frequency hopping, spread-spectrum signal *et* military radio communications).

covert echo ranging détection sous-marine discrète *(sonar mil) (cf. aussi* sonar).

covert tactical communications liaisons tactiques discrètes, liaison discrètes sur le champ de bataille, transmissions *(idem) (radiocom. mil) (cf. aussi* covert communications).

CP *cf.* clock pulse.

CPA **1)** *cf.* color phase alternation. **2)** *cf.* closest point of approach.

CPACS *cf.* coded-pulse anti-clutter system.

CPAK *cf.* ceramic flatpack.

CPF *cf.* carrier-pass filter.

CPFSK *(vient de « continuous-phase frequency-shift keying »)* modulation FSK à phase constante, modulation par déplacement de fréquence à phase constante *(tlg) (cf. aussi* frequency-shift carrier).

cps **1)** *cf.* cycle per second. **2)** *cf.* character per second.

CPS *cf.* cps *(ci-dessus).*

CPU *cf.* central processing unit.

CPU board carte unité centrale *(carte enfichable portant les circuits de l'unité centrale d'un micro-ordinateur) (inf) (cf. aussi* printed-circuit board *et* central processing unit).

CPU chip puce d'unité centrale *(puce de microprocesseur) (CI) (cf. aussi* chip 1), central processing unit *et* microprocessor).

CPU-limited limitée par la vitesse de l'unité centrale *(vitesse de traitement de l'information par un ordinateur) (inf) (cf. aussi* processing speed).

CPU slot tranche de temps de l'unité centrale *(inf) (cf. aussi* time slot *et* CPU time).

CPU time temps de l'unité centrale *(temps pendant lequel l'unité centrale d'un ordinateur fonctionne effectivement pour exécuter un traitement d'informations) (inf) (cf. aussi* central processing unit).

CR *cf.* contact resistance.

crack a code *v* trouver la clé d'un code *(déchiffrage clandestin d'un message chiffré) (tls) (mil, etc.) (cf. aussi* encipherment).

crackling crachements *(radio, tél).*

cradle support de combiné *(poste tél) (cf. aussi* handset).

CRC *cf.* cyclic redundancy check.

crash locator *cf.* crash locator beacon.

crash locator beacon balise de détresse d'aéronef *(balise de détresse montée dans un aéronef, notamment un long-courrier, et mise en marche automatiquement par le choc dans le cas ou l'appareil s'écrase au sol) (cf. aussi* distress beacon).

CRC character *(CRC vient de « cyclic redundancy check »)* clé cyclique *(nom donné à un caractère binaire ajouté à un groupe de binaires transmis en série et choisi de telle façon que l'ensemble ainsi formé obéisse aux règles d'un code cyclique)*

(trans. données) (cf. aussi cyclic redundancy check, cyclic code, binary character *et* serial transmission).

CRCC *cf.* CRC character.

creepage **1)** fuite en surface *(cheminement d'électricité entre deux conducteurs sur la surface d'un isolant) (cf. aussi* flashover). **2)** remontées d'électrolyte, *(souvent)* remontées d'acide *(le long des parties non immergées d'un accumulateur à électrolyte liquide) (cf. aussi* electrolyte *et* storage cell 1).

creepage ... *cf.* creeping ...

creeping *s* *cf.* creepage.

creeping distance distance de fuite *(longueur d'une ligne de fuite) (cf. aussi* creeping path).

creeping path ligne de fuite *(chemin suivi par un courant de fuite en surface) (cf. aussi* creepage 1)).

crest *cf.* peak 1).

crest ... *cf.* peak ... *(pour les termes qui ne figurent pas ci-après).*

crest factor facteur de crête *(rapport entre la valeur de crête d'une tension ou d'un courant alternatif et sa valeur efficace) (si la grandeur alternative est sinusoïdale, le facteur de crête est égal à $\sqrt{2} = 1,414$) (cf. aussi* peak value).

crimp contact contact à sertir *(contact de connecteur dont la queue forme un petit tube dans lequel le conducteur dénudé est introduit et serti) (cf. aussi* connector (a)).

crimp lug cosse à sertir *(cosse conçue pour être montée à l'extrémité d'un fil isolé par sertissage sur l'âme de celui-ci) (cosse AMP ou similaire) (cf. aussi* lug).

crimp terminal **1)** borne à sertir *(borne conçue pour être connectée de la même façon qu'un contact à sertir) (cf. aussi* terminal 1) *et* crimp contact). **2)** *cf.* crimp lug.

crimped connection connexion sertie *(connexion d'un fil électrique avec une cosse, un contact de connecteur ou, parfois, une borne réalisée par sertissage) (cf. aussi* crimp lug, crimp contact, crimp terminal 1) *et* connection 2) (a)).

critical angle *(en radioélectricité)* angle de tir critique, angle critique *(angle d'émission d'une onde courte par rapport à l'horizontale à partir duquel l'onde n'est plus réfléchie par l'ionosphère et traverse celle-ci, c.-à-d. ne fait plus ricochet sur l'ionosphère) (propa) (cf. aussi* decametric wave *et* ionospheric propagation).

critical anode voltage tension critique d'anode *(nom parfois donné à la tension d'amorçage d'un tube à gaz) (cf. aussi* firing voltage).

critical coupling couplage critique *(degré de couplage entre deux circuits oscillants couplés pour lequel le transfert d'énergie du premier circuit au second est maximal à la résonance, c-à-d. que l'intensité du courant dans le second circuit est maximale) (cf. aussi* coupling degree *et* coupled circuits).

critical current courant critique, intensité critique du courant *(intensité d'un courant, atteinte en croissant, à laquelle se produit un phénomène déterminé) (cf. aussi* current).

critical damping amortissement critique (a) *amortissement d'un appareil de mesure analogique dans lequel l'aiguille atteint sa position d'équilibre sans osciller autour de celle-ci et ce en un temps minimal) (cf. aussi* instrument damping) ; (b) *valeur d'amortissement d'un circuit au-delà de laquelle il ne peut plus être le siège d'oscillations de résonance, les pertes d'énergie étant excessives) (cf. aussi* resonance).

critical dimension dimension critique *(dimension de la section droite d'un guide d'ondes rectangulaire déterminant la fréquence de coupure du guide, c.-à-d. dimension du grand côté de la section) (hyper) (cf. aussi* rectangular waveguide *et* cut-off frequency).

critical field **1)** champ critique (a) *intensité du champ électrique dans une jonction de semiconducteurs à partir de laquelle se produit le claquage par avalanche) (cf. aussi* avalanche breakdown) ; (b) *cf. aussi* critical magnetic field). **2)** induction critique *(valeur de l'induction dans l'espace d'interaction d'un magnétron à partir de laquelle les électrons émis par la cathode n'atteignent plus l'anode) (cf. aussi* magnetic induction 2) *et* magnetron).

critical frequency **1)** fréquence critique *(fréquence au-delà de laquelle une onde émise verticalement de la Terre n'est plus réfléchie par l'ionosphère et traverse celle-ci) (propa) (cf. aussi* ionospheric propagation). **2)** *cf.* cut-off frequency.

critical grid voltage tension critique de grille, tension de grille à l'amorçage *(thyratron) (cf. aussi* thyratron).

critical magnetic fiel champ magnétique critique, intensité critique du champ magnétique *(intensité d'un champ magnétique, atteinte en croissant, à laquelle se produit un phénomène déterminé) (dans un supraconducteur, intensité d'un champ magnétique statique appliqué à celui-ci à laquelle la supraconduction disparaît) (cf. aussi* magnetic field strength, superconductor *et* magnetostatic field).

critical point point critique *(point le long d'une ligne ou d'une échelle auquel se produit un phénomène déterminé).*

critical temperature température critique *(température, atteinte en croissant ou en décroissant selon le cas, à laquelle se produit un phénomène déterminé) (dans un supraconducteur, température à laquelle apparaît la supraconduction en l'absence de courant et de champ magnétique) (cf. aussi* superconductivity).

critical wavelength longueur d'onde critique *(longueur d'onde correspondant à la fréquence critique) (propa) (cf. aussi* critical frequency *et* wavelength).

critically damped instrument appareil à amortissement critique, appareil de mesure *(idem) (cf. aussi* critical damping).

CRO *cf.* cathode-ray oscilloscope.

CROM *cf.* control ROM.

CROM chip puce de mémoire CROM, *(CI) (cf. aussi* chip 1) *et* control ROM).

Crookes dark space zone obscure de Crookes *(zone située après la zone obscure d'Aston et la lueur cathodique dans un tube à décharge) (cf. aussi* Crookes tube).

Crookes radiometer radiomètre de Crookes *(appareil de démonstration de la conversion directe de l'énergie du rayonnement solaire en mouvement) (est composé d'un moulinet ultra-léger à quatre ailettes polies d'un côté et noires de l'autre, placé sous vide; lorsque l'appareil est exposé au soleil, la différence d'absorption d'énergie rayonnante entre les deux côtés des ailettes fait tourner le moulinet) (cf. aussi* radiometer).

Crookes tube tube de Crookes *(ancien type de tube à décharge utilisé pour étudier les décharges électriques dans les gaz raréfiés) (cf. aussi* discharge tube).

cropped leads sorties courtes *(parf.* raccourcies) *(résistance, condensateur, etc.) (cf. aussi* lead² 2)).

cross-assembler assembleur croisé *(programme assembleur fournissant un programme en langage machine pour un ordinateur différent de celui dans lequel il est utilisé) (inf) (cf. aussi* assembler).

cross-assembling *cf.* cross assembly.

cross-assembly assemblage croisé *(assemblage d'un programme d'ordinateur effectué à l'aide d'un assembleur croisé) (inf) (cf. aussi* cross-assembler).

crossband transponder répondeur à décalage de fréquence *(répondeur d'identification dans lequel la fréquence des signaux émis est différente de celle des signaux d'interrogation reçus) (cf. aussi* transponder 1)).

crossbanding décalage de fréquence *(emploi d'une fréquence pour l'émission et d'une autre pour la réception dans une liaison) (cf. aussi* crossband transponder).

crossbar switch sélecteur Crossbar, commutateur Crossbar, *(parf.)* autocommutateur Crossbar *(sélecteur téléphonique utilisant des contacts portés par deux jeux de barres orthogonales actionnées par des électro-aimants ou, parfois, autocommutateur électromécanique utilisant de tels sélecteurs) (type le plus évolué de sélecteur téléphonique, progressivement remplacé par les systèmes électroniques) (tls) (cf. aussi* selector 1) *et* electromechanical telephone switch).

crossbar switching commutation par sélecteurs Crossbar *(central tél) (cf. aussi* crossbar switch).

crossbar switching system système de commutation Crossbar *(système de commutation téléphonique électromécanique utilisant des sélecteurs Crossbar) (cf. aussi* crossbar switch *et* telephone switching).

cross-channel communication liaison bilatérale à deux fréquences *(liaison radio utilisant une fréquence distincte pour chaque sens de transmission) (cf. aussi* radio link).

cross-color interference diaphotie luminance-chrominance

(effet parasite dû à une action indésirable du signal de luminance sur le signal de chrominance dans un récepteur de télévision en couleurs) (cf. aussi luminance signal *et* chrominance signal).

cross-compiler compilateur croisé *(programme compilateur fournissant un programme en langage machine pour un ordinateur différent de celui pour lequel le programme source utilisé a été écrit) (inf) (cf. aussi* compiler).

cross-compiling compilation croisée *(compilation d'un programme d'ordinateur effectuée à l'aide d'un compilateur croisé) (inf) (cf. aussi* cross-compiler).

cross-connecting frame répartiteur *(central tél) (cf. aussi* distribution frame).

cross-connection interconnexion *(cfa.* interconnection (a)).

cross-correlation intercorrélation *(corrélation dans laquelle le signal de référence est fourni par une source de signaux indépendante) (cf. aussi* correlation (b)).

cross-correlation function fonction d'intercorrélation *(fonction de corrélation obtenue par intercorrélation) (cf. aussi* correlation function *et* cross-correlation).

cross-correlator intercorrélateur *(montage réalisant l'intercorrélation) (cf. aussi* cross-correlation).

cross-coupled *(voir aussi* cross-coupling) 1) couplés transversalement. 2) couplés de façon parasite. 3) rétrocouplés.

cross-coupling 1) couplage transversal *(couplage entre deux ondes dont les directions de propagation sont approximativement perpendiculaires, notamment dans une jonction de guides d'ondes) (cf. aussi* waveguide junction). 2) couplage parasite *(ou indésirable) (cf. aussi* inductive coupling (b) *et* crosstalk 1)). 3) rétrocouplage *(dans un montage symétrique, liaison de la sortie d'une branche à l'entrée de l'autre, et vice versa) (cf. aussi* multivibrator).

crossed-dipole antenna antenne tourniquet *(cf. aussi* turnstile antenna).

crossed-field amplifier (tube) amplificateur à champs croisés, (tube) amplificateur hyperfréquence *(idem) (amplificateur hyperfréquence de puissance réalisé sous la forme d'un tube à champs croisés, généralement à configuration circulaire) (ces termes désignent implicitement un tel tube utilisant l'onde directe, mais couvrent également les tubes à onde inverse) (cf. aussi* amplitron, power microwave amplifier, crossed-field tube *et* forward wave).

crossed-field backward-wave oscillator (tube) oscillateur à onde régressive à champs croisés *(ou* à configuration circulaire) *(carcinotron M, stabilotron) (cf. aussi* crossed-field tube, M-type carcinotron, stabilotron tube *et* backward-wave oscillator).

crossed-field BWO *cf.* crossed-field backward-wave oscillator.

crossed-field device *cf.* crossed-field tube.

crossed-field microwave tube *cf.* crossed-field tube.

crossed-field tube tube à champs croisés, tube du type M, tube à configuration circulaire, tube hyperfréquence *(idem) (dans le cas général, tube hyperfréquence dans lequel les électrons émis par la cathode ou la sole forment un nuage d'électrons tournant dans l'espace annulaire compris entre celle-ci et l'anode sous l'action du champ électrique radial créé par l'anode et du champ magnétique axial créé par un aimant puissant, en cédant de l'énergie au signal à amplifier ou entretenir appliqué à l'anode) (dans le cas général d'un tube à configuration circulaire, le « M » vient de « magnétique » et rappelle que le champ magnétique fait partie intégrante du fonctionnement du tube en imposant une trajectoire spirale aux électrons par action de la force de Laplace) (magnétron, amplitron, carcinotron M, stabilotron, etc.) (voir ces termes) (cf. aussi* linear-beam tube *et* microwave tube).

crossed loop antennas antenne à cadres croisés *(ou orthogonaux) (radiogoniomètre) (cf. aussi* Bellini-Tosi system).

crossed slot fente cruciforme, fente rayonnante cruciforme *(fente rayonnante en forme de croix) (antenne hyper) (cf. aussi* slot antenna).

cross-eye jamming brouillage par scintillation (artificielle) *(mil) (cf. aussi* artificial glint).

cross-field ... *cf.* crossed-field ... *(plus haut).*

cross-guide directionnal coupler coupleur directif à guides à 90° *(ou* orthogonaux) *(coupleur directif en guide d'ondes à couplage par le grand côté dans lequel les guides d'ondes forment un angle de 90°) (hyper) (cf. aussi* waveguide directional coupler).

cross-hatch generator générateur de mire en damier *(TV) (cf. aussi* test-pattern generator).

cross-hatched pattern mire en damier *(TV) (cf. aussi* test pattern 1)).

cross modulation transmodulation *(réception simultanée, par un récepteur radio, du signal utile et d'un signal affaibli à fréquence voisine par suite du manque de sélectivité ou de linéarité de l'étage d'entrée du récepteur) (cf. aussi* selectivity (a), linearity, radio receiver *et* modulation (a)).

cross-neutralization neutrodynage croisé *(neutrodynage de chacune des deux moitiés d'un amplificateur symétrique haute fréquence par une tension prélevée sur l'autre moitié à l'aide d'un condensateur monté entre l'électrode de sortie d'une moitié et l'électrode d'entrée de l'autre moitié) (l'ensemble des deux capacités parasites et des deux condensateurs de neutrodynage forme un pont dont deux sommets opposés sont connectés aux bornes du circuit oscillant d'entrée et les deux autres sommets aux bornes du circuit oscillant de sortie ; lorsque les quatre capacités ont la même valeur, le pont est équilibré et le neutrodynage est parfait) (cf. aussi* neutralization, push-pull amplifier *et* bridge).

cross-on groove *cf.* crossover spiral.

crossover 1) croisement *(de deux conducteurs isolés entre eux, notamment sur le substrat d'un circuit intégré) (cf. aussi* integrated circuit). 2) point de première convergence *(point de l'axe du faisceau d'électrons dans un tube cathodique où les rayons du faisceau se croisent après la sortie du canon à électrons) (cf. aussi* electron gun). 3) *cf.* crossover point.

crossover frequency fréquence de transition *(fréquence de passage d'un mode de fonctionnement à un autre dans un même processus)* (a) *fréquence constituant la frontière entre les fréquences inférieures et les fréquences supérieures dans un filtre d'aiguillage) (cf. aussi* crossover network) ; (b) *gravure des disques) (cf. aussi* transition frequency (a)).

crossover network filtre d'aiguillage *(filtre monté dans une enceinte acoustique pour diriger les fréquences inférieures du signal audio vers le haut-parleur de graves et les fréquences supérieures vers le haut-parleur d'aigus) (hifi) (cf. aussi* loudspeaker system, woofer *et* tweeter).

crossover point 1) point de croisement *(cf. aussi* crossover 1)). 2) point de transition *(point de passage d'un stade d'un processus au stade suivant, sur un graphique).*

crossover region zone de transition *(zone étroite comprise entre deux zones où les signaux émis par une aide à la navigation aérienne sont différents) (cf. aussi* navigation aid).

crossover spiral sillon de raccordement *(disque) (cf. aussi* lead-over groove).

crosspoint point de connexion *(jeu de contacts de commutateur ou de relais ou transistor de commutation assurant la mise en liaison de deux lignes dans le réseau de connexion d'un autocommutateur téléphonique) (cf. aussi* switching network).

crosspoint array *cf.* crosspoint matrix.

crosspoint matrix matrice de points de connexion *(ensemble de points de connexion formant une matrice du point de vue fonctionnel, la fermeture d'un circuit étant commandée par coïncidence d'excitation de la ligne et la colonne correspondantes) (réseau de connexion) (central tél) (cf. aussi* crosspoint *et* matrix).

crosspoint matrix switch (auto)commutateur à matrice de points de connexion *(central tél) (cf. aussi* telephone switch *et* crosspoint matrix).

crosspoint reed relay relais à tiges pour point de connexion *(relais à tiges dont les contacts sont utilisés pour former un point de connexion) (central tél) (cf. aussi* reed relay *et* crosspoint).

crosspoint switch dispositif de commutation pour point de connexion *(contacts de commutateur pas-à-pas ou de relais, ou transistor de commutation) (central tél) (cf. aussi* crosspoint).

crosspoint switching commutation par points de connexion *(commutation téléphonique) (cf. aussi* crosspoint).

crosspoint switching matrix *cf.* crosspoint matrix.

crosspoint-type ... *cf.* crosspoint ...

cross-polar ... *cf.* cross-polarization ...

cross-polarization polarisation croisée, polarisation circulaire croisée, polarisation contrarotative *(polarisation des deux ondes émises par une antenne à polarisation circulaire croisée, l'une d'elles étant à polarisation circulaire droite et l'autre à polarisation circulaire gauche) (est utilisée dans certains faisceaux hertziens pour doubler la capacité de la liaison) (cf. aussi* circular polarization).

cross-polarization crosstalk *cf.* cross-polarization interference.

cross-polarization discrimination discrimination entre signaux à polarisation circulaire croisée *(cf. aussi* cross-polarization).

cross-polarization interference interférence *(ou* diaphonie) entre signaux à polarisation circulaire croisée *(faisceau hz) (cf. aussi* cross-polarization *et* crosstalk 1)).

cross-polarization isolation isolement des signaux à polarisation circulaire croisée *(absence plus ou moins complète de couplage électromagnétique entre les signaux des deux ondes formant une onde à polarisation circulaire croisée) (il en résulte une absence plus ou moins complète de diaphonie entre les signaux des deux ondes) (faisceau hz) (cf. aussi* cross-polarization *et* crosstalk 1)).

cross-polarized aerial *(GB) cf.* cross-polarized antenna.

cross-polarized antenna antenne à polarisation croisée, *(etc.) (antenne de faisceau hertzien émettant ou recevant deux ondes à polarization croisée obtenues en excitant le réflecteur par deux sources primaires appropriées disposées de part et d'autre de l'axe du réflecteur) (cf. aussi* cross-polarization *et* antenna).

cross-polarized signals signaux à polarisation circulaire croisée *(faisceau hz) (cf. aussi* cross-polarization).

cross-polarized waves ondes à polarisation circulaire croisée *(faisceau hz) (cf. aussi* cross-polarization).

cross-products produits d'intermodulation *(ampli) (cf. aussi* intermodulation products).

cross-regualtion interrégulation *(régulation mutuelle des tensions ou courants de sortie d'une alimentation régulée à sortie multiples) (cf. aussi* regulated power supply *et* multi-output power supply).

cross section 1) section droite, section *(d'un conducteur, etc.).* 2) surface équivalente *(cible radar) (cf. aussi* radar cross section).

crosstalk 1) diaphonie *(couplage parasite entre deux circuits ou voies téléphoniques ou deux pistes d'une bande magnétiques ou autre support d'informations) (cf. aussi* near-end crosstalk, far-end crosstalk, crosstalk unit *et* telephone circuit). 2) interférence *(entre deux émissions de radiodiffusion).*

crosstalk attenuation affaiblissement de diaphonie *(ou* diaphonique) *(affaiblissement du signal perturbateur entre le point d'émission de celui-ci et l'extrémité considérée du circuit perturbé) (se mesure en unités de diaphonie ou en décibels) (tél) (cf. aussi* crosstalk 1)).

crosstalk isolation isolement de diaphonie *(absence plus ou moins complète de diaphonie) (cf. aussi* crosstalk 1)).

crosstalk level niveau de diaphonie *(tél, enr. mag) (cf. aussi* level 1) *et* crosstalk 1)).

crosstalk meter diaphomètre, contrôleur de diaphonie *(appareil permettant de mesurer la diaphonie entre deux circuits téléphoniques en envoyant un courant alternatif à 800 Hz dans la ligne perturbatrice et en branchant un détecteur à l'extrémité réceptrice de la ligne perturbée, puis en connectant les deux organes aux extrémités d'une ligne artificielle à affaiblissement réglable et en réglant celui-ci jusqu'à obtenir la même amplitude du signal à la sortie du détecteur, la diaphonie étant égale de cet affaiblissement) (tls) (cf. aussi* crosstalk unit *et* artificial line).

crosstalk unit unité de diaphonie *(unité de mesure de la diaphonie entre circuits téléphoniques) (est égale au millionième (10^{-6}) de la racine carrée du rapport entre la puissance* *fournie à l'extrémité émettrice du circuit perturbateur et la puissance reçue à l'extrémité réceptrice du circuit perturbé, pour une fréquence déterminé du signal perturbateur et des impédances de charge égales des deux circuits) (à titre indicatif, 1 000 unités de diaphonie représentent 60 dB d'affaiblissement du signal perturbateur au point de réception par rapport au point d'émission) (noter que la diaphonie se mesure en termes d'affaiblissement et non d'amplitude) (tél) (cf. aussi* crosstalk 1), crosstalk meter, power[1] 1), load impedance, decibel *et* attenuation (a)).

crosstrack distance *cf.* crosstrack error.

crosstrack error erreur transversale *(ou* latérale) *(erreur de position d'un mobile dans la direction perpendiculaire à celle qu'il suit) (nav) (cf. aussi* position-fixing error).

cross-under croisement (de connexions) *(CI) (cf. aussi* cross-over 1) *(plus haut)*).

cross-wound coil bobinage en nid d'abeilles *(cf. aussi* honeycomb coil).

crowbar protecteur à thyristor, protection par thyristor, thyristor de protection *(selon le contexte) (thyristor monté en parallèle sur les bornes de sortie d'une alimentation et rendu conducteur par toute augmentation excessive de la tension de sortie pour protéger instantanément la charge de l'alimentation contre les surtensions) (la mise en court-circuit des bornes de sortie de l'alimentation réalisée par le thyristor est instantanée et fait tomber à zéro la tension aux bornes du circuit alimenté pendant le temps nécessaire au fusible ou au disjoncteur pour couper l'alimentation) (la protection est donc instantanée, ce qui est essentiel pour certains circuits) (cf. aussi* thyristor *et* power supply 2)).

crowbar circuit *cf.* crowbar protection circuit.

crowbar overvoltage protection protection contre les surtensions assurée par court-circuit, *(etc.) (alim) (cf. aussi* crowbar).

crowbar power puissance en court-circuit *(au sens du terme anglais, puissance qu'une alimentation peut fournir en court-circuit avant coupure du circuit par un dispositif de protection ou par destruction d'un composant) (cf. aussi* power[1] 1) *et* crowbar).

crowbar protection protection par court-circuit *(alim) (cf. aussi* crowbar).

crowbar protection circuit circuit de protection par court-circuit *(alim) (cf. aussi* crowbar).

crowbarring emploi d'un thyristor de protection, montage d'un thyristor de protection *(alim) (cf. aussi* crowbar).

crowding *cf.* current crowding.

crowding distance longueur de conduction localisée *(transistor bipolaire) (cf. aussi* current crowding).

CRT 1) *cf.* cathode-ray tube. 2) *cf.* current transfer ratio.

CRT chip *cf.* CRT controller chip.

CRT control commande de tube cathodique *(parf. du ...)*, commande de présentation *(parf. de la ...)*, commande vidéo *(cf. aussi* CRT controller).

CRT controller régisseur de tube cathodique, régisseur d'écran (cathodique), régisseur vidéo, régisseur de présentation (vidéo) *(régisseur intégré commandant l'allumage et l'extinction du point lumineux sur l'écran d'un terminal à écran cathodique en fonction des informations contenues dans la mémoire vidéo de l'appareil pour former le graphisme correspondant sur l'écran) (ne pas employer « contrôleur de tube cathodique ») (inf) (cf. aussi* controller 1), display terminal *et* video memory).

CRT controller chip puce de régisseur de tube cathodique, *(etc.) (cf. aussi* CRT controller *et* chip 1)).

CRT display 1) présentation sur écran cathodique, *(etc.) (cf. aussi* display[1] 1) *et* CRT screen). 2) présenteur vidéo *sm (cf. aussi* video monitor). 3) *cf.* radar indicator.

CRT display terminal *cf.* CRT terminal.

CRT drive circuit base de temps *(app. à tube cath) (cf. aussi* time base (c)).

CRT drive circuitry circuits d'attaque du tube cathodique *(base de temps et amplificateur vertical d'un oscilloscope) (cf. aussi* time base (c) *et* vertical amplifier).

CRT graticule graticule de tube cathodique *(parf. du ...)* *(oscillo, etc.) (cf. aussi* graticule).

CRT hood visière de tube cathodique *(oscillo, etc.) (cf. aussi* viewing hood).

CRT illumination *cf.* graticule illumination.

CRT memory mémoire à tube cathodique *(nom parfois donné à un tube à mémoire) (cf. aussi* storage tube).

CRT message message présenté sur l'écran *(ou* affiché ...) *(d'un appareil à tube cathodique et notamment d'un micro-ordinateur ou d'un terminal à écran) (inf, etc.).*

CRT monitor présenteur vidéo à tube cathodique *(clpf) (cf. aussi* video monitor *et* cathode-ray tube).

CRT overlay graticule rapporté *(graticule extérieur portant des divisions spéciales adaptées à des mesures particulières, utilisé notamment sur certains analyseurs de réseaux) (cf. aussi* external graticule *et* network analyzer).

CRT phosphor luminophore de tube cathodique *(parf. du ...) (cas général) (cf. aussi* phosphor).

CRT photography photographie d'écran cathodique, *(parf.)* photographie de l'écran *(oscillo, etc.) (cf. aussi* oscillogram (a)).

CRT presentation présentation sur écran cathodique *(oscillo, etc.) (cf. aussi* CRT display 1), *le premier terme étant peu employé).*

CRT readout affichage sur écran cathodique *(parf.* sur l'écran ...) *(affichage d'informations alphanumériques sur l'écran d'un oscilloscope ou appareil dérivé) (cf. aussi* CRT display 1) *et* alphanumeric data).

CRT screen écran de tube cathodique *(parf.* du ...), écran cathodique *(cf. aussi* cathode-ray tube).

CRT storage 1) mémorisation par tube cathodique *(mémorisation dans un tube à mémoire) (cf. aussi* storage tube). 2) *cf.* CRT memory.

CRT storage oscilloscope oscilloscope à mémoire dans le tube (cathodique) *(nom parfois donné à un oscilloscope à mémoire analogique pour rappeler sa particularité) (cf. aussi* analog storage oscilloscope).

CRT storage scope *cf.* CRT storage oscilloscope.

CRT storage technology (la) technique de la mémorisation par tube cathodique *(cf. aussi* CRT storage oscilloscope *et* technology).

CRT technology (la) technique des tubes cathodiques *(cf. aussi* cathode-ray tube *et* technology).

CRT terminal terminal à écran cathodique *(clpf d'un terminal à écran) (inf) (cf. aussi* display terminal).

CRT trace trace formée sur l'écran (cathodique) *(parf.* sur un ...) *(oscillo, etc.) (cf. aussi* trace[1] 1)).

CRT unit version à tube cathodique *(présenteur vidéo, terminal à écran, etc.) (clpf) (cf. aussi* unit 3), video monitor *et* CRT terminal).

CRV 1) *cf.* continuously rated voltage. 2) *cf.* contact resistance variation.

cryoelectronics (la) cryoélectronique *(électronique utilisant des dispositifs fonctionnant à des températures cryogéniques, c-à-d., proches du zéro absolu, pour exploiter l'effet de supraconduction dans les conducteurs ou réduire le bruit d'agitation thermique) (cf. aussi* electronics[1], superconductivity *et* thermal noise).

cryogenic device dispositif cryogénique *(dispositif électronique ou autre conçu pour fonctionner à des températures cryogéniques) (cf. aussi* cryoelectronics).

cryogenic memory mémoire cryogénique, mémoire à supraconduction *(mémoire intégrée dont chaque cellule utilise un ou plusieurs dispositifs de commutation à supraconduction) (inf) (cf. aussi* solid-state memory, memory cell *et* cryogenic switching device).

cryogenic parametric amplifier amplificateur paramétrique cryogénique *(amplificateur paramétrique conçu pour fonctionner à des températures cryogéniques pour réduire son bruit propre) (cf. aussi* cryoelectronics, parametric amplifier *et* internal noise).

cryogenic storage 1) mémorisation dans une mémoire cryogénique *(cf. aussi* cryogenic memory). 2) *cf.* cryogenic memory.

cryogenic switching device dispositif de commutation à supraconduction *(ou* cryogénique) *(cryotron, jonction Josephson, etc.) (cf. aussi* cryotron, Josephson junction *et* switching device).

cryostat cryostat *(enceinte réfrigérée à température cryogénique pour circuits supraconducteurs)* *(cf. aussi* cryoelectronics *et* superconductor).

cryotron cryotron *(dispositif de commutation formé essentiellement d'un tronçon de supraconducteur et d'un conducteur de commande transversal pouvant être parcouru par un courant créant un champ magnétique qui fait cesser la supraconduction) (dans le cas général d'un cryotron servant de cellule de mémoire ou d'élément de circuit logique, le supraconducteur et le conducteur sont des lamelles microscopiques réalisées sur le substrat d'un circuit intégré monolithique)* *(cf. aussi* switching device, superconductor, critical magnetic field, memory cell, logic circuit *et* monolithic integrated circuit).

cryotronics *cf.* cryoelectronics.

cryptanalysis déchiffrage clandestin *(déchiffrage d'un message chiffré intercepté par un tiers ne connaissant pas la clé du code employé pour le chiffrage) (tls) (mil, etc.)* *(cf. aussi* encipherment).

cryptographic technique méthode de chiffrage *(des messages secrets) (tls) (mil, etc.)* *(cf. aussi* encipherment).

cryptography chiffrage *(des messages secrets) (tls) (mil, etc.)* *(cf. aussi* encipherment).

crystal 1) cristal *(piézoélectrique, semiconducteur, liquide, etc.)* *(cf. aussi* piezoelectric crystal, semiconductor crystal *et* liquid crystal). 2) quartz *(piézoélectrique)* *(cf. aussi* quartz).

crystal activity activité du quartz *(parf.* d'un quartz) *(amplitude de vibration d'un élément en quartz utilisé comme résonateur)* *(cf. aussi* quartz resonator).

crystal ageing *cf.* crystal aging. *(ci-après).*

crystal aging vieillissement du quartz *(parf.* d'un quartz) *(variation de la fréquence propre d'un résonateur à quartz en fonction du temps due à des modifications lentes de la structure du quartz)* *(cf. aussi* natural frequency *et* quartz resonator).

crystal blank élément piézoélectrique (nu) *(c-à-d. non encore muni d'armatures)* *(cf. aussi* piezoelectric element, crystal slab *et* crystal plate).

crystal burn-out destruction des cristaux mélangeurs *(destruction des cristaux du mélangeur d'un récepteur hyperfréquence par échauffement dû à la puissance excessive du signal reçu) (radar, etc.)* *(cf. aussi* crystal mixer *et* signal power).

crystal can boîtier de quartz *(petit boîtier métallique hermétique dans lequel est monté un quartz d'oscillateur dans une atmosphère d'azote ou sous vide)* *(cf. aussi* oscillator crystal).

crystal-can relay relais subminiature *(relais électromagnétique monté dans un boîtier dont la taille est comparable à celle d'un boîtier de quartz, c-à-d. très petite)* *(cf. aussi* electromagnetic relay *et* crystal can).

crystal-can-size relay *cf.* crystal-can relay.

crystal cartridge *cf.* crystal pick-up.

crystal clok horloge à quartz, *(parf.)* pendule à quartz *(cf. aussi* quartz watch).

crystal-clock oscillator oscillateur d'horloge à quartz *(cf. aussi* quartz watch).

crystal-clocked watch montre à quartz *(cf. aussi* quartz watch).

crystal control pilotage par quartz, pilotage en fréquence par quartz *(oscillateur)* *(cf. aussi* crystal oscillator).

crystal-controlled clock *cf.* crystal clock.

crystal-controlled clock oscillator *cf.* crystal-clock oscillator.

crystal-controlled frequency fréquence pilotée par quartz *(fréquence du courant fourni par un oscillateur à quartz)* *(cf. aussi* crystal oscillator).

crystal-controlled oscillator *cf.* crystal oscillator.

crystal-controlled receiver récepteur à quartz *(récepteur superhétérodyne dont l'oscillateur local est piloté par quartz)* *(cf. aussi* superheterodyne receiver, local oscillator *et* crystal oscillator).

crystal-controlled source *cf.* crystal-controlled oscillator.

crystal-controlled transmitter émetteur à quartz *(émetteur radioélectrique dont l'oscillateur est piloté par quartz)* *(cf. aussi* RF transmitter *et* crystal oscillator).

crystal-controlled variable range marker cercle de distance réglable piloté par quartz *(cercle de distance réglable produit par un oscillateur à quartz) (écran radar)* *(cf. aussi* variable range marker *et* crystal oscillator).

crystal-controlled VRM *cf.* crystal-controlled variable range marker.

crystal-controlled watch montre à quartz *(cf. aussi* quartz watch).

crystal cut coupe d'un quartz (piézoélectrique) *(parf.* du ...) *(orientation d'une lame ou autre élément de quartz dans le cristal initial par rapport aux axes électriques de celui-ci)* *(cf. aussi* angle of cut *et* crystal blank).

crystal cutter graveur piézoélectrique *(graveur de disques comparable à une tête de lecture piézoélectrique, mais utilisant l'effet piézoélectrique inverse)* *(cf. aussi* cutter *et* inverse piezoelectric effect).

crystal detector 1) détecteur à galène *(détecteur d'enveloppe dans lequel le redressement du courant à haute fréquence est réalisé par une pointe métallique appuyant sur un petit bloc de sulfure de plomb appelé aussi « galène », l'ensemble formant une diode à pointe) (la galène a été le premier semiconducteur utilisé en électronique, ou « T.S.F. » à l'époque)* *(cf. aussi* crystal set, detection 2) *et* point-contact diode). 2) détecteur à cristal *(composant contenant une diode hyperfréquence utilisée comme détecteur d'enveloppe dans un récepteur hyperfréquence ou un appareil analogue)* *(cf. aussi* waveguide crystal detector, coaxial crystal detector, microwave diode *et* detector 2)).

crystal diode diode à cristal *(cf. aussi* semiconductor diode).

crystal drive *cf.* crystal control.

crystal filter filtre à quartz *(filtre accordé utilisant un résonateur à quartz pour donner une bande passante très étroite) (est employé notamment dans un étage à fréquence intermédiaire d'un récepteur de trafic pour augmenter la sélectivité pour la réception du Morse, un interrupteur permettant de ponter le quartz pour la radiotéléphonie)* *(cf. aussi* tuned filter, quartz resonator, communications receiver *et* Morse code).

crystal filtering filtrage par filtre à quartz *(récepteur)* *(cf. aussi* crystal filter).

crystal frequency fréquence d'oscillation du quartz *(parf.* d'un quartz) *(résonateur à quartz)* *(cf. aussi* quartz resonator).

crystal frequency control *cf.* crystal control.

crystal frequency drift dérive de la fréquence du quartz *(d'un oscillateur à quartz) (dérive due au vieillissement ou à une variation de température)* *(cf. aussi* crystal oscillator).

crystal frequency standard étalon de fréquence à quartz *(cf. aussi* quartz frequency standard).

crystal-growing furnace four de tirage (de cristaux) *(four utilisé pour l'élaboration de monocristaux de semiconducteur par la méthode de Czockralski ou par la méthode de zone flottante)* *(cf. aussi* single crystal, Czockralski method *et* zone refining).

crystal growth croissance des cristaux *(parf.* du cristal) *(dans l'élaboration des semiconducteurs pour composants électroniques, ce terme désigne en fait la croissance des monocristaux)* *(cf. aussi* single crystal).

crystal headphone écouteur piézoélectrique *(écouteur constitué approximativement comme un haut-parleur piézoélectrique) (électroacou)* *(cf. aussi* headphone *et* crystal loudspeaker).

crystal headphones casque piézoélectrique *(hifi)* *(cf. aussi* crystal headphone).

crystal holder support de quartz *(résonateur à quartz)* *(cf. aussi* quartz resonator).

crystal hydrophone hydrophone piézoélectrique *(hydrophone analogue à un microphone piézoélectrique)* *(cf. aussi* hydrophone *et* crystal microphone).

crystal ladder filter filtre en échelle à quartz *(cf. aussi* ladder filter *et* crystal filter).

crystal laser laser à cristal *(laser à solide dans lequel celui-ci est un cristal transparent homogène, le milieu actif effectif étant excité par pompage optique) (le cristal peut être pur comme dans le laser à rubis ou dopé comme dans le laser YAG)* *(cf. aussi* ruby laser, YAG laser, solid-state laser, lasing medium *et* optical pumping).

crystal lattice réseau cristallin *(semi, métal) (cf. aussi* crystalline material).

crystal lattice filter filtre à quartz en treillis *(filtre en treillis dans lequel un résonateur à quartz est inséré chaque branche pour réduire la bande passante) (récepteur BLU, etc.) (cf. aussi* lattice filter, crystal filter *et* single-sideband receiver).

crytal lattice structure structure du réseau cristallin *(semi, métal) (cf. aussi* crystalline material).

crystal loudspeaker haut-parleur piézoélectrique *(haut-parleur dans lequel les vibrations d'une lame de quartz produites par le signal à basse fréquence sont transmises à la membrane) (utilise l'effet piézoélectrique inverse) (cf. aussi* loudspeaker *et* inverse piezoelectric effect).

crystal microphone microphone piézoélectrique *(microphone dans lequel les ondes sonores font vibrer une lame ou un disque de quartz en faisant apparaître une tension entre ses faces) (utilise l'effet piézoélectrique direct) (cf. aussi* microphone *et* direct piezoelectric effect).

crystal mixer mélangeur à cristal *(changeur de fréquence dans lequel l'élément non linéaire est une diode à semiconducteur ou un ensemble de diodes) (hyper) (cf. aussi* mixer *et* semiconductor diode).

crystal operation *cf.* crystal control.

crystal orientation orientation du quartz *(cf. aussi* crystal cut).

crystal oscillator oscillateur à quartz, oscillateur piloté par quartz, *(parf.)* pilote à quartz *(oscillateur dans lequel la fréquence des oscillations est stabilisée par un résonateur à quartz oscillant à sa fréquence fondamentale ou à un multiple de celle-ci) (cf. aussi* quartz oscillator, oscillator *et* quartz resonator).

crystal oven enceinte thermostatée *(pour quartz d'oscillateur) (cf. aussi* oven 2) *et* oscillator crystal).

crystal pick-up tête de lecture piézoélectrique, *(etc.) (tête de lecture de tourne-disque dans laquelle les mouvements de la pointe de lecture déforment une lame de cristal piéoélectrique utilisant l'effet piézoélectrique direct pour fournir un signal reproduisant les sons enregistré) (electroacou) (cf. aussi* phonograph pick-up, piezoelectric crystal *et* direct piezoelectric effect).

crystal pickup *cf.* crystal pick-up. *(ci-dessus).*

crystal plate lame de quartz *(munie d'armatures) (cf. aussi* crystal blank).

crystal pulling tirage des monocristaux *(parf. du monocristal) (procédé d'élaboration des monocristaux de semiconducteur par tirage d'un germe du semiconducteur hors d'un bain de celui-ci) (cf. aussi* Czockralski method).

crystal receiver 1) récepteur à cristal mélangeur *(hyper) (cf. aussi* crystal mixer). 2) crystal set.

crystal rectifier redresseur à semiconducteur *(diode à jonction de redressement) (cf. aussi* p-n rectifier *(au début de la lettre P)).*

crystal reference *cf.* crystal oscillator.

crystal reference frequency fréquence de référence fournie par un oscillateur à quartz *(cf. aussi* crystal oscillator).

crystal regrowth recristallisation *(des couches superficielles d'un semiconducteur au cours d'une opération de recuit) (cf. aussi* annealing).

crystal resonator résonateur à quartz *(cf. aussi* quartz resonator).

crystal set poste à galène *(récepteur radio utilisant un détecteur à galène) (premier type de récepteur radio ; ne comportait pas d'alimentation ni, par conséquent, d'étages amplificateurs, le signal reçu étant la seule source d'énergie utilisée pour faire vibrer la membrane des écouteurs) (cf. aussi* radio receiver *et* crystal detector).

crystal slab canon de quartz *(bloc de quartz dans lequel sont sciés des éléments piézoélectriques) (cf. aussi* quartz *et* piezoelectric element).

crystal speaker *cf.* crystal loudspeaker.

crystal-stabilized ... *cf.* crystal-controlled ...

crystal tester contrôleur de quartz *(appareil servant à contrôler le fonctionnement des quartz d'oscillateur) (cf. aussi* oscillator crystal).

crystal time base base de temps pilotée par quartz *(base de temps utilisant un oscillateur piloté par quartz) (oscillo, générateur, etc.) (cf. aussi* time base (c) *et* crystal oscillator).

crystal transducer capteur piézoélectrique *(cf. aussi* piezoelectric transducer).

crystal unit cristal complet, *(souvent)* quartz complet *(élément piézoélectrique unique ou multiple muni d'électrodes, d'un support et généralement d'un boîtier) (cf. aussi* piezoelectric element *et* quartz).

crystal video detector détecteur vidéo à cristal *(récepteur radar) (cf. aussi* video detector *et* crystal detector 2)).

crystal video receiver récepteur vidéo à cristal *(récepteur à large bande de détecteur de radars formé essentiellement d'un détecteur vidéo à crystal et d'un amplificateur vidéo) (mil) (cf. aussi* wide-open receiver, radar warning receiver, crystal video detector *et* video amplifier).

crystalline film *cf.* crystalline layer.

crystalline germanium germanium cristallin *(clpf) (semi) (cf. aussi* germanium *et* crystalline material).

crystalline layer couche cristalline, *(souvent aussi)* couche de semiconducteur cristallin *(clpf) (cf. aussi* crystalline material).

crystalline material solide cristallin, solide cristallisé, *(etc.) (solide possédant un réseau cristallin) (en d'autres termes, solide à structure ordonnée, la disposition des atomes étant régulière et périodique) (métal à l'état solide, semiconducteur à l'état solide cristallisé, etc.) (cf. aussi* material, polycrystal, single crystal *et* amorphous material).

crystalline silicon silicium cristallin *(clpf) (semi) (cf. aussi* silicon *et* crystalline material).

crystalline substrate substrat cristallin *(circuit intégré monolitique) (cas général) (semi) (cf. aussi* monolithic integrated-circuit substrate *et* crystalline material).

CS 1) *cf.* chip select. 2) *cf.* communications service.

cs^2 beam *cf.* cosecant-squared beam.

CSLC *cf.* coherent side-bobe cancellation.

CSMA/CD network *(CSMA/CD vient de « carrier-sense multiple-access with collision detection »)* réseau CSMA/CD, réseau à détection de porteuse et de collision, réseau à détection de porteuse avec détection de collision *(réseau informatique local dans lequel une station peut émettre à n'importe quel moment si une autre station n'est pas déjà en émission, auquel cas l'émission de la première station « entrerait en collision » avec celle de la deuxième, ceci étant alors évité par détection du signal émis par la deuxième station, inhibition de l'émission de la première station et nouvel essai après un temps aléatoire, très court, et ainsi de suite jusqu'à ce que la première station trouve la « voie libre » et puisse alors émettre) (si deux ou plusieurs stations s'apprêtent à émettre au même instant après avoir trouvé ensemble la voie libre, leurs émissions entrent en collision, ce qui les inhibe ; le temps d'attente entre essais successifs étant aléatoire, donc généralement différent d'une station à l'autre, le risque de collision entre ces émissions au deuxième essai est fortement réduit, et ainsi de suite à chaque nouvel essai éventuel) (télinf) (cf. aussi* carrier detection *et* local computer network).

CSR *cf.* continuous speech recognition.

CSYNC *cf.* composite synchronization signal.

CT *cf.* center tap.

CT cut coupe CT *(coupe d'une plaquette de quartz selon un angle donnant une fréquence propre inférieure à 500 khz, c-à-d. relativement basse) (résonateur à quartz) (cf. aussi* angle of cut *et* quartz resonator).

CT-cut crystal quartz à coupe CT *(cf. aussi* CT cut).

CTD *(vient de « charge transfer device »)* circuit CTD, circuit *(parf.* dispositif) à transfert de charges *(circuit intégré à semiconducteur dont le fonctionnement est fondé sur le déplacement successif de charges électriques) (termes génériques couvrant (en 1990) les CCD, les BBD et les CID) (cf. aussi* CCD, BBD, CID *et* semiconducteur integrated circuit).

CTE *cf.* charge-transfer efficiency.

CTI *cf.* charge-transfer inefficiency.

CTL *cf.* complementary-transistor logic.

CTR *cf.* current transfert ratio.

CTS *(vient de « clear to send »)* CTS, prêt à émettre *(noms donnés au signal émis par un modem à destination de l'appa-*

reil auquel il est associé après une demande d'émission de celui-ci) (trans. données) (cf. aussi modem).

CU *cf.* crosstalk unit.

cube corner prism *cf.* cube corner reflector.

cube corner prism reflector *cf.* cube corner reflector.

cube corner reflector réflecteur en coin de cube *(cible radar ou laser) (cf. aussi* trihedral reflector).

cue channel *cf.* cue circuit.

cue circuit circuit de signalisation *(radiodif).*

cue pulse impulsion de repérage *(bande vidéo).*

cue signalling signalisation d'ordres *(radiodif).*

cueing repérage *(sur bande magnétique, etc.).*

CUJT *cf.* complementary unijunction transistor.

cumulative ionization ionisation cumulative *(cf. aussi* avalanche ionization).

cupping cambrure, courbure transversale *(bande magnétique).*

cuprous oxide oxyde cuivreux *(semi) (cf. aussi* copper-oxide rectifier).

curie curie, Ci *(unité de radioactivité égale à 3,7 × 10^{10} désintégrations par seconde, soit à l'émission d'autant de particules alpha ou bêta) (atome) (cf. aussi* radioactivity).

Curie point point de Curie *(température à partir de laquelle un corps ferromagnétique devient paramagnétique, c-à-d. perd pratiquement toute aimantation) (cf. aussi* ferromagnetism *et* paramagnetism).

Curie's law loi de Curie *(loi physique, démontrée incorrecte et corrigée par Weiss, selon laquelle la susceptibilité magnétique d'un corps ferromagnétique au-dessus du point de Curie est inversement proportionnelle à sa température absolue) (cf. aussi* Curie-Weiss law).

Curie temperature température du point de Curie *(cf. aussi* Curie point).

Curie-Weiss law loi de Curie-Weiss *(loi physique selon laquelle la susceptibilité magnétique d'un corps ferromagnétique au-dessus du point de Curie est inversement proportionnelle à la différence entre la température absolue du corps et le point de Curie) (paramagnétisme des corps ferromagnétiques au-dessus du point de Curie) (cf. aussi* Curie's law, magnetic susceptibility *et* Curie point).

curl rotationnel *s (vecteur représentant la torsion des lignes de champ d'un champ vectoriel lorsque ces lignes forment des hélices) (lorsque les lignes de champ sont des droites, le rotationnel est, par conséquent, nul) (cf. aussi* vector^1 (a), field line *et* vector field).

curl field champ tourbillonnaire *(cf. aussi* curl).

current *(en cas d'hésitation entre 1) et 2), employer 1))* **1)** courant (électrique) *(cf. aussi* electric current). **2)** intensité *(d'un courant électrique) (quantité d'électricité passant dans un conducteur par unité de temps) (cf. aussi* ampere).

current access accès en courant *(mémoire à bulles) (cf. aussi* bubble memory *et* field access).

current adjustment réglage d'intensité (de courant), réglage de courant, *(souvent)* réglage de l'intensité (du courant), réglage du courant *(fixation de la valeur effective de l'intensité d'un courant d'intensité réglable, notamment à l'aide d'un rhéostat) (cf. aussi* current setting, current control, adjustment 1), current 2) *et* rheostat).

current amperage *cf.* current 2).

current amplification amplification en courant *(rapport, exprimé en décibels, entre l'intensité du courant de sortie et l'intensité du courant d'entrée d'un amplificateur de puissance ou d'un multiplicateur d'électrons) (cf. aussi* current gain, decibel, power amplifier *et* electron multiplier).

current amplifier amplificateur de courant *(nom parfois donné à un amplificateur de puissance pour rappeler sa fonction exacte) (cf. aussi* power amplifier).

current amplitude *cf.* current 2).

current antinode ventre de courant *(point d'une onde stationnaire électrique où l'intensité du courant est maximale) (cf. aussi* antinode).

current at break *(parf.* intensité du) courant à l'ouverture (du circuit) *(contacts de relais, etc.) (cf. aussi* break current).

current at make *(parf.* intensité du) courant à la fermeture (du circuit) *(contacts de relais, etc.) (cf. aussi* make current).

current balance équilibre des courants *(égalité des intensités de deux courants, notamment dans un montage symétrique) (cf. aussi* symmetrical arrangement).

current branch dérivation *(partie de circuit montée en parallèle sur un autre circuit) (cf. aussi* circuit *et* parallel arrangement).

current breaking capacity pouvoir de coupure *(relais, etc.) (cf. aussi* breaking capacity).

current building-up time temps d'établissement du courant *(dans un circuit inductif, après fermeture de celui-ci) (cf. aussi* inductive circuit).

current capability intensité admissible, courant admissible, intensité de courant admissible, *(parf.)* tenue en courant *(intensité de courant maximale qu'un jeu de contacts, un composant ou autre matériel peut supporter en service continu sans être détérioré) (cf. aussi* current-carrying capacity *et* capability).

current carrier *cf.* charge carrier.

current-carrying capacity *cf.* current capability *(et noter toutefois que le premier terme s'emploie de préférence au second pour un jeu de contacts ou un conducteur).*

current-carrying conductor, wire, *(etc.)* conducteur, fil *(etc.)* parcouru par un courant.

current collection efficiency rendement de captation *(cellule solaire) (cf. aussi* solar cell).

current consumption courant absorbé, intensité du courant absorbé *(appareil, etc.).*

current control *(cf. aussi* voltage control) **1)** commande d'intensité (de courant), commande de courant *(réglage permanent de l'intensité d'un courant, notamment à l'aide d'un transistor, d'un thyristor, d'un triac ou d'un tube électronique à grille de commande) (cf. aussi* current adjustment, transistor, silicon controlled rectifier, triac *et* grid-controlled tube). **2)** commande en courant *(commande d'un dispositif par action sur l'intensité d'un courant circulant dans celui-ci) (voir aussi les rubriques* current-controlled ...) *(cf. aussi* current drive *et* current 2)).

current-controlled attenuator atténuateur commandé en courant *(nom parfois donné à une diode PIN utilisée comme atténuateur pour rappeler son mode de commande) (cf. aussi* PIN diode 1)).

current-controlled device dispositif commandé en courant *(dispositif dont le fonctionnement est commandé par la circulation d'un courant entre une des électrodes principales et une électrode auxiliaire ou dans un enroulement) (transistor bipolaire, thyristor, triac, amplificateur magnétique, etc.) (voir ces termes en anglais) (cf. aussi* voltage-controlled device).

current-controlled oscillator oscillateur commandé en courant *(oscillateur dans lequel la fréquence du signal de sortie dépend de l'intensité d'un courant circulant entre deux électrodes) (cf. aussi* oscillator).

current-controlled resistor résistance commandée en courant *(nom parfois donné à une diode PIN utilisé comme atténuateur ou comme modulateur pour rappeler son mode de commande) (cf. aussi* PIN diode 1)).

current-controlled switch interrupteur commandé en courant *(nom parfois donné à un transistor de commutation bipolaire ou à un thyristor pour rappeler son mode de commande) (cf. aussi* bipolar switching transistor *et* silicon controlled rectifier).

current converter convertisseur de courant *(cf. aussi* power converter).

current-crowded transistor transistor souffrant de conduction localisée *(cf. aussi* current crowding).

current crowding conduction localisée *(conduction par un étroit filament de matière dans la base d'un transistor bipolaire) (entraîne la formation d'un point chaud avec, pour conséquence, la destruction de la base si le transistor n'est pas protégé par une résistance pour éviter l'emballement thermique) (cf. aussi* bipolar transistor *et* thermal runaway).

current damping amortissement des oscillations du courant *(cf. aussi* damping *et* oscillation).

current density densité de courant *(intensité d'un courant par unité d'aire de la section droite du conducteur qu'il parcourt)* *(exemple : un courant de 5 ampères circulant dans un fil de 0,5 mm² de section donne une densité de courant de 10 A/mm²) (un courant de faible intensité peut donner une densité de courant très grande ; il suffit pour cela que la section du conducteur soit très petite, comme c'est souvent le cas dans les circuits intégrés à haute densité de composants)* : *(cf. aussi* current 2, electromigration *et* LSI circuit).

current direction sens du courant (électrique) *(le courant électrique dans un conducteur connecté à une source de courant étant un flux d'électrons, il va du pôle négatif de la source au pôle positif de celle-ci, contrairement à ce que l'on a décrété arbitrairement au début de l'ère de l'électricité et que l'on enseigne encore dans les manuels les plus sérieux (sic) sous le nom de « sens conventionel du courant ») (dans un semiconducteur, il peut y avoir un courant de trous, qui va du positif au négatif, mais ce courant n'est qu'un courant apparent résultant de l'existence d'un courant d'électrons, qui constitue le véritable courant, et ne peut exister sans lui) (un simple schéma « en rond » suffit d'ailleurs à démontrer que le flux d'électrons qui constitue le courant dans le circuit extérieur d'un transistor va obligatoirement dans le même sens tout le long du circuit) (il en résulte que, même dans le cas d'un transistor, quel qu'il soit, ou autre composant à semiconducteur, le courant va du pôle négatif au pôle positif, comme dans un conducteur) (élec) (cf. aussi* electric current, electromotive force, conductor, negative pole, positive pole, semiconductor, hole 1), bipolar transistor, anode *et* cathode).

current distribution répartition du courant *(dans la section d'un conducteur, entre plusieurs électrodes, etc.) (cf. aussi* skin effect *et* partition noise).

current drain *(parf.* intensité du) courant absorbé *(par une charge) (cf. aussi* load[1] (a)).

current drive attaque en courant *(nom souvent donné à la commande en courant dans le cas d'un amplificateur) (cf. aussi* current control 2) *et* current-controlled device).

current driver (étage) préamplificateur de puissance *(cf. aussi* driver 1).

current-fed *a* alimenté(e) en courant *(antenne, etc.) (cf. aussi* current feed).

current feed alimentation au niveau d'un ventre de courant *(ou* d'intensité) *(alimentation d'une antenne d'émission à brin rayonnant en un point correspondant à un ventre de courant dans le brin rayonnant et notamment au milieu de celui-ci dans le cas d'une antenne demi-onde) (cf. aussi* current antinode *et* dipole antenna).

current feedback contre-réaction d'intensité, contre-réaction de courant *(contre-réaction dans laquelle la tension appliquée à l'entrée de l'amplificateur est proportionnelle à l'intensité du courant de sortie de celui-ci) (la tension de contre-réaction est prélevée aux bornes d'une résistance de faible valeur ohmique montée en série avec la charge à la sortie de l'amplificateur) (conformément à la loi d'Ohm, la tension prélevée est proportionnelle à l'intensité du courant dans la charge et agit donc sur cette intensité en la stabilisant) (cf. aussi* negative feedback *et* Ohm's law).

current flow circulation du courant, *(parf.)* passage du courant *(dans un conducteur ou un circuit) (cf. aussi* current direction).

current gain gain en courant *(autre nom, plus récent, de l'amplification en courant) (est employé principalement et généralement pour un amplificateur) (cf. aussi* current amplification *et* gain 1)).

current-gain characteristics caractéristiques de gain en courant *(nom parfois donné au gain en courant) (cf. aussi* current gain).

current generator générateur de courant *(cf. aussi* current source).

current handling tenue en courant *(aptitude d'un composant à supporter un courant d'intensité relativement élevée pendant un temps plus ou moins long) (cf. aussi* current capability).

current-handling ability *cf.* current handling.

current-handling capability *cf.* current handling. *(cf. aussi* capability).

current-handling capacity *cf.* current handling.

current-handling limit intensité maximale admissible *(transistor, etc.)*.

current hogging absorption préférentielle (du courant), accaparement *(idem) (phénomène dans lequel un transistor bipolaire monté en parallèle avec d'autres, notamment dans autant de portes logiques montées en parallèle, absorbe beaucoup plus de courant que les autres, ce qui risque de conduire à son emballement thermique) (cf. aussi* bipolar transistor, logic gate *et* thermal runaway).

current-injection device *cf.* current-controlled device.

current input 1) intensité absorbée, courant absorbé *(par une charge) (cf. aussi* load[1] (a)). 2) entrée en courant *(nom parfois donné à la commande en courant) (cf. aussi* current control 2)).

current intensity *cf.* current 2).

current leakage pertes de courant, courant de fuite *(semi, etc.) (cf. aussi* leakage current).

current level *cf.* current 2).

current limiter limiteur d'intensité, limiteur de courant *(composant, etc.) (cf. aussi* current limiting).

current limiting limitation du courant *(parf.* de courant), limitation de l'intensité du courant *(limitation de l'intensité du courant dans un circuit dans une plage déterminée de variation de la tension aux bornes de celui-ci ou de sa résistance) (alim, etc.) (cf. aussi* protection resistor).

current-limiting coil inductance de protection *(cf. aussi* inductor).

current-limiting device dispositif limiteur de courant *(ou* d'intensité) *(résistance de protection, etc.) (cf. aussi* protection resistor).

current-limiting resistor résistance de limitation de courant *(nom parfois donné à une résistance de protection pour rappeler son mode d'action) (cf. aussi* protection resistor).

current load 1) intensité débitée, courant débité, courant fourni *(par une source de courant) (alim. etc.) (cf. aussi* current source). 2) intensité absorbée, courant absorbé *(par une charge) (cf. aussi* load[1] (a)).

current loop *cf.* current antinode.

current magnitude *cf.* current 2).

current-matched transistors transistors appariés en courant *(cf. aussi* matched pair).

current measurement mesure d'intensité (de courant), mesure de courant *(cf. aussi* ammeter *et* measurement).

current mirror miroir de courant *(montage à deux transistors bipolaires montés de telle façon que leurs courants de sortie soient de même sens et d'égale intensité) (est utilisé pour attaquer un amplificateur différentiel intégré à partir de deux courants) (CI) (cf. aussi* bipolar transistor *et* differential amplifier).

current-mode feedback *cf.* current feedback.

current-mode logic logique à couplage en courant *(CI) (cf. aussi* CML).

current modulation modulation d'intensité (de courant), modulation de courant *(cf. aussi* modulation).

current node nœud de courant *(point d'une onde stationnaire électrique où l'intensité du courant est minimale) (cf. aussi* node 1 (b)).

current noise bruit en l/f *(cf. aussi* flicker noise).

current offset décalage en courant *(ampli opérationnel) (cf. aussi* offset error).

current output 1) intensité du courant débité, courant débité *(source de courant) (cf. aussi* current source). 2) sortie en courant *(signal de sortie d'un montage constitué par l'intensité du courant qu'il fournit) (sdpo à « sortie en tension ») (ampli de puissance, etc.) (cf. aussi* power amplifier).

current-output device dispositif à sortie en courant *(transistor de puissance, etc.) (cf. aussi* current output 2)).

current overshoot suroscillation d'intensité *(alim) (cf. aussi* overshoot).

current path 1) trajet du courant, *(parf.)* chemin suivi par le courant *(cf. aussi* circuit). 2) *cf.* conducting path.

current peak pic de courant *(lieu d'un maximum de l'intensité d'un courant sur une courbe)*.

current probe sonde de courant *(sonde d'oscilloscope ou de multimètre permettant de mesurer l'intensité d'un courant alternatif dans un circuit sans perturber le fonctionnement de celui-ci) (cf. aussi* probe[1] (a)).

current pulse impulsion de courant *(impulsion dans laquelle la grandeur variable est l'intensité d'un courant) (en d'autres termes, courant ou augmentation de courant de courte durée) (cf. aussi* pulse[1]).

current-pulse programming programmation par impulsions de courant *(parf. au singulier) (mémoire programmable électriquement) (cf. aussi* electrically-programmable memory).

current-pulse signal signal formé d'une impulsion de courant *(ou* constitué par *(idem) (cf. aussi* current pulse).

current range plage d'intensités (de courant), plage de courants *(intervalle de valeurs de l'intensité du courant débité par une source de courant ou absorbé par une charge).*

current rate of change vitesse de variation du courant *(ou de l'intensité du courant) (en croissant ou en décroissant) (cf. aussi* rate of current rise).

current rating 1) intensité nominale *(intensité maximale du courant pouvant circuler indéfiniment dans un composant ou autre matériel sans l'endommager, dans des conditions déterminées de température ambiante et de ventilation) (cf. aussi* ratings). 2) pouvoir de coupure *(contacts de relais, etc.) (cf. aussi* breaking capacity). 3) calibre, intensité de coupure *(fusible, etc.).*

current ratio rapport d'intensité *(parf.* des intensités), rapport de courant *(idem).*

current regulation régulation d'intensité (de courant) *(maintien à une valeur à peu près constante de l'intensité du courant dans un circuit dans une plage déterminée de variation de la tension à ses bornes ou de sa résistance) (alim, onduleur, génératrice) (cf. aussi* constant-current power supply).

current regulator régulateur d'intensité *(dispositif réalisant la régulation d'intensité de courant, généralement par variation d'une résistance insérée dans un circuit de commande ou dans le circuit de sortie) (cf. aussi* current regulation, current control 1) *et* regulator).

current relay relais d'intensité *(relais électromagnétique dont le fonctionnement est commandé par l'intensité du courant circulant dans un circuit à surveiller) (la bobine d'excitation du relais est montée en série dans ce circuit lorsque l'intensité dans celui-ci n'est pas très grande, en valeur relative) (dans le cas fréquent d'un circuit à courant alternatif, la bobine est couplée au circuit par un transformateur d'intensité lorsque l'intensité dans le circuit est très grande) (du fait de l'intensité, toujours relativement grande, du courant qui excite la bobine d'un tel relais, celle-ci n'a qu'un petit nombre de spires et le fil employé est de diamètre relativement grand et peut même être en fait de la barre de cuivre enroulée en hélice formant quelques spires seulement) (élt) (cf. aussi* undercurrent relay, overcurrent relay, electromagnetic relay *et* current transformer).

current requirement intensité nécessaire, courant nécessaire, intensité de courant nécessaire *(pour permettre le fonctionnement normal d'un composant ou autre matériel électrique ou électronique, ou pour obtenir un effet déterminé) (cf. aussi* current 2)).

current reversal inverson du sens du courant *(tlg, etc.) (cf. aussi* current direction).

current reverser inverseur de courant *(dispositif à contacts inversant le sens du courant circulant dans un circuit à courant continu) (cf. aussi* current direction).

current ripple ondulation (du courant) *(alim) (cf. aussi* ripple).

current rise time temps de montée en intensité *(ou en courant ou du courant) (courant dans un transistor de commutation de puissance, etc.) (alim. déc) (cf. aussi* current 2)).

current saturation 1) saturation du courant *(cf. aussi* saturation current). 2) saturation du courant anodique *(tube) (cf. aussi* anode saturation).

current sense *cf.* current direction. *(le premier terme étant peu employé).*

current sensing détection de courant *(mise en évidence de la présence d'un courant dans un circuit, généralement accompagnée de la mesure de l'intensité de ce courant) (cf. aussi* current-sensing resistor).

current-sensing resistor résistance de détection de courant, résistance détectrice d'intensité *(résistance de faible valeur ohmique insérée dans un circuit pour recueillir à ses bornes une tension proportionnelle à l'intensité du courant qui circule dans celui-ci, généralement aux fins de régulation ou de protection) (cf. aussi* current feedback).

current sensitivy sensibilité en courant *(multimètre, etc.) (cf. aussi* sensitivity).

current setting réglage d'intensité (de courant), réglage de courant, *(parf.)* intensité affichée, courant affiché *(au sens du terme anglais, intensité de courant affichée au moyen d'un commutateur sur un appareil et notamment sur un multimètre) (cf. aussi* current adjustment *et ne pas confondre, et* setting).

current shunt shunt d'ampèremètre *(cf. aussi* shunt[1]).

current sink récepteur de courant *(cf. aussi* sink 1)).

current sinking absorption de courant *(cf. aussi* sink 1) *et* current-sinking logic).

current-sinking logic logique à extraction de courant *(logique dans laquelle le courant de sortie d'une porte est extrait de l'entrée de la porte suivante) (logique DTL ou TTL) (circuits logiques) (cf. aussi* DTL, TTL, logic (b) *et* logic gate).

current source source de courant, générateur de courant *(selon le contexte; noter que le terme anglais « current generator » est rarement employé) (dispositif conçu pour produire un courant) (est une source de force électromotrice conçue pour débiter un courant d'intensité appréciable dans une charge) (conformément à la loi d'Ohm, pour débiter un courant appréciable, une source de courant doit : 1°) avoir une résistance interne ou une impédance interne faible pour la tension à ses bornes en circuit ouvert et 2°) débiter dans une charge dont la résistance ou l'impédance est également faible pour cette tension) (peut être une source de courant continu, de courant alternatif ou de courant pulsé) (pile électrique, génératrice ou dispositif équivalent) (noter qu'en électronique, le terme « source de courant » est souvent employé abusivement pour désigner une source de courant constant) (élec) (cf. aussi* constant-current source, dc source, ac source, electromotive force source, load[1] (a), Ohm's law, impedance *et* generator).

current-sourcing logic logique à injection de courant *(logique dans laquelle le courant de sortie d'une porte est injecté dans l'entrée de la porte suivante) (logique RTL, RCTL ou DCTL) (circuits logiques) (cf. aussi* RTL, RCTL, DCTL, logic (b) *et* logic gate).

current spike pointe de courant (très pointue) *(cf. aussi* current surge).

current spiking apparition d'une pointe de courant.

current supply alimentation en courant, alimentation *(cf. aussi* power supply 1)).

current surge pointe de courant, *(parf.)* onde de courant, *(parf.)* appel de courant *(augmentation brusque, importante et brève de l'intensité du courant dans un circuit) (peut être due notamment à la mise sous tension d'une charge capacitive ou d'une lampe à incandescence, le troisième terme étant alors employé de préférence aux deux premiers, ou à un court-circuit de courte durée) (cf. aussi* inrush current *et* surge)

current-surge capability tenue aux pointes de courant *(composant, etc.) (cf. aussi* current surge *et* capability).

current swing excursion d'intensité *(variation de l'intensité d'un courant autour de sa valeur moyenne).*

current switch interrupteur de courant *(nom parfois donné à un transistor utilisé en commutation de puissance) (cf. aussi* power switching transistor).

current switching commutation de courant *(nom parfois donné à la commutation de puissance pour rappeler la grandeur déterminante) (cf. aussi* power schitching).

current-switching circuit circuit de commutation de courant *(cf. aussi* current switching *et* power switching circuit).

current through ... *(parf.* intensité du) courant circulant dans ...

current transfer ratio β, bêta *(ampli. à transistor) (cf. aussi* beta).

current transformation transformation de courant *(changement de l'intensité d'un courant alternatif ou impulsionnel à l'aide d'un transformateur) (cf. aussi* transformer 1)).

current transformer transformateur d'intensité, transformateur de courant *(transformateur utilisé pour mesurer l'intensi-*

té du courant dans un circuit) (l'enroulement primaire du transformateur est inséré dans le circuit considéré, et donc parcouru par le courant à mesurer, et l'enroulement secondaire est relié aux bornes d'un ampèremètre ou d'un relais) (cf. aussi instrument transformer).

current value cf. current 2).

current-voltage characteristic caractéristique courant-tension (caractéristique représentant l'intensité du courant dans un composant électronique en fonction de la tension appliquée à ses bornes) (diode, tube, etc.) (cf. aussi anode characteristic, grid characteristic, forward characteristic, reverse characteristic et characteristic curve).

current waveform forme du courant (courbe représentant la variation de l'intensité d'un courant variable en fonction du temps) (cf. aussi waveform).

cursor 1) curseur (repère électronique déplaçable sur l'écran d'un appareil) (dans le cas le plus fréquent d'un écran d'ordinateur, le curseur indique l'endroit où va apparaître le prochain caractère entré au clavier ou l'endroit où un caractère ou un symbole de fonction va être effacé). 2) disque d'azimut (disque transparent appliqué sur un écran de radar et portant un trait radial gravé que l'opérateur radar amène sur l'écho d'une cible pour mesurer l'angle d'azimut de celle-ci) (cf. aussi azimuth et radar screen).

cursor control commande du curseur (inf) (se fait à l'aide de quatre touches, généralement disposées en croix, et éventuellement d'une souris) (cf. aussi cursor 1) et mouse).

cursor control key touche de commande du curseur (cf. aussi cursor control).

cursor target bearing azimut (de la cible) relevé au disque (radar) (cf. aussi cursor 2).

curtain aerial (GB) cf. curtain antenna.

curtain antenna antenne rideau, antenne en nappe verticale (antenne d'émission formée de fils verticaux tendus entre deux câbles horizontaux portés par deux pylônes) (cf. aussi transmitting antenna).

curtain array cf. curtain antenna.

curtain reflector réflecteur en nappe (antenne) (cf. aussi curtain antenna et reflector (a)).

curtain rhombic antenna antenne losange multifilaire (antenne losange dont chaque moitié par rapport au grand axe est formée de plusieurs brins réunis aux deux extrémités) (cf. aussi rhombic antenna).

curve plotter traceur de courbes (cf. aussi X-Y recorder).

custom cf. custom circuit.

custom bipolar cf. custom bipolar circuit.

custom bipolar chip puce de circuit bipolaire personnalisé (cf. aussi bipolar chip et custom circuit).

custom bipolar circuit circuit bipolaire personnalisé (cf. aussi bipolar circuit et custom circuit).

custom bipolar IC cf. custom bipolar circuit.

custom bipolar integrated circuit cf. custom bipolar circuit.

custom bipolar logic logique bipolaire personnalisée (cf. aussi bipolar logic et custom logic).

custom bipolar LSI circuit circuit LSI bipolaire personnalisé (cf. aussi bipolar LSI circuit et custom circuit).

custom chip puce personnalisée (puce de circuit intégré monolithique personnalisé) (cf. aussi chip 1) et custom circuit).

custom-chip designer concepteur de circuits personnalisés (cf. aussi custom circuit).

custom circuit circuit personnalisé, circuit à la demande, circuit spécifique (le premier terme est le meilleur, le dernier est le plus récent), circuit intégré (idem), ASIC (circuit intégré conçu partiellement ou complètement en fonction des besoins précis de l'ensemblier et généralement en collaboration avec celui-ci) (ces termes désignent généralement un circuit intégré monolithique personnalisé, mais s'appliquent également aux circuits intégrés hybrides ; par contre, il n'y a pas de sous-catégorie pour ces derniers) (cf. aussi ASIC, full-custom circuit, semi-custom circuit, integrated circuit et OEM).

custom-circuit ... cf. custom ...

custom design 1) conception personnalisée, (souvent aussi) conception des circuits personnalisés (cf. aussi custom circuit). 2) cf. custom circuit.

custom-design v personnaliser (cf. aussi custom circuit).

custom-design ... cf. custom ...

custom-designed personnalisé (cf. aussi custom circuit).

custom designing cf. custom design 1).

custom hybrid cf. custom hybrid circuit.

custom hybrid circuit circuit hybride personnalisé, circuit intégré (idem) (circuit intégré hybride réalisé sous la forme d'un circuit personnalisé) (cf. aussi hybrid circuit et custom circuit).

custom hybrid design (la) conception des circuits hybrides personnalisés (cf. aussi custom hybrid circuit).

custom hybrid microcircuit cf. custom hybrid circuit.

custom hybrids (les) circuits hybrides personnalisés (cf. aussi custom hybrid circuit).

custom IC cf. custom circuit.

custom IC ... cf. custom ...

custom integrated circuit cf. custom circuit. (ce terme étant le plus employé).

custom integrated-circuit ... cf. custom ...

custom logic logique personnalisée (logique réalisée sous la forme d'un ou plusieurs circuits intégrés logiques personnalisés) (cf. aussi logic (b), logic integrated circuit et custom circuit).

custom logic chip puce logique personnalisée (puce logique réalisée sous la forme d'une puce personnalisée) (CI) (cf. aussi logic chip et custom chip).

custom logic circuit cf. custom logic integrated circuit.

custom logic IC cf. custom logic integrated circuit.

custom logic integrated circuit circuit intégré logique personnalisé (circuit intégré logique réalisé sous la forme d'un circuit personnalisé) (cf. aussi logic integrated circuit et custom circuit).

custom LSI (la) haute intégration personnalisée (conception personnalisée de circuits à haute intégration) (cf. aussi custom design 1) et LSI circuit).

custom LSI chip puce LSI personnalisée (puce LSI réalisée sous la forme d'une puce personnalisée) (CI) (cf. aussi LSI chip et custom chip).

custom LSI circuit circuit LSI personnalisé (circuit LSI réalisé sous la forme d'un circuit personnalisé) (cf. aussi LSI circuit et custom circuit).

custom LSI design 1) (la) conception des circuits LSI personnalisés (cf. aussi custom LSI circuit). 2) cf. custom LSI circuit.

custom mask masque personnalisé (masque de gravure pour une opération de masquage d'un circuit personnalisé) (cf. aussi mask[1] 2) et custom circuit).

custom masking masquage personnalisé (masquage en gravure réalisé au moyen d'un masque personnalisé) (cf. aussi masking (a) et custom mask).

custom metallization métallisation personnalisée (métallisation d'un circuit intégré personnalisé et notamment d'un circuit semi-personnalisé) (cf. aussi metallization (a), custom et semi-custom circuit).

custom metallizing cf. custom metallization.

custom microcircuit cf. custom circuit.

custom-microcircuit ... cf. custom ...

custom microelectronics (la) microélectronique personnalisée (microélectronique relative aux circuits personnalisés ou constituée par de tels circuits) (cf. aussi microelectronics et custom circuit).

custom program programme personnalisé (programme mémorisé dans une mémoire programmée par masquage) (CI) (cf. aussi mask-programmable memory).

custom programming programmation personnalisée (mémorisation d'un programme personnalisé) (cf. aussi custom program).

custom unit version personnalisée (CI, etc.) (cf. aussi custom circuit et unit 3)).

customization personnalisation, (souvent aussi) réalisation à la demande (circuit intégré, appareil, etc.) (cf. aussi custom circuit).

customized personnalisé (cf. aussi customization).

customized ... cf. custom ...

customizing cf. customization.

customs (les) circuits personnalisés, (etc.) (cf. aussi custom circuit).

cut   173   CW mode

cut 1) coupe *(quartz piézoélectrique)* *(cf. aussi* crystal cut). 2) ordre d'arrêt *(de prise de son, de vues, etc.)* *(studio de radiodiffusion sonore ou visuelle)*.

cut a crystal *v* 1) tailler un quartz (piézoélectrique) *(cf. aussi* crystal cut). 2) découper un cristal (semiconducteur) *(ou autre)* *(cf. aussi* semiconductor crystal).

cut angle angle de coupe *(élément de quartz)* *(cf. aussi* angle of cut).

cut-back *s* perturbation d'alimentation, perturbation du secteur *(fluctuation de tension, transitoire, microcoupure, etc.)* *(cf. aussi* brown-out).

cut-off 1) blocage *(arrêt de la conduction dans un tube électronique produit par une tension de grille suffisamment négative)* *(cf. aussi* cut-off point). 2) coupure *(arrêt de la propagation d'une onde dans un guide d'ondes)* *(hyper)* *(cf. aussi* cut-off frequency). 3) *cf.* cut-off point.

cut off a call *v* couper une communication *(tél)* *(cf. aussi* telephone call).

cut-off bias *cf.* cut-off voltage.

cut-off field *cf.* critical field.

cut-off frequency fréquence de coupure *(fréquence du signal d'entrée d'un quadripôle au-dessous ou au-dessus de laquelle l'amplitude du signal de sortie du quadripôle décroît très rapidement au point que le signal n'est plus utilisable)* *(cf. aussi* frequency *et* quadripole) (a) *(le premier cas — fréquence constituant une limite inférieure — est celui de la fréquence de coupure d'un guide d'ondes ou d'un filtre passe-haut ou de la première fréquence de coupure d'un filtre passe-bande ou de la deuxième fréquence de coupure d'un filtre coupe-bande)* *(cf. aussi* waveguide cut-off frequency, high-pass filter, band-pass filter *et* band-stop filter) ; (b) *le second cas — fréquence constituant une limite supérieure — est celui d'une ligne téléphonique, d'un amplificateur à transistor ou à tube électronique ou d'un filtre passe-bas, ou de la deuxième fréquence de coupure d'un filtre passe-bande ou de la première fréquence de coupure d'un filtre coupe-bande)*.

cut-off point point de blocage *(sur la caractéristique d'un tube électronique)* *(cf. aussi* cut-off voltage).

cut-off state état bloqué *(tube)* *(cf. aussi* cut-off 1)).

cut-off voltage tension de blocage *(valeur de la tension de polarisation d'un tube électronique à grille de commande pour laquelle l'intensité du courant anodique devient nulle)* *(cf. aussi* bias[1] (a), grid-controlled tube *et* anode current).

cut-off wavelength longueur d'onde de coupure *(inverse de la fréquence de coupure)* *(ce terme s'emploie de préférence à « fréquence de coupure » pour les rayonnements à fréquence optique tels que l'infrarouge)* *(cf. aussi* cut-off frequency *et* wavelength).

cut paraboloidal reflector réflecteur parabolique tronqué *(antenne de radar)* *(cf. aussi* parabolic reflector).

cutoff *cf.* cut-off *(plus haut)* *(de même pour les termes dérivés)*.

cutter graveur, tête de gravure *(transducteur électromécanique convertissant un courant à basse fréquence représentant un signal sonore en un sillon gravé dans un disque original)* *(cf. aussi* cutting stylus *et* recording disk).

cutting angle angle de gravure *(burin graveur)* *(enr. disque)* *(cf. aussi* cutting stylus).

cutting head *cf.* cutter.

cutting-off *cf.* cut-off.

cutting stylus burin graveur *(petit outil pointu solidaire de l'équipage mobile d'un graveur de disque et creusant le sillon reproduisant les sons à enregistrer)* *(cf. aussi* cutter).

CV *cf.* constant voltage *(de même pour les termes dérivés qui ne figurent pas ci-après)*.

CV product produit CV, produit capacité-tension *(produit de la capacité d'un condensateur en microfarads et de sa tension de service en volts)* *(est un indice de mérite du condensateur)* *(cf. aussi* capacitor *et* figure of merit).

CVD *cf.* chemical vapor deposition.

CVD oxide oxyde déposé en phase vapeur, oxyde formé par dépôt chimique en phase vapeur.

CVD process procédé *(parf.* processus) de dépôt par voie chimique en phase vapeur.

CVD reactor réacteur pour dépôt chimique en phase vapeur.

CW 1) *cf.* continuous wave. 2) *cf.* clockwise.

CW beam faisceau continu, faisceau non pulsé *(laser, etc.)* *(cf. aussi* beam[1]).

CW capability 1) possibilités *(parf. au singulier)* de fonctionnement en ondes entretenues *(appareil émetteur ou récepteur)* ; 2) possibilités de fonctionnement en émission continue *(ou* d'émission continue) *(appareil émetteur seulement)* ; *(radar, laser, brouilleur, etc.)* *(cf. aussi* capability).

CW deception diversion en ondes entretenues *(mil)* *(cf. aussi* CW deception jamming).

CW deception capability possibilités *(parf. au singulier)* de diversion en ondes entretenues *(possibilité, pour un brouilleur d'autoprotection, d'opérer un brouillage de diversion aux dépens d'un radar ou d'un autodirecteur radar hostile à ondes entretenues)* *(mil)* *(cf. aussi* CW radar, CW radar seeker, deception jamming *et* capability).

CW deception jammer brouilleur de diversion à ondes entretenues *(ou* à émission continue), brouilleur répéteur *(idem)* *(brouilleur de diversion conçu pour brouiller les radars et autodirecteurs radar à ondes entretenues)* *(mil)* *(cf. aussi* deception jammer *et* CW radar).

CW deception jamming brouillage de diversion en ondes entretenues *(brouillage de diversion d'un radar ou d'un autodirecteur radar hostile à ondes entretenues)* *(mil)* *(cf. aussi* deception jamming, CW radar *et* CW radar seeker.

CW deception jamming capability possibilités *(parf. au singulier)* de brouillage de diversion en ondes entretenues *(brouilleur)* *(mil)* *(cf. aussi* CW deception jamming *et* capability).

CW Doppler radar radar Doppler à émission continue *(ou* à ondes entretenues), radar Doppler continu *(cf. aussi* Doppler radar *et* CW radar).

CW emission émission continue, émission en ondes entretenues *(radar, etc.)* *(cf. aussi* continuous wave).

CW emitter *cf.* CW transmitter.

CW frequency fréquence des oscillations entretenues, fréquence d'oscillation entretenue *(radar, etc.)* *(cf. aussi* continuous wave).

CW gas laser laser à gaz à émission continue *(cf. aussi* gas laser).

CW ground-based tracking radar radar de poursuite au sol à émission continue *(avia, mil)* *(cf. aussi* tracking radar *et* CW radar).

CW hyperbolic system système hyperbolique à ondes entretenues *(système de navigation hyperbolique ou autre dans lequel les signaux émis par les stations sont des ondes entretenues)* *(système Decca, etc.)* *(cf. aussi* hyperbolic navigation system *et* continuous wave).

CW illumination illumination en ondes entretenues, illumination en continu *(illumination d'une cible par un radar à ondes entretenues)* *(mil)* *(cf. aussi* CW radar *et* target illumination).

CW illuminator illuminateur à ondes entretenues, illuminateur à émission continue *(radar au sol à ondes entretenues illuminant un aéronef poursuivi par un engin à autodirecteur radar à ondes entretenues)* *(mil)* *(cf. aussi* CW radar *et* CW radar seeker).

CW jammer brouilleur à ondes entretenues, brouilleur à émission continue *(mil)* *(cf. aussi* jammer).

CW jamming brouillage en ondes entretenues *(mil)*.

CW jamming capability possibilités *(parf. au singulier)* de brouillage en ondes entretenues *(brouilleur)* *(mil)* *(cf. aussi* capability).

CW laser laser à émission continue, laser à faisceau continu, laser continu *(laser émettant un faisceau ininterrompu)* *(cf. aussi* laser).

CW laser beam faisceau laser continu, faisceau de laser à émission continue *(cf. aussi* CW laser).

CW laser diode diode laser à émission continue, diode laser fonctionnant en régime continu *(cf. aussi* laser diode).

CW measurement mesure en courant sinusoïdal *(analyse de réseaux électriques, etc.)* *(cf. aussi* sinusoidal current *et* network analysis).

CW missile *cf.* CW radar missile.

CW mode mode d'ondes entretenues, mode d'émission

173

continue *(un des modes de fonctionnement possibles d'un émetteur ou d'un récepteur radio, d'un radar, d'un laser ou d'un générateur de signaux)* *(cf. aussi* continuous wave).

CW operation fonctionnement en ondes entretenues *(cf. aussi* CW mode).

CW output sortie en ondes entretenues *(signal de sortie d'un appareil ou dispositif fonctionnant en ondes entretenues ou, parfois, puissance de ce signal)* *(cf. aussi* CW mode *et* power[1] 1)).

CW output power puissance en ondes entretenues *(cf. aussi* CW output).

CW output power level niveau de puissance en ondes entretenues *(cf. aussi* CW output *et* power level).

CW power *cf.* CW output power.

CW radar radar à ondes entretenues, radar continu, radar à émission continue, radar Doppler *(idem)* *(on ajoute le qualificatif « Doppler » après « radar » lorsqu'on veut marquer la distinction entre un radar Doppler à ondes entretenues et un radar Doppler à impulsions)* *(radar Doppler émettant un faisceau d'ondes entretenues)* *(dans ce type de radar Doppler, l'antenne de réception est généralement distincte de l'antenne d'émission pour assurer en permanence le découplage entre l'émetteur et le récepteur rendu nécessaire par l'absence d'interruptions de l'émission pendant lesquelles le récepteur pourrait fonctionner sans être perturbé par le signal émis, comme c'est le cas dans un radar à impulsions, qu'il soit Doppler ou non)* *(cf. aussi* Doppler radar).

CW radar jammer brouilleur de radars à ondes entretenues, *(etc.)* *(mil)* *(cf. aussi* CW radar *et* radar jammer).

CW radar jamming brouillage des radars à ondes entretenues, *(etc.)* *(mil)* *(cf. aussi* CW radar *et* radar jamming).

CW radar missile missile à autodirecteur radar ... *(mil)* *(cf. aussi* CW radar seeker).

CW radar receiver récepteur de radar à ondes entretenues, *(etc.)* *(cf. aussi* CW radar *et* radar receiver).

CW radar seeker autodirecteur radar à ondes entretenues, autodirecteur radar continu *(autodirecteur radar semi-actif dans lequel un récepteur utilise l'effet Doppler en comparant la fréquence de l'écho de la cible illuminée par un radar continu au sol, à la fréquence du signal du radar reçu directement par une antenne située à l'arrière de l'engin)* *(mil)* *(cf. aussi* CW radar, Doppler effect *et* semi-active homing).

CW radar seeking head *cf.* CW radar seeker.

CW radar threat émission hostile d'un radar à ondes entretenues, *(etc.)*, *(parf.)* menace des radars *(idem)* *(mil)* *(cf. aussi* CW radar).

CW radar tracker *cf.* CW radar seeker.

CW radar tracking system *cf.* CW radar seeker.

CW radar transmission émission d'un radar à ondes entretenues, *(etc.)* *(cf. aussi* CW radar).

CW radar transmitter émetteur de radar à ondes entretenues, *(etc.)* *(cf. aussi* CW radar *et* radar transmitter).

CW reception réception en ondes entretenues *(réception de signaux en ondes entretenues)* *(radiotlg)* *(cf. aussi* CW signal).

CW repeater *cf.* CW deception jammer.

CW repeater capability *cf.* CW deception jamming capability.

CW response mode mode de réponse en ondes entretenues, mode de réponse à émission continue *(répondeur radar)* *(cf. aussi* transponder *et* continuous wave).

CW semi-active homing autopoursuite semi-active en ondes entretenues *(ou* par autodirecteur radar à ondes entretenues) *(mil)* *(cf. aussi* CW radar seeker *et* semi-active homing).

CW semi-active homing iluminator *cf.* CW radar seeker.

CW semi-active missile tracking system *cf.* CW radar seeker.

CW signal signal en ondes entretenues *(signal constitué par une onde entretenue, éventuellement modulée par tout ou rien)* *(émetteur, générateur de signaux)* *(cf. aussi* continuous wave *et* signal[1]).

CW source source d'ondes entretenues *(nom parfois donné à une source de signaux sinusoïdaux)* *(cf. aussi* sinusoidal signal source).

CW threat émission hostile d'un radar à ondes entretenues *(etc.)*, *(parf.)* menace des radars *(idem)* *(etc.)* *(mil)* *(cf. aussi* CW radar *et* threat).

CW tracking poursuite en ondes entretenues *(poursuite d'une cible par un radar ou un autodirecteur radar à ondes entretenues)* *(cf. aussi* CW radar *et* CW radar seeker).

CW tracking radar radar de poursuite à ondes entretenues, *(etc.)* *(cf. aussi* tracking radar *et* CW radar).

CW transmission emission en ondes entretenues, *(parf. aussi)* émission continue *(cf. aussi* CW transmitter).

CW transmitter émetteur à ondes entretenues *(émetteur radioélectrique émettant une onde entretenue éventuellement modulée par tout ou rien)* *(cf. aussi* RF receiver *et* continuous wave) (a) *émetteur radiotélégraphique ou émetteur de certaines balises radio ou certains radiophares)* *(cf. aussi* radiotelegraph transmitter, radio beacon *et* radio range)*; (b) *(souvent aussi)* émetteur à émission continue *(émetteur de radar Doppler à ondes entretenues)* *(cf. aussi* CW Doppler radar).

CW travelling-wave tube tube à onde progressive à ondes entretenues *(ou* à régime continu) *(tube à onde progressive amplifiant un signal en ondes entretenues)* *(hyper)* *(cf. aussi* travelling-wave tube *et* CW signal).

CW TWT *cf.* CW travelling-wave tube.

CW waveform *cf.* CW signal. *(cf. aussi* waveform).

cyan cyan *(nom donné à la couleur turquoise en colorimétrie, c-à-d. à la couleur secondaire produite par un mélange de bleu et de vert)* *(cf. aussi* secondary color).

cyan color bar barre de couleur cyan, barre cyan *(TVC)* *(cf. aussi* color-bar test pattern).

cybernitician cybernéticien, spécialiste en cybernétique *(cf. aussi* cybernetics).

cybernetics (la) cybernétique *(vient d'un mot grec signifiant « gouverner »)* *(dans sa définition formelle, la cybernétique est la science des systèmes capables d'évoluer d'eux-mêmes vers un état déterminé en présence de perturbations s'opposant à l'atteinte du but poursuivi, cela grâce à l'utilisation d'informations sur les perturbations, ces informations étant recueillies par le système)* *(dans sa définition pratique, la cybernétique est la théorie comparative du fonctionnement des systèmes asservis, notamment des servomécanismes de guidage, pilotage et manipulation, et du comportement moteur des êtres vivants, notamment de l'homme, dans ses deux principaux aspects: information et commande)* *(un système cybernétique comprend au minimum un organe sensible qui recueille les informations, un organe d'interprétation de celles-ci, de prise de décisions et d'émission de signaux de correction, ou commandes, et un organe d'exécution de celles-ci, ou moyen d'action, ainsi que des moyens de transmission des informations recueillies et des signaux de commande)* *(conformément à la seconde définition, on distingue les systèmes cybernétiques biologiques et les systèmes matériels)* *(dans un système cybernétique biologique, l'organe sensible est principalement l'œil ou l'oreille, l'organe d'interprétation, décision et commande est le cerveau, l'organe d'exécution est principalement la main ou le pied avec ses muscles, les voies de transmission des informations étant les nerfs sensitifs et celle des signaux de commande étant les nerfs moteurs)* *(dans un système cybernétique matériel, l'organe sensible est un capteur, l'organe d'interprétation, décision et commande est un calculateur et l'organe d'exécution est un actionneur, les voies de transmission des informations et des signaux de commande étant généralement des fils électriques)* *(un enfant courant après un camarade qui fait des zigzags pour lui échapper est un système cybernétique biologique, l'organe sensible étant ici l'œil)* *(un avion volant sous la commande de son pilote automatique est un système cybernétique matériel, l'organe sensible étant ici un ensemble de capteur inertiels)* *(un engin autoguidé est aussi un système cybernétique matériel, l'organe sensible étant le détecteur de l'autodirecteur)* *(un robot industriel ou autre est l'exemple classique d'un système cybernétique matériel généralement complexe et muni de plusieurs capteurs, le plus souvent optiques ou tactiles, ou les deux)* *(il est à noter qu'un système cybernétique matériel constituant un objet tel qu'un robot est souvent appelé « machine cybernétique »)* *(un système cybernétique peut être biomatériel, c-à-d. mixte, comme dans le cas du système formé par le conducteur d'un véhicule et celui-ci)* *(cf. aussi* closed-loop control system, servomechanism, guidance, information, sensor, computer 1), actuator, autopilot, homing head *et* robot).

cycle cycle *(ensemble des états d'un système ou des valeurs* *d'une grandeur ou des phases successives d'un processus se produisant régulièrement et notamment d'une grandeur sinusoïdale) (cycle d'une tension ou d'un courant alternatif, etc.) (cf. aussi* half-cycle, duty cycle, period *et* cycling).

cycle counter compteur de cycles *(inf, etc.).*

cycle on and off *v* bloquer et débloquer alternativement, *(etc.) (transistor de commutation, etc.) (cf. aussi* turn ou *et* turn off).

cycle per second cycle par seconde *(cf. aussi* hertz).

cycle rate *cf.* frequency.

cycle reset remise à zéro du compteur de cycles *(cf. aussi* cycle counter).

cycle stealing vol de cycle *(nom donné à l'introduction, dans la mémoire centrale d'un ordinateur, d'un caractère binaire en provenance d'un appareil périphérique pendant le premier cycle disponible de la mémoire après réception du caractère dans la mémoire tampon du canal reliant le périphérique à l'unité centrale de l'appareil) (inf) (cf. aussi* direct memory access, main memory, binary-coded character, peripheral device 1), memory cycle, buffer memory *et* channel[1] 1) (c)).

cycle time **1)** durée d'un cycle *(parf.* du cycle) *(sens général).* **2)** temps de cycle *(durée d'un cycle de mémoire) (inf) (cf. aussi* memory cycle).

cyclic code code cyclique *(code détecteur d'erreurs dont la structure présente un caractère cyclique, une partie déterminée du code pouvant se déduire d'une autre partie déterminée par permutation circulaire) (inf) (cf. aussi* Hamming code *et* error-detecting code).

cyclic memory mémoire circulante *(inf) (cf. aussi* circulating memory).

cyclic redundancy check controle de redondance cyclique *(contrôle de redondance fondé sur l'emploi d'un code cyclique) (trans. données) (cf. aussi* redundancy check, cyclic code *et* CRC character).

cyclic redundancy check character *cf.* CRC character *(le terme complet, trop long, étant peu employé).*

cyclic shift décalage circulaire *(décalage des informations contenues dans un registre à décalage bouclé) (inf) (cf. aussi* circulating register).

cyclic storage *cf.* cyclic memory.

cyclically magnetized material corps aimanté de façon cyclique *(cf. aussi* magnetized material *et* cycle).

cyclically varied à variation cyclique *(tension, etc.) (cf. aussi* cycle).

cycling **1)** cyclage *(variation provoquée, généralement périodique, d'un paramètre de fonctionnement d'un composant ou autre matériel ou d'une condition d'ambiance d'une matière) (cf. aussi* single cycling, multiple cycling, on/off cycling, manual cycling, autocycling, period, operating parameters *et* environmental conditions). **2)** pompage *(asser) (cf. aussi* hunting 2)).

cyclotron frequency fréquence cyclotron, fréquence de cyclotron, fréquence cyclotronique, gyrofréquence *(nombre de tours effectués par seconde par un électron se déplaçant dans un champ magnétique, ces tours étant effectués soit autour d'un cercle si le vecteur vitesse initiale de l'électron est perpendiculaire au vecteur induction magnétique du champ, soit le long d'une hélice si l'angle formé est différent de 90°) (cf. aussi* electron, velocity vector *et* magnetic induction vector).

cylindrical aerial *(GB) cf.* cylindrical array.

cylindrical antenna *cf.* cylindrical array.

cylindrical array groupement cylindrique d'antennes *(groupement de dipôles disposés autour d'une surface cylindrique, généralement parallèlement à l'axe du cylindre et normalement excités à tour de rôle) (cf. aussi* dipole antenna *et* antenna array).

cylindrical wave onde cylindrique *(onde dont les surfaces équiphase forment une famille de cylindres coaxiaux) (cf. aussi* equiphase surface).

Czochralski method méthode de Czockralski, méthode de tirage de Czockraslski *(procédé classique de croissance des monocristaux de semiconducteur dans lequel un germe du semiconducteur utilisé est plongé dans le bain de semiconducteur en fusion et sorti très lentement du bain suivant la direction verticale en le faisant tourner, le monocristal se formant progressivement à partir du germe en prenant la forme d'un barreau de section circulaire sous l'action combinée du mouvement de translation et de rotation du germe) (le barreau est ensuite découpé, généralement à l'aide d'un disque diamanté très mince, pour obtenir des disques de semiconducteur) (cf. aussi* single crystal, seed *et* wafer 2)).

Czochralski process *cf.* Czochralski method. *(ce terme étant le plus employé).*

Czochralski technique *cf.* Czochralski method.

D *cf.* drain.

d-a ... *cf.* digital-to-analog ...

d/a ... *cf.* digital-to-analog ...

D/A ... *cf.* digital-to-analog ...

d'Arsonval ... *(voir plus loin, après* Darlistor).

D display présentation du type D *(présentation des informations sur l'écran d'un radar analogue à la présentation du type C, mais dans laquelle l'écho de la cible a une forme allongée dans le sens vertical pour donner une indication grossière de la distance de celle-ci, la longueur de l'écho étant proportionnelle à cette distance) (cf. aussi* C display).

D flip-flop *(D vient de « delay »)* bascule D *(ou* du type D), bascule à retard *(bascule à une entrée dans laquelle une impulsion appliquée à l'entrée n'apparaît à la sortie qu'après une période de récurrence des impulsions d'horloge) (cf. aussi* flip-flop *et* clock pulse).

D layer couche D *(couche la plus basse et la moins ionisée de l'ionosphère, existant pendant le jour seulement et située approximativement entre 60 et 80 km d'altitude) (son ionisation est insuffisante pour lui permettre de réfléchir les ondes moyennes tout en étant suffisante pour lui permettre de les absorber en les empêchant de se réfléchir sur la couche E située au-dessus : elle empêche donc généralement la propagation des ondes moyennes par réflexion ionosphérique pendant le jour) (la nuit, les molécules de l'atmosphère qui la constituent, n'étant plus ionisées par le rayonnement solaire, elle disparaît pratiquement et laisse alors ces ondes se réfléchir sur la couche E avec l'importante augmentation de portée qui en résulte) (cf. aussi* ionosphere *et* hectometric wave).

D-MESFET *cf.* depletion-mode MESFET.

D-MOS *cf.* DMOS.

D-RAM *cf.* dynamic RAM.

D region *cf.* D layer.

d-s ... *cf.* digital-to-synchro ...

d/s ... *cf.* digital-to-synchro ...

D/S ... *cf.* digital-to-synchro ...

D scan *cf.* D display.

D scope écran à présentation du type D *(radar) (cf. aussi* D display).

d-to-a ... *cf.* digital-to-analog ...

D-to-A ... *cf.* digital-to-analog ...

D-type ... *cf.* D ...

DABS *(vient de « discrete-address beacon system »)* système DABS, système anticollision à répondeurs adressables *(système de radar anticollision utilisant une balise répondeuse adressable sur chaque aéronef) (est un perfectionnement du système BCAS) (cf. aussi* BCAS).

DAC *cf.* digital-to-analog converter.

DAGC *cf.* delayed automatic gain control.

daisy chain chaîne d'éléments *(suite d'étages ou de circuits intégrés parcourus successivement par des signaux binaires ou non) (inf) (cf. aussi* daisy-chain bus).

daisy-chain bus bus en chaîne *(bus reliant successivement plusieurs boîtiers mémoires pour organiser les priorités d'interruption dans un ordinateur) (inf) (cf. aussi* bus (a1).

daisy-chained memory chips boîtiers mémoires reliés en chaîne *(inf) (cf. aussi* daisy-chain bus *et* chip 1)).

daisy-chained registers registres en chaîne *(mémoire FIFO) (inf) (cf. aussi* daisy chain *et* FIFO).

daisy chaining organisation en chaîne *(bus) (inf) (cf. aussi* daisy chain).

daisy-wheel printer imprimante à marguerite *(imprimante caractère par caractère dans laquelle les caractères sont portés par des lamelles partant radialement d'un moyeu entraîné par un moteur pas-à-pas et appliquées ainsi sélectivement sur un ruban encreur par un marteau coulissant actionné par un électro-aimant après positionnement du caractère à imprimer, le chariot portant le mécanisme d'impression étant préalablement amené à la position d'impression par un autre moteur pas-à-pas) (l'ensemble des lamelles portant les caractères rappelle les pétales d'une marguerite, d'où le nom donné à la roue d'impression) (la marguerite est en matière plastique ou en acier et facilement interchangeable pour changer de jeu de caractères) (l'imprimante peut être une imprimante pure ou une machine à écrire électrique utilisable en imprimante à partir d'une mémoire incorporée ou d'une mémoire extérieure) (la qualité d'impression obtenue est la « qualité courrier ») (inf) (cf. aussi* serial printer, stepper motor *et* letter quality).

DAM *cf.* direct-access memory.

DAMA system *(DAMA vient de « demand assignment multiple access »)* système DAMA, système à accès multiple par affectation à la demande *(faisceau hertzien dans lequel l'affectation des voies n'est pas fixe, une voie libre pouvant être choisie par l'ordinateur du système pour transmettre un signal en provenance de n'importe quelle station ayant accès au système pour permettre une utilisation maximale des voies) (radiocom) (cf. aussi* microwave radio 1)).

damage-risk criterion seuil dangereux *(niveau d'intensité sonore à partir duquel l'ouïe d'un sujet risque d'être atteinte) (acou) (cf. aussi* sound intensity).

damped oscillation oscillation amortie *(oscillation dont l'amplitude diminue d'un cycle au suivant) (cf. aussi* damping).

damped wave onde amortie *(onde périodique dont l'amplitude diminue d'un cycle au suivant) (cf. aussi* periodic wave *et* damping).

damper dispositif d'amortissement *(dispositif augmentant l'absorption d'énergie dans une oscillation pour augmenter son amortissement naturel) (cf. aussi* damper tube, damping diode *et* damping).

damper tube tube d'amortissement *(tube diode ou équivalent monté aux bornes d'un circuit dans lequel des oscillations risquent de se produire pour empêcher leur développement par absorption d'énergie dans la moitié de leur cycle dans* laquelle le tube est conducteur) (base de temps lignes d'un récepteur de télévision, etc.) (cf. aussi diode tube et damper).

damping amortissement (diminution progressive naturelle ou provoquée de l'amplitude d'une oscillation d'un cycle au suivant par absorption d'énergie par le milieu ou le dispositif dans lequel elle a lieu) (l'absorption d'énergie dans un milieu matériel ou dans un dispositif est inévitable et due aux frottements et aux chocs éventuels) (onde, résonateur, équipage mobile, etc.) (cf. aussi instrument damping, oscillation, energy et material medium).

damping capacitor condensateur d'amortissement (nom parfois donné à un condensateur pare-étincelles pour rappeler qu'il produit un amortissement des oscillations qui accompagnent le jaillissement d'une étincelle) (cf. aussi spark capacitor et damping).

damping coefficient cf. damping factor.

damping factor coefficient d'amortissement (rapport entre l'amplitude d'une oscillation amortie dans un cycle et l'amplitude dans le cycle suivant) (cf. aussi damped oscillation et logarithmic decrement).

damping magnet aimant de freinage (aimant amortissant les oscillations du disque moteur d'un appareil de mesure à induction) (l'amortissement est produit par l'action du champ magnétique de l'aimant sur les courants de Foucault qu'il induit dans le disque lorsque celui-ci tourne) (cf. aussi damped oscillation et induction instrument).

daraf daraf, farad^{-1} (unité de capacitance) (est égale à l'inverse d'un farad ; c'est pourquoi son nom est formé en inversant l'ordre des lettres du mot « farad ») (élec) (cf. aussi elastance et farad).

dark conduction conduction d'obscurité (conduction d'un corps photosensible dans l'obscurité) (cf. aussi dark current).

dark current (parf. intensité du) courant d'obscurité (courant de très faible intensité circulant dans le circuit d'un dispositif photosensible en l'absence de lumière) (dans un phototube ou un tube analyseur à mosaïque, le courant d'obscurité est dû à la très faible valeur du travail de sortie de la photocathode ou des éléments photoémissifs, respectivement, ce qui permet à des électrons d'être émis en l'absence de lumière visible) (dans un dispositif photosensible à semiconducteur, le courant d'obscurité est dû à la création de paires électron-trou sous l'action de l'agitation thermique) (de nombreux dispositifs sensibles à l'infrarouge doivent fonctionner à une température proche du zéro absolu pour réduire le plus possible le bruit de fond constitué par le courant d'obscurité et dans lequel le signal de très faible amplitude obtenu serait noyé) (cf. aussi phototube, mosaic 1), work function, electron-hole pair, thermal agitation et signal buried in noise).

dark discharge décharge invisible (décharge électrique dans un gaz ne produisant pas d'effet lumineux) (cf. aussi electric discharge).

dark resistance résistance d'obscurité (résistance d'un dispositif photoélectrique dans l'obscurité) (cf. aussi dark current).

dark space zone obscure (tube à décharge) (cf. aussi anode dark space, Aston dark space, Crookes dark space, Faraday dark space et discharge tube).

dark-spot signal signal de noir (amplitude du signal de sortie d'un tube analyseur à l'instant où le faisceau d'électrons d'analyse passe sur un point de la mosaïque correspondant à une zone sombre de la scène) (TV) (cf. aussi camera tube).

dark-trace screen écran à trace foncée (tube cath) (cf. aussi skiatron).

dark-trace tube cf. skiatron.

Darlington cf. Darlington transistor.

Darlington amplifier montage Darlington (montage amplificateur de puissance) (le terme « amplificateur Darlington », bien que parfaitement correct, n'est pas employé) (cf. aussi Darlington transistor).

Darlington arrangement cf. Darlington amplifier.

Darlington configuration cf. Darlington amplifier.

Darlington-connected transistors transistors montés en Darlington (cf. aussi Darlington transistor).

Darlington connection cf. Darlington amplifier.

Darlington device cf. Darlington transistor.

Darlington pair paire Darlington (ampli) (cf. aussi Darlington transistor).

Darlington power transistor cf. Darlington transistor.

Darlington transistor transistor Darlington, Darlington, transistor de puissance Darlington, paire Darlington (amplificateur de puissance à très grand gain formé de deux transistors bipolaires montés dans le même boîtier avec liaison directe entre le collecteur du transistor d'entrée et celui du transistor de sortie, et entre l'émetteur du premier et la base du second, la sortie se faisant entre le point commun aux deux collecteurs et la masse) (noter que « le » transistor Darlington est en fait composé de deux transistors) (cf. aussi power amplifier et bipolar transistor).

Darlington transistor pair cf. Darlington pair.

Darlistor Darlistor, darlistor, thyristor à gâchette amplificatrice (thyristor de puissance dans lequel une structure intermédiaire de thyristor entoure la gâchette pour amplifier le courant de celle-ci, ce qui permet de débloquer le thyristor principal avcec un courant de gâchette d'intensité modérée, compte-tenu de la taille du composant) (la structure à deux étages en cascade de ce type de thyristor de puissance rappelle celle du montage Darlington, d'où le nom qui lui a été donné) (cf. aussi Darlington amplifier et high-power thyristor).

d'Arsonval galvanometer galvanomètre de Desprez et d'Arsonval, galvanomètre Desprez-d'Arsonval (principal type de galvanomètre à cadre mobile, dans lequel celui-ci est supporté dans le champ d'un aimant en fer à cheval par deux fils conducteurs tendus et entraîne dans sa rotation un petit miroir réfléchissant un rayon lumineux dont le déplacement sur une échelle graduée est proportionnel à l'intensité du courant mesuré) (cf. aussi moving-coil galvanometer et torsion string).

d'Arsonval movement équipage magnétoélectrique (équipage d'un appareil de mesure à cadre mobile et aimant permanent) (constitue un petit galvanomètre dérivé du galvanomètre de Desprez et d'Arsonval) (cf. aussi d'Arsonval galvanometer et meter movement).

DAS cf. data acquisition system.

dash trait (un des deux signes de l'alphabet Morse, l'autre étant le point) (tlg, radiotlg) (cf. aussi Morse code).

dashpot retardateur à huile (dispositif formé essentiellement d'un petit cylindre rempli d'huile dans lequel se déplace un piston généralement percé d'un ou plusieurs trous fermés par une rondelle coulissant sur la tige du piston lorsque celui-ci se déplace dans le sens du mouvement à freiner) (est utilisé notamment dans des disjoncteurs) (cf. aussi circuit breaker).

DAT cf. digital audio tape.

data donnée(s), information(s), (parf.) résultats (le terme « data » pouvant s'appliquer aussi bien aux données d'un problème qu'au résultat de sa solution, il est préférable d'employer « information » en cas de doute ou de nécessité d'un terme générique) (noter que le terme anglais est souvent la forme abrégée de « digital data ») (cf. aussi digital data, information et data processing).

data access accès à l'information (souvent au sens de la rapidité d'accès à des informations conservées sous une forme quelconque) (inf) (cf. aussi access time et data).

data acquisition 1) (la) mesure, mesurage (le terme « data acquisition » s'applique surtout à la mesure centralisée) (cf. aussi analog data acquisition, digital data acquisition et data logging). 2) cf. data collection).

data acquisition system 1) chaîne de mesure (cf. aussi measuring system, ce terme, plus récent et meilleur que le premier, étant appelé à le remplacer). 2) cf. data logger.

data acquisition terminal terminal de saisie de l'information (terminal à clavier, notamment) (inf) (cf. aussi terminal 2) et data collection).

data address adresse de la donnée (parf. d'une donnée) (inf) (cf. aussi address^1 (a) et data).

data amplifier amplificateur de mesure (cf. aussi instrumentation amplifier).

data band intervalle de valeurs numériques (mesure, etc.).

data bank banque de données (voir aussi data base et noter que le premier terme est peu employé et que, lorsqu'il l'est, c'est au sens figuré).

data base banque de données *(noter que nombre d'auteurs français, n'ayant pas compris la différence généralement faite par les Anglo-Saxons entre « data base » et « data bank », traduisent le premier terme par « base de données », ce qui n'a pas de sens, et le second par « banque de données » et, pour se justifier, font des distinctions subtiles et parfois contradictoires entre les deux termes, la plus fréquente étant qu'une banque de données est un ensemble de « bases de données », chacune de celles-ci couvrant selon eux un sujet ou un domaine distinct) (on veillera à ne pas tomber dans cette erreur en notant que la véritable signification de « data base » est « fonds d'informations ») (inf) (cf. aussi* data bank, information center, server, file[1] *et* knowledge base).

data-base management system système de gestion de banque de données, logiciel *(idem)*, programme *(idem)*, SGBD *(sigle du premier terme ; est le plus employé) (logiciel permettant de créer, interroger et modifier une banque de données) (inf) (cf. aussi* software *et* data base).

data-base manager 1) *cf.* data-base management system. 2) gérant de banque de données *(spécialiste responsable de la mise à jour, l'exploitation et généralement la création d'une banque de données) (inf) (cf. aussi* data base).

data-bearing signal *cf.* information-bearing signal.

data bit binaire d'information *(binaire faisant partie d'un mot d'information) (inf, tls) (cf. aussi* bit *et* data word).

data-bit center milieu d'un binaire d'information *(transmission de données) (tls) (cf. aussi* bit center).

data block bloc (de données) *(inf) (cf. aussi* block 1)).

data buffer mémoire-tampon *(inf) (cf. aussi* buffer memory).

data bus bus de données *(bus par lequel transitent les informations à traiter, les instructions du programme et les résultats du traitement dans un ordinateur) (cf. aussi* bus (a1).

data byte octet d'information *(octet constituant un mot d'information) (inf, tls) (cf. aussi* byte *et* data word).

data cache mémoire cache de données *(mémoire cache RAM réservée aux données) (cf. aussi* RAM cache).

data carrier support d'informations *(inf) (cf. aussi* storage medium).

data-carrying capacity capacité de transmission *(le terme anglais sous-entend généralement la transmission d'informations numériques) (cf. aussi* traffic capacity *et* digital data).

data cartridge chargeur de bande magnétique *(inf) (cf. aussi* tape cartridge).

data cell point mémoire *(inf) (cf. aussi* bit cell).

data center centre informatique *(cf.* information center).

data channel *cf.* data communications channel.

data circuit circuit de transmission de données, circuit de données *(télinf) (cf. aussi* data link).

data-circuit terminating equipment *cf.* DCE.

data clocking rate cadence de transfert de l'information, *(parf.)* fréquence d'horloge *(inf) (cf. aussi* clock rate).

data collecting *cf.* data collection.

data collection saisie de l'information, saisie des données *(enregistrement d'informations sous une forme exploitable par un ordinateur, c.-à-d. sur cartes perforées, sur bande magnétique ou sur disque magnétique, généralement à l'aide d'un terminal à clavier) (inf) (cf. aussi* keyboard terminal).

data-collection system *cf.* data-acquisition system.

data comm *cf.* data communications.

data-comm *cf.* data communications.

data communications transmission de données *(en tant que type de télécommunications) (télinf) (cf. aussi* data transmission *et* communications).

data communications channel voie de transmission de données *(voie de télécommunications utilisée pour la transmission de données) (télinf) (cf. aussi* communications channel *et* data transmission).

data communications chip puce pour transmission de données *(puce de circuit intégré utilisé dans une liaison de transmission de données) (cf. aussi* chip 1) *et* data link).

data communications controller régisseur de transmission de données *(télinf) (cf. aussi* communications controller).

data communications control unit *cf.* data communications controller.

data communications equipment matériel de transmission de données *(télinf)*.

data-communications equipment designer concepteur de matériel de transmission de données.

data-communications equipment maker constructeur de matériel de transmission de données.

data communications link *cf.* data link.

data communications network réseau informatique, réseau de transmission de données *(réseau formé par un ou plusieurs ordinateurs, des terminaux et des lignes ou des voies qui les relient entre eux) (télinf) (cf. aussi* data transmission).

data communications port *cf.* communications port.

data communications processor ordinateur de transmission *(dans un réseau de transmission de données) (tls) (cf. aussi* communications processor *et* data communications network).

data communications signal signal de transmission de données, signal de données *(signal transmis par une liaison de transmission de données) (télinf) (cf. aussi* data link).

data communications system système de transmission de données, *(parf.)* liaison *(idem) (télinf)*.

data communications terminal terminal de transmission de données *(terminal à clavier seul ou à clavier et écran) (télinf) (cf. aussi* keyboard terminal).

data communications unit *cf.* data communications terminal.

data compaction *cf.* data compression.

data compression compression de l'information *(réduction du nombre de mots binaires nécessaires pour représenter un signal analogique après sa numérisation) (est obtenue par élimination des mots binaires superflus dans le signal numérique obtenu, pour une qualité de reproduction déterminée lors de la dénumérisation, et entraîne ipso facto la réduction du nombre d'impulsions à transmettre ou mémoriser et, par conséquent, la largeur de bande nécessaire de la voie de transmission ou la capacité de mémoire nécessaire, respectivement) (est employée notamment pour la transmission et la mémorisation numériques de la parole et des images) (cf. aussi* compression ratio, compression law, speech compression, analog-to-digital conversion, digital-to-analog conversion *et* compression).

data compression algorithm algorithme de compression (d'informations) *(inf) (cf. aussi* algorithm *et* data compression).

data compression technique méthode de compression de l'information *(inf) (cf. aussi* data compression).

data concentrating *cf.* data concentration.

data concentration concentration de lignes de données *(télinf) (cf. aussi* data concentrator).

data concentrator concentrateur de lignes de données *(concentrateur de lignes utilisé dans un réseau de transmission de données) (télinf) (cf. aussi* concentrator *et* data communications network).

data conversion conversion de signaux, conversion d'informations, conversion de données *(selon le contexte) (changement provoqué de la nature d'un signal) (conversion d'un signal analogique en un signal numérique ou d'un signal numérique en un signal analogique ou d'un signal numérique parallèle en un signal numérique série ou d'un signal numérique série en un signal numérique parallèle) (cf. aussi* analog-to-digital conversion, digital-to-analog conversion, parallel-to-serial conversion, serial-to-parallel conversion, signal[1] *et* data).

data converter convertisseur de signaux, convertisseur d'informations, convertisseur de données *(selon le contexte) (appareil ou circuit intégré changeant la nature d'un signal) (ces termes génériques couvrent les numériseurs, les dénumériseurs, les convertisseurs parallèle/série et les convertisseurs série/parallèle) (cf. aussi* data conversion, analog-to-digital converter, digital-to-analog converter, parallel-to-serial converter *et* serial-to-parallel converter).

data density densité d'enregistrement *(inf) (cf. aussi* recording density).

data display présentation d'informations *(parf.* des informations), *(parf. aussi)* affichage d'informations *(idem) (inf, etc.) (cf. aussi* display[1] 1) *et* 2) *et* data).

data distribution diffusion de l'information *(télinf)*.

data distribution network réseau de diffusion de l'information *(télinf)*.

data domain (le) domaine logique *(ensemble des états binaires que peuvent prendre simultanément les sorties d'un groupe de circuits logiques) (inf) (cf. aussi* binary state, logic circuit *et* domain).

data-domain analysis analyse dans le domaine logique *(inf) (cf. aussi* data domain *et* logic state analysis).

data-domain analysis equipment matériel d'analyse logique *(analyseurs d'état logique) (inf) (cf. aussi* data domain *et* logic-state analyzer).

data element élément d'information *(longueur, poids, âge, couleur, montant, nombre, date, etc.) (l'élément d'information pris au sens strictement informatique est le binaire) (cf. aussi* information *et* bit).

data enable autorisation de transfert (d'informations) *(inf)*.

data-enable pin broche d'autorisation de transfert (d'informations) *(sur un boîtier de circuit intégré numérique) (inf)*.

data encryption cryptage de l'information (numérique), cryptage des données *(cryptage des informations transmises par une liaison de transmission de données) (est souvent un chiffrage) (télinf) (mil, etc.) (cf. aussi* encryption, digital data, data link *et* encipherment).

data-encryption chip puce de chiffrage *(puce de circuit intégré de chiffrage) (cf. aussi* chip 1) *et* data-encryption integrated circuit).

data encryption device *cf.* data encryptor.

data encryption IC *cf.* data-encryption integrated circuit.

data-encryption integrated circuit circuit intégré de chiffrage *(transmission de données) (cf. aussi* data encryptor).

data encryptor crypteur de données *(circuit numérique, généralement intégré, réalisant le chiffrage d'informations numériques) (transmission de données) (mil, etc.) (cf. aussi* digital circuit *et* data encryption).

data entry introduction des données *(ou* des informations) *(dans la mémoire d'un ordinateur) (inf) (cf. aussi* computer memory *et* data-entry device).

data-entry device dispositif d'introduction de données *(ou* d'informations) *(terminal à clavier, lecteur de cartes perforées, de bande perforée, de code à barres, de disquettes, crayon optique, etc.) (inf) (cf. aussi* data entry).

data-entry terminal terminal d'introduction de données *(terminal à clavier) (inf) (cf. aussi* keyboard terminal).

data extraction extraction d'informations *(parf.* de l'information) *(nom parfois donné à un traitement d'informations, notamment complexe, considéré sous l'angle du ou des résultats obtenus) (inf, radar, etc.) (cf. aussi* data processing).

data file fichier *(bande magnétique ou autre support d'informations utilisé pour l'archivage d'informations) (inf) (cf. aussi* file[1] *et* mass memory).

data file tape bande fichier *(bande magnétique) (inf) (cf. aussi* data file).

data flow 1) circulation de l'information, circulation des données *(entre les différents organes d'un ordinateur ou entre différents appareils informatiques) (cf. aussi* data). 2) *cf.* data stream.

data-flow architecture structure à flux de données *(structure d'une machine à flux de données) (inf) (cf. aussi* data-flow machine).

data flow chart *cf.* data flow diagram.

data flow diagram diagramme de circulation de l'information *(ou* des informations *ou* des données), organigramme de données *(inf) (cf. aussi* data flow).

data-flow language langage à flux de données *(langage de programmation avec lequel il suffit d'indiquer les opérations plus ou moins complexes qui doivent être effectuées, le compilateur utilisant les relations existant entre les groupes de données pour déterminer l'ordre d'exécution des opérations) (constitue un pas dans la voie de la programmation automatique) (inf) (cf. aussi* programming language, compiler *et* automatic programming).

data-flow machine machine à flux de données *(nom souvent donné à un ordinateur conçu pour exécuter des programmes à flux de données) (inf) (cf. aussi* computer 2) *et* data-flow program).

data-flow program programme à flux de données *(programme d'ordinateur élaboré à l'aide d'un langage à flux de données) (inf) (cf. aussi* computer program *et* data-flow language).

data-flow programming programmation à flux de données *(élaboration de programmes à flux de données) (inf) (cf. aussi* data-flow program).

data flowchart *cf.* data flow diagram. *(plus haut).*

data format format de l'information, format des données *(inf) (cf. aussi* format[1]).

data formatting mise au format de l'information *(ou des données) (inf) (cf. aussi* format[1]).

data frame trame *(tls) (cf. aussi* frame 6)).

data gathering *cf.* data collection.

data generation fourniture d'informations *(inf)*.

data handling *cf.* data processing. *(de même pour les termes dérivés qui ne figurent pas ci-après).*

data handling capability possibilités de traitement (d'informations *(ou* de données) *(nom parfois donné à la puissance de traitement d'un ordinateur) (inf) (cf. aussi* processing power *et* capability).

data in *cf.* data input.

data input 1) entrée des informations, entrée des données *(inf).* 2) *cf.* data entry.

data item *cf.* data element.

data latch 1) verrou de données, *(etc.) (verrou inséré dans un accès à un bus de données) (inf) (cf. aussi* latch 1) *et* data bus). 2) *cf.* latch 1).

data line ligne de données *(une des lignes d'un bus de données) (inf) (cf. aussi* data bus).

data link liaison informatique, liaison de transmission de données, liaison de données *(ligne téléphonique, faisceau hertzien ou fibre optique assurant la transmission d'informations entre appareils informatiques) (ces informations sont transmises sous la forme série) (télinf) (cf. aussi* data transmission *et* serial transmission).

data link control commande de liaison de données *(télinf) (cf. aussi* communications controller).

data-link ground station station au sol de transmission de données *(télinf)*.

data-link procedure *cf.* data-link protocol.

data-link protocol protocole (de transmission de données) *(télinf) (cf. aussi* protocol).

data-link transmitter émetteur de transmission de données *(télinf)*.

data logger 1) centrale de mesure *(appareil assurant la surveillance de machines, appareils, installations ou expériences par enregistrement permanent ou périodique de leurs paramètres de fonctionnement sous la forme de nombres imprimés sur une bande de papier).* 2) enregistreur imprimant.

data logging mesure centralisée, centralisation des mesures *(utilisation d'une centrale de mesure pour effectuer simultanément un certain nombre de mesures) (cf. aussi* data logger).

data-logging equipment 1) matériel de mesure centralisée *(ou* pour mesures centralisées) *(centrales de mesure et appareils auxiliaires) (cf. aussi* data logger 1)). 2) *cf.* data logger 1)).

data-logging system 1) système de mesure centralisée *(cf. aussi* data logging). 2) *cf.* data logger 1)).

data-logging unit *cf.* data logger 1)).

data medium *cf.* data storage medium.

data memory mémoire de données *(partie de la mémoire centrale d'un ordinateur réservée aux informations à traiter) (inf) (cf. aussi* main memory).

data module module numérique *(inf) (cf. aussi* digital module).

data multiplexing multiplexage des informations *(ou* des données) *(multiplexage numérique des signaux binaires utilisés dans un appareil ou système informatique) (cf. aussi* time-division multiplexing).

data net *cf.* data network.

data network *cf.* data communications network.

data output sortie des informations *(parf.* des résultats) *(inf) (cf. aussi* data display *et* hard copy).

data path 1) chemin de données *(ensemble des opérateurs exécutant des opérations déterminées dans l'unité arithmétique et logique d'un ordinateur) (noter que la configuration du* *chemin de données dépend de l'opération à exécuter à l'instant considéré et change donc constamment dans le cas général) (inf) (cf. aussi* operator *(b),* arithmetic-and-logic unit *et* sequencer *(b)). 2) cf.* data communications channel.

data-path width largeur du chemin de données *(nombre de chemins élémentaires parallèles identiques formant un chemin de données) (est égal au nombre de binaires des mots traités, chaque binaire d'un mot étant traité par des circuits distincts) (inf) (cf. aussi* data path 1), binary word *et* bus (a1)).

Data-Phone Data Phone *(marque américaine de modems) (trans. données) (cf. aussi* modem).

data pick-off capteur *(cf. aussi* sensor).

data plotter traceur de courbes *(cf. aussi* X-Y recorder).

data point point de mesure *(sur une courbe expérimentale).*

data presentation *cf.* data display.

data probe *cf.* logic probe.

data processing (l')informatique *f*, traitement numérique de l'information, traitement automatique de l'information, traitement de l'information *(noter que le dernier terme, très employé, couvre également le traitement analogique de l'information) (noter aussi que le terme anglais est la forme abrégée, de loin la plus courante, de « digital data processing », « automatic data processing » et « electronic data processing ») (traitement de l'information dans lequel celle-ci est représentée par des signaux numériques, le traitement étant normalement exécuté par un ordinateur) (cf. aussi* data, information, information processing, off-line processing, on-line processing, serial processing, parallel processing, digital signal, computer 2) *et* analog data processing).

data processing area *cf.* data processing field.

data processing card *cf.* punched card.

data processing center centre de traitement de l'information *(inf) (cf. aussi* information center).

data processing community (la) communauté informatique *(cf. aussi* computer community).

data processing course cours d'informatique *(enseignement).*

data processing department service informatique *(d'une société ou d'un organisme) (cf. aussi* information center).

data processing equipment matériel de traitement de l'information, matériel informatique, *(parf.)* matériel mécanographique *(ce dernier terme ne doit être employé que pour le matériel à cartes perforées ou à bande perforée) (le second terme est le plus employé) (ordinateurs, appareils périphériques, machines de façonnage et autres appareils informatiques tels que calculatrices électroniques et machines de traitement de textes notamment, ainsi que leurs accessoires et fournitures) (cf. aussi* computer 2), peripheral device, forms handling equipment, calculator *et* word processor 1)).

data processing expert (grand) spécialiste en informatique, *(etc.) (cf. aussi* data processing).

data processing facilities moyens informatiques, moyens de traitement de l'information, *(parf. aussi)* moyens de calcul, *(parf.)* installations informatiques, *(idem) (matériel informatique, locaux correspondants et, dans le premier cas, personnel informaticien) (cf. aussi* data processing equipment).

data processing facility installation informatique, *(etc.) (cf. aussi* data processing facilities).

data processing field (le) domaine de l'informatique *(domaine d'activité industrielle ou autre relative à l'informatique) (cf. aussi* data processing).

data processing industry industrie de l'informatique.

data processing instrument appareil informatique *(ordinateur ou appareil incorporant un ordinateur, généralement sous la forme d'un microprocesseur et des circuits associés ou, par extension, appareil fonctionnant en liaison avec un ordinateur) (cf. aussi* computer 2), microprocessor *et* data processing machine).

data processing machine machine de traitement de l'information *(nom parfois donné à un ordinateur) (inf) (cf. aussi* computer 2) *et* machine).

data processing man (un) informaticien.

data processing medium *cf.* data storage medium.

data processing people (les) informaticiens.

data processing system système de traitement de l'information, système informatique *(système composé, par exemple, d'un ordinateur et de terminaux répartis dans une entreprise).*

data processing world (le) monde de l'informatique *(cf. aussi* computer world, *ce terme étant le plus imagé).*

data processor 1) *cf.* data processing machine. **2)** processeur de données, traiteur de données *(terme que j'ai proposé) (partie d'un logiciel de gestion de banque de données permettant de modifier celles-ci) (inf) (cf. aussi* data base management system). **3)** *cf.* computer professional.

data protection protection de l'information *(ou des informations ou des données) (inf, tls) (protection des informations contenues dans la mémoire d'un ordinateur contre un effacement accidentel ou un accès non autorisé) (inf) (cf. aussi* information *et* computer memory).

data protocol *cf.* data-link protocol.

data rate débit d'informations, débit *(nombre d'éléments d'information, au sens informatique, transmis par unité de temps dans une liaison) (cf. aussi* data element) *(a) cf. aussi* data transfer rate ; *(b) cf. aussi* data transmission rate.

data recorder enregistreur de données *(cf. aussi* digital recorder).

data recording enregistrement de données *(inf) (cf. aussi* digital recording).

data recording medium *cf.* data storage medium.

data reduction dépouillement des résultats *(mesure, inf, etc.).*

data repeater répéteur-régénérateur *(tél, tlg) (cf. aussi* regenerative repeater).

data retention conservation de l'information *(dans une cellule de mémoire ou une mémoire) (inf) (cf. aussi* retention).

data retention capability aptitude à conserver l'information *(cellule de mémoire ou mémoire complète) (inf) (cf. aussi* data retention *et* capability).

data retention power consumption *(ou* **dissipation** *ou* **drain)** puissance consommée au repos *(puissance consommée par une mémoire RAM en l'absence d'opération d'écriture ou de lecture) (inf) (cf. aussi* power[1] 1), RAM[1] *et* power-down feature).

data retention supply voltage *cf.* data retention voltage.

data retention voltage tension de conservation de l'information *(valeur minimale de la tension d'alimentation d'une mémoire volatile au-dessous de laquelle les informations contenues dans la mémoire risquent de s'effacer) (CI) (inf) (cf. aussi* volatile memory).

data retrieval extraction de l'information *(contenue dans une mémoire) (inf).*

data sample échantillon d'information *(inf) (cf. aussi* sample[1]).

data sequence suite d'informations *ou* de données *(inf).*

data serialization sérialisation des informations *(ou des données) (inf, tls) (cf. aussi* parallel-to-serial conversion).

data set 1) ensemble d'informations, ensemble de données *(inf).* **2)** *cf.* modem.

data-set *cf.* modem.

data signal *cf.* data communications signal.

data sink récepteur (d'informations) *(récepteur d'une liaison de transmission de données) (cf. aussi* data source *et* data link).

data skew biais temporel *(inf) (cf. aussi* time skew).

data source émetteur (d'informations) *(émetteur d'une liaison de transmission de données) (cf. aussi* data sink *et* data link).

data speed *cf.* data rate.

data storage mémorisation d'informations *(parf.* des informations, *parf.* de l'information, *parf.* des données) *(conservation d'informations dans une mémoire numérique) (inf) (cf. aussi* data *et* digital memory).

data storage capacity capacité de mémorisation d'informations *(ou* de données) *(mémoire) (cf. aussi* memory capacity).

data storage medium support d'informations *(inf) (cf. aussi* storage medium).

data stream flux d'informations, flux de données *(train de binaires représentant des informations) (inf) (cf. aussi* bit stream *et* data).

data system *cf.* data acquisition system.

data tape bande des données, bande données *(bande magné-*

tique contenant les données d'un problème à résoudre ou autre traitement d'informations à exécuter par un ordinateur) (inf) (cf. aussi magnetic type *et* date processing*).*

data terminal terminal informatique *(cf. aussi* computer terminal*).*

data terminal equipment appareil terminal *(ordinateur ou terminal d'un réseau informatique) (cf. aussi* data communications network*).*

data throughput débit d'informations *(inf) (cf. aussi* bit rate*).*

data tracing *cf.* logic analysis.

data track piste d'informations, piste de données *(bande magnétique, etc.) (inf) (cf. aussi* track[1] 1*) (a) et* data*).*

data transfer transfert d'informations, transfert de données *(entre une mémoire périphérique et l'unité centrale d'un ordinateur, etc.) (noter que ces termes sous-entendent généralement le transfert en parallèle) (cf. aussi* synchronous data transfer, asynchronous data transfer *et* parallel transfer*).*

data transfer rate cadence de transfert de l'information *(ou* des données) *(nombre de binaires transférés par seconde entre deux organes d'un appareil informatique ou entre deux appareils voisins) (lorsqu'il s'agit de deux appareils plus ou moins éloignés, le terme « transfert » est remplacé par « transmission ») (cf. aussi* bit *et* data transmission*).*

data transmission transmission de données *(transmission d'informations numériques entre appareils informatiques) (la transmission de données peut être considérée comme la forme la plus évoluée du télégraphe, la transmission par téléimprimeur étant la forme intermédiaire et la transmission par manipulateur et alphabet Morse étant la forme initiale) (noter que ce terme sous-entend généralement la transmission en série) (cf. aussi* digital data, data link *et* serial transmission*).*

data transmission ... *cf.* data communications ... *(pour les termes qui ne figurent pas ci-après).*

data transmission medium milieu de transmission de données *(est généralement constitué par les conducteurs d'une ligne téléphonique) (télinf).*

data transmission protocol *cf.* data-link protocol.

data transmission rate cadence de transmission des informations *(trans. données) (cf. aussi* transmission rate*).*

data transmission speed vitesse de transmission des informations *(trans. données) (cf. aussi* transmission speed*).*

data transparency transparence des informations (transmises) *(terme impropre et courant désignant en fait la transparence d'une liaison vis-à-vis des informations transmises) (trans. données) (cf. aussi* transparent link*).*

data word mot d'information *(mot binaire représentant une ou plusieurs informations à traiter, mémoriser ou transmettre) (inf, tls) (cf. aussi* binary word *et* data*).*

datacom *cf.* data communications.

datamation *(vient de « data automation ») (cf.* data processing*).*

datum line ligne de référence *(radionav, etc.).*

daughter board carte fille *(carte enfichable montée sur une autre carte enfichable, notamment sur une carte mère, et portant des circuits associés à ceux de celle-ci, et généralement plus courte qu'elle) (cf. aussi* printed-circuit board *et* motherboard 1) *).*

dawn chorus chœur de l'aube *(nom donné à des parasites atmosphériques à fréquence croissant lentement, observés généralement en début de matinée) (radio) (cf. aussi* atmospherics*).*

daylight display présentation à haute luminosité, *(etc.) (écran cath, afficheur) (cf. aussi* display[1] 1) à 3) *).*

daylight display capability (possibilités de) présentation en plein jour, *(etc.) (parf. au singulier) (écran cath, afficheur) (cf. aussi* display[1] 1) à 3) *et* capability*).*

daylight radar display présentation des informations radar sur écran à haute luminosité *(cf. aussi* radar display*).*

daytime call *cf.* daytime telephone call.

daytime range portée diurne, portée de jour *(émetteur radio) (est souvent moins grande que la portée nocturne) (propa) (cf. aussi* D layer) *(au début de la lettre D).*

daytime target designation marquage *(ou* désignation) de cibles le jour *(par faisceau laser) (mil) (cf. aussi* laser designation*).*

daytime telephone call communication téléphonique de jour, communication de jour *(cf. aussi* telephone call 1) *).*

daytime television télévision classique, télévision en lumière visible, télévision en visible *(sdpo à « télévision à bas niveau » et à « télévision infrarouge ») (mil, etc.) (cf. aussi* television*).*

daytime video *cf.* daytime television.

daytime video equipment matériel vidéo classique *(mil, etc.) (cf. aussi* daytime television*).*

daytime wave onde de jour *(onde radioélectrique se propageant pendant le jour) (propa) (cf. aussi* radio wave*).*

dB *cf.* decibel.

dB meter *cf.* decibel meter.

dB ratio rapport en décibels, rapport en dB *(rapport exprimé en décibels) (cf. aussi* decibel*).*

dB reading indication en décibels *(app. mesure) (cf. aussi* decibel*).*

dB scale échelle graduée en décibles *(app. mesure) (cf. aussi* meter scale *et* decibel*).*

dB setting nombre de décibels affiché *(atténuateur) (cf. aussi* decibel *et* setting*).*

dBa *cf.* decibels adjusted.

DBL ... *cf.* double ...

dBm *cf.* decibels above 1 milliwatt.

DBM *cf.* double-balanced mixer.

DBMS *cf.* data-base management system.

dBrn *cf.* decibels above reference noise.

DBS 1) *cf.* Doppler beam sharpening. 2) *cf.* direct-broadcast satellite.

DBS circuits circuits d'affinement Doppler du faisceau *(récepteur radar d'aéronef) (cf. aussi* DBS 1) *).*

DBS ground mapping visualisation du terrain avec affinement Doppler (du faisceau), cartographie *(idem) (cf. aussi* DBS 1) *).*

DBS mapping *cf.* DBS ground mapping.

dc *cf.* direct current.

DC *cf.* direct current.

DC ... *cf.* dc ... *(cette forme étant la plus employée).*

dc ammeter ampèremètre pour courant continu, ampèremètre continu *(cf. aussi* ammeter*).*

dc amperes scale échelle graduée en ampères continus, échelle graduée en intensités continues *(ampèremètre, multimètre) (cf. aussi* meter scale *et* ampere*).*

dc amplification amplification d'un courant continu *(fonction remplie par un amplificateur à courant continu) (cf. aussi* dc amplifier*).*

dc amplifier amplificateur à courant continu *(amplificateur de tension conçu pour amplifier des variations lentes d'une tension continue) (est caractérisé 1°) par l'absence de condensateur de liaison en entrée et en sortie, qui empêcherait la transmission du signal ; 2°) par un très grand gain en tension nécessaire pour faire apparaître de très faibles variations de la tension d'entrée, ces variations constituant le signal ; 3°) par une très grande sensibilité aux variations de température et de la tension d'alimentation du fait même de son très grand gain, ce qui nécessite une compensation de température et une alimentation régulée) (est souvent un amplificateur de mesure et est utilisé notamment pour amplifier le signal fourni par un thermocouple, ou la tension d'erreur dans un système asservi) (cf. aussi* chopper amplifier, chopper-stabilized amplifier, voltage amplifier, voltage gain, temperature compensation, regulated power supply, instrumentation amplifier *et* amplifier*).*

dc bell sonnerie à courant continu *(nom parfois donné à une sonnerie trembleuse pour rappeler qu'elle est normalement excitée par un courant continu) (cf. aussi* trembler bell, electric bell *et* direct current*).*

dc bias polarisation en courant continu, polarisation continue *(cf. aussi* bias[1]*).*

dc biasing création d'une polarisation continue, *(parf.)* emploi *(idem) (cf. aussi* dc bias*).*

dc bridge pont à courant continu, pont de mesure *(idem) (noms parfois donnés à un pont de mesure de résistance pour rappeler la nature du courant qu'il utilise) (mesure) (cf. aussi* resistance bridge*).*

dc calibration   **1)** étalonnage en courant continu *(étalonnage d'un appareil de mesure pour courant continu) (cf. aussi* calibration 1)). **2)** calibrage en courant continu *(calibrage effectué à l'aide d'un calibrateur à courant continu) (cf. aussi* dc calibrator).

dc calibrator   calibrateur à courant continu *(calibrateur fournissant des tensions continues) (cf. aussi* calibrator).

dc circuit   circuit à courant continu *(circuit parcouru par un courant continu et ne comportant, par conséquent, pas de condensateur ni de transformateur) (cf. aussi* circuit *et* direct current).

dc clamping   *cf.* clamping.

dc clamping diode   *cf.* clamping diode.

dc CMRR   *cf.* dc common-mode rejection ratio.

dc common-mode rejection ratio   rapport de réjection du mode commun en courant continu *(ampli différentiel) (cf. aussi* common-mode rejection ratio).

dc component   composante continue *(d'un courant redressé, etc.) (cf. aussi* rectified current *et* component 3)).

dc-component reinsertion   rétablissement de la composante continue *(ne pas employer « restitution ... ») (cf. aussi* clamping).

dc conductance   conductance (en courant continu) *(cf. aussi* conductance).

dc continuity   continuité en courant continu, continuité *(circuit) (cf. aussi* continuity tester).

dc coupled   à liaison directe *(étage) (cf. aussi* dc coupling).

dc-coupled amplifier   amplificateur à liaison directe *(amplificateur à courant continu) (cf. aussi* dc coupling).

dc-coupled output   sortie à liaison directe *(ampli, etc.) (cf. aussi* dc coupling).

dc-coupled stage   étage à liaison directe *(cf. aussi* dc coupling).

dc coupling   liaison en courant continu *(liaison entre étages) (cf. aussi* direct coupling).

dc current   *cf.* direct current.

dc current gain   gain en courant continu *(gain en courant d'un amplificateur à transistor bipolaire en régime statique, le signal d'entrée étant alors un courant continu et, par conséquent, le courant de sortie également) (cf. aussi* beta).

dc current generation   génération de courant continu *(cf. aussi* dc current source).

dc current generator   *cf.* dc generator.

dc current measurement   mesure de courant continu *(ou* d'intensité de courant continu) *(cf. aussi* dc measurement).

dc current source   source de courant continu, générateur *(idem) (pile, accumulateur, alimentation à courant redressé, convertisseur continu-continu, dynamo, cellule photovoltaïque, générateur magnétohydrodynamique, etc.) (cf. aussi* electric cell, storage cell 1) power supply 2), dc/dc converter, dc generator, photovoltaic cell *et* magnetohydrodynamic generator).

dc-dc converter   *cf.* dc/dc converter.

dc/dc converter   convertisseur continu-continu *(dispositif convertissant un courant continu fourni sous une tension déterminée en un courant continu à tension plus élevée par découpage du courant initial, augmentation de l'amplitude des impulsions obtenues, à l'aide d'un transformateur, et redressement du courant alternatif fourni par celui-ci) (alim) (cf. aussi* vibrator *et* switching converter).

dc discharge   décharge en courant continu *(décharge électrique produite par un courant continu) (cf. aussi* electric discharge *et* direct current).

dc display   *cf.* dc plasma display.

dc drift   dérive de la composante continue *(amplificateur à courant continu) (cf. aussi* drift[1] 1), dc component *et* dc amplifier).

dc dump   coupure du courant continu *(notamment dans un ordinateur).*

dc effect   *cf.* dc Josephson effect.

dc electric ...   *cf.* dc ... *(pour les termes qui ne figurent pas ci-après).*

dc electric field   champ électrique continu *(nom parfois donné à un champ électrostatique) (cf. aussi* electrostatic field).

dc electrical ...   *cf.* dc ...

dc electroluminescent panel   panneau électroluminescent à courant continu *(cf. aussi* electroluminescent display).

dc electromotive force   force électromotrice continue *(force électromotrice dont le sens ne change pas) (est produite notamment dans une pile, un accumulateur, une cellule photovoltaïque) (cf. aussi* electromotive force).

dc emf   *cf.* dc electromotive force.

dc EMF   *cf.* dc electromotive force.

dc erase   *cf.* dc erasing.

dc erase head   tête d'effacement à courant continu *(enr. mag) (cf. aussi* erase head *et* dc erasing).

dc erasing   effacement par courant continu *(premier procédé d'effacement d'un support magnétique) (est beaucoup moins efficace que l'effacement par courant alternatif et, pour cette raison, n'est presque plus employé) (enr. mag) (cf. aussi* ac erasing).

dc erasing head   *cf.* dc erase head.

dc excitation   excitation par un courant continu *(ou* en courant continu) *(électro-aimant) (cf. aussi* excitation (d) *et* direct current).

dc field   champ continu *(cf. aussi* static field).

dc form factor   facteur de forme (du courant redressé) *(alim) (cf. aussi* form factor).

dc gas-discharge display   *cf.* dc plasma display.

dc generator   génératrice de courant continu *(génératrice fournissant un courant effectivement continu ou un courant redressé) (noter que le terme anglais et le terme français désignent presque toujours une dynamo, bien qu'en toute rigueur ils ne soient applicables qu'à une génératrice homopolaire) (élt) (cf. aussi* dynamo, homopolar generator, generator 2) *et* direct current).

dc input   entrée en courant continu, entrée continue *(cf. aussi* electrical input *et* direct current).

dc input current   *(parf.* intensité du) courant continu d'entrée *(cf. aussi* dc input).

dc input voltage   tension d'entrée continue *(amplificateur à courant continu, etc.) (cf. aussi* dc input).

dc inserter   étage d'insertion du niveau de suppression *(émetteur TV) (cf. aussi* blanking level).

dc interruption   *cf.* dc dump.

dc isolation   isolement en courant continu *(isolement réalisé par un condensateur ou un transformateur) (cf. aussi* capacitor, transformer 1) *et* galvanic isolation).

dc Josephson effect   effet Josephson continu *(passage d'un courant de supraconduction dans une jonction Josephson en l'absence de tension appliquée à celle-ci) (supraconduction) (cf. aussi* Josephson effect).

dc leakage   fuites en courant continu *(courant de fuite dans un isolant, notamment dans le diélectrique d'un condensateur, soumis à une tension continue) (cf. aussi* leakage current *et* dc voltage).

dc level   niveau de la composante continue *(cf. aussi* level 1) *et* dc component).

dc line   ligne à courant continu *(ligne électrique parcourue par un courant continu) (peut être notamment une ligne de transport d'énergie en courant continu sous très haute tension) (cf. aussi* power line *et* direct current).

dc load   charge à courant continu *(charge alimentée en courant continu) (cf. aussi* load[1] (a) *et* direct current).

dc machine   machine à courant continu, machine électrique *(idem) (machine électrique conçue pour produire ou utiliser uniquement un courant continu) (génératrice de courant continu ou moteur à courant continu) (élt) (cf. aussi* dc generator, dc motor, direct current *et* electrical machine).

dc magnetic biasing   polarisation magnétique par courant continu, prémagnétisation *(idem)*, polarisation *(idem) (ou* continue) *(polarisation d'un support magnétique produite par un champ magnétique constant) (cf. aussi* magnetic biasing).

dc magnetic field   champ magnétique continu *(nom parfois donné à un champ magnétostatique) (cf. aussi* magnetostatic field).

dc measurement   mesure en courant continu *(mesure de tension ou, parfois, d'intensité) (cf. aussi* dc current measurement *et ne pas confondre).*

dc meter   appareil de mesure pour courant continu, appareil continu *(volmètre ou ampèremètre) (cf. aussi* analog meter, direct current, dc voltmeter *et* dc ammeter).

dc microammeter microampèremètre pour courant continu, microampèremètre continu *(cf. aussi* microammeter *et* dc ammeter).

dc microvoltmeter microvoltmètre pour courant continu, microvoltmètre continu *(cf. aussi* microvoltmeter *et* dc voltmeter).

dc milliammeter milliampèremètre pour courant continu, milliampèremètre continu *(cf. aussi* milliammeter *et* dc ammeter).

dc millivoltmeter millivoltmètre pour courant continu, millivoltmètre continu *(cf. aussi* millivoltmeter *et* dc voltmeter).

dc monitoring mesures en courant continu *(le terme anglais désigne souvent des mesures effectuées par une centrale de mesure) (cf. aussi* dc measurement *et* data logger).

dc motor moteur à courant continu, moteur électrique *(idem) (moteur électrique conçu pour être alimenté par un courant continu ou redressé) (est caractérisé par l'emploi d'un collecteur mécanique ou électronique et par le fait que le circuit magnétique n'a pas besoin d'être feuilleté en raison de l'absence de courants de Foucault) (élt) (cf. aussi* commutator dc motor, brushless dc motor, eddy current *et* electric motor).

dc network réseau à courant continu, réseau électrique *(idem) (réseau électrique parcouru uniquement par des courants continus) (cf. aussi* network 1) *et* direct current).

dc noise margin marge de bruit en courant continu *(circuit logique) (cf. aussi* noise margin).

dc off leakage fuites en courant continu à l'état bloqué, fuites *(transistor) (cf. aussi* junction leakage current).

dc offset 1) *cf.* offset error. 2) décalage du niveau continu *(décalage, dans le sens vertical, du niveau de référence d'un signal visualisé sur l'écran d'un oscilloscope, pour pouvoir observer n'importe quel point de ce signal avec un fort grossissement sans que ce point sorte des limites de l'écran) (cf. aussi* oscilloscope).

dc offset compensation compensation du niveau continu *(caméra infrarouge, etc.).*

dc offset control 1) *cf.* offset control. 2) réglage du décalage du niveau continu *(cf. aussi* dc offset 2)).

dc offset nonuniformity irrégularité du décalage du niveau continu *(cible de caméra infrarouge, etc.).*

dc-operated fonctionnant en courant continu *(cf. aussi* dc operation).

dc operation fonctionnement en courant continu *(relais, moteur électrique, etc.) (cf. aussi* direct current).

dc output sortie en courant continu, sortie continue *(bornes ou courant de sortie d'un dispositif) (cf. aussi* electrical output *et* direct current).

dc output voltage tension de sortie continue *(étage ou appareil).*

dc panel *cf.* dc plasma panel.

dc picture transmission transmission de l'image avec référence continue *(TV) (cf. aussi* clamping 2)).

dc plasma display *(cf. aussi* plasma display) 1) affichage par plasma en courant continu. 2) afficheur à plasma à courant continu.

dc plasma display panel *cf.* dc plasma panel.

dc plasma panel panneau à plasma à courant continu *(cf. aussi* plasma panel).

dc potential potentiel continu *(cf. aussi* electric potential *et* dc voltage).

dc potentiometer potentiomètre à courant continu *(potentiomètre de mesure conçu pour mesurer des tensions continues, généralement à l'aide d'une pile étalon) (cf. aussi* potentiometer 2) *et* standard cell 1)).

dc power énergie en courant continu *(énergie mise en jeu par un courant continu) (cf. aussi* energy *et* direct current).

dc power circuit circuit d'alimentation en courant continu.

dc power supply *cf.* dc supply.

dc reinsertion *cf.* dc restoration.

dc relay relais à courant continu *(relais électromagnétique conçu pour être excité uniquement par un courant continu et dont le noyau magnétique n'a, par conséquent, pas besoin d'être feuilleté en raison de l'absence de courants de Foucault)*

(relais à armature ou à noyau plongeur à courant continu, notamment) (cf. aussi armature relay, plunger relay, electromagnetic relay *et* eddy current).

dc resistance résistance en courant continu, résistance ohmique, résistance *(d'un circuit ou composant) (cf. aussi* resistance).

dc restoration rétablissement de la composante continue *(récepteur TV, etc.) (ne pas employer « restitution de la … ») (cf. aussi* clamping).

dc restore diode *cf.* dc restoring diode.

dc restorer circuit de rétablissement de niveau *(cf. aussi* clamping circuit).

dc restoring *cf.* dc restoration.

dc restoring diode diode de rétablissement de niveau *(récepteur TV, etc.) (cf. aussi* clamping diode).

dc servomotor servomoteur à courant continu *(servomoteur réalisé sous la forme d'un moteur à courant continu, généralement à excitation séparée avec action sur l'intensité du courant dans l'inducteur, le courant dans le rotor étant constant, ou vice versa) (asser) (cf. aussi* servomotor *et* dc motor).

dc signalling transmission par courant continu *(transmission de signaux télégraphiques constitués par des impulsions de courant continu) (type classique) (cf. aussi* telegraph signal *et* dc pulse).

dc source source continue *(source de courant continu ou de tension continue) (cf. aussi* dc current source, dc voltage source *et* source[1] 1)).

dc-supplied alimenté en courant continu *(cf. aussi* dc supply).

dc supply alimentation en courant continu *(parf. par un …) (d'un circuit ou autre dispositif électrique ou électronique) (cf. aussi* power supply 1) *et* direct current).

dc supply voltage tension d'alimentation continue *(appareil, etc.) (cf. aussi* supply voltage *et* dc voltage).

dc switching commutation de courant continu *(parf. d'un …) (cf. aussi* switching 1) (a)).

dc tachogenerator génératrice tachymétrique à courant continu *(asser) (cf. aussi* tachogenerator (a)).

dc tachometer *cf.* dc tachogenerator.

dc telegraphy télégraphie en courant continu *(télégraphie à transmission par courant continu) (tls) (cf. aussi* telegraphy *et* dc signalling).

dc-to-ac conversion conversion continu/alternatif, conversion de continu en alternatif, conversion d'un courant continu en courant alternatif *(cf. aussi* inverter 1)).

dc-to-dc conversion conversion continu/continu, *(etc.) (voir aussi* dc-to-ac conversion *et* adapter) *(cf. aussi* dc/dc converter).

dc-to-dc converter *cf.* dc/dc converter.

dc transducer capteur à courant continu *(capteur dont le signal de sortie est une tension continue proportionnelle à la grandeur mesurée) (une génératrice tachymétrique à courant continu est un capteur de vitesse à courant continu) (cf. aussi* sensor *et* dc tachogenerator).

dc transmission 1) *cf.* dc signalling. 2) *cf.* dc picture transmission.

dc voltage tension continue *(tension à polarité constante et valeur constante ou variant lentement) (est créée par une force électromotrice continue) (élec) (cf. aussi* voltage polarity *et* dc electromotive force).

dc voltage measurement mesure de tension continue *(mesure de la valeur d'une tension continue) (cf. aussi* dc voltmeter *et* dc measurement).

dc voltage source source de tension continue *(source de courant continu à grande résistance interne) (cf. aussi* dc current source).

dc voltmeter voltmètre pour *(ou* à) courant continu, voltmètre pour tension continue, voltmètre continu *(galvanomètre utilisé comme voltmètre) (cf. aussi* galvanometer *et* voltmeter).

dc volts volts continus *(valeur d'une tension continue exprimée en volts) (cf. aussi* dc voltage *et* volt).

dc volts scale échelle graduée en volts continus *(ou en tensions continues) (voltmètre, multimètre) (cf. aussi* meter scale *et* dc voltage).

dc working volts tension de service en courant continu *(condensateur) (cf. aussi* VDC).

DCE *(vient de « data communications equipment »)* modem *(trans. données) (cf. aussi* modem).

DCI *cf.* direct current.

DCS *cf.* digital control system.

DCTL *(vient de « direct-coupled transistor logic »)* logique DCTL, logique à transistors à liaison directe *(ne pas employer « … à couplage direct ») (ancien type de logique dans lequel la liaison entre les électrodes des transistors montés en parallèle est réalisée directement par un conducteur, sans insertion d'une résistance) (cf. aussi* logic (b)).

DCV *cf.* dc voltage.

DCWV *cf.* dc working volts.

DDA *cf.* digital differential analyzer.

DDC *cf.* direct digital control.

DDD *cf.* direct distance dialing.

DDD line ligne du réseau (téléphonique) interurbain automatique.

DDD network réseau (téléphonique) interurbain automatique.

DDD public telephone network *cf.* DDD network.

DDD service service (téléphonique) interurbain automatique.

DDD telephone network *cf.* DDD network.

DDP 1) *cf.* digital data processing. 2) *cf.* distributed data processing.

de-accentuation *cf.* de-emphasis.

de-accentuator circuit de désaccentuation *(récepteur FM, magnétophone) (cf. aussi* de-emphasis).

de Broglie phase wave *cf.* de Broglie wave.

de Broglie wave onde de de Broglie *(deux fois « de ») (onde électromagnétique associée à une particule en mouvement) (mécanique ondulatoire) (cf. aussi* wave mechanics).

de Broglie wavelength longueur d'onde de de Broglie *(longueur de l'onde de de Broglie) (cf. aussi* wavelength *et* de Broglie wave).

de-emphasis désaccentuation *(atténuation des fréquences élevées du signal opérée par un filtre dans un récepteur à modulation de fréquence, dans l'amplificateur d'un électrophone ou dans la partie lecture d'un magnétophone pour compenser la préaccentuation effectuée à l'émission ou à l'enregistrement, respectivement, et rétablir ainsi la forme initiale du signal) (cf. aussi* pre-emphasis).

de-emphasis network circuit de désaccentuation, filtre de désaccentuation *(récepteur FM, magnétophone) (cf. aussi* de-emphasis).

de-energization désexcitation, coupure du courant d'excitation *(relais, etc.) (cf. aussi* energization).

de-energize *v* désexciter, couper le courant d'excitation *(cf. aussi* de-energization).

de-energized désexcité *(cf. aussi* de-energization).

de-energized condition état non excité *(cf. aussi* de-energization).

de-energizing *cf.* de-energization.

de facto standard norme de fait *(norme non officielle constituée par un matériel ou un logiciel réussi très répandu) (cf. aussi* industry standard *et* software).

dead sans tension, hors tension *(conducteur).*

dead band plage neutre, plage d'insensibilité *(intervalle de variation de la grandeur d'entrée d'un régulateur dans lequel celui-ci ne réagit pas) (cf. aussi* input quantity *et* regulator).

dead-beat suramorti, fortement amorti, apériodique *(app. mesure) (cf. aussi* overdamping).

dead-beat instrument appareil de mesure suramorti *(ou apériodique) (cf. aussi* overdamping).

dead earth *(GB) cf.* dead ground.

dead end 1) extrémité sourde *(studio d'enregistrement).* 2) partie hors circuit *(enroulement à prises connecté par une prise) (cf. aussi* tapped winding).

dead-end tower pylône d'extrémité *(antenne d'émission filaire) (cf. aussi* tower 2)).

dead-front connector connecteur à contacts protégés *(connecteur dans lequel les contacts sont en retrait de la face du bloc isolant ou du corps) (cas général) (cf. aussi* connector (a)).

dead ground bonne masse *(etc.) (cf. aussi* complete ground).

dead grounding bonne mise à la masse, *(etc.) (cf. aussi* complete grounding).

dead halt arrêt brusque *(bande magnétique, etc.)*

dead reckoning navigation à l'estime *(navigation dans laquelle le point est fait à partir de la dernière position connue du mobile et des valeurs mesurées de la vitesse et du cap de celui-ci, ainsi que de la vitesse et de la direction du vent dans le cas d'un aéronef ou du courant dans le cas d'un navire) (cf. aussi* navigation (b) *et* position fix).

dead reckoning mode mode de navigation à l'estime *(cf. aussi* dead reckoning).

dead-reckoning navigation *cf.* dead reckoning.

dead room chambre sourde *(cf. aussi* anechoic room).

dead short court-circuit franc *(court-circuit produit par un contact à très faible résistance entre deux conducteurs) (cf. aussi* short-circuit[1] 1)).

dead space *cf.* dead zone 3) *et* 4).

dead spot 1) zone de réception incertaine *(radio).* 2) fréquence mal reçue *(dans la plage d'accord d'un récepteur radio).*

dead time temps de récupération *(temps pendant lequel, après avoir répondu à un signal ou un événement, un circuit ou un système est incapable de répondre à un autre signal ou événement).*

dead zone 1) zone aveugle *(zone à la verticale de l'antenne d'un radar à ondes entretenues ou derrière un obstacle ou au-dessus d'une couche-piège, dans laquelle une cible n'est pas détectée) (cf. aussi* CW radar *et* duct 1). 2) *cf.* dead band. 3) *cf.* skip zone. 4) zone inutilisée *(dans une mémoire) (inf).*

deadly embrace rencontre fatale *(terme que j'ai proposé),* étreinte fatale *(noms donné en multiprogrammation à la situation dans laquelle la poursuite de l'exécution simultanée de deux programmes nécessite pour chacun d'eux l'accès à une ressource que l'autre est en train d'utiliser, l'ordinateur devant alors s'arrêter si un système de priorité n'est pas prévu) (inf) (cf. aussi* multiprogramming *et* resources (a)).

death ray rayon de la mort *(nom donné à un faisceau d'énergie à grande densité de puissance capable, par conséquent, de provoquer la mort par brûlure des tissus) (cas du faisceau des armes à faisceau d'énergie et de certains faisceaux d'ondes ultracourtes) (mil, etc.) (cf. aussi* power density 1), beam weapon *et* microwave).

debug *v* mettre au point *(un programme d'ordinateur ou un appareil) (cf. aussi* program bug).

debugged software logiciel mis au point, logiciel au point *(inf) (cf. aussi* software *et* program bug).

debugger *cf.* debugging routine.

debugging mise au point *(d'un programme d'ordinateur ou d'un appareil) (cf. aussi* program bug).

debugging aids aides à la mise au point *(nom parfois donné aux programmes de mise au point) (inf) (cf. aussi* debugging routine).

debugging phase phase de mise au point *(d'un programme d'ordinateur ou d'un appareil) (cf. aussi* program bug).

debugging routine programme de mise au point *(programme utilitaire conçu pour faire apparaître les erreurs de programmation dans un programme d'ordinateur) (inf) (cf. aussi* program bug *et* utility routine).

debunching dégroupement *(des électrons groupés en paquets) (hyper) (cf. aussi* bunching).

Debye length longueur de Debye, distance de Debye, distance d'écran (de Debye) *(noms donnés au rayon de la zone sphérique ne contenant que des électrons autour d'un ion positif dans un plasma ou un électrolyte) (cette longueur caractérise l'effet d'écran des électrons attirés par un ion positif du fait de leur charge de signe contraire, d'autres ions positifs ne pouvant être observé qu'au-delà de cet écran dans le milieu considéré) (cf. aussi* electron, positive ion, plasma (a) *et* electrolyte).

Debye shielding distance *cf.* Debye length.

decade décade *(groupe de dix unités ou positions) (compteur, boîte de résistances, etc.) (cf. aussi* decade box).

decade attenuator atténuateur à 10 positions *(atténuateur à plots à 10 positions) (cf. aussi* step attenuator).

decade band *cf.* decade frequency band.

decade box boîte à décades *(appareil de laboratoire constitué par un coffret contenant des résistances, des bobines d'inductance ou des condensateurs étalonnés dont la valeur utilisée peut être réglée par paliers à l'aide de commutateurs à dix positions) (s'utilise généralement avec un pont de mesure) (cf. aussi* resistance box, inductance box, capacitance box, resistor, inductor, capacitor *et* bridge).

decade capacitance box boîte de capacités *(mesure) (cf. aussi* capacitance box).

decade counter *cf.* decade scaler.

decade frequency band gamme de fréquences de rapport dix, gamme de rapport dix *(gamme de fréquences dont la plus élevée est dix fois plus grande que la plus basse) (cf. aussi* frequency band).

decade inductance box boîte d'inductances *(mesure) (cf. aussi* inductance box).

decade oscillator oscillateur de décade *(synthétiseur de fréquences) (cf. aussi* oscillator *et* frequency synthesizer).

decade resistance box boîte de résistances *(mesure) (cf. aussi* resistance box).

decade scaler diviseur par dix, échelle (de comptage) décimale, échelle de dix *(diviseur fournissant une impulsion toutes les dix impulsions reçues) (inf) (cf. aussi* scaler).

decade switch commutateur à 10 positions *(commutateur de boîte à décades, etc.) (cf. aussi* multiposition switch *et* decade box).

decametric wave onde décamétrique, onde courte *(onde radioélectrique de 100 à 10 m de longueur correspondant à une fréquence de 3 à 30 MHz, c.-à-d. à la bande HF) (radioélectricité) (cf. aussi* radio wave, wavelength *et* HF band).

decametric wave band bande des ondes décamétriques *(cf. aussi* decametric wave).

decay[1] *s* décroissance (lente) *(tension, etc.)*.

decay[2] *v* décroître (lentement) *(tension, etc.)*.

decay characteristic caractéristique de persistance *(écran cath.) (cf. aussi* persistence characteristic).

decay rate vitesse de décroissance *(inverse du temps de décroissance) (cf. aussi* decay time 1)).

decay time 1) temps de décroissance *(tg) (temps nécessaire à une grandeur pour retomber à zéro ou à une valeur déterminée et notamment temps après lequel la luminance d'un luminophore excité a diminué d'un pourcentage déterminé de sa valeur initiale après cessation de l'excitation) (écran cath) (cf. aussi* persistence). 2) temps de descente *(impulsion) (cf. aussi* fall time). 3) temps de retour à zéro *(aiguille d'appareil de mesure)*. 4) temps d'extinction *(tube à gaz) (cf. aussi* gas tube). 5) temps de mémorisation, temps de conservation en mémoire *(information) (tube à mémoire) (cf. aussi* storage tube).

Decca *cf.* Decca system.

Decca lane couloir du système Decca *(radionav) (cf. aussi* lane *et* Decca system).

Decca navigation system *cf.* Decca system.

Decca navigator *cf.* Decca system.

Decca navigator system *cf.* Decca system.

Decca receiver récepteur Decca, récepteur de navigation Decca, récepteur du système Decca *(cf. aussi* Decca system).

Decca station station Decca, station du système Decca, station de radionavigation Decca, station du système de navigation Decca *(cf. aussi* Decca system).

Decca system système Decca, système de navigation Decca *(système de navigation hyperbolique britannique à moyenne portée à ondes entretenues) (avia) (cf. aussi* hyperbolic navigation system *et* continuous wave).

decelerated electrons électrons ralentis *(tube, etc.)*.

decelerating electrode électrode de ralentissement *(électrode ralentissant les électrons du faisceau émis par la cathode dans un tube à faisceau d'électrons) (tube analyseur, etc.)*.

deceleration time temps d'arrêt *(bande mag., etc.)*.

decentralized control (la) commande décentralisée *(en informatique, commande d'un processus complexe avec traitement réparti de l'information) (exemple : commande d'un réseau à commutation de paquets) (cf. aussi* distributed processing *et* packet switching).

decentralized-control network réseau à commande décentra-

lisée *(nom parfois donné à un réseau à commutation de paquets) (tls) (cf. aussi* decentralized control).

decentralized data processing *cf.* distributed data processing.

decentralized processing *cf.* distributed data processing.

deception diversion *(au sens de « manœuvre de diversion ») (émission de signaux destinés à tromper l'adversaire ou un radar hostile ou l'autodirecteur d'un engin hostile) (les signaux de diversion peuvent être émis directement ou être le résultat de la réflexion ou la réémission de signaux hostiles reçus) (mil) (cf. aussi* deception jamming *et* deceptive electronic countermeasures).

deception device dispositif de diversion *(terme générique couvrant les brouilleurs de diversion et les leurres de tous types) (mil) (cf. aussi* deception jammer *et* decoy[1]).

deception equipment matériel de diversion, matériel de contre-mesures de diversion *(brouilleurs de diversion, leurres, lance-leurres) (mil) (cf. aussi* deception jammer *et* decoy[1]).

deception expert (grand) spécialiste en ... *(cf. aussi* deception specialist).

deception jammer brouilleur de diversion *(mil) (cf. aussi* repeater jammer).

deception jamming brouillage de diversion *(au sens de « manœuvre de diversion »)*, brouillage en retour *(introduction d'une modification déterminée telle qu'un retard variable ou une variation de fréquence dans les échos renvoyés par le brouilleur d'autoprotection d'un aéronef militaire pris dans le faisceau d'un radar hostile ou d'un autodirecteur radar actif d'engin hostile pour tromper le radar ou l'autodirecteur sur la distance, la vitesse ou le cap de la cible poursuivie et le faire ainsi décrocher de celle-ci et la perdre) (cf. aussi* manipulative deception, angle jamming, range deception, velocity deception, deception *et* jamming).

deception missile missile de diversion *(missile équipé d'un brouilleur de diversion) (mil) (cf. aussi* deception jammer).

deception signal signal de diversion *(signal émis par un brouilleur de diversion) (mil) (cf. aussi* deception jammer).

deception specialist spécialiste en contre-mesures de diversion, spécialiste en diversion *(ingénieur électronicien ou officier des Transmissions ...) (cf. aussi* deceptive countermeasures).

deception technique méthode de diversion, procédé *(idem) (mil) (cf. aussi* deception *et* techniques generator).

deception technology (la) technique des contre-mesures de diversion *(ou de la diversion) (mil) (cf. aussi* deception *et* technology).

deceptive angular return écho de diversion angulaire *(écho renvoyé par un brouilleur de diversion angulaire) (mil) (cf. aussi* deception *et* angle jamming).

deceptive CM *cf.* deceptive countermeasures.

deceptive countermeasures contre-mesures de diversion *(contre-mesures destinées à tromper les moyens d'observation, de poursuite ou d'autopoursuite de l'adversaire) (mil) (cf. aussi* passive deceptive countermeasures, active deceptive countermeasures, deception *et* countermeasures).

deceptive ECM *cf.* deceptive electronic countermeasures.

deceptive electronic countermeasures contre-mesures électroniques de diversion *(contre-mesures électroniques constituant des contre-mesures de diversion) (mil) (cf. aussi* electronic countermeasures *et* deceptive countermeasures).

deceptive jammer *cf.* deception jammer.

deceptive jamming *cf.* deception jamming.

deceptive repeater *cf.* deception jammer.

decibel décibel, dB *(unité égale au dixième du bel et presque toujours employée à la place de celui-ci) (le rapport en décibels de deux tensions est égal à 20 fois le logarithme décimal de leur rapport ; le rapport en décibels de deux puissances acoustiques est égal à 10 fois ce logarithme) (cf. aussi* bel).

decibel meter décibelmètre *(app. mesure) (cf. aussi* decibel).

decibels above 1 milliwatt décibels par rapport à 1 milliwatt, dBm *(mesure de niveau de puissance) (cf. aussi* decibel).

decibels above reference noise décibels par rapport au bruit de référence, dBrn *(mesure de niveau de bruit) (cf. aussi* decibel *et* noise 2) (a)).

decibels adjusted décibels pondérés, dBa *(décibels utilisés pour des mesures de bruit et tenant compte de ce que l'oreille est moins sensible aux sons graves qu'au médium et aux aigus) (cf. aussi* decibel).

decimal-binary conversion *cf.* decimal-to-binary conversion.

decimal-binary switch roue codeuse *(cf. aussi* thumbwheel switch).

decimal digit chiffre décimal *(chiffre constituant un nombre décimal) (0 à 9) (cf. aussi* decimal number).

decimal number nombre décimal *(nombre du système de numération décimale) (cf. aussi* decimal number system).

decimal number system système de numération décimale, système décimal, *(etc.) (système de numération universellement utilisé et qui a l'inconvénient que la base n'est pas divisible par 4, ni par 3, ce qui n'est pas le cas de la base 12, qui aurait dû être adoptée à sa place) (voir aussi* binary number system *et adapter toute la rubrique en remplaçant 2 par 10) (math) (cf. aussi* number system *et* base 6)).

decimal point virgule (décimale) *(virgule d'un nombre décimal) (math, inf).*

decimal-to-binary conversion conversion décimal/binaire *(ou* de décimal en binaire) *(conversion d'un nombre décimal en un nombre binaire) (inf) (cf. aussi* binary number).

decimal-to-binary converter convertisseur décimal/binaire *(montage réalisant la conversion de décimal en binaire) (inf) (cf. aussi* decimal-to-binary conversion).

decimetric wave onde décimétrique *(onde radioélectrique de 1 m à 10 cm de longueur correspondant à une fréquence de 300 à 3 000 MHz, c.-à-d. à la bande UHF) (radioélectricité) (cf. aussi* radio wave, wavelength *et* UHF band).

decimetric wave band gamme des ondes décimétriques *(cf. aussi* decimetric wave).

decimillimetric wave onde décimillimétrique *(onde radio-électrique de 1 mm à 0,1 mm de longueur correspondant à une fréquence de 300 à 3 000 GHz) (cf. aussi* radio wave *et* wavelength).

decimillimetric wave band gamme des ondes décimillimétriques *(cf. aussi* decimillimetric wave).

decipher *v* déchiffrer, transcrire en clair *(cf. aussi* deciphering).

deciphering déchiffrage, déchiffrement, transcription en clair *(d'un message chiffré) (tls) (mil, etc.) (cf. aussi* encipherment).

decision circuit circuit de décision *(nom parfois donné à un circuit logique pour rappeler que son signal de sortie peut être considéré comme une décision prise en fonction des signaux d'entrée) (inf) (cf. aussi* logic circuit).

decision element élément logique *(inf) (cf. aussi* logic element *et* decision circuit).

decision gate *cf.* decision circuit.

decision-making prise de décisions *(cf. aussi* decision theory).

decision making ... *cf.* decision ...

decision support system système d'aide à la décision *(nom donné à un ordinateur utilisé, avec un programme adéquat, pour obtenir des résultats permettant de prendre des décisions, l'ensemble pouvant être un système expert) (économie, stratégie, etc.) (inf) (cf. aussi* decision theory, computer 2) *et* expert system).

decision theory théorie de la décision *(théorie du choix mathématique de la meilleure solution d'un problème économique ou autre parmi toutes les solutions possibles compte-tenu des facteurs prévisibles, généralement avec adoption d'une marge de sécurité tenant compte des facteurs imprévisibles) (fait appel à la recherche opérationnelle) (cf. aussi* game theory *et* operations research).

deck **1)** mécanisme d'entraînement (de la bande) *(enregistreur à bande magnétique) (cf. aussi* magnetic-tape recorder). **2)** paquet de cartes (perforées) *(inf) (cf. aussi* punched card).

deck switch commutateur à galettes *(cf. aussi* wafer rotary switch).

declination déclinaison magnétique *(angle formé par la direction du nord magnétique et la direction du nord géographique) (cf. aussi* magnetic north).

declinometer déclinomètre *(boussole conçue pour mesurer les variations de la déclinaison magnétique) (cf. aussi* compass *et* declination).

DECM *cf.* deceptive electronic countermeasures.

DECM jamming system *cf.* DECM system.

DECM system système de diversion, système de brouillage de diversion *(système formé d'un ou plusieurs brouilleurs de diversion et des dispositifs et circuits de commande) (mil) (cf. aussi* deception jammer *et* system).

decode *v* **1)** décoder *(un signal codé) (inf, etc.) (cf. aussi* decoder *et* encode). **2)** *cf.* decipher.

decoder décodeur, circuit de décodage, circuits de décodage, *(parf.)* matrice de décodage *(montage fournissant des signaux déterminés à partir de signaux codés) (les signaux fournis peuvent être la reproduction de signaux initiaux comme dans un décodeur de récepteur de télévision en couleurs ou des signaux n'ayant pas d'antécédents comme dans un décodeur d'instructions) (cf. aussi* color decoder, instruction decoder *et* code[1] 1)).

decoder ... *cf.* decoding ...

decoding **1)** décodage *(de signaux codés) (cf. aussi* decoder). **2)** *cf.* deciphering.

decoding chip puce décodeuse, puce de décodage *(puce de circuit intégré exécutant le décodage de signaux) (cf. aussi* chip 1) *et* decoder).

decoding circuit circuit de décodage *(cf. aussi* decoder).

decoding circuitry circuits de décodage *(cf. aussi* decoder *et* circuitry).

decoding matrix matrice de décodage *(cf. aussi* decoder).

decoding network *cf.* decoding circuit.

decoding scheme algorithme de décodage *(trans. données, etc.) (cf. aussi* decoder, data link *et* algorithm).

decommutation décommutation *(nom donné au démultiplexage des signaux réalisé à l'extrémité réception d'une liaison de télémesure) (cf. aussi* demultiplexing *et* telemetry).

decommutator décommutateur *(nom donné au démultiplexeur d'une liaison de télémesure) (cf. aussi* demultiplexer *et* telemetry).

deconvolution déconvolution *(opération inverse de la convolution, c.-à-d. redonnant les deux fonctions initiales) (cf. aussi* convolution).

decouple *v* découpler *(un circuit par rapport à un autre) (cf. aussi* decoupling).

decoupler *cf.* decoupling network.

decoupling découplage *(élimination des trajets communs en courant alternatif entre deux circuits ou étages par dérivation à la masse de la composante alternative du courant considéré à l'aide d'un condensateur) (cf. aussi* ac component *et* capacitor).

decoupling capacitor condensateur de découplage *(cf. aussi* decoupling).

decoupling circuit *cf.* decoupling network.

decoupling filter *cf.* decoupling network.

decoupling network circuit de découplage, réseau de découplage, filtre de découplage *(ensemble formé au minimum par un condensateur connecté à la masse et une résistance ou une inductance insérée dans un conducteur commun à deux ou plusieurs circuits tel qu'un fil d'alimentation) (cf. aussi* decoupling).

decoy[1] *s* leurre *(tout objet destiné à tromper un radar, un sonar ou un autodirecteur) (avia. mil) (cf. aussi* chaff, sonar decoy, flare 1) *et* homing head).

decoy[1] *v* leurrer, tromper *(cf. aussi* decoy[1]).

decoy flare leurre infrarouge *(mil) (cf. aussi* flare 1)).

decoy rocket fusée à leurres *(mil) (cf. aussi* chaff rocket).

decoy target cible fictive *(mil) (cf. aussi* false target).

decoy transmitter émetteur leurre *(émetteur radio ou radar dont les signaux constituent une contre-mesure électronique de diversion) (dans le cas d'un émetteur radio, peut être un émetteur miniature suspendu à un parachute largué d'un aéronef) (mil) (cf. aussi* deceptive electronic countermeasures).

decoy transponder balise répondeuse de leurre *(balise répondeuse montée dans les leurres d'un engin balistique pour tromper les radars de l'adversaire sur la trajectoire effective de la tête nucléaire) (mil) (cf. aussi* radar beacon).

decrement[1] *s* décrément *(petite décroissance de la valeur d'une grandeur variable) (cf. aussi* decrement[2], variable quantity *et* increment[1]).

decrement² *v* décrémenter *(en informatique notamment, diminuer d'une unité, ou par unités successives, le contenu d'un compteur) (cf. aussi* decrement¹ *et* counter).

decrementation décrémentation *(action de décrémenter) (cf. aussi* decrement² *et* incremention).

decremeter contrôleur d'amortissement *(appareil mesurant le décrément logarithmique d'une oscillation) (cf. aussi* logarithmic decrement).

decrementing *cf.* decrementation.

decrypt *v cf.* decipher.

decryption *cf.* deciphering.

dedicated spécialisé(e) *(ne pas employer « dédié ») (voir rubriques ci-après).*

dedicated accessory accessoire spécialisé *(appareil, tiroir enfichable ou composant spécialement conçu pour être utilisé avec un appareil déterminé).*

dedicated calculator calculatrice électronique spécialisée, calculatrice spécialisée *(calculatrice électronique de poche ou de bureau conçue en tenant compte des besoins d'une catégorie particulière d'utilisateurs) (inf) (cf. aussi* calculator).

dedicated channel voie spécialisée *(multiplex) (tls) (cf. aussi* multiplex¹).

dedicated chip puce spécialisée *(puce de circuit intégré conçue pour exécuter une fonction bien déterminée) (cf. aussi* chip 1)).

dedicated circuit circuit spécialisé *(tél, tlg) (cf. aussi* dedicated line).

dedicated communications channel *cf.* dedicated channel.

dedicated line ligne spécialisée, ligne téléphonique spécialisée *(ligne téléphonique louée à l'administration des télécommunications pour relier en permanence un poste à un autre) (trans. données, etc.) (cf. aussi* telephone line).

dedicated measurement equipment ensemble de mesures spécialisé.

dedicated memory mémoire spécialisée *(mémoire d'ordinateur réservée à un usage particulier) (mémoire de microprogramme, mémoire d'écran, etc.) (inf) (cf. aussi* computer memory).

dedicated one-way bus bus unidirectionnel spécialisé *(inf) (cf. aussi* bus (a1).

dedicated register registre spécialisé *(inf) (cf. aussi* register¹ 1) (a)).

dedicated telephone line *cf.* dedicated line.

dedicated test pin broche de contrôle *(sur un boîtier de circuit intégré).*

dedicated to ... affecté(e) à ... *(voie d'un multiplex, etc.) (cf. aussi* multiplex¹)).

deep depletion déplétion profonde *(condensateur MOS) (cf. aussi* depletion).

deep fading évanouissement prononcé *(du signal reçu) (radio) (cf. aussi* fading).

deep rejection trap filtre coupe-bande à flancs raides *(cf. aussi* band-stop filter).

deep sound son grave *(acou, hifi) (cf. aussi* bass).

deep tone tonalité grave *(acou, etc.) (cf. aussi* tone 3) (a) et bass).

deep ultraviolet *cf.* deep ultraviolet radiation.

deep ultraviolet radiation rayonnement ultraviolet lointain *(cf. aussi* far ultraviolet radiation).

deep UV *cf.* deep ultraviolet radiation.

deep-UV light lumière ultraviolette à courte longeur d'onde *(cf. aussi* far ultraviolet radiation).

deep-UV light source source de lumière ultraviolette à courte longueur d'onde, source de rayons ultraviolets lointains *(graveur de circuits intégrés, etc.) (cf. aussi* far ultraviolet radiation).

deepen *v* renforcer les graves *(hifi) (cf. aussi* bass boost).

default setting *cf.* default value.

default value valeur par défaut *(ou* fixée par défaut) *(valeur d'un paramètre sur laquelle se met automatiquement un ordinateur ou autre appareil informatique, cette valeur ayant été auparavant fixée en usine ou par l'utilisateur et mémorisée dans une partie de la mémoire RAM sauvegardée par accumulateur ou pile) (exemples : nombre de lignes par page à l'écran, nombre de caractères par ligne, hauteur d'interligne, etc.) (cf. aussi* value, parameter *et* RAM¹).

defaults to ... *v* se met par défaut sur ... *(cf. aussi* default value).

defect annealing élimination des défauts par recuit *(fab. semi) (cf. aussi* annealing).

defect conduction conduction lacunaire *(semi) (cf. aussi* hole conduction).

defect density taux de défauts *(nombre de défauts de gravure par plaquette de semiconducteur) (fab. semi, CI) (cf. aussi* wafer 2)).

defect level *cf.* defect density.

defense ... *cf.* military ...

defensive avionics avionique défensive *(terme générique couvrant notamment les détecteurs de radars, les détecteurs de tir et les brouilleurs d'autoprotection) (mil) (cf. aussi* radar warning receiver, infrared warning receiver, self-protection jammer *et* avionics).

defensive jamming pod nacelle de brouillage défensif *(sur aéronef militaire) (cf. aussi* self-protection jamming pod).

definition définition *(image TV, etc.) (cf. aussi* resolution 1) à 3)).

defensive radar *cf.* air-defense radar.

definition language langage de définition (de données) *(langage utilisé pour identifier une donnée déterminée contenue dans une banque de données et pour préciser sa nature et les valeurs qu'elle peut prendre) (inf) (cf. aussi* data base).

definition test (un) contrôle de la définition *(image TV, etc.) (cf. aussi* test pattern 1)).

definition test chart *cf.* definition test pattern.

definition test pattern mire de définition *(TV) (cf. aussi* test pattern 1)).

deflecting ... *cf.* deflection ...

deflection déviation *(changement d'orientation d'un faisceau de particules ou d'ondes ou d'une aiguille pivotante ou autre organe pivotant) (tube cath, app. mesure, etc.) (cf. aussi* horizontal deflection, vertical deflection, deflection electrode, deflection coil *et* pointer deflection).

deflection amplifier amplificateur de déviation (horizontale ou verticale) *(oscillo) (cf. aussi* horizontal amplifier *et* vertical amplifier).

deflection angle angle de déviation *(cf. aussi* deflection).

deflection axis axe de déviation *(axe x ou axe y sur l'écran du tube cathodique d'un oscilloscope ou autre appareil à présentation en coordonnées rectangulaires) (cf. aussi* rectangular coordinates *et* cathode-ray tube).

deflection center centre de déviation *(dans un canon à électrons, point le long du faisceau d'électrons qui peut être considéré comme le point autour duquel le faisceau pivote sous l'action du dispositif de déviation) (en réalité, le faisceau ne pivote pas, mais s'incurve sur une certaine longueur) (tube cath, etc.) (cf. aussi* deflection plane *et* electron gun).

deflection circuitry circuits de déviation *(appareil à tube cathodique, etc.) (cf. aussi* deflection *et* circuitry).

deflection coil bobine de déviation *(tube-image TV, etc.) (cf. aussi* deflection yoke, horizontal deflection coil, vertical deflection coil, electromagnetic deflection *et* deflection electrode).

deflection-coil assembly *cf.* deflection yoke.

deflection device 1) dispositif de déviation *(plaque ou bobine de déviation) (tube cath) (cf. aussi* deflection). 2) *cf.* deflection power transistor.

deflection electrode électrode de déviation, plaque de déviation *(électrode utilisée au nombre de quatre et agissant par paire en créant un champ électrique déviant le faisceau d'électrons dans un tube cathodique à déviation électrostatique et déplaçant ainsi le point lumineux sur l'écran) (les quatre plaques sont montées à la sortie du canon à électrons) (cf. aussi* horizontal deflection plate, vertical deflection plate *et* deflection coil).

deflection factor facteur de déviation *(amplitude, en volts, que le signal à examiner doit avoir pour faire déplacer le point lumineux de 1 cm dans le sens vertical sur l'écran d'un oscilloscope) (le facteur de déviation est l'inverse de la sensibilité d'un oscilloscope, un grand facteur correspondant à une faible sensibilité) (ces deux notions constituent deux façons opposées d'exprimer la même chose) (cf. aussi* deflection sensitivity).

deflection instrument appareil à déviation (*nom parfois donné à un appareil de mesure analogique pour rappeler le mode d'indication de la valeur mesurée, notamment dans le cadre de la méthode de déviation*) (*cf. aussi* analog meter *et* deflection method).

deflection method méthode de déviation (*méthode de mesure dans laquelle la valeur de la grandeur mesurée est indiquée directement par la déviation de l'aiguille ou autre élément indicateur d'un appareil de mesure analogique indicateur*) (*est la plus employée*) (*cf. aussi* analog meter).

deflection plane plan de déviation (du faisceau) (*plan perpendiculaire à l'axe d'un canon à électrons et passant par le centre de déviation*) (*cf. aussi* deflection center).

deflection plate plaque de déviation (*tube cath*) (*cf. aussi* deflection electrode).

deflection potential *cf.* deflection voltage.

deflection rate *cf.* deflection sensitivity.

deflection sensitivity sensibilité de la déviation, sensibilité (*hauteur de la trace formée sur l'écran d'un oscilloscope pour une amplitude donnée du signal à examiner*) (*s'exprime en cm/volt*) (*cf. aussi* deflection factor).

deflection system système de déviation (*système assurant la déviation d'un ou plusieurs faisceaux d'électrons, notamment dans un tube cathodique, un graveur à faisceau d'électrons dirigé ou un microscope électronique à balayage, et formé de deux sous-systèmes agissant dans des directions orthogonales*) (*dans le cas le plus fréquent d'un tube cathodique, du fait de la position normalement donnée au tube, ces sous-systèmes sont appelés « système de déviation horizontale » et « système de déviation verticale », respectivement*) (*cf. aussi* horizontal deflection system, vertical deflection system, cathode-ray tube, direct-write electron-beam machine *et* scanning electron microscope).

deflection unit *cf.* deflection yoke.

deflection voltage tension de déviation (*tension appliquée entre les plaques de déviation horizontale ou verticale d'un tube cathodique à déviation électrostatique*) (*oscillo*) (*cf. aussi* deflection electrode *et* voltage).

deflection waveform signal de déviation (*tension ou courant provoquant la déviation du faisceau d'électrons dans un canon à électrons*) (*cf. aussi* electron gun *et* waveform).

deflection yoke bloc de déviation, déviateur (*ensemble enfilé sur le col d'un tube cathodique à déviation électromagnétique et comprenant deux enroulements assurant la déviation horizontale du faisceau, deux enroulements assurant la déviation verticale et un enroulement ou un aimant assurant la concentration du faisceau, c.-à-d. sa focalisation, sur la face arrière de l'écran*) (*récepteur TV, etc.*) (*cf. aussi* deflection coil).

deflection-yoke pullback marge de réglage du bloc de déviation (*tube cath*) (*cf. aussi* deflection yoke).

defocuse *v* défocaliser (*cf. aussi* defocusing).

defocusing défocalisation (*disparition de la focalisation d'un faisceau focalisé*) (*cf. aussi* focusing) (a) *défocalisation d'un faisceau de particules chargées de même signe sous l'action des forces de répulsion électrostatiques entre particules*) (*faisceau d'électrons ou de protons*) (*cf. aussi* electrostatic repulsion) ; (b) *défocalisation d'un faisceau d'ondes dans un milieu matériel produite par la diffusion*) (*cf. aussi* scattering).

defruit *v* éliminer les réponses parasites (*ou* asynchrones), élaguer (la réponse utile) (*radar d'identification*) (*cf. aussi* defruiting).

defruiter éliminateur de réponses parasites (*ou* asynchrones), circuit élagueur, élagueur (*récepteur de radar d'identification*) (*cf. aussi* defruiting).

defruiting élimination des réponses parasites (*ou* asynchrones), élagage (de la réponse utile) (*radar d'identification*) (*cf. aussi* IFF radar).

degarble *v* séparer les réponses utiles (*radar d'identification*) (*cf. aussi* degarbling).

degarbling séparation des réponses utiles (qui se chevauchent), séparation des réponses (*radar d'identification*) (*cf. aussi* IFF radar).

degas *v* dégazer (*un tube électronique*) (*cf. aussi* degassing).

degassing dégazage (*évacuation des gaz occlus dans les électrodes, leurs supports et la face interne de l'enveloppe d'un tube électronique à vide*) (*cf. aussi* getter¹).

degauss *v* dégausser (*tube-image TVC, coque de navire*) (*cf. aussi* degaussing).

degausser circuit de dégaussage (*récepteur TVC*) (*cf. aussi* degaussing (a)).

degaussing (*cf. aussi* demagnetization) dégaussage (a) *élimination de l'aimantation parasite d'un tube-image de récepteur de télévision en couleurs*) ; (b) *annulation de l'aimantation de la coque d'un navire en acier réalisée à l'aide de câbles parcourus par un courant continu de sens et d'intensité appropriés pour réduire le risque dû aux mines magnétiques*) (*mil*) (*cf. aussi* magnetic mine).

degaussing coil bobine de dégaussage (*bobine alimentée par le secteur utilisée pour dégausser un tube-image de télévision en couleurs en l'approchant et la reculant lentement du tube*) (*cf. aussi* degaussing (a)).

degeneracy dégénérescence (a) *état d'un système oscillant dans lequel deux ou plusieurs modes d'oscillation ont la même fréquence de résonance*) (*cf. aussi* resonant frequency) ; (b) *état d'un atome dans lequel deux ou plusieurs états quantiques ont la même énergie*) (*cf. aussi* quantum state) ; (c) *état d'un semiconducteur dégénéré*) (*cf. aussi* degenerate semiconductor).

degenerate semiconductor semiconducteur dégénéré (*semiconducteur dans lequel le niveau de Fermi est situé dans la bande de conduction, laquelle contient alors presque autant d'électrons que dans un métal, ce qui lui donne des caractéristiques de conduction électrique proches de celles d'un métal*) (*semiconducteur fortement dopé*) (*cf. aussi* Fermi level, conduction band *et* doping).

degeneration contre-réaction (*ampli*) (*cf. aussi* negative feedback).

degenerative feedback contre-réaction (*ampli*) (*cf. aussi* feedback).

deglazing treatment traitement de dépolissage (*avant implantation ionique*) (*fab. semi*) (*cf. aussi* ion implantation).

deglitch *v* éliminer les pointes de conversion, supprimer (*idem*), épointer (la tension de sortie) (*cf. aussi* deglitcher).

deglitch circuit *cf.* deglitcher.

deglitched output tension de sortie sans pointes (de conversion) (*ou* épointée) (*dénumériseur*) (*cf. aussi* deglitcher).

deglitcher suppresseur de pointes de conversion, suppresseur de pointes, épointeur s (*montage à transistors fonctionnant en interrupteur isolant la sortie d'un dénumériseur pendant les changements de composition du mot d'entrée pour éviter le risque d'apparition d'une pointe de conversion*) (*cf. aussi* glitch).

deglitching élimination des pointes (de conversion), suppression (*idem*), épointage (*cf. aussi* deglitch).

deglitching circuit *cf.* deglitcher.

degraded mode of operation fonctionnement en mode dégradé (*fonctionnement d'un appareil à organes redondants dont une partie est en panne*) (*cf. aussi* redundancy (a)).

degree of ... *cf.* ... degree.

deinterleave *v* désentrelacer, séparer (*des impulsions*) (*cf. aussi* deinterleaving).

deinterleaving désentrelacement, séparation (*séparation d'impulsions entrelacées représentant plusieurs signaux*) (*opération ressemblant au démultiplexage temporel*) (*traitement de signaux*) (*cf. aussi* time-division demultiplexing).

deionization désionisation (*disparition de l'ionisation d'un gaz ionisé due à la recombinaison des ions et des électrons*) (*tube à gaz, etc.*) (*cf. aussi* ionization).

deionization grid *cf.* deionizing grid.

deionization potential potentiel de désionisation (*gaz ionisé*) (*cf. aussi* deionization *et* voltage).

deionization rate vitesse de désionisation (*gaz ionisé*).

deionization time temps de désionisation (*gaz ionisé*).

deionize *v* désioniser (*un gaz ionisé*) (*cf. aussi* deionization).

deionizer *cf.* deionizing grid.

deionizing grid grille de désionisation (*électrode accélérant le processus de désionisation du gaz dans certains tubes à gaz*) (*cf. aussi* deionization).

delay¹ s **1)** retard (*dans la transmission d'une impulsion, etc.*) (*cf. aussi* gate delay *et* group delay). **2)** temporisation (*de la fermeture ou l'ouverture des contacts d'un relais, etc.*) (*cf.*

aussi time-delay relay). **3)** délai *(d'exécution d'un ordre, de transmission d'un signal, etc.).*

delay² *v (cf. aussi* delay¹) **1)** retarder. **2)** temporiser. **3)** introduire un délai, introduire un retard.

delay circuit circuit à retard *(circuit dans lequel le signal de sortie n'apparaît qu'un certain temps après l'application du signal d'entrée) (terme générique et définition générale couvrant notamment la ligne à retard et la bascule à retard) (cf. aussi* delay line, D flip-flop *(au début de la lettre D)* et circuit).

delay coincidence circuit circuit à coïncidence à retard *(circuit à coïncidence dans lequel une des deux impulsions de commande a un retard déterminé par rapport à l'autre) (cf. aussi* coincidence circuit 1)).

delay compensation compensation du temps de transmission *(télécommunications par satellite).*

delay control commande de retard, *(souvent aussi)* bouton de réglage du retard *(potentiomètre ou commutateur permettant de choisir la valeur d'un retard sur un oscilloscope ou autre appareil ou, souvent, bouton de commande de cet organe).*

delay distortion délai de groupe *(transmission d'un signal complexe) (cf. aussi* group delay).

delay element élément à retard *(en électronique, autre nom, plus général, d'un circuit à retard) (cf. aussi* delay circuit).

delay equalizer réseau correcteur *(asser) (cf. aussi* corrective network (a)).

delay generator générateur de retard (a) *montage à ligne à retard produisant un retard réglable par paliers utilisé notamment dans certains oscilloscopes pour permettre le balayage dilaté) (cf. aussi* delay line *et* delayed sweep) ; (b) *cf. aussi* time synthesizer.

delay jitter gigue de retard, instabilité du retard *(instabilité du retard appliqué à des impulsions retardées) (générateur de retard, etc.) (cf. aussi* jitter *et* delay generator).

delay line ligne à retard *(dispositif introduisant un retard dans la transmission d'une impulsion) (cf. aussi* electric delay line, acoustic delay line, tapped delay line, constant delay line *et* dispersive delay line).

delay-line canceller éliminateur à ligne à retard *(récepteur radar) (cf. aussi* moving-target indicator).

delay-line memory mémoire à circulation *(inf) (cf. aussi* circulating memory).

delay-line register registre bouclé *(inf) (cf. aussi* circulating register).

delay-line storage **1)** mémorisation par ligne à retard *(ou dans une ligne à retard) (cf. aussi* delay-line memory). **2)** *cf.* delay-line memory.

delay multivibrator multivibrateur à retard *(multivibrateur monostable fournissant une impulsion un certain temps après l'application d'une impulsion à son entrée) (cf. aussi* monostable multivibrator).

delay network *cf.* delay circuit.

delay of response temps de réponse *(dispositif) (cf. aussi* response time).

delay period *cf.* delay time.

delay-power product produit vitesse-consommation *(CI) (cf. aussi* speed-power product).

delay relay relais temporisé *(cf. aussi* time-delay relay).

delay time temps de retard, *(parf.)* durée du retard *(parf.* de retard), *(etc.) (cf. aussi* delay¹).

delay unit *cf.* delay line.

delay working exploitation avec attente *(central tél. manuel).*

delayed AGC *cf.* delayed automatic gain control.

delayed automatic gain control commande automatique de gain à seuil *(ou* retardée), CAG à seuil, CAG retardé, antifading retardé *(commande automatique de gain n'agissant qu'à partir d'une certaine amplitude du signal pour ne pas réduire la sensibilité du récepteur) (cf. aussi* automatic gain control).

delayed automatic volume control *cf.* delayed automatic gain control.

delayed AVC *cf.* delayed automatic volume control.

delayed broadcast *cf.* recorded broadcast.

delayed modified phase-shift keying modulation par déplacement de phase modifiée avec retard, modulation DMPSK *(tlg) (cf. aussi* phase-shift keying).

delayed MPSK *cf.* delayed modified phase-shift keying.

delayed PPI indicateur panoramique à échelle dilatée *(radar) (cf. aussi* PPI).

delayed sweep balayage dilaté (sur la seconde voie) *(noter la différence entre les deux langues) (au sens du terme anglais, présentation sur la seconde voie d'un oscilloscope à deux voies, d'une partie du signal présenté sur la première voie avec élargissement de cette partie, la partie à élargir du signal de la première voie étant, par ailleurs, mise en évidence par intensification de la trace) (l'élargissement est obtenu par effet de loupe, la base de temps de la seconde voie étant, par ailleurs, déclenchée avec un retard réglable par rapport à la base de temps de la première voie et dépendant de l'emplacement de la partie du signal à élargir) (cf. aussi* expanded sweep, delaying sweep, dual-channel oscilloscope, trace intensification *et* time base (c)).

delayed-sweep display présentation en balayage dilaté *(oscillo) (cf. aussi* delayed sweep *et* display¹).

delayed sweep mode mode de balayage dilaté *(oscillo) (cf. aussi* delayed sweep *et* sweep mode).

delayed-sweep time base *cf.* delayed time base.

delayed time base base de temps retardée, base de temps du balayage dilaté *(base de temps fournissant le signal de balayage dilaté dans un oscilloscope à deux voies pouvant fonctionner en mode de balayage dilaté) (cf. aussi* delayed sweep).

delayed trigger impulsion de déclenchement retardée *(oscillo) (cf. aussi* delayed sweep).

delayed triggering déclenchement retardé *(de la base de temps d'un oscilloscope) (cf. aussi* delayed sweep).

delaying sweep balayage retardant *(nom donné au balayage normal d'un oscilloscope à deux voies précédant le balayage dilaté dans le mode de balayage mixte) (cf. aussi* main sweep *et* mixed sweep).

delaying time base base de temps retardante *(nom donné à la base de temps normale d'un oscilloscope à deux voies lorsque celui-ci fonctionne en mode de balayage mixte) (cf. aussi* main time base *et* mixed sweep).

delivery spool bobine débitrice *(appareil à bande magnétique ou autre) (cf. aussi* feed spool).

Dellinger effect effet Dellinger *(évanouissement total ou presque des signaux radio provenant d'émetteurs lointains dû à une forte augmentation de l'absorption des ondes radioélectriques par l'ionosphère sous l'action d'une tache solaire) (cf. aussi* ionospheric propagation).

Dellinger fadeout évanouissement par effet Dellinger *(cf. aussi* Dellinger effect).

delta-connected monté(e) en triangle *(cf. aussi* delta connection).

delta connection montage en triangle *(mode de branchement des phases d'une machine électrique triphasée dans lequel les trois phases sont connectées en série et forment ainsi un circuit représenté par un triangle dont les sommets constituent les bornes de la machine) (élt) (cf. aussi* phase (b) *et* three-phase machine).

delta guns canons en delta *(canons à électrons disposés aux trois sommets d'un triangle équilatéral dans un tube à masque perforé) (cf. aussi* electron gun *et* shadow-mask tube).

delta-matched aerial *(GB) cf.* delta-matched antenna.

delta-matched antenna antenne adaptée en delta, antenne en delta *(antenne d'émission accordée formée d'un brin horizontal excité par une ligne d'alimentation bifilaire de grande longueur à conducteurs espacés d'une dizaine de centimètres et connectés à l'antenne de part et d'autre du milieu de celle-ci) (la partie centrale de l'antenne n'étant pas coupée, elle forme avec les deux extrémités obliques de la ligne un trapèze inversé assimilé à la lettre grecque Δ) (cf. aussi* tuned transmitting antenna *et* two-wire line).

delta modulation modulation delta *(modulation numérique dans laquelle on code la différence entre deux échantillons successifs du signal analogique à transmettre, et non pas le niveau absolu des échantillons comme dans la modulation MIC) (tls) (cf. aussi* differential pulse-code modulation, pulse-code modulation *et* digital modulation).

delta network réseau en delta *(réseau électrique à trois branches) (cf. aussi* network 1)).

delta pulse-code modulation *cf.* delta modulation.

DEM *cf.* demodulator.

demagnetization désaimantation, démagnétisation *(action de faire disparaître plus ou moins complètement l'aimantation d'un aimant ou résultat de cette action) (est obtenue en chauffant l'aimant au-delà du point de Curie ou en le soumettant à un champ magnétique alternatif d'intensité décroissante obligeant l'aimant à parcourir des cycles d'hystérésis successifs de plus en plus petits) (magnétisme) (cf. aussi* degaussing, magnetization 1) (a), magnet, Curie point, hysteresis loop *et* demagnetizer).

demagnetization curve courbe de désaimantation *(courbe représentant la décroissance de l'aimantation rémanente d'un corps ferromagnétique en fonction de l'intensité du champ magnétisant inverse) (est le segment du cycle d'hystérésis situé dans le deuxième quadrant de la représentation graphique de celui-ci) (cf. aussi* residual induction, coercive force *et* hysteresis loop).

demagnetization factor coefficient de désaimantation *(coefficient de proportionnalité entre l'intensité du champ démagnétisant dans un corps aimanté et l'intensité du champ magnétisant, ce dernier étant le champ propre du corps dans le cas d'un aimant permanent) (cf. aussi* demagnetizing field).

demagnetize *v* désaimanter *(cf. aussi* demagnetization).

demagnetizer dégausseur *(terme générique couvrant tous les appareils utilisés pour désaimanter un corps) (four à effacer les bandes magnétiques, bobine de dégaussage pour tube de télévision en couleurs, etc.) (cf. aussi* bulk eraser, degaussing coil *et* demagnetization).

demagnetizing *s cf.* demagnetization.

demagnetizing field champ démagnétisant *(champ magnétique de sens inverse à celui d'un aimant auquel il est appliqué) (magnétisme) (cf. aussi* self-demagnetizing field *et* magnetic field).

demagnetizing force force démagnétisante *(nom parfois donné à l'intensité d'un champ démagnétisant) (cf. aussi* demagnetizing field *et* magnetic field strength).

demand-assigned multiple access *cf.* demand-assignment multiple access.

demand-assignment multiple access accès multiple par affectation à la demande *(tls) (cf. aussi* DAMA system).

demand processing traitement à la demande, traitement immédiat *(inf) (cf. aussi* data processing).

Dember effect effet Dember, effet de photodiffusion *(apparition d'une tension entre deux zones d'un semiconducteur lorsque l'une d'elles est illuminée) (cette tension est due à la création de paires électron-trou sous l'action de la lumière) (cf. aussi* semiconductor *et* electron-hole pair).

demodulate *v* démoduler *(une porteuse modulée) (cf. aussi* demodulation).

demodulated output sortie démodulée *(bornes de sortie d'un signal démodulé ou, par extension, ce signal lui-même) (cf. aussi* demodulated signal).

demodulated output signal signal de sortie démodulé *(signal démodulé considéré à la sortie du démodulateur) (cf. aussi* demodulated signal *et* demodulator).

demodulated signal signal démodulé *(signal obtenu par démodulation) (noter que, dans les deux langues, le terme employé est impropre puisque c'est la porteuse qui est démodulée, mais qu'il est consacré par l'usage) (cf. aussi* demodulation).

demodulating *s cf.* demodulation.

demodulation démodulation *(extraction du signal transmis par une porteuse modulée) (si, en pratique, les termes « démodulation » et « détection » sont équivalents, on notera qu'en toute rigueur « démodulation » s'applique à la porteuse et « détection » au signal qui en est extrait, et que ce dernier terme ne s'emploie que pour la modulation d'amplitude, tandis que le premier s'emploie aussi pour la modulation de fréquence) (cf. aussi* detection 2)).

demodulator démodulateur *(étage dans lequel est opéré la démodulation d'une porteuse modulée) (le terme « démodulateur » est un terme générique qui couvre le détecteur d'un récepteur à modulation d'amplitude, le discriminateur d'un récepteur à modulation de fréquence et les autres types d'étages de démodulation) (cf. aussi* demodulation, detector 2) *et* discriminator).

demultiplex *v* démultiplexer, séparer *(des signaux multiplexés) (tls, etc.) (cf. aussi* demultiplexing).

demultiplexer démultiplexeur *(dispositif réalisant le démultiplexage de signaux) (tls, etc.) (cf. aussi* demultiplexing).

demultiplexing démultiplexage *(séparation des différents signaux formant un multiplex réalisée à l'extrémité réceptrice d'une liaison de télécommunications ou autre) (cf. aussi* multiplex 1).

demultiplexing circuit *cf.* demultiplexer.

demultiplexing logic logique de démultiplexage *(circuit intégré numérique) (cf. aussi* logic (b) *et* demultiplexing).

denial jamming brouillage par inhibition *(brouillage d'un radar de poursuite par un brouilleur à bruit de grande puissance empêchant la poursuite dans la plus grande partie de la portée normale du radar) (ne pas confondre le terme anglais et « deception jamming ») (mil) (cf. aussi* deception jamming, tracking radar *et* noise jammer).

dense ECM environment *cf.* dense electronic countermeasures environment.

dense electromagnetic environment ambiance électromagnétique chargée *(ambiance électromagnétique créée par un grand nombre d'émissions radar et autres dans une zone d'opérations militaires aériennes) (cf. aussi* electromagnetic environment).

dense electronic countermeasures environment ambiance de contre-mesures (électroniques) nombreuses *(mil) (cf. aussi* electronic countermeasures).

dense electronic warfare environment *cf.* dense threat environment.

dense environment *cf.* dense electromagnetic environment.

dense EW environment *cf.* dense threat environment *(cf. aussi* EW environment).

dense jamming environment ambiance de brouillages nombreux *(mil) (cf. aussi* jamming).

dense population haute densité de composants *(CP) (cf. aussi* densely-populated board).

dense radar environment zone truffée de radars *(telle que l'Europe Centrale) (avia. mil)*.

dense signal environment *cf.* dense electromagnetic environment.

dense-threat electromagnetic environment *cf.* dense threat environment.

dense threat environment ambiance d'émissions hostiles nombreuses *(mil) (cf. aussi* threat environment).

densely-packed board *cf.* densely-populated board.

densely-populated board *(ou* card) carte à haute densité de composants *(carte à circuit imprimé portant un nombre relativement grand de composants par unité de surface) (cf. aussi* printed-circuit board).

density modulation modulation de densité *(modulation du nombre d'électrons par unité de volume dans un faisceau d'électrons) (tube) (cf. aussi* velocity-modulated tube).

density of probability densité de probabilité *(statistique) (cf. aussi* probability density).

density packing *cf.* packing density.

deny range *v* empêcher la poursuite en distance *(d'une cible par un radar ou un autodirecteur radar hostile, grâce à des contre-mesures électroniques opérées par la cible) (avia. mil) (cf. aussi* electronic countermeasures).

dependent exchange central auxiliaire *(tél) (cf. aussi* telephone exchange).

dephase *v cf.* phase-shift.

dephasing *cf.* phase shift.

depletion déplétion, appauvrissement *(diminution de la densité de porteurs de charge dans un semiconducteur par rapport à la valeur normale pour le niveau de dopage et la température de celui-ci) (cf. aussi* depletion layer, charge carrier *et* doping level).

depletion layer zone de déplétion, zone d'appauvrissement, zone appauvrie *(le premier terme est le plus employé) (zone de charge d'espace formée spontanément par l'absence de porteurs de charges mobiles de chaque côté du plan de jonction dans une jonction de semiconducteurs, donc même *en l'absence d'une tension de polarisation, ou formée à la surface d'un semiconducteur sous l'action d'un champ électrique extérieur, donc en présence d'une tension de polarisation) (constitue une barrière de potentiel) (cf. aussi* depletion, space charge, p-n junction *(au début de la lettre P) et* bias[1] *(a)*).

depletion-layer capacitance *cf.* junction capacitance.

depletion-layer photodiode photodiode à zone de déplétion *(photodiode dont le fonctionnement est basé sur la formation d'une zone de déplétion au niveau de la jonction) (photodiode à jonction PN, photodiode PIN, photodiode Schottky, photodiode à hétérojonction, photodiode à pointe) (cf. aussi* photodiode *et* depletion layer).

depletion-layer punchthrough claquage de la zone de déplétion *(semi) (cf. aussi* depletion layer).

depletion load charge à déplétion *(charge d'un transistor dans un circuit intégré monolithique constituée par un transistor MOS à déplétion) (cf. aussi* depletion-mode FET).

depletion-load n-channel process procédé à canal N et charges à déplétion *(procédé de fabrication de circuits intégrés MOS à canal N et à charges à déplétion) (cf. aussi* depletion load *et* NMOS transistor).

depletion-load transistor transistor servant de charge à déplétion *(ou utilisé comme charge à déplétion) (cf. aussi* depletion load).

depletion mode mode de déplétion, mode d'appauvrissement *(mode de fonctionnement d'un transistor à effet de champ normalement conducteur, c.-à-d. dans lequel il faut appliquer une tension appropriée à la grille pour réduire ou annuler le courant de la source au drain par appauvrissement du canal en porteurs de charge) (des deux modes de fonctionnement d'un transistor à effet de champ, c'est le seul qui ressemble vraiment à celui d'un tube électronique à grille de commande car, ici aussi, la modulation du courant dans le dispositif est obtenue par réduction de la conduction naturelle dans celui-ci) (cf. aussi* depletion, depletion-mode field-effect transistor *et* enhancement mode).

depletion-mode device *cf.* depletion-mode field-effect transistor.

depletion-mode FET *cf.* depletion-mode field-effect transistor.

depletion-mode field-effect transistor transistor à effet de champ à déplétion *(ou* à appauvrissement), transistor à déplétion *(idem) (tous les transistors à effet de champ à jonction sont à déplétion) (en ce qui concerne les transistors à effet de champ à grille isolée (type MOS et dérivés), certains sont à déplétion, les autres à enrichissement) (cf. aussi* depletion mode, field-effect transistor *et* enhancement-mode field-effect transistor).

depletion-mode MESFET transistor MESFET à déplétion *(CI) (cf. aussi* depletion-mode FET *et* MESFET).

depletion-mode MESFET technology (la) technique des transistors MESFET à déplétion *(CI) (cf. aussi* depletion-mode MESFET *et* technology).

depletion-mode MOS *cf.* depletion-mode MOSFET.

depletion-mode MOSFET transistor MOS à déplétion *(cf. aussi* depletion-mode FET *et* MOS transistor).

depletion-mode MOSFET technology (la) technique des transistors MOS à déplétion *(cf. aussi* depletion-mode FET, MOS transistor *et* technology).

depletion-mode NMOS *cf.* depletion-mode NMOS transistor.

depletion-mode NMOS transistor transistor NMOS à déplétion *(ou* à appauvrissement) *(transistor NMOS conçu pour fonctionner en mode de déplétion) (semi) (cf. aussi* NMOS transistor *et* depletion mode).

depletion-mode operation fonctionnement en mode de déplétion *(TEC) (cf. aussi* depletion mode).

depletion-mode transistor *cf.* depletion-mode FET.

depletion region *cf.* depletion layer.

depletion transistor *cf.* depletion-mode field-effect transistor.

depletion-type ... *cf.* depletion-mode ...

depolarization dépolarisation (a) *action d'empêcher une pile électrique de se polariser) (cf. aussi* cell polarization) ; (b) *modification de la polarisation d'une onde électromagnétique) (cf. aussi* electromagnetic wave polarization).

depolarization crosstalk diaphonie par fluctuations de polarisation *(diaphonie entre une voie du multiplex à polarisation circulaire droite et une voie du multiplex à polarisation circulaire gauche dans un faisceau hertzien à polarisation circulaire croisée) (sat. tls, etc.) (cf. aussi* crosstalk (a) *et* cross-polarization).

depoled dépolarisé(e), électriquement neutre *(électrode de tube électronique, etc.).*

deposited carbon layer couche de carbone déposée *(ou formée par dépôt) (résistance à couche de carbone ou potentiomètre à piste en carbone) (cf. aussi* deposition, carbon-film resistor *et* carbon potentiometer).

deposited-carbon resistor résistance à couche de carbone *(cf. aussi* carbon-film resistor).

deposited film *cf.* deposited layer.

deposited-film resistor résistance à couche *(cf. aussi* film resistor).

deposited layer couche déposée, couche formée par dépôt *(cf. aussi* deposition).

deposited oxide layer couche d'oxyde déposée *(ou* formée par dépôt) *(couche d'oxyde formée sur un substrat par évaporation sous vide ou par pulvérisation cathodique) (sdpo à « couche d'oxyde formée par chauffage » ou « par oxydation anodique ») (CH, etc.) (cf. aussi* evaporation *et* sputtering).

deposition dépôt, déposition *(tg) (on devrait dire « déposage ») (formation d'une couche conductrice, semiconductrice ou isolante sur un substrat par un procédé électrochimique, électrothermique ou autre) (cf. aussi* electrodeposition, evaporation *et* sputtering).

depress *v* appuyer sur, enfoncer, presser *(un bouton-poussoir ou une touche de clavier).*

depressed collector collecteur en cuvette *(tube hyper) (cf. aussi* collector (b)).

depression angle angle de site négatif *(cible radar) (cf. aussi* angle of depression).

depth-determining sonar sonar à indication de profondeur *(mar, mil) (cf. aussi* sonar).

depth finder écho-sondeur *(sonar) (cf. aussi* sonic depth finder).

depth of cut profondeur de gravure *(enregistrement sur disque à sillon) (cf. aussi* cutting stylus).

depth of discharge degré de décharge *(d'un accumulateur) (cf. aussi* discharge).

depth sounder *cf.* depth finder.

derate *v* détaré *(cf. aussi* derating).

derated détaré *(cf. aussi* derating).

derating détarage *(utilisation d'un composant ou autre matériel au-dessous de la valeur nominale d'une de ses caractéristiques de fonctionnement pour accroître sa durée de vie ou compenser l'effet d'une température ambiante excessive) (la caractéristique considérée peut notamment être la puissance mise en jeu ou la tension de service) (résistance, condensateur, transistor, alimentation, moteur, etc.) (cf. aussi* temperature derating, voltage derating, derating factor, rated value, operating characteristic *et* lifetime).

derating curve courbe de détarage *(courbe représentant la variation du coefficient de détarage en fonction de la valeur de la caractéristique considérée) (cf. aussi* derating factor).

derating factor coefficient de détarage *(nombre plus petit que l'unité par lequel est multipliée la valeur nominale de la caractéristique considérée dans le détarage) (cf. aussi* derating *et* derating curve).

derivative (la) dérivée *(limite du rapport entre l'accroissement d'une fonction et l'accroissement de la variable quand ce dernier accroissement tend vers zéro) (la variable étant souvent le temps, ou équivalente pour le raisonnement, on peut dire en termes simples que la dérivée est la vitesse de variation de la fonction à l'instant considéré — avec le signe de cette variation en croissant, nulle ou en décroissant — ou la pente — montante, nulle ou descendante à cet instant — de la courbe représentant la fonction) (si la fonction est constante au point considéré (extremum ou point d'inflexion), la pente de sa courbe est nulle entre ce point et la dérivée est également nulle ; étant elle-même une fonction, elle coupe alors l'axe des abscisses) (si la fonction est croissante, la pente est positive et* *la dérivée aussi ; si la fonction est décroissante, la pente est négative et la dérivée aussi) (exemples de dérivées courantes : la dérivée de la distance parcourue par rapport au temps est la vitesse ; la dérivée de la vitesse par rapport au temps est l'accélération (positive ou négative), c.-à-d. la vitesse de variation de la vitesse ou « dérivée seconde » de la distance par rapport au temps ; la dérivée de l'accélération par rapport au temps est la vitesse de variation (positive ou négative) de l'accélération ou « dérivée troisième » de la distance par rapport au temps) (math) (cf. aussi* function[1] 1) (b), differential *et* derivative action).

derivative action   action dérivée, compensation dérivée *(mode de fonctionnement d'un régulateur dans lequel la correction de l'écart est proportionnelle à la dérivée de celui-ci par rapport au temps) (en d'autres termes, l'importance de la correction est proportionnelle à la vitesse de variation de l'écart) (n'est jamais employée seule, mais toujours associée à un ou deux autres types d'action) (asser) (cf. aussi* control action, derivative, proportional plus derivative action *et* proportional-integral-derivative action).

derivative control   régulation par action dérivée *(asser) (cf. aussi* derivative action).

derived sound system   chaîne de pseudo-quadriphonie *(chaîne stéréophonique à quatre haut-parleurs reproduisant chacun une voie distincte à l'aide d'un adaptateur permettant d'utiliser un enregistrement à deux voies seulement) (hifi) (cf. aussi* quadraphony).

descramble *v*   décrypter, désembrouiller *(radiotéléphone, etc.) (cf. aussi* unscrambling 1)).

descrambler   décrypteur, désembrouilleur *(radiotéléphone, etc.) (cf. aussi* unscrambler 1)).

descrambling   décryptage, désembrouillage *(radiotéléphone, etc.) (cf. aussi* unscrambling 1)).

desensitization   désensibilisation *(réduction de la sensibilité d'un récepteur produite par la commande automatique de gain lorsque le récepteur est accordé sur la fréquence d'un signal faible en présence d'un signal fort sur une fréquence proche de la première) (cf. aussi* automatic gain control).

deserialization   désérialisation *(inf) (cf. aussi* serial-to-parallel conversion).

deserialize *v*   désérialiser, convertir de série en parallèle *(inf) (cf. aussi* serial-to-parallel conversion).

deserializer   désérialiseur *(inf) (cf. aussi* serial-to-parallel converter).

design automation   automatisation de la conception *(conception assistée par ordinateur) (inf) (cf. aussi* computer-aided design).

design life   durée de vie nominale *(durée de fonctionnement d'un composant ou autre matériel prévue par le constructeur pour des conditions d'utilisation normales) (cf. aussi* lifetime *et* operating conditions).

design operation   fonctionnement nominal *(fonctionnement d'un composant ou autre matériel dans les conditions et avec les performances normales) (cf. aussi* operating conditions).

design-related failure   défaillance due à la conception *(défaillance d'un composant ou autre matériel due à une mauvaise conception de celui-ci, indépendamment des conditions d'utilisation) (cf. aussi* failure *et* operating conditions).

design rules   1) règles de conception. 2) largeur de trait *(dans un circuit intégré monolithique) (cf. aussi* line 4)).

design value   valeur nominale *(cf. aussi* rated value).

designator   désignateur laser *(mil) (cf. aussi* laser designator).

desk ...   *cf.* desktop ... *(pour les termes qui ne figurent pas ci-après).*

desk set   *cf.* desk telephone set.

desk telephone set   poste téléphonique à poser *(ou* ordinaire) *(poste téléphonique prévu pour être utilisé sur un bureau ou autre support horizontal) (sdpo à « poste mural ») (cf. aussi* telephone set).

desktop calculator   calculatrice de bureau, calculatrice électronique de bureau *(sdpo à « calculatrice de poche ») (inf) (cf. aussi* calculator 1)).

desktop computer   ordinateur de bureau *(ou* de table) *(ordinateur destiné à être utilisé sur un bureau c.-à-d. micro-ordinateur ordinaire) (inf) (cf. aussi* microcomputer).

desktop publishing   *cf.* electronic publishing.

desktoper   appareil de bureau *(calculatrice de bureau ou ordinateur de bureau) (inf).*

deskew *v*   1) remettre dans l'axe, corriger l'alignement *(bande magnétique mal centrée).* 2) éliminer le biais temporel, aligner dans le temps *(des binaires parallèles) (cf. aussi* time skew).

desolder *v*   dessouder *(une connexion soudée à l'étain) (cf. aussi* soldering).

despiking circuit   suppresseur de transitoires *(filtre passe-bas conçu pour éliminer des transitoires) (cf. aussi* low-pass filter *et* transient[2]).

despin mechanism   mécanisme de contrarotation *(antenne de satellite) (cf. aussi* despun antenna).

despun aerial *(GB)*   *cf.* despun antenna.

despun antenna   antenne contrarotative *(antenne de satellite de télécommunications ou autre, stabilisé par rotation, entraînée par un moteur électrique à la même vitesse angulaire que le satellite autour de l'axe de rotation de celui-ci, mais dans le sens contraire, pour maintenir son orientation fixe dans l'espace malgré la rotation du satellite) (tls) (cf. aussi* antenna *et* communications satellite).

destaticization   traitement antistatique *(traitement appliqué à un disque microsillon pour réduire l'apparition d'électricité statique retenant la poussière sur les faces du disque) (cf. aussi* static electricity).

destination node   nœud de destination *(nœud d'un réseau de télécommunications, notamment d'un réseau à commutation de paquets, auquel un message déterminé doit être reçu pour être communiqué au destinataire) (cf. aussi* node 1), communications network *et* packet switching).

destination terminal   terminal de destination *(terminal d'un réseau informatique auquel sont destinées des informations transmises par une des stations du réseau) (télinf) (cf. aussi* computer terminal *et* computer network).

Destriau effect   effet Destriau *(électroluminescence dans les solides) (électro-optique) (cf. aussi* electroluminescence *et* electro-optical effect).

destructive breakdown   claquage destructif *(claquage d'une jonction PN détruisant celle-ci par fusion localisée due à un échauffement excessif résultant du passage d'un courant trop intense) (semi) (cf. aussi* second breakdown *et* breakdown 2)).

destructive interference   interférence destructive *(interférence de deux ondes de même longueur et en opposition de phase, donc s'annulant mutuellement) (propagation par trajets multiples, interféromètre, etc.) (cf. aussi* wavelength, in phase opposition, multipath propagation *et* wave interference).

destructive read   *cf.* destructive readout.

destructive readout   lecture destructive *(lecture d'une information contenue dans une mémoire numérique après laquelle l'information n'est plus présente dans la mémoire, ce qui nécessite de la réintroduire immédiatement après la lecture si on ne veut pas qu'elle soit perdue) (inf) (cf. aussi* digital memory *et* non-destructive readout).

destructive-readout memory   mémoire à lecture destructive *(inf) (cf. aussi* destructive readout).

DET   *cf.* detector.

detect *v*   1) détecter *(un rayonnement ou une présence) (cf. aussi* detection 1)). 2) détecter, extraire *(un signal transmis par une porteuse modulée) (cf. aussi* detection 2)).

detectability factor   indice de probabilité de détection *(radar) (cf. aussi* detection probability).

detected signal   signal détecté *(signal recueilli à la sortie du détecteur d'un récepteur à modulation d'amplitude ou du discriminateur d'un récepteur à modulation de fréquence) (cf. aussi* detector signal) *et* discriminator).

detecting element   élément sensible *(d'un capteur) (cf. aussi* sensing element 1) *et, à titre d'information,* detector element).

detecting instrument   appareil de détection, détecteur *(tg) (cf. aussi* detection 1).

detecting probe   sonde de détection, sonde détectrice *(noms parfois donnés à une sonde de ligne de mesure) (hyper) (cf. aussi* slotted-line probe).

detection **1)** détection *(mise en évidence d'un rayonnement ou d'une présence)* *(cf. aussi* radar detection, acoustic detection, infrared detection *et* detector 1)). **2)** détection d'enveloppe, détection *(extraction du signal transmis par une porteuse à modulation d'amplitude)* *(est réalisée par redressement du courant à haute fréquence qu'elle produit dans le récepteur et intégration, par un condensateur ponté par une résistance, des alternances du courant unidirectionnel obtenu, pour faire apparaître l'enveloppe de ce courant, laquelle constitue le signal transmis par la porteuse)* *(cf. aussi* linear detection, non-linear detection, narrow-band detection, wideband detection, coherent detection, non-coherent detection, demodulation *et* detector 2)).

detection algorithm algorithme de détection *(algorithme permettant la détection des échos noyés dans le bruit dans le récepteur d'un radar ou d'un sonar à traitement numérique des signaux reçus)* *(mil)* *(cf. aussi* algorithm *et* signal buried in noise).

detection bandwidth largeur de bande de détection, largeur de bande du signal détecté *(détecteur de récepteur)* *(cf. aussi* bandwidth 1) (b) *et* detected signal).

detection capability possibilités de détection *(parf. au singulier)* *(radar, etc.)* *(cf. aussi* detection 1) *et* capability).

detection chip puce détectrice, puce de détection *(puce de circuit intégré sur laquelle est réalisé un nombre plus ou moins grand de détecteurs infrarouges ou autres)* *(est employée notamment comme mosaïque photosensible de cible de caméra de télévision infrarouge)* *(cf. aussi* chip 1), infrared detector *et* focal-plane array).

detection diode *cf.* detector diode.

detection law loi de détection *(loi de variation de la tension de sortie d'un détecteur d'enveloppe en fonction de l'amplitude de la porteuse à l'entrée)* *(cf. aussi* linear detection, non-linear detection *et* detector 2)).

detection probability probabilité de détection (a) *probabilité, pour un radar, de détecter une cible de surface équivalente déterminée à une distance également déterminée, en fonction des fluctuations de cette surface et des fluctuations dues au bruit et, éventuellement, aux échos fixes)* *(s'exprime en pourcentage, une probabilité de détection de 80 % à 100 km, par exemple, sur un avion de type donné signifie qu'il sera détecté environ 8 fois sur 10 à cette distance; les deux autres fois, l'écho de l'avion sur l'écran du radar ne pourra être discerné parmi le bruit et, éventuellement, les échos fixes)* *(cf. aussi* radar cross section *et* clutter) ; (b) *probabilité, pour un sonar, de détecter une cible sous-marine dans des conditions déterminées de position, émission, transmission, réception, traitement des signaux reçus et de bruit de fond acoustique du milieu marin)* *(cf. aussi* sonar).

detection radar radar de détection *(autre nom, plus général, d'un radar de veille et applicable également à un radar civil)* *(mil)* *(cf. aussi* search radar).

detection range distance de détection *(distance à laquelle un objet ou une présence est détecté(e))* *(ce terme désigne souvent la distance entre un radar ou un sonar et une cible à l'instant où il la détecte)* *(cf. aussi* detection 1)).

detection scheme *cf.* detection technique.

detection sensitivity sensibilité de détection *(aptitude d'un dispositif de détection à réagir à une valeur très faible de la grandeur à mettre en évidence)* *(ce terme désigne souvent l'aptitude d'un radar ou d'un sonar à détecter une cible dont l'écho est noyé dans le bruit)* *(cf. aussi* detection threshold, signal buried in noise *et* sensitivity).

detection technique méthode de détection, procédé de détection *(radio, radar, sonar)* *(cf. aussi* detection).

detection theory théorie de la détection *(théorie de la probabilité de détecter une cible radar ou sonar dans des conditions déterminées)* *(cf. aussi* detection probability).

detection threshold *(mil, etc.)* seuil de détection (a) *amplitude minimale d'un écho renvoyé par la cible d'un radar ou d'un sonar à partir de laquelle l'écho peut être discerné sur l'écran parmi le bruit de fond* *(cf. aussi* echo) ; (b) *intensité minimale du bruit d'un navire capté par l'hydrophone d'un sonar passif à partir de laquelle sa présence peut être mise en évidence* *(cf. aussi* hydrophone *et* passive sonar).

detector **1)** détecteur *(dispositif réagissant à un rayonnement électromagnétique ou acoustique, à un champ magnétique, ou à la présence d'un corps)* *(l'entité détectée est mise en évidence par la variation d'une caractéristique du détecteur ou par l'apparition d'une tension à ses bornes)* *(détecteur de visible, détecteur infrarouge, détecteur de proximité, détecteur de présence, etc.)* *(les termes « détecteur » et « capteur » sont synonymes dans la plupart des cas, mais « détecteur » a néanmoins un sens plus restreint et ne doit pas être employé pour désigner un tube analyseur ou une cible à CCD de caméra de télévision, par exemple, ni la caméra elle-même, tandis que « capteur » peut l'être)* *(cf. aussi* sensor). **2)** détecteur d'enveloppe, détecteur, démodulateur, montage *(idem)*, étage *(idem)*, circuit *(idem)* *(étage dans lequel un signal modulant une porteuse est extrait de celle-ci)* *(fait généralement partie d'un récepteur)* *(Nota : bien que ces termes puissent s'appliquer aux récepteurs à modulation de fréquence comme aux récepteurs à modulation d'amplitude, ils sont généralement réservés à ces derniers, le détecteur d'un récepteur FM étant normalement appelé « discriminateur »)* *(cf. aussi* first detector, second detector, third detector, discriminator *et* detection 2)).

detector array groupement de détecteurs *(groupement de photodétecteurs)* *(cible de caméra infrarouge, etc.)* *(cf. aussi* photodetector *et* array 1)).

detector circuit montage détecteur, circuit de détection, *(récepteur)* *(cf. aussi* detector 2) *et* circuit).

detector crystal diode diode à cristal de détection, diode détectrice à cristal *(ou* à semiconducteur) *(cf. aussi* crystal diode *et* detector diode.)

detector diode diode de détection, diode détectrice *(diode à semiconducteur ou, anciennement, diode à vide conçue pour réaliser la détection dans un récepteur à modulation d'amplitude)* *(cf. aussi* diode *et* detection 2)).

detector element élément détecteur, détecteur élémentaire *(détecteur constituant un des éléments d'un groupement de détecteurs)* *(cf. aussi* detector array *et, à titre d'information,* detecting element).

detector law loi du détecteur *(cf. aussi* detection law).

detector probe *cf.* detecting probe.

detector signal signal du détecteur *(ou* fourni par le détecteur) *(cf. aussi* detector *et* detected signal).

detector stage étage détecteur *(cf. aussi* detector 2)).

detent encliquetage *(verrouillage élastique de la position angulaire de l'axe d'un commutateur rotatif ou de la position linéaire d'un commutateur à glissière par une bille ou un dispositif équivalent se coinçant dans un trou ou entre deux bossages sous l'action d'un ressort)* *(cf. aussi* multiposition switch).

detent holding torque couple de maintien *(moteur pas-à-pas)* *(cf. aussi* holding torque).

detent position position encliquetée *(commutateur, etc.)* *(cf. aussi* detent).

detent torque **1)** couple de désencliquetage *(couple à exercer sur l'axe d'un commutateur à positions encliquetées pour passer d'une position à la position voisine)* *(cf. aussi* detent). **2)** *cf.* detent holding torque).

detune *v* désaccorder *(modifier la fréquence de résonance d'un résonateur par action sur sa capacité ou son inductance ou changer la fréquence d'accord d'un récepteur)* *(cf. aussi* tuning).

detuning modification de l'accord, *(parf.)* désaccord *(cf. aussi* detune).

detuning stub ligne d'adaptation *(ligne quart d'onde adaptant une ligne coaxiale à une antenne)* *(cf. aussi* stub).

development system système de mise au point *(en informatique, système composé d'un logiciel spécial, d'un ordinateur, d'appareils périphériques et d'interfaces permettant de mettre au point un programme d'ordinateur pour un microprocesseur par émulation)* *(ne pas employer « système de développement »)* *(cf. aussi* software, computer 2), peripheral device, interface[1] 2), microprocessor *et* emulation).

development tool outil de mise au point *(nom souvent donné aux éléments d'un système de mise au point)* *(inf)* *(cf. aussi* development system).

deviation   **1)** écart, erreur *(différence, positive ou négative, entre la valeur instantanée de la grandeur de sortie et la valeur instantanée de la grandeur d'entrée dans un système asservi) (cf. aussi* error signal, closed-loop control system, input quantity *et* output quantity*).* **2)** *cf.* frequency deviation. **3)** *cf.* standard deviation.

deviation detector   détecteur d'écart *(asser) (cf. aussi* error detector*).*

deviation range   intervalle d'écart *(intervalle des valeurs de l'écart dans un système asservi) (cf. aussi* deviation 1)).

deviation ratio   indice de modulation *(rapport entre l'excursion de fréquence d'une porteuse modulée en fréquence et la fréquence maximale du signal modulant) (signal FM) (cf. aussi* frequency deviation*).*

deviation sensitivity   sensibilité à l'excursion de fréquence *(discriminateur) (récepteur FM) (cf. aussi* discriminator *et* frequency deviation*).*

device   **1)** dispositif *(à semiconducteur ou autre).* **2)** composant *(transistor, circuit intégré ou autre composant).* **3)** élément, composant *(transistor ou diode dans un circuit intégré.* **4)** appareil.

device body effect   *cf.* body effect.

device count   **1)** nombre de dispositifs *(parf.* de composants*).* **2)** nombre de boîtiers *(notamment de boîtiers de circuits intégrés monolithiques) (cf. aussi* chip count*).*

device density   *cf.* integration density.

device driver   pilote de périphérique *(inf) (cf. aussi* driver 2)).

device fabrication   fabrication des composants *(notamment à semiconducteur et plus particulièrement des circuits intégrés monolithiques) (cf. aussi* fabrication yield, semiconductor device *et* integrated circuit*).*

device input capacitance   capacité d'entrée du composant *(transistor, etc.) (cf. aussi* input capacitance*).*

device interconnection   interconnexion des éléments *(interconnexion des transistors et diodes d'un circuit intégré monolithique par la métallisation) (cf. aussi* metallization (a)).

device isolation   isolement des transistors *(dans une puce de circuit intégré) (cf. aussi* junction isolation *et* dielectric isolation*).*

device operation   **1)** fonctionnement du dispositif. **2)** fonctionnement du composant *(composant à semiconducteur ou autre) (cf. aussi* semiconductor device*).*

device package   boîtier de composant *(ce terme désigne généralement un circuit intégré et se traduit alors par « boîtier ») (cf. aussi* package[1]1).

device packaging   encapsulation des composants *(cf. aussi* packaging*).*

device paralleling   mise en parallèle des boîtiers *(raccordement en parallèle de plusieurs circuits intégrés numériques sur un bus d'ordinateur) (inf) (cf. aussi* three-state output*).*

device performance   performances des composants.

device physics   *cf.* semiconductor physics.

device pinout   brochage (d'un composant) *(brochage d'un circuit intégré ou autre composant) (cf. aussi* pinout*).*

device scaling   réduction d'échelle des composants *(CI) (cf. aussi* scaled technology*).*

device technology   *(souvent)* (la)technique des circuits intégrés monolithiques *(cf. aussi* monolithic integrated circuit *et* technology*).*

device under test   dispositif essayé *(ou* en essai*) (composant ou autre matériel soumis à un ou plusieurs contrôles ou mesures) (cf. aussi* component 1) *et* test[1]).

DEW line   *(vient de « Distant Early Warning Line »)* chaîne de radars DEW line *(chaîne de stations radar à très grande portée édifiées approximativement le long de la frontière nord du Canada et faisant partie du réseau américain d'alerte loitaine) (mil) (cf. aussi* early-warning radar*).*

DF   *cf.* direction finder.

DF aerial   *(GB) cf.* DF antenna.

DF antenna   antenne de radiogoniomètre *(ou* de radiogoniométrie*) (radionav, mil) (cf. aussi* radio direction finder*).*

DF array   *cf.* DF antenna.

DF bearing indicator   indicateur de gisement à radiogoniomètre *(radionav, mil) (cf. aussi* radio direction finder*).*

DF deviation   erreur de relèvement *(radionav, mil).*

DF equipment   matériel de radiogoniométrie *(radionav, mil).*

DF loop   cadre de radiogoniomètre, cadre gonio *(antenne de radiogoniomètre) (radionav, mil) (cf. aussi* loop antenna *et* radio direction finder*).*

DF receiver   récepteur de radiogoniomètre *(radionav, mil).*

DF station   station de radiogoniométrie *(radionav, mil).*

DFET   *cf.* depletion-mode FET.

DFFL   *cf.* D flip-flop.

DFSK   *cf.* double frequency-shift keying.

DFT   *cf.* discrete Fourier transform.

DI   **1)** *cf.* differential integrator. **2)** *cf.* dielectric isolation.

di/dt   di/dt *(cf. aussi* rate of current rise).

di/dt rating   di/dt nominal *(cf. aussi* rate of current rise).

diac   *(vient de « diode alternating-current (switch) »)* diac *(composant à semiconducteur équivalent à deux diodes à jonction PN réunies par leur cathode (montage en opposition), l'une d'elles étant ainsi polarisée dans le sens inverse quand l'autre est polarisée en sens direct et vice versa) (lorsqu'une tension alternative appropriée est appliquée aux bornes du diac, la jonction qui se trouve polarisée en inverse à une alternance claque par avalanche après un temps très court en laissant passer une impulsion de courant dans un sens; à l'alternance suivante, c'est l'autre jonction qui claque en donnant une impulsion de courant dans l'autre sens, et ainsi de suite; ces impulsions alternativement positives et négatives sont utilisées notamment pour débloquer alternativement les deux parties d'un triac en les appliquant à sa gâchette) (cf. aussi* p-n junction diode, reverse bias, forward bias, avalanche breakdown *et* triac*).*

diagnostic instrument   appareil de diagnostic *(oscilloscope, analyseur logique, etc.) (cf. aussi* test instrument).

dial[1] *s*   **1)** cadran *(appareil de mesure, poste radio, etc.) (cf. aussi* circular dial, slide-rule dial, rotary dial, tuning dial *et* meter scale). **2)** cadran d'appel, cadran *(poste tél. auto.) (cf. aussi* telephone dial).

dial[2] *v*   appeler *(un abonné au téléphone, à l'aide d'un poste à cadran) (cf. aussi* dial a number*).*

dial a computer *v*   appeler un ordinateur, se mettre en liaison avec un ordinateur *(à l'aide d'un poste de téléphone automatique) (télinf).*

dial a number *v*   composer un numéro *(sur le cadran d'un poste de téléphone automatique) (cf. aussi* telephone dial).

dial cable   câble du cadran *(parf.* de cadran*) (cordon de cadran en fils d'acier) (récepteur radio) (cf. aussi* dial cord).

dial cord   cordon du cadran *(cordon très fin en fils tressés transmettant le mouvement de rotation du bouton de recherche des stations au condensateur variable dans un récepteur radio tout en assurant la démultiplication nécessaire et en portant l'aiguille se déplaçant devant le cadran) (cf. aussi* tuning dial).

dial display   indication analogique *(app. mesure) (cf. aussi* analog display).

dial drive   *(parf.* système d')entraînement de l'aiguille du cadran *(récepteur radio) (cf. aussi* dial cord).

dial equipment   *cf.* dial telephone equipment.

dial exchange   central automatique *(tél) (cf. aussi* automatic telephone exchange).

dial lamp   lampe de cadran *(petite lampe éclairant le cadran d'un poste de radio ou autre appareil).*

dial office   *cf.* dial exchange.

dial pointer   aiguille *(d'appareil de mesure analogique) (cf. aussi* analog meter).

dial potentiometer   potentiomètre à compte-tours *(potentiomètre multitour comportant une fenêtre sous le bouton de commande dans laquelle apparaît un chiffre indiquant le nombre de tours effectués à partir de la position zéro) (cf. aussi* multiturn potentiometer).

dial pulse   impulsion de sélection *(ou* de numérotation *ou* de signalisation *ou* de cadran*) (impulsion de courant émise par un poste téléphonique automatique et faisant partie du groupe d'impulsions représentant un chiffre du cadran ou du clavier) (cf. aussi* signalling 1) *et* telephone dial).

dial-pulse generator chip   puce génératrice d'impulsions de cadran *(puce de circuit intégré élaborant les impulsions re-*

présentant le numéro d'appel de l'abonné demandé dans un poste téléphonique à clavier conçu pour être raccordé à un réseau téléphonique classique) (cf. aussi chip 1) *et* pushbutton telephone set).

dial pulsing émission d'impulsions par le cadran, *(etc.) (cf. aussi* dial pulse).

dial scale échelle du cadran *(parf.* de cadran) *(cf. aussi* scale[1] 1)).

dial signalling appel par cadran, sélection automatique, numérotation au cadran *(tél) (cf. aussi* signalling 1) *et* dial pulse).

dial switch rupteur du cadran d'appel *(dans un poste téléphonique à cadran, interrupteur à contacts de repos dont l'ouverture périodique est commandée par une came entraînée par le disque en plexiglas du cadran pendant son retour à la position de repos) (est formé de deux lames élastiques appelées « ressorts d'impulsions » portant chacune un contact) (chaque ouverture des contacts produite par la rotation de la came engendre une impulsion dans la ligne reliant l'abonné au central qui le dessert) (cf. aussi* telephone dial).

dial system *cf.* dial telephone system.

dial-system ... *cf.* dial telephone ...

dial telephone *cf.* dial telephone set.

dial telephone equipment matériel téléphonique automatique, matériel de téléphonie automatique, matériel automatique *(postes d'abonnés à cadran ou à clavier, autocommutateurs et concentrateurs, etc.) (cf. aussi* telephone set, telephone switch *et* concentrator).

dial telephone set poste téléphonique à cadran, poste à cadran *(poste téléphonique automatique dans lequel le numéro d'appel du poste demandé est composé à l'aide d'un cadran d'appel) (est conçu pour être relié à un central électromécanique) (type classique) (tls) (cf. aussi* telephone dial, automatic telephone set *et* electromechanical telephone exchange).

dial-telephone switching center central téléphonique automatique, central automatique *(cf. aussi* automatic telephone exchange).

dial telephone system système de téléphonie automatique à commutation électromécanique *(système R6, Rotary, Crossbar, etc.) (cf. aussi* electromechanical telephone switching).

dial tester contrôleur de cadrans d'appel *(appareil) (tél).*

dial tone fréquence vocale *(de signalisation ou de numérotation ou de sélection) (tél. auto.) (cf. aussi* tone signalling).

dial up *v* appeler en automatique *(appeler un abonné au téléphone à l'aide d'un poste automatique) (cf. aussi* automatic telephone set).

dial-up *s* sélection automatique *(établissement d'une communication téléphonique entre deux postes automatique) (cf. aussi* automatic telephone switching).

dial-up line ligne du réseau téléphonique automatique *(ou du réseau automatique) (cf. aussi* telephone line *et* dial-up telephone network).

dial-up network *cf.* dial-up telephone network.

dial-up service l'automatique *(service téléphonique à commutation automatique) (cf. aussi* telephone service *et* automatic telephone switching).

dial-up telephone network réseau téléphonique automatique, réseau automatique *(réseau téléphonique à commutation automatique) (cas général des réseaux téléphoniques publics en 1990) (tls) (cf. aussi* telephone network *et* automatic telephone switching).

dialer composeur de numéros *(d'appel ou de téléphone),* composeur téléphonique, composeur, dispositif d'appel, dispositif de numérotation, circuit *(idem) (selon le contexte) (appareil ou circuit intégré numérique émettant, sur commande par touche ou réception d'un signal, des signaux correspondant à des numéros d'appel téléphonique mis en mémoire) (cf. aussi* telephone number).

dialer chip puce de composeur téléphonique, *(etc.) (CI) (tél) (cf. aussi* chip 1) *et* dialer).

dialer unit *cf.* dialer.

dialing *cf.* dialling *(de même pour les termes dérivés).*

dialled connection communication établie en automatique *(tél) (cf. aussi* dialling).

dialled line ligne sélectée *(en téléphonie automatique, nom parfois donné à la ligne du poste demandé, après établissement de la communication) (cf. aussi* dialling).

dialled number numéro composé *(au cadran, au clavier ou par un composeur) (tél) (cf. aussi* dialer).

dialled-up line *cf.* dialled-up telephone line.

dialled-up telephone line ligne téléphonique commutée, ligne du réseau (téléphonique) commuté, ligne commutée *(ligne téléphonique ordinaire) (sdpo à « ligne louée » ou « spécialisée ») (cf. aussi* telephone line *et* switched telephone network).

dialling composition d'un numéro (d'appel) (au cadran) *(ou* au clavier *selon le cas),* numérotation *(idem) (poste tél. auto) (cf. aussi* abbreviated dialling, direct distance dialling, direct inward dialling *et* telephone number).

dialling circuit *cf.* dialer.

dialling circuitry circuits de numérotation *(poste tél. auto) (cf. aussi* dialling *et* circuitry).

dialling-in sélection par opératrice *(composition du numéro d'un central interurbain par une opératrice d'un central téléphonique pour établir une communication semi-automatique) (cf. aussi* trunk exchange).

dialling number numéro d'appel *(tél) (cf. aussi* telephone number).

dialling-out appel entre opératrices *(de centraux téléphoniques) (à l'aide d'un poste automatique) (cf. aussi* telephone operator).

dialling pulse *cf.* dial pulse.

dialling tone **1)** tonalité d'invitation à numéroter, tonalité *(tél. auto) (cf. aussi* proceed-to-send signal). **2)** *cf.* dial tone.

diamagnetic material corps diamagnétique *(corps possédant la propriété de diamagnétisme) (cf. aussi* diamagnetism *et* material).

diamagnetism diamagnétisme *(propriété des corps qui prennent une faible aimantation proportionnelle à l'intensité du champ magnétique appliqué et de sens opposé à celui-ci, la perméabilité relative étant, par conséquent, inférieure à l'unité) (or, argent, cuivre, bismuth, benzène, hydrogène, etc.) (cf. aussi* magnetism *et* relative permeability).

diamond aerial *(GB) cf.* diamond antenna.

diamond antenna antenne losange *(émetteur) (cf. aussi* rhombic antenna).

diamond scribing découpe au diamant *(fab. CI, semi) (cf. aussi* scribing).

diamond stylus pointe de lecture en diamant, pointe en diamant *(tête de lecture de tourne-disque) (cf. aussi* stylus 1)).

diaphragm **1)** diaphragme *(optique) (caméra TV, etc.).* **2)** membrane *(micro, haut-parleur) (cf. aussi* microphone diaphragm *et* loudspeaker diaphragm). **3)** iris *(cf. aussi* iris).

diathermy diathermie *(nom moderne de la darsovalisation, ou d'Arsonvalisation, du nom de l'inventeur, Eugène d'Arsonval, 1851-1940, physicien et biologiste français) (électrothérapie utilisant un courant à très haute fréquence pour traiter des maladies par dégagement de chaleur dans les tissus traversés par le courant) (est un chauffage diélectrique à action modérée) (médecine) (cf. aussi* microwave therapy *et* dielectric heating).

dibit dibinaire, paire de binaires *(00, 01, 10 ou 11) (nombre binaire correspondant à un état du signal dans la modulation de phase à quatre états d'un signal télégraphique) (trans. données) (cf. aussi* bit *et* quaternary phase-shift keying).

dice[1] *s cf.* die.

dice[2] *v* découper (en puces) *(fab. CI, semi) (cf. aussi* scribing).

dichroic display *cf.* dichroic liquid-crystal display.

dichroic dye colorant dichroïque *(cf. aussi* dichroic liquid-crystal display).

dichroic filter filtre dichroïque *(filtre optique réalisé sous la forme d'un miroir dichroïque) (caméra TVC, etc.) (cf. aussi* dichroic mirror).

dichroic LCD *cf.* dichroic liquid-crystal display.

dichroic LCD panel panneau à cristaux liquides dichroïques, panneau afficheur *(idem) (cf. aussi* display panel *et* dichroic liquid-crystal display 2)).

dichroic LCD technology (la) technique des afficheurs à cristaux liquides dichroïques, *(etc.)*, (la) technique dichroïque *(cf. aussi* dichroic liquid-crystal display 2) *et* technology).

dichroic liquid-crystal display 1) affichage par cristaux liquides dichroïques *(voir ci-après)*. **2)** afficheur à cristaux liquides dichroïques *(ou* dopés), afficheur LCD dichroïque *(idem)*, afficheur dichroïque *(idem) (afficheur à cristaux liquides dans lequel des pigments colorés sont mélangés aux cristaux liquides pour permettre de supprimer les polariseurs et d'obtenir des indications en couleur) (la suppression des polariseurs augmente la lisibilité des indications et l'angle de vision et conduit à un principe de fonctionnement très différent de celui de l'afficheur à cristaux liquides classique : au repos, les cristaux liquides orientés normalement cachent les pigments en formant une surface claire ; lorsqu'une électrode est excitée, les cristaux liquides qui se trouvent derrière s'orientent perpendiculairement à celle-ci en entraînant les pigments dans leur mouvement, ce qui les fait apparaître) (cf. aussi* guest-host liquid-crystal display *et* liquid-crystal display).

dichroic liquid cristals cristaux liquides dichroïques *(cristaux liquides contenant un colorant dit dichroïque) (cf. aussi* liquid crystals *et* dichroic liquid-crystal display 2)).

dichroic technology *cf.* dichroic LCD technology.

dichroic mirror miroir dichroïque *(lame de verre métallisée inclinée à 45° sur le trajet des rayons lumineux dans une caméra de télévision en couleurs classique pour réaliser la séparation des couleurs en réfléchissant une des trois couleurs primaires tout en laissant passer les autres) (est utilisée par deux, la première réfléchissant le rouge vers un tube analyseur et la seconde le bleu vers un autre tube, tandis que le vert atteint un troisième tube après avoir traversé les deux lames, qui ne le réfléchissent pas) (cf. aussi* color television camera).

dichroics (les) afficheurs à cristaux liquides dichroïques, *(etc.) (cf. aussi* dichroic liquid-crystal display 2)).

dicing découpe des puces, découpe *(fab. CI, semi) (cf. aussi* scribing).

Dicke fix Dicke fix *(procédé employé pour obtenir un taux de fausse alarme constant dans un récepteur radar pour rendre celui-ci moins sensible aux échos parasites et notamment au brouillage par bruit) (consiste essentiellement à convertir les échos parasites en échantillons répartis symétriquement avec le signe − d'une part et le signe + d'autre part, à en tirer la valeur moyenne à l'aide d'un filtre à bande étroite, puis à soustraire ce signal du signal reçu) (cf. aussi* constant false alarm rate, clutter, noise jamming *et* narrow-band filter).

dictating machine machine à dicter *(petit magnétophone à cassettes ou, anciennement, à chargeur conçu pour l'enregistrement du courrier commercial ou autres textes courts et leur reproduction à l'aide d'un casque d'écoute ultra-léger porté par une dactylo ou une secrétaire) (les cassettes sont généralement petites et de courte durée) (enr. mag) (cf. aussi* cassette audio recorder).

die *(pluriel « dice ») puce (CI, semi) (cf. aussi* chip 1)).

die ... *cf.* chip ...

dielectric[1] *s* diélectrique *sm (nom scientifique d'un isolant électrique) (s'emploie notamment pour désigner l'isolant séparant les deux armatures d'un condensateur et lorsqu'il est question de charges électriques sur un isolant) (cf. aussi* insulator 1) *et* capacitor).

dielectric[2] *a* diélectrique, isolant *(adjectifs) (cf. aussi* dielectric[1]).

dielectric absorption absorption diélectrique *(absorption de charges électriques par un isolant soumis à un champ électrique, ce qui lui donne une polarisation électrique) (phénomène gênant dans un condensateur) (est utilisé pour la fabrication des électrets) (cf. aussi* dielectric polarization).

dielectric aerial *(GB) cf.* dielectric antenna.

dielectric antenna antenne diélectrique *(terme générique couvrant les différents types d'antennes hyperfréquence dans lesquelles le principal élément utilisé pour rayonner l'onde électromagnétique est un isolant) (cf. aussi* dielectric-lens antenna *et* dieletric-rod antenna).

dielectric breakdown claquage du diélectrique *(condensateur, etc.) (cf. aussi* dielectric strength).

dielectric breakdown voltage tension de claquage du diélectrique *(cf. aussi* dielectric breakdown).

dielectric constant constante diélectrique *(autre nom de la permittivité relative utilisé notamment lorsque l'isolant considéré est le diélectrique d'un condensateur) (désigne alors le rapport entre la capacité du condensateur et celle qu'il aurait si son diélectrique était remplacé par le vide, c.-à-d. en pratique, par de l'air) (cf. aussi* relative permittivity).

dielectric current *cf.* displacement current.

dielectric dispersion dispersion diélectrique *(variation de la permittivité d'un isolant en fonction de la fréquence du champ électrique alternatif appliqué, de l'intensité de ce champ, de la température, etc.) (cf. aussi* permittivity).

dielectric dissipation dissipation diélectrique *(dissipation d'énergie dans un isolant soumis à une tension alternative) (est due à l'hystérésis diélectrique) (cf. aussi* energy *et* dielectric hysteresis).

dielectric dissipation factor facteur de dissipation *(partie imaginaire (au sens mathématique) de la permittivité) (diélectrique) (cf. aussi* permittivity).

dielectric fatigue fatigue diélectrique *(diminution de la rigidité diélectrique d'un isolant soumis à un champ électrique intense pendant longtemps) (cf. aussi* dielectric strength *et* electric field strength).

dielectric gas gaz diélectrique, gaz isolant *(air sec, hexafluorure de soufre, etc.) (cf. aussi* dielectric[1]).

dielectric guide *cf.* dielectric waveguide.

dielectric heating chauffage diélectrique, chauffage par pertes diélectriques *(chauffage de matières isolantes par application d'une tension à haute fréquence et de valeur élevée) (la tension d'environ 10 000 V à fréquence de l'ordre du mégahertz est appliquée à deux électrodes disposées de part et d'autre du corps à chauffer, l'ensemble formant un condensateur dont les armatures sont les électrodes et le diélectrique est le corps isolant) (la chaleur est produite uniformément et rapidement dans la masse du corps par les pertes diélectriques dans celui-ci) (séchage ou ramollissement des colles dans la fabrication du contreplaqué et autres articles en bois, ramollissement des matières plastiques, etc.) (cf. aussi* dielectric loss *et* capacitor).

dielectric hysteresis hystérésis diélectrique *(retard de l'état de polarisation électrique d'un diélectrique soumis à un champ électrique variable, par rapport aux variations du champ) (cf. aussi* dielectric polarization *et* hysteresis).

dielectric ink pâte isolante, pâte diélectrique *(CH) (cf. aussi* ink 2)).

dielectric isolating well caisson d'isolement diélectrique, caisson diélectrique *(CI) (cf. aussi* isolating well *et* dielectric isolation).

dielectric isolation isolement diélectrique, isolement par diélectrique *(isolement des transistors d'un circuit intégré monolithique les uns par rapport aux autres assuré par une couche isolante d'oxyde de silicium formant des cuvettes ou par formation sur un substrat isolant) (cf. aussi* isolating well *et* SOS CMOS integrated circuit).

dielectric layer 1) couche de diélectrique *(nom donné à la couche d'oxyde isolant formée notamment sur l'anode d'un condensateur électrolytique) (cf. aussi* electrolytic capacitor). **2)** couche isolante *(ou* diélectrique) *(noms donnés notamment à la couche d'oxyde isolant formée sur un substrat de circuit intégré monolithique) (cf. aussi* oxide).

dielectric lens lentille diélectrique *(lentille en matière isolante agissant, par déphasage, sur les ondes hyperfréquences comme une lentille optique sur les ondes lumineuses) (antenne hyper) (cf. aussi* phase shifting *et* microwave).

dielectric-lens aerial *(GB) cf.* dielectric-lens antenna.

dielectric-lens antenna antenne à lentille diélectrique *(hyper) (cf. aussi* dielectric lens).

dielectric-lens array groupement de lentilles diélectriques *(antenne hyper) (cf. aussi* dielectric lens *et* array 1).

dielectric-lens-array antenna antenne à groupement de lentilles diélectriques *(hyper) (cf. aussi* dielectric lens *et* array 1).

dielectric liquid liquide diélectrique, liquide isolant *(liquide constituant un isolant électrique) (l'huile est un très bon* *liquide diélectrique, ce qui la fait utiliser notamment dans des transformateurs industriels et des bobines d'allumage où elle assure en même temps l'évacuation des calories et l'égalisation de la température par convection, ou par circulation forcée dans le premier cas) (cf. aussi* dielectric[1]).

dielectric loss pertes diélectriques, pertes dans le diélectrique *(pertes d'énergie dans un isolant due à la dissipation diélectrique) (cf. aussi* dielectric dissipation).

dielectric loss angle angle de perte (diélectrique) *(différence entre 90° et l'angle de phase diélectrique) (constitue une mesure des pertes diélectriques à une fréquence déterminée et, par conséquent, de l'aptitude d'un isolant à être employé comme diélectrique d'un condensateur soumis à une tension alternative à fréquence élevée) (doit être le plus petit possible et n'est jamais nul) (cf. aussi* dielectric loss *et* dielectric phase angle).

dielectric loss factor facteur de perte (diélectrique) *(cf. aussi* loss factor).

dielectric losses *cf.* dielectric loss.

dielectric material corps diélectrique, corps isolant, corps non conducteur (de l'électricité), *(etc.) (cf. aussi* dielectric[1] *et* material).

dielectric medium milieu diélectrique, *(etc.) (corps diélectrique ou le vide) (cf. aussi* dielectric material, vacuum, dielectric constant *et* electromagnetic wave propagation).

dielectric phase angle angle de phase diélectrique *(différence angulaire entre la phase d'une tension alternative appliquée à un diélectrique et la phase du courant résultant) (cf. aussi* phase (a) *et* dielectric[1]).

dielectric polarization polarisation diélectrique *(ou électrique) (propriété d'un diélectrique portant des charges électriques de signes contraires en deux points opposés de sa surface qui en font un doublet électrique, ou action de donner cette propriété à un diélectrique par application d'un champ électrique) (résulte de la déformation des atomes du diélectrique sous l'action du champ électrique, le centre de gravité des charges négatives (électrons) se déplaçant dans un sens et celui des charges positives (noyaux avec leurs protons) dans l'autre, le centre de gravité de chaque atome restant fixe) (cf. aussi* dielectric[1] *et* electric dipole).

dielectric power factor facteur de puissance diélectrique *(sinus de l'angle de perte d'un diélectrique ou cosinus de l'angle de phase, ces deux angles étant complémentaires) (cf. aussi* dielectric loss angle).

dielectric properties propriétés diélectriques *(propriétés électriques d'un isolant ou d'un mauvais conducteur) (cf. aussi* electrical properties) (a) *constante diélectrique, pertes diélectriques et rigidité diélectrique d'un isolant) (cf. aussi* dielectric constant, dielectric loss *et* dielectric strength) ; (b) *résistivité d'un corps mauvais conducteur tel que la terre ou l'eau notamment) (cf. aussi* resistivity).

dielectric relaxation relaxation diélectrique, relaxation de la charge d'espace *(disparition d'une charge d'espace existant dans un isolant ou un mauvais conducteur) (cf. aussi* space charge).

dielectric-rod aerial *(GB) cf.* dielectric-rod antenna.

dielectric-rod antenna antenne à tige diélectrique, antenne diélectrique, antenne bougie *(ou* cierge) *(antenne d'émission hyperfréquence à rayonnement longitudinal formée essentiellement d'une tige isolante légèrement conique guidant l'onde excitée à sa base à laquelle aboutit la ligne d'alimentation en câble coaxial). (cf. aussi* end-fire array).

dielectric strain déplacement électrique *(isolant) (cf. aussi* electric displacement).

dielectric strength rigidité diélectrique *(tension maximale qu'un isolant de nature et d'épaisseur déterminées peut supporter sans claquer) (cf. aussi* dielectric[1] *et* breakdown 1).

dielectric substrate substrat isolant *(CP, CH, CI) (cf. aussi* substrate).

dielectric test (un) essai de rigidité diélectrique *(ou de claquage) (isolant) (cf. aussi* dielectric strength).

dielectric testing (l')essai de ... *(cf. aussi* dielectric test).

dielectric waveguide guide d'ondes diélectrique *(guide d'ondes formé d'un barreau d'isolant) (hyper) (cf. aussi* waveguide).

dielectric wedge coin dissipatif *(hyper) (cf. aussi* wedge 1)).

dielectrically isolated IC *cf.* dielectrically isolated integrated circuit.

dielectrically isolated integrated circuit circuit intégré à isolement diélectrique *(ou à éléments isolés par diélectrique) (cf. aussi* dielectric isolation).

difference amplifier amplificateur de différence *(amplificateur opérationnel utilisé effectivement comme amplificateur différentiel) (cf. aussi* operational amplifier *et* differential amplifier).

difference channel voie différence *(voie transmettant le signal différence dans un système de stéréophonie multiplex) (hifi) (cf. aussi* difference signal).

difference frequency fréquence différence *(parf.* différentielle) *(fréquence égale à la différence entre deux autres fréquences) (changeur de fréquence, comparateur de fréquences, etc.) (cf. aussi* frequency).

difference of potential différence de potentiel (électrique) *(différence entre le potentiel (électrique) d'un point d'un circuit et celui d'un autre point, c-à-d. tension entre ces deux points) (cf. aussi* electrical potential *et* voltage).

difference signal signal différence *(signal dont l'amplitude est proportionnelle à la différence d'amplitude, de fréquence ou de phase de deux signaux)* (a) *nom parfois donné à un signal d'erreur) (asser) (cf. aussi* error signal) ; (b) signal G-D *(signal obtenu en retranchant le signal de la voie droite du signal de la voie gauche dans un système de stéréophonie multiplex) (contient l'information spatiale créant l'effet stéréophonique) (hifi) (cf. aussi* left channel *et* sum signal) ; (c) *signal de différence de couleur) (TVC) (cf. aussi* color-difference signal).

differential[1] *a* différentiel *a (sens usuel).*

differential[2] *s* niveau différentiel *(différence entre deux niveaux d'une même grandeur) (tension, etc.) (cf. aussi* level 1)).

differential[3] *s* différentielle *sf (variation infiniment petite d'une variable indépendante ou d'une fonction de cette variable) (dans le premier cas, la variation considérée est toujours un accroissement) (dans le second cas, la variation peut être un accroissement ou une décroissance selon le signe de la dérivée de la fonction au point considéré ; cette variation est alors égale au produit de la dérivée en ce point par l'accroissement de la variable) (c'est ce cas qui est généralement sous-entendu lorsque l'on parle d'une différentielle) (math) (cf. aussi* function[1] 1) (b) *et* derivative).

differential amp *(fam) cf.* differential amplifier.

differential amplifier amplificateur différentiel *(amplificateur symétrique dont la tension de sortie est proportionnelle à la différence entre deux tensions) (chaque tension est appliquée entre la masse et une des entrées, dont l'une appelée « entrée non inverseuse » attaque la branche d'amplification à la sortie de laquelle la polarité du signal est conservée, et l'autre appelée « entrée inverseuse » attaque la branche à la sortie de laquelle la polarité du signal est inversée) (est employé comme amplificateur de mesure et comme amplificateur opérationnel) (cf. aussi* common-mode voltage, instrumentation amplifier *et* operational amplifier).

differential analyzer analyseur différentiel *(calculateur analogique conçu pour résoudre des équations différentielles) (cf. aussi* digital differential analyzer *et* analog computer).

differential capacitor condensateur variable différentiel *(condensateur variable à deux jeux de lames fixes et un jeu de lames mobiles plus larges que la distance entre les deux jeux de lames fixes) (lorsqu'on fait tourner l'axe de commande portant les lames mobiles, elles commencent à passer entre les lames fixes du second jeu avant d'être complètement sorties du premier jeu) (cf. aussi* variable capacitor).

differential comparator comparateur différentiel *(comparateur de tension utilisant un amplificateur différentiel dont la sortie prend l'état logique « 1 » ou « 0 » selon que la tension à comparer est plus petite ou plus grande que la tension de référence) (convertisseur de signaux) (cf. aussi* differential amplifier, ONE state *et* signal converter).

differential dc amplifier amplificateur à courant continu du type différentiel *(cf. aussi* dc amplifier *et* differential amplifier).

differential delay retard différentiel *(différence entre le retard subi par la fréquence la plus élevée d'un signal complexe au cours de sa propagation dans un circuit ou un milieu et le retard subi par la fréquence la moins élevée) (cf. aussi* group delay).

differential gain gain différentiel, gain en mode différentiel *(rapport, exprimé en décibels, entre la tension à la sortie d'un amplificateur différentiel et la tension appliquée entre ses deux entrées) (cf. aussi* differential amplifier *et* common-mode gain).

differential gain control variation cyclique du gain *(récepteur radar) (cf. aussi* sensitivity-time control).

differential galvanometer galvanomètre différentiel *(galvanomètre dont le cadre mobile porte deux enroulements identiques parcourus par deux courants) (le couple créé par un courant s'ajoute à celui produit par l'autre ou s'en retranche selon qu'ils sont de même sens ou de sens opposés) (est utilisé notamment comme détecteur de zéro) (cf. aussi* galvanometer *et* null detector).

differential impedance *cf.* differential-input impedance.

differential input entrée différentielle *(entrée d'un montage constituée par deux bornes à chacune desquelles est appliquée un signal) (entrée d'un amplificateur différentiel) (cf. aussi* differential amplifier).

differential-input impedance impédance d'entrée différentielle, impédance différentielle *(impédance d'entrée d'un amplificateur différentiel mesurée entre ses deux entrées) (cf. aussi* differential amplifier *et* input impedance).

differential instrument *cf.* differential measuring instrument.

differential measurement mesure différentielle *(mesure d'une différence) (cf. aussi* differential measuring instrument).

differential measuring instrument appareil de mesure différentiel, appareil différentiel *(appareil de mesure donnant une indication proportionnelle à la différence entre deux grandeurs électriques de même nature) (tension, intensité de courant, fréquence, etc.) (galvanomètre différentiel, quotientmètre, etc.) (cf. aussi* differential galvanometer, ratio meter, electrical quantity *et* measuring instrument).

differential mode mode différentiel *(mode de fonctionnement normal d'un amplificateur différentiel, c.-à-d. lorsque le signal appliqué à une de ses deux entrées est différent de celui appliqué à l'autre entrée) (cf. aussi* differential amplifier *et* common mode).

differential-mode gain *cf.* differential gain.

differential-mode input *cf.* differential-mode signal.

differential-mode signal signal d'entrée différentiel *(signal représenté par la différence d'amplitude entre les signaux appliqués aux entrées d'un amplificateur différentiel) (cf. aussi* differential amplifier *et* common-mode signal.

differential modulation modulation différentielle *(autre nom de la modulation delta) (est peu employé) (cf. aussi* delta modulation).

differential Omega Oméga différentiel *(mode d'utilisation du système Oméga dans lequel une station de réception fixe dont les coordonnées géographiques sont connues avec précision détermine les variations du trajet de propagation des signaux des stations d'émission reçus en ce point et calcule les corrections de propagation à apporter aux relèvements effectués dans la zone qu'elle dessert pour les radiodiffuser à l'intention des navires et avions naviguant dans celle-ci) (radionav) (cf. aussi* Omega).

differential operation fonctionnement différentiel *(dans un oscilloscope à deux voies, mode de fonctionnement dans lequel on visualise la somme algébrique des deux signaux appliqués à l'appareil après inversion du signe de l'un d'eux) (cf. aussi* dual-channel oscilloscope).

differential output voltage tension de sortie en mode différentiel *(tension de sortie d'un amplificateur différentiel attaqué en mode différentiel) (cf. aussi* differential mode).

differential PCM *cf.* differential pulse-code modulation.

differential phase phase différentielle *(nom parfois donné à une différence de phase et notamment à la différence de phase entre deux signaux alternatifs de même phase initiale ayant subi des déphasages différents en cours de transmission ou de propagation) (TVC, etc.) (cf. aussi* phase difference *et* NTSC system).

differential phase error erreur due à la phase différentielle *(cf. aussi* differential phase).

differential phase measurement mesure de phase différentielle *(parf. de la …) (cf. aussi* differential phase *et* measurement).

differential phase-shift-keyed modulation *cf.* differential phase-shift keying.

differential phase-shift keying modulation par déplacement de phase différentiel, modulation DPSK *(tlg).*

differential pressure pick-up *cf.* differential pressure transducer.

differential pressure transducer capteur de pression différentielle *(capteur de pression dont le signal de sortie est proportionnel à la différence entre deux pressions) (cf. aussi* pressure transducer).

differential pulse-code modulation modulation par impulsions codées différentielle, modulation différentielle par impulsions codées, modulation PCM différentielle *(autres noms de la modulation delta) (cf. aussi* delta modulation).

differential relay relais différentiel *(relais électromagnétique commandé par une différence d'intensité entre deux courants excitant deux bobines montées en opposition ou, par conséquent, par une différence entre les deux tensions appliquées à leurs bornes) (constitue un comparateur électromagnétique de courant ou de tension) (cf. aussi* electromagnetic relay).

differential signal signal différentiel *(signal dont l'amplitude est égale ou proportionnelle à la différence entre les amplitudes de deux signaux) (ce terme désigne notamment le signal présent aux bornes d'entrée d'un amplificateur différentiel) (le signal présent aux bornes d'entrée d'un oscilloscope à deux voies utilisé en mode différentiel pour additionner deux signaux est un exemple classique de signal différentiel) (cf. aussi* difference signal).

differential signal source source de signaux différentiels *(générateur de signaux, etc.).*

differential synchro synchromachine différentielle *(synchromachine convertissant ou reproduisant une différence de position angulaire entre deux arbres) (asser) (cf. aussi* synchro differential transmitter *et* synchro differential receiver).

differential time temps différentiel *(différence de temps entre deux événements successifs) (exemple : temps entre les fronts de deux impulsions indépendantes) (cf. aussi* differential time measurement).

differential time measurement mesure de temps différentiel *(s'effectue généralement sur l'écran d'un oscilloscope à deux voies à l'aide du graticule) (cf. aussi* differential time, dualchannel oscilloscope *et* graticule).

differential transducer capteur différentiel *(capteur dont le signal de sortie est proportionnel à la différence entre les deux grandeurs de même nature appliquées à ses deux entrées) (transformateur différentiel, capteur de pression différentielle, synchromachine différentielle, etc.) (cf. aussi* sensor).

differential transformer transformateur différentiel *(le terme français couvre deux appareils très différents par leur fonction si ce n'est par leur constitution schématisée) (voir* differentialtransformer sensor *et* hybrid coil 1)).

differential-transformer position sensor *cf.* differential-transformer sensor.

differential-transformer sensor capteur à transformateur différentiel, capteur de position *(idem) (capteur de position linéaire ou angulaire formé essentiellement d'un transformateur différentiel à noyau à déplacement rectiligne ou curviligne, respectivement, le premier type étant le plus courant) (cf. aussi* linear variable differential transformer, rotary variable differential transformer *et* position sensor).

differential-transformer transducer *cf.* differential-transformer sensor.

differential voltage tension différentielle *(tension constituée par la différence entre les tensions de deux points d'un montage ou système mesurées par rapport au même point de référence, généralement la masse) (ce terme désigne notamment la tension existant entre les entrées d'un amplificateur différentiel) (cf. aussi* voltage *et* differential amplifier).

differential voltage gain *cf.* differential gain.

differential voltage measurement mesure de tension différentielle *(parf.* de la ...) *(cf. aussi* differential voltage *et* measurement).

differential voltage output *cf.* differential output voltage.

differential voltmeter voltmètre différentiel *(voltmètre indiquant la différence entre une tension de référence et une autre tension) (cf. aussi* voltmeter).

differential winding enroulement différentiel *(enroulement créant un champ magnétique opposé à celui d'un autre enroulement porté par la même bobine) (cf. aussi* winding).

differentiated signal signal différentié *(ou* obtenu par différentiation) *(signal de sortie d'un différentiateur) (cf. aussi* differentiator).

differentiated waveform *cf.* differentiated signal. *(cf. aussi* waveform).

differentiating circuit circuit différentiateur, montage différentiateur, différentiateur *s,* filtre passe-haut *(montage dans lequel la tension de sortie est proportionnelle à la dérivée de la tension d'entrée par rapport au temps et déphasée de 90° en avant par rapport à celle-ci) (la tension de sortie étant proportionnelle à la vitesse de variation du signal d'entrée, elle est proportionnelle à sa fréquence et le circuit avantage donc les fréquences élevées, ce qui en fait un filtre passe-haut) (cf. aussi* high-pass filter *et* derivative).

differentiating network *cf.* differentiating circuit.

differentiator *cf.* differentiating circuit.

diffracted wave onde diffractée *(propa) (cf. aussi* diffraction).

diffraction diffraction *(changement de direction subi par une onde au passage du bord d'un obstacle) (propa) (cf. aussi* obstacle gain *et* propagation phenomena).

diffraction propagation propagation par diffraction *(onde) (cf. aussi* diffraction).

diffraction region zone de diffraction *(zone de l'atmosphère, située au-delà de l'horizon radioélectrique, dans laquelle une onde radioélectrique de courte longueur est diffractée) (propa) (cf. aussi* diffraction).

diffuse reflection réflexion diffuse, réflexion avec diffusion *(réflexion d'une onde par une surface ne formant pas miroir ni milieu absorbant pour celle-ci et provoquant, par conséquent, sa diffusion) (en d'autres termes, réflexion d'une onde par une suface rugueuse vis-à-vis de l'onde, c.-à-d. dont la longueur moyenne des irrégularités superficielles est grande par rapport à la longueur de l'onde) (il résulte de ce qui précède qu'une surface peut être diffusante pour une onde de longueur déterminée et se comporter comme un miroir pour une onde de longueur beaucoup plus grande) (la diffusion de l'onde a pour résultat que l'énergie réfléchie dans la direction de sa source ne représente qu'une fraction de l'énergie reçue) (optique, etc.) (cf. aussi* reflection (a), scattering (b) *et* wavelength).

diffused-alloy transistor transistor à jonction par diffusion et alliage *(ou* à diffusion et alliage) *(ancien type de transistor bipolaire pour hautes fréquences réalisé par alliage de deux minuscules billes dopées sur une puce de germanium dopée par diffusion au four) (cf. aussi* bipolar transistor *et* diffusion 1) (b)).

diffused-base resistor résistance du type base *(résistance diffusée réalisée dans un circuit intégré bipolaire en même temps que les bases des transistors, donc à l'aide des mêmes impuretés) (semi) (cf. aussi* pinched resistor, diffused resistor, base 3) *et* bipolar integrated circuit).

diffused bit line ligne de binaires diffusée *(mémoire intégrée) (cf. aussi* bit line *et* diffusion 1) (b)).

diffused device *cf.* diffused semiconductor device.

diffused emitter-collector transistor transistor à émetteur et collecteur diffusés *(type le plus courant de transistor bipolaire) (cf. aussi* bipolar transistor *et* diffusion 1) (b)).

diffused-field response réponse en champ diffus, réponse omnidirectionnelle *(micro) (cf. aussi* response 1)).

diffused isolation *cf.* diffusion isolation.

diffused junction jonction par diffusion *(ou* obtenue par diffusion) *(jonction PN obtenue par diffusion d'atomes d'impureté du type N ou P dans un cristal semiconducteur du type P ou N, respectivement) (clpf) (cf. aussi* diffusion 1) (b) *et* p-n junction).

diffused-junction rectifier redresseur à jonction par diffusion, diode à jonction de redressement *(cf. aussi* rectifier *et* diffused junction).

diffused-junction transistor transistor à jonctions par diffusion *(ou* obtenues par diffusion) *(transistor bipolaire dans lequel la jonction émetteur-base et la jonction base-collecteur sont obtenues par diffusion d'atomes d'impureté de chaque côté de la zone formant la base, les zones ainsi dopées formant l'émetteur et le collecteur, c.-à-d. transistor planar) (cf. aussi* bipolar transistor, diffusion 1) (b) *et* planar transistor).

diffused layer couche diffusée *(ou* obtenue par diffusion) *(semi) (cf. aussi* diffusion 1) (b)).

diffused photodiode photodiode à jonction (obtenue) par diffusion *(cf. aussi* photodiode *et* diffused junction).

diffused region zone diffusée, zone dopée par diffusion *(zone d'un cristal semiconducteur dans laquelle une impureté a été introduite par diffusion) (cf. aussi* diffusion 1) (b)).

diffused resistor résistance diffusée *(ou* obtenue par diffusion) *(résistance de circuit intégré monolithique formée par diffusion locale d'impuretés de type déterminé) (semi) (cf. aussi* diffused-base resistor *et* diffusion 1) (b)).

diffused-Schottky bipolar process procédé bipolaire à diodes Schottky diffusées *(procédé classique de fabrication de circuits intégrés bipolaires à diodes Schottky) (cf. aussi* Schottky bipolar integrated circuit).

diffused semiconductor device composant à semiconducteur à diffusion *(composant à semiconducteur à une ou plusieurs jonctions dans lequel celles-ci sont obtenues par diffusion) (cf. aussi* semiconductor device *et* diffused junction).

diffused silicon resistor résistance diffusée au silicium *(CI) (cf. aussi* diffused resistor).

diffused transistor *cf.* diffused-junction transistor.

diffused well caisson diffusé *(ou* obtenu par diffusion) *(CI) (cf. aussi* isolating well *et* diffusion 1) (b)).

diffusion diffusion **1)** *(au sens physique)* (a) *propagation lente de particules d'un corps dans un corps de nature différente) (la propagation se fait de la zone de concentration maximale des particules aux zones de concentration minimale jusqu'à ce que la concentration soit la même dans tout le volume du corps) (voir aussi b) ci-après) (cf. aussi* Fick's law) ; (b) diffusion thermique, diffusion au four, *(souvent aussi)* diffusion en phase gazeuse, diffusion gazeuse *(procédé classique de dopage des cristaux de semiconducteur consistant à introduire des atomes d'une impureté appropriée dans le réseau cristallin du semiconducteur porté à haute température en présence de vapeurs de l'impureté à introduire pour former une électrode de transistor ou d'un autre composant à semiconducteur discret ou intégré ou un autre élément de circuit dans un circuit intégré monolithique) (cf. aussi* diffusion furnace *et* impurity) ; (c) *propagation avec éparpillement) (cf. aussi* scattering). **2)** diffusion d'informations *(cf. aussi* broadcasting).

diffusion coefficient coefficient de diffusion *(constante de proportionnalité de la loi de Fick) (fab. semi) (cf. aussi* Fick's law).

diffusion constant constante de diffusion *(autre nom du coefficient de diffusion) (cf. aussi* diffusion coefficient).

diffusion current courant de diffusion *(courant électrique dans un semiconducteur résultant du déplacement naturel de porteurs de charge de même type d'une zone à forte concentration relative de ces porteurs à une zone à concentration moins élevée) (cf. aussi* charge carrier *et* Fick's law).

diffusion defect défaut de diffusion *(défaut existant dans une zone d'un cristal semiconducteur dopée par diffusion) (cf. aussi* diffusion 1) (b)).

diffusion doping dopage par diffusion *(semi) (cf. aussi* doping *et* diffusion 1) (b)).

diffusion doping profile profil de dopage par diffusion *(semi) (cf. aussi* doping profile *et* diffusion (b)).

diffusion isolation isolement par diffusion *(réalisation de caissons d'isolement par diffusion thermique dans un circuit intégré monolithique) (semi) (cf. aussi* isolating well *et* diffusion 1) (b)).

diffusion layer *cf.* diffused layer.

diffusion length longueur de diffusion *(dans un cristal semiconducteur, distance moyenne parcourue par un porteur mi-*

noritaire avant de disparaître en se recombinant avec un porteur majoritaire) (cf. aussi minority carrier).

diffusion mask   masque de diffusion *(nom parfois donné, incorrectement, à un masque de gravure, celui-ci ne servant pas directement pour la diffusion) (fab. CI, semi) (cf. aussi* mask 2) *et* diffusion 1) (b)).

diffusion method   *cf.* diffusion process.

diffusion oven   four de diffusion *(enceinte thermostatée à haute température en forme de tunnel utilisée pour la diffusion thermique) (semi) (cf. aussi* diffusion 1) (b)).

diffusion process   procédé de diffusion, méthode de diffusion *(fab. semi) (cf. aussi* diffusion 1) (b)).

diffusion processing   traitement par diffusion *(plaquette de semiconducteur) (fab. semi) (cf. aussi* diffusion 1) (b) *et* wafer 2).

diffusion stage   stade de la diffusion *(un des différents stades de la fabrication d'un composant à semiconducteur par un procédé à diffusion) (deux stades successifs sont généralement séparés par plusieurs opérations de fabrication) (cf. aussi* diffusion 1) (b) *et* diffusion step).

diffusion step   opération de diffusion *(fab. semi) (cf. aussi* diffusion stage).

diffusion technique   *cf.* diffusion process *(ne pas employer « technique de diffusion ») (cf. aussi* diffusion technology).

diffusion technology   (la) technique de la diffusion *(fab. semi) (cf. aussi* diffusion 1) (b) *et* technology).

diffusion width   largeur de diffusion *(largeur d'une zone dopée par diffusion dans un semiconducteur) (cf. aussi* diffused region).

diffusion window   fenêtre de diffusion, fenêtre *(fenêtre laissant apparaître une zone d'un semiconducteur devant subir une opération de diffusion) (fab. semi) (cf. aussi* oxide window *et* diffusion 1) (b)).

DIFM   *cf.* digital instantaneous frequency measurement.

DIFMOS   *cf.* DIFMOS transistor.

DIFMOS cell   *cf.* DIFMOS memory cell.

DIFMOS memory cell   cellule de mémoire à transistor DIFMOS, cellule à transistor DIFMOS, cellule DIFMOS *(cellule de mémoire à semiconducteur formée d'un transistor DIFMOS et d'un transistor auxiliaire) (cf. aussi* DIFMOS transistor *et* memory cell).

DIFMOS technology   (la) technique DIFMOS *(technique des transistors DIFMOS) (CI) (cf. aussi* DIFMOS transistor *et* technology).

DIFMOS transistor   *(DIFMOS vient de « dual-injection floating-gate MOS »)* transistor DIFMOS, transistor à double injection de porteurs et grille flottante *(transistor intégré comparable au transistor FAMOS, mais différant de celui-ci par le fait que les électrons injectés dans la grille flottante pour mémoriser un binaire sont neutralisés par des trous injectés par un transistor auxiliaire lorsque cette information doit être effacée) (il y a donc injection d'électrons à l'écriture et injection de trous à l'effacement (qu'il ne faut pas confondre avec la lecture), d'où le qualificatif « dual injection ») (constitue la cellule élémentaire d'un type de mémoire morte programmable effaçable électriquement) (cf. aussi* FAMOS transistor *et* EEPROM).

digicom *(fam)*   *cf.* digital communications.

digit   chiffre *(afficheur, inf, etc.) (cf. aussi* decimal digit, binary digit *et* number of digits).

digit module   module à un chiffre *(afficheur à un chiffre ou roue codeuse simple) (cf aussi* display[1] 5) *et* thumbwheel switch).

digit number   *cf.* number of digits.

digit sense line   ligne de lecture de binaire *(mémoire) (cf. aussi* sense line).

digital *a*   numérique *(terme que j'ai proposé) (en électronique, notamment en informatique, caractéristique d'un signal ou autre information représenté(e) par des nombres, ou d'un dispositif, appareil ou système fournissant, utilisant ou transmettant un tel signal) (les nombres employés sont souvent des nombres binaires) (ne pas employer « digital », ce terme dû à une mauvaise « traduction » initiale étant particulièrement impropre) (cf. aussi* data processing, digital signal, digital instrument, numerical, binary number *et* analog).

digital actuator   actionneur numérique, *(etc.) (noms parfois donnés à un moteur pas-à-pas pour rappeler son aptitude à être utilisé dans un système utilisant des signaux numériques grâce à son fonctionnement par impulsions) (cf. aussi* stepper motor *et* digital signal).

digital aircraft communications   radiocommunications aéronautiques numériques, *(etc.) (cf. aussi* aircraft communications *et* digital communications).

digital amplitude sweep   balayage d'amplitude numérique, balayage numérique de l'amplitude *(synthétiseur de fréquences) (cf. aussi* digital sweep).

digital-analog ...   *cf.* digital-to-analog ...

digital/analog ...   *cf.* digital-to-analog ...

digital applications   applications numériques *(applications de composants ou autre matériel électronique ou autre mettant en jeu des signaux numériques) (inf, etc.) (cf. aussi* application, digital signal *et* digital equipment).

digital area   *cf.* digital field.

digital arrangement   *cf.* digital circuit arrangement.

digital attenuator   atténuateur numérique *(atténuateur variable dans lequel l'atténuation est réglée par application d'un signal numérique approprié à une logique de commande) (cf. aussi* variable attenuator *et* control logic (b)).

digital audio disk   disque audio numérique *(disque audio à enregistrement numérique) (l'enregistrement considéré est optique en 1990, mais peut aussi être magnétique) (hifi) (cf. aussi* Compact-Disc, digital recording *et* audio disk).

digital audio recording   enregistrement audio numérique *(enregistrement sur disque audio numérique) (cf. aussi* recording *et* digital audio disk).

digital audio reverberator   chambre d'écho artificielle numérique *(enregistrement du son en studio) (cf. aussi* reverberator).

digital audio system   chaîne stéréophonique numérique *(chaîne stéréophonique utilisant des disques numériques) (cf. aussi* stereophonic sound system *et* digital audio disk).

digital audio tape   bande audio numérique, DAT *(sigle du terme anglais) (cassette à bande magnétique à enregistrement numérique du son ou des données) (cf. aussi* helical-scan recorder).

digital avionics   avionique numérique *(avionique réalisée sous la forme d'un matériel numérique) (avia) (cf. aussi* avionics *et* digital equipment).

digital beam forming   mise en forme numérique du faisceau *(antenne de radar à balayage électronique) (cf. aussi* beam forming *et* phased-array antenna).

digital bipolar circuit   *cf.* digital bipolar integrated circuit.

digital bipolar IC   *cf.* digital bipolar integrated circuit.

digital bipolar integrated circuit   circuit intégré bipolaire numérique *(circuit intégré bipolaire réalisé sous la forme d'un circuit intégré numérique) (cf. aussi* bipolar integrated circuit *et* digital integrated circuit).

digital bipolar process   procédé bipolaire numérique *(CI) (cf. aussi* bipolar process *et* digital process).

digital bipolar processing   fabrication par un procédé bipolaire numérique *(cf. aussi* digital bipolar process).

digital bipolars   (les) circuits intégrés bipolaires numériques, *(etc.) (cf. aussi* digital bipolar integrated circuit).

digital board   carte numérique *(CP) (cf. aussi* logic board).

digital broadcast   *cf.* digital television broadcast.

digital broadcasting   *cf.* digital television broadcasting.

digital C-MOS   *cf.* digital CMOS.

digital calculation   *cf.* digital computation.

digital card   *cf.* digital board.

digital central office   *cf.* digital telephone exchange.

digital channel   *cf.* digital transmission channel.

digital chip   puce numérique *(puce de circuit intégré numérique) (cf. aussi* chip 1) *et* digital integrated circuit).

digital circuit   circuit numérique, montage numérique *(le premier terme est le plus employé, mais il s'agit en fait d'un montage) (montage conçu pour fournir, utiliser ou traiter des signaux numériques) (le premier terme désigne souvent un circuit intégré numérique) (cf. aussi* arrangement 1), digital signal *et* digital integrated circuit).

digital circuit arrangement   montage de circuits numériques, montage numérique *(cf. aussi* arrangement 1) *et* digital circuit).

digital circuit design conception des circuits numériques *(ce terme désigne souvent la conception des circuits intégrés numériques) (cf. aussi* digital circuit).

digital-circuit large-scale integration intégration à haute densité des circuits numériques, intégration LSI *(idem) (CI) (cf. aussi* large-scale integration).

digital circuit technology (la) technique des circuits numériques *(ce terme s'applique généralement aux circuits intégrés, les circuits à composants discrets étant peu employés en technique numérique) (cf. aussi* digital circuit *et* technology).

digital circuitry circuits numériques *(cf. aussi* digital circuit *et* circuitry).

digital clock horloge numérique *(horloge indiquant l'heure uniquement par des chiffres) (peut être une horloge électrique ou l'équivalent d'une montre numérique de grandes dimensions) (cf. aussi* digital watch).

digital closed-loop control system *cf.* digital control system.

digital closed-loop system *cf.* digital control system.

digital CMOS *cf.* digital CMOS integrated circuit.

digital CMOS circuit *cf.* digital CMOS integrated circuit.

digital CMOS IC *cf.* digital CMOS integrated circuit.

digital CMOS integrated circuit circuit (intégré) CMOS numérique *(cf. aussi* CMOS integrated circuit *et* digital integrated circuit).

digital code code numérique *(code utilisant des nombres) (code binaire ou autre) (inf, etc.) (cf. aussi* code[1] 1)).

digital coding codage numérique *(codage effectué à l'aide d'un code numérique) (cf. aussi* digital code).

digital communications télécommunications numériques *(télécommunications dans lesquelles l'information est transmise par un signal numérique) (téléphonie et radiotéléphonie numériques, télex, transmission de données) (cf. aussi* communications *et* digital signal).

digital communications ... *cf.* digital telephone ... *(pour les termes qui ne figurent pas ci-après, s'il s'agit de téléphonie).*

digital communications equipment matériel de télécommunications numériques *(ou* de transmission numérique) *(postes et centraux téléphoniques numériques, répéteurs numériques, émetteurs et récepteurs de faisceaux hertziens numériques, matériel de transmission de données) (cf. aussi* digital communications).

digital communications link liaison de télécommunications numériques, liaison numérique *(liaison de télécommunications permettant des télécommunications numériques) (cf. aussi* communications link *et* digital communications).

digital communications network réseau de télécommunications numériques, réseau numérique *(cf. aussi* communications network *et* digital communications).

digital communications switching la commutation numérique dans les télécommunications *(tél) (cf. aussi* digital switching).

digital communications system système de télécommunications numériques *(cf. aussi* communications system *et* digital communications).

digital companding compression-expansion numérique, compansion numérique *(compansion opérée sur un signal numérisé) (tls) (cf. aussi* companding *et* digitized signal).

digital component composant numérique *(composant électronique ou autre constituant un dispositif numérique) (circuit intégré numérique, capteur d'angle à sortie numérique, afficheur, roue codeuse, etc.) (cf. aussi* digital device).

digital computation (un *ou* le) calcul numérique *(selon le contexte) (cf. aussi* digital computing).

digital computer calculateur numérique *(calculateur dans lequel les informations à traiter, quelle que soit leur nature, sont représentées par des nombres) (les nombres finalement traités peuvent donc représenter des nombres, des mots, des couleurs, des paroles, etc. et sont eux-mêmes représentés par des valeurs d'une grandeur déterminée) (dans une machine à calculer mécanique, qui est le premier type de calculateur numérique, cette grandeur est généralement la position angulaire de roues dentées) (dans un ordinateur, qui est le type le plus évolué de calculateur numérique, cette grandeur est généralement une tension électrique) (noter que ce terme*

désigne souvent un ordinateur, notamment dans le cas d'un ordinateur monté dans un mobile ou à usage scientifique, industriel ou militaire, ainsi que dans des termes consacrés tels que « calculateur synchrone » *(ou asynchrone) ou par opposition à « calculateur analogique ») (inf) (cf. aussi* electronic digital computer, Ada *et* computer).

digital computing (le) calcul numérique *(au sens du terme anglais, calcul effectué par un calculateur numérique et notamment par un ordinateur) (inf) (cf. aussi* digital computation *et* digital computer).

digital control asservissement numérique *(asservissement réalisé par un système asservi numérique) (cf. aussi* digital control system).

digital control system système asservi numérique *(système asservi dans lequel le signal d'erreur est numérique ou numérisé avant d'être utilisé) (cf. aussi* closed-loop control system, sampling control system, error signal *et* digital signal).

digital converter convertisseur numérique *(convertisseur de signaux numériques) (convertisseur série/parallèle ou parallèle/série) (inf) (cf. aussi* serial-to-parallel converter *et* parallel-to-serial converter).

digital counterpart (l')équivalent numérique *(composant ou autre matériel numérique remplissant la même fonction qu'un composant ou autre matériel analogique déterminé) (cf. aussi* digital component *et* analog component).

digital current display affichage numérique de l'intensité du courant *(sur un appareil de mesure, un tableau de contrôle, etc.) (cf. aussi* numerical display 1)).

digital data informations numériques, *(parf.)* données numériques *(au sens du terme anglais, informations représentées par des nombres matérialisés graphiquement, mémorisés ou transmis par un signal) (en informatique, ces nombres sont des mots binaires) (cf. aussi* data, binary word, binary data *et* digital signal).

digital data acquisition (la) mesure numérique *(cf. aussi* digital measurement *et* data acquisition 1)).

digital data acquisition system chaîne de mesure numérique *(chaîne de mesure dans laquelle le signal fourni par le capteur est numérique ou numérisé avant d'être transmis) (dans le cas fréquent de plusieurs capteurs, c.-à-d. d'une chaîne multiple, les signaux des différents capteurs sont multiplexés après numérisation éventuelle pour être transmis sous la forme d'un multiplex numérique) (cf. aussi* data acquisition system, digital signal, digitized signal *et* digital multiplex).

digital data handling *cf.* digital data processing.

digital data path *cf.* digital transmission channel.

digital data processing (le) traitement numérique de l'information *(cf. aussi* data processing).

digital data stream flux d'informations numériques *(inf, tls) (cf. aussi* data stream *et* digital data).

digital data system *cf.* digital data acquisition system.

digital data transfer transfert d'informations numériques *(inf) (cf. aussi* data transfer *et* digital data).

digital data transmission transmission d'informations numériques *(tls) (cf. aussi* data transmission *et* digital data).

digital device dispositif numérique *(dispositif conçu pour fournir, utiliser, traiter, mémoriser ou visualiser un ou plusieurs signaux numériques) (ce terme peut désigner notamment un composant, un montage ou un appareil numérique) (inf, tls) (cf. aussi* digital signal, digital component *et* digital instrument).

digital differential analyzer analyseur différentiel numérique *(ordinateur spécialisé employé comme analyseur différentiel) (cf. aussi* differential analyzer).

digital diode phase-shifter déphaseur à diode (à commande) numérique *(déphaseur à diode dans lequel le déphasage est commandé par un mot binaire reçu par un dénumériseur) (antenne de radar) (cf. aussi* diode phase shifter, binary word *et* digital-to-analog converter).

digital display affichage numérique, *(parf.)* afficheur numérique *(cf. aussi* numerical display).

digital domain (le) domaine numérique *(au sens du terme anglais, domaine temporel dans le cas d'un signal numérique) (cf. aussi* time domain, digital signal *et, à titre d'information,* digital field).

digital Doppler filter filtre Doppler numérique *(filtre Doppler réalisé sous la forme d'un filtre numérique) (radar) (cf. aussi* Doppler filter *et* digital filter).

digital Doppler filtering filtrage Doppler numérique *(filtrage réalisé par un filtre Doppler numérique) (cf. aussi* digital Doppler filter).

digital electromechanical display affichage par appareils électromécaniques à entrée numérique *(type de présentation des informations adopté pour certains instruments de bord d'aéronef pour assurer leur compatibilité électrique avec des instruments électroniques numériques utilisés conjointement).*

digital electronics (l')électronique numérique *(partie de l'électronique utilisant des signaux numériques et circuits électroniques correspondants) (cf. aussi* electronics[1] *et* digital signal).

digital equipment matériel numérique *(matériel électronique ou autre conçu pour des applications numériques) (cf. aussi* electronic equipment *et* digital applications).

digital exchange *cf.* digital telephone exchange.

digital extractor extracteur numérique *(extracteur de plots réalisé sous la forme d'un montage numérique) (radar) (cf. aussi* plot extractor *et* digital circuit).

digital feedback rétroaction numérique, *(etc.) (rétroaction dans un système asservi numérique) (cf. aussi* feedback *et* digital control system).

digital feedback control *cf.* digital control.

digital feedback control system *cf.* digital control system.

digital feedback system *cf.* digital control system.

digital field (le) domaine numérique *(au sens du terme anglais, domaine d'activité industrielle ou autre relative au matériel numérique) (cf. aussi* digital equipment *et, à titre d'information,* digital domain).

digital filter filtre numérique *(filtre réalisé sous la forme d'un circuit intégré logique précédé d'un numériseur, éventuellement incorporé, et modifiant les mots binaires correspondant aux fréquences à éliminer ou atténuer, le signal numérique de sortie étant ensuite ramené à sa forme initiale par un dénumériseur, éventuellement incorporé) (est donc un organe complexe) (cf. aussi* infinite-impulse-response filter, finite-impulse-response filter, logic integrated circuit, analog-to-digital converter, digital-to-analog converter *et* filter[1]).

digital filter ... *cf.* filter ... *(et ajouter* numérique).

digital filtering filtrage numérique *(filtrage réalisé par un filtre numérique) (cf. aussi* digital filter).

digital form forme numérique *(forme d'informations numériques ou d'un signal numérique) (inf, tls) (cf. aussi* digital data *et, pour information,* digital format).

digital format format numérique *(format des mots ou des blocs d'un signal numérique) (inf, tls) (cf. aussi* format[1] *et* digital signal).

digital Fourier analyzer analyseur de Fourier numérique, *(analyseur de Fourier utilisant un calculateur numérique de transformée de Fourier) (clpf) (analyseur de spectres) (cf. aussi* Fourier analyzer *et* digital Fourier processor).

digital Fourier processor calculateur numérique de transformée de Fourier *(calculateur de transformée de Fourier réalisé sous la forme d'un calculateur numérique) (analyseur de spectres) (cf. aussi* Fourier-transform processor *et* digital computer).

digital frequency counter compteur-fréquencemètre (numérique) *(app. mesure) (cf. aussi* frequency counter).

digital frequency display affichage numérique de la fréquence *(sur un fréquencemètre, un générateur de signaux, un émetteur, etc.) (cf. aussi* digital display).

digital frequency divider diviseur de fréquence numérique *(cf. aussi* frequency divider).

digital frequency meter fréquencemètre numérique *(fréquencemètre dans lequel un compteur compte le nombre de cycles par seconde du signal analogique appliqué à son entrée et indique le résultat sur un afficheur numérique) (cf. aussi* frequency counter, numerical display 2) *et* frequency meter).

digital frequency sweep balayage de fréquence numérique, balayage numérique de la fréquence *(synthétiseur de fréquences) (cf. aussi* digital sweep).

digital front-end circuits d'entrée numériques *(d'un appareil, d'un module ou d'un circuit intégré) (cf. aussi* front end 1) *et* digital circuit).

digital function *cf.* digital processing function.

digital gate *cf.* logic gate.

digital IC *cf.* digital integrated circuit *(de même pour les termes dérivés).*

digital IFM *cf.* digital instantaneous frequency measurement.

digital image image numérique *(image obtenue, transmise, traitée ou mémorisée sous la forme d'un signal numérique) (est souvent une image numérisée) (TV, etc.) (cf. aussi* digital signal *et* digitized image).

digital image processing traitement numérique des images *(traitement d'images numérisées) (cf. aussi* digital processing, digitized image *et* image processing).

digital implementation réalisation numérique *(réalisation d'une fonction de traitement de signaux ou d'informations sous la forme d'un montage numérique et notamment d'un circuit intégré numérique) (cf. aussi* signal processing function *et* digital circuit).

digital in-circuit capability possibilités *(parf. au singulier)* de contrôle *in situ* de circuits numériques, possibilités *in situ* numériques *(idem) (analyseur logique) (cf. aussi* in-circuit testing *et* capability).

digital in-circuit tester contrôleur *in situ* numérique *(contrôleur in-situ pour circuits numériques) (cf. aussi* in-circuit tester).

digital in-circuit testing (le) contrôle *in situ* sur circuits numériques *(analyseur logique) (cf. aussi* in-circuit testing).

digital indication indication numérique *(indication de la valeur d'une grandeur donnée uniquement par des chiffres) (appareil de mesure numérique, etc.).*

digital information *cf.* digital data. *(de même pour les termes dérivés) (et noter toutefois que le premier terme est appelé à remplacer le second).*

digital input entrée numérique *(bornes d'entrée d'un signal numérique ou, par extension, ce signal lui-même) (inf) (cf. aussi* digital signal *et* input[1]).

digital input data données numériques *(au sens du terme anglais, informations numériques à traiter) (inf) (cf. aussi* digital data).

digital input signal signal d'entrée numérique *(cf. aussi* digital input).

digital instantaneous frequency measurement mesure numérique de la fréquence instantanée *(mesure de la fréquence instantanée d'un signal de l'adversaire effectuée par des circuits numériques dans un récepteur à fréquence instantanée après numérisation du signal intercepté) (brouilleur) (mil) (cf. aussi* instantaneous frequency measurement).

digital instrument appareil numérique *(appareil utilisant des signaux numériques dans tout ou partie de ses circuits ou fournissant de tels signaux) (appareil de mesure numérique, oscilloscope numérique, générateur, analyseur, émetteur, récepteur, convertisseur de signaux numériques, appareil informatique, etc.) (cf. aussi* digital signal, digital measuring instrument, digital oscilloscope, data processing instrument *et* instrument).

digital instrumentation instrumentation numérique *(appareils numériques) (cf. aussi* digital instrument).

digital instrumentation system *cf.* digital data acquisition system.

digital integrated circuit circuit intégré numérique, microcircuit numérique *(circuit intégré monolithique constituant un dispositif numérique) (cf. aussi* monolithic integrated circuit *et* digital device).

digital integrated circuit ... *cf.* integrated-circuit ... *(et ajouter* numérique).

digital integration intégration numérique *(au sens du terme anglais, intégration d'un signal par des circuits numériques) (cf. aussi* integration 1) *et* digital circuit).

digital integrator intégrateur numérique *(intégrateur réalisant l'intégration numérique) (cf. aussi* integrator *et* digital integration).

digital keyboard clavier numérique *(clavier d'appareil ne comportant que des touches portant un chiffre).*

digital link liaison numérique *(liaison de télécommunications numériques ou, parfois, liaison numérique à courte distance) (cf. aussi* digital communications link*)*.

digital logic logique numérique *(logique constituant un dispositif numérique) (clpf) (inf) (cf. aussi* logic (b) *et* digital device*)*.

digital logic level *cf.* logic level.

digital logic technology *cf.* digital integrated circuit technology *(cf. aussi* digital logic *et* technology*)*.

digital LSI *cf.* digital-circuit large-scale integration.

digital magnetic recording (l')enregistrement magnétique numérique *(enregistrement de signaux numériques sur support magnétique) (inf, etc.) (cf. aussi* return-to-zero, non-return-to-zero, magnetic recording *et* digital signal*)*.

digital magnetic tape bande magnétique numérique, bande numérique *(bande magnétique sur laquelle sont enregistrés des signaux numériques) (inf, etc.) (cf. aussi* magnetic tape *et* digital signal*)*.

digital magnetic tape ... *cf.* digital tape ...

digital map carte numérique *(carte géographique mémorisée dans une mémoire numérique sous la forme de l'altitude des différents points de la zone représentée) (système de guidage ou de navigation à corrélation d'images, etc.) (avia. mil, etc.) (cf. aussi* digital memory *et* map-matching guidance*)*.

digital market *cf.* digital integrated circuit market.

digital matched filter filtre adapté numérique *(filtre adapté réalisé sous la forme d'un filtre numérique) (cf. aussi* matched filter *et* digital filter*)*.

digital measurement mesure numérique *(mesure effectuée à l'aide d'un appareil de mesure numérique) (cf. aussi* digital measuring instrument *et* measurement*)*.

digital measuring equipment appareils de mesure numériques *(cf. aussi* digital measuring instrument*)*.

digital measuring instrument appareil de mesure numérique *(appareil de mesure dans lequel le résultat de la mesure est indiqué sous la forme de chiffres, la grandeur mesurée étant convertie directement ou indirectement en un signal numérique ou en un train d'impulsions récurrentes) (voltmètre, ampèremètre, fréquencemètre, etc.) (cf. aussi* analog-to-digital conversion, digital frequency meter *et* measuring instrument*)*.

digital memory mémoire numérique *(mémoire conçue pour conserver des informations représentées par un signal numérique) (chaque binaire du signal occupe une cellule de la mémoire) (mémoire d'ordinateur ou autre appareil numérique) (peut être notamment une mémoire magnétique, une mémoire intégrée, généralement à semiconducteur, ou une mémoire optique) (cf. aussi* memory cell, magnetic memory, solid-state memory, optical memory, radom-access memory, sequential-access memory, read-only memory, volatile memory, non-volatile memory, digital data *et* memory*)*.

digital meter *cf.* digital measuring instrument.

digital metering (la) mesure numérique *(cf. aussi* digital measurement*)*.

digital method *cf.* digital processing method.

digital microcircuit *cf.* digital integrated circuit.

digital microwave link liaison par faisceau hertzien numérique, *(parf.)* faisceau hertzien numérique *(radiocom) (cf. aussi* microwave link *et* digital microwave radio*)*.

digital microwave radio (les) faisceaux hertziens numériques *(faisceaux hertziens transmettant des signaux numériques, c.-à-d. utilisant un multiplex temporel) (tls) (cf. aussi* microwave radio *et* time-division multiplex*)*.

digital modulation modulation numérique *(modulation d'une porteuse par un signal numérique, les binaires de celui-ci produisent des changements de la fréquence ou de la phase de la porteuse) (transmission de données, etc.) (cf. aussi* digital signal *et* carrier wave*)*.

digital module module numérique *(module constituant un dispositif numérique) (cf. aussi* module (a) *et* digital device*)*.

digital MOS *cf.* digital MOS integrated circuit.

digital MOS circuit *cf.* digital MOS integrated circuit.

digital MOS device *cf.* digital MOS integrated circuit.

digital MOS IC *cf.* digital MOS integrated circuit.

digital MOS integrated circuit circuit intégré MOS numé-rique, circuit MOS numérique, microcircuit MOS numérique *(circuit intégré MOS constituant un dispositif numérique) (semi) (cf. aussi* MOS integrated circuit *et* digital device*)*.

digital moving-target indication élimination numérique des échos fixes, élimination des échos fixes par MTI numérique *(radar) (cf. aussi* digital moving-target indicator*)*.

digital moving-target indicator éliminateur d'échos fixes numérique, éliminateur numérique d'échos fixes, MTI numérique *(éliminateur d'échos fixes utilisant le traitement numérique des signaux pour remplir sa fonction) (récepteur de radar MTI) (cf. aussi* moving-target indicator *et* digital signal processing*)*.

digital MTI *cf.* digital moving-target indicator.

digital multimeter multimètre numérique *(contrôleur universel réalisé sous la forme d'un appareil de mesure numérique) (cf. aussi* volt-ohm-milliammeter *et* digital measuring instrument*)*.

digital multiplex multiplex numérique *(tél, etc.) (cf. aussi* time-division multiplex) *(et noter toutefois que le premier terme, plus récent et plus court, est appelé à remplacer le second)*.

digital multiplex signal *cf.* digital multiplex.

digital multiplexer multiplexeur numérique *(tél, etc.) (cf. aussi* time-division multiplexer*)*.

digital multiplexing multiplexage numérique *(tél, etc.) (cf. aussi* time-division multiplexing*)*.

digital multiplexor *cf.* digital multiplexer.

digital multiplication multiplication numérique *(nom parfois donné à la multiplication binaire) (cf. aussi* binary multiplication*)*.

digital multiplier multiplieur numérique *(nom parfois donné à un multiplieur binaire) (cf. aussi* binary multiplier*)*.

digital network *cf.* digital communications network.

digital number *cf.* binary number.

digital office *cf.* digital telephone office.

digital ohmmeter ohmmètre numérique *(ohmmètre réalisé sous la forme d'un appareil de mesure numérique) (cf. aussi* ohmmeter *et* digital measuring instrument*)*.

digital optical disk disque optique numérique, DON *(disque optique utilisé comme support d'informations d'une mémoire de masse à disque) (inf) (cf. aussi* CD-ROM, WORM, WMRA, optical disk *et* mass memory*)*.

digital optical-fiber transmission transmission numérique par fibre optique *(transmission de signaux numériques par fibre optique) (cf. aussi* digital signal *et* optical fiber*)*.

digital optical recording (l')enregistrement optique numérique *(enregistrement numérique sur disque optique) (cf. aussi* digital recording, optical disk, optical-disk memory *et* digital audio disk*)*.

digital oscilloscope *cf.* digital storage oscilloscope.

digital output sortie numérique *(bornes de sortie d'un signal numérique sur un composant, un montage ou un appareil ou, par extension, ce signal lui-même) (inf) (cf. aussi* digital signal *et* output[1]*)*.

digital output signal signal de sortie numérique *(cf. aussi* digital output*)*.

digital panel ammeter ampèremètre de tableau numérique, ampèremètre numérique de tableau *(cf. aussi* ammeter *et* digital panel meter*)*.

digital panel counter compteur numérique de tableau, compteur de tableau *(cf. aussi* digital panel meter*)*.

digital panel indicator *cf.* digital panel meter.

digital panel instrument *cf.* digital panel meter.

digital panel meter indicateur numérique de tableau, afficheur (de tableau) *(boîtier faisant apparaître des chiffres conçu pour être monté sur la face avant d'un châssis ou d'un appareil et constituant un appareil de mesure numérique ou la partie indicatrice de celui-ci) (cf. aussi* digital measuring instrument *et* front panel*)*.

digital panel thermometer thermomètre numérique de tableau *(cf. aussi* thermometer *et* digital panel meter*)*.

digital panel voltmeter voltmètre numérique de tableau *(cf. aussi* voltmeter *et* digital panel meter*)*.

digital pass-band *cf.* digital-filter pass-band.

digital phase shifting *(parf.* emploi d'un) déphasage numérique *(déphasage commandé par un signal numérique) (antenne à balayage électronique, etc.) (cf. aussi* phase shift, digital signal *et* phased-array antenna).

digital picture *cf.* digital image. *(cf. aussi* picture).

digital PID controller régulateur PID numérique *(régulateur PID constituant un système asservi numérique) (asser) (cf. aussi* PID controller *et* digital control system).

digital plot extractor extracteur de plots numérique, extracteur numérique (de plots) *(extracteur de plots réalisé sous la forme d'un montage numérique) (radar) (cf. aussi* plot extractor *et* digital circuit).

digital plotter traceur numérique *(traceur conçu pour être commandé par un ordinateur, donc par des signaux numériques) (les signaux de commande sont mémorisés dans une mémoire tampon d'entrée et convertis en trains d'impulsions récurrentes excitant un moteur pas-à-pas entraînant le chariot porte-plume) (inf) (cf. aussi* plotter *et* digital signal).

digital portion *cf.* digital section.

digital position sensor capteur de position numérique *(nom parfois donné à un codeur d'angle pour rappeler qu'il s'agit d'un capteur numérique) (mesure) (cf. aussi* shaft-position encoder *et* digital sensor).

digital position transducer *cf.* digital position sensor.

digital process procédé numérique *(procédé de fabrication de circuits intégrés numériques) (cf. aussi* digital integrated circuit).

digital processing traitement numérique *(de l'information ou des signaux) (cf. aussi* digital data processing *et* digital signal processing).

digital processing electronics électronique de traitement numérique *(inf) (cf. aussi* processing electronics *et* digital electronics).

digital processing function fonction de traitement numérique, fonction numérique *(fonction de traitement de signaux numériques) (inf) (cf. aussi* signal processing function *et* digital signal).

digital processing method *cf.* digital processing technique. *(le premier terme étant peu employé).*

digital processing technique méthode de traitement numérique, méthode numérique, procédé *(idem) (inf) (cf. aussi* digital processing).

digital processor *cf.* digital computer.

digital proportional-control system régulateur à action proportionnelle numérique, régulateur numérique à action proportionnelle *(asser) (cf. aussi* digital control system *et* proportional action).

digital radar radar numérique *(radar dont le récepteur utilise le traitement numérique des signaux produits par les échos reçus) (cf. aussi* radar receiver *et* digital signal processing).

digital radar processor *cf.* radar processor.

digital radar signal processor *cf.* radar processor.

digital radar receiver récepteur de radar numérique *(cf. aussi* digital radar).

digital radio *cf.* digital radio communications.

digital radio altimeter radioaltimètre numérique *(sur aéronef) (cf. aussi* radio altimeter).

digital radio communications radiocommunications numériques *(radiocommunications constituant des télécommunications numériques) (cf. aussi* radio communications *et* digital communications).

digital radio link liaison radio numérique *(liaison radio constituant une liaison de télécommunications numériques) (cf. aussi* radio link *et* digital communications link).

digital radio route artère de radiocommunications numériques *(nom parfois donné à un faisceau hertzien numérique) (cf. aussi* digital microwave radio).

digital radio transmission **1)** (une) émission radio numérique *(émission radio constituée par un signal numérique) (cf. aussi* radio transmission 2) *et* digital signal). **2)** (la) transmission numérique par radio *(faisceau hertzien numérique) (tls) (cf. aussi* digital microwave radio).

digital reading (une) indication numérique *(cf. aussi* digital readout 1)).

digital readout **1)** (l') indication numérique (du résultat) *(au sens du terme anglais, indication d'un résultat de mesure ou*

autre directement sous la forme d'un nombre) (compteur à tambours, appareil de mesure numérique, afficheur, etc.) (cf. aussi* readout 1)). **2)** afficheur numérique *(cf. aussi* display[1] 5)).

digital record **1)** (un) enregistrement numérique *(cf. aussi* digital recording). **2)** *cf.* digital audio disk.

digital recorder **1)** enregistreur numérique *(enregistreur conçu pour l'enregistrement numérique) (peut être notamment un enregistreur magnétique ou un enregistreur à disque optique) (inf) (cf. aussi* digital recording, magnetic recorder, optical-disk recorder *et* recorder). **2)** enregistreur imprimant *(petite imprimante pour enregistrement numérique de résultats de mesures utilisée notamment dans des centrales de mesures) (cf. aussi* printer 1) *et* data logger 1)).

digital recording (l')enregistrement numérique *(ou de signaux numériques) (selon le cas, les signaux peuvent être numériques à l'entrée de l'enregistreur ou numérisés dans celui-ci) (cf. aussi* recording, digital signal, digitized signal *et* digital recorder 1)).

digital regeneration régénération (d'un signal numérique) *(tls) (cf. aussi* regenerative repeater).

digital regenerator répéteur numérique *(tls) (cf. aussi* regenerative repeater).

digital remote control télécommande numérique *(télécommande par signaux numériques) (cf. aussi* remote control *et* digital signal).

digital representation représentation numérique *(représentation d'une information par un signal numérique) (inf) (cf. aussi* digital signal).

digital sampling *cf.* sampling.

digital satellite communications télécommunications numériques par satellite *(cf. aussi* digital communications *et* satellite communications).

digital scan converter convertisseur de balayage numérique *(radar, etc.) (cf. aussi* scan converter).

digital scope *cf.* digital storage oscilloscope.

digital scrambler crypteur numérique, embrouilleur numérique *(crypteur traitant un signal numérique) (émetteur de radiotél, etc.) (cf. aussi* scrambler *et* digital signal).

digital section partie numérique *(ensemble des circuits numériques d'un composant, d'un montage ou d'un appareil comportant en outre des circuits analogiques) (cf. aussi* digital circuit *et* analog circuit).

digital semicustom ... *cf.* semicustom ... *(et ajouter* numérique) *(CI) (cf. aussi* digital integrated circuit).

digital sensing mesure par un capteur numérique *(cf. aussi* digital sensor).

digital sensor capteur numérique *(capteur de mesure fournissant un signal numérique) (le signal numérique peut être fourni directement par l'élément sensible du capteur, comme dans un codeur d'angle, ou obtenu par numérisation, dans le capteur, du signal analogique fourni par l'élément sensible) (cf. aussi* sensor, digital signal, sensing element, shaft-position encoder *et* analog-to-digital conversion).

digital signal signal numérique, signal codé sous forme numérique *(ou* numériquement), signal à codage numérique *(le premier terme est, de loin, le plus employé) (signal formé d'impulsions groupées suivant un code, chaque impulsion d'un groupe élémentaire représentant un nombre et chaque groupe élémentaire formant un nombre représentant à son tour un nombre ou une autre information) (dans le cas général, le nombre représenté par une impulsion est un binaire et un groupe élémentaire est un mot binaire) (étant formé d'impulsions, un signal numérique est un signal à variation discontinue par nature ; ces impulsions sont appelées « impulsions codées ») (peut être fourni directement par un dispositif numérique tel que notamment une roue codeuse, un codeur d'angle, un ordinateur ou un organe d'ordinateur, ou être obtenu par numérisation d'un signal analogique) (par rapport à celui-ci, un signal numérique offre des possibilités beaucoup plus grandes de traitement, de mémorisation et de rétablissement de l'état initial en cours de transmission ou à la réception) (inf, tls) (cf. aussi* serial digital signal, parallel digital signal, bit, binary word, analog-to-digital conversion, signal processing (b) *et* pulse-code modulation).

digital signal analysis analyse numérique des signaux *(analyse d'un signal analogique effectuée après l'avoir converti en un signal numérique) (cf. aussi* signal analysis, analog signal *et* digital signal).

digital signal analyzer analyseur numérique de signaux *(analyseur de Fourier, etc.) (cf. aussi* digital signal analysis *et* signal analyzer).

digital signal processing traitement numérique des signaux *(traitement de signaux numérisés ou initialement numériques) (cf. aussi* digitized signal *et* signal processing (b)).

digital signal processing ... *cf.* DSP ...

digital signal recording *cf.* digital recording.

digital signal transmission transmission de signaux numériques, transmission numérique *(cf. aussi* digital signal *et* transmission 1)).

digital sonar sonar numérique *(sonar dont le récepteur utilise le traitement numérique des signaux produits par les échos reçus) (mar, etc.) (cf. aussi* sonar, sonar receiver *et* digital signal processing).

digital sonar receiver récepteur de sonar numérique *(cf. aussi* digital sonar).

digital sound (le) son numérique *(nom parfois donné aux sons reproduits à partir d'un disque audio numérique) (cf. aussi* digital audio disk).

digital speech (la) parole numérique *(paroles représentées par des signaux numériques) (tél, phonateur, etc.) (cf. aussi* speech digitization *et* speech synthesis).

digital speech communications *cf.* digital voice communications.

digital speech compression *cf.* speech compression.

digital speech encoding codage numérique de la parole *(cf. aussi* speech coding).

digital speech interpolation *cf.* speech interpolation.

digital speech synthesis synthèse numérique de la parole *(cf. aussi* speech synthesis).

digital-status indicator indicateur d'état logique *(groupe de voyants à diode lumineuse sur un appareil numérique ou sur une carte logique de celui-ci) (cf. aussi* logic state *et* logic board).

digital storage 1) mémorisation numérique *(mémorisation dans une mémoire numérique) (inf) (cf. aussi* digital memory). 2) *cf.* digital memory.

digital storage oscilloscope oscilloscope à mémoire numérique, oscilloscope numérique *(oscilloscope à mémoire utilisant une mémoire pour conserver le signal à maintenir sur l'écran, le signal à visualiser étant numérisé pour pouvoir le mémoriser, et dénumérisé avant de le visualiser) (cf. aussi* storage oscilloscope, digital memory, analog-to-digital conversion *et* digital-to-analog conversion).

digital storage scope *cf.* digital storage oscilloscope.

digital stream flux numérique *(inf, tls) (cf. aussi* bit stream).

digital subtracter soustracteur numérique *(nom parfois donné à un soustracteur binaire) (inf) (cf. aussi* binary subtracter).

digital sweep balayage numérique *(variation régulière, par valeurs discrètes commandées par microprocesseur, de la fréquence ou de l'amplitude du signal fourni par un synthétiseur de fréquences) (cf. aussi* frequency synthesizer et microprocessor).

digital switch *cf.* digital telephone switch.

digital switching *cf.* digital telephone switching.

digital switching equipment matériel de commutation numérique *(ou temporelle) (autocommutateurs temporels) (tél) (cf. aussi* time-division switch).

digital switching office *cf.* digital exchange.

digital switching system *cf.* digital telephone switching system.

digital system 1) système numérique *(cf. aussi* system *et* digital) (a) *cf. aussi* digital control system) ; (b) *cf. aussi* digital telephone system) ; (c) *cf. aussi* digital communications system). 2) chaîne numérique *(cf. aussi* digital data acquisition system).

digital tape *cf.* digital magnetic tape.

digital tape recorder enregistreur à bande magnétique numérique *(enregistreur à bande magnétique conçu pour l'enre-*

gistrement numérique de signaux) (ce terme désigne souvent un enregistreur de mesure numérique) (cf. aussi tape recorder, digital recording *et* instrumentation recorder).

digital tape recording (l')enregistrement numérique sur bande magnétique *(cf. aussi* digital tape recorder).

digital tape unit dérouleur de bande magnétique *(inf) (cf. aussi* tape drive).

digital technique méthode numérique, procédé numérique (a) *cf. aussi* digital processing technique) ; (b) *cf. aussi* digital measurement method).

digital technology (la) technique numérique *(technique des circuits numériques et notamment des circuits intégrés numériques) (cf. aussi* digital circuit *et* technology).

digital telecommunications *cf.* digital communications *(de même pour les termes dérivés).*

digital telemetering *cf.* digital telemetry.

digital telemetry télémesure numérique *(télémesure utilisant un multiplex numérique pour transmettre les valeurs des grandeurs mesurées) (cf. aussi* telemetry *et* digital multiplex).

digital telephone (le) téléphone numérique *(ou* électronique) *(cf. aussi* digital telephony).

digital telephone channel voie téléphonique numérique *(voie d'un multiplex téléphonique numérique) (cf. aussi* telephone channel *et* time-division multiplex).

digital telephone equipment matériel téléphonique numérique *(matériel téléphonique conçu pour émettre, transmettre ou recevoir des signaux téléphoniques numériques) (tls) (cf. aussi* telephone equipment *et* digital telephone signal).

digital telephone exchange central téléphonique numérique *(ou* électronique), central numérique *(idem) (central téléphonique équipé d'un autocommutateur numérique) (tls) (cf. aussi* telephone exchange *et* digital telephone switch).

digital telephone line ligne téléphonique numérique, ligne numérique *(ligne téléphonique conçue pour transmettre des signaux numériques, c.-à-d. ligne à bande passante relativement large) (en effet, la transmission d'impulsions à une cadence suffisante nécessite une grande bande de fréquences du fait des composantes de fréquence élevée d'une impulsion mises en évidence par sa décomposition en série de Fourier) (tls) (cf. aussi* telephone line, analog signal, bandwidth 2), line conditioning *et* harmonic analysis).

digital telephone link liaison téléphonique numérique *(liaison téléphonique réalisée à l'aide d'une ligne téléphonique numérique ou d'une voie téléphonique numérique) (tls) (cf. aussi* digital telephone line, digital telephone channel *et* telephone link).

digital telephone multiplex multiplex téléphonique numérique *(tls) (cf. aussi* telephone multiplex *et* time-division multiplex).

digital telephone set poste téléphonique numérique, poste téléphonique électronique numérique *(poste téléphonique émettant un signal numérique obtenu par numérisation du signal fourni par le microphone) (est en outre caractérisé par l'emploi de la signalisation par fréquences vocales) (tls) (cf. aussi* digital signal, analog-to-digital conversion, tone signalling, touch-tone telephone set *et* telephone set).

digital telephone signal signal téléphonique numérique *(signal émis par un poste téléphonique numérique) (cf. aussi* digital telephone set).

digital telephone switch (auto)commutateur téléphonique numérique *(ou* temporel), commutateur numérique *(idem) (central tél) (cf. aussi* time-division switch).

digital telephone switching (la) commutation téléphonique numérique, (la) commutation numérique *(central tél) (cf. aussi* time-division switching).

digital telephone switching system système de commutation téléphonique numérique, système de commutation numérique *(central tél) (cf. aussi* time-division switching system).

digital telephone system système téléphonique numérique, système de téléphonie numérique *(tls) (cf. aussi* telephone system *et* digital telephony).

digital telephony (la) téléphonie numérique *(ou* électronique) *(procédé de téléphonie dans lequel la parole est transmise par un signal numérique) (cf. aussi* digital telephone set, time-division telephony *et* telephony).

digital television (la) télévision numérique *(procédé de télévision dans lequel l'image et le son sont transmis par un signal numérique)* (cf. aussi television system *et* digital signal).

digital television broadcast (une) émission de télévision numérique, (une) émission numérique, *(parf.)* programme *(idem)* (cf. aussi digital television).

digital television broadcasting (l')émission de programmes de télévision numérique *(ou de programmes numériques)* (cf. aussi digital television).

digital television receiver récepteur de télévision numérique *(récepteur de télévision utilisant le traitement numérique du signal reçu, ce signal pouvant être soit un signal numérique, soit un signal analogique numérisé à son entrée dans l'appareil)* (cf. aussi signal processing (b), digital signal, analog-to-digital conversion *et* television receiver).

digital television signal signal de télévision numérique (cf. aussi digital television).

digital television signal transmission transmission de signaux de télévision numérique *(ou de signaux numériques de télévision)* (cf. aussi digital television).

digital television system procédé de télévision numérique (cf. aussi digital television).

digital television transmission **1)** cf. digital television signal transmission. **2)** cf. digital television braodcast.

digital terminal terminal numérique *(station de réception d'une liaison ou d'un réseau de télécommunications par satellite utilisant un multiplex numérique)* (cf. aussi satellite communications, time-division multiplex *et* analog terminal).

digital thermometer thermomètre numérique *(thermomètre composé d'une sonde de température reliée à un indicateur numérique)* (cf. aussi temperature sensor *et* display[1] 5)).

digital timing generator horloge *(inf)* (cf. aussi clock[1]).

digital-to-analog conversion dénumérisation, conversion analogique, conversion numérique/analogique, conversion de numérique en analogique *(conversion d'un signal numérique en un signal analogique réalisée pour retrouver le signal analogique initial ou correspondant à la variation initiale après réception ou traitement) (en d'autres termes, conversion de mots binaires en une tension correspondante)* (cf. aussi digital signal, analog signal *et* digital-to-analog converter).

digital-to-analog converter dénumériseur, convertisseur numérique/analogique *(montage complexe opérant la conversion analogique d'un signal numérique) (est réalisé principalement sous la forme d'un circuit intégré hybride ou, plus récemment, monolithique)* (cf. aussi digital-to-analog conversion, binary-weighted currents, monotonic converter *et* non-monotonic converter).

digital-to-analog converter chip puce de dénumériseur, *(etc.)* *(puce de circuit intégré sur laquelle est réalisé un dénumériseur) (semi)* (cf. aussi digital-to-analog converter, chip 1) *et* monolithic integrated circuit).

digital-to-analog data ... cf. digital-to-analog ...

digital-to-analog unit cf. digital-to-analog converter.

digital toll office central interurbain numérique, central téléphonique *(idem)* *(tls)* (cf. aussi toll ... *et* digital telephone exchange).

digital-to-synchro conversion conversion numérique/synchro *(conversion d'un signal numérique en une tension alternative triphasée appliquée à un synchrorécepteur pour reproduire une position angulaire (asser, etc.)* (cf. aussi digital signal *et* synchro receiver).

digital-to-synchro converter convertisseur numérique/synchro *(asser, etc.)* (cf. aussi digital-to-synchro conversion).

digital transatlantic telephone communications liaisons téléphoniques transatlantiques numériques *(par satellite de télécommunications)* (cf. aussi digital telephone link *et* communications satellite).

digital transducer cf. digital sensor.

digital transmission **1)** cf. digital signal transmission. **2)** (une) émission numérique *(émission constituée par un signal numérique)* (cf. aussi transmission 2) *et* digital signal).

digital transmission channel voie de transmission numérique, voie numérique *(voie d'un multiplex numérique) (tél, etc.)* (cf. aussi time-division multiplex).

digital transmission equipment cf. digital communications equipment.

digital transmitter émetteur numérique *(émetteur émettant un signal numérique)* (cf. aussi transmitter *et* digital signal).

digital tuning accord numérique *(accord, notamment d'un récepteur, commandé par un signal numérique fourni par une roue codeuse ou tout autre dispositif fournissant un tel signal)* (cf. aussi tuning, digital signal *et* thumbwheel switch).

digital unit version numérique *(d'un appareil ou autre matériel)* (cf. aussi unit 3) *et* digital).

digital video cf. digital video signal.

digital video companding cf. digital video compression.

digital video compression compression vidéo (cf. aussi image compression).

digital video signal signal vidéo numérique, (la) vidéo numérique *(signal vidéo numérisé aux fins de traitement, de mémorisation ou de transmission)* (cf. aussi video signal *et* digitized signal).

digital video tape bande vidéo numérique *(bande magnétique enregistrée ou lue sur un magnétoscope numérique)* (cf. aussi digital video tape recording).

digital video tape recorder magnétoscope numérique *(TV)* (cf. aussi digital video tape recording *et* video tape recorder).

digital video tape recording magnétoscopie numérique, enregistrement numérique de signaux vidéo (sur bande magnétique), enregistrement magnétique (sur bande) de signaux vidéo numériques (cf. aussi digital signal *et* video tape recording).

digital voice channel cf. digital telephone channel.

digital voice communications télécommunications vocales numériques *(cf. aussi* voice communications *et* digital communications).

digital voice companding cf. digital speech compression.

digital voice compression cf. digital speech compression.

digital voice signal signal vocal numérique *(est souvent un signal vocal numérisé, mais peut être un signal élaboré directement sous forme numérique par un ordinateur et notamment un phonateur)* (cf. aussi voice signal, digital signal, digitized signal *et* speech synthesizer).

digital volt-ohm-milliammeter cf. digital multimeter.

digital volt-ohmmeter cf. digital multimeter.

digital voltage display affichage numérique de la tension *(sur un appareil de mesure, un tableau de contrôle, etc.)* (cf. aussi numerical display 1)).

digital voltage measurement mesure numérique de tensions *(parf.* de tension) *(mesure de tensions à l'aide d'un voltmètre numérique)* (cf. aussi digital voltmeter).

digital voltmeter voltmètre numérique *(ou à affichage numérique)* *(voltmètre dans lequel la tension analogique appliquée à l'entrée est numérisée, puis mesurée et le résultat de la mesure apparaît sur un afficheur)* (cf. aussi digitized voltage, display[1] 5) *et* voltmeter).

digital-voltmeter chip puce de voltmètre numérique *(puce de circuit intégré assurant notamment la numérisation du signal d'entrée dans un voltmètre numérique)* (cf. aussi chip 1) *et* digital voltmeter).

digital watch montre numérique *(ou à affichage numérique)* *montre indiquant l'heure uniquement par des chiffres) (est une montre à quartz à affichage numérique, c.-à-d. le type le plus courant de montre à quartz, l'affichage numérique étant complété par un affichage classique à aiguilles dans certains modèles)* (cf. aussi quartz watch).

digital waveform cf. digital signal. *(de même pour les termes dérivés)* (cf. aussi waveform).

digital word mot binaire *(inf)* (cf. aussi binary word).

digital X-Y plotter cf. digital plotter.

digitalize *v* cf. digitize.

digitally numériquement, de façon numérique, sous forme numérique, en mode numérique *(voir rubriques ci-après)* *(inf, tls)*.

digitally controlled machine-tool machine-outil à commande numérique (cf. aussi numerical control).

digitally displayed voltage tension affichée (sous forme numérique) (cf. aussi digital voltage display).

digitally encoded audio disk cf. digital audio disk.

digitally encoded signal cf. digital signal.

digitally formatted data informations *(ou* données) mises sous forme numérique *(inf, tls)* (cf. aussi digital data).

digitally programmable jamming technique méthode de brouillage à programmation numérique *(brouilleur de radars programmable par un signal numérique) (mil) (cf. aussi* radar jammer *et* digital signal).

digitally stored mémorisé sous forme numérique *(signal ou autre information conservé(e) dans une mémoire numérique) (inf) (cf. aussi* digital memory).

digitiser *(GB) cf.* digitizer.

digitization numérisation *(d'un signal analogique) (cf. aussi* analog-to-digital conversion).

digitize *v* numériser, mettre sous forme numérique, convertir en numérique *(un signal analogique) (cf. aussi* analog-to-digital conversion).

digitized data informations numérisées, *(etc.) (cf. aussi* digitize *et* digital data).

digitized image image numérisée *(image numérique obtenue par numérisation d'un signal analogique représentant une image) (TV, etc.) (cf. aussi* digital image *et* analog-to-digital conversion).

digitized signal signal numérisé *(signal numérique obtenu indirectement, c.-à-d. par numérisation d'un signal analogique) (cf. aussi* digital signal *et* analog-to-digital conversion).

digitized speech (la) parole numérisée *(cf. aussi* speech digitization).

digitized voice *cf.* digitized speech.

digitized voltage tension numérisée *(tension représentée par un signal numérique, après redressement ou conversion thermique dans le cas d'une tension alternative) (cf. aussi* digital signal, rectification, thermal conversion *et* voltage).

digitizer **1)** numériseur *(cf. aussi* analog-to-digital converter). **2)** *cf.* digitizing tablet.

digitizing *cf.* digitization.

digitizing circuitry circuits de numérisation *(circuits d'un numériseur) (cf. aussi* analog-to-digital converter *et* circuitry).

digitizing oscilloscope *cf.* digital storage oscilloscope.

digitizing pad *cf.* digitizing tablet.

digitizing plotter *cf.* digital plotter.

digitizing rate cadence de numérisation *(ou de conversion en numérique),* vitesse *(idem) (noms parfois donnés à la cadence d'échantillonnage d'un numériseur) (cf. aussi* sampling rate *et* analog-to-digital converter).

digitizing speed *cf.* digitizing rate.

digitizing table *cf.* digitizing tablet.

digitizing tablet tablette graphique *(inf) (cf. aussi* graphic tablet).

dihedral corner *cf.* dihedral reflector.

dihedral corner reflector *cf.* dihedral reflector.

dihedral reflector réflecteur dièdre *(antenne) (cf. aussi* corner-reflector antenna).

diheptal base culot diheptal, culot à 14 broches *(culot de tube cathodique) (cf. aussi* tube base).

diheptal socket support diheptal, support à 14 broches *(support pour tube diheptal) (cf. aussi* diheptal tube *et* tube socket).

DIIC *cf.* dielectrically-isolated integrated circuit.

DIL *cf.* DIP.

DIL package *cf.* DIP.

dim trace trace peu lumineuse *(sur l'écran d'un oscilloscope, etc.) (cf. aussi* trace[1] 1).

dimensional quantity grandeur avec dimension *(nombre suivi d'une unité de mesure) (1 ampère, 220 volts, 1 kilohm, 50 hertz, etc.) (cf. aussi* dimensionless quantity).

dimensionless quantity grandeur sans dimension, nombre sans dimension *(le premier terme est le meilleur) (nombre utilisé comme unité de mesure) (le terme « grandeur sans dimension » est employé pour désigner la valeur relative d'une grandeur, c.-a-d. le rapport entre sa valeur et la valeur d'une grandeur de même nature prise comme référence) (en d'autres termes, nombre représentant un rapport) (constante diélectrique, décibel, néper, ouverture numérique, perméabilité relative, etc.) (voir ces termes en anglais) (cf. aussi* ratio measurement *et* dimensional quantity).

diminished-radix complement complément restreint *(complément d'un nombre préalablement diminué d'une unité) (est obtenu en retranchant chaque chiffre du nombre de la base de celui-ci moins 1, c.-à-d. de la valeur maximale de chacun de ses chiffres) (le complément restreint d'un nombre décimal est donc le complément à 9 puisque la base est 10 ; exemple : 247 a pour complément restreint 752) (le complément restreint d'un nombre binaire est donc le complément à 1 puisque la base est 2 ; exemple : 1010 a pour complément 0101) (inf, etc.) (cf. aussi* nine's complement, one's complement *et* complement (b)).

dimmer gradateur de lumière *(cf. aussi* light dimmer).

diode diode *(dispositif électronique à deux électrodes à conduction unidirectionnelle) (est un composant passif dans le cas général) (cf. aussi* diode tube, junction diode, avalanche diode, rectifier diode, detector diode, modulator diode, attenuator diode, unidirectional conduction *et* passive component).

diode action effet diode *(effet de conduction unidirectionnelle) (cf. aussi* unidirectional conduction).

diode amplifier amplificateur paramétrique à diode, amplificateur à diode *(amplificateur paramétrique dans lequel l'élément non linéaire produisant l'amplification est une diode à semiconducteur) (hyper) (cf. aussi* parametric amplifier).

diode array **1)** *cf.* photodiode array. **2)** *cf.* diode matrix.

diode-array target cible à matrice de photodiodes *(caméra TV) (cf. aussi* focal-plane array).

diode bias polarisation de la diode *(parf. d'une diode) (polarisation de l'anode d'une diode par rapport à la cathode) (cf. aussi* forward bias, reverse bias, bias[1] *et* diode).

diode bridge pont de diodes *(redresseur) (cf. aussi* bridge rectifier).

diode capacitance capacité de la diode *(parf. d'une diode) (capacité de la jonction d'une diode à jonction) (cf. aussi* junction capacitance).

diode-capacitor-transistor logic *cf.* DCTL.

diode characteristic caractéristique de diode *(parf. de la diode) (courbe représentant l'intensité du courant dans une diode en fonction de la tension appliquée à ses bornes) (cf. aussi* forward characteristic, reverse characteristic, diode *et* characteristic curve).

diode clipper *cf.* diode limiter.

diode-connected transistor transistor monté en diode *(transistor bipolaire intégré dans lequel la base est réunie à l'émetteur ou au collecteur pour court-circuiter la jonction correspondante et utiliser celle qui reste comme une diode) (mode de réalisation normal des diodes dans les circuits intégrés bipolaires) (cf. aussi* bipolar transistor, integrated transistor *et* diode).

diode-connected tube tube monté en diode *(tube électronique à trois électrodes ou plus dans lequel toutes les électrodes autres que la cathode sont connectées ensemble pour former l'anode d'un tube diode) (cf. aussi* triode tube *et* diode tube).

diode-controlled frequency change variation de fréquence commandée par diode (varicap) *(oscillateur) (cf. aussi* varactor).

diode demodulation démodulation par diode *(récepteur, etc.) (cf. aussi* demodulation).

diode demodulator démodulateur à diode *(récepteur, etc.) (cf. aussi* demodulator).

diode detection détection par diode *(récepteur, etc.) (cf. aussi* detection 2)).

diode detector détecteur à diode *(récepteur, etc.) (cf. aussi* detector 2)).

diode detector array *cf.* photodiode array.

diode-detector-type voltmeter *cf.* diode-probe voltmeter.

diode electron tube *cf.* diode tube.

diode frequency multiplier multiplicateur de fréquence à diode, multiplieur à diode *(multiplicateur de fréquence pour hyperfréquences formé essentiellement d'une diode hyperfréquence à caractéristique non linéaire montée en série avec un oscillateur hyperfréquence et un circuit oscillant sélectionnant un des harmoniques produits par la diode) (les harmoniques de la fréquence du signal de l'oscillateur sont produits par le fait que la diode convertit ce courant sinusoïdal en une suite d'arches de sinusoïdes déformées dont la décomposition* *en série de Fourier fait apparaître des harmoniques de la fréquence initiale) (moins la caractéristique de la diode est linéaire, plus les arches de sinusoïde sont pointues et, par conséquent, plus leur décomposition en série de Fourier fait apparaître d'harmoniques de rang élevé d'amplitude suffisante pour être utile) (le circuit oscillant est généralement accordé sur l'harmonique 2 ou l'harmonique 3 de la fréquence du signal de l'oscillateur et la diode peut notamment être une diode Schottky, une diode à coupure brusque ou une diode varicap appropriée) (cf. aussi* junction diode, microwave diode, diode characteristic, resonant circuit, harmonic, harmonic analysis *et* frequency multiplier*).*

diode-fuse ...   *cf.* diode-link ...

diode gate   porte à diodes *(porte logique utilisant des diodes à jonction PN comme éléments de commutation au lieu de transistors) (cf. aussi* logic gate *et* p-n junction diode*).*

diode heat pipe   *cf.* heat pipe.

diode isolation   isolement par jonction *(transistor de circuit intégré monolithique) (cf. aussi* junction isolation*).*

diode laser   laser à diode *(semi) (cf. aussi* semiconductor laser*).*

diode limiter   limiteur à diode, limiteur d'amplitude à diode, écrêteur à diode *(cf. aussi* limiter diode*).*

diode-link array   réseau de portes à jonctions (claquables) *(cf. aussi* diode-link PROM *et* gate array*).*

diode-link PROM   mémoire PROM à jonctions (claquables) *(mémoire PROM dans laquelle la programmation est effectuée en mettant en court-circuit une jonction aux points voulus à l'aide d'impulsions de courant fournies par un programmateur) (CI) (inf) (cf. aussi* PROM et AIM*).*

diode logic   logique *sf* à diodes *(logique dans laquelle les éléments de commutation sont des diodes à jonction PN) (inf) (cf. aussi* logic (b) *et* p-n junction diode*).*

diode matrix   matrice de diodes, matrice à diodes *(selon le contexte)(matrice de codage, de décodage ou de transcodage utilisant des diodes à jonction PN aux points de croisement, la diode d'un point étant polarisée en inverse lorsque les deux conducteurs doivent être isolés) (cf. aussi* coding matrix, p-n junction diode *et* reverse bias*).*

diode microwave oscillator   oscillateur hyperfréquence à diode, oscillateur à diode *(oscillateur hyperfréquence utilisant une diode Gunn ou équivalente comme élément actif) (cf. aussi* Gunn-diode oscillator*).*

diode mixer   mélangeur à diode *(changeur de fréquence de récepteur superhétérodyne hyperfréquence) (cf. aussi* mixer*).*

diode modulator   modulateur à diode *(cf. aussi* PIN diode modulator*).*

diode oscillator   *cf.* diode microwave oscillator.

diode-pentode   diode-pentode *(tube électronique comprenant une diode et une pentode dans une enveloppe commune) (cf. aussi* diode tube *et* pentode*).*

diode phase-shifter   déphaseur à diode *(déphaseur utilisant une ou plusieurs diodes PIN ou équivalentes montées en parallèle sur un tronçon de ligne de transmission et polarisées plus ou moins fortement dans le sens direct pour créer un court-circuit plus ou moins parfait modifiant les conditions de propagation dans la ligne et, par conséquent, la phase du signal transmis) (hyper) (antenne de radar à balayage électronique) (cf. aussi* phase shifter, PIN diode, microwave transmission line *et* forward bias*).*

diode pin   broche à diode *(broche de matrice de programmation contenant une diode pour réaliser la connexion) (cf. aussi* pinboard *et* diode matrix*).*

diode-probe input   entrée par sonde à diode, entrée par sonde HF *(voltmètre électronique pour hautes fréquences) (cf. aussi* probe[1] (a)*).*

diode programming board   matrice de programmation à diodes *(cf. aussi* pinboard*).*

diode quad   diode quadruple *(boîtier de composant à semiconducteur contenant quatre diodes à jonction PN).*

diode shifter   *cf.* diode phase shifter.

diode string   chaîne de diodes *(groupe de diodes à jonction PN identiques montées en série, l'anode de la première étant connectée à la cathode de la deuxième, et ainsi de suite) (les diodes sont, par conséquent, toutes polarisées dans le même*

sens) (ce montage est utilisé pour obtenir une tension de service égale au produit de la tension admissible d'une diode par le nombre de diodes) (semi) (cf. aussi junction diode, diode bias *et* series arrangement*).*

diode suppression   antiparasitage par diode *(contacts de relais, etc.) (cf. aussi* suppression diode*).*

diode suppressor   diode antiparasite, *(parf.)* antiparasite à diode *(contacts de relais, etc.) (cf. aussi* suppression diode*).*

diode switch   *cf.* diode switching element.

diode switching   commutation par diode *(commutation d'un circuit réalisée par une diode de commutation) (cf. aussi* switching 1) (a) *et* switching diode*).*

diode switching element   élément de commutation à diode *(élément de commutation constitué par une diode de commutation) (cf. aussi* switching element *et* switching diode*).*

diode switching matrix   matrice de commutation à diodes *(matrice à diodes permettant la combinaison de signaux, notamment parmi les signaux fournis par plusieurs oscillateurs dans un synthétiseur de fréquences à synthèse directe) (cf. aussi* diode matrix *et* direct frequency synthesizer*).*

diode switching time   temps de commutation de la diode *(parf.* d'une diode) *(cf. aussi* switching time *et* diode switching*).*

diode transistor   *cf.* diode-connected transistor.

diode-transistor logic   *cf.* DTL.

diode tube   tube diode, diode *f*, tube électronique diode, lampe diode *(terme ancien) (tube électronique à deux électrodes conçu pour servir de diode, la cathode émettant des électrons et l'anode les captant) (cf. aussi* vacuum diode, gas diode, diode *et* electron tube*).*

dip ...   *voir après les rubriques DIP.*

DIP   *(vient de « DIL package », DIL venant lui-même de « dual-in-line », c.-à-d. « à deux rangées de broches »)* boîtier DIP *(boîtier enfichable normalisé à deux rangées de broches utilisé pour encapsuler un circuit intégré ou un autre composant) (cf. aussi* SIP*).*

DIP battery   batterie en boîtier DIP *(batterie d'accumulateurs miniature montée dans un boîtier DIP pour servir d'alimentation de secours à une mémoire RAM en cas de coupure ou microcoupure du courant d'alimentation due au secteur ou à toute autre cause) (cf. aussi* DIP *et* RAM[1])*.*

DIP-compatible   compatible avec un support DIP, compatible DIP, enfichable dans un support DIP *(module, relais miniature, etc.) (cf. aussi* DIP*).*

DIP component   composant en boîtier DIP *(circuit intégré, potentiomètre, relais, commutateur, batterie, etc.) (cf. aussi* DIP*).*

DIP device   *cf.* DIP component.

DIP IC socket   *cf.* DIP integrated circuit socket.

DIP inserter   enfiche-DIP *sm (outil conçu pour faciliter l'enfichage d'un composant à boîtier DIP dans son support) (cf. aussi* DIP*).*

DIP integrated-circuit socket   support DIP (de circuit intégré) *(cf. aussi* DIP*).*

DIP network   *cf.* DIP resistor network.

DIP package   *cf.* DIP.

DIP-packaged hybrid   *cf.* DIP-packaged hybrid circuit.

DIP-packaged hybrid circuit   circuit hybride encapsulé en boîtier DIP *(cf. aussi* DIP *et* hybrid integrated circuit*).*

DIP packaging   encapsulation en boîtier DIP, montage en boîtier DIP *(CI, etc.) (cf. aussi* DIP*).*

DIP pulse transformer   transformateur d'impulsions en boîtier DIP *(transformateur d'impulsions miniature enfichable) (cf. aussi* DIP *et* pulse transformer*).*

DIP reed relay   relais à tiges en boîtier DIP *(cf. aussi* DIP relay *et* reed relay*).*

DIP relay   relais en boîtier DIP, relais DIP *(relais miniature en boîtier DIP) (cf. aussi* DIP *et* miniature relay*).*

DIP resistor network   réseau de résistances en boîtier DIP. *(cf. aussi* DIP *et* resistor network*).*

DIP socket   support DIP, support de boîtier DIP *(CI, etc.) (cf. aussi* DIP*).*

DIP switch   commutateur en boîtier DIP, commutateur DIP *(commutateur miniature en boîtier DIP) (le terme « commutateur » désigne ici généralement une batterie d'interrupteurs ou d'inverseurs) (cf. aussi* DIP *et* switch[1])*.*

DIP trimmer *cf.* DIP trimming potentiometer.

DIP trimmer potentiometer *cf.* DIP trimming potentiometer.

DIP trimming potentiometer potentiomètre ajustable en boîtier DIP *(cf. aussi DIP et trimming potentiometer)*.

dip-coat *v* enrober (par trempage *ou* au trempé) (un composant) *(cf. aussi dip coating)*.

dip-coated enrobé ... *(cf. aussi dip-coat)*.

dip coating enrobage (par trempage *ou* au trempé) *(enrobage d'un composant, notamment d'un condensateur, par trempage dans la matière isolante à l'état liquide, celle-ci étant généralement une résine synthétique) (cf. aussi coating)*.

dip meter grid-dip à transistors *(version moderne du grid-dip) (app. mesure) (cf. aussi grid-dip meter)*.

dip-solder tail *cf.* dip-solder termination.

dip-solder termination queue à souder au trempé *(contact de connecteur, etc.) (cf. aussi dip soldering)*.

dip soldering soudage au trempé *(ou au bain)*, soudure *(idem) (soudage à l'étain de connexions de composants par trempage dans un bain de soudure à l'étain en fusion) (cf. aussi soldering)*.

diplex diplex *(courant porteur ou onde porteuse transportant deux signaux distincts) (le diplex est un multiplex à deux voies) (ne pas confondre avec « duplex ») (cf. aussi diplexer et duplex)*.

diplex operation 1) exploitation en diplex *(terme ancien) (tlg) (cf. aussi diplexer (a))*. 2) fonctionnement en diplex *(antenne d'émission TV) (cf. aussi diplexer (b))*.

diplex radio transmission transmission radio par diplex *(TV, etc.) (cf. aussi diplex)*.

diplex reception réception en diplex *(réception simultanée de deux signaux utiles par un même récepteur) (exemple : réception du signal son et du signal image par un récepteur de télévision) (cf. aussi diplexer (b))*.

diplexer diplexeur (a) *dispositif permettant d'utiliser une ligne télégraphique unique pour transmettre simultanément deux télégrammes dans la même direction) (est l'ancêtre des systèmes multiplex téléphoniques) (cf. aussi* multiplex[1]*); (b) dispositif permettant d'utiliser une antenne d'émission unique pour émettre simultanément les signaux de deux émetteurs) (est employé notamment pour relier l'émetteur son et l'émetteur image à l'antenne d'émission dans une station de télévision) (ne pas confondre avec « duplexeur ») (cf. aussi duplexer)*.

dipole 1) dipôle *(au sens physique) (ensemble de deux éléments à potentiels opposés très rapprochés) (cf. aussi electric dipole, magnetic dipole, potential et multipole)*. 2) dipôle, réseau à une paire de bornes, réseau à un accès, réseau électrique *(idem) (noms donnés à un ensemble d'éléments de circuits montés en série ou en parallèle ou, par extension, à un élément de circuit seul dans la théorie des circuits électriques et la théorie des réseaux électriques) (cf. aussi passive dipole, active dipole, circuit element, series arrangement, parallel arrangement, circuit theory et network theory)*. 3) *cf.* dipole antenna.

dipole aerial *(GB) cf.* dipole antenna.

dipole antenna antenne à dipôle, antenne dipôle, dipôle, antenne à doublet, antenne doublet, doublet (demi-onde) *(antenne formée de deux tiges métalliques d'égale longueur disposées en prolongement l'une de l'autre avec un certain espacement et reliées par leur extrémité intérieure, par une ligne de transmission, à la sortie de l'émetteur ou à l'entrée du récepteur) (la longueur hors-tout des tiges est généralement égale à la moitié de la longueur d'onde de fonctionnement) (a un diagramme de rayonnement en forme de huit et est utilisée comme antenne d'émission ou de réception) (cf. aussi folded-dipole antenna, rabbit-ear antenna, primary radiator, radiation pattern et antenna)*.

dipole moment moment de dipôle, moment dipolaire *(moment, au sens mécanique, d'un dipôle électrique ou magnétique) (cf. aussi electric dipole moment, magnetic dipole moment et dipole 1))*.

dipped ... *cf.* dip-coated ... *(lorsqu'il s'agit de composants)*.

dipping *cf.* dip coating. *(lorsqu'il s'agit de composants)*.

dipping sonar sonar porté *(sonar monté dans une enceinte étanche fixée à l'extrémité d'un câble déroulé d'un hélicoptère militaire volant en vol stationnaire au-dessus d'une zone maritime dans laquelle peut se trouver un sous-marin hostile) (cf. aussi sonar)*.

direct access accès direct *(à une position de mémoire ou à un satellite de télécommunications) (inf) (cf. aussi direct-access memory et multiple access)*.

direct-access device *cf.* direct-access memory.

direct-access memory mémoire à accès direct *(inf) (cf. aussi random-access memory, le premier terme étant peu employé)*.

direct-access oscilloscope oscilloscope analogique *(cf. aussi analog oscilloscope)*.

direct-access storage 1) mémorisation avec accès direct *(inf) (cf. aussi direct-access memory)*. 2) *cf.* direct-access memory.

direct-acting recorder enregistreur à action directe *(enregistreur dans lequel l'élément sensible agit directement sur l'organe traçant la courbe) (autre nom, plus général, de l'enregistreur galvanométrique) (cf. aussi galvanometer recorder)*.

direct address adresse absolue *(inf) (cf. aussi absolute address)*.

direct addressing adressage direct, adressage absolu *(adressage d'une mémoire à l'aide d'adresses absolues) (inf) (cf. aussi addressing et absolute address)*.

direct broadcast émission directe *(émission de télévision ou de radio en provenance d'un satellite de radiodiffusion) (cf. aussi direct-broadcast satellite et, à titre d'information, direct pick-up)*.

direct-broadcast satellite satellite de radiodiffusion directe (sonore *ou* visuelle) *(satellite géostationnaire servant de réémetteur de télévision et éventuellement de programmes sonores en modulation de fréquence, les émissions étant captées sur Terre par des antennes paraboliques individuelles pointées vers le satellite) (cf. aussi geostationary satellite, translator 2) et parabolic antenna)*.

direct-broadcast satellite service service de radiodiffusion directe par satellite *(cf. aussi direct broadcast satellite)*.

direct-broadcast service *cf.* direct-broadcast satellite service.

direct-broadcast system chaîne de radiodiffusion par satellite *(chaîne de télévision, en général) (cf. aussi direct-broadcast satellite)*.

direct broadcasting radiodiffusion directe *(TV, radio) (cf. aussi direct-broadcast satellite)*.

direct command guidance guidage par télécommande directe *(guidage par radio dans lequel le mobile reçoit les signaux émis du point de lancement sans qu'ils soient relayés en cours de trajet) (clpf) (mil, etc.) (cf. aussi radio guidance)*.

direct compatibility compatibilité directe *(possibilité pour un récepteur de télévision en noir et blanc de recevoir, en noir et blanc, des émission en couleurs) (cf. aussi compatibility (b))*.

direct control commande directe *(d'un dispositif ou d'un processus)*.

direct-coupled amplifier amplificateur à liaison directe *(nom parfois donné à un amplificateur à courant continu sans découpage ni stabilisation par découpage pour rappeler son type particulier de liaison) (cf. aussi direct coupling et dc amplifier)*.

direct-coupled transistor logic *cf.* DCTL.

direct coupling liaison directe, *(parf.)* liaison en courant continu *(liaison entre deux étages successifs assurée par un conducteur, une résistance ou une inductance) (transmet la composante continue du signal en plus de la composante alternative) (ne pas employer « couplage direct ») (amplificateur à courant continu, circuit logique, etc.) (cf. aussi stage coupling)*.

direct current courant continu *(courant unidirectionnel d'intensité constante ou, par extension, lentement variable) (cf. aussi unidirectional current)*.

direct-current ... *cf.* dc ...

direct dialling sélection directe *(composition, au cadran ou au clavier d'un poste téléphonique, du numéro de l'abonné demandé sans avoir à le faire précéder d'un préfixe) (cf. aussi dialling)*.

direct digital control commande de processus centralisée *(commande de plusieurs processus industriels par un ordinateur central travaillant en temps partagé) (inf) (cf. aussi process control 1) et time sharing)*.

direct-distance-dialled ... *cf.* DDD ...

direct distance dialling sélection automatique interurbaine *(dans un réseau téléphonique automatique public, appel d'un abonné desservi par un central autre que celui de l'abonné demandeur) (tls) (cf. aussi* dial-up telephone network, DDD network *et* dialling).

direct drive entraînement direct *(mode d'entraînement du plateau d'un tourne-disque ou des moyeux porte-bobine d'un appareil à bande magnétique dans lequel le plateau ou le moyeu est calé directement sur l'arbre du moteur) (le moteur, à courant continu et sans collecteur, est à rotation lente dans le premier cas et à régulation électronique de la vitesse) (hifi) (cf. aussi* record player *et* brushless dc motor).

direct drop-in replacement *cf.* pin-for-pin replacement.

direct E-beam ... *cf.* direct electron-beam ...

direct electron-beam slice writing *cf.* direct electron-beam writing.

direct electron-beam writing gravure directe (par faisceau d'électrons) *(fab. CI) (cf. aussi* direct writing).

direct frequency modulation modulation de fréquence directe *(procédé de modulation de fréquence dans lequel le signal à émettre est appliqué directement à l'oscillateur qui, de ce fait, ne peut être piloté par quartz) (modulateur d'émetteur FM) (cf. aussi* frequency modulation *et* crystal oscillator).

direct frequency synthesis synthèse de fréquence directe, synthèse directe *(synthèse de fréquence dans laquelle le signal à fréquence synthétisée est obtenu par combinaison de fréquences elles-mêmes obtenues en permanence par multiplication ou division de la fréquence du signal fourni par un oscillateur piloté par quartz) (en d'autres termes, le signal synthétisé est obtenu par une série d'opérations arithmétiques effectuées sur le signal fourni directement par un oscillateur à quartz) (cf. aussi* crystal oscillator, diode switching matrix *et* frequency synthesis).

direct frequency synthesis technique méthode de synthèse de fréquence directe *(ou* de synthèse directe), méthode directe, procédé *(idem) (cf. aussi* direct frequency synthesis).

direct frequency synthesizer synthétiseur de fréquence à synthèse directe, synthétiseur à synthèse directe *(cf. aussi* direct frequency synthesis).

direct-gap semiconductor semiconducteur à transitions directes *(semiconducteur dans lequel la valeur minimale des niveaux d'énergie de la bande de conduction est observée à la même valeur du vecteur d'onde que la valeur maximale des niveaux d'énergie de la bande de valence) (arséniure de gallium, etc.) (cf. aussi* energy gap, conduction band, valence band *et* wave vector).

direct Guillemin effect effet Guillemin direct *(effort de redressement apparaissant dans un barreau de métal ferromagnétique courbé placé dans un champ magnétique longitudinal) (magnétostriction) (cf. aussi* Guillemin effect).

direct-indicating instrument *cf.* direct-reading instrument.

direct input entrée directe *(entrée d'un signal sans passer par un atténuateur, etc.) (oscillo, etc.) (cf. aussi* input attenuator).

direct inward dialling (possibilité d')appel direct de l'extérieur *(possibilité d'appeler de l'extérieur un poste téléphonique d'une entreprise ou d'un organisme sans passer par le central de celle-ci ou celui-ci) (cf. aussi* direct outward dialling *et* dialling).

direct memory access accès direct à la mémoire *(mode d'utilisation de la mémoire centrale d'un ordinateur dans lequel un appareil périphérique peut introduire des informations dans celle-ci ou en extraire sans passer par l'unité centrale) (noter que dans ce concept, on considère que la mémoire centrale ne fait pas partie de l'unité centrale) (inf) (cf. aussi* cycle stealing, peripheral device *et* main memory).

direct memory addressing adressage direct (de la mémoire) *(inf) (cf. aussi* direct addressing).

direct modulation modulation dans l'étage final *(émetteur) (cf. aussi* modulation (a)).

direct numerical control *cf.* direct digital control.

direct output sortie directe *(sortie d'un signal sans passer par un atténuateur, etc.) (générateur de signaux, etc.).*

direct outward dialling (possibilité d')appel direct vers l'extérieur *(possibilité, pour l'utilisateur d'un poste téléphonique d'une entreprise ou d'un organisme, d'appeler un poste extérieur sans passer par le central de celle-ci ou celui-ci) (cf. aussi* direct inward dialling).

direct path **1)** chemin direct *(chemin électrique ou autre le plus court entre deux points déterminés) (CP, CI, tls, etc.) (cf. aussi* electrical path). **2)** trajet direct *(trajet d'un rayon direct) (propa) (cf. aussi* direct ray).

direct-path clutter fouillis direct, échos parasites directs *(échos radar parasites ayant suivi le trajet direct pour atteindre l'antenne du radar) (cf. aussi* clutter *et* direct path 2)).

direct-path signal signal à trajet direct *(signal ayant suivi le trajet direct pour atteindre le point de réception) (propa) (cf. aussi* direct path 2) *et* signal[1]).

direct pattern generation gravure sans masque ni réticule *(fabrication de circuits intégrés monolithiques par faisceau d'électrons dirigé) (cf. aussi* direct writing 1)).

direct pick-up **1)** émission en direct, émission de télévision en direct *(émission des signaux fournis directement par une caméra de télévision au fur et à mesure de la prise de vues) (sdpo à « émission en différé ») (cf. aussi* direct broadcast). **2)** réception directe *(des ondes émises par une source de rayonnement).*

direct piezoelectric effect effet piézoélectrique direct *(apparition d'une tension entre deux faces opposées d'un élément piézoélectrique soumis à une déformation dans un plan perpendiculaire à ces deux faces) (est utilisé dans des microphones, des têtes de lecture de tourne-disque, des capteurs de pression, etc.) (cf. aussi* piezoelectric effect).

direct pin-for-pin replacement *cf.* pin-for-pin replacement.

direct-radiator loudspeaker *(ou* **speaker***)* haut-parleur sans pavillon *(cf. aussi* loudspeaker).

direct-ranging phase tracker *(ou* **phase-tracking system***)* *cf.* direct-ranging receiver.

direct-ranging receiver récepteur à mesure directe *(récepteur de navigation hyperbolique dans lequel la distance du mobile par rapport au point de référence est calculée d'après la phase des signaux de plusieurs stations et non d'après la différence de phase des signaux de deux ou plusieurs paires de stations) (système Oméga, etc.) (cf. aussi* Omega system).

direct-ranging system *cf.* direct-ranging receiver.

direct ray rayon direct *(nom donné à l'onde directe dans la théorie de la propagation par rayon) (cf. aussi* direct wave *et* ray propagation theory).

direct-reading frequency meter fréquencemètre à lecture directe, fréquencemètre hyperfréquence *(idem) (noms parfois donnés à un fréquencemètre à cavité résonnante) (cf. aussi* cavity-resonator frequency meter).

direct-reading instrument appareil à lecture directe, appareil de mesure *(idem) (appareil de mesure indiquant directement la valeur de la grandeur mesurée, sans nécessiter aucune conversion d'échelle ou autre) (clpf, sauf pour les multimètres analogiques) (cf. aussi* measuring instrument *et* volt-ohm-milliammeter).

direct-reading meter *cf.* direct-reading instrument.

direct-readout time-domain reflectometry réflectométrie temporelle à lecture directe *(contrôle des lignes de transmission) (cf. aussi* time-domain reflectometry).

direct recombination recombinaison directe *(ou* de bande à bande) *(recombinaison d'une paire électron-trou par transition directe de l'électron de la bande de conduction à la bande de valence, sans passer par un état d'énergie intermédiaire situé dans la bande interdite) (semi) (cf. aussi* electron-hole pair recombination *et* energy band).

direct reflection réflexion spéculaire *(propa) (cf. aussi* specular reflection).

direct replacement *cf.* pin-for-pin replacement. *(dans le cas d'un composant enfichable).*

direct-routing system système sans enregistreur *(système de commutation téléphonique automatique électromécanique).*

direct semiconductor *cf.* direct-gap semiconductor.

direct-sensing pyrometer pyromètre à mesure directe *(pyromètre dans lequel l'élément sensible à la chaleur est en contact direct ou indirect avec le corps dont la température est à mesurer, le transfert de chaleur du corps à l'élément se faisant par conduction) (pyromètre à dilatation, pyromètre à résistance,* *pyromètre à thermocouple à mesure directe) (cf. aussi* resistance pyrometer, thermocouple pyrometer *et* pyrometer).

direct slice writing   *cf.* direct electron-beam writing.

direct-step ...   *cf.* direct-step-on-wafer ...

direct step-and-repeat   *cf.* direct-step-on-wafer.

direct step-and-repeat on wafer   *cf.* direct-step-on-wafer.

direct-step-on-wafer   projection à répétition, répétition, projection avec réticule *(fab. CI) (cf. aussi* step-and-repeat technique).

direct-step-on wafer ...   *cf.* step-and-repeat ...

direct sunlight readability   lisibilité en plein soleil *(afficheur, écran).*

direct synthesis   *cf.* direct frequency synthesis.

direct synthesis technique   *cf.* direct frequency synthesis technique.

direct synthesizer   *cf.* direct frequency synthesizer.

direct technique   *cf.* direct frequency synthesis technique.

direct television broadcast   émission de télévision directe *(cf. aussi* direct broadcast).

direct television broadcasting   émission directe de programmes de télévision *(cf. aussi* direct broadcast).

direct-to-home ...   *cf.* direct ...

direct transition   transition directe *(transition électronique de la bande de valence à la bande de conduction, après absorption d'un photon, sans émission ni absorption d'un phonon, ou inversement, de la bande de conduction à la bande de valence, par recombinaison) (cf. aussi* electron transition, energy band, photon *et* phonon).

direct TV ...   *cf.* direct television ...

direct-view black-and-white television   télévision en noir et blanc avec vision directe, *(etc.),* télévision monochrome *(idem) (cf. aussi* direct-view television).

direct-view color display tube   *cf.* direct-view color picture tube.

direct-view color picture tube   tube-image couleur à vision directe *(récepteur TVC) (cf. aussi* direct-view picture tube *et* color picture tube).

direct-view color receiver   *cf.* direct-view color television receiver.

direct-view color set   *cf.* direct-view color television receiver.

direct-view color television   (la) télévision en couleurs sur petit écran, *(etc.) (cf. aussi* direct-view television).

direct-view color television receiver   récepteur *(ou* poste) de télévision en couleurs à vision directe, récepteur *(ou* téléviseur) couleur à vision directe *(type classique) (cf. aussi* direct-view television receiver).

direct-view color television set   *cf.* direct-view color television receiver.

direct-view display   visualisation pour vision directe, *(etc.)* visualisation directe, *(idem), (parf.)* vision directe *(visualisation d'images de télévision sur l'écran d'un tube-image pour observation directe) (clpf) (sdpo à « visualisation par projection ») (cf. aussi* direct-view picture tube *et* projection display).

direct-view display tube   *cf.* direct-view picture tube.

direct-view image intensifier   intensificateur d'image à vision directe *(intensificateur d'image pour jumelles de nuit, etc.) (mil, etc.) (cf. aussi* image intensifier *et* night-vision goggles).

direct-view monochrome television   *cf.* direct-view black-and-white television.

direct-view picture tube   tube-image à vision directe *(tube-image de récepteur de télévision classique) (sdpo à « tube-image pour projection ») (cf. aussi* direct-view television *et* picture tube).

direct-view receiver   *cf.* direct-view television receiver.

direct-view set   *cf.* direct-view television receiver.

direct-view storage tube   tube à mémoire à vision directe, tube à entretien d'image *(tube à mémoire dans lequel l'information mémorisée est utilisée sous la forme d'une trace ou d'une image lumineuse apparaissant sur l'écran du tube) (type classique) (oscilloscope à mémoire, indicateur radar, indicateur sonar, etc.) (cf. aussi* storage tube).

direct-view television   (la) télévision sur petit écran *(ou* sur écran normal *ou* avec vision directe), (la) télévision classique *(télévision dans laquelle l'image formée sur l'écran du tube-image du récepteur est regardée directement sur celui-ci) (sdpo à « télévision sur grand écran ») (cf. aussi* projection television *et* picture tube).

direct-view television receiver   récepteur *(ou* poste) de télévision à vision directe, récepteur *(ou* téléviseur) à vision directe *(type classique) (cf. aussi* direct-view television).

direct-view television set   *cf.* direct-view television receiver.

direct-view tube   **1)** *cf.* direct-view picture tube. **2)** *cf.* direct-view storage tube.

direct-view TV ...   *cf.* direct-view television ...

direct viewing   vision directe, observation directe *(de l'image formée sur l'écran d'un tube cathodique) (TV, oscillo, etc.) (cf. aussi* direct-view television *et* direct-view storage tube).

direct-viewing ...   *cf.* direct-view ...

direct wave   onde directe *(onde radioélectrique ou acoustique se propageant en ligne droite du point d'émission au point de réception) (dans le cas d'une onde radioélectrique, l'onde directe est une des deux composantes de l'onde d'espace) (propa) (cf. aussi* space wave *et* direct ray).

direct Wiedemann effect   effet Wiedemann direct *(torsion d'un conducteur parcouru par un courant et placé dans un champ magnétique longitudinal) (effet de magnétostriction) (cf. aussi* Wiedemann effect).

direct write   *cf.* direct writing 1) .

direct-write E-beam   *cf.* direct-write electron beam. *(de même pour les termes dérivés).*

direct-write electron beam   faisceau d'électrons à gravure directe *(ou* de gravure directe) *(fab. CI) (cf. aussi* direct writing 1)).

direct-write electron-beam equipment   *cf.* direct-write electron-beam lithography machine.

direct-write electron-beam lithography   *cf.* direct writing 1).

direct-write electron-beam lithography machine   graveur à faisceau dirigé *(graveur de motifs conçu pour exécuter les opérations de gravure de circuits intégrés ou de masques de photogravure à l'aide d'un faisceau d'électrons dirigé) (cf. aussi* direct writing 1) *et* electron-beam lithography machine).

direct-write electrom-beam machine   *cf.* direct-write electron-beam lithography machine.

direct-write electron-beam system   *cf.* direct-write electron-beam lithography machine.

direct-write machine   *cf.* direct-write electron-beam lithography machine.

direct-write-on-wafer   *cf.* direct writing 1).

direct-write process   procédé à faisceau dirigé, méthode *(idem) (fab. CI). (cf. aussi* direct writing) 1).

direct-write system   *cf.* direct-write electron-beam machine.

direct-write technique   *cf.* direct-write process.

direct writing   **1)** gravure directe, gravure par faisceau d'électrons dirigé *(ou* par faisceau dirigé), gravure électronique dirigée, gravure à balayage *(termes génériques synonymes couvrant deux variantes d'un procédé de gravure d'un masque, d'un réticule ou d'une plaquette à gravure dans lequel un faisceau d'électrons extrêmement fin sensibilise aux endroits voulus la couche de vernis protecteur recouvrant la surface à graver, et ce en mode répétitif, sauf s'il s'agit d'un réticule) (cf. aussi* scanning electron-beam lithography, raster-scan electron-beam lithography, vector-scan electron-beam lithography, step-and-repeat process *et* resist). **2)** enregistrement par enregistreur galvanométrique *(cf. aussi* direct-writing recorder).

direct-writing ...   *cf.* direct-write ... *(pour les termes qui ne figurent pas ci-après).*

direct-writing galvanometer   galvanomètre d'enregistreur galvanométrique à plume *(cf. aussi* direct-writing recorder).

direct-writing lithography   *cf.* direct writing 1).

direct writing on wafer   *cf.* direct writing 1).

direct-writing oscillograph   *cf.* direct-writing recorder.

direct-writing oscillographic recorder   *cf.* direct-writing recorder.

direct-writing recorder   enregistreur galvanométrique (à plume) *(enregistreur graphique à défilement composé essentiellement d'un galvanomètre dont le cadre mobile porte un bras très léger muni d'une plume ou d'un stylet balayant transversalement une bande de papier entraînée à vitesse constante par un moteur électrique) (type classique) (cf. aussi* strip-chart recorder *et* galvanometer).

directed-beam display   visualisation à balayage cavalier *(tube cath) (terminal à écran, etc.) (cf. aussi* vector scanning).

directed-beam refresh rafraîchissement à balayage cavalier *(tube cath)* *(terminal à écran, etc.)* *(cf. aussi* refresh[2] *et* vector scanning*)*.

directed-energy weapon arme à faisceau d'énergie *(mil)* *(cf. aussi* beam weapon*)*.

directing aiguillage *(notamment action de diriger des signaux vers tel ou tel organe récepteur)* *(tls, etc.)*.

direction finder goniomètre *(radionav, mil, etc.)* *(cf. aussi* direction finding 1) *et* radio direction finder*)*.

direction-finder ... *cf.* DF ...

direction finding **1)** goniométrie *(mesure de l'angle formé par deux directions, généralement situées dans le plan horizontal)* *(cf. aussi* radio direction finding *et* radar direction finding*)*. **2)** détermination d'azimut, détection azimutale *(détermination de l'azimut d'une cible radar)* *(cf. aussi* azimuth*)*.

direction-finding station station radiogoniométrique *(ou de* radiogoniométrie*)*, station gonio *(fam)* *(a)* *station émettant des signaux radioélectriques utilisés par le pilote d'un aéronef pour déterminer son cap par rapport à la station ou utilisant les signaux émis par l'aéronef pour déterminer son cap et le transmettre au pilote par radio)* *(radionav)* *(cf. aussi* heading *et* radio navigation*)* ; *(b)* *radiogoniomètre utilisé pour déterminer, par triangulation, la position d'un émetteur radio de l'adversaire ou clandestin)* *(mil, etc.)* *(cf. aussi* radio direction finder*)*.

direction information **1)** information de direction *(goniométrie, navigation, etc.)* *(cf. aussi* direction finding*)*. **2)** information de sens *(capteur de déplacement, lever d'ambiguïté de position, etc.)* *(cf. aussi* position sensor *et* ambiguity resolution (a) *)*.

direction of magnetization sens d'aimantation *(aimant)* *(cf. aussi* magnetic polarity*)*.

direction of polarization direction de polarisation, polarisation *(onde électromagnétique)* *(cf. aussi* electromagnetic wave polarization*)*.

direction of propagation **1)** direction de propagation *(onde électromagnétique ou acoustique)* *(cf. aussi* propagation*)*. **2)** sens de propagation *(bulle magnétique, paquet de charges, etc.)* *(mémoire à bulles magnétiques, circuit à transfert de charges, etc.)* *(cf. aussi* magnetic bubble *et* CTD*)*.

direction of the current sens du courant *(cf. aussi* current direction*)*.

direction of the drive sens d'entraînement (de la bande) *(appareil à bande magnétique ou autre)*.

directional aerial *cf.* directional antenna.

directional antenna antenne directive *(antenne émettant ou recevant mieux dans une ou, parfois, deux directions que dans les autres)* *(en d'autres termes, antenne dont le gain est nettement plus grand dans une direction (ou, parfois, deux directions opposées) que dans les autres par suite de sa forme qui crée un diagramme de directivité présentant un lobe (ou, parfois, deux lobes opposés) nettement plus long que les autres)* *(cf. aussi* gain 2) *et* 3) *et* radiation pattern*)*.

directional beacon radiophare directionnel *(radiophare émettant des signaux dans des directions déterminées)* *(radionav)* *(cf. aussi* A-N radio range *(au début de la lettre A)* *et* radio beacon*)*.

directional beam faisceau dirigé *(faisceau étroit d'ondes radioélectriques ou acoustiques)* *(cf. aussi* beam[1] *et* wave*)*.

directional characteristic caractéristique de directivité *(courbe de réponse d'un microphone ou d'un hydrophone en fonction de la direction de l'onde acoustique incidente)* *(cf. aussi* directional characteristics, response curve *et* directivity (d) *)*.

directional characteristics caractéristiques de directivité *(ce terme, qui ne doit pas être confondu avec le précédent, a un sens beaucoup plus large et peut être utilisé pour n'importe quel transducteur directif)* *(cf. aussi* directivity*)*.

directional coupler coupleur directif *(dispositif de raccordement de deux lignes de transmission hyperfréquence ou optiques dans lequel un seul des deux sens de propagation des ondes électromagnétiques dans la ligne principale fait apparaître un signal aux bornes de la ligne secondaire)* *(il existe des coupleurs directifs pour guides d'ondes, pour câbles coaxiaux et pour fibres optiques)* *(cf. aussi* dual directional coupler, waveguide directional coupler *et* transmission line*)*.

directional coupling couplage directif *(couplage entre deux lignes de transmission réalisé par un coupleur directif)* *(hyper, fibres optiques)* *(cf. aussi* directional coupler*)*.

directional detector détecteur directif *(coupleur directif équipé d'un détecteur à cristal)* *(hyper)* *(cf. aussi* directional coupler *et* crystal detector 2) *)*.

directional effect effet directif *(réception ou émission d'ondes dans une direction privilégiée ou deux directions opposées privilégiées, ou transmission d'un signal dans un seul sens, par un dispositif)* *(cadre ou réflecteur d'antenne, pavillon de haut-parleur, etc.)*.

directional filter filtre de sens de transmission *(filtre séparant les signaux des deux sens de transmission dans un système à courants porteurs)* *(tél)* *(cf. aussi* carrier system*)*.

directional gain *cf.* directivity index.

directional hydrophone hydrophone directionnel *(hydrophone sensible aux ondes acoustiques arrivant suivant la direction de son axe)* *(sonar)* *(cf. aussi* hydrophone*)*.

directional jamming brouillage directif *(brouillage dans une direction privilégiée, opéré à l'aide d'un brouilleur excitant une antenne directive)* *(mil)* *(cf. aussi* jamming *et* directional antenna*)*.

directional loop cadre de radiogoniomètre *(antenne de radiogoniomètre)* *(radionav, mil, etc.)* *(cf. aussi* loop antenna *et* radio direction finder*)*.

directional measurement mesure de direction, relèvement *(radiogoniométrie)* *(radionav, mil, etc.)* *(cf. aussi* direction finding 1) *)*.

directional microphone microphone directionnel *(microphone sensible aux ondes sonores arrivant suivant son axe)* *(microphone unidirectionnel ou bidirectionnel)* *(cf. aussi* unidirectional microphone, bidirectional microphone *et* microphone*)*.

directional pattern *cf.* directivity pattern.

directional phase-shifter déphaseur directif *(déphaseur produisant un déphasage plus grand dans un sens de transmission que dans l'autre)* *(hyper)* *(cf. aussi* phase shifter*)*.

directional radio link liaison radio par faisceau hertzien *(tls)* *(cf. aussi* microwave radio*)*.

directional relay relais directionnel *(relais électromagnétique dont le fonctionnement est commandé par le sens du courant d'excitation)* *(terme générique couvrant le relais à retour de puissance et le relais polarisé)* *(cf. aussi* reverse-current relay, polarized relay *et* electromagnetic relay*)*.

directional response réponse directionnelle, réponse en direction *(variation de l'amplitude du signal de sortie d'un microphone ou d'un hydrophone en fonction de la direction des ondes acoustiques incidentes)* *(cf. aussi* directivity (d) *)*.

directional response pattern *cf.* directivity pattern.

directional transmit/receive antenna antenne d'émission-réception directive *(antenne de radar, antenne de faisceau hertzien, etc.)* *(cf. aussi* directional antenna*)*.

directionality *cf.* directivity.

directive ... *cf.* directional ...

directivity **1)** directivité *(notion de direction)* *(propriété d'un dispositif émettant ou recevant des ondes électromagnétiques ou acoustiques d'une manière privilégiée dans une ou plusieurs directions ou grandeur exprimant cette propriété)* *(antenne d'émission, écouteur, haut-parleur, projecteur sonar, pour la directivité d'émission)* *(antenne de réception, microphone, hydrophone, pour la directivité de réception)* *(a)* *la directivité d'une antenne d'émission, exprimée sous la forme d'une grandeur, est le quotient de l'intensité du rayonnement électromagnétique produit dans la direction de rayonnement maximal par la valeur moyenne de l'intensité du rayonnement produit dans les autres directions)* *(c'est aussi le quotient du gain de l'antenne dans la direction de rayonnement maximal par le gain moyen dans les autres directions)* *(cf. aussi* transmitting antenna *et* gain 2) *)* ; *(b)* *la directivité d'une antenne de réception, exprimée sous la forme d'une grandeur, est le quotient de la puissance (en pratique, la tension) recueillie à ses bornes pour une onde radioélectrique déterminée arrivant dans la direction de sensibilité maximale par la valeur moyenne de la puissance recueillie pour la même onde arrivant dans les autres directions)* *(c'est aussi le quotient du gain de l'antenne dans la direction de sensibilité maximale par le gain moyen dans les autres directions)* *(cf. aussi* receiving antenna *et* gain 3) ; *(c)* *la directivité d'un transducteur élec-*

troacoustique émetteur, exprimée sous la forme d'une grandeur, est le quotient de la pression acoustique produite dans la direction de rayonnement maximal par la valeur moyenne de la pression acoustique produite dans les autres directions) (écouteur, haut-parleur, projecteur sonar) (cf. aussi electroacoustic transducer et sound pressure) ; (d) la directivité d'un transducteur électroacoustique récepteur, exprimée sous la forme d'une grandeur, est le quotient de la tension recueillie à ses bornes pour une onde acoustique déterminée arrivant dans la direction de sensibilité maximale par la valeur moyenne de la tension recueillie pour la même onde arrivant dans les autres directions) (microphone, hydrophone) (idem (c)).**2)** (notion de sens) (propriété d'un coupleur directif) (hyper) (cf. aussi directional coupler).

directivity diagram cf. directivity pattern.

directivity factor facteur de directivité (grandeur représentant la directivité d'un transducteur électroacoustique, c.-à-d. nombre exprimant celle-ci) (cf. aussi directivity (c) et (d)).

directivity gain gain (d'une antenne directive) (cf. aussi gain 2) et) 3).

directivity index indice de directivité (facteur de directivité exprimé en décibels) (acou) (cf. aussi directivity factor et decibel).

directivity pattern diagramme de directivité, diagramme directionnel (ces termes peuvent être employés aussi bien pour un dispositif récepteur — antenne de réception, microphone, hydrophone — que pour un dispositif émetteur — antenne d'émission, haut-parleur, écouteur, projecteur sonar —, tandis que le terme « diagramme de rayonnement » ne doit, en principe, être employé que pour un dispositif émetteur) (cf. aussi radiation pattern).

directivity signal signal par manque de directivité (signal apparaissant aux bornes de la ligne secondaire d'un coupleur directif et dû au fait que la directivité de celui-ci n'est pas totale) (hyper) (cf. aussi directional coupler).

directly coupled ... cf. direct-coupled ...

directly earthed cf. directly grounded.

directly grounded mis(e) directement à la masse (parf. à la terre) (point ou borne d'un circuit ou borne d'un appareil) (cf. aussi ground[1]).

directly heated cathode cathode à chauffage direct (cathode chaude constituée par le filament chauffant lui-même) (le filament est en tungstène ou en tungstène thorié) (cf. aussi hot cathode et thoriated tungsten filament).

directly viewed incandescent display afficheur à incandescence à filaments visibles (cf. aussi incandescent display).

director directeur, brin directeur (brin parasite disposé avec d'autres devant un dipôle d'antenne de réception du type Yagi pour augmenter sa directivité en privilégiant les ondes arrivant dans cette direction) (cf. aussi parasitic element, Yagi antenna et directivity (a), (b)).

directory annuaire (téléphonique ou autre) (cf. aussi telephone directory).

directory number numéro indiqué dans l'annuaire, numéro d'abonné (tél) (cf. aussi directory).

disable v **1)** mettre hors service, rendre inutilisable (sens fondamental). **2)** mettre hors circuit (un étage ou un appareil) (cf. aussi turn-off). **3)** invalider, (parf.) interdire (empêcher une porte logique de laisser passer une impulsion malgré que les conditions d'état logique de ses entrées soient remplies) (inf) (cf. aussi logic gate).

disabled (cf. aussi disable) **1)** hors service. **2)** hors circuit. **3)** invalidé(e).

disabled gate porte invalidée (porte logique) (inf) (cf. aussi disable 3)).

disc (GB) cf. disk. (de même pour les termes dérivés).

discharge décharge (disparition plus ou moins rapide d'une charge électrique) (décharge électrique, décharge d'un condensateur ou décharge d'un accumulateur) (Nota : en principe, on ne doit pas parler de décharge pour une pile électrique, sauf s'il s'agit d'une pile rechargeable) (une pile ordinaire « s'épuise » ou « se vide » (fam)) (cf. aussi electric discharge et capacitor discharge).

discharge capacitor condensateur pour circuit à décharges, condensateur à décharges, condensateur pour impulsions (condensateur pour allumage à transistor, pour essais d'isolants, etc.) (cf. aussi capacitor et electric discharge).

discharge circuit **1)** circuit de décharge (circuit dans lequel circule le courant produit par la décharge d'un condensateur ou d'un accumulateur) (cf. aussi discharge et current). **2)** circuit à décharges (circuit dans lequel circule le courant fourni par un condensateur à décharges) (cf. aussi discharge capacitor).

discharge current **1)** (parf. intensité du) courant de décharge (condensateur, accu). **2)** (parf. intensité du) courant dans la décharge (décharge électrique) (cf. aussi electric discharge).

discharge lamp lampe à décharge (tg) (lampe électrique dans laquelle la lumière est produite par une décharge électrique dans un gaz ou une vapeur métallique) (lampe au néon, tube au néon, lampe à vapeur de mercure, lampe à vapeur de sodium, lampe flash, lampe à arc dans l'air, l'azote ou l'argon, lampe à arc au xénon, etc.) (voir ces termes en anglais) (cf. aussi electric discharge et electric lamp).

discharge rate vitesse de décharge (condensateur, accu) (cf. aussi discharge).

discharge regime régime de décharge (régime continu ou intermittent) (cf. aussi discharge).

discharge tube tube à décharge (à basse pression) (tube électronique à cathode froide contenant un gaz à très basse pression dans lequel une décharge lumineuse est produite par ionisation des atomes du gaz résiduel entre la cathode disposée à une extrémité du tube et l'anode disposée à l'autre extrémité) (est caractérisé par la présence de zones particulières se succédant de la cathode à l'anode) (tube de Crookes, tube de Geisler, etc.) (cf. aussi glow discharge, Townsend discharge, Crookes tube et Geissler tube).

discone aerial (GB) cf. discone antenna.

discone antenna antenne discône (antenne biconique dans laquelle l'angle au sommet du cône supérieur est porté à 180° pour obtenir un disque placé au sommet du cône inférieur) (antenne d'émission) (cf. aussi biconical antenna).

disconnect v déconnecter, (parf.) débrancher (appareil, composant, circuit) (cf. aussi turn off 1) et connect).

disconnect a call v couper une communication (téléphonique) (opératrice de central téléphonique) (cf. aussi telephone call 1)).

disconnect relay relais de mise hors circuit, relais de coupure. (relais ayant au moins un contact de repos et celui-ci étant effectivement utilisé) (cf. aussi relay[1] (a) et break contact).

disconnection mise hors circuit, (parf.) débranchement (cf. aussi disconnect).

discontinuous amplifier amplificateur par tout ou rien (relais, thyratron, thyristor, etc.) (voir ces termes en anglais) (cf. aussi amplifier).

discotheque dancing sans orchestre (dancing, aux États-Unis, où l'on danse au son de la musique enregistrée sur des disques) (le terme français « discothèque » se dit « record library » en anglais).

discrete[1] a discret, discrète (valeur discrète, composant discret, etc.)

discrete[2] s cf. discrete component.

discrete active component composant actif discret (cf. aussi discrete component et active component).

discrete active device cf. discrete active component.

discrete-address beacon system cf. DABS.

discrete amplifier amplificateur discret (ou à composants discrets) (cf. aussi amplifier et discrete version).

discrete bipolar cf. discrete bipolar transistor.

discrete bipolar transistor transistor bipolaire discret (cf. aussi discrete transistor et bipolar transistor).

discrete capacitor condensateur discret (condensateur réalisé sous la forme d'un composant discret) (cf. aussi capacitor et discrete component).

discrete circuit cf. discrete-component circuit.

discrete circuitry cf. discrete-component circuitry.

discrete component composant discret (composant électronique monté et connecté individuellement sur un châssis, une carte à circuit imprimé ou un circuit hybride, et donc dissociable du reste du circuit) (sdpo à « composant intégré ») (résistance, condensateur, diode, transistor, etc.) (cf. aussi electronic component).

discrete-component circuit circuit à composants discrets *(circuit réalisé à l'aide de composants discrets) (cf. aussi* discrete component).

discrete-component circuitry circuits à composants discrets *(cf. aussi* discrete-component circuit *et* circuitry).

discrete-component microcircuit microcircuit à composants discrets *(autre nom, peu employé, des circuits hybrides car ceux-ci comprennent généralement des composants intégrés en plus de composants discrets) (cf. aussi* discrete component *et* hybrid integrated circuit).

discrete device *cf.* discrete component.

discrete element *cf.* discrete component.

discrete FET *cf.* discrete field-effect transistor.

discrete field-effect transistor transistor à effet de champ discret, TEC discret, FET discret *(transistor à effet de champ réalisé sous la forme d'un composant discret) (cf. aussi* field-effect transistor *et* discrete component).

discrete filter filtre discret, filtre à composants discrets *(cf. aussi* filter[1] *et* discrete version).

discrete Fourier transform transformée de Fourier discrète *(transformée de Fourier calculée par un calculateur numérique) (cf. aussi* Fourier transform *et* digital computer).

discrete frequency fréquence discrète (a) *fréquence considérée isolément dans un spectre de fréquences) (cf. aussi* frequency spectrum) ; (b) *fréquence obtenue par variation discontinue de la fréquence d'un oscillateur ou d'un générateur de signaux) (oscillateur ou émetteur à sauts de fréquence, synthétiseur de fréquences).*

discrete GaAs FET *cf.* discrete gallium-arsenide field-effect transistor.

discrete gallium-arsenide field-effect transistor transistor à effet de champ à l'arséniure de gallium discret *(terme à employer lorsque l'accent est mis sur « gallium-arsenide field-effect transistor »*, transistor discret à effet de champ à l'arséniure de gallium *(terme à employer lorsque l'accent est mis sur « discrete »)*, TEC GaAs discret, FET GaAs discret *(cf. aussi* discrete component *et* GaAs FET).

discrete measurements mesures discrètes *(mesures effectuées à des valeurs discrètes d'une grandeur variable dont dépendent les résultats des mesures) (relevé d'une courbe de réponse, etc.) (cf. aussi* discrete value (b) *et* mesurement).

discrete metal-film resistor résistance à couche métallique discrète *(terme à employer lorsque l'accent est mis sur « metal-film »)*, résistance discrète à couche métallique *(terme à employer lorsque l'accent est mis sur « discrete ») (cf. aussi* discrete component *et* metal-film resistor).

discrete MOS *cf.* discrete MOS transistor.

discrete MOS component *cf.* discrete MOS transistor.

discrete MOS device *cf.* discrete MOS transistor.

discrete MOS part *cf.* discrete MOS transistor.

discrete MOS transistor transistor MOS discret *(transistor MOS réalisé sous la forme d'un composant discret, c.-à-d. transistor MOS de puissance) (cf. aussi* discrete component *et* power MOS transistor).

discrete MOSFET *cf.* discrete MOS transistor.

discrete MOSFET device *cf.* discrete MOS transistor.

discrete MOST *cf.* discrete MOS transistor.

discrete op amp *cf.* discrete operational amplifier.

discrete operational amplifier amplificateur opérationnel discret *(ou* à composants discrets) *(cf. aussi* operational amplifier *et* discrete version).

discrete package boîtier discret *(boîtier contenant un seul composant) (cf. aussi* package[1] 1)).

discrete packaging encapsulation discrète *(encapsulation avec emploi de boîtiers discrets) (cf. aussi* packaging 1) *et* discrete package).

discrete part *cf.* discrete component.

discrete passive component composant passif discret *(composant passif réalisé sous la forme d'un composant discret) (cf. aussi* discrete component *et* passive component).

discrete passive device *cf.* discrete passive component.

discrete power component composant de puissance discret *(composant de puissance réalisé sous la forme d'un composant discret) (cas général) (cf. aussi* discrete component, power component *et* integrated power component).

discrete power device *cf.* discrete power component.

discrete power transistor transistor de puissance discret *(transistor de puissance réalisé sous la forme d'un composant discret) (cas général) (cf. aussi* discrete component *et* power transistor).

discrete representation représentation discrète *(représentation des variations d'une grandeur par des valeurs discrètes de son amplitude, c.-à-d., généralement, représentation d'un signal analogique par des valeurs échantillonnées) (numérisation, etc.) (cf. aussi* sampling).

discrete resistor résistance discrète *(résistance réalisée sous la forme d'un composant discret) (cf. aussi* discrete component *et* resistor).

discrete semiconductor *cf.* discrete semiconductor device.

discrete semiconductor device composant à semiconducteur discret, semistor discret *(composant à semiconducteur réalisé sous la forme d'un composant discret) (cf. aussi* discrete component *et* semiconductor device).

discrete signal signal discret *(signal constitué par une impulsion) (cf. aussi* signal[1] *et* pulse[1]).

discrete steps paliers *(de variation) (cf. aussi* step 1)).

discrete transistor transistor discret *(transistor réalisé sous la forme d'un composant discret) (cf. aussi* discrete component *et* transistor).

discrete value *(cf. aussi* variable quantity) valeur discrète (a) *valeur d'une grandeur variable considérée isolément dans l'intervalle de variation de cette grandeur) ;* (b) *valeur d'une grandeur variable séparée de la valeur immédiatement inférieure ou supérieure par un intervalle de largeur finie) (tension, fréquence, résistance, etc.) (cf. aussi* discrete measurements).

discrete variable variable discrète *(grandeur variable ne pouvant prendre que des valeurs discrètes) (cf. aussi* variable quantity *et* discrete value (b)).

discrete version version discrète, version à composants discrets *(version d'un montage réalisée à l'aide de composants discrets) (ampli, filtre, etc.) (cf. aussi* arrangement 1), discrete component *et* integrated version).

discrete wire fil discret, conducteur discret *(fil électrique non solidaire d'autres fils) (sdpo à « fil de câble plat ») (cf. aussi* wire[1] *et* flat cable).

discrete word intelligibility articulation des mots isolés *(essais de transmission téléphonique).*

discretionary wiring interconnexion sélective *(dans l'intégration sur la plaquette, interconnexion des modules non défectueux à l'aide d'une couche de métallisation gravée au moyen d'un masque de gravure fabriqué en conséquence) (le coût élevé du masque différent d'une plaquette à l'autre a fait abandonner ce procédé d'interconnexion qui est remplacé par le claquage de fusibles commandé par une logique appropriée incorporée aux circuits de la plaquette pour mettre automatiquement hors circuit les modules redondants défectueux) (CI) (cf. aussi* wafer-scale integration, metallization layer, mask 2), fuse link, logic (b) *et* redundancy (a)).

discriminate against *v* défavoriser *(des fréquences, des signaux parasites, etc.) (ampli. sélectif, filtre, etc.).*

discrimination discrimination (a) *séparation de signaux, notamment dans un récepteur) ;* (b) *conversion de variations de fréquence en variations de tension) (récepteur FM) (cf. aussi* frequency discriminator) ; (c) *cf.* resolution 6)).

discriminator discriminateur *(tg) (montage fournissant un signal dont la polarité et l'amplitude dépendent respectivement du signe et de la valeur de la différence entre le signal appliqué à son entrée et une valeur ou un signal de référence) (noter que cette définition couvre tant le discriminateur de fréquence que le comparateur de phase) (en l'absence de qualificatif, le terme « discriminator » désigne généralement un discriminateur de fréquence) (cf. aussi* frequency discriminator *et* phase detector).

discriminator transformer transformateur de discriminateur (de fréquence) *(transformateur de liaison) (cf. aussi* frequency discriminator).

discs *(GB) cf.* disks.

disengage *v* libérer *(un circuit en le déconnectant) (notamment un circuit téléphonique par une commutation dans un central) (cf. aussi* release[1] 1) *et* telephone switching).

dish *cf.* parabolic reflector.

dish aerial *cf.* dish antenna.

dish antenna antenne à réflecteur parabolique *(antenne à haute directivité) (radar, faisceau hz) (cf. aussi* parabolic reflector, directivity (a) *et* (b) *et* antenna).

dish reflector *cf.* dish.

dished antenna *cf.* dish antenna.

dished electrode électrode en cuvette *(tube) (cf. aussi* electrode *et* depressed collector).

disjunction disjonction *(inf) (cf. aussi* exclusive OR).

disk *(USA)* disque, disque d'enregistrement *(disque phonographique, disque magnétique ou disque optique) (noter que le terme anglais est rarement employé pour désigner un disque phonographique ordinaire) (cf. aussi* phonograph record, long-play record, Compact-Disc, magnetic disk, optical disk *et* disk drive).

disk access time temps d'accès au disque *(mémoire à disque) (inf) (cf. aussi* access time *et* disk memory).

disk array *cf.* disk stack.

disk-based mémorisé(e)(s) sur disque(s), stocké *(idem), (parf.) à disque(s) (programme, informations, mémoire) (cf. aussi* disk memory).

disk cache cache disque *f (mémoire cache de disque) (cf. aussi* software cache, hardware cache *et* cache memory).

disk caching emploi d'une cache disque *(cf. aussi* disk cache).

disk capacitor condensateur bouton, condensateur disque *(condensateur céramique miniature ayant la forme d'un disque à faces planes ou bombées) (cf. aussi* ceramic capacitor).

disk capacity capacité du disque *(parf.* d'un disque) *(capacité de mémorisation d'un disque de mémoire à disque(s)) (inf) (cf. aussi* memory capacity *et* disk memory).

disk cartridge cartouche à disque (magnétique) *(boîtier interchangeable en plastique contenant un disque magnétique de mémoire à un ou deux disques rigides) (inf) (cf. aussi* hard disk memory *et* disk pack).

disk ceramic capacitor *cf.* disk capacitor.

disk changer changeur de disques *(dispositif assurant automatiquement le changement du disque après lecture d'une face dans certains tourne-disques) (cf. aussi* record player).

disk control *cf.* disk-memory control.

disk control unit *cf.* disk-memory controller.

disk controller *cf.* disk-memory controller.

disk data storage mémorisation d'informations sur disque(s) *(inf) (cf. aussi* disk memory).

disk drive *cf.* disk memory *(bien que « disk drive » soit le plus employé, je renvoie au seul terme correct).*

disk-drive controller *cf.* disk-memory controller.

disk-drive maker *cf.* disk-drive manufacturer.

disk-drive manufacturer constructeur de mémoires à disque(s) *(cf. aussi* disk drive).

disk-drive supplier *cf.* disk-drive manufacturer.

disk-drive unit *cf.* disk drive.

disk-drive vendor *cf.* disk-drive manufacturer.

disk error erreur due au disque *(erreur de lecture d'informations sur un disque magnétique ou optique due à un défaut de celui-ci) (ce terme s'applique généralement à un disque magnétique) (inf, etc.) (cf. aussi* read error *et* disk memory).

disk file 1) fichier sur disque(s) *(cf. aussi* file[1] *et* disk memory) *(inf).* 2) *cf.* disk memory.

disk handler *cf.* disk memory.

disk jokey animateur de programme de disques *(studio de radiodiffusion).*

disk memory mémoire à disque(s) *(mémoire à défilement dans laquelle le support d'information est une couche à propriétés magnétiques ou optiques portée par une ou les deux faces d'un ou plusieurs disques tournant à grande vitesse devant une ou plusieurs têtes d'enregistrement et de lecture) (noter que dans le cas général, les pistes formées sur une face du disque pour les informations à enregistrer sont des circonférences concentriques, donc distinctes, et non les spires d'une spirale) (noter en outre que contrairement à un dérouleur de bande magnétique classique, l'enregistrement des mots binaires sur une face du disque se fait sur une seule piste à la fois et qu'il est donc du type série, ce qui nécessite l'emploi d'un sérialiseur pour la lecture et d'un désérialiseur pour*

l'écriture, les deux fonctions étant remplies alternativement par le même dispositif dans le cas général d'une tête de lecture et écriture) (cf. aussi disk drive, disk unit, magnetic-disk memory, optical-disk memory, sectoring, parallel-to-serial converter, serial-to-parallel converter *et* moving-medium memory).

disk-memory controller régisseur de mémoire à disque(s), régisseur de disque(s) *(régisseur commandant le fonctionnement d'une mémoire à disque(s) (ne pas employer « contrôleur de disques » (inf) (cf. aussi* controller 1) *et* disk memory).

disk operating system système d'exploitation à disques *(système d'exploitation conçu pour être utilisé avec un ou plusieurs disques magnétiques) (clpf) (inf) (cf. aussi* operating system).

disk-oriented computer ordinateur à disque(s) *(ordinateur utilisant un ou plusieurs disques magnétiques comme mémoire auxiliaire rapide) (inf) (cas général) (cf. aussi* computer 2), magnetic disk *et* auxiliary storage).

disk pack chargeur (à disques magnétiques) *(groupe de disques magnétiques rigides superposés le long d'un arbre vertical et protégés par un capot cylindrique transparent et amovible muni d'une poignée) (se met en place quasi-instantanément sur une mémoire à disques rigides) (inf) (cf. aussi* hard-disk memory *et* disk cartridge).

disk-pack drive mémoire à disques en chargeur *(inf) (cf. aussi* disk pack).

disk player tourne-disque *(cf. aussi* record player).

disk pressing pressage des disques *(cf. aussi* pressing 1)).

disk record (un) enregistrement sur disque *(informations enregistrées sur un disque) (cf. aussi* information *et* disk).

disk recorder table de gravure (mécanique) *(enregistreur utilisé dans un studio d'enregistrement pour l'enregistrement de sons sur un disque original classique) (cf. aussi* recording disk *et* master recorder).

disk recording (l')enregistrement sur disque *(cf. aussi* disk, recording *et* disk recorder).

disk-resonator filter filtre à disque résonnant *(type de filtre de voie téléphonique) (cf. aussi* channel filter).

disk-seal tube tube phare, lampe phare *(tube triode pour hyperfréquences dans lequel la partie active de la cathode, la grille et la partie active de l'anode ont la forme d'un disque, la cathode et l'anode étant très près de la grille chacune de son côté pour réduire le temps de transit des électrons) (cf. aussi* triode tube, microwave *et* transit time (a) *et* explications).

disk stack pile de disques *(groupe de disques d'un chargeur à disques magnétiques) (mémoire à disques) (cf. aussi* disk pack).

disk storage 1) mémorisation sur disque(s) *(inf) (cf. aussi* disk memory). 2) *cf.* disk memory.

disk-storage controller *cf.* disk-memory controller.

disk-storage unit *cf.* disk memory.

disk track piste de disque *(circonférence ou, parfois, spirale sur une face d'un disque magnétique ou optique le long de laquelle sont enregistrées des informations, généralement sous forme de signaux numériques) (est l'équivalent d'un sillon de disque microsillon) (inf, vidéo, etc.) (cf. aussi* track density, linear bit density *et* disk memory).

disk unit unité de disques *(terme impropre calqué sur l'anglais et souvent employé pour désigner une mémoire à disques magnétiques rigides) (inf) (cf. aussi* hard-disk memory).

disk-wire filter *cf.* disk-resonator filter.

diskette disquette *(mémoire à disque magnétique) (inf) (cf. aussi* floppy disk).

diskette recording enregistrement sur disquette(s) *(inf) (cf. aussi* floppy disk).

disks 1) (les) disques *(audio, vidéo ou magnétiques) (cf. aussi* disk). 2) les mémoires à disques *(inf) cf. aussi* disk memory).

DISP *cf.* display[1].

dispenser lance-leurres *(mil) (cf. aussi* chaff dispenser *et* flare dispenser).

dispenser cathode cathode à diffusion, cathode de L, cathode de Lemmens *(du nom de l'inventeur) (cathode chaude formée d'une enceinte en tungstène fritté contenant une réserve de carbonates alcalino-terreux formant à haute température des* oxydes alcalino-terreux à faible travail de sortie qui traversent la paroi poreuse de l'enceinte et recouvrent celle-ci en émettant des électrons avec épuisement progressif de la réserve) (cathode de tube de grande puissance, notamment en hyperfréquences) (cf. aussi hot cathode et work function).

dispersal diffusion (d'informations, etc.) (cf. aussi broadcasting).

disperse v 1) disperser (sens usuel). 2) diffuser (des informations) (cf. aussi broadcasting). 3) décomposer (une onde complexe en ses fréquences composantes) (décomposition de la lumière par un prisme, etc.) cf. aussi non-sinusoidal wave).

dispersion (cf. aussi disperse) 1) dispersion. 2) diffusion. 3) décomposition.

dispersion time temps de dispersion, temps d'expansion (durée d'une impulsion émise par un radar à compression d'impulsions) (cf. aussi chirp radar).

dispersive delay line ligne à retard dispersive, ligne dispersive (ligne à retard introduisant un retard proportionnel à la fréquence des impulsions appliquées à son entrée) (une ligne à retard dispersive est un milieu dispersif artificiel à grande dispersion) (radar, etc.) (cf. aussi dispersive medium, delay line, expansion filter et compression filter).

dispersive filter cf. dispersive delay line.

dispersive line cf. dispersive delay line.

dispersive medium milieu dispersif (milieu dans lequel la vitesse de phase d'une onde sinusoïdale est fonction de la fréquence correspondant à la longueur de l'onde) (il en résulte que si l'onde n'est pas sinusoïdale, ses différentes composantes subissent des déphasages différents) (tous les milieux matériels sont plus ou moins dispersifs) (cf. aussi phase velocity, sine wave, wavelength, non-sinusoidal wave, group delay, material medium et non-dispersive medium).

displacement déplacement (a) (sens usuel) ; (b) cf. aussi electric displacement).

displacement current courant de déplacement, courant diélectrique (vitesse de variation de la densité de flux électrique dans un diélectrique soumis à un champ électrique variable, c.-à-d. à une tension alternative dans le cas général) (cette notion, introduite par Maxwell dans sa théorie du champ électromagnétique, ne correspond pas à un véritable courant électrique puisqu'il n'y a pas de déplacement de charges électriques malgré l'emploi du terme « déplacement », ce qui peut prêter à confusion) (cf. aussi electric displacement, dielectric[1] et electric current).

displacement gage (USA) cf. displacement transducer.

displacement gauge (GB) cf. displacement transducer.

displacement transducer capteur de déplacement (asser, etc.) (cf. aussi position sensor).

display[1] s 1) présentation d'informations (sous forme visuelle, tactile ou audible) (terme utilisable dans tous les cas, notamment les deux suivants) (cf. aussi analog display, numerical display, alphanumeric display, active display, passive display, spectral display, video display, video monitor, rectangular display, polar display, readout et information). 2) affichage (sur afficheur ou sur présenteur) (terme utilisable principalement pour des caractères alphabétiques ou numériques ou des symboles) (voir aussi 4) ci-après). 3) visualisation (terme utilisable principalement pour les courbes ou des signaux) (s'emploie surtout pour les appareils à écran cathodique). 4) dispositif de présentation d'informations (terme générique couvrant les deux suivants). 5) afficheur (dispositif permettant de présenter des informations sous forme de caractères alphanumériques ou de symboles, lumineux ou non) (afficheur à diodes lumineuses, à cristaux liquides, etc.) (cf. aussi display panel). 6) présenteur (d'informations) (terme que j'ai proposé), visuel s (tg) (dispositif permettant de présenter des informations sous une forme quelconque) (tube cathodique, panneau afficheur, etc.) (oscillo, radar, terminal informatique, etc.) (cf. aussi video monitor et display panel). 7) cf. trace[1] 1).

display[2] v (voir aussi display[1]) 1) présenter. 2) afficher. 3) visualiser.

display area aire de présentation, (etc.) (aire d'une surface de présentation) (cf. aussi display surface).

display capability possibilités de présentation, (etc.) (parf. au

singulier) (grossissement, défilement, etc.) (cf. aussi display[1] 1) et capability).

display cathode-ray tube tube cathodique de visualisation, (etc.) (tube cathodique d'oscilloscope, d'indicateur radar ou sonar, de télévision, de terminal à écran, etc.). (cf. aussi display[1] 1) et cathode-ray tube).

display console pupitre de présentation, (etc.) (ne pas employer « console de ... ») (pupitre équipé d'un présenteur vidéo) (radar, sonar, etc.) (cf. aussi display[1] 1 et video monitor).

display control cf. CRT control.

display controller cf. CRT controller.

display controller chip cf. CRT controller chip.

display CRT cf. display cathode-ray tube.

display device cf. display[1] 4).

display drive commande d'affichage (ou d'afficheur(s)), attaque d'afficheur(s) (commande de l'excitation des électrodes d'un ou plusieurs afficheurs alphanumériques pour former des caractères ou des symboles, ou d'un panneau afficheur pour présenter des informations sous une forme quelconque) (cf. aussi display[1] 4)).

display drive logic logique de commande d'affichage (ou d'afficheur), logique d'affichage (idem), logique d'attaque d'afficheur (cf. aussi display drive et logic (b)).

display driver attaqueur d'afficheur, circuit de commande d'afficheur, pilote d'afficheur, circuit d'affichage (circuit logique) (cf. aussi display drive).

display driving cf. display drive.

display electronics électronique sf d'affichage (ensemble des circuits électroniques associés à un afficheur pour commander son fonctionnement) (cf. aussi display drive).

display equipment matériel de présentation optique, matériel d'affichage et visualisation (afficheurs et présenteurs) (cf. aussi display[1] 4).

display highlighting intensification de brillance (ou de luminance) (tube cath) (oscillo, indicateur radar, etc.).

display integration cf. trace integration.

display memory mémoire vidéo (cf. aussi video memory).

display mode mode de présentation, (etc.) (a) (mode de formation de caractères, symboles, courbes ou dessins sur un afficheur ou un présenteur : par points, par segments ou par trait continu). (cf. aussi display[1] 1) et 4)) ; (b) (cf. aussi horizontal display mode et vertical display mode).

display module module d'affichage (ou afficheur), afficheur élémentaire (ou monocaractère) (afficheur dont on dispose autant d'exemplaires l'un à côté de l'autre que le nombre à afficher comprend de chiffres) (cf. aussi display[1] 5) et module (a)).

display monitor présenteur vidéo (cf. aussi video monitor).

display panel panneau afficheur, écran (d'affichage) (dispositif à surface antérieure plane transparente sur laquelle une information graphique quelconque, lumineuse ou non, peut être formée, généralement par une suite de points contigus, à l'aide d'impulsions électriques appliquées à deux réseaux orthogonaux d'électrodes parallèles disposés de part et d'autre d'un milieu devenant lumineux ou changeant de couleur au point de croisement des deux électrodes excitées, sous l'effet du champ électrique créé entre celles-ci) (cf. aussi plasma panel, LCD panel, electroluminescent panel, matrix display 2) et segment-type display 2)).

display polarity polarité de la trace (sens d'une impulsion sur l'écran d'un oscilloscope : au-dessus ou au-dessous de l'axe x, c.-à-d. présentation positive ou négative de l'impulsion) (cf. aussi oscilloscope display).

display primaries (les) primaires reproduites (nom parfois donné aux couleurs primaires au niveau de leur synthèse dans un récepteur de télévision en couleurs) (cf. aussi primary color).

display pulse impulsion de commande d'affichage (cf. aussi display pulse).

display refresh memory mémoire de rafraîchissement d'écran (terminal à écran, etc.) (cf. aussi refresh memory).

display retention conservation de la trace (parf. de l'image) (sur l'écran d'un tube cathodique à mémoire) (oscillo, etc.) (cf. aussi storage cathode-ray tube).

display retention time temps de conservation de la trace, *(etc.)* *(cf. aussi* display retention).

display scan converter tube tube convertisseur analyseur, tube à mémoire analyseur *(tube convertisseur de balayage utilisé pour convertir les signaux fournis par un récepteur de radar en signaux de télévision pour les visualiser sur un écran de télévision à haute définition pour faciliter l'observation des informations radar) (régie de la navigation aérienne, etc.) (cf. aussi* scan converter).

display screen écran de présentation, *(etc.)* écran vidéo *(écran de tube cathodique d'oscilloscope, d'indicateur radar ou sonar, de récepteur de télévision, de terminal informatique, etc.) (dans le cas d'un indicateur radar ou sonar, on préfère souvent le terme « écran de présentation des informations ») (cf. aussi* cathode-ray tube *et* display[1] 1).

display storage tube *cf.* direct-view storage tube.

display string réglette d'affichage *(afficheur à plusieurs caractères) (cf. aussi* display[1] 5)).

display surface surface de présentation, *(etc.), (parf.)* surface utile *(surface de l'écran d'un tube cathodique ou d'un panneau afficheur utilisable pour la présentation d'informations) (cf. aussi* display[1] *et* display area).

display technique procédé d'affichage, *(etc.)*, méthode *(idem) (par émission, réflexion ou absorption de lumière) (cf. aussi* display[1] 1)).

display technology (la) technique de l'affichage, *(etc.) (cf. aussi* display[1] 1) *et* technology).

display terminal terminal à écran *(terminal informatique équipé d'un clavier permettant de poser des questions à un ordinateur et d'un tube cathodique ou d'un panneau afficheur sur l'écran duquel apparaissent les réponses à ces questions) (type classique) (cf. aussi* terminal 2), cathode-ray tube *et* display panel).

display terminal unit *cf.* display terminal.

display time temps de présentation, *(etc.), (parf.)* durée de la présentation, *(idem) (cf. aussi* display[1] 1).

display tube tube de présentation, *(etc.) (tube cathodique classique) (oscillo, radar, sonar, TV, inf, etc.) (cf. aussi* display[1] 1), raster-scan display tube, vector-scan display tube *et* cathode-ray tube).

display unit **1)** *cf.* display[1] 4). **2)** indicateur *(de radar ou de sonar) (cf. aussi* indicator 2)).

display voltage tension d'affichage *(tension à appliquer entre deux électrodes opposées d'un afficheur ou d'un panneau afficheur pour faire apparaître l'élément de caractère ou le signe correspondant) (cf. aussi* display panel).

displayed data informations présentées, *(etc.) (cf. aussi* display[1] 1).

displayed threat signal hostile visualisé *(ou* présenté), *(parf.)* menace visualisée *(idem) (signaux d'un radar de l'adversaire visualisés sur l'écran d'un détecteur de radars) (mil) (cf. aussi* radar warning receiver).

displayed waveform signal visualisé *(ou* présenté) *(sur l'écran d'un oscilloscope ou autre appareil à tube cathodique) (cf. aussi* waveform).

disposable countermeasures contre-mesures consommables *(mil) (cf. aussi* expendable countermeasures).

disposable pen plume à jeter *(plume d'enregistreur graphique contenant une réserve d'encre et non réutilisable lorsque l'encre est épuisée) (cf. aussi* graphic recorder).

disruptive discharge décharge disruptive, décharge brusque *(passage brusque d'un courant d'intensité relativement importante dans un milieu isolant dû à la destruction locale de celui-ci sous l'action du champ électrique appliqué) (la barrière isolante se reforme ensuite si le milieu est un gaz ou un liquide ou reste détruite si c'est un solide) (la décharge disruptive est généralement appelée « décharge électrique » ou même « décharge » lorsque ce dernier terme ne prête pas à confusion avec une décharge lente comme celle d'un accumulateur ou d'un condensateur chargé et non mis en court-circuit) (cf. aussi* spark[1], electric arc *et* discharge).

dissector tube *cf.* image dissector.

dissipate power *v* dissiper de la puissance *(résistance, etc.) (cf. aussi* dissipation).

dissipation dissipation, dissipation d'énergie, dissipation de puissance *(le dernier terme est incorrect mais très employé) (perte d'énergie dans un élément de circuit ou un circuit sous forme de chaleur dégagée par effet Joule) (cf. aussi* Joule effect).

dissipation factor facteur de dissipation *(inverse du coefficient de qualité Q, c.-à-d. pourcentage de la puissance d'un courant alternatif circulant dans une inductance ou un condensateur, dissipé par ce composant sous forme de chaleur) (cf. aussi* dissipation *et* Q).

dissipation loss *cf.* dissipative loss.

dissipative element élément dissipatif, élément absorbant *(élément de circuit conçu pour absorber de l'énergie en la dissipant sous forme de chaleur sans être endommagé par l'échauffement) (en hyperfréquence, est généralement réalisé sous la forme d'une lame ou d'un bloc de matière dissipative) (cf. aussi* lossy material).

dissipative loss pertes dissipatives, pertes par dissipation *(dans un circuit ou un élément de circuit) (autres noms des pertes par effet Joule) (cf. aussi* dissipation).

dissipative material matière dissipative *(hyper) (cf. aussi* lossy material).

dissipator dissipateur *s (pour transistor de puissance, etc.) (cf. aussi* heat sink 2)).

dissonance dissonance *(manque d'harmonie d'une combinaison de plusieurs sons) (acou) (cf. aussi* sound[1]).

dissymmetrical transducer transducteur asymétrique *(transducteur réversible dont le fonctionnement est modifié lorsque les bornes d'entrée et de sortie sont permutées) (clpf) (cf. aussi* reversible transducer).

distance accuracy précision en distance *(distancemètre, etc.) (cf. aussi* distance measuring equipement *et* range accuracy).

distance between repeaters distance entre répéteurs *(tls) (cf. aussi* repeater section).

distance mark cercle de distance variable *(sur écran radar) (cf. aussi* variable range ring).

distance measuring equipment distancemètre *(terme que j'ai proposé)*, DME *(sigle du terme anglais) (radar télémétrique d'avion utilisé en liaison avec une balise répondeuse au sol) (ne pas employer « équipement mesureur de distance ») (cf. aussi* range-finding radar *et* radar beacon).

distance meter *(en technique inertielle)* accéléromètre doublement intégrateur *(ou* à double intégration) *(accéléromètre fournissant un signal proportionnel à l'intégrale double de l'accélération, donc à la distance parcourue par le mobile portant l'appareil pendant le temps d'intégration) (cf. aussi* accelerometer *et* integral).

distance resolution pouvoir séparateur en distance, *(etc.) (ne pas employer « résolution en distance ») (radar) (cf. aussi* range resolution 1)).

distance to go distance jusqu'à la station *(distance entre un mobile et une station de radionavigation ou autre émetteur radio dont il utilise les signaux aux fins de navigation) (avia, etc.) (cf. aussi* time to go, radio navigation station, non-directional beacon *et* radio range).

distant control *cf.* remote control.

distant station station éloignée *(radiodif, etc.) (cf. aussi* station 1)).

distant reading *cf.* distant readout.

distant readout affichage à distance *(de paramètres de fonctionnement de machines, etc.) (centrale de mesure) (cf. aussi* data logger).

distant target cible éloignée *(radar, etc.) (cf. aussi* target[1] (a)).

distant transmission émission lointaine *(radio) (cf. aussi* near-far problem *et* long-distance transmission).

distorted signal signal déformé *(ou* affecté de distorsion *ou* présentant de la distorsion) *(cf. aussi* distortion).

distorted waveform *cf.* distorted signal *(cf. aussi* waveform).

distortion distorsion *(défaut d'un signal ou d'une image dont la forme est différente de la forme originale) (est dû à la non-linéarité des circuits ou organes par lesquels le signal est passé avant d'être reproduit et, dans le cas de transmission entre un appareil émetteur et un appareil récepteur, à la non-linéarité de l'atténuation et du déphasage en cours de transmission) (la non-linéarité des amplificateurs est une cause* *importante de distorsion) (dans le cas d'un signal, ce terme désigne souvent la distorsion harmonique) (cf. aussi* harmonic distortion, amplitude-amplitude distortion, amplitude-frequency distorsion, phase distortion, linear distortion, non-linear distortion *et* television image distortion).

distortion analysis analyse de la distorsion (d'un signal) *(mise en évidence de la distorsion d'un signal et mesure de l'amplitude des harmoniques correspondants) (cf. aussi* distortion, harmonic *et* distortion analyzer).

distortion analyzer analyseur de distorsion *(distorsiomètre perfectionné permettant de mesurer la distorsion produite par chacun des harmoniques du signal) (cf. aussi* distortion meter).

distortion factor taux de distorsion (harmonique) *(rapport, exprimé sous la forme d'un pourcentage, entre l'amplitude des harmoniques et l'amplitude de la fréquence fondamentale à la sortie d'un amplificateur ou autre montage attaqué par un signal sinusoïdal) (cf. aussi* harmonic distortion).

distortion measurement mesure de distorsion *(sur amplificateur, ligne téléphonique, etc.) (cf. aussi* distortion meter).

distortion meter distorsiomètre *(appareil permettant de mesurer le taux de distorsion d'un signal par mesure de l'amplitude du signal complet, puis mesure globale des harmoniques après avoir éliminé la fréquence fondamentale à l'aide d'un filtre coupe-bande à bande coupée très étroite) (cf. aussi* distortion analyzer, distortion factor *et* notch filter).

distortion products produits de distortion *(nom parfois donné aux harmoniques produits par distorsion harmonique) (cf. aussi* harmonic distortion).

distortion test (un) contrôle de distorsion *(mesure de distorsion harmonique effectuée aux fins de contrôle) (cf. aussi* distortion measurement).

distortion testing (le) contrôle de distorsion *(cf. aussi* distortion test).

distortion transmission impairment réduction de la qualité de transmission due à la distorsion *(ligne tél) (cf. aussi* distortion).

distortionless sans distorsion, exempt de distorsion *(ampli, ligne de transmission, etc.) (cf. aussi* distorsion).

distress beacon balise de détresse *(émetteur radio portatif permettant notamment à des rescapés d'un naufrage ou d'un accident d'avion de faciliter leur localisation par les sauveteurs) (radiocom) (cf. aussi* crash locator beacon, distress signal *et* radio transmitter).

distress call appel de détresse *(nom souvent donné à un signal de détresse, notamment à un signal en phonie) (cf. aussi* distress signal).

distress frequency fréquence de détresse *(fréquence réservée aux appels de détresse par radio) (mar, avia) (cf. aussi* international distress frequency *et* distress signal).

distress message message de détresse *(message transmis par un signal de détresse) (cf. aussi* distress signal).

distress signal signal de détresse *(signal SOS ou « mayday ») (mar, avia) (cf. aussi* SOS, mayday *et* distress frequency).

distributed capacitance capacité répartie *(capacité entre deux conducteurs d'une certaine longueur) (capacité entre deux spires voisines dans un enroulement, entre les deux conducteurs d'une ligne de transmission, entre deux rubans voisins sur un substrat de circuit imprimé ou hybride, etc.) (est généralement indésirable) (cf. aussi* parasitic capacitance *et* distributed-element circuit).

distributed computer system *cf.* distributed processing system.

distributed computing *cf.* distributed processing. *(de même pour les termes dérivés).*

distributed constant *cf.* distributed element.

distributed control *cf.* decentralized control.

distributed data base banque de données répartie *(banque de données dont les informations sont réparties entre les mémoires de plusieurs ordinateurs connectés à un même réseau télématique) (en d'autres termes, banque de données composée de plusieurs banques de données partielles situées en des endroits différents et accessibles par un même code) (télinf) (cf. aussi* data base).

distributed data processing traitement réparti (de l'informa-

tion), traitement décentralisé *(idem),* informatique répartie *(traitement de l'information utilisant des terminaux intelligents, ce qui permet de décharger l'ordinateur central de certaines tâches) (cf. aussi* data processing, intelligent terminal *et* host computer).

distributed element constante répartie *(cf. aussi* distributed-element circuit).

distributed-element circuit circuit à constantes réparties *(circuit à courant alternatif dans lequel la capacité et l'inductance sont réparties sur toute sa longueur et ne peuvent donc pas être dissociées du circuit) (ligne de transmission, circuit hyper-fréquence) (cf. aussi* capacitance, inductance *et* lumped-element circuit).

distributed-element circuit theory théorie des circuits à constantes réparties *(réseaux électriques) (cf. aussi* circuit theory *et* distributed-element circuit).

distributed-element network *cf.* distributed-element circuit.

distributed inductance inductance répartie *(le long d'un conducteur) (ligne de transmission, circuit hyperfréquence) (cf. aussi* distributed-element circuit).

distributed intelligence intelligence répartie *(intelligence artificielle dans un système de traitement réparti de l'information) (inf) (cf. aussi* artificial intelligence *et* distributed processing system).

distributed intelligence system système à intelligence répartie *(nom parfois donné à un système de traitement réparti de l'information) (inf) (cf. aussi* distributed data processing).

distributed microprocessing traitement réparti (de l'information) par microprocesseurs *(cas général du traitement réparti de l'information) (inf) (cf. aussi* distributed data processing *et* microprocessor).

distributed network *cf.* distributed-processing network.

distributed processing *cf.* distributed data processing.

distributed processing architecture structure à traitement réparti (de l'information), organisation *(idem) (système informatique) (cf. aussi* architecture *et* distributed data processing).

distributed processing environment contexte de traitement réparti (de l'information) *(inf) (cf. aussi* distributed data processing).

distributed-processing network réseau à traitement réparti (de l'information) *(inf) (cf. aussi* distributed data processing).

distributed processing system système de traitement réparti (de l'information) *(le terme anglais désigne souvent un réseau à traitement réparti de l'information, mais peut aussi désigner un autre système tel qu'un système de commande de processus ou un système détecteur de menaces, par exemple) (inf) (cf. aussi* distributed data processing *et* threat warning system).

distributed RC circuit circuit RC à constantes réparties *(hyper) (cf. aussi* RC circuit *et* distributed-element circuit).

distributed RC network *cf.* distributed RC circuit.

distributed refresh rafraîchissement réparti *(mode de rafraîchissement d'une mémoire RAM dynamique dans lequel les cycles de rafraîchissement sont effectués pendant les instants où la mémoire n'est pas en liaison avec l'organe de traitement, dans des limites de temps déterminées) (inf) (cf. aussi* refresh[2] *et* processor 1).

distributed time-division multiple access accès multiple temporel réparti *(accès multiple temporel commandé par un microprocesseur incorporé à chaque poste d'émission) (sat. tls) (cf. aussi* time-division multiple access *et* microprocessor).

distribution amplifier amplificateur de distribution de modulation *(studio de radiodiffusion sonore ou visuelle) (cf. aussi* modulation (b) *et* amplifier).

distribution frame répartiteur *(bâti d'interconnexion entre les lignes d'abonnés et le commutateur ou l'autocommutateur d'un central téléphonique) (comprend essentiellement deux cadres dont l'un est muni de réglettes à bornes verticales recevant les fils des lignes d'abonnés et l'autre de réglettes horizontales reliées aux appareils de commutation du central, les bornes des deux cadres étant reliés deux à deux par des cordons bifilaires, appelés « jarretières ») (permet de passer du classement géographique des abonnés au classement numé-*

rique indispensable pour la commutation) (quand un abonné change de domicile tout en restant desservi par le même central, il suffit d'un « changement de jarretières au répartiteur » pour lui permettre de conserver son ancien numéro) (cf. aussi switchboard 2) *et* telephone switch).

disturbance perturbation *(asser, etc.)*.

disturbing *a* perturbateur, *(parf.)* parasite.

ditch rainure *(formant piège dans une bride de guide d'onde ou surface rayonnante dans une antenne à rainure) (cf. aussi* choke 2) *et* ditch antenna).

ditch aerial *cf.* ditch antenna.

ditch antenna antenne à rainure *(antenne d'émission hyperfréquence encastrée dans laquelle l'élément rayonnant est la surface d'une rainure de forme et dimensions déterminées pratiqué dans une surface métallique) (cf. aussi* microwave antenna *et* transmitting antenna).

dither activation *(action d'imprimer des oscillations de faible amplitude à un organe pivotant d'un appareil pour éviter l'inconvénient du frottement élevé au repos ou un couplage indésirable par frottement entre l'organe et son support) (les oscillations sont généralement créées par un électro-aimant excité par le courant alternatif produit par un oscillateur d'activation) (l'organe activé peut être notamment une cage intermédiaire de roulement à billes de gyroscope ou gyromètre de plate-forme inertielle, le boîtier d'un gyrolaser, l'organe asservi d'un système asservi en position ou le bras porte-plume d'un enregistreur graphique à défilement) (cf. aussi* dither oscillator).

dither injection *cf.* dither.

dither injector *cf.* dither oscillator.

dither oscillator oscillateur d'activation *(oscillateur fournissant le courant alternatif à basse fréquence fourni à un électro-aimant d'activation après amplification) (cf. aussi* dither, antistiction oscillator *et* oscillator).

divergence divergence (a) *sens usuel et notamment divergence des trajectoires des particules d'un faisceau de particules chargées de même signe sous l'action de la répulsion électrique) (canon à électrons, canon à protons, etc.) (cf. aussi* electric repulsion) ; (b) *produit scalaire de l'opérateur vecteur différentiel par un vecteur) (en termes simples, être mathématique représentant la vitesse de décroissance de la densité d'un flux) (électricité, magnétisme, chaleur, etc.) (cf. aussi* vector[1] (a) *et* flux (a)).

divergence angle angle de divergence *(angle formé par les trajectoires de deux particules par suite de leur divergence) (cf. aussi* divergence (a)).

divergence loss pertes par divergence *(partie des pertes de propagation d'une onde acoustique due à la divergence des rayons acoustiques au départ de la source de l'onde) (cf. aussi* propagation loss *et* sound ray).

diversity diversité *(utilisation de deux ou plusieurs antennes réceptrices ou ondes porteuses pour transmettre un signal en ondes courtes ou ultra-courtes par voie hertzienne) (radiocom, radar) (cf. aussi* diversity reception, diversity transmission, space diversity, frequency diversity, polarization diversity *et* diversity radar).

diversity aerial *cf.* diversity antenna.

diversity antenna antenne de réception en diversité *(cf. aussi* diversity reception).

diversity combiner sélecteur de diversité *(dispositif sélectionnant le signal le plus fort reçu dans une station de réception en diversité) (cf. aussi* diversity reception).

diversity gain gain de diversité *(différence entre l'amplitude du signal le plus fort reçu dans une station de réception en diversité et l'amplitude du signal le plus faible) (cf. aussi* diversity reception).

diversity path trajet de diversité *(trajet de l'onde radioélectrique reçue par une des antennes d'une station de réception en diversité d'espace) (radiocom) (cf. aussi* space diversity).

diversity radar radar diversité, radar à diversité de fréquence *(radar à grande portée comportant deux ou trois ensembles émetteur-récepteur fonctionnant à des fréquences légèrement différentes et reliés, d'une part, à une antenne commune et, d'autre part, à un indicateur commun) (le fonctionnement en*

diversité de fréquence permet une augmentation de portée d'environ 20 % pour une même puissance crête d'émission grâce au rapprochement des impulsions d'émission qu'il permet, ce qui augmente la puissance moyenne d'émission) (cf. aussi peak power 1), radar indicator *et* diversity).

diversity receiver récepteur diversité *(récepteur superhétérodyne à deux parties haute fréquence) (radiocom, radar) (cf. aussi* diversity reception).

diversity reception réception en diversité *(réception d'un signal transmis par deux ou plusieurs ondes radioélectriques avec sélection du signal le plus fort pour réduire l'effet des évanouissements du signal dans le cas d'un récepteur de trafic, ou combinaison des signaux pour augmenter la portée dans le cas d'un récepteur de radar) (cf. aussi* fading *et* diversity).

diversity transmission émission en diversité *(émission d'un signal à l'aide de deux ou plusieurs ondes porteuses simultanées) (cf. aussi* diversity).

divide-by-N circuit circuit de division par n *(comptage d'impulsions) (inf, etc.) (cf. aussi* scaler).

divide-by-N counter *cf.* divide-by-N circuit.

divider diviseur *s (au sens du terme anglais, montage effectuant une division) (cf. aussi* divider circuit, binary divider, frequency divider, power divider *et* voltage divider).

divider circuit circuit diviseur, diviseur *(comptage d'impulsions) (inf, etc.) (cf. aussi* scaler).

divider network réseau diviseur de tension *(réseau de résistances) (cf. aussi* voltage divider).

dividing multivibrator multivibrateur monté en diviseur *(multivibrateur bistable utilisé comme circuit de comptage d'impulsions) (inf, etc.) (cf. aussi* bistable multivibrator *et* scaler).

dividing network *cf.* crossover network.

division division *(décimale ou binaire, de fréquence, etc.) (cf. aussi* binary division, frequency division *et* divider).

division circuit *cf.* divider.

division instruction instruction de division *(instruction de programme d'ordinateur commandant l'exécution d'une division binaire) (inf) (cf. aussi* instruction, binary division *et* division subroutine).

division line graduation *(un des traits de l'échelle d'un appareil de mesure analogique, d'un bouton à disque gradué, d'un graticule, etc.) (cf. aussi* meter scale *et* graticule).

division ratio rapport de division *(d'un diviseur de tension, etc.) (cf. aussi* voltage divider).

division subroutine sous-programme de division *(sous-programme d'ordinateur établi pour l'exécution de divisions, celles-ci étant effectuées sous la forme binaire) (inf) (cf. aussi* subroutine *et* division instruction).

DL 1) *cf.* diode logic. 2) *cf.* diode laser.

DLC *cf.* data link control.

DLP ... *cf.* double-level polysilicon ...

DMA *cf.* direct memory access.

DMA controller régisseur d'accès direct à la mémoire *(circuit intégré numérique gérant l'accès direct à la mémoire centrale d'un ordinateur) (ne pas employer « contrôleur ... ») (inf) (cf. aussi* controller 1) *et* direct memory access).

DMA interfacing raccordement pour accès direct à la mémoire *(inf) (cf. aussi* interfacing *et* direct memory access).

DME *cf.* distance measuring equipment.

DMLS *cf.* Doppler microwave landing system.

DMM *cf.* digital multimeter.

DMOS *(vient de « double-diffused MOS »)* DMOS *(voir rubriques ci-après et notamment « DMOS transistor »).

DMOS IC *cf.* DMOS integrated circuit.

DMOS integrated circuit circuit intégré à transistors DMOS *(cf. aussi* DMOS transitor).

DMOS output stage étage de sortie à transistor DMOS *(CI) (cf. aussi* DMOS transistor).

DMOS structure structure DMOS, structure du transistor DMOS *(cf. aussi* DMOS transistor).

DMOS technology (la) technique DMOS *(ou de la double diffusion) (CI) (cf. aussi* DMOS transitor *et* technology).

DMOS transistor *(DMOS vient de « double-diffused MOS »)* transistor DMOS, transistor MOS à double diffusion *(transistor MOS dont la source est formée par double diffusion* *dans une fenêtre pour obtenir à la fois un canal très court et une bonne tenue en tension) (transistor pour fréquences élevées) (cf. aussi* MOS transistor, double diffusion, oxide window *et* channel length).

DMPSK *cf.* delayed modified phase-shift keying.

DMTI *cf.* digital moving target indicator.

DMUX *cf.* demultiplexer.

DNC *cf.* direct numerical control.

DNL *(vient de « dynamic noise limiter »)* système DNL, réducteur de bruit DNL, réducteur de souffle DNL *(réducteur de bruit de magnétophone dont le fonctionnement est fondé sur le fait que les sons faibles contiennent peu de fréquences élevées et notamment d'harmoniques de rang élevé) (à l'enregistrement, les sons à bas niveau dont la fréquence est supérieure à 4 500 Hz sont enregistrés avec une forte atténuation) (à la lecture, l'étage préamplificateur comporte un filtre d'aigus actif produisant une atténuation inversement proportionnelle au niveau des fréquences supérieures à 4 500 Hz ; il atténue donc fortement les sons à bas niveau à ces fréquences — qui constituent en grande partie le bruit de souffle de la bande — et son atténuation diminue à mesure que le niveau de ces fréquences augmente et devient finalement nulle pour un niveau normal) (cf. aussi* noise reducer).

DOD *cf.* direct outward dialling.

dogfight mode mode de combat tournoyant *(un des modes de fonctionnement d'un radar multimode d'avion militaire) (cf. aussi* multimode radar).

Doherty amplifier système Doherty *(amplificateur de puissance haute fréquence linéaire utilisant deux tubes électroniques attaqués en quadrature par le signal à amplifier) (le premier tube fonctionne seul tant que l'amplitude du signal ne dépasse pas la moitié de sa valeur maximale, après quoi le second tube fonctionne également) (émetteur à modulation d'amplitude) (cf. aussi* power amplifier, linear amplifier *et* quadrature).

Dolby Dolby, système Dolby, réducteur de bruit (Dolby), réducteur de souffle (Dolby) *(réducteur de bruit de magnétophone utilisant la compression de dynamique classique) (à l'enregistrement, les sons dont la fréquence est supérieure à 400 Hz sont amplifiés plus que les autres, le supplément d'amplification étant inversement proportionnel à leur niveau ; à la lecture, les fréquences correspondantes sont moins amplifiées que les autres, ce qui rétablit le niveau relatif des sons à ces fréquences et diminue le niveau du bruit de souffle qui, lui, n'a pas subi d'amplification supplémentaire à l'enregistrement) (cf. aussi* noise reducer *et* companding).

domain domaine *(zone, intervalle ou ensemble bien délimité) (cf. aussi* magnetic domain, frequency domain, time domain *et* spatial domain).

dome dôme sonar *(cf. aussi* sonar dome).

domestic carrier *cf.* domestic common communications carrier.

domestic common carrier *cf.* domestic common communications carrier.

domestic common communications carrier société de télécommunications intérieures *(société de télécommunications, notamment américaine, dont les activités sont limitées au territoire national) (cf. aussi* common communications carrier).

domestic communications (les) télécommunications intérieures *(télécommunications dans les limites du territoire d'un pays) (cf. aussi* communications).

domestic communications carrier *cf.* domestic common communications carrier.

domestic communications network réseau de télécommunications intérieures, réseau intérieur (de télécommunications) *(cf. aussi* communications network *et* domestic communications).

domestic communications satellite satellite de télécommunications intérieures *(satellite de télécommunications desservant un seul pays) (cf. aussi* communications satellite *et* spot beam).

domestic communications satellite system réseau intérieur de télécommunications par satellite *(cf. aussi* domestic communications network *et* satellite communications).

domestic electronic equipment matériel électronique grand public, matériel grand public *(cf. aussi* consumer electronic equipment).

domestic equipment *cf.* domestic electronic equipment.

domestic network *cf.* domestic communications network.

domestic radio *cf.* domestic radio receiver.

domestic radio receiver récepteur radio grand public, poste de radio grand public *(poste de radio ordinaire) (cf. aussi* radio receiver).

domestic radio set *cf.* domestic radio receiver.

domestic receiver récepteur grand public, poste grand public *(poste de radio ou de télévision ordinaire) (cf. aussi* radio receiver *et* television receiver).

domestic satellite *cf.* domestic communications satellite.

domestic satellite carrier *cf.* domestic satellite common carrier.

domestic satellite circuit circuit relayé par un satellite intérieur *(tls) (cf. aussi* domestic communications satellite).

domestic satellite common carrier société de télécommunications intérieures par satellite *(aux USA notamment) (cf. aussi* domestic satellite communications *et* common communications carrier).

domestic satellite communications télécommunications par satellite intérieur, télécommunications intérieures par satellite *(cf. aussi* domestic communications *et* satellite communications).

domestic telegraph network réseau télégraphique intérieur *(tls) (cf. aussi* telegraph network *et* domestic communications network).

domestic telephone network réseau téléphonique intérieur *(tls) (cf. aussi* telephone network *et* domestic communications network).

domestic traffic trafic intérieur, trafic du réseau intérieur *(tls) (cf. aussi* traffic *et* domestic communications network).

dominant mode mode fondamental *(guide d'ondes) (cf. aussi* fundamental mode).

dominant wave onde fondamentale *(onde correspondant au mode fondamental dans un guide d'ondes) (hyper) (cf. aussi* dominant mode).

dominant wavelength longueur d'onde dominante *(longueur d'onde d'un rayonnement lumineux qui, mélangé à la lumière blanche, donne la même chromaticité qu'une couleur déterminée) (colorimétrie) (TVC, etc.) (cf. aussi* chromaticity).

domsat *cf.* domestic satellite.

donor *cf.* donor atom.

donor atom atome donneur, atome d'impureté donneuse *(atome susceptible de céder un électron dans un cristal semiconducteur) (cf. aussi* donor impurity).

donor impurity impureté donneuse, impureté du type donneur, impureté du type N, impureté N *(impureté donnant le type N à un semiconducteur en augmentant la conduction par électrons grâce au fait que le nombre d'électrons de valence de ses atomes est supérieur à ce qu'il faut pour assurer les liaisons avec les atomes voisins du semiconducteur, ce qui crée des électrons libres) (est une impureté dont les atomes sont pentavalents) (cf. aussi* impurity, n-type semiconductor, valence, electron *et* pentavalent atom).

donor ion ion donneur *(nom souvent donné à un atome donneur ayant perdu un électron) (cf. aussi* ion (a) *et* donor atom).

donor level niveau donneur, niveau d'énergie donneur *(niveau d'énergie d'un atome de semiconducteur susceptible de céder un électron) (est formé dans la bande interdite, près de la bande de conduction, par l'introduction d'impuretés donneuses dans un semiconducteur intrinsèque) (cf. aussi* energy level, semiconductor, forbidden band, conduction band *et* donor impurity).

dopant impureté *(semi) (cf. aussi* impurity).

dopant atom atome d'impureté *(semi) (cf. aussi* impurity atom).

dopant charge *cf.* dopant level.

dopant ion *cf.* dopant atom.

dopant level **1)** niveau d'impuretés, niveau de dopage *(semi) (cf. aussi* impurity concentration). **2)** niveau de dopes, niveaux de dopage *(filtre optique).*

dopant profile *cf.* doping profile.

doped junction jonction tirée *(semi) (cf. aussi* grown junction).

doped-junction transistor transistor à jonctions tirées *(cf. aussi* double-doped transistor).

doped n-type ... *cf.* n-type ...

doped p-type ... *cf.* p-type ...

doped polysilicon polysilicium dopé *(semi) (cf. aussi* doping *et* polysilicon).

doped region zone dopée *(semi) (cf. aussi* doping).

doped semiconductor semiconductor dopé *(cf. aussi* doping *et* extrinsic semiconductor).

doping dopage *(introduction d'impuretés dans un bain de semiconducteur en fusion ou dans une zone bien délimitée d'un cristal de semiconducteur pour lui donner des caractéristiques de conduction déterminées, ou résultat de cette opération) (le dopage d'un cristal de semiconducteur est réalisé par diffusion au four ou par implantation ionique) (fab. semi) (cf. aussi* impurity, semiconductor, diffusion 2) *et* ion implantation).

doping agent agent de dopage *(semi) (cf. aussi* impurity).

doping compensation compensation par dopage *(introduction d'atomes d'une impureté de type déterminé dans un semiconducteur en fusion de type opposé pour compenser l'effet des atomes d'impureté présents dans le semiconducteur et obtenir ainsi un semiconducteur intrinsèque par compensation) (introduction d'impuretés donneuses dans un semiconducteur du type P ou d'impuretés acceptrices dans un semiconducteur du type N) (cf. aussi* impurity, intrinsic semiconductor, p-type semiconductor *et* n-type semiconductor).

doping concentration *cf.* doping level.

doping density *cf.* doping level.

doping diffusion profile *cf.* diffusion doping profile.

doping element *cf.* doping agent.

doping level niveau de dopage *(semi) (cf. aussi* impurity concentration).

doping material *cf.* doping agent.

doping profile profil de dopage, profil de concentration d'impuretés *(courbe représentant, en fonction de la profondeur, la variation de la concentration d'impuretés introduites dans les couches superficielles d'une zone déterminée d'un cristal semiconducteur) (cf. aussi* doping *et* impurity concentration).

Doppler *cf.* Doppler shift.

Doppler ambiguity ambiguïté Doppler *(ambiguïté sur le signe de la vitesse radiale d'une cible mesurée par effet Doppler) (en d'autres termes, impossibilité de savoir, uniquement d'après la fréquence Doppler d'une cible suivie par un radar Doppler, si elle se rapproche ou s'éloigne de celui-ci) (est due à l'absence de signe de la fréquence Doppler) (cf. aussi* Doppler shift).

Doppler band bande des fréquences Doppler, bande Doppler *(ensemble des valeurs prises successivement par la fréquence Doppler dans un cas déterminé) (radar Doppler, etc.) (cf. aussi* Doppler shift).

Doppler bandwidth bande passante Doppler, bande Doppler *(bande passante d'un filtre Doppler) (radar) (cf. aussi* bandwidth 2) *et* Doppler filter).

Doppler beam sharpening affinement Doppler (du faisceau) *(augmentation du pouvoir séparateur d'un radar cartographique par filtrage (c.-à-d. par tri) des faibles différences de fréquence Doppler entre les échos successifs reçus par le récepteur) (cf. aussi* Doppler frequency, ground-mapping radar *et* resolution 6).

Doppler bin case Doppler *(dans le récepteur d'un radar à ouverture dynamique, nom donné à un emplacement de mémoire contenant l'information Doppler d'un point déterminé de la zone survolée à un instant également déterminé) (cf. aussi* synthetic-aperture radar, memory location *et* Doppler information).

Doppler blind *cf.* blind velocity.

Doppler broadening élargissement Doppler *(augmentation de la largeur de raie d'un rayonnement lumineux émis par émission spontanée par un liquide ou un gaz) (est dû au fait que tous les atomes du fluide ne sont pas animés de la même vitesse de déplacement dans celui-ci et produisent, par*

conséquent, des fréquences Doppler différentes au point d'observation de la lumière émise) (électronique quantique) (cf. aussi* spontaneous emission *et* Doppler shift).

Doppler effect effet Doppler, effet Doppler-Fizeau *(modification, au point de réception, de la fréquence associée à une onde acoustique ou électromagnétique émise par une source en mouvement relatif par rapport à ce point, par suite de la variation de la distance entre la source et celui-ci) (sous forme simplifiée, cette modification peut être considérée comme due à un effet de tassement de l'onde lorsque la distance source-récepteur diminue (la longueur de l'onde reçue est alors plus petite que celle de l'onde émise et, par conséquent, la fréquence de réception est supérieure à la fréquence d'émission) ou d'étirement de l'onde lorsque cette distance augmente (la longueur de l'onde reçue est alors plus grande que celle de l'onde émise et, par conséquent, la fréquence de réception est inférieure à la fréquence d'émission) (radar, etc.) (cf. aussi* wavelength *et* Doppler shift).

Doppler filter filtre Doppler *(filtre passe-bande réalisant le filtrage Doppler) (cf. aussi* band-pass filter *et* Doppler filtering).

Doppler filtering filtrage Doppler *(dans le récepteur d'un radar Doppler à impulsions, sélection des fréquences Doppler des échos reçus correspondant à une vitesse déterminée de la cible, à l'aide d'une batterie de filtres) (cf. aussi* pulse Doppler radar, Doppler shift *et* Doppler filter).

Doppler frequency *cf.* Doppler shift.

Doppler-inertial navigation navigation inertielle-Doppler *(navigation inertielle d'un aéronef avec mesure de la vitesse et la dérive de celui-ci par rapport au sol à l'aide d'un radar Doppler de navigation pour élaborer les corrections nécessaires pour compenser les erreurs cumulatives du système de navigation inertielle) (cf. aussi* Doppler navigation radar *et* inertial navigation).

Doppler-inertial navigation system système de navigation inertiel-Doppler *(avia) (cf. aussi* Doppler-inertial navigation).

Doppler measurement mesure de fréquence Doppler, mesure de Doppler, *(souvent)* mesure de la fréquence Dopper, mesure du Doppler *(cf. aussi* Doppler shift *et* measurement).

Doppler microwave landing system système d'atterrissage guidé hyperfréquence à effet Doppler, système DMLS *(avia) (cf. aussi* MLS *et* Doppler effect).

Doppler MLS *cf.* Doppler microwave landing system.

Doppler modulation modulation Doppler *(ou par effet Doppler) (modulation des échos reçus par un radar, etc.) (cf. aussi* Doppler effect.)

Doppler navigation navigation Doppler *(ou au radar Doppler) (navigation d'un aéronef à l'aide d'un radar de navigaiton Doppler) (avia) (cf. aussi* Doppler navigation radar).

Doppler navigation radar radar de navigation Doppler *(radar Doppler d'aéronef émettant vers le sol quatre faisceaux d'ondes obliques formant une pyramide au sommet de laquelle se trouve l'aéronef) (la comparaison de la fréquence Doppler montante des deux faisceaux avant à la fréquence Doppler descendante des deux faisceaux arrière permet de calculer la vitesse longitudinale de l'avion par rapport au sol) (la comparaison de la fréquence Doppler des deux faisceaux gauches à celle des deux faisceaux droits permet de calculer sa vitesse transversale, donc sa dérive) (cf. aussi* Doppler radar, upward Doppler shift *et* downward Doppler shift).

Doppler navigation sensor *cf.* Doppler navigation radar.

Doppler navigation system système de navigation Doppler, système Doppler *(système de navigation d'aéronef comprenant essentiellement un radar de navigation Doppler) (cf. aussi* Doppler navigation radar).

Doppler processing traitement Doppler *(nom souvent donné au filtrage Doppler) (cf. aussi* Doppler filtering).

Doppler processing bandwidth *cf.* Doppler bandwidth.

Doppler processing circuitry circuits de traitement Doppler *(nom parfois donné à un calculateur Doppler) (cf. aussi* Doppler processor *et* circuitry).

Doppler processor calculateur Doppler *(nom souvent donné aux filtres et circuits associés d'un radar Doppler) (cf. aussi* Doppler filter).

Doppler radar radar Doppler, radar à effet Doppler *(radar dans le récepteur duquel on exploite l'effet Doppler pour mesurer la vitesse de la cible ou éliminer les échos provenant d'obstacles fixes, ou les deux, ou pour mesurer la vitesse de translation et la dérive d'un aéronef par rapport au sol ou pour obtenir une image à haute définition de la zone survolée par un avion ou un satellite) (un radar Doppler peut être à impulsions ou à émission continue) (cf. aussi* Doppler effect, pulse Doppler radar *et* CW Doppler radar).

Doppler radar-inertial navigation *cf.* Doppler-inertial navigation.

Doppler radar navigation *cf.* Doppler navigation.

Doppler receiver récepteur Doppler *(récepteur de radar Doppler) (cf. aussi* Doppler radar).

Doppler resolution *cf.* Doppler shift resolution.

Doppler shift fréquence Doppler, décalage Doppler, le Doppler *(fréquence égale à la différence entre la fréquence de la source et la fréquence de réception dans l'effet Doppler, ou entre la fréquence de réception et la fréquence de la source selon celle qui est la plus grande) (cette définition fait apparaître la notion d'ambiguïté Doppler, la même fréquence pouvant être obtenue dans deux cas opposés) (radar, etc.) (cf. aussi* Doppler effect *et* Doppler ambiguity).

Doppler-shift ambiguity *cf.* Doppler ambiguity.

Doppler-shift frequency *cf.* Doppler shift.

Doppler-shift resolution pouvoir séparateur en fréquence Doppler *(ou* en Doppler), pouvoir séparateur Doppler, définition de la fréquence Doppler *(ou* du Doppler), définition Doppler *(variation minimale de la fréquence Doppler exploitable par le récepteur d'un radar Doppler) (cf. aussi* Doppler shift *et* Doppler radar).

Doppler-shifted echo écho à effet Doppler *(écho radar ou acoustique dont la fréquence est différente de celle du signal initial par suite de l'effet Doppler) (cf. aussi* Doppler effect).

Doppler-shifted return *cf.* Doppler-shifted echo.

Doppler tracking filter filtre de poursuite de la fréquence Doppler *(récepteur de radar Doppler) (cf. aussi* tracking filter *et* Doppler filter).

Doppler velocity measurement mesure de *(parf.* la) vitesse par effet Doppler, mesure Doppler de vitesse *(parf.* de la vitesse) *(radar, etc.) (cf. aussi* Doppler effect).

Doppler VOR station VOR Doppler, VOR Doppler, DVOR *(station VOR utilisant l'effet Doppler pour accroître notablement la précision de la direction indiquée et réduire l'effet des reflexions sur les obstacles) (avia) (cf. aussi* VOR).

DOR *cf.* digital optical recording.

DOS *cf.* disk operating system.

dose rate vitesse de dopage *(fab. semi) (cf. aussi* doping).

dot point *(alphabet Morse, etc.) (cf. aussi* Morse code, dot matrix *et* dots per inch).

dot angel écho de couche d'air, ange *(idem) (ange produit lorsque le radar est pointé à peu près verticalement par temps clair et que des conditions atmosphériques particulières en altitude créent une couche de discontinuité locale formant réflecteur pour les ondes émises) (cf. aussi* angels).

dot display *cf.* dot-matrix display.

dot generator mire de convergence *(générateur de signaux utilisé pour régler la convergence sur un récepteur de télévision en couleurs en appliquant à celui-ci des signaux faisant apparaître sur l'écran un point blanc par triplet de luminophores lorsque la convergence est bien réglée ou un point rouge, un vert et un bleu par triplet lorsqu'elle est mal réglée) (cf. aussi* convergence, test-pattern generator *et* triad 1)).

dot interlace scanning *cf.* dot interlace sweep.

dot interlace sweep balayage découpé *(oscillo) (cf. aussi* chopped mode).

dot interlacing entrelacement de points *(oscillo, TV) (cf. aussi* chopped mode *et* dot-sequential television).

dot matrix matrice de points *(ensemble de points invisibles et contigus disposés suivant un quadrillage régulier et dont certains peuvent être rendus visibles par impression, illumination ou changement de couleur pour former des caractères ou autres graphismes) (imprimante matricielle, afficheur, panneau afficheur, écran cathodique) (cf. aussi* matrix printer, matrix display, display panel *et* bit-mapped display).

dot-matrix character caractère à matrice de points *(caractère formé à l'aide d'une matrice de points) (cf. aussi* dot matrix).

dot-matrix device *cf.* dot-matrix display 2).

dot-matrix display *(cf. aussi* matrix display) **1)** affichage par matrice de points. **2)** afficheur à matrice de points.

dot-matrix LCD *cf.* dot-matrix liquid-crystal display.

dot-matrix LED display *(cf. aussi* dot matrix *et* light-emitting diode) **1)** affichage par matrice de diodes lumineuses, *(etc.)*. **2)** afficheur à matrice de diodes lumineuses, *(etc.)*.

dot-matrix letter lettre à matrice de points *(lettre constituant un caractère à matrice de points) (cf. aussi* dot-matrix character).

dot-matrix liquid-crystal display *(cf. aussi* dot matrix *et* liquid-crystal display) **1)** affichage par matrice à cristaux liquides. **2)** afficheur à matrice à cristaux liquides.

dot-matrix numeral chiffre à matrice de points *(chiffre constituant un caractère à matrice de points) (cf. aussi* dot-matrix character).

dot-matrix print head tête d'impression matricielle *(tête d'impression d'une imprimante matricielle) (cf. aussi* print head *et* matrix printer).

dot-matrix printer imprimante matricielle *(inf) (cf. aussi* matrix printer).

dot-matrix printing impression matricielle *(inf) (cf. aussi* matrix printing).

dot printer *cf.* dot-matrix printer.

dot printing *cf.* dot-matrix printing.

dot sequential color television system procédé de télévision en couleurs à séquence de points, procédé à séquence de points *(ancien procédé de télévision en couleurs dans lequel les trois couleurs primaires d'un point de l'image sont transmises successivement) (cf. aussi* sequential color television system *et* primary color).

dot trio triplet de luminophores *(tube à masque perforé) (récepteur TVC) (cf. aussi* triad 1)).

dot writing time temps d'inscription d'un point *(sur l'écran d'un oscilloscope à visualisation par points)*.

dots per inch point par pouce, PPP, ppp *(unité de définition des caractères ou autre graphismes produits par une imprimante matricielle) (en 1990, la définition d'une imprimante laser ou à jet d'encre est généralement de 300 ppp) (inf) (cf. aussi* matrix printer).

double ... *cf.* dual ... *(pour les termes qui ne figurent pas ci-après)*.

double amplitude amplitude crête à crête *(grandeur alternative) (cf. aussi* peak-to-peak amplitude).

double-balanced mixer mélangeur symétrique double *(ou* équilibré double) *(mélangeur hyperfréquence utilisant deux transformateurs à point milieu au secondaire, un pour l'entrée du signal en provenance de l'antenne et l'autre pour l'entrée du signal de l'oscillateur local) (le signal à fréquence intermédiaire est prélevé au point milieu du premier transformateur ; le point milieu du second transformateur est mis à la masse et les deux enroulements secondaires sont reliés entre eux par quatre diodes montées en anneau) (ce montage étant symétrique, tant par rapport à la masse que par rapport à la sortie du signal à fréquence intermédiaire, il assure l'isolement complet, en courant alternatif, de chacun de ses trois accès — entrée du signal reçu, entrée du signal de l'oscillateur local et sortie du signal à fréquence intermédiaire — par rapport aux deux autres si les deux secondaires des transformateurs sont parfaitement identiques, si les deux moitiés de chaque secondaire sont identiques et si les quatre diodes sont identiques) (cela signifie, entre autres, que le signal de l'oscillateur local ne risque pas d'être rayonné par l'antenne du récepteur ni d'apparaître à la sortie du signal à fréquence intermédiaire) (récepteur superhétérodyne hyperfréquence) (cf. aussi* balanced mixer *et* center tap).

double-base diode diode double base *(semi) (cf. aussi* unijunction transistor).

double-beam ... *cf.* dual-beam ...

double-bit error erreur sur deux binaires *(présence de deux binaires erronés dans un mot binaire) (inf, tls) (cf. aussi* uncorrectable error *et* error bit).

double-bit error detection détection des erreurs sur deux binaires *(inf, tls) (cf. aussi* double-bit error).

double-break contact contact à double rupture, jeu de contacts *(idem)* *(jeu de contacts de relais composé de deux contacts fixes, généralement disposés dans le même plan et d'un contact mobile, en forme d'étrier ou équivalent, venant les ponter à la position de fermeture) (est employé notamment dans la plupart des relais à noyau-plongeur) (cf. aussi* relay contact).

double bridge pont double de Kelvin *(app. mesure) (cf. aussi* Kelvin bridge).

double-buffered *cf.* double-word buffered.

double cancellation double annulation *(élimination des échos fixes opérée en comparant les échos provenant de trois récurrences successives) (l'éliminateur d'échos fixes réalise d'abord une annulation simple entre les échos de la première et la deuxième récurrence, puis une seconde annulation simple entre les échos de la deuxième et la troisième récurrence et compare ensuite les impulsions résultant de ces deux annulations, ce qui constitue en fait une troisième annulation) (la double annulation assure une meilleure élimination des échos fixes que l'annulation simple, les « résidus d'élimination » formés par les impulsions d'égale amplitude résultant des deux annulations simples s'annulant automatiquement à la troisième annulation de chaque cycle) (radar MTI) (cf. aussi* single cancellation *et* moving target indicator).

double-cancellation moving-target indication élimination des échos fixes par double annulation, élimination par double annulation *(radar MTI) (cf. aussi* double cancellation).

double-cancellation moving-target indicator éliminateur d'échos fixes à double annulation, MTI à double annulation *(radar MTI) (cf. aussi* double cancellation).

double-cancellation MTI *cf.* double cancellation moving-target indicator.

double compatibility double compatibilité *(propriété d'un procédé de télévision en couleurs possédant la compatibilité directe et la compatibilité inverse) (cf. aussi* direct compatibility, reverse compatibility *et* television system compatibility).

double conversion double changement de fréquence *(super) (cf. aussi* double-conversion superheterodyne receiver).

double-conversion receiver *cf.* double-conversion superheterodyne receiver.

double-conversion superhet *cf.* double-conversion superheterodyne receiver.

double-conversion superhet receiver *cf.* double-conversion superheterodyne receiver.

double-conversion superheterodyne *cf.* double-conversion superheterodyne receiver.

double-conversion superheterodyne receiver récepteur superhétérodyne à double changement de fréquence, récepteur à double changement de fréquence, superhétérodyne à double changement de fréquence *(récepteur superhétérodyne dans lequel la fréquence de la porteuse est abaissée deux fois avec amplification après chacun des deux changements de fréquence) (le double changement de fréquence permet : 1°) de dédoubler la fréquence intermédiaire pour qu'elle soit à la fois suffisamment élevée (première fréquence intermédiaire) pour faciliter l'élimination de la fréquence image, et suffisamment basse (seconde fréquence intermédiaire) pour assurer une grande sélectivité au récepteur ; 2°) d'obtenir une grande amplification de la porteuse à fréquence intermédiaire, donc une grande sensibilité du récepteur, sans risque d'accrochage grâce au fait que les deux moitiés de la chaîne d'amplification ne fonctionnent pas à la même fréquence) (récepteur de trafic, etc.) (cf. aussi* superheterodyne receiver, image frequency 1) *et* communications receiver).

double-density floppy *cf.* double-density floppy disk.

double-density floppy controller régisseur de mémoire à disque souple à double densité *(inf) (cf. aussi* memory controller).

double-density floppy disc *cf.* double-density floppy disk.

double-density floppy disk disque souple à double densité, disquette à double densité *(disque souple dans lequel la densité d'enregistrement est environ le double de celle des premiers disques souples) (peut être à simple face ou à double face) (inf) (cf. aussi* floppy disk *et* recording density).

double-dielectric process procédé à double couche isolante *(procédé de fabrication de circuits intégrés monolithiques à transistors à effet de champ à grille isolée du substrat de silicium par deux couches isolantes de natures différentes) (cf. aussi* MNOS transistor).

double-diffused base base à double diffusion *(transistor bipolaire) (cf. aussi* double diffusion).

double-diffused base structure structure à base à double diffusion *(transistor bipolaire) (cf. aussi* double diffusion).

double-diffused diode diode à double diffusion *(diode à jonction dans laquelle la jonction est formée par double diffusion) (cf. aussi* junction diode *et* double diffusion).

double-diffused epitaxial transistor transistor épitaxial à double diffusion *(transistor à double diffusion réalisé dans une couche épitaxiale) (cf. aussi* double diffusion *et* epitaxial layer).

double-diffused MOS *cf.* DMOS. *(de même pour les termes dérivés).*

double-diffused technology (la) technique de la double diffusion *(semi) (cf. aussi* double diffusion *et* technology).

double-diffused transistor transistor à double diffusion *(cf. aussi* double diffusion).

double diffusion double diffusion *(diffusion d'atomes d'impureté d'un type (P ou N) suivie de la diffusion d'atomes d'impureté de l'autre type (N ou P, respectivement) dans un substrat semiconducteur pour former une électrode de même type de conductibilité que le substrat) (fab. semi) (cf. aussi* DMOS transistor, impurity *et* diffusion 2)).

double-diffusion process procédé à double diffusion *(procédé employé notamment pour la fabrication des transistors DMOS) (cf. aussi* double diffusion).

double-diffusion technique *cf.* double-diffusion process.

double diode double diode *(tube à vide comprenant deux diodes à cathodes distinctes ou à cathode commune dans une même enveloppe) (cf. aussi* diode tube).

double-doped transistor transistor à jonctions tirées *(transistor bipolaire déjà ancien dans lequel les jonctions sont formées par addition successive d'impuretés du type P et du type N dans le bain de semiconducteur en fusion pendant le tirage du monocristal dans lequel est réalisé le transistor) (cf. aussi* bipolar transistor, p-n junction *et* Czochralski method).

double doping *cf.* double diffusion.

double-doublet aerial *cf.* double-doublet antenna.

double-doublet antenna antenne à doublets entrecroisés *(antenne d'émission formée de deux doublets en fil métallique entrecroisés au point de connexion à la ligne d'alimentation et tendus entre deux mâts, les doublets ayant des longueurs différentes pour élargir la bande passante de l'antenne) (cf. aussi* transmitting antenna 1), dipole antenna *et* multiband antenna).

double-ended line ligne équilibrée *(cf. aussi* balanced line).

double frequency conversion *cf.* double conversion.

double-frequency operation *cf.* dual-frequency operation.

double frequency-shift keying modulation par double déplacement de fréquence, modulation DFSK *(modulation télégraphique permettant de transmettre simultanément deux signaux à l'aide de quatre fréquences) (cf. aussi* frequency-shift keying).

double-ganged potentiometer potentiomètre double *(paire de potentiomètres à commande unique) (cf. aussi* potentiometer 1) *et* ganged control).

double-grid tube tube à deux grilles *(cf. aussi* tetrode).

double-heterojunction laser diode diode laser à double hétérojonction *(semi) (cf. aussi* semiconductor laser *et* heterojunction).

double-heterostructure injection laser *cf.* double-heterojunction laser diode.

double-heterostructure laser diode *cf.* double-heterojunction diode.

double-heterostructure LED *cf.* double-heterostructure light-emitting diode.

double-heterostructure light-emitting diode diode lumineuse *(ou luminescente) à double hétérojonction (cf. aussi* light-emitting diode *et* heterojunction).

double-hump response réponse à deux bosses *(filtre) (cf. aussi* double-hump response curve).

double-hump response curve courbe de réponse à deux bosses *(courbe de réponse d'un filtre formé de deux circuits couplés à accord décalé ou d'un amplificateur utilisant un tel filtre)* (cf. aussi response curve *et* stagger-tuned circuits).

double image image dédoublée, *(parf.)* dédoublement de l'image *(défaut d'une image de télévision due à la propagation du signal par trajet multiple entre l'antenne de l'émetteur et celle du récepteur)* (cf. aussi multipath *et* ghost image).

double-insulated *a* à double isolation (cf. aussi double insulation).

double insulation double isolation *(isolation des circuits électriques d'une machine électrique ou d'un appareil électrique ou électronique alimenté par le secteur assurée par l'isolement des conducteurs portés par des organes métalliques et par interposition d'isolants entre ces organes et les parties métalliques extérieures)* (cf. aussi insulation).

double-integration method méthode à double intégration *(ou à double rampe) (mesure numérique)* (cf. aussi dual-ramp integration).

double-integration scheme *cf.* double-integration method.

double-integration technique *cf.* double-integration method.

double ion implant double impureté implantée *(semi)* (cf. aussi double ion implantation).

double ion implantation double implantation ionique *(implantation ionique d'une impureté d'un type, puis d'une impureté de l'autre type dans une zone déterminée d'un cristal semiconducteur) (est analogue à la double diffusion) (fab. semi)* (cf. aussi ion implantation, impurity *et* double diffusion).

double-ion implantation technology (la) technique de la double implantation (ionique) *(fab. semi)* (cf. aussi double-ion implantation *et* technology).

double ion implanted à double implantation (ionique) *(composant à semiconducteur)* (cf. aussi double ion implantation).

double ionization double ionisation, ionisation double *(ionisation d'un atome ou d'une molécule par arrachement successif de deux de ses électrons)* (cf. aussi ionization *et* second ionization).

double-ionized atom atome doublement ionisé, atome ionisé deux fois, atome ayant subi une double ionisation (cf. aussi double ionization).

double-ionized molecule molécule ... *(voir aussi* double-ionized atom *et adapter)* (cf. aussi molecule).

double-layer polysilicon process *cf.* double polysilicon-layer process.

double-length number *cf.* double-precision number.

double-level metallization métallisation à deux niveaux, métallisation à deux couches *(CI)* (cf. aussi metallization).

double-level polysilicon process procédé au polysilicium à double couche *(ou* à deux couches), procédé à double couche de polysilicium *(ou* à deux couches de polysilicium) *(procédé de fabrication de circuits intégrés MOS au polysilicium utilisant une couche supplémentaire, isolée de la première par une couche d'oxyde, pour former des interconnexions, et éventuellement des condensateurs avec la première couche) (semi)* (cf. aussi single-level polysilicon process *et* interconnection (b)).

double-level polysilicon structure structure à double couche de polysilicium *(ou* à deux couches de polysilicium) (cf. aussi double-level polysilicon process).

double limiter limiteur à deux étages *(récepteur FM)* (cf. aussi limiter).

double-metal ... *cf.* double-level ...

double moding instabilité de mode d'oscillation *(passage brusque et irrégulier de la fréquence d'oscillation d'un magnétron de la valeur correspondant au mode d'oscillation normal à une valeur correspondant à un autre mode d'oscillation, suivi du retour, également brusque et irrégulier, à la fréquence normale) (est évité par l'emploi du jumelage ou d'une anode à cavités alternées) (hyper)* (cf. aussi magnetron, π mode, strapping *et* rising-sun anode).

double modulation double modulation *(modulation dans laquelle le signal à transmettre module une sous-porteuse à haute fréquence qui module à son tour une porteuse à fré-* *quence plus élevée) (est employé notamment en télévision en couleurs où les signaux de chrominance modulent la sousporteuse de chrominance qui module à son tour la porteuse) (est également employé, plusieurs fois successives, dans un multiplex téléphonqiue fréquentiel)* (cf. aussi frequency-division multiplex).

double-peak passband *cf.* double-hump response.

double-phantom circuit circuit superfantôme *(circuit télégraphique formé de la même façon qu'un circuit fantôme à l'aide de deux circuits téléphoniques qui sont eux-mêmes déjà des circuits fantômes) (un circuit superfantôme utilise donc huit conducteurs d'un câble téléphonique)* (cf. aussi phantom circuit).

double-plug package boîtier à sorties radiales *(diode, condensateur)* (cf. aussi radial leads).

double-polarity pulses impulsions à double polarité (cf. aussi bidirectional pulses).

double-pole double-throw *cf.* DPDT.

double-pole single-throw *cf.* DPST.

double-pole switch interrupteur bipolaire *(interrupteur coupant simultanément deux circuits)* (cf. aussi switch[1]).

double poly *cf.* double polysilicon layer.

double-poly dynamic RAM mémoire RAM *(ou* vive) dynamique à double couche de polysilicium *(CI)* (cf. aussi dynamic RAM *et* double-level polysilicom structure).

double-poly NMOS process procédé NMOS à double couche de polysilicium *(fab. CI)* (cf. aussi NMOS process *et* double-level polysilicon process).

double-poly process *cf.* double polysilicon-layer process.

double-poly self-aligned silicon-gate MOS IC circuit intégré MOS à grille au silicium autoalignée et double couche de polysilicium (cf. aussi self-aligned-gate process *et* double-level polysilicon process).

double-poly silicon-gate MOS structure structure MOS à grille au silicium et double couche de polysilicium *(CI)* (cf. aussi silicon gate *et* double-level polysilicon process).

double-poly silicon-gate MOS technology (la) technique MOS à grille au silicium et double couche de polysilicium *(CI)* *(idem ci-dessus).*

double-poly structure *cf.* double-level polysilicon structure.

double-polysilicon CMOS process *cf.* double-level polysilicon process.

double polysilicon layer double couche de polysilicium (cf. aussi double-level polysilicon structure).

double polysilicon-layer ... *cf.* double-level ...

double precision double précision *(dans un ordinateur, utilisation de deux registres accolés ayant chacun une capacité n égale au nombre de binaires des mots binaires employés dans l'ordinateur pour contenir des nombres comprenant 2 n binaires tels que le produit de deux nombres de n binaires ou le dividende d'une division dont le diviseur comprend n binaires et le quotient totalise n binaires avec le reste) (inf)* (cf. aussi register[1] 1) *et* bit).

double-precision computation calcul en double précision *(inf)* (cf. aussi double precision).

double-precision number nombre en double précision *(dans un ordinateur, nombre binaire dont la longueur est le double de la longueur des mots utilisés dans l'ordinateur) (en d'autres termes, résultat d'une multiplication effectuée en double précision ou dividende d'une division effectuée également en double précision) (inf)* (cf. aussi double precision).

double rail double état *(propriété d'un circuit logique à sorties complémentaires) (inf)* (cf. aussi complementary outputs).

double-rail technique méthode à double état *(utilisation de circuits logiques à sorties complémentaires avec transmission des deux signaux de sortie d'un circuit au suivant)* (cf. aussi double rail).

double-railed technique *cf.* double-rail technique.

double-range meter appareil de mesure à deux calibres, appareil à deux calibres (cf. aussi measurement range (b)).

double-rate *v* utiliser au double de la puissance nominale *(résistance)* (cf. aussi rated power).

double-ridge to rectangular waveguide transition transition entre un guide d'ondes à double nervure et un guide rectangulaire, transition guide à double nervure/guide rectangulaire *(hyper)* (cf. aussi ridge waveguide).

double-ridge waveguide guide d'ondes à double nervure *(hyper)* (cf. aussi ridge waveguide).

double-ridged waveguide cf. double-ridge waveguide.

double self-aligning process procédé auto-alignant à double couche *(procédé de fabrication de mémoires EPROM dans lequel la grille flottante de chaque transistor réalisée dans la première couche de polysilicium et la grille de commande réalisée dans la deuxième couche sont auto-alignées) (CI)* (cf. aussi self-aligned gate process, FAMOS transistor *et* EPROM).

double-sideband modulation modulation à deux bandes latérales *(type classique de modulation d'une porteuse modulée en amplitude)* (cf. aussi amplitude modulation).

double-sideband modulator modulateur à deux bandes latérales *(clpf) (émetteur AM)* (cf. aussi double sideband modulation *et* modulator).

double-sideband reduced-carrier transmission émission à deux bandes latérales et porteuse réduite *(émetteur AM)* (cf. aussi double-sideband modulation).

double-sideband transmission émission à deux bandes latérales *(AM)* (cf. aussi double-sideband modulation).

double-sided aerial cf. double-sided antenna.

double-sided antenna antenne à diagramme (de rayonnement) bidirectionnel *(antenne directive rayonnant dans deux directions opposées) (émetteur)* (cf. aussi directional antenna).

double-sided board cf. double-sided printed circuit board.

double-sided card cf. double-sided printed-circuit board.

double-sided circuit board cf. double-sided printed-circuit board.

double-sided circuit card cf. double-sided printed-circuit board.

double-sided double-density diskette cf. double-sided double-density floppy disk.

double-sided double-density floppy disk disque souple à double densité et double face, disquette double face double densité *(le premier terme est peu employé) (inf)* (cf. aussi double-sided floppy disk *et* double-density floppy disk).

double-sided floppy cf. double-sided floppy disk.

double-sided floppy disk disque souple à double face, disquette double face *(le second terme est le plus employé) (disque souple portant une couche magnétique sur les deux faces) (inf)* (cf. aussi floppy disk).

double-sided floppy-disk drive mémoire à disque souple à double face, mémoire à disquette double face *(inf)* (cf. aussi floppy-disk drive *et* double-sided floppy disk).

double-sided pc ... cf. double-sided PC ...

double-sided PC board cf. double-sided printed-circuit board.

double-sided PC card cf. double-sided printed-circuit board.

double-sided printed board cf. double-sided printed-circuit board.

double-sided printed card cf. double-sided printed-circuit board.

double-sided printed circuit circuit imprimé double face, circuit double face *(circuit imprimé réalisé sur un substrat à double face)* (cf. aussi printed circuit *et* double-sided substrate).

double-sided printed-circuit board carte à circuit imprimé double face *(ou à double face), (etc.), (parf.)* plaquette *(idem)* (cf. aussi printed-circuit board *et* double-sided printed circuit).

double-sided printed-circuit card cf. double-sided printed-circuit board.

double-sided substrate substrat double face *(substrat de circuit imprimé portant une couche de cuivre sur les deux faces)* (cf. aussi printed-circuit substrate).

double-spot tuning double accord *(défaut d'un récepteur superhétérodyne recevant une émission sur deux positions de l'aiguille du cadran correspondant à une différence de fréquence d'accord égale au double de la fréquence intermédiaire) (est dû à un manque de sélectivité)* (cf. aussi superheterodyne receiver *et* intermediate frequency).

double-stub tuner adaptateur coaxial double, adaptateur d'impédance *(idem) (adaptateur d'impédance coaxial comportant deux éléments coulissants disposés dans un même plan et d'un même côté de la ligne coaxiale) (hyper)* (cf. aussi coaxial tuner).

double superheterodyne cf. double-conversion receiver.

double-superheterodyne receiver cf. double conversion receiver.

double superheterodyne reception réception avec double changement de fréquence *(réception de signaux radioélectriques à l'aide d'un récepteur superhétérodyne à double changement de fréquence)* (cf. aussi double-conversion receiver).

double talk conversation simultanée *(tél)*.

double-throw a inverseur a *(contact, jeu de contacts, commutateur ou relais)* (cf. aussi double-throw switch).

double-throw contact contact inverseur *(relais, etc.)* (cf. aussi change-over contact).

double-throw switch inverseur s, commutateur à deux directions *(le premier terme est le plus employé) (commutateur à deux positions permettant de relier une borne d'un circuit à un circuit sur une position, ou à un autre circuit sur l'autre position)* (cf. aussi alternate-action switch, SPDT switch, DPDT switch *et* switch[1]).

double-track recording enregistrement sur deux pistes, enregistrement sur bande magnétique sur deux pistes *(enregistrement sur bande magnétique sur deux pistes en même temps, c.-à-d. sur bande stéréophonique, ou sur une piste d'une bande en cassette, puis sur une autre piste avec défilement de la bande dans l'autre sens, après retournement ou non de la cassette)* (cf. aussi stereo tape *et* cassette recorder).

double-track tape recording cf. double-track recording.

double triode double triode *(tube à vide comprenant deux triodes dans une enveloppe commune)* (cf. aussi triode tube).

double-tuned amplifier amplificateur à bande élargie *(amplificateur accordé utilisant des transformateurs de liaison à accord décalé pour élargir la bande passante)* (cf. aussi tuned amplifier, coupling transformer *et* staggered tuning).

double-tuned cavity cavité à deux fréquences d'accord *(oscillateur hyperfréquence)* (cf. aussi cavity resonator).

double-tuned circuits circuits à accord décalé *(transfo. HF)* (cf. aussi stagger-tuned circuits).

double-tuned filter filtre à circuits couplés (à accord décalé) *(récepteur)* (cf. aussi stagger-tuned filter).

double-V aerial cf. double-V antenna.

double-V antenna antenne à dipôle en V *(antenne dipôle dans laquelle chaque tige du dipôle est repliée sous la forme d'un V dont la pointe est connectée à un des deux conducteurs du câble d'antenne)* (cf. aussi dipole antenna).

double-word buffered à mémoire-tampon de deux mots, à tampon de deux mots, tamponné de deux mots *(organe ou appareil informatique)* (cf. aussi buffer memory *et* binary word).

double-wound transformer transformateur à point milieu *(cf. aussi transformer et center tap)*.

doubler doubleur s *(montage doublant la valeur d'une grandeur électrique)* (cf. aussi voltage doubler *et* frequency doubler).

doublet cf. dipole antenna.

doubly- ... cf. double- ...

Dow oscillator cf. electron-coupled oscillator.

down-chirp expansion des impulsions *(parf. d'impulsions)*, expansion *(dans l'émetteur d'un radar à compression d'impulsions, élargissement des impulsions étroites fournies par le générateur d'impulsions, réalisé par un filtre d'expansion)* (cf. aussi expansion filter, chip radar *et* dispersive delay line).

down-chirp device cf. down-chirp dispersive line.

down-chirp dispersive delay line cf. down-chirp dispersive line.

down-chirp dispersive line ligne dispersive à expansion (d'impulsions) *(radar)* (cf. aussi down-chirp).

down-chirp line cf. down-chirp dispersive line.

down-chirped pulse impulsion élargie, impulsion expansée *(radar)* (cf. aussi down-chirp).

down-coming sky wave onde de ciel *(propa)* (cf. aussi sky wave).

down-conversion changement de fréquence *(réduction, géné-*

ralement importante, de la fréquence d'une porteuse, obtenue par battement entre celle-ci et un signal sinusoïdal de fréquence inférieure ou supérieure) (la fréquence de la porteuse obtenue est égale à la différence de fréquence entre les deux signaux) (noter que le terme « changement de fréquence » signifie « abaissement de fréquence » et ne doit donc pas être employé lorsqu'il s'agit d'augmenter la fréquence d'un signal) (super) (cf. aussi mixer *et* up-conversion).

down-conversion to IF *cf.* down-conversion to intermediate frequency.

down-conversion to intermediate frequency changement de fréquence donnant la fréquence intermédiaire *(ou* la FI), passage à la fréquence intermédiaire *(ou* à la FI) par changement de fréquence *(super) (cf. aussi* down-conversion *et* intermediate frequency).

down-conversion to video changement de fréquence donnant la fréquence vidéo, passage à la fréquence vidéo par changement de fréquence *(récepteur de radar) (cf. aussi* down-conversion *et* video[1])).

down-convert *v* abaisser (par changement de fréquence) *(la fréquence d'une porteuse),* changer la fréquence *(d'une porteuse) (super) (cf. aussi* down-conversion).

down-converted signal signal à fréquence abaissée (par changement de fréquence), *(parf.)* signal ayant subi un changement de fréquence *(super) (cf. aussi* down-conversion).

down-converter adaptateur de bande *(appareil abaissant la fréquence des signaux reçus par une antenne avant de les appliquer à l'entrée d'un récepteur) (fonctionne suivant le principe d'un changeur de fréquence) (cf. aussi* down-conversion *et* mixer).

down count compte décroissant *(compte obtenu en décroissant) (cf. aussi* down counting).

down-count *v* compter en décroissant *(inf) (cf. aussi* down counter).

down counter compteur régressif, compteur soustractif *(compteur dans lequel chaque impulsion appliquée à l'entrée diminue d'une unité le nombre qu'il contient) (inf) (cf. aussi* counter).

down counting comptage régressif, comptage soustractif, comptage en décroissant *(inf) (cf. aussi* down counter).

down Doppler fréquence Doppler négative *(ou* en éloignement), (le) Doppler négatif *(idem) (fréquence Doppler obtenue lorsque la source s'éloignant du point de réception, ou la cible s'éloignant du point d'émission-réception, la fréquence de réception est inférieure à la fréquence d'émission) (radar, sonar, etc.) (cf. aussi* Doppler shift).

down lead descente d'antenne *(cf. aussi* lead-in).

down-link liaison descendante, liaison dans le sens descendant *(liaison radio entre un engin spatial, une station sur une planète ou un aéronef et une station située sur la Terre, dans le sens de l'espace ou l'aéronef à la Terre) (pour un satellite de télécommunications ou autre, on peut aussi employer les termes « liaison du satellite à la Terre », « liaison vers la Terre », « liaison dans le sens satellite-Terre », « liaison satellite-Terre », etc.) (on peut faire de même pour un engin spatial quelconque ou une station sur une planète en changeant le mot nécessaire) (il en va de même pour un aéronef, mais il faut alors employer le mot « sol » à la place de « Terre ». Exemple : « liaison dans le sens avion-sol ») (cf. aussi* up-link).

down-link band *cf.* down-link bandwidth.

down-link bandwidth largeur de bande de la liaison descendante *(ou* en descendant) *(largeur de bande du signal d'une liaison descendante) (radiocom) (cf. aussi* bandwidth 1) *et* down-link signal).

down-link carrier porteuse de la liaison descendante, porteuse du signal descendant *(porteuse du signal d'une liaison descendante) (cf. aussi* carrier 1) *et* down-link signal).

down-link direction sens de la liaison descendante, sens descendant *(cf. aussi* down-link).

down-link frequency fréquence de la liaison descendante, fréquence du signal descendant *(fréquence de la porteuse d'une liaison descendante) (cf. aussi* down-link carrier).

down-link jammer brouilleur de liaison descendante *(brouilleur, généralement situé au sol ou sur navire, destiné à brouiller les émissions radio en provenance d'un satellite militaire) (radiocom mil) (cf. aussi* communications jammer *et* down-link).

down-link jamming brouillage de la liaison descendante *(cf. aussi* down-link jammer).

down-link operation fonctionnement de la liaison descendante *(cf. aussi* down-link).

down-link power puissance du signal de la liaison descendante *ou* du signal descendant *(ou* de la liaison descendante) *(cf. aussi* signal power *et* down-link).

down-link receiver récepteur de la liaison descendante *(récepteur situé sur la Terre ou une autre planète dans une liaison descendante) (cf. aussi* down-link).

down-link reception réception du signal descendant, réception dans le sens descendant, réception à l'extrémité de la liaison descendante *(réception par le récepteur d'une liaison descendante) (cf. aussi* down-link receiver).

down-link signal signal de la liaison descendante, signal descendant, signal dans le sens descendant *(signal émis par l'émetteur d'une liaison descendante) (cf. aussi* down-link transmitter).

down-link spectrum spectre de fréquences du signal descendant, spectre du signal descendant *(spectre de fréquences du signal d'une liaison descendante) (cf. aussi* frequency spectrum *et* down-link signal).

down-link transmission émission du signal descendant, émission dans le sens descendant *(cf. aussi* down-link signal).

down-link transmitter émetteur de la liaison descendante *(émetteur situé dans le mobile dans une liaison descendante) (cf. aussi* down-link).

down-link voice communications liaisons en phonie dans le sens descendant *(radiocom) (cf. aussi* vioce communications *et* down-link).

down-load *cf.* download. *(plus loin) (de même pour les termes dérivés).*

down-looking radar radar à couverture basse *(radar d'avion militaire utilisable pour détecter et suivre un aéronef volant à une altitude nettement inférieure à celle de l'avion, c-à-d. sur le fond d'échos parasites produits par le sol) (cf. aussi* air-to-air down-look mode, clutter *et* radar).

down pulse impulsion de décomptage *(impulsion appliquée à l'entrée de commande d'un compteur-décompteur pour le faire fonctionner en décompteur) (cf. aussi* up-down counter).

down reading valeur indiquée en décroissant *(valeur indiquée par un appareil de mesure indiquant auparavant une valeur supérieure) (cf. aussi* reading 2).

down-shifted signal *cf.* down-converted signal.

down side côté aval, côté réception *(d'une liaison de télécommunications) (cf. aussi* at the receiving end).

down time temps d'indisponibilité *(temps pendant lequel un appareil, un système ou une machine n'est pas utilisable pour cause de panne ou de révision) (cf. aussi* up time).

download *v* télécharger à partir du central *(ou* en descendant), télécharger *(télécharger dans la mémoire d'un terminal intelligent un programme en provenance d'un ordinateur central) (inf) (cf. aussi* intelligent terminal, host computer *et* remote loading).

downloading téléchargement à partir du central *(ou* descendant), téléchargement *(inf) (cf. aussi* download).

downstream electronics (l')électronique située en aval, (l') électronique aval *(électronique située après un certain point dans un appareil ou système, dans le sens de progression du signal) (cf. aussi* electronics[1] (c)).

downward compatibility rétrocompatibilité *(terme que j'ai proposé),* compatibilité descendante *(propriété d'un microprocesseur ou d'un ordinateur pouvant utiliser le logiciel d'un matériel antérieur moins puissant) (inf) (cf. aussi* microprocessor, computer 2) software *et* compatibility).

downward-compatible *a* rétrocompatible *(terme que j'ai proposé),* à compatibilité descendante *(cf. aussi* downward compatibility).

downward modulation modulation par réduction d'amplitude *(modulation d'amplitude dans laquelle l'amplitude instantanée de la porteuse modulée est au maximum égale à sa valeur en l'absence de modulation) (cas général de la modulation d'amplitude) (cf. aussi* amplitude modulation).

DP *cf.* data processing. *(de même pour les termes dérivés)*.

DPCM *cf.* differential pulse-code modulation.

DPDT *(vient de « double-pole double-throw »)* DPDT *(qualifie un dispositif pouvant inverser simultanément deux circuits indépendants) (voir rubriques ci-après) (cf. aussi* DPST, SPST, SPDT, 4PST *et* 4PDT).

DPDT contacts double contact inverseur, double jeu de contacts inverseurs, contacts DPDT *(inverseur, relais) (cf. aussi* DPDT).

DPDT relay relais à deux contacts inverseurs, relais à double contact inverseur, relais inverseur bipolaire, relais DPDT *(cf. aussi* DPDT).

DPDT switch inverseur bipolaire *(inverseur à deux jeux de contacts) (cf. aussi* DPDT).

DPI 1) *cf.* digital panel instrument. 2) *cf.* dots per inch.

DPLXR 1) *cf.* diplexer. 2) *cf.* duplexer.

DPM *cf.* digital panel meter.

DPSK *cf.* differential phase-shift keying.

DPST *(vient de « double-pole single-throw »)* DPST *(qualifie un dispositif pouvant couper simultanément deux circuits indépendants) (voir rubriques ci-après) (cf. aussi* DPDT, SPST, SPDT, 4PST *et* 4PDT).

DPST contacts double contact interrupteur, double jeu de contacts interrupteurs, contacts DPST *(interrupteur, relais) (cf. aussi* DPST).

DPST relay relais à deux contacts interrupteurs, relais à double contact interrupteur, relais interrupteur bipolaire, relais DPST *(cf. aussi* DPST).

DPST switch interrupteur bipolaire *(interrupteur à deux jeux de contacts) (cf. aussi* DPST).

DR *cf.* density ratio.

drafting machine machine à dessiner *(traceur numérique de grandes dimensions, souvent à table approximativement verticale, conçu pour l'exécution de dessins techniques) (inf) (cf. aussi* digital plotter).

drag angle angle d'inclinaison vers l'avant *(burin graveur) (cf. aussi* cutting stylus).

drag cup transducer tachymètre à courants de Foucault *(capteur de vitesse de rotation comprenant essentiellement un tambour en métal dans lequel tourne un aimant entraîné par l'arbre dont on veut mesurer la vitesse de rotation) (le tambour est monté sur un axe et rappelé à la position de repos par un ressort spiral et porte une aiguille indicatrice) (les courants de Foucault induits dans le tambour par la rotation de l'aimant réagissent avec le champ magnétique de celui-ci en faisant tourner le tambour proportionnellement à la vitesse de rotation de l'aimant) (indicateur de vitesse de véhicule, etc.) (cf. aussi* eddy current *et* angular velocity sensor).

drain *s* 1) drain *(électrode collectrice d'un transistor à effet de champ) (cf. aussi* field-effect transistor) 2) *cf.* power drain. 3) *cf.* current drain.

drain bias *(parf.* tension de) polarisation du drain *(par rapport à la source, dans un transistor à effet de champ) (semi) (cf. aussi* bias[1] *et* drain 1)).

drain contact contact de drain *(ou du drain) (zone métallisée du drain d'un transistor à effet de champ par laquelle se fait le contact avec la connexion de cette électrode) (semi) (cf. aussi* drain 1)).

drain current *(parf.* intensité du) courant de drain *(courant dans le drain d'un transistor à effet de champ ou, parfois, intensité de ce courant) (constitue le courant de sortie du transistor) (semi) (cf. aussi* drain 1) *et* pinch-off).

drain current density densité de courant dans le drain *(TEC) (cf. aussi* current density *et* drain 1)).

drain current-drain voltage characteristic caractéristique courant de drain-tension de drain *(courbe représentant la variation de l'intensité du courant de drain d'un transistor à effet de champ en fonction de la tension de drain pour une tension de grille déterminée et constante) (comprend un segment initial à forte pente, qui est la partie utilisable, suivi d'un segment presque horizontal qui correspond à la saturation) (semi) (cf. aussi* drain current, drain voltage, triode region, field-effect transistor *et* characteristic curve).

drain depletion region zone d'appauvrissement du drain *(TEC) (cf. aussi* pinch-off).

drain diffusion diffusion du drain *(action)*, *(parf.)* diffusion de drain *(résultat) (TEC) (cf. aussi* drain 1) *et* diffusion 2)).

drain region zone du drain *(TEC) (cf. aussi* drain 1)).

drain resistance résistance du drain, résistance série du drain *(TEC) (cf. aussi* drain 1) *et* series resistance).

drain saturation current *(parf.* intensité du) courant de drain à la saturation *(TEC) (cf. aussi* pinch-off).

drain saturation region zone de saturation du drain *(partie de la caractéristique courant de drain-tension de drain d'un transistor à effet de champ correspondant à la saturation du transistor) (semi) (cf. aussi* drain current-drain voltage characteristic).

drain saturation voltage tension de saturation du drain *(TEC) (cf. aussi* pinch-off).

drain series resistance *cf.* drain resistance.

drain-source on-state voltage tension drain-source à l'état passant *(TEC) (cf. aussi* drain-source voltage *et* on-state voltage).

drain-source voltage tension drain-source *(tension appliquée entre le drain et la source d'un transistor à effet de champ) (semi) (cf. aussi* field-effect transistor *et* pinch-off).

drain space-charge region zone de charge d'espace du drain *(TEC) (cf. aussi* space charge *et* drain 1)).

drain terminal borne du drain *(TEC) (cf. aussi* drain contact).

drain-to-body avalanche current *(parf.* intensité du) courant d'avalanche drain-substrat *(ou du drain au substrat) (TEC) (CI)*.

drain voltage tension du drain, tension de drain *(noms souvent donnés à la tension drain-source) (TEC) (cf. aussi* drain-source voltage).

DRAM *cf.* dynamic RAM.

draw current *v* absorber du courant, *(parf.)* consommer du courant, consommer *(appareil, circuit, composant)*.

draw current from ... *v* absorber du courant en provenance de ...

drift[1] *s* 1) dérive *(variation lente et indésirable de la valeur d'une grandeur physique en fonction du temps ou de la température) (dérive de la fréquence de résonance d'un résonateur, du zéro d'un appareil de mesure, de la tension ou du courant de décalage d'un amplificateur différentiel, de la température d'une enceinte thermostatée, de l'orientation de l'axe de la toupie d'un gyroscope, de la trajectoire d'un mobile, etc.) (cf. aussi* time drift, thermal drift *et* drift rate). 2) déplacement, migration *(des porteurs de charge dans un semiconducteur) (cf. aussi* charge carrier *et* semiconductor).

drift[2] *v (cf. aussi* drift[1]) 1) dériver. 2) se déplacer, migrer.

drift angle angle de dérive *(aéronef, navire) (radionav, nav) (cf. aussi* drift[1] 1)).

drift mobility mobilité *(des porteurs de charge) (semi) (cf. aussi* carrier mobility).

drift rate taux de dérive *(dérive par unité de temps) (cf. aussi* drift[1] 1)).

drift region zone de migration *(zone séparant le drain de la zone P dans un transistor DMOS ou VMOS) (cf. aussi* DMOS *et* VMOS).

drift space espace de regroupement, espace de glissement *(espace compris entre les deux cavités d'un klystron ordinaire ou entre la cavité et le réflecteur d'un klystron réflex ou entre deux cavités successives d'un klystron multicavité, dans lequel les électrons les plus rapides rattrapent les autres pour former des paquets d'électrons) (hyper) (cf. aussi* reflector space *et* klystron).

drift time temps de regroupement *(temps nécessaire à la formation d'un paquet d'électrons dans l'espace de regroupement d'un klystron à deux cavités ou d'un klystron réflex ou dans le premier espace de regroupement d'un klystron multicavité) (hyper) (cf. aussi* drift space).

drift transistor transistor à gradient d'impuretés (dans la base), transistor drift *(transistor bipolaire dans lequel la concentration des impuretés dans la base a une forte valeur du côté de l'émetteur et décroît régulièrement jusqu'à une faible valeur du côté du collecteur pour créer un champ électrique de sens approprié accélérant les électrons traversant la base, ce qui réduit leur temps de transit et favorise donc le fonctionne-*

ment du transistor aux fréquences élevées) (cf. aussi bipolar transistor et impurity concentration).

drift tube tube de regroupement, tube de glissement (partie du tunnel d'un klystron comprenant l'espace de regroupement ou un espace de regroupement) (hyper) (cf. aussi drift tunnel et drift space).

drift tunnel tunnel (tube métallique dans lequel passe le faisceau d'électrons dans un tube hyperfréquence à faisceau droit) (cf. aussi drift tube et linear-beam tube).

drift velocity vitesse de déplacement (ou de migration (des porteurs de charge) (semi) (cf. aussi drift[1] 2)).

drift with ... dérive en fonction de ... (cf. aussi drift[1] 1)).

drive[1] s (cf. aussi driver). 1) attaque, commande (d'un amplificateur (généralement de puissance), d'un afficheur, d'un circuit logique, etc.). 2) excitation (d'un quartz, d'une antenne d'émission, d'un haut-parleur, etc.). 3) cf. drive voltage. 4) entraînement (d'une bande magnétique ou autre, d'un potentiomètre d'asservissement, etc.). 5) cf. drive mechanism. 6) cf. tape drive. 7) cf. disk drive.

drive[2] v (cf. aussi drive[1]) 1) attaquer. 2) commander. 3) exciter. 4) entraîner. 5) faire passer, forcer (à « 1 » ou à « 0 ») (la sortie d'un circuit logique) (inf) (cf. aussi logic state).

drive capability possibilités d'attaque, (etc.) (noms parfois donnés à la puissance pouvant être fournie par un circuit d'attaque ou équivalent) (cf. aussi driver 1) et capability).

drive capstan cabestan (appareil à bande magnétique) (cf. aussi capstan).

drive circuit cf. driver 1).

drive circuitry circuits de commande, (etc.) (cf. aussi driver 1) et circuitry).

drive coil 1) bobine d'excitation (relais, etc.) (cf. aussi field coil). 2) cf. drive-field coil.

drive control cf. horizontal drive control.

drive current (parf. intensité du) courant d'attaque, (etc.) (courant constituant un signal d'attaque, etc. ou, parfois, intensité de ce courant) (cf. aussi drive signal).

drive down v arrêter, couper (une alimentation, etc.) (cf. aussi turn-off 1)).

drive electronics électronique de commande (électronique commandant le fonctionnement d'un afficheur ou autre composant ou circuit) (cf. aussi electronics[1] (c)).

drive end côté entraînement (extrémité de l'arbre d'une machine électrique tournante par laquelle se fait l'entraînement de la charge ou de la machine) (élt) (cf. aussi rotating electrical machine).

drive-field coil bobine de champ tournant (mémoire à bulles) (cf. aussi bubble memory).

drive frequency 1) fréquence du signal de commande (ampli, etc.). 2) fréquence du signal d'excitation (quartz).

drive-in s diffusion après implantation (semi) (cf. aussi diffusion 1) (b) et ion implantation).

drive-in oxide oxyde à implanter, (parf.) oxyde implanté (oxyde dont une quantité infinitésimale est introduite par implantation ionique dans une zone déterminée d'un cristal semiconducteur) (fab. semi) (cf. aussi ion implantation).

drive-in temperature température de diffusion après implantation (cf. aussi drive-in).

drive into conduction v faire passer à l'état conducteur, (etc.) (transistor, etc.) (cf. aussi on-state).

drive level (cf. aussi level 1)) 1) niveau d'attaque, niveau de commande (cf. aussi drive[1] 1). 2) niveau d'excitation (cf. aussi drive[1] 2)).

drive maker cf. drive manufacturer.

drive manufacturer constructeur de mémoires à défilement (inf) (cf. aussi moving-media memory).

drive mechanism mécanisme d'entraînement (de la bande) (appareil à bande magnétique ou autre).

drive motor moteur d'entraînement (de la bande, etc.) (appareil à bande magnétique ou autre, etc.).

drive power (cf. aussi power[1] 1) et drive[1] 1), 2) et 4)) (puissance nécessaire ou puissance fournie) 1) puissance d'attaque, puissance de commande. 2) puissance d'excitation. 3) puissance d'entraînement.

drive pulse impulsion d'attaque, impulsion de commande, impulsion d'excitation (selon le contexte) (impulsion constituant un signal d'attaque, etc. et notamment impulsion de

courant appliquée à un moteur pas-à-pas pour le faire tourner d'un pas ou impulsion de tension appliquée à une électrode d'un afficheur pour l'exciter) (cf. aussi pulse[1], drive signal, stepper motor et display[1] 4)).

drive pulse train train d'impulsions d'excitation (moteur pas-à-pas) (cf. aussi pulse train et drive pulse).

drive requirements puissance d'attaque nécessaire (ou de commande ..., parf. d'excitation ...) (puissance à fournir pour attaquer ou exciter un dispositif pour qu'il fonctionne correctement) (cf. aussi power[1] 1) et driver 1)).

drive signal signal d'attaque, (etc.) (signal appliqué à un dispositif pour le faire fonctionner) (cf. aussi drive[1] 1) et 2), drive pulse et signal[1]).

drive stage cf. driver 1).

drive supplier cf. drive manufacturer.

drive to saturation v amener à la saturation (un transistor) (cf. aussi saturated transistor).

drive transistor cf. driver transistor.

drive vendor cf. drive manufacturer.

drive voltage (cf. aussi drive[1] 1) et 2) et voltage) 1) tension d'attaque (etc.) (tension constituant un signal d'attaque, etc.) (cf. aussi drive signal). 2) tension d'excitation.

driven (cf. aussi drive[1]) et drive[2] 5)) 1) attaqué, commandé. 2) commandé. 3) excité. 4) entraîné. 5) forcé.

driven array groupement d'éléments excités (antenne en réseau) (cf. aussi driven element et array antenna).

driven element élément excité, élément non parasite (élément rayonnant connecté à la ligne d'alimentation d'une antenne d'émission à éléments parasites) (cf. aussi parasitic element).

driver 1) attaqueur (tg) (terme que j'ai proposé), circuit d'attaque (ou de commande), amplificateur (idem), étage (idem), montage (idem) (montage amplificateur fournissant un signal suffisamment puissant pour attaquer un étage ou un composant absorbant une certaine puissance ou une ligne de transmission). 2) programme pilote (d'imprimante, etc.), pilote (idem), module de commande (ou de gestion), module (petit programme d'ordinateur élaboré pour commander un appareil périphérique et notamment une imprimante ou un matériel analogue) (inf) (cf. aussi program module et printer 1)).

driver stage cf. driver 1).

driver transistor transistor d'attaque (ou de commande) (transistor d'un étage d'attaque) (est généralement un transistor de puissance) (cf. aussi driver 1) et power transistor).

driver tube tube d'attaque (ou de commande) (tube électronique d'une certaine puissance monté dans un étage d'attaque d'un appareil à tubes électroniques) (cf. aussi driver 1).

driving cf. drive[1] 1), 2) et 4).

driving ... cf. drive ... (pour les termes qui ne figurent pas ci-après).

driving impedance impédance cinétique (haut-parleur, etc.) (cf. aussi motional impedance).

driving-point admittance admittance (quadripôle) (cf. aussi admittance).

driving-point impedance impédance d'entrée (quadripôle) (cf. aussi input impedance).

driving potential cf. accelerating voltage.

driving signals (nom généralement donné en anglais aux signaux de balayage du tube analyseur d'une caméra de télévision à tube) (en français, les signaux de balayage ont le même nom dans la caméra et dans le récepteur) (cf. aussi sweep signal (c)).

driving spring ressort de rappel (dans un poste téléphonique à cadran, ressort spiral rappelant à la position de repos le disque du cadran lorsqu'on le relâche après l'en avoir écarté pour émettre un des chiffres du numéro de l'abonné demandé) (cf. aussi telephone dial).

DRO cf. destructive readout.

DRO memory cf. destructive-readout memory.

droop affaissement du sommet (affaissement de la partie arrière du sommet d'une impulsion rectangulaire relativement longue) (cf. aussi boxcar pulse).

droop rate pente du sommet (affaissement du sommet d'une impulsion exprimé en unités d'amplitude par unité de temps) (cf. aussi droop).

drop chute de tension *(cf. aussi* voltage drop).

drop-in information parasite *(binaire ou groupe de binaires indésirables enregistrés involontairement sur un support magnétique) (inf) (cf. aussi* bit).

drop-in package boîtier enfichable *(composant) (cf. aussi* plug-in package).

drop-in replacement *cf.* pin-for-pin replacement.

drop indicator annonciateur *(central tél. manuel) (cf. aussi* annunciator 1)).

drop-off point de raccordement *(d'une installation à une ligne de télécommunications) (cf. aussi* communications line).

drop out *v (voir aussi* drop-out) **1)** ne pas être enregistré(e). **2)** ne pas être reçu(e). **3)** présenter une microcoupure, *(etc.).* **4)** être relâché(e).

drop-out *s* **1)** perte de niveau *(amplitude insuffisante d'une impulsion ou autre signal lu sur un support magnétique ou reçu à une extrémité d'une liaison de télécommunications) (dans le premier cas, est due à une irrégularité de la couche magnétique) (dans le second cas, est due à une fluctuation des conditions de transmission) (cf. aussi* magnetic storage medium, communications link *et, à titre d'information,* drop-in). **2)** creux de tension, *(etc.) (secteur) (cf. aussi* brown-out). **3)** relâchement *(relais) (cf. aussi* release[1] 2)).

drop-out compensator compensateur de pertes de niveau *(enr. mag) (cf. aussi* drop-out 1)).

drop-out count nombre de pertes de niveau *(enr. mag) (cf. aussi* drop-out 1)).

drop-out current intensité du courant au relâchement *(ou* à la retombée), intensité au relâchement *(idem),* courant de relâchement, courant de retombée *(valeur de l'intensité décroissante du courant dans la bobine d'excitation d'un relais de tension ou de courant à laquelle l'attraction du noyau magnétique n'étant plus suffisante pour maintenir l'armature à la position de travail, celle-ci retourne à la position de repos sous l'action du ressort de rappel) (cf. aussi* drop-out voltage[1]), voltage relay *et* current relay).

drop-out duration *cf.* drop-out time 2).

drop-out error erreur due à une perte de niveau *(enr. mag) (cf. aussi* drop-out 1)).

drop-out protection protection contre les microcoupures *(alim) (inf, etc.) (cf. aussi* brown-out).

drop-out rating insensibilité aux microcoupures *(alim) (cf. aussi* brown-out rating).

drop-out recovery rétablissement après microcoupure *(alim) (cf. aussi* brown-out recovery).

drop-out time **1)** temps de relâchement, temps de retombée *(intervalle de temps écoulé entre l'instant où le courant d'excitation d'un relais est coupé et l'instant ou l'armature revient à la position de repos) (cf. aussi* release[1] 2)). **2)** temps de microcoupure, durée de la microcoupure *(alim) (cf. aussi* brown-out).

drop-out voltage tension de relâchement, tension de retombée, valeur de relâchement *(ou* de retombée) de la tension *(valeur de la tension décroissante aux bornes de la bobine d'excitation d'un relais de tension à laquelle l'armature revient à la position de repos) (correspond à la valeur de retombée de l'intensité du courant dans la bobine) (cf. aussi* drop-out current 1) *et* voltage relay).

dropping resistor résistance chutrice *(résistance montée en série avec un composant ou un appareil pour diminuer la tension à ses bornes) (est une résistance de protection devant agir en permanence (cf. aussi* protection resistor).

drum tambour *(tambour magnétique, tambour d'enregistreur graphique à tambour, tambour de télécopieur, etc.) (cf. aussi* magnetic-drum memory).

drum dump vidage du tambour *(inf) (cf. aussi* memory dump *et* magnetic-drum memory).

drum file fichier sur tambour *(inf) (cf. aussi* file[1] *et* magnetic-drum memory).

drum memory mémoire à tambour *(inf) (cf. aussi* magnetic-drum memory).

drum plotter traceur de courbes à tambour *(traceur de courbes intermédiaire entre le type classique à plateau et l'enregistreur à défilement classique, le papier d'enregistrement étant enroulé sur un tambour comme dans les tout premiers enregistreurs) (cf. aussi* X-Y recorder).

drum printer imprimante à tambour *(imprimante ligne par ligne dans laquelle les caractères sont portés par un tambour en rotation continue portant autant de jeux de caractères disposés côte-à-côte sur sa périphérie, le long du tambour, qu'il y a de positions d'impression sur une ligne, les caractères identiques d'une même ligne étant imprimés simultanément, à la volée, par des marteaux appliquant le papier et le ruban encreur sur les caractères correspondants sous l'action des signaux reçus) (inf) (cf. aussi* line printer).

drum recorder enregistreur à tambour *(enregistreur graphique à défilement dans lequel le papier d'enregistrement est enroulé sur un tambour) (type ancien) (cf. aussi* strip-chart recorder).

drum storage **1)** mémorisation sur tambour magnétique *(inf) (cf. aussi* magnetic-drum memory). **2)** *cf.* drum memory).

dry battery pile sèche (à plusieurs éléments) *(cf. aussi* dry cell).

dry capacitor *cf.* solid-electrolyte capacitor.

dry cell pile sèche *(pile galvanique dérivée de la pile Leclanché, dans laquelle l'électrolyte est incorporé à une pâte gélatineuse souvent composée de farine et d'amidon) (la pile sèche est donc une pile Leclanché, généralement de petites dimensions, à électrolyte gélifié) (est utilisée notamment dans les lampes de poche et dans nombre d'appareils à transistors et de jouets) (cf. aussi* Leclanche cell).

dry circuit circuit à très bas niveau *(circuit, généralement coupé par un relais ou un interrupteur, dans lequel l'intensité du courant est faible (< 0,5 ampère) et aux bornes duquel la tension en circuit ouvert est également faible (< 0,1 volt)) (un tel circuit, à l'état fermé par les contacts, est souvent coupé par la mince couche d'oxyde qui se forme naturellement sur ceux-ci et que la puissance de l'arc à l'ouverture ou à la fermeture est insuffisante pour détruire, de même que la tension entre les contacts fermés sur la couche d'oxyde est insuffisante pour la percer) (le qualificatif « dry » vient de ce que l'étincelle entre les contacts est trop faible pour « laver » la couche d'oxyde) (mesure, etc.) (cf. aussi* low-level circuit).

dry-circuit rating pouvoir de coupure pour circuits à bas niveau *(contacts de relais subminiature) (cf. aussi* dry circuit).

dry-circuit signal signal de circuit à bas niveau, signal à bas niveau *(mesure, etc.) (cf. aussi* dry circuit).

dry-circuit switching commutation à bas niveau *(mesure, etc.) (cf. aussi* dry circuit *et* low-level switching).

dry connection connexion à sec *(raccordement de deux fibres optiques ou faisceaux de fibres à l'aide d'un connecteur sec) (cf. aussi* dry connector).

dry connector connecteur sec *(connecteur pour fibre optique dans lequel la fibre est montée sans utilisation de résine époxy ni de graisse d'adaptation d'indice de réfraction) (cf. aussi* index matching fluid, wet connection *et* optical fiber).

dry-contact reed relay *cf.* dry-reed relay.

dry-contact reed switch *cf.* dry-reed switch.

dry device **1)** *cf.* dry capacitor. **2)** *cf.* dry connector. **3)** *cf.* dry-reed relay.

dry-disk rectifier redresseur sec *(cf. aussi* metallic rectifier).

dry electrolyte *cf.* solid electrolyte.

dry electrolytic capacitor *cf.* solid-electrolyte capacitor.

dry etching attaque à sec *(fab. CI) (cf. aussi* plasma etching).

dry etching process procédé d'attaque à sec, procédé à sec *(fab. CI) (cf. aussi* plasma etching process).

dry fiber-optic connector *cf.* dry connector.

dry-film resist résist sec *(fab. CH, semi) (cf. aussi* resist).

dry joint soudure défectueuse, mauvaise soudure *(connexion soudée à l'étain) (cf. aussi* dry soldered connection).

dry-plasma etching *cf.* dry etching.

dry-plasma etching process *cf.* dry etching process.

dry plasma processing *cf.* dry etching.

dry process *cf.* dry etching process.

dry processing *cf.* dry etching.

dry-reed insert *cf.* dry-reed switch.

dry-reed relay relais à tiges à contacts secs, relais à tiges sec, *(etc.) (clpf) (cf. aussi* reed relay).

dry-reed switch ampoule de relais à tiges à contacts secs, ampoule de relais à tiges sec *(cf. aussi* reed relay).

dry reed switching commutation par ... *(cf. aussi* dry-reed switch *et* switching 1) (a)).

dry tantalum capacitor condensateur au tantale sec *(cf. aussi* solid tantalum capacitor).

dry unit *(cf. aussi* unit 3)) **1)** version sèche *(pile sèche) (cf. aussi* dry cell). **2)** version à contacts secs *(relais à tiges) (cf. aussi* reed relay). **3)** version à électrolyte solide *(condensateur) (cf. aussi* solid-electrolyte capacitor).

DSB *cf.* double sideband.

DSBRC transmission *cf.* double-sideband reduced-carrier transmission.

DSDD *cf.* double-sided double-density floppy disk.

DSI *cf.* digital speech interpolation.

DSO *cf.* digital storage oscilloscope.

DSP *cf.* digital signal processing.

DSP chip puce de traitement numérique (de signaux), puce numérique *(CI) (inf) (cf. aussi* chip 1) *et* DSP).

DSP chip set jeu de puces … *(voir aussi* DSP chip) *(cf. aussi* chip set).

DSP technique méthode de traitement numérique des signaux, procédé *(idem) (cf. aussi* digital signal processing).

DSW *cf.* direct-step-on-wafer.

DT **1)** *cf.* double-throw. **2)** *cf.* data transfer.

DT cut coupe DT *(coupe d'une lame de quartz sous un angle donnant une fréquence de résonance inférieure à 500 kHz) (cf. aussi* angle of cut).

DT-cut crystal quartz à coupe DT *(cf. aussi* DT cut).

DTDMA *cf.* distributed time-division multiple access.

DTE *cf.* data terminal equipment.

DTL *(vient de « diode-transistor logic »)* logique DTL, logique à diodes et transistors *(ancien type de logique bipolaire dans lequel l'entrée se fait sur des diodes réalisant la fonction logique et la sortie s'opère sur le collecteur d'un transistor inverseur) (est dérivée de la logique RTL par remplacement des résistances d'entrée par des diodes pour isoler les entrées entre elles et augmenter la vitesse de commutation grâce à leur faible résistance dans le sens direct) (a donné à son tour naissance à la logique TTL) (cf. aussi* RTL, bipolar logic, logic function, inverting transistor *et* TTL).

DTMF *cf.* dual-tone multifrequency.

DTMF dialer appeleur téléphonique multifréquence *(cf. aussi* dialer *et* tone signalling).

DTMF receiver circuit de réception multifréquence *(CI) (poste tél. à clavier) (cf. aussi* tone signalling).

DTR *cf.* data transfer rate.

dual-axis plug-in tiroir à deux axes *(tiroir d'oscilloscope à tiroirs contenant tant les circuits de déviation horizontale que ceux de déviation verticale) (cf. aussi* plug-in oscilloscope).

dual-ball detent encliquetage par double bille *(commutateur) (cf. aussi* detent).

dual banana *cf.* dual banana plug.

dual banana plug fiche banane double *(cf. aussi* banana plug).

dual-beam cathode-ray tube tube cathodique à deux faisceaux *(ou* à double faisceau *ou* bifaisceau), tube *(idem) (tube cathodique d'oscilloscope à deux voies dans lequel chacune des deux traces visualisant un signal sur l'écran est formée par un faisceau d'électrons distinct dévié par deux jeux de plaques de déviation qui lui sont propres) (il existe deux types de tube cathodique à deux faisceaux) (cf. aussi* dual-gun cathode-ray tube, split-beam cathode-ray tube *et* dual-channel oscilloscope).

dual-beam CRT *cf.* dual-beam cathode-ray tube.

dual-beam oscilloscope oscilloscope à deux faisceaux *(ou* à double faisceau *ou* bifaisceau) *(oscilloscope à deux voies équipé d'un tube cathodique à deux faisceaux) (cf. aussi* dual-channel oscilloscope *et* dual-beam cathode-ray tube).

dual-beam scope *cf.* dual-beam oscilloscope.

dual-beam tube *cf.* dual-beam cathode-ray tube.

dual block-replicate architecture organisation en deux blocs identiques *(mémoire à bulles, etc.) (cf. aussi* block-replicate architecture).

dual-bus structure structure à deux bus *(inf) (cf. aussi* bus (a1)).

dual-capstan drive entraînement par double cabestan, entraînement de la bande *(idem) (appareil à bande magnétique) (cf. aussi* capstan).

dual-channel amplifier amplificateur à deux voies *(ensemble de deux amplificateurs montés sur un même châssis ou une même carte à circuit imprimé ou dans un même tiroir ou module et alimentés par une même alimentation) (amplificateur d'oscilloscope à deux voies, amplificateur de chaîne stéréophonique, etc.) (cf. aussi* single-channel amplifier *et* amplifier).

dual-channel controller régisseur bicanal, pilote bicanal *(régisseur de périphérique commandant le fonctionnement de deux appareils périphériques) (ne pas employer « contrôleur bicanal ») (inf) (cf. aussi* pheripheral controller).

dual-channel instrument appareil à deux voies, *(etc.) (oscilloscope à deux voies ou analyseur de signaux permettant d'analyser simultanément deux signaux) (cf. aussi* dual-channel oscilloscope *et* signal analyzer).

dual-channel oscilloscope oscilloscope à deux voies *(oscilloscope permettant de visualiser deux signaux distincts simultanément ou quasi simultanément) (il existe deux grandes catégories d'oscilloscopes à deux voies : la première utilise un tube cathodique à deux faisceaux d'électrons et la deuxième un tube à un seul faisceau, chacun de ces types de tube cathodique se divisant lui-même en deux sous-types) (cf. aussi* dual-beam oscilloscope, dual-trace oscilloscope, single-channel display, single-trace display, input-output comparison *et* oscilloscope).

dual-channel plug-in tiroir à deux voies *(tiroir d'oscilloscope à deux voies) (cf. aussi* dual-channel oscilloscope *et* oscilloscope plug-in).

dual circularly-polarized antenna antenne à polarisation circulaire croisée *(faisceau hz) (cf. aussi* cross-polarized antenna).

dual-coil latching relay relais à verrouillage à enroulement de maintien, relais à enroulement de maintien *(le second terme est le plus employé) (relais à verrouillage électrique dans lequel celui-ci est assuré par un enroulement supplémentaire en fil nettement plus fin que celui de la bobine d'excitation) (cette solution permet de réduire sensiblement l'intensité du courant nécessaire pour maintenir l'armature du relais dans la position de travail et, par conséquent, l'échauffement de la bobine, la force de maintien étant beaucoup moins grande que la force nécessaire à l'appel) (cf. aussi* magnetic latching relay).

dual concentric shaft axes concentriques *(axes de commande de potentiomètre double).

dual controller *cf.* dual-channel controller.

dual-conversion … *cf.* double-conversion …

dual directional coupler coupleur directif double *(ou* bidirectionnel), coupleur double *(idem) (coupleur directif formé de deux coupleurs distincts accolés ou montés dans le même boîtier et dont l'un permet de prélever le signal incident et l'autre le signal réfléchi aux fins de comparaison en plus de la mesure du signal réfléchi) (hyper) (cf. aussi* directional coupler).

dual-disk memory mémoire à deux disques *(mémoire à disques magnétiques) (inf) (cf. aussi* disk memory).

dual-diversity receiver récepteur à double diversité (a) *récepteur dans lequel un sélecteur de diversité est inséré entre l'entrée et deux antennes utilisées en diversité d'espace) (cf. aussi* diversity combiner *et* space-diversity reception) ; (b) *récepteur dans lequel un sélecteur de diversité est inséré entre les étages amplificateurs et la sortie de deux parties haute fréquence reliées chacune à une antenne) (cf. aussi* diversity combiner *et* diversity reception).

dual-diversity reception réception en double diversité *(réception d'un signal transmis par deux ondes radioélectriques) (tls) (cf. aussi* diversity reception *et* dual-diversity receiver).

dual driver attaqueur double, *(etc.) (ensemble de deux attaqueurs réalisés sous la forme d'un circuit intégré monolithique) (cf. aussi* driver 1) *et* monolithic integrated circuit).

dual-emitter transistor transistor à deux émetteurs *(cf. aussi* emitter 1)).

dual-ended output sortie symétrique, sortie équilibrée *(sortie d'un quadripôle ou d'un appareil dont les deux bornes de sortie sont à des polarités opposées et à la même valeur absolue de la tension par rapport à la masse, par exemple*

+ 5 *volts et* − 5 *volts) (ces termes s'appliquent notamment à certains amplificateurs différentiels et à certaines alimentations) (cf. aussi* quadripole, ground[1] 1) *et* output[1]).

dual floppy-disk drive mémoire à deux disques souples *(inf) (cf. aussi* floppy-disk memory).

dual floppy-disk storage mémorisation sur deux disques souples *(inf) (cf. aussi* floppy disk).

dual-frequency operation 1) fonctionnement sur deux fréquences, fonctionnement bifréquence *(oscillateur, émetteur, etc.).* 2) exploitation en double fréquence *(exploitation d'une liaison radio ou par fil avec emploi d'une fréquence distincte pour chaque sens de transmission).*

dual-frequency simplex operation exploitation en alternat à deux fréquences *(liaison radio) (cf. aussi* dual-frequency operation 2) *et* simplex operation).

dual-gate amplifier amplificateur à transistor MOS tétrode *(CI) (cf. aussi* dual-gate MOS transistor).

dual-gate FET *cf.* dual-gate MOS transistor.

dual-gate field-effect transistor *cf.* dual-gate MOS transistor.

dual-gate GaAs FET *cf.* dual-gate gallium-arsenide field-effect transistor.

dual-gate gallium-arsenide field-effect transistor transistor à effet de champ à l'arséniure de gallium à double grille *(ou à* deux grilles *ou* tétrode), TEC GaAs à double grille *(idem)* FET GaAs *(idem) (hyper) (cf. aussi* dual-gate MOS transistor *et* GaAs field-effect transistor).

dual-gate MOS device *cf.* dual-gate MOS transistor.

dual-gate MOS FET *cf.* dual-gate MOS transistor.

dual-gate MOS field-effect transistor *cf.* dual-gate MOS transistor.

dual-gate MOS transistor transistor MOS à double grille *(ou* à deux grilles *ou* tétrode), tétrode *sf* MOS *(transistor MOS équivalent à deux transistors MOS classiques montés en amplificateur cascode) (est utilisé notamment comme amplificateur aux fréquences très élevées) (cf. aussi* MOS transistor *et* cascode amplifier).

dual-gate MOSFET *cf.* dual-gate MOS transistor.

dual-gun cathode-ray tube tube cathodique à deux canons *(tube cathodique à deux faisceaux émis chacun par un canon à électrons distinct) (tube cathodique d'oscilloscope permettant la visualisation simultanée et complètement indépendante de deux signaux) (cf. aussi* dual-beam cathode-ray tube).

dual-gun CRT *cf.* dual-gun cathode-ray tube.

dual-gun tube *cf.* dual-gun cathode-ray tube.

dual-head floppy *cf.* dual-head floppy-disk memory.

dual-head floppy-disk memory mémoire à disque souple à deux têtes *(inf) (cf. aussi* floppy disk).

dual-in-line *cf.* DIP. *(de même pour les termes dérivés qui ne figurent pas ci-après).*

dual-in-line package *cf.* DIP.

dual-injection floating-gate MOS *cf.* DIFMOS transistor.

dual-layer metallization métallisation à deux couches *(ou à* deux niveaux *ou* sur deux niveaux) *(CI) (cf. aussi* metallization layer).

dual linear-polarized antenna antenne à polarisation rectiligne double *(antenne émettant ou recevant une onde à polarisation rectiligne verticale et une onde à polarisation rectiligne horizontale) (radiocom) (cf. aussi* linear polarization).

dual-mode guidance *cf.* dual-mode homing.

dual-mode guidance head *cf.* dual-mode seeker.

dual-mode guidance system *cf.* dual-mode homing system.

dual-mode guidance unit *cf.* dual-mode seeker.

dual-mode guided missile missile à guidage bimode, *(etc.) (mil) (cf. aussi* dual-mode homing).

dual-mode guided weapon *cf.* dual-mode guided missile.

dual-mode homer *cf.* dual-mode seeker.

dual-mode homing autopoursuite bimode, autoguidage bimode, guidage bimode *(autopoursuite assurée par un autodirecteur bimode) (missile) (cf. aussi* homing[1] 2) *et* dual-mode seeker).

dual-mode homing head *cf.* dual-mode seeker.

dual-mode homing missile *cf.* dual-mode guided missile.

dual-mode homing system système d'autopoursuite bimode *(ou* à deux modes *ou* à double mode), système d'autoguidage *(idem)*, système de guidage *(idem) (système d'autopoursuite*

de missile comprenant soit un système de navigation inertielle pour la phase initiale du vol et un autodirecteur radar actif pour la phase terminale, comme dans l'Exocet, les deux systèmes étant nettement distincts, soit un autodirecteur radar, passif ou actif, pour la phase initiale et un autodirecteur infrarouge pour la phase terminale, les deux autodirecteurs étant normalement combinés en un seul ensemble) (mil) (cf. aussi dual-mode seeker, self-guidance, inertial navigation system, active radar seeker, terminal phase, passive radar seeker *et* infrared seeker).

dual-mode jammer brouilleur bimode *(brouilleur permettant de choisir entre deux modes de brouillage différents tels que le brouillage de diversion et le brouillage à bruit, ou le brouillage à bande étroite et le brouillage à large bande, par exemple) (mil) (cf. aussi* jammer, deception jamming *et* noise jamming).

dual-mode prescaler *cf.* dual-mode scaler.

dual-mode radar radar bimode, radar à deux modes de fonctionnement *(radar d'avion militaire utilisable en mode air-air (combat aérien) et en mode air-sol (attaque d'objectifs au sol) ou air-surface (attaque de navires), par exemple) (mil) (cf. aussi* multimode radar).

dual-mode scaler diviseur bimode *(diviseur exécutant la division d'un nombre par l'une ou l'autre de deux valeurs prédéterminées) (inf, etc.) (cf. aussi* scaler).

dual-mode seeker autodirecteur bimode, *(etc.) (noms souvent donnés à un système d'autopoursuite bimode à autodirecteurs combinés) (mil) (cf. aussi* dual-mode homing system).

dual-mode seeker head *cf.* dual-mode seeker.

dual-mode seeking head *cf.* dual-mode seeker.

dual-mode sensor *cf.* dual-mode seeker.

dual-mode tracking head *cf.* dual-mode seeker.

dual-mode travelling-wave tube tube à onde progressive bimode *(hyper) (cf. aussi* travelling-wave tube).

dual-mode unit version bimode *(cf. aussi* dual-mode jammer, dual-mode seeker *et* unit 3)).

dual-mode weapon *cf.* dual-mode guided missile.

dual modulation double modulation *(modulation d'une porteuse par deux signaux distincts, cette porteuse pouvant moduler à son tour une autre porteuse) (exemple : modulation de la sous-porteuse de chrominance par les deux signaux de différence de couleur dans un signal de télévision en couleurs) (émetteur, signal) (cf. aussi* modulation (a)).

dual operation fonctionnement en parallèle *(de deux appareils) (alim, etc.).*

dual operational amplifier amplificateur opérationnel double *(ensemble de deux amplificateurs opérationnels réalisés sous la forme d'un circuit intégré monolithique) (cf. aussi* operational amplifier *et* monolithic integrated circuit).

dual-output switcher *cf.* dual-output switching power supply.

dual-output switching power supply alimentation à découpage bitension *(cf. aussi* switching power supply *et* multioutput power supply).

dual-pen strip-chart recorder enregistreur graphique à défilement à deux plumes *(enregistreur graphique à deux voies à tracé continu) (cf. aussi* strip-chart recorder).

dual phase-shifter déphaseur double *(ensemble de deux déphaseurs montés ou réalisés dans un même boîtier) (hyper) (cf. aussi* phase shifter).

dual polarization double polarisation, polarisation double *(polarisation rectiligne horizontale et verticale, ou circulaire droite et gauche, d'une antenne) (cf. aussi* antenna polarization).

dual-polarization reception réception en diversité de polarisation *(radiocom, radar) (cf. aussi* polarization-diversity reception).

dual-polarized aerial *cf.* dual-polarized antenna.

dual-polarized antenna antenne à double polarisation *(cf. aussi* dual polarization).

dual-port memory mémoire à deux accès *(mémoire RAM conçue pour être connectée à deux bus) (CI) (inf) (cf. aussi* port 1), RAM[1] *et* bus (a1).

dual-port RAM *cf.* dual-port memory.

dual-ported … *cf.* dual-port …

dual porting emploi de deux accès *(cf. aussi* dual-port memory).

dual power driver *cf.* dual driver.

dual power-supply alimentation double *(alimentation pouvant alimenter simultanément deux charges identiques ou non et indépendantes) (cf. aussi* power supply 2) *et* load[1]).

dual-processor computer ordinateur à deux organes de traitement, ordinateur biprocesseur *(inf) (cf. aussi* processor 1)).

dual rail *cf.* double rail. *(de même pour les termes dérivés).*

dual-ramp integration intégration à double rampe *(méthode d'échantillonnage d'une tension analogique à numériser dans laquelle la tension est appliquée aux bornes d'un condensateur qu'elle charge pendant un temps déterminé (première « rampe », à pente positive), le condensateur étant ensuite déchargé à courant constant (deuxième « rampe », à pente négative), (la durée de la décharge est mesurée par un compteur qui compte les impulsions émises par une horloge pendant ce temps) (le nombre d'impulsions comptées est donc proportionnel à la valeur moyenne de la tension pendant l'intervalle d'échantillonnage et constitue un échantillon de celle-ci) (numériseur) (cf. aussi* sampling *et* analog-to-digital conversion).

dual-ramp integrator intégrateur à double rampe *(numériseur) (cf. aussi* dual-ramp integration).

dual receiver *cf.* diversity receiver.

dual rigid-disk drive mémoire à deux disques rigides *(inf) (cf. aussi* hard-disk memory).

dual-slope a-d ... *cf.* dual-slope analog-to-digital ...

dual-slope A/D ... *cf.* dual-slope analog-to-digital ...

dual-slope ADC *cf.* dual-slope analog-to-digital converter.

dual-slope analog-to-digital conversion numérisation avec intégration à double rampe, conversion à double rampe *(numériseur) (cf. aussi* dual-ramp integration).

dual-slope analog-to-digital converter numériseur à double rampe, *(etc.) (numériseur utilisant l'intégration à double rampe) (cf. aussi* analog-to-digital converter *et* dual-ramp integration).

dual-slope conversion *cf.* dual-slope analog-to-digital conversion.

dual-slope converter *cf.* dual-slope analog-to-digital converter.

dual-slope integration *cf.* dual-ramp integration.

dual-slope integration ... *cf.* dual-slope ...

dual sourcing double source d'approvisionnement *(composant) (cf. aussi* second source).

dual space diversity diversité d'espace double *(diversité d'espace avec utilisation de deux antennes) (radiocom) (cf. aussi* space diversity reception).

dual-speed tape recorder magnétophone à deux vitesses (de défilement) *(cf. aussi* tape recorder).

dual supply alimentation par deux tensions *(alimentation d'un composant électronique ou autre matériel nécessitant deux tensions différentes pour fonctionner) (tube électronique à cathode chaude, certains circuits intégrés monolithiques, etc.) (cf. aussi* power supply 1)).

dual-supply operation fonctionnement avec alimentation par deux tensions *(cf. aussi* dual supply).

dual supply voltage double tension d'alimentation *(cf. aussi* dual supply).

dual-sweep mode mode à double balayage *(mode de fonctionnement d'un oscilloscope à deux voies dans lequel les deux voies sont effectivement utilisées) (cf. aussi* dual-channel oscilloscope *et noter qu'il n'y a aucun rapport entre le terme anglais et* single-sweep mode).

dual time base *cf.* dual time-base sweep.

dual time base sweep balayage à deux bases de temps *(oscillo) (cf. aussi* mixed sweep).

dual-tone multifrequency *cf.* DTMF.

dual trace double trace *(traces de deux signaux visualisés sur l'écran d'un oscilloscope) (cf. aussi* dual-trace oscilloscope).

dual-trace amplifier *cf.* dual-trace vertical amplifier.

dual-trace capability possibilités de fonctionnement en double trace *(parf. au singulier) (oscillo) (cf. aussi* dual-trace oscilloscope *et* capability).

dual-trace display présentation en double trace *(visualisation simultanée de deux signaux sur l'écran d'un oscilloscope à deux voies) (cf. aussi* dual-channel oscilloscope).

dual-trace instrument *cf.* dual-trace oscilloscope.

dual-trace mode mode de fonctionnement en double trace *(oscillo) (cf. aussi* dual-trace oscilloscope).

dual-trace oscilloscope oscilloscope à double trace, oscilloscope à deux traces, oscilloscope bivoie monocanon *(oscilloscope à deux voies équipé d'un tube cathodique à un seul canon à électrons utilisé en mode de balayage alterné ou en mode de balayage découpé pour former quasi simultanément les traces des deux signaux visualisés sur l'écran) (cf. aussi* alternate mode, chopped mode *et* dual-channel oscilloscope).

dual-trace presentation *cf.* dual-trace display.

dual-trace scope *cf.* dual-trace oscilloscope.

dual-trace triggering déclenchement des deux bases de temps *(oscilloscope à double trace) (cf. aussi* dual-trace oscilloscope).

dual-trace vertical amplifier amplificateur vertical pour double trace *(double amplificateur de déviation verticale pour oscilloscope à double trace) (est généralement monté dans un tiroir enfichable) (cf. aussi* dual-trace oscilloscope *et* vertical deflection).

dual-track ... *cf.* double-track ...

dual transistor transistor double *(ensemble de deux transistors appariés réalisés sur une même puce montée dans un boîtier) (cf. aussi* matched transistors *et* chip 1)).

dual-well structure structure à deux caissons (d'isolement) *(structure de circuit intégré CMOS utilisant un caisson d'isolement pour chacun des transistors des paires CMOS) (semi) (cf. aussi* CMOS integrated circuit *et* isolating well).

duality principle principe de dualité *(en informatique, principe de l'algèbre de Boole selon lequel une fonction logique formée d'une réunion d'intersections peut être représentée par une intersection de réunions, et vice versa) (cf. aussi* Boolean algebra, logic function OR[1] *et* AND).

dub *v* faire un report d'enregistrement (sonore), reporter un enregistrement (sonore) *(studio de report) (cf. aussi* dubbing).

dubbing copie *(de disque ou bande audio ou vidéo) (cf. aussi* audio disk, audio tape, video disk *et* video tape).

duct *s* **1)** couche-piège, couche à réflexions multiples, guide d'ondes atmosphérique *(couche de l'atmosphère formant guide d'ondes entre deux autres couches ou entre une couche et la surface de la Terre, dans laquelle une onde radioélectrique se propage en se réfléchissant alternativement sur les deux frontières de la couche) (propa) (cf. aussi* surface duct, elevated duct *et* evaporation duct). **2)** *cf.* cable conduit.

duct height altitude de la couche-piège *(altitude de la frontière inférieure d'une couche-piège) (propa) (cf. aussi* duct 1)).

duct propagation propagation guidée (dans l'atmosphère) *(propagation d'une onde radioélectrique dans une couche-piège) (cf. aussi* duct 1).

duct thickness épaisseur de la couche-piège *(propa) (cf. aussi* duct 1)).

ducted wave onde guidée (a) *onde électromagnétique se propageant dans un guide d'ondes métallique ou atmosphérique) (cf. aussi* waveguide *et* duct 1) ; (b) *onde acoustique se propageant dans un conduit) (cf. aussi* acoustic wave).

ducting *s cf.* duct propagation.

ducting phenomenon phénomène de propagation guidée *(dans l'atmosphère) (cf. aussi* duct 1)).

dumb terminal terminal non intelligent *(nom parfois donné à un terminal d'ordinateur non équipé d'un microprocesseur) (inf) (cf. aussi* computer terminal).

dummy aerial *cf.* dummy antenna

dummy antenna antenne fictive *(dispositif monté à la sortie d'un émetteur radioélectrique pour pouvoir le faire fonctionner normalement sans rayonner d'énergie, c.-à-d. sans émettre d'ondes) (une antenne fictive pour fréquences élevées est une charge fictive de puissance suffisante pour dissiper l'énergie fournie par l'émetteur sans être endommagée) (radio, radar) (cf. aussi* dummy load).

dummy instruction instruction fictive *(instruction de programme d'ordinateur ne commandant l'exécution d'aucune opération et servant uniquement à remplir une condition de format telle que compléter une longueur de mot) (inf) (cf. aussi* instruction *et* word length).

dummy load charge fictive *(charge adaptée hyperfréquence conçue pour être utilisée comme antenne fictive) (cf. aussi* matched load (b) *et* dummy antenna).

dump¹ *s* **1)** coupure de l'alimentation (électrique) *(intentionnelle ou accidentelle) (appareil) (inf, etc.).* **2)** vidage (de la mémoire) *(inf) (cf. aussi* memory dump).

dump² *v (cf. aussi* dump¹) **1)** couper l'alimentation (électrique). **2)** vider, faire un vidage.

dump check contrôle par vidage *(inf) (cf. aussi* memory dump).

dump resistor résistance de décharge *(résistance utilisée pour décharger un condensateur de grande capacité) (cf. aussi* capacitor discharge *et* resistor).

dunking sonar sonar porté *(mil) (cf. aussi* dipping sonar).

duodiode *cf.* double diode.

duodiode-triode double diode-triode *(tube à vide comprenant deux diodes et une triode, avec cathode commune, dans une même enveloppe) (cf. aussi* diode electron tube *et* triode electron tube).

duotriode *cf.* double triode.

duplex duplex *(tls) (noter que le terme anglais est souvent remplacé par « full duplex » par opposition à « half-duplex » et voir ces termes).*

duplex channel voie exploitée en duplex *(tél, tlg) (cf. aussi* duplex).

duplex circuit circuit exploité en duplex *(circuit téléphonique normal ou circuit télégraphique) (cf. aussi* duplex).

duplex line ligne exploitée en duplex *(tél, tlg) (cf. aussi* duplex).

duplex operation *(cf. aussi* duplex) **1)** exploitation en duplex *(liaison de télécommunications).* **2)** fonctionnement en duplex *(appareil ou dispositif émetteur-récepteur d'une liaison de télécommunications).*

duplex system système duplex, *(souvent)* liaison exploitée en duplex, liaison de télécommunications *(idem) (cf. aussi* duplex).

duplex voice circuit circuit téléphonique exploité en duplex *(cas général) (cf. aussi* duplex).

duplexer duplexeur *(ensemble formé du tube de blocage d'impulsion, du tube de blocage d'écho et, parfois, du tube de préblocage d'impulsion, ou dispositif équivalent, permettant d'utiliser une antenne commune à l'émetteur et au récepteur dans un radar monostatique) (ne pas confondre avec « diplexer ») (cf. aussi* TR tube, ATR tube, pre-TR tube, monostatic radar *et* diplexer).

duplexing *s* **1)** duplexage *(utilisation d'une antenne unique pour l'émetteur et le récepteur d'un radar grâce à l'emploi d'un duplexeur) (cf. aussi* duplexer). **2)** *cf.* duplex operation.

duplexing assembly *cf.* duplexer.

dust core noyau de fer divisé *(cf. aussi* powdered-iron core).

DUT *cf.* device under test.

duty service *(type d'utilisation d'un matériel tel qu'un composant de puissance, une alimentation ou une machine électrique, notamment) (cf. aussi* intermittent duty, continuous duty *et* duty cycle 2)).

duty cycle **1)** rapport cyclique, *(souvent aussi)* facteur de forme *(rapport entre la durée d'une impulsion d'un train d'impulsions récurrentes et la période de récurrence) (ou, dans le cas de représentation graphique, rapport entre la largeur de l'impulsion et la distance entre deux fronts d'impulsion successifs) (dans un radar à impulsions, le rapport cyclique est normalement égal à environ 1/1000 pour laisser à chaque écho renvoyé par la cible le temps d'atteindre l'antenne et d'être dirigé vers le récepteur avant l'émission de l'impulsion suivante) (cf. aussi* on/off duty cycle, average transmitting power, duplexer *et* pulse radar). **2)** taux d'utilisation *(rapport entre le temps de fonctionnement d'un appareil et le temps écoulé entre deux mises en marche successives en régime de fonctionnement intermittent) (cf. aussi* intermittent duty).

duty-cycle control commande du rapport cyclique *(nom parfois donné à la modulation de largeur d'impulsion dans un régulateur à découpage) (alim) (cf. aussi* duty cycle 1) *et* pulse-width modulation).

duty-cycle overload surcharge liée au rapport cyclique *(émetteur de radar) (cf. aussi* duty cycle 1)).

duty factor *cf.* duty cycle 1).

duty ratio *cf.* duty cycle 1).

dV/dt dV/dt *(cf. aussi* rate of voltage rise).

dV/dt capability tenue en dV/dt *(aptitude d'un composant à supporter un grand dV/dt sans être endommagé) (transistor, thyristor, etc.) (cf. aussi* rate of voltage rise *et* capability).

dV/dt protection protection contre le dV/dt *(protection d'un circuit ou d'un composant contre un dV/dt excessif) (cf. aussi* rate of voltage rise).

dV/dt rating dV/dt nominal *(valeur nominale du dV/dt qu'un circuit ou un composant peut supporter en service sans être endommagé) (cf. aussi* rate of voltage rise *et* rated value).

DVM *cf.* digital voltmeter.

DVOM *cf.* digital volt-ohm-milliammeter.

DVOR *cf.* Doppler VOR.

DVST *cf.* direct-view storage tube.

dwell **1)** angle de fermeture *(angle de rotation de la came de l'allumeur d'un moteur à explosion correspondant à la période de fermeture des contacts) (ne pas employer « dwell ») (automobile, etc.).* **2)** passage sur la cible *(radar) (cf. aussi* dwell time 1)). **3)** palier *(grandeur variable) (cf. aussi* dwell time 2)).

dwell time **1)** temps de passage sur la cible, *(parf. aussi)* durée du passage sur la cible *(temps pendant lequel le faisceau d'un radar à impulsions ou d'une arme à faisceau d'énergie atteint une cible) (noter qu'en français, dans le premier cas, on considère souvent le « nombre de coups au but », c.-à-d. le nombre d'impulsions d'énergie électromagnétique reçu par la cible pendant ce temps) (cf. aussi* pulse radar *et* beam weapon). **2)** temps de palier, *(parf. aussi)* durée d'un palier *(temps pendant lequel la valeur d'une grandeur variant automatiquement par paliers reste constante) (a) temps pendant lequel la fréquence du signal fourni par un synthétiseur de fréquence à balayage reste constante) (cf. aussi* sweeping synthesizer) ; (b) *temps pendant lequel la fréquence d'accord d'un récepteur d'écoute à balayage reste constante) (mil) (cf. aussi* tuning frequency *et* scanning surveillance receiver).

dwelling time *cf.* dwell time.

DX reception réception à grande distance, réception de stations lointaines *(radiocom).*

dyadic operation opération sur deux opérandes *(inf) (cf. aussi* operand).

dye laser laser à colorant *(laser à liquide dans lequel le milieu actif est un corps en solution dont les molécules émettent un rayonnement de fluorescence sous l'action d'un pompage optique) (cf. aussi* liquid laser, optical pumping *et* fluorescence).

dynamic burn-in test essai de vieillissement dynamique *(ou avec stimuli) (essai de vieillissement artificiel de circuits intégrés alimentés, avec application de signaux d'entrée) (cf. aussi* burn-in).

dynamic cell *cf.* dynamic memory cell.

dynamic characteristic caractéristique dynamique *(caractéristique obtenue dans les conditions de fonctionnement réelles, c.-à-d. en présence d'un signal d'entrée à variation relativement rapide) (ampli, etc.) (cf. aussi* characteristic curve).

dynamic circuit circuit dynamique *(nom parfois donné aux cellules d'une mémoire RAM dynamique) (inf) (cf. aussi* dynamic RAM).

dynamic conditions régime dynamique *(régime de fonctionnement d'un quadripôle ou autre dispositif en présence d'un signal d'entrée dont l'amplitude varie avec une vitesse relativement grande) (ce terme s'applique notamment à un amplificateur à courant alternatif en fonctionnement normal) (cf. aussi* under dynamic conditions, operating conditions 2), quadripole *et* ac amplifier).

dynamic convergence convergence dynamique *(convergence en dehors de la partie centrale de l'écran d'un tube à masque perforé) (le rayon de courbure du masque étant beaucoup plus grand que le rayon de déviation des faisceaux d'électrons, le* *maintien de la convergence en dehors de la partie centrale de l'écran nécessite une correction du champ magnétique des aimants de convergence statique, correction dont l'importance augmente à mesure que les faisceaux d'électrons s'approchent d'un bord de l'écran) (cette correction est opérée à l'aide des bobines de convergence) (récepteur TVC) (cf. aussi* convergence coil *et* convergence).

dynamic demonstrator schéma de démonstration *(schéma de principe à grande échelle d'un appareil collé sur un panneau et portant les composants réels aux emplacements correspondants).*

dynamic density *cf.* dynamic RAM density.

dynamic dump vidage dynamique *(vidage de mémoire effectué pendant l'exécution d'un programme) (inf) (cf. aussi* memory dump).

dynamic focusing concentration dynamique *(concentration du ou des faisceaux d'électrons d'un tube cathodique en dehors de la partie centrale de l'écran) (est nécessaire dans les tubes cathodiques à grand angle de déviation du faisceau et indispensable dans le tube à masque perforé des récepteurs de télévision en couleurs du fait que le rayon de courbure de l'écran est beaucoup plus grand que le rayon de déviation du faisceau) (est obtenue en faisant décroître l'intensité du champ électrostatique de concentration du faisceau d'électrons (ou de chacun des faisceaux) en fonction de l'angle de déviation de celui-ci pour maintenir le point de focalisation sur la couche de luminophores malgré l'augmentation de la distance du centre de déviation à cette couche à mesure que le faisceau s'écarte du centre de l'écran) (cf. aussi* astigmatism, coma, shadow-mask tube *et* dynamic convergence).

dynamic gain gain dynamique *(gain d'un amplificateur à gain variable lorsque celui-ci varie effectivement) (cf. aussi* gain 1) *et* variable-gain amplifier).

dynamic headphone écouteur électrodynamique, écouteur à bobine mobile *(écouteur constitué approximativement comme un petit haut-parleur électrodynamique à bobine mobile) (électroacou) (cf. aussi* moving-coil loudspeaker *et* headphone).

dynamic impedance impédance à la résonance *(impédance d'un circuit oscillant à la fréquence de résonance) (est purement résistive) (cf. aussi* impedance *et* resonance).

dynamic logic logique dynamique *(logique dans laquelle l'information contenue doit être régénérée périodiquement) (inf) (cf. aussi* logic (b) *et* dynamic RAM).

dynamic loudspeaker haut-parleur électrodynamique *(cf. aussi* moving-conductor loudspeaker).

dynamic memory 1) mémoire dynamique *(mémoire dont le contenu doit être régénéré périodiquement) (ce terme désigne souvent une mémoire RAM dynamique) (inf) (cf. aussi* dynamic RAM). 2) *cf.* moving-medium memory).

dynamic memory cell cellule de mémoire dynamique *(nom parfois donné à une cellule de mémoire RAM dynamique) (CI) (cf. aussi* memory cell *et* dynamic RAM).

dynamic memory refresh *cf.* dynamic RAM refresh.

dynamic memory refreshing *cf.* dynamic RAM refresh.

dynamic memory storage 1) mémorisation dans une mémoire dynamique *(cf. aussi* dynamic memory 1)). 2) *cf.* moving-medium memory storage.

dynamic microphone microphone électrodynamique *(cf. aussi* moving-conductor microphone).

dynamic MOS RAM mémoire MOS RAM dynamique *(mémoire RAM dynamique à transistors MOS) (cf. aussi* dynamic RAM *et* MOS transistor).

dynamic noise bruit dynamique, bruit de frottement *(bruit produit par le déplacement du curseur d'un potentiomètre sur l'élément résistant) (cf. aussi* noise 2) (a) *et* potentiometer 1)).

dynamic noise limiter *cf.* DNL.

dynamic operating range *cf.* dynamic range.

dynamic operation *(cf. aussi* static operation) fonctionnement dynamique (a) *fonctionnement en régime dynamique) (cf. aussi* dynamic conditions) ; (b) *fonctionnement d'une mémoire RAM dynamique) (inf) (cf. aussi* dynamic RAM).

dynamic overvoltage surtension transitoire *(cf. aussi* transient).

dynamic pick-up tête de lecture électrodynamique *(ou à bobine mobile)*, tête électrodynamique, *(idem)*, *(etc.) (tête de lecture de tourne-disque dans laquelle l'organe de conversion est une bobine de fil fin oscillant dans le champ magnétique d'un aimant) (cf. aussi* phonograph pick-up).

dynamic power consumption consommation dynamique *(consommation d'une porte logique lorsque sa sortie change d'état) (ce terme s'applique notamment à une porte CMOS du fait de la relation étroite existant entre la consommation d'une telle porte et sa fréquence de commutation) (CI, etc.) (cf. aussi* logic gate, logic state *et* CMOS gate).

dynamic power dissipation *cf.* dynamic power consumption.

dynamic programming (la) programmation dynamique *(nom donné à la commande d'un système dans laquelle on s'efforce d'exercer une action optimale sur celui-ci à tout instant quelles que soient les actions antérieures et, par conséquent, l'état du système à l'instant considéré) (la valeur de la commande ne pouvant suivre une loi établie à l'avance, sa programmation, c.-à-d. la détermination des valeurs successives à lui donner, est dite « dynamique ») (théorie de la commande) (cf. aussi* control theory).

dynamic RAM mémoire RAM dynamique, *(etc.) (mémoire RAM n'admettant qu'un fonctionnement dynamique, c.-à-d. dans laquelle l'information contenue dans chaque cellule contenant un binaire « 1 » doit être régénérée périodiquement pour ne pas disparaître) (chaque cellule d'une mémoire RAM dynamique est un condensateur constitué par une des capacités naturelles de la structure d'un transistor MOS et affecté de fuites comme tout condensateur, ce qui nécessite la régénération périodique de sa charge éventuelle et, par conséquent, le cadencement de son fonctionnement par des impulsions d'horloge) (noter que par son principe de fonctionnement même, une mémoire RAM dynamique ne peut pas être réalisée en technique bipolaire, alors qu'une mémoire RAM statique peut l'être et l'est souvent) (est un type particulier de mémoire électrostatique et a le grand avantage, du point de vue de la densité de mémorisation, de n'utiliser qu'un seul transistor par cellule proprement dite et l'inconvénient d'être environ trois fois moins rapide qu'une mémoire RAM statique et de devoir être rafraîchie) (cf. aussi* NMOS dynamic RAM, RAM[1], RAM refresh, MOS transistor, bipolar technology, electrostatic memory *et* storage density 1)).

dynamic RAM cell cellule de mémoire RAM dynamique, *(etc.) (CI) (cf. aussi* dynamic RAM).

dynamic RAM chip puce de mémoire RAM dynamique, *(etc.) (CI) (cf. aussi* dynamic RAM *et* chip 1)).

dynamic RAM controller régisseur de mémoire RAM dynamique, *(etc.) (CI) (cf. aussi* dynamic RAM *et* memory controller).

dynamic RAM refresh rafraîchissement d'une mémoire RAM dynamique, *(etc.) (inf) (cf. aussi* dynamic RAM).

dynamic RAM refreshing *cf.* dynamic RAM refresh.

dynamic RAM storage mémorisation dans une mémoire RAM dynamique, *(etc.) (inf) (cf. aussi* dynamic RAM).

dynamic RAM storage cell *cf.* dynamic RAM cell.

dynamic RAM store *cf.* dynamic RAM.

dynamic RAM technology (la) technique des mémoires RAM dynamiques, *(etc.) (CI) (cf. aussi* dynamic RAM *et* technology).

dynamic RAM support chip puce auxiliaire de mémoire RAM dynamique *(CI) (cf. aussi* dynamic RAM *et* support chip).

dynamic RAM unit *cf.* dynamic RAM.

dynamic random-access memory *cf.* dynamic RAM.

dynamic range dynamique *sf,* gamme dynamique *(le premier terme est le plus employé) (a) rapport, exprimé en décibels, entre l'amplitude maximale et l'amplitude minimale d'un signal à modulation d'amplitude) (en d'autres termes, largeur de l'intervalle de variation de l'amplitude d'un signal à modulation d'amplitude) (cf. aussi* decibel *et* amplitude modulation) ; (b) *rapport, exprimé en décibels, entre les valeurs limites de la partie utilisable sans distorsion d'une courbe de réponse en amplitude) (en d'autres termes, équivalent, pour l'amplitude, de la bande passante pour la fréquence) (cf. aussi* decibel, amplitude-amplitude response curve *et* frequency response curve).

dynamic range measurement   mesure de dynamique *(cf. aussi* dynamic range).

dynamic reproducer   *cf.* dynamic pick-up.

dynamic response   réponse en régime dynamique, réponse dynamique *(réponse à un signal ou une perturbation à variation relativement rapide) (ampli, etc.) (cf. aussi* response 1)).

dynamic routing   acheminement dynamique (des messages) *(acheminement des messages suivant des trajets variables dans un réseau de télécommunications, c.-à-d. acheminement dans un réseau à commutation de paquets) (cf. aussi* packet switching).

dynamic signal range   *cf.* dynamic range.

dynamic speaker   *cf.* dynamic loudspeaker.

dynamic storage   **1)** *cf.* dynamic memory storage. **2)** *cf.* dynamic memory.

dynamic store   *cf.* dynamic memory.

dynamic test   (un) essai dynamique, *(parf.)* (un) contrôle dynamique *(essai ou contrôle effectué en régime dynamique) (cf. aussi* dynamic conditions).

dynamic testing   (l')essai dynamique, *(etc.) (cf. aussi* dynamic test).

dynamic trimming   ajustage dynamique *(ajustage d'une résistance ou d'un condensateur intégré de circuit hybride exécuté en fonction de la valeur du signal à obtenir à la sortie du circuit fonctionnant dans les conditions nominales) (cf. aussi* resistor trimming, capacitor trimming *et* trimming).

dynamicize *v*   convertir de parallèle en série *(ou* en sériel) *(un signal binaire) (inf) (cf. aussi* parallel-to-serial conversion *et* staticize 1)).

dynamicizer   convertisseur parallèle/série *(inf) (cf. aussi* parallel-to-serial converter *et* staticizer).

dynamicizing   conversion parallèle/série *(inf) (cf. aussi* parallel-to-serial conversion *et* staticizing 1)).

dynamo   dynamo *f (génératrice produisant un courant unidirectionnel par redressement, réalisé par le collecteur, du courant alternatif induit dans le bobinage au rotor) (noter que le courant induit dans le rotor est un courant alternatif produit par l'alternance des pôles successifs nord et sud de l'inducteur et que ce courant est redressé par le collecteur, et que le courant obtenu n'est, par conséquent, pas un courant continu au sens strict du terme) (élec) (cf. aussi* dc generator, commutator 1) *et* direct current).

dynamotor   commutatrice *(machine électrique tournante convertissant un courant continu en courant alternatif et inversement) (comprend essentiellement un stator portant un bobinage inducteur à excitation en dérivation et un rotor portant un bobinage d'induit de dynamo relié à un collecteur et dont trois points équidistants de 120° sont reliés à trois bagues collectrices montées à l'autre extrémité de l'arbre) (lorsque la tension triphasée du secteur est appliquée aux bagues collectrices, le rotor tourne comme celui d'un moteur synchrone et un courant dit continu est recueilli aux balais du collecteur) (lorsqu'une tension continue est appliquée à ces balais, le rotor tourne comme celui d'un moteur à courant continu et un courant triphasé est recueilli aux balais des bagues collectrices) (il existe des commutatrices à rotor monophasé, à deux bagues collectrices, et des commutatrices hexaphasées, à six bagues) (a cédé la place aux redresseurs pour la conversion du courant alternatif en courant continu ; est encore utilisée quelques fois comme onduleur électromécanique pour des petites puissances) (élt) (cf. aussi* synchronous converter, synchronous inverter, dynamo, synchronous motor *et* three-phase current).

dynode   dynode *(électrode à émission secondaire utilisée en plusieurs exemplaires dans un multiplicateur d'électrons) (cf. aussi* electron multiplier).

E

E **1)** *cf.* emitter 1). **2)** *cf.* voltage.
E-beam *cf.* electron beam. *(de même pour les termes dérivés).*
E bend *cf.* E-plane bend.
E core noyau en E *(noyau magnétique de transformateur ou d'inductance dont la forme est celle d'un E à trois branches d'égale longueur fermé par un bloc de barrettes ou de ferrite, la branche du milieu portant la bobine) (cf. aussi* magnetic core 1)).
E corner *cf.* E-plane bend.
E display présentation du type E *(présentation en coordonnées cartésiennes des informations sur l'écran d'un radar dans laquelle la cible est représentée par une tache lumineuse dont la coordonnée horizontale est proportionnelle à la distance de la cible et la cordonnée verticale est proportionnelle à son altitude) (cf. aussi* radar display).
E layer couche E, couche de Heaviside, couche de Heaviside-Kennelly *(couche ionosphérique située entre la couche D et la couche F et s'étendant de 90 à 150 km d'altitude environ) (son ionisation modérée liée au rayonnement solaire lui permet de réfléchir les ondes moyennes et diminue la nuit) (cf. aussi* sporadic E layer, ionosphere *et* hectometric wave).
E-MESFET *cf.* enhancement-mode MESFET.
E mode mode TM *(hyper) (cf. aussi* TM mode).
E plane plan E *(plan parallèle aux petits côtés d'un guide d'ondes rectangulaire) (hyper) (cf. aussi* rectangular waveguide).
E-plane bend coude plan E *(coude de guide d'ondes rectangulaire réalisé dans le plan E, c.-à-d. dans lequel les petits côtés du guide restent plans et les grands côtés sont courbés) (hyper) (cf. aussi* E plane *et* waveguide bend).
E-plane corner *cf.* E-plane bend.
E-plane horn *cf.* E-plane sectoral horn.
E-plane sectoral horn cornet sectoriel plan E, cornet plan E *(cornet sectoriel réalisé dans le plan E, c.-à-d. dans lequel ce sont les grands côtés du guide d'ondes qui s'évasent) (antenne hyper) (cf. aussi* sectoral horn *et* E plane).
E-PROM *cf.* EPROM.
E region *cf.* E layer.
E scan *cf.* E display.
E scope écran à présentation du type E *(radar) (cf. aussi* E display).
E²PROM *(se prononce « E squared PROM ») cf.* EEPROM. *(de même pour les termes dérivés).*
E²ROM *(se prononce « E squared ROM ») cf.* EEROM. *(de même pour les termes dérivés).*
E vector vecteur champ électrique *(cf. aussi* electric field vector).
E wave onde TM *(hyper) (cf. aussi* transverse magnetic wave).
EAM *cf.* electronic accounting machine.
EAR *cf.* electronically-agile radar.
ear amplifier amplificateur de prothèse auditive *(acoustique médicale) (cf. aussi* hearing aid).

ear-muff casque insonorisant *(acou).*
ear-piece pavillon d'écouteur *(combiné téléphonique, casque d'écoute) (cf. aussi* headphone).
Early effect effet Early *(diminution de l'épaisseur de la base d'un transistor bipolaire lorsque la tension entre la base et le collecteur augmente, la zone de depletion de la jonction base-collecteur s'élargissant du côté de la base) (cf. aussi* bipolar transistor).
early failure défaillance prématurée *(composant, etc.) (cf. aussi* early-failure period *et* infant mortality).
early-failure period période des défaillances prématurées, période de stabilisation *(période initiale de la vie d'un composant ou autre matériel pendant laquelle ses caractéristiques de fonctionnement se stabilisent naturellement ou par vieillissement artificiel et les risques de défaillance sont relativement grands) (cf. aussi* early failure, failure rate *et* burn-in).
early warning alerte lointaine *(alerte donnée par un radar de veille à longue portée installé au sol ou dans un aéronef ou un satellite) (mil) (cf. aussi* early-warning radar).
early-warning aircraft avion d'alerte lointaine *(mil) (cf. aussi* early warning *et* AWACS).
early-warning network chaîne de radars d'alerte lointaine *(mil) (cf. aussi* early-warning radar).
early-warning radar radar d'alerte lointaine, radar de veille à longue portée *(mil) (cf. aussi* early warning, search radar *et* radar fence).
early-warning satellite satellite d'alerte lointaine *(satellite de reconnaissance géostationnaire mis à poste au-dessus d'un pays suspecté d'intentions hostiles, et équipé notamment d'un détecteur de tirs au sol détectant les lancements de missiles stratégiques) (mil) (cf. aussi* geostationary satellite *et* missile launch detector (b)).
early-warning spacecraft *cf.* early-warning satellite.
EAROM *(vient de « electrically-alterable read-only memory ») cf.* EEPROM.
earphone écouteur miniature *(écouteur assez petit pour se loger dans l'oreille externe) (cf. aussi* headphone *et* hearing aid).
earphone coupler oreille artificielle *(acou) (cf. aussi* artificial ear).
earphone insert embout d'écouteur miniature.
earth *(GB) cf.* ground. *(de même pour les termes dérivés qui ne figurent pas ci-après).*
earth-based communications télécommunications terrestres *(cf. aussi* terrestrial communications).
earth coverage couverture de la Terre *(sat. tls) (cf. aussi* geostationary satellite *et* worldwide coverage).
earth current **1)** courant tellurique *(courant naturel circulant dans le sol de la Terre et dû à l'hétérogénéité de la composition chimique et de la température de celui-ci, ainsi qu'aux perturbations de l'ionosphère et à l'activité solaire).* **2)** *cf.* ground current 1) *et* 2).

earth ground terre *(cf. aussi* ground[1] 2)).

earth-guided wave onde de surface *(propa) (cf. aussi* surface wave).

earth-ionosphere waveguide guide d'ondes Terre-ionosphère *(ou formé par la Terre et l'ionosphère) (propa) (cf. aussi* ionosphere).

earth's magnetic field champ magnétique terrestre *(ou de la* Terre) *(cf. aussi* terrestrial magnetism).

earth-space communications télécommunications entre la Terre et l'espace, télécommunications Terre-espace *(télécommunications par radio ou par laser entre la Terre et des engins spatiaux ou des stations installées sur d'autres planètes) (cf. aussi* radio communications, laser communications *et* up-link).

earth station station terrienne *(station terrestre, maritime ou aérienne, de télécommunications ou autre, considérée par opposition à une station spatiale) (cf. aussi* ground station).

earth station aerial *cf.* earth station antenna.

earth station antenna antenne de station terrienne *(tls, etc.) (cf. aussi* earth station).

earth-to-satellite link liaison de la Terre au satellite *(sat. tls ou autre) (cf. aussi* up-link).

earth-to-satellite signal signal de la Terre au satellite *(sat. tls ou autre) (cf. aussi* up-link signal).

earth-to-space communications *cf.* earth-space communications.

earthed *(GB)* *cf.* grounded.

earthing *(GB)* *cf.* grounding.

eavesdropping écoute clandestine *(interception de messages transmis par une liaison de télécommunications) (mil, etc.) (cf. aussi* listening, intercept[2] *et* communications link).

EB *cf.* electron beam.

EBAM *(vient de « electron-beam-accessed memory »)* mémoire EBAM *(cf. aussi* BEAMOS).

EBCDIC code *(vient de « extended binary-coded decimal interchange code »)* code EBCDIC *(code analogue au code BCD, mais utilisant huit binaires au lieu de quatre pour représenter un chiffre) (inf) (cf. aussi* BCD).

EBPA *cf.* electron-beam parametric amplifier.

EBS *cf.* electron-bombarded semiconductor.

ECC *cf.* error correcting code.

eccentric circle *cf.* eccentric groove.

eccentric groove sillon final *(dernier sillon d'un disque audio classique, excentré pour communiquer au bras de lecture un mouvement de va-et-vient déclenchant le fonctionnement du dispositif d'arrêt automatique, ou du changeur de disque dans le cas d'un électrophone à changeur) (cf. aussi* groove 1)).

eccentric spiral *cf.* eccentric groove.

Eccles-Jordan circuit bascule d'Eccles-Jordan *(cf. aussi* bistable multivibrator).

ECCM *cf.* electronic counter-counter-measures.

ECCM capability possibilités d'anti-contre-mesures *(ou* d'antibrouillage *(parf. au singulier) (émetteur, récepteur) (mil) (cf. aussi* electronic counter-countermeasures *et* capability).

ECCM mode mode d'antibrouillage *(mil) (cf. aussi* electronic counter-countermeasures).

ECD *cf.* electrochromic display.

echo écho, signal réfléchi *(onde ou signal électrique réfléchi vers sa source par un obstacle à sa propagation) (l'obstacle peut être une discontinuité du milieu de propagation) (cf. aussi* radar echo, blip, acoustic echo, sonar echo, laser echo, echo chamber, echo suppressor *et* wave).

echo area surface équivalente *(cible radar) (cf. aussi* radar cross section).

echo box boîte à échos *(appareil hyperfréquence comprenant essentiellement une cavité résonante accordable utilisé pour simuler une cible radar en liaison avec un émetteur et un récepteur radar) (cf. aussi* cavity resonator *et* radar).

echo cancellation suppression d'écho *(téléphonique) (cf. aussi* echo suppression 1)).

echo canceller suppresseur d'écho *(téléphonique) (cf. aussi* echo suppressor (a)).

echo cancelling *cf.* echo cancellation.

echo-cancelling chip puce de suppresseur d'écho *(puce de circuit intégré sur laquelle est réalisé un suppresseur d'écho) (cf. aussi* chip 1) *et* echo suppressor (a)).

echo chamber chambre d'écho *(local réverbérant utilisé dans un studio de prise de son ou d'images pour modifier l'ambiance sonore du studio) (le son enregistré dans le studio est reproduit par un haut-parleur placé contre une paroi de la chambre et excite un microphone placé contre la paroi opposée et captant en même temps le son réverbéré par les parois de la salle, le signal de sortie du microphone étant ensuite mélangé au signal initial dans les proportions convenables à l'aide d'un atténuateur pour obtenir l'effet d'écho désiré) (cf. aussi* reverberation chamber *et* echo).

echo check (un) contrôle par écho *(cf. aussi* echo checking).

echo checking (le) contrôle par écho *(ligne de transmission) (cf. aussi* reflectometry (b)).

echo depth-finder *cf.* echo sounder.

echo depth-sounder *cf.* echo sounder.

echo distortion distorsion due à l'écho *(tél) (cf. aussi* echo suppressor (a)).

echo disturbance gêne due à l'écho *(tél) (cf. aussi* echo suppressor (a)).

echo elongation élargissement de l'écho *(contre-mesure opérée par un brouilleur de radars équipant une cible suivie par un radar de l'adversaire ou attaquée par un missile à autodirecteur radar actif et destinée à dégrader la précision de localisation de celui-ci) (mil) (cf. aussi* electronic counter-measures, radar jammer *et* active radar seeker).

echo killer *cf.* echo canceller.

echo marking repérage des échos *(sur l'écran d'un radar) (cf. aussi* radar echo).

echo matching égalisation des deux échos *(sur un écran de radar à double lobe) (avia) (cf. aussi* echo-splitting radar).

echo path trajet de l'écho, chemin suivi par l'écho *(propa) (acou, radio) (cf. aussi* echo).

echo pulse impulsion écho *(impulsion de tension ou autre produite dans un dispositif par un écho) (ce terme désigne généralement une impulsion de tension produite dans un récepteur de radar à impulsions, de sonar actif ou de télémètre laser par l'écho d'une impulsion émise par l'appareil) (cf. aussi* echo).

echo ranging télémétrie par écho *(télémétrie faisant appel à la mesure du temps écoulé entre l'émission d'un train d'ondes acoustiques ou électromagnétiques et la réception de l'écho renvoyé par un obstacle) (terme générique couvrant la télémétrie sonar, la télémétrie radar et la télémétrie laser) (cf. aussi* sonar ranging, radar ranging, laser ranging, wave train *et* ranging 1)).

echo-ranging sonar sonar actif *(mar) (cf. active* sonar).

echo-repeater target répondeur sonar *(système utilisé pour simuler une cible de sonar au cours d'essais de torpilles marines à autodirecteur sonar actif) (comprend essentiellement un hydrophone, un amplificateur et un projecteur sonar simplifié) (les impulsions d'ultrasons émises par l'autodirecteur de la torpille essayée sont captées par l'hydrophone, amplifiées et réémises par le projecteur pour simuler l'écho d'un sous-marin vers lequel l'autodirecteur dirige la torpille) (mar. mil) (cf. aussi* active acoustic seeker, hydrophone *et* sonar projector).

echo-return loss affaiblissement de l'écho *(tél) (cf. aussi* echo canceller).

echo-return loss enhancement augmentation de l'affaiblissement de l'écho *(tél) (cf. aussi* echo canceller).

echo-return path chemin suivi par l'écho *(tél) (cf. aussi* echo canceller).

echo signal signal d'écho *(signal constitué ou produit par un écho) (cf. aussi* echo).

echo sounder écho-sondeur *(mar) (cf. aussi* sonic depth finder).

echo sounding mesure de profondeur *(ou* bathymétrie) par écho-sondeur *(mar) (cf. aussi* echo sounder).

echo splitting dédoublement de l'écho *(radar) (cf. aussi* echo-splitting radar).

echo-splitting radar radar à double lobe *(radar de poursuite dans lequel l'antenne rayonne alternativement deux faisceaux légèrement obliques et symétriques par rapport à son axe dans le plan horizontal pour améliorer la précision de la détermina-*

tion de la direction de la cible que l'opérateur encadre avec les deux faisceaux) (lorsque les échos correspondant aux deux faisceaux sur l'écran radar du type K ont la même amplitude, la cible est exactement dans l'axe de l'antenne et sa direction est connue avec précision) (cf. aussi K display, lobe switching, monopulse radar *et* tracking radar).

echo strength amplitude de l'écho *(cf. aussi* echo).

echo suppression **1)** suppression de l'écho *(perçu dans l'écouteur du combiné d'un poste téléphonique lors d'une communication à grande distance) (cf. aussi* echo suppressor 1)). **2)** élimination des échos parasites *(récepteur radar) (cf. aussi* moving-target indicator).

echo suppressor suppresseur d'écho (a) *relais sensible spécial ou dispositif équivalent coupant la voie de retour d'un circuit téléphonique à quatre fils d'un câble à grande distance lorsqu'un écho est détecté qui risquerait de gêner la personne qui parle) (cf. aussi* four-wire circuit) ; (b) *circuit inhibant un récepteur de navigation pendant un temps déterminé après la réception d'une impulsion utile pour éviter la prise en compte d'impulsions retardées par une propagation par trajet multiple) (cf. aussi* multipath propagation).

echo transmission propagation de l'écho *(acou, radar, tél) (cf. aussi* echo).

echo transmission time temps de propagation de l'écho, durée du trajet de l'écho *(acou, radar, tél)*.

echo trouble *cf.* echo disturbance.

echo wave onde réfléchie *(cf. aussi* echo).

echoing area *cf.* echo area.

echoless absorbant, non réfléchissant *(matériau, surface) (acou) (cf. aussi* absorbing material *et* echo).

echolocation écholocation *(anglicisme) (détection, localisation et, parfois, identification d'un obstacle par un animal émettant des ondes acoustiques sonores ou, plus souvent, ultrasonores et dont le cerveau analyse les échos renvoyés par l'obstacle) (est utilisée notamment par la chauve-souris et d'autres oiseaux, par le dauphin et par certaines musaraignes) (est l'équivalent biologique du sonar actif) (acou) (cf. aussi* active acoustic detection).

echoplex échoplex *(mode de transmission de données dans lequel les informations reçues à l'extrémité réceptrice de la liaison sont réémises pour vérification à l'extrémité émettrice (télinf) (cf. aussi* data transmission).

echoplex mode *cf.* echoplex transmission mode.

echoplex-mode transmission transmission en mode échoplex *(cf. aussi* echoplex).

echoplex transmission mode mode de transmission échoplex, mode échoplex *(cf. aussi* echoplex).

ECIL *(vient de « emitter-coupled injection logic »)* logique ECIL, logique à injection à liaison *(ou* couplage) par les émetteurs *(logique intégrée comparable à la logique I²L mais plus rapide, occupant une surface un peu plus grande sur la puce du circuit intégré et possédant des sorties complémentaires) (cf. aussi* I²L, *au début de la lettre I, après « i-zone », et* complementary outputs).

ECIL ... *cf.* ECIL *et* ... *et adapter.*

ECL *(vient de « emitter-coupled logic »)* logique ECL, logique à liaison *(ou* couplage) par les émetteurs *(logique bipolaire intégrée non saturée dérivée de la logique CML par mise à la masse, à travers une résistance, du collecteur des deux transistors formant amplificateur différentiel et par adoption d'une tension de référence située à mi-chemin des valeurs extrêmes de la tension de sortie par rapport à la masse) (ces modifications éliminent les difficultés de liaison entre portes dont souffrait la logique CML) (la logique ECL est la plus rapide des logiques utilisées en 1990 grâce à son fonctionnement en mode non saturé; son temps de commutation est d'environ 2 nanosecondes; elle a des sorties complémentaires) (CI) (inf) (cf. aussi* logic (b), CML, switching speed 1) *et* complementary outputs).

ECL array *cf.* ECL gate array.

ECL circuit *cf.* ECL gate.

ECL circuitry circuits ECL *(circuits logiques utilisant des portes ECL) (cf. aussi* logic circuit, ECL gate *et* circuitry).

ECL compatibility compatibilité ECL *(possibilité de relier un circuit logique à un circuit ECL grâce à des niveaux logiques comparables) (CI) (inf) (cf. aussi* ECL *et* logic level).

ECL-compatible compatible ECL *(circuit logique) (cf. aussi* ECL compatibility).

ECL-compatible ... *voir* ECL-compatible *et* TTL-compatible ... *et* adapter.

ECL gate porte ECL, circuit ECL *(porte logique réalisée en technique ECL) (CI) (inf) (cf. aussi* logic gate *et* ECL).

ECL gate array matrice prédiffusée ECL, *(etc.) (matrice prédiffusée utilisant des portes ECL) (CI) (cf. aussi* gate array *et* ECL gate).

ECL gate transition transition d'une porte ECL, *(etc.) (cf. aussi* ECL gate).

ECL logic *cf.* ECL.

ECL memory *cf.* ECL RAM.

ECL RAM mémoire RAM ECL, *(etc.)*, mémoire RAM statique ECL, *(idem) (mémoire RAM statique utilisant des portes ECL) (noter qu'une mémoire RAM ECL ne peut être que statique) (CI) (cf. aussi* static RAM *et* ECL gate).

ECL static RAM *cf.* ECL RAM.

ECL transition *cf.* ECL gate transition.

eclipse capability *cf.* eclipse performance.

eclipse performance performances pendant la période d'occultation, *(etc.) (cf. aussi* eclipse transmission).

eclipse power *cf.* eclipse transmitting power.

eclipse reception réception pendant la période d'occultation, *(etc.) (réception sur la Terre des signaux en provenance d'un satellite de télécommunications ou autre) (cf. aussi* eclipse transmission).

eclipse service service pendant la période d'occultation, *(etc.) (service de télécommunications ou de radiodiffusion assuré par un satellite de télécommunications ou de radiodiffusion pendant la durée d'occultation de son orbite par la Terre) (est généralement réduit par rapport au service avec ensoleillement, l'ordinateur du satellite devant réduire la puissance ou la durée d'émission ou arrêter un émetteur pour économiser l'énergie électrique fournie par la source autonome) (cf. aussi* eclipse transmission).

eclipse transmission émission pendant la période d'occultation *(ou* sans ensoleillement *ou* d'obscurité), émission en occultation, émission sans ensoleillement, émission pendant la nuit, émission la nuit, émission de nuit *(cf. aussi* eclipse transmitting power).

eclipse transmission power *cf.* eclipse transmitting power.

eclipse transmitting *cf.* eclipse transmission.

eclipse transmitting power puissance d'émission pendant la période d'occultation, *(etc.) (puissance d'émission d'un émetteur de satellite de télécommunications ou autre lorsque ses panneaux de cellules solaires ne reçoivent plus le rayonnement du Soleil, c.-à-d. lorsque le satellite se trouve sur le segment de son orbite situé derrière la Terre, donc dans l'obscurité) (l'énergie électrique est alors fournie par une source autonome : accumulateurs, pile à combustible, générateur isotopique, etc. dont la puissance est généralement moindre) (cf. aussi* eclipse transmission, solar cell *et* communications satellite).

ECM *cf.* electronic countermeasures.

ECM action action de contre-mesures (électroniques), (une) contre-mesure (électronique) *(mil)*.

ECM array antenne multiphase de brouillage, *(etc.)*, antenne de brouillage multiphase *(idem) (mil) (cf. aussi* array antenna *et* jamming).

ECM assets *cf.* ECM resources.

ECM capability possibilités *(parf. au singulier)* de contre-mesures (électroniques) *(aptitude d'une cible militaire ou du système de brouillage qui l'équipe à brouiller le plus grand nombre possible de types d'émissions hostiles) (cf. aussi* threat *et* capability).

ECM designer *cf.* ECM equipment designer.

ECM dispenser lance-leurres *(mil) (cf. aussi* chaff dispenser).

ECM dispensing sytem *cf.* ECM dispenser.

ECM energy énergie de brouillage *(énergie rayonnée par l'antenne d'un brouilleur à bruit) (mil) (cf. aussi* radiated energy *et* noise jammer).

ECM engineer ingénieur en contre-mesures (électroniques) *(ingénieur électronicien chargé de la conception et la réalisation de matériels de contre-mesures électroniques) (cf. aussi* ECM equipment).

ECM environment ambiance de contre-mesures (électroniques) *(ambiance électromagnétique truffée de signaux de brouillage dans une zone d'activités aériennes militaires) (cf. aussi* electromagnetic environment *et* electronic countermeasures).

ECM equipment matériel de contre-mesures (électroniques) *(brouilleurs et antennes associées, leurres et lance-leurres, détecteurs de radars, détecteurs infrarouges, détecteurs de lasers, etc.) (mil) (cf. aussi* jammer, decoy[1], chaff dispenser, chaff launcher, flare dispenser, radar warning receiver, infrared warning receiver, laser warning receiver, ECM suite, electronic countermeasures *et* electronic warfare equipment).

ECM equipment designer concepteur de matériel de contre-mesures (électroniques) *(ingénieur électronicien ou agent technique électronicien de haut niveau) (mil) (cf. aussi* ECM engineer).

ECM escort aircraft avion de couverture électronique *(avion d'escorte équipé d'un équipement complet de contre-mesures électroniques) (cf. aussi* ECM suite).

ECM expert (grand) spécialiste ... *(voir aussi* ECM specialist).

ECM gear *cf.* ECM equipment.

ECM hardware *cf.* ECM equipment.

ECM laboratory laboratoire de contre-mesures (électroniques) *(laboratoire d'électronique où sont conçus et réalisés les prototypes de matériels de contre-mesures électroniques) (cf. aussi* ECM equipment).

ECM laser laser de contre-mesures *(laser de puissance monté notamment sur navire de guerre pour mettre hors d'état par échauffement le détecteur de l'autodirecteur d'un engin autoguidé hostile et notamment d'un missile à guidage laser ou infrarouge, les détecteurs correspondants étant plus sensibles à la chaleur qu'un détecteur d'autodirecteur radar, ou pour brouiller l'autodirecteur laser ou infrarouge par éblouissement) (mil) (cf. aussi* high-energy laser, homing head, self-guided weapon, infrared-guided missile *et* laser-guided missile).

ECM pod nacelle de contre-mesures *(sur aéronef militaire) (cf. aussi* external ECM).

ECM radar warning system détecteur de radars *(sur aéronef militaire) (cf. aussi* radar warning receiver).

ECM-resistant *a* difficile à brouiller *(mil) (cf. aussi* jam-resistant).

ECM resources moyens de contre-mesures (électroniques) *(ensemble du matériel de contre-mesures dont une cible militaire dispose à un moment donné et possibilités de ce matériel) (cf. aussi* ECM equipment *et* ECM capability).

ECM sensing détection des émissions hostiles *(aux fins de contre-mesures) (mil) (cf. aussi* threat, warning receiver *et* electronic countermeasures).

ECM set appareil de contre-mesures (électroniques) *(brouilleur, détecteur de radars, etc.) (mil) (cf. aussi* ECM equipment).

ECM simulation simulation de contre-mesures *(nom donné à la simulation de signaux de brouillage, notamment de signaux de brouilleurs de radars, dans un simulateur de guerre électronique) (mil) (cf. aussi* jamming signal, radar jammer, electronic warfare simulator *et* electronic countermeasures).

ECM specialist spécialiste en contre-mesures (électroniques) *(ou des ...) (ingénieur ou agent technique électronicien civil ou militaire spécialiste des contre-mesures électroniques) (cf. aussi* ECM engineer).

ECM spectrum spectre de contre-mesures *(parf. des ...) (partie du spectre électromagnétique occupée par les signaux de brouillage émis dans une zone d'opérations militaires) (cf. aussi* electromagnetic spectrum, jamming signal *et* electronic countermeasures).

ECM suite équipement de contre-mesures, panoplie d'appareils de contre-mesures *(ensemble du matériel de contre-mesures monté notamment sur un aéronef ou un navire militaire) (cf. aussi* ECM equipment).

ECM suppression élimination des contre-mesures (électroniques) *(destruction des stations de brouillage de l'adversaire) (mil) (cf. aussi* electronic countermeasures).

ECM susceptibility sensibilité aux contre-mesures (électroniques), sensibilité au brouillage *(récepteur radio ou radar, autodirecteur, signal radio ou radar) (mil) (cf. aussi* jam-resistant *et* electronic countermeasures).

ECM system système de contre-mesures (électroniques) *(système formé essentiellement d'un ou plusieurs brouilleurs associés à un ou plusieurs récepteurs d'alarme) (ce terme peut désigner un équipement de contre-mesures électroniques) (mil) (cf. aussi* jammer, warning receiver, ECM suite *et* electronic countermeasures).

ECM technique méthode de contre-mesures (électroniques) *(souvent aussi de brouillage), procédé (idem) (mil) (cf. aussi* jamming technique *et* electronic countermeasures).

ECM technique selection choix des méthodes de contre-mesures, *(etc.) (par le calculateur d'un système d'autoprotection) (mil) (cf. aussi* ECM technique *et* self-protection).

ECM technology (la) technique des contre-mesures (électroniques) *(mil) (cf. aussi* electronic countermeasures *et* technology).

ECM threat *cf.* ECM transmission.

ECM threshold seuil de contre-mesures *(niveau des signaux d'un radar ou autodirecteur radar actif hostile reçus par une cible, à partir duquel le brouilleur d'autoprotection de celle-ci se met automatiquement en action pour brouiller les signaux hostiles) (la cible d'un radar peut détecter l'émission de celui-ci à une distance nettement plus grande que celle à laquelle le radar peut détecter la cible, du fait que les échos renvoyés par celle-ci sont moins puissants que les signaux émis) (mil) (cf. aussi* radar, active radar seeker *et* self-protection jammer).

ECM transmission émission de contre-mesure, émission de brouillage *(émission d'un brouilleur) (mil) (cf. aussi* jammer).

ECM transmitter émetteur de contre-mesures (électroniques) *(nom parfois donné à un brouilleur) (mil) (cf. aussi* jammer *et* electronic countermeasures).

ECO *cf.* electron-coupled oscillator.

EDAC *cf.* error detection and correction.

EDC *cf.* error detection and correction.

EDC chip puce de détection et correction d'erreurs *(CI) (inf, tls) (cf. aussi* chip 1)).

eddy current courants de Foucault *(noter l'emploi du pluriel, obligatoire en français et facultatif en anglais) (courants induits dans la masse d'un corps métallique siège d'une induction magnétique variable) (l'induction variable peut être produite par un champ magnétique variable ou par déplacement du corps dans un champ magnétique constant) (provoquent l'échauffement du corps par effet Joule et, par conséquent, une perte d'énergie) (cf. aussi* eddy-current loss, magnetic induction 2) *et* magnetic field).

eddy-current brake frein à courants de Foucault *(nom souvent donné à un ralentisseur de mouvement de rotation utilisant un disque à courant de Foucault) (est utilisé notamment dans des autocars et camions pour économiser les freins et accroître la sécurité dans les longues descentes à fort pourcentage) (cf. aussi* eddy-current braking).

eddy-current braking freinage par courants de Foucault *(freinage de la rotation d'un arbre à l'aide d'un disque à courants de Foucault calé sur l'arbre) (il s'agit en fait d'un ralentissement et non d'un véritable freinage capable d'arrêter l'arbre, le freinage ne pouvant s'exercer que si le disque tourne) (cf. aussi* eddy-current disk).

eddy-current disc *cf.* eddy-current disk.

eddy-current disk disque à courants de Foucault *(disque en métal non magnétique tournant entre les pôles d'un aimant ou d'un électro-aimant à courant continu pour servir de frein ou d'amortisseur de mouvement angulaire par induction de courants de Foucault dans le disque) (l'effort de freinage est, par conséquent, proportionnel à la vitesse de rotation du disque et donc nul à l'arrêt) (est utilisé notamment, associé à un aimant, dans les appareils de mesure à induction où il est constitué par le disque moteur lui-même qui amortit ainsi ses propres oscillations, et dans les retardateurs magnétiques) (cf. aussi* eddy current, eddy-current brake, induction instrument *et* eddy-current timing device).

eddy-current heating chauffage par induction (*cf. aussi* eddy current *et* induction heating).

eddy-current inspection (le) contrôle par courants de Foucault (*contrôle non destructif rapide de pièces métalliques effectué en faisant jouer à la pièce le rôle du circuit magnétique d'un transformateur, la pièce à contrôler et une pièce de référence étant disposées chacune entre un enroulement primaire et un enroulement secondaire, ces derniers étant montés en opposition et leurs extrémités extérieures étant connectées aux plaques de déviation verticale d'un oscilloscope) (si la pièce contrôlée présente des défauts internes, les courants de Foucault produits par l'enroulement primaire modifient l'effet de la pièce sur la tension obtenue aux bornes de l'enroulement secondaire et l'oscilloscope visualise le déséquilibre entre les deux tensions secondaires) (la fréquence du courant d'excitation de l'enroulement primaire dépasse 100 kHz dans le cas des pièces en métal non magnétique)* (*cf. aussi* eddy current, transformer 1), vertical deflection plate *et* non-destructive testing).

eddy-current loss pertes par courants de Foucault (*perte d'énergie par effet Joule dans un corps métallique parcouru par des courants de Foucault) (ce terme s'applique notamment à la perte d'énergie dans le circuit magnétique d'une machine électrique à courant alternatif) (noyau de transformateur, noyau de relais à courant alternatif, etc.)* (*cf. aussi* eddy current, Joule effect *et* electrical machine).

eddy-current losses *cf.* eddy-current loss.

eddy-current test (un) contrôle aux courants de Foucault (*cf. aussi* eddy-current inspection).

eddy current testing *cf.* eddy-current inspection.

eddy-current timing device retardateur magnétique (*ou* à courants de Foucault), élément retardateur (*idem*), dispositif de temporisation (*idem*) (*dispositif de temporisation de relais temporisé utilisant un disque à courants de Foucault entraîné par un train d'engrenages surmultiplicateur à grand rapport actionné par l'élément mobile du relais)* (*cf. aussi* eddy-current disk).

edge-activated memory *cf.* edge-activated ROM.

edge-activated ROM mémoire ROM à commande par front (*ou* à dV/dt), mémoire morte (*idem*), mémoire (*idem*) (*mémoire ROM dans laquelle la lecture d'une information est commandée par le front de l'impulsion de lecture et non par son amplitude, cette impulsion étant appliquée à une bascule déclenchée par front) (la commande de la lecture étant opérée par le front de l'impulsion, elle se produit dès que la pente du front atteint une valeur suffisante, ce qui donne une mémoire à lecture plus rapide que celles dans lesquelles l'impulsion doit atteindre une amplitude déterminée pour commander la lecture) (CI) (inf)* (*cf. aussi* ROM *et* edge-triggered flip-flop).

edge-activated ROM memory *cf.* edge-activated ROM.

edge-bearing contact contact portant sur la tranche (*type de contact de support de circuit intégré)* (*cf. aussi* integrated-circuit socket).

edge color couleur sur le bord d'une plage colorée, couleur sur une ligne de transition (*image TVC*).

edge connector connecteur de carte enfichable (*CP*) (*cf. aussi* printed-circuit connector).

edge-defined film-fed growth *cf.* EFG.

edge distortion distorsion sur les bords (a) *cf. aussi* color-edge distortion) ; (b) *cf. aussi* edge effect).

edge effect effet de bord (*courbure, vers l'extérieur, des lignes de force du champ électrique régnant entre les armatures d'un condensateur plan, de plus en plus marquée à mesure qu'on approche du bord des armatures) (on élimine cet effet à l'aide d'un ou plusieurs anneaux de garde)* (*cf. aussi* line of force, parallel-plate capacitor *et* guard-ring capacitor).

edge-enabled ... *cf.* edge-activated ...

edge field effect *cf.* edge effect.

edge-guided mode isolator séparateur de mode guidé sur les bords (*hyper*) (*cf. aussi* mode isolator).

edge latching verrouillage sur front (*verrouillage d'un registre à verrouillage sur le flanc arrière ou, plus rarement, le flanc avant d'une impulsion d'horloge) (inf)* (*cf. aussi* latch[1], pulse edge *et* clock pulse).

edge-lighted éclairé par la tranche (*cf. aussi* edge lighting).

edge lighting éclairage par la tranche (*cadran, afficheur, graticule d'oscilloscope, etc.*).

edge rate vitesse de montée (*impulsion*) (*cf. aussi* rate of rise 1)).

edge speed *cf.* edge rate.

edge steepness raideur du front (*impulsion*) (*cf. aussi* steepness *et* leading edge).

edge switch roue codeuse (*cf. aussi* thumbwheel switch).

edge-triggered flip-flop bascule déclenchée par front, bascule à dV/dt (*bascule dont le changement d'état est commandé par la raideur du front des impulsions qui lui sont appliquées et non par leur amplitude, ce qui produit un basculement plus rapide si la pente du front est suffisamment raide)* (*cf. aussi* flip-flop, rate of voltage rise *et* edge-activated ROM).

edgewise bend coude plan H (*guide d'ondes*) (*cf. aussi* H-plane bend).

edgewise panel meter appareil de tableau de profil (*appareil de mesure analogique conçu pour être monté de profil sur un tableau ou une platine, le cadran rectangulaire allongé étant disposé sur la tranche du boîtier)* (*cf. aussi* analog meter).

Edison battery batterie Edison (*élec*) (*cf. aussi* nickel-iron battery).

Edison cell accumulateur Edison (*élec*) (*cf. aussi* nickel-iron cell).

Edison effect effet Edison, effet thermoélectronique, effet thermo-ionique (*autres noms de l'émission thermo-électronique, le premier rappelant que ce phénomène a été découvert par le physicien américain Edison (en 1884), ce en incorporant à sa lampe une plaque métallique portée à un potentiel positif par rapport au filament et constituant ainsi l'anode d'une diode à vide à cathode chaude)* (*cf. aussi* thermionic emission).

Edison storage ... *cf.* Edison ...

edit *v* 1) mettre en forme, préparer (*des informations pour les sortir sur imprimante) (inf*). 2) monter, faire le montage (*bande vidéo*) (*cf. aussi* tape editing).

editing (*cf. aussi* edit) 1) mise en forme, préparation. 2) montage.

editing facility dispositif de montage (*pour bandes vidéo*) (*cf. aussi* tape editing).

editor éditeur *s*, programme d'édition (*en informatique, termes génériques couvrant deux programmes d'ordinateur très différents, à savoir l'éditeur de liens et l'éditeur de textes)* (*cf. aussi* linkage editor, text editor *et* computer program).

EDL *cf.* electric discharge laser.

EDP *cf.* electronic data processing.

EDP center centre de traitement de l'information (*inf*) (*cf. aussi* information center).

EDP department service informatique (*d'une société ou d'un organisme*) (*cf. aussi* information center).

EDPM *cf.* electronic data-processing machine.

educational computer machine à enseigner, ordinateur d'enseignement, ordinateur éducatif (*inf*) (*cf. aussi* teaching machine).

educational television (la) télévision éducative (*nom donné aux programmes de télévision à vocation éducative*) (*cf. aussi* television program).

EE *cf.* electronics engineer.

EE-PROM *cf.* EEPROM.

EE-ROM *cf.* EEROM.

EEPROM (*vient de « electrically erasable PROM »*) mémoire EEPROM, mémoire E^2PROM (*le second sigle est peu employé*), mémoire REPROM électrique, mémoire reprogrammable effaçable électriquement, mémoire ROM (*ou* morte) programmable effaçable électriquement, mémoire EEROM, mémoire E^2ROM (*idem plus haut*), mémoire EAROM (*mémoire REPROM dans laquelle tant l'effacement que la programmation sont réalisés par des impulsions électriques) (est donc analogue à la mémoire EPROM en ce qui concerne la programmation, mais différente en ce qui concerne l'effacement) (chacune des cellules d'une mémoire EEPROM est constituée par un transistor MNOS ou DIFMOS ou équivalent constituant la cellule proprement dite et par des transistors d'écriture et de lecture) (CI)* (*cf. aussi* REPROM, EPROM, electrical erasure, MNOS *et* DIFMOS).

EEPROM cell cellule de mémoire EEPROM, *(etc.) (CI) (cf. aussi* EEPROM).

EEPROM chip puce de mémoire EEPROM, *(etc.) (puce de circuit intégré sur laquelle est réalisée une mémoire EE-PROM) (cf. aussi* EEPROM *et* chip 1)).

EEPROM memory *cf.* EEPROM.

EEROM *(vient de « electrically-erasable read-only memory ») cf.* EEPROM.

effective address adresse effective *(en informatique, nom donné à l'adresse absolue obtenue par adressage relatif, indexé ou indirect et figurant finalement dans le registre d'adresse) (cf. aussi* absolute address, relative addressing, indexed addressing, indirect addressing *et* address register).

effective antenna length longueur électrique de l'antenne *(ce terme s'emploie surtout pour une antenne d'émission) (cf. aussi* electrical length).

effective area **1)** aire équivalente *(coefficient de proportionnalité homologue à une surface, figurant dans la formule donnant la puissance recueillie aux bornes d'une antenne de réception directive) (la notion d'aire équivalente est une autre façon de représenter le gain d'une antenne de réception directive) (cf. aussi* gain 3). **2)** *cf.* effective confusion area.

effective confusion area aire de brouillage effective *(aire totale des leurres d'un nuage de leurres radar nécessaire pour simuler la surface équivalente d'un aéronef de type déterminé) (mil) (cf. aussi* chaff *et* radar cross section).

effective current intensité efficace *(courant alternatif) (cf. ausi* RMS current).

effective height hauteur effective *(hauteur du centre de phase d'une antenne d'émission par rapport au sol) (cf. aussi* phase center).

effective isotropic radiated power puissance rayonnée isotrope effective *(puissance que l'antenne isotrope devrait rayonner pour produire à une distance déterminée l'intensité de rayonnement électromagnétique obtenue dans la direction de rayonnement maximal d'une antenne d'émission directive de type donné) (est égale au produit de la puissance rayonnée par l'antenne considérée, par son gain maximal) (cf. aussi* gain 2) *et* effective radiated power).

effective radiated power puissance rayonnée effective, puissance effectivement rayonnée *(puissance rayonnée par une antenne d'émission directive dans sa direction de rayonnement maximal) (est égale au produit de la puissance fournie à l'antenne par son gain dans cette direction) (cf. aussi* gain 2), direction of maximum radiation *et* effective isotropic radiated power).

effective resistance résistance en courant alternatif, résistance effective, résistance apparente *(résistance effective d'un conducteur parcouru par un courant alternatif) (est égale à la somme de la résistance en courant continu et de la résistance due à l'effet de peau) (ne pas confondre avec l'impédance) (cf. aussi* resistance, skin effect *et* impedance).

effective scattering cross section section efficace de collision *(ou de choc) (valeur effective de la section de collision d'une particule) (cf. aussi* Ramsauer effect *et* scattering cross section).

effective sound pressure pression acoustique efficace *(valeur efficace d'une pression acoustique) (cf. aussi* RMS value *et* sound pressure).

effective value **1)** valeur effective. **2)** valeur efficace *(cf. aussi* RMS value).

effusion oven four à effusion *(petite enceinte chauffée munie d'une ouverture latérale et contenant un corps à déposer sur un substrat semi-conducteur disposé en face de l'ouverture pour y former une couche épitaxiale) (fab. semi) (cf. aussi* molecular-beam epitaxy).

EFG *(vient de « edge-defined film-fed growth »)* procédé EFG, procédé de tirage à bande guidée *(procédé de tirage de monocristaux de semiconducteur sous la forme d'une bande destinée notamment à supprimer les opérations de sciage des plaquettes et les pertes de matière première propres aux procédés donnant des lingots cylindriques, et à réduire le temps de fabrication des plaquettes, celles-ci étant par ailleurs rectangulaires) (fab. semi). (cf. aussi* single-crystal growth *et* wafer 2)).

EHF *cf.* extremely high frequency.

EHF ... *cf.* VHF ... *et* EHF band *et* adapter. *(pour les termes qui ne figurent pas ci-après).*

EHF band bande *(ou* gamme) des extrêmes hautes fréquences *(ou* hautes hyperfréquences), bande EHF, gamme EHF, *(parf.)* gamme des ondes millimétriques *(cf. aussi* extremely high frequency).

EHF frequency band *cf.* EHF band.

EHT *cf.* extra-high tension.

EIA *cf.* Electronic Industries Association.

eidophore eidophore *(procédé de télévision sur grand écran ou très grand écran dans lequel l'image est tracée par un faisceau d'électrons sur une couche d'huile formée sur un miroir concave réfléchissant vers l'écran, à travers un système de grilles d'occultation, la lumière émise par une lampe à arc ou au xénon) (cf. aussi* projection television).

eight-bit ... *cf.* 8-bit ... *(ci-après).*

8-bit accuracy précision de huit binaires *(précision d'un nombre représenté par un mot binaire de huit binaires, ce mot pouvant notamment être un des mots fournis par un numériseur ou utilisés par un ordinateur) (est moins bonne qu'une précision de 16 binaires ou plus) (inf) (cf. aussi* 8-bit byte, analog-to-digital converter *et* 8-bit microprocessor).

8-bit address bus bus d'adresses à huit binaires *(inf) (cf. aussi* 8-bit bus *et* address bus).

8-bit bidirectional bus bus bidirectionnel à huit binaires *(inf) (cf. aussi* 8-bit bus *et* bidirectional bus).

8-bit bipolar *(ou* **bipolar micro** *ou* **bipolar** μ**P)** *(cf.* 8-bit bipolar microprocessor.

8-bit bipolar microprocessor microprocesseur bipolaire à huit binaires *(CI) (cf. aussi* bipolar microprocessor *et* 8-bit microprocessor).

8-bit bus bus à huit binaires *(bus par lequel transitent des mots de huit binaires) (inf) (cf. aussi* bus (a1) *et* 8-bit byte).

8-bit byte octet, mot de huit binaires *(multiplet formé de huit binaires) (représente un caractère quelconque ou deux chiffres décimaux) (inf) (cf. aussi* byte).

8-bit chip *cf.* 8-bit microprocessor chip.

8-bit CMOS *(ou* **CMOS micro** *ou* **CMOS** μ**P)** *(cf.* 8-bit CMOS microprocessor.

eight CMOS microprocessor microprocesseur CMOS à huit binaires *(CI) (cf. aussi* 8-bit microprocessor *et* CMOS microprocessor).

8-bit computer *cf.* 8-bit microcomputer.

8-bit control bus bus de commande à huit binaires *(inf) (cf. aussi* 8-bit bus *et* control bus).

8-bit conversion conversion sur huit binaires, numérisation sur huit binaires *(conversion analogique/numérique dans laquelle les mots binaires représentant le signal analogique sont des mots de huit binaires, ce qui permet de représenter* $2^8 = 256$ *échelons de quantification) (cf. aussi* analog-to-digital conversion, 8-bit byte, quantization level *et* 8-bit accuracy).

8-bit converter convertisseur à huit binaires, numériseur à huit binaires *(convertisseur analogique/numérique réalisant la conversion sur huit binaires) (cf. aussi* analog-to-digital converter *et* 8-bit conversion).

8-bit data bus bus de données à huit binaires *(inf) (cf. aussi* 8-bit bus *et* data bus).

8-bit design *cf.* 8-bit unit.

8-bit device *cf.* 8-bit unit.

8-bit machine *cf.* 8-bit micro.

8-bit micro micro à huit binaires *(microprocesseur à huit binaires ou micro-ordinateur à huit binaires) (inf) (cf. aussi* 8-bit microprocessor *et* eight microcomputer).

8-bit μ**C** *cf.* 8-bit microcomputer.

8-bit microcomputer micro-ordinateur à huit binaires *(ou à octets) (micro-ordinateur utilisant un microprocesseur à huit binaires) (ne pas employer « micro-ordinateur huit bits ») (inf) (cf. aussi* microcomputer *et* 8-bit microprocessor).

8-bit μ**P** *cf.* 8-bit microprocessor.

8-bit microprocessor microprocesseur à huit binaires *(microprocesseur travaillant sur des mots de huit binaires) (inf) (cf. aussi* microprocessor *et* 8-bit byte).

8-bit microprocessor chip puce de microprocesseur à huit binaires, puce à huit binaires *(CI) (cf. aussi* 8-bit microprocessor *et* chip 1)).

8-bit ouptut   sortie sur huit binaires *(signal)*.

8-bit processor   *cf.* 8-bit microprocessor.

8-bit register   registre à huit binaires, registre à octet *(registre pouvant contenir huit binaires) (inf) (cf. aussi* register[1] 1) (a) *et* bit).

8-bit resolution   *cf.* 8-bit accuracy.

8-bit system   *cf.* 8-bit microcomputer.

8-bit unit   version à huit binaires *(ou* à octets) *(microprocesseur, micro-ordinateur, convertisseur de signaux ou autre circuit intégré numérique ou appareil à huit binaires) (cf. aussi* 8-bit microprocessor, 8-bit microcomputer, 8-bit converter *et* unit 3)).

8-bit wide ...   *cf.* byte-wide ...

8-bit word   mot de huit binaires *(inf) (cf. aussi* 8-bit byte).

8-bitter   *cf.* 8-bit microprocessor.

eight-level code   code à huit moments *(code télégraphique utilisant huit impulsions pour chaque caractère transmis, chacune d'elles représentant un binaire) (code ASCII) (transmission de données) (cf. aussi* ASCII).

eight-phase phase-shift keying   modulation de phase à huit états *(modulation de phase dans laquelle la phase de la porteuse peut prendre huit valeurs distinctes) (tlg) (cf. aussi* frequency-shift keying).

eight-phase PSK   *cf.* eight-phase phase-shift keying.

18-segment alphanumeric display   *cf.* 18-segment display.

18-segment character   caractère à 18 segments *(caractère d'un afficheur à 18 segments) (cf. aussi* 18-segment display).

18-segment display   afficheur à 18 segments, afficheur alphanumérique *(idem) (afficheur à segments comportant 18 segments par caractère pour former des caractères alphanumériques) (aucun des caractères formés ne nécessite l'excitation simultanée de tous les segments) (cf. aussi* segment-type display *et* alphanumeric character).

eighth-order Chebyshev filter   filtre de Chebyshev du 8ᵉ ordre *(cf. aussi* Chebyshev filter *et* filter order).

eighty-column card   carte perforée à 80 colonnes, cartes (à) 80 colonnes *(type le plus courant de carte perforée) (inf) (cf. aussi* punched card).

Einstein-de Haas effect   effet Einstein-De Haas, effet gyromagnétique direct, (effet de) rotation par aimantation *(rotation d'un corps ferromagnétique dans un champ magnétique, autour de l'axe du corps parallèle à la direction du champ magnétique) (cette rotation est due à l'alignement des moments magnétiques des atomes du corps sous l'action du champ magnétique) (cf. aussi* Einstein-de Haas method, ferromagnetic material, magnetic moment *et* gyromagnetic effect.

Einstein-de Haas method   méthode Einstein-De Haas *(méthode de mise en évidence de l'effet gyromagnétique direct à l'aide d'une barre cylindrique en métal ferreux suspendue à un fil par une extrémité et placée dans le champ magnétique d'une spire parcourue par un courant dont le sens est brusquement changé) (cf. aussi* Einstein-de Haas effect).

Einstein photoelectric equation   équation photoélectrique d'Einstein, équation d'Einstein, loi *(idem) (équation donnant l'énergie cinétique d'un photoélectron) (s'écrit* $E = h\nu - W$, *où E est l'énergie du photoélectron, $h\nu$ l'énergie du photon incident et W le travail de sortie du photoélectron) (photoélectricité) (cf. aussi* kinetic energy, photoelectron, photon *et* work function).

Einstein photoelectric law   *cf.* Einstein photoelectric equation.

Einthoven galvanometer   galvanomètre d'Einthoven *(type de galvanomètre à corde monofilaire très sensible utilisé en galvanomètre) (cf. aussi* string galvanometer *et* galvanometer).

EIRP   *cf.* effective isotropic radiated power.

EL ...   *cf.* electroluminescent ...

elapsed time   temps écoulé *(mesure de temps, etc.) (cf. aussi* time-interval measurement).

elastance   capacitance *(condensateur) (cf. aussi* capacitive reactance, *le premier terme étant peu employé, contrairement au terme français, et* daraf).

elastic wave   onde élastique *(onde dans un milieu matériel dans laquelle la caractéristique variable est la position des particules du milieu) (en d'autres termes, onde se propageant dans un milieu matériel élastique par déformation itinérante de celui-ci) (terme générique couvrant l'onde sismique et l'onde acoustique) (dans le cas d'une onde acoustique, le terme « onde élastique » est parfois employé à la place de « onde acoustique » lorsque le milieu de propagation est un solide, par analogie avec l'onde sismique) (cf. aussi* wave, material medium *et* acoustic wave).

elbow   coude *(de guide d'ondes) (hyper) (cf. aussi* bend).

ELD   *cf.* electrolytic display.

electret   électret *(pièce en matière diélectrique possédant une polarisation électrique permanente) (l'électret est l'analogue électrostatique de l'aimant permanent) (la polarisation électrique permanente est obtenue en laissant refroidir certaines cires, céramiques ou matières plastiques dans un champ électrique intense après les avoir chauffées) (cf. aussi* dielectric material *et* dielectric polarization).

electret microphone   microphone à électret *(microphone électrostatique dans lequel la membrane est un électret) (la charge électrique portée par la membrane rend inutile l'application d'une tension aux armatures du condensateur) (cf. aussi* electret *et* electrostatic microphone).

electric *a*   électrique *a (cf. aussi* electrical).

electric ...   *cf.* electrical ... *(pour les termes qui ne figurent pas ci-après).*

electric accounting machine   machine comptable électrique *(machine comptable à cartes perforées) (inf) (cf. aussi* punched card).

electric angle   angle de phase *(cf. aussi* phase angle).

electric arc   arc électrique, arc *(chemin conducteur lumineux à haute température produit par une décharge d'arc) (élec) (cf. aussi* arc discharge).

electric axis   axe électrique, axe x *(axe d'un cristal piézoélectrique suivant lequel la résistance électrique du cristal est la plus faible) (un cristal de quartz possède trois axes électriques, lesquels relient les sommets opposés de l'hexagone de la section du cristal) (cf. aussi* piezoelectric crystal *et* quartz crystal).

electric bell   sonnerie électrique *(sonnerie utilisant un électro-aimant pour actionner le marteau) (cf. aussi* non-polarised bell, polarized bell *et* electromagnet).

electric calculating machine   machine à calculer électrique *(ou* électromécanique) *(type classique avant l'avènement des calculatrices électroniques) (inf).*

electric cell   pile électrique *(dispositif utilisant une réaction chimique ou nucléaire pour produire de l'électricité, plus précisément du courant continu) (terme générique couvrant la pile galvanique, la pile à combustible et la pile nucléaire) (est généralement employé avec le sens restreint de « pile galvanique ») (élec) (cf. aussi* galvanic cell, fuel cell, nuclear cell electrochemical energy *et* direct current).

electric center   point milieu électrique *(point milieu d'un enroulement considéré uniquement du point de vue de ses constantes électriques) (cf. aussi* center tap *et* electric constant 1)).

electric charge   charge électrique, charge *(quantité d'électricité portée par un corps ou contenue dans un dispositif) (le corps peut être une particule élémentaire telle qu'un électron ou un proton ou tout autre corps ; le dispositif peut être notamment un condensateur ou un accumulateur électrique) (cf. aussi* static charge, moving charge, positive charge, negative charge, like charges, opposite charges, unit charge, coulomb, capacitor *et* storage cell 1).

electric circuit   circuit électrique (a) *(chemin refermé sur lui-même dans lequel un courant électrique peut circuler) (est généralement constitué d'une suite d'éléments différents appelés « éléments de circuit ») (cf. aussi* circuit, circuit element, low-level circuit, power circuit *et* electric current) ; (b) *nom parfois donné à un tel circuit pour le distinguer d'un circuit électronique) (cf. aussi* electronic circuit).

electric conduction   conduction électrique *(cf. aussi* electrical conduction).

electric conductivity   conductibilité électrique *(cf. aussi* conductivity).

electric constant   **1)** constante électrique *(résistance, capacité* *ou inductance d'un élément de circuit) (cf. aussi* resistance, capacitance, inductance *et* circuit element). **2)** permittivité du vide *(cf. aussi* permittivity).

electric contact   contact électrique *(cf. aussi* contact).

electric control   commande électrique *(commande d'une machine ou d'un appareil par un ou plusieurs courants électriques à l'aide d'organes ne comportant pas de dispositifs électroniques, mais seulement des interrupteurs, commutateurs, relais, rhéostats, etc.) (cf. aussi* control[1] *et* electron device).

electric coupling   **1)** couplage électrique *(couplage par un champ électrique, c.-à-d. couplage d'une antenne classique avec une onde radioélectrique, ce couplage se faisant par le champ électrique de l'onde) (cf. aussi* electric field, antenna, radio wave *et* coupling probe). **2)** accouplement électrique *(arbres de transmission) (cf. aussi* synchronous coupling).

electric current   courant électrique *(flux de charges électriques dans un milieu conducteur ou dans le vide) (cf. aussi* direct current, unidirectional current, alternating current, conduction current, convection current, displacement current, electric charge, electric circuit (a) *et* current).

electric degree   *cf.* electrical degree.

electric delay line   ligne à retard électrique *(ligne à retard dans laquelle le signal retardé est un signal électrique) (cf. aussi* delay line).

electric dipole   dipôle électrique, doublet électrique *(ensemble formé par deux charges électriques égales en valeur absolue et de signes opposés séparées par une distance infinitésimale) (cf. aussi* electric dipole moment *et* dipole 1)).

electric dipole moment   moment de dipôle électrique *(terme le plus employé),* moment dipolaire électrique, moment de dipôle, moment dipolaire *(moment au sens mécanique équivalent à « couple ») (produit d'une des deux charges d'un dipôle électrique par la distance qui sépare les charges) (cf. aussi* electric dipole).

electric discharge   décharge électrique, décharge *(l'expression « décharge électrique » est le terme généralement employé pour désigner une décharge disruptive) (cf. aussi* disruptive discharge *et* discharge).

electric-discharge CO₂ laser   laser à CO_2 à décharge électrique, laser à gaz carbonique à décharge électrique) *(cf. aussi* electric-discharge laser *et* CO_2 laser).

electric-discharge laser   laser à décharge électrique *(ou pompage électrique) (laser dans lequel le pompage est opéré par une décharge électrique) (cas général des lasers à gaz) (la décharge électrique peut être produite par un courant continu ou un courant alternatif à haute fréquence selon le cas) (cf. aussi* laser, pumping, gas laser *et* electric discharge).

electric-discharge machining   usinage par étincelage, usinage par électro-érosion *(usinage comparable à l'usinage électrochimique, mais dans lequel l'électrolyse étant remplacée par l'arrachement de particules de métal par des étincelles électriques successives, l'électrolyte est remplacé par un liquide diélectrique, généralement de l'huile) (les étincelles sont produites par une tension positive en dents de scie appliquée à l'anode et chaque étincelle successive se produit à l'endroit ou la distance entre les deux électrodes est minimale, sous l'action du champ électrique très intense à cet endroit, en perçant le liquide diélectrique sur une très faible surface et constituant ainsi une décharge électrique à grande densité de courant, donc mettant en jeu une puissance suffisante pour arracher des particules de l'anode) (l'outil-cathode se trouvant comprimé par le champ électrique, il s'use très peu et peut être en cuivre) (cf. aussi* electrochemical machining, dielectric liquid, sawtooth voltage, electric field, field strength, electric discharge, current density *et* power[1] 1)).

electric displacement   déplacement électrique, déplacement, densité de flux électrique, induction électrique *(grandeur vectorielle représentant la charge électrique induite dans un diélectrique par un champ électrique, c.-à-d. par une tension électrique appliquée entre deux points de celui-ci) (est égal au produit du vecteur champ électrique et de la permittivité du milieu considéré et s'exprime en coulombs par mètre carré) (cf. aussi* displacement current, vector quantity, electric charge, electric field vector, permittivity *et* coulomb).

electric displacement density   *cf.* electric displacement.

electric displacement flux   *cf.* electric flux.

electric doublet   *cf.* electric dipole.

electric energy   *cf.* electrical energy.

electric eye   cellule photoélectrique *(cf. aussi* photocell).

electric field   champ électrique *(champ de forces électriques) (en d'autres termes, zone de l'espace dans laquelle une charge électrique au repos subit une attraction ou une répulsion) (un champ électrique est créé par une charge électrique ou par un champ magnétique variable) (cf. aussi* field of force, electric charge, electric field strength, electric field gradient, magnetic field *et* electromagnetic field).

electric field gradient   gradient de champ électrique *(parf. du champ électrique) (variation spatiale de l'intensité d'un champ électrique dans la direction normale aux lignes de force de celui-ci) (le gradient d'un champ électrique peut être considéré comme une variation du nombre de lignes de force du champ par unité de longueur suivant cette direction) (cf. aussi* electric field strength *et* gradient).

electric field intensity   *cf.* electric field strength.

electric field mapping   cartographie du champ électrique *(parf. d'un champ électrique) (mesure de l'intensité d'un champ électrique en différents points d'une surface ou d'un volume et établissement de la carte correspondante) (étude d'implantation d'antennes sur un mobile, etc.) (cf. aussi* electric field strength).

electric field strength   intensité de champ électrique *(parf. du champ électrique),* force électrique, force électrisante *(les deux derniers termes sont peu employés) (intensité de la force d'attraction ou de répulsion agissant sur une charge électrique au repos dans un champ électrique) (sous forme simplifiée, l'intensité d'un champ électrique en un point de sa section droite peut être considérée comme proportionnelle au nombre de lignes de force du champ passant par ce point) (cf. aussi* electric field).

electric field vector   vecteur champ électrique, $\vec{E}$, E *(vecteur représentant un champ électrique en un point déterminé de celui-ci) (le module du vecteur est proportionnel à l'intensié du champ, sa direction est la tangente aux lignes de force du champ au point considéré et son sens est celui des lignes de force) (cf. aussi* vector[1] (a) *et* electric field).

electric flux   flux de déplacement (électrique) *(quantité d'électricité déplacée à travers une surface d'aire déterminée dans un diélectrique) (est égal à l'intégrale du déplacement électrique dans la surface considérée) (le flux de déplacement est l'analogue diélectrique du flux magnétique) (le flux de déplacement électrique étant une notion propre aux isolants, on ne dit pas « flux électrique » pour éviter la confusion avec le « flux d'électricité » associé au passage d'un courant dans un conducteur) (cf. aussi* electric displacement *et* flux).

electric flux density   *cf.* electric displacement.

electric flux of induction   *cf.* electric flux.

electric force   force électrique *(force exercée par une charge électrique au repos ou en mouvement) (cf. aussi* electric charge, electric field *et* electrostatic force).

electric heating   chauffage électrique *(production de chaleur par dissipation d'énergie électrique) (chauffage par effet Joule, chauffage par arc électrique, chauffage par induction, chauffage diélectrique) (cf. aussi* electric energy, Joule effect (a), electric arc, induction heating *et* dielectric heating).

electric image   **1)** image électrique, image électrostatique, relief de charges, relief de potentiel *(ensemble des charges électriques créées sur une surface susceptible d'acquérir des charges locales par photoémission, photoconduction ou émission secondaire) (la surface peut être continue ou formée d'éléments susceptibles d'acquérir une charge électrique) (le cas de la photoémission est notamment celui d'une mosaïque photoélectrique) (le cas de la photoconduction est notamment celui d'un tambour xérographique) (le cas de l'émission secondaire est notamment celui d'une grille mémoire) (cf. aussi* electric charge, photoelectric emission, photoconductivity, secondary emission, mosaic (a), xerography *et* storage mesh). **2)** *cf.* image charge.

electric induction   *cf.* electric displacement.

electric induction density   *cf.* electric displacement.

electric inductive capacity   pouvoir inducteur spécifique *(diélectrique) (cf. aussi* relative permittivity*)*.

electric lamp   lampe électrique *(dispositif convertissant un courant électrique en un flux de photons généralement utilisé aux fins d'éclairage) (en d'autres termes, dans le cas général, source de lumière visible alimentée par un courant électrique) (élec) (cf. aussi* incandescent lamp, discharge lamp, solid-state lamp, electric current, photon *et* visible-light source*)*.

electric light   lumière électrique *(lumière produite par une lampe électrique) (cf. aussi* light *et* electric lamp*)*.

electric lighting   éclairage électrique *(éclairage assuré par une ou plusieurs lampes électriques) (cf. aussi* lighting *et* electric lamp*)*.

electric line of flux   *cf.* electric line of force. *(cf. aussi* line of flux*)*.

electric line of force   ligne de force électrique *(ligne de force d'un champ électrique) (cf. aussi* line of force *et* electric field*)*.

electric machine   *cf.* electrical machine.

electric moment   *cf.* electric dipole moment.

electric motor   moteur électrique, électromoteur *s (le second terme est peu employé) (machine électrique, tournante dans le cas général, convertissant l'énergie transportée par un courant électrique en énergie mécanique par action de la force de Laplace entre le stator et le rotor ou son équivalent à translation) (élt) (cf. aussi* dc motor, ac motor, linear electric motor, electric energy, Lorentz force *et* rotating electrical machine*)*.

electric network   réseau électrique *(cf. aussi* network 1))*.

electric noise   bruit électrique *(ampli, etc.) (cf. aussi* noise 2) (a))*.

electric oscillation   oscillation électrique *(souvent au pluriel) (oscillation d'un courant électrique dans un circuit et notamment dans un résonateur électrique) (cf. aussi* oscillation, electric current *et* electric resonator*)*.

electric polarization   polarisation électrique *(terme générique couvrant la polarisation diélectrique et la présence de deux pôles électriques de signes contraires dans une source de courant continu) (cf. aussi* dielectric polarization *et* electric pole*)*.

electric pole   pôle électrique *(extrémité d'un conducteur portant une charge électrique, c.-à-d. une des deux extrémités d'une source de courant) (noter que le terme anglais et le terme français sont rarement employés) (cf. aussi* positive pole, negative pole, electric polarization *et* current source*)*.

electric potential   potentiel électrique, potentiel *(travail nécessaire pour amener en un point déterminé de l'espace une charge électrique unité située à l'infini) (cette définition académique n'a pas grand intérêt pratique puisqu'elle inclut la notion d'infini qui empêche toute mesure et c'est pourquoi, lorsqu'on parle du potentiel électrique d'un point, on parle en réalité d'un potentiel relatif, c.-à-d. de la différence entre le potentiel de ce point et le potentiel du point pris comme référence) (le terme « différence de potentiel » qui découle de ce qui précède est généralement remplacé par le terme « tension » plus commode à utiliser) (le point pris comme référence est généralement la terre ou la masse (cf. aussi* potential, ground[1] *et* voltage*)*.

electric power   *cf.* electrical power.

electric power conditioner   alimentation électrique *(cf. aussi* power supply 2))*.

electric-power conditioning equipment *(ou* **unit***)*   *cf.* electric power conditioner.

electric power source   source d'énergie électrique *(nom parfois donné à une source de courant) (cf. aussi* current source*)*.

electric power system   réseau de distribution d'énergie (électrique) *(cf. aussi* power grid*)*.

electric propulsion   propulsion électrique *(tg) (propulsion d'un engin spatial par éjection de masse à l'aide d'un courant électrique) (cf. aussi* electrostatic propulsion, electrothermal propulsion *et* plasma propulsion*)*.

electric pulse   impulsion électrique *(impulsion de courant électrique ou de tension électrique) (cf. aussi* pulse[1], electric current *et* voltage*)*.

electric quadrupole   quadrupôle électrique *(quadrupôle formé de deux dipôles électriques dont les axes sont parallèles et les polarités opposées, les quatre charges étant égales en valeur absolue) (cf. aussi* quadrupole *et* electric dipole*)*.

electric quadrupole moment   moment de quadripôle électrique, moment quadrupolaire électrique *(moment d'un quadrupôle électrique) (cf. aussi* quadrupole moment *et* electric quadrupole*)*.

electric resonator   *cf.* electrical resonator.

electric scanning   *cf.* electronic scanning.

electric screen   *cf.* electrostatic shield.

electric screening   *cf.* electrostatic shielding.

electric sheet   (feuille de) tôle magnétique *(cf. aussi* core lamination*)*.

electric signal   *cf.* electrical signal.

electric-signal storage tube   tube à mémoire à lecture électrique *(tg) (tube à mémoire dans lequel l'information introduite sous la forme d'un signal électrique analogique est également utilisée sous la forme d'un signal électrique analogique) (tube à mémoire analyseur ou tube à mémoire enregistreur) (cf. aussi* scan converter tube, recording storage tube *et* direct-view storage tube*)*.

electric storm   orage *(considéré du point de vue de ses effets électriques et électromagnétiques) (radio, etc.) (cf. aussi* magnetic storm*)*.

electric strength   *cf.* dielectric strength.

electric stress   *cf.* electric field strength.

electric susceptibility   susceptibilité électrique *(aptitude d'un diélectrique à prendre une polarisation électrique) (est égale au rapport entre l'intensité de polarisation du diélectrique placé dans un champ électrique et le produit de l'intensité de ce champ par la permittivité du vide) (cf. aussi* dielectric polarization, electric field, permittivity, susceptibility 1) *et* dielectric[1]*)*.

electric thermometer   thermomètre électrique *(thermomètre utilisant un courant électrique pour remplir sa fonction) (cf. aussi* resistance thermometer *et* thermocouple thermometer*)*.

electric transducer   transducteur électrique *(transducteur dans lequel le signal d'entrée et le signal de sortie sont des grandeurs électriques, contrairement à la définition générale du transducteur) (est en fait un quadripôle dans lequel le circuit de sortie est isolé galvaniquement du circuit d'entrée) (un transformateur, un convertisseur de fréquence sont des transducteurs électriques) (cf. aussi* transducer 1), quadripole *et* galvanic isolation*)*.

electric tuning   accord électrique *(accord d'un résonateur par variation d'une tension appliquée à l'un de ses éléments) (cf. aussi* tuning *et* varactor*)*.

electric twinning   *cf.* electrical twinning.

electric vector   *cf.* electric field vector.

electric vector potential   potentiel vecteur électrique *(potentiel vecteur dans un champ électrique) (cf. aussi* vector potential *et* electric field*)*.

electric wave   onde électrique (a) *terme très général couvrant tout courant autre qu'un courant continu et toute tension autre qu'une tension continue) (cf. aussi* electric current, voltage *et* wave*)* ; (b) *nom parfois donné à une onde électromagnétique) (cf. aussi* electromagnetic wave*)*.

electrical *a*   électrique *a (caractéristique de ce qui est relatif à l'électricité ou en constitue une application) (l'adjectif « electrical » est de plus en plus remplacé par « electric » et les deux sont généralement interchangeables, sauf dans certains termes qui demandent le premier tels que « electrical engineer » et dans d'autres qui demandent le second tels que « electric field », par exemple) (cf. aussi* electricity*)*.

electrical ...   *cf.* electric ... *(pour les termes qui ne figurent pas ci-après)*.

electrical apparatus   appareillage électrique *(ensemble d'appareils électriques et notamment de petits appareils tels qu'interrupteurs, commutateurs, disjoncteurs, boîtes de raccordement, etc.)*.

electrical attraction   attraction électrique, attraction électrostatique *(le premier terme est le meilleur, ce phénomène n'étant pas limité à l'électricité statique) (attraction entre deux corps portant des charges électriques de signes contraires) (cf. aussi* electric charge*)*.

electrical boresight   *(cf. aussi* boresight*)* axe électrique *(ou* radioélectrique*) (d'une antenne) (a) axe du faisceau d'ondes* *émis par une antenne à haute directivité telle qu'une antenne à réflecteur parabolique à source primaire fixe) (faisceau hz, radar, etc.) (cf. aussi* parabolic antenna *et* feed[2] 2)); (b) *axe du cône décrit par le faisceau d'une antenne de radar à balayage conique) (cf. aussi* conical-scan antenna).

electrical breakdown claquage (électrique) *(isolant) (cf. aussi* breakdown 1)).

electrical characteristic caractéristique électrique *(caractéristique d'un dispositif relative à une grandeur électrique) (tension appliquée à un circuit ou autre dispositif ou matériel, intensité du courant dans celui-ci, fréquence ou phase d'un courant alternatif, fréquence de récurrence d'un train d'impulsions, etc.) (cf. aussi* characteristic (a) *et* electrical quantity).

electrical characterization caractérisation électrique, détermination des caractéristiques électriques *(composant) (cf. aussi* characterization *et* electrical characteristic).

electrical characterization test (un) essai de caractérisation électrique *(cf. aussi* electrical characterization).

electrical characterization testing (l')essai de caractérisation électrique *(cf. aussi* electrical characterization test).

electrical charge *cf.* electric charge.

electrical charging création d'une charge électrique *(cf. aussi* electric charge).

electrical check (un) contrôle électrique *(contrôle d'une caractéristique électrique) (cf. aussi* electrical characteristic).

electrical circuit *cf.* electric circuit.

electrical circuitry circuits électriques *(cf. aussi* electric circuit *et* circuitry).

electrical condenser condensateur *(cf. aussi* capacitor).

electrical condition *cf.* electrical state.

electrical conduction conduction électrique *(transfert d'électricité dans un milieu matériel par transport de charges électriques sans déplacement du milieu) (dans un conducteur, les charges sont transportées par les électrons ; dans un semi-conducteur, elles sont transportées par les électrons et les trous ; dans un électrolyte, par les ions ; dans un gaz, par les ions et les électrons) (cf. aussi* electricity, electric charge, electron, hole, ion *et* material medium).

electrical conductivity conductibilité électrique, *(parf.)* conductivité électrique *(cf. aussi* conductivity).

electrical conductor conducteur électrique *(cf. aussi* conductor).

electrical connection branchement électrique *(cf. aussi* connection 1)).

electrical connector connecteur électrique *(cf. aussi* connector (a)).

electrical contact contact électrique *(cf. aussi* contact).

electrical continuity continuité électrique *(absence de coupure dans un circuit électrique ou une partie d'un tel circuit) (cf. aussi* electric circuit).

electrical current *cf.* electric current.

electrical degree degré électrique *(nom parfois donné au degré sexagésimal dans la mesure des angles de phase) (cf. aussi* phase angle).

electrical earth *cf.* electrical ground.

electrical efficiency rendement électrique *(rapport entre la valeur moyenne de la puissance de sortie en courant alternatif d'un tube électronique de puissance et la puissance totale en courant continu qui lui est fournie) (cf. aussi* power[1] 1), power tube *et* electronic efficiency).

electrical energy énergie électrique *(énergie possédée par une ou plusieurs charges électriques) (cf. aussi* energy *et* electric charge) (a) *énergie possédée par une charge électrique au repos, c.-à-d. énergie électrostatique) (cf. aussi* static charge) (b) *énergie possédée par des charges en mouvement, c.-à-d. énergie transportée par un courant électrique) (cf. aussi* electric current).

electrical engineer ingénieur électricien *(cf. aussi* electrical).

electrical engineering (l')électrotechnique *sf,* (l')électricité appliquée, (l')électricité *(considérée en tant que technique) (cf. aussi* electricity (b)).

electrical equipment matériel électrique *(matériel produisant, transportant, coupant, convertissant ou utilisant un ou plusieurs courants électriques) (cf. aussi* current source, current sink *et* power converter).

electrical erasability possibilité d'effacement électrique, *(parf.)* effacement électrique *(cf. aussi* electrical erasure).

electrical erasure effacement électrique *(effacement des informations contenues dans une mémoire à semiconducteur par application d'impulsions électriques appropriées aux cellules dont le contenu doit être effacé) (ce type d'effacement est donc sélectif, rapide et commode, contrairement à l'effacement par rayons ultraviolets) (cf. aussi* in-circuit erasure, EEPROM *et* off-board erasure).

electrical filter filtre électrique *(filtre formé d'éléments de circuit) (comprend au minimum un condensateur et une résistance) (cf. aussi* filter[1] *et* circuit element).

electrical focusing *cf.* electrostatic focusing.

electrical ground masse *(parf.* terre) du point de vue électrique *(cf. aussi* ground[1]).

electrical impulse *cf.* electrical pulse.

electrical industry (l')industrie électrique *(industrie du matériel électrique et éventuellement de la production à grande échelle et la fourniture d'électricité à des usagers comme c'est le cas aux États-Unis notamment) (cf. aussi* electrical equipment *et* power grid).

electrical inertia inertie électrique *(cf. aussi* inductance).

electrical input entrée électrique *(entrée d'un courant ou d'une tension pouvant constituer un signal ou, par extension, ce courant lui-même ou cette tension) (cf. aussi* dc input, ac input, input[1], electric current, voltage *et* signal[1]).

electrical insulation isolement électrique, isolement *(cf. aussi* insulation 2)).

electrical insulation value résistance d'isolement *(cf. aussi* insulation resistance).

electrical length longueur électrique *(longueur d'un tronçon de ligne de transmission de courte longueur ou d'une antenne filiforme exprimée en longueur d'onde) (cf. aussi* wave length *et* transmission line).

electrical load charge électrique *(charge absorbant un courant électrique, c.-à-d. charge d'une source de courant) (cf. aussi* load[1] (a) *et* current source).

electrical machine machine électrique *(machine fournissant, absorbant ou convertissant un ou plusieurs courants électriques) (génératrice, moteur, convertisseur rotatif, transformateur) (élt) (cf. aussi* static electrical machine, rotating electrical machine *et* electric current).

electrical machinery machines électriques *(cf. aussi* electrical machine).

electrical measurement mesure électrique *(mesure d'une grandeur électrique) (cf. aussi* electrical quantity *et* measurement).

electrical megaphone *cf.* electronic megaphone.

electrical noise bruit électrique *(cf. aussi* noise 2) (a)).

electrical open solution de continuité électrique *(cf. aussi* open circuit 2)).

electrical oscillator oscillateur électrique *(clpf en électronique) (cf. aussi* oscillator).

electrical output sortie électrique *(sortie d'un courant électrique constituant ou non un signal ou, par extension, ce courant lui-même) (cf. aussi* dc output, ac output, output[1], electric current *et* signal[1]).

electrical overload surcharge électrique *(cf. aussi* overload[1]).

electrical parameter *cf.* electrical characteristic. *(cf. aussi* parameter).

electrical path chemin électrique *(nom parfois donné à un chemin conducteur par analogie à un circuit électrique) (cf. aussi* conducting path).

electrical pattern *cf.* electric image 1).

electrical performance performances électriques *(nom parfois donné aux caractéristiques électriques en fonctionnement telles que la puissance électrique fournie ou absorbée, le gain, l'atténuation, le déphasage, etc.) (cf. aussi* electrical characteristic).

electrical power **1)** puissance électrique *(puissance fournie par un courant électrique à une charge) (est égale au produit de l'intensité du courant dans la charge par la tension aux bornes de celle-ci et s'exprime en watts) (cf. aussi* power[1] 1), electric current, load[1] (a) *et* watt). **2)** *cf.* electrical energy).

electrical power supply alimentation en énergie électrique *(cf. aussi* power supply (1)).

electrical property propriété électrique *(propriété d'un corps ou d'un dispositif vis-à-vis de l'électricité) (résistivité, résistance, conductance, inductance, impédance, admittance, constante diélectrique, capacité, polarisabilité, conduction particulière, etc.) (voir ces termes en anglais) (cf. aussi* electrical quantity).

electrical protocol protocole électrique *(protocole couvrant les caractéristiques électriques d'une liaison de transmission de données) (télinf) (cf. aussi* protocol).

electrical quantity grandeur électrique *(grandeur associée à l'électricité) (les principales grandeurs électriques sont les suivantes : charge électrique, potentiel électrique, force électromotrice, tension électrique, intensité de champ électrique, intensité de courant électrique, déplacement électrique, ainsi que les propriétés électriques considérées comme des grandeurs et, par extension, la fréquence et la phase d'une oscillation électrique) (voir ces termes en anglais) (cf. aussi* electricity *et* electrical property).

electrical relay relais électrique *(nom parfois donné à un relais électromagnétique pour rappeler la nature de la grandeur de commande) (cf. aussi* electromagnetic relay).

electrical repulsion répulsion électrique, répulsion électrostatique *(le premier terme est le meilleur, ce phénomène n'étant pas limité à l'électricité statique) (répulsion entre deux corps portant des charges électriques de même signe) (cf. aussi* like charges).

electrical requirements caractéristiques d'alimentation *(parf.* et d'attaque, *etc.) (appareil, etc.) (cf. aussi* power requirements 1) *et* drive[1] 1)).

electrical resistance *cf.* resistance 1).

electrical resonator résonateur électrique *(nom scientifique du circuit oscillant) (rappelle que dans ce type de résonateur, la résonance porte sur un courant électrique) (cf. aussi* resonant circuit).

electrical schematic schéma électrique *(cf. aussi* circuit diagram).

electrical science (l')électricité (en tant que science) *(cf. aussi* electricity (b)).

electrical signal signal électrique *(courant électrique ou tension électrique constituant un signal) (cf. aussi* signal[1], electric current *et* voltage).

electrical specifications **1)** spécifications électriques *(caractéristiques électriques spécifiées) (cf. aussi* electrical characteristic *et* specifications). **2)** caracteristiques électriques *(cf. aussi* electrical characteristics).

electrical standard **1)** étalon électrique *(étalon d'une unité électrique) (cf. aussi* resistance standard, capacitance standard, inductance standard, electromotive force standard *et* standard[1] 1)). **2)** norme électrique *(norme applicable au matériel électrique) (cf. aussi* standard[1] 2) *et* electrical equipment).

electrical state état électrique *(état particulier d'un corps ou d'un dispositif vis-à-vis de l'électricité) (état non conducteur de l'électricité, état conducteur, degré de conduction, état de supraconduction, état non polarisé électriquement, état de polarisation électrique, degré de polarisation, état non ionisé, état ionisé, degré d'ionisation) (cf. aussi* off-state, on-state, conduction, superconductivity, electrical polarization, ionization *et* electricity (a)).

electrical supply *cf.* electrical power supply.

electrical surge arrester *cf.* surge arrester.

electrical suspension suspension électrostatique *(dispositif ou action de celui-ci)*, lévitation électrostatique *(action seulement) (suspension de l'élément sensible d'un accéléromètre, d'un gyroscope ou d'un gyromètre par des forces de répulsion électrostatiques créées à l'aide d'électrodes appropriées) (supprime tout contact et donc tout frottement entre l'élément sensible et son logement dans l'appareil) (cf. aussi* electrostatic force, sensing element, accelerometer, gyroscope *et* rate gyro).

electrical technology *cf.* electrical engineering.

electrical test (un) essai électrique, *(etc.) (essai d'un composant ou autre matériel électrique ou électronique avec contrôle de ses caractéristiques en fonctionnement ou non) (en électronique, ces termes s'appliquent notamment aux circuits intégrés hybrides) (cf. aussi* test[1] *et* pre-burn-in electrical tests).

electrical testing (l')essai électrique, *(etc.) (cf. aussi* electrical test).

electrical transcription disque de programme *(studio) (cf. aussi* transcription 2)).

electrical transmission transmission électrique *(au sens du terme anglais, transmission d'un signal électrique) (sdpo à « transmission optique ») (cf. aussi* electrical signal).

electrical transmission line ligne de transmission électrique *(ligne de transmission transmettant un signal électrique et formée à cette fin de deux conducteurs) (type classique) (sdpo à « ligne de transmission optique ») (cf. aussi* transmission line *et* electrical signal).

electrical twinning maclage électrique, *(parf.)* macle électrique *(présence de deux axes électriques de polarités opposées dans un cristal de quartz) (cf. aussi* electric axis).

electrical wiring câblage électrique *(câblage réalisé avec des conducteurs électriques) (sdpo à « câblage en fibres optiques ») (cf. aussi* wiring 1)).

electrical zero *(cf. aussi* zero[1] (d)) zéro électrique *(position de l'organe mobile d'un capteur de position prise comme position de référence) (cf. aussi* position sensor) (a) *position angulaire du rotor d'un synchrotransmetteur à laquelle les tensions induites aux bornes du stator sont égales) (cf. aussi* synchro transmitter) ; (b) *position du noyau d'un transformateur différentiel de capteur à laquelle les tensions qu'il fournit sont égales en valeur absolue) (cf. aussi* differential-transformer sensor).

electrically alterable ... *cf.* electrically-erasable ...

electrically erasable memory mémoire effaçable électriquement, mémoire à effacement électrique *(ce terme générique couvre les mémoires RAM, les mémoires EEPROM et les mémoires ovoniques, mais son emploi est généralement réservé aux mémoires EEPROM) (inf) (cf. aussi* EEPROM, RAM *et* ovonic memory).

electrically erasable programmable memory *(ou* **read-only memory** *ou* **ROM)** *cf.* electrically erasable PROM.

electrically erasable read-only memory *cf.* electrically erasable PROM.

electrically erasable PROM *(ou* **ROM)** mémoire PROM effaçable électriquement *(CI) (inf) (cf. aussi* EEPROM).

electrically opposite charges *cf.* opposite charges.

electrically programmable filter *cf.* programmable filter.

electrically programmable memory *(ou* **read-only memory)** *cf.* electrically programmable ROM.

electrically programmable ROM mémoire ROM *(ou* morte) programmable électriquement *(termes génériques couvrant les mémoires PROM, EPROM, EEPROM et les mémoires ovoniques, mais dont l'emploi est généralement réservé aux mémoires EPROM) (CI) (inf) (cf. aussi* EPROM, PROM, ROM *et* electrically-erasable memory).

electrically programmable transversal filter *cf.* programmable transversal filter.

electrically programmable unit version programmable électriquement *(d'une mémoire ROM) (CI) (cf. aussi* electrically programmable ROM *et* unit 3)).

electrically pumped laser laser à pompage électrique *(cf. aussi* electric-discharge laser).

electrically suspended accelerometer accéléromètre à suspension *(ou* lévitation) électrostatique *(avia, espace, etc.) (cf. aussi* electrical suspension).

electrically suspended gyro *cf.* electrically-suspended gyroscope.

electrically suspended gyroscope gyroscope à suspension *(ou* lévitation) électrostatique *(avia, espace, etc.) (cf. aussi* electrical suspension).

electrically-tuned oscillator oscillateur à accord électrique, oscillateur accordé électriquement *(cf. aussi* electric tuning).

electricity électricité (a) *forme d'énergie caractérisée par l'existence d'un champ de forces simple dans son état de repos et d'un champ de forces double dans son état de mouvement) (le champ simple est appelé « champ électrique » et le champ double « champ électromagnétique ») (cf. aussi* energy, force field, electric field *et* electromagnetic field) ; (b) *partie de la physique traitant de cette forme d'énergie) (cf. aussi* electrical engineering, electrostatics, electrokinetics, electrodynamics *et* radio[1] 1)).

electricity generation génération d'électricité *(création d'un courant électrique à l'aide d'un générateur de courant) (centrale électrique, véhicule, etc.) (cf. aussi* current source).

electrification *(cf. aussi* electrify) **1)** électrisation. **2)** électrification.

electrify *v* **1)** électriser *(créer une charge électrique sur une particule, un corps ou une électrode) (cf. aussi* electric charge). **2)** électrifier *(une ligne de chemin de fer, etc.).*

electro-acoustic *cf.* electroacoustic. *(de même pour les termes dérivés).*

electro-optic *(voir après les rubriques « electronics … »). (de même pour les termes dérivés).*

electroacoustic *a* électroacoustique *a (caractéristique d'un dispositif mettant en jeu des phénomènes électriques et des phénomènes acoustiques).*

electroacoustic tone generator vibreur acoustique *(tél, etc.) (cf. aussi* buzzer).

electroacoustic transducer transducteur électroacoustique *(transducteur convertissant un signal électrique en ondes acoustiques ou vice versa) (est normalement réversible) (écouteur, haut-parleur, projecteur sonar, microphone, hydrophone) (cf. aussi* transmitting electroacoustic transducer, receiving electroacoustic transducer, acoustic wave *et* transducer 1)).

electroacoustical *a cf.* electroacoustic. *(de même pour les termes dérivés).*

electroacoustics (l')électroacoustique *sf (science et technique des applications de l'électricité à l'acoustique, c.-à-d. de la conversion de signaux électriques en ondes acoustiques et vice versa) (cf. aussi* audio engineering, acoustic wave *et* electroacoustic transducer).

electrochemical energy énergie électrochimique *(énergie électrique produite ou restituée par une réaction chimique, c.-à-d. produite par une pile électrique ou restituée par un accumulateur électrique) (élec) (cf. aussi* electric energy, electric cell *et* storage cell 1)).

electrochemical machining usinage électrolytique, usinage électrochimique *(usinage d'une pièce en métal très dur par électrolyse, l'outil, généralement en cuivre ou en acier inoxydable, servant de cathode et ayant la forme de la cavité à obtenir dans la pièce formant anode et maintenue à une très faible distance de l'outil, l'électrolyte circulant sous pression entre les deux électrodes pour évacuer les produits de l'électrolyse) (ne pas confondre avec l'usinage par étincelage) (cf. aussi* electrolysis *et* electric-discharge machining).

electrochromic display **1)** affichage électrochromique *(voir aussi 2) ci-après).* **2)** afficheur électrochromique *(afficheur dans lequel une couche mince d'un solide change de couleur aux points où elle est excitée par le champ électrique créé par l'application d'une tension entre ses deux faces) (cf. aussi* display panel).

electrochromic material matière électrochromique *(cf. aussi (matière possédant la propriété d'électrochromisme) et* material).

electrochromic technology *cf.* electrochromics. *(cf. aussi* technology).

electrochromics (l')électrochromique, technique de l'affichage par électrochromie *(cf. aussi* electrochromic display).

electrochromism électrochromie *(changement de la couleur d'un corps sous l'action d'une excitation électrique) (cf. aussi* electrochromic display).

electrode électrode *(pièce ou couche conductrice ou liquide conducteur ou zone d'un cristal semiconducteur destiné(e) à émettre, capter, dévier ou repousser des particules électrisées, notamment des électrons ou des ions, ou à créer un champ électrique à d'autres fins) (cathode, grille ou anode de tube électronique y compris la cathode en mercure d'un tube à cathode liquide, plaque de déviation de tube cathodique à déviation électrostatique, émetteur, base ou collecteur de transistor bipolaire, source, grille ou drain de transistor à effet de champ, plaque d'accumulateur, charbon ou tube en zinc de pile galvanique, etc.) (cf. aussi* input electrode, output electrode, control electrode, cathode, anode, grid 1), emitter 1), base 3), collector (a), source[1] 2), drain 1), electron, ion, electric field *et* bias[1] (a)).

electrode bias **1)** polarisation de l'électrode *(action de polariser une électrode et résultat de cette action) (tube, transistor, etc.) (cf. aussi* electrode *et* bias[1] (a)). **2)** tension de polarisation *(cf. aussi* bias[1] (a)).

electrode bias voltage tension de polarisation de l'électrode *(cf. aussi* bias[1] (a)).

electrode capacitance capacité d'électrode *(capacité entre une électrode et l'ensemble des autres dans un tube électronique à plusieurs électrodes) (ce terme s'applique généralement à la grille de commande) (cf. aussi* capacitance *et* control grid 1)).

electrode current *(parf.* intensité du) courant dans l'électrode *(tube, etc.) (cf. aussi* electrode).

electrode gap espace entre électrodes, distance *(idem) (ce terme s'applique notamment aux tubes électroniques triodes pour hyperfréquences) (cf. aussi* disk-seal tube).

electrode potential *(cf. aussi* electrical potential *et* electrode) **1)** potentiel de l'électrode, tension de l'électrode *(potentiel d'une électrode par rapport à une autre électrode prise comme référence dans un dispositif comportant des électrodes) (tube électronique, transistor, etc.).* **2)** potentiel d'électrode *(potentiel existant entre une électrode et un électrolyte dans lequel elle est plongée) (est dû à la différence d'état d'énergie des atomes de l'électrode et des ions de l'électrolyte et dépend, par conséquent, de la nature des deux conducteurs en présence) (électrochimie) (cf. aussi* electrolyte *et* energy state).

electrode voltage *cf.* electrode potential 1).

electrodeposition galvanoplastie, électrodéposition *(formation d'une couche métallique sur une pièce par électrolyse) (cf. aussi* electrolysis).

electrodynamic headphone écouteur électrodynamique, *(parf.)* casque électrodynamique *(écouteur constitué comme un haut-parleur électrodynamique à quelques petites différences près dues aux dimensions réduites de l'appareil) (casque d'écoute) (cf. aussi* headphone *et* electrodynamic loudspeaker).

electrodynamic headset casque électrodynamique *(cf. aussi* headset *et* electrodynamic headphone).

electrodynamic instrument appareil de mesure électrodynamique, appareil électrodynamique *(appareil de mesure comparable à l'appareil magnétoélectrique, mais dans lequel l'aimant est remplacé par une ou plusieurs bobines sans noyau magnétique alimentées directement par le courant à mesurer) (est utilisable en courant continu et en courant alternatif de fréquence supérieure à une quinzaine de herz) (peut être monté en voltmètre, en ampèremètre et en wattmètre) (cf. aussi* moving-coil instrument, ferrodynamic instrument *et* electrodynamometer).

electrodynamic loudspeaker **1)** *cf.* moving-conductor loudspeaker. **2)** *cf.* excited-field loudspeaker.

electrodynamic meter *cf.* electrodynamic instrument.

electrodynamic microphone microphone électrodynamique *(cf. aussi* moving-conductor microphone).

electrodynamic pick-up tête de lecture électrodynamique *(cf. aussi* dynamic pick-up).

electrodynamic speaker *cf.* electrodynamic loudspeaker.

electrodynamic wattmeter wattmètre électrodynamique *(wattmètre pour courant continu ou alternatif à fréquence industrielle réalisé sous la forme d'un appareil électrodynamique à deux bobines fixes en gros fil montées en série dans le circuit de la charge pour former ampèremètre, le cadre mobile, en fil fin, étant monté en parallèle sur la charge pour former voltmètre) (est le type de wattmètre le plus employé dans l'industrie) (cf. aussi* wattmeter *et* electrodynamic instrument).

electrodynamics (l')électrodynamique *sf (branche de l'électricité en tant que science, relative à l'action mécanique d'un courant électrique sur un autre courant, sur un aimant ou sur lui-même, c.-à-d. à la force qu'il exerce sur le second) (ne pas confondre avec l'électrocinétique) (cf. aussi* proximity effect (a), quantum electrodynamics *et* electricity (b)).

electrodynamometer électrodynamomètre *(appareil utilisant l'action mécanique réciproque de deux courants électriques circulant chacun dans une bobine pour mesurer le produit de leurs intensités à l'aide d'un dispositif mécanique) (appareil de* *laboratoire utilisé principalement pour définir l'ampère à l'aide d'un dispositif mécanique généralement constitué par une balance) (le principe de l'interaction des champs magnétiques des deux bobines de l'électrodynamomètre est mis en application dans les appareils de mesure électrodynamiques) (cf. aussi* electrodynamic instrument).

electrokinetics (l')électrocinétique *sf (branche de l'électricité en tant que science, relative à la circulation du courant électrique dans les conducteurs et aux effets thermiques et chimiques qui en résultent) (cf. aussi* electricity (b)).

electroluminescence électroluminescence *(luminescence produite par un champ électrique) (électro-optique) (cf. aussi* Destriau effect, luminescence *et* electric field).

electroluminescent display 1) affichage par électroluminescence *(voir aussi 2) ci-après).* 2) afficheur électroluminescent *(afficheur dans lequel une mince couche d'un solide devient lumineuse par électroluminescence entre des électrodes excitées) (cf. aussi* display[1] 4), electroluminescence *et* display panel).

electroluminescent display panel panneau afficheur électroluminescent, panneau électroluminescent *(panneau afficheur réalisé sous la forme d'un afficheur électroluminescent) (cf. aussi* display panel *et* electroluminescent display 2)).

electroluminescent display screen écran électroluminescent, *(etc.) (écran de présentation réalisé sous la forme d'un panneau afficheur électroluminescent) (micro-ordinateur portatif, etc.) (cf. aussi* display screen *et* electroluminescent panel).

electroluminescent lamp lampe électroluminescente *(lampe à solide analogue à un afficheur électroluminescent qui serait conçu pour devenir lumineux sur toute sa surface utile et dont la face antérieure est, par conséquent, entièrement recouverte par une électrode transparente) (peut avoir une forme en plan quelconque et des dimensions très variables) (cf. aussi* electroluminescent display 2) *et* solid-state lamp).

electroluminescent panel panneau électroluminescent (a) *panneau afficheur électroluminescent (cf. aussi* electroluminescent display panel) ; (b) *panneau éclairant électroluminescent) (cf. aussi* electroluminescent lamp).

electroluminescent screen *cf.* electroluminescent display screen.

electrolysis électrolyse *(décomposition chimique d'un corps par le courant électrique) (s'applique à un corps composé en solution ou en fusion dissociable en deux types d'ions assurant le passage du courant par leur déplacement, les ions positifs se dirigeant vers la cathode et les ions négatifs vers l'anode) (métallurgie, galvanoplastie, condensateur électrolytique, etc.) (cf. aussi* ion, anion, cation, electronegative element, electropositive element, voltameter *et* electrolyte).

electrolyte électrolyte *(composé chimique liquide, gélifié ou solide à base d'acide ou de base ou de sel assurant la conduction électrique par électrolyse entre la cathode et l'anode dans une cuve d'électrolyse, une pile galvanique, un accumulateur électrique ou un condensateur électrolytique) (dans un condensateur électrolytique, on considère que l'ensemble boîtier + électrolyte forme la cathode) (cf. aussi* electrolysis *et* electrolytic capacitor).

electrolytic *s (fam) cf.* electrolytic capacitor.

electrolytic capacitor condensateur électrolytique *(ou électrochimique ou chimique) (condensateur dans lequel le diélectrique est constitué par une mince couche d'oxyde isolant formée par électrolyse sur une anode métallique) (cf. aussi* aluminium electrolytic capacitor, tantalum electrolytic capacitor, polarized electrolytic capacitor, non-polarized electrolytic capacitor, capacitor, dielectric[1] *et* electrolysis).

electrolytic capacitor life durée de vie des condensateurs électrolytiques *(la durée de vie des condensateurs électrolytiques à électrolyte liquide est limitée, tant en stockage qu'en service, notamment celle des condensateurs à l'aluminium) (cf. aussi* computer-grade electrolytic capacitor).

electrolytic cell cellule d'électrolyse, cellule électrolytique, cuve *(idem) (autres noms, plus généraux et plus récents d'un voltamètre utilisé uniquement pour réaliser l'électrolyse) (cf. aussi* voltameter *et* electrolysis).

electrolytic cleaning dégraissage électrolytique *(dégraissage de pièces métalliques dans une cuve d'électrolyse, par saponi-*

fication et émulsification, l'électrolyte étant une solution aqueuse de soude caustique et, généralement, de cyanure de sodium et les pièces servant de cathode) (cf. aussi electrolytic cell).

electrolytic condenser *cf.* electrolytic capacitor.

electrolytic copper cuivre électrolytique *(cuivre très pur élaboré par électrolyse, le cuivre brut servant d'anode et le cuivre raffiné venant se déposer sur la cathode, elle-même en cuivre pur) (sert principalement à la fabrication de conducteurs électriques, la présence d'impuretés diminuant sensiblement la conductibilité électrique) (cf. aussi* copper, electrolysis *et* conductivity).

electrolytic corrosion corrosion électrochimique *(corrosion d'une structure métallique jouant le rôle de l'anode d'une cellule d'électrolyse du fait de la présence d'un milieu conducteur formant électrolyte et de la circulation d'un courant continu de ce milieu à la structure) (structure enterrée ou immergée) (cf. aussi* stray-current corrosion, electrolytic cell *et* cathodic protection).

electrolytic device 1) *cf.* electrolytic capacitor. 2) *cf.* electrolytic display 2).

electrolytic display 1) affichage électrolytique *(voir aussi 2) ci-après).* 2) afficheur électrolytique *(afficheur utilisant l'électrolyse d'une couche d'argent venant se déposer sur les électrodes excitées par une impulsion de tension négative pour leur faire jouer le rôle de la cathode d'une cuve à électrolyse) (l'effacement est obtenu par application d'une impulsion de polarité inversée entre les électrodes précédemment excitées et la couche d'argent pour ramener l'argent sur celle-ci en lui faisant, à son tour, jouer le rôle de la cathode, les électrodes considérées devenant des anodes) (a l'avantage d'avoir une mémoire intrinsèque, les impulsions de courant n'étant nécessaires que pour les changements d'état, et, par conséquent une consommation nulle en dehors de ceux-ci) (n'est pas encore au point en 1990) (cf. aussi* display[1] 4) *et* electrolytic cell).

electrolytic unit version électrolytique *(condensateur ou afficheur) (cf. aussi* unit 3), electrolytic capacitor *et* electrolytic display).

electromagnet électro-aimant *(aimant temporaire formé essentiellement d'un noyau magnétique entouré d'une bobine dans laquelle circule un courant) (l'aimantation du noyau cesse dès que le courant est coupé) (constitue l'organe essentiel d'un relais électromagnétique, mais peut aussi être utilisé pour exercer une action uniquement mécanique comme dans un verrouillage par électro-aimant ou purement magnétique comme dans un haut-parleur à excitation séparée) (cf. aussi* magnetic core 1) magnet, electromagnetic relay *et* excited-field loudspeaker).

electromagnet yoke culasse d'électro-aimant *(cf. aussi* yoke 2)).

electromagnetic *a* électromagnétique *(caractéristique de ce qui est relatif à l'électromagnétisme ou en constitue une application) (induction électromagnétique, onde électromagnétique, théorie électromagnétique, transducteur électromagnétique, machine électrique, etc.) (cf. aussi* electromagnetism).

electromagnetic cathode-ray tube tube cathodique à déviation électromagnétique *(tube-image TV, etc.) (cf. aussi* electromagnetic deflection).

electromagnetic compatibility compatibilité électromagnétique *(absence d'interférences radioélectriques entre deux ou plusieurs circuits, appareils ou antennes) (est obtenue par blindage des circuits et appareils ou, pour des antennes, par un choix judicieux des fréquences de fonctionnement, de la polarisation des ondes émises ou reçues, de l'emplacement des antennes d'émission et de réception, par l'emploi de filtres de réception, etc.) (aéronef, satellite, navire, etc.) (mil, etc.) (cf. aussi* interference 2), antenna interference *et* antenna isolation).

electromagnetic conflict guerre électronique *(cf. aussi* electronic warfare).

electromagnetic constant constante électromagnétique *(autre nom de la vitesse de la lumière) (cf. aussi* velocity of light).

electromagnetic coupling couplage électromagnétique *(nom parfois donné au couplage par induction) (cf. aussi* inductive coupling).

electromagnetic CRT *cf.* electromagnetic cathode-ray tube.

electromagnetic CRT display présentation sur tube électromagnétique, *(etc.)* (*présentation d'informations sur "l'écran d'un tube cathodique à déviation électromagnétique*) (*cf. aussi* display[1] 1) *et* electromagnetic cathode-ray tube).

electromagnetic defenses défenses électromagnétiques (*nom parfois donné aux radars militaires anti-aériens*) (*cf. aussi* air-defense radar).

electromagnetic deflection déviation électromagnétique, déviation magnétique (*déviation d'un faisceau d'électrons par deux champs magnétiques orthogonaux d'intensité variable créés par deux paires de bobines disposées orthogonalement de part et d'autre du faisceau et parcourues par des courants d'intensité variable*) (*est une application de la force de Laplace*) (*ce terme s'applique notamment à un tube-image classique*) (*cf. aussi* deflection coil, deflection (a), magnetic field *et* Lorentz force).

electromagnetic display *cf.* electromagnetic CRT display.

electromagnetic display tube *cf.* electromagnetic cathode-ray tube.

electromagnetic electron microscope microscope électronique à focalisation magnétique (*ou* électromagnétique) (*cf. aussi* electron microscope *et* electromagnetic focusing).

electromagnetic energy énergie électromagnétique (*énergie transportée par une onde électromagnétique*) (*est transportée sous la forme de photons*) (*cf. aussi* energy, electromagnetic wave *et* photon).

electromagnetic energy density densité d'énergie électromagnétique (*densité d'énergie dans un champ électromagnétique*) (*cf. aussi* energy density *et* electromagnetic field).

electromagnetic energy pulse impulsion d'énergie électromagnétique (*émission d'énergie électromagnétique pendant un temps relativement court*) (*ne pas confondre avec « impulsion électromagnétique »*, ce terme étant un cas particulier du premier*) (*cf. aussi* electromagnetic energy *et* electromagnetic pulse).

electromagnetic energy source *cf.* electromagnetic radiation source.

electromagnetic environment ambiance électromagnétique (*ensemble des champs électromagnétiques régnant en un point de l'espace*) (*ce terme désigne généralement l'ensemble des champs électromagnétiques naturels (parasites atmosphériques et galactiques) et artificiels (émissions radio, radar et parasites industriels) dans lequel baigne l'antenne d'un récepteur et s'emploie notamment dans le domaine de la guerre électronique où il désigne souvent les signaux de brouillage*) (*cf. aussi* electromagnetic field *et* electronic warfare).

electromagnetic environment density densité de l'ambiance électromagnétique (*nombre plus ou moins grand d'émissions radio et radar simultanés dans une zone d'opérations militaires*) (*cf. aussi* electromagnetic environment).

electromagnetic field champ électromagnétique (*champ de forces composé d'un champ électrique et d'un champ magnétique orthogonaux d'intensité variable*) (*est créé par un courant d'intensité variable et notamment par un courant alternatif*) (*noter que conformément à la théorie du champ électromagnétique de Maxwell, un champ électromagnétique est par nature un champ d'intensité variable et peut être un champ stationnaire, mais ne peut être un champ constant*) (*un champ constant peut être électrique ou magnétique, mais non les deux à la fois car c'est la variation d'intensité d'un champ électrique qui crée le champ magnétique complémentaire formant avec le premier un champ électromagnétique, de même qu'une variation de l'intensité d'un champ magnétique crée un champ électrique complémentaire donnant également un champ électromagnétique*) (*cf. aussi* field of force, electric field, magnetic field, field strength, stationary field *et* Maxwell's equations).

electromagnetic field theory théorie du champ électromagnétique, théorie du rayonnement électromagnétique, théorie électromagnétique (*noms généralement donnés à la théorie de l'électromagnétisme élaborée par Faraday à partir des découvertes d'Oersted, Ampère, Gauss et Lenz, et formalisée par Maxwell dans les équations qui portent son nom*) (*cf. aussi* classical electromagnetic field theory, quantized electromagnetic field theory, electromagnetism *et* Maxwell's equations).

electromagnetic flowmeter débitmètre électromagnétique, débitmètre magnétique (*débitmètre pour fluides plus ou moins conducteurs ou rendus tels dont le fonctionnement est fondé sur l'induction électromagnétique*) (*est formé essentiellement de deux électrodes affleurant la paroi interne d'un tronçon de conduite en matière isolante, de part et d'autre de la veine fluide soumise à un champ magnétique perpendiculaire à la direction de l'écoulement et à la droite joignant les centres des électrodes*) (*le fluide conducteur passant entre les électrodes peut être assimilé à une succession de conducteurs transversaux dans lequels la variation de flux magnétique produite par leur déplacement dans le champ magnétique perpendiculaire induit une force électromotrice conformément à la loi de l'induction électromagnétique*) (*cette force est proportionnelle à la vitesse du fluide, donc à son débit*) (*la tension continue ainsi créée entre les électrodes est amplifiée par un amplificateur de mesure dont le signal de sortie est appliqué à un voltmètre gradué en unités de débit*) (*le même principe de fonctionnement est mis en œuvre dans le générateur magnétohydrodynamique*) (*cf. aussi* electromagnetic induction, electromotive force, instrumentation amplifier *et* magnetohydrodynamic generator).

electromagnetic focusing focalisation électromagnétique (*ou* magnétique), concentration (*idem*) (*focalisation d'un faisceau d'électrons par une lentille magnétique*) (*microscope électronique, etc.*) (*cf. aussi* electromagnetic lens *et* electron-beam focusing).

electromagnetic forming formage électromagnétique (*cf. aussi* magnetic forming).

electromagnetic horn cornet électromagnétique (*antenne hyper*) (*cf. aussi* horn antenna).

electromagnetic induction induction électromagnétique (*apparition d'une force électromotrice dans un circuit embrassant un flux magnétique variable ou dans un conducteur se déplaçant en coupant les lignes de force d'un champ magnétique constant ou non*) (*le second cas n'est qu'un cas particulier du premier, le conducteur représentant un élément du circuit considéré et son mouvement déformant les lignes de forces du champ, ce qui produit une variation du flux magnétique à son niveau*) (*la force électromotrice induite dans le circuit du premier cas est proportionnelle à la vitesse de variation du flux magnétique et à la longueur du circuit, lequel est généralement une spire d'un bobinage*) (*dans le conducteur du second cas, elle est proportionnelle à l'intensité du champ magnétique, à la vitesse de déplacement du conducteur et à la longueur de celui-ci ; pour une intensité de champ, une vitesse de déplacement et une longueur de conducteur données, elle est maximale lorsque la direction du déplacement est perpendiculaire à la direction du champ*) (*l'induction électromagnétique est due à la force de Laplace produite par le mouvement relatif entre le conducteur circulaire ou rectiligne et les lignes de force du champ magnétique, cette force déplaçant les électrons libres du conducteur le long de celui-ci*) (*électromagnétisme*) (*cf. aussi* electromotive force, flux linkage, magnetic flux, magnetic line of force, Lorentz force *et* laws of electromagnetic induction).

electromagnetic instrument appareil électromagnétique (*app. mesure*) (*cf. aussi* moving-iron instrument).

electromagnetic interaction interaction électromagnétique (*interaction entre une particule chargée ei un champ magnétique*) (*la particule chargée est souvent un électron et celui-ci est souvent un élément d'un courant électrique ou d'un faisceau d'électrons*) (*cette interaction donne naissance à la force de Laplace*) (*électromagnétisme*) (*cf. aussi* charged particle, magnetic field, electron *et* Lorentz force).

electromagnetic interference 1) parasites électromagnétiques, parasites rayonnés, bruit électromagnétique (*parasites se propageant dans l'atmosphère*) (*radio*) (*cf. aussi* interference 1)). 2) interférences radioélectriques (*interférences entre les signaux de deux émetteurs radio*).

electromagnetic interference control 1) réduction des parasites, antiparasitage (*machines électriques, etc.*) (*cf. aussi* interference 1)). 2) limitation des interférences radioélectriques (*cf. aussi* electromagnetic compatibility).

electromagnetic interference filter filtre antiparasite *(cf. aussi interference filter).*

electromagnetic interference filtering filtrage des parasites, antiparasitage *(cf. aussi interference filter).*

electromagnetic interference shield blindage, écran contre les parasites rayonnés *(cf. aussi electromagnetic shield).*

electromagnetic interference shielding protection contre les parasites par blindage *(cf. aussi electromagnetic shield).*

electromagnetic interference susceptibility sensibilité aux parasites *(récepteur) (cf. aussi* electromagnetic interference 1)).

electromagnetic isolation isolement électromagnétique *(réduction ou suppression de l'effet du rayonnement d'une antenne d'émission sur une antenne de réception située à proximité) (cf. aussi* electromagnetic compatibility).

electromagnetic lens lentille électromagnétique, lentille magnétique *(lentille magnétique formée d'une bobine parcourue par un courant continu d'intensité réglable créant un champ magnétique d'intensité proportionnelle agissant sur le faisceau d'électrons passant en son centre) (cf. aussi* magnetic lens).

electromagnetic loudspeaker haut-parleur électromagnétique *(cf. aussi* moving-armature loudspeaker).

electromagnetic microphone microphone électromagnétique *(cf. aussi* moving-iron microphone).

electromagnetic microscope *cf.* electromagnetic electron microscope.

electromagnetic mirror miroir électromagnétique *(nom parfois donné à une surface ou une zone capable de réfléchir une onde radioélectrique) (la surface est une surface métallique, notamment un réflecteur d'antenne, et la zone est une zone ionisée, notamment une couche ionisée) (noter qu'il s'agit d'une onde radioélectrique) (propa) (cf. aussi* reflection (a), radio wave, reflector (a) *et* ionized layer).

electromagnetic noise *cf.* electromagnetic interference 1).

electromagnetic pick-up captation des parasites électromagnétiques *(captation indésirable des parasites électromagnétiques par une antenne de réception ou un conducteur) (cf. aussi* electromagnetic interference 1)).

electromagnetic pulse impulsion électromagnétique, impulsion nucléaire *(forte impulsion d'énergie électromagnétique rayonnée par une explosion nucléaire dans l'atmosphère) (est due aux collisions entre les rayons gammas émis pendant les premières nanosecondes de l'explosion et les électrons des molécules de l'atmosphère) (l'impulsion électromagnétique produite par une explosion nucléaire de puissance moyenne à environ 400 km d'altitude peut mettre hors service instantanément la majeure partie des appareils électroniques à semiconducteurs d'un pays grand comme les États-Unis et une grande partie de ses réseaux de distribution d'énergie sans que d'autres effets soient ressentis au sol, avec des conséquences militaires faciles à imaginer) (cf. aussi* electromagnetic energy *et* radiation hardness).

electromagnetic pulse hardening protection contre les impulsions électromagnétiques *(ou* nucléaires) *(matériel électronique) (cf. aussi* electromagnetic pulse).

electromagnetic pulse threat menace d'impulsions électromagnétiques *(ou* nucléaires) *(cf. aussi* electromagnetic pulse).

electromagnetic radiation rayonnement électromagnétique *(rayonnement se produisant sous la forme d'une onde électromagnétique) (cf. aussi* radiation, electromagnetic wave *et* optical radiation).

electromagnetic radiation pressure pression de radiation (électromagnétique) *(cf. aussi* radiation pressure).

electromagnetic radiation source source de rayonnement électromagnétique, source d'énergie électromagnétique, source d'ondes électromagnétiques, source électromagnétique *(source de rayonnement produisant un rayonnement électromagnétique) (antenne d'émission, tout conducteur parcouru par un courant d'intensité variable, source de lumière, source de chaleur, Soleil, étoile, radiosource, source nucléaire) (cf. aussi* transmitting antenna, light source, radio source, nuclear source, electromagnetic radiation *et* radiation source).

electromagnetic radiation theory *cf.* electromagnetic field theory.

electromagnetic reconnaissance reconnaissance électromagnétique *(détection, identification et localisation des émetteurs radio, radar, laser et infrarouges de l'adversaire généralement opérées à bord d'un aéronef militaire) (guerre électronique) (cf. aussi* electronic warfare).

electromagnetic relay relais électromagnétique *(relais classique, c.-à-d. dans lequel l'action sur le ou les circuits commutés est produite par un champ magnétique provoquant le déplacement d'un ou plusieurs contacts mobiles, le champ magnétique étant créé par un électro-aimant ou, parfois, par un aimant permanent mobile) (dans le premier cas, il s'agit en fait d'un champ électromagnétique — d'où le nom du relais — dont seule la composante magnétique est utilisée ; dans le second cas, il s'agit effectivement d'un champ magnétique seul) (noter que ce terme et la définition donnée ci-dessus couvrent non seulement le relais électromagnétique classique, c.-à-d. à armature ou à noyau plongeur, mais également le relais à barrettes et le relais galvanométrique) (noter également qu'un relais n'est qu'un électro-aimant à action électrique, par ses contacts, et que certains électro-aimants ont à la fois une action mécanique et une action électrique) (c'est notamment le cas de l'électro-aimant de commande des démarreurs d'automobile dits « à commande positive », dans lesquels l'électro-aimant à noyau plongeur fait avancer le pignon du démarreur vers la couronne dentée du volant du moteur avant de fermer le circuit d'alimentation du démarreur) (cf. aussi* armature relay, plunger relay, reed relay, meter-type relay, bistable relay, polarized relay, voltage relay, current relay, power relay, relay[1] (a), magnetic field, electromagnet, permanent magnet *et* electromagnetic field).

electromagnetic resonator résonateur électromagnétique *(nom scientifique de la cavité résonnante électromagnétique) (rappelle que dans ce type de résonateur, la résonance porte sur un champ électromagnétique) (cf. aussi* cavity resonator).

electromagnetic screen *(GB) cf.* electromagnetic shield.

electromagnetic screening *(GB) cf.* electromagnetic shielding.

electromagnetic shield écran électromagnétique *(écran pour les champs électromagnétiques) (est un écran électrostatique présentant le moins possible d'ouvertures et dans lequel le champ électromagnétique à arrêter induit des courants de Foucault qui s'opposent à sa propagation) (est utilisé notamment pour le blindage de circuits haute fréquence, principalement dans les récepteurs radioélectriques) (cf. aussi* electromagnetic field, electrostatic shield, shield[1], eddy current *et* RF receiver).

electromagnetic shielding blindage électromagnétique *(action),* protection contre les champs électromagnétiques, emploi d'un écran électromagnétique *(parf.* d'écrans ...) *(cf. aussi* electromagnetic shield).

electromagnetic source *cf.* electromagnetic radiation source.

electromagnetic speaker *cf.* electromagnetic loudspeaker.

electromagnetic spectrum spectre électromagnétique *(ou des* ondes électromagnétiques *ou des* rayonnements électromagnétiques) *(ensemble, classification ou représentation graphique des longueurs des ondes électromagnétiques ou des fréquences correspondantes, ou des deux) (comprend, par ordre de fréquence croissante, les ondes radioélectriques, les rayons infrarouges, la lumière visible, les rayons ultraviolets, les rayons X et les rayons gamma) (cf. aussi* wavelength, electromagnetic wave, radio wave, infrared radiation, visible light, X rays, gamma ray *et* spectrum 1)).

electromagnetic susceptibility *cf.* electromagnetic interference susceptibility.

electromagnetic theory théorie électromagnétique *(terme abrégé pouvant désigner la théorie électromagnétique de la lumière ou la théorie du champ électromagnétique, les deux notions étant d'ailleurs liées) (cf. aussi* electromagnetic theory of light *et* electromagnetic field theory).

electromagnetic theory of light théorie électromagnétique de la lumière, théorie électromagnétique *(nom donné par Maxwell à sa théorie ondulatoire de la lumière après qu'il eut admis, avec justesse, que les ondes considérées étaient des ondes électromagnétiques) (optique) (cf. aussi* wave theory of light *et* electromagnetic theory).

electromagnetic threat menace électromagnétique *(mil) (cf. aussi* threat).

electromagnetic threat environment ambiance de menaces électromagnétiques, ambiance électromagnétique hostile *(mil) (cf. aussi* threat environment).

electromagnetic tube *cf.* electromagnetic cathode-ray tube.

electromagnetic tuning accord électromagnétique *(magnétron) (cf. aussi* magnetron).

electromagnetic unit unité électromagnétique CGS *(unité du système électromagnétique CGS).*

electromagnetic wave onde électromagnétique *(onde double constituée par un champ électromagnétique et composée d'une onde électrique et d'une onde magnétique formant entre elles un angle de 90°) (terme générique et définition générale couvrant notamment les ondes radioélectriques et les ondes optiques) (la variation de l'amplitude des deux ondes composantes se faisant dans des directions perpendiculaires à la direction de propagation de l'onde, une onde électromagnétique est une onde transversale) (cf. aussi* radio wave, optical wave, electromagnetic field, electric wave, magnetic wave, transverse wave, wave *et* electromagnetic spectrum).

electromagnetic wave polarization polarisation d'une onde électromagnétique *(parf.* de l'onde ...) *(direction du vecteur champ électrique d'une onde électromagnétique, et par conséquent du plan de polarisation, dans le plan perpendiculaire à la direction de propagation de l'onde) (le vecteur champ magnétique de l'onde est en quadrature avec le vecteur champ électrique) (par convention, on prend le vecteur champ électrique pour définir la polarisation d'une onde électromagnétique, mais on pourrait tout aussi bien prendre le vecteur champ magnétique) (cf. aussi* linear polarization, elliptical polarization, circular polarization, plane of polarization, electromagnetic wave, electric field vector, magnetic field vector *et* quadrature).

electromagnetic wave propagation propagation des ondes électromagnétiques *(parf.* d'une onde ...) *(les ondes électromagnétiques se propagent dans les milieux diélectriques et ne se propagent pas dans les milieux conducteurs, ceux-ci ne pouvant être le siège d'un champ électrique et ce champ faisant partie intégrante d'une telle onde) (cf. aussi* electromagnetic wave, dielectric medium, propagation *et* propagation velocity).

electromagnetic window fenêtre électromagnétique, fenêtre de propagation *(bande des fréquences correspondant aux longueurs possibles d'une onde électromagnétique auxquelles elle se propage avec une atténuation acceptable dans un milieu à forte absorption) (brouillard, pluie, couche ionosphérique, jet de moteur-fusée, matière d'un radome, etc.) (radio, radar, laser, infrarouge) (cf. aussi* electromagnetic wave, wavelength *et* absorption).

electromagnetically deflected ... *cf.* electromagnetic ...

electromagnetically focused microscope *cf.* electromagnetic electron microscope.

electromagnetically operated commandé par électro-aimant, à commande par électro-aimant, actionné par électro-aimant *(organe ou dispositif) (l'électro-aimant de commande est généralement à noyau plongeur, mais peut être à armature) (cf. aussi* solenoid 2), armature (a) *et* electromagnet).

electromagnetics (l')électromagnétique *f (nom récent de l'électromagnétisme appliqué) (cf. aussi* electromagnetism).

electromagnetism électromagnétisme (a) *magnétisme créé par un courant électrique) (cf. aussi* magnetism (a) *et* electric current) ; (b) *partie de la physique traitant de l'électromagnétisme proprement dit et de l'action réciproque d'un courant et d'un champ magnétique) (voir aussi (a) ci-dessus) (cf. aussi* electromagnetic field).

electromechanical bell sonnerie électromécanique *(nom parfois donné à la sonnerie trembleuse pour rappeler qu'il s'agit d'un dispositif électromécanique) (cf. aussi* trembler bell *et* electromechanical device).

electromechanical central office *cf.* electromechanical exchange.

electromechanical commutator commutateur électromécanique *(cf. aussi* commutator 2)).

electromechanical component composant électromécanique

(nom parfois donné à une petite machine tournante ou à un relais électromécanique) (cf. aussi rotating electrical machine, electromechanical relay *et* component 1)).

electromechanical device dispositif électromécanique *(dispositif utilisant un ou plusieurs électro-aimants pour remplir sa fonction) (électro-aimant à action mécanique, relais électromagnétique, sonnerie trembleuse, disjoncteur électromécanique, conjoncteur, contacteur, machine électrique tournante ou dérivée, etc.) (cf. aussi* electromagnet).

electromechanical recorder enregistreur électromécanique *(enregistreur utilisant un transducteur électromécanique) (enregistreur à plume, appareil à graver les disques, etc.) (cf. aussi* electromechanical transducer).

electromechanical recording (l')enregistrement électromécanique *(sdpo à « enregistrement magnétique » et à « enregistrement optique ») (cf. aussi* electromechanical recorder).

electromechanical relay relais électromécanique *(nom parfois donné à un relais électromagnétique pour rappeler qu'il comporte une ou plusieurs pièces mobiles) (cf. aussi* electromagnetic relay).

electromechanical switch *cf.* electromechanical telephone switch.

electromechanical telephone exchange central téléphonique électromécanique, central électromécanique *(central téléphonique utilisant un autocommutateur électromécanique) (cf. aussi* electromechanical telephone switch *et* telephone exchange).

electromechanical telephone switch autocommutateur téléphonique électromécanique, autocommutateur électromécanique *(autocommutateur téléphonique dans lequel la commutation des circuits est assurée par des commutateurs pas-à-pas ou des relais) (central tél) (cf. aussi* stepping switch, crossbar switch *et* telephone switch).

electromechanical telephone switching (la) commutation téléphonique électromécanique, (la) commutation électromécanique *(commutation téléphonique assurée par un autocommutateur électromécanique) (cf. aussi* telephone switching *et* electromechanical telephone switch).

electromechanical transducer transducteur électromécanique *(transducteur convertissant un signal électrique en oscillations mécaniques ou vice versa) (transducteur électroacoustique, graveur de disques, organe moteur d'enregistreur galvanométrique à plume, etc.) (cf. aussi* transducer 1)).

electromechanicals (les) composants électromécaniques *(cf. aussi* electromechanical component).

electrometer électromètre *(appareil conçu pour mesurer ou mettre en évidence une très faible différence de potentiel ou une charge électrique) (un électromètre est un électroscope gradué et peut être considéré comme un voltmètre à consommation nulle) (cf. aussi* quadrant electrometer, electrical potential *et* electric charge).

electrometer amplifier amplificateur d'électromètre *(amplificateur de mesure à faible bruit et faible dérive conçu pour amplifier des courants de très faible intensité) (cf. aussi* instrumentation amplifier *et* noise 2) (a)).

electrometer tube tube électromètre *(triode à vide à grande impédance d'entrée utilisée pour amplifier une très faible tension à mesurer) (cf. aussi* triode electron tube *et* input impedance).

electromigration électromigration *(entraînement d'ions d'un conducteur dans un autre conducteur en contact avec le premier sous l'action du passage d'un courant à forte densité, notamment dans une connexion de circuit intégré monolithique) (cf. aussi* purple plague, ion *et* current density).

electromigration-induced failure défaillance par électromigration *(défaillance produite par électromigration dans un composant à semiconducteur ou autre) (cf. aussi* electromigration *et* failure).

electromotive force force électromotrice, f.é.m., fém *(force interne mettant en mouvement les électrons dans un sens déterminé dans un conducteur ou un dispositif) (les électrons étant négatifs, l'extrémité du conducteur ou du dispositif vers laquelle ils se dirigent est appelée ici « pôle négatif » et l'autre extrémité « pôle positif ») (le conducteur ou le dispositif forme une source de force électromotrice, c.-à-d. d'énergie élec-*

trique, communément appelée « source de courant ») (on voit d'après ce qui précède que le courant électrique va du pôle positif au pôle négatif **dans une source de courant** et, de ce fait, du pôle négatif au pôle positif dans un conducteur connecté à ses bornes) (dans une source de force électromotrice alternative, le sens de cette force et, par conséquent, la polarité des extrémités s'inversent périodiquement) (si la source de force électromotrice est insérée dans un circuit, cette force fait circuler un courant dans le circuit, le sens du courant étant celui de la force ; si la source n'est connectée à aucune charge, les électrons s'accumulent au pôle négatif en créant une tension — la tension à vide — entre les deux pôles) (la force électromotrice peut être créée notamment par une réaction chimique, par induction électromagnétique, par effet Seebeck et par effet photovoltaïque) (élec) (cf. aussi chemical electromotive force, induction electromotive force, thermoelectromotive force, photovoltaic effect, current direction, anode, current source et voltage source).

electromotive force source source de force électromotrice (cf. aussi electromotive force et source[1] 1)).

electromotive force standard étalon de force électromotrice (cf. aussi standard cell 1)).

electron électron, électron négatif (ce dernier terme s'emploie parfois pour marquer la différence avec l'électron positif) (particule élémentaire stable dont la charge électrique négative est la plus petite charge connue) (cf. aussi bound electron, free electron, conduction electron, valence electron, lone electron, primary electron, secondary electron, low-energy electron, high-energy electron, hot electron, electron spin, electron pair, electronics[1], positon, elementary particle, electric charge et atom).

electron affinity affinité électronique (quantité d'énergie mise en jeu quand un atome acquiert un électron) (cf. aussi electron et ion).

electron-associated wave onde associée à l'électron, onde de de Broglie (cf. aussi de Broglie wave).

electron beam faisceau d'électrons, faisceau électronique (faisceau de particules émis par un canon à électrons) (cf. aussi electron gun et beam[1])).

electron-beam acceleration accélération du faisceau d'électrons (cf. aussi electron beam).

electron-beam-accessed memory (ou **addressable memory** ou **addressed memory**) cf. EBAM.

electron-beam alignment method méthode d'alignement en gravure par faisceau d'électrons (fab CI) (cf. aussi alignment 2) et electron-beam lithography).

electron-beam annealing recuit par faisceau d'électrons (recuit comparable au recuit par faisceau laser, mais dans lequel l'échauffement est produit par l'impact d'un faisceau d'électrons à haute énergie) (est peu employé car nécessite le vide) (fab. semi) (cf. aussi laser annealing, electron beam et high-energy electron).

electron-beam bombardment bombardement par faisceau d'électrons, (etc.) (cf. aussi electron beam et electron bombardment).

electron-beam column colonne (enceinte de révolution verticale et sous vide contenant le faisceau d'électrons et les dispositifs d'accélération et de déviation de celui-ci dans un microscope électronique, un graveur à faisceau d'électrons, etc.) (cf. aussi electron microscope et electron-beam machine).

electron-beam cutting découpage par faisceau d'électrons, découpage par bombardement électronique (fab) (cf. aussi electron-beam machining).

electron-beam device appareil à faisceau d'électrons (voir liste à electron gun).

electron-beam direct write cf. electron-beam writing.

electron-beam direct-write-on-wafer cf. electron-beam writing.

electron-beam direct writing gravure par faisceau d'électrons dirigé (fab. CI) (cf. aussi direct writing).

electron-beam display présentation sur écran cathodique (cf. aussi CRT display).

electron-beam drilling perçage par faisceau d'électrons, perçage par bombardement électronique (perçage de trous de petit

diamètre) (perçage de tores de ferrite, etc.) (fab) (cf. aussi electron-beam machining).

electron-beam exposure exposition à un faisceau d'électrons (fab. CI, etc.) (cf. aussi electron-beam lithography).

electron-beam flood lamp lamp excitatrice (pour photogravure par faisceau d'électrons réparti) (fab. CI) (cf. aussi projection electron-beam lithography).

electron-beam focusing concentration du faisceau d'électrons (parf. d'un ...), focalisation (idem) (« concentration » est, de loin, le terme le plus employé pour un tube cathodique, tandis que « focalisation » est généralement préféré pour les autres appareils à faisceau d'électrons) (voir liste à electron gun) (cf. aussi focusing).

electron-beam generated mask masque gravé par faisceau d'électrons (fab. CI) (cf. aussi electron-beam mask-making).

electron-beam imaging system cf. electron-beam projector.

electron-beam laser laser à faisceau d'électrons, laser à pompage par faisceau d'électrons (cf. aussi pumping).

electron-beam lithography gravure par faisceau d'électrons, gravure électronique (gravure de motifs utilisant un faisceau d'électrons) (double terme générique couvrant trois procédés utilisant un faisceau d'électrons pour sensibiliser le vernis protecteur appliqué sur une surface à graver par attaque chimique) (deux d'entre eux relèvent du même principe et sont couverts par un second (double) terme générique, tandis que le troisième est nettement différent) (cf. aussi direct writing et projection electron-beam lithography).

electron-beam lithography camera cf. electron-beam lithography machine.

electron-beam lithography equipment 1) matériel pour gravure par faisceau d'électrons (graveurs à faisceau d'électrons et accessoires) (cf. aussi electron-beam lithography). 2) cf. electron-beam lithography machine.

electron-beam lithography machine graveur à faisceau d'électrons, graveur de motifs (idem), graveur électronique (double terme générique couvrant les graveurs à faisceau d'électrons dirigé et les graveurs à faisceau d'électrons réparti) (cf. aussi direct-write electron-beam machine, projection electron-beam machine et electron-beam lithography).

electron-beam lithography process procédé de gravure par faisceau d'électrons, méthode (idem) (fab. CI) (cf. aussi electron-beam lithography).

electron-beam lithography system cf. electron-beam lithography machine.

electron-beam lithography technique cf. electron-beam lithography process.

electron-beam machine 1) machine à faisceau d'électrons (machine à souder ou usiner par faisceau d'électrons) (fab) (cf. aussi electron-beam machining). 2) cf. electron-beam lithography machine.

electron-beam machining usinage par faisceau d'électrons, usinage par bombardement électronique (découpage ou perçage de matières dures à l'aide d'un faisceau d'électrons à haute énergie dans une enceinte à vide) (fab.) (cf. aussi electron-beam et high-energy electron beam).

electron-beam manufacturing process procédé de fabrication par faisceau d'électrons (ou par bombardement électronique) (procédé de soudage, découpage, perçage, affinage, gravure, etc.) (en électronique, ce terme désigne l'un des trois procédés de gravure par faisceau d'électrons) (cf. aussi electron-beam lithography).

electron-beam mask masque pour gravure par faisceau d'électrons réparti (fab. CI) (cf. aussi mask 2) et projection electron-beam lithography).

electron-beam mask generation cf. electron-beam mask-making.

electron-beam mask-making gravure de masques par faisceau d'électrons (gravure de masques de photogravure à l'aide d'un graveur à faisceau d'électrons) (fab. CI, semi) (cf. aussi mask 2) et electron-beam mask-making equipment).

electron-beam mask-making equipment graveur de masques (à faisceau d'électrons), générateur de masques (idem) (le second terme est courant mais impropre) (graveur à faisceau d'électrons dirigé utilisé pour la gravure de masques de photogravure) (cf. aussi direct-write electron-beam machine et mask 2)).

electron-beam melting affinage par faisceau d'électrons, affinage par bombardement électronique *(procédé d'élaboration sous vide de petites quantités de métal de très grande pureté utilisant un faisceau d'électrons à haute énergie pour fondre l'échantillon à affiner dans des conditions précises de température et de temps de maintien en fusion) (cf. aussi* high-energy electron beam).

electron-beam memory mémoire à faisceau d'électrons *(terme générique couvrant tous les types de tubes cathodiques à mémoire, mais dont l'emploi est souvent et abusivement restreint à la désignation d'une mémoire BEAMOS ou équivalente) (cf. aussi* storage cathode-ray tube *et* BEAMOS).

electron-beam parametric amplifier amplificateur paramétrique à faisceau d'électrons *(amplificateur paramétrique utilisant un tube hyperfréquence à configuration rectiligne dans lequel un faisceau d'électrons passe entre deux électrodes formant le coupleur d'entrée auquel est appliqué le signal à amplifier, puis entre quatre électrodes formant un quadripôle auquel est appliqué le signal de pompage et dans lequel se produit l'augmentation exponentielle du rayon de l'orbite des électrons assurant l'amplification, et finalement entre deux électrodes formant le coupleur de sortie aux bornes duquel le signal amplifié est recueilli, avant d'atteindre le collecteur où le circuit se referme) (récepteur de radiotélescope, récepteur radar) (cf. aussi* parametric amplifier).

electron-beam patterning formation des motifs par faisceau d'électrons *(formation des motifs de circuits intégrés monolithiques à très haute densité d'intégration dans un graveur de motifs à faisceau d'électrons) (fab. CI) (cf. aussi* patterning *et* electron-beam lithography machine).

electron-beam photoresist *cf.* electron-beam resist.

electron-beam processing traitement par faisceau d'électrons, *(parf.* fabrication ...) *(fab. CI, etc.) (cf. aussi* electron-beam lithography, electron-beam annealing *et* electron-beam machining).

electron-beam projection lithography gravure par faisceau d'électrons réparti *(fab. CI) (cf. aussi* projection electron-beam lithography).

electron-beam projection printer graveur à faisceau d'électrons réparti *(fab. CI) (cf. aussi* projection electron-beam machine).

electron-beam projection system *cf.* electron-beam projection printer.

electron-beam projector *cf.* electron-beam projection printer.

electron-beam pumping pompage par faisceau d'électrons *(laser) (cf. aussi* pumping).

electron-beam raster trame formée par un faisceau d'électrons, trame électronqiue *(tube cath, etc.) (cf. aussi* raster scanning).

electron-beam raster scanning balayage tramé par faisceau d'électrons *(tube cath, etc.) (cf. aussi* raster scanning).

electron-beam recorder enregistreur à faisceau d'électrons *(enregistreur oscillographique très spécial dans lequel le faisceau de lumière impressionnant le support d'informations est remplacé par un faisceau d'électrons) (cf. aussi* oscillographic recorder).

electron-beam recording (l')enregistrement par faisceau d'électrons *(cf. aussi* electron-beam recorder).

electron-beam resist résist pour faisceau d'électrons *(résist conçu pour être utilisé dans un graveur à faisceau d'électrons grâce à une sensibilité suffisante aux électrons à haute énergie) (cf. aussi* resist, electron-beam lithography *et* high-energy electron).

electron-beam reticle generator graveur de réticules (à faisceau d'électrons), générateur de réticules *(idem) (le second terme est courant mais impropre) (graveur à faisceau d'électrons dirigé utilisé pour la gravure de réticules) (fab. CI) (cf. aussi* direct-write electron-beam machine *et* reticle).

electron-beam scanning balayage par faisceau d'électrons, *(ou* par faisceau électronique) *(balayage de l'écran d'un tube cathodique, de la cible d'un tube analyseur de caméra de télévision, de la cible-mémoire d'un tube à mémoire enregistreur ou d'un tube convertisseur de balayage, de l'échantillon dans un microscope électronique à balayage, etc.).*

electron-beam stepper graveur à faisceau d'électrons dirigé *(fab. CI) (cf. aussi* direct-write electron-beam machine).

electron-beam system *cf.* electron-beam lithography machine.

electron-beam technology (la) technique de la gravure par faisceau d'électrons *(fab. CI) (cf. aussi* electron-beam lithography *et* technology).

electron-beam tube tube à faisceau d'électrons *(parf.* à faisceaux ...) *(tube électronique dont le fonctionnement est fondé sur la mise en œuvre d'un ou plusieurs faisceaux d'électrons) (tube cathodique et tubes dérivés ou tube hyperfréquence à faisceau d'électrons) (dans la première catégorie, il y a modulation et déviation d'un ou plusieurs faisceaux) (dans la seconde, il y a seulement modulation et seulement un faisceau) (cf. aussi* cathode-ray tube *et* linear-beam tube).

electron-beam welding soudage par faisceau d'électrons *(ou* par bombardement électronique) *(soudage de métaux ou pièces difficiles à souder ou de certaines matières réfractaires ou exécution de soudures de précision à l'aide d'un faisceau d'électrons à haute énergie focalisé sur le joint à souder dans une enceinte à vide) (cf. aussi* high-energy electron beam).

electron-beam writing gravure par faisceau d'électrons dirigé *(fab. CI) (cf. aussi* direct writing).

electron binding energy potentiel d'ionisation *(atome, molécule) (cf. aussi* ionization potential).

electron-bombarded semiconductor triode *sf* à cible, triode EBS *(tube triode à vide expérimental dans lequel la plaque est remplacée par une diode à semiconducteur dont la conduction est modulée par formation de paires électrons-trous sous l'action du bombardement par les électrons émis par la cathode et dont le flux est modulé par la grille) (cf. aussi* triode electron tube).

electron bombardment bombardement par électrons, bombardement électronique *(bombardement par un flux d'électrons comme dans le cas de l'anode d'un tube électronique ou par un faisceau d'électrons comme dans le cas de la couche fluorescente d'un tube cathodique, par exemple).*

electron capture capture d'un électron *(acquisition d'un électron par une particule et notamment par un atome appelé « trou » au cours du processus de recombinaison dans un cristal semiconducteur) (cf. aussi* hole 1) *et* recombination).

electron charge charge de l'électron, charge électronique, charge élémentaire *(charge électrique négative portée par l'électron égale à $1,60219 \times 10^{-19}$ coulomb) (est la plus petite charge électrique connue et constitue, par conséquent, l'unité fondamentale de charge électrique) (cf. aussi* electric charge *et* electron).

electron cloud nuage d'électrons *(ensemble d'électrons libres animés ou non de mouvement) (ensemble des électrons formant une charge d'espace négative, notamment dans un tube électronique à vide, ou ensemble des électrons gravitant autour du noyau d'un atome) (cf. aussi* electron, space charge *et* orbital electron).

electron collector collecteur d'électrons *(nom parfois donné à l'anode d'un tube électronique et notamment à l'anode d'un tube hyperfréquence à faisceau droit (cf. aussi* anode (b) *et* collector 2)).

electron collision collision entre électrons, choc entre électrons, collision électronique *(collision entre deux électrons).*

electron concentration *cf.* electron density.

electron conduction conduction par électrons (a) *conduction dans un métal) (cf. aussi* conduction electron) ; (b) *conduction partielle ou totale assurée par les électrons dans un semiconducteur) (cf. aussi* unipolar transistor *et* bipolar transistor).

electron-coupled oscillator oscillateur à couplage électronique, oscillateur ECO *(oscillateur à tube électronique tétrode dans lequel le couplage nécessaire entre le circuit anodique et le circuit de grille est assuré par le flux d'électrons) (cf. aussi* oscillator).

electron coupling couplage électronique *(couplage de deux circuits par les électrons dans un tube électronique) (cf. aussi* electron-coupled oscillator).

electron current *(parf.* intensité du) courant d'électrons *(ou* électronique) *(cf. aussi* electron conduction).

electron density densité d'électrons, concentration des électrons *(ou en électrons)*, densité électronique, concentration électronique *(nombre d'électrons par unité de volume dans un gaz ionisé, un semiconducteur, ou un flux ou un faisceau d'électrons) (cf. aussi* electron *et* carrier concentration).

electron device dispositif à électrons *(dispositif utilisant la conduction dans le vide, un gaz ou un semiconducteur) (tube électronique, composant à semiconducteur, appareil à faisceau d'électrons) (cf. aussi* electron tube, semiconductor device, electron gun *et* electronic device, *et ne pas confondre)*.

electron diffraction diffraction des électrons, diffraction électronique *(diffraction d'électrons à haute énergie pénétrant dans la matière) (phénomène analogue à la diffraction de la lumière sur le bord d'un obstacle et dû à l'onde électromagnétique associée à l'électron (cf. aussi* high-energy electron *et* wave mechanics).

electron diffusion diffusion des électrons *(semi) (cf. aussi* carrier diffusion).

electron diffusion constant constante de diffusion des électrons *(semi) (cf. aussi* diffusion constant *et* electron diffusion).

electron diffusion velocity vitesse de diffusion des électrons *(semi)*.

electron drift *cf.* electron diffusion. *(de même pour les termes dérivés)*.

electron emission émission d'électrons, émission électronique *(libération d'électrons par la surface d'un corps sous l'action de la chaleur, d'un champ électrique, de la lumière ou du choc d'une particule) (en pratique, seuls les métaux émettent des électrons) (l'émission électronique est utilisée notamment pour la cathode des tubes électroniques) (cf. aussi* thermionic emission, field emission, photoelectric emission, secondary emission *et* cathode (b)).

electron emitter émetteur d'électrons *(nom parfois donné à la cathode d'un tube électronique) (cf. aussi* cathode (b)).

electron energy énergie de l'électron *(parf.* d'un électron) *(énergie possédée par un électron en mouvement, donc énergie cinétique) (est proportionnelle au carré de sa vitesse ; peut être quelconque dans le cas d'un électron libre et ne peut prendre que des valeurs quantifiées dans le cas d'un électron lié) (cf. aussi* low-energy electron, high-energy electron, energy, energy state, quantized value, bound electron, free electron *et* electron).

electron energy spectrum spectre d'énergie de l'électron *(spectre des valeurs possibles de l'énergie d'un électron lié) (cf. aussi* spectrum 1) *et* electron energy).

electron-flood lithography gravure par flux d'électrons *(fab. CI) (cf. aussi* projection electron-beam lithography).

electron flow flux d'électrons, flux électronique *(ensemble des électrons se déplaçant dans un métal ou un tube électronique ou représentant une fraction plus ou moins grande du courant dans un semiconducteur) (cf. aussi* current 1)).

electron gas gaz d'électrons, gaz électronique *(ensemble des électrons de conduction dans un conducteur ou un semiconducteur) (cf. aussi* conduction election).

electron gun canon à électrons *(dispositif comprenant essentiellement une cathode à chauffage indirect coiffée par une électrode de commande appelée « wehnelt », suivie de plusieurs électrodes assurant la concentration et l'accélération des électrons émis par la cathode) (est employé notamment dans les appareils suivants : tube cathodique et tubes dérivés, microscope électronique, soudeuse à faisceau d'électrons, accélérateur linéaire de particules, graveur de circuits à faisceau d'électrons) (cf. aussi* indirectly heated cathode, control grid (b), first anode, second anode *et* cathode-ray tube).

electron-hole density densité d'électrons et de trous *(semi) (cf. aussi* electron density *et* hole density).

electron-hole pair paire électron-trou *(ensemble des deux porteurs de charge de signes opposés formés par l'ionisation d'un atome dans un semi-conducteur) (cf. aussi* ionization).

electron-hole pair multiplication multiplication des paires électron-trou *(par ionisation cumulative) (semi) (cf. aussi* electron-hole pair *et* avalanche ionization).

electron-hole pair recombination recombinaison des paires

électron-trou *(réunion d'un électron de conduction et d'un trou dans un semiconducteur pour former un atome neutre) (cf. aussi* electron-hole pair *et* recombination losses).

electron-hole plasma plasma d'électrons et de trous *(ensemble des électrons de conduction et des trous dans un semiconducteur) (cf. aussi* conduction electron *et* hole 1)).

electron-hole recombination *cf.* electron-hole pair recombination.

electron image 1) image électronique *(image représentée ou formée par un flux d'électrons)* (a) *image représentée par le champ de densité d'électrons dans une section droite du flux d'électrons dans un tube intensificateur d'image ou un tube convertisseur d'image ou un microscope électronique à transmission, à réflexion ou à émission)* ; (b) *image formée par le flux d'électrons sur la fenêtre de sortie des tubes ci-dessus ou sur l'écran fluorescent ou la plaque photographique des microscopes ci-dessus) (cf. aussi* image intensifier tube, image converter tube *et* electron microscope). 2) *cf.* electric image 1)).

electron imaging visualisation par flux d'électrons *(formation de l'image observée sur la fenêtre de sortie d'un tube intensificateur d'image ou convertisseur d'image ou sur l'écran fluorescent ou la plaque photographique d'un microscope électronique à transmission, à réflexion ou à émission) (cf. aussi* image intensifier tube, image converter tube *et* electron microscope).

electron impact impact de l'électron *(parf.* d'un électron), choc *(idem) (cf. aussi* electron collision).

electron injection injection d'électrons *(semi) (cf. aussi* carrier injection).

electron lens lentille électronique *(dispositif annulaire focalisant un faisceau d'électrons produit par un canon à électrons et passant en son centre, par action d'un champ électrostatique ou magnétique de révolution qu'il crée) (cf. aussi* electrostatic lens, magnetic lens *et* electron gun).

electron lithography *cf.* electron-beam lithography.

electron magnetic moment moment magnétique de l'électron *(ou* électronique) *(moment magnétique d'un électron constitué par son moment magnétique de spin ou dans le cas d'un électron orbital, résultant de celui-ci et de son moment magnétique orbital, ces deux moments magnétiques étant associés aux moments angulaires correspondants) (cf. aussi* magnetic moment, spin angular momentum, orbital angular momentum *et* electron).

electron mass masse de l'électron *(ce terme désigne généralement la masse de l'électron au repos) (cf. aussi* electron rest mass, relativistic mass *et* election).

electron microscope microscope électronique *(microscope dans lequel la lumière éclairant l'échantillon observé est remplacée par un faisceau d'électrons) (la longueur de l'onde électromagnétique associée à un électron animé d'une grande vitesse étant beaucoup plus petite que la longueur d'onde de la lumière, le pouvoir séparateur du microscope électronique est beaucoup plus grand que celui du microscope optique) (le microscope électronique est une application de la théorie de la mécanique ondulatoire) (cf. aussi* transmission electron microscope, reflection electron microscope, emission electron microscope, scanning electron microscope, high-energy electron *et* wave mechanics).

electron microscopy (la) microscopie électronique *(examen d'échantillons à l'aide d'un microscope électronique) (cf. aussi* electron microscope).

electron migration *cf.* electromigration.

electron mirror miroir à électrons *(électrode réfléchissant un flux ou un faisceau d'électrons) (dynode de multiplicateur d'électrons, réflecteur de klystron réflex, etc.) (cf. aussi* dynode *et* reflector electrode).

electron mobility mobilité des électrons, mobilité de l'électron, mobilité électronique *(métal, semi) (cf. aussi* carrier mobility).

electron momentum quantité de mouvement de l'électron *(produit mv de la masse d'un électron en mouvement par sa vitesse) (cf. aussi* electron mass *et* electron velocity).

electron multiplier multiplicateur d'électrons *(ensemble formé d'une anode et de deux rangées d'électrodes réflectrices* *appelées « dynodes » disposées en regard et en quinconce dans un tube à vide) (assure l'amplification du flux d'électrons émis par une photocathode grâce à la multiplication de l'émission secondaire produite par les réflexions successives des électrons sur les dynodes le long de leur trajet en zigzag menant à l'anode) (constitue la partie essentielle d'un tube photomultiplicateur) (est notamment aussi employé dans le tube analyseur image-orthicon et le tube dissecteur) (cf. aussi* photocathode, secondary emission, image orthicon *et* image dissector).

electron multiplier phototube tube photomultiplicateur *(cf. aussi* photomultiplier tube).

electron-multiplier section partie multiplicateur d'électrons *(partie d'un tube à multiplicateur d'électrons occupée par celui-ci) (cf. aussi* electron-multiplier tube).

electron-multiplier tube tube à multiplicateur d'électrons *(tube électronique comportant un multiplicateur d'électrons) (cf. aussi* electron multiplier).

electron optics (l')optique électronique *(branche de l'électronique traitant de l'action des champs électriques et magnétiques sur la trajectoire des électrons dans le vide) (ne pas confondre « optique électronique » et « électro-optique ») (cf. aussi* electric field, magnetic field, electron *et* electro-optics).

electron pair paire d'électrons (a) *paire de Cooper) (cf. aussi* Cooper pair) ; (b) *paire complémentaire) (cf. aussi* pair production).

electron paramagnetic resonance résonance paramagnétique électronique *(cf. aussi* paramagnetic resonance).

electron path **1)** trajet des électrons, chemin suivi par les électrons *(dans un métal ou un semiconducteur).* **2)** *cf.* electron trajectory.

electron-phonon interaction interaction électron-phonon, interaction entre un électron et un phonon *(cf. aussi* electron *et* phonon).

electron projection system *cf.* electron-beam projection printer.

electron radius rayon de l'électron *($2,82 \times 10^{-13}$cm).*

electron ray rayon cathodique *(cf. aussi* cathode rays).

electron-ray tube indicateur cathodique d'accord *(récepteur) (cf. aussi* cathode-ray tuning indicator).

electron release capability pouvoir émissif *(au sens du terme anglais, aptitude d'une cathode de tube électronique, notamment d'une cathode chaude, à émettre des électrons) (est inversement proportionnelle au travail de sortie de la matière de la cathode) (cf. aussi* electron tube, hot cathode, cold cathode, work function, electron *et* capability).

electron resist *cf.* electron-beam resist.

electron rest mass masse de l'électron au repos *(est égale à $9,109 \times 10^{-28}$ gramme) (cf. aussi* electron mass).

electron scanning *cf.* electron-beam scanning.

electron scanning beam faisceau d'électrons de balayage, faisceau électronique de balayage *(cf. aussi* electron-beam scanning).

electron scattering *cf.* electron diffusion.

electron-seeking element *cf.* electronegative element.

electron-sensitive resist *cf.* electron-beam resist.

electron shell couche électronique *(ensemble des orbitales correspondant à un même niveau d'énergie des électrons d'un atome) (ou, sous forme très simplifiée, ellipsoïde imaginaire correspondant à l'orbite elliptique décrite par un électron autour du noyau d'un atome) (couche K, L, M, N, O, P, Q) (cf. aussi* K shell, orbital *et* principal quantum number).

electron source source d'électrons *(nom parfois donné à la cathode d'un tube électronique ou d'un canon à électrons) (cf. aussi* electron tube *et* electron gun).

electron spin spin de l'électron, *(etc.) (cf. aussi* spin, electron *et* Pauli exclusion principle).

electron stream *cf.* electron flow.

electron switch *cf.* electronic switch 1.

electron telescope télescope électronique, télescope infra-rouge *(lunette de visée à tube convertisseur d'image sensible aux rayons infrarouges émis ou réfléchis par la cible) (permet le tir de nuit) (mil, etc.) (cf. aussi* image converter tube).

electron trajectory trajectoire des électrons *(parf. de l'électron) (tube, etc.).*

electron transit time temps de transit (des électrons) *(tube, jonction) (cf. aussi* transit time).

electron transition transition électronique, transition *(passage d'un électron d'un état d'énergie à un état supérieur ou inférieur dans un atome) (semi, laser, etc.) (cf. aussi* allowed transition, forbidden transition, spontaneous transistion, forced transition, direct transition, indirect transition, radiative transition, non-radiative transition, electron *et* energy state).

electron transport transport électronique, transport par électrons *(transfert de chaleur assuré par le déplacement des électrons dans un élément Peltier) (cf. aussi* Peltier couple).

electron trap *cf.* electron trapping site.

electron trapping piégeage des électrons *(capture d'un électron libre par un centre de recombinaison dans un semiconducteur) (cf. aussi* trapping site).

electron trapping site centre de recombinaison pour les électrons, piège à électrons *(semi) (cf. aussi* trapping site).

electron tube tube électronique *(ce terme s'est imposé parmi les professionnels de l'électronique, mais provient de l'américain),* lampe radio, lampe *(ce terme bien français n'est plus utilisé par les professionnels, lesquels continuent néanmoins de dire et écrire « une diode », « une triode », etc.) (dispositif à vide ou à gaz dans lequel les électrons émis par une électrode appelée « cathode » connectée à la borne négative d'une source de courant continu à tension relativement élevée sont attirés par une électrode appelée « anode » connectée à la borne positive de la source de courant et subissent éventuellement sur leurs parcours l'action d'un ou plusieurs champs électriques ou magnétiques, ou les deux) (les champs électriques sont créés par des électrodes appelées « grilles » ou, parfois, « anodes ») (les champs magnétiques sont créés par des bobines ou des aimants). (cf. aussi* vacuum tube, gas tube, cold-cathode tube, hot-cathode tube, power tube, microwave tube, diode tube, triode tube, tetrode tube, *etc. et* electron).

electron-tube ... *cf.* tube ...

electron tunneling passage d'électrons par effet tunnel *(barrière de potentiel) (cf. aussi* tunnel effect).

electron-tunnelling effect effet tunnel *(semi) (cf. aussi* tunnel effect).

electron velocity vitesse de l'électron *(parf.* des électrons) *(la vitesse de l'électron, c.-à-d. d'un électron libre dans le vide, est proportionnelle à l'attraction électrostatique, c.-à-d. à la différence de potentiel, à laquelle il est soumis) (elle est, par exemple, égale à 147 000 km/s pour un électron accéléré par une tension de 75 kV) (cf. aussi* relativistic electron, electron, electrostatic attraction *et* electrical potential).

electron-volt électron-volt *(unité d'énergie égale à l'énergie cinétique acquise par un électron accéléré dans le vide par une différence de potentiel de 1 volt) (cf. aussi* kinetic energy *et* electrical potential).

electron wave *cf.* electron-associated wave.

electronegative element élément électronégatif *(élément chimique dont les atomes peuvent acquérir des électrons au cours de l'électrolyse, les ions qu'ils forment alors étant des anions) (métal, hydrogène, etc.) (électrochimie) (cf. aussi* electron *et* electrolysis).

electronegativity électronégativité *(propriété d'un élément électronégatif, c.-à-d. tendance de celui-ci à attirer des électrons dans l'électrolyse) (cf. aussi* electronegative element).

electronic *a* électronique *a (caractéristique de ce qui est relatif à l'électronique ou en constitue une application) (cf. aussi* electronics).

electronic accounting comptabilité électronique, comptabilité sur ordinateur *(inf).*

electronic accounting machine machine comptable électronique *(type d'ordinateur de bureau) (inf).*

electronic altimeter radioaltimètre *(avia) (cf. aussi* radio altimeter).

electronic analog computer calculateur analogique électronique *(clpf) (cf. aussi* analog computer).

electronic angle tracking poursuite angulaire par balayage électronique *(antenne de radar à balayage électronique) (cf. aussi* angle tracking *et* phased-array radar).

electronic arrangement montage électronique *(cf. aussi* arrangement 1) *et* electronic circuit).

electronic assembly ensemble électronique *(ensemble de circuits électroniques) (cf. aussi* electronic circuit).

electronic banking (la) monétique, (la) monnaie électronique, (les) transferts électroniques de fonds *(noms donnés aux versements d'argent effectués à distance par l'intermédiaire d'un ordinateur, à l'aide d'une carte bancaire à mémoire ou sans, ou d'un moyen équivalent) (télinf) (cf. aussi* telematics).

electronic battlefield champ de bataille électromagnétique *(champ de bataille considéré sous l'angle des signaux de détection, de guidage, de télécommunications et de brouillage émis par les adversaires en présence) (mil) (cf. aussi* electronic warfare).

electronic beam forming mise en forme électronique du faisceau *(obtention de la forme voulue du faisceau d'ondes émis par une antenne de radar à balayage électronique grâce à une variation appropriée de la phase relative des différents éléments rayonnants de l'antenne) (cf. aussi* phased-array radar).

electronic beam scanning *cf.* electronic beam steering.

electronic beam steering balayage électronique du faisceau, balayage électronique *(antenne de radar à balayage électronique) (cf. aussi* phased-array radar).

electronic brain cerveau électronique *(nom parfois donné abusivement à l'ordinateur, celui-ci n'étant qu'un automate perfectionné) (cf. aussi* artificial intelligence *et, à titre d'information,* electronic intelligence).

electronic cabinet 1) coffret électronique, coffret d'appareil électronique. 2) armoire électronique, armoire d'appareillage électronique.

electronic calculator calculatrice électronique *(inf) (cf. aussi* calculator).

electronic camouflage camouflage électronique *(nom parfois donné au camouflage radar) (mil) (cf. aussi* radar camouflage).

electronic central office *cf.* electronic telephone exchange.

electronic charge *cf.* electron charge.

electronic chopper découpeur à transistor *(cf. aussi* chopper 1)).

electronic circuit circuit électronique *(circuit électrique comportant au moins un tube électronique ou un composant à semiconducteur) (cf. aussi* electric circuit), electron tube *et* semiconductor device.

electronic circuit arrangement montage de circuits électroniques, montage électronique *(cf. aussi* electronic arrangement).

electronic-circuit integration intégration des circuits électroniques *(réalisation de circuits électroniques sous la forme d'un ou plusieurs circuits intégrés, généralement monolithiques) (cf. aussi* electronic circuit *et* integrated circuit).

electronic circuitry circuits électroniques *(cf. aussi* electronic circuit *et* circuitry).

electronic clock horloge électronique *(horloge à transistor ou horloge à quartz) (cf. aussi* transistor clock *et* quartz clock).

electronic commutation commutation électronique, scrutation de voies électronique, scrutation électronique *(cf. aussi* scanning (b)).

electronic commutator commutateur électronique, scrutateur de voies électronique, scrutateur électronique *(cf. aussi* scanner 2)).

electronic company *cf.* electronics company.

electronic compensation compensation électronique *(annulation, par un circuit électronique, de la différence entre la forme effective d'un signal à la sortie d'un capteur et la forme désirée) (cf. aussi* sensor).

electronic component composant électronique, pièce détachée électronique *(terme ancien) (composant utilisé couramment dans les montages et appareils électroniques, c.-à-d. tube électronique, composant à semiconducteur ou assimilé, afficheur et, par extension, résistance, condensateur, potentiomètre, inductance, transformateur, relais, voyant, connecteur, barrette à cosses, interrupteur, inverseur, commutateur, moteur électrique, etc., de petites dimensions) (cf. aussi* electron tube, semiconductor device *et* display 4)).

electronic component packaging encapsulation des composants électroniques *(cf. aussi* packaging 1)).

Electronic Components Show (le) Salon des composants électroniques *(tenu à Paris).*

electronic computer calculateur électronique, machine à calculer électronique *(ordinateur ou calculateur analogique électronique) (inf) (cf. aussi* computer).

electronic control commande électronique *(commande d'un dispositif, d'un appareil, d'une machine ou d'une installation par des signaux élaborés par un montage électronique ou, parfois, ce montage lui-même) (cf. aussi* electronic circuit).

electronic control box boîte de commande électronique *(cf. aussi* electronic control).

electronic control cabinet coffret de commande électronique *(cf. aussi* electronic control).

electronic control system système de commande électronique *(cf. aussi* electronic control).

electronic control unit bloc de commande électronique *(organe, boîte ou coffret) (cf. aussi* electronic control).

electronic controller 1) régisseur électronique, pilote électronique *(clpf) (cf. aussi* controller 1)). 2) régulateur électronique *(clpf) (cf. aussi* controller 2)).

electronic counter compteur électronique, appareil de comptage électronique *(compteur d'impulsions utilisant des circuits de comptage à bascules électroniques) (cf. aussi* decade scaler).

electronic counter-countermeasures anti-contre-mesures (électroniques), mesures d'antibrouillage, antibrouillage *(anti-contre-mesures visant des contre-mesures électroniques) (mode de fonctionnement particulier d'un émetteur radio ou radar militaire (sauts de fréquence, étalement du spectre, etc.) destiné à éviter l'effet d'une contre-mesure sur la réception des signaux radio ou des échos radar) (exemple : un radar émet en direction d'un avion hostile ; celui-ci brouille les échos renvoyés pour que sa position ne puisse être déterminée : c'est une contre-mesure ; si l'émetteur du radar emploie des sauts de fréquence, etc. pour éviter le brouillage des échos par l'avion, c'est une anti-contre-mesure) (cf. aussi* electronic counter-measures).

electronic counter-countermeasures ... *cf.* ECCM ...

electronic countermeasures contre-mesures électroniques, contre-mesures, brouillage *(contre-mesures visant les émissions radio ou radar de l'adversaire) (noter que lorsque le terme « contre-mesures électroniques » est employé correctement, c.-à-d. avec le sens de la définition ci-dessus, il s'agit en fait de contre-mesures radioélectriques, et que son emploi est souvent étendu aux contre-mesures optiques et aux contre-mesures acoustiques) (émission de signaux radioélectriques destinés à gêner la réception des signaux radio ou radar de l'adversaire, ou émission de signaux — ou éjection de leurres — destinés à tromper les radars ou les autodirecteurs des engins autoguidés de l'adversaire, ou emploi de moyens destinés à réduire les risques de détection et de poursuite d'une cible par un radar ou un autodirecteur) (mil) (cf. aussi* active electronic countermeasures, passive electronic countermeasures, expendable countermeasures, internal countermeasures, external countermeasures *et* electronic counter-countermeasures).

electronic countermeasures ... *cf.* ECM ...

electronic counting comptage électronique *(comptage d'objets ou d'événements à l'aide d'un compteur électronique) (cf. aussi* electronic counter).

electronic counting instrument *cf.* electronic counter.

electronic coupling *cf.* electron coupling.

electronic crosspoint point de connexion électronique *(point de connexion constitué par un transistor de commutation ou un thyristor) (central tél) (cf. aussi* crosspoint *et* switching transistor).

electronic current *cf.* electron current.

electronic data display présentation des informations sur écran cathodique *(inf, etc.) (cf. aussi* display[1]).

electronic data processing traitement électronique de l'information, (l')informatique *sf (cf. aussi* data processing).

electronic data processing ... *cf.* data processing ...

electronic data processor ordinateur *(inf) (cf. aussi* computer 2)).

electronic deception diversion électronique, diversion *(mil) (cf. aussi* deception).

electronic device **1)** dispositif électronique *(au sens du terme anglais, dispositif comportant un ou plusieurs circuits électroniques) (cf. aussi* electronic circuit *et* electron device). **2)** *cf.* electronic component.

electronic digital computer calculateur numérique électronique *(nom complet de l'ordinateur classique) (inf) (cf. aussi* computer 2)).

electronic directory annuaire électronique *(annuaire téléphonique ou autre mis en mémoire dans une banque de données pour être tenu à jour en permanence et être consulté à l'aide de terminaux à écran) (télinf) (cf. aussi* telephone directory, data base *et* display terminal).

electronic editing montage électronique *(analogue, pour une bande vidéo, au montage d'un film de cinéma, c.-à-d. ajout de titres, suppression de séquences, etc.) (cf. aussi* video tape).

electronic efficiency rendement électronique *(rapport entre la puissance de sortie en courant alternatif d'un tube électronique de puissance à une fréquence de fonctionnement déterminée et la puissance en courant continu qui lui est fournie) (tube hyperfréquence ou autre) (cf. aussi* electrical efficiency).

electronic engineer *(ce terme est impropre, mais on le rencontre parfois) cf.* electronics engineer.

electronic engineering (l')électronique appliquée *(cf. aussi* electronics[1] (b)).

electronic environment *cf.* electromagnetic environment.

electronic equipment matériel électronique *(composants, appareils et systèmes électroniques ou assimilés) (cf. aussi* commercial electronic equipment, naval electronic equipment, military electronics equipment *et* electronic component).

electronic-equipment cabinet *cf.* electronic cabinet 2).

electronic equipment maker *cf.* electronic equipment manufacturer.

electronic equipment manufacturer constructeur de matériel électronique *(cf. aussi* electronic equipment).

electronic exchange *cf.* electronic telephone exchange.

electronic firm *cf.* electronics company.

electronic flash flash électronique *(flash dans lequel la source de lumière est une lampe à décharge tubulaire excitée par la décharge brusque d'un condensateur) (photo.) (cf. aussi* discharge lamp).

electronic flash lamp lampe de flash électronique *(cf. aussi* electronic flash).

electronic flash tube *cf.* electronic flash lamp.

electronic frequency control commande électronique de fréquence *(commande de fréquence utilisant une diode varicap ou un dispositif équivalent) (oscillateur) (cf. aussi* frequency control *et* varactor).

electronic funds transfer transfert électronique de fonds *(banque, inf) (cf. aussi* electronic banking).

electronic game jeu électronique *(jeu utilisant un microprocesseur) (cf. aussi* electronic toy *et* microprocessor).

electronic generator générateur électronique *(générateur d'énergie électrique ou électromagnétique à fréquence élevée) (générateur à triode de grande puissance ou à magnétron pour chauffage électronique) (cf. aussi* electronic heating).

electronic heating chauffage électronique, chauffage à haute fréquence *(chauffage d'un corps par un courant ou une onde électromagnétique à fréquence élevée) (comprend le chauffage par induction et le chauffage diélectrique) (cf. aussi* induction heating *et* dielectric heating).

electronic house *cf.* electronics company.

electronic ignition allumage électronique *(système d'allumage d'un moteur à essence dans lequel l'interruption du courant d'alimentation de l'enroulement primaire de la bobine d'allumage à l'instant où l'étincelle doit jaillir entr les électrodes d'une bougie est assurée par un transistor de commutation ou un thyristor) (celui-ci est commandé par les contacts de l'allumeur ou, plus récemment, par un capteur disposé en regard de la périphérie du volant du vilebrequin) (cf. aussi* ignition coil).

electronic imaging (l')imagerie électronique *(cf. aussi* imaging).

Electronic Industries Association Association américaine des industries électroniques, EIA *(association à buts essentielle-*

ment techniques : établissement de normes et terminologie) (est, dans un cadre différent, l'équivalent américain de la Commission Électrotechnique Internationale (CEI), mais ne s'occupe que d'électronique) (est issue de la « Radio-Electronics-Television Manufacturers Association » (RETMA) en 1957, elle-même issue de la « Radio-Television Manufacturers Association » (RTMA) en 1953, elle-même issue de la « Radio Manufacturers Association » (RMA) en 1950, qui avait été créée en 1924).

electronic industry industrie électronique *(ou de l'électronique) (le premier terme est, de loin, le plus employé, bien qu'il soit impropre).*

electronic instrument **1)** appareil électronique *(multimètre, oscilloscope, générateur de signaux, etc.).* **2)** *cf.* electronic musical instrument.

electronic integrated circuit circuit intégré électronique *(circuit intégré monolithique formé d'éléments de circuit électriques ou électroniques) (type classique) (sdpo à « circuit intégré optique ») (cf. aussi* monolithic integrated circuit *et* circuit element).

electronic intelligence **1)** espionnage électronique *(interception des signaux émis par un adversaire en vue de les déchiffrer ou les analyser pour les exploiter) (mil) (cf. aussi* signal[1] *et* encryption). **2)** (le) renseignement électronique *(au sens des « services de renseignement ») (informations tactiques ou autres obtenues par exploitation des signaux interceptés) (mil) (voir aussi 1)).*

electronic intelligence mission mission d'espionnage électronique *(mission confiée à l'équipage d'un aéronef ou d'un navire, militaire ou apparemment civil, équipé de récepteurs d'écoute) (mil) (cf. aussi* electronic intelligence *et* surveillance receiver).

electronic intelligence ship navire espion, navire d'écoute (électronique) *(navire militaire, de type généralement civil, équipé de récepteurs d'écoute) (mar. mil) (cf. aussi* electronic intelligence *et* surveillance receiver).

electronic interference *cf.* electromagnetic interference.

electronic jamming brouillage radioélectrique *(brouillage d'émissions radio ou radar) (mil) (cf. aussi* radio communications jamming, radar jamming *et* jamming).

electronic key touche à effleurement, touche sensible *(cf. aussi* touch key).

electronic keyboard clavier à touches à effleurement, clavier à touches sensibles *(sur un appareil) (cf. aussi* touch key).

electronic locator détecteur de métaux *(cf. aussi* metal detector).

electronic mail courrier électronique *(nom donné à la transmission de documents à partir de la mémoire d'un terminal à écran, immédiatement ou un certain temps après avoir composé le texte sur l'écran à l'aide du clavier et l'avoir éventuellement corrigé ou modifié) (le terminal à écran peut être notamment un terminal vidéotex genre Minitel en France, un micro-ordinateur, un téléimprimeur électronique ou un traiteur de textes) (télinf) (cf. aussi* electronic messaging, display terminal *et* videotex).

electronic mail service service de courrier électronique.

electronic maker *cf.* electronic equipment manufacturer.

electronic manufacturer *cf.* electronic equipment manufacturer.

electronic map carte électronique *(carte du terrain survolé par un aéronef militaire formée sur un écran cathodique ou autre dans l'appareil par un calculateur numérique dont la mémoire contient la représentation du terrain à survoler, et se déroulant sur l'écran au fur et à mesure de la progression de l'aéronef) (cf. aussi* digital computer).

electronic measuring instrument appareil de mesure électronique, appareil électronique *(appareil de mesure comportant au moins un circuit électronique) (voltmètre électronique, multimètre numérique, fréquencemètre, compteur d'impulsions, oscilloscope, etc.) (cf. aussi* measuring instrument *et* electronic circuit).

electronic measuring system chaîne de mesure électronique *(chaîne de mesure comportant au moins un appareil de mesure électronique) (cf. aussi* data acquisition system *et* electronic measuring instrument).

electronic megaphone mégaphone, porte-voix électronique *(porte-voix composé d'un haut-parleur à pavillon à microphone et amplificateur incorporé avec alimentation par batterie incorporée ou par le secteur) (cf. aussi* horn loudspeaker).

electronic memory mémoire électronique *(tg) (mémoire à semiconducteur ou à tube cathodique) (sdpo à « mémoire magnétique » et « mémoire optique ») (inf) (cf. aussi* semiconductor memory, storage tube *et* memory).

electronic message message électronique *(message transmis par courrier électronique) (cf. aussi* electronic mail).

electronic messaging (la) messagerie électronique *(aussi au pluriel) (courrier électronique dans lequel les messages ou documents sont reçus dans une « boîte à lettres » constituée par une zone réservée dans la mémoire d'un ordinateur central et consultée à distance par le ou les destinataires au moyen d'un terminal à écran et d'un code d'accès, avec impression éventuelle des informations par une imprimante) (noter que la messagerie électronique n'est qu'un cas particulier du courrier électronique et que la « boîte à lettres » est en fait l'équivalent d'une boîte postale) (télinf) (cf. aussi* electronic mail).

electronic microphone microphone électronique *(microphone formé essentiellement d'un tube électronique triode spécial dans lequel les vibrations de la grille produites par les ondes sonores modulent le flux d'électrons au rythme de celles-ci) (cf. aussi* microphone).

electronic module module électronique *(module contenant au moins un circuit électronique) (cas le plus fréquent d'un module en électronique) (cf. aussi* module (a) *et* electronic circuit).

electronic monitoring surveillance électronique *(surveillance faisant appel à un ou plusieurs appareils électroniques) (cf. aussi* monitoring *et* electronic instrument 1)).

electronic motor control *cf.* electronic speed control.

electronic music musique électronique *(musique produite par un instrument de musique électronique) (cf. aussi* electronic musical instrument).

electronic musical instrument instrument de musique électronique, instrument électronique *(instrument de musique dans lequel les sons émis par un ou plusieurs haut-parleurs sont obtenus par combinaison de fréquences sélectionnés par des filtres passe-bande parmi les harmoniques obtenus à partir du signal fourni par un oscillateur) (orgue électronique, etc.) (cf. aussi* band-pass filter *et* harmonic).

electronic navigation navigation électronique *(navigation faisant appel à des appareils électroniques ou assimilés) (comprend la radionavigation, la navigation inertielle et la navigation astronomique) (avia, mar, espace) (cf. aussi* radio navigation, inertial navigation *et* celestial navigation).

electronic news gathering reportage avec caméra vidéo *(reportage sonore et visuel enregistré directement sur bande magnétique à l'aide d'une caméra vidéo) (cf. aussi* video camera).

electronic newspaper journal électronique *(nom donné aux informations quotidiennes ou plus fréquentes présentées sur l'écran d'un terminal vidéotex) (télinf) (cf. aussi* videotex).

electronic order of battle ordre de bataille électronique *(nombre, types et répartition des moyens de guerre électronique d'un belligérant) (mil) (cf. aussi* electronic warfare).

electronic PABX *cf.* electronic private automatic branch exchange.

electronic package équipement électronique *(ensemble du matériel électronique utilisé dans un lieu déterminé et notamment monté à bord d'un mobile) (aéronef, satellite, etc.) (cf. aussi* electronic equipment).

electronic packaging *cf.* electronic component packaging.

electronic part *cf.* electronic component.

electronic PBX *cf.* electronic private branch exchange.

electronic pen crayon électronique *(inf) (cf. aussi* light pen).

electronic power conditioner *cf.* electronic power supply.

electronic power supply alimentation régulée *(cf. aussi* regulated power supply).

electronic private automatic branch exchange *cf.* electronic private branch exchange *(un central électronique étant implicitement automatique).*

electronic private branch exchange central d'abonné électro-

nique, central électronique d'abonné *(suivant le contexte) (tél) (cf. aussi* electronic telephone exchange *et* private branch exchange).

electronic publishing (l')édition électronique, (l')édition personnelle, (la) micro-édition *(rédaction de textes, notamment d'articles de revues ou d'ouvrages, sur l'écran d'un micro-ordinateur à l'aide d'un programme de traitement de texte avec mise en page plus ou moins complexe et incorporation éventuelle d'illustrations numérisées ou réservation des emplacements correspondants, éventuellement à l'aide d'un programme spécialisé appelé « logiciel de mise en page », et impression du texte par imprimante laser ou équivalente, le document obtenu étant reproduit de la même façon dans le cas de quelques centaines d'exemplaires au maximum ou servant de point de départ pour impression classique sur rotative au-delà de ce chiffre) (inf) (cf. aussi* word processing program *et* laser printer).

electronic rack bâti électronique, bâti à châssis électroniques, casier *(idem) (cf. aussi* rack 1)).

electronic range four à micro-ondes *(cf. aussi* microwave oven).

electronic raster *cf.* electron-beam raster.

electronic raster scanning *cf.* electron-beam raster scanning.

electronic reconnaissance reconnaissance électronique (a) *reconnaissance aérienne ayant pour but la détection et la localisation des émetteurs radar et radio de l'adversaire et la détermination des caractéristiques de leurs émissions) (mil) (cf. aussi* electronic surveillance) ; (b) *reconnaissance aérienne avec utilisation d'une caméra de télévision en lumière visible ou infrarouge ou d'un radar cartographique) (mil) (cf. aussi* infrared television camera *et* ground mapping radar).

electronic rectifier redresseur électronique *(tube électronique redresseur, redresseur sec ou diode à semiconducteur de redressement) (sdpo à « redresseur à vibreur ») (cf. aussi* rectifier).

electronic regulator régulateur électronique *(régulateur utilisant des circuits électroniques pour remplir sa fonction) (cf. aussi* regulator *et* electronic circuit).

electronic relay relais électronique *(cf. aussi* static relay).

electronic reverberator chambre d'écho artificielle *(dispositif à lignes à retard remplaçant une chambre d'écho) (prise de son) (cf. aussi* echo chamber *et* delay line).

electronic scan *cf.* electronic scanning 1).

electronic scanner scrutateur électronique, commutateur cyclique électronique *(scrutateur utilisant des circuits électroniques pour remplir sa fonction) (cas général) (cf. aussi* scanner 2) *et* electronic circuit).

electronic scanning 1) balayage électronique (a) *balayage par un faisceau d'électrons) (tube cath, etc.) (en télévision, se dit par opposition à « balayage mécanique ») (cf. aussi* electron-beam scanning *et* electronic scanning television) ; (b) *balayage par déphasage variable) (antenne de radar à balayage électronique ou de radiogoniomètre) (cf. aussi* phased-array radar). 2) scrutation électronique, commutation cyclique électronique *(scrutation de voies effectuée par un scrutateur électronique) (mesure centralisée, etc.) (cf. aussi* scanner 2)).

electronic scanning aerial *cf.* electronic scanning antenna.

electronic scanning antenna antenne à balayage électronique *(radar) (cf. aussi* phased-array antenna *et noter toutefois que le premier terme est appelé à remplacer le premier).*

electronic scanning radar radar à balayage électronique *(cf. aussi* phased-array radar).

electronic scanning television télévision à balayage électronique, télévision électronique *(cas général) (sdpo à « télévision à balayage mécanique ») (cf. aussi* television scanning).

electronic section partie électronique *(partie d'un appareil ou autre matériel formée de circuits électroniques) (cf. aussi* electronic circuit et, *à titre d'information,* electronics section 1)).

electronic set 1) poste *(de radio, télévision, téléphone électronique, etc.).* 2) *cf.* electronic instrument 1).

electronic shell *cf.* electron shell.

electronic signal monitoring écoute des émissions, écoute des transmissions radioélectriques, écoute, surveillance électronique *(écoute des émissions radio et radar à l'aide de récepteurs d'écoute dans une zone d'opérations militaires en vue d'intercepter les signaux émis par l'adversaire (cf. aussi* surveillance receiver).

electronic signal processing traitement électronique des signaux *(clpf) (sdpo à « traitement optique des signaux »)* (cf. *aussi* signal processing).

electronic signature empreinte électronique *(cf. aussi* signature 1)).

electronic silence silence radioélectrique *(interruption voulue de toute émission de signaux radioélectriques pour éviter leur interception et exploitation par l'adversaire ou l'autodirecteur de certains de ses engins) (silence radio et radar) (mil)* (cf. *aussi* radio silence, radar silence, emission control *et* signal interception).

electronic speech synthesis synthèse électronique de la parole *(phonateur)* (cf. *aussi* speech synthesis).

electronic speed control régulation électronique de la vitesse *(moteur à courant continu) (tourne-disque, etc.)*.

electronic speed controller régulateur de vitesse électronique *(cf. aussi* electronic speed control).

electronic state état d'énergie des électrons *(atome)* (cf. *aussi* energy state).

electronic storage **1)** mémorisation électronique, mémorisation dans une mémoire électronique *(cf. aussi* electronic memory). **2)** cf. electronic memory).

electronic store cf. electronic memory.

electronic structure structure électronique *(d'un atome) (nombre de couches électroniques d'un atome d'un corps déterminé et nombre d'électrons dans chacune d'elles)* (cf. *aussi* electron shell).

electronic support measures écoute des émissions *(mil)* (cf. *aussi* electronic signal monitoring).

electronic surveillance surveillance électronique *(mil)* (cf. *aussi* electronic signal monitoring).

electronic surveillance device dispositif de surveillance électronique *(autre nom, très général, des récepteurs d'écoute) (mil)* (cf. *aussi* surveillance receiver).

electronic switch **1)** interrupteur électronique *(nom parfois donné à un dispositif de commutation électronique)* (cf. *aussi* switching device). **2)** commutateur électronique *(commutateur cyclique électronique ou commutateur téléphonique électronique)* (cf. *aussi* electronic scanner *et* electronic telephone switch).

electronic switching commutation électronique *(commutation par un ou plusieurs transistors de commutation, thyristors ou triacs ou, plus rarement, tubes électroniques) (tél, etc.)* (cf. *aussi* electronic telephone switching *et* switching).

electronic switching network réseau de connexion électronique *(réseau de connexion utilisant des points de connexion électroniques) (autocommutateur)* (cf. *aussi* switching network *et* electronic crosspoint).

electronic switching system cf. electronic telephone switching system.

electronic system système électronique *(système utilisant des circuits électroniques) (ce terme désigne notamment un système de commutation téléphonique électronique)* (cf. *aussi* electronic circuit, electronic telephone switching system *et* system).

electronic tachometer tachymètre électronique, compte-tours électronique, indicateur de vitesse de rotation électronique *(compte-tours dont l'indication est proportionnelle au nombre d'impulsions par unité de temps émises par un capteur associé à l'arbre dont la vitesse de rotation est mesurée) (utilise un convertisseur fréquence/tension dont la tension de sortie commande la rotation de l'aiguille indicatrice, ou un compteur d'impulsions à affichage numérique) (auto., etc.)* (cf. *aussi* sensor *et* frequency-to-voltage converter).

electronic target cf. target (b).

electronic technology cf. electronic engineering.

electronic telephone (le) téléphone électronique *(cf. aussi* digital telephone).

electronic telephone exchange central téléphonique électronique, central électronique *(central téléphonique utilisant un autocommutateur électronique)* (cf. *aussi* electronic telephone switch *et* telephone exchange).

electronic telephone set poste téléphonique électronique *(cf. aussi* digital telephone set).

electronic telephone switch autocommutateur téléphonique électronique, autocommutateur électronique *(autocommutateur téléphonique utilisant des points de connexion électroniques) (ces termes désignent souvent un autocommutateur temporel)* (cf. *aussi* electronic crosspoint *et* telephone switch).

electronic telephone switching (la) commutation téléphonique électronique, (la) commutation électronique *(commutation téléphonique utilisant un autocommutateur électronique)* (cf. *aussi* electronic telephone switch *et* telephone switching).

electronic telephone switching system système de commutation (téléphonique) électronique *(cf. aussi* telephone switching system *et* electronic telephone switching).

electronic television cf. electronic scanning television.

electronic test pattern mire électronique *(mire produite par un générateur de mire) (TV)* (cf. *aussi* test pattern (a)).

electronic threat menace électronique *(mil)* (cf. *aussi* threat).

electronic time-division switching system système de commutation électronique temporelle, système de commutation numérique *(tél)* (cf. *aussi* electronic telephone switching system *et* time-division switching).

electronic timer minuterie électronique, *(etc.) (minuterie comprenant essentiellement une chaîne de bascules)* (cf. *aussi* timer 1) *et* flip-flop).

electronic translator dictionnaire électronique *(appareil à microprocesseur affichant ou prononçant dans la langue-cible les mots introduits au clavier dans la langue de départ, ce dans les limites du vocabulaire contenu dans la mémoire de l'appareil)* (cf. *aussi* machine translation *et* microprocessor).

electronic tube cf. electron tube.

electronic tunability possibilités d'accord électronique *(parf. au singulier), (parf.)* accord électronique, *(parf.)* aptitude à l'accord électronique *(cf. aussi* electronic tuning).

electronic tuning accord électronique, réglage électronique de l'accord *(ou de la fréquence d'accord) (accord d'un oscillateur commandé en tension) (est en fait un accord électrique)* (cf. *aussi* voltage-controlled oscillator *et* tuning).

electronic tuning range plage d'accord électronique, *(etc.) (oscillateur variable)* (cf. *aussi* electronic tuning *et* tuning range).

electronic tuning sensitivity sensibilité de l'accord électronique, *(etc.) (oscillateur variable)* (cf. *aussi* electronic tuning).

electronic valve tube électronique *(cf. aussi* electron tube).

electronic video recording enregistrement photoélectronique, procédé EVR *(procédé d'enregistrement électronique d'images sur film photosensible avec reproduction des images à l'aide d'un magnétoscope spécial à lecture seule) (vidéo, TV)* (cf. *aussi* video tape recorder).

electronic viewfinder viseur électronique, viseur à tube cathodique *(viseur de caméra de télévision ou de caméra vidéo formé d'un petit tube-image disposé au-dessus de la caméra)* (cf. *aussi* picture tube).

electronic voltmeter voltmètre électronique *(voltmètre analogique dans lequel la tension à mesurer peut être amplifiée avant d'être appliquée au galvanomètre) (l'amplification est assurée par des tubes électroniques ou, plus récemment, par des transistors à effet de champ) (est caractérisé par une grande impédance d'entrée, donc une très faible consommation et, par suite, une influence négligeable sur la tension mesurée) (le terme « voltmètre électronique » ayant été forgé avant l'apparition des appareils de mesure numériques, il sous-entend généralement un appareil analogique, mais un voltmètre numérique est également électronique)* (cf. *aussi* analog voltmeter, vacuum-tube voltmeter *et* input impedance).

electronic warfare (la) guerre électronique, (la) guerre des ondes *(domaine d'activité militaire en temps de guerre impliquant l'emploi intensif de moyens électroniques ou assimilés : radio, radar, radioguidage, laser, dispositifs infrarouges, télévision, sonar, etc.)* (cf. *aussi* electro-optical warfare, acoustic warfare, electronic countermeasures *et* electronic counter-countermeasures).

electronic warfare aircraft avion de guerre électronique *(avion militaire équipé d'un brouilleur à longue portée, notamment pour l'escorte, ou d'un récepteur d'écoute ou, par extension, avion d'alerte lointaine) (noter que le terme anglais s'applique rarement à un hélicoptère) (mil) (cf. aussi* stand-off jammer, surveillance receiver, escort jamming *et* AWACS).

electronic warfare campaing campagne de guerre électronique *(ensemble d'activités de guerre électronique accompagnant des opérations militaires) (cf. aussi* electronic warfare equipment).

electronic warfare capability possibilités de guerre électronique *(parfois au singulier) (caractéristique d'un avion, navire, etc. équipé de brouilleurs, détecteurs de radar, récepteurs d'écoute, lance-leurres, etc. ou nombre, diversité et performances de ceux-ci) (mil) (cf. aussi* electronic warfare *et* capability).

electronic warfare community (la) communauté de la guerre électronique *(ensemble des personnes s'occupant de guerre électronique ou de matériel de guerre électronique dans une zone géographique ou politique déterminée) (mil, etc.) (cf. aussi* electronic warfare).

electronic warfare company société de construction de matériel de guerre électronique *(cf. aussi* electronic warfare equipment).

electronic warfare conference conférence sur la guerre électronique *(mil, etc.) (cf. aussi* electronic warfare).

electronic warfare environment ambiance de la guerre électronique *(parf.* de guerre électronique) *(ambiance électromagnétique particulière résultant notamment d'un grand nombre d'émissions de radars et de brouilleurs) (mil) (cf. aussi* electromagnetic environment, radar *et* jammer).

electronic warfare environment simulator *cf.* electronic warfare simulator.

electronic warfare equipment matériel de guerre électronique *(récepteurs d'écoute, radiogoniomètres et matériel de contre-mesures) (mil) (cf. aussi* surveillance receiver, electronic warfare *et* ECM equipment).

electronic warfare equipment designer concepteur de matériel de guerre électronique *(cf. aussi* electronic warfare equipment).

electronic warfare equipment maker *cf.* electronic warfare equipment manufacturer.

electronic warfare equipment manufacturer constructeur de matériel de guerre électronique *(cf. aussi* electronic warfare equipment).

electronic warfare expert (grand) spécialiste de la guerre électronique *(cf. aussi* electronic warfare specialist).

electronic warfare industry industrie du matériel de guerre électronique *(cf. aussi* electronic warfare equipment).

electronic warfare market marché de la guerre électronique *(marché du matériel de guerre électronique) (mil, etc.) (cf. aussi* electronic warfare equipment).

electronic warfare mission mission de guerre électronique *(mission de reconnaissance électronique ou de contre-mesures) (avia. mil) (cf. aussi* electronic warfare, electronic reconnaissance *et* electronic countermeasures).

electronic warfare officer *cf.* electronic warfare operator.

electronic warfare operator opérateur de guerre électronique *(opérateur d'un brouilleur, récepteur d'écoute, radar ou sonar militaire) (cf. aussi* electronic warfare).

electronic warfare payload charge de guerre électronique *(charge d'un aéronef militaire ou autre mobile constituée par un équipement de guerre électronique) (noter que ce terme désigne parfois une nacelle de contre-mesures) (mil) (cf. aussi* electronic warfare suite *et* ECM pod).

electronic warfare receiver récepteur d'écoute *(mil) (cf. aussi* electronic warfare *et* surveillance receiver).

electronic warfare sales ventes de matériel de guerre électronique *(cf. aussi* electronic warfare equipment).

electronic warfare simulation simulation de guerre électronique *(parf.* de la ...) *(simulation de l'ambiance de la guerre électronique) (mil) (cf. aussi* electronic warfare simulator).

electronic warfare simulation system *cf.* electronic warfare simulator.

electronic warfare simulator simulateur de guerre électronique *(appareil simulant notamment l'émission de signaux radar et de brouillage hostiles pour l'entraînement des opérateurs militaires) (cf. aussi* electronic warfare).

electronic warfare specialist spécialiste de la guerre électronique *(concepteur de matériel électronique, utilisateur, réparateur ou vendeur d'un tel matériel) (l'utilisateur, notamment, est un officier ou un sous-officier des Transmissions) (mil, etc.) (cf. aussi* electronic warfare expert *et* electronic warfare equipment).

electronic warfare suite équipement de guerre électronique, panoplie de guerre électronique *(ensemble du matériel de guerre électronique monté sur un avion, navire ou autre cible militaire) (ces termes désignent souvent un système d'autoprotection) (cf. aussi* electronic warfare equipment *et* self-protection system).

electronic warfare symposium *cf.* electronic warfare conference.

electronic warfare technology (la) technique de la guerre électronique *(au sens du terme anglais, technique du matériel de guerre électronique) (mil, etc.) (cf. aussi* electronic warfare equipment *et* technology).

electronic warfare trainee stagiaire en guerre électronique *(mil, etc.) (cf. aussi* electronic warfare simulator).

electronic warfare trainer *cf.* electronic warfare simulator.

electronic warfare training entraînement à la guerre électronique *(formation des opérateurs militaires sur simulateur ou dans les conditions réelles) (cf. aussi* electronic warfare simulator).

electronic watch montre électronique *(cf. aussi* quartz watch).

electronic weapon engin guidé *(mil) (cf. aussi* guided weapon).

electronically *adv* électroniquement, par un moyen électronique *(obtention d'un résultat), (parf.)* du point de vue électronique, au *(idem)*.

electronically advanced évolué du point de vue électronique *(matériel comportant une partie électronique)*.

electronically agile radar radar à balayage électronique *(cf. aussi* phased-array radar).

electronically controllable *cf.* electronically controlled.

electronically controlled à commande électronique, commandé électroniquement *(cf. aussi* electronic control).

electronically controlled surveillance receiver récepteur d'écoute à accord automatique *(mil) (cf. aussi* surveillance receiver).

electronically controlled weapon arme à commande électronique *(canon à radar de tir, engin autoguidé, etc.) (mil) (cf. aussi* electronic control, fire-control radar *et* homing weapon).

electronically deficient atom atome ionisé positivement *(cf. aussi* ionized atom).

electronically guided missile missile à autodirecteur radar *(mil) (cf. aussi* radar-guided missile).

electronically guided weapon *cf.* electronically guided missile.

electronically scannable ... *cf.* electronically scanned ...

electronically scanned aerial *cf.* electronically scanned antenna.

electronically scanned antenna antenne à balayage électronique *(radar) (cf. aussi* phased-array antenna).

electronically scanned beam faisceau à balayage électronique *(faisceau d'ondes radioélectriques émis par une antenne à balayage électronique) (radar) (cf. aussi* phased-array antenna).

electronically scanned fan beam faisceau en éventail à balayage électronique *(faisceau d'ondes radioélectriques émis par un radar d'atterrissage guidé équipé d'une antenne à balayage électronique) (avia) (cf. aussi* phased-array radar).

electronically scanned radar radar à balayage électronique *(cf. aussi* phased-array radar).

electronically steerable ... *cf.* electronically scanned ...

electronically tunable ... *cf.* electronically tuned ...

electronically tuned bandpass filter *cf.* electronically tuned filter.

electronically tuned filter filtre à accord électronique, filtre accordé électroniquement *(ou* accordable …) *(filtre à bande étroite accordé par une diode varicap) (cf. aussi* narrow-band filter *et* electronic tuning).

electronically tuned oscillator oscillateur à accord électronique, oscillateur accordé électroniquement *(ou* accordable …) *(cf. aussi* electronic tuning).

electronically tuned narrow-band filter filtre à bande étroite à accord électronique, *(etc.) (cf. aussi* electronically-tuned filter).

electronics[1] *s* (l')électronique *sf* (a) *branche de la physique traitant du mouvement des électrons et des ions dans le vide, dans les gaz et dans les semiconducteurs et des phénomènes de conduction électrique qui en résultent) (cf. aussi* electron, ion, semiconductor *et* electrical conduction) ; (b) *technique couvrant les applications de cette science et activités qui s'y rattachent) (c'est cette acception qui est la plus fréquente) (cf. aussi* electronic engineering *et* advanced electronics) ; (c) *ensemble de circuits électroniques remplissant une ou plusieurs fonctions déterminées dans un appareil ou autre matériel) (cf. aussi* electronic circuit *et* integrated electronics).

electronics[2] *a* relatif à l'électronique *(voir rubriques ci-après) (cf. aussi* electronics[1] (a) *et* (b)).

electronics applications applications de l'électronique *(cf. aussi* electronics[1] (b) *et* applications).

electronics area *cf.* electronics field.

electronics bay compartiment d'électronique *(compartiment dans lequel est monté du matériel électronique dans un avion ou autre mobile) (ne pas employer « baie d'électronique ») (cf. aussi* avionics bay).

electronics business *cf.* electronics field.

electronics community (la) communauté électronique *(ensemble des personnes s'occupant d'électronique dans une zone géographique ou politique déterminée)*.

electronics committee comité d'électronqiue *(comité d'un organisme chargé d'étudier les activités de cet organisme relatives à l'électronique)*.

electronics company société de constructions électroniques, société d'électronique.

electronics consultant ingénieur-conseil en électronique, consultant en électronique *(le second terme, qui est un anglicisme, est le plus employé)*.

electronics course cours d'électronique *(enseignement)*.

electronics department service d'électronique, service électronique *(d'une société industrielle)*.

electronics designer concepteur de matériel électronique *(ingénieur électronicien ou agent technique de haut niveau)*.

electronics engineer ingénieur en électronique, ingénieur électronicien.

electronics expert (grand) spécialiste en électronique *(ou de* l'électronique) *(cf. aussi* electronics specialist).

electronics expertise compétence en électronique.

electronics field (le) domaine de l'électronique *(domaine d'activité scientifique, industrielle, commerciale, didactique ou autre) (cf. aussi* electronics[1] (a) *et* (b)).

electronics firm *cf.* electronics company.

electronics house *cf.* electronics company.

electronics industry industrie de l'électronique, industrie électronique.

electronics integration *cf.* electronic-circuit integration.

electronics journal revue d'électronique (de haut niveau) *(revue telle que les « IEEE-Transactions », « L'onde électrique », « L'écho des recherches », etc.) (ne pas employer « journal d'électronique ») (cf. aussi* electronics magazine).

electronics lab *cf.* electronics laboratory.

electronics laboratory laboratoire d'électronique.

electronics magazine revue d'électronique (d'intérêt général) *(revue telle que « Electronics », « Electronic Design », « Spectrum », « Electronic Engineering », « Toute l'électronique », etc.) (ne pas employer « magazine d'électronique ») (cf. aussi* electronics journal).

electronics maker *cf.* electronic equipment manufacturer.

electronics manufacturer *cf.* electronic equipment manufacturer.

electronics package *cf.* electronic section.

electronics publication (une) publication d'électronique *(cf. aussi* electronics journal *et* electronics magazine).

electronics revolution (la) révolution de l'électronique *(révolution industrielle, sociale et militaire due notamment à la commande automatique électronique, à la radiodiffusion sonore et visuelle, au radar et au radioguidage, respectivement)*.

electronics section **1)** section d'électronique, section « électronique », section électronique *(partie d'une école ou autre établissement ou organisme, dont les activités sont relatives à l'électronique) (cf. aussi* electonics[1] (a) *et* (b)). **2)** *cf.* electronic section.

electronics serviceman dépanneur électronicien *(dépanneur radio, télévision, radar, sonar ou informatique)*.

electronics specialist spécialiste de l'électronique *(ou en électronique) (ingénieur en électronique ou autre personne qualifiée). (cf. aussi* electronics[1] (a) *et* (b)).

electronics student étudiant en électronique *(enseignement)*.

electronics technician technicien en électronique *(terme désignant généralement un agent technique électronicien, mais pouvant aussi s'appliquer à un ingénieur électronicien)*.

electronics technology *cf.* electronic engineering *(cf. aussi* technology).

electronics trainee stagiaire en électronique *(enseignement)*.

electronics training formation en électronique *(études effectuées ou niveau de connaissances possédé)*.

electrooptic *cf.* electro-optical *(ci-après) (de même pour les termes dérivés)*.

electrooptical *cf.* electro-optical. *(ci-après) (de même pour les termes dérivés)*.

electro-optical *a* électro-optique *a (caractéristique de ce qui est relatif à l'électro-optique ou en constitue une application) (noter que le qualificatif « electro-optical » (ou « electro-optic ») est souvent employé incorrectement en anglais à la place de « optoelectronic » ou de « optical » et même de « photoelectric » ou « photosensitive ») (ces abus de langage sont signalés par un astérisque dans les rubriques qui suivent) (cf. aussi* electro-optics).

electro-optical* channel voie optique *(voie d'un multiplex transmis par fibre optique) (tls) (cf. aussi* electro-optical, multiplex[1] *et* optical fiber).

electro-optical* component *cf.* optoelectronic component.

electro-optical* countermeasures contre-mesures optiques *(ou* optoélectroniques) *(contre-mesures destinées à empêcher l'autodirecteur des engins à guidage optique de l'adversaire de remplir sa fonction) (terme générique couvrant les contre-mesures laser et les contre-mesures infrarouge) (cf. aussi* electro-optical, laser countermeasures, infrared countermeasures, homing head, optical guidance *et* countermeasures).

electro-optical* detector détecteur photosensible *(cf. aussi* electro-optical *et* photodetector).

electro-optical effect effet électro-optique *(modification d'une propriété optique d'un corps sous l'action d'un champ électrique) (cf. aussi* Destriau effect, Franz-Keldysh effect, Kerr effect, Pockel's effect, Stark effect *et* electro-optics).

electro-optical* EW *cf.* electro-optical warfare. *(cf. aussi* electro-optical *et* electronic warfare).

electro-optical* guidance guidage optique *(mil, etc.) (cf. aussi* electro-optical *et* optical guidance).

electro-optical* jamming brouillage optique *(mil) (cf. aussi* electro-optical *et* optical jamming).

electro-optical* missile *cf.* electro-optically guided missile.

electro-optical modulator modulateur électro-optique *(dispositif optique dans lequel la propagation de la lumière peut être modifiée par l'application d'un champ électrique) (cellule de Kerr ou cellule de Pockel employée comme modulateur de lumière) (cf. aussi* Kerr cell *et* Pockel cell).

electro-optical* seeker autodirecteur optique *(mil) (cf. aussi* electro-optical *et* optical seeker).

electro-optical* seeking head *cf.* electro-optical seeker.

electro-optical* sensor capteur optique *(au sens du terme anglais, organe détecteur d'un autodirecteur optique constitué par un capteur sensible à un rayonnement optique) (détecteur laser ou infrarouge ou caméra de télévision classique ou infrarouge) (mil) (cf. aussi* electro-optical, electro-optical seeker *et* homing head).

electro-optical shutter obturateur électro-optique *(cellule de Kerr ou de Pockel employée comme obturateur de lumière) (cf. aussi* Kerr cell, Pockel cell *et* electro-optics).

electro-optical signal processing traitement optique des signaux *(cf. aussi* optical signal processing).

electro-optical* substrate *cf.* electro-optical *et* optical substrate).

electro-optical* warfare guerre optoélectronique, guerre optique *(partie de la guerre électronique utilisant des moyens optoélectroniques ou purement optiques : marqueurs laser, autodirecteurs laser, détecteurs infrarouges, caméras infrarouges, projecteurs infrarouges, leurres infrarouges, caméras de télévision classique, etc.) (mil) (cf. aussi* electronic warfare).

electro-optical* waveguide *cf.* electro-optical *et* optical waveguide.

electro-optical* weapon *cf.* electro-optical *et* optically guided weapon.

electro optically-guided* ... *cf.* electro-optical *et* optically guided ...

electro-optics (l')électro-optique *sf (branche de la physique traitant de l'action d'un champ électrique sur les propriétés optiques d'un corps et technique couvrant les applications correspondantes) (le terme « électro-optique » ne doit être employé qu'au sens de cette définition et ne doit pas être utilisé comme synonyme de « optoélectronique », ce dernier terme ayant un sens différent) (cf. aussi* electro-optical, electro-optical effect *et* optoelectronics).

electro-optics* engineer ingénieur en optoélectronique, ingénieur optoélectronicien.

electro-optics expert (grand) spécialiste en optoélectronique *(parf.* en electro-optique).

electro-optics* technologist *cf.* electro-optics engineer.

electrophoresis électrophorèse *(déplacement de particules en suspension dans un liquide sous l'action d'un champ électrique) (est obtenue par application d'une tension entre deux électrodes situées de part et d'autre d'une suspension colloïdale appropriée) (phénomène appliqué entre autres à un type d'afficheur) (cf. aussi* electrophoretic display).

electrophoretic display 1) affichage par électrophorèse *(voir ci-après).* 2) afficheur électrophorétique, afficheur à électrophorèse *(afficheur passif dans lequel des particules de colorant en suspension dans un liquide se rassemblent derrière les électrodes excitées pour former des signes graphiques en devenant visibles) (a une structure analogue à celle d'un afficheur à cristaux liquides) (cf. aussi* electrophoresis *et* passive display).

electrophoretic technology *cf.* electrophoretics. *(cf. aussi* technology).

electrophoretics (l')électrophorétique *sf (technique de l'affichage par électrophorèse) (cf. aussi* electrophoretic display).

electrophorus électrophore *(générateur électrostatique le plus ancien et le plus simple) (est formé d'un disque de parafine contenu dans une boîte métallique cylindrique reliée à la terre et comportant une tige centrale dépassant légèrement de la parafine, et d'un disque métallique de même diamètre que la boîte et muni d'une poignée isolante) (après avoir chargé négativement la parafine par frottement, on pose le disque sur l'extrémité de la tige et celui-ci se charge positivement par influence; il peut ensuite être déchargé sur un corps approprié et l'opération recommencée jusqu'à ce que le corps ait acquis la charge électrique désirée) (cf. aussi* electrostatic generator).

electrophotography électrophotographie *(photographie ou radiographie faisant appel à des charges électriques pour fournir une image quasi-instantanément, sans développement photographique) (cf. aussi* xerography, xeroradiography *et* electric charge).

electroplated plaqué (par galvanoplastie *ou* par électrodéposition) *(objet métallique) (cf. aussi* electrodeposition).

electroplating *cf.* electrodeposition.

electroplotter traceur de courbes *(cf. aussi* X-Y recorder).

electropositive element élément électropositif *(élément chimique dont les atomes peuvent perdre des électrons au cours de l'électrolyse, les ions qu'ils forment alors étant des cations) (cf. aussi* electron *et* electrolysis).

electropositivity électropositivité *(propriété d'un élément électropositif, c.-à-d. tendance de celui-ci à perdre des électrons dans l'électrolyse) (cf. aussi* electropositive element).

electroscope électroscope *(appareil permettant de mettre en évidence la présence d'une charge électrique, même très faible, sur un corps et de déterminer sa polarité) (est fondé sur l'action mécanique réciproque des charges électriques, c.-à-d. sur l'effet des forces électrostatiques) (l'électroscope le plus simple est formé d'une boule de sureau pendue à un fil) (cf. aussi* gold-leaf electroscope, electrometer *et* electrostatic force).

electrosensitive paper papier électrosensible *(papier d'enregistrement noircissant sous l'action d'une tension appliquée entre ses deux faces).*

electrosensitive recording enregistrement sur papier électrosensible *(cf. aussi* electrosensitive paper).

electrostatic *a* électrostatique *a (caractéristique de ce qui est relatif à l'électrostatique ou en constitue une application) (cf. aussi* electrostatics).

electrostatic accelerator *cf.* electrostatic generator.

electrostatic attraction attraction électrostatique *(cf. aussi* electrostatic force).

electrostatic cathode-ray tube tube cathodique à déviation électrostatique *(tube d'oscilloscope, etc.) (cf. aussi* electrostatic deflection).

electrostatic charge charge électrostatique *(cf. aussi* static electric charge).

electrostatic charging accumulation d'une charge électrostatique *(cf. aussi* static electric charge).

electrostatic CRT *cf.* electrostatic cathode-ray tube.

electrostatic CRT display présentation sur tube électrostatique, *(etc.) (présentation d'informations sur l'écran d'un tube cathodique à déviation électrostatique) (cf. aussi* display[1] 1) *et* electrostatic cathode-ray tube).

electrostatic deflection déviation électrostatique *(déviation d'un faisceau d'électrons par deux champs électriques orthogonaux) (ce terme s'applique notamment au faisceau d'un tube cathodique d'oscilloscope) (cf. aussi* deflection electrode, deflection *et* electric field).

electrostatic discharge *cf.* electric discharge.

electrostatic-discharge gate-oxide protection network circuit de protection de l'oxyde de la grille contre les décharges électriques *(transistor MOS) (cf. aussi* gate oxide *et* electric discharge).

electrostatic display *cf.* electrostatic CRT display.

electrostatic display tube *cf.* electrostatic cathode-ray tube.

electrostatic electron microscope microscope électronique à focalisation électrostatique *(cf. aussi* electrostatic focusing *et* electron microscope).

electrostatic energy énergie électrostatique *(cf. aussi* electrical energy (a)).

electrostatic field champ électrostatique *(champ électrique créé par une charge au repos) (cf. aussi* electric field *et* static charge).

electrostatic focusing concentration électrostatique, focalisation électrostatique *(concentration d'un faisceau d'électrons par une lentille électrostatique) (tube cathodique, microscope électronique, etc.) (cf. aussi* electrostatic lens *et* electron-beam focusing).

electrostatic force force électrostatique *(force exercée par une charge électrique au repos sur une autre charge au repos ou en mouvement) (est une force d'attraction si les deux charges sont de signes opposés ou une force de répulsion si elles sont de même signe) (cf. aussi* static charge *et* electric force).

electrostatic generator générateur électrostatique *(dispositif ou machine permettant d'accumuler des charges électriques sur une électrode isolée pour porter celle-ci à une tension très élevée par rapport à une autre électrode) (les charges sont produites par frottement ou par induction électrostatique et sont transportées jusqu'à l'électrode réceptrice par un corps conducteur ou isolant) (cf. aussi* electrophorus, Wimshurst machine, Van de Graaf generator *et* electric charge).

electrostatic gyro *cf.* electrostatically suspended gyroscope.

electrostatic gyroscope *cf.* electrostatically suspended gyroscope.

electrostatic headphone écouteur électrostatique *(écouteur constitué approximativement comme un petit haut-parleur électrostatique) (électroacou) (cf. aussi* electrostatic loudspeaker *et* headphone).

electrostatic hold-down *cf.* electrostatic paper hold-down.

electrostatic hold-down force force de maintien électrostatique (*cf. aussi* electrostatic paper hold-down).

electrostatic image image électrostatique (*cf. aussi* electric image 1)).

electrostatic induction induction électrostatique, électrisation par influence (*création d'une charge électrique sur un corps sous l'action d'une charge électrique portée par un autre corps proche du premier*) (*le signe de la charge induite est l'opposé de celui de la charge inductrice*) (*cf. aussi* electric charge *et* induction (a)).

electrostatic instrument appareil de mesure électrostatique, appareil électrostatique (*appareil de mesure dont le fonctionnement est fondé sur l'utilisation de la force électrostatique qui s'exerce entre deux corps chargés électriquement*) (*électroscope ou électromètre*) (*cf. aussi* electroscope, electrometer *et* electrostatic force).

electrostatic interaction interaction électrostatique (*interaction entre deux charges électriques statiques*) (*donne lieu à l'apparition d'une force électrostatique*) (*ce terme s'applique notamment au constituants du noyau de l'atome*) (*cf. aussi* electrostatic force).

electrostatic interference parasites électrostatiques (*parasites constitués par des charges électrostatiques*) (*cf. aussi* interference 1), static charge *et* electrostatic pick-up).

electrostatic lens lentille électrostatique (*lentille électronique formée d'une électrode tubulaire créant un champ électrique radial agissant sur le faisceau d'électrons passant en son centre*) (*dans un canon à électrons, le wehnelt et l'anode dite « de concentration » forment une lentille électrostatique*) (*cf. aussi* electrostatic focusing, electron lens, electron-beam focusing, electron gun *et* electric field).

electrostatic loudspeaker haut-parleur électrostatique, haut-parleur à condensateur (*haut-parleur dans lequel l'organe convertissant le signal à basse fréquence en vibrations mécaniques est un condensateur à air plan à armatures circulaires*) (*l'une des deux armatures est rigide et l'autre est constituée par une membrane métallique tendue vibrant au rythme du signal à reproduire sous l'action des forces électrostatiques alternées et variables créées entre les armatures par la tension à basse fréquence appliquée à celles-ci*) (*dans ce haut-parleur, en plus de la conversion du signal électrique en vibrations mécaniques, la membrane joue son rôle habituel de convertisseur de vibrations mécaniques en ondes sonores*) (*ce haut-parleur étant excité par une tension à basse fréquence et non par un courant, la tension appliquée aux armatures est fournie par un transformateur élévateur de tension alimenté par le courant à basse fréquence débité par l'amplificateur*) (*est utilisé principalement pour la reproduction des sons aigus*) (*électroacou*) (*cf. aussi* loudspeaker, air capacitor *et* electrostatic force).

electrostatic machine *cf.* electrostatic generator.

electrostatic memory mémoire électrostatique (*mémoire dans laquelle l'information est conservée sous la forme de charges électriques localisées*) (*bien que l'on ne cite généralement que les tubes cathodiques à mémoire comme appartenant à cette catégorie de mémoires, les mémoires à semiconducteur dans lesquelles l'information est conservée dans des condensateurs MOS en font aussi partie*) (*cf. aussi* storage cathode-ray tube, dynamic RAM, EPROM *et* EEPROM).

electrostatic microphone microphone électrostatique, microphone à condensateur (*microphone dans lequel les ondes sonores font vibrer une membrane circulaire tendue formant une des deux armatures d'un condensateur à air plan*) (*le condensateur est monté en série avec une source de courant et une résistance aux bornes de laquelle les variations de tension produites par les variations de capacité du condensateur dues aux vibrations de la membrane représentent le son et sont appliquées à un amplificateur*) (*cf. aussi* air capacitor, electret microphone *et* microphone).

electrostatic microscope *cf.* electrostatic electron microscope.

electrostatic paper hold-down maintien électrostatique du papier (*maintien de la feuille de papier sur le plateau d'un traceur de courbes par la force d'attraction électrostatique d'une charge électrique créée sur le plateau*) (*cf. aussi* X-Y recorder).

electrostatic pick-up captation de parasites électrostatiques (*cf. aussi* electrostatic interference).

electrostatic potential potentiel électrostatique (*potentiel d'une charge électrostatique*) (*nom exact et assez peu employé du potentiel électrique*) (*cf. aussi* electric potential).

electrostatic propulsion propulsion électrostatique (*propulsion électrique dans laquelle les particules éjectées sont des particules chargées électriquement soumises à la force de répulsion d'une forte charge électrique de même signe portée par une électrode de révolution*) (*engin spatial*) (*cf. aussi* electric propulsion).

electrostatic repulsion répulsion électrostatique (*cf. aussi* electrostatic force).

electrostatic scanning balayage par déviation électrostatique (*tube cath*) (*oscillo, etc.*) (*cf. aussi* electrostatic deflection).

electrostatic screen (*GB*) *cf.* electrostatic shield.

electrostatic shield (*USA*) écran électrostatique (*écran pour les champs électrostatiques*) (*feuille ou grille de cuivre entourant un circuit ou un appareil pour le soustraire à l'action des champs électriques extérieurs*) (*exemples : écran entre le primaire et le secondaire d'un transformateur et cage de Faraday*). (*cf. aussi* Faraday shield *et* electric field).

electrostatic shielding blindage électrostatique (*action*), protection contre les champs électrostatiques, emploi d'un écran électrostatique (*cf. aussi* electrostatic shield).

electrostatic speaker *cf.* electrostatic loudspeaker.

electrostatic storage 1) mémorisation électrostatique, mémorisation dans une mémoire électrostatique (*cf. aussi* electrostatic memory). 2) *cf.* electrostatic memory).

electrostatic tube *cf.* electrostatic cathode-ray tube.

electrostatic tweeter haut-parleur d'aigus électrostatique (*électroacou*) (*cf. aussi* electrostatic loudspeaker *et* tweeter).

electrostatic unit unité électrostatique CGS (*unité de mesure du système électrostatique CGS*).

electrostatic voltmeter voltmètre électrostatique (*voltmètre réalisé sous la forme d'un appareil de mesure électrostatique*) (*comprend essentiellement une électrode en forme de palette montée sur pivot et formant l'armature mobile d'un condensateur à air dont l'autre armature est une électrode fixe*) (*la tension continue à mesurer est appliquée entre les deux électrodes; l'angle de rotation de la palette est proportionnel à sa valeur*) (*est utilisé surtout pour mesurer des tensions continues de valeur élevées*) (*est dérivé de l'électromètre à quadrants*) (*cf. aussi* voltmeter, electrostatic instrument, air capacitor *et* quadrant electrometer).

electrostatically *adv* électrostatiquement, par un moyen électrostatique (*obtention d'un résultat*), (*parf.*) du point de vue électrostatique, au (*idem*) (*cf. aussi* electrostatic).

electrostatically deflected cathode-ray tube *cf.* electrostatic cathode-ray tube.

electrostatically deflected CRT *cf.* electrostatic cathode-ray tube.

electrostatically deflected display *cf.* electrostatic CRT display.

electrostatically focused microscope *cf.* electrostatic electron microscope.

electrostatically suspended gyroscope gyroscope à suspension (*ou* lévitation) électrostatique (*avia, espace, etc.*) (*cf. aussi* electrical suspension).

electrostatics (*l'*)électrostatique *sf* (*branche de l'électricité en tant que science, traitant des charges électriques au repos*) (*cf. aussi* static charge *et* electricity).

electrostriction électrostriction (*variation de dimension d'un cristal sous l'action d'un champ électrique*) (*ne dépend pas de la polarité du champ, existe dans tous les cristaux et constitue un effet du second ordre dans les cristaux piézoélectriques, où il s'ajoute à l'effet piézoélectrique inverse*) (*cf. aussi* electric field *et* reverse piezoelectric effect).

electrostriction transducer capteur piézoélectrique (*cf. aussi* piezoelectric transducer).

electrostrictive effect effet d'électrostriction (*cf. aussi* electrostriction).

electrotechnology électricité et électronique (*ne pas employer « électrotechnologie »*) (*le terme « electrotechnology » tente, avec plus ou moins de bonheur, de couvrir deux sciences et* *techniques étroitement apparentées mais néanmoins très différentes) (le seul terme français qui me paraît pouvoir convenir est « électrinique », mais fera-t-il fortune ?).*

electrothermal instrument appareil thermique *(app. mesure) (cf. aussi* thermal instrument).

électrothermal propulsion propulsion électrothermique *(propulsion électrique dans laquelle un gaz léger porté à très haute température dans un arc électrique se détend dans une tuyère propulsive) (engin spatial) (cf. aussi* electric propulsion).

electrovalent bond liaison d'électrovalence, liaison hétéropolaire, liaison ionique *(liaison chimique formée entre deux ions de signes contraires, en l'occurence entre un atome ayant perdu un électron et un atome ayant acquis cet électron) (chimie physique) (cf. aussi* chemical bond *et* ion (a)).

element 1) élément *(partie d'un tout) (cf. aussi* system *et* array). 2) *cf.* circuit element. 3) *cf.* antenna element. 4) élément chimique *(semi, etc.).*

elemental area élément de surface *(très petite partie d'une surface et notamment d'une image de télévision, de radar, de télécopie, etc.) (cf. aussi* pixel).

elemental structure structure élémentaire *(structure d'une cellule de mémoire à semiconducteur ou autre dispositif multiple) (cf. aussi* memory cell *et* semiconductor memory).

elementary charge charge élémentaire, charge électrique élémentaire *(charge de l'électron) (cf. aussi* electron charge).

elementary doublet doublet élémentaire *(antenne) (cf. aussi* unit dipole antenna).

elementary particle particule élémentaire *(particule considérée comme indissociable dans l'état actuel des connaissances sur la matière et le champ électromagnétique) (électron, proton, neutron, photon, etc.) (ces particules considérées comme élémentaires le sont probablement aussi peu que l'atome que l'on croyait indivisible quand on lui a donné son nom qui signifie « insécable » en grec) (voir ces termes) (cf. aussi* particle 2)).

elevated duct couche-piège en altitude *(couche-piège formée entre deux couches de l'atmosphère) (est généralement comprise entre quelques centaines de mètres et 3 km d'altitude, avec un maximum de 6 km) (peut se transformer en couche-piège en surface) (propa) (cf. aussi* duct 1)).

elevation site *(au sens du terme anglais, position angulaire d'un point ou d'un objet dans le plan vertical) (cible radar, etc.) (cf. aussi* angle of elevation).

elevation aerial *cf.* elevation antenna.

elevation angle angle de site *(cf. aussi* angle of elevation).

elevation antenna antenne de guidage en site *(système d'atterrissage guidé) (avia) (cf. aussi* elevation).

elevation aperture ouverture en site *(ouverture d'une antenne de radar de veille dans le plan vertical) (cf. aussi* antenna aperture *et* search radar antenna).

elevation beam pattern *cf.* elevation beam shape.

elevation beam shape forme du faisceau en site *(forme du faisceau d'un radar panoramique ou autre émetteur dans le plan vertical) (détermine la couverture en site) (cf. aussi* cosecant-squared beam *et* elevation coverage).

elevation beam width largeur du faisceau en site *(largeur du faisceau d'un radar panoramique ou autre émetteur dans le plan vertical) (cf. aussi* beam width *et* elevation).

elevation coverage couverture en site *(couverture du faisceau d'un radar panoramique ou autre émetteur dans le plan vertical) (cf. aussi* coverage (a) *et* elevation beam shape).

elevation deviation *cf.* elevation error.

elevation deviation indicator indicateur d'erreur de site *(cf. aussi* elevation error).

elevation display affichage de l'angle de site *(radar) (cf. aussi* elevation angle).

elevation error erreur de site, erreur sur l'angle de site *(différence entre l'angle de site indiqué d'une antenne de radar ou dispositif analogue et l'angle de site de la cible suivie) (cf. aussi* elevation angle).

elevation error signal signal d'erreur en site *(signal électrique représentant l'erreur en site dans un système d'autopoursuite) (radar, etc.) (cf. aussi* elevation error *et* automatic tracking).

elevation indicator indicateur d'angle de site, indicateur de site *(radar) (cf. aussi* elevation angle).

elevation information information de site *(valeur de l'angle de site d'une cible radar ou analogue considérée en tant qu'information) (cf. aussi* elevation angle, altitude information *et* information).

elevation look angle *cf.* elevation angle.

elevation monopulse tracking poursuite mono-impulsion en site *(radar) (cf. aussi* monopulse radar).

elevation-position indicator indicateur de site et de distance *(indicateur radar à présentation du type E) (cf. aussi* E display *et* radar indicator).

elevation rate vitesse de variation du site *(vitesse angulaire de variation du site d'une cible radar ou analogue) (cf. aussi* elevation).

elevation resolution *cf.* altitude resolution. *(le premier terme étant rarement employé).*

elevation scanning balayage en site, exploration en site *(balayage dans le plan vertical, notamment par le faisceau d'un radar) (cf. aussi* scanning (a2) *et* elevation).

elevation tracking poursuite en site *(poursuite angulaire dans le plan vertical) (en d'autres termes, poursuite en altitude d'une cible radar ou analogue) (cf. aussi* angle tracking *et* elevation).

elevation tracking circuits circuits de poursuite en site *(circuits assurant la poursuite en site dans un radar ou autre dispositif fonctionnant en mode d'autopoursuite) (cf. aussi* elevation tracking *et* automatic tracking).

ELF *cf.* extremely low frequency.

ELF ... *cf.* ELF *et* VHF ... *et* adapter. *(pour les termes qui ne figurent pas ci-après).*

ELF band bande des extrêmes basses fréquences, bande ELF, gamme *(idem), (parf.)* gamme des ondes mégamétriques *(radio) (cf. aussi* extremely low frequency).

ELF communications radiocommunications en ondes mégamétriques *(radiocommunications militaires entre un état-major et des sous-marins en plongée) (les ondes mégamétriques peuvent pénétrer profondément dans l'eau) (cf. aussi* ELF wave *et* undersea communications).

ELF frequency band *cf.* ELF band.

ELF transmitting aerial *cf.* ELF transmitting antenna.

ELF transmitting antenna antenne d'émission ELF *(ou en ondes mégamétriques) (antenne d'émission de très très grandes dimensions) (une telle antenne est en projet aux États-Unis pour les liaisons avec les sous-marins lance-missiles en plongée ; elle est formée de deux nappes orthogonales de câbles parallèles enterrés de plusieurs kilomètres de longueur) (radiocom. mil) (cf. aussi* transmitting antenna 1) *et* extremely low frequency).

ELF wave onde mégamétrique *(terme que j'ai proposé),* onde ELF *(onde radioélectrique dont la longueur correspond à une extrême basse fréquence) (cf. aussi* radio wave, extremely low frequency *et* ELF transmitting antenna).

ELINT *cf.* elint.

elint *cf.* electronic intelligence. *(de même pour les termes dérivés qui ne figurent pas ci-après).*

elint receiver récepteur d'écoute *(mil) (cf. aussi* surveillance receiver *et* electronic intelligence).

ellesify v *(vient de la prononciation de « LSI »)* intégrer en LSI, *(etc.) (réaliser un montage complexe sous la forme d'un circuit LSI) (CI) (cf. aussi* LSI circuit).

elliptic filter filtre elliptique *(filtre dont les pôles et les zéros de la fonction de transfert sont obtenus par résolution d'équations utilisant des fonctions elliptiques) (cf. aussi* poles and zeros *et* filter[1]).

elliptic-function filter *cf.* elliptic filter.

elliptic response characteristic *cf.* elliptic response curve.

elliptic response curve courbe de réponse d'un filtre elliptique *(cf. aussi* elliptic filter).

elliptical polarization polarisation elliptique *(polarisation d'une onde électromagnétique dans laquelle le vecteur champ électrique a un module variable et tourne autour de la direction de propagation en engendrant une ellipse dans le plan perpendiculaire à la direction de propagation pendant chaque période de l'onde) (cf. aussi* electromagnetic wave polarization *et* modulus).

elliptical waveguide guide d'ondes elliptique, guide d'ondes à section elliptique *(hyp) (cf. aussi* waveguide).

elliptically polarized beam faisceau à polarisation elliptique *(faisceau d'ondes à polarisation elliptique) (cf. aussi* elliptically polarized wave *et* wave beam).

elliptically polarized wave onde à polarisation elliptique, onde polarisée elliptiquement *(cf. aussi* elliptical polarization).

ELT *cf.* emergency locator transmitter.

EM 1) *cf.* electromagnetic. **2)** *cf.* electron microscope. **3)** *cf.* end of medium. **4)** *cf.* electronic mail.

embedded 1) enrobé *(transfo. HF, etc.) (cf. aussi* coating). **2)** *cf.* embedded in noise. **3)** *cf.* embedded computer.

embedded computer ordinateur intégré *(ou* incorporé), calculateur *(idem) (ordinateur spécialisé faisant partie intégrante d'un système plus ou moins complexe et souvent militaire) (inf) (cf. aussi* computer 2)).

embedded processor *cf.* embedded computer.

embedded in noise noyé dans le bruit *(signal) (cf. aussi* signal buried in noise).

embedding *(pour un composant)* enrobage *(cf. aussi* coating).

embossed-foil printed circuit circuit imprimé à rubans incrustés *(cf. aussi* flushing).

EMC *cf.* electromagnetic compatibility.

emcon *cf.* emission control.

emergency call demande de secours *(cf. aussi* distress call).

emergency channel *cf.* emergency frequency.

emergency code code de détresse *(signal SOS ou autre) (radiotlg) (cf. aussi* SOS[1]).

emergency frequency fréquence de détresse *(mar, etc.) (cf. aussi* distress frequency).

emergency locator beacon balise de détresse *(cf. aussi* distress beacon).

emergency locator transmitter *cf.* emergency locator beacon.

emergency radio channel *cf.* emergency frequency.

EMESFET *cf.* enhancement-mode MESFET.

emf *cf.* electromotive force.

EMF *cf.* electromotive force.

EMI *cf.* electromagnetic interference.

EMI/RFI protection protection contre les parasites et interférences *(cf. aussi* interference).

EMI/RFI shielding protection contre les parasites et interférences par blindage *(cf. aussi* shielding).

EMI suppression antiparasitage *(cf. aussi* suppression).

emission émission *(de particules ou d'ondes électromagnétiques ou acoustiques) (cf. aussi* field emission, thermionic emission, primary emission, secondary emission *et* transmission 2)).

emission bandwidth largeur de bande d'émission *(signal) (cf. aussi* transmission bandwidth).

emission characteristic caractéristique d'émission *(courbe représentant l'intensité du flux d'électrons émis par la cathode d'un tube électronique à cathode chaude en fonction de la température de celle-ci ou, par conséquent, de l'intensité du courant de chauffage) (cf. aussi* hot-cathode electron tube).

emission control limitation des émissions *(ensemble des mesures techniques ou autres prises par des belligérants pour réduire au minimum l'émission de signaux électromagnétiques susceptibles d'être captés et exploités par l'adversaire) (mil) (cf. aussi* electronic silence).

emission current *(parf.* intensité du) courant d'émission *(noms parfois donnés au flux d'électrons émis par la cathode d'un tube électronique, notamment à cathode chaude) (cf. aussi* cathode (b)).

emission efficiency rendement d'émission *(rapport entre l'intensité du courant dans un tube électronique à cathode chaude et la puissance consommée pour chauffer celle-ci) (cf. aussi* hot-cathode electron tube).

emission electron microscope microscope électronique à émission, microscope à émission *(autres noms du microscope à émission de champ) (noter que le deuxième terme peut être employé également pour le microscope ionique, mais que le premier ne doit pas l'être, les particules utilisées dans ce microscope étant des ions et non des électrons) (cf. aussi* field-emission microscope *et* field-ion microscope).

emission electron microscopy microscopie électronique à émission *(examen d'échantillons à l'aide d'un microscope électronique à émission) (cf. aussi* emission electron microscope).

emission peak pic d'émission *(celle des longueurs d'onde de la lumière émise par un luminophore à laquelle l'intensité de la lumière est maximale) (détermine la couleur dominante de la lumière émise) (cf. aussi* wavelength, light *et* phosphor).

emission process processus d'émission *(d'électrons par la cathode d'un tube électronique) (cf. aussi* emission).

emission theory théorie de l'émission thermoélectronique *(cathode chaude) (cf. aussi* thermionic emission).

emission wavelength longueur d'onde d'émission *(au sens du terme anglais, longueur de l'onde émise par une source de rayonnement optique et notamment par un laser) (cf. aussi* wavelength et optical radiation).

emissive diode diode émissive *(diode à jonction PN émettant un rayonnement optique, c.-à-d. diode lumineuse ou diode laser) (cf. aussi* light-emitting diode *et* semiconductor laser).

emissive display afficheur émissif *(cf. aussi* active display).

emissive power pouvoir émissif, coefficient d'émission, facteur d'émission *(le premier terme est le plus employé) (quantité d'énergie de rayonnement thermique émise par un corps par unité d'aire de sa surface et par unité de temps à une température déterminée) (théorie du rayonnement thermique) (cf. aussi* energy, thermal radiation, emissivity *et* Kirchoff's radiation law).

emissivity pouvoir émissif relatif *(rapport entre le pouvoir émissif d'un corps et celui du corps noir à la même température) (cf. aussi* emissive power *et* blackbody).

emit *v* émettre *(cf. aussi* emission).

emitter 1) émetteur *(électrode émettant des porteurs de charge dans un transistor bipolaire) (cf. aussi* charge carrier *et* bipolar transistor). **2)** *cf.* transmitter.

emitter ballasting insertion d'une résistance (de protection) dans le circuit de l'émetteur *(précaution prise pour limiter l'intensité du courant dans un transistor bipolaire de puissance afin d'éviter l'emballement thermique) (cf. aussi* power bipolar transistor *et* thermal runaway).

emitter-base breakdown claquage de la jonction émetteur-base *(transistor bipolaire) (cf. aussi* emitter-base junction).

emitter-base junction jonction émetteur-base *(jonction PN formée par la zone de l'émetteur et la zone de la base dans un transistor bipolaire) (est polarisée dans le sens direct) (cf. aussi* p-n junction *et* bipolar transistor).

emitter-base resistance résistance émetteur-base *(résistance de la jonction émetteur-base d'un transistor bipolaire) (cf. aussi* emitter-base junction *et* resistance).

emitter-base voltage tension émetteur-base, tension entre l'émetteur et la base *(noms parfois donnés à la tension base-émetteur d'un transistor bipolaire) (cf. aussi* base-emitter voltage).

emitter contact contact d'émetteur *(ou* de l'émetteur) *(zone de l'émetteur d'un transistor par laquelle se fait le contact avec la connexion de cette électrode) (cf. aussi* emitter 1)).

emitter-coupled injection logic *cf.* ECIL.

emitter-coupled logic *cf.* ECL.

emitter-coupled transistor logic *cf.* emitter-coupled logic.

emitter current *(parf.* intensité du) courant d'émetteur *(ou* dans l'émetteur *ou* dans le circuit de l'émetteur *ou* circulant *(idem)) (transistor bipolaire) (cf. aussi* emitter 1)).

emitter diffusion diffusion de l'émetteur *(formation de l'émetteur d'un transistor bipolaire par diffusion d'impuretés dans la zone correspondante du semiconducteur utilisé) (est effectuée simultanément pour tous les transistors discrets ou intégrés à réaliser dans une plaquette de semiconducteur) (cf. aussi* emitter 1) diffusion 2) *et* wafer 2)).

emitter dose dose d'impuretés de l'émetteur, dose de l'émetteur *(dose d'impuretés introduite dans la zone formant l'émetteur d'un transistor bipolaire) (cf. aussi* emitter 1)).

emitter follower montage émidyne *(terme que j'ai proposé),* montage émetteur-suiveur *(montage à transistor bipolaire analogue au montage cathodyne à tube, la charge étant montée dans le circuit d'émetteur au lieu d'être dans le circuit de collecteur) (ce montage est une application du montage à collecteur commun) (cf. aussi* cathode follower, common-collector connection *et* bipolar transistor).

emitter implant 1) impuretés implantées dans l'émetteur *(ou de l'émetteur) (transistor bipolaire) (cf. aussi* emitter implantation). 2) *cf.* emitter implantation.

emitter implantation implantation de l'émetteur *(formation de l'émetteur d'un transistor bipolaire par implantation d'impuretés dans la zone correspondante du cristal semiconducteur utilisé) (cf. aussi* emitter 1) *et* ion implantation).

emitter injection injection par l'émetteur, injection de porteurs minoritaires *(idem) (transistor bipolaire) (cf. aussi* minority-carrier injection).

emitter injection efficiency rendement d'injection (de l'émetteur) *(transistor bipolaire) (cf. aussi* injection efficiency).

emitter junction *cf.* emitter-base junction.

emitter region zone de l'émetteur, zone émettrice *(transistor bipolaire) (cf. aussi* emitter 1)).

emitter sheet resistance résistance par carré de l'émetteur *(cellule solaire) (cf. aussi* sheet resistance).

emitter stabilization *cf.* emitter voltage stabilization.

emitter tail queue du profil de concentration d'impuretés dans l'émetteur *(transistor bipolaire) (cf. aussi* emitter 1) *et* impurity concentration profile).

emitter-to-base junction *cf.* emitter-base junction.

emitter voltage tension de l'émetteur *(ou* d'émetteur) *(tension entre l'émetteur et le point pris comme référence dans un montage à transistor bipolaire) (le point de référence peut-être la base ou le collecteur du transistor ou la masse) (cf. aussi* bipolar transistor).

emitting cathode cathode émissive *(nom parfois donné à une cathode de tube électronique pour rappeler sa fonction) (cf. aussi* electron tube).

emitting oxide oxyde émissif *(cathode de tube) (cf. aussi* oxide-coated cathode).

emitting region *cf.* emitter region.

EMP *cf.* electromagnetic pulse. *(de même pour les termes dérivés).*

emphasis *(parf.)* préaccentuation *(cf. aussi* pre-emphasis).

emphasize *v (parf.)* préaccentuer *(cf. aussi* pre-emphasis).

emphasizer circuit de préaccentuation *(cf. aussi* pre-emphasis).

empty band bande vide, bande d'énergie vide *(bande d'énergie dont aucun niveau n'est occupé) (bande de conduction dans un isolant ou dans un semiconducteur intrinsèque aux températures suffisamment basses) (théorie des bandes) (cf. aussi* energy band *et* intrinsic semiconductor).

empty energy band *cf.* empty band.

empty medium support vierge *(support d'informations) (inf) (cf. aussi* storage medium).

EMR 1) *cf.* electromagnetic relay. 2) *cf.* electromagnetic radiation.

EMU *cf.* electromagnetic unit.

emulate *v* émuler, imiter *(simuler par émulation) (inf) (cf. aussi* emulation).

emulation émulation *(anglicisme courant mais impropre),* imitation *(terme que j'ai proposé) (exécution d'un programme d'ordinateur par un ordinateur autre que celui pour lequel il a été élaboré) (bien que le premier ordinateur simule le fonctionnement du second, l'émulation n'est pas une véritable simulation car elle nécessite l'emploi de circuits supplémentaires, généralement groupés sur une « carte d'émulation ») (est utilisée notamment pour la mise au point des systèmes à microprocesseur et de leurs programmes et pour utiliser un micro-ordinateur comme terminal à écran) (cf. aussi* development system).

emulation software logiciel d'émulation *(nom généralement donné a un programme d'ordinateur permettant l'émulation) (inf) (cf. aussi* emulation *et* software).

emulator émulateur *(dispositif ou programme réalisant l'émulation) (inf) (cf. aussi* emulation).

EN *cf.* enable.

en-route navigation navigation en route *(navigation sur la partie du trajet parcourue à la vitesse de croisière) (radionavigation et navigation inertielle) (avia, mar) (cf. aussi* navigation *et* terminal navigation).

enable *v* valider *(mettre une porte logique en état de transmettre l'impulsion présente à une de ses entrées en lui appli-* quant une impulsion dite « de validation » à une entrée supplémentaire prévue à cet effet) (l'adjonction d'une entrée de validation à une porte revient à imposer une condition supplémentaire à la mise à l'état « 1 » de la sortie) (inf) (cf. aussi logic gate et ONE state).

enable pulse impulsion de validation, impulsion d'autorisation *(impulsion permettant à une porte logique de transmettre l'impulsion présente à une de ses entrées) (inf) (cf. aussi* enable).

enable signal signal de validation *(nom parfois donné à une impulsion de validation) (inf) (cf. aussi* enable pulse).

enabled gate porte validée *(porte logique mise en état de transmettre l'impulsion présente à une de ses entrées) (inf) (cf. aussi* enable).

enabling validation, autorisation *(action de valider une porte logique) (inf) (cf. aussi* enable).

enabling ... *cf.* enable ...

enamel-coated steel substrate substrat en acier émaillé *(CP) (cf. aussi* porcelain-on-steel substrate).

enamelled steel substrate *cf.* enamel-coated steel substrate.

enamelled wire fil émaillé *(cf. aussi* magnet wire).

encapsulant *cf.* encapsulating material.

encapsulate *v* encapsuler *(un composant) (cf. aussi* packaging).

encapsulated encapsulé *(composant) (cf. aussi* packaging).

encapsulated unit version encapsulée *(cf. aussi* encapsulation *et* unit 3)).

encapsulating *cf.* encapsulation.

encapsulating material matière d'enrobage, agent d'enrobage *(résine synthétique ou autre matière utilisée pour enrober des composants) (ne pas employer « matériau d'enrobage ») (cf. aussi* coating *et* material).

encapsulation encapsulation *(composant) (cf. aussi* component encapsulation).

encase *v* mettre sous boîtier, mettre en boîtier *(un composant, pour le protéger).*

encased mis sous boîtier, mis en boîtier, *(parf.)* sous boîtier, en boîtier *(composant).*

encasing mise sous boîtier, mise en boîtier *(composant) (cf. aussi* packaging).

encipher *v* chiffrer *(un message secret) (cf. aussi* cipher[1] *et* encryption).

enciphered message message chiffré *(cf. aussi* encipher).

enciphering *cf.* encipherment.

enciphering gear matériel de chiffrage *(cf. aussi* encipherment).

encipherment chiffrage, chiffrement *(codage d'un message effectué aux fins de cryptage) (cf. aussi* cipher[1] *et* encryption).

encipherment algorithm algorithme de chiffrage *(inf) (tls) (cf. aussi* algorithm *et* encipherment).

encode *v* coder *(un signal ou un message) (ne pas employer « encoder ») (cf. aussi* encoding).

encoded signal signal codé *(signal représenté par un train d'impulsions codées) (signal numérique, en général) (cf. aussi* encode *et* digital signal).

encoder codeur *(ne pas employer « encodeur »)* (a) *montage réalisant le codage d'un signal) (cf. aussi* encoding (a)); (b) *cf.* encoding matrix; (c) *cf.* shaft encoder.

encoder matrix *cf.* encoding matrix.

encoding codage *(ne pas employer « encodage ») (cf. aussi* code[1] 1)) (a) *conversion d'un signal analogique en un signal à caractéristiques différentes et notamment en un signal formé d'impulsions tel qu'un signal numérique) (cf. aussi* analog-to-digital conversion); (b) *cf.* encipherment.

encoding chip puce de codage *(CI) (cf. aussi* coding (a) *et* chip 1)).

encoding matrix matrice de codage *(émetteur TVC, inf, etc.) (cf. aussi* coding matrix).

encoding scheme type de code *(enr. mag, tls) (cf. aussi* coding scheme).

encrypt *v* crypter *(un message) (cf. aussi* encryption).

encrypted data informations cryptées *(parf. au singulier) (cf. aussi* encryption *et* information).

encryption cryptage *(codage ou déformation d'un message pour éviter son exploitation par des tiers en le rendant in-*

compréhensible à celui qui ne connaît pas la clé du code ou ne dispose pas d'un récepteur ayant celle-ci en mémoire) (tls) (mil, etc.) (cf. aussi encipherment *et* scrambling).

encryption chip puce de cryptage *(puce de circuit intégré réalisant le cryptage d'un signal numérique par chiffrage) (tls) (cf. aussi* encryption *et* chip 1)).

encryption circuit circuit de chiffrage *(circuit intégré monolithique, en général) (cf. aussi* encryption *et* monolithic integrated circuit).

encryption unit *cf.* encryption circuit.

end cap embout *(petit chapeau métallique emboîté sur chaque extrémité d'une résistance à couche et sur lequel est soudé le fil de connexion appelé « sortie ») (cf. aussi* film resistor *et* lead[1] 2)).

end distortion décalage des flancs arrières *(des impulsions d'un signal télégraphique) (cf. aussi* telegraph signal distortion).

end effect effet d'extrémité *(effet par lequel la longueur électrique d'un doublet émetteur est plus grande que sa longueur physique) (antenne) (cf. aussi* dipole 1)).

end effector organe d'exécution *(asser) (cf. aussi* actuator).

end-fed aerial *cf.* end-fed antenna.

end-fed antenna antenne excitée à une extrémité *(antenne d'émission) (cf. aussi* end-fed horizontal antenna, end-fed vertical antenna *et* antenna excitation).

end-fed horizontal aerial *cf.* end-fed horizontal antenna.

end-fed horizontal antenna antenne horizontale excitée à une extrémité *(antenne d'émission filaire horizontale excitée à une extrémité, c.-à-d. antenne en L ou dérivée) (cf. aussi* inverted-L antenna *et* end-fed antenna).

end-fed vertical aerial *cf.* end-fed vertical antenna.

end-fed vertical antenna antenne verticale excitée par le bas *(antenne-fouet fonctionnant en émission ou pylône rayonnant) (cf. aussi* whip antenna, tower radiator *et* end-fed antenna).

end-fire aerial *cf.* end-fire array.

end-fire antenna *cf.* end-fire array.

end-fire antenna array *cf.* end-fire array.

end-fire array antenne multi-phase à rayonnement longitudinal *(ou* axial), antenne à rayonnement longitudinal *(ou* axial), *(etc.) (antenne d'émission formée d'un alignement de dipôles excités avec des déphasages successifs de telle façon que le lobe principal du diagramme de rayonnement de l'antenne soit dans l'axe de l'alignement) (cf. aussi* antenna array *et* radiation pattern).

end of medium fin de support, *(souvent aussi)* fin de bande *(extrémité libre d'une bande ou d'un fil magnétique ou d'une bande perforée après enregistrement ou défilement sur toute sa longueur) (inf, etc.) (cf. aussi* end-of-tape marker, magnetic tape, magnetic wire *et* punched tape).

end of message fin de message *(tlg)*.

end-of-ramp jitter instabilité (de la base de temps) en fin de balayage *(appareil à tube cathodique) (cf. aussi* time base (b)).

end of record fin de bloc *(enr. mag) (inf) (cf. aussi* interblock gap).

end-of-record gap espace interbloc *(enr. mag) (inf) (cf. aussi* interblock gap).

end of reel fin de bobine *(dérouleur de bande magnétique, etc.) (cf. aussi* reel[1]).

end of tape fin de bande *(cf. aussi* end of medium).

end-of-tape label marque réfléchissante de fin de bande *(bande mag) (inf) (cf. aussi* end-of-tape marker).

end-of-tape marker marque de fin de bande *(surface réfléchissante ou transparente prévue vers l'extrémité d'une bande magnétique pour être détectée par un dispositif optique indiquant l'approche de l'extrémité de la bande lors de l'enregistrement d'informations) (dérouleur de bande, etc.) (inf, etc.) (cf. aussi* tape drive).

end-of-tape sensor détecteur de fin de bande *(photodétecteur émettant un signal lors du passage d'une marque de fin de bande) (cf. aussi* end-of-tape marker *et* photodetector).

end of text *cf.* ETX.

end-point error erreur aux extrémités de l'échelle *(convertisseur de signaux) (cf. aussi* data converter).

end-point voltage tension minimale de fonctionnement *(tension aux bornes d'une pile ou d'un accumulateur alimentant un appareil ou un circuit au-dessous de laquelle celui-ci ne fonctionne plus correctement)*.

end setting réglage à fond de course *(bouton de potentiomètre rotatif, d'atténuateur, etc.) (cf. aussi* setting).

end shield écran d'extrémité *(dans un magnétron, écran métallique protégeant de l'action du nuage d'électrons les joints des flasques fermant l'espace d'interaction) (cf. aussi* interaction space *et* magnetron).

end-stackable juxtaposable *(afficheur, potentiomètre à glissière, roue codeuse, etc.)*.

end-stacked juxtaposé *(cf. aussi* end-stackable).

end-to-end link liaison complète, liaison de bout en bout *(liaison de télécommunications considérée dans sa totalité : émetteur, milieu de transmission, répéteurs ou relais hertziens ou satellite relais éventuels, récepteur et éventuellement câble de distribution et second récepteur) (cf. aussi* communications link).

end-to-end resistance valeur ohmique avant ajustage *(résistance à couche) (cf. aussi* blank resistance).

end-to-end test essai de bout en bout, essai de la liaison complète *(essai d'une liaison de télécommunications comportant des points de transit) (tél, tlg, radiotél, radiotlg) (cf. aussi* end-to-end link).

end user utilisateur final *(d'un matériel ou autre produit) (cf. aussi* OEM).

end-user equipment matériel pour vente en magasin, matériel vendu en magasin *(matériel électronique qui n'est pas destiné à être vendu à des ensembliers) (cf. aussi* OEM equipment).

end voltage *cf.* end-point voltage.

endless loop recorder enregistreur à bande (magnétique) sans fin *(cf. aussi* magnetic tape recorder).

enemy *a* de l'adversaire, de l'ennemi, adverse, *(parf.)* hostile *(radar, émetteur radio, brouilleur, signal, contre-mesures, etc.) (mil)*.

enemy ... *cf.* enemy *et* ... *et* adapter. *(pour les termes qui ne figurent pas ci-après)*.

enemy detection détection par l'adversaire *(mil) (cf. aussi* detection 1)).

enemy radiation rayonnement hostile *(rayonnement d'un radar, d'un autodirecteur radar actif, d'un sonar actif, d'un autodirecteur sonar actif, d'un marqueur laser, d'une arme laser, d'un projecteur infrarouge, d'un émetteur radio, etc. de l'adversaire) (mil)*.

enemy transmission émission de l'adversaire, émission adverse *(émission radio, radar, sonar, téléphonique ou autre) (mil) (cf. aussi* enemy radiation).

energization excitation *(au sens du terme anglais, peu employé mais correct, excitation d'une bobine de relais ou autre) (cf. aussi* excitation (d)).

energize *v* 1) mettre sous tension *(terme applicable dans tous les cas)*. 2) alimenter *(moteur électrique, etc.)*. 3) exciter *(relais, etc.)*.

energized *(cf. aussi* energize) 1) mis sous tension, *(parf.)* sous tension. 2) alimenté. 3) excité.

energized condition état excité *(bobine de relais, etc.) (cf. aussi* energization).

energized position position de travail *(position de l'armature ou du noyau plongeur d'un électro-aimant ou d'un relais électromagnétique lorsque la bobine de celui-ci est excitée) (cf. aussi* moving contact *et* electromagnetic relay).

energizing[1] *a* d'excitation *(cf. aussi* energizing current).

energizing[2] *s cf.* energization.

energizing current *(parf.* intensité du) courant d'excitation *(cf. aussi* energization).

energy énergie *(faculté de produire un travail) (en d'autres termes, réserve de capacité de travail disponible en un lieu déterminé à un instant également déterminé) (noter que la « production d'énergie » n'existe pas, l'énergie ne pouvant être ni créée ni détruite, mais seulement convertie) (noter également que le terme anglais « power » est souvent utilisé abusivement à la place de « energy ») (cf. aussi* electrical energy, magnetic energy, electromagnetic energy, acoustic energy, energy conversion, energy band *et* power[1] 1)).

energy band bande d'énergie *(ensemble de niveaux d'énergie pouvant ou non être occupés par un électron d'un atome d'un solide et, par conséquent, par un atome ou une molécule) (lorsque l'on parle d'un électron de telle ou telle bande, cela signifie que son énergie a une valeur comprise entre les limites de cette bande) (cf. aussi* allowed band, forbidden band, valence band, conduction band, empty band, full band, energy level, *et* Pauli exclusion principle).

energy-band diagram *cf.* energy diagram.

energy barrier barrière d'énergie (potentielle) *(cf. aussi* potential barrier).

energy beam faisceau d'énergie, *(parf.)* faisceau énergétique *(faisceau de particules ou d'ondes électromagnétiques ou acoustiques) (cf. aussi* beam[1], energy *et* beam weapon).

energy conservation économies d'énergie *(ce terme s'emploie parfois en électronique, notamment au sujet des circuits intégrés à très faible consommation tels que les circuits CMOS) (cf. aussi* energy *et* CMOS).

energy conversion conversion de l'énergie *(transformation provoquée ou non d'une forme d'énergie en une autre forme, directement ou indirectement) (conversion d'énergie mécanique en énergie électrique dans une génératrice, d'énergie chimique en énergie électrique dans une pile galvanique ou à combustible, conversion d'énergie thermique en énergie électrique dans un thermocouple ou un générateur magnétohydrodynamique, conversion d'énergie lumineuse en énergie électrique dans une cellule photovoltaïque, conversion d'énergie acoustique en énergie électrique et vice-versa dans un transducteur électroacoustique, etc.) (voir ces termes en anglais) (cf. aussi* energy).

energy conversion device *cf.* energy converter.

energy converter convertisseur d'énergie *(tg),* dispositif de conversion d'énergie *(tg) (pile, thermocouple, cellule solaire, dynamo, alternateur, etc.) (types les plus courants de convertisseurs d'énergie respectivement chimique, thermique, lumineuse et mécanique en énergie électrique) (voir ces termes en anglais) (cf. aussi* energy conversion *et* power converter).

energy-converting device *cf.* energy converter.

energy density densité d'énergie *(quantité d'énergie par unité de volume) (cf. aussi* energy) *(a) quantité d'énergie contenue dans l'unité de volume d'un champ de force) (cf. aussi* electromagnetic energy density, sound energy density *et* field of force) ; *(b) quantité d'énergie électrique fournie par unité de volume d'une pile électrique, notamment d'une pile galvanique ou emmagasinée par unité de volume d'un accumulateur électrique) (cf. aussi* galvanic cell *et* storage cell 1)).

energy diagram diagramme d'énergie *(diagramme représentant les niveaux d'énergie que les électrons peuvent prendre dans un atome d'un solide) (est formé de lignes horizontales schématisant les niveaux et groupées en deux ou trois bandes représentant les bandes d'énergie) (cf. aussi* energy level *et* energy band).

energy distribution répartition de l'énergie *(au sens physique, ne pas employer « distribution de l'énergie ») (cf. aussi* energy distribution spectrum).

energy distribution spectrum spectre de répartition de l'énergie, spectre énergétique *(en électronique, graphique représentant l'énergie transportée par chacune des fréquences d'un signal complexe) (comporte un certain nombre de pics dont l'amplitude est proportionnelle à l'énergie transportée à la fréquence correspondante) (est formé notamment sur l'écran d'un analyseur de spectres) (cf. aussi* energy, complex signal *et* spectrum analyzer).

energy flux flux d'énergie *(cf. aussi* energy *et* flux (a) *et* (b)).

energy gap bande interdite *(électron) (cf. aussi* forbidden band).

energy level niveau d'énergie *(valeur discrète de l'énergie d'un électron dans un atome ou, par conséquent, de l'énergie d'un atome ou d'une molécule) (est quantifiée) (semi, laser, etc.) (cf. aussi* acceptor level, donor level, energy band, energy state, electron energy *et* quantized quantity).

energy-level diagram *cf.* energy diagram.

energy of an electron énergie d'un électron *(cf. aussi* electron energy).

energy source source d'énergie *(cf. aussi* power source, *ce terme étant le plus employé).*

energy spectrum *cf.* energy distribution spectrum.

energy state état d'énergie, état énergétique *(état d'un électron ou, par conséquent, d'un atome ou d'une molécule caractérisé par l'énergie possédée par la particule) (est un état quantique) (semi, laser, etc.) (cf. aussi* energy level, ground state, excited state, quantum state *et* transition (a)).

energy storage accumulation d'énergie *(électrique ou autre) (notamment d'énergie électrique dans un accumulateur, d'énergie electrostatique dans un condensateur ou d'énergie électromagnétique dans une bobine d'inductance) (cf. aussi* energy, storage cell 1), energy-storage capacitor *et* inductor).

energy-storage capacitor condensateur pour accumulation d'énergie, *(parf.)* condensateur accumulateur d'énergie *(condensateur pour circuits à décharges pour essais d'isolants, etc.) (cf. aussi* capacitor *et* energy storage).

energy-storage circuit circuit d'accumulation d'énergie, circuit accumulateur d'énergie *(circuit comportant un condensateur ou une bobine d'inductance prévu pour accumuler de l'énergie électrique) (cf. aussi* energy storage).

energy-storage inductor (bobine d')inductance pour accumulation d'énergie *(bobine d'inductance utilisée pour accumuler de l'énergie sous la forme du champ magnétique qu'elle crée) (alim. déc, arme à faisceau d'énergie, etc.) (cf. aussi* inductor *et* energy).

energy-storage technology (la) technique de l'accumulation d'énergie *(cf. aussi* energy storage *et* technology).

ENFET *cf.* enhancement-mode FET.

engaged occupé(e) *(ligne ou circuit téléphonique).*

English command instruction en anglais *(instruction d'un langage de programmation formée d'un ou plusieurs mots de la langue anglaise, en toutes lettres, abrégés ou contractés, généralement écrits en majuscules d'imprimerie) (en d'autres termes, instruction courante d'un langage évolué, notamment) (inf) (cf. aussi* instruction *et* high-level language).

English-like command *cf.* English command.

English-like language langage analogue à l'anglais *(langage de programmation évolué) (inf) (cf. aussi* high-level language).

enhanced echo écho renforcé *(cible radar, etc.) (cf. aussi* target augmentation (a)).

enhanced electron tunneling passage d'électrons par effet tunnel accru *(semi) (cf. aussi* Fowler-Nordheim tunneling).

enhancement 1) augmentation, *(etc.) (sens usuel) (cf. aussi* image enhancement). 2) enrichissement *(augmentation de la densité de porteurs minoritaires dans une zone déterminée d'un cristal semiconducteur sous l'action d'un champ électrique de polarité opposée) (cf. aussi* enhancement mode, carrier density *et* depletion).

enhancement mode mode d'enrichissement *(mode de fonctionnement d'un transistor à effet de champ, notamment d'un MOS, normalement bloqué, c.-à-d. dans lequel il faut appliquer une tension appropriée à la grille pour faire passer un courant plus ou moins intense de la source au drain par enrichissement de la zone du canal en porteurs minoritaires pour créer le canal) (ce mode de fonctionnement rappelle celui du transistor bipolaire malgré la différence de principe de fonctionnement entre les deux types de transistor car, ici aussi, la modulation du courant dans le dispositif est obtenue par création d'une conduction qui n'existe pas à l'état naturel) (cf. aussi* enhancement 2), inversion layer, enhancement-mode field-effect transistor *et* depletion mode).

enhancement-mode device *(ou* FET) *cf.* enhancement-mode field-effect transistor.

enhancement-mode FET logic logique à transistors à effet de champ à enrichissement, logique à TEC *(ou* FET) à enrichissement *(CI) (cf. aussi* logic (b) *et* enhancement mode).

enhancement-mode field-effect transistor transistor à effet de champ à enrichissement, transistor à enrichissement, TEC à enrichissement, FET *(idem) (cf. aussi* enhancement mode *et* depletion-mode FET).

enhancement-mode GaAs MESFET *cf.* enhancement-mode gallium arsenide MESFET.

enhancement-mode gallium arsenide MESFET transistor MESFET à l'arséniure de gallium à enrichissement *(cf. aussi* enhancement mode *et* gallium arsenide MESFET).

enhancement-mode MESFET transistor MESFET à enrichissement *(cf. aussi* enhancement-mode *et* MESFET).

enhancement-mode MESFET technology (la)technique des transistors MESFET à enrichissement *(cf. aussi* enhancement-mode, MESFET *et* technology).

enhancement-mode MOS *cf.* enhancement-mode MOSFET.

enhancement-mode MOSFET transistor MOS à enrichissement *(cf. aussi* enhancement-mode *et* MOS transistor).

enhancement-mode MOSFET technology (la) technique des transistors MOS à enrichissement *(cf. aussi* enhancement mode, MOS transistor *et* technology).

enhancement-mode n-channel thin-film MOST transistor MOS à couches minces, canal N et enrichissement *(cf. aussi* enhancement mode, n-channel *et* thin-film MOS transistor).

enhancement-mode operation fonctionnement en mode d'enrichissement *(TEC) (cf. aussi* enhancement mode).

enhancement-mode transistor *cf.* enhancement-mode field-effect transistor.

enhancement transistor *cf.* enhancement-mode field-effect transistor.

enhancement-type ... *cf.* enhancement-mode ...

ENQ *(vient de « enquiry »)* ENQ, interrogation *(caractère de commande de transmission précédant une demande adressée à un ordinateur dans une liaison de transmission de données) (télinf) (cf. aussi* transmission control character).

en-route navigation *(voir après* emulator).

ENR *cf.* equivalent noise resistance.

enter *v* introduire *(les données d'un problème ou autres informations dans la mémoire d'un ordinateur à l'aide d'un terminal à clavier ou autre appareil) (inf) (cf. aussi* data entry).

entertainment ... *cf.* consumer ...

entire circuitry (l')ensemble des circuits *(cf. aussi* circuitry).

envelope 1) enveloppe, *(parf.)* ampoule *(enceinte métallique ou en verre (ampoule) d'un tube électronique contenant les électrodes de celui-ci) (cf. aussi* electron tube). 2) *cf.* modulation envelope.

envelope delay *cf.* group delay. *(de même pour les termes dérivés).*

envelope demodulator démodulateur (de porteuse), détecteur (d'enveloppe) *(récepteur, etc.) (cf. aussi* demodulation).

envelope distortion distorsion d'enveloppe *(parf.* de l'enveloppe) *(distorsion d'une enveloppe de modulation par rapport à la forme du signal modulant) (est due au fait que le processus de modulation d'amplitude est toujours affecté d'une certaine non-linéarité) (émetteur AM, générateur de signaux, etc.) (cf. aussi* distortion, modulation envelope, modulating signal *et* non-linearity).

envelope time-of-arrival instant de réception de l'enveloppe (du signal) *(radionav, etc.) (cf. aussi* time of arrival *et* modulation envelope).

envelope velocity vitesse de groupe *(onde complexe) (cf. aussi* group velocity).

environics (l')environique *sf (terme que j'ai proposé) (électronique appliquée au maintien de conditions d'ambiance déterminées) (espace, etc.) (cf. aussi* electronics[1] (a) *et* (b)).

environment density *cf.* electromagnetic environment density.

environmental capability tenue en ambiance *(aptitude d'un composant ou autre matériel à supporter des conditions d'ambiance défavorables) (cf. aussi* environmental conditions *et* capability).

environmental characteristics *cf.* environmental conditions.

environmental conditions conditions d'ambiance *(actions physiques exercées sur un corps ou un objet, notamment un composant ou autre matériel électronique ou autre, ou un être, par le milieu ambiant ou par un matériel auquel il est associé) (température, vibrations, chocs, accélération, pression, vide, humidité, salinité, acidité, radiations, etc.) (cf. aussi* operating environment, environmental test *et* shelf life).

environmental parameters *cf.* environmental conditions. *(cf. aussi* parameter).

environmental specifications spécifications d'ambiance *(spécifications relatives aux conditions d'ambiance) (cf. aussi* specifications *et* environmental conditions).

environmental test (un) essai d'ambiance *(essai exécuté dans des conditions d'ambiance déterminées) (cf. aussi* environmental conditions).

environmental testing (l')essai d'ambiance *(souvent au pluriel) (cf. aussi* environmental test).

EO *cf.* electro-optical. *(de même pour les termes dérivés).*

EOB *cf.* electronic order of battle.

EOEM engineer *(vient de « electronics OEM engineer »)* ingénieur de synthèse en électronique *(cf. aussi* OEM).

EOM *cf.* end of message.

EOT *(vient de « end of transmission »)* EOT, fin de transmission *(caractère de commande de transmission indiquant la fin de la transmission d'informations dans une liaison de transmission de données) (télinf) (cf. aussi* transmission control charater).

EPBX *cf.* electronic private branch exchange.

EPC *cf.* electronic power conditioner.

epi *cf.* epitaxy.

epi layer *cf.* epitaxial layer.

epitaxial épitaxial(e), formé(e) par épitaxie, *(parf.)* épitaxié (e) *(semi, etc.) (cf. aussi* epitaxy).

epitaxial cell *cf.* epitaxial solar cell.

epitaxial collector collecteur épitaxié *(collecteur de transistor formé dans une couche épitaxiale) (semi) (cf. aussi* collector (a) *et* epitaxial layer).

epitaxial component *cf.* epitaxial device. *(le premier terme étant peu employé).*

epitaxial deposition dépôt épitaxial *(dépôt d'une couche épitaxiale) (cf. aussi* epitaxy).

epitaxial device composant épitaxié *(composant à semiconducteur ou analogue comportant une couche épitaxiale) (cf. aussi* epitaxy).

epitaxial film *cf.* epitaxial layer.

epitaxial GaAs layer *cf.* epitaxial gallium arsenide layer.

epitaxial gallium arsenide layer couche épitaxiale d'arséniure de gallium, couche d'arséniure de gallium épitaxié *(ou formée par épitaxie) (semi) (cf. aussi* epitaxy *et* gallium arsenide).

epitaxial garnet film *cf.* epitaxial garnet layer.

epitaxial garnet layer couche épitaxiale de grenat, couche de grenat épitaxié *(ou formée par épitaxie) (mémoire à bulles) (cf. aussi* epitaxial layer *et* garnet).

epitaxial garnet substrate substrat en *(ou* de) grenat épitaxié *(substrat de mémoire à bulles ou autre composant formé d'une couche épitaxiale de grenat) (cf. aussi* epitaxial layer, substrat, garnet *et* magnetic bubble memory).

epitaxial growth croissance épitaxiale, croissance *(ou* formation) d'une couche épitaxiale *(fab. semi, etc.) (cf. aussi* epitaxy).

epitaxial junction jonction épitaxiée, jonction (formée) par épitaxie, jonction à couche épitaxiale *(jonction PN formée par une couche épitaxiale de semiconducteur du type P ou N formée sur un substrat semiconducteur du type N ou P, respectivement, et ce substrat) (cf. aussi* epitaxy *et* p-n junction).

epitaxial layer couche épitaxiale, couche formée par épitaxie, couche épitaxiée *(semi, etc.) (cf. aussi* epitaxy).

epitaxial-layer ... *cf.* epitaxial ... *(pour les termes qui ne figurent pas ci-après).*

epitaxial-layer doping density *cf.* epitaxial-layer doping level.

epitaxial-layer doping level niveau de dopage de la couche épitaxiale *(semi) (cf. aussi* epitaxial-layer *et* impurity concentration).

epitaxial-layer technology (la) technique des couches épitaxiales, (la) technique épitaxiale *(fab. semi, etc.) (cf. aussi* epitaxy *et* technology).

epitaxial planar transistor *cf.* epitaxial transistor.

epitaxial process procédé épitaxial *(nom parfois donné à l'épitaxie) (cf. aussi* epitaxy).

epitaxial reactor *cf.* epitaxy reactor.

epitaxial rectifier diode diode de redressement épitaxiée *(ou* à jonction épitaxiée) *(semi) (cf. aussi* epitaxial junction *et* rectifier diode).

epitaxial silicon layer couche de silicium épitaxiée, *(etc.) (cf. aussi* epitaxial layer *et* silicon).

epitaxial solar cell cellule solaire épitaxiée *(ou à couche épitaxiale)* *(cellule solaire dans laquelle la jonction est formée par épitaxie sur un substrat peu coûteux)* *(cf. aussi* epitaxial junction *et* solar cell*)*.

epitaxial technology *cf.* epitaxial-layer technology.

epitaxial transistor transistor épitaxial, transistor à couche épitaxiale, transistor planar épitaxial *(transistor planar réalisé dans une couche épitaxiale)* *(cf. aussi* epitaxial layer *et* planar transistor*)*.

epitaxial wafer plaquette épitaxiée *(plaquette à gravure sur laquelle une couche épitaxiale a été formée)* *(fab. semi, etc.)* *(cf. aussi* epitaxy *et* wafer 2) *)*.

epitaxially grown ... *cf.* epitaxial ...

epitaxy épitaxie, croissance épitaxiale *(formation d'une mince couche monocristalline d'un corps cristallin sur un substrat également cristallin avec orientation spontanée du réseau cristallin de la couche dans la direction du réseau du substrat)* *(est utilisée notamment pour former une couche de semiconducteur de nature et de type déterminés sur un substrat semiconducteur différent ou sur un substrat isolant dans un composant à semiconducteur et pour former une couche de grenat magnétique sur un substrat en grenat amagnétique dans une mémoire à bulles magnétiques)* *(cf. aussi* liquid-phase epitaxy, solid-phase epitaxy, single crystal, semiconductor device *et* magnetic bubble memory*)*.

epitaxy reactor réacteur d'épitaxie *(four spécial dans lequel est réalisée l'épitaxie de plaquettes à gravure)* *(cf. aussi* epitaxy *et* wafer 2) *)*.

epndB *(vient de « effective perceived noise decibel »)* epndB *(unité d'intensité sonore subjective employée notamment en aéronautique pour mesurer le bruit des moteurs d'aéronefs)* *(acou)* *(cf. aussi* phone*)*.

epoxy attach *cf.* epoxy bond.

epoxy attachment *cf.* epoxy bonding.

epoxy-based termination connexion avec colle époxy *(montage d'une fibre optique dans un connecteur avec utilisation de colle époxy pour maintenir la fibre bien centrée dans le connecteur)* *(cf. aussi* fiber-optic connection*)*.

epoxy bond collure époxy *(CH, etc.)* *(cf. aussi* epoxy bonding*)*.

epoxy bonding fixation par colle époxy *(fixation d'une puce de circuit intégré ou de transistor sur le substrat d'un circuit hybride ou dans un boîtier à l'aide d'une colle époxy conductrice)* *(cf. aussi* conductive epoxy, eutectic bonding, chip 1) *et* hybrid integrated circuit*)*.

epoxy chip bonding fixation de la puce *(parf. des puces)* par colle époxy *(fab. CH, etc.)* *(cf. aussi* epoxy bonding*)*.

epoxy coated enrobé époxy, enrobé de résine époxy, protégé par enrobage époxy *(composant)* *(cf. aussi* dip coating*)*.

epoxy-coated capacitor condensateur enrobé époxy *(ou de résine époxy)* *(cf. aussi* dip coating*)*.

epoxy-coated solid tantalum *cf.* epoxy-coated solid tantalum capacitor.

epoxy-coated solid tantalum capacitor condensateur au tantale à électrolyte solide enrobé époxy *(cf. aussi* solid tantalum capacitor *et* dip coating*)*.

epoxy coating enrobage époxy *(action d'enrober un composant avec de la résine époxy ou résultat de cette action)* *(cf. aussi* dip coating*)*.

epoxy die ... *cf.* epoxy chip ...

epoxy-dipped *cf.* epoxy-coated. *(de même pour les termes dérivés)*.

epoxy-encapsulated *cf.* epoxy-coated. *(de même pour les termes dérivés)*.

epoxy encapsulation *cf.* epoxy coating.

epoxy-glass ... *cf.* glass-epoxy ...

epoxy package *cf.* epoxy coating.

EPPI *cf.* expanded plan-position indicator.

EPROM *(vient de « erasable programmable read-only memory »)* mémoire EPROM, mémoire PROM à effacement optique, mémoire REPROM optique, mémoire PROM effaçable par ultraviolets, mémoire morte programmable *(idem)* *(mémoire morte programmable pouvant être effacée, en bloc, par exposition aux rayons ultraviolets dans le programmateur, à travers une fenêtre en quartz ménagée sur le boîtier,* au-dessus de la puce, pour être ensuite programmée de nouveau, et ce un très grand nombre de fois) *(chaque cellule de la mémoire EPROM est constituée par un transistor FAMOS ou équivalent)* *(noter que le « E » de « EPROM » vient de « erasable » et non de « electrically » comme on le voit parfois écrit)* *(CI)* *(inf)* *(cf. aussi* PROM, FAMOS, EEPROM *et* chip 1) *)*.

EPROM bank batterie de mémoires EPROM *(groupe de mémoires EPROM montées sur une carte à circuit imprimé pour former une mémoire de capacité supérieure)* *(cf. aussi* EPROM*)*.

EPROM cell cellule de mémoire EPROM *(cf. aussi* EPROM *et* memory cell*)*.

EPROM chip puce de mémoire EPROM *(puce de circuit intégré sur laquelle est réalisée une mémoire EPROM)* *(cf. aussi* EPROM *et* chip 1) *)*.

EPROM device *cf.* EPROM.

EPROM memory *cf.* EPROM.

EPROM memory cell *cf.* EPROM cell.

EPROM memory device *cf.* EPROM.

EPROM part *cf.* EPROM.

EPROM programmer *cf.* PROM programmer.

EPROM programming equipment *cf.* EPROM programmer.

EPROM unit version EPROM, *(etc.)* *(cf. aussi* EPROM *et* unit 3) *)*.

EQPMT *cf.* equipment.

equal-band system procédé équibande *(ou à transmission équibande)* *(procédé de télévision en couleurs dans lequel les deux signaux de chrominance occupent la même largeur de bande)* *(procédé SECAM ou PAL)* *(cf. aussi* chrominance signal bandwidth, SECAM system *et* PAL system*)*.

equal-band transmission transmission équibande *(TVC)* *(cf. aussi* equal-band system*)*.

equal-energy white blanc d'égale énergie *(couleur de la lumière produite par une source rayonnant la même quantité d'énergie pour toutes les longueurs d'onde du spectre des rayonnements visibles)* *(colorimétrie)* *(TVC, etc.)* *(cf. aussi* energy, wavelength *et* visible region*)*.

equal-intensity point targets cibles ponctuelles à échos d'égale amplitude *(radar)* *(cf. aussi* radar echo*)*.

equal-loudness curves courbes d'isosonie *(audition)* *(cf. aussi* Fletcher-Munson curves, *ce terme étant le plus employé)*.

equalization égalisation (de la réponse en fréquence) *(atténuation ou amplification préférentielle de certaines fréquences d'un signal à basse fréquence)* (a) *élimination de la ou des fréquences de résonance du local d'enregistrement lors de l'enregistrement ou renforcement (ou atténuation) de certaines fréquences lors de la reproduction de celui-ci)* *(est réalisé à l'aide de filtres, généralement actifs)* *(hifi)* *(cf. aussi* equalizer 1) *et* 2) *et* active filter*)*; (b) *compensation des inégalités d'affaiblissement des différentes voies d'un multiplex fréquentiel dans un câble téléphonique dues au fait que l'affaiblissement des signaux produit par celui-ci est fonction de leur fréquence)* *(est réalisée par insertion, tous les n répéteurs, d'un filtre spécial appelé « réseau correcteur » faisant partie d'un dispositif appelé « égaliseur » et produisant un affaiblissement complémentaire de celui du câble pour ramener toutes les voies au même niveau au cours de l'amplification dans le répéteur)* *(cf. aussi* frequency-division multiplex, telephone channel *et* repeater 1) *)*.

equalization curve courbe d'égalisation *(courbe représentant l'atténuation ou l'amplification à produire en fonction de la fréquence pour réaliser l'égalisation)* *(cf. aussi* NAB curve *et* equalization (a) *)*.

equalization network *cf.* equalizer 1) *et* 3).

equalizer **1)** égaliseur *(ensemble de filtres actifs inséré entre le préamplificateur et l'amplificateur dans une chaîne d'enregistrement du son)* *(est généralement monté dans un coffret distinct)* *(cf. aussi* equalization (a) *)*. **2)** amplificateur-égaliseur, ampli-égaliseur *(égaliseur incorporé à l'amplificateur d'une chaîne de reproduction du son à haute fidélité)* *(est employé notamment dans certaines chaînes stéréophoniques pour automobiles)* *(voir aussi* 1) *ci-dessus)* **3)** égaliseur (téléphonique) *(cf. aussi* equalization (b) *)*.

equalizing pulses impulsions d'égalisation *(trains de quelques* *impulsions courtes situés de part et d'autre de chacune des impulsions de synchronisation de trames dans un signal de télévision pour améliorer l'entrelacement en réduisant l'influence des impulsions de synchronisation de lignes sur la synchronisation des trames) (existent dans un signal couleur comme dans un signal noir et blanc; n'existent pas dans le signal de la norme à 819 lignes) (cf. aussi* front equalizing pulses, back equalizing pulses *et* interlaced scanning).

equally-spaced channels voies équidistantes *(voies d'un multiplex fréquentiel séparées par des bandes de fréquences de même largeur) (tél) (cf. aussi* frequency-division multiplex *et* multiplex channel).

equiphase surface surface équiphase *(surface d'onde sur laquelle les vecteurs champ sont en phase ou en opposition de phase au même instant) (cf. aussi* wave surface, field vector, in phase *et* in phase opposition).

equiphase zone zone équiphase *(zone de l'atmosphère dans laquelle la différence de phase entre les signaux émis par deux stations de radionavigation est nulle) (avia, mar) (cf. aussi* radio navigation).

equipment 1) matériel *(cf. aussi* electrical equipment, electronic equipment, radio equipment, television equipment, communications equipment, data-processing equipment, original equipment *et* end-user equipment). 2) équipement. 3) appareillage, appareils. 4) appareil. 5) système. 6) machine.

equipment bay 1) case d'équipement *(dans un engin spatial, compartiment dans lequel est monté notamment du matériel électronique et parfois inertiel) (cf. aussi* electronics bay *et* inertial equipment). 2) *cf.* avionics bay.

equipment compatibility compatibilité du matériel *(inf, vidéo, etc.) (cf. aussi* compatibility).

equipment failure défaillance du matériel, panne *(cf. aussi* failure).

equipment-initiated interrupt interruption commandée par l'appareil *(ou par la machine)*, interruption interne *(inf) (cf. aussi* interrupt).

equipment manufacturer *(cf. aussi* equipment) 1) constructeur *(de matériel électronique ou autre)*. 2) constructeur de l'appareil, *(etc.)*.

equipment-oriented propre à un matériel particulier, spécialisé *(accessoire, etc.)*.

equipotential *a* équipotentiel *a (caractéristique d'un conducteur ou d'un lieu d'un conducteur dont tous les points sont au même potentiel électrique) (en d'autres termes, ses points sont à la même tension par rapport au point pris comme référence et il n'y a donc pas de tension entre deux quelconques d'entre eux) (cf. aussi* electric potential).

equipotential cathode cathode équipotentielle *(tube) (cf. aussi* equipotential *et* indirectly-heated cathode).

equipotential connection connexion équipotentielle *(conducteur reliant directement deux points dans un appareil ou dans une machine électrique pour les maintenir au même potentiel) (cf. aussi* equipotential).

equipotential earth *cf.* equipotential ground.

equipotential ground masse équipotentielle *(masse d'un appareil ou d'un montage dont tous les points sont au même potentiel) (cf. aussi* equipotential).

equipotential line équipotentielle *sf (ligne dont tous les points sont au même potentiel, à la surface d'un conducteur) (cf. aussi* equipotential).

equipotential surface surface équipotentielle *(surface d'un conducteur dont tous les points sont au même potentiel par rapport au point de référence) (cathode équipotentielle, guide d'ondes, etc.) (cf. aussi* equipotential, indirectly-heated cathode *et* waveguide).

equisignal area *cf.* equisignal zone.

equisignal localizer indicateur d'axe de piste équisignal *(indicateur d'axe de piste émettant deux signaux de même puissance de part et d'autre de l'axe de la piste, le pilote entendant les deux signaux avec la même intensité lorsque son appareil est dans l'axe de la piste) (atterrissage guidé) (avia) (cf. aussi* localizer).

equisignal radio range radiophare équisignal *(radionav) (avia) (cf. aussi* A-N radio range).

equisignal sector *cf.* equisignal zone.

equisignal track *cf.* equisignal zone.

equisignal zone zone équisignal *(zone de l'espace aérien ou au sol dans laquelle deux signaux radioélectriques émis par une même station ont la même amplitude) (radionav) (avia) (cf. aussi* equisignal localizer *et* A-N radio range).

equivalence *(en logique) cf.* exclusive NOR.

equivalent absorption aire équivalente d'absorption *(aire d'une surface absorbant totalement l'énergie d'une onde acoustique, nécessaire pour absorber de l'énergie acoustique au même degré qu'une surface déterminée dans les mêmes conditions) (cf. aussi* sound absorption).

equivalent area surface équivalente *(cible radar) (cf. aussi* radar cross section).

equivalent circuit schéma équivalent *(schéma d'un circuit ou d'un composant équivalent à celui-ci du point de vue électrique) (le schéma équivalent d'un circuit est généralement plus simple que la représentation conventionnelle de celui-ci et celui d'un composant est généralement plus compliqué) (est utilisé pour simplifier l'étude d'un circuit ou d'un composant en facilitant la compréhension de son fonctionnement) (le circuit considéré est généralement un montage et le composant peut être notamment une résistance, un condensateur, une bobine d'inductance, une diode à jonction ou un transistor) (cf. aussi* circuit).

equivalent isotropic radiated power puissance rayonnée isotrope équivalente *(puissance qu'il faudrait fournir à l'antenne isotrope pour que l'énergie rayonnée soit égale à celle que rayonne l'antenne considérée dans la direction de rayonnement maximal) (mesure du gain d'une antenne d'émission) (cf. aussi* isotropic antenna *et* effective radiated power).

equivalent isotropically radiated power *cf.* equivalent isotropic radiated power.

equivalent loudness level *cf.* loudness level.

equivalent noise temperature température de bruit équivalente *(température absolue à laquelle une résistance parfaite produirait le même bruit qu'une résistance réelle de même valeur ohmique à la température considérée) (cf. aussi* noise temperature).

equivalent parallel resistance résistance parallèle (équivalente) *(résistance imaginaire montée en parallèle sur les armatures d'un condensateur dans le schéma équivalent de celui-ci et égale à la résistance d'isolement du diélectrique) (cf. aussi* equivalent circuit, capacitor *et* insulation resistance).

equivalent series inductance inductance série (équivalente) *(inductance imaginaire montée en série avec un condensateur dans le schéma équivalent de celui-ci et égale à l'inductance du condensateur) (cf. aussi* equivalent circuit, inductance *et* capacitor).

equivalent series resistance résistance série (équivalente) *(résistance imaginaire montée en série avec un condensateur dans le schéma équivalent de celui-ci et égale à la résistance en courant alternatif du condensateur et de ses connexions) (cf. aussi* equivalent circuit, impedance *et* capacitor).

erasability possibilité d'effacement *(mémoire) (cf. aussi* erasable memory).

erasable file fichier effaçable *(fichier sur bande ou disque(s) magnétique(s)) (inf) (cf. aussi* erasable memory).

erasable memory mémoire effaçable *(mémoire dans laquelle on peut faire disparaître les informations qu'elle contient, en général pour en introduire d'autres) (selon le type de mémoire, l'effacement peut être sélectif ou ne se faire qu'en bloc) (mémoires magnétiques ou magnéto-optiques, mémoires électrostatiques et certaines mémoires à semiconducteur) (inf, etc.) (cf. aussi* magnetic memory, electrostatic memory, semiconductor memory *et* memory).

erasable optical disk disque optique effaçable *(mémoire) (inf, vidéo) (cf. aussi* optical disk).

erasable programmable read-only memory mémoire morte programmable effaçable *(inf) (cf. aussi* EPROM).

erasable programmable ROM *cf.* erasable programmable read-only memory.

erasable PROM *cf.* erasable programmable read-only memory.

erasable ROM *cf.* erasable programmable read-only memory.

erasable semiconductor memory mémoire à semiconducteur effaçable (*ce terme générique désigne généralement les mémoires EPROM et EEPROM et les mémoires ovoniques, bien que les mémoires RAM soient par nature également effaçables*) (CI) (inf) (*cf. aussi* erasable memory, EPROM, EEPROM, ovonic memory *et* RAM¹).

erasable storage **1)** mémorisation dans une mémoire effaçable (inf, etc.) (*cf. aussi* erasable memory). **2)** *cf.* erasable memory.

erasable storage memory *cf.* erasable memory.

erase¹ *v* effacer (*faire disparaître des informations contenues dans une mémoire*) (inf, etc.) (*cf. aussi* erasable memory).

erase² *s* *cf.* erasure.

erase cycle cycle d'effacement (*ensemble des opérations nécessaires pour effectuer un effacement*) (mémoire) (*cf. aussi* erasure).

erase cycle time *cf.* erase period.

erase head tête d'effacement (*tête magnétique produisant le champ magnétique alternatif à haute fréquence nécessaire pour effacer les informations enregistrées sur une bande ou un disque magnétique*) (*enregistreur à bande magnétique, mémoire à disque magnétique*) (*cf. aussi* magnetic head).

erase oscillator oscillateur d'effacement (*oscillateur produisant le courant alternatif à haute fréquence alimentant l'enroulement d'une tête d'effacement*) (magnétophone, etc.) (*cf. aussi* oscillator *et* erase head).

erase period période d'effacement (*durée d'un cycle d'effacement*) (mémoire) (*cf. aussi* erase cycle *et* period).

erase voltage tension d'effacement (*amplitude de l'impulsion de tension appliquée à une cellule d'une mémoire morte programmable effaçable électriquement pour effacer l'information qu'elle contient*) (inf) (*cf. aussi* EEPROM).

erased cell cellule effacée (*cellule de mémoire ramenée de l'état logique « 1 » correspondant à la présence d'un élément d'information à l'état logique « 0 » correspondant à l'absence d'information*) (inf) (*cf. aussi* erasable memory, memory cell *et* ONE state).

erased floating gate grille flottante effacée (*grille flottante ayant perdu ses électrons excédentaires, ce qui correspond à la présence du binaire « 0 » dans la cellule de mémoire dont elle fait partie*) (mémoire morte reprogrammable) (*cf. aussi* floating gate).

erased memory mémoire effacée (*mémoire dont les cellules ne contiennent plus d'éléments d'information*) (inf) (*cf. aussi* erased cell).

eraser **1)** *cf.* tape eraser. **2)** *cf.* PROM programmer.

erasing *cf.* erasure.

erasing head *cf.* erase head.

erasing speed vitesse d'effacement (*tube à mémoire*) (*cf. aussi* storage tube).

erasure effacement (*action de faire disparaître tout ou partie des informations contenues dans une mémoire*) (inf, etc.) (*cf. aussi* erasable memory).

erasure lamp lampe d'effacement (*lampe émettant des rayons ultraviolets utilisés pour effacer le contenu d'une mémoire EPROM dans un programmateur de PROM*) (*cf. aussi* PROM programmer).

erasure window fenêtre d'effacement, fenêtre (*mémoire EPROM*) (*cf. aussi* EPROM).

ergonomic ... *cf.* human-engineered ... (*cf. aussi* ergonomics).

ergonomics (l')ergonomie (*cf. aussi* human engineering, *ce terme étant encore le plus employé*).

erlang (*du nom de l'ingénieur danois Erlang*) erlang (*unité d'intensité de trafic téléphonique égale à 60 communications-minutes, soit 60 communications d'une durée de 1 minute ou 1 communication de 60 minutes ou tout autre combinaison intermédiaire*) (*cf. aussi* telephone traffic).

ERLE *cf.* echo-return loss enhancement.

EROM *cf.* EPROM.

ERP *cf.* effective radiated power.

erratic noise bruit aléatoire, bruit erratique, bruit irrégulier (*cf. aussi* noise 2 (a)).

erroneous edge color couleur mal reproduite sur le bord d'une plage colorée (*image TVC*).

error erreur (*calcul, mesure, asser, inf, etc.*) (*cf. aussi* deviation 1), error signal *et* error bit).

error band plage d'erreur admissible, intervalle (idem) (*intervalle des valeurs admissibles d'une erreur et notamment d'un signal d'erreur*) (*cf. aussi* error signal).

error bit binaire erroné (*binaire « 1 » à la place d'un binaire « 0 » ou vice versa dans un mot binaire*) (inf, tls) (*cf. aussi* single-bit error, double-bit error, error detection *et* bit).

error-checking *cf.* error detection. (*de même pour les termes dérivés*).

error control limitation de l'erreur (asser) (*cf. aussi* deviation 1)).

error correcting ... *cf.* error correction ... (*pour les termes qui ne figurent pas ci-après*).

error-correcting code code correcteur d'erreurs, code à correction d'erreurs (*code détecteur d'erreurs assurant en outre la correction de la plupart des erreurs détectées*) (trans. données) (*cf. aussi* error detecting code).

error correction correction des erreurs, correction d'erreurs, correction de l'erreur (*suivant le contexte*) (mesure, asser, inf) (*dans les deux premiers cas, remplacement des binaires « 1 » erronés par des binaires « 0 », et vice-versa, à l'extrémité réceptrice d'une liaison numérique ou à la sortie d'une mémoire numérique*) (*cf. aussi* single-bit error correction, double-bit error correction, error bit *et* error detection).

error-correction chip puce de correction d'erreurs (CI) (inf) (*cf. aussi* chip 1)).

error-correction circuit circuit de correction d'erreur (*parf.* d'erreurs) (mesure, asser, inf).

error-correction coding codage par code correcteur d'erreurs, emploi d'un code correcteur d'erreurs (inf) (*cf. aussi* error-correcting code).

error-correction logic logique de correction des erreurs (inf) (*cf. aussi* logic (b)).

error-detecting code code détecteur d'erreurs, code auto-vérificateur (*code de transmission ou transfert de données dans lequel la structure de chaque caractère permet de déceler certaines erreurs de transmission*) (*cf. aussi* parity bit *et* data transmission).

error detection détection des erreurs, détection d'erreurs, détection de l'erreur (*suivant le contexte*) (asser, inf) (*cf. aussi* error detector *et* error-detecting code).

error detection and correction détection et correction des erreurs (*parf.* d'erreurs, *parf.* de l'erreur) (inf, asser) (*cf. aussi* error correcting code).

error-detection and correction chip puce de détection et correction d'erreurs (CI) (inf) (*cf. aussi* chip 1)).

error-detection and correction circuit circuit de détection et correction d'erreurs (CI) (inf).

error-detection and correction circuitry circuits de détection et correction d'erreurs (CI) (inf) (*cf. aussi* circuitry).

error-detection bit binaire de parité (inf) (*cf. aussi* parity bit).

error-detection code *cf.* error-detecting code.

error detector détecteur d'écart, détecteur d'erreur, comparateur (*dans un système asservi, dispositif fournissant une tension continue variable dont l'amplitude est proportionnelle à l'importance de l'écart et dont la polarité est fonction du signe de celui-ci*) (*cf. aussi* error 2) *et* error voltage).

error-measuring device dispositif de mesure de l'écart (*ou* l'erreur) (asser) (*cf. aussi* error detector).

error message message d'erreur (*message signalant une erreur dans un message précédemment reçu ou dans la manipulation d'un appareil et notamment d'un ordinateur*).

error processing *cf.* error correction.

error-producing element élément générateur d'erreurs (*dans une chaîne de mesure, etc.*).

error-proof *a* **1)** à l'abri des erreurs (calcul, etc.) **2)** protégé contre les fausses manœuvres (*appareil de mesure, etc.*).

error propagation propagation des erreurs (inf, tlg).

error protection protection contre les erreurs (de transmission *ou* de transfert) (inf, tls) (*cf. aussi* error bit).

error-protection code *cf.* error-detecting code.

error-protection coder codeur à code de détection d'erreur (télinf) (*cf. aussi* error-detecting code).

error rate **1)** taux d'erreurs (*pourcentage d'erreurs dans un* signal numérique reçu par un appareil récepteur, notamment dans une liaison de transmission de données, ou par un organe récepteur d'un appareil informatique) (cf. aussi bit error rate, word error rate, error detection, data transmission et data transfer). **2)** vitesse de variation de l'écart (ou l'erreur) (asser) (cf. aussi error 2)).

error-rate damping amortissement proportionnel à l'écart et à sa dérivée, correction (idem) (asser) (cf. aussi proportional plus derivative action).

error recovery cf. error detection and correction.

error scrubbing correction complète des erreurs (correction de toutes les erreurs induites dans une mémoire vive) (inf) (cf. aussi soft error et RAM[1]).

error sensing device cf. error detector.

error sensor cf. error detector.

error signal signal d'erreur (signal constitué par une tension d'erreur, éventuellement numérisée) (asser) (cf. aussi error voltage, signal[1] et analog-to-digital conversion).

error term terme d'erreur (terme d'une expression mathématique d'un système asservi représentant une tension d'erreur) (cf. aussi error voltage).

error voltage tension d'erreur, (a) tension fournie par le détecteur d'écart dans un système asservi (cf. aussi error signal et error detector) ; (b) tension parasite résultant notamment de la présence d'une boucle de masse dans un montage de mesure) (cf. aussi ground loop 1)).

ESA cf. electrical surge arrestor.

Esaki diode diode Esaki (semi) (cf. aussi tunnel diode).

ESC (vient de « escape ») ESC, changement de code (caractère de commande de transmission précédant un changement de code dans un message transmis par une liaison de transmission de données) (télinf) (cf. aussi data link).

escape changement de code (changement de la signification des caractères d'un message numérique à partir d'un caractère de changement de code) (télinf) (cf. aussi ESC).

escape character caractère de changement de code (télinf) (cf. aussi ESC).

escort jamming brouillage en escorte (brouillage des radars et autodirecteurs radars hostiles par un avion brouilleur escortant d'autres avions) (mil) (cf. aussi jamming et radar seeker).

ESD cf. electrostatic discharge.

ESG cf. electrically suspended gyroscope.

ESL cf. equivalent series inductance.

ESM **1)** cf. electronic signal monitoring. **2)** cf. electronic support measures.

ESM capability possibilités d'écoute (parf. au singulier) (d'un récepteur d'écoute ou d'un mobile ou lieu équipé d'un tel appareil) (mil).

ESM equipment matériel d'écoute (récepteurs d'écoute et leurs antennes et autres accessoires) (mil) (cf. aussi surveillance receiver).

ESM mode mode d'écoute (mode de fonctionnement d'un radar militaire de veille dans lequel l'antenne explore l'espace aérien pendant que le récepteur est sous tension et l'émetteur arrêté) (cf. aussi search radar).

ESM receiver récepteur d'écoute (mil) (cf. aussi surveillance receiver).

ESM station station d'écoute (station radio militaire équipée d'un ou plusieurs récepteurs d'écoute) (station au sol ou sur un mobile) (cf. aussi surveillance receiver).

ESM suite équipement d'écoute, panoplie d'appareils d'écoute (ensemble du matériel d'écoute équipant une station d'écoute) (mil) (cf. aussi ESM station).

ESR cf. equivalent series resistance.

establish a connection v **1)** établir une connexion (cf. aussi connection 1)). **2)** établir une communication (tél) (cf. aussi telephone connection).

establishment of a connection établissement d'une ... (voir aussi establish a connection).

ESU cf. electrostatic unit.

etch[1] v **1)** attaquer (chimiquement) (éliminer localement une couche de métal, de semiconducteur ou d'oxyde par voie chimique) (fab. CP, CH, CI, semi) (cf. aussi etching). **2)** graver (rendre poreuse l'anode d'un condensateur électrolytique à l'aluminium) (cf. aussi etched anode).

etch[2] s cf. etchant.

etch rate vitesse d'attaque (chimique) (cf. aussi etch[1] 1)).

etchant réactif d'attaque (acide utilisé pour l'attaque chimique) (cf. aussi etching).

etched anode anode gravée (anode de condensateur électrolytique à l'aluminium formée d'une mince bande d'aluminium pur traitée chimiquement pour la rendre rugueuse et poreuse afin de multiplier sa surface de contact par 10 environ avant de l'oxyder sous tension électrique dans des bains acides où elle se recouvre d'une couche d'alumine constituant le diélectrique) (cf. aussi aluminium capacitor).

etched circuit board cf. etched printed-circuit board.

etched conductor conducteur obtenu par photogravure (CP, CH, CI) (cf. aussi etching).

etched copper conductor conducteur en cuivre obtenu par photogravure (CP, CH) (cf. aussi etching).

etched foil clinquant gravé (nom descriptif d'une anode gravée) (cf. aussi etched anode).

etched opening ouverture pratiquée par attaque chimique (semi) (cf. aussi oxide window).

etched printed circuit circuit imprimé réalisé par photogravure (ou photogravé) (clpf) (cf. aussi etching et printed circuit).

etched printed-circuit board carte à circuit imprimé réalisé par photogravure (ou photogravé), (parf.) plaquette (idem) (cf. aussi printed-circuit board et etching).

etched safety glass faceplate dalle en verre trempé dépoli (tube cath) (cf. aussi faceplate).

etching s attaque chimique, attaque (élimination d'une ou plusieurs zones déterminées d'une couche de métal, de semiconducteur ou d'oxyde sur un substrat ou sur une autre couche, par action d'un acide ou d'un plasma réactif, pour former des conducteurs ou des composants ou pour pratiquer des ouvertures permettant d'accéder au substrat ou à la couche sous-jacente) (fab. CP, CH, CI, semi) (cf. aussi plasma etching et lithography).

etching method cf. etching process.

etching process procédé d'attaque chimique, méthode d'attaque chimique (cf. aussi etching et subtractive method).

etching step opération d'attaque chimique (cf. aussi etching).

etching technique cf. etching process.

etching technology (la) technique de l'attaque chimique (cf. aussi etching et technology).

ether éther (en physique, milieu matériel élastique hypothétique remplissant l'espace, imaginé par Fresnel pour expliquer la propagation de la lumière et repris par Maxwell dans sa théorie électromagnétique de la lumière, les ondes électromagnétiques étant à cette époque considérées comme ayant besoin d'un milieu matériel pour se propager) (cette hypothèse a été ultérieurement infirmée par Einstein) (cf. aussi material medium, wave theory of light, electromagnetic wave propagation et theory of relativity).

ether scanner cf. radio telescope.

Ettingshausen effect Effet Ettingshausen (apparition d'une différence de température entre les deux bords d'une lamelle métallique parcourue par un courant et placée dans un champ magnétique perpendiculaire à son plan) (cette différence est due à la création d'un gradient de température dans la direction de la largeur de la lamelle) (effet galvanomagnétique superposé à l'effet Hall dont le réciproque est l'effet Nernst et l'homologue thermomagnétique est l'effet Righi-Leduc) (cf. aussi galvanomagnetic effect, thermomagnetic effect et gradient).

ETV cf. educational television.

ETX (vient de « end of text ») ETX, fin de texte (caractère de commande de transmission indiquant la fin du texte transmis dans une liaison de transmission de données) (télinf) (cf. aussi transmission control character et data link).

European Broadcasting Union Union Européenne de Radiodiffusion (Organisation internationale).

eutectic attach cf. eutectic bond.

eutectic attachment cf. eutectic bonding.

eutectic bond soudure eutectique (CH) (cf. aussi eutectic bonding).

eutetic bonding fixation par eutectique (procédé de fixation d'une puce de circuit intégré ou de transistor sur le substrat d'un circuit hybride par formation d'un alliage eutectique entre le silicium de la puce et la couche d'or du substrat chauffé localement à 370° C) (cf. aussi chip 1), hybrid integrated circuit et epoxy bonding).

eutectic chip bonding fixation des puces (parf. de la puce) par eutectique (CH) (cf. aussi eutectic bonding).

eutectic die ... cf. eutectic chip ...

eV cf. electron-volt.

evacuate v pomper, vider (tube, lampe) (cf. aussi evacuation).

evacuation pompage, vidage (évacuation de l'air contenu dans l'ampoule ou l'enveloppe métallique d'un tube électronique ou l'ampoule d'une lampe électrique en cours de fabrication) (cf. aussi exhaust tube).

evacuation tube cf. exhaust tube.

evaluation 1) évaluation, estimation (parf. appréciation). 2) interprétation (de signaux, de résultats).

evanescent mode mode évanescent (mode de propagation dans un guide d'ondes correspondant à une onde évanescente) (hyper) (cf. aussi evanescent wave).

evanescent wave onde évanescente (dans un guide d'ondes, onde électromagnétique dont l'amplitude décroît exponentiellement le long de l'axe du guide) (disparaît donc pratiquement après une courte distance de propagation) (onde dont la fréquence est inférieure à la fréquence de coupure du guide) (hyper) (cf. aussi cut-off frequency et waveguide).

evaporated dielectric film couche isolante formée (ou déposée) par évaporation (couche d'oxyde isolant formée par évaporation sur une couche ou une plage conductrice d'un circuit hybride à couches minces pour former le diélectrique d'un condensateur, etc.) (cf. aussi evaporation et dielectric[1]).

evaporated layer couche formée (ou déposée) par évaporation, couche évaporée (couche de circuit hybride à couches minces etc.) (cf. aussi evaporation).

evaporated metal-film resistor résistance à couche métallique formée par évaporation (cf. aussi metal-film resistor et evaporation).

evaporated metallization métallisation par évaporation (CI) (cf. aussi evaporation et metallization).

evaporated passive component composant passif formé par évaporation (résistance, condensateur ou inductance formée par évaporation sous vide sur le substrat d'un circuit hybride à couches minces ou sur un substrat individuel pour former un composant discret) (cf. aussi evaporation et thin-film hybrid circuit).

evaporation évaporation (en électronique, ce terme désigne souvent le procédé d'évaporation sous vide) (cf. aussi vapor deposition 1)).

evaporation duct couche-piège en surface (couche-piège formée au-dessus de la mer lorsque l'humidité de l'air décroît rapidement en fonction de l'altitude en partant de la saturation) (a une épaisseur généralement inférieure à 100 mètres) (propa) (cf. aussi duct 1)).

even field trame paire (trame formée par les lignes de balayage paires sur un écran de télévision ou analogue ou, de façon invisible, sur la cible du capteur d'une caméra de télévision ou analogue) (cf. aussi interlaced scanning).

even harmonic harmonique pair (harmonique dont la valeur est un multiple pair de la fréquence fondamentale) (harmonique 2, 4, 6, etc.) (cf. aussi harmonic).

even mode mode pair, mode de propagation pair (mode de propagation d'une onde électromagnétique dans un guide d'ondes dans lequel l'un des nombres d'ondes est pair) (hyper) (cf. aussi propagation mode (a) et wave number).

even-mode field champ d'un mode (de propagation) pair (cf. aussi even mode).

even-mode propagation propagation d'un mode pair (cf. aussi even mode).

even-order filter filtre d'ordre pair (filtre d'ordre 2, 4, 6, etc.) (cf. aussi filter order).

even-order harmonic cf. even harmonic.

even-ordered ... cf. even-order ...

even parity 1) parité paire (ou positive) (parité d'une fonction d'onde lorsque le signe de l'état qu'elle décrit n'est pas changé par une inversion spatiale de cette fonction) (mécanique quantique) (cf. aussi parity (a)). 2) parité paire, parité (parité d'un groupe de binaires contenant un nombre pair de binaires « 1 ») (inf) (cf. aussi parity (b)).

even-parity bit binaire de parité (paire) (binaire rendant paire la parité d'un groupe de binaires) (cf. aussi even parity).

even-parity check contrôle par parité (paire), contrôle de parité paire (contrôle d'un groupe de binaires dans lequel le nombre de binaires « 1 » doit être pair pour qu'il n'y ait probablement pas de binaire erroné dans le groupe) (inf) (cf. aussi even parity).

event marker marqueur d'événement (court trait transversal ou autre repère porté sur la bande d'un enregistreur graphique à défilement ou dispositif produisant ces repères) (cf. aussi time marker et strip-chart recorder).

event recorder enregistreur par tout ou rien (enregistreur graphique traçant une « courbe » en forme de créneaux dont la partie saillante a une longueur proportionnelle à la durée de l'événement enregistré) (les créneaux sont parfois remplacés par des segments de droite alignés de longueur égale à celle de leur sommet).

EVR cf. electronic video recording.

EW cf. electronic warfare. (de même pour les termes dérivés).

EWO cf. electronic warfare operator.

EWO trainer cf. electronic warfare simulator.

EWR cf. early-warning radar.

exalted carrier porteuse renforcée (cf. aussi exalted-carrier reception).

exalted-carrier receiver récepteur à renforcement de porteuse (cf. aussi exalted carrier reception).

exalted-carrier reception réception avec renforcement de la porteuse (procédé de réception d'une onde modulée en amplitude dans lequel la porteuse est séparée des bandes latérales par filtrage, puis amplifiée et ensuite recombinée avec celles-ci avant d'être démodulée) (cf. aussi amplitude modulation et demodulation).

EXCEPT cf. exclusive OR. (de même pour les termes dérivés).

excess carriers cf. excess minority carriers.

excess charge carriers cf. excess minority carriers.

excess conduction conduction par électrons excédentaires (conduction assurée par les électrons en excédent dans un semiconducteur dopé) (cf. aussi excess electron et doping).

excess electron électron excédentaire, électron en excédent (électron libre dans un semiconducteur par la présence d'une impureté donneuse ou constituant un porteur minoritaire en excès) (cf. aussi donor impurity et excess minority carrier).

excess hole trou excédentaire, trou en excédent (trou créé dans un semiconducteur par la présence d'une impureté acceptrice ou constituant un porteur minoritaire en excès) (cf. aussi hole 1), acceptor impurity et excess minority carriers).

excess minority carriers porteurs minoritaires en excès (ou excédentaires), porteurs de charge en excès (idem), porteurs en excès (idem) (noms généralement donnés aux porteurs minoritaires injectés dans une jonction PN) (semi) (cf. aussi minority-carrier injection).

excess-three code code plus trois, code excédent trois (code binaire dans lequel chaque chiffre est majoré de trois unités avant d'être codé en BCD) (permet la complémentation à 9) (inf) (cf. aussi binary code, BCD et nine's complement).

excess voltage cf. overvoltage.

exchange s (en télécommunications) (terme anglais, également utilisé par les Américains concurremment à « central office ») central s, centre de commutation, bureau central (terme initial issu du terme américain ; n'est plus employé et serait inapplicable à un central automatique) (local ou bâtiment dans lequel est effectuée tout ou partie de la commutation des lignes d'un réseau téléphonique ou télégraphique commuté) (tls) (cf. aussi manual exchange, automatic exchange, switching center et switched network).

exchange area zone de rattachement (zone desservie par un central téléphonique).

exchange cable câble aboutissant à un central (téléphonique).

excitation excitation (a) *fourniture d'énergie à une particule ou un système avec pour résultat un changement d'état de l'entité réceptrice (définition fondamentale) (électron, atome, molécule, etc.) (cf. aussi* collision excitation, thermal excitation, radiation excitation, energy *et* energy state) ; (b) *application d'une tension à haute fréquence à une antenne d'émission ou à un quartz prézoélectrique); (c) application d'un signal à l'électrode de commande d'un tube électronique ou d'un transistor); (d) application d'une tension à l'enroulement d'un électro-aimant et notamment à la bobine d'un relais pour y faire circuler un courant); (e) application d'une pression sonore ou ultrasonore à l'élément sensible d'un transducteur électroacoustique) (microphone, hydrophone).*

excitation anode anode d'entretien *(électrode utilisée pour maintenir l'ionisation dans un mutateur pendant les passages au zéro du courant alternatif redressé) (cf. aussi* grid-controlled mercury-arc rectifier).

excitation energy énergie d'excitation *(énergie fournie aux fins d'excitation) (cf. aussi* excitation).

excitation frequency fréquence d'excitation *(fréquence d'une tension alternative, d'un courant alternatif ou d'un champ alternatif d'excitation, ou de chocs périodiques produisant une excitation) (cf. aussi* excitation *et* frequency).

excitation level niveau d'excitation *(quantité d'énergie d'excitation) (cf. aussi* excitation).

excitation purity pureté d'excitation *(grandeur colorimétrique sans dimension exprimant la pureté d'une couleur) (est égale au rapport entre la distance de la couleur au blanc de référence sur le triangle des couleurs et la distance du blanc au pourpre saturé) (TVC, etc.) (cf. aussi* purity *et* chromaticity diagram).

excitation source source d'excitation *(source d'énergie d'excitation) (cf. aussi* excitation energy *et* energy source).

excitation voltage tension d'excitation *(cf. aussi* excitation (d)).

excitation winding enroulement d'excitation *(cf. aussi* field coil).

excited-field loudspeaker haut-parleur à excitation *(haut-parleur à bobine mobile dans lequel l'aimant permanent est remplacé par un électro-aimant alimenté en courant continu) (cf. aussi* moving-coil loudspeaker).

excited-field speaker *cf.* excited-field loudspeaker.

excited state état excité *(état d'un électron dont l'énergie est supérieure à celle de l'état fondamental par suite d'un apport d'énergie extérieure ou, par conséquent, état d'un atome ou d'une molécule contenant un tel électron) (semi, laser, etc.) (cf. aussi* energy state).

exciter **1)** source primaire *(antenne directive) (cf. aussi* primary radiator). **2)** oscillateur *(d'un émetteur radio) (cf. aussi* oscillator *et* radio transmitter). **3)** excitateur *(boucle ou sonde de couplage servant à appliquer un signal) (hyper) (cf. aussi* coupling loop *et* coupling probe). **4)** *cf.* exciter lamp. **5)** excitatrice *(dynamo produisant le courant d'excitation d'un alternateur à rotor bobiné) (est entraînée par le même arbre) (cf. aussi* dynamo *et* alternator).

exciter lamp lampe excitatrice *(lampe à incandescence à filament ponctuel et à grande luminosité utilisée pour l'enregistrement et la lecture optique du son sur film de cinéma) (excite une cellule photoélectrique à la lecture) (cf. aussi* optical sound reproducer).

exciter section tronçon d'excitation *(tronçon de guide d'ondes terminé par un cornet servant de source primaire d'une antenne directive) (hyper) (cf. aussi* primary radiator).

exciting current **1)** *(parf.* intensité du) courant d'excitation *(courant circulant dans une antenne d'émission, la bobine d'un relais, etc.)* **2)** *cf.* magnetizing current.

exciting field champ d'excitation *(champ produit par une bobine d'excitation) (cf. aussi* field coil).

exciting light lumière excitatrice *(lumière agissant sur un photodétecteur) (cf. aussi* exciter lamp *et* photodetector).

exciton exciton *(état excité dans un semiconducteur caractérisé par un transfert d'énergie sans transfert de charge électrique et dû à la présence d'un électron dans la bande interdite lié à un trou situé dans la bande de valence) (cf. aussi* excited state, energy band *et* hole).

exciton band bande excitonique *(bande d'énergie permise formée dans la bande interdite par la présence de l'électron d'un exciton dans celle-ci) (cf. aussi* exciton).

exciton decay décroissance de l'exciton *(parf.* d'un exciton), décroissance excitonique *(cf. aussi* exciton).

exciton life *cf.* exciton lifetime.

exciton lifetime durée de vie de l'exciton *(parf.* d'un exciton) *(cf. aussi* exciton).

exciton process processus de formation de l'exciton *(parf.* d'un exciton), processus excitonique *(cf. aussi* exciton).

excitron excitron *(mutateur monoanodique à cuve en acier) (cf. aussi* grid-controlled mercury-arc rectifier *et* single-anode rectifier).

exclusion gate *cf.* exclusive-OR gate.

exclusion principle *cf.* Pauli exclusion principle.

exclusive NOR NI exclusif, rejet exclusif, coïncidence, équivalence, identité, ET inclusif *(le dernier terme, qui est le meilleur, est peu employé et correspond à une autre façon d'interpréter la table logique) (= les deux « 1 » ou les deux « 0 » mais pas l'un « 1 » et l'autre « 0 ») (opérateur logique) (inf) (cf. aussi* exclusive-NOR gate *et* logic operator).

exclusive-NOR circuit *cf.* exclusive-NOR gate.

exclusive-NOR element élément NI exclusif, *(etc.) (cf. aussi* NOR *et* logic element).

exclusive-NOR function fonction NI exclusif, *(etc.) (fonction logique fournie par l'opération NI exclusif) (cf. aussi* exclusive NOR *et* logic function).

exclusive-NOR gate porte NI exclusif, circuit NI exclusif, *(etc.) (circuit logique réalisant le rejet exclusif de deux signaux binaires, c.-à-d. que sa sortie est à l'état « 1 » quand les deux entrées sont à l'état « 1 » ou à l'état « 0 » et passe à l'état « 0 » quand une entrée est à l'état « 1 » et l'autre à l'état « 0 ») (en d'autres termes, le cas où les deux entrées sont à l'état « 1 » est exclu du rejet) (inf) (cf. aussi* exclusive NOR, logic gate *et* truth table).

exclusive-NOR logic ... *cf.* exclusive-NOR ...

exclusive-NOR operation opération NI exclusif, *(etc.) (opération logique réalisant le rejet exclusif de deux signaux binaires) (cf. aussi* exclusive NOR *et* logic operation).

exclusive-NOR operator opérateur NI exclusif, *(etc.) (opérateur logique représentant ou exécutant l'opération NI exclusif) (cf. aussi* exclusive-NOR operation *et* logic operator).

exclusive OR OU exclusif, somme disjonctive, disjonction, anticoïncidence, non-équivalence, dilemme *(= l'un ou l'autre « 1 » mais pas les deux « 1 » ni les deux « 0 ») (opérateur logique) (inf) (cf. aussi* exclusive-OR gate *et* logic operator).

exclusive-OR circuit *cf.* exclusive-OR gate.

exclusive-OR element élément OU exclusif, *(etc.) (cf. aussi* exclusive OR *et* logic element).

exclusive-OR function fonction OU exclusif, *(etc.) (fonction logique fournie par l'opération OU exclusif) (cf. aussi* exclusive OR *et* logic function).

exclusive-OR gate porte OU exclusif, circuit OU exclusif, *(etc.) (circuit logique réalisant la somme disjonctive de deux signaux binaires, c.-à-d. que sa sortie est à l'état « 1 » quand l'une des entrées est à l'état « 1 » et l'autre à l'état « 0 » et passe à l'état « 0 » quand les deux entrées sont simultanément à l'état « 1 » ou à l'état « 0 ») (inf) (cf. aussi* exclusive OR *et* logic gate).

exclusive-OR logic ... *cf.* exclusive-OR ...

exclusive-OR operation opération OU exclusif, *(etc.) (opération logique fournissant la somme disjonctive de deux signaux binaires) (cf. aussi* exclusive OR *et* logic operation).

exclusive-OR operator opérateur OU exclusif, *(etc.) (opérateur logique représentant ou exécutant l'opération OU exclusif) (cf. aussi* exclusive OR *et* logic operator).

EXCM *cf.* expendable countermeasures.

execution speed vitesse d'exécution *(d'une instruction) (inverse du temps d'exécution) (cf. aussi* execution time).

execution time temps d'exécution *(d'une instruction) (inf) (cf. aussi* instruction execution).

exercise a board *v* appliquer des stimulis à une carte logique *(aux fins de contrôle) (inf) (cf. aussi* stimulus, logic board *et* logic analysis).

exhaust *v* cf. evacuate.

exhaust fan ventilateur extracteur *(ventilateur de refroidissement d'un appareil électronique ou autre agissant par aspiration de l'air contenu dans le coffret de celui-ci pour le rejeter à l'extérieur, l'entrée d'air se faisant généralement par un filtre retenant les poussières extérieures).*

exhaust tube queusot *(petit tube prolongeant l'ampoule d'un tube électronique ou d'une lampe électrique et permettant d'y faire le vide, puis éventuellement d'y introduire un gaz particulier, avant de le sceller par chauffage et étirage à l'état pâteux) (cf. aussi evacuation).*

exhaustion cf. evacuation.

exit hub plot de sortie *(plot de tableau de connexion) (inf) (cf. aussi program board).*

EXNOR cf. exclusive NOR *(de même pour les termes dérivés).*

exoatmospheric signature empreinte exoatmosphérique, signature exoatmosphérique *(empreinte radar d'une cible située au-dessus de l'atmosphère) (empreinte d'un engin stratégique ou spatial ou de ses débris) (mil, espace) (cf. aussi radar signature).*

EXOR cf. exclusive OR. *(de même pour les termes dérivés).*

exotic chip puce spéciale *(puce de circuit intégré très complexe) (cf. aussi chip 1)).*

exotic circuit circuit spécial *(circuit intégré numérique très complexe) (cf. aussi digital integrated circuit).*

exotic circuitry circuits spéciaux *(cf. aussi exotic circuit et circuitry).*

exotic package boîtier spécial *(CI, CH, etc.).*

exotic signal signal truqué *(signal à sauts de fréquence ou à spectre étalé ou autre artifice contre le brouillage ou l'interception) (radio, radar) (mil) (cf. aussi frequency-hopping signal et spread-spectrum signal).*

expandable memory mémoire extensible *(mémoire numérique dont la capacité peut être augmentée par l'adjonction de modules identiques ou compatibles) (inf) (cf. aussi digital memory, expansion board et module (a)).*

expandable RAM mémoire RAM extensible, *(etc.) (inf) (cf. aussi expandable memory et RAM[1]).*

expanded-center PPI display présentation panoramique à centre dilaté, présentation (panoramique) dilatée *(présentation panoramique sur écran de radar dans laquelle l'échelle de la carte radar est dilatée dans la partie centrale de l'écran pour améliorer la représentation des environs immédiats du radar) (cf. aussi PPI display).*

expanded display cf. expanded-center PPI display.

expanded plan-position indicator indicateur panoramique à centre dilaté *(radar) (cf. aussi plan-position indicator et expanded-center PPI display).*

expanded real-beam mapping mode mode de visualisation du terrain avec ouverture réelle et échelle dilatée, mode à ouverture réelle et échelle dilatée *(mode de visualisation du terrain sur l'écran d'un radar d'aéronef sans affinement Doppler du faisceau, mais avec grossissement de l'image par rapport au mode normal) (mil) (cf. aussi Doppler beam sharpening).*

expanded scale échelle dilatée (a) *échelle d'un appareil de mesure analogique dont les graduations sont plus espacées que celles d'une échelle différente couvrant la même étendue de mesure) (cf. aussi meter scale)*; (b) *échelle d'une partie de l'image formée sur un écran cathodique avec certain grossissement par rapport au reste de l'image) (oscilloscope, radar, etc.) (cf. aussi expanded sweep).*

expanded-scale meter appareil à échelle dilatée, appareil de mesure *(idem) (cf. aussi expanded scale (a)).*

expanded scanning cf. expanded sweep.

expanded scope écran à échelle dilatée *(oscillo, radar) (cf. aussi expanded scale (b).*

expanded signal signal ayant subi une expansion *(parf. soumis à une expansion) (cf. aussi expansion 1)).*

expanded sweep balayage dilaté *(ou en échelle dilatée),* balayage avec loupe *(ou effet de loupe) (mode de balayage de l'écran d'un tube cathodique dans lequel une partie du signal visualisé est grossie plusieurs fois par augmentation de la vitesse de balayage pendant le temps correspondant pour en*

faciliter l'observation) (oscilloscope, indicateur radar) (cf. aussi delayed sweep et sweep mode).

expanded time-base sweep cf. expanded sweep.

expander expanseur (de dynamique) *(radiotél, etc.) (cf. aussi volume expander).*

expandor cf. expander.

expansion 1) expansion (de la dynamique) *(radiotél, etc.) (cf. aussi volume expansion).* 2) dilatation d'échelle, grossissement, loupe *(image formée sur un écran cathodique) (cf. aussi expanded sweep).* 3) élargissement (d'impulsions) *(cf. aussi expansion filter).* 4) extension, élargissement *(des possibilités d'un appareil) (cf. aussi expansion board).*

expansion board carte d'extension *(carte logique ajoutée notamment à un micro-ordinateur pour augmenter ses possibilités) (par exemple, pour augmenter la capacité de la mémoire centrale, permettre l'emploi d'un écran à haute définition ou en couleurs, la communication avec d'autres ordinateurs et notamment la consultation de banques de données, la commande d'une ou plusieurs mémoires à disque magnétique supplémentaires, etc.) (est généralement enfichée dans un connecteur prévu, avec d'autres, pour recevoir une telle carte, la moyenne étant de six connecteurs, mais la puissance de l'alimentation de l'appareil étant souvent insuffisante pour supporter la surcharge de tant de cartes) (inf) (cf. aussi add-ons, logic card et microcomputer).*

expansion card cf. expansion board.

expansion filter filtre d'expansion, filtre élargisseur d'impulsions *(filtre formé d'une ligne à retard dispersive dont le signal d'entrée est une impulsion étroite de courant à haute fréquence et le signal de sortie est une impulsion large à fréquence décroissante) (émetteur de radar à compression d'impulsions) (cf. aussi dispersive delay line, chirp radar et compression filter).*

expansion lens system optique de projection (d'image) *(groupe de lentilles électrostatiques) (tube cath) (cf. aussi expansion storage tube).*

expansion memory mémoire additionnelle *(mémoire numérique ajoutée à une autre mémoire numérique pour augmenter sa capacité) (inf) (cf. aussi expandable memory).*

expansion mesh cathode-ray tube cf. expansion storage tube.

expansion-mesh CRT cf. expansion storage tube.

expansion slot emplacement pour carte d'extension, *(abusivement)* connecteur d'extension *(inf) (cf. aussi expansion board).*

expansion storage mémorisation avec projection (d'image) *(cf. aussi expansion storage tube).*

expansion storage cathode-ray tube cf. expansion storage tube.

expansion storage CRT cf. expansion storage tube.

expansion storage tube tube à mémoire à projection (d'image) *(tube à mémoire dans lequel la grille-mémoire ne mesure que quelques centimètres de côté et est disposée près des plaques de déviation, l'image électrique qu'elle porte étant projetée et agrandie sur l'écran par un groupe de lentilles électrostatiques dans lequel passe le faisceau d'électrons) (cf. aussi storage tube, electric image et electrostatic lens).*

expendable countermeasures contre-mesures consommables *(contre-mesures constituées par des leurres radar, infrarouge, etc. ou des brouilleurs suspendus à des parachutes ou montés dans des avions sans pilote non récupérables, etc.) (mil) (cf. aussi countermeasures, chaff et flare 1)).*

expendable countermeasures hardware matériel de contre-mesures consommables *(cf. aussi expendable countermeasures).*

expendable ECM cf. expendable countermeasures.

expendable jammer brouilleur consommable, brouilleur non récupérable *(cf. aussi expendable countermeasures).*

expendables cf. expendable countermeasures.

expert system système expert *(nom donné à un programme d'ordinateur conférant à celui-ci une intelligence artificielle relativement grande dans un domaine restreint ou, par extension et plus correctement, à un ordinateur exécutant un tel programme) (cette intelligence résulte principalement de l'accumulation d'un grand nombre de cas possibles et de relations causales dans la mémoire de l'appareil, celle-ci constituant en* *fait une banque de données spécialisée à structure particulière) (un tel programme impliquant un très grand nombre de comparaisons par unité de temps et une mémoire à grande capacité, il nécessite au moins un micro-ordinateur puissant) (les systèmes experts les plus employés en 1990 couvrent les domaines suivants : diagnostic médical, recherche des pannes du matériel électronique ou autre, chimie, prévision, organisation, jeux et reconnaissance automatique des types de cibles militaires, notamment par l'autodirecteur de missiles air-surface) (inf) (cf. aussi* inference engine, artificial intelligence, data base, computer program, processing power *et* homing head).

exploring coil bobine exploratrice *(mesure) (cf. aussi* flip coil).

exponential amplifier amplificateur exponentiel *(amplificateur de tension dans lequel l'amplitude du signal de sortie est proportionnelle à l'exponentielle de l'amplitude du signal d'entrée) (cf. aussi* voltage amplifier).

exponential decay décroissance exponentielle *(de l'amplitude d'un signal, etc.).*

exponential horn 1) pavillon exponentiel *(pavillon de haut-parleur dont l'aire de la section droite croît comme l'exponentielle de la distance axiale à partir de la source) (cf. aussi* horn loudspeaker). **2)** cornet exponentiel *(définition comme en 1)) (antenne-cornet) (hyper) (cf. aussi* horn antenna).

exponential potential well *cf.* exponential well.

exponential well puits de potentiel exponentiel *(puits de potentiel dans lequel le potentiel décroît exponentiellement du bord vers le centre) (cf. aussi* potential well).

exponentially-tapered horn *cf.* exponential horn.

exposure meter posemètre *(type de luxmètre employé en photographie) (cf. aussi* luxmeter).

exposure system système de sensibilisation (a) *source de lumière et optique d'un graveur optique de circuits) (cf. aussi* optical lithography machine) ; (b) *canon à électrons et système de déviation d'un graveur à faisceau d'électrons) (cf. aussi* electron-beam lithography machine).

extended-interaction oscillator oscillateur à interaction étendue, oscillateur EIO *(sigle du terme anglais),* tube *(idem) (tube hyperfréquence à faisceau droit dans lequel le faisceau traverse une cavité résonnante relativement longue en passant dans plusieurs bagues successives disposées suivant l'axe de la cavité pour former une ligne de couplage entre le faisceau et celle-ci et provoquer le groupement des électrons avec production d'un courant hyperfréquence par les paquets d'électrons) (cf. aussi* extended-interaction tube, linear-beam tube *et* electron bunching).

extended-interaction tube tube à interaction répartie *(tube hyperfréquence dans lequel l'interaction entre le champ électromagnétique créé par le signal à amplifier ou entretenir et les électrons fournissant l'énergie nécessaire se produit sur une distance relativement grande) (utilise à cette fin une ligne à onde lente) (un tube à interaction répartie peut avoir deux configurations : a) configuration rectiligne, comme dans le cas d'un tube à onde progressive ou d'un carcinotron O, par exemple; les électrons sont alors utilisés sous la forme d'un faisceau (rectiligne) et l'on a affaire à l'un des types de tubes à champs parallèles; un tel tube, c.-à-d. un tube à interaction répartie à configuration rectiligne est parfois appelé « tube à interaction longitudinale »; il est à noter que ce terme prête à confusion car un klystron est également un tube à interaction longitudinale, mais à interaction courte ; b) configuration circulaire, comme dans le cas d'un magnétron ou d'un carcinotron M, par exemple, c.-à-d. d'un tube à champs croisés; les électrons sont alors utilisés sous la forme d'un nuage tournant dans un espace annulaire; on notera qu'un tube à champs croisés est une sous-catégorie de tube à interaction répartie) (cf. aussi* extended-interaction oscillator, slow-wave structure, linear-beam tube, crossed-field tube, TWT, carcinotron, klystron, magnetron *et* microwave tube).

extended-play cassette cassette longue durée *(magnétophone, magnétoscope) (cf. aussi* audio cassette *et* video cassette).

extended-play record disque longue durée *(disque 45 tours à sillons rapprochés) (cf. aussi* long-play record).

extending from terminal ... partant de la borne ... *(conduc-*

teur) (l'expression anglaise se rencontre notamment dans des brevets).

extension 1) poste intérieur, poste *(poste téléphonique relié au central dans une entreprise ou un organisme) (cf. aussi* telephone set, PBX *et* PABX). **2)** *cf.* extension cord.

extension cable 1) câble prolongateur *(câble coaxial, etc.).* **2)** *cf.* extension cord.

extension cord cordon prolongateur, rallonge *(câble souple isolé à deux ou plusieurs conducteurs muni d'une fiche mâle à une extrémité et une fiche femelle à l'autre).*

extension line ligne supplémentaire, ligne intérieure, ligne de poste intérieur *(tél) (cf. aussi* extension 1)).

extension memory *cf.* expansion memory.

extension number numéro de poste (intérieur) *(tél) (cf. aussi* extension 1)).

extension station *cf.* extension 1).

extensive feedback forte contre-réaction, grand taux de contre-réaction *(ampli) (cf. aussi* negative feedback).

extensometer extensomètre *(cf. aussi* strain gage).

external ac source source de courant alternatif extérieure, source extérieure de courant alternatif *(alimentation d'un appareil par le secteur, etc.) (cf. aussi* ac source).

external clocking cadencement par horloge extérieure, cadencement extérieur *(cadencement de circuits logiques d'un appareil ou d'un module par une horloge montée dans un autre appareil ou module) (cf. aussi* clocking *et* module).

external component composant extérieur *(composant monté, pour des raisons d'encombrement, de réglage ou d'interchangeabilité, à l'extérieur du boîtier d'un circuit intégré ou autre ensemble dont il fait partie du point de vue fonctionnel) (ce terme désigne souvent une résistance, un potentiomètre ou un condensateur) (cf. aussi* integrated circuit package).

external countermeasures contre-mesures externes *(contre-mesures électroniques opérées par un ou plusieurs brouilleurs ou lance-leurres montés à l'extérieur d'un aéronef militaire) (mil) (cf. aussi* jamming pod, paste-on jammer, jammer, chaff launcher *et* electronic countermeasures).

external dc source source de courant continu extérieure *(exemple : batterie d'accumulateurs utilisée pour alimenter sur le terrain un oscilloscope ou autre appareil à courant alternatif à l'aide d'un onduleur) (cf. aussi* dc current source).

external ECM *cf.* external countermeasures.

external electronic countermeasures *cf.* external countermeasures.

external graticule graticule extérieur *(graticule dont les traits sont tracés en creux sur une plaque transparente amovible disposée devant l'écran du tube cathodique) (oscillo) (cf. aussi* graticule).

external-graticule cathode-ray tube tube cathodique à graticule extérieur *(cf. aussi* external graticule).

external-graticule CRT *cf.* external-graticule cathode-ray tube.

external-graticule tube *cf.* external graticule cathode-ray tube.

external ground terminal borne de masse extérieure *(sur un oscilloscope, etc.) (cf. aussi* ground terminal 1)).

external input entrée extérieure *(bornes d'entrée d'un signal extérieur sur un appareil ou un montage ou, par extension, ce signal lui-même) (oscillo, générateur, etc.) (cf. aussi* external signal).

external jammer brouilleur externe *(mil) (cf. aussi* external countermeasures).

external jamming brouillage par un brouilleur externe *(mil) (cf. aussi* external countermeasures).

external medium support d'informations externe, support externe *(support d'information d'une mémoire externe) (inf) (cf. aussi* storage medium *et* peripheral memory).

external memory mémoire externe *(inf) (cf. aussi* peripheral memory).

external noise 1) bruit extérieur *(sens usuel) (acou).* **2)** bruit externe, bruit d'origine externe *(bruit à la sortie d'un montage ou d'un appareil produit par une source extérieure à celui-ci) (bruit dû à des parasites captés par le montage ou l'appareil, à des vibrations de certains de ses éléments, à une ondulation résiduelle excessive de la tension d'alimentation, etc.) (cf. aussi* noise 2) (a)).

external photoelectric effect effet photoélectrique externe *(effet photoélectrique dans lequel il y a émission de particules par le corps) (en d'autres termes, nom parfois donné à la photoémission pour rappeler que les porteurs de charge sont créés à l'extérieur du corps) (cf. aussi* photoelectric emission).

external refresh rafraîchissement extérieur *(rafraîchissement d'une mémoire RAM dynamique assuré par des circuits logiques réalisés sur la puce d'un circuit intégré autre que celui de la mémoire rafraîchie) (inf) (cf. aussi* refresh², dynamic RAM *et* chip 1)).

external refreshing logic logique de rafraîchissement extérieure *(cf. aussi* external refresh *et* logic 2)).

external resistor résistance extérieure *(CI, CH) (cf. aussi* external component).

external self-protection system système d'autoprotection externe, système d'autoprotection en nacelle *(système d'autoprotection contenu dans une nacelle profilée accrochée à l'aéronef à protéger) (mil) (cf. aussi* aircraft self-protection system).

external signal signal extérieur *(signal fourni à un appareil ou un montage par une source extérieure de signaux ou capté par celui-ci) (dans le second cas, peut être un signal parasite) (cf. aussi* external signal source).

external signal source source extérieure de signaux *(générateur de signaux, conducteur du secteur, etc.) (cf. aussi* external source).

external source source extérieure *(source de signaux ou d'alimentation située à l'extérieur de l'appareil ou du montage qui utilise les signaux ou le courant fourni) (cf. aussi* signal source *et* supply source).

external storage 1) mémorisation dans une mémoire externe *(inf) (cf. aussi* peripheral memory). 2) *cf.* external memory.

external sync *cf.* external synchronization.

external synchronization synchronisation extérieure *(synchronisation du balayage d'un oscilloscope fonctionannt en mode déclenché récurrent, sur la fréquence d'une tension périodique extérieure) (la tension extérieure peut notamment être la tension du secteur ou une tension sinusoïdale ou autre fournie par un générateur de signaux) (cf. aussi* sweep synchronization, conventional triggered sweep *et* synchronization).

external synchronization level niveau du signal de synchronisation extérieur *(cf. aussi* level 1) *et* external synchronization).

external synchronization signal signal de synchronisation extérieur *(cf. aussi* external synchronization *et* synchronization signal).

external tactical ECM system équipement externe de contre-mesures tactiques *(mil) (cf. aussi* external countermeasures *et* tactical countermeasures).

external trigger 1) *cf.* external trigger signal. 2) *cf.* external trigger input 1).

external trigger input 1) entrée pour synchronisation extérieure *(connecteur monté sur la platine avant d'un oscilloscope) (cf. aussi* external synchronization). 2) *cf.* external trigger signal.

external trigger signal signal de déclenchement extérieur *(ou fourni par une source extérieure) (impulsion, train d'impulsions ou, parfois, tension sinusoïdale fourni par une source extérieure) (oscillo) (cf. aussi* trigger signal *et* external trigger source).

external trigger source source de déclenchement extérieure *(appareil ou montage fournissant les impulsions déclenchant la base de temps d'un oscilloscope utilisé en mode de déclenchement extérieur) (la source de déclenchement extérieure peut aussi être le secteur dont on applique la tension à la base de temps, par l'intermédiaire d'un condensateur, lorsqu'on veut la synchroniser à 50 Hz, ou 60 Hz aux Etats-Unis) (cf. aussi* sweep triggering).

external triggering déclenchement extérieur *(ou par un signal extérieur ou par une source extérieure) (déclenchement du balayage d'un oscilloscope ou du fonctionnement d'un autre appareil par un signal extérieur) (cf. aussi* sweep triggering, trigger signal *et* external signal).

external triggering ... *cf.* external trigger ...

external trimming ajustement extérieur *(ajustement effectué au moyen d'une résistance extérieure) (gain d'un amplificateur intégré, etc.) (CI, CH) (cf. aussi* external component).

external visual *cf.* external visual inspection.

external visual check *cf.* external visual inspection.

external visual inspection contrôle visuel extérieur *(contrôle visuel d'un composant encapsulé effectué après l'encapsulation) (cf. aussi* internal visual inspection).

external voltage tension extérieure, tension fournie par une source extérieure *(cf. aussi* external source *et* voltage).

external voltage control commande par une tension extérieure *(oscillateur commandé en tension, etc.) (cf. aussi* voltage-controlled oscillator).

external voltage source source de tension extérieure *(cf. aussi* voltage source *et* external source).

external waveform *cf.* external signal. *(cf. aussi* waveform).

externally adjustable trimmer potentiomètre ajustable réglable de l'extérieur *(sur un appareil) (cf. aussi* trimmer potentiometer).

externally supplied signal signal fourni par une source extérieure, signal extérieur *(oscillo, etc.) (cf. aussi* external signal).

externally triggered time base base de temps à déclenchement externe *(ou déclenchée par une source extérieure) (oscillo) (cf. aussi* external triggering).

extinction potential potentiel d'extinction, tension d'extinction *(valeur, atteinte en décroissant, de la tension anodique dans un tube à gaz à laquelle la décharge cesse dans le tube) (cf. aussi* gas tube, anode voltage *et* voltage).

extinction voltage *cf.* extinction potential.

extra-high tension très haute tension, THT *(tension de plusieurs milliers de volts ou plus appliquée à l'anode de post-accélération d'un tube cathodique) (cf. aussi* post-acceleration).

extra-light loading charge très légère *(câble tél) (cf. aussi* loaded cable).

extra-low voltage très basse tension *(cf. aussi* voltage).

extra pulse impulsion parasite *(cf. aussi* spurious pulse).

extract *v* extraire *(des informations contenues dans une mémoire numérique, etc.) (inf) (cf. aussi* information *et* digital memory).

extragalactic radio source source extra-galactique de signaux radioélectriques *(cf. aussi* radio source).

extraneous field champ parasite *(cf. aussi* stray field).

extraneous noise bruit extérieur au circuit, parasites *(cf. aussi* noise 2) (a)).

extraneous signal signal parasite *(cf. aussi* spurious signal).

extraordinary component *cf.* extraordinary wave.

extraordinary wave onde extraordinaire, composante extra-ordinaire, onde magnéto-ionique *(idem)*, composante magnéto-ionique *(idem) (onde magnéto-ionique dont la polarisation est l'inverse de celle de l'onde ordinaire, c.-à-d. gauche ou droite, respectivement) (cf. aussi* magneto-ionic wave *et* ordinary magneto-ionic wave).

extraordinary-wave component *cf.* extraordinary wave.

extrapolative hold circuit circuit de blocage à extrapolation *(échantillonneur-bloqueur) (cf. aussi* hold circuit).

extraterrestrial communications (les) télécommunications extra-terrestres *(télécommunications spatiales excluant la Terre) (cf. aussi* space communications).

extremely high frequency extrême haute fréquence, haute hyperfréquence, EHF *(fréquence de 30 à 300 GHz, correspondant à une longueur d'onde de 10 à 1 mm) (radioélectricité) (cf. aussi* frequency *et* wavelength).

extremely high frequency ... *cf.* EHF ...

extremely low frequency extrême basse fréquence, ELF *(fréquence de 30 à 300 Hz, correspondant à une longueur d'onde 10 000 à 1 000 km) (radioélectricité) (cf. aussi* frequency *et* wavelength).

extremely low frequency ... *cf.* ELF ...

extrinsic base base dopée *(transistor bipolaire) (cf. aussi* base 3) *et* doping).

extrinsic conductivity conductibilité extrinsèque *(conductibilité d'un semiconducteur due uniquement aux impuretés qu'il contient, donc indépendante de sa conductibilité intrinsèque) (la conductibilité extrinsèque d'un semiconducteur intrinsèque* *est naturellement nulle) (la conductibilité totale d'un semi-conducteur extrinsèque est la somme de sa conductibilité intrinsèque et de sa conductibilité extrinsèque) (cf. aussi ex-trinsic semiconductor et intrinsic conductivity).*

extrinsic n-type region zone du type N (obtenue par dopage), zone dopée du type N *(semi) (cf. aussi* n-type region *(au début de la lettre N) et* doping).

extrinsic p-type region zone du type P (obtenue par dopage), zone dopée du type P *(semi) (cf. aussi* p-type region *(au début de la lettre P) et* doping).

extrinsic photoconductivity photoconduction extrinsèque *(photoconduction dans un semiconducteur extrinsèque) (dans un semiconducteur du type P, la photoconduction extrinsèque est produite par le passage d'un électron de la bande de valence à un niveau accepteur après absorption d'un photon) (dans un semiconducteur du type N, la photoconduction extrinsèque est produite par le passage d'un électron d'un niveau donneur à la bande de conduction après absorption d'un photon) (l'énergie nécessaire du photon absorbé par l'électron est beaucoup moins grande que l'énergie nécessaire pour produire une transition de bande à bande dans un semiconducteur intrinsèque) (il n'y a pas de création de paires électron-trou comme dans la photoconduction intrinsèque, mais simplement franchissement d'une partie de la bande*

interdite par un électron, ce qui est rendu possible par la présence de niveaux d'énergie dans cette bande dans un semiconducteur extrinsèque) (cf. aussi photoconductivity, ex-trinsic semiconductor, p-type semiconductor *(au début de la lettre P),* n-type semiconductor, valence band, conduction, band, acceptor level, donor level *et* photon).

extrinsic properties propriétés extrinsèques *(propriétés de conduction d'un semiconducteur extrinsèque) (cf. aussi* ex-trinsic semiconductor).

extrinsic region zone dopée *(semi) (cf. aussi* extrinsic semi-conductor).

extrinsic scattering dispersion extrinsèque, dispersion mo-dale extrinsèque *(dispersion modale dans une fibre optique due à des microflexions) (cf. aussi* modal dispersion *et* micro-bend).

extrinsic semiconductor semiconducteur extrinsèque *(ou do-pé) (semiconducteur obtenu par dopage d'un semiconducteur intrinsèque) (est caractérisé par la présence de niveaux d'éner-gie dans la bande interdite créés par les atomes de l'impureté introduite) (semiconducteur du type P ou du type N) (cf. aussi* intrinsic semiconductor, doping, forbidden band, ac-ceptor level, donor level, p-type semiconductor *(au début de la lettre P) et* n-type semiconductor).

EXTSN *cf.* extension 1).

F

f *cf.* frequency.

F **1)** *cf.* filament. **2)** *cf.* fuse. **3)** *cf.* farad.

F display présentation du type F *(présentation des informations sur l'écran d'un radar dans laquelle l'écho de la cible, en forme de point, apparaît au centre de l'écran à l'intersection de deux diamètres à 90°, lorsque l'antenne est pointée exactement sur la cible, les erreurs de pointage horizontale et verticale se traduisant par un décentrage correspondant et proportionnel de l'écho sur l'écran)* *(cf. aussi* G display *et* radar).

F layer couche F, couche d'Appleton *(couche la plus haute de l'ionosphère, comprise approximativement entre 150 et 500 km d'altitude et formée de la couche inférieure F_1, qui disparaît la nuit, et de la couche supérieure F_2, toujours présente et la plus fortement ionisée de toutes les couches de l'ionosphère (la couche F_2 est, pour ces raisons, la couche ionosphérique la plus utile pour les liaisons à grande distance en ondes courtes)* *(cf. aussi* ionosphere).

F_1 layer couche F_1 *(cf. aussi* F layer).

F_1 region *cf.* F_1 layer.

F_2 layer couche F_2 *(cf. aussi* F layer).

F_2 region *cf.* F_2 layer.

F scan *cf.* F display.

F scope écran à présentation du type F *(radar)* *(cf. aussi* F display).

f/V converter *cf.* frequency-to-voltage converter.

F/V converter *cf.* f/V converter.

fA *cf.* femtoampere.

FA *cf.* frequency agility.

FA ... *cf.* frequency-agile ...

fabrication technique méthode de fabrication, procédé de fabrication *(ne pas employer « technique de fabrication »)* *(CI, semi, etc.)* *(cf. aussi* fabrication technology).

fabrication technology technologie (de fabrication) *(CI, semi, etc.)* *(cf. aussi* technology).

fabrication yield rendement de fabrication *(CI, semi, etc.)* *(cf. aussi* yield (b)).

face **1)** *cf.* faceplate. **2)** cadran *(appareil de mesure analogique)* *(cf. aussi* meter scale).

face-down bonding fixation avec la face en-dessous, fixation après retournement, *(parf.)* soudage *(idem)* *(fab. CH)* *(cf. aussi* face-down tape-automated bonding).

face-down reflow soldering soudage par refusion d'un composant retourné, soudure *(idem)* *(soudage par refusion d'étain d'un composant tel qu'un porte-puce LID ou une puce à bosses sur le substrat d'un circuit hybride)* *(cf. aussi* reflow soldering, LID *et* flip-chip).

face-down TAB *cf.* face-down tape automated bonding.

face-down tape automated bonding connexion inversée sur bande *(procédé de connexion sur bande dans lequel la face active des puces est tournée vers le substrat du circuit hybride)* *(fab. CH)* *(cf. aussi* tape automated bonding).

face-up bonding fixation avec la face en haut, fixation sans retournement, fixation par le substrat *(fab. CH)* *(cf. aussi* face-up TAB).

face-up TAB *cf.* face-up tape automated bonding.

face-up tape automated bonding connexion normale sur bande *(procédé de connexion sur bande dans lequel le dos des puces est tourné vers le substrat du circuit hybride)* *(cf. aussi* tape automated bonding).

faceplate dalle *(partie antérieure d'un tube cathodique constituée par une plaque de verre épaisse légèrement bombée ou plane portant sur sa face arrière l'écran fluorescent observé à travers la dalle)* *(cf. aussi* fluorescent screen *et* cathode-ray tube).

faceplate tilt inclinaison de la dalle *(tube de projection)* *(TV)* *(cf. aussi* faceplate *et* tilted-faceplate projection tube).

facsimile télécopie *(reproduction à distance des images dans laquelle le document à transmettre est analysé par un point lumineux à déplacement relatif et l'image est formée à la réception par noircissement d'un papier spécial par un point lumineux ou autre moyen se déplaçant en synchronisme avec le point lumineux d'analyse)* *(la télécopie est l'un des deux types de télégraphie analogique)* *(le terme « télécopie » est le plus récent et remplace avantageusement « bélinographie », « phototélégraphie », « téléphotographie » et « fac-similé » pour désigner la technique dont le père est Edouard Belin)* *(cf. aussi* analog telegraphy).

facsimile apparatus *cf.* facsimile machine.

facsimile equipment **1)** matériel de télécopie. **2)** *cf.* facsimile machine.

facsimile machine télécopieur *(cf. aussi* facsimile).

facsimile receiver récepteur de télécopieur *(partie réception d'un télécopieur)* *(cf. aussi* facsimile).

facsimile signal signal de télécopie *(courant modulé par déplacement de fréquence transmettant l'information graphique analysée par la partie émission d'un télécopieur)* *(cf. aussi* facsimile *et* frequency-shift keying).

facsimile telegraphy *cf.* facsimile.

facsimile transmission transmission de signaux de télécopie *(cf. aussi* facsimile signal *et* transmission 1)).

facsimile transmitter émetteur de télécopie *(partie émission d'un télécopieur)* *(cf. aussi* facsimile).

facsimile unit *cf.* facsimile machine.

factor of merit *cf.* figure of merit.

factory computer *cf.* industrial computer.

fade *v* diminuer progressivement, décroître progressivement *(amplitude d'un signal, etc.)*.

fade ... *cf.* fading ... *(pour les termes qui ne figurent pas ci-après)*.

fade in *v* **1)** augmenter graduellement l'intensité sonore *(récepteur radio, etc.)*. **2)** faire apparaître graduellement l'image, faire un fondu à l'ouverture *(TV)*.

fade-in *s* **1)** augmentation graduelle de l'intensité sonore *(récepteur radio, etc.)*. **2)** apparition graduelle de l'image, fondu à l'ouverture *(TV)*.

fade out *v*   **1)** diminuer graduellement l'intensité sonore *(récepteur radio, etc.)*. **2)** faire disparaître graduellement l'image, faire un fondu à la fermeture *(TV)*.

fade-out *s*   **1)** diminution graduelle de l'intensité sonore *(récepteur radio, etc.)*. **2)** disparition graduelle de l'image, fondu à la fermeture *(TV)*. **3)** disparition graduelle temporaire du signal *(radio, TV)*.

fader   potentiomètre panoramique, pan-pot, mélangeur de voies *(potentiomètre spécial permettant de passer progressivement d'un signal à un autre et vice versa) (est utilisé notamment en enregistrement stéréophonique pour réaliser un fondu sonore, ou même un balancement, entre les deux voies de prise de son) (cf. aussi* potentiometer*)*.

fading   évanouissement, fading *(décroissance graduelle plus ou moins rapide de l'amplitude du signal reçu par l'antenne d'un récepteur) (est dû aux variations des conditions de propagation ionosphérique) (cf. aussi* slow fading *et* ionospheric propagation*)*.

fading margin   marge de propagation, marge antifading *(excédent de puissance rayonnée par l'antenne d'un émetteur radioélectrique pour tenir compte des évanouissements partiels prévisibles) (cf. aussi* fading*)*.

fading rate   vitesse d'évanouissement *(du signal reçu) (cf. aussi* fading*)*.

fail *v*   **1)** tomber en panne, avoir une défaillance *(appareil, etc.) (cf. aussi* failure 1*)*). **2)** faire défaut, venir à manquer *(courant d'alimentation) (cf. aussi* failure 5*)*).

fail-safe *a*   autofiable *(terme que j'ai proposé)*, à sécurité intrinsèque, *(parf.)* autoprotégé *(caractéristique d'un dispositif ou autre matériel qui fonctionne encore ou se met en état de sécurité après une défaillance d'un ensemble important) (l'autofiabilité est souvent obtenue par l'emploi d'ensembles redondants) (cf. aussi* redundancy *et* fail-soft*)*.

fail-safe control   commande autofiable *(cf. aussi* fail-safe*)*.

fail-safe design   conception autofiable, conception à sécurité intrinsèque, *(parf.)* autofiabilité *(cf. aussi* fail-safe*)*.

fail-safe feature   autofiabilité, sécurité intrinsèque, *(parf.* autoprotection) *(propriété d'un matériel autofiable) (cf. aussi* fail-safe*)*.

fail-safe operation   fonctionnement autofiable, *(etc.) (fonctionnement d'un matériel autofiable) (cf. aussi* fail-safe*)*.

fail-soft   autofiable à mode dégradé *(caractéristique d'un appareil ou système qui fonctionne encore, avec des performances diminuées, après une défaillance d'un ensemble important) (cf. aussi* fail-safe*)*.

fail-soft design   conception autofiable à mode dégradé, *(parf.)* autofiabilité à mode dégradé *(cf. aussi* fail-soft*)*.

fail-soft feature   autofiabilité à mode dégradé, possibilité de fonctionnement en mode dégradé *(cf. aussi* fail-soft*)*.

fail-soft operation   fonctionnement en mode dégradé *(cf. aussi* fail-soft*)*.

failing component   composant défaillant *(cf. aussi* component 1*)*).

failure   **1)** défaillance, *(parf. aussi* panne) *(d'un composant, appareil ou système, ou d'une machine) (cf. aussi* catastrophic failure, early failure, migration-induced failure, random failure, stress-related failure, temperature-related failure, time-related failure, wear-out failure, failure rate *et* lifetime (b)). **2)** défaut de fonctionnement. **3)** dérangement *(tél.)*. **4)** rupture *(d'une pièce, connexion, soudure, etc.)*. **5)** coupure de courant *(cf. aussi* power failure*)*. **6)** impossibilité *(parf.* incapacité) *(d'atteindre une certaine valeur, etc.)*. **7)** échec *(d'un essai, etc.)*.

failure-free   fiable, sans pannes, exempt de pannes, à l'abri des pannes, non sujet aux pannes (pannes *ou* défaillances) *(appareil, etc.)*.

failure mechanism   mécanisme de défaillance *(suite de phénomènes conduisant un composant et notamment un circuit intégré à l'incapacité de remplir sa fonction et parfois à sa destruction pure et simple)*.

failure mode   type de défaillance, type de panne *(court-circuit, rupture d'une connexion, augmentation de la résistance électrique d'une soudure de connexion, décollement d'une telle soudure, claquage ou fissuration d'une couche isolante, etc. dans un dispositif électronique ou autre et notam-*

ment dans un circuit intégré) (cf. aussi failure 1*) et* integrated circuit*)*.

failure of power supply   coupure de l'alimentation, coupure du courant d'alimentation *(appareil, circuit)*.

failure-prone component   composant sujet à pannes *(ou à* défaillances) *(condensateurs électrolytiques d'une alimentation, par exemple)*.

failure-proof   *cf.* failure-free.

failure rate   taux de défaillances *(nombre moyen de défaillances d'un composant ou autre matériel par période de fonctionnement de durée déterminée) (cf. aussi* early failure period, constant failure rate period, wear-out failure period *et* mean time between failures*)*.

failure to break   défaut d'ouverture *(contact de relais) (cf. aussi* break[1] 1*)*).

failure to make   défaut de fermeture *(contact de relais) (cf. aussi* make[1]*)*.

failure unit   unité de défaillance, FIT *(abréviation anglaise) (unité de mesure égale à 1 défaillance pour 10^9 dispositif-heures) (essais d'endurance) (cf. aussi* life test*)*.

failure warning   signalisation des pannes, signalisation des défaillances *(système d'autocontrôle)*.

faint return   écho faible *(radar) (cf. aussi* return[1] 1*)*).

fairlead   guide-antenne *(orifice évasé par lequel passe une antenne filaire remorquée par un avion)*.

fall-off *s*   pente *(des flancs d'un signal rectangulaire) (cf. aussi* steepness*)*.

fall time   temps de descente *(pente du flanc arrière d'une impulsion exprimée comme le temps mis par l'impulsion pour tomber de 90 % de son amplitude initiale à 10 % de celle-ci) (cf. aussi* rise time*)*.

falling edge   flanc arrière *(d'une impulsion) (cf. aussi* trailing edge*)*.

false alarm   fausse alarme *(interprétation erronée d'un écho parasite sur l'écran d'un radar ou d'un sonar par l'opérateur de l'appareil ou par celui-ci lorsque son amplitude est comparable à celle d'un écho utile) (mil, etc.) (cf. aussi* false-alarm probability *et* false-alarm rate*)*.

false-alarm probability   probabilité de fausse alarme *(est inversement proportionnelle au rapport entre l'amplitude des échos utiles et l'amplitude moyenne des échos parasites) (plus les échos utiles dépassent des échos parasites, plus la probabilité de fausse alarme est faible) (cf. aussi* false alarm *et* constant false-alarm rate*)*.

false-alarm rate   taux de fausse alarme *(pourcentage d'échos parasites pris pour des échos utiles) (cf. aussi* false alarm*)*.

false beacon return   faux écho de balise *(radar de navigation) (cf. aussi* radar beacon*)*.

false closure   fermeture intempestive *(d'un contact travail de relais, généralement sous l'action de vibrations) (cf. aussi* make contact*)*.

false course   faux cap *(cap d'un mobile déterminé à partir de signaux de radionavigation ayant subi des réflexions imprévues ou à l'aide d'un récepteur défectueux ou mal utilisé) (avia, mar) (cf. aussi* course 1*)*).

false Doppler signal   faux signal Doppler, signal Doppler de diversion *(signal émis par un brouilleur de diversion à mode Doppler) (mil) (cf. aussi* serrodyning, false Doppler target, deception jammer *et* Doppler mode*)*.

false Doppler target   fausse cible Doppler, cible Doppler de diversion *(cible imaginaire créée par un faux signal Doppler) (cf. aussi* false Doppler signal*)*.

false echo   faux écho *(écho radar produit par une réflexion du faisceau sur un obstacle ou par un nuage de leurres radar ou par un brouilleur de diversion) (mil, etc.) (cf. aussi* radar echo, chaff *et* deception jammer*)*.

false make   *cf.* false closure.

false return   **1)** *cf.* false echo. **2)** fausse réponse *(réponse d'un répondeur autre que celui de l'avion interrogé) (radar d'identification) (cf. aussi* IFF radar*)*.

false ringing   appel d'un faux numéro *(tél.)*.

false signal   faux signal, *(parf.)* signal de diversion *(mil, etc.) (cf. aussi* deception*)*.

false target   fausse cible, cible fictive, cible imaginaire, cible de diversion *(cible créée par un brouilleur de diversion) (radar) (mil) (cf. aussi* deception jammer*)*.

false target generation génération de fausses cibles (*cf. aussi* false target).

false target generator générateur de fausses cibles (*cf. aussi* false target).

family of curves famille de courbes, réseau de courbes (*sur un graphique*) (*tube, transistor, etc.*).

FAMOS *cf.* FAMOS transistor.

FAMOS cell *cf.* FAMOS memory cell.

FAMOS device *cf.* FAMOS transistor.

FAMOS memory mémoire à transistors FAMOS (*cf. aussi* FAMOS transistor).

FAMOS memory cell cellule de mémoire à transistor FAMOS, cellule à transistor FAMOS, cellule FAMOS (*cf. aussi* FAMOS transistor).

FAMOS technology (la) technique FAMOS (*cf. aussi* FAMOS transistor *et* technology).

FAMOS transistor (*vient de « floating-gate avalanche-injection MOS transistor »*) transistor FAMOS (*transistor MOS comportant une grille « flottante », c.-à-d. isolée de tout conducteur, chargée électriquement par effet d'avalanche et gardant sa charge jusqu'à ce qu'elle soit exposée à des rayons ultraviolets permettant aux électrons piégés de s'écouler à travers la couche isolante qui l'entoure pour retourner au substrat*) (*constitue la cellule élémentaire de mémoires EPROM* (*l'état chargé de la grille flottante correspond à l'écriture d'un binaire « 1 »; l'état déchargé, avant écriture initiale ou après effacement, correspond à un binaire « 0 »*) (*cf. aussi* EPROM, MOS transistor, bit *et* DIFMOS transistor).

fan 1) éventail (*faisceau d'ondes, etc.*) (*cf. aussi* fan beam). 2) peigne (de câble) (*cf. aussi* cable fan).

fan aerial (*GB*) *cf.* fan antenna.

fan antenna antenne en éventail (*antenne d'émission formée de brins disposés en éventail*) (*cf. aussi* transmitting antenna).

fan beacon *cf.* fan marker beacon.

fan beam faisceau en éventail, faisceau en forme d'éventail (*faisceau d'ondes étroit dans un plan et large dans l'autre pour balayer l'espace en tournant autour d'un axe situé dans le second plan*) (*faisceau émis par un radar de veille ou une aide à la navigation aérienne*) (*cf. aussi* wave beam, search radar *et* navigation aid).

fan-beam aerial (*GB*) *cf.* fan-beam antenna.

fan-beam antenna antenne à faisceau en éventail (*cf. aussi* fan beam).

fan-folded paper papier plié en accordéon, papier en accordéon, papier à pliage alterné, papier à pliage paravent (*papier pour imprimante plié en accordéon pour former des « feuillets » ensuite séparés et constituant chacun un document tel qu'une facture, par exemple*) (*inf*) (*cf. aussi* continuous form).

fan-in *s* entrance (*nombre proportionnel à l'intensité du courant d'entrée d'une porte logique utilisé pour déterminer le nombre de portes équivalentes que la sortie d'une porte logique peut attaquer en parallèle*) (*l'unité d'entrance est l'intensité du courant absorbé par une entrée d'une porte TTL normale lorsque cette entrée est à l'état « 1 », soit 1,6 milliampère; une porte logique dont les entrées consomment 3,2 mA à l'état « 1 » a donc une entrance égale à 2; elle est égale à deux portes TTL normales pour le circuit qui l'attaque*) (*cf. aussi* fan-out *et* logic circuit). (*noter que la définition de l'entrance donnée par certains auteurs français ou étrangers est erronée*) (*cf. aussi* logic gate, ONE state, fan-out *et* TTL).

fan marker *cf.* fan marker beacon.

fan marker beacon radioborne à faisceau en éventail, borne (*idem*), balise (*idem*) (*radioborne dont le faisceau a la forme d'une ellipse dans le plan horizontal, le grand axe de celle-ci étant orienté perpendiculairement à l'axe du couloir de vol*) (*radionav*) (*avia*) (*cf. aussi* marker beacon).

fan-out *s* sortance (*nombre proportionnel à l'intensité du courant de sortie d'une porte logique utilisé pour déterminer le nombre de portes qu'elle peut attaquer en parallèle*) (*si la sortance d'une porte est de 6, par exemple, elle peut attaquer en parallèle 6 portes à entrance de 1, ou 3 portes à entrance de 2, ou 2 portes à entrance de 3*) (*inf*) (*cf. aussi* fan-in *et* logic gate).

fan-out capability *cf.* fan-out. (*cf. aussi* capability).

fan-out line ligne de sortie (*d'un démultiplexeur*) (*cf. aussi* demultiplexer).

fan-shaped beam *cf.* fan beam.

fanned beam *cf.* fan beam. (*de même pour les termes dérivés*).

fanned cable câble à peigne(s) (*câble multiconducteur comportant un ou plusieurs peignes*) (*cf. aussi* cable fan).

fans out into n lines *v* s'éclate en n lignes (*voie de transmission aboutissant à un démultiplexeur*) (*cf. aussi* demultiplexer).

FAR (*en électronique*) *cf.* false-alarm rate.

far-end crosstalk télédiaphonie (*diaphonie produite par le signal d'un circuit téléphonique dont le microphone est situé à l'autre extrémité de la ligne*) (*exemple : sur la ligne Paris-Marseille, diaphonie perçue par un abonné de Paris lorsqu'un abonné de Marseille téléphone par le même câble*) (*cf. aussi* crosstalk 1)).

far field champ lointain (*champ d'une antenne d'émission dans la zone de Fraunhofer*) (*cf. aussi* Fraunhofer region).

far-field beam pattern *cf.* far-field radiation pattern.

far-field measurements mesures en champ lointain (*cf. aussi* far field).

far-field pattern *cf.* far-field radiation pattern.

far-field radiation pattern diagramme de rayonnement en champ lointain (*cf. aussi* far field).

far-field region zone de champ lointain (*antenne*) (*cf. aussi* Fraunhoffer region).

far-field tests *cf.* far-field measurements.

far-field zone *cf.* far-field region.

far infrared (l')infrarouge lointain (*rayonnement infrarouge dont la longueur d'onde est comprise entre 10 et environ 1 000 microns ou domaine correspondant du spectre des ondes électromagnétiques*) (*comprend le moins énergétique des rayonnements infrarouges*) (*le qualificatif « lointain » est dû au fait que, dans le spectre des ondes électromagnétiques, l'infrarouge lointain est la partie du domaine infrarouge la plus éloignée du domaine de la lumière visible*) (*cf. aussi* infrared radiation).

far-infrared band *cf.* far infrared region.

far-infrared region domaine de l'infrarouge lointain (*domaine du spectre des ondes électromagnétiques comprenant les longueurs d'onde de l'infrarouge lointain*) (*cf. aussi* far infrared).

far-infrared wavelength longueur d'onde (du domaine) de l'infrarouge lointain (*cf. aussi* far infrared region).

far-out phase noise bruit de phase loin de la porteuse (*bruit de phase des fréquences d'un signal radioélectrique éloignées de la fréquence de la porteuse*) (*radiocom*) (*cf. aussi* phase noise).

far IR *cf.* far infrared.

far region *cf.* far-field region.

far ultraviolet (l')ultraviolet lointain (*rayonnement ultraviolet dont la longueur d'onde est comprise entre 2 000 et 90 angströms*) (*le qualificatif « lointain » a la même origine que dans le cas de l'infrarouge lointain mais, comme le domaine ultraviolet est situé après la lumière visible dans le sens des longueurs d'onde décroissantes, l'ultraviolet lointain est le plus énergétique des rayonnements ultraviolets*) (*cf. aussi* far infrared *et* ultraviolet radiation).

far zone *cf.* far-field region.

farad (*vient de « Faraday »*) farad (*unité de capacité électrique égale à la capacité d'un condensateur entre les armatures duquel une tension de 1 volt apparaît lorsque sa charge est de 1 coulomb*) (*cette unité étant trop grande dans la plupart des cas, on emploie le microfarad ou une unité plus petite*) (*cf. aussi* capacitance).

Faraday cage cage de Faraday (*enceinte métallique ajourée connectée à la terre ou à la masse et formant un écran électrostatique*) (*cf. aussi* electrostatic shield).

Faraday dark space zone obscure de Faraday (*zone située entre la lueur négative et la colonne positive dans un tube à décharge*) (*cf. aussi* discharge tube).

Faraday disk roue de Barlow (*noter le désaccord sur la paternité de cette invention*) (*disque denté en cuivre tournant autour d'un axe horizontal et dont les dents inférieures* *baignent dans du mercure formant balai et passant entre les branches d'un aimant en fer à cheval) (si l'on fait tourner le disque, les courants de Foucault induits dans celui-ci par l'aimant font apparaître une tension continue entre l'axe et le mercure, l'appareil fonctionnant alors en génératrice de courant continu) (si l'on relie le palier du disque et le mercure à une pile électrique, la roue se met à tourner sous l'action de la force de Laplace, l'appareil fonctionnant alors en moteur à courant continu) (appareil de laboratoire inventé en 1828 par le savant anglais Barlow) (élec) (cf. aussi* homopolar generator, eddy current, Lorentz force, dc generator *et* dc motor).

Faraday effect effet Faraday, polarisation rotatoire magnétique *(rotation du plan de polarisation d'une onde électromagnétique à polarisation rectiligne traversant un corps placé dans un champ magnétique parallèle à la direction de propagation de l'onde) (l'angle de rotation α du plan de polarisation est donné par la formule* α = dVH, *dans laquelle d est l'épaisseur du corps, V la constante de Verdet et H l'intensité du champ magnétique) (polarisation de la lumière dans un corps transparent ou d'une onde ultra-courte dans un ferrite) (est utilisé notamment dans les isolateurs à ferrite et les circulateurs à ferrite) (optique, hyper) (cf. aussi* linear polarization, Verdet constant, ferrite isolator *et* ferrite circulator).

Faraday ferrite circulator *cf.* ferrite circulator.

Faraday rotator *cf.* microwave gyrator.

Faraday screen *(GB) cf.* Faraday shield.

Faraday shield écran de Faraday *(écran électrostatique formé de fils ou tiges métalliques parallèles connectés entre eux à une extrémité, celle-ci étant reliée à la tere) (cf. aussi* electrostatic shield).

Faraday's law loi de Faraday, loi de l'induction électromagnétique *(loi physique selon laquelle la tension produite par induction électromagnétique aux bornes d'un circuit est proportionnelle à la vitesse de variation du flux inducteur) (cf. aussi* electromagnetic induction *et* Lenz's law).

faradic current courant faradique *(autre nom d'un courant d'induction; est surtout donné aux courants employés dans la faradisation) (cf. aussi* faradization).

faradization faradisation *(utilisation de courants d'induction à des fins thérapeutiques) (médecine) (cf. aussi* induced current).

fast-access memory *cf.* fast memory.

fast-access storage *cf.* fast storage.

fast-acting fuse fusible à action instantanée, fusible instantané *(fusible sous tube de verre dans lequel le fil fusible est tendu par un ressort à boudin augmentant brusquement la longueur de l'arc à la coupure pour l'éteindre plus rapidement et couper ainsi le circuit en un temps nettement plus court) (fusible pour appareil de mesure ou pour alimentation de circuits sensibles) (cf. aussi* fuse).

fast-acting relay relais à court temps de réponse, relais rapide *(cf. aussi* relay[1] 1) *et* response time).

fast-changing signal signal à variation rapide, signal variant rapidement *(tension ou courant à variation rapide constituant un signal) (ce terme désigne souvent une impulsion à front raide) (cf. aussi* signal[1] *et* fast-rise signal).

fast drive défilement rapide *(en avant ou en arrière) (bande mag, etc.)*.

fast forward avance rapide *(mode d'avance de la bande d'un appareil à bande magnétique utilisé pour atteindre rapidement l'enregistrement désiré) (magnétophone, etc.)*.

fast-forward control touche d'avance rapide *(cf. aussi* fast forward).

fast forward operation fonctionnement en avance rapide *(cf. aussi* fast forward).

fast Fourier transform transformée de Fourier rapide *(transformée de Fourier obtenue à l'aide de la transformation de Fourier rapide) (analyse de signaux) (mil, etc.) (cf. aussi* Fourier transform *et* fast Fourier transformation).

fast Fourier transform ... *cf.* FFT ...

fast Fourier transformation transformation de Fourier rapide *(transformation de Fourier effectuée par un calculateur numérique dans laquelle le nombre de points sur lequel est calculée la transformée de Fourier est une puissance de 2, ce qui permet au programme du calculateur de trouver des simplifications*

réduisant nettement le temps de calcul) (fournit la transformée de Fourier rapide) (analyse de signaux) (mil, etc.) (cf. aussi Fourier transformation).

fast frequency hopping sauts de fréquence rapides *(émetteur militaire) (cf. aussi* frequency hopping).

fast groove sillon à grand pas *(sillon de disque microsillon dont le pas est beaucoup plus grand que le pas normal) (sillon initial, sillon de raccordement ou sillon final) (cf. aussi* lead-in groove, lead-over groove *et* lead-out groove).

fast hopping *cf.* fast frequency hopping.

fast-hopping transmitter émetteur à sauts de fréquence rapides *(mil) (cf. aussi* frequency hopping).

fast linear transistor *cf.* high-frequency transistor *(cf. aussi* linear transistor).

fast logic logique rapide *(logique à court temps de commutation) (logique ECL, TTL-Schottky, etc.) (CI) (inf) (cf. aussi* logic (b) *et* switching time).

fast logic circuit circuit logique rapide *(cf. aussi* fast logic).

fast logic circuitry circuits logiques rapides *(cf. aussi* fast logic *et* circuitry).

fast memory mémoire rapide, mémoire à court temps d'accès, mémoire à accès rapide *(mémoire numérique à court temps d'accès, ce qualificatif ayant une valeur relative) (mémoire à semiconducteur, à disque(s) magnétique(s), à tores magnétiques, etc.) (noter que deux mémoires de types différents dans une même catégorie de mémoires rapides peuvent avoir des temps d'accès très différents) (inf) (cf. aussi* access time).

fast pulse *cf.* fast-rise pulse.

fast-recovery diode diode à court temps de transition *(ou de recouvrement) (diode de commutation ou de redressement) (cf. aussi* recovery time 3), gold-doped diode, Schottky diode *et* step-recovery diode).

fast-recovery rectifier diode diode de redressement à court temps de transition *(ou de recouvrement) (diode pour alimentation à découpage) (cf. aussi* recovery time).

fast reverse-recovery rectifier redresseur à court temps de transition inverse *(ou de recouvrement inverse) diode de redressement) (idem) (diode pour alimentation à découpage) (cf. aussi* reverse recovery time).

fast-rise pulse impulsion à court temps de montée, impulsion à front raide *(cf. aussi* rise time).

fast-rise pulse generator générateur d'impulsions à court temps de montée *(ou à front raide) (cf. aussi* rise time).

fast-rise signal signal à court temps de montée *(signal en échelon, signal carré ou impulsion à front raide) (cf. aussi* rise time).

fast rise time court temps de montée *(impulsion, signal carré ou en échelon) (cf. aussi* rise time).

fast rise-time pulse *cf.* fast-rise pulse.

fast rise-time signal *cf.* fast-rise pulse.

fast-rise viewing visualisation d'impulsions à court temps de montée *(sur l'écran d'un oscilloscope) (cf. aussi* rise time).

fast spiral *cf.* fast groove.

fast storage 1) mémorisation dans une mémoire rapide *(inf) (cf. aussi* fast memory). 2) *cf.* fast memory.

fast sweep balayage rapide *(balayage à grande vitesse de tout ou partie de la largeur de l'écran d'un tube cathodique pour dilater la partie correspondante de la trace) (oscilloscope, etc.) (cf. aussi* expanded sweep *et* mixed sweep).

fast-switching power rectifier redresseur de puissance pour commutation rapide *(redresseur pour alimentation à découpage) (cf. aussi* power rectifier *et* switching power supply).

fast-switching power transistor transistor de puissance à commutation rapide *(transistor pour alimentation à découpage) (cf. aussi* power transistor, switching transistor *et* switching power supply).

fast switching time court temps de commutation *(cf. aussi* switching time).

fast switching transistor transistor de commutation rapide *(transistor de commutation à très court temps de commutation) (cf. aussi* switching transistor *et* switching time).

fast telegraphy télégraphie à grande cadence de transmission *(transmission de données) (cf. aussi* signalling speed).

fast time constant faible constante de temps *(circuit) (cf. aussi* time constant).

fast transistor *cf.* fast switching transistor.

fast transition-time signal *cf.* fast-rise signal.

fast-tuned filter filtre à accord rapide *(filtre à bande étroite accordé par diode varicap) (récepteur militaire pour signaux à sauts de fréquence, etc.) (cf. aussi* narrow-band filter *et* varactor*).*

fast-tuned local oscillator oscillateur local à accord instantané *(oscillateur local de récepteur superhétérodyne militaire à sauts de fréquence) (cf. aussi* local oscillator *et* fast-tuned oscillator*).*

fast-tuned oscillator oscillateur à accord instantané *(oscillateur à fréquence variable dans lequel le temps nécessaire pour passer d'une fréquence d'accord à une autre est très court) (ce résultat est obtenu notamment à l'aide d'une diode varicap, d'une bille YIG ou d'un transducteur piézoélectrique) (est utilisé notamment dans des émetteurs et des récepteurs à sauts de fréquence) (mil, etc.) (cf. aussi* varactor-tuned oscillator, YIG-tuned oscillator, piezoelectric tuning, variable-frequency oscillator *et* fast-tuned local oscillator*).*

fast-tuning ... *cf.* fast-tuned ...

fast wave onde normale *(onde électromagnétique dont la vitesse de propagation est approximativement égale à celle de la lumière) (cf. aussi* fast-wave tube *et* slow wave*).*

fast-wave electronic tube *cf.* fast-wave tube.

fast-wave tube tube à onde normale, tube hyperfréquence à onde normale, tube électronique à onde normale *(tube hyperfréquence dans lequel l'onde électromagnétique créée par le signal à amplifier n'est pas ralentie par une ligne à onde lente) (gyrotron, péniotron, etc.) (cf. aussi* fast wave, gyrotron *et* peniotron*).*

father tape bande primaire, bande père *(bande magnétique utilisée pour reproduire un enregistrement magnétique sur une autre bande) (audio, inf, etc.) (cf. aussi* magnetic tape*).*

fathometer *cf.* echo sounder.

fault 1) défaut de fonctionnement. 2) défaillance. 3) panne. 4) défaut *(en ligne, à la terre, etc.).* 5) dérangement *(tél).* 6) incident (de fonctionnement). 7) erreur *(dans un programme d'ordinateur) (inf).*

fault clearing élimination des ... *(voir aussi* fault*).*

fault complaint annonce de dérangement, *(parf* d'un dérangement) *(au service des dérangements d'un central téléphonique, par un abonné au téléphone) (cf. aussi* fault complaint service*).*

fault complaint service service des dérangements, « les dérangements » *(service de dépannage d'un central téléphonique public).*

fault current *(parf.* intensité du) courant de défaut *(intensité anormalement élevée du courant dans un conducteur due à une défaillance d'un composant).*

fault finder *(fam)* dépanneur *(cf. aussi* serviceman*).*

fault-finding 1) recherche des pannes, localisation des pannes, *(parf.)* dépannage. 2) recherche des dérangements, localisation des dérangements, *(parf.)* dépannage *(tél).* 3) recherche des erreurs (de programmation) *(inf). (cf. aussi* program bug*).*

fault-finding chart tableau de dépannage, tableau des pannes, *(parf.)* « Pannes et remèdes » *(tableau prévu dans la notice de certains appareils).*

fault-finding test 1) essai de localisation de panne. 2) essai de localisation de dérangement *(tél).*

fault-finding unit *cf.* fault tracer.

fault-free 1) en bon état de fonctionnement, *(parf.)* sans défaut (de fonctionnement) *(appareil, etc.).* 2) sans erreurs, exempt d'erreurs *(programme d'ordinateur) (cf. aussi* program bug*).*

fault indicating lamp voyant de signalisation de panne, indicateur de panne *(sur un appareil ou un tableau).*

fault indicating panel *cf.* fault indicator panel.

fault indication indication des pannes, signalisation des pannes.

fault indicator *cf.* fault indicating lamp.

fault indicator panel tableau indicateur de pannes, tableau de signalisation de pannes, *(parf.)* panneau *(idem) (tableau de voyants lumineux).*

fault isolation 1) localisation des pannes *(cf. aussi* trouble-shooting*).* 2) localisation des dérangements *(tél).*

fault-isolation bridge pont de dépannage *(pont de mesure portatif) (tél) (cf. aussi* cable-fault locator*).*

fault-isolation equipment appareil(s) de dépannage *(appareils de contrôle conçus ou utilisés pour la recherche des pannes) (cf. aussi* test equipment *et* trouble-shooting*).*

fault isolation test *(voir aussi* fault isolation) (un) essai de localisation de panne, *(etc.), (parf.)* (un) contrôle pour la localisation d'une panne *(idem).*

fault isolation testing *(voir aussi* fault-isolation test) (l')essai ...

fault localization *cf.* fault locating.

fault locating 1) *cf.* fault isolation. 2) *cf.* cable-fault locating.

fault location 1) emplacement de la panne, *(etc.) (cf. aussi* fault isolation). 2) *cf.* fault isolation. 3) *cf.* cable fault location. 4) *cf.* cable-fault location.

fault locator *cf.* cable-fault locator.

fault reporting *cf.* fault indication.

fault resistance résistance du défaut *(résistance d'un défaut d'un conducteur d'un câble téléphonique ou autre) (cf. aussi* cable fault*).*

fault signalling *cf.* fault indication.

fault time temps d'immobilisation *(d'un appareil ou système, pour dépannage ou réparation).*

fault tolerance 1) tolérance aux défauts *(aptitude d'un système à fonctionner correctement malgré l'existence de défauts provenant de la fabrication) (cette notion s'applique surtout aux circuits intégrés à haute ou très haute densité, qui comportent souvent des défauts en sortie de fabrication) (est généralement obtenue par redondance, mais ne doit pas être confondue avec l'autofiabilité) (cf. aussi* fail-safe*).* 2) *cf.* software fault tolerance.

fault-tolerant tolérant aux défauts *(cf. aussi* fault tolerance*).*

fault-tolerant architecture structure tolérante aux défauts *(structure des différents circuits d'un circuit intégré favorisant la tolérance aux défauts) (cf. aussi* fault tolerance *et* architecture*).*

fault-tolerant computer ordinateur tolérant aux défauts *(cf. aussi* computer 2) *et* fault tolerance*).*

fault-tolerant computing *cf.* fault-tolerant processing.

fault-tolerant processing traitement tolérant aux défauts *(traitement d'informations exécuté par un ordinateur tolérant aux défauts) (cf. aussi* data processing *et* fault tolerance*).*

fault tracer contrôleur de circuits *(appareil de contrôle : multimètre, oscilloscope de dépannage, etc.).*

fault tracing *cf.* fault finding.

faulty component composant défectueux, *(souvent)* composant responsable de la panne *(cf. aussi* component 1) *et* faulty device*.*

faulty device dispositif défectueux, *(souvent)* composant défectueux *(cf. aussi* faulty component *et* bad device*).*

faulty line 1) ligne défectueuse *(CI, etc.).* 2) ligne en dérangement *(tél).*

faulty solder soudure défectueuse *(connexion soudée à l'étain) (cf. aussi* solder¹ 1)).

faulty-soldered connection connexion mal soudée *(connexion soudée à l'étain).*

FAX 1) *cf.* facsimile. 2) *cf.* facsimile machine.

FCC *cf.* Federal Communications Commission.

FCC standards normes d'émission de la Commission fédérale des Télécommunications, normes de la FCC, normes FCC.

FDFM *cf.* frequency-division frequency modulation.

FDM *cf.* frequency-division multiplex.

FDM ... *cf.* frequency-division ... *(pour les termes qui ne figurent pas ci-après).*

FDM/TDM ... *cf.* FDM-to-TDM ...

FDM-to-TDM conversion conversion de fréquentiel en temporel, conversion fréquentiel/temporel, *(etc.) (conversion d'un multiplex fréquentiel en un multiplex temporel) (tél) (cf. aussi* transmultiplexer*).*

FDM-to-TDM converter convertisseur fréquentiel/temporel, *(etc.) (convertisseur de multiplex réalisant la conversion de fréquentiel en temporel) (cf. aussi* FDM-to-TDM conversion*).*

FDM-to-TDM translator *cf.* FDM-to-TDM converter.

FDMA *cf.* frequency-division multiple access.

FDMA ... *cf.* frequency-division ...

feature delineation netteté des détails *(d'un circuit intégré)* *(cf. aussi* feature size).

feature size dimension des détails *(CI)* *(cf. aussi* integrated-circuit feature).

FEC code *cf.* forward error correction code.

Fechner's law loi de Fechner *(loi physique selon laquelle l'intensité d'une sensation sonore est proportionnelle au logarithme de l'intensité du stimulus)* *(audiométrie)* *(cf. aussi* sound sensation).

fed back to the input ramenée à l'entrée, réinjectée à l'entrée *(tension prélevée à la sortie d'un amplificateur ou autre montage)* *(tension ou signal)* *(cf. aussi* feedback).

fed to ... appliqué(e) à ... *(signal, tension).*

Federal Communications Commission Commission fédérale des télécommunications, FCC *(organisme national réglementant les télécommunications aux États-Unis)* *(cf. aussi* communications common carrier).

feed[1] *v* **1)** alimenter *(un appareil, etc.)* *(cf. aussi* power supply 1)). **2)** débiter sur *(une charge, etc.).* **3)** appliquer *(une tension ou un signal à une borne, etc.).* **4)** entraîner *(une bande perforée, etc.).* **5)** faire avancer *(une carte perforée, etc.).*

feed[2] *s* *(cf. aussi* feed[1]) **1)** alimentation, *(parf.)* excitation *(action d'alimenter une antenne d'émission en énergie électrique, c.-à-d. de l'exciter)* *(cf. aussi* feeder). **2)** source primaire *(antenne hyper)* *(cf. aussi* primary radiator *et noter toutefois que « feed » est toujours employé dans les termes composés).* **3)** entraînement *(de la bande sur un appareil à bande perforée).*

feed a signal *v* appliquer un signal, injecter un signal *(à l'entrée d'un appareil ou d'un montage).*

feed back *v* ramener à l'entrée, réinjecter à l'entrée *(d'un quadripôle, un signal ou une tension)* *(asser)* *(cf. aussi* feedback, *après* feed waveguide).

feed cable câble d'alimentation *(câble coaxial reliant la sortie d'un émetteur radio à l'antenne).*

feed channel canal de perforations d'entraînement *(bande perforée)* *(cf. aussi* channel[1] (d)).

feed-forward correction aval, action anticipée *(asser)* *(cf. aussi* feed-forward control).

feed-forward control précompensation, régulation par anticipation *(dans un système de régulation, régulation auxiliaire en boucle ouverte par action directe des perturbations sur la variable principale du système ou, plus souvent, sur une variable secondaire, indépendamment de la régulation en boucle fermée assurée par la chaîne principale)* *(noter que la « régulation » par anticipation étant réalisée en chaîne ouverte, il s'agit en fait d'un simple réglage)* *(a pour but d'améliorer la régulation en réduisant le temps de réponse du régulateur, notamment en présence de grandes perturbations, grâce à la réduction de la plage de régulation qui en résulte)* *(exemple : réglage du débit de liquide réfrigérant en fonction de la température extérieure dans un système de refroidissement dans lequel la variable principale, sur laquelle agit la chaîne de régulation principale, est le débit de l'air envoyé par un ventilateur sur les ailettes d'un radiateur dans lequel circule le réfrigérant)* *(cf. aussi* regulation).

feed-forward control action action anticipée *(mode de fonctionnement d'une chaîne d'anticipation de régulateur)* *(cf. aussi* feed-forward control loop).

feed-forward control loop chaîne d'anticipation *(ensemble des organes assurant la précompensation dans certains systèmes de régulation)* *(cf. aussi* feed-forward control).

feed-forward loop *cf.* feed-forward control loop.

feed guide *cf.* feed waveguide.

feed hole perforation d'entraînement *(dans une bande perforée)* *(tlg, enr, inf)* *(cf. aussi* punched tape).

feed horn (source primaire à) cornet rayonnant *(antennecornet employée comme source primaire d'antenne directive)* *(hyper)* *(cf. aussi* horn antenna *et* feed[2] 2)).

feed in data *v* introduire des informations *(ou des données)* *(dans la mémoire d'un ordinateur)* *(inf)* *(cf. aussi* data entry).

feed line *cf.* feeder.

feed radiator *cf.* feed[2] 2).

feed reel bobine débitrice *(bobine sur laquelle est enroulé le support d'enregistrement avant enregistrement dans un enregistreur graphique à défilement ou avant enregistrement ou lecture dans un appareil à bande magnétique ou perforée ou à fil magnétique)* *(cf. aussi* take-up reel).

feed spool *cf.* feed reel.

feed stock matière première *(semiconducteur déposé dans le creuset d'un four de tirage de monocristaux de semiconducteur, etc.)* *(fab. semi)* *(cf. aussi* Czochralski method).

feed-through *s* traversée *(isolante ou capacitive)* *(cf. aussi* feed-through capacitor *et* feed-through insulator).

feed-through capacitor condensateur de traversée, traversée capacitive *(traversée isolante dans laquelle l'isolant constitue le diélectrique d'un petit condensateur dont une armature est formée par la tige isolée, éventuellement grossie par un tube métallique et l'autre par la douille de fixation, éventuellement allongée par un tube de même longueur que le tube central)* *(constitue un condensateur de découplage utilisé pou découpler un fil d'alimentation d'étage à fréquence très élevée à son passage dans le blindage entourant l'étage)* *(cf. aussi* feed-through insulator *et* decoupling capacitor).

feed-through input entrée par traversée isolante *(entrée d'un fil dans un blindage ou autre enceinte)* *(cf. aussi* feed-through insulator).

feed-through insulator traversée isolante, traversée *(borne isolée pour connexion soudée à chaque extrémité)* *(est formée essentiellement d'une courte tige en laiton de petit diamètre centrée dans une douille métallique par un isolant)* *(les extrémités de la tige sont applaties et percées ou en forme de crochet pour recevoir le fil à souder; la douille est en tôle étamée avec épaulement pour fixation par soudure à l'étain sur un support en laiton ou fer-blanc, ou massive et filetée pour fixation par écrou)* *(est utilisée principalement comme borne d'entrée ou de sortie sur un composant encapsulé dans un boîtier métallique hermétique)* *(cf. aussi* feed-through capacitor).

feed-through terminal *cf.* feed-through insulator.

feed-thru *cf.* feed-through.

feed track voie d'entraînement *(bande perforée)* *(cf. aussi* channel[1] (d)).

feed waveguide guide d'ondes d'alimentation *(émetteur)* *(cf. aussi* feed line *et* waveguide).

feedback rétroaction, réaction, action en retour, bouclage *(termes absolus applicables, en principe, à un amplificateur comme à un oscillateur)* *(voir Nota)* *(action du signal de sortie d'un quadripôle actif sur le signal d'entrée, obtenue en ramenant à l'entrée une fraction du signal de sortie proportionnelle à l'amplitude de celui-ci et en phase ou en opposition de phase avec le signal d'entrée)* *(Nota : le terme anglais « feedback » et le terme français « réaction » sont équivalents en principe mais, en pratique, le premier est généralement employé avec le sens de « réaction négative » ou « contre-réaction » et s'applique donc alors à un amplificateur, tandis que le second est généralement employé avec le sens de « réaction positive » et s'applique donc alors à un oscillateur)* *(cf. aussi* positive feedback, negative feedback *et* active quadripole).

feedback amplifier amplificateur à contre-réaction *(amplificateur dans lequel une réaction négative est appliquée à l'entrée pour améliorer son fonctionnement ou pour en faire un adaptateur d'impédance en réduisant son gain à l'unité)* *(cf. aussi* negative feedback, unity-gain amplifier *et* amplifier).

feedback circuit *cf.* feedback loop.

feedback coil bobine de réaction *(bobine à prise intermédiaire assurant le couplage du circuit de sortie d'un oscillateur avec le circuit d'entrée)* *(cf. aussi* positive feedback).

feedback control asservissement *(cf. aussi* closed-loop control).

feedback control action *cf.* feedback control.

feedback control loop *cf.* feedback loop. *(ce terme étant le plus employé).*

feedback control signal *cf.* error signal.

feedback control system système asservi *(cf. aussi* closed-loop control system).

feedback controller *cf.* regulator.

feedback coupling *cf.* feedback.

feedback current *(parf.* intensité du) courant de rétroaction, *(etc.) (cf. aussi* feedback).

feedback cutter graveur à contre-réaction *(graveur de disques à réponse en fréquence améliorée) (cf. aussi* cutter).

feedback device dispositif de régulation *(cf. aussi* regulator).

feedback factor *cf.* feedback ratio.

feedback gain *cf.* feedback-loop gain.

feedback-induced instability instabilité par réaction *(asser, ampli) (cf. aussi* positive feedback).

feedback loop chaîne de retour, chaîne de rétroaction *(termes utilisables dans tous les cas et préconisés comme tels) (ensemble des éléments ou organes élaborant le signal de rétroaction dans un système asservi) (si le terme « loop » et son équivalent français « boucle » peuvent être utilisés pour désigner l'ensemble des organes formant un système asservi, ils sont, de toute manière, impropres pour désigner l'une ou l'autre des deux chaînes que ce système comprend généralement) (rappelons néanmoins que la chaîne de retour est souvent appelée « boucle de contre-réaction » ou « circuit de contre-réaction » dans un amplificateur, « boucle d'asservissement », « boucle de retour », « boucle de rétroaction » ou « chaîne d'asservissement » dans un système asservi suiveur, et généralement « boucle de régulation » dans un régulateur) (un système asservi peut comporter plusieurs chaînes de retour) (cf. aussi* feedback *et* feedback control system).

feedback-loop gain de la chaîne de retour *(gain de l'amplificateur de la (ou d'une) chaîne de retour d'un système asservi) (cf. aussi* feedback loop *et* gain 1)).

feedback-loop signal *cf.* feedback signal.

feedback-loop transfer function fonction de transfert de la chaîne de retour *(cf. aussi* feedback loop *et* transfer function).

feedback network *cf.* feedback loop.

feedback oscillations oscillations par réaction *(oscillations produites dans un amplificateur ou autre montage par une réaction positive) (cf. aussi* positive feedback).

feedback oscillator oscillateur à réaction *(oscillateur classique, c.-à-d. montage formé essentiellement d'un amplificateur fonctionnant en oscillateur grâce à une réaction positive) (cf. aussi* positive feedback, oscillator *et* feedback).

feedback path *cf.* feedback loop.

feedback positional control asservissement en position *(asservissement de la position angulaire ou spatiale d'un objet à celle, variable, d'un autre objet) (cf. aussi* closed-loop control).

feedback potentiometer potentiomètre de contre-réaction *(potentiomètre permettant de régler le taux de contre-réaction d'un amplificateur à contre-réaction) (cf. aussi* feedback amplifier *et* potentiometer).

feedback ratio **1)** taux de rétroaction *(terme générique couvrant les deux termes suivants, donc utilisable dans tous les cas) (importance de la rétroaction dans un montage bouclé) (cf. aussi* feedback). **2)** taux de réaction *(oscillateur à réaction) (cf. aussi* feedback oscillator). **3)** taux de contre-réaction *(amplificateur à contre-réaction) (cf. aussi* feedback amplifier).

feedback regulator *cf.* regulator.

feedback resistor résistance de contre-réaction *(résistance montée entre la sortie d'un amplificateur différentiel ou opérationnel et l'entrée inverseuse de celui-ci pour lui appliquer la tension de contre-réaction) (cf. aussi* negative feedback, differential amplifier *et* inverting input).

feedback signal signal de rétroaction, signal de retour, signal ramené à l'entrée, signal réinjecté à l'entrée *(signal appliqué à l'entrée d'un système asservi pour opérer la rétroaction) (cf. aussi* feedback *et* feedback loop).

feedback system *cf.* feedback control system.

feedback transfer function *cf.* feedback-loop transfer function.

feedback voltage tension de rétrocation, *(etc.) (amplitude du signal de rétroaction dans un système asservi) (cf. aussi* feedback signal).

feedback winding enroulement de contre-réaction *(enroulement parcouru par un courant de contre-réaction dans certains amplificateurs magnétiques) (cf. aussi* magnetic amplifier).

feeder ligne d'alimentation (d'antenne), ligne d'antenne *(ligne de transmission reliant la sortie d'un émetteur à l'antenne) (peut être une ligne bifilaire, un câble coaxial ou un guide d'ondes suivant la fréquence d'émission) (cf. aussi* transmission line *et* transmitting antenna).

feeder horn *cf.* feed horn.

feedforward *cf.* feed-forward. *(plus haut) (de même pour les termes dérivés).*

feedthrough *s* **1)** *cf.* feed-through. *(plus haut).* **2)** *cf.* leakage.

female connector connecteur femelle *(partie d'un connecteur portant les alvéoles dans lesquels s'emboîtent les broches de la partie mâle) (cf. aussi* connector).

female contact contact female, contact à alvéole *(contact de connecteur femelle) (cf. aussi* female connector).

femtoampere femtoampère *(unité d'intensité de courant électrique égale à 10^{-15} ampère) (cf. aussi* ampere).

femtovolt femtovolt *(unité de tension électrique égale à 10^{-15} volt) (cf. aussi* volt).

fence chaîne de radars d'alerte (lointaine) *(mil) (cf. aussi* radar fence).

Fermi-Dirac distribution function fonction de distribution de Fermi-Dirac *(fonction représentant la probabilité d'occupation d'un état d'énergie déterminé par un électron d'un atome dans les conditions d'équilibre thermique) (cf. aussi* Fermi level *et* energy state).

Fermi-Dirac statistics (la) statistique de Fermi-Dirac *(statistique quantique des particules soumises au principe d'exclusion de Pauli) (physique quantique) (cf. aussi* quantum statistics, Pauli exclusion principle *et* fermion).

Fermi level niveau de Fermi *(énergie maximale qu'un électron d'un solide peut posséder à la température du zéro absolu) (le niveau de Fermi correspond à la valeur de l'énergie de l'électron pour laquelle la fonction de répartition de Fermi-Dirac est égale à 1/2, c.-à-d. que la probabilité de trouver un électron possédant cette énergie est égale à 1/2) (dans un semiconducteur intrinsèque, le niveau de Fermi est situé au milieu de la bande interdite; dans un semiconducteur du type P, il se rapproche de la bande de conduction; dans un semiconducteur du type N, il se rapproche de la bande de valence; dans un métal, il est situé dans la bande de conduction; dans un isolant, il est situé dans la bande de valence) (cf. aussi* Fermi-Dirac distribution function, energy band *et* intrinsic semiconductor).

fermion *(vient de « Fermi »)* fermion *(nom générique des particules qui obéissent à la statistique de Fermi-Dirac) (est caractérisé par un spin demi-entier, c.-à-d. par un nombre quantique de spin égal à 1/2, 3/2, 5/2, etc. en valeur absolue) (les principaux fermions sont l'électron, le proton et le neutron) (cf. aussi* Fermi-Dirac statistics, spin quantum number, electron, proton, neutron *et* particle 2)).

fernico fernico *(alliage de fer, de nickel et de cobalt utilisé pour les soudures métal sur verre) (fab. tubes, etc.).*

ferric oxide oxyde ferreux, Fe_2O_3 *(milieu d'enregistrement magnétique déposé sous la forme d'une mince couche de poudre sur une bande, un disque ou autre support magnétique) (cf. aussi* magnetic medium).

ferrimagnetic crystal cristal ferrimagnétique *(cristal d'un corps ferrimagnétique) (cf. aussi* ferrimagnetism *et* material).

ferrimagnetic material corps ferrimagnétique *(ferrite) (cf. aussi* ferrimagnetism *et* material).

ferrimagnetism ferrimagnétisme *(propriété des corps tels que les ferrites dans lesquels les vecteurs moment magnétique des atomes voisins ont des directions opposées deux à deux et des modules différents) (ils ne s'annulent donc pas comme dans l'antiferromagnétisme) (cf. aussi* antiferromagnetism, magnetic moment, modulus *et* magnetism).

ferrite ferrite *sm (composé magnétique fritté à base d'oxyde de fer à hautes perméabilité magnétique et résistivité) (l'oxyde de fer est associé à du manganèse, du nickel, du cobalt ou un autre métal) (est utilisé pour réaliser des noyaux magnétiques pour bobinages à haute fréquence, des tores magnétiques et des éléments internes de guides d'ondes) (cf. aussi* square-loop ferrite, ferrite core *et* Faraday effect).

ferrite circulator   circulateur à effet Faraday *(circulateur utilisant un bâtonnet de ferrite disposé dans l'axe d'un guide d'ondes pour laisser passer l'onde électromagnétique d'une extrémité à l'autre du guide dans un sens de propagation de celle-ci et l'aiguiller vers une sortie radiale du guide dans l'autre sens, une seconde sortie radiale servant à l'adaptation des impédances des trois autres branches) (la partie centrale du guide est à section circulaire raccordée par des transitions aux extrémités à section rectangulaire formant un angle entre elles) (est utilisé notamment comme duplexeur dans certains radars, l'émetteur étant relié à l'entrée du guide dans le sens passant, l'antenne à l'autre extrémité et le récepteur à la première sortie radiale, tandis qu'une charge adaptée est montée à la seconde sortie radiale) (hyper)* (cf. aussi circulator, ferrite rod, duplexer *et* impedance matching).

ferrite core *(cf. aussi* ferrite) **1)** noyau de ferrite *(noyau de transformateur ou bobinage haute fréquence ou d'antenne à cadre) (cf. aussi* magnetic core 1)). **2)** tore de ferrite *(tore de mémoire à tores magnétiques) (inf) (cf. aussi* magnetic core memory).

ferrite-core antenna   cf. ferrite-rod antenna.

ferrite-core memory   mémoire à tores (de ferrite) *(inf) (cf. aussi* magnetic-core memory *et* ferrite).

ferrite-core storage   cf. ferrite-core memory.

ferrite isolator   isolateur à ferrite *(isolateur hyperfréquence dans lequel un bâtonnet de ferrite produit une rotation de 45° de la direction de polarisation de l'onde pour réaliser l'effet de propagation unidirectionnelle) (utilise l'effet Faraday dans les ferrites) (type classique) (cf. aussi* isolator, ferrite *et* Faraday effect).

ferrite limiter   limiteur à ferrite *(dispositif limitant la puissance transmise dans un guide d'ondes) (hyper)*.

ferrite-loaded waveguide   guide d'ondes à charge en ferrite *(charge fictive) (hyper) (cf. aussi* dummy load *et* ferrite).

ferrite phase shifter   déphaseur à ferrite *(déphaseur dans lequel le déphasage est produit par un bâtonnet de ferrite monté dans l'axe d'un tronçon de guide d'ondes à section circulaire tournant raccordé à une bride rectangulaire à chaque extrémité par une transition) (la rotation du tronçon circulaire permet de faire varier le déphasage par action différentielle) (utilise l'effet Faraday dans les ferrites) (type classique) (hyper) (cf. aussi* phase shifter, ferrite, Faraday effect *et* waveguide transition).

ferrite pot   cf. ferrite pot core.

ferrite pot core   pot en ferrite *(pot de transformateur ou inductance haute fréquence) (cf. aussi* pot core *et* ferrite).

ferrite pot core transformer   transformateur en pot de ferrite (en *ou* à) *(transfo HF) (cf. aussi* pot core).

ferrite rod   bâtonnet de ferrite *(cylindre allongé en ferrite utilisé notamment comme support de bobinage de cadre de réception ou comme élément à effet Faraday) (cf. aussi* ferrite, ferrite-core antenna *et* Faraday effect).

ferrite-rod aerial *(GB)*   cf. ferrite-rod antenna.

ferrite-rod antenna   antenne à bâtonnet de ferrite *(antenne à cadre dans laquelle le cadre est un bobinage réalisé sur un barreau de ferrite concentrant les lignes de forces du champ magnétique) (antenne de poste à transistors) (cf. aussi* loop antenna *et* ferrite).

ferrite rotator   gyrateur à ferrite *(gyrateur utilisant un barreau de ferrite et un aimant permanent tubulaire pour faire tourner le plan de polarisation de l'onde dans un guide d'ondes circulaire) (utilise l'effet Faraday dans les ferrites) (hyper) (cf. aussi* rotator, gyrator *et* Faraday effect).

ferrite shifter   cf. ferrite phase shifter.

ferrod   cf. ferrite-rod antenna.

ferrodynamic instrument   appareil de mesure ferrodynamique, appareil ferrodynamique *(appareil électrodynamique dans lequel la ou les bobines fixes comportent un noyau magnétique) (cf. aussi* electrodynamic instrument *et* magnetic core 1)).

ferrodynamic meter   cf. ferrodynamic instrument.

ferroelectric crystal   cristal ferroélectrique *(cristal d'un corps ferroélectrique) (cf. aussi* ferroelectric material).

ferroelectric material   corps ferroélectrique *(sel de Seignette, phosphate KDP, sulfate TGS, titanate de baryum, etc.) (cf. aussi* ferroelectricity *et* material).

ferroelectricity   ferroélectricité *(propriété des corps possédant une polarisation électrique naturelle) (la ferroélectricité ne se rencontre que dans les solides; elle est toujours accompagnée de la piézoélectricité; la polarisation du corps peut être inversée par l'application d'un champ électrique extérieur) (le préfixe « ferro » est dû à l'analogie entre la ferroélectricité c.-à-d. à la propriété des « aimants naturels électriques » et le ferromagnétisme, c.-à-d. la propriété des « aimants naturels magnétiques »; les corps ferroélectriques ne sont pas des composés ferreux) (cf. aussi* ferroelectric material, dielectric polarization *et* antiferroelectricity).

ferromagnetic   ferromagnétique *a (caractéristique de ce qui est relatif au ferromagnétisme ou en constitue une application) (cf. aussi* ferromagnetism).

ferromagnetic amplifier   amplificateur ferromagnétique *(amplificateur paramétrique utilisant le comportement non linéaire de la résonance ferromagnétique aux puissances élevées en haute fréquence) (cf. aussi* ferromagnetic resonance *et* parametric amplifier).

ferromagnetic core   cf. magnetic core.

ferromagnetic crystal   cristal ferromagnétique *(cristal d'un corps ferromagnétique) (cf. aussi* ferromagnetic material).

ferromagnetic instrument   appareil ferromagnétique *(app. mesure) (cf. aussi* moving-iron instrument).

ferromagnetic material   corps ferromagnétique *(corps dans lequel s'observe le ferromagnétisme) (fer, nickel, cobalt et la plupart de leurs alliages, etc.) (cf. aussi* ferromagnetism, magnet *et* material).

ferromagnetic resonance   résonance ferromagnétique *(augmentation brusque et importante de la perméabilité magnétique apparente d'un corps ferromagnétique placé dans un champ magnétique hyperfréquence et un champ magnétique constant perpendiculaire à celui-ci lorsque la fréquence du premier champ est égale à la fréquence de précession des orbites des électrons des atomes du corps) (la fréquence du champ hyperfréquence à laquelle se produit la résonance ferromagnétique dépend de l'intensité du champ constant) (cf. aussi* magnetic permeability *et* ferromagnetic material).

ferromagnetic tape   feuillard magnétique *(bande de tôle magnétique utilisée pour réaliser certains noyaux magnétiques de transformateurs et de bobines d'inductance) (cf. aussi* core lamination *et* magnetic core 1)).

ferromagnetism   ferromagnétisme *(propriété des corps qui, placés dans un champ magnétique, acquièrent une aimantation intense, non proportionnelle à l'intensité du champ magnétique et de même sens que celui-ci) (cf. aussi* ferromagnetic material, magnetic field strength, antiferromagnetism *et* magnetism).

ferroresonance   ferrorésonance *(résonance dans un circuit comportant un élément à noyau magnétique) (cf. aussi* ferroresonant circuit *et* magnetic core 1)).

ferroresonant circuit   circuit ferrorésonant *(circuit oscillant accordable formé d'un condensateur et d'une inductance saturable) (l'accord est obtenu en faisant varier l'intensité du courant dans l'enroulement de commande de l'inductance saturable jusqu'à ce que la réactance inductive de l'enroulement principal compense exactement la réactance capacitive du condensateur) (cf. aussi* resonant circuit, saturable reactor, tuning, inductive reactance *et* capacitive reactance).

ferrospinel   ferrite spinelle *m (ferrite à structure cristalline de même type que celle des cristaux minéraux cubiques appelés « spinelles ») (est le type de ferrite le plus employé) (cf. aussi* ferrite).

ferrule resistor   résistance à bagues *(résistance de puissance cylindrique comportant à chaque extrémité une bague en laiton formant sortie et permettant de la monter dans un support à pinces comme un fusible tubulaire) (cf. aussi* power resistor).

FET   cf. field-effect transistor.

FET amplifier   amplificateur à transistor à effet de champ *(ou* à TEC) *(cf. aussi* FET *et* amplifier).

FET component   composant à effet de champ *(transistor à effet de champ, à jonction ou MOS, ou circuit intégré monolithique à transistors à effet de champ) (cf. aussi* FET).

FET device   cf. FET component.

FET front end circuit d'entrée à transistor à effet de champ *(ou à TEC)*, étage d'entrée *(idem) (dans un circuit intégré monolithique, en général) (cf. aussi* FET *et* BIFET).

FET input **1)** entrée d'un transistor à effet de champ *(ou d'un* TEC) *(se fait entre la source et la grille) (cf. aussi* FET). **2)** entrée sur transistor à effet de champ *(ou sur* TEC) *(dans un circuit intégré monolithique, en général) (cf. aussi* FET *et* BIFET).

FET-input amplifier amplificateur à entrée sur transistor à effet de champ *(ou sur* TEC) *(cf. aussi* FET).

FET input hybrid circuit hybride à entrée sur transistor à effet de champ *(ou sur* TEC) *(circuit intégré hybride comportant en entrée un circuit intégré monolithique à entrée sur transistor à effet de champ) (cf. aussi* FET *et* hybrid integrated circuit).

FET-input op amp *cf.* FET-input operational amplifier.

FET-input operational amplifier amplificateur opérationnel à entrée sur transistors à effet de champ *(ou sur* TEC) *(cf. aussi* FET *et* operational amplifier).

FET op amp *cf.* FET operational amplifier.

FET operational amplifier amplificateur opérationnel à transistors à effet de champ *(ou à* TEC) *(cf. aussi* FET *et* operational amplifier).

FET structure structure d'un transistor à effet de champ *(ou* d'un TEC) *(cf. aussi* FET).

FET switch interrupteur à transistor à effet de champ *(ou à* TEC) *(transistor à effet de champ employé en commutation) (cf. aussi* FET *et* switching transistor).

fetch[1] *v* lire (en mémoire) *(lire une instruction dans la mémoire de programme d'un ordinateur) (inf) (cf. aussi* instruction *et* program memory).

fetch[2] *s* lecture (en mémoire) *(cf. aussi* fetch[1]).

fetch ahead *v* lire par anticipation *(une instruction) (cf. aussi* fetch[1]).

fetched lue(e)(s) *(cf. aussi* fetch[1]).

FFT *cf.* fast Fourier transformation.

FFT algorithm algorithme de transformation de Fourier rapide *(traitement de signaux) (cf. aussi* algorithm *et* fast Fourier transformation).

FFT analyzer analyseur FFT, analyseur de spectres à transformée de Fourier rapide *(analyseur de spectres opérant la transformation de Fourier rapide sur le signal à analyser). (cf. aussi* spectrum analyzer *et* FFT).

FH *cf.* frequency hopping.

FHM *cf.* fractional-horsepower motor.

FHP motor *cf.* fractional-horsepower motor.

fiber ... *(cf.* fiber-optic ... *et* optical-fiber ...) *(pour les termes qui ne figurent pas ci-après).*

fiber bundle faisceau de fibres (optiques) *(câble multifibre).*

fiber-bundle connector connecteur pour câble multifibre *(cf. aussi* fiber-optic connector *et* fiber bundle).

fiber communications *cf.* fiber-optic communications.

fiber-glass ... *cf.* fiberglass ... *(plus loin).*

fiber link *cf.* fiber-optic link.

fiber-optic bus bus à fibre optique, bus optique *(noms souvent donnés à une fibre optique transmettant un multiplex numérique, notamment dans un avion ou autre mobile) (cf. aussi* optical fiber *et* digital multiplex).

fiber-optic bussing utilisation d'un bus à fibre optique *(inf) (cf. aussi* fiber-optic bus).

fiber-optic cable câble à fibre optique *(parf. au pluriel) (tls, etc.) (cf. aussi* single-fiber cable, multifiber cable *et* optical fiber).

fiber-optic communications télécommunications par fibres optiques, liaisons par fibres optiques *(cf. aussi* communications *et* optical fiber).

fiber-optic communications link liaison de télécommunications par fibre optique *(cf. aussi* communications link *et* optical fiber).

fiber-optic communications network réseau de télécommunications par fibres optiques, réseau à fibres optiques *(cf. aussi* communications network *et* optical fiber).

fiber-optic communications system système de télécommunications par fibre optique, système à fibre optique *(cf. aussi* communications system *et* optical fiber).

fiber-optic communications technology (la) technique des télécommunications par fibres optiques *(cf. aussi* technology).

fiber-optic component composant pour fibres optiques *(connecteur, coupleur, etc.).*

fiber-optic connection connexion de fibres optiques *(raccordement de deux fibres optiques ou câbles à fibres optiques à l'aide d'un connecteur spécial) (cf. aussi* fiber-optic connector, dry connection *et* wet connection).

fiber-optic connector connecteur pour fibres optiques *(connecteur conçu pour raccorder deux ou plusieurs fibres optiques en assurant un alignement rigoureux et durable de chaque paire de fibres grâce à un dispositif de centrage précis de la fibre dans chacune des deux parties du connecteur) (cf. aussi* dry connector, wet connector, connector (a) *et* optical fiber).

fiber-optic data bus *cf.* fiber-optic bus.

fiber-optic data communications *cf.* fiber-optic data transmission.

fiber-optic data link liaison (de transmission) de données à fibre optique *(télinf) (cf. aussi* data link *et* optical fiber).

fiber-optic data transmission transmission de données par fibres optiques, *(etc.) (télinf) (cf. aussi* data transmission *et* optical fiber).

fiber-optic detector *cf.* fiber-optic receiver.

fiber-optic driver *cf.* fiber-optic transmitter.

fiber-optic guidance guidage par fibre optique *(filoguidage dans lequel le câble de transmission des signaux est un câble à fibre optique) (missile) (mil) (cf. aussi* wire-guided missile (b) *et* optical fiber).

fiber-optic guidance link liaison de guidage à fibre optique *(cf. aussi* fiber-optic guidance).

fiber-optic-guided missile missile guidé par fibre optique *(cf. aussi* fiber-optic guidance).

fiber-optic gyro gyromètre à fibre optique *(gyromètre analogue au gyrolaser, mais dans lequel le chemin optique est approximativement circulaire et matérialisé par une fibre optique formant plusieurs spires pour augmenter la sensibilité du dispositif par effet cumulatif du déphasage, et la diode laser est remplacée par une diode superluminescente, convenant mieux à cet usage) (cf. aussi* laser gyro *et* superluminescent diode).

fiber-optic gyroscope *cf.* fiber-optic gyro *(car il ne s'agit pas d'un gyroscope).*

fiber-optic hydrophone hydrophone à fibres optiques *(hydrophone ultrasensible utilisant un interféromètre à fibres optiques) (cf. aussi* hydrophone *et* fiber-optic interferometer).

fiber-optic interferometer interféromètre à fibres optiques *(interféromètre dans lequel les rayons lumineux des deux branches sont remplacés par la lumière se propageant dans des fibres optiques) (constitue l'élément sensible de certains capteurs à fibres optiques) (cf. aussi* fiber-optic transducer).

fiber-optic link liaison par fibre optique *(parf. au pluriel) (tls).*

fiber-optic local network réseau local à fibres optiques, *(etc.) (cf. aussi* local computer network *et* optical fiber).

fiber-optic microphone microphone à fibre optique *(microphone dans lequel les ondes sonores font vibrer l'extrémité d'une fibre optique en face de l'extrémité d'une fibre fixe, ce qui module l'intensité de la lumière transmise entre les deux fibres) (cf. aussi* microphone *et* optical fiber).

fiber-optic modem modem pour fibres optiques *(modem conçu pour être raccordé à une ligne à fibre optique) (télinf) (cf. aussi* modem *et* optical fiber).

fiber-optic network réseau à fibres optiques *(cf. aussi* fiber-optic communications network *et* fiber-optic local network).

fiber-optic receiver récepteur à fibre optique, détecteur pour fibre optique *(photodiode PIN ou photodiode à avalanche ou autre photodétecteur convertissant en variations d'intensité d'un courant électrique les variations d'intensité de la lumière transmise par une fibre optique) (cf. aussi* PIN photodiode, avalanche photodiode *et* fiber-optic transmitter).

fiber-optic sensing détection par fibre optique, *(parf.)* mesure *(idem) (détection ou mesure d'une grandeur à l'aide d'un capteur à fibre optique) (cf. aussi* fiber-optic transducer).

fiber-optic sensing element élement sensible à fibre optique *(élément sensible formé d'une fibre optique dont une caractéristique de transmission de la lumière varie sous l'action de la grandeur à mesurer) (la fibre optique peut être coupée en deux ou plusieurs tronçons mis bout à bout) (cf. aussi* sensing element *et* optical fiber).

fiber-optic sensor 1) *cf.* fiber-optic transducer. 2) *cf.* fiber-optic sensing element.

fiber-optic span *cf.* fiber-optic transmission span.

fiber-optic telecommunications *cf.* fiber-optic communications.

fiber-optic transducer capteur à fibre optique *(capteur dans lequel l'élément sensible est un élément à fibre optique) (cf. aussi* fiber-optic sensing element *et* transducer 2)).

fiber-optic transmission transmission par fibre optique *(parf. au pluriel) (signal).*

fiber-optic transmission equipment matériel de transmission par fibres optiques *(fibres optiques, émetteurs optiques, récepteurs optiques, connecteurs, etc.).*

fiber-optic transmission line ligne de transmission à fibre optique, ligne à fibre optique *(cf. aussi* transmission line *et* optical fiber).

fiber-optic transmission span tronçon de ligne à fibre optique sans répéteur *(tél) (cf. aussi* repeater 1)).

fiber-optic transmission system système de transmission par fibre optique *(système formé essentiellement d'une source de lumière modulée par le signal à transmettre, d'une fibre optique assurant la transmission du signal et d'un photo-détecteur dont le signal de sortie reproduit le signal électrique initial) (constitue la base de toute liaison par fibre optique) (cf. aussi* fiber-optic transmitter, fiber-optic receiver *et* optical fiber).

fiber-optic transmitter émetteur à fibre optique (à *ou* pour) *(diode lumineuse ou diode laser émettant une lumière dont l'intensité est modulée par un signal à transmettre par une fibre optique) (cf. aussi* light-emitting diode, laser diode *et* fiber-optic transmission system).

fiber-optic trunk ligne interurbaine en fibres optiques, artère en fibres optiques *(tél) (cf. aussi* trunk 1)).

fiber-optic waveguide (guide d'ondes à) fibre optique *(une fibre optique n'est pas autre chose qu'un guide d'ondes fonctionnant aux fréquence des rayonnements lumineux) (cf. aussi* waveguide *et* optical fiber).

fiber-optic window fenêtre en fibres optiques *(fenêtre de sortie ou, parfois, d'entrée d'un tube intensificateur d'image ou convertisseur d'image formée de courts tronçons de fibre optique accolés) (cf. aussi* image tube).

fiber optics (l')optique des fibres, *(parf.)* les fibres optiques *(au sens principal du terme anglais, partie de l'optique traitant de la propagation de la lumière dans les fibres optiques). (cf. aussi* optical fiber).

fiber-optics technology (la) technique des fibres optiques *(cf. aussi* optical fiber *et* technology).

fiber-tipped disposable pen plume à jeter à pointe en fibre *(enregistreur graphique) (cf. aussi* disposable pen).

fiberglass ... *cf.* glass-epoxy ...

fibrous braid tresse textile *(tresse de protection de cordon d'alimentation d'appareil) (cf. aussi* power cord).

Fick's law loi de Fick, loi de la diffusion *(loi physique selon laquelle le flux de diffusion dans une surface et une direction déterminées est proportionnel au gradient de concentration négatif dans cette direction) (en d'autres termes, loi physique selon laquelle le nombre des particules qui diffusent dans un corps dans une direction déterminée est proportionnel à la différence entre la concentration dans la zone de concentration maximale et la concentration dans la zone de concentration minimale dans cette direction) (il en résulte qu'au fur et à mesure que cette dernière zone se « remplit », le flux de diffusion diminue jusqu'à s'annuler lorsque la concentration est uniforme dans la direction considérée) (semi, etc.) (cf. aussi* flux) (a), diffusion 1) (a) *et* gradient).

fidelity fidélité *(similitude plus ou moins parfaite entre le signal fourni par un montage ou système et le signal initial) (chaîne électroacoustique, TV, etc.) (cf. aussi* high fidelity).

field 1) champ *(zone de l'espace en chaque point de laquelle existe une même grandeur pouvant prendre des valeurs différentes d'un point à l'autre) (champ électrique, magnétique, électromagnétique, etc.) (cf. aussi* electric field, magnetic field *et* electromagnetic field) *(voir en outre* scalar field, vector field *et* tensor field). **2)** trame *(ensemble des lignes paires ou impaires d'une image de télévision à balayage entrelacé) (cf. aussi* even field, odd field *et* interlaced scanning). **3)** zone *(de carte perforée, d'instruction ou de mémoire) (inf) (cf. aussi* instruction field). **4)** domaine, secteur, branche *(d'activité) (cf. aussi* electronics field).

field access accès par champ *(mémoire à bulles) (cf. aussi* bubble memory *et* current access).

field-alterable ... *cf.* field-programmable ...

field blanking *cf.* vertical blanking. *(de même pour les termes dérivés).*

field broadcast émission en direct *(radiodif) (cf. aussi* live broadcast).

field circuit circuit d'excitation *(circuit alimentant la bobine d'un électro-aimant) (haut-parleur à excitation séparée, etc.). (cf. aussi* field coil).

field coil bobine d'excitation, enroulement d'excitation, *(parf.)* bobine de champ *(dans une machine électrique tournante ou une mémoire à bulles notamment) (bobine produisant le champ magnétique utilisé dans un électro-aimant) (cf. aussi* electromagnet *et* field winding).

field communications télécommunications tactiques *(mil) (cf. aussi* tactical communications).

field configuration configuration du champ *(forme et disposition des lignes de force d'un champ électrique ou magnétique) (électrode, aimant, antenne, guide d'ondes, etc.) (cf. aussi* line of force).

field-controlled device *cf.* field-controlled thyristor.

field-controlled thyristor thyristor à effet de champ *(genre de transistor à effet de champ à jonction muni d'une électrode permettant d'injecter des porteurs minoritaires dans le canal pour améliorer fortement les caractéristiques de conduction du composant) (thyristor de puissance) (cf. aussi* junction field-effect transistor, minority carrier *et* power thyristor).

field current *(parf.* intensité du) courant d'excitation *(courant circulant dans une bobine d'excitation) (cf. aussi* field coil).

field direction 1) direction du champ *(direction des lignes de forces d'un champ de forces ou des lignes de courant d'un champ de vitesses, c.-à-d. orientation de ces lignes dans le plan considéré ou dans l'espace) (voir aussi 2) ci-après) (cf. aussi* line of force). **2)** sens du champ *(sens des lignes d'un champ le long de leur direction) (voir aussi 1) ci-dessus et noter l'ambiguité du terme anglais).*

field distribution *cf.* field-strength distribution.

field duration durée d'une trame *(image TV) (cf. aussi* field 2)).

field effect effet de champ (a) *effet d'un champ électrique sur le déplacement d'une particule chargée) (définition générale) (cf. aussi* electric field *et* charged particle); (b) *attraction produite par un champ électrique approprié sur les électrons des atomes des couches superficielles d'un corps) (cf. aussi* field emission); (c) *action d'un champ électrique transversal sur le flux d'électrons dans un tube électronique ou sur la répartition de porteurs de charge dans une plaquette de semiconducteur et, par conséquent, sur la résistance électrique de celle-ci) (cf. aussi* triode action *et* field-effect transistor).

field-effect component composant à effet de champ *(transistor à effet de champ, etc.).*

field-effect device 1) dispositif à effet de champ. 2) *cf.* field-effect component.

field-effect transistor transistor à effet de champ, TEC, FET *(transistor dans lequel la conductibilité entre les zones extrêmes est commandée par l'intensité d'un champ électrique) (utilise l'effet de champ dans les semiconducteurs) (transistor dans lequel les porteurs de charge vont de la première zone appelée « source » à la troisième appelée « drain » en passant par une zone conductrice appelée « canal » dont la largeur est modulée par l'intensité du champ électrique transversal créé par une électrode accolée à la zone du canal et appelée « grille » ou « porte » à laquelle est appliqué le signal d'en-*

trée) (le transistor à effet de champ est un transistor unipolaire et son fonctionnement − totalement différent de celui du transistor bipolaire − est comparable à celui d'un tube électronique triode, notamment dans le cas d'un transistor à effet de champ à déplétion) (l'intensité du courant dans ce transistor étant commandée par un champ électrique, comme dans un tube électronique, et non par la circulation d'un courant comme dans un transistor bipolaire, c'est un dispositif commandé en tension, alors que le transistor bipolaire est un dispositif commandé en courant) (de plus, l'entrée du transistor à effet de champ se faisant aux bornes d'une jonction polarisée dans le sens inverse dans le type à jonction ou aux bornes d'un condensateur dans le type à grille isolée, la résistance d'entrée est toujours très élevée, comme dans un tube électronique, tandis qu'elle a une faible valeur dans le transistor bipolaire puisque l'entrée s'y fait aux bornes d'une jonction polarisée dans le sens direct) (cf. aussi field effect (c), junction field-effect transistor, insulated-gate field-effect transistor, depletion mode, saturation region, unipolar transistor *et* triode tube).

field emission émission de champ, émission par effet de champ, émission à froid *(émission d'électrons par un corps à la température ambiante sous l'action d'un champ électrique positif intense) (le champ électrique réduit la hauteur de la barrière de potentiel existant à la surface du corps et permet ainsi aux électrons de franchir celle-ci par effet tunnel) (ce phénomène s'observe en pratique chez les métaux; il est utilisé notamment dans l'émission d'électrons par la cathode d'un tube à vide à cathode froide sous l'action du champ créé par l'anode portée à un potentiel positif élevé par rapport à celle-ci) (cf. aussi* field effect *pour noter l'ambiguïté du terme,* tunnel effect *et* work function).

field-emission cathode cathode à émission de champ *(cf. aussi* field emission).

field-emission microscope microscope à émission de champ *(microscope utilisant des électrons produits par émission de champ à diverses fins et notamment pour visualiser le réseau cristallin d'une pointe métallique extrêmement fine sur un écran fluorescent) (est formé essentiellement d'un genre de tube cathodique à écran hémisphérique dont la couche fluorescente est bombardée par les électrons émis par la pointe métallique sous l'action du champ électrique intense créée par la tension positive appliquée à une couche conductrice transparente déposée sur la face intérieure de l'ampoule, avant la couche fluorescente et constituant l'anode du tube) (cf. aussi* field emission *et* field-ion microscope).

field-emission microscopy microscopie à émission de champ *(examen d'échantillons à l'aide d'un microscope à émission de champ) (cf. aussi* field-emission microscope).

field-emitter cathode *cf.* field-emission cathode.

field energy énergie du champ *(énergie contenue dans un champ de forces) (cf. aussi* energy *et* field of force).

field-enhanced emission émission accrue par champ *(émission d'électrons par une cathode thermoémissive soumise à un champ électrique accélérateur) (cas général des tubes électroniques à cathode chaude) (cf. aussi* hot-cathode tube).

field-enhanced photoelectric emission émission photoélectrique accrue par champ *(émission d'électrons par une photocathode soumise à un champ électrique accélérateur) (cas général) (cf. aussi* photocathode).

field-enhanced secondary emission émission secondaire accrue par champ (électrique) *(émission secondaire par les dynodes d'un multiplicateur d'électrons, par exemple) (cf. aussi* secondary emission *et* electron multiplier).

field enhancement accroissement de l'intensité du champ *(accroissement de l'intensité locale du champ électrique à la surface d'une électrode produit par la présence d'une pointe ou d'une aspérité) (émission de champ) (cf. aussi* field emission).

field evaporation évaporation de champ *(élimination d'atomes de corps étrangers ou d'aspérités microscopiques présents sur une surface métallique par ionisation de champ) (cette application de l'ionisation de champ est mise en œuvre dans un microscope à ionisation de champ et nécessite l'emploi d'un champ électrique encore plus intense que pour* ioniser les atomes résiduels d'un gaz à très basse pression) (est utilisée pour la préparation de surfaces métalliques propres et lisses à l'échelle microscopique (cf. aussi* field ionization *et* field-ion microscope).

field-free emission émission sans champ, émission en l'absence de champ *(émission d'électrons par une cathode thermoémissive ou photoémissive en l'absence de champ électrique accélérateur) (tube) (cf. aussi* hot cathode *et* photocathode).

field-free emission current *(parf.* intensité du) courant d'émission sans champ *(ou en l'absence de champ) (cf. aussi* field-free emission).

field frequency 1) fréquence du champ *(fréquence d'un champ électrique ou magnétique alternatif ou d'un champ électromagnétique). (cf. aussi* frequency *et* alternating field). **2)** fréquence des trames *(nombre de trames par seconde dans une image de télévision) (60 aux USA, 50 ailleurs) (cf. aussi* field 2)).

field-hold control synchronisation des trames *(TV) (cf. aussi* vertical synchronization).

field implant couche implantée sous l'oxyde épais *(CI) (cf. aussi* implanted layer *et* field oxide).

field in a conductor champ dans un conducteur *(on démontre qu'un conducteur électrique ne peut être le siège d'un champ électrique ni, par conséquent, d'un champ électromagnétique) (c'est la raison pour laquelle une onde électromagnétique ne peut se propager dans un milieu bon conducteur, celui-ci la réfléchissant comme un miroir réfléchit la lumière) (cf. aussi* electric field *et* electromagnetic wave propagation).

field intensity *cf.* field strength.

field ion-emission microscope *cf.* field-ion microscope.

field-ion microscope microscope à ionisation de champ, microscope ionique *(terme le plus employé) (microscope analogue au microscope à émission de champ, mais utilisant des ions produits par émission de champ pour augmenter fortement le pouvoir séparateur) (l'emploi d'ions au lieu d'électrons entraîne les différences suivantes par rapport au microscope à émission de champ : a) le tube est rempli d'un gaz rare à très faible pression (hélium, néon, argon, etc.) fournissant les ions nécessaires à son fonctionnement; b) la polarité des électrodes est inversée, également pour obtenir des ions à la place des électrons : la pointe, portée à un potentiel positif élevé par rapport à la couche conductrice, devient l'anode et la couche conductrice la cathode; c) la pointe est maintenue à très basse température par un gaz liquéfié en contact avec sa partie arrière pour réduire l'agitation thermique et, par conséquent, la vitesse tangentielle des ions émis et augmenter ainsi fortement le pouvoir séparateur de l'appareil) (les atomes du gaz ionisés par le champ électrique intense à proximité de la pointe rebondissent sur celle-ci plusieurs fois avant d'être attirés par le champ électrique négatif créé par la cathode et bombardent la couche fluorescente de l'écran en formant sur celui-ci l'image de la structure de la surface de la pointe avec un pouvoir séparateur permettant de distinguer chacun des atomes du réseau cristallin) (ce microscope permet en outre de réaliser l'évaporation de champ) (cf. aussi* field-emission microscope, field ionization *et* field evaporation).

field-ion microscopy microscopie à ionisation de champ *(examen d'échantillons à l'aide d'un microscope à ionisation de champ) (cf. aussi* field-ion microscope).

field ionization ionisation de champ *(ionisation d'un atome libre sous l'action d'un champ électrique intense à proximité d'une surface métallique) (comme dans l'émission de champ, le champ électrique réduit la hauteur de la barrière de potentiel de l'atome et permet ainsi à l'électron de le quitter par effet tunnel, mais la particule produite est ici un ion, l'électron arraché étant absorbé par la surface métallique) (se produit principalement dans les gaz à très basse pression) (cf. aussi* ionization, field-ion microscope, field evaporation *et* field emission).

field level *cf.* field strength.

field line ligne de champ *(ligne figurative d'un champ de forces ou de vitesses) (terme générique couvrant la ligne de force et la ligne de flux) (cf. aussi* line of force *et* line of flux).

field magnet aimant (créant le champ), *(parf.)* électro-aimant *(idem) (aimant créant le champ magnétique nécessaire dans un microphone ou un haut-parleur électrodynamique, par exemple, ou électro-aimant dans un haut-parleur à excitation séparée, par exemple) (cf. aussi* magnet).

field maintenance entretien en clientèle, *(parf.)* service après-vente *(appareil ou système).*

field mapping relevé de champs, cartographie de champs *(mesure de l'intensité d'un champ électrique ou magnétique en ses principaux points et établissement de la carte correspondante) (cf. aussi* field 1) *et* mapping 1)).

field measurements 1) mesures de champ *(cf. aussi* field-strength measurement). 2) *cf.* on-site measurements.

field meter 1) *cf.* gaussmeter. 2) *cf.* field-strength meter.

field-neutralizing coil bobine de compensation du champ terrestre *(enroulement parcouru par un courant continu disposé à la périphérie de l'écran d'un tube de télévision en couleurs et créant un champ magnétique constant compensant l'effet du champ magnétique terrestre sur la convergence des faisceaux d'électrons) (est utilisé sur certains tubes expérimentaux) (cf. aussi* convergence).

field-neutralizing magnet aimant de compensation du champ terrestre *(aimant permanent remplaçant une bobine de compensation du champ terrestre) (cf. aussi* field-neutralizing coil).

field of force champ de forces *(noter l'emploi du pluriel en français) (zone de l'espace ou s'exercent des actions d'attraction ou de répulsion sur les corps ou sur certains corps) (champ de gravitation (ou de pesanteur), champ électrique, champ magnétique, champ électromagnétique) (cf. aussi* electric field, magnetic field, electromagnetic field, static field *et* variable field).

field oxidation formation de la couche d'oxyde épais, formation de l'oxyde épais *(cf. aussi* field oxide).

field oxide oxyde épais, couche d'oxyde épais, oxyde primaire *(terme que j'ai proposé), (couche d'oxyde isolant formée initialement sur un substrat semiconducteur et dans lequel des fenêtres sont ensuite pratiquées) (est normalement la couche d'oxyde la plus épaisse d'un composant à semiconducteur) (cf. aussi* oxide window *et* thick oxide).

field pattern 1) *cf.* field configuration. 2) diagramme de rayonnement *(antenne) (cf. aussi* radiation pattern).

field period durée d'une trame, période de trame *(TV) (cf. aussi* field 2) *et* period).

field pick-up *cf.* nemo.

field-programmable address adresse programmable par l'utilisateur *(adresse d'une instruction dans une mémoire PROM ou dérivée) (inf) (cf. aussi* address¹ *et* PROM).

field-programmable gate array *cf.* FPGA.

field-programmable logic array *cf.* FPLA.

field-programmable logic sequencer *cf.* FPLS.

field-programmable read-only memory *cf.* field-programmable ROM.

field-programmable ROM mémoire ROM *(ou* morte) programmable par l'utilisateur *(autre nom de la mémoire PROM) (cf. aussi* PROM).

field-programmable ROM patch *cf.* FPRP.

field-proven éprouvé (en service), ayant fait ses preuves *(appareil, etc.).*

field quantum quantum de champ *(quantité élémentaire d'énergie d'un champ de forces) (cf. aussi* field of force *et* quantum).

field rate *cf.* field frequency 2).

field repetition rate *cf.* field frequency 2).

field-replaceable remplaçable par l'utilisateur *(composant ou organe d'un appareil).*

field-sequential color television télévision en couleurs à séquence de trames *(cf. aussi* field-sequential color television system).

field-sequential color television system procédé de télévision en couleurs à séquence de trames, procédé à séquence de trames, procédé séquentiel de trames, procédé séquentiel *(ancien procédé de télévision en couleurs dans lequel les trois couleurs primaires de l'image sont analysées, transmises et reproduites successivement) (utilise un disque à secteurs colorés tournant devant la caméra et un autre tournant en synchro-*

nisme avec le premier devant l'écran du récepteur) (malgré la succession des trois couleurs sur l'écran, l'image reproduite paraît semblable à l'image originale grâce à la persistance des impressions rétiniennes; ce disque ne sert qu'à décomposer les couleurs en leurs trois primaires et ne doit pas être confondu avec le disque de Nipkov) (procédé initial de Baird ou procédé amélioré de la CBS (Columbia Broadcasting System) (cf. aussi color primary, Nipkow disk *et* simultaneous color television system).

field-sequential system *cf.* field-sequential color television system.

field service service après-vente *(d'un appareil ou système).*

field-service call appel téléphonique pour un dépannage, demande de dépannage (faite) par téléphone.

field-service engineer ingénieur d'après-vente *(ingénieur chargé du suivi en clientèle d'appareils complexes tels qu'un radar ou un ordinateur, par exemple).*

field-service instrument appareil de contrôle portatif.

field-servicing 1) interventions, dépannage. 2) *cf.* field service.

field simultaneous system procédé simultané *(TVC) (cf. aussi* simultaneous color television system).

field strength intensité de champ *(parf.* du champ) *(intensité d'un champ de forces) (en électronique et sciences connexes, ce terme désigne généralement l'intensité d'un champ électrique, notamment au voisinage d'une électrode, ou d'un champ magnétique, notamment au voisinage d'un pôle magnétique) (on parle rarement de l'intensité d'un champ électromagnétique car on considère alors généralement sa composante électrique) (cf. aussi* electric field strength, magnetic field strength *et* electromagnetic field).

field-strength distribution répartition de l'intentité du champ *(ne pas employer « distribution ») (cf. aussi* field strength).

field-strength measurement mesure d'intensité de champ, mesure de champ *(cf. aussi* field-strength meter).

field-strength meter champmètre, mesureur de champ *(appareil utilisé pour mesurer l'intensité du champ électromagnétique à haute fréquence capté par une antenne de réception pendant le fonctionnement d'un émetteur déterminé) (TV, etc.) (cf. aussi* field strength).

field synchronization synchronisation des trames *(TV) (cf. aussi* vertical synchronization).

field-synchronizing pulse impulsion de synchronisation de trame *(TV) (cf. aussi* vertical synchronizing pulse).

field telephone téléphone de campagne *(poste téléphonique portatif et robuste à appel par magnéto utilisé notamment par l'armée) (cf. aussi* telephone set *et* field wire).

field theory théorie des champs, *(souvent)* théorie du champ électromagnétique *(théorie des champs de forces et notamment du champ de gravitation et du champ électromagnétique) (cf. aussi* field of force *et* electromagnetic field theory).

field vector vecteur champ *(vecteur décrivant un champ vectoriel en un point de celui-ci) (théorie des champs) (cf. aussi* vector *et* vector field).

field winding enroulement inducteur, enroulement de champ *(enroulement créant le champ magnétique nécessaire au fonctionnement d'une machine électrique tournante lorsque ce champ n'est pas créé par un ou plusieurs aimants permanents) (est généralement porté par le stator de la machine, mais peut être porté par le rotor et est alors excité par l'intermédiaire de bagues collectrices) (comprend généralement deux ou plusieurs bobines montées en série et disposées sur des pièces polaires formant ainsi des électro-aimants) (élt) (cf. aussi* shunt winding, series winding, rotating electrical machine, slip ring, pole piece, electromagnet *et* field coil).

field wire fil de campagne *(fil électrique utilisé pour établir des lignes téléphoniques de campagne) (fil souple isolé généralement renforcé par des brins d'acier) (mil, etc.) (cf. aussi* field telephone).

FIFO *(vient de « first in, first out », c.-à-d. « premier entré, premier sorti »)* mémoire FIFO, pile FIFO, pile directe, pile du type file d'attente *(mémoire tampon formée d'une pile de registres dans laquelle les informations introduites sont ensuite lues dans leur ordre d'introduction, la lecture se faisant à la sortie de la pile) (lorsqu'un mot est lu à la sortie de la* *mémoire, ceux qui le suivent avancent tous d'un registre) (inf)* (*cf. aussi* buffer memory *et* stack).

FIFO applications applications des mémoires FIFO, (etc.) (*cf. aussi* FIFO).

FIFO buffer *cf.* FIFO memory.

FIFO buffer memory *cf.* FIFO.

FIFO buffering utilisation d'une mémoire FIFO en tampon, (etc.) (*cf. aussi* FIFO *et* buffer memory).

FIFO chip puce de mémoire FIFO, (etc.) (CI) (*cf. aussi* FIFO *et* chip 1)).

FIFO circuit *cf.* FIFO integrated circuit.

FIFO control commande de mémoire FIFO, (etc.) (*commande de l'écriture et la lecture d'informations dans une mémoire FIFO) (cf. aussi* FIFO).

FIFO controller régisseur de mémoire FIFO, (etc.) (*ne pas employer « contrôleur ... »*) (*cf. aussi* FIFO *et* controller 1)).

FIFO device composant FIFO (*circuit intégré constituant un élément d'une mémoire FIFO*).

FIFO IC *cf.* FIFO integrated circuit.

FIFO integrated circuit circuit intégré FIFO, circuit FIFO, circuit intégré de pile directe.

FIFO memory *cf.* FIFO.

FIFO memory chip *cf.* FIFO chip.

FIFO memory circuit *cf.* FIFO integrated circuit.

FIFO RAM mémoire RAM FIFO, (etc.) (*mémoire RAM employée en parallèle avec d'autres pour former une mémoire FIFO) (dans le cas d'une mémoire RAM à entrée sur un seul binaire, la mémoire FIFO comprend autant de mémoires RAM en parallèle que les mots employés contiennent de binaires) (cf. aussi* FIFO *et* RAM[1]).

FIFO RAM controller régisseur de mémoires RAM FIFO, (etc.) (*régisseur de mémoires RAM utilisées pour former une mémoire FIFO) (cf. aussi* FIFO RAM *et* controller 1)).

FIFO register registre de mémoire FIFO, (etc.) (*cf. aussi* FIFO).

fifth-generation computer ordinateur de la cinquième génération (*ou* 5e ...) (*ordinateur utilisant notamment le parallélisme et le chevauchement en plus de circuits logiques rapides pour avoir une très grande puissance de traitement et être, par conséquent et entre autres, bien adapté aux applications d'intelligence artificielle) (diffère d'un ordinateur de la 4e génération principalement par sa structure parallèle) (inf) (cf. aussi* computer 2), parallelism, pipelining, fast logic circuit, artificial intelligence *et* computer generation 2)).

fifth-generation machine machine de la cinquième génération (*ou* 5e ...) (*cf. aussi* fifth-generation computer *et* machine).

fifth harmonic harmonique 5, harmonique de rang 5, harmonique d'ordre 5, cinquième harmonique (*cf. aussi* harmonic).

fifth-order Chebyshev low-pass filter filtre passe-bas de Tchebychev du 5e ordre (*cf. aussi* low-pass filter, Chebyshev filter *et* filter order).

fifth-order low-pass filter filtre passe-bas du cinquième ordre (*cf. aussi* low-pass filter *et* filter order).

fifth-overtone crystal quartz d'ordre 6 (*quartz utilisé à l'harmonique 6 de sa fréquence propre) (cf. aussi* overtone).

figure-eight directional pattern diagramme de directivité bidirectionnel (*micro, antenne) (cf. aussi* directivity pattern).

figure-eight directional response *cf.* figure-eight directional pattern.

figure-eight radiation pattern diagramme de rayonnement en forme de huit (*ou* en huit) (*antenne) (cf. aussi* radiation pattern).

figure-of-eight ... *cf.* figure-eight ...

figure of merit facteur de mérite, indice de mérite (*grandeur représentant l'aptitude d'un composant ou autre matériel à remplir sa fonction) (cf. aussi* CV product, functional throughput rate, gain-bandwidth product, speed-power product, time-bandwidth product *et* turn-off current gain).

filament filament (*fil métallique résistant porté à l'incandescence dans un tube électronique à cathode chaude ou dans une lampe à incandescence) (cf. aussi* incandescence *et* hot-cathode tube).

filament circuit circuit du filament, circuit de chauffage (*montage à tube*).

filament current 1) (*parf.* intensité du) courant de chauffage (*courant portant à l'incandescence le filament d'un tube électronique à cathode chaude) (cf. aussi* hot-cathode tube). 2) (*parf.* intensité du) courant dans le filament (*tube, lampe à incandescence) (voir aussi* 1)).

filament decoupling découplage du filament (*parf.* des filaments) (*montage à tube(s)) (cf. aussi* decoupling *et* filament).

filament emission émission d'électrons par le filament (*tube à cathode à chauffage direct*).

filament heating chauffage du filament (*parf.* des filaments) (*tube(s)).

filament heating circuit *cf.* filament circuit.

filament instability instabilité par conduction localisée, instabilité locale (*instabilité de la conduction du courant dans la base d'un transistor bipolaire due à l'apparition du phénomène de conduction localisée) (cf. aussi* current crowding).

filament power supply alimentation du filament (*souvent* des filaments) (*montage à tube(s)).

filament resistance résistance du filament (*cf. aussi* filament *et* resistance).

filament saturation saturation de l'émission thermoélectronique, saturation de l'émission du filament (*tube à cathode à chauffage direct) (cf. aussi* temperature saturation).

filament supply *cf.* filament power supply.

filament transformer transformateur de chauffage (*transformateur d'alimentation fournissant uniquement le courant de chauffage dans un appareil comportant un ou plusieurs tubes électroniques) (cf. aussi* power transformer *et* filament current 1)).

filament-type cathode cathode à chauffage direct (*tube) (cf. aussi* directly-heated cathode).

filament-type tube tube à chauffage direct, tube à cathode à chauffage direct (*tube électronique à cathode chaude) (cf. aussi* directly-heated cathode *et* hot-cathode tube).

filament voltage (*cf. aussi* filament) 1) tension de chauffage (*tension appliquée au filament d'un tube électronique à cathode chaude) (cf. aussi* directly-heated tube). 2) tension appliquée au filament (*tube, lampe à incandescence) (voir aussi* 1)).

filament winding enroulement de chauffage (*enroulement secondaire d'un transformateur d'alimentation fournissant le courant de chauffage dans un appareil utilisant un ou plusieurs tubes électroniques) (cf. aussi* filament current 1) *et* secondary winding).

filamentary cathode *cf.* filament-type cathode.

file[1] s fichier (*ensemble ordonné d'informations de même nature conservé sur fiches ou, plus récemment, sur cartes perforées ou dans une mémoire de masse) (inf, etc.) (cf. aussi* file management, information, punched card *et* mass memory).

file[2] v classer (*dans un fichier) (cf. aussi* file[1]).

file gap espace entre fichiers (*espace laissé vierge entre deux fichiers successifs sur un support à défilement) (cf. aussi* file[1] *et* moving medium).

file management gestion de fichiers (*en informatique notamment, création, mise à jour, tri, duplication et fusion de fichiers) (cf. aussi* file[1]).

file management package logiciel de gestion de fichiers, gestionnaire de fichiers (*logiciel assurant la gestion de fichiers informatiques) (cf. aussi* software package *et* file management).

file management system système de gestion de fichiers (*en informatique, est réalisé sous la forme d'un logiciel de gestion de fichier) (cf. aussi* file management package).

file manager *cf.* file management package.

file managing ... *cf.* file management ...

file protection device *cf.* file protection ring.

file protection ring couronne d'écriture, bague d'autorisation d'écriture, bague d'interdiction d'écriture (*noter la contradiction apparente entre les deux derniers termes) (bague devant être emboîtée sur le moyeu d'une bobine de dérouleur de bande magnétique pour que des informations puissent être enregistrées sur la bande, ce qui efface celles qu'elle porte éventuellement) (en l'absence de bague, la bande peut être lue,* *mais non écrite, ce qui évite tout effacement intempestif) (inf) (cf. aussi* tape drive).

file storage mémorisation de fichiers *(cf. aussi* file[1]).

file store mémoire de masse *(inf) (cf. aussi* mass memory *et* file[1]).

fill factor *cf.* filling factor.

filled band bande pleine, bande complète, bande saturée, bande d'énergie *(idem) (bande d'énergie permise dont tous les niveaux sont occupés par un ou plusieurs électrons) (bande de valence dans un isolant ou dans un conducteur intrinsèque aux températures suffisamment basses) (cf. aussi* allowed band, energy level *et* valence band).

filled energy band *cf.* filled band.

filler 1) matelas *(fibres de jute ou autre matière disposées entre les conducteurs et l'enveloppe d'un câble téléphonique ou électrique).* 2) *cf.* filler bit. 3) *cf.* filler character.

filler bit binaire de remplissage *(binaire sans signification complétant une suite de binaires) (inf) (cf. aussi* bit).

filler character caractère de remplissage *(caractère binaire sans signification complétant une suite de tels caractères) (inf) (cf. aussi* binary character).

filling factor coefficient de remplissage, facteur de remplissage (a) *pourcentage de la surface d'un substrat de semiconducteur occupé par des photodétecteurs) (cible de caméra infrarouge, etc.) (cf. aussi* photodetector); (b) *pourcentage de la surface d'un panneau de cellules solaires effectivement occupé par celles-ci) (cf. aussi* solar cell).

film-and-foil capacitor condensateur au plastique non métallisé *(ou* à armatures indépendantes), condensateur à armatures indépendantes *(condensateur au plastique dans lequel les armatures sont constituées par deux bandes ou des plaquettes de clinquant très mince d'aluminium ou autre métal) (cf. aussi* wound-foil capacitor, stacked-film capacitor *et* plastic capacitor).

film cap *(fam) cf.* film capacitor.

film capacitor condensateur à bande plastique *(cf. aussi* plastic-film capacitor).

film capacitor dielectric diélectrique pour condensateurs à bande plastique *(cf. aussi* plastic-film capacitor *et* dielectric[2]).

film carrier bande porte-puces *(fab. CH) (cf. aussi* tape automated bonding).

film-carrier bonding connexion sur bande *(fab. CH) (cf. aussi* tape automated bonding).

film-carrier method procédé de connexion sur bande *(fab. CH) (cf. aussi* tape automated bonding).

film chip carrier *cf.* film carrier.

film dielectric diélectrique en bande *(diélectrique de condensateur à bande plastique) (cf. aussi* plastic-film capacitor *et* dielectric[2]).

film pick-up appareil de télécinéma, (un) télécinéma *(appareil permettant de téléviser un film de cinéma grâce à la conversion des variations de transparence de chaque image en un signal électrique d'amplitude variable utilisé pour moduler la porteuse produite par la partie image d'un émetteur de télévision) (cf. aussi* flying-spot scanner).

film potentiometer potentiomètre à couche résistive *(potentiomètre multitour dans lequel l'élément résistant est une couche résistive mince formée sur un support isolant) (cf. aussi* multiturn potentiometer).

film recording enregistrement sur film (a) *enregistrement optique du son sur film de cinéma) (cf. aussi* optical sound recording); (b) *enregistrement magnétique du son sur film de cinéma à piste magnétique) (cf. aussi* magnetic sound track).

film reproducer lecteur de films sonores *(appareil permettant de reproduire le son enregistré sur un film de cinéma).*

film resistor résistance à couche *(résistance discrète formée essentiellement d'un support isolant réfractaire portant une couche de matière résistive) (cf. aussi* carbon-film resistor, metal-glaze resistor, metal-film resistor, thick-film resistor, thin-film resistor *et* resistor trimming).

film scanner *cf.* film pick-up.

film scanning analyse de films *(télécinéma) (cf. aussi* film pick-up).

film television (le) cinéma à la télévision, (le) télécinéma

(transmission de films de cinéma par télévision) (cf. aussi film pick-up).

filter[1] *s* filtre *(dispositif laissant passer certaines fréquences d'un signal complexe et arrêtant plus ou moins les autres) (cf. aussi* electrical filter, mechanical filter, active filter, passive filter, band-pass filter, band-stop filter, low-pass filter, high-pass filter, all-pass filter, analog filter, digital filter, attenuation contour *et* complex signal).

filter[2] *v* filtrer *(soumettre à l'action d'un filtre) (signal, etc.) (cf. aussi* filter[1]).

filter amplifier amplificateur de filtre actif *(cf. aussi* active filter).

filter amplitude response réponse en amplitude du filtre *(parf.* d'un filtre) *(cf. aussi* amplitude response).

filter arrangement montage de filtrage, filtre *(cf. aussi* filter[1]).

filter attenuation atténuation du filtre *(parf.* d'un filtre), atténuation produite par le filtre *(idem) (cf. aussi* attenuation).

filter bank banc de filtres *(cf. aussi* bank of filters).

filter capacitor condensateur de filtrage *(alim) (cf. aussi* smoothing filter).

filter center centre de transmissions *(local militaire dans lequel les informations fournies par des radars et des récepteurs radio de trafic et d'écoute sont classées et transmises aux différents intéressés). (cf. aussi* surveillance receiver).

filter characteristic function fonction caractéristique du filtre *(parf.* d'un filtre) *(fonction mathématique dont la connaissance permet de déterminer la fonction de transfert d'un filtre) (cf. aussi* function[1] 1) (b) *et* transfer function).

filter chip puce de filtre *(puce de circuit intégré sur laquelle est réalisé un filtre intégré) (cf. aussi* chip 1)).

filter choke bobine de lissage *(alim) (cf. aussi* smoothing coil).

filter circuit circuit de filtrage *(nom parfois donné à un filtre électrique) (cf. aussi* electrical filter).

filter contour gabarit de filtrage, *(souvent)* gabarit du filtre *(cf. aussi* attenuation contour).

filter crystal quartz de filtrage *(quartz déterminant la fréquence centrale de la bande passante d'un filtre à quartz) (cf. aussi* crystal filter).

filter cut-off frequency fréquence de coupure du filtre *(parf.* d'un filtre) *(fréquence au-dessus ou au-dessous de laquelle un filtre atténue fortement le signal appliqué à son entrée) (cf. aussi* filter[1]).

filter discrimination pouvoir discriminateur du filtre *(parf.* d'un filtre) *(est proportionnel à la raideur des flancs de sa courbe de réponse en fréquence)* (a) *aptitude d'un filtre passe-bande à arrêter les fréquences proches de sa bande passante nominale (cf. aussi* band-pass filter); (b) *aptitude d'un filtre coupe-bande à laisser passer les fréquences proches de sa bande de coupure (cf. aussi* band-stop filter).

filter frequency fréquence centrale du filtre *(parf.* d'un filtre) *(cf. aussi* center frequency (b)).

filter frequency response réponse en fréquence du filtre *(parf.* d'un filtre) *(cf. aussi* frequency response 1) *et* filter[1]).

filter inductor *cf.* filter choke.

filter network *cf.* filter circuit.

filter order ordre du filtre *(parf.* d'un filtre) *(ordre de la fonction de transfert d'un filtre) (la pente des flancs de la courbe de réponse en fréquence d'un filtre augmente avec l'ordre de celui-ci) (cf. aussi* transfer function order *et* frequency response curve).

filter pass-band bande passante du filtre *(parf.* d'un filtre) *(cf. aussi* pass-band).

filter phase distortion distortion de phase du filtre *(parf.* d'un filtre) *(cf. aussi* phase distortion).

filter phase response réponse en phase du filtre *(parf.* d'un filtre) *(cf. aussi* phase response).

filter poles pôles du filtre *(parf.* d'un filtre) *(pôles de la fonction de transfert d'un filtre) (cf. aussi* poles and zeros).

filter response réponse du filtre *(parf.* d'un filtre) *(manière dont un filtre modifie le signal appliqué à son entrée) (est matérialisée par sa courbe de réponse en fréquence et sa courbe de réponse en phase) (en l'absence d'indication, ce* terme désigne généralement la réponse en fréquence) (cf. aussi frequency response curve et phase response curve).

filter section cellule de filtre, (parf.) cellule de filtrage (partie élémentaire de certains filtres constituant à elle seule un filtre complet répété deux ou plusieurs fois) (cf. aussi filter[1]).

filter shaping mise en forme par filtre, (parf.) mise au gabarit par filtre (élimination de certaines fréquences d'un signal à l'aide d'un filtre) (cf. aussi attenuation contour).

filter stage étage de filtrage (filtre ou cellule de filtrage) (cf. aussi filter section).

filter stop-band bande de coupure du filtre (cf. aussi stop band).

filter synthesis synthèse des filtres (détermination de la structure optimale d'un filtre électrique et calcul de la valeur de ses éléments en fonction du gabarit de filtrage désiré) (cf. aussi filter[1] et attenuation contour).

filter transmission band cf. filter pass-band.

filter zeros zéros du filtre (zéros de la fonction de transfert d'un filtre) (cf. aussi poles and zeros).

filtered display présentation des informations après filtrage (ou traitement) (présentation des informations sur l'écran d'un radar ou d'un sonar après élimination des échos parasites) (cf. aussi moving-target indicator).

filtered out éliminée par filtrage, filtrée (fréquence).

filtering filtrage (élimination de certaines fréquences d'un signal complexe) (cf. aussi filter[1]).

filtering action effet de filtrage (effet exercé sur un courant alternatif par un filtre, une bobine d'inductance ou un condensateur) (cf. aussi filter[1]).

filtering algorithm algorithme de filtrage (filtre numérique) (cf. aussi algorithm et digital filter).

filtering choke cf. filter choke.

filtering circuit cf. filter circuit.

final amplifier amplificateur de puissance (d'un émetteur) (dernier étage d'un émetteur de signaux radioélectriques, dont le signal de sortie alimente l'antenne) (radio, TV) (cf. aussi power amplifier).

final run-in cf. terminal phase.

finder chercheur (commutateur d'autocommutateur téléphonique électromécanique, dont le balai s'arrête sur la broche correspondant à une ligne sur laquelle un appel est enregistré) (cf. aussi electromechanical telephone switch).

finder switch cf. finder.

finding recherche (d'une ligne appelante par un chercheur téléphonique) (cf. aussi finder).

fine adjustment réglage fin (d'une tension, fréquence, résistance, etc.). (cf. aussi adjustment 1)).

fine chrominance primary signal de chrominance à large bande (TV) (cf. aussi I signal).

fine frequency adjustment réglage fin de la fréquence (cf. aussi frequency adjustment).

fine line 1) trait fin (élément de circuit intégré monolithique de largeur inférieure à 5 microns environ) (cf. aussi feature size). 2) ruban étroit (CH, CP) (cf. aussi trace[1] 2)).

fine-line board cf. fine-line printed-circuit board.

fine-line circuit circuit à ... (voir aussi fine line).

fine-line circuitry circuits à ... (voir aussi fine line) (cf. aussi circuitry).

fine-line device cf. fine-line circuit.

fine-line equipment matériel pour ... (voir aussi fine line) (matériel de fabrication, généralement pour circuits intégrés).

fine-line etching attaque à ... (voir aussi fine line) (cf. aussi etching).

fine-line hybrid cf. fine-line hybrid circuit.

fine-line hybrid circuit circuit hybride à rubans étroits (cf. aussi trace[1] 2)).

fine-line hybrid integrated circuit cf. fine-line hybrid circuit.

fine-line lithography gravure à ... (voir aussi fine line) (cf. aussi lithography).

fine-line metallization métallisation à traits fins (CI) (cf. aussi fine line 1) et metallization).

fine-line multilayer board carte imprimée multicouche à rubans étroits (CP) (cf. aussi trace[1] 2) et multilayer printed-circuit board).

fine-line multilayer card cf. fine-line multilayer board.

fine-line pc ... cf. fine-line PC ...

fine-line PC cf. fine-line printed circuit.

fine-line PC board cf. fine-line printed-circuit board.

fine-line PC card cf. fine-line printed-circuit board.

fine-line pcb cf. fine-line printed-circuit board.

fine-line PCB cf. fine-line printed-circuit board.

fine-line printed board cf. fine-line printed-circuit board.

fire-line printed card cf. fine-line printed-circuit board.

fine-line printed circuit circuit imprimé à rubans étroits (cf. aussi trace[1] 2)).

fine-line printed-circuit board carte à circuit imprimé à rubans étroits, carte à rubans étroits (cf. aussi trace[1] 2)).

fine-line printed-circuit card cf. fine-line printed-circuit board.

fine-line printing cf. fine-line lithography.

fine-line processing cf. fine-line lithography.

fine-line spacing écartement entre ... (voir aussi fine line).

fine-line technology (la) technique des ... (cf. aussi fine line et technology).

fine-mesh grid grille à mailles étroites (tube) (cf. aussi grid 1)).

fine trim cf. fine adjustment.

fine trimming cf. fine adjustment.

fine tuning 1) accord précis, accord fin (oscillateur, etc.) (cf. aussi tuning). 2) cf. fine adjustment.

fine tuning control commande d'accord fin, bouton d'accord fin, bouton de réglage fin de l'accord (récepteur, etc.).

finger-printing analyse d'empreintes radar (mil) (cf. aussi radar signature analysis).

finger-printing technique méthode d'analyse d'empreintes radar.

finger spacing écartement des dents (distance entre deux dents successives d'une électrode en peigne) (composant à ondes acoustiques de surface, etc.) (cf. aussi interdigital structure).

finger stop butée de cadran (pièce en tôle incurvée fixée près du chiffre « 0 » du cadran d'un poste téléphonique à cadran, sur laquelle le doigt doit venir buter avant de relâcher le cadran) (matérialise la limite de rotation à atteindre pour émettre un chiffre du numéro à composer et empêche de forcer le mécanisme intérieur) (cf. aussi telephone dial).

finger wheel (disque du) cadran d'appel (poste tél) (cf. aussi telephone dial).

fingerprint empreinte (cf. aussi signature, ce terme étant le plus employé).

fingerprinting cf. finger-printing. (plus haut).

finished blank lame complète (lame de quartz munie de ses deux électrodes auxquelles est appliquée la tension d'excitation à haute fréquence) (quartz-pilote d'oscillateur) (cf. aussi crystal blank).

finite impulse response réponse impulsionnelle finie, RIF (cf. aussi finite-impulse-response filter).

finite-impulse-response filter filtre à réponse impulsionnelle finie (nom parfois donné à un filtre numérique non récursif, pour rappeler que l'amplitude du signal de sortie est étroitement liée à celle du signal d'entrée et s'annule, par conséquent, lorsque l'amplitude d'une impulsion appliquée à son entrée tombe à zéro) (a un comportement différent de celui d'un filtre analogique et une réponse en phase linéaire) (cf. aussi non-recursive filter et phase response).

FIR cf. finite impulse response.

FIR digital filter cf. finite-impulse-response filter.

FIR filter cf. finite-impulse-response filter.

fire v (voir aussi firing) 1) amorcer, rendre conducteur, (parf.) s'amorcer, passer à l'état conducteur, devenir conducteur. 2) être excité par une impulsion. 3) basculer, passer à l'état saturé. 4) cuire.

fire-and-forget missile missile autonome (mil) (cf. aussi autonomous missile).

fire-and-forget seeker autodirecteur de missile autonome (mil) (cf. aussi autonomous missile).

fire-control computer calculateur de conduite de tir, calculateur de tir (calculateur, anciennement analogique, puis numérique, associé à un radar de tir pour déterminer les paramètres de tir des projectiles (angles de pointage, corrections, instant *de tir, etc.) en fonction des informations sur le mouvement et la distance de la cible suivie et les performances des projectiles utilisés et déclencher le tir à l'instant optimal) (avia, etc.) (mil) (cf. aussi* fire-control radar *et* computer).

fire-control radar   radar de conduite de tir, radar de tir *(radar à impulsions associé à un ou plusieurs canons ou engins autoguidés, au sol ou sur un mobile, et à un calculateur commandant le tir des projectiles) (mil) (cf. aussi* pulse radar *et* fire-control computer).

fire-control radar system   station radar de conduite de tir *(cf. aussi* fire-control radar).

fire-control system   système de conduite de tir *(système composé essentiellement d'un radar de tir, d'un calculateur de tir et éventuellement de servomécanismes) (noter que le terme anglais est généralement remplacé par « weapon-control system » lorsqu'il peut s'agir du tir de missiles) (cf. aussi* fire-control radar, fire-control computer *et* servomecanism).

fired-on conductor   conducteur sérigraphié *(conducteur de circuit hybride à couches épaisses) (cf. aussi* screen printing).

fired state   état amorcé, état conducteur *(tube à gaz, thyristor) (cf. aussi* firing 1)).

fired thyristor   thyristor amorcé, thyristor à l'état conduteur *(cf. aussi* silicon controlled rectifier).

fired tube   tube amorcé, tube à l'état conducteur *(tube à gaz) (cf. aussi* firing 1)).

firing   **1)** amorçage, passage à l'état conducteur *(tube à gaz, thyristor, triac) (cf. aussi* breakover, gas tube, silicon controlled rectifier *et* triac). **2)** excitation par une impulsion *(magnétron) (hyper) (cf. aussi* magnetron). **3)** basculement *(passage d'une bobine d'inductance saturable de l'état non saturé à l'état saturé) (cf. aussi* saturable reactor). **4)** cuisson *(séchage au four d'une couche de pâte de circuit hybride à couches épaisses) (cf. aussi* thick-film hybrid circuit).

firing angle   angle d'amorçage *(angle de phase du courant alternatif dans un composant à amorçage auquel se produit l'amorçage de celui-ci) (cf. aussi* phase angle *et* firing 1)).

firing furnace   four à circuits hybrides, (à *ou* pour), four *(cf. aussi* firing 4)).

firing point   point d'amorçage *(point de la caractéristique d'un composant à amorçage auquel se produit l'amorçage de celui-ci) (cf. aussi* firing 1) *et* characteristic curve).

firing potential   *cf.* firing voltage.

firing process   **1)** processus d'amorçage *(cf. aussi* firing 1)). **2)** processus de cuisson *(cf. aussi* firing 4)).

firing pulse   impulsion d'amorçage *(impulsion appliquée à l'électrode de commande d'un composant à amorçage pour le rendre conducteur) (cf. aussi* firing 1)).

firing temperature   température de cuisson *(CH) (cf. aussi* firing 4)).

firing time   **1)** instant d'amorçage *(cf. aussi* firing 1)). **2)** temps de cuisson, durée de (la) cuisson *(cf. aussi* firing 4)).

firing voltage   tension d'amorçage, potentiel d'amorçage, différence de potentiel d'amorçage *(valeur de la tension anodique dans un tube à gaz à laquelle se produit l'ionisation du gaz) (ce terme est naturellement synonyme de « tension d'ionisation » mais n'est pas employé de la même façon) (cf. aussi* anode voltage, gas tube, ionization *et* voltage).

firmware   micrologiciel *(microprogrammes contenus dans une ou plusieurs mémoires mortes) (inf) (cf. aussi* microprogram, ROM *et* software).

firmware-based   microprogrammé, à microprogrammes *(cf. aussi* firmware).

firmware-controlled   *cf.* firmware-based.

firmware-driven   *cf.* firmware-based.

firmware program   *cf.* microprogram.

first anode   première anode *(le terme « first anode » est souvent utilisé à la place de « focusing anode » en anglais pour désigner l'anode de concentration d'un canon à électrons classique, mais peut aussi signifier « accelerating anode » lorsqu'une anode d'accélération est disposée entre le wehnelt et l'anode de concentration) (cf. aussi* focusing anode *et* accelerating anode).

first breakdown   claquage normal, avalanche normale *(jonction PN) (sdpo à « second breakdown ») (cf. aussi* avalanche breakdown *et* second breakdown).

first detector   changeur de fréquence *(super) (le terme anglais est parfois employé à la place de « mixer » et entraîne alors l'emploi de « second detector » pour le détecteur d'enveloppe et éventuellement de « third detector ») (super) (cf. aussi* mixer *et* detector 2)).

first equalizing pulse sequence   train d'impulsions de préégalisation *(signal TV) (cf. aussi* front equalizing pulses).

first field   trame impaire *(TV) (cf. aussi* odd field).

first Fresnel zone   premier ellipsoïde de Fresnel *(ellipsoïde de Fresnel le plus proche du rayon direct, c.-à-d. tel que la somme des distances d'un de ses points aux antennes d'émission et de réception soit supérieure d'une demi-longueur d'onde à la distance entre celles-ci) (dans un faisceau hertzien, pour que la liaison soit « en visibilité directe » ou « à vue », il faut théoriquement qu'aucun obstacle ne se trouve dans le premier ellipsoïde de Fresnel mais, en pratique, un dégagement d'environ 50 % du rayon équatorial inférieur de celui-ci suffit généralement; le rayon équatorial étant proportionnel à la longueur d'onde de la porteuse, la hauteur nécessaire des antennes au-dessus du sol l'est également) (cf. aussi* Fresnel zone).

first-generation computer   ordinateur de la première génération *(ordinateur à tubes électroniques) (les tubes utilisés sont des triodes à vide fonctionnant en mode de commutation et des diodes à vide) (cf. aussi* vacuum triode, switching mode 1), vacuum diode *et* computer generation 2)).

first harmonic   harmonique 1, premier harmonique *(autes noms de la fréquence fondamentale d'un signal complexe) (cf. aussi* fundamental frequency, harmonic *et* overtone).

first IF   *cf.* first intermediate frequency.

first IF amplifier   premier amplificateur à fréquence intermédiaire *(ou FI)*, amplificateur à première fréquence intermédiaire *(idem) (amplificateur amplifiant la porteuse issue du premier changeur de fréquence dans un récepteur superhétérodyne à double changement de fréquence) (cf. aussi* first mixer).

first-in, first-out ...   *cf.* FIFO ...

first injection   injection du signal du premier oscillateur local, injection du premier signal local, première injection *(application du signal du premier oscillateur local à l'électrode correspondante de l'élément non linéaire du premier changeur de fréquence d'un récepteur superhétérodyne à double changement de fréquence) (cf. aussi* first local oscillator).

first intermediate frequency   première fréquence intermédiaire, première FI *(fréquence de la porteuse à la sortie du premier changeur de fréquence d'un récepteur superhétérodyne à double changement de fréquence) (cf. aussi* first mixer).

first intermediate-frequency amplifier   *cf.* first IF amplifier.

first ionization   première ionisatin *(ionisation produite par l'arrachement du premier électron à un atome ou une molécule pouvant en perdre deux ou plus) (cf. aussi* ionization).

first ionization potential   premier potentiel d'ionisation *(potentiel auquel se produit la première ionisation) (cf. aussi* first ionization *et* ionization potential).

first local oscillator   premier oscillateur local *(oscillateur local du premier changeur de fréquence d'un récepteur superhétérodyne à double changement de fréquence) (remplit exactement la même fonction que l'oscillateur local unique d'un récepteur superhétérodyne à simple changement de fréquence et fournit, par conséquent, un signal à fréquence réglable) (cf. aussi* first mixer *et* second local oscillator).

first mixer   premier changeur de fréquence *(changeur de fréquence d'un récepteur superhétérodyne à double changement de fréquence remplissant exactement la même fonction que le changeur de fréquence unique d'un récepteur à simple changement de fréquence) (cf. aussi* mixer *et* double-conversion superheterodyne receiver).

first-order band-pass filter   filtre passe-bande du premier ordre *(cf. aussi* band-pass filter *et* filter order).

first-order frequency predictor   prédicteur de fréquence du premier ordre *(brouilleur à sauts de fréquence) (mil) (cf. aussi* frequency predictor).

first-order high-pass filter   filtre passe-haut du premier ordre *(cf. aussi* high-pass filter *et* filter order).

first-order hold *cf.* first-order hold circuit.

first-order hold circuit circuit de maintien du premier ordre, *(circuit de maintien dans lequel une extrapolation est faite dans chaque période d'échantillonnage à partir des valeurs des deux derniers échantillons pour mieux suivre la variation du signal échantillonné) (échantillonneur de numériseur) (cf. aussi* hold circuit).

first-order low-pass filter filtre passe-bas du premier ordre *(cf. aussi* low-pass filter *et* filter order).

first-order servo système asservi du premier ordre *(ou* d'ordre 1) *(cf. aussi* servo order).

first quantum number *cf.* main quantum number.

fish-bone aerial *(GB) cf.* fish-bone antenna.

fish-bone antenna antenne en arête de poisson *(antenne à rayonnement longitudinal formée de paires de brins rayonnants disposés dans un même plan de part et d'autre d'une ligne de transmission équilibrée rectiligne) (chaque paire de brins forme un dipôle excité en son centre par la ligne de transmission) (cf. aussi* end-fire array, balanced transmission line *et* dipole antenna).

fish-finding sonar sonar de pêche *(sonar équipant certains bateaux de pêche et servant à détecter les bancs de poissons) (cf. aussi* sonar).

fish-paper fibre vulcanisée *(isolant en feuille à base de fibres de cellulose imprégnées d'une résine synthétique polymérisée à chaud sous pression).*

FIT 1) *cf.* fault isolation test. 2) *cf.* failure unit.

5 × 7 dot matrix character caractère à matrice de 5 × 7 points *(afficheur, etc.) (cf. aussi* dot matrix character).

five-digit display afficheur à cinq chiffres *(cf. aussi* display[1] 5)).

five-electrode tube tube à cinq électrodes, tube électronique *(idem) (cf. aussi* pentode).

five-electrode valve *(GB) cf.* five-electrode tube.

five-element code *cf.* five-unit code.

five-grid tube tube à cinq grilles, tube électronique *(idem) (cf. aussi* heptode).

five-grid valve *(GB) cf.* five-grid tube.

525-line system procédé à 525 lignes *(TV) (cf. aussi* television picture definition).

five-level code *cf.* five-unit code.

five-port memory mémoire à cinq accès *(inf) (cf. aussi* multi-port memory).

five-ported memory *cf.* five-port memory.

five-section filter filtre à cinq cellules *(cf. aussi* filter section).

five-transistor cell *cf.* five-transistor memory cell.

five-transistor memory cell cellule de mémoire à cinq transistors, cellule à cinq transistors *(mémoire à semiconducteur) (cf. aussi* memory cell).

fine-unit code code à cinq moments *(tlg) (cf. aussi* Baudot code).

five-unit element caractère à cinq moments *(caractère du code Baudot) (tlg) (cf. aussi* Baudot code).

five-unit teleprinter code code télégraphique à cinq moments *(cf. aussi* Baudot code).

fix *s* 1) (le) point *(nav) (cf. aussi* position fix). 2) repère de navigation, repère *(au sol, en mer, dans l'espace) (cf. aussi* navigation (b)). 3) modification, mesure corrective *(destinée à éliminer un défaut d'un appareil ou un système).*

fixed amplitude amplitude constante *(parf.* fixe) *(signal, etc.) (cf. aussi* amplitude).

fixed-amplitude carrier porteuse à amplitude fixe *(porteuse modulée en fréquence ou en phase) (cf. aussi* carrier wave).

fixed attenuator atténuateur fixe *(atténuateur produisant un affaiblissement non réglable) (hyper, etc.) (cf. aussi* attenuator).

fixed bias polarisation fixe *(polarisation assurée par une tension ou un courant constant) (tube, transistor) (cf. aussi* bias[1]).

fixed capacitor condensateur fixe *(condensateur dont la capacité n'est pas réglable) (clpf) (cf. aussi* capacitor).

fixed coaxial attenuator atténuateur coaxial fixe *(cf. aussi* fixed attenuator *et* coaxial attenuator).

fixed-coil display indicateur à bobines fixes, *(parf.)* présentation par indicateur à bobines fixes *(indicateur radar à* présentation panoramique dans lequel le balayage circulaire de l'écran est produit par deux bobines fixes disposées sur le col du tube cathodique) *(cf. aussi* PPI display).

fixed contact contact fixe *(contact de relais ou autre dispositif à contacts dont la position n'est pas liée à celle de l'organe mobile du dispositif et sur lequel vient porter un contact mobile) (cf. aussi* relay contact).

fixed disc *cf.* fixed disk.

fixed disk disque fixe *(disque de mémoire à disque monté à demeure sur le moyeu d'entraînement) (ce terme désigne généralement un disque dur classique ou un disque optique) (inf) (cf. aussi* hard disk *et* disk memory).

fixed-disk storage mémorisation sur disque fixe *(cf. aussi* fixed disk).

fixed echo *cf.* fixed-target echo. *(et noter que le terme anglais « fixed echo » désigne rarement un écho parasite tandis que le terme français « écho fixe » en désigne généralement un).*

fixed equalizer égaliseur fixe *(égaliseur téléphonique introduisant un affaiblissement non réglable) (compense les différences d'affaiblissement prévisibles entre les différentes voies du multiplex transmis par le câble) (cf. aussi* equalizer 3)).

fixed field-of-view infrared sensor capteur infrarouge à champ fixe *(nom parfois donné à une cible focale) (cf. aussi* focal-plane array).

fixed-frequency carrier porteuse à fréquence fixe *(porteuse modulée en amplitude) (cf. aussi* carrier 1)).

fixed-frequency magnetron magnétron non accordable, magnétron à fréquence fixe *(magnétron ne pouvant osciller que sur une seule fréquence) (hyper) (cf. aussi* magnetron).

fixed-frequency measurement mesure à fréquence fixe *(mesure effectuée sur un composant ou autre matériel électronique ou électrique à une seule fréquence du signal appliqué à l'entrée de celui-ci) (hyper, etc.) (cf. aussi* swept-frequency measurement *et* measurement).

fixed-frequency mode *(cf. aussi* frequency-hopping mode) 1) mode de fonctionnement à fréquence fixe, mode à fréquence fixe *(oscillateur d'émetteur radio ou radar militaire).* 2) mode d'émission à fréquence fixe, mode à fréquence fixe *(émetteur radio ou radar militaire).*

fixed-frequency oscillator oscillateur non accordable, oscillateur à fréquence fixe *(oscillateur ne pouvant osciller que sur une seule fréquence) (cf. aussi* oscillator).

fixed-frequency pulsed magnetron magnétron à impulsions non accordable *(ou* à fréquence fixe) *(type classique de magnétron de radar) (cf. aussi* fixed-frequency magnetron *et* pulsed magnetron).

fixed-frequency radar radar à fréquence fixe *(type classique) (cf. aussi* radar *et* frequency-hopping radar).

fixed-frequency synthesizer synthétiseur à fréquence fixe *(montage synthétiseur de fréquences fournissant une seule fréquence) (cf. aussi* frequency synthesizer).

fixed-frequency test (un) essai à fréquence fixe *(mesure à fréquence fixe effectuée aux fins d'essai) (cf. aussi* fixed-frequency measurement).

fixed-frequency tested essayé à fréquence fixe *(cf. aussi* fixed-frequency test).

fixed-frequency testing (l')essai à fréquence fixe *(cf. aussi* fixed-frequency test).

fixed-frequency transmission émission à fréquence fixe *(émission d'un émetteur radio ou radar militaire à fréquence fixe ou pouvant émettre au choix en mode de fréquence fixe ou en mode de sauts de fréquence) (cf. aussi* fixed-frequency transmitter *et* frequency hopping).

fixed-frequency transmitter émetteur à fréquence fixe *(émetteur radio ou radar ne pouvant émettre que sur une seule fréquence) (ce terme s'emploie notamment par opposition à un émetteur militaire à sauts de fréquence) (cf. aussi* frequency-hopping transmitter).

fixed-gain filter filtre à gain fixe *(filtre actif dans lequel le gain de l'amplificateur n'est pas réglable) (cf. aussi* active filter).

fixed-gain filtering filtrage par filtre à gain fixe *(cf. aussi* fixed-gain filter).

fixed head tête fixe, tête magnétique fixe *(tête de lecture et écriture d'une mémoire magnétique à défilement montée à demeure et déterminant par conséquent une seule piste d'enre-*

gistrement sur le support magnétique) (inf) (cf. aussi magnetic head *et* moving magnetic-medium memory).

fixed-head disk memory mémoire à disques à têtes fixes *(mémoire à disques à très court temps d'accès) (cf. aussi* fixed head).

fixed inductor (bobine d')inductance fixe *(bobine d'inductance dont l'inductance n'est pas réglable) (clpf) (cf. aussi* inductor).

fixed-level output puissance de sortie constante *(alim, ampli).*

fixed load charge fixe *(charge adaptée hyperfréquence dans laquelle la position axiale de l'élément dissipatif n'est pas réglable) (cf. aussi* coaxial fixed load, waveguide fixed load *et* matched load (b)).

fixed memory mémoire morte *(inf) (cf. aussi* ROM).

fixed-pattern noise bruit stable *(bruit présent dans le signal de sortie d'une cible de caméra de télévision infrarouge dû aux légères différences de sensibilité des différents éléments détecteurs de la face active de la cible) (cf. aussi* infrared television camera).

fixed-point arithmetic calculs en virgule fixe *(calculs nécessitant l'exécution d'opérations en virgule fixe) (inf) (cf. aussi* fixed-point operation).

fixed-point calculation (le *ou* un) calcul en virgule fixe *(inf) (cf. aussi* fixed-point arithmetic).

fixed-point operation opération en virgule fixe *(mode d'exécution d'une opération arithmétique dans un ordinateur, dans lequel la virgule des nombres décimaux n'est pas prise en compte par l'appareil, sa place dans le résultat étant fixée à l'avance par le programmeur) (inf) (cf. aussi* arithmetic operation).

fixed-program computer calculateur à programme fixe *(calculateur ne pouvant exécuter qu'un seul programme, celui-ci étant câblé et inamovible) (inf) (cf. aussi* wired-program computer).

fixed receiver récepteur fixe, récepteur utilisé à poste fixe *(radio, TV).*

fixed receiving station station de réception fixe *(radio, TV).*

fixed resistor résistance fixe *(résistance dont la valeur ohmique n'est pas réglable) (cf. aussi* resistor).

fixed satellite service service fixe par satellite *(cf. aussi* fixed-service satellite).

fixed sending station *cf.* fixed transmitting station.

fixed service service fixe *(service radiotéléphonique assuré entre points fixes : gendarmeries, casernes, ambassades, etc.) (cf. aussi* radio service).

fixed-service link liaison du service fixe *(cf. aussi* fixed service).

fixed-service receiver récepteur du service fixe *(récepteur radio utilisé dans le cadre du service fixe) (est généralement un récepteur de trafic et peut être la partie réception d'un émetteur-récepteur) (cf. aussi* fixed service *et* communications receiver).

fixed-service reception réception par un recepteur du service fixe *(cf. aussi* fixed-service receiver).

fixed-service satellite satellite du service fixe *(satellite de télécommunications servant de relais à des liaisons du service fixe) (cf. aussi* fixed service *et* communications satellite).

fixed-service transmission émission du service fixe *(émission d'un émetteur du service fixe) (cf. aussi* fixed-service transmitter).

fixed-service transmitter émetteur du service fixe *(émetteur radio utilisé dans le cadre du service fixe) (peut être la partie émission d'un émetteur-récepteur) (est généralement un émetteur de trafic) (cf. aussi* fixed-service *et* communications receiver).

fixed short court-circuit fixe *(court-circuit hyperfréquence dont la position axiale n'est pas réglable) (hyper) (cf. aussi* short² (b)).

fixed storage 1) mémorisation dans une mémoire morte *(inf) (cf. aussi* ROM). **2)** *cf.* fixed memory.

fixed target cible fixe, cible immobile, cible stationnaire *(radar, etc.) (cf. aussi* target (a)).

fixed-target echo écho d'une cible fixe, écho fixe *(écho produit par un obstacle fixe ou immobile sur l'écran d'un radar panoramique) (cf. aussi* fixed echo, PPI radar *et* clutter).

fixed-target track mode mode de poursuite de cible fixe *(mode de fonctionnement d'un radar multimode d'aéronef militaire utilisé pour l'attaque d'une cible fixe au sol) (cf. aussi* multimode radar).

fixed termination terminaison fixe, terminaison non réglable *(hyper) (cf. aussi* termination).

fixed transmitter émetteur fixe, émetteur utilisé à poste fixe *(radio, TV).*

fixed transmitting station station d'émission fixe *(radio, TV).*

fixed-tuned cavity *cf.* fixed-tuned cavity resonator.

fixed-tuned cavity oscillator *cf.* fixed-tuned cavity resonator.

fixed-tuned cavity resonator cavité résonante à accord fixe *(ou à fréquence fixe ou non accordable) (cavité résonante ne pouvant être le siège d'oscillations à la résonance qu'à une seule fréquence, aucune de ses dimensions n'étant réglable) (hyper) (cf. aussi* cavity resonator).

fixed tuning accord fixe, accord non réglable *(oscillator, etc.) (cf. aussi* tuning).

fixed-value ... *cf.* fixed ...

fixed waveguide attenuator atténuateur fixe en guide d'ondes, *(etc.) (atténuateur en guide d'ondes réalisé sous la forme d'un atténuateur fixe, la position de la lame n'étant pas réglable) (hyper) (cf. aussi* waveguide attenuator *et* fixed attenuator).

flag 1) drapeau *(cf. aussi* flag alarm). **2)** porte-dégazeur, porte-getter *(lamelle métallique portant le dégazeur dans un tube électronique) (cf. aussi* getter). **3)** indicateur, drapeau *(en informatique, binaire ou caractère indiquant un état ou marquant la fin d'une information de longueur variable) (cf. aussi* status flag *et* bit).

flag alarm voyant à drapeau *(index coloré apparaissant sur le cadran d'un appareil indicateur de radionavigation pour signaler une indication peu sûre donnée par l'appareil) (avia).*

flag bit binaire indicateur, indicateur, drapeau *(inf) (cf. aussi* flag 3)).

flag-pole antenna mât rayonnant *(antenne d'émission formée d'un mât métallique haubanné et isolé du sol, généralement attaqué à la base par la ligne d'alimentation d'antenne en provenance de l'émetteur) (cf. aussi* tower radiator).

flame attenuation atténuation par le jet *(atténuation des signaux radio émis ou reçus par un engin spatial lorsque son orientation par rapport à la station associée est telle que le jet du ou des propulseurs fait obstacle à la propagation des ondes radioélectriques) (cf. aussi* communications blackout).

flange 1) bride (de guide d'ondes) *(hyper) (cf. aussi* waveguide flange). **2)** joue *(de bobine de bande magnétique ou perforée).*

flange-mount package boîtier à fixation par bride *(boîtier de transistor de puissance à embase de forme ovale munie d'un trou de fixation à chaque extrémité et formant puits de chaleur) (cf. aussi* power transistor *et* heat sink 1)).

flap attenuator atténuateur à lame *(atténuateur hyperfréquence à lame absorbante dont la position dans le guide d'ondes est réglable pour faire varier la puissance absorbée) (cf. aussi* attenuator).

flap-type attenuator *cf.* flap attenuator.

flare 1) leurre infrarouge *(type de fusée éclairante lancée par un aéronef, un navire ou un char pour détourner un engin à autodirecteur infrarouge qui l'attaque, en amenant l'autodirecteur à s'orienter sur la flamme du leurre) (mil) (cf. aussi* deception jamming *et* homing head). **2)** tache de saturation *(sur écran radar).* **3)** *cf.* horn antenna. **4)** tache (solaire) *(cf. aussi* solar flare).

flare angle *(cf. aussi* horn antenna) angle d'ouverture (a) *angle formé par deux côtés opposés d'une antenne-cornet à section rectangulaire);* (b) *angle au sommet d'une antenne-cornet à section circulaire).*

flare dispenser lance-leurres infrarouges *(appareil éjectant des leurres infrarouges) (est monté sur aéronef ou navire militaire ou sur char) (cf. aussi* flare 1)).

flare dispensing lancement de leurres infrarouges *(cf. aussi* flare dispenser).

flare ejection *cf.* flare dispensing.

flare spot *cf.* flare 2).

flare technology (la) technique des leurres infrarouges *(cf. aussi* flare 1) *et* technology).

flared-in antenna *cf.* flush-mounted antenna.

flared radiating waveguide guide d'ondes à cornet rayonnant *(guide d'ondes terminé par un cornet rayonnant) (hyper) (cf. aussi* horn antenna).

flash éclair *(tube à décharge, etc.).*

flash a-d ... *cf.* flash A/D ...

flash A/D conversion *cf.* flash analog-to-digital conversion.

flash A/D converter *cf.* flash analog-to-digital converter.

flash ADC *cf.* flash analog-to-digital converter.

flash analog-to-digital conversion numérisation parallèle *(cf. aussi* parallel conversion).

flash analog-to-digital converter numériseur parallèle *(cf. aussi* parallel converter).

flash-back voltage tension d'ionisation inverse *(tension positive qu'il faut appliquer à la cathode d'un tube à gaz, par rapport à l'anode, pour produire l'ionisation du gaz) (cf. aussi* gaz tube).

flash conversion conversion parallèle *(cf. aussi* parallel conversion).

flash converter convertisseur parallèle *(cf. aussi* parallel converter).

flash EEPROM *(ou* **EPROM***)* mémoire flash (EEPROM) *(mémoire EEPROM à temps d'écriture fortement réduit, faible tension d'effacement, grande capacité et prix modique, permettant de l'employer à la place d'une disquette) (CI, inf) (cf. aussi* EEPROM *et* floppy disk).

flash magnetization aimantation par impulsions *(aimantation superficielle d'une pièce de métal ferreux par un champ magnétique de très courte durée produit par un électro-aimant excité par une impulsion de courant (de même durée)) (contrôle non destructif des matériaux) (cf. aussi* magnetization 2) *et* electromagnet).

flash memory *cf.* flash EEPROM.

flash-over contournement, (formation d'une) décharge en surface *(formation d'un arc ou jaillissement d'une étincelle entre deux conducteurs à la surface d'un isolant).*

flash-over voltage tension de contournement *(cf. aussi* arc-over voltage).

flash test essai de claquage *(isolant) (cf. aussi* dielectric test).

flash tube tube à éclairs, tube flash *(tube à décharge utilisé comme source de lumière intense, notamment en photographie) (cf. aussi* discharge tube).

flash unit **1)** (un) flash *(électronique ou à ampoules au magnésium) (cf. aussi* electronic flash). **2)** version parallèle *(numériseur) (cf. aussi* parallel converter *et* unit 3)).

flashing **1)** formation d'un arc *(entre deux conducteurs) (cf. aussi* electric arc). **2)** brûlage du dégazeur, brûlage du getter *(application d'un champ électromagnétique à haute fréquence au dégazeur d'un tube électronique pour l'activer) (cf. aussi* getter).

flat amplifier amplificateur à courbe de réponse plate *(amplificateur à large bande) (cf. aussi* wideband amplifier).

flat band-pass filter filtre à large bande *(cf. aussi* wideband filter).

flat-bed plotter traceur de courbes à plateau *(traceur de courbes dans lequel le papier d'enregistrement est une feuille maintenue sur un plateau) (type classique) (cf. aussi* X-Y recorder).

flat-bed recorder enregistreur graphique à plateau *(enregistreur graphique dans lequel la partie visible de la bande de papier ou la feuille de papier est supportée par une surface plane) (enregistreur graphique à défilement ou traceur de courbes à plateau) (cf. aussi* flat-bed plotter *et* strip-chart recorder).

flat cable câble plat, câble en nappe *(câble multiconducteur dans lequel les conducteurs sont disposés dans un même plan) (câble pour connecteur de cartes à circuit imprimé).*

flat-cable connection connexion par câble ... *(cf. aussi* flat cable *et* connection 1)).

flat-cable connector connecteur pour câble ... *(cf. aussi* flat-cable *et* insulation-displacement connector).

flat fading évanouissement uniforme, fading uniforme *(éva-*

nouissement d'un signal radioélectrique complexe affectant au même degré toutes ses fréquences composantes) (réception) (cf. aussi* fading *et* complex signal).

flat-pack *cf.* flatpack. *(après « flat wire »).*

flat panel *cf.* flat-panel display 2).

flat-panel display **1)** affichage par panneau. **2)** afficheur à panneau *(cf. aussi* display panel).

flat-panel display technology *cf.* flat-panel technology.

flat-panel technology technique de l'affichage par panneau, technique des afficheurs à panneau *(cf. aussi* display panel *et* technology).

flat-plate aerial *(GB)* *cf.* flat-plate antenna.

flat-plate antenna antenne dalle *(antenne de radar à balayage électronique dans laquelle les éléments rayonnants sont formés à la surface d'une plaque isolante) (cf. aussi* phased-array radar).

flat-profile diode diode à profil de dopage uniforme *(diode à jonction) (cf. aussi* doping profile).

flat relay relais extra-plat, relais à boîtier extra-plat *(relais subminiature pour montage sur circuit imprimé) (cf. aussi* PC-board relay).

flat response réponse uniforme *(réponse d'un quadripôle à courbe de réponse plate dans une bande de fréquences déterminée) (ampli, etc.) (cf. aussi* response curve *et* quadripole).

flat screen écran plat *(tube cath, panneau afficheur) (cf. aussi* CRT screen *et* display panel).

flat-screen display visualisation sur écran plat, *(etc.) (cf. aussi* display[1] 1) *et* flat screen).

flat-top aerial *(GB)* *cf.* flat-top antenna.

flat-top antenna antenne à nappe horizontale *(antenne d'émission formée de plusieurs conducteurs parallèles disposés dans le plan horizontal à une certaine hauteur au-dessus du sol) (cf. aussi* transmitting antenna).

flat-top droop pente du plateau *(impulsion) (cf. aussi* droop).

flat-top response *cf.* flat response.

flat tuning accord peu pointu *(récepteur, etc.) (cf. aussi* tuning).

flat-type relay *cf. aussi* flat relay.

flat wire fil méplat *(fil électrique de section généralement relativement grande utilisé notamment pour le bobinage de machines électriques et la bobine de relais d'intensité) (cf. aussi* wire[1] 1)).

flatpack boîtier plat, boîtier flatpack *(boîtier plat et carré à sorties radiales sur deux ou quatre côtés pour circuit intégré) (cf. aussi* integrated circuit).

flatpack-encapsuled circuit circuit monté en boîtier plat *(ou* flatpack) (monté *ou* encapsulé) *(cf. aussi* flatpack).

flatpack encapsulation montage en boîtier plat *(ou* flatpack), encapsulation) *(idem) (cf. aussi* flatpack).

flatpack sealer machine à sceller les boîtiers plats *(ou* flatpack) *(cf. aussi* flatpack).

flaw detector détecteur de défauts métallurgiques *(appareil à ultrasons, magnétique ou autre, utilisé pour détecter des défauts de structure dans une pièce métallique) (contrôle des matériaux) (cf. aussi* ultrasonic flaw detector).

flaw signal écho en provenance d'un défaut *(cf. aussi* flaw detector).

F layer *(voir au début de la lettre F).*

Fleming diode *cf.* vacuum diode.

Fleming's rules règles des trois doigts *(moyens mnémotechniques utilisés pour se rappeler les relations de sens entre un courant, un champ magnétique et une force) (électromagnétisme) (cf. aussi* left-hand rule *et* right-hand rule).

Fletcher-Munson curves courbes de Fletcher-Munson, courbes d'isonie de Fletcher-Munson *(courbes d'isosonie universellement employées) (sont tracées sur un même graphique, généralement pour des intensités sonores subjectives de 0, 20, 60, 80, 100 et 120 phones et éventuellement pour deux âges du sujet moyen, à savoir 20 et 60 ans) (audiométrie) (cf. aussi* loudness contour).

flex circuit *cf.* flexible printed circuit.

flex-circuit mounting montage sur circuit imprimé flexible. *(cf. aussi* flexible printed circuit).

flexible board *cf.* flexible printed circuit.

flexible coupling **1)** accouplement élastique *(petit accouple-*

ment à lame de ressort ou autre élément élastique permettant un léger défaut d'alignement angulaire entre l'axe d'un potentiomètre asservi ou autre et l'axe qui le commande). **2)** raccord flexible *(raccord de guides d'ondes permettant un faible débattement angulaire entre les deux guides d'ondes qu'il relie) (hyper) (cf. aussi* waveguide*).*

flexible disk *cf.* floppy disk. *(de même pour les termes dérivés).*

flexible pc board *cf.* flexible printed circuit.

flexible PC board *cf.* flexible printed circuit.

flexible PCB *cf.* flexible printed circuit.

flexible printed circuit circuit imprimé souple, circuit souple, circuit imprimé à substrat souple *(circuit imprimé réalisé sur un substrat mince et flexible) (est employé notamment dans les appareils photographiques 24 × 36 réflex utilisant des circuits électroniques complexes pour des raisons de place disponible) (cf. aussi* printed circuit*).*

flexible printed wiring *cf.* flexible printed circuit.

flexible resistor résistance flexible *(résistance formée d'un fil résistant enroulé autour d'un cordon d'amiante et recouvert d'amiante et d'une tresse isolante).*

flexible waveguide guide d'ondes flexible *(guide d'ondes à section rectangulaire construit comme le tube flexible de certaines lampes de bureau et recouvert de caoutchouc) (hyper) (cf. aussi* waveguide*).*

flexure-mode resonator résonateur (mécanique) à flexion *(filtre de voie téléphonique) (cf. aussi* mechanical filter*).*

flexured biasing polarisation par flexion *(composant à ondes de surface) (cf. aussi* SAW device*).*

flicker scintillement, *(parf.)* papillottement *(de l'image ou la trace formée sur un écran cathodique ou autre dispositif de visualisation).*

flicker-free display **1)** trace sans scintillement *(sur écran d'oscilloscope ou appareil analogue).* **2)** présentation sans scintillement *(sur écran radar ou analogue).* **3)** affichage sans scintillement *(sur afficheur ou écran cathodique).* **4)** *cf.* flicker-free image.

flicker-free image image sans scintillement *(cf. aussi* flicker*).*

flicker-free picture *cf.* flicker-free image.

flicker frequency fréquence de scintillement *(cf. aussi* flicker*).*

flicker noise bruit de scintillation, bruit de scintillement, bruit en 1/f *(cf. aussi* noise 2) (a)) (a) *bruit à basse fréquence à la sortie d'un tube électronique dû à des modifications aléatoires de l'état physico-chimique de la surface de la cathode) (ne pas confondre avec le bruit de grenaille) (cf. aussi* shot noise*)*; (b) *bruit à basse fréquence à la sortie d'une diode à semiconducteur ou d'un transistor bipolaire dû à des irrégularités de recombinaison des porteurs de charge à la surface du cristal) (l'amplitude du bruit de scintillation est inversement proportionnelle à la fréquence du signal, d'où le terme « bruit en 1/f »; il est donc plus gênant aux basses fréquences qu'aux fréquences élevées) (cf. aussi* recombination *et* bipolar transistor*).*

flicker rate *cf.* flicker frequency.

flight instrument appareil de bord (d'aéronef) *(appareil électromécanique ou électronique indicateur monté sur le tableau de bord d'un aéronef ou à proximité du pilote et servant au pilotage ou au contrôle du fonctionnement des organes essentiels de l'appareil).*

flight log traceur de route *(au sens du terme anglais, enregistreur graphique de bord traçant sur une carte la route suivie par un avion équipé d'un récepteur de navigation) (cf. aussi* navigation receiver*).*

flip *v* **1)** actionner *(un interrupteur ou inverseur à levier) (cf. aussi* at the flip of a switch*).* **2)** basculer, changer d'état *(élément bistable) (inf) (cf. aussi* bistable element*).*

flip-chip puce à bosses *(terme que j'ai proposé),* puce à protubérances *(puce de circuit intégré ou de transistor munie de bossages de contact sur la face active et retournée avant d'être positionnée sur les conducteurs appropriés d'un substrat de circuit hybride auxquels les bossages sont ensuite soudés par refusion) (cf. aussi* chip 1) *et* reflow soldering*).*

flip-chip bonding soudage des puces à bosses, soudure *(idem) (cf. aussi* flip-chip*).*

flip-chip bump bosse de puce à bosses *(cf. aussi* flip-chip*).*

flip-chip bump mounting *cf.* flip-chip mounting.

flip-chip mounting montage par bosses soudées *(cf. aussi* flip-chip*).*

flip-chip process procédé des puces à bosses *(cf. aussi* flip-chip*).*

flip-chip technique *cf.* flip-chip process.

flip-chip technology (la) technique des puces à bosses *(cf. aussi* flip-chip *et* technology*).*

flip coil bobine exploratrice *(bobine reliée à un fluxmètre pour mesurer la densité d'un flux magnétique dans l'air) (le courant induit dans le circuit formé par la bobine exploratrice et le cadre mobile du fluxmètre lorsqu'on retire brusquement la bobine du champ magnétique à mesurer, fait dévier l'aiguille du fluxmètre) (cf. aussi* induction coil (e) *et* fluxmeter*).*

flip-flop bascule (bistable), *(etc.) (cf. aussi* bistable multivibrator, RS flip-flop, RST flip-flop, JK flip-flop, T flip-flop, D flip-flop, master-slave flip-flop, clocked flip-flop *et* unclocked flip-flop*).*

flip-flop circuit *cf.* flip-flop.

flip-flop string suite de bascules *(compteur) (cf. aussi* flip-flop*).*

flip-over cartridge tête de lecture à deux pointes (de lecture) *(tête de lecture de tourne-disque équipée d'une pointe de lecture pour disques 78 tours d'un côté et d'une pointe pour disques microsillons de l'autre, le choix de la pointe utilisée se faisant en tournant la tête complète de 180° autour de son axe longitudinal) (ancien modèle de tête) (cf. aussi* phonograph pick-up*).*

Flir *cf.* FLIR sensor.

FLIR *cf.* FLIR sensor.

FLIR device *cf.* FLIR sensor.

FLIR imager *cf.* FLIR sensor.

FLIR imagery images fournies par une caméra infrarouge (frontale) *(cf. aussi* FLIR sensor *et* imagery*).*

FLIR imaging imagerie par caméra infrarouge (frontale) *(cf. aussi* FLIR sensor *et* imaging*).*

FLIR pod nacelle à caméra infrarouge (frontale) *(nacelle profilée accrochée à la cellule d'un aéronef militaire et contenant notamment une caméra infrarouge frontale dans sa partie antérieure) (cf. aussi* FLIR sensor*).*

FLIR radar *cf.* FLIR sensor *(Nota : le terme « radar » employé parfois avec le qualificatif « FLIR » est impropre car il s'agit d'un détecteur entièrement passif comme toute caméra de télévision).*

FLIR receiver *cf.* FLIR sensor.

FLIR seeker autodirecteur à caméra infrarouge *(mil) (cf. aussi* FLIR sensor *et* homing head*).*

FLIR sensor caméra infrarouge (frontale) *(caméra de télévision infrarouge à balayage montée dans le nez d'un avion militaire ou d'une nacelle profilée embarquée ou d'un engin à guidage infrarouge) (cf. aussi* infrared scanner*).*

FLIR sensor display visualisation sur écran de télévision infrarouge *(visualisation, au poste de commande, du terrain survolé par un avion sans pilote à caméra infrarouge frontale ou de la zone de la cible attaquée par un engin à autodirecteur à caméra infrarouge) (mil) (cf. aussi* FLIR sensor*).*

FLIR technology (la) technique des caméras infrarouges frontales *(cf. aussi* FLIR sensor *et* technology*).*

FLL *cf.* frequency-lock loop.

float-charge *v* maintenir chargée *(une batterie-tampon) (cf. aussi* floating battery*).*

float-charged battery *cf.* floating battery.

float life durée de vie en tampon *(durée de vie d'une batterie d'accumulateurs utilisée comme batterie-tampon) (cf. aussi* floating battery*).*

float service service d'appoint, utilisation en appoint *(accu).*

floating *(voir rubriques ci-après pour l'équivalent à employer).*

floating address adresse relative *(inf) (cf. aussi* relative address*).*

floating battery batterie-tampon *(batterie d'accumulateurs montée en parallèle sur un générateur de courant continu ou redressé et sa charge pour régulariser la tension aux bornes de celle-ci et remplacer temporairement le générateur à l'arrêt ou* *en panne) (la batterie d'une voiture est une batterie-tampon, de même que la batterie chargée par les cellules solaires d'un satellite artificiel) (cf. aussi* storage battery).

floating-carrier modulation modulation à taux constant *(AM) (cf. aussi* controlled-carrier modulation).

floating charge charge d'entretien *(charge à faible intensité d'une batterie-tampon pendant les périodes ou elle ne débite pas ou presque pas de courant) (cf. aussi* floating battery).

floating gate grille flottante, grille en l'air, grille à potentiel flottant *(grille de certains types de transistors MOS entièrement entourée d'une couche d'oxyde isolant et rendue négative par effet tunnel accru, claquage par avalanche ou émission d'électrons chauds sous l'action d'une impulsion de tension, ce qui constitue la mise en mémoire d'un binaire « 1 ») (forme le cœur de la cellule élementaire des mémoires mortes reprogrammables) (cf. aussi* FAMOS transistor, DIFMOS transistor, MOS transistor, RMM, programmed floating gate *et* erased floating gate).

floating-gate avalanche-injection MOS *cf.* FAMOS.

floating-gate NMOS *cf.* floating-gate NMOS transistor.

floating-gate NMOS structure structure NMOS à grille flottante *(structure d'un transistor NMOS à grille flottante) (CI) (cf. aussi* floating gate *et* NMOS transistor).

floating-gate NMOS transistor transistor NMOS à grille flottante *(CI) (cf. aussi* floating gate *et* NMOS transistor).

floating-gate structure structure à grille flottante *(structure de transistor MOS intégré) (cf. aussi* floating gate).

floating-gate tunnel oxide *cf.* FLOTOX transistor.

floating grid grille en l'air, grille à potentiel flottant *(grille de commande d'un tube électronique non reliée à la masse et portée à un potentiel négatif par rapport à la cathode par accumulation des électrons interceptés sur leur trajet de la cathode à l'anode) (cf. aussi* control grid 1)).

floating input entrée flottante, entrée en l'air *(entrée d'un circuit ou appareil sur deux bornes isolées de la masse. (cf. aussi* input[1] 1)).

floating-point arithmetic calculs en virgule flottante *(calculs nécessitant l'exécution d'opérations en virgule flottante) (inf) (cf. aussi* floating-point operation).

floating-point calculation (le *ou* un) calcul en virgule flottante *(inf) (cf. aussi* floating-point arithmetic).

floating-point operation opération en virgule flottante *(dans un ordinateur, mode d'exécution d'une opération arithmétique utilisant une représentation semi-logarithmique des nombres, chaque opérande étant représenté sous la forme d'une mantisse précédée du signe + ou − et multipliée par la base de numération employée portée à la puissance nécessaire) (exemple : 12 300 s'écrit + 0,23 × 12⁵)* (permet notamment de mémoriser un nombre de longueur quelconque dans un registre) (inf) (cf. aussi* arithmetic operation, operand *et* register[1] 1) (a)).

floating-point operations per second opérations en virgule flottante par seconde, FLOPS *(unité de vitesse de traitement d'un ordinateur) (inf) (cf. aussi* floating-point operation *et* processing speed).

floating-point unit unité en virgule flottante, UVF *(noms parfois donnés à un coprocesseur mathématique intégré à un microprocesseur) (inf) (cf. aussi* math coprocessor, microprocessor *et* floating-point arithmetic).

floating potential potentiel flottant *(potentiel d'une borne ou d'une électrode entièrement isolée de la masse de l'appareil considéré) (cf. aussi* electric potential *et* ground[1]).

floating signal signal à potentiel flottant *(signal appliqué à un circuit entièrement isolé de la masse de l'appareil considéré).*

flood *v* arroser *(cf. aussi* flooding gun).

flood-gun *cf.* flooding gun.

flood projection analyse en éclairage réparti *(analyse du document à transmettre dans un télécopieur avec éclairage de tout le document) (cf. aussi* facsimile).

flooding arrosage (par les électrons de lecture) *(cf. aussi* flooding gun).

flooding beam faisceau d'arrosage, faisceau de lecture *(cf. aussi* flooding gun).

flooding cathode cathode d'arrosage, cathode du canon d'arrosage *(ou* de lecture) *(cf. aussi* flooding gun).

flooding electrons électrons d'arrosage, électrons de lecture *(cf. aussi* flooding gun).

flooding gun canon d'arrosage, canon de lecture *(canon à électrons fournissant le faisceau élargi d'électrons lents qui visualise sur l'écran d'un tube à mémoire à vision directe le signal enregistré sur la grille-mémoire du tube) (oscillo, etc.) (cf. aussi* direct-view storage tube *et* electron gun).

floppy *cf.* floppy disk.

floppy backup sauvegarde sur disque souple *(mémoire Winchester) (cf. aussi* Winchester back-up).

floppy disc *cf.* floppy disk.

floppy disk disque souple, disquette *(disque de mémoire magnétique en matière plastique souple portant sur une ou deux faces une couche d'oxyde magnétique et logé dans une enveloppe protectrice carrée en carton ou plastique dans laquelle il tourne, l'enregistrement et la lecture des informations se faisant par une fente radiale ménagée dans l'enveloppe, dans laquelle la tête de lecture/écriture se déplace) (cf. aussi* single-sided floppy disk, double-sided floppy disk, single-sided single-density floppy disk, single-sided double-density floppy disk, minifloppy disk *et* microfloppy disk).

floppy-disk controller régisseur de mémoire à disque souple, régisseur de disque souple *(ne pas employer « contrôleur … ») (CI) (cf. aussi* floppy-disk memory *et* controller).

floppy-disk controller chip puce de … *(voir aussi* floppy-disk controller) *(cf. aussi* chip 1)).

floppy-disk drive *cf.* floppy-disk memory. *(le premier terme est le plus employé mais le second est le meilleur).*

floppy-disk mass memory mémoire de masse à disque souple *(cf. aussi* mass memory).

floppy-disk mass storage 1) archivage sur disque(s) souple (s). 2) *cf.* floppy-disk mass memory.

floppy-disk memory mémoire à disque souple, mémoire à disquette *(mémoire à disque magnétique amovible et protégé) (inf) (cf. aussi* floppy disk *et* magnetic disk memory).

floppy-disk recording (l')enregistrement sur disque souple *(ou* sur disquette).

floppy-disk storage 1) mémorisation sur disque(s) souple(s), *(etc.).* 2) *cf.* floppy-disk memory.

floppy-disk technology (la) technique des mémoires à disque souple *(ou* à disquette) *(cf. aussi* floppy disk *et* technology).

floppy drive *cf.* floppy-disk drive.

FLOPS *cf.* floating-point operations per second.

FLOTOX *cf.* FLOTOX transistor.

FLOTOX cell cellule FLOTOX, cellule à transistor FLOTOX *(cf. aussi* FLOTOX transistor).

FLOTOX process procédé FLOTOX, procédé Flotox *(procédé de fabrication des mémoires EEPROM utilisant des transistors FLOTOX) (cf. aussi* FLOTOX transistor).

FLOTOX transistor *(vient de « floating-gate and tunnel oxide »)* transistor FLOTOX, transistor à grille flottante et effet tunnel *(transistor comparable au transistor FAMOS, mais dans lequel on utilise l'effet Fowler-Nordheim tant pour injecter les électrons dans la grille flottante que pour les faire sortir de celle-ci) (constitue, avec un transistor de commande d'accès, la cellule élémentaire d'un type de mémoire morte programmable effaçable électriquement) (cf. aussi* FAMOS transistor, Fowler-Nordheim tunneling *et* EEPROM).

flow[1] *s* 1) flux, *(parf.)* afflux *(de particules, chaleur, informations, etc.) (cf. aussi* flux *et* particle). 2) circulation, *(parf.)* passage *(d'un courant dans un conducteur).* 3) circulation, *(parf.)* transit *(de l'information dans un appareil, système ou réseau informatique).*

flow[2] *v (voir aussi* flow[1]*)* 1) s'écouler, *(parf.)* affluer. 2) circuler, *(parf.)* passer. 3) circuler, *(parf.)* transiter.

flow-chart 1) diagramme séquentiel *(représentation schématique d'une suite d'opérations quelconques).* 2) organigramme *(d'ordinateur),* ordinogramme *(diagramme des phases successives d'un traitement d'informations exécuté par un ordinateur) (sert de base à l'élaboration du programme correspondant) (inf) (cf. aussi* computer program).

flow diagram *cf.* flow-chart.

flow noise bruit dû à l'écoulement, bruit d'écoulement *(partie du bruit de fond d'un signal sonar due à l'écoulement de l'eau autour de l'hydrophone dans le cas où le porteur se déplace) (mar) (cf. aussi* noise 2) (a) *et* hydrophone).

flow of ... *cf.* ... flow.

flow path 1) trajet *(suivi par des électrons ou autres particules).* 2) branche *(d'un circuit).* 3) branche de traitement *(de l'information) (inf).*

flow soldering soudure à la vague *(CP) (cf. aussi* wave soldering.

fluctuation noise bruit aléatoire *(cf. aussi* random noise).

fluid computer calculateur fluidique *(calculateur numérique utilisant des éléments logiques fluidiques) (inf) (cf. aussi* fluid logic element *et* digital computer).

fluid logic element élément logique fluidique, élément logique à fluide, fluidistor *(dispositif utilisant l'interaction de deux ou plusieurs jets de fluide entre eux et avec des parois pour réaliser une fonction logique) (le fluide utilisé est généralement de l'air ou, plus rarement, un liquide) (cf. aussi* logic element *et* fluidics).

fluidics (la) fluidique *(science et technique des dispositifs utilisant un fluide pour réaliser les fonctions d'amplification, de commutation ou de logique généralement exécutées par des circuits électroniques) (utilise notamment le phénomène de déviation d'un jet principal par un jet secondaire transversal beaucoup moins puissant, l'effet de paroi (effet Coanda) dans lequel un jet parallèle à une paroi proche suit celle-ci, même si elle est légèrement convexe, la chute de pression dans un jet laminaire rendu turbulent par un jet transversal tangentiel beaucoup moins puissant (amplificateur à turbulence), le décollement et le recollement, à la paroi, de la couche limite d'un jet le long d'une paroi, etc.) (commande automatique) (cf. aussi* fluid logic element).

fluoresce *v* devenir fluorescent *(cf. aussi* fluorescence).

fluorescence fluorescence *(luminescence cessant pratiquement en même temps que l'excitation qui la produit) (la durée de la fluorescence est inférieure à 10^{-8} seconde et ne dépend pas de la température) (cf. aussi* luminescence).

fluorescence radiation rayonnement de fluorescence *(rayonnement lumineux émis par une matière fluorescente) (cf. aussi* fluorescence).

fluorescent lamp lampe fluorescente *(lampe à vapeur de mercure dans laquelle les rayons ultraviolets produits par la décharge excitent une couche de matière fluorescente déposée sur la face intérieure de l'ampoule, ce qui améliore le rendement lumineux, supprime l'action nocive des rayons ultraviolets et produit une lumière plus naturelle) (tube fluorescent classique, lampe à ballon fluorescent) (cf. aussi* fluorescence *et* mercury-vapor lamp).

fluorescent lighting éclairage fluorescent, éclairage par fluorescence *(le premier terme est le plus employé, le second est le meilleur) (éclairage par une ou plusieurs lampes fluorescentes) (cf. aussi* fluorescent lamp).

fluorescent material matière fluorescente, substance fluorescente *(matière pouvant être le siège du phénomène de fluorescence) (cf. aussi* fluorescence *et* material).

fluorescent screen écran fluorescent *(couche de matière phosphorescente déposée sur la face intérieure de la dalle d'un tube cathodique et émettant de la lumière sous le choc des électrons émis par un ou plusieurs canons à électrons) (noter qu'un écran dit fluorescent est en réalité phosphorescent) (cf. aussi* phosphorescent material *et* faceplate).

fluorescent spot point lumineux *(écran cath) (cf. aussi* spot[1] 1)).

fluoroscope fluoroscope, analyseur à rayons X, spectroscope à rayons X *(cf. aussi* fluoroscopy).

fluoroscopy fluoroscopie, analyse par fluorescence aux rayons X, spectroscopie aux rayons X *(analyse chimique d'un échantillon par examen des raies spectrales émises par celui-ci sous l'action d'un faisceau de rayons X). (cf. aussi* X-rays).

flush ... *cf.* flush-mounted ... *(pour les termes qui ne figurent pas ci-après).*

flush conductor conducteur affleurant, conducteur incrusté *(CP) (cf. aussi* flushing).

flush-mounted aerial *(GB) cf.* flush-mounted antenna.

flush-mounted antenna antenne encastrée *(notamment dans le bord d'attaque de l'aile d'un avion) (cfa.* aircraft antenna).

flush-mounted cavity-backed antenna antenne à cavité encas-trée *(cf. aussi* flush-mounted antenna *et* cavity-backed antenna).

flush-mounted instrument appareil (de mesure) encastré *(appareil de tableau) (cf. aussi* flush mounting).

flush-mounted meter *cf.* flush-mounted instrument.

flush mounting montage encastré *(d'un appareil de mesure, etc. sur la platine avant d'un châssis, etc.) (cf. aussi* surface mounting).

flush panel mounting *cf.* flush mounting.

flush printed circuit circuit imprimé à conducteurs affleurants *(ou* encastrés) *(cf. aussi* flushing).

flush-type ... *cf.* flush ...

flushing incrustation, flushing *(opération consistant à enfoncer à chaud à la presse le réseau de rubans conducteurs d'un circuit imprimé dans le substrat jusqu'à ce que la surface des rubans affleure celle du substrat) (permet d'obtenir une surface parfaitement plane nécessaire notamment pour les circuits multicouches et les commutateurs à circuit imprimé) (cf. aussi* multilayer printed circuit *et* printed-circuit multiposition switch).

flutter scintillement *(au sens du terme anglais, fluctuation relativement rapide d'un signal à la réception ou à la reproduction)* (a) *(dans un électrophone, le scintillement est dû à des fluctuations de la vitesse de rotation du plateau tourne-disque à fréquence supérieure à 10 Hz) (cf. aussi* wow, rumble *et, à titre d'information,* flicker); (b) *dans un magnétophone, le scintillement est dû principalement à des irrégularités d'entraînement de la bande par le cabestan) (cf. aussi* capstan).

flutter echo écho fluctuant *(écho produit sur l'écran d'un radar par la scintillation de la cible) (cf. aussi* target scintillation).

flux flux (a) *quantité de matière ou d'énergie traversant une surface d'aire déterminée dans l'unité de temps) (définition générale) (flux de masse, flux de chaleur, flux de force) (voir aussi* (b) *ci-après);* (b) *grandeur proportionnelle à l'intégrale de l'intensité d'un champ de forces dans une surface d'aire déterminée normale aux lignes de force du champ) (cf. aussi* field of force, electric flux *et* magnetic flux); (c) *ensemble de particules en mouvement) (flux d'électrons dans un tube électronique, un conducteur, la zone d'influence électromagnétique d'une explosion atomique, etc.); flux d'électrons ou de trous dans un semiconducteur; flux d'ions dans un électrolyte; etc.);* (d) *cf.* soldering flux.

flux change 1) variation de flux *(parf.* du flux) *(cf. aussi* flux). 2) *cf.* flux reversal.

flux density densité de flux *(flux par unité d'aire de la surface considérée) (cf. aussi* flux, electric flux density *et* magnetic flux density).

flux direction change *cf.* flux reversal.

flux-gate magnetometer magnétomètre à noyau saturable *(magnétomètre utilisant la saturation magnétique d'un corps ferromagnétique pour remplir sa fonction) (comprend essentiellement un tube en alliage fer-nickel facilement saturable dans l'axe duquel passe un conducteur parcouru par un courant alternatif créant un champ magnétique radial d'intensité suffisante pour saturer le tube à chaque alternance du courant, et un enroulement entourant le tube et aux bornes duquel est recueillie une tension alternative proportionnelle à l'intensité du champ magnétique à mesurer) (les variations de la saturation magnétique du tube produites par les alternances successives du courant alternatif créent à leur tour des variations du flux magnétique longitudinal créé dans le tube par le champ magnétique à mesurer et, par conséquent, une force électromotrice induite alternative dans l'enroulement de mesure) (cf. aussi* magnetometer *et* induced electromotive force).

flux leakage fuites de flux (magnétique) *(cf. aussi* magnetic leakage).

flux line ligne de flux *(cf. aussi* line of flux).

flux linkage flux embrassé *(flux magnétique dans le plan d'une spire ou dans la section droite d'une bobine) (cf. aussi* magnetic flux).

flux linking a coil flux embrassé par une bobine *(cf. aussi* flux linkage).

flux linking a turn flux embrassé par une spire *(cf. aussi* flux linkage).

flux of displacement flux de déplacement (électrique) *(cf. aussi* electric flux).

flux of magnetic induction flux d'induction magnétique *(cf. aussi* magnetic flux).

flux path chemin suivi par le flux magnétique, trajet du flux magnétique *(machine électrique) (cf. aussi* magnetic flux).

flux reversal inversion de flux, changement de sens du flux *(changement du sens d'un flux magnétique ou, plus rarement, d'un flux de déplacement électrique) (enregistrement magnétique numérique, etc.) (cf. aussi* flux *et* magnetic transition 1) (a)).

flux transition *cf.* flux reversal.

fluxmeter fluxmètre *(appareil utilisé pour mesurer la densité d'un flux magnétique) (est un galvanomètre à cadre mobile à pivots et sans ressorts de rappel relié à une bobine exploratrice) (l'aiguille étant en équilibre indifférent, elle reste à la position à laquelle l'a amenée l'impulsion de courant produite par le flux magnétique mesuré) (cf. aussi* moving-coil galvanometer, flip coil *et* magnetic flux density).

fly lead fil volant *(fil isolé ou non, connecté temporairement entre deux points d'un montage ou deux bornes d'un ou deux appareils).*

flyback retour du faisceau *(tube cath) (cf. aussi* retrace 1) *et* blanking.

flyback converter convertisseur indirect *(convertisseur continu/continu dans lequel l'énergie électrique est transmise de l'enroulement primaire à l'enroulement secondaire du transformateur et, par conséquent, à la charge pendant la durée de blocage du transistor de commutation, la diode de redressement étant alors polarisée dans le sens direct) (lors du déblocage du transistor, la tension induite aux bornes de l'enroulement secondaire du transformateur a une polarité telle que la diode se trouve polarisée en sens inverse et empêche donc la circulation d'un courant dans le circuit de la charge, l'énergie électrique restant ainsi accumulée dans le primaire du transformateur sous la forme d'énergie magnétique) (lors du blocage du transistor, la tension induite aux bornes du secondaire du transformateur a une polarité opposée à la précédente; la diode se trouve alors polarisée en sens direct, ce qui permet la circulation d'un courant dans le circuit de la charge et, par conséquent, le transfert au secondaire de l'énergie accumulée dans le primaire) (cf. aussi* parallel converter 2), dc/dc converter *et* switching power supply).

flyback diode *cf.* freewheeling diode.

flyback power converter *cf.* flyback converter.

flyback power supply alimentation à très haute tension, alimentation à THT *(alimentation fournissant la tension continue d'environ 12 000 à 25 000 volts appliquée à l'anode finale du tube-image d'un récepteur de télévision) (utilise la surtension apparaissant aux bornes des bobines de déviation horizontale lors des retours du balayage lignes pour produire la THT à l'aide d'un transformateur élévateur de tension suivi d'un redresseur et d'un filtre de lissage) (le redresseur peut être un tube redresseur ou un chapelet de diodes à semiconducteur montées en série pour supporter la THT) (la surtension utilisée est une conséquence de l'auto-induction résultant de la décroissance très rapide de l'intensité du courant dans les bobines de déviation horizontale lors du retour du faisceau à gauche de l'écran après la fin de chaque ligne) (cf. aussi* horizontal deflection coil *et* self-induction).

flyback regulator régulateur indirect *(nom parfois donné au convertisseur indirect pour rappeler sa fonction de régulation) (cf. aussi* flyback converter).

flyback transformer transformateur de sortie lignes *(récepteur TV) (cf. aussi* horizontal output transformer *et* flyback power supply).

flying height hauteur de sustentation *(hauteur à laquelle une tête de lecture/écriture d'une mémoire à disque magnétique rigide se maintient au-dessus du disque en rotation pour ne pas détériorer la couche magnétique) (cf. aussi* read/write head *et* hard-disk memory).

flying spot point lumineux mobile *(cf. aussi* flying-spot scanner).

flying-spot scanner analyseur à tube cathodique, analyseur à point lumineux (mobile), *(souvent)* télécinéma à déroulement continu *(appareil convertissant une image opaque ou transparente en un signal électrique à l'aide d'un point lumineux se déplaçant régulièrement sur l'écran d'un tube cathodique) (utilise un tube cathodique spécial à écran de petites dimensions et faible persistance balayé de haut en bas par lignes horizontales, comme un écran de télévision, par un point lumineux très petit et très brillant éclairant successivement, à travers une optique, les différents points de l'image pour la convertir en un signal électrique à l'aide d'un photomultiplicateur recevant le flux lumineux plus ou moins intense réfléchi ou transmis par les points successifs de l'image) (analyseur d'images fixes à tube cathodique — photos sur papier, dessins, titres, diapositives — ou télécinéma à déroulement continu) (dans l'analyse d'images sur support opaque, la lumière reçue par le photomultiplicateur est la lumière du point lumineux réfléchie par l'image comme dans un télécopieur fonctionnant en émission) (dans l'analyse de diapositives ou de films, la lumière reçue par le photomultiplicateur est la lumière du point lumineux transmise par l'image) (dans un analyseur de films à tube cathodique, c.-à-d. dans un télécinéma à déroulement continu, le film défile à vitesse constante devant l'optique pendant qu'il est analysé par le point lumineux) (studio TV) (cf. aussi* film pick-up, cathode-ray tube, persistence *et* photomultiplier).

flying-spot scanning analyse par point lumineux *(cf. aussi* flying-spot scanner).

flying-spot tube tube pour analyse d'images *(tube cathodique d'éclairage ponctuel utilisé dans un télécinéma à déroulement continu) (ne pas confondre avec « tube analyseur ») (cf. aussi* flying-spot scanner, cathode-ray tube *et* camera tube).

flywheel circuit circuit à effet de volant *(cf. aussi* flywheel synchronization).

flywheel effect effet de volant *(continuation d'une oscillation dans un résonateur pendant le temps séparant deux excitations successives) (est exercé par l'inductance dans un résonateur électrique) (circuit oscillant, etc.) (cf. aussi* resonator *et* inductance).

flywheel synchronization synchronisation par effet de volant, synchronisation pondérée *(synchronisation de la base de temps lignes d'un récepteur de télévision par le signal sinusoïdal issu d'un montage à circuit oscillant à grand coefficient de surtension excité par les impulsions de synchronisation des lignes) (le circuit oscillant est accordé sur la fréquence de récurrence de ces impulsions et, grâce à « l'inertie » de ses oscillations due au grand coefficient de surtension, il est peu sensible aux fluctuations de cette fréquence) (a cédé la place aux montages à comparateur de phase) (cf. aussi* horizontal sweep oscillator, Q 1) *et* horizontal synchronizing pulse).

FM *cf.* frequency modulation.

FM/AM FM/AM *(modulation en amplitude d'une porteuse par deux ou plusieurs sous-porteuses modulées en fréquence par les signaux à transmettre) (cf. aussi* AM *et* FM).

FM band bande FM, bande de radiodiffusion en modulation de fréquence.

FM broadcast émission à modulation de fréquence, (à *ou* en), émission FM.

FM broadcast band *cf.* FM band.

FM broadcast channel fréquence de radiodiffusion en modulation de fréquence *(ou* en FM) *(bande de fréquences occupée par une émission de radiodiffusion en modulation de fréquence).*

FM broadcast station station d'émission en modulation de fréquence, station FM *(radiodif).*

FM broadcasting radiodiffusion en modulation de fréquence *(ou* en FM).

FM carrier porteuse modulée en fréquence, porteuse FM *(cf. aussi* carrier 1) *et* frequency modulation).

FM encoding codage FM, modulation FM *(le premier terme est le plus employé) (noms donnés au procédé d'enregistrement d'informations numériques sur un disque magnétique dans lequel une inversion de flux est produite au début de chaque point mémoire et au milieu des points mémoire qui contiennent un binaire « 1 ») (la première transition sert à fixer la longueur des points mémoire successifs en matérialisant leur début ; les points mémoire sans transition au milieu* *contiennent un binaire « 0 »*) *(est le procédé employé notamment pour l'enregistrement sur les disques souples à simple densité) (inf) (cf. aussi* MFM, digital data, magnetic disk, data cell, bit *et* single-density floppy disk).

FM/FM   FM/FM *(modulation en fréquence d'une porteuse par deux ou plusieurs sous-porteuses modulées elles-mêmes en fréquence par les signaux à transmettre) (liaison de télémesure, etc.) (cf. aussi* FM).

FM/FM telemetering   *cf.* FM/FM telemetry.

FM/FM telemetry   télémesure FM/FM *(cf. aussi* FM/FM *et* telemetry).

FM home receiver   récepteur de radiodiffusion à modulation de fréquence, *(etc.) (cf. aussi* FM receiver *et* home receiver).

FM jamming   brouillage à modulation de fréquence, brouillage FM *(brouillage opéré par un brouilleur émettant un signal en ondes entretenues dont la fréquence varie périodiquement autour d'une valeur centrale pour couvrir une certaine bande de fréquences) (mil) (cf. aussi* jamming).

FM microwave radio link   faisceau hertzien à modulation de fréquence, faisceau hertzien FM *(cf. aussi* microwave radio).

FM modem   modem à modulation de fréquence, modem FSK *(télinf) (cf. aussi* modem *et* frequency-shift keying).

FM/PM   FM/PM *(modulation de phase d'une porteuse par deux ou plusieurs porteuses modulées en fréquence par les signaux à transmettre) (cf. aussi* phase modulation et FM).

FM radar   radar à modulation de fréquence, radar à fréquence glissante, radar FM *(radar constituant l'essentiel d'un radioaltimètre à modulation de fréquence) (cf. aussi* FM radio altimeter).

FM radio   *cf.* FM receiver.

FM radio altimeter   radioaltimètre à modulation de fréquence, radioaltimètre FM, sonde altimétrique *(idem) (radioaltimètre formé essentiellement d'un petit radar émettant une onde entretenue dont la fréquence varie périodiquement suivant une loi en triangle isocèle pour permettre, par battement de la fréquence de l'écho avec la fréquence d'émission, de déterminer la durée du trajet aller et retour, donc la distance de l'aéronef au sol situé sous lui) (n'utilise pas l'effet Doppler) (cf. aussi* radio altimeter).

FM radio set   *cf.* FM receiver.

FM receiver   récepteur à modulation de fréquence, récepteur FM, poste *(idem) (récepteur radio conçu pour recevoir des signaux transmis par une porteuse modulée en fréquence) (diffère notamment d'un récepteur à modulation d'amplitude par l'emploi d'un discriminateur à la place du détecteur et d'une fréquence intermédiaire nettement plus élevée) (cf. aussi* frequency modulation, frequency discriminator, intermediate frequency *et* radio receiver).

FM reception   réception en modulation de fréquence, réception d'un signal à modulation de fréquence *(ou* FM), réception d'une porteuse modulée en fréquence *(ou* FM), réception FM *(cf. aussi* FM receiver).

FM recording   (l')enregistrement en modulation de fréquence, enregistrement FM *(enregistrement magnétique dans lequel le signal à enregistrer fait varier la fréquence d'un courant fourni par un oscillateur et excitant la tête d'enregistrement) (cf. aussi* magnetic recording *et* FM).

FM set   *cf.* FM receiver.

FM signal   signal modulé en fréquence, signal FM *(termes impropres et courants désignant une porteuse modulée en fréquence) (cf. aussi* FM carrier).

FM stereo   *cf.* FM stereophony.

FM stereo receiver   récepteur FM stéréophonique *(ou* stéréo) *(récepteur FM permettant l'écoute stéréophonique) (cf. aussi* FM receiver, stereophony *et* FM stereophony).

FM stereophony   stéréophonie FM *(radiodif) (cf. aussi* stereo FM).

FM subcarrier   sous-porteuse modulée en fréquence, sous-porteuse FM. *(signal TV, etc.) (cf. aussi* subcarrier *et* FM).

FM transmission   1) transmission par modulation de fréquence *(signal télégraphique FSK).* 2) émission en modulation de fréquence, émission FM *(radiodif, radiocom).*

FM transmitter   émetteur à modulation de fréquence, émetteur FM *(émetteur radioélectrique dont l'antenne émet une onde porteuse modulée en fréquence) (radiodif, radiocom) (cf. aussi* RF transmitter *et* frequency modulation).

FM tuner   syntoniseur (FM) *(récepteur) (cf. aussi* tuner 1)).

FM wave   onde modulée en fréquence *(est généralement une porteuse) (cf. aussi* FM carrier).

FO ...   *cf.* fiber-optic ...

focal array   *cf.* focal-plane array.

focal plane   1) plan focal *(sens usuel).* 2) *cf.* focal plane array.

focal-plane array   cible focale, groupement focal, matrice infrarouge *(cible de caméra de télévision infrarouge à CCD disposée dans le plan focal de l'objectif de la caméra comme la cible d'un tube analyseur, ce qui évite la nécessité d'un dispositif de balayage mécanique pour former l'image de la scène entière sur la matrice de détecteurs infrarouges de la cible) (mil, etc.) (cf. aussi* monolithic focal-plane array, hybrid focal-plane array, target, CCD infrared camera *et* camera tube).

focal-plane mosaic   *cf.* focal-plane array.

focal-plane sensor   *cf.* focal-plane array.

focus[1] *s*   1) foyer *(opt).* 2) *cf.* focusing.

focus[2] *v*   concentrer, focaliser *(cf. aussi* focusing).

focus control   commande de concentration, commande de focalisation *(potentiomètre de réglage de la concentration du (ou d'un) faisceau d'électrons dans un appareil à tube cathodique ou à faisceau d'électrons, ou bouton de commande ou axe à fente tournevis de ce potentiomètre) (oscillo, récepteur TV, etc.) (cf. aussi* focusing).

focused beam   faisceau concentré, faisceau focalisé *(tube cath, etc.) (cf. aussi* focusing).

focused position   position où le faisceau est focalisé, emplacement *(idem) (écran cath, etc.) (cf. aussi* focusing).

focusing   concentration *(terme généralement employé dans le cas d'un tube cathodique),* focalisation *(action de faire converger un faisceau de particules ou d'ondes en un point déterminé) (cf. aussi* electron-beam focusing, electrostatic focusing *et* electromagnetic focusing).

focusing anode   anode de concentration, anode de focalisation *(anode d'un canon à électrons créant un champ électrique servant à concentrer sur la surface à atteindre le faisceau d'électrons émis par le canon et passant en son centre) (est généralement l'anode la plus proche de la cathode) (cf. aussi* first anode, electron-beam focusing *et* electron gun).

focusing coil   bobine de concentration, bobine de focalisation *(bobine créant un champ magnétique servant à concentrer sur la surface à atteindre le faisceau d'électrons émis par un canon à électrons et passant en son centre) (est utilisée avec certains tubes cathodiques ou types dérivés sur le col desquels elle est enfilée et dans certains appareils à faisceau d'électrons) (voir liste à « electron gun ») (cf. aussi* electron-beam focusing).

focusing control   *cf.* focus control.

focusing electrode   *cf.* focusing anode.

focusing magnet   aimant de focalisation *(aimant remplaçant la bobine de focalisation dans certains appareils à faisceau d'électrons) (est utilisé notamment dans certains microscopes électroniques) (cf. aussi* focusing coil).

foil tantalum capacitor   condensateur au tantale bobiné *(cf. aussi* tantalum-foil capacitor).

fold down into the pass-band *v*   se replier sur la bande passante *(bande latérale d'un signal échantillonné dans un numériseur) (cf. aussi* aliasing).

fold-over *s*   1) repliement des bords (de l'image) *(défaut géométrique d'une image de télévision dont deux bords opposés donnent l'impression d'être repliés)* 2) repliement du spectre *(signal échantillonné) (cf. aussi* aliasing).

fold-over distortion   1) *cf.* fold-over 1). 2) distorsion par repliement du spectre *(signal échantillonné) (cf. aussi* aliasing).

folded bit line   ligne de binaire repliée *(mémoire RAM) (cf. aussi* bit line).

folded bit-sense line   *cf.* folded bit line.

folded-dipole aerial   *cf.* folded-dipole antenna.

folded-dipole antenna   antenne à dipôle replié, dipôle replié, antenne à doublet replié, *(idem),* trombone *(antenne à dipôle dans laquelle les deux extrémités extérieures du dipôle sont réunies par une tige parallèle aux deux autres et recourbée à chaque extrémité, l'ensemble rappelant la forme d'un trombone) (cf. aussi* dipole antenna).

folding   *(parf.)* repliement du spectre *(cf. aussi* aliasing).

foldover *cf.* fold-over. *(plus haut).*

follow range plage d'accord automatique *(commande automatique de fréquence) (cf. aussi* frequency tracking range).

follow-up control asservissement à référence variable *(cf. aussi* closed-loop control).

follow-up potentiometer potentiomètre d'asservissement *(cf. aussi* servo-driven potentiometer).

follow-up signal signal d'erreur *(asser) (cf.* error signal).

follow-up system système suiveur *(système asservi à référence variable) (un système suiveur est généralement un servomécanisme) (asser) (cf. aussi* closed-loop control *et* servomechanism).

following error erreur de traînage *(nom donné à l'erreur d'un système suiveur pour une entrée en vitesse lorsque cette erreur est constante) (cf. aussi* deviation 1), follow-up system *et* velocity input).

footprint encombrement, place occupée, surface occupée *(notamment par un micro-ordinateur sur un bureau).*

forbidden band bande interdite *(bande d'énergie située entre la bande de valence et la bande de conduction dans un isolant ou un semiconducteur intrinsèque et dont aucun des niveaux ne peut contenir un électron) (en d'autres termes, aucun des électrons d'un atome du corps considéré ne peut avoir une énergie égale à un de ces niveaux) (cf. aussi* energy band *et* intrinsic semiconductor).

forbidden combination combinaison interdite, code interdit *(combinaison de binaires contraire aux règles du code utilisé dans un mot binaire et dénotant une erreur) (inf) (cf. aussi* bit *et* binary code).

forbidden-combination check contrôle par détection de combinaison interdite *(ou de code interdit) (cf. aussi* forbidden combination).

forbidden gap *cf.* forbidden band.

forbidden transistion transition interdite *(transition électronique dont la probabilité est faible ou nulle d'après les règles de sélection) (cf. aussi* electron transition *et* selection rules).

force *v* forcer *(en informatique, faire changer une valeur contenue dans un dispositif)* (a) *faire changer l'état logique de la sortie d'un circuit logique par application d'un signal d'entrée approprié (forcer à 1 ou à 0) (cf. aussi* logic state) ; (b) *modifier le contenu d'un registre pour l'amener à une valeur quelconque, y compris 0 et 1, par application de signaux d'entrée appropriés aux positions qui doivent changer d'état) (cf. aussi* register 1) (a)).

force-balance transducer transmetteur à balance de forces *(capteur de pression dans lequel l'extrémité d'un fléau déplacée par la pression à mesurer est ramenée à la position d'équilibre par un signal de contre-réaction dont l'amplitude est proportionnelle à la pression) (ce signal constitue donc une mesure de la pression) (ce capteur est un petit servomécanisme fonctionnant en régulateur de position) (la pression mesurée peut aussi être une pression différentielle) (cf. aussi* transducer 2), feedback signal *et* servomechanism).

force field champ de forces *(cf. aussi* field of force, *ce terme étant le plus employé).*

force to one *v* forcer à 1, *(etc.) (inf) (cf. aussi* force).

force to zero *v* forcer à zéro *(inf) (cf. aussi* force).

force vector vecteur force *(vecteur décrivant une force) (cf. aussi* vector).

forced oscillation oscillation forcée *(oscillation d'un résonateur à une fréquence différente de sa fréquence propre sous l'action d'une excitation extérieure périodique) (cf. aussi* oscillation).

forced oscillations oscillations forcées *(cf. aussi* forced oscillation).

foreground job *cf.* foreground task.

foreground operation *cf.* foreground task.

foreground processing traitement de premier plan, *(etc.) (inf) (cf. aussi* foreground task).

foreground task tâche de premier plan, tâche de front, tâche principale, tâche prioritaire, traitement *(idem) (traitement proprement dit exécuté par un ordinateur, par opposition à une tâche d'arrière-plan) (inf) (cf. aussi* background task *et* data processing).

fork oscillator oscillateur à diapason *(cf. aussi* tuning-fork oscillator).

form factor facteur de forme (a) *rapport entre la valeur efficace et la valeur moyenne d'une grandeur alternative) (s'emploie notamment pour exprimer l'importance de l'ondulation résiduelle d'une tension redressée) (cf. aussi* ripple); (b) *synonyme de « rapport cyclique ») (cf. aussi* duty cycle 1)).

form feed changement de feuille *(imprimante fonctionnant en mode feuille à feuille) (inf) (cf. aussi* printer[1]).

form-wound coil bobine en forme *(bobine réalisée sur un mandrin non cylindrique) (cf. aussi* former).

formal logic logique formelle *(logique tenant compte de la forme des propositions indépendamment de leur contenu) (l'algèbre de Boole est une logique formelle) (inf) (cf. aussi* Boolean algebra).

formant formant s *(nom donné à chacun des pics de résonance du conduit vocal de l'homme) (correspond à un pôle de la fonction de transfert de ce conduit acoustique) (il y a trois formants principaux, le 1er centré approximativement sur 600 Hz, le 2e sur 1 200 Hz et le 3e sur 2 400 Hz) (analyse et synthèse de la parole) (cf. aussi* resonance peak, poles and zeros *et* formant synthesis).

formant synthesis synthèse par formants *(méthode de synthèse de la parole utilisant des formants) (cf. aussi* formant *et* speech synthesis).

format[1] s format, structure *(nature, nombre et disposition des éléments éventuels d'un signal ou des éléments d'un code formant un caractère ou des caractères formant un mot ou des mots formant un article ou un bloc) (inf, tls) (cf. aussi* signal format, code[1], character, word, article *et* block).

format[2] v mettre au format, formater *(des informations en vue de leur transmission ou leur mémorisation) (cf. aussi* format[1]).

formation *cf.* forming.

formation voltage tension de formation *(tension appliquée entre l'anode et la cathode dans une cuve de formation) (cf. aussi* forming).

formatted capacity capacité formattée *(capacité d'un disque magnétique après formatage ou d'une mémoire utilisant un ou plusieurs tels disques) (est nettement inférieure à la capacité brute et constitue la capacité effective du disque ou de la mémoire) (inf) (cf. aussi* memory capacity *et* formatting 2)).

formatted data informations enregistrées *(après formatage),* données *(idem) (inf) (cf. aussi* data *et* formatting 2)).

formatting 1) mise au format *(d'informations) (cf. aussi* format[1]). **2)** formatage *(opération consistant à préparer un disque magnétique vierge à recevoir des informations en enregistrant sur celui-ci des repères matérialisant les pistes d'enregistrement sur lesquelles la tête magnétique viendra s'aligner, et en divisant ces pistes en secteurs) (formatter un disque est donc équivalent à garnir une bibliothèque nue de rayons correspondant aux pistes et de séparations sur ceux-ci correspondant aux extrémités des secteurs pour permettre d'y ranger effectivement des livres, de les classer et de les retrouver facilement) (inf) (cf. aussi* formatted capacity, sector *et* magnetic disk).

former mandrin (de bobinage) *(pièce en forme, généralement démontable, sur laquelle est enroulé un fil isolé pour réaliser un enroulement sans bobine appelé « bobinage » ou « bobine ») (cf. aussi* coil[1]).

forming formation *(formation, par électrolyse, d'une couche d'oxyde isolant formant le diélectrique sur l'anode d'un condensateur électrolytique) (les cuves d'électrolyse utilisées à cette fin sont appelées « cuves de formation »; l'anode à traiter joue naturellement le rôle d'anode dans celle-ci) (cf. aussi* electrolytic capacitor).

forms handling equipment matériel de façonnage *(machines employées pour la finition des imprimés utilisés en informatique, après leur impression) (rupteuse, déliasseuse, etc.).*

Fortran *(vient de « formula translation »)* Fortran *(langage de programmation à usage scientifique) (inf) (cf. aussi* programming language).

45 rpm record disque 45 tours *(disque microsillon le plus courant) (cf. aussi* microgroove record).

forward amplifier amplificateur sans contre-réaction *(cf. aussi* feedback amplifier).

forward-backward counter compteur bidirectionnel *(inf)* *(cf. aussi* up-down counter).

forward base-emitter voltage tension base-émetteur dans le sens direct *(ou* en sens direct) *(tension entre la base et l'émetteur d'un transistor bipolaire lorsque la jonction base-émetteur est polarisée dans le sens direct) (cf. aussi* forward bias *et* bipolar transistor).

forward bias polarisation directe *(ou dans le sens direct ou en sens direct) (état d'une diode ou d'une jonction redresseuse à laquelle est appliquée une tension continue de polarité telle que le courant passe en rencontrant un minimum de résistance, ou action d'amener une diode ou une jonction dans cet état) (la notion de polarisation directe est parfois étendue à un transistor ou un thyristor dans lequel le courant circule dans le sens normal) (cf. aussi* bias¹).

forward-bias *v* polariser dans le sens direct *(ou* en sens direct *ou* en direct) *(une diode ou une jonction) (cf. aussi* forward bias).

forward-bias characteristic *cf.* forward characteristic.

forward-bias current *cf.* forward current.

forward-bias operation fonctionnement en polarisation directe *(cf. aussi* forward bias).

forward-bias second breakdown second claquage *(cf. aussi* second breakdown).

forward-biased diode diode polarisée dans le sens direct, *(etc.) (cf. aussi* forward bias).

forward-biased junction jonction polarisée dans le sens direct, *(etc.) (cf. aussi* forward bias).

forward biasing application d'une polarisation directe, *(etc.) (cf. aussi* forward bias).

forward blocking voltage tension de blocage directe *(tension directe maximale qu'un thyristor bloqué peut supporter sans se débloquer indépendamment de toute action de la gâchette) (cf. aussi* forward voltage *et* silicon controlled rectifier).

forward breakdown voltage *cf.* forward blocking voltage.

forward characteristic caractéristique directe, caractéristique de conduction directe *(caractéristique d'une diode à semiconducteur polarisée dans le sens direct, c.-à-dire courbe représentant l'intensité du courant direct dans la diode en fonction de la tension directe à ses bornes) (cf. aussi* forward bias, forward current *et* characteristic curve).

forward conductance conductance directe, *(etc.) (conductance d'une diode ou d'une jonction polarisée dans le sens direct) (cf. aussi* forward bias *et* conductance).

forward conduction conduction dans le sens direct, *(etc.) (conduction dans une diode ou une jonction polarisée dans le sens direct) (cf. aussi* forward bias).

forward conduction characteristics caractéristiques de conduction dans le sens direct, *(etc.) (cf. aussi* forward conduction).

forward conductivity conductibilité dans le sens direct, *(etc.) (cf. aussi* forward bias *et* conductivity).

forward converter convertisseur direct *(convertisseur continu/continu dans lequel l'énergie électrique est transmise de l'enroulement primaire à l'enroulement secondaire du transformateur et, par conséquent, à la charge pendant la période de conduction du transistor de commutation, la diode de redressement étant alors polarisée dans le sens direct) (se distingue en outre du convertisseur indirect par l'emploi d'une bobine de lissage à la sortie associée à une diode de roue libre et d'un deuxième enroulement secondaire au transformateur, associé à une diode de récupération de l'énergie d'aimantation du noyau) (cf. aussi* series converter, dc/dc converter, freewheeling diode, smoothing choke, flyback converter *et* switching power supply).

forward current *(parf.* intensité du) courant direct *(courant dans une diode ou une jonction polarisée dans le sens direct ou, parfois, intensité de ce courant) (cf. aussi* forward bias).

forward current density densité de courant dans le sens direct, densité du courant direct *(cf. aussi* forward current *et* current density).

forward direction sens direct, sens de conduction directe, sens de conduction normale *(cf. aussi* forward bias).

forward drop *cf.* forward voltage drop.

forward ESM station station d'écoute avancée *(station d'écoute proche de l'adversaire) (mil) (cf. aussi* ESM station).

forward gain 1) *cf.* open-loop gain. 2) gain vers l'avant *(antenne directive) (cf. aussi* gain 2) *et* 3)).

forward-hemisphere coverage couverture de l'hémisphère avant *(ou* antérieur) *(par un radar de nez d'avion militaire équipé d'une antenne à grand angle de débattement) (l'angle solide couvert n'atteint cependant pas 180° comme le donne à penser le mot « hémisphère »).*

forward-hemisphere warning *cf.* forward-hemisphere coverage.

forward jamming brouillage vers l'avant *(brouillage opéré par un brouilleur d'aéronef militaire dont l'antenne rayonne vers l'avant de l'appareil) (cf. aussi* jammer).

forward-looking infrared ... *cf.* FLIR ...

forward-looking radar radar à couverture frontale, radar frontal, *(généralement)* radar de nez *(radar monté le plus souvent dans le nez d'un avion militaire ou civil, mais pouvant aussi être monté dans une nacelle profilée accrochée sous une aile) (cf. aussi* radar).

forward mapping cartographie aval *(cartographie du terrain situé en avant d'un avion militaire équipé d'un radar de cartographie) (cf. aussi* ground mapping radar).

forward movement avance, défilement en avant *(bande magnétique ou autre).*

forward path chaîne directe, chaîne d'action *(ensemble des organes compris entre la sortie du détecteur d'écart et le point de mesure de la grandeur de sortie dans un système asservi) (comprend essentiellement, de l'entrée à la sortie, le réseau correcteur, l'amplificateur et, dans le cas d'un servomécanisme, l'actionneur) (cf. aussi* closed-loop control system *et* feedback loop).

forward-path transfer function fonction de transfert de la chaîne directe *(asser) (cf. aussi* transfer function *et* forward path).

forward radiation rayonnement vers l'avant, rayonnement avant *(antenne d'émission directive, haut-parleur, projecteur sonar).*

forward receiver récepteur à amplification directe *(cf. aussi* tuned radio-frequency receiver).

forward recovery transition directe, recouvrement direct *(cf. aussi* forward recovery time).

forward recovery time temps de recouvrement direct *(intervalle de temps entre l'instant où la jonction d'une diode à jonction passe de la polarisation inverse à la polarisation directe et l'instant où l'intensité du courant direct atteint sa valeur maximale) (est dû au fait que les porteurs majoritaires ne se mettent pas en mouvement instantanément) (cf. aussi* recovery time, reverse bias, forward bias *et* majority carrier).

forward resistance résistance directe, *(etc.) (résistance d'une diode ou d'une jonction polarisée dans le sens direct) (cf. aussi* forward bias *et* resistance).

forward rewind avance rapide *(appareil à bande magnétique).*

forward scatter diffusion dans le sens de propagation *(onde radioélectrique) (cf. aussi* scatter propagation).

forward-scatter ... *cf.* over-the-horizon ...

forward signal signal d'action *(nom parfois donné au signal d'erreur dans un système asservi pour rappeler qu'il agit sur la grandeur de sortie) (cf. aussi* error signal).

forward tape speed vitesse de défilement (en avant) *(appareil à bande magnétique).*

forward threshold voltage tension de seuil dans le sens direct *(cf. aussi* forward bias).

forward-to-reverse characteristics caractéristiques de la transition du sens direct au sens inverse, caractéristiques de recouvrement inverse *(temps de recouvrement inverse et intensité du courant de recouvrement inverse) (diode semi) (cf. aussi* reverse recovery time).

forward transfer function *cf.* forward-path transfer function.

forward travelling wave onde progressive (directe), onde directe *(onde se propageant dans le même sens que les électrons du faisceau dans un tube à onde progressive) (cf. aussi* travelling wave *et* travelling-wave tube).

forward volt-ampere characteristic *cf.* forward voltage-current characteristic.

forward voltage tension directe *(tension continue appliquée à* *une diode ou une jonction redresseuse dans le sens de conduction normale) (c.-à-d. le positif à l'anode et le négatif à la cathode dans le cas d'une diode ou le positif à la zone P et le négatif à la zone N dans les cas d'une jonction, et créant dans celle-ci une polarisation directe) (cf. aussi* forward bias, diode, p-n junction *et* reverse voltage).

forward voltage-current characteristic caractéristique tension-courant dans le sens direct, *(etc.) (cf. aussi* forward bias *et* voltage-current characteristic).

forward voltage drop chute de tension dans le sens direct, *(etc.) (chute de tension dans une diode ou une jonction redresseuse polarisée dans le sens direct) (cf. aussi* forward bias *et* voltage drop).

forward wave *cf.* forward travelling wave.

Foster-Seeley discriminator discriminateur de Foster-Seeley *(discriminateur comportant notamment un transformateur à primaire et secondaire accordés sur la fréquence intermédiaire et deux circuits de détection en opposition par rapport à la masse alimentés par le secondaire) (le courant circule dans l'un ou l'autre de ces circuits suivant l'alternance de la tension aux bornes du secondaire) (récepteur FM) (cf. aussi* frequency discriminator, intermediate frequency *et* detection 2)).

Foucault current courants de Foucault *(cf. aussi* eddy current *le premier terme étant peu employé).*

four-arm bridge pont à quatre branches *(cas général) (cf. aussi* bridge).

four-bit ... *voir* 8 bit *... et* adapter. *(pour les termes qui ne figurent pas ci-après).*

four-bit byte quartet, demi-octet, mot de quatre binaires *(est utilisé notamment pour représenter un chiffre dans le code DCB) (inf) (cf. aussi* bit, BCD *et* byte).

four-bit slice puce partielle à quatre binaires, puce à 4 binaires *(CI) (cf. aussi* bit slice *et* chip 1)).

four-bit-wide bubble chip puce de mémoire à bulles à quatre binaires *(CI) (cf. aussi* four-bit-wide bubble memory *et* chip 1)).

four-bit-wide bubble memory mémoire à bulles à quatre binaires *(mémoire à bulles magnétiques comprenant quatre sections permettant la mémorisation en parallèle des quatre binaires d'un mot à quatre binaires) (cf. aussi* bubble memory *et* four-bit word).

four-bit word mot de quatre binaires *(quartet considéré en tant que mot) (inf) (cf. aussi* four-bit byte *et* binary word).

four-channel amplifier amplificateur à quatre voies *(chaîne quadraphonique, etc.) (cf. aussi* multichannel amplifier).

four-channel sound system chaîne quadraphonique *(hifi) (cf. aussi* quadraphonic sound system).

four-channel stereo *cf.* four-channel sterophony.

four-channel stereophony stéréophonie à quatre voies *(hifi) (cf. aussi* quadraphony).

four-course beacon *cf.* four-course radio range.

four-course radio range radiophare équisignal *(radionav) (cf. aussi* A-N radio range *(au début de la lettre A).*

four-electrode tube tube (électronique) à quatre électrodes *(cf. aussi* tetrode tube).

four-electrode valve *(GB) cf.* four-electrode tube.

four-grid tube tube (électronique) à quatre grilles *(cf. aussi* hexode).

four-grid valve *(GB) cf.* four-grid tube.

four-horn feed source primaire à quatre cornets *(source primaire d'antenne de radar monopulse) (chaque cornet produit un des quatres faisceaux nécessaires) (cf. aussi* feed[2] 2) *et* monopulse radar).

4 K RAM mémoire RAM de 4 K (binaires) *(mémoire RAM pouvant contenir 4 112 binaires) (CI) (cf. aussi* RAM[1] *et* bit).

four-layer device dispositif à quatre couches *(diode Shockley ou thyristor) (cf. aussi* four-layer diode *et* SCR).

four-layer diode diode à quatre couches, diode Shockley *(diode à semiconducteur constituée comme un thyristor, mais dans laquelle aucune des deux couches intermédiaires n'est reliée à une borne extérieure et ne peut donc servir d'électrode de commande) (la diode conduit à partir d'une certaine tension et se bloque lorsque l'intensité du courant qui la traverse tombe au-dessous d'une valeur déterminée, comme dans un thyristor) (est l'ancêtre du thyristor) (cf. aussi* silicon controlled rectifier).

four-layer structure structure à quatre couches *(semi) (cf. aussi* four-layer device).

four-layer transistor thyristor *(semi) (cf. aussi* silicon controlled rectifier).

four-layered ... *cf.* four-layer ...

four-level maser maser à quatre niveaux *(maser dans lequel deux niveaux d'énergie des atomes ou molécules du milieu actif sont utilisés pour réaliser l'inversion de population d'une manière analogue à celle du maser à trois niveaux, mais plus facilement, l'énergie nécessaire étant moindre) (cf. aussi* three-level laser).

4 PDT *(vient de « four-pole double-throw »)* 4 PDT *(qualifie un dispositif pouvant inverser simultanément quatre circuits indépendants) (voir rubriques ci-après) (cf. aussi* 4 PST, SPST, SPDT, DPST *et* DPDT).

4 PDT contacts quadruple contact inverseur, quadruple jeu de contacts inverseurs, contacts 4 PDT *(inverseur, relais) (cf. aussi* 4 PDT).

4 PDT relay relais à quatre contacts inverseurs, relais à quadruple contact inverseur, relais inverseur quadrupolaire, relais 4 PDT *(cf. aussi* 4 PDT).

4 PDT switch inverseur quadrupolaire *(inverseur à quatre jeux de contacts) (cf. aussi* 4 PDT).

four-phase clock 1) horloge quadriphase, horloge à quatre phases *(horloge fournissant des trains périodiques de quatre impulsions, chaque train d'impulsions assurant le cadencement d'une opération de logique à quatre phases) (inf) (cf. aussi* four-phase logic *et* clock[1]). 2) *cf.* four-phase clock signal).

four-phase clock generator *cf.* four-phase clock 1).

four-phase clock signal signal d'horloge quadriphase *(ou à quatre phases),* signal quadriphase, *(idem) (signal formé par la suite d'impulsions fournie par une horloge quadriphase) (cf. aussi* four-phase clock 1)).

four-phase clocking cadencement quadriphase, *(etc.),* cadencement par horloge *(idem) (cadencement d'opérations assuré par un signal quadriphase) (cf. aussi* clocking *et* four-phase clock signal).

four-phase clocking ... *cf.* four-phase clock ...

four-phase coding *cf.* four-phase phase-shift keying.

four-phase logic logique à quatre phases *(logique dans laquelle chaque opération est exécutée en quatre phases) (inf) (cf. aussi* four-phase clock *et* logic 2)).

four-phase modulation *cf.* four-phase phase-shift keying.

four-phase phase-shift keying modulation de phase à quatre états *(tlg) (cf. aussi* quaternary phase-shift keying).

four-phase PSK *cf.* four-phase phase-shift keying.

four-phase shift keying *cf.* four-phase PSK.

four-phase stepper motor moteur pas-à-pas à quatre phases *(moteur pas-à-pas dans lequel le bobinage du stator comprend quatre enroulements distincts excités séparément et successivement dans un ordre déterminé pour donner quatre positions angulaires successives d'un même pôle du rotor par cycle d'excitation) (élt) (cf. aussi* stepper motor).

four-plane multilayer board carte multicouche à quatre couches *(CP) (cf. aussi* multilayer printed-circuit board).

four-pole double-throw *cf.* 4 PDT. *(un peu plus haut) (de même pour les termes dérivés).*

four-pole filter filtre à quatre pôles *(filtre dont la fonction de transfert à quatre pôles) (cf. aussi* poles and zeros).

four-pole network quadripôle *(réseau électrique) (cf. aussi* quadripole).

four-pole single-throw *cf.* 4 PST. *(un peu plus loin) (de même pour les termes dérivés).*

four-port circulator circulateur à quatre voies *(circulateur reliant quatre guides d'ondes) (hyper) (cf. aussi* circulator).

4-PSK *cf.* four-phase phase-shift keying.

4 PST *(vient de « four-pole single-throw »)* 4 PST *(qualifie un dispositif pouvant couper simultanément quatre circuits indépendants) (voir rubriques ci-après) (cf. aussi* 4 PDT, SPST, SPDT, DPST *et* DPDT).

4 PST contacts quadruple contact interrupteur, quadruple jeu de contacts interrupteurs, contacts 4 PST *(interrupteur, relais) (cf. aussi* 4 PST).

4 PST relay relais à quatre contacts interrupteurs, relais à quadruple contact interrupteur, relais interrupteur quadrupolaire, relais 4 PST (*cf. aussi* 4 PST).

4 PST switch interrupteur quadrupolaire (*interrupteur à quatre jeux de contacts*) (*cf. aussi* 4 PST).

four-quadrant analog multiplier *cf.* four-quadrant multiplier.

four-quadrant drive *cf.* four-quadrant operation.

four-quadrant multiplier multiplieur à quatre quadrants (*multiplieur analogique fournissant le produit algébrique de la tension d'entrée et du coefficient multiplicatif, le signe de la tension de sortie dépendant de celui des deux grandeurs, soit quatre cas possibles*) (*dénumériseur, etc.*) (*cf. aussi* analog multiplier).

four-quadrant multiplying d-a converter numériseur multipliant à quatre quadrants (*cf. aussi* multiplying digital-to-analog converter *et* four-quadrant multiplier).

four-quadrant operation fonctionnement dans les quatre quadrants (*cf. aussi* four-quadrant multiplier).

four-section filter filtre à quatre cellules (*cf. aussi* filter section).

four-terminal aluminium electrolytic capacitor condensateur électrolytique à l'aluminium à quatre bornes (*cf. aussi* aluminium electrolytic capacitor).

four-terminal capacitor *cf.* four-terminal electrolytic capacitor.

four-terminal configuration configuration à quatre bornes (*condensateur électrolytique*).

four-terminal electrolytic capacitor condensateur électrolytique à quatre bornes (*cf. aussi* electrolytic capacitor).

four-terminal network réseau électrique à deux paires de bornes (*cf. aussi* quadripole).

four-terminal resistor résistance à deux paires de bornes.

four-track tape bande magnétique à quatre pistes (*bande magnétique de cassette stéréophonique*) (*porte deux pistes enregistrées côte-à-côte dans un sens de défilement et deux dans l'autre*) (*cf. aussi* stereophony).

four-wide scope oscilloscope à écran de 10 × 10 cm (*soit quatre pouces*).

four-wire amplifier amplificateur de répéteur à quatre fils (*tél*) (*cf. aussi* four-wire repeater).

four-wire cable câble à quatre conducteurs (*tél, etc.*).

four-wire circuit circuit à quatre fils, circuit 4 fils (*circuit téléphonique comprenant un circuit distinct à deux fils pour chaque sens de transmission de la parole*) (*cf. aussi* telephone circuit).

four-wire line *cf.* four-wire circuit.

four-wire repeater répéteur à quatre fils, répéteur de circuit à quatre fils, répéteur 4 fils (*répéteur téléphonique inséré dans un circuit à quatre fils*) (*comporte un amplificateur ou un régénérateur pour chaque sens de transmission*) (*cf. aussi* repeater 1) *et* four-wire circuit).

four-wire terminating set termineur (*tél*) (*cf. aussi* terminating set).

four-wire termination *cf.* four-wire terminating set.

Fourier analysis analyse de Fourier, analyse par développement en série de Fourier (*signal complexe*) (*cf. aussi* harmonic analysis).

Fourier analyzer analyseur de Fourier (*analyseur de spectres numérique utilisant l'analyse harmonique du signal à étudier*) (*cas général des analyseurs de spectres numériques*) (*cf. aussi* harmonic analysis *et* digital spectrum analyzer).

Fourier components composantes de Fourier (*composantes fournies par l'analyse de Fourier*) (*cf. aussi* Fourier analysis).

Fourier spectrum spectre de Fourier (*spectre des fréquences composantes d'un signal complexe obtenu par analyse harmonique*) (*cf. aussi* harmonic analysis *et* frequency spectrum (b)).

Fourier transform transformée de Fourier (*fonction périodique non sinusoïdale obtenue à l'aide de la transformation de Fourier*) (*analyse de signaux, etc.*) (*cf. aussi* Fourier transformation).

Fourier-transform processor calculateur de transformée de Fourier (*calculateur d'analyseur de spectres effectuant la transformation de Fourier*) (*est généralement un calculateur numérique, mais peut être un calculateur analogique*) (*cf. aussi* digital Fourier processor, analog Fourier processor *et* Fourier transformation).

Fourier transformation transformation de Fourier (*opération mathématique permettant de transformer une fonction non périodique en une fonction périodique pour pouvoir lui appliquer la méthode d'analyse harmonique*) (*est utilisée notamment pour passer du domaine temporel au domaine fréquentiel dans l'analyse des signaux, c.-à-d. pour transformer une impulsion en un signal périodique non sinusoïdal afin de pouvoir l'analyser par la méthode harmonique*) (*cf. aussi* harmonic analysis, time domain *et* frequency domain).

Fourier transformer transformateur de Fourier (*dispositif effectuant la transformation de Fourier*) (*peut être notamment un dispositif à ondes de surface*) (*cf. aussi* Fourier transformation *et* SAW device).

14-segment alphanumeric character caractère alphanumérique à 14 segments (*caractère alphanumérique formé par un certain nombre de segments d'affichage parmi 14 segments possibles*) (*afficheur*) (*cf. aussi* alphanumeric character).

fourth-generation computer ordinateur de la quatrième génération (*ordinateur utilisant des circuits VLSI*) (*est caractérisé en outre par une vitesse de traitement d'environ 1 méga-instructions par seconde et la très grande puissance de traitement qui en résulte*) (*la 4ᵉ génération a commencé en 1982 avec la construction de l'ordinateur américain Cray XMP*) (*inf*) (*cf. aussi* computer 2), VLSI circuit, supercomputer *et* computer generation 2)).

fourth-generation machine machine de la quatrième génération (*nom parfois donné à un ordinateur de la quatrième génération*) (*cf. aussi* fourth-generation computer *et* machine).

fourth harmonic harmonique 4, harmonique de rang 4, harmonique d'ordre 4, quatrième harmonique (*cf. aussi* harmonic).

fourth-order Bessel low-pass filter filtre passe-bas de Bessel du 4ᵉ ordre (*cf. aussi* low-pass filter, Bessel filter *et* filter order).

Fowler-Nordheim tunneling effet tunnel de Fowler-Nordheim (*passage, sans ionisation, d'un électron à travers un isolant solide de très faible épaisseur soumis à un champ électrique très intense de sens tel qu'il attire l'électron*) (*est utilisé notamment dans des grilles flottantes*) (*cf. aussi* electron, ionization, dielectric field strength, floating gate *et* tunnel effect).

Fowler-Nordheim tunneling injection injection de porteurs de charge par effet tunnel de Fowler-Nordheim (*cf. aussi* Fowler-Nordheim tunneling *et* carrier injection).

fox message message du renard (*message en langue anglaise transmis pour contrôler rapidement le bon fonctionnement d'une liaison par téléimprimeurs grâce à l'emploi de tous les principaux caractères avec un minimum de mots et sans répétition de lettres*) (*contient les 26 lettres de l'alphabet et les 10 chiffres : « THE QUICK BROWN FOX JUMPED OVER A LAZY DOG'S BACK 123457890 »*) (*le renard marron rapide a sauté sur le dos d'un chien paresseux*) (*cf. aussi* teleprinter).

FPA *cf.* focal-plane array.

FPA seeker autodirecteur infrarouge à cible focale (*cf. aussi* infrared seeker *et* focal-plane array).

FPC *cf.* flexible printed circuit.

FPGA (*vient de « field-programmable gate array »*) circuit FPGA, réseau de portes programmable par l'utilisateur (*circuit intégré assez comparable au circuit PAL et exécutant des fonctions logiques à simple niveau*) (*inf*) (*cf. aussi* PAL²).

FPLA (*vient de « field-programmable logic array »*) circuit FPLA, réseau logique programmable par l'utilisateur (*circuit intégré dérivé du circuit « PLA » par adjonction de fusibles à chaque point-mémoire permettant ainsi la programmation par l'utilisateur à l'aide d'un programmateur nettement plus compliqué et plus coûteux qu'un « programmateur de PROM », ce qui a conduit à la mise au point du circuit PAL*) (*inf*) (*cf. aussi* PLA, PAL *et* FPLS).

FPLS (*vient de « field-programmable logic sequencer »*) circuit FPLS, séquenceur logique programmable par l'utilisateur (*circuit intégré dérivé du circuit FPLA par l'adjonction de registres, ce qui augmente ses possibilités*) (*inf*) (*cf. aussi* FPLA *et* register¹ 1).

FPN *cf.* fixed-pattern noise.

FPRP *(vient de « field-programmable ROM patch »)* circuit FPRP *(circuit intégré dérivé du FPLA par adjonction de portes OU supplémentaires à entrées fixes) (inf) (cf. aussi* FPLA).

FPS *cf.* frames per second.

FPU *cf.* floating-point unit.

fractional frequency deviation dérive de fréquence à long terme *(oscillateur, émetteur) (cf. aussi* frequency drift).

fractional-horsepower motor moteur fractionnaire *(moteur électrique dont la puissance est inférieure à 1 CV) (élt) (cf. aussi* electric motor).

fractional motor *cf.* fractional-horsepower motor.

fractional octave band bande d'octave fractionnaire *(bande de fréquence d'un demi-octave, trois demi-octaves, etc.) (cf. aussi* octave band).

fractional-order hold circuit circuit bloqueur d'ordre fractionnaire *(circuit d'ordre 3/2, etc.). (cf. aussi* hold circuit).

Frahm frequency meter fréquencemètre à lames vibrantes *(cf. aussi* vibrating-reed frequency meter).

frame *s* **1)** châssis *(d'appareil électronique, etc.).* **2)** carcasse *(de machine électrique tournante) (cf. aussi* yoke 2)). **3)** masse *(d'un montage sur châssis) (cf. aussi* ground[1] 1)). **4)** image complète *(image de télévision ou analogue, formée de deux trames entrelacées dans le cas de balayage entrelacé) (cf. aussi* interlaced scanning). **5)** image (isolée) *(sur une bande ou un disque vidéo).* **6)** trame *(train d'impulsions formé de n groupes d'impulsions représentant les valeurs échantillonnées de l'amplitude des signaux des n voies explorées par le scrutateur de voies d'un multiplexeur temporel dans un cycle de scrutation, et d'impulsions auxiliaires) (tls, tlm) (cf. aussi* time-division multiplex). **7)** répartiteur *(central tél) (cf. aussi* distribution frame).

frame buffer (mémoire) tampon d'image *(mémoire tampon prévue pour contenir une image complète) (cf. aussi* buffer memory *et* frame 4)).

frame frequency **1)** fréquence d'image *(nombre d'analyses complètes de l'image par seconde en télévision) (cf. aussi* frame 4)). **2)** fréquence des trames *(nombre de trames par seconde dans un multiplex temporel) (cf. aussi* frame 6)).

frame grid grille-cadre *(grille de commande de tube électronique dont les montants sont réunis par une barrette métallique formant entretoise à chaque extrémité de la grille pour permettre l'emploi d'un fil fin à spires nombreuses et fortement tendu) (cf. aussi* control grid).

frame-grid tube tube (électronique) à grille-cadre *(cf. aussi* frame grid).

frame length longueur de trame *(nombre de binaires contenus dans une trame de multiplex) (cf. aussi* bit *et* frame 6)).

frame period **1)** période d'image *(durée de l'analyse d'une image complète en télévision) (est l'inverse de la fréquence d'image) (cf. aussi* frame frequency 1)). **2)** période de trame *(durée d'une trame d'un multiplex temporel) (est l'inverse de la fréquence de trame) (cf. aussi* frame frequency 2)).

frame pitch pas des images *(distance entre l'impulsion de synchronisation de la trame impaire d'une image et la même impulsion de l'image suivante sur un support vidéo) (cf. aussi* vertical synchronizing pulse *et* video media).

frame rate *cf.* frame frequency.

frame scan (un) balayage de l'image *(cf. aussi* frame scanning).

frame scanning (le) balayage de l'image *(TV, télécopie) (cf. aussi* scanning (a2)).

frame storage mémorisation d'images vidéo *(mémorisation, dans une mémoire à semiconducteur, d'images analysées par une caméra vidéo) (cf. aussi* semiconductor memory *et* video camera).

frame store mémoire d'image *(mémoire vidéo destinée à contenir une image de télévision ou analogue) (cf. aussi* video memory *et* frame 4)).

frame synchronizer synchroniseur de trames, générateur d'impulsions de synchronisation de trames *(montage fournissant les impulsions de synchronisation de trames dans un multiplexeur temporel) (tls) (cf. aussi* framing 2) *et* time-division multiplexer).

frame-to-frame *(en télévision et autres techniques vidéo)*

d'une image à la suivante *(temps écoulé, différence de teinte, etc.) (cf. aussi* frame 4) *et* 5)).

frame transmission transmission des images *(TV) (cf. aussi* frame 4) *et* picture transmission).

frame transmission rate cadence de transmission des images *(TV).*

framing **1)** cadrage *(action de centrer l'image sur l'écran d'un récepteur de télévision ou sur la feuille de papier d'un télécopieur fonctionnant en récepteur) (cf. aussi* centering). **2)** formation des trames *(multiplex) (cf. aussi* frame 6).

framing control commande de cadrage, bouton de cadrage *(cf. aussi* framing 1)).

framing pulse pair paire d'impulsions d'encadrement *(paire d'impulsions encadrant le signal émis par un répondeur d'identification) (avia) (cf. aussi* transponder).

Franklin antenna système Franklin *(antenne d'émission formée de plusieurs brins demi-onde verticaux en ligne alimentés de telle façon que les courants soient en phase dans tous les brins) (l'antenne est alimentée à la base et la suppression du rayonnement correspondant aux demi-ondes à phase inverse est obtenue en insérant une inductance entre chaque paire de brins successifs) (les inductances ne rayonnant pas, les demi-ondes paires sont supprimées) (cf. aussi* phase *et* inductance).

Franz-Keldysh effect effet Franz-Keldysh *(déplacement du seuil d'absorption optique dans un semiconducteur sous l'action d'un champ électrique) (électro-optique) (cf. aussi* electro-optical effect).

Fraunhofer region zone de Fraunhofer, zone de champ lointain *(zone commençant à une distance d'une antenne d'émission approximativement égale à $2 D^2/\lambda$), D étant la longueur de l'antenne et λ la longueur de l'onde émise) (la formule donnée montre 1°) l'influence prépondérante de la longueur de l'antenne sur le rayon de cette zone et 2°) qu'elle commence à une distance relativement courte de l'antenne et représente, par conséquent, presque toute la zone couverte par celle-ci) (cf. aussi* transmitting antenna).

free-air crystal oscillator oscillateur à quartz non thermostaté *(cf. aussi* crystal oscillator).

free-bar filter filtre à tige résonnante *(tél) (cf. aussi* mechanical filter).

free call communication non taxée *(tél) (cf. aussi* telephone call 1)).

free electron électron libre *(électron non lié à un atome et pouvant, par conséquent, se déplacer sous l'action d'un champ électrique en contribuant ainsi à la conduction) (cf. aussi* conduction electron *et* electron).

free electron model modèle à électrons libres *(modèle de la conduction électrique dans les métaux dans lequel on considère que les électrons périphériques des atomes d'un métal se comportent essentiellement comme les molécules d'un gaz et peuvent, par conséquent, se déplacer dans toutes les directions dans le réseau cristallin du métal sans réagir entre eux et obéissent au principe d'exclusion de Pauli) (cf. aussi* outer electron *et* Pauli exclusion principle).

free-electron paramagnetism paramagnétisme de Pauli *(cf. aussi* Pauli paramagnetism).

free field champ libre *(zone sans obstacles et dont les frontières n'exercent qu'un effet négligeable sur la propagation d'une onde acoustique entre une source et un récepteur situés dans ses limites) (en pratique, zone d'étendue suffisante pour qu'il n'y ait pas de réflexions parasites sur des obstacles ou des parois susceptibles de fausser les résultats des mesures effectuées) (le champ libre est réalisé approximativement en pratique dans une chambre anéchoïde) (noter que le champ libre est l'analogue acoustique de l'espace libre) (cf. aussi* anechoic room *et* free space).

free-field emission émission d'électrons en l'absence de champ électrique, émission en l'absence de champ *(cathode chaude) (cf. aussi* hot cathode).

free-field record enregistrement à séquence libre *(enregistrement d'informations dans un ordre quelconque sur un support d'informations) (inf) (cf. aussi* storage medium).

free-field response réponse en champ libre *(réponse d'un transducteur électroacoustique en champ libre) (cf. aussi* free-field, electroacoustic transducer *et* response 1)).

free-field room chambre sourde *(acou, hyper)* *(cf. aussi* free field *et* anechoic room).

free-field sensitivity efficacité en champ libre *(micro)* *(cf. aussi* free field *et* microphone sensitivity).

free-field sound pressure pression acoustique *(ou* sonore) en champ libre *(cf. aussi* free field *et* sound pressure).

free grid grille en l'air *(tube)* *(cf. aussi* floating grid).

free oscillation oscillation libre *(oscillation d'un résonateur après suppression de l'excitation ayant provoqué celle-ci)* *(cf. aussi* oscillation *et* resonator).

free progressive wave onde progressive libre *(onde se propageant dans un milieu d'étendue infinie)* *(ne subit donc pas de réflexion sur la frontière du milieu)* *(cas théorique)* *(cf. aussi* progressive wave).

free run *cf.* free running. *(de même pour les termes dérivés).*

free-run *v (voir aussi* free running) 1) fonctionner en mode relaxé, fonctionner sans synchronisation, ne pas être synchronisée. 2) fonctionner sans synchronisation, ne pas être synchronisée. 3) osciller librement, ne pas être piloté.

free running 1) fonctionnement en mode relaxé, fonctionnement non synchronisé, fonctionnement sans synchronisation *(base de temps)* *(cf. aussi* free-running time base). 2) fonctionnement non synchronisé, fonctionnement sans synchronisation *(horloge)* *(cf. aussi* free-running clock). 3) fonctionnement en oscillations libres, fonctionnement sans pilotage *(oscillateur)* *(cf. aussi* free-running oscillator).

free-running clock horloge non synchronisée *(inf)* *(cf. aussi* clock[1]).

free-running frequency fréquence d'oscillation libre *(fréquence d'oscillation d'un oscillateur non piloté par quartz ou soumis à une autre action)* *(cf. aussi* oscillator).

free-running local oscillator oscillateur local non piloté *(super)* *(cf. aussi* free-running oscillator *et* local oscillator).

free-running mode *cf.* free-running sweep mode.

free-running multivibrator multivibrateur astable *(cf. aussi* astable multivibrator).

free-running oscillator oscillateur non piloté *(oscillateur dans lequel la fréquence du signal de sortie n'est pas stabilisée par un quartz)* *(clpf)* *(cf. aussi* oscillator).

free-running signal signal fourni en l'absence de pilotage *(signal fourni par un oscillateur non piloté)* *(cf. aussi* free-running oscillator).

free-running sweep balayage relaxé *(balayage dans lequel la base de temps fournissant la tension de balayage en dents de scie oscille librement, sans être synchronisée ni déclenchée par un signal quelconque)* *(oscillo)* *(cf. aussi* sweep[1] 2).

free-running sweep mode mode de balayage relaxé, mode relaxé *(cf. aussi* free-running sweep).

free-running switching power supply alimentation à découpage non synchronisée *(cf. aussi* switching power supply).

free-running time base base de temps relaxée, base de temps non synchronisée *(ces termes peuvent désigner le générateur de base de temps ou la base de temps elle-même)* *(oscillo)* *(cf. aussi* free-running trace, free-running sweep *et* time base).

free-running trace *(ce terme désigne la base de temps proprement dite) cf.* free-running time base.

free-running waveform *cf.* free-running signal *(cf. aussi* waveform).

free sound field champ acoustique libre, champ sonore libre *(cf. aussi* free field *et* sound field).

free space espace libre *(zone sans obstacles et dont les frontières n'exercent qu'un effet négligeable sur la propagation d'une onde radioélectrique entre une antenne d'émission et une antenne de réception situées dans ses limites)* *(zone d'étendue en pratique suffisante pour qu'il n'y ait pas de réflexions sur des obstacles ou sur le sol susceptibles de fausser les résultats des mesures effectuées)* *(l'espace libre est réalisé approximativement en pratique dans une chambre sourde pour les ondes ultra-courtes ou, plus grossièrement et pour des longueurs d'ondes plus grandes, en disposant les deux antennes le plus haut possible par rapport au sol)* *(noter que l'espace libre est l'analogue électromagnétique du champ libre)* *(cf. aussi* free field *et* anechoic room).

free-space detection range portée en espace libre *(portée d'un radar due à l'onde directe seulement, c.-à-d. en l'absence d'augmentation de portée par propagation du faisceau dans une couche-piège)* *(cf. aussi* detection range, direct wave *et* duct 1)).

free-space electromagnetic wave propagation *cf.* free-space propagation.

free-space field champ en espace libre *(champ électromagnétique rayonné par une antenne d'émission en espace libre)* *(radio)* *(cf. aussi* free space *et* electromagnetic field).

free-space field intensity *cf.* free-space field strength.

free-space field strength intensité du champ en espace libre *(cf. aussi* free-space field *et* field strength).

free-space loss pertes d'énergie en espace libre, pertes en espace libre *(pertes d'énergie d'une onde radioélectrique se propageant en espace libre)* *(cf. aussi* free space *et* radio wave).

free-space pattern *cf.* free-space radiation pattern.

free-space propagation propagation en espace libre, propagation des ondes électromagnétiques en espace libre *(parfois d'une onde)* *(il s'agit en fait des ondes radioélectriques)* *(radio)* *(cf. aussi* free space *et* radio wave).

free-space radar equation équation du radar en espace libre *(forme normale de l'équation du radar)* *(cf. aussi* radar equation *et* free-space detection range).

free-space radiation pattern diagramme de rayonnement en espace libre *(diagramme de rayonnement théorique d'une antenne)* *(cf. aussi* free space *et* radiation pattern).

free-space transmission *cf.* free-space propagation.

free-standing instrument appareil autonome *(appareil utilisable sans appareils complémentaires)* *(exemple : micro-ordinateur à mémoire à disque souple et imprimante incorporées).*

free vibration *cf.* free oscillation.

free wave *cf.* free progressive wave.

freewheeling diode diode de roue libre *(diode montée entre la masse et l'entrée de la bobine de lissage d'un régulateur à thyristors ou d'un convertisseur direct et polarisée dans le sens inverse pour permettre à l'énergie électrique accumulée dans la bobine pendant la période de conduction du dispositif de commutation de s'écouler dans la charge pendant la période de blocage de celui-ci)* *(cf. aussi* forward converter).

freeze *v* immobiliser *(l'image sur un écran cathodique)* *(magnétoscope, etc.).*

freeze-frame playback arrêt sur image *(magnétoscope).*

freeze-frame video images vidéo fixes *(images vidéo obtenues par arrêt sur image)* *(cf. aussi* video image, frame 4) *et* freeze-frame playback).

frequency fréquence *(nombre de cycles complets d'une grandeur périodique par unité de la variable indépendante)* *(en l'absence de précisions, ce terme désigne généralement une fréquence temporelle)* *(cf. aussi* time frequency, spatial frequency, cycle, frequency band, frequency departure, frequency deviation, frequency drift *et* frequency offset).

frequency accuracy précision en fréquence *(parf. de la fréquence)* *(précision d'une mesure de fréquence ou précision de génération d'une fréquence par rapport à la valeur affichée)* *(fréquencemètre, etc. ; oscillateur, générateur de signaux).*

frequency adjusting *cf.* frequency adjustment.

frequency adjustment réglage de fréquence *(parf. de la fréquence)* *(oscillateur, générateur de signaux, etc.)* *(cf. aussi* frequency setting, frequency control *et* adjustment 1)).

frequency agile agile en fréquence, apte aux sauts de fréquence *(mil)* *(cf. aussi* frequency agility).

frequency-agile ... *cf.* frequency-hopping ...

frequency agility agilité en fréquence, aptitude aux sauts de fréquence *(émetteur militaire ou son oscillateur)* *(le terme « frequency agility » est souvent employé avec le sens de « frequency hopping »)* *(cf. aussi* frequency hopping).

frequency allocation attribution des fréquences *(plus précisément des bandes de fréquences)* *(aux différentes catégories d'émetteurs radio)*, *(parf. aussi)* des canaux *(aux différentes stations de radiodiffusion sonore ou visuelle)* *(cf. aussi* channel allocation 2), frequency congestion, frequency plan, frequency slot, frequency spacing, guard band *et* broadcasting).

frequency analysis *cf.* frequency-domain analysis.

frequency band bande de fréquences, gamme de fréquences *(ensemble de fréquences successives)* *(« bande » est un angli-*

cisme de plus en plus employé à la place de « gamme » lorsqu'il s'agit de fréquences. Par contre, on dit toujours exclusivement « gamme d'ondes ») (cf. aussi frequency range *et* frequency).

frequency bandwidth largeur de bande *(signal) (cf. aussi* bandwidth 1)).

frequency bias polarisation par courant alternatif *(enr. mag) (cf. aussi* ac bias).

frequency calibrator générateur de fréquences-étalons, *(parf. aussi)* calibrateur de fréquence *(générateur de signaux sinusoïdaux à fréquence stable réglable sur plusieurs valeurs précises) (les fréquences fournies ne sont pas de véritables fréquences étalons) (cf. aussi* sinusoidal signal generator *et* standard frequency).

frequency capability tenue en fréquence *(aptitude d'un composant, circuit ou appareil à fonctionner correctement à des fréquences élevées) (cf. aussi* capability).

frequency change variation de fréquence *(oscillateur, émetteur, signal)*.

frequency-change oscillator oscillateur local *(super) (cf. aussi* local oscillator).

frequency-change signalling *cf.* frequency-shift keying.

frequency changer *cf.* frequency converter 1) *et* 2).

frequency changing *cf.* frequency conversion. *(le premier terme étant peu employé).*

frequency channel bande de fréquences d'émission *(occupée par les signaux d'un émetteur radioélectrique) (cf. aussi* radio channel *et* television channel).

frequency characteristic *cf.* frequency response curve.

frequency compensation compensation de fréquence *(compensation des distorsions introduites par un amplificateur dans le signal amplifié, pour élargir la partie linéaire de sa bande passante) (cf. aussi* distortion *et* pass-band).

frequency component composante fréquencielle, fréquence composante, composante *(une des fréquences composant un signal complexe) (cf. aussi* complex signal).

frequency congestion encombrement de l'éther *(encombrement de certaines bandes de fréquence par les émissions d'un nombre excessif d'émetteurs) (cf. aussi* frequency allocation *et* ether).

frequency constant constante de fréquence *(constante liant la fréquence de résonance d'un résonateur à quartz dans une direction à sa dimension dans cette direction) (est égale au produit de la fréquence de résonance dans la direction considérée par la dimension correspondante) (il en résulte que la fréquence de résonance est inversement proportionnelle à cette dimension) (cf. aussi* quartz resonator *et* resonant frequency).

frequency content(s) composantes fréquencielles, fréquences composantes *(ensemble des fréquences formant un signal complexe) (cf. aussi* complex signal).

frequency control commande de fréquence *(parf.* de la fréquence) *(oscillateur à fréquence variable) (cf. aussi* variable-frequency oscillator).

frequency conversion changement de fréquence *(abaissement de la fréquence d'une porteuse dans un récepteur superhétérodyne ou autre appareil) (cf. aussi* low-band conversion, mixer *et* frequency translation).

frequency-convert *v* soumettre à un changement de fréquence *(porteuse) (cf. aussi* frequency conversion).

frequency-converted carrier porteuse ayant subi un changement de fréquence, porteuse à fréquence abaissée *(cf. aussi* frequency conversion).

frequency-converted signal *cf.* frequency-converted carrier.

frequency converter 1) convertisseur de fréquence *(tg) (convertisseur de courant fournissant un courant de fréquence différente de celle du courant qui l'alimente) (peut être une machine électrique tournante ou un appareil statique) (cf. aussi* power converter). 2) changeur de fréquence (complet) *(super) (cf. aussi* converter 2)).

frequency converter tube tube changeur de fréquence *(super) (cf. aussi* converter tube 1)).

frequency counter compteur-fréquencemètre, fréquencemètre à comptage d'impulsions *(autres noms d'un fréquencemètre numérique, cet appareil pouvant par nature compter des impulsions) (cf. aussi* digital frequency meter).

frequency counting comptage de fréquence *(nom parfois donné à la mesure de fréquence par comptage d'impulsions) (cf. aussi* frequency counter).

frequency coverage gamme de fréquences couverte, fréquences couvertes *(générateur de signaux, appareil de mesure, récepteur, etc.).*

frequency cut-off point de coupure en fréquence *(fréquence à laquelle le gain en courant d'un transistor tombe à 3 dB de sa valeur aux fréquences basses) (cf. aussi* current gain *et* decibel).

frequency demodulation démodulation de fréquence *(démodulation d'une porteuse modulée en fréquence) (récepteur) (cf. aussi* frequency modulation, demodulation *et* discriminator).

frequency demodulator démodulateur de fréquence *(récepteur) (cf. aussi* discriminator).

frequency departure glissement de fréquence *(différence entre la fréquence effective d'une porteuse et sa fréquence nominale) (peut être dû à une dérive de fréquence ou à toute autre cause) (cf. aussi* carrier 1), frequency drift *et* frequency offset).

frequency dependence dépendance vis-à-vis de la fréquence *(cf. aussi* frequency-dependent).

frequency-dependent dépendant de la fréquence, lié à la fréquence *(déphasage, atténuation, etc. d'un signal).*

frequency detector *cf.* frequency-difference detector.

frequency deviation 1) excursion de fréquence *(différence entre la fréquence instantanée d'une porteuse modulée en fréquence et la fréquence de la porteuse en l'absence de modulation) (est l'analogue en modulation de fréquence du taux de modulation en modulation d'amplitude) (cf. aussi* frequency modulation, modulation index *et* percent modulation). 2) *cf.* frequency departure.

frequency-deviation meter indicateur d'écart de fréquence *(émetteur de radiodiffusion) (cf. aussi* frequency departure).

frequency difference différence de fréquence, *(parf.)* fréquence différentielle. *(cf. aussi* frequency-difference detector).

frequency-difference detector détecteur de fréquence différentielle *(circuit fournissant une tension continue dont la polarité et l'amplitude dépendent respectivement du signe et de la valeur absolue de la différence entre la fréquence du signal fourni par un oscillateur et une fréquence de référence).*

frequency discrimination discrimination de fréquence *(récepteur FM) (cf. aussi* discriminator).

frequency discriminator discriminateur (de fréquence), détecteur sensible à la fréquence, démodulateur *(idem) (étage dans lequel le signal est extrait de la porteuse dans un récepteur à modulation de fréquence) (est un montage fournissant une tension à basse fréquence dont l'amplitude instantanée est proportionnelle à l'excursion de fréquence de la porteuse; cette tension est le signal transmis par la porteuse) (on peut dire aussi que le discriminateur convertit des variations de fréquence d'une tension à haute fréquence en variations d'amplitude d'une tension à basse fréquence; il remplit donc deux fonctions : conversion de la modulation de fréquence en modulation d'amplitude et détection du signal à basse fréquence) (cf. aussi* Foster-Seeley discriminator, double-tuned detector, ratio detector, frequency modulation, frequency deviation, discriminator *et* detector 2)).

frequency-dispersive delay line ligne à retard dispersive *(radar, etc.) (cf. aussi* dispersive delay line).

frequency-dispersive line *cf.* frequency-dispersive delay line.

frequency displacement *cf.* frequency deviation 1).

frequency display affichage de la fréquence *(sur un générateur de signaux, un fréquencemètre, un émetteur ou un récepteur) (cf. aussi* display[1] 1)).

frequency distortion distorsion de fréquence, distorsion amplitude-fréquence, distorsion d'amplitude en fonction de la fréquence *(distorsion non linéaire dans laquelle l'amplitude relative des différentes fréquences d'un signal complexe est modifiée, certaines fréquences du signal étant plus amplifiées ou atténuées que les autres) (ampli, etc.) (cf. aussi* non-linear distortion 1) *et* frequency response 1)).

frequency diversity diversité de fréquence *(diversité dans* *laquelle chacune des ondes utilisées a une fréquence particulière) (est utilisée notamment dans les radars diversité) (cf. aussi* diversity).

frequency-diversity radar radar à diversité de fréquence *(cf. aussi* diversity radar).

frequency-diversity reception réception en diversité de fréquence *(réception d'un signal émis simultanément sur deux ou plusieurs fréquences) (radiocom, radar) (cf. aussi* diversity reception).

frequency-diversity transmission émission en diversité de fréquence *(émission d'un signal simultanément sur deux ou plusieurs fréquences) (radiocom, radar) (cf. aussi* diversity transmission).

frequency divider diviseur de fréquence *(montage dans lequel la fréquence du signal de sortie est un sous-multiple entier de la fréquence du signal d'entrée) (cf. aussi* frequency multiplier).

frequency division **1)** division de fréquence. *(cf. aussi* frequency divider). **2)** répartition de fréquence *(répartition, dans une bande de fréquences, de signaux à transmettre simultanément) (multiplex) (cf. aussi* frequency-division multiplex).

frequency-division demultiplexer démultiplexeur fréquenciel *(ou* analogique) *(démultiplexeur réalisant le démultiplexage fréquenciel) (tls) (cf. aussi* demultiplexer *et* frequency-division multiplex).

frequency-division demultiplexing démultiplexage fréquenciel *(ou* analogique *ou* d'un multiplex à répartition de fréquence), (etc.) (tél) (cf. aussi* frequency-division multiplex *et* demultiplexing).

frequency-division demultiplexor *cf.* frequency-division demultiplexer.

frequency-division DMUX *cf.* frequency-division demultiplexer.

frequency-division equipment matériel pour multiplex à répartition de fréquence, *(etc.),* matériel fréquenciel, matériel analogique, *(etc.) (tél) (multiplexeurs et démultiplexeurs fréquenciels, répéteurs non régénérateurs, etc.) (cf. aussi* frequency-division multiplex *et* non-regenerative repeater).

frequency-division frequency modulation modulation de fréquence à répartition de fréquence, modulation FDFM *(multiplex).*

frequency-division link liaison par multiplex à répartition de fréquence, *(etc.),* liaison fréquencielle, liaison analogique, *(etc.) (liaison assurée par un multiplex à répartition de fréquence) (cf. aussi* frequency-division multiplex *et* communications link).

frequency-division microwave link faisceau hertzien à répartition de fréquence, *(etc.) (cf. aussi* frequency-division microwave radio).

frequency-division microwave radio (les) faisceaux hertziens à répartition de fréquence, *(etc.) (faisceaux hertziens utilisant un multiplex à répartition de fréquence) (radiocom) (cf. aussi* frequency-division multiplex *et* microwave radio).

frequency-division microwave radio link *cf.* frequency-division microwave link.

frequency-division multiple access accès multiple par répartition de fréquence, accès multiple fréquenciel *(accès multiple à un satellite relayant un multiplex fréquenciel) (tls) (cf. aussi* multiple access *et* frequency-division multiplex).

frequency-division multiplex multiplex à répartition de fréquence, multiplex fréquenciel *(ou* analogique) *(multiplex formé de signaux analogiques groupés par transpositions de fréquence successives avec modulation de courants porteurs dont le dernier assure la transmission par fil ou module une onde porteuse émise par une antenne) (en téléphonie, un multiplex fréquentiel est composé de centaines de voies groupées par 12 pour former des groupes primaires qui modulent des courants porteurs groupés ensuite par 5 pour former des groupes secondaires qui modulent des courants porteurs groupés à leur tour par 5 pour former des groupes tertiaires qui modulent des courants porteurs groupés finalement par 3 pour former des groupes quaternaires qui modulent le courant porteur final assurant la transmission par fil ou la modulation de l'onde porteuse d'un faisceau hertzien) (noter que dans le cas de la transmission par fil — plus précisément par câble*

coaxial —, toutes les modulations successives sont des modulations d'amplitude, tandis que dans le cas de la transmission par faisceau hertzien, la dernière modulation est une modulation de fréquence pour assurer la constance de l'amplitude du signal reçu malgré les fluctuations des conditions de propagation) (cf. aussi base group, supergroup, multiplex[1] *et* frequency translation).

frequency-division multiplexed signals signaux multiplexés par répartition de fréquence, signaux à multiplexage fréquenciel *(ou* analogique) *(signaux formant un multiplex à répartition de fréquence) (cf. aussi* frequency-division multiplex).

frequency-division multiplexer multiplexeur à répartition de fréquence, multiplexeur fréquenciel *(ou* analogique) *(multiplexeur élaborant un multiplex fréquenciel à partir d'un certain nombre de signaux analogiques) (cf. aussi* multiplexer, frequency-division multiplex *et* analog signal).

frequency-division multiplexing multiplexage par répartition de fréquence, multiplexage fréquenciel *(ou* analogique) *(formation d'un multiplex fréquenciel) (cf. aussi* frequency-division multiplex).

frequency-division MUX *cf.* frequency-division multiplexer.

frequency-division network réseau à répartition de fréquence, *(etc.) (réseau téléphonique interurbain ou international utilisant des multiplex à répartition de fréquence) (cf. aussi* frequency-division multiplex *et* telephone network).

frequency-division signals *cf.* frequency-division multiplexed signals.

frequency-division telephone ... *cf.* frequency-division ...

frequency-division telephony *cf.* carrier telephony.

frequency domain domaine fréquenciel *(terme du traitement des signaux signifiant que l'on travaille sur les fréquences d'un signal, c.-à-d. que l'on a affaire à un signal analogique) (cf. aussi* signal processing *et* analog signal).

frequency-domain analysis *cf.* frequency-domain signal analysis.

frequency-domain display visualisation dans le domaine fréquenciel *(visualisation des fréquences composant un signal complexe sur l'écran d'un analyseur de spectres) (analyse de signaux analogiques) (cf. aussi* complex signal, spectrum analyzer *et* frequency domain).

frequency-domain filtering filtrage dans le domaine fréquenciel, filtrage fréquenciel *(filtrage d'un signal analogique) (cf. aussi* filtering *et* frequency domain).

frequency-domain measurement mesure dans le domaine fréquenciel *(mesure effectuée sur un signal analogique) (cf. aussi* frequency domain *et* measurement).

frequency-domain processing *cf.* frequency-domain signal processing.

frequency-domain signal signal dans le domaine fréquenciel *(cf. aussi* frequency domain).

frequency-domain signal analysis analyse de signaux dans le domaine fréquenciel, analyse dans le domaine fréquenciel, analyse fréquencielle *(mise en évidence des différentes fréquences d'un signal complexe et détermination de l'amplitude et la phase des signaux partiels correspondants) (cf. aussi* signal analysis, frequency domain, complex signal *et* phase).

frequency-domain signal processing traitement de signaux dans le domaine fréquenciel, traitement dans le domaine fréquenciel, traitement fréquenciel *(traitement de signaux analogiques) (cf. aussi* frequency domain).

frequency-doubled YAG laser laser YAG à fréquence doublée *(laser YAG dont la fréquence d'oscillation normale est doublée par un moyen approprié pour en faire un laser bleu-vert, le rayonnement ainsi obtenu ayant une longueur d'onde de 0,53 micron) (cf. aussi* YAG laser *et* blue-green laser).

frequency doubler doubleur de fréquence *(multiplicateur de fréquence fournissant l'harmonique 2 de la fréquence appliquée à son entrée) (cf. aussi* frequency multiplier).

frequency doubling doublage de fréquence *(cf. aussi* frequency doubler).

frequency-doubling transponder répondeur doubleur de fréquence *(répondeur émettant une réponse sur une fréquence égale au double de la fréquence du signal d'interrogation reçu) (avia) (cf. aussi* transponder).

frequency drift dérive de fréquence (*variation lente de la fréquence d'oscillation d'un oscillateur ou, par conséquent, de la fréquence d'émission d'un émetteur radioélectrique*) (*cf. aussi* frequency departure *et* oscillator).

frequency error erreur de fréquence, erreur sur la fréquence (*cf. aussi* frequency accuracy).

frequency-exchange signalling modulation par mutation de fréquence (*modulation télégraphique dans laquelle l'amplitude d'une fréquence diminue pendant que celle d'une autre fréquence augmente*) (*cf. aussi* telegraph modulation).

frequency filter *cf.* narrow-band filter.

frequency frogging permutation de fréquences (*permutation des fréquences allouées aux voies d'un multiplex téléphonique fréquentiel effectuée dans un répéteur pour réduire la diaphonie et les risques d'accrochage et éviter l'accumulation des inégalités d'affaiblissement*) (*cf. aussi* frequency-division multiplex, telephone channel, repeater 1), singing *et* equalization (b)).

frequency hop saut de fréquence (*mil*) (*cf. aussi* frequency hopping).

frequency hop rate *cf.* frequency-hopping rate.

frequency-hopped ... *cf.* frequency-hopping ...

frequency hopper *cf.* frequency-hopping transmitter.

frequency hopping emploi de sauts de fréquence, fonctionnement en sauts de fréquence, (*parf.*) sauts de fréquence (*mode de fonctionnement d'un émetteur radar ou radio militaire dont la fréquence d'émission peut changer brusquement et constamment de valeur pour réduire les risques d'interception et de brouillage par l'adversaire, ou d'un brouilleur à bande étroite conçu pour brouiller un tel émetteur*) (*constitue une anti-contre-mesure dans le premier cas et une contre-mesure dans le second*) (*cette notion de sauts de fréquence s'applique naturellement en premier lieu à l'oscillateur d'un tel émetteur et en second lieu à l'oscillateur local du récepteur radar associé ou des récepteurs radio auxquels les signaux émis sont destinés et qui ont en mémoire la séquence des sauts de fréquence à suivre*) (*cf. aussi* frequency-hopping oscillator).

frequency-hopping *a* à sauts de fréquence (*mil*) (*voir rubriques ci-après*) (*cf. aussi* frequency hopping).

frequency-hopping band bande de (*parf.* des) sauts de fréquence (*bande de fréquences occupée par la porteuse d'un signal à sauts de fréquence*) (*mil*) (*cf. aussi* frequency hopping *et* frequency band).

frequency-hopping bandwidth largeur de bande des sauts de fréquence (*largeur de la bande de fréquences occupée par un signal à sauts de fréquence*) (*mil*) (*cf. aussi* frequency hopping *et* bandwidth 1)).

frequency-hopping beam faisceau à sauts de fréquence) (*faisceau d'ondes émis par l'antenne d'un radar militaire à sauts de fréquence*) (*cf. aussi* frequency hopping).

frequency-hopping circuitry *cf.* frequency-hopping circuits (*cf. aussi* circuitry).

frequency-hopping circuits circuits générateurs de sauts (de fréquence) (*circuits faisant varier brusquement et irrégulièrement la fréquence d'accord d'un oscillateur à sauts de fréquence*) (*mil*) (*cf. aussi* frequency-hopping oscillator).

frequency-hopping code code des sauts de fréquence (*code qu'un récepteur radio militaire pour signaux à sauts de fréquence doit avoir en mémoire pour pouvoir recevoir un signal déterminé à sauts de fréquence*) (*cf. aussi* frequency hopping).

frequency-hopping high-power jammer brouilleur de puissance à sauts de fréquence (*mil*) (*cf. aussi* frequency hopping *et* high-power jammer).

frequency-hopping jammer brouilleur à sauts de fréquence (*brouilleur à bande étroite à sauts de fréquence*) (*mil*) (*cf. aussi* frequency hopping *et* spot jammer).

frequency-hopping magnetron magnétron à sauts de fréquence (*magnétron de radar militaire à sauts de fréquence obtenus en faisant varier rapidement une des dimensions des cavités résonnantes de l'anode*) (*cf. aussi* frequency hopping, reciprocating tuner, rotating tuner, piezoelectric tuning *et* magnetron).

frequency-hopping mode (*voir aussi* frequency hopping) **1)** mode d'oscillation (*ou* de fonctionnement) à sauts de fréquence, mode à sauts de fréquence (*oscillateur*). **2)** mode

d'émission (*ou* de fonctionnement) à sauts de fréquence, mode à sauts de fréquence (*émetteur*).

frequency-hopping oscillator oscillateur à sauts de fréquence (*oscillateur dont on peut faire varier la fréquence d'accord brusquement et constamment*) (*oscillateur d'émetteur radio ou radar ou de brouilleur à sauts de fréquence*) (*ce sont naturellement les sauts de fréquence du signal fourni par l'oscillateur que l'on retrouve dans le signal émis par l'antenne*) (*cf. aussi* frequency hopping).

frequency-hopping pattern séquence de sauts de fréquence (*mil*) (*cf. aussi* frequency hopping).

frequency-hopping radar radar à sauts de fréquence (*mil*) (*cf. aussi* frequency hopping *et* fixed-frequency radar).

frequency-hopping radar signal signal (d'un) radar à sauts de fréquence, signal émis par un radar à sauts de fréquence (*mil*) (*cf. aussi* frequency hopping).

frequency-hopping radar transmission émission (d'un) radar à sauts de fréquence (*mil*) (*cf. aussi* frequency hopping).

frequency-hopping radar transmitter émetteur (de) radar à sauts de fréquence (*mil*) (*cf. aussi* frequency hopping *et* radar transmitter).

frequency-hopping radio *cf.* frequency-hopping transceiver.

frequency-hopping radio set *cf.* frequency-hopping transceiver.

frequency-hopping radio signal signal radio à sauts de fréquence, signal émis par un émetteur radio à sauts de fréquence (*mil*) (*cf. aussi* frequency hopping).

frequency-hopping radio transmission émission radio à sauts de fréquence (*mil*) (*cf. aussi* frequency hopping).

frequency-hopping radio transmitter émetteur radio à sauts de fréquence (*mil*) (*cf. aussi* frequency hopping).

frequency-hopping rate cadence des sauts de fréquence, cadence de saut (*nombre de sauts de fréquence par unité de temps*) (*mil*) (*cf. aussi* frequency hopping).

frequency-hopping signal signal à sauts de fréquence (*signal émis par un émetteur radio ou radar ou un brouilleur à sauts de fréquence*) (*cf. aussi* frequency hopping).

frequency-hopping source source à sauts de fréquence (*nom parfois donné à un oscillateur à sauts de fréquence*) (*mil*) (*cf. aussi* frequency-hopping oscillator).

frequency-hopping tactical radio *cf.* frequency-hopping transceiver.

frequency-hopping transceiver émetteur-récepteur à sauts de fréquence (*radiocom. mil*) (*cf. aussi* frequency hopping *et* transceiver).

frequency-hopping transmission émission à sauts de fréquence (*cf. aussi* frequency hopping).

frequency-hopping transmitter émetteur à sauts de fréquence (*cf. aussi* frequency hopping).

frequency-independent aerial *cf.* frequency-independent antenna.

frequency-independant antenna antenne à large bande (*cf. aussi* wideband antenna).

frequency information information de fréquence (*valeur d'une fréquence et notamment d'une fréquence composante d'un signal complexe mesurée par un analyseur de spectres*) (*cf. aussi* complex signal).

frequency interlace imbrication des spectres (*imbrication des raies d'un spectre discontinu de fréquences dans les intervalles de fréquences existant entre les raies d'un autre spectre discontinu de fréquences*) (*ce terme désigne souvent l'imbrication du spectre des fréquences des signaux de chrominance d'un signal de télévision en couleurs dans le spectre du signal de luminance, opérée 1°) pour éviter de transmettre les signaux de chrominance à l'aide d'une porteuse dont les fréquences après modulation seraient situées en dehors du spectre du signal de luminance, ce qui augmenterait la largeur de la bande de fréquences nécessaire pour transmettre ce signal, et 2°) pour réduire la gêne visuelle due au signal parasite constitué par la sous-porteuse de chrominance, lequel signal superposerait à l'image une structure parasite formée de bandes verticales fixes*) (*l'imbrication des spectres rendue possible par le choix, pour la fréquence de la sous-porteuse de chrominance, d'une valeur égale à un multiple entier impair de la moitié de la fréquence de balayage des lignes, aussi grand que* *possible dans les limites de la largeur de bande du signal de luminance, remplace cette structure en colonnes fixes par une structure en damier défilant de haut en bas et beaucoup moins visible) (l'artifice d'imbrication des spectres est rendu possible par le fait que le spectre de fréquences du signal de luminance est discontinu, cette propriété résultant de l'analyse ligne par ligne de la scène) (cf. aussi* spectrum line, chrominance signal *et* luminance signal*).*

frequency interlacing *cf.* frequency interlace.

frequency interleaving *cf.* frequency interlace.

frequency interval intervalle de fréquences *(ensemble de fréquences successives généralement beaucoup moins large qu'une gamme de fréquences) (cf. aussi* frequency band*).*

frequency jamming *cf.* FM jamming.

frequency keying *cf.* frequency-shift keying.

frequency linearity linéarité en fréquence *(parf.* de la fréquence) *(linéarité de la variation d'une fréquence variable par rapport à la variation de la grandeur de commande ou au temps) (générateur à balayage, etc.) (cf. aussi* linearity *et* sweeping generator*).*

frequency lock asservissement en fréquence *(asservissement de la fréquence du signal d'un oscillateur à celle d'un signal de référence) (récepteur, etc.) (cf. aussi* closed-loop control*).*

frequency-lock loop boucle d'asservissement en fréquence *(cf. aussi* frequency lock*).*

frequency lock-on *cf.* frequency lock.

frequency-measured signal signal dont la fréquence est mesurée.

frequency measurement mesure de fréquence *(cf. aussi* frequency meter *et* measurement*).*

frequency meter fréquencemètre *(appareil mesurant la fréquence d'un courant alternatif ou d'une tension alternative) (cf. aussi* frequency counter, vibrating-reed frequency meter *et* frequency*).*

frequency-modulate *v* moduler en fréquence *(cf. aussi* frequency modulation*).*

frequency-modulated modulé(e) en fréquence *(cf. aussi* frequency modulation*).*

frequency-modulated ... *cf.* FM ... *(pour les termes qui ne figurent pas ci-après).*

frequency-modulated pulse impulsion modulée en fréquence *(radar, etc.) (cf. aussi* chirp 2)).

frequency modulation modulation de fréquence, FM, MF *(modulation dans laquelle la caractéristique variable de la porteuse est sa fréquence, l'amplitude restant constante, ce qui assure une bonne insensibilité aux parasites) (radio, etc.) (cf. aussi* modulation (a), direct frequency modulation, indirect frequency modulation *et* frequency*).*

frequency-modulation ... *cf.* FM ...

frequency modulator modulateur de fréquence *(modulateur réalisant la modulation de fréquence) (émetteur, etc.) (cf. aussi* frequency modulation *et* modulator*).*

frequency monitor *cf.* frequency-deviation meter.

frequency monitoring surveillance de la fréquence *(émetteur, générateur de signaux, etc.) (cf. aussi* monitoring*).*

frequency-multiplexed analog signals *cf.* frequency-multiplexed signals.

frequency-multiplexed signals signaux multiplexés en fréquence, signaux analogiques *(idem) (tél, etc.) (cf. aussi* frequency-division multiplex*).*

frequency multiplicaton multiplication de fréquence *(obtention d'une fréquence égale à un multiple entier d'une fréquence initiale par emploi d'un amplificateur accordé sur l'harmonique voulu de la fréquence appliquée à son entrée ou d'une diode produisant des harmoniques et suivie d'un filtre) (cf. aussi* frequency doubler, frequency tripler *et* harmonic*).*

frequency multiplier multiplicateur de fréquence *(amplificateur à fréquence élevée dont le résonateur de sortie est accordé sur un harmonique de la fréquence du signal d'entrée) (dans un multiplicateur à tube électronique classique ou à transistor, les résonateurs d'entrée et de sortie sont des circuits oscillants) (multiplicateur haute fréquence), (dans un multiplicateur à klystron, les résonateurs d'entrée et de sortie sont des cavités résonantes) (multiplicateur hyperfréquence) (le facteur de multiplication est généralement égal à 2 ou 3) (cf. aussi* harmonic generator, frequency-multiplier klystron *et* resonator*).*

frequency-multiplier klystron klystron multiplicateur de fréquence *(klystron amplificateur à deux cavités dans lequel la cavité de sortie est accordée sur l'harmonique désiré de la fréquence du signal appliqué à la première cavité) (cf. aussi* klystron*).*

frequency network measurement mesure de fréquences sur réseau (électrique) *(cf. aussi* network 1)).

frequency noise bruit de fréquence *(nom donné aux fluctuations indésirables de la fréquence du signal fourni par un oscillateur, notamment un oscillateur à quartz et plus particulièrement un oscillateur cohérent) (cf. aussi* coherent oscillator, amplitude noise *et* phase noise*).*

frequency of operation fréquence de fonctionnement, *(etc.) (cf. aussi* operating frequency*).*

frequency offset écart de fréquence *(différence entre deux fréquences dont l'une est prise comme référence) (cf. aussi* frequency departure*).*

frequency-offset transponder répondeur à décalage de fréquence *(répondeur émettant une réponse sur une fréquence différant d'une valeur constante de la fréquence du signal d'interrogation reçu) (avia) (cf. aussi* transponder*).*

frequency operating range gamme de fréquences de fonctionnement *(tube, transistor, etc.).*

frequency output fréquence fournie *(par un générateur de signaux) (cf. aussi* output frequency*).*

frequency overlap chevauchement de fréquence *(entre les signaux de deux émetteurs, etc.).*

frequency performance *cf.* frequency capability.

frequency plan plan de fréquences *(plan d'attribution des fréquences d'émission aux différentes catégories de stations d'émission radio) (cf. aussi* frequency allocation*).*

frequency planning établissement d'un plan de fréquence *(cf. aussi* frequency plan*).*

frequency predictor prédicteur de fréquence *(dispositif complexe incorporé à un brouilleur de radars et chargé de calculer la fréquence la plus probable de la prochaine impulsion du signal émis par un radar hostile à sauts de fréquence pour modifier en conséquence la fréquence d'émission du brouilleur) (mil) (cf. aussi* radar jammer *et* frequency-agile radar*).*

frequency programming programmation de la fréquence *(générateur de signaux programmable) (cf. aussi* signal generator*).*

frequency pull-in range plage d'accord automatique, écart de fréquence maximal admissible *(écart maximal entre la fréquence d'un oscillateur local et la fréquence de la porteuse qu'une commande automatique de fréquence est capable de compenser) (super) (cf. aussi* automatic frequency control*).*

frequency pulling 1) entraînement de fréquence *(tendance de la fréquence d'un oscillateur à s'aligner sur celle d'une oscillation indépendante à laquelle elle est couplée, lorsque la différence entre les deux fréquences n'est pas très grande) (c'est cet effet qui est utilisé dans un oscillateur piloté par quartz) (cf. aussi* crystal oscillator*).* 2) entraînement de fréquence, glissement aval (de fréquence) *(variation de la fréquence d'un oscillateur due à une variation de l'impédance de la charge) (cf. aussi* frequency pushing*).*

frequency pushing poussée de fréquence, glissement amont (de fréquence) *(variation de la fréquence d'un oscillateur à tube électronique due à une variation de la polarisation du tube produisant les oscillations) (cf. aussi* frequency pulling*).*

frequency range gamme de fréquences *(sur un commutateur de générateur de signaux, etc.) (cf. aussi* frequency band*).*

frequency ratio 1) rapport de fréquence. 2) rapport de temps *(rapport entre le temps maximal et le temps minimal entre deux transitions dans un signal binaire enregistré sur un support magnétique).*

frequency reading fréquence indiquée *(fréquencemètre, etc.).*

frequency readout indication de la fréquence *(fréquencemètre, etc.).*

frequency record disque de contrôle, disque de fréquences *(disque microsillon sur lequel ont été enregistrés des sons de différentes fréquences à des amplitudes déterminées) (est utilisé pour contrôler des chaînes de reproduction du son) (hifi).*

frequency region *cf.* frequency range.

frequency rejection élimination de fréquences *(filtre) (cf. aussi* rejection).

frequency relay relais de fréquence *(relais dont le fonctionnement est commandé par la fréquence du courant à surveiller qui l'excite) (relais à induction à deux enroulements dont l'un est alimenté directement par le courant à surveiller et l'autre, à action opposée, est alimenté par l'intermédiaire d'un circuit oscillant série accordé sur la fréquence nominale de ce courant; lorsque la fréquence effective est égale à la valeur nominale, les actions des deux enroulements se compensent exactement et le disque reste fixe; lorsque la fréquence s'écarte de la valeur nominale, l'action d'un enroulement prédomine et le disque tourne dans le sens correspondant en commandant un jeu de contacts) (cf. aussi* induction relay *et* series resonant circuit).*

frequency resolution **1)** définition en fréquence, finesse de réglage de la fréquence *(aptitude d'un générateur de signaux sinusoïdaux, notamment d'un générateur synthétisé, à fournir une fréquence pouvant être réglée par incréments aussi petits que possible) (cf. aussi* frequency synthesizer). **2)** définition en fréquence, pouvoir discriminateur en fréquence *(aptitude d'un analyseur de spectres ou appareil dérivé à mettre en évidence, par visualisation ou autrement, deux composantes fréquencielles plus ou moins proches l'une de l'autre) (cf. aussi* spectrum analyzer).

frequency response **1)** réponse en fréquence *(terme le plus courant mais peu précis)*, réponse en amplitude en fonction de la fréquence *(terme complet et le meilleur mais peu maniable)*, réponse amplitude-fréquence *(terme intermédiaire)*, réponse en amplitude *(noter l'opposition apparente entre ce terme et le premier, et qu'il prête à confusion, et éviter de l'employer)*, *(parf.)* distorsion d'amplitude en fonction de la fréquence *(variation de l'amplitude du signal de sortie d'un quadripôle en fonction de la fréquence du signal d'entrée pour une valeur constante de l'amplitude de celui-ci) (ampli, filtre, etc.) (cf. aussi* quadripole *et* Bode diagram). **2)** *cf.* frequency response curve.

frequency response characteristic *cf.* frequency response curve.

frequency response curve courbe de réponse en fréquence *(cf. aussi* frequency response 1) *et* response curve).

frequency-response equalization égalisation de la réponse en fréquence *(hifi, tél) (cf. aussi* equalization).

frequency response measurements mesures de réponse en fréquence *(mesures effectuées successivement, manuellement ou automatiquement, à des fréquences croissantes pour construire une courbe de réponse en fréquence) (cf. aussi* frequency response 1)).

frequency retrace reproductibilité de fréquence *(aptitude d'un oscillateur à quartz à osciller à la fréquence initiale après des périodes de fonctionnement et d'arrêt) (cf. aussi* crystal oscillator).

frequency retracing *cf.* frequency retrace.

frequency reuse réutilisation de fréquence *(utilisation simultanée de la même fréquence pour les ondes porteuses émises par plusieurs antennes, notamment dans un satellite de télécommunications) (cf. aussi* communications satellite).

frequency roll-off *cf.* roll-off.

frequency run essai à différentes fréquences *(circuit, composant, etc.).*

frequency scale échelle de fréquences *(parf.* des fréquences) *(suite de fréquences croissantes généralement représentée par une échelle graduée) (fréquencemètre, générateur de signaux, récepteur radio, etc.) (cf. aussi* scale[1] 1)).

frequency scan *cf.* frequency sweep.

frequency search écoute en balayage de fréquence, écoute en mode panoramique *(mode d'utilisation courant d'un récepteur d'écoute dans lequel la fréquence d'accord varie périodiquement entre deux limites déterminées) (mil) (cf. aussi* surveillance receiver).

frequency-selective fading évanouissement sélectif *(réception radio) (cf. aussi* selective fading).

frequency-selective filter filtre à bande étroite *(cf. aussi* narrow-band filter).

frequency-selective filtering filtrage par filtre à bande étroite *(cf. aussi* narrow-band filter).

frequency-selective voltmeter voltmètre accordé *(cf. aussi* tuned voltmeter).

frequency selectivity *cf.* selectivity.

frequency selector sélecteur de fréquence, commutateur de fréquence *(commutateur permettant de choisir une fréquence ou une gamme de fréquences de fonctionnement sur un appareil) (générateur de fréquences ou de signaux, etc.).*

frequency-sensitive relay *cf.* frequency relay.

frequency separation **1)** séparation des fréquences *(filtre).* **2)** tri (des impulsions de synchronisation) *(cf. aussi* frequency separator). **3)** *cf.* frequency spacing.

frequency separator étage de tri (des impulsions de synchronisation) *(étage fournissant, d'une part, les impulsions de synchronisation de lignes et, d'autre part, les impulsions de synchronisaton de trames à partir du signal issu du séparateur dans un récepteur de télévision) (cf. aussi* horizontal synchronizing pulse, vertical synchronizing pulse *et* synchronization separator).

frequency setting réglage de fréquence, *(parf.)* fréquence affichée *(sélecteur de fréquence, etc.) (cf. aussi* setting).

frequency shift **1)** déplacement de fréquence *(cf. aussi* frequency-shift keying). **2)** *cf.* frequency departure. **3)** *cf.* Doppler shift.

frequency-shift keying modulaton par déplacement de fréquence, modulation FSK *(modulation télégraphique dans laquelle la fréquence de la porteuse prend une valeur pour transmettre un des deux états du signal et une autre valeur pour transmettre l'autre état) (en télégraphie alphanumérique, les deux états sont les binaires « 1 » et « 0 ») (en télécopie, les deux états sont les couleurs « noir » et « blanc ») (cf. aussi* keying, alphanumeric telegraphy, carrier wave, bit *et* facsimile).

frequency-shift keying ... *cf.* FSK ...

frequency-shifted echo écho à fréquence décalée *(effet Doppler) (cf. aussi* Doppler-shifted echo).

frequency-shifted return *cf.* frequency-shifted echo.

frequency slot fréquence attribuée *(bande de fréquences attribuée à un émetteur de radiodiffusion ou autre) (cf. aussi* frequency allocation).

frequency sorting classement des fréquences *(des émissions de l'adversaire interceptées par un récepteur d'écoute, généralement pour établir un « catalogue » des émissions hostiles) (radar, radio) (mil) (cf. aussi* surveillance receiver).

frequency source source de fréquence *(tg) (générateur de fréquence ou oscillateur).*

frequency spacing espacement des fréquences *(de deux ou plusieurs émetteurs de radiodiffusion ou autres pour éviter les interférences entre leurs émissions) (cf. aussi* frequency allocation).

frequency span *cf.* frequency interval.

frequency spectrum *(cf. aussi* spectrum 1)) spectre de fréquences (a) *ensemble des fréquences successives formant une ou plusieurs bandes de fréquences) (cf. aussi* frequency band); (b) *ensemble des fréquences composant un signal complexe) (cf. aussi* complex signal).

frequency spectrum monitoring surveillance d'un spectre de fréquences *(récepteur d'écoute) (mil) (cf. aussi* surveillance receiver).

frequency splitting dédoublement de fréquence (a) *nom descriptif parfois donné à l'effet Zeeman) (cf. aussi* Zeeman effect); (b) *nom parfois donné à l'instabilité de mode d'un magnétron) (cf. aussi* moding).

frequency stability stabilité de fréquence *(parf.* de la fréquence), stabilité en fréquence *(oscillateur, émetteur, quartz).*

frequency stabilization stabilisation ... *(voir aussi* frequency stability).

frequency standard étalon de fréquence *(oscillateur très stable piloté par quartz thermostaté et éventuellement asservi à une fréquence atomique) (cf. aussi* quartz oscillator *et* atomic frequency standard).

frequency step échelon de fréquence, palier de fréquence *(réglage ou émission d'une fréquence par paliers) (cf. aussi* frequency selector).

frequency sweep balayage de fréquence, balayage en fréquence *(variation uniforme commandée, entre deux limites déterminées, de la fréquence fournie par un oscillateur ou un générateur de fréquences) (mesure avec balayage de fréquence, récepteur d'écoute) (cf. aussi* swept-frequency measurement *et* surveillance receiver).

frequency-swept oscillator oscillateur à balayage de fréquence *(cf. aussi* frequency sweep *et* oscillator).

frequency swing *cf.* frequency deviation 1).

frequency synthesis synthèse de fréquence *(génération de signaux à fréquence discrète par combinaison de plusieurs fréquences) (la différence entre deux fréquences discrètes successives peut être très petite) (cf. aussi* direct frequency synthesis *et* indirect frequency synthesis).

frequency synthesis technique méthode de synthèse de fréquence, procédé de synthèse de fréquence *(méthode directe ou indirecte) (cf. aussi* frequency synthesis).

frequency-synthesized electronic tuning accord électronique par synthèse de fréquence *(accord d'un récepteur superhétérodyne utilisant un oscillateur local synthétisé) (cf. aussi* frequency-synthesized local oscillator *et* electronic tuning).

frequency-synthesized LO *cf.* frequency-synthesized local oscillator.

frequency-synthesized local oscillator oscillateur local à synthèse de fréquence, oscillateur local synthétisé *(oscillateur local réalisé sous la forme d'un montage synthétiseur de fréquence) (super) (cf. aussi* frequency synthesizer *et* local oscillator).

frequency synthesizer synthétiseur de fréquences, générateur de fréquences synthétisée, *(parf.)* générateur de signaux synthétisés *(appareil ou montage réalisant la synthèse de fréquence) (cf. aussi* frequency synthesis).

frequency-temperature characteristic caractéristique fréquence-température *(courbe représentant la variation de la fréquence d'un quartz piézoélectrique ou d'un oscillateur en fonction de la température) (cf. aussi* crystal oscillator *et* characteristic curve).

frequency-to-time transposition transposition du domaine fréquentiel au domaine temporel, transposition fréquence/ temps, passage *(idem) (traitement de signaux) (cf. aussi* frequency domain *et* time domain).

frequency-to-voltage converter convertisseur fréquence/tension *(ou f/V) (montage fournissant une tension continue proportionnelle à la fréquence d'une tension alternative ou en impulsions appliquée à son entrée).*

frequency tolerance tolérances sur la fréquence, tolérances en fréquence *(quartz, oscillateur, émetteur).*

frequency tracking poursuite en fréquence *(action de maintenir un récepteur radio ou autre dispositif accordé sur la fréquence d'une porteuse lorsque cette fréquence peut varier) (fonction assurée notamment par la commande automatique de fréquence d'un récepteur à accord automatique) (cf. aussi* automatic frequency control).

frequency tracking gate *cf.* velocity gate.

frequency tracking performance performances d'accord automatique, performances de poursuite en fréquence *(étendue de la plage d'action, temps de réponse et stabilité d'une commande automatique de fréquence) (récepteur) (cf. aussi* automatic frequency control *et* frequency tracking range).

frequency tracking range plage d'accord automatique, plage d'action (de la commande automatique de fréquence *ou* de la CAF) *(plage d'écarts entre la fréquence de la porteuse et la fréquence de l'oscillateur local d'un récepteur à commande automatique de fréquence dans les limites de laquelle celle-ci peut maintenir le récepteur accordé sur la fréquence de la porteuse) (cf. aussi* automatic frequency control).

frequency-translate *v* transposer en fréquence *(cf. aussi* frequency translation).

frequency-translated signal signal transposé en fréquence, signal ayant subi une transposition de fréquence *(cf. aussi* frequency translation).

frequency translation transposition de fréquence, translation de fréquence, changement de fréquence dans le sens croissant *(le premier terme est le plus employé) (déplacement vers le haut de la bande de fréquences occupée par un signal*

téléphonique ou autre opéré notamment en vue de l'incorporer à un multiplex fréquentiel) (cf. aussi* frequency-division multiplex *et, à titre d'information,* frequency conversion).

frequency translator transposeur de fréquence, dispositif de transposition de fréquence *(appareil ou montage réalisant la transposition de fréquence) (tél) (cf. aussi* frequency translation).

frequency tripler tripleur de fréquence *(multiplicateur de fréquence fournissant l'harmonique 3 de la fréquence appliquée à son entrée) (cf. aussi* frequency multiplier).

frequency tuning réglage de la fréquence d'accord *(oscillateur, etc.) (cf. aussi* tuning).

frequency tuning range plage de réglage de la fréquence d'accord *(oscillateur, etc.) (cf. aussi* tuning range).

frequency value valeur de fréquence *(souvent de la fréquence).*

frequency/voltage converter *cf.* frequency-to-voltage converter.

frequency window fenêtre de fréquence *(nom parfois donné à la bande passante d'un filtre passe-bande à bande étroite, notamment dans le cas d'un voltmètre accordé) (cf. aussi* passband, narrow-band filter *et* tuned voltmeter).

Fresnel region zone de champ proche, zone proche *(antenne d'émission) (cf. aussi* near-field region).

Fresnel zone ellipsoïde de Fresnel *(zone en forme d'ellipsoïde de révolution très allongé centrée sur le rayon direct joignant l'antenne d'émission d'un faisceau hertzien à l'antenne de réception) (le passage d'un ellipsoïde de Fresnel au suivant correspond à une augmentation de la longueur caractéristique de l'ellipsoïde définie pour le premier de ceux-ci) (radiocom) (cf. aussi* first Fresnel zone *et* direct ray).

friendly signal signal ami, signal en provenance d'un émetteur ami *(mil).*

friendly transmission émission ... *(voir aussi* friendly signal).

fringe area zone de réception incertaine, zone marginale *(zone annulaire située à la limite de portée d'un émetteur en ondes très courtes ou ultra-courtes) (TV) (cf. aussi* service area).

fringe-area reception réception dans une zone marginale *(cf. aussi* fringe area).

fringe effect effet de bord *(condensateur) (cf. aussi* edge effect).

fringe howl sifflement à la limite de l'accrochage *(récepteur radio) (cf. aussi* singing).

fringe reception area *cf.* fringe area.

fringing effect effet de bord d'entrefer *(existence de deux composantes magnétiques parallèles le long des bords de l'entrefer d'une tête magnétique) (mémoire à bande ou disque magnétique) (cf. aussi* air gap *et* magnetic head).

fringing fields *cf.* fringe effect.

frit glass fritte de verre *(mélange de verre spécial en poudre et de métal en poudre utilisé pour souder ensemble les deux parties d'un boîtier de composant en céramique) (CI, etc.).*

frit package *cf.* frit-sealed package.

frit-sealed package boîtier soudé au verre *(composant) (cf. aussi* frit glass).

from earth *cf.* from ground.

from ground par rapport à la masse, *(parf.)* par rapport à la terre, *(parf.)* de la masse, *(parf.)* de la terre *(isolement).*

from rail to rail of the power supply d'un pôle à l'autre de l'alimentation, de zéro volt à la tension d'alimentaton *(niveau logique) (inf) (cf. aussi* supply rail).

front edge front *(impulsion) (cf. aussi* leading edge).

front end 1) partie entrée, étages d'entrée, circuits d'entrée *(d'un appareil ou d'un circuit complexe) (dans un récepteur superhétérodyne, la partie entrée comprend le préamplificateur haute fréquence, le changeur de fréquence et l'oscillateur local) (cf. aussi* superheterodyne receiver). 2) *cf.* front-end processor.

front-end ... *cf.* input ... *(pour les termes qui ne figurent pas ci-après).*

front-end computer *cf.* front-end processor.

front-end processing traitement par ordinateur frontal *(cf. aussi* front-end processor).

front-end processor ordinateur frontal *(dans un réseau infor-*

matique important, ordinateur inséré entre des lignes et l'ordinateur central pour gérer l'accès à celui-ci et le départ des messages) (télinf) (cf. aussi computer 2) *et* data communications network).

front equalizing pulses impulsions de pré-égalisation *(impulsions d'égalisation situées avant les impulsions de synchronisation de trame dans un signal de télévision) (cf. aussi* equalizing pulses).

front-fed aerial *cf.* front-fed antenna.

front-fed antenna antenne à source frontale *(cf. aussi* backfire antenna).

front-fed reflector réflecteur excité par (une) source frontale *(réflecteur d'antenne à source frontale) (cf. aussi* backfire antenna).

front-fed-type ... *cf.* front-fed ...

front feed source frontale, *(parf.)* excitation par source frontale *(antenne) (cf. aussi* backfire antenna).

front illumination éclairage par l'avant *(afficheur passif) (cf. aussi* passive display).

front lighting *cf.* front illumination.

front loading charge par l'avant *(modification de l'impédance acoustique de la membrane d'un haut-parleur produite par le montage d'un écran ou d'un pavillon devant celle-ci) (cf. aussi* acoustic impedance).

front-mounted monté par l'avant *(composant) (cf. aussi* front mounting).

front-mounted version modèle pour montage par l'avant *(composant) (cf. aussi* front mounting).

front mounting montage par l'avant *(montage d'un composant conçu pour être fixé dans une ouverture ménagée dans la platine avant d'un appareil après l'avoir introduit par la face avant de la platine) (cf. aussi* front-panel mounting *et* mounting).

front panel platine avant, *(parf.)* face avant *(partie antérieure plane d'un châssis, tiroir ou coffret d'appareil portant la totalité ou l'essentiel des organes de connexion, de commande, de réglage et de contrôle) (sauf dans l'expression « face avant de l'appareil » (ou du coffret), éviter d'employer le terme « face avant » qui peut prêter à confusion car une platine avant a une face avant et une face arrière et un composant peut être monté sur la face arrière de la platine avant).

front-panel access *(cf. aussi* front panel) **1)** accès à la platine avant *(d'un appareil monté dans un endroit peu accessible sur un avion, par exemple).* **2)** accès par l'avant *(accès aux circuits et notamment aux cartes enfichables de certains appareils) (cf. aussi* plug-in board).

front-panel connector connecteur ... *(cf. aussi* front-panel control).

front-panel control commande montée sur la platine avant, commande sur platine avant, commande en face avant, commande en façade *(bouton de commande d'interrupteur, de commutateur, de potentiomètre, etc.) (cf. aussi* front panel).

front panel display affichage sur la platine avant, *(etc.)*, *(parf.)* indication *(idem) (cf. aussi* front panel *et* display[1] 1)).

front-panel knob bouton ... *(voir aussi* front-panel control).

front-panel layout disposition des organes sur la platine avant, *(etc.)*, *(souvent aussi* des commandes ...) *(disposition des boutons de commande ou réglage, voyants, afficheurs, appareils de mesure ou autres organes sur une platine avant) (cf. aussi* front panel).

front-panel light voyant ... *(voir aussi* front-panel control).

front-panel marking inscription portée sur (la) platine avant, *(etc.) (cf. aussi* front panel).

front-panel mounted monté sur (la) platine avant *(cf. aussi* front-panel mounting).

front-panel mounting montage sur (la) platine avant *(appareil de mesure, afficheur, interrupteur, commutateur, voyant, socle de connecteur, etc.) (cf. aussi* front panel *et* mounting).

front-panel output sortie sur (la) platine avant *(sortie d'une tension ou d'un signal sur une borne ou un connecteur monté sur une platine avant) (cf. aussi* front panel).

front-panel settings réglages des boutons de la platine avant, *(etc.) (cf. aussi* front panel *et* setting).

front-panel socket socle monté sur (la) platine avant, socle sur platine avant *(socle de connecteur ou de prise coaxiale) (cf. aussi* front panel).

front-panel switch interrupteur monté sur (la) platine avant, interrupteur sur platine avant *(interrupteur ou, parfois, commutateur ou, parfois, inverseur) (cf. aussi* front panel *et* switch[1] 1).

front polarizer polariseur antérieur *(afficheur) (cf. aussi* liquid-crystal display).

front porch palier avant *(dans un signal de télévision, partie d'une impulsion de suppression de ligne située devant l'impulsion de synchronisation de ligne que celle-ci porte) (cf. aussi* horizontal blanking pulse *et* horizontal synchronization pulse).

front projection projection par l'avant, projection avant, projection sur la face antérieure de l'écran *(projection d'images de télévision sur grand écran avec le récepteur situé derrière les téléspectateurs comme au cinéma) (cf. aussi* projection television).

front-projection screen écran pour projection par l'avant *(écran analogue à un écran de cinéma) (cf. aussi* front projection).

front-projection television télévision sur grand écran avec projection par l'avant *(cf. aussi* front projection).

front-projection television system système de télévision sur grand écran à projection par l'avant *(système formé du récepteur et de l'écran) (cf. aussi* front projection).

front-to-back ratio rapport de directivité *(rapport entre le niveau du lobe principal d'une antenne ou d'un transducteur électroacoustique et le niveau du lobe arrière) (cf. aussi* lobe *et* electroacoustic transducer).

front-to-rear ratio *cf.* front-to-back ratio.

front-wall cell *cf.* front-wall photovoltaic cell.

front-wall photovoltaic cell cellule (photovoltaïque) à couche antérieure *(cellule photovoltaïque dans laquelle la couche de semi-conducteur forme une grille exposée directement à la lumière) (cf. aussi* photovoltaic cell).

frontal aspect présentation frontale *(cible radar) (cf. aussi* head-on aspect).

frontend *cf.* front end, *plus haut.*

fruit réponse parasite, réponse asynchrone *(réponse reçue par un radar d'identification en provenance du répondeur d'un aéronef autre que celui interrogé par le radar) (cf. aussi* ring-around, IFF radar *et* transponder).

fruit pulse *cf.* fruit.

frying bruit de friture *(tél, etc.).*

FS 1) *cf.* full scale. **2)** *cf.* flying spot.

FSD *cf.* full-scale deflection.

FSK *cf.* frequency-shift keying.

FSK code code de modulation par déplacement de fréquence, code FSK *(tlg) (cf. aussi* frequency-shift keying).

FSK coder *cf.* FSK encoder.

FSK coding *cf.* frequency-shift keying.

FSK decoder décodeur ... *(voir aussi* FSK decoding).

FSK decoding démodulaton de signaux à modulation par déplacement de fréquence *(ou* à modulation FSK), démodulation FSK *(extraction des binaires « 1 » et « 0 » contenus dans un signal télégraphique à modulation par déplacement de fréquence) (cf. aussi* frequency-shift keying).

FSK encoder modulateur à déplacement de fréquence, modulateur FSK *(oscillateur fournissant l'une ou l'autre de deux fréquences distinctes suivant le binaire à transmettre) (est situé dans la partie émission d'un appareil télégraphique à modulation par déplacement de fréquence) (cf. aussi* frequency-shift keying).

FSK modem modem pour modulation par déplacement de fréquence, modem FSK *(télinf) (cf. aussi* modem *et* frequency-shift keying).

FSK modulation *cf.* frequency-shift keying.

FSK telegraphy télégraphie à modulation par déplacement de fréquence, télégraphie à modulation FSK.

FSM *cf.* frequency-shift modulation.

FSS *cf.* fixed satellite service.

FTC *cf.* fast time constant.

FTLO *cf.* fast-tuned local oscillator.

FTR *cf.* functional throughput rate.

fuel cell pile à combustible *(pile électrique dans laquelle l'électricité produite par la réaction chimique d'un combustible et d'un comburant est recueillie directement sur des électrodes poreuses en contact avec un électrolyte et parcourues par les deux réactifs) (le combustible est généralement de l'hydrazine, du méthanol ou de l'hydrogène; le comburant est de l'air, de l'oxygène ou de l'eau oxygénée; l'électrolyte peut être liquide (solution de potasse ou sel fondu) ou solide (oxyde de zirconium) ou être remplacé par une membrane échangeuse d'ions) (cf. aussi* electrolyte *et* electric cell).

full adder additionneur (complet) *(additionneur binaire formé de deux demi-additionneurs et permettant, par conséquent, le report éventuel) (inf) (cf. aussi* binary adder *et* carry).

full automatic working exploitation en automatique intégral *(réseau tél) (cf. aussi* automatic telephony).

full autotrack poursuite entièrement automatique *(poursuite d'une cible par l'antenne d'un radar sans aucune intervention de l'opérateur radar) (avia) (cf. aussi* automatic tracking (a)).

full band bande pleine, bande complète, bande saturée, bande d'énergie *(idem) (bande d'énergie dont tous les niveaux sont occupés, c.-à-d. bande de valence dans un semiconducteur) (théorie des bandes) (cf. aussi* energy band *et* semiconductor).

full-band hopping sauts de fréquence dans toute la bande *(sauts de fréquence couvrant toute une bande de fréquences et notamment la bande VHF dans le cas d'un émetteur radio) (mil) (cf. aussi* frequency hopping *et* VHF band).

full-color display présentation multicolore *(présentation d'informations sur un écran cathodique ou autre pouvant reproduire toutes les couleurs de l'arc-en-ciel) (cf. aussi* display[1] 1) *et* CRT screen).

full-coverage antenna antenne à couverture totale *(antenne d'émission omnidirectionnelle) (cf. aussi* omnidirectional antenna).

full custom ... *cf.* full-custom circuit *et* custom ... *et* adapter.

full-custom circuit circuit entièrement personnalisé, circuit à la demande, circuit sur mesure *(circuit intégré monolithique, généralement numérique, conçu entièrement en fonction des besoins de l'ensemblier) (cf. aussi* custom circuit).

full duplex duplex *(qualificatif appliqué à une liaison de télécommunications dans laquelle les deux extrémités de la liaison peuvent émettre simultanément) (les liaisons téléphoniques ordinaires, c.-à-d. par fil, sont toujours assurées en duplex; les liaisons radiotéléphoniques et radiotélégraphiques sont assurées en alternat pour éviter les accrochages; les liaisons télégraphiques par fil sont assurées en alternat ou en duplex) (cf. aussi* half duplex).

full-duplex communications liaisons en duplex *(cf. aussi* full duplex).

full-duplex link liaison exploitée en duplex, liaison en duplex *(cf. aussi* full duplex).

full-duplex mode mode duplex *(mode de fonctionnement de certains modems) (cf. aussi* full duplex *et* modem).

full-duplex operation exploitation en duplex *(liaison téléphonique ou télégraphique) (cf. aussi* full duplex).

full-duplex transmission transmission en duplex, transmission bilatérale simultanée *(cf. aussi* full duplex).

full energy band *cf.* full band.

full-height *a* pleine hauteur *(caractéristique d'un boîtier de lecteur de disquettes ou autre dispositif de 80 mm de hauteur ou de l'emplacement correspondant) (inf) (cf. aussi* half-height *et* floppy-disk drive).

full-hemisphere radiation pattern diagramme de rayonnement hémisphérique *(antenne d'émission) (cf. aussi* radiation pattern).

full interactive capability is provided on obtient un système pleinement interactif *(ou* conversationnel) *(inf) (cf. aussi* interactive system *et* capability).

full load pleine charge, *(parf.)* charge nominale *(noter que la pleine charge peut être supérieure à la charge nominale et n'est donc pas toujours synonyme de celle-ci) (alimentation, amplificateur, transformateur, moteur électrique, génératrice, contacts de relais ou autres, etc.) (cf. aussi* under full-load conditions, full-load current, full-load voltage *et* rated load).

full-load current *(parf.* intensité du) courant à pleine charge *(intensité du courant débité ou absorbé par un montage, un appareil ou une machine électrique fonctionnant au maximum de ses possibilités) (cf. aussi* full load).

full-load ratings valeurs nominales à pleine charge *(intensité de courant et tension) (cf. aussi* full load).

full-load voltage tension à pleine charge *(tension aux bornes d'un montage, d'un appareil ou d'une machine électrique fonctionnant au maximum de ses possibilités) (ce terme s'applique surtout à une source de courant telle qu'une alimentation, un amplificateur de puissance ou une génératrice) (cf. aussi* full load *et* power amplifier).

full output pleine puissance *(alim, ampli, émetteur, haut-parleur, etc.).*

full power jamming brouillage à pleine puissance *(brouillage d'une émission radio ou radar militaire par un brouilleur de puissance travaillant au maximum de ses possibilités) (cf. aussi* power jamming).

full rated load *cf.* full load.

full scale déviation totale, à pleine échelle, *(parf.)* en bout d'échelle, *(parf.)* pleine échelle, *(parf.)* échelle entière *(appareil de mesure, convertisseur de signaux).*

full-scale deflection déviaton à pleine échelle, déviation totale *(app. mesure) (cf. aussi* pointer deflection).

full-scale error erreur à pleine échelle *(erreur sur l'indication d'un appareil de mesure à l'extrémité supérieure de son échelle).*

full-scale indication indication en bout d'échelle *(app. mesure) (cf. aussi* full-scale deflection).

full-scale output sortie maximale *(valeur maximale de l'intensité d'un courant de sortie, d'une tension de sortie ou d'une puissance de sortie) (cf. aussi* output[1]).

full-scale output voltage tension de sortie maximale *(parf. aussi* à pleine échelle) *(alim, dénumériseur).*

full-scale setting time temps de stabilisation à pleine échelle *(temps de stabilisation d'un dénumériseur lors d'une transition à pleine échelle) (cf. aussi* settling time *et* full-scale transition).

full-scale transition transition à pleine échelle *(passage du mot d'entrée d'un dénumériseur de la composition donnant la tension de sortie minimale à la composition donnant la tension de sortie maximale) (cf. aussi* digital-to-analog converter).

full-scale value 1) valeur à pleine échelle *(valeur d'une grandeur correspondant à l'extrémité supérieure de l'échelle d'un appareil de mesure).* 2) valeur maximale.

full-stroke seek recherche entre pistes extrêmes *(passage d'une tête de lecture/écriture d'une mémoire à disque de la piste extérieure à la piste la plus proche du moyeu ou vice versa) (inf) (cf. aussi* disk memory).

full-stroke seek time temps de recherche entre pistes extrêmes *(cf. aussi* full-stroke seek) *(cf. aussi* track-to-track access time).

full-time attendance présence permanente d'un opérateur *(radar de veille, récepteur de trafic ou d'écoute, etc.).*

full voltage tension nominale *(cf. aussi* rated voltage).

full wave *(voir rubriques ci-après).*

full-wave bridge *cf.* full-wave rectifier bridge.

full-wave control action sur les deux alternances *(réglage de la vitesse de rotation d'un moteur électrique à courant alternatif par commutation agissant sur les deux alternances de chaque cycle du courant) (action exercée notamment par le triac d'un régulateur de vitesse de perceuse électrique ou autre machine à moteur universel) (cf. aussi* triac).

full-wave diode bridge *cf.* full-wave rectifier bridge.

full-wave rectification redressement des deux alternances, redressement pleine onde *(redressement d'un courant alternatif portant sur les deux alternances de chaque cycle du courant, c.-à-d. dans lequel on utilise les deux sens de circulation du courant alternatif initial pour obtenir le courant redressé) (nécessite 1° soit deux sources de courant alternatif en opposition de phase et de même tension absolue — généralement constituées par les deux moitiés d'un enroulement secondaire à point milieu d'un transformateur d'alimentation — et deux diodes montées en opposition, la charge étant montée entre leur point commun et le point milieu du se-*

condaire; 2°) soit une source unique de courant alternatif — généralement constituée par un enroulement secondaire d'un transformateur d'alimentation — et quatre diodes montées en pont, la charge étant montée entre le point de réunion des deux cathodes des diodes et le point de réunion des deux anodes) (cf. aussi rectification).

full-wave rectified source source de courant redressé sur (les) deux alternances (alim) (cf. aussi full-wave rectification).

full-wave rectified voltage tension redressée sur les deux alternances (alim, app. mesure) (cf. aussi full-wave rectification).

full-wave rectifier redresseur à deux alternances, redresseur pleine onde (cf. aussi full-wave rectificaton et rectifier).

fully active homing cf. active homing.

fully-additive plating process procédé additif (fab. CP) (cf. aussi additive process).

fully CCW cf. fully counterclockwise.

fully clockwise à fond à droite (position), à fond vers la droite (rotation) (bouton de réglage ou de commutateur) (cf. aussi clockwise et fully counterclockwise).

fully counterclockwise à fond à gauche (position), à fond vers la gauche (rotation) (bouton de réglage ou de commutateur) (cf. aussi counterclockwise et fully clockwise).

fully-custom ... cf. full-custom ...

fully custom-designed conçu entièrement à la demande.

fully CW cf. fully clockwise.

fully floating input cf. floating input.

fully intermeshed network cf. fully meshed network.

fully meshed network réseau entièrement maillé (tls) (cf. aussi meshed network).

fully pipelined à chevauchement complet (caractéristique d'un microprocesseur à chevauchement en quatre phases ou d'un ordinateur utilisant un tel microprocesseur) (inf) (cf. aussi pipelining).

fully saturated color couleur entièrement saturée, couleur saturée à 100 % (TVC, etc.) (cf. aussi saturated color).

fully saturated operation fonctionnement en régime de saturation (complète) (transistor) (cf. aussi saturated transistor).

fully solid-state entièrement à semiconducteurs, entièrement transistorisé (caractéristique d'un appareil dans lequel toutes les fonctions des tubes électroniques classiques sont remplies par des transistors et des diodes à semiconducteur et, éventuellement, par d'autres composants à semiconducteur) (peut utiliser un tube cathodique ou autre tube électronique spécial) (cf. aussi semiconductor device).

fully transistorized cf. fully solid-state.

function[1] s **1)** fonction (a) sens usuel de « résultat à fournir » (fonction remplie par un dispositif électronique ou autre, etc.) (cf. aussi simple function et complex function) ; (b) fonction mathématique, c.-à-d. grandeur variable dont la valeur dépend de celle d'une ou plusieurs autres grandeurs variables appelées « variables indépendantes », ou représentation graphique de cette relation, appelée « graphe de la fonction ») (cf. aussi scalar function, vector function, time function, space function, periodic function, sinusoidal function, wave function et derivative). **2)** fonctionnement.

function[2] v fonctionner.

function chart cf. functional diagram.

function generator générateur de fonctions (générateur de signaux de différentes formes) (fournit au moins des signaux sinusoïdaux, des signaux en dents de scie et des signaux carrés) (cf. aussi signal generator).

function hole perforation fonctionnelle (bande perforée) (cf. aussi code hole).

function key touche de fonction (touche de clavier d'appareil informatique dont l'enfoncement commande l'exécution d'une fonction telle que passage à la ligne, validation, effacement, insertion, tabulation, centrage, recherche, remplacement, défilement, sauvegarde, impression, etc.) (cf. aussi soft key).

function library bibliothèque de fonctions (bibliothèque de programmes d'ordinateur établis pour le tracé de circuits logiques ou analogiques intégrés réalisant chacun une fonction de traitement déterminée) (est généralement une bibliothèque de cellules prédéfinies ou de macroblocs) (est utilisée pour la conception de circuits intégrés monolithiques, généralement

numériques, assistée par ordinateur) (cf. aussi standard-cell library, macrocell library, program library, logic circuit, analog circuit, processing 1) (a) et (b), monolithic integrated circuit et computer-aided design).

fonction multiplier multiplieur de fonctions (montage fournissant une tension variant comme le produit de deux signaux d'amplitude variable appliqués à ses entrées) (est utilisé dans un calculateur analogique) (cf. aussi analog computer).

function switch sélecteur de mode (cf. aussi mode selector).

functional block bloc fonctionnel, (parf.) module (ensemble de circuits exécutant une fonction complète) (peut constituer un module ou n'être qu'une partie indissociable d'un tout comme dans le cas d'un bloc fonctionnel d'un circuit intégré complexe, par exemple) (cf. aussi module (a)).

functional complexity complexité de fonction (complexité de la fonction de traitement de signaux assurée par un circuit intégré monolithique conçu à cette fin) (cf. aussi complex function).

functional diagram schéma fonctionnel (appareil) (cf. aussi block diagram).

functional electronic block cf. functional block.

functional test (un) essai de fonctionnement, (etc.) (cf. aussi functional testing).

functional testing (l')essai de fonctionnement (ou fonctionnel), (parf.) (le) contrôle du fonctionnement (d'un composant ou autre matériel) (cf. aussi testing).

functional throughput cf. functional throughput rate.

functional throughput rate produit vitesse-densité (dans un circuit intégré numérique, grandeur égale au nombre de portes logiques par centimètre carré, multiplié par la fréquence de fonctionnement) (caractérise à la fois la densité d'intégration et la vitesse de fonctionnement du circuit) (cf. aussi digital integrated circuit, integration density et logic gate).

functional unit cf. functional block.

functionally modularized a à fonctions réparties en modules, formé de modules fonctionnels, à modules fonctionnels (appareil ou système) (cf. aussi module (a)).

fundamental[1] a fondamental a (sens usuel).

fundamental[2] s (le) fondamental, (l')harmonique fondamental (autres noms — courants mais impropres — de la fréquence fondamentale d'un signal complexe) (ces termes sont impropres car un harmonique est, par définition, un multiple de la fréquence fondamentale et ne peut donc être celle-ci) (cf. aussi fundamental frequency).

fundamental component cf. fundamental frequency.

fundamental frequency fréquence fondamentale, (la) fondamentale (fréquence la plus basse d'un signal complexe) (cf. aussi complex signal et overtone).

fundamental-frequency crystal quartz oscillant à la fréquence fondamentale, quartz à fréquence fondamentale (quartz oscillant à sa fréquence propre et non à un harmonique de celle-ci) (oscillateur à quartz) (cf. aussi natural frequency et overtone crystal).

fundamental-frequency crystal oscillator oscillateur à quartz à fréquence fondamentale (cf. aussi fundamental-frequency crystal).

fundamental mode mode fondamental (mode de propagation dans un guide d'ondes pour lequel la fréquence de coupure est la plus basse) (hyper) (cf. aussi propagation mode et cut-off frequency).

fundamental tone note fondamentale (note correspondant à la fréquence fondamentale d'un son complexe) (acou) (cf. aussi fundamental frequency et complex tone).

fundamental wavelength longueur d'onde à la fréquence fondamentale (longueur d'onde correspondant à la fréquence fondamentale d'un signal complexe) (cf. aussi wavelength et fundamental frequency).

fungiproofing tropicalisation (appareil) (cf. aussi tropicalization).

funnel cône (au sens du terme anglais, partie conique d'un tube cathodique) (cf. aussi cathode-ray tube).

furnace annealing recuit au four (fab. semi) (cf. aussi annealing).

furnace processing traitement au four (diffusion au four) (fab. semi) (cf. aussi diffusion 2)).

fuse fusible *sm (fil ou lamelle de plomb ou autre métal inséré dans un circuit pour couper celui-ci en fondant par effet Joule lorsque l'intensité du courant qui y circule est excessive, afin de le protéger contre un échauffement excessif) (est souvent monté dans un tube de verre à capuchons d'extrémités métalliques ou un autre support formant cartouche interchangeable) (élec) (cf. aussi* fast-acting fuse *et* Joule effect (a)).

fuse array **1)** batterie de fusibles *(plus précisément* de porte-fusible) *(sur la platine avant d'un appareil, etc.).* **2)** *cf.* fuse-programmable array.

fuse block *cf.* fuse holder.

fuse holder porte-fusible *(dispositif conçu pour recevoir un fusible interchangeable) (cf. aussi* fuse).

fuse link liaison fusible, fusible de liaison, fusible *(fusible dont la destruction provoquée permet de supprimer une liaison entre deux points d'un montage ou d'un élément de circuit) (cf. aussi* fuse-link PROM, link-blow trimming *et* fuse).

fuse-link CMOS PROM mémoire PROM CMOS à fusibles *(mémoire PROM à fusibles à transistors CMOS) (CI) (cf. aussi* fuse-link PROM *et* CMOS transistors).

fuse-link PROM mémoire PROM à fusibles *(mémoire PROM dans laquelle la programmation est effectuée en faisant fondre, aux point voulus, une mince et étroite connexion appelée « fusible » à l'aide d'une impulsion de courant fournie par un programmateur de PROM) (CI) (cf. aussi* PROM).

fuse pattern schéma de programmation, schéma de claquage *(schéma indiquant les fusibles à faire fondre pour programmer une mémoire PROM à fusibles) (inf) (cf. aussi* fuse-link PROM *et* PROM programming).

fuse-programmable array réseau de portes à fusibles, réseau de portes programmable par fusibles *(réseau de portes utilisable comme une mémoire PROM à fusibles, mais avec des possibilités plus grandes) (CI) (inf) (cf. aussi* PLA, PAL^2 *et* fuse-link PROM).

fuse-programmable logic array *cf.* fuse-programmable array.

fuse PROM *cf.* fuse-link PROM.

fuse-protected *a* protégé par fusible *(appareil, circuit, composant).*

fuse resistor résistance formant fusible, résistance-fusible *(résistance à couche ou autre formant fusible en cas de surintensité excessive) (cf. aussi* film resistor *et* fuse).

fuse wire fil à fusibles *(fil en alliage fondant à basse température) (cf. aussi* fuse).

fused junction jonction par alliage *(transistor) (cf. aussi* alloy junction).

fused power supply alimentation protégée par fusible *(cf. aussi* power supply 2) *et* fuse).

fused silica mask masque en silice fondue *(masque pour photogravure) (fab. CI) (cf. aussi* mask 2)).

fused supply *cf.* fused power supply.

fusible link connection fusible, fusible *sm (mémoire PROM à fusibles, etc.) (cf. aussi* fuse-link PROM).

fusible-link ... *cf.* fuse-link ...

fusible resistor *cf.* fuse resistor.

fusible Zener diode diode Zener formant fusible *(cf. aussi* Zener diode).

fusing current intensité de claquage *(intensité du courant nécessaire pour faire fondre un fusible déterminé sous une tension déterminée) (cf. aussi* fuse).

fusing resistor *cf.* fuse resistor.

G

G 1) *cf.* conductance. 2) *cf.* grid. 3) *cf.* gate. 4) *cf.* generator.

G display présentation du type G *(présentation des informations sur l'écran d'un radar semblable à la présentation du type F, mais donnant en plus une indication grossière de la distance de la cible grâce à l'adjonction à l'écho de deux petits traits horizontaux rappelant les ailes d'un avion et dont la longueur est inversement proportionnelle à la distance de la cible) (les traits s'allongent quand la cible se rapproche du radar) (cf. aussi* F display, *au début de la lettre F).*

G line *cf.* Goubau line.

G-M counter *cf.* Geiger-Müller counter.

G scan *cf.* G display.

G scope écran à présentation du type G *(radar) (cf. aussi* G display).

G string *cf.* Goubau line.

G-string transmission line *cf.* Goubau line.

G-Y signal signal V-Y *(signal « vert moins luminance ») (TVC) (cf. aussi* color-difference signal).

GAA radar *cf.* ground anti-aircraft radar.

GaAlAs *cf.* gallium aluminium arsenide.

GaAs *cf.* gallium arsenide. *(de même pour les termes dérivés).*

GaAsP *cf.* gallium arsenide phosphide.

gadolinium gadolinium, Gd *(corps simple appartement au groupe des terres rares) (est utilisé dans certains grenats) (cf. aussi* garnet).

gadolinium gallium garnet grenat de gadolinium et de gallium, grenat de gadolinium-gallium *(cf. aussi* garnet).

gadolinum gallium garnet substrate substrat en grenat de gadolinium-gallium (en *ou* de) *(mémoire à bulles) (cf. aussi* garnet *et* bubble memory).

gadolinium-garnet substrate substrat en grenat de gadolinium (en *ou* de) *(mémoire à bulles) (cf. aussi* garnet).

gage 1) appareil de mesure *(cf. aussi* measuring instrument). 2) jauge *(de contraintes ou autre) (cf. aussi* strain gage). 3) calibre *(d'un fil métallique) (cf. aussi* wire gage).

gage head tête de mesure *(tête de jauge à variation de capacité ou autre).*

gain *(cf. aussi* decibel) 1) gain, coefficient d'amplificaton *(rapport entre le niveau du signal de sortie d'un amplificateur et le niveau du signal d'entrée) (est généralement exprimé en décibels) (cf. aussi* voltage gain, power gain (a) *et* current gain). 2) gain, gain d'antenne, gain à l'émission, gain en puissance *(rapport, exprimé en décibels, entre la puissance qu'il faudrait fournir à l'antenne prise comme référence et la puissance fournie à une antenne d'émission déterminée, pour obtenir la même intensité de rayonnement électromagnétique dans une direction donnée et dans les mêmes conditions) (la direction de mesure est généralement celle de l'axe du lobe principal du diagramme de rayonnement de l'antenne étudiée, c.-à-d. la direction de rayonnement maximal, mais peut être choisie arbitrairement) (ce cas est beaucoup moins souvent considéré que le suivant) (cf. aussi* reference antenna *et*

radiation pattern). 3) gain, gain d'antenne, gain à la réception *(rapport, exprimé en décibels, entre la puissance (en fait, la tension) recueillie aux bornes d'une antenne de réception déterminée et la puissance qui serait recueillie dans les mêmes conditions aux bornes de l'antenne prise comme référence) (lorsqu'on traite du gain d'une antenne sans autre précision, il s'agit généralement du gain d'une antenne de réception) (cf. aussi* reference antenna).

gain adjustment réglage du gain *(parf.* de gain) *(amplificateur à gain variable ou ajustable) (cf. aussi* gain control, gain trimming *et* gain 1)).

gain-bandwidth performance *cf.* gain-bandwidth product.

gain-bandwidth product produit du gain par la largeur de bande, produit gain × largeur de bande, produit gain-bande *(produit du gain d'un amplificateur — ou, par extension, d'un récepteur — par la largeur de sa bande passante) (constitue un facteur de mérite d'un amplificateur, les deux caractéristiques étant contradictoires : un grand gain implique une bande étroite et, inversement, une large bande passante entraîne un faible gain) (cf. aussi* gain 1), bandwidth *et* figure of merit).

gain-bw *cf.* gain-bandwidth product.

gain change changement de gain, changement du gain, variation du gain *(selon le contexte) (ampli) (cf. aussi* gain control).

gain compression compression du gain *(diminution provoquée du gain d'un amplificateur aux grandes amplitudes du signal d'entrée) (est obtenue en donnant à l'amplificateur une courbe de réponse en amplitude dont la pente diminue plus ou moins progressivement à partir d'une certaine amplitude du signal d'entrée) (cf. aussi* gain 1), amplitude-amplitude response curve *et* volume compressor).

gain control commande de gain *(dispositif agissant sur le gain d'un amplificateur à gain variable) (cf. aussi* variable-gain amplifier *et* gain adjustment).

gain curve courbe de gain *(courbe représentant la variation du gain d'un amplificateur en fonction de la fréquence du signal d'entrée) (en d'autres termes courbe de réponse en fréquence du gain d'un amplificateur) (est une droite horizontale dans le cas théorique d'un amplificateur dont le gain est constant à toutes les fréquences utilisées pour relever la courbe) (cf. aussi* gain 1) *et* frequency response curve 1)).

gain drift dérive du gain *(dérive temporelle ou thermique du gain d'un amplificateur) (cf. aussi* gain 1), time drift *et* temperature drift).

gain equation formule du gain *(formule donnant le gain d'un amplificateur en fonction de la valeur de ses éléments) (cf. aussi* gain 1)).

gain error erreur de gain, erreur sur le gain *(différence entre la pente effective de la courbe de gain d'un amplificateur et la pente donnée par la formule du gain) (cf. aussi* gain curve *et* gain equation).

gain-frequency characteristic caractéristique gain-fréquence *(nom parfois donné à la courbe de réponse en fréquence d'un amplificateur) (cf. aussi* frequency response curve *et* gain 1)).

gain function   fonction de gain *(variation du gain d'une antenne de réception en fonction de la direction de réception) (cf. aussi* gain 3)).

gain margin   marge de gain *(augmentation possible du gain de la chaîne directe d'un système asservi avant l'apparition d'oscillations) (cf. aussi* gain 1) *et* direct path).

gain measurements   mesures de gain *(mesure du gain d'un amplificateur effectuée pour des valeurs croissantes de la fréquence ou l'amplitude du signal d'entrée) (cf. aussi* gain 1), gain curve *et* gain compression).

gain non-linearity   non-linéarité de la courbe de gain *(ampli) (cf. aussi* gain curve *et* non-linearity).

gain over frequency   *cf.* gain versus frequency.

gain potentiometer   potentiomètre de gain, potentiomètre de réglage du gain *(potentiomètre utilisé pour régler le gain de la chaîne directe d'un système asservi, d'une branche d'un amplificateur différentiel, etc.) (cf. aussi* potentiometer 1) *et* gain 1)).

gain range   plage de variation du gain, plage de valeurs du gain *(ampli, antenne) (cf. aussi* gain).

gain ripple   ondulation du gain *(ondulation éventuelle de la courbe de gain d'un amplificateur accordé dans la bande passante de celui-ci) (cf. aussi* gain curve, tuned amplifier *et* passband).

gain setting   (un) réglage de gain *(parf.* du gain) *(ampli) (cf. aussi* gain switch *et* setting).

gain-setting resistor   résistance de réglage du gain *(cf. aussi* gain setting).

gain slope   pente de gain *(valeur de la pente de la courbe de gain d'un amplificateur en un point déterminée de celle-ci) (cf. aussi* gain curve).

gain stage   *cf.* amplification stage.

gain switch   commutateur de gain *(commutateur permettant de régler le gain d'un amplificateur par paliers grâce à la mise en circuit de résistances de différentes valeurs) (asser) (cf. aussi* gain 1)).

gain-time control   commande cyclique de gain *(radar) (cf. aussi* sensitivity-time control).

gain tracking   uniformité en gain *(uniformité de la variation du gain de plusieurs amplificateurs en fonction de la fréquence du signal d'entrée ou d'une autre variable) (répéteur téléphonique, etc.) (cf. aussi* gain curve *et* tracking 3)).

gain trim   *cf.* gain trimming.

gain trimming   ajustage du gain *(réglage du gain d'un amplificateur hybride ou intégré par ajustage de résistances à couches minces) (ce réglage s'applique notamment à une branche d'un amplificateur différentiel) (cf. aussi* gain adjustment, differential amplifier *et* resistor trimming).

gain turn-down control   circuit réducteur de gain *(circuit réduisant automatiquement le gain du récepteur d'un répondeur d'aéronef lorsque l'amplitude du signal d'interrogation est trop grande) (cf. aussi* gain 1) *et* transponder).

gain versus frequency   gain en fonction de la fréquence *(ampli) (cf. aussi* gain curve).

gain vs frequency   *cf.* gain versus frequency.

gain weighting factor   coefficient de pondération du gain *(ampli) (cf. aussi* weighting *et* gain 1)).

GaInAs   *cf.* gallium indium arsenide.

GaInAsP   *cf.* gallium indium arsenide phosphide.

GaInP   *cf.* gallium indium phosphide.

galactic noise   bruit galactique, bruit d'origine galactique *(bruit cosmique dû aux corps célestes autres que le Soleil) (radio) (cf. aussi* cosmic noise *et* noise 2 (a)).

galaxy noise   *cf.* galactic noise.

galena   galène, sulfure de plomb *(semi) (cf. aussi* crystal detector).

gallium   gallium *(métal gris bleuâtre, mou, de densité égale à 6 environ, liquide à partir de 30° C) (est utilisé en électronique principalement sous la forme d'arséniure de gallium) (cf. aussi* gallium arsenide).

gallium aluminium arsenide   arséniure de gallium et d'aluminium, GaAlAs *(semi)*.

gallium arsenide   arséniure de gallium, GaAs *(semiconduc-*

teur dans lequel la mobilité des électrons est supérieure à celle du silicium) (est de ce fait utilisé principalement en hyper-fréquences) (cf. aussi electron mobility *et* chip 1)).

gallium arsenide-based …   *cf.* gallium-arsenide …

gallium arsenide CCD   (circuit) CCD à l'arséniure de gallium *(ou* à substrat en arséniure de gallium) *(cf. aussi* CCD).

gallium arsenide CCD device   *cf.* gallium arsenide CCD.

gallium arsenide chip   puce en arséniure de gallium (en *ou* d') *(CI) (cf. aussi* chip 1).

gallium arsenide component   composant à l'arséniure du gallium *(diode, transistor ou circuit intégré monolithique réalisé sur un substrat d'arséniure de gallium) (cf. aussi* gallium arsenide).

gallium arsenide component technology   (la) technique des composants à l'arséniure de gallium *(cf. aussi* gallium arsenide component *et* technology).

gallium arsenide device   *cf.* gallium arsenide component.

gallium arsenide diode   diode à l'arséniure de gallium *(cf. aussi* gallium arsenide component).

gallium arsenide epitaxial layer   couche épitaxiale d'arséniure de gallium *(cf. aussi* epitaxial layer).

gallium arsenide epitaxy   épitaxie de l'arséniure de gallium *(cf. aussi* epitaxy).

gallium arsenide FET   *cf.* gallium arsenide field-effect transistor.

gallium arsenide FET power amplifier   amplificateur de puissance à transistor à effet de champ à l'arséniure de gallium, amplificateur de puissance à TEC GaAs *(ou* à FET GaAs). *(cf. aussi* power amplifier).

gallium arsenide FET technology   (la) technique des transistors à effet de champ à l'arséniure de gallium, technique des TEC GaAs, technique des FET GaAs *(cf. aussi* technology).

gallium arsenide field-effect transistor   transistor à effet de champ à l'arséniure de gallium, TEC à l'arséniure de gallium, FET à l'arséniure de gallium, TEC GaAs, FET GaAs *(transistor à effet de champ réalisé sur une puce d'arséniure de gallium) (cf. aussi* field-effect transistor *et* MOS transistor *et* chip 1)).

gallium arsenide heterojunction phototransistor   phototransistor à hétérojonction à l'arséniure de gallium *(cf. aussi* phototransistor *et* heterojunction).

gallium arsenide IC   *cf.* gallium arsenide integrated circuit.

gallium arsenide Impatt diode   diode Impatt à l'arséniure de gallium *(cf. aussi* Impatt diode).

gallium arsenide infrared diode   diode infrarouge à l'arséniure de gallium *(cf. aussi* infrared diode).

gallium arsenide infrared source   *cf.* gallium arsenide infrared diode.

gallium arsenide integrated circuit   circuit intégré à l'arséniure de gallium, CI GaAs *(circuit intégré réalisé sur une puce d'arséniure de gallium) (hyper) (cf. aussi* integrated circuit *et* chip 1)).

gallium arsenide laser   *cf.* gallium arsenide laser diode.

gallium arsenide laser diode   diode laser à l'arséniure de gallium *(cf. aussi* laser diode).

gallium arsenide logic   logique *sf* à l'arséniure de gallium *(CI) (cf. aussi* logic (b)).

gallium arsenide LSI circuit   circuit LSI à l'arséniure de gallium *(CI) (cf. aussi* large-scale integration).

gallium arsenide MES FET   *cf.* gallium arsenide MESFET.

gallium arsenide MESFET   transistor MESFET à l'arséniure de gallium, transistor MESFET GaAs *(cf. aussi* MESFET).

gallium arsenide MESFET amplifier   amplificateur à transistor MESFET à l'arséniure de gallium *(ou* MESFET GaAs).

gallium arsenide MOS FET   *cf.* gallium arsenide MOS transistor.

gallium arsenide MOS transistor   transistor MOS à l'arséniure de gallium, transistor MOS GaAs *(transistor MOS réalisé sur une puce d'arséniure de gallium) (cf. aussi* MOS transistor *et* chip 1)).

gallium arsenide MOSFET   *cf.* gallium arsenide MOS transistor.

gallium arsenide parametric amplifier diode   diode à l'arséniure de gallium pour amplificateur paramétrique *(cf. aussi* parametric amplifier).

gallium arsenide phosphide   phosphure arséniure de gallium, GaAsP *(semi)*.

gallium arsenide power FET *cf.* gallium arsenide power field-effect transistor.

gallium arsenide power field-effect transistor transistor à effet de champ de puissance à l'arséniure de gallium, TEC *(ou* FET) de puissance à l'arséniure de gallium, TEC *(ou* FET) de puissance GaAs *(cf. aussi* gallium arsenide transistor, field-effect transistor *et* power transistor).

gallium arsenide power MOS transistor transistor MOS de puissance à l'arséniure de gallium, transistor MOS GaAs de puissance *(cf. aussi* gallium arsenide transistor *et* power MOS transistor).

gallium arsenide power MOSFET *cf.* gallium arsenide power MOS transistor.

gallium arsenide solar cell cellule solaire à l'arséniure de gallium *(cf. aussi* solar cell).

gallium arsenide substrate substrat en arséniure de gallium *(transistor, CI) (cf. aussi* substrat (c)).

gallium arsenide technology *cf.* gallium arsenide component technology.

gallium arsenide transistor transistor à l'arséniure de gallium *(transistor réalisé sur une puce d'arséniure de gallium) (cf. aussi* transistor *et* chip 1)).

gallium arsenide tuning varactor diode varicap (d'accord) à l'arséniure de gallium. *(cf. aussi* tuning varactor).

gallium arsenide varactor diode varicap à l'arséniure de gallium, diode à capacité variable à l'arséniure de gallium *(cf. aussi* varactor diode).

gallium arsenide varactor diode *cf.* gallium arsenide varactor.

gallium-gadolinium garnet grenat de gallium-gadolinium *(grenat non magnétique utilisé notamment comme substrat de mémoire à bulles magnétiques) (CI) (cf. aussi* garnet, gallium, gadolinium *et* magnetic-bubble memory).

gallium indium arsenide arséniure de gallium et d'indium, GaInAs *(semi)*.

gallium indium arsenide phosphide phosphure d'arséniure de gallium et d'indium, GaInAsP *(semi)*.

gallium indium phosphide phosphure de gallium et d'indium, GaInP *(semi)*.

gallium phosphide phosphure de gallium, GaP *(semi)*.

galvanic cell pile galvanique, pile de Volta, pile électrique *(au sens courant du terme) (générateur de courant électrique utilisant la conversion de l'énergie libérée par une réaction chimique en énergie électrique) (comprend essentiellement un électrolyte et deux électrodes de natures différentes, l'anode et la cathode, plus un dépolarisant) (pile électrique) (cf. aussi* Leclanche cell, electric cell, galvanic couple, electrolyte *et* cell polarization).

galvanic corrosion corrosion galvanique *(corrosion d'un métal faisant partie d'un couple galvanique due à la circulation d'un courant électrique dans le couple) (cf. aussi* galvanic couple).

galvanic couple couple galvanique *(ensemble de deux matières constituant la cathode et l'anode d'une pile galvanique) (charbon et zinc, cuivre et zinc, oxyde de mercure et zinc, etc.) (cf. aussi* galvanic cell).

galvanic current courant galvanique *(courant produit par une pile galvanique) (est un courant continu) (cf. aussi* galvanic cell *et* direct current).

galvanic isolation isolement galvanique *(absence de continuité électrique entre deux circuits entre lesquels de l'énergie doit être transférée ou un signal doit être transmis, c-à-d. entre deux circuits reliés par couplage magnétique ou optique) (transformateur, coupleur optique) (cf. aussi* electrical continuity, transformer 1) *et* optocoupler).

galvanic path *cf.* conducting path.

galvanomagnetic effect effet galvanomagnétique *(tg) (effet produit par le passage d'un courant électrique dans une lamelle conductrice en présence d'un champ magnétique perpendiculaire à la direction du courant) (est dû à la déviation du flux d'électrons constituant le courant sous l'action de la force de Laplace) (effet Hall, effet Ettingshausen, effet de magnétorésistance) (cf. aussi* Hall effect, Ettingshausen effet, magnetoresistance effect, Lorentz force *et* thermomagnetic effect).

galvanometer galvanomètre *(appareil servant à déceler le passage d'un courant de faible intensité et à mesurer celle-ci) (cf. aussi* moving-coil galvanometer, moving-magnet galvanometer, differential galvanometer *et* tangent galvanometer).

galvanometer constant constante galvanométrique *(nombre par lequel l'indication d'un galvanomètre doit être multipliée pour obtenir l'intensité de courant correspondante).*

galvanometer driver amplificateur de mesure *(cf. aussi* instrumentation amplifier).

galvanometer light-beam recorder *cf.* galvanometer recorder.

galvanometer loop cadre de galvanomètre, cadre mobile *(cf. aussi* moving-coil galvanometer).

galvanometer recorder 1) galvanomètre à corde à rotation *(oscillographe de Blondel utilisé comme modulateur de lumière pour l'enregistrement optique du son à densité constante sur film de cinéma) (le faisceau de lumière réfléchi par le miroir oscillant au rythme de l'amplitude du signal sonore passe par une fente étroite dont il occupe une longueur variable suivant la position angulaire du miroir et impressionne ainsi la piste optique du film sur une largeur variable et avec une intensité lumineuse constante produisant une densité de noircissement constante du film après développement).* 2) *cf.* direct-writing recorder.

galvanometer shunt shunt d'ampèremètre *(cf. aussi* shunt[1] 1).

galvanometric recorder enregistreur galvanométrique *(cf. aussi* direct-writing recorder, *le premier terme étant peu employé).*

galvanoscope galvanoscope, galvanomètre indicateur *(galvanomètre ultra-sensible utilisé pour mettre en évidence le passage d'un courant très faible dans un conducteur et indiquer son sens de circulation, mais ne permettant pas de mesurer son intensité) (cf. aussi* galvanometer).

game cartridge cartouche de jeu *(petit boîtier enfichable contenant un programme de jeu vidéo mémorisé dans une mémoire ROM pour être utilisé sur un ordinateur familial) (inf) (cf. aussi* video game *et* ROM).

game theory théorie des jeux *(partie de la théorie de la décision relative aux situations comportant une grande part d'incertitude dont la stratégie adoptée doit tenir compte) (c'est notamment le cas des jeux à stratégie — principalement le jeu d'échecs —, d'où le nom adopté) (inf, etc.) (cf. aussi* business game *et* decision theory).

gamma gamma *(exposant γ des formules $U = k\, E^{\gamma}$ et $L = k\, V^{\gamma}$ donnant respectivement la tension de sortie d'un tube analyseur en fonction de l'éclairement et la luminance de l'écran d'un tube-image en fonction de la tension de commande) (le gamma d'un tube analyseur est légèrement inférieur à 1 et produit donc une légère réduction du contraste; celui d'un tube-image est nettement supérieur à 1 (environ 2 à 3) et augmente donc fortement le contraste, d'où la nécessité d'une correction) (cf. aussi* gamma correction, gamma characteristic, camera tube *et* picture tube).

gamma characteristic *(cf. aussi* gamma) caractéristique de conversion, courbe de gamma (a) *courbe représentant la variation de la tension de sortie d'un tube analyseur en fonction de l'éclairement);* (b) *courbe représentant la variation de la luminance de l'écran d'un tube-image en fonction de la tension de commande).*

gamma-corrected output signal signal de sortie à gamma corrigé *(caméra TV) (cf. aussi* gamma correction).

gamma correction correction de gamma *(réduction du contraste du signal de luminance dans une caméra de télévision opérée pour compenser l'augmentation relativement importante du contraste dans le tube-image des récepteurs) (cf. aussi* gamma).

gamma corrector correcteur de gamma, circuit de correction de gamma *(montage opérant la correction de gamma dans une caméra de télévision) (cf. aussi* gamma correction).

gamma ferric oxide oxyde ferreux gamma *(ou γ)*, $Fe_2O_3\gamma$ *(oxyde de fer le plus employé pour former la couche magnétique des bandes et disques magnétiques).*

gamma-matched output *cf.* gamma-corrected output signal.

gamma radiation rayonnement gamma *(ou γ) (rayonnement* *constitué par un ou plusieurs rayons gamma) (cf. aussi gamma ray et* radiation).

gamma ray rayon gamma, rayon γ *(nom donné à un photon lorsque son énergie est supérieure à 10 kilo-électron-volts, c.-à-d. à un photon hautement énergétique, la longueur d'onde associée étant extrêmement courte) (est émis au cours de la désintégration du noyau des atomes de certains corps ou par bremsstrahlung) (physique nucléaire) (cf. aussi* photon, electron-volt, de Broglie wave, radioactivity *et* bremsstrahlung).

gang capacitor condensateur variable à plusieurs cages, condensateur à cages *(groupe de deux ou trois condensateurs variables montés bout à bout et commandés par un axe unique portant les rotors) (condensateur d'accord de récepteur superhétérodyne) (cf. aussi* variable capacitor).

gang switch commutateur à galettes *(ou* à plusieurs galettes*) (commutateur comportant deux ou plusieurs galettes entraînées par le même axe) (cf. aussi* wafer 1)).

gang-tuned accordés par commande unique *(circuits oscillants) (cf. aussi* ganged tuning).

gang tuning capacitor condensateur d'accord à cages *(cf. aussi* gang capacitor).

gangable jumelable *(potentiomètre, commutateur).*

ganged capacitors condensateurs jumelés *(cf. aussi* gang capacitor).

ganged cavity resonators cavités résonantes à commande unique *(magnétron).*

ganged circuits circuits à commande unique *(circuits accordés du préamplificateur et de l'oscillateur local d'un récepteur superhétérodyne) (cf. aussi* gang capacitor).

ganged control commande unique *(commande de deux ou plusieurs condensateurs variables, potentiomètres ou galettes de commutateur par un bouton unique monté sur un axe entraînant la partie tournante de ces dispositifs enfilés sur l'axe) (cf. aussi* ganging *et* ganged tuning).

ganged tuning accord par commande unique *(accord d'un récepteur radio obtenu au moyen d'un seul bouton rotatif agissant simultanément sur tous les circuits d'accord de l'appareil, c.-à-d. accord d'un récepteur superhétérodyne) (cf. aussi* tuning, tuning circuits *et* superheterodyne receiver).

ganged volume control commande unique de volume, bouton unique pour le réglage de volume *(commande de volume d'une chaîne stéréophonique à deux ou quatre voies à l'aide d'un bouton commandant respectivement deux ou quatre potentiomètres montés sur le même axe) (cf. aussi* volume control *et* stereophonic sound system).

ganging jumelage *(montage de deux ou plusieurs condensateurs variables ou galettes de commutateur sur le même axe pour permettre leur commande unique) (cf. aussi* ganged control).

gap **1)** entrefer *(circuit magnétique) (cf. aussi* air gap). **2)** écartement des contacts, distance entre contacts *(relais).* **3)** zone d'ombre, zone mal couverte *(par le faisceau d'une antenne de radar).* **4)** *cf.* interaction gap. **5)** *cf.* interblock gap.

gap coding codage par découpage *(transmission d'informations par interruption répétée d'une porteuse suivant un code) (répondeur radar).*

gap filler radar de couverture complémentaire *(radar assurant la couverture d'une zone d'ombre) (cf. aussi* gap 3)).

gap length largeur de l'entrefer *(largeur de l'entrefer d'un circuit magnétique) (tête magnétique, etc.) (noter qu'ici la longueur en anglais devient la largeur en français) (cf. aussi* gap width *et* air gap).

gap loading charge de l'espace d'interaction *(tube hyper) (cf. aussi* interaction gap).

gap scatter défaut d'alignement des entrefers *(des têtes magnétiques d'un appareil à bande magnétique multipiste) (cf. aussi* magnetic head).

gap width longueur de l'entrefer *(longueur de l'entrefer d'une tête magnétique d'enregistrement, de lecture ou d'effacement) (dans le cas d'une tête d'enregistrement, la longueur de l'entrefer détermine la largeur de la piste magnétique formée sur le support d'enregistrement) (noter qu'ici la largeur en anglais devient la longueur en français) (cf. aussi* gap length).

GaP *cf.* gallium phosphide.

gapped core noyau à entrefer *(noyau de transformateur ou d'inductance comportant un entrefer) (cas général) (cf. aussi* air gap *et* magnetic core 1)).

gapped E-core noyau en E à entrefer *(noyau classique de transformateur ou d'inductance) (cf. aussi* gapped core *et* E core).

gapped pot core pot à entrefer *(cf. aussi* air gap *et* pot core).

garbage informations éparses *(suites de mots binaires représentant des informations incomplètes présentes dans la mémoire d'un ordinateur à la suite d'un traitement ou de l'introduction d'informations dans la mémoire) (inf) (cf. aussi* binary word, information, computer memory *et* data entry).

garbage collection regroupement en mémoire, regroupement des informations en mémoire, récupération des positions inutilisées *(en multiprogrammation, opération consistant à supprimer les « trous » laissés un peu partout dans la mémoire centrale par les parties de programmes exécutées et renvoyées dans la mémoire auxiliaire, pour regagner de la place en mémoire en regroupant les informations restantes dans le bas de la mémoire) (inf) (cf. aussi* garbage, multiprogramming *et* main memory).

garbage in, garbage out telle entrée, telle sortie *(terme que j'ai proposé) (expression signifiant que si les informations traitées par un ordinateur sont erronées ou mal présentées, le résultat du traitement le sera également) (inf) (cf. aussi* data processing).

garble *v* faire chevaucher *(des signaux) (cf. aussi* garbling).

garble detection *cf.* degarbling.

garbling chevauchement des réponses utiles *(radar d'identification) (cf. aussi* IFF radar).

garnet grenat *(minéral à cristaux cubiques constitué par un silicate double de fer et d'aluminium ou d'autres métaux) (cf. aussi* YIG *et* YAG).

gas diode diode à gaz *(diode de redressement à cathode chaude contenant un gaz neutre dont l'ionisation en fonctionnement permet le passage d'un courant beaucoup plus intense que dans une diode à vide comparable) (ce tube électronique a cédé la place aux diodes de redressement à semiconducteur) (cf. aussi* phanotron, rectifier diode, hot cathode *et* ionization).

gas discharge décharge dans un gas *(décharge électrique dans un gaz résultant de l'ionisation des atomes ou molécules de celui-ci) (décharge dans l'air, dans un tube à gaz, etc.) (cf. aussi* electric discharge *et* ionization).

gas-discharge bar-graph display afficheur incrémental à plasma *(cf. aussi* bar-graph display *et* plasma display).

gas-discharge display *(cf. aussi* plasma display) **1)** affichage par plasma. **2)** afficheur à plasma.

gas-discharge lamp lampe à décharge *(éclairage) (cf. aussi* discharge lamp).

gas-discharge tube tube à décharge à basse pression *(cf. aussi* discharge tube).

gas dynamic laser laser à détente *(laser de puissance dans lequel un gaz tel que le* CO_2 *porté à haute température est détendu dans une tuyère, puis admis dans une cavité résonante où il entre en oscillation à une fréquence optique) (cf. aussi* gas laser).

gas-filled ... *cf.* gas ... *(pour les termes qui ne figurent pas ci-après).*

gas-filled lamp lampe à atmosphère gazeuse *(lampe à incandescence dont l'ampoule contient un gaz inerte réduisant la vaporisation du filament) (atmosphère d'azote ou d'argon) (cf. aussi* incandescent lamp).

gas-filled radiation-counter tube tube compteur de radiations *(à gaz) (cf. aussi* radiation-counter tube).

gas-filled rectifier tube redresseur à gaz, soupape à gaz *(tube redresseur contenant un gaz ou une vapeur métallique dont l'ionisation par choc en fonctionnement permet le passage d'un courant beaucoup plus intense que s'il s'agissait d'un tube à vide) (cf. aussi* rectifier tube).

gas-filled relay thyratron *(cf. aussi* thyratron).

gas-filled switching tube tube de commutation à gaz *(tube à gaz employé comme dispositif de commutation) (tube TR, tube ATR, tube pré-TR, etc.) (radar, etc.) (cf. aussi* TR tube, ATR tube *et* pre-TR tube).

gas focusing concentration par les gaz résiduels *(concentration du faisceau d'électrons dans un tube cathodique assurée par l'ionisation des gaz résiduels sous le choc des électrons du faisceau) (les molécules des gaz résiduels transformées en ions positif par les chocs attirent les électrons du faisceau en concentrant celui-ci) (n'est pratiquement pas utilisée) (cf. aussi* impact ionization).

gas laser laser à gaz *(laser dans lequel le milieu actif est un gaz à basse pression, le pompage étant généralement assuré par une décharge électrique et le fonctionnement en continu étant possible sans précautions particulières) (cf. aussi* atomic gas laser, molecular gas laser, lasing medium, laser *et* electric discharge).

gas maser maser à gaz *(maser dans lequel un jet de gaz approprié ayant subi une inversion de population est admis dans une cavité résonante où il crée des oscillations hyperfréquence par émission stimulée) (constitue un oscillateur à très haute stabilité utilisé comme étalon de fréquence) (maser à ammoniac, maser à hydrogène) (cf. aussi* maser).

gas multiplication factor facteur de multiplication du gaz *(rapport entre l'intensité du courant dans un tube à gaz et l'intensité dans le même tube vide) (cf. aussi* gas diode).

gas noise bruit d'ionisation *(bruit à la sortie d'un tube électronique à gaz ou à vide imparfait dû à l'ionisation irrégulière des molécules du gaz) (cf. aussi* noise 2) (a) *et* ionization).

gas phototube phototube à gaz, tube photoélectrique à gaz *(tube photoélectrique contenant un gaz dont l'ionisation par choc en fonctionnement augmente fortement l'intensité du courant traversant le tube par rapport à un tube analogue à vide) (cf. aussi* phototube *et* impact ionization).

gas ratio *cf.* gas multiplication factor.

gas scattering diffusion par les gaz résiduels *(diffusion des électrons du faisceau par les chocs sur les molécules des gaz résiduels dans un tube électronique à faisceau d'électrons ou un appareil à faisceau d'électrons lorsque le vide est insuffisant) (voir liste à « electron gun »).*

gas tetrode thyratron tétrode, tétrode à gaz *(thyratron à deux grilles de commande) (cf. aussi* thyratron).

gas-tight envelope enveloppe étanche aux gaz *(ampoule ou enveloppe métallique de tube à vide).*

gas triode triode à gaz *(tube) (cf. aussi* thyratron).

gas tube tube à gaz, tube électronique à gaz *(tube électronique dont l'enveloppe contient un gaz ou, parfois, une vapeur métallique permettant le fonctionnement du tube ou augmentant fortement l'intensité du courant pouvant traverser le tube en fonctionnement normal) (tube à décharge, tube compteur de radiations, phanotron, thyratron, tube à vapeur de mercure, etc.) (voir ces termes en anglais) (cf. aussi* electron tube).

gas-tube rectifier *cf.* gas-filled rectifier.

gaseous active medium milieu actif gazeux *(laser) (cf. aussi* active medium *et* gas laser).

gaseous conduction conduction dans les gaz, conduction des gaz *(conduction électrique dans les gaz ionisés) (cf. aussi* ionization).

gaseous discharge décharge dans un gaz *(décharge électrique dans un gaz avec ionisation de celui-ci) (cf. aussi* electric discharge, ionization *et* discharge tube).

gaseous lasing medium milieu actif gazeux *(laser) (cf. aussi* gas laser).

gassing dégagement de gaz *(accu, tube) (cf. aussi* degassing).

gassy tube tube à vide incomplet, tube incomplètement vidé *(cf. aussi* soft tube 1)).

gate[1] *s* **1)** porte *(circuit laissant passer un signal dans certaines conditions déterminées par la présence d'un ou plusieurs autres signaux) (cf. aussi* analog gate, logic gate, range gate, angle gate *et* velocity gate). **2)** grille, électrode de commande, électrode de grille *(électrode d'un transistor à effet de champ à laquelle est appliqué le signal d'entrée) (cf. aussi* metal gate, polysilicon gate *et* field-effect transistor). **3)** gâchette, électrode de commande, électrode de gâchette *(électrode d'un thyristor ou d'un triac à laquelle est appliqué le signal d'entrée) (cf. aussi* silicon controlled rectifier *et* triac). **4)** *cf.* gating pulse.

gate[2] *v* sélectionner par une porte, *(parf.)* transmettre *(idem) (cf. aussi* gating).

gate array matrice prédiffusée, matrice de portes (prédiffusées *ou* de portes logiques prédiffusées), matrice adaptable, *(etc.)*, réseau *(idem), (le dernier terme, sous ses différentes formes, est courant mais impropre et résulte d'une mauvaise traduction initiale) (ensemble de portes logiques identiques ou réparties en groupes de portes identiques, réalisé sur une puce de circuit intégré avec des circuits auxiliaires pour assurer des fonctions de mémorisaton ou de traitement de signaux binaires après réalisation à la demande des interconnexions à l'aide d'un masque fabriqué en conséquence) (cf. aussi* logic gate, chip 1), interconnection 2), mask 2) *et* semi-custom circuit).

gate-array chip puce à matrice de portes, *(etc.) (CI) (cf. aussi* gate array *et* chip 1)).

gate-array technology (la) technique des matrices prédiffusée, *(etc.) (cf. aussi* gate array *et* technology).

gate-array user utilisateur de matrices de portes, *(etc.) (cf. aussi* gate array).

gate-assisted turn-off blocage aidé par la gâchette *(blocage d'un thyristor avec inversion de la tension appliquée à la gâchette pour réduire la durée de vie des porteurs minoritaires et réduire ainsi le temps de blocage) (cf. aussi* silicon-controlled rectifier *et* minority carrier).

gate bias **1)** polarisation de la grille *(cf. aussi* gate[1] 2) *et* bias[1]). **2)** polarisation de la gâchette *(cf. aussi* gate[1] 3) *et* bias[1]).

gate bias voltage tension de polarisation de la ... *(cf. aussi* gate bias).

gate circuit **1)** circuit de la grille *(montage à transistor à effet de champ) (cf. aussi* gate[1] 2)). **2)** circuit de la gâchette *(montage à thyristor ou à triac) (cf. aussi* gate[1] 3)).

gate contact contact de grille *(ou de la grille) (zone de la grille d'un transistor à effet de champ par laquelle se fait le contact avec la connexion de cette électrode) (est microscopique dans un transistor intégré, la connexion l'étant également) (cf. aussi* gate[1] 2)).

gate-controlled switch *cf.* gate-turn-off thyristor.

gate current *(parf.* intensité du) courant de gâchette *(cf. aussi* gate[1] 3)).

gate-current magnitude intensité du courant de gâchette *(cf. aussi* gate[1] 3)).

gate delay temps de propagation (par porte) *(temps nécessaire à une impulsion pour passer de l'entrée à la sortie d'une porte logique) (en d'autres termes, temps mis par la sortie pour basculer de l'état « 1 » à l'état « 0 » ou inversement lorsque l'entrée reçoit l'impulsion correspondante) (inf) (cf. aussi* logic gate).

gate density densité de portes *(nombre de portes par centimètre carré réalisées sur une puce de circuit intégré) (cf. aussi* integration density).

gate dielectric diélectrique de la grille *(parf.* de grille), isolant de la grille *(idem) (transistor MOS ou dérivé) (cf. aussi* gate oxide).

gate-drain junction jonction grille-drain *(TEC) (cf. aussi* field-effect transistor).

gate-drain p-n junction jonction PN grille-drain *(TEC) (cf. aussi* p-n junction).

gate-drain region zone de la jonction grille-drain *(TEC).*

gate drive **1)** attaque de la grille *(application d'un signal à la grille d'un transistor à effet de champ) (cf. aussi* gate[1] 2)). **2)** attaque de la gâchette *(application d'impulsions à la gâchette d'un thyristor ou d'un triac) (cf. aussi* gate[1] 3)). **3)** *cf.* gate drive signal.

gate drive circuit **1)** circuit d'attaque de la grille *(montage à transistor à effet de champ) (cf. aussi* gate drive 1)). **2)** circuit d'attaque de la gâchette *(montage à thyristor ou à triac) (cf. aussi* gate drive 2)).

gate drive circuitry *cf.* gate drive circuit.

gate drive current **1)** *(parf.* intensité du) courant d'attaque de la grille *(cf. aussi* gate drive 1)). **2)** *(parf.* intensité du) courant d'attaque de la gâchette *(cf. aussi* gate drive 2)).

gate-drive input *cf.* gate-drive signal.

gate-drive power *(cf. aussi* power[1] 1)) **1)** puissance d'attaque de la grille *(puissance du signal d'attaque de la grille d'un transistor à effet de champ) (cf. aussi* gate drive signal 1)). **2)** puissance d'attaque de la gâchette, *(puissance* *du signal d'attaque de la gâchette d'un thyristor ou d'un triac)* *(cf. aussi* gate-drive signal 2)).

gate-drive power requirement puissance nécessaire pour attaquer la ... *(cf. aussi* gate drive power).

gate-drive signal **1)** signal d'attaque de la grille *(signal appliqué à la grille d'un transistor à effet de champ) (signal de forme quelconque) (cf. aussi* gate[1] 2)). **2)** signal d'attaque de la gâchette *(signal appliqué à la gâchette d'un thyristor ou d'un triac) (est formé d'un train d'impulsions étroites) (cf. aussi* gate[1] 3)).

gate electrode *cf.* gate[1] 2) *et* 3).

gate equivalent circuit équivalent en portes logiques *(nombre de portes logiques nécessaire pour réaliser une fonction complexe dans un circuit intégré numérique) (cf. aussi* logic gate *et* complex function).

gate generator *cf.* gate-pulse generator.

gate input **1)** entrée de la porte *(cf. aussi* gate[1] 1). **2)** *cf.* gate terminal.

gate-input resistance résistance d'entrée *(cf. aussi* gate[1] 2) *et* 3)).

gate insulator *cf.* gate dielectric.

gate leakeage current *(parf.* intensité du) courant de fuite de la grille *(cf. aussi* gate[1] 2)).

gate length longueur de la grille *(cf. aussi* gate[1] 2)).

gate opening ouverture d'une porte, *(parf.)* ouverture de porte *(cf. aussi* gate[1] 1)).

gate oxide oxyde de la grille, *(parf.)* oxyde de grille *(couche d'oxyde de silicium isolant la grille par rapport au substrat dans un transistor MOS classique ou l'entourant complètement dans un transistor MOS à grille flottan̄ᴜ) (constitue le diélectrique du condensateur formé par la grille et la zone du canal) (cf. aussi* gate[1] 2), MOS transistor *et* floating gate).

gate-oxide breakdown claquage de l'oxyde de la grille *(sous l'effet de la tension appliquée entre la grille et la zone du canal lorsque celle-ci est trop élevée, notamment si la couche d'oxyde présente un point faible dû à un défaut d'épaisseur localisé) (cf. aussi* gate oxide *et* wrist strap).

gate-oxide protection network *cf.* gate protection network.

gate-oxide thickness épaisseur de l'oxyde de la grille *(cf. aussi* gate oxide).

gate power *cf.* gate-drive power.

gate power level *cf.* gate-drive power.

gate propagation time *cf.* gate delay.

gate pulse **1)** *cf.* gating pulse. **2)** impulsion de déblocage, impulsion appliquée à la gâchette *(cf. aussi* gate[1] 3)).

gate region **1)** zone de la grille *(cf. aussi* gate[1] 2)). **2)** zone de la gâchette *(cf. aussi* gate[1] 3)).

gate sensitivity sensibilité de la gâchette *(intensité minimale du courant nécessaire dans la gâchette d'un thyristor ou d'un triac pour le débloquer) (cf. aussi* gate[1] 3)).

gate switching energy énergie de commutation (fournie à la gâchette *ou* dissipée par la gâchette) *(énergie fournie à la gâchette d'un thyristor ou d'un triac sous la forme d'un courant électrique circulant dans celle-ci, pour le débloquer) (cf. aussi* energy *et* gate[1] 3)).

gate terminal **1)** borne de la grille *(cf. aussi* gate[1] 2)). **2)** borne de la gâchette *(cf. aussi* gate[1] 3)).

gate-to-cathode resistor résistance gâchette-cathode *(résistance montée entre la gâchette et la cathode d'un thyristor) (cf. aussi* gate[1] 3)).

gate-to-drain capacitance capacité grille-drain *(cf. aussi* gate[1] 2) *et* interelectrode capacitance).

gate-to-pin ratio rapport nombre de portes par broche, portes/broches *(rapport entre le nombre de portes d'un circuit intégré numérique et le nombre de broches nécessaire du boîtier) (cf. aussi* logic gate *et* digital integrated circuit).

gate-to-source capacitance capacité grille-source *(cf. aussi* gate[1] 2) *et* interelectrode capacitance).

gate-to-source voltage tension grille-source *(tension appliquée entre la grille et la source d'un transistor à effet de champ) (cf. aussi* gate[1] 2)).

gate-to-substrate capacitance capacité grille-substrat *(capacité du condensateur formé par la grille d'un transistor à effet de champ et la partie du substrat située sous celle-ci, c.-à-dire la zone du canal) (cf. aussi* gate[1] 2) *et* gate oxide).

gate trigger *cf.* gate pulse 2).

gate turn-off **1)** blocage par la gâchette *(thyristor blocable) (cf. aussi* gate-turn-off SCR). **2)** *cf.* gate-turn-off SCR.

gate turn-off device *cf.* gate-turn-off SCR.

gate-turn-off SCR thyristor blocable (par la gâchette) *(thyristor dans lequel une impulsion négative appliquée à la gâchette arrête la conduction) (ce résultat est obtenu en donnant à ce thyristor une structure grâce à laquelle, lorsqu'une impulsion de courant négative d'intensité suffisante circule dans le circuit de la gâchette, elle réduit suffisamment l'intensité du courant dans la base du transistor équivalent NPN pour bloquer celui-ci et interrompre ainsi le processus de réaction qui maintient le thyristor à l'état conducteur) (cf. aussi* silicon controlled rectifier).

gate-turn-off silicon controlled rectifier *cf.* gate-turn-off SCR.

gate-turn-off switch *cf.* gate-turn-off SCR.

gate-turn-off thyristor *cf.* gate-turn-off SCR.

gate turn-on current *(parf.* intensité du) courant de gâchette à la mise en conduction, *(idem)* courant de déblocage *(cf. aussi* gate[1] 3)).

gate turn-on voltage tension de gâchette à la mise en conduction, tension de déblocage *(cf. aussi* gate[1] 3)).

gate voltage **1)** tension de (la) grille *(tension appliquée à la grille d'un transistor à effet de champ) (cf. aussi* gate[1] 2)). **2)** tension de (la) gâchette *(tension appliquée à la gâchette d'un thyristor ou d'un triac) (cf. aussi* gate[1] 3)). **3)** tension de commande *(tension appliquée à l'enroulement de commande d'un amplificateur magnétique) (cf. aussi* magnetic amplifier).

gated diode diode débloquée par intervalles *(diode à jonction bloquée dont la polarisation inverse est supprimée pendant des intervalles de temps déterminés pour la débloquer) (semi) (cf. aussi* junction diode *et* reverse bias).

gated flip-flop bascule commandée par porte *(cf. aussi* flip-flop).

gated signal signal transmis par porte *(parf.* une porte, *parf.* la porte) *(cf. aussi* gating *et* signal[1]).

gated sweep balayage commandé par porte *(balayage de l'écran d'un radar panoramique limité à une partie déterminée de la période de rotation de l'antenne pour éviter l'apparition d'échos parasites sur l'écran dus aux lobes secondaires du diagramme de rayonnement de l'antenne) (cf. aussi* PPI radar *et* side lobe).

gated trigger *cf.* gated triggering.

gated triggering déclenchement par porte *(oscillo) (cf. aussi* oscilloscope triggering *et* gate[1] 1).

gather data *v* recueillir des informations, recueillir des données *(inf) (cf. aussi* data collection).

gating sélection par porte, *(parf.)* transmission par porte, *(souvent)* déblocage, *(parf.)* commande par porte *(sélection d'une partie d'un signal par ouverture d'une porte analogique pendant le temps correspondant ou déblocage correspondant d'un tube électronique, d'un transistor ou d'une diode) (dans un récepteur radar, admission des échos dans certains circuits du récepteur pendant un intervalle de temps déterminé par la largeur d'une impulsion appliquée à une porte analogique) (cf. aussi* range gating, angle gating, velocity gating *et* analog gate).

gating circuit porte (analogique) *(cf. aussi* analog gate).

gating interval intervalle de déblocage, intervalle d'ouverture de porte *(temps pendant lequel une porte analogique est ouverte par une impulsion) (cf. aussi* analog gate).

gating pulse impulsion de déblocage, impulsion d'ouverture de porte *(impulsion appliquée à l'entrée de commande d'une porte analogique) (cf. aussi* analog gate).

gating signal signal de déblocage, signal d'ouverture de porte *(noms parfois donnés à une impulsion de déblocage) (cf. aussi* gating pulse).

gating time temps de déblocage, temps d'ouverture de la porte *(parf.* de porte), durée *(idem) (cf. aussi* gating).

gating transistor transistor de déblocage, transistor formant porte *(cf. aussi* gating *et* transistor).

gauge *(GB) cf.* gage.

gauss gauss *(unité d'induction magnétique du système CGS) (cf. aussi* tesla).

Gauss's theorem théorème de Gauss *(théorème selon lequel le flux du vecteur champ électrique à travers une surface fermée délimitant un domaine est égal à la somme des charges électriques contenues dans ce domaine majorée éventuellement de la demi-somme des charges situées sur la surface, le tout divisé par la permittivité du vide) (cf. aussi* electric field vector, electric charge *et* permittivity of free space).

Gaussian curve courbe de Gauss, courbe en cloche *(courbe symétrique rappelant la forme d'une cloche) (cf. aussi* Gaussian distribution).

Gaussian distribution répartition gaussienne, distribution gaussienne *(répartition des valeurs d'une grandeur en fonction d'une autre, représentée par une courbe de Gauss) (cf. aussi* Gaussian curve).

Gaussian noise bruit gaussien *(bruit dont l'amplitude a une densité de probabilité à répartition gaussienne) (signal) (cf. aussi* noise 2) (a), probability density *et* Gaussian distribution.

Gaussian well puits de potentiel à répartition gaussienne *(puits de potentiel dans lequel le potentiel décroît du bord vers le centre comme une courbe de Gauss inversée) (la répartition du potentiel dans le puits est donc une répartition gaussienne inversée centrée sur l'axe du puits) (cf. aussi* potential well *et* Gaussian curve).

gaussmeter gaussmètre *(appareil mesurant l'induction magnétique dans un milieu) (cf. aussi* magnetic induction 2)).

Gb *cf.* gigabit.

Gbyte *cf.* gigabyte.

GCA *(vient de « ground-controlled approach »)* système GCA, système d'approche guidée du sol *(système d'atterrissage sans visibilité, d'origine militaire américaine, formé d'un radar panoramique et d'un radar d'approche finale, dans lequel un opérateur radar au sol communique avec le pilote par radiotéléphone pour lui indiquer sa position par rapport à l'axe idéal d'approche matérialisé par le radar d'approche) (les instruments de bord servant peu au pilote pendant l'atterrissage, le système GCA n'est pas un véritable système d'approche aux instruments) (cf. aussi* SRE, PAR *et* instrument approach).

GCI radar *(vient de « ground-controlled interception radar »)* radar d'interception (dirigée du sol) *(radar au sol à moyenne portée utilisé pour diriger le pilote d'un intercepteur vers un avion hostile volant généralement à haute altitude) (mil) (cf. aussi* radar).

GCS *cf.* gate-controlled switch.

GDF *cf.* group distribution frame.

GDL *cf.* gas dynamic laser.

Gee *(vient de « ground electronics engineering »)* système Gee *(système britannique de radionavigation hyperbolique à moyenne distance comparable au système Loran, mais utilisant notamment une porteuse à fréquence plus élevée) (avia) (cf. aussi* Loran).

Gee display écran de récepteur Gee *(cf. aussi* Gee).

Geiger counter compteur de Geiger, compteur de Geiger-Müller *(compteur de particules utilisant un tube de Geiger-Müller) (est utilisé notamment pour la détection de la radioactivité et la prospection des minerais d'uranium) (cf. aussi* Geiger counter tube).

Geiger counter tube tube compteur de Geiger-Müller, tube de Geiger-Müller *(détecteur de particules utilisant l'ionisation d'un gaz par celles-ci pour les mettre en évidence) (comprend essentiellement une anode filiforme tendue dans l'axe d'une ampoule cylindrique et entourée par une cathode tubulaire, l'ampoule étant remplie d'un gaz et une tension continue était appliquée entre la cathode et l'anode) (lorsqu'une particule pénètre dans le tube, elle ionise le gaz et produit ainsi une impulsion de courant dans le circuit extérieur) (cf. aussi* Geiger counter *et* ionization).

Geiger-Mueller ... *cf.* Geiger ...

Geiger-Müller ... *cf.* Geiger ...

Geissler discharge décharge de Geissler *(décharge lumineuse dans un gaz raréfié) (cf. aussi* Geissler tube).

Geissler tube tube de Geissler *(tube à décharge à partie centrale de faible diamètre utilisé par Geissler pour mettre en évidence les phénomènes lumineux dans une décharge élec-* trique dans un gaz à basse pression) (sert maintenant pour la spectroscopie des gaz grâce à la présence du tube capillaire central dont la forme allongée est naturellement adaptée à celle de la fente d'un spectroscope devant laquelle on le dispose) (cf. aussi* discharge tube).

gel cell accumulateur à électrolyte gélifié, accumulateur sec *(accumulateur dont l'électrolyte est constitué par un gel) (cf. aussi* storage cell 1)).

gel electrolyte électrolyte gélifié *(condensateur électrolytique, pile, accumulateur sec) (cf. aussi* electrolyte).

gelled ... *cf.* gel ...

GEN *cf.* generator.

general program programme général, programme banalisé *(programme d'ordinateur utilisable pour plusieurs types de traitement d'informations) (inf) (cf. aussi* computer program).

general-purpose board 1) carte universelle *(carte à circuit imprimé portant des circuits intégrés ou non utilisables dans plusieurs types d'appareils) (cf. aussi* printed-circuit board). 2) *cf.* general-purpose laminate.

general-purpose chip puce à usages multiples *(puce de circuit intégré utilisable dans plusieurs types de montages) (cf. aussi* chip 1)).

general-purpose computer ordinateur à usages multiples, ordinateur polyvalent, ordinateur universel (ordinateur *ou, parfois,* calculateur) *(cf. aussi* computer 2)).

general-purpose instrument appareil à usages multiples, appareil polyvalent, appareil universel *(appareil aux possibilités étendues) (contrôleur universel, multimètre, oscilloscope, générateur de signaux, analyseur de signaux, analyseur logique, alimentation, mini-ordinateur, etc.).

general-purpose interface bus *cf.* GPIB.

general-purpose laminate stratifié ordinaire, stratifié à usage courant *(stratifié pour substrat de circuits imprimés présentant des pertes en haute fréquence relativement grandes) (sdpo à « substrat à faible pertes » pour fréquences élevées) (cf. aussi* printed-circuit laminate).

general-purpose machine *cf.* general-purpose computer.

general-purpose memory mémoire non spécialisée *(mémoire ou partie d'une mémoire centrale non utilisée comme registre, par exemple) (inf) (cf. aussi* main memory *et* register[1] 1).

general-purpose oscilloscope oscilloscope universel, *(etc.) (cf. aussi* general-purpose instrument *et* oscilloscope).

general-purpose plug-in *cf.* general-purpose plug-in oscilloscope.

general-purpose plug-in oscilloscope oscilloscope à tiroirs universel, *(etc.) (cf. aussi* general-purpose instrument *et* plug-in oscilloscope).

general-purpose radar *cf.* multimode radar.

general-purpose register registre banalisé, registre non spécialisé *(registre d'ordinateur pouvant contenir successivement plusieurs types d'informations) (inf) (cf. aussi* register[1] 1) (a)).

general-purpose relay relais universel *(cf. aussi* relay[1] 1)).

general-purpose resistor résistance ordinaire, résistance à usage courant *(sdpo à « résistance de précision ») (cf. aussi* precision resistor).

general-purpose storage *cf.* general-purpose memory.

general-purpose television télévision filaire *(cf. aussi* closed-circuit television).

general-purpose TV *cf.* general-purpose television.

general register *cf.* general-purpose register.

general register unit *cf.* general-purpose register.

general routine *cf.* general program.

general storage *cf.* general-purpose memory.

general store *cf.* general-purpose memory.

general theory of relativity théorie de la relativité générale *(extension de la théorie de la relativité restreinte au cas où les observateurs peuvent être animés d'un mouvement accéléré l'un par rapport à l'autre) (cf. aussi* theory of relativity).

generate *v (cf. aussi* generation) 1) engendrer *(éviter d'employer « générer » malgré la commodité de cet anglicisme)* 2) produire. 3) créer. 4) élaborer. 5) fournir. 6) dégager. 7) émettre. 8) établir.

generated on board 1) élaboré(e) sur la carte *(signal ou* *tension de référence ou d'alimentation utilisé et élaboré sur une même carte à circuit imprimé*) (*cf. aussi* printed-circuit board). **2)** élaboré(e) par le circuit (*signal ou tension de référence ou d'alimentation utilisé et élaboré par un même circuit hybride*) (*cf. aussi* hybrid circuit). **3)** *cf.* generated on chip.

generated on chip élaboré(e) sur la puce (*signal ou tension de référence ou d'alimentation utilisé et élaboré sur une même puce de circuit intégré*) (*cf. aussi* chip 1)).

generation **1)** génération (*d'électricité, etc.*). **2)** production (*d'électricité, d'un champ, etc.*). **3)** création (*de porteurs de charge, d'un champ, etc.*). **4)** élaboration (*d'un signal, d'une tension, d'impulsions, etc.*). **5)** fourniture (*d'informations, etc.*). **6)** dégagement (*de chaleur, etc.*). **7)** émission (*de particules, d'informations, etc.*).

generation of ... *cf. ...* generation.

generation rate cadence de création de paires électron-trou (*nombre de paires électron-trou créées par seconde dans une zone déterminée d'un cristal semiconducteur*) (*cf. aussi* electron-hole pair).

generator **1)** générateur *sm* (*de courant, de tension, de fréquences, de signaux, d'impulsions*) (*appareil ou, parfois, montage*). **2)** génératrice *sf* (*machine tournante convertissant l'énergie mécanique en courant électrique continu ou alternatif en utilisant l'induction électromagnétique associée à un flux coupé, c.-à-d. l'induction d'une force électromotrice dans un conducteur déplacé perpendiculairement aux lignes de force d'un champ magnétique*) (*le conducteur mobile est l'une des spires de l'induit ; le champ magnétique est créé par un pôle inducteur*) (*l'induit est le rotor dans une génératrice de courant continu et généralement le stator dans un alternateur ; l'inducteur est naturellement l'autre partie de la machine*) (*élt*) (*cf. aussi* dc generator, ac generator *et* electromagnetic induction). **3)** *cf.* signalling generator. **4)** *cf.* program generator.

generator action effet génératrice (*nom parfois donné à la production d'un courant par une génératrice, c.-à-d. à l'induction électromagnétique dans une telle machine*) (*cf. aussi* generator 2)).

generator current *cf.* generator output current.

generator output **1)** sortie du générateur (*borne de sortie d'un générateur*) (*cf. aussi* generator 1)). **2)** sortie de la génératrice (*borne de sortie d'une génératrice*) (*cf. aussi* generator 2)). **3)** sortie de la magnéto (*borne de sortie d'une magnéto d'appel*) (*cf. aussi* signalling generator). **4)** *cf.* generator output signal. **5)** *cf.* generator output power.

generator output current (*voir aussi* generator output 1), 2), 3)) (*parf.* intensité du) courant de sortie du (*ou* de la) ..., (*idem*) courant fourni (*ou* débité) par le (*ou* la) ..., (*idem*) courant du (*ou* de la) ...

generator output power (*voir aussi* generator output 1), 2), 3)) puissance de sortie du (*ou* de la) ..., puissance fournie par le (*ou* la) ..., puissance du (*ou* de la) ...

generator output signal (*voir aussi* generator output 1), 2), 3)) signal de sortie du (*ou* de la) ..., signal fourni par le (*ou* la) ..., signal du (*ou* de la) ...

generator output voltage (*voir aussi* generator output 1), 2), 3)) tension de sortie du (*ou* de la) ..., tension aux bornes du (*ou* de la) ..., tension fournie par le (*ou* la) ..., tension du (*ou* de la) ...

generator power *cf.* generator output power.

generator signal *cf.* generator output signal.

generator signalling appel par magnéto (*tél*) (*cf. aussi* signalling generator).

generator voltage *cf.* generator output voltage.

geodetic path trajet suivant un grand cercle (*propa*) (*cf. aussi* great-circle propagation).

geodetic-path signal signal ayant suivi un grand cercle, signal direct (*radionav*) (*cf. aussi* great-circle propagation).

geomagnetic géomagnétique *a* (*propriété de ce qui est relatif au magnetisme terrestre*) (*cf. aussi* terrestrial magnetism).

geomagnetic axis axe géomagnétique (*diamètre de la Terre confondu avec la direction du dipôle formé par le champ magnétique terrestre*) (*cf. aussi* geomagnetic pole).

geomagnetic coordinates coordonnées géomagnétiques (*coordonnées d'un point de la surface de la Terre mesurées par rapport à l'équateur géomagnétique et à un plan méridien origine passant par un pôle géomagnétique et le pôle géographique correspondant*) (*cf. aussi* geomagnetic equator *et* geomagnetic pole).

geomagnetic equator équateur géomagnétique (*grand cercle de la Terre dont le plan est perpendiculaire à l'axe géomagnétique*) (*ne pas confondre avec l'équateur magnétique*) (*cf. aussi* geomagnetic axis *et* magnetic equator).

geomagnetic field champ géomagnétique (*autre nom du champ magnétique terrestre employé notamment pour désigner sa représentation symétrique conventionnelle*) (*cf. aussi* terrestrial magnetism).

geomagnetic latitude latitude géomagnétique (*latitude mesurée le long d'un méridien géomagnétique*) (*cf. aussi* geomagnetic meridian *et* geomagnetic coordinates).

geomagnetic longitude longitude géomagnétique (*longitude mesurée par rapport au méridien géomagnétique origine*) (*cf. aussi* geomagnetic coordinates).

geomagnetic meridian méridien géomagnétique (*grand cercle de la Terre passant par les pôles géomagnétiques*) (*ne pas confondre avec méridien magnétique*) (*cf. aussi* geomagnetic pole *et* magnetic meridian).

geomagnetic north pole pôle nord géomagnétique (*ne pas confondre avec le pôle nord magnétique*) (*cf. aussi* geomagnetic pole).

geomagnetic pole pôle géomagnétique (*un des deux points de la surface de la Terre où l'axe géomagnétique traverse celle-ci*) (*pôle géomagnétique nord ou sud*) (*ne coïncide pas avec le pôle magnétique correspondant*) (*cf. aussi* geomagnetic axis *et* magnetic pole).

geomagnetic south pole pôle sud géomagnétique (*ne pas confondre avec le pôle sud magnétique*) (*cf. aussi* geomagnetic pole).

geomagnetician spécialiste du géomagnétisme (*cf. aussi* terrestrial magnetism).

geomagnetism géomagnétisme (*Terre*) (*cf. aussi* terrestrial magnetism).

geometric distortion déformation, distorsion (géométrique) (*image TV ou autre*) (*cf. aussi* television picture distortion).

geometric error erreur géométrique (*erreur dans la détermination du point d'un mobile à l'aide d'un système de radionavigation à grande distance due à l'aplatissement de la Terre aux pôles*) (*cf. aussi* long-distance navigation).

geostationary satellite satellite géostationnaire, satellite géosynchrone (*noter l'ordre de préférence des qualificatifs pour un satellite*) (*satellite artificiel de la Terre gravitant sur une orbite équatoriale dans le sens de rotation de la Terre et à la même vitesse angulaire à une altitude de 35 900 km, c.-à-d. à l'altitude à laquelle la force centrifuge créée dans le plan de l'orbite à cette vitesse angulaire compense exactement l'attraction de la Terre*) (*tournant à la même vitesse que la Terre et dans le même sens* — *d'où le qualificatif « géosynchrone »* —, *le satellite reste immobile, aux dérives près,* — *d'où le qualificatif « géostationnaire »* — *à la verticale du point de la Terre au-dessus duquel il est d'abord « mis à poste », puis « maintenu à poste » au moyen de petites tuyères d'éjection télécommandées par radio de la Terre et fournissant des impulsions de poussée d'amplitude, durée et direction déterminées ramenant le satellite « à poste »*) (*est utilisé notamment comme satellite de télécommunications, de radiodiffusion, de télédétection, de reconnaissance et le serait comme satellite héliogénérateur*) (*cf. aussi* communications satellite, broadcast satellite, remote sensing satellite, reconnaissance satellite *et* solar power satellite).

geosynchrous orbit orbite géosynchrone, orbite géostationnaire (*noter l'ordre de préférence des qualificatifs pour l'orbite*) (*orbite d'un satellite géostationnaire*) (*espace*) (*cf. aussi* geostationary satellite).

germanium germanium (*semiconducteur le plus utilisé à l'origine pour la fabrication des composants à semiconducteur*) (*a cédé la place au silicium, sauf dans quelques applications, principalement à cause de sa mauvaise tenue à la chaleur, bien que sa mobilité électronique, égale à 3 900 $cm^2/V.s$, soit presque trois fois plus grande que celle du silicium*) (*cf. aussi* semiconductor, carrier mobility *et* silicon).

germanium avalanche photodiode photodiode à avalanche au germanium *(cf. aussi* avalanche photodiode).

germanium diode diode au germanium *(diode à semiconducteur utilisant une puce de germanium) (cf. aussi* germanium junction diode, germanium point-contact diode, semiconductor diode *et* chip 1)).

germanium junction diode diode à jonction au germanium *(diode à jonction par alliage réalisée dans une puce de germanium) (premier type de diode à jonction; n'est plus fabriqué) (cf. aussi* junction diode, alloy diode, chip 1) *et* germanium).

germanium point-contact diode diode à pointe au germanium *(diode à pointe dans laquelle la puce de semiconducteur est en germanium) (la pointe peut être en tungstène ou en or) (cf. aussi* point-contact diode *et* germanium).

germanium transistor transistor au germanium *(transistor bipolaire réalisé dans une puce de germanium) (cf. aussi* bipolar transistor, chip 1) *et* germanium).

getter[1] *s* fixateur de gaz, getter *(petit morceau de métal spécial introduit dans un tube à vide avant scellement de celui-ci et destiné à parfaire et entretenir le vide dans l'ampoule en absorbant des gaz résiduels après pompage et les gaz qui se dégagent des électrodes et autres pièces métalliques en cours de fonctionnement) (peut être vaporisé (« flashé ») par une impulsion après scellement du tube (barium, strontium, calcium, etc.) ou non vaporisé (tantale, colombium, zirconium, etc.) (cf. aussi* degassing).

getter[2] *v* fixer (les gaz) *(cf. aussi* getter[1]).

getter residual gases *v* parfaire le vide (au moyen d'un fixateur de gaz) *(cf. aussi* getter[1]).

gettering fixation des gaz, *(parf.)* emploi d'un fixateur de gaz *(cf. aussi* getter[1]).

GFC radar *cf.* gun fire control radar.

GFLOP *cf.* gigaflop.

GGG *cf.* gallium gadolinium garnet.

ghost 1) *cf.* ghost image. 2) *cf.* ghost echo.

ghost echo écho fixe *(radar) (cf. aussi* fixed-target echo).

ghost image image fantôme *(image parasite décalée à droite de l'image normale sur un écran de télévision lorsque l'image est dédoublée par trajet multiple de l'onde reçue) (est produite par l'onde se propageant suivant le rayon réfléchi et arrivant à l'antenne un peu après l'onde directe du fait du trajet plus long) (cf. aussi* multipath propagation *et* television picture).

ghost mode mode fantôme *(mode de propagation indésirable dans un guide d'ondes dû à une irrégularité de la paroi intérieure du guide) (hyper) (cf. aussi* propagation mode).

ghost pulse impulson fantôme *(impulsion parasite sur l'écran d'un récepteur Loran ou Gee) (radionav) (cf. aussi* Loran *et* Gee).

ghost signal 1) signal à trajet indirect, signal indirect *(TV) (cf. aussi* ghost image). 2) *cf.* ghost echo. 3) *cf.* ghost pulse.

ghosting dédoublement de l'image, apparition d'une image fantôme *(TV) (cf. aussi* ghost image).

GHz *cf.* gigahertz.

giant pulse impulsion à *(ou* de*)* très grande amplitude *(laser de puissance, etc.) (cf. aussi* Q switching).

gigabit gigabinaire, Gbn, Gb *sm (= 10^9 binaires) (inf) (cf. aussi* bit).

gigabyte gigaoctet, Go *(= 10^9 octets) (inf) (cf. aussi* byte).

gigacycle *cf.* gigahertz.

gigaflops gigaflops, Gflops *(= 10^9 flops) (inf) (cf. aussi* FLOPS).

gigahertz gigahertz, GHz *(= 10^9 hertz) (cf. aussi* hertz).

gigohm gigaohm, GΩ *(= 10^9 ohms) (cf. aussi* ohm).

gilbert gilbert *(unité de force magnétomotrice du système CGS égale à 0,7956 ampère-tour) (cf. aussi* ampere-turn).

gimballed aerial *cf.* gimballed antenna.

gimballed antenna antenne montée à la cardan *(antenne de radar de nez d'aéronef ou d'autodirecteur radar de missile).*

gimmick queue de cochon *(petit condensateur ajustable formé de deux bouts de fil isolé torsadés ensemble) (cf. aussi* trimmer capacitor).

GL radar *cf.* gun-laying radar.

glass-bead rectifier diode diode de redressement sous perle de verre *(cf. aussi* rectifier diode (b)).

glass-bonded mica mica vitrifié, mica fritté *(isolant réfractaire formé de poudre de mica et de verre comprimée à haute température).*

glass capacitor condensateur au verre, condensateur à diélectrique verre *(condensateur dans lequel le diélectrique est constitué par une ou plusieurs feuilles de verre très minces séparant des feuilles d'aluminium, également très minces, formant les armatures) (les armatures peuvent être simples (une feuille par armature) pour les très petites capacités ou multiples (plusieurs feuilles par armature) pour les capacités plus élevées) (le tout est recouvert soit de verre fondant au four à une température moins élevée que celle du diélectrique, soit d'un enrobage plastique) (cf. aussi* capacitor).

glass cladding gaîne en verre, gaîne de verre *(fibre optique) (cf. aussi* cladding).

glass-coated capacitor condensateur ... *(voir aussi* glass-coated component) *(condensateur au verre ou condensateur céramique).*

glass-coated ceramic capacitor condensateur céramique ... *(voir aussi* glass-coated component) *(cf. aussi* ceramic capacitor).

glass-coated component composant à enrobage verre *(ou* en verre), composant enrobé de verre, composant sous enrobage (en) verre, composant sous verre *(condensateur, diode, etc.) (cf. aussi* glass coating).

glass-coated device *cf.* glass-coated component.

glass-coated glass capacitor condensateur au verre ... *(voir aussi* glass-coated component) *(cf. aussi* glass capacitor).

glass coating 1) enrobage en verre, enrobage verre *(couche de verre fondant à température relativement basse formée au four sur un composant pour le protéger des chocs et de l'air et l'isoler) (condensateur, diode, etc.) (cf. aussi* dip coating). 2) enrobage au verre *(procédé) (voir aussi* 1) ci-dessus).

glass core cœur en verre *(fibre optique) (cf. aussi* core 1)).

glass-encapsulated ... 1) *cf.* glass-packaged ... 2) *cf.* glass-coated ...

glass encapsulation 1) *cf.* glass packaging. 2) *cf.* glass coating.

glass envelope enveloppe en verre, enveloppe de verre, ampoule *(lampe, tube) (cf. aussi* envelope 1)).

glass-epoxy board *cf.* glass-epoxy printed-circuit board.

glass-epoxy card *cf.* glass-epoxy printed-circuit board.

glass-epoxy circuit board *cf.* glass-epoxy printed-circuit board.

glass-epoxy circuit card *cf.* glass-epoxy printed-circuit board.

glass-epoxy laminate stratifié verre-époxy *(stratifié pour circuits imprimés dans lequel les couches d'isolant sont en tissu de fibres de verre et la résine est de la résine époxy) (cf. aussi* printed-circuit laminate).

glass-epoxy pc ... *cf.* glass-epoxy PC ...

glass-epoxy PC board *cf.* glass-epoxy printed-circuit board.

glass-epoxy PC card *cf.* glass-epoxy printed-circuit board.

glass-epoxy printed board *cf.* glass-epoxy printed-circuit board.

glass-epoxy printed card *cf.* glass-epoxy printed-circuit board.

glass-epoxy printed circuit circuit imprimé verre-époxy *(ou* en stratifié verre-époxy) *(circuit imprimé réalisé sur un substrat en stratifié verre-époxy) (cf. aussi* glass-epoxy printed-circuit substrate).

glass-epoxy printed-circuit board carte à circuit imprimé en verre-époxy *(ou* à substrat verre-époxy), *(etc.) (cf. aussi* glass-epoxy printed circuit *et* printed-circuit board).

glass-epoxy printed-circuit card *cf.* glass-epoxy printed-ciruti board.

glass-epoxy printed-circuit substrate substrat de circuit imprimé *(parf.* pour circuits imprimés) en stratifié verre-époxy, substrat en stratifié verre-époxy, substrat verre-époxy *(substrat de circuit imprimé dans lequel l'isolant est un stratifié verre-époxy) (cf. aussi* glass-epoxy laminate *et* printed-circuit substrate).

glass-epoxy substrate *cf.* glass-epoxy printed-circuit substrate.

glass fiber 1) fibre de verre *(tissu de fibres de verre, etc.).* 2) *cf.* glass optical fiber.

glass-fiber cable câble à fibre optique en verre *(cf. aussi* optical fiber).

glass frit *cf.* frit glass.

glass holder support de quartz en verre *(quartz d'oscillateur)* *(cf. aussi* oscillator crystal).

glass laser laser à verre *(laser à solide dans lequel le solide est du verre contenant des ions de terre rare ou d'actinide)* *(cf. aussi* neodymium laser).

glass-metal ... *cf.* glass-to-metal ...

glass optical fiber fibre optique en verre, fibre en verre *(cf. aussi* optical fiber).

glass package 1) boîtier en verre *(petit tube de verre contenant notamment une diode à semiconducteur).* 2) *cf.* glass coating 1).

glass-packaged component 1) composant encapsulé sous verre, composant sous verre *(cf. aussi* glass package 1)). 2) *cf.* glass-coated component.

glass-packaged device *cf.* glass-packaged component.

glass-packaged diode diode encapsulée sous verre, diode sous verre *(cf. aussi* glass package 1)).

glass packaging 1) encapsulation sous verre *(ou sous tube de verre)*, montage sous verre *(ou sous tube de verre)* *(diode à semiconducteur).* 2) *cf.* glass coating.

glass-passivated junction jonction passivée au verre *(ou par une couche de verre)* *(cf. aussi* glass passivation).

glass passivation passivation au verre *(puce de composant à semiconducteur)* *(cf. aussi* passivation).

glass point-contact detector diode diode de détection à pointe sous verre *(diode hyper)* *(cf. aussi* glass package 1), detector diode *et* point diode).

glass point-contact mixer diode diode mélangeuse à pointe sous verre *(diode hyper)* *(cf. aussi* glass package 1), mixer diode *et* point-contact diode).

glass Shcottky detector diode diode de détection Schottky sous verre *(diode hyper)* *(cf. aussi* glass package 1), detector diode *et* Schottky diode).

glass Schottky mixer diode diode mélangeuse Schottky sous verre *(diode hyper)* *(cf. aussi* glass package 1), mixer diode *et* Schottky diode).

glass-sealed liquid-crystal display afficheur à cristaux liquides scellé au verre *(a une durée de vie plus grande que les afficheurs à joint plastique grâce à la durabilité du joint formé empêchant la pénétration de la vapeur d'eau contenue dans l'air)* *(cf. aussi* liquid-crystal display).

glass substrate substrat en verre, substrat de verre *(substrat de circuit hybride à couches minces)* *(cf. aussi* thin-film hybrid circuit).

glass-to-metal seal scellement verre sur métal, scellement verre-métal *(scellement entre le culot en verre d'un tube électronique et une broche de celui-ci, etc.)* *(est réalisé à l'aide d'un « métal » d'apport composé de poudre d'un métal et d'un verre à coefficients de dilatation thermique sensiblement égaux).*

glass-to-metal sealing scellement verre sur métal, scellement verre-métal *(action)* *(cf. aussi* glass-to-metal seal).

glass transfer-molded package boîtier en verre moulé par transfert *(cf. aussi* glass package 1)).

glass tube tube *(électronique)* à enveloppe en verre, tube en verre *(clpf pour les tubes classiques)* *(cf. aussi* enveloppe 1)).

glass-type tube *cf.* glass tube.

glassivated *cf.* glass-passivated.

glassivation *cf.* glass passivation.

glaze s couche épaisse *(résistance)* *(cf. aussi* thick-film resistor).

glaze paste pâte pour couches épaisses *(résistance, CH)* *(cf. aussi* thick-film ink).

glide *cf.* glide slope.

glide bomb bombe planante *(bombe dotée de qualités aérodynamiques lui permettant de planer et équipée de gouvernes et d'un système de guidage vers l'objectif)* *(terme générique couvrant la bombe à guidage laser et la bombe à guidage télévision)* *(mil)* *(cf. aussi* laser-guided bomb, television-guided bomb *et* guidance system).

glide-path *cf.* glide-slope. *(de même pour les termes dérivés).*

glide slope plan de descente, *(parf.)* radioalignement de descente *(plan incliné dans lequel le pilote d'un avion exécutant un atterrissage aux instruments doit s'efforcer de maintenir son appareil pour aborder la piste au bon endroit et sous l'angle voulu avant d'exécuter l'arrondi qui précède le toucher des roues)* *(système ILS)* *(cf. aussi* glide-slope antenna (a) *et* ILS).

glide-slope aerial *(GB)* *cf.* glide-slope antenna.

glide-slope angle angle du plan de descente *(angle formé par le plan de descente et l'horizontale)* *(cf. aussi* glide slope).

glide-slope antenna antenne de plan de descente (a) *antenne au sol émettant un faisceau d'ondes en éventail matérialisant le plan de descente)* *(cf. aussi* glide slope); (b) *antenne d'avion captant les ondes du plan de descente)* *(voir aussi* (a) ci-dessus).

glide-slope beacon *cf.* glide-slope transmitter.

glide-slope facility station (indicatrice) de plan de descente *(station comprenant l'émetteur de plan de descente et son antenne)* *(cf. aussi* glide slope).

glide slope receiver récepteur (de signaux) de plan de descente *(récepteur monté sur avion)* *(cf. aussi* glide slope).

glide-slope transmitter émetteur (de signaux) de plan de descente *(émetteur alimentant l'antenne d'une station indicatrice de plan de descente)* *(cf. aussi* glide-slope antenna).

sglide weapon *cf.* glide bomb.

glint scintillation *(cible radar)* *(cf. aussi* target scintillation).

glitch 1) pointe de tension *(cf. aussi* voltage spike). 2) pointe de conversion *(terme que j'ai proposé)*, pointe *(impulsion pointue, positive ou négative, apparaissant dans la tension de sortie d'un dénumériseur)* *(se produit dans certains cas lorsque les binaires des mots à convertir ne changent pas simultanément de valeur, la conversion commençant alors trop tôt)* *(exemple : si après avoir converti le mot binaire 0111, le dénumériseur a le mot 1000 à convertir et que le 0 du premier mot passe à 1 avant que les 1 passent à 0, le mot d'entrée est 1111 pendant un instant avant de passer à 1000 et le convertisseur, réagissant instantanément, fournit le signal de sortie correspondant, c.-à-d. une impulsion de tension positive, avant de fournir la tension correspondant au mot 1000)* *(inversement, si les 1 du premier mot passent à 0 avant que le 0 passe à 1, le mot d'entrée est 0000 pendant un instant et le convertisseur fournit le signal correspondant, c.-à-d. une tension nulle, donc une impulsion de tension négative en valeur relative, avant de fournir la tension correspondant à 1000)* *(cf. aussi* digital-to-analog converter, time skew *et* major carry).

glitch detection mise en évidence des pointes de conversion *(à l'aide d'un oscilloscope)* *(cf. aussi* glitch 2)).

glitch energy énergie de la pointe de conversion *(parf. d'une ...)* *(énergie mise en jeu par une pointe de conversion)* *(cf. aussi* energy *et* glitch 2)).

glitch fixer *(fam)* *cf.* logic analyzer.

glitter *cf.* glint.

global beam faisceau global, faisceau à couverture globale *(faisceau d'une antenne d'émission de satellite de télécommunications couvrant à peu près la moitié de la Terre)* *(cf. aussi* communications satellite).

global commercial satellite communications system réseau mondial de télécommunications civiles par satellites *(cf. aussi* satellite communications).

global communications télécommunications à l'échelle mondiale *(cf. aussi* communications).

global positioning system système GPS, réseau de satellites Navstar *(réseau mondial américain de satellites de navigation à usage militaire et civil comprenant 18 satellites munis d'une horloge atomique répartis sur six orbites, avec un minimum de quatre satellites en vue de n'importe quel point de la Terre à tout instant)* *(radionav)* *(cf. aussi* navigation satellite).

glow discharge décharge luminescente, décharge à lueur *(décharge produisant une lueur dans un tube à décharge à une valeur déterminée de la pression dans celui-ci)* *(cf. aussi* discharge tube *et* neon tube).

glow-discharge indicator voyant à lampe au néon, voyant au néon *(cf. aussi* neon lamp).

glow-discharge tube tube à décharge luminescente *(cf. aussi* glow discharge).

glow-discharge voltage regulator *cf.* glow-discharge voltage stabilizer.

glow-discharge voltage stabilizer tube stabilisateur de tension *(alim) (cf. aussi* voltage stabilizing tube).

glow lamp lampe à lueur (cathodique) *(lampe à décharge dans laquelle les deux électrodes sont très rapprochées et la tension d'amorçage est de ce fait égale à la tension d'alimentation, mais la lumière est alors limitée à une lueur entourant la cathode) (lampe au néon, à l'argon, etc.) (cf. aussi* discharge lamp *et* neon lamp).

glow potential *cf.* glow voltage.

glow switch starter (au néon) *(starter de lampe constitué d'une petite lampe au néon dans laquelle une des électrodes est une bilame dont l'extrémité libre vient toucher l'autre électrode lorsque la bilame est chauffée par la décharge dans la lampe) (à la mise sous tension simultanée de la lampe et du starter, la décharge s'amorce dans ce dernier, la bilame s'échauffe et, après un temps déterminé, vient toucher l'autre électrode en court-circuitant ainsi la décharge, laquelle cesse alors; la décharge étant interrompue, la bilame se refroidit et, en se redressant, elle coupe le circuit inductif d'alimentation de la lampe en créant une surtension suffisante pour amorcer la décharge de celle-ci) (la chute de tension produite par cet amorçage empêche le starter de se réamorcer tant que la lampe n'a pas été éteinte, la tension à ses bornes étant alors inférieure à la tension d'ionisation du néon) (cf. aussi* starter 1), neon lamp *et* ionization voltage).

glow voltage tension d'amorçage (de la décharge luminescente) *(cf. aussi* glow discharge).

glue chip *(fam)* boîtier auxiliaire *(CI) (cf. aussi* support chip).

glue circuit *(fam)* circuit auxiliaire *(CI) (cf. aussi* support circuit).

glue-line heating chauffage préférentiel de la colle *(collage de pièces de bois par chauffage diélectrique dans lequel la colle chauffe plus que le bois, ses pertes diélectriques étant plus grandes que celles du bois) (cf. aussi* dielectric heating).

GMTI *cf.* ground moving-target indicator.

gnd *cf.* ground[1].

GND *cf.* ground[1].

go-back-N ARQ demande de répétition non sélective, ARQ non sélectif *(demande de répétition déclenchant la réémission de toutes les informations déjà émises à partir du bloc contenant l'erreur détectée) (transmission de données) (cf. aussi* automatic repeat request).

go-back-N ARQ protocol protocole à demande de répétition non sélective *(cf. aussi* go-back-N ARQ *et* protocol.

go high *v* passer à l'état haut *(se dit d'une sortie de circuit logique qui bascule de l'état « 0 » à l'état « 1 ») (inf) (cf. aussi* logic state *et* go low).

go low *v* passer à l'état bas *(se dit d'une sortie de circuit logique qui bascule de l'état « 1 » à l'état « 0 ») (cf. aussi* go high).

go negative *v* devenir négative, prendre la polarité négative *(borne) (cf. aussi* negative polarity).

go/no-go board testing (le) contrôle rapide des cartes *(cf. aussi* go/no go indication).

go/no-go indication indication bon/mauvais *(indication d'un appareil pour le contrôle rapide de composants et notamment contrôleur de cartes logiques) (cf. aussi* logic board).

go/no-go test (un) contrôle rapide *(cf. aussi* go/no-go indication).

go/no-go tester appareil de contrôle rapide *(cf. aussi* go/no-go indication).

go off scale *v* aller en butée *(aiguille d'appareil de mesure) (cf. aussi* pointer deflection).

go on the air *v* être émis *(informations ou programme sonore ou visuel radio diffusé).*

go out *v* **1)** sortir *(sens usuel).* **2)** s'éteindre *(lampe, voyant lumineux).*

go positive *v* devenir positive, prendre la polarité positive *(borne) (cf. aussi* positive polarity).

go to the ... *v* **1)** être transmis au ... (à la ..., aux ...) *(signal, etc.).* **2)** aboutir *(idem) (conducteur, etc.).*

gobo écran absorbant (a) *écran en matière absorbant les ondes acoustiques utilisé pour isoler un microphone d'une réverbération acoustique ou d'un bruit gênant lors d'une prise de son);* (b) *écran en matière noir mat disposé devant une surface réfléchissant la lumière ou devant une source de lumière gênante pour protéger l'objectif de la caméra lors d'une prise de vues de télévision).*

goes ... *cf.* go ... *(et adapter).*

gold-aluminium junction jonction or-aluminium *(jonction indésirable formée par la soudure des fils de connexion en or sur les plages de connexion en aluminium d'un circuit intégré) (cf. aussi* purple plague).

gold ball bonding soudage par boule d'or *(soudage par boule dans lequel le fil utilisé est un fil d'or) (cas général) (fab. CI, CH, semi) (cf. aussi* ball bonding).

gold-bonded diode *cf.* gold point-contact diode.

gold bonding *cf.* gold ball bonding.

gold bonding wire fil de connexion en or *(CI, CH, semi) (cf. aussi* gold ball bonding).

gold chip ... *cf.* gold CHIP ...

gold CHIP device *cf.* gold CHIP integrated circuit.

gold CHIP IC *cf.* gold CHIP integrated circuit.

gold CHIP integrated circuit circuit intégré Gold-chip, circuit intégré à protection trimétal *(cf. aussi* gold CHIP process).

gold CHIP package boîtier de circuit Gold-chip, boîtier Gold-chip *(cf. aussi* gold CHIP process).

gold CHIP process *(« CHIP » vient de « chip hermeticity in plastic »)* procédé Gold-chip, procédé Trimétal *(procédé relativement ancien d'encapsulation de circuits intégrés sous boîtier plastique, dans lequel l'herméticité est obtenue au niveau de la puce recouverte successivement d'une couche de titane, d'une couche de platine et d'une couche d'or) (cf. aussi* chip 1)).

gold-doped diode diode dopée à l'or *(semi) (cf. aussi* gold doping).

gold-doped process procédé avec dopage à l'or *(fab. semi) (cf. aussi* gold doping).

gold doping dopage à l'or *(dopage abrégeant la durée de vie des porteurs de charge minoritaires dans une jonction PN au silicium grâce au fait que les atomes d'or prennent, dans le réseau cristallin du silicium, des positions interstitielles formant des centres de recombinaison supplémentaires) (est utilisé pour obtenir une grande vitesse de commutation dans certaines diodes et certains transistors) (cf. aussi* doping, minority carrier, p-n junction *et* trapping site).

gold epoxy colle époxy à l'or *(fab. CH) (cf. aussi* conductive epoxy).

gold-leaf electroscope électroscope à feuilles d'or *(électroscope formé de deux feuilles d'or très minces suspendues à une tige métallique isolée traversant le couvercle d'une enceinte en verre) (lorsqu'un corps électrisé est mis en contact avec l'extrémité supérieure de la tige, la charge électrique se transmet aux deux feuilles qui s'écartent l'une de l'autre par répulsion électrostatique) (cf. aussi* electroscope *et* electrostatic force).

gold-metallized component *cf.* gold-metallized integrated circuit.

gold metallized device *cf.* gold-metallized integrated circuit.

gold-metallized IC *cf.* gold-metallized integrated circuit.

gold-metallized integrated circuit circuit intégré à couche de métallisation en or *(cf. aussi* metallization (a)).

gold-plated board *cf.* gold-plated printed-circuit board.

gold-plated card *cf.* gold-plated printed-circuit board.

gold-plated contact contact plaqué or, contact doré *(connecteur) (cf. aussi* connector contact).

gold-plated pc ... *cf.* gold-plated PC ...

gold-plated PC *cf.* gold-plated printed circuit.

gold-plated PC board *cf.* gold-plated printed-circuit board.

gold-plated PC card *cf.* gold-plated printed-circuit board.

gold-plated printed circuit circuit imprimé à rubans dorés *(cf. aussi* printed circuit *et* trace[1] 2)).

gold-plated printed-circuit board carte à circuit imprimé à ruban dorés, carte (imprimée) à rubans dorés *(cf. aussi* printed-circuit board *et* trace[1] 2)).

gold-plated printed-circuit card *cf.* gold-plated printed-circuit board.

gold point-contact diode diode à pointe d'or *(diode hyper) (cf. aussi* point-contact diode).

gold stitch bond   soudure plane sur fil d'or *(CI, CH, semi) (cf. aussi* stitch bonding).

gold stitch bonding   soudage plan sur fil d'or *(fab. CI, CH, semi) (cf. aussi* stitch bonding).

gold thermocompression bond   soudure par thermocompression sur fil d'or *(CI, CH, semi) (cf. aussi* thermocompression bonding).

gold thermocompression bonding   soudage par thermocompression sur fil d'or, soudage de fil d'or par thermocompression *(fab. CI, CH, semi) (cf. aussi* thermocompression bonding).

gold thermocompression stitch ...   *cf.* gold stitch ...

gold-wire bond   soudure sur fil d'or *(parf.* d'un fil d'or) *(est souvent une soudure à boule) (CI, etc.) (cf. aussi* ball bond).

gold-wire bonding   soudage de fils d'or *(cf. aussi* gold-wire bond).

goniometer   goniomètre *(appareil permettant de mesurer l'angle formé par deux directions non confondues) (cf. aussi* radiogoniometer).

GOPS   *cf.* gigops.

Goubeau line   ligne de Goubeau *(ligne de transmission hyperfréquence formée d'un conducteur de section circulaire recouvert d'un diélectrique à la surface duquel se propage l'onde hyperfréquence) (constitue un guide d'ondes circulaire à diélectrique extérieur) (cf. aussi* transmission line, dielectric[1] *et* waveguide).

governing   régulation *(cf. aussi* governor).

governor   régulateur *(de vitesse, de pression ou de température) (cf. aussi* regulator).

governor generator   génératrice tachymétrique *(asser) (cf. aussi* tachogenerator).

GPI   *cf.* ground-position indicator.

GPIB   *(vient de « general-purpose interface bus »)* bus GPIB, bus universel *(système d'interconnexion d'appareils informatiques ou numériques utilisant un bus et les circuits associés) (inf) (cf. aussi* bus 1).

GPS   *cf.* global positioning system.

GPTV   *cf.* general-purpose television.

GPWS   *cf.* ground proximity warning system.

graded-base transistor   transistor à gradient d'impuretés *(cf. aussi* drift transistor).

graded control   commande hiérarchisée *(commande d'un système en fonction de plusieurs grandeurs de référence d'importance diverse) (asser) (cf. aussi* multivariable control system).

graded index   gradient d'indice *(cf. aussi* graded-index optical fiber).

graded-index core   cœur à gradient d'indice *(cf. aussi* graded-index optical fiber).

graded-index fiber   *cf.* graded-index optical fiber.

graded-index multimode fiber   *cf.* graded-index multimode optical fiber.

graded-index multimode optical fiber   fibre optique multimode à gradient d'indice, fibre multimode à gradient d'indice *(cf. aussi* multimode optical fiber *et* graded-index optical fiber).

graded-index optic fiber   *cf.* graded-index optical fiber.

graded-index optical fiber   fibre optique à gradient d'indice, fibre à gradient d'indice *(fibre optique dans laquelle l'indice de réfraction du cœur diminue progressivement du centre du cœur à l'interface cœur/gaîne) (cf. aussi* optical fiber *et* gradient).

graded multimode ...   *cf.* graded-index multi-mode optical fiber.

graded multiple   multiple échelonné *(central tél) (cf. aussi* grading).

graded periodicity   espacement variable *(espacement entre les dents successives des deux peignes d'un filtre à ondes acoustiques de surface) (la variation de l'espacement des dents permet d'agir sur la courbe de réponse du filtre) (cf. aussi* SAW filter).

gradient   gradient *(taux de variation de la valeur d'une grandeur variable dans une direction déterminée, c.-à-d. vitesse de variation spatiale de cette grandeur) (le gradient est la dérivée de la grandeur par rapport à une longueur (dy/dl), c.-à-d. une dérivée spatiale, alors que la dérivée par rapport au temps* (dy/dt), *ou dérivée tout court, est une dérivée temporelle) (sauf dans les calculs, on entend généralement par « gradient » la variation de la valeur de la grandeur plutôt que le taux (c.-à-d. la « vitesse spatiale ») de cette variation) (le gradient étant une grandeur orientée, il est représenté par un vecteur) (exemples de gradients : gradient de potentiel entre la cathode et l'anode d'un tube électronique ou entre les armatures d'un condensateur ou dans l'épaisseur d'une jonction polarisée dans le sens inverse, gradient de température dans l'épaisseur d'un mur extérieur d'un local chauffé, gradient de vitesse du courant d'un fleuve entre le milieu et la rive, etc.) (cf. aussi* space rate of change, potential gradient, derivative *et* vector[1] *(a)*).

gradient hydrophone   hydrophone à gradient de pression *(cf. aussi* velocity hydrophone).

gradient microphone   microphone à gradient de pression *(cf. aussi* velocity microphone).

grading   multiplage partiel, gradation *(multiplage d'une partie des contacts d'un groupe de sélecteurs téléphoniques lorsque le nombre de contacts réservé à une direction est inférieur au nombre de circuits à commuter) (cf. aussi* multiple (b)).

gradually changing   à variation progressive *(tension, etc.).*

grain-oriented silicon steel   *cf.* oriented-grain silicon steel.

gramophone   *(GB) cf.* phonograph *(de même pour les termes dérivés).*

grant signal   signal d'acceptation *(cf. aussi* granted request).

granted request   demande acceptée *(d'accès à la mémoire, etc.) (inf) (cf. aussi* arbitration).

granularity   granularité *(mémoire, etc.) (cf. aussi* memory granularity).

graph paper   papier à graphiques, *(souvent aussi)* papier millimétré *(peut être du papier d'enregistrement) (cf. aussi* recording paper).

graph plotter   traceur de courbes *(cf. aussi* X-Y recorder).

graph tracer   *cf.* graph plotter.

graphic applications   applications graphiques *(en informatique, applications d'un ordinateur impliquant l'utilisation, souvent le traitement, et la présentation d'informations graphiques) (cf. aussi* graphic data *et* application).

graphic board   carte graphique *(carte d'extension donnant à un ordinateur des possibilités graphiques qu'il n'a pas) (cf. aussi* expansion board *et* graphic capability).

graphic capability   possibilités graphiques *(possibilités d'un terminal graphique ou d'un ordinateur équivalent sur ce plan) (inf) (cf. aussi* graphic terminal *et* capability).

graphic communications   télécommunications graphiques *(télécommunications par télégraphie ou par terminaux à écran) (cf. aussi* telegraphy *et* display terminal).

graphic console   terminal graphique, pupitre graphique *(ne pas employer « console graphique ») (inf) (cf. aussi* graphic terminal).

graphic controller   régisseur graphique *(régisseur d'écran de terminal graphique) (inf) (cf. aussi* CRT controller *et* graphic terminal).

graphic coprocessor   coprocesseur graphique, *(etc.) (coprocesseur conçu et programmé pour l'exécution d'instructions graphiques, avec calculs pouvant être très nombreux : tracé, ou élimination sélective, de droites, de courbes, de primitives, ombrage, changement d'orientation, agrandissement, réduction, etc.) (inf) (cf. aussi* coprocessor *et* primitive).

graphic data   informations graphiques *(informations représentées par un graphisme) (cf. aussi* information *et* graphics).

graphic-data inputting   introduction d'informations graphiques *(ou de données graphiques) (notamment à l'aide d'un numériseur graphique) (inf) (cf. aussi* graphic data *et* optical scanner).

graphic display   *(cf. aussi* display[1] 1)) **1)** présentation graphique *(présentation d'informations graphiques sur un écran ou du papier) (terminal à écran, enregistreur graphique) (cf. aussi* semigraphic display, graphic data, graphic terminal *et* graphic recorder). **2)** présenteur graphique, *(etc.) (présenteur vidéo à définition suffisante pour permettre la présentation d'informations graphiques) (inf) (cf. aussi* video monitor, resolution (a) *et* graphic data).

graphic-display controller   *cf.* graphic controller.

graphic display equipment   matériel de présentation graphique *(cf. aussi* graphic display 1)).

graphic-display unit   appareil de présentation graphique *(pré-*

senteur graphique ou :raceur de courbes) (inf) (cf. aussi graphic display 2).

graphic instrument appareil graphique *(tg) (enregistreur graphique, imprimante, afficheur graphique, terminal à écran).*

graphic memory mémoire graphique *(nom parfois donné à la mémoire vidéo utilisée dans un terminal graphique) (inf) (cf. aussi* video memory *et* graphic terminal).

graphic plotter *cf.* graph plotter.

graphic primitive primitive graphique *(inf) (cf. aussi* primitive).

graphic record (un) enregistrement graphique *(résultat de l'opération d'enregistrement graphique) (voir aussi* graphic recording *et noter l'ambiguïté du terme français).*

graphic recorder enregistreur graphique *(enregistreur dans lequel la grandeur à enregistrer est enregistrée sous la forme d'une ligne continue ou discontinue tracée sur un papier par une plume à tube capillaire ou équivalente) (noter qu'un enregistreur graphique est un appareil de mesure enregistreur) (cf. aussi* strip-chart recorder, X-Y recorder, optical recorder *et* recorder).

graphic recording (l')enregistrement graphique *(enregistrement effectué par tracé sur du papier ou un support équivalent) (cf. aussi* graphic record *et* graphic recorder).

graphic software logiciel graphique *(logiciel pour applications graphiques) (inf) (cf. aussi* software *et* graphic applications).

graphic tablet tablette graphique *(plateau destiné à recevoir une feuille de papier et muni intérieurement de deux réseaux orthogonaux de conducteurs dont la mise en relation aux points de croisement sous la pression du crayon du scripteur provoque la numérisation des coordonnées successives du tracé pour permettre sa transmission numérique et sa reproduction sur un terminal à écran) (inf) (cf. aussi* analog-to-digital conversion *et* digital transmission).

graphic terminal terminal graphique *(terminal à écran équipé d'un présenteur graphique) (inf) (cf. aussi* display terminal *et* graphic display 2)).

graphic work station poste de travail graphique *(poste de travail utilisant un terminal graphique ou constitué par un tel terminal) (inf) (cf. aussi* work station *et* graphic terminal).

graphical ... *cf.* graphic ...

graphics graphisme *(au sens implicite en informatique, courbe, dessin ou image quelconque, à l'exclusion des caractères et symboles) (cf. aussi* computer graphics *et* graphic display).

graphics ... *cf.* graphic ... *(parf. ... de graphisme).*

grass bruit, pointes de bruit, herbe *(bruit de fond ressemblant à du gazon sur la base de temps d'un tube cathodique) (oscillo, radar, sonar) (cf. aussi* noise 2) (b) *et* time base).

Grassot fluxmeter fluxmètre Grassot *(type le plus courant de fluxmètre) (cf. aussi* fluxmeter).

graticule graticule *(quadrillage servant d'échelle graduée sur l'écran du tube cathodique d'un oscilloscope) (cf. aussi* external graticule, internal graticule *et* cathode-ray tube).

graticule division division du graticule *(graduation formée par un trait d'un graticule) (cf. aussi* graticule line).

graticule illumination éclairage du graticule *(éclairage par la tranche du graticule d'un oscilloscope pour faire ressortir les traits du quadrillage) (cf. aussi* graticule line).

graticule line trait du graticule *(un des traits horizontaux ou verticaux formant le quadrillage d'un graticule) (cf. aussi* graticule).

grating 1) sélecteur de mode *(réseau de fils ou lamelles métalliques disposés dans la section droite d'un guide d'ondes pour ne laisser passer qu'une onde à mode de propagation déterminé) (hyper) (cf. aussi* propagation mode). **2)** *cf.* grating reflector.

grating converter convertisseur de mode à réseau *(cf. aussi* grating).

grating reflector réflecteur en treillis *(réflecteur d'antenne directive constitué de tiges ou de profilés assemblés en treillis pour réduire la prise au vent) (radar, faisceau hertzien, radiotélescope) (cf. aussi* reflector (a)).

Grätz rectifier pont de Grätz *(redresseur) (cf. aussi* bridge rectifier).

gravity switch berceau commutateur, support de combiné *(poste tél).*

Gray code code de Gray, code binaire réfléchi *(code binaire dans lequel un seul des binaires utilisés pour représenter un nombre change lorsqu'on passe de ce nombre au suivant) (exemple : 1 = 0000, 2 = 0001, 3 = 0011, 4 = 0010, 5 = 0110, 6 = 0111, 7 = 0101, 8 = 0100, etc.) (est employé notamment dans les codeurs d'angle car il évite les erreurs dues à la non-simultanéité absolue éventuelle du changement des binaires dans un autre code binaire) (inf) (cf. aussi* reflected binary code, binary code *et* shaft-position encoder).

gray level niveau de gris *(gris plus ou moins foncé considéré dans une échelle de gris) (cf. aussi* gray scale).

gray scale échelle de gris, *(parf.)* échelle des gris *(suite de gris de plus en plus foncés entre le blanc et le noir) (image et mire TV noir et blanc, etc.) (cf. aussi* test pattern (a)).

gray-scale image image en demi-teintes *(image normale de télévision en noir et blanc ou analogue) (cf. aussi* gray scale).

gray-scale rendering rendu des demi-teintes *(cf. aussi* gray-scale image).

gray-scale rendering capability aptitude à rendre les demi-teintes *(aptitude d'un luminophore à reproduire l'échelle des gris) (écran de télévision en noir et blanc) (cf. aussi* gray scale, phosphor *et* capability).

gray-scale resolution définition de l'échelle de gris *(nombre de niveaux de gris pouvant être distingués dans une échelle de gris) (cf. aussi* gray level).

gray signal signal de gris *(amplitude du signal de luminance d'un signal de télévision correspondant à une plage grise de l'image) (est, naturellement, comprise entre le niveau du noir et le niveau du blanc) (cf. aussi* luminance signal).

grazing lobe *cf.* grating sidelobe.

grazing sidelobe lobe secondaire à incidence rasante, lobe à incidence rasante, lobe rasant *(lobe secondaire du diagramme de rayonnement d'une antenne de radar, dans le plan vertical, rasant le sol) (cf. aussi* sidelobe *et* radiation pattern).

great-circle path *cf.* great-circle propagation path.

great-circle propagation propagation suivant un grand cercle *(mode de propagation normal d'une onde radioélectrique autour de la Terre) (cf. aussi* radio wave propagation).

great-circle propagation path trajet de propagation suivant un grand cercle *(cf. aussi* great-circle propagation).

green beam faisceau vert (a) *cf. aussi* green gun; (b) *cf. aussi* green-beam laser.

green-beam laser laser à faisceau vert, laser à rayon vert *(cf. aussi* laser).

green gain control commande du gain des verts *(potentiomètre ajustable permettant de régler l'amplitude du signal appliqué au wehnelt d'un canon vert) (cf. aussi* green gun, control grid *et* trimmer potentiometer).

green gun canon vert, canon des verts, canon du faisceau vert *(canon à électrons dont le faisceau frappe les luminophores verts dans un tube-image couleur à trois canons) (récepteur TVC, etc.) (cf. aussi* electron gun, phosphor *et* three-gun color picture tube).

green laser *cf.* green-beam laser.

green memory *cf.* green plane.

green phosphor luminophore vert *(luminophore émettant une lumière verte) (écran cath) (cf. aussi* phosphor).

green plane plan vert *(mémoire) (cf. aussi* memory plane).

green restorer circuit de niveau des verts, rétablisseur de niveau des verts *(circuit de rétablissement de niveau compris dans la partie des circuits de chrominance traitant le signal vert dans un récepteur de télévision en couleurs) (cf. aussi* dc restorer).

green signal signal vert *(ou des verts)*, signal vidéo *(idem)* (a) *signal fourni par les circuits d'une caméra de télévision analysant les plages vertes de l'image à transmettre);* (b) *signal appliqué au wehnelt du canon vert d'un tube-image couleur à trois canons) (cf. aussi* green gun).

green tube tube vert, tube-image vert *(tube-image projetant l'image verte dans un système de télévision en couleurs sur grand écran à trois tubes-image) (cf. aussi* three-tube projection televison system).

green video voltage tension vidéo des verts *(amplitude du signal vidéo vert) (TVC) (cf. aussi* green video signal).

grey ... *cf.* gray ...

grid 1) grille *(électrode disposée entre la cathode et l'anode dans un tube électronique autre qu'une diode) (est formée d'un fil métallique réfractaire enroulé en zigzag sur deux montants parallèles) (triode, tétrode, pentode, etc.) (cf. aussi* control grid 1), screen grid *et* suppressor grid). **2)** grille internationale, grille *(quadrillage normalisé servant de gabarit pour le perçage des trous dans le substrat des circuits imprimés et dont les carrés mesurent 2,54 mm de côté, soit 1/10 de pouce).* **3)** (le) secteur *(élec) (cf. aussi* power grid).

grid-anode capacitance capacité grille-anode, capacité grille-plaque *(capacité entre la grille et l'anode d'une triode) (cf. aussi* interelectrode capacitance, triode tube, neutralization, Miller effect *et* screen grid).

grid bias 1) polarisation de la grille *(polarisation de la grille de commande d'un tube électronique par rapport à la cathode) (sert à fixer le point de fonctionnement du tube sur sa caractéristique) (cf. aussi* bias[1], control grid 1) *et* operating point). **2)** *cf.* grid bias voltage.

grid bias voltage tension de polarisation de la grille *(cf. aussi* grid bias 1)).

grid cap sortie de grille *(borne cylindrique montée au sommet de l'ampoule de certains tubes électroniques et reliée à la grille de commande) (cf. aussi* control grid 1)).

grid capacitor condensateur de fuite de grille *(condensateur monté en parallèle sur la résistance de fuite de grille d'un montage à tube triode pour laisser passer la composante alternative du courant de grille) (cf. aussi* grid leak).

grid-cathode capacitance capacité grille-cathode *(capacité entre la grille et la cathode d'un tube électronique à plusieurs électrodes et notamment d'une triode) (cf. aussi* interelectrode capacitance, triode tube *et* Miller effect).

grid characteristic caractéristique de grille *(courbe représentant l'intensité du courant de grille d'un tube à vide à grille de commande en fonction de la tension de grille) (acception initiale du terme français et seule acception du terme français ; noter que le terme français a acquis une seconde acception qui est devenue la plus fréquente) (cf. aussi* grid current, grid voltage, transfer characteristic (a)) *et* characteristic curve).

grid circuit circuit de grille *(circuit reliant la grille de commande à la cathode et se refermant par l'espace cathode-grille dans un montage à tube électronique) (comprend notamment la source du signal appliqué à la grille) (cf. aussi* control grid 1).

grid control commande par la grille *(tube) (cf. aussi* control grid 1)).

grid-control ... *cf.* grid-controlled ...

grid-controlled electron tube *cf.* grid-controlled tube. *(le terme complet étant peu employé).*

grid-controlled hot-cathode gas-filled tube tube à gaz à cathode chaude et grille de commande *(nom descriptif du thyratron) (cf. aussi* thyratron).

grid-controlled mercury-arc rectifier mutatcur *(redresseur à vapeur de mercure de grande puissance à une ou plusieurs anodes entourées d'une grille de commande) (cf. aussi* mercury-arc rectifier *et* excitron).

grid-controlled tube tube *(électronique)* à grille de commande *(tube électronique muni d'une grille disposée sur le trajet des électrons pour permettre de réduire plus ou moins le flux d'électrons en lui appliquant une tension plus ou moins négative par rapport à la cathode) (tube autre qu'une diode) (triode, tétrode, pentode, etc.) (cf. aussi* control grid, triode action *et* triode tube).

grid current *(parf.* intensité du) courant de grille *(courant circulant dans le circuit de grille d'un tube électronique à grille de commande lorsque celle-ci devient accidentellement positive par rapport à la cathode et capte alors une partie du flux d'électrons ou, parfois, intensité de ce courant) (le courant de grille existe en fait même quand la grille est très légèrement négative; son intensité est alors très faible) (cf. aussi* grid leak, grid characteristic *et* grid-controlled tube).

grid detection détection par la grille *(détection d'enveloppe réalisée à l'aide d'une triode dont la grille, n'étant pas polari-*

sée négativement par rapport à la cathode, joue vis-à-vis de celle-ci le rôle de l'anode d'une diode de détection en captant les électrons de la cathode lors des alternances positives) (le signal à basse fréquence apparaît aux bornes d'un condensateur monté en parallèle sur la résistance de fuite de grille et se trouve ainsi appliqué à la grille qui joue également son rôle d'électrode de commande de tube amplificateur) (le même tube assure donc simultanément la détection du signal à basse fréquence et son amplification) (cf. aussi* detection 2) *et* triode tube).

grid dip *cf.* grid dip meter.

grid-dip meter ondemètre à absorption, grid dip *(fréquencemètre portatif comprenant essentiellement un oscillateur à tube électronique dont la bobine est disposée à l'extrémité d'un tube formant sonde et un microampèremètre monté dans le circuit de la grille du tube) (le microampèremètre fait apparaître la diminution très prononcée de l'intensité du courant de grille qui se produit lorsque, la sonde étant tenue à proximité d'un conducteur parcouru par un courant à haute fréquence, on passe sur la valeur correspondante en tournant un disque gradué réglant la fréquence de l'oscillateur; l'absorption, par la bobine, d'énergie à haute fréquence rayonnée par le conducteur augmente alors notablement, ce qui réduit fortement l'intensité du courant de grille de l'oscillateur) (cf. aussi* dip meter).

grid dissipation dissipation de puissance par la grille *(dissipation d'énergie sous forme de chaleur rayonnée par la grille de commande d'un tube amplificateur de puissance) (cf. aussi* control grid 1) *et* power amplifier tube).

grid drive 1) signal appliqué à la grille *(montage à tube).* **2)** *cf.* grid driving.

grid driving attaque de la grille *(application d'un signal à la grille de commande d'un tube électronique) (cf. aussi* grid-controlled tube).

grid driving power puissance d'attaque de la grille, *(parf.)* puissance nécessaire à l'attaque de la grille *(tube amplificateur de puissance) (cf. aussi* power[1] 1) *et* grid driving).

grid emission émission par la grille *(émission d'électrons ou d'ions par la grille de commande d'un tube électronique sous l'action de la chaleur ou du choc des électrons émis par la cathode) (cf. aussi* grid-controlled tube).

grid keying manipulation dans la grille *(manipulation, dans un émetteur radiotélégraphique à tubes, par variation de la tension de polarisation de la grille de commande du tube du modulateur) (cf. aussi* keying 1), grid bias *et* modulator).

grid leak résistance de fuite de grille *(résistance reliant la grille de commande d'un tube électronique à la masse pour permettre aux électrons captés « involontairement » par la grille de s'écouler à la masse et éviter ainsi leur accumulation sur la grille et la modification de sa polarisation qui en résulterait) (cf. aussi* grid current, grid bias *et* grid-leak bias).

grid-leak bias polarisation par fuite de grille *(polarisation de la grille de commande d'un tube électronique obtenue en choisissant pour la résistance de fuite de grille une valeur ohmique suffisamment élevée pour qu'il reste sur la grille assez d'électrons pour créer une charge négative suffisante) (cf. aussi* grid leak).

grid-leak capacitor *cf.* grid capacitor.

grid-leak detector montage à détection par la grille *(montage détecteur et amplificateur à tube) (cf. aussi* grid detection).

grid-leak resistor *cf.* grid leak.

grid limiting limitation d'amplitude par la grille, écrêtage par la grille *(limitation de l'amplitude du signal de sortie d'un amplificateur par le choix d'une valeur élevée pour la résistance de fuite de grille produisant une forte polarisation négative aux grandes amplitudes du signal d'entrée) (cf. aussi* grid leak).

grid modulation modulation par la grille *(modulation d'amplitude obtenue par application du signal modulant à la grille de commande d'un modulateur à tube électronique) (type classique de modulation dans un émetteur à modulation d'amplitude à tubes) (cf. aussi* amplitude modulation *et* control grid 1)).

grid pin broche de grille *(broche de culot d'un tube électronique reliée à la grille de commande) (cf. aussi* control grid).

grid pitch pas de la grille *(pas des spires d'une grille de tube électronique) (cf. aussi* grid 1)).

grid-plate capacitance *cf.* grid-anode capacitance.

grid pool tube tube à cathode liquide à électrode de commande *(mutateur, ignitron) (cf. aussi* grid-controled mercury-arc rectifier *et* ignitron).

grid potential *cf.* grid voltage.

grid pulse modulation modulation par impulsions appliquées à la grille *(modulateur d'émetteur à tubes) (cf. aussi* grid modulation).

grid pulsing *cf.* grid pulse modulation.

grid return retour de grille *(partie du circuit de grille d'un montage à tube électronique située à l'extérieur du tube) (est souvent appelée « circuit de grille ») (cf. aussi* grid circuit).

grid shadowing occultation par la grille de contact *(réduction de la surface utile d'un panneau de cellules solaires due à la présence d'une grille d'interconnexion des cellules sur celles-ci) (cf. aussi* solar cell).

grid-spaced pins broches à l'écartement de la grille (internationale), broches à la grille *(composant pour circuit imprimé conçu pour être monté sur celui-ci par enfichage et soudage des broches) (cf. aussi* grid 2)).

grid swing excursion de la tension de grille *(intervalle de variation de la tension de la grille de commande d'un tube électronique entre la crête d'une alternance positive et la crête d'une alternance négative du signal appliqué à celle-ci) (cf. aussi* grid voltage, control grid 1) *et* half cycle).

grid tank circuit circuit bouchon de grille *(circuit bouchon monté dans le circuit de la grille de commande d'un amplificateur haute fréquence à tube électronique) (cf. aussi* parallel resonant circuit *et* grid circuit).

grid-target spacing distance entre la grille et la cible, distance grille-cible *(distance entre la grille de captation des électrons secondaires ou de ralentissement des électrons du faisceau d'analyse et la cible dans certains tubes analyseurs) (image-orthicon, vidicon, phumbicon, etc.) (caméra TV) (cf. aussi* camera tube).

grid-to-anode capacitance *cf.* grid-anode capacitance.

grid transparency transparence de la grille *(pourcentage de la section du flux d'électrons non occultée par les spires d'une grille dans un tube électronique) (cf. aussi* grid 1)).

grid voltage tension de la grille *(parf.* de grille), potentiel *(idem) (tension mesurée entre la grille (ou une grille) et la cathode dans un tube électronique) (dans un tube à plusieurs grilles et en l'absence de précisions, ce terme désigne généralement la tension de la grille de commande) (cf. aussi* control grid *et* voltage).

gridded travelling-wave tube tube à onde progressive à grille *(hyper) (cf. aussi* travelling-wave tube).

gridded TWT *cf.* gridded travelling-wave tube.

gridistor gridistor *(type de transistor à effet de champ à structure verticale inventé au début des années 1960 par le professeur Stanislas Teszner, conseiller scientifique au CNET) (cf. aussi* VMOS transistor).

grille grille de protection, grille *(grille métallique ou en matière plastique servant à protéger la membrane d'un haut-parleur et parfois à des fins esthétiques) (cf. aussi* grille cloth *et* loudspeaker diaphragm).

grille cloth toile de façade *(tissu à trame lâche tendu devant la membrane d'un haut-parleur, éventuellement derrière une grille, pour la protéger des corps étrangers et la dissimuler) (cf. aussi* grille).

grommet passe-fil *(rondelle isolante épaisse en caoutchouc ou en matière plastique munie d'un trou pour permettre le passage d'un fil ou d'un câble, et d'une rainure périphérique permettant son montage dans un trou pratiqué dans une tôle d'un châssis, d'un boîtier ou d'un blindage).*

groove **1)** sillon *(piste en creux à section droite triangulaire sur les flancs de laquelle est enregistré un signal à basse fréquence) (disque phonographique) (cf. aussi* lead-in groove, lead-over groove, lead-out groove, locked groove *et* phonograph record). **2)** rainure *(d'un transistor VMOS) (cf. aussi* VMOS transistor).

groove angle angle d'ouverture du sillon, angle du sillon *(angle formé par les flancs du sillon d'un disque phonographique en l'absence de modulation) (cf. aussi* groove 1)).

groove pitch pas des sillons, pas de la spirale *(distance entre les axes de deux sillons successifs d'un disque phonographique) (cf. aussi* groove 1)).

groove shape forme du sillon *(forme de la section droite du sillon d'un disque phonographique) (cf. aussi* groove 1)).

groove speed vitesse de défilement (du sillon) *(vitesse de passage du sillon d'un disque phonographique sous la pointe de lecture de la tête de lecture d'un tourne-disque) (cf. aussi* groove 1)).

ground[1] *s (USA)* **1)** masse *(point de référence de potentiel électrique d'un appareil ou d'un montage constitué par le châssis de l'appareil ou par un conducteur du montage) (cf. aussi* electric potential); **2)** terre *(masse constituée par la terre elle-même à laquelle est relié un appareil ou un conducteur) (voir aussi* 1) ci-dessus).

ground[2] *v (USA)* mettre à la masse, *(parf.)* mettre à la terre *(un conducteur, un circuit, un montage, un appareil, une machine ou un système) (cf. aussi* ground[1]).

ground ... *cf.* ground-based ... *(pour les termes qui ne figurent pas ci-après).*

ground absorption absorption par le sol *(absorption d'une partie de l'énergie d'une onde radioélectrique par le sol situé sous le trajet de l'onde) (ce terme s'applique notamment à l'onde de sol) (propa) (cf. aussi* ground wave).

ground-based au sol, situé au sol, installé au sol, à terre, situé à terre, installé à terre *(le qualificatif « based » est souvent ajouté à « ground » en anglais lorsqu'il s'agit d'un matériel militaire et rarement lorsqu'il s'agit d'un matériel civil) (radar, émetteur, récepteur, etc.).*

ground-based CW radar radar au sol à ondes entretenues, radar au sol à émission continue *(cf. aussi* CW radar).

ground-based designator *cf.* ground-based laser designator.

ground-based early-warning radar radar d'alerte lointaine au sol *(ou* situé au sol) *(clpf) (mil) (cf. aussi* early-warning radar).

ground-based electronic warfare guerre électronique au sol *(mil) (cf. aussi* electronic warfare).

ground-based enemy radar radar adverse situé au sol, radar au sol de l'adversaire *(mil).*

ground-based EW *cf.* ground-based electronic warfare.

ground-based jammer brouilleur au sol, brouilleur situé au sol *(mil) (cf. aussi* jammer).

ground-based laser laser au sol *(mil) (cf. aussi* ground-based *et* laser).

ground-based laser designator marqueur laser au sol *(ou* situé au sol) *(marqueur laser de fantassin) (mil) (cf. aussi* laser designator).

ground-based laser pointer *cf.* ground-based laser designator.

ground-based laser pointing system *cf.* ground-based laser designator.

ground-based laser weapon arme laser au sol *(ou* située au sol) *(mil) (cf. aussi* laser weapon).

ground-based pointer *cf.* ground-based laser designator.

ground-based pointing system *cf.* ground-based laser designator.

ground-based radar radar au sol, radar situé au sol *(cf. aussi* ground-based).

ground-based radar system station radar au sol *(ou* située au sol) *(cf. aussi* radar system 1)).

ground-based sensor *cf.* ground-based radar. *(cf. aussi* sensor).

ground-based station *cf.* ground station.

ground-based surveillance radar radar de veille au sol *(ou* situé au sol) *(mil) (cf. aussi* surveillance radar 2)).

ground-based surveillance radar chain chaîne de radars de veille au sol *(mil) (cf. aussi* surveillance radar 2)).

ground-based target *cf.* ground target.

ground-based terminal terminal au sol, terminal situé au sol *(terminal d'un réseau militaire de télécommunications par satellite) (cf. aussi* ground terminal 3)).

ground-based threat émisson hostile au sol *(ou* en provenance du sol) *(émission d'un radar ou d'un brouilleur au sol de l'adversaire en direction d'une cible amie) (avia. mil) (cf. aussi* threat).

ground-based threat radar radar hostile au sol *(ou* situé au sol) *(radar au sol de l'adversaire en cours d'émission) (mil).*

ground-based transmission *cf.* ground transmission.

ground-based transmitter *cf.* ground transmitter *(cf. aussi* ground-based).

ground-based transponder balise répondeuse *(avia, mar) (cf. aussi* radar beacon).

ground-based up-link jammer brouilleur de liaison montante au sol *(ou* situé au sol) *(tls mil) (cf. aussi* up-link jammer).

ground-based weather radar radar météo(rologique) au sol *(ou* situé au sol) *(cf. aussi* weather radar).

ground beacon balise au sol *(radionav) (avia) (cf. aussi* beacon).

ground cable câble de masse, *(parf.)* câble de terre *(cf. aussi* ground conductor).

ground capacitance *(cf. aussi* capacitance *et* ground[1]) **1)** capacité avec la masse *(conducteur d'un appareil ou montage).* **2)** capacité avec la terre *(appareil ou ligne de transmission).*

ground circuit circuit de masse *(partie d'un circuit passant par la masse d'un appareil ou d'un montage) (cf. aussi* ground[1] 1).

ground clamp collier de masse *(collier métallique serré sur une tige ou un tube métallique et auquel est connecté un fil ou un câble venant d'un appareil).*

ground clutter échos de sol, fouillis de sol *(échos parasites renvoyés par le relief du sol vers l'antenne d'un radar) (cf. aussi* moving-target indication *et* clutter).

ground-clutter suppression élimination des échos de sol, (etc.) *(radar) (cf. aussi* ground clutter *et* moving-target indication).

ground conduction conduction par le sol *(courant électrique).*

ground conductivity conductibilité du sol *(propa, etc.) (cf. aussi* conductivity).

ground conductor *cf.* ground lead.

ground connection **1)** connexion de masse *(fil ou borne).* **2)** *cf.* ground terminal.

ground-controlled approach approche guidée du sol *(avia) (cf. aussi* GCA).

ground-controlled guidance guidage à partir du sol *(radioguidage d'un aéronef sans pilote à l'aide d'un émetteur situé au sol) (mil, etc.) (cf. aussi* radio guidance).

ground-controlled interception interception dirigée du sol *(avia. mil) (cf. aussi* GCI radar).

ground-controlled interception radar *cf.* GCI radar.

ground controller *cf.* air traffic controller.

ground current **1)** *(parf.* intensité du) courant à la masse. **2)** *(parf.* intensité du) courant à la terre. **3)** *cf.* earth current 1).

ground fault défaut à la terre *(mise à la terre accidentelle d'un conducteur d'un câble téléphonique ou autre).*

ground jammer *cf.* ground-based jammer.

ground lead **1)** conducteur de masse *(tg) (fil, tresse ou câble reliant un circuit à la masse d'un appareil ou d'un montage) (cf. aussi* ground[1] 1)). **2)** conducteur de terre *(tg) (fil ou câble reliant un appareil ou une structure métallique à la terre) (cf. aussi* ground[1] 2)).

ground leakage **1)** fuites à la masse *(conducteur isolé de la masse d'un appareil ou d'un montage).* **2)** fuites à la terre *(appareil ou ligne de transmission).*

ground leakage current *(parf.* intensité du) courant de ... *(voir aussi* ground leakage).

ground leg partie masse, *(parf.* partie terre) *(partie d'un circuit réfermé par la masse ou la terre, constituée par celle-ci) (cf. aussi* ground[1]).

ground line **1)** ligne de masse. **2)** ligne de terre.

ground link **1)** liaison au sol *(sdpo à « liaison entre avions ou satellites ») (radio).* **2)** liaison terrestre *(sdpo à « liaison par satellite ») (tls) (cf. aussi* land link).

ground loop **1)** boucle de masse *(circuit parasite se refermant par la masse d'un appareil ou d'un module lorsque deux points à potentiels différents des circuits de celui-ci sont reliés à des points différents du châssis de l'appareil ou du plan de masse du module).* **2)** boucle de terre *(circuit parasite se refermant par le sol lorsque deux points à potentiels différents d'un système sont reliés à des points différents du sol).*

ground-loop current *(parf.* intensité du) courant dans la ... *(voir aussi* ground loop).

ground loss pertes dans le sol *(propa) (cf. aussi* ground absorption).

ground-map ... *cf.* ground-mapping ...

ground mapping cartographie, visualisation du terrain *(reproduction graphique directe ou indirecte, ou visualisation sur écran cathodique, de la zone survolée par un avion ou un satellite, ou d'une zone voisine, avec communication au sol des informations obtenues) (le cas de la reproduction graphique directe est celui de la photographie aérienne ou spatiale, avec retour au sol des pellicules exposées) (le cas de la reproduction graphique indirecte est celui où le mobile est équipé d'un capteur électromagnétique observant une partie plus ou moins grande de la zone considérée et transmettant au sol, par radio, des signaux représentant le relief ou la nature de celle-ci, ou les deux) (les signaux peuvent être émis en temps réel ou en temps différé après enregistrement sur bande magnétique) (le capteur peut être passif : c'est alors une caméra de télévision infrarouge, généralement à balayage, ou une caméra pour lumière visible; il peut être actif : c'est alors un radar cartographique) (la liaison radio est numérique ou, parfois, analogique) (dans le cas d'une liaison numérique, le signal vidéo analogique fourni par le capteur est numérisé et comprimé à bord avant d'être émis; dans le cas d'une liaison analogique, le signal vidéo module directement la porteuse et il est numérisé au sol après réception et démodulation de celle-ci) (le signal numérique au sol est traité par ordinateur pour faire ressortir les informations les plus utiles avant d'être visualisé sur un écran cathodique pour être exploité ou photographié, ou les deux, ou est appliqué à un traceur xy produisant la carte de la zone observée sur un papier ou un typon) (le cas de la visualisation sur écran cathodique est inclus dans la description de la reproduction graphique indirecte) (avion de reconnaissance, satellite de reconnaissance, satellite de télédétection) (mil, espace) (cf. aussi* ground-mapping radar, infrared scanner, data link *et* X-Y recorder).

ground-mapping capability possibilités de cartographie *(parfois au singulier),* (idem) visualisation du terrain *(radar multimode d'avion militaire) (cf. aussi* ground mapping 1), multimode radar *et* capability).

ground-mapping Doppler beam-sharpening affinement Doppler du faisceau pour la cartographie *(ou* la visualisation du terrain) *(radar) (cf. aussi* ground mapping).

ground-mapping function fonction cartographique, fonction cartographie, fonction de visualisation du terrain *(cf. aussi* ground mapping).

ground-mapping mode mode cartographique, mode de carthographie, mode de visualisation du terrain *(un des modes de fonctionnement de certains radars multimodes d'avions militaires) (cf. aussi* ground mapping *et* multimode radar).

ground-mapping radar radar cartographique *(ou* de cartographie *ou* de visualisation du terrain) *(radar d'avion de reconnaissance ou de satellite de reconnaissance ou de télédétection permettant d'observer la zone survolée ou une zone voisine en l'absence de visibilité) (mil, espace) (cf. aussi* ground mapping *et* side-looking radar).

ground-mapping satellite satellite cartographique *(satellite équipé d'un radar cartographique ou d'une caméra infrarouge ou d'une chambre photographique) (mil, télédétection) (cf. aussi* ground-mapping radar *et* infrared camera).

ground mat grille de terre *(réseau de conducteurs enterrés pour former une prise de terre) (récepteur, etc.).*

ground moving-target detection détection des cibles mobiles au sol *(radar d'avion militaire) (cf. aussi* moving-target indicator).

ground moving-target detection mode mode de détection des cibles mobiles au sol.

ground moving-target indication élimination des échos fixes au sol *(pour permettre la détection des cibles mobiles au sol) (radar d'avion militaire) (cf. aussi* moving-target indication).

ground moving-target indicator éliminateur d'échos fixes au sol *(radar d'avion militaire) (cf. aussi* moving-target indicator).

ground MTI *cf.* ground moving-target indicator.

ground noise bruit de fond *(bruit à la sortie d'un montage ou d'un appareil en l'absence de signal appliqué à l'entrée) (subsiste naturellement en présence d'un signal, auquel il se superpose en le déformant) (cf. aussi* noise 2) (a)).

ground path **1)** trajet par la masse *(circuit à retour par la masse ou boucle de masse) (cf. aussi* ground loop 1)). **2)** trajet par le sol *(circuit à retour par la terre ou boucle de terre) (cf. aussi* ground loop 2)).

ground plane **1)** plan de masse *(plaque ou couche métallique servant de masse dans certains circuits imprimés, circuits hybrides, composants hyperfréquence, etc.) (cf. aussi* ground¹ 1)). **2)** *cf.* artificial ground.

ground-plane antenna antenne à terre artificielle, antenne à effet de terre *(antenne d'émission verticale à terre simulée par quatre brins horizontaux disposés au pied du brin vertical) (le brin vertical, qui constitue l'antenne proprement dite, est relié au conducteur central de la ligne d'alimentation coaxiale, tandis que les brins horizontaux, qui jouent le rôle électrique du sol en haut du mât d'antenne, sont reliés au conducteur extérieur de la ligne) (cf. aussi* vertical antenna, feeder *et* coaxial line).

ground point point de masse, point de mise à la masse *(parf.* à la terre) *(point où un circuit est relié à la masse de l'appareil dont il fait partie ou à la terre).*

ground potential potentiel de la masse *(parf.* de la terre) *(cf. aussi* electric potential).

ground processing traitement au sol *(traitement d'informations recueillies par un satellite, un radar d'aéronef, etc.) (cf. aussi* information processing *et* ground mapping).

ground propagation *cf.* ground-wave propagation.

ground proximity warning system avertisseur de proximité du sol *(radioaltimètre spécial utilisé à l'atterrissage) (avia) (cf. aussi* radio altimeter).

ground radar radar au sol, radar situé au sol *(radar fixe, portatif ou monté sur véhicule) (cf. aussi* ground-based radar *et* radar).

ground radar equipment matériel radar au sol *(radar utilisés au sol) (cf. aussi* ground radar).

ground range distance au sol, distance mesurée au sol *(radionav, radar).*

ground receive site lieu de réception au sol *(lieu de réception de signaux émis par un aéronef ou un engin spatial militaire ou civil) (récepteur de radar bistatique, de plate-forme de surveillance du champ de bataille, d'avion sans pilote de reconnaissance TV, radar ou infrarouge, de satellite militaire, météorologique ou autre, etc.).*

ground-referenced signal signal référencé à la masse *(signal constitué par une tension par rapport à la masse) (cf. aussi* ground-referenced voltage *et* signal¹).

ground-referenced voltage tension par rapport à la masse *(tension existant entre un point d'un montage ou autre matériel et la masse de celui-ci) (cf. aussi* ground¹ 1) *et* voltage).

ground-reflected wave onde réfléchie par le sol *(composante de l'onde d'espace subissant une ou plusieurs réflexions sur le sol avant d'atteindre l'antenne de réception) (propa) (cf. aussi* ground wave).

ground reflection **1)** réflexion sur le sol, réflexion au sol *(propa. radio et acou) (cf. aussi* ground-reflected wave). **2)** *cf.* ground return.

ground relay relais au sol *(relais classique de faisceau hertzien) (sdpo à « relais aéroporté » et à « relais sur satellite ») (mil, etc.) (cf. aussi* microwave relay).

ground resistance *(cf. aussi* resistance) **1)** résistance de la masse, résistance du trajet par la masse *(cf. aussi* ground¹ 1) *et* ground resistor). **2)** résistance de la terre, résistance du sol.

ground resistor résistance de masse, résistance de mise à la masse *(cf. aussi* resistor *et* ground resistance).

ground responder balise répondeuse *(radionav) (cf. aussi* radar beacon).

ground return *(cf. aussi* ground¹) **1)** retour à la masse, *(parf.)* retour par la masse *(appareil, etc.).* **2)** retour par la terre, *(parf.)* retour à la terre *(tlg, etc.).* **3)** écho de sol *(écho, parasite ou non, renvoyé par le sol vers un radar) (cf. aussi* ground clutter).

ground-return circuit *(cf. aussi* ground¹) **1)** circuit à retour par la masse *(cas général dans un appareil ou un montage).* **2)** circuit à retour par la terre *(tlg, tél).*

ground-return current *(parf.* intensité du) courant de retour par la terre *(tlg, tél).*

ground-return transmission line ligne de transmission à retour par la terre *(tlg, tél) (cf. aussi* transmission line).

ground-return transmission mode mode de transmission avec retour par la terre *(tlg, tél).*

ground rod piquet de terre, prise de terre *(piquet métallique enfoncé dans la terre pour servir de prise de terre à un appareil tel qu'un récepteur radio, par exemple, ou à une structure métallique).*

ground-scatter propagation propagation hors d'un grand cercle, propagation ionosphérique en zigzag *(ou avec diffusion au sol) (propagation ionosphérique en deux ou plusieurs bonds dans laquelle la direction de propagation de l'onde réfléchie au sol après un bond n'est pas contenue dans le plan vertical contenant l'onde de ciel incidente) (radiocom) (cf. aussi* ionospheric propagation).

ground shift décalage de la masse, décalage du potentiel de la masse *(différence dans l'amplitude d'un signal mesurée par rapport à deux points différents de la masse d'un appareil ou d'un montage due à une résistance excessive de la masse) (ces termes s'appliquent notamment à la tension de bruit due à la longueur notable du chemin de retour du courant d'alimentation d'un circuit contrôlé à l'aide d'un analyseur logique) (cf. aussi* ground¹ 1).

ground side **1)** côté de la masse, côté masse. **2)** côté de la terre, côté terre.

ground spike *cf.* ground rod.

ground state état fondamental *(état d'un atome ou d'une molécule dans lequel son niveau d'énergie est le plus bas possible, c.-à-d. état normal du corpuscule) (cf. aussi* energy state).

ground station station au sol, station terrestre *(radiocom, radiodif, radionav) (cf. aussi* earth station).

ground strap connexion de masse *(connexion reliant un point d'un circuit à la masse) (est généralement constituée d'une tresse de fils de cuivre ou d'un gros fil souple, parfois d'une bande ou d'une barrette de cuivre) (cf. aussi* ground¹ 1)).

ground strip *cf.* ground strap.

ground surveillance radar *cf.* ground-based surveillance radar.

ground target cible au sol, cible située au sol *(cible d'un radar ou d'un marqueur laser d'aéronef militaire ou d'un autodirecteur d'engin située au sol) (cf. aussi* target (a)).

ground-target tracking poursuite d'une cible au sol *(poursuite d'une cible, généralement mobile, au sol par le radar de nez d'un avion militaire ou par l'autodirecteur d'un engin air-sol) (cf. aussi* target tracking).

ground terminal **1)** borne de masse *(borne reliée à la masse d'un montage ou d'un appareil ou fixée directement sur le châssis de celui-ci) (cf. aussi* ground¹ 1)). **2)** prise de terre *(borne de masse destinée à être reliée à la terre) (voir aussi 1) ci-dessus) (cf. aussi* ground¹ 2)). **3)** terminal au sol *(terminal de satellite de télécommunications ou de radiodiffusion situé au sol) (cf. aussi* satellite communications terminal *et* home terminal 1)).

ground-to-air communications liaisons sol-air *(cf. aussi* ground-to-air link).

ground-to-air link liaison sol-air *(liaison radio entre le sol et un aéronef) (cf. aussi* radio link *et* voice link).

ground-to-air transmission **1)** émission sol-air *(émission au sol de signaux radio destinés à un aéronef).* **2)** transmission sol-air *(relayage de signaux radio émis du sol et destinés à un aéronef, assuré par un satellite de télécommunications) (cf. aussi* communications satellite).

ground-to-ground communications liaisons entre points au sol *(ou situés au sol) (liaisons de télécommunicatons assurées avec ou sans passage par un satellite de télécommunications) (mil, etc.) (cf. aussi* communications link).

ground trace **1)** trace au sol *(projection au sol de la trajectoire d'un aéronef ou d'un satellite) (radionav, etc.).* **2)** ruban de masse *(ruban de circuit imprimé ou hybride reliant un circuit à la borne de masse) (cf. aussi* trace¹ 2)).

ground transmission émission au sol, émission à partir du sol, *(parf.)* émisson en provenance du sol *(émission radio ou radar) (mil, etc.) (cf. aussi* transmission 2)).

ground transmitter émetteur au sol, émetteur situé au sol *(émetteur radio ou radar) (cf. aussi* ground-based).

ground transmitter chain chaîne d'émetteurs au sol *(chaîne d'émetteurs de radionavigation ou de radiodiffusion).*

ground wave onde de sol *(onde radioélectrique se propageant entre deux points de la surface de la Terre en subissant l'influence de celle-ci) (est formée de l'onde de surface et de l'onde d'espace) (propa) (cf. aussi* surface wave, space wave *et* sky wave).

ground-wave propagation propagation de l'onde de sol *(cf. aussi* ground wave).

ground-wave transmission transmission par l'onde de sol *(transmission d'un signal radioélectrique) (cf. aussi* ground wave).

ground wire *(cf. aussi* ground lead) **1)** fil de masse. **2)** fil de terre.

grounded *(USA) (cf. aussi* ground[1]) **1)** mis à la masse. **2)** mis à la terre.

grounded-anode amplifier montage cathodyne *(cf. aussi* cathode follower).

grounded-base ... *cf.* common-base ...

grounded-cathode amplifier montage à cathode à la masse *(montage amplificateur classique à tube électronique dans lequel la cathode du tube est reliée à la masse par une résistance assurant la polarisation de la grille de commande et pontée par un condensateur laissant passer la composante alternative du courant cathodique) (l'anode est relié au pôle positif de l'alimentation à haute tension par l'intermédiaire de la charge) (le signal à amplifier est appliqué entre la grille de commande et la cathode) (cf. aussi* vacuum-tube amplifier *et* cathode follower).

grounded circuit *(cf. aussi* ground[1]) **1)** circuit mis à la masse. **2)** circuit mis à la terre.

grounded-collector ... *cf.* common-collector ...

grounded-drain ... *cf.* common-drain ...

grounded electrode électrode (mise *ou* reliée *ou* connectée) à la masse *(tube, transistor, etc.) (cf. aussi* electrode *et* ground[1] 1)).

grounded-emitter ... *cf.* common-emitter ...

grounded-gate ... *cf.* common-gate ...

grounded-grid amplifier montage à grille à la masse *(montage amplificateur à tube électronique dans lequel la grille de commande du tube est mise à la masse en courant alternatif par un condensateur et le signal est appliqué entre la cathode et la masse) (cf. aussi* vacuum-tube amplifier).

grounded-plate amplifier *cf.* grounded-anode amplifier.

grounded-source ... *cf.* common-source ...

grounded substrate substrat mis à la masse *(CI) (cf. aussi* substrate).

grounded tower pylône mis à la terre *(pylône rayonnant non isolé de la terre) (antenne) (cf. aussi* tower radiator).

grounding *(USA) (cf. aussi* ground[1]) **1)** mise à la masse. **2)** mise à la terre.

grounding ... *cf.* ground ...

group groupe *(dans un multiplex téléphonique à répartition de fréquence, ce terme désigne un ensemble de voies traitées comme un tout lors de la formation du multiplex à l'émission et de sa décomposition à la réception) (tls) (cf. aussi* basic group, supergroup *et* frequency-division multiplex).

group center centre de groupement *(central téléphonique desservant plusieurs centraux locaux) (cf. aussi* local exchange).

group delay délai de groupe, retard de groupe, temps de propagation de groupe, temps de retard de groupe *(dérivée du déphasage d'une fréquence composante d'un signal complexe par rapport à la valeur de cette fréquence, à la sortie d'un montage ou d'un milieu de transmission) (représente la vitesse de variation du déphasage des composantes du signal en fonction de leur fréquence) (doit être constant pour toutes les composantes pour qu'il n'y ait pas de distorsion de phase à la sortie) (noter que les termes employés sont mal choisis puisqu'ils ne correspondent pas à leur définition et évoquent*

plutôt le temps s'écoulant entre la transmission de la composante la moins déphasée et celle de la composante la plus déphasée) (cf. aussi derivative, phase shift *et* complex signal).

group-delay characteristic caractéristique du délai de groupe, *(etc.) (courbe représentant la variation du délai de groupe en fonction de la fréquence) (cf. aussi* group delay *et* characteristic curve).

group-delay distortion distortion du délai de groupe, *(etc.) (non-linéarité du délai de groupe en fonction de la fréquence) (cf. aussi* group delay).

group-delay response *cf.* group delay.

group-delay time *cf.* group delay.

group distribution frame répartiteur de groupe primaire de base *(répartiteur téléphonique utilisé pour l'interconnexion des circuits par lesquels transitent les signaux du groupe primaire de base d'un multiplex fréquentiel) (cf. aussi* distribution frame *et* basic group).

group filter filtre séparant un groupe de voies d'un multiplex téléphonique fréquentiel dans un démultiplexeur fréquentiel) *(cf. aussi* frequency-division multiplex *et* frequency-division demultiplexer).

group modulation modulation par sous-porteuses *(modulation successive de plusieurs courants porteurs dont le dernier constitue la porteuse assurant la transmission des signaux initiaux) (tél) (cf. aussi* frequency-division multiplex).

group pilot onde pilote de groupe *(onde pilote correspondant à un groupe de voies d'un multiplex fréquentiel) (cf. aussi* pilot *et* frequency-division multiplex).

group power puissance de groupe *(puissance du signal représentant un groupe de voies dans un multiplex fréquentiel) (tél) (cf. aussi* power[1] 1) *et* frequency-division multiplex).

group propagation time *cf.* group delay.

group selector sélecteur de groupe *(central tél).*

group velocity vitesse de groupe *(vitesse de propagation de la crête d'un groupe d'ondes électromagnétiques formée par le battement des ondes élémentaires composant une onde électromagnétique complexe lorsque les fréquences correspondant à ces ondes diffèrent peu les unes des autres) (on peut donner une autre définition de la vitesse de groupe : vitesse de propagation d'une onde électromagnétique plane occupant une bande de fréquences dans laquelle le délai de groupe est approximativement constant) (la vitesse de groupe est finalement la vitesse de propagation de l'énergie transportée par une onde complexe) (dans un milieu non dispersif, la vitesse de groupe est égale à la vitesse de phase; dans un milieu dispersif, elle est différente de celle-ci) (le signe de la vitesse de groupe peut être différent de celui de la vitesse de phase; l'énergie se propage alors dans la direction opposée à la direction de propagation de l'onde; ce phénomène est mis à profit dans le carcinotron) (cf. aussi* complex wave, beat, plane wave, group delay, phase velocity, dispersive medium *et* carcinotron).

grouped-frequency operation exploitation sur deux fréquences *(exploitation d'un circuit à deux fils d'un câble téléphonique à grande distance avec utilisation d'une bande de fréquences pour un sens de transmission et d'une autre bande de fréquences pour l'autre sens pour réduire la paradiaphonie) (cf. aussi* two-wire circuit *et* near-end crosstalk).

grouped lines lignes groupées *(tél).*

grouped PRF *cf.* grouped pulse repetition frequency.

grouped pulse repetition fréquency fréquence de récurrence groupée *(ou* à impulsions groupées) *(fréquence de récurrence des impulsions émises par un radar militaire à impulsions par groupes à fréquences de récurrence différentes comme anti-contre-mesure) (cf. aussi* pulse repetition frequency *et* electronic counter-countermeasures).

grouping 1) groupement *(de lignes téléphoniques, etc.).* **2)** irrégularité de pas *(sillon de disque phonographique) (cf. aussi* groove 1)).

growing *cf.* growth.

grown junction jonction tirée, jonction formée au tirage *(jonction de semiconducteur formée par adjonction successive d'impuretés du type P et du type N au bain de semiconducteur en fusion au cours du tirage du monocristal dans lequel sont ensuite découpés des transistors bipolaires) (ancien procédé)* *(cf. aussi* p-n junction, impurity, single-crystal growth *et* bipolar transistor).

growth　tirage, *(parf.)* croissance *(des monocristaux de semiconducteur ou autre corps cristallin) (fab. semi) (cf. aussi* single-crystal growth).

growth process　procédé de tirage *(cf. aussi* growth).

growth rate　vitesse de tirage, *(parf.)* vitesse de croissance *(cf. aussi* growth).

GTC　*cf.* gain time control.

GTO　*cf.* gate-turn-off SCR.

GTO thyristor　*cf.* gate-turn-off SCR.

guard　garde, dispositif de garde *(dispositif réduisant l'action des champs électriques sur une borne, une électrode ou un composant) (cf. aussi* guard ring *et* guarded input).

guard band　bande de garde, bande de séparation *(bande de fréquences inutilisée comprise entre les fréquences attribuées à deux émetteurs de radiodiffusion ou autres pour les séparer) (cf. aussi* frequency allocation).

guard circle　sillon central *(disque) (cf. aussi* locked groove).

guard ring　anneau de garde *(électrode entourant une autre électrode pour éliminer des effets parasites) (est employée notamment dans les condensateurs-étalons et dans certains circuits intégrés monolithiques où elle est alors réalisée par dopage) (cf. aussi* guard-ring capacitor *et* channel stopper).

guard-ring capacitor　condensateur à anneau de garde *(condensateur-étalon plan dont une des deux armatures est entourée par une électrode éliminant l'effet de bord et l'incertitude sur la valeur effective de la capacité du condensateur qui en résulte) (a la forme d'une couronne d'épaisseur égale à celle de l'armature et de diamètre extérieur égal à celui de l'autre armature; est donc prise sur le diamètre apparent du condensateur et comporte parfois, dans des modèles récents, un rebord entourant le diélectrique jusqu'à une certaine distance de l'autre armature) (cf. aussi* standard capacitor, fringe effect *et* dielectric[1]).

guard-well capacitor　condensateur à anneau de garde à rebord *(cf. aussi* guard-ring capacitor).

guarded amplifier　amplificateur à entrée gardée *(amplificateur d'appareil de mesure à haute sensibilité) (cf. aussi* guarded input).

guarded bridge　pont de mesure à entrée gardée *(pont de mesure à haute sensibilité) (cf. aussi* bridge *et* guarded input).

guarded connector　connecteur à écran électrostatique *(connecteur d'entrée d'un amplificateur d'oscilloscope à haute sensibilité) (cf. aussi* guarded input).

guarded input　entrée gardée *(entrée d'un appareil de mesure à haute sensibilité ou d'un amplificateur de mesure dans laquelle la borne isolée de la masse est entourée d'un écran électrostatique réduisant la captation des charges électriques par la borne) (cf. aussi* electric charge *et* guard).

guarding　emploi d'un dispositif de garde *(cf. aussi* guard).

Gudden-Pohl effect　effet Gudden-Pohl *(électroluminescence de courte durée d'un sulfure phosphorescent excité préalablement par un rayonnement optique, lors de l'application d'un champ électrique après cessation de la phosphorescence) (luminescence) (cf. aussi* electroluminescence *et* phosphorescence).

guest/host ...　*cf.* guest-host ...

guest-host display　*cf.* guest-host liquid-crystal display.

guest-host LCD　*cf.* guest-host liquid-crystal display.

guest-host liquid-crystal display　*(terme initial, n'est presque plus employé) (cf. aussi* dichroic liquid-crystal display).

guidance　guidage *(ensemble des opérations nécessaires pour faire suivre la trajectoire voulue à un mobile se déplaçant dans un milieu à trois dimensions) (aéronef, projectile pilotable, engin spatial, etc.) (mil, etc.) (cf. aussi* command guidance, self-guidance *et* guidance system).

guidance beam　faisceau de guidage *(faisceau d'ondes radioélectriques ou lumineuses transmettant les informations nécessaires au guidage d'un missile ou autre mobile ou constituant un axe de guidage à suivre par un missile) (mil, etc.) (cf. aussi* guidance *et* beam-rider guidance).

guidance command　*cf.* guidance signal.

guidance computer　calculateur de guidage *(dans une centrale inertielle, calculateur élaborant les signaux appliqués aux* organes de pilotage du mobile à partir des signaux fournis par les accéléromètres de la plate-forme à inertie) (peut être un calculateur analogique, notamment dans le cas d'un petit missile, ou, plus souvent, un calculateur numérique) (cf. aussi* inertial navigation system *et* computer).

guidance electronics　(l')électronique de guidage *(électronique d'un système de guidage) (cf. aussi* electronics[1] (c) *et* guidance system).

guidance head　tête de guidage *(engin autoguidé) (mil) (cf. aussi* homing head).

guidance loop　*(cf. aussi* guidance system) chaîne de guidage, boucle de guidage *(ensemble des éléments concourant au guidage d'un mobile et notamment d'un engin guidé) (a) dans le cas d'un mobile téléguidé, la chaîne de guidage comprend essentiellement l'opérateur, l'émetteur de télécommande et son dispositif de pilotage, le milieu de propagation des signaux émis, le récepteur de télécommande à bord du mobile, les organes de pilotage et leur actionneurs, le milieu sur lequel ces organes prennent appui et les ondes permettant à l'opérateur d'observer la trajectoire du mobile pour la corriger éventuellement) (engin télécommandé par radio ou par fil, jouet radiocommandé, etc.); (b) dans le cas d'un mobile autoguidé, l'opérateur est remplacé par un dispositif détecteur d'écart incorporé au mobile et associé à des circuits de calcul élaborant les corrections nécessaires pour annuler l'écart de trajectoire éventuel par action sur les organes de pilotage) (engin autoguidé) (voir aussi (a) ci-dessus) (cf. aussi* homing head).

guidance signal　signal de guidage, ordre de guidage *(signal reçu par le récepteur de télécommande d'un mobile téléguidé par radio ou par fil ou élaboré par un calculateur de guidage) (s'applique notamment à un missile téléguidé ou à une fusée spatiale) (cf. aussi* guidance loop (a) *et* guidance computer).

guidance system　système de guidage *(système assurant le guidage d'un mobile) (ce terme désigne généralement le matériel utilisé à cette fin et fait exclusion de l'opérateur éventuel et du milieu ambiant) (cf. aussi* guidance loop, guidance *et* system).

guidance transmission　émission de guidage *(émission d'ondes aux fins de guidage) (les ondes émises peuvent constituer un faisceau de guidage, un faisceau de détection et poursuite ou, par extension, un faisceau de désignation d'objectif) (émission de radioguidage, émission d'un autodirecteur actif, émission d'un illuminateur, respectivement) (mil, etc.) (cf. aussi* guidance beam, radio guidance, active seeker, illuminator 1), wave *et* transmission 2)).

guide　*cf.* waveguide. *(de même pour les termes dérivés).*

guided missile　missile *(fusée militaire à tête explosive pilotée par un autodirecteur ou, parfois, par télécommande) (missile antichar, sol-air, air-air, air-sol, air-surface, surface-surface (antinavire), antiradar, etc.) (cf. aussi* homing head, command guidance, homing missile *et* guided weapon).

guided projectile　obus guidé *(mil) (cf. aussi* laser-guided projectile).

guided propagation　propagation guidée *(propagation d'une onde guidée) (ce terme s'applique surtout à une onde se propageant dans un guide d'ondes ou dans une couche-piège) (cf. aussi* guided wave).

guided propagation mode　mode de propagation guidée *(mode de propagation d'une onde guidée, notamment d'une onde dans un guide d'ondes classique) (cf. aussi* propagation mode *et* guided wave).

guided wave　onde guidée, onde à propagation guidée *(onde se propageant dans une ligne de transmission ou un milieu formant guide d'onde) (onde radioélectrique dans un guide d'ondes, une ligne coaxiale, une ligne à rubans ou une couche-piège, onde optique dans un conduit de lumière ou une fibre optique, onde acoustique dans un conduit acoustique ou une couche-piège acoustique) (cf. aussi* radio wave, waveguide, coaxial line, parallel-plate line, duct 1), optical wave, light pipe, optical fiber, acoustic wave, sound channel 3) *et* wave).

guided-wave propagation　*cf.* guided propagation.

guided-wave transmission　transmission par onde guidée *(transmission d'un signal ou transport d'énergie par une onde guidée) (cf. aussi* guided wave).

guided weapon engin guidé *(engin explosif militaire, auto-propulsé ou non, se déplaçant le long d'une trajectoire déterminée par un système de guidage) (missile, bombe guidée, torpille guidée, obus guidé) (cf. aussi* command-guided weapon, self-guided weapon *et* guidance system).

Guillemin effect effet Guillemin *(effet de magnétostriction liant une flexion et un champ magnétique longitudinal dans un barreau de métal ferromagnétique) (il existe deux types, réciproques, d'effet Guillemin; le terme « effet Guillemin » employé sans qualificatif désigne généralement l'effet Guillemin direct) (cf. aussi* direct Guillemin effect, inverse Guillemin effect *et* magnetostriction).

Guillemin line ligne de Guillemin *(suite de circuits oscillants utilisée pour obtenir des impulsions de grande amplitude à flancs raides) (cf. aussi* resonant circuit *et* steep edge).

gulp groupe d'octets *(inf) (cf. aussi* eight-bit byte).

Gummel number nombre de Gummel *(semi) (cf. aussi* base areal charge density).

gun 1) canon (à électrons) *(tube cath, etc.) (cf. aussi* electron gun). 2) pistolet (à souder) *(cf. aussi* soldering gun).

gun-directing radar *cf.* gun fire-control radar.

gun director mode mode de tir au canon *(un des modes de fonctionnement d'un radar multimode d'avion militaire) (cf. aussi* multimode radar).

gun fire-control radar radar de conduite de tir au canon *(radar au sol, sur véhicule blindé ou sur aéronef ou navire militaire) (cf. aussi* fire-control radar *et* multimode radar).

gun-fire flash detector détecteur de flammes de bouche *(détecteur d'autodirecteur infrarouge d'engin air-sol utilisé pour détruire l'artillerie de l'adversaire) (mil) (cf. aussi* infra-red seeker).

gun-laying radar radar de conduite de tir *(radar de canon anti-aérien) (mil) (cf. aussi* fire-control radar).

Gunn amplifier amplificateur à diode Gunn *(amplificateur à résistance négative dans lequel l'élément à résistance négative est une diode Gunn) (cf. aussi* negative-resistance amplifier *et* Gunn diode).

Gunn diode diode Gunn, diode à effet Gunn *(dispositif à semiconducteur utilisant l'effet Gunn) (n'est pas une diode malgré le nom qui lui a été donné) (est utilisée comme oscillateur et amplificateur hyperfréquence) (cf. aussi* Gunn effect).

Gunn-diode cavity oscillator *cf.* Gunn oscillator.

Gunn-diode local oscillator oscillateur local à diode Gunn *(récepteur de radar) (cf. aussi* local oscillator *et* Gunn diode).

Gunn-diode oscillator *cf.* Gunn oscillator.

Gunn-diode radar radar à diode Gunn *(radar de faible puissance dans lequel l'oscillateur de l'émetteur utilise une diode Gunn) (radar détecteur de présence, radar de police, etc.) (cf. aussi* Gunn diode).

Gunn effect effet Gunn *(apparition d'oscillations hyperfréquence dans un cristal d'arséniure de gallium du type N soumis à un champ électrique intense créé par l'application d'une tension continue suffisante) (est dû à l'effet de résistance négative de l'arséniure de gallium dans ces conditions d'excitation) (cet effet est dû lui-même à l'existence de deux niveaux d'énergie dans l'arséniure de gallium, l'un auquel les électrons ont une faible masse et une mobilité élevée et l'autre où ils ont une forte masse et une faible mobilité; les électrons transférés sur le second niveau par le champ électrique intense forment des paquets à faible mobilité appelés « domaines » qui se déplacent dans la direction du gradient de potentiel, c.-à-d. de la cathode à l'anode, en formant un courant d'intensité variable constituant un signal hyperfréquence) (cf. aussi* gallium arsenide, negative resistance, energy state, electron mobility *et* potential gradient).

Gunn-effect ... *cf.* Gunn ...

Gunn oscillator oscillateur à diode Gunn *(oscillateur hyperfréquence utilisant une diode Gunn montée dans une cavité résonnante) (oscillateur d'émetteur de radar à faible puissance ou oscillateur local de récepteur de radar) (cf. aussi* Gunn diode *et* cavity resonator).

Gunn source *cf.* Gunn oscillator.

gutta-percha gutta-percha *(gomme isolante proche du caoutchouc tirée d'un arbre d'Extrême-Orient utilisée notamment dans les câbles téléphoniques ou électriques souterrains).*

guy hauban *(de mât d'antenne, de pylône rayonnant ou de poteau téléphonique).*

guy anchor ancrage de hauban *(dispositif de fixation d'un hauban au sol, sur une construction ou sur l'objet haubanné) (cf. aussi* guy).

guyed tower radiator pylône rayonnant haubanné *(pylône rayonnant maintenu vertical par des haubans isolés au niveau du pylône et des ancrages au sol) (antenne) (cf. aussi* tower radiator).

guying haubanage *(cf. aussi* guy).

gyrator gyrateur *s (dispositif constituant un élément non réciproque) (cf. aussi* non-reciprocal element) *(a) quadripôle actif dont l'impédance d'entrée est de signe opposé à l'impédance de sortie et dont la valeur est proportionnelle à l'inverse de l'impédance de sortie, celle-ci étant normalement une impédance capacitive) (est généralement réalisé sous la forme d'un circuit intégré monolithique comprenant essentiellement deux convertisseurs d'impédance négative et des résistances, et sert à produire le même effet) (cf. aussi* negative impedance converter *et* monolithic integrated circuit) ; (b) gyrateur hyperfréquence) *(cf. aussi* microwave gyrator).

gyro *cf.* gyroscope.

gyrocompass gyrocompas, compas gyroscopique *(compas utilisant un gyroscope dont l'axe du rotor constitue la référence de direction) (l'axe du rotor est situé dans le plan horizontal et le boîtier du gyroscope pivote autour d'un axe perpendiculaire à l'axe du rotor dans un étrier pivotant autour de la direction verticale) (du fait de la rotation de la Terre, lorsque l'axe du rotor n'est pas parallèle à l'axe des pôles dans le plan horizontal, un couple se trouve exercé sur l'axe du rotor et l'étrier pivote autour de la verticale jusqu'à ce que le parallélisme soit rétabli) (nav) (cf. aussi* gyroscope *et* compass).

gyrofrequency gyrofréquence, fréquence gyromagnétique, fréquence cyclotron *(ou de cyclotron ou* cyclotronique) *(nombre de tours effectués par seconde par un électron se déplaçant dans un champ magnétique) (ces tours sont effectués soit autour d'un cercle si le vecteur vitesse initiale de l'électron est perpendiculaire au vecteur induction magnétique du champ, soit le long d'une hélice si l'angle formé est différent de 90°) (l'électron tourne comme dans un cyclotron, d'où le nom parfois employé) (cf. aussi* magnetic induction).

gyromagnetic *a* gyromagnétique *a (caractéristique relative à la rotation d'un corps dans un champ magnétique) (cf. aussi* gyromagnetic effect).

gyromagnetic compass compas gyromagnétique *(nom donné à un compas magnétique stabilisé par gyroscope) (noter que le qualificatif employé est impropre, ce compas n'utilisant pas un effet gyromagnétique) (cf. aussi* gyrocompass *et* gyromagnetic effect).

gyromagnetic effect effet gyromagnétique *(effet liant la rotation d'un corps ferromagnétique et un champ magnétique) (est dû à l'existence d'une relation entre le moment cinétique des électrons et protons des atomes du corps et leur moment magnétique) (cf. aussi* Einstein-de-Haas effect, Barnett effect *et* ferromagnetic material).

gyromagnetic material corps gyromagnétique *(corps dans lequel l'effet Faraday est observé aux hyperfréquences) (ferrite) (cf. aussi* Faraday effect *et* ferrite).

gyromagnetic ratio rapport gyromagnétique *(rapport entre le moment magnétique et le moment cinétique d'un électron en orbite) (le moment cinétique, ou moment angulaire, est le moment mécanique dû à la rotation d'un corps) (cf. aussi* magnetic moment).

gyroscope gyroscope *(dispositif utilisant le moment cinétique d'un solide de révolution en rotation rapide pour matérialiser dans l'espace une direction représentée par l'axe de rotation du solide appelé « toupie ») (un gyroscope dont l'axe de la toupie peut s'incliner autour d'un seul axe de suspension est appelé « gyroscope à un degré de liberté » ; un gyroscope monté à la Cardan et dont l'axe de la toupie peut, par conséquent, s'incliner autour de deux axes de suspension perpendiculaires est appelé « gyroscope à deux degrés de liberté » ou « gyroscope libre ») (dans un gyroscope de pilote automatique ou de centrale inertielle, chaque axe de suspension est muni d'un* *détecteur d'angle et d'un moteur-couple) (cf. aussi* precession, nutation, integrating gyroscope, rate gyro, laser gyro, gyrocompass, inertial platform, pick-off *et* torquer).

gyroscope rotor *(ou* **wheel)** toupie de gyroscope *(parf. du ...),* rotor *(idem) (cf. aussi* gyroscope).

gyroscopic rotor *cf.* gyroscope rotor.

gyrotron gyrotron *(tube hyperfréquence à modulation de vitesse utilisant le mouvement en hélice des électrons associé à leur fréquence gyromagnétique pour fonctionner à des fréquences très élevées tout en ayant des dimensions intérieures suffisantes pour pouvoir fournir une puissance hyperfréquence importante) (dans les tubes à modulation de vitesse, les dimensions de la structure à onde lente sont proportionnelles à la longueur d'onde du signal à produire ou amplifier, donc inversement proportionnelles à sa fréquence, ce qui conduit à des dimensions trop petites aux fréquences élevées pour admettre une puissance importante) (dans le gyrotron, la mise à profit du mouvement en hélice des électrons sous l'action d'un champ magnétique axial et d'une composante tangentielle de vitesse initiale pour former les paquets d'électrons permet de se libérer de cette contrainte, la longueur de la partie active du tube n'étant plus déterminante) (a été mis au point sous la forme d'un oscillateur, mais peut être modifié pour en faire un amplificateur) (hyper) (cf. aussi* velocity-modulated tube *et* gyrofrequency).

H **1)** *cf.* henry. **2)** *cf.* magnetic field strength. **3)** *cf.* heater.

H bend *cf.* H-plane bend.

H corner *cf.* H-plane bend.

H display présentation du type H *(présentation des informations sur l'écran d'un radar semblable à la présentation du type B, mais donnant en plus une indication grossière de l'angle de site de la cible grâce à la représentation de l'écho par deux points définissant une droite dont l'inclinaison est approximativement égale à celle de la droite joignant l'antenne à la cible) (cf. aussi* B display, *au début de la lettre B).*

H mode mode TE *(hyper) (cf. aussi* TE mode).

H-MOS *cf.* HMOS. *(plus loin).*

H network cellule en H *(ensemble de cinq résistances dont le schéma de connexion peut être représenté par un H) (cellule d'atténuateur) (cf. aussi* network 1)).

H pad *cf.* H network.

h parameters *cf.* hybrid parameters.

H plane plan H *(plan contenant les lignes de force du champ magnétique dans un guide d'ondes rectangulaire) (plan parallèle aux grands côtés du guide d'ondes) (il y a une infinité de plans H d'un grand côté au grand côté opposé) (hyper) (cf. aussi* rectangular waveguide).

H-plane bend coude plan H *(coude de guide d'ondes rectangulaire réalisé dans le plan H, c.-à-d. dans lequel les grands côtés du guide restent plans et les petits côtés sont courbés) (hyper) (cf. aussi* H plane *et* waveguide bend).

H-plane corner *cf.* H-plane bend.

H-plane horn *cf.* H-plane sectoral horn.

H-plane sectoral horn cornet sectoriel plan H, cornet plan H *(cornet sectoriel réalisé dans le plan H, c.-à-d. dans lequel ce sont les petits côtés du guide d'ondes qui s'évasent) (antenne hyper) (cf. aussi* sectoral horn *et* H plane).

H scan *cf.* H display.

H scope écran à présentation du type H *(radar) (cf. aussi* H display).

H vector vecteur champ magnétique *(cf. aussi* magnetic field vector).

H wave onde TE *(guide d'ondes) (cf. aussi* transverse electric wave).

hairpin generator générateur (de bulles) en épingle cheveux *(mémoire à bulles) (cf. aussi* bubble generator).

hairpin winding enroulement en épingle à cheveux *(résistance bobinée) (cf. aussi* pi-winding).

halation halo *(halo entourant le point lumineux sur l'écran d'un tube cathodique) (est dû aux réflexions, dans l'épaisseur de la dalle, de la lumière émise sur la face arrière de celle-ci) (cf. aussi* faceplate).

half-adder demi-additionneur *(circuit logique à deux entrées et deux sorties effectuant une addition binaire élémentaire sans pouvoir tenir compte d'une retenue éventuelle de la colonne précédente) (il faut deux demi-additionneurs et un circuit OU pour former un additionneur qui, lui, tient compte de la* retenue éventuelle de la colonne précédente) (inf) (cf. aussi* logic circuit).

half bridge demi-pont *(cf. aussi* half-bridge circuit).

half-bridge arrangement montage en demi-pont *(cf. aussi* half-bridge circuit *et* arrangement 1)).

half-bridge circuit montage en demi-pont, circuit *(idem) (montage symétrique comportant une source de courant identique dans chaque branche) (cf. aussi* symmetrical arrangement).

half-bridge connection *cf.* half-bridge arrangement.

half-bridge rectifier montage va-et-vient, montage à point milieu, montage en demi-pont, montage redresseur *(idem) (montage redresseur utilisant un transformateur à enroulement secondaire à point milieu et deux diodes montées en opposition entre les deux extrémités de l'enroulement, la charge étant connectée entre le point milieu de celui-ci et le point commun des deux diodes) (le courant alternatif induit dans l'enroulement secondaire circule dans une moitié de celui-ci et la diode correspondante pendant l'alternance de chaque cycle pour laquelle la diode est polarisée dans le sens direct et fait de même dans l'autre demi-enroulement et l'autre diode pendant l'autre alternance) (les deux demi-secondaires et les deux diodes étant montés en opposition, le courant qui passe par le point milieu du secondaire et par la charge qu'il alimente, circule dans le même sens pendant les deux alternances du cycle : il est redressé) (les diodes ayant généralement leur anode connectée à une extrémité du secondaire et leurs cathodes réunies pour former le point commun, celui-ci est le pôle positif de l'alimentation obtenue et le point milieu du secondaire est le pôle négatif) (cf. aussi* rectifying circuit, center-tap transformer, positive pole *et* power supply 2)).

half-cycle alternance *(moitié du cycle d'une grandeur sinusoïdale comprise entre $0°$ et $180°$ ou $180°$ et $360°$ de la phase de la grandeur) (l'alternance comprise entre $0°$ et $180°$ est l'alternance positive et l'autre est l'alternance négative) (dans le cas d'un courant alternatif, l'alternance positive correspond à la circulation du courant dans un sens dans le circuit avec croissance de l'intensité du courant d'une valeur nulle à la valeur maximale dite « de crête » suivie de la décroissance jusqu'à zéro et l'alternance négative correspond à la circulation du courant dans l'autre sens avec croissance de l'intensité de cette valeur nulle à la valeur maximale et décroissance jusqu'à zéro) (dans le cas d'une tension alternative, l'alternance positive correspond au passage de la tension d'une valeur nulle à la valeur positive maximale dite « de crête » suivi de la décroissance jusqu'à zéro et l'alternance négative correspond au passage de cette valeur nulle à la valeur négative de crête et « remontée » jusqu'à zéro) (dans un cas comme dans l'autre, le cycle est alors terminé et recommence n fois par seconde pour une fréquence de n hertz) (cf. aussi* cycle, sinusoidal quantity *et* phase).

half-disk propagator propagateur semi-circulaire, propagateur en C *(propagateur de mémoire à bulles magnétiques en forme de demi-cercle) (cf. aussi* propagator).

half-duplex alternat *(mode d'exploitation d'une liaison de télécommunications dans laquelle les deux extrémités ne peuvent pas émettre simultanément) (cf. aussi* full duplex *et* simplex).

half-duplex channel voie exploitée en alternat *(tlg) (cf. aussi* half-duplex *et* channel[1] 2)).

half-duplex circuit circuit exploité en alternat *(tlg) (cf. aussi* half-duplex).

half-duplex communications liaisons en alternat *(tlg, radiotél) (cf. aussi* half-duplex).

half-duplex line ligne exploitée en alternat *(tlg) (cf. aussi* half-duplex).

half-duplex operation exploitation en alternat *(liaison télégraphique ou radiotéléphonique) (cf. aussi* half-duplex).

half-duplex transmission transmission en alternat *(tlg, radiotél) (cf. aussi* half-duplex).

half-height *a* demi-hauteur *(soit 40 mm) (clpf) (inf) (cf. aussi* full-height).

half-image trame *(image TV) (cf. aussi* field 2)).

half-line period durée d'une demi-ligne *(image TV) (cf. aussi* line period).

half-period demi-période *(d'un cycle) (cf. aussi* period).

half-power angle *cf.* half-power width.

half-power beam width *cf.* half-power width.

half-power frequency fréquence à demi-puissance *(une des deux fréquences de la courbe de réponse en fréquence d'un amplificateur à bande étroite auxquelles la puissance de sortie de l'amplificateur n'est plus que la moitié de sa valeur au milieu de la bande passante) (la première fréquence à demi-puissance correspond à un point situé sur le flanc avant de la courbe de réponse et la deuxième à un point sur le flanc arrière) (cf. aussi* frequency response curve, narrow-band amplifier *et* pass-band).

half-power width largeur du faisceau à demi-puissance, largeur à 3dB, angle d'ouverture à demi-puissance *(angle d'ouverture du lobe principal du diagramme de rayonnement d'une antenne directive à la distance de laquelle la puissance du faisceau émis n'est plus que la moitié, soit − 3 dB, de la puissance rayonnée par l'antenne) (cf. aussi* radiation pattern, power[1] 1) *et* decibel).

half pulse demi-amplitude d'impulsion *(amplitude d'une impulsion égale à la moitié de sa valeur maximale) (cf. aussi* amplitude).

half-rhombic antenna antenne semi-losange *(antenne d'émission formée de deux conducteurs obliques réunis ou non au sommet par une résistance) (cf. aussi* rhombic antenna).

half-sinusoid demi-sinusoïde *(partie d'une sinusoïde située au-dessus ou au-dessous de l'axe des abscisses) (constitue la représentation graphique d'une alternance d'une grandeur sinusoïdale) (cf. aussi* sinusoid, half cycle *et* sinusoidal quantity).

half-size board *(ou card)* carte demi-longueur *(carte d'extension dont la longueur n'est que la moitié de la longueur normalisée) (inf) (cf. aussi* expansion board).

half-step demi-ton *(acou) (cf. aussi* semitone).

half-subtracter demi-soustracteur *(circuit logique effectuant la soustraction sur deux binaires) (est analogue au demi-additionneur, mais opère en ajoutant au premier binaire le complément du binaire retranché) (inf) (cf. aussi* half-adder *et* subtractor).

half-tone demi-teinte *(nuance comprise entre le blanc et le noir, c.-à-d. gris) (ce terme s'emploie aussi parfois pour les couleurs et désigne alors une couleur plus ou moins saturée) (image TV ou de télécopie, etc.) (cf. aussi* gray scale *et* color saturation).

half-tone characteristic (courbe de) rendu des demi-teintes *(télécopie)*.

half-tone direct-view tube *cf.* half-tone storage tube.

half-tone storage tube tube à mémoire à demi-teintes, tube à demi-teintes *(cf. aussi* storage tube).

half-wave[1] *s* demi-onde *s (alternance positive ou négative d'une onde sinusoïdale) (cf. aussi* sine wave *et* half-cycle).

half-wave[2] *a* demi-onde *a (voir rubriques ci-après)*.

half-wave aerial *(GB) cf.* half-wave antenna.

half-wave antenna antenne demi-onde *(antenne dont la longueur électrique est égale à la moitié de la longueur de l'onde à émettre ou recevoir) (autre nom, plus général, du doublet demi-onde) (cf. aussi* electric length *et* dipole antenna).

half-wave dipole doublet demi-onde *(cf. aussi* half-wave antenna).

half-wave dipole antenna *cf.* half-wave antenna.

half-wave line ligne demi-onde *(ligne de transmission dont la longueur électrique est égale à la moitié de la longueur de l'onde qui s'y propage) (cf. aussi* transmission line *et* electric length).

half-wave rectification redressement d'une (seule) alternance, redressement mono-alternance *(redressement d'un courant alternatif dans lequel une seule des deux alternances de chaque cycle de circulation du courant donne lieu au passage d'un courant dans le circuit de la charge) (utilise essentiellement une diode de redressement unique montée en série avec la charge et ne laissant passer le courant que dans son sens de conduction) (cf. aussi* rectification *et* half-cycle).

half-wave rectified source source de courant redressé sur une alternance *(alim) (cf. aussi* half-wave rectification).

half-wave rectifier redresseur à une alternance *(ou mono-alternance ou à simple alternance) (diode de redressement utilisée pour redresser une seule alternance d'un courant alternatif ou, par extension, montage comprenant une telle diode) (cf. aussi* rectifier *et* half-wave rectification).

half-wave transmission line *cf.* half-wave line.

half wavelength demi-longueur d'onde, $\lambda/2$ *(radioélectricité, acou) (cf. aussi* wavelength).

Hall angle angle de Hall *(angle formé par les surfaces équipotentielles et le plan de la section droite d'une lamelle dans laquelle est observé l'effet Hall) (est dû au fait que les lignes de courant dans la lamelle, qui sont rectilignes et parallèles à l'axe longitudinal de celle-ci en l'absence de champ magnétique transversal, s'incurvent sous l'action de la force Laplace due à ce champ) (les surfaces équipotentielles, qui sont normales aux lignes de courant et, par conséquent, perpendiculaires à l'axe de la lamelle en l'absence de champ magnétique, tournent de l'angle nécessaire pour rester normales aux lignes de courant, ce qui donne l'angle de Hall) (cf. aussi* Hall effect, equipotential surface, line of force *et* Lorentz force).

Hall coefficient coefficient de Hall, constante de Hall *(rapport R entre l'intensité du champ de Hall et le produit de la densité de courant par l'induction dans une lamelle dans laquelle est observé l'effet Hall) (R est une mesure de l'intensité de l'effet Hall dans un corps; il est négatif lorsque l'effet Hall est produit par un courant d'électrons et positif pour un courant de trous) (cf. aussi* Hall field, Hall effect, magnetic induction 2) *et* hole 1)).

Hall constant *cf.* Hall coefficient.

Hall effect effet Hall *(apparition d'une tension entre deux faces opposées d'une lamelle métallique parcourue par un courant et placé dans un champ magnétique perpendiculaire aux deux autres faces) (l'effet Hall est dû à l'action de la force de Laplace sur les porteurs de charge constituant le courant électrique dans la lamelle; il est très faible dans les métaux et s'observe surtout dans les semiconducteurs) (est un effet galvanomagnétique dont l'homologue thermomagnétique est l'effet Nernst) (cf. aussi* Hall angle, Hall coefficient, Hall field, Hall mobility, Hall voltage, Laplace force, charge carrier, galvanomagnetic effect *et* Nernst effect).

Hall-effect component composant à effet Hall *(composant utilisant un dispositif à effet Hall) (détecteur d'angle à effet Hall, touche de clavier à effet Hall, etc.) (cf. aussi* Hall-effect device 1)).

Hall-effect device 1) dispositif à effet Hall *(dispositif comprenant essentiellement une lamelle de semiconducteur dans laquelle on utilise l'effet Hall) (cf. aussi* Hall effect). 2) *cf.* Hall-effect component.

Hall-effect gaussmeter magnétomètre à effet Hall *(magnétomètre utilisant une lamelle de semiconducteur dans laquelle l'intensité du courant est connue et entre les bords de laquelle la tension de Hall est donc proportionnelle à l'intensité du champ magnétique à mesurer qui lui est appliqué) (cf. aussi* gaussmeter *et* Hall voltage).

Hall-effect generator *cf.* Hall generator.

Hall-effect key *cf.* Hall-effect keyswitch.

Hall-effect keyboard clavier à touches à effet Hall, clavier à effet Hall *(clavier d'appareil électronique) (cf. aussi* Hall-effect keyswitch).

Hall-effect keyswitch (interrupteur à) touche à effet Hall *(interrupteur à action momentanée sans contacts utilisant un dispositif à effet Hall et un petit aimant solidaire d'une touche) (quand on appuie sur la touche, l'aimant vient à proximité du dispositif à effet Hall et la tension produite aux bornes de celui-ci par son champ magnétique est amplifiée et appliquée à un transistor de commutation qui est le véritable interrupteur du dispositif) (cf. aussi* Hall-effect device 1)).

Hall-effect modulator modulateur à effet Hall *(dispositif à effet Hall dans lequel le courant circulant dans le barreau est un courant alternatif à haute fréquence et le courant produisant le champ magnétique perpendiculaire est un courant à basse fréquence constituant le signal modulant) (la tension de Hall recueillie est une tension à haute fréquence modulée au rythme du courant à basse fréquence) (cf. aussi* Hall-effect device 1) *et* Hall voltage).

Hall-effect multiplier multiplieur à effet Hall *(multiplieur analogique utilisant la propriété de la tension de Hall d'être proportionnelle au produit de deux grandeurs) (cf. aussi* Hall voltage).

Hall-effect position sensor détecteur de position à effet Hall *(cf. aussi* position sensor *et* Hall effect).

Hall-effect sensor *cf.* Hall-effect transducer.

Hall-effect transducer capteur à effet Hall *(capteur de position) (cf. aussi* Hall-effect position sensor).

Hall field champ de Hall *(champ électrique produit par l'inclinaison des surfaces équipotentielles dans une lamelle dans laquelle est observé l'effet Hall) (à ce champ correspond la tension de Hall) (cf. aussi* Hall angle *et* Hall voltage).

Hall generator générateur à effet Hall *(nom donné à un dispositif à effet Hall quand on l'utilise pour fournir une tension proportionnelle à l'intensité d'un champ magnétique) (magnétomètre à effet Hall, etc.) (cf. aussi* Hall-effect device 1) *et* Hall-effect magnetometer).

Hall mobility mobilité de Hall *(mobilité moyenne utilisée dans le calcul de l'effet Hall pour tenir compte des mobilités différentes des deux types de porteurs de charge et des autres facteurs) (cf. aussi* Hall effect *et* carrier mobility).

Hall voltage tension de Hall *(ou* due à l'effet Hall *ou* produite par l'effet Hall) *(est proportionnelle à l'intensité du courant électrique circulant dans la lamelle et à la valeur de l'induction dans celle-ci, donc à l'intensité du champ magnétique transversal appliqué, c.-à-d. au produit de ces deux intensités) (la tension de Hall étant proportionnelle au produit de deux grandeurs, un dispositif à effet Hall peut être utilisé comme multiplieur analogique) (cf. aussi* Hall effect *et* analog multiplier).

halved voltage tension diminuée *(ou* réduite *ou* abaissée) de moitié *(tension fournie par un diviseur de tension ou un transformateur abaisseur de tension à rapport 1/2) (le qualificatif « abaissée » s'emploie surtout dans le second cas) (cf. aussi* voltage divider *et* step-down transformer).

ham *(fam) cf.* amateur. *(de même pour les termes dérivés).*

Hamming code code de Hamming, code autocorrecteur (de Hamming) *(code autocorrecteur associant un certain nombre de binaires de parité à un mot binaire à transmettre et un binaire dit « de test » à chaque binaire de parité, les binaires de test ayant la valeur « 0 » en l'absence d'erreur et la valeur « 1 » lorsque la parité du binaire de parité correspondant n'est pas la borne, le mot binaire formé par les binaires de test indiquant alors la position du binaire erroné) (les binaires de parité sont incorporés au mot ; les binaires de test sont obtenus lors du contrôle du mot) (dans le cas d'un mot de quatre binaires, trois binaires de parité lui sont ajoutés, aux positions 1, 2 et 4 à partir de la droite, les binaires d'information occupant les positions 3, 5, 6 et 7) (tls, inf) (cf. aussi* Hamming distance, error-correcting code *et* parity bit).

Hamming scheme *cf.* Hamming code.

Hamming distance distance de Hamming *(nom donné au nombre de binaires de même rang qui diffèrent entre un mot*

binaire reçu à une extrémité d'une liaison numérique et le mot binaire émis) (en d'autres termes, nombre de binaires qu'il faut changer dans un mot binaire comportant une ou plusieurs erreurs pour obtenir le mot initial) (cf. aussi* Hamming code).

hand-crafted circuit circuit conçu à la main *(circuit à la demande dessiné en majeure partie à la main et non sur écran d'ordinateur) (CI) (cf. aussi* full-custom circuit).

hand-driven generator *cf.* hand generator.

hand feed alimentation manuelle, introduction manuelle *(de cartes perforées ou autres documents dans une machine ou un appareil informatique).*

hand-free set *cf.* hand-free telephone set.

hand-free telephone *cf.* hand-free telephone set.

hand-free telephone set poste téléphonique à commande vocale *(ou* mains libres), poste à commande vocale *(idem),* téléphone *(idem) (poste téléphonique automatique équipé d'un système de commande vocale permettant de composer les numéros en prononçant successivement les chiffres de ceux-ci ou le nom de l'abonné demandé, après avoir « appris » à l'appareil à les reconnaître par mise en mémoire) (tls) (cf. aussi* automatic telephone set *et* voice command system).

hand generator magnéto d'appel *(tél) (cf. aussi* signalling generator).

hand-held *a* portatif *(appareil, notamment multimètre) (cf. aussi* portable 1)).

hand layout tracé à la main, tracé manuel, implantation *(idem) (circuit) (cf. aussi* hand-crafted circuit).

hand-off pushbutton bouton-poussoir à verrouillage *(cf. aussi* locking pushbutton).

hand receiver écouteur supplémentaire, récepteur supplémentaire *(écouteur équipant un poste téléphonique en plus du combiné) (cf. aussi* telephone receiver).

hand spike pointe de touche *(cf. aussi* test prod).

hand-tuned circuit circuit accordé manuellement, circuit (accordé) à accord manuel *(cf. aussi* tuned circuit).

hand tuning accord manuel *(accord d'un récepteur ou d'un dispositif effectué par l'opérateur) (cf. aussi* tuning).

handle *v* **1)** admettre *(un courant de n ampères, une puissance de n watts, etc.) (contact de relais, transistor de puissance, thyristor, etc.).* **2)** gérer, prendre en charge, *(parf.)* traiter *(des informations ou des signaux) (inf, central tél, etc.).*

handling of calls prise en charge des demandes de communications *(central tél).*

handling of traffic écoulement du trafic *(tél, tlg).*

handset combiné *(de poste téléphonique) (cf. aussi* telephone set).

handset cord cordon de combiné *(cordon multiconducteur, généralement « spiralé », c.-à-d. en fait enroulé en hélice, reliant le combiné d'un poste téléphonique à celui-ci) (cf. aussi* telephone set).

handshake *cf.* handshaking.

handshaking mise en liaison, établissement de la liaison *(échange de signaux déterminés entre l'extrémité émettrice et l'extrémité réceptrice d'une liaison de transmission de données avant l'émission d'un message) (la liaison peut être très courte comme dans le cas de la liaison entre deux organes d'un même ordinateur) (cf. aussi* data link).

handshaking capability possibilités de mise en liaison *(cf. aussi* handshaking *et* capability).

handshaking signal signal de mise en liaison, *(etc.) (cf. aussi* handshaking).

hang up *v* **1)** raccrocher *(le combiné, au téléphone).* **2)** s'arrêter inopinément, s'arrêter *(cf. aussi* hang-up).

hang-up *s* arrêt imprévu, arrêt non programmé *(arrêt de l'exécution d'un programme par un ordinateur dû à une erreur de programmation ou à une panne de l'appareil) (inf).*

hangover traînage *(au sens du terme anglais, reproduction défectueuse des sons graves par un haut-parleur insuffisamment amorti ou monté dans une enceinte mal adaptée) (cf. aussi* loudspeaker baffle *et, pour information,* streaking).

hard card *(marque déposée)* carte à disque dur *(carte d'extension portant un disque dur à boîtier extra-plat et les circuits associés) (inf) (cf. aussi* expansion board *et* hard disk).

hard copy présentation matérielle, *(souvent)* sortie sur papier *(ou* support papier), *(parf.)* trace écrite *(présentation d'informations sous la forme d'un document imprimé ou d'un graphique tracé sur une feuille ou une bande de papier) (inf, etc.) (cf. aussi* soft copy).

hard-copy device appareil graphique *(appareil présentant des informations sur du papier) (enregistreur graphique ou imprimante) (cf. aussi* hard copy).

hard-copy output *cf.* hard copy.

hard-copy record enregistrement graphique *(résultats de mesure ou autres enregistrés sous la forme d'une courbe, d'un diagramme ou de caractères imprimés) (sdpo notamment à « enregistrement sur bande magnétique »).*

hard-copy recorder enregistreur graphique *(cf. aussi* graphic recorder).

hard disc *cf.* hard disk.

hard disk disque dur, disque rigide *(le second terme est peu employé) (inf) (cf. aussi* hard-disk drive).

hard-disk back-up sauvegarde de disque dur *(recopie sur disquettes, bande magnétique ou disque dur des informations enregistrées sur un disque dur ou, par extension, mémoire à défilement utilisée à cette fin) (inf) (cf. aussi* hard disk, floppy disk, streaming-tape drive, mirror disk *et* back-up copy).

hard-disk cache mémoire cache de disque dur *(inf) (cf. aussi* disk cache *et* hard disk).

hard-disk caching emploi d'une ... *(voir aussi* hard-disk cache).

hard-disk computer ordinateur à disque dur *(inf) (cf. aussi* computer 2) *et* hard disk).

hard-disk drive mémoire à disque dur, (un) disque dur *(mémoire à disque magnétique rigide, simple ou multiple, généralement inamovible, à grande vitesse de rotation réduisant le temps de latence et à très faible hauteur de sustentation permettant une grande densité linéique d'enregistrement) (le diamètre du disque est généralement de 5 pouces 1/4 ou 3 pouces 1/2, la vitesse de rotation de 3600 tr/mn et la hauteur de sustentation inférieure à 1 micron) (inf) (cf. aussi* hard card, mirror disk, platter, latency, flying height *et* magnetic-disk memory).

hard-disk head tête de disque dur *(tête de lecture/écriture de disque dur) (inf) (cf. aussi* read/write head, hard disk *et* flying height).

hard-disk mass storage archivage sur disque dur *(inf) (cf. aussi* mass storage *et* hard disk).

hard-disk memory (unit) *cf.* hard-disk drive.

hard-disk storage mémorisation sur disque dur *(cf. aussi* hard disk).

hard-disk technology (la) technique des disques dur *(cf. aussi* hard disk et technology).

hard-disk unit version à disque dur *(mémoire) (cf. aussi* hard-disk drive *et* unit 3)).

hard drive *cf.* hard-disk drive.

hard error *cf.* uncorrectable error.

hard ferrite ferrite dur *(ferrite possédant les propriétés magnétiques d'un matériau magnétique dur) (cf. aussi* ferrite et hard magnetic material).

hard ferromagnetic material *cf.* hard magnetic material.

hard-glass passivation passivation par dépôt de verre dur *(semi) (cf. aussi* passivation).

hard-limit *v* écrêter à niveau constant *(cf. aussi* hard limiting).

hard-limited signal signal écrêté à niveau constant *(cf. aussi* hard limiting).

hard limiter écrêteur à niveau constant, limiteur à niveau constant *(cf. aussi* hard limiting *et* limiter).

hard limiting limitation d'amplitude à niveau constant, écrêtage à niveau constant *(écrêtage dans lequel l'amplitude du signal de sortie varie très peu au-delà du seuil d'écrêtage même si l'amplitude du signal d'entrée est très supérieure à ce seuil) (cf. aussi* limiting).

hard magnetic material matériau magnétique dur, *(etc.),* matériau ferromagnétique dur, *(idem) (le terme « matériau » étant toutefois le plus employé dans l'occurrence) (corps ou matériau magnétique à grand champ coercitif, c.-à-d. qui se désaimante difficilement après avoir été aimanté et, par conséquent, garde son aimantation éventuelle, même en pré-*

sence d'un champ démagnétisant relativement intense) (cf. aussi* magnetic material, coercive force, hard ferrite *et* material).

hard-over signal signal d'amplitude excessive *(à l'entrée d'un récepteur).*

hard pulse impulsion pointue *(impulsion à front raide et étroite) (cf. aussi* rising time).

hard rubber ébonite *(isolant composé de caoutchouc vulcanisé à forte teneur en soufre) (n'est plus employé).*

hard saturation saturation complète *(transistor) (cf. aussi* saturated transistor).

hard sectoring sectorisation matérielle *(sectorisation d'un disque magnétique réalisée à raison d'un trou par secteur) (inf) (cf. aussi* sectoring).

hard superconductor supraconducteur de seconde espèce *(supraconducteur dans lequel l'intensité du champ magnétique nécessaire pour détruire la supraconduction est relativement grande) (nobium et certains alliages de nobium, notamment) (cf. aussi* superconductor).

hard tube tube à vide poussé *(tube électronique à vide dans lequel la pression résiduelle est extrêmement faible) (cf. aussi* hard vacuum *et* vacuum tube).

hard vacuum vide poussé *(vide presque parfait, le nombre de molécules de gaz résiduel par centimètre cube étant négligeable et, par conséquent, le libre parcours moyen relativement grand et la pression extrêmement faible) (tube à vide, etc.) (cf. aussi* mean free path *et* vacuum).

hard-wire *v* réaliser sous forme câblée, câbler *(une ou plusieurs fonctions logiques) (cf. aussi* hard-wired function).

hard-wired control logic logique de commande câblée *(logique de commande réalisée sous la forme d'une logique câblée) (inf) (cf. aussi* control logic *et* hard-wired logic).

hard-wired function *cf.* hard-wired logic function.

hard-wired logic logique câblée *(logique formée de fonctions câblées) (inf) (cf. aussi* logic (b) *et* hard-wired logic function).

hard-wired logic function fonction logique câblée, fonction câblée *(le second terme est le plus employé) (noms donnés à une ou plusieurs portes logiques dans lesquelles les connexions entre les éléments de commutation nécessaires pour réaliser une fonciton logique déterminée sont assurées par des conducteurs permanents ou semi-permanents et non par la mise en conduction de transistors ou autres éléments de commutation sous la commande du programme de l'appareil) (les conducteurs permanents sont des fils soudés dans les logiques non intégrées ou des conducteurs de circuit intégré monolithique ; les conducteurs semi-permanents sont des cordons à fiches ou des fiches dans les tableaux de programmation) (inf) (cf. aussi* logic gate, logic function, switching element, programming board *et* coprocessor).

hard-wired sequencer séquenceur câblé *(ou à logique câblée ou réalisé en logique câblée) (noms donnés au séquenceur d'un ordinateur lorsque l'on veut préciser qu'il ne s'agit pas d'un séquenceur microprogrammé) (inf) (cf. aussi* sequencer (b) *et* hard-wired logic).

hard X rays rayons X durs *(rayons X de courte longueur d'onde en valeur relative) (cf. aussi* X-ray hardness).

hardening *cf.* radiation hardening.

hardware matériel (a) *(appareils, composants, etc.) (cf. aussi* equipment)*; (b) *(unité centrale et appareils ou circuits périphériques d'un ordinateur) (ne pas employer « hardware ») (sdpo à « logiciel ») (cf. aussi* computer 2) *et* software).

hardware bug *cf.* hardware failure.

hardware cache mémoire cache matérielle *(mémoire cache de disque formée d'un ou plusieurs boîtiers de mémoire distincts de ceux de la mémoire centrale) (inf) (cf. aussi* disk cache *et* main memory).

hardware compensation compensation matérielle *(compensation de soudure froide d'un thermocouple réalisée par application d'une tension continue de polarité opposée au sens de la variation et de valeur absolue égale à celle-ci pour l'annuler) (cf. aussi* cold-junction compensation).

hardware configuration composition de l'ordinateur *(unité centrale, plus nombre et types d'organes périphériques) (inf) (cf. aussi* arithmetic-and-logic unit *et* peripheral device).

hardware controller régisseur matériel, pilote matériel *(ré-*

gisseur obtenu par réalisation matérielle) (inf) (cf. aussi hard-ware implementation *et* controller).

hardware emulation   *cf.* emulation.

hardware engineer   ingénieur en matériel informatique *(ingénieur électronicien spécialisé dans la conception et la mise au point d'appareils informatiques) (cf. aussi* software engineer).

hardware failure   **1)** défaillance du matériel, incident matériel, panne. **2)** incident machine *(incident de fonctionnement d'un ordinateur dû à l'appareil lui-même et non à une erreur de programmation) (inf) (cf. aussi* program bug).

hardware firm   société de construction de matériel informatique.

hardware-generated interrupt   *cf.* hardware interrupt.

hardware implementation   réalisation matérielle *(réalisation d'une fonction plus ou moins complexe dans un ordinateur à l'aide d'un ou plusieurs circuits intégrés numériques appropriés) (inf) (cf. aussi* complex function, digital integrated circuit *et* software implementation).

hardware-implemented function   fonction réalisée en matériel *(inf) (cf. aussi* hardware implementation).

hardware interrupt   interruption matérielle, interruption non programmée *(interruption de programme d'ordinateur non prévue dans le programme et produite par une combinaison particulière et indésirable des signaux de sortie de plusieurs organes de l'appareil, d'où le qualificatif « matérielle ») (est généralement due à une erreur de programmation) (inf) (cf. aussi* interrupt *et* program bug).

hardware-interrupt handling   traitement des interruptions matérielles, *(etc.) (suite d'opérations déclenchée par une interruption matérielle dans un ordinateur) (inf) (cf. aussi* hardware interrupt).

hardware-interrupt processing   *cf.* hardware-interrupt handling. *(ce terme étant le plus employé).*

hardware manufacturer   constructeur de matériel informatique.

hardware overhead   (quantité de) matériel nécessaire *(nombre de circuits intégrés ou autres composants nécessaire pour réaliser un appareil ou une fonction complexe) (cf. aussi* chip count *et* complex function).

hardware-programmable interrupt   interruption programmée en mémoire *(interruption logicielle prévue dans un programme contenu dans une mémoire ROM ou dérivée) (inf) (cf. aussi* software interrupt *et* ROM).

hardware techniques   méthodes matérielles *(méthodes de réalisation matérielle) (inf) (cf. aussi* hardware implementation).

hardware technology   (la) technique du matériel *(notamment informatique) (cf. aussi* hardware (b) *et* technology).

hardwire   *v*   **1)** *cf.* hard-wire. *(plus haut) (de même pour les termes dérivés).* **2)** *cf.* connect.

harmonic   *s*   harmonique *sm et a*, fréquence harmonique, signal harmonique *(multiple entier d'une fréquence et notamment de la fréquence fondamentale d'un signal complexe) (harmonique 2, ou de rang 2, harmonique 3, ou de rang 3, etc.) (cf. aussi* fundamental).

harmonic aerial   *(GB)*   *cf.* harmonic antenna.

harmonic analysis   analyse harmonique, analyse par développement en série de Fourier, analyse de Fourier *(décomposition d'une fonction périodique non sinusoïdale en fonctions sinusoïdales par développement de la fonction en série de Fourier dont les termes représentent ces fonctions sinusoïdales) (est appliquée notamment à l'analyse d'un signal complexe pour mettre en évidence les fréquences qui le composent) (cf. aussi* Fourier transformation, periodic function, sinusoidal function *et* complex signal).

harmonic analyzer   **1)** analyseur harmonique *(appareil réalisant l'analyse harmonique d'une onde acoustique) (cf. aussi* harmonic analysis). **2)** *cf.* spectrum analyzer.

harmonic antenna   antenne harmonique *(antenne accordée dont la longueur électrique est égale à un multiple entier de la demi-longueur de l'onde émise ou reçue) (cf. aussi* tuned antenna).

harmonic attenuation   atténuation d'un harmonique *(filtrage d'un signal complexe par un filtre coupe-bande à bande coupée très étroite pour éliminer un harmonique du signal) (cf. aussi* harmonic, complex signal *et* band-stop filter).

harmonic component   composante harmonique *(harmonique d'un signal complexe) (cf. aussi* harmonic *et* complex signal).

harmonic content   contenu en harmoniques, *(parf.)* harmoniques contenus *(fréquences autres que la fréquence fondamentale contenues dans un signal complexe) (cf. aussi* complex signal).

harmonic conversion   conversion harmonique *(multiplication ou division d'une fréquence par un nombre entier).*

harmonic-conversion transducer   convertisseur harmonique *(tg) (multiplicateur ou diviseur de fréquence) (cf. aussi* frequency multiplier *et* frequency divider).

harmonic distortion   distorsion harmonique *(présence, dans le signal de sortie d'un amplificateur ou autre montage, d'harmoniques du signal d'entrée résultant d'un manque de linéarité de l'amplificateur) (cf. aussi* harmonic *et* nonlinear distortion).

harmonic field   champ harmonique, champ à variation harmonique *(champ électromagnétique dont l'intensité des composantes est une fonction harmonique du temps) (cf. aussi* electromagnetic field, field strength *et* harmonic function).

harmonic filter   filtre d'harmonique *(filtre coupe-bande à bande étroite conçu pour éliminer un harmonique gênant dans un signal) (cf. aussi* notch filter *et* harmonic attenuation).

harmonic frequency   *cf.* harmonic.

harmonic frequency component   *cf.* frequency component.

harmonic frequency multiplier   multiplicateur de fréquence harmonique, multiplicateur harmonique *(générateur d'harmoniques employé comme multiplicateur de fréquence par sélection de l'harmonique approprié) (cf. aussi* frequency multiplier *et* harmonic generator).

harmonic function   fonction harmonique *(fonction décomposable en fonctions sinusoïdales) (cf. aussi* function[1] 1 (a), sinusoidal function *et* harmonic analysis).

harmonic generation   génération d'harmoniques *(cf. aussi* harmonic generator).

harmonic generator   générateur d'harmoniques *(élément non linéaire utilisé dans un montage à la sortie duquel on recueille un ou plusieurs harmoniques déterminés de la tension à haute fréquence appliquée à son entrée) (est généralement utilisé pour obtenir des harmoniques de rang élevé) (est souvent une diode à coupure brusque) (cf. aussi* harmonic, non-linear element *et* step-recovery diode).

harmonic generator varactor   diode varicap pour génération d'harmoniques *(cf. aussi* varactor *et* harmonic generator).

harmonic interferences   parasites par harmoniques *(parasites dans un signal radio dû au rayonnement d'harmoniques) (cf. aussi* harmonic radiation *et* interference 1)).

harmonic mixer   mélangeur harmonique *(hyper).*

harmonic mode   mode partiel *(mode d'oscillation d'un quartz oscillant sur un harmonique de sa fréquence propre) (cf. aussi* harmonic, overtone *et* natural frequency).

harmonic-mode crystal   quartz à mode partiel *(cf. aussi* harmonic mode).

harmonic-mode crystal unit   *cf.* harmonic-mode crystal.

harmonic order   rang de l'harmonique *(parf.)* d'un harmonique, ordre *(idem) (le premier terme est le meilleur) (cf. aussi* even harmonic, odd harmonic *et* harmonic).

harmonic oscillator   oscillateur harmonique *(oscillateur dans lequel les oscillations sont sinusoïdales en première approximation) (en électronique, ce terme désigne un oscillateur électrique fournissant un courant sinusoïdal, c.-à-d. le type le plus courant d'oscillateur) (cf. aussi* oscillator, sinusoidal oscillation *et* sinusoidal current).

harmonic radiation   rayonnement d'harmoniques *(présence d'harmoniques dans l'onde émise par un émetteur radio et notamment un émetteur de radiodiffusion) (cf. aussi* harmonic interference *et* harmonic).

harmonic rejection   réjection des harmoniques, atténuation *(idem) (par un filtre passe-bas à bande très étroite ne laissant passer que la fréquence fondamentale du signal complexe considéré) (analyse de signaux dans le domaine fréquentiel, etc.) (cf. aussi* harmonic, complex signal, low-pass filter, frequency domain *et* harmonic attenuation).

harmonic-related ...   *cf.* harmonically related ...

harmonic response characteristic   *cf.* frequency response curve.

harmonic signal *cf.* harmonic.

harmonic suppression *cf.* harmonic rejection.

harmonic trap *cf.* harmonic filter.

harmonic wave *cf.* complex wave.

harmonic wave analyzer *cf.* harmonic analyzer.

harmonically related frequencies fréquences à relation harmonique *(ensemble de deux fréquences dont l'une est un harmonique de l'autre) (les deux fréquences peuvent appartenir au même signal ou à deux signaux différents) (cf. aussi* harmonic *et* non-harmonically related frequencies).

harmonically related signals signaux à relation harmonique *(signaux dont les fréquences ont une relation harmonique) (cf. aussi* harmonically related frequencies *et* signal[1]).

harness faisceau *(de fils ou, plus rarement, de câbles) (cf. aussi* wire harness).

harsh environmental conditions conditions d'ambiances très défavorables *(cf. aussi* environmental conditions).

Hartley oscillator oscillateur Hartley, montage Hartley *(oscillateur dans lequel la réaction positive est obtenue en appliquant la tension alternative de sortie à une partie du bobinage du circuit oscillant monté dans le circuit de l'électrode de commande, ce qui assure le couplage nécessaire entre le circuit de sortie et le circuit d'entrée) (le bobinage comporte donc une prise intermédiaire) (dans la version à tube triode, l'électrode de commande est naturellement la grille et, dans la version à transistor bipolaire, c'est la base) (cf. aussi* oscillator).

hash bruit, *(parf.)* parasites *(cf. aussi* noise 2) (a)).

hash total total de contrôle *(inf)*.

Hay bridge pont de Hay *(pont de mesure d'inductances) (cf. aussi* inductance bridge).

hay-wire circuitry câblage touffus *(cf. aussi* high-density wiring).

HCl gas polishing polissage au chlore en phase gazeuse *(fab. semi)*.

HCMOS *(vient de « high-density CMOS »)* circuit HCMOS, circuit CMOS à haute densité *(CI) (cf. aussi* CMOS).

HDD *cf.* head-down display.

HDG *cf.* heading.

HDLC *(vient de « high-level data link control »)* protocole HDLC *(protocole à binaires normalisé par l'ISO) (trans. données) (cf. aussi* bit-oriented protocol).

HDTV *cf.* high-definition television.

HDTV broadcast émission de télévision à haute définition.

HDTV broadcasting émission de programmes de télévision à haute définition, radiodiffusion visuelle à haute définition.

HDTV image *cf.* HDTV picture.

HDTV picture image de télévision à haute définition.

HDTV signal signal de télévision à haute définition.

He-Ne laser *cf.* helium-neon laser.

head tête *(nom donné à divers types de transducteurs plus ou moins complexes) (cf. aussi* magnetic head, recording head, read head, read/write head, reproduce head, erasing head, video head, homing head *et* transducer 1)).

head amplifier préamplificateur (du capteur) *amplificateur de tension monté le plus près possible d'un capteur pour amplifier le signal à bas niveau de celui-ci avant de le transmettre à l'appareil associé) (lecteur de projecteur de cinéma sonore, caméra de télévision, etc.) (cf. aussi* voltage amplifier).

head assembly 1) tête complète, tête *(tête magnétique)*. 2) *cf.* head stack.

head-carrying arm bras de lecture/écriture, bras porte-tête (s), bras *(bras portant une ou plusieurs têtes de lecture/écriture dans une mémoire à disque magnétique) (inf)(cf. aussi* magnetic-disk drive).

head demagnetizer dégausseur de têtes magnétiques *(appareil utilisé pour faire disparaître l'aimantation acquise en fonctionnement par une tête magnétique) (cf. aussi* demagnetizer *et* magnetic head).

head-down display 1) présentation basse, présentation au tableau *(ou* à la planche), affichage au tableau *(ou* à la planche) *(voir ci-après)*. 2) afficheur au tableau, afficheur à la planche *(écran cathodique de présentation d'informations disposé sur le tableau de bord d'un aéronef) (cf. aussi* head-up display).

head gap entrefer de la tête (magnétique) *(cf. aussi* air gap 1)).

head-on approaching target *cf.* head-on target.

head-on aspect présentation de face, présentation frontale *(cible radar) (cf. aussi* aspect angle).

head-on target cible en présentation frontale *(radar) (cf. aussi* approaching target).

head position position de la tête *(tête magnétique) (cf. aussi* head positioner).

head positioner positionneur de tête, positionneur *(actionneur amenant une tête de lecture/écriture de mémoire à disque magnétique sur la piste sur laquelle des informations doivent être lues ou enregistrées) (inf) (cf. aussi* stepper-motor head positioner, voice-coil head positioner, head positioning servo *et* actuator).

head positioning positionnement de la tête *(cf. aussi* head positioner).

head-positioning servo servomécanisme de positionnement de la tête, système asservi *(idem)*, système *(idem) (servomécanisme assurant le positionnement d'une tête de lecture/écriture de mémoire à disque) (inf) (cf. aussi* servomechanism *et* head positioner).

head-positioning system *cf.* head-positioning servo.

head receiver *cf.* headphone.

head stack bloc des têtes *(ensemble de deux ou plusieurs têtes magnétiques superposées dans un enregistreur à bande magnétique multipiste) (magnétophone stéréo, etc.) (cf. aussi* magnetic head).

head switching commutation des têtes *(magnétoscope) (cf. aussi le Nota à* switching).

head-up display 1) affichage frontal, présentation haute *(voir ci-après)*. 2) afficheur frontal, collimateur de pilotage *(système de présentation d'informations de navigation, de tir ou autres au pilote d'un aéronef par projection, sur une plaque de verre disposée obliquement dans son axe normal de vision, de l'image formée sur l'écran d'un tube cathodique, qui se superpose ainsi à la scène vue à travers le pare-brise) (ne pas employer « affichage tête haute » ni « afficheur tête haute ») (cf. aussi* head-down display).

head-up display ... *cf.* HUD ...

head-wheel tambour d'analyse *(tambour tournant à grande vitesse portant les têtes vidéo dans un magnétoscope) (cf. aussi* video tape recorder).

header embase *(équivalent, isolant ou métallique, du culot d'un tube électronique dans un composant enfichable tel qu'un relais pour circuit imprimé ou dans un composant à semiconducteur en boîtier tel qu'un transistor; dans ce dernier cas, les broches sont généralement remplacées par des fils à souder appelés « sorties ») cf. aussi* tube base, plug-in component *et* socket 2)).

header package boîtier classique, boîtier *(boîtier de transistor ou autre composant à sorties par fils) (sdpo à « boîtier DIP, SIP » ou autre et à « enrobage ») (cf. aussi* header, DIP, SIP *et* coating).

heading 1) cap *(angle formé par l'axe longitudinal d'un mobile et la direction du nord géographique) (nav) (cf. aussi* magnetic heading *et, à titre d'information,* course *et* bearing 1)). 2) en-tête *(d'un document ou d'un message) (inf, tls, etc.)*.

heading indicator indicateur de cap *(radionav)*.

heading information information de cap *(radionav) (cap considéré en tant qu'information) (cf. aussi* heading *et* information).

heading marker marqueur de cap *(trait lumineux radial apparaissant sur l'écran d'un radar de navigation de navire lorsque le faisceau de l'antenne tournante passe dans l'alignement de l'axe du navire pour matérialiser le cap suivi par celui-ci sur l'écran panoramique) (cf. aussi* plan-position indicator).

headphone écouteur *(transducteur électroacoustique émetteur de petites dimensions émettant des sons reproduisant les variations d'amplitude de la tension à basse fréquence appliquée à ses bornes) (est un petit haut-parleur) (cf. aussi* moving-armature headphone, dynamic headphone, electrostatic headphone, piezoelectric headphone *et* radiating electroacoustic transducer).

headphone listening écoute au casque *(radio, hifi)*.
headphone reception réception au casque *(radio)*.
headset casque d'écoute, casque *(paire d'écouteurs réunis par un arceau élastique et munie d'un cordon de branchement terminé par une fiche de jack) (cf. aussi* headphone *et* jack plug 1))*.
hearing aid prothèse auditive *(système amplificateur miniature autonome à basse fréquence pour personnes atteintes de surdité partielle)*.
heart-shaped diagram *cf.* cardiod diagram.
heat picture image thermique *(cf. aussi* thermal image*)*.
heat loss pertes d'énergie sous forme de chaleur, pertes par effet Joule *(dans un élément de circuit, etc.) (cf. aussi* Joule effect*)*.
heat pipe caloduc, tube de transfert de chaleur *(tube contenant une grille capillaire sur sa paroi interne et un réfrigérant dont les vapeurs émises à l'extrémité chaude transportent les calories à évacuer vers l'extrémité froide (munie d'ailettes, etc.) où elles se condensent et reviennent par capillarité à l'extrémité chaude pour recommencer le cycle) (est utilisé pour le refroidissement de composants ou circuits, notamment lorsque la place manque pour monter un radiateur classique au contact de ceux-ci) (cf. aussi* heat sink 2))*.
heat pump pompe à chaleur *(dispositif transférant de la chaleur d'un corps à température peu élevée à un autre corps, généralement à température plus élevée, pour élever la température de ce dernier) (est analogue à une installation frigorifique, mais le but recherché est ici l'élévation de la température du second corps, qui peut être l'eau d'une installation de chauffage central, et non l'abaissement de la température du premier corps, qui peut être l'eau d'une rivière) (cf. aussi* thermoelectric module*)*.
heat-seeker autodirecteur infrarouge *(mil) (cf. aussi* infrared seeker*)*.
heat seeking autopoursuite infrarouge *(mil) (cf. aussi* infrared homing*)*.
heat-seeking ... *cf.* infrared-guided ... *(pour les termes qui ne figurent pas ci-après)*.
heat-seeking head tête infrarouge *(mil) (cf. aussi* infrared seeker*)*.
heat-seeking sensor *cf.* heat seeker.
heat sensor capteur thermique, thermocapteur *(termes génériques couvrant les capteurs de température et les capteurs infrarouges) (cf. aussi* temperature sensor, infrared sensor *et* sensor*)*.
heat-shrinkable tubing gaine thermorétractable *(gaine isolante en plastique enfilée par l'arrière sur le fût d'une cosse après sertissage de celle-ci sur un fil souple isolé et resserrée sur la cosse et le fil, ou sur une épissure, par apport de chaleur)*.
heat signature *cf.* infrared signature.
heat sink **1)** puits de chaleur *(embase épaisse en cuivre ou en aluminium ajoutée ou incorporée à un transistor de puissance ou autre composant pour régulariser sa température et améliorer son refroidissement);* **2)** radiateur, dissipateur (thermique), refroidisseur *(dispositif à ailettes monté sur un transistor de puissance ou autre composant pour améliorer son refroidissement par rayonnement et éventuellement par convection si les ailettes sont verticales et radiales) (peut être ajouté ou incorporé à un puits de chaleur ou former puits de chaleur lui-même si l'épaisseur de ses parties constitutives est suffisante) (voir aussi 1) ci-dessus)*.
heat-sink cooling *cf.* heat-sinking.
heat-sink mounted monté sur puits de chaleur *(composant) (cf. aussi* heat sink 1))*.
heat-sinking *(voir aussi* heat sink*)* refroidissement par ...
heat-transfer grease graisse thermoconductrice *(graisse spéciale introduite entre l'embase d'un transistor ou thyristor de puissance et son support métallique pour améliorer le transfert de chaleur vers celui-ci et, par conséquent, le refroidissement du composant) (cf. aussi* thermal resistance*)*.
heat wave *cf.* infrared wave.
heated cathode *cf.* hot cathode *(de même pour les termes dérivés)*.
heater **1)** filament chauffant, filament de chauffage, filament *(fil résistant porté à haute température par le passage d'un courant alternatif ou continu pour chauffer à son tour la cathode dans un tube électronique à cathode à chauffage indirect) (cf. aussi* indirectly-heated cathode*)*. **2)** *cf.* induction heater.
heater circuit circuit de chauffage *(circuit alimentant un ou plusieurs filaments chauffants ou un inducteur de chauffage) (cf. aussi* heater*)*.
heater current *(parf.* intensité du) courant de chauffage *(courant dans un circuit de chauffage) (cf. aussi* heater circuit*)*.
heater power supply alimentation filaments *(ou des filaments) (parf. au singulier) (alimentation, au premier sens du terme, du filament d'un ou plusieurs tubes électroniques à cathode chaude, ou parfois au second sens du terme dans le cas de tubes de grande puissance) (cf. aussi* power supply, heater *et* high-power tube*)*.
heater supply *cf.* heater power supply.
heater surge current courant à froid dans le filament, courant dans le filament froid *(intensité du courant lors de l'application de la tension de chauffage au filament d'un tube électronique à cathode à chauffage indirect) (cf. aussi* heater 1) *et* current surge*)*.
heater-type cathode cathode à chauffage indirect *(tube) (cf. aussi* indirectly-heated cathode*)*.
heater-type tube tube à chauffage indirect *(tube électronique à cathode chaude du type à chauffage indirect) (cf. aussi* indirectly-heated cathode *et* hot-cathode tube*)*.
heater voltage tension de chauffage *(tension appliquée à un ou plusieurs filaments chauffants ou à un inducteur de chauffage) (cf. aussi* heater *et* voltage*)*.
heating ... *cf.* heater ... *(pour les termes qui ne figurent pas ci-après)*.
heating element élément chauffant *(résistance métallique généralement enroulée sur un support isolant réfractaire et utilisant l'effet Joule pour fournir la chaleur nécessaire au fonctionnement d'un appareil de chauffage électrique) (radiateur électrique, four ou étuve électrique, enceinte thermostatée) (cf. aussi* Joule effect (a))*.
heating filament *cf.* heater 1).
heating resistance résistance chauffante *(résistance d'un élément chauffant ou constituant celui-ci) (cf. aussi* heating element*)*.
heating time temps de chauffage *(cathode chaude, etc.) (cf. aussi* cathode heating time*)*.
heatsink *cf.* heat-sink. *(plus haut)*.
heatsinking *cf.* heat-sinking. *(plus haut)*.
heavily doped fortement dopé(e), à haut niveau de dopage *(caractéristique d'un semiconducteur ou d'une zone d'un monocristal de semi-conducteur à grande concentration d'impuretés) (cf. aussi* impurity concentration *et* doping*)*.
heavily doped epitaxial layer couche épitaxiale fortement dopée *(cf. aussi* heavily-doped *et* epitaxial layer*)*.
heavily doped region zone fortement dopée *(cf. aussi* heavily doped*)*.
heavily doped substrate substrat fortement dopé *(cf. aussi* heavily doped *et* substrate (c))*.
Heaviside-Kennely layer *cf.* Heaviside layer.
Heaviside layer couche de Heaviside *(ionosphère) (cf. aussi* E layer*)*.
heavy anode anode massive *(tube de puissance) (cf. aussi* anode (b) *et* power tube*)*.
heavy current *cf.* high current. *(de même pour les termes dérivés)*.
heavy-duty contact contact à grand pouvoir de coupure *(relais, etc.) (cf. aussi* breaking capacity*)*.
heavy hole trou lourd, trou normal *(trou formé dans une sous-bande large de la bande de valence, dans un semiconducteur) (semi) (cf. aussi* hole 1))*.
heavy load **1)** forte charge *(charge absorbant une puissance relativement grande) (alim, ampli, moteur, etc.). (cf. aussi* load[1] (a) *et* power[1] 1))*. **2)** *cf.* heavy loading 1).
heavy loading **1)** charge lourde *(charge d'un câble téléphonique par des bobines de charge dont l'inductance a une valeur relativement élevée) (cf. aussi* loaded cable*)*. **2)** *cf.* heavy load 1).

hectometric wave onde hectométrique, onde moyenne *(onde radioélectrique de 1 000 à 100 m de longueur correspondant à une fréquence de 300 à 3 000 kHz, c.-à-d. à la bande MF) (radioélectricité) (cf. aussi* radio wave, wavelength *et* MF band).

hectometric wave band gamme des ondes hectométriques *(cf. aussi* hectometric wave).

height accuracy *cf.* altitude accuracy.

height control commande d'amplitude verticale, *(etc.) (commande d'amplitude de récepteur de télévision agissant sur la hauteur de l'image par action sur l'amplitude des dents de scie de la base de temps trames) (cf. aussi* size control *et* vertical sweep oscillator).

heigth finder *cf.* height-finding radar.

heigth-finder radar *cf.* height-finding radar.

height-finding altimétrie, mesures d'altitude *(radar).*

height-finding radar radar altimétrique *(radar au sol ou sur navire indiquant l'altitude de la cible aérienne suivie d'après la distance radiale et l'angle de site de la cible ou par un autre moyen) (cf. aussi* slant range, elevation angle *et* three-dimensional radar).

height marker repère d'altitude *(repère lumineux sur l'écran d'un radar au sol ou sur navire).*

height-position indicator indicateur d'altitude et de distance *(indicateur radar à présentation du type E) (cf. aussi* E display *(au début de la lettre E).*

height-range indicator *cf.* height-position indicator.

Heising modulation *cf.* constant-current modulation.

HEL *cf.* high-energy laser.

helical aerial *(GB) cf.* helical antenna.

helical antenna antenne en hélice *(antenne formée essentiellement d'un conducteur enroulé en hélice) (antenne à polarisation circulaire utilisée en émission et en réception) (cf. aussi* circular polarization).

helical antenna array groupement d'antennes en hélice *(cf. aussi* antenna array *et* helical antenna).

helical array *cf.* helical antenna array.

helical cord cordon spiralé *(cordon de combiné téléphonique, d'écouteur, de microphone, de casque d'écoute, de clavier d'ordinateur, etc. enroulé comme un ressort à boudin sur une grande partie de sa longueur).*

helical potentiometer potentiomètre hélicoïdal *(potentiomètre multitour dans lequel l'élément résistant à la forme d'une hélice géométrique, généralement à 10 spires, et le curseur est, par conséquent, animé d'un mouvement hélicoïdal sur autant de tours de l'axe de commande) (est généralement un potentiomètre de précision et peut être un potentiomètre d'asservissement) (cf. aussi* wirewound helical potentiometer, multiturn potentiometer *et* servo-driven potentiometer).

helical scan (un, *parf.* une) ... *(cf. aussi* helical scanning).

helical scan color video recorder magnétoscope couleur à balayage hélicoïdal *(cf. aussi* helical scanning 2)).

helical-scan recorder enregistreur à balayage hélicoïdal *(de la bande magnétique) (enregistreur à bande magnétique utilisant le balayage hélicoïdal, soit principalement pour avoir une grande vitesse relative tête-bande pour une vitesse de défilement modérée de la bande, comme dans un magnétoscope classique, soit principalement pour avoir une très grande capacité d'enregistrement par unité de longueur de bande, comme dans un enregistreur à cassette DAT ou analogue, cette capacité étant de l'ordre du gigaoctet pour une petite cassette de sauvegarde sur bande de ce type) (cf. aussi* helical-scan recording, video tape recorder, digital audio tape *et* tape recorder).

helical-scan recording enregistrement hélicoïdal *(ou à balayage hélicoïdal) (sur bande magnétique) (enregistrement sur bande magnétique utilisant une ou plusieurs têtes magnétiques montées dans un tambour tournant à grande vitesse autour duquel ou, plus souvent, d'une partie duquel la bande magnétique se déplace suivant une direction formant un certain angle avec le plan de rotation des têtes, ce qui forme des pistes d'enregistrement obliques successives, éventuellement jointives, sur la bande) (permet une utilisation optimale de la bande en termes de capacité d'enregistrement) (cf. aussi* helical-scan recorder *et* tape recording).

helical-scan tape ... *cf.* helical-scan ...

helical-scan video recorder magnétoscope à balayage hélicoïdal *(cf. aussi* helical-scan recorder).

helical scanning 1) (le) balayage hélicoïdal *(enr. mag) (cf. aussi* helical-scan recording). 2) (le) balayage spiral *(on devrait dire « balayage hélicoïdal ») (balayage de l'espace aérien par une antenne de radar de veille tournant autour d'un axe vertical tout en tournant lentement autour de son axe horizontal) (cf. aussi* search radar). 3) (l')analyse spirale *(on devrait dire « analyse hélicoïdale ») (analyse du document à transmettre dans un télécopieur à tambour) (cf. aussi* facsimile).

helical slow-wave structure structure à onde lente en forme d'hélice *(cf. aussi* helix).

helidial cadran de potentiomètre hélicoïdal *(cadran monté sur l'axe d'un potentiomètre hélicoïdal pour indiquer le nombre de tours effectués et, par conséquent, la position approximative du curseur) (cf. aussi* helical potentiometer).

helidial control bouton de commande à cadran *(potentiomètre) (cf. aussi* helidial).

helipot *cf.* helical potentiometer.

helium-neon laser laser à l'hélium-néon, laser à hélium-néon, laser He-Ne *(laser à gaz dans lequel le gaz est un mélange d'hélium et de néon, ce dernier constituant le milieu actif et l'hélium jouant un rôle essentiel dans le pompage optique) (produit un faisceau rouge) (cf. aussi* gas laser, lasing medium *et* optical pumping).

helix hélice *(structure à onde lente constituée par un conducteur enroulé en hélice, comme un ressort à boudin de compression) (tube à onde progressive) (hyper) (cf. aussi* slow-wave structure).

helix antenna *cf.* helical antenna.

helix array *cf.* helical antenna array.

helix intercept current *(parf.* intensité du) courant d'interception (par l'hélice) *(courant dû aux électrons captés par l'hélice ou, parfois, intensité de ce courant) (hyper) (cf. aussi* helix interception *et* current).

helix interception interception par l'hélice *(captation d'électrons du faisceau par l'hélice d'un tube à onde progressive) (hyper) (cf. aussi* helix).

helix travelling-wave tube tube à onde progressive à hélice *(type classique) (hyper) (cf. aussi* helix).

helix tube *cf.* helix travelling-wave tube.

helix TWT *cf.* helix travelling-wave tube.

helix voltage tension de l'hélice, tension appliquée à l'hélice *(cf. aussi* helix).

helix recorder récepteur à balayage spiral *(récepteur de télécopieur à analyse spirale) (cf. aussi* helical scanning 3)).

helix waveguide guide d'ondes hélicoïdal *(guide d'ondes à section circulaire formé d'un fil de cuivre nu enroulé à spires jointives et recouvert d'une enveloppe protectrice) (hyper) (cf. aussi* waveguide).

helixing spiralage *(ajustage d'une résistance discrète à couche par exécution d'un étroit sillon hélicoïdal à la meule ou au laser dans la couche pour l'amener à la valeur ohmique voulue) (cf. aussi* resistor trimming).

helmet-mounted display présentation sur casque *(présentation d'informations sur une surface transparente disposée devant les yeux d'un pilote d'hélicoptère ou autre véhicule et faisant partie d'un ensemble optoélectronique fixé sur le devant du casque porté par celui-ci) (aide à l'atterrissage, au tir, etc.) (mil, etc.) (cf. aussi* display[1] 1)).

helmet-mounted electro-optical display *cf.* helmet-mounted display.

helmet-mounted sight viseur de casque *(cf. aussi* helmet-mounted display).

helmet-mounted sighting system *cf.* helmet-mounted sight.

Helmholtz resonator résonateur de Helmholtz *(résonateur acoustique élémentaire formé d'une cavité sphérique communiquant avec l'air ambiant par un court tube de section circulaire et de petit diamètre) (résonateur utilisé simultanément en plusieurs exemplaires par Helmholtz, chacun d'eux étant accordé sur une fréquence différente, pour mettre en évidence les harmoniques d'un son complexe et expliquer ainsi l'origine du timbre d'un son) (cf. aussi* complex tone *et* timbre).

help screen écran d'aide (*nom donné à des informations sur l'utilisation d'un programme d'ordinateur obtenues sur l'écran de celui-ci en appuyant sur une touche pendant son utilisation*) (*cf. aussi* computer program).

HEM wave *cf.* hybrid electromagnetic wave.

hemispheric coverage couverture sur 180° (*antenne de radar ou autre détecteur ou système de détection monté sur aéronef militaire*) (*la couverture « à 180° » est en réalité souvent inférieure à cette valeur*) (*cf. aussi* radar coverage).

hemispheric search *cf.* hemispheric coverage.

hemispheric surveillance *cf.* hemispheric coverage.

HEMT (*vient de « high-electron-mobility transistor »*) transistor HEMT (*autre nom du transistor MODFET*) (*cf. aussi* MODFET).

henry henry, H (*unité d'inductance*) (*est l'inductance d'un circuit fermé aux bornes duquel apparaît une tension de 1 volt lorsque l'intensité du courant qui le parcourt varie uniformément de 1 ampère en 1 seconde*) (*cf. aussi* inductance).

heptode heptode *sf*, tube heptode, tube à cinq grilles, tube électronique (*idem*) (*tube électronique à sept électrodes : cathode, cinq grilles et anode*) (*est une hexode à laquelle une grille suppresseuse a été ajoutée*) (*cf. aussi* hexode *et* suppressor grid).

heptode converter *cf.* pentagrid converter.

hermaphroditic connector connecteur banalisé *ou* à contacts banalisés) (*connecteur dont les deux parties sont identiques*) (*il n'y a pas de parties mâle et femelle ni de contacts mâles et femelles*) (*cf. aussi* hermaphroditic contact *et* connector (a)).

hermaphroditic contact contact banalisé (*terme que j'ai proposé*) (*contact de connecteur utilisable comme contact mâle et comme contact femelle*) (*notamment contact formé d'une languette fendue au milieu dans le sens de la longueur, les bords de la fente formant un biseau à 45°, d'autres formes de contacts étant possibles*) (*cf. aussi* hermaphroditic connector).

hermetic ... *cf.* hermetically-sealed ...

hermetically packaged *cf.* hermetically sealed. (*de même pour les termes dérivés*).

hermetically sealed en boîtier hermétique, (*parf.*) hermétique, (*parf.*) enrobé (*composant*).

hermetically-sealed unit version hermétique (*composant*) (*cf. aussi* unit 3)).

hermetically-sealed version *cf.* hermetically-sealed unit.

hermeticity cycling test essai d'herméticité avec cyclage (*essai de composants hermétiques ou en boîtier hermétique avec variations de pression*) (*CI, etc.*).

hertz hertz (*unité de fréquence égale à 1 cycle par seconde*) (*cf. aussi* frequency).

Hertz dipole doublet de Hertz, doublet élémentaire (*antenne d'émission constituée d'un fil conducteur très court par rapport à la longueur de l'onde émise*) (*est utilisée comme antenne de référence*) (*cf. aussi* reference antenna).

Hertz vector vecteur de Hertz (*vecteur associé au champ électromagnétique d'une onde radioélectrique*) (*propa*) (*cf. aussi* vector, electromagnetic field *et* radio wave).

Hertzian dipole *cf.* Hertz dipole.

Hertzian vector *cf.* Hertz vector.

Hertzian wave onde hertzienne (*cf. aussi* radio wave).

heterodyne *v* mélanger (*au sens du terme anglais, deux fréquences peu différentes dans un élément non linéaire pour obtenir une fréquence égale à leur somme et une fréquence égale à leur différence dont c'est généralement la seconde qui est utilisée*) (*mélangeur de récepteur superhétérodyne, générateur de fréquences*) (*cf. aussi* mixer).

heterodyne conversion changement de fréquence (par battement) (*super*) (*cf. aussi* mixer).

heterodyne conversion transducer changeur de fréquence (*super*) (*cf. aussi* mixer).

heterodyne detection détection hétérodyne (*nom donné au changement de fréquence dans un récepteur conçu pour recevoir une porteuse non modulée*) (*cf. aussi* frequency conversion *et* heterodyne detector).

heterodyne detector détecteur de battements (*récepteur*) (*cf. aussi* beat-note detector).

heterodyne frequency fréquence de battement (*cf. aussi* heterodyne *et* beat frequency).

heterodyne frequency meter fréquencemètre hétérodyne (*fréquencemètre dans lequel le signal dont la fréquence est à mesurer est mélangé à un signal à fréquence connue dont on fait varier la valeur jusqu'à l'obtention du battement zéro*) (*cf. aussi* zero beat).

heterodyne interference *cf.* heterodyne whistle.

heterodyne oscillator oscillateur de battement (*récepteur*) ((*cf. aussi* beat-frequency oscillator).

heterodyne receiver **1)** récepteur hétérodyne (*récepteur radio utilisant un oscillateur de battement*) (*cf. aussi* radio receiver *et* beat-frequency oscillator). **2)** *cf.* superheterodyne receiver.

heterodyne reception réception hétérodyne (*nom donné initialement à la réception d'une onde radioélectrique avec changement de fréquence lorsque la fréquence de battement obtenue était une fréquence audible, et étendu par la suite à la réception superhétérodyne*) (*cf. aussi* superheterodyne reception).

heterodyne repeater répéteur hétérodyne (*répéteur dans lequel la fréquence de la porteuse reçue est abaissée avant que celle-ci soit amplifiée, puis réémise sur une autre fréquence*) (*clpf*) (*faisceau hz*) (*cf. aussi* radio repeater).

heterodyne scanning balayage hétérodyne (*exploration des fréquences composantes d'un signal complexe dans un analyseur de spectres par variation de la fréquence du signal fourni par un oscillateur local à un changeur de fréquence*) (*cf. aussi* complex signal, spectrum analyzer *et* local oscillator).

heterodyne wavemeter *cf.* heterodyne frequency meter.

heterodyne whistle sifflement d'interférence (*sifflement produit par le haut-parleur d'un récepteur superhétérodyne à modulation d'amplitude lorsque les signaux de deux émetteurs à fréquences porteuses proches l'une de l'autre atteignent le changeur de fréquence où elles produisent un battement à basse fréquence de la fréquence intermédiaire*) (*cf. aussi* mixer).

heterodyned signal signal soumis à un changement de fréquence, (*parf.*) signal appliqué au changeur de fréquence (*cf. aussi* heterodyne).

heterodyning (emploi d'un) changement de fréquence, (*parf.*) mélange (*récepteur*) (*cf. aussi* heterodyne).

heterojunction hétérojonction (*jonction PN formée par la réunion de deux monocristaux de semiconducteurs de natures différentes tels que le germanium et le silicium ou le germanium et l'arséniure de gallium, par exemple*) (*cf. aussi* p-n junction, *au début de la lettre P*).

heterojunction FET *cf.* heterojunction field-effect transistor.

heterojunction field-effect transistor transistor à effet de champ (à) hétérojonction (*cf. aussi* junction field-effect transistor *et* heterojunction).

heterojunction transistor *cf.* heterojunction field-effect transistor.

Hex ... *cf.* hexadecimal ...

hexadecimal notation notation hexadécimale (*représentation des nombres dans le système hexadécimal*) (*inf*) (*cf. aussi* hexadecimal number system).

hexadecimal number nombre hexadécimal (*nombre du système hexadécimal*) (*cf. aussi* hexadecimal number system).

hexadecimal number system système de numération hexadécimal (*ou* à base 16), système hexadécimal (*idem*), (la) numération hexadécimale (*système de numération dont la base est 16 et utilisant, par conséquent, 16 « chiffres », les 10 chiffres 0 à 9, puis la lettre A pour 10, B pour 11, C pour 12, D pour 13, E pour 14, F pour 15*) (*math, inf*) (*cf. aussi* number system *et* base 7)).

HEXFET transistor (*vient de « hexagonal-cell FET »*) transistor HEXFET (*transistor MOS de puissance à sources multiples formant des cellules hexagonales utilisant au mieux la surface de la puce et réduisant au minimum la résistance à l'état conducteur, donc la puissance dissipée en chaleur*) (*cf. aussi* MOS transistor *et* power transistor).

hexode hexode *sf*, tube hexode, tube à quatre grilles, tube électronique (*idem*) (*tube électronique à six électrodes : cathode, quatre grilles et anode*) (*est généralement utilisé comme tube changeur de fréquence dans un récepteur superhétérodyne à tubes*) (*cf. aussi* mixer *et* heptode).

HF *cf.* high frequency.

HF band bande des hautes fréquences, gamme *(idem)*, bande HF, gamme HF *(au sens anglo-saxon), (parf.)* bande des ondes décamétriques *(radio) (cf. aussi* high frequency 1)).

HF broadcast (une) émission de radiodiffusion en ondes courtes.

HF broadcasting radiodiffusion en ondes courtes.

HF communications radiocommunications en ondes courtes *(radiocommunications dans lesquelles la porteuse est une onde courte) (tls) (cf. aussi* radio communications, decametric wave, ionospheric propagation *et* optimum working frequency).

HF frequency fréquence HF *(fréquence comprise dans la bande HF) (cf. aussi* HF band).

HF frequency band *cf.* HF band.

HF over-the horizon radar *cf.* over-the-horizon radar.

HF receiver récepteur en ondes décamétriques *(récepteur de trafic optimisé pour la réception des ondes courtes) (radiocom) (cf. aussi* communications receiver *et* decametric wave).

HF signal signal HF, signal à fréquence HF, signal à haute fréquence *(au sens anglo-saxon) (signal radioélectrique constitué par une onde décamétrique modulée ou non, ou courant électrique produisant cette onde ou produit par celle-ci) (cf. aussi* radio signal *et* decametric wave).

HF signal generator générateur de signaux HF *(ou des fréquences HF)*, générateur HF *(générateur de signaux sinusoïdaux à fréquence HF pouvant généralement être modulés en amplitude ou par impulsions ou par des signaux carrés) (cf. aussi* sinusoidal signal generator *et* HF signal).

HF spectrum spectre HF, spectre des hautes fréquences *(au sens anglo-saxon) (spectre des fréquences comprises dans la bande HF) (cf. aussi* HF band *et* frequency spectrum (a)).

HF transmission (une) émission en ondes courtes *(ou décamétriques) (radio) (cf. aussi* transmission 2) *et* decametric wave).

Hg delay line *cf.* mercury delay line.

Hg Br laser *cf.* mercury-bromide laser.

HgCdTe *cf.* mercury cadmium telluride.

HgCdTe detector détecteur au tellurure de mercure et de cadmium *(détecteur infrarouge) (cf. aussi* infrared detector).

HgTe mercuric telluride.

HI *(vient de « high ») (voir aussi* LO 2) *et* adapter).

hi-def ... *cf.* high-definition ...

hi-fi *cf.* high fidelity.

hi-fi area domaine de la hi-fi, *(etc.).*

HI-FI *cf.* hi-fi.

hi-pot *cf.* high potential.

hi-pot testing *cf.* high-potting.

hi-rel *cf.* high-rel.

hi-temp ... *cf.* high-temperature ...

HIC *cf.* hybrid integrated circuit.

hidden refresh rafraîchissement synchrone *(mémoire RAM dynamique) (cf. aussi* synchronous refresh).

hidden refreshing *cf.* hidden refresh.

hierarchical data base banque de données hiérarchisée *(nom parfois donné à une banque de données à structure arborescente pour rappeler la hiérarchisation des informations qui en résulte) (inf) (cf. aussi* data base *et* tree structure).

hierarchical data base management system système de gestion de banque de données hiérarchisée, logiciel *(idem)*, gestionnaire *(idem) (inf) (cf. aussi* data-base management system *et* hierarchical data base).

hierarchical data base system *cf.* hierarchical data base management system.

hierarchical DBMS *cf.* hierarchical data base management system.

hierarchical network réseau à hiérarchie *(ou hiérarchisé) (réseau de transmission de données dans lequel il existe une hiérarchie d'accès des différents terminaux aux lignes de transmission principales) (télinf) (cf. aussi* line contention).

high aerial gain *cf.* high antenna gain.

high-AJ link *cf.* high-antijam link.

high-altitude coverage couverture à haute altitude, couverture en altitude, couverture haute *(radar militaire au sol ou sur navire) (cf. aussi* radar coverage).

high-alumina ceramic *cf.* high-alumina-content ceramic.

high-alumina-content ceramic céramique à haute teneur en alumine *(céramique pour bâtonnet de résistance à couche de puissance) (cf. aussi* film resistor).

high ambient-light conditions (in) (dans les) conditions d'éclairage intense *(lisibilité des caractères d'un afficheur ou de la trace ou l'image formée sur un écran cathodique ou autre) (cf. aussi* display[1] 4) *et* 5)).

high ambient-light level niveau élevé d'éclairage ambiant *(voir ci-dessus).*

high-amplitude current pulse impulsion de courant de *(ou à)* grande amplitude *(cf. aussi* current pulse *et* amplitude).

high-amplitude pulse impulsion de *(ou à)* grande amplitude *(impulsion de tension ou de courant) (cf. aussi* pulse amplitude).

high-amplitude signal signal de *(ou à)* grande amplitude *(cf. aussi* large signal).

high-amplitude voltage pulse impulsion de tension de *(ou à)* grande amplitude *(cf. aussi* voltage pulse *et* amplitude).

high antenna gain grand gain d'antenne, gain d'antenne élevé *(cf. aussi* gain 2) *et* 3)).

high-antijam link liaison très difficile à brouiller *(radiocom. mil) (cf. aussi* antijam link).

high-areal-density magnetic recording enregistrement magnétique à grande densité surfacique *(disque magnétique, etc.) (cf. aussi* areal recording density).

high band bande supérieure, bande VHF 3 *(bande de fréquences de 174 à 216 MHz occupée par les canaux de télévision 7 à 13 aux États-Unis) (cf. aussi* broadcast band).

high beam current grande intensité du courant du faisceau *(soudeuse ou graveur à faisceau d'électrons, etc.) (cf. aussi* beam current *et, à titre d'information,* high current).

high bit-rate recording enregistrement à grande vitesse de transfert *(enr. numérique) (cf. aussi* transfer rate).

high boost *cf.* high-frequency compensation.

high-brightness screen écran à haute luminosité (haute *ou* grande ; luminosité *ou* brillance *ou* luminance) *(tube cathodique de radar ou autre appareil).*

high-burn-out point-contact mixer diode diode mélangeuse à pointe à haute tenue *(c.-à-d. supportant un courant d'intensité relativement intense sans être endommagée) (cf. aussi* mixer diode *et* point-contact diode).

high common-mode rejection differential amplifier amplificateur différentiel à grand taux de réjection du mode commun *(cf. aussi* common-mode rejection).

high-concentration emitter émetteur à forte concentration d'impuretés, émetteur fortement dopé *(transistor bipolaire) (cf. aussi* emitter 1) *et* impurity concentration).

high-conductance diode diode à haute conductance *(diode à jonction à faible résistance série) (cf. aussi* junction diode *et* series resistance 2)).

high-conduction state état saturé *(transistor) (cf. aussi* saturated transistor).

high-confidence countermeasure contre-mesure à haute fiabilité *(contre-mesure très difficile à éviter) (mil) (cf. aussi* countermeasures).

high-contrast image image fortement contrastée, image très contrastée, image à grand contraste *(TV noir et blanc, télécopie).*

high-contrast target cible à grand contraste *(cible radar ou autre se détachant bien sur le fond) (mil, etc.) (cf. aussi* target (a)).

high coverage *cf.* high-altitude coverage.

high current *(cf. aussi* large current) **1)** fort courant *(en électronique) (notion toute relative, surtout dans le cas des circuits intégrés monolithiques ou elle peut s'appliquer à un courant de quelques milliampères).* **2)** courant fort *(en électrotechnique).*

high-current applications applications à fort courant *(parf.* à courants forts) *(au pluriel) (applications d'un dispositif de commutation mettant en jeu un courant d'intensité relativement grande pour la technique considérée) (transistor de commutation, thyristor, etc.) (cf. aussi* high current, switching device *et* application).

high current capability haute tenue en courant *(transistor de commutation de puissance, thyristor, etc.) (cf. aussi* current capability).

high-current diode diode à fort courant *(diode de redressement supportant un courant direct d'intensité élevée en valeur absolue ou par rapport à ses dimensions) (semi) (cf. aussi* high-current 1), rectifier diode *et* power diode).

high-current drive attaque à fort courant, commande à fort courant *(ampli, etc.) (cf. aussi* drive[1] 1) *et* high current 1)).

high-current load charge à fort courant, charge à basse impédance *(charge d'une alimentation, d'un amplificateur ou d'un dispositif de commutation, absorbant un courant d'intensité relativement grande) (cf. aussi* load[1] (a) *et* high current 1)).

high-current output sortie à fort courant *(alim, ampli, etc.) (cf. aussi* high current).

high-current power supply alimentation à fort courant *(alimentation conçue pour fournir un courant d'intensité relativement grande) (cf. aussi* high current *et* power supply 2)).

high current rating *(cf. aussi* high current 1) *et* current rating) **1)** grande intensité nominale. **2)** grand pouvoir de coupure. **3)** fort calibre.

high-current supply *cf.* high-current power supply.

high-current transistor transistor pour forts courants, transistor pour intensités élevées *(transistor de puissance ou de commutation de puissance supportant un courant d'intensité élevée en valeur absolue ou par rapport à ses dimensions) (cf. aussi* high current 1) *et* power transistor).

high-definition image *cf.* high-definition picture.

high-definition picture image à haute définition *(image dont les détails sont très nets) (TV, radar, etc.) (cf. aussi* picture *et* resolution 1)).

high-definition radar *cf.* high-resolution radar.

high-definition television télévision à haute définition *(télévision produisant une image à grand nombre de lignes) (télévision à 1 100 lignes ou plus) (cf. aussi* vertical definition).

high-definition TV *cf.* high-definition television.

high-density CMOS *cf.* HCMOS.

high-density IC *cf.* high-density integrated circuit.

high-density integrated circuit circuit intégré à haute densité *(le terme français désigne normalement les circuits intégrés LSI, tandis que le terme anglais est plus général et couvre les circuits LSI et VLSI et même VHSIC) (cf. aussi* integration density *et* VHSIC circuit).

high-density integrated-circuit technology (la) technique des circuits intégrés à haute densité *(cf. aussi* high-density integrated circuit *et* technology).

high-density logic logique à haute densité (d'intégration) *(CI) (cf. aussi* logic (b) *et* integration density).

high-density magnetic tape bande (magnétique) à haute densité d'enregistrement *(ou enregistrée en haute densité) (mémoire à bande magnétique) (inf) (cf. aussi* recording density).

high-density memory mémoire à haute densité *(mémoire à semiconducteur à haute densité d'intégration) (CI) (cf. aussi* semiconductor memory *et* integration density).

high-density packaging *(cf. aussi* packaging density) **1)** conditionnement à haute densité *(montage d'un grand nombre de composants dans un boîtier, un module, sur une carte à circuit imprimé, etc.).* **2)** haute densité de composants *(sur une carte à circuit imprimé, etc.).*

high-density signal environment ambiance électromagnétique chargée *(mil) (cf. aussi* electronic warfare environment).

high-density tape *cf.* high-density magnetic tape.

high-density wiring câblage serré *(dans un appareil) (cf. aussi* hay-wire circuitry).

high-dielectric-constant material matière à grande constante diélectrique *(diélectrique de condensateur, etc.) (cf. aussi* dielectric constant).

high-dose implant impureté implantée à haute dose *(semi) (cf. aussi* ion implantation *et* impurity).

high-duty-cycle jammer brouilleur à ondes entretenues *(mil) (cf. aussi* CW jammer).

high-duty-cycle mode mode d'ondes entretenues *(brouilleur) (mil) (cf. aussi* CW jamming mode).

high duty-cycle pulses impulsions à grand rapport cyclique *(impulsions larges par rapport à la largeur entre deux impulsions successives) (radar) (cf. aussi* duty cycle 1)).

high duty-rate pulses *cf.* high duty-cycle pulses.

high edge-rate pulse impulsion à front raide *(cf. aussi* edge rate).

high-electron-mobility transistor *cf.* HEMT.

high end **1)** extrémité supérieure, haut *(d'une gamme d'ondes, de fréquences, etc.).* **2)** haut de gamme *(cf. aussi* high-end). **3)** *cf.* high-potential end.

high-end *a* de haut de gamme *(qualificatif appliqué à un modèle comptant parmi les plus perfectionnés d'une gamme d'appareils de même type fabriqués par un constructeur : récepteur radio, téléviseur, chaîne à haute fidélité, calculatrice, ordinateur, micro-ordinateur, microprocesseur, multimètre, oscilloscope, générateur de signaux, etc.) (cf. aussi* low-end).

high-end device *cf.* high-end unit.

high-end minicomputer mini-ordinateur de haut de gamme *(cf. aussi* high-end *et* minicomputer).

high-end unit modèle de haut de gamme *(cf. aussi* high-end *et* unit 3)).

high-energy beam faisceau à haute énergie, *(faisceau transportant une grande énergie, c.-à-d. faisceau d'ondes de grande amplitude ou de particules à haute énergie) (faisceau de radar à grande portée, faisceau d'ultrasons de grande intensité, faisceau de laser de puissance, etc., faisceau de soudage ou perçage par bombardement électronique, faisceau d'implantation ionique (etc.) (cf. aussi* wave beam, wave amplitude, high-energy particle, beam[1] *et* energy).

high-energy electron électron à haute énergie, *(etc.) (canon à électrons, etc.) (cf. aussi* high-energy particle *et* electron gun).

high-energy ion ion à haute énergie, *(etc.) (implantation ionique, etc.) (cf. aussi* high-energy particle *et* ion).

high-energy laser laser de puissance *(laser émettant un faisceau à haute énergie) (est généralement un laser pulsé, notamment pour des raisons d'échauffement excessif ou d'accumulation de l'énergie nécessaire) (laser d'usinage, d'arme laser, de fusion nucléaire, etc.) (cf. aussi* laser *et* high-energy beam).

high energy level haut niveau d'énergie, niveau d'énergie élevé *(électron, etc.) (cf. aussi* energy level).

high-energy particle particule à haute énergie *(ou grande énergie ou possédant une grande énergie ou hautement énergétique ou très énergétique) (particule transportant une quantité relativement grande d'énergie cinétique résultant d'une grande vitesse de translation) (noter qu'il s'agit d'une énergie mécanique) (la vitesse de la particule peut être due notamment à une attraction électrostatique s'il s'agit d'une particule chargée) (cf. aussi* particle 2), kinetic energy *et* electrostatic attraction).

high-energy photon photon à haute énergie, *(etc.) (photon d'un champ électromagnétique à fréquence très élevée) (cf. aussi* high-energy particle *et* photon).

high fidelity haute fidélité, hi-fi, hifi *(fidélité de reproduction de sons ou d'images enregistrés ou transmis) (en électroacoustique, la notion de haute fidélité est généralement associée à la notion de stéréophonie, bien que dans le cas de sons émis par une source unique, leur reproduction puisse être hautement fidèle malgré l'absence évidente d'effet stéréophonique) (cf. aussi* sterophony).

high field *cf.* high-strength field.

high-field emission émission en présence d'un champ intense, émission dans un champ intense *(émission de champ) (cf. aussi* field emission).

high frequency **1)** haute fréquence, HF, fréquence HF *(au sens anglo-saxon, c.-à-d. fréquence de 3 à 30 MHz, correspondant à une longueur d'onde de 100 à 10 m) (noter que le terme français « haute fréquence » (ou « HF ») employé, comme nous le faisons généralement, au sens de « fréquence radioélectrique » se traduit toujours en anglais par « radio frequency » (ou « RF » ou « rf »)).* **2)** fréquence élevée, haute fréquence *(fréquence élevée en valeur absolue) (fréquence HF, VHF, UHF, hyperfréquence).* **3)** fréquence élevée *(en valeur relative) (fréquence comptant parmi les plus* *élevées d'une bande de fréquences quelconque) (cf. aussi* frequency band).

high-frequency ... *cf.* HF ... *(pour les termes qui ne figurent pas ci-après).*

high-frequency applications applications haute fréquence *(applications d'un composant, notamment d'un transistor ou d'une diode, mettant en jeu un courant à fréquence élevée) (cf. aussi* high frequency 2) *et* application).

high-frequency bias polarisation par champ à haute fréquence *(ou* HF), polarisation haute fréquence *(idem) (bande magnétique) (cf. aussi* magnetic bias (a)).

high-frequency board *cf.* high-frequency printed-circuit board.

high-frequency card *cf.* high-frequency printed-circuit board.

high-frequency compensation préaccentuation des fréquences élevées *(émission, enregistrement) (cf. aussi* pre-emphasis).

high-frequency component composante à fréquence élevée *(fréquence comptant parmi les plus élevées d'un signal complexe) (cf. aussi* high-frequency 3) *et* complex signal).

high-frequency electric field champ électrique (à) haute fréquence *(cf. aussi* high frequency 2) *et* electric field).

high-frequency end haut de la bande, *(parf.)* extrémité supérieure *(d'une bande de fréquences ou d'une plage de réglage correspondant à celle-ci) (éviter d'employer « haut de la gamme » et « haut de gamme » ; voir à ce sujet « high-end ») (cf. aussi* frequency band).

high-frequency field champ à haute fréquence, champ haute fréquence, champ HF *(champ électrique ou magnétique ou électromagnétique) (cf. aussi* high frequency 2) *et* field 1)).

high-frequency furnace four à haute fréquence, four HF *(four à induction) (cf. aussi* high-frequency heating).

high-frequency heating chauffage à haute fréquence, chauffage HF *(chauffage par induction utilisant un courant à fréquence supérieure à 10 kHz) (cf. aussi* induction heating).

high-frequency laminate stratifié haute fréquence *(ou pour hautes fréquences) (stratifié à faibles pertes en haute fréquence utilisé comme substrat de circuits imprimés employés pour des signaux à haute fréquence) (cf. aussi* printed-circuit laminate *et* high-frequency loss).

high-frequency loss pertes en haute fréquence, pertes HF *(pertes d'énergie subies par un courant à haute fréquence et dues uniquement à la valeur élevée de la fréquence du courant, c.-à-d. pertes diélectriques et pertes par effet pelliculaire) (cf. aussi* loss, dielectric loss *et* skin-effect loss).

high-frequency losses *cf.* high-frequency loss.

high-frequency measurement mesure en haute fréquence *(cf. aussi* high frequency 2)).

high-frequency network analysis analyse des réseaux à haute fréquence *(analyse des réseaux électriques dans lesquels la fréquence des signaux est supérieure à 10 MHz environ) (cf. aussi* network analysis).

high-frequency pc ... *cf.* high-frequency PC ...

high-frequency PC *cf.* high-frequency printed circuit.

high-frequency PC board *cf.* high-frequency printed-circuit board.

high-frequency PC card *cf.* high-frequency printed-circuit board.

high-frequency power supply alimentation à haute fréquence, alimentation HF *(alimentation de four à induction à haute fréquence, etc.) (cf. aussi* high frequency furnace).

high-frequency printed board *cf.* high-frequency printed-circuit board.

high-frequency printed card *cf.* high-frequency printed-circuit board.

high-frequency printed circuit circuit imprimé haute fréquence *(ou pour hautes fréquences) (circuit imprimé réalisé sur un substrat haute fréquence) (cf. aussi* high-frequency printed-circuit substrate).

high-frequency printed-circuit board carte à circuit imprimé haute fréquence, *(etc.) (cf. aussi* high-frequency printed circuit *et* printed-circuit board).

high-frequency printed-circuit card *cf.* high-frequency printed-circuit board.

high-frequency printed-circuit substrate substrat de circuit imprimé *(parf.* pour circuits imprimés) haute fréquence, substrat haute fréquence, substrat HF *(substrat de circuit imprimé dans lequel l'isolant est un stratifié haute fréquence) (cf. aussi* high-frequency laminate *et* printed circuit substrate).

high frequency range gamme des fréquences élevées *(en valeur relative) (cf. aussi* high frequency 3) *et* frequency range).

high-frequency resistance résistance en haute fréquence *(résistance d'un conducteur parcouru par un courant alternatif à haute fréquence) (résistance due en majeure partie à l'effet pelliculaire) (cf. aussi* effective resistance).

high-frequency response réponse aux fréquences élevées *(ampli, filtre, etc.) (cf. aussi* frequency response).

high-frequency roll-off atténuation croissante des fréquences élevées *(filtre passe-bas ou passe-bande) (cf. aussi* roll-off).

high-frequency signal signal à fréquence élevée *(souvent aussi* à haute fréquence) *(cf. aussi* high frequency 2) *et* HF signal).

high-frequency sonar sonar à haute fréquence *(sonar à courte portée) (cf. aussi* sonar).

high-frequency spectrum spectre des hautes fréquences *(cf. aussi* high-frequency 2) *et* frequency spectrum).

high-frequency substrate *cf.* high-frequency printed-circuit substrate.

high-frequency switching commutation à haute fréquence, commutation à fréquence élevée *(transistor de commutation, etc.) (alim. déc, etc.) (cf. aussi* switching device).

high-frequency switching capability possibilités de commutation haute fréquence *(parf. au singulier) (cf. aussi* high-frequency switching *et* capability).

high-frequency transistor transistor haute fréquence *(transistor pouvant amplifier un signal à fréquence élevée sans le déformer notablement) (cf. aussi* high frequency 2) *et* transistor).

high-frequency trimmer correcteur de haut de gamme, trimmer *(condensateur ajustable monté en parallèle sur le condensateur variable de chacun des circuits d'accord d'un récepteur superhétérodyne classique pour modifier la courbe de variation de la capacité du condensateur variable à l'extrémité supérieure de la gamme des fréquences d'accord du circuit) (cf. aussi* trimmer capacitor, superheterodyne receiver *et* low-frequency padder).

high-gain aerial *cf.* high-gain antenna.

high-gain amplifier amplificateur à grand gain *(cf. aussi* gain 1)).

high-gain antenna antenne à grand gain *(antenne de réception, le plus souvent) (cf. aussi* gain 3)).

high-gain power amplifier amplificateur de puissance à grand gain *(cf. aussi* power gain *et* power amplifier).

high-gain radiator antenne d'émission à grand gain *(cf. aussi* radiator *et* gain 2)).

high-gain scanning antenna antenne à balayage à grand gain *(radar) (cf. aussi* scanning antenna *et* gain 2) *et* 3)).

high-gamma camera tube tube analyseur à grand gamma *(tube analyseur à gamma proche de 1) (caméra TV) (cf. aussi* gamma).

high-gamma picture tube tube-image à grand gamma *(tube-image à gamma supérieur à 2,5) (récepteur TV) (cf. aussi* gamma).

high-gamma tube tube à grand gamma *(tube analyseur ou tube-image à grand gamma) (TV) (cf. aussi* high-gamma camera tube *et* high-gamma picture tube).

high harmonic *cf.* high-order harmonic.

high-impedance input entrée à haute impédance *(ampli, etc.) (cf. aussi* input impedance).

high-impedance output sortie à haute impédance *(ampli, etc.) (cf. aussi* output impedance).

high-impedance probe sonde à haute impédance *(oscillo) (cf. aussi* oscilloscope probe).

high-impedance state état à haute impédance *(un des états de la sortie d'un circuit logique à trois états) (inf) (cf. aussi* three-state output).

high-index region zone à grand indice (de réfraction) *(zone de la section droite d'une fibre optique à gradient d'indice* *située au centre du cœur de la fibre) (cf. aussi* graded-index optical fiber).

high input impedance grande impédance d'entrée, haute *(idem)*, impédance d'entrée élevée *(amplificateur, etc.) (cf. aussi* input impedance).

high-input impedance amplifier amplificateur à grande impédance d'entrée, *(etc.) (amplificateur à tube électronique ou à transistor à effet de champ) (cf. aussi* high input impedance, vacuum-tube amplifier, FET amplifier *et* amplifier).

high interference rejection forte atténuation des parasites *(récepteur ou filtre de récepteur) (cf. aussi* interference rejection).

high-irradiance laser beam faisceau laser à grande densité de puissance *(arme laser, etc.) (mil, etc.) (cf. aussi* laser beam *et* beam power density).

high level **1)** haut niveau *(de tension, puissance, dopage, langage, etc.) (cf. aussi* level 1)). **2)** niveau haut *(niveau logique haut) (inf) (cf. aussi* logic level).

high-level command *cf.* high-level instruction.

high-level drive attaque à haut niveau *(attaque d'un quadripôle ou d'un transducteur par un signal d'entrée d'amplitude relativement élevée) (cf. aussi* drive[1] *et* 2), level 1), quadripole, transducer 1) *et* amplitude).

high-level field *cf.* high-strength field.

high-level injection injection à haut niveau *(semi) (cf. aussi* injection level).

high-level instruction instruction à haut niveau *(inf) (cf. aussi* macroinstruction).

high-level insulation testing essai d'isolement à haut niveau (de tension) *(ou sous tension élevée) (composant, etc.) (cf. aussi* impulse test 1)).

high-level language langage évolué, langage de programmation évolué *(langage de programmation utilisable sur divers types d'ordinateurs et employant des notations assez proches des notations usuelles et mathématiques) (FORTRAN, ALGOL, COBOL, BASIC, etc.) (inf) (cf. aussi* programming language).

high-level logic logique à haut niveau *(CI) (cf. aussi* HLL).

high-level modulation modulation dans l'étage final, modulation à haut niveau *(émetteur) (cf. aussi* modulation (a)).

high-level programming language *cf.* high-level language.

high-level response réponse à haut niveau *(réponse d'un montage ou d'un transducteur à un signal à haut niveau) (ampli, etc.) (cf. aussi* response 1) *et* high-level signal).

high-level signal signal à haut niveau *(cf. aussi* large signal).

high logic level niveau logique haut *(inf) (cf. aussi* logic level).

high-loss circuit circuit à grandes pertes, circuit fortement amorti *(autres noms d'un circuit oscillant à faible Q employés de préférence dans le contexte des pertes dans un tel circuit) (cf. aussi* resonant circuit, Q 1) *et* loss).

high-mu tube tube à grand mu *(tube électronique à grand coefficient d'amplification) (cf. aussi* amplification factor).

high-noise-immunity logic logique à haute tenue au bruit *(CI) (cf. aussi* HNIL).

high-noise signalling conditions transmission en présence de bruit à haut niveau *(tlg)*.

high-order bit binaire de poids fort *(inf) (cf. aussi* most significant bit).

high-order computer language *cf.* high-level language.

high-order delay retard d'ordre élevé *(retard supérieur à une période produit par un filtre) (cf. aussi* period).

high-order filter filtre d'ordre élevé *(cf. aussi* filter order).

high-order harmonic harmonique de rang élevé *(harmonique 4 ou plus) (cf. aussi* harmonic).

high-order intermodulation products produits d'intermodulaton d'ordre élevé *(produits d'intermodulations constitués par des harmoniques de rang élevé) (cf. aussi* intermodulation products *et* high-order harmonic).

high-order language *cf.* high-level language.

high-order mixing products produits de conversion d'ordre élevé *(harmoniques de rang élevé à la sortie du changeur de fréquence d'un récepteur superhétérodyne) (cf. aussi* high-order harmonic *et* mixer).

high-order NMOS sampled-data ladder filter filtre en échelle NMOS d'ordre élevé pour signaux échantillonnés *(filtre en échelle d'ordre élevé pour signaux échantillonnés réalisé sous la forme d'un circuit intégré NMOS) (cf. aussi* filter order, ladder filter *et* NMOS integrated circuit).

high-order processing fabrication par un procédé évolué, fabrication évoluée *(fabrication de circuits intégrés ou autres composants)*.

high-order programming language *cf.* high-level language.

high-order spectral component composante spectrale de rang élevé *(composante spectrale constituant un harmonique de rang élevé) (signal) (cf. aussi* spectral component *et* high-order harmonic).

high-pass filter filtre passe-haut *(filtre transmettant sans atténuation notable les fréquences supérieures à une valeur déterminée appelée « fréquence de coupure » et atténuant fortement les autres) (cf. aussi* differentiating circuit *et* low-pass filter).

high-pass filtering filtrage passe-haut *(ou par filtre passe-haut) (cf. aussi* high-pass filter).

high-pass response réponse en passe-haut *(réponse d'un filtre passe-haut) (cf. aussi* filter response *et* high-pass filter).

high-pass section cellule passe-haut *(cellule de filtre passe-haut) (cf. aussi* filter section *et* high-pass filter).

high-performance channel *cf.* high-speed channel.

high-pot ... *cf.* high-potential ...

high-potential end *cf.* high-potential terminal.

high-potential side *cf.* high-potential terminal.

high-potential terminal borne à haut potentiel, côté à haut potentiel, point chaud *(celle des deux bornes d'entrée d'un circuit à entrée flottante dont le potentiel est le plus élevé par rapport à un point de référence extérieur au circuit et généralement constitué par la masse de l'appareil) (cf. aussi* electric potential, floating input *et* low-potentiai terminal).

high-potting *(vient de « high-potential testing »)* *cf.* high-voltage test.

high-power airborne jammer brouilleur embarqué à *(ou* de) grande puissance *(avia. mil) (cf. aussi* high-power jammer *et* airborne jammer).

high-power applications applications à grande puissance *(cf. aussi* power applications).

high-power bipolar transistor transistor bipolaire de grande puissance *(cf. aussi* bipolar power transistor).

high-power coaxial termination charge adaptée coaxiale de puissance, charge coaxiale de puissance *(cf. aussi* high-power termination *et* coaxial termination).

high-power communications transmitter émetteur de traffic de grande puissance *(cf. aussi* communications transmitter).

high-power component composant de grande puissance *(cf. aussi* power component).

high power consumption grande consommation (d'énergie) *(cf. aussi* power consumption).

high-power device *cf.* high-power component.

high-power FET *cf.* high-power field-effect transistor.

high-power field-effect transistor transistor à effet de champ de grande puissance, TEC *(idem)*, FET *(idem) (cf. aussi* power transistor *et* field-effect transistor).

high-power jammer brouilleur à *(ou* de) grande puissance, brouilleur à haut niveau *(de puissance)*, brouilleur à bruit *(idem) (mil) (cf. aussi* high-power jamming *et* noise jammer).

high-power jamming brouillage à haut niveau, brouillage par bruit *(idem) (brouillage par bruit par un signal d'amplitude suffisante pour saturer les récepteurs de l'adversaire) (radio, radar) (mil) (cf. aussi* noise jamming).

high-power laser *cf.* high-energy laser.

high power level haut niveau de puissance *(cf. aussi* power level).

high-power load charge de grande puissance *(charge absorbant une grande puissance en valeur absolue ou relative) (cf. aussi* load[1] (a) *et* power[1] 1)).

high-power microwave filter filtre hyperfréquence (pour circuits) de puissance *(émetteur de radar) (cf. aussi* microwave filter).

high-power microwave load charge hyperfréquence de grande puissance *(cf. aussi* microwave load).

high-power mobile transmitter émetteur à *(ou* de) grande puissance du service mobile *(radiotél) (cf. aussi* mobile service).

high-power noise ... *cf.* high-power ...

high-power output stage étage de sortie à *(ou* de) grande puissance *(émetteur, asser, etc.) (cf. aussi* output stage).

high-power power supply alimentation à *(ou* de) grande puissance *(cf. aussi* power supply 2)).

high-power rectifier redresseur de *(ou* à) grande puissance *(cf. aussi* power rectifier).

high-power resistor résistance de grande puissance *(cf. aussi* power resistor).

high-power SCR *cf.* high-power silicon controlled rectifier.

high-power silicon controlled rectifier thyristor de grande puissance *(thyristor pouvant couper un courant d'une centaine d'ampères ou plus) (cf. aussi* silicon controlled rectifier).

high-power supply *cf.* high-power power supply.

high-power switcher *cf.* high-power switching power supply.

high-power switching power supply alimentation à découpage à *(ou* de) grande puissance *(cf. aussi* switching power supply).

high-power termination charge adaptée de puissance, charge de puissance *(charge adaptée pouvant dissiper une grande puissance sans être endommagée) (hyper) (cf. aussi* high-power coaxial termination, high-power waveguide termination *et* termination).

high-power thyristor *cf.* high-power silicon controlled rectifier.

high-power transistor transistor de grande puissance *(cf. aussi* power transistor).

high-power transmission émission à *(ou* de) grande puissance *(radio, radar).*

high-power transmitter émetteur à *(ou* de) grande puissance *(radio, radar).*

high-power tube tube de grande puissance *(tube électronique de puissance pour émetteur à grande puissance ou pour chauffage par induction) (cf. aussi* power tube).

high-power water load charge à eau de grande puissance *(hyper) (cf. aussi* water load).

high-power waveguide termination charge adaptée en guide d'ondes de puissance, charge en guide de puissance, charge de puissance en guide d'ondes *(hyper) (cf. aussi* high-power termination *et* waveguide termination).

high-powered ... *cf.* high-power ...

high-pressure mercury-vapor lamp lampe à vapeur de mercure à haute pression *(lampe à vapeur de mercure à tube de quartz dans lequel la pression du mélange est de 10 à 20 bars) (cf. aussi* mercury-vapor lamp).

high PRF *cf.* high pulse repetition frequency.

high-PRF pulse Doppler radar radar Doppler à impulsions à grande fréquence de récurrence *(cf. aussi* pulse Doppler radar *et* pulse repetition frequency).

high-PRF pulse radar *cf.* high-PRF radar.

high-PRF pulsed radar *cf.* high-PRF radar.

high-PRF radar radar à grande fréquence de récurrence *(cf. aussi* pulse repetition frequency *et* radar).

high-PRF waveform signal à grande fréquence de récurrence *(radar) (cf. aussi* pulse repetition frequency *et* waveform).

high-priority threat menace prioritaire *(mil) (cf. aussi* threat).

high probability of intercept grande probabilité d'interception *(défaut des signaux émis par un émetteur radio ou radar militaire ne bénéficiant pas d'anti-contre-mesures électroniques) (cf. aussi* intercept[2] *et* electronic counter-countermeasures).

high pulse impulsion d'état haut, impulsion d'état « 1 » *(ou* UN), impulsion « 1 » *(idem) (circuit logique) (inf) (cf. aussi* ONE state).

high pulse repetition frequency grande fréquence de récurrence *(cf. aussi* pulse repetition frequency).

high pulse-repetition-frequency ... *cf.* high-PRF ...

high-Q band-pass filter filtre passe-bande à grand Q *(cf. aussi* high-Q filter *et* band-pass filter).

high-Q capacitor condensateur à grand Q *(condensateur à faibles pertes à la fréquence de résonance) (amortit peu le circuit oscillant dans lequel il est monté) (condensateur céramique ou plastique) (cf. aussi* Q 1) *et* resonant circuit).

high-Q circuit *cf.* high-Q resonant circuit.

high-Q device dispositif à grand Q *(résonateur à grand Q ou filtre à grand Q (cf. aussi* resonator, Q 1) *et* high-Q filter).

high-Q filter filtre à grand Q *(filtre à bande très étroite) (cf. aussi* Q 1) *et* narrow-band filter).

high-Q notch filter filtre coupe-bande à grand Q *(cf. aussi* high-Q filter *et* notch filter).

high-Q resonant cavity cavité résonante à grand Q *(hyper) (cf. aussi* resonant cavity *et* Q 1).

high-Q resonant circuit circuit oscillant *(ou* résonant) à grand Q, circuit à grand Q *(cf. aussi* resonant circuit *et* Q 1).

high-Q resonator résonateur à grand Q *(cf. aussi* resonator *et* Q 1).

high-Q swept-frequency cavity measurement mesure avec balayage de fréquence sur cavité (résonnante) à grand Q *(hyper) (cf. aussi* Q 1), cavity resonator *et* swept-frequency measurement).

high-Q tank circuit circuit-bouchon à grand Q *(cf. aussi* parallel resonant circuit *et* Q 1).

high-Q tuning varactor diode varicap pour circuit à grand Q *(cf. aussi* tuning varactor *et* Q 1).

high-quality sound channel voie de transmission musicale *(voie d'un multiplex utilisable pour la transmission de programmes musicaux) (a une bande passante beaucoup plus large que celle d'une voie téléphonique) (radiodiffusion par satellite) (cf. aussi* multiplex[1] *et* pass-band).

high-range harmonic *cf.* high-order harmonic.

high-rate terminal *cf.* high-speed terminal.

high-rel *a (vient de « high-reliability »)* à haute fiabilité *(ce qualificatif s'emploie surtout pour les composants électroniques militaires) (cf. aussi* reliability).

high-rel component composant à haute fiabilité *(cf. aussi* high-rel *et* electronic component).

high-rel part *cf.* high-rel component.

high-resistance voltmeter voltmètre à haute impédance *(voltmètre à grande résistance d'entrée : 5 000 ohms par volt ou plus) (la valeur très élevée de la résistance d'entrée a pour résultat que l'intensité du courant absorbé par le voltmètre est négligeable et modifie donc peu la tension à mesurer) (noter que le terme « impédance » est ici impropre, mais consacré par l'usage) (cf. aussi* input impedance).

high-resistivity substrate substrat à haute résistivité *(CI) (cf. aussi* substrate (c) *et* resistivity).

high-resolution ground mapping mode *cf.* high-resolution mapping mode.

high-resolution image *cf.* high-definition picture.

high-resolution mapping cartographie à haute définition *(cf. aussi* high-resolution mapping mode).

high-resolution mapping mode mode cartographique à haute définition *(un des modes de fonctionnement d'un radar multimode d'avion militaire permis par l'emploi d'une antenne à ouverture dynamique) (cf. aussi* ground mapping *et* synthetic-aperture radar).

high-resolution mode *cf.* high-resolution mapping mode.

high-resolution potentiometer potentiomètre à grande définition *(ou* finesse de réglage *ou* à réglage fin), potentiomètre très progressif *(ne pas employer « potentiomètre à haute résolution ») (cf. aussi* potentiometer 1)).

high-resolution radar radar à grand pouvoir séparateur *(ne pas employer « radar à haute resolution ») (cf. aussi* resolution 4)).

high-resolution radar image image radar à haute définition *(image formée sur l'écran d'un radar cartographique) (cf. aussi* high-definition picture *et* ground mapping radar).

high-resolution stepper moteur pas-à-pas à haute définition *(moteur pas-à-pas dont le rotor tourne d'un angle très petit à chaque pas) (ne pas employer « ... à haute resolution ») (cf. aussi* stepper motor).

high-resolution television *cf.* high-definition television.

high ripple capability *cf.* high ripple-current capability.

high ripple-current capability haute tenue en courant ondulé, très bonne *(idem) (condensateur) (cf. aussi* ripple-current capability).

high ripple-current capacitor condensateur à ... *(voir ci-dessus)*.

high-saturation color couleur pleinement saturée *(colorimétrie) (image TVC, etc.) (cf. aussi* color saturation).

high second-breakdown capability valeur élevée (de l'intensité) du courant de claquage *(transistor de puissance) (cf. aussi* second breakdown).

high-sensitivity measurement mesure effectuée avec un appareil à haute sensibilité *(mesure de tension, intensité de courant, niveau acoustique, etc.)*.

high sheet-value resistor résistance à couche à grande résistivité *(résistance à couche dont la couche résistive a une résistivité supérieure à 10 kilohms par carré) (cf. aussi* film resistor *et* sheet resistance).

high side *cf.* high-potential terminal.

high sidelobes lobes secondaires de grande amplitude *(antenne) (cf. aussi* sidelobe).

high-speed carry report simultané (des retenues) *(méthode d'addition de nombres binaires dans laquelle les retenues sont ajoutées simultanément aux résultats des colonnes correspondantes après obtention de ceux-ci sans tenir compte des retenues successives pour réduire la durée totale de l'addition) (inf) (cf. aussi* carry[1] *et* binary number).

high-speed channel **1)** voie à grand débit *(multiplex temporel) (cf. aussi* time-division multiplex). **2)** canal à grand débit *(inf) (cf. aussi* channel[1] 1) (c)).

high-speed data line ligne de transmission de données à grand débit, ligne de données à grand débit *(télinf) (cf. aussi* data transmission *et* transmission rate).

high-speed data transmission transmission de données à grande vitesse, transmission à grande vitesse *(télinf) (cf. aussi* data transmission *et* transmission rate).

high-speed device dispositif rapide, *(souvent aussi)* composant rapide *(cf. aussi* high-speed diode, high-speed transistor *et* high-speed memory).

high-speed diode *cf.* high-speed switching diode.

high-speed logic **1)** logique rapide *(logique à court temps de propagation) (CI) (inf) (cf. aussi* logic (b) *et* gate delay). **2)** *cf.* HSL.

high-speed memory mémoire rapide *(mémoire à court temps d'accès) (mémoire RAM, etc.) (inf) (cf. aussi* access time).

high-speed mesh grille rapide *(tube à mémoire) (cf. aussi* storage mesh).

high-speed modem modem à grande vitesse de transmission, modem rapide *(modem à vitesse de transmission supérieure à 4 800 bauds) (trans. données) (cf. aussi* modem *et* baud).

high-speed photocoupler photocoupleur rapide *(photocoupleur pour impulsions à front raide) (utilise une photodiode suivie d'un amplificateur à large bande) (cf. aussi* photocoupler).

high-speed plotter traceur de courbes rapide *(cf. aussi* high-speed recorder *et* X-Y recorder).

high-speed printer imprimante rapide *(imprimante à grande vitesse d'impression) (inf) (cf. aussi* printing speed).

high-speed recorder enregistreur rapide *(enregistreur graphique utilisable pour l'enregistrement de phénomènes à grande vitesse de variation) (cf. aussi* graphic recorder).

high-speed relay relais rapide *(relais à court temps de réponse) (cf. aussi* relay[1] (a) *et* response time).

high-speed rewind rebobinage rapide, rebobinage à grande vitesse *(dérouleur de bande magnétique) (inf) (cf. aussi* rewind).

high-speed storage *cf.* high-speed memory.

high-speed switching commutation rapide *(cf. aussi* switching time).

high-speed switching diode diode de commutation rapide *(diode à court temps de transition) (cf. aussi* recovery time *et* switching diode).

high-speed switching transistor transistor de commutation rapide *(transistor de commutation pour fréquence de commutation élevée) (cf. aussi* switching transistor *et* switching frequency).

high-speed technology (la) technique des circuits rapides *(technique des circuits intégrés numériques à grande fréquence d'horloge) (cf. aussi* digital integrated circuit, clock frequency *et* technology).

high-speed terminal terminal à grand débit *(terminal informatique à grande vitesse de transmission) (inf) (cf. aussi* terminal 2) *et* transmission rate).

high-speed transistor *cf.* high-speed switching transistor.

high-speed transmission *cf.* high-speed data transmission.

high-strength electric field champ électrique à *(ou* de) grande intensité, champ électrique très intense *(cf. aussi* electric field strength).

high-strength field champ à *(ou* de) grande intensité, champ très intense, *(parf.)* champ fort *(champ électrique ou magnétique ou électromagnétique) (cf. aussi* field strength).

high-strength magnetic field champ magnétique à *(ou* de) grande intensité, champ magnétique très intense *(cf. aussi* magnetic field strength).

high-temperature ceramic package boîtier céramique pour hautes températures *(composant) (cf. aussi* ceramic package).

high tension haute tension (a) *tension de plusieurs milliers de volts ou plus) (cf. aussi* high voltage) ; (b) *cf. aussi* anode voltage).

high terminal *cf.* high-potential terminal.

high-threshold logic logique à haut seuil *(CI) (cf. aussi* HTL).

high-to-low transition transition descendante *(ou, pour un signal,* du niveau haut au niveau bas *ou, pour une borne,* de l'état haut à l'état bas) *(cf. aussi* transition c) *et* d)).

high-vacuum tube tube à vide poussé *(cf. aussi* hard tube).

high-value resistor résistance de forte valeur *(résistance à grande valeur ohmique) (cf. aussi* ohmic value).

high-valued resistor *cf.* high-value resistor.

high-velocity electron électron animé d'une grande vitesse, électron à grande vitesse, électron rapide *(électron se déplaçant dans un champ électrique à grande intensité, c.-à-d. soumis à une différence de potentiel (positive) de valeur très élevée) (cf. aussi* electron, electric field strength, potential difference *et* high-energy particle).

high-velocity ion ion animé d'une grande vitesse, ion à grande vitesse, ion rapide *(ion se déplaçant dans un champ électrique à grande intensité, c.-à-d. soumis à une différence de potentiel (négative) de valeur très élevée) (propulsion ionique, etc.) (cf. aussi* ion, electric field strength, potential difference *et* high-energy particle).

high-velocity scanning balayage par électrons rapides *(balayage d'une cible par un faisceau d'électrons animés d'une vitesse suffisante pour que le rendement d'émission secondaire soit supérieur à l'unité) (cf. aussi* high-velocity electron *et* secondary-emission ratio).

high voltage tension élevée *(en valeur relative) (cf. aussi* high tension (a) *et* voltage).

high-voltage capability tenue aux tensions élevées *(composant) (cf. aussi* capability).

high-voltage drive attaque par signal à haut niveau (de tension) *(ampli, afficheur, etc.) (cf. aussi* high-level drive).

high-voltage measurement mesure de tensions élevées.

high-voltage power supply alimentation à très haute tension, alimentation à THT, *(parf.)* la THT *(alimentation fournissant la tension d'accélération dans un appareil à tube cathodique ou à faisceau d'électrons) (oscillo, récepteur TV, etc.) (cf. aussi* accelerating voltage).

high-voltage probe sonde pour mesure de tensions élevées, sonde pour tensions élevées, sonde haute tension *(sonde de multimètre numérique munie d'un diviseur de tension permettant de mesurer des tensions très supérieures au calibre maximal de l'appareil lorsqu'il est utilisé en voltmètre) (tensions de plusieurs milliers et même parfois plusieurs dizaines de milliers de volts, le rapport du diviseur de tension atteignant alors 1 000 : 1) (cf. aussi* digital multimeter, voltage divider *et* range[1] 5)).

high-voltage pulse impulsion à tension élevée, impulsion de tension à valeur élevée *(cf. aussi* voltage pulse).

high-voltage pulsing application d'impulsions à tension élevée.

high-voltage resistor résistance pour tensions élevées.

high-voltage source source de tension élevée. *(alimentation à haute tension ou à très haute tension) (cf. aussi* voltage source).

high-voltage supply *cf.* high-voltage power supply.

high-voltage test (un) essai sous tension élevée *(isolant, composant)*.

high-voltage testing (l')essai sous tension élevée.

high-voltage transient transitoire à tension élevée, transitoire à *(ou* de*)* grande amplitude *(cf. aussi* transient).

high-voltage transistor transistor pour tensions élevées *(transistor conçu pour être alimenté sous une tension d'une centaine de volts ou plus) (cf. aussi* transistor).

high-wattage resistor résistance de puissance *(cf. aussi* power resistor).

high-yield region partie à grand rendement (de fabrication) *(partie centrale d'un disque de semiconducteur, dans laquelle le rendement de fabrication est le plus élevé) (cf. aussi* yield 2)).

high-Z ... *cf.* high-impedance ...

higher harmonic harmonique supérieur *(en valeur relative ou, parfois, en valeur absolue) (cf. aussi* high harmonic).

higher-order language *cf.* high-level language.

higher-than-rated current courant d'intensité supérieure à la valeur nominale, courant supérieur à la valeur nominale, *(parf.)* intensité de courant supérieure à la valeur nominale *(dans un circuit, un composant, etc.) (cf. aussi* rated current).

higher-than-rated voltage tension supérieure à la valeur nominale *(aux bornes d'un circuit, composant, etc.) (cf. aussi* rated voltage).

highest-priority threat menace à priorité la plus élevée *(mil) (cf. aussi* threat).

highlight s zone à grande luminosité *(ou* brillance *ou* luminance*) (sur une image de télévision ou analogue).*

highlight blooming tache brillante *(image TV) (cf. aussi* blooming).

highlight brightness luminosité des zones les plus claires *(image TV, etc.).*

highlight target current *(parf.* intensité du) courant de crête de la cible *(intensité du courant dans le circuit de la cible d'un tube analyseur correspondant au balayage d'une zone claire de la scène) (caméra TV) (cf. aussi* target (b)).

highlighting mise en évidence *(d'une partie ou d'harmoniques d'un signal sur l'écran d'un oscilloscope ou d'un analyseur de signaux, généralement par surbrillance locale, ou d'un caractère ou un mot ou autre graphisme sur un écran d'ordinateur, par surbrillance, sous-brillance, vidéo inversée ou autre effet) (cf. aussi* attribute).

highly damped instrument appareil (de mesure) apériodique *(appareil analogique) (cf. aussi* overdamping).

highly damped oscillation oscillation fortement amortie *(s'emploie au singulier ou au pluriel) (oscillation dont l'amplitude décroît fortement d'un cycle au suivant) (cf. aussi* oscillation, damping *et* cycle).

highly damped wave onde fortement amortie *(cf. aussi* highly-damped oscillation *et* wave).

highly directional aerial *cf.* highly directional antenna.

highly directional antenna antenne très directive, antenne à haute directivité *(antenne parabolique dont le gain dans la direction de l'axe du réflecteur est beaucoup plus grand que dans les autres directions) (ce résultat est obtenu lorsque le diamètre du réflecteur est très grand par rapport à la longueur d'onde de travail) (cf. aussi* directional antenna, parabolic antenna, gain 2) *et* 3) *et* wavelength).

highly doped layer couche fortement dopée, *(etc.) (voir aussi* highly-doped region).

highly doped region zone fortement dopée, zone à forte concentration d'impuretés, zone à haut niveau de dopage *(ou* d'impuretés*) (semi) (cf. aussi* impurity concentration).

highly doped substrate substrat fortement dopé, *(etc.) (voir aussi* highly-doped region *et* semiconductor substrate).

highly linear sweep balayage très linéaire *(oscillo, etc.) (cf. aussi* linear sweep).

highly parallel computer ordinateur à grand parallélisme *(multiprocesseur à nombre relativement grand d'unités centrales) (inf) (cf. aussi* parallel computer).

highly parallel ... *cf.* highly parallel computer *et* ... *et* adapter.

highly pipelined architecture structure à grand chevauchement *(structure d'un microprocesseur à grand chevauchement) (cf. aussi* highly-pipelined microprocessor *et* architecture).

highly pipelined microprocessor microprocesseur à grand chevauchement *(microprocesseur dans lequel le temps d'exécution apparent d'une instruction est divisé par quatre ou plus) (inf) (cf. aussi* pipelining).

highly stable oscillator oscillateur ultra-stable *(oscillateur dont la fréquence varie très peu dans le temps) (oscillateur à quartz thermostaté) (cf. aussi* TCXO 2)).

highway bus *(inf) (cf. aussi* bus a1)).

HIL *cf.* high level.

hill-and-dale recording gravure en profondeur *(disque) (cf. aussi* vertical recording 1)).

hill-and-valley detent encliquetage pas bossages *(positions d'un commutateur) (cf. aussi* detent).

hinged armature armature montée sur couteau *(armature pivotante de relais pivotant sur une arête du circuit magnétique formant couteau (clpf) (cf. aussi* clapper).

hingeless armature armature sans pivots *(armature de relais dont les pivots sont remplacés par une lame élastique travaillant en flexion) (cf. aussi* clapper).

HiNIL *cf.* HNIL.

hipot *cf.* hi-pot. *(plus haut).*

hire of computer time location de temps sur ordinateur, location d'heures machine *(inf) (cf. aussi* machine time).

hiss souffle, bruit de souffle, bruit de fond (acoustique) *(bruit parasite émis par un haut-parleur ou un écouteur, même en l'absence de signal, et dû au bruit électrique dans l'amplificateur final) (cf. aussi* noise 2) (a)).

hissing noise *cf.* hiss.

histogram histogramme *(graphique, employé principalement en statistique, formé de bandes verticales accolées ou non dont l'ordonnée du sommet représente la valeur de la fonction représentée pour l'abscisse correspondante, laquelle peut notamment être une année, un pays, etc.) (cf. aussi* function[1] 1) (b)).

histogram plot *cf.* histogram.

histogram plotting tracé d'histogrammes *(cf. aussi* histogram).

hit a key v appuyer sur une touche, enfoncer une touche *(du clavier d'un téléimprimeur, d'un terminal à clavier, etc.).*

hit-on-the-fly printer imprimante à la volée *(inf) (cf. aussi* hit-on-the-fly printing).

hit-on-the-fly printing impression à la volée *(impression par une imprimante dans laquelle le dispositif portant les caractères est animé d'un mouvement continu) (imprimante à tambour ou à chaîne) (inf) (cf. aussi* drum printer *et* chain printer).

hit-on-the-run ... *cf.* hit-on-the-fly ...

Hittorf dark space zone obscure de Crookes *(tube à décharge) (cf. aussi* Crookes dark space).

HLL *(vient de « high-level logic »)* logique HLL, logique à haut niveau *(inf) (cf. aussi* logic 2)).

HLL logic *cf.* HLL.

HMD *cf.* helmet-mounted display.

HMOS *(vient de « high-speed MOS »)* HMOS *(circuit intégré numérique MOS à grande vitesse de fonctionnement et grande densité d'intégration obtenues par réduction d'échelle) (circuit réalisé par Intel, aux USA) (cf. aussi* MOS, digital integrated circuit, integration density *et* component scaling).

HMOS ... *cf.* HMOS *et* ... *et* adapter.

HNIL *(vient de « high-noise-immunity logic »)* logique HNIL, logique à haute tenue au bruit, *(etc.) (CI) (inf) (cf. aussi* logic (b) *et* noise immunity).

HNIL logic *cf.* HNIL.

hockey-puck package boîtier palet, boîtier en forme de palet *(boîtier de thyristor de grande puissance dont la forme cylindrique relativement plate rappelle celle d'un palet) (cf. aussi* high-power silicon controlled rectifier).

hockey-puck SCR *cf.* hockey-puck silicon controlled rectifier.

hockey-puck silicon controlled rectifier thyristor palet *(cf. aussi* hockey-puck package).

hockey-puck thyristor *cf.* hockey-puck silicon controlled rectifier.

hoghorn cornet parabolique *(antenne demi-lune raccordée au guide d'ondes d'alimentation par un cornet sectoriel à courbure parabolique) (hyper) (cf. aussi* cheese antenna *et* sectoral horn).

HOJ *cf.* home on jam. *(de même pour les termes dérivés).*

HOL *cf.* high-order language.

hold *s* **1)** mise en garde (d'une communication) *(central tél.).* **2)** *cf.* holding 1). **3)** synchronisation *(récepteur TV) (cf. aussi* hold control).

hold ... *cf.* holding ... *(pour les termes qui ne figurent pas ci-après).*

hold a call *v* mettre une communication en garde *(central tél.).*

hold capacitor condensateur de maintien, condensateur de mémorisation, condensateur intégrateur, condensateur d'intégration *(condensateur chargé lors du prélèvement d'un échantillon par l'échantillonneur d'un numériseur à intégration) (est chargé à courant constant ou à temps constant par une source de courant suivant le type de numériseur) (cf. aussi* integrating analog-to-digital converter, integration capacitor *et* sample-and-hold circuit).

hold circuit circuit de maintien *(circuit comportant le condensateur de maintien dans un échantillonneur) (cf. aussi* hold capacitor).

hold command *cf.* hold signal.

hold condition état de maintien *(relais) (cf. aussi* latched condition 2)).

hold control commande de synchronisation *(récepteur TV) (cf. aussi* horizontal hold control *et* vertical hold control).

hold down *v* **1)** maintenir enfoncé(e) *(un bouton-poussoir ou une touche de clavier).* **2)** maintenir abaissée *(une clé téléphonique) (cf. aussi* key[1] 1)).

hold-in *s* *cf.* holding 1).

hold-in ... *cf.* holding ... *(pour les termes qui ne figurent pas ci-après).*

hold-in range demi-plage de synchronisme *(boucle à phase asservie) (cf. aussi* tracking range 2)).

hold mode mode de maintien *(mode de fonctionnement d'un échantillonneur pendant la phase de maintien) (cf. aussi* hold phase).

hold-mode droop décroissance en mode de maintien, *(ou pendant la phase de maintien) (diminution de la tension de sortie d'un échantillonneur par unité de temps pendant la phase de maintien) (est due aux pertes du condensateur de maintien) (cf. aussi* hold mode *et* hold capacitor).

hold-mode feedthrough conductance en mode de maintien *(ou pendant la phase de maintien) (pourcentage de l'amplitude du signal d'entrée sinusoïdal mesuré à la sortie d'un échantillonneur pendant la phase de maitnien) (cf. aussi* hold mode).

hold-mode settling time temps de stabilisation en mode de maintien *(ou pendant la phase de maintien) (temps écoulé entre l'application du signal de maintien à un échantillonneur et l'instant où la tension de sortie atteint un niveau déterminé) (cf. aussi* hold mode).

hold-off inhibition (du déclenchement) *(oscillo, intervallomètre) (cf. aussi* trigger hold-off).

hold-off facility dispositif d'inhibition du déclenchement *(cf. aussi* hold-off).

hold-off feature *cf.* hold-off facility.

hold-off triggering déclenchement avec inhibition *(cf. aussi* hold-off).

hold phase phase de maintien *(phase du cycle d'échantillonnage d'un échantillonneur pendant laquelle la tension échantillonnée est maintenue aux bornes du condensateur de maintien, le transistor étant bloqué) (cf. aussi* hold capacitor).

hold range plage de synchronisation *(base de temps, etc.).*

hold time temps de maintien *(au sens du terme anglais, temps pendant lequel une impulsion représentant un binaire appliquée à une entrée d'une bascule synchrone doit y rester après l'application de l'impulsion d'horloge à l'entrée de synchronisation) (cf. aussi* clocked flip-flop *et* set-up time).

hold torque *cf.* holding torque.

hold-up time **1)** temps de maintien *(alim) (cf. aussi* ridethrough). **2)** temps de secours, autonomie *(temps pendant lequel un onduleur de secours à batterie normalement chargée peut alimenter sa charge pendant une coupure de courant de longue durée) (inf, etc.) (cf. aussi* UPS *et* SPS).

hold voltage tension de maintien *(tension appliquée à un enroulement de maintien) (relais) (cf. aussi* dual-coil latching relay).

holder support *(de quartz d'oscillateur, de fusible, etc.).*

holding **1)** maintien *(d'un thyristor à l'état conducteur ou de l'armature d'un relais en position de travail) (cf. aussi* holding current). **2)** entretien (de l'ionisation) *(tube à vapeur de mercure) (cf. aussi* holding anode). **3)** occupation *(d'organes de commutation, par une communication, dans un central téléphonique).*

holding anode anode d'entretien *(électrode auxiliaire entretenant l'ionisation dans un tube à vapeur de mercure pendant les instants où la tension anodique passe par zéro) (cf. aussi* mercury-arc rectifier).

holding beam faisceau d'entretien *(faisceau d'électrons lents entretenant la charge sur la grille-mémoire de certains tubes cathodiques à mémoire) (cf. aussi* storage mesh).

holding capacitor *cf.* hold capacitor.

holding coil enroulement de maintien *(relais) (cf. aussi* dualcoil latching relay).

holding contact contact de maintien, jeu de contacts de maintien *(jeu de contacts de travail d'un relais à verrouillage électrique monté en parallèle sur les bornes du bouton-poussoir pour maintenir la bobine excitée après relâchement du bouton, ou alimentent un enroulement de maintien) (cf. aussi* dual-coil latching relay).

holding current *(parf.* intensité du) courant de maintien (a) *valeur de l'intensité du courant dans un thyristor ou un triac au-dessous de laquelle la jonction intermédiaire cessant d'être conductrice, le thyristor se bloque) (cf. aussi* silicon controlled rectifier) ; (b) *valeur de l'intensité du courant d'excitation dans la bobine d'un relais électromagnétique au-dessous de laquelle l'attraction du noyau magnétique étant insuffisante, l'armature ou le noyau-plongeur revient à la position de repos) (cf. aussi* electromagnetic relay) ; (c) *courant dans un enroulement de maintien ou, parfois, intensité de ce courant) (relais) (cf. aussi* holding coil).

holding relay relais d'occupation *(relais maintenu excité dans un autocommutateur téléphonique électromécanique tant que la ligne correspondante est occupée) (cf. aussi* electromechanical telephone switch).

holding time durée d'occupation *(temps pendant lequel un sélecteur ou un circuit met deux postes en liaison dans un central téléphonique).*

holding torque couple de maintien *(valeur maximale du couple résistant de la charge d'un moteur pas-à-pas pour laquelle celle-ci est maintenue exactement à la position angulaire correspondant à l'alignement des pôles du rotor et du stator du moteur en l'absence de charge et cela en marche comme à l'arrêt) (lorsque le moteur n'est pas excité, ce couple est très faible dans un tel moteur à aimant permanent, et nul dans un tel moteur à réluctance) (cf. aussi* stepper motor).

hole **1)** trou, lacune *(porteur de charge positive fictif créé par l'absence d'un électron dans la bande de valence d'un atome de semiconducteur) (cf. aussi* heavy hole, light hole, moving hole, hole conduction, hole mobility *et* valence band). **2)** perforation *(dans une bande perforée ou une carte perforée) (tlg, inf). (cf. aussi* punched tape *et* punched card).

hole-and-slot anode anode à cavités cylindriques *(anode de magnétron dans laquelle les cavités ont une forme cylindrique et sont reliées à l'espace d'interaction par des fentes radiales) (type classique) (hyper) (cf. aussi* magnetron anode).

hole capture *cf.* hole trapping.

hole concentration *cf.* hole density.

hole conduction conduction par trous, conduction lacunaire *(conduction due au déplacement des trous dans une zone déterminée d'un cristal semiconducteur) (cf. aussi* hole 1)).

hole count nombre de perforations *(dans une rangée d'une bande perforée ou une colonne ou une ligne d'une carte perforée) (tlg, inf) (cf. aussi* hole 2)).

hole current *(parf.* intensité du) courant de trous *(courant formé par le déplacement des trous dans une zone d'un cristal* *semiconducteur ou, parfois, intensité de ce courant) (le courant de trous étant un courant de charges positives, il circule d'une zone positive à une zone négative, c.-à-d. dans le sens contraire du courant d'électrons) (cf. aussi hole 1)).*

hole density densité de trous *(parf. des trous)*, concentration de trous *(idem) (nombre de trous par unité de volume dans une zone déterminée d'un cristal semiconducteur) (cf. aussi hole 1)).*

hole diffusion diffusion des trous *(dans une zone d'un cristal semiconducteur) (cf. aussi hole 1)).*

hole diffusion constant constante de diffusion des trous *(semi) (cf. aussi hole 1)).*

hole-electron pair *cf.* electron-hole pair.

hole filler vernis à perforations *(vernis utilisé pour boucher les perforations erronées des cartes perforées) (inf) (cf. aussi* punched card).

hole flux flux de trous *(autre nom, plus général, d'un courant de trous) (cf. aussi* hole current).

hole injecton injection de trous *(création de trous dans une zone du type N d'un cristal semiconducteur par application d'un champ électrique positif intense attirant des électrons, ce qui crée des trous) (cf. aussi hole 1) et* n-type semiconductor).

hole mobility mobilité des trous, mobilité des lacunes *(la mobilité des trous dans un semiconducteur est inférieure à celle des électrons) (la mobilité des trous légers est naturellement beaucoup plus grande que celle des trous lourds) (cf. aussi* carrier mobility *et* hole 1)).

hole site 1) emplacement d'un trou, lacune *(emplacement d'un atome contenant un trou dans le réseau cristallin d'un semiconducteur) (cf. aussi hole 1) et* hole trapping site). 2) emplacement de perforation *(parf.* d'une perforation) *(cf. aussi hole 2)).*

hole trap *cf.* hole trapping site.

hole trapping piégeage des trous, recombinaison des trous *(semi) (cf. aussi* electron-hole pair recombination *et* trapping site).

hole trapping site piège à trous, piège pour les trous, *(etc.) (piège à porteurs de charge pour les trous, c-à-d. atome donneur) (semi) (cf. aussi* trapping site, hole 1) *et* donor atom).

Hollerith code code Hollerith, code H *(code de perforation de cartes perforées d'ordinateur à 80 colonnes) (inf) (cf. aussi* punched card).

hologram hologramme *(image formée sur une plaque de verre par holographie) (cf. aussi* holography).

holography holographie *(formation, sur une plaque photographique, d'une image apparaissant en relief lorsque la plaque est éclairée par derrière par un laser identique à celui utilisé pour éclairer l'objet photographié et la plaque lors de la prise de vue) (le principe de l'holographie repose sur la cohérence de la lumière émise par le laser) (cf. aussi* cohérence *et* laser).

home *v (voir aussi* homing) 1) rallier, se diriger vers *(une balise).* 2) se diriger vers la cible. 3) revenir à la position de repos.

home aerial *(GB) cf.* home antenna.

home antenna antenne domestique *(antenne de réception de radiodiffusion sonore ou visuelle destinée à être utilisée par un particulier) (cf. aussi* receiving antenna *et* roof-top antenna).

home color receiver récepteur couleur grand public, *(etc.) (TV) (cf. aussi* color television receiver).

home color set *cf.* home color receiver.

home computer ordinateur personnel *(inf) (cf. aussi* personal computer).

home earth station *cf.* home terminal.

home electronic equipment matériel électronique grand public, matériel grand public *(cf. aussi* consumer electronic equipment).

home equipment *cf.* home electronic equipment.

home in *v cf.* home 2).

home on jam *v cf.* home on jammer.

home-on-jam *s cf.* homing on jammer.

home-on-jam guidance *cf.* homing on jammer.

home-on-jam guidance system autodirecteur à mode d'autopoursuite sur brouilleur *(missile) (mil) (cf. aussi* homing on jammer).

home-on-jam mode mode d'autopoursuite *(ou* de poursuite) sur brouilleur *(mil) (cf. aussi* homing on jammer).

home on jammer *v* se diriger vers le brouilleur *(missile) (mil) (cf. aussi* homing on jammer).

home on jamming *v cf.* home on jammer.

home position position de repos *(des balais d'un sélecteur téléphonique, etc.).*

home receiver 1) récepteur grand public *(récepteur de radiodiffusion sonore ou visuelle ou récepteur de traffic pour radio-amateurs) (cf. aussi* consumer electronic equipment *et* communications receiver). 2) récepteur domestique *(récepteur d'un terminal domestique) (TV) (cf. aussi* home terminal).

home service programme national (de la BBC) *(radiodif) (cf. aussi* BBC).

home television *cf.* broadcast television.

home television receiver récepteur de télévision grand public, poste de télévision, téléviseur *(cf. aussi* consumer electronic equipment).

home television set *cf.* home television receiver.

home terminal 1) terminal domestique, station au sol à usage domestique, station domestique *(ensemble composé d'un récepteur de télévision grand public, d'un convertisseur de modulation et d'une antenne à réflecteur parabolique montée sur le toit d'un immeuble d'habitation et recevant les émissions de télévision relayées par un satellite de radiodiffusion) (cf. aussi* direct-broadcast satellite). 2) terminal domestique *(terminal à écran ou, parfois, récepteur de télévision utilisé comme terminal de télématique chez un particulier) (télinf) (cf. aussi* display terminal *et* telematics).

home TV *cf.* home television *(de même pour les termes dérivés).*

home video (la) vidéo grand public *(ensemble des activités et du matériel non professionnels relatifs à l'enregistrement des images à l'aide d'une caméra électronique et à leur reproduction) (cf. aussi* home video equipment).

home video cassette recorder magnétoscope à cassette (grand public) *(cf. aussi* video cassette recorder *et* consumer electronic equipment).

home video equipment matériel vidéo grand public *(cf. aussi* video equipment *et* consumer electronic equipment).

home video game jeu vidéo grand public *(cf. aussi* video game).

home video tape recorder magnétoscope grand public *(magnétoscope à cassettes ou, anciennement, certains magnétophones à bobines) (cf. aussi* video tape recorder *et* consumer electronic equipment).

home video tape recording enregistrement sur magnétoscope grand public *(cf. aussi* home video tape recorder).

homer 1) station radiogoniométrique, station gonio *(station radioélectrique au sol déterminant la direction d'un aéronef d'après les signaux reçus de celui-ci et transmettant cette information au pilote par radio) (radionav) (cf. aussi* radio direction finding). 2) *cf.* homing missile. 3) *cf.* homing head.

homing[1] *s* 1) radioralliement, vol en direction d'une balise *(avia) (radionav) (cf. aussi* beacon *et* track homing). 2) autopoursuite *(au sens du terme anglais, poursuite d'une cible mobile ou non par un engin autoguidé, généralement en vue de la détruire) (mil) (cf. aussi* passive homing, semi-active homing, active homing *et* homing head). 3) retour à la position de repos *(sélecteur téléphonique rotatif) (cf. aussi* stepping relay).

homing[2] *a* autoguidé *(projectile) (mil) (cf. aussi* homing weapon).

homing action *cf.* homing 3).

homing active guidance autopoursuite active *(missile, torpille) (mil) (cf. aussi* active homing).

homing adapter adaptateur de radioalignement *(dispositif permettant d'utiliser le récepteur de bord d'un aéronef pour utiliser les signaux d'une balise directionnelle) (radionav) (cf. aussi* radio range).

homing aid aide de radioalignement *(balise radio ou système de balises utilisable par un aéronef pour se diriger vers un point précis) (cf. aussi* homing 1)).

homing aerial *(GB) cf.* homing antenna.

homing antenna antenne d'autopoursuite *(antenne d'un auto-directeur radar) (missile) (mil) (cf. aussi* radar seeker).

homing beacon balise (de radioralliement) *(radionav) (avia) (cf. aussi* homing 1)).

homing device 1) dispositif de radioralliement *(tg) (cf. aussi* homing beacon *et* homing adapter). **2)** dispositif d'auto-poursuite *(cf. aussi* homing head). **3)** télécommande directe *(télécommande d'un organe de réglage à l'aide d'un servomoteur démarrant directement dans le sens du réglage à effectuer, sans avoir besoin d'amener l'organe en butée pour repartir dans l'autre sens).*

homing guidance *cf.* homing 2).

homing guidance system *cf.* homing head.

homing head autodirecteur *s (terme le plus récent, utilisé surtout par les spécialistes)* ; tête d'autopoursuite, tête d'autoguidage, tête de guidage *(termes classiques, donc utilisables partout)* ; tête chercheuse *(terme initial, devenu « grand public »; reste parfaitement valable)* ; tête *(s'emploie fréquemment en cours de texte avec le qualificatif approprié : tête radar, tête laser, tête infrarouge, tête télévision (ou tête TV), tête sonar) (dispositif monté à l'avant d'un projectile militaire pour le diriger automatiquement vers la cible à atteindre grâce à l'exploitation d'un rayonnement électromagnétique ou acoustique émis ou réfléchi par la cible) (comprend essentiellement un détecteur monté à la cardan et maintenu orienté vers la cible par un servomécanisme agissant sur l'orientation du détecteur pour annuler l'écart de direction éventuel de celui-ci et sur les organes de pilotage du projectile pour aligner le vecteur vitesse de ce dernier sur l'axe du détecteur) (selon le modèle d'autodirecteur, le détecteur peut être orienté, manuellement ou automatiquement, dans la direction de la cible avant le départ du projectile, ou effectuer une recherche par balayage angulaire après le départ et se caler sur la première cible convenable détectée) (le rayonnement électromagnétique exploité peut être du domaine des ondes radioélectriques (autodirecteur radar) ou du domaine optique (autodirecteur télévision, laser ou infrarouge) (le rayonnement acoustique exploité peut être du domaine des ondes sonores (autodirecteur sonar passif) ou ultrasonores (autodirecteur sonar actif) (mil) (cf. aussi* homing 2), guidance loop (b), passive seeker, semi-active seeker, active seeker, radar seeker, laser seeker, infrared seeker, television seeker, acoustic seeker, dual-mode seeker, homing weapon *et* servomechanism).

homing illuminator autodirecteur actif *(missile) (mil) (cf. aussi* active seeker *et* homing head).

homing infrared sensor *cf.* infrared seeker.

homing missile missile autoguidé *(missile équipé d'un auto-directeur) (clpf) (mil) (cf. aussi* homing head *et* guided missile).

homing on jammer autopoursuite sur brouilleur *(mode de fonctionnement d'un autodirecteur de missile en présence de signaux de brouillage émis par un brouilleur à bruit dans lequel l'autodirecteur décroche de la cible poursuivie et se cale dans la direction de la source des signaux de brouillage pour piloter l'engin vers celle-ci en abandonnant sa cible initiale) (mil) (cf. aussi* homing head *et* noise jammer).

homing passive guidance autopoursuite passive *(avia. et mar. mil) (cf. aussi* passive homing).

homing position *cf.* home position.

homing procedure méthode de radioralliement *(radionav) (avia) (cf. aussi* homing¹ 1)).

homing radar radar d'autopoursuite *(radar d'autodirecteur) (avia. mil) (cf. aussi* homing head *et* radar seeker).

homing range 1) distance maximale de radioralliement, portée *(balise radio) (avia) (cf. aussi* homing¹ 1)). **2)** distance maximale d'autopoursuite, portée *(autodirecteur) (cf. aussi* homing head).

homing seeker *cf.* homing head.

homing semi-active guidance autopoursuite semi-active *(avia. mil) (cf. aussi* semi-active homing).

homing sensor *cf.* homing head.

homing station station de radioralliement *(station constituée par une balise radio, généralement directionnelle) (radionav) (avia) (cf. aussi* homing¹ 1) *et* radio range).

homing system système d'autopoursuite, système d'auto-

guidage *(système constitué par un autodirecteur, simple ou combiné, ou formé d'un autodirecteur et d'un illuminateur) (mil) (cf. aussi* homing head, dual-mode homing system, illuminator *et* system).

homing torpedo torpille autoguidée, torpille à autodirecteur acoustique *(ou* sonar), torpille à tête chercheuse *(ou* à tête acoustique *ou* sonar) *(torpille équipée d'un autodirecteur acoustique) (mar. mil) (cf. aussi* acoustic seeker).

homing weapon engin autoguidé, projectile autoguidé *(projectile militaire équipé d'un autodirecteur) (termes génériques couvrant, en 1990, le missile autoguidé et la torpille autoguidée, ainsi que la bombe et l'obus guidés par laser) (cf. aussi* homing missile, homing torpedo, laser-guided bomb, laser-guided projectile, homing head *et* guided weapon).

homodyne oscillator oscillateur de régénération de porteuse *(oscillateur produisant la tension à haute fréquence remplaçant la porteuse supprimée, dans un détecteur synchrone) (récepteur BLU, BLI ou BLA) (cf. aussi* synchronous detector).

homodyne reception réception avec détection synchrone *(réception d'une onde modulée en amplitude à porteuse supprimée) (radiocom, TV) (cf. aussi* suppressed-carrier transmission *et* synchronous detection).

homojunction homojonction *(jonction PN réalisée dans un même monocristal de semiconducteur par formation d'une zone du type P et d'une zone contiguë du type N obtenues par dopage) (clpf) (cf. aussi* p-n junction *(au début de la lettre P) et* doping).

homopolar generator génératrice homopolaire, machine homopolaire *(le second terme est le plus employé, mais le premier est nettement meilleur, une machine homopolaire pouvant également fonctionner en moteur) (génératrice de courant continu dans laquelle l'inducteur a un seul pôle entourant l'induit sur toute sa périphérie, celui-ci étant un disque de cuivre et le courant étant recueilli par des balais frottant sur la jante du disque et sur l'arbre) (est dérivée de la roue de Barlow utilisée en génératrice et caractérisée par la production d'un courant continu pur, contrairement à la dynamo, ainsi que par la grande intensité possible de ce courant permise par la constitution massive de l'induit, et la faible force électromotrice produite et due au fait que l'induit est équivalent à une seule spire d'un induit bobiné) (élt) (cf. aussi* Faraday disk *et* dc generator).

homopolar machine machine homopolaire *(cf. aussi* homopolar generator).

honeycomb coil bobinage en nid d'abeilles *(bobinage haute fréquence dans lequel les spires successives sont croisées pour réduire la capacité répartie) (cf. aussi* RF coil *et* distributed capacitance).

hood visière *(oscillo, etc.) (cf. aussi* viewing hood).

hook *s* saut de capacité *(variation brusque de la capacité du substrat d'un circuit imprimé à certaines fréquences, généralement élevées) (cf. aussi* capacitance *et* printed-circuit substrate).

hook-free laminate stratifié sans saut de capacité *(stratifié pour substrat de circuits imprimés haute fréquence) (cf. aussi* hook *et* printed-circuit laminate).

hook into *v cf.* hook to.

hook to *v* raccorder à *(appareil, etc.).*

hook transistor thyristor *(semi) (cf. aussi* silicon controlled rectifier).

hook up¹ *v* **1)** raccorder (à), *(parf.)* être raccordé (à). **2)** brancher (sur), *(parf.)* être branché (sur). **3)** connecter (à), *(parf.)* être connecté (à). **4)** faire un montage volant, faire un montage d'essai *(cf. aussi* breadboard setup).

hook-up² *s* **1)** raccordement. **2)** branchement. **3)** connexion. **4)** montage volant, montage d'essai *(cf. aussi* breadboard setup).

hook-up wire fil de câblage *(fil de cuivre étamé et isolé, massif ou divisé, utilisé pour établir les connexions entre les composants d'un montage ou d'un appareil) (cf. aussi* wire¹).

hop 1) bond *(trajet d'une onde radioélectrique d'un point de la surface de la Terre à un autre avec réflexion intermédiaire sur l'ionosphère) (propa) (cf. aussi* single-hop propagation, multihop propagation *et* ionospheric propagation). **2)** *cf.* frequency hop.

hop band   *cf.* frequency-hopping band.

hop-off *s* discontinuité de variation *(discontinuité de la varia-tion de la résistance aux bornes d'un potentiomètre lors de la rotation de l'axe de commande) (cf. aussi* potentiometer).

hop propagation propagation par bonds *(autre nom de la propagation ionosphérique employé parfois lorsque celle-ci se fait en plusieurs bonds) (onde radio) (cf. aussi* ionospheric propagation).

hopped frequency   *cf.* hopping frequency.

hopped-frequency ...   *cf.* frequency-hopping ...

hopper *(fam) cf.* frequency-hopping transmitter.

hopping   *cf.* frequency hopping.

hopping ...   *cf.* frequency-hopping ... *(pour les termes qui ne figurent pas ci-après).*

hopping frequency fréquence à sauts de valeur, fréquence à variations brusques *(mil) (cf. aussi* frequency hopping).

horizon scanner   *cf.* horizon sensor.

horizon sensor détecteur d'horizon *(détecteur infrarouge monté à bord d'un engin autoguidé ou d'un satellite pour déterminer la position angulaire de la ligne d'horizon dans le plan vertical grâce à la différence de rayonnement infrarouge entre la Terre et le ciel, aux fins du pilotage) (cf. aussi* infrared detector).

horizontal amplifier amplificateur horizontal *(ou de dévia-tion horizontale ou de l'axe x) (amplificateur de tension amplifiant le signal de balayage dans un oscilloscope avant son application aux plaques de déviation horizontale) (cf. aussi* voltage amplifier, sweep signal, horizontal deflection plate *et* oscilloscope).

horizontal amplifier bandwidth bande passante de l'amplifi-cateur horizontal, *(etc.) (cf. aussi* horizontal amplifier *et* bandwidth 2)).

horizontal amplifier input entrée de l'amplificateur horizon-tal, *(etc.) (bornes ou signal d'entrée d'un amplificateur hori-zontal) (cf. aussi* horizontal amplifier).

horizontal amplifier output sortie de l'amplificateur horizon-tal, *(etc.) (bornes ou signal de sortie d'un amplificateur horizontal) (cf. aussi* horizontal amplifier).

horizontal and vertical synchronization synchronisation des lignes et des trames *(image TV) (cf. aussi* horizontal synchro-nization *et* vertical synchronization).

horizontal axis axe horizontal *(oscillo, etc.) (cf. aussi* X axis 1)).

horizontal bandwidth   *cf.* horizontal amplifier bandwidth.

horizontal blanking suppression de ligne *(suppression du faisceau dans un tube-image ou un tube analyseur de télé-vision après la fin d'une ligne, pendant son passage à la ligne suivante, c.-à-d. pendant son retour à gauche de l'écran ou de la mosaïque, respectivement) (cf. aussi* blanking, picture tube *et* camera tube).

horizontal blanking interval intervalle de suppression de ligne, intervalle de retour de ligne *(partie d'un signal de télévision occupée par une impulsion de suppression de ligne ou intervalle de temps correspondant) (cf. aussi* horizontal blanking pulse).

horizontal blanking period période de suppression de ligne, période de retour de ligne *(autre façon d'exprimer la seconde acception de l'intervalle de suppression de ligne) (cf. aussi* horizontal blanking interval *et* period).

horizontal blanking pulse impulsion de suppression de ligne, palier de suppression (de ligne) *(impulsion large et de faible amplitude comprise entre le signal de luminance d'une ligne et celui de la ligne suivante dans un signal de télévision et produisant la suppression du faisceau) (est divisée en deux parties inégales par l'impulsion de synchronisation de ligne qu'elle porte) (cf. aussi* horizontal blanking, front porch *et* back porch).

horizontal blanking signal *(cf. aussi* horizontal blanking pulse) signal de suppression de ligne(s) (a) *ensemble des impulsions de suppression de ligne dans un signal de télé-vision) ;* (b) *nom souvent donné à une impulsion de suppres-sion de ligne).*

horizontal centering cadrage horizontal *(cadrage dans la direction horizontale) (tube cath) (cf. aussi* centering).

horizontal centering control commande de cadrage horizon-tal, *(etc.) (cf. aussi* centering control *et* horizontal centering).

horizontal channel **1)** canal horizontal *(canal d'un transistor MOS classique) (semi) (cf. aussi* channel[1] 1) (a) *et* MOS transistor). **2)** *cf.* horizontal deflection system.

horizontal circuitry   *cf.* horizontal circuits *(cf. aussi* circuitry).

horizontal circuits *(cf. aussi* horizontal sweep 1)) circuits de balayage lignes (a) *générateur de synchronisation horizontale et circuits associés dans une caméra ou un émetteur de télé-vision ou une caméra vidéo) ;* (b) *base de temps lignes et circuits associés dans un récepteur de télévision ou un appareil analogue).*

horizontal component composante horizontale (a) *champ électrique d'une onde à polarisation horizontale) (cf. aussi* horizontal polarization) ; (b) *champ magnétique d'une onde à polarisation verticale) (cf. aussi* vertical polarization).

horizontal convergence convergence latérale *(convergence des faisceaux d'électrons dans le plan horizontal dans un tube à marque perforé) (récepteur TVC, etc.) (cf. aussi* conver-gence, horizontal static convergence *et* horizontal dynamic convergence).

horizontal convergence control commande de convergence dynamique latérale *(ou* latérale dynamique) *(récepteur TV, etc.) (cf. aussi* convergence control *et* horizontal dynamic convergence).

horizontal coverage diagram diagramme de couverture hori-zontale *(diagramme de couverture tracé dans le plan horizon-tal) (clpf) (radar, etc.) (cf. aussi* coverage diagram).

horizontal definition définition horizontale *(nombre de points discernables par unité de longueur d'une image dans la direc-tion horizontale et notamment le long d'une ligne de balayage d'un écran cathodique) (image TV, etc.) (cf. aussi* vertical definition).

horizontal deflection déviation horizontale *(déplacement du, d'un ou des faisceaux d'un tube cathodique dans le plan horizontal) (cf. aussi* horizontal deflection plate, horizontal deflection coil, deflection *et* cathode-ray tube).

horizontal deflection amplifier   *cf.* horizontal amplifier.

horizontal deflection circuits   *cf.* horizontal deflection system.

horizontal deflection coil bobine de déviation horizontale, bobine de déviation (des) lignes, bobine lignes *(bobine de déviation agissant sur le, un ou les faisceaux d'électrons dans le plan horizontal dans un tube cathodique) (est utilisée par deux sur le bloc de déviation d'un tube cathodique à déviation magnétique, l'une à droite et l'autre à gauche par rapport à l'axe du tube) (tube-image TV, etc.) (cf. aussi* deflection coil).

horizontal deflection electrode   *cf.* horizontal deflection plate.

horizontal deflection input   *cf.* horizontal input.

horizontal deflection oscillator   *cf.* horizontal sweep oscilla-tor.

horizontal deflection plate plaque de déviation horizontale, électrode *(idem) (électrode agissant sur le, un ou les faisceaux d'électrons dans le plan horizontal dans un tube cathodique) (est utilisée par deux, l'une à droite et l'autre à gauche par rapport à l'axe du tube) (le terme abrégé « plaque horizon-tale » n'est normalement pas employé, ces plaques étant verti-cales) (oscillo, etc.) (cf. aussi* deflection plate).

horizontal deflection sensivity sensibilité de la déviation hori-zontale, sensibilité suivant l'axe x *(longueur de la trace formée sur l'écran d'un oscilloscope fonctionnant en mode de balayage xy par unité d'amplitude du signal appliqué à l'axe x) (s'exprime en cm/volt) (cf. aussi* X-Y display, deflec-tion sensitivity *et* vertical deflection sensitivity).

horizontal deflection system système de déviation horizon-tale, circuits *(idem)*, partie horizontale, voie horizontale *(ensemble des circuits et organes assurant la déviation hori-zontale dans un oscilloscope) (comprend essentiellement les plaques de déviation horizontale reliées à la base de temps par un amplificateur de déviation horizontale, ou à un connecteur par l'intermédiaire de cet amplificateur ou d'un atténuateur pour permettre la présentation xy) (cf. aussi* horizontal deflec-tion, horizontal deflection plate, horizontal amplifier, atte-nuator *et* X-Y display).

horizontal display mode mode de présentation horizontale, mode de visualisation horizontale *(mode de fonctionnement d'un oscilloscope à deux voies visualisant une seule courbe ou deux courbes indépendantes) (cf. aussi* dual-channel oscillo-scope).

horizontal drive **1)** signal de balayage *(signal appliqué à l'entrée de l'axe x d'un traceur de courbes ou, parfois, à l'entrée horizontale d'un oscilloscope)* (cf. aussi (X-Y recorder *et* horizontal input 1)). **2)** cf. horizontal sweep signal).

horizontal-drive control commande d'amplitude horizontale, *(parf.)* potentiomètre *(idem)* *(fente tournevis du potentiomètre ajustable permettant de régler la longueur des lignes de balayage sur l'écran d'un récepteur de télévision ou appareil similaire ou, par extension, ce potentiomètre lui-même)* (cf. aussi trimmer potentiometer).

horizontal dynamic convergence convergence dynamique latérale, convergence latérale dynamique *(convergence dynamique dans le plan horizontal, c.-à-d. convergence latérale en dehors du centre de l'écran)* *(c'est naturellement aux extrémités des lignes de balayage que la convergence latérale est la plus difficile à obtenir) (tube à masque perforé) (récepteur TVC, etc.)* (cf. aussi dynamic convergence *et* horizontal convergence).

horizontal flyback **1)** retour de ligne, retour de balayage horizontal *(retour du faisceau d'analyse à gauche de la mosaïque ou de la cible à la fin d'une ligne, pour analyser la ligne suivante, dans un tube analyseur)* (cf. aussi picture tube *et* vertical flyback). **2)** cf. horizontal retrace. *(et noter que « flyback » peut s'employer pour un tube analyseur comme pour un tube-image, tandis que « retrace » ne le peut pas car le faisceau ne trace rien dans un tube analyseur).*

horizontal frequency cf. horizontal sweep frequency.

horizontal guidance guidage dans le plan horizontal, guidage horizontal *(guidage d'un mobile dans le plan horizontal, notamment d'un avion effectuant un atterrissage aux instruments) (radionar)* (cf. aussi instrument landing).

horizontal hold stabilité horizontale (de l'image) *(récepteur TV)* (cf. aussi horizontal hold control).

horizontal hold control commande de fréquence lignes *(ou de fréquence des lignes ou de fréquence horizontale ou de synchronisation horizontale ou lignes ou des lignes)*, potentiomètre de fréquence lignes *(idem)*, commande de synchronisation lignes *(ou de synchronisation horizontale)*, *(souvent)* potentiomètre de fréquence lignes) *(idem)* *(potentiomètre ajustable servant à régler la fréquence de la base de temps lignes dans un récepteur de télévision ou un appareil analogue pour l'amener le plus près possible de la fréquence de récurrence des impulsions de synchronisation des lignes pour qu'elle puisse se synchroniser sur celles-ci afin d'obtenir une image stable dans la direction horizontale)* (cf. aussi horizontal sweep oscillator, horizontal synchronization pulse *et* hold control).

horizontal input **1)** entrée horizontale, entrée de la partie horizontale, entrée du système de déviation horizontale, entrée de la déviation horizontale, entrée de l'axe x *(borne d'un oscilloscope à laquelle est appliqué le signal de déclenchement extérieur lorsque l'appareil est utilisé en mode de synchronisation extérieure)* (cf. aussi external synchronization *et* vertical input). **2)** cf. horizontal input signal.

horizontal input signal signal de déviation horizontale *(signal appliqué à l'entrée horizontale d'un oscilloscope)* (cf. aussi horizontal input 1)).

horizontal instability instabilité horizontale, manque de stabilité horizontale *(image TV)* (cf. aussi horizontal hold *et* vertical instability).

horizontal interval cf. horizontal blanking interval.

horizontal keystone distortion cf. horizontal trapezoidal distortion.

horizontal line frequency cf. line frequency 1).

horizontal linearity linéarité horizontale *(respect plus ou moins parfait des proportions de la scène originale dans la direction horizontale sur une image de télévision)* (cf. aussi vertical linearity).

horizontal-linearity control commande de linéarité horizontale, *(parf.)* potentiomètre *(idem)* *(commande de linéarité agissant sur la linéarité horizontale) (récepteur TV, etc.)* (cf. aussi linearity control *et* horizontal linearity).

horizontal oscillator cf. horizontal sweep oscillator.

horizontal output cf. horizontal amplifier output.

horizontal output stage étage de sortie lignes, étage de sortie de la base de temps lignes *(ou* horizontale), amplificateur *(idem)* *(amplificateur de puissance fournissant le courant en dents de scie circulant dans l'enroulement primaire du transformateur de sortie lignes dans un récepteur de télévision ou un appareil analogue)* (cf. aussi horizontal output transformer, horizontal sweep oscillator *et* power amplifier).

horizontal output transformer transformateur de sortie lignes, transformateur de la base de temps lignes *(ou horizontale) (transformateur reliant l'étage de sortie lignes aux bobines de déviation horizontale dans un récepteur de télévision en réalisant l'adaptation d'impédance nécessaire) (fournit le courant d'excitation en dents de scie des bobines, ainsi que la très haute tension et la haute tension récupérée)* (cf. aussi horizontal output stage, horizontal deflection coil *et* impedance matching).

horizontal parity cf. longitudinal parity.

horizontal pattern cf. horizontal radiation pattern.

horizontal périod cf. horizontal blanking period.

horizontal plug-in tiroir de déviation horizontale *(tiroir d'oscilloscope contenant une base de temps)* (cf. aussi oscilloscope plug-in *et* time base (c)).

horizontal polarization polarisation horizontale, polarisation rectiligne horizontale *(polarisation rectiligne d'une onde électromagnétique dans laquelle le vecteur champ électrique de l'onde est situé dans le plan horizontal)* (cf. aussi linear polarization *et* horizontally-polarized antenna).

horizontal pulse impulsion horizontale (cf. aussi horizontal synchronization pulse *et* horizontal blanking pulse).

horizontal radiation pattern diagramme de rayonnement dans le plan horizontal, diagramme de rayonnement horizontal, diagramme dans le plan horizontal, diagramme horizontal *(antenne)* (cf. aussi radiation pattern).

horizontal recording (l')enregistrement horizontal *(enr. mag)* (cf. aussi longitudinal recording).

horizontal resolution cf. horizontal definition.

horizontal retrace retour de ligne, retour de balayage horizontal *(retour du faisceau à gauche de l'écran après la fin d'une ligne, pour tracer la ligne suivante, dans un tube-image de télévision ou analogue) (récepteur TV, terminal à écran, etc.)* (cf. aussi blanking, horizontal flyback *et* vertical retrace).

horizontal scale échelle horizontale *(échelle de mesure ou autre disposée horizontalement, ses divisions étant verticales) (app. mesure, graticule, etc.)* (cf. aussi meter scale *et* graticule).

horizontal scan (un) balayage horizontal (a) *antenne à balayage)* (cf. aussi scanning antenna); (b) cf. aussi horizontal sweep).

horizontal scanning (le) balayage horizontal (cf. aussi horizontal scan).

horizontal shift control cf. horizontal centering control.

horizontal situation indicator indicateur d'écart vertical, (indicateur) HSI *(aiguille horizontale d'un indicateur de navigation CDI-HSI d'avion indiquant l'écart, dans le plan vertical, entre la trajectoire de l'avion et le plan de descente lors d'un atterrisage ILS)* (cf. aussi ILS *et* course deviation indicator).

horizontal static convergence convergence statique latérale, convergence latérale statique *(convergence statique dans le plan horizontal, c.-à-d. convergence latérale au centre de l'écran) (tube à masque perforé)* (cf. aussi static convergence *et* horizontal convergence).

horizontal sweep **1)** balayage horizontal, balayage lignes *(tracé des lignes horizontales sur l'écran d'un tube-image de télévision ou similaire par le ou les faisceaux d'électrons)* (cf. aussi picture tube *et* vertical sweep). **2)** balayage *(seulement) (oscillo)* (cf. aussi oscilloscope sweep).

horizontal sweep amplifier amplificateur de sortie lignes *(récepteur TV)* (cf. aussi horizontal output stage).

horizontal sweep cycle **1)** cycle de ligne, cycle de balayage lignes *(au pluriel)*, cycle de balayage horizontal, cycle lignes, cycle horizontal *(déplacement du ou des faisceaux d'électrons de gauche à droite de l'écran dans un tube-image de télévision ou analogue pour tracer une ligne horizontale sur l'écran et retour à gauche de celui-ci) (le premier déplacement est produit par la pente montante d'une dent de scie du signal de* balayage lignes, et le second, beaucoup plus rapide, par la pente descendante) (cf. aussi vertical sweep cycle). 2) cf. sweep cycle (a).

horizontal sweep frequency fréquence de balayage lignes (ou des lignes), fréquence du balayage lignes (idem), fréquence du balayage horizontal, fréquence lignes (nombre de cycles de balayage lignes par seconde) (cf. aussi horizontal sweep 1)).

horizontal sweep generator 1) générateur de balayage lignes (ou des lignes ou de balayage horizontal), générateur lignes, générateur horizontal (nom donné au générateur de base de temps fournissant le signal de balayage lignes utilisé dans un tube analyseur) (caméra TV) (cf. aussi time base (c), horizontal sweep signal et camera tube). 2) cf. horizontal sweep oscillator.

horizontal sweep oscillator base de temps lignes ou des lignes ou horizontale), base lignes, générateur de balayage horizontal (ou lignes), relaxateur lignes (ou horizontal) (noms donnés au générateur de base de temps produisant le signal de balayage lignes dans un récepteur de télévision ou appareil analogue) (cf. aussi time base (c), horizontal sweep signal et, à titre d'information, horizontal sweep generator 1)).

horizontal sweep period période de balayage lignes, (etc.) (durée d'un cycle de balayage lignes) (TV, etc.) (cf. aussi horizontal sweep cycle et period).

horizontal sweep signal signal de balayage lignes (ou de balayage des lignes ou de balayage horizontal), signal des lignes, signal horizontal (signal en dents de scie produit par un générateur de balayage lignes ou une base de temps lignes pour produire le balayage lignes dans un tube analyseur ou un tube-image, respectivement) (voir aussi vertical sweep signal et adapter le reste) (TV) (cf. aussi horizontal sweep generator 1) et horizontal sweep oscillator).

horizontal sweep time 1) temps de balayage lignes, (etc.), durée du balayage lignes (etc.) (durée de la partie active d'un cycle de balayage lignes) (cf. aussi horizontal sweep cycle). 2) cf. sweep time 1).

horizontal sweep transformer cf. horizontal output transformer.

horizontal sync cf. horizontal synchronization (de même pour les termes dérivés).

horizontal synchronization synchronisation des lignes (ou du balayage lignes), synchronisation lignes, synchronisation du balayage horizontal, synchronisation horizontale (synchronisation entre le début du traçage d'une ligne sur un écran de télévision et le début de l'analyse de la même ligne de l'image dans la caméra) (cf. aussi horizontal synchronization pulse et synchronization).

horizontal synchronization pulse impulsion de synchronisation de ligne (ou horizontale), impulsion de ligne, impulsion ligne, impulsion horizontale, top (idem) (le dernier terme, sous ses différentes formes, est courant mais à éviter) (impulsion appliquée simultanément, au début de chaque ligne de balayage d'une image de télévision, au générateur de balayage lignes de la caméra et, par l'intermédiaire du signal émis, à la base de temps lignes des récepteurs accordés sur l'émission, pour synchroniser le balayage lignes de leur écran sur celui de la cible de la caméra) (cf. aussi horizontal synchronization, horizontal sweep generator 1), horizontal sweep oscillator et horizontal blanking interval).

horizontal synchronization signal signal de synchronisation des lignes, (etc.) (signal formé par les impulsions de synchronisation de ligne d'un signal de télévision ou, parfois, constitué par une de ces impulsions) (cf. aussi horizontal synchronization pulse et synchronization signals).

horizontal synchronizing cf. horizontal synchronization (de même pour les termes dérivés) (cf. aussi synchronizing).

horizontal system cf. horizontal deflection system.

horizontal trapezoidal distortion distortion trapézoïdale horizontale (déformation de l'image formée sur l'écran par chacun des deux tubes-image extérieurs dans un système de télévision en couleurs sur grand écran à projection par l'arrière à trois tubes-image disposés dans le plan horizontal, due au fait que l'axe de ces deux tubes n'est pas perpendiculaire au plan de l'écran) (cf. aussi rear projection).

horizontally polarized aerial (GB) cf. horizontally polarized antenna.

horizontally polarized antenna antenne à polarisation horizontale, antenne polarisée horizontalement (antenne conçue pour émettre et, par conséquent, recevoir une onde à polarisation horizontale) (conducteur horizontal ou antenne équivalente) (cf. aussi antenna et horizontal polarization).

horizontally polarized wave onde à polarisation horizontale, onde polarisée horizontalement (onde électromagnetique) (cf. aussi horizontal polarization).

horn 1) pavillon (de haut-parleur) (cf. aussi horn loudspeaker). 2) cf. horn antenna.

horn aerial cf. horn antenna.

horn angle angle d'ouverture du cornet (antenne-cornet) (cf. aussi horn antenna).

horn antenna antenne-cornet, cornet (antenne hyperfréquence formée d'un tronçon de guide d'ondes évasé à une extrémité et raccordé à un guide d'ondes ordinaire à l'autre extrémité) (lorsque le guide d'ondes auquel il est raccordé a une section rectangulaire, le cornet a généralement la forme d'un tronc de pyramide) (lorsque le guide d'onde est à section circulaire, le cornet a la forme d'un tronc de cone) (cf. aussi sectoral horn, pyramidal horn antenna, waveguide et microwave antenna).

horn arrester parafoudre à cornes (parafoudre formé de deux tiges verticales parallèles à la base et incurvées vers l'extérieur au sommet (cf. aussi lightning arrester).

horn feed 1) cornet rayonnant (souce primaire d'antenne hyperfréquence constituée par un cornet) (cf. aussi horn antenna et primary radiator). 2) excitation par cornet rayonnant (antenne hyperfréquence) (voir aussi 1) ci-dessus).

horn loudspeaker haut-parleur à pavillon, haut-parleur à chambre de compression (haut-parleur à bobine mobile dans lequel la membrane, de petit diamètre, est couplée à l'air ambiant par un pavillon augmentant le rendement acoustique et la directivité) (l'espace compris entre la membrane et l'entrée du pavillon est appelé « chambre de compression ») (le pavillon réalise l'adaptation d'impédance acoustique entre la membrane, qui constitue une source sonore à haute impédance, et l'air ambiant, qui constitue un milieu à basse impédance) (la section droite du pavillon peut être circulaire, carrée ou rectangulaire et la loi de variation de son aire en fonction de la longueur comptée à partir de l'entrée est généralement exponentielle) (le pavillon peut être droit ou enroulé en spirale) (est surtout employé dans les installations de sonorisation) (cf. aussi moving-coil loudspeaker et acoustic impedance).

horn mouth 1) sortie du pavillon, bouche du pavillon (haut-parleur à pavillon) (cf. aussi horn loudspeaker). 2) sortie du cornet (antenne-cornet) (cf. aussi horn antenna).

horn radiator cf. horn feed 1).

horn-shaped antenna cf. horn antenna.

horn speaker cf. horn loudspeaker.

horn throat 1) entrée du pavillon, embouchure du pavillon (haut-parleur à pavillon) (cf. aussi horn loudspeaker). 2) entrée du cornet (antenne-cornet) (cf. aussi horn antenna).

horn-type moving-coil loudspeaker haut-parleur à bobine mobile à pavillon (autre nom du haut-parleur à pavillon employé par opposition à un haut-parleur à bobine mobile ordinaire) (cf. aussi horn loudspeaker).

horseshoe magnet aimant en fer à cheval (forme classique, souvent remplacée par la forme en U) (cf. aussi magnet).

host 1) cf. host computer. 2) hôte (nom donné au liquide d'un afficheur à cristaux liquides lorsqu'il contient un colorant dichroïque) (cf. aussi liquid-crystal display).

host central processing unit unité centrale de l'ordinateur central, (etc.) (inf) (cf. aussi host computer et central processing unit).

host computer ordinateur central, processeur central, calculateur central (ordinateur proprement dit dans un système informatique ou un réseau de téléinformatique comprenant des terminaux intelligents) (cf. aussi intelligent terminal, download et upload).

host CPU cf. host central processing unit.

host machine cf. host computer.

host minicomputer mini-ordinateur central *(mini-ordinateur utilisé comme ordinateur central) (inf) (cf. aussi* host computer *et* minicomputer*)*.

host processor *cf.* host computer.

hostile acoustic environment ambiance acoustique hostile, ambiance d'émissions acoustiques hostiles *(ambiance acoustique en milieu marin dans une zone d'opérations militaires navales créée par les émissions des sonars actifs et autodirecteurs acoustiques actifs de l'adversaire en direction de cibles amies) (cf. aussi* acoustic environment, active sonar *et* active acoustic seeker*)*.

hostile electromagnetic environment ambiance électromagnétique hostile, ambiance d'émissions (électromagnétiques) hostiles *(ambiance électromagnétique dans une zone d'opérations militaires aériennes créée par les émissions des radars, autodirecteurs radar actifs, brouilleurs et marqueurs laser de l'adversaire en direction de cibles amies) (cf. aussi* electromagnetic environment, radar, active radar seeker *et* laser designator*)*.

hostile environment ambiance d'émissions hostiles, ambiance hostile *(ambiance électromagnétique hostile ou, parfois, ambiance acoustique hostile) (mil) (cf. aussi* hostile electromagnetic environment *et* hostile acoustic environment*)*.

hostile jammer brouilleur hostile *(brouilleur de l'adversaire émettant en direction d'un émetteur ami) (mil) (cf. aussi* jammer*)*.

hostile laser laser hostile *(marqueur laser ou arme laser de l'adversaire pointé(e) en direction d'une cible amie) (mil) (cf. aussi* laser designator *et* laser weapon*)*.

hostile radar radar hostile *(radar ou autodirecteur radar actif de l'adversaire émettant en direction d'une cible amie) (mil) (cf. aussi* hostile electromagnetic environment*)*.

hostile radar environment ambiance radar hostile, ambiance d'émissions radar hostiles *(mil) (cf. aussi* hostile radar*)*.

hostile radar signals signaux de radars hostiles *(parf. d'un radar hostile) (mil) (cf. aussi* hostile radar*)*.

hostile signal signal hostile *(signal émis par un radar, un autodirecteur radar actif, un marqueur laser, un brouilleur, un sonar actif ou un autodirecteur acoustique actif de l'adversaire en direction d'une cible amie, ou signal de radioguidage d'un engin radioguidé attaquant une cible amie) (mil) (voir les termes importants, en anglais) (cf. aussi* signal[1]*)*.

hostile signal interception interception des signaux hostiles *(ce terme s'applique surtout aux signaux des radars de l'adversaire) (mil) (cf. aussi* signal interception *et* hostile signal*)*.

hostile signal transmission émission de signaux hostiles *(mil) (cf. aussi* hostile signal*)*.

hostile transmission émission hostile *(mil) (cf. aussi* hostile signal*)*.

hot 1) chaud, très chaud *(sens usuel)*. 2) sous tension *(conducteur)*.

hot carrier porteur chaud *(électron ou trou animé d'une grande vitesse et possédant, par conséquent, une grande énergie) (semi) (cf. aussi* Schottky diode*)*.

hot-carrier diode diode à porteurs chauds *(semi) (cf. aussi* Schottky diode*)*.

hot cathode cathode chaude, cathode à émission thermoélectronique *(cathode de tube électronique portée à l'incandescence en fonctionnement normal pour augmenter la densité d'émission d'électrons) (la cathode est chauffée, directement ou indirectement, par effet Joule) (cf. aussi* oxide-coated cathode, directly-heated cathode, indirectly-heated cathode, specific emission, cathode (b) *et* Joule effect*)*.

hot-cathode electron tube *cf.* hot-cathode tube.

hot-cathode gas diode diode à gaz à cathode chaude *(tube) (cf. aussi* gas diode*)*.

hot-cathode gas-filled ... *cf.* hot-cathode gas ...

hot-cathode gas triode triode à gaz à cathode chaude *(tube) (cf. aussi* thyratron*)*.

hot-cathode gas tube tube à gaz à cathode chaude *(phanotron, thyratron, etc.) (cf. aussi* gas tube, hot cathode, phanotron *et* thyratron*)*.

hot-cathode tube tube à cathode chaude, tube électronique *(idem) (cf. aussi* hot cathode, filament-type tube, heater-type tube *et* electron tube*)*.

hot electron électron chaud *(dans un solide, électron libre possédant une énergie supérieure à celle de l'équilibre thermique du réseau cristallin de celui-ci) (le terme « électron chaud » s'emploie surtout dans le domaine des semiconducteurs) (l'énergie d'un électron chaud dans un semiconducteur n'est pas comparable à celle d'un électron à haute énergie dans le vide) (cf. aussi* hot-electron generation, free electron *et* hot hole*)*.

hot-electron emission émission d'électrons chauds *(semi) (cf. aussi* hot-electron generation*)*.

hot-electron generation génération d'électrons chauds, *(etc.) (création d'électrons chauds dans une zone déterminée d'un cristal semiconducteur) (on parle de « génération » ou « création » d'électrons chauds lorsque l'on considère uniquement le processus qui leur donne naissance ; on parle d'« émission » lorsque l'on considère la zone dans laquelle ils prennent naissance ; on parle d'« injection » lorsque l'on considère la zone dans laquelle ils pénètrent après avoir pris naissance) (cf. aussi* hot electron*)*.

hot-electron injection injection d'électrons chauds *(semi) (cf. aussi* hot-electron generation*)*.

hot-electron trapping piégeage d'électrons chauds *(pénétration normalement non réversible d'électrons chauds dans la couche d'oxyde isolant la grille d'un transistor MOS à grille flottante) (mémoire EPROM) (CI) (cf. aussi* hot electron, MOS transistor *et* floating gate*)*.

hot hole trou chaud *(dans un semiconducteur, trou possédant une énergie supérieure à celle de l'équilibre thermique du réseau cristallin de celui-ci) (cf. aussi* hole 1) *et* hot electron*)*.

hot junction soudure chaude, jonction de mesure *(celle des deux soudures d'un thermocouple qui est exposée à la chaleur du corps dont on veut mesurer la température) (cf. aussi* measuring junction *et* thermocouple*)*.

hot line 1) ligne sous tension. 2) ligne directe *(ligne ou circuit téléphonique reliant directement deux postes)*.

hot-molded composition composition moulée à chaud *(élément résistant d'une résistance agglomérée, piste d'un potentiomètre à piste plastique, etc.) (cf. aussi* carbon-composition resistor*)*.

hot side côté alimentation *(borne d'alimentation d'un montage isolée de la masse)*.

hot spot point chaud *(zone ponctuelle ou non à température nettement supérieure à celle des zones voisines) (a) point à température anormalement élevée dans une jonction de semiconducteurs ou une résistance, notamment) ; (b) zone nettement plus chaude que le reste sur un objet et notamment un objet émettant des rayons infrarouges) (tuyère ou jet de moteur à réaction, etc.) (TV infrarouge, thermographie) (cf. aussi* infrared radiation*)*.

hot-spot blooming tache (due à un point chaud) *(tache sur un écran de télévision infrarouge) (mil, etc.) (cf. aussi* blooming 1) (b))*.

hot-spotting formation d'un point chaud *(ce terme s'applique surtout au cas d'une jonction de semiconducteurs) (cf. aussi* hot spot*)*.

hot standby attente sous tension, *(parf.)* en attente sous tension *(émetteur radar, etc.) (mil, etc.)*.

hot-wire ammeter ampèremètre à fil chaud *(ampèremètre pour courant alternatif ou continu) (cf. aussi* hot-wire instrument*)*.

hot-wire instrument appareil à fil chaud, appareil de mesure à fil chaud *(appareil thermique dans lequel l'allongement d'un fil métallique parcouru par le courant à mesurer fait déplacer une aiguille devant un cadran) (l'allongement du fil est dû à son échauffement par effet Joule) (cf. aussi* thermal instrument *et* Joule effect*)*.

hot-wire microphone microphone à fil chaud *(microphone dans lequel la valeur ohmique d'un fil résistant chauffé par le passage d'un courant varie sous l'effet des ondes sonores, ce qui produit une modulation du courant) (cf. aussi* microphone*)*.

hour meter compteur horaire *(compteur totalisant le nombre d'heures de fonctionnement d'un appareil ou d'une machine)*.

hours of service 1) heures de service *(sens usuels)*. 2) vacation *(opérateur) (cf. aussi* period of duty*)*.

house cable câble d'immeuble *(tél, élec)*.

house standard étalon local *(mesure) (cf. aussi* local standard).

house telephone téléphone intérieur *(poste téléphonique installé dans un immeuble) (clpf)*.

housed unit version en coffret *(d'un appareil, etc.) (alim, etc.) (cf. aussi* unit 3) *et* bare bones unit).

housed version *cf.* housed unit. *(ce terme étant le plus employé)*.

housekeeping (les) servitudes, *(parf.)* (les) fonctions auxiliaires, *(parf.)* (les) opérations annexes (a) *fourniture de tensions d'alimentation, de polarisation ou de référence, d'impulsions de cadencement ou autres signaux à un montage ou un appareil)* ; (b) *ensemble des opérations exécutées dans un ordinateur qui ne contribuent pas directement à la résolution du problème traité (fixation de la valeur des constantes, des variables et des limites, affectation des emplacements de mémoire, etc.) (inf)*.

house keeping chores *cf.* housekeeping.

housekeeping operations *cf.* housekeeping.

howl sifflement (d'accrochage) *(son aigu continu produit par un haut-parleur ou un écouteur lorsque l'appareil ou le système dont il fait partie est le siège d'un accrochage) (récepteur, amplificateur BF, système de sonorisation) (cf. aussi* singing).

howler (dispositif d') alarme sonore.

howling effet Larsen *(sonorisation) (cf. aussi* acoustic feedback).

HP ... *cf.* high-pass ...

HPF *cf.* high-pass filter.

HPI *cf.* high probability of intercept.

HSI *cf.* horizontal situation indicator.

HSL *(vient de « high-speed logic »)* logique HSL *(logique CMOS à grille au silicium aussi rapide que la logique LSTTL) (CI) (inf) (cf. aussi* CMOS logic, polysilicon gate *et* LSTTL).

HSL ... *cf.* HSL *et* TTL ... *et* adapter.

HSYNC *cf.* horizontal synchronization.

HT 1) *cf.* high tension. 2) = high temperature.

HTL *(vient de « high-threshold logic »)* logique HTL, logique à haut seuil *(autres noms de la logique HNIL) (circuits logiques) (inf) (cf. aussi* HNIL).

hub 1) moyeu porte-bobine *(dérouleur de bande magnétique) (inf) (cf. aussi* tape drive 1)). 2) plot *(plot de contact de tableau de connexion) (inf) (cf. aussi* plugboard).

HUD *cf.* head-up display.

HUD acquisition mode mode d'accrochage sur collimateur (de pilotage) *(mode de fonctionnement d'un radar multimode d'aéronef militaire dans lequel le radar explore le volume d'espace aérien couvert par le collimateur de pilotage et accroche la première cible qu'il détecte à une distance déterminée) (cf. aussi* head-up display).

hue teinte *(couleur autre que le noir, le blanc et le gris) (colorimétrie) (TVC, etc.) (cf. aussi* color saturation).

hue change changement de teinte, altération de la teinte *(image TVC) (cf. aussi* hue).

hue control commande de teinte (commande *ou* bouton *ou* potentiomètre *selon le contexte) (bouton du potentiomètre servant à obtenir des couleurs naturelles dans un récepteur de télévision NTSC ou, par extension, le potentiomètre lui-même) (agit sur la phase de la porteuse de chrominance régénérée par rapport à la salve couleur) (cf. aussi* NTSC system, chrominance carrier *et* color burst).

hull-mounted sonar *cf.* hull sonar.

hull sonar sonar de coque *(sonar de navire de surface dont le projecteur est encastré dans la coque de celui-ci, généralement dans un bulbe ménagé en bas de l'étrave) (cf. aussi* sonar).

hum 1) ronflement (a) *bruit parasite plus ou moins perceptible superposé aux sons émis par le haut-parleur d'un récepteur radio ou un amplificateur BF alimenté par le secteur et dû à l'ondulation résiduelle du courant redressé utilisé pour l'alimentation de l'appareil) (cf. aussi* ripple) ; (b) *bruit produit par les vibrations ou les déformations des tôles du circuit magnétique d'un transformateur) (cf. aussi* lamination). 2) ondulation résiduelle *(courant redressé) (cf. aussi* ripple).

hum balancer *cf.* hum-balancing potentiometer.

hum balancing équilibrage de la tension de ronflement, annulation du ronflement *(cf. aussi* hum-balancing potentiometer).

hum-balancing pot *cf.* hum-balancing potentiometer.

hum-balancing potentiometer potentiomètre anti-ronflement *(potentiomètre dont la résistance est connectée en parallèle sur le circuit de chauffage d'un appareil à tubes électroniques, le curseur étant relié à la masse pour annuler le ronflement par recherche du point d'équilibre) (ampli BF, etc.) (cf. aussi* potentiometer 1) *et* hum 1)).

hum bar bande horizontale sombre, bande de ronflement, ronflement *(bande parasite apparaissant sur l'écran d'un récepteur de télévision par suite d'un découplage insuffisant entre le circuit de chauffage du tube-image et le circuit d'attaque du wehnelt) (cf. aussi* decoupling *et* wehnelt).

hum bucking compensation de la tension de ronflement, annulation du ronflement *(cf. aussi* hum-bucking coil).

hum-bucking coil bobine anti-ronflement *(enroulement bobiné sur la bobine d'excitation d'un haut-parleur à excitation et connecté en série et en opposition avec la bobine mobile pour compenser l'effet de la tension de ronflement dans celle-ci) (cf. aussi* excited-field loudspeaker *et* hum voltage).

hum modulation modulation par la tension de bruit *(modulation du signal utile par la tension de bruit dans un montage ou un appareil) (ce terme s'applique surtout à un récepteur radioélectrique et à un amplificateur basse fréquence) (cf. aussi* hum voltage).

hum pick-up captation de l'ondulation du secteur *(captation indésirable des oscillations du courant du secteur due à un couplage électrique ou magnétique parasite) (produit une tension de ronflement dans le circuit perturbé) (cf. aussi* hum voltage 2) *et* power grid).

hum slug spire de silence *(nom donné à une spire de Frager emboîtée sur le noyau du circuit magnétique d'un haut-parleur à excitation, près de la bobine mobile, pour empêcher l'induction d'une tension de ronflement aux bornes de celle-ci, ou à l'extrémité du noyau d'un relais à courant alternatif située du côté de l'armature pour réduire les vibrations de celle-ci) (cf. aussi* shading ring, excited-field loudspeaker *et* hum voltage).

hum voltage tension de ronflement (a) *tension de bruit à la sortie d'un montage ou d'un appareil alimenté à partir du secteur due à l'ondulation résiduelle du courant redressé d'alimentation) (cf. aussi* noise 2 (a)) *et* ripple) ; (b) *tension de bruit aux bornes d'un circuit due à la captation de l'ondulation du secteur) (cf. aussi* noise 2) (a) *et* hum pick-up).

human-engineered ergonomique *(commandes, clavier, conception, etc.) (cf. aussi* human engineering).

human engineering (l')ergonomie *(qualité d'un matériel dont la conception vise à rendre son utilisation aussi facile, sûre et peu fatigante que possible) (ce résultat est obtenu notamment grâce à une disposition logique et une forme rationnelle des dispositifs de commande, à leur douceur de fonctionnement et à la clarté des indications des dispositifs de contrôle) (en électronique, cette notion s'applique notamment aux boutons, cadrans et voyants des appareils complexes tels que certains oscilloscopes et analyseurs de signaux, par exemple, et au clavier des appareils informatiques)*.

human-factor engineering *cf.* human engineering.

human-machine interaction *cf.* man-machine interaction.

human-oriented *cf.* human-engineered.

human-system interaction *cf.* man-machine interaction.

human speech processing *cf.* speech processing.

hunt *v (voir aussi* hunting) 1) osciller (autour de la position finale). 2) osciller (autour de la valeur moyenne), être le siège de pompage. 3) chercher (la ligne appelante *ou* un circuit libre). 4) explorer (le banc de broches).

hunt ... *cf.* hunting ...

hunter chercheur, sélecteur de recherche *(commutateur téléphonique rotatif dont les balais s'arrêtent automatiquement sur les broches correspondant à une ligne appelante ou à un circuit libre dans un central téléphonique à autocommutateur électromécanique à commutateurs rotatifs) cf. aussi* stepping relay).

hunter sonar sonar d'attaque *(mar. mil) (cf. aussi* sonar).

hunting 1) oscillation (autour de la position finale) *(oscilla-*

tion de l'aiguille d'un appareil de mesure analogique autour de sa position finale) (cf. aussi underdamping). **2)** pompage *(oscillation à grande amplitude de la grandeur réglée d'un régulateur autour du point de consigne lorsque le gain de l'amplificateur de la chaîne directe est trop grand) (cf. aussi* controlled variable, regulator, gain 1) *et* forward path). **3)** recherche *(d'une ligne appelante ou d'un circuit libre) (central tél) (cf. aussi* hunter). **4)** exploration *(passage successif des balais d'un commutateur téléphonique rotatif sur les broches des couronnes de broches de celui-ci pendant l'opération de recherche) (voir aussi 3) ci-dessus).*

hunting action *cf.* hunting 3).

hunting selector *cf.* hunter.

hunting sequence séquence de recherche *(ensemble des opérations de recherche exécutées successivement par des commutateurs téléphoniques pour établir une communication) (cf. aussi* hunting 3)).

HV *cf.* high voltage.

hybrid **1)** hybride *a.* **2)** *cf.* hybrid circuit. **3)** *cf.* hybrid junction. **4)** *cf.* hybrid coil.

hybrid a-d *(ou* **a/d** *ou* **A/D) converter** *cf.* hybrid analog-to-digital converter.

hybrid active filter filtre actif hybride *(filtre actif réalisé sous la forme d'un circuit hybride) (cf. aussi* active filter *et* hybrid circuit).

hybrid active RC filter filtre RC actif hybride *(filtre RC actif réalisé sous la forme d'un circuit hybride) (cf. aussi* active RC filter *et* hybrid circuit).

hybrid ADC *cf.* hybrid analog-to-digital converter.

hybrid amp *cf.* hybrid amplifier.

hybrid amplifier amplificateur hybride *(amplificateur réalisé sous la forme d'un circuit hybride) (cf. aussi* hybrid circuit).

hybrid analog circuit circuit analogique hybride *(circuit analogique réalisé sous la forme d'un circuit hybride) (cf. aussi* analog circuit *et* hybrid circuit).

hybrid analog-to-digital converter numériseur hybride, convertisseur analogique/numérique hybride *(numériseur réalisé sous la forme d'un circuit hybride) (cf. aussi* analog-to-digital converter *et* hybrid circuit).

hybrid board carte hybride *(carte à circuit imprimé portant des circuits intégrés analogiques et des circuits intégrés numériques) (cf. aussi* printed-circuit board, analog integrated circuit *et* digital integrated circuit).

hybrid capacitor *cf.* hybrid-circuit capacitor.

hybrid card *cf.* hybrid board.

hybrid circuit circuit hybride, circuit intégré hybride, microcircuit hybride, microcircuit *(circuit imprimé très évolué de petites dimensions monté dans un boîtier et comportant des composants intégrés au réseau de rubans conducteurs formés sur le substrat et des composants discrets rapportés sur le substrat ou sur les conducteurs, d'où le qualificatif « hybride ») (comprend essentiellement un substrat isolant, généralement en céramique ou en verre Pyrex, sur lequel sont montés des composants discrets, actifs ou passifs ou les deux, reliés ou soudés directement à un réseau de rubans conducteurs formé préalablement par dépôt successif de couches conductrices, isolantes et résistantes, ces couches pouvant servir à réaliser des résistances, des condensateurs, des inductances et même des diodes et des transistors intégrés dans le cas des circuits hybrides à couches minces) (les dimensions du substrat d'un circuit hybride sont environ 10 fois plus grandes que celles du substrat d'un circuit intégré monolithique et la surface, par conséquent, environ 100 fois) (le qualificatif « intégré » n'est ajouté que lorsqu'on veut rappeler qu'un circuit hybride appartient à la famille des circuits intégrés) (cf. aussi* thick-film hybrid circuit, thin-film hybrid circuit, simple hybrid circuit, complex hybrid circuit, hybrid-circuit component, integrated circuit *et* printed circuit).

hybrid-circuit capacitor **1)** condensateur de circuit hybride *(condensateur intégré) (cf. aussi* integrated hybrid capacitor). **2)** condensateur pour circuit hybride *(parf. de circuit hybride) (condensateur discret) (cf. aussi* chip capacitor).

hybrid-circuit coil *cf.* hybrid-circuit inductor.

hybrid-circuit company société fabriquant des circuits hybrides.

hybrid-circuit component **1)** composant de circuit hybride, *(parf.)* composant pour circuit hybride *(transistor, circuit intégré, condensateur, résistance, etc. conçu pour être monté sans boîtier sur le substrat d'un circuit hybride ou, dans le cas d'une puce de circuit intégré ou de transistor, parfois après montage dans un porte-puce) (cf. aussi* hybrid circuit, chip component *et* chip carrier). **2)** *cf.* integrated hybrid component.

hybrid circuit design (la) conception des circuits hybrides.

hybrid-circuit firm *cf.* hybrid-circuit company.

hybrid-circuit house *cf.* hybrid-circuit company.

hybrid-circuit inductor **1)** (bobine d') inductance de circuit hybride *(bobine d'inductance intégrée) (cf. aussi* integrated hybrid inductor). **2)** (bobine d')inductance pour circuits hybrides *(parf. de circuit hybride) (bobine d'inductance discrète) (cf. aussi* integrated hybrid inductor).

hybrid-circuit ink pâte pour circuits hybrides *(cf. aussi* ink 2) *et* hybrid circuit).

hybrid-circuit maker *cf.* hybrid-circuit manufacturer.

hybrid-circuit manufacturer fabriquant de circuits hybrides *(cf. aussi* hybrid circuit).

hybrid-circuit market (le) marché des circuits hybrides.

hybrid-circuit package boîtier de circuit hybride, *(parf.)* boîtier pour circuit hybride *(cf. aussi* hybrid circuit).

hybrid-circuit resistor **1)** résistance de circuit hybride *(résistance intégrée) (cf. aussi* integrated hybrid resistor). **2)** résistance pour circuits hybrides *(parf. de circuit hybride) (résistance discrète) (cf. aussi* chip resistor).

hybrid-circuit substrate substrat de circuit hybride *(plaquette d'alumine, d'oxyde de béryllium, de verre, etc. ou, parfois, tôle d'acier émaillée, sur laquelle est formé le réseau de conducteurs d'un circuit hybride) (cf. aussi* hybrid circuit).

hybrid-circuit technology (la) technique des circuits hybrides *(cf. aussi* hybrid circuit *et* technology).

hybrid-circuit transformer transformateur de circuit hybride *(parf.* pour circuits hybrides) *(transformateur subminiature extra-plat réalisé suivant la technique des circuits intégrés hybrides à couches épaisses et conçu pour être monté sur un tel circuit) (cf. aussi* thick-film hybrid circuit *et* transformer 1)).

hybrid circuitry circuits hybrides *(cf. aussi* hybrid circuit *et* circuitry).

hybrid coil **1)** transformateur différentiel (téléphonique), différentiel *sm (transformateur à point milieu au primaire permettant de passer d'un circuit à deux fils à un circuit à quatre fils dans un répéteur téléphonique à deux fils ou dans un central radiotéléphonique en évitant l'amorçage d'oscillations parasites produisant un sifflement qui rend la liaison inutilisable) (le différentiel a pour équivalent hyperfréquence la « jonction hybride ») (cf. aussi* differential transformer *et* hybrid junction). **2)** *cf.* hybrid-circuit inductor).

hybrid component **1)** *cf.* hybrid circuit component. **2)** composant hybride *(nom donné à un circuit hybride lorsqu'on le considère dans la classification des composants) (cf. aussi* hybrid circuit).

hybrid computation calcul hybride *(calcul faisant appel à des méthode du calcul analogique et à des méthodes du calcul numérique et, par conséquent, à un calculateur hybride) (simulation, etc.) (cf. aussi* hybrid computer).

hybrid computer calculateur hybride *(ensemble de calcul et simulation comprenant un calculateur analogique électronique et un calculateur numérique) (associe la rapidité du calculateur analogique à la précision du calculateur numérique et permet la résolution de problèmes inaccessibles aux deux types constitutifs pris séparément) (le calculateur analogique remplit tout ou partie des fonctions de calcul, tandis que le calculateur numérique remplit les fonctions de commande des opérations de calcul et d'interconnexion des opérateurs analogiques, les fonctions de mémorisation des résultats et autres informations et les fonctions de décision logique et exécute parfois certains calculs de haute précision, certaines générations de fonctions, etc.) (les informations traitées par le calculateur numérique sont des signaux numériques obtenus par numérisation de signaux analogiques prélevés dans le calculateur analogique) (est utilisé notamment pour la simulation de phénomènes et processus en technique aéronautique et* *spatiale*) (*cf. aussi* analog computer, computer 2), analog signal, digital signal *et* analog-to-digital conversion).

hybrid converter convertisseur hybride (*cf. aussi* hybrid data converter *et* hybrid dc/dc converter).

hybrid d-a (*ou* d/a *ou* D/A) **converter** *cf.* hybrid digital-to-analog converter.

hybrid DAC *cf.* hybrid d-a converter.

hybrid data converter convertisseur de signaux hybride, convertisseur hybride (*convertisseur de signaux réalisé sous la forme d'un circuit hybride*) (*cf. aussi* data converter *et* hybrid circuit).

hybrid dc/dc converter convertisseur continu/continu hybride (*convertisseur continu/continu réalisé sous la forme d'un circuit hybride*) (*cf. aussi* dc/dc converter *et* hybrid circuit).

hybrid digital-to-analog converter dénumériseur hybride, (*etc.*) (*dénumériseur réalisé sous la forme d'un circuit hybride*) (*cf. aussi* digital-to-analog converter *et* hybrid circuit).

hybrid electromagnetic wave onde électromagnétique hybride, onde HEM (*onde électromagnétique dans laquelle tant le champ électrique que le champ magnétique ont une composante orientée dans la direction de propagation*) (*guide d'ondes*) (*hyper*) (*cf. aussi* electromagnetic wave, electric field, magnetic field *et* waveguide).

hybrid electronic circuit *cf.* hybrid integrated circuit.

hybrid electronics (l')électronique hybride *sf* (*technique des circuits hybrides et, par extension, ces circuits eux-mêmes*) (*cf. aussi* hybrid integrated circuit).

hybrid firm *cf.* hybrid circuit company.

hybrid focal-plane array cible focale hybride, réseau focal hybride, cible à CCD infrarouge hybride (*cible focale formée de deux puces de circuit intégré accolées par leur face active et portant l'une, une matrice de détecteurs infrarouges et l'autre les circuits de conversion*) (*les détecteurs se trouvant entre les deux puces, ils sont illuminés par la face arrière du substrat de la puce de détection qui doit être transparent aux infrarouges*) (*caméra infrarouge*) (*mil, etc.*) (*cf. aussi* focal plane array).

hybrid FPA *cf.* hybrid focal-plane array.

hybrid house *cf.* hybrid circuit company.

hybrid IC *cf.* hybrid integrated circuit.

hybrid infrared CCD imager *cf.* hybrid focal-plane array.

hybrid integrated circuit circuit intégré hybride (*forme canonique du terme « circuit hybride »*) (*voir* hybrid circuit).

hybrid integrated device 1) *cf.* hybrid integrated circuit. 2) composant hyperfréquence hybride (*montage hyperfréquence réalisé sous la forme d'un circuit hybride*) (*mélangeur, détecteur, etc.*) (*cf. aussi* hybrid circuit).

hybrid integration (l')intégration hybride (*intégration de composants sous la forme d'un circuit intégré hybride*) (*cf. aussi* hybrid integrated circuit, hybridizaton *et* integration 2)).

hybrid isolation amplifier amplificateur d'isolement hybride (*amplificateur d'isolement réalisé sous la forme d'un circuit hybride*) (*cf. aussi* isolation amplifier *et* hybrid circuit).

hybrid junction jonction hybride (*tg*) (*dispositif à quatre accès dans lequel le signal appliqué à un accès se divise de façon égale entre les deux accès voisins sans atteindre le quatrième si les conditions d'adaptation d'impédance sont remplies pour les quatre accès*) (*les accès sont des paires de bornes dans le cas d'un transformateur différentiel téléphonique ou des tronçons de ligne de transmission hyperfréquence dans le cas d'une jonction hyperfréquence et sont alors appelés « bras »*) (*cf. aussi* hybrid coil, hybrid T, hybrid ring *et* impedance matching).

hybrid maker *cf.* hybrid circuit manufacturer.

hybrid manufacturer *cf.* hybrid circuit manufacturer.

hybrid microcircuit *cf.* hybrid integrated circuit.

hybrid microcircuit module *cf.* hybrid module.

hybrid microelectronic module *cf.* hybrid module.

hybrid microelectronics (la) microélectronique hybride (*microélectronique relative aux circuits hybrides ou constituée par de tels circuits*) (*cf. aussi* microelectronics *et* hybrid circuit).

hybrid module modube hybride, module réalisé en technique hybride (*circuit hybride généralement présenté sous la forme d'un petit bloc parallélipipédique*) (*cf. aussi* hybrid circuit *et* module 1)).

hybrid package *cf.* hybrid circuit package.

hybrid parameters paramètres hybrides, paramètres H (*paramètres d'un quadripôle dans lequel les grandeurs prises en compte sont les résistances d'entrée et de sortie, le gain en courant et le taux de contre-réaction interne, le quadripôle étant un montage amplificateur*) (*type de paramètres utilisé le plus souvent pour décrire le fonctionnement d'un transistor bipolaire par des équations matricielles à l'aide d'un schéma équivalent*) (*le qualificatif « hybride » rappelle que les paramètres employés n'ont pas tous la même dimension (au sens de l'analyse dimensionnelle), ce qui empêche d'utiliser une véritable représentation matricielle*) (*cf. aussi* transistor parameters, bipolar transistor *et* dimensional quantity).

hybrid process procédé hybride (*procédé de fabrication de circuits hybrides*) (*évaporation sous vide, pulvérisation cathodique, sérigraphie, etc.*) (*cf. aussi* hybrid circuit).

hybrid radar radar hybride (*radar pouvant être utilisé en mode monostatique et en mode bistatique*) (*mil*) (*cf. aussi* monostatic radar *et* bistatic radar).

hybrid repeater *cf.* hybrid coil 1).

hybrid resistor *cf.* hybrid-circuit resistor.

hybrid ring anneau hybride, té magique en anneau (*jonction hybride hyperfréquence dans laquelle les quatre bras sont disposés dans un même plan autour d'un anneau de même structure*) (*les bras et l'anneau peuvent être des guides d'ondes, des lignes coaxiales ou des lignes à rubans, principalement selon la puissance mise en jeu*) (*hyper*) (*cf. aussi* hybrid junction, magic T, waveguide, coaxial line *et* stripline).

hybrid set *cf.* hybrid coil 1).

hybrid staring FPA *cf.* hybrid FPA.

hybrid subsectioning subdivision des circuits hybrides (*répartition sur plusieurs substrats des circuits d'un circuit hybride complexe pour faciliter le contrôle et les réparations*) (*cf. aussi* complex hybrid circuit).

hybrid substrate *cf.* hybrid-circuit substrate.

hybrid T T hybride, jonction hybride en T, T magique en guide d'ondes (*jonction hybride en guide d'ondes formée d'un T parallèle et d'un T série, les deux T ayant leur barre commune et les quatre bras ayant leur impédance adaptée*) (*hyper*) (*cf. aussi* hybrid junction, parallel T junction, series T junction *et* magic T).

hybrid T junction *cf.* hybrid T.

hybrid technique *cf.* hybrid process.

hybrid technology *cf.* hybrid-circuit technology.

hybrid tee *cf.* hybrid T. (*de même pour les termes dérivés*)

hybrid transformer 1) *cf.* hybrid coil 1). 2) *cf.* hybrid-circuit transformer.

hybridization hybridation, réalisation (des circuits) sous forme de circuits hybrides (*ou* en technique hybride *ou* sous forme hybride) (*réalisation de circuits électroniques sous la forme de circuits hybrides*) (*ce terme s'emploie notamment lorsqu'il s'agit de circuits existant déjà sous la forme de circuits imprimés*) (*cf. aussi* hybrid circuit *et* hybrid integration).

hybridization technique méthode d'hybridation, procédé d'hybridation, procédé de fabrication en technique hybride (*cf. aussi* hybridization *et* hybrid process).

hybridize *v* hybrider, réaliser sous forme de circuit(s) hybride(s) (*ou* en technique hybride *ou* sous forme hybride) (*cf. aussi* hybridization).

hybridized circuit circuit hybridé, circuit réalisé ... (*voir aussi* hybridize).

hybrids (les) circuits hybrides (*cf. aussi* hybrid circuit).

hydraulic tuning accord hydraulique, accord par pression hydraulique (*accord d'un magnétron ou autre tube oscillateur hyperfréquence par déformation des cavités résonnantes par action d'un liquide sous pression*) (*cf. aussi* tuning *et* magnetron).

hydraulically tuned magnetron magnétron à accord hydraulique (*ou* accordé par pression hydraulique) (*radar*) (*cf. aussi* hydraulic tuning).

hydrogen-fluoride laser laser au fluorure d'hydrogène (*cf. aussi* laser).

hydrogen laser laser à hydrogène (*laser à gaz utilisant de l'hydrogène*) (*cf. aussi* gas laser).

hydrogen maser maser à hydrogène (*maser à gaz utilisant de l'hydrogène*) (*cf. aussi* gas maser).

hydrogen-oxygen fuel cell pile à combustible oxygène-hydrogène *(noter l'inversion d'une langue à l'autre) (pile à combustible dans laquelle le combustible est de l'hydrogène et le comburant de l'oxygène emmagasiné sous forme gazeuse) (pile à combustible la plus courante) (cf. aussi* fuel cell*).*

hydrogen thyratron thyratron à hydrogène *(thyratron pour courant à grande intensité sous tension élevée) (est utilisé dans certains modulateurs de radars) (cf. aussi* thyratron*).*

hydrophone hydrophone *(microphone conçu pour être utilisé dans l'eau) (est utilisé principalement dans les sonars passifs) (cf. aussi* microphone *et* passive sonar*).*

hydrophone array groupement d'hydrophones *(sonar passif) (mil, etc.) (cf. aussi* hydrophone, array *et* passive sonar*).*

hyperabrupt diode diode hyperabrupte *(diode à jonction PN utilisant une jonction hyperabrupte) (semi) (cf. aussi* p-n junction diode *et* hyperabrupt junction*).*

hyperabrupt junction jonction hyperabrupte *(jonction PN dans laquelle le gradient de concentration des impuretés est encore plus grand que dans une jonction abrupte) (semi) (cf. aussi* abrupt junction*).*

hyperabrupt varactor diode diode varicap hyperabrupte *(semi) (cf. aussi* varactor *et* hyperabrupt diode*).*

hyperbolic fix point hyperbolique *(point fait à l'aide d'un système de navigation hyperbolique) (cf. aussi* fix 1*) et* hyperbolic navigation system*).*

hyperbolic horn pavillon hyperbolique *(pavillon de haut-parleur à loi de variation hyperbolique) (est peu employé) (cf. aussi* horn loudspeaker*).*

hyperbolic line of position ligne de positon hyperbolique *(radionav) (cf. aussi* hyperbolic navigation system*).*

hyperbolic LOP *cf.* hyperbolic line of position.

hyperbolic navigation navigation hyperbolique *(navigation effectuée à l'aide d'un système de navigation hyperbolique) (cf. aussi* rho-rho navigation, rho-cubed navigation *et* hyperbolic navigation system*).*

hyperbolic navigation system système de navigation hyperbolique, système hyperbolique *(système de radionavigation dans lequel la position du mobile faisant le point à l'aide d'un récepteur approprié se trouve à l'intersection de deux hyperboles tracées sur la carte le long de chacune desquelles la différence de phase ou de temps de réception des signaux reçus en provenance de deux stations d'émission synchronisées est constante) (nécessite donc la réception des signaux d'un minimum de trois stations, l'une d'elles étant alors commune aux deux hyperboles) (mar, avia) (cf. aussi* Decca, Loran, Omega, hyberbolic navigation *et* phase difference*).*

hyperbolic system *cf.* hyperbolic navigation system.

hypercube hypercube *(dans le traitement en parallèle, ensemble d'organes de traitement représentés comme étant disposés aux sommets d'un cube ou autre polyèdre régulier à faces quadrilatères, les liaisons entre ces organes étant représentées par les arêtes du polyèdre) (inf) (cf. aussi* parallel processing*).*

hyperfrequency wave onde de 1 cm à 1 m *(noter que le qualificatif anglais « hyperfrequency » ne correspond pas exactement à son homologue français « hyperfréquence ») (cf. aussi* microwave*).*

hypersonics (l')hyperacoustique *sf,* (l')acoustique des hypersons, (l')acoustique hyperfréquence *(ou des ultrasons hyperfréquence) (partie de l'acoustique traitant des hypersons ou les utilisant) (cf. aussi* acoustics (a) *et* (b) *et* hypersound*).*

hypersound hyperson *(ultrason à fréquence supérieure à 1 GHz, cette fréquence étant fixée arbitrairement) (acou) (cf. aussi* ultrasound *et* gigahertz*).*

hypervisor hyperviseur *s (calque du terme anglais, celui-ci étant lui-même forgé à partir de « supervisor ») (programme d'ordinateur permettant la multiprogrammation avec des programmes utilisant des systèmes d'exploitation différents) (en d'autres termes, superviseur de multiprogrammation à possibilités fortement accrues, d'où son nom) (inf) (cf. aussi* multiprogramming executive *et* operating system*).*

hypsogram hypsogramme *(tél) (cf. aussi* level diagram, *le premier terme étant peu employé).*

hysteresigraph hystérésigraphe *(appareil traçant le cycle d'hystérésis d'un échantillon de corps magnétique) (cf. aussi* hysteresis loop*).*

hysteresis hystérésis *f (retard entre la variation de l'état d'un corps et la variation de la grandeur dont dépend cet état) (hystérésis magnétique, hystérésis diélectrique) (cf. aussi* magnetic hysteresis *et* dielectric hysteresis*).*

hysteresis curve *cf.* hysteresis loop.

hysteresis loop cycle d'hystérésis *(courbe fermée représentant la variation de l'aimantation d'un corps ferromagnétique en fonction de l'intensité du champ magnétisant) (cf. aussi* magnetic hysteresis, ferromagnetic material *et* magnetizing field*).*

hysteresis loss pertes par hystérésis (magnétique), pertes magnétiques *(pertes d'énergie dans un corps ferromagnétique placé dans un champ magnétique alternatif dues à l'hystérésis magnétique du corps) (pertes dans le circuit magnétique d'un transformateur ou autre machine électrique à courant alternatif) (cf. aussi* magnetic hysteresis, Steinmetz formula, ferromagnetic material *et* electrical machine*).*

hysteresis losses *cf.* hysteresis loss.

hysteresis motor moteur à hystérésis *(petit moteur monophasé utilisant l'hystérésis magnétique d'un rotor constitué d'un aimant permanent pour se synchroniser sur la fréquence du courant d'alimentation comme un moteur synchrone et démarrer seul comme un moteur asynchrone) (se résultat est obtenu grâce au choix d'un alliage magnétique à cycle d'hystérésis large pour l'aimant et à la réaction entre les pôles fictifs du rotor qui en résultent et le champ magnétique du stator) (est utilisé notamment comme moteur de tourne-disque et de cabestan) (élt) (cf. aussi* hysteresis loop, synchronous motor, induction motor *et* capstan*).*

Hz *cf.* hertz.

I **1)** *cf.* current 2). **2)** *cf.* I signal.

I² *(voir après I-V tube) (de même pour les termes commençant par I² ou I³).*

I channel **1)** bande du signal I, bande du signal en phase *(bande de fréquences occupée par le signal I dans le système NTSC) (cf. aussi* I signal *et* frequency band). **2)** voie du signal I, voie du signal en phase, voie I *(partie de la voie de chrominance occupée par le signal I dans le système NTSC) (cf. aussi* chrominance channel *et* I signal).

I channel input entrée de la voie I, *(etc). (cf. aussi* I channel 2)).

I channel output sortie de la voie I, *(etc.) (borne ou signal de sortie) (cf. aussi* I channel 2)).

I channel response réponse de la voie I, *(etc.)*, réponse au signal I *(ou à la composante en phase) (récepteur TVC NTSC) (cf. aussi* I channel 2)).

I core noyau droit, noyau magnétique droit *(noyau magnétique en forme de prisme droit ou de cylindre droit) (noyau magnétique de bobine d'inductance ou de bobine d'induction) (cf. aussi* magnetic core, inductor *et* induction coil).

I/D counter *cf.* increment/decrement counter.

I demodulator démodulateur de la voie I, démodulateur I, détecteur du signal I, détecteur I *(détecteur synchrone fournissant le signal I dans un récepteur de télévision en couleurs NTSC à partir de la sous-porteuse de chrominance amplifiée et du signal fourni par l'oscillateur de régénération de sous-porteuse) (cf. aussi* synchronous detector, I signal *et* chrominance subcarrier oscillator).

I display présentation du type I *(présentation des informations sur l'écran d'un radar dans laquelle l'écho a la forme d'un cercle lorsque l'antenne est pointée sur la cible, le rayon du cercle étant proportionnel à la distance de celle-ci) (lorsque l'antenne est pointée à côté de la cible, le cercle se réduit à un croissant d'autant plus court que l'erreur de pointage est plus grande et située à l'opposé de la cible par rapport au centre de l'écran) (radar à balayage conique) (cf. aussi* conical scanning).

I-MOS *cf.* IMOS. *(plus loin).*

I/MOS *cf.* IMOS. *(plus loin).*

I/O *cf.* input/output.

I/O bound *cf.* I/O limited.

I/O buffer tampon d'entrée/sortie *(autre nom d'une mémoire-tampon) (inf) (cf. aussi* buffer memory).

I/O bus *cf.* bus (a1).

I/O channel canal *(inf) (cf. aussi* channel¹ 1 (c)).

I/O circuit circuit d'accès, circuit d'entrée/sortie *(circuit intégré commandant l'accès d'un organe à un bus dans un ordinateur) (inf) (cf. aussi* bus (a1)).

I/O control commande des accès, commande des entrées/sorties *(inf).*

I/O control section *cf.* I/O controller.

I/O control system système de gestion des entrées/sorties *(inf).*

I/O control unit *cf.* I/O controller.

I/O controller unité d'échange, régisseur d'entrées/sorties, régisseur d'accès *(ne pas employer « contrôleur d'entrées/sorties ») (CI) (inf) (cf. aussi* controller 1) *et* input/output).

I/O device appareil d'entrée/sortie, périphérique d'entrée/sortie, organe d'entrée/sortie *(terminal à écran, imprimante à clavier) (inf) (cf. aussi* peripheral device 1)).

I/O intensive (qui) nécessite beaucoup d'opérations d'entrée/sortie *(traitement) (inf) (cf. aussi* input/output).

I/O interface interface (d'entrée/sortie) *(inf) (cf. aussi* interface¹).

I/O limited limitée par les entrées/sorties *(vitesse de traitement d'un ordinateur lorsque la vitesse d'introduction ou de sortie des informations par les appareils périphériques est inférieure à la vitesse de fonctionnement de l'unité centrale) (cas général) (inf) (cf. aussi* peripheral device 1) *et* central processing unit).

I/O pin broche d'accès, broche d'entrée/sortie *(sur un boîtier de circuit intégré numérique) (inf) (cf. aussi* digital integrated circuit).

I/O port *cf.* I/O circuit.

I/O processor *cf.* I/O controller.

I/O status line ligne d'état d'accès *(inf).*

I/O transaction opération d'entrée/sortie *(inf) (cf. aussi* input/output).

I/O typewriter machine à écrire d'entrée/sortie *(inf) (cf. aussi* KSR).

i-region *cf.* intrinsic region.

I region *cf.* intrinsic region.

I scan *cf.* I display.

I scope écran à présentation du type I *(radar) (cf. aussi* I display).

I signal *(vient de « in-phase signal »)* signal I, signal en phase *(signal de chrominance à large bande du procédé de télévision en couleurs NTSC) (transmet les couleurs à détails fins (orange à turquoise) par modulation de la composante en phase de la sous-porteuse de chrominance du signal émis) (cf. aussi* NTSC system, chrominance subcarrier *et* Q signal).

I signal ... *cf.* I ...

i-type ... *cf.* intrinsic ...

I-type ... *cf.* intrinsic ...

I-V characteristic *cf.* current-voltage characteristic.

I-V tube *cf.* intensifier vidicon.

I² *cf.* ion implantation.

I²L *(vient de « integrated injection logic »)* logique I²L, logique à injection *(logique bipolaire rapide à haute densité d'intégration et faible consommation dérivée de la logique DCTL et comprenant un transistor PNP latéral injectant un courant dans la base d'un transistor NPN multicollecteur vertical) (la même zone P servant à la fois de collecteur du transistor d'injection PNP et de base du transistor multicollecteur NPN, il en résulte un gain de place impor-*

368

tant qui, joint à l'absence de résistances, contribue à une haute densité d'intégration et à un court temps de propagation) (cf. aussi bipolar logic, DCTL, pnp transistor, npn transistor, multicollector transistor, lateral transistor, vertical transistor, integration density et propagation delay).

I²L ... cf. I²L et TTL ... et adapter.

I²R loss pertes par effet Joule (conducteur) (cf. aussi copper loss).

I²R losses cf. I²R loss.

I²R seeker cf. imaging infrared seeker.

I³L (vient de « isolated I²L » et de « Isoplanar I²L ») logique I³L, logique I²L isolée (logique I²L réalisée par le procédé Isoplanar) (CI numérique) (cf. aussi I²L et Isoplanar process).

I³L ... cf. I³L et TTL ... et adapter.

IAGC cf. instantaneous automatic gain control.

IC **1)** cf. integrated circuit. **2)** cf. internal connection.

ICAS cf. intermittent commercial and amateur service.

ICE cf. in-circuit emulation et in-circuit emulator.

ICI cf. International Commission on Illumination.

icon icône (en informatique, symbole graphique apparaissant, généralement avec d'autres, sur un bord de l'écran d'un ordinateur et représentant une fonction pouvant être exécutée dans un programme) (exemples : une icône représentant une machine à écrire permet de sélectionner un programme de traitement de texte dans un logiciel intégré ; une disquette, une copie ou une sauvegarde sur disquette ; une corbeille à papier, l'effacement d'un fichier, etc.).

iconics (l')iconique (nom donné à l'emploi d'icônes considéré comme une technique) (cf. aussi icon).

iconoscope (vient de « icône », Zworykine étant russe, bien que fixé aux Etats-Unis) iconoscope (premier tube analyseur réalisé et dont dérivent tous les autres ; a été inventé par Zworykine vers 1930) (est caractérisé par le fait que la mosaïque remplit à la fois les fonctions de photoémisson d'électrons et d'accumulation des charges électriques et par la disposition du canon à électrons d'analyse devant la mosaïque, en biais par rapport à celle-ci pour dégager le champ optique) (cf. aussi camera tube, mosaic et image iconoscope).

ICVD cf. inside chemical vapor deposition.

ICW cf. interrupted continuous wave.

IDC cf. insulation-displacement contact.

ideal bunching groupement parfait (groupement des électrons dans un tube à modulation de vitesse caractérisé par une séparation nette entre les paquets d'électrons successifs) (cas théorique) (hyper) (cf. aussi bunching).

ideal crystal cristal parfait (cristal dont la structure ne comporte aucune dislocation, lacune ou autre défaut et ne contient aucune impureté) (semi, etc.) (cf. aussi hole et impurity).

ideal filter filtre idéal (filtre dans lequel les composantes fréquencielles transmises le sont sans atténuation ni déphasage et les composantes éliminées le sont totalement, leur atténuation étant infinie) (cas théorique) (cf. aussi filter¹).

ideal rectifier redresseur parfait (redresseur dans lequel la résistance directe est nulle, la résistance inverse infinie et la capacité nulle) (cas théorique) (cf. aussi forward resistance, backward resistance, capacitance et rectifier).

ideal solenoid solénoïde d'Ampère (solénoïde comprenant une seule couche de spires uniformément espacées et dans lequel on admet que le plan de chaque spire est perpendiculaire à l'axe du solénoïde) (électromagnétisme) (cf. aussi solenoid 1)).

ideal transformer transformateur parfait (transformateur dans lequel toute la puissance fournie à l'enroulement primaire est transférée aux bornes de l'enroulement secondaire sous une tension différente) (transformateur sans fuites magnétiques entre les deux enroulements, sans pertes par hystérésis ni par courants de Foucault dans le circuit magnétique et sans pertes par effet Joule dans les enroulements) (cas théorique) (cf. aussi transformer, magnetic leakage, hysteresis loss, eddy-current loss et copper loss).

ident ... cf. identification ...

identification, friend or foe cf. IFF radar.

identification of wires repérage des fils (repérage des fils d'un câble multiconducteur, d'un faisceau de fils ou d'un câblage par des couleurs, des brins textiles colorés, des chiffres ou des lettres collés).

identification pulses impulsions d'identification (impulsions émises par un répondeur d'identification) (radar IFF) (avia, etc.) (cf. aussi transponder).

identity gate porte ET inclusif (circuit logique) (cf. aussi exclusive-NOR gate).

IDF cf. intermediate distribution frame.

idle channel voie libre (multiplex tél) (cf. aussi idle circuit et telephone channel).

idle circuit circuit libre (circuit téléphonique ne transmettant pas de signal) (cf. aussi telephone circuit).

idle component composante réactive (courant alternatif) (cf. aussi reactive component 2)).

idle line ligne libre (tél) (cf. aussi idle circuit).

idle period **1)** période de repos (temps entre deux impulsions successives dans un composant électronique fonctionnant en régime d'impulsions) (magnétron, etc.). **2)** période d'inactivité (appareil).

idler galet fou (dans un tourne-disque ordinaire, galet caoutchouté de grand diamètre interposé entre la poulie à gradins du moteur et la face intérieure de la jante du plateau pour transmettre le mouvement du moteur au plateau tout en permettant le changement de la vitesse de rotation) (cf. aussi record player).

idler frequency fréquence idler, (l')idler (anglicismes bien implantés) (fréquence parasite apparaissant dans le signal de sortie d'un amplificateur paramétrique et résultant du principe de fonctionnement de celui-ci) (cf. aussi parametric amplifier).

IDP cf. integrated data processing.

IDT cf. interdigital transducer.

IEC cf. International Electrotechnical Commission.

IEDM cf. International Electron Device Meeting.

IEEE cf. Institute of Electrical and Electronics Engineers.

IEMP cf. internal electromagnetic pulse.

IF cf. intermediate frequency.

IF amplification amplification à la fréquence intermédiaire, amplification FI (amplification réalisée par un amplificateur à fréquence intermédiaire) (cf. aussi IF amplifier).

IF amplifier amplificateur à fréquence intermédiaire, amplificateur FI (amplificateur amplifiant le signal à fréquence intermédiaire dans un récepteur superhétérodyne) (comprend normalement deux étages d'amplification) (super) (cf. aussi intermediate frequency).

IF bandwidth bande passante de la partie à fréquence intermédiaire (ou partie FI), bande FI (cf. aussi bandwidth 2) et IF section).

IF carrier porteuse à fréquence intermédiaire, porteuse FI (porteuse dans la partie à fréquence intermédiaire d'un récepteur superhétérodyne) (cf. aussi carrier 1) et IF section).

IF crystal filter filtre à quartz à fréquence intermédiaire, filtre à quartz FI (super) (cf. aussi crystal filter et intermediate frequency).

IF filter filtre à fréquence intermédiaire, filtre FI (filtre passe-bande constitué par un amplificateur à fréquence intermédiaire) (super) (cf. aussi band-pass filter et IF amplifier).

IF rejection réjection des signaux parasites à la fréquence intermédiaire, réjection à la fréquence intermédiaire, atténuation (idem) (super) (cf. aussi rejection et intermediate frequency).

IF section partie à fréquence intermédiaire, partie FI (ensemble des circuits traitant le signal à fréquence intermédiaire dans un récepteur superhétérodyne) (comprend normalement deux étages amplificateurs à fréquence intermédiaire dans un récepteur à simple changement de fréquence ou deux étages amplificateurs à première fréquence intermédiaire, le second changeur de fréquence et deux étages amplificateurs à seconde fréquence intermédiaire dans un récepteur à double changement de fréquence) (cf. aussi intermediate frequency et superheterodyne receiver).

IF signal signal à fréquence intermédiaire, signal FI (signal traité dans les étages à fréquence intermédiaire d'un récepteur superhétérodyne) (cf. aussi intermediate frequency).

IF stage étage à fréquence intermédiaire, étage FI *(étage amplificateur à fréquence intermédiaire dans un récepteur superhétérodyne à simple ou double changement de fréquence ou, également, second changeur de fréquence dans un récepteur à double changement de fréquence) (cf. aussi* IF amplifier *et* IF section).

IF strip platine à fréquence intermédiaire, platine FI *(petit châssis supportant les étages à fréquence intermédiaire dans certains récepteurs superhétérodynes) (cf. aussi* IF stage).

IF-THEN rule règle de conséquence *(terme que j'ai proposé)*, règle SI-ALORS, règle si-alors *(règle fondamentale utilisée notamment dans une structure de commande, selon laquelle une constatation déclenche une action qui en découle logiquement) (exemple : dans la recherche d'une panne d'un appareil électronique, SI il n'y a pas de signal à la sortie d'un étage, ALORS vérifier si il y a un signal à l'entrée et, SI il y a un signal à l'entrée, ALORS vérifier SI la tension d'alimentation de l'étage est présente à la borne correspondante, et ainsi de suite en passant par tous les cas possibles prévus successivement dans le programme jusqu'à ce qu'une vérification donne un résultat négatif, lequel est alors affiché ou pris en compte pour une décision à prendre par le système) (système expert, etc.) (inf) (cf. aussi* control structure).

IF transformer transformateur à fréquence intermédiaire, transformateur FI *(dans un récepteur superhétérodyne, transformateur haute fréquence reliant l'entrée d'un étage à fréquence intermédiaire à la sortie de l'étage précédent, ou sa sortie à l'entrée de l'étage suivant) (cf. aussi* RF transformer *et* IF stage).

IFA *cf.* IF amplifier.

IFD *cf.* interferometry detection.

iff **1)** *(vient de « if and only if »)* si et seulement si *(expression fréquemment employée dans la description du fonctionnement d'un circuit logique) (cf. aussi* logic circuit). **2)** *cf.* IFF.

IFF *cf.* IFF radar.

IFF array antenne multiple de radar IFF, antenne (de radar) IFF à balayage électronique, antenne IFF électronique *(mil) (cf. aussi* IFF radar *et* array antenna).

IFF interrogator interrogateur IFF *(radar IFF) (cf. aussi* interrogator).

IFF radar *(vient de « identification, friend or foe »)* radar IFF, radar d'identification (militaire) *(radar adjoint à un radar de veille et émettant des impulsions codées dont la réception par le répondeur des mobiles amis déclenche l'émission d'impulsions, également codées ; en l'absence de réponse satisfaisante, le mobile est considéré comme hostile) (le même principe est appliqué dans l'aviation civile pour l'identification des avions à proximité des aéroports par les régisseurs de vol) (ce terme s'applique principalement aux avions militaires, mais est également applicable aux autres types d'aéronefs militaires, aux navires militaires et même aux chars) (cf. aussi* transponder, interrogator, responser *et* secondary surveillance radar).

IFF reply *cf.* IFF response.

IFF response réponse IFF, signal d'identification *(train d'impulsions codées émis par le répondeur d'un mobile militaire après réception du signal émis par l'interrogateur d'un radar d'identification ami) (cf. aussi* transponder *et* IFF radar).

IFF response evaluator analyseur de réponses IFF, analyseur de signaux d'identification *(partie d'un récepteur de radar IFF analysant les réponses reçues) (mil) (cf. aussi* responser *et* IFF radar).

IFF response display présentation des réponses IFF, présentation des signaux des répondeurs *(visualisation des impulsions de réponse reçues par un radar IFF sur l'écran de celui-ci) (mil) (cf. aussi* IFF response).

IFF response presentation *cf.* IFF response display. *(ce terme étant le plus employé).*

IFF return *cf.* IFF response.

IFF system système IFF, système de radar d'identification (militaire) *(système formé d'un radar IFF au sol ou sur mobile et des répondeurs montés sur mobiles) (mil) (cf. aussi* IFF radar *et* transponder).

IFF transponder répondeur IFF, répondeur d'identification (militaire) *(cf. aussi* transponder *et* IFF radar).

IFM *cf.* instantaneous frequency measurement.

IFM receiver *(vient de « instantaneous frequency measurement »)* récepteur à fréquence instantanée, récepteur à mesure de fréquence instantanée, récepteur MFI *(récepteur d'écoute généralement associé à un brouilleur de radars à sauts de fréquence et mesurant la fréquence de chacune des impulsions reçues pour déterminer et commander la fréquence sur laquelle le brouilleur doit émettre pour avoir le maximum de chances de brouiller l'impulsion suivante) (mil) (cf. aussi* surveillance receiver *et* frequency hopping).

IFT *cf.* instantaneous Fourier transform.

IFT receiver récepteur à transformée de Fourier instantanée *(récepteur à mesure de fréquence instantanée utilisant la transformation de Fourier instantanée pour l'analyse des signaux reçus) (mil) (cf. aussi* IFM receiver *et* instantaneous Fourier transformation).

IG-FET *cf.* IGFET.

IGFET *cf.* insulated-gate field-effect transistor.

IGFET transistor *cf.* IGFET.

ignition **1)** allumage (des gaz) *(moteur à explosion ou à combustion). (cf. aussi* ignition coil). **2)** amorçage *(déclenchement de la décharge dans un tube à gaz) (cf. aussi* gas tube).

ignition coil bobine d'allumage *(bobine d'induction constituant un transformateur d'impulsions à grand rapport élévateur de tension produisant la haute tension appliquée entre les électrodes de la ou des bougies d'un moteur à explosion) (automobile, etc.) (cf. aussi* induction coil *et* pulse transformer).

ignition control **1)** commande de l'allumage *(cf. aussi* ignition 1)). **2)** commande de l'amorçage *(par une électrode d'amorçage) (cf. aussi* ignition 2) *et* starting electrode).

ignition interference parasites d'allumage *(parasites créés par les étincelles produites dans le système d'allumage des moteurs à explosion) (cf. aussi* ignition coil).

ignitor igniteur *(électrode d'amorçage et d'entretien de la décharge dans un tube à gaz) (est employée notamment dans l'ignitron et dans certains tubes de commutation à gaz où elle est généralement appelée « électrode d'entretien ») (cf. aussi* gas tube, ignitron *et* gas-filled switching tube).

ignitron ignitron *(tube redresseur monoanodique à cathode liquide dans lequel l'amorçage de la décharge est assuré à chaque alternance du courant alternatif par une électrode réfractaire partiellement immergée dans le mercure de la cathode et appelée « igniteur ») (cf. aussi* single-anode rectifier tube, pool cathode *et* half-cycle).

ignitron rectifier redresseur à ignitrons *(redresseur industriel formé de plusieurs ignitrons) (cf. aussi* rectifier *et* ignitron).

ignore character caractère d'omission *(caractère d'un message numérique ou d'une instruction de programme d'ordinateur indiquant que le binaire ou le mot qui suit ne doit pas être pris en compte par l'appareil) (transmission de données, inf) (cf. aussi* character *et* instruction).

IHF *cf.* Institute of High Fidelity.

IHF power puissance musicale *(hifi) (cf. aussi* music power).

IIR **1)** *cf.* imaging infrared. *(de même pour les termes dérivés).* **2)** *cf.* infinite-impulse response.

IL *cf.* insertion loss.

ILF *cf.* infralow frequency.

ILF band bande des fréquences infrabasses, bande des infra-fréquences, bande ILF, bande des fréquences téléphoniques, *(parf.)* gamme des ondes décamyriamétriques *(radio) (cf. aussi* infralow frequency).

illegal character caractère interdit *(combinaison de binaires non conforme au code utilisé dans un ordinateur) (résulte généralement d'un défaut de fonctionnement de celui-ci) (inf) (cf. aussi* character).

illegal operation opération interdite *(en informatique, opération irréalisable par un ordinateur et dont l'exécution est demandée à celui-ci par une instruction du programme en cours à la suite d'une erreur de programmation ou d'une erreur due à l'appareil) (exemples : division d'un nombre par zéro, chargement d'un registre avec dépassement de capacité, exécution d'une instruction sans code opération, etc.) (inf) (cf. aussi* instruction *et* program bug).

illuminance *cf.* illumination 2).

illuminant C blanc C *(couleur de la lumière émise par une lampe à filament de tungstène à atmosphère gazeuse placée derrière un filtre approprié) (a été adoptée en colorimétrie pour représenter le « blanc d'égale énergie » W situé au centre de gravité du triangle des couleurs) (TVC, etc.) (cf. aussi* chromaticity diagram).

illuminate *v* illuminer, éclairer (a) *sens usuel* ; (b) *illuminer une cible) (mil, etc.) (cf. aussi* target illumination).

illuminated CRT graticule *cf.* illuminated graticule.

illuminated dial cadran éclairé *(cadran d'appareil) (récepteur radio, générateur de signaux, instrument de bord, etc.).*

illuminated graticule graticule éclairé *(oscillo) (cf. aussi* graticule illumination).

illuminated pushbutton bouton-poussoir lumineux, bouton lumineux *(bouton-poussoir transparent éclairé par l'arrière lorsque les contacts sont en position de fermeture) (est généralement coloré et porte parfois une inscription) (cf. aussi* pushbutton).

illuminated switch interrupteur lumineux *(interrupteur dont l'organe de commande est éclairé intérieurement lorsque les contacts sont fermés et constitue ainsi une lampe-témoin) (cf. aussi* illuminated pushbutton *et* switch[1] 1)).

illuminated target cible illuminée *(mil) (cf. aussi* target illumination).

illuminating laser laser illuminateur *(mil) (cf. aussi* laser designator).

illuminating radar radar illuminateur *(mil) (cf. aussi* radar illumination).

illumination 1) éclairement *(densité de flux lumineux reçue par unité de surface d'un objet éclairé) (dispositif photosensible, scène de télévision, etc.) (cf. aussi* luminous flux *et* luxmeter). 2) illumination *(d'une cible) (mil, etc.) (cf. aussi* target illumination).

illumination control commande automatique d'éclairage *(cellule photoélectrique et relais associé commandant l'allumage d'une ou plusieurs lampes au-dessous d'un certain niveau d'éclairement d'un lieu) (éclairage public, etc.) (cf. aussi* photocell).

illumination level niveau d'éclairement, éclairement *(cf. aussi* illumination 1) *et* level 1)).

illumination rate cadence d'illumination *(mil, etc.) (cf. aussi* target illumination).

illumination sensitivity sensibilité (à l'éclairement) *(rapport entre l'intensité du courant de sortie d'un dispositif photoélectrique et l'éclairement de sa surface photosensible) (cf. aussi* photoelectric device *et* illumination 1)).

illumination source 1) source de lumière *(pour afficheur à cristaux liquides, afficheur électrochromique, etc.).* 2) source d'illumination *(tg) (cf. aussi* illuminator).

illumination time temps d'illumination, durée d'illumination *(d'une cible, etc.) (mil, etc.) (cf. aussi* illumination).

illumination warning alarme d'illumination *(alarme indiquant aux occupants d'une cible militaire, notamment au pilote d'un aéronef militaire, que celle-ci est illuminée) (cf. aussi* target illumination).

illuminator 1) illuminateur *s (dans le domaine militaire, dispositif illuminant une cible) (cf. aussi* target illumination) (a) *marqueur laser ou émetteur de radar continu ou bistatique illuminant une cible attaquée par un engin autoguidé à autopoursuite semi-active) (cf. aussi* laser designator, CW radar, bistatic radar *et* semi-active homing) ; (b) *nom parfois donné à un autodirecteur radar actif) (cf. aussi* active radar seeker). 2) source primaire *(antenne) (cf. aussi* primary radiator).

illuminator aircraft aéronef illuminateur *(avion ou hélicoptère illuminant une cible à l'aide d'un émetteur radar ou d'un marqueur laser) (mil) (cf. aussi* bistatic radar, laser designator *et* semi-active homing).

ILO *cf.* injection-locked oscillator.

ILS *(vient de « instrument landing system »)* système d'atterrissage aux instruments, système ILS *(ce dernier terme est, de loin, le plus utilisé) (système d'aide à l'approche à l'atterrissage utilisant deux faisceaux d'ondes en éventail allongé orthogonaux dont l'intersection matérialise la trajectoire à suivre par le pilote d'un avion pour présenter son appareil en bonne*

position au début de la piste avant l'atterrissage proprement dit, et complété par trois balises radio à rayonnement vertical fournissant des repères de distance par rapport au seuil de la piste) (cf. aussi glide slope, localizer, ILS marker, horizontal situation indicator *et* course deviation indicator).

ILS marker marqueur ILS, balise ILS *(balise radio à faisceau vertical du système ILS) (cf. aussi* ILS, outer marker, middle marker, inner marker *et* marker beacon).

ILS marker antenna *(cf. aussi* ILS marker) 1) antenne de marqueur ILS *(antenne au sol).* 2) antenne de reception des marqueurs ILS *(antenne sur aéronef).*

IM 1) *cf.* intermodulation. 2) *cf.* inner marker.

image image *(de télévision ou autre) (cf. aussi* picture, electric image, electronic image *et* card image).

image ... *cf.* picture ... *(pour les termes qui ne figurent pas ci-après).*

image antenna antenne virtuelle, image de l'antenne *(image électrique d'une antenne d'émission dans le sol situé au-dessous de celle-ci) (cf. aussi* electric image 2)).

image bandwidth compression *cf.* image compression.

image burn rémanence de l'image *(tube analyseur) (cf. aussi* burned-in image).

image-channel interference *cf.* image-frequency interference.

image charge charge-image, image électrique (d'une charge) *(charge électrique fictive à l'intérieur d'un corps, de signe contraire à celui d'une charge extérieure au corps et maintenant la charge induite au niveau de la surface du corps par la charge extérieure, lorsque le corps est retiré) (en d'autres termes, est la charge qui devrait être créée dans l'espace occupé par le corps pour que le lieu de la surface de celui-ci reste une surface équipotentielle lorsque le corps est retiré et que la charge extérieure est conservée) (cette notion est généralement appliquée aux corps conducteurs, mais peut être étendue aux isolants) (cf. aussi* electric charge, induced charge, equipotential surface.

image coding *cf.* image digitization.

image compression compression d'images, compression vidéo, compression d'informations vidéo *(ou de signaux vidéo ou de bande vidéo) (TV, radar, etc.) (cf. aussi* data compression *et* image processing).

image contrast contraste de l'image *(TV, télécopie, etc.).*

image conversion conversion d'images (a) *conversion d'une image invisible en une image visible à l'aide d'un tube convertisseur d'image) (cf. aussi* image converter tube) ; (b) *numérisation de signaux vidéo) (TV, radar, etc.) (cf. aussi* video signal digitizing).

image converter 1) convertisseur d'image à fibres optiques. 2) *cf.* image converter tube.

image converter tube tube convertisseur d'image *(tube intensificateur d'image dont la photocathode est sensible à un rayonnement autre que la lumière visible) (permet de voir une image, normalement invisible, formée par des rayons infrarouges, des rayons ultraviolets ou des rayons X) (cf. aussi* image intensifier tube).

image data *cf.* video information (a).

image data compression *cf.* image compression.

image diagonal diagonale de l'image *(dimension caractéristique de l'écran d'un tube-image de télévision ou analogue) (ainsi, lorsque l'on parle d'un tube-image de 63 cm, cela signifie que son écran mesure 63 cm suivant l'une ou l'autre de ses deux diagonales et non suivant sa longueur) (cf. aussi* picture tube).

image-difference processing technique méthode différentielle (de traitement du signal vidéo) *(caméra infrarouge).*

image digitization numérisation des images *(parf.* d'images), *(aussi)* codage *(idem) (conversion d'images en un signal numérique, à partir d'un signal de télévision analogique ou directement à l'aide d'un analyseur vidéo) (TV, inf) (cf. aussi* digital signal, video digitizer *et* scanner 7)).

image digitizer numériseur de signaux vidéo *(TV, radar, etc.) (cf. aussi* analog-to-digital converter *et* video signal).

image digitizing *cf.* image digitization.

image dissector tube dissecteur, tube de Farnsworth *(ancien tube analyseur à photocathode émissive ne comportant pas de canon à électrons et muni d'un multiplicateur d'électrons dans* *lequel les électrons émis par les différents points de la photo-cathode sont admis successivement par deux champs magné-tiques orthogonaux produisant, l'un le balayage des lignes et l'autre le balayage des trames) (caméra TV) (cf. aussi* camera tube).

image distortion *(TV, etc.) (cf. aussi* television picture distortion).

image editing mise au net d'images *(élimination de motifs indésirables ou inutiles dans une image numérisée, notamment avant de l'analyser) (traitement d'images) (cf. aussi* digitized image *et* image processing).

image element élément d'image *(TV, etc.) (cf. aussi* picture element).

image enhancement amélioration d'images *(augmentation de la définition d'images de télévision ou autres à l'aide d'un ordinateur comparant successivement chaque élément de chaque ligne de balayage à l'élément correspondant de la ligne supérieure et de la ligne inférieure et apportant éventuellement au signal de l'élément considéré une correction tenant compte des différences entre celui-ci et les deux autres) (nécessite la numérisation du signal vidéo) (télédétection, thermographie, etc.) (cf. aussi* picture element *et* image processing).

image field trame (de l'image) *(TV) (cf. aussi* field 2)).

image file fichier vidéo *(mémoire numérique simple ou multiple contenant des images converties en signaux numériques) (radar, etc.) (cf. aussi* digital memory *et* file[1]).

image filtering *cf.* image compression.

image frequency 1) fréquence-image *(avec un trait d'union) (fréquence que les circuits d'entrée d'un récepteur super-hétérodyne doivent éliminer pour ne pas qu'elle soit convertie en fréquence intermédiaire parasite par le changeur de fréquence en même temps que le signal utile) (sa valeur diffère de celle de la fréquence de l'oscillateur local de la même quantité que la fréquence du signal, mais avec le signe opposé ; elle diffère donc de la fréquence du signal d'une quantité égale à deux fois la valeur de la fréquence intermédiaire) (dans un récepteur infradyne, elle est égale à la fréquence du signal, moins le double de la fréquence intermédiaire ; dans un récepteur supradyne, elle est égale à la fréquence du signal, plus le double de la fréquence intermédiaire) (le phénomène de fréquence-image est dû au fait que la fréquence du signal fourni par un changeur de fréquence dépend uniquement de la différence entre la fréquence de l'oscillateur local et celle du signal à convertir et ne dépend pas du signe de cette différence ; il en résulte que, pour une fréquence d'oscillateur local déter-minée, un signal qui diffère de celle-ci de la valeur de la fréquence intermédiaire, en plus ou en moins, produit cette fréquence intermédiaire à la sortie du changeur ; celui de ces deux signaux qui ne correspond pas à l'émission désirée doit être éliminé pour ne pas perturber la réception de l'autre ; c'est le rôle des circuits accordés compris entre la prise d'antenne et le changeur de fréquence) (plus la valeur de la fréquence intermédiaire est grande, plus la fréquence-image est éloignée de la fréquence du signal et, par conséquent, plus ces circuits — qui constituent un filtre à bande étroite — l'éliminent complètement) (il y a toutefois une limite à cet accroissement de la valeur de la fréquence intermédiaire car la sélectivité d'un récepteur superhétérodyne est inversement proportionnelle à cette valeur, d'où la nécessité d'un compromis fixé à 455 kHz pour les récepteurs de radiodiffusion sonore à modulation d'amplitude) (cf. aussi* superheterodyne receiver, intermediate frequency, mixer, infradyne receiver, supradyne receiver *et* narrow-band filter). **2)** fréquence image *(sans trait d'union) (TV) (cf. aussi* video frequency 1)).

image-frequency interference réception de la fréquence-image *(réception d'une émission perturbée par une autre émission à la fréquence-image dans un récepteur superhétérodyne dont les circuits d'entrée manquent de sélectivité) (radio, TV, etc.) (cf. aussi* image frequency 1)).

image-frequency rejection réjection de la fréquence-image *(élimination de la fréquence-image par les circuits d'entrée d'un récepteur superhétérodyne) (cf. aussi* rejection *et* image frequency 1)).

image-frequency rejection ratio rapport de réjection de la fréquence-image *(rapport entre l'amplitude du signal utile et l'amplitude du signal à la fréquence-image à partir de la sortie des circuits d'entrée d'un récepteur superhétérodyne) (cf. aussi* image-frequency rejection).

image-frequency response sensibilité à la fréquence image *(caractéristique inverse de la réjection de la fréquence-image) (super) (cf. aussi* image-frequency rejection).

image iconoscope supericonoscope, iconoscope-image *(tube analyseur dérivé de l'iconoscope par séparation des fonctions d'émission des photoélectrons et d'accumulation des charges électriques) (les photoélectrons sont émis par une photo-cathode disposée sur la face d'entrée du tube — sur laquelle est formée l'image optique à transmettre — et, après focalisation par un champ magnétique et accélération par un champ électrique — atteignent la mosaïque en provoquant l'émission d'électrons secondaires créant l'image électrique de la scène analysée) (cf. aussi* iconoscope, camera tube, photoelectron, mosaic (a) *et* image orthicon).

image impedance impédance image *(une des deux impé-dances qui, lorsqu'elles sont connectées respectivement à l'en-trée et à la sortie d'un quadripôle, ont pour effet que l'impé-dance de sortie du quadripôle vue de ses bornes d'entrée est égale à l'impédance d'entrée vue des bornes de sortie) (cf. aussi* impedance *et* quadripole).

image intensification intensification (de l'image), augmenta-tion de la brillance (de l'image) *(brillance ou luminosité ou luminance) (tube intensificateur d'image, tube cathodique) (TV à bas niveau de lumière, jumelles de nuit, écran de radar, etc.) (cf. aussi* image intensifier *et* trace intensification).

image-intensified night-vision system système de vision noc-turne à intensificateur de brillance *(mil, etc.) (cf. aussi* image intensifier tube).

image intensifier *cf.* image intensifier tube.

image intensifier tube (tube) intensificateur d'image *(ou de brillance) (tube électronique formant sur sa face de sortie une image plus lumineuse que l'image projetée sur sa face d'entrée portant une photocathode) (les électrons émis par la photo-cathode sont focalisés et accélérés une ou plusieurs fois par des champs électriques créés par des électrodes de révolution avant d'atteindre un écran fluorescent sur lequel ils font apparaître une image brillante) (le diamètre de la fenêtre de sortie est généralement plus petit que celui de la fenêtre d'entrée) (cf. aussi* photocathode, fluorescent screen *et* image converter tube).

image interference *cf.* image-frequency interference.

image interference ratio *cf.* image-frequency rejection ratio.

image interpretation interprétation des images *(parf.* d'images) *(médecine, mil, etc.) (imagerie) (cf. aussi* imaging).

image orthicon image-orthicon, tube image orthicon *(tube analyseur à électrons lents et très haute sensibilité dérivé de l'orthicon et du supericonoscope) (comprend essentiellement trois parties disposées l'une derrière l'autre : la première assure la conversion de l'image optique projetée sur la face d'entrée du tube en image électrique formée sur une cible photoémissive, comme dans le supericonoscope, les électrons secondaires émis par la cible étant captés par une grille à mailles très fines disposée devant celle-ci ; la seconde assure l'analyse de l'image électrique par un faisceau d'électrons balayant la face arrière de la cible après avoir été fortement ralenti, comme dans l'orthicon, et neutralisant les charges accumulées ; la troisième comprend le canon à électrons du faisceau d'analyse entouré d'un multiplicateur d'électrons fournissant le signal de sortie à partir des électrons excéden-taires du faisceau retournant de la cible à la dernière anode d'accélération du canon à électrons, laquelle constitue la première dynode du multiplicateur d'électrons) (cf. aussi* orthicon, image iconoscope, electric image 1), electron gun *et* electron multiplier).

image pattern image électrique *(cible de tube analyseur) (cf. aussi* electric image 1)).

image pickup tube tube analyseur *(caméra TV) (cf. aussi* camera tube).

image point point d'image *(cf. aussi* pixel, *ce terme étant le plus employé).*

image processing traitement d'images *(parf.* des images) *(compression ou amélioration d'images de télévision ou autres* *représentées par un signal numérique réalisée par un ordinateur) (le signal numérique est souvent obtenu par conversion d'un signal analogique initial contenant l'information visuelle) (la mémorisation d'images, même sous forme de signaux numériques, ne fait pas partie du traitement d'images) (cf. aussi* image compression, image enhancement, digital signal, analog-to-digital conversion *et* image storage (b)).

image-processing algorithm algorithme de traitement d'images *(parf. des images) (ou* de traitement vidéo, algorithme vidéo) *(inf) (cf. aussi* algorithm *et* image processing).

image processing and display traitement et présentation des images *(radar, etc.) (cf. aussi* image processing).

image projection 1) projection de l'image *(TV sur grand écran, etc.) (cf. aussi* projection television). **2)** gravure par projection *(fab. CI, semi) (cf. aussi* projection lithography).

image reception réception de l'image *(bonne réception, mauvaise réception, etc.) (récepteur TV)*.

image reconstructor *cf.* image reproducer.

image-reject mixer *cf.* image-rejection mixer.

image rejection *cf.* image-frequency rejection.

image reproducer tube-image *(récepteur TV) (cf. aussi* picture tube).

image resolution définition de l'image *(TV, etc.) (cf. aussi* resolution 1)).

image response *cf.* image-frequency response.

image sensing prise de vues, captation d'images *(TV, etc.) (cf. aussi* image sensor).

image sensor capteur vidéo, capteur d'images *(termes génériques) (a) au sens restreint du terme anglais, dispositif photoélectrique monodimensionnel ou bidimensionnel plan à la surface duquel ou dans lequel la répartition des charges électriques est proportionnelle à la luminosité des points correspondants de l'image optique projetée sur cette surface) (la mosaïque ou la cible d'un tube analyseur de caméra de télévision classique et la cible à photodiodes ou à CCD d'une caméra sans tube normale ou infrarouge sont des capteurs d'images bidimensionnels; la cible d'une caméra infrarouge à balayage est un capteur d'images monodimensionnel) (cf. aussi* imaging, imagery, camera tube, CCD target, infrared camera *et* ground-mapping radar); (b) *au sens élargi du terme anglais, voir aussi* video sensor).

image signal signal image *(sdpo à « signal son »)*, signal vidéo *(sdpo à « signal audio ») (TV) (cf. aussi* video signal).

image storage mémorisation d'images *(parf. de l'image) (mémorisation d'informations visuelles sous forme analogique ou numérique) (a) mémorisation sous forme analogique sur la grille-mémoire d'un tube à mémoire) (oscilloscope à mémoire analogique, radar) (cf. aussi* storage tube); (b) *mémorisation sous la forme d'un signal numérique conservé dans une mémoire numérique) (oscilloscope à mémoire numérique, traitement d'images) (cf. aussi* digital signal *et* digital memory).

image storage time temps de mémorisation de l'image (a) *temps pendant lequel l'image reste visible sur l'écran d'un tube cathodique à mémoire) (oscilloscope à mémoire) (cf. aussi* storage tube); (b) *temps pendant lequel une image est conservée dans une mémoire numérique) (cf. aussi* digital memory).

image tube *(ne pas confondre avec « picture tube ») cf.* image converter tube. *(cf. aussi* picture tube).

image understanding *cf.* image interpretation.

imaged area zone visualisée *(radar cartographique, TV) (mil, etc.) (cf. aussi* ground-mapping radar).

imager imageur s *(cf. aussi* video sensor).

imagery images *(obtenues par imagerie) (noter que le terme anglais ne signifie pas « imagerie ») (cf. aussi* imaging).

imaging (l')imagerie, la vidéoscopie, *(parf. aussi)* présentation, visualisation *(présentation sur écran cathodique ou autre support, d'images de scènes observées à l'aide d'une caméra de télévision ou vidéo, notamment de télévision infrarouge ou à bas niveau de lumière, ou créées par un ordinateur, ou de zones observées à l'aide d'un imageur acoustique ou d'un radar cartographique) (cf. aussi* imagery, video monitor, television camera, video camera, infrared camera, low-light-level television, acoustic imager, ground-mapping radar *et* image sensor).

imaging array groupement de photodétecteurs *(tg) (matrice ou, parfois, barrette de photodétecteurs à semiconducteur) (caméra TV) (cf. aussi* image sensor).

imaging-array camera caméra à matrice de photodétecteurs *(caméra à CCD) (cf. aussi* CCD camera).

imaging capability possibilités d'imagerie *(parf. au singulier) (caractéristique d'un radar cartographique ou d'un mobile équipé d'un tel radar ou d'une caméra de télévision classique ou infrarouge) (mil, télédétection) (cf. aussi* imagery *et* capability).

imaging chip puce vidéo *(puce à photodiodes ou à CCD formant la cible d'une caméra de télévision sans tube) (cf. aussi* chip 1), photodiode, CCD *et* image sensor).

imaging device *cf.* image sensor.

imaging infrared device dispositif infrarouge pour prise de vues *(TV infrarouge) (mil, etc.) (cf. aussi* image sensor).

imaging infrared guidance guidage par télévision infrarouge *(autoguidage par télévision utilisant une caméra infrarouge dans l'autodirecteur de l'engin) (mil) (cf. aussi* television guidance (b) *et* infrared camera).

imaging infrared guidance head *cf.* imaging infrared seeker.

imaging infrared seeker autodirecteur à caméra infrarouge *(autodirecteur utilisé dans un système de guidage par télévision infrarouge) (mil) (cf. aussi* homing head *et* imaging infrared guidance).

imaging infrared sensor capteur d'images infrarouges *(cible de caméra de télévision infrarouge ou la caméra elle-même) (mil, etc.) (cf. aussi* image sensor).

imaging infrared sensor head *cf.* imaging infrared seeker.

imaging radar radar cartographique *(avia, télédétection) (cf. aussi* ground-mapping radar).

imaging seeker autodirecteur télévision *(mil) (cf. aussi* television seeker).

imaging sensor *cf.* image sensor.

imaging site îlot photosensible, photodétecteur élémentaire *(élément d'une matrice de photodétecteurs de cible de caméra à CCD) (cf. aussi* photodetector array *et* CCD camera).

imaging system système imageur, système d'imagerie *(système permettant l'imagerie, c.-à-d. ensemble du matériel utilisé dans chaque cas) (cf. aussi* imaging *et* system).

imaging technique méthode d'imagerie, procédé d'imagerie *(imagerie par télévision, imagerie radar, imagerie acoustique) (cf. aussi* imaging *et* imaging technology).

imaging technology *(cf. aussi* technology) **1)** (la) technique de l'imagerie *(cf. aussi* imaging). **2)** (la) technique de la gravure par projection *(fab. CI, semi) (cf. aussi* projection lithography).

imaging tube tube-image *(récepteur TV) (cf. aussi* picture tube).

imbalance *cf.* unbalance[1].

imitative deception diversion par imitation de signaux *(de l'adversaire) (mil) (cf. aussi* deception).

immediat access accès direct *(mémoire) (inf) (cf. aussi* random access).

immersed ultrasonic testing contrôle par ultrasons en milieu liquide *(contrôle par ultrasons d'une pièce métallique immergée dans de l'eau ou un autre liquide assurant un bon couplage acoustique entre la source d'ultrasons déplacée lentement tout autour de la pièce et celle-ci) (contrôle des matériaux) (cf. aussi* ultrasonic testing).

immersion scanning *cf.* immersed ultrasonic testing.

immittance *(vient de « impedance » et « admittance »)* immittance *(terme générique couvrant l'impédance et l'admittance) (est rarement utilisé) (cf. aussi* impedance *et* admittance).

IMOS *cf.* implanted MOS transistor.

impact excitation excitation par choc *(corpuscule) (cf. aussi* collision excitation).

impact ionization ionisation par choc *(cf. aussi* ionization by collision).

impact printer imprimante à percussion *(imprimante utilisant le choc d'une ou plusieurs pièces sur un ruban encreur disposé devant le papier supporté par un rouleau pour former les caractères, comme dans une machine à écrire) (selon le type d'imprimante à percussion, une telle pièce peut porter un ou plusieurs caractères ou former un élément d'un caractère)* *(imprimante à boule, à marguerite, à roues, à tambour, à chaîne ou à aiguilles) (inf) (cf. aussi* daisy-wheel printer, wheel printer, drum printer, chain printer, wire printer *et* printer 1)).

impactless printer imprimante sans percussion *(inf) (cf. aussi* non-impact printer).

impairement scale échelle d'altération des couleurs *(échelle permettant de juger de la qualité de reproduction des couleurs en télévision ou en photographie).*

Impatt diode *(« Impatt » vient de « impact ionization avalanche transit time »)* diode Impatt *(diode à avalanche à résistance négative aux hyperfréquences) (est utilisée de ce fait comme oscillateur hyperfréquence en combinaison avec une cavité résonnante) (cf. aussi* avalanche diode *et* negative resistance).

Impatt diode chip puce de diode Impatt *(puce de semiconducteur dans laquelle est réalisée une diode Impatt) (cf. aussi* chip 1) *et* Impatt diode).

Impatt oscillator oscillateur à diode Impatt *(hyper) (cf. aussi* Impatt diode).

impedance impédance *(opposition à une variation de la vitesse d'un mouvement) (est une grandeur complexe au sens mathématique)* (a) *impédance électrique, c-à-d. opposition à une variation de la vitesse de circulation d'un courant dans un circuit ou un élément de circuit ou, par voie de conséquence et le plus souvent, opposition au passage d'un courant alternatif manifestée par un circuit ou un élément de circuit) (la partie réelle de la grandeur complexe représente la résistance en courant continu du circuit ou de l'élément et la partie imaginaire représente sa réactance) (noter que ce terme est souvent employé comme terme général commode désignant un élément de circuit manifestant une opposition au passage d'un courant quelconque, c-à-d. une bobine d'inductance, un condensateur ou une résistance, ou la propriété de cet élément) (élec) (cf. aussi* complex impedance, resistance, reactance *et* circuit element) ; (b) *impédance acoustique) (cf. aussi* acoustic impedance) ; (c) *impédance mécanique) (cf. aussi* mechanical impedance).

impedance angle angle de déphasage *(au sens du terme anglais, valeur angulaire du déphasage, en avant ou en arrière, du courant par rapport à la tension produit par la réactance d'une impédance) (cf. aussi* impedance *et* phase shift).

impedance bridge pont d'impédance *(pont de mesure conçu pour la mesure des impédances et utilisant, par conséquent, une source de courant alternatif) (cf. aussi* ac bridge, Anderson bridge, Campbell bridge, Carey-Foster bridge, Hay bridge, Maxwell bridge, Nernst bridge, Sauty bridge, Schering bridge, Wien bridge, bridge *et* impedance).

impedance characteristic caractéristique d'impédance *(courbe représentant la variation de l'impédance d'un circuit ou d'un élément de circuit en fonction de la fréquence du courant qui y circule) (cf. aussi* impedance, frequency *et* characteristic (b)).

impedance coil *cf.* choke coil.

impedance conversion conversion d'impédance *(obtention d'une impédance inductive à partir d'une inductance capacitive ou vice versa) (cf. aussi* gyrator (a)).

impedance converter *cf.* negative impedance converter.

impedance coupling liaison par inductance et capacité *(liaison entre deux étages amplificateurs basse fréquence assurée par une bobine d'inductance à noyau magnétique montée dans le circuit de sortie du premier amplificateur et un condensateur reliant l'entrée de la bobine à l'entrée de l'étage suivant) (la bobine bloque la composante à basse fréquence du courant de sortie, qui constitue le signal, et le condensateur la transmet à l'étage suivant) (cf. aussi* amplifier stage, audio stage *et* inductor).

impedance feedback *cf.* inductive feedback.

impedance function *cf.* impedance characteristic.

impedance match (degré d')adaptation d'impédance *(cf. aussi* impedance matching).

impedance-match *v* adapter les impédances, réaliser l'adaptation d'impédance *(cf. aussi* impedance matching).

impedance matching adaptation d'impédance *(parf. des im-*

pédances) *(adaptation de l'impédance d'une charge à l'impédance de la source qui l'alimente ou vice versa) (porte au maximum la quantité d'énergie transférée de la source à la charge par unité de temps en supprimant les réflexions d'énergie dans celle-ci) (cf. aussi* impedance, standing wave, transformer *et* impedance match).

impedance-matching device dispositif d'adaptation d'impédance *(cf. aussi* impedance-matching transformer, impedance-matching network, matching stub, matching port *et* matching diaphragm).

impedance-matching network réseau d'adaptation d'impédance *(réseau électrique monté à l'extrémité d'une ligne de transmission ou entre deux étages d'un appareil électronique pour réaliser l'adaptation d'impédance) (cf. aussi* network 1) *et* impedance matching).

impedance-matching transformer transformateur d'adaptation d'impédance *(transformateur monté entre la sortie d'un amplificateur basse fréquence et la bobine du haut-parleur, par exemple) (cf. aussi* transformer *et* impedance matching).

impedance measurement mesure d'impédance *(parf. de l'impédance) (cf. aussi* impedance).

impedance meter impédancemètre *(appareil conçu pour mesurer l'impédance caractéristique d'une ligne de transmission) (cf. aussi* characteristic impedance *et* vector impedance meter).

impedance mismatch (degré de) mauvaise adaptation d'impédance, *(etc.) (cf. aussi* impedance mismatching *et* impedance match).

impedance mismatching mauvaise adaptation d'impédance, défaut d'adaptation d'impédance, *(parf.)* désadaptation d'impédance *(cf. aussi* impedance mismatch *et* impedance matching).

impedance transformation *cf.* impedance conversion.

impedance triangle *(nom donné en anglais au diagramme de Fresnel lorsque celui-ci est appliqué à la détermination graphique d'une impédance, l'un des deux vecteurs composants étant alors, dans la représentation anglo-saxonne, déplacé parallèlement à lui-même jusqu'aux extrémités de l'autre vecteur composant et du vecteur résultant pour former un triangle rectangle) (en d'autres termes, triangle rectangle dont un côté de l'angle droit est proportionnel à la résistance d'un circuit ou d'un élément de circuit alimenté en courant alternatif, l'autre côté à sa réactance et l'hypothénuse à l'impédance résultante, l'angle formé par l'hypothénuse et le côté de la résistance représentant le déphasage du courant par rapport à la tension et son cosinus étant le facteur de puissance du circuit ou de l'élément de circuit) (élec) (cf. aussi* phasor representation *et* impedance).

impedance-unbalance meter contrôleur d'équilibrage d'impédances *(appareil de mesure utilisé pour contrôler l'égalité des impédances des deux branches d'un circuit fantôme ou superfantôme, lesquelles doivent être identiques pour éviter la diaphonie entre les circuits) (tél) (cf. aussi* impedance, phantom circuit, double-phantom circuit *et* crosstalk 1)).

impedor élément à impédance, élément de circuit *(idem) (élément de circuit autre qu'une résistance pure) (cf. aussi* circuit element *et* impedance).

implant[1] *v* implanter (des impuretés) *(cf. aussi* ion implantation).

implant[2] *s* **1)** implant *(nom parfois donné à une impureté implantée) (cf. aussi* implanted, impurity). **2)** *cf.* implantation.

implant and anneal implantation et recuit *(fab. semi) (cf. aussi* ion implantation *et* annealing).

implant dose dose d'impuretés implantées *(semi) (cf. aussi* ion implantation).

implant energy énergie d'implantation *(énergie cinétique communiquée aux atomes introduits par implantation ionique dans un substrat pour les faire pénétrer plus ou moins profondément dans celui-ci) (fab. semi) (cf. aussi* energy *et* ion implantation).

implant profile *cf.* implanted impurity profile.

implantation implantation (ionique) *(fab. semi) (cf. aussi* ion implantation).

implanted atom atome implanté, ion implanté *(atome intro-*

duit dans un substrat par implantation ionique) (fab. semi, CI) (cf. aussi ion implantation).

implanted base base implantée, base formée par implantation *(ionique ou* d'ions) *(transitor bipolaire) (cf. aussi* base 3) *et* ion implantation).

implanted boron resistor résistance au bore implantée, résistance formée par implantation de bore *(ou* d'ions de bore) *(CI) (cf. aussi* implanted resistor *et* boron).

implanted bubble memory mémoire à bulles implantée *(ou* fabriquée par implantation) (ionique *ou* d'ions) *(mémoire à bulles dans laquelle la structure de propagation et ses accessoires sont réalisés par implantation ionique) (CI) (cf. aussi* bubble memory, propagation structure *et* ion implantation).

implanted channel canal implanté, canal formé par implantation (ionique *ou* d'ions) *(TEC) (cf. aussi* channel[1] 1) (a) *et* ion implantation).

implanted device 1) composant implanté *(composant discret fabriqué par implantation ionique) (diode à jonction, transistor, mémoire à bulles, etc.) (cf. aussi* discrete component *et* ion implantation). **2)** composant implanté, élément implanté *(composant d'un circuit intégré réalisé dans celui-ci par implantation ionique) (diode, transistor, résistance) (cf. aussi* monolithic integrated circuit *et* ion implantation).

implanted diode diode implantée, diode formée par implantation (ionique *ou* d'ions) *(diode à jonction intégrée ou discrète dans laquelle la jonction est formée par implantation ionique)* (diode fabriquée par implantation (ionique *ou* d'ions) *(cf. aussi* junction diode *et* ion implantation).

implanted dopant *cf.* implanted impurity.

implanted emitter émetteur implanté, émetteur formé par implantation (ionique *ou* d'ions) *(transistor bipolaire) (cf. aussi* emitter 1) *et* ion implantation).

implanted impurity impureté implantée, implant *(corps introduit en très petite quantité, par implantaton ionique, dans un cristal semiconducteur pour lui donner des caractéristiques de conduction déterminées) (cf. aussi* impurity *et* ion implantation).

implanted impurity profile profil (de concentration) de l'impureté implantée *(semi) (cf. aussi* impurity concentration profile *et* implanted impurity).

implanted ion *cf.* implanted atom.

implanted junction jonction implantée, jonction formée par implantation (ionique *ou* d'ions), jonction par implantation *(jonction de semiconducteurs obtenue par implantation d'atomes d'impureté du type N ou P dans un cristal semiconducteur du type P ou N, respectivement) (cf. aussi* p-n junction *et* ion implantation).

implanted layer couche implantée, couche formée par implantation (ionique *ou* d'ions) *(semi) (cf. aussi* implanted region).

implanted MOS transistor transistor MOS implanté, transistor MOS formé par implantation (ionique *ou* d'ions) *(transistor MOS dans lequel la source et le drain sont formés par implantation ionique après formation de la grille) (transistor MOS à grille auto-alignée) (CI) (cf. aussi* MOS transistor *et* self-aligned-gate structure).

implanted pattern motif implanté, motif formé par implantation (ionique *ou* d'ions) *(structure de propagation de mémoire à bulles, etc.) (cf. aussi* implanted bubble memory).

implanted region zone implantée, zone formée par implantation (ionique *ou* d'ions) *(zone, généralement en forme de couche, dopée par implantation ionique dans un cristal semiconducteur ou un autre substrat) (cf. aussi* ion implantation).

implanted resistor résistance implantée, résistance formée par implantation (ionique *ou* d'ions) *(résistance formée dans le substrat d'un circuit intégré monolithique par implantation d'atomes d'un corps approprié et notamment de bore) (cf. aussi* ion implantation *et* chip 1)).

implanted transistor transistor implanté, transistor formé par implantation (ionique *ou* d'ions) *(transistor dont les différentes zones sont formées par implantation d'impuretés appropriées) (CI) (cf. aussi* transistor *et* ion implantation).

implanter *cf.* ion implanter.

implode *v* imploser *(tube, lampe) (cf. aussi* implosion).

implosion implosion *(écrasement soudain de la partie pyrami-*

dale d'un tube-image de récepteur de télévision ou analogue ou de l'ampoule de tout autre tube ou lampe d'éclairage à vide sous l'action conjuguée de la pression atmosphérique et d'une diminution locale de la résistance mécanique du verre due généralement aux contraintes thermiques produites par l'allumage et l'extinction répétés du filament ou par un échauffement excessif) (cf. aussi picture tube).

impregnated cathode cathode imprégnée *(cathode chaude de tube électronique réalisée en métal réfractaire fritté imprégné d'un corps thermoémissif à faible travail de sortie (cathode permettant d'obtenir une grande densité de courant d'émisson thermoélectronique) (tube hyper) (cf. aussi* cathode (b), work function *et* current density).

impregnated coil bobinage imprégné, bobine imprégnée *(bobinage dont les spires sont imprégnées d'un vernis isolant ou d'une résine isolante)*.

impregnated paper papier imprégné *(papier pur et mince imprégné de cire ou d'huile minérale ou synthétique utilisé notamment comme diélectrique de condensateur) (cf. aussi* paper capacitor).

impregnated-paper capacitor *cf.* paper capacitor.

impregnated pole poteau imprégné, poteau traité par imprégnation *(poteau téléphonique en bois traité contre les moisissures et les insectes par imprégnation d'un liquide approprié) (cf. aussi* telephone pole).

impregnation imprégnation *(sens usuels) (cf. aussi* impregnated ... *et* vacuum bake).

impress *v* appliquer *(un signal ou une tension à un circuit ou un appareil)*.

impulse ... *cf.* pulse ... *(pour les termes qui ne figurent pas ci-après)*.

impulse a subscriber number *v* composer le numéro d'un abonné *(sur un poste téléphonique automatique) (cf. aussi* dial pulse).

impulse-coupling factor coefficient de couplage énergétique *(rapport entre la quantité d'énergie absorbée par un corps illuminé par un faisceau laser et la quantité d'énergie transportée par le faisceau) (est fonction de la densité de puissance du faisceau, de la longueur d'onde du rayonnement, de la nature du corps et de son état de surface, de la nature et de la pression de l'atmosphère éventuelle et de la durée d'illumination dans le cas d'impulsions) (arme laser, etc.) (mil, etc.) (cf. aussi* laser weapon *et* beam power density).

impulse current *(parf.* intensité du) courant de choc *(essai d'isolants, etc.) (cf. aussi* impulse voltage).

impulse function fonction impulsion *(fonction représentant une impulsion de durée infiniment courte) (est constituée par un simple trait vertical partant de l'axe des abscisses dans la représentation graphique du phénomène) (cette notion théorique est utilisée pour étudier la réponse d'un filtre ou d'un système asservi) (cf. aussi* function[1] 1) (b) *et* response 1)).

impulse generator générateur de tension de choc *(appareil produisant une impulsion de haute tension utilisée notamment pour l'essai des isolants et la simulation de l'effet des coups de foudre sur le matériel électrique ou électronique) (l'impulsion de haute tension est fournie par la décharge brusque d'une batterie de condensateurs montés en série et chargés préalablement par une source de courant continu) (cf. aussi* measuring spark gap *et* capacitor).

impulse input entrée impulsionnelle *(nom parfois donnée à une impulsion d'entrée isolée, notamment dans la théorie des systèmes asservis) (l'impulsion considérée peut-être une fonction impulsion) (cf. aussi* impulse function).

impulse load charge impulsionnelle *(cf. aussi* pulse load).

impulse noise bruit impulsionnel *(bruit formé d'impulsions irrégulières) (cf. aussi* noise 2) (a).

impulse relay relais à impulsions *(cf. aussi* bistable relay).

impulse response réponse impulsionnelle, réponse à une impulsion *(réponse d'un quadripôle ou d'un système asservi à une impulsion appliquée à son entrée) (cf. aussi* response 1), impulse function, quadripole *et* closed-loop control system).

impulse signal signal impulsionnel *(cf. aussi* pulse signal).

impulse solenoid électro-aimant à impulsions, *(parf.)* électro-aimant de rotation *(électro-aimant excité par un train d'impulsions récurrentes pour faire tourner une roue à rochet à* *l'aide d'un cliquet actionné par l'armature ou le noyau plongeur) (constitue un moteur pas-à-pas électromécanique) (est utilisé notamment pour l'entraînement des balais dans les sélecteurs téléphoniques rotatifs). (cf. aussi* solenoid 2) *et* stepper motor).

impulse sound   son impulsionnel *(nom parfois donné à une impulsion sonore) (détonation, etc.) (acou) (cf. aussi* sound pulse).

impulse sound level meter   sonomètre à impulsions *(sonomètre pour sons impulsionnels) (acou) (cf. aussi* sound-level meter *et* impulse sound).

impulse source   source impulsionnelle *(source d'impulsions sonores) (acou) (cf. aussi* sound pulse *et* sound source).

impulse test   1) (un) essai sous tension de choc *(ou aux ondes de choc) (essai de claquage d'un isolant) (cf. aussi* impulse generator). 2) (un) essai impulsionnel *(ou en régime d'impulsion) (essai d'un haut-parleur ou autre dispositif par application d'un signal d'entrée constitué par une impulsion courte et de grande amplitude) (cf. aussi* impulse function).

impulse testing   (l')essai ... *(voir aussi* impulse test).

impulse-type ...   *cf.* impulse ...

impulse voltage   tension de choc *(tension impulsionnelle fournie par un générateur de tension de choc) (cf. aussi* impulse generator).

impulse wave   onde de choc *(impulsion à front plus ou moins raide formée par une tension de choc) (cf. aussi* impulse voltage).

impulsing magnet   *cf.* impulse solenoid.

impulsive disturbance   perturbation impulsionnelle *(perturbation dont l'amplitude varie comme celle d'une impulsion) (asser).*

impulsive interference   parasites impulsionnels *(signal parasite formé d'impulsions irrégulières) (réception) (cf. aussi* interference 1)).

impulsive noise   *cf.* impulse noise.

impurities   impuretés, atomes d'impureté *(semi) (cf. aussi* impurity).

impurity   impureté, agent de dopage, dopant *s (corps introduit en quantité infinitésimale (atomes ou ions) dans un semiconducteur au cours d'une opération de dopage) (noter que lorsque l'on parle d'impuretés (au pluriel), on sous-entend les atomes ou les ions d'une seule et même impureté) (cf. aussi* acceptor impurity, donor impurity *et* doping).

impurity atom   atome d'impureté *(cf. aussi* atom *et* impurity).

impurity concentration   concentration d'impuretés, niveau d'impuretés, niveau de dopage *(nombre d'atomes d'impureté par unité de volume introduits dans un semiconducteur ou une zone d'un cristal semiconducteur) (les impuretés introduites créant des porteurs de charge, la conductibilité du conducteur augmente avec la concentration d'impuretés ou, exprimé autrement, sa résistivité diminue) (cf. aussi* impurity *et* degenerate semiconductor).

impurity concentration profile   profil de concentration d'impuretés *(semi) (cf. aussi* doping profile).

impurity density   *cf.* impurity concentration.

impurity diffusion   diffusion d'impuretés *(parf.* des impuretés) *(dans un semiconducteur) (cf. aussi* diffusion (b) *et* impurity).

impurity ion   ion d'impureté *(semi) (cf. aussi* ion *et* impurity).

impurity-ion laser   laser à semiconducteur *(cf. aussi* laser diode).

impurity level   niveau d'impuretés *(semi) (cf. aussi* impurity concentration).

impurity profile   *cf.* impurity concentration profile.

impurity scattering   diffusion par les impuretés *(diffusion des électrons par les atomes d'impureté dans un semiconducteur dopé) (cf. aussi* impurity).

impurity semiconductor   *cf.* extrinsic semiconductor.

in analog form   sous forme analogique *(représentation, émission, transmission, réception, traitement, mémorisation ou utilisation d'informations sous la forme d'un signal analogique) (cf. aussi* information, analog signal *et* in digital form).

in-band signalling   signalisation dans la bande de base *(signalisaton téléphonique par des signaux à fréquence comprise dans la bande de fréquence du signal de conversation transmis) (cf. aussi* telephone signalling).

in-band spurious signal   signal parasite dans la bande passante *(filtre de récepteur) (cf. aussi* passband).

in-beam multipath   trajet multiple dans le faisceau *(trajet multiple dû à une réflexion sur un obstacle situé dans le faisceau émis par une antenne d'un système d'atterrissage guidé, c.-à-d. dans le lobe principal du diagramme de rayonnement de l'antenne) (avia) (cf. aussi* multipath *et* radiation pattern).

in-beam multipath signal   signal dû à un trajet multiple dans le faisceau, signal de trajet multiple dans le faisceau *(cf. aussi* in-beam multipath).

in-beam reflection   réflexion sur un obstacle situé dans le faisceau, réflexion dans le faisceau *(cf. aussi* in-beam multipath).

in-beam target   cible située dans le faisceau, cible dans le faisceau *(cible d'un radar située dans le faisceau d'ondes émis par l'antenne de celui-ci, c.-à-d. dans le lobe principal du diagramme de rayonnement de l'antenne) (avia, etc.) (cf. aussi* radar target *et* radiation pattern).

in-circuit alterability   reprogrammation in situ *(cf. aussi* in-circuit programmability).

in-circuit board tester   *cf.* in-circuit tester.

in-circuit board testing   (l')essai des cartes in situ *(cf. aussi* in-circuit testing).

in-circuit component testing   (l')essai des composants in situ *(cf. aussi* in-circuit testing).

in-circuit emulation   émulation in situ *(inf) (cf. aussi* emulation).

in-circuit emulator   émulateur in situ *(inf) (cf. aussi* emulator).

in-circuit erasing   *cf.* in-circuit erasure.

in-circuit erasure   effacement in situ, effacement électrique in situ *(effacement des informations contenues dans une mémoire EEPROM ou équivalente sans la déconnecter des circuits dont elle fait partie, c.-à-d. sans la retirer de son support) (CI) (inf) (cf. aussi* electrical erasure).

in-circuit programmability   possibilité de programmation in situ *(mémoire programmable) (cf. aussi* in-circuit programming).

in-circuit programming   programmation in situ, écriture in situ *(introduction d'informations dans une mémoire EEPROM ou équivalente sans la déconnecter) (lorsque la mémoire est déjà programmée, cette opération est exécutée après effacement in-situ des informations à modifier ou supprimer; il s'agit alors d'une reprogrammation) (inf) (cf. aussi* in-circuit erasure).

in-circuit resistance measurement   mesure de résistance in situ *(cf. aussi* in-circuit testing).

in-circuit test   (un) essai in-situ, (un) contrôle in-situ *(cf. aussi* in-circuit testing).

in-circuit tester   contrôleur in situ *(cf. aussi* in-circuit testing).

in-circuit testing   (l')essai in-situ, (le) contrôle in situ *(essai ou contrôle de circuits intégrés ou autres composants, ou de cartes à circuit imprimé, dans les conditions de fonctionnement réelles, sans les sortir de l'appareil contrôlé) (inf, etc.).

in decade steps   en dix paliers *(réglage de la valeur d'une grandeur à l'aide d'un commutateur à 10 positions) (boîte à décades, etc.) (cf. aussi* decade box).

in digital form   sous forme numérique *(sous la forme d'un signal numérique) (voir aussi* in analog form) *(cf. aussi* digital signal).

in-house data processing   traitement de l'information sur place *(c.-à-d. dans l'entreprise ou l'organisme qui l'utilise) (inf) (cf. aussi* data processing).

in-line data processing   *cf.* in-line processing.

in-line display   1) affichage horizontal *(affichage de caractères sur une barrette d'affichage notamment) (cf. aussi* display string). 2) barrette d'affichage *(cf. aussi* display string).

in-line guns   canons en ligne *(tube-image TVC) (cf. aussi* PIL tube).

in-line heads   têtes magnétiques superposées *(enr. mag) (cf. aussi* stacked heads).

in-line power switching   commutation du courant du secteur *(relais, thyristor, etc.) (cf. aussi* power switching *et* power line).

in-line processing traitement direct de l'information, traitement immédiat *(traitement d'informations par un ordinateur au fur et à mesure de leur émission, c.-à-d. sans tri ni mise en forme) (est l'équivalent en gestion du traitement en temps réel en analyse de signaux, simulation, etc.) (inf) (cf. aussi* real-time processing).

in-line stereo tape *cf.* in-line stereophonic tape.

in-line stereophonic tape bande stéréophonique à pistes alignées *(bande magnétique stéréophonique enregistrée sur un magnétophone stéréophonique à têtes superposées) (cf. aussi* stacked heads).

in-line tape *cf.* in-line stereophonic tape.

in-line tube tube à canons en ligne *(récepteur TVC) (cf. aussi* PIL tube).

in phase en phase *(caractéristique de deux grandeurs sinusoïdales de même fréquence dont la phase est également la même, c.-à-d. qui passent par des valeurs égales ou proportionnelles aux mêmes instants) (tensions, courants, champs ou mouvements alternatifs) (cf. aussi* phase (a)).

in-phase channel *cf.* I channel. *(de même pour les termes dérivés).*

in-phase component composante en phase (a) *composante du courant en phase avec la tension dans un circuit ou un élément de circuit réactif parcouru par un courant alternatif) (cf. aussi* in phase *et* reactive circuit) ; (b) *composante de la sous-porteuse de chrominance du signal de télévision en couleurs NTSC modulée par le signal I) (cf. aussi* chrominance subcarrier *et* I signal).

in-phase component of the volt-amperes composante en phase de la puissance apparente *(circuit à courant alternatif) (cf. aussi* in-phase component 1) *et* apparent power).

in-phase distortion distorsion de la composante en phase *(TVC) (cf. aussi* chrominance-signal in-phase distortion).

in-phase error erreur sur la composante en phase *(nom souvent donné à la distorsion de la composante en phase (cf. aussi* in-phase distortion).

in-phase input *cf.* I channel input.

in phase opposition en opposition de phase *(caractéristique de deux grandeurs sinusoïdales de même fréquence déphasées de 180⁰, ou π, soit 1/2 cycle, c.-à-d. qui passent par des valeurs égales en valeur absolue et opposées en signe aux mêmes instants) (la valeur maximale (appelée « valeur de crête ») d'une alternance positive, par exemple, de l'une des grandeurs est observée au même instant que la valeur de crête de l'alternance négative correspondante de l'autre grandeur) (tensions, courants, champs ou mouvements alternatifs) (cf. aussi* phase (a) *et* half-cycle).

in-phase output *cf.* I channel output.

in phase quadrature *cf.* in quadrature.

in-phase rejection *cf.* common-mode rejection.

in-phase response *cf.* I channel response.

in-phase signal 1) signal en phase *(signal dont la phase est égale à celle d'un autre) (cf. aussi* in phase). 2) *cf.* I signal. 3) *cf.* common-mode signal.

in-phase voltages tensions en phase *(cf. aussi* in phase).

in-port *cf.* input port.

in-process measurement mesure en cours de fabricaton *(CI, semi, etc.).*

in quadrature en quadrature *(caractéristique de deux grandeurs sinusoïdales de même fréquence déphasées de 90⁰, ou π/2, soit un quart de cycle, c.-à-d. dont l'une passe par la valeur zéro aux instants où l'autre passe par la valeur maximale (appelée « valeur de crête ») des alternances positives ou négatives) (tensions, courants, champs ou mouvements alternatifs) (cf. aussi* phase *et* half-cycle).

in raster format sous la forme d'une trame *(balayage d'une surface) (cf. aussi* raster).

in-spec operation *(fam) (vient de « within specifications »)* fonctionnement conforme aux spécifications, fonctionnement nominal *(appareil, composant, système) (cf. aussi* specification *et* ratings).

in step en phase, *(parf.)* en synchronisme *(cf. aussi* in phase *et* synchronism).

in steps par paliers, par échelons, par valeurs discrètes, discontinu(e), de façon discontinue *(réglage, variation) (cf. aussi* step¹, à titre d'information).

in synchronism en synchronisme *(phénomènes périodiques) (cf. aussi* synchronism).

in-tape *cf.* input tape.

in the add mode en mode d'addition *(inf) (cf. aussi* binary addition).

in the off-hook condition lorsque le combiné est décroché, *(parf.)* (le) combiné décroché *(poste tél) (cf. aussi* handset).

in the on-hook condition lorsque le combiné est accroché *(parf.)* raccroché, *(parf.)* (le) combiné accroché *(idem) (poste tél) (cf. aussi* handset).

in the ... range de l'ordre du ... *(volt, etc.) (lorsqu'il s'agit d'une unité de mesure) (cf. aussi* of the order of ...).

in the receive mode en mode de réception *(fonctionnement d'un appareil ou dispositif émetteur-récepteur).*

in the ... region *cf.* in the ... range *(le cas échéant).*

in the subtract mode en mode de soustraction *(inf) (cf. aussi* binary subtraction).

in the transmit mode en mode d'émission *(fonctionnement d'un appareil ou dispositif émetteur-récepteur).*

in track *cf.* once in track, ...

in-track resolution pouvoir séparateur longitudinal *(pouvoir séparateur d'un radar cartographique dans la direction de la trajectoire du porteur) (avia, espace) (mil, etc.) (cf. aussi* ground-mapping radar).

in-transit storage mémoire intermédiaire *(mémoire-tampon ou mémoire cache) (inf) (cf. aussi* buffer memory *et* cache memory).

in tune à l'accord, accordé *(récepteur, etc.) (cf. aussi* tuning).

InAs *cf.* indium arsenide.

inaudible sound son inaudible *(son ne produisant pas de sensation auditive chez l'homme, sa fréquence étant trop basse ou trop élevée) (infrason, ultrason ou hyperson) (acou) (cf. aussi* infrasound, ultrasound, hypersound *et* sound¹).

incandescence incandescence *(émission de lumière par un corps porté à haute température) (cfa.* incandescent lamp).

incandescent bulb lampe à incandescence *(non tubulaire) (cf. aussi* incandescent lamp).

incandescent display 1) affichage par incendescence *(voir ci-après).* 2) afficheur à incandescence *(afficheur à caractères lumineux formés chacun dans un solide transparent par la lumière émise par une ou plusieurs lampes à incandescence) (cf. aussi* directly-viewed incandescent display, indirectly-viewed incandescent display, incandescent lamp *et* display¹ 4)).

incandescent lamp lampe à incandescence, lampe à filament *(lampe d'éclairage classique) (utilise l'effet Joule dans le filament pour chauffer celui-ci à blanc) (cf. aussi* electric lamp *et* Joule effect (a)).

incandescent lighting éclairage par incandescence *(éclairage par une ou plusieurs lampes à incandescence) (cf. aussi* incandescent lamp).

inch *v* faire tourner en pas-à-pas *(cf. aussi* stepping 1)).

inching fonctionnement en pas-à-pas *(cf. aussi* stepping 1)).

incident beam faisceau incident, *(parf. aussi)* faisceau reçu *(faisceau d'ondes ou de particules rencontrant une surface) (cf. aussi* incoming beam *et* beam¹).

incident power énergie reçue *(énergie électromagnétique ou acoustique reçue par un corps ou un dispositif récepteur) (cf. aussi* incident radiation).

incident radiation rayonnement reçu, *(parf.)* rayonnement incident *(rayonnement électromagnétique ou acoustique reçu par un corps ou un dispositif récepteur) (antenne de réception, corps photosensible, dispositif photoélectrique, charge d'une ligne de transmission, transducteur électroacoustique récepteur, etc.) (cf. aussi* incident wave).

incident signal signal incident (a) *signal parvenant à l'extrémité réceptrice d'une ligne de transmission considérée dans le cadre de l'adaptation des impédances, notamment une ligne hyperfréquence, ou à une discontinuité d'une telle ligne) (cf. aussi* transmission line *et* impedance matching) ; (b) *(cf. aussi* incoming signal.

incident wave onde incidente *(ce terme s'emploie généralement pour désigner l'onde reçue dans le cas de réflexion totale ou partielle d'une onde électromagnétique ou acoustique par un corps ou un dispositif) (s'emploie aussi, abusivement, pour* *désigner l'onde reçue par une antenne, un microphone ou un hydrophone) (propagation ionosphérique, contrôle par ultrasons, ondes stationnaires, etc.) (cf. aussi* wave *et* reflection).

incidental AM *cf.* incidental amplitude modulation.

incidental amplitude modulation modulation d'amplitude parasite (induite) *(cf. aussi* incidental modulation).

incidental FM *cf.* incidental frequency modulation.

incidental frequency modulation modulation de fréquence parasite (induite) *(cf. aussi* incidental modulation).

incidental modulation modulation parasite induite *(modulation de fréquence parasite d'une porteuse modulée en amplitude ou modulation d'amplitude parasite d'une porteuse modulée en fréquence, due au processus de modulation lui-même) (cf. aussi* frequency modulation, amplitude modulation *et* spurions modulation).

inclusive AND ET inclusif *(opérateur logique) (cf. aussi* exclusive NOR) *(de même pour les termes dérivés).*

inclusive OR OU inclusif *(opérateur logique) (cf. aussi* OR) *(de même pour les termes dérivés).*

incoherent *cf.* non-coherent. *(de même pour les termes dérivés).*

incoming beam faisceau reçu *(par une cible de radar, de sonar ou de marqueur laser, par une antenne réceptrice de faisceau hertzien, etc.) (cf. aussi* incident beam).

incoming cable câble d'arrivée, câble entrant *(central tél).*

incoming call *(voir aussi* outgoing call *et* adapter) **1)** appel entrant, appel reçu. **2)** communication d'arrivée.

incoming data informations reçues *(parf. au singulier), (parf. aussi)* données reçues *(à l'extrémité réceptrice d'une liaison de télécommunications et notamment d'une liaison informatique) (cf. aussi* data, communication link *et* data link).

incoming information *cf.* incoming data. *(ce terme étant le plus employé).*

incoming line ligne entrante, ligne d'arrivée *(ligne par laquelle un appel est reçu dans un central téléphonique) (noter l'inversion de l'ordre d'emploi préférentiel par rapport à* incoming cable) *(tls) (cf. aussi* telephone line).

incoming message message entrant *(central tlg) (cf. aussi* outgoing message).

incoming position position d'arrivée *(position d'une opératrice de central téléphonique recevant les appels en provenance d'autres centraux) (cf. aussi* telephone exchange *et* outgoing position).

incoming pulse impulsion reçue *(récepteur radar, etc.) (cf. aussi* radar pulse).

incoming radiation rayonnement reçu *(cf. aussi* incident radiation).

incoming signal signal reçu *(radio, tél, etc.).*

incoming traffic trafic d'arrivée *(ensemble des appels reçus dans un central téléphonique) (cf. aussi* traffic).

incomplete call appel incomplet *(appel téléphonique résultant d'un numéro composé au cadran ou au clavier d'un poste automatique ne comprenant pas tous les chiffres nécessaires à la sélection par les organes du central desservant le demandeur) (cf. aussi* telephone number).

incompletely dialled call *cf.* incomplete call.

increment[1] *s* incrément *(petit accroissement de la valeur d'une grandeur variable) (cf. aussi* increment[2] *et* decrement[1]).

increment[2] *v* incrémenter *(en informatique notamment, augmenter d'une unité le contenu d'un compteur) (cf. aussi* increment[1]).

increment/decrement counter compteur-décompteur *(inf, etc.) (cf. aussi* up/down counter).

incremental control commande incrémentale *(ou* par paliers *ou* par échelons *ou* par valeurs discrètes), commande discontinue *(commande de fréquence, d'atténuation, de rotation, de translation, etc.). (cf. aussi* increment[1]).

incremental dial cadran à positions encliquetées *(cadran de bouton de commutateur de boîte à décades) (cf. aussi* detent *et* decade box).

incremental sensitivity sensibilité incrémentale *(sensibilité d'un appareil de mesure aux faibles variations de la valeur de la grandeur mesurée, c.-à-d. variation minimale de celle-ci qu'il peut faire apparaître) (cf. aussi* sensitivity *et* increment[1]).

incremental tuner syntoniseur à accord par paliers *(récepteur TV) (cf. aussi* tuner 1)).

incremental tuning accord par paliers *(oscillateur, récepteur, filtre) (cf. aussi* tuning *et* incremental control).

incrementation incrémentation *(action d'incrémenter) (cf. aussi* increment[2]).

independent-excitation loudspeaker haut-parleur à excitation *(cf. aussi* excited-field loudspeaker).

independent-sideband carrier porteuse à bandes latérales indépendantes *(cf. aussi* independent-sideband modulation).

independent-sideband modulation modulation à bandes latérales indépendantes, modulation BLI *(modulation d'amplitude produisant deux bandes latérales transmettant chacune un signal distinct et une porteuse de faible amplitude appelée « porteuse atténuée ») (radio) (cf. aussi* amplitude modulation, sideband *et* carrier frequency).

independant sideband transmission émission à bandes latérales indépendantes *(cf. aussi* independent-sideband modulation).

independent-sideband transmitter émetteur à bandes latérales indépendantes *(émetteur émettant une onde porteuse à bandes latérales indépendantes) (cf. aussi* independent-sideband modulation).

index *s* **1)** repère, *(parf.)* index *(sur un cadran, etc.).* **2)** indice *(de réfraction, etc.).* **3)** index *(quantité ajoutée à une adresse indexée) (inf) (cf. aussi* indexed address).

index hand *cf.* index pointer.

index mark repère *(sur le cadran d'un appareil de mesure analogique, etc.).*

index-matching fluid graisse d'adaptation d'indice *(fibre optique) (cf. aussi* wet connector).

index of refraction indice de réfraction *(propa) (cf. aussi* refractive index, *ce terme étant le plus employé).*

index pointer aiguille-repère *(aiguille déplaçable sur le cadran d'un appareil de mesure analogique à l'aide d'un bouton pour servir de repère) (cf. aussi* analog meter).

index pulse impulsion-repère *(sur un écran cathodique).*

index register registre d'index *(registre contenant l'index d'une adresse indexée) (inf) (cf. aussi* register[1] 1) (a) *et* index 2)).

indexed address adresse indexée, adresse avec index *(dans une instruction d'ordinateur, adresse à laquelle une quantité déterminée doit être ajoutée par l'appareil pour donner l'adresse effective de l'information correspondante) (est utilisée notamment pour l'adressage des données d'un tableau ou d'une liste par rapport à la première donnée avec incrémentation successive de l'index) (inf) (cf. aussi* address[1] (a), incrementation *et* index register).

indexed addressing adressage indexé, adressage avec index *(en informatique, adressage utilisant des adresses indexées) (ne pas confondre avec l'adressage relatif) (cf. aussi* addressing (a), indexed address *et* relative addressing).

indexed connector connecteur polarisé (mécaniquement), *(etc.) (cas général) (cf. aussi* indexing 1) *et* connector (a)).

indexing **1)** orientation, polarisation mécanique, détrompage *(connecteur, etc.) (cf. aussi* mounting polarization). **2)** alignement *(CI, etc.) (cf. aussi* alignment 2)). **3)** indexage, indexation *(d'une adresse) (inf.) (cf. aussi* indexed address).

indexing device dispositif d'orientation, *(etc.) (ergot ou encoche d'orientation) (cf. aussi* indexing 1)).

indexing notch encoche d'orientation, *(etc.) (cf. aussi* indexing 1)).

indexing pin ergot d'orientation, *(etc.) (cf. aussi* indexing 1)).

indexing slot *cf.* indexing notch.

indicated course error erreur sur le cap indiqué *(radionav) (cf. aussi* course 1)).

indicating device dispositif indicateur *(aiguille indicatrice, voyant, appareil indicateur, afficheur, etc.).*

indicating flag voyant à drapeau *(instrument de bord) (cf. aussi* flag alarm).

indicating galvanometer galvanomètre indicateur *(cf. aussi* galvanoscope).

indicating instrument appareil indicateur, appareil de mesure indicateur *(appareil de mesure donnant une indication visible immédiate de la valeur de la grandeur mesurée) (appareil de mesure analogique ou numérique) (sdpo à « appareil enregistreur »)* (cf. aussi analog meter, digital measuring instrument *et* measuring instrument).

indicating lamp cf. indicator light.

indicating light cf. indicator light.

indicating meter cf. indicating instrument.

indicating panel cf. indicator panel.

indicating scale échelle (de lecture) *(sur un appareil de mesure analogique)* (cf. aussi meter scale).

indicating tube cf. indicator tube.

indicator indicateur s (a) *terme générique couvrant tous les dispositifs donnant une indication visuelle (cadran et aiguille, afficheur alphanumérique, voyant lumineux, etc.)* ; (b) *coffret ou pupitre contenant le tube cathodique de présentation des informations dans une station radar ou sonar et portant les commandes associées)* (cf. aussi radar *et* sonar) ; (c) cf. indicator bit.

indicator bit binaire indicateur *(inf)* (cf. aussi flag bit).

indicator board cf. indicating panel.

indicator bulb cf. indicator lamp.

indicator dial cadran indicateur *(cadran d'appareil de mesure analogique) (sdpo à « cadran de réglage »)* (cf. aussi meter dial).

indicator display unit cf. indicator 2).

indicator drop volet annonciateur *(central tél. manuel)* (cf. aussi annunciator 1)).

indicator gate créneau de sensibilisation *(signal carré appliqué à un tube cathodique pour modifier sa sensibilité)* (cf. aussi cathode-ray tube).

indicator lamp 1) lampe de voyant *(petite lampe à incandescence ou au néon, à ampoule généralement cylindrique, prévue pour être montée dans un voyant lumineux)* (cf. aussi pilot light). 2) cf. indicator light.

indicator light voyant lumineux (cf. aussi pilot light).

indicator panel tableau de signalisation *(tableau portant des voyants lumineux et éventuellement des afficheurs)*.

indicator tube tube indicateur (à rayons cathodiques) *(nom donné à l'œil magique considéré en tant que composant)* (cf. aussi magic eye).

indicator unit cf. indicator (a) *et* (b).

indicial response réponse indicielle *(ass, etc.)* (cf. aussi unit step response).

indirect address adresse indirecte *(inf)* (cf. aussi indirect addressing).

indirect addressing adressage indirect *(mode d'adressage dans lequel l'adresse figurant dans une instruction est l'adresse de la position de mémoire qui contient l'adresse effective de l'information à laquelle s'applique l'instruction) (inf)* (cf. aussi addressing).

indirect control commande indirecte *(asser, etc.)* (cf. aussi indirectly controlled variable).

indirect frequency modulation modulation de fréquence indirecte *(modulation de fréquence obtenue par l'intermédiaire d'une modulation de phase dans un émetteur à modulation de fréquence) (permet d'utiliser un oscillateur à quartz pour fournir la fréquence porteuse)* (cf. aussi frequency modulation *et* phase modulation).

indirect frequency synthesis synthèse de fréquence indirecte *(synthèse de fréquence dans laquelle le signal à fréquence synthétisée est fourni par un ou plusieurs oscillateurs à fréquence variable asservis à la fréquence d'un signal obtenu par synthèse directe) (en d'autres termes, la synthèse indirecte utilise la synthèse directe, plus le relayage par un ou plusieurs oscillateurs asservis)* (cf. aussi frequency synthesis).

indirect frequency synthesis technique méthode de synthèse de fréquence indirecte *(ou de synthèse indirecte)*, méthode indirecte, procédé *(idem)* (cf. aussi indirect frequency synthesis).

indirect frequency synthesizer synthétiseur de fréquence à synthèse indirecte, synthétiseur à synthèse indirecte, synthétiseur indirect (cf. aussi frequency synthesizer *et* indirect frequency synthesis).

indirect-gap semiconductor semiconducteur à transitions in-directes *(semiconducteur dans lequel la valeur minimale des niveaux d'énergie dans la bande de conduction est observée à une valeur différente du vecteur d'onde que la valeur maximale des niveaux d'énergie dans la bande de valence) (silicium, etc.)* (cf. aussi semiconductor, indirect transition *et* wave vector).

indirect path 1) chemin indirect *(chemin électrique ou autre, autre que le plus court entre deux points déterminés) (CP, CI, tls, etc.)*. 2) trajet indirect *(trajet suivi par un rayon indirect) (propa)* (cf. aussi indirect ray).

indirect photoconductivity photoconduction indirecte *(photoconduction permise par l'émission d'un phonon lors de l'absoption d'un photon par un électron dans un semiconducteur à transitions indirectes)* (cf. aussi photoconductivity, phonon *et* indirect-gap semiconductor).

indirect ray rayon indirect *(nom donné à l'onde indirecte dans la théorie de la propagation par rayon)* (cf. aussi indirect wave *et* ray propagation theory).

indirect-routing system système à commande indirecte *(système de téléphonie automatique à autocommutateurs électromécaniques dans lequel les impulsions émises par le cadran d'appel d'un poste agissent au central sur des organes auxiliaires qui commandent à leur tour les organes de mise en liaison) (clpf)* (cf. aussi electromechanical telephone switch).

indirect scanning analyse par transparence *(analyse de diapositives ou de films) (TV)* (cf. aussi flying-spot scanner).

indirect semiconductor cf. indirect-gap semiconductor.

indirect synthesis cf. indirect frequency synthesis.

indirect synthesis technique cf. indirect frequency synthesis technique.

indirect synthesizer cf. indirect frequency synthesizer.

indirect transition transition indirecte *(passage d'un électron d'un atome d'un état d'énergie situé au bord supérieur de la bande de valence à un état d'énergie situé au bord inférieur de la bande de conduction après absorption d'un photon avec émission ou absorption d'un phonon) (semi, etc.)* (cf. aussi energy state, valence band, conduction band, photon *et* phonon).

indirect wave onde indirecte *(onde électromagnétique ou acoustique atteignant un point de l'espace après avoir subi une ou plusieurs réflexions) (propa)* (cf. aussi reflected wave).

indirectly controlled variable grandeur réglée indirectement *(dans un régulateur, grandeur dont la valeur dépend de celle de la grandeur réglée) (asser)* (cf. aussi controlled variable *et* regulator).

indirectly heated cathode cathode à chauffage indirect, *(parf.)* cathode équipotentielle *(cathode de tube électronique à cathode chaude formée d'un tube en métal réfractaire couvert d'oxydes émissifs et chauffé par un filament disposé suivant l'axe du tube) (cette cathode n'étant pas parcourue par le courant de chauffage, sa surface est une surface équipotentielle, d'où le nom qui lui est parfois donné)* (cf. aussi oxide-coated cathode, dispenser cathode, hot cathode, heater *et* equipotential surface).

indirectly heated tube cf. heater-type tube.

indirectly viewed incandescent display afficheur à incandescence à filaments cachés *(ou à réflexion) (afficheur à incandescence dans lequel les lampes ne sont pas disposées derrière les caractères lumineux formés) (afficheur à éclairage par la tranche, etc.)* (cf. aussi incandescent display).

indium antimonide antimoniure d'indium, InSb *(semiconducteur à mobilité des électrons environ 20 fois plus grande que celle du germanium) (est utilisé principalement dans les dispositifs photoélectriques sensibles aux rayons infrarouges)* (cf. aussi semiconductor *et* electron mobility).

indium antimonide detector détecteur à l'antimoniure d'indium, détecteur à l'InSb *(détecteur infrarouge utilisé notamment dans le matériel militaire)* (cf. aussi indium antimonide).

indium arsenide arséniure d'indium, InAs *(semi)*.

indium-gallium-arsenide arséniure d'indium et de gallium, InGaAs *(semi)*.

indium-gallium arsenide phosphide phosphure arséniure d'indium et de gallium, InGaAsP *(semi)*.

indium oxide oxyde d'indium, In_2O_3 *(semi)*.

indium phosphide phosphure d'indium, InP *(semi)*.

indium tin oxide oxyde d'étain dopé à l'indium *(semi)*.

indium tin-oxide solar cell cellule solaire à l'oxyde d'étain dopé à l'indium *(cf. aussi* solar cell*)*.

individual line *cf.* hot line 2).

indoor aerial *cf.* indoor antenna.

indoor antenna antenne intérieure *(antenne de récepteur de radiodiffusion ou autre utilisée à l'intérieur du local ou de l'immeuble dans lequel se trouve le récepteur)*.

indoor antenna measurements mesures sur antennes effectuées à l'intérieur *(essais d'antennes de faisceaux hertziens, etc.)*.

indoor antenna test facility installation intérieure pour essais d'antennes *(faisceaux hz, etc.)*.

induced charge charge induite *(charge électrostatique créée dans un corps par un champ électrique) (le champ électrique inducteur est lui-même créé par une charge électrostatique préexistante) (cf. aussi* static charge*)*.

induced current *(parf.* intensité du*) courant induit *(courant produit dans un circuit par une force électromotrice induite ou, parfois, intensité de ce courant) (cf. aussi* induced electromotive force*)*.

induced electromotive force force électromotrice induite *(ou* d'induction*) (force électromotrice créée dans un conducteur par induction électromagnétique) (est créée notamment dans le bobinage induit d'une dynamo ou d'un alternateur et dans l'enroulement secondaire d'un transformateur, ainsi que dans tout conducteur jouant un rôle équivalent) (cf. aussi* electromotive force *et* electromagnetic induction*)*.

induced emf *cf.* induced electromotive force.

induced EMF *cf.* induced electromotive force.

induced emission émission induite *(émission d'une particule ou d'un rayonnement par un atome sous l'action d'une excitation) (ce terme désigne souvent l'émission stimulée) (cf. aussi* excitation (a) *et* stimulated emission*)*.

induced noise bruit induit, *(parf.)* parasites induits *(tension de bruit produite aux bornes d'un circuit par un champ électromagnétique parasite) (cf. aussi* inductive coupling 2) *et* inductive interference*)*.

induced voltage tension induite *(tension produite par une force électromotrice induite) (cf. aussi* induced electromotive force *et* voltage*)*.

inducing current *(parf.* intensité du*) courant inducteur *(courant dans un circuit induisant une force électromotrice dans un autre circuit) (cf. aussi* electromagnetic induction*)*.

inductance inductance *(coefficient de proportionnalité liant une variation du flux magnétique embrassé par un circuit à la variation de l'intensité du courant qui la produit) (représente l'importance de la variation du flux pour une variation déterminée de l'intensité du courant) (le terme « inductance » employé sans qualificatif désigne l'inductance propre ; en français, il est rarement employé pour désigner l'inductance mutuelle) (en anglais comme en français, il est généralement employé avec le sens de « réactance inductive » qui est en fait la conséquence de l'inductance et non celle-ci) (il est aussi employé, surtout en français et incorrectement, pour désigner une bobine d'inductance) (cf. aussi* self-inductance, mutual inductance, inductive reactance *et* inductor*)*.

inductance adjustment réglage d'inductance *(souvent de l'inductance) (bobine d'inductance variable) (cf. aussi* inductance setting, inductance *et* adjustment 1))*.

inductance box boîte d'inductances *(boîte à décades contenant des bobines d'inductance) (cf. aussi* decade box*)*.

inductance bridge pont d'inductance *(pont d'impédance conçu pour la mesure des inductances) (cf. aussi* impedance brige *et* inductance*)*.

inductance-capacitance ... *cf.* LC ...

inductance coil *cf.* inductor.

inductance coupling *cf.* impedance coupling.

inductance meter henrymètre *(appareil indiquant directement la valeur d'une inductance en henrys) (cf. aussi* inductance *et* henry*)*.

inductance per unit length inductance linéique, inductance par unité de longueur *(inductance d'une ligne de transmission par unité de longueur de celle-ci) (cf. aussi* inductance *et* transmission line*)*.

inductance setting réglage d'inductance *(bobine d'inductance réglable) (cf. aussi* inductance adjustment *et* setting*)*.

inductance standard étalon d'inductance *(cf. aussi* standard inductor*)*.

induction induction (a) *création d'une charge électrique, d'une aimantation ou d'une force électromotrice dans un corps approprié par un champ extérieur à celui-ci) (cf. aussi* electrostatic induction, magnetic induction 1) *et* electromagnetic induction*)* ; (b) *cf.* magnetic induction 2).

induction brazing brasage par induction *(procédé de brasage dans lequel la chaleur nécessaire pour fondre la brasure est produite par chauffage par induction) (cf. aussi* induction heating*)*.

induction coil bobine d'induction *(bobine à noyau droit et à deux enroulements dans l'un desquels une force électromotrice est créée par induction électromagnétique, cet enroulement constituant l'enroulement secondaire d'un transformateur) (cf. aussi* I-core coil, electromagnetic induction *et* transformer*)* (a) bobine de Rumkorff *(bobine d'induction à rupteur synchrone inséré dans l'enroulement primaire, formant un générateur d'impulsions de haute tension, le transformateur étant élévateur de tension avec un très grand rapport de transformation) (appareil de laboratoire ancien ayant également été utilisé comme bobine d'allumage) (cf. aussi* step-up transformer, turns ratio *et* ignition coil*)* ; (b) bobine de Tesla *(cf. aussi* Tesla coil*)* ; (c) bobine d'allumage *(cf. aussi* ignition coil*)* ; (d) bobine d'induction téléphonique *(cf. aussi* telephone induction coil*)* ; (e) *nom parfois donné à une bobine exploratrice, celle-ci constituant l'enroulement secondaire d'une bobine d'induction) (cf. aussi* flip coil*)*.

induction field champ d'induction (magnétique) *(champ magnétique produisant une induction électromagnétique) (cf. aussi* electromagnetic induction*)*.

induction furnace four à induction *(four de métallurgie utilisant le chauffage par induction pour fondre des métaux) (cf. aussi* induction heating*)*.

induction-harden *v* tremper par induction *(cf. aussi* induction hardening*)*.

induction hardening trempe par induction *(trempe superficielle d'une pièce après chauffage par induction à une fréquence suffisamment élevée pour que l'échauffement superficiel du métal produit par l'effet pelliculaire prédomine) (trempe à moyenne ou haute fréquence) (cf. aussi* induction heating *et* skin effect*)*.

induction heater inducteur de chauffage *(conducteur en cuivre de forte section formant une ou plusieurs spires parcourues par un courant alternatif de grande intensité et disposées autour d'une pièce métallique à chauffer localement par induction, ou sur toute sa longueur par déplacement dans l'inducteur) (dans le cas des grandes puissances de chauffage, le conducteur est creux et refroidi par circulation d'eau) (trempe par induction, etc.) (cf. aussi* induction heating *et* induction hardening*)*.

induction heating chauffage par induction *(chauffage d'un corps conducteur de l'électricité par les courants de Foucaults induits dans celui-ci par un champ magnétique alternatif de grande intensité produit par un enroulement parcouru par un courant alternatif également de grande intensité) (les courants de Foucault chauffent le corps par effet Joule ; ces courants circulant dans toute la masse du corps, le chauffage est uniforme et rapide) (l'ensemble formé par l'enroulement inducteur et le corps chauffé constitue un transformateur dont l'enroulement primaire est l'enroulement inducteur et l'enroulement secondaire, en court-circuit, est le corps) (métallurgie) (cf. aussi* induction heater, low-frequency heating, medium-frequency heating, high-frequency heating, eddy current, Joule effect *et* electronic heating*)*.

induction instrument appareil à induction *(appareil de mesure pour courant alternatif dans lequel deux bobines fixes induisent des courants de Foucault dans un disque tournant en métal amagnétique) (si le disque est libre d'effectuer un nombre quelconque de tours, l'appareil est un compteur d'énergie ; s'il est rappelé à une position de repos par un ressort spiral, l'appareil est un appareil indicateur : wattmètre, varmètre, ampèremètre, voltmètre) (compteur électrique EDF, etc.) (cf. aussi* eddy current*)*.

induction loudspeaker haut-parleur à induction *(haut-parleur utilisant un champ d'induction magnétique) (terme générique couvrant le haut-parleur électromagnétique et le haut-parleur électrodynamique) (cf. aussi* induction field, moving-armature loudspeaker, moving-conductor loudspeaker *et* loudspeaker).

induction meter *cf.* induction instrument.

induction microphone microphone à induction *(microphone utilisant un champ d'induction magnétique) (terme générique couvrant le microphone électromagnétique et le microphone électrodynamique) (cf. aussi* induction field, moving-iron microphone, moving-conductor microphone *et* microphone).

induction motor moteur asynchrone, moteur à induction *(le second terme est peu employé; le terme anglais n'a pas le synonyme « asynchronous motor ») (moteur électrique à courant alternatif utilisant l'induction de courants dans le bobinage du rotor par le courant, monophasé ou triphasé, circulant dans le bobinage du stator pour créer la force de Laplace nécessaire à son fonctionnement) (le bobinage du rotor est en court-circuit pendant la marche normale ou en permanence) (le démarrage du moteur nécessite la création d'un champ tournant par le bobinage du stator) (noter que, de par le principe de fonctionnement de ce moteur, son rotor est un induit, bien que ce terme soit rarement employé pour désigner un tel rotor) (est très employé, notamment comme moteur industriel, son absence de collecteur et de balais limitant l'usure aux seuls paliers) (élt) (cf. aussi* three-phase induction motor, single-phase induction motor, wound-rotor induction motor, squirrel-cage motor, linear electric motor, repulsion motor, electromagnetic induction, Lorentz force, static transformer *et* ac motor).

induction pump pompe à induction, pompe asynchrone, pompe magnétohydrodynamique *(idem) (pompe magnétohydrodynamique dans laquelle la création d'un courant transversal dans le jet fait appel à l'induction électromagnétique, ce courant étant créé par un champ magnétique glissant produit par trois enroulements alimentés par un courant triphasé) (en d'autres termes, pompe magnétohydrodynamique analogue à un moteur linéaire dont le « rotor » serait la veine liquide) (élt) (cf. aussi* magnetohydrodynamic pump *et* linear electric motor).

induction relay relais à induction *(relais à courant alternatif analogue à un appareil de mesure à induction, la rotation du disque ou d'une cloche équivalente provoquant le déplacement d'un contact) (cf. aussi* induction instrument *et* ac relay).

induction speaker *cf.* induction loudspeaker.

inductive *a* inductif *(caractéristique de ce qui est relatif à l'induction électromagnétique) (cf. aussi* electromagnetic induction).

inductive action effet d'induction *(cf. aussi* induction (a)).

inductive capacitor condensateur inductif *(condensateur possédant une inductance non négligeable en plus de sa capacité, c-à-d. condensateur bobiné réalisé sans précautions particulières) (cf. aussi* wound capacitor *et* inductance).

inductive circuit circuit inductif *(circuit possédant une réactance inductive) (cf. aussi* inductive reactance).

inductive circuit element *cf.* inductive element.

inductive component composant inductif *(composant possédant une réactance inductive) (bobine d'inductance, résistance bobinée ordinaire, potentiomètre bobiné, etc.) (cf. aussi* inductive reactance).

inductive coordination coordination des lignes de transport d'énergie et de télécommunications *(coordination de l'emplacement relatif des lignes électriques et des lignes téléphoniques en vue d'éviter l'induction de courants parasites dans ces dernières) (cf. aussi* inductive coupling (b)).

inductive coupling couplage par induction *(couplage de deux circuits par induction électromagnétique) (cf. aussi* coupling 1) *et* electromagnetic induction) (a) couplage par induction mutuelle, couplage par inductance mutuelle *(couplage voulu) (transfert d'énergie mutuel entre deux circuits ou éléments de circuit dont chacun baigne dans le champ magnétique créé par un courant variable circulant dans l'autre) (phénomène sur lequel repose le fonctionnement du transformateur) (cf.*

aussi magnetic field *et* transformer 1)); (b) couplage inductif *(couplage parasite) (apparition d'une tension ou d'un signal parasite aux bornes d'un circuit baignant complètement ou partiellement dans le champ magnétique créé par un courant variable circulant dans un autre circuit) (la tension ou le signal parasite peut être superposé à un signal utile) (voir aussi (a) ci-dessus et noter que dans le cas d'un couplage parasite, on emploie surtout le terme « couplage inductif » et que, si l'on emploie ici le terme « couplage par induction », on n'ajoute jamais le qualificatif « mutuelle »); (c) cf.* transformer coupling.

inductive diaphragm iris inductif *(iris possédant une réactance inductive à la fréquence du signal transmis) (dans un guide d'ondes rectangulaire utilisant le mode TE_{10}, ce résultat est obtenu lorsque l'axe de la fente est parallèle aux petits côtés du guide) (dans un guide d'ondes circulaire, il est obtenu lorsque l'iris est un iris ordinaire, c.-à-d. un diaphragme percé d'un trou central) (le diamètre du trou étant relativement grand, l'iris est en fait une couronne) (hyper) (cf. aussi* iris *et* inductive reactance).

inductive displacement pick-up capteur de déplacement inductif, capteur inductif de déplacement *(capteur à transformateur différentiel) (cf. aussi* differential-transformer transducer).

inductive energy storage stockage d'énergie par induction, stockage inductif d'énergie *(stockage d'énergie électrique par conversion de celle-ci en un champ magnétique produit par une bobine) (arme à faisceau d'énergie, etc.) (mil, etc.) (cf. aussi* electric energy *et* magnetic field).

inductive feedback réaction inductive *(dans un oscillateur, réaction positive produite par couplage inductif entre le circuit de sortie et le circuit d'entrée) (le couplage inductif peut être assuré par un enroulement commun aux deux circuits, en courant alternatif, ou par un transformateur haute fréquence dont l'enroulement secondaire constitue l'inductance du circuit accordé inséré dans le circuit d'entrée de l'oscillateur et l'enroulement primaire constitue la charge du circuit de sortie) (cf. aussi* positive feedback, inductive coupling 1) *et* Hartley oscillator).

inductive impedance impédance inductive *(impédance dont la partie imaginaire est une réactance inductive) (cf. aussi* inductive reactance *et* impedance).

inductive interference parasites induits, bruit induit *(tension de bruit induite aux bornes d'une ligne téléphonique par une ligne électrique ou une autre source de parasites) (cf. aussi* noise 2) (a)).

inductive iris *cf.* inductive diaphragm. *(ce terme étant le plus employé).*

inductive kick *cf.* inductive spike.

inductive load charge inductive *(charge réactive dont la réactance est inductive) (bobine d'inductance, bobine de relais, bobine de haut-parleur, bobine de lissage, primaire de transformateur, moteur électrique, etc.) (alim, ampli, etc.) (cf. aussi* reactive load *et* inductive reactance).

inductive-load switching commutation d'une charge inductive *(ou sur charge inductive) (commutation d'un circuit comportant une charge inductive) (alim, etc.) (cf. aussi* switching 1) (a) *et* inductive load).

inductive loading application d'une charge inductive *(cf. aussi* inductive load).

inductive neutralization neutrodynage inductif *(neutrodynage réalisé à l'aide d'une inductance) (ampli. HF) (cf. aussi* neutralization).

inductive-output device *cf.* inductive output tube.

inductive-output tube tube à sortie inductive *(tube hyperfréquence dans lequel le signal de sortie est produit par induction électromagnétique entre le faisceau d'électrons et l'électrode de sortie de révolution au centre de laquelle le faisceau passe sans la toucher, donc sans que les électrons soient collectés par l'électrode) (klystron, etc.) (cf. aussi* klystron).

inductive pick-up captation de parasites par couplage inductif *(cf. aussi* induced noise).

inductive post tige inductive, tige à réactance inductive, tige d'adaptation *(idem) (tige d'adaptation d'impédance reliant les* *grands côtés du guide d'ondes pour créer une réactance inductive dans celui-ci) (hyper) (cf. aussi matching post et inductive reactance).*

inductive potentiometer potentiomètre inductif *(potentiomètre bobiné) (cf. aussi* inductive component *et* wirewound potentiometer).

inductive proximity switch détecteur de proximité inductif *(détecteur de proximité dont le fonctionnement est commandé par un champ magnétique) (est un interrupteur à tiges utilisé comme détecteur de proximité, c.-à-d. commandé par le champ magnétique d'un aimant lorsque celui-ci est suffisamment approché de l'interrupteur) (commande automatique) (cf. aussi* proximity switch *et* reed switch).

inductive reactance réactance inductive *(réactance produite par une inductance, c.-à-d. par une bobine ou un circuit ou un élément de circuit se comportant comme une bobine vis-à-vis du courant alternatif) (a pour effet de retarder les variations de l'intensité du courant dans la bobine par rapport aux variations de tension à ses bornes qui les produisent, c.-à-d. déphase le courant en arrière par rapport à la tension) (est due à l'auto-induction) (cf. aussi* reactance, inductance, phase *et* self-induction).

inductive resistor *cf.* inductive wirewound resistor.

inductive sensing détection inductive, *(parf.)* mesure inductive *(détection ou mesure effectuée à l'aide d'un capteur inductif) (cf. aussi* inductive sensor).

inductive sensor capteur inductif *(capteur utilisant l'induction magnétique ou électromagnétique pour remplir sa fonction) (terme générique couvrant notamment le capteur à réluctance variable, le transformateur différentiel et la génératrice tachymétrique) (cf. aussi* variable-reluctance sensor, differential-transformer sensor, tachogenerator, sensor, magnetic induction 1) *et* electromagnetic induction).

inductive spike *cf.* inductive voltage spike.

inductive storage *cf.* inductive energy storage.

inductive transducer *cf.* inductive sensor.

inductive tuning accord par inductance variable *(accord d'un résonateur électrique obtenu par variation de son inductance) (circuit oscillant, cavité résonante) (cf. aussi* tuning *et* inductance).

inductive voltage spike tension de rupture, tension due à l'extra-courant de rupture, tension inductive, pointe de tension *(idem) (tension aux bornes d'un circuit inductif produite par son ouverture brusque) (est due au fait que l'extra-courant de rupture débitant dans une résistance de valeur ohmique très élevée puisque le circuit est ouvert, il produit aux bornes de cette résistance, c.-à-d. aux bornes du circuit, une tension élevée conformément à la loi d'Ohm) (la tension de rupture étant proportionnelle à l'intensité de l'extra-courant de rupture conformément à cette loi, elle est proportionnelle à la vitesse de coupure du circuit et peut être beaucoup plus élevée que la tension d'alimentation de celui-ci dans le cas de coupure très rapide) (cf. aussi* inductive circuit, break-induced current *et* Ohm's law).

inductive wirewound resistor résistance bobinée inductive, résistance inductive *(résistance bobinée ordinaire) (cf. aussi* inductive component *et* wirewound resistor).

inductively coupled circuits circuits couplés par induction *(cf. aussi* inductive coupling 1) *et* 2) *et* coupled circuits).

inductively generated pulse current courant impulsionnel d'origine inductive *(extra-courant de rupture) (cf. aussi* break-induced current).

inductively wound resistor *cf.* inductive wire-wound resistor.

inductometer variomètre étalonné *(variomètre utilisé avec un pont de mesure) (cf. aussi* variometer *et* bridge).

inductor bobine d'inductance, inductance *(bobinage utilisé pour mettre à profit sa propriété d'inductance) (l'emploi du terme « inductance » à la place de « bobine d'inductance » est incorrect, mais il est quasi général) (il faut toujours employer le terme complet lorsqu'il y a risque de confusion entre le composant et sa propriété) (cf. aussi* inductance).

inductor coil *cf.* inductor.

inductor generator alternateur à fer tournant *(alternateur parfois employé pour produire le courant alternatif à grande intensité alimentant un four à induction à moyenne fréquence) (cf. aussi* alternator *et* medium-frequency heating).

industrial component *cf.* industrial electronic component.

industrial computer calculateur industriel *(inf) (cf. aussi* process controller).

industrial-consumer market (le) marché industriel et grand public *(de l'électronique) (sdpo à « marché militaire ») (cf. aussi* industrial electronics *et* consumer electronics).

industrial data processing (l')informatique industrielle *(commande de processus de fabrication ou autres par ordinateur) (cf. aussi* process controller).

industrial device *cf.* industrial electronic component.

industrial electronic component composant électronique industriel *(ou* de qualité industrielle), composant industriel *(cf. aussi* industrial electronic equipment *et* electronic component).

industrial electronic device *cf.* industrial electronic component.

industrial electronic equipment matériel électronique industriel *(matériel électronique caractérisé par une haute fiabilité et une excellente protection contre les conditions de fonctionnement défavorables : chaleur, vibrations, humidité, surtensions, parasites, etc.) (est employé notamment pour la commande et la surveillance des machines dans l'industrie) (cf. aussi* industrial electronics).

industrial electronic tube tube électronique pour applications industrielles, tube électronique industriel, tube industriel *(tube de puissance le plus souvent) (triode pour chauffage à induction, magnétron pour chauffage diélectrique, etc.) (cf. aussi* power tube).

industrial electronics (l')électronique industrielle *(matériel électronique utilisé à des fins industrielles ou assimilées et activités qui s'y rattachent) (cf. aussi* industrial electronic equipment *et* electronics[1]).

industrial electronics area *cf.* industrial electronics field.

industrial electronics field (le) domaine de l'électronique industrielle *(cf. aussi* industrial electronics *et* electronics field).

industrial-grade ... *cf.* industrial ...

industrial interference parasites industriels *(parasites dus à l'allumage des moteurs à explosion, aux étincelles des balais des moteurs électriques à collecteur ou à bagues, des contacts de relais, des frotteurs d'alimentation des locomotives électriques, aux décharges des tubes redresseurs ou d'éclairage, aux transitoires des thyristors, etc.) (cf. aussi* interference 1)).

industrial magnetron magnétron pour applications industrielles, magnétron industriel *(magnétron pour chauffage diélectrique, etc.) (hyper) (cf. aussi* magnetron).

industrial process control commande de processus industriel *(cf. aussi* process control 1)).

industrial radiography radiographie industrielle *(radiographie appliquée au contrôle des matériaux) (est employée notamment sur avions pour détecter les criques cachées dans les éléments de la structure primaire) (cf. aussi* radiography).

industrial television télévision industrielle *(télévision filaire utilisée pour la surveillance à distance de processus industriels ou assimilés) (est employée principalement pour la surveillance d'opérations dangereuses, notamment dans l'industrie nucléaire) (cf. aussi* closed-circuit television).

industrial tube *cf.* industrial electron tube.

industry standard *(is the ~)* est la référence (dans son domaine) *(dans l'industrie de l'électronique),* fait figure d'étalon *(idem) (composant ou appareil connaissant un grand succès et servant de ce fait de base de comparaison).*

inert cell pile amorçable *(cf. aussi* reserve cell).

inertance inertance *(inertie d'un milieu vis-à-vis d'une onde acoustique se propageant dans celui-ci, c.-à-d. opposition aux variations de la vitesse de déformation du milieu manifestée par ce dernier) (est l'équivalent acoustique de l'inductance) (cf. aussi* acoustic reactance *et* inductance).

inertia switch interrupteur à inertie *(interrupteur actionné par le déplacement relatif d'une masse métallique lorsqu'il est soumis à une accélération suffisante suivant l'axe de déplacement de la masse) (constitue un accéléromètre à indication par tout ou rien) (cf. aussi* accelerometer).

inertial-celestial guidance guidage inertiel astronomique *(ou* à recalage astronomique) *(guidage inertiel faisant appel au recalage astronomique périodique de la plate-forme inertielle pour maintenir la précision de la référence de position malgré la dérive temporelle de la plate-forme) (engin spatial, etc.) (cf. aussi* inertial guidance, celestial guidance *et* time drift).

inertial component composant inertiel *(accéléromètre, gyroscope, gyromètre) (cf. aussi* inertial equipment).

inertial device 1) dispositif à inertie, dispositif inertiel *(tg).* **2)** *cf.* inertial component.

inertial equipment matériel inertiel *(appareils dont le fonctionnement est fondé sur l'inertie de la matière, c.-à-d. d'une masse métallique fixe ou en rotation, en l'occurence) (accéléromètre, gyroscope, gyromètre, plate-forme stabilisée par gyroscopes) (cf. aussi* accelerometer, gyroscope, rate gyro *et* inertial platform).

inertial grade classe inertielle *(classe de précision la plus élevée du matériel inertiel) (cf. aussi* inertial equipment).

inertial guidance guidage inertiel *(souvent nom donné à la navigation par inertie lorsque le mobile est un missile autoguidé) (mil) (cf. aussi* inertial navigation *et* homing missile).

inertial navigation navigation par inertie, navigation inertielle *(navigation d'un mobile dans un espace à trois dimensions à l'aide d'un dispositif utilisant l'inertie de la matière pour assurer le pilotage du mobile) (engin spatial, missile stratégique, aéronef, sous-marin) (cf. aussi* inertial navigation system).

inertial navigation sensor *cf.* inertial platform.

inertial navigation system système de navigation par inertie *(ou* inertielle), navigateur inertiel, système à inertie, système inertiel *(les termes avec « inertiel » sont les plus employés) (système de navigation comprenant essentiellement une centrale inertielle dont les signaux commandent des moyens de pilotage après amplification) (les moyens de pilotage sont généralement des gouvernes dans le cas d'un aéronef, missile atmosphérique compris, ou d'un sous-marin, éventuellement des gouvernes de jet dans un missile ou une fusée spatiale, ou des éjecteurs de gaz dans un engin spatial) (cf. aussi* navigation system, inertial reference unit *et* actuator)

inertial navigation unit *cf.* inertial reference unit.

inertial navigator *cf.* inertial navigation system.

inertial platform plate-forme stabilisée (par inertie), plate-forme à inertie, plate-forme inertielle *(structure montée à la cardan, dont l'orientation dans l'espace est maintenue pratiquement constante par deux gyroscopes à deux degrés de liberté ou trois gyroscopes à un degré de liberté ou trois gyromètres, les axes d'entrée des gyroscopes ou gyromètres étant orthogonaux et la plate-forme portant trois accéléromètres dont les axes sensibles forment un trièdre trirectangle suivant les axes duquel les écarts du mobile sur sa trajectoire sont détectés et mesurés) (son orientation par rapport aux étoiles constitue la direction de référence appelée « repère d'orientation » par rapport à laquelle est établie et maintenue la trajectoire du mobile) (cf. aussi* inertial navigation system).

inertial reference system centrale inertielle, centrale à inertie *(système composé d'une plate-forme stabilisée par inertie et d'un calculateur élaborant les signaux de pilotage à partir des signaux fournis par les accéléromètres) (le calculateur est analogique dans les centrales anciennes et dans les centrales modernes pour petits missiles, ou numérique dans les autres) (cf. aussi* inertial platform *et* computer).

inertial reference unit *cf.* inertial reference system.

inertial sensor capteur inertiel *(capteur utilisant l'inertie de la matière pour détecter un mouvement de translation ou de rotation et, généralement, permettre la mesure du déplacement correspondant) (accéléromètre, gyroscope, gyromètre classique et, par extension, plate-forme inertielle) (cf. aussi* accelerometer, gyroscope, rate gyro, inertial platform *et* sensor).

inertial system système à inertie, système inertiel *(système utilisant l'inertie de la matière pour remplir sa fonction) (cf. aussi* system) (a) *cf. aussi* inertial navigation system ; (b) *cf. aussi* inertial reference system.

inertial technology (la) technique inertielle *(technique des capteurs inertiels ou de la navigation inertielle) (cf. aussi* inertial sensor, inertial navigation *et* technology).

inertial unit 1) *cf.* inertial reference unit. **2)** version inertielle

(d'un gyromètre, c.-à-d. gyromètre classique, par opposition à un gyrolaser) (cf. aussi* rate gyro, laser gyro *et* unit 3) .

infant mortality mortalité initiale *(nom parfois donné aux défaillances prématurées des composants électroniques) (fiabilité) (cf. aussi* early failure).

inference engine moteur d'inférence *(calque du terme anglais) (nom donné à la structure de commande d'un système expert lorsqu'elle est distincte du fonds de connaissances) (inf.) (cf. aussi* control structure, hnowledge base *et* expert system).

infinite attenuation atténuation infinie *(réduction à zéro de l'amplitude des fréquences d'un signal arrêtées par un filtre parfait à la sortie du filtre) (notion théorique utilisée dans la théorie des filtres) (cf. aussi* attenuation *et* ideal filter).

infinite baffle écran acoustique infini *(écran acoustique théorique assurant la séparation totale entre les ondes acoustiques émises vers l'avant par la membrane d'un haut-parleur et les ondes émises vers l'arrière) (est réalisé approximativement par l'emploi d'une enceinte acoustique dans laquelle est monté le haut-parleur) (hifi) (cf. aussi* loudspeaker baffle).

infinite-hold circuit circuit à maintien infini *(circuit de maintien capable de conserver indéfiniment la tension échantillonnée) (échantillonneur) (cf. aussi* hold circuit).

infinite impulse response réponse impulsionnelle infinie, RII *(filtre) (cf. aussi* infinite-impulse-response filter).

infinite-impulse-response filter filtre à réponse impulsionnelle infinie *(nom parfois donné à un filtre numérique récursif pour rappeler que l'amplitude du signal de sortie n'est pas étroitement liée à celle du signal d'entrée du fait de la rétroaction positive et que le premier peut, par conséquent devenir une oscillation entretenue, d'amplitude pouvant théoriquement être infinie, subsistant lorsque l'amplitude d'une impulsion appliquée à son entrée tombe à zéro) (a une réponse en phase proche de celle d'un filtre analogique) (cf. aussi* recursive digital filter *et* analog filter).

infinite line ligne infinie *(ligne de transmission de longueur infinie) (ligne de transmission théorique dans laquelle il n'y a pas de réflexion du signal à l'extrémité réceptrice puisque celle-ci n'est jamais atteinte par le signal) (notion utilisée dans les problèmes d'adaptation d'impédance) (cf. aussi* transmission line *et* impedance matching).

infinite resolution définition infinie, *(etc.) (définition pouvant théoriquement être aussi petite que l'on veut) (définition d'un potentiomètre à piste monobloc à grains fins) (ne pas employer « résolution infinie ») (cf. aussi* resolution 4)).

influence fuze *cf.* proximity fuze.

influence quantity grandeur d'influence (a) *grandeur influant sur le résultat d'une mesure) (température, champ magnétique extérieur, position de l'appareil, etc.) ; (b) grandeur commandant le fonctionnement d'un relais par l'intermédiaire du courant d'excitation) (température, pression, accélération, etc.) ; (c) grandeur dont les variations constituent des perturbations dans un système de régulation) (température, intensité de courant, etc.) (cf. aussi* regulation system).

info *cf.* information.

information information *(souvent au pluriel) (chose ou fait considéré(e) en tant qu'élément de connaissance) (définition la plus générale utilisable notamment dans la théorie et le traitement de l'information) (exemples : présence ou absence d'une chose, d'un être ou d'un événement, caractéristique déterminée de la chose ou de l'être ou de l'un de ses éléments éventuels — nature, dimension, couleur, poids, nombre, etc. — ou de l'événement — nature, intensité durée, etc. et notamment nature, amplitude et durée d'un signal) (bien noter que ce terme à un sens très général et peut désigner aussi la présence ou l'absence d'une virgule que d'une cible militaire, entre autres) (cf. aussi* analog information, numerical information, digital information, information theory, information processing, data, data processing, signal[1] *et* signal processing).

information ... *cf.* data ... *(pour les termes qui ne figurent pas ci-après).*

information-bearing signal signal porteur d'information, signal utile *(sdpo à « signal parasite ») (cf. aussi* signal[1]).

information call demande de renseignements *(tél).*

information center centre informatique, centre de traitement (de l'information), infocentre, *(souvent aussi)* centre de calcul *(société, ou service d'une entité, disposant d'un ou plusieurs ordinateurs avec le matériel auxiliaire, et du personnel nécessaire pour exécuter des travaux de traitement d'informations pour d'autres sociétés ou d'autres services de la même entité, généralement à titre onéreux dans le premier cas) (les travaux exécutés peuvent notamment être de la facturation, l'établissement de statistiques, de la recherche bibliographique, des calculs scientifiques, etc.) (cf. aussi* server (a) *et* information processing).

information channel **1)** circuit suivi par l'information, circuit de l'information *(ensemble des organes par lesquels des informations transitent entre leur collecte et leur utilisation après traitement et éventuellement mémorisation) (inf) (cf. aussi* information). **2)** *cf.* code channel. **3)** *cf.* data communications channel.

information content contenu informationnel *(d'un signal, message, document, dessin, etc.)*, informations contenues *(dans un (idem)) (cf. aussi* information).

information density densité d'informations *(mémorisées ou enregistrées) (inf.) (cf. aussi* storage density *et* recording density).

information department service informatique *(dans une société ou un organisme) (cf. aussi* information center).

information desk table des renseignements *(poste de travail de l'agent préposé à la fourniture de renseignements aux abonnés dans un central téléphonique).*

information engineer ingénieur informaticien, ingénieur en informatique.

information exchange code code de transmission de l'information *(code Baudot, code ASCII, etc.) (tlg, inf) (cf. aussi* Baudot code *et* ASCII code).

information extraction *cf.* information retrieval.

information field champ d'information *(dans un multiplex temporel, partie d'une trame réservée aux binaires d'information) (tls) (cf. aussi* frame 6) *et* data bit).

information flow circulation de l'information *(au sens du terme anglais, notamment sous la forme de signaux transmis dans des circuits) (inf, tls, etc.) (cf. aussi* information *et, à titre d'information,* information stream).

information handling *cf.* information processing. *(de même pour les termes dérivés).*

information hole perforation significative *(bande perforée) (tlg, inf) (cf. aussi* code hole).

information industry (l')industrie de l'information *(nom donné notamment à l'informatique considérée en tant qu'industrie) (cf. aussi* data processing).

information loss perte d'informations *(enr, tlg, inf, etc.) (cf. aussi* information *et* drop-out 1)).

information network *cf.* data communications network.

information packing density densité de mémorisation de l'information *(inf, etc.) (cf. aussi* packing density 3)).

information processing traitement de l'information *(parf. des* informations), traitement automatique de l'information *(idem) (exécution de calculs, classements, tris, choix, établissement et modification de documents, listes et tableaux, tracé et modification de dessins, etc., traitement ou génération de signaux — par des dispositifs mécaniques, hydrauliques, pneumatiques, électromécaniques, optiques et notamment électroniques) (noter que ces termes sous-entendent souvent le traitement numérique de l'information, mais couvrent également le traitement analogique de celle-ci) (cf. aussi* digital data processing, analog information processing *et* information).

information-processing ... *cf.* data-processing ...

information rate débit d'informations *(tls) (cf. aussi* data rate).

information retrieval extraction de l'information *(lecture d'informations contenues dans une mémoire numérique) (recherche documentaire, etc.) (inf) (cf. aussi* digital memory).

information retrieval system système de recherche documentaire *(système informatique permettant de retrouver le titre et les références de documents enregistrés dans la mémoire d'un ordinateur après classement selon des critères précis) (bibliothèque, etc.).*

information science (l')informatique (théorique) *(l'informatique considérée du point de vue scientifique et notamment de la théorie de l'information) (cf. aussi* data processing, information theory *et* information technology).

information signal *cf.* information-bearing signal.

information society société informatisée *(société utilisant un grand nombre d'ordinateurs).*

information storage mémorisation d'informations *(inf, etc.) (cf. aussi* data storage).

information storage ... *cf.* data storage ... *(pour les termes qui ne figurent pas ci-après).*

information storage and retrieval mémorisation et extraction de l'information *(inf) (cf. aussi* information retrieval).

information stream flux d'informations *(inf, tls) (cf. aussi* data stream *et, à titre d'information,* information flow).

information system système informatique *(cf. aussi* data processing system).

information tap-off prélèvement de l'information *(en un point déterminé d'un système informatique ou d'un circuit).*

information technology (l')informatique (appliquée) *(informatique considérée du point de vue du matériel et du logiciel nécessaires pour traiter des informations déterminées) (cf. aussi* hardware (b), software *et* information science).

information theory *(cf. aussi* information) théorie de l'information *(théorie du calcul du nombre minimal d'éléments de signal nécessaire pour transmettre ou mémoriser des informations avec une qualité de reproduction déterminée)* (a) *transmission d'informations) (dans le cas d'informations analogiques, l'élément de signal est un cycle de la porteuse et le nombre minimal d'éléments est la fréquence minimale nécessaire de la porteuse) (cf. aussi* analog data, cycle *et* carrier 1), *(dans le cas d'informations numériques, l'élément de signal est un binaire et le nombre minimal d'éléments est le débit binaire minimal nécessaire de la voie de transmission) (cf. aussi* digital data, bit *et* bit rate ; (b) *mémorisation d'informations) (cette catégorie ne comprend que le cas des informations numériques et, le temps n'intervenant pas ici, le nombre minimal d'éléments de signal nécessaire donne le nombre minimal de cellules de mémoire nécessaire à raison d'une cellule par binaire) (cf. aussi* memory cell).

information transmission transmission de l'information *(tls) (cf. aussi* information *et* data transmission).

infra-acoustic telegraphy télégraphie infra-acoustique *(télégraphie utilisant des fréquences inférieures à 300 Hz) (cf. aussi* telegraphy).

infradyne receiver récepteur infradyne *(récepteur superhétérodyne dans lequel la fréquence fournie par l'oscillateur local est inférieure à celle de la porteuse) (cf. aussi* superheterodyne receiver).

infralow frequency fréquence infrabasse, infrafréquence, fréquence ILF, fréquence téléphonique *(fréquence de 300 à 3 000 Hz, correspondant à une longueur d'onde de 1 000 à 100 km) (radioélectricité) (cf. aussi* frequency *et* wavelength).

infrared infrarouge *(adjectif ou substantif) (cf. aussi* infrared radiation).

infrared-absorbing paint peinture absorbant l'infrarouge *(peinture réduisant l'intensité du rayonnement réfléchi par une cible illuminée par un projecteur infrarouge) (mil) (cf. aussi* infrared projector).

infrared area array matrice de détecteurs infrarouges, groupement bidimensionnel *(idem)*, rétine infrarouge *(cible d'une caméra de télévision infrarouge sans balayage) (mil), etc.) (cf. aussi* focal-plane array).

infrared array *cf.* infrared detector array.

infrared atmospheric transmission window *cf.* infrared window.

infrared atmospheric window *cf.* infrared window.

infrared augmenter intensificateur infrarouge *(ou de rayonnement infrarouge) (source de rayonnement infrarouge montée sur un engin-cible utilisé pour des essais d'engins sol-air ou air-air à autodirecteur infrarouge pour compléter le rayonnement de ses parties chauffées) (mil) (cf. aussi* infrared seeker).

infrared band *cf.* infrared region.

infrared beam faisceau infrarouge *(ou de rayons infrarouges) (faisceau émis par un projecteur infrarouge) (cf. aussi* beam[1] *et* infrared projector).

infrared camera caméra infrarouge, caméra de télévision infrarouge *(caméra de télévision utilisant une cible sensible aux rayons infrarouges) (est utilisée pour l'observation à distance de scènes baignant dans l'obscurité, notamment à des fins militaires, de gardiennage ou de détection d'incendie) (cf. aussi* television camera *et* infrared scanner).

infrared capability possibilités infrarouges *(parf. au singulier) (possibilité pour un appareil d'émettre ou exploiter un rayonnement infrarouge) (exemples : un missile à possibilités infrarouges est un missile équipé d'un autodirecteur infrarouge, éventuellement en plus d'un autodirecteur radar ; un lance-leurres à possibilités infrarouges est un lance-leurres qui peut être chargé avec des leurres infrarouges, éventuellement en plus de leurres radar) (mil) (cf. aussi* capability).

infrared CCD camera caméra à CCD pour l'infrarouge, caméra infrarouge à CCD *(TV) (cf. aussi* CCD camera *et* infrared camera).

infrared CCD imager *cf.* infrared CCD camera.

infrared CM *cf.* infrared countermeasures.

infrared communications télécommunications infrarouges *(ou* par rayons infrarouges *ou* en infrarouge*) (télécommunications discrètes assurées par une porteuse constituée par un faisceau de rayons infrarouges modulé par le signal à transmettre) (mil) (cf. aussi* carrier 1), infrared radiation *et* communications).

infrared communications link liaison de télécommunications infrarouge, liaison infrarouge *(cf. aussi* communications link *et* infrared communications).

infrared countermeasures contre-mesures infrarouges *(contre-mesures électroniques visant les dispositifs infrarouges de l'adversaire) (mil) (cf. aussi* active infrared countermeasures, passive infrared countermeasures *et* electronic countermeasures).

infrared countermeasures equipment matériel de contre-mesures infrarouges *(leurres infrarouges, lance-leurres, écrans, peintures absorbantes, etc.) (mil) (cf. aussi* infrared countermeasures).

infrared countermeasures system système de contre-mesures infrarouges *(ce terme désigne généralement un lance-leurres infrarouge) (mil) (cf. aussi* flare dispenser).

infrared cross-section surface équivalente infrarouge *(aire totale des surfaces d'une cible militaire émettant un rayonnement infrarouge d'intensité suffisante pour être détecté par l'adversaire ou exploité par un autodirecteur infrarouge) (le terme anglais a été forgé par analogie à la surface équivalente radar, mais il s'agit ici d'émission et non de réflexion) (cf. aussi* infrared radiation, infrared seeker *et* radar cross-section).

infrared data informations infrarouges *(spectre de longueurs d'onde et répartition spectrale de la puissance du rayonnement infrarouge émis par un corps ou un objet) (cible militaire émettant un rayonnement infrarouge, zone de la surface d'une planète explorée en infrarouge par un satellite de télédétection, etc.) (cf. aussi* infrared radiation).

infrared decoy leurre infrarouge *(avia, mar) (mil) (cf. aussi* flare 1)).

infrared detection détection infrarouge *(détection d'une cible par captation et analyse du rayonnement infrarouge qu'elle émet naturellement ou qu'elle réfléchit) (mil, etc.) (cf. aussi* infrared detector).

infrared detector détecteur infrarouge *(ou* d'infrarouge *ou* de rayonnement infrarouge *ou* de rayons infrarouges*) (corps dont la résistance varie, ou capable d'émettre des électrons dans le vide, sous l'action d'un rayonnement infrarouge, ou capteur dont l'élément sensible est constitué par un tel corps) (peut être notamment une photorésistance au sulfure de plomb, au tellure de cadmium dopé au mercure, ou à l'antimoniure d'indium) (cf. aussi* infrared radiation, sensor *et* photovaristor).

infrared detector array groupement de détecteurs infrarouges *(groupement monodimensionnel ou bidimensionnel de détecteurs infrarouges constituant la cible d'une caméra de télévision infrarouge) (cf. aussi* infrared detector, infrared camera *et* array 1)).

infrared device dispositif infrarouge *(dispositif conçu pour émettre ou capter un rayonnement infrarouge) (cf. aussi* active infrared device, passive infrared device *et* infrared radiation).

infrared diode *cf.* infrared light-emitting diode.

infrared emission émission infrarouge *(ou* d'un rayonnement infrarouge *ou* de rayons infrarouge*) (cf. aussi* infrared source).

infrared emitter émetteur infrarouge *(ou* d'infrarouges *ou* de rayons infrarouges *ou* de rayonnement infrarouge*) (nom parfois donné à une lampe infrarouge ou à un dispositif ou un appareil utilisant une telle lampe, ou à un organe chauffé équivalent, ou à une diode infrarouge, c.-à-d. à une source infrarouge artificielle) (cf. aussi* infrared lamp, infrared light-emitting diode, infrared source *et, à titre d'information,* infrared transmitter).

infrared-emitting diode *cf.* infrared light-emitting diode.

infrared energy énergie infrarouge *(énergie transportée par un rayonnement infrarouge) (cf. aussi* energy *et* infrared radiation).

infrared fiber optics (l')optique des fibres infrarouges *(optique des fibres optiques conçues pour transmettre un rayonnement infrarouge et composants associés) (cf. aussi* fiber optics *et* infrared radiation).

infrared flare leurre infrarouge *(mil) (cf. aussi* flare 1)).

infrared focal plane *cf.* infrared focal-plane array.

infrared focal-plane array cible focale infrarouge *(cible focale sensible aux rayons infrarouges) (caméra infrarouge sans balayage) (mil, etc.) (cf. aussi* focal-plane array).

infrared FPA *cf.* infrared focal-plane array.

infrared guidance guidage infrarouge *(ou* par rayons infrarouges *ou* par rayonnement infrarouge*) (guidage d'un missile par un autodirecteur infrarouge) (mil) (cf. aussi* infrared seeker).

infrared guidance head *cf.* infrared seeker.

infrared guidance system système de guidage infrarouge *(nom parfois donné à un autodirecteur infrarouge) (mil) (cf. aussi* infrared seeker).

infrared guidance unit *cf.* infrared seeker.

infrared-guided air-defense missile missile anti-aérien guidé par infrarouges, *(etc.) (mil) (cf. aussi* infrared-guided missile).

infrared-guided air-to-air missile missile air-air guidé par infrarouges, *(etc.) (mil) (cf. aussi* infrared-guided missile).

infrared-guided air-to-surface missile missile air-surface guidé par infrarouges *(etc.) (mil) (cf. aussi* infrared-guided missile).

infrared-guided missile missile guidé par infrarouges, missile à guidage *(ou* à autodirecteur *ou* à tête) infrarouge *(missile équipé d'un autodirecteur infrarouge) (mil) (cf. aussi* infrared seeker *et* guided missile).

infrared-guided threat *cf.* infrared-guided missile.

infrared-guided weapon *cf.* infrared-guided missile.

infrared heating chauffage infrarouge *ou* par infrarouges *ou* par rayons infrarouges *ou* par rayonnement infrarouge*) (chauffage essentiellement superficiel réalisé à l'aide d'une ou plusieurs lampes infrarouges ou d'un ou plusieurs panneaux infrarouges) (est utilisé notamment pour le séchage du bois, du papier, des peintures, la déshydratation des aliments et le chauffage localisé des locaux) (cf. aussi* infrared lamp *et* infrared panel).

infrared homer 1) *cf.* infrared-guided missile. 2) *cf.* infrared seeker.

infrared homer missile *cf.* infrared-guided missile.

infrared homing autopoursuite infrarouge *(autopoursuite passive dans laquelle le rayonnement exploité par l'autodirecteur du missile est le rayonnement infrarouge émis naturellement par la cible) (rayonnement de la tuyère d'un turboréacteur, d'une pipe d'échappement d'un moteur à pistons, d'une cheminée de navire, etc.) (mil) (cf. aussi* passive homing *et* infrared seeker).

infrared-homing ... *cf.* infrared-guided ... *(pour les termes qui ne figurent pas ci-après).*

infrared homing head *(ou* **sensor** *ou* **system** *ou* **unit**) *cf.* infrared seeker.

infrared illumination illumination infrarouge *(illumination* *d'une cible par un illuminateur infrarouge) (mil, etc.) (cf. aussi* infrared illuminator).

infrared illuminator illuminateur infrarouge *(nom souvent donné à un projecteur infrarouge utilisé pour illuminer une cible) (mil, etc.) (cf. aussi* infrared projector, target illumination *et* snooperscope).

infrared image image infrarouge *(cf. aussi* thermal image).

infrared image converter convertisseur d'image infrarouge *(tube convertisseur d'image à photocathode sensible aux rayons infrarouges) (mil, etc.) (cf. aussi* image converter tube *et* infrared radiation).

infrared image sensing *cf.* infrared imaging.

infrared image sensor capteur vidéo infrarouge, capteur d'images infrarouge *(autres noms d'une caméra infrarouge) (mil, etc.) (cf. aussi* infrared camera).

infrared imager *cf.* infrared image sensor.

infrared imagery images infrarouges *(cf. aussi* thermal image *et* imagery).

infrared imaging prise de vues en infrarouge, télévision infrarouge, imagerie infrarouge *(ou* thermique), thermographie *(obtention d'images sur un écran cathodique ou autre à l'aide d'une caméra infrarouge et éventuellement photographie des images obtenues) (le premier terme s'emploie dans tous les cas ; le deuxième s'emploie surtout lorsque la caméra est séparée du récepteur par une distance appréciable ; le troisième s'emploie surtout dans le domaine militaire et celui de la télédétection par satellite ; le quatrième s'emploie surtout dans le domaine médical et celui des essais de machines et appareils) (cf. aussi* infrared camera *et* imaging).

infrared imaging camera *cf.* infrared camera.

infrared imaging device *cf.* infrared image sensor.

infrared imaging scanner *cf.* infrared scanner.

infrared imaging seeker autodirecteur télévision infrarouge *(ou* à caméra infrarouge) *(autodirecteur dont le détecteur est une caméra infrarouge) (mil) (cf. aussi* television seeker *et* infrared camera).

infrared imaging sensor *cf.* infrared camera.

infrared imaging system système de télévision infrarouge *(système formé d'une caméra infrarouge, d'une liaison filaire ou radioélectrique et d'un récepteur de télévision approprié) (mil, etc.) (cf. aussi* infrared camera).

infrared jammer brouilleur infrarouge *(boîtier contenant une lampe infrarouge à rayonnement intense masquée périodiquement par un volet commandé par un moteur électrique ou allumée et éteinte périodiquement pour produire un rayonnement discontinu interprété par un autodirecteur infrarouge comme signifiant que la cible n'est pas accrochée, ce qui a pour résultat qu'il continue sa recherche et que l'engin s'écarte ainsi de la direction de la cible et la perd) (mil) (cf. aussi* infrared lamp *et* infrared seeker).

infrared jamming brouillage infrarouge *(brouillage d'un autodirecteur infrarouge par un brouilleur infrarouge ou par lancement de fusées éclairantes) (mil) (cf. aussi* infrared seeker, infrared jammer *et* flare 1)).

infrared ladar ladar infrarouge, radar à laser infrarouge *(mil, etc.) (cf. aussi* ladar *et* infrared laser).

infrared lamp *(cf. aussi* infrared radiation) lampe infrarouge *(ou* à infrarouges) (a) *lampe à filament de tungstène porté à 2000°C seulement pour émettre un rayonnement infrarouge à courte longueur d'onde (0,75 à 2 microns) relativement intense en plus d'un rayonnement lumineux peu intense (cf. aussi* infrared projector); (b) *tube métallique fermé, éventuellement très court et de diamètre relativement grand, contenant une résistance électrique noyée dans un ciment isolant et portée à environ 800°C pour émettre un rayonnement infrarouge à longueur d'onde moyenne (2 à 4 microns), sans rayonnement lumineux) (cf. aussi* infrared panel et infrared heating).

infrared laser laser infrarouge *(ou* à infrarouge) *(laser émettant un rayonnement infrarouge, donc invisible) (laser à semiconducteur, à hélium-néon, à oxyde de carbone, à gaz carbonique, etc.) (mil, etc.) (cf. aussi* laser *et* infrared radiation).

infrared laser radar *cf.* infrared ladar.

infrared laser radiation rayonnement d'un laser infrarouge.

infrared LED *cf.* infrared light-emitting diode.

infrared light lumière infrarouge *(nom parfois donné au rayonnement infrarouge, notamment au rayonnement émis par une lampe infrarouge ou une diode lumineuse infrarouge) (cf. aussi* infrared radiation, infrared lamp *et* infrared light-emitting diode).

infrared light-emitting diode diode lumineuse infrarouge *(etc.)*, diode émettant dans l'infrarouge, diode infrarouge *(diode émissive émettant un rayonnement infrarouge) (n'est donc pas lumineuse en réalité) (source infrarouge) (cf. aussi* light-emitting diode *et* infrared radiation).

infrared line-scan system *cf.* infrared scanner.

infrared line scanner *cf.* infrared scanner.

infrared line scanning balayage de la scène en infrarouge *(caméra infrarouge) (mil, etc.) (cf. aussi* infrared scanner).

infrared link *cf.* infrared communications link.

infrared mapping cartographie infrarouge *(ou* en infrarouge), visualisation du terrain en infrarouge *(prise de vues du sol à l'aide d'une caméra infrarouge montée dans un aéronef ou un satellite) (mil, télédétection) (cf. aussi* infrared camera *et* ground mapping).

infrared maser *cf.* infrared laser.

infrared missile *cf.* infrared-guided missile.

infrared missile seeker *cf.* infrared seeker.

infrared night-vision sensor *cf.* infrared camera.

infrared night-vision system *cf.* infrared camera.

infrared optics optique pour rayons infrarouges *(lentilles, prismes, fibres optiques et autres composants pour rayons infrarouges)*.

infrared output *cf.* infrared power.

infrared panel panneau infrarouge *(ou* à infrarouges *ou* à rayons infrarouges *ou* à rayonnement infrarouge), panneau rayonnant *(« lampe » à rayons infrarouges longs (plus de 4 microns) réalisée sous la forme d'une plaque de fonte à surface antérieure lisse ou nervurée chauffée à environ 300°C par des résistances isolées noyées dans l'épaisseur ou disposées sur la face postérieure) (cf. aussi* infrared lamp).

infrared photon photon infrarouge *(ou* de rayonnement infrarouge) (photon d'un rayonnement infrarouge) (cf. aussi* photon *et* infrared radiation).

infrared picture *cf.* infrared image.

infrared power 1) puissance infrarouge *(puissance mise en jeu sous la forme d'un rayonnement infrarouge) (cf. aussi* power[1] 1) *et* infrared radiation). 2) *cf.* infrared energy.

infrared projector *cf.* infrared searchlight. *(le premier terme étant peu employé).*

infrared pulse impulsion infrarouge *(ou* de rayonnement infrarouge) (rayonnement infrarouge de durée relativement courte émise par un projecteur infrarouge ou au départ d'un obus ou autre projectile et pouvant alors être détectée par un détecteur infrarouge ou utilisée par un autodirecteur infrarouge) (mil) (cf. aussi* infrared projector, infrared detector *et* infrared seeker).

infrared pulsing émission d'impulsions infrarouges, *(etc.) (cf. aussi* infrared pulse).

infrared radar *cf.* infrared tracker.

infrared radiation rayonnement infrarouge, rayons infrarouges, (l')infrarouge *(rayonnement électromagnétique dont la longueur d'onde est comprise entre 0,75 et 1 000 microns environ, c.-à-d. plus grande que celle de la lumière rouge ; est, par conséquent, invisible) (rayonnement émis par tout corps dont la température est différente du zéro absolu ; son intensité est proportionnelle à la température du corps et n'est notable qu'à partir d'une certaine valeur de celle-ci) (cf. aussi* near infrared, middle infrared, far infrared, short-wave infrared, thermal infrared *et* electromagnetic radiation).

infrared radiation detector *cf.* infrared detector.

infrared radiometer radiomètre infrarouge *(radiomètre sensible aux rayons infrarouges) (radiomètre monté sur satellite de télédétection, etc.) (cf. aussi* radiometer *et* infrared radiation).

infrared receiver récepteur infrarouge (a) *nom parfois donné à un détecteur infrarouge, notamment lorsqu'il détecte le signal transmis par un faisceau de rayons infrarouges modulé) (cf. aussi* infrared detector *et* infrared communications); (b) *cf. aussi* infrared warning receiver.

infrared region domaine de l'infrarouge *(partie du spectre des rayonnements électromagnétiques occupée par les longueurs d'ondes des rayons infrarouges) (cf. aussi* infrared radiation *et* electromagnetic spectrum).

infrared remote control télécommande infrarouge *(ou à infrarouges ou par infrarouges ou par rayons infrarouges ou par rayonnement infrarouge),* commande à distance *(idem) (télécommande d'un dispositif ou un appareil par émission d'un faisceau de rayons infrarouges de longueur d'onde déterminée ou codé agissant sur un détecteur incorporé au matériel et dont le signal de sortie commande indirectement l'organe voulu) (téléviseur, magnétoscope, projecteur de diapositives, etc.) (cf. aussi* infrared radiation *et* remote control).

infrared scanner caméra infrarouge à balayage *(ou à cible monodimensionnelle) (caméra infrarouge dans laquelle la cible est une barrette d'éléments photodétecteurs sensibles aux rayons infrarouges sur lesquels l'image de la scène observée est formée par lignes successives à l'aide d'un dispositif mécanique à miroir oscillant ou tournant) (mil, etc.) (cf. aussi* infrared camera *et* photodetector).

infrared scanning radiometer radiomètre infrarouge à balayage *(caméra infrarouge à balayage utilisée comme radiomètre dans un satellite de télédétection) (cf. aussi* radiometer *et* infrared scanner).

infrared scanning tail warner détecteur infrarouge de queue à balayage *(caméra infrarouge à balayage utilisée comme détecteur infrarouge de queue) (avia. mil) (cf. aussi* infrared tail warner *et* infrared scanner).

infrared search *cf.* infrared homing.

infrared searchlight projecteur infrarouge *(lampe à rayons infrarouges moyens munie d'un réflecteur parabolique et utilisée pour illuminer une cible dans l'obscurité tout en restant invisible) (télescope infrarouge, etc.) (mil, etc.) (cf. aussi* infrared lamp (b) *et* snooperscope).

infrared seeker autodirecteur infrarouge, *(etc.) (autodirecteur passif dont le détecteur est sensible au rayonnement infrarouge) (missile) (mil) (cf. aussi* non-imaging infrared seeker, imaging infrared seeker, passive seeker *et* infrared homing).

infrared seeker head *cf.* infrared seeker.

infrared-seeker missile *cf.* infrared-guided missile.

infrared-seeking ... *cf.* infrared-guided ... *(pour les termes qui ne figurent pas ci-après).*

infrared seeking head *cf.* infrared seeker.

infrared sensing *cf.* infrared imaging.

infrared sensor capteur infrarouge *(cible de caméra de télévision infrarouge ou, par extension, la caméra elle-même) (cf. aussi* infrared camera *et* sensor).

infrared signature empreinte infrarouge, signature infrarouge *(image caractéristique d'un type de cible militaire formée sur un écran de télévision infrarouge) (cf. aussi* signature 1) *et* infrared television).

infrared source source infrarouge *(ou d'infrarouges ou de rayons infrarouges ou de rayonnement infrarouge) (corps porté à une température relativement élevée) (soleil, lampe à filament incandescent, leurre infrarouge, diode infrarouge, tuyère de moteur à réaction, etc.) (cf. aussi* infrared emitter *et* infrared radiation).

infrared spectrum spectre infrarouge *(ou de l'infrarouge ou des infrarouges ou du rayonnement infrarouge ou des rayons infrarouges) (cf. aussi* infrared region).

infrared submarine detection détection infrarouge des sous-marins *(détection des sous-marins par exploitation de leur traînée infrarouge) (mar. mil) (cf. aussi* infrared trail).

infrared surveillance veille infrarouge *(surveillance d'une zone quelconque à l'aide d'un ou plusieurs détecteurs ou caméras infrarouges) (mil, gardiennage) (cf. aussi* infrared detector *et* infrared camera).

infrared tail warner *cf.* infrared warning receiver.

infrared tail warning system *cf.* infrared warning receiver.

infrared target acquisition system système de localisation de cible à infrarouges *(caméra infrarouge montée sur aéronef militaire ou formant le détecteur d'un autodirecteur) (cf. aussi* infrared camera *et* infrared seeker).

infrared technology (la) technique infrarouge *(technique de l'émission, la transmission, la détection et l'utilisation des rayons infrarouges) (cf. aussi* infrared radiation *et* technology).

infrared television télévision infrarouge *(ou en infrarouge),* télévision thermique *(télévision utilisant une caméra infrarouge) (mil, etc.) (cf. aussi* infrared imaging).

infrared television camera *cf.* infrared camera.

infrared terminal guidance guidage terminal infrarouge *(ou par autodirecteur infrarouge) (missile) (mil) (cf. aussi* terminal guidance *et* infrared seeker).

infrared terminal homing *cf.* infrared terminal guidance.

infrared terminal seeker autodirecteur terminal infrarouge, *(etc.) (autodirecteur de guidage terminal réalisé sous la forme d'un autodirecteur infrarouge) (missile) (mil) (cf. aussi* terminal-guidance seeker *et* infrared seeker).

infrared threat menace infrarouge, *(parf.)* émission infrarouge hostile *(menace constituée par l'exploitation hostile d'un rayonnement infrarouge ou, parfois, par l'émission d'un rayonnement infrarouge hostile) (mil) (cf. aussi* passive infrared threat, active infrared threat, infrared radiation *et* threat).

infrared tracker caméra infrarouge de poursuite *(terme que j'ai proposé) (caméra infrarouge montée à la Cardan et asservie en direction, notamment dans un aéronef militaire, pour servir de radar de poursuite passif à très courte portée) (cf. aussi* infrared camera *et* tracking radar).

infrared tracking poursuite infrarouge *(poursuite d'une cible par une caméra infrarouge de poursuite ou par un autodirecteur infrarouge) (mil) (cf. aussi* infrared tracker, infrared seeker *et* tracking 1) (a)).

infrared tracking head *cf.* infrared seeker.

infrared tracking system 1) *cf.* infrared seeker. 2) *cf.* infrared tracker.

infrared tracking unit *cf.* infrared tracking system.

infrared trail traînée infrarouge *(émission indésirable de rayons infrarouges par une cible mobile et notamment par le snorkel d'un sous-marin en plongée au snorkel) (mil, etc.) (cf. aussi* infrared radiation).

infrared transmission *(cf. aussi* infrared radiation *et* transmission) 1) transmission infrarouge *(ou d'un rayonnement infrarouge ou des rayons infrarouges) (par l'atmosphère, une lentille, une fibre optique, etc.) (cf. aussi* infrared transmission window). 2) émission infrarouge *(émission d'un rayonnement infrarouge ou ce rayonnement lui-même).*

infrared transmission window fenêtre de transmission infrarouge, fenêtre infrarouge *(fenêtre de transmission de l'atmosphère pour les rayons infrarouges) (cf. aussi* transmission window *et, à titre d'information* infrared transmitting window).

infrared transmitter émetteur infrarouge *(source de rayonnement infrarouge dont le rayonnement est modulé par un signal à transmettre et notamment diode lumineuse infrarouge) (tls, mil) (cf. aussi* infrared source *et* infrared light-emitting diode).

infrared-transmitting faceplate fenêtre d'entrée transparente aux infrarouges *(ou transmettant l'infrarouge),* face d'entrée *(idem),* face avant *(idem) (partie antérieure d'un tube analyseur ou d'un tube intensificateur d'image ou d'un tube convertisseur d'image conçu pour être utilisé avec un rayonnement infrarouge).*

infrared transmitting window fenêtre transparente aux infrarouges *(ou transmettant l'infrarouge) (tube, etc.) (cf. aussi* infrared transmitting faceplate *et* infrared transmission window).

infrared-transparent material matière transparente aux infrarouges *(ou transmettant l'infrarouge) (cf. aussi* material).

infrared TV *cf.* infrared television.

infrared viewer *cf.* infrared imager.

infrared viewing *cf.* infrared imaging. *(de même pour les termes dérivés).*

infrared warner *cf.* infrared warning receiver.

infrared warning device *cf.* infrared warning receiver.

infrared warning receiver détecteur de tirs *(caméra infrarouge montée sur un aéronef militaire pour détecter les tirs de missiles dans sa direction et prévenir le pilote) (est générale* *ment montée dans la queue d'un avion et détecte les rayons infrarouges émis par le jet de gaz chauds du propulseur) (cf. aussi* infrared camera, missile launch detector *et* warning receiver).

infrared warning system système de détection de tirs *(ce terme désigne généralement un détecteur de tirs, mais peut aussi désigner l'ensemble de plusieurs détecteurs montés sur un même aéronef) (mil) (cf. aussi* infrared warning receiver).

infrared wave onde infrarouge, onde de rayonnement thermique *(onde électromagnétique dont la longueur est celle des rayons infrarouges) (cf. aussi* infrared radiation).

infrared wavelength longueur d'onde du domaine infrarouge *(cf. aussi* infrared radiation).

infrared weapon *cf.* infrared-guided weapon.

infrared window 1) *cf.* infrared transmission window. 2) *cf.* infrared transmitting window.

infrasonic frequency fréquence infrasonore *(fréquence d'un infrason, c-à-d. des vibrations produisant un infrason) (cf. aussi* infrasonic vibrations).

infrasonic vibrations (les) infrasons *(sons non audibles dont la fréquence est inférieure à 16 Hz, cette limite étant fixée arbitrairement) (acou) (cf. aussi* non-audible sound).

infrasonic wave onde infrasonore *(onde acoustique dont la longueur correspond à une fréquence infrasonore) (cf. aussi* acoustic wave *et* infrasonic frequency).

InGaAs *cf.* indium-gallium-arsenide.

inherent feedback rétroaction naturelle *(rétroaction dans un système bouché due à la nature même du système) (peut être positive ou négative) (asser, ampli, oscillateur) (cf. aussi* feedback).

inherent regulation autorégulation, régulation naturelle *(régulation due à une rétroaction naturelle négative) (cf. aussi* regulation *et* inherent feedback).

inherited error erreur héritée *(erreur provenant d'une opération antérieure dans un traitement d'informations par un ordinateur) (inf) (cf. aussi* error detection).

inhibit *v (voir aussi* inhibition) 1) inhiber, bloquer, empêcher (le fonctionnement). 2) inhiber, invalider, interdire (le fonctionnement).

inhibit ... *cf.* inhibiting ...

inhibiting gate *cf.* inhibition gate.

inhibiting input 1) entrée du signal d'interdiction *(borne d'une porte logique à laquelle est appliquée une impulsion d'inhibition) (inf) (cf. aussi* inhibiting pulse). 2) *cf.* inhibiting signal.

inhibiting pulse impulsion d'inhibition *(ou d'interdiction ou d'invalidation) (impulsion appliquée à une borne particulière d'une porte logique pour empêcher une impulsion présente à une des entrées de la porte d'être transmise à la sortie malgré que la combinaison des états logiques des entrées remplisse la condition de transmission) (circuits logiques) (inf) (cf. aussi* inhibition gate).

inhibiting signal signal d'interdiction *(autre nom d'une impulsion d'inhibition) (inf) (cf. aussi* inhibiting pulse).

inhibition 1) inhibition, blocage *(du fonctionnement d'un montage ou d'un appareil).* 2) inhibition, invalidation, interdiction *(d'une porte logique) (inf) (cf. aussi* inhibiting pulse).

inhibition gate porte d'inhibition, circuit inhibiteur *(porte logique imposant une condition supplémentaire au fonctionnement d'un circuit logique en fournissant une impulsion d'inhibition) (inf) (cf. aussi* inhibiting pulse *et* logic gate).

inhibitor *cf.* inhibition gate.

inhibitor circuit *cf.* inhibition gate.

initial guidance guidage initial, *(etc.) (voir aussi* terminal guidance *et adapter les termes et la définition).*

initial homing *cf.* initial guidance.

initial ionizing event premier événement ionisant *(événement ionisant provoquant l'ionisation par avalanche dans un gaz) (cf. aussi* ionizing event *et* avalanche ionization).

initial program loader chargeur initial *(inf) (cf. aussi* bootstrap[1] 2).

initial program loading chargement du programme initial, chargement initial *(chargement d'un programme dans la mémoire d'un ordinateur lorsque celle-ci est vide) (est réalisé à l'aide d'un programme de chargement automatique) (inf) (cf. aussi* bootstrap[1] 2) *et* initialization).

initialization initialisation, mise à l'état initial *(mise d'un dispositif ou d'un appareil dans les conditions de fonctionnement initiales) (mise à zéro ou à une autre valeur d'un compteur d'ordinateur, d'un compteur de phases d'un récepteur de navigation hyperbolique ou autre dispositif, fixation des valeurs initiales de grandeurs variables, étape préliminaire d'un traitement sur ordinateur, d'une transmission de données, etc.) (cf. aussi* initial program loading).

initialize *v* initialiser, mettre à l'état initial *(cf. aussi* initialization).

initiate *v (voir aussi* initiation) 1) déclencher. 2) amorcer. 3) lancer.

initiating electrode électrode d'amorçage *(électrode d'un tube à gaz à laquelle est appliquée une tension plus élevée que la tension de fonctionnement pour amorcer la décharge électrique dans le gaz) (cf. aussi* gas tube).

initiating spark étincelle d'amorçage *(étincelle amorçant une décharge électrique dans un gaz) (est normalement produite par une électrode d'amorçage dans le cas d'un tube à gaz) (cf. aussi* initiating electrode).

initiation 1) déclenchement *(d'un processus).* 2) amorçage *(d'une décharge électrique dans un gaz) (tube à gaz, etc.) (cf. aussi* firing 1)). 3) lancement *(de l'exécution d'une séquence prédéterminée d'opérations et notamment de tout ou partie d'un programme d'ordinateur) (inf, etc.) (cf. aussi* computer program).

inject *v (voir aussi* injection) 1) injecter. 2) appliquer, injecter.

inject pulse *cf.* injection pulse.

injection 1) injection (de porteurs de charge) *(semi) (cf. aussi* carrier injection). 2) application, injection *(d'un signal à l'entrée d'un circuit).*

injection efficiency rendement d'injection *(nombre de porteurs minoritaires injectés par l'émetteur dans la base d'un transistor bipolaire par unité d'intensité du courant dans la jonction émetteur-base, ou rapport des intensités des deux courants (cf. aussi* minority-carrier injection *et* p-n junction).

injection for the local oscillator signal injecté à l'oscillateur local *(super) (cf. aussi* injection locking).

injection grid grille de l'oscillateur local *(grille d'un tube changeur de fréquence à laquelle est appliqué le signal de l'oscillateur local dans un récepteur superhétérodyne à tubes électroniques) (cf. aussi* mixer).

injection laser laser à injection *(semi) (cf. aussi* laser diode).

injection laser diode *cf.* laser diode.

injection level niveau d'injection *(nombre de porteurs de charge injectés par unité de volume dans un semiconducteur) (cf. aussi* carrier injection).

injection-locked local oscillator oscillateur local synchronisé par injection *(super) (cf. aussi* injection locking).

injection-locked oscillator oscillateur synchronisé par injection *(cf. aussi* injection locking).

injection locking synchronisation par injection *(synchronisation d'un oscillateur hyperfréquence sur une fréquence proche de sa fréquence d'oscillation naturelle par injection d'un signal de faible amplitude à cette fréquence ou à un harmonique inférieur de celle-ci dans sa cavité résonante) (cf. aussi* microwave oscillator *et* subharmonic).

injection logic logique à injection *(CI) (cf. aussi* I²L, *au début de la lettre I, après* I²).

injection pulse impulsion d'injection *(impulsion de tension produisant l'injection de porteurs de charge dans un semiconducteur) (cf. aussi* carrier injection).

injector injecteur *(émetteur du transistor injecteur de courant dans la logique à injection ou, par extension, le transistor lui-même) (CI) (cf. aussi* I²L, *au début de la lettre I, après* I²).

injector grid *cf.* injection grid.

ink 1) encre *(pour enregistreurs, imprimantes, etc.).* 2) pâte à sérigraphier, pâte *(pâte déposée par sérigraphie sur le substrat d'un circuit hybride à couches épaisses ou de certains circuits imprimés et ensuite cuite au four, pour former des conducteurs et des composants ou les isoler entre eux) (est composée de poudre de verre et de poudre de métaux ou d'oxydes métalliques en proportion variable, ainsi que d'un liant orga-*

nique et d'un solvant volatif) (est conductrice, résistive ou isolante selon la nature et les proportions des constituants) (CI) (cf. aussi conductive ink, resistive ink, insulating ink, screen printing, thick-film hybrid circuit, noble metal *et* non-noble metal).

ink-dot matrix printing impression par jet(s) d'encre *(le singulier est le plus employé) (cf. aussi* ink-jet printer).

ink-jet printer imprimante à jet d'encre *(ou* jets d'encre) *(le singulier est le plus employé) (imprimante matricielle dans laquelle les points sont produits par des jets d'encre issus de très petits orifices sous l'action d'une onde de choc créée par effet piézoélectrique) (utilise du papier ordinaire, ne fait pas de bruit et constitue la version « hydraulique » de l'imprimante à aiguilles) (inf) (cf. aussi* dot matrix).

ink recorder enregistreur à plume, enregistreur à stylet (à encre) *(enregistreur graphique classique) (cf. aussi* graphic recorder).

inkless recording (l')enregistrement optique (sur papier) *(enregistrement sur papier photographique) (cf. aussi* optical recording).

inland circuit circuit intérieur *(circuit de télécommunications n'allant pas au-delà des frontières d'un pays) (sdpo à « circuit international ») (cf. aussi* communications circuit).

inland traffic trafic intérieur *(trafic téléphonique ou télégraphique dans les limites d'un pays) (sdpo à « trafic international ») (cf. aussi* traffic).

inner electron électron interne *(ou d'une couche interne) (atome) (cf. aussi* inner shell).

inner-lead bonder soudeuse de connexions intérieures *(fab. CH) (cf. aussi* wire bonder).

inner marker balise intérieure, balise finale *(balise du système ILS située à l'entrée de la piste) (c'est donc la troisième et dernière balise survolée par un avion le long de sa trajectoire d'approche) (cf. aussi* ILS).

inner marker beacon *cf.* inner marker.

inner shell couche interne, couche électronique interne *(couche électronique autre que la couche périphérique) (atome) (cf. aussi* electron shell).

inner-shell electron *cf.* inner electron.

inorganic liquid laser laser à liquide inorganique *(laser à liquide dans lequel celui-ci est un oxychlorure de phosphore ou de sélénium contenant du néodyme en solution) (cf. aussi* liquid laser).

InP *cf.* indium phosphide.

inphase ... *cf.* in-phase ... *(plus haut).*

Inpt *cf.* input[1].

INPT *cf.* input[1].

input[1] *s* **1)** entrée *(en électronique et sciences connexes, organe par l'intermédiaire duquel un signal est appliqué ou de l'énergie ou de la puissance est fournie, ou des informations sont fournies, à un dispositif ou autre matériel ou, par extension, ce signal, cette énergie, cette puissance ou ces informations elles-mêmes) (l'organe d'entrée est souvent une paire de bornes, matérialisées ou non, mais peut aussi être un capteur, un clavier, un lecteur optique ou magnétique, un écran cathodique spécial, etc.) (cf. aussi* electrical input, unbalanced input, balanced input, floating input, guarded input, differential input, non-inverting input, inverting input, current input, voltage-controlled input, power input, optical input, port 1), terminal 1), sensor, signal[1], energy, power[1] 1), information *et* output[1]). **2)** *cf.* input terminal 1). **3)** *cf.* input signal. **4)** *cf.* input power. **5)** *cf.* input voltage. **6)** *cf.* input data. **7)** introduction, entrée *(des données) (cf. aussi* data entry).

input[2] *v (voir aussi* inputting) **1)** appliquer (à l'entrée de ...). **2)** introduire.

input admittance admittance d'entrée *(admittance de l'entrée d'un quadripôle) (cf. aussi* admittance et quadripole).

input amplifier amplificateur d'entrée, *(parf.)* préamplificateur *(amplificateur amplifiant un signal d'entrée) (est souvent un amplificateur de tension) (récepteur, enregistreur, etc.) (cf. aussi* amplifier, voltage amplifier *et* input signal).

input amplitude *cf.* input signal amplitude.

input applied ... *cf.* input ...

input area zone d'entrée, zone d'introduction (des données) *(partie d'une mémoire centrale réservée aux informations à traiter) (inf) (cf. aussi* main memory).

input arrangement montage d'entrée *(entrée équilibrée, flottante, etc.) (cf. aussi* input[1] et arrangement 1)).

input attenuator atténuateur d'entrée *(atténuateur utilisé sur un oscilloscope ou autre appareil pour réduire l'amplitude du signal d'entrée lorsqu'elle est excessive) (cf. aussi* attenuator).

input band *cf.* input bandwidth.

input bandwidth bande passante d'entrée *(bande passante d'un étage d'entrée et notamment d'un amplificateur d'entrée) (cf. aussi* bandwidth 2) et input stage).

input bias current *(parf.* intensité du) courant de polarisation (des entrées) *(courant circulant dans chacune des deux entrées d'un amplificateur opérationnel pour assurer la polarisation du transistor de chaque entrée ou, parfois, intensité de ce courant) (cf. aussi* transistor bias et operational amplifier).

input block *cf.* input area.

input blocking capacitor condensateur de liaison à l'entrée *(oscillo, etc.) (cf. aussi* coupling capacitor et input[1] 1).

input bound *cf.* input limited.

input buffer porte de puissance en entrée *(porte de puissance montée à l'entrée d'un montage, généralement intégré, pour servir de circuit d'attaque permettant l'attaque par des signaux de faible amplitude) (circuits logiques) (cf. aussi* buffer[1] (a1) et driver 1)).

input buffer amplifier amplificateur séparateur d'entrée *(cf. aussi* buffer amplifier).

input buncher *cf.* buncher.

input capacitance capacité d'entrée *(capacité mesurée entre les bornes d'entrée d'un tube électronique ou d'un transistor ou autre composant à semiconducteur à trois électrodes) (cf. aussi* capacitance).

input capacitor condensateur d'entrée *(condensateur monté entre les bornes d'entrée d'un quadripôle) (cf. aussi* capacitor et quadripole).

input cavity cavité d'entrée *(klystron) (cf. aussi* buncher cavity).

input cavity resonator *cf.* input resonator.

input circuit circuit d'entrée *(circuit d'un quadripôle, d'un transducteur ou d'un appareil aux bornes duquel est appliqué le signal ou la tension à utiliser) (cf. aussi* quadripole).

input circuitry circuits d'entrée *(cf. aussi* input circuit et circuitry).

input common-mode range *cf.* common-mode voltage range.

input common-mode voltage range *cf.* common-mode voltage range.

input conditioning *cf.* input signal conditioning.

input connection connexion d'entrée *(connexion reliant une entrée d'un composant en boîtier à une broche ou autre borne de celui-ci) (CH, CI, etc.) (cf. aussi* input[1]).

input connector connecteur d'entrée *(socle de connecteur d'un appareil ou autre matériel auquel est appliqué un signal d'entrée) (cf. aussi* connector socket et input signal).

input control **1)** limitation de l'amplitude du signal d'entrée, limitation de l'entrée *(à l'aide d'un atténuateur, etc.) (cf. aussi* input attenuator). **2)** commande d'entrée en mémoire *(d'informations à mémoriser) (inf) (cf. aussi* data entry).

input control logic logique de commande d'entrée en mémoire *(cf. aussi* input control 2) et logic (b)).

input coupling liaison d'entrée *(liaison entre l'entrée d'un étage et la sortie de l'étage précédent ou la borne d'entrée correspondante d'un appareil) (liaison par condensateur, par transformateur, par couplage optique, etc.)(cf. aussi* coupling between stages).

input current *(parf.* intensité du) courant d'entrée, *(idem)* courant absorbé *(montage, appareil, etc.).*

input current limiter limiteur de courant d'entrée *(nom descriptif d'une résistance de base d'amplificateur de puissance à transistor bipolaire) (cf. aussi* base ballasting).

input current limiting limitation du courant d'entrée *(à l'aide d'une résistance de base) (cf. aussi* input current limiter).

input data informations à traiter, données *(inf) (cf. aussi* data).

input data bus bus d'entrée des données *(inf) (cf. aussi* data bus).

input data rate *cf.* input speed.

input data storage mémorisation des informations à traiter, mémorisation des données *(inf) (cf. aussi* data storage).

input data-storage batch lot d'informations à mémoriser *(inf)*.

input device **1)** organe d'entrée, dispositif d'entrée *(tg) (cf. aussi* input[1]). **2)** (appareil *ou* organe) périphérique d'entrée, *(parf. aussi)* organe d'entrée, terminal d'entrée *(appareil périphérique permettant d'introduire des informations à traiter dans la mémoire d'un ordinateur) (terminal à clavier, lecteur de cartes perforées, de bande perforée, de caractères optiques ou magnétiques, etc.) (inf) (cf. aussi* peripheral device 1)).

input differential voltage tension différentielle d'entrée *(tension différentielle existant aux bornes d'entrée d'un amplificateur différentiel ou opérationnel et représentant le signal à amplifier) (cf. aussi* differential voltage *et* differential amplifier).

input drive **1)** *cf.* drive[1] 1). **2)** *cf.* drive signal.

input drive signal *cf.* drive signal.

input electrode électrode d'entrée (du signal) *(autre nom d'une électrode de commande) (cf. aussi* control electrode).

input equipment matériel d'introduction de données, matériel d'entrée, périphériques d'entrée *(inf) (cf. aussi* input device 2)).

input filter filtre d'entrée *(filtre situé à l'entrée d'un appareil, d'un montage ou d'un circuit intégré, hybride ou imprimé) (récepteur, alim. déc, etc.) (cf. aussi* filter[1]).

input-filter capacitor condensateur du filtre d'entrée *(alim. déc, etc.)*.

input filtering filtrage du signal d'entrée, *(parf.)* filtrage de la tension d'entrée, filtrage à l'entrée *(cf. aussi* input filter).

input frequency **1)** *cf.* input signal frequency. **2)** *cf.* power supply frequency.

input gap espace de modulation *(espace d'interaction de la cavité d'entrée d'un klystron, dans lequel commence la modulation de vitesse des électrons du faisceau entraînant la formation de paquets d'électrons) (cf. aussi* klystron *et* output gap).

input gate porte d'entrée, poste logique d'entrée *(porte logique à laquelle est appliqué le signal à traiter dans un montage numérique et notamment un circuit intégré numérique) (inf) (cf. aussi* logic gate *et* digital integrated circuit).

input impedance impédance d'entrée *(impédance mesurée entre les bornes d'entrée d'un quadripôle ou d'un appareil) (ampli, etc.) (ce terme est souvent employé abusivement pour désigner la résistance d'entrée d'un quadripôle ou d'un appareil et notamment d'un voltmètre) (cf. aussi* impedance *et* quadripole).

input keyboard clavier d'entrée (des données *ou* des informations) (entrée *ou* introduction) *(terminal à clavier, calculatrice, etc.) (inf)*.

input latch verrou d'entrée, *(etc.) (verrou monté à l'entrée d'une porte logique) (inf) (cf. aussi* latch[1] 1).

input lead conducteur d'entrée *(montage, etc.)*.

input leakage current *(parf.* intensité du) courant de fuite à l'entrée *(CI) (cf. aussi* leakage current).

input level niveau d'entrée *(niveau d'une grandeur à l'entrée d'un dispositif) (cf. aussi* level 1)) (a) *cf. aussi* input signal level; (b) *cf. aussi* input power level).

input level range plage de niveaux d'entrée, *(etc.) (cf. aussi* level range).

input limited limitée par les périphériques d'entrée, limitée par les entrées *(vitesse de traitement d'informations au fur et à mesure de leur introduction dans la mémoire d'un ordinateur) (inf) (cf. aussi* output limited).

input line voltage tension du secteur à l'entrée *(d'une alimentation)* (secteur *ou* réseau) *(cf. aussi* power line *et* voltage).

input logic circuit *cf.* input gate.

input matching circuit *cf.* input matching network.

input matching network réseau d'adaptation d'entrée *(réseau adaptant l'impédance d'entrée d'un étage à l'impédance de sortie de l'étage précédent) (cf. aussi* network 1) *et* impedance matching).

input medium support d'entrée (des données *ou* informations), support d'introduction *(idem) (cartes perforées, bande perforée, bande magnétque, disque magnétique, etc. sur lequel sont enregistrées les informations à traiter par un ordinateur) (inf) (cf. aussi* storage medium).

input message message d'entrée, message reçu *(par un ordinateur, en provenance d'un terminal ou d'un autre ordinateur) (inf)*.

input offset décalage d'entrée, décalage *(tension ou courant de décalage d'entrée d'un amplificateur différentiel) (cf. aussi* input offset voltage *et* input offset current).

input offset current *(parf.* intensité du) courant de décalage d'entrée *(courant produit par la tension de décalage d'entrée d'un amplificateur différentiel ou, parfois, intensité de ce courant) (cf. aussi* input offset voltage).

input offset voltage tension de décalage d'entrée, décalage d'entrée (en tension) *(tension qu'il faut appliquer, dans le sens convenable, entre les deux entrées d'un amplificateur différentiel pour obtenir une tension de sortie nulle en l'absence de signal d'entrée) (est due au fait que la symétrie des deux branches de l'amplificateur n'est jamais parfaite) (cf. aussi* differential amplifier).

input offset voltage drift dérive de la tension de décalage d'entrée, *(etc.) (cf. aussi* input offset voltage *et* drift[1]).

input operation opération d'écriture *(mémoire) (inf) (cf. aussi* write operation).

input oscillation oscillation d'entrée *(signal alternatif appliqué à une entrée) (cf. aussi* input[1] 1)).

input-output *cf.* input/output. *(de même pour les termes dérivés qui ne figurent pas ci-après)*.

input/output d'entrée/sortie, d'accès, *(parf.)* d'entrée/sorties *(qualificatif ajouté à un terme relatif à l'introduction d'informations dans un appareil informatique ou un organe d'un tel appareil et à leur sortie de celui-ci, c.-à-d. à l'échange d'informations avec l'extérieur) (ordinateur, terminal, mémoire, etc.)*.

input/output … *cf.* I/O … *(pour les termes qui ne figurent pas ci-après)*.

input-output comparaison comparaison entrée-sortie *(comparaison entre le signal de sortie d'un quadripôle et le signal d'entrée effectuée notamment sur l'écran d'un oscilloscope à deux voies) (cf. aussi* quadripole *et* dual-channel oscilloscope).

input-output impedances impédances d'entrée et de sortie *(d'un quadripôle) (cf. aussi* input impedance *et* output impedance).

input/output isolation isolement entre l'entrée et la sortie, isolement entrée/sortie *(isolement galvanique entre le circuit d'entrée et le circuit de sortie d'un montage et notamment d'un amplificateur d'isolement) (cf. aussi* galvanic isolation *et* isolation amplifier).

input/output pad *cf.* bonding pad.

input parameter paramètre d'entrée *(amplitude, fréquence, phase, intensité, puissance ou polarité du signal appliqué à l'entrée d'un dispositif) (cf. aussi* parameter *et* input[1] 1)).

input phase *cf.* input signal phase.

input pin broche d'entrée *(broche du boîtier d'un circuit intégré ou d'un autre composant reliée à une borne d'entrée de celui-ci) (cf. aussi* input terminal).

input port entrée *(d'un réseau électrique, d'un appareil informatique ou d'un organe d'un tel appareil) (en informatique, le terme anglais désigne généralement une entrée parallèle) (cf. aussi* port 1) *et* parallel input).

input power *(cf. aussi* power[1] 1)) **1)** *cf.* input signal power. **2)** puissance fournie *(puissance du courant d'alimentation d'un appareil, d'un montage ou d'une machine électrique)*. **3)** puissance absorbée *(parf.* consommée), *(parf.)* consommation *(puissance fournie considérée du point de vue du dispositif alimenté) (voir aussi* 2) ci-dessus).

input power level (niveau de) puissance d'entrée, *(etc.) (cf. aussi* input power).

input power range gamme de puissances d'entrée, *(etc.) (cf. aussi* input power).

input power rating puissance nominale absorbée *(par un appareil ou un dispositif) (cf. aussi* power rating).

input pulse impulsion d'entrée, impulsion appliquée à l'entrée *(circuit logique, etc.)*.

input pulse requirements caractéristiques nécessaires des impulsions d'entrée, *(parf.)* impératifs applicables aux impulsions d'entrée *(étage, etc.) (cf. aussi* pulse characteristics).

input quantity grandeur d'entrée *(grandeur présente à l'entrée d'un dispositif) (ce terme désigne généralement la commande d'un système asservi, mais couvre également le signal d'entrée d'un quadripôle) (cf. aussi* input[1] 1), command 3), input signal, quadripole *et* quantity 2).).

input quantization *cf.* input signal quantization.

input range **1)** intervalle d'entrée, *(etc.) (intervalle des valeurs prises ou pouvant être prises par une grandeur d'entrée) (cf. aussi* range 4) *et* input quantity). **2)** calibre *(app. mesure) (cf. aussi* range[1] 5)).

input rate *cf.* input speed.

input rating *cf.* input power rating.

input ratio *cf.* input signal-to-noise ratio.

input register registre d'entrée *(registre de la mémoire centrale d'un ordinateur dans lequel des informations en provenance de l'extérieur sont introduites à une certaine vitesse et lues ensuite par l'unité centrale de l'appareil à une vitesse généralement beaucoup plus grande) (inf) (cf. aussi* register[1] 1) (a), main memory *et* central processing unit).

input resistance résistance d'entrée *(au sens du terme anglais, résistance mesurée entre les bornes d'entrée d'un quadripôle ou d'un appareil) (ampli, transistor, voltmètre, etc.) (cf. aussi* resistance, quadripole, input impedance *et* input resistor).

input resistor résistance d'entrée *(au sens du terme anglais, résistance montée entre les bornes d'entrée d'un quadripôle ou d'un appareil) (cf. aussi* resistor *et* input resistance).

input resonator résonateur d'entrée *(klystron, etc.) (cf. aussi* buncher cavity *et* resonator).

input response réponse au signal d'entrée *(ampli, etc.) (cf. aussi* response 1)).

input Schottky diode diode Schottky d'entrée *(diode Schottky montée à l'entrée d'un circuit intégré numérique bipolaire) (cf. aussi* Schottky diode *et* Schottky bipolar integrated circuit).

input section **1)** partie entrée *(d'un appareil) (cf. aussi* front end, *le premier terme étant peu employé).* **2)** première cellule, cellule d'entrée *(première cellule d'un filtre à plusieurs cellules) (cf. aussi* filter section). **3)** *cf.* input area.

input side côté entrée *(cf. aussi* input[1] 1) *et* on the input side).

input signal signal d'entrée, *(parf.)* signal appliqué à l'entrée *(cf. aussi* input[1] 1)).

input signal amplitude amplitude du signal d'entrée, *(etc.) (cf. aussi* amplitude).

input signal bandwidth largeur de bande du signal (d'entrée) *(ampli, filtre, etc.) (cf. aussi* bandwidth 1)).

input signal conditioner circuit de mise en forme du signal d'entrée *(cf. aussi* signal conditioner).

input signal conditioning mise en forme du signal d'entrée, *(etc.) (cf. aussi* input signal *et* signal conditioning).

input signal frequency fréquence du signal d'entrée, *(etc.) (cf. aussi* input signal).

input signal level niveau du signal d'entrée, niveau d'entrée *(niveau de tension ou de puissance du signal appliqué à une entrée) (cf. aussi* level 1) *et* input[1] 1)).

input signal phase phase du signal d'entrée, phase d'entrée *(phase du signal d'entrée d'un quadripôle par rapport à sa phase initiale ou à sa phase à la sortie du quadripôle) (ampli, filtre, etc.) (cf. aussi* phase *et* quadripole).

input signal power puissance du signal d'entrée, puissance d'entrée *(puissance du signal appliqué à une entrée) (cf. aussi* power[1] 1) *et* input[1] 1).

input signal quantization quantification du signal d'entrée *(numériseur) (cf. aussi* quantization).

input signal requirements impératifs applicables au signal d'entrée *(cf. aussi* signal requirements).

input signal threshold seuil de sensibilité *(valeur de la tension ou la puissance du signal d'entrée d'un dispositif électrique ou électronique à partir de laquelle celui-ci réagit) (relais, bascule, etc.).*

input signal-to-noise ratio rapport signal/bruit à l'entrée *(d'un étage, montage ou appareil) (cf. aussi* signal-to-noise ratio).

input signal voltage *cf.* input signal amplitude.

input speed vitesse d'introduction (des informations *ou* données) *(dans la mémoire d'un ordinateur, à l'aide d'un appareil d'entrée) (inf) (cf. aussi* input device 2)).

input stage étage d'entrée *(étage auquel est appliqué le signal à traiter dans un montage à plusieurs étages ou un appareil) (cf. aussi* stage 1)).

input stage gain gain de l'étage d'entrée *(gain d'un amplificateur constituant un étage d'entrée) (cf. aussi* gain 1) *et* input stage).

input stage input entrée de l'étage d'entrée *(cf. aussi* input stage).

input stage output sortie de l'étage d'entrée *(cf. aussi* input stage).

input state état d'entrée *(parf.* de l'entrée) *(état logique ou autre d'une entrée) (cf. aussi* logic state *et* input[1]).

input stimuli *cf.* stimuli.

input stimulus *cf.* stimulus.

input stream flux d'entrée *(flux de binaires représentant des informations en cours d'introduction dans la mémoire d'un ordinateur) (inf) (cf. aussi* bit stream).

input strobe impulsion de mémorisation *(inf) (cf. aussi* write pulse).

input tap *cf.* primary tap.

input tape **1)** bande entrée, bande en lecture *(bande magnétique contenant des informations à introduire dans la mémoire d'un ordinateur) (inf).* **2)** *cf.* master tape.

input tapping sélection de la tension (du secteur) *(adaptation de la tension d'excitation de l'enroulement primaire d'un transformateur d'alimentation à la tension effective du secteur à l'aide d'un sélecteur de tension) (cf. aussi* line voltage selector).

input terminal **1)** borne d'entrée, *(parf.)* borne d'arrivée *(tél, etc.) (se dit alors par opposition à « borne de départ ») (une des deux bornes d'un dispositif ou appareil électrique ou électronique entre lesquelles est appliqué le signal, la tension ou l'énergie utilisée par celui-ci) (une de ces bornes étant généralement reliée à la masse du dispositif, ces termes désignent la borne isolée de la masse) (cf. aussi* input[1] 1). **2)** *cf.* input device 2)).

input terminal voltage tension aux bornes d'entrée *(cf. aussi* input voltage).

input-to-output differential tension différentielle entrée-sortie *(différence de tension maximale admissible entre l'entrée et la sortie d'une alimentation à régulation série) (cf. aussi* series regulation).

input transducer transducteur d'entrée (a) *cf. aussi* sensor); (b) *transducteur piézoélectrique convertissant un signal à fréquence élevée en une onde acoustique dans une ligne à retard acoustique) (utilise l'effet piézoélectrique inverse) (cf. aussi* piezoelectric transducer, acoustic delay line *et* inverse piezoelectric effect).

input transformer transformateur d'entrée *(nom donné à un transformateur de liaison considéré du point de vue de l'étage qu'il précède) (cf. aussi* coupling transformer).

input transient transitoire à l'entrée, transitoire d'entrée *(transitoire observée à l'entrée d'un étage ou d'un appareil) (cf. aussi* transient).

input transistor transistor d'entrée *(transistor auquel est appliqué le signal traité par un montage ou un appareil utilisant des transistors) (doit parfois avoir une grande résistance d'entrée et un faible bruit) (cf. aussi* transistor *et* noise 2) (a)).

input tube tube d'entrée *(tube électronique auquel est appliqué le signal traité par un montage ou un appareil utilisant des tubes électroniques) (est généralement un tube à grille de commande et doit parfois avoir un faible bruit) (cf. aussi* grid-controlled tube *et* noise 2) (a)).

input unit *cf.* input device 2).

input variable *cf.* input quantity.

input voltage tension d'entrée, tension à l'entrée, tension appliquée à l'entrée, tension aux bornes d'entrée *(cf. aussi* input[1] 1) *et* voltage).

input voltage amplitude amplitude de la tension d'entrée, *(etc.) (cf. aussi* input voltage *et* amplitude).

input voltage interval *cf.* input voltage range.

input voltage level niveau de la tension d'entrée, *(etc.) (cf. aussi* input voltage *et* level 1)).

input voltage polarity polarité de la tension d'entrée *(cf. aussi* input voltage *et* voltage polarity).

input voltage range plage de tensions d'entrée, *(etc.)*, intervalle *(idem)* *(cf. aussi* input voltage).

input voltage span *cf.* input voltage range.

input voltage swing excursion de la tension d'entrée, *(etc.)* *(cf. aussi* input voltage *et* voltage swing).

input wattage *cf.* input power.

input wave **1)** onde reçue *(récepteur).* **2)** *cf.* input signal.

input waveform *cf.* input signal. *(cf. aussi* waveform).

inputted signal signal appliqué *(à une entrée)* *(cf. aussi* input signal).

inputted waveform *cf.* inputted signal *(cf. aussi* waveform).

inputting **1)** application *(d'un signal à une entrée)* *(cf. aussi* input[1] 1)).* **2)** introduction (d'informations) *(inf)* *(cf. aussi* data entry).

inquiry circuit circuit de renvoi aux renseignements *(central tél)* *(cf. aussi* information desk).

inquiry password field zone d'indicatif de demande de renseignements *(dans un message émis par un terminal de téléinformatique).*

inquiry/response terminal *cf.* interactive terminal.

inquiry station *cf.* interactive terminal.

inquiry terminal *cf.* interactive terminal.

INR *cf.* instruction register.

inrush ... *cf.* inrush current ... *(sauf, naturellement, pour ce terme).*

inrush current appel de courant (à la fermeture) *(augmentation importante, par rapport au régime permanent, de l'intensité du courant dans le circuit d'alimentation d'une charge capacitive ou d'une charge résistive à coefficient de température fortement positif, lors de la fermeture du circuit) (cette augmentation est beaucoup plus grande dans le premier cas que dans le second) (dans le premier cas, elle est due à la réactance capacitive de la charge qui rend celle-ci équivalente à un court-circuit à l'instant initial de la circulation du courant) (cas de la charge d'un condensateur) ; (dans le second, cas, elle est due au fait que la résistance à froid de la charge est nettement moins grande qu'à chaud et, par conséquent, l'intensité du courant dans celle-ci nettement plus grande) (cas d'un fil métallique résistant, c.-à-d. notamment du filament d'une lampe à incandescence ou d'un tube électronique à cathode chaude et d'une résistance de chauffage) (l'appel de courant dans ce cas est beaucoup moins important que dans le cas précédent et il dure beaucoup plus longtemps par suite de l'inertie thermique de la charge ; étant moins important, il est moins dangereux pour l'organe assurant la fermeture du circuit) (cf. aussi* current surge, capacitive load, resistive load *et* temperature coefficient).

inrush current limiter limiteur d'appel de courant *(montage limiteur d'intensité de courant) (alim) (cf. aussi* inrush current limiting).

inrush current limiting limitation de l'appel de courant *(limitation de l'intensité instantanée du courant débité par une alimentation régulée pour la protéger contre les effets nuisibles des appels de courant) (cf. aussi* inrush current *et* regulated power supply).

inrush current peak *cf.* inrush current pulse.

inrush current protection protection contre l'appel de courant *(protection assurée par un limiteur d'appel de courant) (alim) (cf. aussi* inrush current limiter).

inrush current pulse impulsion de courant à la fermeture du circuit *(autre nom, descriptif, de l'appel de courant) (cf. aussi* inrush current).

inrush current surge *cf.* inrush current pulse.

INS *cf.* inertial navigation system.

InSb *cf.* indium antimonide.

insensitive time temps de récupération *(cf. aussi* dead time).

insert *v (voir aussi* insertion) **1)** insérer. **2)** introduire. **3)** poser.

insert earphone écouteur miniature *(petit écouteur prévu pour être introduit dans l'oreille externe) (cf. aussi* earphone).

insertion **1)** insertion *(d'une résistance dans un circuit, etc.).* **2)** introduction *(sens usuels).* **3)** pose (par insertion) *(de composants sur une carte à circuit imprimé) (cf. aussi* automatic insertion). **4)** emboîtement *(cf. aussi* insertion force).

insertion equipment machine à poser les composants (par insertion) *(cf. aussi* automatic insertion).

insertion force force d'emboîtement *(force nécessaire pour emboîter les deux parties d'un connecteur l'une dans l'autre) (est relativement grande dans le cas des connecteurs à grand nombre de contacts et cause de ce fait des difficultés pour les connecteurs de cartes à circuit imprimé enfichables, notamment ceux des fonds de panier) (cf. aussi* low-insertion-force connector, zero-insertion-force connector, backplane, withdrawal force *et* connector (a)).

insertion gain gain d'insertion *(gain procuré par l'insertion d'un répéteur dans un câble téléphonique analogique) (cf. aussi* repeater 1) *et* analog telephone cable).

insertion head tête de pose (par insertion) *(organe d'une machine à poser les composants par insertion muni de griffes pour prendre les composants et les mettre en place sur le circuit imprimé) (cf. aussi* automatic insertion).

insertion loss perte d'insertion *(diminution de la puissance fournie à une charge due au montage d'un composant dans le circuit de celle-ci) (ce terme désigne notamment la diminution de l'amplitude du signal appliqué à un étage d'un appareil due à la présence d'un filtre dans le circuit d'entrée de l'étage) (cf. aussi* optical insertion loss, power[1] 1), loss *et, à titre d'information,* insertion gain).

insertion loss vs frequency measurement mesure de la perte d'insertion en fonction de la fréquence *(filtre, atténuateur, etc.) (hyper, etc.) (cf. aussi* insertion loss).

insertion phase-shift déphasage d'insertion *(déphasage d'un signal produit par le montage d'un composant ou dispositif sur son trajet) (filtre, radome, etc.) (cf. aussi* phase shift).

insertion voltage gain gain d'insertion en tension *(cf. aussi* insertion gain *et* voltage gain).

inset picture image incrustée, image dans l'image *(petite image formée dans une partie d'une image de télévision et pouvant représenter un autre programme).*

inside chemical vapor deposition dépôt chimique en phase vapeur à l'intérieur, dépôt en phase vapeur à l'intérieur, dépôt à l'intérieur *(dans la fabrication des fibres optiques, dépôt chimique en phase vapeur dans lequel les vapeurs métalliques sont introduites à une extrémité du tube de silice et se déposent sur la paroi intérieure de celui-ci, l'excédent étant aspiré à l'autre extrémité) (procédé classique) (cf. aussi* chemical vapor deposition (a)).

inside spider bague de centrage, couronne de centrage, suspension centrale, spider *(couronne en toile gommée, pressée et ondulée assurant le centrage de la bobine mobile dans l'entrefer de l'aimant dans un haut-parleur à bobine mobile tout en permettant son déplacement axial) (cf. aussi* moving-coil loudspeaker *et* spider 1)).

inside vapor deposition *cf.* inside chemical vapor deposition.

insignifiant zero *cf.* non-significant zero.

insolation level niveau d'insolation *(quantité d'énergie rayonnante reçue par unité de surface et de temps par une cellule solaire ou par une couche de vernis photosensible exposée à la lumière d'une lampe à insoler) (cf. aussi* solar cell *et* photolithography).

instant-on switch interrupteur à préchauffage *(interrupteur « Marche-Arrêt » de récepteur de télévision comportant des contacts permettant de laisser à l'arrêt une tension suffisante sur le filament du tube pour que l'image apparaisse presque instantanément lorsqu'on met l'appareil en marche) (cf. aussi* picture tube).

instant-start fluorescent lamp lampe fluorescente à allumage instantané, lampe à allumage instantané *(lampe fluorescente comportant un dispositif d'amorçage de la décharge autre qu'un starter) (le dispositif d'amorçage peut être une électrode d'amorçage disposée à l'intérieur de la lampe ou un dispositif extérieur créant une surtension initiale facilitant l'amorçage) (cf. aussi* glow switch).

instant-start lamp *cf.* instant-start fluorescent lamp.

instantaneous AGC *cf.* instantaneous automatic gain control.

instantaneous amplitude amplitude instantanée, valeur instantanée de l'amplitude *(cf. aussi* instantaneous value *et* amplitude).

instantaneous automatic gain control commande automatique de gain instantanée, CAG instantanée *(commande automatique de gain d'un récepteur radar dont le temps de* réponse est suffisamment court pour pouvoir faire varier le gain de la chaîne d'amplification d'une impulsion reçue à la suivante si leur différence d'amplitude le nécessite) (cf. aussi automatic gain control).

instantaneous bandwidth bande passante instantanée, valeur instantanée de la bande passante (dispositif ou appareil à bande passante variable : filtre, tube hyper, récepteur à fréquence instantanée) (cf. aussi instantaneous value et bandwidth 2)).

instantaneous companding compression instantanée de la dynamique (compression de la dynamique d'un signal dans laquelle le gain de l'amplificateur varie en fonction de l'amplitude instantanée du signal) (est obtenue en choisissant une faible valeur pour la constante de temps du circuit de commande du gain) (cf. aussi companding et time constant).

instantaneous current intensité instantanée du courant, valeur instantanée de l'intensité du courant, valeur instantanée du courant (cf. aussi instantaneous value et current).

instantaneous Fourier transform transformée de Fourier instantanée (transformée de Fourier obtenue à l'aide de la transformation de Fourier instantanée) (analyse de signaux) (mil) (cf. aussi Fourier transform et instantaneous Fourier transformation).

instantaneous Fourier transformation transformation de Fourier instantanée (transformation de Fourier rapide effectuée par un analyseur numérique optique de signaux) (fournit la transformée de Fourier instantanée) (analyse de signaux) (récepteur MFI) (mil) (cf. aussi fast Fourier transformation et IFM receiver).

instantaneous frequency fréquence instantanée, valeur instantanée de la fréquence (signal) (ce terme s'applique notamment à un signal à modulation de fréquence ou à sauts de fréquence) (cf. aussi instantaneous value, frequency modulation, frequency hopping, frequency et IFM receiver.

instantaneous-frequency indicating receiver cf. IFM receiver.

instantaneous frequency measurement mesure de fréquence instantanée (parf. de la fréquence instantanée) (mesure de la fréquence instantanée d'un signal à sauts de fréquence par un récepteur à fréquence instantanée) (brouilleur) (radio, radar) (mil) (cf. aussi IFM receiver).

instantaneous-frequency-measurement ... cf. IFM ...

instantaneous-frequency measuring receiver cf. IFM receiver.

instantaneous peak power puissance crête instantanée (puissance maximale qu'un amplificateur basse fréquence peut fournir pendant un temps très court) (cf. aussi power[1] 1) et audio-frequency amplifier).

instantaneous phase phase instantanée, valeur instantanée de la phase (signal à phase variable et notamment une des deux sous-porteuses de chrominance des procédés NTSC et PAL ou signal télégraphique à déplacement de phase) (cf. aussi instantaneous value et phase (a)).

instantaneous power puissance instantanée, (etc.) valeur instantanée de la puissance (signal) (cf. aussi instantaneous value et power[1] 1)).

instantaneous power output (cf. aussi power[1] 1) et instantaneous value) puissance de sortie instantanée, valeur instantanée de la puissance de sortie (a) valeur instantanée de la puissance du signal fourni par un amplificateur de puissance) (ampli BF, etc.) (cf. aussi power amplifier) ; (b) valeur instantanée de la puissance fournie par une alimentation fonctionnant en régime variable) (cf. aussi power supply 2)).

instantaneous recording enregistrement sur disque de programme (studio) (cf. aussi transcription 2)).

instantaneous recording disc cf. instantaneous recording disk.

instantaneous recording disk disque de programme (studio) (cf. aussi transcription 2)) (ce terme étant le plus employé).

instantaneous relay relais instantané, relais à action instantanée, relais non temporisé (clpf) (cf. aussi relay[1] (a)).

instantaneous speech power puissance vocale instantanée, valeur instantanée de la puissance vocale (valeur instantanée de la puissance d'une onde vocale) (locuteur) (cf. aussi instantaneous value et speech wave).

instantaneous value valeur instantanée (valeur d'une gran-

deur variable à un instant déterminé) (tension ou courant alternatif ou modulé, etc.) (cf. aussi variable quantity).

instantaneous value indicator indicateur de valeur instantanée (app. mesure) (cf. aussi instantaneous value).

instantaneous voltage tension instantanée, valeur instantanée de la tension (cf. aussi instantaneous value et voltage).

Institute of Electrical and Electronics Engineers Institut américain des Ingénieurs électriciens et électroniciens IEEE (se prononce : i 3 e, en français) (association professionnelle de loin la plus importante du monde dans ce domaine ; publie des revues et ouvrages mondialement réputés).

Institute of High Fidelity Institut de haute fidélité (association américaine de normalisation du matériel électroacoustique et radioélectrique à haute fidélité) (cf. aussi high fidelity).

Institute of Radio Engineers Institut britannique des Ingénieurs radioélectriciens, IRE (sigle anglais) (équivalent britannique de l'IEEE) (cf. aussi Institute of Electrical and Electronics Engineers).

instruction instruction (élément d'un programme d'ordinateur formé d'une suite de caractères commandant l'exécution d'une opération simple ou complexe par l'appareil) (comprend au moins le code opération et les adresses des opérandes) (est contenue dans la mémoire centrale et lue par l'unité de commande) (cf. aussi one-address instruction, two-address instruction, three-address instruction, microinstruction, macroinstruction, operation code, operand, instruction field, instruction execution, instruction decoding, computer program, main memory, control unit (b) et character).

instruction address adresse d'une instruction (parf. de l'instruction) (adresse d'une instruction dans la mémoire centrale d'un ordinateur) (inf) (cf. aussi address[1] (a) et instruction).

instruction address counter cf. instruction counter.

instruction area cf. program memory.

instruction cache mémoire cache d'instructions (mémoire cache RAM réservée aux instructions) (inf) (cf. aussi RAM cache et instruction).

instruction code 1) code d'instructions (code de représentation, en langage machine, des différents types d'instructions qu'un ordinateur déterminé peut exécuter) (inf) (cf. aussi instruction et machine language). 2) cf. operation code.

instruction counter compteur d'instructions (inf) (cf. aussi program counter).

instruction-counting register cf. instruction counter.

instruction cycle cycle d'instruction (cycle d'exécution d'une instruction d'un programme d'ordinateur) (inf) (cf. aussi instruction execution).

instruction decode cf. instruction decoding.

instruction decode unit cf. instruction decoder.

instruction decoder décodeur d'instructions, logique de décodage d'instructions, circuits de décodage d'instructions (ensemble de circuits logiques exécutant le décodage des instructions dans l'unité de commande d'un ordinateur) (est réalisé sous la forme d'une matrice de diodes ou de transistors) (inf) (cf. aussi instruction decoding, logic (b) et control unit (b)).

instruction decoding décodage des instructions (parf. d'une instruction parf. de l'instruction) (émission d'impulsions commandant le fonctionnement des circuits logiques de l'unité arithmétique et logique d'un ordinateur en fonction de la signification des caractères binaires contenus dans les différentes zones de chacune des instructions du programme) (est exécuté par le décodeur d'instructions) (inf) (cf. aussi instruction, instruction decoder et arithmetic-and-logic unit).

instruction decoding circuitry cf. instruction decoder (cf. aussi circuitry).

instruction decoding circuits cf. instruction decoder.

instruction decoding logic cf. instruction decoder.

instruction decoding matrix cf. instruction decoder.

instruction execution exécution des instructions (l'exécution de chacune des instructions d'un programme d'ordinateur peut être décomposée en quatre phases distinctes : 1°) l'instruction est lue dans la mémoire ; 2°) elle est décodée ; 3°) les opérandes indiqués dans l'instruction sont lus dans la mémoire ; 4°) l'opération logique ou arithmétique à effectuer sur les opérandes est exécutée (phase d'exécution proprement dite de l'instruction) et le résultat est rangé dans la mémoire centrale ou utilisé, tandis que le compteur d'instructions est incrémenté) (d'autres décompositions sont possibles et employées) (inf) (cf. aussi instruction, program counter et pipelining).

instruction execution ... cf. instruction ... pour les termes qui ne figurent pas ci-après).

instruction execution unit unité d'exécution des instructions (nom parfois donné à l'unité arithmétique et logique d'un ordinateur pour rappeler sa fonction exacte) (inf) (cf. aussi arithmetic-and-logic unit et instruction execution).

instruction fetch lecture d'une instruction (inf) (cf. aussi fetch[1]).

instruction fetching lecture des instructions.

instruction field zone d'une instruction (partie d'une instruction d'un programme d'ordinateur contenant une information distincte : code opération, adresse d'un registre contenant un opérande ou devant recevoir le résultat de l'opération, conditions d'adressage) (cf. aussi instruction).

instruction format format des instructions (parf. de l'instruction parf. d'une instruction), structure (idem) (nombre et disposition des zones d'une instruction d'un programme d'ordinateur et nombre de binaires contenu dans chacune de ces zones) (cf. aussi instruction field et bit).

instruction latch cf. instruction register.

instruction-level program cf. source program.

intruction manual mode d'emploi, notice (ne pas employer « manuel d'instructions ») (appareil électronique, etc.).

instruction memory cf. program memory.

instruction prefetching lecture préalable de l'instruction (inf) (cf. aussi instruction reading).

instruction read cf. instruction fetch.

instruction reading cf. instruction fetching.

instruction register registre d'instruction (registre de l'unité de commande d'un ordinateur dans lequel chaque instruction à exécuter est rangée après lecture dans la mémoire centrale pour y être décodée et exécutée) (inf) (cf. aussi register[1] 1) (a), instruction et control unit (b)).

instruction ROM cf. program ROM.

instruction sequencer séquenceur (d'instructions) (inf) (cf. aussi sequencer (b)).

instruction set jeu d'instructions (ensemble des instructions utilisables dans un ordinateur de type déterminé) (inf) (cf. aussi instruction).

instruction time temps d'exécution d'une instruction, temps d'instruction (inf) (cf. aussi instruction execution).

instruction word mot d'instruction (mot binaire constituant une instruction) (mot de 8, 16, 32, ..., 2 n binaires) (inf) (cf. aussi binary word et instruction).

instructions per second instruction par seconde (unité de vitesse de traitement d'un ordinateur) (inf) (cf. aussi processing speed).

instrument appareil (appareil de mesure, appareil de contrôle, analyseur, oscilloscope, générateur de signaux, appareil informatique, etc.).

instrument amplifier cf. instrumentation amplifier.

instrument approach approche aux instruments (pilotage d'un avion à l'aide des instruments de bord et notamment d'instruments de radionavigation à courte distance le long de la trajectoire précédant l'atterrissage proprement dit) (cf. aussi ILS, GCA et instrument landing).

instrument case boîtier d'appareil.

instrument conditions conditions de vol aux instruments (avia) (cf. aussi instrument flight).

instrument damping amortissement d'un appareil de mesure (analogique), (souvent) amortissement de l'appareil (amortissement des oscillations de l'équipage mobile d'un appareil de mesure analogique indicateur après application de la grandeur à mesurer ou après une variation plus ou moins brusque de la valeur de celle-ci) (cf. aussi critical damping, overdamping, underdamping, optimum damping, analog meter et damping).

instrument flight vol effectué aux instruments, (un) vol aux instruments (cf. aussi instrument flying).

instrument flying (le) vol aux instruments, pilotage sans visibilité, PSV (pilotage d'un aéronef d'après les seules indications fournies par les appareils de radionavigation et autres du bord) (cf. aussi radio navigation et instrument flight).

instrument lamp lampe de cadran (cf. aussi dial lamp).

instrument landing atterrissage aux instruments, atterrissage sans visibilité (ces termes désignent généralement l'approche aux instruments, mais peuvent désigner l'atterrissage automatique) (avia) (cf. aussi instrument approach).

instrument landing approach cf. instrument approach.

instrument landing system système d'atterrissage aux instruments (avia) (cf. aussi ILS).

instrument lead cordon d'appareil de mesure (fil souple isolé connecté à chacune des deux bornes d'un appareil de mesure et portant généralement une fiche banane à l'extrémité libre) (cf. aussi banana plug et test lead).

instrument load charge de mesure (charge fictive à faible puissance conçue pour être utilisée dans un montage de mesure) (hyper, etc.) (cf. aussi dummy load).

instrument loop circuit de mesure (circuit dans lequel circule le courant passant dans un appareil de mesure).

instrument marking inscription portée sur l'appareil (notamment sur la face avant de celui-ci) (cf. aussi front panel).

instrument operation fonctionnement de l'appareil.

instrument panel tableau de bord (tableau portant des appareils de contrôle et des organes de commande dans un véhicule automobile, un aéronef, un canot automoteur ou un engin spatial).

instrument range calibre de l'appareil (de mesure) (cf. aussi range[1] 5)).

instrument reading valeur indiquée par l'appareil (de mesure), (parf.) résultat de mesure (cf. aussi reading 2)).

instrument relay cf. instrument-type relay.

instrument repair réparation d'appareils.

instrument room salle des appareils (local dans lequel est installé l'autocommutateur dans un central téléphonique électromécanique) (cf. aussi electromechanical telephone exchange).

instrument scale échelle d'appareil de mesure (appareil analogique) (cf. aussi meter scale).

instrument sensitivity sensibilité de l'appareil (de mesure) (amplitude de déviation de l'élément indicateur d'un appareil à indication analogique par unité de la grandeur mesurée) (angle de déviation de l'aiguille d'un appareil de mesure analogique ou amplitude de déviation verticale d'un oscilloscope) (cf. aussi deflection sensitivity et analog meter).

instrument set-up mise en œuvre de l'appareil (branchement et réglages éventuels d'un appareil de mesure ou autre avant son emploi proprement dit).

instrument shunt shunt d'ampèremètre (cf. aussi shunt 1)).

instrument switch commutateur d'appareil (commutateur de calibre et de fonction d'un multimètre, commutateur de gamme d'ondes d'un récepteur radio, commutateur de fréquence de balayage d'un oscilloscope, etc.) (cf. aussi multiposition switch).

instrument transformer transformateur de mesure (transformateur inséré entre un appareil de mesure et le circuit sur lequel est effectuée une mesure d'intensité ou de tension) (sert principalement à adapter le calibre de l'appareil de mesure à la valeur, beaucoup plus élevée, de la grandeur mesurée et à l'isoler galvaniquement du circuit sur lequel la mesure est effectuée) (cf. aussi current transformer, voltage transformer galvanic isolation et transformer).

instrument-type relay relais galvanométrique (cf. aussi meter-type relay).

instrument under test appareil essayé, (etc.) (cf. aussi device under test).

instrumental error erreur instrumentale (erreur due à l'appareil utilisé) (ce terme s'applique surtout à un appareil de mesure et parfois à un récepteur de navigation ou a un générateur de signaux) (cf. aussi measurement error).

instrumentation instrumentation, appareils (cf. aussi instrument).

instrumentation amp (fam) cf. instrumentation amplifier.

instrumentation amplifier amplificateur de mesure (amplificateur différentiel employé pour amplifier le signal fourni par un capteur à signal de sortie à bas niveau tel qu'un thermocouple, par exemple) (est caractérisé par une tension de décalage, un courant d'entrée et une impédance de sortie aussi faibles que possible et par un rapport de réjection du mode commun et une bande passante aussi grands que possible) (cf. aussi differential amplifier, sensor, offset 1) (a), output impedance, common-mode rejection ratio et bandwidth 2).

instrumentation interfacing interconnexion d'appareils de mesure (à l'aide d'un bus universel dans le cas d'appareils numériques) (chaîne de mesure) (cf. aussi bus (a1)).

instrumentation package équipement de mesure (ensemble des appareils de mesure ou de détection montés dans un compartiment particulier d'un mobile et notamment dans la case d'équipement d'un engin spatial) (cf. aussi equipment bay 1).

instrumentation recorder enregistreur de mesure (enregistreur à bande magnétique de laboratoire de conception robuste et de poids et encombrement réduits permettant de l'utiliser également sur le terrain) (cf. aussi laboratory tape recorder).

instrumentation recording (l')enregistrement de mesures (enregistrement de résultats de mesures à l'aide d'un enregistreur graphique, généralement à défilement, ou d'un enregistreur à bande magnétique) (cf. aussi graphic recorder et instrumentation recorder).

instrumentation system chaîne de mesure (cf. aussi data acquisition system).

instrumentation tape recorder cf. instrumentation recorder.

instrumentation transducer capteur de mesure (capteur dont le signal de sortie est destiné à être transmis à un appareil de mesure) (cf. aussi sensor et measuring instrument).

instrumented part pièce instrumentée (pièce munie d'un ou plusieurs capteurs de mesure) (ce terme désigne souvent une pièce mécanique portant un ou plusieurs extensomètres) (cf. aussi sensor et strain gage).

insulant cf. insulating material.

insulated isolé (par un isolant) (fil, borne, etc.) (cf. aussi insulator 1) et isolated).

insulated carbon resistor résistance au carbone enrobée (cf. aussi carbon resistor).

insulated feed-through traversée isolante (cf. aussi. feed-through insulator).

insulated from ... isolé de ... (ou par rapport à ...) (circuit, etc.) (cf. aussi insulated).

insulated-gate device cf. insulated-gate field-effect transistor.

insulated-gate FET cf. insulated-gate field-effect transistor.

insulated-gate FET device cf. insulated-gate field-effect transistor.

insulated-gate field-effect transistor transistor à effet de champ à grille isolée, transistor à grille isolée, TEC à grille isolée, FET à grille isolée (type de transistor à effet de champ apparu après le type à jonction et différent de celui-ci par le fait que la grille est isolée du cristal semiconducteur, ce qui remplace la jonction par un condensateur, et que le canal conducteur est formé par l'action de la tension de grille et n'existe donc pas en l'absence de celle-ci) (ce type de transistor est représenté (en 1990) par les versions « MOS » et « MIS ») (il existe en composant discret et en composant intégré) (cf. aussi MOS transistor, MIS transistor et field-effect transistor).

insulated-gate structure structure à grille isolée (structure d'un transistor à effet de champ à grille isolée) (cf. aussi insulated-gate field-effect transistor).

insulated tower pylône isolé (pylône rayonnant isolé du sol) (clpf) (radio) (cf. aussi tower radiator).

insulated wire fil isolé (fil électrique isolé) (cf. aussi wire 1).

insulating a isolant a, non conducteur, diélectrique a (corps ou pièce) (cf. aussi insulator 1)).

insulating base 1) embase isolante (embase de relais enfichable, etc.). 2) cf. insulating substrate.

insulating bead perle isolante (perle de verre d'une traversée isolante, etc.) (cf. aussi feed-through).

insulating bobbin bobine isolante (cf. aussi bobbin).

insulating bush canon isolant (petit tube isolant, généralement

court, utilisé pour isoler la tige d'une borne ou une autre pièce cylindrique).

insulating compound matière isolante (le terme anglais désigne généralement du brai) (cf. aussi cable compound).

insulating covering enveloppe isolante (isolant d'un fil ou un câble isolé).

insulating film cf. insulating layer.

insulating groove rainure isolante, rainure d'ajustage (résistance à couche) (cf. aussi helixing).

insulating ink pâte isolante, pâte diélectrique (pâte à sérigraphier préparée pour réaliser des couches isolantes entre des conducteurs superposés, se croisant ou non, ainsi que le diélectrique des condensateurs intégrés et éventuellement pour protéger le circuit fini ou certains de ses éléments) (est composée essentiellement de poudre céramique spéciale cristallisable à haute température rappelant la poudre de verre spécial employée initialement, mais supportant des cuissons ultérieures grâce à la cristallisation) (CH) (cf. aussi ink 2)).

insulating layer couche isolante (couche d'oxyde de silicium ou autre) (semi, etc.).

insulating material corps isolant, matière isolante, matériau isolant, isolant s (selon le contexte) (cf. aussi insulator 1) et material).

insulating oil huile isolante (huile minérale utilisée notamment dans les transformateurs industriels pour améliorer l'isolement des enroulements et favoriser le refroidissement).

insulating properties propriétés isolantes, pouvoir isolant (autres noms, plus généraux et plus parlants, de la rigidité diélectrique) (cf. aussi dielectric strength).

insulating sheath gaine isolante (gaine en matière plastique ou gaine textile imprégnée ou non de vernis isolant protégeant un fil ou un câble nu ou isolé ou plusieurs fils ou câbles isolés).

insulating sleeve 1) manchon isolant. 2) cf. insulating sheath.

insulating strength rigidité diélectrique (isolant) (cf. aussi dielectric strength).

insulating substrate substrat isolant (substrat de circuit imprimé, de circuit hybride ou, parfois, de circuit intégré) (dans ce dernier cas, ce terme s'emploie par opposition à « substrat semiconducteur » et désigne un substrat en saphir ou en spinelle) (cf. aussi substrate et silicon-on-sapphire integrated circuit).

insulating tape ruban isolant (chatterton ou autre type de ruban isolant adhésif ou non).

insulating varnish vernis isolant (vernis utilisé notamment pour l'imprégnation des bobinages des machines électriques) (est obtenu par dissolution d'une résine dans un solvant avec, parfois, adjonction d'un siccatif) (la résine peut être naturelle — gomme laque, copal, bitume, etc. — ou synthétique — bakélite, silicone, époxy, aminoplaste, etc.).

insulating wax cire isolante (cire utilisée notamment pour l'imprégnation des bobinages haute fréquence) (sert à empêcher la pénétration de l'humidité entre les spires du bobinage et maintenir la position relative de celles-ci) (cf. aussi RF coil).

insulation (cf. aussi isolation 1)) 1) isolation (électrique) (a) action d'isoler un conducteur, un circuit, un montage ou un appareil); (b) ensemble des isolants utilisés dans un appareil électrique ou électronique ou dans une machine électrique ou autour d'un fil ou d'un câble électrique) (cf. aussi insulator). 2) isolement (électrique) (absence plus ou moins complète de possibilité de circulation d'un courant électrique entre deux corps et notamment deux conducteurs) (cf. aussi insulation resistance et electric current).

insulation against ... cf. insulation from ...

insulation breakdown claquage de l'isolant (cf. aussi breakdown 1)).

insulation-coated wire cf. enamelled wire.

insulation-covered wire cf. insulated wire.

insulation-displacement connector connecteur autodénudant (ou à contacts autodénudants ou pour câble plat ou pour câble en nappe) (connecteur de circuit imprimé pour câble plat) (cf. aussi insulation-displacement contact et mass termination).

insulation-displacement contact contact autodénudant (contact de connecteur dont la queue présente une encoche en V très pointu dans lequel le fil souple isolé est forcé par une *languette appropriée, ce qui arrache l'isolant plastique de chaque côté du fil et assure un très bon contact) (cf. aussi* insulation-displacement connector).

insulation distance distance d'isolement *(distance séparant deux conducteurs nus entre lesquels existe une différence de potentiel) (cf. aussi* potential difference).

insulation failure *cf.* insulation breakdown.

insulation fault défaut d'isolement *(isolement insuffisant).*

insulation from ... isolement par rapport à ...

insulation indicator *cf.* insulation tester.

insulation level degré d'isolement *(est exprimé par la résistance d'isolement) (cf. aussi* insulation 2) *et* insulation resistance).

insulation meter *cf.* insulation tester.

insulation of a cable isolation d'un câble *(cf. aussi* insulation 1) (b)).

insulation per unit length isolement linéique, isolement par unité de longueur *(isolement entre deux conducteurs d'un câble téléphonique ou autre) (est généralement exprimé en mégohms par kilomètre de longueur du câble) (cf. aussi* megohm).

insulation rating isolement nominal *(cf. aussi* rated insulation).

insulation resistance résistance d'isolement *(valeur ohmique de la résistance formée par un isolant disposé entre deux conducteurs portés à des potentiels différents) (résistance d'isolement d'une ligne de transmission ou de transport d'énergie par rapport à la terre, d'une borne isolée par rapport à la masse, d'une bobine à noyau de fer par rapport à celui-ci, etc.) (cf. aussi* ohmic value, electric potential *et* insulation tester).

insulation test (un) essai d'isolement, mesure *(idem) (cf. aussi* insulation tester).

insulation tester contrôleur d'isolement, mégohmmètre à magnéto *(appareil servant à mesurer les résistances de valeur élevée et notamment les résistances d'isolement) (est formé essentiellement d'un logomètre utilisé en mégohmmètre et d'une magnéto à manivelle) (la tension d'environ 500 volts fournie par la magnéto actionnée par l'opérateur est appliquée à l'un des cadres mobiles du logomètre par l'intermédiaire d'une résistance de valeur connue et à l'autre cadre mobile par l'intermédiaire de la résistance à mesurer, l'aiguille du logomètre déviant d'un angle proportionnel à la différence d'intensité entre les deux courants dans les cadres, c'est-à-dire à la différence de valeur des deux résistances) (la résistance fixe est commutable sur plusieurs valeurs pour donner plusieurs calibres de mesure) (cf. aussi* insulation resistance, ratio meter *et* Megger).

insulation testing essais d'isolement, *(etc.) (cf. aussi* insulation test).

insulator 1) isolant *s* (électrique *ou* thermique) *(en électricité, corps dans lequel un courant électrique ne peut pas circuler (est caractérisé par le fait que la bande de valence de ses électrons est complète, la bande de conduction est vide et la bande interdite est large aux températures modérées) (cf. aussi* insulating material, energy band *et* conductor). **2)** isolateur *(pièce en matière isolante destinée à séparer deux conducteurs électriques) (isolateur en verre, en porcelaine, etc.).*

insulator arc-over *cf.* insulator flash-over.

insulator flash-over contournement de l'isolateur *(parf.* d'un isolateur) *(cf. aussi* flash-over).

INT 1) intérieur *a.* **2)** *cf.* input[1].

integer unit unité en entiers, UEE *(noms parfois donné à l'unité centrale principale d'un microprocesseur à coprocesseur mathématique intégré) (inf) (cf. aussi* CPU *et* FPU).

integral *s* intégrale *sf* (d'une fonction) *(fonction dont la dérivée est la fonction donnée, plus une constante, qui peut être nulle) (peut donc être considérée comme la réciproque de la dérivée, à une constante près) (l'intégrale d'une fonction $f(x)$ est une fonction $F(x)$ telle que $dF(x)/dx = f(x) + Cte$, c'est-à-dire telle que $f(x)$ soit sa dérivée) (en termes simples, l'intégrale est la somme d'un nombre infiniment grand de parties infiniment petites) (l'intégrale de la variation d'une accélération est l'accélération atteinte ; l'intégrale de l'accélération est la vitesse atteinte ; l'intégrale de la vitesse est la distance parcourue) (cf. aussi* derivative).

integral action action intégrale, compensation intégrale *(mode de fonctionnement d'un régulateur dans lequel la correction de l'écart est proportionnelle à l'intégrale de celui-ci pendant un temps déterminé) (n'est jamais employée seule, mais toujours associée à une ou deux autres actions) (cf. aussi* control action, integral, proportionnel plus integral action *et* proportional-integral-derivative action).

integral control régulation par action intégrale *(asser) (cf. aussi* integral action).

integratable component composant intégrable *(composant relativement facile à réaliser dans un circuit intégré monolithique : diode, transistor ou condensateur) (les résistances sont difficiles à intégrer et les enroulements sont impossibles) (cf. aussi* monolithic integrated circuit).

integrated intégré *(lorsqu'il est appliqué à un circuit, ce qualificatif sous-entend généralement que celui-ci est réalisé sous la forme d'un circuit intégré monolithique mais, en l'absence de ce second qualificatif, il ne faut pas oublier qu'il peut s'agir d'un circuit réalisé sous la forme d'un circuit hybride) (cf. aussi* integrated circuit).

integrated active filter filtre actif intégré *(cf. aussi* active filter *et* integrated).

integrated amp *cf.* integrated amplifier.

integrated amplifier amplificateur intégré *(cf. aussi* amplifier *et* integrated).

integrated bipolar *cf.* integrated bipolar transistor.

integrated bipolar device *cf.* integrated bipolar transistor.

integrated bipolar transistor transistor bipolaire intégré *(transistor bipolaire réalisé avec d'autres composants dans le substrat d'un circuit intégré monolithique) (les autres composants sont souvent eux-mêmes en tout ou partie des transistors bipolaires, mais peuvent comprendre des transistors MOS notamment) (semi) (cf. aussi* bipolar transistor, monolithic integrated circuit *et* MOS transistor).

integrated bipolars (les) transistors bipolaires intégrés *(cf. aussi* bipolar integrated circuit).

integrated capacitor condensateur intégré *(condensateur réalisé dans ou sur le substrat d'un circuit intégré monolithique ou sur le substrat d'un circuit intégré hybride) (dans un circuit monolithique, la capacité d'un condensateur est extrêmement faible et il peut être nécessaire d'utiliser un ou plusieurs condensateurs discrets extérieurs au circuit) (dans un circuit hybride, la capacité d'un condensateur intégré est très faible et l'on préfère souvent utiliser des condensateurs discrets rapportés sur le circuit pour des raisons de facilité de fabrication notamment) (cf. aussi* integrated-circuit capacitor, integrated hybrid capacitor, chip capacitor *et* integrated circuit).

integrated charge charge accumulée *(charge électrique accumulée dans un condensateur chargé) (cf. aussi* integrating capacitor).

integrated circuit circuit intégré, microcircuit *(montage exécutant au moins une fonction complète, réalisé sur un substrat de petites ou très petites dimensions généralement monté dans un boîtier et dans lequel une partie plus ou moins grande des éléments du montage sont intégrés au substrat) (on distingue les circuits intégrés monolithiques appelés « circuits intégrés » et les circuits intégrés hybrides appelés « circuits hybrides ») (bien qu'elle soit généralisée, cette pratique est condamnable — comme beaucoup d'autres dans le langage de l'électronique — car elle fait perdre au qualificatif « intégré » son sens générique couvrant les deux types de circuits pour lui donner un sens spécifique prêtant souvent à confusion ; c'est pourquoi il est préférable de parler de « circuits monolithiques » et de « circuits hybrides » comme certains auteurs le font) (on notera par ailleurs qu'il est des auteurs qui réservent, à tort, le terme « microcircuit » aux circuits hybrides) (cf. aussi* monolithic integrated circuit *et* hybrid integrated circuit).

integrated-circuit ... *cf.* integrated ... *(pour les termes qui ne figurent pas ci-après).*

integrated-circuit analyzer *cf.* integrated-circuit tester.

integrated-circuit architecture *cf.* integrated-circuit structure *(cf. aussi* architecture).

integrated-circuit area *cf.* integrated-circuit field.

integrated-circuit burn-in vieillissement artificiel des circuits intégrés *(fab) (cf. aussi* burn-in).

integrated-circuit burn-in board carte à vieillir pour circuits intégrés *(cf. aussi* burn-in board).

integrated-circuit capacitor condensateur de circuit intégré (monolithique), condensateur intégré monolithique *(condensateur réalisé dans ou sur le substrat d'un circuit intégré monolithique) (a) condensateur formé dans le substrat par une jonction de transistor bipolaire polarisée dans le sens inverse, l'autre jonction étant court-circuitée) (cf. aussi* monolithic integrated circuit, bipolar transistor, p-n junction, reverse bias *et* integrated capacitor) ; (b) *condensateur formé sur le substrat par une structure de transistor MOS) (cf. aussi* MOS capacitor *et* integrated capacitor).

integrated-circuit chip puce de circuit intégré (monolithique) *(cf. aussi* chip 1)).

integrated-circuit company société fabriquant des circuits intégrés *(souvent* monolithiques).

integrated-circuit connection connexion de circuit intégré *(fil ou lamelle de faible section, en or ou en aluminium, reliant une plage de connexion de la puce d'un circuit intégré monolithique à une sortie du boîtier dans lequel elle est montée ou à un conducteur du circuit hybride sur lequel elle est montée, ou une plage de connexion du circuit hybride à une sortie du boîtier dans lequel il est monté) (cf. aussi* bonding pad *et* integrated circuit).

integrated-circuit design conception des circuits intégrés *(souvent* monolithiques).

integrated-circuit designer concepteur de circuits intégrés *(souvent* monolithiques) *(ingénieur électronicien spécialisé dans la conception des circuits intégrés).*

integrated-circuit element élément de circuit intégré *(souvent* monolithique) *(cf. aussi* circuit element).

integrated-circuit engineering (la) technique des circuits intégrés *(souvent* monolithiques).

integrated-circuit expert (grand) spécialiste des circuits intégrés *(souvent* monolithiques) *(cf. aussi* integrated-circuit specialist).

integrated-circuit expertise compétence en circuits intégrés *(souvent* monolithiques) *(ingénieur, fabricant, etc.).*

integrated-circuit fabrication fabrication des circuits intégrés *(noter que dans le domaine des circuits intégrés, notamment des circuits hybrides, le terme « fabrication » est de plus en plus employé en anglais à la place de « manufacture » ou « manufacturing ») (cf. aussi* integrated circuit).

integrated-circuit fabrication technology technologie des circuits intégrés *(souvent* monolithiques) *(cf. aussi* technology).

integrated-circuit feature détail d'un circuit intégré (monolithique) *(élément d'un circuit intégré monolithique dont la largeur compte parmi les plus petites dimensions du circuit) (conducteur, électrode ou résistance) (cf. aussi* monolithic integrated circuit *et* feature size).

integrated-circuit feature size taille des détails d'un circuit intégré (monolithique) *(cf. aussi* integrated-circuit feature).

integrated-circuit field domaine des circuits intégrés *(souvent* monolithiques) *(domaine d'activité scientifique, industrielle, commerciale ou didactique).*

integrated-circuit firm *cf.* integrated-circuit company.

integrated-circuit house *cf.* integrated-circuit company.

integrated-circuit layout dessin des circuits intégrés (monolithiques) *(ensemble des opérations nécessaires pour passer de la description de la fonction à remplir par un circuit intégré monolithique aux masques de gravure permettant de fabriquer la puce correspondante) (semi, etc.) (cf. aussi* monolithic integrated circuit *et* mask 2)).

integrated-circuit lead straightener redresseur de broches de circuits intégrés *(outil à main).*

integrated-circuit maker *cf.* integrated-circuit manufacturer.

integrated-circuit manufacturer fabricant de circuits intégrés.

integrated-circuit market (le) marché des circuits intégrés.

integrated-circuit mask masque pour circuits intégrés *(fab. CI) (cf. aussi* mask 2)).

integrated-circuit package boîtier de circuit intégré, *(parf.)* boîtier *(c'est-à-dire circuit intégré complet) (cf. aussi* DIP, SIP, QUIP *et* flatpack).

integrated-circuit packaging encapsulation des circuits intégrés *(montage des circuits intégrés dans un boîtier).*

integrated-circuit pattern motif de circuit intégré *(cf. aussi* pattern).

integrated-circuit power supply alimentation de circuits intégrés *(parf.* pour circuits intégrés) *(cf. aussi* power supply).

integrated-circuit power-supply unit alimentation pour circuits intégrés *(cf. aussi* power supply 2)).

integrated-circuit probe tip embout de sonde pour circuits intégrés *(oscillo) (cf. aussi* oscilloscope probe).

integrated-circuit process procédé de fabrication de circuits intégrés (monolithiques) *(semi, etc.) (cf. aussi* bipolar process, MOS process *et* monolithic integrated circuit).

integrated-circuit processing fabrication des circuits intégrés (monolithiques).

integrated-circuit producer *cf.* integrated-circuit manufacturer.

integrated-circuit resistor résistance de circuit intégré (monolithique), résistance intégrée (dans un circuit monolithique) *(résistance formée dans le substrat d'un circuit intégré monilithique, généralement par diffusion ou implantation ionique d'impuretés appropriées) (cf. aussi* bulk resistor, pinched resistor, diffused-base resistor, polysilicon resistor, impurity *et* monolithic integrated circuit).

integrated-circuit service service de circuits intégrés personnalisés *(conception et fabrication de circuits intégrés personnalisés par des sociétés spécialisées) (cf. aussi* custom circuit).

integrated-circuit socket support de circuit intégré *(socle isolant muni d'alvéoles à contact femelle dans lesquels s'enfichent les broches du boîtier d'un circuit intégré) (cf. aussi* integrated-circuit package).

integrated-circuit specialist spécialiste des circuits intégrés *(souvent* monolithiques) *(parf.* en ...) *(cf. aussi* integrated-circuit designer).

integrated-circuit standard norme pour circuits intégrés *(souvent* monolithiques) *(norme applicable aux circuits intégrés, notamment monolithiques, et pouvant couvrir les tensions d'alimentation, niveau logiques, le nombre de sorties, le boîtier, etc.) (cf. aussi* standard¹ 2)).

integrated-circuit substrate substrat de circuit intégré *(souvent* monolithique) *(cf. aussi* monolithic integrated-circuit substrate, hybrid-circuit substrate *et* substrate).

integrated-circuit supplier *cf.* integrated-circuit manufacturer.

integrated-circuit technology *cf.* integrated-circuit engineering *(cf. aussi* integrated-circuit fabrication technology).

integrated-circuit test (un) essai de circuit intégré, contrôle *idem).*

integrated-circuit test equipment appareils de contrôle pour circuits intégrés.

integrated-circuit tester contrôleur de circuits intégrés, testeur *(idem).*

integrated-circuit testing (l')essai des circuits intégrés, contrôle *(idem).*

integrated-circuit vendor *cf.* integrated-circuit manufacturer.

integrated-circuit wafer plaquette de circuits intégrés *(plaquette sur laquelle sont réalisés des circuits intégrés monolithiques) (cf. aussi* wafer 2) *et* monolithic integrated circuit).

integrated circuitry circuits sous forme intégrée *(circuits réalisés sous la forme d'un ou plusieurs circuits intégrés, souvent monolithiques) (cf. aussi* integrated circuit *et* circuitry).

integrated codec codec intégré *(codec réalisé sous la forme d'un circuit intégré) (cf. aussi* codec *et* integrated circuit).

integrated coil *cf.* integrated hybrid inductor.

integrated component composant intégré *(composant réalisé dans ou sur le substrat d'un circuit intégré) (transistor, diode, résistance, condensateur dans le cas d'un circuit intégré monolithique et, plus récemment, composants optiques dans les circuits intégrés optiques) (résistance, condensateur, inductance, parfois transistor MOS, dans le cas d'un circuit intégré hybride) (cf. aussi* integrated resistance, integrated capacitor, integrated inductor, integrated diode *et* integrated transistor).

integrated Darlington *cf.* monolithic Darlington transistor *(de même pour les termes dérivés).*

integrated data processing   traitement intégré de l'information *(traitement de l'information par ordinateur dans le cadre d'une entreprise ou d'un organisme ou d'un ensemble d'activités avec prise en compte de toutes les informations utiles par l'ordinateur de façon à réduire au minimum le travail administratif) (inf) (cf. aussi* data processing*)*.

integrated diffused resistor   *cf.* diffused resistor.

integrated diode   diode intégrée *(diode à jonction réalisée dans un circuit intégré monolithique sous la forme d'une jonction d'un transistor bipolaire intégré) (semi) (cf. aussi* junction diode *et* integrated bipolar transistor*)*.

integrated electronic circuit   circuit électronique intégré, circuit intégré électronique *(nom parfois donné à un circuit intégré monolithique classique pour le distinguer d'un circuit optique intégré) (cf. aussi* monolithic integrated circuit *et* integrated optical circuit*)*.

integrated electronics   (l')électronique intégrée *(partie de l'électronique relative aux circuits intégrés monolithiques ou, par extension, ces circuits eux-mêmes) (cf. aussi* electronics[1] *et* monolithic integrated circuit*)*.

integrated filter   filtre intégré *(filtre réalisé sous la forme d'un circuit intégré) (cf. aussi* filter[1] *et* integrated circuit*)*.

integrated function   fonction intégrée *(fonction de traitement de signaux réalisée au moyen d'un circuit intégré monolithique) (cf. aussi* processing function *et* monolithic integrated circuit*)*.

integrated hybrid capacitor   condensateur de circuit hybride intégré, condensateur intégré de circuit hybride *(condensateur réalisé sur le substrat d'un circuit intégré hybride par dépôt de couches appropriées) (cf. aussi* overlay capacitor, interdigital capacitor, thin-film capacitor, thick-film capacitor, capacitor *et* hybrid integrated circuit*)*.

integrated hybrid component   composant hybride intégré, composant intégré de circuit hybride *(résistance, condensateur ou inductance réalisé sur le substrat d'un circuit intégré hybride) (cf. aussi* integrated hybrid resistor, integrated hybrid capacitor, integrated hybrid inductor *et* hybrid integrated circuit*)*.

integrated hybrid inductor   (bobine d')inductance de circuit hybride intégrée, (bobine d')inductance intégrée *(bobine d'inductance réalisée sur le substrat d'un circuit intégré hybride sous la forme d'une spirale conductrice à spires généralement carrées) (cf. aussi* thin-film inductor, thick-film inductor, inductor *et* hybrid integrated circuit*)*.

integrated hybrid resistor   résistance hybride intégrée, résistance intégrée de circuit hybride *(résistance réalisée sur le substrat d'un circuit hybride par dépôt d'une couche résistive) (cf. aussi* thin-film resistor, thick-film resistor *et* hybrid integrated circuit*)*.

integrated inductor   (bobine d')inductance intégrée *(noter qu'une bobine d'inductance n'est jamais réalisée dans un circuit intégré monolithique (cf. aussi* integrated hybrid inductor *et* integrated circuit*)*.

integrated injection logic   (la) logique à injection *(CI) (cf. aussi* I²L, *au début de la lettre I, après* I²*)*.

integrated logic   logique intégrée *(logique réalisée sous la forme d'un ou plusieurs circuits intégrés monolithiques) (inf) (cf. aussi* logic (b) *et* monolithic integrated circuit*)*.

integrated logic circuit   circuit logique intégré *(circuit logique réalisé, généralement avec d'autres, sous la forme d'un circuit intégré monolithique) (inf) (cf. aussi* logic circuit *et* monolithic integrated circuit*)*.

integrated logic gate   porte logique intégrée *(cf. aussi* logic gate *et* integrated logic circuit*)*.

integrated MOS   *cf.* integrated MOS transistor.

integrated MOS device   *cf.* integrated MOS transistor.

integrated MOS FET   *cf.* integrated MOS transistor.

integrated MOS transistor   transistor MOS intégré *(transistor MOS réalisé, avec d'autres composants, dans le substrat d'un intégré monolithique ou, parfois, sur le substrat d'un circuit intégré hybride) (dans le cas général d'un circuit monolithique, les autres composants sont souvent eux-mêmes, en tout ou partie, des transistors MOS, mais peuvent comprendre des transistors bipolaires) (peut être un transistor PMOS ou NMOS reproduit en tant que tel à un certain nombre d'exem-*

plaires dans le substrat ou faisant partie d'une paire CMOS reproduite également en nombre variable) (semi) (cf. aussi thin-film MOS transistor, MOS transistor, monolithic integrated circuit *et* CMOS transistors*)*.

integrated MOST   *cf.* integrated MOS transistor.

integrated operational amplifier   *cf.* monolithic operational amplifier.

integrated optic ...   *cf.* integrated optical ...

integrated optical circuit   *cf.* optical integrated circuit.

integrated optical component   composant optique intégré *(composant optique réalisé dans le substrat d'un circuit intégré monolithique) (cf. aussi* monolithic integrated circuit*)*.

integrated optical device   *cf.* integrated optical component.

integrated optics   (l')optique intégrée *(optoélectronique utilisant des circuits intégrés monolithiques) (cf. aussi* optoelectronics *et* monolithic integrated circuit*)*.

integrated-optics signal processing   traitement des signaux par circuits intégrés optiques *(mil, etc.) (cf. aussi* signal processing *et* optical integrated circuit*)*.

integrated phase noise   bruit de phase intégré *(rapport entre la valeur efficace de la puissance du bruit de phase total dans une des deux bandes latérales du signal de sortie d'un oscillateur et la puissance de ce signal) (cf. aussi* phase noise *et* sideband*)*.

integrated power component   composant de puissance intégré *(composant de puissance à semiconducteur réalisé avec les autres composants dans le substrat d'un circuit intégré monolithique) (cf. aussi* power semiconductor device *et* monolithic integrated circuit*)*.

integrated power Darlington   *cf.* integrated Darlington transistor.

integrated power Darlington transistor   *cf.* integrated Darlington transistor.

integrated power device   *cf.* integrated power component.

integrated resistor   résistance intégrée, résistance de circuit intégré *(résistance formée dans le substrat d'un circuit intégré monolithique ou sur le substrat d'un circuit intégré hybride) (cf. aussi* integrated-circuit resistor, integrated hybrid resistor, resistor *et* integrated circuit*)*.

integrated Schottky logic   (la) logique Schottky intégrée *(CI) (cf. aussi* ISL*)*.

integrated-services digital network   réseau numérique à intégration de services, RNIS, réseau RNIS *(réseau téléphonique numérique futur devant permettre la téléphonie proprement dite, la télégraphie, la télécopie, la télématique et la télédistribution) (tls) (cf. aussi* digital telephone network, telegraphy, facsimile, telematics *et* cable television*)*.

integrated services network   *cf.* integrated-services digital network.

integrated software   (un) logiciel intégré *(logiciel comprenant au moins un logiciel de traitement de textes, un logiciel de gestion de fichiers et un tableur, ceux-ci pouvant communiquer entre eux) (cf. aussi* software, word processing program, file managing program *et* spreadsheet program*)*.

integrated thyristor rectifier   thyristor à redresseur intégré *(thyristor et diode de redressement réalisés dans une même puce montée dans un boîtier) (cf. aussi* thyristor*)*.

integrated transistor   transistor intégré *(transistor réalisé dans le substrat d'un circuit intégré monolithique ou, plus rarement, sur le substrat d'un circuit intégré hybride) (semi) (cf. aussi* monolithic integrated transistor, integrated bipolar transistor, integrated MOS transistor *et* transistor*)*.

integrated wiring   câblage intégré *(câblage formé par le réseau de conducteurs d'un circuit imprimé ou d'un circuit intégré hybride ou monolithique) (cf. aussi* printed circuit *et* integrated circuit*)*.

integrating a-d converter   *cf.* integrating analog-to-digital converter.

integrating A/D converter   *cf.* integrating analog-to-digital converter.

integrating accelerometer   accéléromètre intégrateur *(accéléromètre fournissant un signal proportionnel à l'intégrale de l'accélération mesurée) (indique donc la vitesse du mobile) (cf. aussi* accelerometer *et* integral*)*.

integrating ADC   *cf.* integrating analog-to-digital converter.

integrating analog-to-digital converter   numériseur à intégration, convertisseur analogique/numérique à intégration *(numériseur utilisant l'intégration de la tension analogique d'entrée à l'aide d'un condensateur pour prélever des échantillons de celle-ci)* (cf. aussi single-slope analog-to-digital conversion, dual-slope analog-to-digital conversion, analog-to-digital converter *et* integrating capacitor).

integrating capacitor   condensateur intégrateur, condensateur d'intégration *(condensateur aux bornes duquel la tension est proportionnelle à l'intégrale par rapport au temps de la tension à vide aux bornes de la source de courant continu utilisée pour le charger)* *(cas général d'un condensateur chargé en courant continu)* *(est utilisé pour obtenir une tension en dent de scie ou « rampe », la durée de la dent de scie étant égale au temps de charge du condensateur et ce temps étant proportionnel au produit de la capacité du condensateur par la résistance insérée dans le circuit de charge, produit appelé « constante de temps » du circuit intégrateur ainsi formé)* *(la tension de charge peut être un train d'impulsions ; on dit alors que le condensateur intègre les impulsions)* *(la décharge du condensateur, plus ou moins rapide suivant la valeur de la résistance connectée à ses bornes à cette fin, correspond à la seconde pente, plus ou moins raide, de la dent de scie) (base de temps, numériseur, etc.)* (cf. aussi capacitor, integral *et* integrating circuit).

integrating circuit   circuit intégrateur, montage intégrateur, intégrateur *s (circuit dans lequel la tension de sortie est proportionnelle à l'intégrale de la tension d'entrée par rapport au temps)* *(est formé d'une résistance et d'un condensateur montés en série, l'entrée du circuit — à laquelle est connectée une source de tension — étant constituée par les deux extrémités du montage, et la sortie par les bornes du condensateur)* (cf. aussi integrating capacitor, low-pass filter *et* differentiating circuit).

integrating digital voltmeter   voltmètre numérique intégrateur *(voltmètre numérique utilisant un convertisseur à intégration)* (cf. aussi digital voltmeter *et* integrating analog-to-digital converter).

integrating frequency meter   fréquencemètre à comptage d'impulsions *(cf. aussi* frequency counter).

integrating gyroscope   gyroscope intégrateur *(gyroscope à un degré de liberté dans lequel aucun couple n'est exercé volontairement sur l'anneau de cardan ou le carter portant la toupie, celui-ci étant libre de tourner par rapport au boîtier extérieur et son angle de rotation étant égal à l'intégrale par rapport au temps de l'angle d'inclinaison de la toupie)* *(en d'autres termes, gyroscope mesurant un écart angulaire, c-à-d. utilisé classiquement)* (cf. aussi gyroscope *et* integrating instrument).

integrating instrument   appareil intégrateur *(appareil de mesure utilisant l'intégration par rapport au temps de la grandeur mesurée)* *(terme générique couvrant notamment les voltmètres numériques à intégration, les fréquencemètres compteurs, les accéléromètres intégrateurs et les gyroscopes intégrateurs) (voir ces termes en anglais)* (cf. aussi integral).

integrating meter   compteur d'énergie *(appareil totalisant l'énergie électrique fournie par une source de courant pendant un temps déterminé) (compteur électrique) (EDF, etc.)* (cf. aussi induction meter).

integrating network   cf. integrating circuit.

integrating programm   programme intégrateur *(programme d'ordinateur permettant d'utiliser ensemble des programmes d'origines différentes) (permet, par exemple, d'utiliser un tableur d'un éditeur de logiciel dans un traitement de textes d'un autre éditeur) (inf)* (cf. aussi resident program, computer program, software *et, à titre d'information,* integrated software).

integrating software   logiciel intégrateur *(inf)* (cf. aussi software *et* integrating program).

integrating-type ...   cf. integrating ...

integration   1) intégration *(sens usuels et notamment sens mathématique, c.-à-d. calcul de l'intégrale d'une fonction) (cf. aussi* integral). 2) intégration (des circuits) *(réalisation de circuits sous la forme de circuits intégrés) (cf. aussi* monolithic integration, hybrid integration, integrated circuit *et* integration density).

integration density   densité d'intégration *(nombre de transistors ou de portes logiques réalisées par unité de surface dans un substrat de circuit intégré monolithique, l'unité de surface étant d'ailleurs souvent le substrat lui-même, dont les dimensions sont variables !) (compte-tenu de cette remarque et de ce que les avis sont très partagés, aux Etats-Unis comme ailleurs, on adopte généralement les critères suivants : faible densité d'intégration (SSI) (= small-scale integration) jusqu'à 100 transistors par substrat ou « puce », moyenne densité d'intégration (MSI) (= medium-scale integration) de 100 à 1 000 transistors par puce, haute densité d'intégration (LSI) (= large-scale integration) de 1 000 à 10 000 transistors, très haute densité d'intégration (VLSI) (= very-large-scale integration) de 10 000 à 100 000 transistors, ultra-haute intégration (ULSI) (= ultra-large-scale integration) de 100 000 à 1 million de transistors et j'ai proposé la « supra-haute densité » (SLSI) (= super-large-scale integration) de 1 à 10 millions de transistors, ce qui devrait suffire pour quelque temps, après quoi on pourrait passer à « hyper » et même à « extrême » si le besoin s'en faisait sentir !) (le nombre de transistors par porte étant en moyenne de 4 ou 5, on en déduit le nombre approximatif de portes dans chaque catégorie)* (cf. aussi logic gate, monolithic integrated circuit, chip 1) *et* integrated circuit).

integration gain   gain d'intégration *(nom donné à l'augmentation de l'amplitude d'impulsions récurrentes produite par leur intégration)* (cf. aussi periodic pulses *et* integrating capacitor).

integration level   cf. integration density.

integration period   période d'intégration *(intervalle de temps pendant lequel une intégration par rapport au temps est effectuée) (exemple : temps pendant lequel une tension continue est intégrée par charge d'un condensateur) (cf. aussi* integration 1) *et* integrating circuit).

integration time   temps d'intégration *(durée d'une période d'intégration)* (cf. aussi integration period).

integrator   intégrateur *s (dispositif électrique ou autre réalisant l'intégration mathématique) (cf. aussi* integration 1) *et* integrating circuit).

intelligence   1) intelligence *(sens usuel) (cf. aussi* artificial intelligence). 2) information(s), message *(contenu dans un signal (cf. aussi* information). 3) contenu *(d'un message, etc.).* 4) le renseignement *(au sens des informations recueillies par les « services de renseignement », c.-à-d. d'espionnage) (mil).* 5) espionnage *(mil) (cf. aussi* electronic intelligence).

intelligence bandwidth   cf. intelligence signal bandwidth.

intelligence bit   binaire d'information *(inf, tls) (cf. aussi* data bit).

intelligence collection   espionnage *(mil, etc.).*

intelligence collection station   cf. intelligence station.

intelligence collection system   système d'espionnage électronique *(récepteurs d'écoute et leurs antennes et activités liées à leur utilisation) (mil) (cf. aussi* surveillance receiver).

intelligence community   les spécialistes du renseignement *(ou de l'espionnage) (mil).*

intelligence gathering   cf. intelligence collection.

intelligence hole   perforation significative *(bande perforée) (tlg, inf) (cf. aussi* data hole).

intelligence information   renseignements obtenus par espionnage *(mil, etc.) (cf. aussi* intelligence 4)).

intelligence ship   navire-espion *(navire militaire, ayant généralement l'apparence d'un bateau de pêche, équipé de récepteurs d'écoute) (cf. aussi* surveillance receiver).

intelligence signal   signal porteur d'informations, *(parf.)* signal utile *(sdpo à « signal parasite ») (cf. aussi* signal¹).

intelligence signal bandwidth   largeur de bande du signal utile *(cf. aussi* bandwidth 1).

intelligence site   (emplacement d'une) station d'écoute fixe *(mil) (cf. aussi* listening station).

intelligence station   station d'écoute *(mil) (cf. aussi* listening station).

intelligent   *(en électronique, ce qualificatif accolé au nom d'un appareil signifie que celui-ci est équipé d'un microprocesseur)* (cf. aussi microprocessor).

intelligent concentrator concentrateur intelligent *(ou à microprocesseur) (concentrateur de lignes téléphoniques dans laquelle, grâce à un microprocesseur, une voie du multiplex n'est affectée à une ligne entrante que si celle-ci est active, c.-à-d. transmet un signal) (cf. aussi* concentrator *et* microprocessor).

intelligent peripheral *cf.* intelligent terminal.

intelligent terminal terminal intelligent *(terminal informatique pouvant exécuter un traitement préalable sur les informations introduites, avant de les transmettre à l'ordinateur central, grâce à un microprocesseur incorporé) (constitue un petit ordinateur satellite) (cf. aussi* computer terminal *et* microprocessor).

intelligent weapon engin autoguidé *(mil) (cf. aussi* smart weapon).

intelligibility netteté (de la parole) *(tél) (cf. aussi* articulation).

intelligible crosstalk diaphonie intelligible *(diaphonie téléphonique dans laquelle les paroles de la voie brouilleuse sont déformées, mais compréhensibles, aux extrémités de la voie brouillée) (cf. aussi* crosstalk 1)).

Intelsat *(vient de « International Telecommunications Satellite »)* Intelsat *(Organisation internationale des télécommunications par satellites) (cf. aussi* communications satellite).

intensification intensification, augmentation de la brillance *(ou de la luminosité ou de la luminance) (tube cath, tube intensificateur) (cf. aussi* image intensification *et* trace intensification).

intensified camera tube *cf.* intensifier-target camera tube.

intensified main sweep balayage normal avec intensification *(balayage normal de la moitié supérieure de l'écran d'un oscilloscope à deux voies avec augmentation de la luminosité de la partie de la trace visualisée en mode de balayage dilaté dans la moitié inférieure de l'écran) (cf. aussi* main sweep *et* dual-channel oscilloscope).

intensified marker marqueur intensifié, marqueur à intensification (de brillance) *(marqueur sur écran cathodique consistant en une augmentation de la luminosité de la partie de la trace à mettre en évidence) (oscillo, radar, etc.) (cf. aussi* marker 1) (a)).

intensified mode mode intensifié *(mode de balayage d'un oscilloscope avec intensification) (cf. aussi* intensified main sweep *et* sweep mode).

intensified silicon ... *cf.* intensifier-target ...

intensified tube *cf.* intensifier-target camera tube.

intensified vidicon (tube) *cf.* intensifier-target vidicon.

intensifier electrode électrode de post-accélération *(tube cath) (cf. aussi* post-acceleration).

intensifier ring *cf.* intensifier electrode.

intensifier-silicon ... *cf.* intensifier-target ...

intensifier-target camera tube tube analyseur à cible multiplicatrice (au silicium) *(vidicon) (cf. aussi* camera tube *et* silicon intensifier target).

intensifier-target tube *cf.* intensifier-target camera tube.

intensifier-target vidicon (tube) (tube) vidicon à cible multiplicatrice (au silicium) *(caméra TV) (cf. aussi* vidicon *et* silicon intensifier target).

intensifier tube **1)** *cf.* image intensifier tube. **2)** tube intensificateur *(tube analyseur précédé d'un tube intensificateur d'image) (peut être doté en outre d'une cible multiplicatrice d'électrons) (tube analyseur à très haute sensibilité pour caméra de télévision à bas niveau) (mil, etc.) (cf. aussi* camera tube, image intensifier tube, silicon intensifier target *et* low-level television).

intensifier vidicon (tube) (tube) vidicon intensificateur *(tube analyseur) (cf. aussi* supervidicon).

intensify *v* intensifier, augmenter la brillance, *(etc.) (cf. aussi* intensification).

intensity intensité *(le terme anglais « intensity » est moins utilisé en physique que le terme français « intensité ») (l'intensité d'un courant est confondue avec le courant lui-même et, par conséquent, traduite par « current » sauf dans les rares cas où l'on précise qu'il s'agit uniquement de l'intensité en employant le terme « current value » ou « current magnitude » ou, plus rarement, « current amplitude » ou « current level »* ou encore *« current intensity »; dans le cas d'un champ de forces, son intensité est traduite par « strength » ou, rarement, par « intensity »; dans le cas d'un rayonnement électromagnétique considéré indépendamment du champ correspondant, son intensité est toujours traduite par « intensity »; dans le cas d'un faisceau d'électrons ou autre particules, son intensité est également toujours traduite par « intensity »).*

intensity control commande de luminosité, bouton de réglage de la luminosité, bouton de luminosité *(bouton de réglage de la luminosité de la trace formée sur l'écran d'un oscilloscope).*

intensity control setting position de la commande de luminosité, *(etc.) (oscillo) (cf. aussi* intensity control *et* setting).

intensity level niveau d'intensité sonore *(intensité sonore relative (acou) (cf. aussi* sound intensity *et* level 1)).

intensity-modulated marker marqueur modulé en intensité *(écran cath) (cf. aussi* marker 1) (a).

intensity modulation modulation d'intensité *(ou de luminosité ou de brillance) (modulation de l'intensité du faisceau d'un tube cathodique par modulation de la tension appliquée au wehnelt) (oscillo, TV, radar, etc.) (cf. aussi* Z axis (b), cathode-ray tube *et* control grid 2)).

intensity of magnetization intensité d'aimantation *(corps aimanté) (cf. aussi* magnetization 1) (b)).

intensity of radiation intensité de rayonnement *(cf. aussi* intensity).

inter- ... *(voir à la place correspondant au terme écrit en un seul mot).*

interact *v* agir l'un sur l'autre, agir réciproquement, interagir *(cf. aussi* interaction).

interact with *v* réagir avec, interagir avec *(cf. aussi* interaction).

interaction interaction, action réciproque *(action de deux charges électriques, action d'un courant induit et du courant inducteur, etc.).*

interaction circuit *cf.* interaction gap.

interaction crosstalk diaphonie par troisième fil *(diaphonie entre deux voies d'un multiplex téléphonique à courants porteurs du type N + N due à un couplage des deux voies par l'intermédiaire d'une troisième) (cf. aussi* crosstalk 1) *et* multiplex¹).

interaction gap espace d'interaction (dans un tube à faisceau droit) *(espace annulaire entourant le faisceau d'électrons dans un tube hyperfréquence à faisceau droit, dans lequel le faisceau d'électrons cède ou emprunte de l'énergie au signal à amplifier) (cf. aussi* linear-beam tube *et* interaction space); (a) *dans un klystron, qui est un tube à faisceau droit à interaction localisée simple ou multiple, il y a un espace d'interaction de courte longueur au niveau des lèvres de chaque cavité) (cf. aussi* klystron); (b) *dans un tube à onde progressive, qui est un tube à faisceau droit à interaction répartie, l'espace d'interaction s'étend sur toute la longueur de la ligne à onde lente) (cf. aussi* travelling-wave tube); (c) *dans un carcinotron O à ligne interdigitée, qui est un tube à faisceau droit à interaction localisée multiple, le terme « espace d'interaction » désigne généralement un des deux espaces occupés par un faisceau d'électrons, mais peut aussi désigner chacun des espaces diélectriques compris entre deux doigts successifs de la ligne à retard) (cf. aussi* O-type carcinotron); (d) *dans un magnétron, qui est un tube à champs croisés à interaction localisée multiple, le terme « espace d'interaction » désigne généralement l'espace annulaire complet, mais peut aussi désigner chacune des parties de celui-ci situées en face de chaque cavité, comme dans un klystron, auquel cas le terme employé en anglais est naturellement « interaction gap ») (cf. aussi* magnetron *et* interaction space); (e) *dans un carcinotron M, qui est aussi un tube à champs croisés à interaction localisée multiple, le terme « espace d'interaction » désigne généralement l'espace annulaire, mais peut aussi désigner chacun des espaces diélectriques compris entre deux doigts successifs de la ligne à retard) (cf. aussi* M-type carcinoron *et* interaction space).

interaction space espace d'interaction (dans un tube à champs croisés) *(espace annulaire compris entre la cathode, ou la sole, et l'anode dans un tube hyperfréquence à champs croisés, dans lequel les électrons émis par la première cèdent* *de l'énergie au signal à amplifier ou entretenir) (cf. aussi* crossed-field tube *et* interaction gap (c) *et* (d)).

interactive design conception interactive *(conception d'un matériel dans le cadre d'un système interactif) (conception d'un circuit intégré monolithique, etc.) (inf) (cf. aussi* interactive system).

interactive display terminal *cf.* interactive terminal.

interactive mode mode interactif, mode conversationnel, mode de dialogue *(mode d'utilisation et de fonctionnement d'un ordinateur dans le cadre d'un système interactif) (inf) (cf. aussi* interactif system).

interactive processing traitement en mode interactif *(ou* conversationnel *ou* de dialogue), traitement interactif, traitement avec dialogue *(inf) (cf. aussi* interactive mode).

interactive system système interactif, système conversationnel, système à dialogue *(système formé d'un ordinateur et d'un programme, dans lequel l'ordinateur fournit des informations au fur et à mesure du traitement qui permettent à l'opérateur de modifier éventuellement celui-ci) (cf. aussi* computer program *et* menu).

interactive terminal terminal interactif *(ou* conversationnel *ou* à dialogue) *(terminal à écran utilisé dans le cadre d'un système interactif) (cf. aussi* interactive system).

interactively de façon interactive, en mode interactif *(cf. aussi* interactive mode).

interactivity interactivité *(propriété d'un système interactif) (inf) (cf. aussi* interactive system).

interblock gap espace interbloc *(longueur de piste inutilisée entre deux blocs d'informations successifs sur un disque ou une bande magnétique ou un disque optique) (inf) (cf. aussi* block).

interblock space *cf.* interblock gap.

intercarrier band bande de garde *(émissions) (cf. aussi* guard band).

intercarrier noise parasites entre les stations *(récepteur radio) (cf. aussi* squelch circuit).

intercarrier noise suppression accord silencieux *(récepteur radio) (cf. aussi* squelch circuit).

inercarrier noise suppressor circuit d'accord silencieux *(récepteur radio) (cf. aussi* squelch circuit).

intercarrier sound system procédé interporteuse *(procédé de réception de signaux de télévision à porteuse son modulée en fréquence dans lequel cette porteuse n'est séparée de la porteuse image qu'après amplification dans un amplificateur à fréquence intermédiaire commun aux deux porteuses, la séparation se faisant grâce au battement entre les deux porteuses dans la diode de l'étage détecteur qui suit l'amplificateur) (ce procédé a l'avantage d'éliminer l'effet des dérives éventuelles de la fréquence de l'oscillateur local du récepteur sur la fréquence intermédiaire de la porteuse son du procédé classique, dans lequel celle-ci risque de se trouver en dehors de la bande passante de l'amplificateur FI son, et de supprimer cet amplificateur, mais nécessite que le son soit émis en modulation de fréquence pour éviter l'intermodulation du signal image et du signal son dans l'amplificateur à fréquence intermédiaire, et que la modulation vidéo soit à polarité négative pour que la porteuse image ne soit pas supprimée au niveau des impulsions de synchronisation, ce qui empêcherait le battement des deux porteuses puisqu'il n'y en aurait plus qu'une à ces instants) (la modulation vidéo en polarité positive est toutefois possible, mais au prix d'un supplément de puissance d'émission que l'on préfère éviter) (cf. aussi* frequency modulation, intermediate frequency, beat, intermodulation *et* negative modulation).

intercarrier-type receiver récepteur à amplification commune du son, récepteur à procédé interporteuse *(TV) (cf. aussi* intercarrier sound system).

intercept[1] *v* intercepter *(cf. aussi* intercept[2]).

intercept[2] *s* interception *(captation et identification d'un signal de l'adversaire par un récepteur d'écoute) (station d'écoute, détecteur de radars) (mil) (cf. aussi* intercept probability, surveillance receiver *et* interception 2)).

intercept bearing relèvement par interception *(relèvement d'une station émettrice de l'adversaire effectué grâce à l'interception de signaux émis par celle-ci) (mil) (cf. aussi* intercept[2]).

intercept current *(parf.* intensité du) courant d'interception *(tube à onde progressive) (hyper) (cf. aussi* helix intercept current).

intercept probability probabilité d'interception *(d'un signal radio ou radar, par l'adversaire) (mil) (cf. aussi* intercept[2] *et* low probability of intercept).

intercept protection circuitry circuits de limitation du courant d'interception *(tube à onde progressive) (cf. aussi* helix intercept current).

intercept range distance d'interception *(distance maximale à laquelle les signaux émis par un émetteur radio ou radar militaire peuvent être interceptés par l'adversaire à l'aide d'un récepteur d'écoute) (dans le cas d'un radar, elle est toujours supérieure à la portée utile de celui-ci) (cf. aussi* surveillance receiver).

intercept receiver 1) récepteur d'écoute *(mil) (cf. aussi* surveillance receiver). 2) détecteur de radar *(avion mil) (cf. aussi* radar warning receiver).

interception 1) interception *(sens usuels).* 2) interception des communications, écoute des communications, (les) écoutes *(les deux derniers termes sont les plus employés) (écoute des communications suspectes par un agent habilité, dans un central téléphonique, ou enregistrement sur bande magnétique de ces communications, ou les deux) (cf. aussi* interception desk *et* interceptor circuit). 3) *cf.* intercept[2].

interception desk table d'écoute *(position d'opératrice de central téléphonique prévue et équipée pour l'écoute des communications) (cf. aussi* interception 2)).

interceptor circuit circuit d'écoute *(circuit pouvant relier une table d'écoute à une ligne quelconque dans un central téléphonique pour permettre l'écoute des communications) (cf. aussi* interception desk).

interchange[1] *s* 1) échange *(d'informations, de signaux, etc.) (cf. aussi* ASCII). 2) permutation *(de deux fils connectés à deux bornes, etc.) (ne pas employer « interversion » qui a ici plutôt le sens de « permutation par mégarde », sauf si c'est le cas).*

interchange[2] *v (voir aussi* interchange[1]) 1) échanger. 2) permuter.

interchannel interference interférence entre fréquences d'émissions *(émetteurs de radiodiffusion) (cf. aussi* guard band *et* interference 2)).

interchannel modulation diaphonie *(entre deux voies d'un multiplex à répartition de fréquence) (tls) (cf. aussi* crosstalk 1) *et* frequency-division multiplex).

interchannel muting accord silencieux *(récepteur radio) (cf. aussi* squelch circuit).

interchannel spacing espacement entre voies *(multiplex) (cf. aussi* multiplex[1]).

interchip propagation delay temps de propagation (des signaux) entre boîtiers *(ou* d'un boîtier à l'autre) *(CI) (microordinateur, etc.) (cf. aussi* chip 1)).

interchip signal delay *cf.* interchip propagation delay.

intercircuit propagation delay temps de propagation (des signaux) entre circuits *(ou* d'un circuit à l'autre) *(circuits logiques, etc.).*

intercircuit signal delay *cf.* intercircuit propagation delay.

intercom *cf.* intercommunication system.

intercom link liaison par interphone *(cf. aussi* intercommunication system).

intercom system *cf.* intercommunication system.

intercommunication intercommunication, communication par interphone *(cf. aussi* intercommunication system).

intercommunication equipment interphones *(cf. aussi* intercommunication system).

intercommunication system interphone *(système de télécommunications par fil à courte distance entre deux ou plusieurs postes à l'aide d'appareils émetteurs-récepteurs amplificateurs équipés d'un haut-parleur à bobine mobile servant aussi de microphone à l'émission, ce qui impose le fonctionnement en alternat) (la transmission des signaux vocaux est assurée par une ligne indépendante ou par les fils du secteur ou autre réseau de distribution) (le terme « interphone » désigne tant le système complet que chacun des appareils qu'il comprend; pour ceux-ci, le terme anglais est « intercom ») (cf. aussi* moving-coil loudspeaker *et* half-duplex).

interconductor capacitance capacité entre conducteurs (voisins) *(capacité parasite) (câble tél, etc.) (cf. aussi* parasitic capacitance).

interconnect¹ *v* interconnecter *(cf. aussi* interconnection).

interconnect² *s* interconnexion *(cf. aussi* interconnection (b)).

interconnect ... *cf.* interconnection ... *(pour les termes qui ne figurent pas ci-après).*

interconnect metallization *cf.* metallization.

interconnectability possibilité d'interconnexion.

interconnecting ... *cf.* interconnection ... *(pour les termes qui ne figurent pas ci-après).*

interconnecting metallization *cf.* metallization.

interconnection interconnexion (a) *liaison électrique entre deux ou plusieurs réseaux de distribution d'énergie électrique ou de télécommunications, ou appareils, circuits ou composants)* ; (b) *nom donné aux rubans de métal ou de polysilicium reliant deux circuits ou composants d'un circuit intégré monolithique) (cf. aussi* metallization (a)).

interconnection cable cable d'interconnexion *(entre deux réseaux) (cf. aussi* interconnection (a)).

interconnection capacitance capacité des interconnexions *(capacité parasite entre deux interconnexions voisines d'un circuit intégré monolithique) (cf. aussi* parasitic capacitance *et* interconnection (b)).

interconnection diagram schéma d'interconnexion *(de plusieurs appareils, etc.).*

interconnection film *cf.* interconnection layer.

interconnection layer couche d'interconnexion (a) *couche conductrice assurant l'interconnexion de composants dans un circuit imprimé ou hybride multicouche) (cf. aussi* multilayer printed circuit *et* multilayer hybrid circuit) ; (b) *cf.* metallization layer.

interconnection level niveau d'interconnexion *(plan d'une couche d'interconnexion dans un circuit imprimé ou hybride multicouche ou un circuit intégré à plusieurs couches d'interconnexion) (cf. aussi* interconnection layer).

interconnection line ligne d'interconnexion *(en électronique, ce terme désigne notamment un conducteur formé dans une couche de métallisation d'un circuit intégré) (cf. aussi* interconnection).

interconnection pad plage de connexion *(CI, CH, CP, semi) (cf. aussi* bonding pad).

interconnection path **1)** chemin d'interconnexion, trajet d'interconnexion, *(parf.)* liaison *(central tél, etc.).* **2)** trajet d'interconnexion *(trajet suivi par un conducteur d'une couche de métallisation de circuit intégré) (cf. aussi* metallization layer).

interconnection pattern réseau d'interconnexion *(CI) (cf. aussi* metallization pattern).

interconnection resistance résistance des interconnexions *(CI) (cf. aussi* interconnection (b) *et* resistance).

interconnection run ligne d'interconnexion *(CI) (cf. aussi* metallization run).

interconnection wire fil d'interconnexion, fil de connexion *(cf. aussi* jumper *et* wire¹).

interconnection wiring câblage d'interconnexion, fils d'interconnexion *(cf. aussi* interconnection wire *et* wiring 1)).

interdialling sélection indirecte *(tél) (cf. aussi* tandem dialling).

interdigital base-emitter structure structure base-émetteur interdigitée *(structure de transistor bipolaire de puissance dans laquelle le périmètre de la jonction base-émetteur est fortement augmenté en réalisant ces deux électrodes sous la forme de deux peignes imbriqués ou, plus souvent, en leur donnant une forme en méandres) (le courant se concentrant toujours sur le bord d'une jonction, cette augmentation de périmètre de la jonction base-émetteur diminue la densité de courant effective dans celle-ci, ce qui augmente l'intensité du courant admissible et accroît le gain) (cf. aussi* bipolar transistor, power transistor *et* p-n junction, *au début de la lettre* P).

interdigital capacitor condensateur interdigité *(condensateur intégré de circuit hybride dont les deux armatures en forme de peignes imbriqués l'un dans l'autre sont formées en même temps sur le substrat isolant et, par conséquent, ne se recouvrent pas) (cf. aussi* integrated hybrid capacitor).

interdigital gate-cathode structure structure gâchette-cathode interdigitée *(structure d'un thyristor augmentant la vitesse à laquelle la zone conductrice proche de la gâchette s'étend à toute la surface de la cathode lors du déblocage de celui-ci) (cf. aussi* silicon controlled rectifier).

interdigital line ligne interdigitée *(ligne de transmission hyperfréquence formée de deux conducteurs en forme de peignes imbriqués, l'espace entre les dents des deux peignes étant occupé par un diélectrique) (constitue une ligne à retard, le chemin parcouru par le champ électromagnétique dans le diélectrique en forme de grecque étant nettement plus long que la ligne droite) (est utilisée comme ligne à onde plus lente dans certains tubes hyperfréquence à interaction localisée multiple) (cf. aussi* transmission line, dielectric¹, delay line *et* slow-wave structure).

interdigital magnetron magnétron à ligne interdigitée *(magnétron dans lequel l'anode à cavités résonantes classique est remplacée par une ligne interdigitée en forme de couronne) (hyper) (cf. aussi* magnetron *et* interdigital line).

interdigital structure structure interdigitée *(ensemble de deux conducteurs en forme de peignes imbriqués).*

interdigital transducer transducteur interdigité *(ensemble de deux électrodes en forme de peignes imbriqués formées sur une plaquette de cristal piézoélectrique, pour convertir un signal à fréquence élevée en ondes acoustiques dans le cristal ou inversement) (est utilisé dans les filtres à ondes de surface) (cf. aussi* piezoelectric crystal, SAW filter *et* transducer).

interdigitated ... *cf.* interdigital ...

interelectrode capacitance capacité interélectrode *(capacité parasite entre deux électrodes voisines dans un tube électronique ou un composant à semiconducteur) (cf. aussi* grid-anode capacitance, grid-cathode capacitance *et* parasitic capacitance).

interelectrode gap espace interélectrode *(espace compris entre deux électrodes voisines dans un tube électronique).*

interface¹ *s* **1)** interface *sf* (a) *surface de séparation entre deux pièces ou couches en contact) (CI, etc.)* ; (b) *frontière entre deux appareils ou organes interconnectés) (voir aussi* 2) *ci-après).* **2)** interface *sf,* dispositif de raccordement, *(souvent)* circuit d'interface, circuit de raccordement *(dispositif adaptant le signal de sortie d'un appareil ou d'un organe aux caractéristiques d'entrée de l'appareil ou organe auquel il est relié) (est souvent réalisé sous la forme d'un circuit intégré monolithique ou d'une carte d'interface) (cf. aussi* monolithic integrated circuit *et* interface board).

interface² *v* raccorder, *(parf.)* adapter *(cf. aussi* interface¹).

interface board carte d'interface *(carte enfichable ou non portant un ou plusieurs circuits d'interface) (cf. aussi* printed-circuit board *et* interface circuit).

interface card *cf.* interface board.

interface chip puce d'interface *(puce de circuit d'interface) (CI) (cf. aussi* chip 1) *et* interface circuit).

interface circuit circuit d'interface *(circuit intégré, généralement monolithique, constituant une interface) (cf. aussi* monolithic integrated circuit *et* interface¹ 2)).

interface circuitry circuits d'interfaces *(ce terme désigne généralement l'ensemble des circuits formant un circuit d'interface) (cf. aussi* interface circuit *et* circuitry).

interface connection connexion entre faces *(connexion entre les deux faces d'une carte à circuit imprimé double face) (est généralement réalisée sous la forme d'un trou métallisé) (cf. aussi* double-sided printed circuit *et* plated-through hole).

interface device *cf.* interface¹ 2).

interface logic logique d'interface, logique de raccordement *(CI) (cf. aussi* logic 2) *et* interface¹ 2)).

interface module module d'interface, module de raccordement *(cf. aussi* module (a)) *et* interface¹ 2)).

interfaceable raccordable *(propriété d'un appareil ou organe pouvant être raccordé à un autre de type déterminé).*

interfaced with raccordé à ... *(cf. aussi* interface²).

interfacing¹ *s* raccordement *(de deux circuits ou appareils, souvent par l'intermédiaire d'un circuit d'interface) (cf. aussi* interface¹ 2)).

interfacing² *a* d'interface, de raccordement.

interfacing³ *ppr* servant d'interface à, se raccordant à.

interfacing ... *cf.* interface ...

interfere *v* interférer, *(parf.)* perturber, *(parf.)* brouiller *(signal parasite).*

interference 1) parasites *(signaux indésirables et généralement gênants produits par un dispositif ou un phénomène naturel et captés par un récepteur radioélectrique ou une ligne de transmission ou un autre circuit) (cf. aussi* radio interference, television interference, radiated interference, conducted interference, static², atmospheric interference, industrial interference, extra-atmospheric interference, narrow-band interference, wideband interference *et* pulsed interference). **2)** interférence *(entre les signaux de deux ou plusieurs émetteurs radioélectriques) (radiodif, radiocom, radionav) (cf. aussi* interchannel interference *et* intersymbol interference).

interference area *(cf. aussi* interference) **1)** zone de parasites. **2)** zone d'interférence.

interference blanker filtre de réception *(filtre de récepteur radio ou radar évitant les interférences produites par un émetteur proche).*

interference control 1) réduction de l'émission de parasites, *(parf.)* antiparasitage *(moteur électrique à collecteur, dynamo, contacts de relais, alimentation à découpage, etc.).* **2)** suppression des interférences *(cf. aussi* interference 2)).

interference elimination *cf.* interference suppression.

interference eliminator *cf.* interference filter.

interference fading évanouissement par interférence *(cas général de l'évanouissement des signaux radio-électriques) (cf. aussi* fading).

interference field champ perturbateur *(champ électromagnétique indésirable capté par une antenne de réception ou une ligne de transmission).*

interference filter 1) filtre antiparasites *(de récepteur radio ou TV ou autre appareil électronique alimenté par le secteur) (cf. aussi* power-line filter). **2)** filtre d'antenne *(récepteur) (cf. aussi* wave trap).

interference generator générateur de parasites *(générateur d'impulsions irrégulières de tension à haute fréquence) (est utilisé pour simuler les parasites industriels et atmosphériques).*

interference guard band *cf.* guard band.

interference level *(cf. aussi* interference *et* level 1) **1)** amplitude des parasites. **2)** niveau d'interférence, amplitude du signal perturbateur.

interference limiter *cf.* interference filter.

interference noise bruit dû aux parasites *(récepteur, etc.) (cf. aussi* noise 2) (a) *et* interference 1)).

interference pulse impulsion parasite.

interference radius rayon de la zone perturbée *(par l'émission de parasites ou par un émetteur radioélectrique).*

interference ratio *cf.* signal-to-noise ratio.

interference rejection réjection des parasites, atténuation des parasites *(par les circuits d'entrée d'un récepteur radioélectrique) (cf. aussi* rejection).

interference signal signal parasite *(cf. aussi* interference).

interference suppression élimination des parasites *(cf. aussi* suppression 2)).

interference-suppression assembly bloc antiparasite *(filtre antiparasite réalisé sous la forme d'un composant discret) (cf. aussi* interference filter).

interference suppressor *cf.* interference filter.

interference threshold seuil admissible du rapport signal/bruit *(valeur minimale du rapport signal/bruit à partir de laquelle le signal reçu par un récepteur est utilisable) (radio, tél, tlg) (cf. aussi* signal-to-noise ratio).

interference trap *cf.* interference filter.

interfering signal signal perturbateur *(cf. aussi* interference 2)).

interfering signals 1) signaux qui interfèrent (entre eux), signaux en interférence (mutuelle). **2)** signaux perturbateurs, signaux parasites.

interferometric waveguide guide d'ondes en Y *(hyper) (cf. aussi* waveguide).

interferometry interférométrie *(méthode de mesure de distances faisant appel à l'interférence de deux ondes obtenues à partir d'une même onde monochromatique ayant parcouru deux chemins de longueurs différentes) (permet également des mesures de vitesse en association avec une mesure de temps) (cf. aussi* acoustic interferometry, optical interferometry *et* monochromatic wave).

interferometry detection détection interférométrique.

interlace¹ *v* **1)** entrelacer *(les lignes des deux trames d'une image de télévision ou les voies d'un multiplex à répartition du temps) (cf. aussi* interlaced scanning *et* time-division multiplex). **2)** *cf.* interleave.

interlace² *s* *cf.* interlacing.

interlaced raster trames de balayage entrelacées *(TV, etc.) (cf. aussi* interlaced scanning).

interlaced scanning 1) balayage entrelacé, balayage avec entrelacement *(balayage d'un écran de télévision dans lequel le faisceau d'électrons trace d'abord toutes les lignes de balayage impaires, puis revient en haut de l'écran et trace toutes les lignes paires, l'ensemble des deux trames ainsi tracées formant l'image complète) (a pour effet de réduire le papillotement de l'image en divisant par deux le temps qui sépare le tracé de la première ligne de l'image et celui de la dernière ligne, le temps total restant le même) (cf. aussi* even field, odd field *et* raster scanning). **2)** analyse entrelacée, balayage entrelacé *(analyse de l'image électrique formée dans une caméra de télévision à laquelle correspond, dans le récepteur, le balayage entrelacé défini en 1) ci-dessus) (cf. aussi* electric image 1) *et* television camera).

interlaced storage mémorisation avec imbrication *(inf) (cf. aussi* interleaving 2)).

interlacing 1) entrelacement *(des lignes des deux trames d'une image de télévision) (cf. aussi* interlaced scanning). **2)** *cf.* interleaving.

interleave *v* imbriquer *(des fréquences dans un spectre de fréquences, des programmes d'ordinateur, etc.) (cf. aussi* interleaving 1) *et* 2)).

interleave factor facteur d'entrelacement *(ordre physique des secteurs à numéros successifs d'un disque magnétique) (un facteur de 1:1 signifie que les secteurs sont dans l'ordre de leurs numéros et donne le temps de latence minimal entre les lectures de deux secteurs à numéros successifs si le régisseur de disque et l'unité centrale ont le temps d'effectuer les opérations nécessaires entre les deux lectures, faute de quoi il faut un tour supplémentaire ; un facteur de 2:1 signifie que le secteur n° 1 et le n° 2 sont séparés par le n° 10, par exemple, le secteur n° 2 et le n° 3 sont séparés par le n° 11, et ainsi de suite, ce qui laisse du temps entre les deux lectures ; un facteur de 3:1 signifie que le secteur n° 1 et le n° 2 sont séparés par le n° 7 et le n° 3, par exemple, le secteur n° 2 et le n° 3 sont séparés par le n° 8 et le n° 14, et ainsi de suite, ce qui laisse encore plus de temps) (cf. aussi* interleaving 3), latency, disk-memory controller *et* CPU).

interleaved color subcarrier sous-porteuse de chrominance imbriquée dans le spectre du signal de luminance *(signal TVC) (cf. aussi* interleaving 1) *et* chrominance subcarrier).

interleaving 1) imbrication (de fréquences) *(logement d'une ou plusieurs fréquences entre les raies du spectre de fréquence d'une onde porteuse) (signal TVC, etc.) (cf. aussi* frequency spectrum *et* carrier wave). **2)** imbrication (en mémoire), entrelacement *(idem) (mémorisation alternée des instructions d'un programme d'ordinateur dans deux ou plusieurs blocs de la mémoire centrale pour augmenter la vitesse de traitement) (cf. aussi* instruction, main memory *et* processing speed). **3)** entrelacement *(ordre de numérotation des secteurs successifs d'un disque magnétique et notamment d'un disque dur) (inf) (cf. aussi* interleave factor *et* sector).

interlevel oxide oxyde intercouche *(couche d'oxyde de silicium servant d'isolant entre deux couches de métallisation sur une puce de circuit intégré) (cf. aussi* metallization (a)).

interlink *v* *cf.* interconnect¹.

interlock¹ *s* **1)** enclenchement, *(parf.)* verrouillage, *(parf.)* sécurité *(impossibilité de faire fonctionner un dispositif quand un dispositif associé n'est pas en position de sécurité) (exemple : impossibilité d'ouvrir une porte donnant accès à un circuit à haute tension lorsque l'interrupteur coupant celle-ci* *n'est pas mis sur la position « Arrêt »).* **2)** dispositif d'enclenchement, *(etc.) (interrupteur ou relais réalisant un enclenchement) (voir aussi 1) ci-dessus).*

interlock² v verrouiller (par un dispositif d'enclenchement) *(cf. aussi* interlock¹).

interlock circuit circuit d'enclenchement, *(etc.) (circuit coupé ou fermé par un jeu de contacts d'un interrupteur ou relais d'enclenchement) (cf. aussi* interlock¹).

interlock contact contact d'enclenchement, *(etc.) (jeu de contacts d'interrupteur ou de relais inséré dans un circuit d'enclenchement) (cf. aussi* interlock¹).

interlock relay relais d'enclenchement, *(etc.) (cf. aussi* interlock¹ 2) *et* relay¹ (a)).

interlock switch interrupteur d'enclenchement, *(etc.) (cf. aussi* interlock¹ 2)).

interlocking *cf.* interlock¹ 1).

interlocking ... *cf.* interlock ...

intermediate distribution frame répartiteur intermédiaire *(répartiteur parfois monté entre un répartiteur, qualifié alors de « principal », et les appareils de commutation dans un central téléphonique) (cf. aussi* distribution frame).

intermediate exchange central intermédiaire *(tél) (cf. aussi* tandem exchange).

intermediate frequency fréquence intermédiaire, FI *(anglicisme ayant supplanté notre bonne vieille « moyenne fréquence » ou « MF ») (fréquence d'accord des étages amplificateurs compris entre le changeur de fréquence et le détecteur dans un récepteur superhétérodyne) (est la fréquence de la porteuse recueillie à la sortie du changeur de fréquence) (cf. aussi* mixer, detector 1), superherodyne receiver *et* image frequency 1)).

intermediate-frequency ... *cf.* IF ...

intermediate horizon horizon fictif *(colline, immeuble ou autre obstacle situé entre l'antenne d'un radar et l'horizon radar effectif) (cf. aussi* radar horizon).

intermediate office *cf.* intermediate exchange.

intermediate subcarrier sous-porteuse intermédiaire *(sous-porteuse d'un multiplex fréquentiel modulée par une sous-porteuse de rang inférieur avant de moduler une sous-porteuse de rang supérieur ou la porteuse) (en d'autres termes, sous-porteuse autre que la première sous-porteuse) (cf. aussi* subcarrier *et* frequency-division multiplex).

intermittent commercial and amateur service (pour) service commercial intermitent et service amateur *(classe de qualité de tubes d'émission) (cf. aussi* transmitter tube ratings).

intermittent duty *(parf.* pour) service intermittent *(service d'un matériel interrompu par des périodes d'arrêt) (cf. aussi* periodic duty *et* duty).

intermittent-duty rating puissance nominale en service intermittent *(cf. aussi* intermittent duty).

intermittent rating *cf.* intermittent-duty rating.

intermittent reception réception intermittente *(réception de signaux par un récepteur présentant une panne intermittente) (radiodif, etc.).*

intermittent-service area zone de réception instable *(zone située autour d'un émetteur en ondes moyennes comprise entre la zone desservie par l'onde de sol et la zone desservie par l'onde de ciel) (dans cette zone, les interférences entre l'onde de sol et l'onde de ciel, jointes à l'absence d'onde directe, produisent des évanouissements du signal reçu) (est l'analogue en ondes moyennes de la zone de silence en ondes courtes) (radio) (cf. aussi* ground wave, sky wave, fading, skip zone *et* service area).

intermittently rated pour service intermittent *(cf. aussi* intermittent duty).

intermodal dispersion *cf.* modal dispersion.

intermodulation intermodulation *(modulation réciproque des fréquences composant un signal complexe dans un élément non linéaire) (phénomène indésirable produisant des fréquences parasites qui déforment le signal de sortie de l'élément) (les fréquences parasites sont les harmoniques de chacune des fréquences composantes du signal et les fréquences égales à la somme et à la diffence de ces fréquences composantes prises deux à deux et de leurs harmoniques) (on voit d'après cette définition que le nombre des fréquences parasites*

peut être très grand) (ampli, etc.) (cf. aussi complex signal *et* non-linear element).

intermodulation distortion distortion d'intermodulation *(distorsion d'un signal due à la présence de produits d'intermodulation dans celui-ci) (ampli, etc.) (cf. aussi* intermodulation products).

intermodulation interference interférence par intermodulation *(interférence dans un récepteur superhétérodyne due à l'intermodulation de deux émissions indésirables espacées de la valeur de la fréquence intermédiaire et non arrêtées par le préamplificateur lorsque celui-ci est peu sélectif) (le signal parasite à la fréquence intermédiaire qui en résulte à la sortie du changeur de fréquence interfère avec le signal utile en le déformant) (cf. aussi* intermodulation, superheterodyne receiver, intermediate frequency, mixer *et* preselector).

intermodulation noise bruit d'intermodulation *(bruit à la sortie d'un montage ou d'un milieu de transmission dû aux produits d'intermodulation) (cf. aussi* intermodulation products).

intermodulation noise components composantes du bruit d'intermodulation *(autre nom des produits d'intermodulation) (cf. aussi* intermodulation products).

intermodulation performance caractéristiques d'intermodulation *(valeurs et amplitudes des produits d'intermodulation) (cf. aussi* intermodulation products).

intermodulation products produits d'intermodulation *(nom donné aux fréquences parasites produites par intermodulation) (cf. aussi* intermodulation).

internal batteries piles incorporées *(appareil à piles) (cf. aussi* battery-powered instrument).

internal battery power alimentation par batterie incorporée, *(etc.) (appareil) (cf. aussi* battery operation).

internal calibrator calibrateur interne *(oscillo, etc.) (cf. aussi* calibrator).

internal capacitance capacité interne *(tube, etc.) (cf. aussi* capacitance).

internal clock horloge interne, *(etc.) (horloge incorporée à un appareil à fonctionnement cadencé ou à un organe d'un tel appareil) (inf, tls) (cf. aussi* clock¹).

internal clocking cadencement interne, cadencement par horloge interne, *(etc.) (inf, tls) (cf. aussi* internal clock *et* clocking).

internal connection *(cf. aussi* connection 2) (b)) connexion interne (a) *connexion à l'intérieur du boîtier d'un composant monté dans un boîtier) (CH, CI, relais, etc.);* (b) *connexion à l'intérieur d'un tube électronique aboutissant à une broche du culot du tube et ne servant que pendant la fabrication de celui-ci).*

internal countermeasures contre-mesures internes *(contre-mesures opérées par des brouilleurs ou des lance-leurres montés à l'intérieur d'un aéronef militaire) (ce terme s'applique surtout à un avion, les hélicoptères utilisant généralement du matériel de contre-mesures monté en nacelle) (cf. aussi* electronic countermeasures).

internal countermeasures ... *cf.* internal ECM ...

internal diode suppression antiparasitage par diode incorporée *(contacts de relais, etc.) (cf. aussi* suppression diode).

internal ECM *cf.* internal countermeasures.

internal ECM suite équipement de contre-mesures interne, panoplie *(idem) (autres noms, plus précis, d'un système de contre-mesures interne) (aéronef mil) (cf. aussi* internal countermeasures *et* ECM suite).

internal ECM system système de contre-mesures interne *(ce terme désigne parfois un système d'autoprotection interne) (aéronef mil) (cf. aussi* internal countermeasures, internal ECM suite *et* internal self-protection system).

internal electromagnetic pulse impulsion électromagnétique *(ou nucléaire) interne (cf. aussi* electromagnetic pulse).

internal gain gain interne (a) *gain d'un phototransistor) (est dû à l'effet transistor) (cf. aussi* phototransistor *et* transistor action); (b) *gain d'une photodiode à avalanche) (est dû à l'effet d'avalanche) (une photodiode à déplétion n'a naturellement pas de gain interne) (cf. aussi* avalanche photodiode, avalanche breakdown *et* depletion-layer photodiode).

internal graticule graticule interne *(graticule de tube catho-*

dique dont les traits sont tracés en creux sur la face intérieure de la dalle du tube) (oscillo) (cf. aussi graticule *et* faceplate).

internal-graticule cathode-ray tube tube cathodique à graticule interne *(cf. aussi* internal graticule).

internal-graticule CRT *cf.* internal-graticule cathode-ray tube.

internal installation montage interne *(système d'autoprotection, etc.) (cf. aussi* internal self-protection system).

internal memory mémoire interne *(mémoire centrale d'un ordinateur ou zone de celle-ci) (inf) (cf. aussi* main memory).

internal noise bruit interne, bruit propre *(bruit à la sortie d'un montage ou d'un appareil en l'absence de signal à l'entrée de celui-ci, c.-à-d. bruit dû uniquement au montage ou à l'appareil) (comprend au moins le bruit d'agitation thermique et s'ajoute au bruit éventuel du signal d'entrée, multiplié par le gain dans le cas d'un amplificateur) (cf. aussi* noise 2) (a) *et* gain 1)).

internal photoelectric effect effet photoélectrique interne *(effet photoélectrique dans lequel il n'y a pas émission de particules par le corps) (terme générique couvrant l'effet de photoconduction, l'effet photovoltaïque et l'effet Auger) (cf. aussi* photoelectric effect).

internal pickup parasites d'origine interne *(exemple : tension de ronflement superposée au signal utile à la sortie d'un appareil alimenté par le secteur) (oscillo, etc.) (cf. aussi* ripple voltage).

internal resistance résistance interne *(résistance d'une source de courant, d'un tube électronique, d'un appareil de mesure, etc.) (cf. aussi* current source).

internal self-protection system système d'autoprotection interne *(système d'autoprotection d'aéronef militaire dont tous les éléments sont montés à l'intérieur de l'appareil à protéger) (ce terme s'applique surtout à un avion, les hélicoptères ayant généralement un système d'autoprotection externe) (cf. aussi* aircraft self-protection system).

internal shield écran interne *(dépôt métallique formé sur la face intérieure du cône d'un tube cathodique et relié à une broche du culot) (sert de blindage protégeant le ou les faisceaux d'électrons contre l'action des champs magnétiques et électromagnétiques extérieurs) (tube-image couleurs, etc.) (cf. aussi* cathode-ray tube).

internal source source interne (a) *source de courant, de tension, de fréquence ou de signaux de référence ou d'impulsions de déclenchement ou de cadencement incorporée à un appareil ou à un organe d'un appareil); (b) source de parasites située à l'intérieur d'un appareil).*

internal storage 1) mémorisation dans la mémoire centrale, mémorisation en mémoire centrale *(inf) (cf. aussi* storage 1) *et* main memory). 2) *cf.* internal memory.

internal tactical ECM system équipement interne de contre-mesures tactiques *(aéronef mil) (cf. aussi* internal ECM system *et* tactical ECM system).

internal trigger *cf.* internal triggering.

internal trigger pulse impulsion de déclenchement interne *(oscillo) (cf. aussi* internal triggering).

internal trigger signal signal de déclenchement interne *(oscillo) (cf. aussi* internal triggering).

internal trigger source source de déclenchement interne *(oscillo) (cf. aussi* internal triggering).

internal triggering déclenchement interne *(déclenchement de la base de temps d'un oscilloscope par le signal à visualiser) (le signal constitue alors la source d'impulsions de déclenchement et assure alors automatiquement la synchronisation du balayage avec lui-même) (cf. aussi* sweep triggering).

internal visual *cf.* internal visual inspection.

internal visual check *cf.* internal visual inspection.

internal visual inspection contrôle interne visuel *(contrôle visuel d'un circuit intégré, notamment hybride, ou autre composant en boîtier avant la fermeture du boîtier) (cf. aussi* integrated circuit, package[1] 1) *et* external visual inspection).

internal voltage drop chute de tension interne *(chute de tension dans un composant tel qu'un tube électronique ou un composant à semiconducteur ou dans un transducteur ou un appareil de mesure) (cf. aussi* voltage drop).

internally mounted ECM system *cf.* internal ECM system.

internally stored ECM system *cf.* internal ECM system.

internally stored program programme résident (en mémoire centrale) *(inf) (cf. aussi* main memory).

internally triggered time base base de temps à déclenchement interne, base de temps déclenchée par une source interne *(oscillo) (cf. aussi* internal triggering).

international broadcast station station de radiodiffusion en ondes courtes *(cf. aussi* international broadcasting).

international broadcasting radiodiffusion en ondes courtes *(radiodiffusion sonore) (cf. aussi* radio broadcasting *et* shortwave).

international circuit circuit international *(circuit, dans un central téléphonique, donnant accès à un réseau téléphonique étranger) (cf. aussi* telephone exchange).

International Commission on Illumination Commission internationale de l'éclairage, CIE.

international communications télécommunications internationales *(télécommunications entre deux ou plusieurs pays) (cf. aussi* communications).

international communications carrier société de télécommunications internationales *(société de télécommunications exploitant au moins un câble téléphonique sous-marin reliant deux pays ou un satellite de télécommunications desservant au moins deux pays) (aux USA) (cf. aussi* communications common carrier *et* communications satellite).

international distress frequency fréquence de détresse internationale *(fréquence de 500 kHz réservée, à l'échelle mondiale, aux appels de détresse des navires et des aéronefs) (cf. aussi* distress signal *et* international radio silence).

International Electron Device Meeting Réunion internationale des dispositifs électroniques, IEDM.

International Electrotechnical Commission Commission Electrotechnique Internationale, CEI.

international exchange central international *(central téléphonique ou télégraphique auquel aboutissent des lignes en provenance d'un ou plusieurs pays étrangers) (cf. aussi* exchange).

international maritime mobile frequency band bande de fréquences du service maritime international *(bande de fréquences réservée aux liaisons radiotéléphoniques maritimes) (cf. aussi* maritime service).

international Morse code code Morse international *(code Morse utilisé à l'échelle mondiale pour la radiotélégraphie) (pour la télégraphie par fil, le code Morse utilisé n'est pas le même dans tous les pays) (cf. aussi* Morse code *et* radiotelegraphy).

International Radio Consultative Committee Comité Consultatif International des Radiocommunications, CCIR.

international radio silence silence radio international *(interruption périodique à l'échelle mondiale, des émissions radio sur la fréquence de détresse internationale) (cf. aussi* international distress frequency *et* silent period 1).

international radiotelegraph alarm signal signal d'alarme radiotélégraphique international *(signal particulier en Morse émis sur la fréquence internationale de détresse et dont la réception dans des stations spécialement équipées déclenche une alarme sonore indiquant qu'un message de détresse va être émis) (cf. aussi* Morse code, international distress frequency *et* alarm signal).

international satellite carrier société de télécommunications internationales par satellite *(société de télécommunications par satellites exploitant au moins un satellite desservant au moins deux pays) (société américaine) (cf. aussi* communications common carrier *et* communications satellite).

International Solid-State circuits Conference Conférence Internationale des Circuits à Semiconducteurs, ISSCC.

International Special Committee on Radio Interference Comité International Spécial des Perturbations Radioélectriques, CISPR.

international standard 1) étalon international *(étalon servant de référence à l'échelon international) (est souvent un étalon primaire) (cf. aussi* standard[1] 1)). 2) norme internationale *(norme applicable à l'échelon international) (cf. aussi* standard[1] 2)).

international subscriber dialling sélection internationale par l'abonné *(obtention d'une communication téléphonique à l'étranger sans passer par une opératrice d'un central).*

international telecommunications ... *cf.* international communications ...

International Telecommunications Union Union Internationale des Télécommunications, UIT *(organisation internationale chargée d'élaborer des normes relatives aux télécommunications à l'échelon international).*

International Telegraph and Telephone Consultative Committee Comité Consultatif International de Télégraphie et de Téléphonie, CCITT *(comité de l'ONU élaborant des recommandations relatives à la normalisation des caractéristiques des liaisons télégraphiques et téléphoniques à l'échelon international).*

international telegraph network réseau télégraphique international *(réseau télégraphique formé par l'interconnexion des réseaux télégraphiques nationaux) (tls) (cf. aussi* national telegraph network*).*

international telegraph system *cf.* international telegraph network.

international telegraph traffic trafic télégraphique international *(cf. aussi* traffic *et* international traffic *et* telegraph traffic*).*

international telephone network réseau téléphonique international *(réseau téléphonique formé par l'interconnexion des réseaux téléphoniques nationaux) (tls) (cf. aussi* national telephone network*).*

international telephone system *cf.* international telephone network.

international telephone traffic trafic téléphonique international *(cf. aussi* international traffic *et* telephone traffic*).*

international traffic trafic international *(trafic de télécommunications internationales) (cf. aussi* traffic *et* international communications*).*

internetworking interconnexion de réseaux *(de télécommunications ou de distribution d'énergie électrique) (tél, tlg, télinf, élec) (cf. aussi* network 2*)).*

interoffice trunking établissement de liaisons entre centraux (téléphoniques) *(cf. aussi* telephone exchange*).*

interphone *cf.* intercommunications system.

interpolating filter filtre interpolateur.

interpolating first-order hold circuit circuit de maintien du premier ordre à interpolation, circuit (de maintien) à interpolation *(circuit de maintien du premier ordre dans lequel l'extrapolation à partir des deux derniers échantillons reçus est remplacée par une interpolation entre ceux-ci) (suit les variations d'amplitude du signal analogique avec une précision plus grande que le circuit à extrapolation au prix d'un retard d'une période d'échantillonnage sur celui-ci puisqu'il remplace l'extrapolation dans la période future par l'interpolation dans la période présente) (cf. aussi* first-order hold circuit*).*

interpret *v* **1)** interpréter *(sens usuel)* **2)** traduire *(une carte perforée) (inf) (cf. aussi* interpreter 1*)).* **3)** interpréter, traduire et exécuter *(un programme source) (inf) (cf. aussi* interpreter 2*)).* **4)** décoder *(une instruction d'un programme d'ordinateur) (cf. aussi* instruction decoding*).*

interpreter **1)** traductrice *(machine imprimant en haut de chaque colonne d'une carte perforée l'information représentée par les perforations de la colonne après avoir lue celle-ci) (inf) (cf. aussi* punched card*).* **2)** interpréteur *s,* programme interpréteur *(ou* interprétatif *ou* d'interprétation*) (programme traducteur dans lequel chaque instruction est exécutée aussitôt après sa traduction) (est élaboré à l'aide d'un langage interprété et utilisé notamment dans des micro-ordinateurs dont il facilite la programmation en permettant de vérifier le résultat de celle-ci au fur et à mesure de l'écriture du programme source) (inf) (cf. aussi* translator 5*),* interpretive language *et* source program*).*

interpreter language *cf.* interpretive language.

interpreter routine *cf.* interpreter 2).

interpreting *(voir aussi* interpret*)* **1)** interprétation. **2)** traduction. **3)** interprétation, traduction et exécution. **4)** décodage.

interpretive language langage interprété, langage interprétatif *(langage de programmation conçu pour que les programmes élaborés soient interprétés au lieu d'être compilés) (inf) (cf. aussi* programming language*,* interpret 3*),* compile (b) *et* BASIC*).*

interpretive routine *cf.* interpreter 2).

inter-react *v cf.* interact.

interreact *v cf.* interact.

interrecord gap *cf.* interblock gap.

interregister transfer transfert entre registres, transfert de registre à registre *(transfert d'informations entre deux registres d'un ordinateur) (inf) (cf. aussi* register[1] 1 (a) *et* strobe pulse 2*)).*

interrogable beacon balise répondeuse *(radionav) (avia, mar) (cf. aussi* radar beacon*).*

interrogate *v (voir aussi* interrogation*)* **1)** interroger. **2)** consulter.

interrogating pulse *cf.* interrogation pulse.

interrogating signal *cf.* interrogation signal.

interrogating transmitter *cf.* interrogator.

interrogation **1)** interrogation *(d'une balise répondeuse, d'un répondeur d'identification, d'un répondeur téléphonique, d'un ordinateur, etc.).* **2)** consultation *(d'un fichier informatique ou d'une banque de données par interrogation d'un ordinateur).*

interrogation mode mode d'interrogation *(mode de fonctionnement d'un appareil émettant des signaux d'interrogation) (cf. aussi* interrogation*).*

interrogation path side-lobe suppression suppression des lobes secondaires à l'interrogation *(radar d'identification) (cf. aussi* side-lobe suppression*).*

interrogation pulse impulsion d'interrogation *(impulsion émise par l'interrogateur d'un radar d'identification) (avia) (cf. aussi* interrogator*).*

interrogation pulse pair paire d'impulsions d'interrogation *(cf. aussi* interrogation pulse*).*

interrogation repetition frequency fréquence de récurrence des impulsions d'interrogation *(cf. aussi* interrogation pulse *et* pulse repetition frequency*).*

interrogation side-lobe suppression *cf.* interrogation-path side-lobe suppression.

interrogator interrogateur *(partie émettrice d'un radar d'identification) (émet les impulsions d'interrogation à destination du répondeur porté par le mobile) (avia) (cf. aussi* IFF radar*).*

interrogator radar radar d'identification *(avia) (cf. aussi* IFF radar*).*

interrogator-responsor interrogateur-récepteur *(ensemble formé par la partie émettrice et la partie réceptrice d'un radar d'identification) (constitue le radar proprement dit, c.-à-d. sans l'antenne ni les organes auxiliaires) (noter que « responsor » ne signifie pas « répondeur » et que lorsque ce terme est employé seul, il s'écrit souvent « responser ») (cf. aussi* IFF radar*,* interrogator *et* responsor*).*

interrogator site station d'identification, station d'interrogation *(emplacement d'un radar d'identification) (cf. aussi* IFF radar*).*

interrupt *s* interruption (de programme) *(arrêt de l'exécution d'un programme d'ordinateur pendant un certain temps pour permettre l'exécution complète ou partielle d'un autre programme et notamment d'un sous-programme d'échange d'informations avec un périphérique ou un terminal) (l'interruption est commandée par l'unité de commande de l'unité centrale de l'ordinateur, généralement après réception d'une demande d'interruption en provenance d'un périphérique ou d'un terminal ou sur commande du programme) (inf) (cf. aussi* software interrupt*,* hardware interrupt*,* breakpoint*,* computer program*,* control unit 2*) et* interrupt vectoring*).*

interrupt enable autorisation d'interruption *(état d'un binaire d'un masque d'interruption pour lequel l'interruption correspondante peut être exécutée lorsqu'elle est demandée) (inf) (cf. aussi* interrupt mask*).*

interrupt handling traitement des interruptions, *(parf.)* prise en compte des interruptions *(inf) (cf. aussi* interrupt*).*

interrupt handling routine *cf.* interrupt routine.

interrupt inhibit inhibition d'interruption *(état d'un binaire d'un masque d'interruption pour lequel l'interruption correspondante ne peut être exécutée lorsqu'elle est demandée) (inf) (cf. aussi* interrupt mask*).*

interrupt level niveau d'interruption *(niveau de priorité d'une interruption) (inf) (cf. aussi* interrupt prioritization*).*

interrupt mask masque d'interruption *(mot binaire contenu dans un registre de l'unité centrale d'un ordinateur et dont chaque binaire indique si l'interruption correspondante est autorisée ou interdite) (inf) (cf. aussi* binary word, interrupt enable, interrupt inhibit *et* interrupt*)*.

interrupt masking inhibition d'interruptions *(inf) (cf. aussi* interrupt inhibit*)*.

interrupt prioritization affectation de priorités aux interruptions *(inf) (cf. aussi* interrupt*)*.

interrupt processing *cf.* interrupt handling.

interrupt processing routine *cf.* interrupt routine.

interrupt request demande d'interruption *(inf) (cf. aussi* interrupt*)*.

interrupt routine sous-programme d'interruption, sous-programme de traitement des interruptions *(sous-programme d'ordinateur commandant l'exécution des opérations nécessaires au cours d'une interruption) (inf) (cf. aussi* subroutine *et* interrupt*)*.

interrupt servicing *cf.* interrupt handling.

interrupt servicing routine *cf.* interrupt routine.

interrupt subroutine *cf.* interrupt routine *(ce terme étant le plus employé)*.

interrupt vector vecteur d'interruption *(nom donné à l'adresse intermédiaire d'une interruption vectorisée) (inf) (cf. aussi* interrupt vectoring*)*.

interrupt vectoring vectorisation des interruptions *(adressage indirect des sous-programmes d'interruption dans un ordinateur, une demande d'interruption accompagnée de l'indication de sa provenance provoquant, après acceptation par l'unité centrale, le branchement du décodeur d'instructions vers une adresse en mémoire centrale appelée « vecteur » où se trouve rangée l'adresse effective du sous-programme à exécuter) (permet une prise en compte plus rapide des demandes d'interruption en évitant à l'ordinateur d'interroger successivement chacun des appareils desservis après réception d'une demande d'interruption pour en connaître l'origine) (inf) (cf. aussi* interrupt, interrupt routine, central processing unit, instruction decoder *et* polling 1*))*.

interrupted continuous wave onde entretenue interrompue *(onde entretenue émise par impulsions se succédant à une cadence correspondant à une fréquence audible et produisant ainsi un son à la sortie d'un récepteur non équipé d'un oscillateur de battement) (signal radiotélégraphique) (cf. aussi* continuous wave *et* beat frequency oscillator*)*.

interrupted CW *cf.* interrupted continuous wave.

interrupted ringing appel par sonnerie cadencée, *(parf.)* sonnerie cadencée *(tél) (cf. aussi* telephone bell*)*.

interrupter rupteur *(dispositif assurant l'interruption momentanée et périodique d'un courant) (rupteur à contacts ou sans contacts) (dans un rupteur à contacts, l'ouverture des contacts est commandée par une came tournante comme dans un allumeur, un volant magnétique ou une magnéto de moteur à explosion ou par un électro-aimant formant vibreur avec le contact mobile comme dans une bobine de Ruhmkorff) (un rupteur sans contact est un transistor de commutation de puissance ou un thyristor commandé par des impulsions de courant fournies par un rupteur à contacts ou un capteur à induction) (cf. aussi, pour information,* switch[1] 1*))*.

interrupting capacity pouvoir de coupure *(d'un fusible ou d'un disjoncteur) (cf. aussi* breaking capacity, fuse *et* circuit breaker*)*.

intersatellite link liaison intersatellite, liaison entre satellites *(liaison radio ou par faisceau laser entre deux satellites) (ces termes désignent généralement un faisceau hertzien entre deux satellites de télécommunications) (cf. aussi* microwave radio 1) *et* communications satellite*)*.

intersection intersection *(sens usuel et informatique) (cf. aussi* AND*)*.

intersection ... *cf.* AND ...

interstage coupling *(voir aussi* coupling 1) *et* 2)) **1)** couplage entre étages *(couplage parasite).* **2)** liaison entre étages *(cf. aussi* coupling between stages*)*.

interstage transformer transformateur de liaison *(récepteur, etc.) (cf. aussi* coupling transformer*)*.

interstate call *cf.* interstate telephone call.

interstate telephone call communication téléphonique entre Etats *(ou* d'un Etat à un autre), communication entre Etats *(idem) (aux Etats-Unis) (cf. aussi* telephone call*)*.

interstation base-line base *(radionav) (cf. aussi* base-line 1*))*.

interstation noise suppression accord silencieux *(récepteur) (cf. aussi* squelch circuit*)*.

interstation noise suppressor circuit d'accord silencieux *(récepteur) (cf. aussi* squelch circuit*)*.

interswitching unit commutateur d'appareils *(commutateur permettant de passer d'un radar à un autre en cas de panne, par exemple)*.

intersymbol interference interférence intersymbole, interférence longitudinale *(noms donnés au chevauchement de deux impulsions successives d'un signal numérique à l'extrémité réceptrice d'une liaison numérique) (peut être due notamment à des fluctuations des conditions de transmission ou de propagation du signal d'une impulsion à la suivante et provoque une erreur à la réception) (tls) (cf. aussi* digital link *et* propagation conditions*)*.

inter-unit wiring diagram schéma de branchement général *(schéma d'interconnexion de plusieurs appareils formant un système)*.

interval timer générateur d'intervalle de temps *(montage fournissant une impulsion après écoulement d'un intervalle de temps déterminé mesuré par comptage d'un nombre correspondant d'impulsions récurrentes mémorisé dans le montage) (cf. aussi* periodic pulse*)*.

intervalometer intervallomètre *(cf. aussi* time interval counter*)*.

interwinding capacitance capacité entre enroulements *(capacité parasite entre l'enroulement primaire et l'enroulement secondaire d'un transformateur) (cf. aussi* parasitic capacitance *et* transformer*)*.

intraspectral noise bruit intraspectral *(bruit dont les fréquences sont imbriquées dans les fréquences du spectre d'un signal complexe) (cf. aussi* noise 2) (a), frequency spectrum *et* complex signal*)*.

intrastorage transfer transfert interne *(transfert d'informations d'une zone de la mémoire centrale d'un ordinateur à une autre) (inf) (cf. aussi* main memory *et* garbage collection*)*.

intrinsic angular momentum moment cinétique intrinsèque *(particule) (cf. aussi* spin*)*.

intrinsic-barrier diode diode à couche intrinsèque *(semi) (cf. aussi* PIN diode*)*.

intrinsic carrier density densité intrinsèque de porteurs (de charge) *(densité de porteurs de charge dans un semiconducteur intrinsèque (dans les conditions d'équilibre thermo-dynamique) (cf. aussi* charge carrier *et* intrinsic semiconductor*)*.

intrinsic conduction conduction intrinsèque *(conduction résultant de la conductibilité intrinsèque, dans un semiconducteur) (cf. aussi* intrinsic conductivity*)*.

intrinsic conductivity conductibilité intrinsèque *(conductibilité d'un semiconducteur due à celui-ci uniquement, donc indépendante des impuretés qu'il contient éventuellement) (dans un semiconducteur intrinsèque, la conductibilité intrinsèque est naturellement la seule conductibilité observable) (dans un semiconducteur extrinsèque, la conductibilité intrinsèque est généralement négligeable par rapport à la conductibilité extrinsèque aux températures de fonctionnement normales et devient très supérieure à celle-ci aux températures élevées par suite de la génération d'électrons et de trous thermiques) (cf. aussi* intrinsic semiconductor, intrinsic temperature *et* extrinsic conductivity*)*.

intrinsic flux density *cf.* intrinsic induction.

intrinsic gyromagnetic ratio rapport gyromagnétique de spin *(rapport gyromagnétique d'un électron lié à sa rotation propre) (cf. aussi* gyromagnetic ratio, intrinsic magnetic moment *et* intrinsic angular moment*)*.

intrinsic induction induction intrinsèque *(différence entre la valeur de l'induction magnétique créée dans un corps par un champ magnétique d'intensité déterminée et la valeur qu'elle aurait dans le vide au même endroit) (cf. aussi* magnetic induction 2*))*.

intrinsic layer *cf.* intrinsic region.

intrinsic magnetic moment moment magnétique de spin *(moment magnétique d'un électron ou autre particule dû à sa rotation propre) (cf. aussi* magnetic moment, electron, spin *et* intrinsic gyromagnetic ratio).

intrinsic memory mémoire intrinsèque *(nom donné à la propriété des dispositifs à deux états stables, cette propriété leur permettant de conserver pendant un temps pouvant être infini l'information correspondant à l'un ou l'autre des deux états en l'absence de toute alimentation) (ce terme est employé notamment en liaison avec certains types d'afficheurs) (cf. aussi* bistable device).

intrinsic mobility mobilité intrinsèque *(mobilité des porteurs de charge dans un semiconducteur intrinsèque) (cf. aussi* carrier mobility *et* intrinsic semiconductor).

intrinsic noise bruit propre *(d'un montage, d'un appareil ou d'une ligne de transmission) (cf. aussi* internal noise).

intrinsic photoconductivity photoconduction intrinsèque *(photoconduction dans un semi-conducteur intrinsèque) (est produite par le passage d'un électron de la bande de valence à la bande de conduction après absorption d'un photon d'énergie suffisante pour produire une telle transition de bande à bande) (le départ de l'électron de la bande de valence crée un trou dans celle-ci et la conduction est assurée tant par le trou que par l'électron de la paire électron-trou ainsi formée) (cf. aussi* photoconductivity, intrinsic semiconductor, valence band, conduction band, photon *et* hole 1)).

intrinsic polysilicon polysilicium intrinsèque *(polysicium constituant un semiconducteur intrinsèque) (semi) (cf. aussi* polysilicon *et* intrinsic semiconductor).

intrinsic property propriété intrinsèque *(propriété d'un semi-conducteur intrinsèque) (cf. aussi* intrinsic semiconductor).

intrinsic region couche intrinsèque, couche du type I, couche I *(couche de semiconducteur intrinsèque comprise entre deux couches dopées, dans un composant à semiconducteur) (cf. aussi* intrinsic semiconductor *et* doping).

intrinsic responsivity réponse intrinsèque *(tube analyseur) (cf. aussi* camera tube).

intrinsic scattering dispersion intrinsèque, dispersion modale intrinsèque *(dispersion modale dans une fibre optique due aux imperfections résultant de la fabrication de la fibre) (cf. aussi* modal dispersion).

intrinsic semiconductor semiconducteur intrinsèque, semi-conducteur du type I *(semiconducteur dans lequel la densité d'électrons est égale à la densité de trous, c.-à-d. semiconducteur pur) (cf. aussi* semiconductor, electron density *et* hole density).

intrinsic temperature température intrinsèque *(température à laquelle un semiconducteur extrinsèque devient intrinsèque, c.-à-d. température à laquelle la concentration des électrons ou des trous d'origine thermique devient respectivement égale à celle des trous ou des électrons introduits par dopage et annule ainsi leur action) (le semiconducteur du type P ou N devient alors du type 1 et ne peut donc plus remplir sa fonction initiale) (la température intrinsèque de l'arséniure de gallium est supérieure à celle du silicium) (cf. aussi* intrinsic semiconductor *et* intrinsic temperature range).

intrinsic temperature range plage de températures intrinsèques, intervalle *(idem) (plage de températures dans laquelle un semiconducteur se comporte comme un semiconducteur intrinsèque) (dans le cas d'un semiconducteur intrinsèque, cette plage comprend toutes les températures de fonctionnement ; dans un semiconducteur extrinsèque, elle commence à la température intrinsèque) (cf. aussi* intrinsic temperature).

intrinsically safe à sécurité intrinsèque, intrinsèquement sûr *(appareil, etc.) (cf. aussi* fail-safe).

introduction to ... initiation à ... *(ne pas commettre la faute très courante qui consiste à traduire « Introduction to microprocessors », par exemple, par « Introduction aux microprocesseurs » ; on initie quelqu'un à une science, une technique ou un procédé, on ne l'y « introduit » pas. Cet anglicisme, qui figure dans le titre de maint ouvrage scientifique, déclasse immanquablement son auteur aux yeux de ceux qui ne sont pas contaminés par l'anglais) (cf. aussi* capability, control[1], controller, conventional, material, technology *et* waveform).

intrusion detector détecteur d'intrus *(dispositif déclenchant une alarme en cas d'intrusion dans un lieu protégé) (radar ou sonar de gardiennage, barrière infrarouge, caméra de télévision, en visible ou en infrarouge, détecteur à capacité, interrupteur fermant ou ouvrant un circuit lors de l'ouverture d'une porte ou une fenêtre ou sous l'action d'un choc, etc.) (cf. aussi* body-capacitance alarm, perimeter security *et* volumetric security).

inverse ... *cf.* reverse ... *(pour les termes qui ne figurent pas ci-après).*

inverse-amplitude ... *cf.* inverse-gain ...

inverse conical ... *cf.* inverse-gain ...

inverse conscan *cf.* inverse-gain jamming.

inverse-distance law *cf.* inverse-square law.

inverse feedback contre-réaction *(ampli) (cf. aussi* negative feedback).

inverse-feedback filter filtre de contre-réaction *(filtre assurant une contre-réaction sélective dans un amplificateur à bande étroite) (produit une tension de contre-réaction nulle à la fréquence centrale de la bande passante de l'amplificateur et dont l'amplitude croit au-dessous et au-dessus de cette fréquence) (cf. aussi* negative feedback *et* narrow-band amplifier).

inverse gain gain inverse *(gain d'un transistor bipolaire monté en amplificateur avec le collecteur servant d'émetteur et l'émetteur servant de collecteur) (est inférieur au gain dans le sens normal du fait que le collecteur étant moins dopé que l'émetteur, son rendement d'injection est moins grand que celui de ce dernier) (cf. aussi* gain 1), bipolar transistor *et* injection efficiency).

inverse-gain jamming brouillage par inversion de gain *(ou d'amplitude), (brouillage de) diversion (idem) (brouillage de diversion en azimut d'un radar à balayage conique par un brouilleur répéteur d'aéronef renvoyant un écho d'autant plus intense que l'axe du faisceau du radar hostile s'écarte de la direction de la cible, dans certaines limites, ce qui a pour résultat que le radar, interprétant le maximum d'amplitude de l'écho reçu comme étant la direction de la cible, localise celle-ci dans un azimut qui est faux) (mil) (cf. aussi* azimuth deception, search radar *et* repeater jammer).

inverse gate *cf.* inverting gate.

inverse Guillemin effect effet Guillemin inverse *(diminution de l'induction magnétique dans un barreau de métal ferromagnétique soumis à une flexion) (magnétostriction) (cf. aussi* Guillemin effect *et* magnetic induction 2)).

inverse limiter limiteur à seuil *(limiteur d'amplitude laissant passer le signal appliqué à son entrée à partir d'une amplitude déterminée de celui-ci, c.-à-d. réalisant l'écrêtage du signal par le haut et par le bas) (cf. aussi* limiter 1)).

inverse-parallel arrangement montage tête-bêche *(diodes, etc.) (cf. aussi* antiparallel arrangement).

inverse-parallel connection *cf.* inverse-parallel arrangement.

inverse peak voltage tension inverse de crête *(redresseur) (cf. aussi* peak inverse voltage).

inverse photoelectric effect effet photoelectric inverse *(émission de photons par un solide bombardé par des électrons à grande énergie) (est due à l'absorption d'électrons par les atomes de la surface du solide) (les photons émis sont des photons de rayons X, c.-à-d. que le corps émet des rayons X) (tube à rayons X, microscope électronique, etc.) (cf. aussi* photoelectric effect, photon *et* X-rays).

inverse piezoelectric effect effet piézoélectrique inverse *(déformation d'un élément piézoélectrique dans un plan perpendiculaire à deux faces opposées sous l'action d'une tension électrique appliquée entre ces faces) (est utilisé dans des écouteurs, des haut-parleurs, des vibreurs acoustiques, des graveurs de disques, etc.) (cf. aussi* piezoelectric effect).

inverse sensitivity facteur d'échelle *(app. mesure) (cf. aussi* scale factor).

inverse-square law loi de l'inverse du carré *(loi selon laquelle la puissance du signal capté par une antenne de réception est inversement proportionnelle au carré de la distance à l'antenne émettant le signal) (cf. aussi* signal power *et* receiving antenna).

inverse voltage tension inverse *(au sens du terme anglais,* *tension aux bornes d'une diode ou d'une jonction redresseuse pendant l'alternance où elle ne conduit pas) (cf. aussi* diode, rectifying junction, reverse bias *et* half-cycle).

inverse Wiedemann effect   effet Wiedemann inverse *(variation de l'induction magnétique dans un conducteur placé dans un champ magnétique longitudinal et soumis à une torsion) (magnétostriction) (cf. aussi* Wiedeman effect *et* magnetic induction 2)).

inversion   **1)** inversion *(sens usuels)* **2)** inversion du spectre *(inversion de la valeur relative des fréquences du signal vocal à transmettre par la partie émettrice d'un radiotéléphone réalisée aux fins de cryptage) (est obtenue en faisant battre le signal à fréquence vocale initial avec un signal à fréquence fixe fourni par un oscillateur, cette fréquence étant légèrement supérieure à la fréquence la plus élevée du signal vocal, et en éliminant à l'aide d'un filtre passe-bas les fréquences somme résultant du battement des deux signaux) la fréquence du signal ainsi obtenu — fréquence différence — est donc d'autant plus basse que la fréquence du signal initial est plus élevée, ce qui réalise l'inversion du spectre) (la partie réceptrice du radiotéléphone du correspondant (et celle du radiotéléphone considéré) comportent des circuits réalisant l'inversion dans l'autre sens pour rétablir le spectre initial du signal vocal et rendre ainsi compréhensibles les sons produits par l'écouteur) (cf. aussi* scrambling *et* beat frequency). **3)** inversion, formation de la couche d'inversion *(transistor MOS) (cf. aussi* inversion layer).

inversion channel   *cf.* inversion layer.

inversion layer   couche d'inversion *(couche superficielle du substrat d'un transistor MOS à enrichissement située sous la grille et séparée de celle-ci par la couche isolante, dans laquelle le type de conductibilité (N ou P) change par accumulation des porteurs minoritaires sous l'action de la tension appliquée à la grille, ce qui crée le canal) (cf. aussi* weak inversion, strong inversion *et* enhancement mode).

inverted chip   puce à bosses *(semi, CH) (cf. aussi* flip-chip).

inverted-cone aerial   *(GB) cf.* inverted-cone antenna.

inverted-cone antenna   antenne conique inversée *(antenne d'émission formée de fils disposés comme les baleines d'un parapluie retourné avec excitation au point de réunion des fils, situé près du sol) (cf. aussi* transmitting antenna).

inverted-L antenna   antenne en gamma *(ou en Γ ou en L inversé) (antenne formée d'un fil horizontal tendu entre deux mâts avec le fil d'antenne à une extrémité) (antenne de réception ou d'émission semi-directive classique) (cf. aussi* antenna).

inverted layer   *cf.* inversion layer.

inverted population   population inversée *(laser, maser) (cf. aussi* population inversion).

inverted pulse   impulsion inversée *(impulsion dont la polarité est l'opposé de celle de l'impulsion initiale) (cf. aussi* pulse polarity).

inverted speech   paroles inversées *(paroles transmises par radio ou par fil après inversion du spectre) (cf. aussi* inversion 2)).

inverter   **1)** onduleur *(montage ou appareil convertissant un courant continu en courant alternatif à tension plus élevée) (comprend essentiellement un dispositif interrompant périodiquement le courant continu pour produire un courant pseudo-alternatif et un transformateur élévateur de tension dont le primaire est parcouru par ce courant) (le dispositif interrupteur est constitué par deux thyristors ou, anciennement, par un vibreur) (cf. aussi* vibrator-type inverter, alternating current, direct current *et* step-up transformer). **2)** *cf.* inverter gate.

inverter circuit   *cf.* inverter gate.

inverter gate   porte inverseuse, circuit inverseur, inverseur *s (circuit logique) (inf) (cf. aussi* NOT gate).

inverter oscillator   oscillateur d'onduleur, oscillateur pilote d'onduleur assisté *(oscillateur fournissant la tension alternative à partir de laquelle sont formées les impulsions commandant les thyristors dans un onduleur assisté) (cf. aussi* inverter 1) *et* silicon controlled rectifier).

inverter power supply   alimentation à onduleur *(appareil permettant d'alimenter un oscilloscope ou autre appareil à courant alternatif à partir d'une batterie d'accumulateurs) (cf. aussi* inverter 1)).

inverting amplifier   amplificateur inverseur, (amplificateur) changeur de signe *(amplificateur opérationnel dans lequel le signal de sortie est déphasé de 180° par rapport au signal d'entrée, c.-à-d. que le second est négatif quand le premier est positif et vice versa) (cf. aussi* operational amplifier).

inverting circuit   *cf.* inverter gate.

inverting function   fonction d'inversion *(circuit logique) (inf) (cf. aussi* NOT function).

inverting gate   *cf.* inverter gate.

inverting input   entrée inverseuse *(amplificateur différentiel ou opérationnel) (cf. aussi* differential amplifier).

inverting three-state driver   attaqueur inverseur à trois états, circuit d'attaque inverseur à trois états *(circuit logique) (inf) (cf. aussi* driver 1) *et* three-state driver).

inverting terminal   borne de l'entrée inverseuse, borne inverseuse *(amplificateur différentiel ou opérationnel) (cf. aussi* differential amplifier).

inverting transistor   transistor inverseur *(transistor utilisé pour former une porte inverseuse) (circuit logique) (inf) (cf. aussi* transistor *et* NOT gate).

invertor   *cf.* inverter 1).

invisible light   lumière invisible *(nom parfois donné à un rayonnement optique invisible par opposition à la lumière visible) (cf. aussi* invisible radiation *et* visible light).

invisible light source   source de lumière invisible *(dispositif produisant une lumière invisible non accompagnée de lumière visible) (certaines lampes infrarouges, diode infrarouge, laser infrarouge, etc.) (cf. aussi* invisible light).

invisible optical radiation   *cf.* invisible radiation. *(le terme complet étant rarement employé).*

invisible radiation   rayonnement invisible, rayonnement optique invisible *(rayonnement optique non perçu par l'œil, sa longueur d'onde étant trop longue ou trop courte pour qu'il puisse exciter la rétine) (rayonnement infrarouge ou ultraviolet) (cf. aussi* infrared radiation, ultraviolet radiation, optical radiation, wavelength *et* invisible light).

invisible refresh   rafraîchissement synchrone *(mémoire RAM dynamique) (cf. aussi* synchronous refresh).

invoke   *v* appeler *(un programme sur un ordinateur, généralement et tapant son nom au clavier et en validant) (inf) (cf. aussi* computer program).

INVR   *cf.* inverter 2).

I/O   *(voir au début de la lettre I, après « I/MOS ») (de même pour les termes dérivés).*

iodine laser   laser à iode *(laser à colorant dans lequel celui-ci est de l'iode) (cf. aussi* dye laser).

ion   ion *(atome ou molécule possédant une charge électrique, c.-à-d. ayant perdu ou acquis un ou plusieurs électrons) (un ion étant formé au minimum d'un atome, il est beaucoup plus lourd qu'un électron puisque l'atome le plus léger — l'atome d'hydrogène, qui ne possède qu'un seul électron — est 1836 fois plus lourd que l'électron) (c'est pourquoi un champ électrique ou magnétique dont l'intensité est suffisamment grande pour dévier un faisceau d'électrons, notamment dans un tube cathodique, n'agit pratiquement pas sur les ions contenus dans le faisceau) (cette propriété, qui est la cause de la tache ionique, est mise à profit dans un piège à ions pour éviter celle-ci) (cf. aussi* positive ion, negative ion, anion, cation, ion pair, ion burn, ion trap *et* ionization).

ion beam   faisceau d'ions, faisceau ionique *(ce terme désigne généralement un faisceau d'ions à haute énergie) (implantation ionique, gravure ionique, usinage ionique, propulsion ionique, etc.) (cf. aussi* beam¹, ion *et* high-energy ion).

ion-beam bombardment   bombardement par faisceau d'ions *(cf. aussi* ion bombardment).

ion-beam lithography   gravure par faisceau d'ions *(méthode de gravure de circuits par faisceau de particules dans laquelle les particules sont des ions au lieu d'être des électrons) (fab. CI) (cf. aussi* electron-beam lithography *et* ion beam).

ion-beam lithography machine   graveur à faisceau d'ions *(CI) (cf. aussi* lithography machine *et* ion-beam lithography).

ion-beam lithography system   *cf.* ion-beam lithography machine.

ion-beam machine   *cf.* ion-beam lithography machine.

ion-beam milling   usinage par faisceau d'ions, usinage ionique *(cf. aussi* ion beam).

ion-beam system *cf.* ion-beam lithography machine.

ion bombardment bombardement ionique. *(bombardement d'une surface par des ions et notamment par un faisceau d'ions) (cf. aussi* ion beam).

ion burn tache ionique *(tache sombre au centre de l'écran d'un tube cathodique résultant de la détérioration de la couche de luminophore lorsque les ions du faisceau peuvent atteindre cette couche) (les ions n'étant pratiquement pas déviés par les champs de balayage du tube, ils frappent toujours la zone de l'écran située dans l'axe du canon à électrons si celui-ci n'est pas équipé d'un piège à ions) (oscillo, récepteur TV, etc.) (cf. aussi* ion, ion trap, aluminized screen, phosphor *et* cathode-ray tube).

ion burning formation de la tache ionique *(cf. aussi* ion burn).

ion chamber *cf.* ionization chamber.

ion charge charge d'un ion *(charge électrique, généralement positive, portée par un ion) (cf. aussi* electric charge *et* ion).

ion charging charge par des ions *(charge électrique indésirable de la grille-mémoire d'un tube à mémoire due à la captation d'ions par celle-ci en plus des électrons du faisceau) (oscillo, etc.) (cf. aussi* storage mesh *et* ion).

ion cluster paquet d'ions *(cf. aussi* ion).

ion concentration *cf.* ion density.

ion current *(parf.* intensité du) courant d'ions *(ou* ionique) *(courant d'ions dans une solution décomposée par électrolyse ou dans un appareil à faisceau d'ions ou, parfois, intensité de ce courant) (cuve à électrolyse, implanteur ionique, etc.) (cf. aussi* ion).

ion density densité d'ions, densité ionique, concentration (idem) *(nombre d'ions par unité de volume dans un milieu ionisé ou dans un faisceau d'ions) (cf. aussi* ion).

ion engine moteur ionique *(moteur à réaction dans lequel le jet de gaz est remplacé par un flux d'ions) (engin spatial) (cf. aussi* ion propulsion).

ion gage *cf.* ionization gage.

ion gauge *cf.* ion gage.

ion gun canon à ions *(source d'ions munie d'un dispositif de concentration du flux d'ions émis et d'un dispositif d'accélération des ions du faisceau ainsi obtenu) (les dispositifs de concentration et d'accélération sont généralement réalisés sous la forme d'électrodes annulaires entourant le faisceau auxquelles des tensions continues de polarité et amplitude appropriées sont appliquées pour créer le champ électrostatique nécessaire) (cf. aussi* ion source *et* electrostatic field).

ion implant **1)** *cf.* implanted impurity. **2)** *cf.* ion implantation.

ion implantation implantation ionique, implantation d'ions *(procédé de dopage des cristaux de semiconducteur dans lequel les zones à doper sont soumises au bombardement d'un faisceau d'ions à haute énergie de l'impureté à introduire dans le cristal par les ouvertures d'un masque ou d'une couche épaisse d'oxyde formée sur celui-ci, l'opération ayant lieu dans une enceinte à vide poussé) (est plus précis — et plus récent — que la diffusion au four, mais endommage le réseau cristallin du semiconducteur, ce qui nécessite un recuit) (cf. aussi* ion, doping, annealing, diffusion 2), mask 2) *et* high-energy ion).

ion implantation damage dommages causés par l'implantation ionique *(fab. semi) (cf. aussi* annealing *et* ion implantation).

ion-implantation method *cf.* ion implantation process.

ion implantation process procédé d'implantation ionique, méthode d'implantation ionique *(cf. aussi* ion implantation).

ion-implantation technique *cf.* ion-implantation process.

ion implantation technology (la) technique de l'implantation ionique *(cf. aussi* ion implantation *et* technology).

ion-implanted ... implanted ... *(pour les termes qui ne figurent pas ci-après).*

ion-implanted process *cf.* ion implantation process.

ion-implanted technique *cf.* ion-implantation process.

ion implanter implanteur ionique, implanteur *(appareil utilisé pour l'implantation ionique) (cf. aussi* ion implantation).

ion implanting *cf.* ion implantation.

ion laser laser ionique *(laser dans lequel le milieu actif est constitué par des ions d'un corps simple) (les atomes du milieu actif devant être ionisés, ce type de laser nécessite une énergie de pompage beaucoup plus grande que celle du laser atomique) (laser à rubis, laser au néodyme, laser à argon ionisé, laser à krypton ionisé, laser à mercure, laser au sélénium, etc.) (cf. aussi* laser, lasing medium *et* ion).

ion machining *cf.* ion-beam milling.

ion microscope microscope ionique *(cf. aussi* field-ion microscope).

ion migration migration d'ions *(CI, etc.) (cf. aussi* electromigration).

ion milling *cf.* ion-beam milling.

ion pair paire d'ions *(ensemble formé par un atome ou une molécule ayant perdu un électron et cet électron) (noter qu'ici l'électron est assimilé à un ion) (cf. aussi* ion).

ion path trajet des ions *(parf.* de l'ion).

ion-producing arc arc générateur d'ions *(propulseur ionique) (cf. aussi* ion propulsion).

ion propulsion propulsion ionique *(propulsion d'un engin spatial par éjection d'ions positifs à grande vitesse produits par chauffage d'un gaz dans une chambre de combustion, généralement à l'aide d'un arc électrique, et accélération des ions par un champ électrique intense, avec éjection simultanée d'électrons pour neutraliser la charge électrique positive du flux d'ions) (cas général de la propulsion électrostatique) (cf. aussi* positive ion *et* electrostatic propulsion).

ion pump pompe ionique *(pompe à vide poussé dans laquelle les molécules des gaz résiduels contenus dans l'enceinte à vider sont ionisées et ensuite captées, par un piège à ions grâce à un champ électrostatique) (cf. aussi* ionization *et* ion trap (b)).

ion-sensitive sensible aux ions, sensible au bombardement ionique *(matière).*

ion sheath gaîne d'ions *(couche d'ions positifs recouvrant la grille de commande d'un tube à gaz à grille de commande et réduisant son action sur le flux d'électrons) (cf. aussi* positive ion).

ion source source d'ions *(dispositif produisant un flux d'ions ou un faisceau d'ions) (cf. aussi* ion) (a) *enceinte dans laquelle un gaz est ionisé par chauffage à l'aide d'un arc électrique ou d'un faisceau d'électrons) (le terme « source d'ions » est parfois appliqué au gaz ainsi obtenu);* (b) *électrode chauffée recouverte d'un corps émettant des ions sous l'action de la chaleur).*

ion spot *cf.* ion burn.

ion sputtering pulvérisation d'ions *(spectroscopie, etc.) (cf. aussi* sputtering).

ion sputtering source source à pulvérisation d'ions *(cf. aussi* ion sputtering).

ion trap piège à ions *(cf. aussi* ion) (a) *dispositif empêchant les ions émis en même temps que les électrons par la cathode du canon à électrons d'un tube cathodique de sortir du canon pour éviter qu'ils ne détériorent l'écran du tube) (consiste à donner au faisceau d'électrons une direction oblique par rapport à l'axe du tube au départ de la cathode et à le ramener ensuite dans l'axe à l'aide d'un aimant) (la direction oblique est obtenue à l'aide d'un canon coudé ou d'une paire d'anodes de concentration et d'accélération en sifflet) (les ions, beaucoup moins sensibles au champ magnétique de l'aimant que les électrons, poursuivent leur mouvement oblique et sont captés par une électrode du canon, tandis que les électrons incurvent leur trajectoire et sortent de celui-ci) (cf. aussi* ion burn *et* ion); (b) *dispositif attirant et captant les ions des gaz résiduels dans une pompe ionique) (cf. aussi* ion pump).

ion-trap magnet aimant de piège à ions *(tube cath) (cf. aussi* ion trap (a)).

ion yield rendement ionique *(nombre de paires d'ions produit par une particule à haute énergie ou un quantum de rayonnement électromagnétique) (cf. aussi* ion pair *et* quantum of electromagnetic energy).

ionic ... *cf.* ion ... *(pour les termes qui ne figurent pas ci-après).*

ionic bond liaison ionique *(molécule) (cf. aussi* electrovalent bond).

ionic charge *cf.* ion charge.

ionic conduction conduction ionique *(conduction par des* *ions) (cf. aussi* ion) (a) *conduction dans un électrolyte ou un gaz ionisé) (cf. aussi* electrolyte *et* ionized gas); (b) *conduction partielle ou totale assurée par les trous dans un semiconducteur) (cf. aussi* hole (1)).

ionic conductor conducteur ionique *(électrolyte ou gaz ionisé) (cf. aussi* ionic conduction).

ionic contamination contamination ionique *(contamination d'un corps par des ions d'un autre corps susceptibles d'amoindrir une ou plusieurs de ses propriétés) (cf. aussi* ion *et* oxide contamination).

ionic crystal cristal ionique *(cristal composé uniquement d'ions positifs et d'ions négatifs, les forces électrostatiques résultantes assurant la cohésion de l'ensemble) (cf. aussi* ion, electrostatic force *et* covalent crystal).

ionic focusing focalisation ionique *(faisceau d'électrons) (cf. aussi* gas focusing).

ionic-heated cathode cathode chauffée par bombardement ionique *(cathode chaude de tube à gaz chauffée par bombardement ionique après la période d'amorçage de la décharge) (magnétron, etc.) (cf. aussi* ionic heating).

ionic heating chauffage par bombardement ionique *(augmentation de la température d'une surface produite par le choc d'ions à grande vitesse) (ce terme s'applique notamment à l'échauffement de la cathode d'un tube à gaz par le choc des ions positifs du gaz attirés par la cathode négative) (cf. aussi* ionic-heated cathode, ion *et* gas tube).

ionic loudspeaker haut-parleur ionique, ionophone *(haut-parleur pour fréquences aiguës utilisant la modulation d'un petit volume d'air ionisé pour produire des sons) (comprend essentiellement un tube de quartz contenant une électrode centrale et entouré d'une électrode annulaire; le tube débouche ou non dans un pavillon) (une tension à haute fréquence est appliquée entre les deux électrodes pour provoquer l'ionisation de l'air contenu dans le tube entre celles-ci et le signal à basse fréquence est superposé à cette tension pour faire varier le taux d'ionisation de l'air au rythme de son amplitude et moduler ainsi le volume d'air ionisé en produisant les sons correspondant) (hifi) (cf. aussi* ionization, ionization degree *et* loudspeaker).

ionic potential potentiel ionique *(nom donné au rapport entre la charge électrique et le rayon d'un ion) (plus la charge est grande ou le rayon petit, plus le rapport est grand et plus l'ion à tendance à former des liaisons ioniques, d'où le nom donné à ce rapport) (cf. aussi* ionic bond).

ionization ionisation *(perte ou acquisition d'un ou plusieurs électrons par un atome ou une molécule) (si la particule initiale était électriquement neutre — atome neutre ou molécule neutre —, elle devient un ion; si c'était déjà un ion, elle devient doublement ionisée, triplement ionisée, etc.) (l'ionisation d'une particule peut être produite par un photon, par le choc d'un électron ou d'un ion ou par apport de chaleur) (noter que ce terme sous-entend souvent la création d'un ion positif) (cf. aussi* ionization by collision, thermal ionization, radiation ionization, ion, single ionization, multiple ionization *et* electron).

ionization by collision ionisation par choc *(ou* par collision) *(ionisation produite par le choc d'une particule à énergie suffisante, ce choc éjectant un électron du corpuscule, lequel devient un ion positif) (constitue l'événement initial de l'ionisation en avalanche) (cf. aussi* ionization, high-energy particle *et* avalanche ionization).

ionization chamber chambre d'ionisation *(détecteur de particules utilisant l'ionisation d'un gaz par celles-ci pour les mettre en évidence) (comprend essentiellement une cathode et une anode disposées dans une enceinte remplie d'un gaz, une tension continue de quelques centaines de volts étant appliquée entre les deux électrodes) (lorsqu'une particule traverse le gaz, elle l'ionise en produisant ainsi un bref et faible courant entre les deux électrodes et, par conséquent, une impulsion de courant de faible amplitude dans le circuit extérieur; cette impulsion permet de détecter et compter les particules qui traversent le gaz) (les chambres d'ionisation sont souvent constituées comme le tube de Geiger-Müller, avec des dimensions plus grandes) (cf. aussi* ionization *et* Geiger counter tube).

ionization channel *cf.* ionized path.

ionization counter compteur de particules *(chambre d'ionisation utilisée en compteur de particules, c.-à-d. fonctionnant par impulsions) (cf. aussi* ionization chamber).

ionization cross section section d'ionisation *(nom donné à la probabilité d'ionisation d'un gaz par une particule le traversant) (cf. aussi* ionization chamber).

ionization current *(parf.* intensité du) courant d'ionisation *(courant électrique formé par les ions positifs dans un tube à électronique à vide imparfait ou, parfois, intensité de ce courant) (les ions positifs sont produits par le choc des électrons sur les molécules des gaz résiduels) (cf. aussi* positive ion *et* ionic bombardment).

ionization damage dommages par ionisation *(dommages causés notamment au matériel électronique éventuellement contenu dans une cible atteinte par le faisceau d'une arme laser pendant l'interaction du faisceau avec la paroi de la cible) (sont dus aux rayons X émis pendant cette interaction) (mil) (cf. aussi* laser weapon *et* X-rays).

ionization degree taux d'ionisation *(rapport entre la densité d'électrons et la densité d'atomes ou de molécules neutres dans un gaz ionisé) (cf. aussi* electron density *et* ionized gas).

ionization energy *cf.* ionization potential.

ionization gage jauge à ionisation *(capteur de dépression utilisant l'ionisation des gaz résiduels pour mesurer le vide relatif dans une enceinte) (les molécules des gaz résiduels sont ionisés par le choc d'électrons émis par une cathode et accélérés par un champ électrique) (cf. aussi* Bayard-and-Alpert gage, Penning gage *et* ionization).

ionization gauge *(GB) cf.* ionization gage.

ionization instrument appareil de mesure à ionisation *(tg),* appareil à ionisation *(appareil de mesure dont le fonctionnement est basé sur l'ionisation d'un gaz plus ou moins dense) (chambre d'ionisation, compteur Geiger, jauge à ionisation, etc.) (voir ces termes en anglais) (cf. aussi* ionization).

ionization layer *cf.* ionized layer.

ionization path trajet d'ionisation *(chemin suivi par une particule ionisante dans un gaz qu'elle ionise) (cf. aussi* ionizing particle).

ionization potential potentiel d'ionisation, énergie d'ionisation *(énergie nécessaire pour arracher un électron à un atome ou à une molécule) (est égale à l'énergie de liaison de l'électron considéré) (cf. aussi* first ionization potential, second ionization potential, ionization *et* electric potential).

ionization time temps d'ionisation *(temps écoulé entre le premier événement ionisant dans un gaz et l'ionisation complète du gaz) (cf. aussi* ionizing event).

ionization track *cf.* ionization path.

ionization voltage tension d'ionisation *(valeur de la tension entre la cathode et l'anode d'un tube à gaz à laquelle se produit l'ionisation du gaz) (autre nom du potentiel d'ionisation utilisé concurremment à celui-ci dans le cas d'un tube à gaz) (cf. aussi* ionization potential, voltage *et* gas tube).

ionized acceptor atom atome accepteur ionisé *(atome d'impureté acceptrice ayant acquis un électron) (semi) (cf. aussi* ionization *et* acceptor impurity).

ionized acceptor impurity impureté acceptrice ionisée *(semi) (cf. aussi* ionized acceptor atom *et* impurity).

ionized-argon laser laser à l'argon ionisé *(cf. aussi* argon laser).

ionized atom atome ionisé *(atome ayant subi une ou plusieurs ionisations) (cf. aussi* ionization).

ionized channel *cf.* ionized path.

ionized donor atom atome donneur ionisé *(atome d'impureté donneuse ayant perdu un électron) (semi) (cf. aussi* ionization *et* donor impurity).

ionized donor impurity impureté donneuse ionisée *(semi) (cf. aussi* ionized donor atom *et* impurity).

ionized gas gaz ionisé *(gaz contenant des atomes ionisés ou des molécules ionisées selon sa nature atomique ou moléculaire) (cf. aussi* ionized atom *et* ionized molecule).

ionized impurity impureté ionisée *(semi) (cf. aussi* ionized acceptor impurity *et* ionized donor impurity).

ionized layer couche ionisée *(ionosphère ou une des couches dont elle est formée) (propa) (cf. aussi* ionosphere).

ionized molecule molécule ionisée *(molécule comportant un* *ou plusieurs atomes ionisés) (cf. aussi* ionized atome *et* molecule).

ionized path   chemin ionisé *(chemin conducteur créé par ionisation dans un gaz et notamment dans l'atmosphère) (cf. aussi* ionization).

ionizing[1] *a*   ionisant, qui ionise *(voir ci-après les rubriques commençant par ce terme).*

ionizing[2] *s   cf.* ionization.

ionizing agent   agent ionisant, agent d'ionisation *(agent produisant l'ionisation, c.-à-d. particule ionisante ou rayonnement ionisant) (cf. aussi* ionizing particle *et* ionizing radiation).

ionizing collision   choc ionisant *(choc entre une particule et un atome se produisant à une vitesse relative suffisante pour produire l'ionisation de celui-ci) (cf. aussi* ionization).

ionizing energy   énergie ionisante *(énergie perdue par une particule ionisante lors de la création d'une paire d'ions) (est égale à l'énergie d'ionisation du corps considéré et désigne parfois celle-ci) (cf. aussi* ionizing particle, ion pair *et* ionization potential).

ionizing event   événement ionisant *(interaction produisant un ion) (absorption d'un photon par un atome ou une molécule ou choc entre une particule et un atome ou une molécule) (cf. aussi* ion, ionization *et* photon).

ionizing particle   particule ionisante *(particule possédant une énergie suffisante pour produire une ionisation) (particule animée d'une grande vitesse) (cf. aussi* ionization).

ionizing radiation   rayonnement ionisant, radiation *(rayonnement électromagnétique suffisamment énergétique pour ioniser un corps sur son passage) (est constitué par l'onde électromagnétique associée à une particule animée d'une grande vitesse) (particule α, particule β, etc.) (cf. aussi* ionization, electromagnetic radiation *et* wave mechanics).

ionogram   ionogramme *(courbe de l'altitude apparente de l'ionosphère en fonction de la fréquence d'émission d'un sondeur ionosphérique) (cf. aussi* ionosphere *et* ionosonde).

ionophone   *cf.* ionic loudspeaker.

ionosonde   sondeur ionosphérique, sondeur, ionosonde *(émetteur radioélectrique à faisceau vertical ou oblique permettant de mesurer l'altitude apparente des différentes couches de l'ionosphère) (émet un faisceau impulsionnel ou continu d'ondes radioélectriques à fréquence croissante qui se réfléchissent sur la couche ionosphérique correspondant à leur fréquence instantanée et dont on mesure le temps d'aller et retour pour en déduire l'altitude de la couche ayant produit la réflexion) (constitue un type particulier de radar altimétrique dont l'antenne ou les antennes peuvent avoir des dimensions très grandes comme celles du sondeur de Saint-Santin associé au radiotélescope de Nançay, en France) (est utilisé notamment pour la prévision des conditions de propagation ionosphérique pour les radiocommunications à grande distance en ondes courtes) (cf. aussi* topside sounder, ionosphere *et* ionospheric propagation).

ionosphere   ionosphère *(couche multiple de la haute atmosphère comprise approximativement entre 50 et 500 km d'altitude, dans laquelle l'ionisation des molécules d'air produite principalement par le rayonnement solaire est suffisante pour former un écran conducteur réfléchissant plus ou moins les ondes radioélectriques en fonction de leur fréquence et du taux d'ionisation des couches partielles qui la forment) (cf. aussi* D layer, E layer, F layer, ionization, ionization degree *et* ionospheric propagation).

ionosphere ...   *cf.* ionospheric ... *(pour les termes qui ne figurent pas ci-après).*

ionosphere height   altitude de l'ionosphère.

ionosphere layer   couche de l'ionosphère, couche ionosphérique *(propa, etc.) (cf. aussi* ionosphere).

ionospheric absorption   absorption ionosphérique, absorption par l'ionosphère *(onde radioélectrique) (propa) (cf. aussi* absorption *et* ionosphere).

ionospheric conditions   *cf.* ionospheric propagation conditions.

ionospheric defocusing   défocalisation ionosphérique, défocalisation par l'ionosphère *(défocalisation d'un faisceau d'ondes radioélectriques lors d'une réflexion sur l'ionosphère)*

(est due à une augmentation locale du rayon de courbure apparent de l'ionosphère et se traduit par une diminution de l'amplitude de l'onde de ciel) (propa) (cf. aussi sky wave *et* ionospheric focusing).

ionospheric disturbance   perturbation ionosphérique *(variation de l'altitude apparente de l'ionosphère) (est due à une variation du taux d'ionisation d'une de ses couches produite par un phénomène météorologique) (cf. aussi* sudden ionospheric disturbance, ionosphere *et* ionization degree).

ionospheric error   erreur ionosphérique, erreur de propagation ionosphérique, erreur due à la propagation ionosphérique, erreur due au trajet ionosphérique *(erreur de détermination du point d'un mobile à l'aide d'un récepteur de navigation à grande distance due aux variations de trajet de l'onde de ciel résultant des fluctuations de l'altitude apparente de l'ionosphère et produisant une variation du temps de propagation et, par conséquent, de la phase du signal reçu) (cf. aussi* ionospheric propagation *et* long-distance navigation).

ionospheric focusing   focalisation ionosphérique, focalisation par l'ionosphère *(focalisation d'un faisceau d'ondes radioélectriques lors d'une réflexion sur l'ionosphère) (est due à une diminution locale du rayon de courbure apparent de l'ionosphère et se traduit par une augmentation de l'amplitude de l'onde de ciel) (propa) (cf. aussi* sky wave *et* ionospheric defocusing).

ionospheric path   trajet ionosphérique *(trajet d'une onde radioélectrique à propagation ionosphérique) (cf. aussi* ionospheric propagation).

ionospheric path error   erreur due au trajet ionosphérique *(radionav) (cf. aussi* ionospheric error).

ionospheric prediction   prévisions ionosphériques *(prévision des fluctuations de l'ionosphère destinée notamment à faciliter le choix de la fréquence d'émission d'un émetteur de radiocommunications en ondes courtes pour assurer une liaison à grande distance) (fait appel à un sondeur ionosphérique) (cf. aussi* ionosonde, MUF *et* LUF).

ionospheric propagation   propagation ionosphérique, propagation par réflexion sur l'ionosphère *(propagation à grande distance — malgré la courbure de la Terre — d'une onde radioélectrique décamétrique par réflexion oblique sur l'ionosphère avant d'atteindre le point de réception, le phénomène pouvant se produire plusieurs fois de suite avec réflexion, également oblique, sur la Terre entre deux réflexions sur l'ionosphère) (propagation par ricochet simple ou multiple entre deux surfaces) (est rendue possible par l'opacité plus ou moins complète de l'ionosphère aux ondes courtes due aux ions qu'elle contient) (cf. aussi* ionospheric propagation conditions *et* ionosphere).

ionospheric propagation conditions   conditions de propagation ionosphérique *(paramètres tels que la latitude, l'heure, la saison et l'activité solaire influant sur l'ionisation de telle ou telle couche de l'ionosphère et, par conséquent, sur son aptitude à réfléchir les ondes radioélectriques au lieu de les absorber) (radiocom) (cf. aussi* ionospheric propagation).

ionospheric propagation error   *cf.* ionospheric error.

ionospheric radar   *cf.* ionosonde.

ionospheric ray   rayon ionosphérique, rayon indirect *(noms donnés à l'onde de ciel dans la théorie de la propagation par rayons) (ondes courtes) (cf. aussi* sky wave *et* ray propagation theory).

ionospheric recorder   *cf.* ionosonde.

ionospheric scatter   propagation par diffusion ionosphérique *(propagation par diffusion dans l'ionosphère) (ne pas confondre avec la propagation ionosphérique (radiotlg) (cf. aussi* scatter propagation, ionosphere *et* ionospheric propagation).

ionospheric sounder   *cf.* ionosonde.

ionospheric sounding   sondage de l'ionosphère, sondage ionosphérique *(mesure de l'altitude apparente de l'ionosphère pour telle ou telle longueur d'onde d'émission) (propa, etc.) (cf. aussi* ionosonde).

ionospheric storm   tempête ionosphérique, tempête dans l'ionosphère *(fluctuations intenses du taux d'ionisation de l'ionosphère et notamment de la couche F dues à une éruption* *solaire) (qu'il ne faut pas confondre avec une tache solaire) (perturbe les radiocommunications en ondes courtes à grande distance) (cf. aussi* ionosphere, ionization degree, F layer *et* solar flare).

ionospheric wave　onde ionosphérique, *(etc.) (propa) (cf. aussi* sky wave).

IOSA　*cf.* integrated optic spectrum analyzer.

IPL　*cf.* initial program loading *et* initial program loader.

ips　*cf.* inch per second.

IPS　**1)** *cf.* inch per second. **2)** *cf.* instruction per second.

ir　*cf.* IR 1).

IR　**1)** *cf.* infrared. **2)** *cf.* interrogator-responsor. **3)** *cf.* insulation resistance. **4)** *cf.* instruction register. **5)** *cf.* index register. **6)** *cf.* information retrieval. **7)** *cf.* interrupt request.

IR ...　*cf.* infrared ... *(pour les termes qui ne figurent pas ci-après).*

IR CM　*cf.* infrared countermeasures.

IR drop　chute de tension ohmique *(cf. aussi* ohmic drop).

IRCM　*cf.* infrared countermeasures.

IRE　*cf.* Institute of Radio Engineers.

IRF　*cf.* interrogation repetition frequency.

IRG　*cf.* inter-record gap.

IRIG standard　*(vient de « Inter-Range Instrumentation Group »)* normes IRIG *(normes applicables aux signaux de télémesure) (bases de lancement de fusées, etc.) (cf. aussi* telemetry).

iris　iris, diaphragme *(plaque métallique mince munie d'une ouverture disposée dans le plan de la section droite d'un guide d'ondes pour créer une impédance) (dans un guide d'ondes rectangulaire, la plaque perforée est remplacée par deux bandes métalliques contiguës à deux côtés opposés du guide et formant une fente au milieu de la section droite de celui-ci ou, parfois, par une seule bande, plus large, la fente étant alors formée près d'une paroi) (dans un guide d'ondes circulaire, l'iris a effectivement la forme d'un iris ou une forme radicalement opposée) (selon son orientation dans un guide rectangulaire ou sa forme dans un guide circulaire, un iris exerce sur l'impédance de celui-ci le même effet qu'un condensateur ou une bobine d'inductance monté(e) en parallèle sur une ligne de transmission à deux conducteurs) (hyper) (cf. aussi* matching diaphram, capacitive diaphragm, inductive diaphragm, waveguide *et* impedance).

IRIS　*cf.* infrared imaging seeker.

IRLS　*cf.* infrared line scanner.

iron-cobalt alloy　alliage fer-cobalt *(alliage magnétique pour aimants permanents) (cf. aussi* magnetic material *et* permanent magnet).

iron-constantan thermocouple　thermocouple fer-constantan *(cf. aussi* thermocouple).

iron core　noyau de fer, noyau en fer *(noyau magnétique en fer doux) (noyau magnétique de transformateur ou d'inductance pour fréquences relativement peu élevées) (ce terme s'applique également au noyau d'un électro-aimant et d'un relais, qui n'étant jamais utilisés à des fréquences élevées, ont toujours un noyau en fer) (cf. aussi* laminated core, wire core, powdered-iron core, magnetic core 1) *et* soft iron).

iron-core choke　*cf.* iron-core coil.

iron-core coil　bobine à noyau de fer, inductance à noyau de fer *(bobine d'inductance pour courants à basse fréquence) (cf. aussi* iron core *et* inductor).

iron-core transformer　transformateur à noyau de fer *(ce terme s'emploie surtout pour désigner un transformateur haute fréquence à noyau de fer, un transformateur basse fréquence étant implicitement à noyau de fer) (cf. aussi* iron core *et* RF transformer).

iron-dust core　*cf.* iron-powder core.

iron loss　pertes dans le fer *(transfo, etc.) (cf. aussi* core loss).

iron losses　*cf.* iron loss.

iron-nickel alloy　alliage fer-nickel *(alliage pour tôles magnétiques contenant 25 à 80 % de nickel) (cf. aussi* core lamination).

iron-powder core　noyau de fer divisé *(noyau magnétique) (cf. aussi* powdered-iron core).

iron-vane instrument　appareil à palette de fer doux *(appareil de mesure ferromagnétique dans lequel la pièce en fer doux est* une palette calée sur l'axe de l'aiguille et repoussée plus ou moins par le champ magnétique d'une pièce analogue fixe près de laquelle elle se trouve au repos, les deux pièces s'aimantant avec la même polarité dans le champ magnétique créé par la bobine qui les entoure) (type le plus courant d'appareil ferromagnétique) (cf. aussi* moving-iron instrument).

iron-wire core　noyau en fils de fer doux *(noyau magnétique) (cf. aussi* wire core).

ironless　sans fer, sans noyau, à air *(bobine d'inductance, transformateur, rotor de moteur électrique) (les deux derniers termes ne s'emploient pas pour un moteur électrique) (cf. aussi* air-core coil *et* air-core transformer).

IRQ　*cf.* interrupt request.

irradiance　éclairement énergétique *(flux énergétique reçu par unité d'aire d'une surface) (s'exprime en watts par mètre carré (W/m^2 ou $W.m^{-2}$)) (rayonnement thermique) (cf. aussi* radiant flux *et* irradiation (b)).

irradiation　irradiation (a) *exposition à un rayonnement ionisant) (cf. aussi* ionizing radiation); (b) *intégrale par rapport au temps de l'éclairement énergétique) (en d'autres termes, énergie rayonnante totale reçue par l'unité d'aire d'une surface dans un temps déterminé) (rayonnement thermique) (cf. aussi* irradiance *et* integral).

irrotational field　champ irrotationnel, champ potentiel, champ à circulation conservative *(champ vectoriel dans lequel le rotationnel est nul en tout point, c.-à-d. dans lequel les lignes de champ ne s'enroulent pas autour de la direction du champ) (un champ irrotationnel est un champ vectoriel dérivant d'un potentiel scalaire, c.-à-d. créé par un tel potentiel) (exemple : champ électrique produit par une différence de potentiel entre deux électrodes fixes) (cf. aussi* vector field, curl, field line *et* scalar potential).

IS　*cf.* internal shield.

is driven to full scale　vient en butée *(aiguille d'appareil de mesure, curseur de potentiomètre multitour, etc.).*

ISB　*cf.* independent sidebands.

ISD　*cf.* international subscriber dialling.

ISDN　*cf.* integrated-services digital network.

ISIT tube　*cf.* intensifier silicon-target tube.

ISL　*(vient de « integrated Schottky logic »)* logique ISL, logique Schottky intégrée *(logique comparable à la logique STL) (CI) (cf. aussi* logic (b) *et* STL).

island　îlot *(de silicium ou autre semiconducteur sur un substrat isolant) (mosaïque de cible photosensible, circuit intégré CMOS/SOS) (cf. aussi* mosaic (a) *et* SOS CMOS integrated circuit).

island edge effects　effet de bord des îlots (de silicium) *(circuit intégré CMOS/SOS) (cf. aussi* SOS CMOS integrated circuit).

island effect　effet d'émission localisée *(émission électronique localisée en certains points de la surface de la cathode d'un tube électronique à cathode chaude et à grille de commande lorsque la tension instantanée de la grille est suffisamment négative pour réduire fortement l'émission d'électrons par la cathode) (cf. aussi* thermionic emission).

ISLS　*cf.* interrogation-path sidelobe suppression.

isochronous mode　mode isochrone *(mode de transmission télégraphique dans lequel les informations à transmettre sont mises au format en mode asynchrone, c.-à-d. avec emploi de caractères de départ et d'arrêt, et transmises en mode synchrone) (transmission de données) (cf. aussi* asynchronous transmission *et* synchronous transmission).

isochronous oscillations　oscillations isochrones *(oscillations à période fixe) (exemple : signal sinusoïdal fourni par un oscillateur à fréquence fixe) (cf. aussi* oscillation *et* period).

isoclinic　*a et* s　*cf.* isoclinic line.

isoclinic line　isocline sf *(courbe passant par les points de la surface de la Terre où l'inclinaison magnétique est constante) (géomagnétisme) (cf. aussi* magnetic dip *et* isomagnetic line).

isoelectric point　point isoélectrique *(valeur du pH d'une suspension colloïdale pour laquelle les particules de la suspension ne portent pas de charge électrique et, par conséquent, ne se déplacent pas sous l'action d'un champ électrique) (cf. aussi* electric charge).

isoelectronic ions　ions isoélectroniques, ions d'une séquence

isoélectronique *(atomes d'éléments chimiques différents ionisés de telle façon que leurs ions contiennent le même nombre d'électrons) (les atomes de l'élément contenant le moins d'électrons sont simplement ionisés, ceux de l'élément contenant un électron de plus sont doublement ionisés, ceux de l'élément contenant deux atomes de plus sont triplement ionisés, et ainsi de suite) (cf. aussi* ion).

isogonic *a et s cf.* isogonic line.

isogonic line isogone *sf (courbe passant par les points de la surface de la Terre où la déclinaison magnétique est constante) (géomagnétisme) (cf. aussi* magnetic declination).

isolate *v (voir aussi* isolation) **1)** isoler (galvaniquement). **2)** mettre hors circuit. **3)** localiser.

isolated *(voir aussi* isolation) **1)** isolé. **2)** mis hors circuit. **3)** localisé(e).

isolated well *cf.* isolating well.

isolated-word recognition reconnaissance des mots isolés *(par un ordinateur) (est beaucoup moins difficile que la reconnaissance des mots liés) (reconnaissance de la parole) (cf. aussi* speech recognition).

isolated-word speech recognition *cf.* isolated-word recognition.

isolating ... *cf.* isolation ... *(pour les termes qui ne figurent pas ci-après).*

isolating capacitor condensateur d'isolement *(nom donné à un condensateur de liaison ou de découplage lorsque l'on considère son action vis-à-vis de la composante continue de la tension alternative appliquée à ses bornes) (cf. aussi* coupling capacitor, decoupling capacitor *et* capacitor).

isolating circuit *cf.* isolation network.

isolating well caisson d'isolement, caisson *(enceinte formée autour d'un transistor, d'une diode ou d'une résistance dans un circuit intégré monolithique pour l'isoler électriquement des autres composants du circuit ou, par extension, zone délimitée par cette enceinte) (est constituée par une jonction PN ou une couche verticale d'oxyde isolant) (cf. aussi* junction isolating well, dielectric isolating well, bipolar transistor *et* MOS integrated circuit).

isolation **1)** isolement (galvanique) *(cf. aussi* galvanic isolation). **2)** mise hors circuit *(d'un composant).* **3)** localisation *(d'une panne dans un appareil, etc.).*

isolation amplifier amplificateur d'isolement *(amplificateur de mesure dans lequel le circuit de sortie est isolé galvaniquement du circuit d'entrée) (le couplage nécessaire entre les deux circuits est réalisé par un transformateur ou un coupleur optique) (permet notamment d'éviter que la tension parfois élevée appliquée aux bornes de sortie apparaisse accidentellement aux bornes d'entrée) (peut être considéré comme un relais dans lequel l'intensité du courant passant par les contacts en position de travail de l'armature serait modulée par une tension variable appliquée aux bornes de la bobine d'excitation) (est employé principalement lorsqu'un capteur de mesure doit être relié à un circuit à tension élevée, notamment dans le domaine de l'électronique médicale où le capteur peut être porté par un patient qui ne doit pas risquer d'être commotionné ou électrocuté) (est souvent réalisé sous la forme d'un circuit hybride) (cf. aussi* instrumentation amplifier, galvanic isolation, optocoupler *et* hybrid circuit).

isolation barrier barrière galvanique *(dispositif transmettant un signal entre deux circuits tout en assurant leur isolement galvanique) (transformateur, photocoupleur, fibre optique) (cf. aussi* galvanic isolation *et* isolation amplifier).

isolation diffusion diffusion d'isolement *(paroi d'un caisson d'isolement diélectrique) (CI) (cf. aussi* dielectric isolating well).

isolation diode diode d'isolement (a) *diode montée entre deux circuits pour permettre le passage du courant dans un seul sens) (cf. aussi* diode) ; (b) *jonction PN polarisée dans le sens inverse formée par un caisson d'isolement à jonction ou par un transistor à effet de champ et le substrat dans un circuit intégré monolithique) (cf. aussi* p-n junction, junction isolating well, field-effect transistor *et* monolithic integrated circuit).

isolation network montage séparateur *(montage empêchant l'interaction de deux circuits reliés galvaniquement) (transformateur différentiel téléphonique) (cf. aussi* hybrid coil 1)).

isolation oxide oxyde isolant *(oxyde formé sur un substrat conducteur ou semiconducteur ou sur une couche conductrice ou semiconductrice pour former une couche isolante) (ce terme désigne notamment l'oxyde formé sur le substrat d'un composant à semiconducteur) (CI, semi, CH) (cf. aussi* field oxide, dielectric insulating well *et* silicon dioxide).

isolation transformer transformateur d'isolement *(transformateur dont la fonction essentielle est d'assurer l'isolement galvanique entre deux circuits tout en assurant le transfert d'énergie ou du signal du premier circuit au second) (ne sert normalement pas à réaliser l'adaptation d'impédance entre les deux circuits et a pour cette raison généralement un rapport de transformation égal à l'unité) (amplificateur d'isolement, etc.) (cf. aussi* transformer, galvanic isolation, impedance matching *et* turns ratio).

isolation wall mur d'isolement, paroi d'isolement, barrière d'isolement *(noms souvent donnés à la paroi d'un caisson d'isolement de circuit intégré, notamment sur les schémas représentant un tel caisson) (cf. aussi* isolating well).

isolation-wall capacitor condensateur formé par le mur d'isolement *(condensateur formé par la jonction d'un caisson d'isolement à jonction dans un circuit intégré) (cf. aussi* junction isolating well).

isolator **1)** isolateur hyperfréquence, isolateur, atténuateur unidirectionnel *(dispositif hyperfréquence monté dans un guide d'ondes pour laisser passer l'onde électromagnétique dans un sens et l'atténuer fortement dans l'autre) (cf. aussi* ferrite isolator *et* waveguide). **2)** *cf.* isolation amplifier.

isomagnetic *a et s cf.* isomagnetic line.

isomagnetic line courbe isomagnétique *(courbe passant par les points de la Terre où la valeur d'un élément magnétique est constante) (géomagnétisme) (cf. aussi* isoclinic line, isogonic line, isoporic line *et* magnetic elements).

Isoplanar integrated injection logic *cf.* I^{3}L *(au début de la lettre I, après « I-V tube », etc.).*

Isoplanar process *(Isoplanar vient de « isolation planar »)* procédé Isoplanar *(procédé de fabrication de circuits intégrés bipolaires utilisant des caissons d'isolement diélectrique) (cf. aussi* dielectric insulating well *et* bipolar integrated circuit).

Isoplanar-S process *(le « S » vient de « scaled »)* procédé Isoplanar-S *(procédé dérivé du procédé Isoplanar en employant des éléments de circuits de dimensions plus petites) (cf. aussi* Isoplanar process *et* scaled technology).

isopor *cf.* isoporic line.

isoporic line isopore *sf (courbe passant par les points de la surface de la Terre où la variation annuelle ou autre d'un élément magnétique est la même) (géomagnétisme) (cf. aussi* magnetic elements).

isopotential line *cf.* equipotential line.

isotropic aerial *(GB) cf.* isotropic antenna.

isotropic antenna antenne isotrope *(antenne théorique dont le rayonnement a la même amplitude dans toutes les directions et dont, par conséquent, le diagramme de rayonnement tridimensionnel est une sphère) (n'est pas réalisable en pratique puisqu'un rayonnement isotrope est incompatible avec le caractère transversal des ondes électromagnétiques, mais est très utilisée pour les calculs d'antennes, qu'elle simplifie) (cf. aussi* radiation pattern *et* electromagnetic wave).

isotropic radiator *cf.* isotropic antenna.

ISR *cf.* information storage and retrieval.

I^2 *(voir au début de la lettre I, après « I-V tube », pour les termes commençant par I^2, I^{2}L ou I^{2}R).*

ISSCC *cf.* International Solid-State Circuits Conference.

ISV tube *cf.* intensified silicon vidicon tube.

item of data élément d'information *(inf, etc.) (cf. aussi* data element).

item of equipment *(souvent)* appareil.

iteration loop boucle d'itération *(exécution d'une suite d'instructions d'un programme d'ordinateur répétée jusqu'à ce que le résultat désiré soit obtenu dans le cas général) (est utilisée notamment pour améliorer la précision d'un résultat non exact ou pour commander l'exécution d'une opération devant être répétée et peut aussi résulter d'une erreur de programmation, auquel cas l'itération se poursuit jusqu'à ce que l'opérateur intervienne) (inf) (cf. aussi* instruction).

iterative array groupement parallèle *(ensemble de circuits logiques travaillant en parallèle dans l'unité centrale d'un ordinateur pour former le chemin de données) (inf) (cf. aussi* logic circuit *et* data path 1*))*.

iterative impedance impédance itérative *(valeur de l'impédance connectée à l'entrée d'un quadripôle pour laquelle l'impédance apparaissant à la sortie du quadripôle lui est égale) (cf. aussi* impedance *et* characteristic impedance*)*.

ITO *cf.* indium tin oxide.
ITU *cf.* International Telecommunications Union.
ITV *cf.* industrial television.
I-type ... *(voir au début de la lettre I)*.
IU *cf.* integer unit.
IWS *cf.* isolated-word recognition.

J

J *cf.* joule.

J display présentation du type J *(présentation des informations sur l'écran d'un radar analogue à la présentation du type A, mais dans laquelle la base de temps est circulaire et les échos apparaissent sous la forme de pointes radiales orientées vers l'extérieur de celle-ci) (cf. aussi* A display).

J-FET *cf.* junction field-effect transistor.

J/S ratio *cf.* jam-to-signal ratio.

J scan *cf.* J display.

J scope écran à présentation du type J *(radar) (cf. aussi* J display).

jack **1)** jack, prise de jack *(douille à deux contacts décalés le long de l'axe, dans laquelle on enfonce une fiche bipolaire monobroche pour établir un circuit dont les deux fils se trouvent coupés lorsque la fiche est retirée) (le contact se fait par deux lames élastiques portant sur la fiche) (peut être muni de lames supplémentaires commandant l'ouverture ou la fermeture de circuits lorsque la fiche est enfoncée) (central tél, audio, etc.).* **2)** plot *(de tableau de connexions) (inf) (cf. aussi* plug-board).

jack bush douille de jack *(pièce tubulaire en laiton servant de guide à la fiche enfoncée dans un jack) (cf. aussi* jack 1)).

jack field batterie de jacks *(groupe de jacks montés sur un panneau de jacks) (cf. aussi* jack panel).

jack panel panneau de jacks *(panneau portant une batterie de jacks pour former un tableau de connexion) (cf. aussi* jack, jack field, patch board *et* plugboard).

jack plug **1)** fiche de jack *(cf. aussi* jack 1)). **2)** cavalier *(tige courbée en forme de U utilisée pour relier deux douilles d'un tableau de connexions) (inf) (cf. aussi* plugboard).

jack strip réglette de jacks *(suite de jacks montés sur une plaque allongée) (central tél manuel, etc.) (cf. aussi* jack 1)).

jacked-in connecté par jack *(circuit tél, casque d'écoute, etc.) (cf. aussi* jack 1)).

jacket enveloppe *(d'un câble isolé) (cf. aussi* cable envelope).

jam¹ *v* **1)** brouiller *(voir aussi* jamming). **2)** bourrer, *(parf.)* se coincer *(voir aussi* jam² 2)).

jam² *s* **1)** *cf.* jamming. **2)** bourrage, *(parf.)* coincement *(d'une bande magnétique dans un couloir de défilement ou dans une cassette, d'une bande perforée ou non, d'une bande de papier en accordéon ou de cartes perforées dans un couloir ou un dispositif d'alimentation).*

jam-guarded *cf.* jam-resistant. *(de même pour les termes dérivés).*

jam-proof *cf.* jam-resistant. *(de même pour les termes dérivés).*

jam resistance résistance au brouillage *(signal, récepteur) (mil, etc.) (cf. aussi* jamming).

jam-resistant difficile à brouiller, peu sensible au brouillage *(récepteur radio ou radar, liaison de télécommunications, autodirecteur, signal radio ou radar) (mil, etc.) (cf. aussi* jamming).

jam-resistant communications télécommunications difficiles à brouiller *(ou* peu sensibles au brouillage), *(souvent)* liaisons *(idem),* transmissions *(idem) (radiocommunications difficiles à brouiller ou télécommunications par faisceau laser) (mil) (cf. aussi* jam-resistant radio link *et* laser communications).

jam-resistant link liaison difficile à brouiller *(mil) (cf. aussi* jam-resistant communications).

jam-resistant radio link liaison radio difficile à brouiller *(liaison radio, généralement militaire et par faisceau hertzien, utilisant des signaux à sauts de fréquence ou à étalement du spectre, ou les deux) (cf. aussi* frequency hopping, spread-spectrum signal *et* microwave radio).

jam/signal ratio *cf.* jam-to-signal ratio.

jam-to-signal *cf.* jam-to-signal ratio.

jam-to-signal ratio rapport brouillage/signal, rapport B/S *(rapport entre l'amplitude d'un signal de brouillage à l'entrée d'un récepteur radio ou radar et l'amplitude du signal utile) (mil, etc.) (cf. aussi* jamming signal).

jammable brouillable *(récepteur radio ou radar non doté d'anti-contre-mesures électroniques) (mil, etc.) (cf. aussi* electronic counter-countermeasures).

jammed channel voie brouillée *(multiplex de faisceau hertzien militaire ou autre) (cf. aussi* multiplex¹).

jammed environment ambiance brouillée *(ambiance électromagnétique caractérisée par la présence de signaux de brouillage) (mil, etc.) (cf. aussi* electromagnetic environment).

jammed pulse impulsion brouillée *(impulsion du signal émis par un radar militaire à impulsions et brouillé par un brouilleur de radars) (cf. aussi* pulse radar *et* radar jammer).

jammed radar radar brouillé *(radar dont le récepteur reçoit des échos déformés intentionnellement par la cible ou accompagnés d'échos parasites masquant l'écho utile) (mil, etc.) (cf. aussi* radar jammer).

jammer brouilleur, *(parf.)* émetteur de brouillage, émetteur de contre-mesures *(dispositif émettant un signal destiné à rendre (ou rendant) inutilisables les signaux reçus par des récepteurs déterminés) (le signal émis est généralement une onde radioélectrique, mais peut aussi être une onde électromagnétique du domaine optique ou une onde acoustique; le terme « brouilleur » désigne donc généralement un émetteur radioélectrique) (les brouilleurs sont utilisés principalement dans des zones d'opérations militaires pour empêcher l'exploitation des émissions radio et radar de l'adversaire par celui-ci ou gêner le fonctionnement des autodirecteurs infrarouges) (les brouilleurs d'émissions radio sont utilisés principalement à terre et sont des brouilleurs à bruit) (les brouilleurs de radars sont utilisés principalement sur aéronefs et navires militaires et peuvent être des brouilleurs à bruit ou des brouilleurs de diversion) (noter qu'un émetteur de radiodiffusion ou autre dont les émissions gênent la réception des émissions d'un autre émetteur est souvent qualifié de brouilleur, d'où la mention* *entre parenthèses dans la définition ci-dessus) (cf. aussi* noise jammer, deception jammer, communications jammer, radar jammer, infrared jammer, self-protection jammer, *et à titre d'information,* decoy[1]).

jammer aerial *(GB) cf.* jammer antenna.

jammer aircraft *cf.* jamming aircraft.

jammer antenna antenne de brouilleur *(mil, etc.) (cf. aussi* jamming antenna).

jammer bandwidth largeur de bande du brouilleur *(largeur de bande du signal émis par un brouilleur) (mil, etc.) (cf. aussi* bandwidth 1) *et* jammer).

jammer-induced interference parasites produits par un brouilleur *(réception d'une émission radio perturbée par le signal d'un brouilleur à bruit) (mil, etc.) (cf. aussi* interference 1) *et* noise jammer).

jammer oscillator oscillateur de brouilleur *(« cœur » d'un brouilleur) (mil, etc.) (cf. aussi* oscillator *et* jammer).

jammer plane avion brouilleur *(mil) (cf. aussi* jamming aircraft).

jammer power puissance du brouilleur *(mil, etc.) (cf. aussi* jamming power).

jammer power level (niveau de) puissance du brouilleur *(mil, etc.) (cf. aussi* power level *et* jamming power).

jammer-responder brouilleur répéteur *(mil) (cf. aussi* repeater jammer).

jammer site emplacement d'un brouilleur *(au sol) (mil, etc.) (cf. aussi* jammer).

jammer tracking poursuite de l'aéronef brouilleur *(mil) (cf. aussi* jamming aircraft).

jammer transmitter émetteur de brouilleur *(un brouilleur peut comporter plusieurs émetteurs) (cf. aussi* jammer).

jamming *(cf. aussi* jammer) brouillage *(émission de signaux ou création d'obstacles perturbant plus ou moins la réception d'autres signaux, généralement à des fins militaires)* (a) *émission de signaux radio, radar, infrarouges, lumineux ou acoustiques parasites) (cf. aussi* noise jamming *et* off-target jamming); (b) *réémission de signaux radar déformés) (cf. aussi* deception jamming) ; (c) *largage ou lancement de leurres) (cf. aussi* decoy[1]).

jamming ... *cf.* jam ... *(pour les termes qui ne figurent pas ci-après).*

jamming aerial *(GB) cf.* jamming antenna.

jamming aircraft aéronef brouilleur, *(souvent)* avion brouilleur *(avion ou hélicoptère militaire, avec ou sans pilote, portant un ou plusieurs brouilleurs d'émissions radio ou, plus souvent, brouilleurs de radars) (cf. aussi* jammer).

jamming antenna antenne de brouillage *(antenne d'émission installée au sol ou montée sur aéronef ou autre mobile militaire pour émettre des signaux produits par un brouilleur) (cf. aussi* transmitting antenna *et* jammer).

jamming antenna pattern diagramme de rayonnement de l'antenne de brouillage *(parf. d'une ...)(mil, etc.) (cf. aussi* radiation pattern *et* jamming antenna).

jamming attempt tentative de brouillage *(mil, etc.) (cf. aussi* jamming).

jamming capability possibilités de brouillage *(parf. au singulier) (différents modes de brouillage et puissance d'émission d'un brouilleur ou d'un mobile ou poste fixe équipé de celui-ci) (mil, etc.) (cf. aussi* jamming, jammer *et* capability).

jamming effectiveness efficacité du brouillage *(mil, etc.) (cf. aussi* jamming).

jamming energy énergie de brouillage *(énergie transmise par le faisceau d'ondes électromagnétique rayonné par l'antenne d'un brouilleur) (mil, etc.) (cf. aussi* electromagnetic energy *et* jammer).

jamming environment ambiance de brouillage *(ambiance électromagnétique caractérisée par la présence de signaux de brouillage, notamment dans une zone d'opérations militaires) (cf. aussi* electromagnetic environment *et* jamming signal).

jamming equipment matériel de brouillage *(brouilleurs et antennes associées, lance-leurres et leurres) (mil, etc.) (cf. aussi* jammer, *et* decoy[1]).

jamming-guarded *cf.* jam-resistant. *(de même pour les termes dérivés).*

jamming mission mission de brouillage *(mission confiée à*

l'équipage d'un avion de contre-mesures chargé d'escorter d'autres avions militaires pour brouiller les radars de veille et de poursuite de l'adversaire) (cf. aussi radar jamming).

jamming mode mode de brouillage *(brouilleur multimode) (mil) (cf. aussi* multimode jammer).

jamming modulation *cf.* jamming signal modulation.

jamming pod nacelle de contre-mesures *(nacelle profilée accrochée sous l'aile ou au fuselage d'un aéronef militaire et contenant un ou plusieurs brouilleurs ou lance-leurres, ou les deux) (cf. aussi* external countermeasures).

jamming power puissance de brouillage *(puissance effectivement rayonnée par l'antenne d'un brouilleur) (mil, etc.) (cf. aussi* radiated power *et* jammer).

jamming resistance *cf.* jam resistance.

jamming-resistant *cf.* jam-resistant. *(de même pour les termes dérivés).*

jamming response réponse de brouillage *(signaux émis par un ou plusieurs brouilleurs, ou leurres lancés, en réponse à des signaux radar ou laser hostiles détectés par une cible) (système d'autoprotection) (mil) (cf. aussi* jamming, jammer *et* self-protection system).

jamming signal signal de brouillage *(signal émis par un brouilleur, généralement au sens restreint de ce terme, c.-à-d. par un émetteur radioélectrique ou infrarouge militaire de brouillage) (mil, etc.) (cf. aussi* jammer).

jamming-signal bandspread largeur de bande occupée par le signal de brouillage, largeur de bande de brouillage *(largeur de la bande de fréquences occupée par un signal de brouillage à sauts de fréquence) (mil) (cf. aussi* bandwidth 1), jamming signal, jamming-signal bandwidth *et* frequency-hopping signal).

jamming-signal bandwidth largeur de bande du signal de brouillage, largeur de bande de brouillage *(largeur de la bande de fréquence occupée par un signal de brouillage sans sauts de fréquence) (mil, etc.) (cf. aussi* bandwith 1), jamming signal *et* jamming-signal bandspread).

jamming-signal modulation modulation du signal de brouillage *(mil, etc.) (cf. aussi* jamming signal).

jamming simulator simulateur de brouillage *(appareil simulant l'émission de signaux de brouillage pour contrôler le fonctionnement d'un récepteur radar ou radio militaire en présence de telles perturbations) (cf. aussi* jamming signal).

jamming target cible à brouiller *(récepteur radar ou radio militaire ou autodirecteur menacé par un brouilleur) (noter que le terme anglais est impropre mais néanmoins employé parce que commode) (cf. aussi* jamming).

jamming technique séquence de brouillage *(suite déterminée d'émissions de signaux de brouillage de divers types par le ou les brouilleurs d'un système d'autoprotection et éventuellement de largages de leurres par le ou les lance-leurres du système) (mil) (cf. aussi* jammer, self-protection system *et* decoy[1]).

jamming technique selection choix de la séquence de brouillage *(par le calculateur d'un système d'autoprotection) (mil) (cf. aussi* jamming technique).

jamming technology (la) technique du brouillage *(mil, etc.) (cf. aussi* jamming, jamming technique *et* technology).

jamming threat signal de brouillage de l'adversaire *(parf. signaux ...) (mil) (cf. aussi* jamming signal *et* threat).

jamming time temps de brouillage, *(parf. aussi)* durée du brouillage *(noter que le premier terme désigne parfois le temps dont dispose une cible pour brouiller l'autodirecteur d'un engin autoguidé, notamment d'un missile, qui l'attaque) (mil) (cf. aussi* jamming *et* homing weapon).

jamming transmission émission de brouillage *(émission d'un brouilleur) (mil) (cf. aussi* transmission 2) *et* jamming signal).

jamming transmitter émetteur de brouillage *(parf. en cours de brouillage) (émetteur d'un brouilleur) (mil, etc.) (cf. aussi* jammer transmitter).

JCTN *cf.* junction.

JEDEC *cf.* Joint Electron Device Engineering Council.

JEDEC package boîtier Jedec *(boîtier de circuit intégré ou autre composant conforme aux normes établies par le Jedec) (cf. aussi* JEDEC *et* package 1)).

JEDEC pinout brochage Jedec *(brochage de boîtier Jedec) (cf. aussi* JEDEC *et* pinout).

jeep-mounted radio poste monté sur jeep (*émetteur-récepteur militaire*).

jeep television (*comme pour le véhicule militaire, le mot « jeep » vient de la contraction phonétique de GP — initiales de « general purpose » — en anglais*) cf. general-purpose television.

jelly bean IC cf. jelly bean integrated circuit.

jelly bean integrated circuit (*fam*) circuit intégré de grande consommation (*cf. aussi* jelly beans).

jelly beans (*fam*) composants de grande consommation (*composants électroniques produits en très grande série, comme les boîtes de conserves*) (*ce terme est surtout appliqué à des circuits intégrés monolithiques*).

jewel bearing pivot à rubis (*pivot de suspension à pivot dans lequel le coussinet est en rubis ou saphir synthétique, comme dans une montre classique, pour réduire le frottement et l'usure*) (*cf. aussi* pivot-and-jewel suspension).

JFET cf. junction field-effect transistor.

JFET component cf. JFET.

JFET device cf. JFET.

JFET input (*cf. aussi* JFET) **1)** entrée de transistor JFET, (*etc.*). **2)** entrée sur transistor JFET, (*etc.*) (*circuit, intégré ou non*).

JFET power component cf. JFET power transistor.

JFET power device cf. JFET power transistor.

JFET power transistor transistor de puissance JFET, (*etc.*), transistor JFET de puissance, (*etc.*) (*cf. aussi* JFET *et* power transistor).

JFET transistor cf. JFET.

JIIC cf. junction-isolated integrated circuit.

jitter **1)** gigue, instabilité (*défaut d'une impulsion récurrente dont une caractéristique fluctue dans le temps ou d'une transition de signal numérique dont la position fluctue dans le temps*) (*noter que le terme anglais est souvent employé avec le sens de « position jitter »*) (*cette instabilité est mise en évidence par visualisation du signal sur l'écran d'un oscilloscope*) (*cf. aussi* position jitter, time jitter, width jitter, periodic pulse *et* transition (c)). **2)** tremblement (*irrégularité des traits d'un document fourni par un télécopieur*) (*cf. aussi* facsimile).

jitter-free *a* stable, sans gigue (*signal à récurrence*) (*cf. aussi* jitter 1)).

jitter-free drive cf. jitter-free input signal.

jitter-free drive signal cf. jitter-free input signal.

jitter-free input cf. jitter-free input signal.

jitter-free input signal signal d'entrée stable, signal d'attaque stable, signal de commande stable, (*etc.*) (*cf. aussi* jitter-free).

jitter-free output cf. jitter-free output signal.

jitter-free output signal signal de sortie stable, (*etc.*) (*cf. aussi* jitter-free).

jitter-free signal signal stable, (*etc.*) (*cf. aussi* jitter-free).

JK flip-flop (*les lettres J et K n'ont aucune signification particulière*) bascule JK (*bascule à deux entrées J et K comparable à la bascule RS, mais dans laquelle il n'y a pas de combinaison interdite pour les états logiques des entrées*) (*circuit logique*) (*inf*) (*cf. aussi* RS flip-flop).

JKFF cf. JK flip-flop.

job-oriented terminal terminal spécialisé (*terminal intelligent conçu et programmé en vue d'une application particulière telle que la réservation de places, les opérations bancaires, le traitement de textes, la conception assistée par ordinateur, etc.*) (*inf*) (*cf. aussi* intelligent terminal *et* work station).

jogger taqueuse (*inf*) (*cf. aussi* jogging).

jogging **1)** taquage (*action de secouer rapidement une liasse de documents tels que des chèques sur une machine spéciale à plateau incliné appelée « taqueuse » pour aligner leurs bords sur deux côtés avant de les introduire dans une machine de lecture, de tri, d'assemblage, etc.*) (*inf*). **2)** fonctionnement en pas à pas (*cf. aussi* stepping 1)).

Johnson effect effet Johnson, effet d'agitation thermique (*effet produisant le bruit d'agitation thermique*) (*ampli, etc.*) (*cf. aussi* thermal noise).

Johnson noise bruit Johnson (*ampli, etc.*) (*cf. aussi* thermal noise).

joint connexion (*au sens du terme anglais, épissure ou connexion d'un fil avec une cosse*) (*cf. aussi* splice[1] 1), connection 2) (a) *et* lug).

Joint Electron Device Engineering Council (JEDEC) Jedec, JEDEC (*organisme américain de normalisation des composants électroniques*) (*cf. aussi* JEDEC package).

Josephson current (*parf.* intensité du) courant dans une jonction Josephson (*cf. aussi* Josephson junction).

Josephson current threshold seuil de courant dans une jonction Josephson (*cf. aussi* Josephson junction).

Josephson effect effet Josephson (*passage d'un courant par effet tunnel dans une jonction formée par deux supraconducteurs séparés par un isolant extrêmement mince*) (*cf. aussi* dc Josephson effect, ac Josephson effect, tunnel effect *et* superconductor).

Josephson junction jonction Josephson (*cf. aussi* Josephson effect).

Josephson-junction detector détecteur à jonction Josephson (*détecteur de rayonnement infrarouge utilisant une jonction Josephson aux bornes de laquelle une tension continue apparaît lorsqu'elle est soumise à un tel rayonnement de longueur d'onde déterminée*) (*cf. aussi* Josephson junction *et* infrared radiation).

Josephson tunneling junction cf. Josephson junction.

joule joule *m*, J (*unité d'énergie, donc de travail, égale au travail produit par une force de 1 newton déplaçant son point d'application de 1 mètre dans sa direction d'action*) (*1 joule par seconde égale 1 watt, d'où 1 joule = 1 watt-seconde*) (*cf. aussi* energy *et* watt).

Joule effect effet Joule (a) *dégagement de chaleur dû au passage d'un courant dans un conducteur imparfait*) (*est proportionnel à l'imperfection du conducteur, c.-à-d. à sa résistivité, et se manifeste, par conséquent, beaucoup plus intensément dans une résistance que dans un conducteur ordinaire pour une même intensité de courant et une même section de passage du courant*) (*est dû à la conversion en chaleur de l'énergie perdue par les électrons formant le courant lors des chocs de ceux-ci contre le réseau cristallin du conducteur au cours de leur déplacement dans ce dernier*) (*est la cause de l'échauffement des conducteurs et des appareils et machines électriques à courant continu, à laquelle s'ajoute l'effet des courants de Foucault dans les machines à courant alternatif*) (*est utilisé pour le chauffage, notamment dans les radiateurs et cuisinières électriques, les pistolets à souder à l'étain, les soudeuses par points et à molettes, les étuves et les fours industriels à résistances*) (*cf. aussi* Joule's law *et* eddy current); (b) cf. positive magnetostriction.

Joule heat chaleur Joule (*chaleur produite par effet Joule*) (*cf. aussi* Joule effect).

Joule heating chauffage par effet Joule, (*parf.*) échauffement par effet Joule (*conducteur, résistance*) (*cf. aussi* Joule effect).

Joule's law loi de Joule (*loi selon laquelle la quantité de chaleur produite par le passage d'un courant dans un conducteur imparfait est proportionnelle à la résistance du conducteur, au carré de l'intensité du courant et au temps de passage de celui-ci*) (*est exprimée par la formule $W = RI^2t$, dans laquelle W est la quantité de chaleur exprimée en joules, R est la résistance en ohms, I est l'intensité en ampères et t est le temps en secondes*) (*cf. aussi* Joule effect *et* joule).

joystick **1)** manche à balai (*manette à rotule entraînant deux codeurs d'angle orthogonaux commandant le déplacement du point lumineux suivant les axes x et y sur un écran cathodique ou l'émission de signaux de pilotage en direction et en tangage à destination d'un aéronef télécommandé*) (*cf. aussi* shaft-position encoder *et* trackball). **2)** manette de jeu (*manche à balai à déplacement souvent limité à un multiple de quatre directions orthogonales destiné à être actionné dans le cadre d'un jeu vidéo*) (*inf*) (*voir aussi* 1) ci-dessus) (*cf. aussi* video game).

JSR cf. jam-to-signal ratio.

juice (*fam*) courant (*électrique*).

jukebox **1)** joueur de disques, jukebox (*machine à sous de café-bar assimilable à un électrophone à changeur de disques perfectionné*). **2)** cf. jukebox storage.

jukebox storage mémoire à disques (*le terme américain dé-*

signe une mémoire à disques magnétiques rigides en chargeur) (inf) (cf. aussi disk pack).

jump¹ *s* **1)** saut *(de tension, etc.) (cf. aussi* voltage jump). **2)** branchement *(inf) (cf. aussi* branch 3)).

jump² *v (cf. aussi* jump¹) **1)** sauter *(tension, etc.).* **2)** faire un branchement.

jump ... *cf.* branch ...

jumper connexion temporaire, *(parf.)* cavalier *(connexion établie temporairement entre deux points ou bornes d'un montage à l'aide d'un fil volant ou d'un cordon où, parfois, d'un cavalier en forme de U s'enfichant dans deux douilles) (cf. aussi* test lead).

jumper connexion 1) *cf.* jumper. **2)** jarretière *(central tél) (cf. aussi* distribution frame).

jumper cord *cf.* jumper.

jumper lead *cf.* jumper.

jumper-selectable *a* commutable par cavalier *(tension secteur d'un transformateur d'alimentation, etc.) (cf. aussi* jumper *et* line-voltage selector).

jumper wire fil de connexion, *(parf.)* fil volant *(cf. aussi* jumper *et* wire 1)).

junction 1) jonction *(en électricité ou électronique, respectivement, zone de transition entre deux métaux différents ou entre un métal et un semiconducteur ou, notamment, entre deux semiconducteurs de types différents) (cf. aussi,* thermocouple junction *et* rectifying junction). **2)** jonction (hyperfréquence) *(dispositif réunissant trois ou quatre lignes de transmission hyperfréquence, notamment des guides d'ondes, en assurant la transmission du signal d'une branche à une ou deux autres, respectivement, la troisième ou la quatrième se trouvant hors circuit dans le sens de transmission du fait des conditions de propagation de l'onde créées dans le dispositif) (cf. aussi* waveguide junction). **3)** raccordement *(de circuits, etc.).*

junction bias polarisation de la jonction *(parf.* d'une jonction) *(polarisation de la zone P d'une jonction PN par rapport à la zone N) (cf. aussi* forward bias, reverse bias, bias¹ *et* p-n junction *(au début de la lettre P)).*

junction breakdown claquage de la jonction *(parf.* d'une jonction) *(claquage d'une jonction PN) (semi) (cf. aussi* breakdown 2)).

junction capacitance capacité de la jonction *(capacité du condensateur formé par les deux zones d'une jonction de semiconducteurs ou d'une jonction métal-semiconducteur polarisée dans le sens inverse) (cf. aussi* reverse bias, junction capacitor, varactor, capacitance *et* junction 1)).

junction capacitor condensateur à jonction *(condensateur formé d'une jonction PN) (condensateur de circuit intégré bipolaire ou diode varicap discrète ou intégrée) (cf. aussi* capacitor, junction capacitance, p-n junction *et* integrated-circuit capacitor).

junction circuit *(GB)* circuit urbain *(circuit téléphonique entre deux centraux situés dans une même agglomération, celle-ci pouvant comprendre plusieurs localités) (cf. aussi* trunk circuit *et* toll circuit).

junction CMOS *cf.* junction-isolated CMOS.

junction depth profondeur de la jonction *(épaisseur d'une jonction PN perpendiculaire à la surface du substrat du circuit intégré monolithique dans lequel elle est réalisée) (cf. aussi* p-n junction).

junction diode diode à jonction *(diode à semiconducteur formée essentiellement d'une jonction de semiconducteurs ou d'une jonction métal-semiconducteur) (ce terme est généralement employé au sens du premier cas, c.-à-d. d'une diode à jonction PN, mais il couvre également le second, c.-à-d. le redresseur sec et la diode Schottky) (semi) (cf. aussi* p-n junction diode, metallic rectifier, Schottky-barrier diode *et* semiconductor diode).

junction FET *cf.* junction field-effect transistor.

junction field-effect transistor transistor à effet de champ à jonction, transistor JFET, TEC à jonction, FET à jonction *(transistor à effet de champ dans lequel la grille est en contact avec le canal et forme ainsi une jonction PN avec celui-ci) (la grille est formée par une couche de semiconducteur fortement dopé, de type opposé à celui du canal; celui-ci fait partie de la* structure du transistor et existe donc même en l'absence de tension appliquée à la grille) (le transistor à effet de champ à jonction est normalement symétrique, c.-à-d. que la source peut servir de drain et vice-versa; certains modèles sont dissymétriques; par ailleurs, c'est un transistor à effet de champ à déplétion) (c'est le premier type de transistor à effet de champ à avoir été réalisé; il est de plus en plus concurrencé par le transistor à effet de champ à grille isolée) (cf. aussi* field-effect transistor, depletion-mode field-effect transistor, insulated-gate field-effect transistor, p-n junction, *au début de la lettre P, et* doping).

junction-isolated bipolar *cf.* junction-isolated bipolar integrated circuit.

junction-isolated bipolar circuit *cf.* junction-isolated bipolar integrated circuit.

junction-isolated bipolar IC *cf.* junction-isolated bipolar integrated circuit.

junction-isolated bipolar integrated circuit circuit intégré bipolaire à isolement par jonctions *(circuit intégré bipolaire dans lequel les transistors sont isolés les uns des autres par des jonctions PN) (cf. aussi* junction isolation *et* bipolar integrated circuit).

junction-isolated CMOS structure structure CMOS à isolement par jonctions *(structure d'un circuit intégré à transistors CMOS isolés par jonctions) (cf. aussi* junction-isolated CMOS transistors).

junction-isolated CMOS transistors transistors CMOS isolés par jonctions *(transistors CMOS dans un circuit intégré CMOS classique, c.-à-d. dans lequel les transistors sont isolés les uns des autres par des jonctions PN) (cf. aussi* CMOS transistors, junction isolation *et* CMOS/SOS integrated circuit).

junction-isolated IC *cf.* junction-isolated integrated circuit.

junction-isolated integrated circuit circuit intégré à isolement par jonctions *(cf. aussi* junction isolation).

junction-isolated structure structure à isolement par jonctions *(structure d'un circuit intégré à isolement par jonctions) (cf. aussi* junction-isolated integrated circuit).

junction-isolated transistor transistor isolé par une jonction *(transistor de circuit intégré) (cf. aussi* junction isolation).

junction isolating well caisson d'isolement à jonction, caisson à jonction *(caisson d'isolement constitué par une jonction PN polarisée dans le sens inverse entourant le composant à isoler dans un circuit intégré monolithique) (la jonction est obtenue par diffusion d'une couche verticale — appelée « mur » ou « paroi » — d'impureté du type P, c.-à-d. semblable au substrat, jusqu'à celui-ci, dans la couche du type N dans laquelle le composant est réalisé) (le substrat étant au potentiel le plus bas du circuit, la jonction PN formée par l'interface des deux couches est polarisée dans le sens inverse et, par conséquent, aucun courant ne peut théoriquement circuler du composant au substrat, ce qui assure l'isolement de ce dernier par rapport aux autres composants du circuit dans les conditions de fonctionnement normales) (cf. aussi* isolating well, p-n junction *et* reverse bias).

junction isolation isolement par jonction(s) *(se met au singulier ou au pluriel selon que l'on traite d'un ou plusieurs composants) (isolement des composants d'un circuit intégré monolithique les uns par rapport aux autres à l'aide d'une jonction PN entourant chaque composant à isoler) (cet isolement s'applique aux transistors des circuits intégrés bipolaires classiques et des circuits CMOS classiques et à certaines résistances intégrées) (cf. aussi* junction isolating well).

junction laser laser à jonction *(semi) (cf. aussi* semiconductor laser).

junction leakage fuites de la jonction, *(parf.)* courant de fuite de la jonction *(semi) (cf. aussi* junction leakage current).

junction leakage current *(parf.* intensité du) courant de fuite dans la jonction *(courant circulant dans une jonction PN polarisée dans le sens inverse ou, parfois, intensité de ce courant) (est formé par les porteurs minoritaires engendrés par les ruptures de liaisons de covalence provoquées par l'agitation thermique des électrons dans les deux zones de la jonction et a normalement une intensité considérablement moins grande que le courant dans la jonction polarisée dans le* *sens direct) (l'existence de ce courant a pour résultat qu'une jonction polarisée dans le sens inverse n'est pas vraiment équivalente à un interrupteur ouvert) (cf. aussi* p-n junction, minority carrier, reverse bias, covalent bond *et* thermal agitation).

junction light source source de lumière à jonction *(nom descriptif d'une diode émissive) (cf. aussi* emissive diode).

junction point point de raccordement *(borne, etc.) (cf. aussi* connection 2) (a)).

junction storage accumulation de charges dans la jonction *(semi) (cf. aussi* storage effect).

junction temperature température de la jonction *(semi) (cf. aussi* junction 1) *et* thermal runaway).

junction traffic trafic urbain *(trafic téléphonique entre deux centraux situés dans une même agglomération) (cf. aussi* telephone traffic *et* telephone exchange).

junction transistor transistor à jonctions *(autre nom du transistor bipolaire) (il est à noter que le transistor à effet de champ à jonction est également un transistor à jonction (sans s), d'où une certaine ambiguïté dans l'emploi de ce terme, surtout oralement; c'est pourquoi il est préférable de l'éviter) (cf. aussi* bipolar transistor *et* junction field-effect transistor).

K

K 1) *cf.* cathode. 2) *cf.* kilohm. 3) *cf.* kilobyte.

K band bande K *(bande des fréquences comprises entre 10,9 et 36 GHz, soit 2,75 à 0,834 cm de longueur d'onde) (hyper) (cf. aussi* frequency band*).*

K display présentation du type K *(présentation des informations sur l'écran d'un radar à double faisceau) (est analogue à la présentation du type A, mais utilise deux échos accolés, un pour chaque faisceau, dont l'opérateur doit rendre les amplitudes égales en modifiant légèrement l'orientation de l'antenne pour déterminer la direction de la cible avec précision) (avia) (cf. aussi* A display, echo-splitting radar *et* L display*).*

K electron électron de la couche K *(atome) (cf. aussi* K shell*).*

K scan *cf.* K display.

K scope écran à présentation du type K *(radar) (cf. aussi* K display*).*

K shell couche K *(première couche électronique d'un atome en partant du noyau) (cf. aussi* electron shell*).*

kA *cf.* kiloampere.

Kalman filter filtre de Kalman *(filtre numérique optimal) (cf. aussi* digital filter*).*

Kalman filtering filtrage par filtre de Kalman, filtrage de Kalman *(cf. aussi* Kalman filter*).*

Kapton *(marque déposée)* Kapton *(matière plastique analogue au mylar, mais résistant mieux aux particules et rayonnements ionisants) (cf. aussi* Mylar*).*

Kapton mask masque en Kapton *(masque pour gravure aux rayons X) (fab. CI) (cf. aussi* Kapton, mask 2) *et* X-ray lithography*).*

Karnaugh map table de Karnaugh *(matrice de combinaisons logiques servant à simplifier la représentation des fonctions logiques) (est un tableau à double entrée comportant autant de colonnes et de lignes que la fonction à simplifier comprend de variables logiques, soit quatre colonnes et quatre lignes dans le cas courant de quatre variables) (les quatre couples de valeurs binaires possibles de deux variables (00, 01, 11, 10) sont disposés dans cet ordre en tête des colonnes et les couples des deux autres variables sont disposés au début des lignes, la valeur logique de la fonction (0 ou 1) se trouvant au croisement de la ligne et la colonne considérées) (inf) (cf. aussi* logic function*).*

kb *(ou* **KB***) cf.* kilobit.

KB *cf.* kilobyte.

kbs *(ou* **Kb/s***) cf.* kilobit per second.

kbaud *cf.* kilobaud.

kBd *cf.* kilobaud.

kbyte *(ou* **Kbyte***) cf.* kilobyte.

kbyte/s *(ou* **Kbyte/s***) cf.* kilobyte per second.

kc *cf.* kilocycle.

KDP *cf.* potassium dihydrogen phosphate.

KDP crystal cristal de KDP, *(etc.) (cf. aussi* KDP*).*

keep-alive circuit circuit d'entretien *(montage fournissant les impulsions de tension appliquées à une électrode d'entretien) (cf. aussi* keep-alive electrode*).*

keep-alive electrode électrode d'entretien (de la décharge) *(tube de commutation à gaz) (cf. aussi* ignitor 2)*).*

keep-alive oscillator oscillateur d'activation *(cf. aussi* antistiction oscillator*).*

keep-alive voltage tension d'entretien *(tension appliquée à une électrode d'entretien) (cf. aussi* keep-alive electrode*).*

keep ... off *v* maintenir ... à l'état bloqué, *(etc.) (un transistor, etc.) (cf. aussi* off-state*).*

keep ... on *v* maintenir ... à l'état conducteur, *(etc.) (un transistor, etc.) (cf. aussi* on-state*).*

keep on scale *v* maintenir dans les limites de l'échelle *(aiguille d'un appareil de mesure analogique ou valeur correspondante de la grandeur mesurée) (cf. aussi* meter scale*).*

keeper pont magnétique *(pièce de fer ou acier placée temporairement sur les pôles d'un aimant non utilisé pour réduire les pertes d'aimantation) (réalise un court-circuit magnétique entre les deux pôles) (cf. aussi* self-demagnetization*).*

Kelvin *(noter que Kelvin et William Thomson ne sont qu'une seule et même personne, Thomson étant le nom de naissance de lord Kelvin).*

Kelvin balance balance de courant *(appareil de mesure de très haute précision servant à établir la valeur de l'ampère étalon) (est essentiellement une balance de précision dont le fléau porte à une extrémité une bobine parcourue par un courant et se déplaçant verticalement à l'intérieur d'une bobine fixe, et à l'autre extrémité un poids équilibrant la force exercée sur la bobine mobile par le champ magnétique créé par le courant circulant dans la bobine fixe) (il existe d'autres types de balance de courant, mais le principe reste le même) (cf. aussi* Kelvin *et* ampere*).*

Kelvin bridge pont de Kelvin *(ou de Thomson),* pont double *(idem) (pont de mesure à six branches dérivé du pont de Wheatstone et conçu pour permettre la mesure précise des résistances de faible valeur (10 Ω ou moins) grâce à l'élimination des erreurs dues aux résistances de contact et à la résistance des conducteurs) (sert surtout à étalonner les shunts d'ampèremètre) (cf. aussi* Kelvin, Wheatstone bridge *et* shunt[1] 1)*).*

Kelvin double bridge *cf.* Kelvin bridge.

Kelvin effect *cf.* Thomson effect. *(cf. aussi* Kelvin*).*

Kennelly-Heaviside layer couche de Kennelly-Heaviside *(ionosphère) (cf. aussi* E layer*).*

kenotron kénotron *(diode à vide conçue pour le redressement sous des tensions élevées) (cf. aussi* vacuum diode *et* rectifier diode*).*

Kerr cell cellule de Kerr *(modulateur électro-optique utilisant l'effet Kerr) (est formé essentiellement d'un condensateur plan parallélépipédique fermé par une fenêtre à chaque extrémité et placé entre deux polariseurs optiques croisés, c.-à-d. tournés de 90° l'un par rapport à l'autre, le diélectrique du condensa-*

teur étant un liquide présentant l'effet Kerr) (les polariseurs étant croisés, la lumière ne peut pas traverser la cellule en l'absence de tension appliquée au condensateur du fait de sa polarisation plane) (l'application d'une tension aux côtés opposés du parallélépipède formant les armatures du condensateur fait apparaître l'effet Kerr dans le liquide et la lumière qui le traverse acquiert une polarisation elliptique proportionnelle à cette tension, qui lui permet de franchir le second polariseur dans les mêmes proportions) (a été utilisé notamment comme modulateur électro-optique pour l'enregistrement optique du son sur film cinématographique et comme obturateur électro-optique pour la photographie de phénomènes ultra-rapides) (est maintenant souvent remplacée par la cellule de Pockel et l'obturateur électronique) (cf. aussi Kerr effect, electro-optical modulator, plane polarization, elliptical polarization *et* Pockel cell).

Kerr effect **1)** effet Kerr (électro-optique) *(biréfringence optique apparaissant dans un corps sous l'action d'un champ électrique perpendiculaire aux rayons lumineux dans le corps) (s'observe dans les liquides et les gaz transparents et polaires) (électro-optique) (cf. aussi* electro-optical effect). **2)** *cf.* Kerr magneto-optical effect.

Kerr magneto-optical effect effet magnéto-optique de Kerr, effet Kerr magnéto-optique *(polarisation légèrement elliptique d'une lumière à polarisation initiale rectiligne après réflexion quasi normale sur la surface polie d'un pôle d'un aimant) (cf. aussi* elliptical polarization, linear polarization, magnet *et* magneto-optical disk).

keV *cf.* kiloelectron-volt.

key[1] *s* **1)** clé *(interrupteur à manette à deux positions stables ou à action momentanée utilisé en téléphonie, notamment dans les centraux manuels pour établir des communications ou envoyer le signal de sonnerie, respectivement) (cf. aussi* momentary-action switch). **2)** manipulateur *(interrupteur à manette à action momentanée utilisé en radiotélégraphie, et autrefois en télégraphie, pour émettre des signaux en code Morse).* **3)** touche (de clavier) *(appareil) (cf. aussi* keyboard[1], *plus loin).* **4)** clé (du code) *(ensemble des règles de correspondance entre caractères utilisées dans un code de substitution ou de transposition, ou les deux, employé pour rendre un message secret inintelligible à celui qui ne connaît pas cet ensemble) (cryptographie) (tls) (cf. aussi* cipher[1] *et* encipherment). **5)** ergot (d'orientation), détrompeur *(connecteur, etc.) (cf. aussi* mounting polarization).

key[2] *v* **1)** manipuler *(tlg) (cf. aussi* keying 1)). **2)** coder, chiffrer *(un message) (cf. aussi* key[1] 4)).

key-actuated *cf.* key-operated.

key-board *cf.* keyboard[1]. *(plus loin) (de même pour les termes dérivés).*

key click claquement de manipulation *(bruit de cliquetis entendu dans le haut-parleur ou le casque d'un récepteur recevant un signal en Morse et dû aux parasites produits par les étincelles jaillissant entre les contacts du manipulateur classique lorsque l'opérateur abaisse ou relève celui-ci) (cf. aussi* key-click filter *et* key[1] 2)).

key-click filter filtre de manipulation *(filtre monté à l'entrée du cordon du manipulateur sur un émetteur de radiotélégraphie pour atténuer les parasites provenant du manipulateur) (cf. aussi* key click).

key depression **1)** abaissement d'une clé *(tél) (cf. aussi* key[1] 1)). **2)** abaissement du manipulateur *(tlg) (cf. aussi* key[1] 2)). **3)** enfoncement d'une touche *(clavier d'appareil) (cf. aussi* keyboard[1], *plus loin).*

key depression rate vitesse de frappe, cadence de frappe *(d'une opératrice de téléimprimeur ou autre machine à clavier) (tlg, etc.).*

key dialling numérotation au clavier *(composition des numéros d'appel sur un poste téléphonique à clavier).*

key-disk machine *cf.* key-to-disk unit.

key-down condition manipulateur abaissé *(position de la manette d'un manipulateur classique lorsque l'opérateur appuie sur le bouton pour émettre un signal en fermant le circuit de commande de l'émetteur) (cf. aussi* key[1] 2)).

key-driven *cf.* key-operated.

key jack jack de manipulateur *(jack monté sur un émetteur de*

radiotélégraphie pour recevoir la fiche de jack montée à l'extrémité du cordon du manipulateur) (cf. aussi jack *et* key[1] 2)).

key label marque portée par la touche, nom de la touche *(lettre, chiffre, symbole, groupe de lettres ou de chiffres gravé ou marqué sur une touche de clavier ou indépendante) (cf. aussi* keyboard[1], *plus loin, et* key symbol).

key-modulated wave *cf.* keyed continuous wave.

key modulation *cf.* keying 1).

key-operated **1)** commandé par touche *(cf. aussi* key operation). **2)** *cf.* keyboard-operated. *(plus loin).*

key operation **1)** commande par touche *(interrupteur, commutateur, roue codeuse, potentiomètre, etc.).* **2)** *cf.* keyboard operation. *(plus loin).*

key pulse **1)** impulsion de manipulation *(impulsion de courant ou de tension produite par l'abaissement d'un manipulateur) (tlg) (cf. aussi* key[1] 2)). **2)** impulsion produite par une touche *(impulsion de courant ou de tension produite par l'enfoncement d'une touche d'un clavier) (cf. aussi* keyboard[1], *plus loin).*

key pulser circuit de numérotation *(circuit intégré monolithique monté dans un poste téléphonique à clavier destiné à être raccordé à un réseau téléphonique classique, c.-à-d. à commutation spatiale, pour convertir les signaux produits par l'enfoncement des touches en impulsions semblables à celles émises par un poste à cadran) (cf. aussi* pushbutton telephone set, space-division switching *et* dial telephone set).

key pulsing émission d'impulsions par un clavier d'appel *(tél) (cf. aussi* key pulser).

key roll-over frappe coulée *(frappe régulière et rapide sur le clavier d'un téléimprimeur ou autre appareil à clavier) (tlg, etc.).*

key-send *v* **1)** émettre au manipulateur *(un message) (tlg) (cf. aussi* key[1] 2)). **2)** émettre par téléimprimeur *(un message) (tlg) (cf. aussi* teleprinter).

key-sending *(cf. aussi* key-send) **1)** émission au manipulateur. **2)** émission par téléimprimeur.

key set *cf.* keyboard[1]. *(plus loin).*

key station émetteur principal *(station de radiodiffusion sonore ou visuelle constituant le point de départ d'une chaîne de réémetteurs) (ce terme s'applique à la modulation de fréquence et surtout à la télévision) (cf. aussi* translator 1)).

key stroke *cf.* keystroke. *(plus loin) (de même pour les termes dérivés).*

key switch *cf.* keyswitch. *(plus loin).*

key symbol symbole porté par la touche, nom de la touche *(touche de fonction d'appareil à clavier) (cf. aussi* key label *et* function key).

key-tape machine *cf.* key-to-tape unit.

key-to-disk device *cf.* key-to-disk unit.

key-to-disk machine *cf.* key-to-disk unit.

key-to-disk unit enregistreur à disque magnétique à clavier, enregistreur (à disque) à clavier *(appareil permettant d'enregistrer directement des informations sur un disque magnétique de mémoire d'ordinateur à l'aide d'un clavier) (inf) (cf. aussi* magnetic-disk memory).

key-to-tape device *cf.* key-to-tape unit.

key-to-tape machine *cf.* key-to-tape unit.

key-to-tape unit enregistreur à bande magnétique à clavier, enregistreur (à bande) à clavier *(appareil permettant d'enregistrer directement des informations sur une bande magnétique de mémoire d'ordinateur à l'aide d'un clavier) (inf) (cf. aussi* tape drive 1)).

key-up condition manipulateur relevé *(position de la manette d'un manipulateur classique lorsque l'opérateur n'appuie pas sur le bouton) (cf. aussi* key[1] 2) *et* key-down condition).

keyboard[1] *s* clavier *(ensemble de touches actionnant chacune un interrupteur électrique ou électronique ou, certaines, un mécanisme, ou les deux à la fois, pour commander le fonctionnement d'un appareil électromécanique ou électronique) (cf. aussi* keypad, membrane keyboard *et* keyboard instrument).

keyboard[2] *v* introduire par clavier *(souvent au clavier) (des informations dans la mémoire d'un ordinateur) (inf).*

keyboard-actuated *cf.* keyboard-operated.

keyboad-controlled *cf.* keyboard-operated.
keyboard data entry *cf.* keyboard entry.
keyboard data entry device *cf.* keyboard terminal.
keyboard device *cf.* keyboard terminal.
keyboard display terminal terminal à écran et clavier, terminal d'affichage à clavier *(terminal informatique classique)* *(cf. aussi* display terminal).
keyboard entry introduction par clavier *(souvent* au clavier) *(introduction des données d'un problème ou autres informations dans la mémoire d'un ordinateur ou autre appareil informatique à l'aide d'un clavier) (terminal à clavier, calculatrice électronique etc.).*
keyboard entry device *cf.* keyboard terminal.
keyboard entry machine *cf.* keyboard terminal.
keyboard entry unit *cf.* keyboard terminal.
keyboard equipment matériel à clavier *(appareils et machines à clavier) (cf. aussi* keyboard instrument *et* keyboard machine).
keyboard instrument appareil à clavier, appareil commandé par clavier *(téléimprimeur, machine à calculer électromécanique, calculatrice électronique, ordinateur, terminal à clavier, poste téléphonique à clavier, etc.) (cf. aussi* keyboard[1]).
keyboard layout disposition des touches (du clavier), disposition du clavier.
keyboard lockout verrouillage du clavier.
keyboard machine machine à clavier *(perforatrice à clavier, téléimprimeur, etc.) (inf).*
keyboard-operated commandé(e) par clavier *(cf. aussi* keyboard operation).
keyboard operation commande par clavier *(appareil ou machine).*
keyboard operator claviste, opérateur, opératrice *(souvent* de saisie) *(utilisateur, souvent féminin et notamment professionnel, d'un appareil ou d'une machine à clavier et plus particulièrement d'un ordinateur utilisé pour la saisie de textes ou autres informations) (cf. aussi* data collection).
keyboard perforator *cf.* keypunch.
keyboard printer imprimante à clavier *(machine à écrire électrique ou téléimprimeur utilisé comme imprimante d'ordinateur) (inf) (cf. aussi* printer 1)).
keyboard selection sélection par clavier *(sélection des stations ou des canaux sur un récepteur, des fréquences d'émission sur un émetteur, etc. effectuée à l'aide d'un clavier).*
keyboard send receive *cf.* KSR.
keyboard terminal terminal à clavier *(imprimante à clavier ou terminal classique à écran et clavier) (inf) (cf. aussi* keyboard printer *et* display terminal).
keyboard unit *cf.* keyboard instrument.
keyboarding *cf.* keying-in.
keyed continuous wave onde entretenue manipulée *(onde entretenue interrompue de façon répétée à l'aide d'un manipulateur) (radiotlg) (cf. aussi* continuous wave *et* key[1] 2)).
keyed CW *cf.* keyed continuous wave.
keyed tone tonalité interrompue, tonalité télégraphique *(réception au son de signaux en Morse) (cf. aussi* telegraph sounder).
keyed-tone generator générateur de tonalité interrompue *(radiophare parlant) (cf. aussi* keyed tone *et* aural radio range).
keyer modulateur télégraphique *(dispositif produisant des impulsions de courant constituant un signal télégraphique) (terme générique couvrant le manipulateur et les montages équivalents) (cf. aussi* key[1] 2)).
keyhole zone d'ombre, zone aveugle *(radar) (cf. aussi* dead zone 1)).
keying 1) manipulation *(émission de signaux télégraphiques à l'aide d'un manipulateur modulant une porteuse par tout ou rien) (tlg) (cf. aussi* key[1] 2) *et* carrier 1)). 2) frappe *(au clavier) (téléimprimeur ou autre appareil à clavier).* 3) *cf.* keying-in. 4) détrompage *(connecteur, etc.) (cf. aussi* mounting polarization).
keying chirp *cf.* key click.
keying error 1) erreur de manipulation *(tlg) (cf. aussi* keying 1)). 2) erreur de perforation *(inf, tls) (cf. aussi* punching error).

keying filter *cf.* key-click filter.
keying frequency fréquence des transitions au noir *(nombre de passages par seconde à la valeur du noir du signal émis par un télécopieur pendant l'analyse d'un document à transmettre) (cf. aussi* facsimile).
keying-in *s* introduction au clavier *(inf) (cf. aussi* keyboard entry).
keying notch encoche d'orientation *(ou de détrompage) (connecteur, etc.) (cf. aussi* mounting polarization).
keying relay relais de manipulation *(relais inséré entre le jack du manipulateur et le modulateur dans un émetteur radiotélégraphique lorsque l'intensité du courant manipulé est élevée) (cf. aussi* relay[1] (a) *et* key jack).
keying signal 1) *cf.* marking wave. 2) *cf.* synchronizing signal.
keying slot *cf.* keying notch.
keying speed 1) vitesse de manipulation, cadence *(idem) (tlg) (cf. aussi* keying 1)). 2) vitesse de frappe, cadence *(idem) (sur téléimprimeur ou autre machine ou appareil à clavier) (tls, inf).*
keying wave onde de travail *(tlg) (cf. aussi* marking wave).
keypad clavier distinct *(groupe de touches spécialisé et délimité du clavier d'un appareil informatique) (cf. aussi* numeric keypad).
keypunch[1] *s* perforatrice à clavier, perforatrice de cartes à clavier *(perforatrice de cartes dans laquelle les poinçons sont actionnés par les touches d'un clavier, directement dans les modèles anciens ou par l'intermédiaire d'électro-aimants dans les modèles plus récents) (inf) (cf. aussi* card punch).
keypunch[2] *v* perforer *(à l'aide d'une perforatrice à clavier) (inf) (cf. aussi* keypunching).
keypunch operator opératrice de perforatrice (à clavier), perforatrice, perforeuse *(parf. au masculin) (le deuxième terme est le plus employé) (inf) (cf. aussi* keypunch[1] *et* keyboard operator).
keypunching perforation au clavier *(inf) (cf. aussi* keypunch[1]).
keyset *cf.* keyboard.
keystone *cf.* keystone distorsion.
keystone distortion distorsion en trapèze, distorsion trapézoïdale (a) *déformation de l'image dans un tube analyseur tel que l'iconoscope dans lequel le faisceau d'analyse n'est pas perpendiculaire à la mosaïque qu'il balaie) (le faisceau étant incliné vers le bas, la longueur des lignes d'analyse diminue du haut en bas de la mosaïque) (cf. aussi* iconoscope) ; (b) *cf.* horizontal trapezoidal distortion.
keystone effect effet de distortion trapézoïdale *(TV) (cf. aussi* keystone distortion).
keystone-shaped image image en forme de trapèze, image trapézoïdale *(TV) (cf. aussi* keystone distortion).
keystroke enfoncement d'une touche, *(parf.)* frappe d'une touche, *(parf.)* (une) frappe *(sur un clavier) (cf. aussi* key[1] 3)).
keystroke programming programmation par touches *(générateur ou analyseur de signaux programmable, etc.) (cf. aussi* programmable[1] (a)).
keystroking *cf.* keying 2).
keystroking rate *cf.* keying speed 2).
keyswitch *(cf. aussi* switch[1] 1)) interrupteur à touche (a) *interrupteur associé à une touche d'un clavier d'appareil* ; (b) *interrupteur indépendant actionné par une touche).*
kG *cf.* kilogauss.
kHz *cf.* kilohertz.
kickback tension de rupture *(circuit inductif) (cf. aussi* inductive voltage spike).
kickback power supply alimentation à très haute tension, alimentation (à) THT *(récepteur TV) (cf. aussi* flyback power supply).
killer stage circuit d'achrominance *(récepteur TVC) (cf. aussi* color killer).
kilo kilo *(noter qu'en informatique 1 kilo = 2^{10} = 1 024 et non 1 000 et que le symbole correspondant est K et non k) (cf. aussi* binary number system).
kilo-operations per second *(voir plus loin le terme en un seul mot).*

kiloampere kiloampère, kA *(cette unité ne sert pas beaucoup en électronique!)* *(cf. aussi* ampere).

kilobaud kilobaud, kBd *(tlg)* *(cf. aussi* baud).

kilobit kilobinaire, kb *(inf, tls)* *(cf. aussi* kilo *et* bit).

kilobit per second kilobinaire par seconde, kb/s *(vitesse de transmission d'un signal numérique)* *(tls)* *(cf. aussi* transmission speed *et* bit).

kilobyte kilo-octet, Ko *(inf, tls)* *(cf. aussi* kilo *et* byte).

kilobyte per second kilo-octet par seconde, Ko/s *(vitesse de transmission d'un signal numérique)* *(tls)* *(cf. aussi* transmission speed *et* byte).

kilocycle *cf.* kilohertz.

kiloelectron-volt kilo-électron-volt, kiloélectronvolt, keV *(cf. aussi* electron-volt).

kiloflops kiloflops *(inf)* *(cf. aussi* FLOPS).

kilogauss kilogauss, kG *(cf. aussi* gauss).

kilohertz kilohertz, kHz *(cf. aussi* hertz).

kilohm kilohm, kΩ *(cf. aussi* ohm).

kiloinstruction per second kilo-instruction par seconde *(inf)* *(cf. aussi* instruction per second).

kilometric wave onde kilométrique, onde longue *(onde radioélectrique de 10 à 1 km de longueur correspondant à une fréquence de 30 à 300 kHz, c.-à-d. à la bande LF) (radioélectricité)* *(cf. aussi* radio wave, wavelength *et* LF band).

kilometric wave band gamme des ondes kilométriques *(cf. aussi* kilometric wave *et* wave band).

kilooperations per second kilo-operation par seconde *(inf)* *(cf. aussi* thousands operations per second).

kilovolt kilovolt, kV *(cf. aussi* volt).

kilovolt-ampere *cf.* kilovoltampere *(plus loin).*

kilovoltage haute tension *(tension théorique de l'ordre du kilovolt, c.-à-d. comprise entre 1 000 et 10 000 volts et pratiquement souvent supérieure à cette dernière valeur) (THT dans un récepteur de télévision, etc.)* *(cf. aussi* high tension (a)).

kilovoltampere kilovoltampere, kVA *(cf. aussi* voltampere).

kilovoltmeter kilovoltmètre *(voltmètre gradué en kilovolts)* *(cf. aussi* voltmeter).

kilowat kilowatt, kW *(cf. aussi* watt).

kilowatt-hour kilowatt-heure, kilowattheure, kWh *(cf. aussi* watt-hour).

kilowatthour *cf.* kilowatt-hour. *(ci-dessus).*

kiloword kilomot *(unité de capacité de mémoire) (inf)* *(cf. aussi* kilo *et* word).

kind of current nature du courant *(courant continu, courant redressé, courant alternatif monophasé, diphasé, triphasé, hexaphasé, courant impulsionnel, etc.)* *(cf. aussi* current 1)).

kine *(fam) (se prononce « kiné »)* *cf.* kinescope recording.

kinescope kinescope *(nom scientifique du tube-image d'un récepteur de télévision)* *(cf. aussi* picture tube).

kinescope record cinégramme *(film de cinéma obtenu par cinégraphie)* *(cf. aussi* kinescope recording).

kinescope recording cinégraphie, prise de vues sur écran cathodique *(enregistrement sur film de cinéma des images formées sur un écran de télévision) (est l'inverse du télécinéma)* *(cf. aussi* kinescope *et* telecine).

kinetic energy énergie cinétique *(énergie mécanique associée à un mouvement) (est proportionnelle à la masse du corps en mouvement et au carré de la vitesse du mouvement suivant la formule $E = mv^2$) (méc)* *(cf. aussi* energy *et* high-energy particle).

kink phenomenon (phénomène de) bosse de transconductance *(non-linéarité de la courbe de transconductance d'un transistor de circuit intégré à substrat isolant tel qu'un circuit-SOS/MOS due aux fuites de courant et au courant d'avalanche du drain au substrat)* *(cf. aussi* transconductance, SOS/MOS *et* avalanche breakdown).

KIPS *(ou* kips *ou* Kips) *cf.* kiloinstruction per second.

Kirchoff's laws lois de Kirchoff, lois des réseaux électriques (à courant continu) *(cf. aussi* dc network) (a) *première loi (loi des nœuds) : la somme des intensités des courants qui arrivent à un nœud d'un réseau est égale à la somme des intensités des courants qui en partent) (en d'autres termes, la somme algébrique des intensités de courant est nulle)* *(cf. aussi* node 1) (a) ; (b) *le long d'une maille d'un réseau, la somme algébrique*

des chutes de tension produites par les résistances est égale à la somme algébrique des forces électromotrices créées par les sources de courant) *(cf. aussi* voltage drop *et* electromotive force).

Kirchoff's radiation law loi du rayonnement de Kirchoff, loi de Kirchoff *(loi physique selon laquelle le pouvoir émissif d'un corps pour un rayonnement thermique de longueur d'onde déterminée à une température également déterminée est égal à son pouvoir absorbant pour le même rayonnement à la même température) (théorie du rayonnement thermique)* *(cf. aussi* emissive power, thermal radiation, absorptivity *et* wavelength).

kit ensemble à monter, ensemble préfabriqué, kit *(appareil à circuits précâblés, enceintes acoustiques à monter, etc.).*

kit builder utilisateur d'ensembles à monter, *(etc.), (parf.)* amateur *(idem)* *(cf. aussi* kit).

kit marker *cf.* kit manufacturer.

kit manufacturer constructeur d'ensembles à monter, *(etc.)* *(cf. aussi* kit).

klystron klystron *(tube hyperfréquence à modulation de vitesse à faisceau droit et à interaction localisée double ou multiple) (la description qui suit est celle du type fondamental, c.-à-d. du klystron amplificateur à deux cavités, donc à double interaction) (dans un klystron à deux cavités, les électrons émis par une cathode sont alternativement ralentis ou accélérés à la fréquence du signal d'entrée en passant devant les lèvres de la cavité d'entrée, à laquelle ce signal est appliqué, pour produire une modulation de la vitesse des électrons permettant aux plus rapides de rattraper les plus lents dans l'espace dit « de regroupement » ou « de glissement » situé entre la cavité d'entrée et la cavité de sortie en formant ainsi des groupes d'électrons appelés « paquets » ; ces paquets défilent devant les lèvres de la cavité de sortie en excitant dans celle-ci des oscillations de même fréquence que le signal d'entrée et d'amplitude baucoup plus grande qui constituent le signal de sortie ; les électrons atteignent ensuite une anode collectrice qui referme le circuit du faisceau) (noter que la modulation de la vitesse des électrons opérée au niveau de la première cavité sert à obtenir une modulation de densité au niveau de la seconde cavité sous la forme de paquets d'électrons ; l'énergie nécessaire à l'amplification est fournie par les électrons du faisceau)* *(cf. aussi* reflex klystron, multicavity klystron, rhumbatron, velocity-modulated tube *et* cavity resonator).

klystron amplifier klystron amplificateur *(klystron fonctionnant en amplificateur) (mode de fonctionnement normal d'un klystron à deux ou plusieurs cavités) (hyper)* *(cf. aussi* klystron).

klystron frequency multiplier klystron multiplicateur de fréquence *(klystron amplificateur dont la cavité de sortie est accordée sur un harmonique de la fréquence du signal d'entrée)* *(cf. aussi* klystron amplifier *et* harmonic).

klystron multiplier *cf.* klystron frequency multiplier.

klystron oscillator klystron oscillateur *(klystron réflex fonctionnant en oscillateur) (mode de fonctionnement normal d'un klystron réflex) (hyper)* *(cf. aussi* reflex klystron *et* klystron).

klystron tube *cf.* klystron.

knee ... *cf.* saturation ... *(dans le cas d'un graphique).*

knife-edge pointer aiguille-couteau *(aiguille d'appareil de mesure analogique très étroite pour améliorer la précision de lecture et permettre d'éviter la parallaxe en liaison avec un miroir curviligne disposé au-dessous de l'échelle et dans lequel l'opérateur voit l'image de l'aiguille quand il n'est pas juste en face de celle-ci)* *(cf. aussi* parallax error (a)).

knob bouton *(de commande, etc.)* *(cf. aussi* rotary knob *et* sliding knob).

knob adjustment réglage par bouton *(tension, fréquence, intensité sonore, etc.)* *(cf. aussi* adjustment).

knob control commande par bouton *(potentiomètre, commutateur, condensateur variable, etc.).*

knob-pot *(fam)* *cf.* knob-potentiometer.

knob-potentiometer potentiomètre-bouton *(potentiomètre miniature recouvert par son bouton de commande)* *(cf. aussi* potentiometer 1)).

knob twidler touche-boutons *(personne qui touche sans nécessité aux boutons des appareils).*

knockout s   ouverture prédécoupée, rondelle prédécoupée *(rondelle de tôle ne tenant que par quelques points dans un coffret ou un châssis d'appareil et prévue pour être arrachée d'un coup de marteau pour faire un passage pour un câble ou des fils après pose d'un passe-fil ou pour montage d'un composant encastré).*

knowledge base   fonds de connaissances *(terme que j'ai proposé)*, banque de connaissances, base de connaissances *(calque courant mais impropre du terme anglais) (noms souvent donnés à la banque de données d'un système expert) (inf) (cf. aussi* data base *et* expert system).

knowledge-based expert system   *cf.* expert system.

knowledge-based system   *cf.* expert system.

knowledge engineer   cogniticien, ingénieur cogniticien, ingénieur en cognitique *(inf) (cf. aussi* knowledge engineering).

knowledge engineering   (la) cognitique *(science de la collecte, du classement et de l'organisation des connaissances destinées à former un fonds de connaissances) (inf) (cf. aussi* knowledge base).

knowledge machine   *cf.* expert system.

knowledge system   *cf.* expert system.

kΩ   *cf.* kilohm.

Kool ribbon   ruban de Kool *(CI) (cf. aussi* VMOS memory).

Kops   *(ou* kops)   *cf.* kilooperations per second.

Kovar   Kovar, alliage Kovar *(alliage à faible dilatation thermique pour scellements verre-métal et céramique-métal) (alliage fer-nickel-cobalt avec traces de manganèse) (traversées isolantes, sorties de tubes électroniques, boîtiers céramique, etc.).*

krarup cable   câble krarupisé *(tél) (cf. aussi* continuously-loaded cable).

krarup loading   krarupisation *(tél) (cf. aussi* continuous loading).

KSR   *(vient de « keyboard send/receive »)*   imprimante à clavier *(téléimprimeur utilisé comme terminal interactif d'ordinateur) (inf) (cf. aussi* interactive terminal).

kV   *cf.* kilovolt.

kVA   *cf.* kilovoltampere.

kW   *cf.* kilowatt.

KW   *cf.* kiloword.

kWh   *cf.* kilowatt-hour.

Kword   *cf.* kiloword.

L

L L *(symbole de l'inductance) (cf. aussi* inductance).

L aerial *(GB) cf.* L antenna.

L antenna antenne en Γ *(cf. aussi* inverted-L antenna).

L band bande L *(bande de fréquences comprises entre 390 et 1 550 MHz, soit 76,9 à 19,35 cm de longueur d'onde) (hyper) (cf. aussi* frequency band).

L/C ratio rapport L/C, rapport de l'inductance à la capacité, rapport entre l'inductance et la capacité *(circuit oscillant) (cf. aussi* inductance, capacitance *et* resonant circuit).

L cathode cathode de L *(tube) (cf. aussi* dispenser cathode).

L display présentation du type L *(présentation des informations sur l'écran d'un radar à double faisceau analogue à la présentation du type K, mais dans laquelle la base de temps est verticale et les échos d'une cible sont opposés par la base, l'un à gauche de la base de temps et l'autre à droite, au lieu d'être accolés du même côté de celle-ci) (l'amplitude des deux échos est la même quand l'antenne du radar est orientée exactement dans la direction de la cible ; si l'antenne est orientée à droite de la cible, l'écho droit est plus long que l'écho gauche et vice-versa, la différence d'amplitude entre les deux échos étant proportionnelle à l'erreur de pointage de l'antenne) (la distance d'une paire d'échos à l'origine de la base de temps est proportionnelle à la distance de la cible) (est une présentation du type K modifiée pour la rendre plus facile à interpréter) (avia) (cf. aussi* K display *et* time base 1)).

L electron électron de la couche L *(atome) (cf. aussi* L shell).

L network réseau en L *(réseau électrique composé de deux impédances montées en série formant un quadripôle dont l'entrée est prise entre les deux extrémités du montage et la sortie entre le point commun des deux impédances et une des deux extrémités) (on voit qu'une des deux extrémités du montage est commune à l'entrée et à la sortie et que l'angle du L représente le point commun) (cf. aussi* impedance (b) *et* quadripole).

L pad réseau atténuateur en L *(cf. aussi* pad 1) *et* L network).

L scan *cf.* L display.

L scope écran à présentation du type L *(radar) (cf. aussi* L display).

L section cellule en L *(cellule de filtre formée d'un réseau en L) (cf. aussi* filter section *et* L network).

L-shaped cut découpe en L *(forme de découpe pratiquée notamment dans une languette d'ajustage pour ajuster la valeur de la résistance) (cf. aussi* trim tab).

L shell couche L *(deuxième couche électronique d'un atome en partant du noyau) (cf. aussi* electron shell).

L-type cathode *cf.* L. cathode.

L^{3}TV *cf.* LLLTV.

lab ... *cf.* laboratory ...

label[1] s étiquette (a) *groupe de caractères associé à un écho sur un écran de radar pour l'identifier)* ; (b) *groupe de caractères associés à une information, une suite d'informations ou une instruction dans un programme d'ordinateur pour l'identifier) (inf).*

label[2] v affecter d'une étiquette *(radar, inf) (cf. aussi* label[1]).

label plan display présentation panoramique avec étiquettes *(écran radar) (cf. aussi* PPI display *et* label[1] (a)).

labelled affecté d'une étiquette *(écho radar, information, etc.) (cf. aussi* label[1]).

labile oscillator oscillateur à fréquence télécommandée *(oscillateur de station d'émission isolée pouvant émettre sur plusieurs fréquences télécommandées par radio ou par fil) (cf. aussi* variable-frequency oscillator).

laboratory instrument appareil de laboratoire *(appareil électronique ou électrique prévu pour être utilisé dans les conditions d'ambiance régnant dans un laboratoire) (absence de chocs, vibrations, températures extrêmes, humidité, atmosphère corrosive, etc.) (clpf) (multimètre, oscilloscope, générateur de signaux, alimentation, etc.) (cf. aussi* environmental conditions).

laboratory measurement mesure en laboratoire, mesure effectuée en laboratoire *(cf. aussi* measurement).

laboratory oscilloscope oscilloscope de laboratoire *(clpf) (cf. aussi* oscilloscope *et* laboratory instrument).

laboratory power supply alimentation de laboratoire *(alimentation montée dans un coffret et constituant un appareil autonome utilisé pour alimenter d'autres appareils ou des montages dans un laboratoire d'électronique ou autre) (cf. aussi* power supply 2) *et* laboratory instrument).

laboratory power unit *cf.* laboratory power supply.

laboratory recorder enregistreur de laboratoire *(enregistreur à bande magnétique ou enregistreur graphique, notamment à défilement, de laboratoire) (cf. aussi* laboratory tape recorder, graphic recorder, recorder *et* laboratory instrument).

laboratory recording (l')enregistrement en laboratoire *(cf. aussi* recording 1) *et* laboratory recorder).

laboratory setup montage de laboratoire *(nom parfois donné à un montage d'essai ou de mesure réalisé en laboratoire, notamment lorsque celui-ci comprend des appareils électroniques de laboratoire) (cf. aussi* test setup, laboratory instrument *et* setup[1]).

laboratory supply *cf.* laboratory power supply.

laboratory tape recorder enregistreur à bande magnétique de laboratoire, enregistreur de laboratoire (à bande magnétique) *(enregistreur magnétique à bobines très perfectionné : haute stabilité de la vitesse de défilement de la bande, nombre relativement grand de vitesses de défilement et de pistes d'enregistrement, large bande passante, etc.) (cf. aussi* instrumentation recorder, magnetic-tape recorder *et* laboratory recorder).

laboratory test equipment appareils de contrôle de laboratoire *(oscilloscopes, analyseurs de spectres, analyseurs logiques, etc.).*

laboratory-type ... *cf.* laboratory ...

labyrinth labyrinthe (acoustique) *(dans une enceinte de haut-parleur, etc.) (hifi, etc.) (cf. aussi* loudspeaker baffle).

laced cable-fan peigne *(câble multiconducteur, faisceau de fils) (cf. aussi* cable fan *et* lacing).

laced cable-form *cf.* laced cable-fan.

lacing confection de peignes *(à l'aide d'un ruban isolant ou d'une fine cordelette maintenant chacun des conducteurs à sa place) (câble multiconducteur, faisceau de fils) (cf. aussi* cable fan).

lacing board gabarit à peignes, gabarit pour confection de peignes *(tél, etc.) (cf. aussi* cable fan).

lacquer-coated carbon-composition resistor résistance agglomérée laquée *(résistance agglomérée isolée et protégée par une couche de laque) (cf. aussi* carbon-composition resistor).

lacquer disk disque original verni (non gravé) *(disque en aluminium recouvert d'une laque cellulosique sur ses deux faces utilisé pour exécuter un enregistrement sonore classique dans un studio d'enregistrement) (cf. aussi* lacquer original *et* recording disk).

lacquer master *cf.* lacquer original.

lacquer original disque original verni (gravé) *(enr. disque) (cf. aussi* lacquer disk *et* wax original).

lacquer recording (un) enregistrement sur disque original verni *(sons enregistrés) (cf. aussi* lacquer disk).

ladar *(vient de « laser radar »)* ladar *(cf. aussi* optical radar).

ladder adder convertisseur à résistances pondérées, convertisseur parallèle pondéré, dénumériseur *(idem) (dénumériseur parallèle utilisant une échelle de résistances à valeurs pondérées pour réaliser la conversion numérique/analogique) (comprend essentiellement une échelle de résistances de valeurs croissantes dans un rapport égal à 2 alimentées chacune par un transistor de commutation correspondant à une position du mot binaire à convertir et connectées en parallèle à l'entrée d'un amplificateur opérationnel fonctionnant en sommateur de courant) (pour chaque binaire « 1 » du mot d'entrée, le transistor correspondant est rendu conducteur et un courant d'intensité proportionnelle au poids du binaire circule dans la résistance associée et, par conséquent, dans le circuit d'entrée de l'amplificateur opérationnel ; pour chaque binaire « 0 », le transistor correspondant est bloqué et aucun courant ne circule dans la résistance associée) (la résistance qui correspond au binaire de plus fort poids du mot à convertir, c.-à-d. celle de gauche, a une valeur R, la suivante, qui correspond à un binaire de poids deux fois moins grand, a une valeur 2 R, la troisième une valeur 4 R, la quatrième 8 R, et ainsi de suite ; l'intensité du courant dans une résistance représente donc le poids (ou rang) du binaire à l'état « 1 » qui lui correspond puisqu'elle est inversement proportionnelle à la valeur de la résistance) (les sorties des résistances étant connectées en parallèle à l'entrée de l'amplificateur opérationnel, l'intensité du courant d'attaque de l'amplificateur pour un mot binaire déterminé appliqué à l'entrée du montage est la somme des intensités du courant dans les résistances correspondant aux binaires « 1 » du mot ; la tension de sortie de l'amplificateur est donc proportionnelle à la valeur binaire du mot à convertir, ce qui réalise la conversion numérique/analogique) (inf) (cf. aussi* parallel digital-to-analog converter, binary word, operational amplifier *et* digital-to-analog conversion).

ladder attenuator atténuateur en échelle *(atténuateur utilisant un réseau en échelle) (cf. aussi* attenuator *et* ladder network).

ladder filter filtre en échelle *(filtre formé d'un certain nombre de cellules identiques montées en cascade (cf. aussi* filter section *et* cascade arrangement).

ladder network réseau en échelle *(réseau électrique formé d'une suite de mailles identiques) (atténuateur, filtre) (cf. aussi* network 1, mesh 1) *et* ladder filter).

ladder-type ... *cf.* ladder ...

lag[1] *s* retard (de phase), déphasage en arrière *(grandeur sinusoïdale) (cf. aussi* phase lag).

lag[2] *v* être en retard (sur ...), être déphasé(e) en arrière (par rapport à ...) *(grandeur sinusoïdale) (cf. aussi* phase lag).

lagging en retard ..., déphasé(e) en arrière ... *(cf. aussi* lagging current).

lagging current courant en retard (sur la tension), courant déphasé en arrière (par rapport à la tension) *(courant dans une inductance) (Nota: la grandeur de référence pour un déphasage étant la tension, on rencontre rarement le terme « lagging voltage », auquel correspond un « leading current », de même pour le terme « leading voltage », auquel correspond un « lagging current ») (cf. aussi* phase lag *et* leading current).

lagging load charge inductive *(cf. aussi* inductive load).

lagging voltage *(voir nota à « lagging current »).*

Lamb dip Lamb dip *(terme courant mais à éviter)*, creux de Lamb *(terme que j'ai proposé) (réduction sensible, dans une étroite bande de fréquences, de l'intensité du faisceau d'un laser à gaz au sommet de la courbe d'intensité en fonction de la fréquence d'émission lorsque le gaz est traversé par deux ondes optiques de même longueur et de directions opposées, l'une d'elles ayant une amplitude sensiblement plus grande que celle de l'autre) (est due à la combinaison des effets des deux ondes sur le gaz à la fréquence de résonance des corpuscules du gaz et peut servir notamment à asservir la fréquence d'émission du laser sur ce creux pour le stabiliser) (cf. aussi* gas laser).

Lamb shift décalage de Lamb *(déplacement du spectre d'émission de l'atome d'hydrogène sous l'action d'un champ électrique ou magnétique) (est dû à la variation d'énergie de l'électron des atomes d'hydrogène qui en résulte) (cf. aussi* energy state).

Lamb wave onde de Lamb *(onde ultrasonore se propageant à la surface d'une plaque dont l'épaisseur est égale à la longueur de l'onde) (acou) (cf. aussi* ultrasonic wave).

lambda *cf.* λ. *(ci-après).*

λ λ, lambda *(symbole de la longueur d'une onde) (cf. aussi* wavelength).

λ/4 matching stub ligne quart d'onde *(hyper) (cf. aussi* stub).

laminate stratifié *(cf. aussi* printed circuit laminate).

laminated brush balai multilame *(balai de sélecteur téléphonique ou autre formé de plusieurs lames élastiques).*

laminated core noyau feuilleté, noyau magnétique feuilleté, *(parf.)* circuit magnétique feuilleté *(noyau ou circuit magnétique formé d'un empilage de tôle spéciales isolées par du papier ou du vernis) (est utilisé dans les machines et appareils électriques à courant alternatif pour réduire les courants de Foucault) (cf. aussi* magnetic circuit, core lamination *et* eddy current).

laminated iron core *cf.* laminated core.

laminated magnetic core *cf.* laminated core.

laminated steel core *cf.* laminated core.

lamination tôle magnétique, tôle *(pièce plane en tôle de fer doux ou d'acier au silicium utilisée pour former un circuit ou un noyau magnétique feuilleté) (élec) (cf. aussi* stamping, soft iron, silicium steel *et* laminated core).

lamp lampe *(électrique ou autre) (cf. aussi* electric lamp).

lamp load charge constituée par une lampe (à incandescence) *(type classique de charge résistive à grand coefficient de température positif) (cf. aussi* inrush current).

LAN *cf.* local-area network.

land 1) surface entre sillons *(surface d'un disque microsillon comprise entre deux sillons successifs) (cf. aussi* long-play record). 2) plage de connexion *(sur un circuit imprimé) (cf. aussi* bonding pad).

land-based radar radar terrestre *(sdpo à radar naval) (cf. aussi* ground-based radar).

land clutter échos de sol *(radar) (cf. aussi* ground clutter).

land line ligne terrestre *(spdo à « ligne sous-marine » et, parfois, à « liaison par satellite ») (tls) (cf. aussi* communications line).

land-line carrier société (de télécommunications) exploitant des lignes terrestres, société à lignes terrestres *(sdpo à « société exploitant des câbles sous-marins » et à « société exploitant des liaisons par satellite ») (tls) (USA) (cf. aussi* communications common carrier).

land link liaison terrestre *(liaison de télécommunications par fils, câble ou fibres optiques sur poteaux ou enterrés ou par faisceaux nertziens classiques) (sdpo à « liaison sous-marine » et à « liaison par satellite ») (cf. aussi* communications link).

land mobile band bande (de fréquences) du service mobile terrestre *(cf. aussi* land mobile service).

land mobile communications liaisons du service mobile terrestre *(cf. aussi* land mobile service).

land mobile radar radar terrestre mobile *(radar monté sur véhicule).*

land mobile service service mobile terrestre *(service mobile destiné aux véhicules terrestres) (taxis, voitures particulières, etc.) (radiotél) (cf. aussi* mobile service).

land mobile UHF band bande UHF du service mobile terrestre *(cf. aussi* UHF band *et* land mobile service).

land returns échos de sol *(le terme anglais s'emploie à la place de « ground clutter » quand on veut marquer l'opposition avec « sea clutter ») (radar d'aéronef) (cf. aussi* ground clutter *et* sea clutter).

land service service terrestre *(service radiotéléphonique comprenant le service fixe et le service mobile terrestre) (cf. aussi* fixed service, land mobile service *et* radio service).

land station station terrestre *(spdo à « station navale ») (station radio etc.) (cf. aussi* station 1)).

landmark tracker détecteur de repères au sol *(engin spatial).*

lane chenal *(zone comprise entre deux hyperboles dans un système de navigation hyperbolique, dans laquelle la différence de phase entre les deux signaux reçus subit une rotation de 2 π = 360° d'un bord à l'autre de la zone, d'où une ambiguïté de position du mobile qu'il faut lever par comptage du nombre des rotations de phase intervenues depuis l'origine du parcours) (radionav) (cf. aussi* hyperbolic navigation system *et* initialization).

lane ambiguity ambiguïté de chenal *(cf. aussi* lane).

lane ambiguity resolution lever d'ambiguïté (de chenal) *(cf. aussi* lane).

lane change changement de chenal *(passage d'un chenal au suivant dans un système de navigation hyperbolique) (cf. aussi* lane).

lane count (le) compte de chenaux *(nombre de chenaux comptés) (cf. aussi* lane counting).

lane counting comptage des chenaux *(comptage des rotations de phase par un récepteur de navigation hyperbolique) (cf. aussi* lane).

lane jump saut de chenal *(passage d'un chenal au suivant non enregistré par le compteur de rotations de phase d'un récepteur de navigation hyperbolique, d'où une ambiguïté de chenal) (cf. aussi* lane).

lane slippage glissement de chenal *(erreur sur la position d'un mobile indiqué par le récepteur de navigation hyperbolique de celui-ci due à l'erreur de phase des signaux reçus résultant des fluctuations des conditions de propagation ionosphérique) (cf. aussi* lane, phase error *et* ionospheric propagation conditions).

lane width largeur de chenal (du chenal, d'un chenal) *(selon le contexte) (cf. aussi* lane).

language langage *(de programmation ou autre) (inf, etc.) (cf. aussi* programming language).

language machine *cf.* language translator.

language translator dictionnaire électronique *(cf. aussi* electronic translator).

lap *v* roder *(cf. aussi* lapping).

lap dissolve *s* fondu enchaîné *(effet spécial employé en cinématographie, en projection de diapositives et en télévision dans lequel l'image formée sur l'écran disparaît progressivement pendant qu'une autre image apparaît progressivement).*

lap-dissolve *v* faire un fondu enchaîné, exécuter un fondu enchaîné *(cf. aussi* lap dissolve).

lap-held *a cf.* lap-top.

lap-top *a (littéralement « que l'on peut poser sur les genoux »)* portatif *a (ordinateur, etc.).*

lapel microphone microphone à agrafer *(microphone miniature muni d'une agrafe permettant de le fixer au revers d'une veste ou à une poche pour garder les mains libres) (cf. aussi* microphone).

Laplace force *(ce terme n'est pratiquement pas employé en anglais où il fait place à « Lorentz force ») (cf. aussi* Lorentz force).

Laplace's law loi de Laplace *(nom parfois donné à la forme différentielle de la loi d'Ampère) (élec) (cf. aussi* Ampere's law *et* differential[3]).

Laplace transform transformée de Laplace *(fonction obtenue à l'aide de la transformation de Laplace) (cf. aussi* function[1] (b) 1) *et* Laplace transformation).

Laplace transformation transformation de Laplace *(transformation mathématique comparable à la transformation de Fourier, mais appliquée à des fonctions du temps à décroissance très lente ou nulle, pour lesquelles l'intégrale de Fourier ne converge pas) (cf. aussi* Laplace transform, Fourier transformation, time function *et* transfer function).

lapping rodage (a) *polissage des faces d'une lame de quartz ou autre élément piézoélectrique) (cf. aussi* piezoelectric element); (b) *élimination, réduction d'épaisseur ou polissage d'une couche d'oxyde ou de semiconducteur formée sur une plaquette de semiconducteur ou autre matériau) (fab. CI, semi) (cf. aussi* wafer 2)).

laptop *(computer)* ordinateur portatif *(cf. aussi* computer 2) *et* portable 1)).

LARAM *(vient de « line-addressable random-access memory »)* mémoire LARAM *(mémoire à CCD à accès semi-direct formée d'un certain nombre de registres à décalage parallèles bouclés sur eux-mêmes et comportant chacun un amplificateur d'écriture, rafraîchissement et lecture, et un amplificateur de rafraîchissement à mi-longueur) (peut être comparée à une mémoire à tambour magnétique, chaque registre bouclé correspondant à une piste magnétique et son amplificateur principal correspondant à la tête de lecture/écriture) (CI) (inf) (cf. aussi* CCD memory).

large-aperture aerial *(GB) cf.* large-aperture antenna.

large-aperture antenna antenne à grande ouverture *(cf. aussi* antenna aperture).

large-area coverage couverture étendue *(antenne de satellite, etc.) (cf. aussi* regional beam).

large computer ordinateur puissant, gros ordinateur, *(parf.* calculateur) *(idem) (inf) (cf. aussi* mainframe 1), processing power *et* computer).

large-core glass fiber fibre en verre à cœur de grand diamètre *(fibre optique) (cf. aussi* optical fiber).

large current fort courant, courant intense, *(parf.)* forte intensité, grande intensité (de courant), intensité élevée *(Nota : sauf pour les redresseurs de grande puissance, le terme « courant fort » n'est pas employé en électronique; c'est un terme d'électrotechnique qui implique au moins une centaine d'ampères) (cf. aussi* current).

large memory mémoire à *(ou* de) grande capacité *(inf) (cf. aussi* memory capacity).

large-scale computer *cf.* large computer.

large-scale IC *cf.* large-scale integrated circuit.

large-scale integrated circuit *cf.* LSI circuit. *(de même pour les termes dérivés). (cf. aussi* large-scale integration).

large-scale integration intégration à haute densité (de composants), haute intégration, LSI *(intégration d'un grand nombre de composants dans le substrat d'un circuit intégré monolithique) (cf. aussi* integration density).

large-scale integration ... *cf.* LSI ...

large screen grand écran *(tube cath) (récepteur TV, etc.).*

large-screen display présentation sur grand écran *(oscillo, récepteur TV, terminal à écran, etc.) (cf. aussi* display[1] 1 à 3) *et* display screen).

large-screen readout *cf.* large-screen display.

large-screen television télévision sur grand écran *(ce terme désigne généralement la télévision à projection sur grand écran, mais peut aussi désigner la télévision utilisant des récepteurs à écran cathodique ou autre de grandes dimensions) (cf. aussi* projection television).

large-screen television display *cf.* large-screen display.

large signal grand signal, signal de grande amplitude *(ou à grande amplitude)*, signal à haut niveau *(tension de grande amplitude, courant de grande intensité ou rayonnement de grande intensité constituant un signal, le qualificatif « grand » étant généralement très relatif) (cf. aussi* signal[1], amplitude, intensity *et* level[1]).

large-signal bandwidth bande passante en grands signaux *(bande passante d'un amplificateur pour des signaux de grande amplitude appliqués à son entrée) (cf. aussi* bandwidth (b)).

large-signal conditions régime de grands signaux (cf. aussi large-signal operation et operating conditions).

large-signal operation fonctionnement en grands signaux (ou en régime de ...) (ampli, etc.) (cf. aussi large signal).

large-value capacitor condensateur de forte valeur, condensateur de valeur élevée (condensateur à grande capacité, c.-à-d. condensateur électrolytique, en général) (cf. aussi electrolytic capacitor).

large-value resistor résistance de forte valeur, résistance de valeur élevée (résistance de 100 kΩ ou plus) (cf. aussi resistor).

large-valued ... cf. large-value ...

Larmor frequency fréquence de Larmor (fréquence angulaire de la précession de Larmor) (cf. aussi angular frequency et Larmor precession).

Larmor orbit orbite de Larmor (orbite d'un électron ou autre particule chargée décrite autour des lignes de force d'un champ magnétique uniforme sous l'action combinée d'une vitesse initiale et de l'attraction du champ magnétique) (cf. aussi Larmor precession, gyrofrequency et uniform field).

Larmor precession précession de Larmor (précession du plan de l'orbite de Larmor sous l'action du couple exercé par la force de Laplace sur le système formé par la particule en orbite lorsque le vecteur vitesse initial de celle-ci n'est pas perpendiculaire à la direction du champ magnétique) (a pour résultat que l'orbite devient une hélice) (cf. aussi Larmor frequency, precession, Larmor orbit et Lorentz force).

Larmor radius rayon de Larmor (rayon de l'orbite de Larmor) (cf. aussi Larmor orbit).

laryngophone laryngophone (petit microphone maintenu contre le larynx et dont la membrane est excitée par les vibrations de ce dernier à travers la peau) (est peu sensible aux bruits extérieurs du fait de son mode d'excitation et peut être porté avec un masque à oxygène ou à gaz) (avia, mil, etc.) (cf. aussi microphone).

lasar (vient de « laser radar ») lasar (cf. aussi optical radar).

lasar ... cf. laser ...

LASCR cf. light-activated silicon controlled rectifier.

LASCS cf. light-activated silicon controlled switch.

lase v émettre (un rayonnement cohérent) (cf. aussi lasing).

lased target cf. laser-designated target.

laser (vient de « light amplification by stimulated emission of radiation ») laser (source de lumière cohérente produisant cette lumière par émission stimulée dans une cavité résonnante, le laser étant un maser fonctionnant en oscillateur à des fréquences optiques) (le maser est un amplificateur tandis que le laser est un oscillateur; le laser n'est pas utilisé en amplificateur de lumière cohérente parce que le bruit dû à l'émission spontanée, qui accompagne l'émission stimulée, étant important aux fréquences optiques, le rapport signal/bruit d'un tel amplificateur serait insuffisant) (comprend essentiellement un milieu actif limité à une extrémité par une surface formant miroir et à l'autre par une surface semi-réfléchissante, l'ensemble formant une cavité résonante optique, et un dispositif de pompage) (les photons produits par émission stimulée dans le milieu actif parcourent plusieurs fois l'espace compris entre les deux miroirs en provoquant l'émission d'autres photons cohérents avec effet cumulatif réalisant une amplification du flux de photons initial; une partie du flux de photons ainsi obtenu sort de la cavité par le miroir semi-réfléchissant sous la forme d'un rayonnement optique cohérent) (ce rayonnement est caractérisé en outre par sa monochromaticité, sa directivité et sa densité de puissance, ainsi que par sa fréquence très élevée; ces propriétés du laser sont à la base de toutes ses applications, à savoir respectivement : applications optiques (holographie, etc.), applications géométriques (matérialisation de lignes droites, télémétrie, etc.), applications énergétiques (fusion ou chauffage de matières) et applications informationnelles (liaisons de télécommunications, etc.) (cf. aussi laser types, maser, coherent light, stimulated emission, lasing medium, pumping, photon, spontaneous emission, high-energy laser, Q switching et thermal blooming).

laser action effet laser (émission d'un rayonnement optique cohérent et monochromatique) (cf. aussi laser).

laser-aided ... cf. laser-guided ...

laser-anneal v recuire au laser (semi) (cf. aussi laser annealing).

laser-annealed polysilicon polysilicium recuit au laser (fab. semi) (cf. aussi polysilicon et laser annealing).

laser annealing recuit au laser (recuit successif de plusieurs zones d'un substrat semiconducteur par chauffage à l'aide d'un faisceau laser après une opération d'implantation ionique ou non) (fab. CI, semi) (cf. aussi liquid-mode laser annealing, solid-mode laser annealing et annealing).

laser annealing process procédé de recuit au laser, (parf.) processus (idem) (cf. aussi laser annealing).

laser bandwidth largeur de bande d'un rayonnement laser (cf. aussi bandwidth (a) et laser).

laser-based ... cf. laser ...

laser beam faisceau laser, faisceau émis par un laser (termes utilisés presque exclusivement dans les textes scientifiques), rayon laser (terme utilisé surtout dans les textes grand public).

laser-beam energy énergie d'un faisceau laser (cf. aussi beam energy).

laser beam modulation modulation d'un faisceau laser (tls, etc.) (cf. aussi modulation (a)).

laser beam rider missile guidé par alignement sur faisceau laser, missile à alignement laser (cf. aussi laser beam-rider guidance).

laser beam-rider guidance guidage par alignement sur faisceau laser (missile sol-air) (mil) (cf. aussi beam-rider guidance).

laser beam-rider missile cf. laser beam rider.

laser beam riding alignement sur faisceau laser, chevauchement d'un faisceau laser (cf. aussi laser beam-rider guidance).

laser-blown polysilicon link connexion en polysilicium coupée au laser (mémoire RAM, etc.) (cf. aussi laser programming).

laser burnthrough perforation par laser (perforation de la paroi métallique d'une cible atteinte par le faisceau d'une arme laser) (mil) (cf. aussi laser weapon).

laser burst salve laser (court train d'impulsions laser) (cf. aussi laser pulse).

laser cavity cavité laser, cavité résonante de laser (enceinte remplie de gaz ou de liquide, barreau de cristal ou jonction de semiconducteur où prennent naissance les oscillations à fréquence optique d'un laser) (cf. aussi laser).

laser chaff écran laser (écran de fumée) (mil) (cf. aussi laser jamming).

laser CM cf. laser countermeasures.

laser code code laser (code d'émission d'impulsions de lumière par un laser et notamment des impulsions du faisceau d'un laser marqueur de cible) (dans ce dernier cas, seul un autodirecteur ayant ce code en mémoire peut utiliser le rayonnement réfléchi par la cible) (mil, etc.) (cf. aussi laser designator).

laser comm (fam) cf. laser communications.

laser communications télécommunications par faisceau laser (ou par laser), (souvent) liaisons (idem) (télécommunications utilisant un faisceau laser modulé à l'émission par le signal à transmettre et agissant à la réception sur un photodétecteur dont les variations d'intensité du courant de sortie reproduisent le signal transmis) (ce type de télécommunications peut être comparé à une liaison par fibre optique à émetteur laser dans laquelle celui-ci serait relié au récepteur par une fibre rectiligne) (liaisons entre satellites et avec le sol, liaisons au sol, etc.) (cf. aussi laser, modulation et communications).

laser communications link liaison de télécommunications par faisceau laser, (etc.) (cf. aussi laser communications et communications link).

laser countermeasures contre-mesures laser (émission de fumée ou d'aérosols arrêtant la propagation du faisceau laser d'un marqueur de cible) (mil) (cf. aussi laser designator).

laser cutting découpage au laser (découpage de matières quelconques, jusqu'aux tissus de confection mis en pile) (fab. CH, etc.) (cf. aussi laser machining).

laser damage dommages causés par un laser (parf. par le laser) (ou par le faisceau d'un laser (parf., du laser) (mil, etc.) (cf. aussi laser burnthrough).

laser-designated target   cible marquée par un laser (marquée *ou* illuminée *ou* désignée *ou* éclairée) *(mil) (cf. aussi* laser designator).

laser designating   *cf.* laser designation.

laser designation   marquage laser, désignation laser, illumination laser *(illumination d'une cible par un marqueur laser) (mil) (cf. aussi* laser designator).

laser designation system   *cf.* laser designator.

laser designator   marqueur laser, marqueur de cibles, illuminateur laser, désignateur laser *(laser monté notamment sur aéronef militaire ou utilisé à terre et dont le faisceau codé par impulsions est pointé sur une cible attaquée par un engin à guidage laser) (mil) (cf. aussi* laser code *et* laser guidance).

laser-designator missile   *cf.* laser-guided missile.

laser designator pod   nacelle de marqueur laser, *(etc.) (nacelle profilée accrochée à un aéronef militaire et contenant un marqueur laser) (cf. aussi* laser designator).

laser designator/rangefinder   *cf.* laser ranger/designator.

laser detector   *cf.* laser warning receiver *(ce terme étant le plus employé).*

laser disc   *cf.* laser disk.

laser disk   disque laser *(cf. aussi* optical disk).

laser-disk ...   *cf.* optical-disk ...

laser diode   diode laser *(semi) (cf. aussi* semiconductor laser).

laser diode output   puissance d'émission d'une diode laser.

laser drill   perceuse à laser, perceuse laser *(cf. aussi* laser drilling).

laser drilling   perçage au laser, perçage laser *(utilisation d'un faisceau laser d'une certaine puissance pour percer des trous de petit ou très petit diamètre dans des matériaux de grande dureté) (cf. aussi* laser machining).

laser driver   *cf.* laser transmitter.

laser echo   écho laser, *(parf.)* écho du laser *(écho d'un télémètre laser ou d'un radar à laser) (cf. aussi* laser rangefinder, optical radar *et* echo).

laser emission   émission laser, émission d'un laser *(parf. du laser) (autres noms de la lumière d'un laser) (cf. aussi* laser light).

laser emitter   émetteur laser *(laser considéré en tant qu'émetteur de rayonnement) (cf. aussi* laser *et* laser transmitter).

laser epitaxy   épitaxy laser *(épitaxie utilisant le faisceau d'un laser comme source de chaleur) (fab. CI, semi) (cf. aussi* epitaxy).

laser flash tube   tube à éclairs pour laser, tube-flash pour laser *(tube à éclairs assurant le pompage optique d'un laser) (cf. aussi* flash tube *et* optical pumping).

laser fusion   fusion laser, fusion au laser *(fusion d'un corps à l'aide d'un faisceau laser et notamment fusion nucléaire).*

laser-generated situation display   présentation des informations par faisceau laser *(mil).*

laser guidance   guidage laser, guidage par autodirecteur laser, *(etc.)*, autopoursuite *(idem) (procédé d'autoguidage d'un missile, d'une bombe planante ou d'un obus, dans lequel l'autodirecteur du mobile pilote celui-ci vers la cible illuminée par un marqueur laser dont il exploite le rayonnement réfléchi par celle-ci pour assurer le pilotage) (mil) (cf. aussi* laser designator, laser seeker *et* semi-active homing).

laser guidance head   *cf.* laser seeker.

laser guidance system   système de guidage laser *(système de guidage composé d'un autodirecteur laser et d'un marqueur laser ou, par restriction, l'autodirecteur seul) (mil) (cf. aussi* guidance system, laser seeker *et* laser designator).

laser guidance unit   *cf.* laser seeker.

laser-guided bomb   bombe guidée par laser, *(etc.)*, bombe planante *(idem) (mil) (cf. aussi* laser guidance).

laser-guided glide bomb   *cf.* laser-guided bomb.

laser-guided missile   missile guidé par laser, *(etc.) (cf. aussi* laser guidance *et* homing missile).

laser-guided munition   *cf.* laser-guided weapon.

laser-guided projectile   obus guidé par laser, *(etc.) (obus de moyen calibre muni d'un ou deux empennages déployables et d'un autodirecteur laser assurant le pilotage en fin de trajectoire après annulation de la vitesse de rotation de l'obus et captation du rayonnement réfléchi par la cible) (mil) (cf. aussi* laser guidance).

laser-guided smart ...   *cf.* laser-guided ... *(cf. aussi* smart weapon).

laser-guided weapon   engin guidé par laser, *(etc.) (bombe, missile ou obus guidé par laser) (mil) (cf. aussi* laser guidance, laser-guided bomb, laser-guided missile, laser-guided projectile *et* homing weapon).

laser gyro   gyromètre laser *(ou* à laser), gyrolaser, gyromètre en anneau, laser en anneau *(gyromètre utilisant deux faisceaux laser se propageant en sens inverses le long d'un chemin optique polygonal régulier formé par trois miroirs ou plus, l'un des miroirs étant semi-transparent et constituant le point de réception des deux faisceaux, où ceux-ci interfèrent) (conformément à la théorie de la relativité, lorsque l'ensemble tourne autour d'un axe perpendiculaire au plan du polygone, la longueur du trajet du faisceau qui se propage dans le sens de la rotation augmente tandis que celle de l'autre faisceau diminue, et ce proportionnellement à la vitesse de rotation; il en résulte un effet Doppler et, par conséquent, une fréquence de battement au point de réception, créant des franges d'interférence dont le nombre est proportionnel à la vitesse de rotation du boîtier et dont le sens de défilement dépend du sens de rotation) (ces franges sont comptées par une cellule photoélectrique disposée à proximité d'un prisme transparent collé sur la face postérieure du miroir semi-transparent) (le phénomène mis à profit dans le gyrolaser est appelé par les Français « effet Sagnac », du nom du physicien français qui l'a observé en 1912) (le gyrolaser a l'avantage de ne comporter théoriquement aucune pièce en mouvement et l'inconvénient d'être inutilisable tel quel aux faibles vitesses de rotation par suite du couplage indésirable des deux faisceaux que produit alors leur rétrodiffusion sur les miroirs, ce qui nécessite de faire osciller le boîtier en permanence autour de son axe de rotation ou de déphaser alternativement les faisceaux à l'aide d'un champ magnétique alternatif et d'une couche magnétique spéciale appliquée sur l'un des miroirs ou de dédoubler les faisceaux et leur donner des fréquences et polarisations particulières, la première méthode étant souvent préférée) (noter que le gyrolaser est un gyromètre et non un gyroscope et que c'est un gyromètre non inertiel) (navigation inertielle) (cf. aussi* rate gyro, laser, theory of relativity, Doppler effect, dither oscillator *et* phase shift).

laser gyroscope   *cf.* laser gyro. *(et noter que le terme anglais, que l'on rencontre parfois, est impropre).*

laser heating   chauffage par laser, *(parf.)* échauffement par laser *(augmentation de la température d'une surface ou d'un corps exposé au faisceau d'un laser) (soudeuse laser, arme laser, fusion nucléaire, etc.) (cf. aussi* laser welding, laser weapon *et* laser fusion).

laser homing   autopoursuite laser *(autopoursuite d'une cible par un missile guidé par laser) (mil) (cf. aussi* homing[1] 2) *et* laser-guided weapon).

laser homing head   *cf.* laser seeker.

laser homing sensor   *cf.* laser seeker.

laser homing system   *cf.* laser guidance system.

laser homing unit   *cf.* laser seeker.

laser-homing ...   *cf.* laser-guided ...

laser identifier   *cf.* laser designator.

laser-illuminated target   *cf.* laser-designated target.

laser illuminating   *cf.* laser illumination.

laser illumination   illumination laser, illumination par un laser *(parf. par le laser) (en technique militaire, illumination d'une cible par un marqueur laser) (cf. aussi* target illumination *et* laser designator).

laser illuminator   *cf.* laser designator.

laser image   image laser *(image obtenue à l'aide d'un radar à laser) (cf. aussi* optical radar).

laser imagery   images laser *(cf. aussi* laser image *et* imagery).

laser imaging   imagerie laser *(obtention d'images laser) (cf. aussi* laser image *et* imaging).

laser inertial navigation system   système de navigation inertielle à gyrolasers, système LINS *(sigle du terme anglais) (système de navigation inertielle à plate-forme non stabilisée utilisant des gyromètres laser) (cf. aussi* inertial navigation system, strapdown inertial reference unit *et* laser gyro).

laser/infrared guidance   guidage laser/infrarouge, guidage laser et infrarouge, guidage laser/IR *(guidage d'un missile par un autodirecteur laser/infrarouge) (mil) (cf. aussi* guidance *et* laser/infrared seeker).

laser/infrared guidance head *cf.* laser/infrared seeker.

laser/infrared guidance system système de guidage laser/infrarouge, *(etc.) (missile) (mil) (cf. aussi* guidance system *et* laser/infrared seeker).

laser/infrared guidance unit *cf.* laser/infrared seeker.

laser/infrared-guided missile missile à guidage laser/infrarouge, *(etc.),* missile à autodirecteur laser/infrarouge, *(etc.) (mil) (cf. aussi* laser/infrared seeker, laser guidance, infrared guidance *et* guided missile).

laser/infrared-guided weapon *cf.* laser/infrared-guided missile.

laser/infrared homing autopoursuite laser/infrarouge, *(etc.) (autopoursuite d'une cible par un missile équipé d'un autodirecteur laser/infrarouge) (mil) (cf. aussi* homing[1] 2) *et* laser/infrared seeker).

laser/infrared homing head *cf.* laser/infrared seeker.

laser/infrared homing system système d'autopoursuite laser/infrarouge, *(etc.) (missile) (cf. aussi* homing system *et* laser/infrared seeker).

laser/infrared seeker autodirecteur laser/infrarouge *(ou* laser et infrarouge), *(etc.) (autodirecteur bimode comportant un détecteur laser et un détecteur infrarouge) (le détecteur laser assure le guidage du missile tant que la cible est illuminée et que le rayonnement réfléchi par celle-ci parvient effectivement à l'engin, tandis que le détecteur infrarouge assure le guidage lorsque ce rayonnement est masqué ou lorsque la cible n'est plus illuminée, et ce à partir de la distance de la cible à laquelle l'intensité du rayonnement infrarouge capté est suffisante pour être exploitée aux fins du guidage) (mil) (cf. aussi* homing head, laser seeker, infrared seeker, dual-mode seeker, laser sensor *et* infrared radiation).

laser/infrared seeker head *cf.* laser/infrared seeker.

laser/infrared seeking head *cf.* laser/infrared seeker.

laser/infrared sensor *cf.* laser/infrared seeker.

laser/infrared unit *cf.* laser/infrared seeker.

laser/infrared weapon *cf.* laser/infrared-guided missile.

laser INS *cf.* laser inertial navigation system.

laser interferometer interféromètre laser *(ou* à laser) *(interféromètre optique utilisant un laser comme source de lumière cohérente) (la cohérence élevée de la lumière émise permet une précision de mesure plus grande qu'avec deux faisceaux de lumière cohérente obtenus à partir d'une source de lumière non cohérente) (est utilisé notamment pour mesurer l'erreur de positionnement du porte-plaquette dans certains graveurs de motifs à faisceau d'électrons) (cf. aussi* laser, coherent light, wafer stage *et* direct writing 1)).

laser interferometry interférométrie laser *(ou* par laser) *(cf. aussi* laser interferometer).

laser jamming brouillage laser, brouillage par un laser *(parf.* par le laser) *(brouillage d'un autodirecteur laser ou infrarouge ou d'un radar à laser et éventuellement mise hors d'état de fonctionnement de celui-ci par émission du faisceau d'un laser d'une certaine puissance dans sa direction avec asservissement du faisceau à la direction de la cible) (mil) (cf. aussi* high-energy laser, laser seeker, infrared seeker *et* optical radar).

laser light lumière laser, lumière d'un laser *(parf.* du laser) *(noms souvent donné au rayonnement d'un laser, notamment lorsqu'il s'agit d'un rayonnement visible) (cf. aussi* laser radiation *et* visible radiation).

laser link *cf.* laser communications link.

laser machining usinage au laser, usinage laser *(usinage par fusion et vaporisation ou combustion localisées et rapides de matières quelconques, mettant à profit la grande densité de puissance optique et le petit diamètre du faisceau d'un laser d'une certaine puissance) (cf. aussi* laser cutting, laser drilling, power density, optical power *et* laser beam).

laser marker *cf.* laser designator.

laser melting fusion au laser, fusion par faisceau laser *(fab. semi, etc.) (cf. aussi* laser machining).

laser memory mémoire à laser *(notamment, autre nom, plus général, du disque optique utilisé comme mémoire) (cf. aussi* optical disk).

laser optical recorder enregistreur optique à laser *(appareil utilisé pour enregistrer des informations sur un disque vidéo à lecture optique) (cf. aussi* laser *et* video disk).

laser photocoagulator photocoagulateur à laser *(appareil utilisant le faisceau d'un laser pour recoller la rétine d'un œil en produisant une petite brûlure indolore dont la cicatrice constitue un point de suture qui maintient la rétine en place) (ophtalmologie).*

laser pointer *cf.* laser designator.

laser pointing *cf.* laser designation.

laser pointing device *cf.* laser designator.

laser pointing system *cf.* laser designator.

laser printer imprimante laser *(ou* à laser) *(imprimante à pages utilisant le procédé xérographique, le faisceau d'un laser et un miroir tournant à grande vitesse pour former les caractères en imprimant les points microligne par microligne par point de hauteur) (l'axe du miroir est perpendiculaire à celui du tambour sur lequel est formée l'image électrique des microlignes successives formant les lignes et le faisceau du laser balaie ainsi celui-ci microligne par microligne, les deux rotations étant synchronisées et le faisceau étant éteint entre deux points successifs) (le diamètre du faisceau laser pouvant être très petit, les points formés peuvent l'être également, ce qui pemet d'obtenir une qualité d'impression inhabituelle pour une imprimante à points ; de plus l'impression optique avec balayage rapide de la largeur du papier par le miroir tournant en fait une imprimante très rapide) (inf) (cf. aussi* page printer, xerography, laser *et* NLQ).

laser printing impression laser *(impression exécutée par une imprimante laser) (cf. aussi* laser printer).

laser processing traitement au laser, traitement par faisceau laser, traitement laser *(traitement thermique d'un métal ou d'un semiconducteur par chauffage à l'aide d'un laser) (recuit d'un semiconducteur, etc.) (cf. aussi* laser annealing).

laser programming programmation au laser *(mise en service de cellules redondantes en remplacement de cellules défectueuses dans une mémoire à semiconducteur par coupure de connexions spéciales appelées « fusibles » sous l'action d'impulsions d'un faisceau laser vaporisant le métal de la connexion) (CI) (cf. aussi* semiconductor memory).

laser pulse impulsion laser, impulsion de laser, impulsion (de lumière) émise par un laser *(impulsion de lumière cohérente) (cf. aussi* coherence *et* laser).

laser pulse train train d'impulsions laser *(cf. aussi* pulse train *et* laser pulse)

laser radar radar à laser *(cf. aussi* optical radar).

laser radar sensor *cf.* laser radar. *(cf. aussi* radar sensor).

laser radar system station radar à laser, *(etc.) (cf. aussi* optical radar *et* radar system).

laser radiation rayonnement laser, rayonnement d'un laser *(parf.* du laser) *(rayonnement optique émis par un laser) (cf. aussi* laser light, optical radiation *et* laser).

laser radiation detector *cf.* laser warning receiver.

laser range-finder télémètre laser, télémètre à laser *(télémètre indiquant la distance d'une cible par mesure du temps écoulé entre l'instant d'émission d'une impulsion de lumière par un laser et l'instant de réception de l'écho lumineux) (le très court temps d'aller et retour de la lumière est mesuré par un intervallomètre et la connaissance de sa vitesse de propagation permet de calculer la distance de la cible en prenant la moitié de ce temps) (est utilisé notamment sur aéronef militaire et sur char) (cf. aussi* laser *et* time-interval counter).

laser range-finder/designator *cf.* laser ranger/designator.

laser range-finding *cf.* laser ranging.

laser ranger *cf.* laser range-finder.

laser ranger/designator télémètre/marqueur laser *(laser militaire utilisable comme télémètre et comme marqueur de cible) (est utilisé notamment sur aéronef) (cf. aussi* laser range-finder *et* laser designator).

laser ranging télémétrie laser, mesure de distance au laser *(mil, etc.) (cf. aussi* laser range-finder *et* ranging).

laser ranging and targeting télémétrie et marquage laser *(à l'aide d'un télémètre/marqueur laser) (mil) (cf. aussi* laser ranger/designator).

laser ranging retroreflector réflecteur pour télémètre laser *(réflecteur en coin de cube) (cf. aussi* cube corner reflector *et* laser range-finder).

laser rate gyro *cf.* laser gyro. *(le premier terme étant peu employé).*

laser recorder enregistreur laser, enregistreur à laser *(appareil dans lequel une image ou des caractères sont formés sur un support photosensible enroulé sur un tambour et impressionné par le faisceau d'un laser se déplaçant parallèlement à l'axe du tambour pendant la rotation de celui-ci comme dans un télécopieur) (est utilisé notamment pour la reproduction au sol d'images de la Terre et de la couverture nuageuse prises par satellite) (cf. aussi* laser *et* facsimile).

laser recording enregistrement laser, enregistrement par un laser *(parf.* par le laser) *(enregistrement optique utilisant le faisceau d'un laser pour produire une trace continue ou discontinue sur le support d'enregistrement) (enregistreur laser ou enregistreur à disque optique) (cf. aussi* laser recorder, optical-disk recorder, laser *et* optical recording).

laser reflection *cf.* laser echo.

laser scalpel bistouri laser, bistouri optique *(appareil utilisant le faisceau d'un laser pour couper des tissus vivants avec une grande précision, sans provoquer d'hémorragie et sans risque d'infection) (chirurgie).*

laser scriber rayeuse laser, rayeuse à laser, rayeuse optique *(rayeuse utilisant un laser) (fab. CI, semi) (cf. aussi* laser scribing *et* scriber).

laser scribing découpe au laser *(procédé de découpe dans lequel les rayures sont d'étroits sillons produits par vaporisation superficielle de la plaquette par le faisceau d'un laser) (fab. CI, semi) (cf. aussi* scribing).

laser seeker autodirecteur laser *(autodirecteur optique dans lequel le détecteur est un photodétecteur sensible au rayonnement laser réfléchi par une cible) (mil) (cf. aussi* laser guidance, laser designator, quadrant detector, electro-optical seeker *et* homing head).

laser-seeker guidance head *cf.* laser seeker.

laser seeker head *cf.* laser seeker.

laser seeking head *cf.* laser seeker.

laser sensing détection laser, détection par un laser *(parf.* par le laser), *(parf.)* mesure *(idem) (détection ou mesure par un capteur laser) (cf. aussi* laser sensor).

laser sensor capteur laser *(capteur, au sens large du terme, utilisant un laser, c-à-d. notamment télémètre laser, radar laser, détecteur d'autodirecteur laser ou, par extension, l'autodirecteur lui-même) (cf. aussi* laser range-finder, optical radar, laser seeker *et* sensor).

laser spectrum spectre laser, spectre du rayonnement laser *(le spectre du rayonnement laser occupe la majeure partie du spectre des rayonnements optiques, de l'infrarouge lointain au proche ultraviolet en passant par la lumière visible) (cf. aussi* far infrared, near ultraviolet, visible light, wavelength spectrum *et* laser).

laser-spot tracker *cf.* laser tracker.

laser target cible laser *(cible d'un marqueur laser ou d'une arme laser) (mil) (cf. aussi* laser designator *et* laser weapon).

laser target ... *cf.* laser ... *(pour les termes qui ne figurent pas ci-après).*

laser target-identification system *cf.* laser designator.

laser target identifier *cf.* laser designator.

laser technology (la) technique du laser *(ou* technique laser) *(cf. aussi* laser *et* technology).

laser threat émission laser hostile, faisceau laser hostile, *(parf.)* menace laser *(faisceau d'un marqueur laser ou d'une arme laser de l'adversaire pointé en direction d'une cible amie) (mil) (cf. aussi* laser designator, laser weapon *et* threat).

laser threshold *cf.* lasing threshold.

laser tracker laser de poursuite *(radar optique monté à la Cardan et asservi en direction, notamment dans un aéronef militaire, ou au sol, pour servir de radar de poursuite) (cf. aussi* optical radar *et* tracking radar).

laser tracking poursuite laser *(ou* au laser *ou* par radar optique), *(etc.) (cf. aussi* tracking 1 (a) *et* laser tracker)

laser tracking head *(ou* **sensor)** *cf.* laser seeker.

laser tracking system *cf.* laser tracker.

laser transceiver émetteur-récepteur laser *(appareil de télé-*

communications optiques utilisant un laser et les circuits de modulation associés pour l'émission et un photodétecteur sensible au rayonnement laser et les circuits de démodulation associés pour la réception) (cf. aussi laser communications).

laser transmitter émetteur laser *(nom donné à un laser utilisé comme émetteur de signaux, notamment dans une liaison de télécommunications laser, dans un télémètre laser, un radar optique ou un marqueur de cible, ou comme source de faisceau d'énergie, notamment dans une arme laser) (peut être une simple diode laser, comme dans le premier cas, ou un appareil encombrant, comme dans le dernier cas) (cf. aussi* laser, laser communications, laser range-finder, optical radar, laser designator *et* laser weapon).

laser trim *s cf.* laser trimming.

laser-trim *v* ajuster au laser *(cf. aussi* laser trimming).

laser-trimmed resistor résistance ajustée au laser *(résistance à couche métallique) (cf. aussi* laser trimming).

laser-trimmed capacitor condensateur ajusté par laser *(condensateur à couches) (cf. aussi* laser trimming).

laser trimmer ajusteur laser *(appareil utilisant un laser pour ajuster la valeur de résistances ou de condensateurs à couches) (cf. aussi* laser trimming).

laser trimming ajustage laser *(ou* au laser) *(réglage fin de la valeur d'une résistance à couche ou d'un condensateur à couches par vaporisation d'une partie déterminée de la couche ou d'une couche, respectivement, à l'aide d'un faisceau laser) (cf. aussi* helixing, film resistor *et* integrated hybrid capacitor).

laser trimming system *cf.* laser trimmer.

laser trimming technique méthode ..., procédé ... *(cf. aussi* laser trimming).

laser types *(les nombreux types de laser peuvent être classés de deux façons : 1°) lasers atomiques, ioniques, moléculaires et à semiconducteur) (cf. aussi* atomic gas laser, ionic laser, molecular laser *et* semiconductor laser); *2°) lasers à solide, à liquide et à gaz) (cf. aussi* solid-state laser, liquid laser *et* gas laser).

laser wafer trimming ajustage au laser sur la plaquette *(ajustage au laser effectué avant de découper une plaquette à gravure en puces) (fab. CI, semi) (cf. aussi* laser trimming, scribing *et* wafer 2)).

laser warning alerte laser, alarme laser *(mil) (cf. aussi* laser warning receiver).

laser warning receiver détecteur de lasers, détecteur de marqueurs laser, *(etc.) (appareil à photodétecteur sensible au rayonnement des lasers marqueurs de cible fournissant un signal d'alarme lorsque le char ou autre mobile militaire sur lequel il est monté est illuminé par un tel marqueur) (cf. aussi* laser designator).

laser warning sensor *cf.* laser warning receiver.

laser warning system *cf.* laser warning receiver.

laser wavelength longueur d'onde laser *(ou* d'un laser *parf.* du laser) *(longueur d'onde du rayonnement émis par un laser) (cf. aussi* wavelength *et* laser radiation).

laser weapon arme laser, arme à laser *(laser militaire de grande puissance conçu principalement pour détruire à distance des mobiles hostiles par perforation thermique de leur revêtement et détérioration d'organes internes) (les principales cibles de ce type d'arme à « rayon de la mort » sont les missiles stratégiques, les satellites et les aéronefs, notamment les missiles antinavire) (cf. aussi* laser burnthrough, laser *et* thermal blooming).

laser weld soudure laser, soudure exécutée au laser *(cf. aussi* laser welding).

laser-welded tantalum wire fil de tantale soudé au laser *(ou* par laser) *(sortie de condensateur au tantale) (cf. aussi* laser welding, tantalum capacitor *et* lead[1] 2).

laser welder soudeuse laser *(machine à souder de haute précision utilisant un faisceau laser) (cf. aussi* laser welding).

laser welding soudage au laser, soudage laser, soudage par laser *(soudage de métaux, même réfractaires, à l'aide d'un laser de puissance dont le faisceau est focalisé par une optique sur le point à souder, l'opération ne nécessitant pas le vide, contrairement au soudage par faisceau d'électrons) (cf. aussi* laser *et* electron-beam welding).

laser zapping coupure au laser *(coupure d'un fusible de* *mémoire à semiconducteur ou autre à l'aide d'un laser) (cf. aussi* laser programming).

lasing *s* émission d'un faisceau laser, émission laser (*cf. aussi* laser beam).

lasing action *cf.* laser action.

lasing gas gaz actif (*gaz constituant le milieu actif dans un laser à gaz, seul ou mélangé à un ou plusieurs autres gaz*) (*cf. aussi* lasing medium *et* gas laser).

lasing material *cf.* lasing medium.

lasing medium milieu actif (*corps dans lequel prennent naissance les oscillations à fréquence optique produites par un laser*) (*noter que le terme « milieu actif » désigne tant les ions de ce corps, qui s'appellent en réalité « centres actifs », que le corps auquel ils sont souvent incorporé et qui s'appelle en fait « matrice »*) (*c'est ainsi que, dans un laser à rubis, le milieu actif effectif n'est pas le barreau de rubis dans son ensemble, mais les ions de chrome qu'il contient; dans un laser à verre-néodyme, c'est le néodyme; dans un laser à grenat, c'est également le néodyme; dans un laser à hélium-néon, c'est le néon; dans un laser à liquide, c'est le colorant ou autre corps dissout dans le liquide, etc.*) (*dans un laser à solide (rubis, etc.) le milieu actif effectif est aussi appelé « dopant » car ses ions sont introduits par dopage dans le réseau cristallin de la matrice*) (*cf. aussi* laser).

lasing threshold seuil d'émission laser, seuil d'accrochage (*puissance de pompage minimale nécessaire pour produire l'effet laser dans un milieu actif*) (*cf. aussi* laser action, lasing medium *et* pumping power).

lasing threshold current (*parf.* intensité du) courant d'accrochage (*laser à semiconducteur*) (*cf. aussi* lasing threshold *et* semiconductor laser).

last-in first-out *cf.* LIFO.

last-party release libération de la ligne par l'abonné qui raccroche le dernier (*tél. auto.*).

last-subcriber release *cf.* last-party release.

latch[1] *s* 1) circuit à verrouillage, registre à verrouillage (*ou* de transfert), verrou de transfert, verrou (*termes que j'ai proposés*) (*ne pas employer « latch »*) (*bascule mémorisant temporairement l'information binaire « 1 » ou « 0 » présente à l'entrée ou la sortie d'une porte logique*) (*constitue une petite mémoire-tampon*) (*inf*) (*cf. aussi* flip-flop, logic gate *et* buffer memory). 2) dispositif de verrouillage (*relais*) (*cf. aussi* latching relay).

latch[2] *v* (*voir aussi* latch[1]) 1) mémoriser. 2) verrouiller.

latch-enable input impulsion de validation de sortie (*impulsion appliquée à un circuit à verrouillage pour permettre la transmission de l'information qu'il contient*) (*inf*) (*cf. aussi* latch[1] 1)).

latch-in relay *cf.* latching relay.

latch memory *cf.* latch[1] 1).

latch mode mode à mémorisation, mode mémorisé (*mode de fonctionnement d'un analyseur logique dans lequel celui-ci peut prendre en compte et visualiser les changements d'état logique intervenant entre deux impulsions d'horloge successives dans l'appareil contrôlé*) (*inf*) (*cf. aussi* logic analyzer, logic state *et* clock pulse).

latch set-up time temps d'établissement du verrou, (*etc.*) (*inf*) (*cf. aussi* latch[1] 1) *et* set-up time).

latch-up *s* verrouillage à l'état passant (*phénomène indésirable produit dans un transistor intégré ou une paire de transistors CMOS sur silicium ou un thyristor par des courants parasites pouvant résulter de l'exposition du circuit intégré ou du composant discret à un rayonnement ionisant*) (*cf. aussi* on-state *et* radiation failure).

latched condition 1) état verrouillé (*état à verrouillage contenant une information*) (*inf*) (*cf. aussi* latch[1] 1)). 2) état verrouillé, état enclenché, état de maintien (*état d'un relais à verrouillage dont l'armature est en position de travail après coupure du courant d'excitation initial*) (*cf. aussi* latching relay).

latched input entrée à verrouillage (*entrée d'une porte logique munie d'un circuit à verrouillage*) (*inf*) (*cf. aussi* latch[1] 1)).

latched output sortie à verrouillage (*sortie d'une porte logique munie d'un circuit à verrouillage*) (*inf*) (*cf. aussi* latch[1] 1)).

latching 1) verrouillage, mémorisation (*circuit logique*) (*cf. aussi* latch[1] 1)). 2) verrouillage (*relais*) (*cf. aussi* latching relay) 3) accrochage (*thyristor*) (*cf. aussi* latching current).

latching current (*parf.* intensité du) courant d'accrochage (*valeur de l'intensité du courant dans un thyristor ou un triac à partir de laquelle celui-ci reste amorcé lorsque l'impulsion de courant de déclenchement dans la gâchette disparaît*) (*l'intensité du courant d'accrochage est deux à trois fois plus grande que l'intensité du courant de maintien*) (*cf. aussi* silicon controlled rectifier, triac *et* holding current (a)).

latching reed relay relais à tiges à verrouillage (*ou* auto-maintien) (*cf. aussi* reed relay *et* latching relay).

latching relay relais à verrouillage (*ou* automaintien) (*relais dont l'armature, après excitation, est maintenue en position de travail par un dispositif mécanique ou par l'attraction du noyau*) (*cf. aussi* mechanical latching relay *et* magnetic latching relay).

latching solenoid électro-aimant à noyau-plongeur à verrouillage, (*etc.*) (*cf. aussi* solenoid 2) *et* latching relay).

latching transistor transistor à verrouillage (*transistor de commutation de puissance fonctionnant comme un thyristor*) (*cf. aussi* power switching transistor *et* silicon controlled rectifier).

latchup *cf.* latch-up. (*plus haut*).

late detection détection tardive (*d'une cible par un radar ou un sonar*) (*mil, etc.*) (*cf. aussi* target (a)).

latency temps de latence (*parf. aussi* de rotation) (*temps nécessaire pour accéder au premier élément d'un bloc d'informations contenu dans une mémoire à défilement, notamment au premier élément d'un secteur de disque magnétique, à partir d'un autre endroit situé sur la même piste, indépendamment du temps nécessaire ensuite pour lire la totalité de cette information*) (*inf*) (*cf. aussi* interleave factor, data element, block 1), moving-medium memory *et* access time).

latency time *cf.* latency.

latent image image latente (*nom parfois donné à une image électrique formée sur une surface*) (*cf. aussi* electric image 1)).

lateral bipolar transistor *cf.* lateral transistor.

lateral-channel device *cf.* lateral-channel MOS transistor.

lateral-channel MOS transistor transistor MOS à canal horizontal (*type classique*) (*cf. aussi* MOS transistor *et* vertical channel[2]).

lateral-channel MOSFET *cf.* lateral-channel MOS transistor.

lateral-channel MOST *cf.* lateral-channel MOS transistor.

lateral-channel power MOSFET transistor MOS de puissance à canal horizontal (*type classique*) (*cf. aussi* MOS transistor, power transistor *et* vertical channel[2]).

lateral compliance mobilité horizontale, (*etc.*) (*mobilité d'une pointe de lecture dans le plan horizontal*) (*tourne-disque*) (*cf. aussi* compliance 2)).

lateral diffusion diffusion latérale (*diffusion indésirable des impuretés introduites dans un cristal semiconducteur ou autre matière au cours d'une opération de dopage, notamment par diffusion au four*) (*réduit la précision de la largeur de la zone diffusée*) (*fab. CI, semi*) (*cf. aussi* doping *et* diffusion 1)(b)).

lateral guidance guidage transversal (*atterrissage guidé*) (*cf. aussi* localizer 1)).

lateral multipath trajet multiple dans le plan horizontal (*clpf*) (*système d'atterrissage guidé, etc.*) (*cf. aussi* multipath).

lateral parity parité transversale (*mot binaire parallèle*) (*inf*) (*cf. aussi* vertical parity).

lateral pnp transistor transistor pnp latéral (*ou* horizontal) (*CI*) (*cf. aussi* pnp transistor *et* lateral transistor).

lateral PNP transistor *cf.* lateral pnp transistor.

lateral recording gravure latérale, enregistrement latéral (*le second terme est peu employé*) (*gravure d'un disque phonographique dans laquelle les ondulations du sillon sont formées dans le plan horizontal, le burin graveur oscillant dans un plan perpendiculaire à l'axe du sillon*) (*type classique*) (*cf. aussi* mechanical sound recorder).

lateral structure structure horizontale (*structure de circuit intégré monolithique utilisant des transistors horizontaux*) (*cf. aussi* lateral transistor).

lateral track error erreur transversale (*radionav*) (*cf. aussi* crosstrack error).

lateral transistor transistor latéral, transistor horizontal *(transistor de circuit intégré dont les électrodes sont situées dans un plan parallèle à la surface du substrat) (le courant dans le transistor circule donc parallèlement à la surface du substrat) (clpf) (cf. aussi* lateral pnp transistor *et* vertical transistor*)*.

lattice 1) grille *(quadrillage formé par l'intersection de lignes de position) (radionav) (cf. aussi* line of position*)*. **2)** réseau cristallin *(semi, etc.)*.

lattice defect défaut du réseau cristallin, défaut du réseau *(dans un semiconducteur, l'introduction d'impuretés crée des défauts du réseau cristallin) (cf. aussi* impurity*)*.

lattice imperfection *cf.* lattice defect.

lattice network réseau en treillis, réseau électrique en treillis *(réseau électrique formé de quatre branches connectées en série avec les deux extrémités réunies, l'ensemble formant un circuit carré dont l'entrée est formée par deux sommets opposés et la sortie par les deux autres) (filtre, etc.) (cf. aussi* network 1)*)*.

lattice scattering diffusion par le réseau (cristallin) *(diffusion des électrons de conduction dans un conducteur due aux chocs de ceux-ci contre les atomes du réseau cristallin) (cf. aussi* conduction electron *et* Joule effect*)*.

lattice structure 1) structure en treillis *(réseau, etc.) (cf. aussi* lattice network*)*. **2)** structure du réseau cristallin *(semi, etc.)*.

lattice tower pylône en treillis *(dans une station d'émission notamment, pylône rayonnant ou pylône d'ancrage d'une antenne réalisé en treillis de profilés métalliques) (cf. aussi* tower radiator*)*.

lattice-type network *cf.* lattice network.

lattice-wound coil bobinage en nid d'abeilles *(cf. aussi* honeycomb coil*)*.

launch-and-leave capability (possibilités d')autopoursuite autonome *(missile) (mil) (cf. aussi* fire-and-forget seeker*)*.

launch warning alarme de tir de missile *(mil) (cf. aussi* infrared warning receiver*)*.

launch warning device *cf.* launch warning receiver.

launch warning receiver détecteur de tirs de missiles *(mil) (cf. aussi* infrared warning receiver*)*.

launch warning system *cf.* launch warning receiver.

law of change loi de variation *(nom donné à la manière dont une fonction varie) (math) (cf. aussi* linear law, sine law, square law *et* function[1] 1) (b)*)*.

law of electric charges loi d'interaction des charges électriques *(loi physique selon laquelle deux charges électriques de même signe se repoussent et deux charges de signes contraires s'attirent) (cf. aussi* electric charge *et* Coulomb's law*)*.

law of electromagnetic induction loi de l'induction électromagnétique *(loi de Faraday) (cf. aussi* laws of electromagnetic induction*) (plus loin)*.

law of electromagnetic systems règle du flux maximal *(électromagnétisme) (cf. aussi* Maxwell's rule*)*.

law of electrostatic attraction loi de l'attraction électrostatique *(nom donné à la loi de Coulomb pour l'électrostatique en incluant implicitement le cas de la répulsion qu'elle couvre également) (cf. aussi* Coulomb's law*)*.

law of induced current loi du courant induit *(induction électromagnétique) (cf. aussi* Lenz's law*)*.

law of magnetic poles loi des pôles magnétiques *(loi physique selon laquelle deux pôles magnétiques de même nom se repoussent et deux pôles de noms contraires s'attirent) (cf. aussi* magnetic pole (a)*)*.

Lawrence tube tube de Lawrence *(TVC) (cf. aussi* chromatron*)*.

laws of electric networks lois des réseaux électriques *(cf. aussi* Kirchoff's laws*)*.

laws of electromagnetic induction lois de l'induction électromagnétique *(bien que la loi de Faraday ait été appelée initialement « loi de l'induction électromagnétique », il y a en réalité trois lois décrivant ce phénomène) (la première, qui n'a pas de nom, est la loi fondamentale décrivant le phénomène proprement dit et s'énonce ainsi : lorsqu'un circuit est soumis à une variation d'un flux d'induction magnétique, une force électromotrice est créée dans le circuit; (la deuxième loi décrit l'intensité du phénomène : c'est la loi de Faraday); (la troi-*

sième loi précise le sens de circulation du courant induit dans le circuit fermé : c'est la loi de Lenz) (cf. aussi electromagnetic induction, Faraday's law, Lenz's law, magnetic induction flux, electromotive force *et* laws of electromagnetism*)*.

laws of electromagnetism lois de l'électromagnétisme *(lois physiques décrivant les principaux phénomènes de l'électromagnétisme, c-à-d. loi d'Ampère et lois de l'induction électromagnétique) (noter que le terme « lois de l'électromagnétisme » a un sens plus large que « lois de l'induction électromagnétique » et ne doit pas être confondu avec ce dernier) (cf. aussi* electromagnetism, Ampere's law *et* laws of electromagnetic induction*)*.

lay s pas de torsade *(pas de l'hélice allongée généralement formée par les conducteurs d'un câble multiconducteur) (cf. aussi* multiconductor cable*)*.

layer 1) couche (a) *de semiconducteur dopé, d'oxyde isolant, de métal, etc.)*; (b) *de spires d'un enroulement bobiné à spires jointives, etc.) (cf. aussi* layer winding*)*. **2)** spire *(de bande magnétique ou perforée enroulée sur une bobine)*.

layer deposition dépôt d'une couche, formation d'une couche *(fab. CH, CI, semi) (cf. aussi* deposition*)*.

layer-to-layer registration alignement de couche à couche *(CI) (cf. aussi* alignment 2)*)*.

layer winding enroulement à spires jointives *(enroulement formé de plusieurs couches de spires contiguës de fil isolé, deux couches successives pouvant être séparées par un isolant) (type d'enroulement pour courant continu ou courant alternatif à fréquence peu élevée) (bobine de transformateur d'alimentation, bobine de lissage, bobine de relais, bobine de haut-parleur, etc.) (cf. aussi* honeycomb coil*)*.

layered protocol architecture structure de protocole à plusieurs niveaux *(transmission de données) (cf. aussi* protocol*)*.

layered structure 1) structure à plusieurs couches, structure multicouche, structure stratifiée *(CP, CH, CI, semi)*. **2)** structure à plusieurs niveaux *(protocole) (télinf) (cf. aussi* protocol*)*.

layout 1) disposition *(des touches d'un clavier, etc.)*. **2)** disposition, *(parf.)* implantation *(de composants sur une surface) (cf. aussi* layout diagram*)*. **3)** dessin, *(parf.* tracé, *parf.* implantation) *(dessin des conducteurs d'un circuit imprimé ou des conducteurs et autres éléments d'un circuit intégré monolithique ou hybride ou, parfois, tracé obtenu)*.

layout diagram schéma d'implantation *(schéma indiquant la disposition des composants sur un châssis ou une platine avant d'appareil ou de tiroir ou sur un circuit imprimé ou un circuit intégré monolithique ou hybride) (cf. aussi* layout 3)*)*.

layout program programme d'implantation, logiciel d'implantation *(programme d'ordinateur réalisant la détermination automatique des emplacements de différents éléments sur une surface et notamment des emplacements des portes logiques sur le substrat d'un circuit intégré numérique) (cf. aussi* computer program, logic gate *et* digital integrated circuit*)*.

layout routine *cf.* layout program.

layout software *cf.* layout program *(cf. aussi* software*)*.

layout technique méthode de … *(cf. aussi* layout 3)*)*.

LC 1) LC, inductance-capacité *(inductance L et capacité C d'un résonateur électrique ou produit de ces deux grandeurs) (cf. aussi* inductance, capacitance, resonator, LC product *et* LC circuit*)*. **2)** *cf.* liquid crystal.

LC circuit circuit LC, circuit à inductance et capacité *(circuit formé par l'association d'une bobine d'inductance et d'un condensateur montés en parallèle ou en série et insérés dans le trajet d'un courant alternatif) (ces termes sous-entendent souvent le cas du montage en parallèle) (circuit oscillant) (cf. aussi* inductor, capacitor, parallel arrangement, series arrangement, parallel resonant circuit *et* series resonant circuit*)*.

LC filter filtre LC, filtre à inductance et capacité *(filtre accordé formé essentiellement d'un ou plusieurs circuits LC) (cf. aussi* tuned filter *et* LC circuit*)*.

LC product produit LC, produit inductance × capacité *(produit dont la valeur détermine la fréquence de résonance d'un résonateur électrique) (la fréquence de résonance est inversement proportionnelle à la valeur du produit LC) (cf. aussi* LC 1)*)*.

LC section cellule LC *(cellule de filtre formée d'un circuit LC)* *(cf. aussi* filter section *et* LC circuit).

L/C ratio *(voir au début de la lettre L).*

LCC *cf.* leadless chip carrier.

LCCC *cf.* leadless ceramic chip carrier.

LCD *cf.* liquid-cristal display.

LCD character caractère d'afficheur à cristaux liquides.

LCD digit chiffre d'afficheur à cristaux liquides.

LCD display *cf.* LCD.

LCD driver attaqueur d'afficheur à cristaux liquides, attaqueur LCD, *(etc.)* *(cf. aussi* driver 1).

LCD module module d'affichage à cristaux liquides, module LCD *(afficheur à cristaux liquides juxtaposable comportant un ou plusieurs caractères)* *(cf. aussi* module (a)).

LCD multiplexing multiplexage des afficheurs à cristaux liquides *(multiplexage des signaux de commande des électrodes des afficheurs et notamment des panneaux afficheurs à cristaux liquides)* *(cf. aussi* multiplexing).

LCD panel panneau afficheur à cristaux liquides *(cf. aussi* LCD *et* display panel).

LCD screen écran à cristaux liquides *(écran de télévision ou analogue, généralement petit, réalisé sous la forme d'un panneau afficheur à cristaux liquides)* *(cf. aussi* television screen, LCD panel *et* thin-film transistor).

LCD unit version à cristaux liquides *(cf. aussi* unit 3)).

LCD watch montre à affichage par cristaux liquides *(cas général des montres à quartz numériques ou mixtes)* *(cf. aussi* quartz watch).

LCE *cf.* low-concentration emitter.

LDE *cf.* long-delay echo.

LDR *cf.* light-dependent resistor.

lead[1] *s (se prononce « lèd »)* plomb, Pb *(métal employé notamment dans la fabrication des accumulateurs dits « au plomb »)* *(cf. aussi* lead-acid cell).

lead[2] *s (se prononce « lîd »)* **1)** conducteur *s (tg) (fil rigide, fil souple, câble, tresse, barrette, tige, ruban ou autre élément de circuit en métal bon conducteur de l'électricité)* *(cf. aussi* conductor, wire[1] (1), cable 1) (a) *et* braid (b)). **2)** sortie *(fil, lamelle ou languette en métal conducteur dépassant ou non d'un composant et servant à le connecter à un circuit ou à le relier à une borne de son dispositif de connexion)* *(cf. aussi* axial leads *et* radial leads).

lead[3] *s* avance (de phase), déphasage en avant *(grandeur sinusoïdale)* *(cf. aussi* phase lead).

lead[4] *v* être en avance (sur …), être déphasé(e) en avant (par rapport à …) *(grandeur sinusoïdale)* *(cf. aussi* phase lead).

lead-acid battery *(prononcer « lèd »)* batterie au plomb, batterie d'accumulateurs au plomb *(cf. aussi* lead-acid cell).

lead-acid cell *(prononcer « lèd »)* accumulateur au plomb *(accumulateur électrique dans lequel la matière active des électrodes est un oxyde de plomb) (les électrodes sont en alliage de plomb et d'antimoine, l'électrode positive étant garnie initialement de minium de plomb Pb_3O_4, brun-rouge, et l'électrode négative de litharge PbO, gris, l'ensemble baignant dans une solution d'acide sulfurique constituant l'électrolyte) (au cours de la première charge appelée « charge de formation », le minium de plomb se transforme en bioxyde de plomb PbO_2 et la litharge en plomb spongieux Pb) (lors de la première décharge et des suivantes, l'hydrogène qui se dégage au niveau de l'électrode positive réduit le bioxyde de plomb en sulfate de plomb $PbSO_4$ suivant la formule $PbO_2 + H_2 + H_2SO_4 \rightarrow PbSO_4 + 2H_2O$ et l'oxygène de l'ion sulfate SO_4, qui se dégage au niveau de l'électrode négative, oxyde celle-ci en formant également du sulfate de plomb suivant la formule $Pb + SO_4 \rightarrow PbSO_4$, tandis que la concentration de l'électrolyte diminue) (la formation de sulfate de plomb aux deux électrodes lors de la décharge, qui a donné lieu à l'élaboration de la « théorie de la double sulfatation », a pour conséquence que les réactions chimiques de la décharge sont réversibles, c.-à-d. que l'on peut ramener l'accumulateur à l'état chargé en faisant circuler un courant continu dans le sens opposé à celui de la décharge) (au cours de la seconde charge et des suivantes, les réactions chimiques et les dégagements de gaz sont donc inversés, après quoi on retrouve du bioxyde de plomb à l'électrode positive et du plomb à l'électrode négative,* tandis que la concentration de l'électrolyte revient à sa valeur initiale) (la concentration de l'électrolyte indique donc l'état de charge de la batterie; on la mesure à l'aide d'un aréomètre de Baumé appelé « pèse-acide ») *(cf. aussi* secondary cell).

lead bonder soudeuse à connexions *(fab. CI, CH)* *(cf. aussi* wire bonder *et* lead bonding).

lead bonding soudage des connexions, soudure des connexions *(le premier terme est le meilleur) (exécution de soudures aux deux extrémités des connexions reliant un composant rapporté sur le substrat d'un circuit hybride, ou monté dans la cavité d'un boîtier ou d'un porte-puce, aux plages de connexion ou aux sorties de celui-ci) (puce de circuit intégré monolithique, composant pastille, etc.)* *(cf. aussi* wire bonding, hybrid circuit, chip carrier, bonding pad, chip 1), chip component *et* chip-and-wire hybrid).

lead capacitance 1) capacité des conducteurs, capacité entre conducteurs *(capacité répartie entre deux conducteurs voisins d'un câble multiconducteur ou d'un composant) (câble tél, CP, CH, CI, etc.)* *(cf. aussi* distributed capacitance). **2)** capacité des sorties, capacité entre sorties *(capacité répartie entre deux sorties voisines d'un composant) (CP, CH, CI, etc.)* *(cf. aussi* distributed capacitance *et* lead[2] 2)).

lead cell *(prononcer « lèd »)* *cf.* lead-acid cell.

lead count nombre de sorties *(ce terme s'applique notamment aux circuits intégrés monolithiques ou hybrides et désigne alors le nombre de fils de connexion reliant les plages de connexion de la puce ou du substrat aux broches du boîtier)* *(cf. aussi* bonding pad, chip 1) *et* lead frame).

lead-covered cable *(prononcer « lèd »)* câble sous plomb *(câble téléphonique ou autre recouvert d'une gaîne de plomb)* *(cf. aussi* cable 1) (a)).

lead frame grille de connexion *(grille métallique découpée formant les broches de certains boîtiers de composants et leur prolongement moulé dans le boîtier isolant à l'extrémité duquel est soudée une connexion du composant) (cette grille est employée notamment dans les boîtiers DIP et SIP et les boîtiers plats « flatpack ») (dans le cas d'une grille de connexion de boîtier DIP, par exemple, chaque broche est reliée à la voisine par le bord de la bande dans laquelle les grilles sont découpées et par une barrette ménagée par l'outil de découpage à mi-longueur environ du prolongement élargi terminé par les broches pour maintenir celles-ci à l'écartement voulu pendant le moulage) (les deux bords de la bande et les barrettes sont éliminés par découpage après l'opération de moulage du boîtier pour supprimer les courts-circuits entre broches qu'ils constituent et les parties élargies sont cambrées à 90° à ras du boîtier pour orienter les broches perpendiculairement au plan de celui-ci pour permettre de l'enficher)* *(cf. aussi* DIP, SIP *et* flatpack).

lead-in descente d'antenne *(fil ou câble coaxial reliant une antenne de réception à l'entrée d'un récepteur)* *(cf. aussi* receiving antenna *et* feeder).

lead-in groove sillon initial *(partie initiale non modulée et à grand pas du sillon sur une face d'un disque phonographique)* *(cf. aussi* groove 1)).

lead-in spiral *cf.* lead-in groove.

lead inductance *(voir aussi* lead[2] *et* distributed inductance) **1)** inductance des conducteurs. **2)** inductance des sorties.

lead lanthanum zirconate titanate *(prononcer « lèd »)* titanate-zirconate de plomb au lanthane, PLZT *(titanate-zirconate de plomb à transparence optique améliorée par dopage au lanthane)* *(cf. aussi* lead zirconate titanate).

lead metallization (couche de) métallisation formant les sorties *(porte-puce, etc.)* *(cf. aussi* chip carrier).

lead-out connection connexion de sortie *(connexion reliant une borne de sortie d'un composant en boîtier à une borne ou une broche de son boîtier)* *(cf. aussi* connection 2) (b)).

lead-out groove sillon final *(partie finale non modulée et à très grand pas du sillon sur une face d'un disque phonographique) (commande l'arrêt du plateau et éventuellement le relevage du bras de lecture du tourne-disque)* *(cf. aussi* groove 1)).

lead-over groove sillon de raccordement *(sillon reliant la fin d'un enregistrement au début du suivant sur une face d'un disque phonographique)* *(cf. aussi* groove 1)).

lead requirement nombre de conducteurs nécessaire *(pour* *relier entre eux des composants, circuits ou appareils) (ce terme s'emploie notamment pour les circuits intégrés monolithique à grand nombre de sorties).*

lead resistance *(voir aussi* lead^2 1) *et* resistance) **1)** résistance des conducteurs. **2)** résistance des sorties.

lead selenide *(prononcer « lèd »)* séléniure de plomb, PbSe *(semiconducteur sensible au rayonnement infrarouge et utilisé comme détecteur infrarouge) (cf. aussi* semiconductor *et* infrared detector).

lead sheath *(prononcer « lèd »)* gaîne de plomb, enveloppe en plomb *(câble téléphonique ou autre).*

lead-sheathed cable *(prononcer « lèd »)* *cf.* lead-covered cable.

lead spacing **1)** écartement des conducteurs *(CP, CH, CI, etc.).* **2)** écartement des sorties *(distance entre les axes des sorties d'un composant à sorties radiales ou d'un composant à sorties multiples) (notion importante pour la pose automatique des composants) (cf. aussi* radial leads *et* automatic insertion).

lead spider lamelles en pattes d'araignée *(CH) (cf. aussi* spider bonding).

lead storage battery *(prononcer « lèd »)* *cf.* lead-acid battery.

lead sulfide *(prononcer « lèd »)* sulfure de plomb, PbS, galène *(semiconducteur sensible au rayonnement infrarouge utilisé dans les « détecteurs à galène » à l'époque de la TSF et maintenant comme détecteur infrarouge) (cf. aussi* crystal detector 1), semiconductor, infrared radiation *et* infrared detector).

lead-sulfide cell *(prononcer « lèd »)* cellule au sulfure de plomb *(détecteur infrarouge) (cf. aussi* lead sulfide).

lead telluride *(prononcer « lèd »)* tellurure de plomb, PbTe *(semiconducteur sensible au rayonnement infrarouge et utilisé comme détecteur infrarouge) (cf. aussi* semiconductor *et* infrared detector).

lead-through capacitor condensateur de traversée *(cf. aussi* capacitor-type bushing).

lead time *(en électronique)* temps d'avance *(nom donné à l'intervalle de temps séparant deux événements successifs lorsque le second est pris comme référence de temps) (oscilloscopie, etc.) (cf. aussi* time interval).

lead-to-lead capacitance *cf.* lead capacitance.

lead wire^1 *(prononcer « lèd »)* fil de plomb *(fil fusible).*

lead wire^2 *(prononcer « lîd »)* fil de sortie, sortie *(cf. aussi* lead^2 2)).

lead zirconate titanate *(prononcer « lèd »)* titanate et zirconate de plomb, PZT *(céramique ferro-électrique transparente à propriétés électro-optiques obtenue par frittage d'un mélange de titanate de plomb et de zirconate de plomb) (cf. aussi* ferroelectricity, electro-optics *et* lead lanthanum zirconate titanate).

leaded carrier *cf.* leaded chip carrier.

leaded ceramic capacitor condensateur céramique à sorties *(cf. aussi* ceramic capacitor *et* lead^2 2)).

leaded ceramic chip carrier porte-puce céramique à sorties *(cf. aussi* leaded chip carrier).

leaded ceramic component composant céramique à sorties *(condensateur ou porte-puce céramique à sorties) (cf. aussi* leaded ceramic capacitor *et* leaded chip carrier).

leaded ceramic device *cf.* leaded ceramic component.

leaded ceramic unit version céramique à sorties *(cf. aussi* leaded ceramic chip carrier *et* unit 3)).

leaded chip carrier porte-puce enfichable *(porte-puce muni de languettes de contact perpendiculaires à son plan sur son pourtour pour permettre de l'enficher dans un support approprié) (CH) (cf. aussi* chip carrier).

leaded component composant à sorties *(composant muni de fils ou languettes de sortie ou de broches permettant de le connecter directement aux conducteurs d'un circuit imprimé ou hybride ou de l'enficher dans un support approprié ou dans les trous d'un circuit imprimé) (résistance, condensateur, circuit intégré monolithique ou hybride, relais enfichable, porte-puce enfichable, etc.) (cf. aussi* lead^2 2)).

leaded IC *cf.* leaded integrated circuit.

leaded integrated circuit circuit intégré enfichable *(circuit intégré monolithique en boîtier DIP ou analogue) (clpf) (cf. aussi* integrated circuit *et* DIP).

leaded package **1)** boîtier à sorties *(boîtier de composant muni de broches ou fils de sortie) (clpf).* **2)** *cf.* leaded chip carrier.

leaded socket support à sorties *(support de porte-puce) (cf. aussi* chip carrier *et* lead^2 2)).

leader amorce *(partie extrême d'une bande magnétique servant à l'accrocher sur le moyeu d'une bobine et non utilisée pour l'enregistrement) (cf. aussi* magnetic tape).

leading *a* en avance ..., déphasé en avant ... *(cf. aussi* leading current).

leading current courant en avance *(sur la tension), courant déphasé en avant (par rapport à la tension) (courant dans une capacité) (cf. aussi* phase lead *et* lagging current).

leading edge front, flanc avant *(d'une impulsion) (ne pas employer le pléonasme « front avant ») (partie antérieure d'une impulsion) (est la partie à pente positive, c-à-d. montante, dans le cas le plus fréquent d'une impulsion positive, ou à pente négative, c-à-d. descendante, dans le cas d'une impulsion négative) (cf. aussi* pulse^1 *et* rise time).

leading-edge jitter instabilité du front, *(etc.) (cf. aussi* leading edge *et* jitter).

leading-edge time *cf.* rise time.

leading end *cf.* leader.

leading ghost image fantôme inverse *(image fantôme apparaissant à gauche de l'image normale sur un écran de télévision) (cf. aussi* ghost image).

leading load charge capacitive *(alim, etc.) (cf. aussi* capacitive load).

leading voltage *(voir nota à « lagging current »).*

leading zero *cf.* non-signifiant zero.

leadless carrier *cf.* leadless chip carrier.

leadless ceramic carrier *cf.* leadless ceramic chip-carrier.

leadless ceramic chip carrier porte-puce céramique à souder *(cf. aussi* leadless chip carrier).

leadless ceramic unit version céramique à souder *(cf. aussi* leadless ceramic chip carrier *et* unit 3)).

leadless chip carrier porte-puce à souder, porte-puce non enfichable *(porte-puce muni de plages métallisées sur une même face auxquelles aboutissent les connexions de la puce et destinées à être soudées directement sur les conducteurs d'un circuit hybride ou reliées à ceux-ci par des connexions) (cf. aussi* chip carrier).

leadless component composant sans sorties *(ou à souder) (composant pastille, porte-puce à souder, etc.) (cf. aussi* chip component *et* leadless chip carrier).

leadless device *cf.* leadless component.

leadless inverted device *cf.* LID.

leadless package *cf.* leadless chip carrier.

leadless plastic chip carrier porte-puce plastique à souder *(cf. aussi* leadless chip carrier).

leadless unit version à souder *(cf. aussi* leadless component *et* unit 3)).

leadlessness absence de sorties *(composant) (cf. aussi* leadless component).

leadout groove *cf.* lead-out groove. *(plus haut).*

leadover groove *cf.* lead-over groove. *(plus haut).*

leak *cf.* leakage. *(de même pour les termes dérivés).*

leakage fuites, *(parf.)* fuite *(d'électricité, de lignes de forces magnétiques ou de rayonnement électromagnétique) (cf. aussi* leakage current, leakage flux *et* leakage radiation).

leakage capacitance capacité de fuite *(capacité parasite entre deux circuits haute fréquence par laquelle une partie de l'énergie haute fréquence mise en jeu dans l'un des circuits passe dans l'autre) (cf. aussi* parasitic capacitance).

leakage coefficient coefficient de fuite *(différence entre l'unité et la valeur du coefficient de couplage d'un transformateur) (cf. aussi* coupling coefficient).

leakage current *(parf.* intensité du*)* courant de fuite *(isolant, condensateur, jonction) (cf. aussi* capacitor leakage current *et* junction leakage current).

leakage field champ de fuite *(champ magnétique associé à un flux de fuite) (cf. aussi* magnetic field *et* leakage flux).

leakage flux flux de fuite *(partie du flux magnétique créé par l'enroulement primaire d'un transformateur dont les lignes de flux se referment sans traverser les spires de l'enroulement secondaire) (cf. aussi* magnetic flux *et* transformer 1)).

leakage inductance inductance de fuite *(inductance due au flux de fuite dans un transformateur) (cf. aussi* leakage flux *et* inductance).

leakage path ligne de fuite *(chemin suivi par un courant de fuite sur un isolant ou dans un circuit intégré monolithique) (cf. aussi* leakage current).

leakage radiation rayonnement de fuites *(rayonnement électromagnétique parasite émis par une ouverture d'un blindage d'étage ou d'un coffret d'appareil, par un raccord de guides d'ondes, etc.) (cf. aussi* electromagnetic radiation, shield[1] *et* choke coupling).

leakage reactance réactance de fuite *(autre nom, plus général, de l'inductance de fuite) (transfo) (cf. aussi* leakage inductance *et* reactance).

leakage resistance résistance de fuite *(résistance du chemin suivi par un courant dans un isolant ou à la surface de celui-ci) (est l'équivalent de la résistance d'isolement considérée dans le cas où sa valeur n'est pas assez grande pour empêcher complètement le passage du courant) (ce terme s'applique notamment au diélectrique d'un condensateur) (cf. aussi* insulation resistance, resistance *et* dielectric[1]).

leaky capacitor condensateur à fortes fuites *(cf. aussi* leakage resistance *et* capacitor leakage current).

leaky diode diode à fort courant inverse *(diode à jonction) (cf. aussi* reverse current *et* junction diode).

leaky waveguide *cf.* slotted waveguide.

learning machine machine auto-adaptative *(ordinateur capable d'améliorer ses décisions d'après le résultat de l'analyse statistique des résultats obtenus) (inf) (cf. aussi* learning phase, computer 2) *et, pour information,* teaching machine).

learning phase phase d'apprentissage *(phase pendant laquelle une machine auto-adaptative apprend notamment à reconnaître des motifs graphiques ou vocaux en les mémorisant) (cf. aussi* learning machine, pattern recognition *et* speech recognition).

leased line ligne louée, ligne spécialisée *(ligne téléphonique louée à l'Administration ou, aux États-Unis notamment, à une société de télécommunications pour relier en permanence un poste déterminé à un autre) (transmission de données, etc.) (cf. aussi* telephone line).

leased-line contract contrat de location de ligne.

leased-line network réseau de lignes louées.

leased-line operation exploitation de lignes louées.

leased telephone line ligne téléphonique louée, *(etc.) (cf. aussi* leased line).

leased voice-grade line *cf.* leased telephone line.

least significant bit binaire de poids faible *(souvent de poids le plus faible) (binaire situé à droite d'un mot binaire à codage binaire pur) (quelle que soit la longueur du mot binaire, si le binaire de poids faible est « 0 », il représente zéro unité du nombre entier codé et s'il est « 1 » il représente une unité) (inf) (cf. aussi* less significant bit, bit *et* pure binary coding).

least significant character *cf.* least significant digit.

least significant digit *cf.* least significant bit.

Lecher line ligne de Lecher *(ancien ondemètre hyperfréquence utilisant une ligne de transmission formée essentiellement de deux tiges conductrices de petit diamètre excitées à une extrémité par le signal à mesurer et court-circuitées à l'autre extrémité par une barrette coulissante dont on règle la position pour obtenir le régime d'ondes stationnaires; la distance entre deux nœuds de tension successifs est ensuite mesurée et multipliée par 2 pour obtenir la longueur d'onde du signal) (cf. aussi* standing wave).

Lecher wires *cf.* Lecher line.

Leclanche cell pile Leclanché *(pile galvanique dérivée de la pile de Volta, dans laquelle l'électrode positive est une plaque de charbon de cornue entourée de bioxyde de manganèse contenu dans un vase poreux baignant, ainsi que l'électrode négative en zinc, dans une solution de chlorure d'ammonium contenue dans un vase extérieur) (le vase poreux entourant l'anode sert à maintenir le dépolarisant en contact avec celle-ci tout en laissant passer l'électrolyte) (cf. aussi* galvanic cell, cell polarization *et* dry cell).

LED *cf.* light-emitting diode.

LED alphanumeric display *(cf. aussi* alphanumeric display)

1) affichage alphanumérique par diodes lumineuses *(ou luminescentes).* 2) afficheur alphanumérique à diodes lumineuses *(ou luminescentes).*

LED bar-graph afficheur incrémental à diodes lumineuses, *(etc.) (afficheur incremental dans lequel des échelons et autre graphisme sont constitués par des diodes lumineuses de forme appropriée) (cf. aussi* bar-graph *et* light-emitting diode).

LED device 1) dispositif à diode(s) lumineuse(s), *(etc.) (afficheur à diodes lumineuses ou voyant à diode lumineuse) (cf. aussi* LED display 2) *et* LED lamp). 2) *cf.* LED.

LED display *(cf. aussi* display[1] *et* light-emitting diode) 1) affichage par diodes lumineuses *(ou luminescentes).* 2) afficheur à diodes lumineuses *(ou luminescentes).*

LED display panel panneau afficheur à diodes lumineuses *(ou luminescentes) (cf. aussi* display panel).

LED driver 1) attaqueur de diodes lumineuses, *(etc.) (cf. aussi* driver 1). 2) *cf.* LED emitter.

LED emitter (émetteur à) diode lumineuse *(ou luminescente) (liaison par fibre optique) (cf. aussi* fiber-optic transmitter).

LED indicator *cf.* LED lamp.

LED lamp voyant à diode lumineuse *(ou luminescente).*

LED life durée de vie des diodes lumineuses *(ou luminescentes) (est beaucoup plus longue que celle des diodes laser du fait de la température de fonctionnement beaucoup plus basse de la jonction) (cf. aussi* semiconductor laser).

LED light lumière émise par une diode lumineuse *(ou luminescente).*

LED radiation rayonnement émis par une diode lumineuse *(ou luminescente).*

LED readout *cf.* LED display 1).

ledger card carte compte à piste magnétique *(carte perforée pour machine-comptable portant une piste magnétique au verso pour l'enregistrement de certains résultats) (inf) (cf. aussi* punched card).

Leduc effect *cf.* Righi-Leduc effect.

left channel voie gauche *(ensemble des circuits parcourus par le signal gauche dans une chaîne stéréophonique) (hifi) (cf. aussi* left signal).

left-hand ... *cf.* letf ... *(pour les termes qui ne figurent pas ci-après).*

left-hand circular polarization polarisation circulaire gauche, polarisation gauche *(type de polarisation circulaire d'une onde électromagnétique dans lequel le vecteur champ électrique tourne vers la gauche, c.-à-d. en sens contraire d'horloge, vu de l'antenne d'émission) (cf. aussi* circular polarization).

left-hand circularly-polarized ... *cf.* left-hand polarized ...

left-hand polarization *cf.* left-hand circular polarization.

left-hand polarized aerial *cf.* left-hand polarized antenna.

left-hand polarized antenna antenne à polarisation circulaire gauche *(antenne émettant, et pouvant recevoir, une onde à polarisation circulaire gauche) (cf. aussi* antenna *et* left-hand circular polarization).

left-hand polarized signal *cf.* left-hand polarized wave.

left-hand polarized wave onde à polarisation circulaire gauche, onde polarisée circulairement à gauche, onde polarisée à gauche *(cf. aussi* left-hand circular polarization).

left-hand rule règle des trois doigts de la main gauche *(règle des trois doigts pour un moteur, c.-à-d. appliquée au déplacement produit par la force de Laplace) (moyen mnémotechnique permettant de trouver le sens de la force exercée sur un conducteur parcouru par un courant et placé dans un champ magnétique orthogonal) (le pouce, l'index et le majeur de la main gauche étant orientés à 90° l'un par rapport à l'autre pour former les trois axes d'un trièdre trirectangle, si l'index représente le sens du courant d'électrons dans le conducteur et le majeur le sens du champ magnétique, le pouce indique le sens de la force agissant perpendiculairement au conducteur) (ce sens est celui du déplacement de la bobine mobile ou du ruban d'un haut-parleur électrodynamique ou de la rotation du rotor d'un moteur électrique ou du cadre mobile d'un galvanomètre, par exemple) (si l'on considère le sens conventionnel du courant, cette règle prend le nom de « règle de la main droite »; voir à ce sujet le nota de la rubrique « right-*

hand rule » et noter que ce dernier terme ne peut être employé dans le cas de l'action de la force de Laplace sur un faisceau d'électrons, le sens conventionnel du courant étant alors manifestement inadmissible) (électromagnétisme) (cf. aussi Lorentz force, current direction et Fleming's rules).

left-hand shift décalage vers la gauche (registre à décalage) (inf) (cf. aussi shift register).

left-hand taper loi de variation à pente croissante, loi à pente croissante, variation à pente croissante (loi de variation de la résistance d'un potentiomètre non linéaire dans lequel la variation de résistance par unité d'angle de rotation de l'axe de commande est plus grande à la fin de la rotation qu'au début de celle-ci, c.-à-d. loi logarithmique droite ou exponentielle droite) (cf. aussi non-linear taper).

letf-handed ... cf. left-hand ...

left signal signal gauche (signal d'enregistrement stéréophonique représentant principalement les sons émis à gauche d'un auditeur placé approximativement dans l'axe de l'orchestre) (en d'autres termes, signal fourni par un ou plusieurs microphones situés à gauche des sources sonores lors de l'enregistrement ou converti par un ou plusieurs haut-parleurs situés à gauche de l'auditeur lors de la reproduction du son, ou signal considéré entre ces deux opérations extrêmes) (hifi) (cf. aussi stereophonic sound system).

left stereo channel cf. left channel.

leftmost ... cf. most significant ... (le cas échéant).

leg 1) branche (d'un réseau électrique ou autre, d'un aimant en fer à cheval, etc.). 2) axe de radioalignement (radiophare) (cf. aussi radio-range leg).

Lenard rays rayons de Lénard (rayons cathodiques émis dans l'atmosphère par un tube de Lénard) (cf. aussi Lenard tube).

Lenard tube tube de Lénard (tube de Crookes dans lequel l'extrémité opposée à la cathode comporte une ouverture fermée par une mince feuille d'aluminium que les rayons cathodiques traversent avant d'être absorbés par l'atmosphère) (a été imaginé par le physicien allemand Lenard en 1894 pour l'étude des rayons cathodiques) (cf. aussi Crookes tube et cathode rays).

lens aerial (GB) cf. lens antenna.

lens antenna antenne à lentille (antenne hyperfréquence formée essentiellement d'une source primaire devant laquelle est disposée une lentille hyperfréquence) (cf. aussi primary radiator, antenna lens et microwave antenna).

Lenz's law loi de Lenz (loi physique selon laquelle le sens de la force électromotrice créée dans un circuit par une variation d'un flux magnétique embrassé par le circuit et, par conséquent, le sens du courant induit dans le circuit sont tels que le flux magnétique produit à son tour par le courant induit s'oppose à la variation du flux initial qui lui a donné naissance, c.-à-d. que si le flux initial augmente, le flux du courant induit s'en retranche, le champ correspondant étant de sens contraire au champ initial, et si le flux initial diminue, le flux du courant induit s'y ajoute, le champ correspondant étant de même sens que le champ initial) (cette loi complète la loi fondamentale de l'électromagnétisme en indiquant le sens du courant induit ; elle est une conséquence du principe de conservation de l'énergie et trouve une application dans l'amortissement et le freinage par courants de Foucault) (la variation du flux magnétique initial peut être due à une cause extérieure au circuit, comme un aimant qu'on approche ou écarte de celui-ci à titre de démonstration, par exemple, ou être due au circuit lui-même, auquel cas on a affaire à l'auto-induction) (induction électromagnétique) (cf. aussi induction, laws of electromagnetic induction, magnetic damping et eddy-current braking).

lepton lepton (nom générique des particules les plus légères de la classe des fermions) (électrons, muon, neutrinos et antiparticules correspondantes) (cf. aussi fermion et electron).

less significant bit binaire de poids moindre (que celui d'un autre binaire du même mot) (inf) (cf. aussi least signifiant bit et more significant bit).

letdown terrain clearance mode mode de descente à l'atitude de sécurité (radar d'avion).

lethal radar cf. hostile radar.

lethal threat menace prioritaire (menace pour laquelle une cible militaire dispose de très peu de temps pour s'y soustraire par une contre-mesure appropriée) (cf. aussi threat et countermeasures).

letter character cf. alphabetic character.

letter quality qualité courrier (qualité d'impression d'une imprimante comparable à celle d'une machine à écrire) (ce terme s'applique notamment aux imprimantes à marguerite ou anciennement, à boule et, par extension abusive, aux imprimantes matricielles à caractères formés par un nombre relativement grand de points de très petit diamètre donnant un contour peu dentelé et des courbes peu anguleuses) (cf. aussi near letter quality, daisy-wheel printer et matrix printer).

level 1) niveau (valeur relative d'une grandeur, c.-à-d. valeur exprimée par rapport à une valeur de référence) (est donc normalement exprimé en unités de rapport) (en réalité, ce terme est souvent employé avec le sens d'« amplitude », c.-à-d. de valeur absolue ou valeur tout court ; il n'a a que lorsqu'un niveau est exprimé en unités de rapport qu'il s'agit effectivement d'un niveau) (niveau de puissance acoustique, etc.) (cf. aussi bel, decibel, neper et amplitude). 2) moment (signal élémentaire d'un code télégraphique, c.-à-d. impulsion représentant un binaire « 1 » ou un binaire « 0 ») (cf. aussi telegraphe code et bit). 3) niveau (paire de couronnes de contacts explorée par les balais d'un commutateur téléphonique pas-à-pas) (cf. aussi stepping switch).

level above threshold niveau par rapport au seuil de perception (niveau d'un son) (audiométrie) (cf. aussi level 1) et audiometry).

level adjustment réglage de niveau (parf. du niveau) (générateur de signaux, etc.) (cf. aussi level 1) et adjustment 1)).

level conditioning mise au niveau (action d'amener l'amplitude d'un signal électrique à la valeur voulue) (le signal traité peut être analogique ou numérique) (cf. aussi level 1), analog signal et digital signal).

level-conditionning circuit circuit de mise au niveau (cf. aussi level conditioning).

level-conditioning logic logique de mise au niveau (cf. aussi logic 2) et level conditioning).

level control commande de niveau (parf. du niveau) (potentiomètre de réglage de niveau ou bouton de commande d'un tel potentiomètre) (cf. aussi control potentiometer et level 1)).

level diagram hypsogramme (graphique représentant la variation du niveau de transmission le long d'une ligne téléphonique) (cf. aussi transmission level 1) et level measuring set).

level flatness régularité du niveau (absence plus ou moins complète de variations du niveau d'un signal, notamment du signal fourni par un générateur de signaux sinusoïdaux) (hyper, etc.) (cf. aussi levelling).

level indication indication du niveau (parf. de niveau) (cf. aussi level indicator).

level indicator indicateur de niveau (a) appareil de mesure ou dispositif donnant une indication précise ou approximative de l'amplitude d'un signal) (vumètre, lampe à néon, indicateur cathodique, etc.) (magnétophone, projecteur de cinéma sonore, etc.) (cf. aussi volume indicator) ; (b) jauge (à liquide) (cf. aussi capacitance level indicator).

level measuring set hypsomètre (appareil conçu pour la mesure du niveau de transmission dans les lignes téléphoniques) (tls) (cf. aussi level diagram).

level meter cf. VU meter.

level multiple multiplage des niveaux (autocommutateur) (tél) (cf. aussi multiple^2 et level 3)).

level of gray niveau de gris (TV, etc.) (cf. aussi gray level).

level range plage de niveaux, gamme de niveaux, intervalle de niveaux (cf. aussi level 1) et range 3), 4), 5)).

level recorder enregistreur de niveau.

level select selection du niveau de déclenchement (du balayage) (oscillo) (cf. aussi sweep triggering).

level-sensitive circuit circuit sensible au niveau du signal d'entrée (oscillateur commandé en tension, commande automatique de gain, bascule commandée en niveau, etc.) (cf. aussi voltage-controlled oscillator, automatic gain control et level-triggered flip-flop).

level shift décalage du niveau, changement de niveau (résultat) (circuit logique) (cf. aussi level shifting).

level shifting décalage du niveau, changement de niveau *(modification de l'amplitude d'un signal numérique opérée par un circuit logique, généralement dans le sens d'un accroissement, pour compenser une différence de niveau de fonctionnement logique entre deux circuits logiques associés) (cf. aussi digital signal, logic level (b) et logic circuit).*

level-triggered D flip-flop bascule D commandée en niveau, *(etc.) (circuit logique) (inf) (cf. aussi D flip-flop et level-triggering).*

level-triggered flip-flop bascule commandée en niveau, bascule déclenchée par un niveau, bascule à commutation par niveau *(circuit logique) (inf) (cf. aussi level triggening, edge-triggered flip-flop et flip-flop).*

level triggering commande en niveau, déclenchement par un niveau, commutation par niveau *(commande d'une bascule dont le basculement se produit lorsque l'impulsion de commande atteint une amplitude déterminée, indépendamment de la vitesse à laquelle cette amplitude est atteinte) (circuit logique) (inf) (cf. aussi level-triggered flip-flop et edge triggering).*

leveller *cf.* levelling amplifier.

levelling régulation du niveau *(régulation de l'amplitude d'un signal, notamment du signal fourni par un oscillateur, opérée à l'aide d'un amplificateur à gain variable) (hyper, etc.) (cf. aussi regulation, variable-gain amplifier et amplitude).*

levelling amplifier amplificateur régulateur de niveau *(cf. aussi levelling).*

lever action *cf.* lever operation.

lever-actuated switch *cf.* lever switch.

lever-operated switch *cf.* lever switch.

lever operation commande par levier *(cf. aussi lever switch).*

lever switch *(cf. aussi switch¹)* 1) interrupteur à levier *(interrupteur commandé par un petit levier à deux positions stables) (est généralement un interrupteur à rupture brusque au sens généralement donné à ce terme) (cf. aussi single-throw switch et toggle switch).* 2) inverseur à levier *(inverseur commandé par un petit levier à deux ou trois positions stables, la troisième position éventuelle étant un point mort central sans liaison électrique) (un inverseur à deux positions peut être à rupture brusque; un inverseur à trois positions ne l'est pas) (cf. aussi double-throw switch).* 3) commutateur à levier *(commutateur rotatif commandé par un petit levier) (est peu employé) (cf. aussi rotary switch).*

Leyden jar bouteille de Leyde *(condensateur formé d'un flacon de verre dont la paroi intérieure est couverte d'une feuille d'étain et la paroi extérieure également) (les deux feuilles métalliques forment les armatures du condensateur et le verre constitue le diélectrique; le flacon est fermé par un bouchon isolant traversé par une tige métallique reliée à la feuille intérieure par une chaînette dont l'extrémité inférieure repose sur le fond du flacon) (premier condensateur réalisé) (cf. aussi capacitor).*

lf *cf.* LF. *(de même pour les termes dérivés).*

LF *cf.* low frequency 1).

LF ... *cf.* LF band *et* VHF ... *et* adapter *(pour les termes qui ne figurent pas ci-après).*

LF band bande des basses fréquences, gamme *(idem),* bande LF, gamme LF, *(parf.)* gamme des ondes kilométriques *(radioélectricité) (cf. aussi low frequency 1)).*

LF frequency fréquence LF *(fréquence comprise dans la bande LF) (cf. aussi LF band).*

LF frequency band *cf.* LF band.

LF Loran *cf.* low-frequency Loran.

LF wave *cf.* kilometric wave.

LHC polarization *cf.* left-hand circular polarization.

librarian *(en informatique)* bibliothécaire, programme bibliothécaire *(ou de bibliothèque ou de gestion de bibliothèque) (programme d'ordinateur permettant de créer et tenir à jour une bibliothèque de programmes) (cf. aussi computer program et program library).*

librairian program *cf.* librairian.

librairian routine *cf.* librairian.

library bibliothèque *(de programmes, de fonctions, etc.) (inf, etc.) (cf. aussi program library et function library).*

LIC *cf.* linear integrated circuit.

LID *(vient de « leadless inverted device »)* porte-puce LID *(porte-puce en céramique conçu pour recevoir une diode ou un transistor collé par dessous et dont les bornes sont reliées par des fils à des plages métallisées aboutissant sous les pieds du porte-puce et assurant le contact avec les conducteurs du circuit hybride sur lequel l'ensemble est fixé et connecté en même temps par refusion d'étain) (cf. aussi chip carrier et reflow soldering).*

lidar *(vient de « light radar »)* lidar *(cf. aussi optical radar).*

lie detector détecteur de mensonges, polygraphe *(le premier terme est le plus employé, le second est le nom scientifique) (ensemble d'appareils enregistreurs et de capteurs permettant de s'apercevoir quand une personne soumise à un interrogatoire ment, grâce à la mesure de grandeurs telle que le rythme cardiaque et la résistance de la peau susceptibles de varier sous l'effet de l'émotion normalement associée à un mensonge) (cf. aussi sensor).*

LIF connector *cf.* low-insertion-force connector.

life 1) vie *(d'un composant, appareil ou système).* 2) *cf.* lifetime (a).

live expectancy durée de vie prévue *(cf. aussi lifetime (a)).*

life specifications durée de vie spécifiée, spécifications de durée de vie, durée de vie imposée *(cf. aussi lifetime (b) et specification).*

life specs *(fam) cf.* life specifications.

life test (un) essai d'endurance *(essai destiné à faire apparaître la durée de service probable d'un dispositif dans des conditions d'utilisation déterminées) (cf. aussi reliability test et lifetime (b)).*

life testing (l')essai d'endurance *(cf. aussi life test).*

lifetime durée de vie *(temps pendant lequel une particule est observable ou un dispositif est utilisable) (a) cf. aussi carrier lifetime); (b) noter que pour un dispositif, les termes « durée de vie » et « durée de service » ne sont pas toujours synonymes; en effet, la durée de vie d'une pile galvanique ou d'un condensateur électrolytique, notamment, peut être écoulée sans que le dispositif ait été mis en service) (cf. aussi service life, operating life, shelf life, mechanical life et life test).*

LIFO *(vient de « last in, first out », c.-à-d. « dernier entré, premier sorti »)* pile inverse, mémoire LIFO, pile LIFO *(pile de registres dans laquelle les informations introduites sont lues dans l'ordre inverse de leur introduction, c.-à-d. pile du type « pile d'assiettes ») (inf) (cf. aussi stack 1) (b)).*

LIFO applications applications des ... *(cf. aussi LIFO et application).*

lift-off s arrachement *(d'une connexion) (cf. aussi lifted bond).*

lift-off pattern faciès d'arrachement *(zone de soudure d'une connexion après arrachement de celle-ci) (cf. aussi lifted bond).*

lifted bond soudure décollée *(soudure d'une connexion de circuit imprimé ou de circuit intégré hybride ou monolithique ou de composant à semiconducteur discret décollée, généralement par arrachement) (cf. aussi wire puller).*

lifted chip puce décollée *(puce de circuit intégré initialement collée sur un substrat de circuit hybride ou dans la cavité d'un porte-puce ou sur la plage de fixation d'un boîtier de circuit intégré, et décollée à la suite d'un échauffement excessif ou d'une autre cause) (cf. aussi chip 1)).*

lifted-off wire fil dessoudé, fil arraché *(cf. aussi lifted bond).*

light¹ s 1) lumière *(onde électromagnétique périodique de longueur extrêmement courte produisant un effet chimique et thermique et généralement un effet sur l'œil) (optique) (cf. aussi theory of light, velocity of light, visible light, invisible light, white light, black light, monochromatic light, non-coherent light, coherent light, electromagnetic wave et periodic wave).* 2) voyant lumineux *(cf. aussi pilot light).*

light² v 1) éclairer *(lampe).* 2) allumer *(une lampe, un voyant).* 3) s'allumer *(lampe, voyant).* 4) s'éclairer *(cadran d'appareil éclairé).*

light-activated SCR *cf.* light-activated silicon controlled rectifier.

light-activated silicon controlled rectifier photothyristor *(semi) (cf. aussi photo-SCR).*

light-activated ilicon controlled switch photothyristor à sorties *(photothyristor dans lequel chacune des quatre zones du crystal semiconducteur est reliée à une borne) (cf. aussi* light-activated silicon controlled rectifier).

light-activated switch *cf.* light-operated switch.

light-activated thyristor *cf.* light-activated silicon controlled rectifier.

light amplifier amplificateur de lumière *(nom parfois donné à un tube intensificateur d'image) (cf. aussi* image intensifier tube).

light beam faisceau de lumière, faisceau lumineux *(cf. aussi* beam[1] *et* light[1] 1)).

light-beam communications *cf.* laser communications.

light-beam galvanometer *cf.* mirror galvanometer.

light-beam pick-up *cf.* optical pick-up.

light cable câble à fibre optique *(cf. aussi* optical fiber).

light chopper découpeur optique *(dispositif mécanique réalisant la modulation par tout ou rien d'un faisceau de lumière) (est généralement formé d'un disque tournant comportant une ou plusieurs zones transparentes ou découpées interposé entre une source de lumière et une cellule photoélectrique pour convertir en courant alternatif le courant continu d'intensité lentement variable alimentant la source de lumière pour pouvoir amplifier ses variations) (ne pas employer « hacheur de lumière ») (est généralement utilisé pour convertir un faisceau lumineux d'intensité variable en impulsions de courant d'amplitude variable) (cf. aussi* photoelectric cell *et* chopper).

light current *cf.* photoelectric current.

light-dependent resistor photorésistance *(semi) (cf. aussi* photovaristor).

light detector détecteur de lumière *(cf. aussi* photodetector).

light dimmer gradateur de lumière *(dispositif permettant de faire varier l'intensité du rayonnement lumineux émis par une ou plusieurs lampes à incandescence) (est constitué par un rhéostat, un autotransformateur à rapport variable ou un montage électronique) (cf. aussi* incandescent lamp).

light display présentation lumineuse, *(etc.) (présentation par formation d'une image lumineuse) (présentation sur écran cathodique classique ou sur panneau afficheur lumineux) (la présentation sur écran de tube skiatron ou sur panneau à cristaux liquides, par exemple, n'est pas une présentation lumineuse) (cf. aussi* display[1], skiatron *et* LCD panel).

light emission émission de lumière *(cf. aussi* light source).

light emitter émetteur de lumière *(nom parfois donné à une source de lumière et notamment à un émetteur pour fibre optique) (cf. aussi* light source *et* fiber-optic transmitter).

light-emitting array matrice d'éléments lumineux *(afficheur à diodes lumineuses) (cf. aussi* light-emitting diode).

light-emitting diode diode lumineuse, diode luminescente, diode LED, diode émissive, diode émettrice *(noter que les deux derniers termes couvrent également les diodes laser) (diode à jonction émettant un rayonnement optique visible ou infrarouge) (le rayonnement est produit par les photons émis par les atomes revenant à l'état fondamental lors des recombinaisons électron-trou) (ne pas employer « diode électroluminescente », ce terme, qui résulte d'une mauvaise traduction initiale, étant tout à fait impropre puisque le phénomène mis à profit dans cette source de lumière n'a rien à voir avec l'électroluminescence) (utilise un cristal semiconducteur à bande interdite relativement large tel que le phosphure de gallium ou l'arséniure de gallium notamment, convenablement dopé, notamment à l'azote ou à l'oxyde de zinc) (la longueur d'onde du rayonnement émis, donc sa couleur s'il s'agit de lumière visible, dépend de la nature du cristal et des impuretés introduites) (en plus de l'infrarouge, on obtient couramment (en 1990) le rouge, l'orange, le vert, le jaune-vert et le jaune) (la lumière émise est de la lumière non cohérente) (est utilisée notamment comme voyant lumineux, comme élément lumineux dans les afficheurs et indicateurs et comme émetteur optique dans des barrières infrarouges et des liaisons par fibre optique) (cf. aussi* optical radiation, electron-hole pair recombination, p-n junction diode, coherent light *et* laser diode).

light-emitting diode ... *cf.* LED ...

light flux flux de lumière *(cf. aussi* luminous flux).

light guide guide optique*(cf. aussi* optical waveguide).

light gun pistolet optique *(crayon optique en forme de pistolet pour une meilleure tenue en main) (cf. aussi* light pen).

light hole trou léger *(trou dont la masse effective est inférieure à celle des autres trous dans un semiconducteur) (est formé dans une sous-bande étroite de la bande de valence) (cf. aussi* hole 1)).

light imaging *cf.* light display.

light indicator *cf.* light[1] 2).

light level niveau d'éclairement, éclairement *(dispositif photoélectrique, etc.) (cf. aussi* illumination 1)).

light loading 1) *(parf.* application d'une) faible charge *(alim, ampli, etc.) (cf. aussi* load[1] (a)). **2)** charge légère *(charge d'un câble téléphonique par des bobines de charge dont l'inductance a une valeur relativement faible) (cf. aussi* loaded cable).

light modulation modulation de lumière *(modulation de l'intensité d'un rayonnement lumineux) (cf. aussi* light modulator *et* modulation (a)).

light modulator modulateur de lumière *(dispositif permettant de faire varier l'intensité ou la fréquence d'un faisceau de lumière) (la variation peut être progressive ou par tout ou rien) (le dispositif peut être mécanique ou électro-optique (cf. aussi* light chopper, electro-optical modulator, acousto-optic light modulator *et* optical modulator.

light-negative *a cf.* photoresistive.

light-operated switch interrupteur à commande optique *(tg) (photodiode, phototransistor, photothyristor, etc.) (voir ces termes).*

light output sortie de la lumière, lumière émise, intensité lumineuse *(selon le contexte) (cf. aussi* luminous intensity).

light pen crayon optique, crayon électronique, photostyle, crayon lumineux *(le premier terme est le meilleur, le dernier est impropre mais employé) (dispositif permettant d'introduire des informations dans la mémoire d'un ordinateur en agissant sur son écran ou sur l'écran d'un terminal à écran relié à l'ordinateur) (est formé d'un tube portant à une extrémité une cellule photoélectrique reliée à l'unité centrale de l'ordinateur pour introduire dans la mémoire de celui-ci les informations voulues en appliquant l'extrémité du crayon sur l'écran du terminal) (l'écran étant balayé en permanence par le faisceau d'électrons, comme dans un récepteur de télévision, le passage du point lumineux sur l'écran à l'endroit où est appliquée la pointe du crayon produit une impulsion de tension aux bornes de la cellule ; cette impulsion permet à l'ordinateur de déterminer les coordonnées du point correspondant sur l'écran et de les mettre en mémoire pour enregistrer ou effacer une information graphique) (permet notamment d'ajouter ou supprimer des détails sur un dessin ou un schéma contenu dans la mémoire et de mémoriser des courbes en déplaçant le crayon lentement sur l'écran, le graphisme mémorisé apparaissant en même temps sur l'écran, d'ou le nom de « crayon ») (noter que le crayon n'est pas lumineux malgré l'un de ses noms) (inf) (cf. aussi* light gun, display terminal *et* photocell).

light pipe conduit de lumière *(cylindre en matière transparente à section droite de forme quelconque et même variable et pouvant présenter des coudes prononcés dans un ou plusieurs plans et des ramifications, utilisé pour transmettre la lumière émise par une source de lumière disposée à une de ses extrémités, ou approximativement en son milieu, cette extrémité étant la base du tronc dans le cas de ramifications) (a donné naissance aux fibres optiques mais, contrairement à celles-ci, a normalement une structure homogène dans toute sa section droite, la lumière se réfléchissant dans l'interface conduit/air, avec des pertes accrues en conséquence) (noter que ce terme est parfois employé pour désigner une fibre optique, notamment de courte longueur et de diamètre relativement grand, ou un faisceau de telles fibres) (cf. aussi* light[1] 1) *et* optical fiber).

light-positive *a cf.* photoconductive.

light pulse impulsion de lumière *(émission de lumière pendant un temps relativement court) (laser, etc.) (cf. aussi* light[1] 1) *et* pulse[1]).

light ray rayon de lumière, rayon lumineux *(optique) (cf. aussi* ray *et* light).

light relay *cf.* photoelectric relay.

light-sensitive *a* sensible à la lumière, photosensible *(pro-*

priété d'un corps ou un dispositif dont une caractéristique est modifiée par l'action d'un rayonnement optique) (en électronique, le qualificatif « photosensible » est généralement synonyme de « photoélectrique » sauf, naturellement, pour un papier ou un autre support photosensible) (cf. aussi optical radiation *et* photoelectric).

light-sensitive ...   *cf.* photo... *(en un seul mot) (pour les termes qui ne figurent pas ci-après) (cf. aussi* light-sensitive).

light-sensitive material   matière photosensible, *(etc.) (cf. aussi* light-sensitive *et* material).

light sensor   capteur de lumière (visible) *(cf. aussi* optical sensor *et* visible light).

light signal   signal lumineux *(signal optique visible) (cf. aussi* optical signal *et* visible light).

light source   source de lumière, source lumineuse *(source de rayonnement optique visible) (corps luminescent ou incandescent ou, par extension, lampe à flamme, à incandescence, à décharge ou à arc ou diode émissive ou, par extension encore plus grande, voyant lumineux, afficheur, écran cathodique, panneau afficheur, etc.) (cf. aussi* standard light source, visible optical radiation *et* emissive diode).

light spot   **1)** point lumineux *(tube cath, etc.) (cf. aussi* luminous spot. **2)** index lumineux *(marque lumineuse se déplaçant le long de l'échelle translucide d'un galvanomètre à miroir en faisant office d'aiguille sans inertie) (cf. aussi* mirror galvanometer).

light-spot instrument   appareil (de mesure) à index lumineux *(cf. aussi* light spot 2)).

light-spot scanner   *cf.* flying-spot scanner.

light-trace recorder   *cf.* optical recorder.

light valve   galvanomètre à cordes *(au pluriel ou au singulier selon les auteurs, le pluriel étant toutefois préférable pour éviter la confusion avec le galvanomètre de Einthoven),* valve de lumière *(anglicisme courant mais à éviter) (modulateur de lumière pour enregistrement du son à densité variable sur film de cinéma formé essentiellement d'un fil ou un ruban conducteur replié en U et tendu, parcouru par le courant microphonique et disposé entre les pôles d'un aimant en fer à cheval sur le parcours du flux lumineux à moduler) (les pôles de l'aimant sont munis d'une étroite fente transversale par laquelle passe la lumière à moduler, le fil étant disposé entre les fentes, parallèlement à l'axe et au plan de celles-ci) (le courant microphonique parcourt le fil et, par action de la force de Laplace due au champ de l'aimant, les deux branches du U ou « cordes » s'écartent plus ou moins l'une de l'autre au rythme des variations d'intensité du courant en faisant varier la largeur effective des fentes, donc la quantité de lumière passant par celles-ci, leur longueur étant invariable) (cf. aussi* variable-density sound track, Lorentz force *et* string galvanometer).

light wave   onde lumineuse *(nom parfois donné à la lumière pour rappeler sa nature ondulatoire) (cf. aussi* light[1] 1)).

light wave ...   *cf.* optical ... *(pour les termes qui ne figurent ci-après).*

light-wave transmission   transmission par onde lumineuse *(cf. aussi* optical transmission).

light wavelength   longueur d'onde de la lumière (visible) *(va de 0,4 micron pour le violet foncé à 0,77 micron pour le rouge foncé) (cf. aussi* wavelength *et* light[1] 1)).

light writing   enregistrement sans saturation *(enregistrement de signaux binaires sur un support magnétique, dans lequel la saturation magnétique du support n'est jamais atteinte, ni dans un sens pour les binaires « 1 » ni dans l'autre pour les binaires « 0 ») (inf) (cf. aussi* magnetic medium, magnetic saturation *et* bit).

lighted   éclairé.

lighted ...   *cf.* illuminated ... *(le cas échéant).*

lighthouse tube   tube-phare *(hyper) (cf. aussi* disk-seal tube).

lighting   éclairage *(d'un local, d'un cadran etc.) (ne pas confondre avec « lightning »).*

lightly doped region   zone faiblement dopée *(semi) (cf. aussi* lightly doped semiconductor).

lightly doped semiconductor   semiconducteur faiblement dopé *(ou* peu dopé) *(semiconducteur dopé dans lequel la*

concentration d'impuretés a une faible valeur et dont la résistivité est, par conséquent, relativement grande) (cf. aussi doping *et* impurity concentration).

lightly doped substrate   substrat faiblement dopé *(semi) (cf. aussi* lightly doped semiconductor.

lightning   (la) foudre *(ne pas confondre avec « lighting »).*

lightning arrester   parafoudre *(limiteur de surtension protégeant une installation électrique ou une ligne de transmission contre les surtensions importantes produites directement ou indirectement par la foudre en créant un chemin à faible résistance entre la ligne et la terre lorsque la tension entre les deux dépasse une valeur déterminée) (cf. aussi* surge arrester).

lightning protection device   *cf.* lightning arrester.

like charges   charges de même signe, charges électriques *(idem) (paire ou ensemble de charges électriques positives ou négatives) (cf. aussi* electric charge).

like electric charges   *cf.* like charges.

like magnetic poles   *cf.* like poles.

like poles   pôles de même nom, pôles magnétiques *(idem) (paire ou ensemble de pôles magnétiques nord ou sud) (cf. aussi* magnetic pole (a)).

likelihood detection   détection probabiliste *(détection d'une cible sonar faisant appel au calcul des probabilités) (mil) (cf. aussi* sonar target).

limit   *v*   limiter l'amplitude *(d'un signal),* écrêter *(un signal) (cf. aussi* limiting).

limit bridge   pont à tolérances *(pont de mesure utilisé pour le contrôle de fabrication d'appareils électromécaniques) (cf. aussi* bridge).

limit current   intensité limite *(d'un courant) (cf. aussi* current).

limit-cycle noise   bruit dû à l'ondulation *(tension de bruit à la sortie d'un filtre passe-bande due à l'ondulation dans la bande passante) (cf. aussi* noise voltage, band-pass filter *et* ringing 3).

limit-cycle oscillation   *cf.* limit cycles.

limit cycles   ondulation *(filtre) (cf. aussi* ringing).

limit switch   interrupteur de fin de course, fin de course *sm (terme le plus employé),* microrupteur *(interrupteur à rupture brusque et à très faible course de commande actionné par un chariot de machine-outil ou autre dispositif arrivant en fin de course pour déclencher l'arrêt ou l'inversion du mouvement de translation) (est commandé soit directement par son poussoir, soit indirectement par un levier articulé appuyant sur celui-ci) (cf. aussi* pretravel *et* switch[1] 1)).

limit test   (un) contrôle par attributs, *(etc.) (cf. aussi* limit testing).

limit testing   (le) contrôle par attributs, (le) contrôle bon/mauvais *(contrôle de composants électroniques ou autre matériel, en fabrication ou non, avec acceptation ou refus du matériel selon qu'une caractéristique contrôlée est comprise ou non entre deux limites déterminées) (cf. aussi* testing).

limited signal   signal écrêté *(cf. aussi* limiting).

limiter   **1)** limiteur d'amplitude, limiteur, écrêteur, circuit *(idem),* étage *(idem) (étage de récepteur à modulation de fréquence limitant à une valeur constante l'amplitude du signal à fréquence intermédiaire pour en éliminer les parasites avant de l'appliquer au discriminateur) (cf. aussi* frequency modulation, intermediate frequency *et* discriminator). **2)** *cf.* current limiter).

limiter circuit   *cf.* limiter.

limiter diode   diode limiteuse, diode d'écrêtage, diode écrêteuse, diode de limitation d'amplitude *(diode à semiconducteur limitant l'amplitude du signal disponible à ses bornes) (est polarisée dans le sens inverse par une tension continue de valeur déterminée et dérive ainsi à la masse le signal appliqué à ses bornes lorsque l'amplitude de celui-ci est supérieure à la tension de polarisation) (cf. aussi* semiconductor diode *et* reverse bias).

limiter stage   *cf.* limiter.

limiting   **1)** limitation d'amplitude, écrêtage *(limitation de l'amplitude d'un signal à une valeur déterminée) (ce terme s'applique généralement à un signal à modulation de fréquence) (cf. aussi* hard limiting, soft limiting *et* limiter 1)). **2)** *cf.* current limiting).

limiting ... *cf.* limiter *... (pour les termes qui ne figurent pas ci-après).*

limiting amplifier amplificateur limiteur *(amplificateur fonctionnant en limiteur d'amplitude, c.-à-d. dans lequel l'amplitude du signal de sortie n'augmente pratiquement plus au-delà d'une amplitude déterminé du signal d'entrée) (possède donc une caractéristique présentant un coude brusque dans la partie supérieure suivi d'une branche presque horizontale) (cf. aussi* amplifier *et* characteristic curve).

limiting resistor *cf.* protection resistor.

lin-log ... *cf.* logarithmic ...

LiNbO₃ *cf.* lithium niobate.

line 1) ligne *(ligne de transmission ou de transport d'énergie électrique) (tél, élec, etc.) (cf. aussi* transmission line). 2) secteur *(cf. aussi* power line). 3) ligne (de balayage) *(TV, etc.) (cf. aussi* scanning line). 4) trait *(lieu des points sensibilisés dans un résist par le rayonnement ou les particules reçues ou, par extension, conducteur ou intervalle entre conducteurs obtenu dans un circuit intégré monolithique selon que le résist est négatif ou positif, respectivement) (cf. aussi* resist, integrated-circuit connection *et* fine line). 5) ruban *(conducteur de circuit imprimé ou hybride) (cf. aussi* trace[1] 2)). 6) ligne *(d'un texte) (inf, etc.).* 7) raie *(d'un spectre) (cf. aussi* spectrum line).

line-addressable random-access memory *cf.* LARAM.

line amplifier 1) amplificateur de ligne *(amplificateur de répéteur téléphonique analogique) (cf. aussi* repeater 1)). 2) *cf.* program amplifier.

line-at-a-time printer *cf.* line printer.

line balance équilibre de la ligne *(ligne équilibrée) (cf. aussi* balanced line).

line-balance converter symétriseur d'antenne *(cf. aussi* balun).

line balancing équilibrage des lignes *(tél) (cf. aussi* line balance).

line blanking *cf.* horizontal blanking *(de même pour les termes dérivés).*

line boundaries 1) bord des lignes *(image TV ou autre).* 2) bords des traits *(CI) (cf. aussi* line 4)). 3) bords des rubans *(CH) (cf. aussi* line 5)).

line brown-out microcoupure, *(etc.) (secteur) (cf. aussi* brown-out).

line buffer mémoire tampon d'une ligne *(dans une imprimante, mémoire tampon dans laquelle sont chargés les caractères de la prochaine ligne à imprimer) (inf) (cf. aussi* buffer memory *et* printer[1]).

line communications *cf.* wire communications.

line concentration concentration de lignes (téléphoniques) *(cf. aussi* concentrator).

line concentrator concentrateur de lignes (téléphoniques) *(cf. aussi* concentrator).

line conditioning conditionnement de lignes *(parf. des lignes) (augmentation de la bande passante de lignes téléphoniques pour permettre de les employer pour la transmission de données à grande vitesse) (tls) (cf. aussi* bandwidth 2), data transmission *et* transmission rate).

line configuration configuration de la ligne *(disposition des tronçons successifs d'une ligne de transmission) (tronçon aérien suivi d'un tronçon souterrain, etc.) (cf. aussi* transmission line).

line contention conflit d'accès à la ligne *(situation dans laquelle deux ou plusieurs terminaux informatiques tentent simultanément d'avoir accès à une ligne de transmission de données) (télinf) (cf. aussi* contention).

line control 1) gestion de lignes, commande de lignes (de, d'une *ou* de la, *selon le contexte) (transmission de données) (cf. aussi* communications controller). 2) (commande de) saut de papier *(commande de passage à la ligne sur une imprimante) (inf).*

line control unit *cf.* line controlleer.

line controller régisseur de ligne *(transmission de données) (cf. aussi* communications controller).

line cord cordon d'alimentation *(appareil) (cf. aussi* power cord).

line coupling *(cf. aussi* coupling 1)) 1) couplage de la linge *(couplage d'une ligne de transmission avec une source ou un*

récepteur de signaux) (ligne tél, etc.). 2) couplage en ligne *(couplage parasite entre deux lignes de télécommunications) (cf. aussi* coupling 2) *et* communications line).

line-coupling transformer transformateur d'alimentation *(appareil) (cf. aussi* power transformer).

line current courant du secteur *(cf. aussi* power grid).

line deflection *cf.* horizontal deflection.

line distortion distortion en ligne *(distortion de signaux téléphoniques en cours de transmission due à l'insuffisance de la bande passante de la ligne pour transmettre correctement toutes les fréquences du signal émis par le microphone) (cf. aussi* distortion *et* bandwidth 2)).

line drive attaque de la ligne *(parf. d'une ligne) (cf. aussi* line driver).

line drive circuit *cf.* line driver.

line driver attaqueur de ligne, circuit d'attaque de ligne *(attaqueur inséré entre un appareil informatique et une ligne téléphonique ou autre pour fournir la puissance nécessaire à la transmission des signaux sur une certaine distance) (cf. aussi* driver 1)).

line driving *cf.* line drive.

line driving circuit *cf.* line driver.

line drop chute de tension en ligne *(élec, tél) (cf. aussi* voltage drop).

line drop-out *cf.* line brown-out.

line duration durée d'une ligne, durée des lignes *(temps nécessaire au faisceau d'électrons pour analyser une ligne dans un tube analyseur ou pour tracer une ligne sur l'écran dans un tube-image) (TV, etc.) (cf. aussi* scanning line).

line equalization *cf.* equalization (b).

line equalizer *cf.* equalizer 3).

line equipment matériel de ligne *(matériel utilisé pour construire des lignes téléphoniques ou télégraphiques, c-à-d. notamment fils, câbles, poteaux, répéteurs, etc.) (tls) (cf. aussi* telephone line *et* telegraph line).

line fault 1) défaut en ligne *(défectuosité d'une ligne de transport d'énergie électrique).* 2) dérangement sur la ligne *(défectuosité d'une ligne téléphonique) (cf. aussi* telephone line).

line feed 1) passage à la ligne, changement de ligne *(imprimante) (inf).* 2) *cf.* line drive.

line feed character caractère de changement de ligne *(cf. aussi* line feed 1)).

line feed circuit *cf.* line driver.

line filter filtre antiparasite *(cf. aussi* power-line filter).

line finder *cf.* finder.

line flyback retour de ligne *(TV, etc.) (cf. aussi* horizontal flyback).

line frequency 1) fréquence des lignes *(TV, etc.) (cf. aussi* horizontal sweep frequency). 2) fréquence du secteur *(cf. aussi* power-line frequency).

line-frequency blanking pulse *cf.* horizontal blanking pulse.

line hole *cf.* feed hole.

line hydrophone hydrophone en ligne *(hydrophone utilisant un élément sensible allongé ou plusieurs éléments disposés en ligne droite) (sonar) (cf. aussi* hydrophone).

line image image tramée *(image formée d'une trame) (TV, etc.) (cf. aussi* raster).

line imaging imagerie à balayage, imagerie ligne par ligne *(imagerie utilisant une caméra infrarouge à balayage) (télédétection, mil, etc.) (cf. aussi* imaging *et* infrared scanner).

line imaging device *cf.* line scanner.

line impedance impédance de la ligne *(impédance caractéristique d'une ligne de transmission) (cf. aussi* characteristic impedance).

line information informations relatives à la ligne *(à afficher, imprimer, etc., c-à-d. contenu, type de caractères, attributs, etc.) (inf, etc.) (cf. aussi* character (a), attributes *et* information).

line input entrée de la ligne *(entrée d'une ligne de transmission, c.-à-d. extrémité de celle-ci à laquelle est appliquée le signal à transmettre) (cf. aussi* input[1] *et* transmission line).

line input ... *cf.* line ...

line insulator isolateur de ligne *(isolateur supportant un fil nu de ligne téléphonique ou électrique) (cf. aussi* insulator 2)).

line interface interface de transmission *(circuit d'interface inséré entre une extrémité d'une ligne de transmission et un appareil ou organe émetteur ou récepteur) (télinf) (cf. aussi* interface 2)).

line interface chip puce d'interface de transmission *(CI) (cf. aussi* chip 1) *et* line interface).

line interfacing raccordement d'une ligne de transmission *(cf. aussi* line interface).

line interlace entrelacement (des lignes) *(TV) (cf. aussi* interlaced scanning).

line lengthener complément de longueur *(tél) (cf. aussi* building-out network).

line microphone microphone canon *(microphone utilisant un tube devant la membrane pour obtenir une haute directivité) (le tube peut dépasser 1 m de longueur ; il est tapissé d'une manière absorbante à l'intérieur et muni d'ouvertures améliorant la réponse en fréquence aux fréquences élevées ; ces ouvertures peuvent être fermées par une matière absorbante) (cf. aussi* microphone).

line noise bruit de la ligne, bruit dû à la ligne *(bruit à l'extrémité réceptrice d'une ligne de télécommunications présent même en l'absence de signal à l'extrémité émettrice) (est dû notamment à des parasites captés et éventuellement à des mauvais contacts si la ligne comporte des points de raccordement) (tél, etc.) (cf. aussi* noise 2) (a), communications line *et* interference 1)).

line occupancy taux d'occupation des lignes *(parf.* de la ligne) *(tél).*

line of electric flux ligne de flux électrique *(ligne de flux d'un champ électrique) (cf. aussi* ligne of flux *et* electric field).

line of flux ligne de flux *(terme de mécanique des fluides employé fréquemment à la place de « ligne de force » dans le cas d'un champ électrique ou magnétique) (cf. aussi* line of force).

line of force ligne de force *(dans un champ de forces, ligne imaginaire dont chaque point a pour tangente le vecteur décrivant le champ en ce point) (représente donc les directions successives du vecteur du champ et a la forme d'une courbe ou d'une droite selon que le vecteur change de direction ou non) (cf. aussi* field of force *et* vector).

line of induction *cf.* line of flux.

line of magnetic flux ligne de flux magnétique *(cf. aussi* line of flux *et* magnetic flux).

line of position ligne de position *(hyperbole définie par les signaux d'un système de navigation hyperbolique) (radionav) (cf. aussi* hyperbolic navigation system).

line-of-sight communications liaisons à vue, liaisons en visibilité (directe) *(cf. aussi* line-of-sight propagation).

line-of-sight conditions conditions de propagation à vue, *(etc.) (cf. aussi* line-of-sight propagation).

line-of-sight coverage couverture optique *(couverture d'une zone par un émetteur limitée à la portée d'optique) (radar, TV, laser, etc.) (cf. aussi* coverage (a) *et* line-of-sight propagation).

line-of-sight data link émission de transmission de données à vue, *(etc.) (cf. aussi* line-of-sight link *et* data link).

line-of-sight distance *(cf. aussi* line-of-sight propagation) 1) distance en ligne droite. 2) distance de l'horizon *(émetteur).* 3) *cf.* line-of-sight range.

line-of-sight guidance guidage à vue *(guidage d'un missile filoguidé) (mil) (cf. aussi* wire guidance).

line-of-sight link liaison à vue, liaison en visibilité (directe) *(liaison radio ou optique avec propagation à vue) (cf. aussi* line-of-sight propagation) (a) *liaison de télécommunications par faisceau hertzien ou par faisceau laser entre deux points au sol ou entre un satellite geostationnaire et une station au sol ;* (b) *liaison radio ordinaire entre un aéronef et une station au sol ou un autre aéronef séparés par une distance au plus égale à celle de l'horizon) (cf. aussi* radio link).

line-of-sight microwave link liaison par faisceau hertzien en visibilité (directe) *(radiocom) (cf. aussi* microwave link *et* line-of-sight propagation).

line-of-sight microwave radio (les) faisceaux hertziens en visibilité (directe) *(clpf) (cf. aussi* microwave radio *et* line-of-sight propagation.

line-of-sight path trajet direct, rayon direct *(propa) (cf. aussi* multipath propagation).

line-of-sight propagation propagation à vue, propagation en visibilité (directe), propagation en ligne droite *(propagation d'une onde ultra-courte entre deux points entre lesquels il n'y a pas d'obstacle) (liaison par faisceau hertzien, radiodiffusion en ondes très courtes ou ultra-courtes) (ces termes couvrent implicitement aussi le cas de la propagation d'un faisceau laser) (cf. aussi* microwave radio).

line-of-sight radio *cf.* line-of-sight microwave radio.

line-of-sight radio link *cf.* line-of-sight microwave link.

line-of-sight range portée optique *(portée jusqu'à l'horizon) (émetteur à ondes très courtes ou ultra-courtes, laser).*

line-of-sight region zone de propagation à vue *(zone de l'atmosphère dans laquelle une onde radioélectrique de courte longueur se propage en ligne droite).*

line-of-sight signal signal à portée optique *(signal transmis par une porteuse à très courte longueur d'onde) (signal VHF, UHF ou laser).*

line-of-sight stabilization stabilisation en tangage *(antenne de radar de navire ou d'aéronef montée à la cardan).*

line-of-sight transmission transmission par propagation à vue, *(etc.) (tls) (cf. aussi* line-of-sight propagation).

line-of-sight velocity vitesse radiale *(radar) (cf. aussi* range rate).

line of travel trajet de propagation *(onde) (cf. aussi* propagation path).

line-operated alimenté(e) par le secteur *(cf. aussi* line operation).

line operation alimentation par le secteur, *(etc.) (appareil, moteur électrique) (cf. aussi* power supply 1) *et* power grid).

line oscillator *cf.* line-stabilized oscillator.

line pad réseau isolateur *(réseau atténuateur monté entre un amplificateur de modulation et la ligne de transmission qu'il alimente pour l'isoler des variations d'impédance de celle-ci) (radiodif) (cf. aussi* pad 1) *et* program amplifier).

line pairing entrelacement défectueux *(image TV) (cf. aussi* pairing 1)).

line pattern 1) trame *(image TV, etc.) (cf. aussi* field 2)). 2) réseau de conducteurs *(CP, CH, CI, grille collectrice de cellule solaire, etc.).*

line per inch ligne par pouce, lpp *(unité de hauteur d'interligne) (imprimante).*

line per minute ligne par minute, lpm *(unité de vitesse d'impression d'une imprimante à lignes) (cf. aussi* printing speed *et* line printer).

line period *cf.* line duration.

line pilot onde pilote de ligne *(ou de régulation de ligne) (onde pilote servant de référence de niveau pour l'amplification du multiplex dans les répéteurs d'un câble téléphonique à courants porteurs) (cf. aussi* pilot tone 1)).

line polling interrogation (des terminaux) *(télinf) (cf. aussi* polling 1)).

line-powered *cf.* line-operated.

line printer imprimante à lignes *(ou par ligne ou ligne par ligne),* imprimante parallèle *(imprimante à percussion imprimant simultanément tous les caractères d'une même ligne ou tous les caractères identiques de la ligne, auquel cas l'impression d'une ligne complète nécessite plusieurs opérations d'impression) (inf) (cf. aussi* line per minute, bar printer, chain printer, drum printer, wheel printer *et* impact printer).

line printing impression ligne par ligne, impression par ligne, impression parallèle *(inf) (cf. aussi* line printer).

line protocol *cf.* protocol.

line range *cf.* line voltage range.

line rate *cf.* line frequency 1).

line receiver récepteur de liaison par fil *(partie réceptrice d'un appareil télégraphique ou d'un poste téléphonique) (cf. aussi* telegraph instrument *et* telephone set).

line reflection réflexion dans la ligne *(parf.* dans une ligne), réflexion en ligne *(réflexion du signal dans une ligne de transmission sur une discontinuité de celle-ci) (cf. aussi* transmission line *et* standing wave).

line regulation régulation par rapport au secteur, régulation secteur *(variation de la tension ou du courant de sortie d'une* *alimentation régulée produite par une variation de la tension du secteur entre des limites déterminées) (cf. aussi* regulated power supply).

line-replaceable unit unité remplaçable en ligne, matériel remplaçable en exploitation *(appareil ou module électronique ou autre d'aéronef ou autre matériel pouvant être changé avec les moyens dont dispose une unité d'exploitation civile ou militaire).*

line route tracé de la ligne *(parf. d'une ligne) (ensemble des points de passage d'une ligne téléphonique ou autre sur une carte ou sur le terrain).*

line scan *(cf. aussi* scanning line) **1)** balayage d'une ligne *(caméra de télévision ou tube-image).* **2)** analyse d'une ligne *(caméra de télévision).* **3)** *cf.* line scanning. **4)** balayage monoligne *(balayage dans une caméra infrarouge à balayage) (cf. aussi* infrared scanner).

line-scan array barrette de photodétecteurs *(cible d'une caméra infrarouge à balayage) (cf. aussi* infrared scammer).

line-scan image sensor *cf.* line scanner.

line scanner caméra infrarouge à balayage *(cf. aussi* infrared scanner).

line scanning **1)** balayage ligne par ligne *(TV, etc.) (cf. aussi* scanning line *et* raster scanning). **2)** balayage monoligne *(balayage de la cible d'une caméra infrarouge à balayage) (cf. aussi* infrared scanner).

line sequential color television system procédé de télévision en couleurs à séquence de lignes, procédé à séquence de lignes *(procédé de télévision en couleurs dans lequel les trois signaux de chrominance — rouge, vert, bleu — sont transmis successivement, chacun pendant toute la durée d'une ligne de balayage de l'image) (n'a pas donné lieu à des réalisations commerciales) (cf. aussi* color television system).

line signal signal transmis par la ligne *(tél, etc.).*

line spacing *(cf. aussi* line 4), 5) *et* 6) **1)** écartement des traits. **2)** écartement des rubans. **3)** interligne.

line speed vitesse de transmission de la ligne *(tlg) (cf. aussi* transmission speed).

line-stabilized oscillator oscillateur piloté par ligne de transmission *(oscillateur à fréquence élevée utilisant un tronçon de ligne de transmission coaxiale à faibles pertes comme circuit oscillant) (cf. aussi* oscillator, coaxial line (b) *et* resonant circuit).

line stretcher ligne extensible *(tronçon de guide d'ondes ou de ligne coaxiale rigide télescopique, ce qui permet de faire varier sa longueur électrique) (hyper) (cf. aussi* waveguide, rigid coaxial line *et* electrical length).

line surge *cf.* power-line surge.

line sync *cf.* line synchronization.

line sync pulse *cf.* line synchronizing pulse.

line synchronization synchronisation des lignes *(TV) (cf. aussi* horizontal synchronization).

line synchronizing pulse impulsion de synchronisation de ligne *(TV) (cf. aussi* horizontal synchronizing pulse).

line terminal *(cf. aussi* terminal 1)) **1)** borne de la ligne *(tél, etc.).* **2)** borne du secteur, borne du réseau *(alim, etc.) (cf. aussi* power line).

line termination **1)** terminaison de la ligne *(ligne de transmission) (cf. aussi* termination). **2)** *cf.* line terminator.

line terminator charge adaptée *(de ligne de transmission) (cf. aussi* matched load).

line to ... ligne aboutissant à ... *(une borne, un poste, une station, etc.).*

line-to-line spacing *cf.* line spacing.

line traffic traffic des lignes *(téléphoniques ou télégraphiques) (cf. aussi* traffic).

line transformer translateur *(tél) (cf. aussi* repeating coil).

line transient *cf.* power-line transient.

line transmission transmission par fil *(signaux) (cf. aussi* wire transmission).

line triggering déclenchement par le secteur *(déclenchement de la base de temps d'un oscilloscope par la tension du secteur pour synchroniser celle-ci sur la fréquence du secteur) (cf. aussi* time base (c) *et* external synchronization).

line voltage tension du secteur, tension du réseau *(alim, etc.) (cf. aussi* power grid *et* voltage).

line voltage change variation de la tension du secteur *(cf. aussi* line voltage *et* line regulation).

line voltage drop baisse de la tension du secteur *(alim, etc.) (cf. aussi* line brown-out).

line voltage range gamme de tensions secteur *(ou du secteur) (cf. aussi* line voltage selector).

line-voltage regulator régulateur de tension secteur *(appareil monté entre le secteur et un autre appareil pour atténuer les variations éventuelles de la tension d'alimentation de celui-ci par le secteur) (transformateur à fer saturé) (cf. aussi* saturable transformer).

line-voltage selector sélecteur de tension (secteur) *(dispositif permettant d'adapter l'enroulement primaire d'un transformateur d'alimentation à la tension effective du secteur) (est généralement constitué par un commutateur à cavalier ou à barrette connectant un fil du secteur à une des prises du primaire à prises du transformateur pour adapter le nombre de tours de l'enroulement à la tension du secteur) (cf. aussi* power transformer).

line voltage variation *cf.* line voltage change. *(ce terme étant le plus employé).*

line width *(voir aussi* line 4), 5) *et* 6)) largeur des ..., *(parf.)* largeur de ...

line wire **1)** fil de la ligne, *(parf.)* fil de ligne *(cf. aussi* line 1)). **2)** fil du secteur, fil du réseau *(cf. aussi* power line).

linear a *(ce terme a quatre acceptions en anglais ; les deux premières sont correctes ; les deux autres sont impropres et prêtent à confusion, mais sont très employées, la dernière l'est aussi en français, malheureusement)* **1)** linéaire *(caractéristique d'une fonction du premier degré, c.-à-d. représentée par une droite) (voir notamment* linear amplifier *et* linear potentiometer) *(cf. aussi* function[1] 1) (b)). **2)** linéique *(caractéristique d'une grandeur rapportée à l'unité de longueur) (voir notamment* linear charge density *et* linear bit density). **3)** rectiligne, *(parf.)* droit *(voir notamment* linear-beam tube *et* linear polarization). **4)** analogique *(cette acception du terme « linéaire » est particulièrement impropre car un dispositif analogique n'est pas linéaire pour autant ; elle ne s'explique que par la brièveté du terme) (voir* linear integrated circuit *et* linear power supply, par exemple *(cf. aussi* analog 1)).

linear actuator actionneur à translation *(terme générique couvrant les vérins de tout type et les électro-aimants à noyau plongeur) (asser, etc.) (cf. aussi* actuator *et* solenoid 2)).

linear amplification amplification linéaire *(amplification d'un signal par un amplificateur linéaire) (cf. aussi* linear amplifier).

linear amplifier amplificateur linéaire, amplificateur à caractéristique rectiligne *(amplificateur dans lequel les variations d'amplitude du signal de sortie sont proportionnelles aux variations d'amplitude du signal d'entrée dans une grande partie de sa caractéristique, cette partie étant une droite) (cf. aussi* linear voltage amplifier, linear power amplifier characteristic curve *et* amplifier).

linear applications applications analogiques *(CI, etc.) (cf. aussi* analog applications).

linear area *cf.* linear integrated circuit field.

linear array *(cf. aussi* array) **1)** alignement, rangée, *(parf.)* barrette *(de diodes lumineuses, de photodétecteurs, etc.).* **2)** antenne à dipôles alignés *(cf. aussi* collinear array).

linear backward-wave oscillator *cf.* linear-beam backward-wave oscillator.

linear-beam amplifier (tube) amplificateur à faisceau droit *(hyper) (cf. aussi* linear-beam tube).

linear-beam backward-wave oscillator (tube) oscillateur à onde régressive à faisceau droit, *(etc.) (nom descriptif du carcinotron O) (hyper) (cf. aussi* O-type carcinotron *et* linear-beam tube).

linear-beam BWO *cf.* linear-beam backward-wave oscillator.

linear-beam device *cf.* linear-beam tube.

linear-beam microwave tube *cf.* linear-beam tube.

linear-beam tube tube à faisceau droit, tube à faisceau rectiligne, tube à champs parallèles, tube du type O, tube à configuration rectiligne, tube à interaction longitudinale *(tube hyperfréquence à modulation de vitesse dans lequel le faisceau d'électrons émis par la cathode se propage dans un tunnel rectiligne de section circulaire ou annulaire) (la direc-*

tion du champ magnétique généralement utilisé pour focaliser le faisceau est parallèle à la direction du champ électrique qui accélère les électrons dans le cas général d'un tube à faisceau droit à champs parallèles) (le « O » vient de « onde » et rappelle que les électrons émis par la cathode n'ont d'interaction fonctionnelle qu'avec l'onde représentant le signal à amplifier, le champ magnétique ne servant qu'à focaliser le faisceau d'électrons et n'étant donc, en principe, pas indispensable au fonctionnement du tube, contrairement au cas des tubes à champs croisés) (klystron, tube à onde progressive, carcinotron O, etc.) (noter qu'il existe des tubes plus ou moins expérimentaux à faisceau droit et champs croisés auxquels, par conséquent, la définition ci-dessus ne s'applique pas) (cf. aussi klystron, travelling-wave tube, O-type carcinotron, velocity-modulated tube et microwave tube).

linear behaviour comportement linéaire, *(parf.)* comportement en régime linéaire *(comportement d'un étage, appareil ou composant dont la caractéristique de fonctionnement est linéaire ou, parfois, dans la partie linéaire de sa caractéristique) (ampli, etc.) (cf. aussi* linear amplifier).

linear bit density densité linéique de binaires *(ou d'enregistrement binaire) (nombre de binaires enregistrés par unité de longueur d'une piste de support d'informations à défilement) (inf, audio, vidéo) (cf. aussi* bits per inch, moving media memory *et* bit).

linear characteristic caractéristique rectiligne *(ampli, etc.) (cf. aussi* characteristic curve *et* linear amplifier).

linear charge density densité linéique de charge électrique *(charge électrique portée par unité de longueur d'un corps électrisé) (cf. aussi* electric charge).

linear chip *cf.* analog chip *(cf. aussi* linear¹ 4)).

linear circuit **1)** circuit linéaire *(cf. aussi* linear network). **2)** circuit analogique *(circuit généralement intégré) (ne pas employer « circuit linéaire ») (cf. aussi* linear¹ 4) *et* analog circuit).

linear circuit design *cf.* analog circuit design.

linear circuit element élément de circuit linéaire *(élément de circuit dont la valeur est indépendante de la tension à ses bornes, de l'intensité du courant qui le traverse et du temps) (résistance, capacité, inductance, inductance mutuelle) (cf. aussi* circuit element).

linear-circuit large-scale integration intégration à haute densité des circuits analogiques, (la) haute intégration analogique, (la) LSI analogique *(ne pas employer « circuits linéaires ») (cf. aussi* large-scale integration *et* analog circuit).

linear-circuit LSI *cf.* linear-circuit large-scale integration.

linear circuitry *cf.* analog circuitry.

linear closed-loop control system *cf.* linear feedback control system.

linear company *cf.* linear integrated circuit company.

linear-compatible logic *cf.* analog-compatible logic.

linear component *cf.* analog component.

linear conditions régime linéaire, régime de petits signaux *(régime de fonctionnement linéaire d'un dispositif) (cf. aussi* operating conditions 2), linear operation *et* under linear conditions).

linear control (la) commande linéaire (a) *commande dans laquelle il existe une relation linéaire entre la grandeur d'entrée et la grandeur de sortie, c.-à-d. que les variations de la seconde sont proportionnelles aux variations de la première) (asser) (cf. aussi* linear control theory, input quantity *et* output quantity) ; (b) *nom parfois donné à un organe de réglage à variation linéaire et notamment à un potentiomètre linéaire) (cf. aussi* linear potentiometer).

linear control theory théorie de la commande linéaire *(cf. aussi* linear control (a) *et* control theory).

linear dB scale échelle linéaire graduée en décibels *(appareil de mesure analogique) (cf. aussi* linear scale *et* decibel).

linear density densité linéique *(densité par unité de longueur) (cf. aussi* linear charge density *et* linear bit density).

linear density of charge *cf.* linear charge density.

linear density of electric charge *cf.* linear charge density.

linear detection détection linéaire *(détection d'enveloppe dans laquelle l'amplitude du signal de sortie du détecteur est proportionnelle à l'amplitude du signal d'entrée) (récepteur AM, etc.) (cf. aussi* detection 2 *et* detector 2)).

linear detector détecteur linéaire *(détecteur d'enveloppe réalisant la détection linéaire) (cf. aussi* linear detection *et* detector 2)).

linear detector array *cf.* linear photodetector array.

linear device **1)** dispositif linéaire *(tg) (dispositif dont la caractéristique de fonctionnement est une droite) (quadripôle, transducteur, résistance, diode, etc.) (cf. aussi* characteristic curve *et* linear¹ 1)). **2)** *cf.* linear component. **3)** *cf.* linear-beam tube.

linear differential transformer *cf.* linear variable differential transformer.

linear displacement sensing *cf.* linear position measurement.

linear displacement sensor *cf.* linear position sensor.

linear displacement transducer *cf.* linear position sensor.

linear distortion distortion linéaire *(diminution régulière de la longueur des ondulations gravées sur un disque à sillon pour une fréquence constante du signal enregistré due au fait que, la vitesse circonférentielle étant proportionnelle au rayon, la vitesse de défilement du disque original sous la pointe du burin graveur diminue au fur et à mesure que celui-ci se rapproche du centre du disque) (le qualificatif « linéaire » rappelle que la distorsion considérée augmente linéairement de la périphérie au centre du disque, donc du début à la fin d'un enregistrement sur une même face d'un disque, quelle que soit sa longueur) (cf. aussi* non-linear distortion 2) *et* 3), recording disk *et* cutting stylus).

linear electric motor moteur électrique linéaire, moteur asynchrone linéaire, moteur linéaire *(le troisième terme est le plus employé) (moteur asynchrone triphasé dont le stator a été en quelque sorte « coupé et déroulé », de même que le rotor, le champ tournant étant de ce fait transformé en champ glissant et le mouvement de rotation illimité du rotor étant remplacé par un mouvement de translation limité, dans un sens, puis dans l'autre, de la partie mobile, le « stator » pouvant être celle-ci comme dans le cas d'un véhicule propulsé par un tel moteur) (élt) (cf. aussi* three-phase induction motor).

linear feedback control system système asservi linéaire *(système asservi dont le fonctionnement est décrit par des équations différentielles linéaires à coefficients constants, c.-à-d. dans lequel il existe une relation linéaire entre les causes et leurs effets) (système asservi idéalisé dont la théorie sert de base à la théorie des système asservis non linéaires, c.-à-d. de la plupart des systèmes asservis réels) (cf. aussi* feedback control system).

linear firm *cf.* linear integrated-circuit firm.

linear frequency-modulated chirp radar radar à impulsions modulées linéairement en fréquence *(cf. aussi* chirp radar).

linear house *cf.* linear integrated-circuit house.

linear IC *cf.* linear integrated circuit. *(de même pour les termes dérivés).*

linear integrated circuit circuit intégré analogique *(ne pas employer « circuit intégré linéaire ») (cf. aussi* analog integrated circuit *et* linear 4)).

linear integrated-circuit ... *cf.* integrated-circuit ... *et ajouter* analogique(s) *(voir aussi* linear integrated circuit).

linear law loi linéaire *(loi de variation d'une fonction linéaire) (math) (cf. aussi* law of change *et* linear 1)).

linear-log scale instrument appareil (de mesure) à échelles linéaire et logarithmique *(appareil de mesure analogique dont le cadran comporte une échelle linéaire graduée en décibels (dB) et une échelle logarithmique graduée en volts (V)) (cf. aussi* analog measuring instrument *et* decibel).

linear LSI *cf.* linear-circuit large-scale integration.

linear maker *cf.* linear integrated-circuit maker.

linear manufacturer *cf.* linear integrated-circuit manufacturer.

linear market *cf.* linear integrated-circuit market.

linear modulation modulation linéaire *(modulation dans laquelle les variations de la caractéristique variable de la porteuse sont proportionnelles aux variations d'amplitude du signal modulant à toutes les fréquences de celui-ci) (cf. aussi* modulation (a)).

linear modulator modulateur linéaire *(modulateur réalisant la modulation linéaire d'une porteuse) (émetteur, etc.) (cf. aussi* linear modulation *et* modulator).

linear motion ... *cf.* linear position ...

linear network réseau linéaire, réseau électrique *(idem) (réseau électrique dans lequel les tensions et les courants sont liés par des équations différentielles linéaires à coefficients constants, c.-à-d. par des relations linéaires) (un réseau électrique est linéaire si tous les éléments de circuit qu'il comprend sont linéaires) (cf. aussi* network 1) *et* linear circuit element).

linear OEM power supply alimentation série à incorporer *(cf. aussi* linear power supply *et* OEM equipment).

linear ohm scale échelle de résistance linéaire *(ou* à graduation linéaire), échelle linéaire graduée en ohms *(ohmmètre analogique, multimètre analogique) (cf. aussi* linear scale).

linear operating range plage de fonctionnement linéaire, plage linéaire, intervalle *(idem) (intervalle d'amplitudes du signal d'entrée d'un dispositif dans lequel le fonctionnement de celui-ci est linéaire) (cf. aussi* linear operation).

linear operation fonctionnement linéaire *(ou* en régime linéaire) *(fonctionnement d'un dispositif à caractéristique rectiligne ou dans la partie rectiligne de sa caractéristique) (ampli, détecteur, capteur, etc.) (cf. aussi* small-signal operation *et* characteristic curve).

linear photodetector array barrette de photodétecteurs, *(etc.) (cf. aussi* linear array 1) *et* photodetector).

linear polarization polarisation rectiligne *(polarisation d'une onde électromagnétique dans laquelle le vecteur champ électrique de l'onde a une direction fixe dans l'espace) (ce terme s'emploie également pour qualifier une antenne conçue pour émettre ou recevoir une telle onde) (cf. aussi* horizontal polarization, vertical polarization, slant polarization *et* electromagnetic wave polarization).

linear position position linéaire *(position d'un organe mobile en translation par rapport à la position prise comme référence) (cf. aussi* linear position sensor).

linear position control *(cf. aussi* linear position) **1)** commande de position linéaire *(cf. aussi* position control 1)). **2)** asservissement de position linéaire *(positionneur de tête de lecture de mémoire à disque, etc.) (cf. aussi* position control system).

linear position control system système asservi en position linéaire, *(etc.) (cf. aussi* position control system *et* linear position).

linear position measurement mesure de position linéaire *(cf. aussi* linear position sensor).

linear position pick-up *cf.* linear position sensor.

linear position sensing *cf.* linear position measurement.

linear position sensor capteur de position linéaire, capteur de déplacement linéaire, détecteur *(idem) (capteur de position permettant de mesurer la position linéaire d'un organe) (capteur à potentiomètre à glissière de précision ou capteur à transformateur différentiel à translation) (cf. aussi* slide potentiometer, linear variable differential transformer, linear position *et* position sensor)

linear position transducer *cf.* linear position sensor.

linear pot *(fam.) cf.* linear potentiometer.

linear potentiometer potentiomètre linéaire *(ou* à variation linéaire *ou* à loi (de variation) linéaire) *(potentiomètre dans lequel la valeur de la résistance aux bornes de sortie est proportionnelle à l'angle de rotation de l'axe de commande à partir de la position de repos) (cf. aussi* potentiometer 1)).

linear power amplifier amplificateur de puissance linéaire, *(etc.) (cf. aussi* linear amplifier *et* power amplifier).

linear power supply alimentation série *(ou* régulée série *ou* à régulation série *ou* à régulateur série) *(alimentation régulée classique, c.-à-d. sans découpage) (cf. aussi* regulated power supply *et* series regulator).

linear predictive code code prédictif linéaire *(cf. aussi* linear predictive coding).

linear predictive coding codage prédictif linéaire *(codage d'un signal vocal numérisé utilisant un filtre récursif dont les coefficients constituent une prédiction linéaire optimale du signal vocal à reproduire) (méthode de compression d'impulsions employée pour réduire le nombre de binaires à mettre en mémoire dans la synthèse de la parole) (cf. aussi* digitized signal, recursive filter, pulse compression 2), bit *et* speech synthesis).

linear process *cf.* linear integrated-circuit process.

linear process technology (la) technologie des procédés analogiques *(fab. CI) (cf. aussi* linear process *et* technology).

linear programming (la) programmation linéaire *(nom donné à une méthode d'optimisation, applicable principalement à la résolution de problèmes économiques, dans laquelle, pour simplifier, on n'emploie que des fonctions linéaires, c-à-d. dans laquelle on admet que les effets, notamment les rendements de production, sont proportionnels à leurs causes) (noter que cette programmation n'a rien à voir avec la programmation d'un ordinateur, bien que les problèmes considérés soient résolus sur ordinateur) (cf. aussi* non-linear programming *et* optimization).

linear pulse amplifier amplificateur d'impulsions linéaire *(amplificateur d'impulsions dans lequel l'amplitude de l'impulsion de sortie est proportionnelle à l'amplitude de l'impulsion d'entrée) (cf. aussi* pulse amplifier).

linear ramp rampe rectiligne *(cf. aussi* ramp[1]).

linear range *cf.* linear operating range.

linear recording density *cf.* linear bit density.

linear rectification *cf.* linear detection.

linear rectifier *cf.* linear detector.

linear regulated power supply *cf.* linear-regulator power supply.

linear regulation régulation série *(alim) (cf. aussi* series regulation).

linear regulator régulateur série *(alim) (cf. aussi* series regulator).

linear-regulator power supply alimentation à régulateur série *(cf. aussi* linear power supply).

linear-regulator supply *cf.* linear-regulator power supply.

linear resistor résistance linéaire *(résistance dont la valeur ohmique est constante dans les conditions normales de fonctionnement) (en réalité, une résistance dite « linéaire » a un faible coefficient de température positif) (résistance ordinaire) (cf. aussi* ohmic value, temperature coefficient *et* resistor).

linear resolution nombre de lignes *(image de télévision) (le qualificatif « linear » vient ici de « line » et non de « rectilinear » comme c'est le cas généralement) (cf. aussi* television picture definition).

linear scale échelle linéaire *(échelle graduée d'appareil de mesure analogique ou de cadran de réglage dont toutes divisions successives sont séparées par des intervalles égaux) (cf. aussi* scale[1] 1)).

linear-scale instrument appareil à échelle linéaire, appareil de mesure *(idem) (cf. aussi* linear scale).

linear scan (un) balayage rectiligne *(cf. aussi* linear scanning).

linear scanning (le) balayage rectiligne, exploration *(idem) (balayage alterné ou non, notamment de l'espace aérien par une antenne de radar dans le plan horizontal ou un autre plan) (avia, espace, etc.) (cf. aussi* scanning (a)).

linear semiconductor chip *cf.* linear chip.

linear servomotor *cf.* linear actuator.

linear supply *cf.* linear power supply.

linear sweep balayage linéaire, balayage a vitesse constante *(balayage dans lequel la vitesse de variation de la grandeur considérée est constante) (notamment balayage de l'écran d'un tube cathodique ou de la feuille d'un traceur de courbes dans lequel le déplacement horizontal du point lumineux ou de la plume, respectivement, est proportionnel au temps, ou balayage de fréquence dans lequel la vitesse de variation de la fréquence est constante) (est produit par une tension en dent de scie ou par un signal numérique à croissance monotone) (clpf) (cf. aussi* sweep[1] (a), (b)).

linear taper loi de variation linéaire, loi linéaire, variation linéaire *(loi de variation de la résistance d'un potentiomètre linéaire) (cf. aussi* linear potentiometer *et* taper 2)).

linear-taper pot *(fam.) cf.* linear-taper potentiometer.

linear-taper potentiometer *cf.* linear potentiometer.

linear technique *cf.* linear process.

linear technology *cf.* linear integrated-circuit technology.

linear time base base de temps linéaire *(base de temps produite sur l'écran d'un tube cathodique par un balayage linéaire) (clpf) (cf. aussi* time base (a) *et* linear sweep).

linear-to-logarithmic converter convertisseur linéaire/logarithmique, convertisseur lin/log *(montage convertissant une variation linéaire d'amplitude d'un signal en une variation logarithmique) (cf. aussi* linear 1) *et* amplitude).

linear transducer *(cf. aussi* transducer 1)) **1)** transducteur linéaire *(transducteur dans lequel l'amplitude du signal de sortie est proportionnelle à l'amplitude du signal d'entrée).* **2)** capteur linéaire *(même définition qu'en* 1) *ci-dessus).* **3)** *cf.* linear position sensor. *(cf. aussi* sensor).

linear tube *cf.* linear-beam tube.

linear variable differential transformer transformateur différentiel (à translation) *(transformateur à noyau coulissant et à deux enroulements secondaires utilisé comme capteur de position linéaire à signal de sortie analogique) (le noyau est relié à la pièce dont on veut mesurer le déplacement et coulisse dans un tube portant la bobine de l'enroulement primaire et, de part et d'autre de celle-ci, les bobines des enroulements secondaires; l'enroulement primaire est alimenté en courant alternatif et la longueur du noyau est égale à la longueur de la bobine du primaire, plus une bobine de secondaire; les secondaires sont connectés de telle manière que les tensions alternatives induites à leurs bornes respectives soient en opposition de phase; lorsque le noyau est au milieu du tube, c.-à-d. lorsque la pièce est à la position de repos, ces tensions sont égales en amplitude et s'annulent mutuellement puisqu'elles sont opposées en phase; quand le noyau coulisse dans un sens, l'induction magnétique augmente dans le secondaire dans lequel il s'avance et diminue dans l'autre; la tension aux bornes de ceux-ci fait de même et la différence entre les deux tensions est proportionnelle au déplacement du noyau et constitue donc une mesure du déplacement de la pièce, la phase de la tension différentielle ainsi obtenue indiquant en outre le sens du déplacement) (la tension différentielle alternative biphasée obtenue est généralement redressée à l'aide d'un redresseur synchrone fournissant une tension redressée bipolaire dont l'amplitude est, elle aussi, proportionnelle au déplacement de la pièce et dont la polarité — positive ou négative — indique le sens du déplacement; cette tension peut être convertie en un signal numérique ou autre) (la plage de fonctionnement linéaire est comprise entre quelques millimètres et une dizaine de centimètres suivant la taille du capteur) (cf. aussi* transformer 1), phase opposition, magnetic induction, synchronous rectifier, digital signal, linear operating range *et* differential-transformer sensor).

linear voltage tension linéaire *(tension unidirectionnelle à croissance linéaire, c-à-d. rampe) (cf. aussi* ramp[1] *et* unidirectional voltage).

linear voltage regulation regulation de tension série *(alim) (cf. aussi* series regulation).

linear voltage regulator régulateur de tension série *(alim) (cf. aussi* series regulator).

linear voltage scale échelle de tension linéaire *(ou* à graduation linéaire), échelle linéaire graduée en volts *(voltmètre, multimètre) (cf. aussi* linear scale).

linearity linéarité *(proportionnalité entre la variation d'une fonction d'une seule variable et la variation de celle-ci, c-à-d. rectilignité du graphe de la fonction) (en d'autres termes, propriété d'une fonction du 1er degré $y = ax + b$) (cf. aussi* linear *et* function[1] 1) (b)).

linearity control commande de linéarité, *(parf.)* potentiomètre *(idem) (potentiomètre permettant d'obtenir la proportionalité des dimensions des objets représentés sur une image de télévision dans une des deux directions de balayage par action sur la vitesse de balayage correspondante) (sert notamment à obtenir des cercles ronds, et non ovales dans la direction horizontale ou verticale) (cf. aussi* horizontal linearity control, vertical linearity control *et* potentiometer 1)).

linearity region *cf.* linear operating range.

linearly frequency-modulated CW radar *cf.* linearly frequency-modulated continuous-wave radar.

linearly frequency-modulated continuous-wave radar radar à ondes entretenues à modulation de fréquence linéaire *(radio-altimètre) (avia) (cf. aussi* FM radio altimeter).

linearly polarized aerial *cf.* linearly polarized antenna.

linearly polarized antenna antenne à polarisation rectiligne, antenne polarisée rectilignement *(antenne conçue pour*

émettre ou recevoir une onde à polarisation rectiligne) *(cf. aussi* antenna *et* linear polarization).

linearly polarized array antenne multiphase à polarisation rectiligne, *(etc.) (cf. aussi* linearly polarized antenna *et* array antenna).

linearly polarized beam faisceau à polarisation rectiligne, faisceau polarisé rectilignement *(faisceau d'ondes à polarisation rectiligne) (cf. aussi* beam[1] *et* linear polarization).

linearly polarized signal *cf.* linearly polarized wave.

linearly polarized wave onde à polarisation rectiligne, onde polarisée rectilignement *(cf. aussi* linear polarization).

linears (les) circuits analogiques, (les) circuits intégrés analogiques *(cf. aussi* analog integrated circuit *et* linear 4)).

link[1] *s* **1)** liaison *(système permettant la transmission d'informations à une certaine distance ou, formellement, résultat de la mise en œuvre d'un tel système) (comprend au minimum un émetteur, un milieu de transmission et un récepteur) (le milieu de transmission est un conducteur si les informations sont émises sous la forme d'un signal électrique, celui-ci constituant une onde électrique; c'est l'atmosphère ou le vide si elles sont émises sous la forme d'une onde radioélectrique; c'est une fibre optique, l'atmosphère ou le vide si elles sont émises sous la forme d'une onde optique; c'est l'atmosphère ou l'eau si elles sont émises sous la forme d'une onde acoustique) (le terme « liaison » est souvent synonyme de « liaison de télécommunications », mais celui-ci ne convient pas à une liaison de quelques mètres de longueur ou moins) (cf. aussi* communications link). **2)** *cf.* connection 1)).

link[2] *v* **1)** relier, *(parf.)* mettre en liaison *(cf. aussi* link[1]). **2)** relier, réunir, connecter *(deux conducteurs ou, par conséquent, deux bornes, composants, circuits, montages, appareils ou systèmes) (cf. aussi* connection 1)).

link-blow trimming ajustage par fusion de connexions *(ajustage de la valeur ohmique d'une résistance à couche mince formée sur le substrat d'un circuit intégré monolithique opéré par augmentation de la longueur effective de la résistance grâce à la fusion de certaines parties de celle-ci formant connexion, sous l'action d'une impulsion de courant appropriée, comme dans une mémoire PROM à fusibles) (cf. aussi* thin-film resistor, monolithic integrated circuit *et* fuse-link PROM).

link blowing fusion de connexions *(cf. aussi* link-blow trimming).

link budget budget de la liaison *(nom donné à la puissance d'émission nécessaire de l'émetteur au sol et à celle de l'émetteur du satellite dans une liaison de télécommunications par satellite) (cf. aussi* transmitting power *et* satellite communications).

link coupling liaison par double transformateur *(liaison de deux circuits oscillants par une courte ligne de transmission terminée à chaque extrémité par un enroulement formant transformateur avec la bobine d'inductance du circuit oscillant correspondant) (cf. aussi* resonant circuit, transmission line *et* transformer 1)).

link fuse fusible de liaison *(CI) (cf. aussi* fuse link).

link neutralization neutrodynage par double transformateur *(neutrodynage d'un amplificateur accordé réalisé à l'aide d'une liaison par double transformateur entre le circuit oscillant de sortie et celui d'entrée) (cf. aussi* neutralization *et* link coupling).

link operator exploitant d'une liaison (de télécommunications) *(parf.* de la ...) *(cf. aussi* communications common carrier *et* communications link).

link parameters paramètres de la liaison, caractéristiques de la liaison *(type de milieu de transmission, type de modulation, fréquence de la porteuse, vitesse de transmission, exploitation en alternat ou en duplex, présence ou absence de répéteurs, affaiblissement et distorsion des signaux, etc.) (cf. aussi* link[1] 1)).

link relay relais hertzien *(tls) (cf. aussi* radio relay).

link wire fil de connexion *(cf. aussi* wire[1] 1) *et* connection 2) (b)).

linkage **1)** liaison (mécanique). **2)** enchaînement, chaînage *(cf. aussi* linkage editor). **3)** flux embrassé *(électromagnétisme) (cf. aussi* flux linkage).

linkage editing édition de liens *(inf)* (*cf. aussi* linkage editor).

linkage editor éditeur de liens *(anglicisme bien implanté)* *(programme du système d'exploitation d'un ordinateur permettant à ce dernier de raccorder entre elles des parties d'un programme, éventuellement écrites dans des langages de programmation différents) (inf)* (*cf. aussi* operating system *et* programming language).

linker *cf.* linkage editor.

linking ... *cf.* linkage ...

LINS *cf.* laser inertial navigation system.

lip microphone microphone labial *(petit microphone pour milieux bruyants maintenu contre la lèvre supérieure du porteur et dans lequel l'effet des sons en provenance d'autres sources est pratiquement annulé par action sur les deux côtés de la membrane, tandis que les sons émis par le porteur n'agissent que sur un côté et font donc vibrer la membrane) (est utilisé notamment par les membres de l'équipage d'un char)* (*cf. aussi* microphone).

liquid crystal *cf.* liquid crystals.

liquid-cristal display **1)** affichage par cristaux liquides *(voir ci-après).* **2)** afficheur à cristaux liquides *(afficheur formé essentiellement de deux plaques de verre ou autre matière transparente séparées par une mince couche de cristaux liquides excitée localement par un champ électrique) (la plaque antérieure porte sur sa face intérieure des électrodes transparentes formées d'une mince couche d'oxyde d'indium ou d'étain constituant les éléments graphiques à afficher et reliées au circuit de commande) (la plaque postérieure porte sur toute sa face intérieure une couche identique formant l'électrode opposée commune à toutes celles de la plaque antérieure) (chaque plaque porte sur sa face extérieure un polariseur optique formé d'une feuille en plastique spécial collée ou non ; le polariseur de la plaque antérieure polarise verticalement la lumière qui le traverse, c.-à-d. qu'il ne laisse passer que sa composante verticale ; le polariseur de la plaque postérieure polarise horizontalement la lumière qui le traverse et ne laisse donc passer que sa composante horizontale) (chaque plaque porte en outre sur sa face intérieure, au-dessus de la ou des électrodes, une couche transparente finement rayée dans la direction du polariseur associé pour obliger les molécules du liquide à s'orienter dans une direction déterminée au niveau de celui-ci, ce qui leur imprime un mouvement de torsion en quart d'hélice entre les deux plaques puisque les polariseurs sont orientés à 90° l'un par rapport à l'autre) (dans l'afficheur à réflexion, de loin le plus courant, le second polariseur est couvert d'une couche métallique formant miroir vers l'avant) (au repos, c.-à-d. en l'absence de tension électrique entre l'électrode commune et une ou plusieurs électrodes de la plaque antérieure, la disposition en hélice des molécules n'est pas perturbée et la lumière ambiante polarisée verticalement à la sortie du premier polariseur acquiert une polarisation horizontale en traversant le liquide du fait de la rotation à 90° imposée par celui-ci et peut ainsi traverser le second polariseur pour être réfléchie par la couche-miroir et refaire le trajet en sens inverse pour réapparaître à la surface de la plaque antérieure en produisant une teinte uniformément claire sur celle-ci) (lorsqu'une tension appropriée est appliquée entre l'électrode commune et une électrode de la plaque antérieure, le champ électrique qu'elle crée entre les deux plaques dans cette zone oriente les molécules parallèlement à ses lignes de force, donc perpendiculairement aux deux plaques, en détruisant ainsi leur disposition en hélice, et la lumière qui traverse le premier polariseur et l'électrode excitée conserve sa polarisation verticale en arrivant à la plaque postérieure et ne peut donc traverser le second polariseur ni, par conséquent, être réfléchie vers l'électrode, laquelle apparaît alors en couleur foncée sur le fond clair, ce qui affiche l'élément graphique représenté par l'électrode) (ce type d'afficheur à cristaux liquides utilisant la lumière ambiante, il ne fonctionne pas dans l'obscurité et doit alors être complété par une lampe) (ce dispositif étant constitué comme un condensateur (plan), il se comporte de la même façon vis-à-vis du courant qui l'alimente et a donc une consommation extrêmement faible) (si les deux polariseurs sont orientés dans la même direction au lieu d'être croisés à 90°, le fonctionnement de l'afficheur est inversé et les*

signes apparaissent en couleur claire sur fond sombre) (ce type est peu employé) (l'afficheur à cristaux liquides est employé notamment dans les montres à quartz à affichage numérique et les calculatrices de poches en raison de sa très faible consommation qui ménage la petite pile d'alimentation) (*cf. aussi* liquid crystals, transmissive liquid-crystal display, transflective liquid-crystal display, guest-host liquid-crystal display, plastic-sealed liquid-crystal display, glass-sealed liquid-crystal display *et* parallel-plate capacitor).

liquid-cristal display ... *cf.* LCD ...

liquid-crystal material *cf.* liquid crystals.

liquid crystals cristaux liquides *(liquide organique dont les molécules allongées ont une orientation ordonnée rendant le liquide transparent et pouvant être modifiée localement par un champ électrique pour rendre le liquide opaque) (afficheur)* (*cf. aussi* nematic liquid crystals, smectic liquid crystals, cholesteric liquid crystals *et* liquid-crystal display).

liquid electrolyte électrolyte liquide *(clpf)* (*cf. aussi* electrolyte).

liquid laser laser à liquide *(laser dans lequel le milieu actif est un liquide)* (*cf. aussi* liquid lasing medium *et* laser).

liquid lasing material *cf.* liquid lasing medium.

liquid lasing medium milieu actif liquide *(milieu actif d'un laser constitué par un liquide organique ou inorganique)* (*cf. aussi* lasing medium).

liquid-mode laser annealing recuit au laser en phase liquide *(recuit au laser d'une plaquette de semiconducteur avec fusion de la surface de la plaquette)* (*cf. aussi* laser annealing).

liquid-phase epitaxial growth croissance (d'une couche) épitaxiale en phase liquide *(fab. semi)* (*cf. aussi* liquid-phase epitaxy).

liquid-phase epitaxial process procédé d'épitaxie en phase liquide (*cf. aussi* liquid-phase epitaxy).

liquid-phase epitaxy epitaxie en phase liquide *(procédé d'épitaxie dans lequel le corps à partir duquel est formée la couche épitaxiale est amené à l'état liquide en contact avec le substrat à épitaxier) (fab. CI, semi)* (*cf. aussi* epitaxy).

liquid-phase epitaxy process *cf.* liquid-phase epitaxial process.

Lisp *cf.* LISP.

LISP *(vient de « list processing »)* langage Lisp *(ou* LISP) *(langage d'intelligence artificielle le plus employé en 1990) (inf)* (*cf. aussi* artificial-intelligence language).

Lissajous figure courbe de Lissajous *(courbe fermée de forme diverse obtenue sur l'écran d'un oscilloscope lorsque, la base de temps étant déconnectée, on applique une tension sinusoïdale sur l'entrée de la déviation verticale et une autre sur l'entrée de la déviation horizontale, la forme de la courbe dépendant des relations de phase et de fréquence des deux tensions appliquées)* (*cf. aussi* time base (c), sinusoidal voltage *et* phase (a)).

Lissajous pattern *cf.* Lissajous figure.

listen in *v* se mettre à l'écoute *(tél, radio).*

listener auditeur, auditrice *(radiodif, etc.).*

listening écoute *(au sens usuel ou, parfois, au sens d'espionnage)* (*cf. aussi* listening station).

listening device dispositif d'écoute *(nom parfois donné à un hydrophone ou à un récepteur d'écoute) (mil, etc.)* (*cf. aussi* listening).

listening-in *v* *cf.* listening.

listening position position d'écoute, position de réception *(position de repos d'une pédale d'alternat) (radiotél)* (*cf. aussi* push-to-talk switch).

listening station station d'écoute *(station de réception radioélectrique, généralement militaire, équipée d'un ou plusieurs récepteurs d'écoute) (sert parfois également de station de radiogoniométrie) (espionnage électronique)* (*cf. aussi* surveillance receiver *et* radio direction finding).

listing liste informatique, liste d'ordinateur, liste établie par ordinateur *(ou* sur ordinateur), liste, listing *(anglicisme courant mais à éviter).*

LiTaO₃ *cf.* lithium tantalate.

lithium battery pile au lithium (à plusieurs éléments) (*cf. aussi* lithium cell).

lithium cell pile au lithium *(pile galvanique dans laquelle* *l'électrode négative est en lithium, la combinaison cathode-électrolyte étant de nature très diverse et souvent très corrosive) (le lithium ayant le plus grand potentiel d'électrode et le plus faible poids volumique de tous les métaux, cette pile a la plus grande densité d'énergie de toutes les piles galvaniques, la tension à vide allant de 2,2 à 3,9 volts selon la combinaison employée ; elle est en outre caractérisée par une durée de vie pouvant atteindre 10 ans en service et les dépasser en stockage, par un courant de décharge de faible intensité par rapport à la taille de la pile, par un bon fonctionnement aux basses températures, par un risque d'explosion dû principalement à la réactivité à l'eau du lithium, qui en fait exclure toute trace dans la pile, et par un prix élevé résultant des précautions de fabrication) (sa longue durée de vie en service la fait employer notamment dans des stimulateurs cardiaques) (élec) (cf. aussi* galvanic cell, electrode potential 2), energy density (b), service life, storage life *et* pacemaker).

lithium niobate niobate de lithium, $LiNbO_3$ *(cristal ferroélectrique transparent) (cf. aussi* ferroelectricity).

lithium niobate substrate substrat en (*ou* de) niobate de lithium *(substrat de circuit intégré optique) (cf. aussi* lithium niobate *et* optical integrated circuit).

lithium tantalate tantalate de lithium, $LiTaO_3$ *(cristal piézoélectrique transparent) (cf. aussi* piezoelectricity).

lithium tantalate substrate substrat en (*ou* de) tantalate de lithium *(substrat de circuit intégré optique) (cf. aussi* lithium tantalate *et* optical integrated circuit).

lithographic machine *cf.* lithography machine.

lithographic mask masque de gravure *(cf. aussi* mask[1] 2)).

lithographic method *cf.* lithographic process 1).

lithographic process *(cf. aussi* lithography) **1)** procédé lithographique, méthode lithographique. **2)** processus lithographique.

lithographic system *cf.* lithography machine.

lithographic technique *cf.* lithographic process 1).

lithographic technology (la) technique de la gravure *(cf. aussi* lithography *et* technology).

lithography gravure *(élimination chimique d'une couche de matière sur un substrat à des endroits déterminés par des zones elles-mêmes éliminées dans une couche protectrice formée préalablement sur la couche à graver)* (a) *élimination d'une couche de cuivre aux endroits voulus sur le substrat d'un circuit imprimé pour former le réseau de conducteurs du circuit) (cf. aussi* printed circuit) ; (b) *élimination d'une couche de cuivre ou autre métal aux endroits voulus sur le substrat d'un circuit hybride à couches minces pour former le réseau de conducteurs du circuit et éventuellement d'autres éléments de circuit) (cf. aussi* thin-film hybrid circuit) ; (c) *élimination d'une couche d'oxyde ou autre matière protectrice aux endroits voulus sur une plaquette de semiconducteur ou autre matériau pour pratiquer des fenêtres dans la couche protectrice) (cf. aussi* oxide window) ; (d) *élimination d'une couche de métallisation aux endroits voulus sur une plaquette de semiconducteur ou autre matière portant des circuits intégrés monolithiques pour former les interconnexions et les sorties des circuits) (cf. aussi* metallization) ; *(le terme « gravure » couvre ainsi l'ensemble des opérations de fabrication des circuits imprimés, des circuits hybrides à couches minces, des composants discrets à semiconducteur et des circuits intégrés monolithiques faisant appel à la photogravure ou, pour ces derniers, à la gravure aux rayons X ou par faisceau d'électrons) (cf. aussi* photolithography, X-ray lithography *et* electron-beam lithography).

lithography camera *cf.* lithography machine.

lithography equipment matériel de gravure *(machines à graver et leurs accessoires) (cf. aussi* lithography machine).

lithography machine machine à graver *(appareil réalisant la sensibilisation du résist pour la gravure de circuits imprimés, de circuits hybrides à couches minces, de circuits intégrés monolithiques ou de composants discrets à semiconducteur) (cf. aussi* optical lithography machine, X-ray lithography machine, electron-beam lithography machine, pattern printer *et* lithography).

lithography process procédé de gravure *(parf.* processus...) *(voir à la fin de la rubrique « lithography »)*.

lithography system *cf.* lithography machine.

lithography technique *cf.* lithography process.

Litz *cf.* Litz wire.

Litz wire fil de Litz *(terme impropre consacré par l'usage)*, fil à brins isolés, fil divisé (à brins isolés) *(fil divisé de petit diamètre à brins isolés et tressé pour bobinages haute fréquence conçu pour tenir compte de l'effet pelliculaire en augmentant la circonférence totale de la section du fil pour une valeur donnée de cette dernière et pour rendre la répartition du courant dans la section du fil encore plus uniforme grâce au tressage) (les brins sont isolés par une couche d'émail éliminable au fer à souder et l'ensemble du fil est recouvert d'un isolant textile) (noter que « Litz » vient de l'allemand « Litzendraht », qui signifie « fil divisé ») (cf. aussi* skin effect *et* RF coil).

Litzendraht wire *cf.* Litz wire.

live *v* **1)** sous tension *(conducteur)*. **2)** *cf.* live broadcast.

live broadcast émission en direct *(radiodiffusion d'un programme ou d'un reportage sonore ou visuel au fur et à mesure de son déroulement et non après l'avoir enregistré sur bande magnétique ou filmé dans le second cas)*.

live circuit circuit sous tension.

live room salle réverbérante *(local se comportant comme une chambre réverbérante du point de vue acoustique) (cf. aussi* reverberation chamber).

live scene scène transmise en direct *(TV) (cf. aussi* live broadcast).

live television télévision avec émission en direct *(cf. aussi* live broadcast).

live television broadcast émission de télévision en direct *(cf. aussi* live broadcast).

live television program *cf.* live television broadcast.

live television show *cf.* live television broadcast.

live television transmission *cf.* live television broadcast.

live transmission *cf.* live broadcast.

live TV *cf.* live television.

LLL *cf.* low-level logic.

LLLTV *cf.* low-light-level television.

LLTV *cf.* low-level television.

LLZ *cf.* localizer.

lm/W *cf.* lumen per watt.

LN ... *cf.* low-noise ...

LNA *cf.* low-noise amplifier.

LNR *cf.* low-noise receiver.

LO **1)** *cf.* local oscillator. **2)** *vient de « low » et signifie « bas », « faible » ou « petit » : bas niveau, bas potentiel, basse altitude, faible sensibilité, faible valeur, petite vitesse, petite valeur, etc.*

load[1] *s* charge (a) *dispositif ou corps absorbant de l'énergie mécanique, électrique, électromagnétique ou acoustique fournie par un organe moteur, une source de courant ou une source de rayonnement, respectivement, ou, par extension, puissance ainsi absorbée) (en électronique et sciences connexes, une charge peut être notamment un composant, un circuit, un montage ou un appareil électronique ou électrique, une machine électrique ou un corps chauffé par induction ou par pertes diélectriques) (charge d'un moteur électrique ou autre, d'une pile ou d'un accumulateur, d'une alimentation, d'un amplificateur, d'une ligne de transmission, d'un transducteur électroacoustiques émetteur, etc.) (cf. aussi* resistive load, reactive load, passive load, active load, matched load, current source, radiation source *et* power[1] 1) ; (b) *inductance artificielle ajoutée à l'inductance naturelle d'un câble téléphonique à grande distance) (cf. aussi* loaded cable).

load[2] *v* **1)** charger (a) *connecter une charge aux bornes d'une source de courant, etc.) (cf. aussi* load[1] 1) ; (b) *insérer des bobines de charge dans un câble téléphonique à grande distance) (cf. aussi* loaded cable). **2)** charger (en mémoire), mettre en mémoire *(introduire dans la mémoire d'un ordinateur un programme enregistré sur un support d'informations) (inf) (cf. aussi* download, upload, computer program *et* storage medium).

load capacitance capacité de la charge *(cf. aussi* capacitance *et* load[1] (a)).

load cell capteur de force *(dynamomètre à jauges de*

contraintes ou à cristal piézoélectrique fournissant une tension continue proportionnelle à la force exercée sur la partie déformable) (cf. aussi strain gage *et* piezoeletric crystal).

load change   variation de la charge *(cf. aussi* load[1] (a)).

load change rate   *cf.* load rate of change.

load characteristics   caractéristiques de la charge *(résistance, réactance capacitive ou inductive éventuelle et variation éventuelle, croissante ou décroissante, progressive ou brusque, de ces deux caractéristiques d'une charge) (cf. aussi* load[1] (a)).

load circuit   circuit de la charge, *(parf.)* circuit d'utilisation *(cf. aussi* load[1] (a) *et* electric circuit).

load coil   inducteur *s, (parf.)* bobine inductrice *(enroulement à une ou, généralement, plusieurs spires en conducteur de section relativement grande entourant un creuset ou une pièce ou partie de pièce à chauffer par induction et constituant le primaire du transformateur de chauffage) (cf. aussi* induction heating *et, à titre d'information,* loading coil).

load conditions   *cf.* load characteristics.

load current   *(parf.* intensité du) courant dans la charge *(cf. aussi* load[1] (a)).

load device   *cf.* load transistor.

load effect   1) effet de la charge *(effet de la valeur de la charge d'une source de courant sur l'intensité du courant dans celle-ci ou sur la tension à ses bornes) (cf. aussi* load[1] (a)). 2) *cf.* load regulation.

load-effect transient recovery time   temps de rétablissement (après transitoire de sortie) *(temps nécessaire à une alimentation régulée pour rétablir la tension ou l'intensité de sortie nominale après une variation brusque et déterminée de l'intensité du courant débité dans la charge ou de la tension aux bornes de celle-ci, respectivement) (cf. aussi* regulated power supply).

load impedance   impédance de la charge *(parf.* de charge) *(cf. aussi* impedance *et* load[1] (a)).

load impedance diagram   diagramme d'impédance de charge *(graphique indiquant la variation de la fréquence du signal fourni par un oscillateur en fonction de l'impédance de sa charge) (le diagramme de Rieke est un diagramme d'impédance de charge) (cf. aussi* impedance *et* Rieke diagram).

load inductance   inductance de la charge *(parf.* de charge) *(cf. aussi* inductance *et* load[1] (a)).

load input   entrée de la charge *(bornes d'entrée d'une charge) (cf. aussi* load[1] (a) *et* input[1] 1)).

load leads   conducteur de la charge *(fils isolés ou autres conducteurs reliant une charge à sa source de courant) (cf. aussi* load[1] (a)).

load life   durée de service *(composant, etc.) (cf. aussi* service life).

load limiting   limitation de la charge *(limitation de l'intensité du courant absorbé par une charge par insertion d'une résistance fixe ou variable dans son circuit (cf. aussi* load[1] 1) (a) *et* protection resistor).

load-limiting resistor   résistance de protection *(alim, ampli) (cf. aussi* load limiting).

load line   droite de charge *(droite permettant de déterminer, en fonction de la résistance de charge, la valeur de la polarisation de l'électrode de commande d'un amplificateur à tube électronique ou à transistor pour laquelle le point de fonctionnement de l'amplificateur est situé au milieu de la partie rectiligne de sa caractéristique) (est tracée dans le plan des caractéristiques de l'amplificateur, entre le point de l'axe des abcisses correspondant à la tension d'alimentation de celui-ci et le point de l'axe des ordonnées correspondant à l'intensité du courant d'alimentation pour la valeur choisie de la résistance de charge) (cette droite coupant les caractéristiques de l'amplificateur tracées pour différentes valeurs de la polarisation, elle permet de choisir la polarisation pour laquelle le point d'intersection — appelé « point de fonctionnement » ou « point de repos » (sic) — est situé à peu près au milieu de la partie rectiligne de la caractéristique pour assurer une amplification sans distorsion du signal d'entrée aux grandes amplitudes de celui-ci) (la pente de la droite de charge est proportionnelle à l'intensité du courant d'alimentation et, par conséquent, inversement proportionnelle à la résistance de charge) (la droite de charge représente l'application de la loi d'Ohm à un élément non linéaire) (le terme « droite de charge » employé sans qualificatif désigne généralement la droite de charge dynamique) (cf. aussi* static load line, dynamic load line, load resistor, bias[1], control electrode, operating point, characteristic curve *et* non-linear element).

load matching   adaptation de l'impédance de la charge (à celle de la source) *(cf. aussi* impedance matching *et* load[1] (a)).

load mismatch   mauvaise adaptation de l'impédance de la charge (à celle de la source), *(parf.)* désadaptation entre l'impédance de la charge et celle de la source *(cf. aussi* impedance matching *et* load[1] (a)).

load-mismatch burnout   claquage par défaut d'adaptation de la charge *(destruction d'un transistor de puissance bipolaire ou autre composant débitant sur une charge à résistance trop faible ayant pour résultat une intensité de courant trop élevée) (cf. aussi* thermal runaway).

load rate of change   vitesse de variation de la charge *(cf. aussi* load[1] (a) *et* rate of change).

load reactance   réactance de la charge *(cf. aussi* reactance *et* load[1] (a)).

load regulation   regulation par rapport à la charge *(variation de la tension ou du courant de sortie d'une alimentation régulée produite par une variation à 100 % du courant dans la charge ou de la tension à ses bornes respectivement) (cf. aussi* regulated power supply).

load resistance   résistance de la charge *(valeur de la résistance d'une charge) (cf. aussi* resistance, load[1] (a) *et* load resistor).

load resistor   résistance de charge *(résistance insérée dans le circuit anodique d'un tube électronique ou dans le circuit du collecteur d'un transistor bipolaire ou dans le circuit du drain d'un transistor à effet de champ) (sert à amener la tension d'alimentation du composant à la valeur voulue aux bornes de celui-ci) (ampli, etc.) (cf. aussi* resistor, load line *et* load resistance).

load sharing   partage du traitement *(entre deux ordinateurs travaillant simultanément ou successivement) (inf).*

load surge   augmentation brusque de la charge *(d'une source de courant) (cf. aussi* load[1] (a)).

load-terminated line   ligne bouclée sur une charge *(cas normal d'une ligne de transmission) (cf. aussi* load[1] (a) *et* transmission line).

load transient   variation brusque de la charge *(est souvent une augmentation brusque) (cf. aussi* load surge).

load transistor   transistor de charge *(CI) (cf. aussi* active load).

load voltage   tension aux bornes de la charge *(alim, ampli, etc.) (cf. aussi* load[1] (a) *et* voltage).

loaded aerial   *(GB) cf.* loaded antenna.

loaded antenna   antenne chargée *(antenne avec laquelle une bobine d'inductance est montée en série pour augmenter sa hauteur électrique) (cf. aussi* antenna tuning coil).

loaded board   carte équipée *(carte à circuit imprimée munie de tous ses composants) (cf. aussi* printed-circuit board).

loaded card   1) *cf.* loaded board. 2) carte chargée *(carte perforée introduite dans le magasin d'alimentation d'une machine à cartes perforées) (inf) (cf. aussi* punched card).

loaded cable   câble chargé *(câble téléphonique à grande distance dans lequel l'inductance des circuits est augmentée artificiellement, par un moyen continu ou discontinu, pour compenser l'effet de la capacité répartie entre les deux conducteurs de chaque circuit et réduire ainsi l'affaiblissement des signaux transmis) (cf. aussi* continuously loaded cable, coil-loaded cable, long-distance cable *et* distributed capacitance).

loaded impedance   impédance en charge *(impédance d'entrée d'un transducteur électroacoustique dont la sortie est chargée normalement) (cf. aussi* input impedance *et* electroacoustic transducer).

loaded line   ligne chargée *(ligne téléphonique constituée par un câble chargé) (cf. aussi* loaded cable).

loaded Q   Q en charge, coefficient de surtension en charge *(valeur du coefficient de surtension d'un résonateur dans les conditions de fonctionnement c.-à-d. lorsqu'il fournit de l'énergie à une charge) (ce terme désigne notamment le Q d'un* *circuit oscillant couplé ou relié à un autre circuit) (cf. aussi* Q 1), resonator *et* resonant circuit).

loader chargeur, programme de chargement *(programme d'ordinateur assurant le chargement d'un autre programme dans la mémoire de l'appareil) (fait partie du système d'exploitation) (inf) (cf. aussi* computer programm *et* operating system).

loading *s* **1)** application d'une charge *(à une source de courant, etc.), (parf.)* charge *(cf. aussi* load[1] (a)). **2)** charge *(d'un câble téléphonique) (cf. aussi* loaded cable). **3)** chargement, mise en mémoire *(inf) (cf. aussi* load[2] 2)).

loading coil **1)** bobine de charge, bobine Pupin *(tore en fer doux portant deux enroulements inséré, tous les 1 830 mètres, dans les deux fils de chaque circuit d'un câble téléphonique à grande distance pour le charger en réalisant ainsi une charge discontinue) (cf. aussi* loaded cable). **2)** bobine d'accord *(antenne d'émission) (cf. aussi* antenna tuning coil).

loading-coil case pot de charge *(grosse boîte métallique étanche et enterrée abritant des bobines Pupin) (comporte une paroi intérieure en laiton et une enveloppe extérieure en fonte) (tél) (cf. aussi* loading coil).

loading-coil pot *cf.* loading-coil case.

loading-coil section section de pupinisation *(tronçon de câble téléphonique chargé compris entre deux bobines de charge successives) (a pour longueur le pas de pupinisation) (cf. aussi* loading-coil spacing).

loading-coil spacing pas de pupinisation *(distance entre deux bobines de charge successives d'un câble téléphonique chargé) (cf. aussi* loading coil).

loading disc *cf.* loading disk.

loading disk charge sommitale *(disque métallique ou conducteur équivalent monté à l'extrémité supérieure d'une antenne d'émission verticale pour augmenter sa longueur électrique) (cf. aussi* electrical length).

loading error **1)** erreur due à la charge *(différence entre la valeur nominale de la tension aux bornes d'une source de tension et la valeur effective lorsqu'on lui fait débiter un courant non négligeable) (est proportionnelle à l'intensité du courant débité) (pile-étalon, potentiomètre, etc.).* **2)** erreur de chargement *(inf) (cf. aussi* loading 3)).

loading force force d'appui *(au sens du terme anglais, force verticale tendant à appuyer une tête de lecture/écriture de mémoire à disque magnétique contre la face correspondante du disque et éventuellement contrebalancée par la portance aérodynamique créée par l'air entraîné sous la tête par la rotation du disque) (inf) (cf. aussi* magnetic-disk memory, flying height, *et, à titre d'information,* stylus force).

loading point point de pupinisation *(point d'insertion de bobines de charge dans un câble téléphonique à charge discontinue) (cf. aussi* loading coil).

loadstone *cf.* lodestone.

lobe lobe *(boucle plus ou moins allongée formée par un diagramme de directivité dans une direction correspondant à un maximum de rendement du transducteur considéré) (correspond à un maximum de l'intensité de l'onde émise dans le cas du transducteur émetteur ou à un maximum de sensibilité aux ondes reçues dans le cas d'un transducteur récepteur) (sauf si le transducteur est omnidirectionnel dans le plan dans lequel est tracé le diagramme de directivité considéré, celui-ci présente au moins deux lobes plus ou moins marqués, et souvent plus) (antenne, micro, etc.) (cf. aussi* main lobe, minor lobe, directivity pattern, directivity[1] *et* transducer 1)).

lobe switch commutateur de lobe *(commutateur assurant l'excitation successive répétée des sources primaires d'une antenne à commutation de lobes) (cf. aussi* lobe-switching antenna).

lobe switching commutation de lobes *(parf. des lobes) (changement de la direction d'émission d'une antenne à commutation de lobes par changement du lobe émis) (cf. aussi* lobe-switching antenna).

lobe-switching aerial *(GB) cf.* lobe-switching antenna.

lobe-switching antenna antenne à commutation de lobes *(antenne émettant successivement et périodiquement dans deux ou plusieurs directions dans un même plan ou non sans nécessiter de changement d'orientation grâce à l'excitation*

successive et périodique d'autant de sources primaires produisant chacune un lobe principal d'orientation déterminée) (radar, etc.) (cf. aussi main lobe, primary radiator *et* echosplitting radar).

lobe switching frequency fréquence de commutation des lobes *(antenne) (cf. aussi* lobe switching).

lobe width largeur de lobe *(parf. du lobe) (cf. aussi* lobe *et, dans le cas d'une antenne d'émission,* half-power width).

lobing émission sur plusieurs lobes *(émission successive ou simultanée sur deux ou plusieurs lobes principaux par une antenne de radar) (radar de poursuite à commutation de lobes) (cf. aussi* lobe switching).

lobing aerial *(GB) cf.* lobing antenna.

lobing antenna *cf.* lobe-switching antenna.

lobing frequency *cf.* lobe-switching frequency.

LOC *cf.* localizer.

LOC-MOS *cf.* LOCMOS.

local alignment alignement local *(alignement successif d'un réticule de photogravure de circuits intégrés monolithique sur un repère porté par chacune des puces formées sur une plaquette à gravure) (assure l'alignement correct du réticule pour chaque puce, même si le disque est déformé) (cas général de la photogravure avec réticule) (fab. CI) (cf. aussi* alignment 2), reticle, chip 1) *et* wafer 2)).

local-area net *cf.* local-area network.

local-area network *cf.* local computer network *(ce terme étant nettement meilleur, bien que moins employé, en 1990).*

local-area network protocol protocole de réseau local *(protocole de télécommunications élaboré pour être utilisé dans des réseaux informatiques locaux) (cf. aussi* protocol *et* local computer network).

local battery batterie locale *(tél, etc.) (cf. aussi* local-battery system).

local-battery set *cf.* local-battery telephone set.

local battery system système à batterie locale *(ancien système téléphonique dans lequel le courant du microphone des postes d'abonné était fourni par une batterie d'accumulateurs adjointe à chaque poste) (cf. aussi* telephone system).

local-battery telephone set poste téléphonique à batterie locale, poste à batterie locale *(cf. aussi* local battery system).

local cable câble urbain *(câble téléphonique reliant un central urbain aux abonnés qu'il dessert) (cf. aussi* local exchange *et* telephone cable).

local call **1)** communication urbaine, *(parf.)* communication locale *(communication téléphonique entre deux abonnés desservis par un même central) (cf. aussi* local exchange *et* telephone call 1)). **2)** appel local *(appel téléphonique reçu dans un central urbain en provenance d'un abonné desservi par ce central) (cf. aussi* local exchange, local incoming call, local outgoing call *et* telephone call 2)).

local central office *(USA) cf.* local exchange.

local channel bande d'émission locale, canal local *(bande de fréquences attribuée à un ou plusieurs émetteurs de radiodiffusion de faible puissance) (cf. aussi* channel allocation 2)).

local computer network réseau informatique local, réseau local *(informatique) (réseau informatique desservant une zone géographique limitée et notamment des locaux d'un même établissement d'une entreprise ou d'un organisme) (cf. aussi* local-area network, baseband network, wideband network, CSMA/CD network, token-passing network *et* computer network).

local connection *cf.* local call 1).

local control commande locale *(commande d'un appareil par action directe de l'opérateur sur celui-ci) (émetteur de station radio ou radar, etc.) (cf. aussi* remote control).

local exchange central urbain *(central téléphonique relié directement aux abonnés d'une zone déterminée) (cf. aussi* telephone exchange).

local exchange area zone desservie par un central urbain, *(parf.)* réseau urbain *(tél) (cf. aussi* local exchange).

local incoming call **1)** communication urbaine d'arrivée, *(etc.) (tél) (cf. aussi* local call 1) *et* incoming call 1)). **2)** appel local entrant *(tél) (cf. aussi* local call 2) *et* incoming call 2)).

local indicator indicateur local, indicateur principal *(indicateur de l'opérateur d'un radar à recopie d'image) (navire militaire, etc.) (cf. aussi* remote indicator 2).

local interference parasites locaux, parasites d'origine locale *(parasites industriels ou autres produits à une distance relativement courte d'un récepteur radioélectrique) (cf. aussi* interference 1)).

local line ligne d'abonné *(tél) (cf. aussi* subscriber line).

local loop *cf.* local line.

local net *cf.* local network.

local network 1) réseau urbain, réseau téléphonique urbain *(réseau téléphonique formé par les lignes des abonnés desservis par un central urbain) (cf. aussi* telephone network *et* local exchange). 2) *cf.* local computer network.

local networking gestion de réseaux locaux, *(etc.) (télinf) (cf. aussi* networking *et* local-area network).

local office *(tél, etc.) cf.* local exchange.

local oscillator oscillateur local *(oscillateur produisant le signal à haute fréquence appliqué au changeur de fréquence en même temps que le signal reçu, dans un récepteur superhétérodyne) (cf. aussi* synthesized local oscillator, mixer *et* oscillator).

local oscillator frequency fréquence de l'oscillateur local, fréquence locale *(fréquence du signal fourni par un oscillateur local) (cf. aussi* local oscillator).

local oscillator signal signal de l'oscillateur local *(cf. aussi* local oscillator).

local oscillator synchronization synchronisation de l'oscillateur local *(récepteur de radar)*.

local oscillator synchronizer synchroniseur de l'oscillateur local *(récepteur de radar)*.

local oscillator tube tube de l'oscillateur local *(parf.* pour oscillateur local) *(hyper, etc.) (cf. aussi* local oscillator).

local outgoing call 1) communication urbaine de départ, *(tél) (cf. aussi* local call 1) *et* outgoing call 1)). 2) appel urbain sortant *(tél) (cf. aussi* local call 2) *et* outgoing call 2)).

local oxidation oxydation locale, oxydation sélective *(oxidation d'un substrat limitée à des zones déterminées) (fab. CI, semi) (cf. aussi* oxidation *et* LOCMOS process).

local oxidation process procédé d'oxydation locale, méthode *(idem) (cf. aussi* local oxidation).

local oxidation step opération d'oxydation locale *(cf. aussi* local oxidation).

local rate tarif urbain *(tarif des communications téléphoniques à l'intérieur d'une même circonscription de taxe) (cf. aussi* local-rate area).

local-rate area circonscription de taxe, circonscription téléphonique, zone de taxation urbaine *(zone géographique dans laquelle le nombre d'unités de taxation téléphonique est le même pour toutes les communications de même durée) (cf. aussi* telephone charging).

local/remote switch inverseur « locale/distance » *(inverseur monté sur un appareil conçu pour pouvoir être commandé soit localement, soit à distance) (cf. aussi* local control).

local service service local *(service assuré par une station locale) (cf.* local station).

local service area zone de desserte locale *(zone desservie par une station locale) (cf. aussi* local station).

local standard étalon local *(étalon servant de référence à l'échelon d'une entreprise ou d'un organisme) (métrol) (cf. aussi* standard¹ 1)).

local station station locale, émetteur local *(station de radiodiffusion proche de la zone de réception considérée) (ces termes désignent parfois une station à émetteur de petite puissance) (cf. aussi* broadcasting).

local telephone line ligne téléphonique d'abonné *(cf. aussi* subscriber line).

local telephone loop *cf.* local telephone line.

localization localisation, *(parf.)* recherche (a) *détermination de la position d'une cible par un radar ou un sonar) (cf. aussi* target acquisition) ; (b) *détermination de l'emplacement d'une panne dans un appareil, un système ou un composant, d'une information dans une mémoire, d'une erreur dans un programme d'ordinateur, etc.) (cf. aussi* trouble-shooting *et* debugging).

localization of a fault 1) localisation d'une panne. 2) localisation d'un dérangement *(tél)*.

localizer *(vient de « runway localizer »)* 1) indicateur d'axe de piste, indicateur d'alignement de piste, station d'alignement de piste *(station d'émission située en arrière d'une piste d'atterrissage et dont les signaux définissent un plan vertical dans lequel un pilote d'avion exécutant un atterrissage aux instruments doit maintenir son appareil pour rester dans l'axe de la piste) (fait partie du système ILS) (cf. aussi* ILS *et* localizer array). 2) *cf.* localizer course. 3) *cf.* localizer beam.

localizer array antenne d'indicateur d'axe de piste, *(etc.)*, antenne d'axe de piste, antenne d'alignement de piste *(antenne émettant les signaux définissant l'alignement de piste dans un indicateur d'axe de piste) (est formée d'un groupement d'antennes élémentaires disposées en ligne perpendiculairement à l'axe de la piste d'atterrissage à environ 300 mètres de l'extrémité postérieure de celle-ci et centré sur cet axe) (comprend un nombre impair d'antennes élémentaires et émet deux faisceaux d'ondes à faible ouverture légèrement divergents dans le plan horizontal et modulés l'un à 90 Hz, l'autre à 150 Hz, dont le point d'intersection coïncide avec l'axe de la piste et définit ainsi le plan vertical contenant celui-ci) (l'antenne centrale, située exactement dans l'axe de la piste, a un diagramme de rayonnement quasi-omnidirectionnel et émet donc un signal utilisable comme simple repère par le pilote si l'avion dévie de sa trajectoire dans le plan horizontal au point de sortir de l'un ou l'autre des faisceaux étroits) (ce groupement d'antennes est parfois complété par un réflecteur supprimant pratiquement le rayonnement arrière des antennes) (cf. aussi* localizer 1) *et* radiation pattern).

localizer beam faisceau d'indicateur d'axe de piste, *(etc.)*, faisceau d'axe de piste, faisceau d'alignement de piste *(un des deux faisceaux émis par l'antenne d'un indicateur d'axe de piste) (le terme « localizer beam » est souvent employé abusivement pour désigner l'ensemble des deux faisceaux ; il en est de même en français) (avia) (cf. aussi* localizer array).

localizer course alignement de piste, alignement de direction, radioalignement *(idem) (plan vertical défini par l'intersection des deux faisceaux d'ondes émis par l'antenne d'un indicateur d'axe de piste) (avia) (cf. aussi* localizer array).

localizer on-course line trajectoire située dans l'alignement de piste *(avia) (cf. aussi* localizer course).

localizer reception réception des signaux d'axe de piste, *(etc.) (est assurée par le récepteur VOR de l'avion) (cf. aussi* localizer 1) *et* VOR receiver).

localizer sector secteur de radioalignement de piste *(secteur formé dans le plan horizontal par deux plans verticaux symétrique par rapport au plan défini par un indicateur d'axe de piste et dans lequel les signaux transmis par les deux faisceaux émis sont utilisables) (cf. aussi* localizer array).

localizer transmitter émetteur d'indicateur d'axe de piste, *(etc.) (avia) (cf. aussi* localizer 1)).

locally oxided junction jonction à oxydation locale *(jonction PN dans un circuit intégré obtenue après protection par oxydation locale) (circuit VMOS, etc.) (cf. aussi* local oxidation *et* p-n junction).

locate *v* 1) localiser, *(parf.)*, rechercher *(cf. aussi* localization). 2) implanter, *(parf.)* mettre en place, *(parf.)* ranger *(cf. aussi* location 3)).

location 1) *cf.* localization. 2) emplacement, *(parf.)* position, *(parf.)* situation *(d'une station, d'une cible radar ou autre, d'un composant sur un substrat, d'une information dans une mémoire, etc.)*. 3) implantation, *(parf.)* mise en place, *(parf.)* rangement *(des stations d'un réseau, de composants sur un substrat, d'informations dans une mémoire, etc.)*.

location information information de position *(radar, etc.) (cf. aussi* position information (a), (b), (c)).

locator 1) appareil de repérage *(terme générique couvrant le radar et le sonar) (cf. aussi* radiolocator). 2) *cf.* locator beacon.

locator beacon balise de repérage *(radiobalise facilitant le repérage d'un point au sol à partir d'un aéronef) (cf. aussi* radio beacon).

lock¹ *s* 1) verrouillage *(d'un clavier, d'une bascule, etc.)*. 2) blocage *(d'un bouton de réglage, etc.)*. 3) asservissement *(d'une grandeur à une autre) (cf. aussi* closed-loop control *et* phase-locked loop). 4) synchronisation *(d'un oscillateur par un signal approprié) (cf. aussi* synchronization). 5) accrochage *(d'une cible par un radar ou un autodirecteur) (cf. aussi* lock-on).

lock² *v (voir aussi* lock¹) **1)** verrouiller. **2)** bloquer. **3)** asservir. **4)** accrocher.

lock-in *s cf.* lock¹ 4).

lock in *v* se synchroniser *(cf. aussi* lock¹ 4).

lock-in amplifier amplificateur synchrone *(détecteur synchrone pour signaux noyés dans le bruit) (récepteur) (cf. aussi* synchronous detector *et* signal buried in noise).

lock-in base *cf.* loctal base.

lock-in range demi-plage de synchronisation *(plage de synchronisation de chaque côté de la fréquence centrale de l'oscillateur) (cf. aussi* capture range).

lock on *s* calage *(dans la direction de la cible ou sur la cible) (arrêt du mouvement angulaire d'exploration de l'antenne d'un radar ou du détecteur d'un autodirecteur à l'instant où il commence la poursuite automatique d'une cible après l'avoir accrochée) (noter que « lock-on » est souvent employé abusivement avec le sens de « acquisition ») (cf. aussi* target acquisition, automatic tracking *et* homing head).

lock on *v* se caler *(dans la direction de la cible ou sur la cible) (cf. aussi* lock-on).

lock on a return se caler sur un écho *(cf. aussi* lock-on).

lock on a return signal *cf.* lock on a return.

lock-on marker marqueur de point d'accrochage *(repère lumineux formé sur l'écran d'un radar au point où une cible a été accrochée) (cf. aussi* lock-on).

lock-on range distance d'accrochage *(distance entre un radar ou un autodirecteur et une cible à l'instant où il accroche celle-ci) (cf. aussi* lock-on).

lock on target *v* se caler dans la direction de la cible *(cf. aussi* lock-on).

lock onto a ... *cf.* lock on a ...

lock out *v cf.* lock² 1).

lock range plage de synchronisme *(dans une boucle à phase asservie, plage de fréquences dans laquelle la synchronisation, une fois réalisée, peut être maintenue) (est un peu plus large que la plage de synchronisation) (cf. aussi* lock-in range).

lock-up *s* **1)** *cf.* lock¹ 4). **2)** accrochage, synchronisation des têtes *(alignement des têtes vidéo d'un magnétoscope sur les pistes à lire sur la bande magnétique) (cf. aussi* video tape recorder).

lock-up relay relais à verrouillage électrique *(cf. aussi* magnetic latching relay).

lock-up time temps d'accrochage *(temps au bout duquel l'accrochage est réalisé dans un magnétoscope après le démarrage de la bande) (cf. aussi* lock-up 2)).

lockable connector connecteur verrouillable, connecteur à verrouillage *(connecteur muni d'un dispositif empêchant les deux parties du composant de se déboîter sous l'action d'un effort de traction ou de vibrations) (connecteur à bague filetée, à bayonnette, à billes et bague coulissante, etc.) (cf. aussi* connector (a)).

lockable control commande verrouillable *(bouton de potentiomètre ou autre organe de réglage pouvant être verrouillé à la position choisie, souvent par serrage manuel d'un bouton ou un écrou moleté).*

locked *(voir* lock² *et mettre au participe passé).*

locked groove sillon central *(sillon refermé sur lui-même à la fin du dernier enregistrement porté par une face d'un disque phonographique) (l'arc de sillon spiral qui le précède commande l'arrêt du plateau du tourne-disque et, éventuellement, le relevage du bras) (cf. aussi* groove 1)).

locked-in line line à libération par le demandé *(ligne téléphonique dans laquelle la liaison entre le poste du demandeur et le poste du demandé est maintenue tant que ce dernier n'a pas raccroché le combiné) (permet d'identifier l'origine des appels) (ligne reliant une cabine téléphonique à un poste de police ou de pompiers) (cf. aussi* release¹ 1)).

locked in phase quadrature asservis à rester en quadrature *(signaux) (cette expression s'applique notamment aux deux sous-porteuses de chrominance des procédés de télévision en couleurs NTSC et PAL) (cf. aussi* in quadrature *et* closed-loop control).

locked on target asservi(e) aux évolutions de la cible *(parf. à*

la trajectoire de la cible) *(antenne de radar, etc.) (cf. aussi* automatic tracking).

locked-on target cible accrochée *(radar) (cf. aussi* target acquisition).

locked oscillator oscillateur asservi *(oscillateur fournissant un signal dont la fréquence est asservie à celle d'un autre signal) (cf. aussi* oscillator *et* closed-loop control).

locking *cf.* lock¹.

locking action **1)** effet de blocage *(écrou de blocage d'axe de potentiomètre, etc.).* **2)** action maintenue *(mode de fonctionnement d'un interrupteur ordinaire ou d'un bouton-poussoir à verrouillage) (cf. aussi* locking pushbutton *et, pour information,* momentary-action switch).

locking device **1)** dispositif de verrouillage *(du clavier d'un appareil, etc.).* **2)** dispositif de blocage *(de l'équipage mobile d'un appareil de mesure analogique, etc.) (cf. aussi* moving element).

locking plunger piston blocable *(piston de terminaison hyperfréquence réglable dont le bouton de commande peut être bloqué après réglage) (cf. aussi* sliding termination).

locking pushbutton bouton-poussoir à verrouillage *(bouton-poussoir que l'on tourne d'un quart de tour avec le doigt une fois enfoncé à fond quand on veut le maintenir un certain temps dans cette position sans garder le doigt dessus) (cf. aussi* locking action 2) *et* pushbutton).

locking relay *cf.* latching relay.

LOCMOS *cf.* LOCMOS process.

LOCMOS process *(LOCMOS vient de « local oxidation CMOS »)* procédé LOCMOS *(procédé de fabrication de circuits intégrés CMOS utilisant l'oxydation locale pour diminuer les différences de hauteur des couches formées sur la puce pour réduire les risques de fissuration de la couche de métallisation sur les points anguleux) (cf. aussi* local oxydation, CMOS integrated circuit *et* metallization layer).

LOCMOS technology (la) technique LOCMOS *(autre nom, à sens plus large, du procédé LOCMOS) (cf. aussi* LOCMOS process *et* technology).

loctal ... *cf.* loktal ...

lodestone magnétite aimantée *(cf. aussi* magnetite).

log *s* registre d'exploitation *(registre dans lequel sont consignées les conditions et heures de fonctionnement d'une station d'émission, etc.) (radiodif, etc.).*

log ... *cf.* logarithmic ... *(pour les termes qui ne figurent pas ci-après).*

log-periodic aerial *(GB) cf.* log-periodic antenna.

log-periodic antenna antenne log-périodique, antenne à périodicité logarithmique *(antenne à large bande à plusieurs éléments rayonnants dont les longueurs et les espacements suivent une progression géométrique donnant un accroissement logarithmique de ces dimensions d'une extrémité à l'autre de l'antenne) (cf. aussi* wideband antenna).

log-periodic array *cf.* log-periodic antenna.

logamp *(fam) cf.* logarithmic amplifier.

logarithmic amplifier amplificateur logarithmique *(amplificateur à plusieurs étages dans lequel l'amplitude du signal de sortie est une fonction logarithmique de l'amplitude du signal d'entrée à partir d'une certaine valeur de celle-ci jusqu'à laquelle il se comporte comme un amplificateur linéaire) (sa caractéristique comporte donc un court segment de droite suivi d'une courbe logarithmique) (possède une grande dynamique) (récepteur radar) (cf. aussi* linear amplifier, characteristic curve, dynamic range *et* logarithmic receiver).

logarithmic characteristic caractéristique logarithmique *(caractéristique d'un amplificateur logarithmique) (cf. aussi* logarithmic amplifier).

logarithmic decrement décrément logarithmique, décrément *(logarithme népérien du facteur d'amortissement d'une oscillation) (cf. aussi* damping factor).

logarithmic frequency plot courbe logarithmique de réponse en fréquence *(courbe de réponse en fréquence d'un quadripôle à large bande visualisée sur l'écran d'un oscilloscope ou tracée par un traceur de courbes lorsque le balayage de l'oscilloscope ou du traceur de courbes est produit par une tension à variation logarithmique en fonction de la fréquence appliquée au quadripôle) (cf. aussi* frequency response curve *et* quadripole).

logarithmic pot *(fam)* *cf.* logarithmic potentiometer.

logarithmic potentiometer potentiomètre logarithmique *(ou à variation logarithmique ou à loi (de variation) logarithmique) (potentiomètre dans lequel la valeur de la résistance aux bornes de sortie est proportionnelle ou inversement proportionnelle au logarithme de l'angle de rotation de l'axe de commande à partir de la position de repos) (cf. aussi* right-hand taper, left-hand taper *et* potentiometer 1)).

logarithmic receiver récepteur logarithmique *(récepteur de radar équipé d'un amplificateur logarithmique) (l'amplificateur logarithmique lui donne une grande dynamique facilitant l'élimination des échos parasites) (cf. aussi* logarithmic amplifier *et* clutter).

logarithmic scale échelle logarithmique *(échelle graduée d'appareil de mesure analogique ou de cadran de réglage dont les divisions successives sont séparées par des intervalles à variation logarithmique) (cf. aussi* scale[1] 1)).

logarithmic-scale instrument appareil à échelle logarithmique, appareil de mesure *(idem) (cf. aussi* logarithmic scale).

logarithmic-scale meter *cf.* logarithmic-scale instrument.

logarithmic sweep balayage logarithmique *(balayage de l'écran du tube cathodique d'un oscilloscope ou de la feuille d'un traceur de courbes, dans lequel le déplacement horizontal du point lumineux ou de la plume, respectivement, est proportionnel au logarithme du temps) (cf. aussi* sweep[1] (a), (b)).

logarithmic taper loi de variation logarithmique, loi logarithmique, variation logarithmique *(loi de variation de la résistance d'un potentiomètre logarithmique) (loi logarithmique droite ou inverse) (cf. aussi* logarithmic potentiometer *et* taper 2)).

logarithmic-taper pot *(fam)* *cf.* logarithmic potentiometer.

logarithmic-taper potentiometer *cf.* logarithmic potentiometer.

logarithmic video amplifier amplificateur vidéo logarithmique *(récepteur radar) (cf. aussi* video amplifier *et* logarithmic amplifier).

logatom logatome *(syllabe isolée dont on prononce un certain nombre à une extrémité d'une ligne téléphonique pour apprécier la netteté de reproduction de la parole à l'autre extrémité de la ligne) (cf. aussi* articulation for logatoms).

logger 1) enregistreur imprimant *(imprimante numérique pour centrale de mesure enregistrant automatiquement des valeurs discrètes des grandeurs surveillées) (cf. aussi* data logger 1)). 2) *cf.* data logger 1)).

logging 1) enregistrement *(sous forme de caractères lisibles), (parf.)* consignation (dans un registre) *(résultats de mesure ou autre informations).* 2) enregistrement numérique *(cf. aussi* logger 1)). 3) *cf.* data logging.

logging unit *cf.* logger 1).

logic *s* logique *sf* (a) *sens usuel, c.-à-d. ensemble des règles régissant les relations entre diverses propositions) (logique de l'ordinateur, etc.) (inf, etc.) (cf. aussi* symbolic logic); (b) *circuit logique élémentaire caractéristique d'une famille logique ou, par extension, ensemble de tels circuits) (sauf pour les circuits logiques les plus anciens réalisés à l'époque avec des composants discrets, ce terme s'applique toujours à un circuit intégré monolithique) (inf) (cf. aussi* combinatorial logic, sequential logic, positive logic, negative logic, logic circuit, logic family *et* monolithic integrated circuit).

logic add *cf.* logic addition.

logic addition addition logique *(inf) (cf. aussi* OR *et* logic sum).

logic address *cf.* virtual address.

logic algebra algèbre logique *(inf) (cf. aussi* Boolean algebra).

logic analysis *(en informatique)* 1) analyse logique, analyse de fonctions logiques *(détermination de la suite des fonctions logiques à réaliser pour obtenir un résultat déterminé dans un appareil numérique et notamment informatique) (cf. aussi* logic function). 2) analyse logique, analyse de circuits logiques, contrôle *(idem) (analyse ou contrôle du fonctionnement de circuits logiques par présentation des signaux fournis sur un écran cathodique, avec application de signaux d'entrée déterminés, aux fins de mise au point ou de dépannage,* respectivement, d'appareils numériques et notamment informatiques) (inf) (cf. aussi* logic state analysis, logic timing analysis *et* logic circuit).

logic analyzer analyseur logique *(appareil permettant l'analyse logique) (inf) (cf. aussi* logic analysis, logic state analyzer, logic timing analyzer *et* logic state-and-timing analyzer).

logic AND ET (logique) *(inf) (cf. aussi* AND).

logic array matrice logique *(terme générique couvrant les matrices de portes logiques prédiffusées et les puces à cellules prédéfinies qui, en toute rigueur, ne sont pas des matrices) (CI) (cf. aussi* gate array *et* standard cell 2)).

logic bit *cf.* bit.

logic board carte logique *(carte à circuit imprimé portant des circuits intégrés numériques) (inf) (cf. aussi* printed-circuit board *et* digital integrated circuit).

logic card *cf.* logic board.

logic chip puce logique *(puce de circuit intégré logique) (inf) (cf. aussi* chip 1) *et* logic integrated circuit).

logic choice choix logique *(résultat d'une comparaison logique) (un choix logique est une fonction logique) (inf) (cf. aussi* logic comparison *et* logic function).

logic circuit circuit logique *(montage formé d'une ou plusieurs portes logiques) (est utilisé en nombre plus ou moins grand dans un circuit intégré numérique) (noter que le terme « circuit logique » a un sens plus large que « porte logique », bien que cette distinction soit rarement faite) (le terme « logic circuit » est parfois employé avec le sens de « logic integrated circuit ») (inf) (cf. aussi* logic gate, digital integrated circuit *et* logic integrated circuit).

logic-circuit diagram *cf.* logic diagram.

logic circuit family *cf.* logic family.

logic circuitry circuits logique *(inf) (cf. aussi* logic circuit *et* circuitry).

logic coincidence coïncidence (logique) *(circuit logique) (inf) (cf. aussi* exclusive NOR).

logic combination combinaison logique *(ensemble des états logiques de deux ou plusieurs signaux logiques appliqués aux entrées d'une porte logique) (inf) (cf. aussi* logic state, logic signal, logic gate *et* logic pattern).

logic comparison comparaison logique *(comparaison de deux signaux avec émission d'un signal logique dépendant du résultat de la comparaison) (cf. aussi* logic signal).

logic component composant logique *(nom parfois donné à un circuit intégré logique) (cf. aussi* logic integrated circuit).

logic connective *cf.* logic operator.

logic connector *cf.* logic operator.

logic design conception logique *(conception de circuits logiques) (inf) (cf. aussi* logic circuit).

logic design engineer *cf.* logic engineer.

logic device dispositif logique *(ce terme très général désigne presque toujours un composant logique ou un élément de commutation) (inf) (CI, etc.) (cf. aussi* logic component *et* switching element).

logic diagram schéma logique *(schéma fonctionnel représentant des circuits logiques interconnectés, chacun d'eux étant représenté par un symbole normalisé) (inf) (cf. aussi* logic circuit).

logic element élément logique, opérateur logique élémentaire *(dispositif exécutant une opération logique élémentaire, c.-à-d. l'opération ET, OU ou NON) (est généralement constitué d'un circuit électronique formant un « circuit logique élémentaire » ou « porte élémentaire », mais peut également être un montage à relais, un dispositif fluidique ou même un dispositif mécanique si la vitesse de fonctionnement importe peu) (inf) (cf. aussi* logic operation, logic operator (b), logic circuit, logic gate *et* fluidics).

logic engineer ingénieur logicien, ingénieur en logique *(ingénieur électronicien spécialisé dans la conception des circuits logiques, c.-à-d. dans la conception des circuits intégrés numériques depuis la généralisation de ceux-ci) (cf. aussi* logic circuit).

logic equation équation logique, équation boolénne *(équation dont les termes sont des termes logiques et les opérateurs des opérateurs logiques) (inf) (cf. aussi* logic term *et* logic operator).

logic error *(cf. aussi* logic expression *et* logic circuit) erreur logique (a) *erreur dans une expression logique et, par conséquent, dans la conception d'un circuit logique ou d'un ensemble de circuits logiques)* ; (b) *erreur résultant d'un défaut de fonctionnement d'un ou plusieurs circuits logiques) (inf).*

logic expression expression logique, expression booléenne *(ensemble de deux ou plusieurs termes logiques séparés par un ou plusieurs opérateurs logiques, respectivement, représentés ou implicites) (ces termes désignent notamment une fonction logique ou une équation logique) (inf) (cf. aussi* logic term, logic function *et* logic equation).

logic family famille logique, famille de circuits logiques *(ensemble de types de circuits logiques, notamment de types de circuits intégrés numériques, conçus selon un même principe de base) (noter que la « famille » peut se réduire à un seul type de circuit) (famille TTL, etc.) (cf. aussi* logic circuit, RTL, RCTL, DCTL, DTL, TTL, CML, ECL, I²L *et* STL).

logic flowchart organigramme (logique) *(inf) (cf. aussi* flowchart 2)).

logic function fonction logique, fonction booléenne, fonction de Boole, fonction de variables logiques *(ou* booléennes *ou* de Boole) *(variable logique dont la valeur dépend de celle d'une ou plusieurs autres variables logiques, c.-à-d. variable logique considérée en tant que résultat d'une ou plusieurs opération logiques, ou représentation conventionnelle de cette variable, (f ...), ou expression logique fournissant ce résultat) (inf) (cf. aussi* logic variable, logic operation *et* Boolean algebra).

logic function simplification simplification des fonctions logiques, simplification logique *(réduction au minimum des termes d'une fonction logique à deux ou plusieurs variables) (à pour but de réduire au minimum le nombre d'opérateurs nécessaire pour exécuter les opérations logiques correspondantes) (est effectuée par la méthode algébrique utilisant les théorèmes fondamentaux de l'algèbre de Boole ou par une méthode graphique et notamment celle utilisant un tableau de Karnaugh) (inf) (cf. aussi* logic function, logic operator *et* Karnaugh diagram)

logic gate porte logique, porte, circuit logique *(circuit à deux ou plusieurs entrées et une sortie qu'une impulsion appliquée à une entrée ne peut traverser que si certaines conditions d'état logique des entrées sont remplies) (l'inverseur logique n'ayant qu'une entrée, et son fonctionnement n'étant, par conséquent, soumis à aucune condition d'état logique, il n'est pas couvert par la définition ci-dessus et n'est pas une véritable porte logique, bien qu'il soit généralement considéré comme tel) (cf. aussi* logic circuit, AND-gate, OR gate, NAND gate, NOR gate, exclusive-OR gate, exclusive-NOR gate *et* NOT gate).

logic high (un) haut logique *(état ou niveau logique haut) (inf) (cf. aussi* logic state *et* logic level).

logic IC *cf.* logic integrated circuit.

logic input entrée logique *(borne d'entrée d'un signal logique sur un montage ou un appareil ou, par extension, ce signal lui-même) (inf) (cf. aussi* logic signal).

logic input signal signal d'entrée logique *(cf. aussi* logic input).

logic instruction instruction logique, instruction d'opération logique *(instruction d'un programme d'ordinateur commandant l'exécution d'une opération logique) (inf) (cf. aussi* instruction *et* logic operation).

logic integrated circuit circuit intégré logique *(circuit intégré numérique conçu pour exécuter des opérations logiques, c.-à-d. circuit intégré numérique autre qu'une mémoire) (terme générique couvrant notamment les microprocesseurs et les matrices logiques) (cf. aussi* microprocessor, logic array, digital integrated circuit *et* logic operation).

logic inversion inversion logique, inversion, *(etc.) (opération logique) (inf) (cf. aussi* NOT *et* logic operation).

logic inverter inverseur logique, inverseur, *(etc.) (opérateur réalisant l'inversion logique) (inf) (cf. aussi* NOT gate, logic inversion *et* logic operator).

logic level niveau logique, niveau binaire *(une des deux valeurs de l'amplitude d'un signal logique, le niveau « 1 », le plus élevé, correspondant à l'état logique « 1 » du chemin*

qu'il emprunte, et le niveau « 0 » à l'état logique « 0 ») (inf) (cf. aussi logic signal *et* logic state).

logic low (un) bas logique *(état ou niveau logique bas) (inf) (cf. aussi* logic state *et* logic level).

logic matrix *cf.* logic array.

logic minimization *cf.* logic function simplification.

logic minimization algorithm algorithme de simplification (de fonctions logiques) *(inf) (cf. aussi* algorithm *et* logic minimization).

logic module module logique (a) *nom donné à une carte logique considérée en tant que module enfichable) (cf. aussi* logic board *et* plug-in module) ; (b) *groupe de circuits logiques formant un tout dans un circuit intégré numérique) (inf) (cf. aussi* logic circuit).

logic network réseau logique, réseau d'opérateurs logiques *(ensemble d'opérateurs logiques, graphiques ou matériels, interconnectés) (inf) (cf. aussi* logic operator).

logic NOT NON (logique) *(inf) (cf. aussi* NOT).

logic ONE *cf.* logic 1. *(ci-après).*

logic 1 1 logique, UN logique, « 1 », UN, « un » *(état ou niveau logique représentant le 1 binaire) (inf) (cf. aussi* logic state, logic level *et* binary 1).

logic 1 level niveau logique 1 *(inf) (cf. aussi* logic 1).

logic operation opération logique, opération booléenne, opération de l'algèbre de Boole *(opération fournissant une variable logique en fonction d'une ou plusieurs variables logiques et des règles appliquées) (les trois opérations logiques fondamentales sont les suivantes : 1) réunion (OU) (inclusif), 2) intersection (ET) (exclusif), 3) négation (NON) (la combinaison de deux ou plusieurs de ces opérations donne les autres opérations logiques : disjonction (OU exclusif), rejet (NI), rejet exclusif (NI exclusif), non-intersection (ET)) (est représentée ou exécutée par un opérateur logique) (cf. aussi* logic variable, logic operator, OR, AND, NOT, exclusive OR, NOR, exclusive NOR, NAND *et* arithmetic operation).

logic operator *(cf. aussi* logic operation) opérateur logique, opérateur booléen, opérateur de l'algèbre de Boole, *(etc.)* (a) *symbole représentant une opération logique, c.-à-d. opérateur logique graphique)* ; (b) *dispositif exécutant une opération logique, c.-à-d. opérateur logique matériel) (le deuxième terme est peu employé avec la seconde acception et le troisième ne l'est jamais) (inf) (cf. aussi* logic element).

logic OR OU (logique) *(inf) (cf. aussi* OR).

logic OR ... *cf.* OR ...

logic output sortie logique *(borne de sortie d'un signal logique sur un montage ou un appareil ou, par extension, ce signal lui-même) (inf) (cf. aussi* logic signal).

logic output signal signal de sortie logique *(cf. aussi* logic output).

logic packing density *cf.* integration density.

logic part *cf.* logic component.

logic pattern combinaison logique *(nom souvent donné à une combinaison de binaires affichée sur l'écran d'un analyseur d'états logiques) (inf) (cf. aussi* bit pattern).

logic probe sonde logique, sonde d'état logique *(sonde montée à l'extrémité du cordon d'un analyseur logique) (inf) (cf. aussi* logic analyzer).

logic product produit logique, produit booléen *(résultat de la multiplication logique ou, abusivement et couramment, cette opération elle-même) (algèbre de Boole) (inf) (cf. aussi* AND, sum of products *et* logic operation).

logic shift décalage logique *(décalage analogue au décalage arithmétique, mais dans lequel le binaire de signe est changé) (inf) (cf. aussi* arithmetic shift).

logic signal signal logique *(nom souvent donné à un signal binaire représentant le résultat d'une opération logique) (inf) (cf. aussi* binary signal *et* logic operation).

logic simulation simulation logique *(simulation de circuits logiques) (cf. aussi* logic simulator).

logic simulator simulateur logique, programme de simulation logique *(programme d'ordinateur permettant de simuler le fonctionnement des circuits logiques d'un circuit intégré numérique en projet en vue de leur mise au point) (inf) (cf. aussi* computer program *et* logic circuit).

logic state état logique *(état « 1 » ou « 0 » d'une entrée ou de* *la sortie d'un élément logique, correspondant au niveau logique du signal présent à cet endroit) (état électrique en général) (inf) (cf. aussi* logic level *et* logic element).

logic state analysis analyse d'états logiques, analyse dans le domaine logique, analyse logique, contrôle *(idem) (analyse logique utilisant l'affichage des mots binaires représentant l'état logique de la sortie des circuits examinés) (inf) (cf. aussi* logic analysis, logic state *et* binary word).

logic state analyzer analyseur d'états logiques, analyseur logique *(ce dernier terme s'emploie ici par opposition à « analyseur temporel ») (analyseur logique permettant l'analyse d'états logiques) (inf) (cf. aussi* logic analyzer *et* logic state analysis).

logic state and timing analyzer analyseur logique mixte, analyseur d'états logiques et de chronologie, analyseur logique et temporel *(analyseur logique permettant l'analyse d'états logiques et l'analyse de chronologie) (inf) (cf. aussi* logic-state analysis, logic timing analysis *et* logic analyzer).

logic state display affichage de l'état logique, *(etc.) (de circuits logiques contrôlés à l'aide d'un analyseur logique) (cf. aussi* logic state, logic analyzer *et* display[1] 1), 2), 3)).

logic state indicator indicateur d'état logique, indicateur logique, voyant logique *(voyant à diode lumineuse monté sur une carte logique ou une platine avant d'appareil informatique et s'allumant lorsque la borne de circuit logique correspondante est à l'état logique « 1 ») (cf. aussi* logic state, light-emitting diode *et* logic board).

logic state upsetting perturbation de l'état logique *(changement intempestif de l'état logique de la sortie d'un ou plusieurs circuits logiques produit par un parasite ou un rayonnement ionisant et notamment par une impulsion électromagnétique ou des particules alpha) (CI) (inf) (cf. aussi* logic state, logic circuit, electromagnetic pulse *et* soft error).

logic sum somme logique, somme booléenne, réunion *(résultat de l'addition logique ou, abusivement et couramment, cette opération elle-même) (algèbre de Boole) (inf) (cf. aussi* OR *et* logic operation).

logic swing excursion logique *(différence de tension entre l'état « 1 » et l'état « 0 » à la sortie d'un circuit logique et, par conséquent, à l'entrée correspondante du circuit qu'il attaque) (inf) (cf. aussi* logic state, pull up *et* pull down).

logic switch commutateur logique *(matrice de diodes, de transistors ou de relais) (inf) (cf. aussi* switching matrix).

logic symbol symbole logique *(inf)* (a) *symbole utilisé comme opérateur logique graphique) (cf. aussi* logic operator (a)); (b) *symbole représentant un opérateur logique matériel) (cf. aussi* logic operator (b)).

logic term terme logique, terme booléen, terme de l'algèbre logique, *(etc.) (lettre représentant une variable logique ou combinaison de deux ou plusieurs de ces lettres) (inf) (cf. aussi* logic variable *et* Boolean algebra).

logic test (un) contrôle d'états logiques, (un) contrôle logique, test *(idem) (inf) (cf. aussi* logic analyzer *et* logic testing).

logic tester contrôleur de cartes logiques, contrôleur logique, testeur *(idem) (analyseur logique conçu pour le contrôle des cartes logiques en fin de fabrication) (inf) (cf. aussi* logic analyzer *et* logic board).

logic testing *cf.* logic analysis.

logic timing chronologie (de circuits logiques) *(suite des instants auxquels la sortie d'un ou plusieurs circuits logiques change d'état) (inf) (cf. aussi* logic circuit, logic state *et* timing diagram).

logic timing analysis analyse de chronologie, analyse temporelle *(ou dans le domaine temporel)*, contrôle *(idem) (analyse logique utilisant la visualisation des chronogrammes des circuits examinés) (inf) (cf. aussi* logic analysis 2) *et* timing diagram).

logic timing analyzer analyseur de chronologie, analyseur temporel *(analyseur logique permettant l'analyse de chronologie) (inf) (cf. aussi* logic analyzer *et* logic timing analysis).

logic timing diagram *cf.* timing diagram.

logic tool *cf.* logic analyzer.

logic transition transition logique *(inf) (cf. aussi* transition (d)).

logic unit *cf.* arithmetic-and-logic unit.

logic value valeur logique *(nom souvent donné à une valeur binaire représentant le résultat d'une opération logique) (inf, etc.) (cf. aussi* binary value *et* logic operation).

logic variable variable logique *(nom souvent donné à une variable binaire représentant le résultat d'une opération logique) (inf, etc.) (cf. aussi* binary variable, logic operation *et* logic function).

logic-variable function *cf.* logic function.

logic waveform *cf.* timing diagram.

logic ZERO *cf.* logic 0. *(ci-après)*.

logic 0 0 logique, ZERO logique, « 0 », ZERO, « zéro » *(état ou niveau logique représentant le binaire 0) (inf) (cf. aussi* logic state, logic level *et* binary 0).

logic 0 level niveau logique 0 *(inf) (cf. aussi* logic 0).

logical ... *cf.* logic ... *(pour les terme qui ne figurent pas ci-après)*.

logical operation 1) *cf.* logic operation. 2) fonctionnement logique *(fonctionnement d'un ou plusieurs éléments logiques) (cf. aussi* logic element).

logician logicien *(inf) (cf. aussi* logic engineer).

loktal base *(loktal vient de « lock-in octal »)* culot loctal, culot de tube loctal *(culot de tube électronique comportant huit broches et une tige centrale à gorge circulaire s'encliquetant dans une douille élastique portée par le support lorsque le tube est enfiché à fond dans celui-ci) (cf. aussi* tube base).

loktal socket support loctal, support de tube loctal *(cf. aussi* loktal tube).

loktal tube tube loctal, tube à culot loctal *(tube électronique muni d'un culot loctal) (cf. aussi* electron tube *et* loktal base).

LOL *cf.* low level 1).

London equation équation de London *(équation différentielles permettant de calculer la profondeur de pénétration d'un champ magnétique extérieur dans un supraconducteur) (cf. aussi* differential equation *et* superconductor).

London forces forces de London, forces de dispersion *(forces d'interaction moléculaire assurant l'essentiel de la cohésion dans un liquide formé de molécules non polaires tel qu'un gaz rare liquéfié) (le qualificatif « de dispersion », qui prête à confusion, a été choisi par London parce que le pouvoir dispersif d'un tel liquide est lié à ces forces qui sont en fait des forces de cohésion) (cf. aussi* non-polar molecule).

lone electron électron célibataire *(électron seul sur une orbitale) (atome) (cf. aussi* unpaired electron *et* orbital).

long channel canal long *(canal de transistor MOS intégré de longueur supérieure à 1 micron) (clpf) (cf. aussi* channel[1] 1) (a) *et* integrated MOS transistor.

long-channel device *cf.* long-channel MOS transistor.

long-channel MOS transistor transistor MOS à canal long *(CI) (cf. aussi* long channel).

long-channel MOSFET *cf.* long-channel MOS transistor.

long-distance cable câble à grande distance *(câble téléphonique ou télégraphique assurant une liaison à grande distance) (cf. aussi* long-distance communications).

long-distance call *cf.* long-distance telephone call.

long-distance circuit circuit à grande distance *(circuit d'un câble à grande distance) (cf. aussi* long-distance cable).

long-distance communications télécommunications à grande distance *(la limite inférieure d'une « grande distance » en télécommunications est imprécise et peut être fixée à une centaine de kilomètres) (cf. aussi* communications).

long-distance communications link liaison de télécommunications à grande distance, liaison à grande distance *(cf. aussi* long-distance communications).

long-distance connection communication à grande distance *(tél, tlg) (cf. aussi* long-distance telephone call).

long-distance link *cf.* long-distance communications link.

long-distance navigation *cf.* long-range navigation. *(de même pour les termes dérivés)*.

long-distance net *cf.* long-distance network.

long-distance network réseau à grande distance *(réseau de télécommunications à grande distance) (tél, tlg) (cf. aussi* communications network *et* long-distance communications).

long-distance phone circuit *cf.* long-distance telephone circuit.

long-distance telegraph circuit circuit télégraphique à grande distance *(cf. aussi* telegraph circuit *et* long-distance communications).

long-distance telegraph service service télégraphique à grande distance *(cf. aussi* telegraphy).

long-distance telegraphy télégraphie à grande distance *(cf. aussi* telegraphy).

long-distance telephone call communication (téléphonique) à grande distance.

long-distance telephone circuit circuit téléphonique à grande distance.

long-distance telephone service service téléphonique à grande distance.

long-distance telephony téléphonie à grande distance.

long-distance toll circuit *cf.* long-distance telephone circuit.

long-distance transmission transmission à grande distance *(tél, tlg) (cf. aussi* distant transmission).

long-distance trunk artère (téléphonique) à grande distance, ligne interurbaine à grande distance *(cf. aussi* trunk).

long-haul ... *cf.* long-distance ...

long-life component composant à longue durée de vie *(tête magnétique, tube de puissance, etc.) (cf. aussi* service life).

long-life device *cf.* long-life component.

long-life head *cf.* long-life magnetic head.

long-life magnetic head tête magnétique longue durée, tête longue durée *(magnétophone) (cf. aussi* magnetic head).

long-life part *cf.* long-life component.

long-life unit *cf.* long-life component, *(parf.)* version à longue durée de vie *(cf. aussi* unit 3)).

long-line effect effet de longue ligne *(fluctuations de la fréquence d'oscillation d'un oscillateur attaquant une ligne de transmission en présence de variations de la charge lorsque l'impédance d'entrée de la ligne est mal adaptée à l'impédance de sortie de l'oscillateur) (cf. aussi* oscillator, transmission line *et* impedance matching).

long-persistence phosphor luminophore à longue persistance *(luminophore à temps de décroissance compris entre 100 ms et 1 s) (écran de tube cathodique) (cf. aussi* phosphor *et* persistence).

long-persistence screen écran à longue persistance *(tube cath) (cf. aussi* long persistence phosphor).

long-play record disque microsillon *(disque phonographique classique) (cf. aussi* phonograph record).

long-pull magnet électro-aimant à longue course *(électro-aimant à noyau plongeur) (cf. aussi* solenoid 2)).

long-range ... *cf.* long-distance ... *(pour les termes qui ne figurent pas ci-après).*

long-range air-defense radar *cf.* long-range air-search radar.

long-range air search veille aérienne à grande distance *(radar mil) (cf. aussi* air search).

long-range air-search radar radar de veille aérienne à longue portée *(mil) (cf. aussi* search radar *et* long-range radar).

long-range air surveillance radar *cf.* long-range air-search radar.

long-range detection détection à grande distance *(d'une cible, par un radar) (mil, etc.) (cf. aussi* long-range radar).

long-range navigation navigation à grande distance *(navigation maritime ou aérienne utilisant généralement un système de navigation hyperbolique) (cf. aussi* hyperbolic navigation system).

long-range navigation aid aide à la navigation à grande distance *(cf. aussi* navigation aid *et* long-distance navigation).

long-range navigation system système de navigation à grande distance *(cf. aussi* navigation system *et* long-distance navigation).

long-range navigational ... *cf.* long-range navigation ...

long-range radar radar à longue portée *(radar de veille ou de poursuite dont la portée sur une cible à section équivalente de 1 m² est supérieure à quelques centaines de kilomètres) (mil, etc.) (cf. aussi* radar range 1), radar cross section, search radar *et* tracking radar).

long-range radar coverage couverture radar à grande distance *(mil, etc.) (cf. aussi* radar coverage *et* long-range radar).

long-range search radar radar de veille à longue portée *(mil) (cf. aussi* search radar *et* long-range radar).

long-range surface search veille surface à grande distance *(radar de navire militaire) (cf. aussi* surface search *et* long-range radar).

long-range surveillande radar *cf.* long-range search radar.

long-range target cible à grande distance, cible lointaine, cible éloignée *(radar, etc.) (mil, etc.) (cf. aussi* target (a)).

long-range threat émission hostile lointaine, *(parf.)* menace lointaine *(émission d'un radar ou d'un autodirecteur radar actif de l'adversaire situé à une distance relativement grande de la cible dans chacun des deux cas ou, parfois, menace constituée par cette émission) (mil) (cf. aussi* threat *et* active radar seeker).

long-range transmission *cf.* long-distance transmission.

long-tail pair paire différentielle *(montage symétrique formé essentiellement de deux transistors bipolaires appariés dont les émetteurs sont reliés à une résistance de polarisation commune ou, anciennement, montage analogue utilisant deux tubes électroniques dont les cathodes sont connectées à une résistance de polarisation commune) (au repos, c.-à-d. en l'absence de tension appliquée entre l'électrode de commande d'un transistor ou un tube et celle de l'autre, le courant qui traverse la résistance commune se partage de façon égale entre les deux transistors ou tubes) (lorsqu'une tension est appliquée entre les deux électrodes de commande, celle dont la polarité devient moins négative produit une augmentation de l'intensité du courant dans le transistor ou le tube correspondant ; or, comme la résistance agit comme un limiteur d'intensité, c.-à-d. comme une source à courant constant, l'intensité du courant dans l'autre transistor ou tube diminue d'autant, la somme des deux intensités restant constante) (on voit que chacune des deux électrodes de commande exerce une action inverse de celle de l'autre sur le courant qui traverse la branche correspondante du montage) (la tension appliquée entre les deux électrode est une tension différentielle et ce montage est la base de l'amplificateur différentiel) (cf. aussi* differential amplifier, differential voltage, bipolar transistor, matched transistors, bias resistor *et* control electrode).

long-tailed pair *cf.* long-tail pair.

long-term accuracy précision à long terme *(app. mesure, etc.).*

long-term data retention conservation des informations à long terme *(mémoire) (cf. aussi* data retention).

long-term drift dérive à long terme *(cf. aussi* drift 1).

long-term drift rate taux de dérive à long terme *(cf. aussi* drift rate).

long-term frequency stability stabilité de la fréquence à long terme, *(parf.)* stabilité en fréquence à long terme *(oscillateur, quartz d'oscillateur, émetteur, générateur de signaux).*

long-term recording enregistrement de phénomènes à variation lente *(enregistreur graphique).*

long-term stability stabilité à long terme *(fréquence d'un oscillateur, etc.) (cf. aussi* long-term frequency stability *et* drift¹).

long-time constant grande constante de temps *(cf. aussi* time constant).

long wave onde longue *(radioélectricité) (cf. aussi* kilometric wave).

long-wave infrared *cf.* long-wavelength infrared.

long-wave transmission émission en grandes ondes *(radiodif, radiocom) (cf. aussi* long wave).

long wavelength grande longueur d'onde *(longueur d'une onde électromagnétique ou acoustique grande en valeur absolue ou relative) (radioélectricité, technique des rayons infrarouges, transmissions par fibres optiques, dispositifs à ondes acoustiques, etc.) (cf. aussi* wavelength, electromagnetic wave *et* acoustic wave).

long-wavelength detector *cf.* long-wavelength infrared detector.

long-wavelength infrared (l')infrarouge à grande longueur d'onde, *(etc.) (rayonnement infrarouge dont la longueur d'onde est supérieure à 3 microns, cette limite étant fixée arbitrairement) (cf. aussi* infrared radiation).

long-wavelength infrared radiation *cf.* long-wavelength infrared. *(ce terme étant le plus employé).*

long-wavelength infrared sensor capteur d'infrarouge à

grande longueur d'onde (cf. aussi infrared sensor et long-wavelength infrared).

long-wavelength IR cf. long-wavelength infrared, (de même pour les termes dérivés).

long-wavelength LED cf. long-wavelength ligth-emitting diode.

long-wavelength light-emitting diode diode lumineuse (infra-rouge) à grande longueur d'onde (cf. aussi infrared light-emitting diode et long-wavelength infrared).

long-wavelength transmission transmission par onde de grande longueur (en valeur relative) (fibre optique) (cf. aussi long-wavelength infrared et, pour information, long-wave transmission et noter l'importance sémantique du suffixe « length » en l'occurence).

long-way path long trajet (de propagation), trajet indirect (trajet suivi par un signal de radionavigation à grande distance, autre que le trajet direct) (cf. aussi geodetic path).

long-way path signal signal à long trajet (de propagation), signal indirect (radionav) (cf. aussi long-way path et geodetic-path signal).

long-way signal cf. long-way path signal.

long-wire aerial (GB) cf. long-wire antenna.

long-wire antenna antenne à long fil (antenne directive formé d'un fil horizontal de lo gueur égale à un multiple entier de la longueur ou la demi-lor gueur de l'onde émise ou reçue) (cf. aussi directional antenna et wavelength).

longitudinal balance équilibre des circuits réels (égalité des caractéristiques électriques des circuits téléphoniques utilisés pour former un circuit fantôme) (cf. aussi phantom circuit).

longitudinal circuit circuit fantôme (tél) (cf. aussi phantom circuit).

longitudinal current (parf. intensité du) courant dans un circuit fantôme (tél) (cf. aussi phantom circuit).

longitudinal device cf. longitudinal filter.

longitudinal electromotive force force électromotrice induite par une ligne électrique (force électromotrice parasite induite dans une ligne téléphonique par une ligne de transport d'énergie parallèle à celle-ci) (cf. aussi induced electromotive force).

longitudinal emf cf. longitudinal electromotive force.

longitudinal EMF cf. longitudinal electromotive force.

longitudinal filter filtre longitudinal (filtre analogique à plu-sieurs cellules) (cf. aussi analog filter et multisection filter).

longitudinal heating chauffage par champ longitudinal, chauffage longitudinal (mode de chauffage diélectrique d'une charge stratifiée dans lequel les électrodes créant le champ électrique sont disposées contre deux chants opposés de la charge pour que les lignes de force du champ soient parallèles aux couches de la charge) (cf. aussi dielectric heating, electric field et line of force).

longitudinal magnetization aimantation longituninale (ai-mantation d'un support magnétique à défilement dans lequel les dipôles magnétiques créés dans le support par le champ de la tête magnétique d'enregistrement sont alignés le long de la direction de défilement, le pôle nord de l'un se trouvant être suivi du pôle nord du suivant, le pôle sud de celui-ci étant suivi du pôle sud du suivant, et ainsi de suite, ce qui est mal-heureusement défavorable à la netteté des transitions magné-tiques et à la conservation de l'aimantation des dipôles) (cas général) (enr. mag) (cf. aussi moving magnetic medium et magnetic dipole).

longitudinal parity parité longitudinale (parité d'un groupe de binaires enregistrés sur une même piste de bande magné-tique à n pistes de mémoire d'ordinateur ou transmis par une même ligne d'un bus dans un ordinateur) (dans le cas d'une liaison de transmission de données où tous les binaires d'un message sont transmis par une seule et même voie, il ne peut y avoir de parité transversale et le terme « parité » qui est alors employé est synonyme de « parité longitudinale ») (inf) (cf. aussi LRC bit, parity, bit, bus (a1) et data link).

longitudinal parity check cf. longitudinal redundancy check.

longitudinal recorder enregistreur longitudinal (nom parfois donné à un enregistreur à bande magnétique classique par opposition à un enregistreur à balayage hélicoïdal) (cf. aussi magnetic-tape recorder).

longitudinal recording **1)** (l')enregistrement longitudinal (ou horizontal), (l')enregistrement magnétique (idem) (le pre-mier terme, sous ses deux formes, est le meilleur car l'enre-gistrement peut être horizontal sans être longitudinal) (procé-dé classique d'enregistrement magnétique) (cf. aussi magnetic recording et longitudinal magnetization). **2)** (l')enregistre-ment longitudinal (ou magnétique longitudinal) (nom parfois donné à l'enregistrement sur bande magnétique classique par opposition à l'enregistrement à balayage hélicoïdal) (cf. aussi magnetic-tape recording).

longitudinal redudancy check contrôle de parité longitudi-nale (inf) (cf. aussi parity check, longitudinal parity et LRC bit).

longitudinal scanning analyse longitudinale (dans un magné-toscope, analyse de la bande magnétique par une tête vidéo fixe, c-à-d. comme dans un magnétophone) (noter que le terme « analyse » signifie ici « enregistrement ou lecture ») (ce mode d'analyse, peu courant, a été employé sur un des premiers magnétoscopes à bobines et l'est sur des prototypes récents de magnétoscopes à cassettes) (cf. aussi video tape recorder).

longitudinal wave onde longitudinale, onde acoustique longi-tudinale (onde acoustique de volume dans laquelle la direc-tion de variation de la position des particules est parallèle à la direction de propagation de l'onde) (en d'autres termes, le milieu dans lequel l'onde se propage est alternativement comprimé et allongé le long de la direction de propagation de l'onde) (dans la direction de propagation de l'onde, le milieu est donc une suite de soufflets d'accordéon alternativement comprimés et allongés par rapport à leur longueur moyenne, proportionnellement à l'amplitude correspondante de l'onde) (cf. aussi bulk acoustic wave).

look angle angle de détection (angle formé par l'axe longitudi-nal d'un aéronef équipé d'un radar ou d'un autodirecteur radar actif et la direction de pointage de l'antenne de celui-ci) (mil, etc.) (cf. aussi down-looking radar, up-looking radar et active radar seeker).

look-down angle angle de détection vers le bas (radar) (mil) (cf. aussi look angle et down-looking radar).

look-down capability (possibilités de) couverture basse (parf. au singulier), (idem) détection vers le bas (possibilités pour un radar de nez d'avion militaire de détecter, localiser et suivre une cible située nettement au-dessous de l'axe longitudinal de l'avion, c.-à-d. de la distinguer sur un fond d'échos de sol) (cf. aussi look angle, down-loocking radar, shoot-down capabili-ty et capability).

look-down radar radar (d'avion) à couverture basse (ou à détection vers le bas) (mil) (cf. aussi look-down capability).

look-down, shoot-down capability (possibilités de) couver-ture et conduite de tir basses, (idem) détection et tir vers le bas (radar d'avion militaire) (cf. aussi look-down capability et shoot-down capability).

look through v recevoir en mode transparent (mil) (cf. aussi look-through).

look-through s brouillage transparent, (parf.) réception en mode transparent (mode de fonctionnement d'un brouilleur de radars dans lequel le signal de brouillage est interrompu à intervalles irréguliers pendant un temps très court pour per-mettre au détecteur de radars associé au brouilleur de conti-nuer à capter et analyser les émissions radar de l'adversaire sans être saturé par le signal du brouilleur, pour vérifier si le signal à brouiller est encore émis et pour détecter tout autre signal hostile éventuel) (mil) (cf. aussi radar jammer et radar warning receiver).

look-through capability possibilités de brouillage transparent (parf. au singulier) (mil) (cf. aussi look-through et capabili-ty).

look-through mode mode de brouillage transparent (mil) (cf. aussi look-through).

look-through period periode de brouillage transparent (mil) (cf. aussi look-through).

look-through technique méthode de brouillage transparent, procédé (idem) (mil) (cf. aussi look-through).

look-through window cf. look-through period.

look up v consulter (une table), chercher, rechercher (une *information dans une table) (ordinateur, etc.) (inf) (cf. aussi* table look-up).

look-up *cf.* table look-up.

look-up ... *(pour les termes qui ne figurent pas ci-après) ...* haute, ... vers le haut *(radar d'avion militaire) (voir aussi* look-down ...*)*.

look-up sequence séquence de recherche *(inf) (cf. aussi* table look-up).

look-up table table à consulter *(inf) (cf. aussi* table look-up).

loop[1] *s* **1)** boucle *(cf. aussi* coupling loop, hysteresis loop, control loop 1) *et* iteration loop). **2)** boucle, circuit, chaîne *(cf. aussi* feedback loop). **3)** ventre *(cf. aussi* antinode). **4)** cadre *(cf. aussi* loop antenna). **5)** maille *(cf. aussi* mesh 1) (a)).

loop[2] *v* boucler (une ligne) *(réunir les deux conducteurs d'une ligne téléphonique ou d'une autre ligne de transmission à une extrémité, directement ou par l'intermédiaire d'une autre ligne, pour effectuer des mesures à l'autre extrémité, généralement en vue de localiser un défaut en ligne dans le cas d'une ligne téléphonique) (cf. aussi* loop test).

loop actuating signal signal d'erreur *(asser) (cf. aussi* error signal.

loop aerial *(GB) cf.* loop antenna.

loop antenna cadre *(au sens du terme anglais, bobinage utilisé comme antenne de réception directive et antiparasite) (est formée d'un petit nombre de spires enroulées sur une bobine à air généralement carrée et de dimensions relativement grandes ou sur un bâtonnet de ferrite cylindrique de quelques centimètres de diamètre au maximum) (la réduction importante de l'aire de la section droite de la bobine permise par la présence d'un noyau de ferrite est due à la grande valeur de la perméabilité magnétique des ferrites) (fonctionne comme l'enroulement secondaire d'un transformateur haute fréquence dont le primaire serait l'antenne de l'émetteur rayonnant l'onde radioélectrique reçue, le couplage entre les deux étant assuré par la composante magnétique du champ électromagnétique de l'onde) (le phénomène d'induction électromagnétique, sur lequel est fondé le fonctionnement du transformateur, ne pouvant être produit que par un champ magnétique, le cadre est très peu sensible à la composante électrique du champ et, par conséquent, aux parasites atmosphériques) (la tension à haute fréquence recueillie aux bornes du cadre est maximale lorsque le nombre de lignes de force du champ magnétique capté qui le traversent est maximal, c.-à-d. quand le plan du cadre est orienté dans la direction de l'émetteur choisi) (cf. aussi* aural null, radio direction finder, air-core coil, ferrite, permeability, RF transformer, radio wave, electromagnetic field, electromagnetic induction, line of force *et* atmospherics).

loop around *v cf.* loop[2].

loop back *v cf.* loop[2].

loop control commande par bande-pilote *(imprimante) (inf) (cf. aussi* control tape 2)).

loop coupling couplage par boucle, couplage magnétique *(couplage d'une ligne coaxiale avec une onde hyperfréquence) (cf. aussi* coupling loop *et* coaxial line).

loop current *(parf.* intensité du) courant dans la boucle *(boucle de masse ou de terre ou autre) (cf. aussi* ground loop).

loop difference signal *cf.* loop error signal.

loop error écart, erreur *(asser) (cf. aussi* error signal).

loop feedback signal signal de rétroaction *(asser) (cf. aussi* feedback signal).

loop gain gain de la boucle *(gain d'un système asservi) (est égal au produit du gain de la chaîne directe par le gain de la chaîne de retour) (cf. aussi* gain 1), forward path, feedback loop *et* closed-loop control system).

loop holding émission d'un courant continu (d'essai) *(contrôle d'une ligne téléphonique) (cf. aussi* loop[2]).

loop input signal grandeur d'entrée *(asser) (cf. aussi* input quantity).

loop line ligne bouclée *(tél) (cf. aussi* loop[2]).

loop lock asservissement *(cf. aussi* loop lock time).

loop lock time temps d'asservissement (de l'oscillateur) *(temps nécessaire à une boucle à phase asservie pour se synchroniser sur la phase de la porteuse après application de*

cette dernière à l'entrée du montage) (cf. aussi* phase-locked loop).

loop measurement mesure sur ligne bouclée, mesure avec bouclage *(tél) (cf. aussi* loop[2]).

loop network réseau en boucle *(tls) (cf. aussi* ring network, *ce terme étant le plus employé)*.

loop operation **1)** fonctionnement de la boucle, *(etc.) (fonctionnement d'une chaîne de retour, d'une boucle asservie en phase, etc.) (asser) (cf. aussi* feedback loop *et* phase-locked loop). **2)** fonctionnement en boucle *(mode fonctionnement d'un système asservi) (cf. aussi* closed-loop control system).

loop output signal grandeur de sortie *(asser) (cf. aussi* output quantity).

loop resistance résistance de la ligne bouclée *(tél) (cf. aussi* loop[2]).

loop-stick aerial *(GB) cf.* loop-stick antenna.

loop-stick antenna cadre à barreau de ferrite *(récepteur) (cf. aussi* ferrite-rod antenna).

loop storage bin puits à dépression *(dispositif à dépression monté en double exemplaire sur un dérouleur de bande magnétique pour éviter la rupture de la bande lors du démarrage des bobines dans un sens ou dans l'autre) (est formé d'un tube vertical à section rectangulaire et à paroi antérieure transparente disposé sous chacune des deux bobines et dans lequel la bande aspirée par la dépression entretenue dans le tube forme une longue boucle entre la bobine et le cabestan correspondant) (un manocontact à dépression est monté au bas du tube pour couper le courant d'alimentation du moteur d'entraînement de la bobine en l'absence d'une dépression suffisante dans le tube) (lorsque la bobine démarre dans le sens de l'enroulement de la bande, la boucle raccourcit tout en étant soumise à la force de rappel élastique créée par la dépression, ce qui empêche la bande de se tendre brusquement entre la bobine et le cabestan, éliminant ainsi les risques de rupture au démarrage) (inf) (cf. aussi* tape drive).

loop test essai sur ligne bouclée *(recherche d'un dérangement sur une ligne téléphonique ou télégraphique) (cf. aussi* Varley loop test *et* loop[2]).

loop wire fil en boucle, fil formant une boucle, fil enroulé en boucle *(boucle de couplage) (hyper, etc.) (cf. aussi* coupling loop).

looping **1)** bouclage *(ligne tél, etc.) (cf. aussi* loop[2]). **2)** itération *(inf, etc.) (cf. aussi* iteration loop).

loose buffer gaine intermédiaire flottante *(gaine intermédiaire ne serrant pas la fibre optique qu'elle entoure) (cf. aussi* buffer (b)).

loose coupling couplage lâche, faible couplage *(couplage entre les deux enroulements d'un transformateur à coefficient de couplage nettement inférieur à l'unité, c-à-d. dans lequel une partie seulement du flux magnétique créé par l'enroulement primaire est embrassé par l'enroulement secondaire) (est obtenu en disposant les enroulements de telle manière que le flux de fuite soit important) (ce terme s'applique notamment à un transformateur haute fréquence) (cf. aussi* coupling coefficient, leakage flux *et* RF transformer).

loose winding bobinage à spires non jointives *(cf. aussi* loosely-wound turns).

loosely-buffered fiber fibre (optique) à gaine intermédiaire flottante *(cf. aussi* loose buffer).

loosely coupled circuits circuits à couplage lâche, *(etc.) (cf. aussi* loose coupling).

loosely-wound coil bobine à spires non jointives *(cf. aussi* loosely-wound turns).

loosely-wound turns spires non jointives *(enroulement) (cf. aussi* randon winding).

LOP *cf.* line of position.

Loran *(vient de « long-range navigation »)* système Loran *(système de navigation hyperbolique d'origine américaine dans lequel les signaux émis par les stations sont des impulsions synchronisées émises successivement par les stations d'une même chaîne, les lignes de position étant ici le lieu des points où la différence de temps entre les instants de réception des impulsions de deux stations est constante) (voir aussi les rubriques suivantes commençant par « Loran ») (cf. aussi* hyperbolic navigation system *et* line of position).

Loran A   système Loran A (*première version du système Loran*) (*n'est plus utilisée*) (*radionav*) (*cf. aussi* Loran *et* Loran B).

Loran B   système Loran B (*deuxième version du système Loran*) (*n'est plus utilisée*) (*radionav*) (*cf. aussi* Loran *et* Loran C).

Loran C   système Loran C, système Loran à basse fréquence (*troisième et actuelle version du système Loran*) (*est caractérisée par l'abaissement de la fréquence de l'onde porteuse émise par les stations à 100 kHz, l'augmentation de la durée des impulsions portées à 200 μs, l'accroissement de la distance entre stations associées portée à 1 000 km ou plus et l'adjonction de la mesure de la phase relative entre la porteuse reçue de la station pilote et la porteuse reçue de la station asservie*) (*ces modifications augmentent sensiblement la portée du système et améliorent la précision de localisation du mobile dans un rapport de 10*) (*radionav*) (*cf. aussi* Loran *et* relative phase).

Loran chain   chaîne de stations Loran (*ensemble de deux paires de stations Loran situées de telle manière que les lignes de position qu'elles définissent se croisent*) (*les deux stations pilotes peuvent être confondues*) (*radionav*) (*cf. aussi* Loran station pair *et* Loran triplet).

Loran chart   carte Loran (*carte de navigation indiquant l'emplacement de stations Loran et représentant les lignes de positions définies par leur signaux*) (*radionav*) (*cf. aussi* Loran station).

Loran D   système Loran D (*système de radionavigation militaire tactique pour aéronefs utilisant les émissions des stations du système Loran C pour recaler la centrale inertielle de l'aéronef*) (*navigation mixte*) (*cf. aussi* Loran C *et* inertial navigation system).

Loran fix   point fait au Loran (*point fait à l'aide d'un récepteur Loran*) (*radionav*) (*cf. aussi* position fix *et* Loran receiver).

Loran indicator   indicateur Loran, indicateur de récepteur Loran (*tube cathodique de récepteur Loran et commandes associées*) (*radionav*) (*cf. aussi* Loran receiver).

Loran pair   paire de stations Loran, couple (*idem*), paire Loran (*paire de stations du système de navigation Loran*) (*dans une telle paire de stations, la station pilote émet des impulsions régulières espacées avec une très grande stabilité dans le temps et la station asservie émet des impulsions identiques avec un retard constant très précis par rapport à celles de la première station*) (*cf. aussi* station pair, Loran triplet *et* Loran).

Loran position fix   *cf.* Loran fix.

Loran receiver   récepteur Loran, récepteur de navigation Loran (*récepteur de navigation conçu pour exploiter les signaux émis par des stations Loran en visualisant sur un écran cathodique les impulsions reçues d'une paire de stations et séparées par une distance proportionnelle au temps écoulé entre les deux réceptions*) (*l'opérateur amène les fronts des deux impulsions en coïncidence en tournant un bouton commandant l'introduction d'un retard variable dans la visualisation de l'impulsion de la station pilote avec indication simultanée de la valeur de ce retard*) (*radionav*) (*cf. aussi* Loran pair).

Loran receiving set   *cf.* Loran receiver.

Loran reception   *cf.* Loran signal reception.

Loran set   *cf.* Loran receiver.

Loran signal   signal d'une station Loran, signal de navigation Loran, signal Loran (*impulsion ou train d'impulsions périodiques à durée de 40 ou 200 μs, à fréquence de récurrence de quelques dizaines de hertz et à puissance crête de 100 kW transmis par une onde porteuse à 1 800 ou 100 kHz*) (*radionav*) (*cf. aussi* Loran).

Loran signal reception   réceptions de signaux Loran, (*etc.*) (*radionav*) (*cf. aussi* Loran signal).

Loran station   station Loran, station du système Loran (*station d'émission*) (*radionav*) (*cf. aussi* Loran pair *et* Loran).

Loran station aerial   *cf.* Loran station antenna.

Loran station antenna   antenne de station Loran (*radionav*) (*cf. aussi* Loran station).

Loran station pair   *cf.* Loran pair.

Loran station transmission   émission d'une station Loran, émission Loran (*radionav*) (*cf. aussi* Loran signal).

Loran station transmitter   émetteur de station Loran (*ou de navigation Loran*), émetteur Loran (*émetteur d'ondes entretenues de grande puissance fonctionnant en régime d'impulsions*) (*radionav*) (*cf. aussi* Loran signal).

Loran transmission   *cf.* Loran station transmission.

Loran transmitter   *cf.* Loran station transmitter.

Loran triplet   triplet de stations Loran (*ensemble de deux paires de stations Loran situées de telle manière que les deux stations pilotes étant proches l'une de l'autre, elles sont remplacées par une station unique commune aux deux paires située entre les deux stations asservies et émettant des impulsions à fréquence de récurrence distincte pour chaque paire*) (*radionav*) (*cf. aussi* Loran pair).

Lorentz force   force de Laplace, force de Lorentz (*le terme « force de Lorentz » est peu employé en français, la découverte de la force considérée étant généralement attribuée à Laplace par les Français*) (*force exercée sur une particule chargée en mouvement par un champ magnétique non parallèle à la direction du mouvement ou, par conséquent, force exercée par un champ magnétique sur un conducteur parcouru par un courant et disposé perpendiculairement à la direction du champ magnétique dans le cas général*) (*l'action de cette force sur la particule ou le conducteur s'exerce suivant une direction perpendiculaire à la direction du champ magnétique et à la direction du mouvement ou du conducteur ; elle tend donc à dévier la particule de sa trajectoire ou à déplacer le conducteur parallèlement à lui-même dans cette direction*) (*sa valeur est donnée par la loi de Laplace*) (*c'est cette force qui produit notamment la déviation du faisceau d'électrons dans un tube cathodique à déviation magnétique, la rotation du cadre d'un galvanomètre à cadre mobile ou du rotor d'un moteur électrique, le freinage dans un frein à courants de Foucault, le déplacement du conducteur mobile dans un haut-parleur électrodynamique ou du fluide conducteur dans une pompe magnétohydrodynamique, etc.*) (*électromagnétisme*) (*cf. aussi* Lorentz force equation, electromagnetic induction, charged particle *et* magnetic field direction).

Lorentz force equation   loi de Laplace (*formule donnant l'intensité de la force de Laplace exercée sur un élément de conducteur parcouru par un courant en fonction de l'intensité du courant et de l'induction magnétique créée à l'endroit de l'élément par le champ magnétique inducteur, ainsi que de l'angle formé par la direction du champ magnétique et celle de l'élément*) (*électromagnétisme*)(*cf. aussi* Lorentz force).

Lorentz number   nombre de Lorentz (*rapport entre la conductivité thermique d'un métal et sa conductivité électrique*) (*est une constante*) (*cf. aussi* conductivity 2)).

LOS ...   *cf.* line-of-sight ...

lose track *v*   perdre la cible, décrocher (de la cible) (*radar, autodirecteur*) (*avia*) (*mil, etc.*) (*cf. aussi* deception jamming).

loss   perte, pertes (d'énergie) (*noter que ce terme s'emploie généralement au singulier en anglais et souvent au pluriel en français*) (*énergie dissipée sous forme de chaleur dans un corps*) (*énergie électrique, magnétique, électromagnétique ou acoustique dissipée respectivement dans un conducteur ou un isolant, dans un corps magnétique, dans un isolant, dans un corps quelconque, faisant ou non partie d'un dispositif électrique, électronique, acoustique ou électroacoustique, ou diminution de l'amplitude d'un signal qui en résulte*) (*cf. aussi* ohmic loss, dielectric loss, hysteresis loss, acoustic loss, power loss, insertion loss, transmission loss, absorption loss, energy *et* lossy).

loss angle   angle de perte (*différence entre la valeur théorique de 90° et la valeur effective de l'angle de déphasage du courant dans le circuit de charge d'un condensateur par rapport à la tension aux bornes de celui-ci lorsque cette tension est une tension alternative sinusoïdale*) (*est proportionnel aux pertes diélectriques*) (*cf. aussi* lead angle, dielectric loss *et* capacitor).

loss factor   facteur de perte (*grandeur proportionnelle à la puissance dissipée dans un diélectrique*) (*est égal au produit du facteur de puissance du diélectrique par sa constante diélectrique*) (*ces grandeurs variant avec la fréquence, le facteur de perte est également fonction de celle-ci*) (*cf. aussi* dielectric[1], dielectric constant, power factor *et* power[1] 1)).

loss modulation   cf. absorption modulation.

loss tangent   tangente de perte, facteur de dissipation *(tangente de l'angle de perte d'un condensateur) (cf. aussi* loss angle).

losser   élément dissipatif *(élément de circuit utilisé pour dissiper de l'énergie en chaleur afin d'amortir les oscillations présentes dans un dispositif) (résistance d'amortissement, charge hyperfréquence, etc.) (cf. aussi* circuit element *et* loss).

Lossev effect   effet Lossev *(jonction PN) (cf. aussi* radiative recombination).

lossless   sans perte *(propriété théorique d'un corps ou d'un dispositif dans lequel les pertes d'énergie sont nulles) (dans le cas d'un dispositif, il en résulte que la puissance disponible à la sortie est, théoriquement, égale à la puissance fournie à l'entrée, sous la même forme ou sous une autre forme) (transformateur, condensateur, ligne de transmission, etc.) (cf. aussi* loss *et* power[1] 1)).

lossless line   ligne sans pertes *(ligne de transmission) (cf. aussi* lossless *et* transmission line).

lossy   à pertes, à fortes pertes, à grandes pertes, présentant des pertes, *(parf.)* dissipatif, *(etc.) (propriété d'un corps ou d'un dispositif dans lequel les pertes d'énergie sont relativement grandes) (dans le cas d'un dispositif, il en résulte que la puissance disponible à la sortie est sensiblement moins grande que la puissance fournie à l'entrée, sous la même forme ou sous une autre forme) (cf. aussi* loss, lossy material *et* power[1] 1)).

lossy circuit   circuit à pertes, *(etc.) (circuit électrique ou électronique comportant au moins un élément à pertes) (cf. aussi* lossy).

lossy line   ligne à pertes, *(etc.) (ligne de transmission) (cf. aussi* lossy *et* transmission line).

lossy material   matière à fortes pertes, matière dissipative *(ou* à grande dissipation *ou* à forte dissipation), *(parf.)* matériau *(idem) (matière dans laquelle les pertes d'énergie électrique, magnétique ou électromagnétique sont relativement grandes) (cette notion s'applique surtout au diélectrique d'un condensateur, à un circuit magnétique et à l'élément dissipatif d'un atténuateur hyperfréquence ; elle constitue généralement un défaut, sauf dans le chauffage diélectrique, le chauffage par induction et l'élément dissipatif des atténuateurs et charges adaptées hyperfréquence) (cf. aussi* loss, dielectric heating, induction heating, microwave attenuator *et* matched load (b)).

lossy modes   modes à pertes *(modes de propagation de la lumière dans une fibre optique multimode pour lesquels les pertes de lumière par absorption dans l'interface cœur-gaine sont importantes) (tls) (cf. aussi* multimode optical fiber).

lossy transmission line   cf. lossy line.

lost call   appel perdu *(appel téléphonique n'aboutissant pas à l'établissement de la communication correspondante) (cf. aussi* telephone call 2)).

loud-hailer   mégaphone *(électroacou) (cf. aussi* electronic megaphone).

loudness   intensité sonore (subjective), sonie *(intensité d'un son telle que la perçoit un auditeur) (dépend de l'amplitude de l'onde sonore pour une fréquence donnée du son) (acou) (cf. aussi* sound intensity, pitch 2) *et* timbre).

loudness contour   courbe d'isosonie, courbe d'égale intensité sonore (subjective), courbe isosonique *(courbe représentant la variation de la pression nécessaire, en fonction de la fréquence, pour produire une sensation auditive déterminée chez un auditeur moyen) (audiométrie) (cf. aussi* Fletcher-Mundson curves, loudness *et* sound pressure).

loudness control   commande de volume compensée *(commande de volume d'un amplificateur basse fréquence avantageant les fréquences inférieures du son reproduit aux faibles niveaux de celui-ci pour compenser la sensibilité réduite de l'oreille à ces fréquences) (cf. aussi* volume control).

loudness level   niveau d'intensité sonore (subjective), niveau de sonie *(est exprimé en décibels) (acou) (cf. aussi* loudness, level 1) *et* decibel).

loudspeaker   haut-parleur *(transducteur électroacoustique convertissant un signal électrique à basse fréquence en ondes sonores) (comprend essentiellement un élément mobile mû*

par un champ magnétique ou électrique d'intensité variable produit par le signal et convertissant ainsi les variations d'amplitude de celui-ci en vibrations mécaniques créant directement ou indirectement des ondes sonores reproduisant le son transmis par le signal électrique) (cf. aussi electroacoustic transducer, moving-armature loudspeaker, moving-conductor loudspeaker, electrostatic loudspeaker, crystal loudspeaker, magnetostriction loudspeaker, ionic loudspeaker, pneumatic loudspeaker, excited-field loudspeaker, horn loudspeaker, woofer, squawker *et* tweeter).

loudspeaker baffle   écran de haut-parleur *(panneau ou, plus souvent, coffret en bois à parois rigides portant sur sa face antérieure un haut-parleur (ou plusieurs haut-parleurs) et servant à améliorer son rendement acoustique et sa fidélité de reproduction) (l'onde sonore émise par la face arrière de la membrane d'un haut-parleur étant inévitablement en opposition de phase avec l'onde émise par la face avant, son action se retranche de celle de l'onde avant, notamment aux fréquences pour lesquelles la longueur d'onde des sons émis est grande par rapport à la distance à laquelle les deux ondes se rejoignent, c.-à-d. par rapport aux rayon de la membrane ; c'est donc dans la reproduction des sons graves que cet effet nuisible est le plus sensible) (c'est pourquoi on augmente la distance considérée en encastrant le haut-parleur dans un panneau ou un coffret en bois formant une enceinte acoustique) (les planches utilisées doivent être très rigides et donc épaisses pour que les ondes ne puissent interférer à travers elles en les faisant vibrer) (dans le cas d'un coffret, celui-ci est parfois percé d'un orifice permettant le passage de l'onde arrière ; cet orifice peut être disposé à l'arrière ou à l'avant du coffret et peut être séparé du haut-parleur par des chicanes formant un labyrinthe acoustique destiné à augmenter la longueur du trajet de l'onde arrière avant sa sortie du coffret) (dans tous les cas, l'intérieur du coffret est garni de matière absorbante telle que feutre et laine de verre pour empêcher les résonnance intérieures) (le type d'enceinte le plus courant est l'enceinte close, dans laquelle l'onde arrière est entièrement absorbée par le matelassage intérieur ; son rendement acoustique est inférieur à celui des enceintes où la puissance de cette onde est utilisée grâce à un orifice après mise en phase avec l'onde avant à l'aide d'un labyrinthe ou autre dispositif) (cf. aussi* loudspeaker system, bass-reflex baffle, acoustic efficiency, sound wave, in phase opposition, in phase *et* loudspeaker).

loudspeaker diaphragm   membrane de haut-parleur, membrane *(surface plus ou moins rigide produisant les ondes acoustiques émises par un haut-parleur) (est généralement solidaire de l'élément mobile dont elle convertit les vibrations mécaniques en ondes acoustiques, mais peut jouer en même temps le rôle de celui-ci comme dans le haut-parleur électrostatique et le haut-parleur à ruban) (a généralement la forme d'un cône très ouvert, mais peut aussi être plane comme dans un haut-parleur électrostatique à double effet ou incurvée comme dans un haut-parleur électrostatique à simple effet ou être constituée par une bande comme dans un haut-parleur à ruban) (cf. aussi* piston action *et* loudspeaker).

loudspeaker dividing network   filtre d'aiguillage *(enceinte acoustique) (hifi) (cf. aussi* crossover network).

loudspeaker field coil   bobine d'excitation de haut-parleur *(haut-parleur à excitation) (cf. aussi* excited-field loudspeaker).

loudspeaker horn   pavillon de haut-parleur *(pavillon d'un haut-parleur à pavillon) (cf. aussi* horn loudspeaker).

loudspeaker impedance   impédance d'un haut-parleur *(impédance du conducteur fixe d'un haut-parleur électromagnétique, du conducteur mobile d'un haut-parleur électrodynamique, du condensateur d'un haut-parleur électrostatique ou du cristal d'un haut-parleur piézoélectrique) (cf. aussi* impedance *et* loudspeaker).

loudspeaker monitoring   contrôle par haut-parleur *(émission de radiodiffusion, etc.) (cf. aussi* monitoring).

loudspeaker moving coil   bobine mobile de haut-parleur, bobine mobile *(bobine très légère constituant l'élément mobile dans un haut-parleur électrodynamique dit « à bobine mobile ») (est généralement formée de deux couches de fil émaillé* *enroulé et collé sur un support cylindrique en papier rigide solidaire de la membrane à laquelle il communique ainsi le mouvement de translation alternatif de la bobine) (cf. aussi* suspension (b), moving-coil loudspeaker *et* loudspeaker diaphragm).

loudspeaker sound monitoring contrôle du son par haut-parleur *(régie de télévision).*

loudspeaker system enceinte acoustique (multivoie), enceinte *(idem) (écran de haut-parleur réalisé sous la forme d'un coffret entièrement fermé ou non, éventuellement sphérique, portant deux ou trois haut-parleurs à l'avant et équipé d'un filtre d'aiguillage, ou parfois d'un seul haut-parleur, sans filtre) (electroacou) (cf. aussi* two-way system 1), three-way system, one-way system 1), crossover network *et* loudspeaker baffle).

loudspeaker telephone set poste téléphonique à haut-parleur incorporé, poste à haut-parleur *(poste téléphonique équipé d'un haut-parleur pour permettre l'écoute collective des communications) (cf. aussi* telephone set *et* loudspeaker).

loudspeaker voice coil *cf.* loudspeaker moving coil.

louver grille à élément concentriques *(haut-parleur) (cf. aussi* grille).

low-altitude coverage couverture à basse altitude, couverture basse *(couverture d'un radar, généralement militaire, vis-à-vis des aéronefs volant à basse altitude) (cf. aussi* radar coverage *et* look-down radar).

low-altitude propagation propagation à basse altitude *(propagation d'une onde radioélectrique dans une couche-piège) (cf. aussi* duct 1)).

low-altitude radio altimeter radioaltimètre à modulation de fréquence *(avia) (cf. aussi* FM radio altimeter).

low-altitude tracking poursuite à basse altitude *(poursuite, par un radar généralement militaire, d'un aéronef volant à basse altitude) (cf. aussi* tracking 1) (a)).

low-amplitude pulse impulsion de *(ou* à) faible amplitude *(cf. aussi* pulse amplitude).

low-amplitude signal signal de *(ou* à) faible amplitude *(cf. aussi* signal[1] *et* amplitude).

low-angle tracking *cf.* low-altitude tracking.

low band bande inférieure, bande VHF 1 *(bande de fréquences de 54 à 88 MHz occupée par les canaux de télévision 2 à 6 aux États-Unis) (cf. aussi* high band).

low-band conversion conversion en bande inférieure *(nom parfois donné au changement de fréquence pour rappeler que la fréquence obtenue est inférieure à la fréquence initiale) (cf. aussi* frequency conversion).

low battery 1) pile usée. 2) batterie déchargée, batterie à plat *(fam).*

low-battery indication indication d'état des piles, *(etc.) (appareil alimenté par piles, etc.) (cf. aussi* battery operation).

low-bounce contacts contacts à faible rebond *(relais, etc.) (cf. aussi* contact bounce).

low capacitance faible capacité *(condensateur, etc.) (cf. aussi* capacitance).

low concentration faible concentration *(d'ions, d'impuretés, etc.) (cf. aussi* impurity concentration).

low-concentration emitter émetteur faiblement dopé, émetteur à faible concentration d'impuretés *(transistor bipolaire) (cf. aussi* emitter 1), impurity concentration *et* bipolar transistor).

low-concentration tail queue à faible concentration *(extrémité d'un profil de dopage correspondant à une concentration d'impuretés moins grande que pour les autres parties du profil) (semi) (cf. aussi* doping profile).

low-cost end *cf.* low end 2).

low coverage *cf.* low-altitude coverage.

low current courant de faible intensité, faible intensité (de courant), faible courant *(cf. aussi* current).

low-current measurement mesure de faibles intensités (de courant), *(parf.)* mesure d'une faible intensité (de courant).

low-current output sortie à faible courant *(montage, alim, etc.) (cf. aussi* low-current power supply).

low-current power supply alimentation à faible courant *(alimentation conçue pour fournir un courant de faible intensité) (alimentation pour circuits intégrés, etc.) (cf. aussi* power supply 2)).

low current rating *(cf. aussi* current rating) 1) faible intensité nominale. 2) faible pouvoir de coupure. 3) faible calibre.

low-current supply *cf.* low-current power supply.

low dark-current ... ... à faible courant d'obscurité *(cf. aussi* dark current).

low-defect-density ... ... à faible densité de défauts *(cf. aussi* defect density).

low-definition image image à faible définition *(image dont les détails sont peu apparents) (TV, etc.) (cf. aussi* resolution (a) *et* low-definition television).

low-definition picture *cf.* low-definition image.

low-definition television télévision à faible définition *(télévision produisant une image à faible définition, c.-à-d. télévision à petit nombre de lignes) (cf. aussi* low-definition image *et* television definition).

low-definition TV *cf.* low-definition television.

low-density electromagnetic environment ambiance électromagnétique peu chargée, ambiance peu chargée *(mil) (cf. aussi* electromagnetic environment density).

low-density environment *cf.* low-density electromagnetic environment.

low-density recording enregistrement à basse densité *(enr. mag) (inf) (cf. aussi* recording density).

low-density tape bande à faible densité d'enregistrement, bande enregistrée en faible densité *(bande magnétique) (inf) (cf. aussi* recording density).

low-deviation FM *cf.* low-deviation frequency modulation.

low deviation frequency modulation modulation de fréquence à bande étroite *(radio) (cf. aussi* narrow-band frequency modulation).

low-distortion modulation modulation à faible distorsion *(modulation d'amplitude ne produisant qu'une distorsion négligeable de l'enveloppe de modulation) (radio, etc.) (cf. aussi* amplitude modulation *et* envelope distortion).

low-dose implant impureté implantée à faible dose *(semi) (cf. aussi* implanted impurity).

low-drag aerial *(GB) cf.* low-drag antenna.

low-drag antenna antenne à faible traînée, antenne profilée *(antenne d'aéronef) (cf. aussi* blade antenna).

low-drift differential amplifier amplificateur différentiel à faible dérive *(cf. aussi* differential amplifier *et* offset drift).

low-drift oscillator oscillateur à faible dérive (de fréquence), oscillateur très stable (en fréquence) *(oscillateur à quartz) (cf. aussi* crystal oscillator *et* drift[1]).

low duty-cycle digital signal signal numérique à faible rapport cyclique *(cf. aussi* digital signal *et* duty cycle).

low duty-cycle jammer *cf.* pulse jammer.

low duty-cycle mode mode d'impulsions *(brouilleur) (mil) (cf. aussi* pulse jammer).

low duty-cycle pulse train train d'impulsions à faible rapport cyclique *(cf. aussi* low-duty cycle pulses).

low duty-cycle pulses impulsions à faible rapport cyclique *(impulsions étroites par rapport à l'intervalle entre deux impulsions successives) (cf. aussi* duty cycle 1)).

low duty-cycle waveform *cf.* low duty cycle pulse train *(cf. aussi* waveform).

low edge-rate pulse impulsion à front incliné *(ou* à front pas raide) *(cf. aussi* edge rate).

low end 1) extrémité inférieure, bas *(d'une gamme d'ondes, de fréquences, etc.).* 2) bas de gamme *(cf. aussi* low-end). 3) *cf.* low-potential end.

low-end *a* de bas de gamme *(qualificatif appliqué à un modèle comptant parmi les moins perfectionnés d'une gamme d'appareil de même type fabriqués par un constructeur) (cf. aussi* high-end).

low-end device *cf.* low-end unit.

low-end unit modèle de bas de gamme *(cf. aussi* low-end *et* unit 3)).

low-energy beam faisceau à faible énergie *(ou* à basse énergie *ou* possédant une faible énergie *ou* peu énergétique *ou* faiblement énergétique) *(faisceau transportant une faible énergie, c.-à-d. faisceau d'ondes de faible amplitude ou de particules à faible énergie) (cf. aussi* wave beam, wave amplitude, low-energy particle, beam[1] *et* energy).

low-energy electron électron à faible énergie, *(etc.) (cf. aussi* low-energy particle *et* electron gun).

low-energy ion ion à faible énergie, *(etc.) (cf. aussi* low-energy particle *et* ion).

low-energy laser laser à faible énergie, laser à basse énergie *(laser émettant un faisceau à faible énergie)(cf. aussi* laser *et* low-energy beam).

low energy level bas niveau d'énergie *(particule, faisceau, etc.) (cf. aussi* energy level).

low-energy particle particule à faible énergie *(ou à basse énergie ou possédant une faible énergie ou peu énergétique ou faiblement énergétique) (particule transportant une quantité relativement petite d'énergie cinétique résultant d'une faible vitesse de déplacement) (noter qu'il s'agit d'une énergie mécanique) (cf. aussi* particle 2) *et* kinetic energy).

low-energy photon photon à faible énergie, *(etc.) (photon d'un champ électromagnétique à fréquence peu élevée) (cf. aussi* low-energy particle *et* photon).

low field *cf.* low-strength field.

low field strength faible intensité de champ *(cf. aussi* field strength).

low firing-temperature ink pâte à basse température de cuisson *(CH) (cf. aussi* ink 2) *et* firing 4)).

low frequency 1) basse fréquence *(au sens anglo-saxon),* LF, fréquence LF *(fréquence de 30 à 300 kHz, correspondant à une longueur d'onde de 10 à 1 km) (radioélectricité) (cf. aussi* high frequency 1)). 2) basse fréquence *(fréquence peu élevée en valeur absolue) (cf. aussi* audio frequency). 3) fréquence basse, fréquence inférieure *(fréquence parmi les plus basses d'une bande de fréquences déterminée).*

low-frequency ... *cf.* LF ... *(pour les termes qui ne figurent pas ci-après).*

low-frequency aerial *(GB) cf.* low-frequency antenna.

low-frequency antenna antenne basse fréquence *(antenne conçue pour émettre une onde correspondant à une fréquence peu élevée et ayant, par conséquent, des grandes dimensions) (cf. aussi* low frequency 1), wavelength *et* antenna).

low-frequency applications applications basse fréquence *(transistor, etc.) (cf. aussi* application).

low-frequency band bande LF *(radioélectricité) (cf. aussi* low frequency 1) *et* LF band).

low-frequency compensation correction des basses fréquences *(amélioration de la linéarité d'un amplificateur ou autre dispositif aux basses fréquences du signal appliqué à son entrée) (a pour résultat d'allonger vers la gauche la partie utilisable de sa courbe de réponse en fréquence) (cf. aussi* linear amplifier *et* frequency response 1)).

low-frequency direction finding radiogoniométrie en ondes longues *(radionav) (cf. aussi* radio direction finding).

low-frequency end extrémité inférieure *(d'une bande de fréquences ou d'une plage de réglage correspondant à celle-ci) (cf. aussi* frequency band).

low-frequency FFT spectrum analyzer analyseur de spectres FFT à basse fréquence *(analyseur pour fréquences jusqu'à 100 kHz) (analyse de signaux) (cf. aussi* FFT spectrum analyzer).

low-frequency furnace four à basse fréquence, four BF *(four à induction) (cf. aussi* low-frequency heating).

low-frequency generator générateur basse fréquence, générateur BF *(générateur de signaux à basse fréquence) (cf. aussi* signal generator).

low-frequency heater *cf.* low-frequency induction heater.

low-frequency heating *cf.* low-frequency induction heating.

low-frequency induction heater inducteur de chauffage à basse fréquence, inducteur à basse fréquence *(inducteur de chauffage par induction à basse fréquence) (cf. aussi* induction heater *et* low-frequency induction heating).

low-frequency induction heating chauffage à basse fréquence, chauffage BF *(chauffage par induction utilisant un courant à fréquence comprise entre 50 et 500 Hz) (cf. aussi* induction heating).

low-frequency Loran système Loran à basse fréquence *(radionav) (cf. aussi* Loran C).

low-frequency mechanical filter filtre mécanique basse fréquence *(cf. aussi* mechanical filter).

low-frequency network analysis analyse des réseaux à basse fréquence *(analyse des réseaux électriques dans lesquels la fréquence des signaux est inférieure à 10 MHz) (noter le caractère relatif du qualificatif « basse fréquence » en l'occurence) (cf. aussi* network analysis).

low-frequency padder correcteur de bas de gamme, padding *(condensateur ajustable monté en série avec le condensateur variable de chacun des circuits d'accord d'un récepteur superhétérodyne pour modifier la courbe de variation de capacité du condensateur variable à l'extrémité inférieure de la gamme des fréquences d'accord du circuit) (cf. aussi* trimmer capacitor, superheterodyne receiver *et* high-frequency trimmer).

low-frequency power supply alimentation à basse fréquence, alimentation BF *(alimentation de four à induction à basse fréquence, etc.) (cf. aussi* low-frequency induction heating).

low-frequency power switching commutation de puissance à basse fréquence *(commutation dans une alimentation à découpage, etc.) (cf. aussi* switching power supply).

low-frequency radar radar à basse fréquence *(radar à fréquence relativement basse, c.-à-d. inférieure à 1 GHz, cette limite étant fixée arbitrairement) (dans le domaine militaire, ce type de radar risque moins d'être détruit par un missile antiradar qu'un radar à fréquence moyenne et surtout à fréquence élevée car le diamètre de l'antenne du missile est trop petit par rapport à la longueur d'onde des signaux émis par la cible pour permettre à l'autodirecteur une poursuite angulaire précise) (cf. aussi* radar frequency, antiradiation missile *et* angle tracking).

low frequency range gamme des fréquences basses *(en valeur relative) (cf. aussi* frequency range).

low-frequency resistance résistance en basse fréquence *(résistance d'un conducteur parcouru par un courant alternatif à basse fréquence) (n'est que très légèrement supérieure à la résistance en courant continu par suite de la faible intensité de l'effet pelliculaire aux basses fréquences ; est pour cette raison généralement assimilée à celle-ci) (cf. aussi* effective resistance).

low-frequency response réponse aux basses fréquences, réponse en basse fréquence *(ampli, filtre, etc.) (cf. aussi* frequency response).

low-frequency signal signal à basse fréquence, signal BF *(cf. aussi* audio signal).

low-frequency signal generator *cf.* low-frequency generator.

low-frequency spectrum spectre des basses fréquences *(cf. aussi* frequency spectrum).

low-frequency switching commutation à basse fréquence *(commutation réalisable par relais ou, à plus forte raison, par transistor ou thyristor) (tél, alim. déc, etc.) (cf. aussi* switching *et* low-frequency power switching).

low-gain aerial *(GB) cf.* low-gain antenna.

low-gain amplifier amplificateur à faible gain *(cf. aussi* gain 1)).

low-gain antenna antenne à faible gain *(antenne de réception, le plus souvent) (cf. aussi* gain 3)).

low-glitch d-a converter *(ou* **D/A converter)** *cf.* low-glitch digital-to-analog converter.

low-glitch DAC *cf.* low-glitch digital-to-analog converter.

low-glitch digital-to-analog converter dénumériseur à faible pointe de conversion, *(etc.) (cf. aussi* digital-to-analog converter *et* glitch).

low harmonic *cf.* low-order harmonic.

low-high-low doping profile profil de dopage en cloche *(profil de dopage dont l'allure rappelle la forme de la section longitudinale d'une cloche) (semi) (cf. aussi* doping profile).

low-impedance input entrée à basse impédance *(ampli, etc.) (cf. aussi* input impedance).

low impedance output sortie à basse impédance *(ampli, etc.) (cf. aussi* output impedance).

low-impedance source source à basse impédance *(source de courant) (cf. aussi* current source).

low-impedance state état à faible impédance *(état « haut » ou « bas » de la sortie d'un circuit logique à trois états) (CI) (inf) (cf. aussi* three-state output).

low-index region zone à faible indice (de réfraction) *(zone de la section droite d'une fibre optique à gradient d'indice située à la périphérie du cœur de la fibre) (cf. aussi* graded-index optical fiber).

low-inductance capacitor condensateur faiblement inductif, condensateur peu inductif *(cf. aussi* capacitor impedance).

low-insertion-force connector connecteur à faible effort (d'emboîtement) *(connecteur multicontact à grand nombre de contacts dans lequel ceux-ci sont conçus de manière à ne nécessiter qu'un faible effort d'emboîtement pour l'ensemble) (ce terme s'applique généralement à un connnecteur pour carte enfichable) (cf. aussi* connector 1) *et* insertion force).

low insertion loss faible perte d'insertion *(filtre, etc.) (cf. aussi* insertion loss).

low leakage faibles fuites, *(parf.)* faible courant de fuite *(isolant, jonction, etc.) (cf. aussi* leakage *et* leakage current).

low leakage current faible courant de fuite *(ce terme s'applique notamment à la jonction d'une diode à semiconducteur) (cf. aussi* leakage current *et* junction leakage current).

low-leakage diode diode à faibles fuites *(diode à semiconducteur à faible courant de fuite) (cf. aussi* semiconductor diode *et* junction leakage current).

low level 1) bas niveau *(de tension puissance, dopage, etc.) (cf. aussi* level 1)). 2) niveau bas, niveau logique bas *(circuit logique) (inf)(cf. aussi* logic level).

low-level amplification amplification à bas niveau *(cf. aussi* small-signal amplifier).

low-level amplifier amplificateur de signaux à bas niveau *(cf. aussi* small-signal amplification).

low-level amplifier testing (l')essai d'amplificateurs de signaux à bas niveau *(cf. aussi* small-signal amplifier).

low-level analog signal signal analogique à bas niveau *(cf. aussi* analog signal *et* low-level signal).

low-level camera tube tube analyseur à bas niveau, tube à bas niveau *(tube analyseur pour caméra de télévision à bas niveau) (cf. aussi* camera tube *et* low-light-level television).

low-level circuit circuit à bas niveau *(circuit aux bornes duquel la tension est au maximum d'une dizaine de volts) (le terme « basse tension » n'est pas employé pour un tel circuit en électronique) (cf. aussi* dry circuit *et* circuit).

low-level conditions *cf.* low-light conditions.

low-level device *(cf. aussi* low-level signal) dispositif à bas niveau (a) *transistor ou autre composant pour signaux à bas niveau);* (b) capteur *ou autre composant fournissant un signal à bas niveau) (cf. aussi* sensor).

low-level drive attaque à bas niveau, *(etc.) (attaque d'un quadripôle ou excitation d'un transducteur par un signal d'entrée de faible amplitude) (cf. aussi* drive[1] 1) *et* 2), level 1), quadripole, transducer 1) *et* amplitude).

low-level field *cf.* low-strength field.

low-level forward characteristic caractéristique directe à bas niveau *(partie de la caractéristique directe d'une diode correspondant aux valeurs inférieures de la tension directe) (cf. aussi* forward characteristic).

low-level imagery images de télévision à bas niveau *(cf. aussi* imagery *et* low-level television).

low-level imaging *cf.* low-level television.

low-level injection injection à bas niveau *(semi) (cf. aussi* injection level).

low-level inverse characteristic *cf.* low-level reverse characteristic.

low-level language langage à bas niveau, langage peu évolué *(langage de programmation employant des notations plus proches de celles du langage machine que des notations usuelles et mathématiques, c.-à-d. langage d'assemblage) (inf) (cf. aussi* assembly language *et* programming language).

low-level modulation modulation à bas niveau, modulation dans un étage intermédiaire *(modulation dans un émetteur radioélectrique réalisée dans un étage autre que l'étage final) (cf. aussi* modulation (a)).

low-level operation fonctionnement à bas niveau *(ampli, etc.) (cf. aussi* small-signal operation).

low-level programming language *cf.* low-level language.

low-level radio-frequency signal signal haute fréquence à bas niveau, signal HF à bas niveau *(signal produit par un oscillateur normal ou un générateur de signaux, ou signal capté par une antenne de réception dans les conditions normales) (cf. aussi* RF signal *et* low-level signal).

low-level response réponse à bas niveau *(ou à un signal à bas niveau) (ampli, etc.) (cf. aussi* small-signal response, *ce terme étant meilleur).*

low-level reverse characteristic caractéristique inverse à bas niveau *(partie de la caractéristique inverse d'une diode correspondant aux valeurs inférieures de la tension inverse) (cf. aussi* reverse characteristic).

low-level RF signal *cf.* low-level radio-frequency signal.

low-level sensor capteur à bas niveau (de sortie) *(capteur fournissant un signal à bas niveau) (thermocouple, jauge de contrainte, etc.) (cf. aussi* sensor *et* low-level signal).

low-level signal signal à bas niveau *(cf. aussi* small signal, *ce terme, plus récent et plus court, étant de plus en plus employé).*

low-level stage étage à bas niveau *(étage traitant un signal à bas niveau: préamplificateur, détecteur, etc.) (cf. aussi* stage 1) *et* low-level signal).

low-level switch commutateur à bas niveau *(transistor pour signaux à bas niveau, relais miniature, etc.) (cf. aussi* low-level switching).

low-level switching commutation à bas niveau *(commutation d'un circuit transmettant un signal à bas niveau) (cf. aussi* switching 1) (a), low-level signal *et* low-level circuit).

low-level transducer *cf.* low-level sensor.

low-level transistor transistor pour signaux à bas niveau *(cf. aussi* small-signal transistor *et* low-level signal).

low-level tube *cf.* low-level camera tube.

low-level TV *cf.* low-light-level television.

low-level TV tracking poursuite par télévision à bas niveau *(poursuite d'un missile après tir ou d'un autre mobile à l'aide d'une caméra de télévision à bas niveau) (mil) (cf. aussi* tracking 1) (a) *et* low-light-level television).

low-level TV trainer simulateur de télévision à bas niveau *(simulateur de conduite de chars dans l'obscurité, etc.) (mil) (cf. aussi* low-light-level television).

low-light conditions conditions de faible éclairement *(prise de vues de télévision, observation d'un écran cathodique ou autre, lecture d'un afficheur, etc.).*

low-light-level television télévision à bas niveau (de lumière), imagerie à bas niveau *(idem) (télévision utilisant une caméra équipée d'un tube analyseur ou autre capteur photoélectrique ultra-sensible pour l'observation à distance de scènes baignant dans une demi-obscurité) (est utilisée principalement à des fins de surveillance et à des fins militaires) (cf. aussi* camera tube).

low-light-level television camera caméra de télévision à bas niveau (de lumière) *(cf. aussi* television camera *et* low-light-level television).

low-light-level TV *cf.* low-light-level television.

low logic level *cf.* low level 2).

low-loss circuit circuit à faibles pertes, circuit peu amorti *(autres noms d'un circuit oscillant à grand Q employés de préférence dans un contexte de pertes dans un tel circuit) (cf. aussi* resonant circuit, Q 1) *et* loss).

low-loss fiber fibre à faibles pertes, fibre optique *(idem) (cf. aussi* optical fiber).

low-loss insulating material matière isolante à faibles pertes *(cf. aussi* low-loss insulator *et* material).

low-loss insulator isolant à faibles pertes *(isolant dans lequel les pertes diélectriques aux fréquences élevées ne sont pas excessives pour les applications en haute fréquence) (cf. aussi* insulator 1) *et* dielectric loss).

low-loss line ligne à faibles pertes, ligne de transmission *(idem) (ligne de transmission dans laquelle les pertes d'énergie et, par conséquent, l'affaiblissement du signal par unité de longueur sont faibles) (ligne à faibles résistance et capacité linéiques) (cf. aussi* transmission line *et* loss).

low-loss optical fiber *cf.* low-loss fiber.

low-loss substrate substrat à faibles pertes *(substrat de circuit imprimé ou hybride réalisé dans un isolant à faibles pertes) (substrat pour applications haute fréquence ou hyperfréquence) (cf. aussi* printed-circuit substrate, hybrid-circuit substrate, low-loss insulator *et* microwave substrate).

low-loss transmission line *cf.* low-loss line.

low-noise amplification amplification à faible bruit *(amplification réalisée par un amplificateur à faible bruit) (cf. aussi* low-noise amplifier).

low-noise amplifier amplificateur à faible bruit *(amplificateur dans lequel le bruit propre a une très faible valeur grâce à un principe de fonctionnement particulier) (est utilisé notamment comme préamplificateur dans les récepteurs pour signaux noyés dans le bruit afin de ne pas diminuer encore plus le rapport signal/bruit) (cf. aussi* internal noise, maser, parametric amplifier, preamplifier *et* signal buried in noise).

low-noise microwave amplifier amplificateur hyperfréquence à faible bruit *(cf. aussi* microwave amplifier *et* low-noise amplifier).

low-noise microwave bipolar transistor transistor bipolaire hyperfréquence à faible bruit *(cf. aussi* microwave bipolar transistor *et* low-noise transistor).

low-noise microwave transistor transistor hyperfréquence à faible bruit *(cf. aussi* microwave transistor *et* low-noise transistor).

low-noise preamplifier préamplificateur à faible bruit *(amplificateur à faible bruit utilisé comme préamplificateur) (récepteur) (cf. aussi* low-noise amplifier *et* preamplifier).

low-noise receiver récepteur à faible bruit *(récepteur équipé d'étages amplificateurs haute fréquence à faible bruit) (radar, radiotélescope, etc.) (cf. aussi* receiver noise *et* low-noise amplifier).

low-noise signal source *cf.* low-noise source.

low-noise source source à faible bruit, source dc signaux à faible bruit *(oscillateur fournissant un signal presque parfaitement sinusoïdal) (cf. aussi* harmonic oscillator *et* noise 2) (a)).

low-noise tape bande à faible bruit *(bande magnétique produisant une faible tension de bruit aux bornes de la tête de lecture d'un magnétophone et, par conséquent, un faible bruit de souffle dans le haut-parleur ou les écouteurs) (cf. aussi* magnetic tape *et* noise voltage).

low-noise transistor transistor à faible bruit *(transistor à la sortie duquel la tension de bruit a une très faible amplitude) (cf. aussi* transistor *et* noise voltage).

low-noise transistor amplifier amplificateur à transistor(s) à faible bruit *(amplificateur utilisant un ou plusieurs transistors à faible bruit) (cf. aussi* transistor amplifier *et* low-noise transistor).

low-noise tube tube à faible bruit *(tube électronique à la sortie duquel la tension de bruit a une très faible amplitude) (cf. aussi* electron tube *et* noise voltage).

low-offset operational amplifier amplificateur opérationnel à faible décalage *(cf. aussi* offset 1)).

low-order bit binaire de poids faible *(binaire situé dans la moitié droite d'un mot binaire) (inf) (cf. aussi* least significant bit).

low-order digit *cf.* low-order bit.

low-order filter filtre d'ordre peu élevé *(cf. aussi* filter order).

low-order harmonic harmonique de rang peu élevé *(harmonique de rang 2 ou 3) (cf. aussi* harmonic order).

low-order position position de poids faible *(position d'un binaire de poids faible dans un mot binaire) (cf. aussi* low-order bit).

low-pass *cf.* low-pass filter.

low-pass acoustic filter filtre acoustique passe-bas *(l'exemple le plus courant de filtre acoustique passe-bas est le pot d'échappement des moteurs à essence ou diesel, qui atténue les fréquences élevées du son complexe produit par les gaz d'échappement) (cf. aussi* acoustic filter *et* low-pass filter).

low-pass acoustic filtering filtrage par filtre acoustique passe-bas *(cf. aussi* low-pass acoustic filter).

low-pass active filter filtre actif passe-bas *(filtre actif réalisé sous la forme d'un filtre passe-bas) (cf. aussi* active filter *et* low-pass filter).

low-pass active filtering filtrage actif passe-bas *(ou par filtre actif passe-bas) (cf. aussi* low-pass active filter).

low-pass elliptic filter filtre elliptique passe-bas *(cf. aussi* elliptic filter *et* low-pass filter).

low-pass fifth-order elliptic filter filtre elliptique passe-bas du cinquième ordre *(cf. aussi* low-pass elliptic filter *et* filter order).

low-pass filter filtre passe-bas *(filtre transmettant sans atténuation notable les fréquences inférieures à une valeur déter-*

minée appelée « fréquence de coupure », et atténuant fortement les autres fréquences) (cf. aussi* integrating circuit *et* filter[1]).

low-pass filter bandwidth largeur de bande d'un filtre passe-bas *(largeur de la bande passante d'un filtre passe-bas) (cf. aussi* passband *et* low-pass filter).

low-pass LC filter filtre LC passe-bas *(filtre passe-bas classique) (alim, etc.) (cf. aussi* LC filter *et* low-pass filter).

low-pass filtering filtrage passe-bas *(ou par filtre passe-bas) (cf. aussi* low-pass filter).

low-pass response réponse en passe-bas *(réponse d'un filtre passe-bas) (cf. aussi* filter response *et* low-pass filter).

low-pass sampled-data filter filtre passe-bas pour signaux échantillonnés *(cf. aussi* low-pass filter *et* sampled-data filter).

low-pass section cellule passe-bas *(cellule de filtre formant un filtre passe-bas) (cf. aussi* filter section *et* low-pass filter).

low-potential end *cf.* low-potential terminal.

low-potential side *cf.* low-potential terminal.

low-potential terminal borne à bas potentiel, côté *(idem)*, point froid *(celle des deux bornes d'entrée d'un circuit à entrée flottante dont le potentiel est le moins élevé par rapport à un point de référence extérieur au circuit et généralement constitué par la masse de l'appareil) (cf. aussi* electric potential, floating input *et* high-potential terminal).

low-power *a* 1) de faible puissance, à *(idem) (appareil, composant, etc.)*. 2) à faible consommation, à faible dissipation (d'énergie) *(composant et notamment circuit intégré monolithique)*.

low-power applications applications à faible puissance *(applications d'un composant ou d'un appareil mettant en jeu une puissance électrique peu importante en valeur absolue ou en valeur relative) (ce terme désigne notamment les applications des circuits intégrés CMOS ou comparables du point de vue de la consommation et l'affichage par cristaux liquides ou un procédé comparable) (cf. aussi* power[1] 1), CMOS *et* liquid-crystal display).

low-power circuit 1) circuit à faible puissance *(circuit électrique ou électronique dans lequel la puissance électrique mise en jeu est peu importante en valeur absolue ou en valeur relative)*. 2) *cf.* low-power integrated circuit.

low-power circuitry *(cf. aussi* low-power circuit *et* circuitry) 1) circuits à faible puissance. 2) circuits à faible consommation.

low-power CMOS *cf.* CMOS *(de même pour les termes dérivés)*.

low-power coaxial termination charge coaxiale de faible puissance *(hyper) (cf. aussi* coaxial termination *et* low-power termination).

low power consumption faible consommation, consommation peu élevée, consommation réduite *(appareil, composant, etc.) (cf. aussi* power consumption).

lower-power control circuit circuit de commande de faible puissance *(CI, etc.) (cf. aussi* low-power circuit 1)).

lower power dissipation faible dissipation de puissance, *(etc.) (cf. aussi* low power consumption *et* power dissipation 1) *et* 2)).

low-power fast switching diode diode de commutation rapide pour petits signaux *(ou pour signaux à bas niveau) (cf. aussi* fast switching diode *et* low-level signal).

low-power IC *cf.* low-power integrated circuit *(de même pour les termes dérivés)*.

low-power integrated circuit circuit intégré à faible consommation *(circuit intégré CMOS ou comparable du point de vue de la consommation) (cf. aussi* CMOS integrated circuit).

low-power integrated-circuit technology (la) technique des circuits intégrés à faible consommation *(cf. aussi* technology).

low power level bas niveau de puissance *(signal, etc.) (cf. aussi* power level).

low-power load charge de faible puissance *(charge absorbant une puissance peu importante en valeur absolue ou en valeur relative) (alim, ampli, etc.) (cf. aussi* load[1]).

low-power microwave load charge hyperfréquence de faible puissance *(cf. aussi* microwave load).

low-power mobile transmitter émetteur du service mobile de faible puissance, émetteur à faible puissance du service mobile *(radiotél)* (cf. aussi aussi mobile service).

low-power modulation cf. low-level modulation.

low-power operation fonctionnement à faible puissance *(fonctionnement d'un circuit, intégré ou non, à faible puissance)* (cf. aussi low-power circuit).

low-power resistor résistance de faible puissance, résistance à faible dissipation *(résistance ne pouvant dissiper qu'une faible puissance sans être endommagée) (catégorie de résistance de loin la plus utilisée en électronique, en divers types)* (cf. aussi resistor *et* power dissipation 1)).

low-power Schottky cf. low-power Schottky TTL.

low-power Schottky chip puce (de circuit intégré) TTL Schottky (à) faible consommation, *(etc.)* (cf. aussi chip 1 *et* low-power Schottky TTL).

low-power Schottky logic logique Schottky à faible consommation *(ou puissance ou à basse puissance) (logique TTL/LS, logique STL, etc.) (CI) (inf)* (cf. aussi Schottky logic, low-power Schottky TTL *et* STL).

low-power Schottky TTL logique TTL Schottky (à) faible consommation *(ou puissance ou à basse puissance) (logique TTL Schottky dont la consommation par porte est ramenée d'environ 25 mA à quelques milliampères grâce à des améliorations de conception, au prix du doublement du temps de propagation des signaux) (CI) (inf)* (cf. aussi Schottky TTL, gate delay *et* logic (b)).

lower-power technology cf. low-power integrated-circuit technology.

low-power television télévision locale *(radiodiffusion de programmes visuels par un émetteur à courte portée)*.

low-power television station station de télévision locale.

low-power television transmission émission de télévision locale, émission d'une station de télévision locale.

low-power termination charge adaptée de faible puissance *(charge adaptée ne pouvant dissiper qu'une faible puissance sans être endommagée) (hyper)* (cf. aussi low-power coaxial termination, low-power waveguide termination *et* termination).

low-power transmission émission de faible puissance *(radio, TV, radar)*.

low-power transmitter émetteur de faible puissance *(radio, TV, radar)*.

low-power TTL logique TTL (à) faible consommation *(ou puissance) (première version améliorée de la logique TTL, la consommation par porte étant fortement diminuée au prix d'un doublement du temps de propagation des signaux) (CI)* (cf. aussi TTL *et* gate delay).

low-power TV cf. low-power television *(de même pour les termes dérivés)*.

low-power waveguide termination charge adaptée en guide d'ondes de faible puissance, charge en guide de faible puissance *(hyper)* (cf. aussi low-power termination *et* waveguide termination).

low-powered ... cf. low-power ...

low PRF cf. low pulse repetition frequency.

low-PRF Doppler radar cf. low-PRF pulse Doppler radar.

low-PRF pulse Doppler radar radar Doppler à impulsions à faible fréquence de récurrence (cf. aussi pulse Doppler radar *et* pulse repetition frequency).

low-PRF pulse radar cf. low-PRF radar.

low-PRF pulsed radar cf. low-PRF radar.

low PRF radar radar à faible fréquence de récurrence, radar à impulsions *(idem)* (cf. aussi pulse radar *et* pulse repetition frequency).

low-PRF waveform signal à faible fréquence de récurrence (cf. aussi pulse repetition frequency *et* waveform).

low probability of intercept faible probabilité d'interception, FPI *(propriété d'un signal radioélectrique difficile à intercepter) (signal à sauts de fréquence, à spectre étalé ou à émission en salves ou à combinaison de deux ou trois de ces caractéristiques) (radio, radar) (mil)* (cf. aussi intercept[2], frequency hopping, spread-spectrum signal *et* burst transmission).

low probability of intercept ... cf. LPI ...

low-probability of interception cf. low-probability of intercept.

low-profile aerial *(GB)* cf. low-profile antenna.

low-profile antenna antenne à faible saillie *(antenne montée sur aéronef ou autre mobile)*.

low-profile component composant en boîtier extra-plat *(relais miniature, etc.)*

low-profile relay relais extra-plat, relais en boîtier extra-plat *(relais pour circuit imprimé monté dans un boîtier dont la hauteur ne dépasse pas 13 mm)* (cf. aussi PC-board relay).

low-profile SIP boîtier SIP extra-plat *(boîtier SIP dont la hauteur est égale aux deux-tiers environ de celle du boîtier normal)* (cf. aussi SIP).

low-profile SIP network réseau de résistances en boîtier SIP extra-plat *(CH)* (cf. aussi resistor network *et* low-profile SIP).

low pulse 1) cf. low-amplitude pulse. 2) impulsion d'état bas, impulsion d'état « 0 » *(ou ZERO)*, impulsion « 0 » *(ou ZERO) (circuit logique) (inf)* (cf. aussi logic state).

low pulse repetition frequency faible fréquence de récurrence *(radar, etc.)* (cf. aussi pulse repetition frequency).

low pulse-repetition-frequency ... cf. low PRF ...

low-Q band-pass filter filtre passe-bande à faible Q (cf. aussi band-pass filter *et* low-Q filter).

low-Q capacitor condensateur à faible Q *(condensateur à grandes pertes à la fréquence de résonnance) (amortit fortement le circuit oscillant dans lequel il est monté) (condensateur électrolytique, notamment)* (cf. aussi Q 1), resonant circuit *et* electrolytic capacitor).

low-Q circuit cf. low-Q resonant circuit.

low-Q filter filtre à faible Q *(filtre à coupure peu marquée, c.-à-d. à passage progressif de la bande passante à la bande coupée)* (cf. aussi Q 1), passband *et* stop-band).

low-Q resonant circuit circuit oscillant à faible Q, circuit résonnant *(idem)*, circuit *(idem)* (cf. aussi Q 1), resonant circuit *et* high-loss circuit).

low-radiation package boîtier à faible rayonnement alpha, boîtier à faible radioactivité *(CI)* (cf. aussi alpha-particle upset).

low radio-frequency ... cf. low RF ...

low-range harmonic cf. low-order harmonic.

low-rate ... cf. low-speed ...

low-rated *a* 1) à faible puissance nominale, de *(idem) (résistance, alimentation, etc.)* (cf. aussi rated power). 2) à faible débit *(liaison de télécommunications)* (cf. aussi transmission rate).

low rep-rate signal cf. low-repetition-rate signal.

low repetition-rate signal signal à faible fréquence de récurrence *(signal se reproduisant périodiquement après un intervalle de temps relativement long, généralement sous la forme d'une impulsion) (oscilloscopie, etc.)* (cf. aussi repetition rate *et* signal[1]).

low resistance faible résistance, résistance de faible valeur, *(parf.)* faible valeur ohmique (cf. aussi resistance).

low-resistance interconnections interconnexions à faible résistivité *(interconnexions de circuit intégré monolithique en métal et non en polysilicium)* (cf. aussi interconnection (b) *et* polysilicon).

low-resistance interconnects cf. low-resistance interconnections.

low-resolution ... 1) cf. low-definition ... 2) cf. high-resolution ... *et* adapter.

low rf ... cf. low RF ...

low RF frequency fréquence inférieure de la gamme des radiofréquences *(ou des fréquences radioélectriques)* (cf. aussi radio frequency).

low RF frequency range partie inférieure de la gamme des radiofréquences *(ou des fréquences radioélectriques)* (cf. aussi radio frequency).

low RF region cf. low RF range.

low-saturation color couleur peu saturée *(colorimétrie) (image TVC, etc.)* (cf. aussi color saturation).

low side cf. low-potential terminal.

low-side-lobe pattern diagramme à faible niveau de lobes secondaires, diagramme de rayonnement *(idem) (antenne)* (cf. aussi radiation pattern *et* side lobe).

low signal level bas niveau de signal (cf. aussi low-level signal).

low-speed device *cf.* low-speed unit.

low-speed memory mémoire lente *(mémoire à temps d'accès relativement long) (mémoire à bande magnétique, etc.) (inf) (cf. aussi* access time).

low-speed modem modem à faible vitesse de transmission, modem lent *(modem à vitesse de transmission de moins de 300 bauds) (transmission de données) (cf. aussi* modem *et* baud).

low-speed phenomenon *cf.* slowly changing phenomenon.

low-speed terminal terminal lent, terminal à faible débit, terminal à faible vitesse de transmission *(terminal à clavier) (inf) (cf. aussi* terminal 2) *et* baud).

low-speed unit *(cf. aussi* unit 3)) **1)** appareil lent, *(parf.)* modèle lent *(périphérique lent ou terminal lent) (inf) (cf. aussi* low-speed peripheral *et* low-speed terminal). **2)** *cf.* low-speed memory.

low-strength electric field champ électrique de faible intensité *(ou* peu intense) *(cf. aussi* electric field strength).

low-strength field champ de faible intensité, champ peu intense, *(parf.)* champ faible *(champ électrique ou magnétique ou électromagnétique) (cf. aussi* field strength).

low-strength magnetic field champ magnétique de faible intensité *(ou* peu intense) *(cf. aussi* magnetic field strength).

low-SWR load charge à faible rapport d'ondes stationnaires, charge à faible ROS *(charge adaptée) (hyper, etc.) (cf. aussi* standing-wave ratio).

low-tape condition fin de bande proche, approche de fin de bande *(appareil à bande magnétique ou perforée) (inf, etc.).*

low-temperature silicon epitaxy épitaxie du silicium à basse température *(fab. semi) (cf. aussi* epitaxy).

low tension **1)** *cf.* low voltage. **2)** *(GB)* tension de chauffage *(montage à tubes) (cf. aussi* heater voltage).

low-tension ... *cf.* low-voltage ...

low terminal *cf.* low-potential terminal.

low-to-high transition transition montante *(ou* ascendante *ou,* pour un signal, du niveau bas au niveau haut *ou,* pour une borne, de l'état bas à l'état haut) *(cf. aussi* transition c) *et* d)).

low uhf ... *cf.* low UHF ...

low UHF frequency fréquence inférieure de la bande UHF, fréquence UHF inférieure *(radioélectricité) (cf. aussi* UHF band).

low UHF frequency range partie inférieure de la bande UHF *(radioélectricité) (cf. aussi* UHF band).

low UHF region *cf.* low UHF range.

low ultra-high-frequency ... *cf.* low UHF ...

low vacuum vide peu poussé, vide incomplet, *(parf.)* vide imparfait *(tube, etc.) (cf. aussi* gassy tube).

low-vacuum tube *cf.* gassy tube.

low-value resistor résistance de *(ou* à) faible valeur *(résistance à faible valeur ohmique) (cette notion est subjective, mais on peut indiquer 1 kilohm comme limite entre une faible et une forte valeur ohmique) (cf. aussi* ohmic value).

low-valued ... *cf.* low-value ...

low-velocity electron électron animé d'une faible vitesse, électron à faible vitesse, électron lent *(électron se déplaçant dans un champ électrique à faible intensité, c.-à-d. soumis à une différence de potentiel (positive) de valeur peu élevée) (électron à faible énergie) (cf. aussi* electron, electric field strength, potential difference *et* low-energy electron).

low-velocity-electron camera tube tube analyseur à électrons lents, tube à électrons lents *(tube analyseur dans lequel les électrons du faisceau d'analyse sont fortement ralentis par une électrode à potentiel faiblement positif juste avant d'atteindre la face arrière de la cible pour éviter l'émission secondaire et la tache qui en résulte sur l'écran des récepteurs) (l'électrode de décélération est une électrode annulaire dans l'orthicon et l'image-orthicon, et une grille disposée près de la cible dans le vidicon et le plumbicon) (cf. aussi* camera tube, secondary emission, orthicon, vidicon *et* plumbicon).

low-velocity ion ion animé d'une faible vitesse, ion à faible vitesse, ion lent *(ion se déplaçant dans un champ électrique à faible intensité, c.-à-d. soumis à une différence de potentiel de faible valeur) (ion à faible énergie) (cf. aussi* ion, electric field strength, potential difference *et* low-energy ion).

low-velocity scanning analyse par électrons lents, balayage

(idem) (analyse de l'image électrique formée sur la cible d'un tube analyseur par un faisceau d'électrons ralentis avant d'atteindre celle-ci pour réduire l'émission secondaire à une faible valeur) (caméra TV) (cf. aussi low-velocity-electron camera tube).

low-velocity tube *cf.* low-velocity-electron camera tube.

low very-high-frequency ... *cf.* low VHF ...

low vhf ... *cf.* low VHF ...

low VHF frequency fréquence inférieure de la bande VHF, fréquence VHF inférieure *(radioélectricité) (cf. aussi* VHF band).

low VHF range partie inférieure de la bande VHF *(radioélectricité) (cf. aussi* VHF range).

low VHF region *cf.* low VHF range.

low voltage *(cf. aussi* voltage) **1)** basse tension, *(parf.)* tension peu élevée *(en valeur absolue ou en valeur relative) (le caractère relatif de ce qualificatif est démontré par le fait qu'une tension de 220 volts est une basse tension en électrotechnique et une haute tension en électronique).* **2)** tension insuffisante *(tension inférieure à sa valeur nominale) (cf. aussi* rated value).

low-voltage current courant à basse tension *(cf. aussi* low-voltage 1)).

low-voltage drive attaque par signal à bas niveau (de tension) *(ampli, afficheur, etc.) (cf. aussi* low-level drive).

low-voltage measurement mesure de faibles tensions, mesure de tensions de faible valeur *(cf. aussi* measurement).

low-voltage operation fonctionnement sous faible tension *(fonctionnement normal ou non d'un dispositif sous une tension d'alimentation de quelques volts à quelques dizaines de volts au maximum) (transistor, relais, moteur, etc.) (cf. aussi* supply voltage).

low-voltage power supply alimentation à basse tension *(appareil, etc.) (cf. aussi* power supply).

low-voltage source source de basse tension, source de tension peu élevée *(ou* de faible valeur) *(thermocouple, cellule photovoltaïque, élément de pile ou d'accumulateur, etc.).*

low-voltage supply *cf.* low-voltage power supply.

low-VSWR load *cf.* low SWR load *(cf. aussi* voltage standing-wave ratio).

low-wattage power supply alimentation de faible puissance *(alimentation pour circuits intégrés monolithiques ou autres composants à faible consommation) (cf. aussi* power supply 2) *et* power consumption).

low-wattage resistor *cf.* low-power resistor.

low-wattage supply *cf.* low-wattage power supply.

low-yield region partie à faible rendement (de fabrication) *(partie périphérique d'un disque à gravure dans laquelle le rendement de fabrication est plus faible que dans la partie centrale) (la circonférence d'un disque croissant comme le rayon de celui-ci, tandis que l'aire de sa surface croît comme le carré du rayon, le rapport entre l'aire de la partie dite « centrale » et l'aire de la partie périphérique augmente avec le diamètre du disque et le rendement global fait de même) (c'est une des raisons de la tendance à l'augmentation du diamètre des disques de semiconducteur par les fabricants de circuits intégrés) (cette notion perdra une grande partie de son importance lorsque les plaquettes à gravure seront carrées) (cf. aussi* yield 2)).

low-Z ... *cf.* low-impedance ...

lower end *cf.* low end.

lower frequency fréquence inférieure, fréquence moins élevée, *(parf.)* fréquence plus basse *(cf. aussi* low frequency 3)).

lower frequency band bande de fréquences inférieure *(bande de fréquences située au-dessous d'une autre, indépendamment de la valeur des fréquences considérées) (cf. aussi* frequency band).

lower frequency limit limite inférieure de fréquence *(limite inférieure d'une bande de fréquences déterminée) (cf. aussi* frequency band).

lower frequency range *cf.* lower frequency band.

lower-frequency response réponse aux fréquences basses *(réponse aux fréquences inférieures d'une bande de fréquences déterminée) (ampli, haut-parleur, etc.) (cf. aussi* frequency response).

lower frequency signal signal de ... *(voir aussi* lower frequency).

lower harmonic harmonique inférieur *(en valeur relative ou, parfois, en valeur absolue) (cf. aussi* low-order harmonic).

lower-level metallization *cf.* lower metallization layer.

lower locations positions inférieures *(ou de la partie inférieure)*, emplacements *(idem) (mémoire d'ordinateur) (cf. aussi* memory location *et* lower memory).

lower memory partie inférieure de la mémoire *(position 0 à n/2 de la mémoire centrale d'un ordinateur ou de l'espace d'adressage dans le cas d'une mémoire virtuelle, n étant le nombre total de positions de mémoire) (inf) (cf. aussi* memory location, main memory *et* address space).

lower metallization *cf.* lower metallization layer.

lower metallization layer couche inférieure de (la) métallisation, niveau inférieur *(idem) (circuit intégré monolithique à deux ou plusieurs couches de métallisation) (cf. aussi* metallization (a)).

lower metallization level *cf.* lower metallization layer.

lower sideband bande latérale inférieure *(bande latérale d'une porteuse comprenant les fréquences inférieures à celle de la porteuse) (ces fréquences sont égales à la différence entre la fréquence de la porteuse et les fréquences du signal modulant) (cf. aussi* sideband).

lower-sideband components *cf.* lower sideband frequencies.

lower-sideband filter filtre de bande latérale inférieure *(filtre éliminant la bande latérale inférieure de la porteuse dans un émetteur à bande latérale unique) (cf. aussi* lower sideband *et* single-sideband transmission).

lower sideband frequencies fréquences de la bande latérale inférieure, composantes *(idem)(cf. aussi* lower sideband).

lower storage *cf.* lower memory.

lower-than-rated current courant d'intensité inférieure à la valeur nominale, courant inférieur à la valeur nominale, *(parf.)* intensité de courant inférieure à la valeur nominale *(dans un circuit, un composant, etc.) (cf. aussi* rated current).

lower-than-rated-voltage tension inférieure à la valeur nominale *(aux bornes d'un circuit, d'un composant, etc.) (cf. aussi* rated voltage).

lowest-priority threat émission à priorité la moins élevée *(mil) (cf. aussi* threat prioritization).

lowest usable frequency fréquence minimale utilisable (a) *sens général)*; (b) *cf. aussi* LUF).

LP 1) *cf.* LP record. 2) *cf.* LP filter. 3) *cf.* low-profile ... 4) *cf.* linear programming. 5) *cf.* longitudinal parity. 6) *cf.* line printer.

LP filter *cf.* low-pass filter.

LP filtering *cf.* low-pass filtering.

LP record *cf.* long-play record.

LPC *cf.* linear predictive coding.

LPC code *cf.* linear predictive code.

LPC coding *cf.* linear predictive coding.

LPE *cf.* liquid-phase epitaxy.

LPF *cf.* low-pass filter.

LPI 1) *cf.* low probability of interception. 2) *cf.* line per inch.

LPI communications radiocommunications à faible probabilité d'interception *(ou FPI), (souvent)* liaisons *(idem) (radiocommunications militaires utilisant des signaux à faible probabilité d'interception) (cf. aussi* LPI 1)).

LPI radar radar ... *(voir aussi* LPI transmitter).

LPI radio *cf.* LPI transceiver.

LPI signal signal à faible probabilité d'interception, signal FPI *(signal radioélectrique militaire) (cf. aussi* LPI *et* radio signal).

LPI technique méthode à faible probabilité d'interception, méthode FPI, procédé *(idem) (procédé de modulation ou d'émission d'une onde porteuse assurant une faible probabilité d'interception des signaux émis) (mil) (cf. aussi* LPI 1)).

LPI transceiver émetteur-récepteur ... *(voir aussi* LPI transmitter *et* transceiver).

LPI transmission émission ... *(voir aussi* LPI signal).

LPI transmitter émetteur à faible probabilité d'interception, émetteur FPI *(émetteur militaire émettant un signal à faible probabilité d'interception) (radio, radar) (cf. aussi* LPI 1)).

lpm *cf.* line per minute.

LPM *cf.* lpm *(ci-dessus).*

LPS *cf.* low-power Schottky.

LPSTTL *cf.* low-power Schottky TTL.

LPTV *cf.* low-power television.

LRC 1) *cf.* longitudinal redudancy check. 2) *cf.* LRC bit.

LRC bit *(LRC vient de « longitudinal redundancy check »)* binaire de parité longitudinale, clé longitudinale *(binaire assurant la parité longitudinale dans l'enregistrement ou le transfert d'informations sous forme parallèle) (cf. aussi* bit, longitudinal parity, parallel form *et* LRC character).

LRC character caractère de contrôle de parité longitudinale, clé longitudinale *(le second terme est le plus employé pour des raisons de brièveté) (caractère de contrôle de parité formé par les binaires de parité longitudinale d'un bloc d'informations enregistrées ou transmises sous forme parallèle) (il est à noter que ce caractère étant formé par des binaires alignés dans le sens transversal du support d'enregistrement ou du bus, il est perpendiculaire à l'axe de celui-ci et que, par conséquent, la parité longitudinale du bloc d'informations est contrôlée à l'aide d'un caractère transversal) (inf) (cf. aussi* redundancy check character, LRC bit *et* block).

LRCC *cf.* LRC character.

LRU *cf.* line-replaceable unit.

LS *cf.* low-power Schottky.

LS TTL *cf.* LSTTL. *(plus loin).*

LS/TTL *cf.* LSTTL. *(plus loin).*

LSB 1) *cf.* lower sideband. 2) *cf.* least significant bit.

LSC *cf.* least significant character.

LSD *cf.* least sifnificant digit.

LSI *cf.* large-scale integration.

LSI chip puce LSI, puce de circuit LSI, *(etc.) (puce de circuit intégré LSI) (semi) (cf. aussi* chip 1) *et* LSI circuit).

LSI circuit circuit LSI, circuit intégré LSI, circuit intégré à haute densité *(de composants ou d'intégration), circuit à haute intégration *(semi) (cf. aussi* LSI).

LSI circuit ... *cf.* LSI ...

LSI component *cf.* LSI circuit.

LSI controller régisseur LSI *(régisseur réalisé sous la forme d'un circuit intégré LSI) (cf. aussi* controller 1) *et* LSI circuit).

LSI controller chip puce de régisseur LSI *(CI) (cf. aussi* LSI controller *et* chip 1)).

LSI custom circuit circuit LSI personnalisé *(CI) (cf. aussi* LSI circuit *et* custom circuit).

LSI customs (les) circuits LSI personnalisés *(cf. aussi* LSI custom circuit).

LSI device *cf.* LSI circuit.

LSI FIFO chip puce de mémoire FIFO LSI *(puce LSI portant une mémoire RAM utilisée comme tout ou partie d'une mémoire FIFO) (CI) (infi) (cf. aussi* LSI chip, FIFO *et* RAM[1]).

LSI filter filtre LSI *(filtre numérique réalisé sous la forme d'un circuit LSI) (CI) (cf. aussi* digital filter *et* LSI circuit).

LSI memory mémoire LSI *(mémoire intégrée réalisée sous la forme d'un circuit LSI) (CI) (cf. aussi* solid-state memory *et* LSI memory).

LSI process procédé LSI, procédé d'intégration à haute densité *(procédé de fabrication de circuits intégrés LSI) (semi) (cf. aussi* LSI circuit).

LSI processing 1) fabrication par un procédé LSI, *(etc.) (cf. aussi* LSI process). 2) *cf.* LSI signal processing.

LSI processing technique *cf.* LSI process.

LSI processing technology (la) technologie LSI *(ou des circuits LSI, (etc.) ou de la haute intégration) (technologie de fabrication des circuits intégrés LSI) (semi) (cf. aussi* LSI circuit *et* technology).

LSI signal processing traitement de signaux par circuits LSI, *(etc.) (CI) (cf. aussi* signal processing *et* LSI circuit).

LSI technique *cf.* LSI process.

LSI technology (la) technique LSI *(ou des circuits LSI), (etc.) (semi) (cf. aussi* LSI circuit *et* technology).

LSI tester contrôleur de circuits LSI, *(etc.)*, testeur *(idem) (appareil complexe permettant le contrôle des circuits LSI) (CI) (cf. aussi* LSI circuit).

LSI testing (l')essai des circuits LSI, *(etc.) (CI) (cf. aussi* LSI circuit).

LSI TTL logique TTL LSI *(ensemble de circuits TTL réalisés sur une puce LSI) (CI) (cf. aussi* TTL *et* LSI chip).

LSTTL *cf.* low-power Shottky TTL.

LSTTL device circuit TTL/LS *(circuit intégré réalisé en logique TTL/LS) (inf) (cf. aussi* LSTTL).

LTC *cf.* long time constant.

LTD *cf.* laser target designator.

lubber line ligne de foi *(ligne représentant l'axe longitudinal du mobile sur l'écran d'un radar de navigation) (mar, avion).*

LUF *(vient de « lowest usable frequency »)* fréquence minimale utilisable, LUF *(liaison radio en ondes courtes) (cf. aussi* MUF).

lug cosse *(dispositif permettant de connecter facilement un conducteur à une borne à tige ou à vis) (est constitué par une languette appelée « plage » munie d'un trou, éventuellement ouvert pour former une fourchette, et généralement prolongée par une partie tubulaire ouverte ou fermée appelée « fût » dans laquelle le conducteur est serti ou soudé) (cf. aussi* crimp lug, solder lug *et* terminal 1)).

luma *cf.* luminance.

lumen lumen *(unité de flux lumineux du système SI) (est le flux lumineux émis dans un angle solide de 1 stéradian par une source ponctuelle uniforme ayant une intensité lumineuse de 1 candela) (lampe d'éclairage, etc.) (cf. aussi* luminous flux, steradian, luminous intensity *et* candela).

lumen per watt lumen par watt, lumen/watt, lm/W *(unité d'efficacité lumineuse du système SI) (cf. aussi* luminous efficacy, lumen *et* watt).

luminance luminance, densité de flux lumineux émis *(flux lumineux émis par unité d'aire d'une surface lumineuse) (« luminance » est le terme normalisé censé remplacer « luminosité » qui est naturellement encore employé) (dans la pratique, les termes « luminance », « luminosité » et « brillance » sont utilisés indifféremment avec toutefois une préférence pour « luminance » lorsqu'il s'agit d'une image de télévision et « luminosité » dans le cas d'un écran d'oscilloscope, d'analyseur, de radar ou de sonar, ou d'un afficheur lumineux) (cf. aussi* candela per square meter *et* luminous intensity).

luminance amplifier amplificateur de luminance *(amplificateur à large bande amplifiant le signal de luminance dans un récepteur de télévision en couleurs) (est l'équivalent de l'amplificateur vidéo d'un récepteur de télévision en noir et blanc) (cf. aussi* luminance signal *et* video amplifier).

luminance bandpass *cf.* luminance channel bandwidth.

luminance bandwidth 1) *cf.* luminance signal bandwidth. 2) *cf.* luminance channel bandwidth.

luminance carrier porteuse vidéo *(TV) (cf. aussi* picture carrier).

luminance channel partie luminance, voie de luminance, circuits de luminance *(ensemble des circuits d'une caméra, d'un émetteur ou d'un récepteur de télévision en couleurs traitant le signal de luminance) (cf. aussi* luminance signal).

luminance-channel bandpass *cf.* luminance-channel bandwidth.

luminance-channel bandwidth bande passante de la partie luminance, *(etc.) (cf. aussi* luminance channel *et* bandwidth 2)).

luminance-channel transient response réponse de la partie luminance aux transitoires, *(etc.) (réponse de la partie luminance d'un récepteur de télévision en couleurs aux variations brusques d'amplitude du signal de luminance) (cf. aussi* luminance channel *et* response 1).

luminance control commande de luminosité, commande de luminance, commande de lumière *(commande ou bouton ou potentiomètre, selon le contexte) (bouton du potentiomètre servant à régler la luminosité de l'image sur un récepteur de télévision, ou, par extension, le potentiomètre lui-même) (cf. aussi* luminance).

luminance data *cf.* luminance information.

luminance flicker scintillement *(de l'image sur un écran de télévision, etc.).*

luminance information information de luminance *(parf. au pluriel) (valeurs de la luminance des différents points de la scène représentée par une image de télévision ou analogue) (cf. aussi* luminance *et* luminance signal).

luminance lag traînage *(image TV) (cf. aussi* streaking).

luminance level (niveau de) luminance *(valeur de la luminance d'un point ou d'une zone d'une image de télévision ou autre surface) (cf. aussi* level 1) *et* luminance).

luminance-modulated carrier *cf.* luminance carrier.

luminance modulation modulation de luminance *(parf.* de la luminance) *(modulation de la luminance des différents points d'un écran cathodique ou autre surface pour former une image) (récepteur TV, etc.) (cf. aussi* luminance).

luminance ratio rapport de luminance *(image TV, etc.) (cf. aussi* contrast).

luminance signal signal de luminance, signal Y *(signal représentant l'information de luminance dans un signal de télévision en couleurs) (a une amplitude instantanée proportionnelle à la luminance du point correspondant de la scène télévisée) (est l'équivalent, en télévision en couleurs, du signal vidéo en télévision en noir et blanc) (cf. aussi* luminance information *et* picture carrier).

luminance signal amplitude amplitude du signal de luminance *(cf. aussi* amplitude *et* luminance signal).

luminance signal bandwidth largeur de bande du signal de luminance *(cf. aussi* bandwidth 1) *et* luminance signal).

luminescence luminescence *(tg) (émission de lumière par un corps à une température inférieure à la température d'incandescence, après absorption d'énergie) (la température considérée en pratique est généralement la température ambiante) (est due à l'émission de photons par les atomes du corps lors de leur retour à l'état fondamental après avoir été excités par l'apport d'énergie) (cf. aussi* photon, ground state, fluorescence, phosphorescence, electroluminescence, cathodoluminescence, sonoluminescence, photoluminescence, radioluminescence, triboluminescence, thermoluminescence, chemiluminescence *et* bioluminescence).

luminescence threshold seuil de luminescence *(valeur de la fréquence d'un rayonnement électromagnétique à partir de laquelle celui-ci fait apparaître la luminescence dans un corps déterminé) (photoluminescence) (cf. aussi* photoluminescence *et* electromagnetic radiation).

luminescent diode diode luminescente *(semi) (cf. aussi* light-emitting diode).

luminescent display *cf.* electroluminescent display.

luminescent lamp *cf.* electroluminescent lamp.

luminescent screen *cf.* fluorescent screen.

luminophore luminophore *(tube cath) (cf. aussi* phosphor).

luminosity luminosité *(cf. aussi* luminance).

luminosity coefficients facteurs de luminosité *(coefficients figurant dans les trois termes de la formule donnant le flux lumineux d'une lumière colorée produite par la synthèse des trois couleurs primaires et représentant la contribution de celles-ci au flux de la lumière obtenue) (colorimétrie) (TVC, etc.) (cf. aussi* luminance, luminous flux *et* primary color).

luminous diagram schéma lumineux.

luminous display 1) affichage lumineux *(ou* par afficheur lumineux) *(voir ci-après).* 2) afficheur lumineux, *(etc.) (afficheur dans lequel les caractères ou marques apparaissent sous la forme de zones lumineuses) (cf. aussi* incandescent display 2), LED display 2), electroluminescent display 2), plasma display 2) *et* display[1] 4)).

luminous dot point lumineux (a) *point d'afficheur lumineux à matrice de points) (cf. aussi* luminous display 2) *et* dot-matrix display 2) ; (b) *cf. aussi* luminous spot).

luminous-dot display 1) affichage par points lumineux, affichage par afficheur à points lumineux *(voir ci-après).* 2) afficheur à points lumineux *(afficheur alphanumérique dans lequel les caractères sont formés par des points lumineux juxtaposés) (afficheur à plasma à points, afficheur à diodes luminescentes à points, afficheur électroluminescent à points, etc.) (cf. aussi* display panel).

luminous efficacy efficacité lumineuse *(rapport entre le flux lumineux émis par une lampe électrique et sa consommation d'énergie électrique) (éclairagisme) (cf. aussi* luminous efficiency *et* lumen per watt).

luminous efficiency rendement lumineux *(ce terme utilisé depuis très longtemps a cédé la place à un terme normalisé, plus récent, mais est encore employé) (cf. aussi* luminous efficacy).

luminous flux flux lumineux, flux de lumière *(flux d'énergie électromagnétique dont la longueur d'onde est comprise dans le domaine des rayonnements optiques visibles) (cf. aussi* flux (b), electromagnetic energy *et* visible optical radiation).

luminous flux density densité de flux lumineux *(flux lumineux par unité d'aire d'une surface) (flux émis par une surface ou traversant une surface ou reçu par une surface) (cf. aussi* luminous flux, luminance *et* illumination 1)).

luminous intensity intensité lumineuse *(intensité du rayonnement émis par une source de lumière visible) (est égale au rapport entre le flux lumineux émis par une source ponctuelle dans un angle solide infiniment petit et la valeur de cet angle) (cf. aussi* luminous flux, steradian *et* visible light).

luminous radiation rayonnement lumineux *(optique) (cf. aussi* visible radiation).

luminous sensitivity sensibilité *(d'un dispositif photoélectrique) (rapport entre l'intensité du courant fourni par un dispositif photoélectrique et le flux de lumière reçu par celui-ci) (cf. aussi* photoelectric device *et* luminous flux).

luminous spot point lumineux *(dans un tube cathodique à écran ordinaire, point formé sur l'écran par le ou un faisceau d'électrons) (est produit par cathodoluminescence de la couche de luminophore portée par la dalle du tube) (cf. aussi* cathode-ray tube, cathodoluminescence, phosphor faceplate, fluorescent screen, phospor *et* skiatron).

lumped capacitance capacité localisée *(capacité d'un condensateur ou d'un élément de circuit équivalent) (cf. aussi* lumped element, lumped capacitor *et* capacitance).

lumped capacitor condensateur localisé *(condensateur identifiable en tant qu'élément de circuit) (ne pas employer « capacité localisée » dans ce cas précis) (le terme « lumped capacitor » et son équivalent français s'emploient surtout en hyperfréquences) (cf. aussi* lumped capacitance).

lumped circuit *cf.* lumped-element circuit.

lumped component *cf.* lumped element.

lumped constant *cf.* lumped element *(de même pour les termes dérivés).*

lumped element constante localisée *(noter que le terme « lumped constant » existe en anglais, mais que « lumped element » est beaucoup plus employé) (cf. aussi* lumped-element circuit).

lumped-element circuit circuit à constantes localisées *(circuit à courant alternatif dans lequel la longueur d'onde correspondant à la fréquence du courant est grande par rapport à la longueur des éléments du circuit) (en d'autres termes, circuit dans lequel les capacités sont formées par des condensateurs et les inductances par des enroulements, ou des éléments équivalents, et peuvent donc être considérés indépendamment du circuit) (clpf) (cf. aussi* circuit element, capacitance, inductance *et* distributed-element circuit).

lumped-element circuit theory théorie des circuits à constantes localisées *(réseaux électriques) (cf. aussi* circuit theory *et* lumped-element circuit).

lumped-element hybrid circuit circuit hybride à constantes localisées *(hyper, etc.) (cf. aussi* hybrid cuircuit *et* lumped-element circuit).

lumped-element network réseau à constantes localisées *(cf. aussi* network 1) *et* lumped-element circuit).

lumped-element technology (la) technique des circuits à constantes localisées *(ce terme s'emploie notamment pour les circuits hybrides hyperfréquence) (cf. aussi* lumped-element circuit, microwave hybrid circuit *et* technology).

lumped impedance impédance localisée *(impédance d'un condensateur ou d'une inductance ou d'un élément de circuit équivalent) (cf. aussi* impedance *et* lumped-element circuit).

lumped inductance inductance localisée *(inductance d'un enroulement ou d'un élément de circuit équivalent) (en transmission téléphonique, ce terme s'applique à une bobine de Pupin) (cf. aussi* inductance, lumped-element circuit *et* loading coil.

lumped-inductance loading charge par inductance localisée *(autre nom de la charge discontinue d'un câble téléphonique) (cf. aussi* coil loading).

lumped inductor bobine d'inductance *(bobine cylindrique ou spirale conductrice) (ne pas employer « inductance localisée » dans ce cas précis) (le terme « lumped inductor » s'emploie surtout en hyperfréquences) (cf. aussi* lumped inductance *et* inductor).

lumped loading *cf.* lumped-inductance loading.

lumped parameter *cf.* lumped element. *(de même pour les termes dérivés).*

lumped resistor résistance localisée *(résistance identifiable en tant qu'élément de circuit) (le terme « lumped resistor » s'emploie surtout en hyperfréquences) (cf. aussi* resistor *et* lumped-element circuit).

Luneberg lens lentille de Luneberg, réflecteur *(idem) (dispositif sphérique réfléchissant les ondes ultra-courtes en focalisant l'onde réfléchie dans la direction de réception grâce à l'emploi d'une surface réfléchissante à indice de réfraction variable) (est utilisée notamment pour augmenter l'amplitude de l'écho renvoyé par une cible radar, et monté notamment sur des engins-cibles pour faciliter leur poursuite au radar malgré leur faible surface équivalente) (mil, espace) (cf. aussi* radar cross section).

lux lux, lx *(unité d'éclairement du système SI) (est égale à un lumen par mètre carré) (cf. aussi* illumination 1) *et* lumen).

Luxemburg effect effet Luxembourg *(modulation parasite d'un signal en ondes courtes à propagation ionosphérique lorsque le (ou un) point de réflexion sur l'ionosphère est approximativement à la verticale d'un émetteur puissant, le signal émis par celui-ci brouillant le signal en ondes courtes) (est due à la non-linéarité des caractéristiques de propagation de l'ionosphère) (cet effet a été observé pour la première fois avec l'émetteur de Radio-Luxembourg, d'où le nom qui lui a été donné) (cf. aussi* ionospheric propagation).

luxmeter luxmètre *(appareil mesurant l'éclairement d'une surface) (cf. aussi* lux).

LV *cf.* low voltage 1).

LVDT *cf.* linear variable differential transformer.

LVDT position sensor capteur de position à transformateur différentiel (à translation) *(cf. aussi* linear variable differential transformer).

LW *cf.* long wave.

LWR *cf.* laser warning receiver.

lx *cf.* lux.

M

M *cf.* megohm.

M display présentation du type M *(présentation des informations sur l'écran d'un radar analogue à la présentation dy type A, mais comportant en plus une marque rectangulaire appelée « marche de distance » que l'opérateur déplace le long de la base de temps en tournant un bouton commandant un compteur ; lorsque la marche est alignée sur l'écho de la cible, la distance de celle-ci est le nombre indiqué par le compteur) (avia) (cf. aussi* A display *et* radar).

M electron électron de la couche M *(atome) (cf. aussi* M shell).

M scan *cf.* M display.

M scope écran à présentation du type M *(radar) (cf. aussi* M display).

M shell couche M *(troisième couche électronique d'un atome en partant du noyau) (cf. aussi* electron shell).

M-type carcinotron carcinotron M, carcinotron à champs croisés, carcinotron à configuration circulaire *(carcinotron réalisé sous la forme d'un tube à champs croisés) (peut être considéré comme un carcinotron O enroulé sur lui-même avec remplacement du champ magnétique longitudinal de concentration du faisceau par un champ orthogonal de mise en rotation du flux d'électrons émis par la sole) (hyper) (cf. aussi* carcinotron *et* crossed-field tube).

M-type component *cf.* M-type tube.

M-type device *cf.* M-type tube.

M-type microwave tube *cf.* M-type tube.

M-type tube tube du type M, tube hyperfréquence du type M *(cf. aussi* crossed-field tube).

mA *cf.* milliampere. *(de même pour les termes dérivés).*

MA 1) *cf.* megampere *(de même pour les termes dérivés).* **2)** *cf.* multiple access.

machine machine *(en informatique, nom souvent donné à un ordinateur pour rappeler son origine) (cf. aussi* Ada, von Neumann machine, data processing machine, character-oriented machine, word-oriented machine, single-address machine, two-address machine, three-address machine, serial machine, parallel machine, learning machine, Turing machine *et* computer 2)).

machine ... *cf.* computer ... *(pour les termes qui ne figurent pas ci après).*

machine accounting comptabilité mécanographique *(comptabilité par ordinateur et notamment par machine à cartes perforées) (inf) (cf. aussi* computer accounting).

machine accounting department service mécanographique *(service de comptabilité mécanographique d'une entreprise ou d'un organisme) (inf) (cf. aussi* machine accounting).

machine address adresse absolue *(inf) (cf. aussi* absolute address).

machine check contrôle automatique *(contrôle exécuté par un ordinateur et, par conséquent, prévu dans son programme) (peut porter sur le fonctionnement de l'ordinateur lui-même) (inf) (cf. aussi* computer program).

machine code code machine *(anglicisme désignant un programme d'ordinateur converti en langage machine) (inf) (cf. aussi* computer program *et* machine language).

machine-code instruction *cf.* machine-language instruction.

machine cycle cycle machine, cycle de traitement *(ensemble des actions successives nécessaires dans l'unité centrale d'un ordinateur pour exécuter une instruction élémentaire du programme de celui-ci ou, par extension, durée de ce cycle) (comprend essentiellement la recherche de l'instruction dans la mémoire centrale, son transfert dans le registre d'instruction, son décodage par le décodeur, son exécution par l'unité arithmétique et logique, et le rangement du résultat dans un registre, ces phases principales d'exécution pouvant elles-mêmes être décomposées en plusieurs phases) (l'instruction élémentaire considérée ici est l'instruction d'addition de deux nombres binaires) (inf) (cf. aussi* central processing unit *et* instruction).

machine error erreur machine *(erreur dans les résultats fournis par un ordinateur due à celui-ci et non à une erreur de programmation) (est due à un parasite, une microcoupure, un rayonnement ionisant, etc.) (inf) (cf. aussi* brown-out, soft error *et* program bug).

machine failure incident machine, défaut de fonctionnement, défaillance (de l'appareil) *(défaut de fonctionnement d'un ordinateur) (inf) (cf. aussi* machine).

machine fault *cf.* machine failure.

machine-gun microphone microphone canon *(acou) (cf. aussi* line microphone).

machine-insertable capacitor condensateur pour insertion automatique, *(etc.) (cf. aussi* machine-insertable component).

machine-insertable component composant pour insertion automatique *(ou à la machine) (cf. aussi* automatic component insertion).

machine-insertable resistor résistance pour insertion automatique, *(etc.) (cf. aussi* machine-insertable component).

machine insertion insertion à la machine *(composant) (cf. aussi* automatic component insertion).

machine instruction instruction machine, instruction en langage machine *(instruction d'un programe d'ordinateur représentée en langage machine) (inf) (lorsque l'on décrit la structure d'une instruction comme dans le présent dictionnaire, par exemple, il s'agit d'une instruction machine) (cf. aussi* instruction *et* machine language).

machine instruction code *cf.* machine code.

machine intelligence intelligence de la machine *(nom parfois donné à l'intelligence artificielle) (inf) (cf. aussi* artificial intelligence).

machine language langage machine *(langage de programmation dans lequel les instructions d'un programme d'ordinateur sont finalement converties pour être mises en mémoire et exécutées par l'unité centrale de celui-ci) (est un langage dans* lequel chaque instruction est décomposée en ses différentes parties et chaque partie est représentée par des binaires, seul langage que l'unité centrale peut comprendre) (inf) (cf. aussi programming language, computer program, instruction, central processing unit, bit et machine code).

machine-language code cf. machine code.

machine-language instruction cf. machine instruction.

machine-language program cf. machine code.

machine learning apprentissage (de la machine) (en informatique, processus d'amélioration des résultats d'une machine auto-adaptative) (cf. aussi learning machine).

machine-processable data informations utilisables par un ordinateur, informations exploitables par ordinateur (inf) (cf. aussi data et machine).

machine-produced report document établi par ordinateur, (parf.) état mécanographique (document imprimé par une imprimante d'ordinateur) (inf) (cf. aussi machine et printer 1)).

machine-readable medium support (d'informations) utilisable par un ordinateur (inf) (cf. aussi storage medium et machine).

machine ringing appel automatique (tél) (cf. aussi telephone ringing).

machine switching (la) commutation automatique (tél) (cf. aussi automatic telephone switching).

machine thinking cf. machine intelligence.

machine time temps machine (temps d'utilisation ou de disponibilité d'un ordinateur pour exécuter un traitement déterminé) (inf) (cf. aussi machine).

machine translation traduction par ordinateur, traduction automatique (pour de véritables textes, constitue une des plus difficiles applications de l'intelligence artificielle, un texte ainsi traduit nécessitant par ailleurs une révision par un traducteur compétent) (inf) (cf. aussi artificial intelligence).

machine-usable medium cf. machine-readable medium.

machine vision vision artificielle (inf) (cf. aussi robot vision).

machine word mot machine, mot (mot binaire de longueur déterminée sur lequel travaille un ordinateur) (inf) (cf. aussi binary word et machine word length).

machine word length longueur du mot machine, longueur du mot, longueur de mot (nombre de binaires contenu dans un mot machine) 4, 8, 16, 32, ..., 2 n binaires) (inf) (cf. aussi machine word).

macro s 1 cf. macro-instruction. 2) cf. macrocell.

macro-command cf. macroinstruction.

macro concept cf. macrocell approach.

macrobend macrocourbure, macroflexion (courbure d'une fibre optique à rayon relativement grand, en l'occurrence quelques centimètres) (tls) (cf. aussi bending loss).

macrobending formation de macrocourbures, (etc.) (cf. aussi macrobend).

macrocell macrobloc (groupe de circuits logiques interconnectés réalisant une fonction complète sur une puce de circuit intégré VLSI ou VHSIC ou analogue et formant un tout) (cf. aussi macrobloc array, logic circuit, VLSI circuit et VHSIC circuit).

macrocell approach méthode des macroblocs (méthode de réalisation de circuits intégrés monolithiques) (cf. aussi macrocell).

macrocell array matrice de macroblocs (groupe de macroblocs identiques ou non interconnectés à la demande par masquage) (est comparable, en beaucoup plus complexe, à une matrice prédiffusée) (CI) (cf. aussi macrocell et gate array).

macrocell library bibliothèque de macroblocs (bibliothèque de fonctions réalisées par des macroblocs) (CI) (cf. aussi function library et macrocell).

macrocommand macrocommande (commande introduite au clavier d'un ordinateur et produisant le même effet qu'une suite de commandes introduites séparément qu'elle remplace).

macrocomputer macro-ordinateur (inf) (cf. aussi mainframe 1), le premier terme étant encore peu employé).

macrocomputing (la) macro-informatique, la grande informatique (informatique utilisant des macro-ordinateurs) (cf. aussi data processing et macrocomputer).

macrocustom approach cf. macrocell approach.

macroinstruction macro-instruction (instruction d'un programme source d'ordinateur représentant plusieurs instructions du programme objet) (est utilisée pour simplifier la rédaction du programme source lorsqu'un groupe d'instructions est utilisé un certain nombre de fois dans celui-ci) (inf) (cf. aussi source program, object program et instruction).

macroprogram macroprogramme (programme d'ordinateur composé de macro-instructions) (inf) (cf. aussi computer program et macroinstruction).

macroprogramming macroprogrammation (élaboration d'un macroprogramme) (inf) (cf. aussi macroprogram).

macrostore macromémoire (mémoire rapide de micro-ordinateur réalisée en partie sur la puce du microprocesseur de celui-ci et en partie à l'aide de circuits intégrés auxiliaires) (inf) (cf. aussi microcomputer et support circuit);

MAD cf. magnetic anomaly detector.

MAD gear cf. magnetic anomaly detector.

made to user specifications fabriqué à la demande (circuit intégré à la demande ou autre composant) (cf. aussi full-custom circuit et specification).

made to user specs (fam) cf. made to user specifications.

mag-slip (GB) synchromachine (asser) (cf. aussi synchro).

mag-slip ... cf. synchro ...

magamp (fam) cf. magnetic amplifier.

magenta magenta (nom donné au violet en colorimétrie, c-à-d. à la couleur secondaire produite par un mélange de rouge et de bleu) (cf. aussi secondary color).

maggie (fam) cf. magnetron.

magic eye œil magique, indicateur cathodique, trèfle cathodique, tube indicateur à rayons cathodiques, (souvent) indicateur d'accord (à rayons cathodiques) (très petit tube cathodique comportant une anode fluorescente circulaire sur laquelle apparaissent une ou deux zones lumineuses en forme de secteur dont l'angle d'ouverture est commandé par la tension appliquée à une ou deux électrodes, respectivement) (est utilisé notamment comme indicateur d'accord sur des récepteurs radio) (cf. aussi cathode-ray tube et tuning indicator).

magic T T magique, té magique (nom souvent donné au T hybride et parfois, par extension et incorrectement, à l'anneau hybride) (hyper) (cf. aussi hybrid T et hybrid ring).

magic tee cf. magic T.

maglev (fam) cf. magnetic levitation.

magnal base culot magnal, culot à 11 broches (culot de tube cathodique) (cf. aussi tube base).

magnal socket support magnal, support à 11 broches (support de tube électronique conçu pour recevoir un culot magnal) (cf. aussi magnal base et tube socket).

magnesium-silver chloride cell pile au chlorure d'argent-magnésium (pile amorçable par adjonction d'eau) (cf. aussi reserve cell).

magnet aimant (corps possédant une polarisation magnétique et créant, par conséquent, un champ magnétique autour de lui) (aimant permanent ou électro-aimant) (noter que le terme anglais « magnet » est souvent employé à la place de « electro-magnet », tandis que le terme français « aimant » est rarement employé à la place de « électro-aimant », bien qu'un électro-aimant soit effectivement un aimant) (cf. aussi permanent magnet, electromagnet, magnetic polarization et magnetic field).

magnet charger appareil à aimanter (électro-aimant puissant à courant continu et excitation momentanée par bouton-poussoir utilisé pour aimanter ou réaimanter un aimant permanent en produisant des impulsions de champ magnétique à grande intensité) (le pôle nord de l'aimant doit être placé sur le pôle sud de l'appareil et vice-versa) (cf. aussi permanent magnet et magnetic field strengh).

magnet coil bobine d'électro-aimant (cf. aussi electromagnet).

magnet core noyau d'électro-aimant (cf. aussi core 1) et electromagnet).

magnet keeper pont magnétique (aimant) (cf. aussi keeper).

magnet limb branche d'un aimant (en fer à cheval) (cf. aussi horseshoe magnet).

magnet poles pôles d'un aimant (cfa. magnetic pole (a)).

magnet steel acier à aimants (acier élaboré en vue de la fabrication d'aimants permanents et caractérisé par une forte aimantation rémanente et, par conséquent, un grand champ coercitif) (acier au carbone ayant subi une trempe martensitique, acier allié contenant des éléments d'addition tels que le tungstène, le chrome, le manganèse et notamment le cobalt) (cf. aussi permanent magnet, remanence et coercive force).

magnet wire fil à bobiner, fil pour bobinages (fil de cuivre recouvert d'une couche d'émail isolant ou de coton guipé) (le terme anglais signifie très exactement « fil pour électro-aimants » et rappelle le fil fin isolé coton employé pour réaliser la bobine des premiers électro-aimants) (cf. aussi wire[1] 1)).

magnetic airborne detector cf. magnetic anomaly detector.

magnetic amplifier amplificateur magnétique (amplificateur utilisant la variation d'une grandeur magnétique, à savoir l'inductance d'une bobine ou l'intensité d'un champ magnétique, pour réaliser le transfert de puissance au signal à amplifier) (noter que le terme « amplificateur magnétique » est généralement employé au sens restreint du type défini ci-après, le second type étant presque toujours appelé « amplificateur tournant ») (amplificateur utilisant la non-linéarité de la relation entre l'inductance d'une bobine d'inductance à noyau magnétique et la saturation magnétique de celui-ci) (en d'autres termes, montage utilisant le fait que l'inductance d'une telle bobine diminue très vite dès que le noyau commence à se saturer, pour régler l'intensité d'un courant alternatif intense à l'aide d'un courant continu de commande à intensité variable et faible) (est formé d'un noyau magnétique portant un enroulement de commande en fil fin parcouru par le courant continu de commande et un enroulement de puissance en gros fil réalisé en deux parties montées en opposition et parcouru par un courant alternatif alimentant une charge) (la variation de saturation du noyau causée par une variation de l'intensité du courant de commande et la variation beaucoup plus grande de l'inductance de l'enroulement de puissance qui en résulte, produisent une variation importante du courant dans l'enroulement de puissance, donc dans la charge) (le noyau peut être réalisé en deux parties portant chacune une moitié des deux enroulements et constituant une inductance saturable) (la charge est généralement un moteur électrique à courant alternatif) (est maintenant remplacé par des montages à semiconducteurs) (cf. aussi rotary amplifier, inductance, magnetic core 1), magnetic saturation et saturable reactor).

magnetic anisotropy anisotropie magnétique (anistropie des propriétés magnétiques d'un corps, c.-à-d. variation de celles-ci en fonction de la direction dans le corps) (cf. aussi magnetic properties).

magnetic anomaly anomalie magnétique (variation de l'intensité ou de la direction d'un champ magnétique dont la cause n'est pas apparente) (magnétisme terrestre, etc.) (cf. aussi magnetic field et magnetic anomaly detection).

magnetic anomaly detection détection des anomalies magnétiques (mil, etc.) (cf. aussi magnetic anomaly et magnetic anomaly detector).

magnetic anomaly detection gear cf. magnetic anomaly detector.

magnetic anomaly detector détecteur d'anomalies magnétiques, détecteur magnétique aéroporté, MAD, mad (magnétomètre spécial ultra-sensible monté dans la pointe arrière ou le nez d'un avion de surveillance maritime ou dans une nacelle profilée suspendue à un câble pour déceler les perturbations du champ magnétique terrestre dues à la présence d'un sous-marin en plongée à coque en acier, après quoi l'avion largue des bouées sonores dans la zone suspecte pour déterminer avec précision la position du sous-marin à détruire) (le terme anglais initial était « magnetic airborne detector ») (mil) (cf. aussi airborne magnetic prospection, magnetometer et sonobuoy).

magnetic-armature loudspeaker haut-parleur électromagnétique (cf. aussi moving-armature loudspeaker).

magnetic-armature speaker cf. magnetic-armature loudspeaker.

magnetic attraction attraction magnétique (attraction d'un pôle magnétique par un pôle de nom contraire) (attraction des pôles de noms contraires de deux aimants ou attraction d'un corps magnétique par un aimant, le corps devenant par induction magnétique un aimant dont le pôle orienté vers le pôle inducteur est de nom contraire à celui-ci) (cf. aussi magnetic force et magnetic induction 1)).

magnetic attraction force force d'attraction magnétique (cf. aussi magnetic attraction et magnetic force).

magnetic axis axe magnétique (droite joignant les deux pôles d'un aimant et notamment d'un barreau aimanté ou d'un corps ou un objet assimilable à un tel aimant) (cf. aussi magnetic pole (a) et bar magnet).

magnetic bearing 1) gisement magnétique (gisement par rapport au nord magnétique) (nav) (cf. aussi bearing 1) et magnetic north). 2) palier magnétique (cf. aussi active magnetic bearing).

magnetic bias polarisation magnétique (champ magnétique continu ou alternatif d'intensité constante superposé à un champ magnétique d'intensité constante ou variable) (cf. aussi magnetic field) (a) champ magnétique à haute fréquence ou, anciennement, continu appliqué à une bande magnétique en même temps que le champ créé par le signal enregistré pour utiliser la partie rectiligne de la courbe d'aimantation de la couche magnétique en évitant ainsi la distorsion du signal) (magnétophone) ; (b) champ magnétique continu créé par un aimant permanent dans une mémoire à bulles magnétiques) (voir aussi à la fin de magnetic-bubble memory) ; (c) champ magnétique continu créé par un enroulement de fil fin dans une inductance saturable pour fixer le point de fonctionnement de celle-ci sur sa caractéristique) (cf. aussi saturable reactor et characteristic curve) ; (d) champ magnétique continu créé par un des deux aimants permanents dans un relais polarisé) (cf. aussi polarized relay).

magnetic biasing emploi d'une polarisation magnétique (ou d'un champ magnétique de polarisation) (cf. aussi magnetic bias).

magnetic biasing coil bobine de polarisation (magnétique), (parf.) enroulement (idem) (bobine ou enroulement créant un champ magnétique de polarisation) (cf. aussi magnetic bias).

magnetic blowout soufflage magnétique (soufflage d'un arc électrique par un champ magnétique orthogonal dans un appareil électrique pour accélérer son extinction grâce à l'allongement de l'arc résultant de sa courbure sous l'action de la force de Laplace créée par le champ) (le champ magnétique de soufflage est produit par une bobine de quelques tours en conducteur de forte section parcourue par le courant à couper, en permanence ou après formation de l'arc) (contacteur, disjoncteur, interrupteur) (cf. aussi electric arc, magnetic field et Lorentz force).

magnetic brake frein à commande électrique, frein électrique (frein à friction dans lequel le déplacement de l'organe de friction est commandé par un électro-aimant) (noter 1°) que le terme anglais « magnetic brake » n'est pas employé pour désigner un frein à courants de Foucault, bien qu'il s'agisse d'un frein magnétique, et 2°) que le terme français « frein électrique » est générique et couvre tant un frein à commande électrique qu'un frein à courants de Foucault) (auto., etc.) (cf. aussi electromagnet et eddy-current brake).

magnetic braking freinage électrique (cf. aussi magnetic brake).

magnetic bubble bulle magnétique, bulle (domaine microscopique de polarisation magnétique en forme de cylindre vertical formé dans un corps ferromagnétique dans des conditions déterminées) (cf. aussi magnetic polarization et magnetic-bubble memory).

magnetic-bubble ... cf. bubble ... (pour les termes qui ne figurent pas ci-après).

magnetic-bubble memory mémoire à bulles magnétiques, mémoire à bulles (mémoire numérique magnétique intégrée à accès semi-direct utilisant la formation et le déplacement de domaines magnétiques microscopiques appelés « bulles magnétiques » pour conserver les informations) (est formée essentiellement d'une mince couche magnétique dans laquelle des bulles magnétiques se déplacent parallèlement à la surface suivant un circuit principal ovale appelé « boucle majeure » et *servant de distributeur et de collecteur à un certain nombre de circuits secondaires, également ovales, appelés « boucles mineures » grâce auxquels la mémoire est à accès semi-direct), (l'écriture, qui consiste à créer une bulle pour chaque binaire « 1 » à mémoriser, et la lecture, qui détruirait la bulle lue si l'on ne prenait pas des précautions particulières, se font sur la boucle majeure avec transfert des bulles de celle-ci aux boucles mineures pour l'écriture et de ces dernières à la boucle majeure pour la lecture) (le déplacement des bulles le long des boucles est produit par un champ magnétique tournant créé par deux bobines formant entre elles un angle droit et alimentées en courant alternatif) (les positions successives des bulles le long des boucles sont déterminées par des motifs répétitifs et leur orientation verticale est produite par un champ de polarisation magnétique perpendiculaire au substrat créé par un aimant permanent) (noter qu'une mémoire à bulles magnétiques est un circuit intégré monolithique qui n'est pas à semiconducteur, le substrat étant un grenat amagnétique et la couche magnétique un grenat magnétique) (cette exception montre que le terme « circuit intégré monolithique » ne sous-entend pas automatiquement « dispositif à semiconducteur » comme on le croit généralement)* (cf. aussi magnetic bubble, bubble generator, bubble detector, bubble stretcher, propagation structure, writable defect, non-writable deffect, semi-direct access, digital memory, magnetic memory *et* monolithic memory).

magnetic card 1) carte magnétique, carte à piste magnétique *(carte en carton ou en matière plastique portant une ou plusieurs bandes magnétisables appelées « pistes magnétiques » sur lesquelles sont enregistrées des informations codées) (carte bancaire, carte de crédit, carte de transport, etc.) (inf).* 2) feuillet magnétique *(mémoire) (inf)* (cf. aussi magnetic-card memory).

magnetic-card memory mémoire à feuillets magnétiques *(ancienne mémoire de masse utilisant des cartes à piste magnétique enroulées automatiquement au fur et à mesure des besoins sur un cylindre tournant en permanence pour former un petit tambour magnétique) (mémoire à très grande capacité remplacée par les mémoires à disques, beaucoup plus rapides, plus fiables et moins encombrantes) (inf)* (cf. aussi bulk memory *et* magnetic drum memory).

magnetic-card storage 1) mémorisation dans une mémoire à feuillets magnétiques *(inf)* (cf. aussi magnetic-card memory). 2) cf. magnetic-card memory.

magnetic-card store cf. magnetic-card memory.

magnetic cartridge cf. magnetic pick-up 1).

magnetic cell cellule magnétique *(tore de mémoire à tores magnétiques) (inf)* (cf. aussi magnetic-core memory).

magnetic character caractère magnétique *(caractère imprimé sur un document à l'aide d'une encre magnétique pour permettre sa lecture par un lecteur magnétique) (est formé de traits verticaux à deux espacements, un grand espacement représentant un binaire « 1 » et un petit espacement un binaire « 0 », le caractère étant naturellement codé en binaire) (caractère CMC7 (« caractère magnétique codé à sept bâtonnets ») utilisé notamment pour imprimer le numéro des chèques bancaires et postaux) (inf)* (cf. aussi magnetic ink *et* magnetic-character reader).

magnetic-character reader lecteur de caractère magnétiques, lecteur magnétique *(appareil permettant la lecture automatique d'informations représentées par des caractères magnétiques en vue de leur traitement par ordinateur) (est utilisé notamment pour l'enregistrement des règlements par chèque) (inf)* (cf. aussi magnetic character *et* character reader).

magnetic-character recognition lecture des caractères magnétiques *(inf)* (cf. aussi magnetic-character reader).

magnetic chart cf. magnetic map.

magnetic chuck plateau magnétique *(plateau de machine-outil sur lequel la pièce à usiner est maintenue par des aimants ou des électro-aimants).*

magnetic circuit circuit magnétique *(ensemble des pièces en matière magnétique canalisant les lignes de force du champ magnétique dans une machine électrique) (sert à augmenter l'induction magnétique dans la ou les bobines qu'il porte et, accessoirement, à supporter celles-ci)* (cf. aussi magnetic core

1), lamination, magnetic material, magnetic line of force, electrical machine *et* magnetic induction 2).

magnetic clutch embrayage électrique *(tg) (embrayage utilisant un courant électrique pour remplir directement ou indirectement sa fonction) (auto., machine-outil, etc.)* (cf. aussi magnetic powder clutch *et* magnetic friction clutch).

magnetic coating couche magnétique *(couche de poudre d'oxyde magnétique collée sur un support amagnétique ou, plus récemment, couche mince d'oxyde ou de métal ferromagnétique déposée sur le support pour permettre l'enregistrement d'informations par aimantation des grains de matière magnétique) (bande magnétique, disque magnétique, carte magnétique, etc.)* (cf. aussi magnetic oxide *et* magnetic layer).

magnetic compas compas magnétique *(instrument de navigation formé essentiellement d'une boussole montée à la cardan dans laquelle la rose des vents, très légère est portée par l'aiguille aimantée, le verre de l'appareil portant un trait radial gravé parallèle à l'axe longitudinal du mobile) (mar, avia)* (cf. aussi compass).

magnetic component 1) composante magnétique *(champ magnétique d'un champ électromagnétique)* (cf. aussi electromagnetic field). 2) composant magnétique *(nom parfois donné à un transformateur ou une bobine d'inductance)* (cf. aussi transformer 1), inductor *et*, à titre d'information, inductive component).

magnetic condition cf. magnetic state.

magnetic constant constante magnétique (cf. aussi permeability of free space).

magnetic contactor contacteur (électromagnétique) *(interrupteur commandé à distance par un courant électrique) (les contacts mobiles d'un contacteur étant toujours commandés par un électro-aimant incorporé à l'appareil, on ajoute rarement le qualificatif « électromagnétique » car il est implicite) (bien qu'il soit réalisé sous une forme différente de celle d'un relais, un contacteur peut être considéré comme un relais pour courant d'intensité relativement élevée et grand nombre de cycles d'ouverture et de fermeture du ou des contacts avec soufflage magnétique de l'arc de rupture) (un contacteur fonctionnant comme un relais à verrouillage électrique, la fermeture des contacts est commandée par un bouton-poussoir ou un relais, et l'ouverture par un second bouton-poussoir ou relais) (est utilisé notamment pour la commande des moteurs électriques de nombreuses machines-outils et constitue, avec les relais la base des automatismes séquentiels)* (cf. aussi relay[1] 1), magnetic blowout, magnetic-lachting relay *et* sequence control).

magnetic core 1) noyau magnétique, noyau *(partie d'un circuit magnétique portant une ou plusieurs bobines) (noter que, sauf dans le cas d'un « circuit » magnétique réduit à un noyau droit, un noyau magnétique ne constitue qu'une partie d'un circuit magnétique, bien que cette distinction soit rarement faite, notamment par les électroniciens, le terme « noyau magnétique » (ou « noyau ») étant généralement employé pour désigner un circuit magnétique complet, notamment dans le cas d'un transformateur cuirassé)* (cf. aussi magnetic circuit *et* shell-type transformer). 2) tore magnétique, tore *(cf. aussi magnetic-core memory).*

magnetic-core matrix matrice de tores (magnétiques) *(mémoire à tores) (inf)* (cf. aussi core plane).

magnetic-core memory mémoire à tores (magnétiques *ou* de ferrite) *(mémoire numérique magnétique à accès direct dans laquelle chaque cellule est constituée par un minuscule tore de ferrite aimanté dans un sens ou dans l'autre pour enregistrer un binaire « 1 » ou « 0 », respectivement) (chaque tore est traversé par quatre fils dont deux fils d'écriture, un fil d'inhibition d'écriture et un fil de lecture) (l'enregistrement d'un binaire dans un tore ou « écriture » est obtenu en envoyant une impulsion de courant continu d'intensité appropriée et de même sens dans les deux fils d'écriture, qui correspondent aux coordonnées du tore dans une matrice de tores, et un seul sens pour écrire un « 1 » ou dans l'autre pour écrire « 0 ») (l'intensité de l'impulsion de courant circulant dans un fil d'écriture lors de l'enregistrement d'un binaire est choisie de manière à être insuffisante pour faire basculer le tore d'un état* *magnétique à l'autre, le basculement ne se produisant que lorsque les deux fils d'écriture sont parcourus simultanément par une impulsion, ce qui réalise la sélection en coordonnées rectangulaires dite « par coïncidence de courants » ou « par courants coïncidants ») (la lecture du binaire enregistré dans un tore est effectuée en écrivant un « 0 » dans celui-ci ; si le binaire enregistré est un « 1 », la double impulsion de courant d'écriture fait basculer l'état magnétique du tore vers la position « 0 » et la brusque variation du flux magnétique dans le trou du tore qui en résulte induit une impulsion de courant dans le fil de lecture ; la présence de cette impulsion signifie que le binaire lu est un « 1 ») (si le binaire enregistré est un « 0 », l'impulsion de lecture ne fait pas basculer le tore vers la position « 0 » puisqu'il y est déjà ; il n'y a donc pas de variation brusque du flux magnétique ni, par conséquent, d'impulsion de courant induite dans le fil de lecture ; l'absence de cette impulsion signifie que le binaire lu est un « 0 ») (la lecture consistant à mettre à l'état « 0 » tous les tores lus, elle efface les « 1 » éventuels et détruit, par conséquent, l'information éventuelle contenue dans les cellules lues ; c'est pourquoi les « 1 » doivent être réécrits immédiatement après avoir été lus ; une telle mémoire est dite « à lecture destructive ») (l'effacement intentionnel des informations contenues dans la mémoire, qui précède toute opération d'écriture, est une simple lecture non suivie de réécriture, qui met donc tous les tores à l'état « 0 ») (les tores étant disposés en matrices superposées dont chacune correspond à un des binaires des mots binaires enregistrés verticalement, le système de coordonnées finalement obtenu est tridimensionnel et il faut, par conséquent, un troisième fil pour pouvoir enregistrer des « 1 » et des « 0 » sur une même verticale, c.-à-d. dans les tores correspondant aux différents binaires d'un même mot) (ce fil, appelé « fil d'inhibition d'écriture », est parcouru par une impulsion de courant de sens opposé à celui des deux impulsions d'écriture pour les tores d'une même verticale qui doivent rester à l'état « 0 » lors de l'écriture d'un mot le long de cette verticale ; le champ magnétique créé par cette impulsion se retranche du champ produit par les deux impulsions d'écriture et l'intensité du champ résultant est insuffisante pour faire basculer le tore vers l'état « 1 » ; il est à noter que les fils d'écriture de tous les tores d'une verticale sont parcourus simultanément par une impulsion de courant d'écriture) (les tores réellement toriques, c.-à-d. à section circulaire, employés à l'origine ont cédé la place à des anneaux à section rectangulaire, plus faciles à fabriquer, dont le diamètre extérieur est inférieur à 1 mm) (la mémoire à tores magnétiques a remplacé le tambour magnétique comme mémoire centrale d'ordinateur et a cédé à son tour la place aux mémoires à semiconducteur, beaucoup plus petites et moins chères à capacité égale et plus rapides ; elle est toutefois encore employée dans certains matériels militaires devant présenter une très bonne résistance aux effets électromagnétiques des explosions nucléaires) (inf) (cf. aussi digital memory, random-access memory, memory cell, ferrite, bit, electromagnetic induction, core plane, magnetic drum, main memory, semiconductor memory et radiation hardness).*

magnetic-core plane   plan de tore (magnétiques) *(mémoire à tores) (inf) (cf. aussi* core plane).

magnetic-core steel   acier à circuits magnétiques *(acier élaboré en vue de la fabrication de tôles magnétiques) (cf. aussi* core lamination).

magnetic-core storage   **1)** mémorisation dans une mémoire à tores (magnétiques) *(inf) (cf. aussi* magnetic-core memory). **2)** *cf.* magnetic-core memory.

magnetic coupling   couplage magnétique (a) *autre nom, plus précis, du couplage par induction employé parfois lorsqu'il s'agit d'un couplage voulu ou non gênant) (dans le cas d'un couplage voulu, ce terme s'emploie parfois avec le sens de « coefficient de couplage » (par induction) comme, par exemple, dans l'expression « faire varier le couplage magnétique entre le primaire et le secondaire d'un transformateur »)* (cf. aussi* inductive coupling 1) *et* coupling coefficient) ; (b) *(cf. aussi* loop coupling).

magnetic course   route magnétique *(route suivie par un mobile par rapport au nord magnétique) (nav) (mar, avia) (cf. aussi* course 1) *et* magnetic north).

magnetic cutter   graveur électromagnétique *(graveur de disques phonographiques à sillon dans lequel le burin est fixé à l'extrémité d'une palette vibrant dans l'entrefer d'un électro-aimant alimenté par le courant représentant le signal à enregistrer) (cf. aussi* cutter).

magnetic damping   amortissement par courants de Foucault *(amortissement des oscillations de l'aiguille d'un appareil de mesure analogique par application du principe du frein à courants de Foucault, l'axe de l'aiguille portant un cadre ou un disque métallique tournant dans le champ d'un aimant fixe) (cf. aussi* eddy-current brake).

magnetic declination   déclinaison magnétique *(angle formé par le méridien magnétique et le méridien géographique en un point déterminé de la surface de la Terre, c.-à-d. angle formé dans le plan horizontal par la direction de l'aiguille d'une boussole en ce point et la direction du nord géographique) (est dû au fait que les pôles magnétiques de la Terre ne coïncident pas avec les pôles géographiques) (géomagnétisme) (cf. aussi* magnetic pole 2), magnetic deviation *et* magnetic elements).

magnetic deflection   déviation magnétique *(déviation d'un faisceau de particules chargées par un champ magnétique perpendiculaire à l'axe du faisceau) (ce terme désigne généralement la déviation électromagnétique et s'emploie alors pour des raisons de brièveté, mais il couvre également la déviation par un aimant permanent) (tube-image, etc.) (cf. aussi* electromagnetic deflection).

magnetic deflection ...   *cf.* deflection ...

magnetic detection   détection magnétique *(détection d'objets en métal ferreux) (cf. aussi* magnetic anomaly detector).

magnetic detector   détecteur magnétique *(détecteur réagissant à un champ magnétique) (cf. aussi* detector 1), magnetoresistance, magnetodiode, Hall-effect device, magnetic anomaly detector *et* magnetic field).

magnetic deviation   déviation magnétique, déviation de l'aiguille aimantée *(angle formé par la direction de l'aiguille d'une boussole dans le plan horizontal et la direction du méridien magnétique en ce point en présence de champs magnétiques perturbateurs) (géomagnétisme) (cf. aussi* magnetic declination).

magnetic dip   inclinaison magnétique, inclinaison de l'aiguille aimantée *(angle formé par l'horizontale et les lignes de forces du champ magnétique terrestre en un point déterminé de la surface de la Terre, c.-à-d. angle d'inclinaison d'une aiguille aimantée en ce point par rapport à l'horizontale) (est positive lorsque le pôle nord de l'aiguille est dirigé vers le sol et négative dans le cas contraire) (géomagnétisme) (cf. aussi* magnetic line of force *et* magnetic elements).

magnetic dipole   dipôle magnétique *(ensemble formé par deux pôles magnétiques opposés séparés par une distance infinitésimale) (un dipôle magnétique est un aimant à l'échelle microscopique) (cf. aussi* magnetic dipole moment).

magnetic dipole moment   moment de dipôle magnétique *(cf. aussi* magnetic moment).

magnetic disc   *cf.* magnetic disk.

magnetic disk   disque magnétique *(disque portant sur une ou deux faces une couche magnétique permettant l'enregistrement d'informations, généralement sous forme numérique) (inf, etc.) (cf. aussi* magnetic coating, hard disk, floppy disk, magnetic-disk memory, magnetic recording *et* digital data).

magnetic-disk drive   *cf.* magnetic-disk memory.

magnetic-disk file   fichier sur disque(s) magnétique(s) *(fichier enregistré sur un ou plusieurs disques magnétiques) (inf) (cf. aussi* file[1] *et* magnetic disk).

magnetic-disk memory   mémoire à disque(s) magnétique(s) *(mémoire magnétique à défilement dans laquelle le milieu d'enregistrement est porté par un ou plusieurs disques tournant en permanence devant une ou plusieurs têtes de lecture/écriture généralement mobiles le long d'un rayon du disque) (inf) (cf. aussi* magnetic disk, hard-disk memory, floppy-disk memory *et* moving magnetic-medium memory).

magnetic-disk storage   **1)** mémorisation sur disque(s) magnétique(s) *(inf) (cf. aussi* magnetic-disk memory). **2)** *cf.* magnetic-disk memory.

magnetic-disk technology   (la) technique des disques magnétiques *(cf. aussi* magnetic disk *et* technology).

magnetic domain   domaine magnétique, domaine de Weiss

(groupe d'atomes dont le moment magnétique est orienté dans la même direction dans un corps ferromagnétique) (un domaine de Weiss forme donc une zone possédant une polarisation magnétique, c.-à-d. constitue un aimant (microscopique)) (deux domaines de Weiss voisins sont séparés par une zone de transition appelée « paroi de Bloch » dans laquelle la polarisation magnétique change progressivement de sens en l'absence d'influence extérieure, grâce à quoi les deux domaines ont des directions d'aimantation opposées en l'absence de champ magnétique extérieur, l'aimantation macroscopique résultante, c.-à-d. l'aimantation du corps, étant alors nulle) (lorsque le corps non aimanté est placé dans un champ magnétique d'intensité croissante, le moment magnétique des domaines s'aligne successivement sur la direction du champ appliqué (champ magnétisant) au fur et à mesure de l'augmentation de l'intensité de celui-ci en commençant par les domaines dont le moment est presque aligné initialement ; ces domaines augmentent de volume aux dépens de leurs voisins en repoussant la paroi de Bloch) (aux faibles intensités du champ magnétisant, le déplacement des parois de Bloch est réversible et, si le champ est supprimé, les domaines reprennent leur orientation magnétique et leurs dimensions initiales ; l'amplitude du déplacement augmente avec l'intensité du champ et, à partir d'une certaine intensité, le déplacement devient irréversible en l'absence d'action extérieure et le corps reste aimanté lorsque le champ magnétisant est supprimé : il est devenu un aimant artificiel) (cf. aussi closing domain, saturation magnetization, ferromagnetic material, magnetic moment, magnetic polarization (b), magnetic field strength *et* artificial magnet*)*.

magnetic-domain memory mémoire à propagation de domaines *(mémoire magnétique intégrée comparable à la mémoire à bulles magnétiques, mais dans laquelle les bulles sont remplacées par des domaines de Weiss dont la direction d'aimantation est parallèle au plan de la couche magnétique dans laquelle ils sont formés) (un domaine de Weiss ayant des dimensions beaucoup plus grandes que celles d'une bulle magnétique, la capacité d'une telle mémoire par unité de surface du substrat est nettement inférieure à celle d'une mémoire à bulles) (c'est une des raisons pour lesquelles ce principe de mémorisation magnétique de l'information binaire a été abandonné) (cf. aussi* magnetic-bubble memory *et* magnetic domain*)*.

magnetic doublet *cf.* magnetic dipole.

magnetic drum **1)** tambour magnétique *(mémoire) (inf) (cf. aussi* magnetic-drum memory*)*. **2)** *cf.* magnetic-drum memory.

magnetic-drum memory mémoire à tambour magnétique *(mémoire magnétique à défilement dans laquelle la couche de matière magnétisable est portée par un cylindre tournant à vitesse constante devant des têtes magnétiques fixes disposées suivant plusieurs génératrices du cylindre et déterminant chacune une piste magnétique) (a cédé la place aux mémoires à disque(s) magnétique(s)) (inf) (cf. aussi* moving magnetic-medium memory*)*.

magnetic-drum storage **1)** mémorisation sur tambour magnétique *(inf) (cf. aussi* magnetic drum*)*. **2)** *cf.* magnetic-drum memory.

magnetic-drum store *cf.* magnetic-drum memory.

magnetic elements éléments magnétiques, éléments du champ magnétique terrestre *(déclinaison magnétique, inclinaison magnétique et intensité du champ magnétique — ou de ses composantes horizontale et verticale — en un point quelconque de la surface de la Terre) (géomagnétisme) (cf. aussi* magnetic declination, magnetic dip *et* magnetic field strength*)*.

magnetic energy énergie magnétique *(énergie contenue dans un champ magnétique) (cf. aussi* energy *et* magnetic field*)*.

magnetic expitaxial layer couche épitaxiale magnétique *(couche magnétique formée par épitaxie sur un substrat amagnétique) (notamment couche active d'une mémoire à bulles magnétiques ou à propagation de domaines) (est généralement une couche de grenat magnétique et le substrat un grenat amagnétique) (cf. aussi* epitaxy, magnetic-bubble memory, magnetic-domain memory *et* garnet*)*.

magnetic equator équateur magnétique, ligne aclinique *(le second terme est peu employé) (ligne imaginaire passant par les points de la surface de la Terre où l'inclinaison magnétique est nulle) (forme une ligne sinueuse approximativement centrée sur l'équateur géographique et constitue l'isocline I = 0) (cf. aussi* magnetic dip *et* isoclinic line*)*.

magnetic equipment appareils magnétiques *(appareils utilisant ou mesurant un champ magnétique) (bien que générique par nature, ce terme est surtout employé pour désigner les magnétomètres et appareils assimilés) (cf. aussi* magnetometer*)*.

magnetic field champ magnétique *(zone de l'espace dans laquelle une charge électrique en mouvement subit une attraction ou une répulsion) (un champ magnétique est un champ de forces créé initialement par une particule atomique — électron, proton ou neutron — et, par conséquent par un flux d'électrons ou d'ions dans le vide, par un courant électrique dans un conducteur ou par un aimant) (un tel champ peut exister isolément ou être une des deux composantes d'un champ électromagnétique) (par ailleurs, un champ magnétique étant un champ de forces, c'est un champ vectoriel) (cf. aussi* magnetostatic field, electromagnetic field, field of force, electric charge, electron, magnet, magnetic line of force, magnetic field strength, magnetic field gradient, magnetic field vector *et* field of force*)*.

magnetic field gradient gradient de champ magnétique *(parf.* du champ magnétique*) (taux de variation de l'intensité d'un champ magnétique dans la direction normale aux lignes de force du champ, c.-à-d. variation du nombre de ligne de force par unité de longueur dans cette direction) (cf. aussi* magnetic field, magnetic field strength *et* gradient*)*.

magnetic field intensity *cf.* magnetic field strength.

magnetic field map *cf.* magnetic map.

magnetic field mapping relevé de champs magnétiques, cartographie magnétique *(établissement de cartes magnétiques) (cf. aussi* magnetic map*)*.

magnetic field strength intensité de champ magnétique *(parf.* du champ magnétique*)*, force magnétique *(ce terme est très peu employé)*, force magnétisante *(ce terme est assez peu employé) (intensité de la force agissant sur une charge électrique en mouvement dans un champ magnétique) (l'intensité d'un champ magnétique en un point de sa section droite est proportionnelle au nombre de lignes de forces du champ passant par ce point) (cf. aussi* magnetic field, magnetic line of force *et* magnetic gradient*)*.

magnetic field vector vecteur champ magnétique *(vecteur représentant un champ magnétique en un point de celui-ci) (le module du vecteur est proportionnel à l'intensité du champ, sa direction est la tangente aux lignes de force du champ au point considéré et son sens est celui des lignes de force) (cf. aussi* vector[1] (a) *et* magnetic field*)*.

magnetic film **1)** *cf.* magnetic layer. **2)** *cf.* magnetic-track film.

magnetic filter filtre magnétique *(filtre utilisant des aimants ou des électro-aimants pour retenir des particules magnétiques en suspension dans un liquide ou une boue) (cf. aussi* magnet*)*.

magnetic filtration filtration magnétique *(filtration par filtre magnétique) (cf. aussi* magnetic filter*)*.

magnetic flaw detection détection magnétique des défauts *(contrôle des matériaux) (cf. aussi* magnetic inspection*)*.

magnetic flaw detector contrôleur magnétique *(de défauts)*, contrôleur à particules magnétiques *(contrôle des matériaux) (cf. aussi* magnetic inspection*)*.

magnetic flowmeter débitmètre magnétique *(cf. aussi* electromagnetic flowmeter*)*.

magnetic fluid fluide magnétique (a) *nom parfois donné à un champ magnétique) (cf. aussi* magnetic field*)* ; (b) *suspension colloïdale de poudre de matière magnétique) (cf. aussi* magnetic material*)*.

magnetic fluid clutch embrayage électromagnétique à huile *(embrayage électromagnétique dans lequel la poudre magnétique est imprégnée d'huile) (cf. aussi* magnetic powder clutch*)*.

magnetic flux flux magnétique, flux d'induction magnétique *(cf. aussi* flux*)* (a) *(qualitativement) (ensemble des lignes de force d'un champ magnétique traversant une surface plane d'aire déterminée perpendiculairement à celle-ci)* *(cf. aussi* magnetic line of force*)* ; (b) *(quantitavement) (intégrale de l'induction magnétique dans la surface considérée) (le flux magnétique exprimé sous forme quantitative est l'équivalent du débit d'un liquide dans un tuyau) (cf. aussi* integral *et* magnetic induction 2).

magnetic flux density *cf.* magnetic induction 2).

magnetic flux of induction *cf.* magnetic flux.

magnetic flux reversal inversion de flux magnétique *(cf. aussi* flux reversal).

magnetic flywheel volant magnétique *(volant de moteur à explosion remplissant en outre les fonctions d'une magnéto d'allumage) (constitue un type particulier de magnéto d'allumage à aimant tournant dans lequel l'aimant, simple ou double, parfois triple, est monté à l'intérieur de la jante du volant de manière à passer près des pôles du noyau magnétique de la bobine, tandis que la came, simple ou double, est portée par le moyeu du volant ; celui-ci recouvre la bobine et le rupteur montés sur une plaque fixée au carter du moteur) (moteur de motocycle, de hors-bord, de tondeuse à gazon, de tronçonneuse, de groupe électrogène portatif, etc.) (dans le cas d'un motocycle, le volant magnétique comporte en outre une ou deux bobines formant magnéto ordinaire avec l'aimant du volant pour fournir le courant alternatif alimentant les accessoires électriques du véhicule, éventuellement après redressement et charge d'une batterie d'accumulateurs) (cf. aussi* magneto (b)).

magnetic focusing 1) focalisation magnétique *(focalisation d'un faisceau de particules chargées réalisée par un champ magnétique) (cf. aussi* focusing, beam[1], charged particle *et* magnetic field*)* (a) *(focalisation magnétostatique) (cf. aussi* magnetostatic focusing*)* ; (b) *(focalisation électromagnétique) (cf. aussi* electromagnetic focusing). 2) concentration magnétique *(ou* électromagnétique*) (nom donné à la focalisation du faisceau d'électrons dans un tube cathodique par un champ magnétique créé par une bobine enfilée sur le col du tube et parcourue par un courant continu d'intensité réglable ou, parfois, par un aimant déplaçable le long du col aux fins de réglage) (cf. aussi* electron-beam focusing *et* cathode-ray tube).

magnetic force force magnétique *(force exercée par un pôle magnétique sur un autre pôle magnétique) (est une force d'attraction ou de répulsion selon les signes des pôles) (cf. aussi* magnetic attraction, magnetic repulsion *et* magnetic pole (a)).

magnetic forming formage magnétique *(ou* électromagnétique*)*, magnétoformage *(formage d'une tôle ou d'une pièce en tôle par application d'un champ magnétique intense à variation brusque produit par la décharge d'une batterie de condensateurs de puissance dans une bobine à conducteur de grande section) (la variation brusque de l'intensité du champ magnétique produit par la bobine au cours de la décharge, due à la brièveté de celle-ci, induit des courants de Foucault de grande intensité dans la tôle ; ces courants réagissent avec le champ de la bobine pour déformer la tôle ou la plaquer contre une matrice ou un poinçon qui lui donne la forme voulue) (cf. aussi* magnetic field, capacitor bank *et* eddy current).

magnetic friction clutch embrayage à friction à commande électrique, embrayage électrique *(embrayage à friction dans lequel l'organe de friction est appliqué contre le plateau d'entraînement par des électro-aimants à courant continu) (cf. aussi* electromagnet *et* magnetic clutch).

magnetic gap entrefer *(circuit magnétique) (cf. aussi* air gap).

magnetic garnet grenat magnétique *(cf. aussi* garnet *et* magnetic garnet layer).

magnetic garnet film *cf.* magnetic garnet layer.

magnetic garnet layer couche de grenat magnétique *(couche active d'une mémoire à bulles magnétiques) (cf. aussi* garnet *et* magnetic-bubble memory).

magnetic garnet material matière constituée par du grenat magnétique *(cf. aussi* magnetic garnet *et* material).

magnetic gradient *cf.* magnetic field gradient.

magnetic head tête magnétique *(électro-aimant convertissant* un courant d'intensité variable en un champ magnétique d'intensité également variable ou vice versa) (le premier mode de fonctionnement est le mode d'enregistrement ou écriture et le second est le mode de reproduction ou lecture) (une tête magnétique peut être utilisée de façon réversible, c.-à-d. tant pour l'enregistrement que pour la reproduction, ou être optimisée pour l'un ou l'autre de ces deux modes de fonctionnement) (cf. aussi* electromagnet, magnetic field strength *et* magnetic recording).

magnetic head assembly bloc des têtes magnétiques *(support portant deux ou plusieurs têtes magnétiques dans un enregistreur à bande magnétique) (cf. aussi* magnetic head).

magnetic heading cap magnétique *(cap d'un mobile par rapport au nord magnétique) (nav) (cf. aussi* heading 1) *et* magnetic north).

magnetic hysteresis hystérésis magnétique, hystérésis *(retard entre la variation de l'aimantation d'un corps ferromagnétique placé dans un champ magnétique d'intensité variable et la variation de l'intensité du champ et, par conséquent, retard entre le changement de polarité du corps aimanté et le changement de polarité du champ magnétisant lorsque celui-ci s'inverse après passage par zéro dans un sens ou dans l'autre) (est dû à l'irréversibilité du déplacement des parois de Bloch à partir d'une certaine amplitude de ce déplacement) (cf. aussi* magnetisation 1) (b), ferromagnetic material, magnetic field strength, Bloch wall *et* hysteresis).

magnetic hysteresis loss pertes par hystérésis (magnétique) *(cf. aussi* hysteresis loss, *le premier terme étant peu employé)*.

magnetic IC *cf.* magnetic integrated circuit.

magnetic image 1) *cf.* magnetic picture. 2) *cf.* magnetic pattern.

magnetic inclination *cf.* magnetic dip.

magnetic indicator voyant à drapeau *(instrument de bord) (cf. aussi* flag alarm).

magnetic induction 1) induction magnétique *(création d'une polarisation magnétique dans un corps ferromagnétique) (employé avec ce sens, le terme « induction magnétique » est équivalent à « magnétisation », bien que chacun d'eux ait ses cas d'emploi privilégiés) (cf. aussi* magnetic polarization *et* magnetization 2)). 2) induction magnétique, densité de flux magnétique *(le second terme est nettement meilleur que le premier car il ne prête à confusion avec 1) ci-dessus, mais il est beaucoup moins maniable et beaucoup plus récent et, pour ces deux raisons, beaucoup moins employé) (nombre de lignes de force d'un champ magnétique homogène par unité d'aire d'une surface plane normale à ces lignes) (cette définition, complétée par celle du flux magnétique, montre bien que l'induction magnétique employée avec ce sens est la densité de flux magnétique) (l'induction magnétique est une grandeur vectorielle ; elle est par ailleurs l'analogue magnétique de la densité de courant électrique) (cf. aussi* magnetic flux, vector quantity *et* current density).

magnetic induction flux flux d'induction magnétique *(nom complet du flux magnétique utilisé surtout dans les textes scientifiques) (cf. aussi* magnetic flux).

magnetic ink encre magnétique, encre magnétisable *(encre contenant des particules d'un corps magnétique pour permettre la lecture magnétique des caractères formés) (inf) (cf. aussi* magnetic material *et* magnetic character).

magnetic-ink character ... *cf.* magnetic character ...

magnetic inspection contrôle magnétique *(ou par particules magnétiques)*, détection magnétique des défauts *(mise en évidence des défauts des couches superficielles d'une pièce métallique à l'aide d'un champ magnétique et de particules magnétiques) (la surface à contrôler est recouverte de particules magnétiques sèches ou en suspension dans un liquide approprié et la pièce est placée entre les pôles d'un électro-aimant dont elle ferme le circuit magnétique, ou est parcourue par un courant de grande intensité) (les lignes de force du champ magnétique créé dans la pièce par l'électro-aimant ou le courant sont matérialisées par le spectre magnétique formé par les particules) (si une cavité, une crique ou une inclusion se trouve sur le parcours des lignes de force, la variation de la perméabilité magnétique du métal qui en résulte déforme les lignes de force, ce qui apparaît sur le spectre obtenu et permet* *de déceler et localiser le défaut) (les particules magnétiques étaient à l'origine de la limaille de fer et sont maintenant de la poudre de fer à grains très petits) (le spectre magnétique obtenu peut être rendu permanent en employant de la poudre en suspension dans un liquide projeté sur un buvard maintenu sur la pièce et recouvert d'un vernis transparent après formation du spectre et séchage du liquide, ou en utilisant de la poudre en suspension dans un vernis transparent projeté directement sur la pièce et séché après formation du spectre) (la méthode à champ longitudinal, c.-à-d. la méthode utilisant un électro-aimant, créant des lignes de force parallèles à la surface à contrôler, elle ne convient pas à la détection des défauts qui ne déforment pas sensiblement ces lignes, c.-à-d. des défauts allongés parallèles à la surface ; c'est pour ceux-ci que l'on emploie la méthode à champ transversal, c.-à-d. la méthode utilisant un courant dans la pièce, le champ magnétique créé par le courant ayant alors ses lignes de force dans le plan transversal, grâce à quoi les défauts longitudinaux les déforment sensiblement ; les spectres obtenus dans les deux cas sont naturellement différents) (le courant d'excitation de l'électro-aimant ou le courant circulant dans la pièce peut être continu ou alternatif ; il est généralement continu car l'effet pelliculaire lié à l'emploi du courant alternatif réduit fortement la profondeur de détection possible dans la seconde méthode et peut entraîner un échauffement excessif de la pièce par courants de Foucault dans la première méthode) (contrôle des matériaux) (cf. aussi* magnetic line of force, magnetic image, skin effect *et* eddy current).

magnetic integrated circuit circuit intégré magnétique *(circuit intégré monolithique comportant une couche magnétique) (mémoire magnétique intégrée) (cf. aussi* monolithic integrated circuit, magnetic-bubble memory *et* magnetic-domain memory).

magnetic intensity *cf.* magnetic field strength.

magnetic interaction interaction magnétique *(interaction entre deux champs magnétiques statiques) (donne naissance à une force magnétique) (cf. aussi* magnetostatic field, magnetic force *et, à titre d'information,* electromagnetic interaction).

magnetic iron *cf.* magnetite.

magnetic lag *cf.* magnetic hysteresis.

magnetic latching relay relais à verrouillage électrique *(relais à verrouillage dans lequel le verrouillage est assuré par l'attraction magnétique du noyau restant excité après relâchement du bouton-poussoir commandant l'attraction de l'armature, ce grâce à un contact de travail alimentant alors la bobine d'excitation ou un enroulement de maintien) (cf. aussi* dual-coil latching relay, holding contact *et* latching relay).

magnetic latitude *cf.* geomagnetic latitude.

magnetic layer 1) couche magnétique *(couche d'un corps magnétique formée sur un corps cristallin amagnétique pour permettre l'enregistrement d'informations par aimantation locale) (cf. aussi* magnetic material *et* magnetization 2)). **2)** *cf.* magnetic coating *(et noter l'ambiguïté du terme français qui n'existe normalement pas en anglais grâce à l'emploi de deux termes distincts).*

magnetic leak *cf.* magnetic leakage.

magnetic leakage fuites magnétiques, fuites de flux *(magnétique) (passage d'une partie d'un flux magnétique en dehors d'une bobine dans laquelle la totalité du flux devrait passer) (ce terme s'applique notamment à un transformateur dans lequel une partie du flux magnétique produit par l'enroulement primaire ne traverse pas l'enroulement secondaire, ce qui est le cas général) (cf. aussi* magnetic flux *et* transformer 1)).

magnetic lens lentille magnétique *(lentille électronique utilisant un champ magnétique) (le champ utilisé peut être la composante magnétique d'un champ électromagnétique ou, plus rarement, un champ magnétostatique) (microscope électronique, etc.) (cf. aussi* electromagnetic lens, magnetostatic lens *et* electron lens).

magnetic levitation lévitation magnétique *(maintien d'un corps magnétique à une certaine distance verticale d'un autre corps magnétique par l'action d'un champ magnétique) (le corps mobile peut être maintenu au-dessus du corps fixe par un champ magnétique exerçant une force de répulsion, ou*

au-dessous de celui-ci par un champ exerçant une force d'attraction ; le champ est créé par un électro-aimant excité par un courant continu) (est utilisée notamment dans les véhicules expérimentaux à lévitation magnétique, le corps fixe étant constitué par le rail de guidage et le corps mobile par le noyau d'un des électro-aimants très puissants fixés au véhicule) (celui-ci glisse sans frottement sur les rails ou suspendu à un rail, la propulsion et le freinage normal étant assurés par un moteur linéaire) (cf. aussi magnetic material, magnetic field *et* linear electric motor).

magnetic line of force ligne de force magnétique *(ligne de force d'un champ magnétique) (cf. aussi* line of force *et* magnetic field).

magnetic loss pertes magnétiques *(circuit magnétique, etc.) (cf. aussi* hysteresis loss).

magnetic losses *cf.* magnetic loss.

magnetic loudspeaker haut-parleur électromagnétique *(cf. aussi* moving-armature loudspeaker).

magnetic map carte magnétique, *(etc.) (carte géographique portant des lignes représentant la déclinaison magnétique, l'inclinaison magnétique ou l'intensité du champ magnétique terrestre dans la zone représentée) (géomagnétisme) (cf. aussi* magnetic elements).

magnetic mapping relevé magnétique *(relevé des valeurs d'un ou plusieurs éléments magnétiques dans une zone géographique déterminée) (géomagnétisme) (cf. aussi* magnetic elements).

magnetic material corps magnétique, *(etc.) (corps pouvant se comporter comme un aimant) (tous les corps — solides, liquides ou gazeux — sont magnétiques à des degrés divers puisque leurs atomes ont un moment magnétique, mais cette appellation est réservée aux corps qui ont un comportement ferromagnétique, c.-à-d. aux corps ferromagnétiques proprement dits et aux ferrites) (cf. aussi* material, magnet, magnetic moment, ferromagnetic material *et* ferrite).

magnetic media *(voir* media 1) *et* magnetic medium).

magnetic medium milieu magnétique *(corps magnétique, poudre de corps magnétique ou fluide magnétique) (ce terme désigne souvent un milieu d'enregistrement magnétique) (cf. aussi* magnetic recording medium, magnetic material, magnetic coating *et* magnetic fluid 2)).

magnetic memory mémoire magnétique *(mémoire dans laquelle les informations sont conservées à l'aide de champs magnétiques) (la caractéristique du champ magnétique utilisée pour conserver un élément d'information peut être son intensité comme dans une mémoire magnétique à défilement, ce qui permet l'enregistrement d'informations tant analogiques que numériques, ou son sens comme dans une mémoire à tores magnétiques, ou sa présence ou absence comme dans une mémoire à bulles magnétiques, ces deux derniers modes de fonctionnement ne permettant que la conservation d'informations numériques du fait de leur caractère binaire) (il est à noter qu'une « mémoire magnétique à défilement » est appelée ainsi lorsqu'elle sert à conserver des informations numériques comme dans le cas d'un dérouleur de bande magnétique ou d'une mémoire à disque(s) d'ordinateur et qu'on lui donne le nom d'« enregistreur magnétique » lorsqu'elle sert à conserver des informations analogiques comme dans le cas d'un magnétophone ou un magnétoscope classique) (inf, etc.) (cf. aussi* moving magnetic-medium memory, magnetic-core memory, magnetic-bubble memory, magnetic recorder, magnetic field, analog data, digital data *et* memory).

magnetic meridian méridien magnétique *(méridien terrestre passant par les pôles magnétiques) (nav) (cf. aussi* magnetic pole 2)).

magnetic metal métal magnétique *(métal possédant les propriétés des corps magnétiques) (fer, nickel, cobalt, gadolinium (jusqu'à 17 °C), la plupart de leurs alliages et certains de leurs composés) (il est à noter que les aciers alliés à forte teneur en nickel (> 20 %) sont amagnétiques et que certains alliages cuivre-manganèse-aluminium appelés « alliages de Heussler » sont fortement magnétiques, bien qu'ils ne contiennent pas de fer) (cf. aussi* magnetic material *et* gadolinium).

magnetic microphone microphone électromagnétique *(électroacou) (cf. aussi* variable-reluctance microphone).

magnetic mine mine magnétique *(mine sous-marine dont l'explosion est commandée par un détecteur magnétique) (le détecteur déclenche la mise à feu sous l'action du champ magnétique dû à l'aimantation rémanente de la coque d'un navire en acier lorsque celui-ci est suffisamment près de la mine) (cf. aussi* magnetic detector, degaussing (b) *et* mine).

magnetic mirror miroir magnétique *(nom donné à un champ magnétique utilisé pour réfléchir ou dévier des particules chargées animées d'une grande vitesse) (cf. aussi* magnetic field).

magnetic modulator modulateur magnétique *(modulateur d'émetteur de radar utilisant une inductance saturable pour fournir des impulsions de courant d'intensité relativement grande sous une tension élevée à un oscillateur de puissance) (cf. aussi* radar modulator, saturable reactor *et* power oscillator).

magnetic moment moment magnétique *(ou de dipôle magnétique) (le premier terme est le plus employé) (moment au sens mécanique équivalent à « couple ») (produit de l'intensité du champ magnétique d'un des deux pôles d'un dipôle magnétique par la distance qui sépare les pôles) (cf. aussi* magnetic dipole).

magnetic needle aiguille aimantée *(barreau aimanté de petites dimensions, ou lame d'acier équivalente, suspendu ou pivotant en son milieu et s'alignant sur les lignes de force du champ magnétique local) (boussole, etc.) (cf. aussi* bar magnet *et* compass).

magnetic north nord magnétique *(direction du pôle nord magnétique indiquée par une aiguille aimantée suspendue librement en son milieu en l'absence de champ magnétique perturbateur) (boussole) (cf. aussi* magnetic north pole).

magnetic north pole pole nord magnétique *(pôle magnétique situé près du pôle nord géographique) (cf. aussi* magnetic pole 2)).

magnetic oxide oxyde magnétique *(oxyde tel que l'oxyde ferrique Fe_3O_4, les oxydes ferreux Fe_2O_3 ou le bioxyde de chrome CrO_2 utilisé comme milieu d'enregistrement magnétique) (cf. aussi* magnetic recording medium).

magnetic parallel *cf.* isoclinic line.

magnetic particle particule magnétique *(grain de limaille ou de poudre d'un corps magnétique et notamment grain de limaille de fer ou de poudre d'oxyde magnétique) (cf. aussi* magnetic oxide *et* magnetic material).

magnetic part *cf.* magnetic component 2).

magnetic particle inspection contrôle par particules magnétiques *(pièce métallique) (cf. aussi* magnetic inspection).

magnetic path chemin magnétique, *(parf.)* trajet du flux magnétique *(chemin offert à un flux magnétique par un circuit magnétique) (cf. aussi* magnetic circuit).

magnetic pattern spectre magnétique *(représentation des lignes de force d'un champ magnétique dans une section longitudinale ou, plus rarement, transversale, de celui-ci) (cf. aussi* magnetic line of force).

magnetic permeability perméabilité magnétique *(cf. aussi* permeability).

magnetic permeance *cf.* permeance.

magnetic pick-up tête magnétique *(tourne-disque) (cf. aussi* variable-reluctance pick-up).

magnetic picture recording enregistrement magnétique des images *(cf. aussi* magnetic video recording).

magnetic plated wire fil à couche magnétique *(fil en métal amagnétique recouvert d'une couche magnétique formant le milieu d'enregistrement proprement dit du fil utilisé comme support magnétique d'informations) (cf. aussi* magnetic layer 1)).

magnetic polarity polarité magnétique, sens d'aimantation *(sens de la polarisation magnétique d'un corps aimanté, c.-à-d. le pôle nord à une extrémité du corps et le pôle sud à l'autre ou vice versa) (cf. aussi* magnetic polarization, magnetic polarity reversal *et* magnetized material).

magnetic polarity reversal inversion de (la) polarité magnétique *(ou de la polarisation magnétique ou de l'aimantation ou du sens d'aimantation) (inversion du sens de l'aimantation du circuit magnétique d'un électro-aimant soumis à un changement de sens du courant circulant dans la bobine d'excita-*

tion ou d'un aimant permanent soumis à un champ magnétique opposé nettement plus intense que le sien) *(cf. aussi* magnetic transition 1) (a), magnetic polarity *et* magnetic field strength).

magnetic polarization polarisation magnétique *(présence de deux pôles magnétiques dans un corps) (propriété caractéristique d'un aimant) (magnétisme) (cf. aussi* direction of magnetization, magnetic pole 1) *et* magnet).

magnetic polarization reversal *cf.* magnetic polarity reversal.

magnetic pole pole magnétique (a) *une des deux zones opposées de certains corps par lesquelles ceux-ci attirent le fer) (la présence de telles zones fait du corps un aimant) (cf. aussi* magnet, north pole *et* south pole); (b) *un des deux points opposés de la Terre où l'inclinaison magnétique est égale à 90°, c.-à-d. où une aiguille aimantée est verticale) (est situé à plusieurs centaines de kilomètres du pôle géographique correspondant, sa position étant par ailleurs variable dans le temps) (le point théorique en question est en pratique assimilé à une zone plus ou moins étendue ; ce point constitue un des deux pôles de l'aimant formé par la Terre et ne doit cependant pas être confondu avec un pôle géomagnétique) (voir aussi (a) ci-dessus) (cf. aussi* magnetic dip *et* geomagnetic pole).

magnetic potential potentiel magnétique *(travail nécessaire pour amener en un point déterminé d'un champ magnétique un pôle magnétique unité situé à l'infini) (voir aussi Nota à* electric potential) *(cf. aussi* magnetic field, unit magnetic pole *et* potential).

magnetic potential difference différence de potentiel magnétique *(différence entre les potentiels magnétiques de deux points situés dans un même champ magnétique) (cf. aussi* magnetic potential).

magnetic powder poudre magnétique *(poudre d'un corps magnétique amené à l'état de particules plus ou moins petites par un procédé mécanique ou chimique) (le corps employé est souvent un oxyde magnétique) (cf. aussi* magnetic material *et* magnetic oxide).

magnetic powder clutch embrayage électromagnétique (à poudre), embrayage électrique *(idem) (embrayage dans lequel la liaison entre les deux arbres est assurée par une poudre de fer doux contenue entre deux cloches formant les pôles d'un électro-aimant à courant continu et agglomérée par le champ magnétique de celui-ci) (cf. aussi* magnetic fluid clutch *et* magnetic clutch).

magnetic-powder-coated tape bande à couche de poudre magnétique *(cf. aussi* magnetic tape).

magnetic pressure pression magnétique *(force magnétique par unité de surface du corps sur lequel elle est exercée) (cf. aussi* magnetic force (a)).

magnetic printing transfert magnétique *(transfert indésirable, sur une spire de bande magnétique enregistrée enroulée sur une bobine, des signaux enregistrés sur une spire voisine) (phénomène dû à l'induction magnétique) (cf. aussi* magnetic induction 1)).

magnetic probe sonde magnétique *(petite bobine introduite dans un champ magnétique pour détecter et éventuellement mesurer une variation de son intensité grâce à la tension à ses bornes ainsi produite) (la grandeur dont la variation est effectivement détectée ou mesurée est le flux magnétique embrassé par la bobine) (bobine exploratrice ou autre sonde magnétique) (fluxmètre, etc.) (cf. aussi* flip coil, magnetic field strength, magnetic flux *et* electromagnetic induction).

magnetic profile profil magnétique *(courbe représentant la variation d'un élément magnétique dans l'épaisseur d'une structure géologique) (géomagnétisme) (cf. aussi* magnetic elements).

magnetic properties propriétés magnétiques *(ce terme, commode et imprécis, désigne tant la propriété caractéristique d'un corps magnétique que les grandeurs qui s'y rattachent) (magnétisme) (cf. aussi* magnetic material *et* magnetic quantity).

magnetic prospecting prospection magnétique *(aérienne ou non) (cf. aussi* airborne magnetic prospecting).

magnetic pull *cf.* magnetic attraction.

magnetic pumping pompage magnétique *(application d'une pression magnétique alternative à un milieu ionisé) (plasma, etc.) (cf. aussi* magnetic pressure).

magnetic quantity grandeur magnétique *(grandeur relative à un champ magnétique) (force magnétomotrice, intensité de champ magnétique ou force magnétisante, flux magnétique ou nombre de lignes de force magnétiques, perméabilité magnétique ou son inverse, réluctance, densité de flux magnétique ou induction ou intensité d'aimantation ou nombre de lignes de force par unité d'aire, moment magnétique, rigidité magnétique) (voir ces termes commençant par « magnetic » en anglais) (cf. aussi* magnetic field *et* quantity).

magnetic quantum number nombre quantique magnétique *(nombre quantique déterminant l'orientation du plan de l'orbite d'un électron dans un champ magnétique par rapport à la direction du champ) (cf. aussi* quantum number).

magnetic reader *cf.* magnetic-character reader.

magnetic reading lecture magnétique *(lecture d'un signal enregistré sur un support magnétique) (cf. aussi* magnetic reading head *et* magnetic storage medium).

magnetic reading head tête de lecture magnétique *(enr. mag) (cf. aussi* magnetic head).

magnetic record (un) enregistrement magnétique *(résultat de l'enregistrement magnétique en tant que procédé) (noter l'ambiguïté du terme français) (cf. aussi* magnetic recording).

magnetic recorder enregistreur magnétique, appareil d'enregistrement magnétique *(enregistreur utilisant un support d'enregistrement magnétique) (est généralement un enregistreur à bande magnétique ; voir liste à* magnetic-tape recorder) *(cf. aussi* magnetic-wire recorder) *(bien qu'étant un enregistreur magnétique pour signaux numériques, une mémoire magnétique à défilement d'ordinateur n'est pas appelée « enregistreur magnétique ») (cf. aussi* magnetic recording *et* magnetic memory).

magnetic recording (l')enregistrement magnétique *(enregistrement de signaux sur un support magnétique par création de zones d'aimantation locale microscopiques au fur et à mesure du passage du support devant une tête magnétique d'enregistrement) (les signaux enregistrés peuvent être analogiques ou numériques) (cf. aussi* analog magnetic recording, digital magnetic recording, magnetic recording medium, magnetic head, magnetization 1) (a), magnetic recorder, magnetic storage 1) *et* recording).

magnetic recording head tête d'enregistrement magnétique *(cf. aussi* magnetic head).

magnetic recording medium 1) support d'enregistrement magnétique, support magnétique *(support d'enregistrement constitué par un objet en métal magnétique ou, plus souvent, un objet en matière amagnétique recouverte d'une couche de matière magnétique) (ce terme désigne presque toujours un support magnétique à défilement) (fil magnétique, bande magnétique, disque magnétique, etc.) (cf. aussi* recording medium, magnetic recording, magnetic layer, magnetic storage medium *et* moving magnetic medium). 2) milieu d'enregistrement magnétique *(voir aussi 1) ci-dessus) (milieu magnétique dans lequel un signal est effectivement enregistré) (est constitué par le support magnétique lui-même dans le premier cas ou par la couche magnétique dans le second).

magnetic recording technology (la) technique de l'enregistrement *(cf. aussi* magnetic recording *et* technology).

magnetic reed relay *cf.* reed relay.

magnetic reed switch *cf.* reed switch.

magnetic relaxation relaxation magnétique *(processus par lequel un corpuscule parvient à un nouvel état d'équilibre magnétique après une variation d'un champ magnétique auquel il est soumis) (atome, etc.) (cf. aussi* corpuscle, magnetic state *et* magnetic field).

magnetic reproducer *cf.* magnetic reproducing head.

magnetic reproducing head tête de reproduction magnétique *(nom parfois donné à une tête de lecture magnétique lorsque l'appareil considéré est un magnétoscope) (cf. aussi* magnetic head *et* video tape recorder).

magnetic repulsion répulsion magnétique *(répulsion d'un pôle magnétique par un pôle de même nom, c-à-d. répulsion des pôles de même nom de deux aimants) (voir aussi :* magnetic force *et noter qu'un corps magnétique non aimanté ne peut être repoussé par un pôle magnétique du fait du sens de l'aimantation induite dans le corps par ce pôle).

magnetic repulsion force force de répulsion magnétique *(cf. aussi* magnetic repulsion).

magnetic resistance *cf.* reluctance.

magnetic resonance résonance magnétique *(méthode d'analyse spectroscopique consistant à provoquer des transitions entre les niveaux d'énergie magnétique d'un atome, d'un ion ou d'une molécule par application d'un champ magnétique statique intense et d'un champ magnétique alternatif à fréquence élevée perpendiculaire au premier) (les transitions sont dues au paramagnétisme nucléaire ou électronique et se produisent lorsque la fréquence du champ alternatif est égale à la fréquence de précession du noyau ou des électrons de la particule autour de la direction du champ statique et produisent alors une pointe de résonance dans l'intensité du courant circulant dans le circuit relié à une sonde magnétique placée perpendiculairement à l'échantillon du corps analysé, l'absorption d'énergie électromagnétique par le corpuscule augmentant alors fortement) (la fréquence du champ alternatif à laquelle se produit la résonance est caractéristique de l'élément chimique correspondant présent dans l'échantillon) (analyse chimique) (cf. aussi* nuclear magnetic resonance, paramagnetic resonance, paramagnetism *et* magnetic probe).

magnetic-resonance spectrum spectre de résonance magnétique *(spectre de raies d'un échantillon d'un corps obtenu par résonance magnétique) (cf. aussi* magnetic resonance).

magnetic retrieving tool doigt magnétique *(outil de mécanicien formé d'un flexible semi-rigide portant à une extrémité un petit aimant cylindrique permettant de récupérer une petite pièce en acier (vis, écrou, rondelle, etc.) tombée dans un endroit inaccessible à la main sans démontage d'organes dans un véhicule, un aéronef, une machine ou un moteur).

magnetic reversal *cf.* magnetic polarity reversal.

magnetic rigidity rigidité magnétique *(grandeur proportionnelle à la quantité de mouvement d'une particule chargée se déplaçant dans un champ magnétique perpendiculaire) (est égale au produit du rayon de courbure de la trajectoire de la particule par l'intensité du champ magnétique produisant cette courbure) (représente l'action du champ sur la trajectoire et constitue une mesure de la quantité de mouvement de la particule) (particule dans un cyclotron, particule cosmique déviée par le champ magnétique de la Terre, etc.) (cf. aussi* magnetic field strength).

magnetic saturation saturation magnétique *(état d'un corps ferromagnétique dans lequel l'induction magnétique atteint la valeur maximale possible) (circuit magnétique d'inductance saturable ou de transformateur à fer saturé, etc.) (magnétisme) (cf. aussi* ferromagnetic material, magnetic induction 2), air gap *et* saturation magnetization).

magnetic screen *(GB) cf.* magnetic shield.

magnetic screening *(GB) cf.* magnetic shielding.

magnetic sensing 1) *cf.* magnetic detection. 2) *cf.* magnetic reading.

magnetic sensor *cf.* magnetic detector.

magnetic separation séparation magnétique *(séparation d'un minerai magnétique de sa gangue opérée par un champ magnétique intense créé par un électro-aimant à courant continu) (après concassage et broyage du minerai, les grains recueillis à la sortie des cribles passent devant l'électro-aimant qui dévie les grains de minerai et n'agit pas sur les grains de gangue, lesquels sont recueillis séparément) (cf. aussi* magnetic material, magnetic field strength *et* electromagnet).

magnetic separator séparateur magnétique *(installation réalisant la séparation magnétique d'un minerai) (cf. aussi* magnetic separation).

magnetic serial-access memory mémoire magnétique à accès séquentiel *(nom descriptif d'une mémoire à bande magnétique) (inf) (cf. aussi* magnetic tape memory).

magnetic shell coque magnétique *(sphère creuse théorique aimantée de telle manière que la surface intérieure et la surface extérieure constituent les pôles de l'aimant obtenu, les lignes de force étant radiales dans la paroi de la sphère) (cf. aussi* magnetize *et* magnetic line of force).

magnetic shield écran magnétique, blindage magnétique *(enceinte en métal à haute perméabilité magnétique entourant un dispositif pour le soustraire à l'action des champs magnétiques* *extérieurs) (canalise le champ magnétique en lui offrant un chemin à faible réluctance qu'il emprunte de préférence à l'air contenu dans l'enceinte, grâce à quoi il n'atteint pas le dispositif) (cf. aussi* permeability, magnetic field *et* reluctance).

magnetic shielding protection contre les champs magnétiques, blindage magnétique, *(parf.)* emploi d'un écran magnétique, *(etc.) (cf. aussi* magnetic shield).

magnetic shift register registre à décalage magnétique *(registre à décalage dont les cellules sont constituées par des tores d'une mémoire à tores magnétiques) (mémoire) (inf) (cf. aussi* shift register *et* magnetic-core memory).

magnetic shunt pont magnétique *(terme correct)*, shunt magnétique *(anglicisme bien implanté mais à éviter) (pièce en métal magnétique utilisée pour dériver une partie plus ou moins grande du flux magnétique existant dans l'entrefer d'un aimant en réunissant plus ou moins complètement les pôles de celui-ci) (cf. aussi* magnetic metal, magnetic flux, air gap *et* magnet).

magnetic shunting dérivation du flux magnétique *(à l'aide d'un pont magnétique) (cf. aussi* magnetic shunt).

magnetic signature *cf.* magnetic pattern.

magnetic slug *cf.* magnetic shunt.

magnetic sound (le) son magnétique *(nom donné aux sons reproduits à partir d'un support magnétique, c-à-d. en l'occurrence à partir d'une bande magnétique de magnétophone ou d'un film de cinéma sonore à piste magnétique) (électroacou) (cf. aussi* audio tape recorder, magnetic-track sound film, magnetic recording medium *et* sound[1]).

magnetic sound film *cf.* magnetic-track sound film.

magnetic sound record (un) enregistrement magnétique du son *(cf. aussi* magnetic sound recording).

magnetic sound recorder enregistreur magnétique de sons *(nom descriptif du magnétophone) (cf. aussi* audio tape recorder).

magnetic sound recording (l')enregistrement magnétique du son *(enregistrement de sons sur un support magnétique) (magnétophone) (cf. aussi* magnetic recording *et* audio tape recorder).

magnetic sound track piste sonore magnétique *(piste magnétique déposée, ou bande magnétique étroite collée, sur un bord ou les deux bords d'un film de cinéma pour permettre l'enregistrement magnétique du son comme sur une bande magnétique de magnétophone) (cf. aussi* sound track, magnetic track *et* magnetic sound recording).

magnetic speaker *cf.* magnetic loudspeaker.

magnetic spectrograph spectrographe de masse, spectromètre *(idem) (spectrographe utilisant l'action d'un champ électrique constant suivi d'un champ magnétique constant sur la trajectoire de particules chargées pour les trier en les déviant plus ou moins de leur trajectoire en fonction de leur masse atomique) (utilise donc la force électrostatique et la force de Laplace) (analyse chimique) (cf. aussi* electrostatic force *et* Lorentz force).

magnetic spot *cf.* magnetized spot.

magnetic state état magnétique *(polarité magnétique d'un corps aimanté ou intensité d'aimantation du corps, ou les deux) (cf. aussi* magnetic polarity *et* intensity of magnetization).

magnetic steel *cf.* magnetic-core steel.

magnetic storage 1) mémorisation magnétique *(mémorisation d'un signal dans une mémoire magnétique) (ce terme désigne généralement la mémorisation d'informations sous forme de signaux binaires dans une mémoire magnétique d'ordinateur) (cf. aussi* magnetic memory). 2) *cf.* magnetic memory.

magnetic storage medium 1) support magnétique d'informations *(nom donné à un support magnétique utilisé pour l'enregistrement d'informations numériques, c.-à-d. notamment dans une mémoire d'ordinateur) (peut être un support magnétique fixe comme dans le cas d'une mémoire à bulles magnétiques ou un support magnétique à défilement) (cf. aussi* magnetic recording medium, digital data *et* moving magnetic medium). 2) milieu de mémorisation magnétique, milieu magnétique de mémorisation *(nom donné à un milieu d'enregistrement magnétique dans le cas 1) ci-dessus) (cf. aussi* magnetic recording medium 2)).

magnetic store *cf.* magnetic memory.

magnetic storm orage magnétique *(perturbation temporaire marquée du champ magnétique de la Terre) (est dû à l'action magnétique des bouffées d'énergie électromagnétique reçues par la magnétosphère au cours d'une éruption solaire) (cf. aussi* terrestrial magnetic field, electromagnetic energy, magnetosphere *et* solar flare).

magnetic stray field champ magnétique parasite *(champ magnétique perturbant l'indication d'une boussole ou d'un magnétomètre, etc.) (cf. aussi* magnetic field *et* stray field).

magnetic strip *cf.* magnetic card 2).

magnetic-strip memory *cf.* magnetic-card memory.

magnetic stripe piste magnétique *(au sens du terme anglais, piste de carte magnétique) (inf) (cf. aussi* magnetic card 1)).

magnetic-stripe card *cf.* magnetic card 1).

magnetic-stripe credit card carte de crédit (à piste(s) magnétique(s)) *(carte bancaire ou autre) (inf) (cf. aussi* magnetic card 1)).

magnetic-striped ... *cf.* magnetic-stripe ...

magnetic survey levé magnétique *(mesure d'un ou plusieurs éléments magnétiques) (géomagnétisme) (cf. aussi* magnetic elements).

magnetic surveying exécution de levés magnétiques *(géomagnétisme) (cf. aussi* magnetic survey).

magnetic susceptibility susceptibilité magnétique, aptitude à l'aimantation *(ou à la magnétisation) (seul le premier terme est normalisé) (aptitude d'un corps à acquérir une aimantation plus ou moins intense et sens de cette aimantation) (la valeur absolue de la susceptibilité magnétique est égale au rapport entre l'intensité d'aimantation du corps placé dans un champ magnétique et l'intensité de ce champ) (cf. aussi* diamagnetism, paramagnetism, ferromagnetism, magnetic polarization, intensity of magnetization, magnetic field strength *et* susceptibility 1)).

magnetic suspension suspension magnétique *(suspension d'un véhicule ferroviaire assurée par des champs magnétiques) (cf. aussi* magnetic levitation *et, à titre d'information,* suspension).

magnetic tape bande magnétique *(support magnétique à défilement constitué par une bande magnétisable) (bande en métal magnétique, bande en métal amagnétique portant une couche de métal magnétique, bande en matière plastique portant une couche de poudre d'oxyde magnétique, ou bande de papier contenant des particules de matière magnétique) (la bande en matière plastique est, de loin, le type le plus utilisé) (magnétophone, etc.) (cf. aussi* moving magnetic medium, magnetic oxide, magnetic material *et* magnetic-tape recording).

magnetic-tape ... *cf.* tape ... *(pour les termes qui ne figurent pas ci-après)*.

magnetic-tape cassette cassette à bande magnétique, cassette *(boîtier en matière plastique contenant deux bobines coplanaires ou coaxiales, également en matière plastique, sur l'une desquelles est enroulée une bande magnétique dont l'extrémité libre est accrochée au moyeu de l'autre bobine sur laquelle elle s'enroule en fonctionnement) (est conçue pour se monter quasi-instantanément dans un enregistreur ou un lecteur magnétique analogique ou numérique adéquat et, dans ce dernier cas, constitue une mémoire numérique modulaire) (la bande magnétique est entraînée par le cabestan de l'enregistreur ou du lecteur, soit directement dans la cassette, soit après avoir été partiellement sortie de celle-ci pour former une boucle) (dans les modèles les plus courants, la durée d'enregistrement est doublée par retournement de la cassette, ce qui forme deux pistes magnétisées sur la bande magnétique, ou quatre dans le cas d'une cassette utilisée pour un enregistrement sonore stéréophonique) (cf. aussi* audio cassette, video cassette, magnetic tape recording, analog magnetic recorder, digital magnetic recorder, cassette player, cassette *et* modular memory).

magnetic-tape core noyau magnétique en feuillard *(circuit magnétique de transformateur ou de bobine d'inductance réalisé à l'aide d'une bande de tôle magnétique enroulée ou de bandes empilées) (cf. aussi* magnetic core 1), magnetic-core steel *et* toroidal core).

magnetic-tape drive *cf.* tape drive 1).

magnetic-tape memory mémoire à bande magnétique *(enregistreur à bande magnétique conçu pour être utilisé comme mémoire numérique à accès séquentiel) (inf) (cf. aussi* tape drive 1), tape-cassette memory, magnetic-tape recorder, digital memory *et* sequential-access memory.

magnetic-tape player lecteur de cassettes *(cf. aussi* cassette player).

magnetic-tape reader dérouleur de bande magnétique *(inf) (cf. aussi* tape drive 1)).

magnetic-tape record (un) enregistrement sur bande magnétique *(cf. aussi* magnetic-tape recording).

magnetic-tape recorder enregistreur à bande magnétique *(enregistreur magnétique dans lequel le support d'enregistrement est une bande magnétique) (clpf) (terme générique couvrant notamment le magnétophone (« audio tape recorder » ou « tape recorder »), le magnétoscope (« video tape recorder »), l'enregistreur à bande magnétique de laboratoire (« laboratory tape recorder ») ou monté sur aéronef (« airborne tape recorder ») et la mémoire à bande magnétique (« magnetic-tape memory ») (voir ces termes) (cf. aussi* longitudinal recorder, helical-scan recorder, magnetic recorder *et* magnetic tape).

magnetic-tape recording (l')enregistrement sur bande magnétique, (l')enregistrement magnétique sur bande *(ce dernier terme s'emploie par opposition à « enregistrement magnétique sur fil ») (enregistrement magnétique utilisant une bande magnétique comme support d'enregistrement) (clpf) (cf. aussi* longitudinal recording, helical-scan recording, magnetic recording *et* magnetic-tape recorder).

magnetic-tape reel bobine de bande magnétique *(magnétophone, etc.).*

magnetic-tape storage 1) mémorisation sur bande magnétique *(mémorisation d'informations dans une mémoire à bande magnétique) (inf) (cf. aussi* magnetic-tape memory). 2) *cf.* magnetic-tape memory.

magnetic-tape tester contrôleur de bandes magnétiques, appareil à contrôler les bandes magnétiques *(inf, etc.).*

magnetic test coil bobine exploratrice *(cf. aussi* flip coil).

magnetic thin film couche mince magnétique *(couche de métal magnétique extrêmement mince utilisée comme support d'informations dans certaines mémoires magnétiques) (cf. aussi* magnetic memory *et* thin-film memory).

magnetic thin-film memory mémoire à couche mince magnétique *(cf. aussi* thin-film memory).

magnetic track piste magnétique (a) *couche ou bande magnétique étroite courant sur toute la longueur d'un support) (cf. aussi* magnetic sound track *et* magnetic coating) ; (b) *lieu des points aimantés à la surface d'un support magnétique à défilement) (cf. aussi* moving magnetic medium).

magnetic-track film *cf.* magnetic-track sound film.

magnetic-track sound film film sonore à piste magnétique, film à piste magnétique, film sonore magnétique *(porte parfois deux pistes) (ciné) (cf. aussi* magnetic sound track *et* sound film).

magnetic tracking couchage d'une piste magnétique *(dépôt ou collage d'une piste magnétique sur un film de cinéma) (cf. aussi* magnetic track (a) *et* magnetic sound track).

magnetic transfer *cf.* magnetic printing.

magnetic transition 1) transition magnétique (a) *dans une mémoire magnétique à défilement ou un lecteur analogue, passage de la tête de lecture d'une particule dont le sens d'aimantation représente un binaire « 1 » enregistré à une particule dont le sens d'aimantation, opposé, représente un binaire « 0 ») (correspond à un endroit où s'est produite une inversion de flux à l'enregistrement) (enr. mag) (cf. aussi* magnetic moving-medium memory, magnetic polarity, bit *et* flux reversal) ; (b) *(changement de comportement d'un corps ferromagnétique observé au point de Curie) (cf. aussi* Curie point). 2) basculement magnétique *(nom parfois donné à une inversion de polarité magnétique, notamment dans le cas d'un tore magnétique ou d'un élément analogue) (cf. aussi* magnetic polarity reversal *et* magnetic core 2)).

magnetic transition temperature point de Curie *(corps ferromagnétique) (cf. aussi* Curie point).

magnetic unit unité magnétique *(unité de mesure d'une grandeur magnétique) (weber, tesla, ampère/mètre, ampère-tour, etc.) (cf. aussi* magnetic quantity).

magnetic valve *cf.* solenoid valve.

magnetic-vane instrument appareil ferromagnétique *(app. mesure) (cf. aussi* iron-vane instrument).

magnetic variation *cf.* magnetic declination.

magnetic variometer variomètre magnétique *(magnétomètre conçu pour mesurer les variations des éléments magnétiques dans l'espace ou dans le temps suivant le type d'appareil) (est généralement constitué par une aiguille aimantée pivotant en son centre et portant un miroir réfléchissant lumineux sur un support photosensible) (l'aiguille est suspendue à un fil sans torsion pour la mesure de la variation des composantes horizontales du champ ou pivote librement autour d'un axe horizontal pour la variation de la composante verticale) (géomagnétisme) (cf. aussi* magnetometer *et* magnetic elements).

magnetic vector *cf.* magnetic field vector.

magnetic vector potential potentiel vecteur magnétique *(potentiel vecteur dans un champ magnétique) (cf. aussi* vector potential *et* magnetic field).

magnetic video recording (l')enregistrement magnétique des images, magnétoscopie *(enregistrement des images sur un support magnétique à défilement, en l'occurrence une bande magnétique) (magnétoscope) (cf. aussi* video tape recorder *et* video recording).

magnetic wave *cf.* magnetostatic wave.

magnetic wire fil magnétique *(fil en métal magnétique employé comme support d'informations dans certains enregistreurs magnétiques) (cf. aussi* magnetic metal *et* magnetic-wire recorder).

magnetic-wire recorder enregistreur à fil magnétique, enregisteur magnétique à fil *(enregistreur magnétique dans lequel le support d'enregistrement est un fil d'acier inoxydable de très petit diamètre) (type peu courant d'enregisteur magnétique) (cf. aussi* magnetic recorder).

magnetic-wire recording (l')enregistrement sur fil magnétique, enregistrement magnétique sur fil *(ce dernier terme s'emploie par opposition à « enregistrement magnétique sur bande ») (cf. aussi* magnetic-wire recorder *et* magnetic recording).

magnetically operated contact contact à commande magnétique *(contact de relais et notamment contact de relais à tiges) (cf. aussi* relay contact *et* reed relay).

magnetically shielded protégé contre les champs magnétiques *(cf. aussi* magnetic shield).

magnetician magnéticien *(spécialiste du magnétisme et notamment du magnétisme terrestre) (cf. aussi* magnetism).

magnetics (la) magnétique *(terme que j'ai proposé par analogie à l'électronique et l'électrotechnique notamment) (technique couvrant les applications du magnétisme) (cf. aussi* magnetism).

magnetism magnétisme (a) *ensemble des propriétés d'un aimant, dont la plus caractéristique est l'attraction du fer) (est dû à la compensation mutuelle incomplète du spin des électrons des couches extérieures des atomes, plus ou moins prononcée suivant les corps) (le mot « magnétisme » vient de « Magnésie », ville d'Asie Mineure (« Manisa », près de Smyrne, Turquie) où l'on s'est aperçu pour la première fois que le fer était souvent attiré par son oxyde Fe_3O_4) (cf. aussi* magnet, magnetite, ferromagnetism, antiferromagnetism, ferrimagnetism, paramagnetism, diamagnetism *et* terrestrial magnetism) ; (b) *branche de la physique traitant des propriétés des aimants) (voir aussi (a) ci-dessus)* ; (c) *(cf. aussi* magnetics).

magnetist étudiant en magnétisme *(cfa.* magnetician).

magnetite magnétite *f (oxyde de fer Fe_3O_4 appartenant au groupe minéralogique des spinelles et constituant le minerai de fer le plus riche en fer) (est caractérisé par le fait qu'il est fortement attiré par un aimant) (certains amas de magnétite possèdent une polarisation magnétique spontanée, c.-à-d. naturelle ; cette magnétite aimantée est appelée « aimant naturel » ou, plus rarement, « pierre d'aimant ») (noter que la magnétite n'est pas forcément aimantée, contrairement à ce que l'on voit souvent écrit) (cf. aussi* magnetic polarization, natural magnet, magnetism 1) *et* spinelle).

magnetite series série de la magnétite (*ensemble des minéraux du groupe spinelle possédant la propriété caractéristique de la magnétite*) (*cf. aussi* magnetite).

magnetizability aptitude à l'aimantation (*corps magnétique*) (*cf. aussi* magnetic susceptibility).

magnetizable magnétisable, aimantable, apte à l'aimantation (*ou* à la magnétisation) (*corps*) (*cf. aussi* magnetize).

magnetization **1)** aimantation (a) *état d'un corps aimanté, c.-à-d. possédant une polarisation magnétique*) (*cf. aussi* magnetic polarization); (b) *amplitude de cette polarisation, c.-à-d. induction magnétique*) (*cf. aussi* magnetic induction 2)). **2)** magnétisation, aimantation (*action d'aimanter un corps magnétique*) (*cf. aussi* magnetize 1)).

magnetization curve courbe d'aimantation (*courbe représentant la variation de l'induction magnétique dans un corps magnétique placé dans un champ magnétique en fonction de l'intensité de celui-ci*) (*cf. aussi* magnetization 1), magnetic induction 2), magnetic material *et* magnetic field strength).

magnetize *v* **1)** magnétiser, aimanter (*faire apparaître une polarisation magnétique dans un corps magnétique en le soumettant à un champ magnétique*) (*cf. aussi* magnetic polarization, magnetic material *et* magnetic field). **2)** s'aimanter (*voir aussi* 1) ci-dessus).

magnetized condition état aimanté (*état d'un corps magnétique possédant une polarisation magnétique*) (*cf. aussi* magnetic material *et* magnetic polarization).

magnetized material corps aimanté (*autre nom, plus général, d'un aimant, ce dernier terme étant presque toujours — et incorrectement — employé avec le sens d'« aimant permanent »*) (*cf. aussi* magnet *et* material).

magnetized spot point aimanté (*zone microscopique aimantée par induction dans un milieu magnétique*) (*enr. mag., etc.*) (*cf. aussi* magnetize 1), magnetic induction 1) *et* magnetic medium).

magnetizing coil bobine de magnétisation (*bobine parcourue par un courant d'intensité constante ou variable pour créer un champ magnétisant, notamment lors du relevé d'une courbe d'aimantation*) (*cf. aussi* magnetizing field, magnetization curve *et* exciting field).

magnetizing current (*parf.* intensité du) courant magnétisant (*courant circulant dans l'enroulement primaire d'un transformateur fonctionnant à vide, c.-à-d. en l'absence de charge connectée aux bornes de l'enroulement secondaire (ou d'un enroulement secondaire) ou, parfois, intensité de ce courant*) (*cf. aussi* primary winding).

magnetizing field (*cf. aussi* magnetic field) champ magnétisant (*champ magnétique appliqué à un corps pour lui donner une aimantation plus ou moins intense*) (a) *champ d'un aimant*) (*cf. aussi* intensity of magnetization *et* magnet); (b) *champ d'une bobine et notamment champ d'une bobine de magnétisation ou de l'enroulement primaire d'un transformateur*) (*cf. aussi* magnetizing coil *et* exciting field).

magnetizing field strength intensité du champ magnétisant, force magnétisante (*cf. aussi* magnetic field strength *et* magnetizing field).

magnetizing force *cf.* magnetizing field strength.

magnetizing head *cf.* magnetic recording head.

magneto (*vient de « magnetoelectric machine »*) magnéto *f*, génératrice magnétoélectrique (*nom descriptif peu employé mais parfaitement correct*) (*génératrice électrique utilisant un ou plusieurs aimants permanents pour créer le champ inducteur*) (a) *magnéto d'allumage*) (*génératrice d'impulsions de courant à haute tension appliquées aux bougies d'allumage (ou à la bougie) d'un moteur à explosion*) (*comprend essentiellement un transformateur élévateur de tension à très grand rapport de transformation dont l'enroulement primaire est parcouru par les impulsions de l'extra-courant de rupture produit par l'ouverture du circuit de cet enroulement par un rupteur à l'instant où l'induction magnétique dans le noyau du transformateur atteint sa valeur maximale, c.-à-d. approximativement au point où la rotation du rotor de la magnéto amène les pôles magnétiques de celui-ci en coïncidence avec ceux du stator*) (*dans les magnétos anciennes, l'aimant, simple ou double, est fixe et le transformateur d'impulsions est constitué par le rotor dont la partie formant noyau magnétique porte les deux enroulements, une bague collectrice soigneusement isolée permettant de recueillir les impulsions de haute tension à l'aide d'un balai en charbon, tandis que le rupteur est monté à l'extrémité libre du rotor et actionné par une ou deux cames fixes; le transformateur est appelé « noyau »*) (*ce type de magnéto a pour principaux inconvénients de soumettre les enroulements du transformateur et le linguet du rupteur à la force centrifuge créée par la rotation du rotor, d'imposer au transformateur des dimensions réduites compliquant sa réalisation et l'isolement entre les deux enroulements, de rendre le remplacement de celui-ci difficile en cas de défaillance, ce qui est fréquent, et de nécessiter une bague collectrice à grande résistance d'isolement*) (*dans les magnétos modernes, l'aimant est tournant et, par conséquent, incorporé au rotor, lequel tourne entre deux pièces polaires réunies par le noyau magnétique, droit, du transformateur, fixe, vissé sur celles-ci à chaque extrémité, tandis que le rupteur est également fixe et la came, simple ou double, est montée à l'extrémité libre du rotor; le transformateur est appelé « bobine »*) (*dans ce type de magnéto, le transformateur et le rupteur sont soustraits à l'action de la force centrifuge, le transformateur est facile à réaliser et remplacer et il n'y a pas de bague collectrice*) (*cf. aussi* generator 2), step-up transformer, turns ratio, inductive kick, induction 2), magnetic core 1), magnetic flywheel *et* ignition coil); (b) *petit alternateur dans lequel le champ inducteur est créé par un aimant solidaire de l'arbre*) (*magnéto de poste téléphonique manuel ou de mégohmmètre à magnéto, « dynamo » de vélo, etc.*) (*cf. aussi* alternator).

magneto- ... (*voir plus loin, comme si le mot était écrit sans trait d'union*).

magneto bell sonnerie polarisée (*de poste téléphonique*) (*cf. aussi* polarized bell *et* magneto telephone set).

magneto set *cf.* magneto telephone set.

magneto telephone set poste téléphonique à magnéto, poste à magnéto (*poste téléphonique manuel dans lequel le courant d'appel provoquant le fonctionnement de l'annonciateur au central du demandeur est produit par une petite magnéto actionnée par celui-ci*) (*le rotor de la magnéto est mis en rotation à l'aide d'une manette sur un poste fixe ou d'une manivelle sur un poste de campagne*) (*cf. aussi* magneto (b) *et* annunciator (a)).

magnetoacoustic mine mine magnétoacoustique (*mine sous-marine dont l'explosion est commandée par un détecteur magnétique et un hydrophone qui doivent être excités simultanément pour que le dispositif de mise à feu fonctionne, ce qui rend plus difficile le dragage de ces mines*) (*mil*) (*cf. aussi* mine).

magnetocaloric effect effet magnétocalorique (*variation de la température d'un corps magnétique placé dans un champ magnétique d'intensité variable*) (*cf. aussi* magnetic material *et* magnetic field).

magnetochemistry magnétochimie (*branche de la chimie étudiant et utilisant l'action d'un champ magnétique sur les phénomènes chimiques*) (*cf. aussi* magnetic field).

magnetodiode magnétodiode (*diode à semiconducteur dans laquelle un champ magnétique extérieur d'intensité variable fait varier l'intensité du courant direct dans la jonction en agissant sur la durée de vie des porteurs de charge injectés dans celle-ci par la tension directe appliquée à ses bornes, la durée de vie augmentant avec l'intensité du champ*) (*est utilisée comme détecteur magnétique*) (*cf. aussi* semiconductor diode, magnetic field strength, p-n junction, carrier life time *et* forward voltage).

magnetodynamics *cf.* magnetohydrodynamics.

magnetoelastic coupling couplage magnétoélastique (*relation entre l'aimantation et la déformation du corps dans la magnétostriction*) (*cf. aussi* magnetostriction).

magnetoelastic coupling constants constantes de couplage magnétoélastique (*constantes dont, en plus du vecteur induction magnétique, dépend l'énergie de couplage entre la déformation et l'aimantation dans la magnétostriction*) (*l'action du vecteur induction sur cette énergie est, quant à elle, naturellement variable*) (*cf. aussi* magnetostriction *et* magnetic induction vector).

magnetoelastic energy énergie de magnétostriction (*énergie* *mise en jeu par la magnétostriction) (cf. aussi* energy *et* magnetostriction).

magnetoelectric effect *cf.* galvanomagnetic effect.

magnetoelectric generator *cf.* magneto.

magnetoelectric instrument appareil (de mesure) magnétoélectrique *(cf. aussi* moving-coil instrument).

magnetofluiddynamics *cf.* magnetohydrodynamics.

magnetohydrodynamic generation génération magnétohydrodynamique, conversion *(idem) (conversion directe d'énergie thermique en énergie électrique à l'aide d'un gaz ionisé s'écoulant dans un champ magnétique) (cf. aussi* magnetohydrodynamic generator).

magnetohydrodynamic generator générateur magnétohydrodynamique, générateur MHD *(installation utilisant la détente d'un gaz ionisé dans une tuyère isolante en présence d'un champ magnétique orthogonal intense pour produire un courant continu entre deux électrodes disposées de part et d'autre de la veine de gaz dans des plans parallèles au champ magnétique) (réalise la conversion directe de l'énergie thermique en énergie électrique et permettrait ainsi de supprimer les turbines et alternateurs dans les centrales thermiques) (le gaz est « ensemencé » par adjonction de vapeur d'un métal alcalin pour faciliter son ionisation et porté à haute température pour obtenir l'ionisation et la vitesse nécessaire dans la tuyère) (ce générateur d'électricité fonctionne suivant le même principe que le débitmètre électromagnétique; sa mise au point se heurte principalement à l'insuffisance de la conductibilité électrique du gaz ionisé et de la résistance des matériaux de la tuyère et des électrodes à la chaleur du gaz et à l'érosion due à la grande vitesse) (cf. aussi* ionization, magnetic field *et* electromagnetic flowmeter).

magnetohydrodynamic pump pompe magnétohydrodynamique, pompe MHD *(pompe pour métal liquide utilisant la force de Laplace exercée par le champ magnétique transversal d'un électro-aimant sur un courant électrique transversal orthogonal créé dans la veine liquide, pour faire circuler le liquide) (est comparable à un moteur dont le rotor, constitué par la veine liquide, serait « déroulé ») (est utilisé principalement pour faire circuler le sodium liquide utilisé comme fluide caloporteur dans des réacteurs nucléaires) (élt) (cf. aussi* conduction pump, induction pump *et* Lorentz force).

magnetohydrodynamics (la) magnétohydrodynamique *(partie de la physique traitant de l'action d'un champ magnétique sur un fluide conducteur) (le fluide peut être un métal à l'état liquide, un liquide plus ou moins conducteur ou un gaz ionisé) (le cas le plus fréquemment considéré est celui d'un gaz ionisé à haute température) (cf. aussi* magnetohydrodynamic generator).

magnetoionic component *cf.* magnetoionic wave.

magnetoionic effect effet magnétoionique *(effet du champ magnétique de la Terre et de l'ionisation de l'atmosphère sur la propagation des ondes électromagnétiques dans celle-ci) (cf. aussi* magnetoionic wave, terrestrial magnetic field *et* ionosphere).

magnetoionic wave onde magnéto-ionique, composante magnéto-ionique *(une des deux ondes résultant de l'action combinée du champ magnétique de la Terre et de l'ionisation de la haute atmosphère sur la propagation d'une onde électromagnétique dans celle-ci) (propa) (cf. aussi* ordinary wave, extraordinary wave, terrestrial magnetism, ionosphere *et* electromagnetic wave propagation).

magnetoionic wave component *cf.* magnetoionic wave.

magnetometer magnétomètre *(appareil conçu pour mesurer l'intensité d'un champ magnétique peu intense et parfois indiquer sa direction) (est principalement utilisé pour mesurer le champ magnétique terrestre) (existe en plusieurs types différant nettement les uns des autres, le plus classique étant celui à aimants mobiles) (cf. aussi* moving-magnet magnetometer, flux-gate magnetometer, quantum magnetometer, magnetic field intensity, magnetic variometer *et* gaussmeter).

magnetometry magnétométrie *(mesure des champs magnétiques) (cf. aussi* magnetometer).

magnetomotive field champ magnétomoteur *(champ magnétique dans un aimant produisant la force magnétomotrice) (cf. aussi* magnetic field *et* magnetomotive force).

magnetomotive force force magnétomotrice *(force créée par la circulation d'un champ magnétomoteur dans un circuit magnétique) (est égale à l'intégrale de l'intensité du champ magnétomoteur le long du circuit magnétique et se mesure en ampère-tour) (est l'analogue électromagnétique de la force électromotrice dans un circuit électrique) (cf. aussi* magnetomotive field, magnetic circuit, magnetic field strength, ampere-turn, integral *et* electromotive force).

magneton magnéton *(moment magnétique élémentaire d'une particule atomique) (cf. aussi* Bohr magneton, nuclear magneton *et* magnetic moment).

magneto-optic ... *cf.* magneto-optical ...

magneto-optical disk disque magnéto-optique *(disque optique numérique utilisant l'effet magnéto-optique de Kerr et le principe de l'enregistrement magnétique vertical pour permettre l'effacement des informations enregistrées) (la surface du disque est une couche magnétique spéciale polarisée initialement et verticalement dans un sens correspondant au binaire « 0 »; lorsqu'un binaire « 1 » doit être enregistré, un laser à semiconducteur relativement puissant chauffe un point de la surface magnétique, ce qui diminue le champ coercitif de la couche, pendant qu'un champ magnétique de sens opposé au sens initial est appliqué par une bobine, ce qui inverse la polarisation magnétique de la couche, laquelle polarisation est « figée » à la place du point chauffé dès l'extinction du laser) (à la lecture, conformément à l'effet Kerr magnéto-optique, le point à polarisation magnétique inversée produit une inversion de la polarisation elliptique acquise par la lumière à polarisation rectiligne d'un laser moins puissant réfléchie vers un photodétecteur approprié qui convertit cette inversion en un signal électrique représentant le « 1 » binaire enregistré) (la couche magnétique est aimantée dans le sens vertical pour créer une polarisation magnétique initiale uniforme de la surface magnétique et pour augmenter l'ellipticité de la polarisation de la lumière réfléchie, cette ellipticité étant très faible et le signal produit par son inversion étant, par conséquent, plus ou moins noyé dans le bruit) (l'effacement est obtenu en inversant le sens du champ magnétique appliqué tout en laissant le laser d'écriture allumé) (inf) (cf. aussi* WMRA, Kerr-magneto-optical effect, magnetic polarization, semiconductor laser, coercive force, vertical magnetic recording *et* digital optical disk).

magneto-optical effect effet magnéto-optique (de Kerr) *(cf. aussi* Kerr magneto-optical effect).

magneto-optical modulator modulateur magnéto-optique *(modulateur de lumière utilisant la rotation du plan de polarisation de la lumière polarisée dans un bâtonnet de cristal YIG sous l'action d'un champ magnétique) (est l'analogue magnétique de la cellule de Kerr, mais la section droite du bâtonnet est circulaire) (magnéto-optique) (cf. aussi* light modulator, polarized light, polarization plane, YIG crystal, magnetic field *et* Kerr cell).

magneto-optics (la) magnéto-optique *(branche de la physique traitant de l'action d'un champ magnétique sur la lumière) (cf. aussi* Kerr magneto-optical effect *et* magneto-optical modulator).

magnetopause magnétopause *(surface imaginaire limitant la partie supérieure de la magnétosphère d'une planète) (cf. aussi* magnetosphere).

magnetophone magnétophone *(le terme « magnetophone » n'est employé en anglais que pour désigner le prototype de l'enregistreur de sons à bande magnétique conçu et mis au point par la société allemande AEG (Allgemeine Elektrizitäts-Gesellschaft) dans la période comprise entre 1931 et 1940 et dont le nom déposé est devenu un nom commun en français) (le terme français « magnétophone » se traduit en anglais par « tape recorder », ou par « audio tape recorder » lorsque l'on veut préciser qu'il ne s'agit pas d'un magnétoscope, et en allemand par « Tonbandgerät », « Magnettongerät » ou, parfois, « Bandaufnahmegerät », le terme initial n'étant jamais employé) (cf. aussi* tape recorder).

magnetophotophoresis magnétophotophorèse *(photophorèse en présence d'un champ magnétique, c.-à-d. mouvement de particules de poussière ou autres en suspension dans l'air sous l'action d'un faisceau lumineux intense et d'un champ magnétique) (cf. aussi* magnetic field).

magnetoplasmadynamics *cf.* magnetohydrodynamics.

magnetoresistance magnétorésistance *(variation de la résistance électrique d'un corps conducteur sous l'action d'un champ magnétique) (est beaucoup plus prononcée dans les semiconducteurs que dans les métaux) (cf. aussi* magneto-resistor).

magnetoresistive bubble detector détecteur de bulles magnétorésistif *(ou* à magnétorésistance) *(détecteur de bulles magnétiques constitué par une magnétorésistance dans une mémoire à bulles magnétiques) (cf. aussi* bubble detector *et* magnetoresistor).

magnetoresistive detector détecteur magnétorésistif *(ou* à magnétorésistance) *(détecteur de champ magnétique constitué par une magnétorésistance) (mémoire à bulles, etc.) (cf. aussi* magnetoresistor *et* bubble detector).

magnetoresistive effect effet de magnétorésistance *(cf. aussi* magnetoresistance).

magnetoresistive head tête à magnétorésistance *(tête magnétique employant une magnétorésistance à la place d'un électroaimant) (mémoire à disques magnétiques) (cf. aussi* magnetic head *et* magnetoresistor).

magnetoresistive thick-film detector détecteur magnétorésistif à couches épaisses, *(etc.) (détecteur magnétorésistif réalisé par le procédé des couches épaisses) (cf. aussi* magnetoresistive detector *et* thick-film process).

magnetoresistor magnétorésistance *(varistance sensible à l'intensité d'un champ magnétique) (en d'autres termes, résistance en semiconducteur dont la valeur ohmique peut être réglée en faisant varier l'intensité d'un champ magnétique unidirectionnel appliqué perpendiculairement à la direction du courant qui la parcourt) (la variation d'intensité du champ magnétique peut être produite par variation de l'intensité du courant continu excitant un électro-aimant ou par déplacement d'un aimant perpendiculairement à la direction du courant dans la résistance) (la variation de résistance ainsi obtenue est un effet secondaire de l'effet Hall, l'allongement des lignes de courant résultant de celui-ci agissant comme une réduction de la mobilité des porteurs de charge dans le semiconducteur, ce qui se traduit par une augmentation de la résistance mesurée à ses bornes) (cf. aussi* Hall effect, semiconductor, magnetic field strength, line of current *et* charge carrier).

magnetosphere magnétosphère *(zone entourant la Terre ou une autre planète et dans laquelle le champ magnétique de celle-ci exerce son action) (cf. aussi* magnetopause, magnetic field *et* terrestrial magnetism).

magnetospheric field champ magnétosphérique *(champ magnétique d'une planète dans la magnétosphère de celle-ci) (cf. aussi* magnetosphere).

magnetostatic field champ magnétostatique, champ magnétique statique *(champ magnétique d'intensité constante) (en d'autre termes, champ magnétique créé par un aimant permanent, un courant continu ou un électro-aimant excité par un tel courant) (n'est pas associé à un champ électrique, contrairement à un champ magnétique variable) (cf. aussi* magnetic field, magnetic field strength, permanent magnet, direct current, electromagnet *et* static field).

magnetostatic lens lentille magnétostatique, lentille à aimant permanent *(lentille magnétique formée d'un aimant permanent et d'un circuit magnétique au centre duquel passe le faisceau d'électrons) (microscope électronique, etc.) (cf. aussi* magnetostatic field, magnetic lens *et* magnetic circuit).

magnetostatic surface wave onde de surface magnétostatique *(cf. aussi* surface magnetostatic wave).

magnetostatic volume wave onde de volume magnétostatique *(cf. aussi* bulk magnetostatic wave).

magnetostatic wave onde magnétostatique, onde magnétique (statique) *(onde d'aimantation se propageant dans un corps magnétique à partir d'une zone de celui-ci après variation de l'intensité d'un champ magnétique régnant en ce point) (cf. aussi* surface magnetostatic wave, bulk magnetostatic wave, magnetization 1) (a), magnetic material *et* magnetic field strength).

magnetostatics (la) magnétostatique *(branche de la physique traitant des champs magnétostatiques) (cf. aussi* magnetostatic field).

magnetostriction magnétostriction *(déformation élastique d'un corps ferromagnétique aimanté produite par son aimantation, c.-à-d. par l'application d'un champ magnétique au corps à l'état non aimanté) (est due à l'anisotropie des cristaux du corps entraînant l'existence dans ceux-ci de directions d'aimantation privilégiée appelées « directions de facile aimantation » ; l'aimantation étant anisotrope, il en résulte la mise en jeu d'une énergie interne dite « énergie d'anisotropie » qui crée des contraintes dans les cristaux, produisant une contraction de ceux-ci et, par conséquent, une réduction — très faible — des dimensions du corps, ou le phénomène inverse selon la nature du corps et l'intensité du champ magnétique) (la déformation étant élastique, le corps reprend sa forme quand l'aimantation cesse ; par ailleurs, le signe de la déformation ne dépend pas du sens de l'aimantation) (la manifestation la plus apparente de la magnétostriction est la réduction, très faible, de la longueur d'un corps ferromagnétique allongé : barreau ou tube ; elle est utilisée pour produire des ultrasons) (le phénomène inverse existe également) (cf. aussi* negative magnetostriction, positive magnetostriction, Villari effect, ferromagnetic material, magnetization, magnetostrictive transducer, Guillemin effect *et* Wiedemann effect).

magnetostriction hydrophone hydrophone à magnétostriction *(hydrophone analogue à un microphone à magnétostriction) (sonar) (cf. aussi* hydrophone *et* magnetostriction microphone).

magnetostriction loudspeaker haut-parleur à magnétostriction *(haut-parleur d'aigus dans lequel l'élément convertissant le signal à basse fréquence en vibrations mécaniques est le tube d'un transducteur à magnétostriction fonctionnant en émetteur, l'extrémité mobile du tube étant solidaire de la membrane) (cf. aussi* magnetostrictive transducer *et* tweeter).

magnetostriction microphone microphone à magnétostriction *(microphone, pour ultrasons, dans lequel l'élément mobile convertissant les ondes ultrasonores en un signal électrique est un transducteur à magnétostriction dont l'extrémité libre du tube est solidaire d'une membrane excitée par l'onde acoustique captée) (est employé principalement comme hydrophone pour fréquences ultrasonores) (sonar) (cf. aussi* microphone, ultrasound, magnetostrictive transducer *et* hydrophone).

magnetostriction sound projector projecteur à magnétostriction *(projecteur d'ultrasons utilisant un grand nombre de transducteurs à magnétostriction tubulaires reliées à une membrane en contact avec l'eau et fonctionnant en émission et en réception) (utilise donc l'effet de magnétostriction et l'effet Villari) (sonar) (cf. aussi* underwater sound projector, magnetostrictive transducer *et* Villari effect).

magnetostriction transducer 1) *cf.* magnetostrictive transducer. 2) *cf.* magnetostriction sound projector.

magnetostrictive delay line ligne à retard à magnétostriction *(ligne à retard acoustique utilisant des transducteurs à magnétostriction) (cf. aussi* acoustic delay line *et* magnetostrictive transducer).

magnetostrictive effect effet de magnétostriction, effet matnétostrictif *(effet liant une déformation et un champ magnétique dans un corps ferromagnétique) (cf. aussi* magnetostriction).

magnetostrictive ferrite ferrite magnétostrictif *(ferrite dans lequel l'effet de magnétostriction est très net) (cf. aussi* magnetostrictive material *et* ferrite).

magnetostrictive material corps magnétostrictif *(corps dans lequel l'effet de magnétostriction peut être observé) (corps ferromagnétique et notamment le nickel, le cobalt et les ferrites de cobalt) (dans ces corps, les dimensions du corps diminuent, puis restent constantes lorsque l'intensité d'aimantation augmente ; dans le fer, les dimensions augmentent d'abord un peu puis diminuent jusqu'à une valeur inférieure à la valeur sans champ et restent ensuite constantes ; la réduction maximale des dimensions est beaucoup moins grande dans le fer que dans les corps précédents) (cf. aussi* magnetostriction).

magnetostrictive resonator résonateur à magnétostriction *(générateur d'ultrasons constitué par un transducteur à magnétostriction fonctionnant en émission et excité par un courant alternatif à fréquence constante) (cf. aussi* resonator *et* magnetostrictive transducer).

magnetostrictive transducer transducteur à magnétostriction, transducteur magnétostrictif *(transducteur électroacoustique utilisant l'effet de magnétostriction ou l'effet Villari ou les deux alternativement) (le type le plus courant comprend essentiellement un barreau (ou un tube) en matière ferromagnétique portant une bobine et fixé rigidement à une extrémité, l'autre étant solidaire d'un organe mobile tel qu'une membrane, par exemple) (ce dispositif est réversible et peut donc fonctionner en émission ou en réception, ou les deux alternativement) (en émission, l'effet utilisé est la magnétostriction proprement dite, c.-à-d. que la bobine est excitée par un courant alternatif produisant un champ magnétique d'intensité variable faisant vibrer le barreau suivant sa longueur) (en réception, l'effet utilisé est l'effet Villari, c.-à-d. que les vibrations longitudinales imposées au barreau par une onde acoustique induisent une force électromotrice alternative dans la bobine, donc un signal électrique représentant l'onde) (il existe d'autres types de transducteur à magnétostriction ; leur principe de fonctionnement est le même que ci-dessus) (cf. aussi* electroacoustic transducer, magnetostriction *et* Villari effect).

magnetostrictor *cf.* magnetostrictive transducer.

magnetron magnétron *(tube hyperfréquence à champs croisés utilisé comme oscillateur de puissance) (comprend essentiellement un aimant créant un champ intense, une cathode cylindrique disposée suivant l'axe du champ et entourée d'un espace annulaire limité radialement par une anode en couronne comportant des cavités résonnantes débouchant dans l'espace annulaire qui en font une ligne à onde lente refermée sur elle-même) (les électrons émis par la cathode décrivent des trajectoires spirales dans l'espace annulaire en formant un nuage de charges électriques à densité variable par paquets, comme dans un klystron, qui excite successivement les cavités de l'anode tout en étant ralenti par le champ tournant ainsi créé) (la ligne à onde lente formée par l'anode étant circulaire, ce champ est amplifié lorsqu'il revient à son point de départ après avoir fait un tour et des oscillations de son amplitude peuvent prendre naissance dans des conditions déterminées de vitesse de rotation des électrons et de vitesse de propagation de l'onde ralentie appelées « conditions d'accrochage », ce qui fait du magnétron un oscillateur) (conformément à sa structure de tube électronique à deux électrodes, le magnétron est une diode à vide de type très particulier) (il est noter que le magnétron étant un oscillateur de puissance, et même parfois de très grande puissance, le signal, c.-à-d. le courant hyperfréquence, qu'il fournit est appliqué tel quel à la charge, (antenne cornet ou autre), sans être amplifié ; c'est pour cette raison que, dans les radars à magnétron, celui-ci est parfois appelé « émetteur », ce qui peut prêter à confusion puisqu'il ne représente qu'une partie de celui-ci) (le magnétron est employé dans la plupart des radars à partir d'une certaine puissance d'émission, dans nombre d'appareils de chauffage par induction, entre autres dans les fours à micro-ondes) (cf. aussi* multicavity magnetron, split-anode magnetron, squirrel-cage magnetron, strapping 2), microwave tube, crossed-field tube, cavity resonator, slow-wave structure, klystron, power oscillator, radar, induction heating *et* microwave oven).

magnetron amplifier magnétron amplificateur *(tube expérimental à champs croisés et faisceau droit constitué comme un magnétron dont on aurait déroulé l'anode pour la rendre rectiligne, la cathode devenant une sole, également rectiligne, faisant face aux cavités de l'anode sur toute la longueur de celle-ci) (hyper) (cf. aussi* linear crossed-field tube *et* magnetron).

magnetron anode anode de magnétron *(hyper) (cf. aussi* multicavity anode, split anode *et* magnetron).

magnetron arcing claquage d'un magnétron *(formation d'un arc électrique entre la cathode et l'anode d'un magnétron) (hyper) (cf. aussi* magnetron *et* electric arc).

magnetron jammer brouilleur à magnétron *(brouilleur militaire dans lequel l'oscillateur est un magnétron) (brouilleur de radars ou autre) (mil) (cf. aussi* jammer *et* magnetron).

magnetron noise jammer brouilleur à bruit à magnétron *(mil) (cf. aussi* noise jammer *et* magnetron jammer).

magnetron oscillator magnétron oscillateur *(cas général) (hyper) (cf. aussi* magnetron).

magnetron package magnétron (complet) *(magnétron muni de son aimant et ses dispositifs de raccordement) (hyper) (cf. aussi* magnetron).

magnetron strap barrette de jumelage de magnétron *(hyper) (ne pas employer « strap de magnétron ») (cf. aussi* strapping 2)).

magnetron strapping jumelage des dents d'un magnétron *(hyper) (ne pas employer « strapping d'un magnétron ») (cf. aussi* strapping 2)).

magnification dilatation, expansion *(de la trace sur l'écran d'un oscilloscope) (noter que « magnification » n'est pas employé pour un écran de radar, tandis que « expansion », qui s'applique surtout à tel écran, est également employé pour un oscilloscope) (cf. aussi* magnifier).

magnification factor grossissement *(oscillo, etc.) (cf. aussi* magnifier).

magnified display visualisation en échelle dilatée *(oscillo) (cf. aussi* magnifier).

magnified sweep balayage dilaté *(oscillo) (cf. aussi* magnifier).

magnified sweep speed vitesse du balayage dilaté *(cf. aussi* magnified sweep).

magnified trace trace dilatée *(oscillo) (cf. aussi* magnifier).

magnifier loupe *(circuit permettant de dilater une partie du signal visualisé sur l'écran d'un oscilloscope pour faciliter son observation) (cf. aussi* magnification *et* expanded sweep).

magnitude *cf.* amplitude.

magnitude of current intensité du courant *(cf. aussi* intensity).

magslip *cf.* mag-slip. *(plus haut, avant « magamp »).*

magtage *cf.* magnetic tape.

main anode anode principale *(anode conduisant le courant redressé dans un redresseur à cathode liquide) (sdpo à « anode d'entretien ») (cf. aussi* mercury-pool tube *et* keep-alive electrode).

main bang impulsion émise *(sonar, radar) (cf. aussi* ping 1).

main beam *cf.* main lobe.

main distribution frame répartiteur principal *(central tél) (cf. aussi* intermediate distribution frame).

main-frame *cf.* mainframe. *(après le dernier terme commençant par « main ») (de même pour les termes dérivés).*

main lobe lobe principal *(lobe du diagramme de directivité d'une antenne contenant la direction de rayonnement maximal et, par conséquent, de sensibilité maximale de l'antenne) (si le lobe est symétrique, ce qui est le cas général, la direction considérée est l'axe de symétrie du lobe) (cf. aussi* radiation pattern).

main lobe clutter échos parasites sur le lobe principal, *(etc.) (échos parasites captés par l'antenne d'un radar dans la direction du lobe principal du diagramme de rayonnement de l'antenne) (cf. aussi* clutter *et* main lobe).

main memory mémoire centrale *(mémoire rapide à accès direct comprise dans l'unité centrale d'un ordinateur et contenant au moins les instructions en cours d'exécution et les informations à traiter correspondantes) (il est à noter que certains auteurs estiment que la mémoire centrale fait partie de l'unité centrale, d'autres qu'elle lui est seulement associée) (inf) (cf. aussi* real memory, virtual memory, fast memory, central processing unit *et* instruction).

main memory capacity capacité de la mémoire centrale *(est généralement comprise entre quelques milliers et quelques millions de caractères, la limite supérieure étant en progression constante) (inf) (cf. aussi* memory capacity).

main program programme principal *(nom parfois donné à un programme d'ordinateur pour le différencier d'un sous-programme) (inf) (cf. aussi* computer program *et* subroutine).

main quantum number *cf.* principal quantum number.

main routine *cf.* main program.

main sideband bande latérale non atténuée *(signal à bande latérale atténuée) (TV) (cf. aussi* vestigial sideband signal).

main storage *cf.* main memory.

main store *cf.* main memory.

main sweep balayage normal *(de l'écran d'un oscilloscope par* *le point lumineux) (sdpo à « balayage déclenché », « balayage retardé », « balayage retardant » et « balayage dilaté ») (cf. aussi* sweep[1] 1), triggered sweep, delayed sweep, delaying sweep *et* expanded sweep).

main-sweep display visualisation en balayage normal *(oscillo) (cf. aussi* main sweep).

main sweep mode mode de balayage normal *(oscillo) (cf. aussi* main sweep).

main-sweep time base base de temps du balayage normal, base de temps principale *(base de temps fournissant la tension en dents de scie assurant le balayage à la vitesse normale dans un oscilloscope pouvant être utilisé en mode de balayage dilaté) (cf. aussi* main sweep *et* time base (c)).

main switch interrupteur général *(appareil, système, etc.) (cf. aussi* ON/OFF switch).

main time base *cf.* main-sweep time base.

main time-base sweep modes modes de balayage de la base de temps principale *(oscillo) (cf. aussi* sweep mode *et* main-sweep time base).

mainframe 1) macro-ordinateur *(terme que j'ai proposé) (ordinateur nettement plus puissant qu'un mini-ordinateur et occupant généralement tout un local avec ses appareils périphériques) (cf. aussi* processing power *et* minicomputer). 2) ordinateur *(sdpo à « appareil périphérique » ou « périphérique ») (inf) (cf. aussi* computer 2) *et* peripheral device). 3) appareil de base *(oscilloscope à tiroirs ou autre appareil à tiroirs considéré sans ceux-ci) (cf. aussi* plug-in oscilloscope).

mainframe central processing unit unité centrale de macro-ordinateur *(inf) (cf. aussi* central processing unit *et* main-frame 1)).

mainframe company société de construction de ..., *(parf.)* société construisant des ... *(inf) (voir aussi* mainframe 1) *et* 2)).

mainframe computer *cf.* mainframe 1).

mainframe CPU *cf.* mainframe central processing unit.

mainframe firm *cf.* mainframe company.

mainframe house *cf.* mainframe company.

mainframe maker *cf.* mainframe manufacturer.

mainframe manufacturer constructeur de ... *(inf) (voir aussi* mainframe 1) *et* 2)).

mainframe producer *cf.* mainframe manufacturer.

mainframer *cf.* mainframe manufacturer.

mains *(GB)* (le) secteur *(etc.) (cf. aussi* power grid).

mains aerial *(GB) cf.* mains antenna.

mains antenna antenne secteur *(antenne de récepteur de radiodiffusion sonore constituée par un fil du secteur auquel la borne d'antenne du récepteur est connectée par l'intermédiaire d'un condensateur de faible valeur pour courant alternatif) (type d'antenne intérieure interdit par Électricité de France (EDF) et risquant de transmettre de nombreux parasites au récepteur considéré) (cf. aussi* receiving antenna).

mains current courant du secteur, courant du réseau (de distribution d'énergie) *(courant alternatif monophasé ou triphasé à fréquence dite « industrielle ») (cf. aussi* mains frequency, alternating current, single-phase current *et* three-phase current).

mains current frequency *cf.* mains frequency.

mains failure panne de courant *(cf. aussi* power failure 1)).

mains frequency fréquence du secteur *(cf. aussi* power frequency).

mains hum ronflement (du secteur) *(ampli BF) (cf. aussi* hum 1)).

mains input entrée secteur *(bornes d'un appareil électrique ou électronique à alimentation par le secteur ou à alimentation mixte secteur/piles auxquelles est appliquée la tension du secteur) (sont généralement reliées aux bornes de l'enroulement primaire d'un transformateur d'alimentation) (cf. aussi* power transformer).

mains interruption *cf.* mains failure.

mains-operated alimenté par le secteur *(cf. aussi* mains operation).

mains operation alimentation par le secteur, *(etc.) (appareil électrique ou électronique ou machine électrique) (cf. aussi* power grid *et* power supply 1)).

mains power puissance fournie par le secteur, *(etc.) (cf. aussi* power[1] 1) *et* power grid).

mains-powered *cf.* mains-operated.

mains side côté secteur *(partie d'une alimentation secteur reliée à celui-ci, c.-à-d. enroulement primaire du transformateur d'alimentation) (cf. aussi* power transformer).

mains supply *cf.* mains operation.

mains switch interrupteur secteur *(appareil) (cf. aussi* power switch).

mains switcher alimentation à découpage *(cf. aussi* switching power supply).

mains triggering déclenchement par le secteur *(oscillo) (cf. aussi* line triggering).

mains voltage tension du secteur, tension du réseau (de distribution d'énergie) *(tension alternative dans le cas général) (cf. aussi* mains frequency).

mains voltage frequency *cf.* mains frequency.

maintenance man dépanneur *(dépanneur radio, télévision, radar, sonar, informatique, etc.).*

major cycle cycle majeur *(cycle formé d'un certain nombre de cycle élémentaires appelés « cycle mineurs ») (cycle mémoire, cycle d'imprimante, cycle d'accès séquentiel, etc.) (inf, etc.) (cf. aussi* minor cycle).

major lobe *cf.* main lobe.

major loop boucle majeure, boucle de transfert, boucle principale *(boucle assurant la distribution et la collecte des informations binaires conservées dans les boucles mineures d'une mémoire à bulles magnétiques) (cf. aussi* magnetic-bubble memory).

major loop/minor loop ... *cf.* major-minor loop ...

major-minor loop architecture structure à boucles majeure et mineures, organisation en boucles majeure et mineures *(mémoire à bulles) (cf. aussi* magnetic bubble memory).

major-minor loop arrangement *cf.* major-minor loop architecture.

major-minor loop organization *cf.* major-minor loop architecture.

majority carrier porteur majoritaire, porteur de charge majoritaire *(porteur de charge dont la polarité est la même que le type de la zone de semiconducteur dans laquelle il se trouve) (électron dans une zone du type N ou trou dans une zone du type P) (cf. aussi* n-region *(au début de la lettre N)*, p-region *(idem) et* charge carrier).

majority-carrier conduction conduction par (les) porteurs majoritaires *(semi) (cf. aussi* majority-carrier device).

majority-carrier device dispositif à porteurs majoritaires *(nom parfois donné à un composant unipolaire pour rappeler le type de porteurs de charge qu'il utilise) (semi) (cf. aussi* unipolar device).

majority-carrier device technology (la) technique des composants unipolaires *(semi) (cf. aussi* unipolar device *et* technology).

majority-carrier diode diode à porteurs majoritaires *(diode Schottky) (semi) (cf. aussi* majority carrier *et* Schottky diode).

majority-carrier semiconductor technology *cf.* majority-carrier device technology.

majority-carrier transistor transistor unipolaire *(semi) (cf. aussi* unipolar transistor).

majority charge carrier *cf.* majority carrier.

majority current carrier *cf.* majority carrier.

majority gate porte majoritaire, porte logique majoritaire, circuit logique majoritaire, circuit majoritaire *(porte logique à nombre impair d'entrées dans laquelle la sortie est à l'état « 1 » lorsque plus de la moitié des entrées sont à l'état « 1 » et passe à l'état « 0 » dans le cas contraire) (comporte souvent trois entrées attaquées par les signaux de sortie de trois circuits logiques identiques appartenant à des organes redondants et sert à choisir le signal logique ayant le plus de chances d'être correct lorsque l'un des circuits fournit un signal différent de celui des deux autres et, par conséquent, à contrôler le fonctionnement des trois organes) (si les trois entrées sont à l'état « 1 » ou « 0 », il est hautement improbable que les trois circuits contrôlés commettent une erreur en même temps et, par conséquent, la sortie de la porte majoritaire est à l'état « 1 » ou « 0 » respectivement et transmet ainsi le signal logique fourni par les trois circuits) (si deux entrées quelconques* *sont à l'état « 1 » et la troisième est à l'état « 0 », ou inversement, il est peu probable que les deux premiers circuits commettent une erreur en même temps et que ce soit le troisième qui fonctionne correctement ; leur signal de sortie a donc la majorité et, par conséquent, la sortie de la porte passe au même état logique pour transmettre ce signal)* (inf) (cf. aussi logic gate, logic state *et* redudancy) *(voir aussi à la fin de la rubrique* multiprocessor*).*

majority logic logique majoritaire *(ensemble de portes majoritaires)* (inf) (cf. aussi majority gate *et* logic (b)).

make[1] *s* fermeture *(d'un contact de relais, d'interrupteur ou de commutateur)* (cf. aussi break[1] 2)).

make[2] *v* fermer le circuit *(contact en position de fermeture)* (cf. aussi make[1]).

make-before-break action (commutation avec) chevauchement *(commutation réalisée par des contacts à chevauchement)* (cf. aussi switching 1) (a) *et* make-before-break contacts).

make-before-break contacts contacts à chevauchement *(au sens du terme anglais, jeu de contacts inverseurs de relais dans lequel le contact mobile touche le contact de travail avant de quitter le contact de repos, et vice versa)* (cf. aussi change-over contact *et, à titre d'information,* bridging contacts).

make-before-break feature (présence de) chevauchement *(contact inverseur)* (cf. aussi make-before-break contact).

make/break contact contact inverseur *(relais)* (cf. aussi change-over contact).

make contact contact de travail, contact travail, jeu de contacts *(idem)* *(jeu de contacts de relais maintenu ouvert par un ressort ou autre dispositif de rappel lorsque la bobine du relais n'est pas excitée par un courant approprié et se fermant lorsque l'armature ou le noyau plongeur vient à la position de travail)* (cf. aussi relay contact).

make current *(parf.* intensité du) courant à la fermeture *(courant circulant dans un circuit lors de la fermeture de celui-ci, notamment par un contact de relais, ou parfois, intensité de ce courant)* (cf. aussi making capacity *et* inrush current).

make-first contact cf. make-before-break contact.

make position position de fermeture *(contact)* (cf. aussi make[1]).

make pulse impulsion de fermeture, impulsion de commande de fermeture *(impulsion de courant fournie à un relais bistable ou à un relais à verrouillage pour provoquer la fermeture des contacts)* (cf. aussi current pulse, bistable relay *et* latching relay).

making capacity pouvoir de fermeture *(intensité maximale du courant de fermeture qu'un jeu de contacts de relais ou autre peut supporter un grand nombre de fois sans être endommagé par l'étincelle de fermeture)* (cf. aussi make current *et* contact rating).

male connector connecteur mâle *(partie d'un connecteur portant les broches ou les plages de contact qui s'emboîtent dans les alvéoles de la partie femelle)* (cf. aussi connector (a)).

male contact contact mâle *(contact de connecteur mâle)* (cf. aussi male connector).

malfunction défaut de fonctionnement *(appareil, etc.)* (cf. aussi failure 1) à 4)).

malfunction alarm system système de signalisation de pannes *(cf. aussi* built-in test).

man-machine communication dialogue entre l'homme et la machine, dialogue homme-machine *(expressions emphatiques et à la mode désignant l'action de donner des ordres ou poser des questions à un ordinateur à l'aide d'un terminal à clavier ou autre et la fourniture des résultats ou des réponses par celui-ci à l'aide d'un terminal à écran ou autre) (ces termes s'appliquent notamment à l'utilisation d'un ordinateur en mode interactif)* (inf) (cf. aussi interactive system *et* terminal 2)).

man-machine communications cf. man-machine communication.

man-machine dialog cf. man-machine communication.

man-machine interaction interaction entre l'homme et la machine, interaction homme-machine *(expression à sens plus large que « dialogue homme-machine » utilisée uniquement dans le cas d'un système interactif)* (inf) (cf. aussi man-machine communication).

man-machine interface interface *f* homme-machine *(nom parfois donné à un terminal d'ordinateur et notamment à un terminal à écran)* (inf) (cf. aussi computer terminal *et* display terminal).

man-made interference parasites artificiels *(parasites industriels et autres parasites produits par l'homme tels que les parasites dus à un brouilleur à bruit, par exemple)* (cf. aussi industrial interference, noise jammer *et* interference 1)).

man-made noise cf. man-made interference.

management data informations de gestion *(inf, etc.)* (cf. aussi data).

management information system système de gestion intégré *(système de traitement intégré de l'information appliqué à la gestion d'une entreprise)* (inf) (cf. aussi integrated data processing).

manback ... cf. manpack ...

Manchester code code Manchester *(code de transmission et d'enregistrement magnétique de signaux numériques dans lequel la valeur des binaires du signal est représentée par le sens des transitions entre les deux niveaux logiques de celui-ci) (un binaire « 1 » est représenté par une transition du niveau haut au niveau bas et un binaire « 0 » par une transition du niveau bas au niveau haut; les transitions se produisent au milieu des intervalles de temps successifs alloués aux binaires et une transition supplémentaire sans signification a lieu au début de l'intervalle d'un binaire lorsque ce dernier est le même que le binaire précédent pour permettre de conserver le même sens de transition pour celle qui est significative) (c'est ainsi que si deux « 0 » se suivent après un « 1 », le signal, qui est passé du niveau bas au niveau haut au milieu de l'intervalle de temps alloué au premier « 0 » pour représenter celui-ci, repasse au niveau bas au début de l'intervalle du second « 0 » pour pouvoir représenter celui-ci en passant de nouveau du niveau bas au niveau haut au milieu de cet intervalle, le processus se répétant n fois s'il y a n « 0 » successifs; le même raisonnement s'applique si deux « 1 » suivent un « 0 »; seul le sens des transitions est inversé) (ce code utilisant les deux niveaux du signal numérique (passage de l'un à l'autre) pour représenter un seul d'entre eux, c.-à-d. un binaire, il nécessite une cadence de modulation de la porteuse deux fois plus grande que la cadence de transmission de l'information représentée par les binaires, mais il a l'avantage d'être autocadencé et détecteur d'erreurs par nature et de produire un signal formé d'impulsions sans composante continue, ce qui permet la liaison en courant alternatif dans les appareils) (trans. données, enr. mag)* (cf. aussi digital signal, bit, transition (c), logic level, self-clocking code, modulation rate, data transmission rate, error detecting code *et* ac coupling).

Manchester-coded bit stream cf. Manchester stream.

Manchester-coded data stream cf. Manchester stream.

Manchester-coded stream cf. Manchester stream.

Manchester coding codage par code Manchester (cf. aussi Manchester code).

Manchester encoding cf. Manchester coding.

Manchester pattern combinaison Manchester *(combinaison de binaires codés suivant le code Manchester)* (cf. aussi bit pattern *et* Manchester code).

Manchester stream flux Manchester, flux (de binaires) à codage Manchester *(tls, etc.)* (cf. aussi bit stream *et* Manchester code).

maneuvering target cible en évolutions *(aéronef suivi par un radar militaire ou poursuivi par un missile et effectuant des évolutions brusques pour lui échapper)* (cf. aussi guided missile).

manganin manganine *m (alliage de cuivre, de manganèse et de nickel utilisé pour fabriquer du fil résistant à faible coefficient de température pour résistances bobinées de précision)* (cf. aussi temperature coefficient *et* precision wirewound resistor).

manipulated variable écart *(asser)* (cf. aussi error 2)).

manipulative deception diversion par altération *(nom parfois donné au brouillage de diversion pour rappeler qu'il consiste à altérer les signaux réfléchis par la cible vers l'émetteur hostile)* (mil) (cf. aussi deception jamming *et* deception).

manpack *cf.* manpack set.
manpack communications set *cf.* manpack transceiver.
manpack navigation receiver récepteur de navigation à bretelles *(récepteur de navigation militaire portable à dos d'homme et, par conséquent utilisable sur terre, dans les régions désertiques) (mil) (cf. aussi* navigation receiver).
manpack radio *cf.* manpack transceiver.
manpack radio set *cf.* manpack transceiver.
manpack receiver 1) récepteur de poste à bretelles *(mil) (cf. aussi* manpack transceiver). 2) *cf.* manpack navigation receiver.
manpack set poste à bretelles *(mil)* (a) *(cf. aussi* manpack transceiver); (b) *(cf. aussi* manpack navigation receiver).
manpack terminal *cf.* manpack transceiver.
manpack transceiver émetteur-récepteur à bretelles, poste à bretelles *(émetteur-récepteur militaire porté à dos d'homme) (constitue une station mobile) (cf. aussi* transceiver *et* mobite station).
manpack transmitter émetteur de poste à bretelles *(mil) (cf. aussi* manpack transceiver).
manual acquisition *cf.* manual target acquisition.
manual aerial steering *(GB) cf.* manual antenna steering.
manual antenna steering orientation manuelle de l'antenne *(pointage de l'antenne d'un radar commandé par l'opérateur de l'appareil) (avia) (cf. aussi* radar antenna).
manual area *cf.* manual service area.
manual/auto switch inverseur manuel/automatique *(inverseur permettant de passer du mode de fonctionnement à commande manuelle d'un appareil ou système au mode automatique).*
manual button *cf.* pushbutton.
manual central office *cf.* manual telephone exchange.
manual control commande manuelle *(appareil, organe, etc.).*
manual cueing recherche manuelle des repères *(recherche des repères sonores correspondant au début des enregistrements à émettre sur une bande magnétique de magnétophone ou magnétoscope de studio d'émission effectuée par l'opérateur de l'appareil en faisant défiler la bande).*
manual direction finder radiocompas à commande manuelle *(radiocompas dans lequel l'orientation du cadre est commandée par l'opérateur de l'appareil) (radionav) (avia) (cf. aussi* radio direction finder).
manual Doppler capability *cf.* manual Doppler frequency capability.
manual Doppler frequency capability possibilité de poursuite manuelle de la fréquence Doppler *(radar mil) (cf. aussi* manual Doppler frequency tracking).
manual Doppler frequency tracking poursuite manuelle de la fréquence Doppler *(ou du Doppler) (poursuite de la fréquence Doppler sur un récepteur de radar Doppler militaire assurée par l'opérateur de l'appareil) (cf. aussi* frequency tracking *et* Doppler shift).
manual Doppler tracking *cf.* manual Doppler frequency tracking.
manual entry introduction manuelle des informations *(ou des données) (introduction d'informations dans la mémoire d'un ordinateur à l'aide d'un terminal à clavier ou d'un crayon optique ou autre dispositif actionné par un opérateur) (inf) (cf. aussi* information, keyboard terminal *et* light pen).
manual exchange *cf.* manual telephone exchange.
manual frequency control commande manuelle de la fréquence *(émetteur, etc.) (cf. aussi* frequency control).
manual frequency tracking poursuite manuelle de la fréquence *(poursuite en fréquence par un récepteur radioélectrique assurée par l'opérateur de l'appareil) (récepteur d'écoute, etc.) (mil, etc.) (cf. aussi* frequency tracking *et* surveillance receiver).
manual frequency-tracking capability possibilité de poursuite en fréquence manuelle, *(etc.) (récepteur) (cf. aussi* manual frequency tracking *et* capability).
manual gain control réglage manuel du gain *(ampli) (récepteur, servomécanisme) (cf. aussi* gain 1)).
manual input *cf.* manual entry.
manual jamming mode mode de brouillage manuel *(mode de fonctionnement d'un brouilleur multimode dans lequel c'est uniquement l'opérateur qui règle la fréquence de brouillage) (mil) (cf. aussi* multimode jammer).
manual operation 1) commande manuelle *(commande d'un appareil ou autre matériel par un opérateur).* 2) exploitation manuelle *(exploitation d'une liaison ou d'un réseau de télécommunications ou d'une station ou d'une chaîne de radiodiffusion ou autre par un ou plusieurs opérateurs).*
manual prober *cf.* manual tester.
manual programming programmation manuelle *(programmation d'une mémoire programmable à l'aide d'un programmateur commandé par un opérateur) (inf) (cf. aussi* programmable memory).
manual receiver récepteur manuel *(nom donné à un récepteur de navigation ou d'écoute dont tous les réglages sont effectués par l'opérateur) (cf. aussi* navigation receiver *et* surveillance receiver).
manual reset *(voir aussi* reset[1] 1), 3) *et* 4)) 1) remise à zéro manuelle. 2) réarmement manuel. 3) réenclenchement manuel.
manual ringing appel manuel *(appel d'un central téléphonique manuel ou d'un poste téléphonique manuel à l'aide d'une magnéto d'appel ou d'une clé d'appel) (cf. aussi* manual telephone exchange, signalling generator *et* ringing key).
manual scanning 1) balayage manuel *(balayage d'un récepteur à balayage commandé par l'opérateur de l'appareil) (mil) (cf. aussi* scanning surveillance receiver). 2) *cf.* manual search 1).
manual search 1) exploration manuelle *(de l'espace aérien),* veille manuelle *(exploration de l'espace aérien par l'antenne d'un radar dont les mouvements du faisceau sont commandés par l'opérateur de l'appareil) (avia) (mil, etc.) (cf. aussi* radar). 2) *cf.* manual scanning 1).
manual sweep balayage manuel *(balayage de fréquence d'un générateur à balayage commandé par l'opérateur de l'appareil) (cf. aussi* sweeping generator).
manual switchboard commutateur manuel *(central tél) (cf. aussi* switchboard 2)).
manual switching commutation manuelle (a) *commutation réalisée à l'aide d'un interrupteur classique) (cf. aussi* switching (a)); (b) *(cf. aussi* manual telephone switching).
manual target acquisition accrochage manuel *(de la cible),* accrochage *(de la cible)* en mode manuel *(accrochage d'une cible par un radar dont le pointage de l'antenne est commandé par l'opérateur de l'appareil) (avia) (cf. aussi* target acquisition).
manual telephone exchange central téléphonique manuel, central manuel *(central téléphonique dans lequel la commutation est assurée par une ou plusieurs personnes, d'après les indications du demandeur, à l'aide d'un appareillage appelé « meuble » ou « standard » portant essentiellement des « jacks » reliés temporairement par des « dicordes », ainsi que des « annonciateurs » et des « clés ») (cf. aussi* telephone exchange, jack, cord circuit, annunciator 1) *et* key[1] 1)).
manual telephone set poste téléphonique manuel, poste manuel *(poste d'un réseau téléphonique manuel) (cf. aussi* telephone set *et* manual telephone system).
manual telephone switching commutation téléphonique manuelle, commutation manuelle *(commutation téléphonique réalisée dans un central manuel) (cf. aussi* telephone switching *et* manual telephone exchange).
manual telephone system réseau téléphonique manuel, réseau manuel *(réseau téléphonique dans lequel la commutation est réalisée dans des centraux manuels) (cf. aussi* telephone switching *et* manual telephone exchange).
manual telephony (la) téléphonie manuelle *(téléphonie dans un réseau téléphonique à commutation manuelle) (tls) (cf. aussi* telephony *et* manual telephone switching).
manual tester contrôleur manuel, testeur manuel *(contrôleur de cartes logiques ou autre nécessitant l'intervention d'un opérateur au cours de la séquence d'opérations de contrôle) (inf, etc.) (cf. aussi* logic tester).
manual tracking poursuite manuelle (a) *poursuite d'une cible par un radar de poursuite dont le pointage de l'antenne est commandé par l'opérateur de l'appareil) (cf. aussi* tracking 1) (a)); (b) *(cf. aussi* manual frequency tracking); (c) *(cf. aussi* manual Doppler frequency tracking).

manual tracking capability possibilité de poursuite manuelle (*radar, récepteur*) (*cf. aussi* manual tracking *et* capability).

manual tuning accord manuel (*accord d'un récepteur radio-électrique sur la fréquence d'une émission effectué par l'opérateur de l'appareil*) (*cf. aussi* tuning).

manual ultrasonic aluminium-wire bonding *cf.* manual ultrasonic aluminium-lead bonding.

manual ultrasonic aluminium-lead bonding soudage manuel de connexions en aluminium par ultrasons (*connexions ou fils selon le contexte*) (*cf. aussi* manual ultrasonic bonding).

manual ultrasonic bond soudure par ultrasons exécutée manuellement, soudure manuelle par ultrasons (*cf. aussi* manual ultrasonic bonding).

manual ultrasonic bonding soudage par ultrasons exécuté manuellement (*ou* avec exécution manuelle), soudage manuel par ultrasons (*procédé de soudage par ultrasons dans lequel la soudeuse est commandée par un opérateur*) (*cf. aussi* ultrasonic bonding).

manual volume control réglage manuel de l'intensité sonore (*ou* du volume) (*ampli. BF*) (*récepteur, électrophone, magnétophone*) (*cf. aussi* volume control).

manually controlled 1) à commande manuelle, commandé manuellement (*appareil, etc.*). 2) *cf.* manually tuned.

manually controlled CW noise jammer brouilleur à bruit à ondes entretenues à accord manuel (*brouilleur à bruit à ondes entretenues dont la fréquence d'émission est fixée par l'opérateur de l'appareil*) (*mil*) (*cf. aussi* CW noise jammer).

manually tuned à accord manuel, accordé manuellement (*récepteur, etc.*) (*cf. aussi* tuning).

manually tuned surveillance receiver récepteur d'écoute à accord manuel (*ou* accordé manuellement) (*mil*) (*cf. aussi* surveillance receiver *et* tuning).

manufacturing technology (la) technologie (de fabrication) (*CI, semi, etc.*) (*cf. aussi* technology).

map¹ *s* 1) carte (*radar, etc.*) (*cf. aussi* ground mapping). 2) topogramme (*mémoire*) (*inf*) (*cf. aussi* memory map).

map² *v* 1) cartographier (*radar, etc.*) (*cf. aussi* ground mapping). 2) topographier (*en mémoire*), (*parf.*) mettre en correspondance (*inf*) (*cf. aussi* memory mapping).

map display présentation cartographique (*radar cartographique*) (*cf. aussi* ground mapping radar).

map-matching guidance guidage par corrélation d'images (*autoguidage d'un missile ou d'un avion sans pilote par comparaison entre les informations sur le relief de la zone survolée fournies par le radar de bord et les informations sur cette zone contenues dans la mémoire du pilote automatique de l'engin*) (*mil*) (*cf. aussi* Tercom guidance system, pattern matching, self-guidance *et* autopilot).

mappable memory *cf.* mapped memory.

mapped ground terrain cartographié, (*parf.*) terrain représenté (*radar, etc.*) (*cf. aussi* ground mapping).

mapped memory mémoire cartographiée (*ou* topographiée) (*mémoire faisant partie de l'espace d'adressage dans le concept de mémoire virtuelle*) (*inf*) (*cf. aussi* memory mapping *et* address space).

mapped to ... (*voir aussi* memory mapping) 1) cartographié à ... 2) mis en correspondance avec ...

mapper appareil cartographique (*appareil permettant la cartographie du sol ou d'une zone de l'espace*) (*terme générique couvrant notamment les caméras de télévision employées en télédétection et les radars cartographiques*) (*cf. aussi* ground mapping *et* remote sensing).

mapping 1) cartographie, (*parf.*) relevé *s* (*établissement de cartes d'un sol, d'une zone de l'espace ou d'un champ de rayonnement ou de vitesses*) (*cf. aussi* ground mapping, underwater mapping, field mapping, visible mapping, infrared mapping, ultraviolet mapping *et* mapper). 2) cartographie, topographie, (*parf.*) mise en correspondance (*mémoire*) (*inf*) (*cf. aussi* memory mapping).

mapping device *cf.* mapper.

mapping instrument *cf.* mapper.

mapping mode mode cartographique (*mode de fonctionnement d'un radar multifonction utilisé comme radar cartographique*) (*mil, etc.*) (*cf. aussi* multimode radar *et* ground-mapping radar).

mapping radar radar cartographique (*avia, espace*) (*cf. aussi* ground-mapping radar).

MAR 1) *cf.* memory access register. 2) *cf.* memory address register.

Marconi aerial (*GB*) *cf.* Marconi antenna.

Marconi antenna antenne Marconi, antenne verticale quart d'onde (*antenne accordée formée d'un conducteur vertical dont la longueur électrique est égale au quart de la longueur de l'onde émise*) (*antenne-fouet, etc.*) (*cf. aussi* tuned antenna, electrical length *et* wavelength).

marginal reception réception incertaine (*ou* marginale) (*réception des émissions d'un émetteur radioélectrique dans une zone située à la limite de portée effective de celui-ci dans les conditions de propagation normale des ondes émises par l'antenne*) (*cf. aussi* radio wave propagation).

marginal reception area zone de réception incertaine, (*etc.*) (*cf. aussi* marginal reception).

marine ... *cf.* maritime ... (*pour les termes qui ne figurent pas ci-après*).

marine radar radar naval (*radar de navire ou radar de port*) (*cf. aussi* radar).

marine radar operator opérateur de radar naval (*cf. aussi* marine radar).

maritime capability possibilités air-surface (*parf. au singulier*) (*possibilité pour un radar d'aéronef de détecter et suivre des cibles sur mer*) (*mil, etc.*) (*cf. aussi* capability).

maritime communications télécommunications maritimes (*radiocommunications entre navires et entre ceux-ci et la terre*) (*cf. aussi* radio communications).

maritime mobile service service mobile maritime, service mobile en mer, service maritime, service en mer (*service mobile entre les navires et entre ceux-ci et la terre*) (*radiocom*) (*cf. aussi* mobile service).

maritime mode mode air-surface (*radar d'aéronef*) (*mil, etc.*) (*cf. aussi* air-to-surface mode).

maritime patrol radar *cf.* maritime search radar.

maritime radar *cf.* marine radar. (*de même pour les termes dérivés*).

maritime satellite communications télécommunications maritimes par satellite (*cf. aussi* maritime communications *et* satellite communications).

maritime search veille surface, (*parf.*) surveillance maritime (*radar d'aéronef*) (*mil, etc.*) (*cf. aussi* surface search).

maritime search mode mode de veille surface (*radar d'aéronef*) (*mil, etc.*) (*cf. aussi* surface search mode).

maritime search radar radar de veille surface (*aéronef*) (*mil, etc.*) (*cf. aussi* surface search radar).

maritime service *cf.* maritime mobile service.

maritime surveillance *cf.* maritime search. (*de même pour les termes dérivés*).

maritime telegraphy radiotélégraphie maritime, radiotélégraphie en mer (*cf. aussi* radiotelegraphy).

maritime telephony radiotéléphonie maritime, radiotéléphonie en mer (*cf. aussi* maritime mobile service).

mark *s* 1) marque (a) *marque portée par une carte à graphiter ou autre document informatique*) (*cf. aussi* mark-sense card); (b) *repère prévu sur une bande magnétique*) (*inf, etc.*) (*cf. aussi* end-of-tape marker). 2) travail, marque (*signal télégraphique*) (*cf. aussi* mark state).

mark a target *v* marquer une cible, (*etc.*) (*marqueur laser*) (*mil*) (*cf. aussi* laser designator).

mark-and-space signal *cf.* mark-space signal.

mark frequency fréquence de travail, fréquence marque (*fréquence d'émission d'un émetteur télégraphique pendant un état de travail*) (*cf. aussi* mark state *et* telegraph transmitter).

mark interval intervalle de travail, intervalle marque (*partie d'un signal télégraphique correspondant à un état de travail*) (*cf. aussi* mark state).

mark period période de travail, période marque (*durée d'un intervalle de travail*) (*tlg*) (*cf. aussi* mark state *et* period).

mark pulse impulsion de travail, impulsion marque (*impulsion émise pendant un état de travail d'un émetteur télégraphique*) (*cf. aussi* mark state *et* telegraph transmitter).

mark reader lecteur de marques (*appareil informatique permettant la lecture de marques*) (*cf. aussi* mark reading).

mark reading lecture de marques (*lecture de traits noirs tracés ou imprimés sur une carte à graphiter ou autre support d'informations effectuée par un appareil à lecture optique*) (inf) (*cf. aussi* mark-sense card *et* mark sensor).

mark-sense card carte à graphiter (*carte perforée portant une grille imprimée dans les cases de laquelle on peut tracer un bâton au crayon gras pour indiquer à la machine de traitement que l'emplacement correspondant doit être perforé dans la carte ou dans une autre carte*) (inf) (*cf. aussi* punched card *et* mark reading).

mark sensing 1) détection de marques (*dérouleur de bande, etc.*) (inf) (*cf. aussi* end-of-tape marker). 2) *cf.* mark reading.

mark sensor détecteur de marques (*photodétecteur d'un lecteur de marques ou d'un détecteur de fin de bande*) (inf) (*cf. aussi* mark reader, end-of-tape marker *et* photodetector).

mark/space frequency shift déplacement de fréquence travail/repos (*ou* marque/espace) (*signal télégraphique FSK*) (*cf. aussi* frequency-shift keying, mark state *et* space state).

mark/space modulation modulation à deux états (*modulation d'une porteuse télégraphique par passage d'une de ses caractéristiques d'une valeur déterminée à une autre*) (*l'une des deux valeurs peut être nulle dans le cas de modulation d'amplitude ou de phase à deux états, mais pas dans le cas de modulation de fréquence*) (*cf. aussi* telegraph carrier, mark state, space state, amplitude-shift keying, phase-shift keying *et* frequency-shift keying).

mark/space ratio *cf.* mark-to-space ratio.

mark/space signal signal à deux états (*signal télégraphique obtenu par modulation à deux états*) (*cf. aussi* mark/space modulation).

mark state état de travail, état marque (*état d'un signal télégraphique pendant que le manipulateur est abaissé ou pendant l'émission d'un binaire « 1 » par un téléimprimeur*) (*cf. aussi* telegraph signal, key[1] 2), teleprinter *et* space state).

mark-to-space ratio rapport de durée d'impulsion (*rapport entre la durée d'une impulsion de travail d'un signal télégraphique et la durée de l'intervalle entre deux impulsions*) (*cf. aussi* mark pulse).

mark wave *cf.* marking wave.

marked target cible marquée, cible illuminée (*par un marqueur laser*) (mil) (*cf. aussi* laser designator).

marked-target receiver *cf.* marked-target seeker.

marked-target seeker autodirecteur laser (mil) (*cf. aussi* laser seeker).

marked terminal borne repérée (*borne de composant ou d'appareil identifiée par des caractères ou un symbole*) (*cf. aussi* terminal 1)).

marked wire fil repéré (*fil électrique portant un nombre ou une autre indication ou comportant un fil-repère*) (*cf. aussi* marker 2) *et* wire[1] 1)).

marker 1) marqueur (a) *trait vertical ou radial ou circonférence produit(e) sur un écran cathodique par un circuit spécial pour former un repère de fréquence, de temps, d'orientation, de position ou de distance*) (vobulateur, récepteur de navigation, indicateur radar, etc.*) (*cf. aussi* range marker *et* lock-on marker); (b) *cf. aussi* event marker); (c) *type d'organe de sélection utilisé dans certains autocommutateurs téléphoniques électromécaniques*) (*cf. aussi* electromechanical telephone switch); (d) *cf. aussi* marker beacon); (e) *cf. aussi* target marker). 2) fil repère (*fil textile coloré adjoint à un ou plusieurs conducteurs d'un câble multiconducteur*) (*câble téléphonique ou autre*).

marker beacon (radio)balise de position, (radio)borne, marqueur (*radiobalise émettant dans un cône ou un secteur étroit à axe vertical pour permettre aux avions de repérer leur passage au point correspondant, généralement sur un axe d'approche à l'atterrissage*) (radionav) (*cf. aussi* zone marker, fan marker, outer marker, middle marker, inner marker *et* radio beacon).

marker blip marqueur (*petit trait brillant formé sur un écran de radar pour servir de repère de position*) (*cf. aussi* marker 1) (a) *et* radar scope).

marker generator générateur de marqueurs (*montage fournissant des impulsions ou autres signaux formant des marqueurs sur un écran cathodique ou un enregistrement graphique*) (*cf. aussi* marker 1) (a) *et* (b)).

marker pip *cf.* marker blip.

marker pulse marqueur, impulsion de marquage (*marqueur formé par une impulsion verticale sur la base de temps d'un tube cathodique*) (oscilloscope, vobulateur, récepteur de radionavigation) (*cf. aussi* marker 1) (a) *et* time base (a)).

marker sweep balayage avec marqueurs (oscillo) (*cf. aussi* marker 1) (a).

marking wave onde de travail, onde marque (*signal émis par un émetteur radiotélégraphique pendant un intervalle de travail*) (*cf. aussi* mark interval *et* wave).

maser (*vient de « microwave amplification by stimulated emission of radiation »*) maser (*amplificateur ou oscillateur hyperfréquence utilisant l'émission stimulée pour remplir sa fonction avec un très faible bruit dans le premier cas ou une très grande stabilité de fréquence dans le second*) (*le bruit du maser est dû à l'émission spontanée inévitable; toutefois, celle-ci étant très faible aux hyperfréquences, le bruit du maser est également très faible et son facteur de bruit excellent en fait l'amplificateur idéal, sur le plan technique, pour les signaux à très faible amplitude, mais pas sur le plan pratique car tous les types de maser nécessitent des dispositifs annexes encombrants et, principalement pour cette raison, sont fortement concurrencés par certains amplificateurs paramétriques*) (*la stabilité de la fréquence du maser oscillateur est due au fait que cette dernière dépend d'une fréquence caractéristique de l'atome et ne varie que dans la mesure où les dimensions de la cavité résonante utilisée varient, ce qui nécessite l'emploi d'un métal approprié pour celle-ci et une régulation de température très précise*) (*le maser amplificateur est utilisé pour amplifier des signaux noyés dans le bruit, notamment dans les radiotélescopes et dans des récepteurs de télécommunications par satellite et des récepteurs de radars*) (*le maser oscillateur est utilisé comme étalon de fréquence dans des horloges atomiques et a donné naissance au laser*) (*électronique quantique*) (*cf. aussi* gas maser, solid maser, stimulated emission, spontaneous emission, noise 2) (a), microwave amplifier, microwave oscillator, parametric amplifier, laser *et* quantum electronics).

mask[1] s 1) masque (perforé) (*tube-image TVC*) (*cf. aussi* shadow mask). 2) masque (de gravure) (*dans un procédé de gravure avec masque, plaque de verre couverte d'une couche de chrome représentant à l'échelle 1 ou plus et en n exemplaires le motif à reproduire par gravure sur une plaquette à graver couverte d'un vernis protecteur sur lequel la plaque est appliquée ou dont elle est séparée par une certaine distance*) (*un masque de gravure est lui-même fabriqué par photogravure à partir d'un masque primaire pour les motifs à moyenne définition, c.-à-d. les motifs des circuits intégrés hybrides, des transistors, thyristors et autres composants discrets réalisés par gravure et ceux des circuits intégrés monolithiques peu ou moyennement complexes, ou par gravure directe pour les motifs à haute définition ou « à traits fins », c.-à-d. les motifs des circuits intégrés complexes*) (*cf. aussi* masked lithography, contact mask, proximity mask, reticle, wafer 2), master mask, master drawing, integrated circuit, photolithography *et* direct writing). 3) masque (d'interruption) (inf) (*cf. aussi* interrupt mask).

mask[2] v masquer (*cf. aussi* mask[1]).

mask alignment alignement du masque (*parf.* des masques) (*action de positionner un masque de gravure avec une très grande précision sur la surface à sensibiliser ou résultat de cette action*) (fab. CI, etc.) (*cf. aussi* alignment 2) *et* mask[1] 2)).

mask artwork dessin des masques (*parf.* du masque) (fab. CI, etc.) (*cf. aussi* mask[1] 2)).

mask carrier porte-masque (*ensemble portant le masque dans un graveur de motifs*) (fab. CI, etc.) (*cf. aussi* mask[1] 2) *et* pattern printer).

mask contamination contamination des masques (*parf.* du masque) (*souillure et détérioration d'un masque de gravure par des poussières*) (*est particulièrement rapide dans le cas des masques en contact*) (fab. CI, etc.) (*cf. aussi* mask[1] 2)).

mask department service de fabrication des masques, service des masques (fab. CI, etc.) (*cf. aussi* mask[1] 2)).

mask fabrication fabrication des masques (*parf.* du masque) (*cf. aussi* mask[1]).

mask generation *cf.* mask fabrication. *(le terme anglais ne s'applique qu'aux masques de gravure).*

mask level niveau de masquage *(ensemble des opérations relatives à la conception, la fabrication et l'utilisation d'un masque de gravure déterminé) (fab. CI, etc.) (cf. aussi* mask[1] 2)).

mask life durée de vie des masques *(parf.* du masque) *(est plus longue pour les masques de proximité que pour les masques en contact et beaucoup plus longue pour les masques à projection et les réticules) (fab. CI, etc.) (cf. aussi* mask contamination).

mask maker *cf.* mask manufacturer.

mask-making *cf.* mask fabrication.

mask-making equipment graveur de masques, générateur de masques *(graveur à faisceau d'électrons utilisé pour confectionner des masques de gravure) (fab. CI, etc.) (cf. aussi* mask[1] 2) *et* direct-write electron-beam machine).

mask manufacture *cf.* mask fabrication.

mask manufacturer fabricant de masques *(cf. aussi* mask[1] 2)).

mask microphone microphone de masque *(microphone permettant le port d'un masque respiratoire) (est généralement un laryngophone) (avia, etc.) (cf. aussi* microphone *et* laryngophone).

mask oxide *cf.* masking oxide.

mask-programmable array matrice de portes programmable par masquage *(CI) (cf. aussi* gate array).

mask-programmable component composant programmé par masquage *(mémoire intégrée ou autre circuit intégré numérique réalisé à partir d'une matrice de portes adaptable) (inf) (cf. aussi* gate array).

mask-programmable device *cf.* mask-programmable component.

mask-programmable filter filtre programmé par masquage *(filtre numérique) (inf) (cf. aussi* mask-programmable component).

mask-programmable memory mémoire programmée par masquage *(autre nom, à la fois descriptif et moins précis, d'une mémoire ROM) (cf. aussi* mask-programmable ROM).

mask-programmable PROM *cf.* mask-programmable ROM.

mask-programmable read-only memory *cf.* mask-programmable ROM.

mask-programmable ROM mémoire ROM programmée par masquage, mémoire ROM masquée, mémoire ROM, mémoire morte *(idem) (CI) (inf) (cf. aussi* ROM *et* mask-programmable component).

mask-programmed ... *cf.* mask-programmable ...

mask registration *cf.* mask alignment.

mask ROM *cf.* mask-programmable ROM.

mask runout dilatation du masque *(augmentation du diamètre d'un masque de gravure sous l'action d'une augmentation de température) (fab. CI, etc.) (cf. aussi* mask[1] 2)).

mask set jeu de masques *(ensemble des masques utilisés pour fabriquer un composant nécessitant des opérations de gravure avec masquage) (CI, etc.) (cf. aussi* mask[1] 2)).

mask step *cf.* masking step.

mask-to-wafer alignment *cf.* mask alignment.

mask word mot de masque *(nom parfois donné à un masque d'interruption pour rappeler sa nature) (inf) (cf. aussi* interrupt mask).

maskable interrupt interruption masquable *(interruption de programme d'ordinateur dont l'exécution dépend de l'état logique d'un masque d'interruption) (inf) (cf. aussi* interrupt mask).

masked interrupt interruption masquée *(cf. aussi* maskable interrupt).

masked lithography gravure avec masque *(gravure exécutée à l'aide d'un masque ou, en d'autres termes, à l'aide d'un faisceau réparti d'énergie sensibilisante) (terme générique couvrant la photogravure, la gravure aux rayons X et la gravure par flux d'électrons) (cf. aussi* mask[1] 2), photolithography, X-ray lithography, projection electron-beam lithography, lithography *et* maskless lithography).

masked ROM *cf.* mask-programmable ROM.

masking masquage (a) *interposition d'un masque entre la source d'énergie sensibilisante et la surface à sensibiliser dans un procédé de gravure avec masque) (fab. CI, etc.) (cf. aussi* mask[1] 2) *et* masked lithography); (b) *protection de certaines zones d'un substrat par une couche d'oxyde ou autre matière appropriée au cours d'une opération de dépôt ou de dopage) (fab. CI, etc.) (cf. aussi* oxidation, deposition *et* doping); (c) *opposition à la propagation d'une onde en ligne droite due à un obstacle) (acou, radio, radar, optique) (cf. aussi* propagation); (d) *suppression ou atténuation, dans des directions déterminées, du faisceau émis par une antenne de radar pour éviter des interférences avec d'autres émetteurs ou, dans le cas d'un radar militaire, pour éviter que les signaux émis ne soient exploités par l'adversaire et notamment par des missiles antiradar de celui-ci) (cf. aussi* antiradiation missile); (e) *suppression d'une partie de l'image sur un écran cathodique pour la remplacer par d'autres informations visuelles) (TV, etc.);* (f) *diminution accidentelle ou intentionnelle de l'audibilité d'un son due à la présence d'un autre son) (radio, tél, hifi, etc.);* (g) *cf. aussi* interrupt masking).

masking effect effet de masque *(propa) (cf. aussi* masking (c)).

masking jammer brouilleur à bruit *(mil) (cf. aussi* noise jammer).

masking oxide oxyde de masquage *(ou* formant masque) *(oxyde formé sur un substrat semiconducteur ou reformé après exécution et utilisation de fenêtres dans la couche initiale ou après élimination de celle-ci) (fab. CI, semi) (cf. aussi* field oxide).

masking resolution définition du masquage *(précision de la délimitation des zones sensibilisées permise par l'emploi d'un masque et ses conditions d'emploi dans les procédés de gravure avec masque) (fab. CI, etc.) (cf. aussi* masking (a)).

masking step opération de masquage *(opération exécutée avant chaque opération de gravure dans un procédé de gravure avec masque) (fab. CI, etc.) (cf. aussi* masking (a) *et* masked lithography).

masking technology (la) technique du masquage *(fab. CI, etc.) (cf. aussi* masking (a) *et* technology).

maskless lithography gravure sans masque *(autre nom, plus général, de la gravure par faisceau d'électrons dirigé) (fab. CI) (cf. aussi* direct writing *et* masked lithography).

mass-bonded leads sorties soudées simultanément *(sorties de puce à bosses, par exemple) (CI, CH, etc.) (cf. aussi* lead[2] 2) *et* flip-chip).

mass bonding soudage simultané, soudure simultanée *(sorties de composants, etc.) (cf. aussi* mass-bonded leads).

mass data storage *cf.* mass storage.

mass-energy equation loi d'équivalence masse-énergie, relation *(idem),* principe *(idem) (noms donnés à la formule* $E = mc^2$ *déduite par Einstein selon laquelle la matière et l'énergie sont deux entités équivalentes, la matière pouvant se convertir en énergie et vice-versa, la masse m d'un corps et l'énergie équivalente E étant liées par un coefficient de proportionnalité* c^2 *égal au carré de la vitesse de la lumière c) (la valeur extrêmement grande de ce coefficient explique la quantité d'énergie considérable libérée en un instant dans une réaction nucléaire non ralentie, comme c'est le cas dans une bombe atomique) (cette loi a été confirmée expérimentalement pour la première fois lors de la découverte de l'annihilation électron-positon) (cf. aussi* energy, annihilation *et* theory of relativity).

mass-energy equivalence équivalence masse-énergie *(équivalence entre la masse d'un corps et l'énergie correspondante) (cf. aussi* mass-energy equation).

mass mailing postage *(terme que j'ai proposé),* publipostage *(terme officiel) (envoi d'un même courrier, éventuellement personnalisé, à un certain nombre de personnes ou autres entités pouvant être intéressées par son contenu, souvent à des fins publicitaires, généralement avec impression des adresses et éventuellement de tout ou partie du texte par une imprimante connectée à un ordinateur contenant une liste d'adresses et le ou les textes éventuels) (inf, etc.).*

mass media (les) media *(moyens dits « d'information » : presse écrite et télématique et radiodiffusion sonore et visuelle) (cf. aussi* broadcasting *et* telematics).

mass memory mémoire de masse, *(souvent aussi)* mémoire d'archivage *(mémoire auxiliaire d'ordinateur à grande ou très grande capacité, la signification quantitative de ces qualificatifs évoluant d'ailleurs avec les progrès de la technique des mémoires) (mémoire à bande magnétique, à disque(s) magnétique(s), à bulles magnétiques, à disque optique, etc.) (voir ces termes en anglais) (noter qu'une mémoire de masse peut être à accès très lent) (bande magnétique) ou rapide (certains disques magnétiques) ou intermédiaire (inf) (cf. aussi* bulk memory, auxiliary memory *et* memory capacity).

mass migration *cf.* electromigration.

mass storage 1) mémorisation dans une mémoire de masse, archivage *(idem), (parf.)* mémorisation d'un grand nombre d'informations *(inf) (cf. aussi* mass memory). **2)** *cf.* mass memory.

mass storage device *cf.* mass memory.

mass storage unit *cf.* mass memory.

mass-terminate *v* multiconnecter, connecter simultanément *(cf. aussi* mass termination).

mass-terminated cable cable plat *(cf. aussi* flat cable).

mass-terminated connector *cf.* mass-termination connector.

mass termination multiconnexion, connexion simultanée, connexion collective *(action de connecter les conducteurs d'un câble plat dans un connecteur multiple à contacts auto-dénudants ou, par extension, la technique de ce genre de connexion) (cf. aussi* flat cable *et* insulation-displacement connector).

mass-termination connector connecteur pour câble plat *(ou* en nappe) *(cf. aussi* insulation-displacement connector).

massive jamming brouillage à large bande *(mil) (cf. aussi* barrage jamming).

master **1)** père *(fab. disques) (cf. aussi* original master). **2)** *voir les autres termes commençant par « master ».*

master-antenna television télévision d'immeuble *(télévision par câble limitée à un immeuble contenant un certain nombre de récepteurs de télévision alimentés par une antenne collective surmontant l'immeuble) (cf. aussi* cable television).

master brightness control commande générale de luminance, *(etc.), (parf.)* potentiomètre *(idem) (potentiomètre ajustable permettant de régler simultanément la luminosité des trois points ou barrettes d'un triplet de luminophores sur un écran de tube-image couleur à masque perforé) (agit sur la polarisation du wehnelt des trois canons à électrons) (récepteur TVC) (cf. aussi* luminance, trimmer potentiometer, triad, control grid 2) *et* bias[1]).

master clock horloge (centrale) *(le qualificatif « centrale » parfois ajouté est généralement inutile, un système à fonctionnement cadencé ne comprenant qu'une horloge, sauf cas particulier) (inf, etc.) (cf. aussi* clock[1]).

master computer *cf.* central computer.

master control pupitre de régie *(pupitre portant les commandes principales pour l'émission des programmes dans la régie d'un studio de radiodiffusion sonore ou visuelle) (cf. aussi* control room 2)).

master disk disque original *(le terme anglais désigne généralement un disque original optique) (enr. sur disque) (cf. aussi* recording disk *et* optical disk).

master drawing dessin primaire *(premier dessin, à grande échelle, d'un circuit intégré, à partir duquel sont exécutés les dessins des différents masques nécessaires pour fabriquer le circuit) (cf. aussi* mask[1] 2)).

master enable **1)** validation générale *(validation simultanée de plusieurs portes logiques) (inf) (cf. aussi* enabling). **2)** *cf.* master enable pulse.

master enable pulse impulsion de validation générale *(impulsion de validation réalisant une validation générale) (inf) (cf. aussi* enable pulse *et* master enable).

master enable signal signal de validation générale *(nom parfois donné à une impulsion de validation générale) (inf) (cf. aussi* master enable pulse).

master enabling ... *cf.* master enable ...

master file fichier de base, fichier permanent *(inf) (cf. aussi* file[1]).

master frequency fréquence pilote *(fréquence émise par un oscillateur pilote ou par une station pilote) (cf. aussi* master oscillator *et* master station).

master gain control commande générale de gain, *(parf.)* potentiomètre *(idem) (potentiomètre permettant de régler simultanément le gain de plusieurs amplificateurs) (est utilisé notamment dans un amplificateur de chaîne stéréophonique à deux ou quatre voies et dans un pupitre de mélange de studio d'enregistrement ou de radiodiffusion sonore ou visuelle) (cf. aussi* potentiometer 1) *et* gain 1)).

master instruction tape bande d'exploitation, bande programme d'exploitation *(bande magnétique sur laquelle sont enregistrés les différents programmes et sous-programmes relatifs à une série de traitements) (inf) (cf. aussi* magnetic tape, computer program *et* routine).

master mask masque primaire, masque photographique *(plaque photographique à émulsion à grain très fin portant, en simple exemplaire, l'image négative du motif à reproduire par photogravure, généralement en n exemplaires, sur les masques utilisés en fabrication lorsque ceux-ci ne sont pas fabriqués par gravure directe) (fab. CI, etc.) (cf. aussi* mask 2) *et* photolithography).

master matrix père *(fab. disques) (cf. aussi* original master).

master meter appareil de mesure de haute précision.

master monitor écran de contrôle principal *(régie de studio de télévision) (cf. aussi* video monitor).

master oscillator oscillateur pilote, pilote (à quartz), maître-oscillateur *(oscillateur à quartz fournissant la fréquence de référence dans un système d'émission utilisant plusieurs fréquences comme dans un système multiplex fréquentiel, ou comprenant plusieurs émetteurs synchronisés comme dans un système de navigation hyperbolique, par exemple) (cf. aussi* crystal oscillator, frequency-division multiplex *et* hyperbolic navigation system).

master-oscillator power amplifier pilote amplifié *(oscillateur à quartz suivi d'une chaîne d'amplification fournissant la puissance nécessaire pour exciter l'antenne dans certains émetteurs) (est utilisé notamment dans des émetteurs de radar dont il constitue un des deux types « d'émetteur », ce terme étant pris avec son sens restreint, et dans des brouilleurs) (cf. aussi* crystal oscillator, amplifier chain *et* radar transmitter).

master pattern **1)** motif primaire, motif original *(motif formé sur un masque primaire) (fab. CI, etc.) (cf. aussi* master mask). **2)** *cf.* master drawing.

master pilot light voyant général *(voyant lumineux) (système, installation) (cf. aussi* pilot light).

master plate *cf.* master mask.

master program *cf.* main program.

master recorder table de gravure *(optique ou autre, selon le contexte) (le terme anglais désigne généralement un enregistreur à disque optique) (cf. aussi* optical disk recorder *et à titre d'information,* disk recorder).

master reset remise générale à l'état initial, *(souvent)* remise à zéro générale *(notamment remise à zéro simultanée de plusieurs compteurs d'ordinateur ou autres) (inf, etc.) (cf. aussi* reset[2] 1)).

master reticle *cf.* reticle.

master routine *cf.* main program.

master-slave arrangement montage piloté, montage maître-esclave *(cf. aussi* master-slave operation).

master-slave connection *cf.* master-slave arrangement.

master-slave flip-flop bascule maître-esclave *(bascule double introduisant un retard déterminé entre le changement d'état logique de la sortie de la première bascule et l'apparition de ce signal à la sortie de la seconde bascule) (est formée de deux bascules élémentaires synchrones, généralement du type JK, montées en cascade, la sortie de la première — appelée « maître » — changeant éventuellement d'état logique lorsqu'une impulsion d'horloge est appliquée à son entrée de synchronisation et la sortie de la seconde passant au même état lorsque cette impulsion disparaît) (le changement d'état de la première bascule est donc produit par le flanc avant de l'impulsion d'horloge et le changement d'état de la seconde par le flanc arrière) (inf) (cf. aussi* flip-flop, JK flip-flop, synchronous flip-flop *et* logic state).

master-slave operation fonctionnement avec pilote, fonctionnement en mode maître-esclave *(mode de fonctionnement de deux ou plusieurs appareils, circuits ou stations* *d'émission dans lequel l'un d'eux commande le fonctionnement des autres).*

master slice plaquette à circuits intégrés (monolithiques) *(plaquette à gravure portant des circuits intégrés monolithiques avec ou sans intégration sur la plaquette) (cf. aussi* Masterslice *(plus loin) et* wafer 2)).

master station station pilote, station maîtresse *(station radio émettant des signaux sur lesquels les signaux émis par d'autres stations sont synchronisés) (à la réception, les signaux émis par une ou deux stations synchronisées sont comparés à ceux de la station pilote) (radionav) (cf. aussi* hyperbolic navigation system).

master switch interrupteur général *(système, installation) (cf. aussi* ON/OFF switch).

master tape bande originale, bande de départ, bande à dupliquer *(copie de bandes magnétiques) (inf, etc.).*

master telephone transmission reference system système étalon de transmission téléphonique, ARAEN (Appareil de Référence pour la détermination de l'Affaiblissement Équivalent pour la Netteté) *(système de transmission téléphonique de haute qualité permettant de simuler des liaisons téléphoniques existantes pour évaluer leur qualité de transmission de la parole).*

master-to-slave base base *(radionav) (cf. aussi* base 6)).

master transmitter émetteur de la station pilote *(radionav) (cf. aussi* master station).

master trigger synchronisateur de radar *(cf. aussi* radar synchronizer).

mastering machine *cf.* master recorder.

Masterslice *(nom donné initialement en anglais à l'intégration sur la plaquette) (CI) (cf. aussi* master slice *(plus haut) et* wafer-scale-integration).

match *v* **1)** adapter *(deux impédances, etc.) (cf. aussi* impedance matching). **2)** assortir *(sens usuel).*

match impedance *cf.* matching impedance.

match-terminated line *cf.* matched line.

match-terminated transmission line *cf.* matched line.

matched bipolar transistors transistors bipolaires appariés *(semi) (cf. aussi* matched pair *et* bipolar transistor).

matched components composants appariés *(cf. aussi* matched pair).

matched diodes diodes appariées *(semi) (cf. aussi* matched pair *et* diode).

matched electron tubes *cf.* matched tubes.

matched FETs *cf.* matched field-effect transistors.

matched field-effect transistors transistors à effet de champ appariés, TEC appariés, FET appariés *(semi) (cf. aussi* matched pair *et* field-effect transistor).

matched filter filtre adapté *(filtre de récepteur de radar ou de sonar dont la courbe de réponse est construite en fonction de la forme des impulsions émises pour augmenter la probabilité de mise en évidence des échos noyés dans le bruit) (cf. aussi* filter[1], response curve *et* signal buried in noise).

matched filtering filtrage adapté, filtrage par filtre adapté *(traitement des échos reçus dans certains récepteurs de radar ou de sonar) (cf. aussi* matched filter).

matched impedance impédance adaptée *(cf. aussi* impedance matching).

matched line ligne adaptée *(ou* à charge adaptée *ou* fermée sur une charge adaptée), ligne de transmission *(idem) (noter qu'en fait ce n'est pas la ligne qui est adaptée) (cf. aussi* matched load (a) *et* transmission line).

matched load charge adaptée *(charge d'une source de courant alternatif dont l'impédance est adaptée à celle de la source) (cf. aussi* impedance matching) (a) *(charge d'un amplificateur, d'une ligne de transmission, etc.)* ; (b) *(charge adaptée hyperfréquence) (dispositif conçu pour être monté à une extrémité d'une ligne de transmission hyperfréquence pour absorber l'énergie électromagnétique qui y parvient et ne doit pas être réfléchie vers la source afin d'éviter la formation d'ondes stationnaires) (est formée d'un court tronçon de ligne de transmission du même type que celui de la ligne considérée muni à l'intérieur d'un élément dissipatif fixe ou réglable assurant l'adaptation) (cf. aussi* fixed load, sliding load,

coaxial load, waveguide load, standing wave, dissipative element *et (a) ci-dessus).*

matched pair paire de composants appariés, paire appariée, composants appariés *(ne pas employer « appairés ») (paire de composants de même type ayant des caractéristiques de fonctionnement aussi semblables que possible) (l'appariement est obtenu par tri après mesure des caractéristiques d'un lot de composants identiques dans le cas de composants discrets ou par des précautions particulières lors de la conception et de la fabrication dans le cas de composants intégrés) (sert à réaliser un montage symétrique) (résistances, condensateurs, diodes, transistors, tubes électroniques, etc.) (cf. aussi* discrete component, integrated component *et* symmetrical arrangement).

matched power gain gain en puissance à l'adaptation, gain à l'adaptation *(gain en puissance d'un amplificateur lorsque l'impédance d'entrée de sa charge est adaptée à son impédance de sortie, c.-à-d. gain maximal possible) (ce terme s'applique surtout à un amplificateur de puissance) (cf. aussi* power gain, impedance matching *et* power amplifier).

matched resistors résistances appariées *(pour diviseur de tension à deux résistances, etc.) (cf. aussi* matched pair *et* resistor).

matched termination *cf.* matched load.

matched transistors transistors appariés *(semi) (cf. aussi* matched pair).

matched transition transition adaptée *(transition de guides d'ondes ne créant pas d'ondes stationnaires) (hyper) (cf. aussi* waveguide transition *et* standing wave).

matched transmission line *cf.* matched line.

matched tubes tubes appariés, tubes électroniques *(idem) (cf. aussi* matched pair *et* electron tube).

matched waveguide guide d'ondes adapté *(ou* à charge adaptée) *(guide d'ondes terminé par une charge adaptée) (hyper) (cf. aussi* matched termination).

matching **1)** adaptation *(d'impédance, etc.) (cf. aussi* impedance matching). **2)** appariement *(de composants) (cf. aussi* matched pair).

matching amplifier amplificateur d'adaptation *(cf. aussi* buffer amplifier).

matching device dispositif d'adaptation *(dispositif réalisant l'adaptation d'impédance) (transformateur, amplificateur d'adaptation, tronçon de ligne à piston réglable, iris, tige, etc.) (cf. aussi* impedance matching).

matching diaphragm diaphragme d'adaptation *(nom descriptif d'un iris de guide d'ondes) (hyper) (cf. aussi* iris).

matching impedance impédance à l'adaptation *(valeur de l'impédance d'une charge pour laquelle celle-ci est adaptée à sa source) (cf. aussi* impedance matching).

matching patterns repères d'alignement *(fab. CI, etc.) (cf. aussi* mask alignment).

matching post tige d'adaptation *(tige métallique reliant deux côtés opposés d'un guide d'ondes à section rectangulaire pour réaliser l'adaptation d'impédance) (selon les côtés du guide qu'elle relie, une tige d'adaptation exerce sur l'impédance de celui-ci le même effet qu'un condensateur ou une bobine d'inductance, respectivement, monté(e) en parallèle sur une ligne de transmission à deux conducteurs) (hyper) (cf. aussi* capacitive post, inductive post, rectangular waveguide *et* impedance matching).

matching section tronçon d'adaptation *(tronçon de guide d'ondes muni d'un dispositif d'adaptation) (hyper) (cf. aussi* waveguide section 1) *et* waveguide matching device).

matching stub adaptateur coaxial, ligne d'adaptation, tronçon d'adaptation *(tronçon de ligne coaxiale rigide à court-circuit réglable monté sur une ligne coaxiale pour réaliser l'adaptation d'impédance) (hyper) (cf. aussi* coaxial line, short[1] 2) *et* impedance matching).

matching transformer transformateur d'adaptation *(transformateur utilisé uniquement ou principalement aux fins d'adaptation d'impédance) (transformateur de haut-parleur, par exemple) (cf. aussi* transformer 1) *et* impedance matching).

mated contacts contacts mis en contact *(cf. aussi* contact (a)).

mated-contacts force *cf.* mating force.

material *(ce terme ne doit être traduit (sic) systématiquement* *par « matériau » comme on le voit écrit partout)* **1)** corps *(au sens physique fondamental comme dans « tout corps est pesant »; s'applique aux solides, aux liquides et aux gaz);* **2)** matière, substance *(le premier terme est le meilleur) (s'appliquent surtout aux solides et aux liquides);* **3)** matériau *(un matériau est normalement une matière ouvrée, c.-à-d. un semi-produit : plaque, tôle, feuille, tige, fil, etc.) (ce terme ne s'applique qu'aux solides).*

material medium   milieu matériel *(milieu constitué par de la matière) (en d'autres termes, milieu constitué par un solide, un liquide ou un gaz) (cf. aussi* medium 1)).

math chip   puce de calculatrice *(puce de circuit intégré numérique montée dans une calculatrice de poche ou de table) (cf. aussi* chip 1), digital integrated circuit *et* calculator 1)).

math coprocessor   coprocesseur mathématique, *(etc) (coprocesseur optimisé pour l'exécution des opérations arithmétiques, ce qui réduit les temps de calcul dans un rapport pouvant atteindre et même dépasser 5) (inf) (cf. aussi* coprocessor *et* arithmetic operation).

mathematical check   contrôle arithmétique *(contrôle des résultats d'une suite d'opérations arithmétiques effectués par un ordinateur) (inf).*

mathematical model   modèle mathématique *(système d'équations décrivant le comportement d'un appareil, d'une machine ou d'un système ou le déroulement d'un processus) (cf. aussi* modeling).

mating contacts   contacts en contact *(paire de contacts effectivement en contact) (cf. aussi* contact (a)).

mating cycle   cycle d'emboîtement-déboîtement *(essais de durée de vie des connecteurs) (cf. aussi* connector (a)).

mating force   force d'emboîtement *(connecteur) (cf. aussi* insertion force).

mating points   points de contact *(points où une broche de la partie mâle d'un connecteur ou d'un composant enfichable porte dans l'alvéole correspondant de la partie femelle ou du support respectivement) (cf. aussi* pin 1) *et* connector (a)).

matrix   matrice *(ensemble d'éléments disposés suivant des lignes et des colonnes formant un tableau)* (a) *matrice mathématique);* (b) *cf. aussi* switching matrix); (c) *cf. aussi* color coder); (d) *cf. aussi* color decoder); (e) *cf. aussi* code converter); (f) *cf. aussi* memory matrix).

matrix addressing   adressage matriciel, adressage par coïncidence, adressage par lignes et colonnes *(parf.* des lignes et des colonnes), adressage en coordonnées rectangulaires *(adressage des éléments d'une matrice) (les lignes et les colonnes de la matrice peuvent être situées dans un même plan comme dans un plan de tores magnétiques ou une mémoire à semiconducteur, par exemple, ou dans deux plans distincts superposés comme dans un afficheur à points lumineux) (cf. aussi* matrix, core plane, semiconductor memory *et* luminous-dot display).

matrix array   *cf.* matrix.

matrix display   **1)** affichage par points, *(etc.) (voir ci-après).* **2)** afficheur matriciel, afficheur à points *(généralement lumineux),* afficheur à matrice de points *(idem) (afficheur alphanumérique dans lequel les caractères sont formés par des points juxtaposés, généralement lumineux, appartenant à une matrice de points pouvant être excités) (la matrice comprend souvent 5 colonnes et 7 lignes, c.-à-d. 5 points en largeur formant une ligne et 7 points en hauteur formant une colonne, soit 35 points permettant de former les 10 chiffres de la numération décimale, les 26 lettres de l'alphabet et quelques symboles avec une lisibilité acceptable) (cf. aussi* display panel *et* X-Y addressing (b)).

matrix memory   mémoire matricielle *(mémoire numérique dont les cellules sont disposées en une ou plusieurs matrices) (mémoire à tores magnétiques, mémoire à semiconducteur à matrice de portes logiques) (cf. aussi* digital memory, matrix, magnetic-core memory *et* semiconductor memory).

matrix print head   tête d'impression à matrice de points *(ou* matricielle), tête à matrice de points *(idem) (tête d'impression d'une imprimante à matrice de points) (inf) (cf. aussi* print head *et* matrix printer).

matrix printer   imprimante matricielle *(ou* à matrice de points *ou* à points) *(imprimante imprimant des caractères formés de points juxtaposés comme dans un afficheur à points) (les points sont formés sur le papier par différents procédés, généralement par des dispositifs élémentaires disposés suivant une ligne verticale, parfois deux ou plusieurs lignes décalées en hauteur, la matrice étant produite par le déplacement de la tête d'impression au cours de l'impression d'un caractère) (la matrice de points comprend souvent 5 × 7 points ou 7 × 9 points) (cf. aussi* matrix display, wire-matrix printer, thermal printer *et* ink-jet printer).

matrix printing   impression par points *(etc.) (imprimante) (cf. aussi* matrix printer).

matrix quadraphonic disc   *cf.* matrix quadraphonic disk.

matrix quadraphonic disk   disque quadraphonique matriciel, disque matriciel *(hifi) (cf. aussi* quadraphonic disk *et* matrix quadraphony).

matrix quadraphonic sound   son quadraphonique matriciel *(son produit par l'ensemble des haut-parleurs d'une chaîne de lecture quadraphonique matricielle) (hifi) (cf. aussi* quadraphonic sound *et* matrix quadraphony).

matrix quadraphonic sound system   *cf.* matrix quadraphonic system.

matrix quadraphonic system   chaîne quadraphonique matricielle *(hifi) (cf. aussi* quadraphonic system *et* matrix quadraphony).

matrix quadraphony   quadraphonie matricielle *(quadraphonie dans laquelle les quatre voies de prise de son sont combinées dans une matrice à résistances pour former deux voies servant à graver le disque original, la lecture se faisant également en deux voies avec dématriçage subséquent pour retrouver les quatre signaux initiaux à appliquer aux haut-parleurs des quatre enceintes acoustiques) (la gravure étant exécutées de la même façon que pour un disque stéréophonique, elle est compatible avec les têtes de lecture stéréophoniques, mais le fait de combiner sur deux voies les informations sonores contenues dans quatre signaux fait inévitablement perdre une petite partie de ces informations, ce qui est d'ailleurs peu sensible à l'écoute) (hifi) (cf. aussi* quadraphony, matrixing *et* original disk).

matrix storage   **1)** mémorisation dans une mémoire matricielle *(inf) (cf. aussi* matrix memory). **2)** *cf.* matrix memory.

matrix switch   (auto)commutateur matriciel, (auto)commutateur à matrice *(autocommutateur téléphonique dans lequel le réseau de connexion est une matrice de points de connexion) (central tél) (cf. aussi* telephone switch, switching network *et* crosspoint matrix).

matrix switching   commutation matricielle, commutation par matrice *(commutation téléphonique réalisée par un autocommutateur matriciel) (cf. aussi* telephone switching *et* matrix switch).

matrixer   *cf.* color coder.

matrixing   matriçage *(opération consistant à combiner deux ou plusieurs signaux dans une matrice à résistances pour obtenir des signaux déterminés) (cf. aussi* resistor matrix) (a) *dans le cas de deux signaux d'entrée (stéréophonie multiplex FM, etc.), sert à obtenir deux signaux dont l'un représente la somme des signaux d'entrée et l'autre leur différence) (cf. aussi* stereo FM); (b) *dans le cas de trois signaux d'entrée (télévision en couleurs), sert à obtenir le signal de luminance tiré des trois signaux d'entrée et les deux signaux de différence de couleur en retranchant le signal de luminance de deux des signaux d'entrée) (cf. aussi* luminance signal *et* color-difference signal); (c) *dans le cas de quatre signaux d'entrée (quadraphonie matricielle, etc.), sert à obtenir deux signaux représentant chacun un signal d'entrée déterminé complet et un pourcentage de l'amplitude de deux signaux déterminés parmi les trois autres) (cf. aussi* matrix quadraphony).

mattress array   antenne panneau *(cf. aussi* billboard antenna).

MATV   *cf.* master-antenna television.

maximum continuous rating   puissance maximale admissible en service continu *(puissance maximale qu'un composant ou un appareil électrique ou électronique ou une machine électrique peut absorber ou fournir en service continu sans être endommagé) (ce terme s'applique notamment à la puissance* *électrique dissipée en chaleur par une résistance et à la puissance mécanique fournie par un moteur électrique) (cf. aussi* power[1] 1)).

maximum current intensité maximale du courant, courant maximal *(cf. aussi* current).

maximum current input *cf.* maximum input current.

maximum current output *cf.* maximum output current.

maximum current rating intensité maximale admissible *(valeur maximale de l'intensité du courant pouvant circuler, pendant un temps généralement court, dans un composant ou autre matériel sans que celui-ci soit endommagé) (cf. aussi* current rating 1)).

maximum input **1)** *cf.* maximum input signal. **2)** *cf.* maximum input power. **3)** *cf.* maximum safe input level.

maximum input amplitude amplitude d'entrée maximale *(amplitude maximale d'un signal d'entrée) (cf. aussi* amplitude *et* input signal).

maximum input current intensité maximale du courant d'entrée, intensité d'entrée maximale, courant d'entrée maximal *(cf. aussi* input current).

maximum input level niveau d'entrée maximal *(niveau maximal d'un signal d'entrée) (cf. aussi* level 1) *et* input signal).

maximum input power **1)** puissance d'entrée maximale *(puissance maximale d'un signal d'entrée) (cf. aussi* power[1] 1) *et* input signal). **2)** puissance fournie maximale *(puissance maximale fournie par une source de courant à sa charge) (cf. aussi* power[1] 1), current source *et* load[1]). **3)** *cf.* maximum power input.

maximum input signal signal d'entrée maximal *(cf. aussi* input signal *et* maximum signal).

maximum input signal ... *cf.* maximum input ...

maximum input voltage tension d'entrée maximale *(cf. aussi* input voltage).

maximum output *cf.* maximum output power.

maximum output amplitude amplitude de sortie maximale *(amplitude maximale d'un signal de sortie) (cf. aussi* amplitude *et* output signal).

maximum output current intensité maximale du courant de sortie, intensité de sortie maximale, courant de sortie maximal *(cf. aussi* output current).

maximum output level niveau de sortie maximal *(cf. aussi* output level).

maximum output power puissance de sortie maximale *(cf. aussi* output power).

maximum output signal signal de sortie maximal *(cf. aussi* output signal *et* maximum signal).

maximum output signal ... *cf.* maximum output ...

maximum output voltage tension de sortie maximale *(cf. aussi* output voltage).

maximum power puissance maximale *(cf. aussi* power[1] 1)).

maximum power input puissance absorbée maximale, puissance maximale absorbée *(cf. aussi* power input *et* maximum input power 1) *et* 2)).

maximum power output *cf.* maximum output power.

maximum power transmission **1)** transmission maximale de l'énergie, transmission du maximum d'énergie *(ligne de transmission adaptée) (cf. aussi* matched line *et* power transmission). **2)** émission au maximum de puissance *(parf.* à la puissance maximale) *(émetteur).*

maximum principe (le) principe du maximum *(nom donné à une méthode de calcul variationnel élaborée par le mathématicien russe Pontriaguine dans le cadre de la théorie de la commande optimale et dans laquelle le minimum du critère considéré est obtenu en maximisant une fonction hamiltonienne appelée « fonctionnelle », c.à.d. lorsque les valeurs des variables indépendantes de la fonction sont choisies telles que celle-ci soit maximale) (a été traduit du russe par l'auteur du présent dictionnaire en 1963) (cf. aussi* optimum control theory *et* function[1] 1 (b)).

maximum safe input *cf.* maximum safe input level.

maximum safe input level niveau d'entrée maximal admissible *(amplitude ou puissance maximale du signal d'entrée d'un composant, circuit ou appareil que celui-ci peut supporter sans être endommagé) (cf. aussi* level 1)).

maximum signal signal maximal *(amplitude, puissance ou niveau maximal d'un signal) (cf. aussi* amplitude, power[1] 1), level 1) *et* signal[1]).

maximum signal amplitude amplitude maximale du signal *(parf.* des signaux) *(cf. aussi* amplitude).

maximum signal level niveau maximal du signal *(parf.* des signaux) *(cf. aussi* level 1)).

maximum signal power puissance maximale du signal *(parf.* des signaux) *(cf. aussi* power[1] 1)).

maximum undistorted output puissance de sortie maximale sans distorsion *(ou* utilisable) *(puissance du signal de sortie d'un amplificateur de puissance jusqu'à laquelle la distorsion du signal reste dans des limites acceptables) (cf. aussi* power[1] 1), power amplifier *et* distortion).

maximum usable frequency fréquence maximale utilisable (a) *sens général;* (b) *cf. aussi* MUF).

maximum useful output *cf.* maximum undistorted output.

maximum voltage input *cf.* maximum input voltage.

maximum voltage output *cf.* maximum output voltage.

maxterm maxterme, terme maximal *(fonction de Boole duale du minterme possédant, par conséquent, des propriétés duales de celles de ce dernier et notamment la propriété que toute fonction de Boole non vide peut se mettre, et d'une seule façon, sous la forme d'une intersection de maxtermes) (cette forme est appelée « forme canonique conjonctive ») (le maxterme étant dual du minterme, il est défini comme celui-ci, sauf que l'intersection des n éléments est remplacée par leur réunion) (logique) (inf) (cf. aussi* minterm).

maxwell maxwell *(unité de flux magnétique du système CGS) (est remplacé par le weber;* $1\ maxwell = 10^{-8}\ weber$) *(cf. aussi* weber).

Maxwell bridge pont de Maxwell *(pont de mesure d'inductance) (cf. aussi* bridge (a) *et* inductance).

Maxwell inductance bridge *cf.* Maxwell bridge.

Maxwell's equations équations de Maxwell *(système de quatre équations décrivant les relations existant entre les charges et courants électriques, d'une part, et les champs électriques et magnétiques qu'ils créent, d'autre part) (électromagnétisme) (cf. aussi* electric charge, electric current *et* electromagnetic field).

Maxwells's law loi de Maxwell *(loi physique selon laquelle le travail produit par la force électromagnétique agissant sur un circuit électrique parcouru par un courant et se déplaçant dans un champ magnétique, perpendiculairement aux lignes de force de celui-ci, est égal au produit de l'intensité du courant dans le circuit par le flux magnétique coupé par celui-ci dans son déplacement ou par la variation du flux dans le circuit au cours du déplacement) (électromagnétisme) (cf. aussi* electromagnetic force, magnetic field, magnetic flux *et* line of force).

Maxwell's rule règle du flux maximal *(règle selon laquelle un circuit électrique parcouru par un courant, assimilable à un solénoïde et placé dans un champ magnétique, tend à s'orienter de telle manière que le flux magnétique qu'il embrasse soit maximal) (en d'autres termes, si une bobine parcourue par un courant est suspendue librement dans un champ magnétique, elle s'oriente de telle façon que le plan de ses spires soit perpendiculaire aux lignes de force du champ magnétique) (électromagnétisme) (cf. aussi* magnetic field, magnetic flux, line of force *et* solenoid 1)).

Maxwell triangle triangle des couleurs de Maxwell, triangle de Maxwell *(triangle équilatéral aux sommets duquel Maxwell plaçait les trois couleurs primaires pour former un diagramme de chromaticité) (colorimétrie) (cf. aussi* chromaticity diagram).

mayday *(vient du français « m'aider » et se prononce de la même façon)* mayday *(appel de détresse radiotéléphonique international) (cf. aussi* distress call *et* radiotelephony).

Mb *cf.* megabit.

Mb/s *cf.* megabit per second.

MB *cf.* megabyte

MB/s *cf.* megabyte per second.

MBA *cf.* multibeam antenna.

MBE *cf.* molecular-beam epitaxy.

MBM *cf.* magnetic-bubble memory.

Mbyte *cf.* megabyte.

Mbyte/s *cf.* megabyte per second.
Mc *cf.* megacycle.
MCP *cf.* microchannel plate.
MCR *cf.* maximum continuous rating.
MCW *cf.* modulated continuous wave.
MDF *cf.* main distribution frame.
MDS 1) *cf.* minimum discernible signal. **2)** *cf.* microprocessor development system.

meaconing *(vient de « measuring and confusing »)* brouillage de navigation *(interception de signaux de radionavigation de l'adversaire et mesure de leur fréquence à l'aide d'un récepteur à fréquence instantanée et émission automatique de signaux de brouillage sur la même fréquence à l'aide d'un brouilleur à bruit) (ce terme s'applique notamment au brouillage des signaux émis par les balises radio militaires) (cf. aussi* radio navigation, IFM receiver, noise jammer *et* radio beacon).

mean carrier frequency fréquence centrale de la porteuse *(radio, tél, etc.) (cf. aussi* center frequency).

mean free path libre parcours moyen *(distance moyenne parcourue par une molécule ou un atome dans un gaz moléculaire ou atomique, respectivement, avant de rencontrer une autre particule) (physique des gaz raréfiés) (cf. aussi* molecule, atome *et* vacuum tube).

mean life durée de vie moyenne *(composant, etc.) (cf. aussi* lifetime).

mean time between failure temps moyen entre pannes, moyenne des temps de bon fonctionnement *(ce dernier terme, lourd et peu maniable, a été forgé uniquement pour que ses initiales, MTBF, soient les mêmes que celles, très utilisées, du terme anglais, ce qui n'est pas une nécessité) (composant ou autre matériel) (cf. aussi* failure rate *et* service life).

mean time to failure *cf.* mean time between failure.

mean time to repair temps moyen de réparation *(notion importante pour la continuité du service dans un réseau de télécommunications, entre autres).*

measurand *cf.* measured quantity.

measure s (une) mesure *(cf. aussi* measurement).

measured data données obtenues par mesure *(cf. aussi* data).

measured quantity grandeur mesurée *(cf. aussi* quantity 2)).

measurement mesure *(détermination de la valeur d'une grandeur à l'aide d'un instrument de mesure, celui-ci étant toujours appelé « appareil de mesure » en électricité et en électronique, et cette distinction n'existant pas en anglais) (cf. aussi* absolute measurement, relative measurement, measuring instrument, measure *et* value of a quantity) *(noter que le terme français est ambigu puisqu'il désigne tant l'action de mesurer que son résultat, ce qui est parfois gênant et n'est pas le cas en anglais avec « measurement » pour l'action et « measure » pour son résultat) (cette ambiguïté est levée si l'on emploie « mesurage » pour l'action, mais ce terme, parfaitement correct, a du mal à s'imposer, plus que « soudage », qui est maintenant bien implanté dans le langage des professionnels, mais moins que « gravage » qui serait pourtant très utile dans le domaine des composants à semiconducteur et celui des circuits imprimés).*

measurement ... *cf.* instrumentation ... *(pour les termes qui ne figurent pas ci-après).*

measurement accuracy précision de mesure *(nom souvent donné à l'erreur de mesure au sens général du terme) (cf. aussi* measurement error).

measurement apparatus appareillage de mesure *(ensemble d'appareils de mesure ou montage de mesure) (cf. aussi* measuring instrument *et* measuring setup).

measurement capabilities possibilités de mesure *(app. mesure) (cf. aussi* capability).

measurement capability *cf.* measurement capabilities *(ce terme étant le plus employé).*

measurement circuit *cf.* measuring circuit.

measurement conditions conditions de mesure *(ensemble des facteurs influant sur la précision d'une mesure déterminée : type d'instrument ou appareil de mesure utilisé, température ambiante, présence éventuelle de champs de force perturbateurs, de vibrations, etc.) (cf. aussi* measurement situation).

measurement confidence confiance dans les mesures effectuées *(cf. aussi* measurement error).

measurement error erreur de mesure *(différence entre la valeur indiquée par un appareil de mesure et la valeur effective de la grandeur mesurée) (cf. aussi* measurement accuracy, instrumental error, temperature error, operator error, percent of reading *et* measuring instrument).

measurement instrument *cf.* measuring instrument.

measurement junction *cf.* measuring junction.

measurement method méthode de mesure *(méthode de déviation, de comparaison, d'opposition, de substitution, méthode absolue, etc.) (cf. aussi* deflection method, comparison method, null method, substitution method, absolute method *et* measurement).

measurement of ... *cf.* ... measurement.

measurement plane plan de mesure *(section droite d'un guide d'ondes dans laquelle une mesure est effectuée à l'aide d'une sonde) (cf. aussi* waveguide).

measurement port bornes de mesure *(bornes d'un réseau électrique auxquelles est effectuée une mesure) (cf. aussi* port 1) *et* network 1)).

measurement power *cf.* measurement capabilities.

measurement process processus de mesure *(ne pas confondre avec « méthode de mesure ») (cf. aussi* measurement method *et* process[1] 1).

measurement range 1) intervalle de mesure, plage de mesure *(intervalle des valeurs d'une grandeur dans lequel celle-ci est mesurée).* **2)** calibre, gamme de mesure *(intervalle des valeurs d'une grandeur qu'un appareil de mesure peut mesurer) (ce terme s'emploie surtout pour un appareil à plusieurs calibres) (voltmètre, ampèremètre, multimètre, oscilloscope, etc.).*

measurement reading résultat de mesure *(cf.* reading 2).

measurement repeatability reproductibilité des mesures *(cf. aussi* repeatability).

measurement reproducibility *cf.* measurement repeatability *(le premier terme étant peu employé).*

measurement resolution *cf.* measurement sensitivity.

measurement sensitivity sensibilité de mesure *(cf. aussi* sensitivity).

measurement setup *cf.* measuring setup.

measurement site lieu de mesure *(lieu où sont effectuées des mesures).*

measurement situation cas de mesure *(type de mesure à effectuer et conditions de mesure) (cf. aussi* measurement *et* measurement conditions).

measurement system *cf.* measuring system.

measurement technique *cf.* measurement method.

measurement technology (la) technique de la mesure *(cf. aussi* measurement technique *et* technology).

measurement unit unité de mesure *(cf. aussi* unit 1), ce terme étant le plus employé.

measuring amplifier amplificateur de mesure *(cf. aussi* intrumentation amplifier).

measuring channel voie de mesure (a) *voie d'une liaison de télémesure utilisant un multiplex) (cf. aussi* multiplex[1] *et* telemetry) ; (b) *nom donné à chacun des circuits de mesure d'une centrale de mesure) (cf. aussi* measuring circuit *et* data logger).

measuring circuit circuit de mesure *(circuit formé par un appareil de mesure, ses deux cordons ou autres conducteurs et la source de courant ou la partie de circuit aux bornes de laquelle ceux-ci sont connectés).*

measuring current *(parf.* intensité du) courant de mesure *(courant circulant dans un circuit de mesure ou, parfois, intensité de ce courant) (cf. aussi* measuring circuit).

measuring device *cf.* measuring instrument.

measuring element élément sensible *(d'un capteur) (cf. aussi* sensing element).

measuring equipment 1) appareils de mesure. **2)** *cf.* measurement apparatus. **3)** *cf.* measuring instrument.

measuring instrument appareil de mesure *(appareil indiquant la valeur d'une grandeur) (la valeur peut être indiquée sous forme analogique ou numérique ou mixte) (voltmètre, ampèremètre, ohmmètre, multimètre, pont de mesure, oscilloscope, analyseur, etc.) (cf. aussi* indicating instrument, recording measuring instrument, analog measuring instrument, digital measuring instrument, meter[1], precision measuring instrument, sensitive measuring instrument, measurement *et* bar-graph display).

measuring junction jonction de mesure (*nom parfois donné à la soudure chaude d'un thermocouple pour rappeler sa nature et sa fonction*) (*cf. aussi* hot junction).

measuring range *cf.* measurement range.

measuring rate cadence de mesure (*nombre de mesures effectués par unité de temps, notamment par une centrale de mesure*) (*cf. aussi* data logger 1)).

measuring scale échelle de mesure (*app. mesure*) (*cf. aussi* meter scale).

measuring sensitivity sensibilité (de mesure) (*app. mesure*) (*cf. aussi* sensitivity).

measuring setup montage de mesure (*montage électrique ou électronique connecté à un ou plusieurs appareils de mesure en vue d'effectuer des mesures*) (*cf. aussi* test setup).

measuring spark-gap spinthermètre, spintermètre, éclateur de mesure (*éclateur à sphères utilisé principalement pour mesurer des tensions impulsionnelles de grande valeur et notamment des tensions de choc simulant des coups de foudre dans le cadre des études de l'action de la foudre sur les lignes et installations électriques*) (*cf. aussi* sphere gap *et* impulse voltage).

measuring system chaîne de mesure (*ensemble des éléments utilisés pour mesurer une ou plusieurs grandeurs*) (*comprend au moins un appareil de mesure et deux conducteurs le reliant au dispositif fournissant la grandeur à mesurer, celui-ci étant souvent un capteur*) (*peut en outre comprendre notamment un amplificateur de mesure et des circuits de conversion de signaux, ainsi qu'une liaison radio et, dans le cas d'une chaîne multiple, c.-à-d. permettant la mesure de plusieurs grandeurs, un multiplexeur et un démultiplexeur*) (*cf. aussi* data acquisition system, measuring instrument, sensor, instrumentation amplifier, signal converter, multiplexer, demultiplexer *et* data logger).

measuring transmitter transmetteur s (*nom parfois donné à un capteur*) (*cf. aussi* sensor).

measuring unit (*ne pas confondre avec « measurement unit »*) **1)** *cf.* measuring instrument. **2)** *cf.* measuring element.

mechanical axis axe mécanique, axe y (*axe d'un cristal de quartz non associé à une propriété électrique ou optique de celui-ci*) (*un cristal de quartz possède trois axes mécaniques, lesquels relient le milieu des côtés opposés de l'hexagone de la section droite du cristal*) (*cf. aussi* quartz crystal).

mechanical bandspread bande étalée par bouton démultiplié (*commande de bande étalée simplifiée réalisée par démultiplication de la commande des condensateurs d'accord d'un récepteur superhétérodyne classique*) (*cf. aussi* band spreading).

mechanical calculator machine à calculer (mécanique *ou, plus souvent,* électromécanique) (*noter que le terme français « calculatrice » est réservé aux « machines » à calculer électroniques*) (*cf. aussi* calculator).

mechanical filter filtre mécanique (*filtre utilisant un résonateur mécanique couplé à deux transducteurs électromécaniques pour réaliser la fonction de filtrage à bande étroite*) (*le résonateur mécanique est souvent constitué par une ou plusieurs tiges métalliques éventuellement associées à des disques*) (*le signal électrique à filtrer est appliqué à un transducteur d'entrée piézoélectrique ou magnétostrictif qui le convertit en vibrations appliquées à leur tour au résonateur; celui-ci n'entre en vibration que pour les fréquences du signal proches de sa fréquence propre, c.-à-d. pour une bande de fréquence très étroite; les vibrations produites par le transducteur d'entrée sont ainsi transmises sélectivement au transducteur de sortie, symétrique du premier, qui les reconvertit en un signal électrique ne contenant que les fréquences auxquelles le résonateur résonne effectivement*) (*est utilisé notamment pour la séparation des voies à la réception d'un multiplex téléphonique à répartition de fréquence*) (*cf. aussi* mechanical resonator, electromechanical transducer, narrow-band filtering, natural frequency *et* frequency-division multiplex).

mechanical filtering filtrage par filtre mécanique (*signal*) (*cf. aussi* mechanical filter).

mechanical impedance impédance mécanique (*analogue de l'impédance électrique pour un système oscillant mécanique, les frottements agissant comme la résistance et l'ensemble masse-force de rappel comme la réactance*) (*lorsque le système oscillant est un corps parcouru par une onde acoustique, l'impédance mécanique prend le nom d'impédance acoustique*) (*cf. aussi* impedance).

mechanical indexing *cf.* indexing 1).

mechanical joint **1)** connexion sans soudure (*cf. aussi* solderless connection). **2)** joint mécanique (*joint tournant d'antenne de radar, etc.*) (*cf. aussi* rotary joint).

mechanical jump discontinuité mécanique (*discontinuité de la variation de la tension de sortie d'un potentiomètre bobiné au passage du curseur d'une spire à la suivante*) (*cf. aussi* wirewound potentiometer *et* slider noise).

mechanical latching relay relais à verrouillage mécanique (*relais à verrouillage dans lequel celui-ci est assuré par un dispositif à ressort et crochet ou équivalent dont l'effacement est commandé par un électro-aimant ou manuellement*) (*cf. aussi* latching relay).

mechanical life durée de vie mécanique (*durée de vie d'un dispositif électromécanique déterminée par l'usure de ses pièces en mouvement relatif autres que les organes assurant un contact électrique*) (*machine électrique tournante, relais pas-à-pas, appareil de mesure électromécanique, capteur de déplacement, interrupteur, commutateur, etc.*) (*cf. aussi* lifetime).

mechanical modulation modulation mécanique (*modulation réalisée par un modulateur mécanique ou produite accidentellement par des vibrations d'un élément d'un composant électronique*) (*cf. aussi* modulation (a), mechanical modulator *et* microphonics).

mechanical modulator modulateur mécanique (*tg*) (*modulateur agissant par déplacement d'un élément mécanique*) (*condensateur variable à variation périodique commandée, piston de cavité de magnétron à sauts de fréquence, découpeur optique, etc.*) (*cf. aussi* modulator, variable capacitor, frequency-hopping magnetron, optical chopper *et* mechanical modulation).

mechanical oscillograph galvanomètre enregistreur (*terme générique couvrant l'enregistreur galvanométrique à plume et celui à miroir*) (*cf. aussi* direct-writing recorder, oscillographic recorder *et* oscillograph).

mechanical phonograph phonographe (*ancêtre du tourne-disque, dans lequel la pointe de lecture est une aiguille d'acier dont les vibrations sont communiquées à une membrane métallique reproduisant directement les sons enregistrés sur le disque*) (*il n'y a donc aucun élément électrique ni, à fortiori, électronique et donc pas de haut-parleur; le plateau est entraîné par un moteur à ressort*) (*ce principe est encore appliqué à certains « électrophones » pour enfants en bas âge*) (*cf. aussi* phonograph).

mechanical recorder *cf.* mechanical sound recorder.

mechanical recording (l')enregistrement mécanique (*n'est appliqué qu'à l'enregistrement du son*) (*cf. aussi* mechanical sound recording).

mechanical rectifier redresseur mécanique (*tg*) (*dispositif utilisant le mouvement d'un organe mécanique pour redresser un courant alternatif*) (*collecteur et balais d'une dynamo, vibreur synchrone*) (*cf. aussi* commutator 1) *et* synchronous vibrator).

mechanical reproducer tête de lecture mécanique (*tête de lecture d'un phonographe*) (*cf. aussi* mechanical phonograph).

mechanical resonance résonance mécanique (*résonance d'un solide, notamment d'une particule ou d'un organe d'une construction, d'une machine ou d'un appareil, possédant une certaine élasticité en plus de sa masse*) (*l'élasticité est l'équivalent mécanique de la capacité et la masse l'équivalent de l'inductance*) (*résonance d'un électron, du tablier d'un pont suspendu sous l'action du vent ou d'une troupe marchant au pas cadencé, d'un arbre de transmission allongé, d'un fil ou câble de ligne aérienne téléphonique ou électrique sous l'action du vent, de la membrane d'un haut-parleur, de la membrane d'un capteur de pression, etc.*) (*cf. aussi* resonance).

mechanical resonator résonateur mécanique (*résonateur dans lequel les oscillations sont celles d'un organe mécanique*) (*pendule, balancier spiral, diapason, etc.*) (*cf. aussi* resonator *et* mechanical resonance).

mechanical scan (un) balayage mécanique *(cf. aussi* mechanical scanning).

mechanical scanning (le) balayage mécanique (a) *balayage dans les premiers procédés de télévision) (dans le cas de l'émetteur, les termes « analyse mécanique » ou, moins bien, « exploration mécanique » sont préférables) (cf. aussi* mechanical-scanning television *et* electronic scanning (a)); (b) *balayage du faisceau d'une antenne de radar classique ou d'une antenne analogue par rotation de celle-ci autour d'un axe vertical ou horizontal ou les deux à la fois) (cf. aussi* radar antenna *et* electronic scanning (b)).

mechanical scanning aerial *cf.* mechanical scanning antenna.

mechanical scanning antenna antenne à balayage mécanique *(antenne de radar classique) (cf. aussi* mechanical scanning (b)).

mechanical scanning radar radar à balayage mécanique, radar à antenne à balayage mécanique *(type classique) (cf. aussi* mechanical scanning (b)).

mechanical scanning television télévision à balayage mécanique, télévision mécanique *(ancien procédé de télévision dans lequel la scène à transmettre est analysée par une cellule photoélectrique à travers les trous d'un disque tournant devant celle-ci, et reconstituée d'une façon analogue à la réception) (ancêtre de la télévision représenté notamment par le procédé à disque de Nipkov) (cf. aussi* Nipkow disk *et* television).

mechanical sound recorder enregistreur mécanique de sons *(enregistreur de sons dans lequel ceux-ci sont enregistrés par action mécanique sur le support d'enregistrement, en l'occurrence par enlèvement de matière pour former un sillon dans la surface d'un disque ou, anciennement, d'un cylindre) (terme générique couvrant la table de gravure et les premiers appareils d'enregistrement du son) (cf. aussi* disk recorder *et* sound recorder).

mechanical sound recording (l')enregistrement mécanique du son *(enregistrement du son par action mécanique) (cf. aussi* mechanical sound recorder).

mechanical television system procédé de télévision à balayage mécanique *(cf. aussi* mechanical scanning television *et* television system[1]).

mechanical translation *cf.* machine translation.

mechanical tuning accord mécanique *(accord d'une cavité résonnante de tube hyperfréquence par modification d'une dimension de celle-ci par déformation d'une de ses parois ou par déplacement d'un piston) (magnétron, etc.) (cf. aussi* tuning, cavity resonator *et* microwave tube).

mechanical wave onde mécanique *(onde dans laquelle la caractéristique variable du milieu est la position des particules de celui-ci dans une direction perpendiculaire à la direction de propagation de l'onde ou dans cette dernière direction) (en d'autres termes, onde caractérisée par un déplacement de matière et ne pouvant, par conséquent, se propager que dans un milieu matériel) (onde dans une corde tendue, onde à la surface d'un liquide ou onde élastique) (cf. aussi* elastic wave, material medium *et* wave).

mechanical zero zéro mécanique *(position de l'aiguille d'un appareil de mesure analogique en l'absence de tension à ses bornes) (cf. aussi* zero adjustment *et* analog meter).

mechanically tunable ... *cf.* mechanically tuned ...

mechanically tuned magnetron magnétron à accord mécanique, magnétron accordé *(ou* accordable) mécaniquement *(hyper) (cf. aussi* magnetron *et* mechanical tuning).

mechanically tuned oscillator oscillateur à accord mécanique, oscillateur accordé *(ou* accordable) mécaniquement *(magnétron, etc.) (hyper) (cf. aussi* mechanical tuning).

media 1) *(ce terme, qui est le pluriel du substantif « medium », est parfois utilisé incorrectement à la place de celui-ci pour désigner un support d'informations) (cf. aussi* medium 2). 2) *cf.* mass media.

media conversion conversion de support *(transfert d'informations d'un type de support à un autre) (conversion cartes perforées/bande magnétique, etc.) (inf) (cf. aussi* media 1)).

medical electronics électronique médicale *(branche de l'électronique couvrant les applications de cette science au diagnostic et au traitement de certaines maladies, ainsi qu'à la surveillance des paramètres biologiques et à la stimulation du fonctionnement de certains organes) (cf. aussi* electronics 1) *et* 2)).

medical imagery images médicales *(au sens du terme anglais, images obtenues par imagerie médicale) (cf. aussi* medical imaging).

medical imaging imagerie médicale *(imagerie mise en œuvre à des fins médicales, c.-à-d. radioscopie, radiographie, thermographie, échographie, holographie acoustique, etc. à but médical) (cf. aussi* imaging).

medium *s* 1) milieu *s (au sens physique, zone tridimensionnelle dotée de propriétés particulières) (milieu matériel, milieu immatériel, milieu ambiant, milieu magnétique, milieu de mémorisation, milieu de propagation, milieu de transmission, milieu conducteur, milieu isolant, etc.) (voir aussi* 2) *ci-après) (cf. aussi* material medium, non-material, medium, magnetic medium, propagation medium, transmission medium *et* media 1)). 2) support (d'informations), *(parf.)* milieu (d'enregistrement *ou* de mémorisation) *(cf. aussi* recording medium *et* storage medium).

medium frequency moyenne fréquence, MF, fréquence MF *(au sens anglo-saxon, c.-à-d. fréquence de 300 à 3 000 kHz, correspondant à une longueur d'onde de 1 000 à 100 mètres, c.-à-d. à une onde hectométrique) (radioélectricité) (cf. aussi* frequency *et* wavelength).

medium-frequency ... *cf.* MF ... *(pour les termes qui ne figurent pas ci-après).*

medium-frequency band bande MF *(radioélectricité) (cf. aussi* medium frequency *et* MF band).

medium-frequency furnace four à moyenne fréquence, four MF *(four à induction) (cf. aussi* medium-frequency heating).

medium-frequency heating chauffage à moyenne fréquence, chauffage MF *(chauffage par induction utilisant un courant à fréquence comprise entre 500 et 5 000 Hz) (cf. aussi* induction heating).

medium-power amplifier amplificateur de moyenne puissance *(cf. aussi* power amplifier).

medium-power coaxial termination charge coaxiale de moyenne puissance *(hyper) (cf. aussi* coaxial termination *et* medium-power termination).

medium-power load charge de moyenne puissance *(charge absorbant une puissance moyenne en valeur relative) (cf. aussi* load[1]).

medium-power silicon rectifier redresseur au silicium de moyenne puissance *(cf. aussi* silicon rectifier).

medium-power termination charge adaptée de moyenne puissance, charge de moyenne puissance *(charge adaptée pouvant dissiper une puissance moyenne en valeur relative sans être endommagée) (hyper) (cf. aussi* medium-power coaxial termination, medium-power waveguide termination *et* termination).

medium-power waveguide termination charge en guide d'ondes de moyenne puissance *(hyper) (cf. aussi* waveguide termination *et* medium-power termination).

medium-PRF radar radar à fréquence de récurrence moyenne *(cf. aussi* PRF).

medium-PRF waveform signal à fréquence de récurrence moyenne *(radar, etc.) (cf. aussi* PRF *et* waveform).

medium pulse-repetition-frequency ... *cf.* medium PRF ...

medium-range radar radar à moyenne portée *(radar de veille ou de poursuite dont la portée sur une cible à surface équivalente de 1 m² est de quelques centaines de kilomètres) (avia) (cf. aussi* radar range 1), search radar *et* tracking radar.

medium-range search radar radar de veille à moyenne portée *(mil) (cf. aussi* search radar *et* medium-range radar).

medium-scale computer ordinateur de moyenne puissance *(ou* de puissance moyenne) *(inf) (cf. aussi* computer 2) *et* processing power).

medium-scale IC *cf.* MSI circuit.

medium-scale integrated circuit *cf.* MSI circuit.

medium-scale integration intégration à moyenne densité *(ou* à densité moyenne) (de composants), moyenne intégration, intégration à moyenne échelle, MSI *(intégration d'un nombre moyen de transistors dans le substrat d'un circuit intégré monolithique) (cf. aussi* integration density).

medium-scale integration ... *cf.* MSI ...

medium wave onde moyenne *(radioélectricité)* *(cf. aussi* hectometric wave).

medium wave band gamme des ondes moyennes *(radioélectricité)* *(cf. aussi* wave band *et* medium wave).

medium-wave broadcasting radiodiffusion en ondes moyennes *(radiodiffusion sonore)* *(cf. aussi* medium wave *et* radio broadcasting).

meg *cf.* megohm.

megabit mégabinaire, Mb *(unité d'information numérique égale à 10^6 binaires) (ne pas employer « mégabit ») (inf, tls) (cf. aussi* bit).

megabit capacity capacité de l'ordre du mégabinaire, capacité mégabinaire, capacité de mémorisation *(idem) (capacité d'une mémoire numérique comprise entre 1 et 9,999 mégabinaires inclusivement ou parfois plus) (inf) (cf. aussi* memory capacity *et* megabit).

megabit memory mémoire à capacité de l'ordre du mégabinaire, mémoire à capacité mégabinaire, mémoire mégabinaire *(inf) (cf. aussi* megabit capacity).

megabit memory capacity capacité de mémoire ... *(voir aussi* megabit capacity).

megabit per second mégabinaire par seconde, Mb/s *(unité de vitesse de transmission d'informations numériques égale à 10^6 binaires par seconde) (inf, tls) (cf. aussi* transmission rate, digital data *et* bit).

megabit-per-second ... *cf.* megabit ...

megabit rate *cf.* megabit transmission rate.

megabit speed *cf.* megabit transmission rate.

megabit storage 1) mémorisation de mégabinaires *(mémoire numérique) (inf) (cf. aussi* megabit). 2) *cf.* megabit memory.

megabit storage capacity capacité de mémorisation ... *(voir aussi* megabit capacity).

megabit transmission *cf.* megabit transmission rate.

megabit transmission rate vitesse de transmission de l'ordre du mégabinaire (par seconde), vitesse de transmission mégabinaire, vitesse mégabinaire, *(etc.) (vitesse de transmission d'informations binaires comprise entre 1 et 9,999 mégabinaires par seconde inclusivement ou parfois plus) (inf, tlg) (cf. aussi* transmission rate *et* megabit per second).

megabyte mégaoctet, Mo *(unité d'information numérique égale à 10^6 octets) (inf, tls) (cf. aussi* byte).

megabyte ... *(voir* megabit ... *et adapter en employant « mégaoctaire » lorsque « mégabinaire » est employé comme adjectif). (pour les termes qui ne figurent pas ci-après).*

megabyte per second mégaoctet par seconde, Mo/s *(unité de vitesse de transfert parallèle d'informations numériques organisées en octets égale à 10^6 octects par seconde) (inf) (cf. aussi* parallel data transfer *et* byte).

megabyte-per-second ... *cf.* megabyte ...

megachip mégapuce, puce mégatransistor *(puce de circuit intégré contenant au moins un million de transistors, c.-à-d. puce à ultra-haute densité) (semi) (cf. aussi* chip 1) *et* ultra-large-scale integration).

megacycle mégacycle *(sous-entendu « par seconde ») (unité de fréquence remplacée par le mégahertz) (cf. aussi* megahertz).

megadevice chip *cf.* megachip.

megaelectronvolt méga-electron-volt, MeV *(unité d'énergie égale à 10^6 électrons-volts) (cf. aussi* electron-volt).

megaelectronvolt energy énergie de l'ordre du méga-électron-volt *(énergie comprise entre 1 et 9,999 méga-electrons-volts inclusivement ou parfois plus) (cf. aussi* megaelectronvolt).

megaelectronvolt energy measurement mesure d'énergies de l'ordre du méga-électron-volt, mesure d'énergies en méga-électrons-volts, mesure de méga-électrons-volts *(cf. aussi* megaelectronvolt energy).

megaelectronvolt measurement *cf.* megaelectronvolt energy measurement.

megaflops mégaflops *(inf) (cf. aussi* million floating-point operations per second).

megagauss mégagauss, MG *(unité d'induction magnétique égale à 10^6 gauss) (cf. aussi* gauss).

megagauss field champ produisant une induction de l'ordre du mégagauss, champ magnétique *(idem) (cf. aussi* megagauss induction).

megagauss induction induction de l'ordre du mégagauss, induction magnétique *(idem) (induction magnétique comprise entre 1 et 9,999 mégagauss inclusivement ou parfois plus) (cf. aussi* megagauss).

megagauss induction measurement mesure d'inductions de l'ordre du mégagauss, mesure d'inductions en mégagauss, mesure de mégagauss *(cf. aussi* megagauss).

megagauss magnetic field *cf.* megagauss field.

megagauss measurement *cf.* megagauss induction measurement.

megahertz mégahertz, MHz *(unité de fréquence égale à 10^6 hertz) (cf. aussi* megacycle *et* hertz).

megahertz bandwidth *(cf. aussi* megahertz) 1) largeur de bande de l'ordre du mégahertz *(signal) (cf. aussi* bandwidth 1)). 2) bande passante de l'ordre du mégahertz *(ampli, etc.) (cf.aussi* bandwidth 2)).

megahertz frequency fréquence de l'ordre du mégahertz *(fréquence comprise entre 1 et 9,999 mégahertz inclusivement ou parfois plus) (cf. aussi* megahertz).

megahertz frequency measurement mesure de fréquences de l'ordre du mégahertz, mesure de fréquences en mégahertz, mesure de mégahertz *(cf. aussi* megahertz frequency).

megahertz measurement *cf.* megahertz frequency measurement.

megainstructions per second méga-instruction par seconde *(inf) (cf. aussi* million instructions per second).

megampere méga-ampère, MA *(unité d'intensité de courant électrique égale à 10^6 ampères) (cf. aussi* ampere).

megampere current (intensité de) courant de l'ordre du méga-ampère *(intensité de courant comprise entre 1 et 9,999 méga-ampères inclusivement ou parfois plus, ou courant d'une telle intensité) (cf. aussi* megampere *et* intensity).

megampere current measurement mesure d'intensités de courant de l'ordre du méga-ampère, mesure d'intensités de courant en méga-ampères, mesure de courants de l'ordre du méga-ampère, mesure de courants en méga-ampères, mesure de méga-ampères *(cf. aussi* megampere).

megampere measurement *cf.* megampere current measurement.

megaoperations per second mega-opération par seconde *(inf) (cf. aussi* million operations per second).

megaphone porte-voix *(acou) (cf. aussi* loud-hailer).

megavolt mégavolt, MV *(unité de tension égale à 10^6 volts) (cf. aussi* volt *et* voltage).

megavolt measurement *cf.* megavoltage measurement.

megavoltage tension de l'ordre du mégavolt *(tension comprise entre 1 et 9,999 mégavolts inclusivement ou parfois plus) (cf. aussi* megavolt).

megavoltage measurement mesure de tensions de l'ordre du mégavolt, mesure de tensions en mégavolts, mesure de mégavolts *(cf. aussi* megavoltage).

megavoltampere mégavoltampère, MVA *(unité de puissance apparente égale à 10^6 voltampères) (cf. aussi* voltampere).

megavoltampere apparent power puissance apparente de l'ordre du mégavoltampère *(puissance apparente comprise entre 1 et 9,999 mégavoltampères inclusivement ou parfois plus) (cf. aussi* megavoltampere).

megavoltampere measurement *cf.* megavoltampere power measurement.

megavoltampere power *cf.* megavoltampere apparent power.

megavoltampere power measurement mesure de puissances apparentes de l'ordre du megavoltampère, mesure de puissances apparentes en mégavoltampères, mesure de mégavoltampères *(cf. aussi* megavoltampere power).

megawatt mégawatt, MW *(unité de puissance égale à 10^6 watts) (cf. aussi* watt).

megawatt-hour mégawatt-heure, MWh *(unité d'énergie égale à 10^6 watts-heures) (cf. aussi* watt-hour).

megawatt-hour energy énergie de l'ordre du mégawatt-heure *(énergie comprise entre 1 et 9,999 mégawatts-heures inclusivement ou parfois plus) (cf. aussi* megawatt-hour).

megawatt-hour energy measurement mesure d'énergies de l'ordre du mégawatt-heure, mesure d'énergies en mégawatts-heures, mesure de mégawatts-heures *(cf. aussi* megawatt-hour energy).

megawatt-hour measurement *cf.* megawatt-hour energy measurement.

megawatt measurement *cf.* megawatt power measurement.

megawatt power puissance de l'ordre du mégawatt *(puissance comprise entre 1 et 9,999 mégawatts inclusivement ou parfois plus) (cf. aussi* megawatt).

megawatt power level *cf.* megawatt power. *(cf. aussi* level 1)).

megawatt power measurement mesure de puissances de l'ordre du mégawatt, mesure de puissances en mégawatts, mesure de mégawatts *(cf. aussi* megawatt).

megaword mégamot *(= 10^6 mots binaires) (inf) (cf. aussi* binary word).

megger *v* mesurer au méghommètre *(une résistance d'isolement) (cf. aussi* Megger).

Megger Megger *(marque déposée d'un ohmmètre à magnéto de fabrication américaine devenue synonyme de ce type de contrôleur d'isolement) (cf. aussi* insulation tester).

megohm mégohm, $M\Omega$ *(unité de résistance électrique égale à 10^6 ohms) (cf. aussi* ohm).

megohm measurement *cf.* megohm resistance measurement.

megohm resistance résistance de l'ordre du mégohm *(résistance comprise entre 1 et 9,999 mégohms inclusivement ou parfois plus) (cf. aussi* megohm).

megohm resistance measurement mesure de résistances de l'ordre du mégohm, mesure de résistances en mégohms, mesure de mégohms *(cf. aussi* megohm resistance).

megohmmeter mégohmmètre *(ohmmètre prévu pour mesurer des résistances à grande valeur ohmique) (cf. aussi* ohmmeter *et* ohmic value).

Meissmer effect effet Meissmer, effet Meissmer-Ochsenfeld *(passage à l'état diamagnétique d'un supraconducteur à la transition supraconductrice en présence d'un champ magnétique, et ce jusqu'à une valeur déterminée de l'intensité du champ appliqué, au-delà de laquelle le corps redevient normalement conducteur et perd son diamagnétisme) (cf. aussi* superconductivity, diamagnetism *et* magnetic field strength).

mel mel *(unité subjective de hauteur d'un son) (acou) (cf. aussi* pitch 2)).

meltback transistor transistor à jonctions recristallisées *(ancien type de transistor bipolaire discret dans lequel les jonctions sont obtenues par fusion et recristrallisation d'une partie d'une petite bille de semiconducteur contenant des impuretés du type P et du type N) (cf. aussi* discrete bipolar transistor, p-n junction *et* impurity).

membrane keyboard clavier à membrane *(clavier dans lequel une membrane en élastomère conducteur établit un contact sur une plaquette à circuit imprimé à chacun des points correspondant à l'enfoncement d'une touche) (appareil informatique, etc.) (cf. aussi* keyboard[1] *et* printed circuit).

membrane keyswitch interrupteur de clavier à membrane *(interrupteur formé par une touche de clavier à membrane, le point de contact correspondant de la membrane et la plage de contact correspondante de la plaquette à circuit imprimé) (cf. aussi* membrane keyboard).

membrane switch *cf.* membrane keyswitch.

membrane switch pad *cf.* membrane keyboard.

memorization mémorisation *(inf, etc.) (cf. aussi* storage 1)).

memorize *v* mémoriser *(inf, etc.) (cf. aussi* store[2] 1)).

memorizing *cf.* memorization.

memorizing ... *cf.* storage ...

memory mémoire *(dispositif assurant la conservation d'informations) (les informations conservées peuvent être analogiques ou numériques; elles sont analogiques dans le cas d'un tube à mémoire, de certaines lignes à retard et de certains enregistreurs; noter que dans ce dernier cas, le terme « mémoire » est rarement employé, bien qu'il s'agisse effectivement d'une mémoire) (elles sont numériques dans toutes les mémoires d'ordinateurs ou autres appareils numériques) (inf, etc.) (cf. aussi* analog memory, digital memory, information *et* storage 1)).

memory access accès à la mémoire *(accès à une position de la mémoire centrale d'un ordinateur pour y lire ou écrire une information) (en d'autres termes, mise en communication électrique de l'unité de commande avec la position de mémoire, opérée par des transistors fonctionnant en commutation) (inf) (cf. aussi* random access, sequential access, parallel access, direct memory access, memory location, main memory, access time *et* control unit (a)).

memory-access map *cf.* memory map.

memory-access register registre d'accès à la mémoire, registre d'échange (avec la mémoire), registre mémoire, registre mot *(registre par lequel transite chaque mot binaire écrit ou lu dans la mémoire centrale d'un ordinateur par l'unité de commande de l'appareil) (inf) (cf. aussi* register[1] 1) (a), main memory, control unit 2) *et* binary word).

memory access time temps d'accès à la mémoire *(inf) (cf. aussi* access time).

memory-access timing cadencement de l'accès à la mémoire *(est assuré par les impulsions d'horloge) (inf) (cf. aussi* memory access *et* clock pulse).

memory address adresse en mémoire *(adresse d'un emplacement de mémoire ou de l'information qu'il contient éventuellement) (inf) (cf. aussi* address[1] (a)).

memory address location emplacement correspondant à une adresse dans la mémoire *(inf) (cf. aussi* memory address).

memory address register registre d'adresse *(inf) (cf. aussi* address register).

memory addressing adressage (de la mémoire) *(inf) (cf. aussi* addressing).

memory addressing mode mode d'adressage de la mémoire *(inf) (cf. aussi* addressing mode).

memory allocation affectation de la mémoire *(affectation des différentes zones d'une mémoire centrale à la mémorisation de tel ou tel type d'informations) (tel ou tel programme, telle ou telle partie de programme, telles ou telles données, tels ou tels résultats) (inf) (cf. aussi* lower memory, upper memory *et* main memory).

memory array 1) groupement de boîtiers mémoires *(groupe de boîtiers de mémoires intégrées, généralement des mémoires RAM, montées sur une carte logique en nombre pouvant atteindre plusieurs dizaines) (CI) (inf) (cf. aussi* solid-state memory, RAM[1] *et* logic board). 2) matrice mémoire, *(etc.) (matrice de cellules d'une mémoire à semiconducteur) (CI) (cf. aussi* matrix, memory cell *et* semiconductor memory). 3) plan de mémoire *(inf) (cf. aussi* core plane).

memory bandwidth largeur de bande de la mémoire *(nom donné au nombre total de binaires qui peuvent être lus par unité de temps dans une mémoire vidéo) (est égal au produit de la capacité de la mémoire par le nombre d'accès possibles par unité de temps) (exemple : une mémoire contenant 250.000 binaires accessibles 50 fois par seconde a une largeur de bande de 15 mégabinaires/seconde) (cette caractéristique détermine les possibilités de rafraîchissement d'écrans à haute définition, la bande passante nécessaire étant proportionnelle au nombre de points de l'image) (inf) (cf. aussi* bit *et* video memory).

memory bank *cf.* memory array 1).

memory-based *cf.* memory-resident.

memory bits binaires contenus dans la mémoire *(mémoire numérique) (cf. aussi* bit *et* digital memory).

memory board carte mémoire *(carte à circuit imprimé portant des mémoires intégrées) (inf) (cf. aussi* printed-circuit board *et* memory array 1).

memory buffer register *cf.* memory access register.

memory cache unit mémoire cache *(inf) (cf. aussi* cache memory).

memory capacitor condensateur de mémorisation *(cf. aussi* storage capacitor 1)).

memory capacity capacité de mémoire *(parf.* de la mémoire *parf.* de mémorisation) *(nombre d'informations élémentaires pouvant être contenu dans une mémoire numérique) (l'information élémentaire considérée en l'occurence peut être le binaire ou le mot binaire) (la mémoire considérée est souvent la mémoire centrale d'un ordinateur) (inf) (cf. aussi* unformatted capacity, formatted capacity, digital memory, bit, binary word *et* main memory capacity).

memory card *cf.* memory board.

memory cell cellule de mémoire, élément de mémoire *(or-*

gane constitutif élémentaire d'une mémoire numérique pouvant prendre deux états nettement distincts correspondant aux deux valeurs d'un binaire à conserver) (inf) (cf. aussi digital memory, bistable element *et* bit).

memory chip puce mémoire *(puce de mémoire intégrée) (CI) (inf) (cf. aussi* chip 1) *et* solid-state memory).

memory circuit 1) circuit de mémoire *(nom parfois donné à une bascule constituant une cellule de mémoire) (inf) (cf. aussi* flip-flop *et* memory cell). **2)** *cf.* memory integrated circuit).

memory clocking *cf.* memory timing. *(de même pour les termes dérivés).*

memory component composant mémoire *(autre nom, plus général, d'un circuit intégré mémoire) (inf) (cf. aussi* memory integrated circuit).

memory-consuming ... *cf.* memory-intensive ...

memory contention conflit d'accès à la mémoire *(exemple : conflit entre l'unité de commande devant accéder à la mémoire centrale pour y lire une instruction et une unité d'échange devant y introduire des informations) (inf) (cf. aussi* contention, control unit 2), main memory *et* I/O controller *(au début de la lettre I).*

memory contents contenu de la mémoire *(informations contenues dans une mémoire numérique sous la forme de mots binaires) (inf) (cf. aussi* digital memory *et* binary word).

memory control *cf.* memory management.

memory controller régisseur de mémoire *(régisseur commandant l'accès à une mémoire auxiliaire d'ordinateur) (inf) (cf. aussi* controller *et* auxiliary storage).

memory cycle cycle mémoire *(cycle de lecture ou d'écriture d'un mot dans la mémoire centrale d'un ordinateur) (inf) (cf. aussi* main memory *et* cycle time 2)).

memory cycle time temps de cycle de la mémoire *(inf) (cf. aussi* cycle time 2) *et* memory cycle).

memory density *cf.* memory packing density.

memory depth profondeur de la mémoire *(pile d'ordinateur) (inf) (cf. aussi* stack 1) (b)).

memory device *cf.* memory component.

memory diagram *cf.* memory map.

memory dump vidage de la mémoire (centrale) *(transfert du contenu d'une partie déterminée de la mémoire centrale d'un ordinateur sur bande ou disque magnétique, ou impression par imprimante) (inf) (cf. aussi* memory printout *et* tape dump).

memory-eating *a cf.* memory hungry.

memory-efficient *a* peu gourmand en mémoire, économe en mémoire, nécessitant peu de mémoire, tenant peu de place en mémoire *(programme d'ordinateur) (inf) (cf. aussi* memory-hungry *et* computer program).

memory element élément de mémoire *(inf) (cf. aussi* storage element (a)).

memory expansion board *(ou* **card)** carte d'extension de mémoire *(carte d'extension portant des boîtiers de mémoire RAM) (inf) (cf. aussi* expansion board *et* RAM[1]).

memory fill degré de remplissage de la mémoire *(inf) (cf. aussi* memory filling).

memory filling remplissage de la mémoire *(inf) (cf. aussi* memory loading).

memory granularity granularité de la mémoire *(parf.* d'une mémoire) *(capacité unitaire d'un boîtier de mémoire utilisé en nombre plus ou moins grand pour former une mémoire RAM ou autre) (granularité de 8 Ko, 16 Ko, ..., 64 Ko, 256 Ko, etc.) (inf) (cf. aussi* memory capacity *et* RAM[1]).

memory-hungry *a* gourmand en mémoire, *(etc.) (programme d'ordinateur, etc.) (inf) (cf. aussi* memory-intensive application *et* memory-efficient).

memory IC *cf.* memory integrated circuit.

memory integrated circuit circuit intégré de mémoire *(nom parfois donné à une mémoire intégré par opposition à un circuit intégré logique) (inf) (cf. aussi* solid-state memory *et* logic integrated circuit).

memory-intensive application application nécessitant une grande capacité de mémorisation *(ou* de mémoire), application à grands besoins en mémoire *(ou* gourmande en mémoire) *(conservation de la parole ou d'images sous forme numérique, etc.) (cf. aussi* memory capacity).

memory layout *cf.* memory map.

memory loading chargement de la mémoire *(introduction d'informations, notamment d'un programme, dans la mémoire centrale d'un ordinateur) (inf) (cf. aussi* main memory, computer program *et* information).

memory location position de mémoire, emplacement de mémoire *(ensemble des cellules d'une mémoire numérique repérées par une seule et même adresse et destinées à contenir un mot binaire) (inf) (cf. aussi* memory cell, address[1] (a) *et* binary word).

memory maker *cf.* memory manufacturer.

memory management gestion de mémoire *(souvent* de la mémoire) *(commande de l'accès aux différentes zones de l'espace d'adressage dans un ordinateur utilisant le concept de mémoire virtuelle) (inf) (cf. aussi* address space *et* virtual memory).

memory management chip puce de gestion de mémoire (virtuelle) *(CI) (inf) (cf. aussi* chip 1) *et* memory management).

memory management scheme plan de gestion de mémoire (virtuelle) *(règles d'accès à un espace d'adressage) (inf) (cf. aussi* memory management).

memory management unit régisseur de mémoire (virtuelle) *(régisseur intégré réalisant le concept de mémoire virtuelle en assurant notamment la topographie en mémoire) (ne pas confondre « memory management unit » et « memory controller ») (CI) (inf) (cf. aussi* controller 1), memory management *et* memory controller).

memory manager *cf.* memory management unit.

memory manufacturer fabricant de mémoires (numériques) *(généralement intégrées) (inf) (cf. aussi* digital memory *et* solid-state memory).

memory map carte de la mémoire, topogramme de la mémoire, schéma d'affectation de la mémoire (a) *plan d'affectation des différentes zones de la mémoire centrale d'un ordinateur) (cf. aussi* main memory); (b) *plan d'affectation des différentes zones de l'espace d'adressage dans un ordinateur utilisant le concept de mémoire virtuelle) (inf) (cf. aussi* address space, virtual memory *et* memory mapping).

memory-mapped cartographiée (en mémoire), *(etc.),* translatée à une adresse réelle *(inf) (cf. aussi* memory mapping).

memory mapping cartographie (en mémoire), topographie *(idem),* translation à une adresse réelle *(action de faire correspondre une adresse réelle à une adresse virtuelle dans le concept de mémoire virtuelle ou une adresse dans une mémoire vidéo à un point de l'image formée sur l'écran) (inf) (cf. aussi* virtual memory, video memory *et* bit-mapped display).

memory matrix matrice mémoire *(cf. aussi* memory array 2), *le premier terme étant peu employé).*

memory operation 1) opération en mémoire *(opération d'écriture ou de lecture dans une mémoire numérique et notamment dans la mémoire centrale d'un ordinateur) (cf. aussi* digital memory *et* main memory). **2)** fonctionnement de la mémoire.

memory organization organisation de la mémoire *(notion associée à la carte d'une mémoire numérique) (inf) (cf. aussi* memory map).

memory output sortie de la mémoire *(bornes de sortie d'une mémoire ou, par extension, signal ou signaux recueillis à ces bornes ou informations correspondantes) (cf. aussi* memory).

memory packing density densité de mémorisation *(inf) (cf. aussi* storage density 1)).

memory page page de mémoire *(subdivision de l'espace d'adressage dans un ordinateur utilisant le concept de mémoire virtuelle à pages ou contenu de cette subdivision considéré comme un tout indivisible lors des transferts d'informations bidirectionnels entre cet espace et la mémoire centrale de l'appareil) (inf) (cf. aussi* address space *et* page-oriented virtual memory).

memory paging organisation en pages, pagination *(division de l'espace d'adressage en pages dans un ordinateur utilisant le concept de mémoire virtuelle à pages) (inf) (cf. aussi* memory page).

memory plane plan mémoire *(ou* de mémoire) *(mémoire à* grille de points destinée à contenir une image en noir et blanc, ou partie d'une telle mémoire destinée à contenir un niveau de gris ou une couleur d'une image, n plans mémoire permettant de mémoriser 2^n valeurs de gris ou couleurs) (noter que les plans de mémoire ne sont pas superposés) (cf. aussi bit-map memory).

memory position cf. memory location.

memory power 1) cf. memory power drain. 2) cf. memory power supply. 3) cf. memory capacity.

memory power backup alimentation de secours de mémoire (alimentation d'une mémoire volatile pendant une coupure du courant d'alimentation normal) (cf. aussi volatile memory et RAM back-up).

memory power drain consommation de la mémoire.

memory power supply alimentation de la mémoire.

memory printout impression du contenu de la mémoire, vidage sur imprimante (inf) (cf. aussi memory dump).

memory programming programmation de mémoires (parf. de la mémoire) (inf) (cf. aussi programming (c)).

memory protection protection de la mémoire (action d'empêcher l'effacement intempestif d'informations contenues dans une mémoire et notamment dans la mémoire centrale d'un ordinateur) (cf. aussi memory et main memory).

memory protection circuit circuit de protection de la mémoire (cf. aussi memory protection).

memory read pulse (ou strobe) cf. read pulse.

memory refresh rafraîchissement de la mémoire (inf.) (cf. aussi RAM refresh).

memory refreshing cf. memory refresh.

memory register cf. memory access register.

memory requirements place nécessaire en mémoire, place prise en mémoire, encombrement en mémoire, (parf.) capacité de mémoire nécessaire (informations à mémoriser pour être traitées ou non, ou programme d'ordinateur, ou les deux) (inf) (cf. aussi memory capacity et memory space).

memory-resident résidant en mémoire (qualificatif appliqué à un programme d'ordinateur contenu entièrement dans la mémoire centrale de celui-ci) (inf) (cf. aussi computer program et main memory).

memory segmentation segmentation (de la mémoire) (division de la mémoire centrale d'un ordinateur en plusieurs parties constituant ou comprenant des zones d'affectation) (inf) (cf. aussi memory allocation).

memory sequential system procédé séquentiel à mémoire (procédé de télévision en couleurs SECAM) (cf. aussi SECAM).

memory size taille de la mémoire (a) synonyme, moins précis, de « capacité de la mémoire » (inf) (cf. aussi memory capacity); (b) dimensions extérieures d'une mémoire (inf, etc.) (cf. aussi memory).

memory space espace de mémorisation, espace mémoire, (souvent) place en mémoire (ensemble de positions disponibles, nécessaires ou occupées dans une mémoire numérique et notamment dans la mémoire centrale d'un ordinateur) (inf) (cf. aussi memory location, main memory et memory requirements).

memory speed vitesse de la mémoire (parf d'une mémoire) (inverse du temps d'accès à une mémoire) (inf) (cf. aussi access time).

memory stack empilage de plans de tores (ou de mémoire) (ensemble formé par plusieurs plans de tores magnétiques superposés) (mémoire à tores magnétiques) (inf) (cf. aussi core plane).

memory storage cf. memorization.

memory storage capacity capacité de mémorisation (cf. aussi memory capacity).

memory technology (la) technique des mémoires (ce terme s'applique surtout aux mémoires numériques) (inf) (cf. aussi memory et technology).

memory timing cadencement de la mémoire, rythmage (idem), synchronisation (idem) (fixation des instants de changement d'état logique des bornes d'entrée des circuits de commande d'écriture ou de lecture de la mémoire centrale d'un ordinateur) (est assurée par les impulsions fournies par l'horloge de celui-ci) (inf) (cf. aussi main memory, clock[1], timing diagram et logic state).

memory timing chart cf. memory timing diagram.

memory timing diagram chronogramme de la mémoire (chronogramme de la mémoire centrale d'un ordinateur) (inf) (cf. aussi timing diagram et memory timing).

memory transaction cf. memory operation 1).

memory transistor transistor de mémorisation (transistor MOS formant la cellule élémentaire de certaines mémoires à semiconducteur) (CI) (inf) (cf. aussi MOS transistor, FAMOS et FLOTOX).

memory tube tube à mémoire (cf. aussi storage tube).

menu menu, liste d'options (liste d'options présentée sur l'écran d'un ordinateur ou d'un terminal utilisé en mode interactif au début ou au cours d'un traitement d'informations ou d'une interrogation d'une banque de données pour permettre à l'opérateur de choisir parmi plusieurs possibilités pour le commencement ou la continuation du traitement ou de la recherche d'informations) (inf) (cf. aussi interactive mode).

menu-based cf. menu-driven.

menu display présentation de menus (des menus, du menu) (selon le contexte) (inf) (cf. aussi menu).

menu-driven guidé par menus (déroulement d'un traitement ou d'une interrogation) (inf) (cf. aussi menu).

menu-oriented cf. menu-driven.

mercuric telluride tellurure de mercure, HgTe (semiconducteur sensible aux rayons infrarouges) (est utilisé comme détecteur infrarouge) (cf. aussi semiconductor et infrared radiation).

mercury mercure, Hg (métal liquide bon conducteur de l'électricité) (est utilisé en électronique comme cathode de tube redresseur et en électrotechnique dans certaines piles électriques et certains relais et interrupteurs à contacts sous ampoule).

mercury arc arc au mercure (arc électrique produit dans de la vapeur de mercure) (cf. aussi electric arc).

mercury-arc inverter onduleur à vapeur de mercure (onduleur utilisant un mutateur dont les grilles de commande découpent le courant continu d'alimentation des enroulements primaires d'un transformateur polyphasé utilisé à l'envers) (cf. aussi inverter et grid-controlled mercury-arc rectifier).

mercury-arc lamp cf. mercury-vapor lamp.

mercury-arc rectifier redresseur à vapeur de mercure (tube redresseur dans lequel de la vapeur de mercure formée en fonctionnement permet le passage d'un courant de grande intensité en valeur relative) (dans les modèles pour intensité modérée, la vapeur de mercure est produite par l'action d'une cathode chaude sur une très petite quantité de mercure contenue dans le tube; dans les modèles pour intensité moyenne, grande ou très grande, la vapeur de mercure est produite par une cathode liquide) (est presque complètement remplacé par le redresseur à semiconducteur, sauf pour des modèles pour très grande intensité, pour des raisons de rendement, d'encombrement, de conditions de fonctionnement particulières et de prix) (cf. aussi rectifier tube, hot cathode, mercury-pool cathode, grid-controlled mercury-arc rectifier et semiconductor rectifier).

mercury battery pile au mercure (à plusieurs éléments) (cf. aussi mercury cell).

mercury-bromide laser laser à bromure de mercure (laser à liquide dans lequel le milieu actif effectif est constitué par des molécules de bromure de mercure en suspension) (est un laser bleu-vert) (cf. aussi liquid laser, lasing medium et blue-green laser).

mercury cadmium telluride tellurure de mercure et de cadmium, HgCdTe (semiconducteur sensible aux rayons infrarouges) (est utilisé comme détecteur infrarouge) (cf. aussi semiconductor et infrared radiation).

mercury-cadmium-telluride ... cf. HgCdTe ...

mercury cell pile au mercure ou à l'oxyde de mercure ou mercurique ou à oxyde (idem), élément de pile (idem) (pile sèche dans laquelle la cathode est de la poudre d'oxyde mercurique HgO comprimée, l'anode étant du zinc en poudre ou en bande enroulée et l'électrolyte une solution aqueuse gélatinisée d'hydroxyde de potassium KOH (potasse caustique) saturée de zincate de potassium $ZnOK_2$) (noter que le rôle de dépolarisant attribué par maint auteur à l'oxyde de mercure est erroné, cette pile étant impolarisable par nature du fait de la réduction de cet oxyde en mercure — conducteur de l'électricité — au cours de la réaction chimique en fonctionnement) (est caractérisée par une tension de 1,2 volt, une capacité volumique 4 à 5 fois plus grande que celle d'une pile Leclanché, une tension presque constante pendant toute la durée de vie utile et une durée de vie en stockage de plusieurs années, la potasse n'attaquant pas les électrodes)·(est très employée comme pile bouton ou plus épaisse) (cf. aussi dry cell, cathode (a), depolarizer, anode (a), Leclanche cell, button cell et silver-oxide cell).

mercury delay line ligne à retard au mercure, ligne au mercure (ligne à retard acoustique dans laquelle le milieu de propagation des ondes acoustiques est du mercure contenu dans un tube comportant un transducteur piézoélectrique en contact avec le mercure à chaque extrémité du tube) (le signal à retarder est appliqué au transducteur d'entrée utilisant l'effet piézoélectrique inverse pour produire des ondes acoustiques; le signal retardé est recueilli, par l'intermédiaire du mercure, aux bornes du transducteur de sortie utilisant l'effet piézoélectrique direct) (récepteur de radar MTI, etc.) (cf. aussi acoustic delay line et piezoelectric transducer 1)).

mercury laser laser à mercure (laser à vapeur métallique utilisant de la vapeur de mercure) (cf. aussi metal vapor laser).

mercury memory mémoire à mercure (nom parfois donné à une ligne à retard à mercure) (cf. aussi mercury delay line).

mercury-pool cathode cathode à mercure, cathode liquide, cathode à bain de mercure (cathode de tube redresseur constituée par une certaine quantité de mercure située à la partie inférieure du tube et émettant de la vapeur de mercure sous l'action de la chaleur produite par l'arc jaillissant entre une zone localisée du mercure et l'anode ou une anode) (cf. aussi cathode (a), rectifier tube, cathode spot et mercury-arc rectifier).

mercury-pool rectifier cf. mercury-pool tube.

mercury-pool tube tube à cathode liquide (ou de mercure), (tube) redresseur (idem) (tube à vapeur de mercure dans lequel celle-ci est fournie par une cathode liquide) (cf. aussi mercury-arc rectifier et mercury-pool cathode).

mercury rectifier cf. mercury-arc rectifier.

mercury relay relais à mercure (relais à armature pivotant en son centre dans lequel le mouvement de l'armature actionne un interrupteur ou un inverseur à mercure à deux positions) (cf. aussi mercury switch et relay[1] 1).

mercury storage 1) mémorisation dans du mercure (parf. le mercure) (mémorisation dans une ligne à retard à mercure) (radar, etc.) (cf. aussi mercury delay line). **2)** cf. mercury memory.

mercury switch (cf. aussi mercury relay) interrupteur à mercure, (parf.) inverseur à mercure (a) interrupteur formé essentiellement d'une ampoule de verre curviligne ou rectiligne renfermant deux contacts mis en continuité électrique par une certaine quantité de mercure contenue dans l'ampoule et roulant vers les contacts lorsque l'ampoule est inclinée dans le sens correspondant); (b) inverseur utilisant le principe de l'interrupteur à mercure avec emploi d'une ampoule curviligne et de trois contacts disposés l'un au milieu de l'ampoule et un autre à chaque extrémité, le mercure mettant en continuité électrique le contact du milieu et le contact de l'une ou l'autre extrémité suivant le sens d'inclinaison de l'ampoule) (peut avoir une position intermédiaire (position de repos ou « point milieu ») pour laquelle l'ampoule est horizontale et le mercure n'atteint aucun des contacts d'extrémité, le contact du milieu étant alors isolé des deux autres) (ayant trois positions, ce type d'inverseur à mercure ne peut pas être commandé par un électro-aimant que dans des cas particuliers).

mercury tube cf. mercury-pool tube.

mercury-vapor lamp lampe à vapeur de mercure (lampe à décharge utilisant de la vapeur de mercure) (les premières lampes utilisaient des électrodes en mercure; elles ont été remplacées par des lampes à électrodes solides, tandis qu'un

gaz rare était ajouté à la vapeur de mercure; l'efficacité lumineuse et le nombre des raies émises augmentant avec la pression du mercure, la pression du mélange est allée en croissant et dépasse largement 100 bars dans certaines lampes modernes à très haute pression) (dans les lampes modernes, la lampe à vapeur de mercure proprement dite est un petit tube à décharge à basse, moyenne, haute ou très haute pression (environ 1, 10, 20, 50, 100 bars, respectivement) en quartz logé dans une ampoule remplie d'argon à environ 1 bar; le tube peut être monté seul dans l'ampoule ou en série avec un filament incandescent classique améliorant la couleur de la lumière émise et formant résistance de protection; ce type de lampe à vapeur de mercure est appelé « lampe mixte »; si le tube est monté seul dans l'ampoule, celle-ci est recouverte d'un revêtement fluorescent à l'intérieur) (cf. aussi fluorescent lamp, metal-halide lamp et discharge lamp).

mercury-vapor rectifier cf. mercury-arc rectifier.

mercury-vapor tube cf. mercury-arc rectifier.

mercury-wetted contact cf. mercury-wetted contacts.

mercury-wetted-contact relay cf. mercury-wetted reed relay.

mercury-wetted contacts contacts mouillés au mercure (contacts de relais à tiges recouverts d'une mince couche de mercure diminuant la résistance de contact et augmentant la durée de vie des contacts) (cf. aussi reed relay et contact life).

mercury-wetted reed relay relais à tiges à contacts mouillés au mercure (cf. aussi reed relay et mercury-wetted contacts).

mercury-wetted reed switch ampoule d'interrupteur à tiges à contacts mouillés au mercure (cf. aussi reed switch et mercury-wetted contact).

mercury-wetted relay cf. mercury-wetted reed relay.

mercury-wetted switch cf. mercury-wetted reed switch.

mercury-wetted unit version à contacts mouillés au mercure (relais à tiges) (cf. aussi mercury-wetted contacts et unit 3)).

merge v fusionner (en informatique, réunir en un seul ensemble les informations contenues dans deux ou plusieurs fichiers ordonnés suivant les mêmes règles) (cf. aussi file[1]).

merge routine programme de fusionnement (programme d'ordinateur assurant le fusionnement de deux fichiers) (inf) (cf. aussi merge).

merged bipolar technology (la) technique bipolaire fusionnée (technique des circuits intégrés à transistors bipolaires fusionnés) (cf. aussi merged-transistor structure et technology).

merged injector injecteur fusionné, injecteur obtenu par fusionnement (CI) (cf. aussi injector et MTL).

merged structure cf. merged-transistor structure.

merged-structure logic cf. merged-transistor logic.

merged-structure technology (la) technique des structures à transistors fusionnés (ou des structures fusionnées) (CI) (cf. aussi merged-transistor structure et technology).

merged technology cf. merged-structure technology.

merged-transistor logic logique à transistors fusionnés (CI) (inf) (cf. aussi MTL).

merged-transistor structure structure à transistors fusionnés, structure fusionnée (structure d'une logique intégrée dans laquelle une électrode d'un transistor bipolaire ou à effet de champ forme en même temps une électrode différente d'un autre transistor du même type) (structure de la logique I^2L ou d'une logique dérivée ou comparable) (CI) (inf) (cf. aussi I^2L (au début de la lettre I).

MES FET cf. MESFET.

mesa component cf. mesa transistor.

mesa construction cf. mesa structure.

mesa device cf. mesa transistor.

mesa diffusion diffusion par le procédé mesa (semi) (cf. aussi mesa process).

mesa diode diode mésa (diode à jonction fabriquée par un procédé analogue au procédé mésa) (semi) (cf. aussi junction diode et mesa process).

mesa process procédé mésa (avec ou sans accent sur le e) (procédé relativement ancien de fabrication de transistors bipolaires dans lequel le plan des jonctions est parallèle au plan du substrat et les transistors sont séparés sur la plaquette de semiconducteur par un creux leur donnant l'aspect de minuscules plateaux montagneux, d'où le nom de « mésa » *(table, en espagnol), avant le découpage en composants indi-viduels) (dans ce procédé, la base d'un transistor est formée par diffusion d'impuretés sur toute la surface du substrat constituant le collecteur, tandis que l'émetteur et sa jonction avec la base sont obtenus par dépôt d'un métal approprié sur une partie de la base et formation d'un alliage avec celle-ci par chauffage au four, une attaque chimique sélective formant enfin les creux autour des transistors) (cf. aussi* bipolar tran-sistor, diffusion 2) *et* planar process).

mesa structure structure mésa *(structure d'un transistor ou d'une diode mésa, c.-à-d. à jonction(s) parallèle(s) au sub-strat) (semi) (cf. aussi* mesa process).

mesa technique *cf.* mesa process.

mesa technology (la) technique mésa *(technique des transis-tors mésa) (semi) (cf. aussi* mesa process *et* technology).

mesa transistor transistor mésa *(transistor bipolaire fabriqué par le procédé mésa) (semi) (cf. aussi* bipolar transistor *et* mesa process).

MESFET *(vient de « metal-semiconductor field-effect transis-tor)* transistor MESFET, transistor Schottky, transistor à effet de champ à accès Schottky, TEC Schottky, TEC à accès Schottky *(transistor à effet de champ à jonction dans lequel la jonction est une barrière de Schottky formée par la grille métallique et le cristal semiconducteur, au lieu d'une jonc-tion PN comme dans le transistor à effet de champ à jonction classique où la grille est constituée par un semiconducteur fortement dopé) (cf. aussi* junction field-effect transistor *et* Schottky barrier).

mesh 1) maille (a) *ensemble de branches d'un réseau élec-trique formant un contour fermé) (cf. aussi* network 1)); (b) *élément d'une grille et notamment d'une grille de tube à mémoire) (cf. aussi* storage tube). 2) grille (mémoire) *(tube à mémoire) (cf. aussi* storage mesh).

mesh connection 1) prise de grille *(borne extérieure de la grille d'un tube à mémoire ou analogue) (cf. aussi* storage tube). 2) montage en triangle *(machine électrique) (cf. aussi* delta connection).

mesh storage mémorisation sur grille *(tube à mémoire) (cf. aussi* storage tube).

mesh storage tube tube à mémoire à grille *(oscillo, etc.) (cf. aussi* storage tube).

meshed network réseau maillé *(réseau électrique ou de télé-communications ou autre formant des mailles et, par conséquent, dans lequel deux nœuds quelconques peuvent être reliés par plusieurs chemins) (cf. aussi* network, mesh 1) (a) *et* node 1) (a)).

Mesny circuit montage Mesny *(oscillateur symétrique UHF à deux tubes triode utilisé notamment par des radio-amateurs) (cf. aussi* oscillator, UHF *et* triode tube).

meson méson *(particule nucléaire constituant le quantum du champ nucléaire) (en réalité, seul le méson π, ou pion, répond à cette définition) (le méson est l'analogue nucléaire du pho-ton; c'est en outre un boson et sa masse est intermédiaire entre celle de l'électron et celle du proton, d'où son nom grec signifiant « qui est au milieu ») (atome) (cf. aussi* quantum, photon, boson *et* meson field).

meson field champ mésonique *(nom parfois donné au champ nucléaire pour rappeler sa nature) (cf. aussi* meson *et voir à la fin de la rubrique* theory of relativity).

message message *(informations transmises ou à transmettre) (tls) (cf. aussi* information).

message block bloc d'un message *(parf. du message) (trans. données) (cf. aussi* block 1)).

message error erreur contenue dans un message *(tls)*.

message errors erreurs contenues dans des messages *(tls)*.

message field *cf.* information field.

message handling traitement des messages *(tls)*.

message key clé (du message) *(message chiffré) (tls) (cf. aussi* key[1] 4)).

message route chemin suivi par les messages *(parf. le mes-sage) (tls)*.

message routing acheminement des messages *(tls)*.

message-switched network réseau à commutation de mes-sages *(tls) (cf. aussi* message switching).

message switching commutation de messages *(mode d'ache-minement de messages dans lequel ceux-ci sont reçus dans un central et mis en mémoire avant d'être dirigés vers leurs destinataires respectifs) (tls) (cf. aussi* packet switching).

message-switching center centre de commutation de mes-sages *(central d'un réseau à commutation de messages) (tls) (cf. aussi* message switching).

message waiting time délai d'attente des messages *(parf. d'un ou du message) (temps écoulé entre l'instant où un message est reçu dans un central de télécommunications ou une station d'émission et l'instant où il est transmis ou émis respective-ment) (ce terme s'applique notamment à un central à commu-tation de messages) (cf. aussi* message switching center).

metadyne métadyne *(machine tournante amplificatrice ana-logue à l'amplidyne, mais légèrement sous-compensée, la compensation de la réaction d'induit étant inférieure à 100 %) (asser) (cf. aussi* amplidyne *et* armature reaction compensa-tion).

metadyne amplifier *cf.* metadyne.

metadyne drive excitation par métadyne *(servomoteur) (cf. aussi* metadyne *et* servomotor).

metal armor armure (métallique) *(câble) (cf. aussi* armor).

metal armoring protection par armure (métallique) *(câble) (cf. aussi* armor).

metal-backed screen écran aluminisé *(tube cath) (cf. aussi* aluminized screen).

metal braid tresse métallique *(fil ou câble blindé) (cf. aussi* braid 1)).

metal can boîtier métallique *(boîtier de composant tel qu'un transistor de puissance, un thyristor de puissance, un conden-sateur, un quartz d'oscillateur, etc.).

metal-canned component composant en boîtier métallique *(cf. aussi* metal can).

metal-ceramic compound composé métallocéramique *(résis-tance) (cf. aussi* cermet).

metal-clad base material *cf.* metal-clad substrate.

metal-clad substrate substrat plaqué *(CP) (cf. aussi* copper-clad substrate).

metal-cone tube tube à cône métallique *(tube cathodique dont la partie conique est en acier) (cf. aussi* cathode-ray tube).

metal detector détecteur de métaux *(appareil indiquant la présence d'un objet métallique non visible par émission d'un sifflement lorsque le faisceau d'ondes électromagnétiques à haute fréquence qu'il émet rencontre un tel objet) (son fonc-tionnement est fondé sur le fait que les métaux réfléchissent beaucoup plus les ondes radioélectriques que les isolants tels que la terre, par exemple) (comprend essentiellement une partie émettrice produisant des ondes radioélectriques et une partie réceptrice convertissant l'onde réfléchie en courant à basse fréquence; ce courant est compensé par un dispositif approprié jusqu'à une certaine intensité correspondant à la réflexion par un corps isolant) (lorsque la palette contenant la boucle formant antenne passe au-dessus d'un corps métal-lique, l'amplitude de l'onde réfléchie augmente fortement ainsi, par conséquent, que le courant obtenu; celui-ci n'étant plus que partiellement compensé, il est suffisant pour action-ner le transducteur électroacoustique produisant le signal sonore) (cf. aussi* radio wave *et* mine detector).

metal electron tube *cf.* metal tube.

metal enclosure enceinte métallique *(blindage, enceinte ther-mostatée, etc.) (cf. aussi* shield[1] *et* oven 2)).

metal film 1) couche métallique *(couche de résistance à couche métallique, de circuit hybride à couches minces, etc.) (cf. aussi* metal-film resistor *et* thin-film hybrid circuit). 2) *cf.* metal-film resistor.

metal-film resistor résistance à couche métallique *(résistance à couche dans laquelle la couche résistive est une mince couche de métal à grande résistivité) (est constituée d'un bâtonnet de céramique ou de verre spécial sur lequel une très mince couche de métal, alliage ou composé résistif est formée par évapora-tion sous vide et amenée finalement à la valeur ohmique voulue par spiralage à la meule ou au laser avant d'être enrobée de résine époxy ou autre matière protectrice) (noter que le terme anglais et le terme français désignent implicite-ment une résistance à couche métallique réalisée sous la forme d'un composant discret comme le montre la définition donnée* *et ne sont normalement pas utilisés pour désigner une résistance intégrée de circuit hybride à couches minces, qui est pourtant également une résistance à couche métallique) (cf. aussi* thin-film resistor, laser trimming *et* film resistor).

metal foil 1) feuille métallique *(CP, etc.) (cf. aussi* copper foil). **2)** bande métallique *(condensateur bobiné non métallisé, etc.) (cf. aussi* metal-foil capacitor).

metal-foil capacitor condensateur non métallisé *(condensateur au papier ou au plastique dans lequel les armatures sont constituées par deux minces bandes de métal conducteur séparées par le diélectrique) (cf. aussi* paper capacitor, plastic capacitor *et* capacitor).

metal fuse *cf.* metal fuse link.

metal fuse link fusible métallique *(sdpo à « fusible en polysilicium ») (mémoire intégrée) (cf. aussi* fuse link).

metal gate grille métallique *(grille d'un transistor MOS formée d'une couche d'aluminium) (type classique pour un transistor MOS intégré et général pour un transistor MOS discret) (semi) (cf. aussi* gate[1] 2), MOS transistor *et* metal-gate process).

metal-gate chip puce à grilles métalliques *(puce de circuit intégré MOS ou CMOS à grilles métalliques) (cf. aussi* chip 1) *et* metal gate).

metal-gate CMOS 1) *cf.* metal-gate CMOS transistors. **2)** *cf.* metal-gate CMOS integrated circuit.

metal-gate CMOS ... *(idem* metal-gate MOS *... en remplaçant MOS par CMOS, pour les termes qui ne figurent pas ci-après).*

metal-gate CMOS integrated circuit circuit (intégré) CMOS à grilles métalliques *(circuit intégré CMOS utilisant des transistors à grille métallique) (semi) (cf. aussi* CMOS integrated circuit *et* metal gate).

metal-gate CMOS transistors transistors CMOS à grille métallique *(CI) (cf. aussi* CMOS transistors *et* metal gate).

metal-gate device composant à grille(s) métallique(s) *(transistor MOS à grille métallique ou circuit intégré MOS ou CMOS à grilles métalliques) (semi) (cf. aussi* metal-gate MOS transistor, metal-gate MOS integrated circuit *et* metal-gate CMOS integrated circuit).

metal-gate MOS 1) *cf.* metal-gate MOS transistor. **2)** *cf.* metal-gate MOS integrated circuit.

metal-gate MOS circuit *cf.* metal-gate MOS integrated circuit.

metal-gate MOS device composant MOS à grille(s) métallique(s) *(transistor MOS à grille métallique ou circuit intégré monolithique utilisant de tels transistors) (semi) (cf. aussi* metal-gate MOS transistor).

metal-gate MOS IC *cf.* metal-gate MOS integrated circuit.

metal-gate MOS integrated circuit circuit (intégré) MOS à grilles métalliques *(circuit intégré MOS utilisant des transistors à grille métallique) (semi) (cf. aussi* MOS integrated circuit *et* metal gate).

metal-gate MOS process procédé MOS à grilles métalliques *(CI) (cf. aussi* metal-gate process).

metal-gate MOS technique *cf.* metal-gate MOS process.

metal-gate MOS technology (la) technique MOS à grilles métalliques *(technique des circuits intégrés MOS à grilles métalliques) (semi) (cf. aussi* metal-gate MOS integrated circuit *et* technology).

metal-gate MOS transistor transistor MOS à grille métallique, transistor à grille métallique *(ce terme désigne implicitement un transistor MOS de circuit intégré, bien que les transistors MOS discrets aient également une grille métallique) (semi) (cf. aussi* MOS transistor *et* metal gate).

metal-gate MOS unit *cf.* metal-gate MOS device.

metal-gate NMOS *(idem,* metal-gate MOS *en remplaçant MOS par NMOS) (de même pour les termes dérivés) (semi) (cf. aussi* NMOS transistor).

metal-gate PMOS *(idem* metal-gate MOS *en remplaçant MOS par PMOS) (de même pour les termes dérivés) (semi) (cf. aussi* PMOS transistor).

metal-gate process procédé à grilles métalliques *(procédé de fabrication de circuits intégrés MOS ou CMOS dans lequel la grille des transistors est en aluminium) (en d'autres termes, procédé de fabrication des circuits intégrés PMOS et des*

premiers circuits CMOS) (est caractérisé par le fait que la grille étant réalisée après la formation de la source et du drain, elle recouvre partiellement ces électrodes en créant ainsi une capacité parasite avec chacune d'elles, ce qui limite la vitesse de commutation du transistor par le fait qu'il faut un certain temps à ces condensateurs pour se décharger lorsque le transistor passe à l'état bloqué) (semi) (cf. aussi metal gate, PMOS integrated circuit *et* CMOS integrated circuit).

metal-gate processing fabrication par le procédé à grilles métalliques *(CI) (cf. aussi* metal-gate process).

metal-gate structure structure à grille(s) métallique(s) *(structure d'un transistor MOS intégré à grille métallique ou d'un circuit intégré MOS ou CMOS utilisant de tels transistors) (semi) (cf. aussi* metal gate).

metal-gate technique *cf.* metal-gate process.

metal-gate technology (la) technique des grilles métalliques *(technique des circuits intégrés MOS ou CMOS à grilles métalliques) (semi) (cf. aussi* metal-gate process *et* technology).

metal-gate technique *cf.* metal-gate process.

metal-gate transistor *cf.* metal-gate MOS transistor.

metal-gate unit version à grille(s) métallique(s) *(cf.* metal gate *et* unit 3)).

metal glaze couche résistive vitrifiée *(le nom anglais est une marque déposée de la société américaine TWR) (cf. aussi* metal-glaze resistor).

metal-glaze resistor *(cf. aussi* metal glaze) résistance discrète à couche épaisse, résistance à couche épaisse *(ou à couche vitrifiée) (résistance discrète formée d'une plaquette ou d'un bâtonnet de céramique recouvert d'une couche composée d'un mélange de poudres de verre spécial et de métaux nobles ou non déposée par sérigraphie ou par trempage, respectivement, et cuite au four) (est l'équivalent en composant discret d'une résistance intégrée de circuit hybride à couches épaisses) (cf. aussi* thick-film resistor, film resistor *et* discrete component).

metal halide lamp lampe à iodures métalliques *(lampe à vapeur de mercure à haute pression dont le tube à décharge contient des iodures métalliques dont le rayonnement lumineux rend plus blanche la lumière violette émise par le mercure et augmente fortement l'efficacité lumineuse de la lampe) (utilise des iodures de césium, lithium, scandium, etc. et notamment thallium) (cf. aussi* mercury-vapor lamp *et* luminous efficacy).

metal-insulator-semiconductor ... *cf.* MIS ...

metal interconnections interconnexions métalliques *(ou en métal) (sdpo à « interconnexions en polysilicium ») (CI) (cf. aussi* interconnection (b)).

metal interconnects *cf.* metal interconnections.

metal locator *cf.* metal detector.

metal master père *(fab. disques) (cf. aussi* original master).

metal migration migration d'ions métalliques *(semi) (cf. aussi* electromigration).

metal negative *cf.* metal master.

metal-nitride-oxide semiconductor ... *cf.* MNOS ...

metal-oxide film resistor *cf.* metal-oxide resistor.

metal-oxide resistor résistance à oxyde métallique *(ou à couche d'oxyde métallique) (résistance à couche métallique dans laquelle la couche résistive est une couche d'oxyde métallique tel que l'oxyde d'étain, par exemple) (cf. aussi* metal-film resistor).

metal-oxide-semiconductor ... *cf.* MOS ...

metal-oxide varistor varistance à oxyde métallique *(varistance formée essentiellement de poudre d'oxyde de zinc frittée) (cf. aussi* varistor).

metal package *cf.* metal can.

metal-packaged flatpack boîtier plat métallique *(CH, etc.) (cf. aussi* flatpack).

metal positive mère *(fab. disques) (cf. aussi* mother).

metal rectifier *cf.* metallic rectifier. *(de même pour les termes dérivés).*

metal-semiconductor barrier *cf.* metal-semiconductor junction.

metal-semiconductor contact contact métal-semiconducteur *(contact entre les deux parties d'une jonction métal-semiconducteur) (cf. aussi* metal-semiconductor junction).

metal-semiconductor FET *cf.* MESFET.

metal-semiconductor field-effect transistor *cf.* MESFET.

metal-semiconductor junction jonction métal-semiconduc-teur *(jonction entre une électrode en métal et une électrode en semiconducteur) (jonction de redresseur sec ou de diode Schottky ou de diode à pointe) (cf. aussi junction 1)*, metallic rectifier, Schottky diode *et* point-contact diode).

metal-semiconductor potential difference différence de po-tentiel métal/semiconducteur *(ou entre le métal et le semi-conducteur) (jonction métal-semiconducteur) (cf. aussi po-tential difference et* metal-semiconductor junction).

metal septum cloison métallique, séparation métallique (for-mant blindage) *(circuit hybride hyperfréquence, etc.).*

metal strap barrette métallique (de connexion) *(cf. aussi* strap).

metal-tank mercury-arc rectifier redresseur à vapeur de mercure à cuve métallique *(mutateur ou ignitron) (cf. aussi* grid-controlled mercury-arc rectifier *et* ignitron).

metal-to-semiconductor interface interface métal-semi-conducteur *(interface d'une jonction métal-semiconducteur) (cf. aussi* interface[1] 1) *et* metal-semiconductor junction).

metal tube tube en métal, tube métallique, tube à enveloppe métallique *(tube électronique utilisant une enveloppe métal-lique pour abriter les électrodes, les sorties se faisant par des perles de verre soudées au métal) (le tube peut être à vide comme un tube de réception en métal ou à gaz comme un ignitron ou un mutateur à cuve métallique) (cf. aussi* electron tube).

metal vapor laser laser à vapeur métallique *(laser ionique dans lequel le milieu actif est une vapeur d'un métal) (la vapeur est pure si le métal est du mercure, ou mélangée à un gaz neutre tel que l'hélium pour les autres métaux) (cf. aussi* ion laser).

metal waveguide guide d'ondes métallique *(ou en métal) (noms parfois donnés à un guide d'ondes classique pour le distinguer d'un guide d'ondes optique) (hyper) (cf. aussi* waveguide *et* optical waveguide).

metal wiring *cf.* metal interconnections.

metallic aerial lens *(GB)* *cf.* metallic lens antenna.

metallic antenna lens *cf.* metallic lens antenna.

metallic circuit circuit métallique *(circuit téléphonique formé de deux conducteurs existant physiquement) (est donc formé d'une paire — une seulement) (sdpo à « circuit à retour par la terre », « circuit fantôme », « circuit superfantôme » et, par conséquent, « circuit superposé ») (cf. aussi* pair 1), physical circuit *et* telephone circuit).

metallic core âme (métallique) *(d'un fil isolé) (cf. aussi* insulated wire).

metallic diffraction grating réseau de diffraction métallique *(hyper) (cf. aussi* orotron).

metallic-film resistor *cf.* metal-film resistor.

metallic glass verre métallique, alliage magnétique amorphe *(alliage magnétique doux à très faibles pertes par hystérésis obtenu par refroidissement ultra-rapide de l'alliage en fusion, la structure amorphe du métal liquide n'ayant ainsi pas le temps de s'ordonner en structure cristalline au cours du refroidissement) (tôle magnétique pour transformateurs in-dustriels) (cf. aussi* soft magnetic material, hysteresis loss *et* lamination).

metallic rectifier redresseur sec, redresseur métal-semi-conducteur *(redresseur utilisant une jonction métal-semi-conducteur, le courant d'électrons allant du métal, qui forme la cathode — positive ici — au semiconducteur, qui forme l'anode — négative ici) (comprend essentiellement une plaque ou une couche métallique recouverte d'une couche de semi-conducteur elle-même recouverte par une électrode métallique fortement appliquée sur le semiconducteur) (l'électrode métal-lique assure la protection de la couche, l'uniformité de la répartition du courant dans la jonction et facilite l'évacuation de la chaleur produite par effet Joule dans la jonction en formant une ailette de refroidissement) (l'ensemble décrit ci-dessus constitue un redresseur sec élémentaire; le terme « redresseur sec » désigne souvent une batterie de redresseurs élémentaires montés en série, en parallèle, en série-parallèle, en opposition ou en pont sur une tige filetée ou dans* un boîtier) *(cf. aussi* metallic rectifier cell, copper-oxide rectifier, selenium rectifier, Schottky diodes, rectifier, metal-semiconductor junction, current direction *et* Joule effect).

metallic rectifier cell cellule de redresseur sec, cellule de redresseur, cellule redresseuse, élément redresseur *(noms donnés à un redresseur sec élémentaire, notamment lorsqu'il est utilisé en plusieurs exemplaires formant une « batterie de redresseurs ») (cf. aussi* metallic rectifier).

metallic rectifier stack batterie de redresseurs (secs) *(cf. aussi* metallic rectifier).

metallic resistor résistance métallique *(résistance formée d'un fil, d'une bande ou d'une couche de métal à grande résistivité) (cf. aussi* wirewound resistor, metal-film resistor, thin-film resistor, resistor, resistivity *et* metal-glaze resistor).

metallic telephone circuit *cf.* metallic circuit.

metallization métallisation *(voir aussi* bonding 2) *pour infor-mation) (au sens du terme anglais : (a) formation d'une ou plusieurs couches d'aluminium ou autre corps conducteur sur le substrat d'un circuit intégré monolithique pour réaliser ensuite par gravure les connexions entre les éléments du circuit, ainsi que les plages de connexion) (cf. aussi* mono-lithic integrated circuit, bonding pad *et* lithography); (b) *for-mation d'une grille en métal conducteur sur la face antérieure d'une cellule solaire pour collecter le courant fourni par celle-ci) (la grille est formée par évaporation à travers les ouvertures d'un masque placé sur la cellule) (cf. aussi* solar cell, evaporation *et* mask 2)); (c) *(cf. aussi* metallization layer).

metallization defect défaut de la métallisation *(ou de la couche de métallisation) (parf. d'une ...) (CI, etc.) (cf. aussi* metallization).

metallization fault *cf.* metallization defect.

metallization layer couche de métallisation, couche d'inter-connexion métallique *(couche métallique formée sur un subs-trat au cours d'une opération de métallisation) (CI, etc.) (cf. aussi* metallization (a)).

metallization level niveau de métallisation *(nom parfois don-né à une couche de métallisation de circuit intégré, notamment lorsque celui-ci en comporte plus d'une) (cf. aussi* metalliza-tion (a)).

metallization line ligne de métallisation, ligne d'inter-connexion, interconnexion *(conducteur formé dans une couche de métallisation) (CI, etc.) (cf. aussi* metallization layer).

metallization line width largeur des lignes de métallisation, *(etc.) (CI, etc.) (cf. aussi* metallization line).

metallization mask masque de métallisation *(masque em-ployé pour exécuter la gravure ou le dépôt d'une couche de métallisation) (fab. CI, etc.) (cf. aussi* mask 2) *et* metalliza-tion layer).

metallization pattern réseau d'interconnexions *(ensemble des conducteurs formés dans une couche de métallisation) (CI, etc.) (cf. aussi* metallization layer).

metallization resistance résistance de la métallisation, résis-tance par carré de la métallisation *(résistance par carré d'une couche de métallisation ou, par conséquent, d'un conducteur réalisé dans une telle couche) (CI, etc.) (cf. aussi* sheet resistance *et* metallization).

metallization route *cf.* metallization line.

metallization run *cf.* metallization line.

metallization scheme *cf.* metallization pattern.

metallization sheet resistance *cf.* metallization resistance.

metallization trace *cf.* metallization line.

metallized capacitor condensateur à diélectrique métallisé, condensateur métallisé *(condensateur dans lequel chaque armature est formée par dépôt d'une mince couche de métal bon conducteur sur le diélectrique en bande ou en feuille) (dans les modèles bobinés, les deux bandes sont disposées l'une sur l'autre dans le même sens et bobinées ensemble) (dans les modèles à feuilles, les feuilles sont disposées les unes au-dessus des autres dans le même sens) (les condensateurs métallisés sont autocicatrisants) (condensateur au papier mé-tallisé ou au plastique métallisé, condensateur au mica) (cf. aussi* film-and-foil capacitor, wound-foil capacitor, stacked-foil capacitor, self-healing *et* capacitor).

metallized dielectric diélectrique métallisé *(condensateur)* *(cf. aussi* metallized capacitor).

metallized film bande métallisée, film métallisé *(condensateur)* *(cf. aussi* metallized-film capacitor).

metallized-film capacitor condensateur à bande plastique métallisée, condensateur à film métallisé *(condensateur au plastique bobiné utilisant un diélectrique métallisé)* *(cf. aussi* metallized capacitor *et* plastic capacitor).

metallized hole trou métallisé *(CP)* *(cf. aussi* plated-through hole).

metallized-mica capacitor condensateur au mica métallisé *(condensateur au mica utilisant des feuilles de mica métallisées) (clpf)* *(cf. aussi* mica capacitor *et* metallized capacitor).

metallized-mylar capacitor *cf.* metallized polyester capacitor.

metallized-paper capacitor condensateur au papier métallisé *(cf. aussi* paper capacitor *et* metallized capacitor).

metallized plastic-film capacitor *cf.* metallized-film capacitor.

metallized polycarbonate capacitor condensateur au polycarbonate métallisé *(cf. aussi* polycarbonate capacitor *et* metallized-film capacitor).

metallized polyester capacitor condensateur au polyester métallisé *(cf. aussi* polyester capacitor *et* metallized-film capacitor).

metallized-polyester stacked-foil capacitor condensateur à feuilles de polyester métallisées *(cf. aussi* polyester capacitor, metallized capacitor *et* stacked-foil capacitor).

metallized polypropylene capacitor condensateur au polypropylène métallisé *(cf. aussi* polypropylene capacitor *et* metallized-film capacitor).

metallized polysulfone capacitor condensateur au polysulfone métallisé *(cf. aussi* polysulfone capacitor *et* metallized-film capacitor).

metallized resistor *cf.* metal-film resistor.

metallized screen écran métallisé *(tube cath)* *(cf. aussi* aluminized screen).

metallized teflon capacitor condensateur au téflon métallisé *(cf. aussi* teflon capacitor *et* metallized-film capacitor).

metallizing *cf.* metallization.

meteoric scatter propagation par diffusion météorique, propagation météorique *(propagation par diffusion dans laquelle les particules sont celles d'une météorite, la transmission ne durant que le temps de passage de celle-ci dans le champ de l'antenne d'émission) (radio)* *(cf. aussi* scatter propagation).

meteorological radar radar météorologique, radar météo *(radar d'aéronef ou au sol permettant de détecter les formations nuageuses et suivre leur déplacement à plusieurs dizaines de kilomètres de distance)* *(cf. aussi* radar).

meter[1] *s* appareil indicateur (électromécanique), appareil de mesure *(idem)* *(appareil indicateur à aiguille tel qu'un voltmètre ou un ampèremètre analogique, par exemple, ou compteur à plusieurs cadrans et aiguilles ou, plus récemment, à tambours portant des chiffres tel qu'un compteur d'énergie électrique, par exemple)* *(cf. aussi* analog meter *et* indicating instrument).

meter[2] *v* compter, *(parf.)* totaliser, *(parf.)* mesurer (à l'aide d'un compteur) *(cf. aussi* meter[1] 2)).

meter accuracy précision de l'appareil de mesure *(cf. aussi* meter[1]).

meter case boîtier d'appareil de mesure *(cf. aussi* meter[1]).

meter deflection *cf.* pointer deflection.

meter deflection application utilisation en comparateur *(utilisation d'un appareil de mesure analogique dans laquelle seule compte la position atteinte par l'aiguille sur l'échelle graduée, indépendamment de la valeur correspondante de la grandeur mesurée) (utilisation pour le contrôle en série de composants ou appareils en usine ou en laboratoire)* *(cf. aussi* analog meter).

meter display *cf.* meter readout.

meter error erreur instrumentale *(app. mesure)* *(cf. aussi* instrumental error).

meter indication *cf.* meter reading. *(ce terme étant le plus employé).*

meter movement équipage (d'appareil de mesure) *(on devrait dire « moteur d'appareil de mesure ») (ensemble électromécanique produisant la déviation de l'aiguille d'un appareil de mesure analogique) (est constitué par un petit galvanomètre ou un dispositif équivalent) (noter que le terme « équipage » désigne le moteur complet et que « équipage mobile » désigne la partie tournante de celui-ci, c.-à-d. le cadre mobile, l'aimant mobile ou la palette mobile)* *(cf. aussi* analog meter *et* galvanometer).

meter multiplier résistance additionnelle *(voltmètre)* *(cf. aussi* multiplier resistor).

meter pointer aiguille d'appareil de mesure *(cf. aussi* meter[1]).

meter reading 1) indication de l'appareil de mesure *(parf. d'un …)*, valeur indiquée par l'appareil de mesure *(idem)* *(appareil de mesure ou, parfois, compteur)* *(cf. aussi* meter[1]). 2) relevé d'un compteur *(cf. aussi* meter[1]).

meter scale échelle d'appareil de mesure, échelle de mesure *(échelle devant laquelle se déplace l'aiguille d'un appareil de mesure analogique)* *(cf. aussi* linear scale, non-linear scale, zero scale, mid-scale reading, full scale, keep on scale, go off scale, scale[1] 1) *et* analog meter).

meter-type relay relais galvanométrique *(relais ultra-sensible formé d'un galvanomètre dont le cadre mobile porte une aiguille munie d'un contact se déplaçant entre deux contacts fixes réglables) (l'ensemble des trois contacts forme un contact inverseur permettant d'ouvrir ou fermer un circuit pour une valeur réglable de la tension appliquée au relais)* *(cf. aussi* galvanometer).

metering comptage, *(parf.)* totalisation, *(parf.)* mesure *(cf. aussi* meter[1]).

metric wave onde métrique, onde très courte *(onde radio-électrique de 10 à 1 m de longueur correspondant à une fréquence de 30 à 300 MHz, c.-à-d. à la bande VHF) (radio-électricité)* *(cf. aussi* radio wave, wavelength *et* VHF band).

metric wave band gamme des ondes métriques *(cf. aussi* metric wave).

MeV *cf.* megaelectronvolt.

mf *cf.* MF 1).

MF 1) *cf.* medium frequency. 2) *cf.* microfarad.

MF band bande des moyennes fréquences, gamme des moyennes fréquences, bande MF, gamme MF *(au sens anglo-saxon), (parf.)* gamme des ondes hectométriques *(radio-électricité)* *(cf. aussi* medium frequency).

MF frequency fréquence MF *(fréquence comprise dans la bande MF)* *(cf. aussi* MF band).

MF frequency band *cf.* MF band.

MF frequency range *cf.* MF band.

MF propagation propagation des ondes hectométriques *(cf. aussi* hectometric wave *et* radio wave propagation).

MF range *cf.* MF band.

MFLOPS *cf.* million floating-point operations per second.

MFM *cf.* modified frequency modulation.

MFM encoding *(MFM vient de « modified frequency modulation »)* codage MFM *(procédé d'enregistrement sur disque magnétique dérivé du codage FM en ne conservant l'inversion de flux au début d'un point mémoire que si celui-ci et le précédent contiennent un binaire « 0 », ce qui divise par deux la longueur des points mémoire pour un même espacement minimal entre deux inversions de flux successives) (est le procédé employé notamment pour l'enregistrement sur les disques souples à double densité) (inf)* *(cf. aussi* FM encoding *et* double-sided double-density floppy disk).

MFSK *cf.* modified frequency-shift keying.

mG *cf.* milligauss.

MG *cf.* megagauss.

mH *cf.* millihenry.

MHD *cf.* magnetohydrodynamics.

mho mho *(unité de conductance) (est la conductance d'un élément de circuit dont la résistance est de 1 ohm) (la conductance étant l'inverse de la résistance, le nom adopté pour l'unité de conductance est le mot « ohm » écrit à l'envers, soit « mho »)* *(cf. aussi* conductance, siemens *et* ohm).

MHz *cf.* megahertz.

MIC *cf.* microwave integrated circuit.

mica capacitor condensateur au mica *(condensateur fixe à armatures planes dans lequel le diélectrique est du mica) (les armatures sont généralement multiples et formées de minces* *feuilles ou, plus souvent, couches de métal bon conducteur séparées par des feuilles de mica) (cf. aussi* metallized-mica capacitor, fixed capacitor *et* capacitor).

mica chip capacitor condensateur pastille au mica *(CH) (cf. aussi* chip component *et* mica capacitor).

MICR *(vient de « magnetic-ink character recognition ») cf.* magnetic character recognition.

micro *cf.* microcomputer. *(de même pour les termes dérivés) (cf. aussi* mike).

μA *cf.* microampere. *(de même pour les termes dérivés).*

micro-based *cf.* microcomputer-controlled.

micro buff amateur de micro-informatique *(cf. aussi* micro-computing).

microalloy diffused transistor transistor à micro-alliage et diffusion *(ancien type de transistor bipolaire) (cf. aussi* alloy-junction transistor).

microalloy transistor transistor à micro-alliage *(ancien type de transistor bipolaire) (cf. aussi* alloy-junction transistor).

microammeter microampèremètre *(ampèremètre gradué en microampères, c-à-d. pour mesure de courants de très faible intensité) (cf. aussi* microampere *et* ammeter).

microampere microampère, μA *(unité d'intensité de courant égale à 10^{-6} ampère, soit un millionième d'ampère) (cf. aussi* ampere).

microampere current (intensité de) courant de l'ordre du microampère *(ou* mesurée en microampères), courant mesuré en microampères *(intensité de courant comprise entre 1 et 9,999 microampères inclusivement ou parfois plus, ou courant d'une telle intensité) (cf. aussi* microampere *et* intensity).

microampere current measurement mesure d'intensités de courant de l'ordre du microampère *(ou* en microampères), mesure de courants *(idem),* mesure de microampères *(cf. aussi* microampere current).

microampere measurement *cf.* microampere current measurement.

microampere range gamme des microampères *(gamme des intensités de courant comprises entre 1 et 9,999 microampères inclusivement) (cf. aussi* microampere).

microbend microcourbure, microflexion *(coubure à faible rayon d'une fibre optique) (constitue un défaut augmentant l'atténuation du signal) (cf. aussi* optical fiber).

microbend loss *cf.* microbending loss.

microbending formation de microcourbures *(fibre optique) (cf. aussi* microbend).

microbending loss pertes par microcourbures, pertes dues aux microcourbures *(pertes de transmission dans une fibre optique dues à des microcourbures) (tls) (cf. aussi* microbend *et* transmission loss 1)).

μC *cf.* microcomputer. *(de même pour les termes dérivés).*

microchannel microcanal *(élément d'une galette de micro-canaux) (cf. aussi* microchannel plate).

microchannel array *cf.* microchannel plate.

microchannel image intensifier tube intensificateur d'image à microcanaux *(ou* à galette de microcanaux) (image *ou* brillance) (intensificateur *ou* amplificateur), intensificateur à microcanaux *(tube intensificateur d'image équipé d'une galette de microcanaux disposée devant la fenêtre de sortie pour augmenter la sensibilité du tube en produisant une intensification supplémentaire de la brillance) (optoélectronique) (cf. aussi* image intensifier tube *et* microchannel plate).

microchannel plate galette de microcanaux *(plaque formée d'un grand nombre de tubes microscopiques parallèles constituant autant de multiplicateurs d'électrons microscopiques dans lesquels la paroi du tube joue le même rôle que les dynodes d'un photomultiplicateur classique) (est utilisé comme amplificateur d'image électronique dans certains tubes intensificateurs d'image) (cf. aussi* electron multiplier *et* image intensifier tube).

microchip micropuce *(puce de très petites dimensions) (semi) (cf. aussi* chip 1)).

microcircuit microcircuit *(autre nom, moins précis, d'un circuit intégré) (semi), etc.) (cf. aussi* integrated circuit).

microcircuit ... *cf.* integrated circuit ...

microcircuitry microcircuits *(cf. aussi* microcircuit *et* circuitry).

microcode[1] *s* microcode, microprogramme (en langage machine) *(inf) (cf. aussi* microprogram *et* machine language).

microcode[2] *v cf.* microprogram[2].

microcode routine *cf.* microprogram.

microcoded logic logique microprogrammée *(nom parfois donné aux circuits d'une mémoire contenant un microprogramme) (inf) (cf. aussi* logic (b) *et* microprogram[1]).

microcoding *cf.* microprogramming.

microcommand microcommande *(impulsion de commande émise par le séquenceur d'un ordinateur) (inf) (cf. aussi* sequencer (b)).

microcomputer micro-ordinateur, *(parf.)* microcalculateur *(petit ordinateur formé essentiellement d'un microprocesseur et de circuits auxiliaires, la plupart intégrés, ainsi que d'organes d'entrée des données et de sortie des résultats) (les circuits auxiliaires, généralement appelés « circuits périphériques », comprennent au minimum une mémoire RAM, une mémoire ROM programmable ou non, des circuits d'entrée/sortie, une horloge et une alimentation) (l'organe d'entrée est souvent un clavier alphanumérique, mais peut aussi être un numériseur relié à un ou plusieurs capteurs, une mémoire à disque souple, etc.; l'organe de sortie est souvent une imprimante, mais peut aussi être un tube cathodique, un afficheur, un traceur numérique, une mémoire à disque souple, etc.) (inf) (cf. aussi* personal computer, microprocessor, RAM[1], ROM, clock[1], I/O circuit *(au début de la lettre I),* single-chip microcomputer *et* computer 2)).

microcomputer area *cf.* microcomputer field.

microcomputer-based system *cf.* microcomputer-controlled system.

microcomputer board carte micro-ordinateur *(carte de micro-ordinateur monocarte) (CP) (inf) (cf. aussi* single-board microcomputer).

microcomputer card *cf.* microcomputer board.

microcomputer chip puce de micro-ordinateur *(puce de micro-ordinateur monopuce) (CI) (inf) (cf. aussi* single-chip microcomputer).

microcomputer-controlled system système commandé par micro-ordinateur *(inf) (cf. aussi* microcomputer).

microcomputer development system système de mise au point de micro-ordinateur *(ne pas employer « système de développement ... ») (inf) (cf. aussi* development system *et* micro-computer).

microcomputer field domaine de la micro-informatique *(cf. aussi* microcomputer *et* computer field).

microcomputer on a chip micro-ordinateur monopuce *(CI) (inf) (cf. aussi* single-chip microcomputer).

microcomputer processing traitement par micro-ordinateur.

microcomputing (la) micro-informatique *(partie de l'informatique relative aux micro-ordinateurs ou les utilisant) (cf. aussi* data processing *et* microcomputer).

microcontroller microrégisseur *(régisseur de processus formé d'un micro-ordinateur adapté à cette fonction) (ne pas employer « microcontrôleur ») (inf) (cf. aussi* process controller *et* microcomputer).

microcycle microcycle *(cycle d'exécution d'une micro-instruction) (inf) (cf. aussi* microinstruction).

microdisc *cf.* microfloppy disk.

microdisk *cf.* microfloppy disk.

microdiskette *cf.* microfloppy disk.

μe *cf.* microelectronics.

microelectronic *a* microélectronique *a (caractéristique de ce qui est relatif à la microélectronique ou en constitue une application) (cf. aussi* microelectronics).

microelectronic component *cf.* microcircuit.

microelectronic device *cf.* microcircuit.

microelectronics (la) microélectronique *(électronique des circuits intégrés) (cf. aussi* electronics[1] (a), (b) *et* integrated circuit).

microelectronics area *cf.* microelectronics field.

micro-electronics engineer ingénieur en microélectronique.

micro-electronics expert (grand) spécialiste en microélectronique.

microelectronics facility usine de microélectronique *(« usine » dont les « ateliers » sont des salles blanches consti-*

tuant autant de laboratoires ultra-modernes) (cf. aussi clean room).

microelectronics field domaine de la microelectronique *(cf. aussi* electronics field).

microelectronics industry industrie de la microélectronique.

microelectronics leadership supériorité en microélectronique *(est détenue par les Américains (en 1990), mais est menacée par les Japonais).*

microelectronics specialist spécialiste en microélectronique.

microelectronics technology (la) technique (de la) micro-électronique *(cf. aussi* technology).

µF *cf.* microfarad. *(de même pour les termes dérivés).*

microfarad microfarad, µF *(unité de capacité électrique égale à 10^{-6} farad, soit un millionième de farad) (est souvent utilisée en électronique, notamment pour les condensateurs de filtrage et les condensateurs de liaison en basse fréquence) (cf. aussi* farad).

microfarad capacitance capacité de l'ordre du microfarad *(ou* mesurée en microfarads), capacité en microfarads *(capacité électrique comprise entre 1 et 9,999 microfarads inclusivement ou parfois plus) (cf. aussi* microfarad).

microfarad capacitance measurement mesure de capacités de l'ordre du microfarad *(ou* en microfarads), mesure de micro-farads *(cf. aussi* microfarad).

microfarad measurement *cf.* microfarad capacitance measurement.

microfarad range gamme des microfarads *(gamme des capacités électriques comprises entre 1 et 9,999 microfarads inclusivement) (cf. aussi* microfarad).

microfloppy *cf.* microfloppy disk.

microfloppy disc *cf.* microfloppy disk.

microfloppy disk disquette de 3 pouces 1/2 *(ou* 3,5 pouces), microdisquette, microdisque souple *(disque magnétique souple d'environ 85 mm de diamètre utilisé dans une enveloppe rigide formant chargeur et comportant un volet coulissant obturant la fenêtre d'accès pour protéger le disque lorsque le chargeur est retiré de la mémoire) (noter que le qualificatif « micro » est tout relatif) (existe en modèles à simple face et à double face) (permet la réalisation de mémoires à disque magnétique de très petites dimensions) (inf) (cf. aussi* floppy disk).

microfloppy disk drive mémoire à disquette de 3,5 pouces, *(etc.) (inf) (cf. aussi* microfloppy disk *et* floppy disk drive).

microfloppy disk memory *cf.* microfloppy disk drive.

microfloppy disk unit *cf.* microfloppy disk drive. *(parf.)* version à microdisquette, version à microdisque souple *(cf. aussi* unit 3)).

microfloppy drive *cf.* microfloppy disk drive.

microfloppy unit *cf.* microfloppy disk unit.

microgroove record disque microsillon *(cf. aussi* long-play record).

µH *cf.* microhenry. *(de même pour les termes dérivés).*

microhenry microhenry, µH *(unité d'inductance égale à 10^{-6} henry, soit un millionième de henry) (cf. aussi* henry).

microhenry inductance inductance de l'ordre du microhenry *(ou* mesurée en microhenrys) *(inductance comprise entre 1 et 9,999 microhenrys inclusivement ou parfois plus) (cf. aussi* microhenry).

microhenry inductance measurement mesure d'inductances de l'ordre du microhenry *(ou* en microhenrys), mesure de microhenrys *(cf. aussi* microhenry inductance).

microhenry measurement *cf.* microhenry inductance measurement.

microhenry range gamme des microhenrys *(gamme des inductances comprises entre 1 et 9,999 microhenrys inclusivement) (cf. aussi* microhenry).

µΩ *cf.* microhm. *(de même pour les termes dérivés).*

microhm microhm, µΩ *(unité de résistance électrique égale à 10^{-6} ohm, soit un millionième d'ohm) (cf. aussi* ohm).

microhm measurement *cf.* microhm resistance measurement.

microhm range gamme des microhms *(gamme des résistances électriques comprises entre 1 et 9,999 microhms inclusivement) (cf. aussi* microhm).

microhm resistance résistance de l'ordre du microhm *(ou*

mesurée en microhms) *(résistance électrique comprise entre 1 et 9,999 microhms inclusivement ou parfois plus) (cf. aussi* microhm).

microhm resistance measurement mesure de résistances de l'ordre du microhm *(ou* en microhms), mesure de microhms *(cf. aussi* microhm resistance *et* ohmmeter).

microinstruction micro-instruction, instruction de microprogramme *(instruction d'un microprogramme d'ordinateur) (commande l'exécution d'une fonction élémentaire dans un ordinateur microprogrammé) (est une instruction en langage machine déclenchant l'émission de la suite de micro-commandes nécessaires à l'exécution de la fonction élémentaire) (inf) (cf. aussi* instruction, microprogram, machine language *et* sequencer (b)).

microjoule microjoule, mJ *(unité d'énergie et de travail égale à 10^{-6} joule, soit un millionième de joule) (cf. aussi* joule).

microjoule ... *(voir* microjoule *et* microwatt ... *et adapter).*

microlithography microgravure *(gravure de puces de circuits intégrés par un procédé produisant des traits de moins de 2 microns de largeur) (gravure des circuits VLSI, VHSIC et ULSI) (cf. aussi* lithography, chip 1) *et* line 4)).

micrologic micrologiciel *(inf) (cf. aussi* firmware).

micromainframe micromacro *(micro-ordinateur dont la puissance de traitement est très grande pour sa catégorie) (inf) (cf. aussi* microcomputer, mainframe 1) *et* processing power).

micrometer barrier *cf.* micron barrier.

microminiaturization microminiaturisation *(miniaturisation des circuits électroniques poussée à un très haut degré par réalisation de ceux-ci sous la forme de circuits intégrés monolithiques) (cf. aussi* electronic circuit *et* monolithic integrated circuit).

microminiaturize *v* microminiaturiser *(cf. aussi* microminiaturization).

micromodule micromodule *(module de très petites dimensions) (cf. aussi* module 1)).

micromho micromho, µmho *(unité de conductance égale à 10^{-6} mho) (cf. aussi* mho).

micromho ... *(voir* micromho *et* microsiemens ... *et adapter).*

micron barrier barrière du micron, mur du micron *(expressions rappelant la difficulté de fabrication en série des circuits intégrés monolithiques à traits de 1 micron de largeur ou moins) (cf. aussi* submicron geometry, monolithic integrated circuit *et* line 4)).

micron circuit circuit micronique, circuit à traits de 1 micron *(CI) (cf. aussi* micron barrier).

micro-optic circuit circuit intégré optique *(cf. aussi* optical integrated circuit).

micro-optic component *cf.* micro-optic circuit.

micro-optic device *cf.* micro-optic circuit.

µP *cf.* microprocessor.

microphone microphone, micro *(transducteur électroacoustique convertissant une onde sonore dans l'air ou un autre gaz en un signal électrique représentant celle-ci) (dans le cas général, comprend essentiellement un élément mobile dans un champ magnétique ou électrique constant, dont les vibrations produites par l'onde sonore induisent ou font varier un courant dans le circuit dans lequel le microphone est monté) (l'élément mobile est solidaire d'une membrane sur laquelle agit l'onde sonore ou est constitué par cette membrane) (cf. aussi* carbon microphone, electrostatic microphone, crystal microphone, moving-conductor microphone, moving-iron microphone, magnetostriction microphone, hot-wire microphone, directional microphone, bidirectional microphone, omnidirectional microphone, hydrophone *et* electroacoustic transducer).

microphone amplifier amplificateur de microphone *(amplificateur à transistor pour petit signaux incorporé au boîtier d'un microphone à faible tension de sortie) (cf. aussi* transistor amplifier *et* small signal).

microphone battery pile de microphone *(pile bouton alimentant un amplificateur de microphone) (cf. aussi* button cell *et* microphone amplifier).

microphone boom perche de prise de son, perche *(perche à l'extrémité libre de laquelle est suspendu un microphone servant à la prise de son dans un studio de cinéma ou de télévision).*

microphone button capsule de microphone, capsule micro- phonique, capsule *(petit boîtier métallique rappelant la forme d'un bouton dans lequel est contenue la grenaille de charbon d'un microphone à charbon) (tél, etc.) (cf. aussi* carbon microphone).

microphone cable cordon de microphone *(cordon blindé reliant un microphone à un amplificateur basse fréquence) (l'emploi d'un cordon blindé est d'autant plus nécessaire que l'impédance de sortie du microphone est plus élevée) (cf. aussi* shielded cable *et* output impedance).

microphone circuit circuit microphonique *(souvent aussi du microphone) (circuit dans lequel est inséré un microphone) (tél, ampli BF).*

microphone current *(parf.* intensité du) courant micropho- nique *(ou* du microphone*) (cf. aussi* voice current).

microphone diaphragm membrane de microphone *(mem- brane métallique ou non, plane ou bombée) (cf. aussi* micro- phone).

microphone insert *cf.* microphone button.

microphone mixer table de mélange *(ou* de mixage*) (coffret ou pupitre portant notamment des potentiomètres permettant de superposer dans des proportions variables les signaux fournis par deux ou plusieurs microphones avant de les appliquer à un amplificateur basse fréquence incorporé ou non à l'appareil) (studio d'enregistrement ou d'émission) (cf. aussi* potentiometer 1) *et* audio amplifier).

microphone preamplifier *cf.* microphone amplifier.

microphone sensitivity efficacité d'un microphone *(grandeur égale au quotient de la valeur efficace de la tension alternative à basse fréquence obtenue aux bornes d'un microphone et de la pression de l'onde acoustique produisant cette tension) (plus la tension est élevée pour une pression acoustique déterminée, plus le microphone est efficace).*

microphone signal signal fourni par le microphone *(parf.* par un microphone*) (fourni par ou* issu du), signal micropho- nique.

microphone stand pied de microphone *(pied ou trépied télescopique servant de support à un microphone).*

microphone transformer transformateur de microphone *(transformateur basse fréquence miniature monté dans le boîtier d'un microphone pour adapter son impédance à l'im- pédance d'entrée de l'amplificateur basse fréquence qu'il at- taque par l'intermédiaire du cordon de liaison) (cf. aussi* audio-frequency transformer *et* impedance matching).

microphonic microphonique (a) *relatif à un microphone ou produit par un microphone) (courant microphonique, etc.);* (b) *défaut d'un composant présentant l'effet microphonique) (cf. aussi* microphonics).

microphonicity tendance à l'effet microphonique *(tube, etc.) (cf. aussi* microphonics).

microphonics effet microphonique, réaction mécanique *(conversion des vibrations accidentelles d'un élément d'un composant d'un récepteur radio ou d'une chaîne électroacous- tique en un son métallique émis par le haut-parleur de l'appa- reil) (l'élément susceptible de présenter de telles vibrations est une électrode dans le cas d'un tube électronique, une lame dans le cas d'un condensateur variable ou la pointe de lecture dans une tête de lecture de tourne-disque) (les fréquences produisant la tonalité métallique du son émis sont dues à la modulation supplémentaire du flux d'électrons dans le tube ou de la capacité du condensateur ou du courant dans la tête, qui résulte de ces vibrations) (ce bruit s'entend lorsqu'on tapote le composant responsable, qui est dit « microphonique », ou lorsque les vibrations mécaniques du haut-parleur sont trans- mises par le châssis au composant; dans ce cas, le phénomène est auto-entretenu et il y a généralement accrochage) (l'effet microphonique étant dû à un couplage mécanique, il ne doit pas être confondu avec l'effet Larsen malgré une certaine ressemblance) (cf. aussi* acoustic feedback *et* singing).

microphonism *cf.* microphonics.

microphony *cf.* microphonics.

micropower circuit circuit à très faible puissance *(circuit électrique ou électronique dans lequel la puissance électrique mise en jeu est de l'ordre du microwatt) (ce terme désigne généralement une porte logique élémentaire d'un circuit inté-*

gré monolithique à très faible consommation tel qu'un cir- cuit CMOS) (cf. aussi* power[1] 1), microwatt, logic gate *et* CMOS integrated circuit).

microprocessing *cf.* microcomputing.

microprocessing power puissance de traitement (d'un micro- processeur *ou* d'un micro-ordinateur*) (inf) (cf. aussi* proces- sing power, microprocessor *et* microcomputer).

microprocessing unit unité centrale à microprocesseur *(nom parfois donné au microprocesseur d'un micro-ordinateur pour rappeler que l'unité centrale de celui-ci est constituée par un microprocesseur) (cf. aussi* central processing unit, micro- processor *et* microcomputer).

microprocessor microprocesseur *(organe de traitement d'un ordinateur réalisé sous la forme d'un ou plusieurs circuits intégrés monolithiques à haute ou très haute densité d'intégra- tion) (cf. aussi* processor 1), CISC, RISC, single-chip micro- processor, bit-slice microprocessor, four-bit microprocessor, 8-bit microprocessor, 16-bit microprocessor, 32-bit micro- processor, LSI circuit, VLSI circuit *et* microcomputer).

microprocessor applications applications des microproces- seurs *(la plupart des appareils, machines et systèmes peuvent être commandés par un microprocesseur si sa vitesse de traitement et son jeu d'instructions sont suffisants) (inf) (cf. aussi* processing speed, instruction set *et* application).

microprocessor architecture structure d'un microprocesseur *(parf.* du...*) (inf) (cf. aussi* architecture).

microprocessor-based à microprocesseur *(qualificatif appli- qué à un appareil ou autre matériel équipé d'un micro- processeur commandant tout ou partie de ses fonctions) (ter- minal intelligent, appareil de mesure ou d'analyse, générateur de signaux, émetteur ou récepteur radio-électrique, appareil ménager, machine, etc.) (inf) (cf. aussi* microprocessor- controlled *et* intelligent terminal).

microprocessor-based equipment appareils à microproces- seur, *(parf.)* appareil à microprocesseur *(cf. aussi* micro- processor-based).

microprocessor-based system système à microprocesseur *(cf. aussi* microprocessor *et* system).

microprocessor central processing unit *cf.* microprocessing unit.

microprocessor chip puce de microprocesseur, puce micro- processeur *(puce de circuit intégré sur laquelle est réalisé un microprocesseur) (cf. aussi* chip 1) *et* microprocessor).

microprocessor-compatible compatible avec un microproces- seur *(propriété d'un circuit intégré numérique utilisable en liaison avec un microprocesseur) (inf) (cf. aussi* digital inte- grated circuit *et* microprocessor).

microprocessor control commande par microprocesseur *(ap- pareil, etc.) (cf. aussi* microprocessor-controlled).

microprocessor-controlled commandé(e) par microproces- seur *(qualificatif appliqué à un appareil ou autre matériel équipé d'un microprocesseur commandant toutes ses fonc- tions, ou à une fonction commandée par un microprocesseur) (cf. aussi* microprocessor-based).

microprocessor development system système de mise au point de microprocesseur *(inf) (ne pas employer « système de développement ... ») (cf. aussi* development system).

microprocessor device *cf.* microprocessor.

microprocessor package boîtier de microprocesseur *(boî- tier DIP ou autre à grand nombre de broches et espacement relativement grand entre les deux rangées de broches) (cf. aussi* DIP).

microprocessor port accès d'un microprocesseur *(inf) (cf. aussi* port 1)).

microprocessor power puissance du microprocesseur *(parf.* d'un ...*) (puissance de traitement d'un microprocesseur) (inf) (cf. aussi* processing power *et* microprocessor).

microprocessor slice puce partielle *(CI) (inf) (cf. aussi* bit slice).

microprocessor socket support de microprocesseur *(support de circuit intégré prévu pour recevoir le boîtier d'un micro- processeur) (cf. aussi* microprocessor package).

microprocessor system *cf.* microprocessor-based system.

microprocessor technology (la) technique des microproces- seurs *(Ci) (cf. aussi* technology).

microprocessor unit *cf.* microprocessing unit.

microprogram[1] *s* microprogramme *(programme partiel d'ordinateur commandant l'exécution d'un type déterminé d'instruction du programme principal de l'appareil ou d'un sous-programme) (dans un ordinateur microprogrammé, il y a donc autant de microprogrammes mis en mémoire que de types d'instructions utilisés) (est généralement contenu dans une mémoire morte programmable ou reprogrammable ou, parfois, enregistré sur disque magnétique et transféré dans la mémoire centrale de l'appareil à chaque utilisation) (le type exact de mémoire le plus souvent utilisé à cette fin est la mémoire PROM et peut comprendre plusieurs boîtiers PROM) (inf) (cf. aussi* microinstruction, computer program *et* PROM).

microprogram[2] *v* microprogrammer *(programmer à l'aide de microprogrammes) (inf) (cf. aussi* microprogram[1]).

microprogram instruction instruction de microprogramme *(inf) (cf. aussi* microinstruction).

microprogram sequencer *cf.* microprogrammed sequencer.

microprogram subroutine *cf.* microprogram.

microprogrammability microprogrammabilité *(propriété de ce qui est microprogrammable) (inf) (cf. aussi* microprogrammable).

microprogrammable microprogrammable *(caractéristique d'un séquenceur destiné à être microprogrammé ou d'un microprocesseur utilisant un tel séquenceur ou d'un ordinateur utilisant un tel microprocesseur) (inf) (cf. aussi* microprogrammed sequencer).

microprogrammed architecture structure microprogrammée *(structure d'un ordinateur microprogrammé) (inf) (cf. aussi* microprogrammed computer *et* architecture).

microprogrammed computer ordinateur microprogrammé *(ordinateur utilisant un séquenceur microprogrammé) (inf) (cf. aussi* computer 2) *et* microprogrammed sequencer).

microprogrammed machine *cf.* microprogrammed computer.

microprogrammed microprocessor microprocesseur microprogrammé *(microprocesseur utilisant un séquenceur microprogrammé) (CI) (inf) (cf. aussi* microprocessor *et* microprogrammed sequencer).

microprogrammed processor *cf.* microprogrammed microprocessor.

microprogrammed sequencer séquenceur microprogrammé, séquenceur programmé *(séquenceur d'ordinateur commandé par des microprogrammes pour pouvoir être adapté facilement à différents types de traitement d'informations) (chaque microprogramme crée une configuration « logicielle » déterminée du chemin de données, c-à-d. ne nécessitant pas de modification des liaisons entre les circuits logiques de celui-ci comme c'est le cas avec un séquenceur câblé) (inf) (cf. aussi* sequencer (b) *et* microprogram).

microprogrammed terminal terminal microprogrammé *(terminal intelligent utilisant un microprocesseur microprogrammé) (télinf) (cf. aussi* intelligent terminal *et* microprogrammed microprocessor).

microprogramming microprogrammation *(utilisation d'un séquenceur microprogrammé dans un ordinateur) (inf) (cf. aussi* microprogrammed sequencer).

micropublishing (la) micro-edition *(inf) (cf. aussi* electronic publishing).

microradiometer microradiomètre *(radiomètre à haute sensibilité, c.-à-d. pour rayonnements de très faible intensité) (cf. aussi* radiometer).

microreed capsule microrelais à tiges *(relais à tiges subminiature) (cf. aussi* reed relay).

microroutine *cf.* microprogram.

µs *cf.* microsecond. *(de même pour les termes dérivés).*

µs *cf.* microsiemens. *(de même pour les termes dérivés).*

microscan receiver *cf.* compressive receiver.

microsecond microseconde, µs *(unité de temps égale à 10^{-6} seconde, soit un millionième de seconde) (en électronique est utilisée notamment pour mesurer la durée d'une impulsion ou un temps de commutation ou de propagation) (cf. aussi* second, pulse duration, switching time *et* gate delay).

microsecond duration durée de l'ordre de la microseconde, *(etc.) (impulsion, etc.) (cf. aussi* microsecond time *et* pulse duration).

microsecond-duration pulse *cf.* microsecond pulse.

microsecond interval *cf.* microsecond time interval.

microsecond measurement *cf.* microsecond time measurement.

microsecond pulse impulsion de l'ordre de la microseconde *(ou mesurée en microsecondes), impulsion d'une durée (idem) (cf. aussi* pulse[1] *et* microsecond time).

microsecond range gamme des microsecondes *(gamme des temps compris entre 1 et 9,999 microsecondes inclusivement) (cf. aussi* microsecond *et* microsecond time interval).

microsecond switching commutation en un temps de l'ordre de la microseconde, commutation à une vitesse *(parf. des vitesses) (idem) (le second terme est impropre, mais très employé), commutation en microsecondes (cf. aussi* microsecond switching time).

microsecond switching speed *cf.* microsecond switching time.

microsecond switching time temps de commutation de l'ordre de la microseconde *(ou mesuré en microsecondes), vitesse de commutation (le second terme est impropre, mais très employé) (idem) (dispositif de commutation rapide) (cf. aussi* switching time *et* microsecond).

microsecond time temps de l'ordre de la microseconde, temps mesuré en microsecondes *(temps compris entre 1 et 9,999 microsecondes inclusivement ou parfois plus) (cf. aussi* microsecond).

microsecond time interval intervalle de temps ... *(voir aussi* microsecond time).

microsecond time measurement mesure de temps de l'ordre de la microseconde *(ou en microsecondes), mesure de microsecondes (cf. aussi* microsecond time *et* measurement).

microsecond turn-off time temps de blocage de l'ordre de la microseconde *(ou mesuré en microsecondes) (dispositif de commutation rapide) (cf. aussi* turn-off time *et* microsecond time).

microsecond turn-on time temps de déblocage de l'ordre de la microseconde *(ou mesuré en microsecondes) (dispositif de commutation rapide) (cf. aussi* turn-on time *et* microsecond time).

microsequencer microséquenceur *(séquenceur de microprocesseur) (inf) (cf. aussi* sequencer (b) *et* microprocessor).

microserver microserveur *s (centre serveur utilisant un micro-ordinateur pour ses prestations de services) (télinf) (cf. aussi* server (a) *et* microcomputer).

microsiemens microsiemens, µS *(unité de conductance égale à 10^{-6} siemens, soit un millionième de siemens) (cf. aussi* siemens).

microsiemens conductance conductance de l'ordre du microsiemens *(ou mesurée en microsiemens) (conductance électrique comprise entre 1 et 9,999 microsiemens inclusivement ou parfois plus) (cf. aussi* microsiemens).

microsiemens conductance measurement mesure de conductances de l'ordre du microsiemens *(ou en microsiemens), mesure de microsiemens (cf. aussi* microsiemens conductance).

microsiemens measurement *cf.* microsiemens conductance measurement.

microsiemens range gamme des microsiemens *(gamme des conductances électriques comprises entre 1 et 9,999 microsiemens inclusivement) (cf. aussi* microsiemens).

microsized microminiaturisé *(composant) (cf. aussi* microminiaturization).

microsonics *cf.* microwave acoustics.

microstore mémoire à microprogrammes *(inf) (cf. aussi* microprogram).

microstrip *cf.* microstrip line.

microstrip aerial *(GB) cf.* microstrip antenna.

microstrip antenna antenne microruban *(antenne hyperfréquence formée essentiellement de lignes microruban réalisées sur un substrat commun en forme de plaquette ou de plaque) (cf. aussi* microwave antenna *et* microstrip line).

microstrip array *cf.* microstrip antenna.

microstrip line ligne microruban *(ou à rubans asymétriques* *ou* dissymétriques) *(ligne à rubans formée d'une bande métallique étroite axiale et d'une bande métallique plus large séparées par le diélectrique) (hyper) (cf. aussi* parallel-plate line).

microswitch microrupteur *(asser) (cf. aussi* limit switch).

μV *cf.* microvolt. *(de même pour les termes dérivés).*

microvolt microvolt, μV *(unité de tension égale à 10^{-6} volt, soit un millionième de volt) (cf. aussi* volt).

microvolt amplitude amplitude de l'ordre du microvolt *(ou mesurée en microvolts) (signal) (cf. aussi* microvoltage *et* amplitude).

microvolt-amplitude signal signal d'amplitude ... *(voir aussi* microvolt amplitude *et* signal[1]).

microvolt level *cf.* microvolt amplitude. *(cf. aussi* level 1)).

microvolt measurement *cf.* microvoltage measurement.

microvolt range gamme des microvolts *(gamme des tensions comprises entre 1 et 9,999 microvolts inclusivement) (cf. aussi* microvolt).

microvolt signal *cf.* microvolt-amplitude signal.

microvolt signal amplitude amplitude de signal de l'ordre du microvolt, *(etc.) (cf. aussi* microvolt amplitude).

microvolt signal level *cf.* microvolt signal amplitude. *(cf. aussi* level 1)).

microvoltage tension de l'ordre du microvolt *(ou mesurée en microvolts) (tension comprise entre 1 et 9,999 microvolts inclusivement ou parfois plus) (cf. aussi* microvolt).

microvoltage measurement mesure de tensions de l'ordre du microvolt *(ou en microvolts),* mesure de microvolts *(cf. aussi* microvoltage).

microvoltmeter microvoltmètre *(voltmètre gradué en microvolts, c-à-d. pour mesure de très faibles tensions) (cf. aussi* microvolt *et* voltmeter).

microvolts per meter microvolts par mètre *(mesure de l'amplitude d'un signal radioélectrique capté par une antenne de réception) (est égale à la tension en microvolts recueillie aux bornes de l'antenne divisée par la hauteur de celle-ci) (cf. aussi* radio signal *et* amplitude).

μW *cf.* microwatt. *(de même pour les termes dérivés).*

microwatt microwatt, μW *(unité de puissance égale à 10^{-6} watt, soit un millionième de watt) (cf. aussi* watt).

microwatt level *cf.* microwatt power level.

microwatt-level measurement *cf.* microwatt power measurement. *(cf. aussi* level 1)).

microwatt-level power *cf.* microwatt power.

microwatt-level power measurement *cf.* microwatt power measurement.

microwatt measurement *cf.* microwatt power measurement.

microwatt power puissance de l'ordre du microwatt *(ou mesurée en microwatts) (puissance comprise entre 1 et 9,999 microwatts inclusivement ou parfois plus) (puissance d'un signal reçu, puissance consommée par un élément de circuit intégré monolithique, etc.) (cf. aussi* microwatt).

microwatt power level (niveau de) puissance de l'ordre du microwatt, *(etc.) (l'emploi du terme « niveau » ici est incorrect, mais très courant) (cf. aussi* microwatt power *et* level 1)).

microwatt power measurement mesure de puissances de l'ordre du microwatt *(ou en microwatts),* mesure de microwatts *(cf. aussi* microwatt power).

microwatt range gamme des microwatts *(gamme des puissances comprises entre 1 et 9,999 microwatts inclusivement) (cf. aussi* microwatt).

microwatt signal signal de puissance de l'ordre du microwatt, *(etc.) (cf. aussi* microwatt power *et* signal power).

microwatt signal level *cf.* microwatt signal power. *(cf. aussi* level 1)).

microwatt signal level measurement *cf.* microwatt signal power measurement. *(cf. aussi* level 1)).

microwatt signal measurement *cf.* microwatt signal power measurement.

microwatt signal power puissance de signal de l'ordre du microwatt *(ou mesurée en microwatts) (parf. signaux) (cf. aussi* signal power *et* microwatt power).

microwatt signal power measurement mesure de puissances de signaux de l'ordre du microwatt *(ou en microwatts) (cf. aussi* microwatt power).

microwattmeter microwattmètre *(wattmètre gradué en microwatts, c-à-d. pour mesure de très faibles puissances et notamment de la puissance d'une onde radioélectrique ou d'un rayonnement infrarouge à l'aide d'un bolomètre) (cf. aussi* microwatt, wattmeter *et* bolometer).

microwave *s* **1)** onde ultra-courte, onde hyperfréquence, micro-onde *(ce terme est le moins bon des trois) (onde radioélectrique de 1 m à 1 mm de longueur, correspondant à une fréquence de 300 MHz à 300 GHz) (est caractérisée par une propagation essentiellement en ligne droite obéissant, par conséquent, aux lois de l'optique) (nombre d'auteurs considèrent que les ondes ultra-courtes commencent à 30 cm de longueur, soit 1 000 MHz (ou 1 GHz) et finissent à 3 mm, soit 100 GHz, en laissant ainsi un trou inexpliqué entre les ondes métriques et les ondes ultra-courtes, d'une part, et entre celles-ci et l'infrarouge lointain, d'autre part) (cf. aussi* radio wave *et* far infrared). **2)** *cf.* acoustic microwave.

microwave absorbent (material) *cf.* microwave absorbing material.

microwave absorber (material) *cf.* microwave absorbing material.

microwave absorbing material matière absorbante hyperfréquence *(ou pour ondes ultra-courtes),* absorbant hyperfréquence *(idem) (matière absorbante pour ondes radioélectriques, dont le coefficient d'absorption a une valeur proche de l'unité aux hyperfréquences) (essais d'antennes hyperfréquence, cible radar) (cf. aussi* absorbing material, radar absorbing material *et* material).

microwave acoustics (l')acoustique hyperfréquence *(cf. aussi* hypersonics).

microwave adapter adaptateur hyperfréquence *(dispositif monté entre deux lignes de transmission hyperfréquence de types différents ou de sections droites différentes pour permettre de les raccorder) (cf. aussi* waveguide-to-coaxial adapter, waveguide-to-waveguide adapter, coaxial-to-waveguide adapter *et* microwave transmission line).

microwave aerial *(GB) cf.* microwave antenna.

microwave amp *(fam) cf.* microwave amplifier.

microwave amplification amplification hyperfréquence *(ou en hyperfréquence ou de signaux hyperfréquence parf. d'un ...) (cf. aussi* microwave amplifier).

microwave amplification by stimulated emission of radiation *cf.* maser.

microwave amplifier amplificateur hyperfréquence *(amplificateur conçu pour amplifier des signaux hyperfréquence) (utilise un tube électronique, un transistor, une diode à semi-conducteur spéciale ou l'émission stimulée) (cf. aussi* microwave power amplifier, microwave amplifier tube, parametric amplifier, maser *et* microwave signal).

microwave amplifier tube tube amplificateur hyperfréquence *(ou pour hyperfréquences) (tube électronique conçu pour amplifier des signaux hyperfréquence) (est généralement un tube amplificateur de puissance) (tube phare, klystron, tube à onde progressive, amplificateur à champs croisés, etc.) (cf. aussi* disk-sealed tube, travelling-wave tube, crossed-field tube, microwave signal *et* power amplifier).

microwave analyzer analyseur hyperfréquence *(cf. aussi* microwave network analyzer *et* microwave spectrum analyzer).

microwave antenna antenne hyperfréquence *(ou pour hyperfréquences ou pour ondes ultra-courtes) (antenne conçue pour émettre et éventuellement recevoir des ondes ultra-courtes) (est généralement une antenne directive) (cf. aussi* reflector microwave antenna, horn antenna, slot antenna, ʹhelical antenna, dielectric antenna, antenna array *et* antenna).

microwave antenna ... *cf.* microwave antenna *et* antenna ... *et* adapter.

microwave attenuation measurement mesure d'atténuation en hyperfréquence *(mesure de l'atténuation d'un signal dans un circuit hyperfréquence) (cf. aussi* attenuation *et* microwave circuit).

microwave attenuator atténuateur hyperfréquence *(atténuateur conçu pour atténuer un signal dans une ligne de transmission hyperfréquence) (comprend essentiellement un élément dissipatif fixe ou à position variable disposé sur le trajet du* signal ou plusieurs éléments fixes utilisés un par un (cf. aussi waveguide attenuator, coaxial attenuator, attenuator, dissipative element et microwave signal).

microwave band bande hyperfréquence (bande de fréquences constituant une des divisions de la gamme des hyperfréquences) (bande P, L, S, X, K, Q, V ou W) (la bande P commence à 225 MHz, soit une longueur d'onde de 1 m 333, et la bande W finit à 100 GHz, soit une longueur d'onde de 3 mm) (noter que la bande P commence dans les ondes métriques qui, en principe, ne font pas partie du domaine des hyperfréquences, et que la bande W ne couvre pas la limite supérieure effective des hyperfréquences) (radioélectricité) (cf. aussi microwave range 1), microwave et frequency band).

microwave band-pass filter filtre passe-bande hyperfréquence (cf. aussi band-pass filter et microwave filter).

microwave band-stop filter filtre coupe-bande hyperfréquence (cf. aussi band-stop filter et microwave filter).

microwave beam faisceau d'ondes ultra-courtes (faisceau d'ondes radioélectriques émis par une antenne hyperfréquence) (cf. aussi microwave antenna et beam[1]).

microwave bipolar cf. microwave bipolar transistor.

microwave bipolar transistor transistor bipolaire hyperfréquence (ou pour hyperfréquences) (semi) (cf. aussi bipolar transistor et microwave transistor).

microwave carrier porteuse hyperfréquence (porteuse dont la fréquence est une hyperfréquence) (radioélectricité) (cf. aussi carrier wave et microwave frequency).

microwave cavity cavité hyperfréquence (cf. aussi cavity resonator).

microwave circuit circuit hyperfréquence (circuit parcouru par un signal hyperfréquence) (circuit en guide d'ondes, en câble coaxial ou en ligne à rubans) (cf. aussi waveguide, coaxial cable, stripline et microwave signal).

microwave circuit element élément de circuit hyperfréquence (constitue une constante répartie) (cf. aussi microwave circuit et distributed-element circuit).

microwave circuitry circuits hyperfréquence (cf. aussi microwave circuit et circuitry).

microwave circulator cf. circulator.

microwave communications télécommunications par faisceaux hertziens, (souvent) liaisons par faisceaux hertziens (radiocom) (cf. aussi microwave radio 1)).

microwave communications link cf. microwave link.

microwave communications system cf. microwave system.

microwave component composant hyperfréquence, composant pour ondes ultra-courtes (composant utilisé dans un circuit hyperfréquence) (tronçon, jonction, charge adaptée, court-circuit, atténuateur, etc. de ou pour guide d'ondes, câble coaxial ou ligne à rubans, tube électronique hyperfréquence, transistor ou diode hyperfréquence, connecteur coaxial, etc.) (cf. aussi active microwave component, passive microwave component, microwave circuit et microwave device).

microwave counter compteur hyperfréquence (compteur-fréquencemètre pour signaux hyperfréquence) (cf. aussi frequency counter et microwave signal).

microwave current (parf. intensité du) courant hyperfréquence (courant alternatif dont la fréquence est comprise dans la gamme des hyperfréquences ou, parfois, intensité de ce courant) (cf. aussi microwave range (a)).

microwave delay line ligne à retard hyperfréquence (ou pour hyperfréquences) (cf. aussi delay line).

microwave detector diode diode de détection hyperfréquence (ou pour hyperfréquences), diode détectrice (idem) (cf. aussi detector diode et microwave diode).

microwave device dispositif hyperfréquence (autre nom, plus général, d'un composant hyperfréquence) (peut désigner un ensemble comprenant plusieurs composants) (cf. aussi microwave component).

microwave dielectric material cf. microwave insulating material.

microwave digital radio cf. digital microwave radio.

microwave diode diode hyperfréquence (ou pour hyperfréquences) (diode à semiconducteur conçue pour fonctionner aux hyperfréquences et caractérisée par une très faible

capacité de jonction) (diode mélangeuse, diode de détection ou diode oscillatrice) (cf. aussi point-contact diode, PIN diode 1), Impatt diode, Trapatt diode, Gunn diode, mixer diode, detector diode, diode, junction capacitance et microwave frequency).

microwave electron tube cf. microwave tube.

microwave emitter cf. microwave transmitter.

microwave energy énergie hyperfréquence (énergie transportée par un courant ou une onde hyperfréquence) (cf. aussi energy, microwave current et microwave).

microwave energy transmission cf. microwave power transmission. (ce terme étant le plus employé).

microwave engineer ingénieur en hyperfréquences.

microwave engineering cf. microwave technology.

microwave expert (grand) spécialiste des hyperfréquences (cf. aussi microwave expertise et microwave specialist).

microwave expertise (grande) expérience des hyperfréquences (ingénieur, société d'électronique) (cf. aussi microwave expert).

microwave FET cf. microwave field-effect transistor.

microwave FET device cf. microwave FET.

microwave field 1) champ hyperfréquence (champ électromagnétique hyperfréquence ou, par conséquent, champ électrique ou magnétique hyperfréquence) (cf. aussi electromagnetic field et microwave frequency). 2) (le) domaine des hyperfréquences (domaine d'activité humaine) (cf. aussi, à titre d'information, microwave region).

microwave field-effect transistor transistor à effet de champ hyperfréquence, TEC hyperfréquence, FET (idem) (semi) (cf. aussi field-effect transistor et microwave transistor).

microwave filter filtre hyperfréquence (filtre conçu pour filtrer un signal hyperfréquence) (cf. aussi waveguide filter, coaxial filter, stripline filter et filter[1]).

microwave frequency hyperfréquence (fréquence correspondant à la longueur d'une onde ultra-courte) (radioélectricité) (cf. aussi frequency et microwave).

microwave frequency band cf. microwave band.

microwave-frequency field cf. microwave field 1).

microwave frequency meter fréquencemètre hyperfréquence (ou pour hyperfréquences) (cf. aussi cavity-resonator frequency meter, coaxial-line frequency meter, microwave frequency et frequency meter).

microwave frequency range cf. microwave range 1).

microwave GaAs FET cf. microwave gallium-arsenide field-effect transistor.

microwave gallium-arsenide field-effect transistor transistor à effet de champ hyperfréquence à l'arséniure de gallium, TEC GaAs hyperfréquence, FET GaAs hyperfréquence (semi) (cf. aussi gallium-arsenide field-effect transistor et microwave transistor).

microwave generator générateur hyperfréquence (a) nom donné à un magnétron ou autre tube hyperfréquence oscillateur de puissance dans les applications de celui-ci au chauffage) (cf. aussi magnetron et microwave heating); (b) cf. aussi microwave signal generator).

microwave gyrator gyrateur hyperfréquence, gyrateur (dispositif hyperfréquence utilisant l'effet Faraday dans les ferrites pour déphaser de ± 90° l'onde se propageant dans un guide d'ondes, suivant le sens de propagation) (comprend essentiellement un guide d'ondes circulaire contenant un bâtonnet de ferrite axial et prolongé à chaque extrémité par un guide d'ondes rectangulaire torsadé à 90°) (on voit que la structure d'un gyrateur est proche de celle d'un isolateur à ferrite, les deux dispositifs utilisant le même principe) (cf. aussi Faraday effect, waveguide et ferrite isolator).

microwave heating chauffage hyperfréquence (ou par hyperfréquences ou par ondes ultra-courtes) (chauffage diélectrique dans lequel le corps à chauffer est exposé aux ondes électromagnétiques ultra-courtes produites par un ou plusieurs magnétrons) (le corps n'est donc pas placé entre deux électrodes comme dans le chauffage diélectrique proprement dit) (cf. aussi dielectric heating, microwave, microwave oven et microwave plasma).

microwave hybrid cf. microwave hybrid circuit.

microwave hybrid circuit cf. microwave integrated circuit. (le premier terme étant rarement employé).

microwave hybrid microcircuit *cf.* microwave integrated circuit.

microwave IC *cf.* microwave integrated circuit.

microwave-induced plasma *cf.* microwave plasma.

microwave instrument appareil hyperfréquence *(appareil électronique fournissant ou utilisant un ou plusieurs signaux hyperfréquence) (générateur de signaux hyperfréquence, analyseur de signaux hyperfréquence, analyseur de réseaux hyperfréquence, fréquencemètre-compteur hyperfréquence, wattmètre hyperfréquence, générateur de balayage hyperfréquence, etc.) (cf. aussi* electronic instrument *et* microwave signal).

microwave instrumentation instrumentation hyperfréquence *(cf. aussi* instrumentation *et* microwave instrument).

microwave insulating material matière isolante pour hyperfréquences, isolant hyperfréquence *(matière isolante à faibles pertes diélectriques aux hyperfréquences) (matière pour isolant de lignes coaxiales hyperfréquence, matière pour substrats de circuits imprimés hyperfréquence, matière pour substrats de circuits hybrides hyperfréquence) (est généralement une matière plastique dans les deux premiers cas : polythène, téflon, etc., ou une matière rigide dans le troisième cas : alumine, oxyde de béryllium, verre spécial, saphir, silicium à haute résistivité, arséniure de gallium à haute résistivité, etc.) (cf. aussi* insulating material, dielectric loss, microwave frequency *et* material).

microwave integrated circuit circuit hybride hyperfréquence *(noter que le terme anglais utilise le qualificatif générique « intégré » et le français le qualificatif spécifique « hybride ») (circuit hybride conçu pour traiter ou produire des signaux hyperfréquence) (est caractérisé principalement par l'emploi d'un substrat hyperfréquence) (cf. aussi* hybrid circuit, microwave signal, microwave substrate *et* integrated circuit).

microwave integrated circuit ... *cf.* MIC ...

microwave landing system système d'atterrissage hyperfréquence *(avia) (cf. aussi* MLS).

microwave limiter limiteur hyperfréquence *(limiteur conçu pour limiter un signal hyperfréquence) (cf. aussi* limiter *et* microwave signal).

microwave line *cf.* microwave transmission line.

microwave link liaison par faisceau hertzien, *(souvent)* faisceau hertzien *(liaison en un seul bond) (radiocom) (cf. aussi* analog microwave link, digital microwave link *et* microwave radio).

microwave link analyzer analyseur de faisceaux hertziens *(analyseur de signaux conçu pour contrôler la qualité de transmission du signal multiplex dans une liaison par faisceau hertzien) (cf. aussi* signal analyzer *et* microwave radio).

microwave link equipment matériel pour faisceaux hertziens *(émetteurs, récepteurs, retransmetteurs, antennes, appareils de contrôle, pylônes, etc.) (cf. aussi* microwave radio).

microwave link operation exploitation d'une liaison par faisceau hertzien *(radiocom) (cf. aussi* microwave link operator).

microwave link operator exploitant d'une liaison par faisceau hertzien *(société privée aux États-Unis, administration des télécommunications dans les autres pays) (cf. aussi* microwave radio).

microwave load charge hyperfréquence *(cf. aussi* matched termination 2)).

microwave low-pass filter filtre passe-bas hyperfréquence *(filtre passe-bas inséré dans un circuit hyperfréquence) (cf. aussi* low-pass filter *et* microwave circuit).

microwave material *(cf. aussi* material) matière pour hyperfréquences (a) *cf. aussi* microwave insulating material; (b) *cf. aussi* microwave substrate material; (c) *cf. aussi* microwave absorbing material.

microwave measurement mesure hyperfréquence *(ou en hyperfréquence) (mesure d'amplitude, de phase, d'atténuation ou de taux d'ondes stationnaires sur un composant hyperfréquence, souvent à l'aide d'une ligne de mesure ou d'un coupleur directif en plus d'un appareil de mesure et d'autres dispositifs) (cf. aussi* swept-frequency measurement, slotted line, directional coupler, microwave component, amplitude, phase (a), attenuation *et* standing-wave ratio).

microwave measurement system chaîne de mesure hyperfréquence *(ensemble d'appareils et de composants hyperfréquence interconnectés pour permettre l'exécution de mesures sur l'un de ces derniers) (cf. aussi* microwave measurement, microwave instrument *et* microwave component).

microwave MESFET transistor MESFET hyperfréquence *(ou* pour hyperfréquences), *(etc.) (semi) (cf. aussi* MESFET *et* microwave transistor).

microwave metrologist spécialiste des mesures en hyperfréquences *(cf. aussi* microwave measurement).

microwave mixer mélangeur hyperfréquence *(anglicisme bien implanté désignant le changeur de fréquence d'un récepteur superhétérodyne hyperfréquence) (récepteur de radar, de faisceau hertzien, etc.) (cf. aussi* single-balanced mixer, double-balanced mixer *et* mixer).

microwave mixer diode *cf.* mixer diode.

microwave mixing diode *cf.* mixer diode.

microwave module module hyperfréquence *(nom parfois donné à un circuit hybride hyperfréquence) (cf. aussi* microwave integrated circuit).

microwave monolithic circuit *cf.* microwave integrated circuit.

microwave network analyzer analyseur de réseaux hyperfréquence, analyseur hyperfréquence *(analyseur de réseaux conçu pour l'analyse de réseaux parcourus par des signaux hyperfréquence) (cf. aussi* network analyzer *et* microwave signal).

microwave notch filter *cf.* microwave band-stop filter.

microwave oscillator oscillateur hyperfréquence *(oscillateur fournissant un signal hyperfréquence) (comprend essentiellement un tube électronique hyperfréquence oscillateur ou une diode hyperfréquence à caractéristique négative associée à une cavité résonante) (cf. aussi* microwave oscillator tube, negative-resistance diode, cavity resonator, microwave signal *et* oscillator).

microwave oscillator tube tube oscillateur hyperfréquence *(tube électronique conçu et monté pour produire un signal hyperfréquence) (tube phare, tube crayon, magnétron, klystron réflex, carcinotron, stabilotron, monotron, EIO, gyrotron, etc.) (cf. aussi* disk-seal tube, pencil tube, reflex klystron *et les autres tubes ci-dessus*, microwave signal, oscillator *et* electron tube).

microwave oven four hyperfréquence *(ou* à hyperfréquences), four à micro-ondes *(le troisième terme, calque du terme anglais, est pratiquement le seul employé pour un four domestique) (four industriel ou domestique utilisant le chauffage hyperfréquence) (dans le premier cas, utilise généralement plusieurs magnétrons pour cuire des objets en céramique ou en porcelaine, polymériser des objets en caoutchouc ou en matière plastique, ou sécher des objets poreux; dans le second cas, utilise généralement un seul magnétron pour cuire ou réchauffer des aliments en un temps très court par action dans la masse) (cf. aussi* microwave heating).

microwave PC *cf.* microwave printed circuit.

microwave PIN switching diode diode de commutation PIN hyperfréquence *(ou* pour hyperfréquences) *(cf. aussi* PIN switching diode *et* microwave diode).

microwave plasma plasma hyperfréquence, plasma créé par hyperfréquence *(plasma créé par chauffage hyperfréquence) (cf. aussi* plasma *et* microwave heating).

microwave plumbing *cf.* plumbing.

microwave power **1)** puissance hyperfréquence *(puissance mise en jeu par un courant ou une onde hyperfréquence) (cf. aussi* power[1] 1), microwave current *et* microwave). **2)** *cf.* microwave energy.

microwave power amplification amplification de puissance hyperfréquence *(ou* en hyperfréquences) *(amplification de puissance d'un signal hyperfréquence) (est réalisée à l'aide d'un amplificateur de puissance hyperfréquence) (cf. aussi* microwave power amplifier, power amplification 1) *et* microwave signal).

microwave power amplifier amplificateur de puissance hyperfréquence *(ou* pour hyperfréquences) *(amplificateur de puissance conçu pour amplifier un signal hyperfréquence) (est* *généralement un amplificateur à tube électronique, mais peut aussi être un amplificateur à transistor pour les faibles puissances*) (*cf. aussi* power amplifier, microwave signal *et* microwave amplifier tube).

microwave power divider *cf.* power divider.

microwave power measurement mesure de puissance hyperfréquence (*ou* en hyperfréquence) (*cf. aussi* microwave power meter).

microwave power meter wattmètre hyperfréquence (*ou* pour hyperfréquences) (*wattmètre conçu pour la mesure de puissances hyperfréquence*) (*cf. aussi* power meter, microwave power *et* power sensing element).

microwave power source source d'énergie hyperfréquence, source hyperfréquence (*autre nom d'un oscillateur hyperfréquence*) (*cf. aussi* microwave oscillator).

microwave power transistor transistor de puissance hyperfréquence (*ou* pour hyperfréquences) (*cf. aussi* power transistor *et* microwave transistor).

microwave power transmission transmission d'énergie hyperfréquence (a) *transmission d'énergie dans une ligne de transmission hyperfréquence et notamment dans un guide d'ondes*) (*cf. aussi* microwave energy *et* microwave transmission line); (b) *transmission d'énergie dans l'espace et l'atmosphère, entre un héliogénérateur et une antenne redresseuse*) (*cf. aussi* solar power satellite).

microwave power tube tube de puissance hyperfréquence (*tube de puissance réalisé sous la forme d'un tube hyperfréquence*) (*cf. aussi* power tube *et* microwave tube).

microwave printed circuit circuit imprimé hyperfréquence (*élément de circuit hyperfréquence réalisé sous la forme d'un circuit imprimé utilisant un substrat hyperfréquences*) (*ligne ou antenne microruban*) (*cf. aussi* microstrip line, microstrip antenna, microwave substrate *et* printed circuit).

microwave propagation propagation des ondes ultra-courtes, propagation (des ondes radioélectriques) aux hyperfréquences, propagation en UHF (*radioélectricité*) (*cf. aussi* microwave).

microwave radar radar hyperfréquence, radar radioélectrique (*nom parfois donné à un radar au sens habituel du terme par opposition à « radar optique »*) (*cf. aussi* radar *et* optical radar).

microwave radiation rayonnement hyperfréquence (*rayonnement électromagnétique dont la longueur d'onde correspond aux hyperfréquences*) (*radar, faisceau hertzien, rayonnement de la Terre, etc.*) (*cf. aussi* electromagnetic radiation *et* microwave).

microwave radiation standard norme de rayonnement hyperfréquence (*norme fixant l'intensité maximale admissible des rayonnements hyperfréquence auxquels des personnes se trouvent exposées*) (*radars, faisceaux hertziens, mesures sur antennes hyperfréquence, fours à micro-ondes, satellites héliogénérateurs, etc.*) (*cf. aussi* standard[1] 2), radiation intensity *et* microwave radiation).

microwave radio 1) (les) faisceaux hertziens (*système de radiocommunications en ondes ultra-courtes*) (*utilise des antennes d'émission et de réception très directives avec liaison en visibilité directe entre l'antenne d'émission et l'antenne de réception, ou liaison en plusieurs bonds par l'intermédiaire de stations réémettrices lorsque la courbure de la Terre ou un obstacle ne permet pas la visibilité directe, ou liaison par diffusion troposphérique pour des portées de plusieurs centaines de kilomètres*) (*téléphonie, télégraphie, télévision, radiocommunications militaires, etc.*) (*dans le cas de la transmission de signaux téléphoniques ou télégraphiques, le signal transmis est toujours un multiplex*) (*cf. aussi* microwave, line-of-sight microwave link, DAMA system, Fresnel zone, radio relay, translator 1), troposcatter link *et* multiplex[1]). 2) *cf.* microwave radio set.

microwave radio link *cf.* microwave link.

microwave radio network réseau de faisceaux hertziens.

microwave radio relay ... *cf.* radio relay ...

microwave radio set poste UHF (*ce terme s'applique à un type d'émetteur-récepteur militaire*).

microwave radio system *cf.* microwave system.

microwave radiometer radiomètre hyperfréquence (*radio-*

mètre sensible aux ondes ultra-courtes) (*constitue un récepteur hyperfréquence à large bande*) (*est utilisé notamment dans des satellites de télédétection*) (*cf. aussi* radiometer, microwave *et* remote sensing 1)).

microwave radiometry radiométrie hyperfréquence (*radiométrie dans laquelle les rayonnements mesurés ont des longueurs d'onde comprises dans la gamme des ondes ultra-courtes*) (*télédétection, etc.*) (*cf. aussi* radiometry *et* microwave radiometer).

microwave range 1) gamme des hyperfréquences (*on ne dit pas « bande des hyperfréquences » car on emploie le terme « bande hyperfréquence » pour désigner les divisions de cette gamme*) (*cf. aussi* microwave frequency *et* microwave band). 2) four hyperfréquence, (*etc.*) (*four domestique*) (*cf. aussi* microwave oven).

microwave receiver récepteur hyperfréquence, récepteur pour ondes ultra-courtes (*récepteur radioélectrique conçu pour recevoir des signaux transmis par une onde porteuse ultra-courte*) (*est généralement un récepteur superhétérodyne pour fréquences très élevées*) (*récepteur de radar, de faisceau hertzien, etc.*) (*cf. aussi* microwave carrier *et* superheterodyne receiver).

microwave reception réception des ondes ultra-courtes (*ou* en ondes ultra-courtes *ou* en hyperfréquences) (*cf. aussi* microwave receiver).

microwave reflector réflecteur hyperfréquence, réflecteur pour ondes ultracourtes (*réflecteur, généralement parabolique ou dérivé, excité directement ou indirectement par le rayonnement issu d'une source primaire*) (*réflecteur d'antenne de radar ou de faisceau hertzien ou réflecteur passif de faisceau hertzien*) (*cf. aussi* parabolic reflector, passive reflector, primary radiator *et* microwave).

microwave region 1) domaine des ondes ultra-courtes (*partie du spectre des ondes électromagnétiques occupée par les ondes ultra-courtes*) (*radioélectricité*) (*cf. aussi* electromagnetic spectrum *et* microwave). 2) *cf.* microwave range 1).

microwave relay relais hertzien (*radiocom*) (*cf. aussi* radio relay).

microwave relay ... *cf.* radio relay ...

microwave-relayed video vidéo relayée par faisceau hertzien, signal vidéo relayé (*idem*) (*signal vidéo d'un récepteur de radar ou d'une caméra de télévision transmis à une distance relativement grande à l'aide d'un faisceau hertzien*) (*cf. aussi* video signal *et* microwave radio).

microwave remote sensing télédétection en hyperfréquences, télédétection hyperfréquence (*télédétection utilisant un rayonnement dont la longueur d'onde correspond aux hyperfréquences*) (*télédétection par radar ou par radiométrie hyperfréquence*) (*cf. aussi* radar remote sensing, microwave radiometry *et* remote sensing).

microwave repeater *cf.* microwave relay.

microwave resonator résonateur hyperfréquence (*résonateur dont la fréquence propre est une hyperfréquence*) (*cavité résonnante hyperfréquence ou ligne accordée*) (*cf. aussi* cavity resonator, resonant line, resonator, natural frequency *et* microwave frequency).

microwave semi *cf.* microwave semiconductor device.

microwave semiconductor device composant à semiconducteur pour hyperfréquences, semistor hyperfréquence (*composant à semiconducteur conçu pour traiter un signal hyperfréquence*) (*cf. aussi* semiconductor device *et* microwave signal).

microwave sensing *cf.* microwave remote sensing.

microwave sensor capteur hyperfréquence (*capteur utilisant un rayonnement hyperfréquence émis ou réfléchi par une cible*) (*la cible peut être la surface d'une planète*) (*télédétection, mil, etc.*) (*cf. aussi* active microwave sensor, passive microwave sensor, microwave radiation *et* sensor).

microwave signal signal hyperfréquence (*ou* en ondes ultra-courtes) (*signal électrique ou radioélectrique dont la fréquence est comprise dans la gamme des hyperfréquences, c.-à-d. tension alternative ou courant alternatif ou onde radioélectrique à une telle fréquence*) (*cf. aussi* microwave range 1), radio wave *et* signal[1]).

microwave signal generator générateur de signaux hyperfréquence, générateur hyperfréquence *(cf. aussi* signal generator *et* microwave signal).

microwave signal source   source de signaux hyperfréquence, source hyperfréquence *(noms parfois donnés à un générateur de signaux hyperfréquence ou à un oscillateur hyperfréquence) (cf. aussi* microwave signal *et* microwave oscillator).

microwave source   source hyperfréquence (a) *cf. aussi* microwave power source); (b) *cf. aussi* microwave signal source).

microwave specialist   spécialiste des hyperfréquences *(parf.* en hyperfréquences) *(ingénieur électronicien spécialisé dans le domaine des hyperfréquences) (cf. aussi* microwave expert).

microwave·spectroscopy   spectroscopie des radiofréquences *(étude des atomes et des molécules fondée sur leur interaction avec une onde électromagnétique du domaine des hyperfréquences) (cf. aussi* electromagnetic wave *et* microwave frequency).

microwave spectrum   spectre des hyperfréquences *(ou* des ondes ultra-courtes) *(le premier terme est le plus employé) (partie du spectre des ondes radioélectriques occupée par les ondes ultra-courtes, c.-à-d. ensemble des longueurs d'ondes de ces dernières ou des fréquences correspondantes) (radioélectricité) (cf. aussi* radio frequency spectrum, microwave, wavelength *et* frequency).

microwave spectrum analyzer   analyseur de spectres hyperfréquence, analyseur hyperfréquence *(analyseur de spectres conçu pour l'analyse de signaux hyperfréquence) (cf. aussi* spectrum analyzer *et* microwave signal).

microwave strip   *cf.* microstrip.

microwave substrate   substrat pour hyperfréquences, substrat hyperfréquence *(substrat de circuit à faibles pertes aux hyperfréquences) (substrat de ligne à ruban, d'antenne plane, etc. ou substrat de circuit hybride hyperfréquence) (cf. aussi* low-loss substrate, microwave frequency, parallel-plate line, flat-plate antenna *et* microwave hybrid circuit).

microwave sweep oscillator   *cf.* microwave sweeper.

microwave sweeper   générateur à balayage hyperfréquence, générateur hyperfréquence à balayage *(ce dernier terme est le plus employé) (générateur de signaux hyperfréquence à balayage) (cf. aussi* microwave signal generator *et* sweeping generator).

microwave swept-frequency measurement   mesure avec balayage de fréquence en hyperfréquence, mesure en hyperfréquence avec balayage *(ce dernier terme est le plus employé) (mesure effectuée à l'aide d'un générateur hyperfréquence à balayage) (cf. aussi* swept-frequency measurement *et* microwave sweeper).

microwave switch *(en cas de doute employer 2)) (cf. aussi* switch[1]) **1)** interrupteur hyperfréquence *(tg) (dispositif permettant d'interrompre la propagation du signal dans une ligne de transmission hyperfréquence) (interrupteur électromagnétique, tube de commutation ou interrupteur à semiconducteur) (cf. aussi* electromechanical microwave switch, switching tube, solid-state microwave switch, microwave signal *et* microwave transmission line). **2)** commutateur hyperfréquence *(dispositif permettant d'appliquer un signal hyperfréquence à une ligne de transmission déterminée parmi deux ou plusieurs lignes) (est généralement un relais inverseur spécial) (cf. aussi* electromechanical microwave switch).

microwave switching   commutation hyperfréquence *(commutation effectuée à une fréquence comprise dans la gamme des hyperfréquences) (cf. aussi* switching (a), microwave range 1) *et* microwave switch).

microwave switching device   dispositif de commutation hyperfréquence *(terme général couvrant les interrupteurs hyperfréquence et les commutateurs hyperfréquence) (cf. aussi* microwave switch *et* switching device).

microwave synthesizer   synthétiseur hyperfréquence *(synthétiseur de fréquence fournissant un signal hyperfréquence) (cf. aussi* frequency synthesizer *et* microwave signal).

microwave system   **1)** faisceau hertzien *(au sens de « système de télécommunications par faisceau hertzien ») (radiocom) (cf. aussi* microwave radio). **2)** *cf.* microwave measurement system.

microwave technology   (la) technique des hyperfréquences

(ou des ondes ultra-courtes) *(cf. aussi* microwave *et* technology).

microwave test   (un) essai hyperfréquence *(essai d'un composant ou appareil hyperfréquence) (cf. aussi* test[1], microwave component *et* microwave instrument).

microwave testing   (l')essai hyperfréquence *(cf. aussi* testing *et* microwave test).

microwave therapy   diathermie hyperfréquence *(diathermie dans laquelle le courant à haute fréquence est remplacé par un champ hyperfréquence) (médecine) (cf. aussi* diathermy *et* microwave-frequency field).

microwave tower   relais hertzien, *(parf.)* pylône de relais hertzien, *(parf.)* tour de relais hertzien *(radiocom) (cf. aussi* radio relay).

microwave tracking generator   générateur asservi hyperfréquence *(générateur asservi fonctionnant dans la gamme des hyperfréquences) (cf. aussi* tracking generator *et* microwave range 1)).

microwave transistor   transistor hyperfréquence *(transistor conçu pour fonctionner dans la gamme des hyperfréquences grâce à une fréquence de coupure élevée et à un faible bruit) (peut être un transistor bipolaire ou un transistor à effet de champ, et être au silicium ou, de préférence, à l'arséniure de gallium, notamment aux valeurs les plus élevées des fréquences considérées) (semi) (cf. aussi* transistor, microwave frequency, cut-off frequency, noise 2) (a), silicon *et* gallium arsenide).

microwave transistor amplifier   amplificateur à transistor hyperfréquence, amplificateur hyperfréquence à transistor *(cf. aussi* transistor amplifier *et* microwave transistor).

microwave transmission   **1)** émission en ondes ultracourtes *(parf.* d'ondes ultra-courtes), émission hyperfréquence *(radioélectricité) (cf. aussi* microwave). **2)** *cf.* microwave power transmission.

microwave transmission line   ligne de transmission hyperfréquence, ligne hyperfréquence *(le second terme est le plus employé dans le cours d'un texte) (ligne de transmission conçue pour transmettre un signal hyperfréquence) (guide d'ondes, ligne coaxiale, ligne à rubans) (noter que certains auteurs classent, à tort, les guides d'ondes en dehors des lignes de transmission) (cf. aussi* waveguide, coaxial line, parallel-plate line, transmission line *et* microwave signal).

microwave transmission system   *cf.* microwave system 1).

microwave transmitter   émetteur hyperfréquence, émetteur en ondes ultra-courtes *(émetteur conçu pour fournir le signal hyperfréquence nécessaire pour exciter une antenne émettant des ondes ultra-courtes) (émetteur de radar ou de faisceau hertzien) (cf. aussi* microwave, radar *et* microwave radio).

microwave transmitting antenna   antenne d'émission hyperfréquence *(cf. aussi* transmitting antenna *et* microwave antenna).

microwave tube   tube hyperfréquence, tube électronique *(idem) (tube électronique conçu pour produire, amplifier ou commuter un signal hyperfréquence) (a parfois une forme générale très différente de celle d'un tube) (cf. aussi* microwave amplifier tube, microwave oscillator tube, linear-beam tube, crossed-field tube, switching tube, microwave signal *et* electron tube).

microwave tube technology   (la) technique des tubes hyperfréquences *(cf. aussi* microwave tube *et* technology).

microwave tunable band-pass filter   filtre passe-bande accordable hyperfréquence *(cf. aussi* band-pass filter, tunable filter *et* microwave filter).

microwave tunable band-stop filter   filtre coupe-bande accordable hyperféquence *(cf. aussi* band-stop filter, tunable filter *et* microwave filter).

microwave tunable filter   filtre accordable hyperfréquence *(cf. aussi* tunable filter *et* microwave filter).

microwave tunable notch filter   *cf.* microwave tunable band-stop filter.

microwave turbulence   turbulence hyperfréquence *(fluctuation de l'indice de réfraction des ondes ultra-courtes dans l'atmosphère due à un manque d'uniformité de la température ou de la concentration de vapeur d'eau) (cf. aussi* refractive index *et* microwave).

microwave ultrasonics *cf.* microwave acoustics.

microwave voltage tension hyperfréquence *(tension alternative dont la fréquence est comprise dans la gamme des hyper-fréquences) (cf. aussi* alternating voltage *et* microwave range (a)).

microwave water load charge à eau *(cf. aussi* water load).

microwave weapon arme hyperfréquence *(ou* à faisceau hyperfréquence *ou* à faisceau d'ondes ultra-courtes) *(arme à faisceau d'énergie utilisant un faisceau d'ondes ultra-courtes comparable au faisceau d'un radar de grande puissance) (mil) (cf. aussi* beam weapon *et* microwave 1)).

microwave worker agent en hyperfréquences *(ouvrier ou, parfois, agent technique ou ingénieur travaillant dans le domaine des hyperfréquences).*

microwaves (les) ondes ultra-courtes (a) *cf. aussi* microwave ; (b) *branche de la radio-électricité traitant des ondes ultra-courtes ou les utilisant) (cf. aussi* radio 1) *et* microwave 1)).

microwelding microsoudage *(soudage des connexions des circuits intégrés, notamment monolithiques, et des autres composants discrets à semiconducteur) (cf. aussi* integrated-circuit connection, semicondutor device, thermocompression bonding *et* ultrasonic bonding).

microword micromot *(mot d'une instruction de microprogramme) (inf) (cf. aussi* instruction word *et* microprogram).

mid-band frequency fréquence à mi-bande *(fréquence située au milieu d'une bande de fréquences) (cf. aussi* frequency band).

mid-band gain gain à mi-bande *(gain d'un amplificateur accordé mesuré au milieu de sa bande passante) (cf. aussi* gain 1), tuned amplifier *et* bandwidth 2)).

mid-bit transition transition au milieu d'un binaire *(ou* à mi-binaire) *(transition dans un signal numérique à deux niveaux se produisant au milieu de l'intervalle de temps correspondant à un niveau, c.-à-d. à un des deux binaires utilisés) (trans. données) (cf. aussi* transition (c), digital signal, bit *et* Manchester code).

mid-Canada line chaîne du moyen Canada *(chaîne de radars de veille à grande portée barrant le Canada, de l'ouest à l'est, juste au-dessous de la baie d'Hudson, entre la chaîne « Dew line » et la chaîne « Pine-tree line ») (mil) (cf. aussi* Dew line, Pine-tree line, Texas tower *et* search radar).

mid-course guidance guidage à mi-course *(guidage d'un missile ou d'une fusée spatiale dans la partie intermédiaire de sa trajectoire) (mil, espace) (cf. aussi* guidance).

mid-range *s* **1)** mi-gamme, mi-bande, mi-calibre *(selon le contexte).* **2)** (le) médium *(gamme des fréquences sonores produisant des sons compris entre les graves et les aigus, c.-à-d. comprise entre 300 et 3 000 Hz environ) (cf. aussi* sound frequency).

mid-range frequencies **1)** fréquences à mi-gamme *(parf.* à mi-bande) *(fréquences situées approximativement au milieu d'une gamme ou une bande de fréquences) (cf. aussi* frequency range *et* frequency band). **2)** fréquences du médium *(cf. aussi* mid-range 2)).

mid-range loudspeaker haut-parleur de médiums *(électroacou) (cf. aussi* squawker).

mid-range speaker *cf.* mid-range loudspeaker.

mid-range unit *cf.* mid-range loudspeaker.

mid-scale reading lecture au milieu de l'échelle *(app. mesure) (cf. aussi* reading *et* meter scale).

mid-signal trigger capability possibilité de déclenchement à mi-amplitude (du signal) *(oscillo) (cf. aussi* mid-signal triggering *et* capability).

mid-signal triggering déclenchement à mi-amplitude (du signal) *(déclenchement du balayage d'un oscilloscope à la moitié de l'amplitude d'une impulsion à visualiser) (cf. aussi* sweep triggering *et* amplitude).

middle infrared (l')infrarouge moyen *(rayonnement infrarouge dont la longueur d'onde est comprise entre 3 et 10 microns ou domaine correspondant du spectre des ondes électromagnétiques) (cf. aussi* infrared radiation).

middle-infrared band *cf.* middle-infrared region.

middle-infrared radiation *cf.* middle infrared.

middle-infrared region domaine de l'infrarouge moyen *(cf. aussi* middle infrared).

middle-infrared source source d'infrarouge moyen, *(etc.) (cf. aussi* middle infrared).

middle-infrared wavelength longueur d'onde du domaine de l'infrarouge moyen, longueur d'onde de l'infrarouge moyen *(cf. aussi* middle infrared *et* wavelength).

middle marker balise médiane *(balise du système ILS située entre la balise extérieure et la balise intérieure) (c'est donc la deuxième balise survolée par un avion le long de sa trajectoire d'approche) (cf. aussi* marker beacon *et* ILS).

MIDI interface *(MIDI vient de « musical instrument digital interface »)* interface musicale, interface MIDI *(interface permettant de raccorder un instrument de musique a un micro-ordinateur) (inf) (cf. aussi* interface[1] 2)).

middle marker beacon *cf.* middle marker.

migration migration *(déplacement de particules dans un corps)* (a) *(cf. aussi* drift[1] 2)) ; (b) *(cf. aussi* electromigration).

mike micro *(électroacou) (cf. aussi* microphone *et* micro).

mil-temp range *(fam) cf.* military temperature range.

military airborne radar radar d'aéronef militaire, *(etc.) (radar d'avion ou hélicoptère militaire, de plate-forme de surveillance ou d'autodirecteur radar actif) (cf. aussi* airborne radar *et* active radar seeker).

military aircraft navigation system système de navigation d'aéronef militaire *(cf. aussi* navigation system).

military avionics avionique militaire, avionique pour aéronefs militaires *(cf. aussi* avionics).

military circuit circuit militaire, *(etc.) (circuit intégré monolithique ou hybride doté des caractéristiques d'un composant électronique militaire) (cf. aussi* military electronic component, military integrated circuit *et* military hybrid circuit).

military communications (les) télécommunications militaires, (les) transmissions *(cf. aussi* tactical communications, strategic communications *et* communications).

military communications satellite satellite de télécommunications militaires *(cf. aussi* communications satellite *et* military communications).

military component composant militaire, composant pour applications militaires *(composant électronique ou autre) (cf. aussi* military electronic component).

military device *cf.* military electronic component. *(ce terme désigne souvent un composant à semiconducteur).*

military electronic component composant électronique militaire *(ou* de qualité militaire), composant militaire *(idem) (composant électronique prévu pour être monté dans du matériel militaire) (est caractérisé par une conception et une fabrication particulièrement soignées, par des essais rigoureux et, souvent, par une encapsulation soignée impliquant généralement l'emploi d'un boîtier hermétique en céramique pour les circuits intégrés monolithiques ou hybrides ou métallique pour ces derniers et nombre de composants discrets) (cf. aussi* electronic component, military electronic equipment, integrated circuit *et* discrete component).

military electronic component maker *cf.* military electronic component manufacturer.

military electronic component manufacturer constructeur de composants (électroniques) militaires, *(etc.) (cf. aussi* military electronic component).

military electronic device *cf.* military electronic component.

military electronic equipment matériel électronique militaire *(ou* de qualité militaire *ou* pour applications militaires), matériel militaire *(matériel électronique prévu pour être utilisé par les forces armées, seul ou incorporé à d'autres matériels, notamment en opérations) (est caractérisé par sa conformité aux normes et spécifications américaines « MIL Standards » et « MIL Specifications » ou aux documents comparables d'autres pays et notamment par sa tenue aux conditions d'ambiance défavorables, en particulier température élevée ou très basse, vibrations, chocs, humidité et radiations, nécessitant généralement l'emploi de composants particuliers) (émetteurs-récepteurs tactiques (talkie-walkies et postes à bretelles), émetteurs et récepteurs de trafic, récepteurs d'écoute, récepteurs et antennes de radiogoniométrie, brouilleurs radio, radars au sol, sur aéronefs et sur navires, détec-*

teurs de radars, brouilleurs de radars, autodirecteurs de missiles et de torpilles, sonars, appareils de bord d'aéronefs militaires, etc.) (cf. aussi military electronic component, military temperature range, radiation hardness *et* electronic equipment).

military electronic equipment company   société de construction de matériel électronique militaire, *(etc.) (cf. aussi* military electronic equipment).

military electronic equipment firm   *cf.* military electronic equipment company.

military electronic equipment house   *cf.* military electronic equipment company.

military electronic equipment maker   *cf.* military electronic equipment manufacturer.

military electronic equipment manufacturer   constructeur de matériel électronique militaire, *(etc.) (cf. aussi* military electronic equipment).

military electronic systems house   *cf.* military electronic systems manufacturer.

military electronic systems manufacturer   constructeur de systèmes électroniques militaires *(constructeur de radars, sonars, systèmes de guidage, de télécommunications, d'écoute, de contre-mesures, etc.) (cf. aussi* military electronic equipment).

military electronics   (l')électronique militaire *(matériel électronique utilisé à des fins militaires et activités qui s'y rattachent : conception, fabrication, vente, utilisation, entretien et réparation) (cf. aussi* military electronic equipment *et* electronics[1] (a), (b)).

military electronics area   *cf.* military electronics field.

military electronics community   communauté de l'électronique militaire *(ensemble des personnes ayant des activités relatives à l'électronique militaire dans un pays ou toute autre zone géographique) (cf. aussi* military electronics).

military electronics field   domaine de l'électronique militaire, domaine militaire (de l'électronique) *(cf. aussi* electronics field *et* military electronics).

military electronics industry   industrie de l'électronique militaire.

military electronics manufacturer   *cf.* military electronic equipment manufacturer.

military electronics market   marché de l'électronique militaire, marché militaire (de l'électronique).

military electronics technology   (la) technique électronique militaire *(cf. aussi* technology).

military equipment   matériel militaire, *(etc.) (matériel électronique ou autre) (cf. aussi* military electronic equipment).

military equipment manufacturer   constructeur de matériel militaire, *(etc.) (cf. aussi* military equipment).

military-grade ...   *cf.* military ...

military hybrid   *cf.* military hybrid circuit.

military hybrid circuit   circuit hybride militaire, *(etc.) (cf. aussi* military circuit *et* hybrid circuit).

military hybrid maker   *cf.* military hybrid manufacturer.

military hybrid manufacturer   fabricant de circuit hybrides militaires, *(etc.) (cf. aussi* military hybrid circuit).

military IC   *cf.* military integrated circuit.

military integrated circuit   circuit intégré militaire, *(etc.) (ce terme désigne généralement un circuit intégré monolithique) (cf. aussi* military circuit, monolithic integrated circuit *et* VHSIC).

military microcircuit   microcircuit militaire, *(etc.) (cf. aussi* military circuit *et* microcircuit).

military microelectronics   (la) microélectronique militaire *(cf. aussi* microelectronics *et* military electronics).

military radar   radar militaire *(cf. aussi* radar, frequency hopping radar *et* military electronic equipment).

military radio   *cf.* military transceiver.

military radio communications   (les) radiocommunications militaires, (les) transmissions par radio *(cf. aussi* tactical communications, strategic communications, covert communications, frequency hopping, spread-spectrum communications *et* radio communications).

military radio set   *cf.* military transceiver.

military satellite communications   télécommunications militaires par satellite *(cf. aussi* military communications *et* satellite communications).

military satellite communications network   réseau militaire de télécommunications par satellite *(cf. aussi* satellite communications).

military satellite communications system   *cf.* military satellite communications network.

military satellite radar   radar de satellite militaire *(radar cartographique de satellite de reconnaissance, c.-à-d. radar à ouverture dynamique) (cf. aussi* synthetic-aperture radar).

military television   télévision militaire *(télévision utilisée notamment aux fins de reconnaissance, de guidage ou de surveillance militaire) (utilise la transmission radioélectrique des signaux fournis par la caméra dans les deux premiers cas et généralement la transmission par fil dans le troisième) (dans les trois cas, le son n'est normalement pas capté) (cf. aussi* television reconnaissance, television guidance, closed-circuit television *et* television).

military temperature range   plage de températures militaire *(plage de températures d'essai du matériel électronique ou autre spécifiée dans les normes et spécifications militaires) (ce terme s'applique notamment aux composants électroniques et plus particulièrement aux composants très sensibles à la chaleur tels que les circuits intégrés à semiconducteur, les composants discrets à semiconducteur et les condensateurs électrolytiques à électrolyte liquide ou gélifié) (cf. aussi* military electronic equipment).

military transceiver   émetteur-récepteur militaire *(talkie-walkie ou poste à bretelles) (cf. aussi* transceiver).

military TV   *cf.* military television.

Miller capacitance   capacité due à l'effet Miller, capacité par effet Miller *(capacité parasite à l'entrée d'un composant électronique actif en fonctionnement) (est égale à la différence entre la capacité d'entrée en fonctionnement et la capacité au repos) (tube, transistor) (cf. aussi* Miller effect).

Miller effect   effet Miller *(augmentation en fonctionnement de la capacité d'entrée d'un tube électronique ou d'un transistor bipolaire monté en amplificateur haute fréquence due à l'action du circuit de sortie sur le circuit d'entrée par l'intermédiaire de la capacité de sortie) (le circuit de sortie agit sur le circuit d'entrée par induction d'une charg électrostatique sur l'électrode de commande) (l'augmentation de capacité est égale à la capacité de sortie multipliée par le gain en tension, plus 1, et produit une réaction positive pouvant conduire à l'accrochage) (cf. aussi* Miller capacitance, Miller integrator, input capacitance, output capacitance, static electric charge, control electrode, positive feedback, singing *et* bipolar transistor).

Miller feedback capacitance   *cf.* Miller capacitance.

Miller integrator   intégrateur de Miller *(circuit intégrateur dans lequel le condensateur intégrateur est monté entre la grille et l'anode d'un tube triode, ou entre la grille de commande et l'anode d'un tube tétrode ou pentode, pour maintenir constante l'intensité du courant de charge du condensateur) (permet ainsi d'obtenir une tension en dent de scie à croissance linéaire aux bornes du condensateur, c.-à-d. à pente pratiquement rectiligne) (utilise l'effet Miller) (base de temps) (cf. aussi* integrating circuit, Miller effect *et* time base (c)).

Miller time base   base de temps à intégrateur de Miller *(base de temps formée d'un intégrateur de Miller) (oscillo, etc.) (cf. aussi* time base (c) *et* Miller integrator).

milliammeter   milliampèremètre *(ampèremètre gradué en milliampères, c.-à-d. pour mesure de courants de faible intensité) (cf. aussi* milliampere *et* ammeter).

milliampere   milliampère, mA *(unité d'intensité de courant égale à 10^{-3} ampère, soit un millième d'ampère) (cf. aussi* ampere).

milliampere current   (intensité de) courant de l'ordre du milliampère *(ou mesurée en milliampères)*, courant mesuré en milliampères *(intensité d'un courant électrique comprise entre 1 et 9,999 milliampères inclusivement ou parfois plus, ou courant d'une telle intensité) (cf. aussi* milliampere).

milliampere current measurement   mesure d'intensités de courant de l'ordre du milliampère *(ou en milliampères)*, mesure de courants *(idem)*, mesure de milliampères *(cf. aussi* milliampere current).

milliampere measurement *cf.* milliampere current measurement.

milliampere range gamme des milliampères *(gamme des intensités de courant comprises entre 1 et 9,999 milliampères inclusivement) (cf. aussi* milliampere).

millifarad millifarad, mF *(unité de capacité électrique égale à 10^{-3} farad, soit un millième de farad) (cette unité, trop grande dans la plupart des cas, n'est pas employée en électronique) (cf. aussi* farad).

milligauss milligaus, mG *(unité d'induction magnétique égale à 10^{-3} gauss, soit un millième de gauss) (cf. aussi* gauss).

milligauss field champ produisant une induction de l'ordre du milligauss *(ou* mesurée en milligauss), champ magnétique *(idem) (cf. aussi* milligauss induction).

milligauss induction induction de l'ordre du milligauss *(ou* mesurée en milligauss), induction magnétique *(idem) (induction comprise entre 1 et 9,999 milligauss inclusivement ou parfois plus) (cf. aussi* milligauss).

milligauss induction measurement mesure d'inductions de l'ordre du milligauss *(ou* en milligauss), mesure de milligauss *(cf. aussi* milligauss induction).

milligauss magnetic field *cf.* milligauss field.

milligauss magnetic induction *cf.* milligauss induction.

milligauss measurement *cf.* milligauss induction measurement.

milligauss range gamme des milligauss *(gamme des inductions magnétiques comprises entre 1 et 9,999 milligauss inclusivement) (cf. aussi* milligauss).

milligaussmeter milligaussmètre *(gaussmètre gradué en milligauss, c.-à-d. pour très faibles inductions) (cf. aussi* gaussmeter).

millihenry millihenry, mH *(unité d'inductance égale à 10^{-3} henry, soit un millième de henry) (cf. aussi* henry).

millihenry inductance inductance de l'ordre du millihenry *(ou* mesurée en henrys) *(inductance comprise entre 1 et 9,999 millihenrys inclusivement ou parfois plus) (cf. aussi* millihenry).

millihenry inductance measurement mesure d'inductances de l'ordre du millihenry *(ou* en millihenrys), mesure de millihenrys *(cf. aussi* millihenry inductance).

millihenry measurement *cf.* millihenry inductance measurement.

millihenry range gamme des millihenrys *(gamme des inductances comprises entre 1 et 9,999 millihenrys inclusivement) (cf. aussi* millihenry).

millijoule millijoule, mJ *(unité d'énergie et de travail égale à 10^{-3} joule, soit un millième de joule) (cf. aussi* joule).

millijoule ... *(voir* millijoule *et* milliwatt *... et adapter).*

millimeter ... *cf.* millimeter-wave ...

millimeter wave *cf.* millimetric wave.

millimeter-wave aerial *(GB) cf.* millimeter-wave antenna.

millimeter-wave amplification amplification des ondes millimétriques *(ou* en ondes millimétriques) *(cf. aussi* millimeter-wave amplifier).

millimeter-wave amplifier amplificateur en ondes millimétriques *(amplificateur hyperfréquence conçu pour amplifier des signaux dont la fréquence correspond aux ondes millimétriques) (cf. aussi* microwave amplifier *et* millimetric wave).

millimeter-wave antenna antenne en ondes millimétriques, antenne millimétrique *(antenne hyperfréquence conçue pour émettre et éventuellement recevoir des signaux dont la fréquence de la porteuse correspond aux ondes millimétriques) (cf. aussi* microwave antenna, carrier 1) *et* millimetric wave).

millimeter-wave band gamme des ondes millimétriques *(hyper) (radioélectricité) (cf. aussi* millimetric wave).

millimeter-wave capability possibilités d'ondes millimétriques *(parf. au singulier) (possibilité pour un dispositif ou un appareil de fonctionner en ondes millimétriques) (tube hyperfréquence, détecteur de radars, brouilleur de radar, etc.) (mil, etc.) (cf. aussi* millimetric wave *et* capability).

millimeter-wave component composant pour ondes millimétriques, composant millimétrique, composant hyperfréquence *(idem) (cf. aussi* microwave component *et* millimetric wave).

millimeter-wave countermeasures contre-mesures en ondes millimétriques *(contre-mesures utilisant des brouilleurs émettant des ondes millimétriques et des revêtements absorbant les ondes émises par les radars et autodirecteurs radar millimétriques de l'adversaire) (mil) (cf. aussi* electronic countermeasures *et* millimetric wave).

millimeter-wave electronics (l')électronique des ondes millimétriques *(partie de l'électronique traitant des ondes millimétriques ou les utilisant) (cf. aussi* electronics (a), (b) *et* millimetric wave).

millimeter-wave guidance guidage en ondes millimétriques *(autoguidage d'un missile par un autodirecteur radar actif en ondes millimétriques) (mil) (cf. aussi* guided missile, active radar seeker *et* millimetric wave).

millimeter-wave magnetron magnétron en ondes millimétriques, magnétron millimétrique *(magnétron produisant des ondes millimétriques) (radar, etc.) (cf. aussi* magnetron *et* millimetric wave).

millimeter-wave radar radar en ondes millimétriques, radar millimétrique *(radar émettant une porteuse dont la fréquence correspond à une onde millimétrique) (mil, etc.) (cf. aussi* radar, carrier 1) *et* millimetric wave).

millimeter-wave radar seeker *cf.* millimeter-wave seeker.

millimeter-wave radio (les) faisceaux hertziens en ondes millimétriques, (les) faisceaux hertziens millimétriques, (les) faisceaux millimétriques *(faisceaux hertziens utilisant une porteuse dont la fréquence correspond à une onde millimétrique) (radiocom, mil) (cf. aussi* microwave radio, carrier 1) *et* millimetric wave).

millimeter-wave range *cf.* millimeter-wave band.

millimeter-wave receiver récepteur en ondes millimétriques, récepteur millimétrique *(récepteur de radar millimétrique) (cf. aussi* millimeter-wave radar *et* radar receiver).

millimeter-wave region *cf.* millimeter-wave band.

millimeter-wave seeker autodirecteur en ondes millimétriques *(autodirecteur radar actif émettant une porteuse dont la fréquence correspond à une onde millimétrique) (mil) (cf. aussi* active radar seeker, carrier wave *et* millimetric wave).

millimeter-wave sensor *cf.* millimeter-wave seeker.

millimeter-wave source source d'ondes millimétriques, source millimétrique *(noms souvent donnés à un oscillateur hyperfréquence fournissant un signal en ondes millimétriques) (cf. aussi* microwave oscillateur *et* millimetric wave).

millimeter-wave spectrum spectre des ondes millimétriques *(partie du spectre des ondes ultra-courtes occupée par les ondes millimétriques, c.-à-d. ensemble des longueurs d'ondes de ces dernières ou des fréquences correspondantes) (hyper) (radioélectricité) (cf. aussi* microwave spectrum, millimetric wave, spectrum, wavelength *et* frequency).

millimeter-wave technology (la) technique des ondes millimétriques *(hyper) (cf. aussi* millimetric wave *et* technology).

millimeter-wave threat menace en ondes millimétriques, menace millimétrique *(noms parfois donnés à un radar millimétrique hostile ou à un missile hostile équipé d'un autodirecteur millimétrique) (mil) (cf. aussi* millimeter-wave radar, millimeter-wave seeker *et* threat).

millimeter-wave travelling-wave tube tube à onde progressive millimétrique, TOP en ondes millimétriques, TOP millimétrique *(tube à onde progressive conçu pour amplifier des signaux dont la fréquence correspond à une onde millimétrique) (hyper) (radar mil, etc.) (cf. aussi* travelling-wave tube *et* millimetric wave).

millimeter-wave tube tube en ondes millimétriques (en *ou* pour), tube millimétrique *(tube hyperfréquence conçu pour fonctionner dans la gamme de fréquences correspondant aux ondes millimétriques) (cf. aussi* microwave tube *et* millimetric wave).

millimeter-wave TWT *cf.* millimeter-wave travelling-wave tube.

millimeter waveband *cf.* millimeter-wave band. *(plus haut).*

millimetric wave onde millimétrique *(onde radioélectrique de 10 à 1 mm de longueur correspondant à une fréquence de 30 à 300 GHz) (onde ultra-courte comprise parmi les plus courtes de ces ondes) (noter que « millimetric wave » est le terme officiel mais, en pratique, il est généralement remplacé par « millimeter wave », notamment dans les mots composés)* *(radioélectricité) (cf. aussi* radio wave, microwave, EHF band *et* wavelength.

millimetric wave ... *cf.* millimeter-wave ...

millimho millimho *(unité de conductance égale à 10⁻³ mho) (cf. aussi* mho).

millimho ... *(voir* millisiemens ... *et* adapter).

milliohm milliohm, mΩ *(unité de résistance électrique égale à 10⁻³ ohm, soit un millième d'ohm) (cf. aussi* ohm).

milliohm measurement *cf.* milliohm resistance measurement.

milliohm range gamme des milliohms *(gamme des résistances électriques comprises entre 1 et 9,999 milliohms inclusivement) (cf. aussi* milliohm).

milliohm resistance résistance de l'ordre du milliohm *(ou mesurée en milliohms) (résistance électrique comprise entre 1 et 9,999 milliohms inclusivement ou parfois plus) (cf. aussi* milliohm).

milliohm resistance measurement mesure de résistances de l'ordre du milliohm *(ou en milliohms),* mesure de milliohms *(cf. aussi* milliohm resistance).

milliohmmeter milliohmmètre *(ohmmètre gradué en milliohms, c-à-d. pour mesure de résistances de très faible valeur) (cf. aussi* milliohm *et* ohmmeter).

million floating-point operations per second million d'opérations en virgule flottante par seconde, méga-operation *(idem),* Mflops *(inf) (cf. aussi* floating-point operations per second).

million instructions per second million d'instructions par seconde, méga-instruction *(idem),* Mips *(inf) (cf. aussi* instructions per second).

million operations per second million d'opérations par seconde, méga-opération *(idem),* Mops *(inf) (cf. aussi* operations per second).

million operations per second, floating point *cf.* million floating-point operations per second.

millisecond milliseconde, ms *(unité de temsp égale à 10⁻³ seconde, soit un millième seconde) (en électronique, est utilisée notamment pour mesurer la durée d'une impulsion ou un temps de commutation ou de propagation) (cf. aussi* second, pulse duration, switching time *et* propagation time).

millisecond break time temps d'ouverture de l'ordre de la milliseconde *(ou mesuré en millisecondes) (contact de relais, etc.) (cf. aussi* break time *et* millisecond time).

millisecond duration durée de l'ordre de la milliseconde, *(etc.) (impulsion, etc.) (cf. aussi* millisecond time *et* pulse duration).

millisecond-duration pulse *cf.* millisecond pulse.

millisecond interval *cf.* millisecond time interval.

millisecond make time temps de fermeture de l'ordre de la milliseconde *(ou mesuré en millisecondes) (contact de relais, etc.) (cf. aussi* make time *et* millisecond).

millisecond measurement *cf.* millisecond time measurement.

millisecond pulse impulsion de l'ordre de la milliseconde *(ou mesurée en millisecondes),* impulsion d'une durée *(idem) (cf. aussi* pulse¹ *et* millisecond time).

millisecond range gamme des millisecondes *(gamme des temps compris entre 1 et 9,999 millisecondes inclusivement) (cf. aussi* millisecond *et* millisecond time interval).

millisecond switching commutation en un temps de l'ordre de la milliseconde, commutation à une vitesse *(idem) (parf ... à des vitesses ...) (le second terme est incorrect, mais très employé),* commutation en millisecondes *(cf. aussi* millisecond switching time).

millisecond switching speed *cf.* millisecond switching time.

millisecond switching time temps de commutation de l'ordre de la milliseconde *(ou mesuré en millisecondes),* vitesse de commutation *(idem) (le second terme est incorrect, mais très employé) (dispositif de commutation peu rapide) (cf. aussi* switching time *et* millisecond).

millisecond time temps de l'ordre de la milliseconde, temps mesuré en millisecondes *(temps compris entre 1 et 9,999 millisecondes inclusivement ou parfois plus) (cf. aussi* millisecond).

millisecond time interval intervalle de temps ... *(voir aussi* millisecond time).

millisecond time measurement mesure de temps de l'ordre de la milliseconde *(ou en millisecondes),* mesure de millisecondes *(cf. aussi* millisecond time *et* measurement).

millisiemens millisiemens, mS *(unité de conductance égale à 10⁻³ siemens, soit un millième de siemens) (cf. aussi* siemens).

millisiemens conductance conductance de l'ordre du millisiemens *(ou mesurée en millisiemens) (conductance comprise entre 1 et 9,999 millisiemens inclusivement ou parfois plus) (cf. aussi* millisiemens).

millisiemens conductance measurement mesure de conductances de l'ordre du millisiemens *(ou en millisiemens),* mesure de millisiemens *(cf. aussi* millisiemens conductance).

millisiemens measurement *cf.* millisiemens conductance measurement.

millisiemens range gamme des millisiemens *(gamme des conductances électriques comprises entre 1 et 9,999 millisiemens inclusivement) (cf. aussi* millisiemens).

millivolt millivolt, mV *(unité de tension égale à 10⁻³ volt, soit un millième de volt) (cf. aussi* millivoltage *et* volt).

millivolt amplitude amplitude de l'ordre du millivolt *(ou mesurée en millivolts) (signal) (cf. aussi* millivoltage *et* amplitude).

millivolt-amplitude signal signal d'amplitude ... *(signal reçu par une antenne, etc.) (voir aussi* millivolt amplitude *et* signal¹).

millivolt level *cf.* millivolt amplitude. *(cf. aussi* level 1)).

millivolt measurement *cf.* millivoltage measurement.

millivolt range gamme des millivolts *(gamme des tensions comprises entre 1 et 9,999 millivolts inclusivement) (cf. aussi* millivolt).

millivolt signal *cf.* millivolt-amplitude signal.

millivolt signal amplitude amplitude de signal de l'ordre du millivolt, *(etc.) (cf. aussi* millivolt amplitude).

millivolt signal level *cf.* millivolt signal amplitude. *(cf. aussi* level 1)).

millivoltage tension de l'ordre du millivolt *(ou mesurée en millivolts) (tension comprise entre 1 et 9,999 millivolts inclusivement ou parfois plus) (cf. aussi* millivolt).

millivoltage measurement mesure de tensions de l'ordre du millivolt *(ou en millivolts),* mesure de millivolts *(cf. aussi* millivoltage).

millivoltmeter millivoltmètre *(voltmètre gradué en millivolts, c-à-d. pour mesure de faibles tensions) (cf. aussi* millivolt *et* voltmeter).

millivolts per meter millivolts par mètre *(réception d'un signal radioélectrique) (cf. aussi* microvolts per meter).

milliwatt milliwatt, mW *(unité de puissance égale à 10⁻³ watt, soit un millième de watt) (cf. aussi* watt).

milliwatt level *cf.* millivatt power level.

milliwatt-level measurement *cf.* milliwatt power measurement. *(cf. aussi* level 1)).

milliwatt-level power *cf.* milliwatt power. *(cf. aussi* level 1)).

milliwatt-level power measurement *cf.* milliwatt power measurement.

milliwatt measurement *cf.* milliwatt power measurement.

milliwatt power puissance de l'orde du milliwatt *(ou mesurée en milliwatts) (puissance comprise entre 1 et 9,999 milliwatts inclusivement ou parfois plus) (cf. aussi* milliwatt).

milliwatt power level (niveau de) puissance de l'ordre du milliwatt, *(etc.) (l'emploi du terme « niveau » est ici incorrect, bien que très courant) (cf. aussi* milliwatt power *et* level 1).

milliwatt power measurement mesure de puissances de l'ordre du milliwatt *(ou en milliwatts),* mesure de milliwatts *(cf. aussi* milliwatt power).

milliwatt range gamme des milliwatts *(gamme des puissances comprises entre 1 et 9,999 milliwatts inclusivement) (cf. aussi* milliwatt).

milliwatt signal signal de puissance de l'ordre du milliwatt, *(etc.) (cf. aussi* milliwatt power *et* signal power).

milliwatt signal level *cf.* milliwatt signal power. *(cf. aussi* level 1)).

milliwatt signal level measurement *cf.* milliwatt signal power measurement. *(cf. aussi* level 1)).

milliwatt signal measurement *cf.* milliwatt signal power measurement.

milliwatt signal power puissance de signal de l'ordre du milliwatt *(ou mesurée en milliwatts) (parf. signaux) (cf. aussi* signal power *et* milliwatt power).

milliwatt signal power measurement mesure de puissances de signaux de l'ordre du milliwatt (ou en milliwatts) (cf. aussi milliwatt power).

milliwattmeter milliwattmètre (wattmètre gradué en milli-watts, c-à-d. pour mesure de faibles puissances) (cf. aussi milliwatt et wattmeter).

MIMD (vient de « multiple instruction stream, multiple data stream ») MIMD (qualificatif appliqué à une machine paral-lèle comportant n organes de traitement et n mémoires asso-ciées, chaque organe de traitement pouvant exécuter un flux d'instructions indépendant et communiquer avec n'importe quel autre organe de traitement) (inf) (cf. aussi parallel machine et processor 1)).

mine mine (engin explosif à usage principalement militaire) (mine terrestre ou sous-marine) (cf. aussi acoustic mine, magnetic mine, magnetoacoustic mine et mine detector).

mine countermeasures contre-mesures anti-mines (précau-tions prises à bord de navires militaires pour réduire les risques de mise à feu des mines mouillées par l'adversaire au passage des navires) (dégaussage de la coque, réduction de la vitesse de navigation, arrêt des machines) (cf. aussi degaus-sing 2) et mine).

mine detection détection des mines (mil) (cf. aussi mine detector).

mine detector détecteur de mines (détecteur de métaux conçu spécialement pour la détection des mines métalliques ou non métalliques) (les détecteurs de mines non métalliques émettent des ondes à fréquence beaucoup plus élevée que celles des détecteurs classiques) (mil) (cf. aussi metal detector).

mini s cf. minicomputer.

mini-banana cf. miniature banana plug.

mini-floppy ... cf. minifloppy ... (plus loin).

mini-maggie cf. miniature magnetron.

mini-magnetron cf. miniature magnetron.

mini-matrix slide switch mini-commutateur de niveaux lo-giques à curseur (inf).

Mini-Pack cf. minipack (plus loin).

mini-radio poste de radio de poche, poste de poche, récep-teur (idem) (cf. aussi radio receiver).

mini-scope cf. miniscope. (plus loin).

mini-TV set mini-téléviseur (petit téléviseur portatif) (cf. aussi television receiver).

mini-TWT cf. miniature travelling-wave tube.

miniature banana plug fiche banane miniature (fiche banane dont la broche a un diamètre d'environ 2 mm) (cf. aussi banana plug).

miniature capacitor condensateur miniature (cf. aussi capaci-tor et miniature component).

miniature component composant miniature (composant de petites dimensions généralement prévu pour être monté sur une carte ou une plaquette à circuit imprimé) (cf. aussi component 1), subminiature component et printed-circuit board).

miniature electrolytic capacitor condensateur électrolytique miniature (cf. aussi electrolytic capacitor et miniature component).

miniature lamp lampe miniature (lampe à incandescence à ampoule cylindrique de diamètre inférieur à 6 mm) (lampe de voyant miniature ou de cadran) (cf. aussi incandescent lamp).

miniature magnetron magnétron miniature (cf. aussi magne-tron).

miniature relay relais miniature (relais pour montage sur circuit imprimé) (cf. aussi relay¹ 1) et PC-board relay).

miniature rotary cf. miniature rotary switch.

miniature rotary switch commutateur miniature (cf. aussi rotary switch et miniature component).

miniature tantalum cf. miniature tantalum capacitor.

miniature tantalum capacitor condensateur au tantale minia-ture (cf. aussi tantalum capacitor et miniature component).

miniature travelling-wave tube tube à onde progressive mi-niature, TOP miniature, mini-TOP (hyper) (cf. aussi travel-ling-wave tube).

miniature tube tube miniature, tube électronique (idem) (tube électronique de petites dimensions dépourvu de culot, les broches sortant directement de l'ampoule à la base du tube) (cf. aussi noval tube, subminiature tube et electron tube).

minicartridge cf. minicassette.

minicassette minicassette (à bande magnétique) (cf. aussi cassette).

minicomputer mini-ordinateur, (parf.) mini-calculateur (or-dinateur dont la vitesse de traitement et la capacité de la mémoire centrale sont intermédiaires entre celles d'un micro-ordinateur et celle d'un macro-ordinateur) (utilise générale-ment des mots de 16 ou 32 binaires) (ordinateur de bureau ou comparable) (inf) (cf. aussi computer 2), processing speed, main memory capacity, microcomputer, mainframe 1), bina-ry word et bit).

minidisc cf. minifloppy disk.

minidisk cf. minifloppy disk.

minidiskette cf. minifloppy disk.

minifloppy cf. minifloppy disk.

minifloppy disc cf. minifloppy disk (de même pour les termes dérivés).

minifloppy disk disquette de 5 pouces 1/4, disque souple (idem), minidisquette, minidisque souple (disque magnétique souple de 13 cm de diamètre, soit 5,125 pouces, possédant la même capacité d'enregistrement, ou plus, qu'un disque souple ordinaire grâce à une densité d'enregistrement et une densité de pistes supérieures) (remplace de plus en plus celui-ci, surtout en saisie de données, où le faible encombrement des mémoires qui l'utilisent est un avantage déterminant et est à son tour menacé par la disquette de 3 pouces 1/2 qui est toutefois beaucoup plus chère) (inf) (cf. aussi floppy disk, recording density et track density).

minifloppy disk drive mémoire à disquette de 5 pouces 1/4, (etc.) (mémoire à disque magnétique utilisant un minidisque souple) (inf) (cf. aussi minifloppy disk).

minifloppy disk memory cf. minifloppy disk drive.

minifloppy disk unit cf. minifloppy disk drive.

minifloppy drive cf. minifloppy disk drive.

minifloppy unit cf. minifloppy disk drive.

minimization algorithm cf. logic minimization algorithm.

minimum-access coding cf. minimum-access programming.

minimum-access programming programmation à temps d'ac-cès minimal (programmation d'un ordinateur effectuée de telle manière que le temps d'accès de l'unité centrale à la mémoire centrale soit le plus court possible à chaque instruc-tion) (inf) (cf. aussi programming, main memory, access time et central processing unit).

minimum audibility seuil d'audibilité (audiométrie) (cf. aussi audibility threshold).

minimum current intensité minimale du courant, courant minimal (cf. aussi current).

minimum current input cf. minimum input current.

minimum current output cf. minimum output current.

minimum-delay coding programmation à temps d'exécution minimal (inf) (cf. aussi optimum programming).

minimum detectable signal cf. minimum discernible signal.

minimum discernible signal signal minimal détectable (am-plitude d'un signal radioélectrique capté par une antenne à partir de laquelle le récepteur fournit un signal utilisable) (est l'amplitude du signal à partir de laquelle celui-ci peut être distingué du bruit du récepteur ; elle est donc d'autant plus faible que la tension de bruit à la sortie du récepteur due uniquement à celui-ci est elle-même plus faible) (ce terme peut s'appliquer à un récepteur radio, mais s'applique surtout à un récepteur de radar et désigne alors l'amplitude minimale que les échos reçus par l'antenne doivent avoir pour que l'écho formé sur l'écran de l'indicateur puisse être discerné parmi le bruit diffus par l'opérateur de l'appareil) (cf. aussi receiver noise, noise voltage, amplitude, clutter et signal buried in noise).

minimum-distance code code à distance minimale (code auto-correcteur dans lequel la distance de Hamming est minimale) (inf) (cf. aussi error-correcting code et Hamming distance).

minimum input cf. minimum input signal.

minimum input amplitude amplitude d'entrée minimale (am-plitude minimale d'un signal d'entrée) (cf. aussi amplitude et input signal).

minimum input current intensité minimale du courant d'en-trée, intensité d'entrée minimale, courant d'entrée minimal (cf. aussi input current).

minimum input level niveau d'entrée minimal *(niveau minimal d'un signal d'entrée) (cf. aussi* level 1) *et* input signal).

minimum input power **1)** puissance d'entrée minimale *(puissance minimale d'un signal d'entrée) (cf. aussi* power[1] 1) *et* input signal). **2)** puissance fournie minimale *(puissance minimale fournie par une source de courant à sa charge) (cf. aussi* power[1] 1), current source *et* load[1]). **3)** *cf.* minimum power input.

minimum input signal signal d'entrée minimal *(cf. aussi* input signal *et* minimum signal).

minimum input signal ... *cf.* minimum input ...

minimum input voltage tension d'entrée minimale *(cf. aussi* input voltage).

minimum output *cf.* minimum output power.

minimum output amplitude amplitude de sortie minimale *(amplitude minimale d'un signal de sortie) (cf. aussi* amplitude *et* output signal).

minimum output current intensité minimale du courant de sortie, intensité de sortie minimale, courant de sortie minimal *(cf. aussi* output current).

minimum output level niveau de sortie minimal *(cf. aussi* output level).

minimum output power puissance de sortie minimale *(cf. aussi* output power).

minimum output signal signal de sortie minimal *(cf. aussi* output signal *et* minimum signal).

minimum output signal ... *cf.* minimum output ...

minimum output voltage tension de sortie minimale *(cf. aussi* output voltage).

minimum power puissance minimale *(cf. aussi* power[1] 1)).

minimum power input puissance absorbée minimale, puissance minimale absorbée *(cf. aussi* power input *et* minimum input power 1) *et* 2)).

minimum power output *cf.* minimum output power.

minimum power transmission **1)** transmission minimale de l'énergie, transmission du minimum d'énergie *(ligne de transmission totalement désadaptée) (cf. aussi* unmatched transmission line *et* power transmission). **2)** émission au minimum de puissance, émission à la puissance minimale *(émetteur) (cf. aussi* transmitter power).

minimum-shift keying modulation à déplacement minimal *(modulation par déplacement de fréquence dans laquelle celui-ci est réduit au minimum pour limiter la largeur de la bande de fréquences occupée par la porteuse modulée) (tlg) (cf. aussi* frequency-shift keying *et* carrier 1)).

minimum signal signal minimal *(amplitude, puissance ou niveau minimal d'un signal) (cf. aussi* amplitude, power[1] 1), level 1) *et* signal[1]).

minimum signal amplitude amplitude minimale du signal *(parf. des signaux) (cf. aussi* amplitude).

minimum signal level niveau minimal du signal *(parf. des signaux) (cf. aussi* level 1)).

minimum signal power puissance minimale du signal *(parf. des signaux) (cf. aussi* power[1] 1)).

minimum usable frequency fréquence minimale utilisable (a) *sens général*; (b) *cf. aussi* LUF).

minimum voltage input *cf.* minimum input voltage.

minimum voltage output *cf.* minimum output voltage.

minipack (porte-puce) minipack *(type de porte-puce en plastique à 28 broches) (CH, Ci) (cf. aussi* chip carrier).

miniscope mini-oscilloscope, miniscope *(petit oscilloscope portatif) (cf. aussi* oscilloscope).

minisupercomputer minisuperordinateur, minisuper *(noms parfois donnés à un macro-ordinateur à puissance de traitement proche de celle d'un superordinateur pour un prix nettement inférieur) (inf) (cf. aussi* main frame 1), supercomputer *et, pour information,* superminicomputer).

minor cycle cycle mineur *(sous-multiple d'un cycle majeur) (lorsque le cycle majeur est le cycle de la mémoire centrale d'un ordinateur, le cycle mineur est le cycle de l'horloge qui cadence le fonctionnement de celle-ci ou le temps correspondant) (lorsque le cycle majeur est le cycle d'impression d'une imprimante ligne par ligne à tambour, c.-à-d. un tour du tambour, le cycle mineur est le cycle d'impression d'un caractère de la ligne ou le temps correspondant) (lorsque le cycle majeur est le temps maximal pour accéder à une information dans une mémoire à défilement, c.-à-d. le temps nécessaire pour lire toute une piste d'enregistrement, le cycle mineur est le temps minimal nécessaire pour lire deux informations successives) (cf. aussi* memory cycle, clock cycle, drum printer *et* moving-medium memory).

minor exchange central peu important *(central téléphonique urbain relié à un centre de groupement) (tls) (cf. aussi* local exchange *et* group center).

minor lobe lobe secondaire *(diagramme de directivité d'antenne) (cf. aussi* side lobe).

minor loop boucle mineure, boucle de mémorisation, boucle secondaire *(une des boucles le long desquelles les informations binaires sont conservées dans une mémoire à bulles magnétiques) (cf. aussi* magnetic-bubble memory).

minority carrier porteur minoritaire, porteur de charge minoritaire *(porteur de charge dont la polarité est le contraire du type de la zone de semiconducteur dans laquelle il se trouve) (électron dans une zone du type P ou trou dans une zone du type N) (cf. aussi* p-region *(au début de la lettre P)*, n-region *et* charge carrier).

minority carrier concentration concentration des porteurs minoritaires, *(etc.) (cf. aussi* carrier concentration *et* minority carrier).

minority-carrier delay *cf.* minority-carrier storage time.

minority-carrier delay time *cf.* minority-carrier storage time.

minority carrier density *cf.* minority carrier concentration.

minority-carrier device composant à porteurs minoritaires, *(parf.)* dispositif *(idem) (noms parfois donnés à un transistor bipolaire pour rappeler que les porteurs minoritaires y jouent un rôle important) (semi) (cf. aussi* minority carrier *et* bipolar transistor).

minority-carrier injection injection de porteurs minoritaires *(parf. des ...)*, injection de porteurs de charges *(idem)*, injection de charges *(idem) (noms donnés à la création de porteurs minoritaires, en plus de ceux existant, dans une des deux zones d'une jonction PN par circulation d'un courant dans le sens direct de la jonction, des porteurs minoritaires du type opposé étant créés en même temps dans l'autre zone de la jonction) (ce phénomène est à la base de l'effet transistor) (semi) (cf. aussi* minority carrier, p-n junction *(au début de la lettre P)*, forward current *et* transistor action).

minority-carrier lifetime durée de vie des porteurs minoritaires *(intervalle de temps moyen entre la génération et la recombinaison des porteurs minoritaires dans un semiconducteur) (cf. aussi* minority carrier *et* electron-hole pair recombination).

minority-carrier storage effect effet de stockage des porteurs minoritaires *(dans une jonction de diode ou de transistor bipolaire) (semi) (cf. aussi* storage time 3)).

minority-carrier storage time temps de désaturation *(jonction) (cf. aussi* storage time 3)).

minority charge carrier *cf.* minority carrier.

minority current carrier *cf.* minority carrier.

minterm minterm, terme minimal *(fonction de Boole possédant des propriétés particulières et notamment la propriété que toute fonction de Boole non vide peut se mettre, et d'une seule façon, sous la forme d'une réunion de mintermes) (cette forme de la fonction est appelée « forme canonique disjonctive ») (un minterme d'ordre n est la partie d'un ensemble E non vide et fini formée par l'intersection des n éléments d'un autre ensemble obtenu en choisissant un terme et un seul dans chacun des couples d'éléments formés en prenant, pour chacun des éléments de E, celui-ci et son complément) (logique) (inf) (cf. aussi* maxterm, logic function *et* logic sum).

minus green magenta *(TVC, etc.) (cf. aussi* magenta).

minus red cyan *(TVC, etc.) (cf. aussi* cyan).

minus side côté moins *(cf. aussi* negative side).

MIPS *cf.* million instructions per second.

mirror back-up copie miroir *(ou sur disque miroir) (inf) (cf. aussi* back-up copy *et* mirror disk).

mirror-backed dial cadran à miroir de parallaxe *(appareil de mesure à aiguille) (cf. aussi* parallax error).

mirror-backed screen écran aluminisé *(tube cath) (cf. aussi* aluminized screen).

mirror backup *cf.* mirror back-up *(plus haut).*

mirror circuit circuit symétrique *(d'un autre) (exemple : un codec récepteur est le symétrique d'un codec émetteur) (cf. aussi* codec *et, à titre d'information,* symmetrical arrangement).

mirror disk disque miroir *(disque dur utilisé simultanément avec un autre pour lui servir de sauvegarde à mise à jour permanente, les deux disques portant les mêmes informations à tout instant) (inf) (cf. aussi* hard disk *et* hard-disk back-up).

mirror galvanometer galvanomètre à miroir *(nom générique du galvanomètre de Desprez et d'Arsonval et des galvanomètres dérivés de celui-ci) (cf. aussi* d'Arsonval galvanometer).

mirror instrument appareil à miroir *(appareil de mesure utilisant un miroir pour remplir sa fonction) (terme générique couvrant notamment le galvanomètre à miroir et l'oscillographe à miroir) (cf. aussi* mirror galvanometer *et* optical oscillograph).

mirror oscillograph oscillographe à miroir *(enregistreur) (cf. aussi* optical oscillograph).

mirror reflection *cf.* specular reflection.

mirroring emploi d'un disque miroir, utilisation *(idem), (parf.)* utilisation en disque miroir *(cf. aussi* mirror disk).

MIS 1) *cf.* MIS transistor. 2) *cf.* management information system.

MIS device *cf.* MIS transistor.

MIS transistor *(MIS vient de « metal-insulator-semiconductor »)* transistor MIS *(transistor MOS dans lequel la couche d'oxyde de silicium (d'où vient le « O » de « MOS ») formant isolant est remplacée par une couche de nitrure de silicium représentée par le « I », c.-à-d. « isolant », dans « MIS », cette lettre ayant été choisie parce qu'elle couvre toutes les couches isolantes possibles) (cf. aussi* MOS transistor).

misalignment 1) défaut d'alignement *(récepteur, CI, etc.) (cf. aussi* alignment 1) *et* 2)). 2) défaut de calage *(gyro) (cf. aussi* aligment 3)).

mischmetal mischmétal *(alliage de cérium, de lanthane, de néodyme et de traces d'autres métaux utilisé pour élaborer des fontes à graphite sphéroïdal, pour fabriquer des pierres à briquet après addition de fer et pour recouvrir la cathode de certains tubes électroniques).*

miscoding erreur de programmation *(inf) (cf. aussi* program bug).

misconvergence défaut de convergence *(tube à masque perforé) (récepteur TVC) (cf. aussi* convergence).

misdialling erreur de numérotation, composition d'un mauvais numéro *(tél. auto) (cf. aussi* dialling).

MISFET *(vient de « metal-insulator-semiconductor field-effect transistor »)* cf. MIS transistor.

misfile *v* mal classer *(cf. aussi* misfiling).

misfiling erreur de classement, mauvais classement, classement erroné *(inf, etc.) (cf. aussi* file 1).

misfire[1] *s* défaut d'amorçage, raté d'amorçage *(absence d'amorçage de l'arc entre la cathode et l'anode dans un tube redresseur à cathode liquide, au début d'une alternance du courant à redresser pendant laquelle le tube doit être conducteur) (cf. aussi* mercury-pool tube *et* half-cycle).

misfire[2] *v* ne pas s'amorcer, présenter un défaut d'amorçage, avoir un raté d'amorçage *(tube redresseur) (cf. aussi* misfire 1).

misfiring *cf.* misfire 1.

misframe défaut de cadrage, mauvais cadrage, *(parf.)* décadrage *(image de télévision ou de télécopie) (cf. aussi* framing 1)).

mismatch 1) défaut d'adaptation (d'impédance), mauvaise adaptation (d'impédance), adaptation (d'impédance) défectueuse, *(parf.)* désadaptation (d'impédance) *(charge d'une source de courant alternatif) (cf. aussi* impedance matching). 2) défaut d'appariement *(composants) (cf. aussi* matched pair).

mismatch factor coefficient de désadaptation *(nom parfois conné au coefficient de réflexion d'une charge non adaptée) (adaptation d'impédance) (cf. aussi* reflection coefficient).

mismatch loss perte par désadaptation, *(etc.) (perte d'énergie entre une source de courant et sa charge par suite d'une mauvaise adaptation d'impédance entre les deux) (cf. aussi* mismatch 1) *et* power loss).

mismatching *cf.* mismatch.

mismating emboîtement à l'envers, emboîtement dans le mauvais sens *(connecteur rectangulaire ou plat) (cf. aussi* mounting polarization *et* connector (a)).

misprint[1] *s* erreur d'impression *(imprimante) (inf).*

misprint[2] *v* faire une erreur d'impression, imprimer un caractère erroné *(imprimante) (inf) (cf. aussi* printer 1)).

mispunch *v* faire une erreur de perforation *(opératrice de perforatrice de cartes perforées) (inf) (cf. aussi* card punch).

mispunching erreur de perforation, perforation erronée *(cf. aussi* mispunch).

misread *v* faire une erreur de lecture (a) *lecteur de cartes perforées, de bande perforée ou de caractères magnétiques ou optiques) (inf);* (b) *utilisateur d'un appareil de mesure).*

misreading erreur de lecture, lecture erronée *(inf, mesure) (cf. aussi* misread).

misregistration 1) défaut d'alignement, *(etc.) (CI, CH, etc.) (cf. aussi* alignment 2)). 2) défaut de cadrage, *(etc.) (inf, etc.) (cf. aussi* registration 2)). 3) *cf.* misconvergence.

misregistry *cf.* misregistration.

misroute *v* mal acheminer, mal diriger *(un message, un appel téléphonique, une carte perforée vers des cases de tri, etc.).*

misrouting erreur d'acheminement *(tls, inf) (cf. aussi* misroute).

miss *s (en informatique)* accès manqué *(accès, par l'unité centrale d'un ordinateur, à une mémoire d'attente pour y lire une information qui n'y est pas) (cf. aussi* cache memory).

missile acquisition radar radar de localisation de missiles *(mil) (cf. aussi* acquisition radar *et* guided missile).

missile deception diversion de missiles *(mil) (cf. aussi* deception jamming).

missile electronic equipment matériel électronique de missiles *(parf. pour missiles) (matériel électronique militaire prévu pour être monté dans un missile) (autodirecteur, récepteur de télécommande, caméra de télévision, émetteur de télévision, calculateur de bord, radioaltimètre, etc.) (cf. aussi* military electronic equipment *et* guided missile).

missile electronics électronique de missiles *(autre nom, plus court, du matériel électronique de missiles) (mil) (cf. aussi* missile electronic equipment).

missile fire-control radar radar de tir de missiles *(radar au sol ou monté sur aéronef ou navire) (mil) (cf. aussi* fire-control radar *et* guided missile).

missile guidance guidage de missiles, *(parf. d'un ..., du ...) (mil) (cf. aussi* guidance *et* guided missile).

missile guidance head *cf.* missile seeker.

missile guidance jamming brouillage du guidage des missiles *(parf. d'un missile) (brouillage de la liaison de télécommande d'un missile télécommandé par radio ou de l'autodirecteur d'un missile autoguidé) (mil) (cf. aussi* guided missile *et* deception jamming).

missile guidance system système de guidage de missile, *(parf.)* autodirecteur, *(etc.) (mil) (cf. aussi* guidance system, guided missile *et* homing head).

missile guidance technology (la) technique du guidage des missiles *(mil) (cf. aussi* guidance, guided missile *et* technology).

missile homing autopoursuite par un missile *(mil) (cf. aussi* homing[1] 2) *et* guided missile).

missile homing head *cf.* missile seeker.

missile launch detector détecteur de tirs *(détecteur de tirs ou lancements de missiles) (mil)* (a) détecteur de tirs de missiles (air-air ou sol-air) *(cf. aussi* infrared warning receiver); (b) détecteur de lancements de missiles (stratégiques) *(détecteur de tirs de missiles adapté à la détection à grande distance et monté dans un satellite d'alerte lointaine pour détecter le lancement de missiles stratégiques par un adversaire en puissance et commander l'émission et la transmission par faisceau hertzien d'un message chiffré à destination du poste de commandement militaire intéressé) (cf. aussi* infrared warning receiver *et* microwave link).

missile radar radar de missile *(nom parfois donné à un autodirecteur radar) (mil) (cf. aussi* radar seeker *et* guided missile).

missile radar seeker autodirecteur radar (de missile), *(etc.) (le terme anglais est un pléonasme, un autodirecteur radar n'étant monté que sur un missile) (mil) (cf. aussi* radar seeker).

missile seeker autodirecteur de missile *(le qualificatif « de missile » est ajouté ici pour préciser qu'il ne s'agit pas d'un autodirecteur de bombe planante ou de torpille) (mil) (cf. aussi* homing head *et* guided missile*).*

missile seeker head *cf.* missile seeker.

missile seeking head *cf.* missile seeker.

missile spoofing *cf.* missile deception.

missile tracker *cf.* missile seeker.

missile tracking head *cf.* missile seeker.

missile tracking radar radar de poursuite de missiles *(mil) (cf. aussi* tracking radar*).*

MIST *cf.* MIS transistor.

mistracking mauvais suivi de sillon *(pointe de lecture) (cf. aussi* tracking 2)).

mistuning défaut d'accord *(récepteur, etc.) (cf. aussi* tuning*).*

mix down *v* changer, abaisser *(la fréquence d'un signal) (super) (cf. aussi* down-conversion*).*

mixed highs system procédé à hautes fréquences mélangées *(ancien procédé de télévision en couleurs utilisant l'incapacité de l'œil à distinguer exactement la couleur des détails fins des images pour réduire la largeur de la bande de fréquences nécessaire pour transmettre les images en couleurs) (dans ce procédé, les fréquences élevées des signaux représentant les trois couleurs primaires sont séparées des autres fréquences par un filtre pour chaque couleur, puis mélangées et transmises par une sous-porteuse distincte pour être enfin ajoutées aux signaux rouge, vert, bleu dans le récepteur) (les fréquences élevées des trois signaux fournis par la caméra sont celles qui représentent les détails fins) (c'est de ce procédé que dérivent les procédés à transmission à luminance constante) (cf. aussi* constant-luminance transmission*).*

mixed-logic board carte mixte, carte à logique mixte, carte à circuits mixtes *(carte à circuit imprimé portant des circuits intégrés numériques appartenant à deux ou plusieurs familles logiques) (circuits CMOS et circuits TTL ou ECL, par exemple) (cf. aussi* printed-circuit board, digital integrated circuit *et* logic family*).*

mixed mode mode mixte *(cf. aussi* mixed-sweep mode*).*

mixed process procédé mixte *(procédé de fabrication de circuits intégrés monolithiques comportant des transistors bipolaires et des transistors à effet de champ) (semi) (cf. aussi* bipolar transistor, field-effect transistor *et* mixed-technology process*).*

mixed-process chip puce à procédé mixte *(CI) (cf. aussi* mixed process *et* chip 1)).

mixed sweep balayage dilaté *(oscillo) (cf. aussi* expanded sweep*).*

mixed-sweep mode mode de balayage dilaté *(cf. aussi* mixed sweep*).*

mixed technology technique mixte *(technique des circuits intégrés comprenant une partie analogique et une partie numérique) (semi) (cf. aussi* analog integrated circuit, digital integrated circuit, technology *et* mixed process*).*

mixed-technology process procédé à technique mixte *(procédé de fabrication des circuits intégrés à technique mixte) (semi) (cf. aussi* mixed technology*).*

mixed time base *cf.* mixed sweep.

mixer changeur de fréquence, mélangeur *(le premier terme est préféré pour un récepteur radio ou de télévision et le second pour un récepteur hyperfréquence) (étage d'un récepteur superhétérodyne dans lequel le changement de fréquence est opéré par battement de la fréquence de la porteuse avec celle de l'oscillateur local dans un élément non linéaire) (cf. aussi* superheterodyne receiver, beating, carrier wave, local oscillator, non-linear element, stage 1) *et* microwave receiver*).*

mixer diode diode mélangeuse *(diode à semiconducteur conçue pour assurer le changement de fréquence, seule ou en combinaison, dans un récepteur superhétérodyne hyperfréquence) (cf. aussi* semiconductor diode *et* mixer*).*

mixer-first detector *cf.* mixer.

mixer noise bruit du changeur de fréquence, bruit du mélangeur *(tension de bruit à la sortie d'un changeur de fréquence ou d'un mélangeur due uniquement à celui-ci) (cette notion s'applique surtout à un récepteur hyperfréquence et c'est alors le second terme qu'il convient d'employer) (récepteur de radar, etc.) (cf. aussi* noise 2) (a) *et* mixer*).*

mixer-preamplifier mélangeur-préamplificateur *(récepteur hyperfréquence) (cf. aussi* mixer *et* preamplifier*).*

mixer stage étage changeur de fréquence, étage mélangeur *(super) (cf. aussi* mixer*).*

mixer tube tube changeur de fréquence, (lampe) changeuse de fréquence *(tube électronique à plusieurs grilles dont l'une reçoit le signal en provenance de l'antenne et l'autre le signal de l'oscillateur local, le tube de celui-ci pouvant être constitué par une partie du tube changeur lui-même) (super) (cf. aussi* triode-hexode *et* mixer*).*

mixing amplifier amplificateur mélangeur *(amplificateur amplifiant simultanément deux signaux appliqués à ses entrées et fournissant un signal composite) (cf. aussi* amplifier*).*

mixing point point de mélange *(tg) (point du schéma d'un appareil ou système où deux signaux sont appliqués à un même étage de celui-ci) (ce terme désigne généralement le détecteur d'écart d'un système asservi ou le changeur de fréquence d'un récepteur superhétérodyne) (cf. aussi* error detector *et* mixer*).*

MK *cf.* mike.

MKR *cf.* marker.

MLA *cf.* microwave link analyzer.

MLC *cf.* multilayer ceramic capacitor.

MLS *(vient de « microwave landing system »)* système d'atterrissage hyperfréquence, système MLS *(le second terme est, de loin, le plus employé) (système d'aide à l'approche à l'atterrissage à ondes ultra-courtes et faisceaux battants destiné à remplacer le système ILS principalement pour augmenter la cadence maximale d'atterrissage en permettant l'approche dans un large secteur en gisement et en site au lieu d'une trajectoire d'approche unique, grâce au balayage de l'espace aérien correspondant par les faisceaux) (cf. aussi* microwave 1) *et* ILS*).*

MM *cf.* middle marker.

mm ... *cf.* millimeter-wave ... *(pour les termes qui ne figurent pas ci-après).*

mm wave *cf.* millimetric wave.

mm-wave ... *cf.* millimeter-wave ...

mmf *cf.* magnetomotive force.

MMI *cf.* man-machine interaction.

MMIC *cf.* monolithic microwave integrated circuit.

MMU *cf.* memory management unit.

mmw *cf.* millimetric wave.

MMW *cf.* millimetric wave.

mnemonic code code mnémonique *(code de programmation d'ordinateur utilisant des abréviations faciles à retenir) (exemple : ADD pour addition, MUL pour multiplication, etc.) (inf) (cf. aussi* programming code*).*

MNOS MNOS *(ne pas confondre avec « NMOS ») (cf. aussi* MNOS transistor *et* NMOS*).*

MNOS ... *cf.* MNOS *et* MOS ... *et adapter.*

MNOS transistor *(MNOS vient de « metal-nitride-oxide-semiconductor »)* transistor MNOS *(transistor dérivé du transistor MOS, dans lequel la couche d'oxyde de silicium est recouverte localement d'une très mince couche de nitrure de silicium, également isolante, avant de recevoir la grille) (constitue une cellule de mémoire à semiconducteur reprogrammable électriquement comparable au transistor DIFMOS quant au résultat obtenu, mais différent de celui-ci en ce qui concerne la structure employée) (sous l'action d'une impulsion de tension d'amplitude suffisante appliquée à la grille, des électrons traversent la couche de nitrure par effet tunnel de Fowler-Nordheim et, ne pouvant traverser la couche d'oxyde, plus épaisse, sont piégés dans l'interface des deux couches constituant la seconde armature d'un condensateur MOS et, par l'action de leur charge électrique, maintiennent le transistor à l'état conducteur après l'application de l'impulsion) (l'effacement est réalisé par application d'une impulsion de tension de polarité opposée et d'amplitude suffisante) (cf. aussi* MOS transistor, DIFMOS transistor, EEPROM, Fowler-Nordheim tunneling *et* MOS capacitor*).*

MO *cf.* master oscillator.

mobile *s (radiocom) cf.* mobile radio.

mobile aerial *(GB) cf.* mobile antenna.

mobile antenna antenne orientable.

mobile comm *cf.* mobile communications.

mobile communications télécommunications du service mobile, radiocommunications, *(idem), (souvent)* liaisons *(idem) (cf. aussi* mobile service).

mobile ground station station mobile au sol *(station mobile montée sur un véhicule terrestre ou portée à dos d'homme) (cf. aussi* mobile station *et* manpack transceiver).

mobile hole trou mobile *(dans un semiconducteur, trou se déplaçant d'atome en atome sous l'attraction d'une tension négative, dans le sens contraire des électrons successifs qui prennent sa place dans les atomes rencontrés) (cf. aussi* hole 1)).

mobile phone service *cf.* mobile service.

mobile radio 1) *cf.* mobile radio communications. 2) poste du service mobile *(poste de radiotéléphone) (radiocom) (cf. aussi* mobile service).

mobile radio communications radiocommunications du service mobile, *(souvent)* liaisons *(idem) (tls) (cf. aussi* mobile service).

mobile radio relay relais hertzien mobile *(relais hertzien monté sur un mobile et notamment sur un véhicule routier ou un aéronef) (radiocom) (cf. aussi* radio relay *et* mobile television relay).

mobile radio service *cf.* mobile service.

mobile radio telephone *cf.* mobile service.

mobile receiver récepteur mobile, *(souvent)* récepteur du service mobile *(récepteur d'une station mobile) (radiocom) (cf. aussi* mobile station).

mobile service service mobile *(service des liaisons radiotéléphoniques des navires, avions, taxis, etc. entre eux et avec des stations fixes) (cf. aussi* land-mobile service, fixed service *et* radiotelephony).

mobile service central office *cf.* mobile service exchange.

mobile service exchange central du service mobile *(central radiotéléphonique) (radiocom) (cf. aussi* telephone exchange *et* mobile service).

mobile service subscriber abonné au service mobile *(radiocom) (cf. aussi* mobile service).

mobile service switching (la) commutation du service mobile *(radiocom) (cf. aussi* telephone switching *et* mobile service).

mobile service switching center *cf.* mobile service exchange.

mobile service switching office *cf.* mobile service exchange.

mobile service user usager du service mobile *(est en principe un abonné à ce service) (radiocom) (cf. aussi* mobile service).

mobile station station mobile *(station radio montée sur un mobile, celui-ci pouvant être un homme, et notamment station radiotéléphonique du service mobile) (radiocom) (cf. aussi* mobile ground station, mobile service *et* radio station).

mobile subscriber *cf.* mobile service subscriber.

mobile telecommunications *cf.* mobile communications.

mobile telecommunications ... *cf.* mobile service ...

mobile telephone service *cf.* mobile service.

mobile telephone system *cf.* mobile service.

mobile telephony téléphonie entre mobiles *(radiocom) (cf. aussi* mobile service *et* telephony).

mobile television relay relais de télévision mobile *(relais hertzien de petites dimensions monté sur le toit d'un car de reportage) (cf. aussi* radio relay *et* mobile unit).

mobile transmitter émetteur mobile, *(souvent)* émetteur du service mobile *(émetteur d'une station mobile) (radiocom) (cf. aussi* mobile station).

mobile TV relay *cf.* mobile television relay.

mobile unit 1) car de reportage *(camion équipé pour permettre les prises de vues de télévision à l'extérieur d'un studio de télévision) (fournit à la caméra ou aux caméras le courant d'alimentation et les signaux nécessaires et retransmet au studio le signal fourni par la ou une caméra à l'aide d'une antenne de relais hertzien disposée sur le toit) (cf. aussi* radio relay). 2) *cf.* mobile radio 2).

mobile user *cf.* mobile service user.

mobiles (les) postes du service mobile *(radiocom) (cf. aussi* mobile service).

mobility mobilité *(des porteurs de charge, etc.) (semi) (cf. aussi* carrier mobility).

mod pot *(fam) cf.* modular potentiometer.

modal dispersion dispersion modale *(élargissement d'une impulsion de lumière transmise par une fibre optique multimode due aux vitesses de propagation différentes des différents modes) (en d'autres termes, la durée de l'impulsion est plus grande à la sortie de la fibre qu'à l'entrée et ses flancs sont moins raides) (cf. aussi* multimode optical fiber).

modal distribution répartition des modes *(répartition des modes de propagation de la lumière dans une fibre optique multimode) (tls) (cf. aussi* multimode optical fiber).

modal interference interférence entre modes *(de propagation) (interférence entre les différents modes de propagation d'une onde radioélectrique de grande longueur) (cette notion s'applique notamment à l'onde émise par une station d'un système de navigation hyberbolique où elle produit une erreur de phase à la réception) (dans les systèmes à très basse fréquence tels que le système Oméga, la longueur de l'onde émise étant du même ordre de grandeur que l'altitude de l'ionosphère, seul le mode de propagation principal existe normalement à une grande distance de la station, grâce à quoi cette interférence est généralement négligeable) (cf. aussi* propagation mode *et* hyperbolic navigation system).

modal noise bruit modal *(bruit observé à la réception d'un signal transmis par une fibre optique et dû à la dispersion modale) (tls) (cf. aussi* noise 2) (a) *et* modal dispersion).

modal null trou de réception par interférence modale, trou modal *(radionav) (cf. aussi* modal interference).

modal theory théorie des modes de propagation *(guide d'ondes, fibre optique) (cf. aussi* propagation mode).

modally induced lane slippage déplacement de chenal par interférence entre modes *(ou* modale) *(système de navigation hyperbolique) (cf. aussi* lane slippage *et* modal interference).

mode mode *(de fonctionnement, de propagation, d'oscillation, de balayage, d'interrogation, de rafraîchissement, etc.) (cf. aussi* operating mode, propagation mode, oscillation mode, sweep mode, interrogation mode *et* refresh mode).

mode changer convertisseur de mode *(dispositif monté dans un guide d'ondes pour changer le mode de propagation des ondes dans celui-ci) (hyper) (cf. aussi* transmission mode 2) *et* waveguide).

mode conversion conversion de mode *(passage d'un mode de propagation des ondes à un autre dans un guide d'ondes ou une fibre optique) (cf. aussi* mode changer, waveguide *et* optical fiber).

mode filter filtre de mode *(dispositif monté dans un guide d'ondes pour ne permettre qu'un seul mode de propagation des ondes dans celui-ci) (hyper) (cf. aussi* transmission mode 2) *et* waveguide).

mode hopping *cf.* moding.

mode interlace entrelacement des modes *(d'interrogation) (radar d'identification militaire) (cf. aussi* interrogation).

mode isolator *cf.* mode filter.

mode jump changement de mode *(magnétron) (hyper) (cf. aussi* moding).

mode-locked laser laser à modes synchronisés, laser à synchronisation des modes *(cf. aussi* mode locking).

mode locking synchronisation des modes *(synchronisation des modes d'oscillation dans la cavité d'un laser de puissance pour les mettre en phase afin d'augmenter fortement l'amplitude des impulsions de lumière émises tout en réduisant fortement leur durée) (un laser a normalement un certain nombre, pouvant dépasser 1000 dans un laser à solide, de modes d'oscillation simultanés sans relation de phase de l'un à l'autre qui réduisent la cohérence de la lumière émise et, en régime d'impulsions, augmentent la largeur des impulsions) (la synchronisation des modes est obtenue notamment par l'action d'ultrasons ou d'un milieu transparent à action non linéaire disposé dans la cavité) (cf. aussi* oscillation mode, laser cavity, high-energy laser, in phase, phase relationship, coherence *et* ultrasound).

mode noise *cf.* modal noise.

mode of operation mode de fonctionnement *(appareil, etc.) (cf. aussi* operating mode, *ce terme étant le plus employé).

mode of reception mode de réception *(réception simple ou en diversité de fréquence, d'espace ou de polarisation) (radioélectricité) (cf. aussi* diversity reception).

mode purity pureté de mode *(absence de mode indésirable dans un signal à fréquence élevée)* (a) *pureté du mode d'oscillation d'un magnétron, d'un laser ou d'un autre oscillateur)* *(cf. aussi* oscillation mode, moding *et* laser); (b) *pureté du mode de propagation dans une ligne de transmission hyperfréquence ou une fibre optique)* *(cf. aussi* transmission mode 2), microwave transmission line *et* optical fiber).

mode selector *cf.* mode switch.

mode separation séparation des modes *(action d'augmenter la différence de fréquence entre le mode π et les autres modes d'oscillation dans un magnétron pour éviter les changements de mode, ou résultat de cette action) (est réalisée par jumelage des cavités ou par emploi de cavités alternées) (hyper) (cf. aussi* moding, pi mode, strapping 2) *et* rising-sun magnetron).

mode shift *cf.* mode jump.

mode skip *cf.* mode jump.

mode switch sélecteur de mode *(commutateur permettant de choisir un des modes de fonctionnement d'un appareil à plusieurs modes) (oscilloscope, radar, brouilleur, etc.) (cf. aussi* multiposition switch *et* operating mode 1)).

mode transducer *cf.* mode changer.

mode transformer *cf.* mode changer.

modeling modélisation *(élaboration de modèles mathématiques aux fins de simulation sur ordinateur) (cf. aussi* mathematical model *et* computer simulation).

modelling *cf.* modeling.

modem *(vient de « modulator-demodulator »)* modem *(dispositif convertissant le signal numérique parallèle fourni par un appareil informatique en un signal numérique série pour permettre la transmission des informations qu'il contient par une ligne téléphonique classique, avec conversion inverse à la réception par un dispositif identique) (comprend donc une partie émettrice et une partie réceptrice; la partie émettrice convertit le signal numérique parallèle à deux valeurs d'une tension continue fourni par l'appareil informatique en un signal numérique série à deux valeurs (ou parfois plus) d'une caractéristique d'un courant alternatif à basse fréquence constituant la porteuse) (la caractéristique modulée peut être l'amplitude de la porteuse, sa fréquence ou sa phase; la modulation de fréquence est la plus courante pour les vitesses de transmission faibles ou moyennes; la modulation de phase est utilisée principalement pour les vitesses élevées, la phase de la porteuse pouvant prendre 2, 4 ou 8 valeurs suivant la vitesse de transmission nécessaire et le mode d'exploitation de la liaison) (la partie réceptrice assure la conversion inverse, c.-à-d. convertit le signal numérique série reçu en un signal numérique parallèle acceptable par l'appareil informatique; les deux modems utilisés pour une liaison de transmission de données sont donc identiques) (noter que, contrairement à ce que l'on voit souvent écrit, le signal émis par un modem est un signal numérique et non un signal analogique, comme il ressort de la définition et des explications données ci-dessus) (est réalisé sous la forme d'un boîtier ou d'une carte enfichable) (cf. aussi* asynchronous modem, synchronous modem, acoustic coupler, parallel digital signal, serial digital signal, carrier wave, transmission rate, amplitude-shift keying, frequency-shift keying, phase-shift keying, operating mode 2), data link, analog signal *et* codec).

modem board carte modem, carte de modem *(carte à circuit imprimé sur laquelle est réalisé un modem) (tls) (cf. aussi* printed-circuit board *et* modem).

modem card *cf.* modem board.

modem eliminator *cf.* line driver.

modem interface interface constituée par un modem, *(parf.)* raccordement par un modem *(raccordement d'un appareil informatique à une ligne téléphonique) (télinf) (cf. aussi* interface[1] 2) *et* modem).

modem interfacing raccordement par un modem *(télinf) (cf. aussi* modem interface).

modem receiver récepteur de modem *(partie réceptrice d'un modem) (télinf) (cf. aussi* modem).

modem transmitter émetteur de modem *(partie émettrice d'un modem) (télinf) (cf. aussi* modem).

MODFET *(vient de « modulation-doped FET »)* transistor

MODFET *(ou HEMT) (transistor à effet de champ à grande vitesse de commutation ou grande fréquence de fonctionnement obtenue grâce à une grande mobilité des électrons résultant de l'emploi d'une couche d'arséniure de gallium dopé à l'aluminium formée sur un substrat d'arséniure de gallium et à une variation appropriée du niveau de dopage au passage d'une couche à l'autre pour accroître la mobilité des électrons) (a un temps de commutation d'environ 10 ps) (semi) (cf. aussi* HEMT, FET, switching speed, electron mobility, gallium arsenide *et* doping level).

modified FM *cf.* modified frequency modulation.

modified frequency modulation modulation de fréquence modifiée, modulation MFM, codage MFM *(le deuxième terme est le plus employé) (en enregistrement numérique, modulation FM dans laquelle l'inversion de flux produite au début de chaque point mémoire n'a lieu que s'il n'y a pas d'information enregistrée dans le point-mémoire précédent ni à enregistrer dans le point-mémoire courant, c.-à-d. si deux 0 binaires, ou plus, se suivent) (il en résulte une réduction de moitié de la longueur des points mémoire et, par conséquent, un doublement de la densité linéique d'enregistrement) (est le procédé employé notamment pour l'enregistrement sur les disques souples à double densité) (inf) (cf. aussi* FM encoding, linear bit density *et* double-density floppy disk).

modified frequency-shift keying *cf.* modified frequency modulation.

modified FSK *cf.* modified frequency-shift keying.

modified-log clockwise taper variation logarithmique inverse corrigée *(potentiomètre) (cf. aussi* clockwise taper *et* logarithmic taper).

modified-log counterclockwise taper variation logarithmique droite corrigée *(potentiomètre) (cf. aussi* counterclockwise taper *et* logarithmic taper).

modified-log taper variation logarithmique corrigée *(potentiomètre) (cf. aussi* logarithmic taper).

modified phase-shift keying modulation par déplacement de phase modifiée, modulation PSK modifiée *(tls) (cf. aussi* phase-shift keying).

modified PSK *cf.* modified phase-shift keying.

moding instabilité de mode (d'oscillation) (a) *(changement indésirable et irrégulier du mode d'oscillation d'un magnétron à impulsions entre deux impulsions successives) (est dû à une séparation insuffisante des modes d'oscillation) (hyper) (cf. aussi* pulsed magnetron *et* mode separation) ; (b) *instabilité de la fréquence d'oscillation d'un laser) (diminue la monochromaticité du rayonnement émis en élargissant le spectre de celui-ci) (cf. aussi* laser *et* monochromatic radiation).

modular circuitry circuits modulaires *(circuits réalisés sous la forme de modules) (cf. aussi* module 1) *et* circuitry).

modular component composant modulaire, module *(composant juxtaposable ou superposable ou formé de plusieurs parties facilement remplaçables ou bien distinctes) (roue codeuse, afficheur, potentiomètre à poussoir ou à glissière, etc.) (cf. aussi* modular construction).

modular construction construction modulaire (a) *mode de construction d'un appareil ou système fondé sur l'emploi de sous-ensembles appelés « modules » pouvant facilement être remplacés pour le réparer ou modifier ses possibilités, ou complétés par d'autres modules pour élargir celles-ci) (cf. aussi* module 1)); (b) *mode de réalisation d'un circuit intégré monolithique ou hybride dans lequel les circuits sont répartis entre plusieurs zones du substrat nettement différenciées, identiques ou non) (cf. aussi* macrocell *et* integrated circuit).

modular design *cf.* modular construction.

modular device *cf.* modular component.

modular memory mémoire modulaire *(mémoire numérique dont la capacité peut être augmentée facilement par adjonction d'éléments interchangeables ou compatibles) (mémoire à disque(s), mémoire à circuit intégré, carte mémoire, mémoire à cassette, etc.) (inf) (cf. aussi* digital memory, memory capacity, disk memory, solid-state memory, memory board *et* cassette memory).

modular pot *(fam) cf.* modular potentiometer.

modular potentiometer potentiomètre modulaire *(potentiomètre conçu de manière à pouvoir être commandé en plusieurs* *exemplaires par un axe unique) (cf. aussi* ganged control *et* potentiometer 1)).

modular power supply alimentation modulaire *(ce terme désigne souvent une alimentation à incorporer) (cf. aussi* modular construction (a) *et* OEM power supply).

modular program programme modulaire, programme à modules *(programme d'ordinateur divisé en modules) (inf) (cf. aussi* computer program *et* program module).

modular programming programmation modulaire, programmation par modules *(établissement d'un programme modulaire) (inf) (cf. aussi* modular program).

modular supply *cf.* modular power supply.

modular unit **1)** appareil modulaire *(appareil réalisé suivant le principe de la construction modulaire) (oscilloscope, etc.) (cf. aussi* modular construction). **2)** *cf.* modular component.

modularity modularité *(propriété d'un composant, appareil ou système modulaire) (cf. aussi* modular construction).

modulate *v* moduler *(faire varier alternativement la valeur d'une grandeur) (cf. aussi* modulation (a)).

modulated amplifier amplificateur modulé *(nom descriptif, très peu employé, d'un modulateur d'amplitude au sens le plus fréquent du terme) (cf. aussi* amplitude modulator).

modulated beam faisceau modulé *(faisceau dont une des caractéristiques varie au rythme d'un signal)* (a) *faisceau d'ondes constituant une porteuse modulée) (faisceau laser, etc.) (cf. aussi* modulated carrier); (b) *faisceau de particules exerçant une action en fonction du signal appliqué) (tube cath, tube hyper, etc.).*

modulated carrier porteuse modulée *(cf. aussi* carrier 1) *et* modulation (a)).

modulated channel canal modulé *(TEC) (cf. aussi* channel modulation).

modulated continuous wave onde entretenue modulée *(onde entretenue dont l'amplitude varie au rythme d'un signal à basse fréquence d'amplitude et de fréquence constantes) (tlg, balise radio) (cf. aussi* continuous wave).

modulated laser beam faisceau laser modulé *(cf. aussi* laser beam *et* modulation (a)).

modulated light beam faisceau de lumière modulé, faisceau lumineux modulé *(cf. aussi* modulation (a)).

modulated oscillator oscillateur modulé, oscillateur à fréquence modulée *(oscillateur dans lequel un signal électrique ou une action mécanique fait varier la fréquence de sortie) (cf. aussi* oscillator, frequency modulation, electric tuning *et* mechanical tuning).

modulated output power puissance de sortie modulée *(ampli, émetteur).*

modulated stage *cf.* modulator stage.

modulated wave onde modulée *(onde constituant une porteuse modulée) (cf. aussi* modulation (a)).

modulating audio frequency basse fréquence modulante, *(etc.) (émetteur radio, tél, graveur de disques, etc.) (cf. aussi* audio frequency *et* modulating frequency).

modulating electrode électrode de modulation *(autre nom, peu employé, d'une électrode de commande) (cf. aussi* control electrode).

modulating frequencies fréquences du signal modulant, composantes *(idem) (cf. aussi* frequency component *et* modulating signal).

modulating frequency *cf.* modulation frequency.

modulating signal signal modulant, signal de modulation *(signal produisant une modulation) (cf. aussi* signal[1] *et* modulation (a)).

modulating signal ... *cf.* modulating signal *et* signal ... *et* adapter.

modulating stage *cf.* modulation stage.

modulating wave onde modulante, onde de modulation (a) *onde acoustique agissant notamment sur la membrane d'un microphone) (cf. aussi* modulation (a) *et* acoustic wave); (b) *nom parfois donné à un signal modulant) (cf. aussi* modulating signal).

modulating waveform *cf.* modulating signal. *(cf. aussi* waveform).

modulation modulation *(action de faire varier la valeur d'une grandeur au rythme des variations de la valeur d'une autre*

grandeur, ou résultat de cette action)* (a) *modulation d'une des caractéristiques d'une porteuse par un signal pour transmettre les informations contenues dans celui-ci) (cf. aussi* analog modulation, digital modulation, amplitude modulation, angle modulation, pulse modulation, low-level modulation, high-level modulation, cross-modulation, intermodulation, velocity modulation, modulator, carrier 1) *et* demodulation); (b) *nom parfois donné abusivement au signal modulant une porteuse) (cette acception incorrecte du terme « modulation » est très utilisée dans les studios et centres de radiodiffusion sonore et visuelle pour désigner le signal issu du studio et transmis à la station d'émission pour moduler l'onde émise par celle-ci) (cf. aussi* modulating signal); (c) *modulation de la largeur du canal d'un transistor à effet de champ par le signal appliqué à celui-ci) (cf. aussi* channel[1] 1) (a)); (d) *modulation de la largeur ou la densité d'une piste sonore optique) (film sonore) (cf. aussi* optical sound track).

modulation analysis analyse de la modulation *(cf. aussi* modulation analyzer).

modulation analyzer analyseur de modulation *(analyseur de signaux conçu pour visualiser l'enveloppe de modulation d'une porteuse modulée en amplitude) (est utilisé pour le contrôle des émetteurs radio et des générateurs de signaux) (cf. aussi* signal analyzer *et* modulation envelope).

modulation band bande de modulation, bande du signal modulant *(bande de fréquences d'un signal modulant complexe) (cf. aussi* frequency band, complex signal *et* modulating signal).

modulation bandwidth largeur de bande de modulation *(cf. aussi* modulation band *et* bandwidth 1)).

modulation capabilities possibilités de modulation *(générateur de signaux sinusoïdaux) (cf. aussi* modulation (a), sinusoidal signal generator *et* capability).

modulation components *cf.* modulating frequencies.

modulation depth profondeur de modulation *(autre nom, moins précis, du taux de modulation d'une porteuse modulée en amplitude) (radioélectricité) (cf. aussi* modulation factor *et* percent modulation).

modulation distortion distorsion de modulation *(distorsion du signal de sortie d'un modulateur par rapport au signal modulant) (cf. aussi* distortion, modulation (a), modulator *et* modulating signal).

modulation envelope enveloppe de modulation, enveloppe *(une des deux courbes symétriques passant par la crête des alternances respectivement positives et négatives d'une porteuse modulée en amplitude et représentant chacune le signal transmis par la porteuse) (cf. aussi* amplitude-modulated carrier *et* half-cycle).

modulation factor facteur de modulation *(profondeur de modulation exprimée comme le rapport entre la variation maximale d'amplitude de la porteuse et son amplitude en l'absence de modulation) (cf. aussi* modulation depth).

modulation frequency fréquence de modulation, fréquence du signal modulant, fréquence du signal de modulation *(fréquence d'un signal modulant sinusoïdal) (cf. aussi* modulation (a) *et* sinusoidal signal).

modulation index indice de modulation *(rapport entre l'excursion maximale de la fréquence d'une porteuse modulée en fréquence et la fréquence instantanée du signal modulant) (il ressort de cette définition que l'indice de modulation ne dépend que de l'excursion maximale de la porteuse et de la fréquence du signal modulant et, par conséquent, ne dépend pas de l'amplitude de celui-ci; c'est donc une grandeur sans relation avec le processus de modulation proprement dit malgré son nom et il ne peut de ce fait être établi un parallèle quelconque entre cet indice et le taux de modulation d'une porteuse modulée en amplitude) (rappelons que l'excursion instantanée est, elle, proportionnelle à l'amplitude instantanée du signal modulant; rappelons également que l'excursion maximale étant une constante fixée par construction, l'indice de modulation varie en raison inverse de la fréquence instantanée du signal modulant; c'est donc aux fréquences basses de celui-ci qu'il est le plus élevé) (cf. aussi* frequency deviation, modulation (a), percent modulation *et* amplitude).

modulation meter modulomètre *(appareil de mesure du taux de modulation du courant à haute fréquence fourni par un émetteur à modulation d'amplitude à son antenne) (station de radiodiffusion, etc.) (cf. aussi* percent modulation).

modulation monitor *cf.* modulation meter.

modulation noise bruit de modulation *(bruit d'un signal dû à un processus de modulation parasite) (diode à jonction, etc.) (cf. aussi* noise 2) (a) *et* modulation (a)).

modulation percentage taux de modulation *(porteuse modulée en amplitude) (cf. aussi* percent modulation).

modulation process processus de modulation *(ne pas confondre avec « procédé de modulation ») (cf. aussi* modulation technique).

modulation rate rapidité de modulation (télégraphique) *(tls) (cf. aussi* baud rate).

modulation recovery extraction de la modulation *(autre nom de la démodulation, dans lequel le terme « modulation » est employé avec son acception incorrecte) (cf. aussi* modulation (b) *et* demodulation).

modulation scheme type de modulation *(autre nom, très employé, d'un procédé de modulation) (cf. aussi* modulation technique).

modulation sidebands bandes latérales *(produites par la modulation) (onde modulée en amplitude) (cf. aussi* sideband).

modulation signal *cf.* modulating signal.

modulation spectrum spectre de modulation *(spectre de fréquences d'un signal modulant non sinusoïdal ou d'une porteuse modulée) (analyseur de modulation, etc.) (cf. aussi* frequency spectrum (b), modulating signal *et* non-sinusoidal signal).

modulation stage *cf.* modulator stage.

modulation technique procédé de modulation *(modulation d'amplitude, de fréquence ou de phase, modulation par déplacement d'amplitude, de fréquence ou de phase, modulation par impulsions codées, modulation de vitesse) (cf. aussi* modulation (a), modulation scheme *et* modulation process).

modulation tracking poursuite de la modulation.

modulation tracking loop boucle de poursuite de la modulation.

modulation transfer function fonction de transfert de modulation *(ou* de contraste), FTM *(expression mathématique ou courbe représentant l'aptitude d'un élément ou système optique ou d'un dispositif optoélectronique à transmettre les différences de luminosité des différentes zones d'une image en raison inverse de leur largeur, c.-à-d. en fonction de leur fréquence spatiale) (objectif ou cible de caméra de télévision, etc.) (cf. aussi* spatial frequency, luminance *et* optoelectronic device).

modulation waveform **1)** *cf.* modulation signal. *(cf. aussi* waveform). **2)** *cf.* modulation envelope.

modulator modulateur *(dispositif réalisant la modulation d'une porteuse) (est un dispositif électronique lorsque la porteuse est un courant électrique, ou un dispositif électro-optique ou mécano-optique lorsque la porteuse est un faisceau de lumière) (un modulateur électronique est utilisé notamment dans un émetteur radioélectrique pour incorporer le signal à transmettre à l'onde porteuse émise par l'antenne) (cf. aussi* amplitude modulator, frequency modulator, phase modulator, pulse modulator, optical modulator, mechanical modulator, modulation (a) *et* demodulator).

modulator-demodulator *cf.* modem.

modulator diode diode modulatrice *(diode à semiconducteur utilisée comme élément non linéaire dans un modulateur d'amplitude) (cf. aussi* semiconductor diode *et* amplitude modulator).

modulator driver étage d'attaque du modulateur *(amplificateur de puissance fournissant la puissance nécessaire, à partir du signal modulant initial, pour attaquer le modulateur d'un émetteur radioélectrique de grande puissance et notamment d'un émetteur de radar) (cf. aussi* power amplifier, modulating signal, modulator *et* radar modulator).

modulator stage étage modulateur, étage de modulation *(noms donnés à un modulateur lorsque celui-ci est considéré en tant qu'étage) (cf. aussi* stage 1) *et* modulator).

modulator tube tube modulateur, tube de modulation *(tube*

électronique utilisé comme modulateur) (cf. aussi* reactance tube *et* modulator).

module module **(a)** *(en électronique) ensemble de circuits facilement interchangeable ou composant juxtaposable) (tiroir enfichable, carte à circuit imprimé enfichable, circuit intégré hybride ou monolithique, afficheur, roue codeuse ou potentiomètre juxtaposable, etc.) (cf. aussi* modular construction); **(b)** *cf. aussi* program module).

module set jeu de modules *(ensemble de modules hybrides montés sur une carte à circuit imprimé pour former un appareil tel qu'un modem ou un codec, par exemple) (cf. aussi* hybrid module, module (a), modem *et* codec).

module swapping échange de modules *(les modules considérés ici sont généralement des cartes enfichables) (dépannage d'un appareil) (cf. aussi* board swapping).

modulo n check contrôle modulo n *(contrôle d'un nombre d'après le reste de la division de ce nombre par un nombre n plus petit que lui, le reste ne pouvant naturellement être supérieur à n − 1) (inf)*.

modulo n counter compteur modulo n *(compteur s'incrémentant d'une unité tous les n événements comptés) (cf. aussi* counter *et* incrementation).

modulus module *(en mathématiques) (partie réelle d'une grandeur complexe) (peut être représenté par la longueur d'un vecteur) (cf. aussi* modulus of impedance *et* vector).

modulus of impedance module de l'impédance *(valeur absolue d'une impédance complexe) (cf. aussi* modulus *et* complex impedance).

mΩ *cf.* milliohm. *(de même pour les termes dérivés).*

MΩ *cf.* megohm. *(de même pour les termes dérivés).*

moire *cf.* moiré.

moire pattern *cf.* moiré.

moiré sm *(défaut chromatique d'une image de télévision en couleurs rappelant l'aspect chatoyant des tissus moirés) (est dû à un phénomène de battement entre la fréquence spatiale d'une structure périodique de l'image et la fréquence spatiale d'une structure périodique) (à l'émission, la seconde structure périodique peut être la structure de la grille du tube analyseur si la caméra est équipé d'un image-orthicon; à la réception, la structure périodique est la structure formée par les triplets de luminophores si le tube-image est un tube à masque perforé) (cf. aussi* image-orthicon *et* shadow-mask tube).

mold s matrice (de pressage) *(matrice en nickel chromé obtenue par galvanoplastie à partir de la mère et utilisée pour fabriquer des disques phonographiques par pressage à chaud en imprimant dans ceux-ci les sillons en relief qu'elle porte) (cf. aussi* mother).

molded axial-lead inductor inductance moulée à sorties axiales *(inductance miniature) (cf. aussi* inductor, molded component *et* axial leads).

molded axial-lead multilayer ceramic capacitor condensateur céramique multicouche moulé à sorties axiales *(cf. aussi* multilayer ceramic capacitor, molded component *et* axial leads).

molded capacitor condensateur moulé *(cf. aussi* capacitor *et* molded component).

molded case *cf.* molded package.

molded-case ... *cf.* molded ...

molded component composant moulé *(composant électronique enrobé de matière plastique appliquée et mise en forme à l'aide d'un moule) (condensateur, etc.).*

molded epoxy package enrobage époxy moulé, moulage époxy *(composant) (cf. aussi* epoxy package *et* molded component).

molded package enrobage moulé, moulage *(cf. aussi* molded component).

molded-package ... *cf.* molded ...

molded power triac triac de puissance moulé *(cf. aussi* power triac *et* molded component).

molded precision metal-film resistor résistance à couche métallique de précision moulée *(cf. aussi* precision metal-film resistor *et* molded component).

molded radial-lead multilayer ceramic capacitor condensateur céramique multicouche moulé à sorties radiales *(cf.*

aussi multilayer ceramic capacitor, molded component *et* radial leads).

molded resistor résistance moulée *(résistance de faible puissance) (cf. aussi* resistor *et* molded component).

molded solid tantalum capacitor condensateur au tantale à électrolyte solide moulé *(cf. aussi* solid tantalum capacitor *et* molded component).

molded unit version moulée *(composant) (cf. aussi* molded component *et* unit 3)).

molecular beam faisceau de molécules, faisceau moléculaire *(épitaxie, etc.) (cf. aussi* molecule *et* beam [1]).

molecular-beam epitaxial process procédé épitaxial à faisceaux moléculaires, procédé d'épitaxie par faisceaux moléculaires *(cf. aussi* molecular-beam epitaxy).

molecular-beam epitaxy épitaxie par faisceaux moléculaires *(procédé d'épitaxie utilisant plusieurs fours à effusion pour former des couches épitaxiales de diverses natures sur un substrat semiconducteur) (cf. aussi* effusion oven *et* epitaxy).

molecular-beam frequency standard étalon de fréquence à faisceau moléculaire, étalon à faisceau moléculaire, étalon moléculaire *(autres noms du maser à ammoniac) (horloge atomique) (cf. aussi* frequency standard *et* ammonia maser).

molecular circuit *cf.* molecular logic circuit.

molecular computer ordinateur moléculaire *(ordinateur utilisant des circuits logiques moléculaires) (cf. aussi* computer 2) *et* molecular logic circuit).

molecular dipole dipôle moléculaire *(dipôle électrique formé par une molécule polaire, ou par une molécule non polaire soumise à un champ électrique approprié) (cf. aussi* electric dipole, polar molecule, electric field *et* molecule).

molecular electronics (l')électronique moléculaire *(partie de l'électronique numérique utilisant des éléments de commutation moléculaire) (est encore au stade de la recherche fondamentale et doit permettre de réaliser des éléments de commutation plus petits qu'une cellule du cerveau humain) (CI) (inf) (cf. aussi* digital electronics *et* molecular switching element).

molecular element *cf.* molecular switching element.

molecular gas laser laser à gaz moléculaire *(laser à gaz dans lequel celui-ci est un gaz moléculaire ou, défini différemment, laser moléculaire utilisant un gaz) (laser à gaz carbonique, à oxyde de carbone, à protoxyde d'azote, à vapeur d'eau, etc.) (cf. aussi* molecular laser *et* gas laser).

molecular gate porte moléculaire *(porte logique réalisée à l'aide d'éléments de commutation moléculaires) (CI) (inf) (cf. aussi* logic gate *et* molecular switching element).

molecular IC *cf.* molecular integrated circuit.

molecular integrated circuit circuit intégré moléculaire *(circuit intégré numérique utilisant des portes moléculaires) (inf) (cf. aussi* digital integrated circuit *et* molecular gate).

molecular laser laser moléculaire *(laser dans lequel le milieu actif est constitué par des molécules) (les molécules utilisées peuvent être les molécules d'un gaz moléculaire ou des molécules organiques en solution dans un liquide) (cf. aussi* lasing medium, molecule, molecular gas laser *et* dye laser).

molecular logic logique moléculaire *(logique utilisant des circuits logiques moléculaires) (CI) (inf) (cf. aussi* logic (b) *et* molecular logic circuit).

molecular logic circuit circuit logique moléculaire, circuit moléculaire *(circuit logique comprenant une ou plusieurs portes moléculaires) (CI) (inf) (cf. aussi* logic circuit *et* molecular gate).

molecular logic function fonction logique moléculaire, fonction moléculaire *(fonction logique réalisée par un circuit moléculaire) (CI) (inf) (cf. aussi* logic function *et* molecular logic circuit).

molecular logic gate *cf.* molecular gate.

molecular switching element élément de commutation moléculaire, élément moléculaire *(élément de commutation formé d'une seule et grosse molécule réalisant la commutation par effet tunnel sous l'action d'un champ électrique modifiant la barrière de potentiel dans la molécule) (cf. aussi* switching element, molecule, tunnel effect *et* molecular electronics).

molecule molécule *(plus petite partie d'un corps composé conservant la composition chimique de celui-ci et, par conséquent, ses propriétés) (est composée au moins de deux atomes d'un même corps ou de deux corps différents) (cf. aussi* polar molecule, non-polar molecule *et* atom).

momentary action action momentanée *(interrupteur, etc.) (cf. aussi* momentary-action switch).

momentary-action switch interrupteur à action momentanée, interrupteur monostable *(interrupteur revenant à la position de repos dès que l'on cesse d'appuyer sur l'organe de commande) (bouton-poussoir ordinaire ou interrupteur à levier ou bascule à ressort) (cf. aussi* pushbutton, toggle switch *et* rocker switch).

momentary-contact ... *cf.* momentary-action ...

monaural *cf.* monophonic. *(pour les termes qui ne figurent pas ci-après).*

monaural audition audition monaurale *(audition de sons par une seule oreille) (audiométrie, etc.) (cf. aussi* binaural audition).

monitor[1] *s* 1) appareil de surveillance, *(parf.)* appareil de contrôle *(tg) (appareil permettant le contrôle permanent ou périodique du résultat d'un processus, ce résultat pouvant être la valeur d'une grandeur variable) (voir ci-après) (cf. aussi* monitoring). 2) haut-parleur de contrôle (du son) *(régie de studio de radiodiffusion sonore ou visuelle).* 3) *cf.* video monitor. 4) moniteur *(anglicisme bien implanté),* contrôleur (de travaux) *(programme du système d'exploitation d'un ordinateur assurant l'enchaînement de l'exécution des programmes par l'appareil, c.-à-d. commandant le chargement d'un programme dans la mémoire centrale lorsque l'exécution du programme en cours est terminée, en tenant compte des priorités) (inf) (cf. aussi* operating system *et* loader).

monitor[2] *v* surveiller, *(parf.)* contrôler *(cf. aussi* monitor[1]).

monitor ... *cf.* monitoring ...

monitoring surveillance, *(parf.)* contrôle *(contrôle permanent ou à intervalles rapprochés d'un processus ou du fonctionnement d'un appareil, d'un système, d'une machine, d'une installation ou d'un ou plusieurs organes d'un individu ou du déroulement d'une expérience ou d'un essai).*

monitoring aerial *(GB) cf.* monitoring antenna.

monitoring and control contrôle et commande *(d'un processus) (cf. aussi* monitoring *et* control[1]).

monitoring antenna antenne de contrôle *(antenne d'un récepteur de contrôle) (cf. aussi* monitoring receiver).

monitoring circuit circuit d'écoute *(central tél) (cf. aussi* interception 2)).

monitoring console pupitre de surveillance.

monitoring equipment appareils de surveillance.

monitoring head tête de contrôle *(tête magnétique de lecture permettant le contrôle d'un enregistrement sur une bande magnétique au fur et à mesure de son exécution) (magnétophone, magnétoscope) (cf. aussi* magnetic head).

monitoring key clé d'écoute *(clé permettant à une opératrice de central téléphonique d'écouter une conversation entre deux abonnés sans perturber la communication) (cf. aussi* key[1] 1) *et* interception 2)).

monitoring loudspeaker *cf.* monitor[1] 2).

monitoring point point de contrôle *(point d'un circuit, d'un appareil ou d'un système où est effectué un contrôle permanent ou périodique) (cf. aussi* monitoring *et* test point).

monitoring receiver récepteur de contrôle *(récepteur utilisé pour contrôler la qualité d'une émission de radiodiffusion sonore ou visuelle).*

monitoring sonar sonar de veille *(mar. mil) (cf. aussi* search sonar).

monitoring station 1) station de surveillance *(station de réception enregistrant en permanence les variations de phase des signaux émis par les stations d'émission du système Oméga pour faciliter les prévisions de correction à apporter aux indications des récepteurs) (radionav) (cf. aussi* Omega *et* phase). 2) station d'écoute *(mil) (cf. aussi* listening station).

monkey chatter *(littéralement : « babil de singe »)* interférence entre canaux voisins *(radiodif) (cf. aussi* adjacent-channel interference 1)).

mono *s cf.* monostable multivibrator.

mono-accelerator cathode-ray tube tube cathodique sans post-accélération *(tube cathodique d'oscilloscope ne comportant pas d'anode de post-accélération) (cf. aussi* post-accelerator).

mono-accelerator CRT *cf.* mono-accelerator cathode-ray tube.

monochromatic ... *cf.* monochrome ... *(pour les termes qui ne figurent pas ci-après).*

monochromatic light lumière monochromatique *(lumière ne comprenant qu'une composante chromatique, c.-à-d. non due au mélange de deux ou plusieurs lumières de couleurs différentes) (est produite par un rayonnement monochromatique) (colorimétrie) (laser) (cf. aussi* monochromatic radiation).

monochromatic optical radiation *cf.* monochromatic radiation.

monochromatic radiation rayonnement monochromatique, rayonnement optique monochromatique *(rayonnement optique à une seule longueur d'onde) (est produit notamment par un laser et produit à son tour une lumière monochromatique) (cette notion est théorique car un rayonnement n'est jamais totalement monochromatique et a, par conséquent, au moins plusieurs longueurs d'onde) (cf. aussi* optical radiation, monochromatic light *et* laser).

monochromatic wave onde monochromatique *(onde d'un rayonnement monochromatique) (cf. aussi* monochromatic radiation).

monochrome bandwidth *cf.* luminance bandwidth.

monochrome cathode-ray tube tube cathodique monochrome, tube monochrome (a) *tube de projection pour télévision en couleurs sur grand écran à luminophores rouges, verts ou bleus) (cf. aussi* projection tube *et* phosphor); (b) *tube-image vert ou ambre ou autre couleur pour écran d'ordinateur ou de terminal à écran ou autre appareil (cf. aussi* display terminal); (c) *tube-image noir et blanc) (récepteur TV) (cf. aussi* black-and-white picture tube).

monochrome channel *cf.* luminance channel. *(de même pour les termes dérivés).*

monochrome CRT *cf.* monochrome cathode-ray tube.

monochrome display 1) présentation monochrome, *(parf.)* affichage monochrome, *(parf.)* visualisation monochrome *(présentation d'informations à l'aide d'un afficheur ou d'un présenteur monochrome) (voir aussi 2) ci-après) (cf. aussi* display[1] 1) à 3)). 2) afficheur monochrome, *(parf.)* présenteur monochrome *(afficheur ou présenteur utilisant une seule couleur pour présenter des informations) (cf. aussi* display[1] 4) à 6)).

monochrome image *cf.* monochrome picture.

monochrome picture *(cf. aussi* picture) image monochrome (a) *image produite par un tube de projection monochrome ou un tube-image monochrome) (cf. aussi* monochrome cathode-ray tube); (b) *image produite par un tube-image noir et blanc) (TV) (cf. aussi* black-and-white picture tube).

monochrome radar screen écran radar monochrome *(écran classique, généralement à luminophores verts) (cf. aussi* radar screen *et* phosphor).

monochrome receiver *cf.* black-and-white receiver.

monochrome signal 1) signal monochrome *(TV) (cf. aussi* black-and-white signal). 2) signal de luminance *(TVC) (cf. aussi* luminance signal).

monochrome system *cf.* black-and-white system.

monochrome television *cf.* black-and-white television.

monochrome television ... *cf.* black-and-white ...

monochrome transmission *cf.* black-and-white transmission.

monocrystal monocristal *(semi, etc.) (cf. aussi* single crystal).

monocrystalline silicon silicium monocristallin *(semi) (cf. aussi* single-crystal silicon).

monolithic a-d converter *cf.* monolithic analog-to-digital converter.

monolithic A-D converter *cf.* monolithic analog-to-digital converter.

monolithic A/D converter *cf.* monolithic analog-to-digital converter.

monolithic ADC *cf.* monolithic analog-to-digital converter.

monolithic amp *cf.* monolithic amplifier.

monolithic amplifier amplificateur monolithique, amplificateur intégré monolithique *(cf. aussi* amplifier *et* monolithic device 1)).

monolithic analog-to-digital converter numériseur monoli-

thique, *(etc.) (cf. aussi* analog-to-digital converter *et* monolithic device 1)).

monolithic array groupement monolithique *(cf. aussi* array 1)) (a) *ensemble de circuits logiques ou de photodétecteurs ou autres composants réalisé sur une seule et même puce de circuit intégré monolithique) (cf. aussi* monolithic integrated circuit); (b) *ensemble d'éléments rayonnants réalisé sous la forme d'un circuit imprimé) (antenne hyper) (cf. aussi* radiating element *et* printed circuit).

monolithic capacitor *cf.* monolithic ceramic capacitor.

monolithic ceramic capacitor condensateur céramique monolithique *(nom parfois donné à un condensateur céramique multicouche) (cf. aussi* multilayer ceramic capacitor).

monolithic chip *cf.* chip 1).

monolithic circuit *cf.* monolithic integrated circuit.

monolithic circuit element élément de circuit monolithique *(élément de circuit dans un circuit intégré monolithique) (cf. aussi* circuit element *et* monolithic integrated circuit).

monolithic circuit technology *cf.* monolithic integrated circuit technology.

monolithic codec codec monolithique *(tél) (cf. aussi* codec *et* monolithic device 1)).

monolithic component composant monolithique *(nom parfois donné à un circuit intégré monolithique ou à un condensateur céramique multicouche) (cf. aussi* monolithic integrated circuit *et* multilayer ceramic capacitor).

monolithic converter convertisseur monolithique *(convertisseur de signaux ou convertisseur tension/fréquence monolithique) (cf. aussi* data converter, voltage-to-frequency converter *et* monolithic device 1)).

monolithic Darlington *cf.* monolithic Darlington transistor.

monolithic Darlington transistor transistor Darlington monolithique *(cf. aussi* Darlington transistor *et* monolithic device 1)).

monolithic data converter convertisseur de signaux monolithique, *(etc.) (cf. aussi* data converter *et* monolithic device 1)).

monolithic device 1) dispositif monolithique *(montage électronique réalisé sous la forme d'un circuit intégré monolithique) (cf. aussi* monolithic integrated circuit). 2) *cf.* monolithic component.

monolithic display driver attaqueur d'afficheur monolithique, *(etc.) (cf. aussi* display driver *et* monolithic driver).

monolithic driver attaqueur monolithique, *(etc.) (attaqueur réalisé sous la forme d'un circuit intégré monolithique) (cf. aussi* driver *et* monolithic integrated circuit).

monolithic filter filtre monolithique *(cf. aussi* filter[1] *et* monolithic device 1)).

monolithic focal-plane array cible focale monolithique, *(etc.) (cible focale formée d'une seule puce de circuit intégré portant sur la face antérieure une matrice de détecteurs infrarouges et, sur la face postérieure, les circuits de conversion) (caméra infrarouge) (mil, etc.) (cf. aussi* focal-plane array *et* chip 1).

monolithic FPA *cf.* monolithic focal-plane array.

monolithic IC *cf.* monolithic integrated circuit. *(de même pour les termes dérivés).*

monolithic infrared CCD imager *cf.* monolithic focal-plane array.

monolithic instrumentation amplifier amplificateur de mesure monolithique *(cf. aussi* instrumentation amplifier *et* monolithic device 1)).

monolithic integrated circuit circuit intégré monolithique, circuit monolithique, circuit intégré *(bien qu'il soit très courant, ce dernier terme est à éviter pour les raisons exposées à la rubrique* integrated circuit) *(circuit intégré dont aucun élément ne peut être dissocié du reste sans détruire l'ensemble)* (a) *circuit intégré utilisant un substrat semiconducteur ou portant une couche de semiconducteur dans lequel ou laquelle les éléments du circuit sont réalisés par introduction, à une profondeur microscopique, d'impuretés appropriés dans des zones déterminées, et interconnectés à l'aide de rubans conducteurs étroits à un ou plusieurs niveaux réalisés sur autant de couches isolantes dont la première est formée sur le substrat) (ce type de circuit intégré monolithique appelé plus précisément « circuit intégré à semiconducteur » est, de très* *loin, le type de circuit monolithique le plus employé) (un tel circuit peut ne comprendre que deux transistors comme dans le cas d'un transistor Darlington intégré, par exemple, ou en comprendre un grand nombre) (les deux grandes familles de « circuits intégrés » sont les circuits bipolaires et les circuits MOS) (cf. aussi* integrated circuit, three-dimensional integrated circuit, circuit element, chip 1), impurity, metallization (a), semiconductor, integration density, bipolar integrated circuit *et* MOS integrated circuit); (b) *circuit intégré utilisant un substrat ou une couche magnétique, piézoélectrique ou autre sur lequel ou laquelle sont formées des électrodes métalliques) (mémoire à bulles magnétiques, filtre à ondes de surface, etc.) (noter à propos de cette définition qu'un circuit intégré monolithique n'est pas forcément un circuit à semiconducteur comme on l'entend généralement) (cf. aussi* magnetic-bubble memory *et* SAW filter).

monolithic integrated-circuit substrate substrat de circuit intégré monolithique *(ou de circuit monolithique)*, substrat monolithique *(substrat semiconducteur, isolant ou magnétique sur lequel est réalisé un circuit intégré monolithique) (cf. aussi* monolithic integrated circuit, chip 1) *et* substrate).

monolithic integrated circuit technology (la) technique des circuits intégrés monolithiques *(ou des circuits monolithiques)*, (la) technique monolithique *(cf. aussi* monolithic integrated circuit *et* technology).

monolithic integrated transistor transistor intégré monolithique, transistor monolithique *(transistor réalisé dans le substrat d'un circuit intégré monolithique) (cas général d'un transistor intégré) (cf. aussi* transistor, monolithic integrated circuit *et* integrated transistor).

monolithic integration intégration monolithique *(intégration de composants sous la forme d'un ou plusieurs circuits intégrés monolithiques) (cf. aussi* monolithic integrated circuit *et* integration 2)).

monolithic memory mémoire intégrée *(CI) (inf) (cf. aussi* solid-state memory).

monolithic microwave circuit *cf.* monolithic microwave integrated circuit.

monolithic microwave IC *cf.* monolithic microwave integrated circuit.

monolithic microwave integrated circuit circuit intégré hyperfréquence monolithique, circuit hyperfréquence monolithique, circuit intégré monolithique hyperfréquence, circuit monolithique hyperfréquence *(utilise généralement un substrat en arséniure de gallium en raison de la valeur très élevée des fréquences de fonctionnement) (semi) (cf. aussi* microwave integrated circuit, monolithic integrated circuit *et* gallium arsenide).

monolithic microwave power amplifier amplificateur de puissance hyperfréquence monolithique *(cf. aussi* microwave power amplifier *et* monolithic device 1)).

monolithic microwave receiver récepteur hyperfréquence monolithique, récepteur monolithique *(récepteur de petites dimensions pour autodirecteur radar, détecteur de radar ou radar portatif) (mil, etc.) (cf. aussi* microwave receiver *et* monolithic device 1)).

monolithic op amp *cf.* monolithic operational amplifier.

monolithic operational amplifier amplificateur opérationnel monolithique *(cf. aussi* operational amplifier *et* monolithic device 1)).

monolithic optically coupled triac driver attaqueur de triac monolithique à liaison optique, *(etc.) (cf. aussi* optically coupled triac driver *et* monolithic device 1)).

monolithic process procédé monolithique *(procédé de fabrication de circuits intégrés monolithiques) (procédé bipolaire, procédé MOS, etc.) (cf. aussi* monolithic integrated circuit).

monolithic receiver *cf.* monolithic microwave receiver.

monolithic recursive filter filtre récursif monolithique *(cf. aussi* recursive filter *et* monolithic device 1)).

monolithic regulator régulateur monolithique *(cf. aussi* monolithic voltage regulator *et* monolithic switching regulator).

monolithic silicon chip *cf.* silicon chip.

monolithic silicon IC *cf.* silicon IC.

monolithic silicon integrated circuit *cf.* silicon integrated circuit.

monolithic substrate substrat monolithique *(substrat de circuit hybride complexe non divisé en plusieurs parties) (cf. aussi* hybrid-circuit substrate *et* complex hybrid circuit).

monolithic switching regulator régulateur à découpage monolithique *(alim) (cf. aussi* switching regulator *et* monolithic device).

monolithic technique *cf.* monolithic process.

monolithic technology *cf.* monolithic integrated circuit technology.

monolithic transistor *cf.* monolithic integrated transistor.

monolithic voltage regulator régulateur de tension monolithique *(cf. aussi* voltage regulator *et* monolithic device 1)).

monolithicity caractère monolithique, nature *(idem) (caractéristique d'un composant intégré monolithique) (cf. aussi* monolithic component).

monolithics (les) circuits intégrés monolithiques, (les) circuits monolithiques *(cf. aussi* monolithic integrated circuit).

monophonic monophonique *(caractéristique d'une chaîne électroacoustique, ou d'un de ses éléments, comportant une seule voie d'enregistrement et de reproduction du son) (utilise donc un seul signal électrique pour représenter le son et, par conséquent, un seul microphone à l'enregistrement et ne nécessite qu'un seul haut-parleur pour reproduire le son initial) (ne pas employer « monaural ») (cf. aussi* monaural audition *et* sound-reproducing system).

monophonic operation fonctionnement en monophonie *(graveur de disques, tête de lecture de tourne-disque, magnétophone, etc.) (cf. aussi* monophonic).

monophonic receiver récepteur monophonique *(poste de radio ordinaire, c.-à-d. équipé normalement d'un seul haut-parleur) (cf. aussi* radio receiver *et* monophonic).

monophonic reception réception monophonique (a) *réception d'une émission de radiodiffusion sonore monophonique ou stéréophonique par un récepteur radio monophonique);* (b) *réception d'une émission monophonique par un récepteur stéréophonique) (cf. aussi* monophonic receiver *et* stereo receiver).

monophonic record disque monophonique *(disque phonographique dont les sillons portent un signal sonore fourni par une source unique) (les deux bords du sillon sont toujours parallèles) (électroacou) (cf. aussi* phonograph record).

monophonic recorded tape *cf.* monophonic tape.

monophonic recorder *cf.* monophonic tape recorder.

monophonic recording *cf.* monophonic sound recording.

monophonic reproduction *cf.* monophonic sound reproduction.

monophonic signal signal monophonique *(cf. aussi* monophonic).

monophonic sound (le) son monophonique *(son reproduit par le ou les haut-parleurs ou le casque d'écoute d'une chaîne monophonique) (cf. aussi* monophonic sound system).

monophonic sound reception réception monophonique (du son) *(le complément « du son » ne s'ajoute généralement que dans le cas d'un récepteur de télévision) (cf. aussi* monophonic reception).

monophonic sound recording (l')enregistrement monophonique (du son) *(graveur de disques, magnétophone) (cf. aussi* monophonic).

monophonic sound reproduction reproduction monophonique (du son) *(tourne-disque, magnétophone) (cf. aussi* monophonic).

monophonic sound system chaîne monophonique, chaîne électroacoustique monophonique *(cf. aussi* sound-reproducing system *et* monophonic).

monophonic tape bande monophonique *(bande magnétique portant un enregistrement monophonique, c.-à-d. une seule piste enregistrée dans un sens de défilement et éventuellement une dans l'autre sens) (électracou) (cf. aussi* monophonic *et* magnetic tape).

monopole monopôle *(antenne d'émission montée sur une terre fictive formant son image électrique pour produire un diagramme de rayonnement semblable à celui d'un dipôle) (cf. aussi* artificial ground, image charge, radiation pattern *et* dipole antenna).

monopulse active radar seeker *cf.* monopulse seeker.

monopulse aerial *(GB)* *cf.* monopulse antenna.

monopulse angle tracking poursuite angulaire mono-impulsion *(poursuite angulaire d'une cible par un radar ou autodirecteur radar mono-impulsion) (mil, etc.) (cf. aussi* angle tracking *et* monopulse radar).

monopulse antenna antenne mono-impulsion, antenne de radar mono-impulsion *(cf. aussi* monopulse radar).

monopulse capability *(cf. aussi* capability) possibilités de fonctionnement en mono-impulsion *(parf. au singulier)*, possibilités mono-impulsion *(idem)* (a) *possibilité pour un radar de poursuite ou un autodirecteur radar actif de fonctionner en mono-impulsion) (cf. aussi* monopulse radar *et* monopulse seeker) ; (b) *possibilité pour un brouilleur de radars de brouiller un radar ou un autodirecteur radar mono-impulsion) (mil) (cf. aussi* radar jammer *et* (a) *ci-dessus).*

monopulse countermeasures contre-mesures mono-impulsion *(contre-mesures électroniques relatives au brouillage des radars et autodirecteurs mono-impulsion) (mil) (cf. aussi* electronic countermeasures, monopulse radar *et* monopulse seeker).

monopulse guidance *cf.* monopulse homing.

monopulse guidance head *cf.* monopulse seeker.

monopulse guided missile *cf.* monopulse missile.

monopulse-guided weapon *cf.* monopulse missile.

monopulse homer *cf.* monopulse missile.

monopulse homing autopoursuite mono-impulsion, autoguidage mono-impulsion, guidage mono-impulsion *(autopoursuite d'une cible par un missile équipé d'un autodirecteur mono-impulsion) (mil) (cf. aussi* homing[1] 2) *et* monopulse seeker).

monopulse jammer brouilleur mono-impulsion, brouilleur de radars mono-impulsion *(brouilleur de radars possédant un mode de brouillage mono-impulsion) (mil) (cf. aussi* monopulse jamming).

monopulse jamming brouillage mono-impulsion *(brouillage des radars et autodirecteurs radar mono-impulsion) (mil) (cf. aussi* monopulse radar *et* monopulse radar seeker).

monopulse missile missile à autodirecteur mono-impulsion, *(etc.)*, missile mono-impulsion *(mil) (cf. aussi* monopulse seeker *et* guided missile).

monopulse radar radar mono-impulsion, radar monopulse *(anglicisme courant mais à éviter) (radar de poursuite dans lequel la direction de la cible est déterminée avec précision par comparaison des échos d'une même impulsion reçus sur les deux ou, plus souvent, les quatre lobes du diagramme de rayonnement de l'antenne équipée d'autant de sources primaires) (la comparaison porte sur l'amplitude ou la phase des échos suivant le type de sources primaires utilisé) (une antenne à quatre lobes, donc à quatre sources primaires, permet la poursuite mono-impulsion en azimut et en site; une antenne à deux lobes, donc à deux sources primaires, permet la poursuite mono-impulsion en azimut lorsque les sources sont disposées dans le plan horizontal ou en site lorsqu'elles sont disposées dans le plan vertical) (dans le cas d'une antenne à quatre lobes, lorsque l'amplitude ou la phase des échos est la même sur les quatre lobes, cela signifie que la cible est exactement dans l'axe de l'antenne; dans le cas d'une antenne à deux lobes, lorsque l'amplitude ou la phase des échos est la même sur les deux lobes, cela signifie que la cible est exactement dans le plan vertical passant par l'axe de l'antenne lorsque les sources primaires sont disposées dans le plan horizontal ou exactement dans le plan horizontal passant par l'axe lorsque les sources sont dans le plan vertical) (le radar mono-impulsion permet une poursuite angulaire précise sans recourir à un faisceau d'ondes excessivement étroit) (est un perfectionnement du radar à commutation de lobes et, par conséquent, du radar à balayage conique sur lesquels il présente l'avantage d'éliminer l'effet de la scintillation de la cible sur la précision de la poursuite angulaire et, de ce fait, l'avantage d'une sensibilité réduite au brouillage angulaire) (mil, etc.) (cf. aussi* amplitude-sensing monopulse radar, phase-sensing monopulse radar, tracking radar, radiation pattern, primary radiator, angle tracking, lobe-switching radar, conical scanning radar, target scintillation *et* angle jamming).

monopulse radar ... *cf.* monopulse ... *(pour les termes qui ne figurent pas ci-après).*

monopulse radar jamming brouillage des radars mono-impulsion *(mil) (cf. aussi* monopulse jamming).

monopulse receiver récepteur mono-impulsion *(récepteur de radar mono-impulsion) (cf. aussi* radar receiver *et* monopulse radar).

monopulse seeker autodirecteur radar mono-impulsion, autodirecteur mono-impulsion *(autodirecteur radar actif utilisant un radar mono-impulsion) (mil) (cf. aussi* active radar seeker *et* monopulse radar).

monopulse seeker head *cf.* monopulse seeker.

monopulse seeking head *cf.* monopulse seeker.

monopulse tracker *cf.* monopulse seeker.

monopulse tracking 1) poursuite mono-impulsion *(poursuite d'une cible par un radar mono-impulsion) (mil, etc.) (cf. aussi* monopulse radar). 2) *cf.* monopulse homing.

monopulse tracking head *cf.* monopulse seeker.

monopulse tracking radar radar de poursuite mono-impulsion *(mil, etc.) (cf. aussi* monopulse radar).

monopulse unit 1) *cf.* monopulse radar. 2) *cf.* monopulse seeker.

monoscope monoscope *(tube analyseur spécial utilisé pour l'émission de la mire dans un studio de télévision) (le préfixe « mono » rappelle que ce tube ne peut transmettre qu'une seule image) (comporte une cible formée d'une plaque métallique portant l'image de la mire imprimée avec une encre spéciale légèrement conductrice) (la cible est analysée par le faisceau d'électrons et, comme tant l'émission secondaire que la résistivité sont différentes pour la plaque et les zones imprimées, il en résulte des variations de l'intensité du courant dans la plaque dû aux électrons captés, lesquelles variations sont appliquées à l'entrée de l'émetteur après conversion en variations de tension aux bornes d'une résistance montée en série avec la plaque) (cf. aussi* camera tube, test pattern 1), secondary emission *et* resistivity).

monostable *a ou s* 1) monostable *a (caractéristique d'un dispositif qui ne comporte qu'un seul état stable, comme un bouton-poussoir normal, un interrupteur à levier à rappel par ressort, un relais normal ou un multivibrateur monostable).* 2) *cf.* monostable multivibrator.

monostable circuit *cf.* monostable multivibrator.

monostable multivibrator multivibrateur monostable, circuit monostable, (un) monostable, univibrateur *(multivibrateur possédant un état stable et un état instable vers lequel il bascule sous l'action d'une impulsion de déclenchement pour y rester pendant un temps déterminé avant de revenir à son état stable) (fournissant des impulsions de durée et amplitude déterminées à partir de signaux impulsionnels quelconques, même déformée, il est employé notamment comme régénérateur d'impulsions) (cf. aussi* multivibrator *et* pulse regenerator).

monostatic aerial *(GB) cf.* monostatic antenna.

monostatic airborne radar radar embarqué monostatique, radar monostatique d'aéronef, radar aéroporté monostatique *(clpf) (mil, etc.) (cf. aussi* monostatic radar).

monostatic antenna antenne monostatique, antenne d'émission/réception *(antenne d'un radar monostatique) (mil, etc.) (cf. aussi* radar antenna *et* monostatic antenna).

monostatic capability possibilités de fonctionnement monostatique *(parf. au singulier)*, possibilités monostatiques *(possibilité pour un radar hybride de fonctionner en mode monostatique) (mil) (cf. aussi* monostatic mode).

monostatic emission *cf.* monostatic transmission.

monostatic emitter *cf.* monostatic transmitter.

monostatic jammer brouilleur monostatique *(brouilleur de radar brouillant un radar monostatique) (mil) (cf. aussi* radar jammer *et* monostatic radar).

monostatic jamming brouillage monostatique *(brouillage des signaux reçus par le récepteur d'un radar monostatique) (mil) (cf. aussi* radar jamming *et* monostatic radar).

monostatic mode mode monostatique *(mode de fonctionnement unique d'un radar monostatique ou un des deux modes de fonctionnement d'un radar hybride) (mil) (cf. aussi* monostatic radar *et* hybrid radar).

monostatic operation fonctionnement en mode monostatique, fonctionnement monostatique *(radar) (mil, etc.) (cf. aussi* monostatic mode).

monostatic radar radar monostatique *(radar dont l'émetteur et le récepteur sont situés au même endroit et reliés alternativement à une seule et même antenne par un duplexeur) (type de radar de loin le plus courant, et même exclusif dans le domaine civil) (ce terme s'emploie surtout dans le domaine militaire, par opposition au radar bistatique) (cf. aussi* duplexer, bistatic radar *et* radar).

monostatic receiver récepteur monostatique *(récepteur d'un radar monostatique) (mil, etc.) (cf. aussi* monostatic radar).

monostatic reflector rétroréflecteur *(réflecteur renvoyant un rayonnement électromagnétique dans la direction de sa source quelle que soit son orientation, dans certaines limites de celle-ci) (réflecteur en coin de cube) (cible radar ou laser) (cf. aussi* cube corner reflector).

monostatic target cible monostatique *(cible d'un radar monostatique) (mil, etc.) (cf. aussi* monostatic radar).

monostatic transmission émission monostatique *(émission d'un radar monostatique) (mil, etc.) (cf. aussi* monostatic radar).

monostatic transmitter émetteur monostatique *(émetteur d'un radar monostatique) (mil, etc.) (cf. aussi* monostatic radar).

monotonic d-a converter *cf.* monotonic digital-to-analog converter.

monotonic D-A converter *cf.* monotonic digital-to-analog converter.

monotonic D/A converter *cf.* monotonic digital-to-analog converter.

monotonic DAC *cf.* monotonic digital-to-analog converter.

monotonic digital-to-analog converter dénumériseur monotone, convertisseur numérique/analogique monotone *(cf. aussi* monotonicity).

monotonicity monotonie *(en électronique, propriété d'un dénumériseur dans lequel l'amplitude du signal de sortie analogique augmente à chaque accroissement du signal numérique appliqué à l'entrée) (est souhaitable mais pas toujours obtenue) (cf. aussi* digital-to-analog converter).

monotron monotron, tube monotron *(tube oscillateur hyperfréquence inspiré du klystron, mais ne comportant qu'une seule cavité, relativement longue, dans laquelle le temps de transit appréciable des électrons est utilisé pour produire la modulation de vitesse du faisceau, l'onde hyperfréquence obtenue étant prélevée dans la cavité) (cf. aussi* klystron, transit time *et* microwave oscillator tube).

MOPA *cf.* master oscillator-power amplifier.

MOPA jammer brouilleur à pilote amplifié *(mil) (cf. aussi* MOPA).

MOPA transmiter émetteur à pilote amplifié *(radar, brouilleur) (mil, etc.) (cf. aussi* MOPA).

MOPS *cf.* million operations per second.

more significant bit binaire de poids plus fort *(que celui d'un autre binaire du même mot) (inf) (cf. aussi* most significant beat *et* less significant bit).

Morgan theorems théorèmes de de Morgan *(deux fois « de ») (théorèmes dont la généralisation permet de calculer le complément d'une fonction logique quelconque) 1°) le complément d'une somme logique est égal au produit des compléments des termes de la somme :* $\overline{a+b} = \overline{a} \times \overline{b}$; *2°) le complément d'un produit logique est égal à la somme des compléments des facteurs du produit :* $\overline{a \times b} = \overline{a} + \overline{b}$) *(inf) (cf. aussi* complement, logic function, logic sum *et* logic product).

Morse code code Morse *(code télégraphique et radiotélégraphique international utilisant des points et des tirets pour représenter les 26 lettres de l'alphabet, les chiffres 0 à 9, ainsi que les signes de ponctuation et des indications de début et de fin de message, d'erreur et de fin de transmission) (est émis à l'aide d'un manipulateur ou d'un appareil spécial et n'est pratiquement plus employé pour la télégraphie par fil depuis la généralisation des téléimprimeurs, lesquels sont d'ailleurs de plus en plus utilisés pour la radiotélégraphie à la place du manipulateur) (cf. aussi* American Morse code, SOS[1], telegraphy, radiotelegraphy, teleprinter, radioteletype *et* key[1] 2)).

Morse key manipulateur *(tlg) (cf. aussi* key[1] 2) *et* Morse code).

mortar-locating radar radar anti-mortier *(mil) (cf. aussi* counter-mortar radar).

MOS MOS *(voir* MOS transistor *et* MOS capacitor).

MOS amplifier amplificateur MOS, amplificateur à transistor(s) MOS *(amplificateur utilisant un ou plusieurs transistors MOS intégrés ou discrets) (semi) (cf. aussi* transistor amplifier *et* MOS transistor).

MOS area *cf.* MOS field.

MOS capacitor condensateur MOS *(condensateur de circuit intégré monolithique dont une armature est constituée par le substrat du circuit, le diélectrique est formé par une couche isolante recouvrant le substrat et la seconde armature est une électrode métallique ou semiconductrice formée sur l'oxyde) (le condensateur MOS constitue un élément important d'un transistor MOS intégré et forme la cellule élémentaire de certains circuits intégrés monolithiques dérivés des circuits MOS tels que les CCD, en plus de son utilisation comme condensateur proprement dit) (cf. aussi* capacitor, MOS transistor, monolithic integrated circuit, integrated MOS transistor *et* CCD).

MOS cell *cf.* MOS memory cell.

MOS chip puce MOS *(puce de circuit intégré MOS ou, parfois, de transistor MOS de puissance) (semi) (cf. aussi* chip 1), MOS integrated circuit *et* power MOS transistor).

MOS circuit *cf.* MOS integrated circuit.

MOS component composant MOS *(transistor MOS discret ou circuit intégré MOS) (semi) (cf. aussi* MOS transistor, MOS integrated circuit *et* MOS device).

MOS delay line ligne à retard MOS *(ligne à retard dont chaque cellule utilise un condensateur MOS) (ligne à retard à CCD, etc.) (semi) (cf. aussi* delay line *et* MOS capacitor).

MOS device dispositif MOS *(composant MOS, transistor MOS intégré ou condensateur MOS) (semi) (cf. aussi* MOS component, integrated MOS transistor *et* MOS capacitor).

MOS digital circuit *cf.* MOS digital integrated circuit.

MOS digital IC *cf.* MOS digital integrated circuit.

MOS digital integrated circuit circuit intégré numérique MOS, circuit numérique MOS *(circuit intégré numérique à transistors MOS) (semi) (cf. aussi* digital integrated circuit *et* MOS transistor).

MOS discrete transistor *cf.* discrete MOS transistor.

MOS DRAM *cf.* MOS dynamic RAM.

MOS driver attaqueur MOS, *(etc.) (attaqueur utilisant un ou plusieurs transistors MOS) (semi) (cf. aussi* driver 1) *et* MOS transistor).

MOS dynamic RAM mémoire RAM dynamique MOS *(ou à transistors MOS),* mémoire vive *(idem) (CI) (inf) (cf. aussi* dynamic RAM *et* MOS transistor).

MOS dynamic RAM cell cellule de mémoire RAM dynamique MOS, *(etc.) (cf. aussi* MOS dynamic RAM *et* memory cell).

MOS dynamic RAM chip puce de mémoire RAM dynamique MOS, *(etc.) (cf. aussi* MOS dynamic RAM *et* chip 1)).

MOS dynamic RAM technology (la) technique des mémoires RAM dynamiques MOS, *(etc.) (cf. aussi* MOS dynamic RAM *et* technology).

MOS dynamic random-acces memory *cf.* MOS dynamic RAM.

MOS dynamics (les) mémoires RAM dynamiques MOS, *(etc.) (cf. aussi* MOS dynamic RAM).

MOS E²PROM *cf.* MOS EEPROM.

MOS EAROM *cf.* MOS EEPROM.

MOS EEPROM mémoire EEPROM MOS *(ou à transistors MOS), (etc.) (mémoire EEPROM utilisant des transistors dérivés du transistor MOS) (cas général) (semi) (inf) (cf. aussi* EEPROM *et* MOS transistor).

MOS EEROM *cf.* MOS EEPROM.

MOS EPROM mémoire EPROM MOS *(ou à transistors MOS), (etc.) (mémoire EPROM utilisant des transistors FAMOS) (semi) (inf) (cf. aussi* EPROM, FAMOS transistor *et* MOS transistor).

MOS erasable programmable read-only memory *cf.* MOS EPROM.

MOS erasable programmable ROM *cf.* MOS EPROM.

MOS erasable PROM *cf.* MOS EPROM.

MOS expert (grand) spécialiste en composants MOS, (etc.) (semi) (cf. aussi MOS specialist).

MOS expertise compétence en composants MOS, (etc.) (cf. aussi MOS specialist).

MOS failure modes types de défaillances des circuits intégrés MOS (ou à transistors MOS) *(claquage de l'oxyde de grille, formation d'un court-circuit entre deux interconnexions, coupure d'une interconnexion, dégradation locale d'une couche par électromigration, etc.)* (semi) (cf. aussi MOS integrated circuit, gate oxide, interconnection 2) et electromigration).

MOS FET *(ou* **MOS-FET** *ou* **MOS/FET)** *cf.* MOSFET.

MOS field domaine des composants MOS, domaine du MOS, domaine MOS *(domaine d'activité)* (cf. aussi MOS component).

MOS field-effect device *cf.* MOS transistor.

MOS field-effect transistor *cf.* MOS transistor.

MOS function *cf.* MOS logic function.

MOS gate porte MOS, porte à transistor(s) MOS *(au singulier dans le cas particulier de la porte inverseuse)*, porte logique MOS, *(idem)* *(porte logique utilisant un ou plusieurs transistors MOS dans un circuit intégré monolithique) (inf)* (cf. aussi logic gate, MOS transistor, monolithic integrated circuit et inverter gate).

MOS IC *cf.* MOS integrated circuit.

MOS integrated circuit circuit intégré MOS (ou à transistors MOS), circuit MOS *(circuit intégré monolithique utilisant des transistors MOS) (se distingue notamment des circuits intégrés bipolaires par le fait que les transistors MOS intégrés n'ont pas besoin de caisson d'isolement car les jonctions PN formées par la source, le drain et le canal avec le substrat sont naturellement polarisées dans le sens inverse; il en résulte une réduction de la surface nécessaire par transistor et, par conséquent, une augmentation de la densité d'intégration; a de plus l'avantage de nécessiter un nombre moins grand d'opérations de masquage pour sa fabrication)* (cf. aussi monolithic integrated circuit, MOS transistor, bipolar integrated circuit, isolating well, p-n junction *(au début de la lettre P)* et masking step).

MOS integrated-circuit chip *cf.* MOS chip.

MOS integrated-circuit design conception des circuits intégrés MOS, (etc.) (cf. aussi MOS integrated circuit).

MOS integrated-circuit technology (la) technique des circuits intégrés MOS, (etc.), (la) technique MOS *(le dernier terme ne s'emploie que lorsqu'il ne risque pas de prêter à confusion)* (cf. aussi MOS integrated circuit, technology et MOS technology).

MOS integrated transistor *cf.* integrated MOS transistor.

MOS integration intégration MOS, intégration des transistors MOS *(réalisation des circuits intégrés MOS) (semi)* (cf. aussi MOS integrated circuit et integration 2)).

MOS large-scale integration intégration à haute densité des transistors MOS, haute intégration des transistors MOS, haute intégration en MOS, MOS LSI *(CI)* (cf. aussi large-scale integration et MOS transistor).

MOS logic logique MOS, logique à transistors MOS *(logique utilisant des transistors MOS intégrés) (CI) (inf)* (cf. aussi logic (b) et MOS transistor).

MOS logic circuit circuit logique MOS, circuit logique à transistors MOS *(parf. au singulier)*, circuit MOS *(circuit logique formé d'une ou plusieurs portes MOS) (CI) (inf)* (cf. aussi logic circuit et MOS gate).

MOS logic function fonction logique MOS, fonction MOS *(fonction logique réalisée par un circuit logique MOS) (CI) (inf)* (cf. aussi logic function et MOS logic circuit).

MOS logic gate *cf.* MOS gate.

MOS LSI *cf.* MOS large-scale integration.

MOS LSI circuit circuit LSI MOS, circuit à haute densité MOS *(circuit intégré à haute densité utilisant des transistors MOS) (semi)* (cf. aussi LSI circuit et MOS transistor).

MOS LSI component *cf.* MOS LSI circuit.

MOS LSI device *(ou* **part** *ou* **unit)** *cf.* MOS LSI circuit.

MOS memory mémoire MOS, mémoire à transistors MOS *(mémoire à semiconducteur réalisée sous la forme d'un circuit intégré MOS) (inf)* (cf. aussi semiconductor memory et MOS integrated circuit).

MOS memory cell cellule de mémoire MOS, cellule MOS (cf. aussi MOS memory et memory cell).

MOS memory chip puce de mémoire MOS, puce mémoire MOS (cf. aussi MOS memory et chip 1)).

MOS memory circuit *cf.* MOS memory.

MOS memory technology (la) technique des mémoires MOS, technique des mémoires à transistors MOS (cf. aussi MOS memory et technology).

MOS microprocessor microprocesseur MOS *(ou* à transistors MOS) *(microprocesseur utilisant des transistors NMOS ou CMOS) (CI) (inf)* (cf. aussi microprocessor, NMOS transistor et CMOS transistors).

MOS monolithic IC *cf.* MOS integrated circuit.

MOS monolithic integrated circuit *cf.* MOS integrated circuit.

MOS noise *cf.* MOS transistor noise.

MOS part *cf.* MOS component.

MOS peripheral circuit circuit périphérique MOS *(ou* à transistors MOS), (etc.) *(CI) (inf)* (cf. aussi peripheral circuit et MOS transistor).

MOS power component *cf.* MOS power transistor.

MOS power device *cf.* MOS power transistor.

MOS power FET *cf.* MOS power transistor.

MOS power field-effect transistor *cf.* MOS power transistor.

MOS power part *cf.* MOS power transistor.

MOS power switching transistor transistor de commutation de puissance MOS, transistor MOS pour commutation de puissance *(semi) (alim. déc, etc.)* (cf. aussi power switching transistor et MOS transistor).

MOS power transistor transistor de puissance MOS *(autre nom d'un transistor MOS de puissance employé lorsqu'il est considéré comme une subdivision de la catégorie des transistors de puissance par opposition aux transistors de puissance bipolaires) (semi)* (cf. aussi power MOS transistor et power transistor).

MOS power unit *cf.* MOS power transistor. *(parf.)* version MOS (cf. aussi unit 3)).

MOS process procédé MOS, méthode MOS *(procédé de fabrication des composants MOS) (ce procédé a de nombreuses variantes) (semi)* (cf. aussi MOS component).

MOS processing fabrication par le procédé MOS, (etc.) (cf. aussi MOS process).

MOS processing technology technologie MOS *(technologie de fabrication des composants MOS) (semi)* (cf. aussi processing technology, MOS component et MOS technology).

MOS processor *cf.* MOS microprocessor.

MOS PROM mémoire PROM MOS *(ou* à transistors MOS) *(CI) (inf)* (cf. aussi PROM et MOS transistor).

MOS RAM mémoire RAM MOS *(ou* à transistors MOS), mémoire vive *(idem) (semi) (inf)* (cf. aussi RAM[1] et MOS transistor).

MOS RAM cell cellule de mémoire RAM MOS, (etc.) (cf. aussi MOS RAM et memory cell).

MOS RAM chip puce de mémoire RAM MOS, (etc.) (cf. aussi MOS RAM et chip 1)).

MOS RAM memory *cf.* MOS RAM.

MOS RAM technology (la) technique des mémoires RAM MOS, (etc.) (cf. aussi MOS RAM et technology).

MOS random-access memory *cf.* MOS RAM.

MOS read-only memory *cf.* MOS ROM.

MOS resistor résistance MOS *(transistor MOS utilisé comme résistance variable en fonction de la tension de la grille, dans un circuit intégré monolithique) (sert généralement de charge active)* (cf. aussi MOS transistor, active load et resistor).

MOS ROM mémoire ROM MOS *(ou* à transistors MOS), mémoire morte *(idem) (CI) (inf)* (cf. aussi ROM et MOS transistor).

MOS ROM cell cellule de mémoire ROM MOS, (etc.) (cf. aussi MOS ROM et memory cell).

MOS ROM chip puce de mémoire ROM MOS, *(etc.) (cf. aussi* MOS ROM *et* chip 1)).

MOS ROM memory *cf.* MOS ROM.

MOS ROM technology (la) technique des mémoires MOS ROM, *(etc.) (cf. aussi* MOS ROM *et* technology).

MOS semiconductor device *cf.* MOS component.

MOS specialist spécialiste en composants MOS, *(souvent)* spécialiste en circuits MOS *(ou* en circuits intégrés MOS) *(ingénieur électronicien ou, par extension, fabricant de composants à semiconducteur) (cf. aussi* MOS component).

MOS SRAM *cf.* MOS static RAM.

MOS stage étage MOS, étage à transistor(s) MOS *(étage utilisant un ou plusieurs transistors MOS) (cf. aussi* stage 1) *et* MOS transistor).

MOS static RAM mémoire RAM statique MOS *(ou* à transistors MOS), mémoire vive statique *(idem) (CI) (inf) (cf. aussi* static RAM *et* MOS transistor).

MOS static RAM cell cellule de mémoire RAM statique MOS, *(etc.) (cf. aussi* MOS static RAM *et* memory cell).

MOS static RAM chip puce de mémoire RAM statique MOS, *(etc.) (cf. aussi* MOS static RAM *et* chip 1)).

MOS static RAM technology (la) technique des mémoires RAM statiques MOS, *(etc.) (cf. aussi* MOS static RAM *et* technology).

MOS static random-access memory *cf.* MOS static RAM.

MOS statics (les) mémoires RAM statiques MOS, *(etc.) (cf. aussi* MOS static RAM).

MOS structure structure MOS *(structure d'un transistor MOS ou d'un condensateur MOS) (semi) (cf. aussi* MOS transistor *et* MOS capacitor).

MOS support circuit *cf.* MOS peripheral circuit.

MOS switch *cf.* MOS transistor switch.

MOS switched-capacitor ... *cf.* switched-capacitor ...

MOS switching transistor transistor de commutation MOS *(semi) (cf. aussi* switching transistor *et* MOS transistor).

MOS technique *cf.* MOS process.

MOS technology (la) technique MOS *(ou* des composants MOS) *(procédé MOS et conception des composants fabriqués par ce procédé) (cf. aussi* MOS component *et* technology).

MOS tetrode tétrode MOS *(transistor) (cf. aussi* dual-gate MOS transistor).

MOS transistor *(MOS vient de « metal-oxide-semiconductor », qualificatif rappelant la partie caractéristique de la structure de ce transistor)* transistor MOS *(ou* à effet de champ MOS *ou* du type MOS), transistor métal-oxyde-semiconducteur *(le dernier terme est rarement employé) (transistor à effet de champ à grille isolée formé de haut en bas d'une grille en aluminium ou en polysilicium, d'une couche d'oxyde de silicium formant isolant et d'un substrat semiconducteur en silicium dans lequel le canal conducteur est formé, ou se forme en fonctionnement, entre la source et le drain obtenus par introduction locale d'impuretés de type opposé à celui du substrat) (noter que dans un type de transistor MOS, le canal ne se forme que sous l'action d'une tension appropriée appliquée à la grille et n'est donc pas un élément de la structure du transistor, contrairement au canal du transistor à effet de champ à jonction (il s'agit alors d'une zone fonctionnelle du transistor et non d'une zone structurale) (existe en composant discret — en version pour petits signaux et surtout en version de puissance — et principalement en composant intégré) (semi) (cf. aussi* inversion layer, PMOS transistor, NMOS transistor, CMOS transistors, depletion mode, enhancement mode, integrated MOS transistor, power MOS transistor, insulated-gate field-effect transistor, polysilicon gate, silicon dioxide *et* MOS integrated circuit).

MOS transistor amplifier *cf.* MOS amplifier.

MOS transistor integration *cf.* MOS integration.

MOS-transistor memory cell cellule de mémoire à transistor MOS *(cellule de mémoire morte reprogrammable utilisant un transistor MOS pour mémoriser un élément d'information) (CI) (inf) (cf. aussi* memory cell, REPROM, MOS transistor, FAMOS transistor, DIFMOS transistor *et* MNOS transistor).

MOS transistor noise bruit d'un transistor MOS *(bruit à la sortie d'un transistor MOS monté en amplificateur ou non) (semi) (cf. aussi* noise 2) *et* MOS transistor).

MOS transistor switch interrupteur à transistor MOS *(relais statique formé d'un transistor MOS fonctionnant en mode de commutation) (semi) (cf. aussi* MOS transistor, static relay *et* switching mode).

MOS unit version MOS *(composant à semiconducteur) (cf. aussi* MOS component *et* unit 3)).

MOS very-large-scale integration intégration à très haute densité des transistors MOS, très haute intégraton des transistors MOS *(ou* en MOS), VLSI MOS *(CI) (cf. aussi* very-large-scale integration *et* MOS transistor).

MOS VLSI *cf.* MOS very-large-scale integration.

MOS VLSI circuit circuit VLSI MOS, *(etc.) (cf. aussi* MOS very-large-scale integration).

MOS weighted capacitors condensateurs pondérés en technique MOS, condensateurs MOS pondérés *(condensateurs pondérés constitués par des condensateurs MOS) (CI) (cf. aussi* weighted capacitors *et* MOS capacitor).

mosaic mosaïque (a) *surface formée de minuscules gouttelettes d'argent pulvérisées sur une feuille de mica sans se toucher et recouvertes chacune d'une mince couche de césium pour constituer la cible de certains tubes analyseurs, dans une caméra de télévision à tube) (l'image optique de la scène à transmettre ou enregistrer est formée sur la mosaïque du tube par l'objectif de la caméra pour être convertie en image électrique par photoémission) (iconoscope, etc.) (cf. aussi* camera tube, electric image 1), photoelectric emission, signal plate *et* iconoscope); (b) *matrice de photodétecteurs à semiconducteur formés sur un substrat semiconducteur ou dans celui-ci) (cf. aussi* matrix, semiconductor photodetector, CCD target *et* mosaic sensor).

mosaic array *cf.* mosaic sensor.

mosaic detector *cf.* mosaic sensor.

mosaic infrared array *cf.* mosaic infrared sensor.

mosaic infrared detector *cf.* mosaic infrared sensor.

mosaic infrared sensor matrice infrarouge *(caméra infrarouge) (cf. aussi* focal-plane array).

mosaic printer *cf.* matrix printer.

mosaic sensor *cf.* mosaic infrared sensor.

MOSFET *(vient de « metal-oxide-semiconductor field-effect transistor »)* *cf.* MOS transistor.

MOSFET ... *cf.* MOS ...

MOSFETs (les) transistors MOS, *(etc.) (cf. aussi* MOS transistor).

MOST *cf.* MOS transistor.

most significant bit binaire de poids fort *(souvent* de poids le plus fort) *(binaire situé à gauche d'un mot binaire à codage binaire pur) (si le binaire de poids fort est « 1 » dans un octet, il représente 256 unités) (inf) (cf. aussi* more significant bit, bit, pure binary coding *et* byte).

most significant character *cf.* most significant bit.

most significant digit *cf.* most significant bit.

mother mère *(disque en nickel à sillons en creux obtenu par galvanoplastie à partir du père et reproduisant exactement le disque original pour servir à fabriquer les matrices de pressage) (fab. disques) (cf. aussi* original master *et* mold).

mother-board 1) carte mère *(carte enfichable portant l'essentiel des circuits d'un micro-ordinateur) (cf. aussi* daughter board *et* printed-circuit board). 2) fond de panier *(cf. aussi* backplane).

mother crystal bloc primaire *(cristal de quartz dans lequel est taillé un résonateur à quartz) (cf. aussi* crystal resonator).

motion control device dispositif de commande de mouvement *(nom descriptif d'un actionneur) (asser) (cf. aussi* actuator).

motion direction 1) sens de déplacement *(porteurs de charges, etc.) (semi, etc.) (cf. aussi* charge carrier). 2) sens de défilement *(support à défilement) (enr. mag., etc.) (cf. aussi* moving medium).

motion picture image animée *(TV, etc.)*.

motional impedance impédance cinétique *(impédance d'entrée d'un haut-parleur électrodynamique en présence d'un signal à ses bornes due à la force contre-électromotrice induite dans le conducteur mobile par le déplacement de celui-ci dans le champ magnétique de l'aimant ou l'électro-aimant)* (s'ajoute à l'impédance statique pour donner l'impédance en charge) (la notion d'impédance cinétique est surtout utilisée pour le haut-parleur à bobine mobile) (cf. aussi blocked impedance, impedance, input impedance, moving-conductor loudspeaker et counter electromotive force).

motor moteur (*électrique ou autre*) (*cf. aussi* electric motor).

motor-controlled potentiometer potentiomètre d'asservissement (*cf. aussi* servo-driven potentiometer).

motor-driven *a* entraîné par un moteur, à moteur (*dispositif, etc.*).

motor effect force de répulsion électrodynamique (*force tendant à écarter deux conducteurs parallèles parcourus par des courants de sens opposés*) (*cf. aussi* proximity effect (a)).

motor load 1) charge du moteur (*parf.* d'un moteur) (*charge mécanique entraînée par un moteur*). 2) charge constituée par un moteur (électrique) (*secteur, alim, etc.*) (*type courant de charge inductive*) (*cf. aussi* inductive load).

motor operation 1) fonctionnement du moteur (*parf.* d'un moteur). 2) fonctionnement en moteur (*dynamo ou commutatrice alimentée*) (*cf. aussi* dynamo *et* dynamotor).

motorboating bruit de moteur de bateau, motorboating (*bruit produit par le haut-parleur d'un récepteur de radiodiffusion par suite d'oscillations à très basse fréquence dans l'amplificateur à basse fréquence dues à une réaction positive*) (*cf. aussi* positive feedback).

moulded ... (*GB*) *cf.* molded ...

mountain effect effet de relief (*erreur dans l'indication d'un radiogoniomètre au sol due à l'effet du relief du terrain sur la propagation des ondes émises par l'antenne de l'émetteur dont la position est relevée*) (*radionav, mil, etc.*) (*cf. aussi* radio direction finding).

mounting montage, (*parf.*) fixation (*composant, etc.*) (*cf. aussi* front-panel mounting, rear-panel mounting, front mounting, rear mounting, surface mounting, flush mounting, et, à titre d'information, mounting polarization).

mounting lug oreille de fixation (*blindage de transformateur haute fréquence, condensateur électrolytique, etc.*).

mounting polarization polarisation mécanique, détrompage, polarisation (*propriété d'un dispositif enfichable ne pouvant être enfiché que dans le sens correct ou avec l'orientation correcte*) (*cette propriété est obtenue en rendant le dispositif mécaniquement dissymétrique à l'aide d'un ergot ou un bossage d'orientation, d'une emboîture dissymétrique ou d'une disposition dissymétrique des contacts, ce qui empêche l'enfichage dans le mauvais sens pour les dispositifs rectangulaires tels que les connecteurs rectangulaires et les cartes enfichables, notamment, ou avec une mauvaise orientation pour les dispositifs circulaires tels que les tubes électroniques et les connecteurs ronds, notamment*) (*le terme « détrompeur » est généralement employé pour désigner tant le dispositif que la disposition créant la dissymétrie empêchant de se tromper; son équivalent exact en anglais est « polarizing facility », les termes « indexing device » et « polarizing device » ne s'appliquant qu'à un dispositif de détrompage*) (*cf. aussi* plug-in device).

mounting style mode de fixation (*par patte, tige filetée, canon fileté, sorties à souder sur carte imprimée, encliquetage, etc.*) (*composant*).

mounting tab patte de fixation (*thyristor, etc.*).

mouse souris (*en informatique, petit boîtier muni d'une boule roulante inversée et d'un ou plusieurs boutons-poussoirs à touche, relié à un microordinateur et que l'on fait rouler sur le bureau, notamment pour choisir une option sur l'écran en amenant le curseur ou une flèche sur celle-ci et en « cliquant » ensuite, c-à-d. en appuyant sur la touche unique ou appropriée, éventuellement deux fois de suite*) (*l'option peut être indiquée en toutes lettres ou représenté par un symbole et notamment une icône*) (*cf. aussi* trackball, cursor *et* icon).

mouth section de sortie (*section droite la plus grande d'un pavillon de haut-parleur ou d'un cornet hyperfréquence*) (*cf. aussi* horn loudspeaker *et* horn antenna).

mouth piece 1) pavillon de microphone (*parf.* du), pavillon (*couvercle en plastique perforé et vissé protégeant la capsule du microphone d'un combiné téléphonique*) (*cf. aussi* telephone set). 2) entrée (*pièce tubulaire évasée montée à l'ex-*

trémité d'un conduit de câbles pour faciliter l'introduction de ceux-ci et supprimer les risques de détérioration sur l'arête du conduit*) (*tél, etc.*) (*cf. aussi* conduit).

MOV *cf.* metal-oxide varistor.

movable contact *cf.* moving contact.

movable short court-circuit réglable (*hyper*) (*cf. aussi* sliding short).

movable termination terminaison réglable (*hyper*) (*cf. aussi* sliding termination).

move backward *v* défiler en marche arrière (*bande mag, etc.*).

move forward *v* défiler en marche avant (*bande mag, etc.*).

movement 1) *cf.* meter movement. 2) défilement (*bande magnétique ou autre support à défilement*) (*cf. aussi* moving medium). 3) transfert (d'informations) (*inf*) (*cf. aussi* data transfer).

movement of lines défilement des lignes (*défaut d'une image de télévision dont les lignes se déplacent dans la direction verticale*) (*est dû à un défaut de synchronisation de la base de temps verticale*) (*cf. aussi* vertical sweep oscillator *et* vertical hold control).

moving-armature headphone écouteur électromagnétique, écouteur magnétique (*écouteur dans lequel la membrane, en acier, est mise en vibration directement par les variations d'intensité du champ magnétique créé par une bobine à noyau aimanté excitée par le courant à basse fréquence*) (*le noyau est un aimant permanent pour que les vibrations de la membrane aient la même fréquence que le courant d'excitation et non une fréquence double comme cela serait le cas si le noyau était en fer doux comme dans un électro-aimant normal*) (*écouteur téléphonique, etc.*) (*cf. aussi* headphone, magnetic field strength *et* electromagnet).

moving-armature loudspeaker haut-parleur électromagnétique, haut-parleur à fer mobile (*haut-parleur dans lequel l'élément mobile est une plaquette en fer doux solidaire de la membrane et vibrant dans le champ magnétique créé par un électro-aimant excité par le signal*) (*n'est plus employé*) (*cf. aussi* loudspeaker, magnetic field strength *et* electromagnet).

moving-armature speaker *cf.* moving-armature loudspeaker.

moving charge charge en mouvement, charge mobile, charge électrique (*idem*) (*cf. aussi* electric charge).

moving coil 1) bobine mobile (*bobine d'un transducteur électroacoustique à bobine mobile ou autre dispositif utilisant une telle bobine*) (*cf. aussi* moving-coil transducer). 2) cadre mobile (*petite bobine pivotante très légère à section carrée portant un enroulement en fil très fin et entraînant en rotation l'aiguille d'un galvanomètre ou appareil de mesure similaire*) (*est placé dans un champ magnétique fixe et constitue l'élément sensible de l'appareil*) (*le passage d'un courant dans l'enroulement provoque la rotation du cadre par action de la force de Laplace sur l'enroulement; la rotation du cadre et, par conséquent, la déviation de l'aiguille, sont proportionnelles à l'intensité du courant*) (*cf. aussi* moving-coil galvanometer, moving-coil meter *et* Lorentz force).

moving-coil galvanometer galvanomètre à cadre mobile, galvanomètre magnétoélectrique (*galvanomètre dans lequel le courant à mesurer parcourt un enroulement porté par un cadre pivotant dans le champ d'un aimant (la rotation du cadre est rendue possible par un dispositif appelé « suspension »*) (*il est à noter que le cadre mobile baignant dans le champ magnétique de l'aimant – à l'endroit où celui-ci est le plus intense –, le galvanomètre à cadre mobile est astatique par construction*) (*l'équipage de la plupart des appareils de mesure analogiques est un petit galvanomètre à cadre mobile*) (*tous les types de galvanomètre à cadre mobile dérivent du galvanomètre de Desprez et D'Arsonval*) (*cf. aussi* moving coil 2), galvanometer, astatic galvanometer, D'Arsonval galvanometer, meter movement, suspension *et* analog meter).

moving-coil hydrophone hydrophone à bobine mobile (*sonar, etc.*) (*cf. aussi* hydrophone *et* moving-coil microphone).

moving-coil indicator *cf.* moving-coil meter.

moving-coil instrument *cf.* moving-coil meter.

moving-coil loudspeaker haut-parleur à bobine mobile, haut-parleur électrodynamique à bobine mobile (*haut-parleur électrodynamique dans lequel le conducteur mobile est un fil* *enroulé sur une bobine légère solidaire de la membrane) (type classique) (il existe deux catégories de haut-parleurs à bobine mobile) (électroacou) (cf. aussi* permanent-magnet loudspeaker, excited-field loudspeaker, moving-conductor loudspeaker *et* loudspeaker moving coil).

moving-coil measuring instrument *cf.* moving-coil meter.

moving-coil meter appareil à cadre mobile *(parf.* à cadres mobiles), appareil de mesure *(idem) (appareil de mesure analogique dans lequel l'élément sensible est un cadre mobile ou, parfois, un ensemble de deux cadres mobiles) (type classique) (cf. aussi* permanent-magnet moving-coil instrument, analog meter, moving coil *et* ratio meter).

moving-coil microphone microphone à bobine mobile, microphone électrodynamique à bobine mobile *(microphone électrodynamique dans lequel le conducteur mobile est un fil fin enroulé sur une bobine très légère solidaire de la membrane) (type classique) (électroacou) (cf. aussi* moving-conductor microphone).

moving-coil pick-up tête de lecture à bobine mobile *(tourne-disque) (cf. aussi* dynamic pick-up).

moving-coil speaker *cf.* moving-coil loudspeaker.

moving-coil transducer transducteur à bobine mobile, transducteur électroacoustique à bobine mobile, *(tg) (transducteur électroacoustique à conducteur mobile dans lequel celui-ci est enroulé sur une bobine cylindrique très légère ou constitue celle-ci) (cf. aussi* moving-coil loudspeaker, moving-coil microphone, dynamic pick-up *et* moving-conductor transducer).

moving-conductor hydrophone *cf.* moving-coil hydrophone.

moving-conductor loudspeaker haut-parleur électrodynamique *(tg) (haut-parleur dans lequel l'élément convertissant le signal en vibrations mécaniques est un conducteur mobile disposé dans un champ magnétique constant créé par un aimant ou un électro-aimant à courant continu) (utilise la force de Laplace exercée sur le conducteur mobile par le champ magnétique en fonction de l'intensité du courant dans le conducteur) (il existe deux grandes catégories de haut-parleurs électrodynamiques; l'une d'elles se subdivise à son tour en deux sous-catégories) (cf. aussi* moving-coil loudspeaker, ribbon loudspeaker, Lorentz force *et* loudspeaker).

moving-conductor microphone microphone électrodynamique *(microphone dans lequel l'élément mobile est un conducteur disposé dans le champ magnétique d'un aimant) (utilise le phénomène d'induction électromagnétique) (il existe deux catégories de microphone électrodynamique) (électroacou) (cf. aussi* moving-coil microphone, ribbon microphone, microphone *et* electromagnetic induction).

moving-conductor speaker *cf.* moving-conductor loudspeaker.

moving-conductor transducer transducteur à conducteur mobile, transducteur électroacoustique à conducteur mobile, transducteur électrodynamique, *(tg) (transducteur électroacoustique dans lequel l'élément mobile est un conducteur parcouru par un courant fourni par une source extérieure ou induit par un champ magnétique extérieur) (cf. aussi* moving-coil transducer, ribbon transducer *et* electroacoustic transducer).

moving cone membrane (conique) *(haut-parleur) (cf. aussi* loudspeaker diaphragm).

moving contact contact mobile (a) *contact porté ou déplacé par l'armature ou le noyau-plongeur d'un relais (cf. aussi* normal position, energized position *et* relay contact); (b) *contact entraîné en rotation par le bouton de commande d'un commutateur);* (c) *contact déplacé ou entraîné par l'organe de commande d'un interrupteur ou d'un inverseur).

moving electric charge *cf.* moving charge.

moving electron électron en mouvement *(tube cath, semi, etc.) (cf. aussi* electron).

moving element équipage mobile *(ensemble des pièces mobiles dans un appareil de mesure analogique ou un transducteur électroacoustique) (cf. aussi* meter movement *et* electroacoustic transducer).

moving-head disk memory mémoire à disque(s) à tête(s) mobile(s) *(clpf) (inf) (cf. aussi* magnetic-disk memory).

moving-head memory *cf.* moving-head disk memory.

moving-iron instrument appareil ferromagnétique *(ou* électromagnétique), appareil de mesure *(idem) (appareil de mesure analogique dans lequel l'élément sensible entraînant l'aiguille en rotation est une pièce en fer doux soumise au champ magnétique créé par une bobine parcourue par le courant à mesurer) (il existe deux grandes catégories d'appareils ferromagnétiques) (cf. aussi* iron-vane instrument, plunger-type instrument *et* analog meter).

moving-iron loudspeaker *cf.* moving-armature loudspeaker.

moving-iron meter *cf.* moving-iron instrument.

moving-iron microphone microphone électromagnétique *(électroacou) (cf. aussi* variable-reluctance microphone).

moving-iron speaker *cf.* moving-armature loudspeaker.

moving load charge réglable *(hyper) (cf. aussi* sliding load).

moving-magnet galvanometer galvanomètre à aimant mobile *(cf. aussi* tangent galvanometer).

moving-magnet instrument appareil à aimant mobile *(autre nom, plus général, d'un galvanomètre à aimant mobile) (cf. aussi* moving-magnet galvanometer).

moving-magnet magnetometer magnétomètre à aimant mobile *(magnétomètre utilisant une aiguille aimantée et parfois un petit barreau aimanté) (cf. aussi* Gauss magnetometer, Schuster magnetometer *et* magnetometer).

moving magnetic media 1) *(souvent* les) supports magnétiques à défilement *(enregistreur magnétique, mémoire magnétique à défilement) (cf. aussi* moving magnetic medium). 2) *cf.* moving magnetic medium. *(cf. aussi* media 1)).

moving magnetic medium support magnétique à défilement *(support à défilement constitué par un support magnétique défilant devant une ou plusieurs têtes magnétiques) (enr. mag) (cf. aussi* moving medium, magnetic recording medium *et* magnetic head).

moving magnetic-medium memory mémoire magnétique à défilement *(mémoire magnétique dans laquelle le milieu de mémorisation est un support magnétique à défilement) (mémoire à tambour magnétique, à bande magnétique, à feuillets magnétiques ou à disque(s) magnétique(s)) (inf) (cf. aussi* magnetic memory, moving magnetic medium *et* storage medium).

moving media 1) *(souvent* les) supports à défilement *(enregistreur, mémoire à défilement) (cf. aussi* moving medium). 2) *cf.* moving medium. *(de même pour les termes dérivés). (cf. aussi* media 1)).

moving medium support à défilement *(support d'enregistrement dans lequel le signal est enregistré grâce au défilement du support devant un transducteur approprié, la reproduction du signal enregistré nécessitant également le défilement du support devant un transducteur, et ce dans le même sens qu'à l'enregistrement) (le support peut être un support magnétique, un support optique, un support mécanique ou un support graphique) (cf. aussi* magnetic recording medium, optical recording medium, mechanical recording medium, graphic recording medium *et* recording medium).

moving-medium memory mémoire à défilement *(mémoire numérique utilisant un support à défilement) (mémoire magnétique à défilement ou mémoire optique à défilement) (inf) (cf. aussi* digital memory, moving medium, moving magnetic-medium memory *et* moving optical-medium memory).

moving-medium memory storage mémorisation dans une mémoire à défilement *(inf) (cf. aussi* moving-medium memory).

moving-medium storage 1) *cf.* moving-medium memory storage. 2) *cf.* moving-medium memory.

moving optical-medium memory mémoire optique à défilement *(autre nom, plus général, d'une mémoire à disque optique) (inf) (cf. aussi* optical-disk memory *et* moving-medium memory).

moving spot point lumineux mobile *(écran cath, etc.) (cf. aussi* luminous spot).

moving target cible mobile *(radar, etc.) (cf. aussi* target (a)).

moving-target detection détection des cibles mobiles (au sol) *(radar d'aéronef militaire).

moving-target detector *cf.* moving target indicator.

moving-target indication élimination des échos fixes *(élimination des échos de sol dans le récepteur de certains radars à* *impulsions) (cf. aussi* ground clutter *et* moving-target indicator).

moving-target indicator éliminateur d'échos fixes, MTI *(dans un récepteur de radar à impulsions, dispositif éliminant les échos dus à des obstacles fixes ou à déplacement lent) (comprend essentiellement un oscillateur cohérent synchronisé par le maître-oscillateur et un détecteur de phase dans lequel la phase des échos reçus par l'antenne est comparée à celle du signal fourni par l'oscillateur cohérent pour faire apparaître les différences de phase entre les échos successifs et, par un traitement approprié, éliminer ceux dont la phase n'a pas varié par rapport au précédent et qui correspondent donc à des obstacles fixes, de façon que seules les cibles mobiles apparaissent sur l'écran du radar) (radar primaire d'aéroport, radar de veille, etc.) (cf. aussi* pulse radar, coherent oscillator, single cancellation, double cancellation *et* clutter).

moving-target tracking poursuite des cibles mobiles *(radar, etc.) (ce terme est souvent un pléonasme car, s'il y a poursuite, c'est que la cible se déplace, sauf si le porteur de l'appareil se déplace lui-même) (cf. aussi* tracking 1 (a) *et* target (a)).

moving-vane instrument appareil à palette de fer doux *(app. mesure) (cf. aussi* iron-vane instrument).

MPSK *cf.* modified phase-shift keying.

MPU *cf.* microprocessing unit.

mS *cf.* millisiemens.

MS-DOS *(marque déposée) (MS vient de « Microsoft », société américaine d'édition de logiciels)* MS-DOS, système d'exploitation MS-DOS *(système d'exploitation normalement fourni sur disquette avec tous les micro-ordinateurs compatibles et qui est la base de leur compatibilité) (inf) (cf. aussi* operating system, DOS *et* compatible microcomputer).

MSB *cf.* most significant bit.

MSD *cf.* most significant digit.

MSI *cf.* medium-scale integration.

MSI ... *cf.* MSI *et* ... *et* adapter.

MSK *cf.* minimum-shift keying.

MSR *cf.* mark-to-space ratio.

MSW *cf.* magnetostatic wave.

MSW device dispositif à ondes magnétostatiques.

MT *cf.* magnetic tape.

MTBF *cf.* mean time between failures.

MTF *cf.* modulation transfer function.

MTI *cf.* moving target indicator.

MTI filter filtre éliminateur d'échos fixes *(récepteur de radar) (cf. aussi* velocity filter).

MTI radar radar MTI, radar à élimination des échos fixes *(avia) (cf. aussi* radar *et* moving-target indicator).

MTL *(vient de « merged-transistor logic »)* logique MTL, logique à transistors fusionnés *(autre nom, plus général, de la logique I²L) (CI) (inf) (cf. aussi* merged-transistor structure *et* I²L *(au début de la lettre I, après « I-V tube » et « I² »).*

MTTF *cf.* mean time to failure.

MTTR *cf.* mean time to repair.

μ   μ *(lettre grecque employée avec la prononciation normale « mu » et classée comme telle ici lorsqu'elle constitue le symbole du coefficient d'amplification ou de la perméabilité magnétique ou d'une loi de compression de la parole, ou avec la prononciation « micro » dans les abréviations* μA, μC, μF, μP, μV, *etc. classées en conséquence dans les rubriques commençant par ce préfixe) (cf. aussi* amplification factor, permeability *et* μ-law).

μ**-law** loi μ, loi mu *(loi américaine de compression de la parole) (est légèrement différente de la loi européenne) (tél, phonateur) (cf. aussi* speech compression law).

MUF *(vient de « maximum usable frequency »)* fréquence maximale utilisable, MUF *(limite supérieure de l'ensemble des fréquences utilisables pour assurer une liaison radioélectrique en ondes courtes dans des conditions de propagation ionosphérique déterminées) (la fréquence d'émission effectivement utilisée est comprise entre la limite supérieure et la limite inférieure pour tenir compte des fluctuations éventuelles des conditions de propagation) (radiocom) (cf. aussi* ionospheric propagation conditions *et* LUF).

multi-... *cf.* multi... *(sans trait d'union). (pour les termes qui ne figurent pas ci-après).*

multi-band-gap cell *cf.* multi-band-gap solar cell.

multi-band-gap solar cell cellule solaire à plusieurs bandes interdites *(semi) (cf. aussi* solar cell *et* forbidden band).

multiaddress instruction instruction multiadresse *(instruction de programme d'ordinateur contenant deux ou plusieurs adresses) (contient, par exemple, les adresses de deux opérandes et l'adresse où doit être rangé le résultat de l'opération effectuée) (inf) (cf. aussi* instruction, address[1](a) *et* operand).

multianode rectifier mutateur polyanodique, redresseur polyanodique, soupape polyanodique *(mutateur comportant 3 ou 6 anodes principales) (utilise une ampoule en verre pour les modèles de puissance moyenne ou en acier pour les modèles de grande puissance et sert à redresser un courant industriel triphasé ou hexaphasé) (cf. aussi* grid-controlled mercury-arc rectifier *et* main anode).

multianode tube tube à plusieurs anodes, tube polyanodique *(tube électronique comportant deux ou plusieurs anodes) (ce terme désigne généralement un mutateur polyanodique) (cf. aussi* anode (b) *et* multianode rectifier).

multiaperture coupler *cf.* multihole directional coupler.

multiaperture directional coupler *cf.* multihole directional coupler.

multiband aerial *(GB) cf.* multiband antenna.

multiband antenna antenne multibande *(antenne d'émission/réception en ondes courtes dont le gain est acceptable dans plusieurs bandes de fréquences de la gamme des ondes courtes) (cf. aussi* short wave *et* gain 2) et 3)).

multiband capabilities *cf.* multiband capability.

multiband capability possibilités multibande *(parf. au singulier) (possibilité pour un appareil ou dispositif électronique de fonctionner dans plusieurs bandes de fréquences) (générateur ou analyseur de signaux, émetteur, récepteur, antenne, etc.) (cf. aussi* frequency band *et* capability).

multiband coverage couverture multibande *(couverture de plusieurs bandes de fréquences par un appareil électronique) (brouilleur, récepteur d'écoute ou d'alarme, etc.) (mil, etc.) (cf. aussi* frequency band).

multiband frequency coverage *cf.* multiband coverage.

multiband front end partie entrée à large bande, *(etc.) (détecteur de radar, etc.) (mil, etc.) (cf. aussi* front end *et* wideband receiver).

multibeam aerial *(GB) cf.* multibeam antenna.

multibeam antenna antenne à faisceaux multiples, antenne multilobe *(antenne d'émission ou d'émission/réception émettant simultanément ou consécutivement deux ou plusieurs faisceaux d'ondes) (antenne de radar à commutation de lobes ou de radar monopulse ou de radar à balayage électronique ou antenne de satellite de télécommunications) (cf. aussi* lobe *et* multibeam satellite).

multibeam array *cf.* multibeam antenna.

multibeam cathode-ray tube tube cathodique multifaisceau *(ou à plusieurs faisceaux) (tube cathodique utilisant trois faisceaux d'électrons ou plus produits chacun par un canon à électrons distinct) (tube à masque perforé, tube d'affichage, etc.) (cf. aussi* cathode-ray tube *et* dual-beam cathode-ray tube).

multibeam CRT *cf.* multibeam cathode-ray tube.

multibeam emission émission de plusieurs faisceaux *(antenne) (cf. aussi* multibeam antenna).

multibeam oscilloscope oscilloscope à plusieurs faisceaux *(ou à faisceaux multiples),* oscilloscope multifaisceau *(noms parfois donnés à un oscilloscope à deux faisceaux) (même les oscilloscopes pouvant visualiser simultanément trois signaux distincts n'ont que deux faisceaux) (cf. aussi* dual-beam oscilloscope, trigger view *et* oscilloscope).

multibeam planar array antenna antenne multilobe à groupement plan *(radar) (cf. aussi* multibeam antenna *et* array antenna).

multibeam satellite satellite à plusieurs faisceaux *(ou à faisceaux multiples),* satellite multifaisceau *(satellite de télécommunications émettant plusieurs faisceaux d'ondes en direction de la Terre) (les faisceaux peuvent être émis par des antennes distinctes ou par une antenne à plusieurs faisceaux et peuvent comprendre un faisceau régional et un faisceau local, par exemple) (cf. aussi* regional beam, spot beam, multibeam antenna *et* communications satellite).

multibeam tube *cf.* multibeam cathode-ray tube.

multibit error erreur sur plusieurs binaires *(inf, tls) (cf. aussi* bit error).

multibreakout harness faisceau à plusieurs sorties *(faisceau de fils dans lequel des fils sortent en plusieurs points de sa longueur en plus des extrémités) (cf. aussi* wire harness).

multicarrier system faisceau hertzien à porteuses multiples, *(radiocom) (cf. aussi* SCPC system).

multicarrier transmission transmission par porteuses multiples, transmission multiporteuse *(radiocom) (cf. aussi* multicarrier system).

multicavity anode anode à cavités *(anode de magnétron comportant plusieurs cavités résonnantes) (cas général de l'anode des magnétrons modernes) (hyper) (cf. aussi* hole-and-slot anode, rising-sun anode, vane-type anode *et* magnetron anode).

multicavity klystron klystron multicavité *(ou à plusieurs cavités) (klystron amplificateur à trois cavités résonnantes ou plus, cette constitution permettant notamment d'élargir la bande passante, très étroite, de l'amplificateur par décalage des fréquences d'accord des cavités) (hyper) (cf. aussi* klystron *et* bandwidth 2)).

multicavity magnetron magnétron à cavités *(magnétron équipé d'une anode à cavités) (hyper) (cf. aussi* magnetron *et* multicavity anode).

multicellular horn 1) cornet multiple *(cornet hyperfréquence à section carrée formé de quatre cornets élémentaires à section carrée disposés côte à côte en carré) (les cornets élémentaires sont excités avec des relations de phase déterminées pour produire un faisceau d'ondes de forme également déterminée) (radar, etc.) (cf. aussi* horn antenna *et* phase relationship). 2) pavillon multiple *(pavillon de haut-parleur divisé en plusieurs sections) (cf. aussi* horn loudspeaker).

multichannel amplifier amplificateur à plusieurs voies, amplificateur multivoie *(amplificateur formé d'une batterie d'amplificateurs élémentaires amplifiant chacun un signal distinct) (amplificateur d'enregistreur multivoie, etc.) (cf. aussi* amplifier).

multichannel analyzer analyseur multicanaux *(analyseur de spectres numérique permettant notamment le tri d'impulsions en fonction de leur amplitude avec comptage du nombre d'impulsions par intervalle d'amplitudes et visualisation du résultat sous la forme d'une courbe tracée sur un écran cathodique) (sert principalement à obtenir le spectre d'énergie de particules nucléaires) (cf. aussi* digital spectrum analyzer).

multichannel codec codec multivoie *(codec traitant les signaux de plusieurs voies téléphoniques) (cf. aussi* codec).

multichannel communications liaisons par multiplex *(tls) (cf. aussi* multichannel link).

multichannel graphic recorder enregistreur graphique multivoie *(ou à plusieurs voies) (enregistreur graphique à défilement multivoie, c-à-d. enregistreur galvanométrique à miroirs ou enregistreur à pointés) (cf. aussi* multichannel recorder, multipoint recorder *et* strip-chart recorder).

multichannel link liaison par multiplex *(liaison téléphonique ou télégraphique par courants porteurs ou liaison radiotéléphonique ou radiotélégraphique par faisceau hertzien) (tls) (cf. aussi* multiplex[1], carrier system *et* microwave radio).

multichannel magnetic-tape recorder enregistreur à bande magnétique multivoie *(cf. aussi* magnetic-tape recorder *et* multichannel recorder).

multichannel radio poste à fréquences préréglées *(émetteur ou émetteur-récepteur à fréquences préréglées) (radiocom) (cf. aussi* multichannel radio transmitter).

multichannel radio link liaison par faisceau hertzien *(radiocom) (cf. aussi* microwave radio).

multichannel radio transmitter émetteur à fréquences préréglées *(émetteur radio pouvant émettre sur l'une ou l'autre d'un certain nombre de fréquences pilotées par quartz et sélectionnées à l'aide de touches) (ce terme s'applique souvent à la partie émettrice d'un émetteur-récepteur portatif militaire ou civil) (radiocom) (cf. aussi* crystal-controlled frequency).

multichannel recorder enregistreur multivoie *(ou à plusieurs voies) (enregistreur permettant l'enregistrement simultané de plusieurs signaux) (enregistreur graphique multivoie ou enre-*

gistreur à bande magnétique) (cf. aussi multichannel graphic recorder *et* magnetic-tape recorder).

multichannel rotary coupler *cf.* multichannel rotary joint.

multichannel rotary joint joint tournant multivoie *(ou à plusieurs voies) (joint tournant permettant de transmettre séparément plusieurs signaux d'alimentation d'antenne) (radar) (cf. aussi* rotary coupler).

multichannel sound (le) son quadriphonique *(hifi) (cf. aussi* quadraphonic sound system).

multichannel sound system chaîne quadriphonique *(hifi) (cf. aussi* quadraphonic sound system).

multichannel stereo system *cf.* multichannel sound system.

multichannel transceiver émetteur-récepteur à fréquences préréglées *(radiocom) (cf. aussi* multichannel radio transmitter).

multichannel transmitter *cf.* multichannel radio transmitter.

multichannel wire link liaison par courants porteurs *(tél, tlg) (cf. aussi* carrier system).

multichanneling *cf.* multiplexing.

multichip component *cf.* multichip hybrid circuit.

multichip device *cf.* multichip hybrid circuit.

multichip hybrid *cf.* multichip hybrid circuit.

multichip hybrid circuit circuit hybride multipuce *(ou à plusieurs puces) (circuit hybride sur le substrat duquel sont montées plusieurs puces) (cf. aussi* hybrid circuit *et* chip 1)).

multichip integrated circuit *cf.* multichip hybrid circuit.

multichip microcircuit *cf.* multichip hybrid circuit.

multichip microcomputer micro-ordinateur multipuce *(ou à plusieurs puces ou boîtiers) (micro-ordinateur utilisant plusieurs circuits intégrés) (clpf) (inf) (cf. aussi* microcomputer *et* chip 1)).

multichip multilayer hybrid circuit hybride multicouche multipuce *(ou à plusieurs puces) (cf. aussi* multilayer hybrid circuit *et* multichip hybrid circuit).

multichip package boîtier multipuce, boîtier à plusieurs puces *(boîtier d'un circuit hybride multipuce) (cf. aussi* multichip hybrid circuit).

multicollector bipolar transistor *cf.* multicollector transistor.

multicollector pnp transistor transistor PNP multicollecteur *(ou à plusieurs collecteurs) (CI) (cf. aussi* pnp transistor *et* multicollector transistor).

multicollector transistor transistor multicollecteur *(ou à plusieurs collecteurs) (transistor bipolaire intégré comportant plusieurs collecteurs lui permettant d'attaquer un même nombre de portes logiques) (ces termes désignent généralement le transistor vertical de la logique I²L) (cf. aussi* integrated bipolar transistor *et* I²L (au début de la lettre I)).

multicolor cathode-ray tube tube cathodique à pénétration *(cf. aussi* penetration tube).

multicolor CRT *cf.* multicolor cathode-ray tube.

multicolor infrared sensor *cf.* multispectral scanner.

multicomponent signal signal complexe *(cf. aussi* complex signal).

multicomputer *cf.* multiprocessor.

multiconductor cable câble multiconducteur *(ou à plusieurs conducteurs) (câble téléphonique ou autre formé de plusieurs conducteurs souples isolés individuellement et recouverts d'une enveloppe protectrice) (cf. aussi* cable[1] 1)).

multicontact connector connecteur multicontact *(ou à plusieurs contacts) (cas général) (cf. aussi* connector (a)).

multicontact relay relais multicontact *(ou à plusieurs contacts) (relais électromagnétique équipé de plusieurs jeux de contacts et pouvant, par conséquent, fermer, ouvrir ou inverser simultanément plusieurs circuits distincts) (cf. aussi* electromagnetic relay *et* relay contact).

multicontact switch interrupteur multipolaire *(interrupteur équipé de plusieurs jeux de contacts et pouvant, par conséquent, couper simultanément plusieurs circuits indépendants) (cf. aussi* switch[1]).

multicore cable *cf.* multiconductor cable.

multicoupler répartiteur *(dispositif permettant de connecter plusieurs récepteurs à une antenne en assurant l'adaptation d'impédance des descentes d'antenne) (TV, etc.) (cf. aussi* impedance matching).

multideck rotary switch *cf.* multideck switch.

multideck switch commutateur à plusieurs galettes, commutateur multigalette *(commutateur rotatif équipé de plusieurs galettes superposées séparées par des colonettes ou autres entretoises, l'axe méplat ou carré de commande étant enfilé dans les isolants tournants portant chacun le frotteur de la galette au centre de laquelle il se trouve) (cf. aussi* wafer 1)).

multidigit display afficheur à plusieurs chiffres, afficheur multichiffre, afficheur numérique à plusieurs positions *(ou* multiposition) *(cf. aussi* display[1] 4)).

multidigit resolution précision de plusieurs chiffres *(précision d'obtention de la valeur d'une fréquence fournie par un générateur de signaux synthétisés) (cf. aussi* synthesized signal generator).

multielectrode tube tube à plusieurs électrodes, tube multi-électrodes *(tube électronique à plus de trois électrodes) (ce terme désigne généralement un tube à deux ou plusieurs grilles) (cf. aussi* multigrid tube).

multielement aerial *(GB) cf.* multielement antenna.

multielement antenna antenne multi-élément *(cf. aussi* array antenna).

multielement array *cf.* array.

multiemitter transistor transistor multi-émetteur *(ou* à plusieurs émetteurs) *(transistor bipolaire intégré comportant plusieurs émetteurs) (ces termes désignent généralement le transistor d'entrée de la logique TTL) (cf. aussi* integrated bipolar transistor *et* TTL).

multiexchange area zone téléphonique *(zone d'un réseau téléphonique national dans laquelle le numéro d'appel des abonnés est précédé d'un même préfixe numérique appelé « indicatif de zone ») (cf. aussi* telephone number).

multifeed aerial *(GB) cf.* multifeed antenna.

multifeed antenna antenne multisource *(ou* à plusieurs sources *ou* à sources multiples) *(antenne hyperfréquence comportant deux ou plusieurs sources primaires) (les sources sont alimentées simultanément ou successivement, suivant des lois de phase et d'amplitude identiques ou différentes, pour produire plusieurs faisceaux simultanés ou successifs ou un faisceau global à section droite de forme particulière) (radar, sat. tls) (cf. aussi* multicellular horn 1), primary radiator *et* contoured beam).

multifeed shaped-beam aerial *cf.* multifeed shaped-beam antenna.

multifeed shaped-beam antenna antenne à faisceau en forme à plusieurs sources (primaires), antenne multisource à faisceau en forme *(hyper) (sat. tls) (cf. aussi* contoured beam *et* multifeed antenna).

multifiber cable câble multifibre *(câble à plusieurs fibres optiques) (cf. aussi* optical fiber).

multifilar magnet wire fil à bobiner multibrin *(fil divisé à brins isolés pour bobinages haute fréquence comparable au fil de Litz, mais non tressé) (cf. aussi* magnet wire *et* Litz wire).

multifingered slider curseur multibrin *(curseur de potentiomètre ou de rhéostat constitué par une lamelle conductrice élastique formant plusieurs doigts) (cf. aussi* multifingered wiper, slider 1 *et* wiper 1)).

multifingered wiper *cf.* multifingered slider *(et noter que « wiper » est souvent employé à la place de « slider », mais plus rarement l'inverse).*

multifrequency antenna antenne multifréquence, antenne à fréquences multiples *(antenne d'émission pouvant émettre simultanément sur plusieurs fréquences distinctes grâce à l'emploi de polarisations multiples) (cf. aussi* multipolarization antenna).

multifrequency jammer brouilleur multifréquence *(ou* à fréquences multiples) *(brouilleur à bande étroite pouvant émettre sur plusieurs fréquences, parfois quasi-simultanément par succession ultra-rapide et cyclique de différentes fréquences) (mil) (cf. aussi* spot jammer).

multifrequency signalling signalisation multifréquence *(tél) (cf. aussi* tone signalling, *ce terme étant le plus employé).*

multifrequency transmitter *cf.* multichannel radio transmitter.

multifunction chip puce multifonction *(puce de circuit intégré exécutant plusieurs fonctions telles que filtrage, amplification, changement de fréquence, etc.) (cf. aussi* chip 1) *et* complex-function chip).

multifunction instrument appareil multifonction *(multimètre, analyseur, générateur de signaux, etc.) (cf. aussi* multimeter, analyzer *et* signal generator).

multifunction meter *cf.* multimeter.

multifunction penetration screen *cf.* penetration screen.

multifunction phased-array *cf.* multifunction phased-array antenna.

multifunction phased-array antenna antenne à balayage électronique multifonction *(antenne de radar multifonction à balayage électronique) (émet un ou plusieurs faisceaux d'ondes adaptés au mode de fonctionnement du radar) (mil, etc.) (cf. aussi* phased-array antenna *et* multimode radar).

multifunction phased-array radar radar multifonction à balayage électronique, *(etc.) (mil, etc.) (cf. aussi* multifunction radar *et* phased-array radar).

multifunction pin broche multifonction *(broche de boîtier de circuit intégré monolithique servant au passage de deux ou plusieurs signaux multiplexés) (cf. aussi* multiplexed signals *et* monolithic integrated circuit).

multifunction radar *cf.* multimode radar. *(ce terme étant le plus employé).*

multigap head tête à plusieurs entrefers *(tête d'enregistrement magnétique) (cf. aussi* magnetic head *et* air gap 1)).

multigrid tube tube à plusieurs grilles, tube multigrille, tube électronique *(idem) (tube électronique à plus d'une grille) (tétrode, pentode, etc.) (cf. aussi* electron tube *et* grid 1)).

multigun cathode-ray tube *cf.* multigun tube.

multigun CRT *cf.* multigun tube.

multigun tube tube à plusieurs canons, tube multicanon *(tube cathodique à plusieurs canons à électrons) (tube à masque perforé, tube à mémoire) (cf. aussi* cathode-ray tube, shadow-mask tube, storage tube *et* electron gun).

multihole coupler *cf.* multihole directional coupler.

multihole directional coupler coupleur directif à plusieurs trous *(ou* ouvertures), coupleur à plusieurs trous *(idem) (coupleur directif à deux trous dans lequel des trous ont été ajoutés de part et d'autre de chaque trou suivant l'axe du guide d'ondes pour élargir la bande passante du coupleur) (cf. aussi* two-hole directional coupler *et* bandwidth 2)).

multihop sky wave onde de ciel à réflexions multiples *(radio) (cf. aussi* multihop transmission).

multihop transmission propagation par réflexions multiples *(propagation d'une onde radioélectrique dans l'atmosphère au-delà de l'horizon par réflexions successives sur l'ionosphère et sur la Terre) (ce terme s'applique surtout aux ondes courtes) (radiocom, radionav) (cf. aussi* radio wave *et* ionospheric propagation).

multi-input gate porte à plusieurs entrées, porte à entrées multiples, porte logique *(idem) (porte logique à trois entrées ou plus) (inf) (cf. aussi* logic gate).

multi-input NAND gate porte ET à plusieurs entrées *(ou* à entrées multiples) *(inf) (cf. aussi* NAND gate *et* multi-input gate).

multi-input NOR gate porte NI à plusieurs entrées *(ou* à entrées multiples) *(inf) (cf. aussi* NOR gate *et* multi-input gate).

multi-intersection technique méthode des intersections multiples *(méthode de détermination du point à l'aide d'un récepteur de navigation hyperbolique d'après les lignes de position déduites des signaux de plus de trois stations) (radionav) (cf. aussi* line of position).

multilayer board *cf.* multilayer printed-circuit board.

multilayer capacitor condensateur multicouche *(condensateur de forme parallélipipédique composé d'un certain nombre de feuilles de mica, de céramique ou de plastique formant le diélectrique et métallisées sur une face pour former les armatures) (cf. aussi* stacked-film capacitor *et* capacitor).

multilayer card *cf.* multilayer printed-circuit board.

multilayer ceramic *cf.* multilayer ceramic capacitor.

multilayer ceramic cap *cf.* multilayer ceramic capacitor.

multilayer ceramic capacitor condensateur céramique multicouche *(ou* monolithique) *(cf. aussi* multilayer capacitor).

multilayer ceramic chip carrier porte-puce céramique multicouche *(cf. aussi* multilayer chip carrier).

multilayer ceramic substrate substrat céramique multicouche *(substrat de circuit hybride multicouche) (cf. aussi* multilayer hybrid circuit).

multilayer chip-and-wire hybrid circuit　circuit hybride multi-couche à puces nues *(cf. aussi* multilayer hybrid circuit *et* chip-and-wire hybrid circuit).

multilayer chip carrier　porte-puce multicouche *(porte-puce utilisant plusieurs couches métalliques de connexion séparées par des couches isolantes) (cf. aussi* chip carrier).

multilayer chip ceramic capacitor　condensateur céramique pastille multicouche *(cf. aussi* chip capacitor *et* multilayer capacitor).

multilayer circuit　circuit multicouche *(circuit imprimé multi-couche ou circuit hybride multicouche) (cf. aussi* multilayer printed circuit *et* multilayer hybrid circuit).

multilayer circuit board　*cf.* multilayer printed-circuit board.

multilayer circuit card　*cf.* multilayer printed-circuit board.

multilayer component　composant multicouche *(condensateur multicouche, circuit hybride multicouche ou porte-puce multi-couche) (cf. aussi* multilayer capacitor, multilayer hybrid circuit *et* multilayer chip carrier).

multilayer device　*cf.* multilayer component.

multilayer hybrid　*cf.* multilayer hybrid circuit. *(de même pour les termes dérivés).*

multilayer hybrid circuit　circuit hybride multicouche, circuit multicouche (hybride) *(circuit hybride dont le substrat est formé de deux substrats classiques collés dos à dos avec interposition éventuelle d'une ou plusieurs plaquettes isolantes identiques portant chacune un réseau de conducteurs sur une face) (constitue l'extension aux circuits hybrides du concept des circuits imprimés multicouches, mais est beaucoup moins employé que celui-ci) (cf. aussi* hybrid integrated circuit *et* multilayer printed circuit).

multilayer hybrid circuit technology　(la) technique des cir-cuits hybrides multicouches *(ou des circuits multicouches (hybrides)),* (la) technique multicouche (en hybride) *(cf. aussi* multilayer hybrid circuit *et* technology).

multilayer pc ...　*cf.* multilayer printed-circuit ...

multilayer PC　*cf.* multilayer printed circuit.

multilayer PC board　*cf.* multilayer printed-circuit board.

multilayer PC card　*cf.* multilayer printed-circuit board.

multilayer PCB　*cf.* multilayer printed-circuit board.

multilayer printed circuit　circuit imprimé multicouche, cir-cuit multicouche (imprimé) *(circuit imprimé constitué de plusieurs plaquettes à circuit imprimé à simple face de faible épaisseur collées l'une sur l'autre) (la face extérieure de chacune des deux plaquettes extérieures porte un réseau de conducteurs et des composants, tandis que les plaquettes intermédiaires ne portent qu'un réseau de conducteurs servant à l'interconnexion des circuits et éventuellement à la distribu-tion de la ou des tensions d'alimentation) (cf. aussi* single-sided printed circuit, flushing *et* printed circuit).

multilayer printed-circuit board　carte à circuit imprimé mul-ticouche, carte multicouche, *(parf.)* plaquette *(idem) (cf. aussi* multilayer printed circuit).

multilayer printed-circuit card　*cf.* multilayer printed-circuit board.

multilayer printed-circuit technology　(la) technique des cir-cuits imprimés multicouches *(ou des circuits multicouches (imprimés)),* (la) technique multicouche (en imprimé) *(cf. aussi* multilayer printed circuit *et* technology).

multilayer process　procédé multicouche, méthode multi-couche *(procédé de fabrication de circuits multicouches) (cf. aussi* multilayer circuit).

multilayer resist　résist multicouche *(résist pour gravure élec-tronique formé de plusieurs couches ultra-minces dont seule la couche supérieure est sensible au bombardement électronique, les couches inférieures servant à adoucir le relief de la puce pour éviter les solutions de continuité du résist en couche très mince) (fab. CI) (cf. aussi* electron-sensitive resist).

multilayer-resist technology　(la) technique des résists multi-couches *(CI) (cf. aussi* multilayer resist *et* technology).

multilayer structure　structure à plusieurs couches *(ou multi-couche ou à couches multiples) (structure d'un circuit impri-mé ou hybride multicouche, d'un condensateur multicouche, d'une pellicule de résist multicouche, etc.). (cf. aussi* multi-layer unit *et* multilayer resist).

multilayer substrate　substrat multicouche *(substrat de circuit multicouche) (CP, CH) (cf. aussi* multilayer circuit).

multilayer technique　*cf.* multilayer process.

multilayer thick-film hybrid　*cf.* multilayer thick-film hybrid circuit.

multilayer thick-film hybrid circuit　circuit hybride à couches épaisses en multicouche *(circuit hybride à couches épaisses réalisé sous la forme d'un circuit multicouche) (noter l'ambi-guïté du terme français, les « couches épaisses » étant sans relation avec la structure multicouche; cette ambiguïté n'existe pas en anglais du fait de l'emploi de « film » et de « layer ») (cf. aussi* thick-film hybrid circuit *et* multilayer hybrid cir-cuit).

multilayer thick-film process　procédé des couches épaisses en multicouche, méthode *(idem) (fab. CH) (cf. aussi* multilayer thick-film hybrid circuit).

multilayer thick-film technique　*cf.* multilayer thick-film pro-cess.

multilayer thick-film technology　(la) technique des couches épaisses en multicouche *(fab. CH) (cf. aussi* multilayer thick-film hybrid circuit *et* technology).

multilayer thin-film hybrid　*cf.* multilayer thin-film hybrid circuit.

multilayer thin-film hybrid circuit　circuit hybride à couches minces en multicouche, circuit à couches minces *en* multi-couche *(circuit hybride à couches minces réalisé sous la forme d'un circuit hybride multicouche) (voir remarque à* multilayer thick-film hybrid circuit) *(cf. aussi* thin-film hybrid circuit *et* multilayer hybrid circuit).

multilayer thin-film process　procédé des couches minces en multicouche, méthode *(idem) (fab. CH) (cf. aussi* multilayer thin-film hybrid circuit).

multilayer thin-film technique　*cf.* multilayer thin-film pro-cess.

multilayer thin-film technology　(la) technique des couches minces en multicouche *(fab. CH) (cf. aussi* multilayer thin-film hybrid circuit).

multilayer unit　version multicouche *(cf. aussi* multilayer component *et* unit 3)).

multilayer winding　enroulement à plusieurs couches *(ou à couches multiples),* enroulement multicouche *(bobine) (clpf) (cf. aussi* winding).

multilayer wiring　câblage multicouche *(notamment câblage d'un fonds de panier à l'aide de fils isolés se croisant sur plusieurs niveaux) (cf. aussi* backplane).

multilayered ...　*cf.* multilayer ...

multilayering　emploi de plusieurs couches *(ou de couches multiples ou* d'une structure à *(idem), (parf.)* emploi d'un substrat multicouche, *(etc.) (fab. CP, CH, CI, etc.) (cf. aussi* multilayer structure).

multilead reflow soldering　soudage par refusion de plusieurs sorties, soudure *(idem) (soudage des connexions d'une puce de circuit intégré sur les conducteurs d'un circuit hybride, etc.) (cf. aussi* reflow soldering, chip 1 *et* hybrid circuit).

multilevel action　action échelonnée *(action progressive par paliers dans un régulateur) (cf. aussi* control action).

multilevel modulation　modulation à plusieurs niveaux, mo-dulation multiniveau *(modulation télégraphique réalisée par utilisation de plusieurs valeurs discrètes de l'amplitude d'une porteuse) (cf. aussi* telegraph modulation, amplitude, car-rier 1) *et* level 1)).

multilevel triggering　déclenchement à plusieurs niveaux, dé-clenchement multiniveau *(analyseur logique, etc.).*

multiline controller　régisseur multiligne *(régisseur de trans-mission gérant le fonctionnement de plusieurs lignes) (ne pas employer « contrôleur multiligne ») (transmission de don-nées) (cf. aussi* communications controller).

multilook　*cf.* multilook imaging.

multilook imaging　cartographie multi-incidence *(cartogra-phie faisant appel à deux ou plusieurs vues d'une même zone prises sous des angles d'incidence différents et combinées lors de la reproduction) (permet parfois de faire ressortir des détails géologiques ou autres qui n'apparaissent pas sur une vue simple) (télédétection, mil, etc.) (cf. aussi* ground map-ping).

multilook imagery   images multi-incidence *(images obtenues par cartographie multi-incidence) (cf. aussi* multilook imaging *et* imagery).

multimeter   multimètre *(appareil de mesure multifonction numérique ou analogique) (cf. aussi* digital multimeter *et* volt-ohm-milliammeter).

multimission radar   radar multifonction (militaire) *(noter que le terme « multimission radar » ne s'emploie que pour un radar d'aéronef militaire) (cf. aussi* multimode radar).

multimode cable   câble multimode *(ou* à fibre multimode), câble à fibre optique *(idem) (tls) (cf. aussi* multimode fiber).

multimode capability   possibilités multifonction *(ou* multimode) *(possibilité pour un radar de remplir plusieurs fonctions) (mil, etc.) (cf. aussi* multimode radar *et* capability).

multimode core   cœur multimode *(cœur d'une fibre optique multimode) (cf. aussi* multimode optical fiber).

multimode fiber   *cf.* multimode optical fiber.

multimode fiber-optic cable   *cf.* multimode cable.

multimode fire-control radar   radar de tir multimode *(radar de conduite de tir d'aéronef militaire utilisable en modes air-air, air-sol et éventuellement air-surface) (cf. aussi* fire-control radar).

multimode jammer   brouilleur multimode *(brouilleur pouvant émettre plusieurs types de signaux de brouillage) (mil) (cf. aussi* jammer).

multimode line   ligne multimode, ligne de transmission multimode *(ligne de transmission à propagation multimode du signal) (guide d'ondes multimode ou fibre optique multimode) (cf. aussi* multimode propagation, multimode waveguide, multimode fiber *et* transmission line).

multimode link   liaison multimode *(ou* par fibre (optique) multimode) *(tls) (cf. aussi* multimode optical fiber).

multimode monofiber   *cf.* multimode fiber.

multimode operation   fonctionnement multimode (a) *fonctionnement d'un appareil à plusieurs modes de fonctionnement) (radar, brouilleur, analyseur, etc.);* (b) *fonctionnement d'une ligne de transmission multimode) (cf. aussi* multimode line).

multimode optical cable   *cf.* multimode cable.

multimode optical fiber   fibre optique multimode, fibre multimode *(fibre optique dans laquelle la lumière se propage suivant plusieurs directions avec réflexions successives sur l'interface cœur/gaîne) (cf. aussi* optical fiber).

multimode optical IC   *cf.* multimode optical integrated circuit.

multimode optical integrated circuit   circuit intégré optique multimode *(circuit intégré optique dans lequel la lumière se propage comme dans une fibre multimode) (opto) (cf. aussi* optical integrated circuit *et* multimode fiber).

multimode optical link   *cf.* multimode link.

multimode propagation   propagation par modes multiples, propagation multimode *(propagation d'une onde électromagnétique guidée s'effectuant suivant plusieurs modes) (ces termes désignent généralement la propagation dans une fibre optique multimode) (cf. aussi* propagation mode *et* multimode optical fiber).

multimode pulse Doppler radar   radar Doppler à impulsions multifonction *(type de radar d'aéronef militaire) (cf. aussi* pulse Doppler radar *et* multimode radar).

multimode radar   radar multifonction, radar multimode *(radar d'aéronef utilisable pour plusieurs fonctions telles que la navigation, la détection des formations nuageuses, le vol à basse altitude, la visualisation du terrain, l'interception, le combat aérien au canon et aux missiles, le tir de missiles air-sol et air-surface, la détection des cibles sur mer, etc. suivant ses possibilités et le mode enclenché par le pilote) (un radar multifonction n'a généralement que quelques-unes de ces possibilités) (cf. aussi* radar).

multimode sensor   élément sensible multimode *(élément sensible de capteur à fibre optique constitué par une fibre multimode) (cf. aussi* fiber-optic sensing element *et* multimode fiber).

multimode storage   mémorisation multimode *(mémorisation en mode bistable ou en mode à persistance variable dans un tube à mémoire offrant ces deux possibilités) (oscillo) (cf.*

aussi bistable-persistence mode, variable-persistence mode *et* storage tube).

multimode transmission   *cf.* multimode propagation.

multimode transmission line   *cf.* multimode line.

multimode waveguide   guide d'ondes multimode *(guide d'ondes admettant plusieurs modes de propagation à sa fréquence de fonctionnement) (hyper) (cf. aussi* waveguide propagation mode).

multi-octave aerial *(GB)*   *cf.* multi-octave antenna.

multi-octave antenna   antenne multi-octave *(antenne hyperfréquence dont la bande passante atteint plusieurs octaves) (cf. aussi* microwave antenna, antenna bandwidth *et* octave).

multi-octave bandwidth   largeur de bande de plusieurs octaves *(ce terme s'emploie surtout pour la plage de réglage de la fréquence d'un oscillateur hyperfréquence à fréquence variable) (cf. aussi* octave).

multi-octave frequency band   bande de fréquences de plusieurs octaves *(cf. aussi* multioctave bandwidth).

multi-octave spiral antenna   antenne spirale multi-octave *(avia, etc.) (cf. aussi* spiral antenna *et* multi-octave antenna).

multi-octave sweep   balayage de plusieurs octaves *(balayage de fréquence couvrant plusieurs octaves) (générateur à balayage) (cf. aussi* sweeping generator *et* octave).

multi-octave tunable filter   filtre accordable sur plusieurs octaves, filtre accordable multi-octave *(cf. aussi* tunable filter *et* multi-octave tuning).

multi-octave tunable oscillator   oscillateur accordable sur plusieurs octaves, oscillateur accordable multi-octave *(cf. aussi* tunable oscillator *et* multi-octave tuning).

multi-octave tuning   accord sur plusieurs octaves, accord multi-octave *(accord d'un oscillateur accordable ou d'un filtre accordable pouvant être obtenu sur plusieurs octaves) (cf. aussi* tuning *et* octave).

multi-output power supply   alimentation multiple, alimentation multisortie *(alimentation pouvant fournir plusieurs courants d'alimentation sous des tensions généralement différentes) (cf. aussi* power supply 2)).

multi-output supply   *cf.* multi-output power supply.

multi-output switched-mode power supply   *cf.* multi-output switcher.

multi-output switcher   alimentation à découpage multisortie, alimentation multiple à découpage *(cf. aussi* switching power supply *et* multi-output power supply).

multi-output switching power supply   *cf.* multi-output switcher.

multi-output switching supply   *cf.* multi-output switcher.

multi-output transformer   transformateur à plusieurs secondaires *(ou* à secondaires multiples), transformateur multisecondaire *(cf. aussi* transformer 1)).

multi-output unit   version multisortie, *(etc.) (cf. aussi* multi-output power supply *et* unit 3)).

multipacting   *cf.* multipactoring.

multipactoring *(vient de « multiple impact »)*   effet multipactor *(oscillation d'électrons dans le vide entre deux surfaces en présence d'un champ électromagnétique à fréquence élevée dans des conditions de phase et d'amplitude déterminées) (est dû à l'émission secondaire par les surfaces lorsque le rendement d'émission secondaire est supérieur à l'unité) (hyper) (cf. aussi* secondary-emission ratio).

multipair cable   câble multipaire *(câble téléphonique comprenant un certain nombre de paires) (cf. aussi* pair 1)).

multipass program   programme à plusieurs passages *(ou* multipassage), programme de tri *(idem) (programme de tri portant sur des informations trop nombreuses pour être contenues en une seule fois dans la mémoire centrale de l'appareil) (inf) (cf. aussi* computer program *et* main memory).

multipath   trajet multiple *(propa) (cf. aussi* multipath propagation).

multipath cancellation   annulation du signal par trajets multiples *(cas de réception d'un signal radioélectrique dans lequel les deux signaux reçus d'un même émetteur par suite de propagation par trajets multiples sont en opposition de phase et s'annulent par conséquent mutuellement) (l'annulation est plus ou moins complète selon l'amplitude relative des deux signaux reçus) (cf. aussi* multipath propagation *et* in phase opposition).

multipath distortion distorsion par trajet multiple *(distorsion d'un signal, notamment d'une impulsion, ayant suivi un trajet multiple) (cf. aussi* distortion *et* multipath propagation).

multipath error erreur par trajets multiples *(erreur de détermination de la position d'un mobile ou d'un lieu par des moyens radioélectriques due à la propagation du signal par trajets multiples) (radionav, radar) (cf. aussi* multipath propagation).

multipath fading évanouissement du signal par trajets multiples *(évanouissement d'un signal radioélectrique résultant de son annulation par trajets multiples) (propa) (cf. aussi* fading *et* multipath cancellation).

multipath interference interférence par trajets multiples *(fluctuation d'un signal radio ou dédoublement d'une image de télévision dus à la propagation par trajets multiples) (cf. aussi* multipath propagation).

multipath interference area *cf.* multipath interference region.

multipath interference null *cf.* multipath null.

multipath interference region zone d'interférence par trajets multiples *(zone de réception d'un signal à propagation par trajets multiples) (cf. aussi* multipath interference).

multipath null zéro de réception (par trajets multiples), trou de réception *(idem), (parf.)* réception nulle *(idem) (résultat de l'annulation d'un signal radioélectrique par trajets multiples) (propa) (cf. aussi* multipath cancellation).

multipath null area *cf.* multipath null region.

multipath null region zone de réception nulle (par trajets multiples) *(propa) (cf. aussi* multipath cancellation).

multipath propagation propagation par trajets multiples, propagation multiple *(propagation d'une onde radioélectrique ou acoustique suivant deux ou plusieurs trajets dont l'un est le plus court chemin joignant le point d'émission au point de réception et l'autre est dû à un obstacle latéral sur lequel l'onde ricoche avant d'atteindre le point de réception avec une phase différente de celle de l'onde ayant suivi le plus court chemin) (l'onde réfléchie parcourant une distance plus grande que l'onde directe, sa phase est en retard sur la phase de celle-ci, la différence de phase pouvant atteindre 180°) (cf. aussi* multipath cancellation, two-ray multipath, multiray multipath, direct ray *et* indirect ray).

multipath reception réception d'un signal à trajets multiples, réception avec réflexions *(propa) (cf. aussi* multipath signal).

multipath signal signal à trajet multiples *(signal se propageant par trajets multiples) (propa) (cf. aussi* multipath propagation).

multipath transmission *cf.* multipath propagation.

multiphase *a cf.* polyphase.

multipin connector *cf.* multicontact connector.

multiplatter disk drive mémoire à disques multiples, mémoire multidisque *(mémoire à disque magnétique utilisant plusieurs disques) (type classique de mémoire à disques magnétiques rigides) (inf) (cf. aussi* platter 2)).

multiplatter drive *cf.* multiplatter disk drive.

multiplatter unit version à disques multiples, version multidisque *(cf. aussi* multiplatter disk drive *et* unit 3)).

multiple[1] *s* **1)** circuit multiplé *(ligne d'un abonné au téléphone aboutissant à plusieurs jacks généraux d'un commutateur téléphonique manuel ou à plusieurs couronnes de broches de sélecteurs d'un autocommutateur électromécanique à sélecteurs rotatifs) (cf. aussi* multiple jack, grading, switchboard 2) *et* electro-mechanical telephone switch). **2)** multiple *s (commutateur téléphonique manuel à circuits multiplés) (voir aussi* 1) ci-dessus).

multiple[2] *v* multipler (un circuit) *(faire aboutir un circuit en plusieurs points déterminés d'un commutateur téléphonique) (cf. aussi* multiple[1] 1)).

multiple-... *cf.* multi... *(pour les termes qui ne figurent pas ci-après).*

multiple access accès multiple *(accès de plusieurs stations de télécommunications spatiales à un satellite de télécommunications formant l'équivalent spatial d'un central téléphonique) (cf. aussi* frequency-division multiple access, time-division multiple access *et* communications satellite).

multiple-access capability possibilités d'accès multiple *(parf. au singulier) (cf. aussi* multiple access *et* capability).

multiple-access communications liaisons à accès multiple *(tls) (cf. aussi* multiple-access link).

multiple-access link liaison à accès multiple *(liaison assurée par un multiplex émis par un satellite de télécommunications à accès multiple) (cf. aussi* multiplex[1] *et* multiple access).

multiple-access network réseau à accès multiple *(réseau de télécommunications par satellite(s) à accès multiple) (cf. aussi* multiple access).

multiple-access radio channel voie hertzienne à accès multiple *(voie d'un multiplex émis par un satellite de télécommunications à accès multiple) (cf. aussi* multiplex[1] *et* multiple access).

multiple-address code *cf.* multiaddress instruction.

multiple-break contacts contacts à coupure multiple *(contacts de relais ou d'interrupteur coupant un circuit en plusieurs points, trois contacts ou plus étant disposés ou montés en série) (cf. aussi* break contact).

multiple cycling cyclage multiple *(cyclage comprenant l'exécution de plusieurs cycles) (clpf) (cf. aussi* cycling 1)).

multiple-depressed collector collecteur en cuvette à gradins *(klystron) (cf. aussi* depressed collector).

multiple hop réflexions multiples *(propa) (cf. aussi* multihop transmission).

multiple-hop satellite communications télécommunications par satellites multiples *(ou en trois bonds) (télécommunications par satellite utilisant deux satellites, la liaison se faisant ainsi en trois bonds) (faisceaux hz) (cf. aussi* satellite communications).

multiple image image multiple, image dédoublée *(écran TV) (cf. aussi* ghost image).

multiple ionization ionisation multiple *(ionisation d'un atome ou d'une molécule par arrachement successif de plusieurs de ses électrons) (cf. aussi* second ionization, third ionization *et* ionization).

multiple jack jack général *(jack disposé devant chacune des opératrices d'un central téléphonique manuel et auquel aboutit la ligne d'un même abonné pour toutes les opératrices) (cf. aussi* jack *et* multiple[1] 1).

multiple-layer ... *cf.* multilayer ...

multiple mode mode multiple *(mode de propagation multiple) (cf. aussi* multimode propagation).

multiple modulation modulation multiple *(modulation d'une porteuse par un signal résultant lui-même de la modulation d'une autre porteuse, le processus pouvant être répété plusieurs fois pour former un multiplex fréquentiel) (chaque porteuse, sauf la dernière, devient une sous-porteuse vis-à-vis de la porteuse suivante) (tél, TVC, etc.) (cf. aussi* modulation (a) *et* frequency-division multiplex).

multiple-order analog filter filtre analogique d'ordre multiple *(cf. aussi* analog filter *et* multiple-order filter).

multiple-order digital filter filtre numérique d'ordre multiple *(cf. aussi* digital filter *et* multiple-order filter).

multiple-order filter filtre d'ordre multiple *(filtre d'ordre supérieur à l'unité) (clpf) (cf. aussi* filter order).

multiple-output ... *cf.* multi-output ... *(plus haut).*

multiple outputter *cf.* multi-output power supply.

multiple playback lecture multiple *(bande magnétique).*

multiple radar jamming brouillage radar multiple, brouillage simultané de plusieurs radars *(brouilleur) (mil) (cf. aussi* radar jamming).

multiple reflection réflexion multiple *(réflexion d'une onde sur plus d'un obstacle au cours de sa propagation) (radioélectricité, acoustique, optique) (cf. aussi* multipath propagation).

multiple-section filter filtre à plusieurs cellules *(cf. aussi* filter section).

multiple-sourced *a* à sources multiples, *(etc.) (cf. aussi* multiple sourcing).

multiple sourcing approvisionnement par sources multiples, *(parf.)* sources d'approvisionnement multiples *(composant, etc.) (cf. aussi* second source).

multiple target tracking capability possibilités de poursuite de cibles multiples *(ou de plusieurs cibles) (parf. au singulier)*, possibilités de poursuite multiple *(idem) (radar de poursuite à balayage électronique) (mil, etc.) (cf. aussi* tracking radar, phased-array radar *et* capability).

multiple triggering déclenchement multiple (*déclenchement intempestif de la base de temps d'un oscilloscope se produisant après le démarrage d'un cycle de balayage*) (*défaut de fonctionnement pouvant être dû à la forme du signal visualisé*) (*cf. aussi* trigger hold-off *et* sweep triggering).

multiple-trip echo écho hors distance (*écho d'une cible radar tellement éloignée que l'impulsion suivante est déjà émise lorsqu'il parvient à l'antenne du radar*) (*apparaît sur l'écran à une distance erronée*) (*la somme de la durée du trajet de l'impulsion émise et de celle du trajet de l'écho est supérieure à la période de récurrence des impulsions*) (*cf. aussi* pulse repetition interval *et* second-trip echo).

multiple-twin quad quarte à paires combinables (*quarte téléphonique formée de deux paires symétriques torsadées ensemble, le pas de torsade des deux paires étant différent de celui des deux fils de chaque paire*) (*a un diamètre d'encombrement presque double de celui d'une quarte en étoile et coûte nettement plus cher à fabriquer, mais assure une plus grande réduction de la diaphonie grâce à la réduction du couplage capacitif entre les deux circuits résultant de leur écartement plus grand*) (*cf. aussi* quad 1), twisted pair 2), crosstalk 1) *et* capacitive coupling 1)).

multiple-unit tube tube multiple (*tube électronique contenant deux ou trois ensembles d'électrodes associés à des flux d'électrons distincts*) (*remplit les fonctions de deux ou trois tubes distincts*) (*double diode, double triode, double diode-triode, etc.*) (*voir ces termes*) (*cf. aussi* electron tube).

multiplex[1] s   multiplex, signal multiplex (*signal composite formé d'un certain nombre de signaux distincts généralement appelés « voies » groupés à l'émission et séparés à la réception*) (*peut être un signal électrique, radioélectrique ou optique*) (*tél, tlm, radio, TV, inf, afficheur, etc.*) (*cf. aussi* frequency-division multiplex, time-division multiplex *et* multiplexing).

multiplex[2] v   multiplexer, grouper (*des signaux*) (*tls, etc.*) (*cf. aussi* multiplexing).

multiplex bit stream multiplex numérique (*tls, etc.*) (*cf. aussi* time-division multiplex *et* bit stream).

multiplex bus *cf.* multiplexed bus.

multiplex channel voie d'un multiplex (*signal élémentaire d'un multiplex ou ensemble des fréquences d'un multiplex fréquentiel ou des instants d'un multiplex temporel réservés à un signal élémentaire*) (*cf. aussi* multiplex[1]).

multiplex link liaison multiplex (*liaison de télécommunications utilisant un multiplex*) (*cf. aussi* multiplex[1] *et* communications link).

multiplex operation exploitation en multiplex (*exploitation d'une liaison multiplex*) (*tls*) (*cf. aussi* multiplex link).

multiplex radio transmission transmission radio multiplex (*transmission multiplex assurée par une onde radioélectrique*) (*faisceau hz*) (*cf. aussi* multiplex transmission *et* microwave radio).

multiplex signal *cf.* multiplex[1].

multiplex stereo *cf.* multiplex stereophony.

multiplex stereophony stéréophonie multiplex (*radiodif*) (*cf. aussi* stereo FM).

multiplex system *cf.* multiplex link.

multiplex transmission transmission multiplex (*transmission de plusieurs signaux sous la forme d'un multiplex*) (*tls, etc.*) (*cf. aussi* multiplex wire transmission, multiplex radio transmission *et* multiplex[1]).

multiplex wire transmission transmission par fil en multiplex, transmission multiplex par fil (*transmission multiplex assurée par un courant porteur*) (*tls, etc.*) (*cf. aussi* multiplex transmission *et* carrier telephony).

multiplex working *cf.* multiplex operation.

multiplexed bus bus multiplexé (*bus de transmission ne comportant qu'un seul conducteur, les différents signaux à transmettre l'étant sous la forme d'un multiplex numérique*) (*permet de remplacer un faisceau de fils par un conducteur électrique ou optique unique, notamment dans un avion militaire ou autre véhicule*) (*cf. aussi* bus (a 3) *et* time-division multiplex).

multiplexed data informations multiplexées (*informations transmises sous la forme d'un multiplex numérique*) (*inf, tls*) (*cf. aussi* data *et* time-division multiplex).

multiplexed data bus *cf.* bidirectional data bus.

multiplexed LCD *cf.* multiplexed liquid-cristal display.

multiplexed liquid-cristal display afficheur à cristaux liquides multiplexé (*afficheur à cristaux liquides dans lequel les signaux excitant les sorties sont multiplexés pour réduire le nombre nécessaire de sorties*) (*cf. aussi* liquid-crystal display *et* multiplexed signals).

multiplexed microprocessor microprocesseur multiplexé (*microprocesseur dont un certain nombre de signaux d'entrée ou de sortie sont multiplexés pour limiter le nombre de broches du boîtier*) (*CI*) (*inf*) (*cf. aussi* microprocessor *et* multiplexed output).

multiplexed output sortie multiplexée (*sortie de signaux d'un circuit intégré numérique ou autre dispositif sous la forme d'un multiplex numérique*) (*cf. aussi* digital integrated circuit *et* time-division multiplex).

multiplexer multiplexeur (*dispositif formant un multiplex à partir d'un certain nombre de signaux*) (*tls, etc.*) (*cf. aussi* frequency-division multiplexer, time-division multiplexer *et* multiplex[1]).

multiplexing s   multiplexage (*formation d'un multiplex*) (*voir aussi* multiplex[1]) (*le multiplexage est réalisé en vue de transmettre simultanément un certain nombre de signaux par un canal de transmission unique*) (*la transmission n'est réellement simultanée que dans le cas d'un multiplex fréquentiel; dans le cas d'un multiplex temporel, elle est quasi-simultanée*) (*le canal de transmission utilisé peut être un câble téléphonique, un faisceau hertzien, une fibre optique ou un conducteur quelconque pouvant être aussi court qu'une connexion de circuit intégré monolithique*) (*tls, etc.*) (*cf. aussi* frequency-division multiplexing *et* time-division multiplexing).

multiplexing capability possibilités de multiplexage (*parf. au singulier*) (*possibilité de commande d'un afficheur par un nombre de conducteurs moins grand que le nombre de segments ou points d'affichage*) (*cf. aussi* multiplexing, capability *et* display[1] 5)).

multiplexing circuitry circuits de multiplexage (*circuits d'un multiplexeur*) (*tls, etc.*) (*cf. aussi* multiplexer *et* circuitry).

multiplexing device *cf.* multiplexer.

multiplexing frequency fréquence de multiplexage (*fréquence d'échantillonnage de chacun des signaux d'un multiplex temporel*) (*tls, etc.*) (*cf. aussi* sampling frequency *et* time-division multiplex).

multiplexing scheme type de multiplexage (*multiplexage fréquentiel ou temporel*) (*tls, etc.*) (*cf. aussi* multiplexing).

multiplexor *cf.* multiplexer.

multiplication 1) multiplication (*opération arithmétique ou logique*) (*cf. aussi* binary multiplication *et* logic product). 2) multiplication des porteurs de charge, multiplication (*tg*) (*augmentation rapide et importante du nombre de porteurs de charge mis en jeu dans un dispositif électronique*) (*cf. aussi* charge carrier) (a) *multiplication des électrons dans un multiplicateur d'électrons* (*cf. aussi* electron multiplier); (b) *multiplication des ions dans un gaz en cours d'ionisation* (*cf. aussi* ionization); (c) *multiplication des paires électron-trou dans une jonction de semiconducteurs en cours de claquage*) (*cf. aussi* electron-hole pair *et* avalanche breakdown).

multiplication current (*parf.* intensité du) courant de multiplication (*courant dû au phénomène de multiplication des porteurs de charge dans un dispositif électronique ou, parfois, intensité de ce courant*) (*cf. aussi* multiplication 2)).

multiplication instruction instruction de multiplication (*instruction de programme d'ordinateur commandant l'exécution d'une multiplication binaire*) (*inf*) (*cf. aussi* instruction *et* binary multiplication).

multiplication point 1) point de multiplication (*point d'un schéma d'appareil ou de système où deux tensions sont multipliées entre elles*) (*cf. aussi* multiplier 1) et 2)). 2) point de mélange (*d'un système asservi*) (*cf. aussi* mixing point).

multiplication rate vitesse de multiplication (des porteurs de charge, etc.) (*cf. aussi* multiplication 2)).

multiplication subroutine sous-programme de multiplication (*sous-programme d'ordinateur établi pour l'exécution de multiplications, celles-ci étant effectuées sous la forme binaire*) (*inf*) (*cf. aussi* subroutine *et* binary multiplication).

multiplier **1)** multiplieur (a) *montage dont le signal de sortie est une tension proportionnelle au produit de deux tensions appliquées à ses entrées) (est souvent réalisé sous la forme d'un circuit intégré analogique utilisant un ou deux amplificateurs opérationnels, mais peut aussi être un multiplieur à effet Hall) (est employé notamment dans les calculateurs analogiques) (cf. aussi* Hall-effect multiplier *et* operational amplifier*)* ; (b) *multiplieur binaire) (cf. aussi* binary multiplier). **2)** multiplicateur *(montage fournissant un signal dont une caractéristique est égale au produit de la caractéristique analogue du signal d'entrée par une constante) (multiplicateur de tension, de fréquence ou d'électrons) (cf. aussi* voltage multiplier 1), frequency multiplier *et* electron multiplier). **3)** *cf.* multiplier resistor).

multiplier arrangement montage ... *(voir aussi* multiplier 1) *et* 2) *et* arrangement 1)).

multiplier circuit circuit ... *(voir aussi* multiplier 1) *et* 2) *et* circuit).

multiplier phototube (tube) photomultiplicateur *(opto) (cf. aussi* photomultiplier).

multiplier resistor résistance additionnelle *(résistance de précision montée en série avec un voltmètre pour multiplier son calibre par un facteur déterminé) (le facteur est généralement égal à 2, 2,5, 3 ou 5) (cf. aussi* measurement range 2) *et* precision resistor).

multiplier stage étage ... *(voir aussi* multiplier 1) *et* 2) *et* stage 1)).

multiplier tube *cf.* multiplier phototube.

multiply-ionized atom atome ionisé plusieurs fois, atome à ionisation multiple *(cf. aussi* multiple ionization).

multiply-ionized molecule molécule ... *(voir aussi* multiply-ionized atom) *(cf. aussi* molecule).

multiplying converter *cf.* multiplying digital-to-analog converter.

multiplying d-a converter *cf.* multiplying digital-to-analog converter.

multiplying D/A converter *cf.* multiplying digital-to-analog converter.

multiplying DAC *cf.* multiplying digital-to-analog converter.

multiplying digital-to-analog converter dénumériseur multiplieur, *(etc.) (dénumériseur dans lequel la tension obtenue est multipliée par une constante avant d'être appliquée à la sortie) (cf. aussi* digital-to-analog converter).

multiplying factor facteur multiplicatif *(multiplicateur de tension, de fréquence, etc.) (cf. aussi* multiplier 2) *et, à titre d'information,* scale factor).

multipoint link liaison multipoint *(liaison entre deux ou plusieurs postes d'un réseau multipoint) (tls) (cf. aussi* multipoint network).

multipoint network réseau multipoint *(réseau de télécommunications, notamment de téléinformatique, dans lequel toutes les stations sont reliées entre elles par une voie de transmission non bouclée) (cf. aussi* bus network, communications network *et* computer communications).

multipoint polling *cf.* polling.

multipoint recorder enregistreur à pointés *(enregistreur graphique à défilement multivoie dans lequel les courbes représentant les signaux à enregistrer sont tracées en pointillé par échantillonnage des signaux) (la valeur de l'échantillon d'un signal est représentée par un point de couleur déterminée au cours d'un cycle d'échantillonnage; le point tracé ensuite, d'une autre couleur, représente la valeur de l'échantillon du signal suivant, et ainsi de suite pour les n signaux à enregistrer, après quoi le cycle recommence et un nouveau point représentant un nouvel échantillon du premier signal est tracé après le premier, avec la même couleur, et ainsi de suite) (ce procédé d'enregistrement graphique multivoie permet d'utiliser toute la largeur de la bande de papier pour toutes les courbes sans risque de confusion entre celles-ci grâce aux différentes couleurs; les couleurs sont obtenues à l'aide de plusieurs rubans encreurs mis en place automatiquement devant l'élément d'impression par le sélecteur de rubans synchronisé avec le commutateur d'échantillonnage ou à l'aide de plusieurs plumes à encre de différentes couleurs) (dans le modèle, classique, à rubans de différentes couleurs, l'élément d'im-*
pression est l'aiguille, longue et flexible, de l'élément de mesure qu'un étrier pivotant aussi large que la bande de papier et commandé par un électro-aimant, applique sur le ruban en place à l'instant voulu) (cf. aussi* strip-chart recorder *et* sampling).

multipoint system *cf.* multipoint network.

multipolar multipolaire *(caractéristique d'un objet possédant plus d'une paire de pôles électriques ou magnétiques) (ce terme s'applique notamment à une machine électrique tournante dont le stator comporte 4, 6, 8, ..., 2 n pôles (magnétiques)) (cf. aussi* electric pole, magnetic pole *et* rotating electrical machine).

multipolarization aerial *cf.* multipolarization antenna.

multipolarization antenna antenne à polarisations multiples, antenne multipolarisation *(antenne d'émission pouvant émettre simultanément trois ou quatre ondes polarisées chacune d'une façon différente de celle des autres) (sat. télédétection, sat. tls, etc.) (cf. aussi* antenna polarization *et* dual-polarization antenna).

multipolarized ... *cf.* multipolarization ...

multipole[1] *s* multipôle *sm (ensemble formé de plusieurs dipôles au sens physique) (cf. aussi* electric multipole, magnetic multipole *et* dipole 1)).

multipole[2] *a cf.* multipolar. *(pour les termes qui ne figurent pas ci-après).*

multipole filter filtre multipôle, filtre à plusieurs pôles, *(filtre dont la fonction de transfert présente plusieurs pôles) (cf. aussi* filter[1] *et* poles and zeros).

multipole moment moment de multipôle *(cf. aussi* multipole *et* dipole moment).

multipole recursive filter filtre récursif multipôle *(cf. aussi* recursive filter *et* multipole filter).

multipole relay relais multipolaire *(relais électromagnétique comportant deux ou plusieurs jeux de contacts agissant sur autant de circuits distincts) (cf. aussi* electromagnetic relay *et* relay contact).

multipole switch interrupteur multipolaire *(interrupteur pouvant couper simultanément plusieurs circuits).*

multiport *a* à plusieurs accès, à accès multiples *(réseau électrique, organe d'ordinateur, etc.) (cf. aussi* port).

multiported *cf.* multiport.

multiposition action *cf.* multistep action.

multiposition switch commutateur *(interrupteur à plusieurs positions actives successives, c-à-d. permettant de relier successivement un conducteur à plusieurs autres, éventuellement avec une position de repos sans connexion) (est généralement, mais non obligatoirement, un dispositif rotatif) (cf. aussi* rotary switch, wafer switch, slide switch, switch[1] 2), non-bridging contacts *et* bridging contacts).

multiprocessing multitraitement *(exécution simultanée de plusieurs programmes dans un ordinateur comportant plusieurs unités centrales indépendantes travaillant en parallèle) (est utilisé pour augmenter la vitesse de traitement des informations par l'ordinateur) (ne pas confondre avec la multiprogrammation, ni le traitement en temps partagé, ni le traitement par unités centrales redondantes) (inf) (cf. aussi* parallel processing, multiprocessor, multiprogramming, time-sharing, central processing unit, computer program, processing speed *et* pipelining).

multiprocessor multiprocesseur *(ordinateur comportant plusieurs unités centrales indépendantes travaillant en parallèle) (cette définition est celle du véritable multiprocesseur appelé parfois « système multi-unité centrale » pour le distinguer des pseudo-multiprocesseurs utilisant des processeurs périphériques spécialisés déchargeant l'unité centrale de certains travaux annexes, et des multiprocesseurs modulaires permettant des combinaisons diverses adaptées à différents cas de traitement d'information ou une fiabilité élevée par redondance et autocontrôle par portes majoritaires avec reconfiguration automatique après détection d'une panne) (cf. aussi* multiprocessing, parallel machine, redundancy *et* majority gate).

multiprocessor system *cf.* multiprocessor.

multiprocessor unit *cf.* multiprocessor.

multiprogramming multiprogrammation *(mode d'utilisation d'un ordinateur puissant dans lequel plusieurs programmes* *sont exécutés presque simultanément par entrelacement de leur exécution) (de même que le terme « multiprogrammation », cette définition générale s'applique tant à la multiprogrammation hiérarchisée appelée généralement « multiprogrammation » qu'à la multiprogrammation en temps partagé appelée généralement « traitement en temps partagé ») (dans la multiprogrammation, chaque programme est normalement exécuté par morceaux, l'exécution d'un morceau ayant lieu entre deux interruptions successives du traitement des informations par l'unité arithmétique et logique; la durée d'exécution d'un morceau est variable ou fixe selon le type de multiprogrammation) (dans la multiprogrammation hiérarchisée, les programmes ou parties de programmes résident ensemble dans la mémoire centrale de l'ordinateur et sont exécutés par ordre de priorité pendant des intervalles de temps quelconques déterminés par les interruptions d'entrée/sortie; les morceaux de programmes exécutés ont donc une longueur quelconque) (lors de l'interruption de l'exécution d'un programme par l'unité centrale due à la nécessité de procéder à une opération d'entrée ou de sortie d'informations, l'exécution passe au programme en mémoire le plus prioritaire qui ne soit pas lui-même en attente de la fin d'une opération d'entrée/sortie, auquel cas l'exécution passe au programme à priorité immédiatement inférieure, et ainsi de suite) (du fait des priorités d'exécution et de l'inégalité des temps d'exécution des différents morceaux des différents programmes dans le cas général, l'entrelacement de l'exécution des programmes est irrégulier, contrairement au cas du traitement en temps partagé) (la multiprogrammation augmente la puissance de traitement de l'ordinateur en faisant travailler l'unité arithmétique et logique pendant les opérations d'entrée/sortie pendant lesquelles elle est normalement inactive) (la multiprogrammation ne doit pas être confondue avec le multitraitement) (inf) (cf. aussi time-sharing, computer program, interruption, I/O transfer (au début de la lettre I), arithmetic-and-logic unit et multiprocessing).*

multiprotocol chip puce multiprotocole *(puce de télécommunications utilisable avec plusieurs protocoles) (CI) (trans. données) (cf. aussi* communications chip *et* protocol).

multipurpose computer *cf.* general-purpose computer.

multipurpose instrument appareil polyvalent *(cf. aussi* general-purpose instrument).

multipurpose meter *cf.* multimeter.

multipurpose radar *cf.* multimode radar.

multipurpose tester **1)** contrôleur universel *(cf. aussi* volt-ohm-milliammeter). **2)** *cf.* multitester.

multipurpose test set *cf.* multimeter.

multiradar environment ambiance d'émissions radar multiples *(mil) (cf. aussi* electromagnetic environment *et* threat environment).

multirange instrument *cf.* multirange measuring instrument.

multirange measuring instrument appareil de mesure à plusieurs calibres, appareil à plusieurs calibres, appareil (de mesure) multicalibre *(cf. aussi* measuring instrument *et* measurement range 2)).

multirange meter *cf.* multirange measuring instrument. *(cf. aussi* meter[1]).

multiray multipath trajet multiple à plusieurs rayons indirects *(propa) (cf. aussi* multipath).

multirole radar *cf.* multimode radar.

multisection filter filtre à plusieurs cellules *(filtre formé de plusieurs cellules traversées successivement par le signal appliqué à l'entrée) (cf. aussi* filter section).

multisection prefilter préfiltre à plusieurs cellules *(cf. aussi* prefilter[1] *et* multisection filter).

multisensor imagery images obtenues par imagerie multicapteur *(cf. aussi* multisensor imaging).

multisensor imaging imagerie multicapteur *(imagerie utilisant plus d'une caméra ou plus d'un radar) (mil, etc.) (cf. aussi* imaging).

multisensor warning receiver récepteur d'alarme multicapteur *(récepteur d'alarme utilisant un ou plusieurs détecteurs de radars, un ou plusieurs détecteurs de tirs et, éventuellement, un ou plusieurs détecteurs de faisceaux laser) (mil) (cf. aussi* warning receiver).

multishot capability possibilités de tir simultané (de plusieurs missiles) *(parf. au singulier) (radar de tir d'aéronef militaire) (cf. aussi* fire-control radar *et* capability).

multisource aerial *(GB) cf.* multifeed antenna.

multisource antenna *cf.* multifeed antenna.

multisource triggering déclenchement par sources multiples, déclenchement multisource *(déclenchement de la base de temps d'un oscilloscope pouvant être assuré par une source intérieure ou extérieure) (cf. aussi* internal triggering, external triggering *et* sweep triggering).

multispectral frequency coverage *cf.* multiband coverage.

multispectral scanner caméra multispectrale, caméra à balayage multispectrale *(caméra à balayage utilisant plusieurs groupements de détecteurs sensibles à différentes gammes de longueurs d'onde) (satellite de télédétection ou de reconnaissance) (cf. aussi* infrared scanner).

multispectral scanning analyse multispectrale *(prise de vues à l'aide d'une caméra multispectrale) (cf. aussi* multispectral scanner).

multispectral sensor capteur multispectral *(autre nom, plus général, d'une caméra multispectrale) (cf. aussi* multispectral scanner *et* sensor).

multistage amplifier amplificateur à plusieurs étages *(amplificateur comprenant plusieurs étages d'amplification pour avoir un grand gain) (comprend généralement deux étages et rarement plus dans le cas d'un amplificateur de signaux à fréquence élevée pour limiter les risques d'accrochage) (cf. aussi* amplifier stage *et* singing).

multistage depressed collector *cf.* multiple-depressed collector.

multistage limiting amplifier amplificateur limiteur à plusieurs étages *(cf. aussi* limiting amplifier *et* multistage amplifier).

multistage filter *cf.* multisection filter.

multistage prefilter *cf.* multisection prefilter.

multistatic radar radar multistatique *(radar à impulsions militaire au sol composé d'un émetteur et de plusieurs récepteurs situés en différents endroits pour permettre la réception en diversité d'espace des échos en provenance de la cible) (cf. aussi* pulse radar *et* space-diversity reception).

multistep action action discontinue *(régulateur) (cf. aussi* step-by-step action).

multi-tapped CCD delay line ligne à retard à CCD à prises (multiples) *(cf. aussi* CCD delay line *et* tapped delay line).

multitarget detection détection de cibles multiples, détection multicible *(détection quasi-simultanée de plusieurs cibles par un radar à balayage électronique) (mil, etc.) (cf. aussi* phased-array radar).

multitarget tracking poursuite de cibles multiples, poursuite multicible *(poursuite quasi-simultanée de plusieurs cibles par un radar à balayage électronique) (mil, etc.) (cf. aussi* tracking 1) (a) *et* phased-array radar).

multitask operating system système d'exploitation multitâche, système multitâche *(système d'exploitation permettant la multiprogrammation) (noter que ces termes sont utilisés principalement en micro-informatique, un système d'exploitation pour mini-ordinateurs ou macro-ordinateurs étant implicitement multitâche) (inf) (cf. aussi* operating system *et* multiprogramming).

multitask OS *cf.* multitask operating system.

multitasking exploitation en multitâche, mode d'*(idem)*, le multitâche *(inf) (cf. aussi* multitask operating system).

multitasking ... *cf.* multitask ...

multiterminal connector *cf.* multicontact connector.

multiterminal device dispositif à plusieurs bornes *(dispositif à plus de deux bornes) (cf. aussi* terminal 1)).

multiterminal system système à plusieurs terminaux *(système informatique) (cf. aussi* terminal 2)).

multitester multitesteur, multicontrôleur *(contrôleur de circuits intégrés à possibilités multiples)*.

multithreat environment ambiance d'émissions hostiles multiples, ambiance de menaces multiples *(mil) (cf. aussi* hostile environment *et* threat).

multithreat handling traitement simultané des menaces *(ou des émissions hostiles) (le mot « traitement » est employé ici* *avec le sens de « prise des mesures nécessaires ») (système d'autoprotection) (mil) (cf. aussi* threat *et* self-protection system).

multitone generator générateur de fréquences vocales *(tél) (cf. aussi* tone generator 2)).

multitone signalling signalisation multifréquence *(tél) (cf. aussi* tone signalling).

multitrace display visualisation multitrace *(visualisation d'un à trois signaux ou plus sur l'écran d'un oscilloscope à l'aide de deux ou plusieurs traces) (cf. aussi* dual-trace display, trigger view *et* oscilloscope).

multitrace oscilloscope oscilloscope à plusieurs traces, oscilloscope multitrace *(oscilloscope à deux traces ou deux voies ou plus, éventuellement complétées par une voie de présentation du déclenchement) (cf. aussi* dual-trace oscilloscope, dual-channel oscilloscope, trigger view *et* oscilloscope).

multitrack recording enregistrement sur plusieurs pistes *(enregistrement simultané de deux signaux ou plus sur une bande magnétique) (magnétophone stéréophonique, enregistreur de mesure, etc.) (cf. aussi* magnetic tape recording).

multiturn *s cf.* multiturn potentiometer.

multiturn cermet *cf.* multiturn cermet trimmer.

multiturn cermet trimmer potentiomètre ajustable cermet multitour *(cf. aussi* cermet trimmer *et* multiturn potentiometer).

multiturn counter cadran compte-tours *(cf. aussi* turns counting dial).

multiturn pot *(fam) cf.* multiturn potentiometer.

multiturn potentiometer potentiomètre multitour *(potentiomètre dont la plage de réglage est couverte par une rotation de l'axe de commande égale à 10 tours ou plus) (ce terme désigne souvent un potentiomètre hélicoïdal, mais peut désigner un potentiomètre ajustable multitour) (cf. aussi* helical potentiometer, multiturn trimmer, multiturn potentiometer *et* potentiometer 1)).

multiturn trimmer potentiomètre ajustable multitour *(potentiomètre ajustable à nombre de tours égal à celui d'un potentiomètre multitour hélicoïdal, ce résultat étant obtenu par un moyen différent) (cf. aussi* rectangular multiturn trimmer, square multiturn trimmer, multiturn potentiometer *et* trimmer potentiometer).

multiturn trimmer potentiometer *cf.* multiturn trimmer.

multiturn unit version multitour *(potentiomètre) (cf. aussi* multiturn potentiometer *et* unit 3)).

multitwin cable câble à paires symétriques *(câble téléphonique à plusieurs paires symétriques) (cf. aussi* twisted pair).

multiunit aerial *(GB) cf.* multielement antenna.

multiunit antenna *cf.* multielement antenna.

multiunit tube *cf.* multiple-unit tube.

multi-user system système multi-utilisateur *(nom souvent donné à un ordinateur, notamment un micro-ordinateur, connecté à plusieurs terminaux à écran et fonctionnant, par conséquent, en multiprogrammation, plus précisément en partage de temps et en outre hiérarchisée) (inf) (cf. aussi* multiprogramming, microcomputer, display terminal *et* multitasking system).

multivariable control asservissement multivariable *(ou* à plusieurs variables), régulation *(idem) (la première forme est la plus employée) (régulation simultanée de plusieurs variables interdépendantes dans un régulateur) (exemple : asservissement de la vitesse de rotation et de la température de sortie des gaz d'une turbine à gaz par action sur le débit d'air du compresseur et sur le débit du carburant injecté dans la ou les chambres de combustion) (cf. aussi* regulation).

multivariable control system *cf.* multivariable regulator.

multivariable regulator régulateur multivariable *(régulateur assurant la régulation multivariable) (cf. aussi* regulator *et* multivariable control).

multivariable system *cf.* multivariable control system.

multivibrator multivibrateur *(oscillateur à relaxation à plusieurs modes de fonctionnement) (comprend essentiellement deux transistors ou, anciennement, deux tubes électroniques dont l'un est bloqué quand l'autre est conducteur, grâce à un montage croisé dans lequel le signal de sortie de chacun de ces deux composants est appliqué à l'entrée de l'autre, de telle*

manière que l'augmentation du courant dans l'un accélère la diminution du courant dans l'autre) (le terme « multivibrateur » employé seul désigne généralement un multivibrateur astable) (cf. aussi astable multivibrator, monostable multivibrator, bistable multivibrator *et* relaxation oscillator).

multiway cable *cf.* multicore cable.

multiway connector *cf.* multicontact connector.

multiway switch *cf.* multiposition switch.

multiwire aerial *(GB) cf.* multiwire antenna.

multiwire antenna antenne en nappe, antenna multifilaire *(antenne d'émission ou d'émission/réception formée essentiellement de plusieurs fils ou câbles conducteurs parallèles ou non) (antenne rideau, antenne parapluie, etc.) (radioélectricité) (cf. aussi* curtain antenna, umbrella antenna *et* antenna).

multiwire brush contact contact à fils métalliques *(contact de connecteur formé d'un faisceau de fils métalliques de petit diamètre) (contact banalisé à grande surface de contact pour connecteur à faible effort d'emboîtement) (cf. aussi* hermaphroditic contact *et* low-insertion-force connector).

Mumetal *(marque déposée)* Mumétal *(type d'alliage permalloy) (cf. aussi* permalloy).

mush area zone de réception instable *(radio) (cf. aussi* intermittent-service area).

music-controlled lamps lampes psychédéliques *(cf. aussi* music-controlled lighting).

music-controlled lighting psychédélie *(commande de l'intensité d'éclairage de lampes à incandescence de diverses couleurs en fonction de l'intensité des sons produits par des instruments de musique) (orchestre psychédélique) (cf. aussi* incandescence lamp *et* sound intensity).

music lover amateur de musique, audiophile *sm (hifi, etc.)*.

music power puissance musicale *(puissance fournie par un amplificateur basse fréquence de chaîne électroacoustique à haute fidélité dans des conditions normalisées) (cf. aussi* audio amplifier, sound reproducing system *et* high fidelity).

mute aerial *(GB) cf.* dummy antenna.

mute antenna *cf.* dummy antenna.

mutilated message message tronqué *(message amputé d'une partie de son contenu à la réception) (tls) (cf. aussi* message).

mutilation détérioration *(d'une information transmise ou mémorisée) (tls, inf) (cf. aussi* mutilated message).

muting accord silencieux *(récepteur radio) (cf. aussi* squelch circuit).

mutual conductance conductance mutuelle *(tube, transistor) (cf. aussi* transconductance).

mutual-conductance meter *cf.* transconductance meter.

mutual inductance inductance mutuelle, coefficient d'induction mutuelle *(inductance d'une bobine vis-à-vis d'un courant circulant dans une autre bobine avec laquelle elle est couplée magnétiquement) (les bobines peuvent n'avoir qu'une seule spire) (le phénomène est réciproque, d'où l'emploi du qualificatif « mutuelle ») (enroulements de transformateur, etc.) (cf. aussi* inductance 1) *et* magnetic coupling 1)).

mutual-inductance-coupled circuits circuits couplés par inductance mutuelle, circuits couplés *(cf. aussi* mutual-inductance coupling).

mutual-inductance coupling couplage par inductance mutuelle *(couplage magnétique de deux circuits) (cf. aussi* magnetic coupling 1), mutual inductance, coupled circuits *et* coupling 1)).

mutual inductance measuremt mesure d'inductance mutuelle *(cf. aussi* mutual inductance).

mutual induction induction mutuelle *(induction réciproque entre deux circuits couplés par inductance mutuelle) (cf. aussi* electromagnetic induction *et* mutual-inductance coupling).

mutual interference brouillage mutuel, *(parf.)* interférence mutuelle *(émetteurs) (cf. aussi* interference).

MUX *cf.* multiplexer.

muxbus *cf.* multiplexed bus.

mV *cf.* millivolt. *(de même pour les termes dérivés)*.

mV/m *cf.* millivolts per meter.

MV *cf.* megavolt. *(de même pour les termes dérivés)*.

MVA *cf.* megavoltampere. *(de même pour les termes dérivés)*.

MVBR *cf.* multivibrator.

mW *cf.* milliwatt. *(de même pour les termes dérivés).*
MW **1)** *cf.* megawatt. *(de même pour les termes dérivés).*
2) *cf.* medium wave.
Mword *cf.* megaword.
MWR *cf.* megawatt-hour. *(de même pour les termes dérivés).*
Mx *cf.* maxwell.
MX *cf.* multiplex[1].
mylar *cf.* Mylar. *(ci-après).*
Mylar *(marque déposée)* mylar *(feuille de polyester utilisée comme isolant, notamment comme diélectrique de condensateur, et comme bande magnétique après dépôt d'une couche magnétique) (possède des propriétés intéressantes pour ces applications et notamment une grande rigidité diélectrique, une constante diélectrique élevée, de faibles pertes diélectriques aux fréquences élevées, une faible absorption d'humi-*

dité et une grande résistance à la traction et au déchirement) (cf. aussi dielectric[1]).
mylar capacitor condensateur au mylar *(condensateur au plastique utilisant du mylar) (cf. aussi* plastic capacitor *et* mylar).
mylar-film capacitor *cf.* mylar capacitor.
mylar magnetic tape bande magnétique en mylar, bande en mylar *(cf. aussi* magnetic tape *et* mylar).
mylar tape *cf.* mylar magnetic tape.
myriametric wave onde myriamétrique *(onde radioélectrique de 100 à 10 km de longueur correspondant à une fréquence de 3 à 30 kHz, c.-à-d. à la bande VLF) (radioélectricité) (cf. aussi* radio wave *et* VLF band).
myriametric wave band gamme des ondes myriamétriques, gamme myriamétrique *(radioélectricité) (cf. aussi* myriametric wave *et* wave band).

N

N

n n (a) *lettre généralement employée en anglais et, parfois, en français à la place de N pour qualifier un type de semiconducteur) (cf. aussi* n-type semiconductor); (b) *cf. aussi* N 2)).
N **1)** N *(abréviation de « négatif » employée notamment pour un semiconducteur) (cf. aussi* n (a) *et* negative). **2)** n *(lettre représentant un nombre indéterminé) (exemple : commutateur à n positions) (cf. aussi* multiposition switch).
n-area *cf.* n-type region.
n⁻ area *cf.* n⁻ region.
n⁺ area *cf.* n⁺ region.
n-atom *cf.* n-type atom.
n-base *cf.* n-type base.
N-bit register registre à *(ou* de) n binaires *(inf) (cf. aussi* register¹ 1) (a)).
n⁺ buried layer couche enterrée du type N⁺, couche enterrée N⁺ *(CI) (cf. aussi* buried layer *et* n⁺ layer).
N-cell *cf.* NMOS standard cell.
n-channel *cf.* n-type channel.
n-channel ... *cf.* NMOS ... *(pour les termes qui ne figurent pas ci-après).*
n-channel component composant à canal N *(transistor à effet de champ à canal N ou circuit intégré monolithique utilisant de tels transistors) (semi) (cf. aussi* n-channel field-effect transistor *et* monolithic integrated circuit).
n-channel depletion-mode device *cf.* n-channel depletion-mode MOS transistor.
n-channel depletion-mode MOS *cf.* n-channel depletion-mode MOS transistor.
n-channel depletion-mode MOS transistor transistor MOS canal N à déplétion *(ou* à appauvrissement), transistor NMOS à déplétion *(idem) (noter qu'en anglais, c'est le qualificatif « à déplétion » qui est prépondérant, tandis qu'en français, c'est le qualificatif « (à) canal N ») (semi) (cf. aussi* MOS transistor, depletion mode *et* n-channel).
n-channel depletion-mode MOSFET *cf.* n-channel depletion-mode MOS transistor.
n-channel depletion-mode transistor *cf.* n-channel depletion-mode MOS transistor.
n-channel device **1)** dispositif à canal N *(autre nom, plus général, d'un transistor à effet de champ à canal N) (semi) (cf. aussi* n-channel field-effect transistor). **2)** *cf.* n-channel component.
n-channel discrete device *cf.* n-channel discrete field-effect transistor.
n-channel discrete FET *cf.* n-channel discrete field-effect transistor.
n-channel discrete field-effect transistor transistor à effet de champ discret à canal N, TEC discret à canal N, FET discret à canal N *(semi) (cf. aussi* field-effect transistor, discrete component *et* n-channel).
n-channel discrete transistor *cf.* n-channel discrete field-effect transistor.

n-channel DMOS *cf.* n-channel DMOS transistor.
n-channel DMOS transistor transistor DMOS à canal N *(semi) (cf. aussi* DMOS transistor *et* n-channel).
n-channel enhancement-mode device *cf.* n-channel enhancement-mode MOS transistor.
n-channel enhancement-mode MOS *cf.* n-channel enhancement-mode MOS transistor.
n-channel enhancement-mode MOS transistor transistor MOS canal N à enrichissement, transistor NMOS à enrichissement *(noter qu'en anglais, c'est le qualificatif « à enrichissement » qui est prépondérant, tandis qu'en français, c'est le qualificatif « (à) canal N ») (semi) (cf. aussi* MOS transistor, enhancement mode *et* n-channel).
n-channel enhancement-mode MOSFET *cf.* n-channel enhancement-mode MOS transistor.
n-channel enhancement-mode transistor *cf.* n-channel enhancement-mode MOS transistor.
n-channel FET *cf.* n-channel field-effect transistor.
n-channel field-effect transistor transistor à effet de champ à canal N, transistor à canal N, TEC à canal N, FET à canal N *(transistor à effet de champ à jonction ou à grille à canal N en version discrète ou intégrée) (ces termes désignent souvent un transistor NMOS) (semi) (cf. aussi* field-effect transistor, n-channel *et* NMOS transistor).
n-channel integrated device *cf.* n-channel integrated field-effect transistor.
n-channel integrated FET *cf.* n-channel integrated field-effect transistor
n-channel integrated field-effect transistor transistor à effet de champ intégré à canal N, transistor intégré à canal N, TEC intégré à canal N, FET intégré à canal N, *(on peut permuter « intégré » et « à canal N » selon le contexte) (transistor MOS ou dérivé à canal N intégré ou transistor à effet de champ à jonction à canal N intégré) (semi) (cf. aussi* field-effect transistor, integrated transistor *et* n-channel).
n-channel integrated JFET *cf.* n-channel integrated junction field-effect transistor.
n-channel integrated junction FET *cf.* n-channel integrated junction field-effect transistor.
n-channel integrated junction field-effect transistor transistor à effet de champ à jonction intégré à canal N, TEC à jonction intégré à canal N, transistor JFET intégré à canal N, FET à jonction intégré à canal N, transistor NFET intégré *(on peut permuter « intégré » et « à canal N » selon le contexte) (semi) (cf. aussi* junction field-effect transistor, integrated transistor *et* n-channel).
n-channel integrated MOS *cf.* n-channel integrated MOS transistor.
n-channel integrated MOS device *cf.* n-channel integrated MOS transistor.
n-channel integrated MOS transistor transistor MOS intégré à canal N, transistor MOS canal N intégré, transis-

tor NMOS (intégré) *(CI) (cf. aussi* MOS transistor, integrated transistor *et* n-channel).

n-channel integrated MOSFET *cf.* n-channel integrated MOS transistor.

n-channel integrated transistor *cf.* n-channel integrated field-effect transistor.

n-channel ion-implant process procédé à implantation ionique à canal N *(fab. TEC) (cf. aussi* ion implantation process *et* n-channel).

n-channel ion implantation implantation ionique du canal N, implantation du canal N *(fab. TEC) (cf. aussi* implanted channel *et* n-channel).

n-channel ion-implanted ... ... implanté(e) à canal N, ... à canal N et implantation ionique *(transistor, circuit intégré ou puce MOS ou autre à effet de champ) (semi) (cf. aussi* implanted device *et* n-channel).

n-channel JFET *cf.* n-channel junction field-effect transistor.

n-channel junction FET *cf.* n-channel junction field-effect transistor.

n-channel junction field-effect transistor transistor à effet de champ à jonction à canal N *(semi) (cf. aussi* NFET).

n-channel MNOS technology *cf.* MNOS technology.

n-channel MNOS transistor *cf.* MNOS transistor.

n-channel monolithic ... *cf.* n-channel integrated ...

n-channel MOS *cf.* N-channel MOS transistor.

n-channel MOS ... *cf.* NMOS ... *(pour les termes qui ne figurent pas ci-après).*

n-channel MOS transistor transistor MOS à canal N *(CI) (cf. aussi* NMOS transistor).

n-channel MOSFET *cf.* n-channel MOS transistor.

n-channel MOST *cf.* n-channel MOS transistor.

n-channel polysilicon ... *cf.* n-channel silicon-gate ...

n-channel process procédé à canal N, méthode à canal N *(procédé de fabrication de transistors à effet de champ à canal N et notamment de transistors MOS intégrés à canal N) (semi) (cf. aussi* n-channel field-effect transistor *et* NMOS transistor).

n-channel pull-down transistor transistor d'excursion basse à canal N *(transistor MOS à canal N utilisé comme transistor d'excursion basse dans un circuit intégré monolithique) (inf) (cf. aussi* pull-down transistor *et* NMOS transistor).

n-channel silicon-gate MOS *cf.* n-channel silicon-gate MOS transistor.

n-channel silicon-gate MOS process procédé MOS canal N à grille silicium *(fab. CI) (cf. aussi* silicon-gate NMOS process).

n-channel silicon-gate MOS transistor transistor MOS canal N à grille silicium *(ou au silicium) (CI) (cf. aussi* silicon-gate NMOS transistor).

n-channel silicon-gate process *cf.* n-channel silicon-gate MOS process.

n-channel silicon-gate transistor *cf.* n-channel silicon-gate MOS transistor.

n-channel technique *cf.* n-channel process.

n-channel technology (la) technique du canal N *(technique des transistors à effet de champ à canal N et notamment des circuits intégrés à transistors MOS à canal N) (semi) (cf. aussi* n-channel field-effect transistor, NMOS transistor *et* technology).

n-channel transistor *cf.* n-channel field-effect transistor.

n-channel unit version à canal N *(transistor, CI) (cf. aussi* n-channel component *et* unit 3)).

N-circuit switch *cf.* N-position switch.

n-collector *cf.* n-type collector.

n-conductivity *cf.* n-type conductivity.

N-contact connector connecteur à n contacts *(cf. aussi* connector 1)).

N-core cable câble à n conducteurs *(câble tél, etc.) (cf. aussi* multicore cable).

n-diffused region *cf.* n-type diffused region.

n⁺ diffused region zone diffusée du type N⁺, *(etc.) (semi) (cf. aussi* n⁺ region *(plus loin) et* diffused region).

n-diffusion *cf.* n-type diffused region.

N⁺ diffusion *cf.* N⁺ diffused region.

N display présentation du type N *(présentation des informa-*

tions sur l'écran d'un radar analogue à la présentation du type K, mais comportant en plus une marque rectangulaire appelée « marche de distance » que l'opérateur déplace le long de la base de temps en tournant un bouton commandant un compteur; lorsque la marche est alignée sur le double écho de la cible, la distance de celle-ci est le nombre indiqué par le compteur) (avia) (cf. aussi* K display *et* radar).

n-dopant *cf.* n-type impurity.

n-drain *cf.* n-type drain.

N electron électron de la couche N *(atome) (cf. aussi* N shell).

n-emitter *cf.* n-type emitter.

n-epitaxial layer *cf.* n-type epitaxial layer.

n⁺ guard ring anneau de garde du type N⁺, anneau de garde dopé N⁺, anneau de garde N⁺ *(anneau de garde de transistor intégré formé de semiconducteur du type N⁺) (CI) (cf. aussi* guard ring (b) *et* n⁺ semiconductor).

n-implant *cf.* n-type implant.

n⁺ implant *cf.* n⁺ implanted region.

n-implanted region *cf.* n-type implanted region.

n⁺ implanted region zone implantée du type N⁺, *(etc.) (semi) (cf. aussi* n⁺ region *(plus loin) et* implanted region).

n-impurity *cf.* n-type impurity.

n-isolating well *cf.* n-type isolating well.

n-isolation *cf.* n-type isolation.

N-jump link liaison en n bonds *(liaison par faisceau hertzien comportant n − 1 relais) (radiocom) (cf. aussi* microwave radio 1) *et* radio relay).

n-layer *cf.* n-type layer.

n⁻ layer couche du type N⁻, *(etc.) (semi) (cf. aussi* n⁻ region *et* n-type layer).

n⁺ layer couche du type N⁺, *(etc.) (semi) (cf. aussi* n⁺ region *et* n-type layer).

n-MOS *cf.* NMOS. *(plus loin) (de même pour les termes dérivés).*

N-MOS *cf.* NMOS. *(plus loin) (de même pour les termes dérivés).*

N-ohm terminated line ligne fermée sur n ohms *(ligne de transmission dont l'extrémité réceptrice est connectée à une charge de n ohms) (cf. aussi* transmission line, load¹ (a) *et* ohm).

n-p-n ... *cf.* npn ...

N-pin package boîtier à n broches *(boîtier DIP ou SIP ou autre) (CI, etc.) (cf. aussi* DIP *et* SIP).

N-position switch commutateur à n positions, commutateur à n directions *(cf. aussi* multiposition switch).

N quadrant quadrant N *(un des deux quadrants dans lesquels est entendu le signal N d'une balise équisignal) (radionav) (avia) (cf. aussi* A-N radio range *(au début de la lettre A).*

n-region *cf.* n-type region.

n⁻ region zone du type N⁻, zone N⁻, zone du type N faiblement dopée *(ou à faible dopage), zone N (idem) (zone de semiconducteur du type N⁻ formée dans un cristal semiconducteur du type P par dopage local de celui-ci) (CI, etc.) (cf. aussi* n⁻ semiconductor *et* p-type semiconductor).

n⁺ region zone du type N⁺, zone N⁺, zone du type N fortement dopée *(ou à fort dopage), zone N (idem) (zone de semiconducteur du type N⁺ formée dans un cristal semiconducteur du type P par dopage local de celui-ci) (CI, etc.) (cf. aussi* n⁺ semiconductor *et* p-type semiconductor).

N scan *cf.* N display.

N scope écran à présentation du type N *(radar) (cf. aussi* N display).

n-semiconductor *cf.* n-type semiconductor.

n⁻ semiconductor semiconducteur du type N⁻, semiconducteur N⁻, semiconducteur du type N faiblement dopé *(ou à faible dopage), semiconducteur N (idem) (semiconducteur du type N ne contenant qu'un léger excédent d'électrons par suite d'un faible dopage en atomes donneurs) (CI, etc.) (cf. aussi* n-type semiconductor *et* donor atom).

n⁺ semiconductor semiconducteur du type N⁺, semiconducteur N⁺, semiconducteur du type N fortement dopé *(ou à fort dopage), semiconducteur N (idem) (semiconducteur du type N contenant un grand excédent d'électrons par suite d'un fort dopage en atomes donneurs) (CI, etc.) (cf. aussi* n-type semiconductor *et* donor atom).

N shell couche N *(quatrième couche électronique d'un atome en partant du noyau) (cf. aussi* electron shell).

N signal signal N *(signal en Morse entendu dans les deux quadrants N d'une balise équisignal) (radionav) (avia) (cf. aussi* A-N radio range *(au début de la lettre A).*

n-silicon *cf.* n-type silicon. *(de même pour les termes dérivés).*

n⁻ silicon silicium du type N⁻, silicium N⁻, silicium du type N faiblement dopé *(ou* à faible dopage), silicium N *(idem) (semi) (cf. aussi* silicon *et* n⁻ semiconductor).

n⁻ silicon substrate substrat en *(ou* de) silicium du type N⁻, *(etc.) (semi) (cf. aussi* n⁻ silicon *et* substrate (c)).

n⁺ silicon silicium du type N⁺, silicium N⁺, silicium du type N fortement dopé *(ou* à fort dopage), silicium N *(idem) (semi) (cf. aussi* silicon *et* n⁺ semiconductor).

n⁺ silicon substrate substrat en *(ou* de) silicium du type N⁺, *(etc.) (semi) (cf. aussi* n⁺ silicon *et* substrate (c)).

n-source *cf.* n-type source.

n-substrate *cf.* n-type substrate.

n⁻ substrate substrat du type N⁻, *(etc.) (substrat de composant à semiconducteur constitué par un semiconducteur du type N⁻) (cf. aussi* N⁻ semiconductor *et* semiconductor component).

n-th order control system système asservi du n-ième ordre, système asservi d'ordre n *(cf. aussi* control-system order).

n-th order filter filtre du n-ième ordre, filtre d'ordre n *(cf. aussi* filter order).

n-transistor *cf.* NMOS transistor.

n-type area *cf.* n-type region.

n-type atom atome du type N, atome N *(semi) (cf. aussi* donor atom).

n-type base base du type N, base dopée N, base N *(base d'un transistor formée d'une zone de semiconducteur du type N, c-à-d. base de transistor PNP) (la zone de la base est généralement une couche interne) (cf. aussi* base 3), n-type semiconductor *et* npn transistor).

n-type channel canal du type N, canal dopé N, canal N *(canal de transistor à effet de champ formé d'une zone de semiconducteur du type N) (cf. aussi* channel¹ 1) *et* n-type semiconductor).

n-type collector collecteur du type N, collecteur dopé N, collecteur N *(collecteur d'un transistor formé d'une zone de semiconducteur du type N, c-à-d. collecteur de transistor NPN) (la zone du collecteur peut être le substrat dans lequel le transistor est réalisé) (cf. aussi* collector (a), n-type semiconductor *et* NPN transistor).

n-type component composant du type N *(transistor à effet de champ à canal N ou circuit intégré NMOS) (semi) (cf. aussi* n-channel field-effect transistor *et* NMOS integrated circuit).

n-type conductivity conductibilité du type N *(nom parfois donné à la conduction par électrons dans un semiconducteur) (cf. aussi* electron conduction (b)).

n-type device dispositif du type N *(autre nom, plus général, d'un composant du type N) (semi) (cf. aussi* n-type component).

n-type diffused region zone diffusée du type N, *(etc.) (semi) (cf. aussi* n-type region *et* diffused region).

n-type diffusion diffusion du type N *(ce terme, qui signifie « diffusion d'impuretés du type N, est souvent employé, incorrectement, avec le sens de « zone diffusée du type N ») (semi) (cf. aussi* diffusion 1) (b), n-type impurity *et* n-type region).

n-type dopant *cf.* n-type impurity.

n-type drain drain du type N, drain dopé N, drain N *(drain d'un transistor formé d'une zone de semiconduteur du type N, c-à-d. drain d'un transistor à canal N) (cf. aussi* drain 1) *et* n-type semiconductor).

n-type emitter émetteur du type N, émetteur dopé N, émetteur N *(émetteur d'un transistor formé d'une zone de semiconducteur du type N, c-à-d. émetteur d'un transistor NPN) (cf. aussi* emitter 1), n-type semiconductor *et* NPN transistor).

n-type epitaxial layer couche épitaxiale du type N, *(etc.) (couche épitaxiale formée de semiconducteur du type N) (transistor, CI, etc.) (cf. aussi* n-type layer *et* epitaxial layer).

n-type implant *cf.* n-type implanted region.

n-type implanted layer couche implantée du type N, couche implantée N *(semi) (cf. aussi* implanted layer *et* n-type layer).

n-type implanted region zone implantée du type N, zone implantée N *(semi) (cf. aussi* implanted region *et* n-type region).

n-type impurity impureté du type N, impureté N *(semi) (cf. aussi* donor impurity).

n-type ion-implanted ... *cf.* n-type implanted ...

n-type isolating well caisson d'isolement du type N *(ou* dopé N), caisson d'isolement N, caisson du type N *(idem) (caisson d'isolement formé de semiconducteur du type N) (transistor intégré) (cf. aussi* isolating well *et* n-type semiconductor).

n-type isolation isolement par caisson du type N, *(etc.) (transistor intégré) (cf. aussi* n-type isolating well).

n-type layer couche du type N, couche dopée N, couche N *(couche de semiconducteur du type N) (transistor, CI, etc.) (cf. aussi* n-type semiconductor *et* semiconductor layer).

n-type MOS *cf.* n-channel MOS transistor.

n-type MOS circuit *cf.* n-type MOS intégrated circuit.

n-type MOS IC *cf.* n-type MOS integrated circuit.

n-type MOS integrated circuit circuit intégré MOS du type N *(semi) (cf. aussi* NMOS integrated circuit).

n-type region zone du type N, zone dopée N, zone N *(zone de semiconducteur du type N formée dans un cristal semiconducteur du type P par dopage local de celui-ci) (transistor, CI, etc.) (cf. aussi* n⁻ region, n⁺ region, n-type semiconductor *et* p-type semiconductor).

n-type semiconductor semiconducteur du type N *(ou* dopé N), semiconducteur N *(semiconducteur dans lequel la densité d'électrons de conduction est supérieure à la densité de trous) (les électrons sont donc les porteurs majoritaires et assurent, par conséquent, l'essentiel de la conduction électrique dans le semiconducteur) (transistor, CI, etc.) (cf. aussi* n⁻ semiconductor, n⁺ semiconductor, electron density, conduction electron, hole 1), majority carrier *et* semiconductor).

n-type semiconductor substrate substrat en semiconducteur du type N, *(etc.) (transistor, CI, etc.) (cf. aussi* n-type semiconductor *et* substrate (c)).

n-type silicon silicium du type N, silicium dopé N, silicium N *(semi) (cf. aussi* silicon *et* n-type semiconductor).

n-type silicon substrate substrat en *(ou* de) silicium du type N, *(etc.) (semi) (cf. aussi* n-type silicon *et* substrate (c)).

n-type source source du type N, source dopée N, source N *(source d'un transistor formée d'une zone de semiconducteur du type N, c-à-d. source d'un transistor à canal N) (cf. aussi* source¹ 2) *et* n-type semiconductor).

n-type substrate substrat du type N, substrat dopé N, substrat N *(substrat de composant à semiconducteur constitué par un cristal semiconducteur du type N) (cf. aussi* n⁻ substrate, n⁺ substrate, n-type semiconductor, substrate (c) *et* semiconductor component).

n-type well *cf.* n-type isolating well.

N-way switch *cf.* N-position switch.

n-well *cf.* n-type isolating well.

nA *cf.* nanoampere.

NA *cf.* numerical aperture.

NAB *cf.* National Association of Broadcasters.

NAB curve *cf.* NAB equalization curve.

NAB equalization curve courbe d'égalisation de la NAB, courbe de la NAB *(courbe d'égalisation d'amplificateur de chaîne électroacoustique à haute fidélité normalisée par la NAB) (cf. aussi* equalization curve *et* NAB).

nadir viewing sensor analyseur au nadir *(détecteur de pollution atmosphérique monté dans un satellite et orienté, nécessairement, vers la Terre).*

nail-head bond *cf.* ball bond.

NAK *(vient de « negative acknowledgment »)* NAK, accusé de réception négatif *(caractère de commande de transmission indiquant qu'un bloc d'informations reçu est inacceptable et doit être transmis de nouveau) (trans. données) (télinf) (cf. aussi* transmission control character *et* block).

name plate plaque d'indentification *(plaque fixée sur un* appareil ou une machine et portant le nom du constructeur de celui-ci ou celle-ci, sa désignation et, dans le cas d'un appareil électronique ou électrique ou d'une machine électrique, indiquant au minimum la nature du courant d'alimentation — courant continu ou alternatif — sa fréquence dans le second cas et éventuellement le nombre de phases, la tension d'alimentation nominale, la puissance nominale absorbée et souvent l'intensité correspondante du courant d'alimentation) (cf. aussi ratings).

NAND (vient de « NOT AND » et correspond en réalité à « AND NOT », c.-à-d. que l'opération AND est exécutée avant l'opération NOT, contrairement à ce que le terme anglais donne à penser) $\overline{ET}$, ET inversé, ET complémenté, non-intersection, non-conjonction (= l'un ou l'autre « 1 » ou les deux « 0 », mais pas les deux « 1 ») (opérateur logique) (inf) (cf. aussi NAND gate et logic operator).

NAND circuit cf. NAND gate. (cf. aussi logic circuit).

NAND element cf. NAND gate. (le terme « NAND element » est impropre et, comme tel, peu employé) (inf) (cf. aussi logic element).

NAND function fonction $\overline{ET}$, (etc.) (fonction logique constituée par la non-intersection de deux signaux binaires) (inf) (cf. aussi NAND et logic function).

NAND gate porte $\overline{ET}$, circuit $\overline{ET}$, (etc.) (circuit logique réalisant la non intersection de deux signaux binaires, c.-à-d. que sa sortie est à l'état « 1 » quand une entrée est à l'état « 1 » et l'autre à l'état « 0 », ou les deux à l'état « 0 », et passe à l'état « 0 » quand les deux entrées sont à l'état « 1 ») (inf) (cf. aussi NAND, logic gate et ONE state).

NAND logic ... cf. NAND ...

NAND operation opération $\overline{ET}$, (etc.) (opération logique fournissant le complément de l'intersection de deux signaux binaires) (inf) (cf. aussi NAND et logic operation).

NAND operator opérateur $\overline{ET}$, (etc.) (opérateur logique représentant ou exécutant l'opération $\overline{ET}$) (inf) (cf. aussi NAND operation et logic operator).

nanoampere nanoampère, nA (unité d'intensité de courant égale à 10^{-9} ampère, soit un milliardième d'ampère) (cf. aussi ampere).

nanoampere current (intensité de) courant de l'ordre du nanoampère (ou mesurée en nanoampères), courant mesuré en nanoampères (intensité de courant comprise entre 1 et 9,999 nanoampères inclusivement ou parfois plus, ou courant d'une telle intensité) (cf. aussi nanoampere).

nanoampere current measurement mesure d'intensités de courant de l'ordre du nanoampère (ou en nanoampères), mesure de courants (idem), mesure de nanoampères (cf. aussi nanoampere current).

nanoampere measurement cf. nanoampere current measurement.

nanoampere range gamme des nanoampères (gamme des intensités de courant comprises entre 1 et 9,999 nanoampères inclusivement) (cf. aussi nanoampere).

nanocircuit 1) nanocircuit (circuit logique à temps de propagation de l'ordre de la nanoseconde) (inf) (cf. aussi logic circuit et gate delay). 2) cf. molecular circuit.

nanocomputer cf. molecular computer.

manoelectronics cf. molecular electronics.

nanofarad nanofarad, nF (unité de capacité électrique égale à 10^{-9} farad, soit un milliardième de farad) (cf. aussi farad).

nanofarad capacitance capacité de l'ordre du nanofarad (ou mesurée en nanofarads) (capacité électrique comprise entre 1 et 9,999 nanofarads inclusivement ou parfois plus) (cf. aussi nanofarad).

nanofarad capacitance measurement mesure de capacités de l'ordre du nanofarad (ou en nanofarads), mesure de nanofarads (cf. aussi nanofarad capacitance).

nanofarad measurement cf. nanofarad capacitance measurement.

nanofarad range gamme des nanofarads (gamme des capacités électriques comprises entre 1 et 9,999 nanofarads inclusivement) (cf. aussi nanofarad).

nanogate cf. molecular gate.

nanohenry nanohenry, nH (unité d'inductance égale à 10^{-9} henry, soit un milliardième de henry) (cf. aussi henry).

nanohenry inductance inductance de l'ordre du nanohenry (ou mesurée en nanohenrys) (inductance comprise entre 1 et 9,999 nanohenrys inclusivement ou parfois plus) (cf. aussi nanohenry).

nanohenry inductance measurement mesure d'inductances de l'ordre du nanohenry (ou en nanohenrys), mesure de nanohenrys (cf. aussi nanohenry inductance).

nanohenry measurement cf. nanohenry inductance measurement.

nanohenry range gamme des nanohenrys (gamme des inductances comprises entre 1 et 9,999 nanohenrys inclusivement) (cf. aussi nanohenry).

nanojoule nanojoule, nJ (unité d'énergie et de travail égale à 10^{-9} joule, soit un milliardième de joule) (cf. aussi joule).

nanojoule ... (voir nanojoule et nanowatt ... et adapter).

nanosecond nanoseconde (unité de temps égale à 10^{-9} seconde, soit un milliardième de seconde) (en électronique, est utilisée notamment pour mesurer la durée d'une impulsion ou un temps de commutation ou un temps de propagation par porte) (cf. aussi pulse duration, switching time et gate delay).

nanosecond duration durée de l'ordre de la nanoseconde (etc.) (impulsion, etc.) (cf. aussi nanosecond time et pulse duration).

nanosecond-duration pulse cf. nanosecond pulse.

nanosecond interval cf. nanosecond time interval.

nanosecond measurement cf. nanosecond time measurement.

nanosecond pulse impulsion de l'ordre de la nanoseconde (ou mesurée en nanosecondes), impulsion d'une durée (idem) (cf. aussi pulse[1] et nanosecond time).

nanosecond range gamme des nanosecondes (gamme des temps compris entre 1 et 9,999 nanosecondes) (cf. aussi nanosecond et nanosecond time interval).

nanosecond switching commutation en un temps de l'ordre de la nanoseconde, commutation à une vitesse (idem) (parf. ... à des vitesses ...) (le second terme est incorrect, mais très employé), commutation en nanosecondes (cf. aussi nanosecond switching time).

nanosecond switching speed cf. nanosecond switching time.

nanosecond switching time temps de commutation de l'ordre de la nanoseconde (ou mesuré en nanosecondes), vitesse de commutation (idem) (le second terme est incorrect, mais très employé) (dispositif de commutation très rapide) (cf. aussi switching time et nanosecond).

nanosecond time temps de l'ordre de la nanoseconde, temps mesuré en nanosecondes (temps compris entre 1 et 9,999 nanosecondes inclusivement ou parfois plus) (cf. aussi nanosecond).

nanosecond time interval intervalle de temps ... (voir aussi nanosecond time).

nanosecond time measurement mesure de temps de l'ordre de la nanoseconde (ou en nanosecondes), mesure de nanosecondes (cf. aussi nanosecond time et measurement).

nanosecond turn-off time temps de blocage de l'ordre de la nanoseconde (ou mesuré en nanosecondes) (dispositif de commutation très rapide) (cf. aussi turn-off time et nanosecond time).

nanosecond turn-on time temps de déblocage de l'ordre de la nanoseconde (ou mesuré en nanosecondes) (dispositif de commutation très rapide) (cf. aussi turn-on time et nanosecond time).

nanovolt nanovolt, nV (unité de tension égale à 10^{-9} volt, soit un milliardième de volt) (cf. aussi volt).

nanovolt amplitude amplitude de l'ordre du nanovolt (ou mesurée en nanovolts) (signal) (cf. aussi nanovoltage et amplitude).

nanovolt level cf. nanovolt amplitude. (cf. aussi level 1)).

nanovolt measurement cf. nanovoltage measurement.

nanovoltage tension de l'ordre du nanovolt (tension comprise entre 1 et 9,999 nanovolts inclusivement ou parfois plus) (cf. aussi nanovolt).

nanovoltage measurement mesure de tensions de l'ordre du nanovolt (ou en nanovolts), mesure de nanovolts (cf. aussi nanovoltage).

nanovoltmeter nanovoltmètre (voltmètre gradué en nanovolts, c.-à-d. voltmètre pour mesure de tensions extrêmement faibles) (cf. aussi nanovolt et voltmeter).

nanowatt nanowatt, nW *(unité de puissance égale à 10^{-9} watt, soit un milliardième de watt)* (cf. aussi watt).

nanowatt circuit circuit nanowatt *(circuit dans lequel la puissance absorbée est de l'ordre du nanowatt) (circuit élémentaire de certains circuits intégrés monolithiques à très haute densité de composants)* (cf. aussi nanowatt power *et* power consumption).

nanowatt level cf. nanowatt power level.

nanowatt-level measurement cf. nanowatt power measurement. (cf. aussi level 1)).

nanowatt-level power cf. nanowatt power. (cf. aussi level 1)).

nanowatt-level power measurement cf. nanowatt power measurement. (cf. aussi level 1)).

nanowatt measurement cf. nanowatt power measurement.

nanowatt power puissance de l'ordre du nanowatt *(puissance comprise entre 1 et 9,999 nanowatts inclusivement ou parfois plus) (CI, etc.)* (cf. aussi nanowatt *et* nanowatt circuit).

nanowatt power level (niveau de) puissance de l'ordre du nanowatt *(l'emploi du terme « niveau » ici est incorrect, mais très courant)* (cf. aussi nanowatt power *et* level 1)).

nanowatt power measurement mesure de puissances de l'ordre du nanowatt *(ou en nanowatts), mesure de nanowatts* (cf. aussi nanowatt power).

nap-of-the earth navigation navigation à très basse altitude, navigation en rase-mottes *(fam) (navigation d'un aéronef militaire à l'aide d'un radar de suivi de terrain pour passer sous la couverture radar de l'adversaire)* (cf. aussi terrain-following radar).

narrow-band amplifier amplificateur à bande étroite, amplificateur accordé *(idem)*, amplificateur sélectif *(amplificateur accordé dont le gain n'est appréciable que dans une étroite bande de fréquences et constituant par conséquent un filtre, actif, à bande étroite)* (cf. aussi tuned amplifier, narrow-band filter *et* active filter).

narrow-band axis axe Q, axe du signal Q, axe de la composante à bande étroite *(direction du vecteur représentant le signal Q dans la représentation vectorielle des signaux de chrominance du procédé de télévision en couleurs NTSC)* (cf. aussi Q signal 1) *(au début de la lettre Q)*, phasor representation *et* wideband axis).

narrow-band circuit circuit à bande étroite, montage à bande étroite *(filtre à bande étroite ou amplificateur à bande étroite)* (cf. aussi narrow-band filter, narrow-band amplifier *et* circuit).

narrow-band crystal video receiver récepteur vidéo à cristal à bande étroite *(radar)* (cf. aussi crystal video amplifier).

narrow-band demodulation démodulation à bande étroite *(démodulation d'un signal n'occupant qu'une étroite bande de fréquences) (récepteur FM, etc.)* (cf. aussi narrow-band frequency modulation).

narrow-band detection détection à bande étroite *(nom parfois donné à la détection d'enveloppe effectuée après un changement de fréquence, par opposition à la détection à large bande) (en d'autres termes, nom parfois donné à la détection effectuée dans un récepteur superhétérodyne ou dans un analyseur de réseaux comparable à un tel récepteur)* (cf. aussi detection 2), frequency conversion, superheterodyne receiver *et* network analyzer).

narrow-band filter filtre à bande étroite, filtre accordé *(idem) (filtre passe-bande ne laissant passer qu'une étroite bande de fréquences) (a donc une courbe de réponse en fréquence relativement pointue)* (cf. aussi tuned filter, frequency response curve *et* narrow-band amplifier).

narrow-band filtering filtrage à bande étroite *(filtrage réalisé par un filtre à bande étroite)* (cf. aussi narrow-band filter).

narrow-band frequency modulation modulation de fréquence à bande étroite, modulation NBFM *(procédé de modulation de fréquence dans lequel l'excursion de fréquence de l'onde porteuse est limitée à quelques kilohertz) (est appliqué dans les émetteurs-récepteurs du service mobile à modulation de fréquence où l'excursion peut atteindre 15 kHz et dans certaines stations de radioamateurs où elle est limitée à 3 kHz)* (cf. aussi frequency modulation, frequency deviation 1) *et* mobile service).

narrow band-gap semiconductor semiconducteur à bande interdite étroite (cf. aussi forbidden band).

narrow-band interference parasites à bande étroite *(parasites radioélectriques n'occupant qu'une étroite bande de fréquences) (radioélectricité)* (cf. aussi interference 1) *et* frequency band).

narrow-band jammer brouilleur à bande étroite *(mil)* (cf. aussi spot jammer).

narrow-band jamming brouillage à bande étroite *(mil)* (cf. aussi spot jamming).

narrow-band low-pass filter filtre passe-bas à bande étroite *(cf. aussi low-pass filter et narrow-band filter)*.

narrow-band low-pass filtering filtrage par filtre passe-bas à bande étroite *(cf. aussi narrow-band low-pass filter)*.

narrow-band microwave tube cf. narrow-band tube.

narrow-band modulation recovery cf. narrow-band demodulation.

narrow-band noise bruit à bande étroite *(bruit n'occupant qu'une étroite bande de fréquences) (est généralement produit par des parasites à bande étroite) (récepteur, etc.)* (cf. aussi noise 2) (a) *et* narrow-band interference).

narrow-band rejection filter filtre coupe-bande à bande étroite *(cf. aussi notch filter)*.

narrow-band signal signal à bande étroite *(signal occupant une étroite bande de fréquences)* (cf. aussi signal[1], frequency band *et* narrow-band frequency modulation).

narrow-band superhet cf. narrow-band superheterodyne receiver.

narrow-band superheterodyne cf. narrow-band superheterodyne receiver.

narrow-band superheterodyne receiver récepteur superhétérodyne à bande étroite *(récepteur superhétérodyne très sélectif grâce à des étages formant filtres passe-bande à bande étroite) (récepteur radio ou radar militaire)* (cf. aussi superheterodyne receiver *et* narrow-band filter).

narrow-band sweep balayage d'une bande étroite *(balayage d'une étroite bande de fréquences par un générateur à balayage)* (cf. aussi sweeping generator).

narrow-band tube tube à bande étroite, tube hyperfréquence à bande étroite *(tube amplificateur hyperfréquence dont le gain n'est appréciable que dans une étroite bande de fréquences) (klystron, etc.)* (cf. aussi microwave amplifier tube, gain 1) *et* klystron).

narrow bandpass bande passante étroite *(filtre)* (cf. aussi passband.

narrow bandpass filter cf. narrow-band filter.

narrow-base npn transistor transistor NPN à base étroite *(ou mince) (transistor NPN doté d'une base extrêmement mince pour réduire le temps de transit des électrons dans la base et permettre ainsi une fréquence de fonctionnement très élevée)* (cf. aussi npn transistor *et* base 3)).

narrow fan beam faisceau en éventail étroit *(faisceau d'ondes émis par un radar d'atterrissage ou une autre aide à l'atterrissage, etc.) (avia, etc.)* (cf. aussi fan beam, GCA, ILS *et* MLS).

narrow pulse impulsion étroite (cf. aussi short pulse).

narrow wall petit côté *(guide d'ondes rectangulaire) (hyper)* (cf. aussi rectangular waveguide).

NARTB cf. National Association of Radio and Television Broadcasters.

nation-wide coverage couverture nationale *(couverture d'un pays entier par un émetteur de radiodiffusion au sol ou sur satellite, par une chaîne de radiodiffusion au sol ou par un réseau de télécommunications au sol ou par satellite)* (cf. aussi satellite broadcasting *et* satellite communications).

National Association of Broadcasters Association américaine de radiodiffusion, NAB *(sorte de syndicat américain des exploitants d'émetteurs de radiodiffusion sonore ou visuelle) (nom pris par ce syndicat à partir du 1ᵉʳ janvier 1958 par simplification de son appellation antérieure : « National Association of Radio and Television Broadcasters »)*.

National Association of Radio and Television Broadcasters Association américaine des exploitants de stations de radiodiffusion et de télévision (cf. aussi National Association of Broadcasters).

National Electrical Code normes NEC *(normes américaines relatives aux appareils et installations électriques, notamment* à l'isolement et la section des conducteurs, aux tensions employées et à la mise à la terre des appareils) (cf. aussi standard[1] 2)).

national network réseau national (réseau de télécommunications ou autre desservant tout un pays) (cf. aussi communications network).

national standard **1)** étalon national (étalon servant de référence à l'échelon national) (cf. aussi standard[1] 1)). **2)** norme nationale (norme applicable à l'échelon national) (cf. aussi standard[1] 2)).

National Television System Committee Comité du procédé de télévision américain, NTSC (comité créé en 1940 aux Etats-Unis pour choisir et normaliser un procédé de télévision en noir et blanc, puis en couleurs) (le sigle NTSC de ce comité, qui seul est utilisé en français, a été adopté pour désigner le procédé américain de télévision en couleurs utilisé également par le Canada et le Japon, notamment) (cf. aussi NTSC system).

natural echo écho naturel (radar) (cf. aussi skin return).

natural frequency fréquence propre (fréquence d'oscillation naturelle d'un système oscillant, notamment d'un résonateur, c.-à-d. fréquence de résonance de celui-ci en l'absence d'influence extérieure) (cf. aussi resonant frequency, oscillatory system et resonator).

natural-frequency oscillation oscillation à la fréquence propre (résonateur) (cf. aussi natural frequency).

natural interference parasites naturels (parasites prenant naissance dans la nature, c.-à-d. parasites atmosphériques et extra-atmosphériques) (cf. aussi atmospheric interference, extra-atmospheric interference et interference 1)).

natural magnet aimant naturel, aimant permanent naturel (aimant permanent dans lequel la polarisation magnétique est spontanée, c.-à-d. naturelle) (magnétite aimantée) (cf. aussi permanent magnet et magnetite).

natural noise cf. natural interference.

natural oscillation frequency cf. natural frequency.

natural period période propre, période d'oscillation à la fréquence propre (résonateur) (cf. aussi natural frequency et period).

natural persistence persistance naturelle (persistance d'un luminophore de tube cathodique ordinaire ou de tube cathodique à mémoire utilisé en mode de visualisation classique, c.-à-d. sans mémoire) (oscillo, radar, etc.) (cf. aussi persistence, phosphor et storage tube).

natural resonance résonance à la fréquence propre (résonateur) (cf. aussi natural frequency).

natural wavelength longueur d'onde à la fréquence d'accord (longueur de l'onde émise par une antenne accordée excitée à la fréquence d'accord) (cf. aussi tuned antenna et wavelength).

NAV ... cf. navigation ...

navaid cf. navigation aid.

naval countermeasures cf. naval electronic countermeasures.

naval ECM cf. naval electronic countermeasures.

naval electronic countermeasures contre-mesures électroniques navales, contre-mesures navales (contre-mesures électroniques exercées à bord d'un navire de guerre) (lancement de leurres radar ou infrarouges, émission de fumée, silence électronique) (cf. aussi chaff rocket, electronic silence et electronic countermeasures).

naval electronic equipment matériel électronique naval (matériel électronique conçu pour être utilisé sur des navires ou dans des installations côtières ou portuaires d'aide à la navigation) (est caractérisé par une bonne résistance à l'humidité et à l'action corrosive de l'air marin, ainsi que par l'absence de considérations de poids et, généralement, d'encombrement) (émetteurs et récepteurs radio, radars, sonars, calculateurs, traceurs de route, etc.) (cf. aussi shipboard electronic equipment et electronic equipment).

naval electronic warfare (la) guerre électronique navale (ou sur mer) (guerre électronique entre, d'une part, un ou plusieurs navires d'un belligérant et, d'autre part, un ou plusieurs navires, aéronefs ou batteries côtières de l'adversaire) (mil) (cf. aussi electronic warfare).

naval electronics (l')électronique navale (matériel électro-

nique naval et activités qui s'y rattachent) (cf. aussi naval electronic equipment et electronics[1]).

naval ESM equipment matériel d'écoute naval (matériel d'écoute conçu pour être utilisé sur un navire) (mil) (cf. aussi ESM equipment et naval electronic equipment).

naval EW cf. naval electronic warfare.

naval radar radar naval (cf. aussi naval electronic equipment et radar).

navigation navigation (a) sens usuel; (b) ensemble des opérations nécessaires pour mener à destination un navire, un aéronef ou un engin spatial, et technique englobant les activités et procédés correspondants) (cf. aussi radio navigation, inertial navigation, celestial navigation et navigation aid); (c) (nom parfois donné à la recherche d'une information dans une banque de données) (inf) (cf. aussi data base).

navigation accuracy précision de navigation (précision avec laquelle un système de navigation permet la détermination de la position d'un mobile à bord de celui-ci) (mar, avia, espace) (cf. aussi navigation system).

navigation aid (une) aide à la navigation (anglicisme bien implanté désignant tout appareil, système ou procédé destiné à faciliter la navigation au sens de (b) plus haut) (cf. aussi radio navigation aid, radar navigation aid et navigation (b)).

navigation beacon balise de navigation (balise lumineuse, balise radio ou balise radar utilisable aux fins de navigation au sens de (b) plus haut limité à un navire ou un aéronef) (cf. aussi navigation (b), radio beacon et radar beacon).

navigation chain chaîne de stations de navigation, chaîne de navigation (ensemble de stations d'émission d'un système de navigation à moyenne ou grande distance) (cf. aussi Loran chain et Omega chain).

navigation computer calculateur de navigation (calculateur utilisant les informations de navigation d'un mobile et les valeurs des perturbations pour déterminer les corrections à apporter à la trajectoire du mobile pour rallier la destination prévue) (est généralement un calculateur numérique, mais peut être un calculateur analogique) (avia, mar, espace) (cf. aussi navigation information, navigation (b) et digital computer).

navigation countermeasures contre-mesures antinavigation (contre-mesures destinées à gêner la navigation des aéronefs et missiles à longue portée de l'adversaire pour leur faire manquer leur objectif) (mil) (cf. aussi active navigation countermeasures, passive navigation countermeasures, navigation (b) et countermeasures).

navigation data cf. navigation information (cf. aussi data).

navigation electronic equipment matériel électronique de navigation, (parf.) matériel de radionavigation (matériel électronique monté dans une aide à la navigation ou constituant celle-ci) (cf. aussi navigation aid, radio navigation equipment et navigation equipment).

navigation electronics (l')électronique de navigation (matériel électronique de navigation et activités qui s'y rattachent), (cf. aussi navigation electronic equipment et electronics[1]).

navigation equipment matériel de navigation (matériel électronique ou autre utilisé aux fins de navigation) (ce terme désigne généralement le matériel de radionavigation, mais peut inclure ou désigner le matériel de navigation par inertie) (cf. aussi electronic navigation equipment, inertial navigation equipment et navigation (b)).

navigation fix repère de navigation (repère au sol, en mer ou dans l'espace) (aviation, marine, astronautique) (cf. aussi position fix).

navigation information informations de navigation, paramètres de navigation (cap, vitesse, dérive, taux de dérive et coordonnées dans le plan horizontal d'un navire de surface, d'un sous-marin, d'un aéronef, d'un missile ou d'un engin spatial et, dans les quatre derniers cas, direction et module du vecteur vitesse dans le plan vertical, ainsi que temps, vitesse et direction du vent ou du courant, etc.) (cf. aussi navigation (b), heading 1), drift (b), drift rate (b), vector[1] (a), navigation computer, information et parameter).

navigation instrument instrument de navigation (aide à la navigation utilisée à bord d'un mobile ou autodirecteur de missile à longue portée) (cf. aussi navigation aid et homing head).

navigation parameter paramètre de navigation (*cf. aussi* navigation information).

navigation plotter traceur de route (*table traçante utilisée sur un navire pour tracer la route suivie par celui-ci*) (*nav*) (*cf. aussi* X-Y recorder 2) *et* course).

navigation radar radar de navigation (*radar utilisé à bord d'un navire ou d'un aéronef pour augmenter la précision et la sécurité de la navigation, notamment la nuit et par temps de brouillard*) (*radionav*) (*cf. aussi* navigation (b), PPI-display radar, Doppler navigation radar *et* radar).

navigation receiver récepteur de navigation (*récepteur radio conçu pour permettre l'utilisation des signaux émis par les stations d'émission d'un système de radionavigation déterminé*) (*récepteur Loran, Decca, Oméga, etc.*) (*mar, avia*) (*cf. aussi* radio receiver *et* radio navigation system).

navigation satellite satellite de navigation (*ou* d'aide à la navigation) (*satellite artificiel de la Terre émettant des signaux radioélectriques permettant à un navire ou un aéronef de déterminer sa position, généralement grâce à la mesure de la fréquence Doppler des signaux reçus due au déplacement du satellite le long de son orbite et à la connaissance des éléments de celle-ci*) (*mar, avia*) (*cf. aussi* Navstar, position fix, Doppler shift *et* radio navigation aid).

navigation satellite system réseau de satellites de navigation (*cf. aussi* navigation satellite).

navigation station *cf.* radio navigation station.

navigation system système de navigation (*système destiné à faciliter la navigation d'un mobile au sens de (b) plus haut*) (*ce terme désigne généralement un système de radio-navigation, mais peut inclure ou désigner un système de navigation par inertie ou un système de navigation astronomique*) (*mar, avia*) (*cf. aussi* navigation (b), radio navigation system, inertial navigation system *et* celestial navigation system).

navigational ... *cf.* navigation ...

Navstar (*vient de « navigation system using time and ranging »*) réseau de navigation Navstar (*autre nom du réseau GPS, souvent employé pour désigner les satellites de celui-ci*) (*cf. aussi* global positioning system).

NBFM *cf.* narrow-band frequency modulation.

NC **1)** *cf.* normally closed. **2)** (*vient de « no connection »*) (*abréviation portée sur le schéma du culot d'un tube électronique, près d'une broche de celui-ci, pour indiquer qu'elle n'est reliée à aucune électrode du tube et que la borne correspondante du support du tube peut être utilisée comme borne-relais pour deux ou plusieurs fils*). **3)** *cf.* numerical control.

NC contact *cf.* normally-closed contact.

Nd-YAG *cf.* neodymium-doped yttrium-aluminium garnet.

Nd-YAG laser laser YAG (*cf. aussi* YAG laser).

NDB *cf.* non-directional beacon.

NDRO *cf.* non-destructive readout.

near echo écho d'une cible proche (*radar, sonar*) (*cf. aussi* target echo).

near-end crosstalk paradiaphonie (*diaphonie produite par le signal d'un circuit téléphonique dont le microphone est situé à la même extrémité de la ligne que le poste perturbé*) (*exemple : sur la ligne Paris-Marseille, diaphonie perçue par un abonné de Paris lorsqu'un autre abonné de Paris téléphone à Marseille par le même câble*) (*cf. aussi* crosstalk 1)).

near-far problem problème de l'émetteur lointain (*problème posé par la réception du signal d'un émetteur lointain en présence du signal d'un émetteur proche émettant sur la même fréquence ou presque*).

near field champ proche (*champ de rayonnement d'une source d'ondes à une distance relativement courte de celle-ci*) (*cf. aussi* radiation field) (a) *champ électromagnétique produit par une antenne d'émission à une distance inférieure à la distance à laquelle commence la zone de Fraunhoffer*) (*cf. aussi* Fraunhoffer region) ; (b) *champ acoustique produit par un haut-parleur ou autre transducteur électroacoustique émetteur à proximité de celui-ci*) (*cf. aussi* acoustic field *et* electroacoustic transducer).

near-field measurement mesure en champ proche, mesure dans la zone de champ proche (*mesure de l'intensité d'un champ de rayonnement dans la zone de champ proche*) (*antenne d'émission, haut-parleur, etc.*) (*cf. aussi* near field).

near-field region *cf.* near region.

near-field test *cf.* near-field measurement.

near-field testing mesures en champ proche (*cf. aussi* near-field measurement).

near infrared (le) proche infrarouge, (l')infrarouge proche (*rayonnement infrarouge dont la longueur d'onde est comprise entre 1 et 3 microns ou domaine correspondant du spectre des ondes électromagnétiques*) (*comprend le rayonnement infrarouge le plus énergétique*) (*le qualificatif « proche » rappelle que dans le spectre des ondes électromagnétiques, le proche infrarouge est la partie du domaine infrarouge la plus proche du domaine des longueurs d'onde de la lumière visible*) (*cf. aussi* short-wave infrared *et* infrared radiation).

near-infrared band *cf.* near-infrared region.

near infrared radiation *cf.* near infrared.

near-infrared region domaine du proche infrarouge (*cf. aussi* near infrared).

near-infrared source source de proche infrarouge, (*etc.*) (*cf. aussi* near infrared *et* infrared source).

near-infrared wavelength longueur d'onde du domaine du proche infrarouge, longueur d'onde du proche infrarouge (*cf. aussi* near infrared).

near IR *cf.* near infrared. (*de même pour les termes dérivés*).

near letter quality qualité courrier ou presque (*texte d'imprimante*) (*inf, etc.*) (*cf. aussi* letter quality).

near region zone de champ proche, zone proche (*antenne d'émission, haut-parleur, etc.*) (*cf. aussi* near field).

near-surface layers couches proches de la surface, (*parf.*) couches sous-jacentes (*couches d'un substrat de circuit intégré monolithique ou autre substrat situées immédiatement au-dessous de la surface de celui-ci*) (*cf. aussi* monolithic integrated-circuit substrate).

near ultraviolet (le) proche ultraviolet, (l')ultraviolet proche (*rayonnement ultraviolet dont la longueur d'onde est comprise entre 0,4 et 0,3 microns ou domaine correspondant du spectre des ondes électromagnétiques*) (*comprend le rayonnement ultraviolet le moins énergétique*) (*le qualificatif « proche » rappelle que dans le spectre des ondes électromagnétiques, le proche ultraviolet est la partie du domaine ultraviolet la plus proche du domaine des longueurs d'onde de la lumière visible, donc situé à l'opposé du proche infrarouge par rapport à celle-ci*) (*cf. aussi* ultraviolet radiation *et* near infrared).

near zone *cf.* near region.

nearby emission *cf.* nearby transmission.

nearby emitter *cf.* nearby transmitter.

nearby transmission émission proche, émission d'un émetteur proche, (*etc.*) (*radio, radar*) (*cf. aussi* nearby transmitter).

nearby transmitter émetteur proche, émetteur situé à proximité (*ou* dans le voisinage) (*de la station considérée*) (*radio, radar*) (*cf. aussi* near-far problem).

NEC *cf.* National Electrical Code.

neck col (*partie cylindrique d'un tube cathodique contenant le ou les canons à électrons* (*cf. aussi* cathode-ray tube).

needle **1)** aiguille (a) *aiguille de tête de lecture de phonographe*) (*cf. aussi* mechanical phonograph *et* 2) ci-après) ; (b) *aiguille de tri de cartes perforées*) (*cf. aussi* card sorter). **2)** pointe de lecture (*tourne-disque*) (*cf. aussi* stylus 1)).

needle chatter *cf.* needle talk.

needle drag force d'entraînement (*pointe de lecture*) (*cf. aussi* stylus drag).

needle force force d'appui (*pointe de lecture*) (*cf. aussi* stylus force).

needle pressure *cf.* needle force.

needle scratch bruit de surface (*pointe de lecture*) (*cf. aussi* surface noise).

needle talk son produit par la pointe (*son de faible intensité produit directement par les vibrations de la pointe de lecture de la tête de lecture d'un tourne-disque lors de la lecture d'un disque*) (*cf. aussi* stylus 1)).

Néel temperature température de Néel, point de Néel (*température à laquelle la susceptibilité magnétique d'un corps antiferromagnétique présente un maximum*) (*magnétisme*) (*cf. aussi* antiferromagnetic material).

NEG *cf.* negative.

negate *v* exécuter l'opération NON, *(etc.) (circuit logique) (inf) (cf. aussi* NOT).

negated inversé, complémenté, ayant subi une inversion *(ou une complémentation) (signal logique) (cf. aussi* NOT).

negater porte NON, *(etc.) (circuit logique) (inf) (cf. aussi* NOT gate).

negation négation, *(etc.) (algèbre logique) (inf) (cf. aussi* NOT).

negation ... *cf.* NOT ...

negative négatif, négative *(sens usuel et sens électrique) (voir notamment* negative voltage) *(cf. aussi* positive *et* neutral).

negative acknowledgement accusé de réception négatif *(trans. données) (cf. aussi* NAK).

negative amplitude modulation *cf.* negative modulation.

negative AND *cf.* NAND. *(de même pour les termes dérivés).*

negative bias polarisation négative *(polarisation d'une électrode dans laquelle celle-ci est négative par rapport à l'électrode de référence, c.-à-d. connectée au pôle négatif de la source de polarisation) (tube, transistor, etc.) (cf. aussi* bias[1], negative *et* bias source).

negative charge charge négative, charge électrique négative *(charge électrique constituée par un excès d'électrons par rapport au nombre de protons) (corps, etc.) (cf. aussi* electric charge).

negative conductance *cf.* negative resistance.

negative conductor conducteur négatif *(conducteur relié au pôle négatif d'une source de courant continu ou de tension continue) (cf. aussi* negative pole).

negative dc voltage tension continue négative *(cf. aussi* dc voltage *et* negative voltage).

negative electricity électricité négative *(électricité constituée par une charge électrique négative) (cf. aussi* electricity *et* negative charge).

negative electrode électrode négative, électrode polarisée négativement *(tube, transistor, etc.) (cf. aussi* negative bias).

negative electron électron négatif *(nom parfois donné à l'électron en physique nucléaire pour le distinguer de l'électron positif) (les électrons considérés et utilisés en électricité et en électronique sont toujours des électrons négatifs) (cf. aussi* electron).

negative feedback réaction négative, contre-réaction *(le second terme est le plus employé) (rétroaction dans laquelle la fraction du signal de sortie du quadripôle ramenée à l'entrée de celui-ci est en opposition de phase avec le signal d'entrée et s'oppose donc à l'action de ce dernier) (est employée dans un amplificateur à contre-réaction pour réduire la distorsion et augmenter la stabilité au prix d'une diminution du gain) (le signal de réaction négative s'opposant à l'action du signal d'entrée, il diminue le gain de l'étage et, comme il est proportionnel à l'amplitude du signal de sortie, il stabilise celui-ci en agissant proportionnellement sur le gain et, comme il ramène à l'entrée la distorsion comprise dans le signal de sortie tout en inversant sa phase, il réduit la distorsion) (dans un amplificateur haute fréquence, une certaine contre-réaction est exercée par le circuit de neutrodynage) (le rapport entre la tension de contre-réaction ou l'intensité du courant de contre-réaction et la tension ou l'intensité du courant à la sortie de l'amplificateur en l'absence de contre-réaction est appelé « taux de contre-réaction ») (cf. aussi* feedback, in phase opposition, gain 1), distortion *et* neutralization).

negative-feedback amplifier amplificateur à contre-réaction *(cf. aussi* feedback amplifier).

negative-feedback loop circuit de contre-réaction *(ampli) (cf. aussi* negative feedback *et* feedback loop).

negative ghost image fantôme négative *(TV) (cf. aussi* ghost image *et* negative image).

negative glow lueur négative *(zone luminescente comprise entre la zone de Crookes et la zone obscure de Faraday dans un tube à décharge) (cf. aussi* discharge tube).

negative-going input *cf.* negative input pulse.

negative-going pulse *cf.* negative pulse. *(ne pas employer « impulsion en lancée négative »).*

negative-going ramp *cf.* negative ramp.

negative-going ramp waveform signal en forme de rampe négative *(cf. aussi* ramp[1] *et* waveform).

negative-going transition transition descendante *(ou en sens négatif) (transition d'un signal à deux polarités ou deux niveaux) (tlg, etc.) (cf. aussi* transition (c)).

negative grid bias polarisation négative de la grille, polarisation de grille négative *(polarisation de la grille de commande d'un tube électronique à grille de commande par rapport à la cathode) (cf. aussi* bias[1] *et* control grid 1)).

negative ground masse reliée au négatif, *(souvent)* négatif à la masse *(caractéristique d'un montage ou appareil électrique ou électronique ou d'une installation électrique dans lequel ou laquelle le pôle négatif d'une source de courant continu est connecté au châssis) (cf. aussi* negative pole *et* ground[1] 1)).

negative half-cycle alternance négative *(grandeur sinusoïdale) (cf. aussi* half-cycle).

negative image image inversée, image négative *(image de télévision dans laquelle les zones sombres de la scène sont représentées par des zones claires et vice-versa) (rappelle un négatif photographique et résulte du branchement dans le mauvais sens de la diode de détection du signal vidéo ou de luminance) (cf. aussi* television image).

negative impedance impédance négative *(impédance comprenant une réactance négative) (cf. aussi* impedance *et* negative reactance).

negative impedance converter convertisseur d'impédance (négative) *(quadripôle actif dont l'impédance d'entrée est de signe opposé à l'impédance de sortie) (plus précisément, si la réactance de la charge du convertisseur est une réactance capacitive, elle apparaît à l'entrée sous la forme d'une réactance inductive et vice-versa) (utilise généralement un amplificateur opérationnel et des résistances et sert à simuler une inductance par une capacitance, donc à remplacer une bobine d'inductance par un condensateur, plus facile à fabriquer, notamment dans un circuit intégré, pour réaliser un filtre actif) (cf. aussi* gyrator (a), active quadripole, impedance, capacitive reactance, inductive reactance, operational amplifier *et* active filter).

negative input entrée négative *(entrée d'une tension négative, notamment d'une impulsion négative, ou par extension, cette tension elle-même) (cf. aussi* input[1], negative voltage *et* negative pulse).

negative input pulse impulsion d'entrée négative *(cf. aussi* input pulse *et* negative pulse).

negative input voltage tension d'entrée négative, *(etc.) (cf. aussi* input voltage *et* negative voltage).

negative ion ion négatif, ion à charge négative *(ion résultant de l'acquisition d'un ou plusieurs électrons par un corpuscule, ou électron considéré comme un ion) (cf. aussi* ion).

negative logic (la) logique négative *(logique dans laquelle le niveau logique « 1 » est représenté par une tension négative par rapport à la tension représentant le niveau « 0 ») (inf) (cf. aussi* logic (b), logic level *et* negative voltage).

negative magnetic susceptibility *cf.* negative susceptibility.

negative magnetostriction magnétostriction négative *(magnétostriction dans laquelle la déformation des cristaux du corps se traduit par une diminution des dimensions de celui-ci) (cf. aussi* magnetostriction).

negative modulation modulation négative, modulation d'amplitude négative *(modulation de la porteuse d'un signal de télévision dans laquelle le blanc correspond au minimum de l'amplitude du signal de luminance et le noir au maximum) (l'amplitude du signal de luminance diminue donc quand la luminance de l'image augmente) (cf. aussi* modulation polarity *et* carrier wave).

negative output sortie négative *(sortie d'une tension négative, notamment d'une impulsion négative, ou par extension, cette tension elle-même) (cf. aussi* output[1], negative voltage *et* negative pulse).

negative output pulse impulsion de sortie négative *(cf. aussi* output pulse *et* negative pulse).

negative output swing excursion négative de la sortie *(ou de la tension de sortie) (cf. aussi* voltage swing *et* negative voltage).

negative output voltage tension de sortie négative, *(etc.) (cf. aussi* output voltage *et* negative voltage).

negative overshoot dépassement négatif *(impulsion) (cf. aussi* undershoot[1]).

negative photoresist photorésist négatif, résist optique négatif, (*etc.*) (*fab. CP, CH, CI, semi*) (*cf. aussi* photoresist *et* negative resist).

negative plate plaque négative, électrode négative (*plaque d'un accumulateur reliée à la borne négative de celui-ci*)(*cf. aussi* negative terminal *et* storage cell 1)).

negative polarity (*cf. aussi* voltage polarity) polarité négative (a) *polarité d'une tension négative ou, par conséquent, d'un point d'un conducteur à tension négative et notamment d'un pôle négatif ou d'une borne négative*) (*cf. aussi* negative voltage, negative pole *et* negative terminal); (b) *polarité d'une impulsion négative*) (*cf. aussi* negative pulse).

negative pole pôle négatif, pôle moins, pôle — (*pôle d'une source de courant continu auquel les électrons mis en mouvement dans la source créent une charge électrique négative et par lequel ils quittent la source pour parcourir le circuit de la charge et revenir au pôle positif*) (*cf. aussi* electric pole, dc current source, current direction *et* negative terminal).

negative potential potentiel négatif (*cf. aussi* electric potential *et* negative voltage).

negative power supply alimentation négative (a) *alimentation d'un montage par un courant produit par une tension négative par rapport à la masse du montage*) (*cf. aussi* power supply (a) *et* negative voltage); (b) *dispositif fournissant un tel courant*) (*cf. aussi* power supply (b)).

negative pulse impulsion négative (*impulsion de tension négative*) (*cf. aussi* pulse[1] *et* negative voltage).

negative reactance reactance négative (*nom parfois donné à une réactance capacitive*) (*cf. aussi* capacitive reactance).

negative regeneration *cf.* negative feedback.

negative resist résist négatif (*résist que l'exposition au phénomène sensibilisant polymérise en le rendant ainsi insoluble dans le solvant utilisé pour éliminer les parties à faire disparaître*) (*ce sont donc les zones non exposées qui disparaissent au cours du traitement chimique et déterminent les zones gravées dans la couche sous-jacente*) (*ne permet pas d'obtenir des traits aussi fins qu'avec le résist positif*) (*fab. CP, CH, CI, semi*) (*cf. aussi* resist).

negative resistance résistance négative (*résistance dont le comportement ne suit pas la loi d'Ohm, la tension à ses bornes diminuant lorsque l'intensité du courant qui la traverse augmente*) (*en termes mathématiques, résistance dans laquelle la dérivée de la tension par rapport au courant est négative — $dV/dI < 0$ —, c-à-d. dans laquelle la pente de la caractéristique tension-courant est négative*) (*propriété de l'arc électrique et des dispositifs à résistance négative*) (*dans certaines conditions, ce comportement est équivalent à un apport d'énergie utilisable pour assurer la réaction dans un oscillateur ou l'amplification dans un amplificateur*) (*cf. aussi* negative-resistance device, negative-resistance oscillator, negative-resistance amplifier *et* resistance).

negative-resistance amplifier amplificateur à résistance négative (*ou* impédance négative), amplificateur dipôle (*amplificateur hyperfréquence dans lequel le signal est amplifié par réflexion sur une charge constituée par une diode tunnel polarisée dans la partie à pente négative de sa caractéristique courant-tension*) (*le signal à amplifier est appliqué à la diode par l'intermédiaire d'un circulateur et le signal de sortie de la diode, qui suit le même chemin que le premier signal, mais en sens inverse, est séparé de celui-ci et aiguillé vers la sortie par le circulateur*) (*cf. aussi* negative resistance, microwave amplifier, tunnel diode *et* circulator).

negative-resistance characteristic caractéristique à résistance négative (*caractéristique courant-tension dont une partie au moins, ayant une pente négative, correspond à une résistance négative*) (*arc électrique, composant*) (*cf. aussi* current-voltage characteristic *et* negative resistance).

negative-resistance device dispositif à résistance négative (*composant électronique possédant une caractéristique à résistance négative*) (*tube tétrode à grille-écran, magnétron, transistor unijonction, diode tunnel, diode Gunn, etc.*) (*cf. aussi* negative-resistance characteristic).

negative-resistance diode diode à résistance négative (*diode à semiconducteur à caractéristique négative*) (*diode tunnel, diode Gunn, etc.*) (*cf. aussi* negative-resistance characteristic, tunnel diode *et* Gunn diode).

negative-resistance element élément à résistance négative (*dispositif à résistance négative considéré en tant qu'élément de circuit*) (*cf. aussi* negative-resistance device *et* circuit element).

negative-resistance magnetron (*ce terme est un pléonasme car un magnétron n'étant rien d'autre qu'une diode à vide de type particulier, il ne peut fonctionner en oscillateur comme il le fait que par effet de résistance négative*) (*hyper*) (*cf. aussi* magnetron *et* negative-resistance oscillator).

negative-resistance oscillator oscillateur à résistance négative, oscillateur à réaction interne (*oscillateur dans lequel la réaction est assurée par effet de résistance négative dans l'élément produisant l'oscillation*) (*oscillateur à effet dynatron, magnétron, oscillateur à relaxation à transistor unijonction, oscillateur à diode tunnel ou à diode Gunn, etc.*) (*cf. aussi* oscillator *et* negative resistance).

negative side côté négatif, côté moins, côté — (*borne négative ou extrémité d'un circuit connectée à une telle borne*) (*cf. aussi* negative terminal).

negative supply *cf.* negative power supply.

negative supply rail pôle négatif de l'alimentation (*cf. aussi* supply rails).

negative susceptibility susceptibilité négative, susceptibilité magnétique négative (*susceptibilité magnétique d'un corps dans lequel le sens de l'aimantation est l'opposé de celui du champ magnétisant*) (*corps diamagnétique*) (*cf. aussi* magnetic susceptibility *et* diamagnetism).

negative tempco *cf.* negative temperature coefficient.

negative temperature coefficient coefficient de température négatif, CTN (*coefficient de température correspondant à une diminution de la valeur de la caractéristique considérée quand la température du composant augmente*) (*ce terme désigne souvent un coefficient de température de résistance négatif*) (*cf. aussi* temperature coefficient *et* negative temperature coefficient of resistance).

negative temperature coefficient of resistance coefficient de température de résistance négatif, coefficient de température négatif (*coefficient de température négatif de la résistance d'un composant*) (*thermistance CTN, transistor bipolaire, etc.*) (*cf. aussi* negative temperature coefficient *et* resistance).

negative-temperature-coefficient thermistor thermistance à coefficient de température négatif, thermistance CTN (*thermistance dont la valeur ohmique diminue fortement quand la température augmente*) (*cf. aussi* thermistor, ohmic value *et* negative temperature coefficient).

negative terminal borne négative (*borne reliée ou à relier au pôle négatif d'une source de courant continu ou de tension continue ou constituant celui-ci*) (*cf. aussi* terminal 1) *et* negative pole).

negative thermion thermoélectron (*cathode chaude*) (*cf. aussi* thermoelectron).

negative-to-positive reversal changement de polarité du négatif au positif, inversion (*idem*), (*parf.*) passage du négatif au positif (*ou de la polarité négative à la polarité positive*) (*cf. aussi* polarity reversal).

negative-transconductance oscillator *cf.* negative-resistance oscillator.

negative transmission émission en modulation négative (*TV*) (*cf. aussi* negative modulation).

negative-true logic *cf.* negative logic.

negative voltage tension négative, différence de potentiel négative, potentiel négatif (*tension créée par un excès d'électrons au point considéré d'un conducteur par rapport au point de référence*) (*cf. aussi* voltage).

negative voltage supply alimentation en tension négative (*application d'une tension négative à une borne, généralement aux fins de polarisation*) (*cf. aussi* negative voltage *et* negative bias).

negative wire fil négatif (*cf. aussi* negative conductor *et* wire[1] 1)).

negatively charged chargé(e) négativement, à charge négative, portant une charge négative (*corps, particule, électrode, etc.*) (*cf. aussi* negative charge).

negatron 1) négaton, négatron (*le second terme est peu employé en français*) (*autres noms de l'électron négatif*) (*cf. aussi* negative electron). **2)** *(nom parfois donné en anglais à un tube tétrode à grille-écran en raison de sa caractéristique à résistance négative) (cf. aussi* tetrode tube *et* negative-resistance characteristic).

nematic liquid crystals cristaux liquides nématiques *(ou en phase nématique) (cristaux liquides parallèles entre eux dans la totalité du volume occupé et présentant des décalages suivant leur axe ayant pour résultat l'absence de stratification) (type de cristaux liquides le plus employé dans les afficheurs à cristaux liquides) (cf. aussi* liquid crystals).

nematic material liquide nématique *(liquide composé de cristaux liquides nématiques) (cf. aussi* nematic liquid crystals).

nemo *(vient de « not emanating from main office »)* émission en direct *(radiodif) (cf. aussi* live broadcast).

NEMO *cf.* nemo. *(de même pour les termes dérivés).*

nemo broadcast *cf.* nemo.

nemo transmission *cf.* nemo.

neodymium néodyme *(terre rare employée notamment dans certains lasers) (cf. aussi* rare earth *et* neodymium laser).

neodymium-doped YAG *cf.* neodymium-doped yttrium-aluminium garnet.

neodymium-doped YAG laser *cf.* neodymium-YAG laser.

neodymium-doped yttrium-aluminium garnet grenat d'yttrium et d'aluminium dopé au néodyme, grenat d'yttrium-aluminium (dopé au néodyme), YAG, cristal YAG *(ces initiales viennent de « yttrium-aluminium garnet ») (corps cristallin utilisé comme milieu actif apparent dans un type de laser à solide au néodyme) (opto) (cf. aussi* neodymium, lasing material, YAG laser *et* neodymium solid laser).

neodymium glass laser laser à verre au néodyme *(laser à solide au néodyme dans lequel le solide est un verre spécial) (opto) (cf. aussi* neodymium solid laser).

neodymium laser laser au néodyme *(laser dans lequel le milieu actif effectif est constitué par des ions de néodyme contenus dans le milieu actif apparent) (opto) (cf. aussi* neodymium solid laser, neodymium liquid laser, neodymium, lasing material *et* laser).

neodymium liquid laser laser à liquide au néodyme *(laser au néodyme dans lequel le milieu actif apparent est un liquide, c.-à-d. laser à liquide inorganique) (opto) (cf. aussi* neodymium laser *et* inorganic liquid laser).

neodymium solid laser laser à solide au néodyme *(laser au néodyme dans lequel le milieu actif apparent est un solide, c.-à-d. laser YAG ou laser au verre-néodyme) (opto) (cf. aussi* YAG laser, neodymium-glass laser *et* neodymium laser).

neodymium-YAG laser laser YAG *(opto) (cf. aussi* YAG laser).

neodymium-yttrium-aluminium garnet *cf.* neodymium-doped yttrium-aluminium garnet.

neon néon, Ne *(gaz rare de l'air, et par conséquent neutre, dont l'ionisation se produit sous une tension relativement faible et donne une lumière orangée) (en électronique appliquée et techniques connexes, est utilisé notamment dans les lampes au néon, les tubes au néon, les afficheurs à plasma, les tubes stabilisateurs de tension et le laser à l'hélium-néon) (cf. aussi* ionization, neon lamp, neon tube, plasma display 2), voltage-statibilizing tube *et* helium-neon laser).

neon bulb *cf.* neon lamp.

neon glow lamp *cf.* neon lamp.

neon indicator voyant au néon *(voyant lumineux utilisant une petite lampe au néon) (cf. aussi* neon lamp).

neon lamp lampe au néon *(lampe à lueur utilisant du néon) (lampe à très faible consommation et faible intensité lumineuse utilisée principalement dans certains voyants lumineux) (cf. aussi* glow lamp *et* neon).

neon tube tube au néon *(tube à décharge luminescente rempli de néon pour produire une lumière rouge) (enseigne lumineuse) (cf. aussi* glow-discharge tube *et* neon).

NEP *cf.* noise equivalent power.

neper *(vient de « Neper », mathématicien anglais)* néper *(unité de niveau analogue au décibel, mais utilisant les logarithmes népériens au lieu des logarithmes décimaux) (est égal à 8,69 décibels et surtout utilisé pour mesurer l'affaiblissement des lignes téléphoniques) (cf. aussi* decibel).

Nernst bridge pont de Nernst *(pont de mesure de capacités pour condensateurs à faibles fuites) (s'utilise en considérant que la résistance de fuite du condensateur mesuré est en parallèle sur sa capacité) (cf. aussi* capacitance bridge).

Nernst effect effet Nernst *(apparition d'une tension entre les deux bords d'une lamelle métallique siège d'un gradient de température longitudinal et placée dans un champ magnétique perpendiculaire à son plan) (effet thermomagnétique dont le réciproque est l'effet Ettingshausen et dont l'analogue galvanomagnétique est l'effet Hall) (le gradient de température est obtenu en portant les extrémités de la lamelle à des températures différentes) (cf. aussi* thermomagnetic effect, galvanolmagnetic effect *et* gradient).

nested interrupts interruptions emboîtées *(interruptions précédant les appels de sous-programmes emboîtés) (inf) (cf. aussi* interrupt *et* nesting).

nesting emboîtement de sous-programmes, emboîtement *(utilisation d'un sous-programme d'ordinateur dont l'exécution est commandée par une instruction d'un sous-programme plus important) (inf) (cf. aussi* subroutine *et* instruction).

net *s* chaîne de stations *(ensemble de stations radio ou radar exploitées de façon coordonnée) (tls, mil, etc.) (cf. aussi* radio station *et* radar station).

net ... *cf.* network ... *(pour les termes qui ne figurent pas ci-après).*

net charge charge résultante, charge électrique résultante *(charge électrique constituant la somme algébrique de deux charges de signes opposés, c.-à-d. l'une négative et l'autre positive) (cf. aussi* net positive charge, net negative charge, net zero charge *et* electric charge).

net electric charge *cf.* net charge.

net negative charge charge résultante négative *(charge résultante dans le cas où la charge négative est plus grande que la charge positive en valeur absolue) (cf. aussi* net charge).

net positive charge charge résultante positive *(charge résultante dans le cas où la charge positive est plus grande que la charge négative en valeur absolue) (cf. aussi* net charge).

net zero charge charge résultante nulle *(charge résultante dans le cas où la charge positive et la charge négative ont la même valeur absolue, c.-à-d. absence de charge) (cf. aussi* net charge).

netted radars radars en chaîne *(mil, etc.) (cf. aussi* netted stations).

netted stations stations en chaîne *(stations radio ou radar formant une chaîne de stations) (cf. aussi* net).

network **1)** réseau électrique, réseau *(ensemble d'éléments de circuit reliés entre eux et parcourus par des courants) (tout montage électrique ou électronique dans lequel on peut distinguer deux ou plusieurs circuits ayant un point commun est un réseau électrique) (un réseau électrique comporte toujours des éléments de circuit passifs et éventuellement un ou plusieurs éléments actifs) (cf. aussi* passive network, active network, linear network, non-linear network, π network *(avant « ping »)*, lattice network, circuit element *et* quadripole). **2)** réseau de stations, réseau *(ensemble de stations de télécommunications ou de radionavigation reliées entre elles par fil ou par radio) (cf. aussi* communications network). **3)** chaîne d'émetteurs *(ensemble formé par un émetteur de radiodiffusion sonore ou visuelle et des réémetteurs) (chaîne d'émissions FM, chaîne de télévision) (cf. aussi* translator 1)).

network analysis analyse des réseaux électriques *(analyse du comportement d'un réseau électrique linéaire en fonction du courant fourni à son entrée) (cf. aussi* linear network) (a) détermination de l'intensité du courant dans les différentes branches d'un réseau à courant continu ou à basse fréquence en projet ou existant par simulation de celui-ci et mesure) (réseau de distribution d'énergie électrique, etc.) (cf. aussi* network analyzer (a)); (b) détermination de la réponse en amplitude et en phase et de l'impédance d'un réseau à courant alternatif à haute fréquence en fonction de la fréquence du signal appliqué à son entrée) (filtre, etc.) (cf. aussi* vector network analysis, scalar network analysis, network analyzer (b), amplitude response, phase response *et* impedance).

network analyzer analyseur de réseaux *(appareil permettant l'analyse de réseaux électriques)* (a) *calculateur analogique utilisé pour simuler un réseau à courant continu ou à basse fréquence aux fins d'analyse) (cf. aussi* network analysis (a) *et* analog computer) ; (b) *appareil à tube cathodique visualisant les courbes de réponse d'un réseau à courant alternatif à haute fréquence) (cf. aussi* network analysis (b) *et* response curve).

network architecture structure d'un réseau *(souvent du réseau) (mode d'interconnexion des stations d'un réseau de télécommunications) (ce terme s'applique souvent à un réseau informatique) (cf. aussi* star network, multipoint network, ring network, meshed network, communications network *et* data communications network).

network-based expert system système expert à réseau, système à réseau *(système expert dans lequel le fonds de connaissances est une banque de données en réseau, les branches du réseau étant des relations causales entre les états des nœuds qu'elles relient) (inf) (cf. aussi* expert system, knowledge base *et* network data base).

network-based system *cf.* network-based expert system.

network constant (une) constante d'un réseau *(souvent du réseau) (valeur de la propriété électrique d'un élément de circuit passif d'un réseau électrique, c.-à-d. résistance, capacité ou inductance propre ou mutuelle) (cf. aussi* lumped constant, distributed constant, passive circuit element, network 1), resistance, self-inductance *et* mutual inductance).

network control commande d'un réseau *(souvent du réseau)*, gestion *(idem) (commande de l'acheminement des messages dans un réseau de télécommunications et notamment commande de l'accès des différentes stations du réseau aux voies de transmission de celui-ci et détermination éventuelle de la ou des voies à emprunter par tel ou tel message ou groupe d'informations) (cf. aussi* communications network *et* packet switching).

network control computer *cf.* network controller.

network control processor *cf.* network controller.

network controller régisseur de réseau, ordinateur de gestion de réseau *(ordinateur assurant la commande ou gestion d'un réseau de télécommunications) (ne pas employer « contrôleur de réseau ») (CI) (cf. aussi* controller 1) *et* network control).

network data base banque de données en réseau *(banque de données dans laquelle les informations sont assimilées aux nœuds d'un réseau maillé dont les branches permettent d'associer une information quelconque directement à une autre, indépendamment de toute hiérarchie) (exemple: dans les informations relatives au personnel d'une société, le nom d'un employé d'un service peut apparaître directement dans les informations relatives au personnel d'un autre service) (ce résultat est obtenu grâce au maillage du réseau et à l'emploi de pointeurs indiquant les relations entre les différents ensembles d'informations sans tenir compte de leur hiérarchie) (inf) (cf. aussi* data base *et* meshed network).

network data base management system système de gestion de banque de données en réseau, logiciel *(idem)*, gestionnaire *(idem) (inf) (cf. aussi* data-base management system *et* network data base).

network data-base system *cf.* network data base management system.

network DBMS *cf.* network data base management system.

network measurements mesures sur des réseaux (électriques) *(mesures effectuées à l'aide d'analyseurs de réseaux) (cf. aussi* network analyzer *et* measurement).

network-oriented computer *cf.* network controller.

network-oriented processor *cf.* network controller.

network processor *cf.* network controller.

network protocol protocole (de réseau de transmission de données) *(télinf) (cf. aussi* protocol).

network structure *cf.* network architecture.

network theory théorie des réseaux électriques, théorie de réseaux *(noms donnés à l'extension de la théorie des circuits électriques aux réseaux électriques) (noter que la frontière entre les deux théories n'est pas nette, certains « circuits » étudiés dans la première étant en fait des réseaux) (cf. aussi* circuit theory *et* network 1)).

networking *cf.* network control.

networking protocol *cf.* network protocol.

networking software logiciel de gestion de réseau (de télécommunications), gestionnaire de réseau *(idem) (logiciel de transmission élaboré pour un réseau de télécommunications) (inf, tls) (cf. aussi* communications software *et* communications network).

neural network réseau de neurones *(ou neuronal) (ensemble d'opérateurs élémentaires interconnectés fonctionnant en parallèle destiné à reproduire le fonctionnement du cerveau humain et caractérisé par l'absence de programme à exécuter et de mémoire, ainsi que par l'aspect « global » de son comportement, comme le cerveau humain, et ses capacités d'apprentissage, les opérateurs pouvant par ailleurs être des circuits électroniques, logiques ou analogiques, ou des composants optiques) (du fait de son comportement global, c-à-d. de sa « vue d'ensemble », convient particulièrement à la reconnaissance des formes et de la parole) (peut être considéré comme un type très particulier d'ordinateur, au stade de la recherche en 1990) (inf) (cf. aussi* perceptron, learning machine, logic circuit, analog circuit, pattern recognition, speech recognition *et* computer 2)).

neutral *a ou s* neutre *(voir rubriques ci-après) (cf. aussi* negative *et* positive).

neutral atom atome neutre, atome non ionisé *(atome à l'état structural normal, c.-à-d. dans lequel le nombre d'électrons gravitant autour du noyau est égal au nombre de protons de celui-ci, la charge électrique résultante de l'atome étant nulle) (ne pas confondre l'état structural et l'état énergétique d'un atome) (cf. aussi* atom, ionized atom, neutral molecule *et* ground state).

neutral beam *cf.* neutral particle beam.

neutral-beam weapon *cf.* neutral-particle beam weapon.

neutral conductor conducteur neutre, le neutre *(conducteur d'un réseau de distribution d'énergie électrique triphasé par rapport auquel la tension et la phase ont la même valeur pour les trois conducteurs de phase) (est relié à la terre à la centrale) (cf. aussi* three-phase system *et* ground^1 2)).

neutral ground terre reliée au neutre, *(souvent)* neutre à la terre *(conducteur neutre d'une machine, ligne ou installation électrique relié à la terre) (cf. aussi* neutral conductor).

neutral molecule molécule neutre *(ou non ionisée) (molécule formée d'atomes neutres) (cf. aussi* molécule *et* neutral atom).

neutral particle particule neutre, particule sans charge *(particule ne portant pas de charge électrique) (neutron, atome neutre, molécule neutre) (cf. aussi* neutron, neutral atom, neutral molecule, particle (b) *et* electric charge).

neutral particle beam faisceau de particules neutres *(cf. aussi* neutral particle *et* beam^1).

neutral-particle beam weapon arme à faisceau de particules neutres, arme à particules neutres *(arme à faisceau de particules éjectant des particules neutres, en l'occurence des atomes neutres ou des molécules neutres, après élimination de la charge électrique artificielle créée dans les particules par ionisation pour permettre de les accélérer) (est au stade de la recherche fondamentale en 1990) (mil) (cf. aussi* particle-beam weapon, neutral particle *et* ionization).

neutral relay relais à position neutre *(relais polarisé sans aimants de maintien et muni d'un ressort ou autre dispositif rappelant l'armature à la position d'équilibre en l'absence d'excitation de la bobine) (cf. aussi* polarized relay).

neutral zone plage neutre *(régulateur) (cf. aussi* dead band).

neutralization neutrodynage *(compensation de la réaction positive produite par la capacité de sortie dans un amplificateur haute fréquence à tube électronique ou à transistor bipolaire par création d'une contre-réaction négative à l'aide d'un circuit ramenant à l'entrée une fraction du signal de sortie en inversant sa phase) (cf. aussi* cross-neutralization, capacitive neutralization, inductive neutralization, positive feedback *et* negative feedback).

neutralize *v* neutrodyner *(un amplificateur)*, réaliser le neutrodynage *(d'un amplificateur) (cf. aussi* neutralization).

neutralized amplifier amplificateur neutrodyné, amplificateur à neutrodynage *(cf. aussi* neutralization).

neutralized gain gain avec neutrodynage *(gain d'un amplificateur neutrodyné) (est légèrement inférieur au gain sans neutrodynage) (cf. aussi* neutralization *et* gain 1)).

neutralizing *s cf.* neutralization.

neutralizing bridge circuit pont de neutrodynage *(montage en pont assurant le neutrodynage dans un amplificateur symétrique neutrodyné) (cf. aussi* cross-neutralization).

neutralizing capacitor condensateur de neutrodynage *(ampli) (cf. aussi* capacitive neutralization).

neutralizing coil inductance de neutrodynage *(ampli) (cf. aussi* inductive neutralization).

neutralizing indicator indicateur de neutrodynage *(lampe au néon ou autre indicateur permettant de trouver le réglage optimal d'un condensateur de neutrodynage) (ampli) (cf. aussi* capacitive neutralization).

neutralizing tool *cf.* aligning tool.

neutralizing voltage tension de neutrodynage *(tension haute fréquence ramenée à l'entrée d'un amplificateur neutrodyné pour réaliser le neutrodynage) (cf. aussi* neutralization).

neutrodyne *s* montage neutrodyne *(nom donné au premier amplificateur à tube électronique à neutrodynage capacitif) (cf. aussi* capacitive neutralization).

neutron neutron *(particule élémentaire électriquement neutre entrant dans la composition du noyau de tous les atomes, sauf celui de l'hydrogène, et ayant sensiblement la masse du proton) (bien qu'il ne porte pas de charge électrique globale comme l'indique son nom, le neutron possède un moment magnétique, lequel est de sens opposé à celui du proton ; la présence de ce moment magnétique semble indiquer l'existence de charges électriques internes à résultante extérieure nulle) (cf. aussi* atom, electric charge, magnetic moment, net charge *et* elementary particle).

neutron damage dommages causés par les neutrons *(notamment dans un circuit intégré monolithique à semiconducteur exposé à des radiations nucléaires) (mil, etc.) (cf. aussi* neutron *et* radiation hardness).

neutron magnetic moment moment magnétique du neutron *(atome) (cf. aussi* magnetic moment *et* neutron).

neutron optics optique neutronique, optique du neutron *(optique aux lois de laquelle les neutrons obéissent du fait de leur nature ondulatoire) (diffère de l'optique des ondes lumineuses sur certains points) (atome) (cf. aussi* neutron wavelength).

neutron wavelength longueur d'onde du neutron *(longueur de l'onde de de Broglie associée au neutron) (cette onde est le phénomène sur lequel est fondée l'optique neutronique) (atome) (cf. aussi* de Broglie wave, neutron optics *et* neutron).

news *cf.* newscast.

news commentator *cf.* newscaster.

newscast 1) les informations, (le) journal parlé *(radiodif. sonore).* 2) les informations, (le) journal télévisé *(radiodif. visuelle).*

newscaster commentateur des informations, *(etc.) (parf. au féminin) (cf. aussi* newscast).

newscasting émission des informations, *(etc.) (cf. aussi* newscast).

nF *cf.* nanofarad.

NF *cf.* noise factor.

NFET *(vient de « n-channel (junction) field-effect transistor »)* transistor NFET, transistor à effet de champ à jonction à canal N, TEC à jonction à canal N, transistor JFET à canal N, FET à jonction à canal N *(semi) (cf. aussi* junction field-effect transistor *et* n-type channel).

NG *cf.* noise generator.

nH *cf.* nanohenry.

ni-cad battery *cf.* nickel-cadmium battery.

Ni-Cd battery *cf.* nickel-cadmium battery.

Ni-Fe battery *cf.* nickel-iron battery.

nibble quartet *(inf) (cf. aussi* four-bit byte).

NIC *cf.* negative impedance converter.

nicad battery *cf.* nickel-cadmium battery.

NiCd battery *cf.* nickel-cadmium battery.

Nichrome *(marque déposée)* nichrome *(alliage à base de nickel et de chrome possédant une grande résistivité et une excellente tenue à la chaleur) (est utilisé pour fabriquer du fil résistant pour éléments chauffants, résistances bobinées, potentiomètres bobinés et rhéostats et, en métallurgie, pour* adjonction à la fonte en fusion sous forme de grenaille) *(cf. aussi* resistivity).

nickel-cadmium battery batterie cadmium-nickel *(batterie d'accumulateurs cadmium-nickel) (cf. aussi* nickel-cadmium cell *et* storage battery).

nickel-cadmium cell accumulateur cadmium-nickel *(noter l'inversion d'une langue à l'autre) (accumulateur alcalin dans lequel la plaque positive est garnie d'hydroxyde de nickel et la plaque négative de cadmium) (cf. aussi* alkaline storage cell).

nickel-iron battery batterie fer-nickel *(batterie d'accumulateurs fer-nickel) (cf. aussi* nickel-iron cell *et* storage battery).

nickel-iron cell accumulateur fer-nickel *(noter l'inversion d'une langue à l'autre),* accumulateur Edison *(ancien type d'accumulateur alcalin dans lequel la plaque positive est garnie d'hydroxyde de nickel et la plaque négative de fer en poudre) (cf. aussi* alkaline storage cell).

nickel-resistance thermometer thermomètre à résistance de nickel *(thermomètre à résistance dans lequel celle-ci est un fil de nickel) (cf. aussi* resistance thermometer).

nickel silver maillechort *(alliage de cuivre, de zinc et de nickel de couleur allant du jaune clair à presque celle de l'acier inoxydable selon la teneur en nickel) (est un laiton dans lequel une partie du zinc est remplacée par du nickel (5 à 30 %) pour obtenir une grande amélioration de ses propriétés mécaniques accompagnée d'une augmentation de sa résistance à la corrosion, au prix d'une augmentation sensible de sa résistivité) (cette dernière propriété le fait employer, entre autres, comme fil résistant) (cf. aussi* brass *et* resistivity).

night call communication de nuit, *(parf.)* appel de nuit *(tél) (cf. aussi* telephone call).

night capability possibilités nocturnes *(ou de fonctionnement nocturne) (parf. au singulier) (possibilité de fonctionnement normal d'un composant, appareil ou système dans l'obscurité) (radar, caméra infrarouge, détecteur infrarouge, etc.) (mil, télédétection, gardiennage, etc.) (cf. aussi* capability).

night designation *cf.* night target designation.

night effect effet de propagation nocturne, effet nocturne *(augmentation importante de la portée d'un émetteur radio à ondes moyennes pendant la nuit due à la diminution importante du taux d'ionisation de la couche D de l'atmosphère après le coucher du soleil) (propa) (cf. aussi* D layer *(au début de la lettre D) et* ionization degree).

night propagation propagation nocturne, propagation de nuit, propagation pendant la nuit *(onde radioélectrique) (cf. aussi* night effect).

night range portée nocturne, portée de nuit, portée pendant la nuit *(émetteur radio) (cf. aussi* night effect).

night sensor *cf.* night-vision sensor.

night target designation marquage de cible la nuit *(ou pendant la nuit ou dans l'obscurité),* désignation *(idem) (marqueur laser, radar) (mil) (cf. aussi* target designation).

night-viewing ... *cf.* night-vision ...

night-vision capability possibilités de vision nocturne *(ou de nuit ou pendant la nuit ou dans l'obscurité) (parf. au singulier) (personne portant des jumelles de nuit ou utilisant un dispositif analogue) (mil, etc.) (cf. aussi* night-vision goggles *et* capability).

night-vision device dispositif de vision nocturne *(jumelles de nuit, épiscope de nuit, etc.) (mil, etc.) (cf. aussi* night-vision goggles).

night-vision equipment matériel pour vision nocturne *(mil, etc.) (cf. aussi* night-vision device).

night-vision goggles jumelles de nuit *(jumelles comprenant essentiellement deux tubes intensificateurs à microcanaux permettant la vision de nuit) (existent en versions avec ou sans grossissement, cette dernière étant la plus employée et se portant comme des lunettes de pilote pour permettre notamment à un pilote d'hélicoptère militaire ou un conducteur de véhicule militaire d'exécuter sa mission dans l'obscurité) (le même principe est appliqué dans des épiscopes de nuit passifs pour chars) (cf. aussi* microchannel image intensifier).

night-vision sensor caméra infrarouge *(mil, etc.) (cf. aussi* infrared camera).

night-vision sight viseur de nuit *(viseur à intensification de brillance) (mil) (cf. aussi* night-vision goggles).

night-vision telescope télescope électronique *(lunette de visée à intensificateur de brillance simple ou à plusieurs étages disposés l'un derrière l'autre) (mil, etc.) (cf. aussi* image intensifier tube).

nine's complement complément à 9 *(complément restreint en base 10) (inf, etc.) (cf. aussi* diminished-radix complement).

nines complement *cf.* nine's complement *(ci-dessus)*.

Nipkow disk disque de Nipkow *(disque percé de trous disposés en spirale assurant le balayage dans les procédés de télévision mécanique) (dans la première version du disque de Nipkow, les trous formaient une spirale complète dont chaque trou successif balayait une ligne successive de la scène ou l'image) (dans la seconde version, les trous formaient deux demi-spirales de part et d'autre d'un diamètre du disque, celles-ci étant légèrement décalées le long du rayon du disque pour réaliser l'entrelacement du balayage, qui était déjà connu à cette époque (vers 1930) ; ainsi, la première moitié du disque balayait les lignes impaires et la seconde les lignes paires) (dans la troisième version, des lentilles étaient montées dans les trous pour améliorer le rendement lumineux du dispositif) (cf. aussi* mechanical scanning television *et* interlacing 1)).

nitride passivation passivation au nitrure (de silicium) *(CI) (cf. aussi* passivation *et* silicon nitride).

Nixie tube *(marque déposée)* tube Nixie *(tube d'affichage numérique fonctionnant suivant le principe de la lampe au néon) (comprend essentiellement dix cathodes froides formées d'un filament en forme de chiffre, de 0 à 9, disposées dans la section droite d'une ampoule en verre cylindrique remplie de néon à basse pression et visibles par l'extrémité de celle-ci ; la cathode excitée s'entoure d'une lueur rouge faisant apparaître clairement le chiffre à afficher) (a cédé la place aux afficheurs à diodes lumineuses, etc.) (cf. aussi* neon lamp *et* display[1] 4)).

NLQ *cf.* near letter quality.

NMI *cf.* non-maskable interrupt.

NMOS NMOS *(voir notamment « NMOS transistor »). (ne pas confondre avec « MNOS ») (cf. aussi* MNOS).

NMOS array *cf.* NMOS gate array.

NMOS cell 1) *cf.* NMOS memory cell. **2)** *cf.* NMOS standard cell.

NMOS chip puce NMOS, *(etc.) (puce de circuit intégré NMOS) (semi) (cf. aussi* NMOS integrated circuit *et* chip 1)).

NMOS circuit circuit NMOS (a) *cf. aussi* NMOS integrated circuit) ; (b) *cf. aussi* NMOS logic circuit).

NMOS component composant NMOS, composant MOS à canal N, composant MOS canal N *(circuit intégré NMOS ou, parfois, transistor NMOS) (semi) (cf. aussi* NMOS integrated circuit).

NMOS depletion load charge à déplétion NMOS, *(etc.)* charge à déplétion à transistor NMOS, *(etc.) (charge à déplétion constituée par un transistor NMOS, c.-à-d. transistor NMOS à déplétion utilisé comme charge) (CI) (cf. aussi* NMOS transistor *et* depletion load).

NMOS device dispositif NMOS, *(etc.) (autres noms, plus généraux, d'un composant NMOS) (semi) (cf. aussi* NMOS component).

NMOS DRAM *cf.* NMOS dynamic RAM.

NMOS dynamic memory *cf.* NMOS dynamic RAM. *(de même pour les termes dérivés).*

NMOS dynamic RAM mémoire RAM dynamique NMOS, *(etc.)*, mémoire RAM dynamique à transistors NMOS, *(etc.)*, mémoire vive dynamique NMOS *(idem) (mémoire RAM dynamique utilisant des transistors NMOS) (CI) (inf) (cf. aussi* NMOS transistor *et* dynamic RAM).

NMOS dynamic RAM cell cellule de mémoire RAM dynamique NMOS, *(etc.) (cf. aussi* NMOS dynamic RAM *et* memory cell).

NMOS dynamic RAM chip puce de mémoire RAM dynamique NMOS, *(etc.) (cf. aussi* NMOS dynamic RAM *et* chip 1)).

NMOS dynamic RAM technology (la) technique des mémoires RAM dynamiques NMOS, *(etc.) (cf. aussi* NMOS dynamic RAM *et* technology).

NMOS dynamic random-access memory *cf.* NMOS dynamic RAM.

NMOS dynamics (les) mémoires RAM dynamiques NMOS, *(etc.) (cf. aussi* NMOS dynamic RAM).

NMOS FET *cf.* NMOS transitor. *(cf. aussi* FET).

NMOS FET device *cf.* NMOS transistor.

NMOS field-effect device *cf.* NMOS transistor.

NMOS field-effect transistor *cf.* NMOS transistor.

NMOS function *cf.* NMOS logic function.

NMOS gate porte NMOS, *(etc.)*, porte à transistor(s) NMOS, *(etc.) (le singulier correspond au cas particulier de la porte inverseuse)*, porte logique NMOS, *(idem) (porte logique utilisant un ou plusieurs transistors NMOS dans un circuit intégré monolithique) (inf) (cf. aussi* logic gate, NMOS transistor, monolithic integrated circuit *et* inverter gate).

NMOS gate array matrice prédiffusée NMOS, *(etc.) (matrice prédiffusée utilisant des transistors NMOS) (CI) (cf. aussi* gate array *et* NMOS transistor).

NMOS IC *cf.* NMOS integrated circuit.

NMOS integrated circuit circuit intégré NMOS *(ou MOS à canal N ou MOS canal N ou MOS du type N)*, circuit intégré à transistors NMOS, *(idem) (circuit intégré numérique utilisant des transistors NMOS) (inf) (cf. aussi* digital integrated circuit *et* NMOS transistor).

NMOS integrated-circuit chip *cf.* NMOS chip.

NMOS integrated-circuit technology *cf.* NMOS technology.

NMOS integration intégration NMOS, *(etc.)*, intégration des transistors NMOS, *(etc.) (réalisation des circuits intégrés NMOS) (semi) (cf. aussi* NMOS integrated circuit).

NMOS logic logique NMOS, *(etc.)*, logique à transistors NMOS, *(etc.) (logique utilisant des transistors NMOS) (CI) (inf) (cf. aussi* NMOS transistor *et* logic (b)).

NMOS logic circuit circuit logique NMOS ; *(etc.)*, circuit logique à transistor(s) NMOS, *(etc.) (le pluriel est le cas général)*, circuit NMOS, *(etc.) (circuit logique formé d'une ou plusieurs portes NMOS) (CI) (inf) (cf. aussi* NMOS gate *et* logic circuit).

NMOS logic function fonction logique NMOS, fonction NMOS, *(fonction logique réalisée par un circuit logique NMOS) (CI) (inf) (cf. aussi* logic function *et* NMOS logic circuit).

NMOS logic gate *cf.* NMOS gate.

NMOS memory mémoire NMOS, *(etc.)*, mémoire à transistors NMOS, *(etc.) (mémoire à semiconducteur réalisée sous la forme d'un circuit intégré NMOS) (inf) (cf. aussi* NMOS integrated circuit *et* semiconductor memory).

NMOS memory cell cellule de mémoire NMOS, *(etc.)*, cellule NMOS, *(etc.) (cf. aussi* NMOS memory *et* memory cell).

NMOS memory chip puce de mémoire NMOS, *(etc.)*, puce mémoire NMOS, *(etc.) (cf. aussi* NMOS memory *et* chip 1)).

NMOS memory technology (la) technique des mémoires NMOS *(ou à transistors NMOS)*, *(etc.) (cf. aussi* NMOS memory *et* technology).

NMOS microprocessor microprocesseur NMOS, *(etc.)*, microprocesseur à transistors NMOS, *(etc.) (microprocesseur utilisant des transistors NMOS) (CI) (inf) (cf. aussi* NMOS transistor *et* microprocessor).

NMOS part *cf.* NMOS component.

NMOS process procédé NMOS, procédé MOS à canal N, procédé MOS canal N, procédé à canal N, méthode *(idem) (procédé de fabrication des circuits intégrés NMOS) (semi) (cf. aussi* NMOS integrated circuit).

NMOS processing fabrication par le procédé NMOS, *(etc.) (cf. aussi* NMOS process).

NMOS processor *cf.* NMOS microprocessor.

NMOS RAM mémoire RAM NMOS, *(etc.)*, mémoire RAM à transistors NMOS, *(etc.)*, mémoire vive NMOS, *(idem) (mémoire RAM utilisant des transistors NMOS) (CI) (inf) (cf. aussi* NMOS transistor *et* RAM[1]).

NMOS RAM cell cellule de mémoire RAM NMOS, *(etc.) (cf. aussi* NMOS RAM *et* memory cell).

NMOS RAM chip puce de mémoire RAM NMOS, *(etc.) (cf. aussi* NMOS RAM *et* chip 1)).

NMOS RAM memory *cf.* NMOS RAM.

NMOS RAM technology (la) technique des mémoires RAM NMOS, *(etc.) (cf. aussi* NMOS RAM *et* technology).

NMOS random-access memory *cf.* NMOS RAM.

NMOS silicon-gate technology (la) technique NMOS à grille silicium, technique MOS canal N à grille silicium, technique

MOS à canal N et grille en silicium (*le dernier terme, le plus correct mais trop long, est peu employé*) (*technique des circuits intégrés NMOS à grille en polysilicium*) (*cf. aussi* NMOS integrated circuit *et* silicon-gate technology).

NMOS SRAM *cf.* NMOS static RAM.

NMOS standard cell cellule prédéfinie NMOS (*cellule prédéfinie utilisant un ou plusieurs transistors NMOS*) (*CI*) (*inf*) (*cf. aussi* standard cell 2) *et* NMOS transistor).

NMOS static RAM mémoire RAM statique NMOS, (*etc.*), mémoire RAM statique à transistors NMOS, (*etc.*), mémoire vive statique NMOS, (*idem*) (*mémoire RAM statique utilisant des transistors NMOS*) (*CI*) (*inf*) (*cf. aussi* NMOS transistor *et* static RAM).

NMOS static RAM cell cellule de mémoire RAM statique NMOS, (*etc.*) (*cf. aussi* NMOS static RAM *et* memory cell).

NMOS static RAM chip puce de mémoire RAM statique NMOS, (*etc.*) (*cf. aussi* NMOS static RAM *et* chip 1)).

NMOS static RAM technology (la) technique des mémoires RAM statiques NMOS, (*etc.*) (*cf. aussi* NMOS static RAM *et* technology).

NMOS static random-access memory *cf.* NMOS static RAM.

NMOS statics (les) mémoires RAM statiques NMOS, (*etc.*) (*cf. aussi* NMOS static RAM).

NMOS structure structure NMOS, (*etc.*) (*structure d'un transistor NMOS*) (*CI*) (*cf. aussi* NMOS transistor).

NMOS technique *cf.* NMOS process.

NMOS technology (la) technique NMOS (*ou* MOS canal N *ou* du canal N) (*technique des circuits intégrés NMOS*) (*semi*) (*cf. aussi* NMOS integrated circuit *et* technology).

NMOS transistor (*NMOS vient de « n-channel MOS »*) transistor NMOS (*ou* MOS à canal N *ou* MOS canal N) (*transistor MOS intégré dans lequel le canal est du type N et, par conséquent, la conduction est assurée par les électrons*) (*peut être à enrichissement ou à appauvrissement*) (*ce transistor MOS est de plus en plus employé à la place du transistor itinial PMOS dans les circuits intégrés numériques — sauf, naturellement, dans les circuits CMOS — malgré une fabrication plus difficile, parce que, la mobilité des électrons étant nettement supérieure à celle des trous, il permet une fréquence de commutation plus grande que celle d'un transistor PMOS*) (*cf. aussi* MOS transistor, n-type channel (*au début de la lettre N*), enhancement mode, depletion mode, carrier mobility, PMOS transistor *et* CMOS integrated circuit).

NMOS transistor ... *cf.* NMOS ...

NMOS unit version NMOS (*semi*) (*cf. aussi* NMOS component *et* unit 3)).

NMR 1) *cf.* normal-mode rejection. 2) *cf.* nuclear magnetic resonance.

NMRR *cf.* normal-mode rejection ratio.

NO *cf.* normally open.

no connection pas de connexion, absence de connexion (*entre deux bornes d'un composant, montage ou appareil*) (*cf. aussi* NC 2)).

NO contact *cf.* normally-open contact.

no-drift feature absence de dérive (*fréquence, tension, etc.*) (*cf. aussi* drift[1] 1)).

no load (conditions) absence de charge (*cf. aussi* under no-load conditions *et* load 1) (a)).

no-load current intensité du courant à vide (*ou* en l'absence de charge), intensité à vide (*idem*), courant à vide (*idem*) (*intensité du courant absorbé par un récepteur de courant fonctionnant à vide*) (*cf. aussi* no-load operation (b), current sink *et* on-load current).

no-load operation (*cf. aussi* on-load operation), fonctionnement à vide, fonctionnement en l'absence de charge, (*parf.*) marche à vide (a) *fonctionnement d'une source de courant ne débitant pas de courant*) (*alim, etc.*) (*cf. aussi* current source) ; (b) *fonctionnement d'un récepteur de courant en l'absence de charge électrique ou mécanique à sa sortie*) (*transformateur ne débitant pas de courant, moteur électrique tournant à vide, etc.*) (*cf. aussi* current sink).

no-load voltage (*cf. aussi* on-load voltage), tension à vide, tension en l'absence de charge (a) (*source de courant*) (*cf.*

aussi open-circuit voltage) ; (b) *tension aux bornes d'un récepteur de courant fonctionnant à vide*) (*cf. aussi* no-load operation (b) *et* voltage).

no voltage absence de tension (*cf. aussi* zero voltage).

noble gas gaz rare (de l'air) (*argon, néon, krypton, xénon, hélium*) (*est caractérisé par une valence nulle*) (*cf. aussi* null valence).

noble metal métal précieux (*or, argent, platine, palladium, ruthénium, etc. utilisés en électronique à diverses fins et notamment pour le dépôt de certaines couches conductrices de circuits hybrides à couches minces ou pour les pâtes conductrices ou résistives des circuits hybrides à couches épaisses ou les pâtes résistives des résistances discrètes à couche épaisse ; l'or est utilisé en outre pour protéger les contacts des connecteurs de haute qualité contre l'oxydation*) (*cf. aussi* non-noble metal, thin-film hybrid circuit *et* ink 2)).

noble-metal glaze couche résistive à base de métaux précieux, couche (résistive) en métaux précieux (*couche de résistance à couche épaisse*) (*cf. aussi* metal-glaze resistor *et* noble metal).

noble-metal ink pâte à base de métaux précieux (*pâte conductrice ou résistive pour circuit hybride à couches épaisses contenant de la poudre d'un ou deux métaux précieux : palladium-argent, palladium-or, platine-or, or, etc.*) (*cf. aussi* ink 2) *et* noble metal).

nodal capacitor condensateur de mémorisation (*mémoire RAM dynamique*) (*CI*) (*inf*) (*cf. aussi* storage capacitor 1)).

nodal diagram diagramme de propagation (*schéma représentant la configuration du champ magnétique ou du champ électrique dans un guide d'onde dans lequel se propage une onde électromagnétique*) (*hyper*) (*cf. aussi* waveguide propagation).

nodal point 1) centre nodal, centre de transit (*noms parfois donnés à un central téléphonique important ou à un central télégraphique*) (*cf. aussi* switching center). 2) *cf.* node 1) (b).

node 1) nœud (a) *point de réunion de branches appartenant à des mailles différentes dans un réseau électrique ou de télécommunications*) (*cf. aussi* network 1) *et* communications network) ; (b) *un des points fixes et équidistants d'une onde stationnaire ou l'amplitude de celle-ci est nulle*) (*en électronique, l'amplitude généralement considérée est celle d'une tension ou d'une intensité de courant; en acoustique, c'est la valeur d'une pression*) (*ligne de transmission, etc.*) (*cf. aussi* standing wave) ; (c) *nœud de traitement* (*inf*) (*cf. aussi* computing node). 2) *cf.* nodal point 1). 3) point logique (*terme général désignant une entrée ou la sortie d'un circuit ou un organe logique dans un circuit intégré numérique ou un groupe de tels circuits*) (*inf*) (*cf. aussi* logic circuit *et* digital integrated circuit). 4) *cf.* storage mode.

noise 1) bruit (*son gênant ou non*) (*sens usuel*) (*acou*) (*cf. aussi* sound[1]). 2) bruit, bruit électrique, (*parf.*) tension de bruit, (*parf.*) parasites, (*parf.*) bruit de fond (a) *tension fluctuante parasite superposée au signal utile à la sortie ou parfois à l'entrée d'un dispositif électronique ou assimilé, ou existant à la sortie de celui-ci en l'absence de tout signal d'entrée*) (*bruit à la sortie d'un amplificateur, bruit aux bornes d'une antenne de réception, d'une tête de lecture, etc., bruit à l'extrémité réceptrice d'une voie de télécommunications, etc.*) (*cf. aussi* white noise *et* pink noise) (*le bruit à la sortie d'un composant ou d'un montage est la somme du bruit à l'entrée — amplifié s'il s'agit d'un amplificateur — et du bruit propre du composant ou du montage*) (*cf. aussi* internal noise, thermal noise *et* noise figure) (*le bruit aux bornes d'une antenne de réception est dû principalement aux parasites captés par l'antenne en même temps que le signal utile*) (*cf. aussi* signal buried in noise *et* background noise) ; (b) *représentation graphique d'une telle tension sur un écran cathodique ou sur un support graphique*) (*oscilloscope, radar, sonar, enregistreur*) (*cf. aussi* grass). 3) *cf.* acoustic noise.

noise analysis analyse du bruit (*détermination des caractéristiques d'un bruit électrique*) (*cf. aussi* noise characteristics).

noise analyzer analyseur de bruit (*analyseur de signaux employé pour l'analyse du bruit de signaux*) (*cf. aussi* noise analysis *et* signal analyzer).

noise bandwidth largeur de bande du bruit (*largeur de la bande de fréquences occupée par une tension de bruit*) (*cf. aussi* noise 2) (a) *et* bandwidth 2)).

noise behind the signal *cf.* modulation noise.

noise blanker *cf.* noise reducer.

noise budget bilan du bruit *(contribution de chacun des maillons d'une liaison de télécommunications non directe au bruit total à l'extrémité réceptrice considérée) (liaison téléphonique ou télégraphique par câble à grande distance ou par faisceau hertzien en deux ou plusieurs bonds) (cf. aussi* noise 2) (a) *et* communications link).

noise cancellation *cf.* noise suppression.

noise-cancelling microphone microphone antibruit *(cf. aussi* antinoise microphone).

noise characteristics caractéristiques du bruit *(fréquences composantes d'une tension de bruit et puissances correspondantes) (cf. aussi* noise 2) (a) *et* noise characterization).

noise characterization mise en chiffres du bruit, caractérisation du bruit *(résultat de l'analyse du bruit) (cf. aussi* noise analysis).

noise component 1) composante du bruit *(cf. aussi* noise frequency). **2)** composante de bruit *(nom parfois donné à une tension de bruit superposée à un signal utile) (cf. aussi* noise voltage).

noise components composantes du bruit *(cf. aussi* noise frequency).

noise current *(parf.* intensité du) courant de bruit *(courant dans un circuit dû à une tension de bruit ou, parfois, intensité de ce courant) (cf. aussi* noise 2) (a)).

noise diode diode à bruit, diode génératrice de bruit *(source de bruit constitué par une diode hyperfréquence utilisée à la saturation pour recueillir à ses bornes la tension de bruit due à l'irrégularité de la formation des paires électron-trou dans ces conditions) (cf. aussi* noise source, mjcrowave diode *et* electron-hole pair).

noise dosimeter dosimètre acoustique, sonomètre intégrateur *(sonomètre fournissant une indication proportionnelle à l'intensité du bruit mesuré et à la durée de la mesure) (sert à déterminer si l'exposition au bruit de certains travailleurs dans une journée de travail n'est pas excessive) (cf. aussi* sound level meter).

noise equivalent power puissance équivalente de bruit, PEB *(puissance, par unité de largeur de bande, d'un rayonnement optique appliqué à un photodétecteur pour laquelle le rapport signal/bruit à la sortie de celui-ci est égal à l'unité) (en d'autres termes, puissance du rayonnement produisant, par hertz, un signal électrique dont la puissance est égale à la puissance de bruit propre du photodétecteur) (cette notion permet de chiffrer la valeur de la puissance du signal optique d'entrée du photodétecteur à partir de laquelle le rapport signal/bruit du signal électrique à la sortie de celui-ci est supérieur à 1) (opto) (cf. aussi* power[1] 1), noise 2) (a), bandwidth 1), optical radiation, photodetector, signal-to-noise ratio *et* internal noise).

noise factor *cf.* noise figure.

noise figure facteur de bruit *(quotient du rapport signal/bruit à la sortie d'un montage, appareil ou composant électronique et du rapport signal/bruit à l'entrée de celui-ci, c.-à-d. rapport entre les deux rapports) (représente la contribution du dispositif au bruit total à sa sortie) (tout dispositif électronique ayant un bruit propre, la valeur du facteur de bruit est toujours supérieure à l'unité; elle est généralement exprimée en décibels) (ce terme s'applique notamment à un amplificateur, un récepteur — surtout un récepteur hyperfréquence — et à un composant hyperfréquence) (en hyperfréquences, le facteur de bruit est souvent défini comme le rapport entre la puissance de bruit à la sortie du dispositif et la puissance de bruit qui serait obtenue si celui-ci était parfait, c.-à-d. sans bruit propre, ce qui est équivalent à la définition donnée au début de la présente rubrique) (cf. aussi* signal-to-noise ratio, internal noise *et* noise power).

noise figure information *cf.* noise figure value.

noise figure measurement mesure de facteur de bruit *(parf.* du facteur de bruit) *(cf. aussi* noise figure).

noise figure meter mesureur de facteur de bruit *(appareil permettant la mesure du facteur de bruit) (cf. aussi* noise figure).

noise figure value valeur du facteur de bruit *(cf. aussi* noise figure).

noise filter filtre antiparasite *(cf. aussi* interference filter).

noise-free signal signal sans bruit, signal non bruité *(cf. aussi* noise 2) (a) *et* noisy signal).

noise frequency fréquence du bruit, (fréquence) composante du bruit *(une des fréquences d'une tension de bruit) (cf. aussi* noise 2) (a)).

noise generator générateur de bruit *(appareil utilisant une ou, généralement, plusieurs sources de bruit pour fournir respectivement un ou plusieurs types de signaux de bruit étalonnés ou calibrés utilisés notamment pour effectuer des mesures de facteur de bruit) (cf. aussi* thermal noise generator, noise source (b) *et* noise figure).

noise immunity tenue au bruit, marge de bruit, insensibilité au bruit, insensibilité aux parasites, immunité au bruit *(anglicisme courant mais à éviter) (aptitude d'un circuit logique à ne pas changer intempestivement d'état logique sous l'action d'une impulsion parasite d'amplitude déterminée appliquée à l'une de ses entrées) (CI) (inf) (cf. aussi* signal margin, logic circuit *et* logic state).

noise improvement réduction du bruit *(composant, montage, signal) (cf. aussi* noise 2) (a) *et* noise reducer).

noise-induced voltage *cf.* noise voltage.

noise interference parasites *(radio) (cf. aussi* interference 1)).

noise jammer brouilleur à bruit, brouilleur à émission de bruit *(brouilleur émettant un signal puissant à fréquence fluctuante produisant des parasites à grande amplitude dans les récepteurs radio ou radar de l'adversaire) (dans les récepteurs radio, le signal de brouillage produit un crépitement intense empêchant de distinguer les sons utiles; dans un récepteur de radar, il produit du bruit sur l'écran empêchant de distinguer les échos des cibles) (mil) (cf. aussi* spot jammer, wideband jammer, jammer *et* noise 2) (a) *et* (b)).

noise jammer simulator simulateur de brouilleur à bruit *(mil) (cf. aussi* noise jammer *et* electronic warfare simulator).

noise jamming brouillage par bruit, brouillage par émission de bruit, brouillage par signal de bruit *(brouillage opéré par un brouilleur à bruit) (mil) (cf. aussi* noise jammer).

noise level niveau de bruit *(niveau d'un bruit acoustique ou électrique) (cf. aussi* level 1) *et* noise).

noise-like signal signal à caractéristiques de bruit, signal du type bruit *(signal émis par un brouilleur à bruit, etc.) (mil, etc.) (cf. aussi* noise jammer).

noise-limited target cible noyée dans le bruit *(cible radar dont l'écho est noyé dans le bruit à la sortie de la chaîne d'amplification du récepteur du radar) (cf. aussi* signal buried in noise, noise 2) (a) *et* clutter-limited target).

noise limiter 1) limiteur de parasites *(montage réduisant l'action des parasites impulsionnels dans certains récepteurs à modulation d'amplitude en écrêtant les pointes de tension correspondantes à partir d'une amplitude déterminée et parfois réglable automatiquement en fonction de l'amplitude de la porteuse reçue) (parasites d'allumage de moteur à explosion, etc.) (récepteur de trafic, etc.) (cf. aussi* amplitude, carrier wave *et* limiter 1)). **2)** *cf.* noise reducer.

noise margin *cf.* noise immunity.

noise measurement mesure de bruit *(en électronique, ce terme désigne généralement la mesure d'une tension de bruit) (cf. aussi* noise voltage).

noise measuring set psophomètre *(tél) (cf. aussi* psophometer).

noise meter *cf.* noise measuring set.

noise-modulated source source modulée par du bruit *(ou par un signal de bruit) (noms parfois donnés à l'oscillateur d'un brouilleur à bruit ou au brouilleur complet, notamment) (mil) (cf. aussi* noise jammer *et* oscillator).

noise modulation modulation par du bruit *(ou par un signal de bruit) (modulation d'une porteuse par un signal de bruit et notamment de la porteuse émise par un brouilleur à bruit) (mil, etc.) (cf. aussi* carrier 1) *et* noise-modulated source).

noise performance performances en bruit *(noter que « high noise performance » signifie « bas niveau de bruit » et « low (ou poor) noise performance » signifie « haut niveau de bruit ») (ampli, transistor, diode, tube, etc.) (cf. aussi* noise level).

noise pickup captation des parasites *(parf.* de parasites) *(captation indésirable de parasites industriels ou atmosphé-riques par une antenne, un étage de récepteur, une ligne téléphonique, etc.) (cf. aussi* interference 1)).

noise power puissance de bruit *(puissance d'un bruit élec-trique) (cf. aussi* power[1] 1), noise 2) (a), noise spectral den-sity *et, à titre d'information,* noise equivalent power).

noise power density *cf.* noise spectral density.

noise power per unit bandwidth puissance de bruit par unité de bande passante *(signal bruité ou bruit seul) (récepteur, etc.) (cf. aussi* noise spectral density).

noise power ratio rapport de puissances de bruit *(rapport entre deux valeurs de puissance de bruit) (récepteur, etc.) (cf. aussi* noise power *et* noise figure).

noise properties *cf.* noise characteristics.

noise pulse impulsion de bruit *(impulsion de tension de bruit) (cf. aussi* noise voltage *et* pulse[1]).

noise quieting réduction des parasites *(par un récepteur radio) (cf. aussi* noise limiter).

noise rating number indice acoustique *(machine bruyante).*

noise ratio 1) *cf.* signal-to-noise ratio. 2) *cf.* carrier-to-noise ratio.

noise reducer réducteur de bruit (de magnétophone), dispo-sitif *(idem),* circuit *(idem) (réducteur de bruit utilisé dans un magnétophone à cassettes pour réduire le bruit de souffle dû à la bande magnétique) (un réducteur de bruit de magnéto-phone est, par nature, le seul type de réducteur de bruit dont les deux circuits sont montés dans le même appareil) (cf. aussi* Dolby, DNL, tape noise *et* compander).

noise reducing *cf.* noise reduction. *(de même pour les termes dérivés)*

noise reduction réduction du bruit *(enr. mag, etc.) (cf. aussi* noise reducer *et* noise limiter).

noise-reduction circuit *cf.* noise reducer.

noise-reduction device *cf.* noise reducer.

noise-reduction system *cf.* noise reducer.

noise rejection réjection du bruit, atténuation du bruit *(filtre, récepteur) (cf. aussi* noise 2) (a) *et* rejection).

noise sensitivity sensibilité au bruit *(récepteur, circuit intégré, etc.) (cf. aussi* noise 2) (a) *et* noise immunity).

noise sidebands bandes latérales de bruit *(bandes latérales produites par un bruit électrique) (onde entretenue) (cf. aussi* sideband, noise 2) (a) *et* phase modulation sidebands).

noise silencer limiteur à coupure *(limiteur de parasites produi-sant une coupure de très courte durée de la réception du signal en présence d'un parasite pour éviter l'action de celui-ci) (récepteur AM) (cf. aussi* noise limiter).

noise source *(cf. aussi* noise 2) (a)) source de bruit (a) *phéno-mène produisant un bruit électrique ou acoustique ou disposi-tif présentant ou utilisant un tel phénomène) (agitation ther-mique des électrons, émission thermoélectronique, résistance, diode à semiconducteur, générateur de bruit, brouilleur à bruit, recombinaison des porteurs de charge, etc.) (cf. aussi* acoustic noise) ; (b) *composant fournissant une tension de bruit utilisée à des fins de mesure ou de brouillage) (tube à gaz, diode à semiconducteur, etc.) (cf. aussi* noise diode *et* noise generator).

noise spectral density densité spectrale de bruit *(parf.* du bruit) *(densité spectrale du bruit superposé à un signal ou non) (ce terme s'applique notamment au bruit superposé au signal dans un récepteur à très haute sensibilité) (radar, sonar, radiotélescope, faisceau hz, etc.) (cf. aussi* spectral density *et* noise 2) (a)).

noise spectrum spectre de bruit *(parf.* du bruit) *(spectre de fréquences d'une tension de bruit) (cf. aussi* frequency spec-trum (b) *et* noise 2) (a)).

noise spike *cf.* noise pulse.

noise strobe balayage du bruit *(balayage de l'espace aérien par l'antenne d'un radar de veille destiné à faire apparaître le bruit en fonction de l'orientation de l'antenne) (mil, etc.) (cf. aussi* noise 2) (b) *et* search radar).

noise suppression 1) élimination du bruit *(du signal reçu par un récepteur ou reproduit par une chaîne électroacoustique) (cf. aussi* squelch circuit, noise limiter, noise reducer *et* noise 1) (a)). 2) *cf.* interference suppression.

noise suppressor circuit d'accord silencieux *(récepteur radio) (cf. aussi* squelch circuit).

noise susceptibility sensibilité au bruit *(cf. aussi* noise immu-nity).

noise temperature température de bruit *(d'un quadripôle) (température d'une résistance déterminée à laquelle la tension de bruit thermique aux bornes de la résistance est égale à celle du quadripôle considéré) (se mesure en kelvins) (antenne de réception, ligne de transmission, mélangeur, etc. et notam-ment amplificateur de faibles signaux et, par extension, récep-teur de radar ou autre récepteur pour signaux à très faible amplitude) (exemple : si la température de bruit du récepteur d'une station réceptrice de télécommunications par satellite est de 100 K, cela signifie que la tension de bruit à la sortie du dernier étage d'amplification à fréquence intermédiaire du récepteur en l'absence de signal d'entrée est égale à la tension de bruit thermique aux bornes d'une résistance déterminée portée à cette température) (plus la température de bruit d'un quadripôle est basse, plus celui-ci est apte à utiliser des signaux à faible amplitude grâce au fait que ceux-ci risquent d'autant moins d'être noyés dans le bruit propre du quadripôle) (la notion de température de bruit est un moyen commode très utilisé pour chiffrer le bruit propre d'un quadripôle) (cf. aussi* quadripole, standard noise temperature, thermal noise vol-tage, internal noise, noise 2) (a), signal buried in noise *et* IF amplifier).

noise transmission émission de bruit *(émission d'un brouil-leur à bruit) (mil) (cf. aussi* noise jammer).

noise transmission impairment diminution de la qualité de transmission due au bruit *(ligne tél) (cf. aussi* psophometer).

noise transmitter émetteur à bruit *(émetteur de brouilleur à bruit) (mil) (cf. aussi* noise jammer).

noise voltage tension de bruit *(cf. aussi* noise 2) (a)).

noise-voltage generator *cf.* noise generator.

noise-voltage source *cf.* noise source (b).

noise weighting pondération du bruit *(affectation d'un coeffi-cient à une tension de bruit en fonction de sa fréquence dans les mesures de bruit dans les circuits téléphoniques) (est réalisée par un filtre psophométrique) (cf. aussi* psophometric weighting, program weighting, noise weighting curve, noise voltage *et* psophometer).

noise weighting curve courbe de pondération du bruit *(courbe représentant les valeurs fixées arbitrairement pour la contribution au bruit total des différentes fréquences du bruit électrique mesuré à une extrémité d'une ligne téléphonique) (cf. aussi* noise weighting).

noisy blacks noirs chargés de bruit *(défaut d'une image de télévision dans laquelle les zones noires sont parsemées de points blancs dus à des parasites).*

noisy channel voie bruyante *(tél) (cf. aussi* noisy circuit *et* telephone channel).

noisy circuit circuit bruyant *(circuit téléphonique aux ex-trémités duquel le signal reçu est bruité) (tél) (cf. aussi* noisy signal *et* telephone circuit).

noisy environment ambiance de bruit *(ambiance caractérisée par la présence de parasites) (cf. aussi* interference 1)).

noisy signal *(cf. aussi* signal buried in noise) signal bruité, signal chargé de bruit *(signal auquel est superposé du bruit) (a) signal électrique auquel est superposé une tension de bruit, notamment dans un récepteur) (cf. aussi* noise 2) (a)) ; (b) *si-gnal acoustique auquel est superposé un bruit acoustique parasite) (sonar, etc.) (cf. aussi* acoustic noise).

noisy tube tube bruyant *(tube électronique à la sortie duquel la tension de bruit en l'absence de signal d'entrée est relative-ment élevée) (cf. aussi* electron tube *et* noise 2) (a)).

noisy whites blancs chargés de bruit *(défaut d'une image de télévision dans laquelle les zones blanches sont parsemées de points noirs dus à des parasites).*

nominal ... *cf.* rated ... *(pour les termes qui ne figurent pas ci-après).*

nominal bandwidth largeur de bande nominale *(largeur de bande affectée à la transmission ou l'émission d'un signal déterminé) (tél, radio, TV) (cf. aussi* bandwidth 1)).

nominal frequency fréquence nominale *(fréquence de fonc-tionnement théorique d'un dispositif) (peut être différente de la fréquence de fonctionnement effective) (a) fréquence d'os-cillation théorique d'un résonateur ou d'un oscillateur) (lame* de quartz, etc.) (cf. aussi resonator) ; (b) fréquence d'émission théorique d'un émetteur).

nominal value valeur nominale (tension, fréquence, résistance, etc.) (cf. aussi rated value).

non-addressable memory mémoire non adressable (autre nom, plus général, d'une mémoire à accès séquentiel) (inf) (cf. aussi sequential-access memory).

non-addressable storage cf. non-addressable memory.

non-alterable data storage mémorisation d'informations dans une mémoire non effaçable (inf) (cf. aussi non-erasable memory).

non-alterable memory cf. non-erasable memory.

non-alterable storage 1) mémorisaiton dans une mémoire non effaçable (inf) (cf. aussi non-erasable memory). 2) cf. non-alterable memory.

non-alloyed ohmic contact contact ohmique non allié (contact ohmique réalisé sans fusion du substrat) (semi) (cf. aussi ohmic contact).

non-aqueous electrolyte électrolyte non aqueux (électrolyte de condensateur électrolytique ne contenant pas d'eau) (cf. aussi electrolyte et electrolytic capacitor).

non-audible sound son non audible (« son » dont la fréquence est trop basse ou trop élevée pour exciter l'appareil auditif de l'homme, c-à-d. infrason ou ultrason) (acou) (cf. aussi infrasonic vibrations, ultrasound et sound[1]).

non-blocking concentrator concentrateur sans blocage (concentrateur de lignes téléphoniques équipé d'un réseau de connexion sans blocage) (tls) (cf. aussi concentrator et non-blocking network).

non-blocking matrix switch (auto)commutateur matriciel sans blocage (central tél) (cf. aussi matrix switch et non-blocking switch).

non-blocking network réseau de connexion sans blocage, réseau sans blocage (réseau de connexion dans lequel n'importe quelle entrée peut à tout instant être reliée à n'importe quelle sortie, le nombre de points de connexion étant égal au produit du nombre d'entrées du réseau par le nombre de sorties) (autocommutateur) (cf. aussi switching network).

non-blocking switch (auto)commutateur (téléphonique) sans blocage (autocommutateur téléphonique utilisant un réseau de connexion sans blocage) (central tél) (cf. aussi telephone switch et non-blocking network).

non-blocking telephone switch cf. non-blocking switch.

non-bridging action commutation sans chevauchement, (parf.) non-chevauchement (commutateur) (cf. aussi non-bridging contacts).

non-bridging contacts contacts sans chevauchement, contacts sans court-circuit (contacts de commutateur suffisamment espacés pour que le frotteur entraîné par l'axe de commande quitte un contact avant de toucher le suivant) (cf. aussi multiposition switch et, à titre d'information, break-before make contact).

non-bridging switch commutateur à contacts sans chevauchement, (etc.), commutateur sans chevauchement (cf. aussi non-bridging contacts).

non-capacitive load charge non capacitive (charge dont l'impédance comprend une résistance et, éventuellement, une réactance inductive, mais pas de réactance capacitive) (ne se comporte donc pas comme un condensateur vis-à-vis du courant qui la traverse) (résistance, bobine, etc.) (cf. aussi load[1] (a), impedance, inductive reactance, capacitive reactance et resistance).

non-characteristic impedance impédance différente de l'impédance caractéristique (quadripôle) (cf. aussi characteristic impedance).

non-clocked non cadencé(e) (bascule, etc.) (inf, etc.) (cf. aussi clocking).

non-coherence non-cohérence, absence de cohérence (ondes) (cf. aussi non-coherent waves).

non-coherent detection détection non cohérente (nom parfois donné à la détection d'enveloppe dans un récepteur de radar à impulsions par opposition à la détection cohérente) (cf. aussi detection 2) et coherent detection).

non-coherent echo écho non cohérent (écho radar ne possédant pas de relation de phase avec les impulsions émises) (cf. aussi phase relationship et radar echo).

non-coherent infrared cf. non-coherent infrared radiation.

non-coherent infrared radiation rayonnement infrarouge non cohérent, rayons infrarouges non cohérents (rayonnement émis par une source infrarouge non cohérente) (cf. aussi infrared radiation, non-coherent infrared source et non-coherent radiation).

non-coherent infrared radiation source cf. non-coherent infrared source.

non-coherent infrared source source infrarouge non-cohérente, source d'infrarouge(s) non cohérent(s), source de rayons infrarouges non cohérents, source de rayonnement infrarouge non cohérent, source non cohérente (source infrarouge autre qu'un laser infrarouge) (cf. aussi infrared source, non-coherent source et infrared laser).

non-coherent light lumière non cohérente (lumière produite par un rayonnement optique formé d'ondes non cohérentes) (cf. aussi non-coherent waves, non-coherent light source et optical radiation).

non-coherent light source source de lumière non cohérente, source non cohérente (source de lumière autre qu'un laser : flamme, lampe à incandescence, lampe fluorescente, diode luminescente, etc.) (cf. aussi non-coherent light et laser).

non-coherent moving-target indication élimination des échos fixes par MTI non cohérent (radar) (cf. aussi non-coherent MTI).

non-coherent moving-target indicator cf. non-coherent MTI.

non-coherent MTI MTI non cohérent, éliminateur d'échos fixes non cohérent (éliminateur d'échos fixes dans lequel la référence de phase est constituée par la phase moyenne des échos fixes entourant l'écho de la cible) (est surtout utilisé pour l'élimination des échos de pluie, à partir d'une distance où les échos de sol sont négligeables et jusqu'à laquelle ils sont éliminés par un MTI cohérent) (cf. aussi moving-target indicator).

non-coherent oscillator oscillateur non cohérent (nom parfois donné à un oscillateur ordinaire d'émetteur radar par opposition à un oscillateur cohérent) (cf. aussi coherent oscillator).

non-coherent radar radar non cohérent (radar n'utilisant pas d'oscillateur cohérent pour la réception des échos des cibles) (type classique) (cf. aussi coherent oscillator et radar).

non-coherent radiation rayonnement non cohérent (rayonnement électromagnétique formé d'ondes non cohérentes) (est émis par une source non cohérente) (cf. aussi non-coherent waves et non-coherent source).

non-coherent radiation source cf. non-coherent source.

non-coherent reception réception non cohérente (réception des échos d'une cible dans un récepteur de radar non cohérent) (cf. aussi non-coherent radar).

non-coherent source source non cohérente, source de rayonnement non cohérent (source de rayonnement électromagnétique non cohérent, c.-à-d. source de lumière non cohérente ou de rayonnement infrarouge non cohérent) (cf. aussi non-coherent light source, non-coherent infrared source et non-coherent radiation).

non-coherent waves ondes non cohérentes (ondes électromagnétiques ne possédant pas de relation de phase entre elles) (ce terme s'applique aux ondes émises par une source de rayonnement non cohérent) (cf. aussi electromagnetic wave, phase relationship, non-coherent source et coherence).

non-concentrator cell cf. non-concentrator solar cell.

non-concentrator solar cell cellule solaire sans concentrateur (de flux lumineux) (clpf) (cf. aussi solar cell).

non-condensed discharge décharge non condensée (décharge électrique produite par un courant fourni par une source de courant autre qu'une batterie de condensateurs de puissance chargés à cet effet) (spectroscopie, etc.) (cf. aussi electric discharge et discharge capacitor).

non-conducting state état non conducteur (transistor, etc.) (cf. aussi off-state).

non-conductive a non conducteur (corps) (cf. aussi insulating).

non-conductor s corps non conducteur (cf. aussi insulating material).

non-conjunction non-conjonction (opération logique) (inf) (cf. aussi NAND).

non-contact displacement measurement mesure de déplacement sans contact (*mesure du déplacement d'une pièce de machine ou d'appareil par rapport à une autre effectuée sans liaison mécanique entre la pièce mobile et le capteur porté par la pièce fixe, c.-à-d. mesure par capteur inductif, capacitif ou optique*) (*cf. aussi* sensor).

non-contact lighography gravure sans contact (*gravure d'une plaquette à gravure avec sensibilisation du vernis protecteur par un procédé dans lequel le masque n'est pas en contact avec la couche de vernis*) (*gravure par projection, gravure par faisceau d'électrons dirigé, gravure par rayons X*) (*la gravure en proximité n'est pas une véritable gravure sans contact*) (*fab. CI, semi*) (*cf. aussi* projection printing, direct writing 1), X-ray lithography *et* lithography).

non-contacting piston *cf.* non-contacting plunger.

non-contacting plunger piston à piège (*hyper*) (*cf. aussi* choke plunger).

non-contacting projection printing *cf.* projection printing.

non-contacting rotary coupler (*ou* **joint**) joint tournant sans contact (*joint tournant utilisant un piège pour assurer artificiellement la continuité électrique entre les deux guides d'ondes sans qu'ils frottent l'un sur l'autre*) (*hyper*) (*radar*) (*cf. aussi* rotary coupler *et* choke 2)).

non-cooperating target cible non coopérative (*cible radar non équipée d'une balise répondeuse ou d'un répondeur*) (*les échos renvoyés par la cible sont donc des échos de peau ou des échos de réflecteur radar*) (*mil, etc.*) (*cf. aussi* radar target, radar beacon, transponder, skin return *et* radar reflector).

non-cooperating-target identification identification des cibles non coopératives, identification non coopérative (*identification au radar de poursuite d'aéronefs ou autres cibles non équipées d'un répondeur radar ou ne répondant pas aux signaux d'interrogation d'un radar d'identification*) (*est effectuée par analyse de l'empreinte de la cible lorsque cette empreinte est connue*) (*mil, etc.*) (*cf. aussi* IFF radar, tracking radar *et* signature analysis 1)).

non-cooperative guidance guidage non coopératif, guidage par un système non coopératif (*avia, etc.*) (*mil, etc.*) (*cf. aussi* non-cooperative guidance system).

non-cooperative guidance system système de guidage non coopératif, système non coopératif (*noms parfois donnés à un système de radioguidage classique, donc non coopératif*) (*missile, etc.*) (*mil, etc.*) (*cf. aussi* radio guidance system *et* non-cooperative system).

non-cooperative identification *cf.* non-cooperating-target identification.

non-cooperative system système non coopératif (*système formé d'une station radioélectrique au sol ou montée sur un mobile et d'un mobile recevant des signaux de la station sans pouvoir en émettre lui-même ou émettant des signaux sans en recevoir de la station ou réfléchissant les signaux émis par celle-ci*) (*radioguidage, télémesure, radar*) (*avia, espace*) (*cf. aussi* non-cooperative guidance system, non-cooperative telemetry system *et* non-cooperative tracking system).

non-cooperative target *cf.* non-cooperating target. (*de même pour les termes dérivés*).

non-cooperative telemetry télémesure non coopérative, télémesure par un système non coopératif (*cf. aussi* non-cooperative telemetry system).

non-cooperative telemetry system système de télémesure non coopérative, système non coopératif (*système de télémesure dans lequel la station de réception des signaux de télémesure n'a aucune action sur l'émission de ceux-ci par l'émetteur de télémesure*) (*clpf*) (*cf. aussi* telemetry system).

non-cooperative tracking poursuite non coopérative, poursuite par un système non coopératif (*radar*) (*mil, etc.*) (*cf. aussi* non-cooperative tracking system).

non-cooperative tracking system système de poursuite non coopérative, système non coopératif (*nom parfois donné à l'ensemble formé par un radar de poursuite et une cible non coopérative qu'il suit*) (*mil, etc.*) (*cf. aussi* non-cooperative target *et* tracking radar).

non-crowbar overvoltage protection protection contre les surtensions non assurée par court-circuit (*protection de circuits assurée seulement par un fusible dans leur alimentation*) (*cf. aussi* crowbar).

non-crystalline ... *cf.* amorphous ...

non-data bit binaire auxiliaire (*tls, inf*) (*cf. aussi* overhead bit).

non-data information informations auxiliaires (*informations représentées par les binaires auxiliaires dans un signal binaire*) (*tls, inf*) (*cf. aussi* information *et* overhead bit).

non-dedicated bus bus non spécialisé (*bus d'ordinateur transmettant deux ou trois types d'informations*) (*inf*) (*cf. aussi* bus (a1)).

non-dedicated line ligne non spécialisée, ligne non louée (*ligne téléphonique ordinaire*) (*tls*) (*cf. aussi* leased line).

non-deglitched output sortie non épointée (*signal de sortie d'un dénumériseur non débarrassé des pointes de conversion éventuelles*) (*cf. aussi* glitch).

non-derated output puissance de sortie non détarée (*alim*) (*cf. aussi* derate).

non-destructive breakdown claquage non destructif (*claquage d'une jonction de semiconducteurs au cours duquel la jonction n'est endommagée*) (*diode à avalanche, diode Zener*) (*cf. aussi* avalanche diode *et* Zener diode).

non-destructive read *cf.* non-destructive readout.

non-destructive reading *cf.* non-destructive readout.

non-destructive readout lecture non destructive (*lecture d'une information contenue dans une mémoire après laquelle l'information est encore présente dans la mémoire*) (*inf*) (*cf. aussi* destructive readout).

non-destructive testing (le) contrôle non destructif (des matériaux) (*cf. aussi* magnetic inspection, eddy-current inspection, ultrasonic inspection *et* X-ray inspection).

non-digital ... *cf.* analog ...

non-directional aerial (*GB*) *cf.* non-directional antenna.

non-directional antenna antenne non directive (*cf. aussi* omnidirectional antenna).

non-directional beacon (radio)balise omnidirectionnelle, radiophare omnidirectionnel, (radio)balise NDB, radiophare NDB (*balise radioélectrique émettant sur 360^0 un signal utilisable par le radiocompas d'un aéronef aux fins de relèvement*) (*le signal à plusieurs centaines de kilohertz est modulé par un signal à basse fréquence et découpé en signaux Morse toutes les 30 secondes pour produire dans le récepteur de bord un sifflement discontinu permettant au pilote d'identifier la balise grâce à l'indicatif ainsi reçu en plus de l'indication de direction donnée par le radiocompas*) (*radionav*) (*cf. aussi* radio beacon *et* automatic direction finder).

non-directional microphone microphone non directif (*électroacou*) (*cf. aussi* omnidirectional microphone).

non-dispersive medium milieu non dispersif (*milieu de propagation d'une onde électromagnétique dans lequel la vitesse de phase de celle-ci est indépendante de la fréquence associée*) (*seul le vide est un milieu absolument non dispersif*) (*cf. aussi* phase velocity, vacuum *et* dispersive medium).

non-ducting-conditions conditions de propagation non guidée, absence de propagation guidée, absence de couche piège (*onde radioélectrique dans l'atmosphère*) (*cf. aussi* duct 1)).

non-earthed input *cf.* non-grounded input.

non-electrolytic capacitor condensateur non électrolytique (*condensateur autre qu'un condensateur électrolytique, c-à-d. condensateur à air, au papier, au plastique, au mica, au verre ou à la céramique*) (*cf. aussi* air capacitor, paper capacitor, plastic capacitor, mica capacitor, glass capacitor, ceramic capacitor, electrolytic capacitor *et* capacitor).

non-emissive display afficheur non émissif (*cf. aussi* passive display).

non-equivalence (*en logique*) *cf.* exclusive OR. (*de même pour les termes dérivés*).

non-erasable memory mémoire non effaçable (*inf*) (*cf. aussi* ROM).

non-erasable storage 1) mémorisation dans une mémoire non effaçable (*inf*) (*cf. aussi* ROM). 2) *cf.* non-erasable memory.

non-erasable store *cf.* non-erasable memory.

non-flicker ... *cf.* non-flickering ...

non-flickering display ... sans scintillement (*écran cath, afficheur, etc.*) (*cf. aussi* display[1] 1) à 3)).

non-flickering trace trace sans scintillement (*oscillo, etc.*) (*cf. aussi* trace[1] 1)).

non-floating-point operation *cf.* fixed-point operation.

non-glare display *(cf. aussi* display[1] 1)) **1)** visualisation sans reflets, *(etc.) (écran d'oscilloscope, etc.).* **2)** présentation sans reflets *(écran de radar, etc.).*

non-great-circle propagation propagation hors d'un grand cercle *(radioélectricité) (cf. aussi* ground-scatter propagation).

non-grounded input entrée en l'air *(montage, appareil) (cf. aussi* floating input).

non-harmonic distortion distorsion non harmonique *(distorsion d'un signal sinusoïdal due à la présence dans celui-ci de fréquences parasites non harmoniques) (cf. aussi* distortion *et* non-harmonic spurious frequencies.

non-harmonic output *cf.* non-harmonic spurious frequencies.

non-harmonic output frequencies *cf.* non-harmonic spurious frequencies.

non-harmonic spurious *cf.* non-harmonic spurious frequencies.

non-harmonic spurious frequencies fréquences parasites non harmoniques *(fréquences parasites d'un signal sinusoïdal autres que des harmoniques de la fréquence du signal) (étalon de fréquence, etc.) (cf. aussi* sinusoidal signal *et* harmonic).

non-harmonically-related output *cf.* non-harmonically-related signals.

non-harmonically-related signals signaux sans relation harmonique *(signaux parasites constitués par des fréquences parasites non harmoniques) (cf. aussi* non-harmonic spurious frequencies).

non-hermetically-sealed package boîtier non hermétique *(composant) (cf. aussi* hermetically-sealed package).

non-ideal amplifier amplificateur réel *(amplificateur introduisant une distorsion et du bruit dans le signal amplifié) (cf. aussi* non-linear distortion 1), noise 2) (a) *et* amplifier).

non-illuminated switch interrupteur non lumineux *(clpf) (cf. aussi* switch[1] 1)).

non-imaging infrared detection détection infrarouge sans imagerie *(ou* sans formation d'image) *(détection infrarouge par un détecteur autre qu'une caméra infrarouge) (mil, etc.) (cf. aussi* infrared detection *et* infrared camera).

non-imaging infrared detector *cf.* infrared detector (b).

non-imaging infrared seeker autodirecteur infrarouge non imageur *(autodirecteur infrarouge utilisant un détecteur à quatre quadrants ou équivalent) (missile) (cf. aussi* infrared seeker *et* quadrant detector).

non-imaging sensor capteur non imageur, capteur non vidéo, détecteur *(capteur autre qu'une caméra de télévision classique ou infrarouge ou un radar cartographique) (détecteur infrarouge, radar classique, radiomètre, etc.) (télédétection, etc.) (cf. aussi* sensor, infrared detector *et* radiometer).

non-impact printer imprimante sans percussion *(imprimante formant les caractères sur le papier sans recourir au choc d'une ou plusieurs pièces) (imprimante thermique, imprimante à jet d'encre, imprimante laser) (inf, etc.) (cf. aussi* thermal printer, ink-jet printer, laser printer *et* printer 1)).

non-impact printing impression sans percussion *(impression exécutée par une imprimante sans percussion) (inf, etc.) (cf. aussi* non-impact printer).

non-inductive *a* non-inductif *a (propriété d'un élément de circuit ou d'un circuit dont l'inductance est nulle ou négligeable en pratique aux fréquences de fonctionnement nominales) (voir rubriques ci-après) (cf. aussi* inductance 1)).

non-inductive capacitor condensateur non inductif *(ce terme peut s'appliquer à tout condensateur non inductif par principe tel qu'un condensateur à armatures planes, mais il est souvent employé pour désigner un condensateur bobiné non inductif, c.-à-d. réalisé de façon à rendre négligeable l'inductance naturelle d'un tel condensateur en faisant circuler le courant dans les armaturs dans le sens de leur largeur et non comme dans les spires d'un enroulement) (ce résultat est obtenu en faisant déborder du condensateur les spires d'une armature à une extrémité du condensateur et celles de l'autre armature à l'autre extrémité et en reliant les spires métalliques débordantes à chaque extrémité à la sortie correspondante par l'intermédiaire d'un disque métallique qui les comprime en les rabattant les unes sur les autres, ce qui réalise la mise en*

parallèle de toutes les spires de l'amature) (le courant, qui emprunte naturellement le chemin de moindre résistance, ne circule plus dans les armatures que dans le sens de leur largeur, c.-à-d. suivant l'axe du condensateur) (cf. aussi non-inductive *et* wound-foil capacitor).

non-inductive circuit circuit non inductif *(circuit formé d'éléments non inductifs) (cf. aussi* non-inductive *et* non-inductive circuit element).

non-inductive circuit element élément de circuit non inductif, élément non inductif *(conducteur rectiligne ou électrode plane ou dispositif n'utilisant que de tels éléments) (possède une impédance comprenant une résistance et éventuellement une réactance capacitive, mais pas de réactance inductive) (en d'autres termes, ne se comporte pas comme une inductance vis-à-vis du courant qui le traverse) (cf. aussi* non-inductive, reactance *et* circuit element).

non-inductive element *cf.* non-inductive circuit element.

non-inductive load charge non inductive *(charge se comportant comme un élément de circuit non inductif) (lampe à incandescence, etc.) (cf. aussi* non-inductive *et* non-inductive circuit element).

non-inductive resistor résistance non inductive *(résistance dont l'inductance est négligeable) (ce terme peut s'appliquer à toute résistance non inductive par principe telle qu'une résistance agglomérée, mais il est souvent employé pour désigner une résistance bobinée non inductive, c.-à-d. bobinée de façon à rendre négligeable l'inductance naturelle d'une telle résistance en faisant circuler le courant en sens opposés le long du support isolant pour obtenir des effets magnétiques s'annulant mutuellement) (cf. aussi* non-inductive, wirewound resistor, bifilar resistor, π-winding, carbon-composition resistor *et* resistor).

non-inductive winding enroulement non inductif *(enroulement du fil d'une résistance bobinée non inductive sur son support) (cf. aussi* non-inductive resistor *et* winding).

non-inductive wirewound resistor résistance bobinée non inductive *(cf. aussi* non-inductive resistor).

non-inductively-wound resistor *cf.* non-inductive wirewound resistor.

non-inertial guidance system système de guidage non inertiel *(système de guidage n'utilisant pas l'inertie de la matière, c.-à-d. système de radioguidage ou d'autopoursuite) (avia, espace) (mil, etc.) (cf. aussi* radio guidance system, homing system *et* inertial guidance).

non-interlaced scanning balayage non entrelacé, *(parf. aussi* analyse) *(idem) (TV) (cf. aussi* progressive scanning).

non-inverting amplifier amplificateur non inverseur *(amplificateur opérationnel monté de telle façon que le signal de sortie soit en phase avec le signal d'entrée) (cf. aussi* operational amplifier *et* phase).

non-inverting arrangement montage non inverseur *(montage d'un amplificateur non inverseur) (cf. aussi* non-inverting amplifier).

non-inverting closed-loop sample-hold échantillonneur-bloqueur bouclé non inverseur *(cf. aussi* sample-and-hold circuit).

non-inverting connection *cf.* non-inverting arrangement.

non-inverting gate porte non inverseuse *(porte logique autre qu'une porte NON) (circuit logique) (inf) (cf. aussi* logic gate *et* NOT gate).

non-inverting input entrée non inverseuse *(amplificateur différentiel ou opérationnel) (cf. aussi* differential amplifier).

non-inverting terminal borne de l'entrée non inverseuse, borne non inverseuse *(amplificateur différentiel ou opérationnel) (cf. aussi* differential amplifier).

non-ionizing radiation rayonnement non ionisant *(rayonnement électromagnétique peu énergétique) (CI, etc.) (mil, etc.) (cf. aussi* ionizing radiation).

non-lethal threat menace non prioritaire *(menace à laquelle une cible militaire a normalement le temps de se soustraire) (cf. aussi* lethal threat).

non-line-of-sight region zone de diffraction *(propa) (cf. aussi* diffraction region).

non-linear amplifier amplificateur non linéaire, amplificateur à caractéristique non rectiligne *(amplificateur dans lequel les* *variations de l'amplitude du signal de sortie ne sont pas proportionnelles aux variations du signal d'entrée) (cf. aussi* characteristic curve *et* amplifier).

non-linear characteristic caractéristique non rectiligne *(ampli, etc.) (cf. aussi* characteristic curve).

non-linear circuit circuit non linéaire *(circuit électrique ou électronique comportant un ou plusieurs éléments non linéaires) (cf. aussi* non-linear element).

non-linear circuit element *cf.* non-linear element.

non-linear closed-loop control system *cf.* non-linear control system.

non-linear conditions régime non linéaire, régime de grands signaux *(régime de fonctionnement non linéaire d'un dispositif) (cf. aussi* operating conditions 2), non-linear operation *et* under non-linear conditions).

non-linear control commande non linéaire (a) *commande dans laquelle la relation entre la grandeur d'entrée et la grandeur de sortie n'est pas linéaire) (asser) (cf. aussi* linear control (a)) ; (b) *nom parfois donné à un potentiomètre non linéaire) (cf. aussi* non-linear potentiometer).

non-linear control system système asservi non linéaire *(système asservi réalisant la commande non linéaire) (cf. aussi* closed-loop control system *et* non-linear control (a)).

non-linear control theory théorie de la commande non linéaire *(asser) (cf. aussi* non-linear control *et* control theory).

non-linear crystal cristal non linéaire *(cristal constituant un milieu non linéaire) (KDP, niobate de lithium, etc.) (cf. aussi* non-linear material, KDP, lithium niobate *et* non-linear optics).

non-linear dB scale échelle non linéaire graduée en décibels *(app. mesure) (cf. aussi* non-linear scale *et* decibel).

non-linear detection détection non linéaire *(détection d'enveloppe dans laquelle l'amplitude du signal détecté n'est pas proportionnelle à l'amplitude de l'enveloppe de la porteuse) (est réalisée à l'aide d'un élément non linéaire) (ce terme désigne généralement la détection quadratique) (cf. aussi* square-law detection, detection 2) *et* non-linear element).

non-linear detector détecteur non linéaire *(détecteur d'enveloppe réalisant la détection non linéaire) (cf. aussi* detector 2) *et* non-linear detection).

non-linear device dispositif non linéaire *(autre nom d'un élément non linéaire employé surtout lorsque celui-ci est considéré indépendamment de tout circuit) (cf. aussi* non-linear element).

non-linear distortion distorsion non linéaire, distorsion *(le premier terme n'est employé que lorsque l'on veut préciser qu'il ne s'agit pas de distorsion linéaire) (manque de proportionnalité entre la valeur d'une grandeur variable et la valeur d'une autre grandeur variable dont elle dépend) (la première grandeur est donc une fonction non linéaire de la seconde)* (a) *manque de proportionnalité entre une caractéristique du signal de sortie d'un quadripôle et une caractéristique identique ou non du signal d'entrée) (est due à la non-linéarité de la caractéristique du quadripôle) (ne pas confondre cette caractéristique avec les précédentes) (si le signal d'entrée est sinusoïdal, la distorsion d'intermodulation vient s'ajouter à la précédente) (cf. aussi* amplitude distortion, harmonic distortion, intermodulation distortion, distortion, quadripole, non-linear characteristic, sinusoidal signal *et* non-sinusoidal signal) ; (b) *distorsion non linéaire à la gravure (différence entre la forme du sillon d'un disque phonographique et la forme du signal enregistré, autre que la différence due à la distorsion linéaire) (exemple : distorsion due à l'arrachement de matière des flancs des sillons les plus proches du centre du disque par les facettes de brunissage du burin graveur lorsque — la vitesse de défilement du disque sous le burin étant insuffisante pour la fréquence instantanée du signal à enregistrer — l'angle formé par la tangente à l'axe du sillon et cet axe devient excessif) (l'arrachement se produit sur le flanc attaqué par le burin et s'observe donc alternativement sur les deux flancs à chaque demi-période du signal enregistré) (cf. aussi* linear distortion, cutting stylus *et* phonograph record) ; (c) *distorsion non linéaire à la lecture (erreur de reproduction du signal enregistré sur un disque phonographique due au fait que l'axe de la pointe de lecture reproduit rarement la position*

instantanée exacte du burin graveur utilisé pour l'enregistrement du son sur le disque) (cf. aussi tracing distortion, tracking error *et* pinch effect 3)) *(voir aussi (b) ci-dessus et* tracking 2)).

non-linear element élément non linéaire *(ou à caractéristique non linéaire)*, élément de circuit *(idem) (élément de circuit dont une caractéristique électrique dépend de la tension appliquée à ses bornes ou de l'intensité du courant qui y circule ou du temps de fonctionnement) (dans le cas général, il s'agit d'un composant à caractéristique tension-courant non linéaire) (ne pas confondre cette dernière caractéristique avec une caractéristique électrique) (inductance saturable, tube électronique, composant à semiconducteur (notamment varistance, diode Gunn, diode tunnel), etc.) (cf. aussi* circuit element, characteristic curve, electrical characteristic *et* non-linear voltage-current characteristic).

non-linear feedback control system *cf.* non-linear control system.

non-linear function fonction non linéaire *(fonction mathématique dont les valeurs successives ne sont pas proportionnelles à celles de la variable indépendante) (en d'autres termes, fonction dont le graphe n'est pas une droite) (cf. aussi* function[1] 1) (b) *et* non-linearity).

non-linear material *cf.* non-linear medium.

non-linear measurement mesure sur un réseau non linéaire *(analyse de réseaux électriques) (cf. aussi* non-linear network *et* measurement).

non-linear medium milieu non linéaire, corps non linéaire *(corps transparent susceptible d'avoir un comportement optique non linéaire) (ce terme désigne généralement un cristal non linéaire) (cf. aussi* non-linear optics *et* non-linear crystal).

non-linear meter scale échelle d'appareil de mesure non linéaire *(cf. aussi* non-linear scale).

non-linear modulation modulation non linéaire (a) *modulation dans laquelle les variations de la caractéristique variable de la porteuse ne sont pas proportionnelles aux variations d'amplitude du signal modulant ou enregistré) (cf. aussi* modulation (a)) ; (b) *modulation introduisant des produits d'intermodulation dans le signal modulé) (modulation angulaire) (cf. aussi* modulation (a), angle modulation *et* intermodulation products).

non-linear modulator modulateur non linéaire *(modulateur réalisant une modulation non linéaire) (cf. aussi* modulator *et* non-linear modulation).

non-linear network réseau non linéaire, réseau électrique *(idem) (réseau électrique comportant un ou plusieurs éléments de circuit non linéaires) (filtre, etc.) (cf. aussi* network 1) *et* non-linear element).

non-linear operation fonctionnement non linéaire *(ou en régime non linéaire ou de grands signaux) (fonctionnement d'un dispositif avec dépassement de la partie rectiligne de sa caractéristique par suite de l'amplitude excessive du signal d'entrée) (ampli, etc.) (cf. aussi* characteristic curve *et* linear operation).

non-linear optics (l')optique non linéaire *(optique dans laquelle la réponse du milieu optique considéré à une excitation lumineuse n'est pas proportionnelle à l'amplitude de l'excitation) (l'excitation lumineuse utilisée est l'onde électromagnétique du faisceau d'un laser focalisé de façon à obtenir une intensité de champ électrique extrêmement grande dans le milieu pour lui faire prendre un comportement non linéaire) (cette non-linéarité permet d'utiliser le milieu en optique de la même façon qu'un élément non linéaire en électronique, c.-à-d. de réaliser l'addition de fréquences, la multiplication de fréquence, le changement de fréquence et le redressement avec des ondes lumineuses, ainsi que la modulation d'une telle onde par une onde radioélectrique, et de produire l'effet Raman stimulé) (cf. aussi* laser, electromagnetic wave, light wave, radio wave, non-linear element, stimulated Raman effect *et* non-linear crystal).

non-linear potentiometer potentiomètre non linéaire *(ou à variation non linéaire ou à loi (de variation) non linéaire) (potentiomètre dans lequel la valeur de la résistance aux bornes de sortie n'est pas proportionnelle à l'angle de rotation* *de l'axe de commande à partir de la position de repos) (potentiomètre logarithmique, etc.) (cf. aussi non-linear taper, logarithmic potentiometer et potentiometer 1)).*

non-linear programming (la) programmation non linéaire *(version améliorée de la méthode de programmation linéaire dans laquelle on emploie des fonctions non linéaires pour certaines grandeurs variables pour tenir compte de ce qu'un résultat économique n'est généralement pas proportionnel aux moyens mis en œuvre) (cf. aussi* linear programming).

non-linear resistor résistance non linéaire *(nom descriptif d'une varistance) (cf. aussi* varistor).

non-linear scale échelle non linéaire *(échelle d'appareil de mesure ou de cadran de réglage dont les graduations sont séparées par des intervalles de largeur croissante ou, plus souvent, décroissante) (échelle logarithmique, en général) (cf. aussi* meter scale *et* logarithmic scale).

non-linear system *cf.* non-linear control system.

non-linear taper loi de variation non linéaire, loi non linéaire, variation non linéaire *(loi de variation de la résistance d'un potentiomètre non linéaire) (loi logarithmique, loi exponentielle, loi en sinus, loi en cosinus, etc.) (cf. aussi* non-linear potentiometer, left-hand taper, right-hand taper *et* taper 2)).

non-linear voltage-current characteristic caractéristique tension-courant non linéaire, caractéristique non linéaire *(caractéristique tension-courant dans laquelle la tension n'est pas proportionnelle à l'intensité du courant) (élément non linéaire) (cf. aussi* voltage-current characteristic *et* non-linear element).

non-linear voltage scale échelle de tension non linéaire, *(parf.)*, échelle non linéaire graduée en volts *(voltmètre analogique ou multimètre analogique) (cf. aussi* non-linear scale).

non-linearity non-linéarité, *(parf.)* manque de linéarité, défaut de linéarité *(propriété d'une fonction non linéaire ou d'un dispositif ou d'un corps dont une caractéristique variable est une fonction non linéaire d'une grandeur déterminée) (amplificateur, sytème asservi, potentiomètre, échelle de mesure, cristal, etc.) (voir aussi les termes commençant par « non-linear ») (cf. aussi* non-linear function *et* linearity).

non-loaded cable câble non chargé, câble téléphonique *(idem) (câble téléphonique dont l'inductance n'est pas augmentée artificiellement) (câble à courte ou moyenne distance) (cf. aussi* loaded cable).

non-loaded Q Q à vide, coefficient de surtension à vide *(valeur du coefficient de surtension d'un résonateur électrique non couplé à une charge) (ce terme désigne généralement le coefficient de surtension d'un circuit oscillant non couplé à un autre circuit) (cf. aussi* Q 1), electric resonator *et* resonant circuit).

non-locking key clé à ressort *(clé téléphonique rappelée à la position de repos dès que l'on cesse d'appuyer dessus) (est l'équivalent à levier d'un bouton-poussoir) (sert principalement à appeler un abonné au téléphone ou l'utilisateur d'un poste en envoyant le courant de sonnerie dans la ligne de celui-ci) (cf. aussi* key¹ 1)).

non-LOS region *cf.* non-line-of-sight region.

non-luminous radiation rayonnement non lumineux *(cf. aussi* non-optical radiation).

non-magnetic material corps amagnétique, corps non magnétique, *(etc.) (matière organique, matière plastique, métal amagnétique, etc.) (cf. aussi* material *et* magnetic material).

non-magnetic steel acier amagnétique *(acier austénitique contenant 20 à 28 % de nickel) (cf. aussi* magnetic material).

non-maneuvering target cible sans évolutions *(cible radar, cible sonar ou cible laser se déplaçant suivant une trajectoire dont les éléments peuvent être calculés approximativement à l'avance) (mil, etc.) (cf. aussi* maneuvering target).

non-maskable interrupt interruption non masquable *(interruption dont l'exécution ne dépend pas de l'état logique d'un masque d'interruption) (inf) (cf. aussi* interrupt mask).

non-material medium milieu immatériel *(milieu ne contenant pas de matière) (nom donné au vide considéré en tant que milieu, notamment de propagation) (cf. aussi* vacuum *et* medium 1)).

non-microphonic non microphonique *(tube, etc.) (cf. aussi* antimicrophonic).

non-monochromatic optical radiation *cf.* non-monochromatic radiation.

non-monochromatic radiation rayonnement non monochromatique *(rayonnement optique à plusieurs longueurs d'onde) (en d'autres termes, rayonnement produit par toute source de lumière autre qu'un laser) (cf. aussi* optical radiation, spectral characteristic 2) *et* laser).

non-monotonic converter *(ou* d-a converter *ou* D/A converter *ou* DAC) *cf.* non-monotonic digital-to-analog converter.

non-monotonic digital-to-analog converter dénumériseur non monotone, convertisseur numérique/analogique non monotone *(cf. aussi* non-monotonicity).

non-monotonicity non-monotonie *(caractéristique d'un dénumériseur dans lequel l'amplitude du signal de sortie analogique n'augmente pas à chaque accroissement du signal numérique d'entrée) (constitue un défaut de fonctionnement dû à la conception du montage) (cf. aussi* digital-to-analog converter *et* monotonicity).

non-multiplexed display afficheur non multiplexé *(afficheur à segments comportant autant de bornes d'entrée des signaux de commande que de segments) (cf. aussi* segment (a)).

non-multiplexed display driver attaqueur d'afficheur non multiplexé, *(etc.) (cf. aussi* display driver *et* non-multiplexed display).

non-noble metal métal non précieux *(ou* ordinaire) *(pour l'industrie électronique) (cuivre, étain, etc.) (cette notion prend de plus en plus d'importance en électronique pour le placage des contacts de connecteurs et pour la fabrication des pâtes conductrices et résistives pour circuits hybrides à couches épaisses du fait du prix croissant des métaux précieux ou des difficultés d'approvisionnement sur le marché international) (cf. aussi* noble metal).

non-noble metal resistor résistance en métaux non précieux *(résistance à couche épaisse utilisant de la poudre de métaux non précieux) (cf. aussi* non-noble metal *et* thick-film resistor).

non-ohmic behaviour comportement n'obéissant pas à la loi d'Ohm *(comportement d'une varistance) (cf. aussi* Ohm's law *et* varistor).

non-ohmic resistor résistance n'obéissant pas à la loi d'Ohm *(nom descriptif d'une varistance) (cf. aussi* varistor).

non-operated relay relais non excité, relais au repos *(cf. aussi* operated relay).

non-optical radiation rayonnement non optique, rayonnement non lumineux *(rayonnement électromagnétique dont la longueur d'onde, ou la fréquence correspondante, est différente de celle d'un rayonnement optique, c.-à-d. rayonnement à fréquence radioélectrique, rayons X ou rayons gamma) (cf. aussi* electromagnetic radiation, radio frequency, X-rays, gamma rays, optical radiation *et* frequency).

non-oscillating-state impedance impédance au repos, impédance en l'absence d'oscillations *(magnétron, etc.) (cf. aussi* impedance).

non-oscillatory motion mouvement apériodique *(mouvement de l'aiguille d'un appareil de mesure suramorti, etc.) (cf. aussi* overdamping).

non-overridable signal signal prioritaire *(commande automatique, etc.) (cf. aussi* override 1).

non-phantom circuit circuit réel, circuit métallique *(tél) (cf. aussi* metallic circuit).

non-planar component composant non planar *(composant à semiconducteur fabriqué par un procédé non planar) (cf. aussi* non-planar process).

non-planar device dispositif non planar *(autre nom, plus général, d'un composant non planar) (semi) (cf. aussi* non-planar component).

non-planar electrode arrangement disposition non planar des électrodes *(disposition des électrodes d'un composant non planar) (semi) (cf. aussi* non-planar component).

non-planar process procédé non planar *(procédé de fabrication de composants à semiconducteur autre que le procédé planar) (procédé mesa, procédé VMOS, etc.) (cf. aussi* planar process, mesa process *et* VMOS process).

non-planar processing fabrication par un procédé non planar *(semi) (cf. aussi* non-planar process).

non-planar structure structure non planar *(structure d'un composant non planar) (cf. aussi* non-planar component).

non-plug-in oscilloscope oscilloscope sans tiroirs *(oscilloscope ordinaire) (cf. aussi* plug-in oscilloscope).

non-plug-in scope *cf.* non-plug-in oscilloscope.

non-polar cap *(fam) cf.* non-polarized capacitor.

non-polar capacitor *cf.* non-polarized capacitor.

non-polar electrolytic capacitor *cf.* non-polarized electrolytic capacitor.

non-polar molecule molécule non polaire *(molécule de gaz rare liquéfié, etc.) (cf. aussi* polar molecule).

non-polar-type capacitor *cf.* non-polarized capacitor.

non-polarity non-polarité, absence de polarité *(signal optique, relais non polarisé, condensateur non polarisé, molécule non polaire) (voir ces termes en anglais) (cf. aussi* polarity).

non-polarized bell sonnerie non polarisée *(nom parfois donné à une sonnerie trembleuse par opposition à une sonnerie polarisée) (cf. aussi* trembler bell *et* polarized bell).

non-polarized capacitor condensateur non polarisé *(ce terme désigne généralement un condensateur électrolytique non polarisé, les condensateurs non électrolytiques étant non polarisés par nature) (cf. aussi* non-polarized electrolytic capacitor *et* non-electrolytic capacitor).

non-polarized electrolytic capacitor condensateur électrolytique *(ou* électrochimique) non polarisé *(condensateur électrolytique pouvant supporter une tension continue appliquée dans un sens ou dans l'autre ou, par conséquent, une tension alternative) (ce résultat est obtenu grâce à une structure symétrique du point de vue électrique) (cf. aussi* electrolytic capacitor) ; (a) *condensateur électrolytique bobiné, à l'aluminium ou au tantale, fabriqué en bobinant ensemble deux anodes formées séparées par du papier au lieu d'une anode et une cathode) (cf. aussi* aluminium electrolytic capacitor *et* tantalum-foil capacitor) ; (b) *condensateur au tantale à électrolyte gélifié comportant deux anodes montées face à face dans le boîtier et connectées chacune à une sortie) (est donc formé de deux condensateurs polarisés montés en opposition dans un même boîtier) (cf. aussi* wet-slug tantalum capacitor).

non-polarized relay relais non polarisé *(relais à courant continu dont le fonctionnement ne dépend pas du sens du courant circulant dans la bobine) (clpf) (cf. aussi* dc relay *et* polarized relay).

non-polynomial filter filtre non polynomial *(filtre dont la fonction caractéristique est une fonction rationnelle) (est caractérisé par la présence de zéros de transmission aux fréquences correspondant aux racines de l'équation figurant au dénominateur de la fraction, ce qui permet d'éliminer des fréquences particulières ou de rendre très raide la coupure du filtre en plaçant un zéro de transmission juste après la fréquence de coupure) (filtre de Cauer) (cf. aussi* characteristic function, transmission zero, roll-off *et* filter[1]).

non-printing calculator calculatrice non imprimante *(calculatrice affichant les résultats sans les imprimer) (calculatrice de poche) (inf) (cf. aussi* calculator).

non-procedural language langage non procédural, langage de programmation *(idem) (nom parfois donné à un langage orienté objet pour rappeler que les messages ne contiennent pas de procédures, celles-ci étant incluses dans les objets) (inf) (cf. aussi* object-oriented language *et* procedural language).

non-programmable calculator calculatrice non programmable *(cas fréquent des calculatrices de poche) (inf) (cf. aussi* programmable calculator).

non-quadded cable câble sans quartes *(tél) (cf. aussi* quadded cable).

non-radar sensor capteur non radar *(ou* autre qu'un radar) *(ce terme désigne un capteur de détection ou de télédétection tel qu'un détecteur infrarouge, un radiomètre ou une caméra de télévision ordinaire ou infrarouge) (cf. aussi* sensor, detection 1), remote sensing, infrared detector, radiometer, television camera *et* radar sensor).

non-radar threat *cf.* optical threat.

non-radiating sensor *cf.* passive sensor.

non-radiative electron transition *cf.* non-radiative transition.

non-radiative transition transition non radiative, transition électronique non radiative *(transition électronique non accompagnée de l'émission d'un photon) (cf. aussi* electron transition *et* Auger effect).

non-random tuning accord non aléatoire *(variation selon une loi déterminée de la fréquence de l'oscillateur d'un émetteur radar ou radio militaire à sauts de fréquence) (n'assure pas une bonne protection contre les brouilleurs à prédiction) (cf. aussi* random tuning, frequency hopping, predictive jammer *et* tuning).

non-reactive load charge non réactive, charge sans réactance, charge purement résistive, charge ohmique pure *(cf. aussi* resistive load).

non-reciprocal element élément non réciproque, élément de circuit *(idem) (élément de circuit n'obéissant pas au théorème de réciprocité des réseaux électriques, c.-à-d. produisant un effet différent sur le signal qui le traverse suivant le sens de passage du signal) (cf. aussi* reciprocity theorem of electric networks, gyrator *et* circulator).

non-recurrent event événement non récurrent *(phénomène ou signal non récurrent) (cf. aussi* non-recurrent signal).

non-recurrent phenomenon phénomène non récurrent *(phénomène généralement non périodique) (exemple : appel de courant à la fermeture d'un circuit capacitif) (cf. aussi* non-recurrent signal).

non-recurrent pulse impulsion isolée, impulsion non récurrente *(cf. aussi* pulse[1] *et* non-recurrent signal).

non-recurrent signal signal non récurrent *(impulsion isolée représentant un phénomène non récurrent) (oscilloscopie, etc.) (cf. aussi* non-recurrent phenomenon *et* single sweep).

non-recurrent waveform *cf.* non-recurrent signal. *(cf. aussi* waveform).

non-recursive digital filter *cf.* non-recursive filter.

non-recursive filter filtre non récursif, filtre numérique *(idem) (filtre numérique dans lequel le signal de sortie à un instant donné ne dépend que du signal d'entrée à cet instant, c-à-d. n'utilisant pas de rétroaction (positive)) (cf. aussi* FIR filter, feedback *et* digital filter).

non-reflecting termination charge adaptée *(ligne de transmission) (cf. aussi* matched load).

non-regenerative repeater répéteur non régénérateur, répéteur analogique, répéteur amplificateur *(le premier terme est le plus employé parce que le plus ancien ; le second, plus récent et plus court, est appelé à s'imposer ; le troisième est un terme descriptif) (répéteur téléphonique amplifiant un multiplex analogique) (cf. aussi* repeater 1) (a) *et* frequency-division multiplex).

non-regenerative transponder répéteur de satellite non régénérateur, *(etc.) (radiocom) (cf. aussi* non-regenerative repeater *et* transponder 2)).

non-related events événements sans relation entre eux *(ce terme désigne généralement deux impulsions sans relation entre elles).

non-related phases phases sans relation entre elles *(grandeurs alternatives) (cf. aussi* phase relationship).

non-relativistic electron électron non relativiste *(électron dans le vide animé d'une vitesse beaucoup moins grande que celle de la lumière) (le qualificatif « non relativiste » rappelle que la théorie de la relativité ne peut être appliquée à un tel électron) (cas général d'un électron dans un tube électronique) (cf. aussi* electron *et* theory of relativity).

non-repetitive ... *cf.* non-recurrent ... *(pour les termes qui ne figurent pas ci-après).

non-repetitive current courant non récurrent *(impulsion de courant isolée) (cf. aussi* current pulse).

non-repetitive event *cf.* non-recurrent event.

non-repetitive peak forward current *(parf.* intensité du) courant direct de crête non récurrent *(diode) (cf. aussi* peak forward current *et* non-repetitive current).

non-repetitive rating *(parf.* intensité du) courant impulsionnel non récurrent admissible, pointes de courant admissibles *(intensité de courant maximale qu'un composant peut supporter lors d'une pointe de courant isolée, mais non en régime d'impulsions récurrentes) (thyristor, triac, etc.) (cf. aussi* rating *et* recurrent pulses).

non-repetitive signal *cf.* non-recurrent signal.

non-repetitive surge rating *cf.* non-repetitive rating.

non-repetitive waveform *cf.* non-recurrent signal. *(cf. aussi* waveform).

non-reserve battery pile non amorçable *(à plusieurs éléments),* pile ordinaire *(idem) (cf. aussi* reserve battery).

non-reserve cell (élément de) pile non amorçable, (élément de) pile ordinaire *(cf. aussi* reserve battery).

non-resonant line ligne non résonnante *(ligne de transmission à fréquence élevée parcourue par un signal à fréquence différente de la fréquence de résonance de la ligne, c-à-d. ligne de transmission haute fréquence ou hyperfréquence utilisée effectivement pour la transmission d'un signal) (clpf) (cf. aussi* transmission line *et* resonant frequency).

non-return-to-reference ... *cf.* non-return-to-zero ...

non-return-to-zero sans retour à zéro, NRZ *(abréviation du terme anglais) (caractéristique et appellation d'un procédé d'enregistrement magnétique de signaux binaires dans lequel le support magnétique ne comporte pas de zone non aimantée entre les deux zones aimantées correspondant à l'enregistrement de deux binaires successifs) (ceci a pour résultat que l'aimantation du support — dans un sens pour représenter un binaire « 1 » et dans l'autre pour un « 0 » — ne change pas pour une suite de 1 ou de 0) (le principe de ce procédé a été étendu à la transmission de signaux binaires à l'aide de deux valeurs d'une caractéristique d'une porteuse — amplitude, fréquence ou phase —, l'une de ces valeurs pouvant d'ailleurs être zéro, ce qui prête à confusion) (dans la transmission de signaux, le fait que la caractéristique variable de la porteuse ne change pas pour une suite de 1 ou de 0 entraîne l'apparition d'une composante continue dans le signal reçu en présence d'une telle suite, ce qui interdit l'emploi de liaisons en courant alternatif entre les étages successifs des récepteurs et des répéteurs) (inf, tls) (cf. aussi* non-return-to-zero-inverted code, magnetic recording, binary signal *et* Manchester code).

non-return-to-zero ... *cf.* NRZ ... *(pour les termes qui ne figurent pas ci-après).*

non-return-to-zero inverted sans retour à zéro avec inversion, NRZI *(seule l'abréviation est couramment employée) (caractéristique et appellation d'un procédé d'enregistrement magnétique et de transmission de signaux binaires dérivé du procédé NRZ et dans lequel la grandeur variable change d'état ou de valeur pour représenter un binaire « 1 » et ne change pas pour représenter un binaire « 0 ») (inf, tls) (cf. aussi* non-return-to-zero).

non-salient pole pôle lisse *(pôle de machine électrique tournante ne portant pas l'enroulement associé) (élt) (cf. aussi* salient pole).

non-sampling oscilloscope oscilloscope sans échantillonnage *(oscilloscope analogique classique) (cf. aussi* sampling oscilloscope).

non-saturated color couleur non saturée, teinte pastel, couleur délavée, couleur lavée de blanc *(couleur résultant du mélange d'une couleur pure et d'une proportion plus ou moins grande de blanc) (colorimétrie) (TVC, etc.) (cf. aussi* color saturation).

non-saturated logic logique non saturée *(logique bipolaire dans laquelle les transistors ne peuvent pas se saturer) (ce résultat a naturellement pour effet de réduire le temps de désaturation des transistors, donc d'augmenter leur vitesse de commutation et, par conséquent, la fréquence de commutation maximale possible) (CI) (inf) (cf. aussi* CML, ECL, Schottky TTL, bipolar logic, non-saturated transistor, storage time 3) *et* switching (c)).

non-saturated mode mode non saturé *(mode de fonctionnement d'un transistor non saturé) (cf. aussi* non-saturated transistor).

non-saturated transistor transistor non saturé *(transistor dans lequel l'intensité du courant de sortie n'atteint pas la valeur maximale possible) (cf. aussi* transistor *et* non-satured logic).

non-saturating ... *cf.* non-saturated ...

non-saturation region domaine sans saturation *(intervalle des valeurs d'une grandeur variable pour lesquelles la valeur d'une autre grandeur dépendant de la première n'atteint pas la saturation)* (a) *intervalle des valeurs de l'intensité d'un champ magnétisant pour lesquelles l'induction magnétique n'atteint pas la saturation dans le corps aimanté) (cf. aussi* magnetizing field *et* magnetic induction 2)) ; (b) *domaine triode d'un transistor à effet de champ) (cf. aussi* triode region).

non-scanning receiver *cf.* non-scanning surveillance receiver.

non-scanning search receiver *cf.* non-scanning surveillance receiver.

non-scanning surveillance receiver récepteur d'écoute sans balayage *(mil) (cf. aussi* wide-open surveillance receiver).

non-selective diffusion diffusion non sélective *(diffusion d'impuretés dans toute la surface d'un substrat semiconducteur) (procédé mesa, etc.) (cf. aussi* diffusion 2) *et* mesa process).

non-self-sustained discharge décharge non autonome *(décharge dans un tube à décharge cessant lorsque disparaît l'agent ionisant extérieur, c-à-d. décharge obtenue lorsque la tension de l'anode est encore relativement faible) (cf. aussi* self-sustained discharge).

non-shorting action *cf.* non-bridging action.

non-shorting contacts contacts sans court-circuit *(commutateur) (cf. aussi* non-bridging contacts).

non-shorting switch commutateur à contacts sans court-circuit *(cf. aussi* non-bridging switch).

non-significant zero zéro non significatif *(zéro placé à gauche d'un nombre décimal, notamment en informatique et plus particulièrement sur un afficheur, pour lui faire occuper un nombre de positions fixe plus grand que son nombre de chiffres) (cf. aussi* zero suppression 2) *et* significant digit).

non-sinusoidal current courant non sinusoïdal *(courant alternatif dont l'intensité varie suivant une loi autre qu'une loi sinusoïdale) (cf. aussi* alternating current *et* sinusoidal law).

non-sinusoidal signal signal non sinusoïdal *(autre nom d'un signal complexe) (cf. aussi* complex signal *et* sinusoidal signal).

non-sinusoidal voltage tension non sinusoïdale *(tension alternative dont l'amplitude varie suivant une loi autre qu'une loi sinusoïdale) (cf. aussi* ac voltage *et* sinusoidal law).

non-sinusoidal wave onde non sinusoïdale, onde complexe *(onde dont l'amplitude varie suivant une loi autre qu'une loi sinusoïdale) (une telle onde, électromagnétique ou acoustique, constitue un signal complexe) (cf. aussi* amplitude, sinusoidal law, complex signal *et* wave).

non-sinusoidal waveform forme d'onde non sinusoïdale *(ce terme désigne souvent un signal complexe, ou, plus généralement, tout courant non sinusoïdal) (cf. aussi* waveform *et* non-sinusoidal current).

non-spark discharge effluves *(cf. aussi* brush discharge).

non-specular reflection *cf.* diffuse reflection.

non-storage display visualisation sans mémorisation *(ou en mode classique) (visualisation d'un signal sur l'écran d'un oscilloscope à mémoire, sans utilisation des possibilités de mémorisation de l'appareil, la trace sur l'écran suivant instantanément les variations d'amplitude du signal) (oscillo) (cf. aussi* storage oscilloscope *et* display[1] 3)).

non-storage mode mode sans mémorisation, mode classique *(un des deux modes de visualisation d'un signal sur l'écran d'un oscilloscope à mémoire) (cf. aussi* non-storage display).

non-storage oscilloscope oscilloscope sans mémoire *(type le plus simple) (cf. aussi* oscilloscope).

non-stored mode *cf.* non-storage mode.

non-switched line ligne directe, ligne non commutée *(ligne téléphonique reliant directement deux postes d'abonnés, sans passer par un central) (cf. aussi* telephone line).

non-switched multipoint system *cf.* multipoint network.

non-symmetrical ... *cf.* unsymmetrical ...

non-synchronous ... *cf.* asynchronous ...

non-synthesized generator *cf.* non-synthetized signal generator.

non-synthesized signal generator générateur de signaux non synthétisés *(ou* classique), générateur non synthétisé *(cf. aussi* signal generator *et* synthetized signal generator).

non-synthesized signal source source de signaux non synthétisés, source non synthétisée *(noms parfois donnés à un générateur de signaux non synthétisés) (cf. aussi* non-synthetized signal generator *et* signal source).

non-synthesized source *cf.* non-synthesized signal source.

non-thermal noise bruit non thermique (*ou* d'origine non thermique) (*bruit électrique autre que le bruit thermique*) (*parasites, bruit de grenaille, bruit de scintillation, etc.*) (*cf. aussi* thermal noise, interference 1), shot noise, flicker noise *et* noise 2) (a)).

non-uniformity compensator correcteur de réponse spatiale (*montage atténuant le manque d'uniformité de la réponse spatiale d'une cible focale*) (*caméra infrarouge*) (*mil, etc.*) (*cf. aussi* spatial response *et* focal-plane array).

non-vacuum processing 1) traitement à la pression atmosphérique (*exemple : recuit d'une plaquette de semiconducteur au four ou au laser*) (*fab. semi*) (*cf. aussi* annealing). **2)** usinage à la pression atmosphérique (*usinage classique ou au laser*) (*fab. méc*) (*cf. aussi* laser machining).

non-vectored interrupt interruption normale, interruption non vectorisée (*inf*) (*cf. aussi* interrupt *et* interrupt vectoring).

non-voice data informations non vocales, informations autres que des informations vocales, (*parf.*) données (*idem*) (*ce terme désigne généralement les informations transmises par une liaison de transmission de données*) (*cf. aussi* information *et* data link).

non-voice message message non vocal (*message télégraphique ou, souvent, plus précisément message de transmission de données*) (*tls*) (*cf. aussi* telegraph *et* data transmission).

non-voice packet paquet non vocal (*paquet constituant tout ou partie d'un message non vocal*) (*tls*) (*mil, etc.*) (*cf. aussi* packet switching *et* non-voice message).

non-volatile cell *cf.* nonvolatile memory cell.

non-volatile data storage mémorisation de l'information (*ou des données*) dans une mémoire non volatile (*inf*) (*cf. aussi* non-volatile memory).

non-volatile memory mémoire non volatile, mémoire rémanente (*mémoire numérique conservant les informations qu'elle contient en cas de coupure du courant d'alimentation de l'appareil dont elle fait partie*) (*mémoire magnétique ou mémoire à semiconducteur non volatile*) (*inf*) (*cf. aussi* magnetic memory, non-volatile semiconductor memory *et* digital memory).

non-volatile memory array matrice mémoire non volatile (*ou rémanente*) (*matrice mémoire formée de cellules non volatiles, notamment dans une mémoire EEPROM*) (*CI*) (*cf. aussi* memory array 2), non-volatile memory cell *et* EEPROM).

non-volatile memory cell cellule de mémoire non volatile (*ou rémanente*), cellule non volatile, cellule rémanente (*tore de mémoire à tores magnétiques, bulles de mémoire à bulles magnétiques, transistor de mémorisation de mémoire EEPROM, etc.*) (*cf. aussi* memory cell *et* non-volatile memory).

non-volatile part *cf.* non-volatile memory.

non-volatile RAM mémoire RAM non volatile, mémoire vive non volatile, mémoire NVRAM (*inf*) (*cf. aussi* RAM[1] *et* non-volatile memory) (a) *mémoire à tores magnétiques*) (*cf. aussi* magnetic-core memory) ; (b) *mémoire RAM sauvegardée*) (*cf. aussi* RAM back-up) ; (c) *future mémoire EEPROM à temps d'effacement et d'écriture suffisamment courts pour permettre son utilisation en mémoire RAM*) (*cf. aussi* EEPROM ; (d) *pseudo-mémoire RAM non volatile formée d'une mémoire RAM statique doublée d'une mémoire EEPROM conservant les informations contenues dans la première en cas de coupure de courant*) (*cf. aussi* static RAM *et* EEPROM).

non-volatile semiconductor memory mémoire à semiconducteur non volatile (*ou rémanente*) (*ce terme désigne généralement une mémoire EEPROM ou une mémoire RAM (à semiconducteur) non volatile et ne couvre normalement pas la mémoire ROM ni ses dérivés directs car ces mémoires étant des mémoires mortes, elles sont non volatiles par construction*) (*CI*) (*inf*) (*cf. aussi* EEPROM, non-volatile RAM *et* ROM).

non-volatile semis (les) mémoires à semiconducteur non volatiles (*cf. aussi* non-volatile semiconductor memory).

non-volatile static RAM mémoire RAM statique non volatile (*CI*) (*inf*) (*cf. aussi* non-volatile RAM (d)).

non-volatile storage 1) mémorisation dans une mémoire non volatile (*inf*) (*cf. aussi* non-volatile memory). **2)** *cf.* non-volatile memory.

non-volatile store *cf.* non-volatile memory.

non-volatile unit version non volatile, version rémanente (*cf. aussi* non-volatile memory *et* unit 3)).

non-volatility non-volatilité, rémanence (*propriété d'une mémoire non volatile*) (*inf*) (*cf. aussi* non-volatile memory).

non-von machine *cf.* non-von Neumann machine.

non-von Neumann architecture structure non von Neumann, structure différente de celle de von Neumann (*ordinateur*) (*inf*) (*cf. aussi* computer architecture *et* non-von Neumann machine).

non-von Neumann computer *cf.* non-von Neumann machine.

non-von Neumann machine machine différente de celle de von Neumann (*nom parfois donné à un calculateur numérique autre qu'un ordinateur classique et notamment à une machine à piles*) (*inf*) (*cf. aussi* von Neumann machine *et* stack machine).

non-wirewound *a et s cf.* non-wirewound unit.

non-wirewound potentiometer potentiomètre non bobiné, potentiomètre à couche (*potentiomètre dans lequel l'élément résistant est une couche de matière résistive déposée sur un support isolant*) (*potentiomètre au carbone ou au cermet ou au plastique*) (*cf. aussi* carbon potentiometer, cermet potentiometer, conductive-plastic potentiometer *et* potentiometer 1)).

non-wirewound resistor résistance non bobinée, résistance discrète non bobinée (*résistance agglomérée ou résistance discrète à couche*) (*cf. aussi* carbon-composition resistor, film resistor, discrete component *et* wirewound resistor).

non-wirewound unit version non bobinée (*résistance non bobinée ou potentiomètre non bobiné*) (*cf. aussi* non-wirewound resistor, non-wirewound potentiometer *et* unit 3)).

non-wirewounds (les) versions non bobinées (*cf. aussi* non-wirewound unit).

non-wound rotor rotor non bobiné (*rotor de machine électrique tournante ne portant pas de bobinage*) (*rotor induit formé d'un disque ou d'une cloche en métal non magnétique dans lequel des courants de Foucault sont induits, ou rotor inducteur ou non formé d'un ou plusieurs aimants créant le champ inducteur ou réagissant avec celui-ci, respectivement*) (*élt*) (*cf. aussi* rotor (a) *et* eddy current).

non-writable defect défaut à effet étendu (*défaut dans une boucle mineure d'une mémoire à bulles magnétiques affectant les bulles contenues dans la boucle défectueuse et celles contenues dans d'autres boucles mineures*) (*CI*) (*inf*) (*cf. aussi* magnetic-bubble memory).

non-zero *a* non nul(le), différent(e) de zéro (*valeur d'une variable, résultat de mesure*).

non-zero output sortie non nulle (*ampli, etc.*) (*cf. aussi* output[1]).

non-zero voltage tension non nulle (*cf. aussi* voltage).

NOR (*vient de « NOT OR » et correspond en réalité à « OR NOT », c.-à-d. que l'opération OR est exécutée avant l'opération NOT, contrairement à ce que le terme anglais donne à penser*) NI, OU inversé, OU complémenté, OU, OU NON, OU suivi de NON, négation du OU, rejet (= ni l'un ou l'autre « 1 » ni les deux « 1 ») (*opérateur logique*) (*inf*) (*cf. aussi* NOR gate *et* logic operator).

NOR circuit *cf.* NOR gate. (*cf. aussi* logic circuit).

NOR element *cf.* NOR gate. (*le terme « NOR element » est impropre et, comme tel, peu employé*) (*inf*) (*cf. aussi* logic element).

NOR function fonction NI, (*etc.*) (*fonction logique constituée par le rejet de deux signaux binaires*) (*inf*) (*cf. aussi* NOR *et* logic function).

NOR gate porte NI, circuit NI, (*etc.*) (*circuit logique réalisant le rejet de deux signaux binaires, c.-à-d. que sa sortie est à l'état « 1 » quand les deux entrées sont à l'état « 0 », et passe à l'état « 0 » quand l'une ou l'autre ou les deux entrées sont à l'état « 1 »*) (*inf*) (*cf. aussi* NOR, logic gate *et* ONE state).

NOR logic ... *cf.* NOR ...

NOR operation opération NI, (*etc.*) (*opération logique fournissant le rejet de deux signaux binaires*) (*inf*) (*cf. aussi* NOR *et* logic operation).

NOR operator opérateur NI, (*etc.*) (*opérateur logique représentant ou exécutant l'opération NI*) (*inf*) (*cf. aussi* NOR operation *et* logic operator).

normal distribution répartition normale (*cf. aussi* Gaussian distribution).

normal-mode interference bruit en mode série (*bruit électrique constitué par la tension de mode série*) (*cf. aussi* normal-mode voltage *et* noise 2) (a).

normal mode rejection réjection du mode série (*ou des parasites en mode série*), insensibilité au mode série (*idem*) (*ampli*) (*cf. aussi* normal-mode rejection ratio).

normal-mode rejection ratio rapport de réjection du mode série (*grandeur représentant l'insensibilité d'un amplificateur de mesure au bruit en mode série*) (*cf. aussi* normal-mode interference).

normal-mode voltage tension de mode série (*tension parasite à la fréquence du secteur ou à un multiple de celle-ci, présente à l'entrée d'un amplificateur de mesure*) (*cf. aussi* intrumentation amplifier *et* common mode).

normal noise *cf.* normal-mode interference.

normal position position de repos (*position de l'armature ou du noyau plongeur ou du ou des contacts mobiles d'un relais électromagnétique lorsque la bobine n'est pas excitée*) (*cf. aussi* energized position).

normal state état fondamental (*atome, molécule*) (*cf. aussi* ground state).

normal sweep balayage récurrent (*relaxé ou déclenché*) (*mode de balayage normal d'un oscilloscope*) (*sdpo à « balayage monocourse »*) (*cf. aussi* free-running sweep, conventional triggered sweep *et* sweep[1] 1)).

normal sweep mode mode de balayage récurrent (*oscillo*) (*cf. aussi* normal sweep *et* sweep mode).

normal triggering déclenchement normal (*déclenchement de la base de temps d'un oscilloscope par le signal visualisé ou par un signal fourni par une source extérieure*) (*cf. aussi* sweep triggering *et* oscilloscope).

normal triggering mode mode de déclenchement normal (*oscillo*) (*cf. aussi* normal triggering *et* trigger mode).

normal writing rate *cf.* normal writing speed.

normal writing speed vitesse d'écriture en mode classique, vitesse d'écriture sans mémorisation (*vitesse d'écriture d'un oscilloscope à mémoire lorsque celle-ci n'est pas utilisée*) (*cf. aussi* writing rate *et* storage oscilloscope).

normalize *v* normaliser (*ici, multiplier des grandeurs par un coefficient constant pour les amener dans un intervalle de valeurs déterminé*) (*mesure, etc.*).

normally closed (fermé au) repos (*jeu de contacts de relais*) (*cf. aussi* break contact).

normally-closed contact contact de repos, (*etc.*) (*relais*) (*cf. aussi* normally closed).

normally-off device *cf.* normally-off field-effect transistor.

normally-off FET *cf.* normally-off field-effect transistor.

normally-off field-effect transistor transistor à effet de champ à enrichissement, transistor à enrichissement (*cf. aussi* enhancement-mode field-effect transistor).

normally-off mode mode d'enrichissement (*TEC*) (*cf. aussi* enhancement mode).

normally-off transistor *cf.* normally-off field-effect transistor.

normally-on device *cf.* normally-on field-effect transistor.

normally-on FET *cf.* normally-on field-effect transistor.

normally-on field-effect transistor transistor à effet de champ à déplétion (*ou à appauvrissement*), transistor à déplétion (*idem*) (*cf. aussi* depletion-mode field-effect transistor).

normally-on mode mode de déplétion (*TEC*) (*cf. aussi* depletion mode).

normally-on transistor *cf.* normally-on field-effect transistor.

normally open (fermé au) travail (*jeu de contacts de relais*) (*cf. aussi* make contact).

normally-open contact contact de travail, (*etc.*) (*relais*) (*cf. aussi* normally open).

north magnetic pole pôle nord magnétique, (le) nord magnétique (*de la Terre*) (*cf. aussi* magnetic pole (b) *et* north pole).

north pole pôle nord (*pôle d'un aimant par lequel il est admis par convention que les lignes de forces de son champ magnétique quittent l'aimant pour décrire une courbe dans le milieu extérieur avant de rentrer dans l'aimant par le pôle sud*) (*magnétisme*) (*cf. aussi* magnetic pole (a) *et* magnetic line of force).

north-seeking pole *cf.* north pole.

north-stabilized PPI indicateur panoramique à présentation « nord en haut de l'écran » (*radar de navire*) (*cf. aussi* plan-position indicator *et* north-up display).

north-up display présentation « nord en haut de l'écran » (*présentation des informations sur l'écran d'un radar de navire avec une orientation telle que le nord se trouve constamment en haut de l'écran*).

Northon's theorem théorème de Norton (*théorème analogue au théorème de Thévenin, mais dans lequel la source de tension constante en série avec la première impédance est remplacée par une source de courant constant en parallèle avec l'admittance correspondant à la première impédance*) (*théorie des réseaux électriques*) (*cf. aussi* Thevenin's theorem *et* admittance).

nose aspect présentation frontale, présentation de face (*cf. aussi* nose-aspect target).

nose-aspect target cible en présentation frontale (*radar, etc.*) (*mil, etc.*) (*cf. aussi* head-on target).

nose coverage couverture vers l'avant (*radar, etc.*) (*mil*) (*cf. aussi* forward-hemisphere coverage).

nose-down capability *cf.* look-down capability.

nose-up capability *cf.* look-up capability.

NOT NON, négation, inversion, complémentation (*= « 1 » si « 0 », ou « 0 » si « 1 »*) (*opérateur logique*) (*inf*) (*cf. aussi* NOT gate *et* logic operator).

NOT AND *cf.* NAND. (*de même pour les termes dérivés*).

NOT circuit *cf.* NOT gate.

NOT element élément NON, (*etc.*) (*inf*) (*cf. aussi* NOT *et* logic element).

NOT function fonction NON, (*etc.*) (*fonction logique constituée par le complément d'un signal binaire*) (*inf*) (*cf. aussi* NOT, logic function *et* complement (a)).

NOT gate porte NON, porte inverseuse, circuit NON, circuit inverseur, inverseur s, (*etc.*) (*circuit logique réalisant l'inversion d'un signal binaire, c.-à-d. que sa sortie est à l'état « 1 » quand son entrée est à l'état « 0 » et vice versa*) (*fournit donc systématiquement le complément du signal d'entrée*) (*inf*) (*cf. aussi* NOT, logic gate *et* ONE state).

NOT logic ... *cf.* NOT ...

NOT operation opération NON, (*etc.*) (*opération logique fournissant le complément d'un signal binaire*) (*inf*) (*cf. aussi* NOT, logic operation *et* complement).

NOT operator opérateur NON, (*etc.*) (*opérateur logique représentant ou exécutant l'opération NON*) (*inf*) (*cf. aussi* NOT operation *et* logic operator).

NOT OR *cf.* NOR. (*de même pour les termes dérivés*).

notch aerial (*GB*) *cf.* notch antenna.

notch antenna *cf.* slot antenna.

notch filter filtre coupe-bande à bande étroite (*filtre coupe-bande dans lequel la bande coupée est très étroite*) (*la courbe de réponse en fréquence d'un tel filtre rappelle une entaille étroite et profonde, d'où le qualificatif « notch » du terme anglais*) (*cf. aussi* band-stop filter).

notch-filtered frequencies fréquences éliminées par un filtre coupe-bande à bande étroite (*cf. aussi* notch filter).

notch filtering filtrage d'une bande étroite (*filtrage d'un signal par un filtre coupe-bande à bande étroite*) (*cf. aussi* notch filter).

notching index bosse d'encliquetage (*commutateur*) (*cf. aussi* detent).

notching relay *cf.* stepping relay.

noval base culot noval (*extrémité inférieure de l'ampoule d'un tube électronique miniature comportant neuf broches et formant le culot du tube*) (*cf. aussi* tube base).

noval socket support noval (*support de tube électronique conçu pour recevoir un tube à culot noval*) (*cf. aussi* noval base *et* tube socket).

noval tube tube noval (*tube électronique à culot noval*) (*cf. aussi* noval base *et* electron tube).

Np *cf.* neper.

NP ... *cf.* non-polarized ...

NPN ... *cf.* npn ... (*ci-après*).

npn bipolar transistor *cf.* npn transistor.

npn common-collector transistor transistor NPN monté en

collecteur commun *(cf. aussi* npn transistor *et* common-collector connection).

npn device *cf.* npn transistor.

npn-pnp transistor pair paire de transistors NPN et PNP, transistors NPN et PNP appariés *(semi) (cf. aussi* matched pair, npn transistor *et* pnp transistor).

npn transistor transistor NPN, transistor bipolaire NPN *(transistor bipolaire dont l'émetteur est formé d'une zone du type N, la base d'une zone du type P et le collecteur d'une zone du type N) (semi) (cf. aussi* bipolar transistor, n-type region *(au début de la lettre N) et* p-type region).

npn unit version NPN *(transistor bipolaire) (cf. aussi* npn transistor *et* unit 3)).

NPO characteristic *(NPO vient de « negative-positive-zero »)*. caractéristique autocompensée, caractéristique NPO *(caractéristique d'un diélectrique de condensateur à coefficient de température ultra-stable) (condensateur céramique) (cf. aussi* dielectric[1] *et* temperature coefficient).

NRE *cf.* negative-resistance element.

NRZ *cf.* non-return-to-zero. *(cf. aussi* NRZI).

NRZ code code NRZ, code sans retour à zéro *(cf. aussi* NRZ *et* Manchester code).

NRZ coding codage NRZ, codage sans retour à zéro *(cf. aussi* NRZ *et* Manchester coding).

NRZ inverted coding *cf.* NRZI coding.

NRZ recording enregistrement par le procédé NRZ, enregistrement NRZ, enregistrement sans retour à zéro *(enr. mag) (inf) (cf. aussi* NRZ).

NRZI *cf.* non-return-to-zero-inverted.

NRZI code code NRZI, code sans retour à zéro avec inversion *(cf. aussi* NRZI).

NRZI coding codage par le procédé NRZI, codage NRZI, codage sans retour à zéro avec inversion *(cf. aussi* NRZI).

NRZI recording enregistrement par le procédé NRZI, enregistrement NRZI, enregistrement sans retour à zéro avec inversion *(enr. mag) (inf) (cf. aussi* NRZI).

ns *cf.* nanosecond.

NTC *cf.* negative temperature coefficient.

NTSC *cf.* National Television System Committee.

NTSC broadcast émission NTSC, *(etc.) (TVC) (cf. aussi* NTSC signal).

NTSC color ... *cf.* NTSC ...

NTSC colors (les) couleurs (des images) du procédé NTSC, *(etc.) (TVC) (cf. aussi* NTSC system).

NTSC receiver récepteur NTSC, récepteur couleur NTSC *(ou* de télévision en couleurs NTSC), poste *(idem),* téléviseur NTSC *(ou* couleur NTSC) *(cf. aussi* television receiver *et* NTSC system).

NTSC set *cf.* NTSC receiver.

NTSC signal signal NTSC *(ou* du procédé NTSC), *(etc.),* signal couleur *(idem) (cf. aussi* color television signal *et* NTSC system).

NTSC system *(NTSC vient de « National Television System Committee »)* procédé NTSC (de télévision en couleurs *ou* de TVC), procédé de télévision en couleurs NTSC, *(idem) (procédé simultané de télévision en couleurs inventé aux Etats-Unis et adopté par ce pays et notamment le Canada et le Japon) (est caractérisé : 1°) par l'emploi de la modulation d'amplitude à porteuse supprimée et à bandes latérales indépendantes pour la transmission des informations de chrominance ; 2°) par le fait que les deux composantes de la sous-porteuse de chrominance constituées par ces bandes latérales sont en quadrature et sont modulées en amplitude par les signaux de différence de couleurs pour former les signaux de chrominance appelés « signal I » et signal Q » (cette sous-porteuse modulée en quadrature présente le grave défaut de la possibilité d'erreur de couleur à la réception si le déphasage des signaux de chrominance en cours de transmission n'est pas le même pour les deux composantes, la phase différentielle résultante produisant sur l'écran une couleur différente de celle représentée à l'émission par les deux composantes ; c'est à ce défaut que remédie le procédé PAL) ; 3°) par la présence d'un train d'impulsions spécial appelé « salve » adjoint aux signaux associés à chaque ligne de l'image, cette salve assurant la synchronisation de la phase de la porteuse régénérée dans* les récepteurs sur celle de la porteuse supprimée dans l'émetteur) (la compatibilité directe du procédé NTSC est bonne grâce à la suppression de la sous-porteuse de chrominance à l'émission et à l'imbrication des spectres des signaux de chrominance et du signal de luminance ; la compatibilité inverse est également bonne grâce au circuit d'achrominance des récepteurs) (cf. aussi* National Television System Committee, simultaneous color television system, suppressed-carrier amplitude modulation, independent sideband modulation, quadrature modulation, chrominance subcarrier, I signal, Q signal, color-difference signal, differential phase, color burst, television system compatibility, frequency interlace, color killer *et* PAL system).

NTSC system colors *cf.* NTSC colors.

NTSC system compatibility compatibilité du procédé NTSC *(cf. aussi* television system compatibility *et* NTSC system).

NTSC system signal *cf.* NTSC signal.

NTSC television ... *cf.* NTSC ...

NTSC TV ... *cf.* NTSC ...

NU tone *cf.* number unobtainable tone.

nuclear antiferromagnetism antiferromagnétisme nucléaire *(antiferromagnétisme observé au niveau du moment magnétique nucléaire des atomes d'un corps cristallin, l'ensemble de ces moments étant alors composé de deux sous-ensembles antiparallèles) (magnétisme) (cf. aussi* antiferromagnetism *et* nuclear magnetic moment).

nuclear battery pile nucléaire, batterie nucléaire *(dispositif utilisant l'énergie de particules émises au cours de la désintégration lente du noyau d'atomes d'un isotope radioactif pour produire un courant continu) (cf. aussi* radioactivity) *(le courant peut être produit directement par utilisation de l'énergie électrostatique des particules ou par conversion simple de leur énergie thermique ou mécanique ou par conversion double de leur énergie mécanique) (le premier cas — utilisation directe de l'énergie constituée par la charge électrique portée par les particules émises — est celui de la pile appelée « pile nucléaire à haute tension » ; cette pile comprend essentiellement une électrode émettrice à couche radioactive et une électrode collectrice disposées dans un boîtier sous vide ; le radio-isotope employé est généralement du tritium ou du strontium 90 ; elle fournit un courant de très faible intensité, généralement inférieur au microampère, sous une tension de plusieurs milliers de volts) (les trois autres cas — conversion de l'énergie thermique ou mécanique des particules émises — constituent le cas de la pile appelée « pile nucléaire à basse tension » dont il existe donc trois types : 1°) la pile thermoélectrique, laquelle est un générateur thermoélectrique dans lequel la source de chaleur est un isotope radioactif : prométhéum 147, plutonium 238, strontium 90, etc.) (cette pile nucléaire est la plus employée ; des modèles miniature servent à l'alimentation de certains stimulateurs cardiaques) (cf. aussi* thermoelectric generator *et* pacemaker) ; 2°) *la pile à gaz ionisé dans laquelle les particules émises par l'isotope ionisent un gaz situé entre deux électrodes de natures différentes créant un champ électrique sous l'action duquel les ions du gaz se déplacent en formant un courant électrique) (cf. aussi* ionization) ; 3°) *la pile à scintillateur, ou pile à double conversion, dans laquelle l'énergie mécanique des particules émises par l'isotope est convertie en un rayonnement optique par un scintillateur, ce rayonnement étant ensuite converti en électricité par une cellule photovoltaïque) (l'isotope utilisé est généralement du prométhéum 147) (Nota : ne pas confondre « pile nucléaire » et « pile atomique », la première étant un générateur d'électricité pouvant être très petit, tandis que la seconde est un réacteur nucléaire expérimental et, par conséquent, une installation de grandes dimensions) (cf. aussi* scintillator, optical radiation *et* photovoltaic cell).

nuclear Bohr magneton *cf.* nuclear magneton.

nuclear cell (élément de) pile nucléaire *(cf. aussi* nuclear battery).

nuclear hardening renforcement aux radiations (nucléaires) *(CI, etc.) (mil, etc.) (cf. aussi* radiation hardening).

nuclear hardness résistance aux radiations (nucléaires) *(CI, etc.) (mil, etc.) (cf. aussi* radiation hardening).

nuclear instrumentation instrumentation nucléaire, appareils nucléaires *(instrumentation conçue spécialement pour la recherche et l'industrie nucléaire) (détecteurs de radiations, analyseurs de spectres d'impulsions, etc.) (cf. aussi* radiation detector 1) *et* pulse-height analyzer).

nuclear magnetic moment moment magnétique nucléaire *(ou* du noyau (de l'atome) *(moment magnétique du noyau d'un atome dû à sa rotation propre et à sa charge électrique) (est environ mille fois plus petit que celui de l'électron) (cf. aussi* magnetic moment, spin, electric charge *et* electron magnetic moment).

nuclear magnetic resonance résonance magnétique nucléaire, RMN *(méthode de résonance magnétique utilisant le magnétisme nucléaire, c.-à-d. dans laquelle les transitions entre niveaux d'énergie utilisées sont celles du noyau des atomes du corps analysé) (la fréquence de résonance du noyau d'un atome étant comprise dans la bande HF ou VHF, la fréquence du champ magnétique alternatif appliqué au corps pour faire entrer les noyaux en résonance est également une fréquence du même domaine, ce qui distingue la résonance magnétique nucléaire de la résonance paramagnétique électronique) (cf. aussi* magnetic resonance, HF band *et* VHF band).

nuclear magneton magnéton nucléaire *(moment magnétique du proton) (est environ 1836 fois plus faible que le magnéton de Bohr) (atome) (cf. aussi* magnetic moment, Bohr magneton *et* proton).

nuclear moment *cf.* nuclear magnetic moment.

nuclear paramagnetism paramagnétisme nucléaire *(paramagnétisme du noyau d'un atome) (cf. aussi* paramagnetism *et* nucleus).

nuclear-pumped laser *cf.* nuclear-pumped X-ray laser.

nuclear-pumped X-ray laser laser à rayons X (à pompage nucléaire) *(cf. aussi* X-ray laser).

nuclear radiation radiation nucléaire *(radiation émise par le noyau des atomes d'un corps radioactif) (rayon alpha, rayon bêta, rayon gamma ou neutron) (physique nucléaire) (cf. aussi* alpha ray, beta ray, gamma ray, neutron, nucleus, radioactive material, radiation *et* radiation hardness).

nuclear resonance magnetometer magnétomètre à résonance magnétique nucléaire, magnétomètre à RMN *(magnétomètre utilisant la résonance magnétique nucléaire dans de l'eau ou du benzène) (cf. aussi* magnetometer *et* nuclear magnetic resonance).

nuclear spin spin nucléaire, spin du noyau (de l'atome) *(spin du noyau d'un atome lorsque le noyau est considéré comme une particule élémentaire) (est la cause du moment magnétique nucléaire) (cf. aussi* spin, nucleus, elementary particle *et* nuclear magnetic moment).

nucleation génération des bulles *(mémoire à bulles) (cf. aussi* nucleator).

nucleator générateur de bulles *(mémoire à bulles) (cf. aussi* bubble generator).

nucleon nucléon *(terme générique couvrant les deux particules entrant dans la composition du noyau de l'atome) (cf. aussi* nucleus).

nucleus noyau de l'atome, noyau atomique, noyau *(partie centrale de l'atome formée de protons et de neutrons pratiquement agglomérés et représentant la presque-totalité de la masse de l'atome) (possède une charge positive due aux protons et un moment magnétique) (la cohésion des particules du noyau de l'atome est assurée par des forces d'attraction d'origine encore inconnue appelées « forces nucléaires » très supérieures à la force de répulsion électrostatique des protons) (cf. aussi* proton, neutron, meson, electrostatic force, nuclear spin *et* atom).

nuke ... *cf.* nuclear ...

null[1] *s* zéro *(valeur nulle ou minimale d'un signal ou d'une indication) (a) zéro d'une fréquence de battement) (cf. aussi* zero beat) ; (b) *zéro du galvanomètre d'un pont de mesure) (cf. aussi* null method) ; (c) *zéro de réception d'un signal radioélectrique par l'antenne d'un récepteur) (cf. aussi* nulling antenna).

null[2] *v* annuler, rendre nul, *(parf.)* réduire à zéro, amener à zéro) (a) *un signal radioélectrique gênant capté par une antenne antibrouillage) (le signal considéré est généralement le signal émis par un brouilleur militaire de l'adversaire) (cf.*

aussi nulling antenna) ; (b) *une tension, un courant, une différence de tension, d'intensité de courant, de fréquence, etc.) (mesure, etc.) (cf. aussi* nulling method).

null adjustment réglage du zéro *(app. mesure) (cf. aussi* zero adjustment (a)).

null-balance potentiometer potentiomètre d'équilibrage *(nom parfois donné à une boîte de résistances utilisée en liaison avec un pont de mesure) (cf. aussi* decade box *et* null method).

null condition conditions de zéro, *(parf.)* état zéro *(situation donnant lieu à un zéro de mesure ou autre) (cf. aussi* null[1]).

null detection *cf.* null indication.

null detector détecteur de zéro, galvanomètre de zéro *(galvanomètre très sensible utilisé pour trouver l'équilibre d'un pont de mesure) (est généralement un galvanomètre à aiguille à zéro au milieu de l'échelle, incorporé ou non au pont) (cf. aussi* null method *et* galvanometer).

null galvanometer *cf.* null detector.

null indication indication du zéro *(pont de mesure) (cf. aussi* null method).

null indicator *cf.* null detector.

null meter *cf.* null detector.

null method méthode d'opposition, méthode de zéro *(méthode de mesure de tensions continues dans laquelle la tension à mesurer est mise en opposition avec une tension de valeur connue et réglable, au moyen d'un pont de mesure) (la tension connue est créée par le courant d'une pile étalon aux bornes d'une boîte de résistances dont on règle les boutons jusqu'à ce que, l'équilibre du pont étant obtenu, l'aiguille du détecteur de zéro utilisé vienne à la position zéro, auquel point du réglage la valeur de la tension mesurée est égale à la tension aux bornes de la boîte, celle-ci étant à son tour donnée par la loi d'Ohm) (est aussi utilisée pour la mesure des résistances par l'intermédiaire de la mesure de la tension créée à leurs bornes) (cf. aussi* bridge, decade box, null detector, Ohm's law *et* measurement method).

null out *v cf.* null[2].

null point point zéro, *(parf.)* point d'équilibre *(mesure, etc.) (cf. aussi* null[1] *et* null method).

null-point detector *cf.* null detector.

null position position zéro *(aiguille de détecteur de zéro) (mesure) (cf. aussi* null detector).

null reading indication zéro, *(parf.)* zéro indiqué *(sur un appareil de mesure et notamment sur un détecteur de zéro) (cf. aussi* null *et* null detector).

null signal signal nul, *(parf.)* absence de signal *(réception) (cf. aussi* null[1] (c)).

null steering aerial *(GB) cf.* nulling antenna.

null steering antenna *cf.* nulling antenna.

null valence valence nulle, valence zéro *(valence d'un atome ne possédant pas d'électrons de valence, c-à-d. absence de valence) (en d'autres termes, valence d'un atome dont la couche de valence est complète et ne pouvant, par conséquent, former de liaison chimique, c-à-d. valence des gaz rares) (cf. aussi* valence, valence shell *et* noble gas).

nulling aerial *(GB) cf.* nulling antenna.

nulling antenna antenne antibrouillage *(ou* à zéros de réception *(ou* de directivité)), antenne à trous *(idem) (antenne à balayage électronique dont le gain en mode de réception peut être rendu très faible dans des directions déterminées, sous l'action d'un microprocesseur, pour réduire l'action de signaux de brouillage reçus dans ces directions) (radar mil, etc.) (cf. aussi* phased-array antenna, directivity (b) *et* microprocessor).

nulling voltage **1)** tension d'annulation *(tension nécessaire pour annuler la valeur d'une grandeur, celle-ci pouvant être une tension de polarité opposée) (cf. aussi* voltage polarity). **2)** *cf.* input offset voltage.

number cruncher *(fam)* machine à calculs, machine à calculer *(le terme anglais signifie littéralement « mangeur de nombres » et s'applique généralement à un ordinateur, notamment un ordinateur scientifique ou un ordinateur central, pour rappeler la faculté principale de celui-ci) (cf. aussi* array processor *et* host computer).

number-crunching *s* calculs (en grand nombre) *(inf) (cf. aussi* number cruncher).

number crunching applications   applications à grand nombre de calculs *(applications nécessitant un grand nombre de calculs) (inf) (cf. aussi* number cruncher*)*.

number of digits   **1)** nombre de chiffres *(sens usuel)*. **2)** nombre de points *(nom donné au nombre de « 9 » qu'un multimètre numérique peut afficher, le « 1/2 » figurant éventuellement dans le « number of digits » indiquant un premier chiffre inférieur à 9, ce indépendamment de toute virgule éventuelle et de l'unité de mesure utilisée) (exemples : un « 3-digit instrument » peut afficher trois 9, soit 999 ; c'est donc un appareil « à 1000 points » (arrondis à l'unité supérieure) (un « 4-digit instrument » peut afficher quatre 9, soit 9999 ; c'est donc un appareil « à 10 000 points ») (un « 3 1/2-digit instrument » peut afficher trois 9 précédés d'un chiffre inférieur à 9 ; c'est donc un appareil « à moins de 10 000 points ») (cette caractéristique indique la sensibilité de l'appareil) (cf. aussi* digital multimeter*)*.

number system   système de numération *(ensemble des règles adoptées pour représenter des nombres quelconques à l'aide d'un nombre déterminé de chiffres différents ou autres symboles formant la base du système, et des puissances de cette base) (math, inf) (cf. aussi* base 7*)*, decimal number system, binary number system, octal number system *et* hexadecimal number system*)*.

number unobtainable tone   tonalité de numéro inaccessible *(tél)*.

numbering scheme   plan de numérotation *(plan d'attribution des numéros d'appel des postes de tout ou partie d'un réseau téléphonique) (cf. aussi* telephone number *et* telephone network*)*.

numeric   *cf.* numerical. *(de même pour les termes dérivés qui ne figurent pas ci-après)*.

numeric key   touche numérique *(touche commandant l'impression ou la mémorisation et l'affichage d'un chiffre sur un appareil ou une machine à clavier) (tlg, inf, etc.) (cf. aussi* numeric keypad*)*.

numeric keypad   clavier numérique, pavé numérique *(petit clavier distinct regroupant les touches numériques et éventuellement d'autres touches sur la droite du clavier de certains appareils informatiques) (le second terme est généralement préféré au premier dans le cas d'un micro-ordinateur ou d'un appareil dérivé ou d'un terminal à écran)*.

numeric pad   *cf.* numeric keypad.

numerical *a*   numérique *a (caractéristique de ce qui est relatif aux nombres ou utilise des nombres) (noter que le terme anglais « digital », qui signifie également « numérique », est surtout employé en liaison avec des informations binaires, c.-à-d. en informatique) (voir rubriques ci-après) (cf. aussi* binary information*)*.

numerical aperture   ouverture numérique *(grandeur représentant l'aptitude d'une fibre optique à capter la lumière émise par une source de lumière disposée à une de ses extrémités) (est égale au sinus de l'angle d'admission ou à la racine carrée de la différence entre le carré de l'indice de réfraction du cœur et le carré de l'indice de réfraction de la gaîne ; est donc un nombre dans dimension, égal à 1 dans le cas théorique d'une fibre captant tous les rayons de la lumière émise, et à environ 0,2 en pratique) (cf. aussi* optical fiber, acceptance angle *et* dimensionless quantity*)*.

numerical character   caractère numérique *(caractère représentant un chiffre) (afficheur, imprimante, etc.) (cf. aussi* character (a)*)*.

numerical control   commande numérique *(commande automatique du déplacement des chariots et broches d'une machine-outil par comptage d'impulsions et comparaison à un nombre d'impulsions prédéterminé par un programme d'usinage enregistré sur bande perforée ou bande magnétique) (la vis d'avance commandant le déplacement d'un chariot ou d'une broche entraîne en rotation un capteur de position angulaire formant générateur d'impulsions ; le nombre d'impulsions émises au cours de l'avance du chariot ou de la broche est compté par un compteur d'impulsions qui commande l'arrêt de la rotation de la vis d'avance, suivi de l'inversion du sens de rotation, lorsque le nombre d'impulsions préaffiché est atteint, c.-à-d. l'arrêt du chariot ou de la broche suivi du recul de cet organe) (la suite des nombres d'impulsions représentant les différents déplacements d'organes à exécuter pour usiner une pièce et les commandes auxiliaires sont enregistrées sous forme numérique sur une bande perforée ou une bande magnétique) (noter que le qualificatif « numérique » figurant dans « commande numérique » rappelle que ce procédé est fondé sur le comptage de nombres d'impulsions et n'a rien à voir avec la forme sous laquelle ces nombres sont enregistrés ; c'est la raison pour laquelle le terme employé en anglais est « numerical » et non « digital ») (cf. aussi* shaft-position encoder *et* digital*)*.

numerical control tape   bande-pilote de machine-outil, *(souvent)* bande perforée de commande numérique *(cf. aussi* numerical control*)*.

numerical data   *cf.* numerical information.

numerical display   **1)** affichage numérique, indication numérique *(indication de la valeur d'une grandeur uniquement à l'aide de chiffres) (est assuré(e) notamment par un afficheur numérique) (voir aussi 2) ci-après) (cf. aussi* display[1] 2*)*. **2)** afficheur numérique, indicateur numérique *(clpf) (cf. aussi* display[1] 5*)*.

numerical display unit   *cf.* numerical display 2).

numerical indicator   indicateur numérique *(terme générique couvrant notamment les tubes d'affichage et les afficheurs numériques et alphanumériques) (cf. aussi* readout tube, numerical display 2), alphanumeric display 2) *et* indicator (a)*)*.

numerical information   informations numériques *(parf. au singulier), (parf. aussi)* données numériques *(idem) (au sens du terme anglais, informations constituées par des nombres) (cf. aussi* information *et* digital information, *et noter que l'ambiguïté du terme français n'existe pas en anglais)*.

numerical quantity   grandeur numérique *(grandeur électrique ou autre représentée par sa valeur numérique) (cf. aussi* electrical quantity *et* numerical value*)*.

numerical readout   *cf.* numerical display.

numerical tape   *cf.* numerical control tape.

numerical value   valeur numérique *(pléonasme courant) (cf. aussi* value*)*.

numerically controlled machine-tool   machine-outil à commande numérique *(cf. aussi* numerical control*)*.

numerics   caractères numériques *(cf. aussi* numerical character*)*.

nutating feed   source oscillante *(source primaire d'antenne de radar de poursuite oscillant dans le plan horizontal de part et d'autre de l'axe électrique de l'antenne pour produire un balayage de l'espace dans ce plan par le faisceau) (cf. aussi* primary radiator, tracking radar *et* electrical boresight*)*.

nutation   nutation *(oscillation périodique superposée naturellement à un mouvement de précession) (en d'autres termes, ondulation de la trajectoire suivie par l'extrémité de l'axe d'un gyroscope animé d'un mouvement de précession, la circonférence décrite étant ondulée) (la période de nutation est beaucoup plus courte que la période de précession et son amplitude est également beaucoup plus faible) (ce mouvement étant naturel, toute précession est accompagnée de nutation) (cf. aussi* precession*)*.

nuvistor   nuvistor *(ancien tube électronique triode miniature pour hautes températures conçu pour être assemblé sur machines automatiques) (comporte une enveloppe en céramique assurant une excellente résistance à la chaleur et des électrodes cylindriques concentriques facilitant l'assemblage à la machine) (cf. aussi* triode tube *et* miniature tube*)*.

nV   *cf.* nanovolt.

NVM   *cf.* non-volatile memory.

nW   *cf.* nanowatt.

nybble   *cf.* nibble.

Nyquist criterion   **1)** critère de Nyquist, critère du revers *(le premier terme est plus général et plus employé) (nom donné au théorème selon lequel un système asservi est stable si, en suivant le lieu de Nyquist en boucle ouverte du système dans le sens des fréquences croissantes, on laisse le point critique à gauche) (cf. aussi* closed-loop control system *et* Nyquist diagram*)*. **2)** théorème de Shannon *(échantillonnage) (cf. aussi* sampling theorem *et noter la divergence de vues sur la paternité dudit théorème)*.

Nyquist diagram lieu de Nyquist (en boucle ouverte), lieu de transfert de Nyquist *(idem)*, lieu de transfert (en boucle ouverte) dans le plan de Nyquist *(courbe représentant l'amplitude et la phase de la grandeur de sortie d'un système asservi en boucle ouverte en fonction de l'amplitude et la fréquence de la grandeur d'entrée) (fournit donc autant d'informations sur le comportement du système que la courbe de réponse en amplitude et la courbe de réponse en phase et, par conséquent, que sa fonction de transfert) (cf. aussi* open-loop control system, input quantity, output quantity, phase (a), transfer function *et* Nyquist criterion 1)).

Nyquist formula formule de Nyquist *(formule donnant la valeur de la tension de bruit thermique aux bornes d'un élément de circuit en fonction de la température et la résistance de l'élément et de la largeur de la bande de fréquences considérée:* $e = 2\sqrt{k\,T.R.B}$, *où e est la tension de bruit thermique, k la constante de Boltzmann, T la température absolue en degrés Kelvin, R la résistance de l'élément en ohms et B la largeur de la bande de fréquences en hertz) (l'élément de circuit considéré est souvent en fait un amplificateur ou autre montage, les bornes étant alors les bornes de sortie du montage et la bande de fréquence étant la bande passante de celui-ci) (cf. aussi* thermal noise voltage, Boltzmann constant, circuit element, bandwidth 2) *et* arrangement 1)).

Nyquist frequency *cf.* Nyquist rate.

Nyquist plane plan de Nyquist *(plan complexe en coordonnées polaires dans lequel est construit le lieu de Nyquist) (cf. aussi* complex plane, polar coordinates *et* Nyquist diagram).

Nyquist rate cadence minimale d'échantillonnage, fréquence *(idem) (cf. aussi* Nyquist criterion 2)).

Nyquist sampling theorem *cf.* Nyquist criterion 2).

Nyquist stability criterion *cf.* Nyquist criterion 1).

Nyquist theorem **1)** *cf.* Nyquist criterion 2). **2)** *cf.* Nyquist formula.

O

O electron électron de la couche O *(atome) (cf. aussi* O shell).

O/G ... *cf.* outgoing ...

O/P *cf.* output[1].

O shell couche O *(cinquième couche électronique d'un atome en partant du noyau) (cf. aussi* electron shell).

O-type carcinotron carcinotron O *(carcinotron constitué comme un tube à onde progressive, mais dans lequel c'est l'onde inverse qui est utilisée) (hyper) (cf. aussi* carcinotron *et* travelling-wave tube).

O-type device *cf.* O-type tube.

O-type microwave tube *cf.* O-type tube.

O-type tube tube du type O *(hyper) (cf. aussi* linear-beam tube).

O-type unit *cf.* O-type tube. *(parf.)* version du type O, *(etc.).*

O-wave *cf.* ordinary wave.

OA *cf.* office automation.

oadar *(vient de « optical aid to detection and ranging ») (sigle parfois employé en anglais pour désigner un radar optique) (cf. aussi* optical radar).

OB *cf.* outside broadcast.

object code *cf.* object program.

object computer ordinateur final *(inf) (cf. aussi* target computer).

object language langage objet *(nom parfois donné au langage machine d'un ordinateur lorsque l'on considère un programme objet) (inf) (cf. aussi* machine language *et* object program).

object machine *cf.* object computer.

object-oriented language langage orienté objet *(langage de programmation fondé sur l'utilisation systématique de sous-programmes, ainsi que d'ensembles d'informations à traiter et de règles de traitement, ou « procédures », appelés « objets » qui se transmettent des « messages » décrivant l'opération à exécuter par l'objet destinataire) (inf) (cf. aussi* non-procedural language *et* programming language).

object-oriented programming programmation orientée objet *(programmation d'un ordinateur effectuée à l'aide d'un langage orienté objet) (inf) (cf. aussi* computer programming *et* object-oriented language).

object program programme objet *(nom donné à un programme machine considéré comme le dernier stade de l'élaboration d'un programme d'ordinateur) (inf) (cf. aussi* machine code 2)).

oblique-incidence transmission émission oblique, émission sous incidence *(émission d'ondes radioélectriques dans un plan autre que celui de l'horizontale ou la verticale à l'aide d'une antenne directive) (radiocommunications en ondes courtes, sondage ionosphérique, etc.) (cf. aussi* take-off angle, oblique sounder, radio wave *et* directional antenna).

oblique sounder sondeur oblique *(sondeur ionosphérique émettant un faisceau d'ondes oblique) (propa) (cf. aussi* ionosonde).

oblique sounding sondage oblique *(sondage de l'ionosphère à l'aide d'un sondeur oblique) (propa) (cf. aussi* oblique sounder).

obscurant occultant *sm (terme générique couvrant les produits fumigènes et les aérosols employés comme contre-mesures optiques) (mil) (cf. aussi* optical countermeasures).

obscuration aid *cf.* obscurant.

obstacle gain gain d'obstacle *(augmentation de l'amplitude d'une onde radioélectrique reçue par un récepteur situé à une certaine distance derrière un obstacle de grande hauteur se trouvant sur le trajet de l'onde) (ce phénomène est dû à la diffraction de l'onde par le sommet de l'obstacle agissant sur la propagation de l'onde comme une arête agit sur la propagation d'une onde lumineuse et s'observe notamment derrière une montagne ou une île montagneuse) (le sommet baignant dans un champ plus intense qu'à la surface de la Terre, le rayonnement réfracté est plus intense que le rayonnement qui parviendrait au récepteur en l'absence d'obstacle) (radio) (cf. aussi* radio wave, diffraction *et* radio wave propagation).

OC crystal *cf.* oven-controlled crystal.

occluded gas (les) gaz occlus *(gaz résiduels contenus dans les parois et éléments internes d'un dispositif à vide et notamment dans l'ampoule et les électrodes et autres éléments internes d'un tube électronique à vide) (cf. aussi* getter[1] *et* vacuum tube).

ocean noise *cf.* undersea noise.

ocean surveillance radar radar de surveillance maritime *(radar cartographique monté à bord d'un satellite de surveillance maritime) (mil) (cf. aussi* ground-mapping radar).

OCR 1) *cf.* optical character reading. 2) *cf.* optical character recognition.

octal base culot octal *(culot de tube électronique à huit broches, dont certaines peuvent être omises, muni d'un téton de centrage portant un bossage d'orientation) (est également utilisé pour certains relais enfichables) (cf. aussi* tube base).

octal-base relay relais à culot octal *(relais enfichable dont l'embase est un culot octal) (cf. aussi* plug-in relay *et* octal base).

octal-base tube *cf.* octal tube.

octal-based ... *cf.* octal-base ...

octal digit chiffre octal *(chiffre employé dans la numération octale) (inf, etc.) (cf. aussi* octal number system).

octal notation notation octale *(représentation d'un nombre dans le système de numération octale) (inf, etc.) (cf. aussi* octal number system).

octal number nombre octal *(nombre du système de numération octale) (cf. aussi* octal number system).

octal number system système de numération octale *(ou à base huit)*, (la) numération octale *(système de numération dans lequel la base est égale à 8 et utilisant, par conséquent, huit chiffres — les chiffres 0 à 7 —, chaque chiffre d'un nombre octal en partant de la droite représentant une puis-*

sance croissante de 8) (exemple: le nombre octal 1234 est égal à $(8^3 \times 1) + (8^2 \times 2) + (8^1 \times 3) + (8^0 \times 4) = 512 + 128 + 24 + 4 = 668$ en notation décimale) (math, inf) (cf. aussi number system).

octally noted représenté en octal (ou dans le système de numération octale ou en numération octale) (nombre) (cf. aussi octal number system).

octal socket support octal (support de tube électronique conçu pour recevoir un culot octal) (cf. aussi octal base et tube socket).

octal tube tube octal, tube à culot octal (tube électronique équipé d'un culot octal) (cf. aussi octal base et tube base).

octantal error erreur octantale (erreur systématique dans l'indication fournie à bord d'un aéronef par un radiogoniomètre au sol équipé d'un système d'antennes Bellini-Tosi) (le qualificatif « octantal » vient de ce que cette erreur s'annule 8 fois sur les 360^0 couverts par l'antenne dans le plan horizontal, avec une variation sinusoïdale de 4 périodes) (radionav) (cf. aussi Bellini-Tosi system et radio direction finder).

octave m octave (ensemble des fréquences comprises entre une fréquence quelconque et le double de celle-ci) (cf. aussi frequency).

octave band bande d'un octave (bande de fréquences couvrant un octave) (cf. aussi octave et frequency band).

octave-band filter filtre à bande d'un octave (filtre passe-bande à bande passante d'un octave) (cf. aussi band-pass filter et octave band).

octave-band oscillator oscillateur accordable sur un octave (cf. aussi tuning et octave).

octave bandwidth largeur de bande d'un octave (filtre) (cf. aussi octave-band filter).

octave filter cf. octave-band filter.

octave range cf. octave band.

octave tuning accord sur un octave (cf. aussi octave tuning range).

octave tuning range plage d'accord d'un octave (plage d'accord s'étendant sur un octave à partir de la fréquence d'accord la plus basse) (oscillateur, etc.) (cf. aussi tuning range et octave).

octet octet (inf) (cf. aussi byte).

octode octode sf, tube octode, tube à six grilles, tube électronique (idem) (tube électronique à huit électrodes: cathode, six grilles et anode) (est utilisé comme tube changeur de fréquence dans certains récepteurs superhétérodynes à tubes) (cf. aussi mixer et electron tube).

octupole octupôle (ensemble formé de deux quadrupôles) (cf. aussi electric octupole, magnetic octupole et quadrupole).

octupole moment moment d'octupôle (moment, au sens mécanique, d'un octupôle) (cf. aussi octupole).

OCVD cf. outside chemical vapor deposition.

OCXO cf. oven-controlled crystal oscillator.

odd-even check contrôle de parité (inf) (cf. aussi parity check).

odd field trame impaire (trame formée par les lignes de balayage impaires sur un écran de télévision ou analogue ou, de façon invisible, sur la cible du capteur d'une caméra de télévision ou analogue) (cf. aussi interlaced scanning).

odd harmonic harmonique impair (harmonique dont la valeur est un multiple impair de la fréquence fondamentale) (harmonique 3, 5, 7, etc.) (cf. aussi harmonic).

odd-line interlace entrelacement impair, entrelacement avec nombre de lignes impair (entrelacement des lignes d'une image de télévision à nombre de lignes impair) (type d'entrelacement utilisé universellement pour permettre l'emploi de générateurs de balayage de précision moyenne, ce qui nécessite que le balayage d'une trame de l'image commence au début de la première ligne de celle-ci et se termine au milieu de la dernière ligne, tandis que le balayage de l'autre trame doit commencer au milieu de la première ligne de celle-ci et se terminer à la fin de la dernière ligne) (chaque trame a donc un nombre demi-entier de lignes, ce qui donne un nombre impair de lignes pour l'image complète: 819 lignes, 625 lignes, 525 lignes, 405 lignes, etc.) (cf. aussi interlaced scanning, horizontal sweep generator 1) et vertical sweep generator 1)).

odd mode mode impair, mode de propagation impair (mode de propagation d'une onde électromagnétique dans un guide d'ondes dans lequel un des nombres d'ondes est impair) (hyper) (cf. aussi wave number et waveguide).

odd-mode field champ d'un mode impair, (etc.) (cf. aussi odd mode).

odd-mode propagation propagation d'un mode impair (cf. aussi odd mode).

odd-order filter filtre d'ordre impair (filtre d'ordre 1, 3, 5, etc.) (cf. aussi filter order).

odd-order harmonic cf. odd harmonic.

odd-ordered ... cf. odd-order ...

odd parity 1) parité impaire, parité négative (parité d'une fonction d'onde lorsque le signe de l'état qu'elle décrit est changé par une inversion spatiale de cette fonction) (mécanique quantique) (cf. aussi parity (a)). 2) parité impaire, imparité (parité d'un groupe de binaires contenant un nombre impair de binaires « 1 ») (inf) (cf. aussi parity (b)).

odd-parity bit binaire d'imparité, binaire de parité impaire (binaire rendant impaire la parité d'un groupe de binaires) (inf) (cf. aussi odd parity 2)).

odd-parity check contrôle par imparité, contrôle de parité impaire (contrôle d'un groupe de binaires dans lequel le nombre de binaires « 1 » doit être impair pour qu'il n'y ait probablement pas de binaire erroné dans le groupe) (inf) (cf. aussi odd parity 2)).

Oe cf. oersted.

OE cf. output enable.

OEM (vient de « original equipment manufacturer ») ensemblier, utilisateur intermédiaire (noter que l'abréviation a pris un sens différent de celui du terme complet et que celui-ci est maintenant généralement utilisé avec le sens de l'abréviation; ces abus de langage prêtent à confusion) (cf. aussi OEM equipment).

OEM applications applications constructeurs (applications du matériel à incorporer faites par les ensembliers) (cf. aussi OEM equipment et application).

OEM computer ordinateur à incorporer, ordinateur pour ensembliers, (parf.) calculateur (idem) (inf) (cf. aussi OEM equipment).

OEM customer cf. end user.

OEM device cf. OEM unit.

OEM equipment matériel à incorporer, matériel pour ensembliers, équipement (matériel électronique ou assimilé fabriqué par un constructeur pour un autre qui le vend au client après l'avoir incorporé à un ensemble) (est l'équivalent des pneus, de la batterie, du carburateur, etc. dans l'automobile, que l'on appelle « l'accessoire » ou « le matériel de première monte », et des servo-commandes, instruments de bord, etc. dans l'aéronautique, que l'on appelle « l'équipement ») (cf. aussi OEM, OEM unit et end-user equipment).

OEM hardware cf. OEM equipment.

OEM market marché de l'équipement, marché entre constructeurs, marché « constructeurs » (cf. aussi OEM equipment).

OEM modem modem à incorporer (modem nu et sans alimentation) (télinf) (cf. aussi modem et OEM equipment).

OEM power supply alimentation à incorporer (alimentation sans coffret, sur châssis ou sur carte à circuit imprimé) (cf. aussi power supply 2) et OEM equipment).

OEM price prix constructeurs, prix pour constructeurs, prix pour ensembliers (cf. aussi OEM equipment).

OEM printer imprimante à incorporer, imprimante pour ensembliers, (parf.) module d'impression, (parf.) mécanisme d'impression (petite imprimante, généralement sans coffret) (inf) (cf. aussi printer 1) et OEM unit).

OEM quantities (in) par quantités (vente ou achat de matériel électronique) (cf. aussi OEM equipment).

OEM sale vente constructeurs, vente aux constructeurs, vente aux ensembliers (matériel électronique) (cf. aussi OEM equipment).

OEM unit version à incorporer (version d'un matériel électronique livré généralement nu et souvent sans alimentation, celle-ci étant alors assurée par les circuits de l'appareil auquel il est destiné) (alimentation, imprimante, modem, micro-ordinateur, etc.) (cf. aussi OEM equipment et unit 3)).

OEM user *cf.* end user.

œrsted *(du nom du physicien danois)* Oersted, Oe *(unité d'intensité de champ magnétique du système CGS) (est remplacé par l'ampère par mètre) (cf. aussi* magnetic field intensity *et* ampere per meter).

of the order of n ... *(cette expression impropre et prêtant à confusion est souvent employée en anglais et son équivalent littéral français « de l'ordre de n ... » (« de l'ordre de 5 volts », par exemple, au lieu « d'environ 5 volts ») l'est tout autant) (on se rappellera que l'expression mathématique « de l'ordre (de) » ne doit s'employer qu'avec une unité précédée de « du » ou « de la » : de l'ordre du volt (de 1 à 9 volts) (mais pas « de l'ordre de 1 volt »), de l'ordre de la dizaine de volts (de 10 à 99 volts) (mais pas « de l'ordre de 10 volts »), etc.) (dans tous les cas où l'expression « de l'ordre de » est employée avec le sens de « d'environ », c'est cette dernière expression qu'il faut employer).*

off 1) coupé *(état d'un circuit électrique ouvert par un dispositif formant interrupteur) (cf. aussi* electric circuit). **2)** arrêt *(cf. aussi* off-position). **3)** bloqué, *(etc.) (transistor, etc.) (cf. aussi* off-state).

OFF *cf.* off. *(de même pour les termes dérivés).*

off-air period période sans émission *(station d'émission) (cf. aussi* on-air period).

off-air station station n'émettant pas *(station d'émission) (cf. aussi* on-air station).

off-air time temps sans émission *(durée d'une période sans émission) (cf. aussi* off-air period).

off-board extérieur(e) à la carte, en dehors de la carte, hors carte, non incorporé(e) à la carte *(caractéristique d'un composant, circuit ou montage ou d'une fonction nécessaire ou associé(e) au fonctionnement des circuits d'une carte à circuit imprimé, mais non monté ou réalisé(e) sur celle-ci) (cf. aussi* printed-circuit board *et* off-chip).

off-board erasure effacement en dehors de la carte, *(etc.) (effacement d'une mémoire intégrée nécessitant de la retirer de son support et, par conséquent, d'arrêter le fonctionnement de l'appareil dont elle fait partie) (cas d'une mémoire EPROM) (CI) (inf) (cf. aussi* off-board, erasure, solid-state memory *et* EPROM).

off-board memory mémoire extérieure à la carte *(carte mère, etc.) (cf. aussi* off-board *et* mother-board 1)).

off-board programming programmation en dehors de la carte, *(etc.)*, écriture *(idem) (programmation d'une mémoire intégrée retirée de son support) (ce terme s'applique notamment à une mémoire EPROM) (CI) (inf) (cf. aussi* off-board, programming (c) *et* off-board erasure).

off-boresight angle angle de dénivelée *(angle formé par l'axe longitudinal d'un avion militaire à radar de nez et la ligne de visée d'une cible radar située plus bas ou plus haut que l'avion) (cf. aussi* look angle *et* boresight[1]).

off-boresight infrared seeker autodirecteur infrarouge à grande dénivelée *(missile) (mil) (cf. aussi* infrared seeker *et* off-boresight angle).

off-boresight infrared sensor *cf.* off-boresight infrared seeker.

off-center dipole dipôle excentré *(antenne de radar) (cf. aussi* dipole antenna *et* off-center feed).

off-center display présentation excentrée, présentation panoramique excentrée *(présentation des informations sur l'écran d'un radar panoramique dans laquelle le centre de la base de temps ne coïncide pas avec le centre de l'écran) (permet de dilater une partie déterminée de la zone couverte par le radar pour faciliter l'observation des échos dans cette partie) (cf. aussi* PPI display).

off-center feed source primaire excentrée, source excentrée *(antenne de radar à balayage conique) (cf. aussi* feed[2] 2), conical-scan antenna *et* offset feed).

off-center PPI display *cf.* off-center display.

off-centering excentrement *(de la présentation, de la source primaire, etc.) (radar, etc.) (cf. aussi* off-center display *et* off-center feed).

off-chip *a* extérieur(e) à la puce, en dehors de la puce, hors puce, non incorporé(e) à la puce *(caractéristique d'un composant, d'un circuit, d'un montage ou d'une fonction*

nécessaire ou associé(e) au fonctionnement d'un circuit intégré monolithique, mais non réalisé(e) sur la puce de celui-ci) (voir les rubriques suivantes commençant par ce terme) (cf. aussi chip 1) et off-board).*

off-chip circuit circuit ... *(cf. aussi* off-chip *et* circuit).

off-chip circuitry circuits ... *(cf. aussi* off-chip *et* circuitry).

off-chip function fonction ..., fonction réalisée (à l') ... *(cf. aussi* off-chip).

off-chip implemented function *cf.* off-chip function.

off-chip load charge extérieure (à la puce), *(etc.) (cf. aussi* off-chip *et* load[1] (a)).

off-chip refresh rafraîchissement extérieur (à la puce), *(etc.) (mémoire RAM dynamique) (inf) (cf. aussi* off-chip *et* refresh[2]).

off-chip support circuit circuit auxiliaire extérieur (à la puce), *(etc.) (cf. aussi* off-chip *et* support circuit).

off-condition *cf.* off-state.

off-delay relay relais temporisé à l'ouverture *(relais temporisé au relâchement muni d'un ou plusieurs contacts de travail ou, parfois, relais temporisé à l'appel muni d'un ou plusieurs contacts de repos) (cf. aussi* time-delay relay, make contact *et* break contact).

off-hook condition combiné décroché *(poste tél) (cf. aussi* in the off-hook condition).

off-isolation isolement à l'état bloqué, *(etc.) (transistor, etc.) (cf. aussi* off-state).

off-line *a* en différé, *(parf.)* non connecté (à l'ordinateur), *(parf.)* autonome *(caractéristique d'un traitement d'informations exécuté un certain temps après la saisie des informations, ou mode d'exploitation du matériel participant à un tel traitement, ou caractéristique de ce matériel) (inf) (cf. aussi* data processing, off-line equipment *et* on-line).

off-line equipment appareils périphériques autonomes, matériel autonome *(appareils périphériques utilisés sans être reliés à l'ordinateur auquel ils sont normalement associés) (inf) (cf. aussi* peripheral device *et* central processing unit).

off-line operation exploitation en autonome *(ou en mode autonome) (utilisation du matériel autonome) (cf. aussi* off-line equipment).

off-line processing traitement en différé *(inf) (cf. aussi* batch processing 2)).

off-line storage *cf.* auxiliary storage.

off-line working *cf.* off-line operation.

off-load ... *cf.* no-load ...

off-mounted antenna antenne asservie *(antenne de radar d'identification non montée sur l'antenne du radar de détection auquel elle est associée) (est montée sur un deuxième socle et ses mouvements sont asservis à ceux de l'antenne principale pour qu'elle soit pointée constamment dans la même direction) (cf. aussi* IFF radar).

off null en dehors du zéro *(indication d'un appareil de mesure, etc.) (cf. aussi* null[1]).

off-peak load 1) charge normale *(cf. aussi* load[1] (a)). **2)** charge en dehors des périodes de pointe, *(parf.)* charge pendant les heures creuses *(trafic d'une ligne téléphonique, etc.).*

off-period *(cf. aussi* period) **1)** période d'arrêt *(d'un appareil, etc.).* **2)** période de coupure *(d'un circuit).* **3)** période de blocage, *(etc.) (d'un transistor, etc.) (cf. aussi* off-state). **4)** *cf.* off-air period.

off-position position d'ouverture *(contact mobile d'interrupteur) (cf. aussi* OFF position (ci-après)).

OFF position position Arrêt *(interrupteur) (cf. aussi* off-position).

off-resistance résistance à l'état bloqué, *(etc.) (résistance mesurée entre les deux électrodes extrêmes d'un composant blocable lorsque celui-ci est à l'état bloqué) (tube, semi) (ces termes s'appliquent notamment à un transistor de commutation ou une diode de commutation) (cf. aussi* off-state, switching transistor *et* switching diode).

off-resistance rated at N ohms résistance nominale à l'état bloqué de N ohms *(ou de N ohms à l'état bloqué) (cf. aussi* off-resistance).

off-scale current intensité supérieure au calibre *(de l'appareil ou, parfois, utilisé) (cf. aussi* off-scale deflection).

off-scale deflection déviation au-delà de l'échelle *(déviation de l'aiguille d'un voltmètre ou ampèremètre (ou multimètre) analogique soumis respectivement à une tension ou une intensité de courant supérieure au calibre de l'appareil ou, dans le cas d'un multimètre, au calibre utilisé) (cf. aussi* measurement range 2) *et* volt-ohm-milliammeter).

off-scale voltage tension supérieure au calibre *(de l'appareil ou, parfois, utilisé) (cf. aussi* off-scale deflection).

off-screen beam faisceau en dehors de l'écran *(oscillo) (cf. aussi* off-screen signal).

off-screen signal signal amenant le faisceau en dehors de l'écran *(signal d'amplitude excessive appliqué à un oscilloscope) (cf. aussi* beam finder).

off-screen trace *cf.* off-screen beam.

off segment segment non excité *(afficheur à segments) (cf. aussi* segment-type display).

off signal signal d'arrêt, signal Arrêt, *(parf.)* signal d'ouverture *(signal commandant l'arrêt d'un dispositif, appareil ou système, généralement par ouverture du circuit d'alimentation de celui-ci) (cf. aussi* signal[1]).

off-state état bloqué, état non conducteur, état de non-conduction, état non passant *(état électrique d'un tube électronique, d'un transistor, d'une diode à semiconducteur, d'un thyristor ou autre composant à semiconducteur polarisé de telle manière que la tension appliquée entre ses électrodes extrêmes ne fasse circuler aucun courant ou qu'un courant d'intensité négligeable) (cf. aussi* on-state *et* off-resistance).

off-state current *(parf.* intensité du) courant à l'état bloqué, *(etc.) (cf. aussi* off-state *et* current).

off-state resistance *cf.* off-resistance.

off-target jamming brouillage déporté *(brouillage de l'autodirecteur d'un missile attaquant une cible opéré par un brouilleur situé à une certaine distance de la cible pour éviter que ses signaux ne soient exploités par l'autodirecteur pour atteindre la cible) (mil) (cf. aussi* jamming *et* homing head).

off-the line power supply alimentation secteur, alimentation connectée au secteur *(alimentation à courant redressé alimentée elle-même par le secteur) (clpf) (sdpo à « alimentation à convertisseur continu/continu ») (cf. aussi* power supply 2) *et* dc/dc converter).

off-the-shelf delivery livraison sur stock, livraison sans délais, livraison immédiate, livraison à réception de la commande *(cf. aussi* off-the-shelf equipment).

off-the-shelf equipment matériel livrable sur stock *(ou* sans délais), *(etc.)*, matériel en stock, matériel disponible *(matériel électronique ou autre) (cf. aussi* off-the-shelf delivery).

off-thyristor thyristor à l'état bloqué *(semi) (cf. aussi* off-state).

off-time temps de ... *(durée d'une période de ...) (voir aussi* off-period ...).

OFF time *cf.* power-off time.

off-track en dehors de la piste *(tête magnétique ou optique d'enregistreur, de lecteur ou de mémoire)*.

off-transistor transistor à l'état bloqué *(semi) (cf. aussi* off-state).

off-tune frequency fréquence en dehors de l'accord *(résonateur, notamment circuit accordé, ou récepteur) (cf. aussi* tune[1]).

office automation (la) bureautique *(nom donné à l'informatique appliquée au travail de bureau, souvent avec recours à la télématique, avec inclusion de tâches ne faisant normalement pas appel à l'informatique telles que la photocopie et la télécopie notamment, la principale application de la bureautique étant le traitement de texte) (cf. aussi* data processing, telematics, facsimile *et* word processing).

office computer ordinateur de bureau *(petit ordinateur conçu et programmé principalement pour des travaux de comptabilité) (est généralement un micro-ordinateur) (inf) (cf. aussi* computer 2) *et* microcomputer).

offset *s* 1) décalage (a) *tension à l'entrée ou à la sortie d'un amplificateur différentiel ou courant à son entrée dû à la symétrie imparfaite de ses deux branches) (en l'absence de précisions, ce terme désigne généralement la tension de décalage d'entrée, mais peut aussi désigner la tension de décalage de sortie ou le courant de décalage d'entrée) (cf. aussi* input

offset, output offset, differential amplifier *et* common mode); (b) *cf. aussi* dc offset 2)). 2) écart *(asser) (cf. aussi* deviation 1)). 3) décalage, *(parf.)* excentrement *(sens mécanique) (cf. aussi* offset feed).

offset adjustment réglage du décalage, réglage de la tension de décalage *(est effectué à l'aide d'un potentiomètre ajustable ou d'une résistance ajustable) (ampli. différentiel) (cf. aussi* offset 1) (a)).

offset-adjustment potentiometer *cf.* offset potentiometer.

offset angle angle de déport *(angle formé par l'axe d'oscillation de la pointe de lecture de la tête de lecture d'un tourne-disque et la droite passant par l'axe de la pointe et l'axe du pivot du bras) (cf. aussi* stylus 1)).

offset Cassegrain antenna antenne Cassegrain à source excentrée *(antenne Cassegrain dans laquelle la source primaire n'est pas dans l'axe du réflecteur) (faisceau hz) (cf. aussi* Cassegrain antenna).

offset control 1) limitation du décalage *(ampli. dif) (cf. aussi* offset 1) (a)). 2) commande du décalage *(du niveau continu), bouton de réglage du décalage *(idem) (oscillo) (cf. aussi* dc offset 2)).

offset current *(parf.* intensité du) courant de décalage *(ampli. différentiel) (cf. aussi* offset 1) (a)).

offset drift dérive du décalage *(variation de la tension de décalage ou de l'intensité du courant de décalage d'un amplificateur différentiel ou opérationnel en fonction de la température, du temps et de la tension d'alimentation) (la dérive en fonction du temps est due au vieillissement des éléments du montage et dépend elle-même de la température) (ce terme désigne généralement la dérive de la tension de décalage d'entrée) (cf. aussi* offset 1) (a)).

offset drift control limitation de la dérive du décalage *(cf. aussi* offset drift).

offset dual reflector réflecteur double excentré *(réflecteur d'antenne Cassegrain formé en fait de deux réflecteurs disposés de part et d'autre de la source primaire) (faisceau hz) (cf. aussi* Cassegrain antenna).

offset error erreur due au décalage *(ampli. différentiel) (cf. aussi* offset 1) (a)).

offset-fed reflector réflecteur excité par une source excentrée, réflecteur à source excentrée *(antenne hyper) (cf. aussi* offset feed).

offset feed source primaire excentrée, source excentrée *(souce primaire d'antenne hyperfréquence disposée en dehors de l'axe du réflecteur) (faisceau hz, radar) (cf. aussi* feed[2] 2)).

offset-keyed quaternary phase-shift keying modulation par déplacement de phase à quatre états avec décalage *(tlg) (cf. aussi* quaternary phase-shift keying).

offset null *cf.* offset nulling.

offset-nulled *a* à décalage compensé *(cf. aussi* offset nulling).

offset nulling compensation du décalage *(application de la tension de décalage à l'entrée d'un amplificateur différentiel ou opérationnel ou d'un montage utilisant un tel amplificateur) (cf. aussi* input offset voltage).

offset potentiometer potentiomètre de décalage *(ou de compensation du décalage) (potentiomètre ajustable permettant d'amener la tension de décalage d'entrée d'un amplificateur différentiel ou opérationnel à la valeur nécessaire) (cf. aussi* offset nulling *et* trimmer potentiometer).

offset range calibre de décalage *(du niveau continu) (une des valeurs du décalage du niveau continu sur l'écran d'un oscilloscope déterminées par les différentes positions d'un commutateur) (cf. aussi* dc offset 2)).

offset reading valeur du décalage (a) *valeur lue sur un appareil de mesure) (cf. aussi* offset 1) (a)); (b) *valeur affichée à l'aide d'un commutateur) (cf. aussi* offset range).

offset TC *cf.* offset temperature coefficient.

offset temperature coefficient coefficient de température du décalage *(ampli. différentiel) (cf. aussi* temperature coefficient *et* offset 1) (a)).

offset trim *cf.* offset adjustment.

offset trimming *cf.* offset adjustment.

offset voltage tension de décalage *(ampli. différentiel) (cf. aussi* input offset voltage, output offset voltage *et* offset 1) (a)).

offset-voltage drift dérive de la tension de décalage *(ampli. différentiel) (cf. aussi offset drift).*

ohm ohm, Ω *(unité de résistance électrique du système SI) (est la résistance d'un conducteur dans lequel circule un courant de 1 ampère lorsqu'une tension de 1 volt est appliquée à ses extrémités) (est également l'unité d'impédance) (cf. aussi resistance et impedance).*

ohm per square ohm par carré, Ω/□ *(unité de résistance par carré) (résistance à couche) (cf. aussi sheet resistance).*

ohm per volt ohm par volt, Ω/V *(unité de sensibilité d'un voltmètre) (la sensibilité d'un voltmètre est proportionnelle au quotient de sa résistance interne par son calibre) (exemple : si la résistance interne d'un voltmètre est de 100 kΩ, c.-à-d. 100 000 ohms, et qu'il peut mesurer 10 volts à pleine échelle, sa sensibilité est de 10 000 ohms/volt) (un tel voltmètre est dit « à haute impédance » ou, mieux, mais plus rarement, « à grande résistance interne » et comme, du fait de sa grande résistance, il prélève très peu de courant sur le circuit aux bornes duquel il est branché, il perturbe très peu le fonctionnement de celui-ci et la valeur de la tension qu'il indique est très proche de la valeur réelle en son absence) (cf. aussi ohm et voltmeter).*

Ohm's law loi d'Ohm *(loi fondamentale de l'électricité liant la tension aux bornes d'une résistance pure à l'intensité du courant qui y circule, soit U (ou E) = RI, ou, inversement, l'intensité du courant dans la résistance à la tension à ses bornes, soit I = U/R, ou encore la résistance à la tension, soit R = U/I, avec U = tension en volts, R = résistance en ohms et I = intensité de courant en ampères) (cf. aussi ohm, resistance, volt, voltage, ampere et current).*

ohm/square *cf.* ohm per square.

...-ohm terminated ... *cf.* N-ohm terminated ...

ohmage *cf.* ohmic value.

ohmic conduction conduction ohmique *(conduction d'un courant électrique obéissant à la loi d'Ohm, c.-à-d. conduction dans un métal) (sdpo à « conduction dans un semiconducteur ») (cf. aussi Ohm's law).*

ohmic contact contact ohmique *(contact sans effet redresseur, c.-à-d. contact métal sur métal ou métal sur polysilicium fortement dopé) (ce terme désigne notamment le contact entre une connexion interne d'un composant à semiconducteur et une électrode de celui-ci) (cf. aussi rectifier action et semiconductor device).*

ohmic drop chute de tension ohmique *(ou en courant continu),* chute ohmique *(chute de tension dans un circuit ou un élément de circuit due uniquement à la résistance de celui-ci, indépendamment de sa réactance éventuelle) (cf. aussi voltage drop, resistance et reactance).*

ohmic heating *cf.* Joule heating.

ohmic load *cf.* non-reactive load.

ohmic loss pertes par effet Joule, pertes par résistance, pertes ohmiques *(noter l'emploi du pluriel en français) (perte d'énergie dans un conducteur imparfait due à la résistance de celui-ci) (cf. aussi copper loss, Joule effect et loss).*

ohmic losses *cf.* ohmic loss.

ohmic resistance résistance ohmique, résistance en courant continu *(résistance proprement dite d'un conducteur, indépendamment de toute réactance et de tout effet pelliculaire) (cf. aussi resistance, reactance et skin effect).*

ohmic value valeur ohmique, valeur en ohms, résistance *(vigueur, exprimée en ohms, de l'opposition au passage d'un courant continu manifestée par une résistance) (cf. aussi ohm, resistance et direct current).*

ohmic voltage drop *cf.* ohmic drop.

ohmmeter ohmmètre *(appareil de mesure conçu pour mesurer des résistances électriques) (l'ohmmètre ordinaire dit « ohmmètre à pile » est un microampèremètre analogique à échelle inversée non linéaire graduée en ohms complété par une pile électrique et un potentiomètre de tarage) (la mesure s'effectue en deux temps : 1°) on court-circuite les bornes de l'ohmmètre en mettant en contact mutuel les extrémités des cordons de l'appareil et l'on amène l'aiguille sur le zéro de l'échelle, c.-à-d. à l'extrémité droite de celle-ci, en réglant le potentiomètre, ce qui permet d'éliminer l'effet de la tension effective de la pile ; 2°) on supprime le court-circuit et connecte à la place la résistance à mesurer, ce qui*

réduit l'intensité du courant passant dans le microampèremètre et, par conséquent, la déviation de l'aiguille) (plus la résistance est grande, moins l'aiguille dévie et plus la valeur lue sur l'échelle est grande puisque celle-ci est inversée) *(cf. aussi ohm, microammeter, non-linear scale, potentiometer 1) et megohmmeter).*

ohms per volt *cf.* ohm per volt.

ohms scale échelle graduée en ohms *(ohmmètre, multimètre) (cf. aussi ohm).*

OIC *cf.* optical integrated circuit.

oil-paper capacitor condensateur au papier imprégné (d'huile) *(cf. aussi paper capacitor).*

OKQPSK *cf.* offset-keyed quaternary phase-shift keying.

OM *cf.* outer marker.

Ω Ω *(lettre grecque oméga majuscule utilisée comme symbole de l'ohm) (cf. aussi ohm).*

Omega système Oméga, système de navigation Oméga *(système de navigation hyperbolique américain à mesure de phase et très basse fréquence, à couverture mondiale assurée par huit stations d'émission réparties sur la Terre) (chaque station émet pendant 0,9 à 1,2 s selon son identité sur la fréquence principale de 10,2 kHz (soit environ 30 km de longueur d'onde) toutes les 10 secondes avec une puissance rayonnée de 10 kW, et ensuite, avec la même périodicité, sur les fréquences auxiliaires de 13,6 kHz, puis 11,33 kHz utilisées par les récepteurs Oméga pour lever l'ambiguïté de chenal) (la portée nominale des stations est de 10 000 km et permet, grâce aux huit stations, de recevoir en moyenne les signaux de quatre d'entre elles en permanence en tout point du globe ; la précision de détermination de la position des mobiles est de 1 à 5 miles nautiques selon les conditions et prévisions de propagation des signaux émis par les stations) (radionav) (cf. aussi hyperbolic navigation system, phase-comparison navigation system, lane ambiguity et propagation predictions).*

Omega chart carte Oméga *(carte du monde sur laquelle sont indiqués les emplacements des stations Oméga et sont tracées les lignes de position correspondantes) (radionav) (cf. aussi Omega).*

Omega-derived fix *cf.* Omega fix.

Omega fix point Oméga, point fait avec un récepteur Oméga *(radionav) (cf. aussi position fix et Omega).*

Omega frequency fréquence Oméga *(fréquence d'un signal du système Oméga et notamment fréquence principale) (cf. aussi Omega).*

Omega lane chenal Oméga, chenal du système Oméga *(cf. aussi lane et Omega).*

Omega navigation navigation Oméga, navigation à l'aide du système Oméga *(cf. aussi Omega).*

Omega navigation receiver *cf.* Omega receiver.

Omega navigation system *cf.* Omega.

Omega network réseau Oméga, réseau de stations Oméga *(ou du système Oméga) (cf. aussi Omega).*

Omega pair paire de stations Oméga, couple *(idem),* paire Oméga *(paire de stations du système de navigation Oméga) (cf. aussi station pair et Omega).*

Omega phase phase Oméga *(phase d'un signal du système Oméga, notamment lors de sa réception) (cf. aussi phase (a) et Omega).*

Omega position fix *cf.* Omega fix.

Omega propagation propagation Oméga, propagation des ondes du système Oméga *(cf. aussi Omega et VLF propagation).*

Omega receiver récepteur Oméga, récepteur de navigation Oméga *(récepteur de radionavigation conçu pour utiliser les signaux émis par les stations du système de navigation Oméga) (cf. aussi Omega).*

Omega signal signal Oméga, signal du système Oméga, signal d'une station Oméga, signal émis par une station Oméga *(cf. aussi Omega).*

Omega signal frequency *cf.* Omega frequency.

Omega signal processing traitement des signaux Oméga, *(etc.) (ensemble des opérations effectuées dans un récepteur Oméga sur les signaux reçus des stations Oméga) (cf. aussi Omega signal et signal processing).*

Omega station station Oméga, station du système Oméga *(cf. aussi Omega).*

Omega system *cf.* Omega.

Omega transmitter émetteur Oméga *(ou* d'une station Oméga *ou* du système Omega) *(cf. aussi* Omega).

Omega transmitting station *cf.* Omega station.

Omega user utilisateur du système Oméga *(navigateur de navire de haute mer ou d'avion long-courrier ou de bombardier stratégique) (cf. aussi* Omega).

Ω/V *cf.* ohm per volt.

omega wrap enroulement oméga *(nom donné à la forme de la boucle décrite par la bande magnétique autour du tambour d'analyse d'un magnétoscope du type Toshiba à deux têtes) (cf. aussi* video tape recorder).

omni 1) *cf.* omnidirectional antenna. **2)** *cf.* omnidirectional range.

omnibearing gisement d'une balise omnidirectionnelle, *(etc.)* *(radionav) (cf. aussi* bearing 1) *et* non-directional beacon).

omnibearing-distance navigation navigation en coordonnées polaires *(radionav) (cf. aussi* rho-theta navigation).

omnidirectional omnidirectionnel *(caractéristique de ce qui s'applique à toutes les directions) (ce terme n'est pas toujours interchangeable avec « non-directif », bien qu'ils soient en fait synonymes) (Voir rubriques ci-après).*

omnidirectional aerial *cf.* omnidirectional antenna.

omnidirectional antenna antenne omnidirectionnelle *(antenne dont le diagramme de directivité dans le plan considéré est un cercle) (en d'autres termes, antenne dont l'efficacité est la même dans toutes les directions de ce plan, lequel est généralement le plan horizontal) (cf. aussi* radiation pattern *et* antenna).

omnidirectional array projecteur multiple omnidirectionnel *(projecteur multiple dont le diagramme de directivité dans le plan horizontal est un cercle) (en d'autres termes, projecteur multiple émettant des ondes acoustiques dont l'amplitude est la même dans toutes les directions du plan horizontal) (sonar) (cf. aussi* array projector *et* directivity pattern).

omnidirectional beacon balise omnidirectionnelle *(radionav) (cf. aussi* non-directional beacon).

omnidirectional hydrophone hydrophone omnidirectionnel *(hydrophone dont le diagramme de directivité est un cercle dans le plan horizontal) (en d'autres termes, hydrophone dont la sensibilité est la même dans toutes les directions du plan horizontal) (cf. aussi* hydrophone *et* directivity pattern).

omnidirectional jamming brouillage omnidirectionnel, brouillage dans toutes les directions *(brouillage produit par un signal de brouillage émis par une antenne omnidirectionnelle) (mil) (cf. aussi* omnidirectional antenna *et* jamming).

omnidirectional microphone microphone omnidirectionnel, microphone non directif *(microphone dont le diagramme de directivité est un cercle) (en d'autres termes, microphone dont la sensibilité est la même dans toutes les directions du plan dans lequel est tracé ce diagramme, c.-à-d. de tout plan contenant l'axe du microphone) (en fait, l'absence de directivité n'est totale que pour les sons graves et médiums, ce microphone présentant une certaine directivité pour les sons aigus du fait que la longueur des ondes sonores correspondantes est plus petite) (les termes « microphone omnidirectionnel » et « microphone non directif » sont d'autres noms du microphone à pression rappelant sa propriété, tandis que ce dernier rappelle* son *principe de fonctionnement) (électroacou) (cf. aussi* directivity pattern *et* pressure microphone).

omnidirectional range radiophare omnidirectionnel *(radiophare émettant dans toutes les directions, soit simultanément à l'aide d'une antenne omnidirectionnelle, soit successivement à l'aide d'une antenne directive tournante) (radionav) (cf. aussi* radio range).

omnidirectional receive antenna *cf.* omnidirectional receiving antenna.

omnidirectional receiving antenna antenne de réception omnidirectionnelle, antenne réceptrice omnidirectionnelle *(cf. aussi* omnidirectional antenna).

omnidirectional reception réception omnidirectionnelle *(réception par une antenne omnidirectionnelle) (cf. aussi* omnidirectional antenna).

omnidirectional transmission émission omnidirectionnelle *(émission par une antenne omnidirectionnelle) (cf. aussi* omnidirectional antenna).

omnidirectional transmit antenna *cf.* omnidirectional transmitting antenna.

omnidirectional transmit/receive antenna antenne d'émission-réception omnidirectionnelle *(cf. aussi* transmit/receive antenna *et* omnidirectional antenna).

omnidirectional transmitting antenna antenne d'émission omnidirectionnelle, antenne émettrice omnidirectionnelle *(cf. aussi* omnidirectional antenna).

omnirange *cf.* omnidirectional range.

OMR *cf.* optical mark reading.

on 1) fermé *(état d'un circuit refermé par un dispositif formant interrupteur) (cf. aussi* electric circuit). **2)** marche *(cf. aussi* off-position). **3)** débloqué, *(etc.) (transistor, etc.) (cf. aussi* on-state).

ON *cf.* on. *(de même pour les termes dérivés).*

on a bit-by-bit basis binaire par binaire *(comparaison de deux mots binaires, mode d'effacement des informations contenues dans une mémoire numérique, notamment une mémoire EEPROM, etc.) (inf) (cf. aussi* bit, binary word *et* digital memory).

on-air *(voir les rubriques suivantes commençant par ce terme) (cf. aussi* put on the air).

on-air light voyant d'émission *(voyant lumineux, généralement rouge, allumé sur un émetteur de station d'émission ou sur le pupitre de commande de celui-ci, ou sur les deux, pendant les périodes d'émission) (cf. aussi* on-air station).

on-air period période d'émission *(période pendant laquelle une station d'émission émet effectivement) (cf. aussi* on-air light).

on-air program *cf.* program on the air.

on-air station station en émission *(ou* en cours d'émission *ou* en train d'émettre) *(station radio, notamment de radiodiffusion) (cf. aussi* on-air light, put on the air *et* radio station).

on-air time temps d'émission *(durée d'une période d'émission) (cf. aussi* on-air period).

on-board *a* **1)** de bord, embarqué *(caractéristique d'un appareil ou système conçu pour être monté sur un aéronef, un missile ou un engin spatial).* **2)** à bord *(traitement, mémorisation, enregistrement de signaux ou informations) (voir aussi 1) ci-dessus).* **3)** incorporé à la carte, *(parf.)* réalisé sur la carte, *(parf.)* monté sur la carte *(composant, circuit, etc.) (cf. aussi* off-board).

on-board circuitry circuits réalisés sur la carte *(CP) (cf. aussi* on-board 3) *et* circuitry).

on-board computer calculateur embarqué, *(parf.)* calculateur de bord, *(parf.)* ordinateur de bord *(cf. aussi* on-board 1) *et* computer 3)).

on-board data processing traitement de l'information à bord *(ou* des données) *(cf. aussi* on-board processing *et* data processing).

on-board erasing *cf.* on-board erasure.

on-board erasure effacement sur la carte *(mémoire) (cf. aussi* in-circuit erasure).

on-board jammer brouilleur embarqué *(brouilleur monté sur un aéronef militaire) (cf. aussi* jammer).

on-board memory mémoire sur la carte *(micro-ordinateur) (cf. aussi* on-board storage 2)).

on-board processing traitement à bord *(traitement de signaux ou d'informations à bord d'un mobile) (cf. aussi* signal processing, data processing *et* on-board 2)).

on-board processor *cf.* on-board computer.

on-board programming programmation sur la carte *(mémoire) (cf. aussi* in-circuit programming).

on-board radar radar de bord, radar embarqué *(cf. aussi* on-board 1) *et* radar).

on-board ROM mémoire ROM sur carte, mémoire morte sur carte *(mémoire ROM montée sur la carte à circuit imprimé d'un micro-ordinateur monocarte) (inf) (cf. aussi* ROM *et* single-board microcomputer).

on-board sensor capteur embarqué, *(parf.)* détecteur embarqué *(cf. aussi* on-board 1) *et* sensor).

on-board signal processing traitement des signaux à bord *(cf. aussi* on-board processing).

on-board signal processor processeur de signaux embarqué, *(etc.) (cf. aussi* on-board computer *et* signal processor).

on-board storage 1) mémorisation à bord *(mémorisation d'informations sous forme numérique à bord d'un mobile) (ce terme s'applique notamment à un satellite de télédétection, de reconnaissance ou météorologique ou à un avion de reconnaissance, avec ou sans pilote) (cf. aussi* digital data *et* remote sensing). **2)** mémorisaton sur la carte *(mémorisation d'informations dans un ou plusieurs circuits intégrés de mémoire montés sur une carte à circuit imprimé de microordinateur) (inf) (cf. aussi* microcomputer board). **3)** *cf.* on-board memory.

on-chip *a* réalisé sur la puce, incorporé à la puce, incorporé, *(parf.)* sur la puce, *(parf.)* intégré *(parf. au féminin) (composant, fonction, mémoire, etc.) (CI) (cf. aussi* off-chip).

on-chip a-d conversion *(ou* **A/D conversion***) cf.* on-chip analog-to-digital conversion.

on-chip amplification amplification sur la puce, amplification incorporée *(cf. aussi* on-chip).

on-chip amplifier amplificateur réalisé sur la puce, amplificateur incorporé *(cf. aussi* on-chip).

on-chip analog-to-digital conversion numérisation sur la puce, *(etc.) (cf. aussi* on-chip *et* analog-to-digital conversion).

on-chip battery charging charge de la batterie par circuits incorporés à la puce, charge de la batterie par la puce *(mémoire RAM) (CI) (inf) (cf. aussi* on-chip *et* DIP battery).

on-chip battery-charging circuitry circuits de charge de la batterie incorporés à la puce, circuits de charge incorporés *(cf. aussi* on-chip battery charging).

on-chip bias *cf.* on-chip substrate biasing.

on-chip bias generator générateur de polarisation incorporé à la puce *(cf. aussi* on-chip substrate biasing).

on-chip capacitance *cf.* on-chip capacitor.

on-chip capacitor condensateur intégré *(CI) (cf. aussi* integrated-circuit capacitor).

on-chip circuit circuit réalisé sur la puce, circuit incorporé (à la puce) *(cf. aussi* on-chip).

on-chip circuitry circuits ... *(voir aussi* on-chip circuit) *(cf. aussi* circuitry).

on-chip control logic logique de commande incorporée (à la puce) *(cf. aussi* on-chip).

on-chip d-a conversion *(ou* **D/A conversion***) cf.* on-chip digital-to-analog conversion.

on-chip data and program storage mémorisation des données et du programme sur la puce *(microprocesseur dont la puce comporte une mémoire RAM pour les données et une ROM pour le programme) (cf. aussi* chip 1), microprocessor, RAM[1] *et* ROM).

on-chip digital-to-analog conversion dénumérisation sur la puce *(cf. aussi* on-chip *et* digital-to-analog conversion).

on-chip error correction correction des erreurs sur la puce *(cf. aussi* on-chip *et* error correction).

on-chip filter filtre réalisé sur la puce, filtre incorporé *(cf. aussi* on-chip).

on-chip frequency compensation correction de fréquence sur la puce *(ou* incorporée) *(cf. aussi* on-chip).

on-chip function fonction réalisée sur la puce, *(souvent)* fonction intégrée *(cf. aussi* on-chip *et* integrated function).

on-chip gate delay *cf.* gate delay.

on-chip implemented function *cf.* on-chip function.

on-chip I/O circuit circuit d'accès réalisé sur la puce *(ou* incorporé), circuit d'entrée/sortie *(idem) (cf. aussi* on-chip *et* I/O circuit.

on-chip memory mémoire réalisée sur la puce, mémoire incorporée *(microprocesseur, micro-ordinateur) (cf. aussi* on-chip RAM *et* on-chip ROM).

on-chip memory management gestion de la mémoire sur la puce *(microprocesseur) (cf. aussi* on-chip RAM *et* memory management).

on-chip processing traitement sur la puce *(signaux, données) (cf. aussi* on-chip *et* processing 1) (a), (b)).

on-chip propagation delay *cf.* gate delay.

on-chip RAM mémoire RAM réalisée sur la puce *(ou* incorporée), mémoire vive *(idem) (microprocesseur) (cf. aussi* on-chip *et* RAM[1]).

on-chip random-access memory *cf.* on-chip RAM.

on-chip read-only memory *cf.* on-chip ROM.

on-chip refresh rafraîchissement par circuits incorporés, rafraîchissement incorporé *(mémoire RAM) (cf. aussi* pseudostatic RAM).

on-chip refresh circuitry circuits de rafraîchissement réalisés sur la puce *(ou* incorporés) *(cf. aussi* on-chip refresh *et* circuitry).

on-chip resistance résistance sur la puce *(valeur ohmique d'une résistance de circuit intégré monolithique) (cf. aussi* resistance *et* integrated-circuit resistor).

on-chip resistor résistance réalisée sur la puce, *(souvent)* résistance intégrée *(cf. aussi* integrated-circuit resistor).

on-chip resistor trimming ajustage des résistances sur la puce *(amplificateur de mesure intégré, etc.) (cf. aussi* on-chip *et* resistor trimming).

on-chip ROM mémoire ROM réalisée sur la puce *(ou* incorporée), mémoire morte *(idem) (microprocesseur) (cf. aussi* on-chip *et* ROM).

on-chip self-test autocontrôle de la puce *(contrôle du fonctionnement d'un circuit intégré numérique par des circuits incorporés à la puce) (cf. aussi* on-chip).

on-chip speed vitesse (en version intégrée) *(vitesse de fonctionnement d'un circuit logique intégré) (cas général) (cf. aussi* on-chip *et* logic circuit).

on-chip substrate biasing polarisation du substrat par générateur incorporé *(polarisation du substrat d'un circuit intégré monolithique par un générateur de polarisation réalisé sur la puce) (cf. aussi* on-chip, substrate biasing *et* biasing generator).

on-chip temperature compensation compensation de température incorporée *(cf. aussi* on-chip *et* temperature compensation).

on-chip transistor transistor réalisé sur la puce, *(souvent)* transistor intégré *(cf. aussi* monolithic integrated transistor).

on-chip trimming *cf.* on-chip resistor trimming.

on-chip voltage compensation compensation de tension incorporée *(cf. aussi* on-chip *et* voltage compensation).

on-chip voltage reference référence de tension incorporée *(cf. aussi* on-chip *et* voltage reference).

on-condition *cf.* on-state.

on-course curvature taux d'écart en cap *(vitesse de variation du cap indiqué le long de la route suivie) (nav) (cf. aussi* course 1)).

on-course signal signal d'alignement *(son continu produit par une balise équisignal) (radionav) (avia) (cf. aussi* A-N radio range *(au début de la lettre A).

on-delay relay relais temporisé à la fermeture *(relais temporisé à l'appel muni d'un ou plusieurs contacts de travail ou, parfois, relais temporisé au relâchement muni d'un ou plusieurs contacts de repos) (cf. aussi* time-delay relay, make contact *et* break contact).

on-hook condition combiné accroché *(poste tél) (cf. aussi* in the on-hook condition).

on initial power-up à la mise sous tension *(alim) (cf. aussi* power-up).

on-line *a* en direct, *(parf.)* en connexion (avec l'ordinateur), *(parf.)* simultané *(caractéristique d'un traitement d'informations exécuté au fur et à mesure de la saisie des informations, ou mode d'exploitation d'un terminal assurant cette saisie) (ces termes, qui ont le même sens que « en temps réel », sont surtout employés en informatique de gestion ou assimilée) (inf) (cf. aussi* real-time, off-line *et* data-acquisition terminal).

on-line data handling *(ou* **processing** *ou* **reduction***) cf.* on-line processing.

on-line data storage *cf.* on-line storage.

on-line memory mémoire utilisée en direct *(inf) (cf. aussi* on-line *et* computer memory).

on-line operation exploitation en direct, exploitation en connexion (avec l'ordinateur) *(inf) (cf. aussi* on-line processing).

on-line processing traitement en direct (des informations) *(ou* des données), traitement simultané *(idem)*, traitement (des informations *ou* des données) en connexion (avec l'ordinateur) *(inf) (cf. aussi* on-line).

on-line storage mémorisation directe (des informations) (*ou* des données) *(inf) (cf. aussi* on-line).

on-line working *cf.* on-line operation.

on-load current (*cf. aussi* no-load current) intensité du courant en charge, intensité en charge, courant en charge (a) *intensité du courant débité par une source de courant fonctionnant en charge) (cf. aussi* on-load operation (a) *et* current) ; (b) *intensité du courant absorbé par un récepteur de courant fonctionnant en charge) (cf. aussi* on-load operation (b) *et* current).

on-load operation (*cf. aussi* no-load operation) fonctionnement en charge (a) *fonctionnement d'une source de courant débitant effectivement du courant dans une charge) (alim, etc.) (cf. aussi* current source *et* load[1] 1)) ; (b) *fonctionnement d'un récepteur de courant alimentant une charge électrique ou entraînant une charge mécanique) (transformateur débitant du courant, moteur électrique fournissant un travail, etc.) (cf. aussi* current sink).

on-load voltage (*cf. aussi* no-load voltage) tension en charge (a) *tension aux bornes d'une source de courant fonctionnant en charge) (cf. aussi* on-load operation (a) *et* voltage) ; (b) *tension aux bornes d'un récepteur de courant fonctionnant en charge) (cf. aussi* on-load operation (b) *et* voltage).

on-mounted aerial (*GB*) *cf.* on-mounted antenna.

on-mounted antenna antenne incorporée (*antenne de radar d'identification montée sur l'antenne du radar de détection auquel elle est associée) (clpf) (cf. aussi* IFF radar *et* off-mounted antenna).

ON/OFF ... *cf.* on/off ...

on/off action action par tout ou rien, (*etc.*) (*mode de fonctionnement d'un régulateur dans lequel la correction de l'écart est opérée par tout ou rien) (asser) (cf. aussi* control action).

on/off control 1) commande par tout ou rien (*commande d'un dispositif sans possibilité de doser l'action exercée sur celui-ci) (exemple : commande d'un moteur électrique par un interrupteur, donc sans pouvoir faire varier sa vitesse) (cf. aussi* on/off action). 2) régulation par tout ou rien (*régulation assurée par un régulateur à action par tout ou rien) (cf. aussi* on/off action).

on/off cycle cycle marche/arrêt (*cycle formé d'une période de fonctionnement d'un dispositif suivie d'une période d'arrêt) (cf. aussi* cycle).

on/off cycling exécution de cycles marche/arrêt, cyclage marche/arrêt (*cf. aussi* on/off cycle *et* cycling).

on-off duty cycle rapport cyclique de commutation (*rapport cyclique d'un dispositif de commutation périodique et notamment du transistor de commutation d'une alimentation à découpage) (cf. aussi* duty cycle 1), switching device *et* switching power supply).

on/off keying manipulation (par tout ou rien) (*tlg) (cf. aussi* keying 1)).

on/off ratio 1) rapport de résistance (*rapport entre la résistance à l'état passant et la résistance à l'état bloqué d'un composant) (tube, semi) (cf. aussi* on-resistance *et* off-resistance). 2) rapport cyclique (*impulsions) (cf. aussi* duty cycle 1)).

ON/OFF switch interrupteur général (*interrupteur monté sur un appareil pour commander l'alimentation de celui-ci par le secteur ou par toute autre source de courant) (cf. aussi* switch[1] 1) *et* power supply).

on/off volume control commande de volume avec interrupteur, (*souvent*) bouton de volume avec arrêt (*commande de volume de récepteur radio comportant un interrupteur commandant la mise en marche de l'appareil) (cf. aussi* volume control).

on-period (*cf. aussi* period) 1) période de fonctionnement (*d'un appareil, etc.*). 2) période de fermeture (*d'un circuit*). 3) période de déblocage, (*etc.*) (*d'un transistor, etc.*) (*cf. aussi* on-state). 4) *cf.* on-air period.

on-position position de fermeture (*contact mobile d'interrupteur) (cf. aussi* ON position (ci-après)).

ON position position Marche (*interrupteur) (cf. aussi* on-position).

on power-up à la mise sous tension, lors de (*idem) (appareil, etc.) (cf. aussi* power-up).

on-resistance résistance à l'état passant, (*etc.*) (*résistance mesurée entre les deux électrodes extrêmes d'un composant blocable lorsque celui-ci est à l'état passant) (tube, semi) (ces termes s'appliquent notamment à un transistor de commutation — surtout un transistor de commutation de puissance —, un thyristor ou un triac) (cf. aussi* on-state, switching transistor, silicon controlled rectifier *et* triac).

on-resistance rated at N ohms résistance nominale à l'état passant de n ohms (*ou* de N ohms à l'état passant) (*cf. aussi* on-resistance *et* rated value).

on-scale deflection déviation dans les limites de l'échelle (*déviation de l'aiguille d'un voltmètre ou ampèremètre (ou multimètre) analogique soumis respectivement à une tension ou une intensité de courant ne dépassant pas le calibre de l'appareil ou, dans le cas d'un multimètre, le calibre utilisé) (cf. aussi* measurement range 2) *et* volt-ohm-milliammeter).

on-screen beam faisceau sur l'écran, faisceau dans les limites de l'écran (*tube cath) (oscillo, etc.) (cf. aussi* beam finder).

on-screen display visualisation sur écran (*souvent* cathodique) (*oscillo, etc.) (cf. aussi* CRT screen).

on-screen trace *cf.* on-screen beam.

on-segment segment excité (*afficheur à segment) (cf. aussi* segment-type display).

on-signal signal de mise en marche, signal Marche, (*parf.*) signal de fermeture (*signal commandant la mise en marche d'un dispositif, appareil ou système, généralement par fermeture du circuit d'alimentation de celui-ci) (cf. aussi* signal[1]).

on-site *a* installé (chez l'utilisateur), sur le lieu d'utilisation, sur place, chez l'utilisateur, chez le client, chez les clients, en clientèle (*suivant le contexte) (termes appliqués à un matériel électronique ou autre considéré sur le lieu d'utilisation ou à une activité associée aux deux) (voir rubriques suivantes commençant par ce terme).

on-site computer ordinateur installé (chez l'utilisateur), (*etc.*) (*inf) (cf. aussi* on-site *et* computer 2)).

on-site equipment matériel installé (chez l'utilisateur), (*etc.*) (*cf. aussi* on-site).

on-site maintenance entretien sur place, (*etc.*), (*souvent*) entretien en clientèle (*cf. aussi* on-site).

on-site measurements mesures sur place, (*etc.*) (*cf. aussi* on-site *et* measurement).

on-site repair réparation sur place, (*etc.*) (*cf. aussi* on-site).

on-site test (un) essai sur place, (*etc.*) (*cf. aussi* on-site, test[1] *et* on-site testing).

on-site testing (l')essai sur place, (*etc.*) (*cf. aussi* on-site test).

on-state état passant, état conducteur, état de conduction, état débloqué (*état électrique d'un tube électronique, d'un transistor, d'une diode à semiconducteur, d'un thyristor ou autre composant à semiconducteur polarisé de telle manière que la tension appliquée entre ses électrodes extrêmes fasse circuler entre celles-ci un courant dont l'intensité peut être grande) (dans un tube électronique, les électrodes extrêmes sont la cathode et l'anode ; dans un transistor bipolaire, ce sont l'émetteur et le collecteur ; dans un transistor à effet de champ, ce sont la source et le drain ; dans un thyristor, ce sont la cathode et l'anode ; dans une diode à semiconducteur ou à vide, ce sont les deux seules électrodes de celle-ci, c.-à-d. la cathode et l'anode) (cf. aussi* bias[1], on-resistance *et* off-state).

on-state conductivity conductibilité à l'état passant, (*etc.*), (*parf.*) conductivité (*idem) (cf. aussi* on-state *et* conductivity).

on-state current (*parf.* intensité du) courant à l'état passant, (*etc.*) (*cf. aussi* on-state *et* current).

on-state forward voltage drop chute de tension directe à l'état passant, (*etc.*) (*cf. aussi* on-state *et* forward voltage drop).

on-state resistance *cf.* on-resistance.

on station à poste (*satellite) (cf. aussi* geostationary satellite).

on the air en émission (*station) (cf. aussi* on-air station).

on-the-beam course cap aligné (*cap d'un mobile suivant un faisceau de guidage) (missile guidé par alignement, etc.) (cf. aussi* beam rider).

on the bench *cf.* in the lab.

on-the-fly alterability altérabilité in situ (*mémoire) (inf) (cf. aussi* in-circuit alterability).

on-the-fly printer imprimante à la volée (*nom parfois donné à une imprimante ligne par ligne) (inf) (cf. aussi* line printer).

on-the-fly printing impression à la volée *(impression d'un document exécutée par une imprimante ligne par ligne) (inf) (cf. aussi* line printer).

on the input side du côté de l'entrée, *(parf.)* en amont *(appareil, système, liaison de tls) (cf. aussi* input[1] 1) *et* on the output side.

on the output side du côté de la sortie, *(parf.)* en aval *(cf. aussi* on the input side).

on the receiver side du côté du récepteur, du côté réception *(liaison de tls, radiodif) (cf. aussi* on the transmitter side).

on the reception side *cf.* on the receiver side.

on the transmission side *cf.* on the transmitter side.

on the transmitter side du côté de l'émetteur, du côté émission *(liaison de tls, radiodif) (cf. aussi* on the receiver side).

on-time temps de ... *(durée d'une période de ...) (cf. aussi* on-period).

ON time *cf.* power-on time.

once in track, ... une fois la cible accrochée, ... *(radar, autodirecteur) (mil, etc.) (cf. aussi* target acquisition).

ondograph Ondographe *(enregistreur galvanométrique traçant la courbe d'un cycle d'une tension alternative par échantillonnage de celle-ci) (cf. aussi* direct-writing recorder *et* sampling).

ondoscope ondoscope *(tube à décharge conçu pour s'amorcer sous l'action d'un champ électromagnétique intense) (sert de détecteur d'émission à proximité d'un émetteur de grande puissance) (cf. aussi* discharge tube *et* electromagnetic field).

ONE UN *(en électronique et informatique, le nombre « un » en majuscules est généralement le « un » binaire) (cf. aussi* binary one).

one-address instruction instruction à une adresse *(instruction de programme d'ordinateur contenant, en plus du code opération, uniquement l'adresse du deuxième opérande de l'opération à exécuter, l'adresse du premier opérande étant implicitement contenue dans le code opération et l'adresse de rangement du résultat étant celle de cet opérande dont il prend la place après l'opération) (le mode d'utilisation du registre contenant le premier opérande lui a fait donner le nom de « registre auccumulateur ») (inf) (cf. aussi* instruction *et* accumulating register).

one-address machine machine à une adresse *(nom donné à un ordinateur utilisant des instructions à une adresse) (inf) (cf. aussi* one-address instruction *et* machine).

1 bit binaire 1, binaire « 1 », binaire UN, binaire « un » *(inf) (cf. aussi* bit).

one-chip ... *cf.* single-chip ...

one-chipper *cf.* single-chipper.

ONE condition *cf.* ONE state.

one-digit adder demi-additionneur *(circuit logique) (inf) (cf. aussi* half-adder).

one-digit subtractor demi-soustracteur *(circuit logique) (inf) (cf. aussi* half-subtractor).

one-element cell pile à un élément *(ou* un seul élément) *cf. aussi* primary cell).

1/f noise bruit en 1/f *(diode, transistor) (cf. aussi* flicker noise).

one-handed operation utilisation d'une seule main *(multimètre de poche, talkie-walkie, commande infrarouge, etc.).

100 % saturated color couleur saturée à 100 % *(TVC, etc.) (cf. aussi* saturated color).

ONE input entrée à l'état UN *(ou, plus souvent, « 1 ») (circuit logique) (cf. aussi* ONE state).

one-micron ... ...micronique *(CI) (voir aussi* submicron ... *et* adapter).

ONE output sortie à l'état UN *(ou, plus souvent, « 1 ») (circuit logique) (cf. aussi* ONE state).

one-piece connector connecteur en une partie *(connecteur de circuit imprimé formé d'une partie femelle seulement, la partie mâle étant constituée par la partie de la carte portant les plages de contact) (est fixé sur un fond de panier) (cf. aussi* plated finger, printed-circuit connector *et* backplane).

one-piece PC-board connector *cf.* one-piece connector.

one-piece PC-card connector *cf.* one-piece connector.

one-piece printed-circuit connector *cf.* one-piece connector.

one-pole *a* unipolaire *(cf. aussi* single-pole).

one-port network réseau à un accès *(cf. aussi* two-terminal network).

one's complement complément à 1 *(complément restreint en base 2) (en d'autres termes, nombre binaire obtenu en remplaçant tous les 1 d'un nombre binaire par des 0 et vice-versa) (exemple : le complément à 1 de 1010 est 0101) (inf) (cf. aussi* diminished-radix complement *et* binary number).

one-shot circuit circuit monostable *(cf. aussi* monostable multivibrator).

one-shot multivibrator multivibrateur monostable *(cf. aussi* monostable multivibrator).

one-shot phenomenon *cf.* non-recurrent phenomenon.

one-shot signal signal non récurrent *(cf. aussi* non-recurrent signal).

one-shot waveform *cf.* one-shot signal. *(cf. aussi* waveform).

ONE state état UN, état « 1 », état 1, état haut *(le troisième terme est le plus employé) (un des deux états électriques, magnétiques ou autres que peut prendre un élément logique ou une entrée ou la sortie d'un circuit logique, l'autre étant l'état ZERO) (inf) (cf. aussi* logic element *et* three-state output).

one-to-one ... *cf.* 1:1 ...

1:1 mask masque *(un masque est par définition à rapport 1:1) (fab. CI, semi) (cf. aussi* mask 2)).

1:1 printer *cf.* 1:1 projection printer.

1:1 projection aligner *cf.* 1:1 projection printer.

1:1 projection machine *cf.* 1:1 projection printer.

1:1 projection printer graveur à projection à rapport 1:1 *(ou à l'échelle 1) (graveur à projection classique, c.-à-d. utilisant un masque et non un réticule) (fab. CI, semi) (cf. aussi* projection printer *et* mask 2)).

1:1 projection printing gravure par projection à l'échelle 1 *(ou à rapport 1:1) (fab. CI, semi) (cf. aussi* 1:1 projection printer).

1:1 projection system *cf.* 1:1 projection printer.

1:1 projector *cf.* 1:1 projection printer.

1:1 system *cf.* 1:1 projection printer.

1-to-0 transition transition de 1 à 0, transition de l'état 1 à l'état 0 *(élément ou circuit logique) (inf) (cf. aussi* ONE state *et* transition (d)).

one-transistor cell cellule à un transistor, cellule de mémoire *(idem) (cellule de mémoire à semiconducteur utilisant un seul transistor, c-à-d. cellule de mémoire RAM dynamique) (cf. aussi* memory cell, semiconductor memory *et* dynamic RAM).

one-transistor memory cell *cf.* one-transistor cell.

one-turn connector connecteur à verrouillage rapide *(connecteur rond dont la bague de verrouillage assure celui-ci en un tour de rotation environ) (cf. aussi* connector (a)).

one-turn loop cadre monospire, cadre à une seule spire *(antenne) (cf. aussi* loop antenna).

one-way communication (la) communication unilatérale *(communication possible dans un seul sens de transmission des informations) (cf. aussi* one-way communications *et* communication).

one-way communications télécommunications unilatérales, *(souvent)* liaisons unilatérales *(télécommunications entre un poste uniquement émetteur et un poste uniquement récepteur) (cf. aussi* communications).

one-way communications link *cf.* one-way link.

one-way communications system système de télécommunications unilatérales, systeme unilatéral *(autres noms, plus généraux, d'une liaison de télécommunications unilatérales) (cf. aussi* one-way link *et* communications system).

one-way Doppler *cf.* one-way Doppler shift.

one-way Doppler shift fréquence Doppler bistatique, (le) Doppler bistatique *(fréquence Doppler produite par une cible bistatique) (radar) (mil) (cf. aussi* Doppler shift *et* bistatic target).

one-way link liaison unilatérale, liaison de télécommunications unilatérales *(liaison de télécommunications ne permettant que les communications unilatérales) (cf. aussi* one-way radio link, one-way wire link, one-way communications *et* communications link).

one-way radio link liaison radio unilatérale *(liaison entre une station d'émission terrestre et un satellite de radiodiffusion ou* *un sous-marin en plongée, liaison entre un satellite de télédétection ou de reconnaissance ou météorologique et une station de réception au sol associée, etc.) (cf. aussi* radio link *et* one-way link).

one-way repeater répéteur unidirectionnel *(répéteur monté dans une liaison unilatérale) (nom parfois donné à un réémetteur de télévision) (cf. aussi* repeater 1), one-way link *et* translator 2)).

one-way system 1) enceinte à une voie, enceinte acoustique *(idem) (enceinte acoustique à un seul haut-parleur, généralement de médium ou de graves) (électroacou) (cf. aussi* loudspeaker system, squawker *et* woofer). **2)** système unidirectionnel *(nom parfois donné au vidéotex diffusé) (télinf) (cf. aussi* teletext). **3)** *cf.* one-way communications system.

one-way traffic trafic unilatéral *(trafic d'une liaison unilatérale) (ce terme s'applique généralement à une liaison radio) (cf. aussi* one-way radio link *et* traffic).

one-way voice channel voie de parole unilatérale *(multiplex) (cf. aussi* voice channel (b) *et* one-way link).

one-way wire link liaison filaire unilatérale, liaison par fil unilatérale, liaison unilatérale (par fil) *(liaison de télécommande, de télécontrôle, de télésignalisation, etc. par fil) (cf. aussi* one-way link *et* wire link).

ones complement *cf.* one's complement. *(plus haut).*

ONEs count nombre de UNs, nombre de « 1 », nombre de 1 *(dans un mot binaire) (inf, tls) (cf. aussi* ONE, binary word *et* parity bit).

onward routing poursuite de l'acheminement *(d'un message ou d'un appel téléphonique) (tls).*

OOL *cf.* object-oriented language.

OOP *cf.* object-oriented programming.

op amp *(fam) cf.* operational amplifier. *(de même pour les termes dérivés).*

op code *cf.* operation code.

opamp *cf.* op amp. *(ci-dessus).*

opaque display 1) affichage opaque, affichage par afficheur opaque *(voir ci-après).* **2)** afficheur opaque *(afficheur dans lequel les caractères ou marques apparaissent sous la forme de zones opaques) (afficheur à cristaux liquides, afficheur électrolytique, etc.) (cf. aussi* liquid-crystal display, electrolytic display, luminous display *et* display[1] 4)).

opcode *cf.* operation code.

opcom *cf.* optical communications.

open[1] *a* ouvert *(circuit, etc.) (cf. aussi* circuit).

open[2] *s cf.* open circuit 2).

open bond soudure décollée, soudure arrachée *(connexion de circuit intégré, etc.) (cf. aussi* bond[1]).

open-bond wire fil dessoudé *(cf. aussi* open bond).

open cavity *cf.* open resonator.

open-center display présentation à centre nul, présentation panoramique *(idem) (présentation des informations sur l'écran d'un radar panoramique dans laquelle le balayage commence à une certaine distance du centre de l'écran) (cf. aussi* PPI display).

open-center PPI display *cf.* open-center display.

open circuit *(cf. aussi* circuit) **1)** circuit ouvert *(par un interrupteur ou autre dispositif de commutation) (cf. aussi* switching device). **2)** coupure, solution de continuité (électrique) *(défaut d'un circuit dû à un fil coupé, un mauvais contact, etc.).*

open-circuit impedance impédance en circuit ouvert *(impédance d'entrée d'un quadripôle lorsque la sortie de celui-ci est en circuit ouvert, c.-à-d. n'est connectée à aucune charge) (cf. aussi* input impedance *et* quadripole).

open-circuit jack jack simple, jack sans contacts auxiliaires *(central tél) (cf. aussi* jack).

open-circuit voltage tension en circuit ouvert, tension à vide, tension en l'absence de charge *(tension aux bornes d'une source de courant fonctionnant à vide) (pile, etc.) (cf. aussi* no-load operation (a), closed-circuit voltage *et* voltage).

open-circuited *(cf. aussi* open circuit) **1)** en circuit ouvert *(tension) (cf. aussi* open-circuit voltage). **2)** coupé(e), présentant une coupure *(enroulement, résistance, condensateur, etc.) (cf. aussi* open circuit 2)).

open-collector output sortie à collecteur ouvert *(sortie d'un*

transistor bipolaire de circuit intégré monolithique dont le collecteur est relié à une plage de connexion de la puce et, par conséquent, à une broche du boîtier pour permettre de monter la résistance de charge du transistor à l'extérieur de celui-ci pour des raisons de possibilité de réglage, de valeur ohmique ou tension d'alimentation élevée à employer ou de puissance à dissiper) (cf. aussi bipolar transistor *et* monolithic integrated circuit).

open conductor conducteur coupé *(ou* présentant une coupure) *(dans un câble multiconducteur, etc.).*

open-frame linear *cf.* open-frame linear power supply.

open-frame linear power supply *(ou* **linear supply***)* alimentation série nue *(ou* sans coffret), *(etc.) (cf. aussi* linear power supply *et* OEM power supply).

open-frame power supply alimentation nue, alimentation sans coffret *(cf. aussi* OEM power supply).

open-frame printer imprimante nue, imprimante sans coffret *(inf) (cf. aussi* OEM printer).

open-frame printer module module d'impression nu *(ou* sans coffret) *(inf) (cf. aussi* OEM printer).

open-frame supply *cf.* open-frame power supply.

open-frame switcher *cf.* open-frame switching power supply.

open-frame switching power supply alimentation à découpage nue *(ou* sans coffret) *(cf. aussi* switching power supply *et* OEM power supply).

open-frame unit version nue *(ou* sans coffret) *(alim, etc.) (cf. aussi* OEM unit *et* unit 3)).

open loop boucle ouverte *(asser, ampli) (cf. aussi* open-loop control *et* open-loop gain).

open-loop control commande en boucle ouverte, commande sans rétroaction *(ou* sans bouclage *ou* sans asservissement) *(commande de la valeur d'une grandeur sans possibilité de comparer la valeur effectivement obtenue à la valeur affichée) (commande ordinaire, c.-à-d. sans asservissement) (cf. aussi* control[1] 2)).

open-loop control system système de commande en boucle ouverte, *(etc.) (cf. aussi* open-loop control).

open-loop current gain gain en courant en boucle ouverte *(ampli) (cf. aussi* current gain *et* open-loop gain).

open-loop gain gain en boucle ouverte *(gain d'un amplificateur en l'absence contre-réaction) (cf. aussi* gain 1) *et* negative feedback).

open-loop oscillator oscillateur non asservi en phase *(clpf) (cf. aussi* phase-locked loop).

open-loop system *cf.* open-loop control system.

open-loop voltage gain gain en tension en boucle ouverte *(ampli) (cf. aussi* voltage gain *et* open-loop gain).

open-reel tape recorder enregistreur magnétique à bobines, *(souvent)* magnétophone à bobines *(sdpo à « enregistreur magnétique (ou magnétophone) à cassettes ») (cf. aussi* tape recorder).

open-reel video tape recorder magnétoscope à bobines *(magnétoscope professionnel ou ancien magnétoscope grand public) (sdpo à « magnétoscope à cassettes ») (cf. aussi* video tape recorder).

open resonator cavité résonnante ouverte *(hyper) (cf. aussi* cavity resonator *et* orotron).

open routine *cf.* open subroutine.

open shop libre-service informatique *(centre informatique mis à la disposition des informaticiens de sociétés, généralement à titre onéreux) (cf. aussi* information center).

open-shop operation exploitation en libre-service *(cf. aussi* open shop).

open subroutine sous-programme ouvert *(sous-programme d'ordinateur inséré dans le programme principal à la place où il doit être exécuté, éventuellement à plusieurs places, et non appelé par une instruction de branchement) (inf) (cf. aussi* subroutine).

open track ruban coupé *(CP, CH) (cf. aussi* track[1] 2)).

open up *v* se couper *(résistance, condensateur, etc.).*

open-wafer rotary switch commutateur à galette(s) non fermé *(cf. aussi* wafer rotary switch).

open-wire feeder ligne d'alimentation en fils nus *(maintenus écartés par des isolateurs) (émetteur radio) (cf. aussi* feeder).

open-wire line ligne en fils nus *(ligne aérienne constituée par* *des fils métalliques nus supportés par des isolateurs en verre ou en porcelaine) (tél, etc.) (cf. aussi* overhead line).

open-wire transmission line ligne de transmission en fils nus *(tg)* (a) *cf. aussi* open-wire line); (b) *cf. aussi* open-wire feeder).

opening course cap d'éloignement *(cap d'un mobile s'éloignant d'un point déterminé et notamment cap d'une cible radar s'éloignant du radar qui la suit) (cf. aussi* course 1) *et* receding target).

opening Doppler *cf.* opening Doppler shift.

opening-Doppler false target fausse cible en éloignement, cible fictive en éloignement *(fausse cible donnant l'impression d'une cible en éloignement à un radar Doppler) (mil) (cf. aussi* false Doppler target *et* opening Doppler shift).

opening Doppler shift fréquence Doppler en éloignement, (le) Doppler en éloignement *(fréquence Doppler observée pour une cible en éloignement) (radar Doppler, etc.) (cf. aussi* Doppler shift *et* opening course).

opening pulse impulsion d'ouverture *(ou de commande d'ouverture) (impulsion de courant commandant l'ouverture d'un dispositif actionné par un électro-aimant) (cf. aussi* current pulse *et* electromagnet).

opening time temps d'ouverture, *(parf.)* instant d'ouverture *(contacts de relais, etc.)*.

operand opérande *sm (terme d'une opération) (terme d'une addition ou d'une soustraction, multiplicande ou multiplicateur d'une multiplication, dividende ou diviseur d'une division) (ce nom est utilisé principalement en informatique et s'applique alors à un terme d'une opération logique) (cf. aussi* logic operation).

operate *v (cf. aussi* operation 1), 2), 3) *et* 5)) **1)** fonctionner. **2)** commander. **3)** exploiter. **4)** venir à l'appel, *(etc.) (cf. aussi* pull in 1)).

operate current intensité du courant d'appel *(intensité du courant d'excitation d'un électro-aimant ou d'un relais à laquelle l'armature ou le noyau plongeur de celui-ci passe de la position de repos à la position de travail) (cf. aussi* current, electromagnet *et* relay[1] 1)).

operate lag retard à l'appel *(relais temporisé à l'appel) (cf. aussi* slow-operate relay).

operate time temps de réponse à l'appel *(temps écoulé entre l'instant d'application de la tension d'excitation aux bornes de la bobine d'excitation d'un électro-aimant ou d'un relais et l'instant où l'armature ou le noyau plongeur vient à la position de travail) (ce terme désigne souvent le temps de fermeture ou d'ouverture des contacts d'un relais à l'appel) (cf. aussi* electromagnet, relay[1] 1) *et* operating time).

operate voltage tension d'appel *(relais, etc.) (cf. aussi* pull-in value).

operated relay relais excité, relais au travail *(relais dont la bobine est parcourue par un courant d'intensité suffisante pour que l'armature ou le noyau plongeur soit passé de la position de repos à la position de travail) (cf. aussi* relay[1] 1)).

operating angle angle de conduction *(angle électrique pendant lequel un tube électronique ou un transistor monté en amplificateur est conducteur) (la valeur de cet angle détermine la classe de l'amplificateur) (cf. aussi* electrical angle, on-state *et* amplifier class).

operating at high frequencies fonctionnant à des fréquences élevées.

operating at high voltage fonctionnant sous tension élevée.

operating at microwave frequencies fonctionnant en hyperfréquence.

operating capabilities performances *(appareil, composant, etc.) (cf. aussi* capability).

operating characteristics caractéristiques de fonctionnement, paramètres de fonctionnement *(le premier terme est le meilleur) (en électronique, caractéristiques d'alimentation d'un appareil ou dispositif, polarisation de ses électrodes éventuelles, gain éventuel, caractéristiques du signal ou des signaux d'entrée, caractéristiques de la charge, température de fonctionnement et, parfois, conditions d'ambiance) (cf. aussi* operating conditions, operating limits, power-supply characteristics, bias[1], gain, input signal characteristics, load characteristics *et* parameter).

operating conditions **1)** conditions de fonctionnement *(en électronique, caractéristiques d'alimentation et de charge d'un appareil ou dispositif, présence éventuelle d'une charge d'espace, conditions d'ambiance dans lesquelles il fonctionne et type de service qu'il assure : intermittent ou continu) (cf. aussi* operating environment *et* operating characteristics). **2)** régime de fonctionnement *(en électronique et sciences connexes, conditions de fonctionnement limitées au type du signal d'entrée ou de sortie) (voir aussi* 1) ci-dessus) *(cf. aussi* static conditions, steady-state conditions, dynamic conditions, transient conditions, linear conditions, non-linear conditions, sinusoidal conditions, pulsed conditions *et* saturation conditions). **3)** conditions d'exploitation *(d'une liaison de télécommunications, etc.)*.

operating current *(parf.* intensité du) courant en fonctionnement *(ou absorbé ou d'alimentation ou de commande, suivant le contexte) (dispositif électronique ou électrique) (cf. aussi* current).

operating cycle cycle de fonctionnement *(dispositif à fonctionnement périodique, synchronisé ou non) (mémoire RAM, etc.) (cf. aussi* cycle).

operating environment ambiance de fonctionnement *(conditions d'ambiance auxquelles est soumis un dispositif ou autre matériel en fonctionnement) (cf. aussi* environmental conditions *et* operating conditions 1)).

operating force force d'actionnement *(interrupteur, commutateur, etc.)*.

operating frequency *(cf. aussi* frequency) **1)** fréquence de fonctionnement, fréquence de travail *(tube, transistor, thyristor, mémoire RAM, etc.)*. **2)** fréquence de fonctionnement, fréquence d'émission *(émetteur) (cf. aussi* transmitting frequency). **3)** fréquence de fonctionnement, fréquence d'oscillation *(oscillateur)*.

operating-frequency capability tenue en fréquence *(composant, etc.) (cf. aussi* frequency capability).

operating frequency range gamme de fréquences de fonctionnement, *(etc.) (cf. aussi* operating frequency).

operating life *(ou* **lifetime)** durée de vie en fonctionnement *(durée de vie en service ou en essai, ou les deux) (composant, etc.) (cf. aussi* lifetime (b)).

operating limits limites de fonctionnement *(valeurs limites des paramètres de fonctionnement d'un dispositif ou autre matériel pour lesquelles celui-ci fonctionne encore correctement) (ce terme désigne souvent les limites supérieures, mais couvre également les limites inférieures) (cf. aussi* operating parameters).

operating manual mode d'emploi *(cf. aussi* instruction manual).

operating mode **1)** mode de fonctionnement *(d'un appareil, etc.) (cf. aussi* manual mode, automatic mode, CW mode, pulsed mode, sweep mode, trigger mode, transmitting mode, receiving mode *et* mode). **2)** mode d'exploitation *(d'une liaison de télécommunications, etc.) (cf. aussi* duplex).

operating parameters paramètres de fonctionnement *(ensemble des caractéristiques de fonctionnement et conditions de fonctionnement d'un dispositif ou autre matériel) (cf. aussi* operating characteristics, operating conditions *et* parameter).

operating point point de fonctionnement, *(également)* point de repos *(sic) (point de la caractéristique d'un tube électronique ou d'un composant à semiconducteur correspondant aux tensions appliquées aux électrodes en l'absence de signal à l'entrée du dispositif) (cf. aussi* load line *et* characteristic curve).

operating power puissance absorbée *(dispositif électronique ou électrique) (cf. aussi* power consumption).

operating principle principe de fonctionnement *(d'un dispositif ou autre matériel)*.

operating range **1)** plage de fonctionnement *(intervalle des valeurs admissibles ou effectives des paramètres de fonctionnement, c.-à-d. comprises entre les limites de fonctionnement) (cf. aussi* operating parameters *et* operating limits). **2)** portée utile *(émetteur)*.

operating register registre de manœuvre *(inf) (cf. aussi* working register).

operating scheme *cf.* operating mode.

operating speed vitesse de fonctionnement (a) *vitesse d'impression d'une imprimante, etc., vitesse de rotation d'un moteur électrique, etc.)* ; (b) *vitesse à laquelle un dispositif réagit à une excitation) (est l'inverse du temps de réponse) (relais, etc.) (cf. aussi* response time) ; (c) *fréquence de fonctionnement nominale ou maximale d'un dispositif à fonctionnement périodique, et notamment fréquence maximale d'un signal analogique ou cadence maximale d'un train d'impulsions appliqué à l'entrée d'un composant ou d'un montage pour laquelle la tension ou le courant de sortie reproduit fidèlement le signal d'entrée) (transistor, circuit logique, etc.) (cf. aussi* analog signal *et* pulse train).

operating system système d'exploitation *(ensemble des programmes auxiliaires coordonnant les fonctions d'un ordinateur de composition déterminée pour lui permettre de fonctionner dans des conditions d'exploitation déterminées) (est enregistré sur disque magnétique, rigide ou souple, ou, plus rarement, sur bande magnétique, ou parfois mémorisé dans une mémoire morte, les programmes qui le composent étant appelés en mémoire centrale selon les besoins) (comprend normalement pour un ordinateur de puissance moyenne : le chargeur, le superviseur, le contrôleur, le traducteur, l'éditeur de liens, le bibliothécaire, les programmes de gestion des mémoires de masse, de copie, etc.) (comme l'indique la définition ci-dessus, sa composition exacte dépend de celle de l'ordinateur, c.-à-d. notamment de la capacité de la mémoire centrale et des mémoires auxiliaires rapides, et du mode d'exploitation de l'appareil) (inf) (cf. aussi* DOS, MS-DOS, TOS, loader, supervisor, monitor 5), translator 3), linkage editor, librarian 2), sort routine, merge routine *et* computer operating mode).

operating temperature température de fonctionnement *(parf.* de service) *(appareil, etc.).*

operating temperature range plage de températures de fonctionnement, *(souvent)* plage de températures admissibles (en service) *(cf. aussi* operating temperature).

operating time temps de fonctionnement *(intervalle de temps pendant lequel un appareil ou autre matériel fonctionne).*

operating unit appareil en fonctionnement, *(parf.)* machine en fonctionnement.

operating voltage tension de fonctionnement, *(souvent)* tension de service, tension d'utilisation *(tension d'alimentation ou d'excitation) (cf. aussi* supply voltage, excitation voltage *et* voltage).

operation 1) fonctionnement *(appareil, etc.).* 2) commande *(idem).* 3) exploitation *(liaison de télécommunications, ordinateur, etc.).* 4) opération *(arithmétique ou logique) (inf, etc.) (cf. aussi* arithmetic operation *et* logic operation). 5) appel *(relais) (cf. aussi* pull-in 1)).

operation by program commande par programme *(appareil, machine, système) (cf. aussi* program¹ (a)).

operation code code opération, code d'opération *(partie d'une instruction d'un programme d'ordinateur en langage machine indiquant à celui-ci la nature de l'opération à exécuter) (inf) (cf. aussi* operation 4), instruction *et* machine language).

operation decoder *cf.* instruction decoder.

operation in a stand-alone environment fonctionnement autonome *(appareil, etc.).*

operation mode *cf.* operating mode. *(ce terme étant le plus employé).*

operation number numéro d'opération *(numéro d'ordre d'une opération d'un programme d'ordinateur ou du sous-programme correspondant) (inf) (cf. aussi* operation 4) *et* computer program).

operation part partie opération, partie code opération *(noms donnés au code opération lorsque l'on considère la partie de l'instruction qu'il occupe) (inf) (cf. aussi* operation code).

operation register registre d'opération *(partie du registre d'instruction contenant le code opération) (ordinateur) (inf) (cf. aussi* instruction register *et* operation code).

operation time *(voir aussi* operation 1), 3) *et* 4) 1) temps de fonctionnement, durée de fonctionnement. 2) durée d'exploitation. 3) temps d'exécution (d'une opération).

operational amplifier *(vient de « operation amplifier », la première utilisation de cet amplificateur ayant été l'exécution d'opérations mathématiques dans les calculateurs analogiques)* amplificateur opérationnel *(amplificateur différentiel à bande passante allant du continu à une fréquence élevée, à très grand gain en tension en boucle ouverte, très grande impédance d'entrée, très faible impédance de sortie et grand taux de contre-réaction) (est réalisé sous la forme d'un circuit intégré monolithique ou, plus rarement, hybride, ce circuit comprenant parfois en fait deux amplificateurs opérationnels montés en cascade) (en plus de ses applications mathématiques, l'amplificateur opérationnel peut être utilisé dans la plupart des montages analogiques et l'est souvent) (cf. aussi* differential amplifier, bandwidth 2), dc amplifier, open-loop gain, input impedance, output impedance, feedback ratio, integrated circuit, mathematical operation, analog computer *et* analog circuit).

operational amplifier chip puce d'amplificateur opérationnel (monolithique) *(cf. aussi* chip 1) *et* monolithic operational amplifier).

operational amplifier comparator comparateur à amplificateur opérationnel *(comparateur de tension utilisant un amplificateur opérationnel) (cas général) (cf. aussi* voltage comparator).

operational amplifier IC *cf.* monolithic operational amplifier.

operational life *cf.* service life.

operational ratings *cf.* ratings.

operational technique mode opératoire *(utilisation d'un appareil, mise en œuvre d'un procédé, etc.).*

operations per second opération par seconde *(unité de vitesse de traitement d'un ordinateur) (inf) (cf. aussi* KOPS, MOPS *et* processing speed).

operations per second, floating point *cf.* floating-point operations per second.

operations research recherche opérationnelle *(méthode scientifique de prise de décisions dans des situations ou pour des systèmes comportant un grand nombre de variables, à l'aide de modèles mathématiques utilisés sur ordinateur depuis l'avènement de l'informatique) (fait partie de la théorie de la décision et a été élaborée en Grande-Bretagne, puis aux Etats-Unis, pendant la Seconde guerre mondiale en vue de faciliter le choix de la stratégie optimale dans les opérations militaires de grande envergure — d'où son nom — et a ensuite été largement étendue au domaine civil et notamment aux activités industrielles et commerciales : problèmes de prévisions de production, de choix d'investissements, de gestion de stocks, de fiabilité, de files d'attente, d'organisation des transports, etc.) (cf. aussi* decision theory).

operator 1) opérateur (a) *(parf.)* opératrice) *(personne faisant fonctionner un appareil, une machine ou un système) (cf. aussi* telephone operator, radio operator, radar operator, sonar operator *et* computer operator) ; (b) *symbole représentant une opération ou dispositif exécutant celle-ci) (math, inf) (cf. aussi* arithmetic operator *et* logic operator). 2) exploitant s, *(parf.)* organisme exploitant, *(parf.)* société exploitante *(personne, organisme ou société exploitant un réseau ou une liaison de télécommunications, une chaîne ou une station de radiodiffusion sonore ou visuelle, un centre informatique public, etc.) (cf. aussi* communications common carrier *et* broadcast operator).

operator console pupitre de l'opérateur *(radar, ordinateur, etc.) (cf. aussi* operator (a)).

operator control panel tableau de commande de l'opérateur *(ordinateur, etc.) (cf. aussi* computer operator).

operator error erreur de l'opérateur, *(souvent, notamment dans le cas d'une erreur de mesure)* erreur due à l'opérateur, erreur opératoire *(erreur due à l'opérateur d'un appareil ou système) (dans le cas d'une erreur de mesure, l'erreur due à l'opérateur peut être une erreur de parallaxe) (cf. aussi* parallax error *et* measurement error).

operator performance *cf.* operator skill.

operator position position d'opératrice *(poste de travail d'une opératrice de central téléphonique manuel) (cf. aussi* telephone operator).

operator skill capacités de l'opérateur (*cadence de manipulation ou de lecture au son d'un radiotélégraphiste, cadence de frappe d'une opératrice de téléimprimeur ou autre terminal à clavier, aptitude d'un opérateur radar à détecter un écho noyé dans le bruit ou d'un opérateur sonar à détecter un écho ou un signal noyé dans le bruit ou d'un opérateur de récepteur d'écoute à intercepter une émission de l'adversaire en mode manuel, etc.*) (*cf. aussi* operator 1 (a)).

opposite charges charges de signes contraires (*cf. aussi* unlike charges).

opposite currents courants de sens opposés (*cf. aussi* current direction).

opposite electric … *cf.* opposite …

opposite magnetic … *cf.* opposite …

opposite-phase condition opposition de phase (*cf. aussi* opposite phases).

opposite phases phases en opposition (*grandeurs alternatives*) (*cf. aussi* in phase opposition).

opposite polarity polarité opposée, (*souvent au pluriel*) (*tensions, pôles électriques ou magnétiques*) (*cf. aussi* polarity).

opposite poles pôles de noms contraires (*aimant*) (*cf. aussi* unlike poles).

opposite voltages tensions en opposition, tensions de polarités opposées (*tension négative et tension positive*) (*cf. aussi* voltage polarity).

oppositely charged bodies corps portant des charges de signes contraires (*cf. aussi* unlike charges).

opposition opposition (*de phase, de tensions, etc.*) (*cf. aussi* in phase opposition *et* opposite voltages).

OPS *cf.* operations per second.

optic *cf.* optical.

optical optique a (*caractéristique de ce qui est relatif à l'optique ou en constitue une application*) (*cf. aussi* optics).

optical alignment alignement optique (*alignement d'un masque de gravure par une méthode optique*) (*clpf*) (*fab. CI, semi*) (*cf. aussi* alignment 2)).

optical amplifier amplificateur optique (*nom parfois donné à un tube intensificateur d'image*) (*cf. aussi* image intensifier tube).

optical audio disk disque audio optique, disque phonographique optique, disque optique, disque laser (*disque optique sur lequel les signaux enregistrés sont des signaux sonores*) (*analogue optique d'un disque microsillon*) (*électroacou et opto*) (*cf. aussi* Compact-Disc *et* optical disk).

optical audio-disk player tourne-disque optique, platine laser (*terme le plus récent*) (*tourne-disque conçu pour utiliser des disques audio optiques*) (*cf. aussi* record player *et* optical audio disk).

optical axis axe optique (a) *axe d'un système optique*) (*sens général*); (b) *axe reliant les sommets des deux pyramides situées aux extrémités d'un cristal de quartz*) (*est l'axe suivant lequel un cristal de quartz présente les phénomènes optiques de biréfringence et de rotation du plan de polarisation d'une lumière polarisée*) (*cf. aussi* quartz crystal).

optical bus bus optique (*bus à fibre optique*) (*cf. aussi* fiber-optic bus).

optical camera *cf.* optical lithography machine.

optical carrier porteuse optique (*porteuse constituée par la lumière transmise par une fibre optique ou par le faisceau de lumière d'un laser*) (*tls, etc.*) (*cf. aussi* carrier 1), optical fiber *et* laser beam).

optical channel voie optique, voie de transmission optique, (*parf.*) voie de télécommunications optiques (*voie d'un multiplex optique*) (*tls, etc.*) (*cf. aussi* optical multiplex).

optical channelized receiver récepteur optique à canaux (*récepteur à canaux à traitement optique des signaux*) (*détecteur de radars*) (*mil*) (*cf. aussi* channelized receiver *et* optical signal processing).

optical character caractère optique, caractère pour lecture optique (*inf*) (*cf. aussi* optical character reader).

optical character reader lecteur de caractères optiques, lecteur optique (de caractères), scanner (*anglicisme courant mais à éviter*) (*lecteur de caractères conçu pour lire des caractères du type imprimé normaux ou de forme modifiée*

obtenus par impression ou tracés à la main, à l'aide d'une source de lumière et de cellules photoélectriques*) (*les cellules captent la lumière réfléchie par les différentes zones claires ou foncées de l'emplacement du caractère et la combinaison de signaux électriques ainsi obtenue est comparée aux modèles correspondants aux divers caractères contenus dans la mémoire de l'appareil et un signal électrique numérique représentant le caractère retenu est émis et mis en mémoire*) (*inf*) (*cf. aussi* character reader, photocell *et* digital signal).

optical character reading lecture optique des caractères (*inf*) (*cf. aussi* optical character reader *et* optical character recognition).

optical character recognition reconnaissance optique des caractères (*anglicisme plus récent que « lecture optique des caractères » et signifiant la même chose*) (*inf*) (*cf. aussi* optical character reading).

optical chopper découpeur optique (*cf. aussi* light chopper).

optical circuit circuit optique (a) *cf. aussi* optical integrated circuit; (b) *cf. aussi* optical logic circuit).

optical communications télécommunications optiques (*télécommunications utilisant une porteuse optique*) (*cf. aussi* optical carrier *et* communications).

optical communications link liaison de télécommunications optiques, liaison optique (*liaison de télécommunications par fibre optique ou, parfois, par faisceau laser direct*) (*cf. aussi* fiber-optic communications link, laser communications link *et* communications link).

optical communications system système de télécommunications optiques (*cf. aussi* communications system *et* optical communications).

optical communications technology (la) technique des télécommunications optiques (*cf. aussi* optical communications *et* technology).

optical component composant optique (a) *élément d'un dispositif ou système optique*) (lentille, miroir, prisme, diviseur de lumière, etc.); (b) *nom parfois donné à un circuit intégré optique*) (*cf. aussi* optical integrated circuit); (c) *nom parfois donné à un composant optoélectronique*) (*cf. aussi* optoelectronic component).

optical computer calculateur optique, processeur optique, traiteur optique (de signaux) (*calculateur analogique réalisant le traitement optique des signaux reçus par un récepteur*) (*détecteur de radars, etc.*) (*mil, etc.*) (*cf. aussi* analog computer *et* optical signal processing).

optical computing *cf.* optical signal processing.

optical connector *cf.* fiber-optic connector.

optical contact bond soudure moléculaire (*cf. aussi* optical contact bonding).

optical contact bonding soudage moléculaire (*assemblage de deux surfaces métalliques de même nature réalisé en les pressant fortement l'une contre l'autre après les avoir dressées et polies avec soin*) (*utilise les forces d'attraction moléculaires auxquelles le contact intime des deux surfaces dû au polissage permet d'exercer leur action avec une intensité suffisante pour réaliser l'assemblage*) (*est utilisé notamment pour souder les électrodes des composants à ondes de surface employés en hyperfréquences, l'épaisseur de la soudure devant être petite devant la longueur de l'onde à transmettre*) (*cf. aussi* SAW device).

optical control commande optique (*commande d'un dispositif par un flux de lumière*) (*photothyristor, phototransistor, photodiode, etc.*) (*voir ces termes et* photocell).

optical correlator corrélateur optique (*traitement d'informations radar, etc.*) (*cf. aussi* correlator).

optical countermeasures contre-mesures optiques (*mil*) (*cf. aussi* electro-optical countermeasures, ce terme étant le plus employé*).

optical coupler *cf.* optocoupler.

optical coupling couplage optique (a) *couplage entre une source de rayonnement optique et un organe ou un corps*) (*cf. aussi* coupling (b) *et* optical radiation) (a1) *couplage entre une fibre optique et un émetteur ou un récepteur pour fibre optique ou une autre fibre optique, notamment dans un connecteur pour fibre optique dans le dernier cas*) (*cf. aussi* numerical aperture, fiber-optic transmitter, fiber-optic receiver *et* optical fiber) ; (a2) *couplage entre un laser de puissance et un corps à chauffer localement) (dépend notamment de l'état de surface du corps pour un angle d'incidence donné, l'angle optimal étant naturellement de 90°) (usinage au laser, arme à faisceau laser, etc.) (cf. aussi* laser machining, laser weapon *et* high-energy laser) ; (b) *couplage réalisé par un coupleur optique) (cf. aussi* optocoupler).

optical data processing *cf.* optical signal processing.

optical data processor *cf.* optical signal processor.

optical data storage *cf.* optical storage 1).

optical detection détection optique *(cf. aussi* photodetection).

optical detector détecteur optique *(cf. aussi* photodetector).

optical device dispositif optique (a) *ensemble comportant au moins un composant optique) (cf. aussi* optical component (a) *et* optical system 1)) ; (b) *autre nom, plus général, d'un composant optique) (cf. aussi* optical component (b)).

optical digital information informations numériques optiques, données optiques *(parf. au singulier) (informations numériques transmises sous la forme d'un signal numérique optique) (télinf., etc.) (cf. aussi* digital information *et* optical digital signal).

optical digital signal signal numérique optique *(signal numérique constitué par des impulsions d'un rayonnement optique) (liaison optique, etc.) (cf. aussi* digital signal, optical radiation *et* optical link).

optical disk disque optique *(disque sur lequel des informations sont enregistrées et lues à l'aide d'un faisceau de lumière de très petit diamètre produit par un laser) (les informations sont enregistrées par formation de cuvettes microscopiques dans une couche métallique réfléchissante portée par le disque en plastique ; ces cuvettes sont obtenues par brûlage superficiel du métal par le faisceau d'un laser relativement puissant constituant le graveur d'une table de gravure spéciale) (un laser à semiconducteur de faible puissance constitue la tête de lecture du tourne-disque et la lumière qu'il émet est réfléchie plus ou moins par le disque selon que le faisceau frappe la couche métallique intacte ou une zone brûlée et, par conséquent, peu réfléchissante ; la modulation du flux lumineux réfléchi reçu par une cellule photoélectrique qui en résulte est convertie par celle-ci en un signal électrique reproduisant le signal enregistré) (les informations enregistrées peuvent être des sons, des images, des textes ou des données, des résultats de traitement ou des programmes d'ordinateur) (cf. aussi* optical audio disk, optical video disk, optical disk memory, laser, cutter, phonograph pick-up *et* photocell).

optical-disk data storage mémorisation d'informations *(ou* de données*) sur disque optique (inf) (cf. aussi* optical-disk memory).

optical-disk drive lecteur de disque optique *(nom souvent donné à une mémoire à disque optique) (cf. aussi* optical-disk memory).

optical-disk memory mémoire à disque optique *(mémoire auxiliaire rapide d'ordinateur utilisant un disque optique comme support d'informations) (le disque se distingue principalement d'un disque optique vidéo ou audio par le fait que les informations sont enregistrées comme sur un disque magnétique et non suivant une spirale ; de plus, les informations sont toujours enregistrées sous la forme d'un signal numérique, tandis que sur les deux autres disques, elles peuvent être enregistrées sous la forme d'un signal analogique) (inf) (cf. aussi* optical disk, auxiliary storage, magnetic disk, digital signal *et* analog signal).

optical-disk record (un) enregistrement sur disque optique *(cf. aussi* optical-disk recording).

optical-disk recorder enregistreur à disque optique *(appareil utilisé pour enregistrer des informations sur un disque original optique) (cf. aussi* optical disk *et* master disk).

optical-disk recording (l')enregistrement sur disque optique *(cf. aussi* optical disk *et* recording).

optical-disk storage 1) mémorisation sur disque optique *(inf) (cf. aussi* optical-disk memory). 2) *cf.* optical-disk memory).

optical element élément optique *(composant optique considéré en tant qu'élément d'un système optique) (cf. aussi* optical component (a) *et* optical system 1)).

optical emission émission optique *(émission d'un rayonnement optique ou ce rayonnement lui-même) (dans un contexte militaire, ce terme désigne souvent un rayonnement infrarouge ou le rayonnement d'un marqueur laser ou d'une arme laser) (cf. aussi* optical radiation, infrared radiation, laser designator, laser weapon, optical threat *et* optical transmission).

optical emitter émetteur optique *(au sens fréquent du terme anglais, notamment dans un contexte militaire, source de rayonnement infrarouge ou laser) (cf. aussi* optical emission *et* optical transmitter).

optical encoder codeur optique *(nom donné à un capteur de position utilisant des sources de lumière pour remplir sa fonction en fournissant un signal numérique) (ce terme désigne généralement un codeur d'angle, mais peut également s'appliquer à un codeur de position linéaire) (cf. aussi* shaft-position encoder *et* position sensor).

optical energy énergie optique *(énergie transportée par un rayonnement optique) (cf. aussi* energy *et* optical radiation).

optical erasure effacement optique *(ou par rayons ultra-violets ou* par ultraviolets*), effacement UV (effacement d'une mémoire EPROM) (CI) (cf. aussi* EPROM *et* ultra-violet radiation).

optical fiber fibre optique *(conduit de lumière flexible de section circulaire de très petit diamètre et de longueur très variable utilisé comme ligne de transmission) (constitue un guide d'ondes à fréquence optique et s'utilise à peu près de la même façon qu'un simple fil de ligne téléphonique avec cet avantage qu'il n'y a pas besoin de conducteur de retour et que le signal est insensible aux rayonnements électromagnétiques, donc aux parasites et à l'impulsion électromagnétique, et ne rayonne pas lui-même d'énergie électromagnétique, d'où l'absence de diaphonie entre fibres voisines dans un câble à fibres optiques) (est formée d'une partie centrale en silice, en plastique transparent ou en verre appelée « cœur » entourée d'une gaine, également transparente, dont l'indice de réfraction est moins grand que celui du cœur) (la lumière émise par une source de lumière disposée à une extrémité de la fibre se propage par une suite de réflexions internes sur l'interface cœur/gaine ou en ligne droite, et ce tant que le rayon de courbure de la fibre n'est pas trop petit) (cf. aussi* single-mode optical fiber, multimode optical fiber, acceptance angle, numerical aperture, microbend, light pipe, fiber-optic transmission system, fiber-optic transducer, waveguide, electromagnetic pulse *et* crosstalk 1)).

optical-fiber ... *cf.* fiber-optic ... *(pour les termes qui ne figurent pas ci-après).*

optical-fiber bundle faisceau de fibres optiques *(ensemble de plusieurs fibres optiques protégées par une seule gaine) (voir aussi* optical-fiber harness *et noter l'ambiguïté du terme français) (cf. aussi* optical fiber).

optical-fiber harness faisceau de fibres optiques *(ensemble de fibres optiques distinctes) (cf. aussi* optical-fiber bundle).

optical-fiber splicing raccordement des fibres optiques *(cf. aussi* fiber-optic connector *et* optical fiber).

optical filter filtre optique, filtre *(dispositif en verre ou autre matière transparente, éventuellement liquide, ne laissant passer qu'une fréquence déterminée d'un rayonnement lumineux et, par conséquent, que la lumière dont la couleur correspond à cette fréquence) (est l'analogue optique d'un filtre électrique passe-bande à bande très étroite) (cf. aussi* optical radiation *et* narrow-band filter).

optical frequency fréquence optique, fréquence du domaine optique *(fréquence correspondant à la longueur d'onde d'un rayonnement optique) (cf. aussi* optical radiation, wavelength *et* frequency).

optical gain gain optique *(gain d'un photodétecteur actif) (semi) (cf. aussi* active photodetector *et* gain 1)).

optical gate *cf.* optical logic gate.

optical guidance guidage optique, guidage optoélectronique *(guidage d'un engin fondé sur l'utilisation d'un rayonnement optique) (mil) (cf. aussi* optical seeker *et* guided weapon).

optical guided wave onde guidée optique, onde guidée du domaine optique, onde optique guidée *(le dernier terme est le plus employé) (onde optique se propageant dans un conduit de lumière ou, plus souvent, dans une fibre optique) (cf. aussi* optical wave, light pipe *et* optical fiber).

optical heterodyning changement de fréquence optique *(obtention d'une tension alternative à la fréquence différence de deux faisceaux laser de fréquences différentes par superposition des deux faisceaux à l'aide d'une lame semi-transparente avant de les appliquer à un photodétecteur, la fréquence de la tension obtenue étant généralement une hyperfréquence) (le photodétecteur étant un élément non linéaire, l'intensité du courant photoélectrique engendré dans celui-ci varie au rythme de la fréquence différence des deux rayonnements optiques reçus simultanément et ce courant crée aux bornes d'une résistance une tension alternative dont la fréquence est égale à cette fréquence différence) (l'un des faisceaux est normalement une porteuse comparable à la porteuse appliquée à l'entrée du changeur de fréquence d'un récepteur superhétérodyne fonctionnant aux fréquences radioélectriques, et l'autre faisceau joue le même rôle que le signal de l'oscillateur local d'un tel récepteur) (optique non linéaire) (cf. aussi* frequency conversion, mixer, laser beam, photodetector, microwave frequency *et* non-linear optics).

optical homing autopoursuite optique *(autopoursuite par un engin à guidage optique) (mil) (cf. aussi* homing 2) *et* optical guidance).

optical homing head *cf.* optical seeker.

optical hybrid *cf.* optical hybrid circuit.

optical hybrid circuit circuit hybride optique *(circuit hybride comportant un ou plusieurs composants optoélectroniques rapportés) (cf. aussi* hybrid circuit *et* optoelectronic component).

optical IC *cf.* optical integrated circuit.

optical image image optique (a) *image visible) (sdpo à « image électrique ») (cf. aussi* electric image 1)) ; (b) *image obtenue par photographie) (sdpo à « image radar » (cf. aussi* radar image).

optical input 1) entrée optique *(entrée d'un signal optique ou, par extension, ce signal lui-même) (cf. aussi* optical signal *et* input[1]. 2) *cf.* optical input power.

optical input power puissance optique d'entrée *(puissance optique fournie à l'entrée d'un conduit de lumière, d'une fibre optique ou d'un dispositif optoélectronique) (cf. aussi* optical power).

optical insertion loss perte d'insertion optique *(diminution de l'intensité lumineuse à l'extrémité réceptrice d'une liaison par fibre optique due à la présence d'un connecteur ou autre composant présentant des pertes dans la liaison) (cf. aussi* luminous intensity, fiber-optic link, fiber-optic connector *et* insertion loss).

optical integrated circuit circuit intégré optique, circuit optique, circuit optoélectronique *(circuit intégré monolithique dans tout ou partie duquel le signal appliqué à l'entrée est traité sous la forme d'un rayonnement optique) (comporte donc au moins un composant optique) (cf. aussi* monolithic integrated circuit, optical radiation *et* optical component 1)).

optical isolation isolement optique, isolation optique *(noms souvent donnés à l'isolement galvanique réalisé par un coupleur optique) (cf. aussi* optocoupler).

optical isolator *cf.* optocoupler.

optical jammer brouilleur optique *(brouilleur réalisant le brouillage optique) (terme générique couvrant le brouilleur infrarouge et le laser de brouillage) (mil) (cf. aussi* optical jamming).

optical jamming brouillage optique *(brouillage d'un autodirecteur optique par un rayonnement optique ou par masquage) (brouillage par leurre infrarouge, par brouilleur infrarouge, par laser, par fumée ou par aérosols) (mil) (cf. aussi* optical jammer, flare, infrared jammer, laser jamming, smoke screen, aerosol countermeasures *et* jamming).

optical line *cf.* optical transmission line.

optical link liaison optique *(liaison utilisant une porteuse optique pour la transmission de l'information) (liaison de télécommunications ou à courte distance par fibre optique ou par faisceau infrarouge, ou liaison de télécommunications par faisceau laser direct) (cf. aussi* fiber-optic link, laser communications link, infrared communications link, communications link *et* optical carrier).

optical lithography gravure optique *(fab. CP, CH, CI, semi) (cf. aussi* photolithography).

optical lithography machine graveur optique (de motifs) *(graveur de motifs dans lequel la sensibilisation du vernis protecteur est réalisée par des rayons ultraviolets) (clpf) (fab. CI, semi) (cf. aussi* lithography machine).

optical lithography system *cf.* optical lithography machine.

optical lock accrochage optique (de la cible), *(parf.)* accrochage de la cible *(accrochage d'une cible par un autodirecteur optique) (missile, etc.) (mil) (cf. aussi* lock-on *et* optical seeker).

optical logic circuit circuit logique optique *(circuit logique utilisant des composants optiques) (CI) (inf) (cf. aussi* logic circuit *et* optical component (a)).

optical logic function fonction logique optique *(fonction logique réalisée par un circuit logique optique) (inf) (cf. aussi* logic function *et* optical logic circuit).

optical logic gate porte logique optique, porte optique *(circuit logique optique) (cf. aussi* logic gate *et* optical logic circuit).

optical mark reader lecteur de marques (optiques) *(inf) (cf. aussi* mark reader).

optical maser maser optique *(nom parfois donné au laser pour rappeler qu'il est dérivé du maser) (opto) (cf. aussi* maser *et* laser).

optical mask masque optique *(nom parfois donné à un masque de photogravure) (fab CI, etc.) (cf. aussi* photomask).

optical mask aligner graveur à masque, graveur optique à masque *(graveur de motifs utilisant un masque) (fab. CI, semi) (cf. aussi* contact printer, proximity printer, projectionmask printer, mask 2) *et* pattern printer).

optical mask making fabrication des masques par photogravure *(fab. CI, semi) (cf. aussi* mask 2) *et* photolithography).

optical memory mémoire optique *(mémoire numérique utilisant un ou deux faisceaux lumière pour enregistrer et lire des informations) (mémoire à disque optique, mémoire photonique, etc.) (inf) (cf. aussi* optical-disk memory *et* photon echo memory).

optical method méthode optique (a) *sens usuel) ;* (b) *cf. aussi* optical process).

optical modulation modulation optique *(modulation de l'intensité d'un rayonnement optique) (cf. aussi* optical modulator).

optical modulator modulateur optique *(modulateur agissant sur l'intensité d'un rayonnement optique) (ce terme désigne généralement un modulateur de lumière, mais peut aussi désigner un modulateur agissant sur un rayonnement optique invisible) (cf. aussi* modulator, optical radiation, light modulator *et* invisible radiation).

optical multiplex multiplex optique *(multiplex dont la porteuse est une porteuse optique) (tls, etc.) (cf. aussi* multiplex[1] *et* optical carrier).

optical multiplexer multiplexeur optique *(multiplexeur formant un multiplex optique) (tls, etc.) (cf. aussi* multiplexer *et* optical multiplex).

optical multiplexing multiplexage optique *(formation d'un multiplex optique) (tls, etc.) (cf. aussi* multiplexing *et* optical multiplex).

optical multiplexing device *cf.* optical multiplexer.

optical multiplexor *cf.* optical multiplexer.

optical oscillator oscillateur optique *(nom descriptif du laser) (cf. aussi* laser).

optical oscillograph oscillographe à miroir, oscillographe à rayon lumineux *(enregistreur graphique à défilement dans lequel l'élément de mesure est un galvanomètre à miroir à cadre mobile réduit à une seule spire en forme de U et le faisceau de lumière réfléchi par le miroir impressionne une bande de papier photographique) (en l'absence de signal appliqué au cadre du galvanomètre, le miroir est immobile à la position moyenne et le faisceau lumineux qu'il réfléchit trace (ou, plus précisément, impressionne) une droite dans l'axe de la bande au fur et à mesure du défilement de celle-ci) (lorsqu'une tension d'amplitude variable est appliquée au cadre, les oscillations de celui-ci et, par conséquent, du miroir qu'elle produit font déplacer le rayon lumineux sur le papier dans le sens transversal en traçant une courbe reproduisant ses varia-*

tions d'amplitude) (le cadre mobile est réduit à une seule spire pour diminuer son inertie et augmenter ainsi la fréquence maximale admissible du signal enregistré qui atteint environ 500 Hz) (est l'ancêtre de l'enregistreur optique et sert également pour l'enregistrement optique du son sur film de cinéma) (cf. aussi mirror galvanometer, optical recorder, variable-area sound track *et* oscillograph).

optical output **1)** sortie optique *(sortie d'un signal optique ou, par extension, ce signal lui-même (cf. aussi* optical signal *et* output[1]). **2)** *cf.* optical output power).

optical output power puissance de sortie optique *(nom parfois donné à l'intensité lumineuse d'une source de lumière constituant ou non l'organe de sortie d'un dispositif) (cf. aussi* luminous intensity).

optical overload surcharge optique *(éclairement excessif d'une zone de la cible d'une caméra de télévision) (cf. aussi* blooming 1), illumination 1) *et* target (b)).

optical pattern **1)** motif optique, motif formé optiquement *(ou par un rayonnement optique) (fab. IC, semi) (cf. aussi* optical patterning). **2)** figure optique *(nom parfois donné à une image optique géométrique ou non produite par certains phénomènes) (franges d'interférence, etc.) (laser, etc.)*.

optical patterning formation optique des motifs, formation des motifs par un rayonnement optique *(formation des motifs dans le procédé de photogravure) (fab. CI, semi) (cf. aussi* patterning *et* photolithography).

optical photon photon optique *(photon d'un rayonnement optique) (cf. aussi* photon *et* optical radiation).

optical pick-up tête de lecture optique, tête optique *(tête de lecture de tourne-disque ou de mémoire à disque optique) (comprend essentiellement un laser à semiconducteur émettant un faisceau de lumière de très petit diamètre et une cellule photoélectrique convertissant en courant électrique la lumière du laser réfléchie par le disque) (audio, vidéo, inf) (cf. aussi* optical disk).

optical pointer index lumineux *(app. mesure) (cf. aussi* light spot 2)).

optical power puissance optique *(puissance mise en jeu par un rayonnement optique) (cf. aussi* power[1] 1) *et* optical radiation).

optical power level niveau de puissance optique *(cf. aussi* power level *et* optical power).

optical power output puissance de sortie optique, *(parf.)* puissance optique fournie *(source de puissance optique) (cf. aussi* optical power source).

optical power source source de puissance optique *(source optique pouvant fournir une puissance relativement grande) (ce terme désigne souvent un laser de puissance) (cf. aussi* optical source, optical power *et* high-energy laser).

optical process procédé optique *(procédé faisant appel à un rayonnement optique) (découpage optique, enregistrement optique, photogravure, traitement optique des signaux, etc.) (cf. aussi* optical radiation, light chopper, optical recording, photolithography *et* optical signal processing).

optical processing *cf.* optical signal processing.

optical processor *cf.* optical computer.

optical projection printer *cf.* projection printer.

optical pulse impulsion optique *(impulsion de rayonnement optique) (ce terme désigne souvent une impulsion de lumière) (cf. aussi* pulse[1] *et* optical radiation).

optical-pulse regeneration régénération d'impulsions optiques *(régénération d'impulsions réalisée sur des impulsions optiques) (tls, etc.) (cf. aussi* pulse regeneration *et* optical pulse).

optical-pulse regenerator répéteur pour fibre optique, régénérateur d'impulsions optiques *(répéteur téléphonique pour câble à fibre optique) (cf. aussi* regenerative repeater *et* optical pulse).

optical pumping pompage optique, pompage par absorption de lumière *(pompage opéré par les photons d'un rayonnement optique à fréquence et polarisation correspondant à une transition électronique permise dans le corps considéré) (les photons du rayonnement de pompage sont absorbés par les électrons du niveau d'énergie quantique des atomes pour lequel les caractéristiques du rayonnement correspondent à*

une transition permise ; les électrons ainsi excités atteignent un niveau d'énergie supérieur et retombent aussitôt spontanément à un niveau d'énergie intermédiaire qu'ils ne peuvent pas quitter d'eux-mêmes, cette deuxième transition étant choisie en conséquence ; ce niveau intermédiaire se peuple ainsi d'électrons aux dépens du niveau inférieur initial, ce qui crée une inversion de population) (le rayonnement de pompage est généralement la lumière émise par un tube à éclairs (tube flash) (le pompage optique est utilisé notamment dans certains lasers, dans l'étalon de fréquence ou de temps au rubidium, dans le magnétomètre à pompage optique et pour la mesure des fréquences de résonance magnétique) (cf. aussi pumping, photon, optical radiation, electromagnetic wave polarization, allowed transition, optically pumped laser, rubidium frequency standard, optical-pumping magnetometer *et* magnetic resonance).

optical-pumping magnetometer magnétomètre à pompage optique *(magnétomètre quantique utilisant le pompage optique de la vapeur de rubidium) (la transition électronique utilisée pour le pompage optique est celle de l'électron périphérique de l'atome de rubidium, c.-à-d. la transition entre les deux niveaux d'énergie les plus bas de cet atome ou, plus précisément, les deux sous-niveaux créés par effet Zeeman à partir de l'état fondamental, l'écart entre ces sous-niveaux étant proportionnel à l'intensité du champ à mesurer) (la vapeur de rubidium contenue dans une enceinte placée dans le champ à mesurer est soumise au rayonnement de pompage et à un champ électromagnétique à fréquence radioélectrique ; la valeur de cette fréquence à laquelle ce champ provoque l'émission stimulée dans la vapeur de rubidium dépend de l'écart entre les sous-niveaux d'énergie et, par conséquent, de l'intensité du champ magnétique à mesurer et constitue donc une mesure de cette intensité) (est utilisée principalement pour mesurer l'intensité du champ magnétique terrestre à la surface de la Terre et dans des satellites artificiels) (magnétisme, électronique quantique) (cf. aussi* quantum magnetometer, optical pumping, rubidium, Zeeman effect *et* stimulated emission).

optical pyrometer pyromètre optique *(pyromètre à rayonnement dans lequel seul le rayonnement visible émis par la source de chaleur est mesuré) (la lumière émise est comparée à celle d'une lampe étalonnée à filament de tungstène par superposition optique du filament et de l'image de la source avec interposition d'un filtre entre les deux, l'intensité du courant dans le filament étant réglable à l'aide d'un rhéostat ; lorsque la lumière du filament ne se distingue plus de celle de la source, l'intensité correspondante du courant dans le filament permet de connaître sa température et d'en déduire celle de la source de chaleur) (pyrométrie) (cf. aussi* radiation pyrometer *et* rheostat).

optical radar radar optique, radar à laser, ladar, lasar, lidar *(radar à impulsions dont les impulsions sont des impulsions de lumière cohérente émises par un laser) (la lumière réfléchie par la cible en direction du radar à chaque impulsion est convertie en impulsion de tension par un photodétecteur, ces impulsions étant ensuite traitées dans un récepteur pour en tirer les informations radar) (cf. aussi* lidar, pulse radar, laser, radar data *et* radar).

optical radiation rayonnement optique *(ou à fréquence optique ou à longueur d'onde optique ou du domaine optique)*, rayonnement lumineux *(rayonnement électromagnétique dont la longueur d'onde est comprise entre 0,03 micron, soit 100 angströms, et 1 mm, correspondant à une fréquence de 10 000 THz, soit 10^{16} Hz, à 300 GHz, soit 3×10^9 Hz) (comprend, dans le même ordre, le rayonnement ultraviolet, la lumière visible et le rayonnement infrarouge) (est caractérisé par sa propagation non guidée qui ne peut s'effectuer qu'en ligne droite) (noter que les rayonnements optiques et les rayonnements électromagnétiques de longueur d'onde encore plus courte sont généralement classés par ordre de longueur d'onde plutôt que de fréquence) (noter que ces termes, y compris « rayonnement lumineux », peuvent désigner une lumière visible ou invisible) (cf. aussi* visible radiation, invisible radiation, monochromatic radiation, infrared radiation, ultraviolet radiation, electromagnatic radiation, non-optical radiation *et* wavelength).

optical radiation source source de rayonnement optique, source optique *(dispositif ou phénomène produisant un rayonnement optique) (en d'autres termes, source de lumière visible ou invisible) (cf. aussi* visible light source, invisible light source, optical radiation *et* source[1] 1)).

optical reader lecteur optique *(tg) (appareil permettant d'introduire dans la mémoire d'un ordinateur des informations graphiques à l'aide d'un ou plusieurs faisceaux de lumière réfléchis par le support des informations) (inf) (cf. aussi* optical character reader, mark reader *et* bar-code reader).

optical reading lecture optique *(lecture effectuée par réflexion de lumière) (le terme anglais est peu employé) (inf) (cf. aussi* optical reader).

optical receiver récepteur optique *(nom donné à un photodétecteur employé comme récepteur dans une liaison optique ou à un dispositif utilisant un tel détecteur à cette fin) (ce terme désigne souvent un récepteur à fibre optique) (tls, etc.) (cf. aussi* photodetector, optical link *et* fiber-optic receiver).

optical record (un) enregistrement optique, *(etc.) (résultat) (cf. aussi* optical recording).

optical recorder enregistreur optique *(enregistreur à défilement multivoie dans lequel chaque voie utilise un galvanomètre à miroir miniature dérivé de celui de l'oscillographe à miroir, avec emploi d'une bande de papier unique et relativement large pour les n voies d'enregistrement) (les courbes correspondant aux différentes voies sont normalement tracées côte-à-côte, mais peuvent se chevaucher dans certains modèles à grand nombre de voies) (les galvanomètres sont souvent appelés « boucles » par évocation de la spire unique de leur cadre) (cf. aussi* optical oscillograph *et* recorder).

optical recording (l')enregistrement optique, *(parf. aussi)* (l')enregistrement photographique *(voir en fin de rubrique pour le choix du terme à employer) (procédé d'enregistrement d'un ou plusieurs signaux sur un support photosensible impressionné par autant de faisceaux lumineux soumis chacun à l'action d'un signal à enregistrer) (l'action d'un signal sur un faisceau consiste à le déplacer sur le support ou moduler son intensité ou sa largeur en fonction de l'amplitude du signal) (le terme anglais et son équivalent français désignent souvent l'enregistrement photographique, c.-à-d. l'enregistrement optique nécessitant un traitement chimique du support (développement) après enregistrement, mais ce terme est peu employé, en anglais comme en français, bien qu'il serait préférable depuis l'apparition de l'enregistrement sur disque optique, lequel ne nécessite pas de développement) (cf. aussi* optical recorder, optical sound recording *et* optical disk).

optical recording medium support d'enregistrement optique, support optique *(support d'enregistrement sensible à la lumière) (papier photographique, film de cinéma ou disque métallisé) (la lumière utilisée peut être produite par une lampe à incandescence, une lampe à lueur, une lampe à arc, une lampe à rayons ultraviolets ou un laser) (cf. aussi* optical recording *et* recording medium).

optical region domaine optique *(ou des longueurs d'ondes optiques ou des fréquences optiques), spectre (idem) (partie du spectre des rayonnements électromagnétiques occupée par les longueurs d'ondes, ou les fréquences correspondantes, des rayonnements optiques) (cf. aussi* visible region, infrared region, ultraviolet region, electromagnetic spectrum *et* optical radiation).

optical relay relais optique *(nom parfois donné à un photothyristor pour rappeler la nature de la grandeur de commande) (semi) (cf. aussi* light-activated silicon controlled rectifier).

optical resist résist optique *(fab. CI, semi) (cf. aussi* photoresist).

optical resonance résonance optique *(fluorescence dans laquelle la fréquence du rayonnement émis est égale à la fréquence du rayonnement excitateur) (est produite par un rayonnement excitateur monochromatique approprié) (cf. aussi* fluorescence *et* monochromatic radiation).

optical scanner numériseur graphique *(terme que j'ai proposé)*, scanner *(anglicisme courant mais à éviter) (nom donné aux lecteurs optiques de caractères utilisables également pour la numérisation d'images selon le programme employé, la lecture se faisant à l'aide d'un seul faisceau de lumière, comme dans un télécopieur, mais avec un balayage ligne par ligne, les signaux électriques analogiques obtenus étant ensuite numérisés et mis en mémoire pour utilisation par un ordinateur, notamment pour l'édition électronique) (inf) (cf. aussi* optical character reader, facsimile *et* electronic publishing).

optical scanning analyse optique, *(souvent)* lecture optique *(cf. aussi* optical scanner).

optical section partie optique *(partie d'un appareil ou autre matériel formée essentiellement de composants optiques) (cf. aussi* optical component *et* section 3)).

optical seeker autodirecteur optique *(ou optoélectronique), (etc.) (autodirecteur utilisant un rayonnement optique réfléchi ou émis par une cible pour piloter l'engin qui le porte vers celle-ci) (autodirecteur laser, télévision ou infrarouge) (mil) (cf. aussi* laser seeker, television seeker, infrared seeker, homing head *et* electro-optical).

optical sensing détection optique, *(parf.)* prise de vues optique, *(parf.)* lecture optique, lecture photoélectrique, *(parf.)* analyse photoélectrique *(détection, prise de vues ou lecture d'informations utilisant un ou plusieurs rayonnements optiques réfléchis captés par autant de dispositifs photoélectriques) (détection, télédétection, inf) (cf. aussi* remote sensing, optical reading, optical sensor, optical radiation, sensing *et* photoelectric device).

optical sensor capteur optique, capteur photoélectrique, capteur optoélectronique *(capteur sensible à un rayonnement optique grâce à l'utilisation d'un effet photoélectrique) (ce terme est employé principalement en télédétection et en électronique militaire et désigne une caméra de télévision en visible ou infrarouge ou la cible d'une telle caméra) (cf. aussi* television camera, infrared camera, target (b), sensor *et* photoelectric effect).

optical servo servomécanisme optique *(servomécanisme réalisant un asservissement de position à l'aide de repères lumineux disposés à des emplacements déterminés, d'un dispositif d'occultation entraîné en translation ou en rotation par l'organe asservi en position et d'une cellule photoélectrique captant successivement la lumière des repères non masqués et émettant à chaque fois une impulsion électrique dont le comptage par le dispositif lui indique la position de l'organe et la correction éventuelle à apporter) (tête de lecture de mémoire à disquette, etc.) (cf. aussi* servo, position control system *et* photocell).

optical shaft-angle encoder *cf.* optical shaft encoder.

optical shaft encoder codeur d'angle (optique) *(capteur) (cf. aussi* shaft-position encoder).

optical shaft-position encoder *cf.* shaft-position encoder.

optical signal signal optique *(signal constitué par un rayonnement optique) (cf. aussi* optical radiation *et* signal[1]).

optical signal conversion conversion de signaux optiques *(parf.* d'un signal optique) *(conversion d'un signal optique en un signal électrique à l'aide d'un dispositif photoélectrique) (liaison optique, etc.) (cf. aussi* optical signal, electrical signal *et* photoelectric device).

optical signal photons photons d'un signal optique *(cf. aussi* optical photon *et* optical signal).

optical signal processing traitement optique des signaux *(traitement d'un signal électrique après conversion de celui-ci en un rayonnement optique) (est normalement effectué dans un circuit intégré optique) (cf. aussi* signal processing *et* optical integrated circuit).

optical signature empreinte optique *(cible) (mil, etc.) (cf. aussi* infrared signature).

optical sound (le) son optique *(nom donné aux sons reproduits à partir d'un support d'enregistrement optique, c.-à-d. d'un film de cinéma sonore à piste sonore optique ou plus récemment, d'un disque audio optique) (cf. aussi* optical-track sound film, optical audio disk, optical recording medium *et* sound[1]).

optical sound film *cf.* optical-track sound film.

optical sound record (un) enregistrement optique du son, (un) enregistrement photographique du son *(résultat obtenu) (film sonore) (cinéma) (cf. aussi* optical sound recording).

optical sound recorder enregistreur optique *(enregistreur de* *sons sur film de cinéma à piste sonore optique*) (*cf. aussi* optical sound recording).

optical sound recording (l')enregistrement optique du son, (l')enregistrement photographique du son (*le second terme est peu employé, bien qu'il soit meilleur que le premier*) (*enregistrement du son sur un film de cinéma par modulation d'un faisceau de lumière impressionnant une étroite bande du film développée ensuite en même temps que les images de celui-ci*) (*cf. aussi* optical sound track, sound recording *et* optical recording).

optical sound reproducer lecteur optique (de son) (*dispositif reproduisant les sons enregistrés sur un film de cinéma sous la forme d'une piste sonore optique*) (*comprend essentiellement une source de lumière éclairant la piste d'un côté du film et une cellule photoélectrique disposée de l'autre côté et convertissant la lumière transmise et modulée par la piste en un courant électrique d'intensité variable représentant les sons enregistrés, et amplifié avant d'exciter un ou plusieurs haut-parleurs*) (*cf. aussi* optical sound track *et* photocell).

optical sound track piste sonore optique, piste optique (*zone étroite réservée à l'enregistrement optique du son sur toute la longueur d'un film de cinéma sonore dit « à piste optique »*) (*est disposée entre le côté droit des images vues de la source de lumière et les perforations d'entraînement correspondantes et mesure 2,5 mm de largeur, soit 1/10 de pouce*) (*cf. aussi* variable-area sound track, variable-density sound track, optical sound recording *et* sound track).

optical source *cf.* optical radiation source.

optical spectrum spectre optique (*spectre de ou des longueurs d'onde optiques ou des fréquences correspondantes*) (*spectre infrarouge, visible ou ultraviolet ou ensemble de ceux-ci*) (*cf. aussi* infrared spectrum, visible spectrum, ultraviolet spectrum, spectrum 1) *et* optical wavelength).

optical spectrum analysis analyse optique de spectres (*cf. aussi* acousto-optic spectrum analysis).

optical spectrum analyser analyseur optique de spectres (*cf. aussi* acousto-optic spectrum analyzer).

optical star tracker *cf.* star tracker.

optical stepper répétiteur optique (*fab. CI, semi*) (*cf. aussi* step-and-repeat projection printer).

optical storage 1) mémorisation optique (*mémorisation d'informations numériques dans une mémoire optique*) (*inf*) (*cf. aussi* digital data *et* optical memory). **2)** *cf.* optical memory.

optical storage medium support d'informations optique, support optique (d'informations) (*mémoire optique*) (*inf*) (*cf. aussi* optical memory *et* storage medium).

optical substrate substrat optique, substrat à propriétés optiques (*noms donnés à un matériau transparent utilisable comme substrat de circuit intégré optique, sa transparence permettant la réalisation de composants optiques intégrés*) (*cf. aussi* optical integrated circuit).

optical switch interrupteur optique (*dispositif permettant d'interrompre la propagation d'un flux de lumière à l'aide d'un signal électrique*) (*est généralement un modulateur électro-optique agissant par tout ou rien*) (*cf. aussi* electro-optical modulator).

optical switching commutation optique (*commutation opérée sur le trajet d'un rayonnement optique*) (*liaison par fibre optique, etc.*) (*cf. aussi* switching (a) *et* optical radiation).

optical system 1) système optique (*ensemble comportant plusieurs composants optiques*) (*objectif de caméra de télévision, etc.*) (*cf. aussi* optical component (a)). **2)** *cf.* optical lithography system.

optical target acquisition accrochage optique de la cible (*accrochage d'une cible par un autodirecteur optique*) (*mil*) (*cf. aussi* target acquisition *et* optical seeker).

optical target acquisition system *cf.* optical seeker.

optical target seeker *cf.* optical seeker.

optical target tracker *cf.* optical seeker.

optical target tracking poursuite optique (de la cible) (*cf. aussi* optical tracking).

optical threat menace optique, (*parf.*) émission optique hostile (*menace constituée par les émissions, détecteurs et capteurs optiques de l'adversaire orientés vers une cible amie*) (*mil*) (*cf. aussi* optical emission, optical detector, optical sensor *et* threat).

optical track 1) piste optique (a) *piste sonore d'un film à piste optique*) (*cf. aussi* optical sound track) ; b) *piste formée par un signal enregistré sur un disque optique*) (*cf. aussi* optical disk) **2)** *cf.* optical tracking.

optical-track film *cf.* optical-track sound film.

optical-track sound film film sonore à piste optique, film à piste optique, film sonore optique (*cinéma*) (*cf. aussi* optical sound track *et* sound film).

optical tracker 1) suiveur optique (*terme que j'ai proposé*), dispositif de poursuite optique (*termes génériques couvrant le suiveur infrarouge, le laser de poursuite et, par extension, le radar optique*) (*mil, etc.*) (*cf. aussi* infrared tracker, laser tracker, optical radar *et* tracking 1). **2)** *cf.* optical seeker. **3)** *cf.* tracker 1).

optical tracking 1) poursuite optique, (*parf.*) trajectographie optique (*poursuite d'une cible aérienne ou spatiale par un radar optique ou un cinéthéodolite ou, parfois, trajectographie en résultant*) (*espace, mil*) (*cf. aussi* tracking 1) (a) *et* 6) *et* optical radar). **2)** poursuite optique (*poursuite d'une cible aérienne, terrestre ou navale par un engin équipé d'un autodirecteur optique*) (*mil*) (*cf. aussi* optical seeker).

optical transducer *cf.* optoelectronic transducer.

optical transmission transmission optique (*ou* par porteuse optique) (*tls, etc.*) (*cf. aussi* optical carrier, transmission 1) *et, pour information,* optical emission).

optical-transmission ... *cf.* optical ... (*pour les termes qui ne figurent pas ci-après*).

optical transmission line ligne de transmission optique, ligne optique (*nom descriptif d'une fibre optique*) (*cf. aussi* optical fiber *et* transmission line).

optical transmitter émetteur optique (*source de lumière employée comme émetteur dans une liaison optique*) (*ce terme désigne souvent une diode lumineuse ou une diode laser*) (*tls, etc.*) (*cf. aussi* optical link, light-emitting diode *et* semiconductor laser).

optical video disk disque vidéo optique (*disque vidéo réalisé sous la forme d'un disque optique*) (*vidéo*) (*cf. aussi* video disk *et* optical disk).

optical video-disk player tourne-disque optique (*tourne-disque conçu pour la lecture de disques vidéo optiques*) (*cf. aussi* record player *et* optical video disk).

optical video recording (l')enregistrement optique des images, optoscopie (*terme que j'ai proposé*) (*enregistrement des images sur disque vidéo*) (*cf. aussi* video disk *et* video recording).

optical wafer stepper *cf.* optical stepper.

optical wave onde optique, onde du domaine optique (*onde électromagnétique dont la longueur est celle d'un rayonnement optique*) (*cf. aussi* electromagnetic wave, wavelength *et* optical radiation).

optical waveguide guide d'ondes optiques, guide optique (a) *nom descriptif d'une fibre optique rappelant qu'il s'agit d'un type particulier de guide d'ondes*) (*cf. aussi* optical fiber *et* waveguide) ; (b) *conduit de lumière microscopique incorporé à un circuit intégré optique*) (*cf. aussi* light pipe *et* optical integrated circuit).

optical wavelength longueur d'onde optique (*longueur d'une onde optique*) (*cf. aussi* optical wave).

optical window fenêtre optique (*autre nom, plus général, d'une fenêtre infrarouge*) (*cf. aussi* infrared transmission window).

optically controlled SCR photothyristor (*semi*) (*cf. aussi* light-activated silicon controlled rectifier).

optically coupled amplifier *cf.* optically coupled isolation amplifier.

optically coupled isolation amplifier amplificateur d'isolement à couplage optique (*amplificateur d'isolement dans lequel ce dernier est assuré par un photocoupleur*) (*cf. aussi* isolation amplifier *et* optocoupler).

optically coupled solid-state relay relais à semiconducteur à commande optique (*cf. aussi* solid-state relay *et* optical control).

optically directed ... *cf.* optically guided ...

optically erasable memory mémoire à effacement optique (*semi*) (*cf. aussi* EPROM).

optically guided bomb *(ou* **missile** *ou* **projectile)** *voir* optically guided weapon *et* adapter.

optically guided weapon projectile à guidage optique *(ou* autoguidage optique), projectile guidé optiquement, projectile à autodirecteur optique, projectile à autopoursuite optique, projectile guidé par autodirecteur optique, *(etc.) (tous ces termes sont corrects et employés) (projectile équipé d'un autodirecteur optique, c-à-d. missile ou bombe planante à autodirecteur laser, infrarouge ou télévision (en visible ou en infrarouge) ou obus à autodirecteur laser) (mil) (cf. aussi* optical seeker).

optically isolated ... *cf.* optically coupled ...

optically pumped laser laser à pompage optique *(laser utilisant le pompage optique pour créer l'inversion de population nécessaire à son fonctionnement) (laser à solide, laser à liquide et certains lasers à gaz) (cf. aussi* laser, optical pumping, solid-state laser, liquid laser *et* gas laser).

optics (l')optique *sf (a) branche de la physique traitant de la propagation de la lumière visible et invisible, c.-à-d. des rayonnements optiques) (cf. aussi* non-linear optics, electrooptics, optoelectronics, optical radiation, visible light *et* invisible light) ; (b) *technique couvrant les applications de cette science).*

optics package *cf.* optical section.

optimal ... *cf.* optimum ...

optimization optimisation, optimalisation *(le premier terme est le meilleur) (action d'optimiser) (cf. aussi* optimize).

optimize *v* optimiser, optimaliser *(le premier terme est le meilleur) (rendre optimal) (cf. aussi* optimum²).

optimizing *cf.* optimization.

optimum¹ *s* (l')optimum *sm (valeur d'une grandeur, ensemble de conditions ou solution convenant le mieux à l'obtention d'un résultat déterminé) (optimum d'un réglage, des conditions de fonctionnement d'un appareil, des solutions possibles d'un problème, etc.) (cf. aussi* quantity 2) *et* operating conditions).

optimum² *a* optimal, optimum *a (le premier terme est le meilleur) (qualité de l'optimum) (cf. aussi* optimum¹).

optimum bunching groupement optimal *(groupement des électrons dans un klystron assurant le rendement maximal de celui-ci, c.-à-d. le transfert d'énergie maximal du faisceau d'électrons à la cavité de sortie) (est obtenu lorsque le nombre de paquets d'électrons formés par période du signal d'entrée est égal à 2) (cf. aussi* underbunching, overbunching *et* klystron).

optimum coding *cf.* optimum programming.

optimum control (la) commande optimale *(nom donné à un processus de commande, généralement complexe, fournissant un résultat déterminé pour une valeur minimale d'une grandeur déterminante telle que le temps, le coût d'exécution, l'énergie nécessaire, etc.) (exemple : guidage d'une fusée spatiale suivant une trajectoire et avec des temps ou périodes de fonctionnement des propulseurs réduisant au minimum la consommation de propergol) (cf. aussi* optimum control theory).

optimum control theory théorie de la commande optimale *(partie de la théorie de la commande fournissant des solutions au problème de la commande optimale) (utilise notamment le principe du maximum) (cf. aussi* control theory, optimum control *et* maximum principle).

optimum coupling *cf.* critical coupling.

optimum damping amortissement optimal *(amortissement d'un appareil de mesure analogique légèrement inférieur à l'amortissement critique) (l'appareil est alors légèrement sous-amorti et ce régime d'amortissement est généralement choisi pour éviter qu'un frottement indésirable, qui constitue une cause d'erreur instrumentale, passe inaperçu du fait de l'absence de dépassement de la position d'équilibre qui caractérise le régime critique) (cf. aussi* instrument damping *et* instrumental error).

optimum load *cf.* matched load (a)).

optimum programming programmation optimale, programmation à temps (d'exécution) minimal *(programmation d'un ordinateur effectuée de telle façon que le temps d'exécution du programme par l'appareil soit minimal) (inf) (cf. aussi* programming).

optimum traffic frequency *cf.* optimum working frequency.

optimum working frequency fréquence optimale (de trafic) *(fréquence d'émission d'un émetteur de trafic en ondes courtes assurant la meilleure réception des signaux à l'autre extrémité de la liaison dans des conditions d'émission et de propagation déterminées) (est comprise entre la LUF et la MUF) (cf. aussi* LUF, MUF, short-wave radio link *et* communications transmitter).

opto ... *cf.* optoelectronic ... *(pour les termes qui ne figurent pas ci-après).*

opto-electronic ... *cf.* optoelectronic ... *(plus loin).*

opto-isolator *cf.* optocoupler. *(plus loin).*

opto-SCR *cf.* optically controlled SCR.

optoacoustic ... *cf.* acousto-optic ... *(ce qualicatif étant le plus employé).*

optocoupler photocoupleur, coupleur optique *(dispositif assurant le couplage optique de deux circuits) (comprend essentiellement une diode lumineuse dont la lumière excite un photodétecteur, et peut être considéré comme une liaison à fibre optique dans laquelle la fibre serait extrêmement courte) (l'application d'un signal électrique approprié à la diode provoque l'émission d'une lumière dont l'intensité reproduit les variations d'amplitude du signal d'entrée ; à son tour, le flux de lumière modulé ainsi émis produit à la sortie du photodétecteur un courant électrique dont les variations d'intensité reproduisent celles de la lumière et, par conséquent, le signal d'entrée) (celui-ci a donc été transmis à la sortie sans qu'il y ait de contact électrique entre le circuit d'entrée et le circuit de sortie, ce qui réalise la transmission de l'information avec isolement galvanique) (la diode lumineuse est normalement une diode infrarouge et le photodétecteur peut être une photodiode suivie d'un transistor amplificateur, ou un phototransistor ou un photodarlington ou un photothyristor ; dans ce dernier cas, le signal de sortie ne peut évidemment être modulé que par tout ou rien) (cf. aussi* light-emitting diode, photodetector, fiber-optic link, galvanic isolation, photodiode, phototransistor, photodarlington *et* photothyristor).

optoelectronic amplifier amplificateur optoélectronique *(amplificateur dans lequel le signal d'entrée est un signal optique, le signal de sortie pouvant être électrique ou optique) (amplificateur à phototransistor, tube intensificateur d'image, etc.) (cf. aussi* amplifier, phototransistor *et* image intensifier tube).

optoelectronic chip puce optoélectronique, puce optique *(puce de circuit intégré optique) (cf. aussi* chip 1) *et* optical integrated circuit).

optoelectronic component composant optoélectronique *(tg) (composant dont le fonctionnement fait appel à un ou plusieurs phénomènes relevant de l'optoélectronique) (ce terme couvre les dispositifs photoélectriques et les dispositifs photoactifs) (cellule photoélectrique, diode émissive, afficheur, tube cathodique, tube analyseur, etc.) (cf. aussi* photoelectric device, photoactive device, optoelectronic device, optoelectronic transducer *et* optoelectronics).

optoelectronic device dispositif optoélectronique *(autre nom, plus général, d'un composant optoélectronique couvrant en outre des appareils ou instruments tels que les jumelles de nuit, le télescope électronique, etc.) (cf. aussi* optoelectronic component).

optoelectronic isolator *cf.* optocoupler.

optoelectronic switch interrupteur optoélectronique *(dispositif de commutation utilisant une photodiode comme organe d'entrée) (cf. aussi* switching device *et* photodiode).

optoelectronic transducer transducteur optoélectronique *(nom scientifique d'un composant optoélectronique) (cf. aussi* optoelectronic component *et* transducer 1)).

optoelectronics (l')optoélectronique *sf (partie de l'électronique mettant en jeu des phénomènes optiques en plus de phénomènes électroniques) (comprend la photoélectricité, l'électro-optique et l'émission de lumière par excitation électronique) (cf. aussi* electronics (a), optics (a), photoelectricity (b), electro-optics, cathodoluminescence *et* optoelectronic component).

optoisolator *cf.* optocoupler.

optotransducer *cf.* optoelectronic transducer.

OPW method *cf.* orthogonalized plane waves method.

Or *v* exécuter l'opération OU (inclusif), faire une réunion logique, *(etc.) (circuit logique) (inf) (cf. aussi* OR[1]).

OR[1] OU (inclusif), réunion, somme logique, somme booléenne, union *(= l'un ou l'autre « 1 » ou les deux « 1 », mais pas les deux « 0 ») (opérateur logique) (inf) (cf. aussi* OR gate *et* logic operator).

OR[2] *cf.* operations research.

OR array matrice de portes OU, matrice OU *(ensemble de portes OU inclusif disposées en matrice sur un circuit prédiffusé ou autre circuit intégré monolithique) (cf. aussi* OR gate *et* gate array).

OR circuit *cf.* OR gate.

OR element élément OU (inclusif), *(etc.) (inf) (cf. aussi* OR *et* logic element).

OR function fonction OU (inclusif), *(etc.) (fonction logique constituée par la somme de deux signaux binaires) (inf) (cf. aussi* OR *et* logic function).

OR gate porte OU (inclusif), circuit OU (inclusif) *(circuit logique réalisant l'addition de deux signaux binaires, c.-à-d. que sa sortie est à l'état « 1 » quand l'une ou l'autre de ses deux entrées est à l'état « 1 », ou les deux à l'état « 1 », et passe à l'état « 0 » quand les deux entrées sont à l'état « 0 ») (inf) (cf. aussi* OR, logic gate *et* ONE state).

OR-gate array *cf.* OR array.

OR-ing exécution de l'opération OU (inclusif), *(etc.) (inf) (cf. aussi* OR *et* logic operation).

OR logic ... *cf.* OR ...

OR operation opération OU (inclusif), *(etc.) (opération logique fournissant la somme de deux signaux binaires) (inf) (cf. aussi* OR *et* logic operation).

OR operator opérateur OU, *(etc.) (opérateur logique représentant ou exécutant l'opération OU inclusif) (inf) (cf. aussi* OR operation *et* logic operator).

OR plane *cf.* OR array.

orbital[1] *a* orbital *a (caractéristique de ce qui est relatif à une orbite) (voir aussi les rubriques ci-après commençant par ce terme) (cf. aussi* orbital[2]).

orbital[2] *s* orbitale *(dans un atome, lieu des points où la probabilité de trouver un électron donné est maximale) (est définie par la fonction d'onde de cet électron, à laquelle elle peut être assimilée, et forme une surface imaginaire entourant le noyau de l'atome et constituant une extension de la notion d'orbite électronique) (cf. aussi* electron shell *et* wave function).

orbital angular momentum moment cinétique orbital *(moment cinétique d'un électron dans un atome dû à sa rotation en orbite autour du noyau de celui-ci) (cf. aussi* electron *et* spin).

orbital congestion encombrement orbital *(encombrement de l'orbite des satellites géostationnaires) (cf. aussi* orbital spacing).

orbital electron électron orbital, électron en orbite, électron planétaire *(électron décrivant une orbite autour du noyau d'un atome auquel il est lié par une force d'attraction électrostatique) (atome) (cf. aussi* bound electron, electrostatic force *et* electron).

orbital gyromagnetic ratio rapport gyromagnétique orbital *(rapport gyromagnétique d'un électron dans un atome dû à son mouvement orbital) (cf. aussi* gyromagnetic ratio, orbital magnetic moment *et* orbital angular momentum).

orbital laser weapon arme laser orbitale *(mil) (cf. aussi* space-borne laser weapon).

orbital magnetic moment moment magnétique orbital *(moment magnétique d'un électron dans un atome dû à son mouvement orbital) (cf. aussi* magnetic moment, electron *et* gyromagnetic ratio).

orbital quantum number nombre quantique orbital *(ou azimutal),* l *(nombre quantique lié au moment cinétique orbital de l'électron et déterminant l'ellipticité de son orbite) (peut prendre les valeurs 1, 2, 3, ..., n − 1, où n est le nombre quantique principal, la valeur l = n − 1 correspondant à une orbite circulaire) (cf. aussi* quantum number *et* principal quantum number).

orbital spacing espacement en orbite *(ou* orbital) *(distance angulaire entre deux satellites géostationnaires voisins et no-*

tamment deux satellites de télécommunications géostationnaires) *(fixé initialement à 4 degrés pour limiter les risques d'interférence radioélectrique, l'espacement orbital minimal a été ramené à 2 degrés en 1985 pour permettre l'utilisation d'un nombre nettement plus grand de satellites de télécommunications moyennant certaines précautions en ce qui concerne la directivité des antennes montées sur les satellites) (cf. aussi* geostationary satellite *et* electromagnetic interference 2)).

orbiting electron *cf.* orbital electron.

order 1) ordre *(au sens de « degré ») (cf. aussi* filter order, transfer function order, sample-and-hold circuit order *et* predictor order). **2)** rang, ordre *(d'un harmonique) (le premier terme est meilleur et plus employé que le second) (cf. aussi* harmonic[2]). **3)** *cf.* instruction.

ordinary component *cf.* ordinary wave.

ordinary wave onde ordinaire, composante ordinaire *(onde magnéto-ionique dont les caractéristiques sont les plus proches de celles de l'onde initiale) (est l'onde magnéto-ionique dont la polarisation est droite ou gauche selon que la direction du champ magnétique de la Terre forme un angle aigu ou obtus, respectivement, avec la direction de propagation de l'onde) (propa) (cf. aussi* magneto-ionic wave, electromagnetic wave polarization *et* magnetic field direction).

ordinary-wave component *cf.* ordinary wave.

organic laser *cf.* organic liquid laser.

organic liquid laser laser à liquide organique *(tg) (laser dans lequel le milieu actif est un liquide organique, c.-à-d. un liquide contenant des molécules organiques, ou un composé organique, en solution) (laser à colorant, laser à chelate, etc.) (opto) (cf. aussi* dye laser, chelate laser, lasing medium *et* laser).

organic resistor résistance au carbone *(cf. aussi* carbon resistor).

oriented-grain silicon steel acier au silicium à grains orientés *(tôles magnétiques) (cf. aussi* silicon steel).

original equipment matériel à incorporer *(cf. aussi* OEM equipment).

original equipment manufacturer *(ou* **maker***)* ensemblier *(cf. aussi* OEM).

original master père *(moule en nickel à sillons ou pistes en relief obtenu par galvanoplastie sur un disque original gravé) (fab. disques) (cf. aussi* recording disk *et* mother).

original recording enregistrement original *(ce terme désigne généralement l'enregistrement porté par un disque original gravé) (cf. aussi* recording disk).

originate mode mode d'émission *(tlg) (cf. aussi* transmission mode 1)).

originating country pays émetteur, pays d'émission *(d'un message, etc.) (tls, etc.).*

originating exchange central de départ *(central téléphonique par lequel une demande de communication téléphonique interurbaine transite en premier) (cf. aussi* telephone exchange).

originating office *cf.* originating exchange.

originating point point d'émission *(d'un message, d'informations, etc.).*

originating tape bande de départ, bande émettrice *(bande magnétique dont les informations qu'elle porte sont reportées sur une autre bande magnétique lors d'une opération de copie de bande) (inf, etc.) (cf. aussi* magnetic tape).

originating terminal terminal émetteur *(terminal informatique émettant un message à destination d'un ordinateur) (inf) (cf. aussi* computer terminal).

ORing *cf.* OR-ing. *(plus haut).*

orotron orotron *(tube oscillateur ou amplificateur hyperfréquence expérimental pour ondes millimétriques dans lequel un faisceau d'électrons plan se propage sur un réseau de diffraction métallique pris dans un miroir et formant une cavité résonante ouverte avec un autre miroir) (cf. aussi* microwave oscillator tube, microwave amplifier tube, millimetric wave *et* cavity resonator).

orthicon orthicon *(vient de « orthiconoscope », le préfixe « ortho » rappelant que l'axe du canon d'analyse forme un angle droit avec le plan de la cible et non plus un angle aigu comme dans l'iconoscope et le supericonoscope) (est le pre-*

mier tube analyseur à électrons lents réalisé et a donné nais-sance à l'image-orthicon) (est caractérisé par l'emploi d'un faisceau d'analyse à électrons lents, par la disposition axiale du canon d'analyse et par l'emploi d'une cible transparente disposée à l'entrée du tube et portant la plaque signal, égale-ment transparente, sur sa face antérieure, l'émission d'élec-trons se faisant par la face postérieure balayée par le faisceau d'analyse) (caméra TV) (cf. aussi low-velocity-electron ca-mera tube *et* image orthicon).

orthoferrite orthoferrite *m (ferrite à structure cristalline or-thorhombique) (est légèrement ferromagnétique à la tempéra-ture ambiante) (magnétisme) (cf. aussi* ferrite).

orthogonal linearly-polarized waves *cf.* orthogonally polari-zed waves.

orthogonal mode mode orthogonal *(mode d'excitation d'un milieu dans lequel celui-ci est excité suivant deux directions orthogonales) (magnétisme, antenne d'émission, etc.) (cf. aussi* orthogonal polarization).

orthogonal polarization polarisation orthogonale *(polarisa-tion des deux ondes émises par une antenne à polarisation orthogonale, l'une d'elle étant à polarisation horizontale et l'autre à polarisation verticale) (est utilisée notamment dans certains faisceaux hertziens pour doubler la capacité de la liaison) (cf. aussi* horizontal polarization, vertical polariza-tion *et* electromagnetic wave polarization).

orthogonal-polarization transmission émission en polarisa-tion orthogonale *(antenne) (cf. aussi* orthogonal polariza-tion).

orthogonalized plane waves method méthode des ondes planes orthogonalisées, méthode OPW *(méthode de calcul des niveaux d'énergie des électrons dans les solides) (cf. aussi* plane wave *et* energy level).

orthogonally polarized waves ondes à polarisation ortho-gonale, ondes polarisées orthogonalement *(radioélectricité) (cf. aussi* orthogonal polarization).

OS *cf.* operating system.

OSC *cf.* oscillator.

oscillate *v* osciller *(cf. aussi* oscillator).

oscillating 1) périodique *(courant, etc.).* 2) oscillant *(système, etc.).* 3) oscillateur *a (tube, etc.).*

oscillating circuit *cf.* resonant circuit.

oscillating system *cf.* oscillatory system.

oscillation oscillation *(variation périodique de la valeur d'une grandeur et notamment d'une tension ou de l'intensité d'un courant ou d'un champ électromagnétique ou acoustique) (noter que ce terme est souvent employé au singulier avec le sens du pluriel) (système oscillant et notamment oscillateur électronique) (cf. aussi* free oscillation, forced oscillation, sustained oscillation, damped oscillation, oscillatory system *et* oscillator).

oscillation frequency fréquence d'oscillation *(parf. des oscil-lations) (système oscillant) (cf. aussi* frequency *et* oscillation).

oscillation mode mode d'oscillation *(manière dont un système oscillant oscille) (cf. aussi* oscillation *et* oscillatory system) (a) mode de fonctionnement d'un tube oscillateur hyper-fréquence correspondant à une fréquence d'oscillation déter-minée) (dépend du nombre de périodes d'oscillation du champ électromagnétique dans le tube auquel correspond le temps mis par les paquets d'électrons pour franchir la distance séparant deux cellules successives de la ligne à retard du tube) (le tube est conçu pour que seuls les paquets d'électrons dont le temps de transit entre les deux cellules correspond à la fré-quence voulue cèdent une énergie suffisante au circuit de sortie pour entretenir les oscillations) (dans un klystron réflex, les deux cellules sont représentées par l'unique cavité résonante du tube avec aller et retour des paquets d'électrons entre celle-ci et le réflecteur; dans un magnétron, elles sont re-présentées par deux cavités successives de l'anode et, dans un carcinotron, par deux doigts successifs de la ligne inter-digitale) (cf. aussi* π mode, klystron, magnetron *et* carcino-tron); (b) *nombre de longueurs d'onde et emplacement des nœuds et des ventres dans un système d'ondes stationnaires) (cf. aussi* standing-wave pattern).

oscillation period période d'oscillation *(système oscillant) (cf. aussi* period *et* oscillation).

oscillator oscillateur *(au sens généralement employé de « sys-tème oscillant artificiel à oscillations entretenues », un oscilla-teur est un dispositif formé d'un résonateur et d'un dispositif d'excitation) (en électronique, le terme « oscillateur » non accompagné d'un qualificatif désigne généralement un oscilla-teur électrique harmonique, c.-à-d. un montage comprenant essentiellement un résonateur électrique ou assimilé et un dispositif d'excitation de celui-ci à une fréquence appropriée) (ce dispositif est un amplificateur à réaction positive incluant le résonateur pour amplifier le courant alternatif produit par les oscillations de ce dernier tout en lui fournissant à chaque oscillation l'énergie nécessaire pour compenser les pertes dans ses éléments et maintenir ainsi constante l'amplitude des oscil-lations successives) (cf. aussi* oscillator types, oscillatory system, resonator, positive feedback, loss *et* oscillation).

oscillator bank batterie d'oscillateurs *(groupe d'oscillateurs produisant les différentes fréquences d'émission de certains radars à sauts de fréquence, etc.) (mil, etc.) (cf. aussi* oscilla-tor *et* frequency-hopping radar).

oscillator circuit montage oscillateur *(le terme « circuit oscil-lateur » ne s'emploie pas en français du fait de sa ressemblance gênante avec « circuit oscillant ») (cf. aussi* oscillator, circuit *et* resonant circuit).

oscillator coil bobine de réaction *(transformateur haute fré-quence assurant la réaction positive dans certains oscillateurs en créant un couplage magnétique entre le circuit de sortie et le circuit d'entrée) (cf. aussi* tickler, RF transformer, positive feedback, magnetic coupling (a) *et* oscillator).

oscillator crystal quartz d'oscillateur, quartz pilote *(d'oscilla-teur) (résonateur à quartz dont les vibrations entretenues stabilisent la fréquence d'oscillation d'un oscillateur harmo-nique) (le résonateur stabilise la fréquence de l'oscillateur en stabilisant la fréquence d'oscillation du circuit oscillant inséré dans le circuit de l'électrode de commande du tube électro-nique ou du transistor utilisé; il est monté en série dans le circuit oscillant ou en parallèle sur celui-ci et agit alors par entraînement de fréquence) (les vibrations du résonateur sont produites et entretenues par effet piézoélectrique inverse et son action sur le circuit oscillant s'exerce par effet piézoélectrique direct) (cf. aussi* quartz resonator, harmonic oscillator, reso-nant circuit, frequency pulling *et* piezoelectric effect).

oscillator drift dérive de l'oscillateur *(ou de la fréquence de l'oscillateur) (émetteur, etc.) (cf. aussi* frequency drift).

oscillator frequency drift *cf.* oscillator drift.

oscillator harmonic interference interférence par harmonique local *(signal parasite produit à la sortie du changeur de fréquence d'un récepteur superhétérodyne lorsqu'un harmo-nique de la fréquence de l'oscillateur local bat avec la porteuse d'une émission indésirable dont la fréquence est telle qu'elle produit un signal parasite à la fréquence intermédiaire super-posé au signal utile et le déformant) (cf. aussi* mixer, harmonic *et* carrier wave).

oscillator-mixer-first detector changeur de fréquence complet *(super) (cf. aussi* converter 2)).

oscillateur output sortie de l'oscillateur *(cf. aussi* output[1] *et* oscillator).

oscillator padder correcteur de bas de gamme *(super) (cf. aussi* low-frequency padder).

oscillator radiation rayonnement de l'oscillateur (local) *(rayonnement électromagnétique parasite produit par l'oscil-lateur local d'un récepteur superhétérodyne lorsqu'il est mal blindé) (radioélectricité) (cf. aussi* electromagnetic radiation, local oscillator *et* shield[1]).

oscillator trimmer correcteur de haut de gamme *(super) (cf. aussi* high-frequency trimmer).

oscillator tube tube oscillateur *(tube électronique monté en oscillateur ou conçu pour un tel montage) (comporte au moins trois électrodes) (cf. aussi* grid-controlled tube *et* oscillator).

oscillator types types d'oscillateur *(voir* harmonic oscillator, relaxation oscillator, fixed-frequency oscillator, free-running oscillator, crystal oscillator, variable-frequency oscillator, frequency-hopping oscillator, programmable oscillator, mi-crowave oscillator, optical oscillator *et* local oscillator).

oscillatory circuit circuit oscillant *(cf. aussi* resonant circuit).

oscillatory electric field champ électrique oscillant, champ oscillant *(cf. aussi* electric field *et* oscillatory field).

oscillatory field   champ oscillant *(autre nom d'un champ sinusoïdal) (cf. aussi* sinusoidal field).

oscillatory magnetic field   champ magnétique oscillant, champ oscillant *(cf. aussi* magnetic field *et* oscillatory field).

oscillatory system   système oscillant *(système pouvant être le siège d'oscillations par suite d'une certaine élasticité en plus de sa masse, ou de leurs équivalents électriques) (le terme « système » est employé ici avec un sens très large et peut désigner une simple particule élémentaire animée d'un mouvement d'oscillation, appelé « vibration » de la particule) (résonateur, etc.) (cf. aussi* oscillation, resonator, capacitance, inductance *et* system).

oscillogram   oscillogramme (a) *photo d'un signal prise sur l'écran d'un oscilloscope) (cf. aussi* oscillograph (b)) ; (b) *(anciennement et initialement) (courbe tracée par un oscillographe à miroir) (cf. aussi* optical oscillograph).

oscillograph   oscillographe *(appareil donnant une représentation graphique des variations d'une grandeur) (d'après cette définition, le terme « oscillographe » paraît être synonyme d'enregistreur graphique ; or, il ne désigne qu'un type d'un tel enregistreur et, si le terme anglais est parfois employé avec le qualificatif « direct-writing » pour désigner un enregistreur galvanométrique, le terme français ne peut désigner qu'un oscillographe à miroir) (a) cf. aussi* optical oscillograph, direct-writing oscillograph *et* oscillogram 2)) ; (b) *oscilloscope équipé d'un appareil photographique permettant de photographier les signaux visualisés) (cf. aussi* oscilloscope, recording camera *et* oscillogram (a)).

oscillograph recorder   *cf.* oscillographic recorder.

oscillographic recorder   enregistreur galvanométrique *(cf. aussi* direct-writing recorder).

oscilloscope   oscilloscope *(appareil visualisant la variation de grandeurs électriques en fonction du temps ou d'une autre variable sur l'écran d'un tube cathodique aux fins de contrôle ou de mesure) (comporte au minimum, en plus du tube et de l'alimentation à basse et haute tension, un système de déviation horizontale et un système de déviation verticale) (les grandeurs visualisées sont souvent des tensions alternatives où sont converties sous cette forme ou sont des impulsions de tension) (est à l'électronicien ce que la clé à molette est au mécanicien) (cf. aussi* single-channel oscilloscope, dual-channel oscilloscope, storage oscilloscope, sampling oscilloscope, analog oscilloscope, digital oscilloscope, oscillograph (b) *et* cathode-ray tube).

oscilloscope bandwidth   bande passante de l'oscilloscope *(parf.* d'un oscilloscope) *(cf. aussi* bandwidth 2), real-time bandwidth *et* wideband oscilloscope).

oscilloscope camera   chambre d'oscillographe *(appareil photographique conçu pour être monté devant l'écran d'un oscilloscope) (cf. aussi* oscillograph (b)).

oscilloscope circuitry   circuits de l'oscilloscope *(parf.* d'un oscilloscope *(cf. aussi* circuitry).

oscilloscope display   **1)** visualisation sur oscilloscope *(ou sur* écran d'oscilloscope), *(etc.) (représentation d'une grandeur variable sur l'écran d'un oscilloscope) (cf. aussi* time-related display, X-Y display, display[1] 1) *et* oscilloscope) **2)** *cf.* oscilloscope trace.

oscilloscope hood   visière d'oscilloscope *(cf. aussi* viewing hood).

oscilloscope mainframe   oscilloscope de base *(cf. aussi* mainframe 3) *et* oscilloscope).

oscilloscope measurement   mesure à l'oscilloscope *(mesure effectuée à l'aide d'un oscilloscope) (tension, fréquence, déphasage, etc.) (cf. aussi* oscilloscope, graticule *et* measurement).

oscilloscope pattern   *cf.* oscilloscope trace.

oscilloscope plug-in   tiroir d'oscilloscope, tiroir enfichable d'oscilloscope *(tiroir enfichable contenant un ou deux amplificateurs de déviation verticale ou une base de temps et portant sur la face avant les boutons de réglage et les connecteurs nécessaires) (cf. aussi* plug-in).

oscilloscope probe   sonde d'oscilloscope *(cf. aussi* probe[1] (a) *et* oscilloscope).

oscilloscope screen   écran d'oscilloscope *(parf.* de l'oscilloscope) *(écran du tube cathodique d'un oscilloscope) (cf. aussi* CRT screen *et* oscilloscope).

oscilloscope sensitivity   sensibilité d'un oscilloscope *(cf. aussi* deflection sensitivity).

oscilloscope sweep   balayage d'un oscilloscope *(parf.* de l' …) *(cf. aussi* sweep[1] (a), sweep mode *et* oscilloscope).

oscilloscope technology   (la) technique de l'oscilloscope *(cf. aussi* technology).

oscilloscope trace   trace d'oscilloscope, trace oscilloscopique, *(trace formée sur l'écran d'un oscilloscope ou reproduite sur un oscillogramme) (cf. aussi* trace[1] 1) *et* oscillogram (a)).

oscilloscope tube   tube d'oscilloscope *(tube cathodique conçu pour être monté dans un oscilloscope) (est un tube à déviation électrostatique à long col et à écran de dimensions moyennes ou petites portant souvent un graticule interne) (cf. aussi* cathode-ray tube, electrostatic deflection *et* graticule).

oscilloscope viewing   observation sur l'écran d'un oscilloscope.

OTH …   *cf.* over-the-horizon …

out-and-out failure   panne franche *(appareil, composant, etc.).*

out of alignment   mal aligné *(récepteur, masque, etc.) (cf. aussi* alignment).

out-of-band component   composante hors bande, fréquence hors bande *(composante d'un signal dont la fréquence est en dehors de la bande passante d'un filtre passe-bande auquel le signal est appliqué) (peut être une composante d'un signal parasite hors bande) (récepteur, analyseur de signaux, numériseur, etc.) (cf. aussi* frequency component, passband, out-of-band spurious signal *et* aliased component).

out-of-band energy   énergie hors bande *(énergie d'un signal parasite hors bande ou, parfois, des composantes hors-bande d'un signal) (cf. aussi* signal energy, out-of-band spurious signal *et* out-of-band component).

out-of-band filtering   filtrage des fréquences hors bande *(filtrage réalisé par un filtre passe-bande) (cf. aussi* out-of-band component *et* band-pass filter).

out-of-band frequency   *cf.* out-of-band component.

out-of-band frequency component   *cf.* out-of-band component.

out-of-band noise   bruit hors bande *(bruit produit par un signal parasite hors bande) (cf. aussi* noise 2) (a) *et* out-of-band spurious signal).

out-of-band signal   *cf.* out-of-band spurious signal.

out-of-band spurious signal   signal parasite hors bande *(signal parasite dont la ou les fréquences sont en dehors de la bande passante des filtres du récepteur qui le reçoit) (radioélectricité) (cf. aussi* passband).

out-of-band transmission   émission hors bande *(émission radio produisant un signal parasite hors bande) (cf. aussi* out-of-band spurious signal).

out-of-beam multipath   trajet multiple sur lobe secondaire *(trajet multiple dû à une réflexion sur un obstacle situé en dehors du faisceau émis par l'antenne d'un système d'atterrissage guidé et se trouvant dans la direction d'un lobe secondaire du diagramme de rayonnement de l'antenne) (cf. aussi* multipath *et* side lobe).

out-of-beam multipath signal   signal reçu par trajet multiple sur lobe secondaire, signal dû à un trajet multiple *(idem),* signal de trajet *(idem) (cf. aussi* out-of-beam multipath).

out-of-beam reflection   réflexion sur un obstacle situé dans un lobe secondaire, réflexion dans un lobe secondaire, réflexion sur lobe secondaire *(cf. aussi* out-of-beam multipath).

out-of-beam signal   *cf.* out-of-beam multipath signal.

out of circuit   hors circuit *(appareil, composant, etc.) (cf. aussi* turn-off 1)).

out of lock (is)   n'est plus asservi(e) *(grandeur de sortie d'un système asservi ou, par extension, le système lui-même) (oscillateur asservi en phase, etc.) (cf. aussi* output quantity *et* closed-loop control system).

out of order   **1)** en panne *(appareil, etc.).* **2)** en dérangement *(ligne tél.).* **3)** mal classé(e), déclassé(e) *(carte perforée dans un paquet de cartes, etc.) (inf, etc.).*

out of phase   déphasé, pas en phase *(caractéristique d'une grandeur sinusoïdale dont la phase est différente de celle d'une grandeur sinusoïdale de même nature et de même fréquence prise comme référence) (en électronique et en électricité, ce* *terme s'applique notamment à un courant sinusoïdal, une tension sinusoïdale ou un champ sinusoïdal) (cf. aussi* sinusoïdal quantity *et* phase (a)).

out-of-spec *(fam) cf.* out-of-specification.

out-of-spec operation fonctionnement non nominal *(cf. aussi* out-of-specification).

out-of-specification non nominal(e) *(caractéristique en fonctionnement d'un dispositif) (cf. aussi* rated value).

out-of-tape sensor détecteur de fin de bande *(dérouleur de bande magnétique) (cf. aussi* end-of-tape sensor).

out of tune désaccordé *(récepteur, circuit oscillant, antenne) (cf. aussi* tuning).

out-port *cf.* output port.

outage coupure de courant, *(etc.) (alim, etc.) (cf. aussi* power failure).

outboard ... 1) *cf.* off-board ... **2)** *cf.* off-chip ...

outboarded ... *cf.* outboard ...

outbound ... *cf.* outgoing ...

outdoor aerial *(GB) cf.* outdoor antenna.

outdoor antenna antenne extérieure *(antenne montée en plein air) (clpf) (cf. aussi* antenna).

outdoor antenna measurements mesures sur antennes effectuées à l'extérieur *(cf. aussi* antenna measurements).

outdoor antenna test range base d'essai d'antennes située à l'extérieur *(cf. aussi* antenna test range).

outer electron *cf.* outer-shell electron.

outer electron shell *cf.* outer shell.

outer-lead bonder soudeuse de connexions extérieures *(fab. CH) (cf. aussi* lead bonder).

outer marker balise extérieure *(balise du système ILS située le plus loin de l'entrée de la piste) (est donc la première balise survolée par un avion au cours de sa trajectoire d'approche) (cf. aussi* ILS).

outer marker beacon *cf.* outer marker.

outer shell couche extérieure, couche électronique extérieure *(couche électronique la plus éloignée du noyau d'un atome à plusieurs couches) (cf. aussi* electron shell).

outer-shell electron électron de la couche extérieure, électron périphérique *(atome) (cf. aussi* outer shell).

outermost electron *cf.* outer-shell electron.

outgassing dégazage *(tube) (cf. aussi* degassing).

outgoing cable câble de départ, câble sortant *(central tél) (cf. aussi* incoming cable *et* outgoing line).

outgoing call *(cf. aussi* telephone call) **1)** appel sortant, appel émis *(appel téléphonique considéré au niveau de la sortie du ou d'un central par lequel il transite).* **2)** communication de départ *(communication téléphonique considérée au niveau du poste de l'abonné demandeur).*

outgoing data informations émises, *(parf.)* données émises *(par un ordinateur, à destination d'un terminal, etc.) (inf) (cf. aussi* data).

outgoing information *cf.* outgoing data *(ce terme étant le plus employé).*

outgoing line ligne sortante, ligne de départ *(ligne par laquelle un appel est transmis par un central téléphonique) (noter l'inversion de l'ordre d'emploi préférentiel par rapport à* outgoing cable) *(cf. aussi* incoming line).

outgoing message message sortant *(central tlg) (cf. aussi* telegraph exchange *et* incoming message).

outgoing position position de départ *(position d'une opératrice de central téléphonique manuel acheminant des appels transitant par un autre central) (cf. aussi* manual telephone exchange *et* incoming position).

outgoing traffic trafic de départ *(ensemble des appels émis dans un central téléphonique) (cf. aussi* outgoing call 1) *et* traffic).

outlet prise de courant, socle de prise de courant *(installation électrique).*

outline processor (logiciel de) traitement d'idées, programme *(idem) (programme de traitement de textes permettant en outre de choisir et modifier les parties du texte qui seront des chapitres, en-têtes de paragraphes, etc., le texte associé suivant automatiquement son en-tête à chaque réorganisation de la structure du document) (inf) (cf. aussi* word processing program).

outphased *cf.* out of phase.

OUPT *cf.* output[1].

output[1] *s* sortie *(voir aussi* input[1] *et adapter la définition) (cf. aussi* single-ended output *et* dual output).

output[2] *v* **1)** fournir *(une puissance, un courant, un signal ou des informations) (source d'énergie électrique ou autre ou ordinateur, respectivement) (cf. aussi* power[1] 1), current source, signal[1] *et* information). **2)** débiter *(un courant) (source de courant) (cf. aussi* current source).

output admittance admittance de sortie *(admittance de la sortie d'un quadripôle) (cf. aussi* admittance *et* quadripole).

output amplifier amplificateur de sortie *(amplificateur constituant le dernier étage d'un montage, appareil ou système) (est presque toujours un amplificateur de puissance fournissant le courant nécessaire pour faire fonctionner le dispositif constituant l'organe de sortie de l'appareil ou du système : antenne, haut-parleur, moteur électrique, etc.) (cf. aussi* power amplifier).

output amplitude *cf.* output signal amplitude.

output area zone de sortie (des résultats) *(partie de la mémoire centrale d'un ordinateur réservée aux résultats à fournir à l'extérieur) (inf) (cf. aussi* main memory).

output attenuation atténuation de sortie *(parf.* à la sortie) *(atténuation d'un signal produite par un atténuateur de sortie) (cf. aussi* output attenuator).

output attenuator atténuateur de sortie, *(parf.)* atténuateur à la sortie *(atténuateur monté à la sortie d'un générateur de signaux pour réduire éventuellement l'amplitude du signal fourni afin de l'adapter à la sensibilité du montage ou de l'appareil attaqué) (cf. aussi* attenuator *et* signal generator).

output block *cf.* output area.

output bound *cf.* output limited.

output buffer porte de puissance en sortie *(porte de puissance montée à la sortie d'un montage) (clpf) (cfa.* buffer[1] (a1)).

output capacitance capacité de sortie *(capacité mesurée entre les bornes de sortie d'un tube électronique ou d'un transistor ou autre composant à trois électrodes ou plus) (cf. aussi* capacitance).

output capacitor condensateur de sortie *(condensateur monté entre les bornes de sortie d'un quadripôle) (cf. aussi* capacitor *et* quadripole).

output cavity cavité de sortie *(klystron) (cf. aussi* catcher cavity).

output cavity resonator *cf.* output resonator.

output charge charge à la sortie, charge en sortie *(charge électrique recueillie notamment à la sortie d'un circuit à couplage de charges) (cf. aussi* electric charge *et* CCD).

output circuit circuit de sortie *(circuit d'un quadripôle, d'un transducteur ou d'un appareil aux bornes duquel est recueilli le signal, le courant ou la tension à utiliser) (cf. aussi* quadripole).

output circuitry circuits de sortie *(cf. aussi* output circuit *et* circuitry).

output combiner *cf.* power combiner.

output conditioning *cf.* output signal conditioning.

output connection connexion de sortie *(connexion reliant une sortie d'un composant sous boîtier à une broche ou autre borne de celui-ci) (CH, CI, etc.) (cf. aussi* connection 2) (b)).

output connector connecteur de sortie *(du signal) (sur un appareil, un composant hyperfréquence, etc.) (cf. aussi* connector (a)).

output control 1) réglage de la sortie, *(parf.)* limitation de la sortie *(cf. aussi* output[1]). **2)** commande de sortie de mémoire *(d'informations contenues dans celle-ci) (inf).*

output control logic logique de commande de sortie *(cf. aussi* output control 2) *et* logic (b)).

output coupling liaison de sortie, couplage de sortie *(liaison entre la sortie d'un étage d'un appareil et l'entrée de l'étage suivant) (cf. aussi* coupling 1) (a)).

output current *(parf.* intensité du) courant de sortie *(ou* débité) *(source de courant) (cf. aussi* current *et* current source).

output current capability *cf.* maximum output current. *(cf. aussi* capability).

output-current limiting limitation du courant de sortie, *(etc.)*

(source de courant et notamment alimentation régulée) (cf. aussi output current *et* regulated power supply).

output-current regulation régulation du courant de sortie, *(etc.) (alimentation régulée) (cf. aussi* output current *et* regulated power supply).

output data *(cf. aussi* data) **1)** résultats *(d'un traitement d'informations) (inf).* **2)** informations extraites, données extraites *(d'une mémoire) (inf).*

output data bus bus de sortie des données *(inf) (cf. aussi* data bus).

output data storage mémorisation des résultats *(introduction des résultats d'un traitement d'informations par ordinateur dans une mémoire de masse) (inf) (cf. aussi* mass memory).

output device 1) organe de sortie, dispositif de sortie *(dispositif utilisé à la sortie d'un montage, appareil ou système) (tube ou transistor d'un amplificateur de sortie, haut-parleur d'un récepteur ou d'une chaîne électroacoustique, actionneur d'un servomécanisme, etc.) (cf. aussi* output amplifier *et* actuator). **2)** *(appareil) périphérique de sortie, organe de sortie (appareil périphérique présentant les résultats d'un traitement d'informations exécuté par un ordinateur) (imprimante, terminal à écran, traceur numérique, phonateur, etc.) (inf) (cf. aussi* peripheral device 1)).

output drive capability possibilités d'attaque de la sortie *(porte de puissance en sortie, etc.) (cf. aussi* drive capability *et* output buffer).

output driver *cf.* output stage.

output driver transistor transistor d'étage de sortie *(parf.* pour étage de sortie) *(cf. aussi* driver transistor *et* output stage).

output electrode électrode de sortie *(électrode d'un tube électronique ou d'un composant à semiconducteur par lequel le courant sort de celui-ci) (anode d'un tube électronique, d'une diode à semi-conducteur ou d'un thyristor, collecteur d'un transistor bipolaire, drain d'un transistor à effet de champ, etc.) (cf. aussi* electrode *et* current direction).

output enable validation de lecture *(inf) (cf. aussi* output enable pulse).

output enable input *cf.* output enable pulse.

output enable line ligne de validation de lecture *(conducteur transmettant une impulsion de validation de lecture) (inf) (cf. aussi* output enable pulse).

output enable pulse impulsion de validation de lecture *(impulsion permettant la lecture effective d'une information présente à la sortie d'une mémoire RAM à la suite de la réception d'une impulsion de lecture) (inf) (cf. aussi* RAM[1] *et* read pulse).

output enable signal *cf.* output enable pulse.

output energy *cf.* output power.

output equipment matériel périphérique de sortie, matériel de sortie, périphériques de sortie *(inf) (cf. aussi* output device 2)).

output error erreur à la sortie *(tension d'erreur à la sortie d'un détecteur d'écart, d'un amplificateur différentiel, etc.) (cf. aussi* error detector *et* offset error).

output filter filtre de sortie *(alim) (cf. aussi* smoothing filter).

output-filter capacitor condensateur du filtre de sortie, *(etc.) (un des deux condensateurs électrolytiques normalement utilisés dans un filtre d'alimentation) (cf. aussi* smoothing filter).

output filtering filtrage de la tension de sortie, filtrage du courant de sortie *(alim) (cf. aussi* smoothing filter).

output formatting mise au format du signal de sortie *(appareil numérique) (cf. aussi* formatting).

output frequency fréquence de sortie *(multiplicateur de fréquence, changeur de fréquence, etc.).*

output gap espace d'excitation *(espace d'interaction de la cavité de sortie d'un klystron, dans lequel les paquets d'électrons du faisceau excitent des oscillations de grande amplitude) (cf. aussi* interaction gap (a) *et* klystron).

output gate porte de sortie, circuit logique de sortie *(porte logique à la sortie de laquelle apparaît le signal fourni par un circuit logique ou un ensemble de tels circuits) (inf) (cf. aussi* logic gate *et* logic circuit).

output hold-up time temps de maintien (de la tension de sortie) *(alim) (cf. aussi* hold-up time).

output impedance impédance de sortie *(impédance mesurée entre les bornes de sortie d'un quadripôle ou d'un appareil) (alim, ampli, etc.) (cf. aussi* impedance *et* quadripole).

output impedance matching adaptation de l'impédance de sortie *(d'un quadripôle à l'impédance de sa charge) (ce terme désigne souvent l'adaptation de l'impédance de sortie d'un amplificateur à l'impédance d'entrée de l'étage ou du transducteur qu'il attaque) (cf. aussi* impedance matching, quadripole, load[1], stage 1) *et* transducer 1)).

output impedance mismatch défaut d'adaptation de l'impédance de sortie *(cf. aussi* output impedance matching).

output indicator *cf.* output meter.

output latch verrou de sortie, *(etc.) (verrou monté à la sortie d'une porte logique) (inf) (cf. aussi* latch[1] 1)).

output lead conducteur de sortie *(ce terme désigne souvent une connexion de sortie) (cf. aussi* output connection).

output level niveau de sortie *(niveau d'une grandeur à la sortie d'un dispositif) (cf. aussi* level 1) (a) *et* output power level) ; (b) *cf. aussi* output signal level).

output level range intervalle de niveaux de sortie, gamme *(idem).*

output level setting (un) réglage du niveau de sortie *(cf. aussi* setting).

output-limited limitée par les périphériques de sortie, limitée par les sorties *(vitesse de présentation matérielle des résultats d'un traitement d'informations par ordinateur (inf) (cf. aussi* hard copy *et* input-limited).

output line *cf.* output lead.

output load charge (à la sortie) *(cf. aussi* load[1] (a)).

output logic circuit *cf.* output gate.

output matching circuit *cf.* output matching network.

output matching network réseau d'adaptation de sortie *(réseau électrique réalisant l'adaptation de l'impédance de sortie d'un étage) (cf. aussi* network 1) *et* output impedance matching).

output medium support de sortie *(support d'informations sur lequel sont portés les résultats d'un traitement d'informations exécuté par un ordinateur) (support magnétique ou optique, cartes perforées, papier d'imprimante ou de traceur numérique, etc.) (inf) (cf. aussi* magnetic storage medium, optical storage medium, punched card *et* information).

output message message de sortie, message émis *(message émis par un ordinateur à destination d'un terminal ou de l'opérateur de l'appareil) (inf) (cf. aussi* message).

output meter voltmètre de sortie *(voltmètre branché notamment à la sortie d'un récepteur radio pour faire apparaître l'optimum des réglages des circuits d'accord lors de l'alignement du récepteur) (cf. aussi* alignment 1)).

output mismatch *cf.* output impedance mismatch.

output noise *cf.* output signal noise.

output noise power puissance de bruit à la sortie *(d'un amplificateur ou autre montage) (cf. aussi* noise power).

output offset décalage de sortie *(nom souvent donné à la tension de décalage de sortie) (cf. aussi* output offset voltage).

output offset voltage tension de décalage de sortie *(tension mesurée à la sortie d'un amplificateur différentiel lorsque les deux bornes d'entrée sont mises à la masse si la tension de décalage d'entrée n'est pas compensée) (est égale à cette dernière multipliée par le gain de l'amplificateur en boucle ouverte) (cf. aussi* input offset voltage, differential amplifier, open-loop gain *et* voltage).

output operation opération de lecture *(mémoire) (inf) (cf. aussi* read operation).

output oscillation 1) oscillation de sortie *(nom parfois donné au signal fourni par un oscillateur harmonique) (cf. aussi* harmonic oscillator). **2)** oscillation à la sortie *(oscillation parasite à la sortie d'une alimentation ou autre montage) (ondulation, etc.) (cf. aussi* ripple).

output phase *cf.* output signal phase.

output pin broche de sortie *(broche du boîtier d'un circuit intégré ou d'un autre composant reliée à une borne de sortie de celui-ci) (cf. aussi* output terminal).

output port sortie *(d'un réseau électrique, d'un appareil informatique ou d'un organe d'un tel appareil) (en informatique, le terme anglais désigne généralement une sortie parallèle) (cf. aussi* port 1) *et* parallel output).

output power *(cf. aussi* power[1] 1)) **1)** puissance de sortie, *(parf.)* puissance fournie *(alim, ampli, etc.).* **2)** puissance rayonnée *(antenne d'émission, haut-parleur, laser, etc.).*

output power level (niveau de) puissance de sortie, *(etc.) (cf. aussi* output power *et* level 1)).

output power meter wattmètre de sortie *(wattmètre utilisé pour mesurer la puissance du signal de sortie d'un récepteur, d'un générateur de signaux, etc.) (est souvent un milliwattmètre) (cf. aussi* wattmeter).

output power rating puissance nominale (de sortie) *(source d'énergie électrique ou autre) (alim, etc.) (cf. aussi* power rating *et* power source).

output pulse impulsion de sortie *(impulsion émise par un montage ou un appareil) (cf. aussi* pulse[1]).

output quantity grandeur de sortie *(grandeur présente à la sortie d'un dispositif) (ce terme désigne généralement la grandeur dont la valeur est maintenue le plus près possible de la valeur de référence dans un système asservi, mais couvre également le signal de sortie d'un quadripôle) (tension, intensité de courant, fréquence, phase, température, pression, position, vitesse, etc.) (cf. aussi* controlled variable, closed-loop control system, quadripole *et* quantity 2)).

output quantization *cf.* output signal quantization.

output range intervalle de sortie *(intervalle des valeurs prises ou pouvant être prises par une grandeur de sortie) (cf. aussi* output quantity).

output rate *cf.* output speed.

output rating *cf.* output power rating.

output ratio *cf.* output signal-to-noise ratio.

output register registre de sortie *(registre contenant momentanément des informations à la sortie d'un organe d'un appareil numérique et notamment à la sortie de la mémoire centrale d'un ordinateur) (inf, etc.) (cf. aussi* register[1] 1) (a) *et* main memory).

output regulation *cf.* load regulation.

output resistance résistance de sortie *(résistance mesurée entre les bornes de sortie d'un quadripôle ou d'un appareil) (cf. aussi* resistance *et* quadripole).

output resonator résonateur de sortie *(klystron, filtre, etc.) (cf. aussi* catcher cavity).

output ringing ondulation amortie (à la sortie) *(filtre) (cf. aussi* ringing 2)).

output ripple ondulation (de la tension de sortie) *(alim) (cf. aussi* ripple).

output ripple current courant ondulé à la sortie *(alim) (cf. aussi* ripple current).

output ripple voltage tension d'ondulation à la sortie *(alim) (cf. aussi* ripple voltage).

output section **1)** partie sortie, circuits de sortie, étages de sortie *(ensemble des circuits formant la sortie d'un appareil) (cf. aussi* section 3)). **2)** dernière cellule, cellule de sortie *(dernière cellule d'un filtre à plusieurs cellules) (cf. aussi* filter section). **3)** *cf.* output area.

output side côté sortie *(cf. aussi* output[1] *et* on the output side).

output signal signal de sortie, *(parf.)* signal à la sortie, *(parf.)* signal fourni, *(parf.)* signal émis *(montage, étage, appareil) (cf. aussi* signal[1] *et* output[1] 1).

output signal amplitude amplitude du signal de sortie, *(etc.) (cf. aussi* output signal *et* amplitude).

output signal bandwith largeur de bande du signal de sortie, *(etc.) (filtre, etc.) (cf. aussi* output signal *et* bandwidth 1)).

output signal conditioner circuit de mise en forme du signal de sortie, *(etc.) (capteur, etc.) (cf. aussi* output signal *et* signal conditioner).

output signal conditioning mise en forme du signal de sortie, *(etc.) (capteur, etc.) (cf. aussi* output signal *et* signal conditioning.

output signal frequency fréquence du signal de sortie, *(etc.) (oscillateur, émetteur, générateur de signaux) (cf. aussi* output signal *et* frequency).

output signal level niveau du signal de sortie, *(etc.),* niveau de sortie *(niveau de tension ou de puissance d'un signal de sortie) (cf. aussi* output signal *et* level 1)).

output signal noise bruit du signal à la sortie, *(etc.),* bruit à la sortie *(ampli, etc.) (cf. aussi* output signal *et* noise 2) (a)).

output signal phase phase du signal de sortie, *(etc.),* phase de sortie *(phase du signal de sortie d'un quadripôle par rapport à celle du signal d'entrée) (ampli, filtre, etc.) (cf. aussi* output signal, phase (a) *et* quadripole).

output signal power puissance du signal de sortie, *(etc.),* puissance de sortie *(puissance du signal fourni par un quadripôle ou un transducteur) (amplificateur, oscillateur, antenne, haut-parleur, etc.) (cf. aussi* output signal, power[1] 1), quadripole *et* transducer 1)).

output signal quantization quantification du signal de sortie *(quantification d'un signal analogique fourni par un capteur opérée par des circuits associés ou incorporés à celui-ci) (numériseur) (cf. aussi* quantization *et* sensor).

output signal requirements impératifs applicables au signal de sortie *(cf. aussi* signal requirements).

output signal-to-noise ratio rapport signal/bruit à la sortie *(ampli, etc.) (cf. aussi* signal-to-noise ratio).

output signal voltage *cf.* output signal amplitude.

output speed vitesse de sortie (des résultats) *(vitesse d'impression d'une imprimante d'ordinateur, vitesse de perforation d'une bande perforée, etc.) (inf) (cf. aussi* printing speed *et* input speed).

output stage étage de sortie *(étage d'un dispositif fournissant le signal utilisé) (est souvent un amplificateur de puissance) (cf. aussi* stage 1) *et* power amplifier).

output-stage gain gain de l'étage de sortie *(gain d'un étage amplificateur constituant un étage de sortie) (dans le cas fréquent d'un amplificateur de puissance, le gain considéré est le gain en puissance) (cf. aussi* gain 1) *et* output stage).

output stage input entrée de l'étage de sortie *(cf. aussi* output stage *et* input[1]).

output stage output sortie de l'étage de sortie *(cf. aussi* output stage *et* output[1]).

output state état de sortie *(parf.* de la sortie) *(état logique ou autre d'une sortie) (cf. aussi* logic state *et* output[1]).

output stream flux de sortie *(flux de binaires représentant des résultats en cours de sortie de la mémoire d'un ordinateur) (inf) (cf. aussi* bit stream).

output strobe impulsion de sortie de mémoire *(inf) (cf. aussi* read pulse).

output swing excursion de la sortie *(circuit logique) (cf. aussi* logic swing).

output tap *cf.* secondary tap.

output tape **1)** bande sortie, bande en écriture *(bande magnétique contenant ou recevant des résultats fournis par un ordinateur) (inf). (cf. aussi* tape drive 1)). **2)** *cf.* copy tape.

output tapping sélection de la tension au secondaire *(choix de la tension prélevée aux bornes de l'enroulement secondaire d'un transformateur à prises au secondaire) (cf. aussi* secondary tap).

output terminal **1)** borne de sortie, *(parf.)* borne de départ *(tél, etc.) (se dit alors par opposition à « borne d'arrivée ») (une des deux bornes d'un dispositif ou appareil électrique ou électronique entre lesquelles est recueilli le signal, la tension ou l'énergie électrique fourni par celui-ci) (en électronique notamment, une des bornes étant généralement reliée à la masse du dispositif, ces termes désignent normalement la borne isolée de la masse) (cf. aussi* output[1] *et* terminal 1)). **2)** *cf.* output device 2)).

output terminal voltage *cf.* output voltage.

output to ... *v* émis(es) à destination de ... *(signal ou informations).*

output transducer transducteur de sortie *(ce terme désigne souvent un transducteur piézoélectrique convertissant en signal électrique l'onde acoustique se propageant dans une ligne à retard acoustique) (utilise l'effet piézoélectrique direct) (cf. aussi* transducer 1), piezoelectric transducer, acoustic delay line *et* direct piezoelectric effect).

output transformer transformateur de sortie *(transformateur monté entre la sortie d'un amplificateur de puissance et sa charge pour assurer l'adaptation d'impédance) (est un cas particulier du transformateur de liaison) (transformateur de haut-parleur, de base de temps de récepteur de télévision, d'attaque de ligne téléphonique, etc.) (cf. aussi* coupling transformer).

output transient transitoire à la sortie, transitoire de sortie *(transitoire observée à la sortie d'un étage ou d'un appareil) (cf. aussi* transient).

output transistor transistor de sortie *(transistor fournissant la tension ou le courant alimentant la charge d'un montage ou un appareil utilisant des transistors) (est généralement un transistor de puissance, sauf dans la plupart des circuits intégrés monolithiques, et fournit alors un courant) (cf. aussi* transistor, load[1] *et* power transistor).

output transition transition du signal de sortie *(circuit logique, dispositif numérique) (numériseur, etc.) (cf. aussi* transition (c)).

output transition time temps de transition du signal de sortie, *(parf.)* instant *(idem) (cf. aussi* output transition).

output tube tube de sortie *(tube électronique fournissant la tension ou le courant alimentant la charge d'un montage ou un appareil utilisant des tubes électroniques) (tube à trois électrodes ou plus) (est généralement un tube de puissance et fournit alors un courant) (cf. aussi* triode tube, load[1] *et* power tube).

output unit *cf.* output device 2).

output variable *cf.* output quantity.

output voltage tension de sortie, tension à la sortie, tension aux bornes de sortie, tension recueillie à la sortie *(cf. aussi* output[1] *et* voltage).

output voltage amplitude amplitude de la tension de sortie, *(etc.) (cf. aussi* output voltage *et* amplitude).

output voltage interval *cf.* output voltage range.

output voltage level niveau de la tension de sortie, *(etc.) (cf. aussi* output voltage *et* level 1)).

output voltage polarity polarité de la tension de sortie, *(etc.) (cf. aussi* output voltage *et* voltage polarity).

output voltage range plage de tensions de sortie, *(etc.),* intervalle *(idem) (cf. aussi* output voltage).

output-voltage reference point point de référence de la tension de sortie, *(etc.) (point d'un montage par rapport auquel est mesurée la tension de sortie de celui-ci) (est généralement, mais non obligatoirement, la masse du montage) (cf. aussi* output voltage *et* ground[1] 1)).

output voltage ripple ondulation de la tension de sortie, *(etc.) (alim) (cf. aussi* output voltage *et* ripple).

output voltage span *cf.* output voltage range.

output voltage swing excursion de la tension de sortie, *(etc.) (cf. aussi* output voltage *et* voltage swing).

output wattage *cf.* output power.

output wave *cf.* transmitted wave.

output waveform forme d'onde à la sortie *(cf. aussi* waveform).

output winding enroulement de puissance *(inductance saturable) (cf. aussi* saturable reactor).

outputted signal signal fourni *(oscillateur, etc.).*

outputting power *cf.* processing power.

outside broadcast (une) émission en extérieurs *(radiodif).*

outside broadcasting (l')émission en extérieurs *(radiodif).*

outside broadcasting van car de reportage *(radiodif) (cf. aussi* mobile unit).

outside chemical vapor deposition dépôt chimique en phase vapeur à l'extérieur, dépôt en phase vapeur à l'extérieur, dépôt à l'extérieur *(dans la fabrication des fibres optiques, dépôt chimique en phase vapeur dans lequel les vapeurs sont dirigées vers la paroi extérieure du tube de silice) (cf. aussi* chemical vapor deposition (a)).

outside vapor deposition *cf.* outside chemical vapor deposition.

oven 1) four *(sens usuel), (parf.)* étuve *(cf. aussi* microwave oven). 2) enceinte thermostatée *(boîtier dont l'atmosphère intérieure est maintenue à température constante par une résistance chauffante et un thermostat) (oscillateur à quartz, etc.) (cf. aussi* heating resistor, thermostat *et* temperature-controlled crystal oscillator).

oven annealing recuit au four *(en électronique, recuit collectif d'un certain nombre de plaquettes à gravure dans un four approprié après une opération d'implantation ionique ou non) (fab. semi) (cf. aussi* annealing).

oven control régulation de température *(d'un four, etc.) (cf. aussi* oven 2)).

oven-controlled ... *cf.* temperature-controlled ...

oven heater *cf.* oven heating element.

oven heating element élément chauffant de ... *(voir* oven) *(cf. aussi* heating element).

ovenized ... *cf.* temperature-controlled ...

over-input protection *cf.* overload protection.

over-the-horizon aerial *cf.* over-the-horizon antenna.

over-the-horizon antenna antenne de faisceau hertzien transhorizon *(cf. aussi* over-the-horizon microwave link).

over-the-horizon communications liaisons transhorizon *(liaisons radio par faisceau hertzien transhorizon) (cf. aussi* over-the-horizon microwave link).

over-the-horizon equipment matériel pour faisceaux hertziens transhorizon *(émetteurs, antennes, répéteurs, pylônes, etc.) (cf. aussi* over-the-horizon microwave link).

over-the-horizon link *cf.* over-the-horizon microwave link.

over-the-horizon microwave link faisceau hertzien transhorizon, *(parf.)* liaison transhorizon *(faisceau hertzien utilisant la propagation par diffusion troposphérique pour assurer une liaison à grande distance sans visibilité directe) (l'émetteur d'un tel faisceau hertzien a une puissance et une antenne beaucoup plus grandes que celles d'un faisceau hertzien à vue directe (1 à 10 kW et 10 à 30 m de diamètre) et le faisceau est dirigé vers la troposphère) (la station de réception est équipée d'un récepteur ultrasensible comportant normalement un préamplificateur à faible bruit et raccordé à deux ou quatre antennes de grandes dimensions utilisées en diversité d'espace ou de fréquence pour améliorer la stabilité de la liaison) (la longueur de la liaison est comprise entre 200 et 500 km; l'émission a lieu principalement en ondes décimétriques ou métriques et le nombre de voies téléphoniques de la liaison est généralement limité à 120 en raison du bruit d'intermodulation dû aux trajets multiples des ondes diffusées) (cf. aussi* microwave radio 1), troposcatter propagation, low-noise amplifier, diversity reception, intermodulation noise *et* multipath).

over-the-horizon microwave radio (les) faisceaux hertziens transhorizon *(cf. aussi* over-the-horizon microwave link).

over-the-horizon microwave radio link *cf.* over-the-horizon microwave link.

over-the-horizon propagation propagation par diffusion *(faisceau hz, radar) (cf. aussi* scatter propagation).

over-the-horizon radar radar transhorizon *(radar militaire à très longue portée utilisant la réfraction d'un faisceau d'ondes puissant par l'ionosphère pour dépasser largement la portée optique de l'onde émise) (est caractérisé par la longueur relativement grande de l'onde émise correspondant à une fréquence comprise entre quelques mégahertz et quelques dizaines de mégahertz, cette longueur d'onde étant nécessaire pour obtenir une très longue portée) (cf. aussi* ionosphere, wavelength *et* radar).

over-the-horizon target cible située au-delà de l'horizon *(radar) (cf. aussi* over-the-horizon radar).

over-the-horizon targeting localisation d'une cible au-delà de l'horizon *(radar transhorizon) (mil) (cf. aussi* over-the-horizon radar).

over-the-horizon transmission transmission par faisceau hertzien transhorizon *(radiocom) (cf. aussi* over-the-horizon microwave link).

over-the-horizon transmitter émetteur transhorizon *(émetteur de faisceau hertzien transhorizon ou de radar transhorizon) (cf. aussi* over-the-horizon microwave link *et* over-the-horizon radar).

overall gain 1) gain total *(somme des gains des différents étages d'un amplificateur à deux étages ou plus) (cf. aussi* gain 1). 2) gain résultant *(nom donné au gain d'un amplificateur à contre-réaction lorsque l'on considère l'effet du circuit de contre-réaction sur le gain en boucle ouverte) (cf. aussi* gain 1) *et* feedback amplifier).

overbunching groupement excessif *(dans un klystron, groupement des électrons supérieur à la valeur optimale) (hyper) (cf. aussi* optimum bunching *et* klystron).

overcharge *v* trop charger, pousser la charge trop loin *(accumulateur ou batterie d'accumulateurs) (cf. aussi* charging 1) *et, à titre d'information,* overload[2]).

overcharging charge excessive (*ou* poussée trop loin) (*cf. aussi* overcharge).

overcoupled circuits circuits surcouplés (*cf. aussi* overcoupling).

overcoupling surcouplage (*couplage serré entre les deux enroulements d'un transformateur accordé tel que la courbe de réponse obtenue présente deux bosses*) (*circuits couplés*) (*cf. aussi* tight coupling, tuned transformer *et* coupled circuits).

overcurrent surintensité, (*parf.*) intensité excessive (*intensité d'un courant supérieur à la valeur nominale*) (*cf. aussi* current *et* rated value).

overcurrent protection protection contre les surintensités, protection contre les intensités excessives (*protection d'une alimentation, d'un ampèremètre, d'un transistor bipolaire ou d'un autre dispositif contre les surintensités à l'aide d'un coupe-circuit à fusible, d'un relais thermique, d'une résistance, d'un court-circuit commandé ou d'un disjoncteur thermique selon le cas*) (*cf. aussi* overcurrent, thermal relay, crowbar *et* circuit-breaker).

overcurrent sensing détection des surintensités (*alim, etc.*) (*cf. aussi* current-sensing resistor).

overcurrent surge *cf.* current surge.

overcurrent transient *cf.* current surge.

overcutting gravure à amplitude excessive (*gravure d'un sillon de disque phonographique produite par un signal dont l'amplitude est telle que le sillon mord sur le sillon précédent*) (*électroacou*) (*cf. aussi* mechanical sound recording *et, à titre d'information,* undercutting, *qui n'a pas de rapport avec « overcutting »*).

overdamped instrument appareil de mesure apériodique (*cf. aussi* overdamping).

overdamping amortissement excessif, suramortissement (*amortissement d'un appareil de mesure analogique dans lequel l'aiguille atteint sa position d'équilibre sans osciller autour de celle-ci, mais au bout d'un temps qui peut être long*) (*cf. aussi* intrument damping).

overdischarge *v* trop décharger, pousser la décharge trop loin (*cf. aussi* overdischarging).

overdischarging décharge excessive (*ou* poussée trop loin) (*décharge d'un accumulateur jusqu'à une tension tellement basse qu'il risque d'être endommagé*) (*dans le cas d'un accumulateur au plomb, ce terme désigne une décharge jusqu'à une tension inférieure à 1,8 volt par élément, valeur au-dessous de laquelle la sulfatation apparaît*) (*cf. aussi* lead-acid cell *et* sulfating).

overdrive *v* surattaquer, attaquer par un signal d'amplitude excessive (*appliquer à un dispositif un signal d'entrée d'amplitude trop grande pour qu'il puisse reproduire correctement les valeurs supérieures de celle-ci*) (*ampli, haut-parleur, etc.*) (*cf. aussi* amplitude).

overdriven surattaqué, attaqué par ... (*voir* overdrive).

overdriving attaque excessive, attaque par ... (*cf.* overdrive).

overflow *s* dépassement de capacité (*état d'un appareil informatique dans laquelle le nombre de binaires d'un résultat à ranger dans un registre est supérieur au nombre de positions du registre*) (*ordinateur, calculatrice électronique, etc.*) (*inf*) (*cf. aussi* register[1] 1) (a)).

overflow indicator indicateur de dépassement de capacité (*signal ou voyant lumineux indiquant un dépassement de capacité*) (*inf*) (*cf. aussi* overflow).

overhead (les) binaires auxiliaires (*tlg*) (*cf. aussi* overhead bit).

overhead bit binaire auxiliaire (*binaire ajouté à chaque trame d'un message numérique pour commander ou contrôler la transmission de celui-ci*) (*télinf, tél*) (*cf. aussi* bit, start bit, stop bit *et* check bit).

overhead cable câble aérien (*câble d'une ligne aérienne en câble*) (*tél, etc.*) (*cf. aussi* overhead line).

overhead line ligne aérienne (*ligne téléphonique ou autre constituée par des fils métalliques ou un câble à plusieurs conducteurs porté(s) par des traverses montées sur des poteaux ou par des consoles fixées à des immeubles*) (*remarquer l'homonymie du terme français avec une ligne de transport aérien*) (*cf. aussi* open-wire line *et* telephone line).

overhead-underground network réseau aéro-souterrain (*réseau téléphonique ou autre comportant des lignes aériennes et des lignes souterraines*) (*cf. aussi* telephone network, overhead line *et* underground line).

overhead-underground system *cf.* overhead-underground network.

overhead wire fil aérien (*fil d'une ligne aérienne en fils*) (*tél, etc.*) (*cf. aussi* overhead line *et* wire[1]1)).

overland clutter environment ambiance d'échos parasites au-dessus des terres (*radar d'aéronef*) (*cf. aussi* clutter).

overlap[1] *cf.* overlapping.

overlap[2] *v* chevaucher (*cf. aussi* overlapping).

overlapping *s* chevauchement (*de deux contacts, gammes, calibres de mesure, opérations, processus, etc.*) (*cf. aussi* pipelining).

overlapping contacts contacts à chevauchement (*commutateur*) (*cf. aussi* bridging contacts).

overlapping frequency ranges gammes de fréquences se recouvrant (*générateur de signaux, plan d'attribution de fréquences, etc.*) (*cf. aussi* frequency range).

overlapping ranges 1) calibres à recouvrement, calibres se recouvrant, gammes (*idem*) (*calibres d'un appareil de mesure à plusieurs calibres se recouvrant aux extrémités pour éviter de l'utiliser à celles-ci par suite de la diminution de la précision de mesure qui en résulte*) (*multimètre, etc.*) (*cf. aussi* range[1] 5)). 2) *cf.* overlapping frequency ranges.

overlay[1] *s* 1) incrustation d'image, superposition d'image (*superposition d'une image de petites dimensions sur une partie déterminée d'une image de télévision ou analogue avec effacement de cette partie*) (*présentateur apparaissant sur un fond représentant le sujet présenté, etc.*) (*truquage*). 2) emploi de la segmentation (*inf*) (*cf. aussi* segmentation). 3) superposition, alignement (*fab. CI, semi*) (*cf. aussi* alignment 2)) 4) *cf.* overwriting.

overlay[2] *v* (*voir aussi* overlay[1]) 1) recouvrir, (*parf.* incruster). 2) segmenter. 3) superposer, aligner. 4) *cf.* overwrite.

overlay capacitor condensateur à recouvrement (*condensateur intégré de circuit hybride dont les armatures se recouvrent sur tout ou partie de leur surface, avec le diélectrique entre deux*) (*type classique de condensateur intégré de circuit hybride ; forme un condensateur plan*) (*cf. aussi* integrated hybrid capacitor *et* parallel-plate capacitor).

overlaying *cf.* overlay[1].

overload[1] *s* surcharge, (*parf.*) charge excessive (*application d'une charge excessive à un dispositif*) (*dans un dispositif électrique ou électronique, ce terme désigne le passage d'un courant d'intensité supérieure à la valeur nominale*) (*dans le cas d'une source de courant, cette intensité excessive est due à une charge de résistance ou impédance insuffisante, ou pratiquement nulle dans le cas d'un court-circuit*) (*dans le cas d'un récepteur de courant, elle est due à une tension excessive appliquée à ses bornes ou à une force contre-électromotrice insuffisante dans celui-ci*) (*cas d'un moteur électrique tournant en surcharge*) (*alimentation, appareil de mesure, tube, transistor, redresseur, moteur électrique, etc.*) (*cf. aussi* load[1] (a), current source, resistance, impedance, current sink *et* counter-electromotive force).

overload[2] *v* surcharger (*un dispositif*), appliquer une charge excessive (*cf. aussi* overload[1]).

overload capacity capacité de surcharge (*aptitude d'un dispositif à supporter une surcharge plus ou moins importante*) (*cf. aussi* overload[1]).

overload current (*parf.* intensité du) courant de surcharge (*courant circulant dans un dispositif fonctionnant en surcharge ou, parfois, intensité de ce courant*) (*cf. aussi* current *et* overload[1]).

overload device *cf.* overload protection device.

overload level niveau de surcharge (*intensité d'un courant ou amplitude d'un signal correspondant à une surcharge*) (*cf. aussi* overload[1] *et* level 1)).

overload margin marge de puissance, excédent de puissance (*alim, ampli, moteur, etc.*) (*cf. aussi* overload[1]).

overload protection protection contre les surcharges (*protection d'un dispositif électrique ou électronique contre les surintensités ou les surtensions, ou les deux*) (*cf. aussi* overload[1], overcurrent protection *et* overvoltage protection).

overload protection circuit circuit de protection contre les surcharges *(montage utilisant une résistance de détection de courant ou un dispositif équivalent pour commander un dispositif de protection contre les surcharges) (cf. aussi* current-sensing resistor, overload protection device *et* circuit).

overload protection circuitry circuits ... *(cf. aussi* protection circuit *et* circuitry).

overload protection device dispositif de protection contre les surcharges *(coupe-circuit à fusible, disjoncteur, résistance de protection, etc. et court-circuit de protection) (cf. aussi* overload protection, fuse, circuit-breaker, protection resistor *et* crowbar).

overload recovery récupération après surcharge, récupération *(cf. aussi* overload recovery time).

overload recovery time temps de récupération après surcharge, temps de récupération *(laps de temps écoulé entre l'instant où un appareil ou dispositif électronique ou assimilé est soumis à une surcharge et l'instant où il retrouve ses caractéristiques de fonctionnement nominales) (alim, ampli, etc.) (cf. aussi* operating characteristics *et* rated value).

overload relay relais à maximum d'intensité *(ou de courant) (relais ouvrant un circuit lorsque l'intensité du courant dans celui-ci dépasse la valeur maximale admissible) (a une bobine d'excitation à petit nombre de spires et à conducteur de forte section; la bobine est montée en série dans le circuit à surveiller ou reliée à celui-ci par un transformateur d'intensité et peut être à action instantanée ou retardée ou mixte, c.-à-d. instantanée pour les fortes surcharges et retardée pour les faibles surcharges) (cf. aussi* relay[1] 1), current transformer *et* overload[1]).

overload voltage *cf.* overvoltage.

overloading application d'une surcharge *(à un dispositif), (parf.)* surcharge *(cf. aussi* overload[1]).

overmodulation surmodulation, modulation excessive *(modulation d'amplitude d'une porteuse supérieure à 100 % pour les grandes amplitudes du signal modulant) (a pour conséquence la suppression de la porteuse pendant les intervalles correspondants du signal modulant, ce qui crée de la distorsion) (modulateur) (émetteur, etc.) (cf. aussi* amplitude modulation *et* percent modulation).

overmolded package boîtier surmoulé *(boîtier en plastique d'un composant obtenu par moulage direct sur celui-ci) (condensateur, transistor, etc.).*

overpunch[1] *s* perforation hors texte *(perforation pratiquée dans la ligne 11 ou 12 d'une carte perforée normalisée d'ordinateur pour représenter un caractère particulier en combinaison avec les perforations de la colonne correspondante ou pour ajouter une information à leur signification) (inf) (cf. aussi* punched card).

overpunch[2] *v* faire une perforation hors-texte, exécuter *(idem)*, perforer en hors-texte *(inf) (cf. aussi* overpunch[1]).

overpunching exécution d'une perforation hors-texte *(inf) (cf. aussi* overpunch[1]).

overrange *cf.* overranging.

overrange capability possibilités de dépassement de calibre *(parf. au singulier) (possibilité pour un appareil de mesure de supporter une valeur de la grandeur mesurée supérieure au calibre utilisé) (cf. aussi* overranging *et* capability).

overrange indication indication de dépassement de calibre *(multimètre numérique) (cf. aussi* overranging).

overranging dépassement de calibre *(état d'un appareil de mesure dans lequel la valeur de la grandeur mesurée est supérieure au calibre de l'appareil) (cf. aussi* measurement range 2) *et* autoranging).

overranging protection protection contre les dépassements de calibre *(app. mesure) (cf. aussi* overranging).

overridable *(voir aussi* override) 1) non prioritaire. 2) outrepassable, pouvant être outrepassé.

override *v* 1) avoir priorité, être prioritaire *(signal par rapport à un autre signal, etc.).* 2) outrepasser, *(parf.)* passer en mode manuel *(outrepasser les décisions d'un système automatique par une action manuelle pendant le fonctionnement en mode automatique, celui-ci reprenant normalement aussitôt après).*

overriding command ordre prioritaire *(ordre de télécommande ou autre) (cf. aussi* override 1)).

oversample *v* suréchantillonner *(un signal) (cf. aussi* oversampling).

oversampled signal signal suréchantillonné *(cf. aussi* oversampling).

oversampling suréchantillonnage *(échantillonnage d'un signal à une cadence supérieure à la valeur minimale déduite du théorème de Shannon) (cf. aussi* sampling theorem).

overshoot[1] *s* dépassement (positif) *(petite suroscillation au sommet du front d'une impulsion) (cf. aussi* leading edge, ringing 2) *et* undershoot[1]).

overshoot[2] *v* présenter un dépassement (positif) *(impulsion) (cf. aussi* overshoot[1]).

overshoot distortion distortion par dépassement *(impulsion) (cf. aussi* distortion *et* overshoot[1]).

overtemperature protection protection thermique, protection de température, protection contre les températures excessives *(protection d'un appareil ou dispositif électronique ou électrique contre un échauffement excessif dû à des conditions de fonctionnement anormales ou à une défectuosité de celui-ci) (est assurée par un dispositif sensible à la température assurant ou commandant la coupure du courant d'alimentation de l'appareil ou du dispositif) (le dispositif de protection est généralement une bilame ou une thermistance) (cf. aussi* bimetallic strip *et* thermistor).

overthrow distortion *cf.* overshoot distortion.

overtone harmonique supérieur, (un) partiel *(le terme « overtone » s'emploie surtout pour désigner un harmonique de la fréquence propre d'un quartz) (du fait du préfixe « over », il ne peut pas s'employer pour désigner cette fréquence, c.-à-d. l'harmonique 1 et c'est pourquoi le « first overtone » est l'harmonique 2, le « second overtone » est l'harmonique 3, et ainsi de suite) (cf. aussi* harmonic *et* natural frequency).

overtone crystal quartz à mode partiel *(cf. aussi* harmonic mode *et* overtone).

overtone crystal unit *cf.* overtone crystal.

overtone quartz crystal *cf.* overtone crystal.

overvoltage surtension, *(parf.)* tension excessive *(tension supérieure à la valeur nominale) (cf. aussi* voltage *et* rated value).

overvoltage breakdown claquage par surtension, claquage *(claquage d'un isolant soumis à une tension excessive, c.-à-d. supérieure à sa rigidité diélectrique) (en électronique, ce terme s'applique souvent au diélectrique d'un condensateur) (cf. aussi* dielectric strength).

overvoltage capability tenue aux surtensions *(aptitude d'un composant à supporter une surtension plus ou moins grande sans être endommagé) (ce terme s'applique notamment aux condensateurs et particulièrement aux condensateurs électrolytiques) (cf. aussi* overvoltage *et* capability).

overvoltage crowbar court-circuit de protection (contre les surtension) *(alim) (cf. aussi* crowbar).

overvoltage protected protégé contre les surtensions *(cf. aussi* overvoltage protection).

overvoltage protection protection contre les surtensions *(protection d'un appareil ou d'un composant contre une tension excessive appliquée à ses bornes) (le dispositif de protection est généralement une galvanorésistance, une diode Zener ou un thyristor) (app. mesure, alim, diode semi, etc.) (cf. aussi* voltage-dependent resistor, Zener diode *et* crowbar).

overvoltage protection device dispositif de protection contre les surtensions *(cf. aussi* overvoltage protection).

overvoltage relay relais à maximum de tension *(relais fonctionnant lorsque la tension aux bornes de sa bobine atteint une valeur déterminée) (est monté en parallèle sur un dispositif à protéger contre les surtensions et commande l'ouverture d'un disjoncteur inséré dans le circuit d'alimentation de celui-ci) (cf. aussi* relay[1] 1), overvoltage *et* circuit breaker).

overvoltage surge *cf.* voltage surge.

overvoltage test (un) essai aux surtensions *(composant électronique, etc., notamment condensateur) (cf. aussi* overvoltage).

overvoltage testing (l')essai aux surtensions *(cf. aussi* overvoltage test).

overvoltage transient *cf.* voltage transient.

overvoltage trip *cf.* overvoltage protection.

overwater capability possibilités air-surface *(parf. au singu-*

lier) (possibilité pour un radar d'aéronef de détecter des cibles sur mer) (mil, etc.) (cf. aussi air-to-surface mode *et* capability).

overwrite *v*   écraser (des informations) *(effacer des informations, normalement devenues inutiles, dans une mémoire d'ordinateur par introduction d'autres informations qui prennent leur place) (inf) (cf. aussi* computer memory).

overwriting   écrasement (d'informations) *(inf) (cf. aussi* overwrite).

ovonic component   composant ovonique *(nom parfois donné à une mémoire ovonique) (CI) (cf. aussi* ovonic memory).

ovonic device   dispositif ovonique *(autre nom, plus général, d'un composant ovonique) (cf. aussi* ovonic component).

ovonic memory *(« ovonic » vient de « Ovshinsky »)*   mémoire ovonique, mémoire à verre semiconducteur *(mémoire morte reprogrammable utilisant l'effet Ovshinsky) (n'a pas eu de succès) (CI) (cf. aussi* RMM *et* Ovshinsky effect).

Ovshinsky effect   effet Ovshinsky *(diminution importante et réversible de la résistivité de certains verres à base de semiconducteurs soumis à une impulsion de tension faisant passer la structure du verre de l'état amorphe à l'état cristallin et inversement) (permet de réaliser des interrupteurs à l'échelle microscopique utilisables comme cellules de mémoire intégrée) (cf. aussi* ovonic memory, memory cell, semiconductor *et* amorphous material).

Owen bridge   pont d'Owen *(pont de mesure d'inductance propre dans lequel celle-ci est mesurée en termes de capacité et de résistance, l'équilibre du pont étant indépendant de la fréquence du courant de mesure) (cf. aussi* inductance bridge, self-inductance, capacitance *et* resistance).

OWF   *cf.* optimum working frequency.

oxidation   oxidation *(en électronique, ce terme désigne souvent la formation, par chauffage, d'une couche d'oxyde isolant sur le substrat d'un composant à semiconducteur pour le protéger lors de l'introduction d'impuretés aux endroits mis ensuite à nu ou former une couche isolante devant recevoir une métallisation, ou pour le passiver) (ce traitement est appliqué notamment aux substrats en silicium) (CI, etc.) (cf. aussi* oxide window, silicon dioxide, semiconductor device, doping, metallization *et* oxide passivation).

oxidation stage   stade de l'oxydation *(cf. aussi* oxidation).

oxidation step   opération d'oxydation *(cf. aussi* oxidation).

oxide   oxyde *(en électronique, ce terme désigne souvent l'oxyde formé au cours d'une opération d'oxydation ou un oxyde magnétique) (cf. aussi* oxydation *et* magnetic oxide).

oxide breakdown   claquage de l'oxyde *(transistor MOS, etc.) (cf. aussi* gate-oxide breakdown).

oxide-breakdown failure   défaillance par claquage de l'oxyde *(cf. aussi* oxide breakdown).

oxyde capacitor   condensateur à couche d'oxyde *(condensateur de circuit hybride à couches minces ou de circuit intégré monolithique dont le diélectrique est constitué par une couche d'oxyde isolant) (cf. aussi* overlay capacitor, MOS capacitor *et* capacitor).

oxide-coated cathode   cathode à oxydes *(cathode de tube électronique, à chauffage direct ou indirect, recouverte d'oxydes, généralement de baryum et de strontium, favorisant l'émission thermoélectronique du fait de leur faible travail de sortie) (type classique) (cf. aussi* cathode (b), thermionic emission *et* work function).

oxide contamination   contamination de l'oxyde *(semi) (cf. aussi* sodium contamination *et* oxidation).

oxide defect   défaut de l'oxyde, défaut de la couche d'oxyde *(semi) (cf. aussi* oxidation).

oxide dip-out   opération d'élimination d'oxyde *(semi) (cf. aussi* oxide).

oxide etch   attaque chimique de l'oxyde *(semi) (cf. aussi* etching *et* oxide).

oxide fault   *cf.* oxide defect.

oxide film   *cf.* oxide layer.

oxide-film resistor   résistance à couche d'oxyde *(cf. aussi* film resistor).

oxide-isolated structure   structure isolée par oxyde *(CI) (cf. aussi* oxide isolation).

oxide isolating well   caisson d'isolement en oxyde, caisson en oxyde *(CI) (cf. aussi* oxide isolation).

oxide isolation   isolement par oxyde *(ou par caisson(s) d'oxyde), isolement diélectrique (par caisson(s)) (CI) (cf. aussi* isolating well, oxidation *et* dielectric isolation).

oxide isolation process   procédé d'isolement par oxyde *(fab. CI) (cf. aussi* oxide isolation).

oxide layer   couche d'oxyde (a) *couche d'oxyde magnétique) (cf. aussi* magnetic oxide) ; (b) *couche d'oxyde isolant) (cf. aussi* oxidation).

oxide passivation   passivation par oxyde *(passivation de la surface d'une puce de composant à semiconducteur par formation d'une couche d'oxyde sur celle-ci) (cf. aussi* passivation, chip 1) *et* oxidation).

oxide pattern   motif d'oxyde *(motif formé par les zones éliminées sur une couche d'oxyde gravée) (fab. CI, semi) (cf. aussi* pattern, oxidation *et* lithography).

oxide regrowth   reformation d'oxyde *(ou de l'oxyde), formation d'une nouvelle couche d'oxyde (formation d'une couche d'oxyde sur une puce de composant à semiconducteur après élimination localisée de la couche initiale et introduction d'impuretés dans la ou les zones mises à nu) (fab. CI, semi) (cf. aussi* oxidation).

oxide side   côté oxyde *(ou de l'oxyde ou couvert d'oxyde) (côté d'une bande magnétique portant une couche d'oxyde magnétique, ou d'une puce portant une couche d'oxyde isolant) (cf. aussi* magnetic oxide *et* oxidation).

oxide-silicon interface   interface oxyde/silicium, interface entre l'oxyde et le silicium, interface entre la couche d'oxyde et le silicium *(CI, semi) (cf. aussi* oxidation).

oxide window   fenêtre de l'oxyde *(ou pratiquée dans l'oxyde) (orifice pratiqué par attaque chimique dans une couche d'oxyde isolant recouvrant le substrat ou une électrode ou une couche de métallisation d'un composant à semiconducteur en vue d'une opération de fabrication ultérieure) (cf. aussi* diffusion window, contact window, oxidation *et* lithography).

oxygen plasma   plasma d'oxygène *(gravure, etc.) (cf. aussi* plasma etching).

p p *(lettre généralement employée en anglais et, parfois, en français à la place de P pour qualifier un type de semiconducteur) (cf. aussi* p-type semiconductor).

P P (a) *abréviation de « positif » employée notamment pour un semiconducteur) (cf. aussi* p *et* positive) ; (b) *cf. aussi* plate 1)) ; (c) *cf. aussi* peak).

p-area *cf.* p-type region.

p⁻ area *cf.* p⁻ region.

p⁺ area *cf.* p⁺ région.

p-atom *cf.* p-type atom.

P band bande P *(bande des fréquences comprises entre 225 et 390 MHz, correspondant à des longueurs d'onde de 1,33 m à 76,9 cm) (hyper) (radioélectricité) (cf. aussi* frequency band).

p-base *cf.* p-type base.

p-channel *cf.* p-type channel.

p-channel... *cf.* PMOS... *(pour les termes qui ne figurent pas ci-après).*

p-channel component composant à canal P *(transistor à effet de champ à canal P ou circuit intégré monolithique utilisant de tels transistors) (semi) (cf. aussi* p-channel field-effect transistor *et* monolithic integrated circuit).

p-channel depletion-mode device *cf.* p-channel depletion-mode MOS transistor.

p-channel depletion-mode MOS *cf.* p-channel depletion-mode MOS transistor.

p-channel depletion-mode MOS transistor transistor MOS canal P à déplétion *(ou* à appauvrissement), transistor PMOS à déplétion *(idem) (noter qu'en anglais, c'est le qualificatif « à déplétion » qui est prépondérant, tandis qu'en français, c'est le qualificatif « (à) canal P ») (semi) (cf. aussi* MOS transistor, depletion mode *et* p-channel).

p-channel depletion-mode MOSFET *cf.* p-channel depletion-mode MOS transistor.

p-channel depletion-mode transistor *cf.* p-channel depletion-mode MOS transistor.

p-channel device 1) dispositif à canal P *(autre nom, plus général, d'un transistor à effet de champ à canal P) (semi) (cf. aussi* p-channel field-effect transistor). 2) *cf.* p-channel component.

p-channel discrete device *cf.* p-channel discrete field-effect transistor.

p-channel discrete FET *cf.* p-channel discrete field-effect transistor.

p-channel discrete field-effect transistor transistor à effet de champ discret à canal P, TEC discret à canal P, FET discret à canal P *(semi) (cf. aussi* field-effect transistor, discrete component *et* p-channel).

p-channel discrete transistor *cf.* p-channel discrete field-effect transistor.

p-channel enhancement-mode device *cf.* p-channel enhancement-mode MOS transistor.

p-channel enhancement-mode MOS *cf.* p-channel enhancement-mode MOS transistor.

p-channel enhancement-mode MOS transistor transistor MOS canal P à enrichissement, transistor PMOS à enrichissement *(noter qu'en anglais, c'est le qualificatif « à enrichissement » qui est prépondérant, tandis qu'en français, c'est le qualificatif « (à) canal P » (semi) (cf. aussi* MOS transistor, enhancement mode *et* p-channel).

p-channel enhancement-mode MOSFET *cf.* p-channel enhancement-mode MOS transistor.

p-channel enhancement-mode transistor *cf.* p-channel enhancement-mode MOS transistor.

p-channel FET *cf.* p-channel field-effect transistor.

p-channel field-effect transistor transistor à effet de champ à canal P, transistor à canal P, TEC à canal P, FET à canal P *(transistor à effet de champ à jonction ou à grille à canal P en version discrète ou intégrée) (ces termes désignent souvent un transistor PMOS) (semi) (cf. aussi* field-effect transistor, p-channel *et* PMOS transistor).

p-channel integrated device *cf.* p-channel integrated field-effect transistor.

p-channel integrated FET *cf.* p-channel integrated field-effect transistor.

p-channel integrated field-effect transistor transistor à effet de champ intégré à canal P, transistor intégré à canal P, TEC intégré à canal P, FET intégré à canal P *(on peut permuter « intégré » et « à canal P » selon le contexte) (transistor MOS ou dérivé à canal P intégré ou transistor à effet de champ à jonction à canal P intégré) (semi) (cf. aussi* field-effect transistor, integrated transistor *et* p-channel).

p-channel integrated JFET *cf.* p-channel integrated junction field-effect transistor.

p-channel integrated junction FET *cf.* p-channel integrated junction field-effect transistor.

p-channel integrated junction field-effect transistor transistor à effet de champ à jonction intégré à canal P, TEC à jonction intégré à canal P, transistor JFET intégré à canal P, FET à jonction intégré à canal P, transistor PFET intégré *(on peut permuter « intégré » et « à canal P » selon le contexte) (CI) (cf. aussi* junction field-effect transistor, integrated transistor *et* p-type channel).

p-channel integrated MOS *cf.* p-channel integrated MOS transistor.

p-channel integrated MOS device *cf.* p-channel integrated MOS transistor.

p-channel integrated MOS transistor transistor MOS intégré à canal P, transistor MOS canal P intégré, transistor PMOS intégré *(CI) (cf. aussi* MOS transistor, integrated transistor *et* p-channel).

p-channel integrated MOSFET *cf.* p-channel integrated MOS transistor.

p-channel integrated transistor *cf.* p-channel integrated field-effect transistor.

p-channel JFET *cf.* p-channel junction field-effect transistor.

p-channel junction FET *cf.* p-channel junction field-effect transistor.

p-channel junction field-effect transistor transistor à effet de champ à jonction à canal P *(semi) (cf. aussi* PFET).

p-channel monolithic ... *cf.* p-channel integrated ...

p-channel MOS *cf.* p-channel MOS transistor.

p-channel MOS ... *cf.* PMOS ... *(pour les termes qui ne figurent pas ci-après).*

p-channel MOS transistor transistor MOS à canal P *(cf. aussi* PMOS transistor).

p-channel MOSFET *cf.* P-channel MOS transistor.

p-channel MOST *cf.* P-channel MOS transistor.

p-channel polysilicon ... *cf.* p-channel silicon-gate ...

p-channel process procédé à canal P, méthode à canal P *(procédé de fabrication de transistors à effet de champ à canal P et notamment de transistors MOS intégrés à canal P) (semi) (cf. aussi* p-channel field-effect transistor *et* PMOS transistor).

p-channel pull-up transistor transistor d'excursion haute à canal P *(transistor MOS à canal P utilisé comme transistor d'excursion haute dans un circuit intégré monolithique) (inf) (cf. aussi* PMOS transistor *et* pull-up transistor).

p-channel silicon-gate MOS *cf.* p-channel silicon-gate MOS transistor.

p-channel silicon-gate MOS transistor transistor MOS canal P à grille silicium *(ou* au silicium) *(CI) (cf. aussi* silicon-gate PMOS transistor).

p-channel technique *cf.* p-channel process.

p-channel technology (la) technique du canal P *(technique des transistors à effet de champ à canal P et notamment des circuits intégrés à transistors MOS à canal P) (semi) (cf. aussi* p-channel field-effect transistor, PMOS transistor *et* technology).

p-channel transistor *cf.* p-channel field-effect transistor.

p-channel unit version à canal P *(transistor, CI) (cf. aussi* p-channel component *et* unit 3)).

P²CMOS *(voir plus loin, après « p-well »).*

p-collector *cf.* p-type collector.

p-conductivity *cf.* p-type conductivity.

p-diffused region *cf.* p-type diffused region.

p⁺ diffused region zone diffusée du type P^+, *(etc.) (semi) (cf. aussi* p⁺ region *(plus loin) et* diffused region).

p-diffusion *cf.* p-type diffused region.

p⁺ diffusion *cf.* p⁺ diffused region.

P display présentation du type P *(radar) (cf. aussi* PPI display).

p-dopant *cf.* p-type impurity.

p-drain *cf.* p-type drain.

P electron électron de la couche P *(atome) (cf. aussi* P shell).

p-emitter *cf.* p-type emitter.

p-epitaxial layer *cf.* p-type epitaxial layer.

p⁺ guard ring anneau de garde du type P^+, anneau de garde dopé P^+, anneau de garde P^+ *(anneau de garde de transistor intégré formé de semiconducteur du type P^+) (CI) (cf. aussi* guard ring (b) *et* p⁺ semiconductor).

p-i-n ... *cf.* PIN ... *(après les rubriques commençant par « pin »).*

p-implant *cf.* p-type implant.

p⁺ implant *cf.* p⁺ implanted region.

p-implanted region *cf.* p-type implanted region.

p⁺ implanted region zone implantée du type P^+, *(etc.) (semi) (cf. aussi* p⁺ region *et* implanted region).

p-impurity *cf.* p-type impurity.

p-isolating well *cf.* p-type isolating well.

p-isolation *cf.* p-type isolation.

p-layer *cf.* p-type layer.

p⁻ layer couche P^-, couche du type P^-, couche P faiblement dopée *(ou* à faible dopage), couche du type P faiblement dopée *(idem) (semi) (cf. aussi* p⁻ region).

p⁺ layer couche P^+, couche du type P^+, couche P fortement dopée *(ou* à fort dopage), couche du type P fortement dopée *(idem) (semi) (cf. aussi* p⁺ region).

p-MOS *cf.* PMOS. *(plus loin) (de même pour les termes dérivés).*

p-n junction jonction PN *(ou* p-n *ou* de semiconducteurs) *(jonction redresseuse formée par une zone de transition entre une zone du type P et une zone du type N dans un monocristal de semiconducteur) (est caractérisée par trois états électriques : 1°) en l'absence de tension à ses bornes, la diffusion des porteurs majoritaires de chaque zone dans la direction du plan de jonction par suite de la différence de concentration d'un même type de porteurs entre les deux zones conduit à leur disparition presque complète, par recombinaison, au niveau du plan de jonction, les atomes de la zone N ayant perdu un électron — ions positifs fixes — situés près de ce plan formant alors une étroite zone de charge d'espace positive de ce côté du plan, tandis que les atomes de la zone P ayant acquis un électron — ions négatifs fixes — situés près du plan forment une étroite zone de charge d'espace négative de l'autre côté de celui-ci, l'ensemble de ces deux zones formant une zone de transition quasi vide de porteurs libres appelée « couche de déplétion » et créant un champ électrique dont le sens est tel qu'il constitue une barrière de potentiel pour les porteurs majoritaires en s'opposant ainsi au passage du courant de diffusion, et favorise au contraire le passage des porteurs minoritaires, c-à-d. le courant dit de saturation, ce qui conduit finalement à l'équilibre des deux courants d'origine interne ; 2°) lorsqu'une tension est appliquée à la jonction de telle façon qu'elle soit polarisée dans le sens direct, le sens du champ électrique externe ainsi créé est tel qu'il se retranche du champ interne en diminuant l'action de celui-ci, donc la largeur de la zone de déplétion, ce qui abaisse la barrière de potentiel proportionnellement à la tension appliquée et permet à celle-ci de faire circuler un courant dans la jonction ; 3°) lorsque la tension est appliquée de telle façon que la jonction soit polarisée dans le sens inverse, le sens du champ électrique créé est tel qu'il s'ajoute au champ interne en renforçant ainsi l'action de celui-ci, donc en augmentant la largeur de la zone de déplétion, ce qui élève la barrière de potentiel proportionnellement à la tension appliquée, en empêchant cette tension de faire circuler un courant dans la jonction, seuls quelques porteurs minoritaires produits par l'agitation thermique traversant la jonction sous l'action du champ créé, en formant le courant de fuite de la jonction) (est le dispositif qui a permis la réalisation du transistor bipolaire) (cf. aussi* homojunction, heterojunction, alloy junction, diffused junction, implanted junction, rectifying junction, p-type region, n-type region, single-crystal, diffusion 1) (a), majority carrier, minority carrier, ion, electron-hole pair recombination, space charge, depletion layer, potential barrier, forward bias, reverse bias, junction leakage current *et* bipolar transistor).

p-n junction diode diode à jonction PN *(diode à jonction dans laquelle celle-ci est une jonction PN) (clpf) (semi) (cf. aussi* junction diode *et* p-n junction).

p-n junction isolation isolement par jonction (PN) *(CI) (cf. aussi* junction isolation).

p-n-p ... *cf.* pnp ...

p-n-p-n component composant à quatre couches *(composant à semiconducteur formé essentiellement de quatre couches de semiconducteurs de type alternativement opposés) (les deux premières couches forment une jonction PN polarisée dans le sens direct, les deux dernières couches forment également une jonction polarisée en direct et les deux couches intermédiaires forment une jonction polarisée dans le sens contraire, empêchant donc le passage du courant tant qu'elle ne part pas en avalanche) (cf. aussi* four-layer diode, thyristor, p-n junction *(au début de la lettre P),* forward bias *et* reverse bias).

p-n-p-n device dispositif à quatre couches *(autre nom, plus général, d'un composant à quatre couches) (cf. aussi* p-n-p-n component).

p-n rectifier redresseur à jonction PN *(ou* p-n), redresseur à jonction au silicium, redresseur au silicium, diode de redressement à jonction *(ou* à semiconducteur), diode à jonction pour redressement) *(ne pas omettre le qualificatif « PN » du premier terme pour ne pas risquer de créer la confusion avec un redresseur à jonction métal-semiconducteur) (diode à jonction PN conçue pour être utilisée comme redresseur et dont la jonction a, en conséquence, une surface dimensionnée en fonction de l'intensité du courant à redresser) (cf. aussi* junction diode *et* rectifier).

p-p *cf.* peak-to-peak.

P-P *cf.* peak-to-peak.

P⁻ pinched resistor résistance à base pincée P⁻ *(résistance à base pincée formée d'une couche P⁻ dans un circuit intégré monolithique) (semi) (cf. aussi* pinched resistor *et* p⁻ layer).

p-region *cf.* p-type region.

p⁻ region zone P⁻, zone du type P⁻, zone P faiblement dopée *(ou* à faible dopage), zone du type P *(idem) (zone de semiconducteur du type P⁻ formée dans un cristal semiconducteur du type N par dopage local de celui-ci) (CI, etc.) (cf. aussi* p⁻ semiconductor *et* n-type semiconductor).

p⁺ region zone P⁺, zone du type P⁺, zone P fortement dopée *(ou* à fort dopage), zone du type P *(idem) (zone de semiconducteur du type P⁺ formée dans un cristal semiconducteur du type N par dopage local de celui-ci) (CI, etc.) (cf. aussi* p⁺ semiconductor *et* n-semiconductor).

p⁻ resistor résistance P⁻ *(résistance de circuit intégré monolithique formée d'une couche P⁻) (semi) (cf. aussi* integrated-circuit resistor *et* p⁻ layer).

p⁺ resistor résistance P⁺ *(résistance de circuit intégré monolithique formée d'une couche P⁺) (semi) (cf. aussi* integrated-circuit resistor *et* P⁺ layer).

P scan *cf.* P display.

p-semiconductor *cf.* p-type semiconductor.

p⁻ semiconductor semiconducteur du type P⁻, semiconducteur P⁻, semiconducteur du type P faiblement dopé *(ou* à faible dopage), semiconducteur P *(idem) (semiconducteur du type P ne contenant qu'un léger excédent de trous par suite d'un faible dopage en atomes accepteurs) (cf. aussi* p-type semiconductor *et* acceptor atom).

p⁺ semiconductor semiconducteur du type P⁺, semiconducteur P⁺, semiconducteur du type P fortement dopé *(ou* à fort dopage), semiconducteur P *(idem) (semiconducteur du type P contenant un grand excédent de trous par suite d'un fort dopage en atomes accepteurs) (cf. aussi* p-type semiconductor *et* acceptor atom).

P shell couche P *(sixième couche électronique d'un atome en partant du noyau) (cf. aussi* electron shell).

p-silicon *cf.* p-type silicon. *(de même pour les termes dérivés).*

p⁻ silicon silicium du type P⁻, silicium P⁻, silicium du type P faiblement dopé *(ou* à faible dopage), silicium P *(idem) (semi) (cf. aussi* silicon *et* p⁻ semiconductor).

p-silicon substrate substrat en silicium du type P⁻, *(etc.) (semi) (cf. aussi* p⁻ silicon *et* substrate (c)).

p⁺ silicon silicium du type P⁺, silicium P⁺, silicium du type P fortement dopé *(ou* à fort dopage), silicium P *(idem) (semi) (cf. aussi* silicon *et* p⁺ semiconductor).

p⁺ silicon substrate substrat en silicium du type P⁺, *(etc.) (semi) (cf. aussi* p⁺ silicon *et* substrate (c)).

p-source *cf.* p-type source.

p-substrate *cf.* p-type substrate.

p⁻ substrate substrat du type P⁻, *(etc.) (substrat de composant à semiconducteur constitué par un semiconducteur du type P⁻) (cf. aussi* P⁻ semiconductor *et* semiconductor component).

p⁺ substrate substrat du type P⁺, *(etc.) (substrat de composant à semiconducteur constitué par un semiconducteur du type P⁺) (cf. aussi* P⁺ semiconductor *et* semiconductor component).

p-to-p *cf.* peak-to-peak.

P-to-P *cf.* peak-to-peak.

p-transistor *cf.* PMOS transistor.

p-type area *cf.* p-type region.

p-type atom atome du type P, atome P *(semi) (cf. aussi* acceptor atom).

p-type base base du type P, base dopée P, base P *(base de transistor bipolaire formée d'une zone de semiconducteur du type P) (la zone de la base est généralement une couche interne) (base de transistor NPN) (cf. aussi* base 3) *et* p-type semiconductor).

p-type channel canal du type P, canal dopé P, canal P *(canal de transistor à effet de champ formé d'une zone de semiconducteur du type P) (cf. aussi* channel¹ 1) (a) *et* p-type semiconductor).

p-type collector collecteur du type P, collecteur dopé P, collecteur P *(collecteur de transistor bipolaire formé d'une zone de semiconducteur du type P) (la zone du collecteur peut être constituée par le substrat dans lequel le transistor est réalisé) (collecteur de transistor PNP) (cf. aussi* collector (a) *et* p-type semiconductor).

p-type component composant du type P *(transistor à effet de champ à canal P ou circuit intégré monolithique utilisant de tels transistors) (cf. aussi* p-channel field-effect transistor *et* PMOS integrated circuit).

p-type conductivity conduction par trous *(conduction dans un semiconducteur du type P) (cf. aussi* p-type semiconductor).

p-type device dispositif du type P *(autre nom, plus général, d'un composant du type P) (semi) (cf. aussi* p-type component).

p-type diffused region zone diffusée du type P, *(etc.) (semi) (cf. aussi* p-type region *et* diffused region).

p-type diffusion diffusion du type P *(ce terme, qui signifie « diffusion d'impuretés du type P », est souvent employé, incorrectement, avec le sens de « zone diffusée du type P » (semi) (cf. aussi* diffusion 2), p-type impurity *et* p-type region).

p-type dopant *cf.* p-type impurity.

p-type drain drain du type P, drain dopé P, drain P *(drain de transistor à effet de champ formé d'une zone de semiconducteur du type P) (transistor à canal du type P) (cf. aussi* drain 1) *et* p-type semiconductor).

p-type emitter émetteur du type P, émetteur dopé P, émetteur P *(émetteur de transistor bipolaire formé d'une zone de semiconducteur du type P) (transistor PNP) (cf. aussi* emitter 1) *et* p-type semiconductor).

p-type epitaxial layer couche épitaxiale du type P, couche épitaxiale dopée P, couche épitaxiale P *(couche épitaxiale constituée de semiconducteur du type P) (CI, etc.) (cf. aussi* epitaxial layer *et* p-type semiconductor).

p-type implant *cf.* p-type implanted region.

p-type implanted layer couche implantée du type P, couche implantée P *(semi) (cf. aussi* implanted layer *et* P-type layer).

p-type implanted region zone implantée du type P, zone implantée P *(semi) (cf. aussi* implanted region *et* p-type region).

p-type impurity impureté du type P, impureté P *(semi) (cf. aussi* acceptor impurity).

p-type ion-implanted ... *cf.* p-type implanted ...

p-type isolating well caisson d'isolement du type P, caisson d'isolement dopé P, caisson d'isolement P, caisson du type P, *(etc.) (caisson d'isolement constitué de semiconducteur du type P) (transistor intégré) (cf. aussi* isolating well *et* p-type semiconductor).

p-type isolation isolement par caisson du type P, *(etc.) (transistor intégré) (cf. aussi* p-type insulating well).

p-type layer couche du type P, couche dopée P, couche P *(couche de semiconducteur du type P) (transistor, CI, etc.) (cf. aussi* p-type semiconductor *et* semiconductor layer).

p-type MOS *cf.* p-channel MOS transistor.

p-type MOS circuit *cf.* p-type MOS integrated circuit).

p-type MOS IC *cf.* p-type MOS integrated circuit.

p-type MOS integrated circuit circuit intégré MOS du type P *(semi) (cf. aussi* PMOS integrated circuit).

p-type region zone du type P, zone P *(zone de semiconducteur du type P formée dans un cristal semiconducteur du type N par dopage local de celui-ci) (transistor, CI, etc.) (cf. aussi* p⁻ region, p⁺ region, p-type semiconductor *et* n-type semiconductor).

p-type semiconductor semiconducteur du type P, semiconducteur dopé P, semiconducteur P *(semiconducteur dans lequel la densité de trous est supérieure à la densité d'électrons de conduction) (les trous sont donc les porteurs majoritaires et assurent, par conséquent, l'essentiel de la conduction électrique dans le semiconducteur) (transistor, CI, etc.) (cf. aussi* p⁻ semiconductor, p⁺ semiconductor, hole density, conduction electron, majority carrier *et* semiconductor).

p-type semiconductor substrate substrat en semiconducteur du type P, *(etc.) (transistor, CI, etc.) (cf. aussi* p-type semiconductor *et* substrate (c)).

p-type silicon silicium du type P, silicium dopé P, silicium P *(semi) (cf. aussi* silicon *et* p-type semiconductor).

p-type silicon substrate substrat en silicium du type P, *(etc.)* (en *ou* de) *(semi) (cf. aussi* p-type silicon *et* substrate (c)).

p-type source source du type P, source dopée P, source P *(source de transistor à effet de champ formée d'une zone de semiconducteur du type P) (transistor à canal P) (cf. aussi* source[1] 2) *et* p-type semiconductor).

p-type substrate substrat du type P, substrat P *(substrat de composant à semiconducteur constitué par un cristal semiconducteur du type P) (cf. aussi* p⁻ substrate ; p⁺ substrate, p-type semiconductor, substrate (c) *et* semiconductor component).

p-type well *cf.* p-type isolating well.

p-well *cf.* p-type isolating well.

p⁻ well caisson du type P⁻, *(etc.) (transistor intégré) (cf. aussi* p-type isolating well *et* p⁻ semiconductor).

P²CMOS *(P² signifie « double polysilicon layer »)* P²CMOS *(circuit intégré CMOS à structure à double couche de polysilicium) (cf. aussi* CMOS integrated circuit *et* double polysilicon-layer structure).

P²CMOS ... *cf.* P²CMOS *et* ... *et* adapter.

P³I *cf.* precison plan-position indicator.

pA *cf.* picoampere.

PA 1) *cf.* power amplifier. 2) *cf.* processor array.

PA system *cf.* public-address system.

PABX *cf.* private automatic branch exchange.

pacemaker stimulateur cardiaque, cardiostimulateur *(générateur d'impulsions miniature généralement implanté dans la poitrine de malades souffrant d'un ralentissement excessif du rythme cardiaque) (les stimulateurs asynchrones émettent des stimulis à cadence fixe ; les stimulateurs synchrones sont équipés d'un détecteur d'activité ventriculaire commandant l'émission d'un stimulus en cas de pause cardiaque d'une durée d'environ 1 seconde) (l'alimentation des circuits du stimulateur est assurée par une pile miniature au mercure ou au lithium ou, plus rarement, par une pile atomique miniature ou encore par un accumulateur cadmium-nickel miniature rechargé toutes les semaines environ à l'aide d'un redresseur incorporé alimenté par un enroulement formant le secondaire d'un transformateur dont l'enroulement primaire est maintenu contre la poitrine pendant le temps nécessaire).*

pack *v* loger, caser *(des informations dans une mémoire numérique, des circuits logiques sur une puce de circuit intégré, des composants sur une carte à circuit imprimé, etc.) (cf. aussi* packing density).

pack drive *cf.* disk-pack drive.

package[1] *s* 1) boîtier *(enveloppe protégeant un composant encapsulé) (cf. aussi* JEDEC package, plastic package, ceramic package, glass package, metal can, DIP, SIP, QUIP, flatpack *et* packaged component). 2) programme d'application *(inf) (cf. aussi* application program).

package[2] *v* 1) encapsuler, mettre sous boîtier, mettre en boîtier *(un composant) (cf. aussi* packaging). 2) grouper *(des circuits sous la forme d'un module) (cf. aussi* module (a)).

package count nombre de boîtiers *(nombre de circuits intégrés, souvent monolithiques, montés sur une carte à circuit imprimé ou nécessaires pour réaliser un appareil ou exécuter un traitement déterminé sur un signal) (cf. aussi* chip count, integrated circuit *et* printed-circuit board).

package defect défaut du boîtier, défectuosité du boîtier *(défaut du boîtier d'un composant encapsulé) (peut être dû à la conception ou la fabrication du boîtier, aux matières employées ou aux conditions de fonctionnement) (manque d'herméticité, déformation, fissuration, décollement, résistance thermique excessive, oxydation, émission de particules ionisantes, etc.) (cf. aussi* package[1] 1), thermal resistance, alphaparticle-induced soft error *et* operating conditions 1)).

package fault *cf.* package defect.

package parasitics parasites dus au boîtier *(ou au rayonnement du boîtier) (CI) (cf. aussi* package radiation).

package radiation rayonnement du boîtier, radiations émises par le boîtier, rayonnement ionisant émis par le boîtier, particules ionisantes émises par le boîtier *(CI) (cf. aussi* alpha-particle-induced soft error).

package-related failure défaillance due au boîtier *(défaillance d'un composant encapsulé due à un défaut de son boîtier) (cf. aussi* package defect).

package-related failure mode type de défaillance due au boîtier *(composant encapsulé) (cf. aussi* failure mode *et* package defect).

packaged component composant encapsulé, composant sous boîtier, composant en boîtier *(composant électronique ou assimilé protégé par un boîtier) (est généralement un composant de petites dimensions ou, par conséquent, de faible puissance) (résistance, condensateur, diode à semiconducteur, transistor, thyristor, circuit intégré hybride ou monolithique, quartz d'oscillateur, inductance, transformateur, relais, etc.) (cf. aussi* package[1] 1).

packaged-component hybrid *cf.* packaged-component hybrid circuit.

packaged-component hybrid circuit circuit hybride à puces en boîtier *(circuit hybride dans lequel les puces des composants à semiconducteur sont montées dans des porte-puce) (cf. aussi* hybrid circuit, chip 1) *et* chip carrier).

packaged crystal quartz en boîtier, quartz sous boîtier *(oscillateur) (cf. aussi* crystal can).

packaged device dispositif encapsulé, *(etc.) (autre nom, plus général, d'un composant encapsulé) (cf. aussi* packaged component).

packaging 1) encapsulation (des composants) *(cf. aussi* component encapsulation). 2) *cf.* circuit packaging 1).

packaging density densité de composants *(nombre de composants montés dans ou sur un module par unité de volume ou de surface, respectivement, de celui-ci) (cf. aussi* component 1), module (a) *et, pour information,* packing density).

packaging engineer ingénieur en encapsulation *(ingénieur spécialisé dans la conception des boîtiers et enrobages pour composants électroniques) (cf. aussi* packaging 1)).

packaging material matériau d'encapsulation, *(parf.)* matière d'enrobage *(cf. aussi* packaging 1) *et* material).

packaging process 1) *cf.* packaging technique. 2) processus de ... *(voir aussi* packaging).

packaging technique méthode d'encapsulation, procédé d'encapsulation *(composants) (cf. aussi* packaging 1)).

packaging technology (la) technique de l'encapsulation *(composants) (cf. aussi* packaging 1) *et* technology).

packet paquet *(en télécommunications, suite de binaires de longueur fixe formant un élément de message identifié dans un réseau à commutation de paquets) (cf. aussi* packet switching).

packet ... *cf.* packet-switching ... *(pour les termes qui ne figurent pas ci-après).*

packet format format de paquet *(d'un ..., du ..., des ...) (selon le contexte) (nombre, longueur, rôle et composition des parties successives ou « champs » d'un paquet d'informations transmis) (tls) (cf. aussi* packet switching *et* format[1]).

packet header en-tête de packet *(groupe de binaires identifiant un paquet au début de celui-ci) (tls) (cf. aussi* packet *et* bit).

packet network *cf.* packet-switching network.

packet number numéro du packet *(numéro d'ordre d'un paquet dans un message transmis par paquets) (cf. aussi* paquet).

packet protocol protocole à paquets, protocole de transmission par paquets *(protocole élaboré pour être utilisé dans un réseau à commutation de paquets) (trans. données) (cf. aussi* protocol *et* packet switching).

packet radio 1) *cf.* packet-switching radio. 2) émetteur-récepteur à paquets, poste à paquets *(émetteur-récepteur conçu pour la transmission de messages par paquets) (ce terme désigne généralement un émetteur-récepteur militaire à bretelles à paquets) (cf. aussi* packet switching).

packet switch autocommutateur à paquets *(ou de paquets) (noms donnés à un ordinateur et aux circuits de commutation associés assurant la commutation dans un central d'un réseau à commutation de paquets) (tls) (cf. aussi* telephone switch *et* packet switching).

packet-switch *v* commuter par paquets *(tls) (cf. aussi* packet switching).

packet-switched commutés par paquets *(messages) (tls) (cf. aussi* packet switching).

packet-switched ... *cf.* packet-switching ...

packet switching commutation de paquets *(commutation dans un réseau de télécommunications dans lequel les messages sont transmis sous la forme de blocs aiguillés vers des mailles ou des branches de mailles éventuellement différentes par des ordinateurs situés aux nœuds du réseau, et regroupés dans l'ordre initial à l'arrivée) (chaque ordinateur mémorise les paquets au fur et à mesure de leur réception et les réémet en fonction de leur destination et des branches disponibles, les paquets de différents messages pouvant être entrelacés et le temps nécessaire à la retransmission étant normalement très court) (permet d'utiliser à chaque instant le meilleur chemin disponible pour un paquet déterminé, en évitant les branches encombrées, défectueuses ou brouillées) (le réseau peut être filaire ou hertzien) (cf. aussi* packet, switching (b), dynamic routing *et* communications network).

packet-switching network réseau à commutation de paquets, réseau de télécommunications *(idem) (cf. aussi* packet switching).

packet-switching radio faisceau hertzien à commutation de paquets *(tls) (cf. aussi* microwave radio *et* packet switching).

packet-switching radio network réseau de faisceaux hertziens à commutation de paquets, réseau hertzien *(idem) (cf. aussi* microwave radio *et* packet switching).

packet-switching radio technology (la) technique des radiocommunications à commutation de paquets *(cf. aussi* packet switching *et* technology).

packet transmission transmission par paquets, transmission des messages par paquets *(tls) (cf. aussi* packet switching).

packing density 1) densité d'intégration *(CI) (cf. aussi* integration density). 2) densité de mémorisation *(inf) (cf. aussi* storage density 1)). 3) densité d'enregistrement *(inf) (cf. aussi* recording density). 4) *cf.* packaging density).

pad 1) réseau atténuateur *(nom parfois donné à un atténuateur fixe, notamment lorsque ses composants ne sont pas montés dans un boîtier) (cf. aussi* fixed attenuator). 2) plage de connexion *(cf. aussi* bonding pad).

padder correcteur de bas de gamme *(super) (cf. aussi* low-frequency padder).

padding capacitor *cf.* padder.

page[1] *s* page *(de mémoire virtuelle, etc.) (inf) (cf. aussi* memory page).

page[2] *v* appeler *(quelqu'un à l'aide d'un système d'appel de personnes) (tls) (cf. aussi* paging system).

page address adresse d'une page *(parf. de la page) (inf) (cf. aussi* address[1] (a) *et* page[1]).

page-oriented memory *cf.* page-oriented virtual memory.

page-oriented memory mapping topographie de mémoire à pages *(topographie en mémoire effectuée pour obtenir une mémoire virtuelle à pages) (inf) (cf. aussi* memory mapping *et* page-oriented virtual memory).

page-oriented virtual memory mémoire virtuelle à pages, mémoire à pages *(mémoire virtuelle dans laquelle l'espace d'adressage est divisé en pages d'égale longueur) (la longueur d'une page est de 128, 256, 512 ou 1024 mots binaires, ou plus) (inf) (cf. aussi* virtual memory, address space, memory page *et* binary word)).

page per minute page par minute, ppm *(unité de vitesse d'impression d'une imprimante par page) (cf. aussi* printing speed *et* page printer).

page printer imprimante à pages *(ou par page ou page par page) (imprimante exécutant l'impression d'une page entière de texte après l'avoir composée) (imprimante laser, notamment) (inf) (cf. aussi* page per minute, laser printer *et* printer 1)).

page receiver *cf.* paging receiver.

page register registre de page *(dans un ordinateur à mémoire virtuelle à pages, registre destiné à contenir une page d'informations dans la mémoire centrale de l'appareil) (inf) (cf. aussi* register[1] 1) (a) *et* page-oriented virtual memory).

page swap transfert de page *(transfert d'une page de mémoire d'une mémoire périphérique à la mémoire centrale ou vice-versa, dans un ordinateur) (inf) (cf. aussi* memory page).

paged memory *cf.* page-oriented virtual memory.

pager *cf.* paging receiver.

paging 1) organisation en pages, pagination *(mémoire d'ordi-*

nateur) (cf. aussi memory page). 2) appel de personnes *(ne pas employer « recherche de personnes ») (cf. aussi* paging system).

paging device *cf.* paging receiver.

paging receiver récepteur d'appel de personnes *(tls) (cf. aussi* paging system).

paging system système d'appel de personnes *(système de télécommunications public permettant d'appeler par téléphone une personne portant un récepteur radio miniature spécial et se trouvant en un point quelconque d'un territoire couvert par des stations d'émission fixes) (le récepteur produit un son discontinu invitant la personne à se mettre en relation par téléphone avec son correspondant ou, dans certains modèles, lui permet de recevoir un message).

paid call communication taxée, communication payante *(clpf) (tél) (cf. aussi* telephone call 1)).

paint *v* 1) passer sur (la cible), balayer (la cible) *(faisceau de radar) (cf. aussi* dwell time 1)). 2) colorier *(une image sur un écran d'ordinateur).

pair 1) paire *(ensemble de deux conducteurs voisins parcourus par un même courant en sens opposés)* (a) *paire téléphonique) (ensemble de deux conducteurs formant un circuit dans une ligne téléphonique en fils nus ou en câble) (cf. aussi* symmetrical pair, coaxial pair, metallic circuit *et* telephone line) ; (b) *ensemble de deux conducteurs appartenant à un même circuit dans un câble plat) (cf. aussi* flat pair *et* twisted-pair flat cable). 2) paire électron-trou *(semi) (cf. aussi* electron-hole pair). 3) paire d'électrons (a) *(supraconduction) (cf. aussi* Cooper pair) ; (b) *physique nucléaire) (cf. aussi* pair production).

pair fault défaut dans une paire *(résistance excessive, coupure ou défaut d'isolement d'un conducteur d'une paire téléphonique, pertes ou court-circuit entre les deux conducteurs, etc.) (cf. aussi* pair 1) (a)).

pair of stations paire de stations *(radionav) (cf. aussi* station pair).

pair production création de paires d'électrons, création de paires *(création simultanée d'un électron négatif et d'un électron positif à proximité du noyau ou d'un électron d'un atome par absorption d'un photon de rayon gamma d'origine interne ou externe) (ce phénomène se produit plus souvent près du noyau que d'un électron ; bien que cette particule n'absorbe pas le photon, sa présence est nécessaire à la création d'une paire et elle absorbe une partie de l'énergie du photon, beaucoup plus grande dans le cas de l'électron, qui recule moins que le noyau) (cette conversion d'un rayonnement électromagnétique en particules est le premier exemple observé de la matérialisation de l'énergie et confirme le principe d'équivalence entre masse et énergie énoncé par Einstein) (physique nucléaire) (cf. aussi* negatron 1), positron *et* photon).

paired ... *cf.* matched ... *(pour les termes qui ne figurent pas ci-après).

paired cable câble à paires *(câble téléphonique multiconducteur dont les conducteurs sont groupés par paires) (cf. aussi* twin cable, coaxial-pair cable, pair 1) (a) *et* telephone cable).

paired electrons 1) électrons appariés, électrons à spins appariés *(paire d'électrons dont les spins sont de signes contraires, c.-à-d. électrons d'une même orbite) (atome) (cf. aussi* electron, spin *et* Pauli exclusion principle). 2) paire d'électrons *(supraconduction) (cf. aussi* Cooper pair).

paired spins spins appariés *(spins d'électrons appariés) (atome) (cf. aussi* paired electrons).

pairing 1) entrelacement défectueux *(entrelacement des trames d'une image de télévision dans laquelle les lignes d'une trame ne sont pas exactement au milieu de l'intervalle séparant deux lignes successives de l'autre trame) (lorsque ce défaut du balayage est tel que les lignes des deux trames se touchent ou se recouvrent plus ou moins, la définition verticale de l'image est divisée par deux) (cf. aussi* interlacing 1) *et* vertical definition). 2) formation de paires *(supraconduction) (cf. aussi* Cooper pair).

pairing process processus de formation des paires (d'électrons *ou* de Cooper) *(supraconduction) (cf. aussi* Cooper pair).

PAL¹ *cf.* PAL system.

PAL² *(vient de « programmable array logic »)* circuit PAL *(circuit intégré numérique comportant en entrée une matrice de portes ET programmable par destruction de fusibles et, en sortie, une matrice de portes OU non programmable) (grâce à cette dernière, il combine une grande partie des possibilités des réseaux logiques FPLA à la simplicité de programmation des mémoires PROM dont il peut utiliser les programmateurs) (Nota : il ne faut pas confondre PAL avec PLA, bien que le premier soit dérivé du second en passant par le FPLA) (inf) (cf. aussi* PLA, FPLA, digital integrated circuit, AND array, fuse link, OR gate *et* PROM).

PAL broadcast émission PAL, *(etc.) (cf. aussi* PAL signal).

PAL chip puce de circuit PAL *(puce de circuit intégré conçu pour être utilisé dans un récepteur de télévision PAL) (décodeur, etc.) (cf. aussi* chip 1 *et* PAL²).

PAL color ... *cf.* PAL ...

PAL colors (les) couleurs (des images) du procédé PAL, *(etc.) (TVC) (cf. aussi* PAL system).

PAL device *cf.* PAL².

PAL programming programmation d'un circuit PAL *(CI) (inf) (cf. aussi* PAL² *et* personality module).

PAL receiver récepteur PAL, récepteur couleur PAL *(ou de télévision en couleurs PAL)*, poste *(idem)*, téléviseur PAL *(ou* couleur PAL) *(cf. aussi* television receiver *et* PAL system).

PAL set *cf.* PAL receiver.

PAL signal signal PAL *(ou du procédé PAL), (etc.)*, signal couleur *(idem) (cf. aussi* color television signal *et* PAL system).

PAL system *(PAL vient de « phase-alternation line »)* procédé PAL *(de télévision en couleurs ou de TVC)*, procédé de télévision en couleurs PAL, *(idem) (procédé de télévision en couleurs allemand dérivé du procédé NTSC dont il diffère principalement par la compensation des erreurs de phase du signal de chrominance à la réception obtenue par inversion de la phase d'une des deux composantes de ce signal à chaque ligne de l'image à l'émission et mise en opposition des signaux de deux lignes successives dans le récepteur pour annuler l'erreur de phase éventuelle) (un commutateur électronique opère cette inversion dans l'émetteur et un commutateur incorporé aux récepteurs et synchronisé sur le premier par des signaux d'identification assure la même commutation à la réception) (pour annuler l'erreur de phase éventuelle du signal de chrominance reçu pour la ligne n, il faut pouvoir l'opposer au signal reçu pour la ligne n + 1, ce qui nécessite de le mettre en mémoire dans une ligne à retard pendant la durée d'une ligne de l'image, soit 64 microsecondes ; les circuits du récepteur font alors la somme et la différence des deux signaux successifs qui, ayant été émis avec des phases opposées, donnent une résultante dont la phase est celle du signal émis pour la ligne n) (les signaux d'identification sont constitués par l'inversion, à chaque ligne, du signe de la phase des salves de référence de couleur, ce qui indique au commutateur du récepteur la position à prendre et assure ainsi sa synchronisation sur le commutateur de l'émetteur) (il est à noter que dans le procédé NTSC, les salves sont toutes les mêmes) (la compatibilité, directe et inverse, du procédé PAL est comparable à celle du procédé NTSC) (cf. aussi* NTSC system, phase *et* delay line).

PAL system colors *cf.* PAL colors.

PAL system compatibility compatibilité du procédé PAL *(TVC) (cf. aussi* television system compatibility *et* PAL system).

PAL system signal *cf.* PAL signal.

PAL television ... *cf.* PAL ...

PAL TV ... *cf.* PAL ...

palladium-gold ink pâte au palladium-or *(pâte conductrice pour circuits hybrides à couches épaisses) (cf. aussi* ink 2)).

palladium-gold-platinum ink pâte au palladium-or-platine *(cf. aussi* palladium-gold ink).

palladium-silver ink pâte au palladium-argent *(cf. aussi* palladium-gold ink).

PAM *cf.* pulse-amplitude modulation.

PAM/FM *(vient de « pulse-amplitude modulation/frequency modulation »)* (procédé) PAM/FM *(procédé de modulation dans lequel une porteuse est modulée en fréquence par des sous-porteuses constituées par des trains d'impulsions modulées en amplitude par autant de signaux que de sous-porteuses) (cf. aussi* pulse-amplitude modulation, frequency modulation, modulation (a), carrier 1) *et* subcarrier).

pan *v* faire un panoramique, panoramiquer *(terme de la technique de prise de vues du cinéma utilisé aussi pour une caméra de télévision ou une caméra vidéo, ainsi que pour le déplacement d'une fenêtre sur l'écran d'un ordinateur) (cf. aussi* windowing).

pan-man operation commande manuelle *(du balayage d'un récepteur d'écoute à balayage) (mil) (cf. aussi* scanning surveillance receiver).

pancake coil bobinage extra-plat, bobinage en forme de galette *(bobinage haute fréquence dont le diamètre est beaucoup plus grand que la hauteur) (cf. aussi* RF coil).

pancake motor moteur plat *(moteur-couple à entraînement direct en forme de galette et à arbre creux pour montage direct sur un axe de cardan de plate-forme stabilisée) (le grand diamètre permet l'utilisation d'un stator à grand nombre de pôles, ce qui permet à son tour une très faible vitesse de rotation et évite l'emploi d'un réducteur de vitesse à engrenages) (cf. aussi* torque motor *et* inertial platform).

pancake resolver trigonomètre plat *(trigonomètre construit comme un moteur plat) (cf. aussi* resolver *et* pancake motor).

panel 1) panneau, *(parf.)* panneau afficheur *(cf. aussi* display panel). 2) platine *(d'un appareil, d'un châssis, etc.) (cf. aussi* front panel). 3) tableau *(cf. aussi* board 1)). 4) groupe de participants *(émission en studio)*.

panel jack jack de tableau *(central tél) (cf. aussi* jack).

panel marking *cf.* front-panel marking.

panel meter 1) appareil de tableau, appareil de mesure *(idem) (appareil de mesure, généralement analogique, conçu pour être monté sur un tableau ou une platine avant) (cf. aussi* board 1), front panel *et* analog meter). 2) appareil (de mesure) monté sur la platine avant *(alim, générateur, etc.) (cf. aussi* front panel).

panel pot *(fam) cf.* panel potentiometer.

panel potentiometer 1) potentiomètre de réglage *(cf. aussi* control potentiometer). 2) *cf.* front-panel potentiometer.

panel printer imprimante à encastrer *(petite imprimante conçue pour être encastrée dans une platine avant ou un tableau) (inf, etc.) (cf. aussi* printer 1), front panel *et* board 1)).

panning exécution d'un panoramique, panoramiquage *(cf. aussi* pan).

panoramic adapter adaptateur panoramique *(dispositif adjoint à un récepteur d'écoute sans visualisation pour permettre celle-ci à l'aide d'un oscilloscope) (mil) (cf. aussi* surveillance receiver).

panoramic display visualisation panoramique (des signaux) *(visualisation, sur un écran cathodique, de l'amplitude des signaux interceptés par un récepteur d'écoute dans la bande de fréquences surveillée) (mil) (cf. aussi* surveillance receiver).

panoramic indicator indicateur d'explorateur panoramique, indicateur panoramique *(mil) (cf. aussi* indicator (b) *et* panoramic receiver).

panoramic receiver explorateur panoramique *(ancien nom du récepteur d'écoute à balayage) (mil) (cf. aussi* scanning surveillance receiver).

paper capacitor condensateur au papier *(condensateur bobiné dans lequel le diélectrique est constitué par deux à six bandes de papier spécial imprégné de cire ou d'huile) (après bobinage sur machine spéciale, l'ensemble est introduit dans un boîtier cylindrique en aluminium, puis séché dans une étuve et imprégné à chaud et sous vide dans une cuve spéciale, avec de la cire minérale ou de l'huile minérale ou synthétique, puis le boîtier est scellé) (dans certains modèles, de moins en moins nombreux, le boîtier métallique est remplacé par un enrobage en résine synthétique) (noter que le terme « condensateur au papier » désigne implicitement le type de condensateur décrit ci-dessus et ne s'emploie pas tel quel pour désigner un condensateur au papier métallisé) (cf. aussi* metallized-paper capacitor, wound-foil capacitor *et* capacitor).

paper-dielectric capacitor *cf.* paper capacitor.

paper feed entraînement du papier *(imprimante)*.

paper motion avance du papier *(imprimante)*.

paper separator séparateur en papier *(bande ou feuille de papier utilisée dans un condensateur au papier) (cf. aussi* paper capacitor).

paper speed vitesse d'avance du papier *(imprimante)*.

pape tape bande de papier *(bande perforée en papier) (clpf) (cf. aussi* punched tape).

paper tape ... *cf.* punched tape ...

paper-white screen écran blanc papier *(ordinateur ou terminal)*.

PAR 1) *cf.* precision approach radar. 2) *cf.* perimeter acquisition radar system.

parabolic aerial *(GB) cf.* parabolic antenna.

parabolic antenna antenne parabolique, antenne à réflecteur parabolique *(antenne directive hyperfréquence formée essentiellement d'un réflecteur parabolique excité par une source primaire) (est utilisée en émission ou en réception, ou les deux alternativement) (faisceau hz, radar) (cf. aussi* Cassegrain antenna, parabolic reflector, microwave antenna, highly-directional antenna, feed[2] 2) *et* parabolic cylinder antenna).

parabolic cylinder aerial *cf.* parabolic cylinder antenna.

parabolic cylinder antenna antenne cylindro-parabolique, antenne à réflecteur cylindro-parabolique *(antenne de radar dans laquelle le réflecteur est une section longitudinale d'un cylindre creux à section droite parabolique, c.-à-d. ressemble à un tronçon de gouttière) (utilise par conséquent une source primaire rectiligne formée d'un alignement de sources élémentaires ou constituée par un guide d'ondes à fentes) (cf. aussi* feed[2] 2), slotted waveguide, radar antenna *et* parabolic antenna).

parabolic dish reflector *cf.* parabolic reflector.

parabolic reflector réflecteur parabolique *(réflecteur d'antenne hyperfréquence dont la forme est celle d'un paraboloïde de révolution) (un paraboloïde de révolution est la surface engendrée par la rotation d'un arc de parabole autour d'un axe de symétrie ; c'est à peu près la forme d'un couvercle de lessiveuse) (dans le mode de fonctionnement en antenne d'émission, le réflecteur convertit en ondes planes les ondes sphériques émises par la source primaire disposée en son foyer ou, si l'on emploie l'analogie avec l'optique, il réfléchit sous la forme d'un faisceau de rayons parallèles les rayons divergents émis par la source, comme le réflecteur d'un phare d'automobile) (dans le mode de fontionnement en antenne de réception, le réflecteur convertit en ondes sphériques les ondes planes qu'il capte ou, si l'on préfère, concentre au foyer les rayons parallèles qu'il capte, comme le miroir d'un télescope) (cf. aussi* truncated paraboloid, parabolic antenna, plane wave *et* spherical wave).

parabolic reflector aerial *(GB) cf.* parabolic antenna.

parabolic reflector antenna *cf.* parabolic antenna.

paraboloid *cf.* parabolic reflector.

paraboloidal reflector *cf.* parabolic reflector.

parallax error erreur de parallaxe, erreur due à la parallaxe *(erreur de lecture de la valeur indiquée par un appareil de mesure analogique ou par la trace d'un écran d'oscilloscope due à la parallaxe)* (a) *erreur de lecture de l'indication d'un appareil de mesure analogique lorsque l'opérateur n'est pas juste en face de l'aiguille) (est due au fait que l'aiguille se trouve à une certaine distance du cadran) (cf. aussi* knife-edge pointer) ; (b) *erreur de mesure de l'amplitude ou la durée d'un signal sur le graticule d'un écran d'oscilloscope à graticule extérieur lorsque l'opérateur n'est pas juste en face du trait considéré) (est due au fait que les traits du graticule sont séparés de la couche fluorescente de l'écran par l'épaisseur de la dalle) (cf. aussi* external graticule *et* faceplate).

parallel a-d ... *(ou* a/d *ou* A/D) *cf.* parallel ...

parallel access accès parallèle *(accès à une mémoire numérique par autant de bornes que les mots binaires mémorisés comprennent de binaires) (inf) (cf. aussi* byte-wide access *et* memory access).

parallel ADC *cf.* parallel converter.

parallel adder additionneur parallèle *(additionneur dans lequel l'addition est exécutée simultanément sur tous les binaires des deux nombres à additionner avec report des retenues) (comprend donc autant d'additionneurs complets que les nombres à additionner comprennent de binaires) (circuit logique) (inf) (cf. aussi* adder).

parallel arrangement montage en parallèle, branchement en parallèle *(montage de deux ou plusieurs éléments de circuit ou dispositifs entre deux bornes de telle manière que la tension à leurs bornes soit la même pour tous) (chaque dispositif a donc une borne connectée à l'une des deux bornes considérées et l'autre à l'autre borne ; l'intensité du courant dans chaque dispositif est indépendante de l'intensité dans les autres) (lorsque les dispositifs sont des sources de courant continu, le montage doit tenir compte de leur polarité, c.-à-d. que toutes les bornes positives des sources doivent être connectées à la même borne et toutes les bornes négatives à l'autre) (cf. aussi* circuit element *et* arrangement 1)).

parallel beam 1) faisceau de rayons parallèles *(faisceau de lumière d'un laser notamment) (cf. aussi* laser beam). 2) faisceau à très faible ouverture *(antenne d'émission) (cf. aussi* pencil beam).

parallel bidirectional data transfer transfert d'informations bidirectionnel en parallèle *(inf) (cf. aussi* data transfer *et* parallel data transfer).

parallel bit pattern combinaison de binaires parallèles, combinaison parallèle *(noms parfois donnés à un mot binaire considéré lors d'un transfert parallèle, par opposition à un tel mot considéré lors d'une transmission série) (inf) (cf. aussi* binary word, parallel transfer *et* bit pattern).

parallel bit stream flux de binaires parallèles, flux parallèle *(flux de binaires existant lors d'un transfert parallèle) (inf) (cf. aussi* bit stream *et* parallel transfer).

parallel circuit circuit parallèle (a) *circuit électrique dont tous les éléments sont montés en parallèle) (est en réalité l'association de plusieurs circuits comportant une partie commune) (cf. aussi* electric circuit, circuit element *et* parallel arrangement) ; (b) *cf. aussi* parallel resonant circuit).

parallel computation *cf.* parallel processing.

parallel computer *cf.* parallel machine.

parallel computing *cf.* parallel processing.

parallel-connected monté en parallèle, *(souvent)* montés en parallèle, branché *(idem) (cf. aussi* parallel arrangement).

parallel-connected circuit *cf.* parallel circuit.

parallel connection *cf.* parallel arrangement.

parallel conversion conversion parallèle *(conversion analogique/numérique réalisée par un convertisseur parallèle) (cf. aussi* parallel converter1)).

parallel converter 1) convertisseur parallèle *(convertisseur analogique¡numérique ou numérique/analogique dans lequel les opérations de conversion sont exécutées simultanément par des circuits montés en parallèle) (ce terme désigne presque toujours un convertisseur analogique/numérique parallèle, un convertisseur numérique/analogique étant implicitement parallèle en pratique) (un convertisseur analogique/numérique parallèle est un convertisseur à approximations successives dans lequel des approximations, au lieu d'être successives, sont simultanées, l'échantillon de tension à numériser étant appliqué à une batterie de comparateurs montés en parallèle) (est naturellement beaucoup plus rapide que le convertisseur à approximations successives, mais nécessite $2^n - 1$ comparateurs, où n est le nombre de binaires du mot binaire obtenu, un nombre de huit binaires, par exemple, nécessitant 255 comparateurs) (cf. aussi* successive-approximation converter, analog-to-digital converter, digital-to-analog converter *et* data converter). 2) convertisseur à inductance parallèle *(noms parfois donnés à un convertisseur indirect pour rappeler que l'enroulement dans lequel l'énergie est accumulée est en parallèle sur le circuit de la charge par l'intermédiaire du couplage magnétique existant entre les deux enroulements du transformateur) (alim) (cf. aussi* flyback converter).

parallel cut *cf.* Y cut.

parallel data informations parallèles *(ou sous forme parallèle)*, données *(idem) (inf) (cf. aussi* data *et* parallel form).

parallel data ... *cf.* parallel ...

parallel digital ... *cf.* parallell ... *(pour les termes qui ne figurent pas ci-après)*.

parallel digital signal signal numérique parallèle (ou sous forme parallèle), signal parallèle (idem) (inf.) (cf. aussi parallel form).

parallel entry cf. parallel input.

parallel form forme parallèle, mode parallèle (mode de traitement, de mémorisation, d'enregistrement ou de transfert de signaux ou informations numériques dans lequel une voie distincte est affectée à chaque binaire d'un mot à traiter, mémoriser, enregistrer ou transférer) (les circuits de traitement ou de mémorisation, le support d'enregistrement ou la ligne de transmission comportent donc autant de voies parallèles que le mot utilisé dans l'appareil ou le système comprend de binaires) (ainsi, par exemple, dans le cas très courant du transfert d'informations en parallèle, si l'appareil travaille sur des mots d'un octet, il utilise huit conducteurs pour leur transfert) (inf) (cf. aussi bus (a1), digital signal, digital data et binary word).

parallel I/O port cf. parallel port.

parallel input entrée parallèle, entrée numérique parallèle (entrée d'informations numériques sous forme parallèle dans un appareil informatique ou autre appareil numérique ou dans un organe d'un tel appareil) (cf. aussi parallel form).

parallel interface cf. parallel port.

parallel lay disposition parallèle (des fils dans un câble plat non torsadé) (cf. aussi flat cable).

parallel loading application de plusieurs charges en parallèle (à une source de courant) (cf. aussi load[1] (a) et parallel arrangement).

parallel machine machine parallèle (véritable multiprocesseur conçu et programmé pour le traitement en parallèle) (inf) (cf. aussi SIMD, MIMD, hypercube, multiprocessor et parallel processing).

parallel mode mode parallèle (mode de fonctionnement d'un appareil ou un dispositif utilisant ou transmettant des signaux sous forme parallèle) (cf. aussi parallel form).

parallel multiplier multiplieur parallèle (multiplieur binaire utilisant des étages additionneurs fonctionnant en parallèle pour exécuter quasi-simultanément les opérations normalement effectuées successivement, et réduire ainsi fortement le temps d'exécution) (inf) (cf. aussi binary multiplier).

parallel operation 1) fonctionnement en parallèle (fonctionnement simultané de plusieurs dispositifs) (a) fonctionnement de plusieurs sources de courants montées en parallèle) (alim, etc.) (cf. aussi current source et parallel arrangement) ; (b) fonctionnement des organes de traitement d'une machine parallèle ou, par extension, fonctionnement de celle-ci) (cf. aussi parallel machine). 2) fonctionnement parallèle (ou en mode parallèle) (cf. aussi parallel mode).

parallel output sortie parallèle, sortie numérique parallèle, (inf) (cf. aussi parallel input et adapter la définition).

parallel-output buffer register registre tampon à sortie parallèle (inf) (cf. aussi buffer register et parallel output).

parallel pattern cf. parallel bit pattern.

parallel-plate capacitor condensateur plan (condensateur dont les armatures sont deux plaques planes et parallèles, généralement en forme de disque) (type de condensateur le plus simple ; est utilisé notamment comme condensateur étalon avec un anneau de garde) (cf. aussi capacitor et guard-ring capacitor).

parallel-plate line ligne à rubans, ligne de transmission (idem) (ligne de transmission hyperfréquence formée de deux ou trois bandes conductrices planes et parallèles séparées par un diélectrique) (dans le cas de deux bandes, est toujours réalisée comme un circuit imprimé double face) (cf. aussi microstrip, stripline, microwave transmission line et double-sided printed circuit).

parallel-plate transmission line cf. parallel-plate line.

parallel port accès parallèle (entrée et/ou sortie parallèle) (inf) (cf. aussi parallel input et port 1)).

parallel printer imprimante parallèle, (etc.) (inf) (cf. aussi line printer).

parallel printing impression parallèle, (etc.) (inf) (cf. aussi line printing).

parallel-process v traiter en parallèle (inf) (cf. aussi parallel processing).

parallel processing traitement parallèle (ou en parallèle) (exécution simultanée de plusieurs parties interdépendantes d'un même programme par autant d'unités centrales indépendantes travaillant en parallèle pour augmenter la vitesse de traitement, le nombre d'unités centrales pouvant être grand et les parties de programme exécutées simultanément pouvant être petites) (ne pas confondre avec le multitraitement) (inf) (cf. aussi parallel machine et multiprocessing) (inf) (cf. aussi multiprocessor, computer program et processing 1)).

parallel processor cf. parallel machine.

parallel register registre parallèle (nom parfois donné à un registre ordinaire d'ordinateur pour le distinguer d'un registre à décalage) (inf) (cf. aussi register[1] 1) (a)).

parallel-resistance formula formule des résistances en parallèle (formule donnant la résistance équivalente à deux résistances montées en parallèle) ($R_e = (R_1 \times R_2)/(R_1 + R_2)$) (cf. aussi resistance).

parallel resonance résonance parallèle, antirésonance (résonance dans un circuit résonnant parallèle) (cf. aussi parallel resonant circuit).

parallel resonant circuit circuit résonnant parallèle, circuit oscillant parallèle, circuit antirésonnant, circuit bouchon (le dernier terme est le plus employé dans les textes courants) (circuit oscillant formé d'une capacité et d'une inductance en parallèle, le tout étant interposé sur le parcours d'un courant à haute fréquence) (dans le cas, observé en pratique, où le courant considéré est un signal complexe, le circuit bouchon entre en résonance aux fréquences du signal proches de sa fréquence de résonance et empêche ainsi le passage de ces fréquences (d'où son nom) que l'on retrouve sous la forme d'une tension alternative à ses bornes les contenant, laquelle tension est transmise à l'étage suivant pour utilisation) (le circuit bouchon est donc un filtre passe-bande à bande étroite ; la bande des fréquences filtrées est d'autant plus étroite que le Q du circuit oscillant est grand) (cf. aussi resonant circuit, complex signal, band-pass filter, narrow-band filter et Q 1)).

parallel-serial ... cf. parallel-to-serial ... (pour les termes qui ne figurent pas ci-après).

parallel/serial ... cf. parallel-to-serial ...

parallel-serial-parallel conversion conversion parallèle-série-parallèle (conversion réalisée par un convertisseur parallèle-série-parallèle) (inf) (cf. aussi parallel-series-parallel converter).

parallel-serial-parallel converter convertisseur mixte (convertisseur analogique/numérique comprenant un convertisseur parallèle fournissant les binaires de poids fort des mots binaires obtenus et un convertisseur à approximations successives fournissant les binaires de poids faible) (permet de réduire fortement le nombre de comparateurs nécessaires à un convertisseur parallèle tout en conservant une grande partie de sa vitesse de conversion) (inf) (cf. aussi parallel converter, most signifiant bit et least significant bit).

parallel-series ... cf. parallel-to-serial ...

parallel/series ... cf. parallel-to-serial ...

parallel signal cf. parallel digital signal.

parallel storage mémorisation en parallèle (mémorisation d'informations numériques sous forme parallèle) (inf) (cf. aussi parallel form).

parallel stream cf. parallel bit stream.

parallel T junction jonction en T parallèle, T parallèle (le second terme est le plus employé) (jonction en T équivalente à la mise en parallèle des deux guides d'ondes raccordés par le T) (ce résultat est obtenu en réalisant le couplage des deux guides d'ondes par le champ magnétique, c-à-d. en raccordant les guides par le petit côté) (hyper) (cf. aussi T junction et H plane).

parallel-T network réseau en double T (cf. aussi twin-T network).

parallel-to-serial conversion conversion de parallèle en série, conversion parallèle/série (ou de la forme parallèle à la forme série ou sérielle), sérialisation (conversion de signaux ou informations numériques de la forme parallèle à la forme série) (inf) (cf. aussi parallel form, serial form, parallel-to-serial converter et data conversion).

parallel-to-serial converter convertisseur parallèle/série,

convertisseur parallèle/sérielle, sérialiseur *(convertisseur de signaux opérant la conversion parallèle/série)* *(fournit donc successivement sur un seul conducteur les n binaires d'un même mot binaire reçus simultanément sur n conducteurs)* *(est un registre à décalage à entrée parallèle et sortie série)* (inf) *(cf. aussi* parallel-to-serial conversion, shift register *et* data converter).

parallel-to-series ... *cf.* parallel-to-serial ...

parallel transfer transfert en parallèle, transfert parallèle *(ou* sous forme parallèle), transfert d'informations *(parf.* des informations) *(idem)* *(mode de transmission d'informations numériques dans lequel les binaires d'un mot binaire sont transmis simultanément, c-à-d. transfert assuré par un bus ou un canal)* (inf) *(cf. aussi* data transfer, parallel form, bus (a1) *et* channel[1] 1) (c)).

parallel transmission *cf.* parallel transfer. *(la transmission se faisant implicitement sous la forme série)* *(cf. aussi* serial transmission).

parallel-vane attenuator atténuateur à lame parallèle *(atténuateur variable en guide d'ondes dans lequel la lame absorbante est montée dans le guide parallèlement aux petits côtés de celui-ci et peut se déplacer suivant une direction perpendiculaire à ces côtés)* (hyper) *(cf. aussi* variable waveguide attenuator).

parallel-wire line ligne à fils parallèles, ligne de transmission à fils parallèles *(ligne de transmission bifilaire dans laquelle les deux fils sont maintenus approximativement parallèles sur toute leur longueur par des isolateurs ou un isolant)* (tél, etc.) *(cf. aussi* two-wire transmission line).

paralleled *cf.* parallel-connected.

paralleled by ... ponté par ..., shunté par ... *(une résistance, etc.)*

parallelling mise en parallèle *(de deux ou plusieurs dispositifs électriques ou électroniques)* *(cf. aussi* parallel arrangement).

parallelism parallélisme *(en informatique, propriété du traitement parallèle ou d'une machine parallèle)* *(cf. aussi* parallel processing, parallel machine *et* concurrency).

paramagnetic paramagnétique *(caractéristique d'un corps possédant la propriété de paramagnétisme ou d'un dispositif ou d'une méthode utilisant cette propriété)* *(cf. aussi* paramagnetism).

paramagnetic amplifier amplificateur paramagnétique *(nom parfois donné au maser à rubis pour rappeler qu'il utilise des ions paramagnétiques)* *(cf. aussi* ruby maser *et* paramagnetic ion).

paramagnetic ion ion paramagnétique *(ion d'un corps paramagnétique)* *(cf. aussi* ion *et* paramagnetic material).

paramagnetic material corps paramagnétique *(corps possédant la propriété de paramagnétisme)* *(oxygène, ozone, platine, potassium, terres rares, etc.)* *(cf. aussi* paramagnetism *et* material).

paramagnetic resonance résonance paramagnétique électronique *(méthode de résonance magnétique utilisant le paramagnétisme électronique, c.-à-d. dans laquelle les transitions entre niveaux d'énergie utilisées sont celles des électrons du corps analysé)* *(est analogue à la résonance magnétique nucléaire, mais nécessite un champ magnétique d'excitation à fréquence beaucoup plus élevée, à savoir un champ hyperfréquence, la fréquence de résonance des électrons étant comprise dans la gamme des hyperfréquences)* *(cf. aussi* magnetic resonance, electron paramagnetism *et* microwave range 1)).

paramagnetism paramagnétisme *(propriété des corps qui, placés dans un champ magnétique, acquièrent une aimantation très faible, proportionnelle à l'intensité du champ magnétisant et de même sens que celui-ci)* *(cette propriété est due au fait que les atomes de ces corps ont un moment magnétique, celui-ci étant dû à la présence d'un ou plusieurs électrons non appariés)* *(magnétisme)* *(cf. aussi* paramagnetic material, unpaired electron, magnetic field strength *et* magnetism).

parameter paramètre *(variable d'un problème à laquelle est affectée une valeur arbitraire)* *(l'exemple classique d'un paramètre est la variable d'une fonction de deux variables à laquelle on affecte successivement différentes valeurs pour construire une famille de courbes, comme c'est fréquemment*

le cas pour les courbes caractéristiques des tubes électroniques et des transistors) *(ce qui précède s'applique au sens correct, mathématique, du terme « paramètre » mais, en pratique, ce terme est souvent employé avec le sens de « caractéristique » (électrique, mécanique, etc.) pour des raisons d'euphonie et parce que l'emploi fréquent de ce dernier terme à la place de « courbe caractéristique » crée une ambiguïté)* *(cf. aussi* transistor parameters *et* characteristic).

parameter set ensemble de paramètres *(cf. aussi* parameter).

parametric amplification amplification paramétrique *(amplification réalisée par un amplificateur paramétrique)* *(cf. aussi* parametric amplifier).

parametric amplifier amplificateur paramétrique *(amplificateur hyperfréquence utilisant la variation commandée de la valeur d'un paramètre d'un circuit oscillant pour produire l'effet d'amplification)* *(le paramètre variable est la capacité du condensateur du circuit oscillant dont la valeur varie au rythme d'un signal dit « de pompage », ce condensateur étant une diode varicap)* *(la fréquence du signal de pompage est le double de la fréquence du signal à amplifier et sa phase par rapport à celui-ci est telle que la capacité de la diode diminue à l'instant où la tension à ses bornes passe par un maximum et qu'elle augmente à l'instant ou la tension passe par zéro; la charge accumulée par la diode à l'instant d'un maximum de la tension étant naturellement constante, la réduction de sa capacité produit une augmentation de la tension à ses bornes conformément à la formule $Q = CV$, d'où $V = Q/C$, où Q est la charge accumulée, C la capacité de la diode et V la tension à ses bornes; cette augmentation représente l'amplification du signal d'entrée)* *(l'amplification par variation de capacité étant un procédé d'amplification ne créant pas de bruit électrique, l'amplificateur paramétrique est un amplificateur à très faible bruit et, pour cette raison, remplace le maser dans la plupart des applications de celui-ci grâce à un encombrement, un poids et un prix beaucoup plus faibles)* *(cf. aussi* microwave amplifier, parameter, resonant circuit, varactor, phase, noise 2) (a) *et* maser).

parametric amplifier diode diode pour amplificateur paramétrique, diode d'amplification paramétrique, diode paramétrique *(diode varicap conçue pour être utilisée dans un amplificateur paramétrique)* (semi) *(cf. aussi* varactor *et* parametric amplifier).

parametric amplifier pump pompe d'amplificateur paramétrique *(cf. aussi* pump[1] *et* parametric amplifier).

parametric analysis analyse paramétrique, analyse de paramètres *(analyse des paramètres de fonctionnement d'un appareil, dispositif ou système)* *(cf. aussi* operating parameters).

parametric device dispositif paramétrique (a) *autre nom, plus général, d'un amplificateur paramétrique)* *(cf. aussi* parametric amplifier); (b) *nom parfois donné à une diode d'amplificateur paramétrique)* *(cf. aussi* parametric amplifier diode).

parametric diode *cf.* parametric amplifier diode.

parametric frequency converter convertisseur paramétrique *(cf. aussi* up-converter (b)).

parametric laser laser paramétrique *(laser excitant un cristal non linéaire pour produire deux rayonnements de fréquences différentes de celle du rayonnement d'excitation)* *(constitue un convertisseur paramétrique à fréquence optique)* *(optique non linéaire)* *(cf. aussi* laser, non-linear crystal *et* up-converter (b)).

parametric test (un) contrôle de paramètres *(cf. aussi* parameter *et* test[1]).

parametric testing (le) contrôle des paramètres *(cf. aussi* parametric test.

paramp *(fam)* *cf.* parametric amplifier.

paraphase amplifier montage déphaseur *(amplificateur fournissant deux tensions en opposition de phase utilisées pour attaquer les deux moitiés d'un amplificateur symétrique)* *(cf. aussi* in phase opposition *et* push-pull amplifier).

parasitic 1) parasite a, *(parf.)* indésirable *(noter qu'en électronique et sciences connexes, l'adjectif français « parasite » est généralement rendu en anglais par « parasitic » pour un élément de circuit indésirable, par « parasitic » ou « stray » pour une propriété indésirable d'un élément de circuit ou une* *propriété d'un élément de circuit indésirable et par « spu-rious » ou « stray » pour un signal ou autre phénomène indésirable) (voir notamment* parasitic diode, parasitic transistor, parasitic SCR, parasitic capacitance, parasitic inductance, stray coupling, stray current, stray field, stray pick-up, spurious output, spurious response *et* spurious signal) *(cf. aussi* parasitics). **2)** élément parasite *(cf. aussi* parasitic element).

parasitic aerial *(GB) cf.* parasitic array.

parasitic antenna *cf.* parasitic array.

parasitic array antenne à éléments passifs *(antenne multi-élément dans laquelle certains éléments sont passifs) (radar, etc.) (cf. aussi* antenna array *et* parasitic element).

parasitic bipolar transistor transistor bipolaire parasite, transistor parasite *(transistor bipolaire indésirable formé dans un circuit intégré monolithique par deux diodes parasites ayant une électrode commune) (cf. aussi* bipolar transistor, monolithic circuit *et* parasitic diode).

parasitic capacitance capacité parasite *(capacité indésirable entre deux éléments de circuit) (capacité entre deux conducteurs voisins identifiables ou entre un conducteur identifiable et la masse ou la terre) (cf. aussi* distributed capacitance, interelectrode capacitance, pin-to-pin capacitance *et* capacitance).

parasitic circuit circuit parasite *(circuit dû à la présence d'un composant parasite dans un circuit intégré monolithique) (cf. aussi* parasitic component).

parasitic component composant parasite *(diode à jonction, transistor bipolaire, transistor MOS ou thyristor indésirable formé par certaines jonctions dans un circuit intégré monolithique MOS ou dérivé) (peut être dû à la structure même du circuit intégré ou à des conditions de fonctionnement créant une polarisation de sens défavorable entre des zones distinctes du substrat) (cf. aussi* parasitic diode, parasitic transistor, parasitic thyristor, MOS integrated circuit *et* bias[1]).

parasitic coupling couplage parasite *(cf. aussi* stray coupling).

parasitic current *(parf.* intensité du) courant parasite *(courant indésirable et généralement gênant produit dans un circuit par un phénomène parasite et notamment par un couplage parasite ou par une tension de bruit) (cf. aussi* stray coupling, noise voltage *et* stray current).

parasitic diode diode parasite *(diode à jonction PN indésirable formée par deux zones contiguës de semiconducteur de types contraires dans un circuit intégré monolithique) (semi) (cf. aussi* p-n junction diode *et* parasitic component).

parasitic element élément parasite, brin parasite *(le second terme est le plus employé) (tige métallique transversale non reliée à la descente d'antenne dans une antenne Yagi, c-à-d. brin directeur ou brin réflecteur) (cf. aussi* Yagi antenna).

parasitic inductance inductance parasite *(inductance indésirable d'un élément de circuit) (ce terme désigne notamment l'inductance d'un condensateur) (cf. aussi* inductance).

parasitic junction capacitance capacité parasite de la jonction *(capacité de la jonction d'un transistor ou autre composant à semiconducteur considérée du point de vue de ses effets indésirables sur le fonctionnement du composant dans le cas considéré) (noter que, dans une diode varicap, la capacité de la jonction est, au contraire, mise à profit) (cf. aussi* junction capacitance *et* varactor).

parasitic MOS transistor transistor MOS parasite *(transistor MOS indésirable formé par deux zones de semiconducteur du même type au-dessus desquelles une couche métallique déborde dans un circuit intégré monolithique) (cf. aussi* MOS transistor *et* parasitic component).

parasitic npn bipolar transistor *cf.* parasitic npn transistor.

parasitic npn transistor transistor NPN parasite, transistor bipolaire NPN parasite, transistor bipolaire parasite du type NPN *(CI) (cf. aussi* NPN transistor *et* parasitic bipolar transistor).

parasitic oscillations oscillations parasites *(oscillations indésirables prenant naissance dans un amplificateur ou un oscillateur) (peuvent être des oscillations auto-entretenues dues à une réaction positive résultant d'un couplage parasite entre l'entrée et la sortie du montage ou des oscillations amorties produites par une impulsion parasite) (dans le premier cas, les oscillations parasites ont généralement une fréquence supérieure à celle du signal amplifié ou produit, mais peuvent aussi avoir une fréquence inférieure) (cf. aussi* singing, motorboating, positive feedback *et* parasitic coupling).

parasitic pnp bipolar transistor *cf.* parasitic pnp transistor.

parasitic pnp transistor transistor PNP parasite, transistor bipolaire PNP parasite, transistor bipolaire parasite du type PNP *(CI) (cf. aussi* PNP transistor *et* parasitic bipolar transistor).

parasitic SCR thyristor parasite *(thyristor indésirable formé par le transistor NPN parasite et le transistor PNP parasite réagissant l'un sur l'autre dans une paire CMOS dans certaines conditions de fonctionnement défavorables) (le transistor NPN est formé par le transistor à canal P de la paire et le transistor PNP par le transistor à canal N) (CI) (cf. aussi* silicon controlled rectifier, parasitic bipolar transistor *et* CMOS pair).

parasitic silicon controlled rectifier *cf.* parasitic SCR.

parasitic stopper *cf.* parasitic suppressor.

parasitic structure structure parasite *(nom parfois donné à un composant parasite) (CI) (cf. aussi* parasitic component).

parasitic suppressor filtre antiparasite *(cf. aussi* interference filter (a)).

parasitic transistor transistor parasite *(transistor indésirale formé par des jonctions parasites ou par une capacité parasite dans un circuit intégré monolithique) (le premier cas est plus fréquent que le second) (cf. aussi* parasitic bipolar transistor, parasitic MOS transistor *et* parasitic component).

parasitics parasites *(radioélectricité, tél) (cf. aussi* interference 1)).

parasitics ... *cf.* parasitic ...

PARD *(vient de « periodic and random deviation »)* bruit d'alimentation *(tension alternative parasite à la sortie d'une alimentation à courant redressée résultant de la superposition de la tension de bruit à l'ondulation résiduelle) (cf. aussi* noise 2) (a) *et* ripple).

parity parité (a) *propriété de symétrie d'une fonction d'onde) (intervient lors de l'inversion spatiale d'une telle fonction, c.-à-d. lors de son inversion par rapport à l'origine de son système de coordonnées) (mécanique quantique) (cf. aussi* even parity 1), odd parity 1) *et* wave function) ; (b) *caractère pair ou impair du nombre de binaires « 1 » contenus dans un groupe de binaires) (inf) (cf. aussi* even parity 2), odd parity 2), longitudinal parity, vertical parity *et* parity bit).

parity bit binaire de parité, binaire de contrôle de parité *(binaire « 1 » ou « 0 » ajouté à un groupe de binaires pour rendre pair ou laisser impair, respectivement, le nombre de binaires « 1 » qu'il contient et permettre ainsi la détection des erreurs susceptibles de se produire en cours de transmission ou de mémorisation) (exemple : si un mot de huit binaires contient cinq « 0 » et trois « 1 », on obtient la parité paire en lui ajoutant le binaire « 1 », ou la parité impaire en lui ajoutant le binaire « 0 ») (inf, tls) (cf. aussi* bit *et* parity).

parity check contrôle de parité, contrôle de la parité *(contrôle destiné à faire apparaître les erreurs de parité éventuelles à la réception d'un signal numérique ou à la lecture d'informations numériques mémorisées) (est rendu possible par l'adjonction de binaires de parité au signal ou aux informations) (inf, tls) (cf. aussi* parity error *et* parity bit).

parity check bit *cf.* parity bit.

parity-check error detection détection d'erreurs par contrôle de parité *(inf, tls) (cf. aussi* parity check).

parity detection *cf.* parity-check error detection.

parity error erreur de parité *(parité impaire d'un groupe de binaires devant avoir la parité paire, ou vice versa, lors d'un contrôle de parité) (inf, tls) (cf. aussi* parity check).

part **1)** partie *(sens usuel).* **2)** pièce *(détachée, de rechange, etc.).* **3)** composant *(électronique ou autre) (noter qu'en électronique, le terme « composant » est relativement récent et désigne ce que l'on appelait auparavant une « pièce détachée ») (cf. aussi* electronic component).

partial-band hopping sauts de fréquence en bande partielle *(sauts de fréquence d'un émetteur radio militaire dans une partie déterminée de la bande VHF) (cf. aussi* frequency hopping *et* VHF band).

partial carry report partiel *(retenue de l'addition de deux binaires dans l'addition de deux nombres binaires à plusieurs binaires ajoutée à la somme des deux nombres après l'obtention de celle-ci) (il y a autant de reports partiels que de colonnes d'addition) (inf) (cf. aussi* binary addition).

partial node nœud partiel *(nœud où la grandeur considérée est minimale mais non nulle) (ondes stationnaires) (cf. aussi* node 1) (b)).

partially reflective wall paroi semi-réfléchissante *(fibre optique, etc.).*

particle particule (a) *(sens usuel) (particule de poudre magnétique, etc.)* ; (b) *(entité physique microscopique matérielle ou immatérielle dotée de propriétés caractéristiques) (atome, ion, électron, photon, phonon, etc.) (les particules les plus utilisées en électronique sont naturellement les électrons et, après, les ions et les photons) (noter que le terme « particule » n'est pas synonyme de « particule élémentaire ») (cf. aussi* corpuscle, quasi-particle, antiparticle, boson, fermion, electron, ion, photon *et* phonon).

particle beam faisceau de particules *(cf. aussi* beam¹ *et* particle (b)).

particle-beam technology (la) technique des faisceaux de particules *(ce terme désigne souvent la technique des faisceaux de particules à haute énergie à usage militaire) (cf. aussi* particle-beam weapon *et* technology).

particle-beam weapon arme à faisceau de particules, arme à particules *(arme à faisceau d'énergie dans laquelle l'énergie est transportée par des particules animées d'une très grande vitesse sous l'action d'un champ électrique accélérateur intense appliqué aux particules chargées naturellement ou artificiellement) (mil) (cf. aussi* charged-particle beam weapon, neutral-particle beam weapon, particle (b), electric field strength *et* beam weapon).

particle-beam weaponry (les) armes à faisceau de particules *(mil) (cf. aussi* particle-beam weapon).

particle charge charge de la particule *(parf.* d'une particule) *(charge électrique portée par une particule) (cf. aussi* electric charge *et* particle).

particle charging charge de particules *(création d'une charge sur des particules) (cf. aussi* particle charge).

particle-like nature *cf.* particle nature.

particle nature nature corpusculaire *(cf. aussi* corpuscular nature).

partition gate grille de partage (de la charge) *(CTD) (cf. aussi* charge partition gate).

partition noise bruit de partage, bruit de répartition *(bruit à la sortie d'un tube électronique à quatre électrodes ou plus dû à la répartition aléatoire du flux d'électrons entre les électrodes positives) (dans un tube tétrode ou pentode, le bruit de partage est dû à la répartition des électrons entre l'anode et la grille écran) (cf. aussi* noise 2) (a), tetrode tube *et* pentode tube).

partitioned charge charge partagée (en deux) *(CTD) (cf. aussi* charge partition gate).

partitioner *cf.* partition gate.

partitioning **1)** partage *(d'une charge électrique en deux parties, d'un disque dur en deux ou plusieurs volumes de mémorisation, etc.) (cf. aussi* charge partition gate). **2)** partage, répartition *(d'un flux de particules, etc.) (cf. aussi* partition noise). **3)** répartition *(de circuits logiques ou analogiques entre plusieurs substrats de circuits intégrés ou zones d'un même substrat) (cf. aussi* integrated circuit). **4)** cloisonnement, compartimentage.

partitioning algorithm algorithme de répartition *(algorithme répartissant les circuits dans le traçage des circuits intégrés par ordinateur) (cf. aussi* algorithm *et* partitioning 3)).

parts count nombre de composants *(ce terme désigne généralement le nombre de composants nécessaires pour réaliser un montage à l'aide de composants discrets) (cf. aussi* discrete component *et, à titre d'information,* chip count).

parts per million parties par million *(équivalent d'un pourcentage en 10 000 fois plus petit) (précision d'une mesure, d'un étalon de tension, etc.).*

party correspondant *s (au téléphone) (cf. aussi* called party *et* calling party).

party line ligne partagée *(ligne téléphonique commune à plusieurs postes) (tls) (cf. aussi* telephone line).

party station poste à ligne partagée *(tél) (cf. aussi* party line).

Pascal Pascal, langage Pascal, langage de programmation Pascal *(langage de programmation évolué) (inf) (cf. aussi* high-level language).

Paschen's law loi de Paschen, loi de la disruption dans les gaz *(loi physique selon laquelle la tension d'amorçage d'une décharge électrique dans un gaz est proportionnelle au produit de la pression du gaz par la distance entre les électrodes, ou formule exprimant cette loi) (cf. aussi* electric discharge *et* discharge tube).

pass¹ *v* **1)** passer *(courant, etc.).* **2)** défiler, passer *(bande magnétique ou autre support à défilement) (cf. aussi* moving medium). **3)** *(sens transitif)* transmettre *(un signal ou des informations) (filtre, etc.).*

pass² *s* passage en machine *(inf) (cf. aussi* run).

pass band *cf.* pass-band.

pass-band *cf.* passband. *(plus loin) (de même pour les termes dérivés).*

pass element élément de régulation, élément régulateur *(transistor ou, anciennement, tube électronique assurant la régulation dans une alimentation régulée série) (cf. aussi* series-pass transistor).

pass transistor transistor ballast *(alim) (cf. aussi* series-pass transistor).

passband bande passante (du filtre, *parf.* d'un filtre) *(bande passante d'un filtre passe-bande) (noter que le terme anglais n'est employé que pour un filtre) (cf. aussi* bandwidth 2) *et* band-pass filter).

passband attenuation atténuation dans la bande passante *(ou* en bande passante) *(atténuation inévitable du signal de sortie d'un filtre passe-bande dans la bande passante) (doit être aussi faible que possible) (cf. aussi* attenuation, band-pass filter *et* ideal filter).

passband loss *cf.* passband attenuation.

passband reflection coefficient coefficient de réflexion dans la bande passante *(coefficient de réflexion d'un filtre hyperfréquence aux fréquences comprises dans sa bande passante) (cf. aussi* reflection coefficient *et* passband).

passband response réponse dans la bande passante *(ou* en bande passante) *(nom donné à la présence plus ou moins marquée d'ondulations dans la bande passante d'un filtre) (cf. aussi* passband ripple *et* response 1)).

passband ripple ondulation dans la bande passante *(ondulation de la courbe de réponse d'un filtre passe-bande dans la partie correspondant à la bande passante) (cette caractéristique s'observe notamment dans le filtre de Tchebycheff) (cf. aussi* band-pass filter, response curve *et* Chebyshev filter).

passed by the ... transmis(es) par le ... *(cf. aussi* pass¹ 3)).

passivate *v* passiver, soumettre à un traitement de passivation *(semi) (cf. aussi* passivation).

passivated chip puce passivée *(ou* ayant subi un traitement de passivation) *(semi) (cf. aussi* chip 1) *et* passivation).

passivated junction jonction passivée *(jonction PN réalisée dans une puce passivée) (la tranche de la jonction affleure la surface passivée) (diode) (cf. aussi* p-n junction *et* passivated chip).

passivated transistor transistor passivé *(transistor discret réalisé dans une puce passivée) (semi) (cf. aussi* discrete transistor *et* passivated chip).

passivation passivation *(protection de la surface d'une puce de composant à semiconducteur par formation d'une couche d'oxyde isolant et protecteur ou par dépôt d'une couche de verre spécial) (cf. aussi* chip 1)).

passivation layer couche de passivation *(semi) (cf. aussi* passivation).

passive acoustic CM *cf.* passive acoustic countermeasures.

passive acoustic countermeasures contre-mesures acoustiques passives, contre-mesures sonar passives *(contre-mesures acoustiques faisant appel à la réduction des bruits émis, notamment par arrêt des machines ou utilisation de machines silencieuses, et au camouflage acoustique) (mar mil) (cf. aussi* acoustic camouflage *et* acoustic countermeasures).

passive acoustic detection détection acoustique passive, détection passive (acoustique) *(détection acoustique réalisée sans émission de signaux acoustiques, c-à-d. réalisée par un* *sonar passif) (mar mil, etc.) (cf. aussi* acoustic detection *et* passive sonar).

passive acoustic homing autopoursuite acoustique passive *(poursuite d'une cible par une torpille équipée d'un auto-directeur sonar passif) (ne permet pas d'atteindre une cible totalement silencieuse telle qu'un sous-marin à l'arrêt, mais ne comporte pas de risque de détection du fait de l'absence d'émission de signaux qu'elle permet) (mil) (cf. aussi* passive acoustic seeker *et* acoustic homing).

passive acoustic homing head *(ou* **sensor** *ou* **system** *ou* **unit)** *cf.* passive acoustic seeker.

passive acoustic seeker autodirecteur acoustique passif, auto-directeur sonar passif, *(etc.) (autodirecteur de torpille utilisant un petit sonar passif pour piloter l'engin vers la cible) (mar. mil) (cf. aussi* passive sonar *et* acoustic seeker).

passive acoustic threat menace acoustique passive, menace sonar passive *(menace constituée par un ou plusieurs sonars passifs hostiles ou autodirecteurs sonar passifs hostiles) (mar. mil) (cf. aussi* passive sonar, passive acoustic seeker *et* acoustic threat).

passive acoustic tracker *cf.* passive acoustic seeker.

passive acoustic tracking *cf.* passive acoustic homing.

passive antiradiation missile *cf.* antiradiation missile.

passive ARM *cf.* passive antiradiation missible.

passive band-elimination filter *cf.* passive band-stop filter.

passive band-pass filter filtre passe-bande passif *(filtre passe-bande réalisé sous la forme d'un filtre passif) (cf. aussi* band-pass filter, passive filter, parallel resonant circuit *et* tuned transformer).

passive band-rejection filter *cf.* passive band-stop filter.

passive band-stop filter filtre coupe-bande passif *(filtre coupe-bande réalisé sous la forme d'un filtre passif) (cf. aussi* band-stop filter *et* passive filter).

passive circuit *cf.* passive network.

passive circuit element *cf.* passive element (a).

passive communications satellite satellite de télécommunications passif, satellite passif *(satellite de télécommunications tel qu'un ballon stratosphérique de grand diamètre à surface métallisée réfléchissant sans les amplifier les signaux reçus d'une station d'émission située sur la Terre) (permet de réaliser un faisceau hertzien transhorizon à très grande portée) (satellite expérimental américain Echo) (cf. aussi* communications satellite *et* over-the-horizon microwave link).

passive component composant passif *(composant électrique ou électronique constituant un élément de circuit passif) (résistance, condensateur, bobine d'inductance, transformateur, tube diode classique, diode à semiconducteur sans avalanche, etc.) (cf. aussi* component 1) *et* passive element (a)).

passive component measurements mesures sur composants passifs, mesures électriques *(idem) (mesures de résistance, de capacité, d'inductance propre ou mutuelle, d'impédance, de tension, d'intensité de courant, de fréquence ou de phase) (cf. aussi* electrical measurements *et* passive component).

passive corner reflector réflecteur en coin de cube *(cible radar ou laser) (cf. aussi* trihedral reflector).

passive countermeasures contre-mesures passives *(contre-mesures électroniques ou acoustiques n'impliquant pas l'émission d'un rayonnement) (ces contre-mesures ne peuvent donc pas être électroniques au sens formel du terme) (mil) (cf. aussi* passive electronic countermeasures, passive acoustic countermeasures *et* countermeasures).

passive countermeasures ... *cf.* passive ECM ... *(pour les termes qui ne figurent pas ci-après).*

passive countermeasures dispenser lance-leurres *(mil) (cf. aussi* chaff dispenser).

passive deceptive countermeasures contre-mesures de diversion passives *(contre-mesures de diversion constituant des contre-mesures passives, c.-à-d. limitées à l'emploi de leurres passifs) (mil) (cf. aussi* deceptive electronic countermeasures, passive countermeasures *et* passive decoy).

passive deceptive ECM *cf.* passive deceptive countermeasures.

passive decoy leurres passifs *(leurres radar ou cibles factices construites au sol pour tromper les engins à guidage par télévision) (mil) (cf. aussi* chaff, decoy[1] *et* television guidance).

passive detection détection passive *(détection d'une présence sans émission d'un rayonnement par le dispositif de détection, c.-à-d. uniquement par captation du rayonnement émis ou réfléchi par l'objet ou l'être à détecter) (le rayonnement capté peut être électromagnétique ou acoustique) (mil, etc.) (cf. aussi* passive infrared detection, passive acoustic detection *et* passive sensor).

passive detection device dispositif de détection passive *(autre nom, plus général, d'un capteur passif) (cf. aussi* passive sensor).

passive detection equipment matériel de détection passive, *(parf.)* moyens de détection passive *(capteurs passifs) (mil, etc.) (cf. aussi* passive sensor).

passive detection system système de détection passive *(ensemble de détecteurs passifs équipant une cible militaire et notamment un aéronef ou un navire) (cf. aussi* passive sensor *et* system).

passive device dispositif passif *(dispositif électronique ou assimilé fonctionnant sans pouvoir fournir d'énergie électrique ou émettre un rayonnement) (composant passif, afficheur passif ou capteur passif) (cf. aussi* passive component, passive display, passive sensor *et* electronic device 1)).

passive diode limiter *cf.* diode limiter.

passive dipole dipôle passif *(nom parfois donné à un élément de circuit passif dans les théories correspondantes) (cf. aussi* passive element (a) *et* dipole 2)).

passive discrete *cf.* passive discrete component.

passive discrete component composant discret passif *(cf. aussi* discrete component *et* passive component).

passive discrete device dispositif discret passif *(autre nom, plus général, d'un composant discret passif) (cf. aussi* passive discrete component).

passive display afficheur passif, afficheur non émissif *(afficheur utilisant la lumière ambiante ou une source de lumière incorporée pour fonctionner) (fait donc appel à la réflexion ou la transmission de cette lumière et n'émet pas lui-même de lumière) (afficheur à cristaux liquides, afficheur électrochromique, afficheur électrophorétique) (cf. aussi* liquid-crystal display, electrochromic display, electrophoretic display, reflective display *et* display[1] 5)).

passive ECM *cf.* passive electronic countermeasures.

passive ECM equipment matériel de contre-mesures passives *(leurres radar, réflecteurs, peintures et revêtements absorbants, générateurs de fumée, etc.) (mil) (cf. aussi* passive countermeasures).

passive electric network *cf.* passive network.

passive electronic component *cf.* passive component.

passive electronic countermeasures contre-mesures électroniques passives, contre-mesures passives *(électroniques) (emploi de leurres radar, contre-mesures de camouflage, silence électronique) (mil) (cf. aussi* passive countermeasures, chaff, concealment countermeasures, electronic silence *et* electronic countermeasures).

passive electronic equipment *cf.* passive detection equipment.

passive electronic warfare guerre électronique passive *(guerre électronique dans laquelle les belligérants évitent au maximum d'émettre des signaux ou autres rayonnements susceptibles d'être exploités par l'adversaire ou par les autodirecteurs de ses engins autoguidés, tout en captant au maximum ses émissions pour les analyser et les exploiter) (radio, radar, sonar) (cf. aussi* electronic warfare, passive detection *et* passive countermeasures).

passive electronics *cf.* passive detection equipment.

passive element élément passif (a) élément de circuit passif) *(élément de circuit ne pouvant fournir de l'énergie au circuit dont il fait partie) (résistance, condensateur, bobine d'inductance ou dispositif se comportant d'une façon analogue) (cf. aussi* circuit element *et* passive component); (b) élément d'antenne passif *(cf. aussi* parasitic element).

passive EW *cf.* passive electronic warfare.

passive filter filtre passif *(filtre ne comportant que des éléments passifs, c.-à-d. filtre classique) (le qualificatif « passif » n'est ajouté que lorsque l'on veut préciser qu'il ne s'agit pas d'un filtre actif) (cf. aussi* filter[1], passive element (a) *et* active filter).

passive filtering filtrage passif (*ou* par filtre passif) *(filtrage réalisé par un filtre passif) (cf. aussi* passive filter).

passive guidance *cf.* passive homing.

passive guidance head *cf.* passive seeker.

passive-guidance missile *cf.* passive homing missile.

passive guidance system (*ou* **unit**) *cf.* passive seeker.

passive homer 1) *cf.* passive homing missile. **2)** *cf.* passive seeker.

passive homing autopoursuite passive, autoguidage passif *(autopoursuite faisant appel à un rayonnement émis par la cible) (est assurée par un autodirecteur passif) (la poursuite est donc autonome comme l'autopoursuite active et, l'autodirecteur n'émettant aucun rayonnement, elle est discrète comme l'autopoursuite semi-active, mais nécessite une cible rayonnante) (mil) (cf. aussi* homing 2), passive seeker *et* radiating target).

passive homing guidance *cf.* passive homing.

passive homing head *cf.* passive seeker.

passive homing missile missile à autodirecteur passif, *(etc.)* missile à autoguidage passif *(mil) (cf. aussi* passive seeker).

passive homing radar radar d'autopoursuite passif *(radar d'autodirecteur radar passif) (mil) (cf. aussi* passive radar seeker).

passive homing sensor (*ou* **system**) *cf.* passive seeker.

passive homing torpedo torpille à autodirecteur passif, *(etc.) (torpille autoguidée équipé d'un autodirecteur acoustique passif) (mar. mil) (cf. aussi* homing torpedo *et* passive acoustic seeker).

passive homing unit *cf.* passive seeker.

passive ICM *cf.* passive infrared countermeasures.

passive imagery images passives *(images obtenues par imagerie passive) (cf. aussi* imagery *et* passive imaging).

passive imaging imagerie passive *(imagerie utilisant uniquement le rayonnement émis naturellement par la scène) (imagerie par télévision et imagerie infrarouge) (mil, etc.) (cf. aussi* television imaging, infrared imaging *et* imaging).

passive infrared CM *cf.* passive infrared countermeasures.

passive infrared countermeasures contre-mesures infrarouges passives *(réduction des émissions involontaires de rayons infrarouges par masquage des sources infrarouges et notamment des tuyères des moteurs à réaction et des pipes d'échappement des moteurs à pistons) (mil) (cf. aussi* infrared countermeasures *et* concealment countermeasures).

passive infrared detection détection infrarouge passive *(détection infrarouge utilisant le rayonnement émis par la cible) (dans le domaine militaire, la détection infrarouge est presque toujours passive, la discrétion liée à cette passivité étant généralement essentielle) (cf. aussi* infrared detection).

passive infrared device dispositif infrarouge passif *(dispositif conçu pour capter et utiliser un rayonnement infrarouge) (clpf) (détecteur infrarouge, caméra infrarouge ou autodirecteur infrarouge) (mil, etc.) (cf. aussi* infrared device, infrared detector, infrared camera *et* infrared seeker).

passive infrared guidance *cf.* passive infrared homing.

passive infrared guidance head (*ou* **system** *ou* **unit**) *cf.* passive infrared seeker.

passive infrared homing autopoursuite infrarouge passive, autoguidage infrarouge passif, guidage infrarouge passif *(cas général de l'autopoursuite infrarouge) (engin autoguidé) (mil) (cf. aussi* infrared homing).

passive infrared homing head (*ou* **sensor** *ou* **system** *ou* **unit**) *cf.* passive infrared seeker.

passive infrared seeker autodirecteur infrarouge passif *(cas général d'un autodirecteur infrarouge) (engin autoguidé) (mil) (cf. aussi* infrared seeker).

passive infrared seeker head *cf.* passive infrared seeker.

passive infrared sensor capteur infrarouge passif *(cas général d'un capteur infrarouge) (le qualificatif « passif » n'est employé ici que dans le domaine militaire, et ce rarement) (cf. aussi* infrared sensor).

passive infrared threat menace infrarouge passive *(menace constituée par un missile à autodirecteur infrarouge ou par une caméra infrarouge de poursuite) (cf. aussi* infrared seeker *et* infrared tracker).

passive infrared tracker *cf.* infrared tracker.

passive infrared tracking *cf.* passive infrared homing.

passive infrared tracking head *cf.* passive infrared seeker.

passive intercept *cf.* intercept[2].

passive jamming brouillage passif *(brouillage opéré sans émission de rayonnement, c.-à-d. par emploi de leurres radar) (mil) (cf. aussi* jamming *et* chaff).

passive load charge passive *(charge d'un étage à transistor constituée par une résistance ou une inductance) (CI) (cf. aussi* load[1] (a)).

passive lobing commutation passive de lobes, commutation de lobes en mode passif *(commutation de lobes sans émission de signaux dans une antenne à commutation de lobes d'un radar de poursuite fonctionnant en mode de réception) (avia. mil) (cf. aussi* lobe-switching antenna).

passive lobing aerial (*GB*) *cf.* passive lobing antenna.

passive lobing antenna antenne à commutation passive de lobes *(cf. aussi* passive lobing).

passive lobing antenna ... *cf.* passive lobing ...

passive lobing capability possibilités de ... *(parf. au singulier) (cf. aussi* passive lobing *et* capability).

passive lobing radar radar à commutation passive de lobes *(cf. aussi* passive lobing).

passive measures *cf.* passives countermeasures.

passive microwave component composant hyperfréquence passif *(composant hyperfréquence autre qu'un tube électronique, un transistor ou une diode à avalanche) (cf. aussi* microwave component *et* passive component).

passive microwave device dispositif hyperfréquence passif *(autre nom, plus général, d'un composant hyperfréquence passif) (cf. aussi* passive microwave component).

passive microwave IC *cf.* passive microwave integrated circuit.

passive microwave integrated circuit circuit intégré hyperfréquence passif *(circuit intégré hyperfréquence ne comportant pas de transistors) (cf. aussi* microwave integrated circuit).

passive microwave sensor capteur hyperfréquence passif *(nom parfois donné à un radiomètre hyperfréquence, notamment lorsque celui-ci est monté dans un satellite de télédétection) (cf. aussi* microwave radiometer *et* microwave sensor).

passive missile *cf.* passive homing missile.

passive missile guidance autoguidage passif d'un missile *(mil) (cf. aussi* passive homing).

passive missile guidance head (*ou* **sensor** *ou* **system** *ou* **unit**) *cf.* passive missile seeker.

passive missile seeker autodirecteur passif de missile, *(etc.) (mil) (cf. aussi* passive seeker *et* missile seeker).

passive missile seeker head *cf.* passive missile seeker.

passive missile tracker *cf.* passive missile seeker.

passive missile tracking head *cf.* passive missile seeker.

passive mode mode passif *(mode de fonctionnement d'un dispositif passif) (cf. aussi* passive device *et* operating mode).

passive navigation countermeasures contre-mesures antinavigation passives *(contre-mesures antinavigation consistant à réduire au minimum admissible le nombre, la puissance et la zone de couverture des émissions radio et radar amies susceptibles d'être captées par des instruments de navigation d'aéronefs ou missiles de l'adversaire) (mil) (cf. aussi* navigation countermeasures *et* navigation instrument).

passive network réseau passif, réseau électrique passif *(réseau électrique ne comportant que des éléments de circuit passifs) (cf. aussi* network 1) *et* passive element (a)).

passive probe sonde passive *(sonde d'oscilloscope ou autre appareil d'analyse ou de mesure ne comportant pas d'amplificateur) (le qualificatif « passive » n'est employé que lorsqu'on veut préciser qu'il ne s'agit pas d'une sonde active) (clpf) (cf. aussi* probe[1] (a)).

passive pull-up *cf.* passive pull-up device.

passive pull-up device dispositif passif d'excursion haute *(autre nom, plus général, d'une résistance d'excursion haute) (circuit logique) (cf. aussi* pull-up resistor).

passive quadripole quadripôle passif *(quadripôle constituant un réseau électrique passif) (filtre passif, atténuateur, ligne de transmission sans répéteurs, etc.) (cf. aussi* quadripole *et* passive network).

passive radar radar passif *(terme impropre employé pour désigner un récepteur radioélectrique spécial et son antenne utilisés pour capter les signaux émis par un ou plusieurs radars) (cf. aussi* radar) (a) *récepteur d'un détecteur de radars) (mil) (cf. aussi* radar warning receiver) ; (b) *récepteur d'un autodirecteur radar semi-actif) (mil) (cf. aussi* semi-active radar seeker).

passive radar-controlled missile *cf.* passive radar homing missile.

passive radar detection détection des radars *(la détection des radars est passive par nature et ce qualificatif n'est ajouté au terme anglais que pour éviter la confusion avec « radar detection », qui a généralement un autre sens) (mil) (cf. aussi* radar warning receiver *et* radar detection).

passive radar detection system *cf.* radar warning system 3) *et* 4).

passive radar detector détecteur de radars *(mil) (cf. aussi* radar warning receiver *et* passive radar detection).

passive radar guidance *cf.* passive radar homing.

passive radar guidance head *(ou* **sensor** *ou* **system** *ou* **unit***) cf.* passive radar seeker.

passive radar-guided missile *cf.* passive radar homing missile.

passive radar homing autopoursuite radar passive *(autopoursuite d'une cible par un missile équipé d'un autodirecteur radar passif) (mil) (cf. aussi* homing[1] 2) *et* passive radar seeker).

passive radar homing head *(ou* **sensor** *ou* **system** *ou* **unit***) cf.* passive radar seeker.

passive radar homing missile missile à autodirecteur radar passif, *(etc.)*, missile à autopoursuite radar passive *(ou à* autoguidage radar passif) *(autres noms, plus descriptifs, d'un missile antiradar) (cf. aussi* passive radar seeker).

passive radar seeker autodirecteur radar passif, *(etc.) (autodirecteur analogue à un autodirecteur radar semi-actif, mais conçu pour exploiter les signaux reçus directement d'un radar, c.-à-d. pour être monté sur un missile antiradar) (mil) (cf. aussi* semi-active radar seeker, antiradiation missile *et* homing head).

passive radar seeker head *cf.* passive radar seeker.

passive radar sensor *cf.* passive radar detector.

passive radar threat menace radar passive *(menace constituée par un missile antiradar) (mil) (cf. aussi* antiradiation missile *et* threat).

passive radar warning equipment *cf.* passive radar detector.

passive radar warning system *cf.* radar warning system 3) *et* 4).

passive radiometry *cf.* radiometry.

passive range measurement *cf.* passive sonar ranging.

passive ranging *cf.* passive sonar ranging.

passive receiver récepteur passif *(pléonasme désignant un récepteur de radar ou de sonar non associé à un émetteur) (récepteur de radar bistatique, récepteur de détecteur de radars, récepteur d'autodirecteur radar semi-actif ou passif, récepteur de sonar passif ou récepteur d'autodirecteur sonar passif) (cf. aussi* bistatic radar, radar warning receiver, semi-active radar seeker, passive radar seeker, passive sonar *et* passive acoustic seeker).

passive receiving array *cf.* passive sonar array.

passive reflector réflecteur passif *(réflecteur disposé en hauteur pour réfléchir vers un relais hertzien le faisceau d'ondes émis par une antenne de faisceau hertzien située en contrebas) (radiocom) (cf. aussi* microwave radio 1) *et* radio relay).

passive remote sensing télédétection passive *(télédétection ne faisant pas appel à l'émission d'un rayonnement par le capteur utilisé, le rayonnement capté par celui-ci étant la lumière du soleil réfléchie par la surface observée ou le rayonnement infrarouge émis par celle-ci) (en d'autres termes, télédétection par chambre photographique, par caméra cinématographique ou de télévision ou par radiomètre) (cf. aussi* remote sensing).

passive RF ... *cf.* passive radar ...

passive satellite *cf.* passive communications satellite.

passive scanning exploration passive *(exploration d'une zone de l'espace par un radar militaire avec le récepteur en fonctionnement et l'émetteur arrêté pour détecter les émissions radar de l'adversaire).*

passive search sonar sonar de veille passif *(mar. mil) (cf. aussi* search sonar *et* passive sonar).

passive seeker autodirecteur passif, *(etc.) (autodirecteur n'émettant aucun rayonnement pour remplir sa fonction d'autoguidage et utilisant à cette fin un rayonnement émis par la cible) (assure par conséquent l'autopoursuite passive) (autodirecteur infrarouge, autodirecteur télévision, autodirecteur radar passif ou autodirecteur sonar passif) (mil) (cf. aussi* homing head, passive homing, infrared seeker, television seeker, passive radar seeker *et* passive acoustic seeker).

passive seeker head *cf.* passive seeker.

passive sensor capteur passif *(capteur n'émettant aucun rayonnement pour remplir sa fonction) (permet par conséquent la détection passive) (détecteur infrarouge, caméra infrarouge, caméra de télévision ordinaire, détecteur de radars, détecteur de laser, sonar passif) (mil, etc.) (cf. aussi* sensor *et* passive detection).

passive signature empreinte passive *(ou par captation)*, signature *(idem) (empreinte obtenue sans émettre d'ondes en direction de la cible, c.-à-d. par captation du rayonnement émis par celle-ci, à l'aide d'une caméra infrarouge ou d'un sonar passif) (mil) (cf. aussi* signature 1), infrared camera *et* passive sonar).

passive sonar sonar passif *(sonar comprenant essentiellement un récepteur et un ou plusieurs hydrophones, mais pas d'émetteur) (capte et analyse les ondes sonores émises naturellement par les navires de surface et les sous-marins à détecter et identifier : bruits d'hélices, de machines et de sillage) (réalise ainsi la détection acoustique passive) (mar. mil) (cf. aussi* sonar).

passive sonar array groupement d'hydrophones, groupement passif *(sonar) (mil) (cf. aussi* hydrophone *et* array).

passive sonar bearing measurement détermination de gisement par sonar passif *(détermination du gisement d'une cible par un sonar passif) (mar. mil) (cf. aussi* bearing 1) *et* passive sonar).

passive sonar CM *cf.* passive sonar countermeasures.

passive sonar countermeasures *cf.* passive acoustic countermeasures.

passive sonar detection détection par sonar passif *(détection de navires, notamment de sous-marins, par un sonar passif) (mar. mil) (cf. aussi* passive sonar).

passive sonar localization localisation par sonar passif *(localisation de navires, notamment de sous-marins, par un sonar passif) (mar. mil) (cf. aussi* passive sonar).

passive sonar location *cf.* passive sonar localization.

passive sonar range measurement *cf.* passive sonar ranging.

passive sonar ranging télémétrie sonar passive *(ou par sonar passif parf.* par un sonar passif), mesure de distance par sonar passif *(idem) (mar. mil) (cf. aussi* sonar ranging *et* passive sonar).

passive sonar signal signal de sonar passif *(signal acoustique reçu et traité par un sonar passif ou signal électrique le représentant) (mil) (cf. aussi* sonar signal *et* passive sonar).

passive sonar signal analysis analyse de signaux de sonars passifs *(mar. mil) (cf. aussi* passive sonar signal).

passive sonar signal processing traitement de signaux de sonars passifs *(est effectué pour permettre leur analyse) (mar. mil) (cf. aussi* signal processing *et* passive sonar signal).

passive sonar system station sonar passive *(station sonar équipé d'un sonar passif) (mar) (cf. aussi* sonar system *et* passive sonar).

passive sonar target cible d'un sonar passif *(cible marine dont le bruit est capté par un sonar passif) (mar. mil) (cf. aussi* passive sonar).

passive sonar target ... *cf.* passive sonar ...

passive sonobuoy bouée acoustique passive *(bouée acoustique équipée d'un ou plusieurs hydrophones) (clpf) (mar. mil) (cf. aussi* sonobuoy).

passive submarine detection détection passive des sous-marins *(détection des sous-marins par des sonars passifs) (mar. mil) (cf. aussi* passive sonar).

passive substrate substrat passif *(nom parfois donné à un substrat isolant de circuit intégré monolithique pour rappeler qu'il ne participe pas au fonctionnement de celui-ci, contraire-*

ment à un substrat semiconducteur) (cf. aussi insulating substrate *et* semiconductor substrate).

passive target acquisition, identification and tracking accrochage, identification et poursuite passives de la cible *(autodirecteur télévision) (mil) (cf. aussi* target acquisition *et* television seeker).

passive threat menace passive *(menace constitué par un ou plusieurs engins hostiles à autodirecteur passif ou par un ou plusieurs capteurs passifs hostiles) (mil) (cf. aussi* threat, passive seeker *et* passive sensor).

passive tracker *cf.* infrared tracker.

passive tracking poursuite passive *(poursuite d'une cible sans émission de rayonnement et, par conséquent, avec exploitation d'un rayonnement émis ou réfléchi par la cible) (poursuite par une caméra de télévision infrarouge ou ordinaire ou par un autodirecteur passif) (noter que « passive tracking » a un sens plus large que « passive homing ») (mil, etc.) (cf. aussi* passive homing, target 1) (a) *et* infrared camera).

passive tracking head *(ou* **sensor** *ou* **system** *ou* **unit)** *cf.* passive seeker.

passive transducer transducteur passif *(transducteur ne comportant pas de source d'énergie susceptible d'introduire un gain entre la grandeur d'entrée et la grandeur de sortie) (la puissance fournie à la charge est donc égale à la puissance absorbée à l'entrée, aux pertes près) (en d'autres termes, fonctionne avec la seule énergie transportée par la grandeur d'entrée) (clpf) (un capteur est souvent un transducteur passif) (cf. aussi* transducer 1) *et* energy).

passive triangulation triangulation passive *(triangulation par radiogoniométrie) (est utilisée notamment pour la détermination de l'emplacement d'un émetteur au sol de l'adversaire dans une zone d'opérations militaires) (cf. aussi* radio direction finding).

passively homing ... *cf.* passive homing ...

password mot de passe *(en télématique notamment, nom souvent donné au code d'accès à une banque de données ou autres informations) (cf. aussi* data base).

paste-on jammer brouilleur rapporté *(brouilleur extérieur monté dans un boîtier plat plus ou moins profilé fixé directement sur le revêtement du fuselage de l'aéronef) (mil) (cf. aussi* external jammer).

paste solder soudure en pâte *(mélange de soudure à l'étain en poudre et de pâte à souder) (cf. aussi* solder[1] *et, à titre d'information,* soldering paste).

patch[1] *s* **1)** connexion *(réalisée à l'aide d'un dicorde) (central tél) (cf. aussi* patch cord). **2)** correction, *(parf.)* modification *(effectuée dans un programme d'ordinateur, généralement lors de sa mise au point) (inf) (cf. aussi* computer program).

patch[2] *v* **1)** connecter, relier *(deux jacks à l'aide d'un dicorde) (central tél) (cf. aussi* patch cord). **2)** corriger, *(parf.)* modifier *(inf) (cf. aussi* patch[1] 2)).

patch bay *cf.* patch board.

patch board tableau de connexion *(panneau portant des jacks reliés par des dicordes permettant d'établir des connexions temporaires dans un central téléphonique ou un centre de distribution de modulation d'une chaîne de radiodiffusion sonore) (cf. aussi* plugboard, jack *et* patch cord).

patch cord **1)** dicorde *m (cordon à deux conducteurs terminé à chaque extrémité par une fiche de jack) (sert principalement à établir une communication entre deux abonnés dans un central téléphonique manuel en reliant les douilles de jack des deux lignes correspondantes) (cf. aussi* jack). **2)** cordon de connexion, fiche de connexion *(le second terme est courant, mais impropre) (cordon terminé à chaque extrémité par une fiche unipolaire utilisé avec un tableau de connexions à douilles unipolaires) (inf) (cf. aussi* plugboard).

patch panel *cf.* patch board.

patch plug *cf.* patch cord.

patch routine sous-programme de correction *(inf) (cf. aussi* subroutine *et* patch[1] 2)).

patching **1)** connexion par dicorde *(central tél) (cf. aussi* patch cord 1)). **2)** connexion par cordon de connexion *(inf) (cf. aussi* patch cord 2)). **3)** correction de programme *(inf) (cf. aussi* patch[1] 2)).

patching cord *cf.* patch cord.

patching jack-field batterie de jacks (d'interconnexion) *(central tél, etc.) (cf. aussi* jack field).

path chemin, *(parf.)* trajet *(suivi par un courant électrique, par une onde ou par des informations) (cf. aussi* current path, propagation path *et* data path).

path attenuation *(cf. aussi* attenuation *et* path loss) **1)** atténuation de propagation *(onde).* **2)** affaiblissement en ligne *(tél).*

path clearance hauteur au-dessus du sol *(hauteur minimale de l'axe d'un faisceau hertzien par rapport au sol) (radiocom) (cf. aussi* microwave radio *et* Fresnel zone).

path finder *cf.* navigation radar.

path length **1)** longueur de trajet *(parf. du trajet) (onde).* **2)** longueur des lignes de force *(dans un circuit magnétique) (cf. aussi* magnetic line of force *et* magnetic circuit).

path loss **1)** pertes de propagation *(onde) (cf. aussi* propagation loss). **2)** pertes en ligne *(tél) (cf. aussi* transmission loss 2)).

path losses *cf.* path loss.

path profile profil de la liaison *(profil, dans le plan vertical, d'une ligne téléphonique ou électrique ou d'une liaison par faisceau hertzien en plusieurs bonds).*

path survey reconnaissance du terrain *(étude sur le terrain du tracé prévu pour une ligne téléphonique ou électrique ou une liaison par faisceau hertzien en plusieurs bonds).*

pattern modèle, dessin, motif, tracé, figure, image, mire, combinaison *(selon le contexte) (dans le domaine de la fabrication des circuits intégrés et des composants discrets à semiconducteur, le terme « pattern » se traduit toujours par « motif » et désigne la reproduction d'un circuit intégré ou d'un composant portée par un masque de gravure ou un réticule ou formée visiblement ou non sur la surface traitée) (voir les rubriques suivantes commençant par ce terme) (cf. aussi* patterning *et, pour l'informatique,* bit pattern).

pattern analysis *cf.* image analysis.

pattern generation **1)** génération de mires *(souvent de la mire) (TV) (cf. aussi* pattern generator). **2)** génération de combinaisons logiques *(ou binaires ou de binaires) (analyseur logique) (inf) (cf. aussi* logic pattern *et* logic analyzer). **3)** tracé des motifs *(exécution manuelle ou automatisée des dessins représentant les motifs à reproduire sur un masque de gravure ou un réticule) (fab. CI, CH) (cf. aussi* pattern, mask 2) *et* reticle).

pattern generator **1)** générateur de mire *(appareil électronique fournissant les signaux nécessaires pour faire apparaître une mire sur l'écran d'un récepteur de télévision) (cf. aussi* test pattern 1)). **2)** *cf.* word generator. **3)** *cf.* pattern printer.

pattern matching corrélation d'images *(comparaison, par un ordinateur, d'une scène quelconque à une image de référence conservée dans une mémoire numérique) (autoguidage, reconnaissance des formes) (cf. aussi* map-matching guidance *et* pattern recognition).

pattern of holes combinaison de trous *(dans une colonne de carte perforée ou sur une ligne d'une bande perforée) (inf, tlg) (cf. aussi* punched card *et* punched tape).

pattern of punches *cf.* pattern of holes.

pattern printer graveur de motifs, graveur *(termes que j'ai proposés) (machine conçue pour la gravure des circuits intégrés monolithiques et des composants à semiconducteur discrets, ainsi que des masques de gravure et des réticules) (cf. aussi* contact printer, proximity printer, projection printer, electron-beam printer, lithography, mask 2) *et* reticle).

pattern printing *cf.* patterning.

pattern recognition reconnaissance des formes *(identification d'un graphisme ou de ses particularités par comparaison des signaux électriques fournis par son analyse photoélectrique à des informations mises en mémoire) (lecture de documents imprimés ou manuscrits, analyse de photographies stratégiques ou autres, analyse de clichés d'organes malades, etc.) (inf) (cf. aussi* optical sensing).

pattern registration alignement du motif *(parf. des motifs) (gravure) (fab CI, semi) (cf. aussi* alignment 2) *et* pattern).

pattern sensitivity sensibilité à la combinaison logique *(risque de fonctionnement défectueux d'un circuit MOS LSI ou à densité supérieure pour certaines combinaisons de signaux* *logiques par suite d'effets de capacité entre électrodes) (inf)* *(cf. aussi* MOS LSI circuit, logic pattern *et* integration density).

patterning formation des motifs *(sensibilisation sélective du vernis protecteur dans le procédé de gravure) (fab. CI, semi) (cf. aussi* optical patterning, electron-beam patterning, pattern *et* lithography).

Pauli exclusion principle principe d'exclusion (de Pauli) *(principe selon lequel il ne peut y avoir plus d'un électron d'un atome dans un état d'énergie déterminé, c.-à-d. que deux électrons d'un atome ne peuvent avoir leurs quatre nombres quantiques identiques) (il en résulte qu'un niveau d'énergie d'un atome ne peut contenir que 0, 1 ou 2 électrons et que, dans ce dernier cas, leurs nombres quantiques de spin sont de signes contraires) (cf. aussi* electron, energy state, quantum number, energy level *et* paired electrons 1)).

Pauli paramagnetism paramagnétisme de Pauli *(ou* constant *ou* faible) *(paramagnétisme caractérisé par son indépendance vis-à-vis de la température et la faible intensité d'aimantation obtenue) (s'observe dans certains corps et notamment les métaux alcalins, les métaux alcalino-terreux, l'aluminium, l'étain, l'osmium, le platine, le tungstène et le vanadium) (selon la théorie de Pauli, en l'absence de champ magnétique extérieur, les électrons libres de ces corps se répartissent en deux populations égales et de spins opposés, ce qui a pour résultat un moment magnétique nul) (l'application d'un champ magnétique à un échantillon du corps crée un apport d'énergie potentielle négative modifiant la répartition des spins en faveur des spins positifs, lesquels ne sont alors plus totalement compensés par les spins négatifs, ce qui a pour résultat un moment magnétique non nul, bien que très faible) (magnétisme) (cf. aussi* paramagnetism, alkali metal, alkaline-earth metal, conduction electron, spin *et* magnetic moment).

Pauli principle *cf.* Pauli exclusion principle.

PAX *cf.* private automatic exchange.

pay-off reel *cf.* pay-out reel.

pay-out reel bobine débitrice *(appareil à bande) (cf. aussi* feed reel).

pay-out spool *cf.* pay-out reel.

pay station poste public, poste téléphonique public *(peut être installé dans une cabine téléphonique, un local public ou un coffret extérieur) (cf. aussi* telephone station).

pay television télévision payante *(cf. aussi* subscription television).

PbS *cf.* lead sulfide.

PbSe *cf.* lead selenide.

PbTe *cf.* lead telluride.

PBX *cf.* private branch exchange.

PC 1) *cf.* printed circuit. 2) *cf.* personal computer. 3) *cf.* program counter. 4) *cf.* process controller. 5) *cf.* programmable controller. 6) *cf.* plug-compatible.

pc board *cf.* PC board. *(de même que les termes dérivés).*

PC board carte à circuit imprimé *(cf. aussi* printed-circuit board).

PC-board ... *cf.* printed-circuit ... *(pour les termes qui ne figurent pas ci-après).*

PC-board backpanel fond de panier *(dans un appareil) (cf. aussi* backplane).

PC-board cage panier à cartes *(dans un appareil) (cf. aussi* card cage).

PC-board cleaning nettoyage des cartes à circuit imprimé, nettoyage des cartes (imprimées) *(lavage des cartes à circuit imprimé avec un solvant approprié, notamment en fin de fabrication, après exécution des soudures des connexions, pour éliminer les restes de flux) (cf. aussi* soldering flux).

PC-board component composant pour circuit imprimé, *(etc.) (composant miniature conçu pour être monté sur un circuit imprimé ou connecteur pour circuit imprimé) (est souvent un composant miniature enfichable à broches dimensionnées et disposées en conséquence) (relais, potentiomètre, commutateur, transformateur, etc.) (cf. aussi* printed-circuit board, printed-circuit pins, printed-circuit connector *et* plug-in component).

PC-board connector connecteur de circuit imprimé, *(etc.) (cf. aussi* printed-circuit connector).

PC-board density densité d'implantation des cartes à circuit imprimé, *(etc.) (cf. aussi* printed-circuit board *et* component density).

PC-board edge connector *cf.* PC-board connector.

PC-board header *cf.* PC-board connector.

PC-board layout *cf.* printed-circuit layout.

PC-board mounted monté sur circuit imprimé, *(etc.) (cf. aussi* PC-board mounting).

PC-board mounting montage sur circuit imprimé, *(etc.) (composant pour circuit imprimé) (cf. aussi* PC-board component).

PC-board rack *cf.* PC-board cage.

PC-board real estate place sur une carte à circuit imprimé, *(etc.) (cf. aussi* printed-circuit board *et* real estate).

PC-board relay relais pour circuit imprimé, *(etc.) (relais miniature ou subminiature, généralement enfichable) (cf. aussi* PC-board component, low-profile relay *et* relay[1] 1)).

PC-board rotary *cf.* PC-board rotary switch.

PC-board rotary switch commutateur pour circuit imprimé, *(etc.) (cf. aussi* PC-board component *et* rotary switch 2)).

PC-board socket douille pour circuit imprimé *(cf. aussi* pin socket).

PC-board space *cf.* PC-board real estate.

PC-board switch commutateur pour circuit imprimé, *(etc.) (cf. aussi* PC-board component *et* switch[1]).

PC-board technology *cf.* printed-circuit technology.

PC-board test (un) essai de carte à circuit imprimé *(cf. aussi* PC-board tester).

PC-board tester contrôleur de circuits imprimés, *(etc.),* testeur *(idem) (appareil conçu pour le contrôle plus ou moins automatisé de la continuité et l'isolement des circuits des cartes à circuit imprimé et caractérisé par l'emploi d'un lit de clous) (cf. aussi* automatic board testing, printed-circuit board *et* bed of nails).

PC-board testing (l')essai des cartes à circuit imprimé *(cf. aussi* PC-board tester).

PC-board trace ruban de carte à circuit imprimé *(cf. aussi* trace[1] 2)).

PC-board transformer transformateur pour circuit imprimé, *(etc.) (est souvent un transformateur torique) (cf. aussi* PC-board component *et* toroidal transformer).

pc card *cf.* PC card.

pc-card ... *cf.* PC-board ...

PC card *cf.* PC board *(de même pour les termes dérivés).*

PC conductor *cf.* printed-circuit conductor.

PC connector *cf.* printed-circuit connector.

PC motherboard *cf.* mother-board.

PC mounted *cf.* PC-board mounted.

PC mounting *cf.* PC-board mounting.

PC pins sorties pour montage sur circuit imprimé, *(etc.) (sorties d'un relais, potentiomètre ou autre composant miniature réalisées sous forme de broches parallèles disposées sur une même face du boîtier du composant au pas de la grille internationale pour permettre son montage direct sur une carte à circuit imprimé par enfichage dans des trous de celle-ci munis d'une douille) (cf. aussi* printed-circuit board, grid 2) *et* pin socket).

PC trace *cf.* printed-circuit trace.

PCA PCA *(cette abréviation, qui vient de « polar cap absorption », est de plus en plus employée en anglais pour « polar cap anomaly », ce dernier terme étant plus commode parce que plus général) (voir ces termes).*

pcb *cf.* printed-circuit board.

PCB *cf.* printed-circuit board.

PCCD *(vient de « peristaltic CCD »)* circuit PCCD, circuit CCD à contraction *(circuit CCD dans lequel la charge électrique d'un élément est transféré au suivant par un effet de contraction électrique l'obligeant à se déplacer) (CI) (cf. aussi* CCD).

PCD *cf.* polar cap disturbance.

PCM *cf.* pulse-code modulation.

PCM audio disk disque audio PCM *(nom parfois donné, surtout à l'origine, au disque audio numérique) (cf. aussi* digital audio disk).

PCM codec codec MIC, codec PCM, codec à impulsions

codées *(codec émettant ou recevant une porteuse à modulation par impulsions codées) (tls) (cf. aussi* codec *et* pulse-code modulation*).*

PCM coder codeur MIC, codeur PCM *(noms parfois donnés à un numériseur) (cf. aussi* analog-to-digital converter*).*

PCM decoder décodeur MIC, décodeur PCM *(noms parfois donnés à un dénumériseur) (cf. aussi* digital-to-analog converter*).*

PCM encoder *cf.* PCM coder.

PCM filter filtre MIC, filter PCM *(noms parfois donnés à un filtre numérique) (tls) (cf. aussi* digital filter*).*

PCM/FM modulation modulation MIC/FM, modulation PCM/FM *(modulation par déplacement de fréquence opérée par une sous-porteuse modulée par impulsions codées constituant le signal modulant) (télémesure, etc.) (cf. aussi* frequency-shift keying *et* pulse-code modulation*).*

PCM multiplex multiplex MIC, multiplex PCM, *(etc.) (tls) (cf. aussi* time-division multiplex*).*

PCM multiplexer multiplexeur MIC, multiplexeur PCM, *(etc.) (tls) (cf. aussi* time-division multiplexer*).*

PCM multiplexing multiplexage MIC, multiplexage PCM, *(etc.) (tls) (cf. aussi* time-division multiplexing*).*

PCM switch *cf.* PCM multiplexer.

PCM transmission transmission par impulsions codées, transmission MIC, transmission PCM *(tls) (cf. aussi* pulse-code modulation*).*

PCM speech encoding codage de la parole par modulation d'impulsions, codage MIC de la parole, codage PCM de la parole *(cf. aussi* speech encoding *et* pulse-code modulation*).*

PCM voice encoding *cf.* PCM speech encoding.

PCS fiber *cf.* plastic-clad silica fiber.

PCS step-index fiber fibre à saut d'indice silice-plastique *(fibre optique) (cf. aussi* step-index optical fiber *et* plastic-clad silica fiber*).*

PCVD *cf.* plasma-activated cheminal vapor deposition.

PD action action PD *(régulateur) (cf. aussi* proportional plus derivative action*).*

PD control régulation par action PD *(régulateur) (cf. aussi* proportional plus derivative control*).*

PD controller régulateur PD, régulateur à action proportionnelle et dérivée *(asser) (cf. aussi* regulator *et* proportional plus derivative action*).*

PD radar *cf.* pulse Doppler radar.

PDA 1) *cf.* post-deflection acceleration. **2)** *cf.* percent defect allowable.

PDT *cf.* parallel data input.

PDK *cf.* phase-delay keying.

PDM *cf.* pulse-duration modulation.

PDME *cf.* precision distance measuring equipment.

PDO *cf.* parallel data output.

PDP *cf.* plasma display panel.

PDS *cf.* passive detection system.

peak 1) pic *(lieu d'un maximum d'une fonction) (courbe de résonance, etc.) (cf. aussi* function[1] 1) (b) *et* resonance curve*).* **2)** *cf.* peak value.

peak amplitude amplitude crête, amplitude de crête, valeur de crête de l'amplitude, *(parf.)* amplitude maximale *(le second terme est peu employé) (tension alternative) (cf. aussi* amplitude *et* peak value 1)*).*

peak anode current *(parf.* intensité du) courant anodique de crête, valeur de crête du courant anodique *(ou de l'intensité du courant anodique) (tube) (cf. aussi* anode current *et* peak value 1)*).*

peak anode voltage tension anodique de crête, valeur de crête de la tension anodique *(tube) (cf. aussi* anode voltage *et* peak value 1)*).*

peak carrier amplitude amplitude crête de la porteuse *(tls, etc.) (cf. aussi* peak amplitude *et* carrier 1)*).*

peak clipper écrêteur *(cf. aussi* limiter 1)*).*

peak clipping écrêtage *(cf. aussi* limiting 1)*).*

peak current *(parf.* intensité du) courant de crête, valeur de crête du courant *(ou de l'intensité du courant), intensité maximale (du courant), courant maximal (selon le contexte) (alim, etc.) (cf. aussi* peak value*).*

peak current level *cf.* peak current.

peak detection détection des crêtes *(cf. aussi* peak detector*).*

peak detector détecteur de crêtes *(montage fournissant un signal lorsque l'amplitude du signal appliqué à son entrée passe par un maximum) (cf. aussi* amplitude*).*

peak deviation excursion maximale *(valeur maximale de l'excursion de fréquence d'une porteuse modulée en fréquence) (correspond à un maximum de l'amplitude du signal modulant) (signal FM) (cf. aussi* frequency deviation 1) *et* modulating signal*).*

peak electrode current intensité maximale du courant dans l'électrode, *(etc.) (électrode de sortie d'un tube électronique ou d'un transistor ou autre composant à semiconducteur) (cf. aussi* peak current *et* output electrode*).*

peak electrode voltage tension maximale de l'électrode, potentiel *(idem) (cf. aussi* electrode potentiel 1)*).*

peak envelope power puissance crête de la porteuse modulée *(valeur maximale de la puissance du signal émis par l'antenne d'un émetteur à modulation d'amplitude en présence de modulation, c.-à-d. valeur correspondant au minimum de l'amplitude du signal modulant) (cf. aussi* power[1] 1) *et* amplitude modulation*).*

peak factor facteur de crête *(cf. aussi* crest factor*).*

peak forward current (intensité du) courant direct de crête *(valeur de crête de l'intensité du courant direct dans un redresseur) (selon le contexte, ce terme désigne l'intensité du courant direct de crête circulant dans le redresseur ou celle qu'il peut supporter sans être endommagé) (diode) (cf. aussi* forward current, peak value *et* rectifier*).*

peak inverse voltage tension inverse de crête *(valeur de crête de la tension inverse aux bornes d'un redresseur) (selon le contexte, ce terme désigne la tension inverse de crête à laquelle le redresseur est soumis ou celle qu'il peut supporter sans être endommagé) (cf. aussi* inverse voltage, peak value *et* rectifier*).*

peak inverse voltage rating tension inverse nominale *(redresseur) (cf. aussi* inverse voltage *et* ratings*).*

peak level *cf.* peak amplitude. *(cf. aussi* level 1)*).*

peak limiter *cf.* peak clipper.

peak load charge maximale *(alim, ampli, moteur, etc.) (cf. aussi* load[1] (a)*).*

peak output current intensité de crête du courant de sortie, courant de crête de sortie *(cf. aussi* peak current*).*

peak output power *cf.* peak power 1).

peak pen acceleration accélération maximale de la plume *(enregistreur à plume) (cf. aussi* pen recorder*).*

peak power 1) puissance crête, puissance de crête *(puissance de chacune des impulsions d'un train d'impulsions récurrentes et notamment des impulsions émises par un radar à impulsions) (cf. aussi* power[1] 1), periodic pulse train, average transmitting power *et* pulse radar*).* **2)** puissance maximale *(fournie ou absorbée par un dispositif).*

peak power density densité de puissance maximale *(faisceau d'ondes) (cf. aussi* power density 1)*).*

peak power measurement mesure de puissance crête *(cf. aussi* peak power 1) *et* power measurement*).*

peak power output 1) *cf.* peak power 1). **2)** puissance de sortie maximale *(alim, ampli) (cf. aussi* power output*).*

peak pulse amplitude amplitude crête d'une impulsion *(souvent* de l'impulsion) *(amplitude maximale d'une impulsion, non compris le dépassement éventuel ou la pointe éventuelle) (cf. aussi* overshoot[1], glitch *et* pulse amplitude*).*

peak pulse power *cf.* peak power 1).

peak-reading instrument *cf.* peak voltmeter.

peak-responding voltmeter *cf.* peak voltmeter.

peak response réponse maximale *(cf. aussi* response 1)*).*

peak reverse voltage *cf.* peak inverse voltage.

peak signal amplitude amplitude maximale du signal *(cf. aussi* amplitude*).*

peak signal level *cf.* peak signal amplitude. *(cf. aussi* level 1)*).*

peak sound pressure pression acoustique maximale *(onde acoustique) (cf. aussi* sound pressure*).*

peak-to-peak amplitude amplitude de crête à crête *(somme arithmétique de l'amplitude crête d'une alternance positive d'une grandeur alternative et de l'amplitude crête de l'alter-*

nance négative suivante) (est donc égale au double de l'amplitude crête dans le cas d'une grandeur sinusoïdale) (ce terme s'applique surtout à une tension sinusoïdale superposée à une tension continue) (cf. aussi peak amplitude, half cycle et sinusoidal quantity).

peak-to-peak value valeur de crête à crête (autre nom, moins employé, de l'amplitude de crête à crête) (cf. aussi peak-to-peak amplitude).

peak value 1) valeur de crête, valeur crête (valeur maximale d'une grandeur périodique au cours d'une période et notamment d'une tension sinusoïdale ou d'une impulsion périodique) (dans le cas d'une telle tension, sa valeur de crête est égale 1,414 fois sa valeur efficace) (cf. aussi periodic quantity, sinusoidal voltage et RMS value). 2) valeur maximale (d'une grandeur variable) (cf. aussi variable quantity).

peak voltage tension de crête (valeur de crête d'une tension alternative) (cf. aussi peak value 1)).

peak voltmeter voltmètre de crête (voltmètre mesurant la valeur de crête d'une tension alternative à haute fréquence) (cf. aussi peak value 1)).

peak watts puissance maximale débitée (source de courant) (alim, ampli, etc.) (cf. aussi power[1] 1)).

peak white crête de blanc (amplitude du signal de luminance d'un signal de télévision correspondant à un point blanc de l'image) (est une amplitude positive (maximale) dans un signal à modulation positive ou une amplitude négative dans un signal à modulation négative) (cf. aussi luminance signal, modulation polarity et amplitude).

peak white level niveau de crête des blancs, amplitude (idem) (signal TV) (cf. aussi peak white et level 1)).

peak white limiting écrêtage des blancs, limitation du niveau de crête des blancs, (etc.) (récepteur TV) (cf. aussi peak white level et limiting 1)).

peaker cf. peaking coil.

peaker circuit cf. peaking circuit.

peaker filter cf. peaking circuit.

peaking correction des fréquences élevées, relèvement (idem) (élargissement vers le haut de la bande passante d'un amplificateur vidéo, c-à-d. relèvement de son gain à ces fréquences à l'aide d'un circuit de correction) (ne pas confondre avec « préaccentuation ») (cf. aussi peaking circuit, shunt peaking, bandwidth 2), video amplifier, gain 1) et, à titre d'information, pre-emphasis).

peaking circuit circuit de correction (des fréquences élevées), réseau (idem) (noms donnés à l'ensemble formé par la résistance de charge d'un amplificateur vidéo et une bobine d'inductance associée à celle-ci pour compenser sa capacité parasite dont l'effet réduit la largeur de la bande passante de l'amplificateur du côté des fréquences élevées) (cf. aussi peaking, load resistor, inductor et parasitic capacitance).

peaking coil bobine de correction (des fréquences élevées) (cf. aussi peaking circuit).

pedestal 1) socle (d'antenne de radar ou de télécommunications, etc.). 2) palier de suppression (de ligne) (signal TV) (cf. aussi horizontal blanking pulse).

pedestal level niveau de suppression (signal TV) (cf. aussi blanking level).

pedestal potential cf. pedestal level.

pel 1) cf. pixel. 2) cf. photo-element.

pellet puce (semi) (cf. aussi chip 1)).

Peltier couple élément Peltier (ou à effet Peltier ou de batterie Peltier) (élément réfrigérant à semiconducteurs) (est formé essentiellement de deux plaquettes de tellurure de bismut fortement dopées, l'une du type P, l'autre du type N, réunies par du cuivre et parcourues par un courant continu assurant le transfert de chaleur de la face chaude à la face froide) (cf. aussi Peltier effect et thermoelectric module).

Peltier effect effet Peltier (absorption ou dégagement de chaleur, suivant le sens du courant, dans une jonction formée de deux métaux différents ou d'un métal et d'un semiconducteur et traversée par un courant) (est le réciproque de l'effet Seebeck et l'un des trois effets thermoélectriques) (est utilisé principalement pour l'absorption de chaleur dans les batteries Peltier et peut également servir pour la régulation de température du fait de sa réversibilité) (cf. aussi Peltier couple, Seebeck effect et thermoelectric effect).

Peltier element cf. Peltier couple.

pen plume (d'enregistreur graphique, etc.) (cf. aussi pen recorder).

pen carriage chariot porte-plume (chariot coulissant le long de la réglette d'un traceur xy et portant la plume ou une plume) (cf. aussi X-Y recorder).

pen lift relevage de la plume (parf. d'une plume) (sur un enregistreur graphique et notamment sur un traceur de courbes pendant le retour de la réglette à gauche de la feuille) (est assuré par un électro-aimant) (cf. aussi pen lift signal, pen recorder et electromagnet).

pen lift control commande de relevage de la plume (cf. aussi pen lift).

pen lift signal signal de relevage de la plume (courant électrique excitant l'électro-aimant de relevage de la ou d'une plume d'un enregistreur graphique) (ce terme désigne souvent le courant fourni à cette fin par un générateur à balayage utilisé en liaison avec un traceur de courbes) (cf. aussi pen lift et sweeping generator).

pen recorder enregistreur à plume (nom parfois donné à un enregistreur graphique classique pour préciser qu'il ne s'agit pas d'un enregistreur optique) (cf. aussi graphic recorder et optical recorder).

pen resonant frequency fréquence de résonance de l'équipage mobile (enregistreur galvanométrique) (cf. aussi resonant frequency et direct-writing recorder).

pen speed vitesse de la plume (vitesse de translation de la plume d'un enregistreur à plume sur le papier) (cf. aussi pen recorder).

pen travel course de la plume (cf. aussi pen recorder).

pencil beam faisceau très étroit, faisceau à très faible ouverture, pinceau d'ondes (faisceau d'ondes radioélectriques à section droite circulaire et très petit angle d'ouverture) (faisceau émis par une antenne d'émission très directive) (radar, faisceau hz) (cf. aussi radio wave et highly directional antenna).

pencil-beam aerial (GB) cf. pencil-beam antenna.

pencil-beau antenna antenne très directive (cf. aussi highly directional antenna).

pencil triode cf. pencil tube.

pencil tube tube crayon (tube phare cylindrique de petit diamètre à électrodes concentriques) (hyper) (cf. aussi disk-seal tube).

penetration cathode-ray tube tube cathodique à pénétration, tube à pénétration (tube cathodique polychrome doté d'un écran à pénétration) (en plus de cet écran, ce tube est caractérisé principalement par sa haute définition, son rendement lumineux, sa robustesse et sa facilité de fabrication, ces caractéristiques étant très supérieures à celles du tube à masque) (cf. aussi color cathode-ray tube et penetration screen).

penetration CRT cf. penetration cathode-ray tube.

penetration depth profondeur de pénétration (d'un champ magnétique dans un supraconducteur, des électrons dans un écran à pénétration, etc.) (cf. aussi London equation et penetration screen).

penetration frequency fréquence critique (radiocom) (cf. aussi critical frequency).

penetration probability probabilité de pénétration, transparence de la barrière (probabilité de franchissement d'une barrière de potentiel par une particule chargée et notamment par un électron) (cf. aussi potential barrier et tunnel effect).

penetration screen écran à pénétration (écran de tube cathodique polychrome utilisant deux ou trois couches de luminophores de couleurs différentes séparées par une couche de barrière pour produire plusieurs couleurs suivant la profondeur de pénétration des électrons du faisceau dans cette structure stratifiée) (la profondeur de pénétration des électrons est fonction de leur énergie, laquelle est déterminée par la tension d'accélération) (la ou les couches barrières servent à créer chacune un seuil d'énergie en deçà duquel les électrons ne pénètrent pas dans la couche de luminophores disposée derrière la barrière et, par conséquent, ne provoquent pas la superposition de la couleur correspondante sur la couleur produite par la ou les couches précédentes) (cf. aussi phosphor, high-energy electron et penetration cathode-ray tube).

penetration tube   *cf.* penetration cathode-ray tube.

peniotron   péniotron *(tube hyperfréquence à onde normale dans lequel les électrons du faisceau décrivent des trajectoires cyclotroniques) (la forte variation spatiale du champ le long des trajectoires des électrons produit un échange d'énergie entre le faisceau et le signal appliqué à l'entrée du tube) (cf. aussi* fast-wave tube *et* gyrofrequency*)*.

penlight battery   pile-bâton *(petite pile sèche cylindrique) (cf. aussi* dry cell*)*.

pentagrid converter   changeur pentagrille *(changeur de fréquence à tube heptode dans lequel le signal est appliqué à la troisième grille) (super à tubes) (cf. aussi* mixer *et* heptode*)*.

pentagrid mixer   *cf.* pentagrid converter.

pentagrid tube   tube à cinq grilles *(cf. aussi* heptode*)*.

pentavalence   pentavalence *(propriété d'un atome ou un élément chimique pentavalent) (cf. aussi* pentavalent atom*)*.

pentavalent atom   atome pentavalent *(atome dont la valence est cinq) (phosphore, antimoine, arsenic, etc.) (cf. aussi* valence *et* donor impurity*)*.

pentode   pentode *sf*, tube pentode, tube à trois grilles, tube électronique *(idem) (tube électronique à cinq électrodes : cathode, trois grilles et anode) (est une tétrode à laquelle une grille suppresseuse a été ajoutée) (cf. aussi* tetrode, suppressor grid *et* electron tube*)*.

PEP   *cf.* peak envelope power.

per-bit consumption   *cf.* per-bit power consumption.

per-bit dissipation   *cf.* per-bit power consumption.

per-bit power consumption   consommation par binaire *(quotient de la puissance électrique consommée par une mémoire RAM par la capacité de celle-ci) (cf. aussi* power consumption, bit, RAM[1] *et* memory capacity*)*.

per-bit power dissipation   *cf.* per-bit power consumption.

per-bit storage cost   prix du binaire mémorisé, prix de revient *(idem) (quotient du prix d'une mémoire d'ordinateur par sa capacité) (ce terme est souvent employé pour comparer entre elles des mémoiress intégrées) (cf. aussi* bit, computer memory, memory capacity *et* solid-state memory*)*.

per cent ...   *cf.* percent ...

per-channel codec   codec monovoie *(tls) (cf. aussi* single-channel codec*)*.

perceived noise level   niveau de bruit perçu *(niveau d'un bruit de référence jugé égal à un bruit perçu par un sujet moyen) (mesure subjective du bruit) (acou) (cf. aussi* PNdB *et* noise level*)*.

perceived noisiness   bruyance perçue *(acou) (cf. aussi* perceived noise level*)*.

percent accuracy   précision en pour cent, précision en %, précision en pourcentage *(appareil de mesure, résultat de mesure ou de calcul ou estimation)*.

percent circuit occupation   taux d'occupation des circuits *(tél)*.

percent defect allowable   pourcentage de défauts acceptable *(fab. CI, semi, etc.)*

percent harmonic distortion   taux de distorsion harmonique, taux d'harmoniques *(pourcentage représentant l'importance de la distorsion harmonique d'un signal) (sous forme simplifiée, peut être défini comme le rapport, exprimé en pourcentage, entre la valeur efficace des harmoniques contenus dans le signal et la valeur efficace de la fréquence fondamentale de celui-ci) (sous forme exacte, est défini comme le rapport, exprimé en pourcentage, entre la racine carrée de la somme des carrés des tensions ou courants efficaces dus aux différents harmoniques contenus dans le signal et la tension ou le courant efficace, respectivement, dû à la fréquence fondamentale) (ampli, etc.) (cf. aussi* harmonic distortion *et* RMS value*)*.

percent modulation   taux de modulation *(pourcentage représentant la réduction maximale de l'amplitude d'une porteuse modulée en amplitude, produite par le signal modulant) (si le taux de modulation est de 40 %, par exemple, l'amplitude de la porteuse est de 60 % aux crêtes négatives du signal modulant ; s'il est de 100 %, la porteuse est supprimée en ces points) (émetteur, etc.) (cf. aussi* modulation factor *et* amplitude modulation*)*.

percent modulation meter   *cf.* modulation meter.

percent of reading (in)   (en) pour cent de la valeur indiquée *(erreur d'un appareil de mesure ou autre caractéristique d'une grandeur mesurée) (cf. aussi* measurement error*)*.

percent reflection   pourcentage de réflexion *(coefficient de réflexion) (onde stationnaire, etc.) (cf. aussi* reflection coefficient*)*.

percent ripple   taux d'ondulation *(pourcentage représentant l'importance de l'ondulation résiduelle d'une tension redressée) (est égal au rapport, exprimé en pourcentage, entre la valeur efficace de la tension d'ondulation et la valeur moyenne de la tension redressée) (alim) (cf. aussi* ripple, rectified voltage, RMS value *et* ripple voltage).

percentage ...   *cf.* percent ...

perceptron   perceptron *(premier réseau de neurones effectivement réalisé, en 1962 par l'Américain Frank Rosenblatt et capable de reconnaître des formes simples) (cf. aussi* neural network*)*.

perfect crystal   cristal parfait *(semi, etc.) (cf. aussi* ideal crystal*)*.

perforated paper tape   bande perforée en papier *(clpf) (cf. aussi* punched tape*)*.

perforated tape   *cf.* punched tape.

perforator   perforateur (de bande) *(le terme anglais désigne généralement un perforateur de bande télégraphique) (cf. aussi* tape punch *et* teleprinter*)*.

performance degradation   dégradation des performances *(diminution des performances d'un dispositif utilisé dans des conditions de fonctionnement défavorables ou présentant une défectuosité) (cf. aussi* operating conditions *et* fail-soft operation*)*.

performance ratings   performances nominales *(valeurs nominales des performances d'un dispositif) (cf. aussi* rated value*)*.

perimeter security   protection périmétrique *(protection d'un lieu contre les intrus par des détecteurs d'intrus agissant le long du périmètre du lieu) (cf. aussi* intrusion detector*)*.

period   période *(mesure d'un cycle) (cf. aussi* cycle *et* measurement*)* (a) *période temporelle, c.-à-d. durée d'un cycle d'une grandeur périodique à variation temporelle) (clpf) (ce terme s'emploie également, par extension, pour désigner l'intervalle de temps compris entre deux manifestations successives d'un phénomène périodique tel que des impulsions récurrentes, par exemple) (ne pas confondre « période » et « cycle ») (cf. aussi* time period *et* periodic quantity*)* ; (b) *période spatiale) (cf. aussi* spatial period*)*.

period jitter   instabilité de la période (de récurrence) *(train d'impulsions récurrentes) (cf. aussi* pulse repetition frequency *et* jitter 1))*.

period measurement   mesure de période *(intervallomètre) (cf. aussi* period *et* time-interval counter*)*.

period of duty   vacation *(en électronique, période de travail d'un opérateur d'appareil de télécommunications, de radar ou de sonar)*.

period of time   intervalle de temps *(cf. aussi* time interval*)*.

periodic current   courant périodique *(cf. aussi* periodic quantity*)*.

periodic damping   amortissement périodique *(nom parfois donné à l'amortissement d'un appareil de mesure lorsque cet amortissement est insuffisant, pour rappeler qu'il se produit périodiquement) (cf. aussi* underdamping*)*.

periodic duty   service périodique, service intermittent périodique *(service intermittent intervenant à intervalles réguliers) (machine électrique, alimentation, composant) (cf. aussi* intermittent duty*)*.

periodic-duty rating   puissance nominale en service périodique *(cf. aussi* periodic duty *et* power rating*)*.

periodic electric field   champ électrique ... *(cf. aussi* periodic field *et* electric field*)*.

periodic field   *(cf. aussi* periodic quantity*)* **1)** champ périodique, champ variable périodique *(champ de forces variable dont l'intensité est une fonction périodique du temps) (en électronique et sciences connexes, ces termes désignent généralement un champ électrique ou magnétique alternatif, généralement sinusoïdal) (cf. aussi* variable field, alternating field, sinusoidal field *et* periodic function*)*. **2)** champ alterné *(champ de forces variable dont l'intensité est une fonction* *périodique de la distance le long d'une direction, indépendamment du temps) (exemple : champ magnétique créé par un aimant alterné) (cf. aussi* variable field, periodic function *et* periodic permanent magnet).

periodic function fonction périodique *(fonction mathématique prenant des valeurs égales pour des valeurs de la variable indépendante séparées par des intervalles égaux) (l'intervalle, appelé « période de la fonction », est un temps dans une fonction temporelle ou une longueur dans une fonction spatiale) (math) (cf. aussi* sinusoidal function, function[1] 1) (b) *et* period).

periodic magnet *cf.* periodic permanent magnet.

periodic magnetic field champ magnétique alterné *(champ magnétique créé par un aimant alterné) (cf. aussi* magnetic field, periodic permanent magnet *et* periodic field).

periodic permanent magnet aimant alterné *(aimant tubulaire formé d'une série de couronnes aimantées séparées par des pièces polaires en fer doux, également en forme de couronne, disposées entre les pôles de même nom de deux aimants successifs) (on a ainsi en partant d'une extrémité de l'aimant alterné : face sud d'une couronne aimantée, face nord de celle-ci, première face d'une pièce polaire, deuxième face de celle-ci, face nord de la couronne aimantée suivante, face sud de celle-ci, première face de la pièce polaire suivante, et ainsi de suite) (sert à focaliser le faisceau d'électrons de certains tubes hyperfréquence à faisceau droit en exerçant approximativement la même action sur celui-ci qu'un aimant tubulaire monobloc tout en étant beaucoup plus léger) (cf. aussi* permanent magnet *et* linear-beam tube).

periodic-permanent-magnet beam focusing *cf.* periodic-permanent-magnet focusing.

periodic-permanent-magnet focusing focalisation par champs magnétiques alternés, focalisation du faisceau *(idem) (tube hyper) (cf. aussi* focusing *et* periodic permanent magnet).

periodic pulse impulsion périodique, impulsion récurrente *(impulsion d'un train d'impulsions récurrentes) (cf. aussi* periodic pulse train).

periodic pulse train train d'impulsions récurrentes *(train d'impulsions identiques séparées par des intervalles de temps égaux) (est caractérisé par la fréquence de récurrence des impulsions et leur rapport cyclique, ainsi que, éventuellement, par leur amplitude et leur polarité) (radar, tls, etc.) (cf. aussi* pulse train, pulse repetition frequency, duty cycle 1) *et* pulse radar signal).

periodic pulses impulsions récurrentes *(ou périodiques) (le premier terme est le plus employé) (cf. aussi* periodic pulse).

periodic quantity grandeur périodique *(ou à variation périodique), grandeur variable (idem) (grandeur variable dont la valeur est une fonction périodique) (position d'un pendule, amplitude d'une tension alternative, intensité d'un courant alternatif, intensité d'un champ électrique ou magnétique alternatif ou alterné, amplitude d'impulsions récurrentes, etc.) (cf. aussi* periodicity, sinusoidal quantity, variable quantity *et* periodic function).

periodic rating *cf.* periodic-duty rating.

periodic refresh rafraîchissement (périodique) *(mémoire, tube cath) (cf. aussi* refresh[2]).

periodic signal signal périodique *(signal constitué par une ou plusieurs impulsions périodiques) (cf. aussi* periodic pulse *et* signal[1]).

periodic time interval *cf.* period.

periodic variation variation périodique *(variation d'une grandeur périodique) (cf. aussi* periodic quantity).

periodic voltage tension périodique *(etc.) (ce terme désigne souvent une tension sinusoïdale ou considérée comme telle) (cf. aussi* periodic quantity *et* sinusoidal voltage).

periodic wave onde périodique *(onde dont l'amplitude est une grandeur périodique) (les ondes considérées en électronique et sciences connexes sont généralement des ondes périodiques et le qualificatif « périodique » n'est ajouté que lorsque l'on veut marquer la différence avec une onde impulsionnelle) (cf. aussi* wave, amplitude, periodic quantity *et* surge).

periodicity périodicité *(propriété d'un événement ou d'une grandeur périodique) (cf. aussi* time periodicity, spatial periodicity *et* periodic quantity).

peripheral buffer tampon de périphérique *(mémoire-tampon d'appareil périphérique) (inf) (cf. aussi* buffer memory *et* peripheral device 1)).

peripheral chip puce périphérique *(puce de circuit périphérique) (CI) (inf) (cf. aussi* chip 1) *et* peripheral circuit).

peripheral circuit circuit périphérique *(nom parfois donné à un circuit auxiliaire de microprocesseur, notamment lorsque ces circuits sont réalisés sur la même puce que le microprocesseur) (CI) (inf) (cf. aussi* support circuit, microprocessor *et* chip 1)).

peripheral circuitry circuits périphériques *(cf. aussi* peripheral circuit *et* circuitry).

peripheral component *cf.* peripheral circuit.

peripheral computer ordinateur satellite *(télinf) (cf. aussi* remote computer).

peripheral control commande des périphériques, gestion *(idem) (commande des appareils ou circuits périphériques d'un ordinateur) (inf) (cf. aussi* peripheral controller).

peripheral control logic logique de commande *(ou* gestion) de périphérique *(logique assurant la commande d'un périphérique d'ordinateur, c.-à-d. logique d'un régisseur d'ordinateur) (CI) (inf) (cf. aussi* logic (b) *et* peripheral controller).

peripheral control routine sous-programme de commande *(ou* gestion) de périphérique *(sous-programme d'ordinateur assurant la commande d'un régisseur de périphérique) (inf) (cf. aussi* subroutine *et* peripheral controller).

peripheral control unit *cf.* peripheral controller.

peripheral controller régisseur de périphérique *(régisseur d'un périphérique d'ordinateur) (ne pas employer « contrôleur de périphérique ») (inf) (cf. aussi* controller 1) *et* peripheral device).

peripheral-controller chip puce de régisseur de périphérique *(puce de circuit intégré numérique sur laquelle est réalisé un régisseur de périphérique) (inf) (cf. aussi* chip 1), digital integrated circuit *et* peripheral controller).

peripheral device 1) appareil périphérique, *(parf.)* organe périphérique, (un) périphérique *(appareil auxiliaire d'un ordinateur) (mémoire auxiliaire, imprimante, etc.) (le qualificatif « périphérique » provient de ce que, à l'origine, ces appareils étaient disposés autour de l'ordinateur, cette disposition étant encore souvent conservée) (cf. aussi* input device 2) *et* output device 2)). **2)** *cf.* peripheral circuit.

peripheral driver *cf.* peripheral controller.

peripheral equipment matériel périphérique, appareils périphériques, *(parf.)* les périphériques *(inf) (cf. aussi* peripheral device 1)).

peripheral IC *cf.* peripheral circuit.

peripheral memory mémoire périphérique *(inf) (cf. aussi* auxiliary storage).

peripheral package boîtier auxiliaire *(CI) (cf. aussi* support circuit).

peripheral processor microprocesseur de terminal, microprocesseur de périphérique *(ou* d'appareil périphérique) *(inf) (cf. aussi* intelligent terminal).

peripheral storage *cf.* peripheral memory.

peripheral storage device *cf.* peripheral memory.

peripheral unit *cf.* peripheral device.

peripherals *(cf. aussi* peripheral device) **1)** (les) appareils périphériques. **2)** (les) circuits périphériques.

periscope aerial *(GB) cf.* periscope antenna.

periscope antenna antenne périscope *(antenne émettrice de relais hertzien au sol disposée à la partie inférieure de celui-ci et orientée verticalement, le faisceau d'ondes émis étant réfléchi vers un autre relais par un réflecteur disposé obliquement au sommet du relais) (cette constitution de l'antenne permet d'installer l'émetteur dans la partie inférieure du relais sans devoir utiliser une ligne d'alimentation d'antenne de grande longueur, mais entraîne une atténuation du signal au niveau du réflecteur) (radiocom) (cf. aussi* radio relay).

periscope feed source périscope *(source primaire d'antenne périscope) (relais hertzien) (cf. aussi* primary radiator *et* periscope antenna).

peristaltic CCD *cf.* PCCD.

peristaltic charge-coupled device *cf.* PCCD.

permalloy permalloy *(alliage ferro-nickel à haute perméabilité* *magnétique utilisé principalement pour réaliser des blindages magnétiques*) (*est également utilisé pour réaliser la structure de propagation dans les mémoires à bulles magnétiques*) (*cf. aussi* permeability, magnetic shield *et* propagation structure).

permalloy pattern motif en permalloy (*mémoire à bulles*) (*cf. aussi* propagation structure).

permanent echo écho fixe (*écho parasite produit par un obstacle fixe sur l'écran d'un radar au sol*) (*écho produit par un accident de terrain, un bâtiment, un pylone, une superstructure, etc.*) (*cf. aussi* clutter).

permanent fault panne franche (*appareil, etc.*)

permanent magnet aimant permanent (*aimant conservant sa polarisation magnétique en l'absence de champ magnétisant*) (*cette polarisation peut être spontanée ou acquise*) (*un aimant au sens usuel du terme est un aimant permanent*) (*cf. aussi* natural magnet, artificial magnet, magnetic polarization, magnetizing field *et* magnet).

permanent-magnet centering cadrage de l'image par aimants (permanents), cadrage par aimants (*cadrage de l'image sur l'écran d'un tube-image à l'aide de deux bagues aimantées enfilées sur le col du tube*) (*les bagues créent un champ magnétique réglable en intensité et en direction par rotation de celles-ci, dont l'action sur le faisceau corrige tout décentrage éventuel de son point d'impact sur l'écran en l'absence de signaux de balayage*) (*TV, etc.*) (*cf. aussi* centering *et* permanent magnet).

permanent-magnet dynamic loudspeaker *cf.* permanent-magnet loudspeaker.

permanent-magnet focusing 1) focalisation par aimant permanent (*appareil à faisceau d'électrons*) (*cf. aussi* magnetic focusing 1) *et* permanent magnet). 2) concentration par aimant permanent (*tube cath*) (*cf. aussi* magnetic focusing 2) *et* permanent magnet).

permanent-magnet loudspeaker haut-parleur à aimant permanent, haut-parleur à bobine mobile à aimant permanent (*haut-parleur à bobine mobile dans lequel le champ magnétique constant est créé par un aimant permanent*) (*clpf*) (*électroacou*) (*cf. aussi* moving-coil loudspeaker *et* permanent magnet).

permanent-magnet moving-coil instrument appareil magnétoélectrique, appareil de mesure (*idem*) (*appareil de mesure à bobine mobile dans lequel le champ magnétique fixe est créé par un aimant pemanent*) (*galvanomètre de Desprez et d'Arsonval ou appareil de mesure analogique utilisant un galvanomètre dérivé de celui-ci*) (*cf. aussi* moving-coil meter *et* d'Arsonval galvanometer).

permanent-magnet moving-coil meter *cf.* permanent-magnet moving-coil instrument.

permanent-magnet moving-iron instrument appareil ferromagnétique à aimant, appareil de mesure (*idem*) (*appareil ferromagnétique utilisant un aimant permanent fixe en plus de la bobine parcourue par le courant*) (*cf. aussi* moving-iron instrument).

permanent-magnet stepper *cf.* permanent-magnet stepper motor.

permanent-magnet stepper motor moteur pas-à-pas à aimant permanent (*moteur pas-à-pas dans lequel les pôles du rotor sont créés par des aimants permanents*) (*type classique*) (*cf. aussi* stepper motor *et* permanent magnet).

permanent-magnet stepping motor *cf.* permanent-magnet stepper motor.

permanent-magnet synchronous motor moteur synchrone à aimants permanents (*petit moteur synchrone dans lequel l'enroulement d'excitation du rotor est remplacé par des aimants en ferrite à grand champ coercitif, le rotor comportant en outre une cage d'écureil permettant le démarrage en asynchrone*) (*le grand champ coercitif des aimants en ferrite de baryum leur permet de conserver leur aimantation et leur polarité en présence des champs magnétiques alternatifs d'intensité variable auxquels ils sont soumis pendant leur rotation*) (*élt*) (*cf. aussi* synchronous motor, squirrel cage, ferrite, coercive force *et* induction motor).

permanent magnetization aimantation permanente (*aimantation d'un aimant permanent*) (*magnétisme*) (*cf. aussi* magnetization 1) *et* permanent magnet).

permanent memory mémoire permanente (*nom parfois donné à une mémoire ROM*) (*inf*) (*cf. aussi* ROM).

permanent-split capacitor motor moteur à condensateur permanent, moteur asynchrone (*idem*) (*moteur asynchrone à condensateur dans lequel une partie du condensateur de démarrage reste en circuit après le démarrage pour relever le facteur de puissance du moteur en marche normale*) (*en d'autres termes, moteur à condensateur dans lequel l'enroulement auxiliaire est maintenu en circuit en permanence par un condensateur indépendant du condensateur de démarrage proprement dit connecté en parallèle sur le premier pendant le démarrage*) (*cf. aussi* capacitor motor *et* power factor).

permanent storage 1) mémorisation dans une mémoire permanente, mémorisation permanente (*inf*) (*cf. aussi* permanent memory). 2) *cf.* permanent memory.

permanent store *cf.* permanent memory.

permeability perméabilité magnétique, perméabilité (*aptitude d'un milieu à laisser passer un flux magnétique*) (*est l'analogue magnétique de la conductance*) (*magnétisme*) (*cf. aussi* absolute permeability, relative permeability, permeability of free space, magnetic flux, conductance *et* reluctance).

permeability of air perméabilité de l'air, perméabilité magnétique de l'air (*est approximativement égale à celle du vide et, pour cette raison, prise généralement comme perméabilité de référence pour les besoins pratiques*) (*magnétisme*) (*cf. aussi* permeability of free space).

permeability of free space perméabilité magnétique du vide, perméabilité du vide, perméabilité absolue, constante magnétique (*le dernier terme a pour origine le fait que, les propriétés du vide étant constantes par nature, sa perméabilité magnétique est constante et, pour cette raison, prise égale à l'unité*) (*cf. aussi* permeability *et* permeability of air).

permeability of vacuum *cf.* permeability of free space.

permeability tuning accord par variation de perméabilité (*nom descriptif de l'accord inductif d'un circuit oscillant, la variation d'inductance étant obtenue en vissant ou dévissant un noyau de ferrite suivant l'axe de la bobine du circuit pour faire varier la perméabilité magnétique effective du noyau de celle-ci et, par conséquent, son inductance*) (*récepteur, etc.*) (*cf. aussi* inductive tuning, permeability *et* ferrite).

permeameter perméamètre (*appareil permettant de mesurer la perméabilité magnétique des corps ferromagnétiques*) (*est essentiellement un électro-aimant étalon à circuit magnétique fermé dans lequel est inséré un échantillon approprié du corps étudié*) (*cf. aussi* permeability, ferromagnetic material *et* electromagnet).

permeance perméance (*inverse de la réluctance*) (*grandeur magnétique créée pour faire pendant à la réluctance*) (*cf. aussi* reluctance).

permissible current intensité admissible, intensité de courant admissible, valeur admissible de l'intensité (du courant), courant admissible (*dans un dispositif électronique ou électrique et notamment dans un jeu de contacts de relais ou autre, une résistance ou un transistor de puissance*) (*cf. aussi* current *et* current-carrying capacity).

permissible voltage tension admissible, valeur admissible de la tension, (*parf.*) amplitude (*idem*) (*appliquée aux bornes d'un dispositif électronique ou électrique*) (*cf. aussi* voltage).

permittivity permittivité (*rapport entre le déplacement électrique dans un isolant et l'intensité du champ électrique produisant ce déplacement*) (*représente l'aptitude du diélectrique à prendre une polarisation électrique*) (*cf. aussi* permittivity of free space, relative permittivity, dielectric, electric displacement *et* dielectric polarization).

permittivity of air permittivité de l'air (*est approximativement égale à celle du vide et, pour cette raison, prise généralement comme permittivité de référence pour les besoins pratiques*) (*cf. aussi* permittivity *et* dielectric constant).

permittivity of free space permittivité du vide, permittivité absolue (*la permittivité du vide étant une constante par nature, comme toutes les propriétés du vide, elle est prise égale à l'unité*) (*diélectrique*) (*cf. aussi* permittivity *et* permittivity of air).

permittivity of vacuum *cf.* permittivity of free space.

perpendicular head *cf.* perpendicular magnetic head.

perpendicular magnetic head tête magnétique perpendiculaire, tête perpendiculaire *(tête magnétique créant un champ magnétique dont les lignes de force sont perpendiculaires au support d'enregistrement) (enr. mag) (cf. aussi* magnetic head, magnetic line of force, recording medium *et* perpendicular magnetic recording).

perpendicular magnetic recording enregistrement magnétique perpendiculaire *(cf. aussi* vertical recording).

perpendicular magnetization aimantation perpendiculaire *(aimantation d'un support d'enregistrement magnétique produite de telle façon que les dipôles magnétiques créés dans le support soient orientés perpendiculairement à la surface de celui-ci) (est produite par une tête magnétique perpendiculaire) (cf. aussi* vertical magnetic recording, magnetization, magnetic recording medium, magnetic dipole *et* perpendicular magnetic head).

perpendicular recording *cf.* perpendicular magnetic recording.

persistence persistance *(temps pendant lequel la trace formée par le point lumineux sur l'écran d'un tube cathodique à mémoire ou non reste visible après passage ou extinction du faisceau) (dépend du type de luminophore employé) (oscillo, radar, terminal à écran, etc.) (cf. aussi* decay time 1) (a) *et* phosphor).

persistence characteristic caractéristique de persistance, courbe de persistance *(courbe représentant la diminution de la luminance d'un écran de tube cathodique en fonction du temps après passage ou extinction du faisceau d'électrons) (cf. aussi* persistence).

persistence control réglage de la persistance *(oscilloscope à mémoire) (cf. aussi* persistence *et* storage oscilloscope).

person-to-person call communication personnelle *(tél) (cf. aussi* telephone call 1)).

personal computer ordinateur personnel, ordinateur familial, ordinateur individuel, ordinateur domestique *(micro-ordinateur destiné à un usage personnel ou familial, initialement en liaison avec un récepteur de télévision ordinaire servant d'écran d'affichage) (peut généralement être complété par une imprimante et exécuter des programmes spécialisés enregistrés sur bande magnétique en cassette ou, plus souvent, sur disque magnétique et servir ainsi, entre autres, de jeu vidéo) (cf. aussi* microcomputer *et* video game).

personal computing (l')informatique personnelle *(informatique utilisant des ordinateurs personnels) (cf. aussi* data processing *et* personal computer).

personal paging system *cf.* paging system.

personality board carte de personnalisation *(module de personnalisation réalisée sous la forme d'une carte enfichable) (inf) (cf. aussi* personality module *et* printed-circuit board.

personality module module de personnalisation *(module utilisé avec un programmateur de PROM pour programmer un type déterminé de mémoire PROM ou de circuit PAL ou analogue) (inf) (cf. aussi* module (a), PROM programmer *et* PAL^2).

perveance perveance *(coefficient tenant compte de l'effet de la charge d'espace dans la formule de Child-Langmuir) (est égal au quotient de l'intensité du courant dans la diode par la puissance 3/2 de la tension anodique; plus la perveance est grande, plus l'intensité du courant est proche de la valeur théorique pour la tension anodique considérée) (est une constante de la diode dépendant de la géométrie interne de celle-ci) (cf. aussi* Child's law *et* space-charge-limited-current conditions).

pF *cf.* picofarad.

PF *cf.* power factor.

PFET *(vient de « p-channel (junction) field-effect transistor »)* transistor PFET, transistor à effet de champ à jonction à canal P, TEC à jonction à canal P, transistor JFET à canal P, FET à jonction à canal P *(semi) (cf. aussi* junction field-effect transistor *et* p-type channel).

PFM *cf.* pulse-frequency modulation.

PG *cf.* power gain.

PGM *(vient de « precision guided munition », terme d'ailleurs peu employé par les Américains, lesquels utilisent surtout « precision guided weapon » tout en gardant « PGM »* comme abréviation) (mil) (cf. aussi* precision guided munition).

phanotron phanotron *(diode à gaz à cathode chaude conçue pour redresser des courants alternatifs d'intensité relativement grande) (a cédé la place aux diodes de redressement à semi-conducteur) (cf. aussi* gas diode, hot-cathode tube *et* p-n rectifier).

phantastron phantastron *(oscillateur à relaxation à tube électronique pentode utilisant un intégrateur de Miller pour fournir une tension en dents de scie de bonne linéarité) (était utilisé comme générateur de base de temps avant de céder la place aux montages à transistors) (cf. aussi* relaxation oscillator, Miller integrator *et* time-base generator).

phantom circuit circuit fantôme *(terme employé pour les circuits en câbles)*, circuit combiné *(terme employé pour les circuits en fils nus) (le premier terme est le plus utilisé, en partie parce que les circuits téléphoniques en fils nus sont de plus en plus rares) (circuit téléphonique non physiquement identifiable, dont chacun des conducteurs est formé par les deux fils d'un circuit métallique en paire symétrique, avec insertion de transformateurs spéciaux aux extrémités des deux circuits métalliques) (la symétrie électrique des deux conducteurs des circuits métalliques utilisés étant essentielle pour réduire les risques de diaphonie entre ceux-ci, d'une part, et le circuit fantôme, d'autre part, ce dernier n'est jamais formé avec des circuits en paires coaxiales, d'autant plus que ce type de paire, apparu longtemps après l'invention du fantôme, ne sert que pour la transmission par courants porteurs, dans laquelle la notion de « circuit téléphonique » fait place à celle, très différente sur le plan physique, de « voie téléphonique ») (la formation d'un circuit fantôme à partir de deux circuits métalliques permet d'augmenter de 50 % la capacité en circuits d'une ligne téléphonique interurbaine en câble ou en fils nus sur poteaux puisqu'elle fournit un circuit supplémentaire pour deux circuits existants) (est employée systématiquement sur les lignes à grande distance à basse fréquence) (tls) (cf. aussi* double-phantom circuit, repeating coil, metallic circuit, symmetrical pair, crosstalk 1), coaxial pair, carrier system, telephone circuit *et* telephone channel).

phantom circuit loading charge des circuits fantômes *(parf.* d'un circuit fantôme *parf.* du fantôme) (tél) (cf. aussi* phantom coil).

phantom coil bobine fantôme, bobine de charge de circuit fantôme *(bobine de charge conçue pour être insérée dans un circuit fantôme sans agir sur les circuits métalliques formant celui-ci) (tél) (cf. aussi* loading coil 1) *et* phantom circuit).

phantom loading *cf.* phantom circuit loading.

phantom loading coil *cf.* phantom coil.

phantom target cible artificielle, cible factice *(cible radar créée par une boîte à écho) (cf. aussi* echo box).

phase phase (a) *la notion de phase peut être définie de plusieurs manières ; je commence par la plus simple, que j'ai proposée) 1°) (état instantané relatif d'une grandeur sinusoïdale), 2°) (intervalle angulaire séparant une valeur instantanée d'une grandeur sinusoïdale et l'axe de référence), 3°) (angle polaire du vecteur représentant la variation d'une grandeur sinusoïdale en coordonnées polaires, c.-à-d. angle formé par ce vecteur et l'axe positif des abscisses pris comme référence, ce qui nous ramène à la définition précédente avec un peu plus de précisions) (noter que le terme « phase » est parfois employé avec le sens de « différence de phase ») (la notion de phase, dénuée cette fois de toute signification angulaire, est étendue à des grandeurs périodiques non sinusoïdales telles que des impulsions récurrentes et désigne alors l'état temporel ou spatial effectif de celles-ci, c.-à-d. l'instant ou l'endroit où une impulsion apparaît par rapport à l'instant ou l'endroit de référence) (en électricité et en électronique, le terme « phase » s'applique notamment à un courant alternatif ou à une tension alternative ou à un champ alternatif) (cf. aussi* phase lag, phase lead, phase difference, in phase, in phase opposition, in quadrature, out of phase, jitter 1), sinusoidal quantity, vector *et* polar coordinates) ; (b) *un des circuits distincts d'une machine électrique polyphasée ou d'un réseau de distribution d'énergie polyphasée ou conducteur d'un tel circuit) (cf. aussi* polyphase).

phase adjustment réglage de la phase *(alternateur, déphaseur) (cf. aussi* phase (a)).

phase advance *cf.* phase lead.

phase-alternation line system *cf.* PAL system.

phase angle angle de phase *(mesure de la phase ou, par conséquent, d'une différence de phase) (est comprise entre 0° et 360°, soit 2π, les autres valeurs remarquables étant 90°, soit π/2 (quadrature), 180°, soit π (opposition de phase) et 270°, soit 3π/2 (quadrature)) (cf. aussi* phase (a) *et* phase difference).

phase-angle meter *cf.* phase meter.

phase center centre de phase, centre de rayonnement *(le premier terme est le terme scientifique) (centre de l'onde émise par une antenne d'émission) (en d'autres termes, point par rapport auquel se mesure la phase de l'onde, cette phase étant égale à zéro en ce point) (ce terme s'applique principalement à une antenne d'émission très directive, généralement une antenne de radar de poursuite) (cf. aussi* phase (a), highly directional antenna *et* tracking radar antenna).

phase change variation de phase *(différence de phase considérée généralement comme le résultat d'une action involontaire) (propa, etc.) (cf. aussi* phase difference).

phase coherence cohérence de phase *(nom complet de la cohérence au sens de l'optique) (cf. aussi* coherence).

phase-coherent sine wave onde sinusoïdale à cohérence de phase *(cf. aussi* coherence).

phase coincidence coïncidence de phase *(état de deux grandeurs en phase) (cf. aussi* in phase).

phase comparator *cf.* phase detector.

phase comparison comparaison de phase *(opération réalisée par un comparateur de phase) (noter que le terme « détection de phase » n'est pratiquement pas employé) (cf. aussi* phase detector).

phase-comparison navigation system système de navigation à mesure de phase *(système Oméga, Decca, etc.) (mar, avia) (cf. aussi* Omega, Decca, phase (a) *et* navigation system).

phase constant constante de phase *(taux de variation spatiale de la phase d'une onde progressive dans la direction de propagation) (est la partie imaginaire de la constante de propagation) (cf. aussi* phase (a) *et* propagation constant).

phase control commande de la phase *(parf.* de phase) *(action de faire varier l'angle de phase d'un courant alternatif auquel un redresseur commandé redressant ce courant ou un triac est rendu conducteur ou, parfois, dispositif exerçant cette action) (commande d'un redresseur, réglage de la vitesse d'un moteur universel alimenté en courant alternatif, etc.) (cf. aussi* phase angle, silicon controlled rectifier *et* triac).

phase-controlled à phase commandée *(déclenchement d'un redresseur commandé ou d'un triac) (cf. aussi* phase control).

phase-corrected value valeur à correction de phase, valeur tenant compte de la correction de phase *(radionav, etc.) (cf. aussi* propagation correction).

phase correction correction de phase *(parf.* de la phase) *(radionav, etc.) (cf. aussi* propagation correction).

phase-correction chart table de corrections de phase *(radionav) (cf. aussi* propagation-correction chart).

phase-correction table *cf.* phase-correction chart.

phase data *cf.* phase information.

phase delay retard de phase *(au sens du terme anglais, retard de la phase d'un signal transmis par rapport à sa phase à un instant antérieur ou à un autre signal transmis) (cf. aussi* phase lag *et* phase-delay keying).

phase-delay keying modulation par retard de phase, modulation PDK *(modulation télégraphique dérivée de la modulation par déplacement de phase à deux états et dans laquelle une des deux phases est retardée de 90° ou 270° par rapport à l'autre) (tlg) (cf. aussi* phase-shift keying).

phase demodulation démodulation de phase *(démodulation d'une porteuse modulée en phase) (cf. aussi* demodulation *et* phase-modulated carrier).

phase demodulator démodulateur de phase, démodulateur sensible à la phase *(démodulateur réalisant la démodulation de phase) (cf. aussi* demodulator *et* phase demodulation).

phase detector comparateur de phase, détecteur de phase *(le premier terme est le meilleur) (montage fournissant une ten*

sion continue proportionnelle à la différence entre la phase d'un signal sinusoïdal appliqué à une de ses deux entrées et la phase d'un signal sinusoïdal de référence appliqué à l'autre entrée, la polarité de la tension fournie étant fonction du signe de cette différence) (cf. aussi* phase difference).

phase deviation excursion de phase *(valeur maximale de la différence entre la phase instantanée d'une porteuse modulée en phase et la phase de la porteuse en l'absence de modulation) (est l'analogue en modulation de phase du taux de modulation en modulation d'amplitude) (cf. aussi* phase (a), phase modulation *et* percent modulation).

phase difference différence de phase, écart de phase *(le premier terme est le meilleur) (différence entre la phase d'une grandeur et la phase d'une autre grandeur de même fréquence ou de la même grandeur considérée à un instant antérieur) (les grandeurs considérées sont généralement des grandeurs sinusoïdales, mais peuvent également être des grandeurs périodiques non sinusoïdales) (cf. aussi* differential phase, relative phase, phase shift, phase change, phase error, phase relationship, sinusoidal quantity, periodic quantity *et* phase (a)).

phase-difference detector *cf.* phase detector.

phase-difference measurement mesure de différence de phase, *(parf.)* mesure de phase différentielle *(radionav, oscillo, etc.) (cf. aussi* phase difference).

phase-difference processing traitement de la différence de phase, *(etc.) (récepteur de radionavigation à mesure de phase, etc.) (cf. aussi* phase difference).

phase differential phase différentielle *(cf. aussi* differential phase).

phase discriminator *cf.* phase detector.

phase displacement *cf.* phase shift.

phase distortion distortion de phase *(manque de proportionalité entre le déphasage subi par un signal sinusoïdal dans un montage ou un milieu de transmission et la fréquence du signal) (en termes mathématiques, la distorsion de phase se produit lorsque la dérivée du déphasage φ par rapport à la fréquence f, (dφ/df), n'est pas constante) (la distortion de phase est la cause du délai de groupe et ne doit pas être confondue avec celui-ci) (cf. aussi* phase shift, group delay *et* derivative).

phase equalizer correcteur de phase *(réseau électrique compensant les distorsions de phase d'un signal entre certaines limites) (cf. aussi* network 1) *et* phase distortion).

phase error erreur de phase *(différence de phase constituant un défaut d'un signal) (signal fourni par un oscillateur ou reçu par un récepteur, etc.) (cf. aussi* phase difference *et* phase margin).

phase-frequency ... *cf.* phase ...

phase generator générateur de phases *(appareil fournissant un signal sinusoïdal de référence et un autre signal de même fréquence et déphasé par rapport au premier d'une valeur réglable avec précision) (cf. aussi* phase shift *et* phase simulator).

phase information information de phase *(phase d'un signal considérée en tant qu'information, c.-à-d. valeur numérique de la phase du signal) (mesure de phase, signal TVC, signal télégraphique, etc.) (cf. aussi* phase (a) *et* information).

phase inversion inversion de phase *(notamment par un inverseur de phase) (cf. aussi* phase reversal *et* phase inverter).

phase inverter inverseur de phase *(montage dont le signal de sortie est en opposition de phase avec le signal d'entrée) (utilise généralement un tube triode ou un transistor bipolaire monté en émetteur commun) (sert notamment à attaquer un amplificateur symétrique sans recourir à un transformateur d'attaque ou à inverser la polarité d'une impulsion) (cf. aussi* phase (a), in phase opposition, commun-emitter connection *et* push-pull amplifier).

phase jitter gigue de phase, instabilité de phase *(noms souvent donnés à la gigue de position pour rappeler la relation existant entre les impulsions successives) (cf. aussi* position jitter).

phase lag retard de phase, déphasage en arrière *(au sens du terme anglais, état d'une grandeur sinusoïdale en retard par rapport à une autre grandeur sinusoïdale de même fréquence) (ce terme s'applique notamment à un courant alternatif dans* *une inductance par rapport à la tension aux bornes de celle-ci ou à une tension alternative aux bornes d'un condensateur par rapport au courant dans celui-ci) (cf. aussi* phase (a), phase delay, inductor *et* capacitor).

phase lead   avance de phase, déphasage en avant *(état d'une grandeur sinusoïdale en avance par rapport à une autre grandeur sinusoïdale de même fréquence) (ce terme s'applique notamment à un courant alternatif dans un condensateur par rapport à la tension aux bornes de celui-ci ou à une tension alternative aux bornes d'une inductance par rapport au courant dans celle-ci) (cf. aussi* phase (a), capacitor *et* inductor).

phase linearity   linéarité de la phase *(proportionnalité entre la variation de la fréquence d'un signal sinusoïdal et la variation de sa phase) (cf. aussi* phase distortion).

phase lock   *(ce terme a les mêmes équivalents français que « phase locking », mais limités au résultat obtenu, les termes anglais « locking » et « lock », dont le premier désigne ici une action et le second le résultat de cette action, n'ayant ici qu'un seul équivalent en français : « asservissement ») (cf. aussi* phase locking).

phase-lock loop   *cf.* phase-locked loop.

phase-locked   asservi en phase, à phase asservie *(signal, oscillateur) (cf. aussi* phase lock).

phase-locked CW source   *cf.* phase-locked source.

phase-locked local oscillator   oscillateur local asservi en phase *(oscillateur local de récepteur superhétérodyne, notamment à détection synchrone, constitué par un oscillateur asservi en phase) (cf. aussi* local oscillator, phase-locked oscillator *et* synchronous detection).

phase-locked loop   boucle à phase asservie *(anglicisme désignant le montage formé d'un oscillateur à phase asservie, ainsi que du comparateur de phase et du filtre associés) (ne pas employer « boucle à verrouillage de phase ») (cf. aussi* phase-locked oscillator).

phase-locked-loop detector   changeur de fréquence à oscillateur local asservi en phase *(super) (cf. aussi* mixer *et* phase-locked local oscillator).

phase-locked loop pull-in range   plage d'asservissement d'un oscillateur asservi en phase *(intervalle de variation de la phase du signal de référence d'un oscillateur asservi en phase dans les limites duquel l'asservissement peut être maintenu) (cf. aussi* phase-locked oscillator *et* closed-loop control).

phase-locked oscillator   oscillateur asservi en phase *(oscillateur harmonique fournissant un signal dont la phase est asservie à celle d'un signal de référence) (est un oscillateur commandé en tension dont le signal de sortie est appliqué à un comparateur de phase ; la tension d'erreur fournie éventuellement par celui-ci est filtrée par un filtre passe-bas pour éliminer ses fluctuations éventuelles et appliquée, dans le sens convenable, à l'élément variable de l'oscillateur pour annuler la différence de phase) (est utilisé comme oscillateur de détecteur synchrone ou de synthétiseur de fréquence) (cf. aussi* phase-locked loop, phase (a), harmonic oscillator, phase detector, voltage-controlled oscillator, low-pass filter, synchronous detector *et* frequency synthesizer).

phase-locked source   *cf.* phase-locked oscillator.

phase-locked to ...   asservi en phaser sur ... *(un signal) (oscillateur) (cf. aussi* phase-locked oscillator).

phase locking   asservissement de phase *(parf. en phase parf. de la phase) (asservissement de la phase du signal fourni par un oscillateur à la phase d'un signal de référence ou pris comme tel ou, par extension, asservissement de l'oscillateur) (cf. aussi* phase lock, phase (a), phase-locked oscillator *et* closed-loop control).

phase locking (for)   pour asservir en phase *(un oscillateur) (cf. aussi* phase locking).

phase margin   marge de phase *(erreur de phase admissible d'un signal et notamment augmentation possible du déphasage du signal de sortie de la chaîne directe d'un système asservi avant l'apparition d'oscillations) (cf. aussi* phase error *et* forward path).

phase meter   phasemètre *(appareil conçu pour mesurer une phase relative) (cf. aussi* relative phase).

phase-modulate *v*   moduler en phase *(une porteuse) (cf. aussi* phase modulation).

phase-modulated carrier   porteuse modulée en phase *(porteuse ayant subi une modulation de phase) (cf. aussi* carrier 1) *et* phase modulation).

phase-modulated signal   signal à modulation de phase *(signal constitué par une porteuse modulée en phase) (cf. aussi* phase-modulated carrier *et* signal[1]).

phase-modulated spread spectrum technique   procédé d'étalement du spectre à modulation de phase *(émetteur radio militaire) (cf. aussi* spread-spectrum technique *et* phase modulation).

phase-modulated transmission   émission à modulation de phase *(émission d'un signal à modulation de phase ou, parfois, ce signal lui-même) (cf. aussi* phase-modulated signal).

phase-modulated transmitter   émetteur à modulation de phase *(émetteur radio émettant une onde à modulation de phase) (cf. aussi* phase modulation).

phase modulation   modulation de phase, PM *(modulation angulaire dans laquelle la caractéristique variable de la porteuse est sa phase, l'amplitude restant constante et la fréquence approximativement constante) (radio, tlg, etc.) (cf. aussi* angle modulation, phase (a) *et* phase-shift keying).

phase-modulation scheme   procédé de modulation de phase *(d'un signal télégraphique) (modulation de phase à deux, quatre ou huit états, modulation par retard de phase, etc.) (cf. aussi* two-phase PSK, four-phase PSK, eight-phase PSK, phase-delay keying, telegraph signal *et* phase modulation).

phase modulation sidebands   bande latérale de modulation de phase *(bandes latérales produites par la modulation de phase d'une porteuse) (ce terme désigne généralement les bandes latérales produites de chaque côté de la fréquence nominale d'une onde entretenue, notamment d'une porteuse, par le bruit de phase de celle-ci) (cf. aussi* sideband, phase modulation *et* phase noise).

phase modulator   modulateur de phase *(modulateur réalisant la modulation de phase) (cf. aussi* modulator *et* phase modulation).

phase noise   bruit de phase *(fluctuations de la phase du signal fourni par un oscillateur harmonique ou, par conséquent, d'une porteuse, ou bruit électrique dû à ces fluctuations) (oscillateur, générateur de signaux, étalon de fréquence, émetteur) (cf. aussi* close-in phase noise, far-out phase noise, phase (a), harmonic oscillator *et* noise 2) (a)).

phase-noise contents   composantes du bruit de phase, *(etc.) (cf. aussi* frequency component *et* phase noise).

phase-noise measurement   mesure de bruit de phase *(parf. du bruit de phase) (est effectuée à l'aide d'un analyseur de spectres) (cf. aussi* phase noise *et* spectrum analyzer).

phase-noise performance   performances en termes de bruit de phase *(sont inversement proportionnelles à celui-ci) (cf. aussi* phase noise).

phase-noise spectral distribution   répartition spectrale du bruit de phase *(signal complexe) (cf. aussi* spectral distribution *et* phase noise).

phase non-linearity   *cf.* phase distortion.

phase non-symmetry   dissymétrie de phase, asymétrie de phase *(état de deux grandeurs sinusoïdales de même fréquence dont la phase de l'une est comprise entre 0° et 180° et celle de l'autre entre 180° et 360°, l'angle de phase de la seconde, compté ici dans le sens négatif, étant différent de l'angle de phase de la première, compté dans le sens positif) (en d'autres termes, les vecteurs représentant les deux grandeurs ne sont pas symétriques par rapport à l'axe de référence) (exemple : phase de 30° et phase de 320°) (signal TVC, etc.) (cf. aussi* phase (a) *et* vector (a)).

phase offset   *cf.* phase shift.

phase opposition   opposition de phase *(déphasage de 180°) (grandeurs sinusoïdales) (cf. aussi* in phase opposition).

phase origin   origine des phases *(nom donné à l'axe de référence à partir duquel est comptée la phase d'une grandeur sinusoïdale) (cf. aussi* phase (a)).

phase out *v*   retirer du service, mettre hors service, *(parf.)* remplacer, *(parf.)* réformer *(un matériel électronique ou autre, généralement dépassé dans ses performances par un matériel plus récent).*

phase plane plan de phase, diagramme de phase *(graphique représentant la variation de la phase de la grandeur de sortie d'un système asservi en fonction de la pulsation d'une grandeur d'entrée sinusoïdale, c.-à-d. représentant la variation du déphasage entre la grandeur de sortie et la grandeur d'entrée en fonction de la fréquence de celle-ci) (dans un système asservi, la grandeur de sortie est toujours déphasée par rapport à la grandeur d'entrée, et ce dans le sens d'un retard de phase ; en d'autres termes, elle suit les variations de la grandeur d'entrée avec un certain retard) (cf. aussi* phase (a), output quantity, input quantity, closed-loop control system, pulsation *et* phase lag).

phase-plane analysis analyse dans le plan de phase *(analyse du fonctionnement d'un système asservi effectuée à l'aide de la construction du plan de phase de celui-ci) (cf. aussi* phase plane).

phase propagation velocity *cf.* phase velocity.

phase quadrature quadrature (de phase) *(grandeurs sinusoïdales) (cf. aussi* in quadrature).

phase reading phase indiquée *(par un phasemètre) (cf. aussi* phase meter *et* reading 2)).

phase relationship relation de phase *(relation entre la phase d'une grandeur sinusoïdale et celle d'une autre grandeur sinusoïdale de même fréquence et de phase différente, c.-à-d. loi de correspondance entre les phases des deux grandeurs permettant de calculer la phase de l'une connaissant celle de l'autre) (cf. aussi* phase difference).

phase resolution définition en phase *(déphaseur, etc.) (cf. aussi* resolution (f2)).

phase response 1) réponse en phase (en fonction de la fréquence) *(déphasage du signal de sortie d'un quadripôle par rapport à un signal d'entrée sinusoïdal en fonction de la fréquence de ce dernier, c.-à-d. en pratique, inégalité plus ou moins grande du déphasage des différentes composantes d'un signal complexe dans un amplificateur ou un filtre) (lorsque la réponse en phase d'un quadripôle n'est pas uniforme, il y a distorsion de phase) (cf. aussi* phase shift, quadripole, sinusoidal signal, complex signal *et* phase distortion). 2) *cf.* phase response curve).

phase response characteristic *cf.* phase response curve.

phase response curve courbe de réponse en phase, caractéristique de phase *(courbe représentant la réponse en phase d'un quadripôle) (cf. aussi* phase response *et* Bode diagram).

phase response symmetry symétrie de la réponse en phase *(démodulateur de sous-porteuse de chrominance de récepteur de télévision en couleurs NTSC) (cf. aussi* phase response *et* NTSC system).

phase retardation retardement de la phase, application d'un retard à la phase, retard subi par la phase *(selon le contexte) (cf. aussi* phase delay).

phase reversal inversion de phase *(parf. de la phase) (passage de la phase d'une grandeur sinusoïdale à la phase opposée et notamment de 0° à 180°, de 90° à 270°, de 180° à 0°, de 270° à 90°) (cf. aussi* phase (a), phase inversion *et* in phase opposition).

phase-reversal keying modulation par inversion de phase *(nom parfois donné à la modulation par déplacement de phase à deux états) (tlg) (cf. aussi* binary phase-shift keying).

phase-reversal switch inverseur de phase *(commutateur inversant la phase du signal appliqué au haut-parleur d'une voie d'une chaîne stéréophonique) (cf. aussi* phase (a) *et* stereophonic sound system).

phase-reversed secondaries enroulements secondaires montés en opposition *(transformateur différentiel de capteur) (cf. aussi* secondary winding *et* differential-transformer sensor).

phase scanning balayage par déphasage variable *(nom descriptif du balayage électronique d'une antenne) (cf. aussi* phased-array antenna).

phase-sensing monopulse radar radar mono-impulsion de phase *(ou à comparaison de phase)*, radar monopulse *(idem) (radar mono-impulsion dans lequel la comparaison des échos reçus porte sur la phase de ceux-ci, leurs amplitudes étant pratiquement égales) (ce résultat est obtenu à l'aide d'une antenne dont les sources primaires sont formées par des groupements d'éléments rayonnants) (la phase relative des deux échos reçus dans un plan est proportionnelle au dépointage de l'antenne dans ce plan) (radar de poursuite) (cf. aussi* monopulse radar, phase (a), radiating element, relative phase *et* pointing error).

phase-sensitive amplifier amplificateur sensible à la phase *(amplificateur à courant continu précédé d'un comparateur de phase et fournissant par conséquent une tension continue dont la polarité dépend du signe de la phase du signal comparé au signal de référence) (asser) (cf. aussi* dc amplifier *et* phase detector).

phase-sensitive demodulator *cf.* phase demodulator.

phase-sensitive detection circuit *cf.* phase detector.

phase-sensitive detector *cf.* phase detector.

phase sequence ordre des phases *(ordre dans lequel la tension ou le courant atteint la valeur de crête positive dans les différentes phases d'une machine ou d'un réseau polyphasé) (élt) (cf. aussi* phase (b) *et* peak value).

phase shift s déphasage, *(parf.)* changement de phase, *(parf.)* rotation de phase *(différence de phase provoquée ou résultant d'un processus ou d'un phénomène) (cf. aussi* phase difference, phase shifting *et* phase shifter).

phase-shift v déphaser, *(parf.)* changer la phase, *(parf.)* opérer une rotation de phase *(d'une grandeur sinusoïdale) (cf. aussi* phase shift).

phase-shift ... *cf.* phase-shifting ... *(pour les termes qui ne figurent pas ci-après).*

phase-shift adjustement réglage du déphasage *(déphaseur) (cf. aussi* phase shift).

phase-shift circuit *cf.* phase-shifting circuit.

phase-shift control commande du déphasage.

phase-shift discriminator *cf.* Foster-Seeley discriminator.

phase-shift keying modulation par déplacement de phase, modulation PSK *(modulation télégraphique consistant en une modulation de phase dans laquelle la phase de la porteuse peut prendre un nombre pair de valeurs discrètes équidistantes représentant chacune une information binaire) (cf. aussi* binary phase-shift keying, quaternary phase-shift keying, eight-phase phase-shift keying, keying 1), phase modulation *et* binary data).

phase-shift keying ... *cf.* PSK ...

phase-shift measurement mesure de déphasage *(effectuée sur oscilloscope, etc.) (cf. aussi* phase shift *et* measurement).

phase-shift oscillator oscillateur à déphasage *(oscillateur dans lequel la réaction positive du circuit de sortie sur le circuit d'entrée est obtenue en ramenant à l'entrée une partie de la tension de sortie après l'avoir déphasée de 180° à l'aide d'un réseau en échelle formé de trois résistances et trois condensateurs) (cf. aussi* oscillator, phase opposition *et* ladder network).

phase-shift setting réglage de déphasage *(déphasage affiché à l'aide d'un commutateur ou autre dispositif sur un déphaseur) (cf. aussi* phase shifter, phase adjustment *et* setting).

phase-shifted déphasé(e) *(grandeur sinusoïdale) (cf. aussi* phase-shift).

phase shifter déphaseur *(dispositif hyperfréquence introduisant un déphasage fixe ou réglable entre le signal apparaissant à sa sortie et le signal appliqué à son entrée) (utilise souvent un élément déphaseur) (cf. aussi* phase-shifting element, ferrite phase shifter, PIN diode phase shifter, coaxial phase shifter, waveguide phase shifter *et* phase shift).

phase-shifting action de déphaser, déphasage *(cf. aussi* phase shift).

phase-shifting circuit circuit déphaseur, réseau déphaseur, montage déphaseur *(montage fournissant une tension sinusoïdale déphasée par rapport à la tension, également sinusoïdale, appliquée à son entrée) (exemple : circuit fournissant les deux composantes en quadrature de la sous-porteuse de chrominance dans un émetteur de télévision en couleurs NTSC ou PAL) (cf. aussi* phase shift).

phase-shifting element élément déphaseur *(organe produisant le déphasage dans un déphaseur) (bâtonnet, barreau ou bloc de ferrite, lame diélectrique, tube à gaz, diode PIN, etc.) (hyper) (cf. aussi* phase shifter).

phase-shifting network *cf.* phase-shifting circuit.

phase simulator étalon de phase *(générateur de phases de précision utilisé pour étalonner les phasemètres) (cf. aussi* phase generator *et* phase meter).

phase spectra spectres de phase *(cf. aussi* phase spectrum).

phase spectral density densité spectrale de phase *(densité spectrale d'un spectre de phase) (signal) (cf. aussi* spectral density *et* phase spectrum).

phase spectral density measurement mesure de densité spectrale de phase *(parf.* mesure de la ...) *(cf. aussi* phase spectral density *et* measurement).

phase spectrum spectre de phase *(spectre représentant la phase de chacune des fréquences composantes d'un signal complexe sur l'écran d'un analyseur de spectres ou, plus rarement, sur un support graphique) (analyse de signaux) (cf. aussi* spectrum 1), phase (a), phase spectral density *et* spectrum analyzer).

phase splitter diviseur de phase, circuit *(idem)*, montage *(idem) (montage fournissant deux tensions sinusoïdales en opposition de phase ou en quadrature à partir d'une tension sinusoïdale appliquée à son entrée) (lorsque les tensions de sortie sont en opposition de phase, chacune d'elles est en quadrature avec la tension d'entrée, l'une à 90°, l'autre à 270° ; lorsqu'elles sont en quadrature, l'une d'elle est en phase avec la tension d'entrée et l'autre est en quadrature à 90° ou 270°) (cf. aussi* in phase, in phase opposition, in quadrature *et* phase (a)).

phase-splitter amplifier amplificateur déphaseur *(amplificateur fournissant deux signaux en opposition de phase) (cf. aussi* phase splitter).

phase-to-neutral voltage tension entre phase et neutre *(tension alternative existant entre chacune des phases et le neutre dans une machine triphasée ou un réseau triphasé) (cf. aussi* phase (b), neutral conductor *et* voltage).

phase-to-phase voltage tension entre phases *(tension alternative existant entre deux phases quelconques d'une machine polyphasée, le plus souvent triphasée, ou d'un réseau triphasé) (cf. aussi* phase (b) *et* voltage).

phase-to-voltage converter convertisseur phase/tension *(nom descriptif, peu employé, d'un comparateur de phase) (cf. aussi* phase detector).

phase track *cf.* phase tracking.

phase tracker *cf.* phase-tracking receiver.

phase tracking 1) poursuite de la phase *(action de suivre la phase d'un signal à phase variable) (radionav, etc.) (cf. aussi* phase (a) *et* phase-tracking receiver). 2) suivi de phase *(suivi de la phase de deux signaux sinusoïdaux de même fréquence) (jonction hybride, etc.) (hyper, etc.) (cf. aussi* tracking 3), phase (a) *et* hybrid junction).

phase-tracking receiver récepteur à poursuite de phase *(récepteur de radionavigation équipé d'un compteur indiquant le nombre de rotations de phase du signal reçu intervenues depuis le point de départ) (cf. aussi* lane).

phase velocity vitesse de phase *(vitesse de propagation d'une surface équiphase d'une onde électromagnétique non sinusoïdale dans la direction de propagation, c.-à-d. vitesse de propagation d'une composante sinusoïdale de l'onde ou vitesse à laquelle un observateur devrait se déplacer avec l'onde pour voir à chaque instant les composantes de celle-ci avec les mêmes phases relatives) (est égale au produit de la longueur d'onde de la composante par la fréquence de celle-ci et a la même valeur pour toutes les composantes lorsque l'onde considérée se propage dans un milieu non dispersif) (cf. aussi* equiphase surface, non-sinusoidal wave, electromagnetic wave, non-dispersive medium *et* group velocity).

phase versus frequency response *cf.* phase response.

phase wave onde de de Broglie *(particule) (cf. aussi* de Broglie wave).

phased array groupement à déphasage, groupement d'éléments rayonnants à déphasage *(ensemble d'éléments rayonnants disposés régulièrement le long d'une droite ou dans un plan et alimentés avec des phases différentes pour produire un diagramme de rayonnement de forme déterminée et d'orientation variable) (cf. aussi* end-fire array, broadside array, radiating element, phase (a), radiation pattern *et* phased-array antenna).

phased-array aerial *(GB) cf.* phased-array antenna.

phased-array antenna antenne à balayage électronique, antenne de radar *(idem) (antenne de radar dans laquelle le balayage du faisceau est obtenu à l'aide d'un groupement à déphasage) (il s'agit en fait d'une antenne à balayage électrique) (peut être fixe, pivotante ou montée à la cardan selon l'angle solide de l'espace aérien à explorer) (cf. aussi* phased array *et* radar antenna).

phased-array radar radar à balayage électronique *(radar équipé d'une antenne à balayage électronique) (mil, etc.) (cf. aussi* phased-array antenna *et* radar).

phased-array radar technology (la) technique du radar à balayage électronique *(cf. aussi* phased-array radar *et* technology).

phased-array technology *cf.* phased-array radar technology.

phasemeter *cf.* phase meter. *(plus haut)*.

phaser déphaseur à tube de ferrite *(ne pas employer « déphaseur à latching ») (déphaseur à ferrite en guide d'ondes utilisant un tube de ferrite aimanté par un champ magnétique créé par un conducteur axial) (comprend essentiellement un tronçon de tube en ferrite à paroi épaisse et à section droite circulaire ou carrée disposé dans l'axe du guide et aimanté par le champ magnétique créé par une impulsion de courant continu de polarité appropriée circulant dans un fil nu rigide disposé dans l'axe du tube) (hyper) (cf. aussi* ferrite phase shifter).

phasing mise en phase (a) *action d'annuler une différence de phase) (s'opère en faisant varier la phase de la grandeur autre que celle prise comme grandeur de référence) (cf. aussi* phase difference) ; (b) *action de faire coïncider le début du tracé d'une image télécopiée dans un télécopieur fonctionnant en mode de réception, avec le début de l'analyse du document à transmettre dans le télécopieur émetteur) (est assurée par le signal de mise en phase) (télécopie) (cf. aussi* phasing signal *et* facsimile).

phasing line ligne de mise en phase *(partie de la première ligne d'analyse d'un document transmis par un télécopieur pendant laquelle le signal de mise en phase est transmis) (cf. aussi* phasing signal).

phasing signal signal de mise en phase *(impulsion émise par un télécopieur fonctionnant en mode d'émission, après le signal de télédémarrage, pour assurer la mise en phase du télécopieur récepteur) (télécopie) (cf. aussi* phasing line *et* phasing (b)).

phasor vecteur de Fresnel *(un des deux vecteurs utilisés dans la représentation de Fresnel) (cf. aussi* phasor representation).

phasor representation diagramme de Fresnel, diagramme vectoriel (de Fresnel), représentation *(idem)*, construction *(idem) (diagramme en coordonnées polaires utilisé pour additionner graphiquement deux grandeurs sinusoïdales de même fréquence) (chacune des grandeurs est représentée par un vecteur porté par un rayon polaire et appelé « vecteur de Fresnel », dont le module est proportionnel à la valeur instantanée de la grandeur et l'angle polaire à sa phase instantanée) (le vecteur résultant, construit selon la méthode classique d'addition graphique de deux vecteurs, représente la somme des deux grandeurs ; cette somme est une grandeur sinusoïdale de même fréquence que les grandeurs additionnées, de valeur absolue supérieure à la valeur absolue de l'une ou l'autre d'entre elles et de phase intermédiaire) (courants alternatifs, tensions alternatives, ondes, etc.) (cf. aussi* polar diagram, sinusoidal quantity, phase (a) *et* impedance triangle).

⌀M *cf.* phase modulation.

phon phone *(on pourrait dire également « décibel subjectif ») (unité d'intensité sonore subjective) (le phone est égal à l'intensité physique d'un son à la fréquence de 1 000 Hz produisant la même sensation sonore que le son mesuré ; c'est donc une grandeur sans dimension) (cette valeur, moyenne, de la fréquence du son de référence a été choisie parce que l'intensité subjective d'un son d'intensité physique constante dépend de sa fréquence ; à 100 Hz, par exemple, l'intensité subjective n'est pas la même qu'à 1 000 Hz pour une même intensité physique) (il résulte de ce choix que pour un son de fréquence égale à 1 000 Hz, 1 phone = 1 décibel ; aux autres* *fréquences, les deux unités ne sont plus égales) (cf. aussi* loudness, decibel, sone *et* dimensionless quantity).

phonation phonation *(émission de sons par l'appareil vocal de l'homme et des animaux) (cf. aussi* sound[1], phonation process *et* phoneme).

phonation process processus de phonation *(ce processus complexe fait l'objet d'études approfondies dans le domaine de la synthèse vocale en vue de sa simulation) (cf. aussi* phonation *et* speech synthesis).

phone 1) *cf.* telephone *(de même pour les termes dérivés relatifs au téléphone).* **2)** *cf.* headphone.

phoneme phonème *(élément du langage considéré du point de vue purement phonétique et constitué par un son isolé représentant une lettre ou un groupe de lettres de l'alphabet) (analyse et synthèse de la parole) (cf. aussi* phonation *et* speech synthesis).

phoneme-based ... *cf.* phonemic ...

phonemic analysis analyse phonémique *(mise en évidence des phonèmes contenus dans des paroles) (analyse de la parole) (cf. aussi* phoneme).

phonemic speech (la) parole phonémique *(paroles artificielles formées de phonèmes, c-à-d. prononcées par un synthétiseur vocal à phonèmes) (synthèse de la parole) (cf. aussi* phoneme *et* phonemic synthesizer).

phonemic-speech ... *cf.* phonemic ...

phonemic synthesis synthèse par phonèmes, synthèse phonémique *(le premier terme est le plus employé),* synthèse de la parole *(idem) (synthèse de la parole réalisée par concaténation de phonèmes) (donne des paroles à consonance « mécanique », donc peu naturelles) (cf. aussi* speech synthesis *et* phoneme).

phonemic synthesizer synthétiseur à phonèmes, synthétiseur phonémique, *(etc.) (synthétiseur vocal réalisant la synthèse par phonèmes) (synthèse de la parole) (cf. aussi* speech synthesizer *et* phonemic synthesis).

phonemic system *cf.* phonemic synthesizer.

phonemic voice *cf.* phonemic speech.

phonetic alphabet alphabet phonétique *(liste des noms utilisés pour préciser l'orthographe d'un mot au cours d'une communication téléphonique ou radiotéléphonique) (A comme Alpha, B comme Bravo, C comme Charlie, D comme Delta, E comme Echo, F comme Foxtrot, G comme Golf, H comme Hôtel, I comme Inde, J comme Juliette, K comme kilo, L comme Lima, M comme Michel, N comme Novembre, O comme Oscar, P comme Papa, Q comme Québec, R comme Roméo, S comme Sierra, T comme Tango, U comme Uniforme, V comme Victor, W comme Whisky, X comme rayon X, Y comme Yankee, Z comme Zoulou) (dans les communications internationales ou entre une station radio fixe ou mobile et un aéronef ou un navire, où la langue anglaise prime toujours, les noms spécifiquement français sont remplacés par des noms anglais : Charles par Charlie, Inde par India, Juliette par Juliet, Michel par Mike, Novembre par November, rayons X par X-ray).*

phono ... *cf.* phonograph ... *(pour les termes qui ne figurent pas ci-après).*

phono cartridge *cf.* phonograph pick-up.

phono jack (douille de) jack audio *(douille de jack montée sur un amplificateur basse fréquence ou un autre appareil électroacoustique pour recevoir une fiche de jack audio) (cf. aussi* phono plug *et* jack 1)).

phono plug (fiche de) jack audio *(fiche de jack monté à l'extrémité d'un fil blindé connecté à la tête de lecture d'un tourne-disque) (cf. aussi* phono jack).

phonograph phonographe *(appareil reproduisant des sons enregistrés sur un disque ou, initialement, un cylindre sous la forme d'un sillon sinueux défilant sous une pointe de lecture actionnant un dispositif convertissant ses vibrations en ondes sonores) (noter que le terme anglais et la définition ci-dessus couvrent le « phonographe » et le « tourne-disque ») (cf. aussi* mechanical phonograph, record player *et* phonograph pick-up).

phonograph needle aiguille de phonographe *(cf. aussi* mechanical phonograph).

phonograph pick-up tête de lecture (de tourne-disque), tête,

phonocapteur, phonolecteur, cellule phonolectrice, cellule phonocaptrice, cellule, pick-up *(le premier terme, réduit éventuellement à « tête » en cours de texte, est le meilleur ; le troisième est peu employé ; le quatrième n'est pas assez euphonique pour s'imposer ; les termes avec « cellule » sont à éviter) (dispositif convertissant les ondulations du sillon d'un support phonographique en sons ou en un signal électrique) (dans un « phonographe » au sens restreint du terme français, ce dispositif peut être considéré comme un transducteur mécano-acoustique, bien que ce terme ne soit pas employé) (cf. aussi* mechanical phonograph) ; *(dans un tourne-disque ou un électrophone, ce dispositif est un transducteur électroacoustique ou, plus précisément, mécano-électrique, bien que ce terme ne soit, lui non plus, pas employé) (la définition correspondante est donnée ci-après) (transducteur électroacoustique convertissant les ondulations du sillon d'un disque phonographique en un courant électrique alternatif d'amplitude et fréquence variables à l'aide d'un organe de conversion soumis aux vibrations d'une pointe suivant les ondulations du sillon) (les variations d'amplitude du courant électrique fourni par la tête de lecture reproduisent les variations de pression de l'air constituant le signal enregistré sur le disque) (noter que, contrairement à cette définition classique, c'est l'organe de conversion qui est le transducteur et que la tête de lecture est en réalité un capteur comme l'indique le terme « phonocapteur ») (cet organe de conversion utilise généralement la piézoélectricité, la variation de réluctance ou l'induction électromagnétique pour remplir sa fonction) (électroacou) (cf. aussi* crystal pick-up, variable-reluctance pick-up, dynamic pick-up, sensor *et* phonograph record).

phonograph record (un) enregistrement phonographique, disque phonographique, disque audio, disque *(le dernier terme est le plus employé lorsqu'il n'y a pas de risque de confusion avec un disque de mémoire d'ordinateur ou un disque vidéo) (noter qu'en toute rigueur, le terme anglais signifie seulement « (un) enregistrement phonographique » et désigne par conséquent les sons enregistrés sous la forme d'un sillon en V dont les flancs forment des ondulations reproduisant les variations de pression de l'air constituant ces sons, et non le disque lui-même) (cf. aussi* long-play record, recording disk, phonograph *et* video disk).

phonograph turntable plateau de tourne-disque *(cf. aussi* turntable).

phonon phonon *(quantum d'énergie du champ de vibration mécanique dû à l'agitation thermique des atomes dans un cristal) (étant un quantum d'énergie de vibration, le phonon est une grandeur acoustique et, par ailleurs, peut être considéré comme une quasi-particule par analogie au photon) (le mot « phonon » est formé comme « photon » en remplaçant la racine « photo » de la particule utilisée notamment en optique par la racine « phono » rappelant la nature acoustique du phonon) (cf. aussi* quantum, thermal agitation, particule (b), phonon-electron interaction *et* photon).

phonon-assisted photoconductivity *cf.* indirect photoconductivity.

phonon-electron interaction interaction phonon-électron *(interaction entre un phonon et un électron) (conduction) (cf. aussi* phonon, electron *et* resistance).

phosphor luminophore *(ce terme s'emploie souvent au pluriel) (nom donné aux matières phosphorescentes utilisées en poudre pour former l'écran dit « fluorescent » des tubes cathodiques) (cette utilisation de ces matières fait appel à leur propriété de cathodoluminescence) (sulfure de zinc ou de cadmium, etc.) (cf. aussi* phosphorescence, cathode-ray tube, cathodoluminescence, phosphor dot et, à titre d'information, phosphorus).

phosphor bronze bronze phosphoreux *(bronze additionné d'un faible pourcentage de phosphore lui donnant l'élasticité nécessaire pour la fabrication de lamelles de contact d'interrupteurs et commutateurs) (cf. aussi* bronze *et* phosphorus).

phosphor dot luminophore, pastille de luminophore *(un des trois grains de luminophore formant un « triplet de luminophores » sur l'écran d'un tube à masque perforé) (récepteur TVC) (cf. aussi* phosphor *et* triad).

phosphor-dot faceplate écran à triplets de luminophores *(cf. aussi* phosphor dot *et* faceplate).

phosphor efficacy efficacité lumineuse du luminophore *(souvent des luminophores) (écran cath) (cf. aussi* phosphor *et* luminous efficacy*).*

phosphor storage effect effet de mémoire du luminophore, *(souvent des luminophores) (nom parfois donné à la phosphorescence d'un luminophore ; est la cause de la persistance) (écran cath) (cf. aussi* phosphor *et* persistance*).*

phosphorescence phosphorescence *(luminescence se prolongeant un certain temps après la cessation de l'excitation) (la durée de phosphorescence dépend de la température ; elle diminue quand celle-ci augmente et peut atteindre plusieurs heures à la température ambiante dans des matières convenablement choisies et dopées) (cf. aussi* luminescence, phosphor *et* phosphorogen*).*

phosphorogen activateur *s,* corps phosphorogène, corps luminogène *(corps introduit en faible proportion dans un autre corps pour lui donner la propriété de phosphorescence) (est un métal : manganèse, cuivre, plomb, thallium, cérium, etc.) (cf. aussi* phosphorescence*).*

phosphorus phosphore, P *(corps simple utilisé, entre autres, pour l'élaboration du bronze phosphoreux et comme impureté du type N dans le dopage des semiconducteurs) (cf. aussi* phosphor bronze, donor impurity *et, à titre d'information,* phosphor*).*

phosphorus doping dopage au phosphore *(semi) (cf. aussi* doping *et* phosphorus*).*

photicon photicon *(tube analyseur dérivé du supericonoscope par adjonction d'une couche photémissive déposée sur la paroi interne du tube, près de la cible, et éclairée par plusieurs lampes, et de deux électrodes dirigeant les électrons ainsi émis vers la cible pour annuler la brillance parasite de l'image fournie par le supericonoscope) (caméra TV) (cf. aussi* image iconoscope *et* photoemissive layer*).*

photoacoustics (la) photoacoustique *(cf. aussi* acousto-optics*).*

photoactive device dispositif photoactif *(terme que j'ai proposé, en anglais comme en français, comme terme générique couvrant les dispositifs optoélectroniques dont le fonctionnement peut être considéré comme l'inverse des dispositifs photoélectriques, c.-à-d. dans lesquels la grandeur d'entrée est un courant ou une tension électrique et la grandeur de sortie un rayonnement lumineux ou une action sur un tel rayonnement) (conformément à cette définition, ce terme couvre les dispositifs à semiconducteur à émission de lumière (diode lumineuse et diode laser), les afficheurs (à émission, transmission ou réflexion de lumière ou à changement de couleur), les tubes cathodiques et les lampes à décharge) (les lampes à incandescence et les modulateurs électro-optiques n'étant pas des dispositifs optoélectroniques, ils n'entrent pas dans cette catégorie) (cf. aussi* light-emitting diode, laser diode, display[1] 4), cathode-ray tube, discharge lamp, photoelectric device *et* optoelectronic device*).*

photoactive transducer transducteur photoactif *(nom scientifique d'un dispositif photoactif) (cf. aussi* photoactive device *et* transducer 1)).

photocarrier photoporteur *(porteur de charge créé par effet photoélectrique) (cf. aussi* charge carrier *et* photoelectric effect*).*

photocathode photocathode, cathode photoémissive *(cathode de tube électronique utilisant l'émission photoélectrique) (est constituée par une couche photoémissive déposée sur une plaque métallique ou en verre ; en général, le terme « photocathode » désigne l'ensemble formé par cette couche et son support) (cathode de tube photoélectrique, de tube photomultiplicateur ou de tube analyseur à cible à émission secondaire) (cf. aussi* cathode (b), photoelectric emission, photoemissive layer, phototube, photomultiplier *et* secondary-emission target*).*

photocell cellule photoélectrique *(tg) (dispositif photoélectrique conçu pour être utilisé comme détecteur de lumière ou capteur de lumière ou générateur de courant continu) (ce terme, qui désignait à l'origine un tube photoélectrique, couvre maintenant également les photorésistances et les cellules photovoltaïques ; noter que selon certains auteurs anglais et américains, le terme « photocell » ne doit pas être employé*

pour désigner un tube photoélectrique, ce qui est en contradiction avec le dictionnaire Webster) (cf. aussi* phototube, photovaristor, photovoltaic cell, photodetector, light sensor *et* photoelectric device*).*

photoconducting *a cf.* photoconductive.

photoconduction *cf.* photoconductivity.

photoconduction current *(parf.* intensité du) courant de photoconduction *(courant circulant dans un dispositif à photoconduction ou, parfois, intensité de ce courant) (cf. aussi* photoconductive device*).*

photoconductive photoconducteur *a (propriété d'un corps dans lequel s'observe le phénomène de photoconduction, ou caractéristique d'un dispositif utilisant un tel corps) (cf. aussi* photoconductivity, photoconductive device *et* photoresistive*).*

photoconductive cell cellule photoconductrice *(semi) (cf. aussi* photovaristor*).*

photoconductive-cell isolator photocoupleur *(cf. aussi* optocoupler*).*

photoconductive device dispositif à photoconduction *(dispositif utilisant la photoconduction) (semi) (photorésistance ou cible photoconductrice) (cf. aussi* photoconductivity, photovaristor *et* photoconductive target*).*

photoconductive effect effet de photoconduction *(semi) (cf. aussi* photoconductivity*).*

photoconductive gain gain de photoconduction *(gain d'une photodiode à avalanche) (cf. aussi* internal gain (b)).

photoconductive material matériau photoconducteur *(nom parfois donné à un semiconducteur dans le cadre de la photoconduction) (cf. aussi* photoconductivity*).*

photoconductive sensor capteur à photoconduction *(capteur dont l'élément sensible est un dispositif à photoconduction) (cf. aussi* sensor, sensing element *et* photoconductive device*).*

photoconductive target cible photoconductrice, cible à photoconduction *(cible de tube analyseur utilisant la photoconduction produite par la focalisation de l'image à transmettre sur sa surface) (est constituée par une couche de semiconducteur approprié déposée sur une couche métallique très mince et transparente déposée préalablement sur la face intérieure de la fenêtre d'entrée du tube) (la couche métallique est portée à un potentiel positif par rapport à la cathode du canon à électrons du tube et joue le rôle de la plaque signal d'une cible photoémissive) (la conductibilité des différents points de la cible étant proportionnelle à leur éclairement, les charges positives créées sur la couche métallique par la tension appliquée diffusent plus ou moins rapidement à travers la couche photoconductrice sous l'action du champ électrique de la cathode en créant ainsi sur la face intérieure de la couche photoconductrice un relief de charges positives, donc une image électrique reproduisant l'image optique focalisée sur la face antérieure de la cible) (lors du son passage sur un point plus ou moins positif, le faisceau d'électrons annule la charge de ce point en fournissant les électrons nécessaires, et le courant résultant dans le circuit du canon à électrons crée aux bornes d'une résistance une tension représentant l'éclairement de ce point) (cible de vidicon ou de plumbicon) (caméra TV) (cf. aussi* target (b), photoconductivity, electric image 1), vidicon *et* plumbicon*).*

photoconductivity photoconduction *(conduction électrique variable en fonction de l'éclairement du corps) (ce phénomène, propre aux semiconducteurs, est dû à la création de paires électron-trou dans un tel corps par absorption des photons d'un rayonnement optique par les atomes du corps) (est un des effets photoélectriques et ne doit pas être confondu avec l'effet photovoltaïque malgré la création de paires électron-trou dans les deux cas, celui-ci nécessitant la présence d'une jonction) (cf. aussi* intrinsic photoconductivity, extrinsic photoconductivity, illumination 1), semiconductor, electron-hole pair *et* photoelectric effect*).*

photoconductor *cf.* photoresistor.

photo-controlled resistor *cf.* photoresistor.

photo-coupled solid-state relay relais statique à couplage optique *(relais statique utilisant un photocoupleur) (cf. aussi* solid-state relay *et* optocoupler*).*

photocoupler photocoupleur (cf. aussi optocoupler).

photocoupler ... cf. optocoupler ...

photocoupling device cf. photocoupler.

photocurrent cf. photoelectric current.

photodarlington photodarlington (montage Darlington dans lequel le transistor d'entrée est un phototransistor) (cf. aussi Darlington amplifier et phototransistor).

photodetection photodétection, détection optique (détection d'un rayonnement optique) (est réalisée à l'aide d'un photo-détecteur) (cf. aussi photodetector et detection 1)).

photodetector photodétecteur, détecteur photosensible, détecteur photoélectrique, détecteur optique, détecteur de lumière (termes génériques couvrant tous les types de tubes photoélectriques et de composants à semiconducteur dont le fonctionnement est lié à la présence d'un rayonnement optique indépendamment de la répartition spatiale de celui-ci, ce qui conduit à la définition générale suivante) : (dispositif réagissant à la présence d'un rayonnement optique en produisant une force électromotrice ou une variation de résistance électrique) (phototube, photomultiplicateur, photorésistance, photodiode, phototransistor, photodarlington, photothyristor) (voir ces termes) (conformément à la définition donnée ci-dessus, ces termes ne couvrent pas les dispositifs de prise de vues − tube analyseur et cible à CCD − la seule présence d'un rayonnement optique ne suffisant pas à leur fonctionnement ; le terme « détecteur » doit alors être remplacé par « capteur », lequel a un sens plus large) (cf. aussi photoelectric device, photocell, detector 1), optical radiation, electromotive force et sensor).

photodetector array groupement de photodétecteurs, (etc.) (groupement de photodiodes) (cible de caméra TV, etc.) (cf. aussi photodetector, photodiode et array).

photodiode photodiode (diode à jonction conçue pour être utilisée comme photodétecteur en exposant un côté de la jonction à un rayonnement optique et en l'utilisant dans le sens inverse) (est dotée d'une jonction destinée à être éclairée par une fenêtre pratiquée dans la couche d'oxyde protecteur de la puce et disposée sous une minuscule lentille enchâssée dans le boîtier) (la diode est polarisée dans le sens inverse et la lumière qui atteint la jonction fait croître le courant inverse proportionnellement à l'éclairement de celle-ci) (semi) (cf. aussi PIN photodiode, junction diode, photodetector, reverse bias et reverse current).

photodiode array groupement de photodiodes (cf. aussi photodetector array).

photodiode chip puce de photodiode (semi) (cf. aussi chip 1) et photodiode).

photodiode image sensor capteur vidéo a photodiodes, (etc.) (capteur vidéo dans lequel les éléments photodétecteurs sont des photodiodes réalisées sur un substrat de silicium) (caméra infrarouge) (cf. aussi image sensor et photodiode).

photodiode imager cf. photodiode image sensor.

photodiode imaging device cf. photodiode image sensor.

photodiode sensor cf. photodiode image sensor.

photoelectric photoélectrique (caractéristique de ce qui est relatif à la photoélectricité ou en constitue une application) (cf. aussi photoelectricity).

photoelectric cathode cf. photocathode.

photoelectric cell cf. photocell.

photoelectric constant constante photoélectrique (constante représentant l'énergie absorbée par un photoélectron) (est égale à la différence entre l'énergie dépensée par le photoélectron pour quitter l'atome dont il faisait partie et l'énergie qu'il possédait initialement) (cf. aussi photoelectron et energy).

photoelectric control commande photoélectrique (commande d'un dispositif par une cellule photoélectrique) (utilise la réception ou l'interception d'un rayonnement optique pour produire un courant commandant la mise en marche d'un moteur électrique actionnant le dispositif) (commande automatique d'ouverture de porte, etc.) (cf. aussi photocell et photoelectrically operated device).

photoelectric current (parf. intensité du) courant photo-électrique, (idem) photocourant, (idem) courant produit par les photons (courant produit dans un dispositif photoélectrique sous l'action d'un rayonnement optique ou, parfois,

intensité de ce courant) (ces termes désignent généralement le courant de photoémission, mais couvrent également le courant de photoconduction et le courant photovoltaïque) (cf. aussi photoelectric device, photoemission current, photoconduction current et photovoltaic current).

photoelectric detection détection photoélectrique (détection d'une présence à l'aide d'une cellule photoélectrique recevant un rayonnement intercepté par celle-ci) (gardiennage, etc.) (cf. aussi photocell et photodetection).

photoelectric detector cf. photodetector.

photoelectric device dispositif photoélectrique (dispositif utilisant un des effets photoélectriques) (photodétecteur, tube analyseur, cible à CCD) (cf. aussi photoelectric effect, photodetector, camera tube et CCD target).

photoelectric effect effet photoélectrique (ce terme, employé généralement pour désigner l'effet de photoémission, couvre en fait également l'effet de photoconduction, l'effet photovoltaïque et la photo-ionisation) (il y a donc quatre effets photoélectriques, sans compter l'effet photoélectrique inverse, totalement différent, ni l'effet Auger, qui peut être considéré comme un effet photoélectrique, ce qui conduit à la définition générale suivante) : (création de porteurs de charge dans un corps sous l'action d'un rayonnement optique) (dans la photoémission, les porteurs de charge créés dans le corps sont des ions positifs, dans la photoconduction et l'effet photovoltaïque, ce sont des paires électron-trou, dans la photo-ionisation, ce sont principalement des ions positifs) (cf. aussi photoelectric emission, photoconductivity, photovoltaic effect, photoionization, charge carrier, positive ion, electron-hole pair, inverse photoelectric effect et Auger effect).

photoelectric emission émission photoélectrique, photoémission, effet photoélectrique externe (émission d'électrons par un métal à la température ambiante sous l'action d'un rayonnement optique dans le vide ou un gaz à faible pression) (est due à l'absorption de photons du rayonnement par des électrons des atomes des couches superficielles du métal ; l'énergie d'un photon absorbé par un électron s'ajoute à l'énergie initiale de celui-ci et lui permet de franchir la barrière de potentiel existant à la surface du métal pour quitter celui-ci) (ce phénomène est utilisé dans les cathodes photoémissives) (cf. aussi photoelectric threshold, quantum yield, work function, electron, photon, optical radiation, potential barrier, photoemissive cathode et photoelectric effect).

photoelectric material cf. photoemissive material.

photoelectric pick-up cf. photoelectric sensor 1).

photoelectric reader cf. optical reader.

photoelectric relay relais photoélectrique (relais associé à une cellule photoélectrique dont le courant amplifié alimente sa bobine) (cf. aussi relay[1] 1) (a) et photocell).

photoelectric sensivity sensibilité spectrale (d'une photocathode) (variation du rendement quantique d'une photocathode en fonction de la longueur d'onde du rayonnement incident) (tube) (cf. aussi photocathode, photoelectric yield, spectral sensivity et spectral response curve).

photoelectric sensor 1) capteur photoélectrique (clpf) (cf. aussi optical sensor). 2) détecteur photoélectrique (cf. aussi photodetector).

photoelectric threshold seuil photoélectrique (longueur d'onde au-dessus de laquelle − ou fréquence au-dessous de laquelle − un rayonnement optique n'est plus assez énergétique pour produire un effet photoélectrique, l'énergie de ses photons étant insuffisante pour libérer des électrons) (cf. aussi wavelength, photoelectric effect et photon energy).

photoelectric transducer transducteur photoélectrique (transducteur constitué par un dispositif photoélectrique) (cf. aussi transducer 1) et photoelectric device).

photoelectric tube tube photoélectrique (cf. aussi phototube).

photoelectric work function travail de sortie photoélectrique (ou d'émission photoélectrique ou de photoémission), énergie d'extraction (idem) (travail de sortie considéré dans le cas de l'émission photoélectrique) (cf. aussi work function et photoelectric emission).

photoelectric yield rendement quantique (de photoémission ou photoélectrique) (le premier terme est le meilleur) (rapport, exprimé en pourcentage, entre le nombre d'électrons émis par une photocathode et le nombre de photons incidents) (cf. aussi photocathode, quantum efficiency et photoelectric sensitivity).

photoelectrically generated current courant d'origine photo-électrique (courant dans un dispositif photoélectrique ou dans un circuit connecté aux bornes de celui-ci) (cf. aussi photo-electric device).

photoelectrically generated current pulse impulsion de courant d'origine photoélectrique (impulsion de courant produite par une impulsion de lumière reçue par un dispositif photoélectrique) (cf. aussi photoelectrically generated current et pulse[1]).

photoelectrically generated voltage tension d'origine photo-électrique (tension aux bornes d'un dispositif photoélectrique ou de la charge d'un tel dispositif) (cf. aussi photoelectric device, load[1] (a) et voltage).

photoelectrically generated voltage pulse impulsion de tension d'origine photoélectrique (impulsion de tension produite par une impulsion de lumière reçu par un dispositif photo-électrique) (cf. aussi photoelectrically generated voltage et pulse[1]).

photoelectrically operated device dispositif à commande photoélectrique (dispositif commandé par un relais à commande photoélectrique ou, parfois, ce relais lui-même) (cf. aussi photoelectrically operated relay et photoelectric control).

photoelectrically operated relay relais à commande photo-électrique, relais commandé par cellule photoélectrique (relais excité par le courant fourni par une cellule photoélectrique) (cf. aussi relay[1] (a) et photocell).

photoelectricity photoélectricité (a) électricité produite par l'action d'un rayonnement optique, c.-à-d. par un effet photo-électrique) (cf. aussi electricity (a) et photoelectric effect) ; (b) partie de l'électricité, en tant que science, traitant de cette sorte d'électricité) (cf. aussi electricity (b)).

photoelectromagnetic effect cf. photomagnetic effect.

photoelectron photoélectron, électron d'origine photoélectrique (ou libéré par émission photoélectrique), électron de photoémission (cf. aussi photoelectric emission et electron).

photoelement photoélément, élément photosensible (élément d'un dispositif photoélectrique formé d'un ensemble d'éléments sensibles à un rayonnement optique) (cf. aussi photo-electric device et optical radiation) (a) condensateur micro-scopique d'une mosaïque classique de tube analyseur) (caméra TV) (cf. aussi capacitor et mosaic (a)) ; (b) photo-diode de cible de tube analyseur ou de caméra infrarouge à balayage) (cf. aussi photodiode, target (a) et infrared scanner) ; (c) élément photosensible d'une cible à CCD (caméra TV à CCD) (cf. aussi CCD target).

photoemission cf. photoelectric emission.

photoemission current (parf. intensité du) courant de photo-émission (courant produit par les électrons émis par une photocathode ou, parfois, intensité de ce courant) (cf. aussi photoemission et photocathode).

photoemissive cell cellule photoémissive (cf. aussi photo-tube).

photoemissive effect effet de photoémission (photocathode) (cf. aussi photoelectric emission).

photoemissive layer couche photoémissive (mince couche de matière photoémissive déposée sur une électrode ou une zone déterminée de la paroi interne d'un tube électronique) (photo-cathode, cible photoémissive, photicon) (cf. aussi photo-emissive material, photocathode, photoemissive target et photicon).

photoemissive material corps photoémissif, (etc.) (corps dans lequel l'effet d'émission photoélectrique peut être observé) (métal alcalin ou alcalino-terreux et notamment césium) (cf. aussi photoelectric emission, alkali metal, alkaline-earth metal, cesium et material).

photoemissive target cible photoémissive (cible de tube analy-seur utilisant l'émission photoélectrique produite par la forma-tion de l'image à transmettre sur la mosaïque couvrant sa surface) (est constituée par une feuille de mica plane portant la mosaïque sur sa face antérieure et la plaque-signal sur sa face

postérieure) (cible d'iconoscope ou d'orthicon) (caméra TV) (cf. aussi redistribution, target (b), mosaic (a), signal plate, iconoscope et orthicon).

photoemitter cf. photoemissive material.

photoemitter cathode cf. photocathode.

photoemitting … cf. photoemissive …

photoengrave v photograver (une couche de métal ou d'oxyde recouvrant un substrat), (parf.) éliminer par photogravure (des parties de cette couche) (cf. aussi photolithography).

photoengraved photogravé(e), (parf.) éliminé(e) par photo-gravure, (parf.) obtenu(e) par photogravure (cf. aussi photo-engrave).

photoengraved area zone photogravée, zone éliminée par photogravure (cf. aussi photoengrave).

photoengraved metal pattern motif de métal … (voir aussi photoengraved pattern).

photoengraved oxide pattern motif d'oxyde … (voir aussi photoengraved pattern) (cf. aussi oxide pattern).

photoengraved pattern motif photogravé, motif obtenu par photogravure (cf. aussi pattern et photolithography).

photoengraving photogravure (cf. aussi photolithography).

photoengraving stage stade de la … (voir photoengraving).

photoengraving step opération de … (voir photoengraving).

photo-etch v cf. photoengrave.

photo-etched cf. photoengraved.

photo-etching cf. photoengraving.

photo-excitation photo-excitation, excitation par un rayonne-ment optique (ou lumineux), (parf.) excitation par un pho-ton (parf. par des photons) (excitation par un rayonnement dans laquelle la longueur d'onde de celui-ci est du domaine optique) (cf. aussi radiation excitation, optical radiation, photoionization et photoconductivity).

photo-excited photo-excité, (etc.) (voir photo-excitation).

photoflash tube tube à éclairs (photo) (cf. aussi flash tube).

photogenerator générateur photoélectrique (générateur d'électricité utilisant un effet photoélectrique, à savoir l'effet photovoltaïque) (terme générique couvrant la cellule photo-voltaïque et la cellule solaire) (cf. aussi photovoltaic effect, photovoltaic cell et solar cell).

photographic recorder enregistreur optique (cf. aussi optical recorder).

photographic recording (l')enregistrement photographique (cf. aussi optical recording).

photographic sound recorder enregistreur optique (de sons) (cinéma) (cf. aussi optical sound recorder).

photographic sound reproducer cf. optical sound reproducer.

photographic writing rate cf. photographic writing speed.

photographic writing speed vitesse d'inscription pour photo-graphie (vitesse maximale d'inscription du tube cathodique d'un oscilloscope à laquelle la trace formée sur celui-ci a le temps d'impressionner un support photographique) (dépend du type de luminophore de l'écran, de la tension d'accéléra-tion du faisceau d'électrons et de la sensibilité du support photographique) (oscillographie) (cf. aussi writing speed, oscillograph (b) et phosphor).

photoionization photo-ionisation (ionisation d'un gaz pro-duite par un rayonnement optique) (est une photo-excitation dans laquelle l'énergie acquise par des électrons des atomes ou molécules du gaz est suffisante pour produire l'ionisation de celui-ci) (est un effet photoélectrique, bien que cela soit rarement mentionné) (cf. aussi ionization, optical radiation et photoelectric effect).

photoisolator photocoupleur (cf. aussi optocoupler).

photolithographic equipment matériel de photogravure (le terme anglais désigne souvent le matériel de photogravure utilisé pour la fabrication des circuits intégrés monolithiques) (cf. aussi photolithography, optical lithography machine et monolithic integrated circuit).

photolithographic mask cf. photomask.

photolithographic process (cf. aussi photolithography) 1) procédé de photogravure. 2) processus de photogravure.

photolithography photogravure (on devrait dire « photogra-vage ») (procédé de gravure dans lequel la sensibilisation du vernis protecteur est opérée par une lumière ultraviolette passant par les zones transparentes d'un écran reproduisant les zones à sensibiliser) (dans le cas de la photogravure d'un circuit imprimé, l'écran est un négatif photographique obtenu à partir d'un calque (ou d'une feuille de plastique translucide) sur lequel (ou laquelle) le circuit à réaliser est tracé à l'encre de Chine, ou à la gouache rouge ou formé par des rubans et autres éléments en plastique opaque autocollant) (dans le cas de la gravure d'une plaquette à circuits intégrés hybrides à couches minces, l'écran est un masque de photogravure) (dans le cas de la gravure d'une plaquette à circuits intégrés monolithiques, l'écran est un masque de photogravure ou un réticule) (dans le cas de la gravure d'une plaquette à composants discrets, l'écran est un masque de photogravure) (cf. aussi contact lithography, proximity lithography, projection lithography, lithography, photoresist, mask[1] 2), reticle, wafer 2), printed circuit, thin-film hybrid circuit et monolithic integrated circuit).

photoluminescence photoluminescence (luminescence produite par un rayonnement optique) (est due à l'absorption de photons du rayonnement par des électrons du corps, chaque photon absorbé cédant son énergie à l'électron correspondant) (est caractérisée par le fait que la longueur d'onde de la lumière émise est plus grande que celle du rayonnement incident) (peut être une fluorescence ou une phosphorescence et ne doit pas être confondue avec la radioluminescence ni la cathodoluminescence) (cf. aussi luminescence, optical radiation, photon, fluorescence, phosphorescence, radioluminescence et cathodoluminescence).

photomagnetic effect effet photomagnétique (création d'une force électromotrice entre les deux faces d'une lamelle de semiconducteur éclairée sur une de ses faces et placée dans un champ magnétique parallèle à elle-même) (la lumière crée des paires électron-trou par effet photoélectrique et la force de Laplace exercée par le champ magnétique amène les électrons sur une face de la lamelle et les trous sur l'autre) (cf. aussi electromotive force, photoelectric effect et Lorentz force).

photomagnetoelectric effect cf. photomagnetic effect.

photomask masque de photogravure (masque employé pour la photogravure) (fab. CH, CI, semi) (cf. aussi mask[1] 2)).

photometer photomètre (terme générique couvrant tous les appareils utilisés en photométrie et généralement employé avec le sens restreint d'appareil de mesure de l'intensité d'une source de lumière) (cf. aussi luminous intensity).

photomultiplier photomultiplicateur, tube photomultiplicateur (tube photoélectrique à vide à amplification interne du photocourant par multiplicateur d'électrons) (comprend essentiellement une photocathode disposée à une extrémité et suivie d'un multiplicateur d'électrons) (cf. aussi vacuum phototube et electron multiplier).

photomultiplier tube cf. photomultiplier.

photon photon (particule constituant le quantum d'énergie électromagnétique) (le photon a une masse nulle, une vitesse égale à celle de la lumière, une énergie proportionnelle à la fréquence du rayonnement auquel il est associé et un spin) (ce terme est surtout employé pour la lumière visible mais, conformément à la définition ci-dessus, il s'applique à tout les rayonnements électromagnétiques) (cf. aussi quantum theory, spin, electromagnetic radiation et phonon).

photon absorption absorption de photons (par des électrons d'un ou plusieurs atomes) (cf. aussi photon, photoelectric effect, photoluminescence et radioluminescence).

photon collection efficiency rendement de captation des photons (photodétecteur, cellule solaire) (cf. aussi photon).

photon-coupled isolator cf. photoisolator.

photon coupling cf. optical coupling.

photon echo memory mémoire photonique (ou à émission photonique) (mémoire numérique optique expérimentale (en 1990) à très grande densité de mémorisation et très court temps d'accès utilisant l'émission stimulée dans un milieu de mémorisation tridimensionnel pour lire les informations mémorisées par des faisceaux laser) (dans cette mémoire, un élément d'information est mémorisé par inversion de population d'un groupe d'atomes à l'aide de deux faisceaux laser concourants et lu sous la forme d'une impulsion de lumière à émission stimulée émise par le groupe d'atomes retombant à l'état fondamental sous l'action d'une impulsion de lumière émise

par un troisième laser) (l'impulsion de lumière émise par le milieu de mémorisation sous l'action du laser de lecture signifie que l'emplacement excité du milieu contient un binaire « 1 »; elle est convertie en impulsion de courant par un photodétecteur) (les lasers employés sont des lasers à semiconducteur disposés en matrice et les photodétecteurs sont des photodiodes, également disposées en matrice; à chaque laser de lecture correspond une photodiode) (la coordonnée en profondeur d'un point de mémorisation — coordonnée z du système de coordonnées trirectangle du milieu de mémorisation — est déterminée par un dispositif non divulgué) (l'utilisation d'un milieu de mémorisation tridimensionnel et non structuré, c.-à-d. dont n'importe quel point peut constituer une cellule de mémoire, permet d'obtenir une très grande densité de mémorisation et, par conséquent, une capacité de mémoire considérable dans un petit volume) (inf) (cf. aussi digital memory, storage density, access time, stimulated emission, semiconductor laser, photodiode et optical memory).

photon emission émission de photons, émission photonique (émission d'un rayonnement optique, notamment) (cf. aussi photon et optical radiation).

photon-excited a. photo-excited. (plus haut).

photon flux flux de photons (émis par une source de lumière, reçu par un dispositif photoélectrique, etc.) (cf. aussi flux (c) et photon).

photon-generated charge charge créée par les photons (charge électrique créée par les photons d'un rayonnement optique à la surface d'une cible de caméra de télévision, notamment) (cf. aussi electric charge, photon et target (a)).

photon-generated current (parf. intensité du) courant produit par les photons (dispositif photoélectrique) (cf. aussi photoelectric current).

photon noise cf. photon shot noise.

photon shot noise bruit de grenaille dû aux photons, bruit dû aux photons, bruit des photons (bruit de grenaille à la sortie d'un photodétecteur dû à la nature discontinue des photons du rayonnement incident) (cf. aussi shot noise, photodetector et photon).

photonegative a cf. photoresistive.

photonic ... cf. optoelectronic ...

photonics cf. optoelectronics.

photopositive a cf. photoconductive.

photoresist photorésist, résist photosensible, résist optique, vernis photosensible, résine photosensible (vernis photosensible appliqué sur toute la surface d'une couche à photograver pour protéger celle-ci de l'action du réactif d'attaque aux endroits où elle subsiste après sensibilisation par un rayonnement optique et élimination chimique des zones recouvrant les endroits à graver) (la sensibilisation peut avoir pour effet de dépolymériser ou polymériser le résist suivant le type de celui-ci) (fab. CP, CH, CI, semi) (cf. aussi positive photoresist, negative photoresist, photolithography et resist).

photoresist coating couche de photorésist, (parf.) application de photorésist (souvent du ...) (cf. aussi photoresist).

photoresistive a cf. photoconductive. (et noter la contradiction apparente entre les deux qualificatifs).

photoresistor cf. photovaristor.

photoresponse cf. spectral response.

photo-SCR photothyristor, thyristor à commande optique (thyristor dont le boîtier est muni d'une minuscule lentille par laquelle la jonction de commande peut être éclairée pour créer un courant dans celle-ci par effet photovoltaïque et produire ainsi le même effet que l'impulsion de déblocage appliquée à la gâchette d'un thyristor classique) (semi) (cf. aussi silicon controlled rectifier et photovoltaic effect).

photo-SCR chip puce de photothyristor (semi) (cf. aussi chip 1) et photo-SCR)

photosensing lecture photoélectrique (inf)(cf. aussi optical sensing).

photosensitive photosensible, sensible à un rayonnement optique, (souvent également) sensible à la lumière, sensible à un rayonnement lumineux (propriété d'un corps dont une caractéristique physique ou chimique est modifiée par l'action d'un rayonnement optique, ou caractéristique d'un dispositif *ou d'un procédé utilisant un tel corps) (en électronique, le qualificatif « photosensible » est souvent synonyme de « photoélectrique » sauf notamment pour un papier ou autre support photosensible) (cf. aussi* optical radiation *et* photoelectric).

photosensitive cathode *cf.* photocathode.

photosensitive detector *cf.* photodetector.

photosensitive material corps photosensible, *(etc.) (cf. aussi* photosensitive *et* material).

photosensitive recording (l')enregistrement sur support photosensible *(nom parfois donné à l'enregistrement photographique) (cf. aussi* optical recording).

photosensitive resist *cf.* photoresist.

photosensitive tube tube photosensible, tube électronique photosensible *(tube électronique dans lequel l'intensité du courant de sortie dépend de l'éclairement d'une surface photosensible au sens électronique, c.-à-d. tube utilisant un effet photoélectrique) (la surface photosensible peut être une photocathode ou une mosaïque) (termes génériques couvrant les tubes photoélectriques, les tubes photomultiplicateurs, les tubes intensificateurs d'image, les tubes convertisseurs d'image et les tubes analyseurs) (cf. aussi* phototube, photomultiplier, image intensifier tube, image converter tube, camera tube, photoelectric effect, photocathode, mosaic, illumination 1) *et* electron tube).

photosensitivity photosensibilité, sensibilité aux rayonnements optiques, *(souvent également)* sensibilité à un rayonnement lumineux, sensibilité à la lumière *(corps, dispositif) (cf. aussi* photosensitive).

photosensor 1) photodétecteur *(cf. aussi* photodetector). 2) capteur photoélectrique *(cf. aussi* optical sensor).

photosite photosite *(anglicisme désignant un photoélément de cible à CCD) (caméra TV) (cf. aussi* photoelement c)).

phototelegraphy phototélégraphie *(tls) (cf. aussi* facsimile).

photothyristor *cf.* photo-SCR. *(un peu plus haut).*

phototransistor phototransistor, transistor à commande optique *(transistor bipolaire dont le boîtier est muni d'une minuscule lentille par laquelle la base peut être éclairée pour créer un courant dans la jonction émetteur-collecteur par effet photovoltaïque et produire ainsi le même effet que le courant d'entrée d'un transistor bipolaire classique) (la jonction émetteur-collecteur est ici l'équivalent d'une photodiode) (cf. aussi* bipolar transistor, photovoltaic effect *et* photodiode).

phototransistor chip puce de phototransistor *(semi) (cf. aussi* chip 1) *et* phototransistor).

phototube tube photoélectrique, phototube, cellule photoélectrique, cellule photoémissive, cellule *(tube photosensible utilisant l'émission photoélectrique pour permettre le passage d'un courant dans un circuit alimenté par une source de courant continu) (dans le cas général, comprend essentiellement une photocathode en forme de plaque incurvée et une anode filiforme disposée devant celle-ci dans une ampoule en verre) (cf. aussi* vacuum phototube, gas phototube, photosensitive tube, photocell, photoelectric emission, photocathode *et* photomultiplier).

phototube relay relais photoélectrique à tube *(relais photoélectrique dans lequel la cellule photoélectrique est un tube photoélectrique) (cf. aussi* photoelectric relay *et* phototube).

photovaristor photorésistance, résistance photosensible, cellule photoconductrice, cellule photorésistante *(noter l'opposition entre les deux derniers termes pour un même composant, le dernier étant d'ailleurs à éviter) (varistance sensible à un rayonnement lumineux) (est formée essentiellement d'un petit échantillon de semiconducteur approprié dont la résistivité diminue fortement par effet de photoconduction sous l'action d'un rayonnement lumineux, et ce proportionnellement à l'éclairement) (le semiconducteur utilisé est généralement du sulfure de cadmium, du séléniure de cadmium, du sulfoséléniure de cadmium ou du sulfure de zinc) (est utilisé notamment dans la plupart des posemètres, photomètres et luxmètres) (cf. aussi* varistance, photoconductivity, luminous radiation, illumination 1) *et* infrared detector).

photovoltaic cell cellule photovoltaïque, photopile *(cellule photoélectrique utilisant l'effet photovoltaïque) (est une photodiode non polarisée, par conséquent dans laquelle le courant*

circule dans le sens direct, et dont la jonction a une surface relativement grande) (constitue un générateur statique et non chimique de courant continu, donc pratiquement inusable, et a donné naissance aux cellules solaires) (cf. aussi front-wall photovoltaic cell, back-wall photovoltaic cell, photocell, photovoltaic effect, photodiode, forward current *et* solar cell).

photovoltaic current *(parf.* intensité du) courant photovoltaïque *(courant produit par une ou plusieurs cellules photovoltaïques ou, parfois, intensité de ce courant) (cf. aussi* photovoltaic cell).

photovoltaic current generator *cf.* photovoltaic generator.

photovoltaic detector détecteur photovoltaïque *(cellule photovoltaïque conçue pour être utilisée comme photodétecteur et possédant en conséquence une grande sensibilité au rayonnement à détecter) (cf. aussi* photovoltaic cell, photodetector, spectral sensitivity *et* optical radiation).

photovoltaic detector array groupement de détecteurs photovoltaïques *(cf. aussi* photovoltaic detector *et* photodetector array).

photovoltaic effect effet photovoltaïque *(apparition d'une force électromotrice dans une jonction PN exposée à un rayonnement optique) (est due à la création de paires électron-trou comme dans la photoconduction et à leur séparation par la barrière de potentiel de la jonction, ce qui crée une force électromotrice dans celle-ci) (cf. aussi* electromotive force, p-n junction *(au début de la lettre P)*, optical radiation, electron-hole pair, photoconduction, potential barrier *et* photovoltaic cell).

photovoltaic generator générateur photovoltaïque, générateur de courant photovoltaïque *(générateur d'électricité formé d'une ou plusieurs cellules solaires) (cf. aussi* solar cell).

photovoltaic photodetector *cf.* photovoltaic detector.

photovoltaic power plant *cf.* photovoltaic solar plant.

photovoltaic solar plant centrale solaire photovoltaïque *(centrale solaire utilisant des cellules solaires pour produire l'énergie électrique) (cf. aussi* solar power plant *et* solar cell).

photovoltaic solar power plant *cf.* photovoltaic solar plant.

photovoltaic voltage source source de tension photovoltaïque *(source de tension formée d'une ou plusieurs cellules photovoltaïques) (cf. aussi* voltage source *et* photovoltaic cell).

physical address adresse réelle, adresse physique *(adresse, dans la mémoire effectivement utilisée, de l'emplacement occupé par une instruction dans une mémoire virtuelle) (inf) (cf. aussi* address[1] (a) *et* virtual memory).

physical circuit circuit physique *(nom parfois donné à un circuit métallique téléphonique ou télégraphique par opposition à un circuit superposé) (cf. aussi* metallic circuit *et* superposed circuit).

physical memory mémoire réelle, mémoire physique *(noms parfois donnés à la mémoire centrale d'un ordinateur dans le concept de mémoire virtuelle) (inf) (cf. aussi* virtual memory).

pi ... *cf.* π ... *(après les rubriques suivantes).*

PI action action PI *(régulateur) (cf. aussi* proportional plus integral action).

PI algorithm algorithme PI *(algorithme d'un régulateur numérique PI) (inf) (cf. aussi* algorithm *et* digital PI controller).

PI control régulation par action PI *(régulateur) (cf. aussi* proportional plus integral control).

PI controller régulateur PI, régulateur à action proportionnelle et intégrale *(asser) (cf. aussi* regulator *et* proportional plus integral action).

π filter filtre en π *(filtre constitué par un réseau en π) (cf. aussi* filter[1] *et* π network).

π mode mode π *(mode d'oscillation d'un magnétron dans lequel le déphasage entre les champs électriques ou magnétiques régnant dans deux cavités successives de l'anode est égal à π) (ce mode d'oscillation étant celui pour lequel le rendement du magnétron est maximal, il est généralement choisi comme mode de fonctionnement de celui-ci) (hyper) (cf. aussi* magnetron, in phase opposition *et* electromagnetic field).

π-network réseau en π *(réseau électrique formé de trois impédances connectées en série et réunies aux extrémités) (ce réseau à trois branches, donc triangulaire, est appelé « réseau en π » pour rappeler sa représentation schématique dans* *laquelle les impédances sont disposées en carré, le quatrième côté de celui-ci étant formé par un conducteur réunissant les deux extrémités de l'ensemble) (l'entrée du réseau est formée par le point de connexion de la première et la troisième impédance et celui de la première et la deuxième impédance ; la sortie est formée par le point de connexion de la première et la troisième impédance et celui de la deuxième et la troisième impédance) (on voit que le point de connexion des extrémités de l'ensemble est commun au circuit d'entrée et au circuit de sortie du montage dans lequel le réseau est inséré) (constitue un filtre, à savoir le type de filtre électrique le plus utilisé) (cf. aussi π section, network* 1) *et* impedance *(b))*.

π-section cellule en π *(cellule de filtre constituée par un réseau en π) (cf. aussi* filter section *et* π-network).

π-section filter *cf.* π filter.

π-winding enroulement en épingle à cheveux *(enroulement bifilaire dans lequel les deux conducteurs sont formés par un seul conducteur plié en deux avant d'être bobiné) (est utilisé dans certaines résistances bobinées non inductives ; les deux fils résistants bobinés ensemble sont maintenus écartés l'un de l'autre sur le mandrin isolant de la résistance) (cf. aussi* bifilar winding 1) *et* non-inductive resistor).

PIC *cf.* plastic-insulated cable.

pick-off détecteur d'angle, détecteur d'écart angulaire *(noms parfois donnés à un capteur d'angle, notamment − surtout pour le second − lorsqu'il est monté sur une plate-forme stabilisée par inertie pour mesurer l'angle de rotation d'un anneau de suspension par rapport au carter du gyroscope qu'il porte) (asser) (cf. aussi* angular-displacement sensor *et* inertial platform).

pick up *v* 1) capter *(une onde, des parasites, etc.) (antenne, etc.).* 2) venir à l'appel, *(etc.) (relais) (cf. aussi* pull in 1)).

pick-up 1) capteur *(cf. aussi* sensor). 2) tête de lecture, tête *(tourne-disque) (cf. aussi* phonograph pick-up). 3) captation de parasites (par un circuit) *(cf. aussi* interference 1)). 4) *cf.* pick-off. 5) appel *(relais, etc.) (cf. aussi* pull-in 1)).

pick-up arm bras de lecture *(dans un tourne-disque, tige droite ou légèrement coudée pivotant ou coulissant à une extrémité et portant la tête de lecture à l'autre extrémité) (cf. aussi* phonograph pick-up).

pick-up cartridge tête de lecture *(tourne-disque) (cf. aussi* phonograph pick-up).

pick-up cell *cf.* pick-up cartridge.

pick-up current 1) *(parf.* intensité du) courant d'appel *(relais, etc.) (cf. aussi* pull-in value). 2) *(parf.* intensité du) courant fourni par la tête de lecture *(tourne-disque) (cf. aussi* phonograph pick-up).

pick-up device dispositif de prise de vues *(dispositif photoélectrique réalisant la conversion lumière-courant dans une caméra de télévision) (terme générique couvrant, en 1990, les tubes analyseurs et les cibles à CCD) (cf. aussi* camera tube, CCD target, photoelectric device *et* television camera).

pick-up equipment matériel de prise de vues *(caméras de télévision et appareils associés) (cf. aussi* television camera).

pick-up loop cadre *(antenne) (cf. aussi* loop antenna).

pick-up tube tube analyseur *(camera TV) (cf. aussi* camera tube).

pick-up tube camera caméra à tube (analyseur) *(sdpo à « caméra à CCD ») (TV) (cf. aussi* camera tube *et* television camera).

pick-up value valeur à l'appel *(relais, etc.) (cf. aussi* pull-in value).

pick-up voltage 1) tension d'appel *(relais, etc.) (cf. aussi* pull-in value). 2) tension fournie par la tête de lecture *(tourne-disque) (cf. aussi* phonograph pick-up).

picked-up signal signal capté *(signal constitué par une onde captée) (cf. aussi* signal[1] *et* picked-up wave).

picked-up wave onde captée *(onde acoustique captée par un microphone ou un hydrophone, onde radioélectrique captée par une antenne ou onde optique captée par un capteur optique) (cf. aussi* wave).

picket ship navire d'alerte *(navire militaire équipé de moyens de détection à grande portée ou nombreux ou perfectionnés et notamment d'un ou plusieurs radars de veille ou sonars de veille ou les deux) (cf. aussi* search radar *et* scanning sonar).

pickoff *cf.* pick-off.

pickup *cf.* pick-up. *(de même pour les termes dérivés).*

picoammeter picoampèremètre *(ampèremètre gradué en picoampère, c-à-d. pour mesure de courants d'intensité extrêmement faible) (cf. aussi* picoampere *et* ammeter).

picoampere picoampère, pA *(unité d'intensité de courant égale à* 10^{-12} *ampère, soit un millième de milliardième d'ampère) (cf. aussi* ampere).

picoampere current (intensité de) courant de l'ordre du picoampère *(intensité de courant comprise entre 1 et 9,999 picoampères inclusivement ou parfois plus, ou courant d'une telle intensité) (cf. aussi* picoampere *et* intensity).

picoampere current measurement mesure d'intensités de courant de l'ordre du picoampère *(ou* en picoampères), mesure de courants, *(idem),* mesure de picoampères *(cf. aussi* picoampere *et* measurement).

picoampere measurement *cf.* picoampere current measurement.

picoampere range gamme des picoampères *(gamme des intensités de courant comprises entre 1 et 9,999 picoampères inclusivement) (cf. aussi* picoampere).

picofarad picofarad, pF *(unité de capacité électrique égale à* 10^{-12} *farad, soit un millième de milliardième de farad) (est très utilisée pour les petits condensateurs souvent employés en électronique) (cf. aussi* farad).

picofarad capacitance capacité de l'ordre du picofarad, capacité mesurée en picofarads *(capacité électrique comprise entre 1 et 9,999 picofarads inclusivement ou parfois plus) (cf. aussi* picofarad).

picofarad capacitance measurement mesure de capacités de l'ordre du picofarad *(ou* en picofarads), mesure de picofarads *(cf. aussi* picofarad).

picofarad measurement *cf.* picofarad capacitance measurement.

picofarad range gamme des picofarads *(gamme des capacités électriques comprises entre 1 et 9,999 picofarads inclusivement) (cf. aussi* picofarad).

picojoule picojoule, pJ *(unité d'énergie et de travail égale à* 10^{-12} *joule, soit un millième de milliardième de joule) (cf. aussi* joule).

picojoule ... *(voir* picojoule *et* picowatt ... *et adapter) (pour les termes qui ne figurent pas ci-après).*

picojoule power-delay product *cf.* picojoule speed-power product.

picojoule speed-power product produit vitesse-consommation de l'ordre du picojoule *(ou* mesuré en picojoules), facteur de mérite *(idem) (porte logique) (cf. aussi* speed-power product *et* picojoule).

picosecond picoseconde *(unité de temps égale à* 10^{-12} *seconde, soit un millième de milliardième de seconde) (en électronique, est utilisée notamment pour mesurer la durée d'une impulsion ou un temps de commutation ou de propagation) (cf. aussi* second, pulse duration, switching time *et* gate delay).

picosecond duration durée de l'ordre de la picoseconde, *(etc.) (impulsion, etc.) (cf. aussi* picosecond time *et* pulse duration).

picosecond-duration pulse *cf.* picosecond pulse.

picosecond interval *cf.* picosecond time interval.

picosecond measurement *cf.* picosecond time measurement.

picosecond pulse impulsion de l'ordre de la picoseconde *(ou* mesurée en picosecondes), impulsion d'une durée *(idem) (cf. aussi* pulse[1] *et* picosecond time).

picosecond range gamme des picosecondes *(gamme des temps compris entre 1 et 9,999 picosecondes) (cf. aussi* picosecond *et* picosecond time interval).

picosecond switching commutation en un temps de l'ordre de la picoseconde, commutation à une vitesse *(parf.* des vitesses) *(idem) (le second terme est impropre, mais très employé),* commutation en picosecondes *(cf. aussi* picosecond switching time).

picosecond switching speed *cf.* picosecond switching time.

picosecond switching time temps de commutation de l'ordre de la picoseconde *(ou* mesuré en picosecondes), vitesse de commutation *(idem) (le second terme est impropre, mais très employé) (dispositif de commutation ultra-rapide) (cf. aussi* switching time *et* picosecond).

picosecond time temps de l'ordre de la picoseconde, temps mesuré en picosecondes *(temps compris entre 1 et 9,999 picosecondes inclusivement ou parfois plus) (cf. aussi* picoseconde).

picosecond time interval intervalle de temps ... *(voir aussi* picosecond time).

picosecond time measurement mesure de temps de l'ordre de la picoseconde *(ou* en picosecondes), mesure de picosecondes *(cf. aussi* picosecond time *et* measurement).

picosecond turn-off time temps de blocage de l'ordre de la picoseconde *(ou* mesuré en picosecondes) *(dispositif de commutation ultra-rapide) (cf. aussi* turn-off time *et* picosecond time).

picosecond turn-on time temps de déblocage de l'ordre de la picoseconde *(ou* mesuré en picosecondes) *(dispositif de commutation ultra-rapide) (cf. aussi* turn-on time *et* picosecond time).

picowatt picowatt, pW *(unité de puissance égale à 10^{-12} watt, soit un millième de milliardième de watt) (cf. aussi* watt).

picowatt level *cf.* picowatt power level.

picowatt-level measurement *cf.* picowatt power measurement.

picowatt-level power *cf.* picowatt power.

picowatt-level power measurement *cf.* picowatt power measurement.

picowatt power puissance de l'ordre du picowatt, puissance mesurée en picowatts *(puissance comprise entre 1 et 9,999 picowatts inclusivement ou parfois plus) (puissance d'un signal reçu, puissance consommée par un élément de circuit intégré monolithique, etc.) (cf. aussi* picowatt).

picowatt power level (niveau de) puissance de l'ordre du picowatt *(etc.) (l'emploi du terme « niveau » ici est incorrect, mais très courant) (cf. aussi* picowatt power *et* level 1)).

picowatt power measurement mesure de puissances de l'ordre du picowatt *(ou* en picowatts), mesure de picowatts *(cf. aussi* picowatt power).

picowatt range gamme des picowatts *(gamme des puissances comprises entre 1 et 9,999 picowatts inclusivement) (cf. aussi* picowatt).

picowatt signal signal de puissance de l'ordre du picowatt, *(etc.) (cf. aussi* signal power *et* picowatt power).

picowatt signal level *cf.* picowatt signal power. *(cf. aussi* level 1)).

picowatt signal level measurement *cf.* picowatt signal power measurement.

picowatt signal measurement *cf.* picowatt signal power measurement.

picowatt signal power puissance de signal de l'ordre du picowatt *(ou* mesurée en picowatts) *(parf.* signaux) *(cf. aussi* picowatt signal).

picowatt signal power measurement mesure de puissance de signaux de l'ordre du picowatt *(ou* en picowatts) *(cf. aussi* picowatt power *et* signal power).

pictorial ... *cf.* picture ... *ou* graphic ... *(pour les termes qui ne figurent pas ci-après).*

pictorial representation représentation graphique *(d'un phénomène, etc.) (graphique, diagramme, etc.).*

pictorial wiring diagram schéma de câblage réel *(schéma de câblage reproduisant la disposition et la forme exactes des composants et des fils) (cf. aussi* wiring diagram).

picture image *(de télévision ou autre) (Nota : le terme anglais « image » est assez souvent employé à la place de « picture » pour désigner une image, notamment en technique radar — surtout radar cartographique — en télévision infrarouge, en télédétection par satellite, dans des termes composés comme « negative (positive, ghost) image », et toujours en optique).*

picture ... *cf.* image ... *(pour les termes qui ne figurent pas ci-après).*

picture aspect ratio format de l'image *(TV, etc.) (cf. aussi* aspect ratio).

picture black signal de noir *(signal émis par un télécopieur lors de l'analyse d'une zone noire du document à transmettre) (tls) (cf. aussi* facsimile).

picture blacks les noirs de l'image, les noirs *(zones noires d'une image de télévision ou autre).*

picture brightness luminosité de l'image, luminance *(TV, etc.) (cf. aussi* luminance).

picture carrier porteuse image, porteuse vidéo *(porteuse transmettant l'information de luminance dans un signal de télévision) (transmet donc toutes les informations relatives à l'image dans un signal de télévision en noir et blanc et seulement les informations relatives à la luminosité des couleurs dans un signal de télévision en couleurs) (cf. aussi* carrier 1), luminance information *et* television signal).

picture channel partie image, chaîne image, circuits image *(ou* vidéo) *(ensemble des circuits image d'un récepteur de télévision) (cf. aussi* video circuit 2)).

picture coding *cf.* picture digitizing.

picture compression compression d'images *(TV, etc.) (cf. aussi* image compression).

picture control section régie image *(partie d'une régie de télévision relative à l'image émise) (est la partie la plus importante d'une telle régie) (cf. aussi* television control room).

picture data *cf.* video information.

picture definition définition de l'image *(TV, etc.) (cf. aussi* resolution (a)).

picture details (les) détails de l'image *(TV, etc.).*

picture digitizing numérisation d'images *(TV, etc.) (cf. aussi* video signal digitizing).

picture element élément d'image *(parf.* de l'image), point *(idem) (partie d'une image de télévision, d'écran d'ordinateur ou autre assimilable à un point, celui-ci étant parfois relativement gros et pas forcément rond) (cf. aussi* pixel *pour information et* bit-mapped display).

picture enhancement *cf.* picture sharpening.

picture frequency fréquence des trames *(TV) (cf. aussi* frame frequency 1)).

picture information 1) informations relatives à l'image *(dimensions, couleurs ou échelle de gris, nombre de lignes ou de points, etc.) (TV, inf, etc.) (cf. aussi* picture *et* information). **2)** *cf.* video information.

picture line standard nombre de lignes (de l'image) *(nombre de lignes de balayage horizontal d'une image de télévision) (525 lignes aux États-Unis, 625 lignes en Europe, 819 lignes également en France, etc.) (cf. aussi* horizontal sweep 1)).

picture monitor présenteur vidéo (de contrôle), écran de contrôle, récepteur de contrôle d'image *(écran de télévision et circuits associés permettant d'observer les images fournies par une caméra de télévision dans la régie image d'un studio de télévision ou dans un car de reportage) (cf. aussi* video monitor, picture control section *et* mobile unit 1)).

picture quality qualité d'image *(souvent* de l'image) *(télévision, radar, terminal à écran, télécopie, etc.) (dans une image en noir et blanc, dépend principalement de la définition et de l'échelle des gris de l'image) (dans une image en couleurs, dépend principalement de la définition et du rendu des couleurs) (cf. aussi* resolution (a) *et* gray scale).

picture receiver récepteur image *(nom parfois donné à la partie image d'un récepteur de télévision par opposition au récepteur son) (cf. aussi* picture channel *et* sound receiver).

picture reception réception de l'image *(par un récepteur de télévision) (sdpo à « réception du son ») (cf. aussi* picture receiver).

picture recording (l')enregistrement des images *(magnétoscope) (cf. aussi* video recording).

picture section partie image, *(etc.) (TV) (cf. aussi* picture transmitter *et* picture receiver).

picture sharpening amélioration d'images *(cf. aussi* image enhancement).

picture sharpness finesse de l'image, (le) piqué de l'image *(TV, etc.).*

picture signal signal vidéo, signal image, signal d'image, signal vision *(tension variable représentant une image de télévision) (cf. aussi* composite video signal, composite color signal *et* video signal).

picture-signal ... *cf.* video signal ... *(pour les termes qui ne figurent pas ci-après).*

picture-signal amplitude amplitude du signal image *(ou* vidéo) *(signal TV) (cf. aussi* picture signal *et* amplitude).

picture signal polarity sens de la modulation *(signal TV) (cf. aussi* polarity of picture signal).

picture size dimensions de l'image, *(souvent)* format de l'image *(récepteur TV, etc.) (cf. aussi* picture aspect ratio).

picture synchronizing pulse impulsion de synchronisation de trame *(signal TV) (cf. aussi* vertical synchronizing pulse).

picture taking prise de vues *(TV, etc.).*

picture-to-sound carrier spacing écart entre la porteuse son et la porteuse image *(ou* entre porteuse son et porteuse image *ou* entre les porteuses son et image *ou* entre porteuses son et image) (différence entre la fréquence de la porteuse son et la fréquence de la porteuse image dans un signal de télévision, la première étant supérieure à la seconde de plusieurs mégahertz, sauf dans la norme d'émission anglaise à 405 lignes et dans les canaux pairs de la norme française à 819 lignes, où les positions des porteuses dans le spectre du signal sont inversées et pour lesquels les termes français indiqués doivent, autant que possible, être inversés) (cf. aussi* picture carrier, sound carrier *et* television transmission standards).

picture transmission transmission d'images *(souvent* des images *parf.* de l'image) *(TV, télécopie).*

picture transmitter émetteur image, émetteur vidéo *(partie d'un émetteur de télévision élaborant le signal vidéo appliqué à l'entrée correspondante du diplexeur) (cf. aussi* picture signal, diplexer (b) *et* television transmitter).

picture tube tube-image, kinescope *(tube cathodique à écran de forme générale rectangulaire sur l'écran duquel est formée l'image d'un récepteur de télévision ou d'un appareil dérivé) (cf. aussi* direct-view picture tube, projection cathode-ray tube, black-and-white picture tube, color picture tube *et* cathode-ray tube).

picture-tube brightener survolteur de tube-image *(petit transformateur élévateur de tension inséré dans le circuit de chauffage d'un tube-image de télévision usagé pour rétablir la luminosité de l'image en rétablissant l'intensité du faisceau d'électrons à sa valeur initiale) (fournit au filament du tube une tension supérieure à la valeur nominale pour augmenter la température de la cathode et, par conséquent, l'émission thermoélectronique) (s'enfiche dans le support du tube et se connecte au culot de celui-ci à l'aide d'un support identique monté à l'extrémité de fils souples) (cf. aussi* step-up transformer, picture tube *et* thermionic emission).

picture white signal de blanc *(signal émis par un télécopieur lors de l'analyse d'une zone claire du document à transmettre) (cf. aussi* facsimile).

picture whites les blancs de l'image, les blancs *(zones blanches d'une image de télévision ou autre).*

PID action action PID *(régulateur) (cf. aussi* proportional-integral-derivative action).

PID algorithm algorithme PID *(algorithme d'un régulateur numérique PID) (inf) (cf. aussi* algorithm *et* digital PID controller).

PID control régulation par action PID *(régulateur) (cf. aussi* proportional-integral-derivative control).

PID controller régulateur PID, régulateur à action proportionnelle, intégrale et dérivée *(asser) (cf. aussi* regulator *et* proportional-integral-derivative action).

pie section galette élémentaire *(galette d'un bobinage en plusieurs galettes) (cf. aussi* pie winding).

pie winding bobinage en plusieurs galettes *(bobinage haute fréquence réalisé sous la forme de plusieurs bobinages plats disposés sur un tube isolant à une certaine distance les uns des autres pour réduire la capacité répartie de l'ensemble) (cf. aussi* RF coil, distributed capacitance *et* basket coil).

piece of electronic equipment appareil électronique *(cf. aussi* electronic instrument 1)).

piece of wire bout de fil *(court tronçon de fil métallique à usage électrique ou non) (cf. aussi* wire[1]1)).

Pierce factor facteur de Pierce *(nombre représentant le degré de couplage électromagnétique entre le faisceau d'électrons d'un tube à onde progressive et la ligne à onde lente du tube) (cf. aussi* linear-beam tube).

Pierce oscillator oscillateur Pierce, montage Pierce *(oscillateur Colpitts dans lequel la bobine d'inductance du circuit oscillant est remplacée par un résonateur à quartz) (cf. aussi* Colpitts oscillator, quartz resonator *et* oscillator).

piezoelectric piézoélectrique *a (caractéristique de ce qui est relatif à la piézoélectricité ou en constitue une application) (cf. aussi* piezoelectricity).

piezoelectric accelerometer accéléromètre piézoélectrique *(accéléromètre réalisé sous la forme d'un capteur piézoélectrique dans lequel la déformation du transducteur est produite par le déplacement d'une masse sous l'action d'une accélération) (cf. aussi* accelerometer *et* piezoelectric transducer 2)).

piezoelectric axis axe électrique *(cristal piézoélectrique) (cf. aussi* electric axis).

piezoelectric ceramic céramique *sf* piézoélectrique *(céramique dans laquelle l'effet piézoélectrique peut être observé) (titanate de baryum, zirconotitanate de plomb, etc.) (cf. aussi* piezoelectric effect).

piezoelectric crystal cristal piézoélectrique *(cristal dans lequel l'effet piézoélectrique peut être observé) (peut être un cristal naturel tel que le quartz naturel, la tourmaline, le niobate, le lithium, le sulfate le lithium, par exemple, ou un cristal artificiel tel que le sel de Seignette ou le quartz artificiel) (cf. aussi* piezoelectric effect, quartz *et* Rochelle salt).

piezoelectric effect effet piézoélectrique *(effet liant une déformation et une tension électrique dans un solide) (il existe deux types, réciproques, d'effet piézoélectrique ; le terme « effet piézoélectrique » employé sans qualificatif désigne généralement l'effet piézoélectrique direct) (cf. aussi* direct piezoelectric effect *et* inverse piezoelectric effect).

piezoelectric element élément piézoélectrique *(solide géométrique de forme déterminée réalisé dans un matériau piézoélectrique) (plaquette rectangulaire ou carrée, barreau à section rectangulaire ou carrée, disque ou anneau de quartz ou autre corps piézoélectrique destiné à être utilisé comme résonateur piézoélectrique ou transducteur piézoélectrique) (cf. aussi* piezoelectric material, piezoelectric resonator *et* piezoelectric transducer).

piezoelectric gage *cf.* piezoelectric pressure transducer.

piezoelectric gauge *cf.* piezoelectric pressure transducer.

piezoelectric headphones casque piézoélectrique *(hifi) (cf. aussi* crystal headphones).

piezoelectric loudspeaker haut-parleur piézoélectrique *(cf. aussi* crystal loudspeaker).

piezoelectric material corps piézoélectrique, *(etc.) (corps dans lequel l'effet piézoélectrique peut être observé) (cristal piézoélectrique ou céramique piézoélectrique) (cf. aussi* piezoelectric effect, piezoelectric crystal, piezoelectric ceramic *et* material).

piezoelectric microphone microphone piézoélectrique *(cf. aussi* crystal microphone).

piezoelectric oscillator oscillateur piézoélectrique *(autre nom, plus général, d'un oscillateur à quartz) (cf. aussi* crystal oscillator).

piezoelectric pick-up tête de lecture piézoélectrique, *(etc.) (tourne-disque) (cf. aussi* crystal pick-up).

piezoelectric pressure gage *(ou* **gauge** *GB) cf.* piezoelectric pressure transducer.

piezoelectric pressure transducer capteur de pression piézoélectrique *(capteur de pression réalisé sous la forme d'un capteur piézoélectrique dans lequel la déformation du transducteur est produite par la pression d'un fluide) (cf. aussi* pressure transducer *et* piezoelectric transducer 2)).

piezoelectric properties propriétés piézoélectriques *(propriétés d'un corps piézoélectrique) (terme général désignant simplement la présence de l'effet piézoélectrique dans un corps) (cf. aussi* piezoelectric effect).

piezoelectric resonator résonateur piézoélectrique *(autre nom, plus général, d'un résonateur à quartz) (oscillateur, etc.) (cf. aussi* quartz resonator).

piezoelectric speaker *cf.* piezoelectric loudspeaker.

piezoelectric substrate substrat piézoélectrique *(substrat d'un dispositif intégré constitué par une plaquette de matériau piézoélectrique) (ce terme désigne souvent le substrat d'un filtre à ondes de surface) (cf. aussi* substrate (b), piezoelectric material *et* SAW filter).

piezoelectric transducer 1) transducteur piézoélectrique *(transducteur utilisant l'effet piézoélectrique pour remplir sa fonction) (utilise (a) l'effet piézoélectrique direct pour conver-*

tir un déplacement mécanique en une tension continue ou des vibrations en une tension alternative, ou (b) l'effet piézoélectrique inverse pour convertir une impulsion de tension continue en un déplacement mécanique ou une tension alternative en vibrations) (est formé essentiellement d'un élément piézoélectrique portant deux électrodes sur ses faces opposées, cet élément pouvant être constitué par une zone déterminée de la surface d'un substrat piézoélectrique, auquel cas les électrodes sont interdigitées) (haut-parleur piézoélectrique, écouteur piézoélectrique, ligne à regard à ondes acoustiques, filtre à ondes de surface, capteur piézoélectrique, etc.) (voir aussi 2) ci-après) (cf. aussi transducer 1), piezoelectric effect, piezoelectric element, piezoelectric material, crystal loudspeaker, acoustic delay line et SAW filter). **2)** capteur piézoélectrique (capteur utilisant un transducteur piézoélectrique employant l'effet piézoélectrique direct) (capteur de pression, microphone, accéléromètre, etc.) (voir aussi 1) ci-dessus) (cf. aussi sensor).

piezoelectric-tuned magnetron   magnétron à accord piézoélectrique (tube hyper) (cf. aussi magnetron et piezoelectric tuning).

piezoelectric tuning   accord piézoélectrique (accord instantané d'un magnétron à sauts de fréquence par effet piézoélectrique inverse agissant sur une dimension des cavités résonnantes par déformation de la paroi) (émetteur mil) (cf. aussi tuning, frequency-hopping magnetron et inverse piezoelectric effect).

piezoelectric vibrator   cf. piezoelectric resonator.

piezoelectricity   piézoélectricité (électricité produite par l'effet piézoélectrique direct) (cf. aussi direct piezoelectric effect et electricity).

piezoid   lame complète (quartz) (cf. aussi finished crystal blank).

piezoresistive crystal   cristal piézorésistif (cristal dans lequel l'effet piézorésistif peut être observé) (cf. aussi piezoresistive effect).

piezoresistive effect   effet piézorésistif (variation de la résistivité d'un corps sous l'action d'une pression) (est utilisé dans certains capteurs de pression) (cf. aussi resistivity).

piezorestitive pressure transducer   capteur de pression piézorésistif, capteur piézorésistif (capteur de pression dans lequel le transducteur est un cristal piézorésistif) (cf. aussi pressure transducer et piezoresistive crystal).

piezorestive sensor   cf. piezorestistive pressure transducer.

piezoresistive transducer   cf. piezoresistive pressure transducer.

piggy-back EPROM   mémoire EPROM rapportée (mémoire EPROM enfichée sur le boîtier du microprocesseur auquel elle est associée) (CI) (inf) (cf. aussi EPROM et microprocessor).

piggy-back mounting   montage sur boîtier (montage d'un composant sur le boîtier d'un autre composant) (cf. aussi piggy-back EPROM).

pigtail   queue de cochon (a) fil de connexion court, rigide ou souple, enroulé en tire-bouchon pour réduire les risques de cassure par vibration ou déplacement des bornes auxquelles il est connecté ; (b) tronçon de fibre optique enroulé en tire-bouchon dans l'orifice de couplage de certaines diodes émissives pour fibres optiques et raccordé à une extrémité à une face de la diode et à l'autre à la fibre optique) (cf. aussi fiber-optic emitter).

pigtailing   emploi d'une queue de cochon (cf. aussi pigtail).

PIL guns   canons en ligne (tube-image) (cf. aussi PIL tube).

PIL tube   (PIL vient de « precision in-line ») tube autoconvergent, tube PIL (tube à masque perforé dans lequel les trois canons à électrons sont disposés en ligne suivant l'horizontale, ce qui facilite la convergence des faisceaux d'électrons en supprimant la nécessité de la convergence radiale) (les trois faisceaux atteignant l'écran suivant une droite horizontale, les triplets de luminophores sont réalisés sous la forme de trois courtes bandes verticales parallèles, les triplets de deux lignes successives étant imbriqués jusqu'au tiers environ de leur hauteur et le luminophore vert d'un triplet se trouvant entre le rouge et le bleu) (le remplacement des luminophores ponctuels du tube à masque classique par des bandes verticales permet d'éviter l'effet d'un défaut d'orientation éventuel des canons à électrons dans le plan vertical) (c'est cette forme des luminophores permise par la disposition en ligne des canons à électrons qui rend le tube « autoconvergent » dans le plan vertical et dans celui-ci seulement car la convergence horizontale doit être assurée comme dans un tube à masque classique) (cf. aussi shadow-mask tube, convergence et triad 1)).

pile-up   cf. pileup. (ci-après).

pileup   bloc des contacts (ensemble de lames élastiques portant un contact simple ou double et disposées les unes au-dessus des autres avec interposition d'isolants et fixation par deux vis dans un relais à armature pivotante, notamment un relais téléphonique, ou dans une clé téléphonique, le cas du contact double étant celui d'un contact inverseur) (cf. aussi armature relay, telephone relay, key¹ 1) et change-over contact).

pillar mounting   montage sur colonnettes (plaquette à circuit imprimé, etc.).

pilot   cf. pilot tone.

pilot bulb   lampe de voyant (lumineux) (cf. aussi pilot light).

pilot channel   cf. pilot tone.

pilot lamp   1) cf. pilot light. 2) cf. pilot bulb.

pilot light   voyant lumineux, voyant, lampe-témoin, témoin lumineux, témoin (petite lampe à incandescence montée dans un boîtier à partie frontale translucide blanche ou colorée, ou diode lumineuse, dont l'allumage indique un état particulier d'un appareil ou dispositif électronique ou autre) (cf. aussi warning light, pilot lamp et light-emitting diode).

pilot regulator   régulateur de gain (à onde pilote) (amplificateur à gain variable servant à maintenir constant le niveau d'un multiplex fréquentiel à l'extrémité réceptrice d'un tronçon de la liaison appelé « section de régulation ») (le niveau d'une onde pilote adjointe au multiplex est comparé à un niveau de référence et la différence entre les deux niveaux produit une tension commandant le gain de l'amplificateur) (tls) (cf. aussi gain 1), frequency-division multiplex et pilot tone).

pilot signal   cf. pilot tone.

pilot subcarrier   cf. pilot tone 2).

pilot tone   1) onde pilote (signal à fréquence et amplitude bien définies adjoint à un multiplex fréquentiel téléphonique pour permettre la régulation de niveau et l'exécution de mesures aux fins de contrôle, ainsi que, dans les faisceaux hertziens, le contrôle de la continuité de la liaison) (tls) (cf. aussi pilot regulator et microwave radio 1)). **2)** fréquence pilote (fréquence servant à reconstituer la porteuse supprimée dans un récepteur à modulation de fréquence stéréophonique) (radiodif. sonore) (cf. aussi stereo FM).

pilot-tone system   procédé à fréquence pilote (radiodif) (cf. aussi pilot tone 2)).

pilot-wire regulator   cf. pilot regulator.

pin   1) broche, (parf. aussi) patte, picot (tige cylindrique ou prismatique en métal bon conducteur de l'électricité montée — généralement isolée et au nombre de deux ou plusieurs — sur un composant et destinée à être introduite dans un logement approprié pour établir instantanément une connexion électrique) (fiche mâle de prise de courant, de connecteur mâle, de composant enfichable) (cf. aussi male connector et plug-in component). **2)** aiguille (élément d'impression d'une imprimante à aiguilles) (inf) (cf. aussi wire printer). **3)** dent, picot (élément d'entraînement d'un débiteur de dispositif ou appareil à bande perforée) (tlg, inf) (cf. aussi punched-tape device).

PIN ...   (voir après les rubriques commençant par « pin »).

pin-and-socket contact   contact à broche et alvéole (contact de connecteur) (cf. aussi connector (a)).

pin arrangement   disposition des contacts, (parf.) brochage (composant) (cf. aussi pinout).

pin-board   cf. pinboard. (plus loin).

pin compatibility   comptabilité totale (au sens du terme anglais, propriété d'un composant électronique enfichable pouvant être utilisé à la place d'un autre, de marque ou type différent, sans nécessiter de modification des circuits associés) (ce terme s'applique notamment à un circuit intégré monolithique en boîtier DIP) (cf. aussi DIP et plug compatibility).

pin compatible   entièrement compatible, totalement compatible (CI, etc.) (cf. aussi pin compatibility).

pin configuration *cf.* pin arrangement.

pin connection connexion de sortie *(connexion reliant une électrode d'un tube électronique à une broche du culot).*

pin contact contact mâle *(connecteur) (cf. aussi* male contact).

pin count nombre de broches *(d'un composant enfichable ou d'un connecteur mâle) (ce terme s'applique notamment à un boîtier de circuit intégré enfichable et à un tel connecteur) (cf. aussi* pin 1) *et* plug-in component).

pin diode *cf.* PIN diode. *(plus loin).*

pin-for-pin compatibility *cf.* pin compatibility.

pin-for-pin compatible *cf.* pin compatible.

pin-for-pin replacement équivalent exact *(CI, etc.) (cf. aussi* pin compatibility).

pin jack douille miniature *(douille analogue à une douille banane, conçue pour recevoir une fiche d'environ 2 mm de diamètre) (cf. aussi* banana jack).

pin-programmable programmable par broche spécialisée *(circuit intégré) (cf. aussi* programmable[1]).

pin-programmed *cf.* pin-programmable.

pin socket douille de circuit imprimé, douille individuelle *(petite douille métallique conçue pour être enfoncée à force dans un trou pratiqué dans le substrat d'une carte à circuit imprimé pour recevoir une des fiches d'un composant enfichable et être connectée par l'arrière) (il y a naturellement autant de douilles enfoncées, sur une ou plusieurs rangées, que le composant comporte de fiches sur autant de rangées) (permet de se passer d'un support pour composant enfichable et de réduire l'encombrement en hauteur du composant en place, ainsi que le poids et le prix de la carte) (cf. aussi* printed-circuit board 1) *et* plug-in component).

pin-strappable gain gain commutable par pontage de broches *(gain d'un amplificateur intégré réglable par paliers en court-circuitant des broches déterminées du boîtier) (cf. aussi* gain 1) *et* integrated amplifier).

pin strapping pontage de broches, réunion de broches, mise en court-circuit de broches *(CI, etc.) (cf. aussi* pin-strappable gain).

pin style *cf.* pin arrangement.

pin testing essai après encapsulation *(circuit intégré ou autre composant en boîtier).*

pin-to-gate ratio rapport broches/portes *(rapport entre le nombre de broches du boîtier d'un circuit intégré numérique et le nombre de portes logiques réalisées sur la puce de celui-ci) (plus le circuit intégré est complexe, plus on est obligé de réduire ce rapport notamment par multiplexage de certains signaux d'entrée ou de sortie, pour limiter le nombre de broches du boîtier à une valeur permettant encore de l'enficher dans un support de circuit intégré et de le sortir du support sans exercer un effort excessif sur la carte à circuit imprimé portant celui-ci) (cf. aussi* digital integrated circuit, logic pate *et* multiplexing).

pin-to-pin breakdown claquage entre broches *(amorçage d'un arc entre deux broches d'un composant enfichable) (cf. aussi* pin 1) *et* plug-in component).

pin-to-pin capacitance capacité entre broches *(capacité parasite entre deux broches voisines d'un composant enfichable et notamment d'un tube électronique ou d'un circuit intégré en boîtier enfichable) (cf. aussi* parasitic capacitance *et* plug-in component).

pinboard matrice de programmation *(petit tableau percé de trous disposés aux intersections de lignes et de colonnes équidistantes et dans lesquels on enfonce des broches simples ou à diode pour établir des connexions entre deux barrettes de deux jeux isolés de barrettes métalliques disposées suivant les lignes et les colonnes, respectivement, et comportant des trous aux points de croisement des barrettes pour recevoir les fiches) (permet d'établir rapidement des liaisons entre des circuits déterminés, ces liaisons étant unilatérales dans le cas d'emploi de broches à diode et de courant continu) (programmation de machines-outils, établissement d'itinéraires par commande programmée d'aiguillages ou de feux routiers, etc.) (cf. aussi* plugboard).

PIN ... *cf.* diode ... *(pour les termes qui ne figurent pas ci-après).*

PIN attenuator *cf.* PIN diode attenuator.

PIN attenuator diode diode atténuatrice PIN *(diode PIN utilisée comme atténuateur hyperfréquence) (cf. aussi* attenuator diode, PIN diode 1) *et* microwave attenuator).

PIN device *cf.* PIN diode.

PIN diode 1) diode PIN *(diode à jonction PN comportant une zone intrinsèque comprise entre la zone P et la zone N) (lorsque la diode est polarisée dans le sens direct, le courant direct qui la traverse provoque une accumulation de charges électriques dans la zone intrinsèque, ce qui produit l'effet d'une résistance dont la valeur ohmique peut être réglée en faisant varier l'intensité de ce courant) (cette propriété de résistance variable commandée permet d'utiliser la diode PIN comme atténuateur, modulateur, limiteur, déphaseur ou dispositif de commutation en hyperfréquence) (le temps d'écoulement de la charge accumulée étant relativement long à chaque inversion du sens du courant, l'effet redresseur de la diode n'a pas le temps de se manifester aux fréquences très élevées et c'est ce qui permet de l'utiliser comme résistance variable en hyperfréquence) (semi) (cf. aussi* p-n junction diode, intrinsic region, forward bias *et* PIN photodiode). 2) *cf.* PIN photodiode.

PIN diode absorptive modulator *cf.* PIN diode modulator.

PIN diode attenuator atténuateur à diode PIN *(atténuateur hyperfréquence utilisant une diode PIN) (cf. aussi* PIN attenuator diode).

PIN diode detector photodétecteur à diode PIN, détecteur à photodiode PIN *(photodétecteur constitué par une photodiode PIN) (récepteur de liaison par fibre optique, etc.) (cf. aussi* PIN photodiode).

PIN diode limiter limiteur à diode PIN *(limiteur à diode utilisant une diode PIN) (cf. aussi* diode limiter *et* PIN diode).

PIN diode limiting limitation d'amplitude par diode PIN, écrêtage par diode PIN *(cf. aussi* PIN diode limiter).

PIN diode modulation modulation par diode PIN, modulation par absorption *(idem) (cf. aussi* PIN diode modulator).

PIN diode modulator modulateur à diode PIN, modulateur à absorption *(idem) (modulateur à impulsions hyperfréquence utilisant une diode PIN rendue périodiquement conductrice par des impulsions de courant à front raide) (cf. aussi* pulse modulator *et* PIN diode).

PIN diode phase shifter déphaseur à diode PIN *(déphaseur constitué par deux diodes PIN montées en parallèle sur une ligne de transmission hyperfréquence) (lorsqu'elles sont polarisées dans le sens inverse, les diodes sont équivalentes à des interrupteurs ouverts pour le signal qui se propage dans la ligne et, par conséquent, elles n'influent pas sur sa propagation) (lorsqu'elles sont polarisées dans le sens direct, elles sont équivalentes à des interrupteurs fermés pour le signal et le courant qui les traverse modifie les conditions de propagation dans le tronçon de ligne qui les sépare et, par conséquent la phase du signal à la sortie de la ligne) (cf. aussi* phase shifter, PIN diode, microwave transmission line, reverse bias *et* forward bias).

PIN diode phase-shifting déphasage par diodes PIN *(cf. aussi* PIN diode phase shifter).

PIN diode receiver récepteur à diode PIN *(ou à photodiode PIN) (récepteur à fibre optique) (cf. aussi* fiber-optic receiver *et* PIN photodiode).

PIN diode reception réception par diode PIN *(ou par photodiode PIN) (tls) (cf. aussi* PIN diode receiver).

PIN diode switch interrupteur à diode PIN, dispositif de commutation *(idem) (diode PIN utilisée comme interrupteur hyperfréquence) (cf. aussi* PIN diode *et* microwave switch).

PIN diode switching commutation par diode PIN *(cf. aussi* PIN diode switch).

PIN modulator *cf.* PIN diode modulator.

PIN photodiode photodiode PIN *(photodiode constituée par une diode PIN dont la couche I peut être exposée à un rayonnement optique par une fenêtre pratiquée dans la couche d'oxyde couvrant la puce) (le rayonnement entrant par la fenêtre traverse la très mince couche P diffusée à la surface de la couche I avant d'atteindre celle-ci) (est utilisée principalement comme récepteur à fibre optique) (cf. aussi* photodiode, PIN diode 1), chip 1) *et* fiber-optic receiver).

PIN photodiode ... *cf.* PIN diode ...

pinboard *voir avant* PIN ...

pinch effect **1)** effet de striction, effet de pincement *(réduction de l'aire de la section droite d'une colonne de gaz ionisé parcourue par un courant électrique sous l'action du champ magnétique créé par celui-ci, à partir d'une certaine valeur, très élevée, de l'intensité du courant) (est le résultat de l'action de la force de Laplace exercée sur les lignes de courant de la colonne de gaz par le champ magnétique créé) (est utilisé, avec un champ magnétique extérieur complémentaire, pour le confinement du plasma dans les expériences de fusion thermonucléaire dite « contrôlée ») (cf. aussi* Lorentz force). **2)** effet de striction *(réduction de l'aire de la section droite d'un conducteur en fusion parcouru par un courant à partir d'une certaine valeur, très élevée, de l'intensité de celui-ci) (phénomène analogue à celui défini en 1) ci-dessus et dû à la même cause).* **3)** effet de pincement *(mouvement vertical alternatif parasite de la pointe de lecture d'un tourne-disque se produisant deux fois par période du signal enregistré sur le disque lu) (est dû à la réduction de l'angle du sillon de part et d'autre des crêtes des ondulations de celui-ci) (cette réduction est due à la variation de l'angle sous lequel le burin graveur attaque la matière du disque de part et d'autre des crêtes lors de la gravure) (au niveau d'une crête, le burin graveur est immobile, grâce à quoi il attaque la matière perpendiculairement à sa face antérieure et l'angle du sillon qu'il creuse est alors maximal ; de chaque côté d'une crête son déplacement suivant le rayon du disque se compose avec le défilement de celui-ci, ce qui a pour résultat qu'il attaque la matière en biais, dans un sens avant la crête et dans l'autre après celle-ci) (l'angle du sillon diminue alors proportionnellement à la vitesse de déplacement radial du burin, c.-à-d. à la pente de l'ondulation qu'il creuse, donc à la fréquence instantanée du signal qu'il enregistre) (la valeur instantanée relative de l'angle du sillon est égale au sinus de l'angle formé par la face antérieure du burin graveur et la tangente à l'axe du sillon au point considéré) (ce resserrement du sillon de chaque côté des crêtes du signal a pour résultat que, le long d'une ondulation complète, c.-à-d. dans une période du signal enregistré, la pointe de lecture, qui se trouve au milieu d'une pente au début de l'ondulation, descend en arrivant à la première crête (positive ou négative), remonte le long de la pente suivante, descend en arrivant à la crête suivante (négative ou positive, respectivement), puis remonte en rejoignant le milieu de la pente suivante correspondant à la fin de la période) (on voit d'après cette dernière explication que la pointe de lecture est bien animée d'un mouvement vertical alternatif deux fois par période du signal enregistré sur le disque) (ce mouvement vertical parasite se superpose au mouvement radial utile de la pointe et produit une légère distorsion non linéaire du signal fourni par la tête de lecture) (cf. aussi* stylus 1), cutting stylus *et* nonlinear distortion (c)).*

pinch-off pincement du canal, pincement *(réduction pratiquement à zéro de la largeur effective du canal d'un transistor à effet de champ à partir d'une certaine valeur de la tension de drain) (cet effet est dû au fait que l'épaisseur des couches de déplétion créées dans le canal par la jonction grille-canal augmente avec la tension de drain) (l'occupation presque complète de la largeur du canal par les couches de déplétion accroît la résistance de celui-ci et limite, par conséquent, l'intensité du courant de drain quand la tension de drain augmente) (le pincement se produit d'abord du côté du drain et la tension de drain à laquelle cet effet apparaît est appelé « tension de pincement » ; si la tension de drain dépasse cette valeur, la zone pincée s'allonge dans la direction de la source jusqu'à occuper toute la longueur du canal, ce qui augmente encore la résistance de celui-ci, grâce à quoi l'intensité du courant de drain reste constante malgré l'augmentation de la tension de drain) (l'effet de pincement du canal d'un transistor à effet de champ produit donc une autolimitation de l'intensité du courant de drain ; c'est la raison pour laquelle ce type de transistor n'est pas sujet à l'emballement thermique) (cf. aussi* field-effect transistor, drain voltage, depletion layer, drain current *et* thermal runaway).

pinch-off drain voltage *cf.* pinch-off voltage.

pinch-off effect effet de pincement *(dans un transistor à effet de champ) (cf. aussi* pinch-off).

pinch-off voltage tension de pincement (du canal) *(tension de drain d'un transistor à effet de champ à laquelle se produit le pincement du canal de celui-ci) (semi) (cf. aussi* pinch-off).

pinched resistor résistance à base pincée *(résistance du type base dont la valeur spécifique est accrue par réduction de son épaisseur obtenue en diffusant une couche de type opposé dans sa surface) (la couche diffusée est une couche N$^+$ et la résistance par carré obtenue est de l'ordre du kilohm, ce qui permet de réaliser des résistances intégrées dont la valeur atteint 100 kΩ) (ces résistances souffrent toutefois de nombreux défauts — manque de précision due à la mauvaise reproductibilité de la valeur ohmique de la résistance, manque de linéarité en fonction du courant due à la variation de la valeur ohmique avec l'intensité du courant, dérive en température due à un grand coefficient de température positif, faible tension de claquage entre leurs bornes et grande capacité parasite avec le caisson d'isolement — et sont pour cette raison de plus en plus souvent remplacées par des résistances implantées) (cf. aussi* diffused-base resistor, n$^+$ layer *(au début de la lettre N),* thermal drift, positive temperature coefficient *et* implanted resistor).

pinchoff *cf.* pinch-off. *(plus haut). (de même pour les termes dérivés).*

pincushion (le) coussin *(TV) (cf. aussi* pincushion distortion).

pincushion correction correction du coussin *(ou de la distorsion en coussin) (redressement des bords d'une image de télévision formée par un tube-image) (cf. aussi* pincushion distortion *et* pincushion corrector).

pincushion corrector correcteur de coussin, dispositif de correction du coussin *(bobine d'inductance triple utilisant la saturation magnétique de son noyau pour faire varier l'intensité du courant dans les bobines de déviation horizontale et verticale du déviateur d'un tube-image de télévision selon une loi compensant la distorsion en coussin) (cf. aussi* inductor, magnetic saturation, deflection yoke *et* pincushion distortion).

pincushion distortion distorsion en coussin *(concavité naturelle des bords d'une image de télévision formée sur l'écran d'un tube-image en l'absence de corrections appropriées) (est due à l'effet combiné de la quasi-planéité de l'écran et de la simultanéité du balayage horizontal et du balayage vertical) (cf. aussi* pincushion corrector, horizontal sweep 1), vertical sweep *et* television picture distortions).

pine-tree array alignement de dipôles superposés *(antenne d'émission) (cf. aussi* dipole antenna).

Pine-tree line chaîne Pine-tree *(chaîne de radars d'alerte lointaine construite le long de la frontière canado-américaine) (mil) (cf. aussi* early-warning radar).

ping **1)** impulsion (émise) *(impulsion acoustique émise par le projecteur d'un sonar actif) (clpf) (cf. aussi* acoustic pulse *et* active sonar). **2)** écho (reçu) *(impulsion acoustique réfléchie par la cible d'un sonar actif) (a une amplitude beaucoup plus faible que celle de l'impulsion émise) (voir aussi* 1) ci-dessus).

ping analyzer analyseur d'échos *(partie du récepteur d'un sonar actif assurant le traitement des échos reçus pour en extraire l'écho de la cible) (mar) (cf. aussi* active sonar).

ping length *(cf. aussi* ping) **1)** durée d'impulsion *(souvent* de l'impulsion (émise). **2)** durée d'écho *(souvent* de l'écho (reçu).

ping-pong operation fonctionnement alterné, fonctionnement en bascule *(inf, etc.) (cf. aussi* swapping).

pinger écho-sondeur *(sonar) (cf. aussi* sonic depth-finder).

pink noise bruit rose *(bruit électrique dont la puissance par octave est constante) (cf. aussi* noise 2) (a), octave *et* pink noise source).

pink noise source source de bruit rose *(nom donné à un générateur de bruit fournissant un bruit rose) (électroacou) (cf. aussi* noise generator *et* pink noise).

pinout brochage *(disposition, fonction et identification éventuelle des broches d'un composant enfichable) (l'identification des broches, lorsqu'elle est prévue, est réalisée à l'aide de chiffres successifs ou de lettres ou groupes de lettres) (cf. aussi* pin 1) *et* plug-in component).

pinout compatibility *cf.* pin compatibility.

pinout-compatible *cf.* pin-compatible.

pinpoint *v* **1)** localiser *(une panne dans un appareil ou système).* **2)** localiser avec précision *(une cible radar ou sonar).*

pinpoint detection localisation très précise *(d'une cible par un radar ou un sonar) (cf. aussi* target (a)*).*

pip écho *(sur l'écran) (radar) (cf. aussi* blip*).*

pip-matching display présentation à coïncidence d'échos *(nom parfois donné à la présentation des informations de navigation sur l'écran d'un récepteur Loran) (radionav) (cf. aussi* Loran receiver*).*

piped program programme transmis par câble *(télévision) (cf. aussi* cable television*).*

piped television télévision par câble *(radiodif) (cf. aussi* cable television*).*

pipeline *v* faire chevaucher les instructions *(faire chevaucher l'exécution des instructions dans un microprocesseur ou un ordinateur) (inf) (cf. aussi* pipelining*).*

pipeline ... *cf.* pipelined ...

pipelined architecture structure à chevauchement, *(etc.) (structure d'un microprocesseur à chevauchement) (CI) (inf) (cf. aussi* architecture *et* pipelined microprocessor*).*

pipelined computer ordinateur à chevauchement *(ordinateur utilisant un ou plusieurs microprocesseurs à chevauchement) (inf) (cf. aussi* computer 2) *et* pipelined microprocessor*).*

pipelined execution *cf.* pipelined instruction execution.

pipelined instruction execution exécution des instructions avec chevauchement, exécution avec chevauchement *(inf) (cf. aussi* pipelining*).*

pipelined instructions instructions chevauchantes, instructions exécutées avec chevauchement *(inf) (cf. aussi* instruction *et* pipelining*).*

pipelined machine machine à chevauchement *(microprocesseur ou ordinateur à chevauchement) (inf) (cf. aussi* machine, pipelined microprocessor *et* pipelined computer*).*

pipelined microprocessor microprocesseur à chevauchement *(microprocesseur dans lequel les instructions sont exécutées avec chevauchement) (CI) (inf) (cf. aussi* microprocessor *et* pipelining*).*

pipelined processor processeur à chevauchement *(inf) (cf. aussi* processor 1) *et* pipelining*).*

pipelining chevauchement (des instructions *ou* de l'exécution des instructions) *(mode d'exécution des instructions dans un microprocesseur ou un ordinateur dans lequel plusieurs instructions sont exécutées simultanément avec un certain décalage) (permet d'augmenter la vitesse apparente d'exécution des instructions, c.-à-d. finalement la vitesse d'exécution du programme pour une vitesse effective déterminée d'exécution de chacune des instructions) (dans ce mode d'exécution des instructions, on profite de ce que cette opération comporte quatre phases distinctes pour faire chevaucher l'exécution d'un maximum de quatre instructions, auquel cas on a la situation suivante : pendant la dernière phase de l'exécution d'une instruction, l'instruction suivante en est à la troisième phase, celle d'après à la deuxième phase et la dernière à la première phase) (le temps d'exécution apparent d'une instruction est ainsi divisé par quatre puisqu'à la fin de chacune des quatre phases d'exécution, il y a une instruction qui finit d'être exécutée) (c'est le principe des chaînes de montage en usine où une voiture sort de chaîne toutes les n secondes parce qu'il y en a un grand nombre assemblées en même temps avec chevauchement des opérations) (inf) (cf. aussi* instruction execution *et* pipelined machine*).*

pipper repère de tir *(repère tracé sur le collimateur de pilotage d'un aéronef militaire et qu'il suffit au pilote de faire coïncider avec la cible à détruire pour que les corrections de tir soient automatiquement introduites avant de déclencher le tir) (cf. aussi* head-up display*).*

Pirani gage jauge de Pirani *(jauge à vide utilisant la variation de la conductibilité thermique des gaz en fonction de la pression) (comprend essentiellement un filament résistant parcouru par un courant et dont la température et, par conséquent, la résistance augmentent quand la pression du gaz ambiant diminue, le transfert de chaleur du filament à la paroi étant lié à la pression) (ce filament constitue une des branches*

d'un pont de mesure dont la branche voisine est formée par un filament de référence extérieur soumis à une pression connue) (l'augmentation de la résistance du premier filament au fur et à mesure de la diminution de la pression dans l'enceinte à vider déséquilibre le pont et l'aiguille de son galvanomètre indique la pression résiduelle dans celle-ci) (cette augmentation de résistance est due au coefficient de température positif du filament) (cf. aussi bridge (a) *et* positive temperature coefficient of resistance*).*

piston piston *(hyper, etc.) (cf. aussi* plunger *et* piston action*).*

piston action effet de piston, fonctionnement en piston, travail en piston *(mode de fonctionnement d'un haut-parleur à membrane dans lequel la membrane se déplace d'un seul bloc, sans se déformer, c.-à-d. comme un piston) (est le mode de fonctionnement d'un haut-parleur classique aux fréquences basses, c.-à-d. lors de la reproduction des sons graves) (à partir d'une certaine fréquence, au fur et à mesure de l'augmentation de celle-ci, la partie extérieure de la membrane a de plus en plus de mal à suivre les déplacements de la partie centrale à cause de la résistance de l'air et de son poids ; la membrane se déforme donc et, de ce fait, ne travaille plus en piston) (cf. aussi* loudspeaker diaphragm*).*

piston attenuator atténuateur à piston *(atténuateur variable en guide d'ondes utilisant un piston réglable dépassant dans le guide) (cf. aussi* variable waveguide attenuator*).*

piston sonar transducer projecteur sonar à piston *(cf. aussi* sonar transducer*).*

pistonphone pistonphone *(appareil utilisant le mouvement alternatif, d'amplitude et fréquence réglables, d'un piston dans une petite chambre fermée pour produire des signaux acoustiques de caractéristiques bien définies) (est utilisé comme générateur de signaux acoustiques étalons pour l'étalonnage des microphones de mesure).*

pitch **1)** pas *(des spires d'un enroulement, des sillons d'un disque, etc.).* **2)** hauteur d'un son, hauteur, tonie *(acuité d'un son) (est proportionnelle à la fréquence d'oscillation de la pression acoustique : plus la fréquence est élevée, plus le son est aigu) (cf. aussi* sound[1]*).*

PIV *cf.* peak inverse voltage.

pivot-and-jewel suspension suspension à pivots *(suspension classique de l'équipage mobile d'un galvanomètre copiée sur les mouvements d'horlogerie) (nécessite généralement deux ressorts spiraux pour rappeler l'aiguille à la position de repos et éventuellement pour amener le courant à l'enroulement du cadre mobile) (cf. aussi* suspension (a)*).*

pivot-jewel suspension *cf.* pivot-and-jewel suspension.

pivoted armature armature montée sur pivots *(armature pivotante de relais effectivement montée sur pivots) (cf. aussi* clapper*).*

pixel *cf.* picture element.

pixelate *v* convertir en points d'image *(courbe ou autre graphisme) (cf. aussi* pixel*).*

pk *cf.* peak.

pk-pk *cf.* peak-to-peak.

pkg *cf.* package[1] 1).

PL/1 *(vient de « programming language 1 »)* PL/1, langage PL/1, langage de programmation PL/1 *(langage de programmation évolué élaboré par la société américaine IBM en vue de satisfaire la plus grande partie possible des besoins nécessitant auparavant l'emploi de plusieurs langages) (est donc un langage polyvalent aux grandes possibilités, mais ne peut être utilisé que sur un ordinateur puissant car il nécessite un compilateur important) (inf) (cf. aussi* high-level language, compiler *et* processing power*).*

PLA *(vient de « programmable logic array »)* circuit PLA, matrice logique programmable *(circuit intégré numérique comportant une matrice de portes ET en entrée et une matrice de portes OU en sortie, toutes deux programmées par masquage, utilisé pour réaliser des fonctions logiques) (les portes ET fournissent les produits des variables logiques d'entrée et les portes OU les sommes de ces produits ; les connexions entre les portes d'entrée et les portes de sortie étant établies par masquage, ce circuit permet de réaliser n'importe quelle fonction logique ; il est à noter que du point de vue du nombre de portes nécessaires par fonction, il est plus intéres-*

sant à employer pour les fonctions logiques complexes que pour les fonctions simples) (le circuit PLA a donc de grandes possibilités ; il est utilisé notamment comme décodeur d'instructions dans des ordinateurs et a donné naissance au circuit FPLA qui le remplace souvent) (inf) (cf. aussi FPLA, digital integrated circuit, matrix, AND gate, OR gate, masking (a), logic function et instruction decoder).

place s   position, *(parf.)* emplacement, *(parf.)* place, *(parf.)* rang, *(parf.)* poids *(exemple : position d'un binaire dans un mot binaire, c.-à-d. rang de ce binaire compté à partir de la droite du mot) (inf) (cf. aussi* bit *et* binary word).

place value   poids, rang *(d'un binaire ou de la position correspondante) (inf) (cf. aussi* place).

placement   implantation, placement *(le premier terme est le plus employé, mais le second est le meilleur) (détermination de l'emplacement optimal des différents composants d'un montage sur un substrat) (le terme anglais désigne généralement le placement des portes logiques sur le substrat d'un circuit intégré numérique, mais peut s'appliquer aux composants d'un circuit hybride ou d'un circuit imprimé, bien que le terme « layout » soit généralement préféré pour ces deux types de circuit, surtout pour le second) (dans le cas des circuits intégrés monolithiques complexes et de certains circuits intégrés hybrides relativement complexes, le placement est exécuté sur ordinateur, en mode interactif) (cf. aussi* logic gate, digital integrated circuit, hybrid circuit, printed circuit layout *et* interactive mode).

placement and routing   implantation et routage, placement et routage *(conception des circuits intégrés ou imprimés) (cf. aussi* placement *et* routing 5)).

plain conductor   conducteur massif *(cf. aussi* solid conductor).

plain foil   anode lisse, anode non gravée *(condensateur électrolytique) (cf. aussi* aluminium electrolytic capacitor).

plan-position indicator   *(signifie littéralement « indicateur de position en plan », c.-à-d. donnant une vue en plan de la zone couverte)* indicateur panoramique *(ou* à présentation panoramique *ou du type P)*, indicateur PPI *(indicateur de radar ou de sonar représentant la zone située autour de la station dans le plan horizontal, c.-à-d. comme sur une carte) (cf. aussi* indicator (b) *et* PPI display).

plan-position indicator ...   *cf.* PPI ...

planar   1) plan *a*, plat *a (sens usuels)*. 2) *cf.* planar process.

planar array   groupement plan *(groupement d'éléments rayonnants ou de transducteurs électracoustiques ou autres dispositifs disposés dans un même plan) (cf. aussi* array).

planar-array aerial   *(GB) cf.* planar-array antenna.

planar-array antenna   antenne à groupement plan, antenne multi-élément plane *(radar, etc.) (cf. aussi* antenna array *et* planar array).

planar bipolar transistor   transistor bipolaire du type planar, transistor planar bipolaire *(semi) (cf. aussi* bipolar transistor, planar transistor *et* planar junction transistor).

planar cable   *cf.* flat cable.

planar component   1) composant planar *(ou du type planar) (composant à semiconducteur fabriqué par le procédé planar) (cf. aussi* planar process). 2) composant à rubans *(hyper) (cf. aussi* stripline component).

planar device   1) dispositif planar *(ou du type planar)*, dispositif à semiconducteur du type planar *(autres noms, plus généraux, d'un composant planar) (cf. aussi* planar component 1)). 2) dispositif à rubans *(autre nom, plus général, d'un composant à rubans) (cf. aussi* planar component 2)).

planar diffusion   diffusion planar *(diffusion thermique appliquée au procédé planar) (fab. semi) (cf. aussi* planar diffusion process).

planar diffusion process   procédé planar à diffusion *(procédé planar utilisant la diffusion thermique pour l'introduction des impuretés dans le substrat) (procédé planar classique) (fab. semi) (cf. aussi* planar process *et* diffusion 2)).

planar diffusion technology   *cf.* planar diffusion process.

planar diode   diode planar, diode du type planar, diode à jonction PN *(idem) (diode à jonction PN fabriquée par le procédé planar) (semi) (cf. aussi* p-n junction diode *et* planar process).

planar double-diffused MOS (**device** *ou* **transistor**)   *cf.* DMOS transistor.

planar electrode   électrode plane *(tube) (cf. aussi* tube electrode).

planar epitaxial diode   diode planar épitaxiale *(diode planar réalisée dans une couche épitaxiale de silicium) (semi) (cf. aussi* planar diode *et* epitaxial layer).

planar epitaxial transistor   transistor planar épitaxial *(transistor planar réalisé dans une couche épitaxiale de silicium) (semi) (cf. aussi* planar transistor *et* epitaxial layer).

planar ferrite circulator   circulateur à ferrite en lignes à rubans *(hyper) (cf. aussi* ferrite circulator *et* stripline).

planar GaAs ...   *cf.* planar gallium-arsenide ...

planar gallium-arsenide IC   *cf.* planar gallium-arsenide integrated circuit.

planar gallium-arsenide integrated circuit   circuit intégré planar à l'arséniure de gallium *(circuit intégré à l'arséniure de gallium fabriqué par le procédé planar) (semi) (cf. aussi* gallium-arsenide integrated circuit *et* planar process).

planar IC   *cf.* planar integrated circuit.

planar integrated circuit   circuit intégré planar, circuit intégré du type planar *(circuit intégré monolithique fabriqué par le procédé planar) (semi) (cf. aussi* monolithic integrated circuit *et* planar process).

planar junction diode   *cf.* planar diode.

planar junction transistor   transistor à jonctions du type planar, transistor planar à jonctions *(noms donnés initialement au transistor bipolaire du type planar) (cf. aussi* planar bipolar transistor *et* junction transistor).

planar line   ligne triplaque *(hyper) (cf. aussi* stripline).

planar lithographic process   *cf.* planar process.

planar lithographic technique   *cf.* planar process.

planar MOS   *cf.* planar MOS component.

planar MOS component   composant MOS du type planar *(composant MOS fabriqué par le procédé planar) (sdpo principalement à « composant VMOS ») (semi) (cf. aussi* MOS component, planar process *et* VMOS component).

planar MOS device   *cf.* planar MOS component.

planar optical circuit   *cf.* planar optical integrated circuit.

planar optical IC   *cf.* planar optical integrated circuit.

planar optical integrated circuit   circuit intégré optique du type planar, circuit planar optique *(circuit intégré optique fabriqué par le procédé planar) (semi) (cf. aussi* optical integrated circuit *et* planar process).

planar oxide   oxyde épais *(semi) (cf. aussi* field oxide).

planar phased array   groupement à déphasage du type plan *(clpf) (antenne) (cf. aussi* phased array *et* planar array).

planar phased-array aerial   *cf.* planar phased-array antenna.

planar phased-array antenna   antenne à balayage électronique plane *(clpf) (radar, etc.) (cf. aussi* phased-array antenna *et* planar array).

planar phased-array radar   radar à balayage électronique à antenne plane *(clpf) (cf. aussi* phased-array radar *et* planar phased array).

planar process   procédé planar, méthode planar *(procédé de fabrication de transistors bipolaires dans lequel la surface du substrat reste plane après la fabrication du transistor, les jonctions de celui-ci étant formées par diffusion d'impuretés dans la surface du substrat, dans une direction perpendiculaire à celle-ci) (ce procédé est donc caractérisé par la planéité du substrat après formation du transistor et par l'orientation des jonctions perpendiculairement à la surface du substrat, leur tranche affleurant celle-ci, et le substrat formant le collecteur du transistor) (son emploi a été étendu à la fabrication des transistors à effet de champ, des circuits intégrés monolithiques et des diodes à jonction, et la diffusion thermique est souvent remplacée par l'implantation ionique pour les composants à hautes performances) (à l'origine, les transistors étaient réalisés directement dans le substrat ; celui-ci étant peu dopé et relativement épais, la résistance du collecteur était élevée, ce qui donnait une résistance relativement grande à l'état passant) (le procédé planar a ensuite été amélioré par emploi d'un substrat fortement dopé, donc à faible résistivité, et dépôt sur celui-ci d'une mince couche épitaxiale faiblement dopée avant la formation de la couche d'oxyde) (les électrodes du transis-*

tor sont donc réalisées dans la couche épitaxiale qui constitue le véritable substrat de celui-ci) (le collecteur étant constitué en partie par une couche à grande résistivité, mais mince, et en partie par une couche épaisse, mais à faible résistivité, sa résistance totale est nettement moindre que dans le procédé initial et il en est de même de la résistance du transistor à l'état passant) (cf. aussi single-diffusion process, double-diffusion process, bipolar transistor, diffusion 2), ion implantation, doping level, ion implantation, epitaxial layer, on-resistance *et* semiconductor fabrication process).

planar processing fabrication par le procédé planar *(semi)* *(cf. aussi* planar process).

planar processing technique *cf.* planar process.

planar processing technology *cf.* planar technology.

planar semiconductor component *cf.* planar component 1).

planar semiconductor device *cf.* planar device 1).

planar silicon IC *cf.* planar silicon integrated circuit.

planar silicon integrated circuit circuit intégré planar au silicium, circuit intégré au silicium du type planar *(circuit intégré au silicium fabriqué par le procédé planar) (semi) (cf. aussi* silicon integrated circuit *et* planar process).

planar spiral antenna antenne spirale plane *(antenne spirale dont toutes les spires sont dans un même plan) (hyper) (cf. aussi* spiral antenna).

planar structure **1)** structure planar *(structure d'un composant planar) (semi) (cf. aussi* planar component 1)). **2)** *(structure d'un composant à éléments plans ou électrodes planes) (cf. aussi* planar component 2) *et* planar triode).

planar technique *cf.* planar process.

planar technology (la) technique planar, *(souvent)* procédé planar, *(parf.)* technologie du procédé planar *(fab. semi) (cf. aussi* planar process *et* technology).

planar transistor transistor planar, transistor du type planar *(transistor fabriqué par le procédé planar) (semi) (cf. aussi* transistor *et* planar process).

planar transmission line *cf.* planar line.

planar triode triode *sf* à électrodes planes *(nom parfois donné à un tube phare pour rappeler la forme de ses électrodes) (hyper) (cf. aussi* disk-seal tube).

planar waveguide guide d'ondes plan *(nom parfois donné une ligne triplaque pour rappeler sa forme générale) (hyper) (cf. aussi* stripline *et* waveguide).

Planck's constant constante de Planck, quantum d'action *(cf. aussi* Planck's law).

Planck's law loi de Planck *(formule donnant l'énergie d'un quantum de rayonnement électromagnétique en fonction de la fréquence du rayonnement) (cette formule s'écrit* $\varepsilon = h\nu$*, où* ε *est l'énergie du quantum,* ν *est la fréquence du rayonnement et* h *est une constante de proportionnalité appelée « constante de Planck » ou « quantum d'action » dont les dimensions sont celles d'une énergie multipliée par un temps, c.-à-d. une action au sens donné à ce mot en mécanique) (en d'autres termes, la loi de Planck donne l'énergie d'un photon en fonction de la fréquence du rayonnement auquel il est associé) (théorie des quanta) (cf. aussi* quantum of electromagnetic radiation).

plane *a et s* plan *a et s (cf. aussi* core plane).

plane aerial *(GB) cf.* plane antenna.

plane antenna antenne plane *(antenne dont toutes les parties parcourues par le signal émis ou capté sont situées ou disposées dans un même plan) (antenne à groupement plan, antenne spirale plane, etc.) (cf. aussi* planar-array antenna, planar-spiral antenna *et* antenna).

plane of polarization plan de polarisation *(plan contenant le vecteur champ électrique et la direction de propagation d'une onde électromagnétique) (en d'autres termes, plan dans lequel l'intensité du champ électrique de l'onde varie le long de la direction de propagation) (ce plan a une orientation fixe dans l'espace dans le cas d'une onde à polarisation rectiligne et tourne autour de la direction de propagation dans le cas d'une onde à polarisation circulaire ou elliptique) (cf. aussi* electromagnetic wave polarization).

plane polarization polarisation rectiligne *(onde électromagnétique) (cf. aussi* linear polarization).

plane-polarized wave onde à polarisation rectiligne *(onde électromagnétique) (cf. aussi* linearly polarized wave).

plane wave onde plane *(onde dont les surfaces équiphase sont des plans, ces plans étant par ailleurs parallèles entre eux) (peut être assimilée à une onde sphérique de rayon infini) (dans le cas d'une onde électromagnétique, le terme « onde plane » est synonyme de « onde à polarisation rectiligne ») (cf. aussi* wave, equiphase surface *et* linearly polarized wave).

planetary electron électron planétaire *(atome) (cf. aussi* orbital electron).

Plante cell accumulateur Planté *(du nom de l'inventeur de l'accumulateur au plomb) (version initiale de l'accumulateur au plomb) (diffère de l'accumulateur au plomb moderne par le fait que la matière active des plaques était obtenue par une succession de charges et de décharges rendant le plomb de plus en plus spongieux et, par conséquent, de plus en plus capable, d'accumuler de l'électricité par absorption des gaz produits par l'électrolyse de l'électrolyte au cours de la charge) (dans l'accumulateur moderne, la matière active est constituée par une pâte d'oxyde de plomb comprimée dans les cavités des plaques en plomb) (cf. aussi* lead-acid cell).

plasma plasma **(a)** *gaz ionisé neutre par compensation, c.-à-d. dans lequel le nombre d'ions positifs est égal au nombre d'électrons) (l'énoncé formel de cette définition est le suivant : gaz ionisé dans lequel la somme algébrique des charges électriques par élément de volume macroscopique est nulle) (un élément de volume est appelé « macroscopique » si ses dimensions sont supérieures à la longueur de Debye) (un plasma constitue un conducteur électrique gazeux ; sa conductivité est proportionnelle au taux d'ionisation ; elle est faible aux températures inférieures à celles produites par les réactions nucléaires) (est souvent obtenu par ionisation thermique) (cf. aussi* ionized gas, Debye length, magnetohydrodynamics *et* thermal ionization) ; **(b)** *ensemble des porteurs de charge dans un semiconducteur) (cf. aussi* charge carrier).

plasma-activated chemical vapor deposition process procédé de dépôt chimique en phase vapeur activé au plasma, procédé CVD activé au plasma *(procédé de dépôt chimique en phase vapeur dans lequel un plasma réactif circule dans le tube de silice pour accélérer la formation des oxydes) (fab. fibres opt) (cf. aussi* chemical vapor deposition process *et* reactive plasma).

plasma-developed resist résist développé au plasma, resist développé à sec *(fab. CI) (cf. aussi* plasma development).

plasma development développement au plasma, développement à sec *(noms souvent donnés à l'attaque au plasma lorsque la matière attaquée est le résist) (fab. CI) (cf. aussi* plasma etching).

plasma display **1)** affichage par plasma *(voir ci-après).* **2)** afficheur à plasma *(afficheur lumineux dans lequel les caractères ou marques sont produits par l'ionisation d'un gaz sous l'action d'un champ électrique aux endroits où ils apparaissent) (le gaz employé est généralement du néon, ce qui donne une lumière orangée) (est généralement réalisé sous la forme d'un afficheur à matrice de points) (opto) (cf. aussi* luminous display, ionization, neon, matrix display *et* display[1] 5)).

plasma display device *cf.* plasma display 2).

plasma display drive attaque d'un afficheur à plasma, *(etc.) (cf. aussi* display drive *et* plasma display 2)).

plasma display driver attaqueur d'afficheur à plasma, *(etc.) (cf. aussi* display driver *et* plasma display 2)).

plasma display driving *cf.* plasma display drive.

plasma display panel panneau afficheur à plasma, panneau à plasma *(panneau afficheur utilisant l'affichage par plasma) (opto) (cf. aussi* display panel *et* plasma display).

plasma display terminal terminal à plasma *(terminal de présentation d'informations utilisant un panneau à plasma au lieu d'un tube cathodique pour remplir sa fonction) (mil, etc.) (cf. aussi* display terminal *et* plasma display panel).

plasma engine propulseur à plasma, propulseur magnétohydrodynamique, moteur *(idem) (moteur-fusée dans lequel le jet de gaz normal est remplacé par un jet de plasma) (engin spatial) (cf. aussi* plasma propulsion).

plasma etch *cf.* plasma etching.

plasma etching attaque au plasma, attaque par plasma,

attaque à sec *(procédé d'attaque chimique dans lequel le réactif d'attaque est un gaz réactif ionisé par passage dans une décharge électrique) (présente l'avantage sur l'attaque à l'acide de ne pas produire d'attaque latérale, ce qui permet d'obtenir des chants effectivement verticaux et, par conséquent, des traits plus fins et le rend nettement préférable pour la fabrication des circuits intégrés à très haute densité) (cf. aussi* etching, ionized gas, line 4) *et* VLSI circuit).

plasma etching process *(cf. aussi* plasma etching) **1)** procédé d'attaque au plasma, *(etc.)*, méthode *(idem)*. **2)** processus d'attaque au plasma, *(etc.)*.

plasma etching technique *cf.* plasma etching process 1).

plasma frequency fréquence de plasma, fréquence de Langmuir *(fréquence d'oscillation des électrons d'un plasma autour de leur position d'équilibre sous l'action d'une excitation) (cf. aussi* plasma (a) *et* excitation (a)).

plasma panel *cf.* plasma display panel.

plasma process *cf.* plasma etching process.

plasma processing *cf.* plasma etching.

plasma propulsion propulsion par plasma, propulsion magnétohydrodynamique, propulsion MHD *(propulsion électrique spatiale utilisant un jet de plasma accéléré à très grande vitesse par un champ électrique et un champ magnétique orthogonaux et perpendiculaires à l'axe de la tuyère d'éjection) (le champ électrique est créé par deux électrodes isolées affleurant les parois intérieures de la tuyère de part et d'autre de la veine de plasma et fait circuler dans la section droite de cette veine un courant électrique sur lequel la force de Laplace exercée par le champ magnétique agit en le déplaçant vers la sortie de la tuyère) (le même principe est utilisé dans les pompes magnétohydrodynamiques à conduction ; ce principe est l'inverse de celui utilisé dans le générateur magnétohydrodynamique classique) (cf. aussi* plasma, electric propulsion, Lorentz force, magnetohydrodynamic pump, magnetohydrodynamic generator *et* electric current).

plasma terminal *cf.* plasma display terminal.

plasma transparency transparence du plasma *(parf.* d'un plasma) *(cf. aussi* transparent plasma).

plasma X-ray source source de rayons X à plasma *(fab. CI) (cf. aussi* X-ray lithography).

plastic cap *(fam.) cf.* plastic capacitor.

plastic capacitor condensateur au plastique *(ou* à diélectrique en plastique *ou* en matière plastique) *(condensateur dans lequel le diélectrique est une matière plastique en bandes minces ou en feuilles minces) (le premier type est beaucoup plus courant que le second) (cf. aussi* plastic-film capacitor, stacked-film capacitor *et* capacitor).

plastic carrier *cf.* plastic chip carrier.

plastic-case capacitor condensateur moulé, condensateur en boîtier moulé *(cf. aussi* capacitor).

plastic chip carrier porte-puce en plastique *(CI, CH) (cf. aussi* chip carrier).

plastic-clad fiber *cf.* plastic-clad silica fiber.

plastic-clad silica fiber fibre silice-plastique *(fibre optique à cœur en silice et gaîne en plastique) (est une fibre à saut d'indice) (tls, etc.) (cf. aussi* optical fiber).

plastic cladding gaîne en plastique *(fibre optique) (cf. aussi* optical fiber).

plastic device **1)** *cf.* plastic-packaged component. **2)** *cf.* plastic capacitor.

plastic DIP boîtier DIP en plastique *(boîtier DIP pour applications courantes) (CI, etc.) (cf. aussi* DIP).

plastic dual-in-line package *cf.* plastic DIP.

plastic effect effet plastique *(augmentation indésirable du contraste de l'image fournie par un tube image-orthicon dirigé vers une source de lumière, dû à la redistribution des charges produite par l'éclairement excessif) (TV) (cf. aussi* image-orthicon *et* redistribution).

plastic encapsulant plastique *sm* d'enrobage, matière plastique d'enrobage *(résine époxy, résine thermodurcissable, etc.) (composant) (cf. aussi* encapsulant).

plastic-encapsulated ... *cf.* plastic-packaged ...

plastic encapsulation *cf.* plastic packaging.

plastic fiber fibre en plastique, fibre optique en plastique *(tls, etc.) (cf. aussi* optical fiber).

plastic-fiber cable câble à fibre en plastique, câble à fibre optique en plastique, câble optique à fibre en plastique *(tls, etc.) (cf. aussi* fiber-optic cable).

plastic-fiber connector connecteur pour fibre en plastique, *(etc.) (cf. aussi* plastic fiber *et* fiber-optic connector).

plastic fiber-optic ... *cf.* plastic-fiber ...

plastic-film capacitor condensateur au plastique (bobiné), condensateur à film plastique *(condensateur au plastique dans lequel celui-ci est utilisé sous la forme de bandes minces) (est un condensateur bobiné constitué comme un condensateur au papier classique ou métallisé avec cette différence que, dans le premier cas, les armatures sont séparées par une seule bande de plastique pour les tensions de service courantes, ceci étant permis par l'absence de défaut du plastique) (certains modèles, généralement pour tensions élevées, utilisent un diélectrique mixte formé d'une bande de plastique et d'une bande de papier imprégnée comme dans les condensateurs au papier ; les armatures sont alors en clinquant) (d'autres modèles, pour tensions élevées, utilisent une bande de plastique et une bande de papier métallisé ; ce sont en réalité des condensateurs au papier métallisé à diélectrique renforcé par une bande de plastique) (condensateur au polystyrène, au polyester (Mylar), au polyester et papier métallisé, au polycarbonate, au polycarbonate et papier imprégné, au polypropylène, au polypropylène et papier imprégné, au polysulfone, au téflon, etc.) (cf. aussi* film-and-foil capacitor, metallized-film capacitor, paper capacitor *et* plastic capacitor).

plastic hybrid *cf.* plastic-packaged hybrid circuit.

plastic hybrid circuit *cf.* plastic-packaged hybrid circuit.

plastic IC *cf.* plastic-packaged integrated circuit.

plastic-insulated cable câble isolé au plastique *(câble multiconducteur dans lequel les conducteurs sont isolés par une gaîne en matière plastique) (clpf) (tél, etc.) (cf. aussi* cable 1) (a)).

plastic integrated circuit *cf.* plastic-packaged integrated circuit.

plastic package boîtier en plastique, boîtier plastique *(composant) (cf. aussi* package[1] 1)).

plastic-package ... *cf.* plastic-packaged ...

plastic-packaged ... ... en boîtier plastique, sous *(idem) (cf. aussi* plastic package).

plastic packaging encapsulation en boîtier plastique, encapsulation plastique *(cf. aussi* plastic package *et* packaging 1)).

plastic packaging technology (la) technique de l'encapsulation plastique *(cf. aussi* plastic packaging *et* technology).

plastic pot *(fam.) cf.* plastic potentiometer.

plastic potentiometer potentiomètre au plastique *(cf. aussi* conductive-plastic potentiometer).

plastic-sealed LCD *cf.* plastic-sealed liquid-crystal display.

plastic-sealed liquid-crystal display afficheur à cristaux liquides à joint plastique *(afficheur à cristaux liquides dans lequel l'étanchéité de la cavité formée par les deux plaques de verre est assurée par un joint en matière plastique) (afficheur pour applications courantes) (le vieillissement du plastique constitue le point faible de ce type d'afficheur à cristaux liquides, l'humidité de l'air ambiant pénétrant à la longue dans la cavité et perturbant le fonctionnement du dispositif) (cf. aussi* liquid-crystal display 2)).

plastic sealing emploi d'un joint en plastique *(ou* en matière plastique) *(afficheur, etc.) (cf. aussi* plastic-sealed liquid-crystal display).

plastic socket support en plastique, support en matière plastique *(CI, etc.) (cf. aussi* socket 2)).

plastic unit *(cf. aussi* unit 3)) **1)** version en plastique *(boîtier de composant, porte-puce, etc.). (cf. aussi* chip carrier). **2)** version au plastique *(condensateur ou potentiomètre) (cf. aussi* plastic capacitor *et* conductive-plastic potentiometer).

plate 1) plaque (a) *nom souvent donné à l'anode d'un tube électronique classique par suite de la forme adoptée pour cette électrode dans les premières « lampes de TSF » et dans nombre d'autres tubes par la suite) (lorsque l'anode a une forme nettement différente de celle d'une plaque, comme c'est souvent le cas dans les tubes électroniques classiques modernes où cette électrode est généralement tubulaire ou prismatique, il est naturellement préférable de lui donner son nom* *exact) (cf. aussi* anode (a)) ; (b) *nom donné aux électrodes élémentaires d'un accumulateur électrique par suite de leur forme plane) (cf. aussi* storage cell 1)). **2)** armature *(nom donné aux électrodes d'un condensateur) (noter que le terme anglais, adopté dans les débuts de l'électrostatique, est mal choisi lorsque ces électrodes ne sont pas planes, ce qui est fréquent de nos jours) (cf. aussi* capacitor).

plate ... *cf.* anode ... *(pour les termes qui ne figurent pas ci-après).*

plate detection détection par la plaque, détection plaque *(détection du signal dans un récepteur à modulation d'amplitude à tubes électroniques assurée par une triode amplificatrice fonctionnant simultanément en détecteur) (ce résultat est obtenu en polarisant la grille de la triode au point de blocage, grâce à quoi seules les alternances positives de la porteuse sont notablement amplifiées, ce qui produit l'effet de redressement d'un détecteur classique) (ce procédé de détection employé autrefois dans certains récepteurs est une cause de distorsion car il fait travailler la triode dans une partie coudée de sa caractéristique) (cf. aussi* detection 2), triode tube, detector 2), cut-off *et* distortion).

plateau characteristic caractéristique *sf* à plateau *(ou présentant un plateau) (courbe caractéristique comportant un segment horizontal à partir d'une certaine valeur de la variable) (cf. aussi* characteristic curve).

plated circuit circuit plaqué *(circuit imprimé dont les conducteurs sont réalisés par électrodéposition) (cas rare) (cf. aussi* printed circuit *et* electrodeposition).

plated conductor conducteur plaqué *(conducteur de circuit plaqué) (cf. aussi* plated circuit).

plated crystal *cf.* plated crystal unit.

plated crystal unit quartz métallisé *(lame de quartz ou autre élément piézoélectrique métallisé localement sur deux faces opposées pour former les électrodes d'excitation du cristal ou de prélèvement de la tension) (cf. aussi* quartz *et* piezoelectric element).

plated finger plage de contact, plage métallisée *(ruban élargi de carte à circuit imprimé aboutissant, avec d'autres, à un bord de la carte, perpendiculairement à celui-ci) (forme un contact du connecteur mâle constitué par le bord de la carte ou la partie saillante de celui-ci et les plages de contact qu'il porte) (une carte à circuit imprimé à simple face porte des plages de contact sur une seule face ; une carte à double face porte généralement des contacts sur les deux faces) (cf. aussi* trace[1] 2) *et* one-piece connector).

plated hole *cf.* plated-through hole.

plated-through hole trou métallisé *(trou traversant le substrat d'un circuit imprimé et dont la paroi est recouverte d'une couche de cuivre déposée par électrodéposition pour former une connexion entre deux conducteurs du circuit disposés sur des faces ou couches différentes du substrat) (dans un circuit imprimé à double face, un trou métallisé relie un conducteur d'une face à un conducteur de l'autre face) (dans un circuit imprimé multicouche, un trou métallisé relie deux ou plusieurs conducteurs appartenant à une face et à une ou plusieurs couches intermédiaires) (un circuit imprimé à simple face peut, lui aussi, comporter des trous métallisés, bien qu'il ne porte des conducteurs que sur une seule face ; la métallisation d'un trou sert alors à augmenter la surface de contact de la soudure d'une connexion avec le conducteur du substrat et à empêcher le conducteur de se décoller du substrat sous l'action des vibrations éventuelles du composant connecté) (cf. aussi* printed circuit *et* electrodeposition).

plated-through interconnection *cf.* plated-through hole.

plated-thru ... *cf.* plated-through ...

plated-wire memory mémoire à fils plaqués *(mémoire magnétique à accès direct dans laquelle les informations sont conservées par aimantation locale d'une mince couche de métal magnétique déposée par galvanoplastie sur des fils métalliques) (le métal constituant le support d'informations est un alliage à environ 80 % de fer et 20 % de nickel ; le métal des fils est un alliage de cuivre au béryllium) (l'écriture et la lecture des informations dans la mémoire sont effectuées à l'aide de conducteurs, en couches minces également, créant un champ magnétique ou aux bornes desquels une tension est induite,*

comme dans une mémoire à tores magnétiques) (étant résistante aux radiations, cette mémoire peut être utilisée dans le matériel militaire exposé à des explosions nucléaires) (inf) (cf. aussi magnetic memory, random-access memory, magnetic-core memory *et* radiation hardness).

plated wiring câblage plaqué, conducteurs plaqués *(CP) (cf. aussi* plated circuit).

plating method méthode de placage, méthode d'électrodéposition *(fab. CP, etc.) (cf. aussi* plated circuit).

platinotron platinotron *(ancien tube hyperfréquence à champs croisés comparable au magnétron) (cf. aussi* crossed-field tube *et* magnetron).

platinum platine, Pt *(métal précieux, très lourd (densité 21,5), relativement mou, réfractaire (fusion à 1770° C), pratiquement inoxydable, à conductibilité électrique relativement faible (0,165 par rapport à l'argent) et coefficient de dilatation presque égal à celui du verre) (en électrotechnique, est employé principalement pour fabriquer des contacts de rupteurs, des thermocouples et des résistances de précision) (cf. aussi* interrupter, thermocouple, platinum-resistance thermometer *et* silver).

platinum-resistance thermometer thermomètre à résistance de platine *(thermomètre à résistance dans lequel celle-ci est un fil de platine) (clpf) (cf. aussi* resistance thermometer).

platinum sensor sonde à résistance de platine, sonde de température *(idem) (cf. aussi* temperature sensor *et* platinum-resistance thermometer).

platinum silicide siliciure de platine *(semi).*

platinum-silicide Schottky diode diode Schottky au siliciure de platine *(cf. aussi* Schottky diode *et* platinum silicide).

platinum tip grain de platine *(contact de rupteur) (cf. aussi* interrupter).

platter **1)** *cf.* phonograph record. **2)** plateau *(disque élémentaire d'un disque dur multiple) (ce type de disque dur est le cas général, en 1990, pour les disques durs à grande capacité et comprend couramment deux à cinq plateaux, la mémoire comportant une tête de lecture et écriture par face de disque) (inf) (cf. aussi* hard-disk drive).

play back *v* reproduire, *(parf.)* lire *(un enregistrement) (cf. aussi* playback).

playback reproduction, lecture *(reproduction d'un signal enregistré sur un support à défilement) (cf. aussi* moving medium) (a) *reproduction d'un enregistrement phonographique à l'aide d'une chaîne électroacoustique (cf. aussi* phonograph record *et* sound reproducing system) ; (b) *reproduction d'un enregistrement sonore sur bande magnétique à l'aide d'un magnétophone ou d'un lecteur de cassettes) (cf. aussi* magnetic sound record) ; (c) *reproduction d'un enregistrement vidéo sur bande magnétique à l'aide d'un magnétoscope et d'un récepteur de télévision) (cf. aussi* tape video record) ; (d) *reproduction d'un enregistrement vidéo sur disque vidéo à l'aide d'un tourne-disque vidéo et d'un récepteur de télévision) (cf. aussi* disk video record).

playback amplifier amplificateur de lecture *(au sens du terme anglais, amplificateur de petits signaux amplifiant le signal fourni par une tête de lecture) (cf. aussi* small-signal amplifier *et* playback head).

playback head tête de lecture (de magnétophone) *(tête magnétique convertissant en signal électrique les variations d'aimantation d'une bande magnétique enregistrée, lors de sa lecture dans un magnétophone) (la lecture peut avoir lieu dans le même magnétophone que l'enregistrement ou dans un autre magnétophone utilisant la même bande ou les mêmes cassettes) (cf. aussi* magnetic head, reproduce head *et* read head (a) *et noter qu'en anglais le terme « tête de lecture » (magnétique) se traduit de trois façons différentes selon qu'il s'agit d'une tête de magnétophone ou d'une tête d'un autre appareil à bande ou disque magnétique).

playback loss perte d'amplitude à la lecture *(différence entre l'amplitude d'une ondulation d'un sillon d'un disque phonographique et l'amplitude de l'oscillation correspondante de la pointe de lecture lorsque celle-ci ne porte que sur le flanc intérieur du sillon) (électroacou) (cf. aussi* phonograph record *et* stylus 1)).

player **1)** joueur *(théorie des jeux, etc.) (cf. aussi* game theory). **2)** tourne-disque *(cf. aussi* record player). **3)** tourne-disque vidéo *(cf. aussi* video-disk player). **4)** lecteur de cassettes *(cf. aussi* cassette player).

player circuitry circuits de l'appareil *(cf. aussi* player 2), 3), 4) *et* circuitry).

playing time durée de lecture, temps de lecture *(noter qu'en français on considère plutôt la durée d'enregistrement, ce qui revient au même mais change le terme effectivement employé) (cf. aussi* playback).

Plint designer *(Plint vient de « placement and interconnection »)* spécialiste des macroblocs *(ingénieur électronicien spécialisé dans l'utilisation des bibliothèques de macroblocs) (CI) (inf) (cf. aussi* macrocell library *et* placement and routing).

PLL *cf.* phase-locked loop.

PLM *cf.* pulse-length modulation.

plot[1] *s* **1)** relevé, tracé, courbe, graphique, diagramme, enregistrement graphique *(selon le contexte) (de la variation de la valeur d'une grandeur en fonction d'une autre) (cf. aussi* graphic recording *et* response curve). **2)** plot, plot radar *(anglicismes bien implantés)*, suite d'échos, suite *(termes que j'ai proposés) (suite de petites taches lumineuses plus ou moins fondues ensemble formée sur l'écran d'un radar panoramique par les échos renvoyés successivement par la cible pendant le passage du faisceau dans sa direction) (avia) (cf. aussi* plot extraction *et* PPI-display radar).

plot[2] *v (voir aussi* plot[1] 1) relever, tracer, enregistrer graphiquement *(cf. aussi* plot y versus x).

plot autographically *v* relever automatiquement, *(parf.)* tracer automatiquement, *(parf.)* enregistrer automatiquement *(le terme anglais est utilisé dans le cadre des essais de résistance des matériaux lorsqu'une courbe n'est pas relevée à la main, point par point) (cf. aussi* plot[1] 1)).

plot extraction extraction des plots *(anglicisme bien implanté désignant l'opération consistant à déterminer le milieu d'un plot radar tout en éliminant les échos parasites entourant celui-ci, pour connaître la direction exacte de la cible) (avia) (cf. aussi* plot 2)).

plot extractor extracteur de plots *(anglicisme bien implanté désignant l'ensemble des circuits réalisant l'extraction des plots dans certains récepteurs de radar) (cf. aussi* plot extraction).

plot y versus x *v* relever la variation de y en fonction de x, *(etc.) (cf. aussi* plot[2]).

plotter traceur *(terme générique couvrant le traceur de courbes et le traceur numérique, et désignant souvent ce dernier) (cf. aussi* X-Y plotter *et* digital plotter).

plotting *s (voir aussi* plot[1] 1)) (le) relevé, (le) traçage, (l') enregistement graphique.

plotting radar radar à graphiquage *(radar complété par un traceur de courbes traçant la trajectoire de la cible suivie) (mar, etc.) (cf. aussi* radar *et* X-Y recorder).

PLS *cf.* pulse[1].

plug[1] *s* fiche *(partie d'une prise de courant ou d'un connecteur portant les contacts mâles, ou le contact mâle dans le cas d'une fiche banane) (cf. aussi* male contact, banana plug *et* jack plug).

plug[2] *v* enficher *(introduire une fiche dans une douille, un connecteur mâle dans la partie femelle, un composant enfichable dans son support ou le connecteur d'un module enfichable dans le connecteur de l'appareil qui le reçoit) (noter que le verbe « embrocher », utilisé en électrotechnique, ne s'emploie pas en électronique, mais que l'on emploie « débrocher ») (cf. aussi* plug[1], plug-in unit *et* unplug).

plug adapter adaptateur de prise de courant, adaptateur *(dispositif permettant de brancher un appareil électrique ou électronique dont le cordon d'alimentation est muni d'une fiche d'un certain type sur un socle de prise de courant d'un autre type) (est formé d'un bloc de matière plastique approximativement cylindrique portant à une extrémité des contacts mâles s'enfichant dans la prise de courant et à l'autre extrémité des contacts femelles dans lesquels s'enfichent les broches de la fiche de l'appareil) (est utilisé notamment pour brancher un appareil américain sur une prise de courant française).

plug-and-socket connection **1)** connexion par fiche et douille. *(cf. aussi* plug[1] *et* socket 1) (a)). **2)** branchement par prise de courant *(appareil)*.

plug-board *cf.* plugboard. *(plus loin) (de même pour les termes dérivés).*

plug compatibility compatibilité totale *(au sens du terme anglais, propriété d'un appareil pouvant être utilisé à la place d'un autre, de marque ou type différent, dans un système sans nécessiter de modification électrique ou mécanique de celui-ci) (ce terme s'applique notamment à un appareil périphérique d'ordinateur et plus particulièrement à une mémoire à disque souple et à une imprimante à incorporer) (inf, etc.) (cf. aussi* peripheral device 1) *et* pin compatibility).

plug compatible entièrement compatible, totalement compatible *(appareil) (inf, etc.) (cf. aussi* plug compatibility).

plug-compatible device *cf.* plug-compatible peripheral device.

plug-compatible maker *cf.* plug-compatible manufacturer.

plug-compatible manufacturer constructeur de périphériques compatibles, *(etc.) (inf) (cf. aussi* plug compatibility).

plug-compatible peripheral (device) appareil périphérique compatible, *(etc.) (inf) (cf. aussi* plug compatibility).

plug-compatible replacement équivalent exact *(d'un appareil) (inf, etc.) (cf. aussi* plug compatibility).

plug connector connecteur mâle *(cf. aussi* male connector).

plug contact contact mâle *(connecteur) (cf. aussi* male contact).

plug cord *cf.* plug wire.

plug-in[1] *v* tiroir enfichable, tiroir *(tiroir métallique entièrement fermé, muni d'un connecteur mâle à l'extrémité postérieure et contenant des circuits d'un appareil devant pouvoir être remplacés rapidement par d'autres, analogues mais de caractéristiques différentes, pour élargir les possibilités de l'appareil par simple changement de tiroir, les connexions se faisant automatiquement par le connecteur lorsque le tiroir est poussé à fond dans son logement) (constitue un module enfichable) (tiroir d'oscilloscope à tiroirs, de générateur ou analyseur de signaux à tiroirs, etc.) (cf. aussi* oscilloscope plug-in *et* module (a)).

plug-in[2] *a cf.* pluggable.

plug-in board *cf.* plug-in printed-circuit board.

plug-in capability les tiroirs *(appareil) (cf. aussi* plug-in[1], with plug-in capability *et* capability).

plug-in card *cf.* plug-in printed-circuit board.

plug-in card module *cf.* plug-in printed-circuit board.

plug-in chip carrier porte-puce enfichable *(CH) (cf. aussi* leaded chip carrier).

plug-in circuit board *cf.* plug-in printed-circuit board.

plug-in circuit card *cf.* plug-in printed-circuit board.

plug-in compartment compartiment à tiroir *(compartiment conçu pour recevoir un tiroir enfichable, dans un appareil) (cf. aussi* plug-in[1]).

plug-in component composant enfichable *(composant réalisé sous la forme d'un dispositif enfichable dans lequel les broches ou autres moyens de contact font partie intégrante de celui-ci) (tube électronique à culot, circuit intégré en boîtier enfichable, relais enfichable, porte-puce enfichable, etc.) (un connecteur étant enfichable par nature, ce qualificatif est implicite pour un tel composant et ne lui est, par conséquent, jamais appliqué) (cf. aussi* plug-in unit *et* component 1)).

plug-in device dispositif enfichable *(cf. aussi* plug-in unit).

plug-in diskette *cf.* plug-in floppy drive.

plug-in drive *cf.* plug-in floppy drive.

plug-in floppy *cf.* plug-in floppy drive.

plug-in floppy drive mémoire à disquette enfichable *(inf) (cf. aussi* floppy-disk memory *et* plug-in memory).

plug-in memory mémoire enfichable *(mémoire numérique réalisée sous la forme d'un dispositif enfichable) (le dispositif enfichable est un composant enfichable dans le cas d'une mémoire RAM ou ROM ou dérivée en boîtier enfichable ; c'est un module enfichable dans le cas d'une mémoire à disquette enfichable ou à cassette enfichable) (inf) (cf. aussi* digital memory *et* plug-in unit).

plug-in module module enfichable *(module réalisé sous la forme d'un dispositif enfichable dans lequel les broches ou autres moyens de contact font normalement partie d'un connecteur mâle monté à une extrémité du module) (dans certains cas, le connecteur employé est un connecteur femelle* *(tiroir enfichable, carte enfichable, mémoire enfichable, etc.)* *(noter que la distinction faite dans mes définitions entre un module enfichable et un composant enfichable n'est pas toujours respectée ; c'est ainsi qu'une carte enfichable à plages de contact est généralement considérée comme un module, bien que ses contacts ne fassent pas partie d'un connecteur ; il est à noter par ailleurs qu'un circuit hybride, notamment, est considéré comme un composant enfichable, ce qui est correct, ou un module enfichable selon l'auteur et le contexte) (cf. aussi* module (a), plug-in device, plug-in[1], plug-in printed-circuit board, plug-in memory, reversed connector *et* plated finger).

plug-in oscilloscope oscilloscope à tiroirs *(oscilloscope équipé de deux ou plusieurs tiroirs interchangeables) (cf. aussi* plug-in[1], oscilloscope plug-in *et* oscilloscope).

plug-in package boîtier enfichable *(boîtier de composant enfichable) (ce terme désigne souvent un boîtier DIP, SIP ou QUIP) (cf. aussi* plug-in component, DIP, SIP *et* QUIP).

plug-in pc … *cf.* plug-in PC …

plug-in PC board *cf.* plug-in printed-circuit board.

plug-in PC card *cf.* plug-in printed-circuit board.

plug-in printed-circuit board carte à circuit imprimé enfichable, carte enfichable *(cf. aussi* printed-circuit board).

plug-in printed-circuit card *cf.* plug-in printed-circuit board.

plug-in relay relais enfichable *(relais réalisé sous la forme d'un composant enfichable) (comporte une embase rectangulaire ou circulaire munie de broches) (peut être un relais pour circuit imprimé) (cf. aussi* relay[1] 1), plug-in component, PC-board relay *et* pin 1)).

plug-in resistor résistance enfichable *(résistance de puissance munie de deux broches qui en font un composant enfichable) (cf. aussi* power resistor *et* plug-in component).

plug-in scope *cf.* plug-in oscilloscope.

plug-in signal conditioner module adaptateur de signaux *(enregistreur, etc.) (cf. aussi* signal conditioner module).

plug-in signal conditioner module *cf.* plug-in signal conditioner.

plug-in unit dispositif enfichable, *(parf.)* version enfichable *(dispositif électronique ou assimilé muni de broches ou de lamelles ou plages métallisées de contact permettant de le connecter et le fixer instantanément par introduction des broches ou de la partie portant les contacts dans un support approprié) (composant enfichable ou module enfichable) (cf. aussi* plug-in component, plug-in module, pluggable, plug[2], unit 3) *et* socket 2)).

plug pin broche de fiche mâle, *(parf.)* broche de connecteur mâle *(cf. aussi* pin 1), plug[1] *et* male connector).

plug-to-plug compatibility *cf.* plug compatibility.

plug wire fil de connexion, cordon à fiches, cordon de connexion *(fil souple isolé muni d'une fiche à chaque extrémité utilisé notamment avec un tableau de connexions) (inf, etc.) (cf. aussi* plugboard) (ci-après).

plugboard tableau de connexions *(petit panneau portant des douilles permettant d'établir des connexions temporaires entre elles, deux à deux, à l'aide de cordons à fiches) (sert à établir des circuits de commande dans certaines machines telles qu'une tabulatrice ou certains appareils tels qu'un automate programmable) (les douilles du tableau sont souvent appelées, incorrectement, « plots ») (inf) (cf. aussi* pinboard).

pluggable *v* enfichable *(composant ou module) (cf. aussi* plug-in unit).

pluggable … *cf.* plug-in …

plugging enfichage *(d'une fiche ou d'un connecteur mâle ou d'un composant ou module enfichable) (cf. aussi* plug[2] *et* plug-in unit).

plugging chart schéma de connexion *(schéma indiquant les connexions à établir sur un tableau de connexions) (inf, etc.) (cf. aussi* plugboard).

plumbicon *(marque déposée)* plumbicon, tube plumbicon *(tube vidicon dans lequel la cible photoconductrice est constituée par une couche de protoxyde de plomb PbO prise entre une couche de semiconducteur du type P et une couche du type N) (l'ensemble forme une photodiode PIN à grande surface polarisée dans le sens inverse et chaque élément de surface de la cible fonctionne comme une photodiode PIN classique, le courant ainsi produit créant les charges que le*

faisceau d'électrons annule) *(l'emploi d'une telle photodiode comme cible photoconductrice donne une très grande sensibilité, comparable à celle d'un image-orthicon, et un très faible courant d'obscurité grâce au fonctionnement en diode polarisée en inverse ; de plus, la minceur des couches utilisées élimine l'effet de mémoire) (il est possible de doper au sulfure de plomb PbS la couche d'oxyde de plomb pour obtenir un tube sensible à l'infrarouge) (est le meilleur tube analyseur existant) (caméra TV) (cf. aussi* vidicon, PIN photodiode, dark current *et* camera tube).

plumbing la guidaille *(terme d'argot d'électronicien signifiant « les guides d'ondes ») (le terme français ne s'emploie pas dans un texte) (hyper) (cf. aussi* waveguide).

plunger 1) noyau-plongeur *(relais) (cf. aussi* plunger relay). 2) piston *(pièce métallique coulissant dans un composant hyperfréquence en guide d'ondes pour permettre de régler la position longitudinale du plan de réflexion de l'onde dans celui-ci) (cf. aussi* choke piston, microwave component *et* waveguide) (a) *piston déplaçable suivant l'axe longitudinal d'un guide d'ondes pour former un court-circuit dans une section déterminée de celui-ci) (cf. aussi* short[2] (b)) ; (b) *piston déplaçable suivant l'axe d'une cavité résonnante pour permettre d'accorder celle-ci en faisant varier sa longueur effective) (cf. aussi* cavity resonator *et* tuning).

plunger relay relais à noyau-plongeur *(relais électromagnétique dans lequel l'électro-aimant est du type à noyau-plongeur) (est surtout employé en électrotechnique) (cf. aussi* electromagnetic relay *et* solenoid 2)).

plunger-type instrument appareil à fer mobile *(appareil de mesure ferromagnétique dans lequel la pièce en fer doux est constituée par le noyau-plongeur d'un électro-aimant à noyau-plongeur dont la bobine est parcourue par le courant à mesurer, le mouvement de translation du noyau étant converti en mouvement de rotation par un système bielle-manivelle miniature) (appareil ancien) (cf. aussi* moving-iron instrument *et* solenoid 2)).

plunger-type relay *cf.* plunger relay.

+ 5-V-only operation fonctionnement avec alimentation unique de + 5 volts *(ou de 5 volts ou sous 5 volts) (CI).*

plus side côté plus *(cf. aussi* positive side).

PLZT *cf.* lead lanthanum zirconate titanate.

PLZT ceramic *cf.* PLZT.

PM 1) *cf.* phase modulation. 2) *cf.* pulse modulation. 3) *cf.* permanent magnet.

PM loudspeaker *cf.* permanent-magnet loudspeaker.

PM modem modem à modulation de phase, modem PSK *(télinf) (cf. aussi* modem *et* phase-shift keying).

PMBX *cf.* private manual branch exchange.

PMOS PMOS *(CI) (cf. aussi* PMOS transistor).

PMOS … *cf.* PMOS *et* NMOS … *et* adapter.

PMOS transistor *(PMOS vient de « p-channel MOS »)* transistor PMOS *(ou MOS à canal P (ou MOS canal P) (transistor MOS intégré dans lequel le canal est du type P et, par conséquent, la conduction est assurée par les trous) (peut faire partie d'un groupe de transistors identiques ou constituer une moitié d'une paire CMOS et, sauf naturellement dans cette paire, est de plus en plus remplacé par le transistor NMOS) (cf. aussi* integrated MOS transistor, p-type channel *(au début de la lettre P),* CMOS pair *et* NMOS transistor).

PMUX *cf.* programmable multiplexer.

PMX 1) *cf.* private manual exchange. 2) *cf.* programmable multiplexer.

pn … *cf.* p-n … *(au début de la lettre P).*

PN … *cf.* p-n … *(au début de la lettre P).*

PNdB *(vient de « perceived noise in decibels »)* PNdB *(unité de niveau de bruit perçu) (est très utilisée en aéronautique pour chiffrer le bruit des aéronefs perçu au sol, notamment autour des aéroports) (cf. aussi* perceived noise level).

pneumatic chaff launcher lance-leurres pneumatique *(lance-leurres de navire utilisant de l'air comprimé pour lancer les cartouches de leurres) (mil) (cf. aussi* chaff launcher).

pneumatic chaff launching system *cf.* pneumatic chaff launcher.

pneumatic launcher *cf.* pneumatic chaff launcher.

pneumatic launching system *cf.* pneumatic chaff launcher.

PNP ... *cf.* pnp ... *(ci-après).*

pnp bipolar transistor *cf.* pnp transistor.

pnp device *cf.* pnp transistor.

pnp transistor transistor PNP, transistor bipolaire PNP *(transistor bipolaire dont l'émetteur est formé d'une zone du type P, la base d'une zone du type N et le collecteur d'une zone du type P) (semi) (cf. aussi* bipolar transistor, p-type region *(au début de la lettre P) et* n-type region).

pnp unit version PNP *(transistor bipolaire) (cf. aussi* pnp transistor *et* unit 3)).

pnpn device dispositif à quatre couches, composant à quatre couches *(dispositif à semiconducteur utilisant quatre couches de semiconducteur) (diode Shockley ou thyristor) (cf. aussi* four-layer diode *et* silicon-controlled rectifier).

PNPN device *cf.* pnpn device. *(ci-dessus).*

PO *cf.* power oscillator. *(de même pour les termes dérivés).*

Pockel cell cellule de Pockel *(modulateur électro-optique utilisant l'effet Pockel) (s'utilise comme une cellule de Kerr, mais sa mise en œuvre est naturellement plus facile du fait de l'emploi d'un solide au lieu d'un liquide) (cf. aussi* electro-optical modulator, Pockel's effect *et* Kerr cell).

Pockel's effect effet Pockel *(biréfringence apparaissant dans un cristal piézoélectrique sous l'action d'un champ électrique parallèle aux rayons lumineux dans le cristal) (effet semblable à l'effet Kerr, mais obtenu dans un corps différent et avec une direction différente du champ électrique) (électro-optique) (cf. aussi* piezoelectric crystal, Pockel cell *et* Kerr effect).

pocket calculator calculatrice de poche, calculette *(petite calculatrice électronique) (inf) (cf. aussi* calculator).

pocket instrument appareil de poche *(appareil électronique de petites dimensions) (multimètre de poche, récepteur radio de poche, etc.).*

pocket pager *cf.* pager.

pocket radio *cf.* pocket radio receiver.

pocket radio receiver récepteur radio de poche, récepteur de poche, poste de radio de poche *(cf. aussi* radio receiver *et* pocket receiver).

pocket receiver récepteur de poche *(récepteur de radiodiffusion sonore ou visuelle de très petites dimensions ou récepteur d'appel) (cf. aussi* pager).

pocket-sized ... *cf.* pocket ...

pod countermeasures contre-mesures externes *(avia. mil) (cf. aussi* external countermeasures).

pod-mounted ... ... monté en nacelle *(cf. aussi* pod mounting).

pod mounting montage en nacelle *(montage d'un brouilleur, d'un lance-leurres, d'un radar, d'une caméra, etc. dans une nacelle profilée accrochée à l'extérieur d'un aéronef militaire, ou parfois civil dans les deux derniers cas) (cf. aussi* external countermeasures).

point point *(cf. aussi* data point, set of points, sequence of points, test point, check point, binary point, decimal point, fixed-point ..., floating-point ..., rerun point *et* pixel).

point-by-point plotting relevé point par point *(relevé d'une courbe, notamment d'une courbe de réponse en fréquence, effectué en donnant à la variable des valeurs discrètes croissantes et en notant à chaque fois la valeur obtenue pour la grandeur mesurée, la courbe étant ensuite construite à l'aide des valeurs obtenues) (cf. aussi* response curve *et* swept-frequency measurement).

point-by-point plotting technique méthode de relevé point par point, méthode point par point, *(parf.)* méthode manuelle *(cf. aussi* point-by-point plotting).

point-by-point technique *cf.* point-by-point plotting technique.

point contact contact ponctuel *(contact d'une pointe sur une surface) (en électronique, ce terme désigne souvent un contact redresseur formé d'une pointe métallique appuyant sur un cristal semiconducteur) (cf. aussi* rectifying contact *et* point-contact diode).

point-contact detector détecteur à diode à pointe *(détecteur hyperfréquence utilisant une diode à pointe) (cf. aussi* microwave detector *et* point-contact diode).

point-contact detector diode diode de détection à pointe *(diode à pointe utilisée comme diode de détection) (hyper) (cf. aussi* detector diode *et* point-contact diode).

point-contact diode diode à pointe *(diode à semiconducteur utilisant une pointe métallique appuyant sur le cristal semiconducteur, la zone de contact formant ou créant une jonction PN) (le cristal semiconducteur peut être du germanium ou du silicium du type N ; la pointe est généralement en tungstène ou en or avec le germanium ou en aluminium avec le silicium) (après fermeture du boîtier en fin de fabrication, une impulsion de courant intense est appliquée entre le fil métallique et le cristal ; du fait de la très faible surface de contact de la pointe sur le cristal, la densité de courant au point de contact est très grande) (dans une diode à pointe en aluminium ou en or, il en résulte la fusion de l'extrémité de la pointe et du cristal en contact et, par conséquent, la formation d'une jonction par alliage) (dans une diode à pointe en tungstène, l'extrémité de celle-ci ne fond pas et la zone de contact du cristal se trouve dopée P par un processus mal expliqué, grâce à quoi une jonction PN est formée dans le cristal sous la pointe) (la surface de la jonction obtenue dans les deux cas étant très petite, sa capacité est très faible, ce qui rend la diode particulièrement apte à fonctionner aux hyperfréquences ; ses autres caractéristiques électriques étant toutefois médiocres, elle est de plus en plus remplacée par des diodes hyperfréquence à jonction) (on notera que, conformément à la définition donnée en début de rubrique, la diode à pointe n'est qu'un type particulier de diode à jonction, bien qu'elle soit classée à part) (cf. aussi* semiconductor diode, semiconductor type, current density, alloy junction *et* junction capacitance).

point-contact germanium diode diode à pointe au germanium *(semi) (cf. aussi* point-contact diode *et* germanium).

point-contact mixer diode diode mélangeuse à pointe *(diode à pointe utilisée comme diode mélangeuse) (hyper) (cf. aussi* mixer diode *et* point-contact diode).

point-contact silicium diode diode à pointe au silicium *(semi) (cf. aussi* point-contact diode *et* silicon).

point-contact transistor transistor à pointes *(premier type de transistor bipolaire réalisé, dans lequel les deux jonctions étaient formées par deux pointes métalliques appuyant l'une à côté de l'autre sur un cristal de germanium du type N) (l'une des pointes créait l'émetteur, l'autre le collecteur et le cristal constituait la base) (cf. aussi* bipolar transistor).

point-of-sale display affichage au point de vente *(affichage d'informations sur l'écran d'un terminal de point de vente) (inf) (cf. aussi* point-of-sale terminal *et* display[1] 1) à 3)).

point-of-sale terminal terminal de point de vente *(terminal à écran utilisé à un point de vente pour permettre la consultation d'un fichier central et l'introduction d'informations dans celui-ci par le vendeur) (inf) (cf. aussi* display terminal).

point source source ponctuelle *(source de rayonnement assimilable à un point, c.-à-d. dont la plus grande dimension est négligeable par rapport à la distance à laquelle le rayonnement est reçu) (antenne, etc.) (cf. aussi* radiation source).

point target cible ponctuelle *(cible radar, laser ou sonar assimilable à un point, c.-à-d. dont la plus grande dimension est négligeable par rapport à la distance à laquelle elle est observée) (exemples : aéronef suivi à grande distance par un radar ou une arme laser, petit missile suivi à moyenne distance par un radar ou une arme laser, antenne de radar de dimensions courantes attaquée par un missile antiradar à une distance moyenne ou courte, projecteur sonar simulant une cible sonar à courte distance, etc.) (mil) (cf. aussi* target (a), radar, antiradiation missile, laser weapon *et* sonar projector).

point-to-point communications télécommunications de point à point, *(etc.) (télécommunications assurées par des liaisons de point à point) (cf. aussi* point-to-point link *et* communications).

point-to-point communications link *cf.* point-to-point link.

point-to-point connection *cf.* point-to-point link.

point-to-point fiber-optic link liaison par fibre optique de point à point, *(etc.) (tls) (cf. aussi* point-to-point link *et* fiber-optic link).

point-to-point interconnection *cf.* point-to-point wiring.

point-to-point link liaison de point à point, liaison de télécommunications *(idem),* liaison de poste à poste *(liaison de télécommunications établie directement entre deux points sans passer par un centre de commutation) (tél, etc.) (cf. aussi* communications link *et* switching center).

point-to-point operation exploitation de point à point, *(etc.)* *(exploitation d'une liaison de point à point) (tls) (cf. aussi* point-to-point link).

point-to-point optical link liaison optique de point à point, *(etc.) (tls) (cf. aussi* point-to-point link *et* optical link).

point-to-point radio link liaison radio de point à point, *(etc.) (tls) (cf. aussi* point-to-point link *et* radio link).

point-to-point radio transmission transmission par radio de point à point, *(etc.) (tls) (cf. aussi* point-to-point radio link).

point-to-point wiring câblage direct *(câblage d'un module ou appareil dans lequel les conducteurs d'interconnexion des bornes et composants relient ceux-ci directement, sans passer par des bornes-relais) (ce terme s'applique notamment au câblage des bornes situées sur la face arrière d'un fonds de panier) (cf. aussi* module (a), backplane *et* wiring 1)).

pointer 1) aiguille indicatrice, aiguille *(lamelle métallique pivotante étroite et très légère, à section droite plane ou profilée, constituant l'organe indicateur d'un appareil de mesure analogique classique) (cf. aussi* knife-edge pointer *et* analog meter). 2) pointeur *(de pile) (inf) (cf. aussi* stack pointer).

pointer deflection déviation de l'aiguille *(position angulaire prise par une aiguille indicatrice sous l'action de la grandeur mesurée) (cf. aussi* mid-scale deflection, full-scale deflection, off-scale deflection *et* pointer 1)).

pointer hunting oscillations de l'aiguille *(app. mesure) (cf. aussi* hunting 1)).

pointer instrument appareil de mesure à aiguille *(cf. aussi* analog meter).

pointer knob 1) bouton à flèche *(bouton de réglage ou de commande portant une flèche en relief, en creux ou imprimée) (bouton de potentiomètre, de commutateur, etc.).* 2) bouton-flèche *(bouton de commande dont la forme rappelle celle d'une flèche) (bouton d'inverseur ou de commutateur).*

pointer-shaped knob *cf.* pointer knob 2).

pointing pointage *(en électronique, action d'orienter une source de rayonnement ou de particules ou un récepteur de rayonnement dans une direction déterminée) (pointage d'une antenne directive, du détecteur d'un autodirecteur, d'un marqueur laser, d'une arme à faisceau d'énergie, d'un microphone canon, etc.) (cf. aussi* antenna pointing).

pointing error erreur de pointage, dépointage *(angle formé par l'axe électrique d'une antenne très directive ou l'axe d'un faisceau d'énergie et la direction d'un point déterminé dans l'espace aérien ou cosmique) (ces termes s'appliquent notamment à une antenne de radar de poursuite, le point considéré étant la cible à suivre, et à une antenne au sol de télécommunications par satellite, le point étant le satellite, ainsi qu'à une arme à faisceau d'énergie, le point étant la cible à atteindre) (cf. aussi* electrical boresight *et* pointing mechanism).

pointing mechanism mécanisme de pointage *(mécanisme permettant ou assurant le pointage d'un dispositif émetteur ou récepteur orientable et notamment d'une antenne orientable ou d'une arme à faisceau d'énergie) (cf. aussi* automatic pointing mechanism, steerable antenna, beam weapon, pointing error *et* pointing).

polar angle angle polaire *(cf. aussi* polar coordinates).

polar cap 1) calotte polaire *(géographie, radionav) (cf. aussi* polar cap anomaly). 2) *cf.* polarized capacitor.

polar cap absorption absorption à la calotte polaire *(propa) (radionav, etc.) (cf. aussi* polar cap anomaly).

polar cap anomaly anomalie de calotte polaire *(anomalie de propagation ionosphérique dans la zone d'une calotte polaire) (est due à la réduction de l'altitude effective de l'ionosphère produite par le rayonnement d'une tache solaire, ce qui modifie les conditions de propagation et, par conséquent, la phase du signal reçu) (radionav) (cf. aussi* PCA, ionospheric propagation, solar flare *et* lane slippage).

polar cap disturbance *cf.* polar cap anomaly.

polar capacitor *cf.* polarized capacitor.

polar coordinate system système de coordonnées polaires *(système de coordonnées dans lequel la position d'un point M est définie par sa distance à un point fixe O et par l'angle que fait la droite OM avec un axe de référence passant par le* point O) *(la droite OM est appelée « rayon vecteur », le point O « pôle », l'axe de référence « axe polaire » et l'angle formé par celui-ci et le rayon vecteur « angle polaire ») (le rayon vecteur est, comme son nom l'indique, un vecteur) (cf. aussi* polar diagram, angular frequency, vector (a) *et* coordinate system).

polar coordinates coordonnées polaires *(coordonnées d'un point dans un système de coordonnées polaires) (cf. aussi* polar coordinate system).

polar coverage anomaly *cf.* polar cap anomaly.

polar diagram diagramme en coordonnées polaires, diagramme polaire *(diagramme construit dans un système de coordonnées polaires) (en électronique, le terme anglais désigne souvent un diagramme de directivité, mais peut désigner un diagramme de Nyquist, de Smith ou de Fresnel, notamment) (cf. aussi* polar coordinate system, directivity pattern, Nyquist diagram, Smith chart *et* phasor representation).

polar display présentation en coordonnées polaires, présentation polaire *(présentation d'informations sous la forme d'un diagramme en coordonnées polaires sur un écran cathodique ou autre) (traceur de courbes, analyseur de réseaux, etc.) (cf. aussi* polar representation, polar diagram *et* display[1] 1)).

polar grid grille polaire *(grille formant un système de coordonnées rectangulaires couvrant une région polaire aux fins de radionavigation) (cf. aussi* rectangular coordinate system *et* radio navigation).

polar keying modulation double courant *(modulation télégraphique utilisant un courant continu de polarité déterminée pour représenter un état du signal télégraphique et un courant de polarité opposée pour représenter l'autre état) (tls) (cf. aussi* mark/space modulation).

polar magnetic disturbance perturbation magnétique polaire *(ou au-dessus d'un pôle) (propa) (radionav, etc.) (cf. aussi* magnetic storm).

polar modulation *cf.* polar keying.

polar molecule molécule polaire *(molécule possédant un moment de dipôle électrique spontané) (forme donc un dipôle électrique) (l'existence du moment de dipôle est due à une dissymétrie de la molécule résultant d'une liaison entre deux atomes différents) (chimie physique) (cf. aussi* molecule *et* electric dipole moment).

polar path trajet polaire *(trajet suivi par une onde à propagation polaire) (cf. aussi* polar propagation).

polar-path signal signal à trajet polaire *(signal transmis par une onde à propagation polaire) (cf. aussi* polar propagation *et* signal[1]).

polar-path wave onde à propagation polaire, onde à trajet polaire *(cf. aussi* polar propagation).

polar propagation propagation polaire *(ou par un pôle) (propagation d'une onde radioélectrique dans une région polaire) (radionav, etc.) (cf. aussi* radio wave *et* polar cap anomaly).

polar representation représentation en coordonnées polaires *(représentation d'informations sous la forme d'un diagramme en coordonnées polaires sur un support graphique et notamment une feuille de papier d'enregistrement) (cf. aussi* polar diagram, polar display *et* plotter).

polar system *cf.* polar coordinate system.

polar-type capacitor *cf.* polarized capacitor.

polarity polarité (a) *propriété d'un corps ou dispositif possédant une polarisation, ou sens de celle-ci) (polarité électrique ou magnétique) (cf. aussi* polarization) ; (b) *signe d'un pôle électrique ou nom d'un pôle magnétique) (cf. aussi* pole (a) *et* (b)).

polarity change *cf.* polarity reversal.

polarity of a voltage polarité d'une tension *(cf. aussi* voltage polarity).

polarity of picture signal sens de la modulation *(sens de variation de l'amplitude du signal de luminance d'un signal de télévision correspondant à une augmentation de la luminance d'un point de l'image par rapport à la valeur moyenne) (peut être positive ou négative) (cf. aussi* positive modulation, negative modulation, luminance signal *et* television signal).

polarity of presentation polarité de la trace *(oscillo) (cf. aussi* display polarity).

polarity reversal inversion de polarité, changement de polarité *(a)* *inversion de la polarité d'une tension, c.-à-d. que la borne positive devient la borne négative et vice versa) (cf. aussi* negative-to-positive reversal, positive-to-negative reversal *et* voltage polarity) ; *(b)* *inversion de la polarité d'un aimant) (cf. aussi* magnetic polarity reversal).

polarity-reversal switch *cf.* polarity-reversing switch.

polarity-reversing switch inverseur de polarité *(commutateur réalisant l'inversion de polarité d'une tension) (cf. aussi* polarity reversal (a)).

polarity sensing détection de polarité *(multimètre numérique, etc.) (cf. aussi* autopolarity).

polarity switch *cf.* polarity-reversing switch.

polarization polarisation *(a)* *action de faire apparaître des propriétés opposées en des points opposés d'un même corps ou état de celui-ci résultant de cette action) (polarisation diélectrique ou polarisation magnétique) (cf. aussi* dielectric polarization *et* magnetic polarization) ; *(b)* *polarisation d'une onde électromagnétique) (cf. aussi* electromagnetic wave polarization) ; *(c)* *polarisation d'une pile galvanique) (cf. aussi* cell polarization) ; *(d)* *polarisation mécanique d'un dispositif) (cf. aussi* mounting polarization).

polarization diversity diversité de polarisation *(diversité utilisant deux ondes dont l'une est à polarisation horizontale ou circulaire droite et l'autre est à polarisation verticale ou circulaire gauche, respectivement) (les deux ondes sont émises et captées par une antenne à double polarisation) (radiocom) (cf. aussi* diversity, linear polarization *et* circular polarization).

polarization-diversity reception réception en diversité de polarisation *(réception d'un signal émis en diversité de polarisation) (cf. aussi* polarization diversity).

polarization-diversity transmission émission en diversité de polarisation *(cf. aussi* polarization diversity).

polarization error erreur de polarisation *(erreur d'indication d'un radiocompas due à un changement de polarisation du signal reçu par suite de variations des conditions de propagation) (cf. aussi* radio direction finder, electromagnetic wave polarization *et* propagation conditions).

polarization multiplexing multiplexage en polarisation *(emploi d'antennes à double polarisation pour doubler à capacité de transmission d'une liaison par faisceau hertzien) (radiocom) (cf. aussi* dual-polarized antenna *et* microwave link).

polarization plane plan de polarisation *(onde électromagnétique) (cf. aussi* plane of polarization).

polarization tab languette d'orientation, détrompeur *(connecteur, boîtier enfichable, etc.) (cf. aussi* mounting polarization).

polarize *v* polariser *(créer une polarisation) (cf. aussi* polarization).

polarized bell sonnerie polarisée, sonnerie électrique *(idem) (sonnerie électrique utilisant une palette aimantée pivotant en son milieu pour pouvoir fonctionner sans rupteur, uniquement en courant alternatif) (les deux bobines de l'électro-aimant en fer à cheval sont bobinées de telle façon que leurs noyaux aient la même polarité magnétique instantanée, grâce à quoi la palette est attirée du côté dont la polarité est l'opposé de celle des noyaux, le phénomène s'inversant à chaque alternance du courant d'excitation de l'électro-aimant, ce qui fait osciller la palette et le marteau solidaire de celle-ci à la fréquence du courant) (sonnerie téléphonique) (cf. aussi* telephone bell *et* electric bell).

polarized board *cf.* polarized printed-circuit board.

polarized capacitor condensateur polarisé *(condensateur ne pouvant supporter une tension continue que dans un sens déterminé) (l'application d'une tension dans l'autre sens détruit le condensateur) (ce terme s'applique à un condensateur électrolytique) (cf. aussi* electrolytic capacitor).

polarized card *cf.* polarized printed-circuit board.

polarized circuit board *cf.* polarized printed-circuit board.

polarized circuit card *cf.* polarized printed-circuit board.

polarized connector connecteur polarisé, connecteur à détrompeur *(clpf) (cf. aussi* connector (a) *et* mounting polarization).

polarized electric bell *cf.* polarized bell.

polarized electrolytic capacitor condensateur électrolytique polarisé *(condensateur électrolytique ordinaire) (cf. aussi* electrolytic capacitor *et* polarized capacitor).

polarized light lumière polarisée *(lumière dans laquelle les vibrations des deux composantes rectangulaires sont cohérentes) (en d'autres termes, lumière caractérisée par l'existence d'un seul plan de polarisation) (est produite par un polariseur, par réflexion oblique sur une surface telle que le verre, l'eau ou un vernis ou par diffusion par les molécules d'un gaz) (la polarisation peut être partielle ou totale et, par conséquent, la cohérence elle-même partielle ou complète) (opt) (cf. aussi* light[1] 1), coherence, plane of polarization *et* polarizer).

polarized meter appareil à zéro central, appareil de mesure *(idem) (voltmètre ou ampèremètre à courant continu, ou autre appareil, doté d'une échelle à zéro central) (cf. aussi* zero-center scale).

polarized pc ... *cf.* polarized PC ...

polarized PC board *(ou* **card***)* *cf.* polarized printed-circuit board.

polarized printed-circuit board *(ou* **card***)* carte à circuit imprimée polarisée *(ou munie d'un détrompeur), (etc.) (cf. aussi* printed-circuit board *et* mounting polarization).

polarized plug fiche polarisée, fiche à détrompeur *(autres noms d'un connecteur femelle polarisé) (cf. aussi* female connector *et* mounting polarization).

polarized receptacle *cf.* polarized socket.

polarized relay relais polarisé *(relais bistable à courant continu et à une seule bobine d'excitation dans lequel l'armature bascule d'une position à l'autre suivant le sens du courant dans la bobine sous l'action conjuguée de celui-ci et des pôles d'un aimant permanent servant en outre à maintenir l'armature dans chacune de ses deux positions une fois le courant d'excitation interrompu) (cf. aussi* bistable relay).

polarized socket socle polarisé, socle à détrompeur *(autres noms d'un connecteur mâle polarisé) (cf. aussi* male connector *et* mounting polarization).

polarizer polariseur *s (dispositif polarisant la lumière naturelle par décomposition de celle-ci en deux composantes orthogonales et suppression de l'une d'elles) (utilise généralement la biréfringence d'un cristal, c.-à-d. la décomposition d'un rayon de lumière naturelle en deux rayons polarisés à angle droit) (en électronique et sciences connexes, est employé notamment dans la cellule de Kerr, la cellule de Pockel et l'afficheur à cristaux liquides classique) (cf. aussi* polarized light, Kerr cell, Pockel cell *et* liquid-crystal display).

polarizing facility détrompeur *s (dispositif enfichable) (cf. aussi* mounting polarization).

polarizing key ergot d'orientation, détrompeur *(connecteur, etc.) (cf. aussi* mounting polarization).

polarizing notch encoche d'orientation, détrompeur *(connecteur, etc.) (cf. aussi* mounting polarization).

polarizing slot *cf.* polarizing notch.

pole[1] *s* **1)** pôle *(a)* *partie d'un corps ou d'un dispositif caractérisée par une propriété électrique ou magnétique opposée à celle d'une autre partie de celui-ci) (a1) pôle électrique) (cf. aussi* electric pole) ; *(a2) pôle magnétique) (cf. aussi* magnetic pole) ; *(b) pôle d'un diagramme polaire) (cf. aussi* polar diagram) ; *(c) pôle d'une fonction de transfert) (cf. aussi* poles and zeros) ; *(d) pôle d'une planète) (pôle Nord ou pôle Sud de la Terre, par exemple).* **2)** poteau *(téléphonique ou autre).*

pole[2] *v* *cf.* polarize.

pole arm traverse de poteau *(profilé métallique supportant une ligne sur poteaux) (tél, etc.) (cf. aussi* pole line 2)).

pole change *cf.* polarity reversal.

pole changer *cf.* polarity-reversing switch.

pole changing *cf.* polarity reversing.

pole face face polaire *(face d'un pôle d'un aimant) (ce terme désigne souvent la face d'un des pôles d'un circuit magnétique à entrefer délimitant celui-ci d'un côté) (cf. aussi* magnetic pole (a), magnetic circuit *et* air gap 1)).

pole frequency fréquence d'un pôle *(fréquence correspondant à un pôle d'une fonction de transfert) (filtre, asser) (cf. aussi* poles and zeros).

pole line **1)** ligne des pôles *(droite passant par les deux pôles*

d'un aimant ou d'une planète) (cf. aussi magnetic pole).
2) ligne sur poteaux *(ligne aérienne portée par des poteaux) (clpf) (tél, etc.) (cf. aussi* overhead line).

pole piece pièce polaire *(pièce en matière magnétique rapportée à l'extrémité de chacun des pôles d'un électro-aimant ou d'un aimant permanent pour lui donner la forme optimale pour la répartition du flux magnétique dans l'entrefer) (est utilisée notamment dans le circuit magnétique du stator de nombreuses machines électriques tournantes d'une certaine puissance) (cf. aussi* magnetic flux).

pole Q Q des pôles *(Q d'un filtre à la fréquence d'un pôle) (cf. aussi* Q 1) *et* pole frequency).

pole reverser *cf.* polarity-reversing switch.

pole strength masse magnétique *(grandeur fictive imaginée pour représenter l'intensité d'aimantation d'un pôle magnétique par analogie à la charge électrique d'un corps électrisé) (magnétisme) (cf. aussi* magnetization 1) (b), magnetic pole *et* Coulomb's law).

poles and zeros pôles et zéros *(valeurs singulières d'une fonction de transfert) (les pôles d'une fonction de transfert sont les racines de l'équation figurant au dénominateur de celle-ci ; ce sont donc les valeurs de la variable pour lesquelles, le dénominateur s'annulant, la fonction devient infinie, ce qui correspond à un maximum de transmission du signal) (les zéros sont les racines de l'équation figurant au numérateur ; ce sont donc les valeurs de la variable pour lesquelles, le numérateur s'annulant, la fonction devient nulle, ce qui correspond à un zéro de transmission du signal) (filtre, asser) (cf. aussi* transfer function).

poles of like polarity pôles de même nom *(cf. aussi* like poles).

poles of opposite polarity *cf.* poles of unlike polarity.

poles of unlike polarity pôles de noms contraires *(cf. aussi* unlike poles).

police radar radar de police, radar vélocimétrique (de police) *(petit radar Doppler à émission continue destiné à mesurer la vitesse des véhicules routiers en vue de sanctionner les excès de vitesse) (cf. aussi* CW Doppler radar).

police radar detector détecteur de radars (de police) *(petit récepteur radioélectrique clandestin monté dans un véhicule routier et fournissant un signal lumineux ou sonore, ou les deux, avertissant le conducteur lorsque son véhicule est pris dans le faisceau d'un radar de police) (cf. aussi* police radar).

police radar jammer brouilleur de radars (de police) *(petit brouilleur de radars clandestin monté dans un véhicule routier pour brouiller les radars de police) (est utilisé notamment aux Etats-Unis) (cf. aussi* radar jammer *et* police radar).

police radio émetteur-récepteur de police *(émetteur-récepteur monté dans un véhicule de police pour permettre des liaisons radiotéléphoniques avec le commissariat dont il dépend et avec d'autres véhicules et des agents de police munis de talkie-walkies) (cf. aussi* mobile service *et* walkie-talkie).

police speed radar *cf.* police radar.

poling **1)** croisement des fils *(permutation de la position des deux fils d'un circuit téléphonique entre deux tronçons successifs d'une ligne aérienne en fils à plusieurs circuits pour réduire la diaphonie) (la réduction de la diaphonie ainsi obtenue est due à l'annulation plus ou moins complète de la tension parasite induite dans le circuit par les autres fils grâce à l'inversion de sa polarité à chaque tronçon) (cf. aussi* crosstalk 1)). **2)** polarisation *(au sens d'action de polariser) (cf. aussi* polarization).

Polish notation notation polonaise *(mode d'écriture des expressions algébriques éliminant les parenthèses, chaque opérateur étant écrit après les opérandes correspondants et non entre ceux-ci) (sert à faciliter la conversion des expressions algébriques en séquences d'instructions dans un programme d'ordinateur) (est due au logicien polonais J. Lukasiewicz, d'où son nom) (inf) (cf. aussi* instruction).

poll *v* interroger *(des terminaux informatiques) (télinf) (cf. aussi* polling).

polling interrogation (des terminaux) *(interrogation successive, par un ordinateur central, des terminaux associés pour leur demander s'ils ont un message à lui envoyer) (télinf) (cf. aussi* host computer *et* computer terminal).

polling sequence séquence d'interrogation *(cf. aussi* polling).

poly **1)** *cf.* polysilicon. **2)** *cf.* polysilicon layer.

poly-1 première couche de polysilicium *(CI) (cf. aussi* double-level polysilicon process).

Poly I *cf.* single-level polysilicon process.

poly-2 deuxième couche de polysilicium *(CI) (cf. aussi* double-level polysilicon process).

Poly II double-level polysilicon process.

polycarbonate polycarbonate *(matière plastique utilisée, entre autres, comme diélectrique de condensateur) (cf. aussi* dielectric[1]).

polycarbonate capacitor condensateur au polycarbonate *(condensateur au plastique dans lequel celui-ci est du polycarbonate) (les modèles courants sont métallisés ; les modèles pour tensions élevées ont un diélectrique mixte) (cf. aussi* plastic capacitor).

polycarbonate film capacitor *cf.* polycarbonate capacitor.

polychromatic radiation *cf.* non-monochromatic radiation.

polycrystal polycristal *(corps cristallin formé de microcristaux orientés dans tous les sens, cette orientation lui donnant plus ou moins la propriété d'isotropie) (cf. aussi* polycrystalline semiconductor *et* crystalline material).

polycrystal ... *cf.* polycrystalline ...

polycrystalline semiconductor semiconducteur polycristallin *(semiconducteur constituant un polycristal, c.-à-d. n'ayant pas été soumis à une opération de tirage) (a une résistivité nettement inférieure à celle d'un semiconducteur monocristallin de même nature) (silicium polycristallin, etc.) (cf. aussi* semiconductor, polycrystal *et* resistivity).

polycrystalline silicon *cf.* polysilicon. *(de même pour les termes dérivés).*

polycrystalline substrate substrat polycristallin *(substrat de composant à semiconducteur réalisé dans un semiconducteur polycristallin) (cellule solaire, etc.) (cf. aussi* substrate (c) *et* polycrystalline semiconductor).

polyester polyester *(matière plastique utilisée, entre autres, comme diélectrique de condensateur) (cf. aussi* dielectric[1]).

polyester-based resistor composition composition résistive à liant polyester, pâte *(idem) (résistance à couche épaisse) (cf. aussi* resistive ink).

polyester capacitor condensateur au polyester *(condensateur au plastique dans lequel celui-ci est du polyester) (les modèles courants sont à armatures en clinquant ou métallisés ; les modèles pour tensions élevées ont une bande de papier métallisé et une bande de polyester) (cf. aussi* plastic capacitor).

polyester film capacitor *cf.* polyester capacitor.

polyethylene polyéthylène *(matière plastique utilisée, entre autres, comme isolant hyperfréquence grâce à ses faibles pertes diélectriques aux fréquences très élevées) (cf. aussi* dielectric loss).

polygonal delay line ligne à retard polygonale *(ligne à retard acoustique dans laquelle le milieu retardateur est un prisme court en verre à plus de quatre faces latérales formant deux à deux des angles tels que l'onde émise à l'entrée soit réfléchie sur plusieurs faces avant d'atteindre la face de sortie) (permet d'obtenir un retard relativement grand pour un faible encombrement grâce à l'allongement du trajet de l'onde ainsi obtenu) (cf. aussi* acoustic delay line).

polygonal hold *cf.* polygonal hold circuit.

polygonal hold circuit circuit de maintien à interpolation *(numériseur) (cf. aussi* interpolating first-order hold circuit).

polygonal-type ... *cf.* polygonal ...

polygraph polygraphe *(cf. aussi* lie detector).

polygraphy polygraphie, inquisition électronique *(science de l'utilisation des détecteurs de mensonges) (cf. aussi* lie detector).

polyimide polyimide *(matière plastique à bonne tenue à la chaleur utilisée, entre autres, comme substrat de circuits) (cf. aussi* polyimide substrate).

polyimide hybrid circuit circuit hybride au polyimide *(circuit hybride à substrat en polyimide) (cf. aussi* hybrid circuit *et* polyimide substrate).

polyimide printed circuit circuit imprimé au polyimide *(circuit imprimé à substrat en polyimide) (cf. aussi* printed circuit *et* polyimide substrate).

polyimide substrate substrat en polyimide, substrat de polyimide *(substrat de circuit imprimé ou de circuit hybride formé d'une ou plusieurs feuilles de polyimide) (cf. aussi* substrate *et* polyimide).

polymeric ink pâte à liant polymère *(CH) (cf. aussi* ink 2)).

polymeric thick-film ink *cf.* polymeric ink.

polynomial filter filtre polynomial *(filtre dont la fonction caractéristique est un polynôme) (filtre de Butterworth, de Tchebycheff, de Bessel ou de Legendre) (cf. aussi* filter characteristic function *et* filter[1]).

polynomial predictor prédicteur polynomial *(prédicteur utilisant un polynôme pour représenter la variation du signal afin de prédire la valeur de l'échantillon suivant) (détecteur de radars, etc.) (mil, etc.) (cf. aussi* predictor).

polyphase *a* polyphasé *(caractéristique d'un ensemble de courants alternatifs de mêmes fréquence et amplitude et de phases différentes à espacement angulaire égal sur 360° circulant dans des conducteurs distincts d'un même dispositif électrique ou, par extension, caractéristique d'un tel dispositif) (courants polyphasés, alternateur polyphasé, moteur polyphasé, transformateur polyphasé, redresseur polyphasé ou réseau de distribution polyphasé) (noter que le terme « courants polyphasés » est souvent, et incorrectement, employé au singulier, et que les termes qui en dérivent — courants diphasés, triphasés, tétraphasés, hexaphasés et dodécaphasés — le sont presque toujours) (cf. aussi* two-phase current, three-phase current, four-phase current, six-phase current, phase (a) *et* alternating current).

polyphase current courant polyphasé, courants polyphasés, courant alternatif *(idem) (ensemble de deux, trois, quatre, six ou douze courants alternatifs identiques à autant de phases) (cf. aussi* polyphase).

polyphase induction motor moteur asynchrone polyphasé, moteur à induction polyphasé *(moteur asynchrone conçu pour être alimenté par un courant polyphasé, l'excitation du stator par un courant triphasé ou, parfois, diphasé créant naturellement le champ tournant nécessaire au fonctionnement du moteur) (élt) (cf. aussi* three-phase induction motor, two-phase induction motor, induction motor *et* polyphase motor).

polyphase motor moteur polyphasé, moteur électrique polyphasé, moteur à courant polyphasé *(moteur à courant alternatif conçu pour être alimenté par un courant polyphasé) (ces termes désignent souvent un moteur asynchrone polyphasé, mais couvrent également le moteur synchrone polyphasé) (élt) (cf. aussi* polyphase induction motor, polyphase synchronous motor, polyphase current *et* ac motor).

polyphase synchronous motor moteur synchrone polyphasé *(autre nom, plus général, d'un moteur synchrone triphasé) (élt) (cf. aussi* three-phase synchronous motor *et* polyphase motor).

polyphase system réseau polyphasé *(réseau de distribution d'un courant polyphasé) (cf. aussi* polyphase current).

polyplexer duplexeur à commutation *(duplexeur de radar à commutation de lobes assurant la commutation des lobes en plus du duplexage) (cf. aussi* duplexer *et* lobe switching).

polypropylene polypropylène *(matière plastique utilisée, entre autres, comme diélectrique de condensateur) (cf. aussi* dielectric[1]).

polypropylene capacitor condensateur au polypropylène *(condensateur au plastique dans lequel celui-ci est du polypropylène) (les modèles courants sont métallisés ou à armatures en clinquant ; les modèles pour tensions élevées ont un diélectrique mixte) (cf. aussi* plastic capacitor).

polypropylene film capacitor *cf.* polypropylene capacitor.

polysilicon polysilicium, silicium polycristallin *(silicium obtenu sous la forme d'un polycristal) (semi) (cf. aussi* silicon *et* polycrystal).

polysilicon bit line ligne de binaires en polysilicium, *(etc.) (mémoire) (CI) (inf) (cf. aussi* polysilicon *et* bit line).

polysilicon cell *cf.* polysilicon solar cell.

polysilicon film *cf.* polysilicon layer.

polysilicon fuse *cf.* polysilicon fuse link.

polysilicon fuse link fusible en polysilicium, *(etc.) (mémoire PROM) (CI) (inf) (cf. aussi* polysilicon *et* fuse link).

polysilicon gate grille en polysilicium *(transistor MOS intégré) (cf. aussi* silicon gate).

polysilicon-gate ... *cf.* silicon-gate ...

polysilicon interconnections interconnections en polysilicium *(CI) (cf. aussi* interconnection (b) *et* polysilicon).

polysilicon interconnectors *cf.* polysilicon interconnections.

polysilicon interconnects *cf.* polysilicon interconnections.

polysilicon layer couche de polysilicium, *(etc.) (cf. aussi* polysilicon).

polysilicon load resistor résistance de charge en polysilicium, *(etc.) (résistance de charge réalisée dans une couche de polysilicium dans un circuit intégré monolithique) (cf. aussi* load resistor *et* polysilicon).

polysilicon MOS ... *cf.* silicon-gate ...

polysilicon process procédé au polysilicium *(fab. CI) (cf. aussi* self-aligned-gate process).

polysilicon resistor résistance en polysilicium, *(etc.) (résistance de circuit intégré monolithique réalisée sous la forme d'une couche de polysilicium non dopée) (semi) (cf. aussi* polysilicon *et* integrated-circuit resistor).

polysilicon self-aligned process procédé à grille auto-alignée en polysilicium, *(etc.) (fab. CI) (cf. aussi* self-aligned-gate process).

polysilicon self-aligned technique *cf.* polysilicon self-aligned process.

polysilicon solar cell cellule solaire au polysilicium, *(etc.) (cellule solaire réalisée sur un substrat en polysilicium) (semi) (cf. aussi* polysilicon, solar cell *et* substrate).

polystyrene polystyrène *(matière plastique utilisée, entre autres, comme diélectrique de condensateur) (est un excellent diélectrique, mais ne peut être utilisé à température élevée ni métallisé par suite de sa mauvaise résistance à la chaleur, son point de ramollissement étant à 85° C) (cf. aussi* dielectric[1]).

polystyrene capacitor condensateur au polystyrène *(condensateur au plastique dans lequel celui-ci est du polystyrène) (tous les modèles sont à armatures en clinquant et sans papier) (cf. aussi* plastic capacitor *et* polystyrene).

polystyrene film capacitor *cf.* polystyrene capacitor.

polysulfone polysulfone *(matière plastique utilisée, entre autres, comme diélectrique de condensateur) (est un excellent diélectrique utilisable jusqu'à 150° C) (cf. aussi* dielectric[1]).

polysulfone capacitor condensateur au polysulfone *(condensateur au plastique dans lequel celui-ci est du polysulfone) (les modèles existants sont métallisés) (cf. aussi* plastic capacitor *et* polysulfone).

polysulfone-film capacitor *cf.* polysulfone capacitor.

polysulfone substrate substrat en polysulfone, substrat de polysulfone *(substrat de circuit imprimé en polysulfone) (cf. aussi* printed-circuit substrate *et* polysulfone).

polysulphylene polysulphylène *(matière plastique utilisée, entre autres, comme diélectrique de condensateur) (est le diélectrique possédant le plus grand ensemble de qualités, mais est encore très peu utilisé) (cf. aussi* dielectric[1]).

polysulphylene capacitor condensateur au polysulphylène *(condensateur au plastique dans lequel celui-ci est du polysulphylène) (cf. aussi* plastic capacitor *et* polysulphylene).

polysulphylene film capacitor *cf.* polysulphylene capacitor.

polytetrafluorethylen polytétrofluoréthylène *m (matière plastique) (cf. aussi* Teflon).

pool cathode cathode liquide *(tube redresseur) (cf. aussi* mercury-pool cathode).

pool-cathode rectifier *(tube) cf.* pool tube.

pool-cathode tube *cf.* pool tube.

pool rectifier *cf.* pool tube.

pool tube tube à cathode liquide *(redresseur) (cf. aussi* mercury-pool tube).

poor conductor mauvais conducteur (de l'électricité) *(corps) (cf. aussi* conductor).

poor insulant mauvais isolant (électrique) *(corps) (cf. aussi* insulant).

poor insulation mauvais isolement (électrique) *(cf. aussi* insulation 2)).

poor reception mauvaise réception, réception défectueuse *(d'un signal radioélectrique, téléphonique ou télégraphique).*

poor reception area zone de mauvaise réception, zone de réception défectueuse *(d'un signal radioélectrique)*.

poor transmission mauvaise transmission, transmission défectueuse *(d'un signal dans un milieu de transmission ou, parfois, dans un milieu de propagation) (ce terme s'applique souvent à la transmission d'un signal téléphonique ou télégraphique) (cf. aussi* transmission medium *et* propagation medium).

pop noise bruit de surface *(disque phonographique) (cf. aussi* surface noise).

pop up *v* monter à l'altitude radar *(avion militaire volant à très basse altitude et s'apprêtant à tirer un missile en direction d'une cible éloignée au sol ou sur mer) (cf. aussi* radar altitude (b)).

popcorn noise bruit en créneaux *(bruit électrique formé d'impulsions irrégulières observé à la sortie d'un amplificateur à transistor et notamment d'un amplificateur opérationnel intégré) (semi) (cf. aussi* noise 2) (a)) *et* monolithic operational amplifier).

population hang-up *cf.* population inversion.

population inversion inversion de population *(au singulier ou au pluriel) (état hors d'équilibre thermodynamique d'un corps dont les atomes ou les molécules sont excités par un apport d'énergie tel que le nombre de corpuscules excités soit plus grand que le nombre de corpuscules à l'état fondamental) (l'inversion de population est créée par triage électrique ou magnétique des corpuscules excités ou par pompage) (elle a pour but de permettre l'émission stimulée) (maser, laser) (électronique quantique) (cf. aussi* pumping, stimulated emission, excited state, ground state *et* corpuscle).

porcelain-coated board *cf.* porcelain-coated steel printed-circuit board.

porcelain-coated circuit board *cf.* porcelain-coated steel printed-circuit board.

porcelain-coated pc ... *cf.* porcelain-coated PC ...

porcelain-coated PC board cf. porcelain-coated steel printed-circuit board.

porcelain-coated steel acier émaillé *(tôle d'acier émaillée utilisée comme substrat de circuit hybride à couches épaisses) (lorsqu'un tel substrat est de dimensions relativement grandes, le circuit obtenu est assimilé à un circuit imprimé) (les conducteurs du circuit sont formés sur l'émail, isolant, comme sur un substrat isolant classique et la tôle d'acier constitue un plan de masse et, dans une certaine mesure, un puits de chaleur) (est encore très peu employé en 1990, n'ayant pas donné les résultats escomptés par suite notamment de son poids, des micropiqûres, microfissures et irrégularités de la couche d'émail empêchant la réalisation de rubans très étroits pour les circuits hybrides, de l'insuffisance de l'augmentation de la dissipation thermique par rapport à un substrat classique due à l'isolation thermique produite par l'émail et de sa mauvaise tenue aux cycles de température due aux coefficients de dilatation thermique différents des deux matières employées) (cf. aussi* thick-film hybrid circuit, printed circuit, ground plane 1) *et* heat sink 1)).

porcelain-coated steel printed-circuit board plaquette à circuit imprimé à substrat en acier émaillé, *(etc.) (noter l'emploi de « plaquette » et non « carte ») (cf. aussi* printed-circuit board *et* porcelain-coated steel).

porcelain-coated steel substrate substrat en acier émaillé *(CH, CP) (cf. aussi* porcelain-coated steel).

porcelain-coated substrate *cf.* porcelain-coated steel substrate.

porcelain-enamelled ... *cf.* porcelain-coated ...

porcelain-on-steel ... *cf.* porcelain-coated ...

porcelainized steel *cf.* porcelain-coated steel. *(de même pour les termes dérivés).*

parous tantalum anode anode en tantale fritté *(condensateur au tantale) (cf. aussi* wet-slug tantalum capacitor).

port 1) accès, entrée/sortie *(le second terme est un anglicisme employé en informatique) (paire ou groupe de bornes permettant à un circuit, un réseau électrique, un organe d'appareil informatique ou un tel appareil de communiquer avec le reste du système) (cf. aussi* one-port network, two-port network, input port, output port, parallel port *et* serial port). 2) ouverture *(dans un guide d'ondes, une enceinte acoustique, etc.).*

port line ligne d'accès, ligne d'entrée/sortie *(conducteur aboutissant à une borne d'un accès) (inf) (cf. aussi* port 1)).

port radar radar portuaire, radar de port *(station radar construite à l'entrée d'un port maritime important, généralement au sommet d'une tour ou sur une hauteur, pour guider les navires entrant dans le port ou sortant de celui-ci dans le brouillard ou l'obscurité et assurer ainsi la sécurité de la navigation dans la zone portuaire).*

portability portabilité *(en informatique, propriété d'un programme d'ordinateur ou d'un ensemble de tels programmes tel qu'un système d'exploitation utilisable sur plusieurs types d'ordinateur) (cf. aussi* computer program *et* operating system).

portable 1) portatif, *(parf.)* portable, transportable *(récepteur, oscilloscope, appareil de mesure ou de contrôle, radar, etc.) (cf. aussi* hand-held *et* laptop computer). 2) portable *(programme d'ordinateur) (cf. aussi* portability).

POS ... *cf.* point-of-sale ...

position[1] *s* position (a) *position d'un point ou d'un mobile dans l'espace aérien ou cosmique, au sol, sur la mer ou sous l'eau) (navigation, cible radar ou autre) (cf. aussi* position fix) ; (b) *position d'opératrice téléphonique) (poste de travail d'une opératrice de central téléphonique manuel ou non) (cf. aussi* telephone operator) ; (c) *emplacement d'un caractère dans un groupe de caractères) (position d'un chiffre dans un nombre décimal, d'un binaire dans un mot binaire, etc.) (inf, etc.) (cf. aussi* binary word) ; (d) *position de mémoire) (inf) (cf. aussi* memory position) ; (e) *position d'impression ou de perforation) (inf, etc.) (cf. aussi* print position *et* punch position).

position[2] *v* positionner *(placer exactement à un endroit déterminé et avec une orientation également déterminée) (positionner un masque de gravure sur une plaquette à graver, positionner une tête magnétique, etc.) (cf. aussi* positioner).

position control 1) commande de position *(commande ou asservissement de la position d'un organe d'une machine ou d'un appareil).* 2) *(souvent) cf.* position feedback control.

position control system système asservi en position, système d'asservissement de position, système à asservissement de position *(système assurant l'asservissement de la position linéaire ou angulaire d'un organe à une position de référence fixe ou mobile) (antenne de radar, autodirecteur, etc.) (cf. aussi* closed-loop control system).

position error erreur de position (a) *cf. aussi* position-fixing error) ; (b) *nom souvent donné à l'écart dans un système asservi en position) (cf. aussi* error 2) *et* position control system).

position feedback control asservissement de position *(cf. aussi* position control system).

position-feedback galvanometer galvanomètre asservi (en position) *(nom parfois donné à l'ensemble électromécanique d'un enregistreur potentiométrique) (cf. aussi* potentiometer recorder).

position finding détermination de position *(navigation, radar, sonar, radiogoniométrie, etc.) (cf. aussi* position fixing).

position fix (le) point *(au sens de « faire le point » en navigation) (position d'un mobile déterminée à bord de celui-ci à l'aide d'un instrument de navigation et notamment d'un récepteur de navigation) (cf. aussi* navigation (b) *et* navigation receiver).

position-fix accuracy *cf.* position-fixing accuracy.

position-fix taking *cf.* position fixing.

position fixing détermination du point *(nav) (cf. aussi* position fix).

position-fixing accuracy précision de détermination du point, précision du point *(cf. aussi* position fix).

position-fixing equipment *cf.* navigation equipment.

position-fixing error erreur de détermination du point, erreur de position *(cf. aussi* along-track error, cross-track error *et* position fix).

position-fixing process processus de détermination du point *(cf. aussi* position fix).

position-fixing step opération de détermination du point *(au sens de « une des opérations de ... ») (cf. aussi* position fix).

position information *(cf. aussi* coordinates) information de position *(cf. aussi* information) (a) *coordonnées d'un mobile obtenues à l'aide d'un récepteur de radionavigation ou par tout autre moyen) (cf. aussi* position fix) ; (b) *coordonnées d'un lieu obtenues par radiogoniométrie ou par tout autre moyen) (cf. aussi* radio direction finding) ; (c) *coordonnées d'une cible fournies par un radar ou un sonar) (cf. aussi* target (a)) ; (d) *indication de la position d'un organe mobile et notamment de l'organe mobile d'un système asservi en position) (cf. aussi* position control system).

position jitter gigue de position, instabilité de position *(autres noms de la gigue temporelle soulignant l'effet de celle-ci sur la position des impulsions d'un train d'impulsions récurrentes et employés uniquement dans ce cas) (cf. aussi* time jitter *et* pulse position).

position keeping, maintien de position *(souvent* de la position) *(nav) (cf. aussi* station keeping).

position line ligne de position *(radionav) (cf. aussi* line of position).

position location *cf.* position finding.

position pick-up *cf.* position sensor.

position readback signalisation de position *(cf. aussi* readback 1)).

position sensing device dispositif de détection de position *(autre nom, plus général, d'un capteur de position) (cf. aussi* position sensor).

position sensor capteur de position, détecteur de position, capteur de déplacement *(capteur fournissant un signal proportionnel à la position linéaire ou angulaire d'un organe d'une machine ou d'un appareil par rapport à sa position de repos) (cf. aussi* linear position sensor, angular position sensor *et* sensor 1)).

position servo *cf.* position control system.

position transducer *cf.* position sensor.

position update *cf.* position fix.

position updating *cf.* position fixing.

positional ... *cf.* position ...

positioner positionneur s, dispositif de positionnement *(dispositif permettant ou assurant le positionnement d'une pièce ou d'un organe par un mouvement de translation ou, parfois, de rotation) (cf. aussi* head positioner *et* position²).

positioning positionnement *(action de positionner ou résultat de cette action) (cf. aussi* position²).

positioning accuracy précision de positionnement *(cf. aussi* positioning).

positioning action *cf.* position control.

positioning arm bras de lecture/écriture *(mémoire à disque (s)) (inf) (cf. aussi* access arm).

positive *a ou s* positif, positive *(adjectif seulement) (sens usuels et sens électrique) (voir rubriques ci-après) (cf. aussi* negative *et* neutral).

positive-action detent encliquetage à la position de repos *(potentiomètre à interrupteur) (cf. aussi* detent).

positive amplitude modulation *cf.* positive modulation.

positive bias polarisation positive *(polarisation d'une électrode dans laquelle celle-ci est positive par rapport à l'électrode de référence, c.-à-d. connectée au pôle positif de la source de polarisation) (tube, transistor, etc.) (cf. aussi* bias¹ *et* bias source).

positive charge charge positive, charge électrique positive *(charge électrique constituée par un manque d'électrons par rapport au nombre de protons) (corps, etc.) (cf. aussi* electric charge, electron *et* proton).

positive column colonne positive *(partie de la décharge comprise entre la zone obscure de Faraday et la lueur anodique dans un tube de Crookes) (cf. aussi* glow-discharge tube).

positive conductor conducteur positif *(conducteur relié au pôle positif d'une source de courant continu ou de tension continue) (cf. aussi* positive pole).

positive dc voltage tension continue positive *(cf. aussi* dc voltage *et* positive voltage).

positive E-beam resist *cf.* positive electron-beam resist.

positive electricity électricité positive *(électricité constituée par une charge électrique positive) (cf. aussi* electricity *et* positive charge).

positive electrode électrode positive, électrode polarisée positivement *(tube, transistor, etc.) (cf. aussi* positive bias).

positive electron électron positif *(antiparticule de l'électron) (physique nucléaire) (cf. aussi* positron, electron *et* antiparticle).

positive electron-beam resist résist électronique positif, résist positif pour faisceau d'électrons *(fab. CI) (cf. aussi* electron-beam resist *et* positive resist).

positive feedback réaction positive, réaction *(le second terme est le plus employé) (réaction dans laquelle la fraction du signal de sortie du quadripôle ramenée à l'entrée de celui-ci est en phase avec le signal d'entrée et renforce donc l'action de ce dernier) (lorsqu'une réaction positive suffisante est appliquée à un amplificateur pour compenser l'amortissement dû aux pertes d'énergie dans les éléments du montage, le signal de réaction positive renforçant l'action du signal d'entrée, il augmente le gain de l'étage et, à partir d'une certaine valeur de cette augmentation, l'amplitude du signal de sortie ne dépend plus de celle du signal d'entrée et l'étage fonctionne sans signal d'entrée : c'est un oscillateur) (cf. aussi* feedback, in phase, gain 1), feedback amplifier *et* singing).

positive-feedback circuit montage à réaction *(nom parfois donné à un oscillateur) (cf. aussi* positive feedback *et* oscillator).

positive ghost image fantôme positive *(image fantôme apparaissant sous la forme d'une image positive sur un écran de télévision) (cf. aussi* ghost image *et* positive image).

positive glow *cf.* positive column.

positive-going input *cf.* positive input pulse.

positive-going pulse *cf.* positive pulse. *(ne pas employer « impulsion en lancée positive »).*

positive-going ramp *cf.* positive ramp.

positive-going ramp waveform signal en forme de rampe positive *(cf. aussi* positive ramp *et* waveform).

positive-going transition transition montante *(ou ascendante ou en sens positif) (transition d'un signal à deux polarités ou deux niveaux) (tlg, etc.) (cf. aussi* transition (c)).

positive half-cycle alternance positive *(grandeur sinusoïdale) (cf. aussi* half-cycle).

positive image image positive, image normale *(image de télévision dans laquelle les zones noires de la scène transmise sont effectivement noires sur l'écran et les zones blanches effectivement blanches) (cf. aussi* television image).

positive impedance impédance positive *(impédance comprenant une réactance positive) (cf. aussi* impedance *et* positive reactance).

positive input entrée positive *(entrée d'une tension positive, notamment d'une impulsion positive, ou par extension, cette tension elle-même) (cf. aussi* input¹, positive voltage *et* positive pulse).

positive input pulse impulsion d'entrée positive *(cf. aussi* input pulse *et* positive pulse).

positive input voltage tension d'entrée positive, *(etc.) (cf. aussi* input voltage *et* positive voltage).

positive ion ion positif, ion à charge positive *(ion résultant de la perte d'un ou plusieurs électrons par un corpuscule) (cf. aussi* ion).

positive logic (la) logique positive *(logique dans laquelle le niveau logique « 1 » est représenté par une tension positive par rapport à la tension représentant le niveau « 0 ») (inf) (cf. aussi* logic (b), logic level *et* positive voltage).

positive magnetic susceptibility *cf.* positive susceptibility.

positive magnetostriction magnétostriction positive, effet Joule magnétostrictif *(magnétostriction dans laquelle la déformation des cristaux du corps se traduit par une augmentation des dimensions de celui-ci) (cf. aussi* magnetostriction).

positive modulation modulation positive, modulation d'amplitude positive *(modulation de la porteuse d'un signal de télévision dans laquelle le blanc correspond au maximum de l'amplitude du signal de luminance et le noir au minimum) (l'amplitude du signal de luminance augmente donc quand la luminance de l'image augmente) (cf. aussi* modulation polarity *et* carrier wave).

positive output sortie positive *(sortie d'une tension négative, notamment d'une impulsion négative, ou par extension, cette tension elle-même) (cf. aussi* output[1], positive voltage *et* positive pulse).

positive output pulse impulsion de sortie positive *(cf. aussi* output pulse *et* positive pulse).

positive output swing excursion positive de la sortie *(ou de la tension de sortie) (cf. aussi* voltage swing *et* positive voltage).

positive output voltage tension de sortie positive, *(etc.) (cf. aussi* output voltage *et* positive voltage).

positive overshoot dépassement positif *(impulsion) (cf. aussi* overshoot[1]).

positive photoresist photorésist positif, résist optique positif, *(etc.) (fab. CI) (cf. aussi* photoresist *et* positive resist).

positive plate plaque positive, électrode positive *(plaque d'un accumulateur reliée à la borne positive de celui-ci) (cf. aussi* positive terminal *et* storage cell 1).

positive polarity *(cf. aussi* voltage polarity) polarité positive (a) *polarité d'une tension positive ou, par conséquent, d'un point d'un conducteur à tension positive et notamment d'un pôle positif ou d'une borne positive) (cf. aussi* positive voltage, positive pole *et* positive terminal) ; (b) *polarité d'une impulsion positive) (cf. aussi* positive pulse).

positive pole pôle positif, pole plus, pôle + *(pôle d'une source de courant continu auquel le départ des électrons crée une charge positive et par lequel les électrons reviennent à la source après avoir parcouru le circuit de la charge) (cf. aussi* electric pole, dc current source *et* positive terminal).

positive potential potentiel positif *(cf. aussi* electric potential *et* positive voltage).

positive power supply alimentation positive (a) *alimentation d'un montage par un courant produit par une tension positive par rapport à la masse du montage) (clpf) (cf. aussi* power supply 1) *et* positive voltage) ; (b) *dispositif fournissant un tel courant) (cf. aussi* power supply 2)).

positive pulse impulsion positive *(impulsion de tension positive) (cf. aussi* pulse[1] *et* positive voltage).

positive rays rayons positifs *(tube à décharge) (cf. aussi* canal rays).

positive reactance réactance positive *(nom parfois donné à une réactance inductive) (cf. aussi* inductive reactance).

positive resist résist positif *(résist que l'exposition au phénomène sensibilisant dépolymérise en le rendant ainsi soluble dans le solvant utilisé pour éliminer les parties à faire disparaître) (ce sont donc les zones exposées qui disparaissent au cours du traitement chimique et déterminent les zones gravées dans la couche sous-jacente) (permet d'obtenir des traits plus fins qu'avec le résist négatif, ce qui est intéressant pour les circuits intégrés à très haute densité) (fab. CI) (cf. aussi* resist, line 4), VLSI circuit *et* VHSIC circuit).

positive returns échos positifs *(échos d'une balise radar ou d'un répondeur radar) (avia) (cf. aussi* radar echo, radar beacon, transponder 1) *et* return 1).

positive side côté positif, côté plus, côté + *(borne positive ou extrémité d'un circuit connectée à une telle borne) (cf. aussi* positive terminal).

positive supply *cf.* positive power supply.

positive supply rail pôle positif de l'alimentation *(cf. aussi* supply rails).

positive susceptibility susceptibilité positive, susceptibilité magnétique positive *(susceptibilité magnétique d'un corps dans lequel le sens de l'aimantation est le même que celui du champ magnétisant) (corps paramagnétique ou ferromagnétique) (cf. aussi* magnetic susceptibility, paramagnetism *et* ferromagnetism).

positive tempco *cf.* positive temperature coefficient.

positive temperature coefficient coefficient de température positif, CTP *(coefficient de température correspondant à une augmentation de la valeur de la caractéristique considérée quand la température du composant augmente) (ce terme désigne souvent un coefficient de température de résistance positif) (cf. aussi* temperature coefficient *et* positive temperature coefficient of resistance).

positive temperature coefficient of resistance coefficient de température de résistance positif, coefficient de température positif *(coefficient de température positif de la résistance d'un conducteur ou d'un composant) (conducteur, résistance mé-*

tallique, thermistance CTP, transistor à effet de champ, etc.) *(cf. aussi* positive temperature coefficient *et* resistance).

positive-temperature-coefficient thermistor thermistance à coefficient de température positif, thermistance CTP *(thermistance dont la valeur ohmique augmente fortement quand sa température augmente) (cf. aussi* thermistor, thermal protector, ohmic value *et* positive temperature coefficient).

positive terminal borne positive *(borne reliée au pôle positif d'une source de courant continu ou constituant celui-ci) (cf. aussi* terminal 1) *et* positive pole).

positive-to-negative reversal changement de polarité du positif au négatif, inversion *(idem), (parf.) passage du positif au négatif (ou de la polarité positive à la polarité négative) (cf. aussi* polarity reversal).

positive transmission émission en modulation positive *(TV) (cf. aussi* positive modulation).

positive-true logic *cf.* positive logic.

positive voltage tension positive, différence de potentiel positive, potentiel positif *(tension créée par un manque d'électrons au point considéré d'un conducteur par rapport au point de référence) (cf. aussi* voltage).

positive voltage supply fourniture d'une tension positive *(application d'une tension positive à une borne, généralement aux fins d'alimentation ou, parfois, aux fins de polarisation) (cf. aussi* positive voltage *et* positive bias).

positive wire fil positif *(cf. aussi* positive conductor).

positively charged chargé(e) positivement, à charge positive, portant une charge positive *(corps, particule, électrode, etc.) (cf. aussi* positive charge).

positron positon, positron *(le second terme est peu employé en français) (autres noms de l'électron positif) (cf. aussi* positive electron).

positronium positonium, positronium *(le second terme est peu employé en français) (ensemble instable formé d'un positon et d'un électron) (disparaît par annihilation au bout d'un temps très court) (cf. aussi* positron, electron *et* annihilation).

post *s* 1) tige (à réactance) *(guide d'ondes) (hyper) (cf. aussi* waveguide post). 2) borne à visser *(cf. aussi* binding post).

post-accelerating *cf.* post-acceleration.

post-accelerating electrode *cf.* post-accelerator.

post-acceleration post-accélération, postaccélération *(accélération complémentaire des électrons du faisceau d'un tube cathodique à déviation électrostatique opérée après les plaques de déviation pour réaliser un compromis entre la sensibilité et la luminosité du tube) (est assurée par une électrode appelée « anode de post-accélération » généralement formée d'une couche conductrice périphérique disposée sur la face intérieure du tube, près de l'écran, et portée à une tension positive élevée par rapport à l'anode d'accélération) (la post-accélération est un artifice qui permet de concilier les impératifs contradictoires de haute sensibilité du tube et de grande luminosité de la trace formée sur l'écran par le point lumineux ; en effet, la décomposition du processus d'accélération des électrons en deux temps permet de leur donner une vitesse relativement faible jusqu'à la sortie des plaques de déviation, ce qui assure une haute sensibilité de déviation, puis une grande vitesse à leur arrivée sur l'écran, ce qui assure une grande luminosité) (cf. aussi* electrostatic-deflection cathode-ray tube *et* deflection sensitivity).

post-acceleration cathode-ray tube tube cathodique à post-accélération, tube à post-accélération *(peut être un tube cathodique ordinaire ou à mémoire) (oscillo, etc.) (cf. aussi* cathode-ray tube *et* post-acceleration).

post-acceleration CRT *cf.* post-acceleration cathode-ray tube.

post-acceleration tube *cf.* post-acceleration cathode-ray tube.

post-acceleration voltage tension de post-accélération *(tube cath) (cf. aussi* post-acceleration).

post-accelerator anode de post-accélération *(tube cath) (cf. aussi* post-acceleration).

post-accelerator cathode-ray tube *cf.* post-acceleration cathode-ray tube.

post-accelerator CRT *cf.* post-acceleration cathode-ray tube.

post-accelerator field champ de l'anode de post-accélération, champ créé par l'anode de post-accélération, champ électrique *(idem) (tube cath) (cf. aussi* post-acceleration).

post-accelerator storage tube tube à mémoire à post-accélération *(oscillo, etc.) (cf. aussi* storage tube *et* post-acceleration).

post-accelerator tube *cf.* post-acceleration cathode-ray tube.

post-accelerator voltage tension de *(ou* appliquée à) l'anode de post-accélération *(cf. aussi* post-acceleration).

post burn-in electrical parameters caractéristiques électriques après vieillissement artificiel *(ou* après l'essai de vieillissement (artificiel)) *(CH, CI, etc.) (cf. aussi* burn-in).

post-burn-in electrical test (un) contrôle des caractéristiques électriques après vieillissement artificiel *(ou* après l'essai de vieillissement (artificiel)), contrôle électrique *(idem) (CH, CI, etc.) (cf. aussi* burn-in).

post-burn-in electrical testing (le) contrôle ... *(voir* post-burn-in electrical test).

post-deflection accelerating electrode *cf.* post-accelerator.

post-deflection acceleration *cf.* post-acceleration.

post-edit *v* éditer (après traitement) *(inf) (cf. aussi* edit 1)).

post-emphasis désaccentuation *(d'un signal préaccentué) (cf. aussi* de-emphasis).

post-equalization *cf.* post-emphasis.

post-mortem dump vidage d'autopsie *(vidage sur imprimante effectué aux fins de contrôle lors de la mise au point d'un programme d'ordinateur par essai sur celui-ci) (inf) (cf. aussi* memory printout).

post-mortem program *cf.* post-mortem routine.

post-mortem routine sous-programme d'autopsie, programme d'autopsie *(sous-programme d'ordinateur commandant l'exécution d'un vidage d'autopsie) (inf) (cf. aussi* subroutine *et* post-mortem dump).

post-office bridge pont de mesure de téléphonie *(pont de Wheatstone conçu pour le contrôle des lignes téléphoniques) (cf. aussi* Wheatstone bridge).

post-processing post-traitement, traitement ultérieur *(traitement d'un signal ou d'informations exécuté après un autre traitement et complétant celui-ci) (inf, etc.) (cf. aussi* processing 1)).

post-processor post-processeur *(ordinateur exécutant un post-traitement) (inf) (cf. aussi* post-processing *et* computer 2)).

post-rad *a* après irradiation *(courant de fuite d'un transistor, etc.) (cf. aussi* radiation hardening).

post-regulation post-régulation *(seconde régulation réalisée dans une alimentation à prérégulateur) (cf. aussi* preregulator power supply).

post-regulator post-régulateur *(nom parfois donné à la seconde partie d'une alimentation à prérégulateur) (cf. aussi* preregulator power supply).

post-seal bake traitement de stabilisation après scellement (du boîtier) *(fab. CH) (cf. aussi* stabilization bake).

post-tuning drift dérive après accord *(fréquence d'un oscillateur) (cf. aussi* frequency drift *et* tuning).

Postmaster General Ministre des Postes et Télécommunications *(aux Etats-Unis).*

pot 1) *cf.* pot core. 2) *cf.* potentiometer. 3) *cf.* potential.

pot core pot de ferrite, pot *(noyau magnétique de transformateur ou d'inductance haute fréquence formé de deux parties cylindriques à cavité annulaire dans laquelle est logé le bobinage) (cf. aussi* magnetic core *et* ferrite core 1)).

pot-core inductor inductance en pot (de ferrite), bobine d'inductance *(idem) (cf. aussi* inductor *et* pot core).

pot-core transformer transformateur en pot (de ferrite) *(cf. aussi* transformer 1) *et* pot core).

potassium potassium, K *(métal alcalin utilisé en électronique comme matière émissive pour certaines photocathodes) (cf. aussi* alkali metal *et* photocathode).

potassium dihydrogen phosphate phosphate acide de potassium, phosphate diacide de potassium, KDP *(l'abréviation est le terme le plus' employé) (cristal piézoélectrique non linéaire) (cf. aussi* piezoelectric crystal *et* non-linear crystal).

potential potentiel *(capacité d'un point de l'espace d'exercer une action par création d'un champ de forces) (potentiel gravitationnel, potentiel électrique, potentiel magnétique) (en électronique et en électricité, le terme « potentiel » désigne*

généralement le potentiel électrique) *(cf. aussi* electric potential, magnetic potential, scalar potential, vector potential *et* field of force).

potential ... *cf.* voltage ... *(pour les termes qui ne figurent pas ci-après).*

potential barrier barrière de potentiel, barrière d'énergie (potentielle), barrière *(zone de champ électrique intense s'opposant au passage d'une particule chargée de signe contraire) (barrière de potentiel d'une jonction redresseuse ou à la surface d'une cathode, ou du noyau de l'atome, etc.) (cf. aussi* penetration probability, electric field strength, charged particle *et* rectifying junction).

potential difference différence de potentiel *(électrique ou autre) (cf. aussi* potential).

potential distribution répartition du potentiel *(entre les électrodes d'un tube à vide à plusieurs électrodes, dans une image électrique, dans une jonction PN, etc.) (cf. aussi* electric potential *et* electric image 1)).

potential divider *cf.* voltage divider.

potential energy énergie potentielle *(énergie due à un potentiel) (en électronique et en électricité, ce terme désigne généralement l'énergie due à un potentiel électrique, c.-à-d. l'énergie électrostatique) (cf. aussi* energy, potential *et* electrostatic energy).

potential energy barrier *cf.* potential barrier.

potential equilibration équilibrage des potentiels *(mise à égalité des potentiels de deux conducteurs, notamment deux bornes, par rapport à un point de référence) (cf. aussi* potential).

potential gradient gradient de potentiel, gradient de tension *(différence de potentiel par unité de longueur dans un conducteur imparfait ou un isolant) (cf. aussi* potential difference *et* gradient).

potential hill *cf.* potential barrier.

potential jump saut de potentiel *(variation brusque d'un potentiel électrique) (cf. aussi* electric potential).

potential profile profil de potentiel *(courbe représentant la variation d'un potentiel dans une direction déterminée) (cf. aussi* potential).

potential threat menace probable, *(souvent)* émission probablement hostile *(mil) (cf. aussi* threat).

potential transformer transformateur de potentiel, TP *(cf. aussi* voltage transformer *et* electric potential).

potential trough *cf.* potential well.

potential well puits de potentiel *(zone entourant un minimum du potentiel sur un diagramme d'énergie) (cf. aussi* potential *et* energy diagram).

potentiometer 1) potentiomètre *(résistance variable de faible puissance à réglage par déplacement d'un curseur le long de l'élément résistant) (est généralement monté en diviseur de tension et sert alors à fixer une tension réglable manuellement ou mécaniquement) (est parfois monté en rhéostat et sert alors à régler manuellement l'intensité d'un courant de faible intensité) (le terme « potentiomètre » employé dans le sens de « résistance variable », sans qualificatif, désigne généralement un potentiomètre rotatif) (noter que le terme « potentiomètre » désignait initialement le dispositif de mesure de tensions décrit en 2) ci-après et que cette appellation a été conservée pour le dispositif utilisant une résistance variable à curseur comme celui-ci mais qui, lui, sert à fixer une tension et non à la mesurer comme on pourrait le croire d'après le suffixe « mètre ») (cf. aussi* rotary potentiometer, rectilinear potentiometer, control potentiometer, trimmer potentiometer, linear potentiometer, non-linear potentiometer, resistive element, voltage divider, rheostat *et* variable resistor). 2) potentiomètre de mesure, potentiomètre *(c.-à-d. dispositif de mesure de différences de potentiel électrique) (dispositif permettant de mesurer une tension par comparaison à une tension de référence à l'aide d'une résistance variable de précision bobinée sur un mandrin rectiligne) (potentiomètre de Feussner, de Larsen, de Pedersen, etc.) (cf. aussi* voltage).

potentiometer circuit 1) circuit d'un potentiomètre *(circuit dans lequel est insérée la résistance d'un potentiomètre) (cf. aussi* potentiometer 1)). 2) circuit potentiométrique *(nom parfois donné à un potentiomètre de mesure) (cf. aussi* potentiometer 2)).

potentiometer method *(cf.* potentiometric method*).*

potentiometer mode mode potentiométrique *(mode d'utilisation d'un potentiomètre dans lequel celui-ci est monté en diviseur de tension) (clpf) (cf. aussi* potentiometer 1*)).*

potentiometer pick-off détecteur d'angle à potentiomètre *(ou* potentiométrique*) (détecteur d'angle comprenant essentiellement un potentiomètre rotatif de précision dont le curseur est entraîné en rotation par la pièce mobile) (cf. aussi* pick-off, precision potentiometer *et* potentiometer-type transducer*).*

potentiometer recorder enregistreur potentiométrique *(enregistreur graphique indirect, c.-à-d. dans lequel le courant faisant déplacer la plume n'est pas produit par la tension mesurée, mais fourni par une source indépendante en fonction de la différence entre une tension connue et la tension à enregistrer appliquée au curseur d'un potentiomètre d'asservissement) (la tension différentielle obtenue est appliquée à un amplificateur dont le courant de sortie alimente un petit servomoteur démultiplié entraînant le bras oscillant portant la plume et le curseur du potentiomètre) (cf. aussi* graphic recorder, servo-driven potentiometer *et* direct-writing recorder*).*

potentiometer sensor capteur potentiométrique, capteur à potentiomètre *(capteur de position dans lequel le transducteur est un potentiomètre dont le curseur est entraîné par l'organe mobile) (dans un capteur de position linéaire, le potentiomètre est du type rectiligne ; dans un capteur de position angulaire, le potentiomètre est du type rotatif) (cf. aussi* position sensor, potentiometer transmitter, potentiometer pick-off, sensor *et* potentiometer 1*)).*

potentiometer transducer *cf.* potentiometer sensor.

potentiometer transmitter transmetteur potentiométrique *(ou* à potentiomètre*) (noms parfois donnés à un capteur potentiométrique, notamment lorsqu'il s'agit d'une jauge à liquide à flotteur fixé à l'extrémité libre d'un bras oscillant entraînant le curseur d'un potentiomètre rotatif) (jauge de réservoir à carburant de véhicule automobile, etc.) (cf. aussi* potentiometer transducer*).*

potentiometer-type ... *cf.* potentiometer ...

potentiometric potentiométrique *(caractéristique de ce qui est relatif à la mesure d'une différence de potentiel électrique ou utilise un potentiomètre) (cf. aussi* potential difference *et* potentiometer*).*

potentiometric ... *cf.* potentiometer ... *(pour les termes qui ne figurent pas ci-après).*

potentiometric measurement mesure potentiométrique *(mesure d'une tension effectuée à l'aide d'un potentiomètre de mesure ou d'un dispositif équivalent) (cf. aussi* potentiometer 2*) et* potentiometer recorder*).*

potentiometric measurement method *(ou* **technique***) cf.* potentiometric method.

potentiometric method méthode potentiométrique, méthode de mesure *(idem) (méthode de mesure d'une tension utilisant un potentiomètre de mesure) (cf. aussi* potentiometer 2*)).*

potentiometric mode mode potentiométrique *(mode de fonctionnement d'un enregistreur potentiométrique) (cf. aussi* potentiometer recorder*).*

potentiometric technique *cf.* potentiometric method.

potted enrobé en boîtier *(composant) (cf. aussi* potting*).*

potting enrobage en boîtier *(enrobage d'un composant en boîtier après montage du composant dans le boîtier, par versage d'une matière d'enrobage) (cf. aussi* potting material *et* component 1*)).*

potting compound *cf.* potting material.

potting material matière d'enrobage, produit d'enrobage *(résine non polymérisée ou autre matière isolante à l'état liquide utilisée pour l'enrobage en boîtier) (cf. aussi* potting*).*

potting resin résine d'enrobage *(cf. aussi* potting material*).*

powdered-iron core noyau de fer divisé *(noyau magnétique d'inductance ou de transformateur haute fréquence formé de poudre de fer doux agglomérée à l'aide d'un liant pour réduire les pertes par courants de Foucault) (ne doit pas être confondu avec un noyau de ferrite) (cf. aussi* magnetic core 1*),* soft iron, eddy current *et* ferrite core 1*)).*

power[1] *s* **1)** puissance *(quantité d'énergie mise en jeu par unité de temps, c.-à-d. quantité d'énergie fournie, transportée ou absorbée par seconde) (cf. aussi* energy *et* watt*).* **2)** *cf.* energy. *(et noter que « power » est souvent employé avec ce sens).* **3)** *cf.* power supply 1). **4)** tension *(cf. aussi* apply power*).*

power[2] *v* alimenter, *(parf.)* fournir de l'énergie à *(un appareil, etc.) (cf. aussi* power supply 1*)).*

power amp *cf.* power amplifier.

power amplification 1) amplification de puissance *(augmentation provoquée de la puissance d'un signal) (cf. aussi* power amplifier*).* **2)** amplification en puissance *(cf. aussi* power gain 1*)).*

power amplifier amplificateur de puissance, *(parf.)* amplificateur de courant *(amplificateur conçu pour fournir, sans distorsion excessive, un signal de sortie dont la puissance est beaucoup plus grande que celle du signal d'entrée) (le rapport entre la tension appliquée à l'entrée d'un amplificateur de puissance et la tension appliquée à sa sortie étant peu élevé, la définition ci-dessus revient à dire qu'un amplificateur de puissance est un amplificateur dans lequel l'intensité du courant de sortie est beaucoup plus grande que celle du courant d'entrée) (est en outre caractérisé par le fait qu'il débite sur une charge à basse impédance, ceci étant la raison pour laquelle il doit et peut débiter un courant de grande intensité) (cf. aussi* current amplifier, power[1] 1*),* power gain 1*),* distortion, output amplifier, impedance *et* load[1] (a)*).*

power amplifier gain gain d'un amplificateur de puissance *(cf. aussi* power gain 1*)).*

power amplifier stage étage amplificateur de puissance, étage de puissance *(cf. aussi* stage 1*) et* power amplifier*).*

power amplifier transistor transistor amplificateur de puissance, transistor de puissance *(transistor de puissance conçu pour être utilisé dans un amplificateur de puissance) (cf. aussi* power transistor *et* power amplifier*).*

power amplifier tube tube amplificateur de puissance, tube de puissance *(tube électronique de puissance conçu pour être utilisé dans un amplificateur de puissance) (tube classique de puissance ou tube hyperfréquence amplificateur de puissance) (cf. aussi* power tube *et* power amplifier*).*

power-aperture product produit puissance-ouverture *(produit de la puissance moyenne rayonnée par une antenne de radar et de la surface de celle-ci) (cf. aussi* radiated power*).*

power application 1) mise sous tension, *(parfois aussi)* mise en marche *(appareil, etc.).* **2)** (une) application de puissance *(cf. aussi* power applications*).*

power applications applications de puissance *(applications d'un dispositif électronique ou électrique dans des circuits mettant en jeu une puissance relativement grande) (en électronique, ce terme s'applique à un composant de puissance) (cf. aussi* power component *et* application*).*

power attenuation *cf.* power loss.

power bandwidth bande passante en puissance *(largeur de la bande passante d'un amplificateur basse fréquence dans laquelle la distorsion est au plus égale à une valeur déterminée) (constitue un indice de qualité de l'amplificateur) (cf. aussi* bandwidth 2*) et* distortion*).*

power bipolar *cf.* power bipolar transistor.

power bipolar device *cf.* power bipolar transistor.

power bipolar transistor transistor bipolaire de puissance *(semi) (cf. aussi* bipolar power transistor, *ce terme étant le plus employé).*

power bipolars (les) transistors bipolaires de puissance *(cf. aussi* power bipolar transistor*).*

power breakdown *cf.* power interruption.

power brownout *cf.* power drop-out.

power budget bilan de puissance *(énumération et somme des puissances absorbées par les différents éléments d'un système et comparaison à la puissance disponible) (en électronique et en électrotechnique, ce terme s'applique à une puissance électrique) (la notion de bilan de puissance électrique revêt une grande importance dans les systèmes autonomes à possibilités d'alimentation très limitées comme dans le cas des satellites artificiels) (cf. aussi* power[1] 1*)).*

power burn-in *cf.* burn-in. *(de même pour les termes dérivés).*

power bus bus d'alimentation *(cf. aussi* bus (b)*).*

power capabilities *cf.* power capability.

power capability tenue en puissance *(aptitude d'un composant ou autre matériel à absorber ou fournir une puissance relativement grande sans être endommagé) (résistance, condensateur, tube, diode, transistor, amplificateur, alimentation, etc.) (cf. aussi* power[1] 1) *et* capability).

power choke *cf.* power inductor.

power circuit circuit de puissance *(circuit électronique dans lequel la puissance mise en jeu sous la forme d'un courant électrique est relativement grande, c.-à-d. en fait dans lequel l'intensité du courant est relativement grande) (le terme « circuit » est généralement à entendre ici avec le sens de « montage » et désigne un amplificateur de puissance, un dispositif de commutation de puissance ou un redresseur de puissance) (cf. aussi* electronic circuit, power[1] 1) *et* circuit).

power circuitry circuits de puissance *(cf. aussi* power circuit *et* circuitry).

power coefficient coefficient de puissance *(augmentation maximale de la température du point le plus chaud d'une résistance par watt de puissance dissipée en chaleur) (cf. aussi* resistor *et* watt).

power combiner combinateur de puissance *(dispositif hyperfréquence fournissant un signal dont la puissance est la somme des puissances des signaux fournis par deux amplificateurs de puissance) (utilise une ou plusieurs jonctions hybrides et sert notamment à alimenter l'antenne de certains radars embarqués à partir des signeaux fournis par plusieurs amplificateurs de puissance à transistors, la puissance maximale admissible limitée de ceux-ci obligeant à en monter plusieurs en parallèle pour exciter l'antenne) (cf. aussi* power[1] 1), power amplifier *et* hybrid junction).

power company société fournisseur d'énergie électrique *(cf. aussi* utility 1)).

power component composant de puissance *(ou pour applications de puissance),* composant électronique *(idem) (composant électronique dans lequel une puissance électrique relativement grande peut être mise en jeu sans l'endommager par un échauffement excessif) (tube électronique de puissance, transistor de puissance, thyristor de puissance, triac de puissance, redresseur de puissance, résistance de puissance, condensateur de puissance, etc.) (cf. aussi* power[1] 1)).

power conditioner alimentation *(appareil) (cf. aussi* power supply 2)).

power conditioning alimentation *(action d'alimenter) (cf. aussi* power supply 1)).

power-conditioning device dispositif d'alimentation *(nom parfois donné à une alimentation, notamment lorsqu'elle est incorporée aux circuits d'un appareil ou un montage) (cf. aussi* power supply 2).

power conditioning unit *cf.* power supply 2) *(et noter que ce terme désigne parfois un onduleur ou un convertisseur continu/continu) (cf. aussi* inverter 1) *et* dc/dc converter).

power consumption consommation (d'énergie), *(souvent)* puissance absorbée, *(parf.)* puissance consommée *(puissance fournie ou à fournir à un dispositif électronique ou électrique par un courant électrique) (cf. aussi* power[1] 1).

power control commande de puissance *(réglage de la puissance fournie à un dispositif) (en électronique et en électrotechnique, ce terme s'applique généralement à la puissance fournie par un courant électrique) (thyristor, etc.) (cf. aussi* power[1] 1)).

power converter convertisseur de courant *(dispositif convertissant un courant électrique en un courant de nature différente ou de caractéristiques différentes, ou les deux) (ce terme générique couvre tous les types d'alimentations à courant redressé, d'onduleurs, de convertisseurs continu-continu et de convertisseurs alternatif-alternatif) (cf. aussi* static converter, rotary converter, power supply 2), inverter 1), dc/dc converter, ac/ac converter, thermal converter *et* energy converter).

power cord cordon d'alimentation *(câble électrique souple à deux ou trois conducteurs utilisé pour raccorder un appareil électronique ou électrique au secteur).*

power-cord receptacle prise secteur encastrée *(sur un appareil alimenté par le secteur, généralement disposée à l'arrière de celui-ci) (cf. aussi* power cord).

power Darlington (transistor) Darlington de puissance *(transistor Darlington conçu pour supporter une puissance de 100 watts ou plus sans échauffement excessif) (semi) (cf. aussi* Darlington transistor).

power Darlington transistor *cf.* power Darlington.

power-delay product produit vitesse-consomamtion *(porte logique) (cf. aussi* speed-power product).

power density 1) densité de puissance *(puissance d'un faisceau d'ondes ou de particules par unité d'aire de sa section droite) (cf. aussi* beam power). 2) puissance volumique *(puissance d'une alimentation par unité de volume) (la puissance volumique d'une alimentation à découpage est plus grande que celle d'une alimentation à régulation série du fait de la réduction des pertes d'énergie permise par la suppression du transistor ballast et la réduction des dimensions du transformateur) (cf. aussi* power[1] 1), switching power supply, series-regulated power supply *et* series-pass transistor).

power density spectrum spectre de densités de puissance *(spectre représentant les densités de puissance des différentes composantes d'un signal complexe) (analyse de signaux) (cf. aussi* spectrum 1) (b) *et* power density 1)).

power detection détection de puissance, détection à haut niveau *(détection d'un signal à grande amplitude) (récepteur) (cf. aussi* detection 2) *et* amplitude).

power detector détecteur de puissance, détecteur de signaux à haut niveau *(détecteur réalisant la détection de puissance sans introduire de distorsion excessive dans le signal qu'il fournit) (cf. aussi* detector 2), power detection *et* distortion).

power device dispositif de puissance *(autre nom, plus général, d'un composant de puissance) (cf. aussi* power component).

power diode diode de puissance *(diode de redressement à semiconducteur conçue pour supporter un courant d'intensité relativement élevée) (cf. aussi* rectifier diode).

power dissipation 1) dissipation de puissance, *(etc.) (sous forme de chaleur, par un élément de circuit ou un dispositif électronique ou électrique) (cf. aussi* dissipation). 2) *cf.* power consumption. *(cette acception est la plus fréquente).* 3) puissance admissible *(résistance, etc.) (cf. aussi* rated power dissipation 1)).

power dissipation rating puissance dissipée nominale *(résistance, etc.) (cf. aussi* rated power dissipation 1)).

power distribution 1) distribution d'énergie *(électrique ou autre) (cf. aussi* electrical energy *et* power grid). 2) répartition de la puissance *(dans la section droite d'un faisceau d'ondes, etc.) (cf. aussi* power[1] 1) *et* beam[1]).

power distribution plane plan d'alimentation *(nom donné notamment à l'une des deux utilisations possibles de la tôle d'un circuit hybride ou imprimé à substrat en acier émaillé, l'autre étant l'utilisation comme plan de masse) (est rarement retenue) (cf. aussi* porcelain-coated steel).

power divider diviseur de puissance *(dispositif hyperfréquence répartissant la puissance d'un signal entre deux ou, parfois, trois lignes de transmission) (cf. aussi* microwave device, microwave signal *et* microwave transmission line).

power down *v* 1) mettre hors circuit, mettre hors tension, *(parf.)* arrêter *(cf. aussi* power-down 1)). 2) mettre en veilleuse *(une mémoire à semiconducteur) (inf) (cf. aussi* power-down feature).

power-down *s* 1) mise hors circuit, mise hors tension, *(parf.)* arrêt *(suppression de la tension d'alimentation d'un appareil ou dispositif) (cf. aussi* power supply 1). 2) veilleuse *(mémoire) (cf. aussi* power-down feature).

power-down feature mise en veilleuse *(réduction de la consommation de certaines mémoires RAM ou ROM effaçables pendant les périodes d'inactivité par réduction de la tension d'alimentation) (CI) (inf) (cf. aussi* RAM[1] *et* erasable ROM memory).

power-down mode mode de fonctionnement en veilleuse, mode veilleuse *(mémoire) (cf. aussi* power-down feature).

power-down operation fonctionnement en veilleuse *(mémoire) (cf. aussi* power-down feature).

power-down RAM mémoire RAM à mise en veilleuse *(cf. aussi* power-down feature).

power drain puissance absorbée *(appareil, etc.) (cf. aussi* power consumption).

power drive entraînement par moteur *(potentiomètre d'asservissement, condensateur variable, etc.).*

power-driven potentiometer potentiomètre d'asservissement *(cf. aussi* servo-driven potentiometer).

power driver *cf.* power transistor.

power drop-out microcoupure (de courant) *(alim) (cf. aussi* brown-out).

power dump *cf.* power interruption.

power electronic component *cf.* power component.

power electronic equipment *cf.* power equipment.

power electronics électronique de puissance *(appareils ou circuits électroniques mettant en jeu une puissance relativement grande, c.-à-d. en fait utilisant un courant d'intensité relativement grande) (alimentation à découpage, onduleur, commande de moteur électrique à courant alternatif à vitesse variable, etc.) (cf. aussi* electronic circuit *et* power[1] 1)).

power equipment matériel de puissance, matériel électronique de puissance *(composants électroniques de puissance et matériel électronique utilisant de tels composants) (cf. aussi* power component *et* power electronics).

power factor facteur de puissance, cosinus φ *(rapport entre la puissance active et la puissance apparente absorbées par un circuit ou un élément de circuit à courant alternatif) (est égal au cosinus de l'angle de déphasage entre la tension et le courant dans le circuit ou l'élément; cet angle est noté φ) (ce terme s'applique notamment aux machines électriques, c.-à-d. principalement aux moteurs électriques et transformateurs utilisés dans l'industrie) (cf. aussi* power factor correction, real power, apparent power, circuit element, phase angle *et* impedance triangle).

power-factor correction correction du facteur de puissance *(augmentation du facteur de puissance d'une ou plusieurs machines électriques par montage en parallèle d'une batterie de condensateurs spéciaux dont la réactance capacitive compense plus ou moins la réactance inductive des machines) (une machine électrique a généralement une réactance inductive du fait des enroulements qu'elle comporte) (cf. aussi* power factor, capacitive reactance *et* inductive reactance).

power-factor meter mesureur de facteur de puissance *(appareil de mesure indiquant le facteur de puissance d'une machine ou une installation électrique) (cf. aussi* power factor).

power-fail restart redémarrage après coupure de courant, redémarrage automatique *(appareil, etc.)*.

power-fail signal signal de coupure de courant *(signal électrique, sonore ou lumineux émis par un appareil en cas de coupure du courant d'alimentation)*.

power failure 1) panne de courant, coupure de courant *(parf.* du courant) *(du secteur ou du réseau)*, panne du secteur, panne du réseau *(cf. aussi* power grid). **2)** panne d'alimentation *(appareil) (cf. aussi* power supply 1)).

power FET *cf.* power field-effect transistor.

power-FET technology (la) technique des transistors à effet de champ de puissance, *(etc.) (cf. aussi* power field-effect transistor *et* technology).

power FET transistor *cf.* power field-effect transistor.

power field-effect transistor transistor à effet de champ de puissance, TEC *(idem)*, FET *(idem) (transistor à effet de champ réalisé sous la forme d'un transistor de puissance) (semi) (cf. aussi* field-effect transistor *et* power transistor).

power film resistor résistance à couche de puissance *(résistance à couche réalisée sous la forme d'une résistance de puissance) (cf. aussi* film resistor *et* power resistor).

power flow flux d'énergie *(en électronique, ce terme désigne un flux d'énergie électromagnétique) (noter que le terme anglais « energy flux » est rarement employé) (cf. aussi* flux, energy *et* electromagnetic energy).

power frequency fréquence industrielle, *(parf.)* fréquence du secteur *(ou du réseau) (fréquence du courant d'un réseau de distribution d'énergie à courant alternatif) (est de 50 Hz en France et dans la plupart des autres pays et de 60 Hz aux Etats-Unis) (cf. aussi* commercial power frequency, frequency *et* power grid).

power GaAs FET *cf.* power gallium-arsenide field-effect transistor.

power gain 1) gain en puissance, amplification en puissance *(rapport entre la puissance du signal de sortie d'un amplificateur et la puissance du signal d'entrée) (cf. aussi* gain 1),

power[1] 1) *et* power amplifier). **2)** gain en puissance *(antenne) (cf. aussi* gain 2)).

power gallium-arsenide field-effect transistor transistor à effet de champ à l'arséniure de gallium de puissance, TEC GaAs de puissance, FET *(idem) (le terme complet est rarement employé) (transistor à effet de champ à l'arséniure de gallium réalisé sous la forme d'un transistor de puissance) (cf. aussi* gallium-arsenide field-effect transistor *et* power transistor).

power grid réseau de distribution d'énergie, (le) réseau, (le) secteur *(ensemble de lignes de transport d'énergie formant un réseau public de distribution d'énergie électrique) (le courant distribué est généralement un courant alternatif) (cf. aussi* mains, electrical energy, power line *et* power frequency).

power handling tenue en puissance *(aptitude d'un composant de puissance à supporter une puissance plus ou moins grande en service continu ou intermittent ou en pointe sans être endommagé) (cf. aussi* power component).

power-handling capability *cf.* power handling. *(cf. aussi* capability).

power-handling capacitor condensateur de puissance *(condensateur pour courant alternatif conçu pour dissiper une puissance réactive relativement importante sans être détérioré par un échauffement excessif) (cf. aussi* ac capacitor *et* reactive power).

power-handling capacity *cf.* power handling.

power hardware *cf.* power equipment.

power hungry gourmand en énergie *(qualificatif appliqué notamment à un montage à consommation relativement importante tel qu'une porte ECL, par exemple) (cf. aussi* power[1] 2) *et* ECL gate).

power IC *cf.* power integrated circuit.

power inductor inductance de puissance, bobine d'inductance de puissance *(inductance conçue pour être parcourue par un courant d'une intensité relativement grande sans être endommagée) (cf. aussi* inductor).

power input puissance absorbée *(appareil, etc.) (cf. aussi* power consumption).

power integrated circuit circuit intégré de puissance *(circuit intégré monolithique à semiconducteur comportant un ou plusieurs composants à semiconducteur de puissance) (dans le cas général, est un circuit analogique comprenant un transistor de puissance de sortie précédé de son étage d'attaque éventuellement associé à d'autres circuits réalisés sur la même puce) (cf. aussi* semiconductor monolithic integrated circuit, power semiconductor component, analog integrated circuit, power transistor, driver stage *et* chip 1)).

power interruption coupure de courant, coupure de l'alimentation *(coupure accidentelle du courant d'alimentation d'un appareil ou un circuit due à une panne du secteur ou à une autre cause) (cf. aussi* power failure).

power inverter onduleur *(cf. aussi* inverter 1)).

power jammer *cf.* high-power jammer.

power jamming *cf.* high-power jamming.

power laser *cf.* high-energy laser.

power lead 1) conducteur d'alimentation *(cf. aussi* power supply 1)). **2)** *cf.* power cord.

power level niveau de puissance *(ce terme, qui désigne normalement une puissance relative, est également employé pour désigner une puissance absolue) (cf. aussi* relative power *et* level 1)).

power level control commande du niveau de puissance *(cf. aussi* power level *et* power control).

power levelling régulation de niveau *(hyper) (cf. aussi* levelling).

power line ligne de transport d'énergie, *(parf.)* (le) secteur *(ligne électrique amenant le courant d'une centrale électrique aux points de répartition et d'utilisation) (cf. aussi* power grid).

power-line carrier porteuse sur ligne de transport d'énergie *(porteuse transmise par une ligne de transport d'énergie en même temps que le courant qu'elle transporte) (cf. aussi* carrier 1) *et* power line).

power-line filter filtre antiparasite *(au sens du terme anglais, filtre passe-bas monté entre un appareil électronique ou élec-*

trique ou une machine électrique et le secteur pour atténuer les parasites transmis dans un sens ou dans l'autre) (est généralement monté à l'entrée du dispositif à antiparasiter ou, parfois, incorporé au cordon d'alimentation, qu'il s'agisse d'un dispositif à protéger contre les parasites transmis par les fils du secteur ou, au contraire, d'un dispositif produisant des parasites qui se transmettraient par le secteur) (cf. aussi low-pass filter, interference filter et interference 1)).

power-line frequency fréquence du secteur *(ou du réseau (de distribution d'énergie)) (courant, parasites, etc.) (cf. aussi* power frequency).

power-line hum ronflement du secteur *(cf. aussi* hum 1) (a)).

power-line interference *(cf. aussi* power line *et* interference 1))* **1)** parasites du secteur *(ou dus au secteur ou transmis par le secteur), (etc.)* bruit *(idem) (alim, etc.).* **2)** parasites dus à une ligne de transport d'énergie, bruit *(idem) (parasites rayonnés par une ligne à haute tension).*

power-line noise *cf.* power-line interference.

power-line surge surtension du secteur *(cf. aussi* voltage surge *et* power line).

power-line transient (une) transitoire du secteur, *(etc.) (parasite du secteur constitué par une transitoire) (cf. aussi* power-line interference 1) *et* transient[2])..

power linear IC *cf.* power linear integrated circuit.

power linear integrated circuit circuit intégré analogique de puissance *(un circuit intégré de puissance est généralement un circuit analogique) (cf. aussi* power integrated circuit).

power load charge de puissance *(charge absorbant une puissance relativement grande, c.-à-d. en fait un courant d'intensité relativement grande) (exemple : pour un transistor de circuit intégré monolithique, une charge absorbant un courant de 20 mA sous 10 volts est considérée comme une charge de puissance malgré que celle-ci ne soit que de 0,2 watt) (cf. aussi* load[1] (a) *et* power[1] 1)).

power loss pertes d'énergie, perte d'énergie *(le premier terme est le plus employé) (noter que le terme anglais est employé ici, incorrectement, à la place de « energy loss » qui est rarement employé) (cf. aussi* loss).

power management gestion de la puissance *(parf.* de puissance*) (répartition de la puissance disponible aux bornes d'une source de courant entre plusieurs récepteurs de courant) (en électronique militaire, ce terme désigne souvent la répartition de la puissance électrique disponible à bord d'un aéronef entre plusieurs brouilleurs) (cf. aussi* power[1] 1) *et* current sink).

power management capability possibilités de gestion de la puissance *(parf. au singulier) (système d'autoprotection d'aéronef militaire, etc.) (cf. aussi* power management, self-protection system *et* capability).

power measurement mesure de puissance *(en électronique, ce terme s'applique généralement à une puissance électrique) (cf. aussi* electrical power 1) *et* measurement).

power measuring setup montage de mesure de puissance *(hyper, etc.) (cf. aussi* measuring setup).

power meter wattmètre *(cf. aussi* wattmeter).

power microwave tube *cf.* microwave power tube.

power module *cf.* power-supply module.

power monitor contrôleur de puissance *(dispositif réalisant le de puissance) (cf. aussi* power monitoring).

power monitoring surveillance de puissance *(parf.* de la puissance*) (mesure en permanence de la puissance électrique fournie à un dispositif ou une installation) (cf. aussi* monitoring *et* power[1] 1)).

power monolithic component composant monolithique de puissance *(nom parfois donné à un circuit intégré de puissance) (cf. aussi* power integrated circuit).

power monolithic device dispositif monolithique de puissance *(autre nom, plus général, d'un composant monolithique de puissance) (semi) (cf. aussi* power monolithic component).

power MOS *cf.* power MOS transistor.

power MOS component composant MOS de puissance *(nom parfois donné à un transistor MOS de puissance) (cf. aussi* power MOS transistor).

power MOS device dispositif MOS de puissance *(autre nom, plus général, d'un composant MOS de puissance) (cf. aussi* power MOS component).

power MOS FET *cf.* power MOS transistor.

power MOS field-effect transistor *cf.* power MOS transistor.

power-MOS solid-state relay relais statique à transistor MOS de puissance *(cf. aussi* solid-state relay *et* power MOS transistor).

power MOS technology (la) technique des transistors MOS de puissance *(cf. aussi* power MOS transistor *et* technology).

power MOS transistor transistor MOS de puissance, transistor de puissance MOS *(ou du type MOS),* transistor à effet de champ MOS de puissance *(transistor MOS réalisé sous la forme d'un transistor de puissance) (commence à concurrencer le transistor bipolaire de puissance par rapport auquel il présente notamment l'avantage d'absence d'emballement thermique grâce au coefficient de température positif des transistors à effet de champ dû à leur principe de fonctionnement, et l'inconvénient d'une résistance plus élevée à l'état passant due à la structure de ces transistors, ce qui entraîne une dissipation de puissance plus grande et, par conséquent, un échauffement accru) (est généralement un transistor discret, mais peut être un transistor intégré) (semi) (cf. aussi* MOS transistor, power transistor, positive temperature coefficient *et* on-resistance).

power MOSFET *cf.* power MOS transistor.

power MOSFET ... *cf.* power MOS ...

power MOST *cf.* power MOS transistor.

power network *cf.* power grid.

power off *a* hors circuit, hors tension, *(parf.)* non alimenté, pas alimenté, *(parf.)* arrêté *(appareil ou dispositif) (cf. aussi* power on).

power-off *s cf.* power-down 1).

power-off alarm circuit circuit de signalisation de coupure de courant *(inf, etc.).*

power-off time durée de mise hors circuit, *(parf.)* durée d'interruption de l'alimentation, *(parf.)* durée d'arrêt, temps *(idem) (cf. aussi* power off).

power on *a* sous tension, *(parf.)* alimenté, *(parf.)* en marche *(appareil ou dispositif) (cf. aussi* power-up).

power-on *s cf.* power-up.

power-on burn-in test *cf.* burn-in test.

power-on indicator voyant de mise sous tension, voyant d'alimentation *(voyant s'allumant sur un appareil lorsque celui-ci est alimenté en courant).*

power-on time durée de mise sous tension, *(parf.)* durée d'alimentation, *(parf.)* durée de marche, temps *(idem) (cf. aussi* power on).

power operation fonctionnement non manuel *(fonctionnement d'un dispositif entraîné par un moteur ou un vérin).*

power oscillator oscillateur de puissance *(oscillateur fournissant un signal de puissance relativement grande, c.-à-d. pouvant être appliqué directement à une antenne d'émission ou utilisé directement dans un dispositif de chauffage électronique, sans amplification préalable) (ce terme désigne souvent un magnétron ou un carcinotron M) (radar, brouilleur, four à micro-ondes, etc.) (dans le cas d'un radar, le concept d'oscillateur de puissance s'oppose à celui de pilote amplifié) (cf. aussi* oscillator, power[1] 1), magnetron, M-type carcinotron, master-oscillator power amplifier *et* electronic heating).

power-oscillator jammer brouilleur à oscillateur de puissance *(brouilleur à bruit dans lequel l'oscillateur est un oscillateur de puissance) (mil) (cf. aussi* noise jammer *et* power oscillator).

power-oscillator transmitter émetteur à oscillateur de puissance *(émetteur de radar ou de brouilleur dans lequel l'oscillateur est un oscillateur de puissance) (mil, etc.) (cf. aussi* power oscillator).

power oscillator tube tube oscillateur de puissance *(tube de puissance hyperfréquence monté en oscillateur) (cf. aussi* power oscillator *et* microwave power tube).

power outage *cf.* power interruption.

power output puissance de sortie, *(parf.)* puissance fournie *(puissance fournie ou pouvant être fournie par une source d'énergie) (en électronique, ce terme désigne souvent la puissance électrique fournie ou pouvant être fournie par une source de courant et notamment par une alimentation ou un amplificateur de puissance) (cf. aussi* power[1] 1), power source, electrical power 1), current source, power supply 2)) *et* power amplifier).

power output capability *cf.* power output.

power output device dispositif de sortie de puissance *(nom parfois donné à un tube électronique de puissance ou un composant à semiconducteur de puissance utilisé dans un étage de sortie) (cf. aussi* power electron tube, power semiconductor component *et* output stage).

power output meter wattmètre de sortie *(wattmètre monté à la sortie d'un appareil) (cf. aussi* wattmeter).

power output rating puissance de sortie nominale *(cf. aussi* power output *et* rating).

power output transistor transistor de puissance de sortie *(cf. aussi* output transistor).

power output tube tube de puissance de sortie *(cf. aussi* output tube).

power pack bloc d'alimentation *(alimentation en coffret conçue pour être utilisée avec un appareil déterminé) (cf. aussi* power supply 2)).

power plug fiche secteur *(fiche à deux broches, plus éventuellement une broche de terre, montée à l'extrémité libre d'un cordon d'alimentation) (cf. aussi* power cord).

power pulse 1) impulsion d'énergie *(radar, laser, etc.) (cf. aussi* pulse[1] *et* energy). 2) impulsion d'alimentation, *(parf.)* impulsion de courant *(impulsion de courant produisant un incrément de rotation du rotor d'un moteur pas-à-pas) (cf. aussi* current pulse *et* stepper motor).

power range gamme de puissances *(alim, ampli, émetteur, signal, moteur, etc.) (cf. aussi* power[1] 1) *et* range 3)).

power rating puissance nominale *(puissance maximale qu'un dispositif électronique ou autre peut fournir ou absorber sans être endommagé par échauffement excessif dans des conditions de fonctionnement déterminées) (en électronique et en électrotechnique, ce terme s'applique à toute source de courant et à tout récepteur de courant et notamment à une alimentation, un amplificateur de puissance, un tube électronique de puissance, un transistor de puissance, une résistance et un moteur électrique) (cf. aussi* power[1] 1), operating conditions, current source (a) *et* current sink).

power ratio rapport de puissance *(rapport entre deux puissances) (cf. aussi* power[1] 1)).

power ratio measurement mesure de rapport de puissance *(hyper, etc.) (cf. aussi* power ratio *et* measurement).

power rectification redressement de puissance *(redressement d'un courant transportant une puissance relativement grande, c.-à-d. en fait redressement d'un courant d'intensité relativement grande) (cf. aussi* rectification *et* power[1] 1)).

power rectifier redresseur de puissance *(redresseur réalisant le redressement de puissance) (ce terme est parfois employé avec le sens de « redresseur » tout court) (cf. aussi* rectifier *et* power rectification).

power relay relais de puissance *(nom parfois donné à un relais à retour de puissance) (cf. aussi* reverse-current relay).

power requirement puissance nécessaire, *(parf.)* consommation *(puissance électrique nécessaire pour alimenter un appareil ou autre matériel électronique ou électrique) (cf. aussi* electrical power 1) *et* power requirements).

power requirements 1) caractéristiques d'alimentation *(nature du courant nécessaire, ou de chacun des courants nécessaires, pour alimenter un appareil ou autre matériel électronique ou électrique — courant continu, courant alternatif ou courant pulsé — fréquence et nombre de phases du courant dans le cas d'un courant alternatif, tension d'alimentation nominale et puissance ou intensité de courant absorbée sous cette tension) (cf. aussi* direct current, alternating current, pulsed current, rated value, power[1] 1) *et* current). 2) cf. power requirement.

power resistor résistance de puissance *(résistance conçue pour dissiper une puissance électrique relativement grande en service continu sans être endommagée par un échauffement excessif) (est généralement une résistance bobinée à faible valeur ohmique) (cf. aussi* resistor, electrical power 1) *et* wirewound resistor).

power routing (l')amenée du courant *(nom parfois donné à l'alimentation en courant, notamment lorsque l'on considère des conducteurs d'alimentation) (CP, CH, CI, etc.) (cf. aussi* power supply 1)).

power savings économies d'énergie *(circuits CMOS, panneau à cristaux liquides, etc.) (cf. aussi* power[1] 2)).

power SCR *cf.* power silicon controlled rectifier.

power semi *cf.* power semiconductor device.

power semiconductor *cf.* power semiconductor device. *(ne pas employer « semiconducteur de puissance »).*

power semiconductor area *cf.* power semiconductor field.

power semiconductor company société fabriquant des semistors de puissance, *(etc.) (cf. aussi* power semiconductor device).

power semiconductor component *cf.* power semiconductor device. *(le premier terme étant peu employé).*

power semiconductor device composant à semiconducteur de puissance, semistor de puissance *(composant à semiconducteur conçu pour supporter une puissance électrique relativement grande, c.-à-d. en fait pour laisser passer un courant d'intensité relativement grande, sans être endommagé par un échauffement excessif) (diode de puissance, transistor de puissance, thyristor de puissance, triac de puissance ou circuit intégré de puissance) (cf. aussi* semiconductor device *et* electrical power).

power semiconductor field domaine des semistors de puissance, *(etc.) (domaine d'activité industrielle ou autre) (cf. aussi* power semiconductor device).

power semiconductor industry (l')industrie des semistors de puissance, *(etc.) (ne pas employer « industrie des semiconducteurs de puissance ») (cf. aussi* power semiconductor device).

power semiconductor switching device *cf.* power switching semiconductor device.

power sensing element élément sensible à la puissance *(dispositif fournissant une tension ou présentant une variation d'une caractéristique électrique proportionnelle à la puissance d'un signal hyperfréquence) (ce terme désigne un thermocouple ou une thermistance, respectivement, exposé à la chaleur dégagée par une résistance parcourue par un courant hyperfréquence dont on veut mesurer la puissance) (constitue le cœur d'un wattmètre hyperfréquence) (cf. aussi* power[1] 1), thermocouple, thermistor *et* microwave power meter).

power sensor *cf.* power sensing element.

power separating filter filtre d'aiguillage d'alimentation *(filtre réalisant la séparation nécessaire entre le courant d'alimentation et le signal transmis dans un répéteur téléphonique téléalimenté) (cf. aussi* remote power supply).

power setting réglage de puissance *(cf. aussi* setting).

power silicon controlled rectifier thyristor de puissance *(semi) (cf. aussi* silicon controlled rectifier *et* power semiconductor device).

power source source d'énergie *(dispositif, corps ou phénomène fournissant de l'énergie) (cf. aussi* energy) *(l'énergie fournie est obtenue par conversion d'une énergie de nature différente ou, dans le cas de l'énergie électrique, également par adaptation d'une énergie de même nature) (a) source d'énergie mécanique et notamment d'énergie acoustique) (cf. aussi* acoustic energy source) ; *(b) source d'énergie électrique) (en électronique, le terme « source d'énergie » est souvent employé avec ce sens et désigne alors, également souvent, une alimentation ou, parfois, le secteur) (le terme « source d'alimentation » est aussi employé avec ce sens) (cf. aussi* electrical power source *et* power supply 2)) ; *(c) source d'énergie électromagnétique) (cf. aussi* electromagnetic energy source) ; *(d) source d'énergie thermique).*

power spectrum spectre de puissances *(spectre représentant les puissances des différentes composantes d'un signal complexe) (analyse de signaux) (cf. aussi* spectrum 1) (b) *et* power[1] 1)).

power splitter *cf.* power divider.

power stage étage de puissance *(étage dans lequel une puissance électrique relativement grande est mise en jeu) (étage amplificateur de puissance ou oscillateur de puissance) (cf. aussi* power amplifier stage, power oscillator stage *et* stage 1)).

power supply 1) (l')alimentation (en courant) *(action de fournir à un appareil ou autre matériel électronique ou électrique le ou les courants nécessaires à son fonctionnement)* *(fait appel à une ou plusieurs sources d'énergie électrique) (voir aussi 2) ci-après) (cf. aussi* positive power supply, negative power supply, power source, power-up *et* power-down). **2)** (une) alimentation (à courant redressé) *(dispositif fournissant un ou plusieurs courants redressés utilisés pour assurer l'alimentation d'un appareil ou un dispositif électronique ou électrique) (en l'absence de précisions, ce terme désigne généralement une alimentation à courant redressé non régulée, c.-à-d. un montage, appareil ou module comprenant essentiellement un transformateur alimenté par le secteur et fournissant un ou plusieurs courants alternatifs sous des tensions différentes, ces courants étant ensuite redressés par autant de redresseurs et généralement filtrés lorsque l'appareil ou le dispositif alimenté est électronique) (si celui-ci utilise un ou plusieurs tubes électroniques, le transformateur fournit un courant alternatif supplémentaire sous une tension de faible valeur qui n'est pas redressé et sert au chauffage des filaments des tubes) (les alimentations modernes pour appareils ou dispositifs électroniques sont presque toutes régulées et sont alors soit du type décrit ci-dessus complété par un dispositif de régulation, soit du type à découpage) (cf. aussi* power pack, regulated power supply, switching power supply, linear power supply, battery charger, transformer 1) *et* rectifier).

power-supply applications applications des alimentations *(différents cas d'emploi des alimentations) (cf. aussi* power supply 2) *et* application).

power-supply cabinet coffret d'alimentation.

power-supply chassis châssis d'alimentation *(châssis électronique portant une ou plusieurs alimentations) (cf. aussi* chassis *et* power supply 2)).

power-supply circuit circuit d'alimentation *(circuit parcouru par un courant d'alimentation) (cf. aussi* circuit *et* power-supply current).

power-supply current **1)** *(parf.* intensité du) courant de l'alimentation *(courant fourni par une alimentation ou, parfois, intensité de ce courant) (cf. aussi* power supply 2) *et* current 2)). **2)** *cf.* supply current[1].

power-supply decoupling capacitor condensateur de découplage d'alimentation *(condensateur de découplage monté à l'entrée du circuit d'alimentation d'un appareil ou un dispositif électronique pour éviter l'effet sur celui-ci de toute composante à haute fréquence éventuelle du courant d'alimentation) (cf. aussi* decoupling capacitor *et* power supply 1)).

power-supply drift *cf.* power-supply voltage drift.

power-supply filter filtre d'alimentation *(cf. aussi* ripple filter).

power-supply filter inductor inductance de filtre d'alimentation *(cf. aussi* smoothing choke).

power-supply hum ronflement (dû à l'alimentation) *(appareil alimenté par le secteur) (cf. aussi* hum 1) (a)).

power-supply input entrée de l'alimentation (a) *bornes d'entrée d'une alimentation) (cf. aussi* power supply 2)); (b) *bornes d'un montage ou dispositif auxquelles est appliquée la ou une tension d'alimentation de celui-ci).*

power-supply input pin broche d'entrée de l'alimentation *(broche d'un boîtier de circuit intégré monolithique ou hybride ou autre composant à laquelle est appliquée la, ou une, tension d'alimentation du composant).*

power-supply module module d'alimentation *(module contenant ou constituant une alimentation) (cf. aussi* module (a) *et* power supply 2)).

power-supply OFF alimentation hors circuit, alimentation hors tension, alimentation coupée *(intentionnellement) (cf. aussi* power supply 2)).

power supply ON alimentation sous tension, alimentation en service *(cf. aussi* power supply 2)).

power-supply output sortie de l'alimentation *(bornes de sortie d'une alimentation) (cf. aussi* power supply 2)).

power-supply plug-in tiroir d'alimentation, tiroir enfichable d'alimentation *(tiroir enfichable contenant une alimentation) (cf. aussi* plug-in[1] *et* power supply 2)).

power-supply plug-in module module d'alimentation enfichable *(module d'alimentation réalisé sous la forme d'un module enfichable) (cf. aussi* power-supply module *et* plug-in module).

power-supply rack bâti d'alimentation, casier d'alimentation

(bâti contenant un ou plusieurs châssis d'alimentation) (cf. aussi rack *et* power-supply chassis).

power-supply range **1)** gamme d'alimentations *(différents types et modèles d'alimentations fabriqués par un constructeur) (cf. aussi* power supply 2)). **2)** *cf.* supply voltage range.

power-supply requirements *cf.* power requirements 1).

power-supply ripple ondulation résiduelle du courant d'alimentation *(appareil, etc.) (cf. aussi* ripple *et* supply current[1]).

power-supply sequencing mise sous tension progressive *(appareil, etc.).*

power-supply status signal signal d'état d'alimentation *(CI, etc.).*

power-supply transformer *cf.* power transformer.

power-supply unit bloc d'alimentation, alimentation (indépendante) *(alimentation réalisée sous la forme d'un appareil ou d'un module) (cf. aussi* power supply 2) *et* module (a)).

power-supply variation variation de la tension d'alimentation *(appareil, etc.) (cf. aussi* supply voltage).

power-supply voltage **1)** tension de l'alimentation *(tension produite par une alimentation entre ses bornes de sortie) (cf. aussi* voltage *et* power supply 2)). **2)** *cf.* supply voltage.

power-supply voltage drift **1)** dérive de la tension de l'alimentation *(dérive de la tension d'une alimentation) (cf. aussi* drift *et* power-supply voltage). **2)** *cf.* supply-voltage drift.

power surge pointe de puissance *(augmentation brusque et brève de la puissance mise en jeu dans un appareil ou dispositif électronique ou électrique) (cf. aussi* power[1] (a) *dans un conducteur, une pointe de puissance est le résultat d'une pointe de courant et elle est assimilée à celle-ci) (cf. aussi* current surge) ; (b) *dans une ligne hyperfréquence, une pointe de puissance est la conséquence d'une impulsion d'énergie électromagnétique) (cf. aussi* electromagnetic energy pulse).

power surge capability tenue aux pointes de puissance *(composant, etc.) (cf. aussi* surge capability *et* power surge).

power switch interrupteur général *(cf. aussi* ON/OFF switch).

power switch-off *cf.* power-down 1).

power switch-on *cf.* power-up.

power switching commutation de puissance, commutation de courant *(commutation d'un circuit mettant en jeu une puissance relativement grande) (alim. déc, radar, etc.) (cf. aussi* switching (a), power switching device *et* power[1] 1)).

power switching applications applications de commutation de puissance *(applications de l'électronique nécessitant la commutation de puissance) (cf. aussi* power switching *et* applications).

power switching circuit circuit de commutation de puissance *(circuit dans lequel est réalisée la commutation de puissance) (cf. aussi* power switching).

power switching device dispositif de commutation de puissance *(dispositif conçu pour réaliser la commutation de puissance) (ce terme désigne généralement un dispositif de commutation de puissance à semiconducteur, mais peut également désigner un tube de commutation) (cf. aussi* power switching, power switching semiconductor device *et* switching tube).

power switching semiconductor device dispositif à semiconducteur pour commutation de puissance, composant *(idem),* semistor *(idem) (transistor de commutation de puissance, thyristor de puissance ou triac de puissance) (cf. aussi* power switching device, power switching transistor, silicon controlled rectifier, triac *et* semiconductor device).

power switching transistor transistor de commutation de puissance *(transistor de commutation conçu pour commuter une puissance électrique relativement grande, c.-à-d. en fait un courant d'intensité relativement grande, sans être endommagé par un échauffement excessif ni produire une chute de tension également excessive) (possède donc une faible résistance à l'état passant) (est utilisé notamment dans la plupart des alimentations à découpage) (cf. aussi* switching transistor, electrical power, on-resistance *et* switching power supply).

power system *cf.* power grid.

power thyristor *cf.* power silicon controlled rectifier.

power transducer organe de puissance *(asser) (cf. aussi* actuator).

power transfer transfert d'énergie *(entre une source d'énergie et un corps ou un dispositif) (en électronique, ce terme désigne souvent le transfert d'énergie entre une source de courant et sa charge) (cf. aussi* energy, power source *et* impedance matching).

power transformer transformateur d'alimentation *(transformateur fournissant à un appareil ou un dispositif électronique ou électrique un ou plusieurs courants sous des tensions différentes de celle du réseau de distribution d'énergie) (dans le cas d'un appareil ou un dispositif électronique, la ou au moins une des tensions fournies est redressée avant d'être utilisée) (dans le cas d'un appareil ou un dispositif électrique à courant continu tel qu'un chargeur de batterie ou un moteur à aimant permanent, par exemple, la tension fournie est également redressée avant d'être utilisée) (dans le cas d'un appareil ou un dispositif électrique à courant alternatif tel qu'un moteur asynchrone monophasé ou un moteur universel, par exemple, la tension fournie est utilisée telle quelle) (cf. aussi* transformer 1), line-voltage selector *et* power supply 2)).

power transistor transistor de puissance, transistor pour applications de puissance *(transistor conçu pour fournir un signal de puissance relativement grande, c.-à-d. en fait pour laisser passer un courant d'intensité relativement grande, sans être endommagé par un échauffement excessif) (peut être un transistor amplificateur de puissance ou un transistor de commutation de puissance et être du type bipolaire ou du type MOS ou d'un type dérivé de celui-ci) (semi) (cf. aussi* bipolar power transistor, MOS power transistor, VMOS power transistor, power amplifier transistor, power switching transistor *et* transistor).

power transmission 1) transmission d'énergie *(guide d'ondes, etc.)* 2) transport d'énergie *(électrique) (réseau de distribution d'énergie électrique) (EDF, etc.) (cf. aussi* power grid).

power triac triac de puissance *(semi) (cf. aussi* triac *et* power semiconductor device).

power triode triode *f* de puissance, tube *(idem) (tube électronique triode réalisé sous la forme d'un tube de puissance) (émetteur radio, etc.) (cf. aussi* triode tube *et* power tube).

power tube tube de puissance, tube électronique *(idem) (tube électronique conçu pour fournir un signal de puissance relativement grande) (peut être un tube amplificateur ou un tube oscillateur) (dans le premier cas, peut être un tube pour amplificateur basse fréquence ou haute fréquence ou hyperfréquence ; dans le second cas, est un tube hyperfréquence) (cf. aussi* power amplifier tube, power oscillator tube, electron tube *et* power*[1]* 1)).

power unit 1) unité de puissance, unité de mesure de puissance *(cf. aussi* watt). 2) *cf.* power-supply unit.

power up *v* mettre sous tension *(cf. aussi* power-up).

power-up *s* mise sous tension *(application de la tension d'alimentation à un appareil ou un dispositif) (cf. aussi* power supply 1)).

power VMOS *cf.* power VMOS transistor.

power VMOS device *cf.* power VMOS transistor.

power VMOS FET *cf.* power VMOS transistor.

power VMOS field-effect transistor *cf.* power VMOS transistor.

power VMOS transistor transistor VMOS de puissance *(transistor VMOS réalisé sous la forme d'un transistor de puissance) (semi) (cf. aussi* VMOS transistor *et* power transistor).

power winding enroulement de puissance *(enroulement parcouru par le courant alimentant la charge dans un amplificateur magnétique) (cf. aussi* magnetic amplifier).

power wirewound *cf.* power wirewound resistor.

power wirewound resistor résistance bobinée de puissance *(nom donné à une résistance de puissance bobinée dans le contexte des résistances bobinées) (cf. aussi* wirewound power resistor.

powering *cf.* power supply 1).

Poynting equation équation de Poynting *(cf. aussi* Poynting theorem).

Poynting theorem théorème de Poynting *(nom généralement donné à l'équation, établie par Poynting, donnant la variation dans le temps de l'énergie électromagnétique contenue dans un volume déterminé d'un champ électromagnétique) (l'énergie* perdue ou gagnée par le volume est décrite par le vecteur de Poynting) (propa) (cf. aussi* electromagnetic energy *et* Poynting vector).

Poynting vector vecteur de Poynting *(vecteur représentant l'énergie électromagnétique transportée par une onde électromagnétique par unité de temps) (en termes exacts, le vecteur de Poynting représente la quantité d'énergie traversant, par unité de temps, l'unité d'aire d'une surface perpendiculaire à la direction de propagation de l'onde) (ce vecteur figure dans l'équation de Poynting) (cf. aussi* Poynting theorem).

PPC *cf.* propagation correction.

PPI *cf.* plan-position indicator.

PPI display présentation panoramique, présentation du type P *(présentation des informations sur l'écran d'un radar ou d'un sonar dans laquelle la station radar ou sonar est située au centre de l'écran) (les échos des cibles détectées par l'appareil forment des taches lumineuses dont l'orientation sur l'écran reproduit l'orientation des cibles par rapport à la station et dont la distance au centre de l'écran est proportionnelle à la distance des cibles à celle-ci) (la présentation panoramique est obtenue par balayage circulaire de l'écran, c.-à-d. en faisant tourner la base de temps sur l'écran en synchronisme avec la rotation de l'antenne ou du projecteur) (ce type de présentation est employé dans les radars de surveillance d'approche, les radars de veille et les sonars de veille) (cf. aussi* rotating-coil display, fixed-coil display, plan-position indicator, time base (a), radar plot *et* radar display).

PPI-display radar radar panoramique, radar à présentation panoramique *(cf. aussi* radar *et* PPI display).

PPI repeater écran de recopie de radar panoramique, écran panoramique de recopie *(écran cathodique reproduisant l'image formée sur l'écran d'un radar panoramique généralement situé à une certaine distance, notamment dans un navire) (cf. aussi* CRT screen *et* PPI display).

PPI scope écan panoramique, écran à présentation panoramique *(radar) (cf. aussi* PPI display).

ppm 1) *cf.* parts per million. 2) *cf.* page per minute.

PPM 1) *cf.* pulse-position modulation. 2) *cf.* periodic permanent magnet. 3) *cf.* page per minute.

PPM pulse train train d'impulsions modulées en position *(cf. aussi* pulse train *et* pulse-position modulation).

PPPI *cf.* precision plan-position indicator.

pps *cf.* PPS. *(ci-après).*

PPS *cf.* pulses per second.

preamp *cf.* preamplifier.

preamplification préamplification *(amplification préalable d'un signal à bas niveau opérée avant une amplification plus importante) (sert à donner au signal initial la puissance nécessaire pour attaquer l'étage d'amplification finale directement ou par l'intermédiaire d'une ligne de transmission) (cf. aussi* preamplifier, amplification, low-level signal *et* transmission line).

preamplifier préamplificateur *s (amplificateur réalisant la préamplification d'un signal) (doit généralement avoir un faible bruit propre pour que son facteur de bruit soit aussi faible que possible, notamment lorsque le signal à amplifier est noyé dans le bruit) (forme souvent le premier étage d'un récepteur radioélectrique ou le premier maillon d'une chaîne de mesure) (cf. aussi* preamplification, low-noise preamplifier, low-noise amplifier, internal noise, noise factor *et* signal buried in noise).

pre-breakdown region domaine précédant le domaine d'avalanche *(sur la caractéristique d'une diode à avalanche) (semi) (cf. aussi* breakdown region).

pre-burn-in electrical parameters caractéristiques électriques avant l'essai de vieillissement *(ou* avant vieillissement artificiel) *(CH, CI, etc.) (cf. aussi* burn-in).

pre-burn-in electrical tests contrôles électriques avant l'essai de vieillissement *(ou* avant vieillissement artificiel) *(CH, CI, etc.) (cf. aussi* burn-in).

pre-burn-in electricals *cf.* pre-burn-in electrical tests.

pre-cap inspection *cf.* pre-cap visual inspection.

pre-cap visual *cf.* pre-cap visual inspection.

pre-cap visual inspection *(pre-cap vient de « pre-encapsulation »)* contrôle visuel avant encapsulation *(contrôle visuel* *d'un composant ou d'un module monté dans un boîtier avant de fermer ou sceller celui-ci) (ce terme s'applique notamment aux circuits intégrés hybrides et monolithiques) (cf. aussi* packaging 1) *et* integrated circuit).

precession précession *(mouvement d'un solide en rotation dont l'axe de rotation engendre un cône sous l'action d'un moment exercé sur celui-ci) (ce terme s'applique notamment au rotor d'un gyroscope et, par conséquent, à celui-ci et à la Terre, ainsi qu'à un électron et à un satellite stabilisé par rotation) (cf. aussi* gyroscope).

precession coil bobine de précession *(électro-aimant créant un couple exercé sur le carter d'un gyroscope d'une plate-forme stabilisée par inertie pour le faire précessionner) (cf. aussi* precession *et* inertial platform).

precharge précharge *(charge partielle d'un condensateur opérée un certain temps avant de procéder à sa charge complète) (cf. aussi* capacitor).

precharge current *(parf.* intensité du) courant de précharge *(courant assurant la précharge d'un condensateur ou, parfois, intensité de ce courant) (cf. aussi* precharge).

precharge time temps de précharge *(temps nécessaire à la précharge d'un condensateur) (cf. aussi* precharge).

precharge transistor transistor de précharge *(transistor fournissant un courant de précharge) (CI) (cf. aussi* precharge current *et* transistor).

precheck[1] *s* contrôle préalable, précontrôle *(fab, inf, etc.)*.

precheck[2] *v* effectuer un contrôle préalable, soumettre à un contrôle préalable, précontrôler *(fab. inf, etc.)*.

prechecking *cf.* precheck[1].

precious metal métal précieux *(CH, etc.) (cf. aussi* noble metal).

precious-metal ... *cf.* noble-metal ...

precipitation attenuation atténuation due aux précipitations, affaiblissement *(idem) (atténuation d'un signal radioélectrique dû à la présence de précipitations atmosphériques sur le trajet des ondes) (radio, radar) (cf. aussi* rain attenuation *et* attenuation).

precipitation clutter échos de précipitations, échos parasites dus à des précipitations, échos atmosphériques *(idem)*, bruit *(idem)*, fouillis *(idem) (échos parasites produits sur l'écran d'un radar par des précipitations atmosphériques présentes dans la zone couverte par l'antenne) (échos de pluie ou de neige) (cf. aussi* rain clutter *et* clutter).

precipitation noise *cf.* precipitation clutter.

precision approach radar radar d'approche finale, radar PAR *(sigle anglais) (radar d'approche du système GCA) (comporte deux antennes oscillantes orthogonales à réflecteur « peau d'orange » émettant l'une un faisceau en éventail horizontal battant dans le plan vertical, et l'autre un faisceau en éventail vertical battant dans le plan horizontal) (cf. aussi* GCA *et* truncated paraboloid).

precision distance measuring equipment *cf.* precision DME.

precision DME *(DME vient de « distance measuring equipment »)* distancemètre de précision, DME de précision *(radionav) (avia) (cf. aussi* DME).

precision film capacitor condensateur à film plastique de précision, condensateur au plastique de précision *(condensateur à film plastique à tolérances étroites sur la valeur de ses caractéristiques) (cf. aussi* plastic-film capacitor).

precision film resistor résistance à couche de précision *(résistance à couche réalisée sous la forme d'une résistance de précision) (cf. aussi* film resistor *et* precision resistor).

precision guidance guidage de précision *(ce terme désigne souvent le guidage d'un engin équipé d'un autodirecteur laser ou, plus rarement, le guidage d'un engin équipé d'un autodirecteur télévision classique ou infrarouge) (mil) (cf. aussi* laser-guided weapon, television-guided weapon *et* PGM).

precision guided bomb bombe planante *(mil) (cf. aussi* glide bomb).

precision guided missile missile guidé par laser *(mil) (cf. aussi* laser-guided missile *et* precision guidance).

precision guided munition engin à guidage de précision *(le terme anglais désignait initialement une bombe planante, mais son sens s'est élargi) (mil) (cf. aussi* precision guidance *et* PGM).

precision guided weapon *cf.* precision guided munition.

precision instrument appareil de précision *(appareil de mesure ou autre) (cf. aussi* precision measuring instrument *et* accurate instrument).

precision-matched transition transition adaptée avec précision *(transition de guide d'ondes assurant une bonne adaptation d'impédance entre les deux tronçons de guide d'ondes) (hyper) (cf. aussi* waveguide transition *et* impedance matching).

precision measuring instrument appareil de mesure de précision *(appareil de mesure à tolérances étroites sur la valeur indiquée de la grandeur mesurée) (cf. aussi* measuring instrument).

precision metal-film resistor résistance à couche métallique de précision *(résistance à couche métallique réalisée sous la forme d'une résistance de précision) (clpf) (cf. aussi* metal-film resistor *et* precision resistor).

precision plan-position indicator indicateur panoramique de précision *(indicateur panoramique de radar complété par un indicateur à présentation du type B permettant de déterminer avec précision les coordonnées d'une cible repérée sur le premier indicateur à l'aide d'un marqueur de distance et d'un marqueur d'azimut) (cf. aussi* plan-position indicator, B display, range ring *et* azimuth marker).

precision pot *(fam)* cf. precision potentiometer.

precision potentiometer potentiomètre de précision *(potentiomètre rotatif conçu et réalisé avec un soin particulier pour assurer la reproductibilité de la résistance de sortie en fonction de la position du curseur) (utilise notamment un élément résistant constituant une résistance de précision et un curseur à faible résistance de contact) (est généralement un potentiomètre bobiné de diamètre relativement grand à fil résistant de petit diamètre, ces deux caractéristiques assurant une haute définition, cette propriété étant notamment nécessaire dans le cas d'un potentiomètre monotour employé comme capteur de position angulaire) (cf. aussi* potentiometer 1), resistive element, precision resistor, wirewound potentiometer, resolution (d), single-turn potentiometer *et* potentiometer pick-off).

precision resistor résistance de précision *(résistance à tolérances étroites sur la valeur ohmique et à très faible coefficient de température) (les tolérances sur la valeur ohmique sont généralement fixées à moins de 1 %) (est généralement une résistance de faible puissance, mais peut être une résistance de puissance) (est toujours une résistance bobinée ou à couche métallique) (cf. aussi* resistor, temperature coefficient, power resistor, wirewound resistor *et* metal-film resistor).

precision sweep balayage dilaté *(écran de radar) (cf. aussi* expanded sweep).

precision switch interrupteur à faible course *(nom parfois donné à un interrupteur de fin de course) (cf. aussi* limit switch).

precision weapon *cf.* precision-guided weapon.

precision wirewound *cf.* precision wirewound resistor.

precision wirewound resistor résistance bobinée de précision *(nom donnée à une résistance de précision bobinée dans le contexte des résistances bobinées) (cf. aussi* wirewound precision resistor).

preconditioning 1) mise en forme préalable *(d'un signal) (cf. aussi* signal conditioning). 2) vieillissement artificiel *(résonateur à quartz) (cf. aussi* artificial aging).

predictive circuit *cf.* predictor.

predictive jammer brouilleur à prédiction *(brouilleur de radars à sauts de fréquence non aléatoires dont la fréquence d'émission est commandée par un prédicteur de fréquence) (mil) (cf. aussi* predictor, frequency-hopping radar *et* radar jammer).

predictor prédicteur de fréquence, prédicteur, circuit de prédiction (de fréquence) *(microprocesseur calculant la fréquence probable d'émission d'une impulsion d'un radar à sauts de fréquence non aléatoires d'après la fréquence des deux impulsions précédentes ou de plusieurs impulsions précédentes, la fréquence de ces impulsions étant mesurée par un récepteur à fréquence instantanée) (mil) (cf. aussi* microprocessor, predictive jammer, IFM receiver *et* radar pulse).

predictor algorithm algorithme de prédiction (de fréquence) *(algorithme utilisé pour élaborer le programme d'un prédicteur de fréquence) (inf) (mil) (cf. aussi* algorithm, computer program *et* predictor).

predictor order ordre du prédicteur (de fréquence) *(parf* d'un ...) *(nombre d'impulsions prises en compte par un prédicteur de fréquence pour calculer la fréquence de la prochaine impulsion) (noter que l'ordre zéro correspond à une impulsion et l'ordre un à deux impulsions) (brouilleur à prédiction) (mil) (cf. aussi* zero-order predictor *et* predictor).

predistort *v cf.* pre-emphasize. *(ci-après).*

predistortion *cf.* pre-emphasis. *(ci-après).*

pre-emphasis préaccentuation, accentuation des fréquences élevées, accentuation des aigus *(le troisième terme ne peut s'employer que pour un signal sonore) (augmentation provoquée de l'amplitude relative des composantes à fréquence élevées d'un signal modulant une porteuse en fréquence ou un support d'informations en amplitude) (est une compression sélective de la dynamique du signal, c.-à-d. une compression limitée à certaines fréquences) (a pour but de diminuer le bruit à la réception ou à la reproduction du signal grâce à l'augmentation du rapport signal¡bruit qui en résulte pour ces fréquences, celles-ci étant plus sensibles au bruit que les fréquences moyennes et basses du signal du fait de leur amplitude moins grande) (nécessite une réduction d'amplitude correspondante à la réception de la porteuse ou à la reproduction du signal enregistré pour retrouver la forme du signal original) (cf. aussi* de-emphasis, dynamic range, volume compression, carrier 1), noise 2) (a) *et* signal-to-noise ratio) *(a) lorsque le signal module la fréquence d'une porteuse, l'excursion de fréquence relative de celle-ci est ainsi plus grande pour les fréquences accentuées que pour les autres, ce qui réduit leur sensibilité aux parasites au cours de la transmission du signal) (la préaccentuation est utilisée dans tous les émetteurs à modulation de fréquence) (cf. aussi* frequency modulation *et* frequency deviation 1)) ; *(b) lorsque le signal est un signal sonore enregistré sur une bande magnétique, l'aimantation relative de la couche magnétique est plus grande pour les fréquences accentuées que pour les autres, ce qui réduit leur sensibilité au bruit de fond de la bande) (cf. aussi* tape noise *et* noise reducer) ; *(c) lorsque le signal est un signal sonore enregistré sur un disque phonographique, l'amplitude relative des ondulations du sillon est plus grande pour les fréquences accentuées que pour les autres, ce qui réduit le bruit de fond dû aux irrégularités de la surface des flancs du sillon qui, sans la préaccentuation, seraient du même ordre de grandeur que les ondulations représentant ces fréquences) (cf. aussi* pre-emphasis network *et* recording curve).

pre-emphasis network circuit de préaccentuation *(circuit RC assurant la préaccentuation dans un émetteur à modulation de fréquence, un magnétophone ou un amplificateur de table de gravure) (cf. aussi* pre-emphasis *et* RC circuit).

pre-emphasize *v* préaccentuer *(les fréquences élevées d'un signal) (cf. aussi* pre-emphasis).

pre-equalization *cf.* pre-emphasis.

pre-equalize *v cf.* pre-emphasize.

prefilter[1] *s* préfiltre, filtre préalable *(filtre opérant un préfiltrage) (cf. aussi* filter[1] *et* prefiltering).

prefilter[2] *v* préfiltrer, opérer un préfiltrage *ou* un filtrage préalable), réaliser *(idem) (cf. aussi* prefiltering).

prefiltering préfiltrage, filtrage préalable *(filtrage opéré sur un signal avant d'exécuter sur celui-ci une opération déterminée) (exemple : préfiltrage d'un signal analogique avant de le numériser) (cf. aussi* filtering *et* anti-aliasing filter).

prefix préfixe (a) *sens usuel)* ; (b) groupe initial de chiffres d'un numéro d'appel téléphonique dirigeant les appels vers le central approprié *(exemple : en France, le 16 est le préfixe d'accès au réseau automatique national et le 19 le préfixe d'accès à l'automatique international).*

preform *s* préforme *(fab. fibres optiques) (cf. aussi* chemical vapor deposition (a)).

preheating time temps de préchauffage *(tube électronique à cathode chaude, notamment à chauffage indirect) (cf. aussi* hot-cathode tube).

preoscillation current (intensité du) courant d'accrochage *(tube oscillateur hyperfréquence) (cf. aussi* starting current 2).

preprocessed wafer plaquette prétraitée *(ce terme désigne généralement une plaquette de semiconducteur sur laquelle sont réalisées des matrices de portes prédiffusées) (fab. CI) (cf. aussi* wafer 2) *et* gate array).

preprocessing prétraitement, traitement préalable *(signaux, etc.) (cf. aussi* processing 1)).

preprocessor préprocesseur, prétraiteur *(terme que j'ai proposé) (ordinateur effectuant un prétraitement d'informations) (inf) (cf. aussi* computer 2) *et* preprocessing).

preproduction run présérie *(fab. CI, etc.).*

prerecord *v* préenregistrer, enregistrer préalablement *(des signaux ou des informations) (cf. aussi* recording 1)).

preregulation prérégulation *(régulation préalable de la tension appliquée au transistor ballast d'une alimentation à régulation série) (cf. aussi* preregulator power supply).

preregulator power supply alimentation à prérégulateur *(ou à prérégulation ou prérégulée) (alimentation régulée formée d'une alimentation à régulation série précédée d'une alimentation à découpage dont elle élimine l'ondulation résiduelle de la tension de sortie) (permet de bénéficier de la finesse de régulation de la première alimentation tout en ménageant son transistor ballast et en réduisant les pertes par voie de conséquence) (cf. aussi* regulated power supply *et* series-pass transistor).

prescaler diviseur préalable *(diviseur monté à l'entrée d'un compteur pour multiplier son intervalle de comptage, généralement par 10, en divisant par autant le nombre d'impulsions appliquées à son entrée) (cf. aussi* scaler).

pre-seal bake traitement de stabilisation avant scellement (du boîtier) *(fab. CH) (cf. aussi* stabilization bake).

pre-seal burn-in vieillissement artificiel avant scellement (du boîtier) *(fab. CH, CI, etc.) (cf. aussi* burn-in).

preselector amplificateur haute fréquence, préamplificateur *(amplificateur sélectif amplifiant directement le signal reçu dans un récepteur superhétérodyne pour éliminer la fréquence-image avant l'application du signal au changeur de fréquence) (cf. aussi* narrow-band amplifier, superheterodyne receiver *et* image frequency 1)).

presence effect impression de présence *(hifi).*

present *v* présenter *(cf. aussi* presentation *et* display[2]).

presentation présentation (d'informations) *(radar, etc.) (le terme anglais est moins employé que « display ») (cf. aussi* display[1]).

preset *v* **1)** préafficher *(afficher la valeur choisie pour une grandeur variable, généralement en mettant le bouton de commande d'un commutateur sur la position correspondante ou en faisant apparaître cette valeur dans une fenêtre par rotation d'un bouton ou d'une molette).* **2)** préréglé(e) *(fréquence, etc.) (cf. aussi* preset frequency).

preset adjustment *cf.* presetting 2).

preset counter compteur à préaffichage *(compteur commençant à compter à partir d'un nombre affiché préalablement) (cf. aussi* counter).

preset frequency fréquence préréglée *(fréquence pour laquelle il suffit d'appuyer sur un bouton-poussoir ou une touche d'un clavier pour qu'un récepteur ou un émetteur radioélectrique (ou un générateur de signaux) soit accordé (ou réglé) sur sa valeur) (cf. aussi* tuning).

preset guidance *cf.* programmed guidance.

preset parameter paramètre préaffiché *(paramètre dont la valeur est préaffichée) (cf. aussi* parameter *et* preset 1)).

preset trigger level niveau de déclenchement préaffiché *(oscillo) (cf. aussi* trigger level *et* preset).

presettable **1)** à préaffichage *(compteur, etc.) (cf. aussi* preset counter). **2)** préaffichable *(caractéristique de fonctionnement) (cf. aussi* preset 1)).

presetting **1)** préaffichage, affichage préalable *(cf. aussi* preset 1)). **2)** préréglage, réglage préalable *(cf. aussi* preset 2)).

preshoot dépassement négatif du front *(ou du flanc avant) (impulsion) (cf. aussi* undershoot[1] *et* leading edge).

press *v* **1)** presser, mouler à la presse *(cf. aussi* pressing). **2)** *cf.* depress.

press-button *cf.* pushbutton.

press-fit contact contact autodénudant *(connecteur) (cf. aussi* insulation-displacement contact).

press-to-talk switch *cf.* push-to-talk switch.

pressing **1)** pressage, moulage à la presse *(fabrication des disques phonographiques par moulage sous pression à chaud entre deux matrices fixées aux plateaux d'une presse à mouler) (cf. aussi* phonograph record *et* stamper). **2)** disque pressé, disque moulé à la presse *(type classique) (voir aussi 1).*

pressure-activated ... *cf.* pressure ...

pressure-gradient hydrophone hydrophone à gradient de pression *(électroacou) (cf. aussi* velocity hydrophone).

pressure-gradient microphone microphone à gradient de pression *(électroacou) (cf. aussi* velocity microphone).

pressure hydrophone hydrophone à pression *(sonar) (cf. aussi* hydrophone *et* pressure microphone).

pressure microphone microphone à pression *(microphone dans lequel l'amplitude du signal de sortie est proportionnelle à la pression exercée sur l'élément sensible par l'onde sonore captée) (est un microphone à membrane dans lequel celle-ci se déplace très peu sous l'action de l'onde sonore, c.-à-d. un microphone à membrane autre que le microphone à bobine mobile, et possède la propriété de non-directivité) (électroacou) (cf. aussi* diaphragm microphone, omnidirectional microphone *et* moving-coil microphone).

pressure-operated ... *cf.* pressure ...

pressure pad presse-bande, presseur de bande, presseur *(petit morceau de feutre porté par une lame élastique et appliquant la bande magnétique contre une tête magnétique dans certains appareils à bande magnétique).*

pressure pick-up *cf.* pressure transducer.

pressure roller galet presseur *(galet caoutchouté porté par un bras pivotant à ressort et appliquant la bande magnétique contre le cabestan dans un appareil à bande magnétique) (cf. aussi* capstan).

pressure-sensing element élément sensible à la pression *(élément sensible d'un capteur de pression) (cf. aussi* sensing element 1) *et* pressure transducer).

pressure-sensitive resistor piézorésistance, résistance sensible à la pression *(varistance formée essentiellement d'un cristal piézorésistif) (cf. aussi* varistor *et* piezoresistive crystal).

pressure sensor *cf.* pressure transducer. *(le premier terme étant rarement employé).*

pressure switch manocontact *(interrupteur commandé par la pression d'un fluide appliquée à une membrane).*

pressure transducer capteur de pression *(capteur fournissant un signal proportionnel à une pression) (utilise un élément sensible résistif, capacitif, inductif, piézoélectrique ou piézorésistif) (cf. aussi* sensor, sensing element *et* transducer 1)).

pressure-type capacitor condensateur pressurisé (à l'azote) *(condensateur industriel en cuve métallique pour tensions élevées) (cf. aussi* capacitor).

pressurization pressurization *(création d'une pression nettement supérieure à la pression atmosphérique dans les guides d'ondes d'un radar, notamment d'un radar d'aéronef, pour empêcher la pénétration de l'humidité de l'air et réduire les risques d'amorçage d'arcs dans les composants utilisant des tensions élevées) (l'air contenu dans les guides d'ondes peut être préalablement déshydraté ou même remplacé par de l'azote) (cf. aussi* waveguide).

prestore *v* préenregistrer, pré-enregistrer *(mémoriser des informations dans une mémoire auxiliaire d'ordinateur avant leur transfert dans la mémoire centrale) (inf) (cf. aussi* auxiliary storage *et* main memory).

pre-TR cell *cf.* pre-TR tube.

pre-TR switch *cf.* pre-TR tube.

pre-TR tube *(vient de « pre-transmit-receive tube »)* tube pré-TR, tube de préblocage d'impulsion *(terme que j'ai proposé) (tube à gaz fontionnant comme le tube de blocage d'impulsion et précédant celui-ci dans les radars à grande puissance pour améliorer la protection du récepteur pendant l'émission de chaque impulsion) (cf. aussi* TR tube).

pre-transmit-receive tube *cf.* pre-TR tube. *(ci-dessus).*

pretravel course morte *(course ou débattement angulaire de l'organe de commande d'un interrupteur de fin de course ou autre dispositif avant que celui-ci change de position dans un sens ou dans l'autre) (cf. aussi* limit switch).

pretrigger *s* prédéclenchement *(déclenchement de la base de temps d'un oscilloscope fonctionnant en mode de balayage monocourse, un court temps avant que le signal à visualiser soit appliqué aux plaques de déviation verticale pour éviter que la partie antérieure du signal soit tronquée sur l'écran) (cf. aussi* single sweep *et* sweep delay 2)).

pretrigger delay *cf.* pretrigger time.

pretrigger time temps de prédéclenchement, *(etc.),* avance de déclenchement *(oscillo) (cf. aussi* pretrigger).

pretriggering *cf.* pretrigger.

pretune *v* préaccorder, *(parf.)* prérégler *(accorder un récepteur radioélectrique ou autre appareil électronique sur des fréquences préréglées) (cf. aussi* tuning *et* preset frequency).

pretuned channel voie préréglée *(voie de transmission radio utilisant une fréquence préréglée, c.-à-d. émission radio faite sur une telle fréquence) (cf. aussi* preset frequency).

prewire *v* précâbler *(cf. aussi* prewiring).

prewiring précâblage, câblage préalable *(câblage partiel d'un appareil, châssis ou dispositif électronique destiné à être complété et achevé ultérieurement chez le constructeur ou chez l'utilisateur) (cf. aussi* wiring 1)).

PRF *cf.* pulse repetition frequency.

PRF measurement mesure de fréquence de récurrence *(souvent de la ...) (détecteur de radars, etc.) (mil, etc.) (cf. aussi* pulse repetition frequency).

PRF types types de fréquence de récurrence *(fréquence de récurrence constante, variable, jiguée, à groupement, (etc.)) (radar) (mil, etc.) (cf. aussi* constant PRF, staggered PRF, jittered PRF, grouped PRF *et* pulse repetition frequency).

PRI *cf.* pulse repetition interval.

PRI measurement mesure de période de récurrence *(souvent de la ...) (détecteur de radars, etc.) (mil, etc.) (cf. aussi* pulse repetition interval).

primaries (les) primaires, (les) couleurs primaires *(TVC, etc.) (cf. aussi* primary color).

primary *s* primaire *sm ou sf* (a) *cf. aussi* primary winding ; (b) *cf. aussi* primary color).

primary battery pile (à plusieurs éléments) *(élec) (cf. aussi* primary cell *et* secondary battery).

primary breakdown avalanche (primaire) *(le qualificatif « primaire » est rarement employé, en anglais comme en français) (jonction) (cf. aussi* avalanche breakdown).

primary carrier flow flux de porteurs majoritaires *(flux formé par les porteurs majoritaires dans une zone d'un composant à semiconducteur) (transistor, etc.) (cf. aussi* majority carrier).

primary cell pile électrique (à un élément), élément de pile électrique *(élément d'une pile galvanique) (cf. aussi* galvanic cell).

primary circuit circuit primaire, circuit du primaire, circuit de l'enroulement primaire, *(parf.)* circuit de l'alimentation *(circuit comprenant l'enroulement primaire d'un transformateur, c.-à-d. en pratique partie de ce circuit formée par la source de force électromotrice variable et les conducteurs reliant les bornes de celle-ci aux bornes de l'enroulement) (cf. aussi* transformer 1)).

primary coil *cf.* primary winding.

primary color (une) couleur primaire *(ou fondamentale ou simple),* (une) primaire *(une des trois couleurs dont le mélange en proportions convenables permet d'obtenir toutes les autres couleurs par synthèse additive) (ces couleurs doivent être suffisamment espacées dans le spectre de la lumière blanche, c-à-d. être assez différentes, et ne pas pouvoir donner l'une d'elles par mélange des deux autres) (les primaires utilisées pour la télévision en couleurs sont le rouge, le vert et le bleu et sont souvent appelées « RVB ») (colorimétrie) (TVC, etc.) (cf. aussi* standard primaries, additive mixing *et* phosphor dot).

primary color channel voie d'une primaire *(ensemble des circuits d'une caméra, d'un émetteur ou d'un récepteur de télévision en couleurs traitant le signal d'une primaire) (cf. aussi* primary signal).

primary color unit (un) luminophore *(écran de tube à masque) (récepteur TVC) (cf. aussi* phosphor dot).

primary current *(parf.* intensité du) courant primaire *(ou* dans le primaire *ou* dans l'enroulement primaire *parf.* dans le circuit primaire) *(ce dernier cas étant d'ailleurs implicitement contenu dans les termes précédents) (transfo) (cf. aussi* transformer 1) *et* current).

primary dark space   zone obscure d'Aston *(tube à décharge) (cf. aussi* Aston dark space).

primary detector   élément sensible *(d'un capteur) (cf. aussi* sensing element).

primary electron   électron primaire *(électron émis par un corps sous l'action d'un phénomère autre que le choc d'un électron provenant d'un autre corps) (électron émis par émission de champ, par émission thermoélectronique ou par émission photoélectrique) (cf. aussi* field emission, thermionic emission, photoelectric emission *et* electron).

primary electron emission   *cf.* primary emission.

primary element   *cf.* primary detector.

primary emission   émission primaire, émission d'électrons primaires *(par un corps) (cf. aussi* primary electron).

primary flow   *cf.* primary carrier flow.

primary frequency standard   étalon primaire de fréquence *(un étalon primaire de fréquence utilise la fréquence d'une transition électronique comme constante naturelle de référence) (étalon de fréquence à jet de césium) (cf. aussi* primary standard, transition frequency (b) *et* cesium-beam frequency standard).

primary fuel cell   pile à combustible non régénérable *(cf. aussi* fuel cell).

primary grid emission   émission primaire par la grille, émission d'électrons primaires par la grille *(tube) (cf. aussi* thermionic grid emission).

primary inductance   inductance du primaire *(ou* de l'enroulement primaire) *(transfo) (cf. aussi* primary winding *et* inductance).

primary ion pair   paire d'ions initiale *(paire d'ions créée par un événement ionisant initial) (gaz ionisé) (cf. aussi* ion pair *et* initial ionizing event).

primary ionizing event   événement ionisant initial *(gaz ionisé) (cf. aussi* initial ionizing event).

primary power failure   panne de courant, *(etc.) (cf. aussi* power failure 1)).

primary radar   radar primaire *(radar dans lequel les échos présentés sur l'écran sont des échos de peau ou des échos renforcés par un réflecteur porté par la cible) (le terme français a pris en fait le sens restreint correspondant à « airport surveillance radar ») (voir ce terme) (cf. aussi* skin return, secondary radar *et* radar).

primary radiating element   *cf.* primary radiator.

primary radiation   rayonnement primaire *(nom donné à l'onde émise par la source primaire d'une antenne hyperfréquence à réflecteur considérée avant qu'elle atteigne celui-ci) (cf. aussi* primary radiator).

primary radiator   source primaire *(cornet rayonnant ou dipôle disposé au foyer du réflecteur d'une antenne hyperfréquence classique et orienté vers celui-ci de manière que les ondes qu'il émet soient réfléchies et concentrées en un faisceau étroit) (cf. aussi* feed² 2), Cassegrain antenna, horn antenna *et* dipole antenna).

primary resistance   résistance du primaire *(ou* de l'enroulement primaire) *(transfo) (cf. aussi* primary winding *et* resistance).

primary service area   zone desservie par l'onde de sol *(zone de réception des signaux d'un émetteur radio dans laquelle l'onde de sol est prépondérante) (est une zone circulaire centrée sur l'antenne d'émission et est, par conséquent, la zone de réception la plus proche de l'émetteur) (existe en ondes longues, en ondes moyennes et en ondes courtes, son rayon diminuant dans cet ordre) (propa) (radiodif, radiocom) (cf. aussi* blanket area, service area *et* ground wave).

primary signal   signal d'une primaire *(signal représentant une couleur primaire de l'image analysée dans un procédé de télévision en couleurs) (cf. aussi* primary color).

primary skip zone   zone de réception intermittente *(radio) (cf. aussi* intermittent-service area).

primary standard   étalon primaire *(étalon n'ayant pas besoin*

d'être lui-même étalonné par rapport à un étalon plus précis) (en d'autres termes, étalon par rapport auquel tous les autres étalons sont étalonnés) (chaque fois que c'est possible, un étalon primaire utilise une constante naturelle comme référence) (cf. aussi* primary frequency standard *et* standard¹ 1)).

primary storage   mémoire centrale *(ordinateur) (cf. aussi* main memory).

primary tap   prise au primaire *(ou* sur l'enroulement primaire) *(prise ménagée sur l'enroulement primaire d'un transformateur, notamment pour emploi d'un sélecteur de tension) (cf. aussi* tap¹, line-voltage selector *et* primary winding).

primary target   cible primaire *(cible suivie par un radar primaire) (cf. aussi* primary radar).

primary terminals   bornes du primaire *(ou* de l'enroulement primaire) *(transfo) (cf. aussi* primary winding *et* terminal 1)).

primary-to-secondary isolation   isolement entre le primaire et le secondaire *(transfo) (cf. aussi* transformer 1)).

primary-to-secondary leakage inductance current   *(parf.* intensité du) courant dû à l'inductance de fuite entre le primaire et le secondaire *(transfo) (cf. aussi* leakage inductance).

primary unit   *cf.* primary standard.

primary voltage   tension au primaire *(ou* aux bornes du primaire *ou* de l'enroulement primaire) *(transfo) (cf. aussi* primary winding *et* voltage).

primary winding   enroulement primaire, (le) primaire *(enroulement d'un transformateur parcouru par le courant à transformer) (en d'autres termes, enroulement inducteur d'un transformateur) (cf. aussi* transformer 1).

primary-winding ...   *cf.* primary ...

prime *v*   mettre au potentiel *(cf. aussi* priming).

priming   mise au potentiel *(action d'amener toute la surface de la grille-mémoire d'un tube à mémoire au même potentiel électrique par rapport au point de référence) (cf. aussi* electric potential *et* storage tube).

primitive *s*   (une) primitive *(en informatique graphique, figure géométrique de dimensions variables à volonté utilisable et combinable avec d'autres pour former un dessin : segment de droite ou de courbe, cercle, polygone, polyhèdre, arc de cercle, de couronne, de tore, cylindre, prisme, cône, tronc de cône, pyramide, tronc de pyramide, sphère, calotte sphérique, segment sphérique, etc., ou fonction correspondante) (cf. aussi* computer graphics).

principal mode   mode fondamental *(guide d'ondes) (cf. aussi* fundamental mode).

principal quantum number   nombre quantique principal *(nombre entier indiquant le rang d'une couche électronique à partir du noyau d'un atome) (la couche ayant pour nombre quantique n = 1 s'appelle « couche K », la couche à n = 2 s'appelle « couche L », et ainsi de suite) (cf. aussi* quantum number *et* electron shell).

principle of relativity   (le) principe de relativité *(physique) (cf. aussi* relativity principle).

print ...   *cf.* printing ... *(pour les termes qui ne figurent pas ci-après).*

print area   zone d'impression, zone utile *(partie d'une feuille d'imprimante pouvant effectivement recevoir des caractères, compte-tenu des marges et des haut et bas de page laissés en blanc) (inf).*

print band   *cf.* print chain.

print bar   barre d'impression, barre à caractères *(imprimante à barres) (inf.) (cf. aussi* bar printer).

print belt   *cf.* print chain.

print chain   chaîne d'impression, chaîne à caractères, courroie *(idem) (imprimante à chaîne) (inf) (cf. aussi* chain printer).

print character   caractère (imprimable) *(par une imprimante) (inf) (cf. aussi* character *et* printer¹).

print command   ordre d'impression *(mot binaire ou impulsion provoquant la mise en marche d'une imprimante) (inf, mesure) (cf. aussi* binary word *et* printer 1)).

print cycle   cycle d'impression *(suite d'opérations conduisant à l'impression d'un caractère, d'une ligne ou d'une page par une imprimante) (cf. aussi* printer¹).

print data informations à imprimer *(inf) (cf. aussi* data).

print drum tambour d'impression, tambour à caractères *(imprimante à tambour) (inf) (cf. aussi* drum printer).

print engine cœur (de l'imprimante) *(nom donné au mécanisme complet d'une imprimante laser) (inf) (cf. aussi* laser printer).

print hammer marteau d'impression *(dans certaines imprimantes à percussion, pièce en acier pivotant ou coulissant sous l'action d'un électro-aimant pour provoquer l'impression d'un caractère) (inf) (cf. aussi* drum printer, chain printer, bar printer, daisy-wheel printer *et* print magnet).

print head tête d'impression *(organe de certaines imprimantes exécutant l'impression des caractères) (tête à boule, tête à marguerite, tête à aiguilles, tête à jets d'encre, tête thermique, etc.) (inf) (cf. aussi* printer 1)).

print line ligne à imprimer *(ou* d'impression) *(imprimante) (inf) (cf. aussi* printer[1]).

print magnet électro-aimant d'impression *(électro-aimant actionnant un marteau d'impression dans une imprimante) (inf) (cf. aussi* electromagnet *et* print hammer).

print mecanism mécanisme d'impression *(ensemble des organes mécaniques ou non concourant à l'impression des caractères dans une imprimante ou, parfois, imprimante nue) (inclut la tête d'impression lorsque l'imprimante en utilise une) (inf) (cf. aussi* printer 1), OEM printer *et* print head).

print member organe d'impression, organe porte-caractères *(tg) (boule, margueritte, roue d'impression, chaîne d'impression, barre d'impression, etc., dans une imprimante) (inf) (cf. aussi* print position *et* printer[1]).

print pitch pas d'impression *(nombre de caractères par unité de longueur d'une ligne imprimée par une imprimante, l'unité employée étant généralement le pouce : 10, 12, 15, 20, etc. caractères par pouce) (cf. aussi* printer 1).

print position position d'impression *(emplacement d'un caractère sur un organe d'impression ou un papier imprimé ou à imprimer) (cf. aussi* print member *et* character).

print roll rouleau d'impression, cylindre d'impression *(cylindre caoutchouté sur lequel est enroulé le papier à imprimer dans une imprimante à percussion ou autre) (inf) (cf. aussi* impact printer).

print span largeur d'impression, longueur des lignes (imprimées) *(imprimante) (cf. aussi* printer[1]).

print speed *cf.* printing speed.

print-through *s* transfert magnétique, transfert entre spires *(transfert indésirable d'informations, par induction magnétique, entre deux spires successives d'une bande magnétique enregistrée enroulée sur une bobine) (cf. aussi* magnetic induction 1) *et* magnetic tape).

print wheel roue d'impression, roue à caractères (a) *un des organes d'impression élémentaires disposés côte-à-côte sur le même axe pour former le tambour d'une imprimante à tambour et correspondant chacun à une position d'impression) (cf. aussi* print member, drum printer *et* print position) ; (b) *autre nom, plus formel et moins employé, d'une marguerite d'imprimante) (cf. aussi* daisy-wheel printer).

printed board *cf.* printed-circuit board.

printed-board ... *cf.* printed-circuit ...

printed card *cf.* printed-circuit board.

printed-card ... *cf.* printed-circuit ...

printed circuit circuit imprimé *(circuit dont les conducteurs sont d'étroites bandes de cuivre adhérant à un substrat isolant) (les conducteurs sont généralement obtenus par photogravure) (le terme « circuit imprimé » désigne en fait généralement l'ensemble formé par les conducteurs et le substrat) (cf. aussi* subtractive method, additive method, microwave printed circuit, flexible printed circuit, printed wiring, printed-circuit trace, printed-circuit substrate, printed-circuit board, printed-circuit connector, printed-circuit motor *et* photolithography).

printed-circuit ... *cf.* PC-board ... *(pour les termes qui ne figurent pas ci-après)*.

printed-circuit area **1)** (aire de la) surface d'un circuit imprimé *(aire de la surface d'une plaquette ou d'une carte à circuit imprimé) (cf. aussi* printed-circuit board). **2)** *cf.* printed-circuit field.

printed-circuit aerial *(GB) cf.* printed-circuit antenna.

printed-circuit antenna antenne à circuit imprimé, antenne imprimée *(antenne hyperfréquence multiélément dans laquelle les éléments rayonnants sont réalisés sous la forme de conducteurs imprimés) (cf. aussi* microwave antenna, radiating element *et* printed conductor).

printed-circuit armature rotor à circuit imprimé, rotor à bobinage imprimé, rotor plat *(rotor de moteur à courant continu formé essentiellement d'un disque isolant portant sur ses deux faces des conducteurs plats presque radiaux réalisés suivant la technique des circuits imprimés et sur lesquels les balais frottent directement) (n'a donc pas de tôles magnétiques ni de collecteur et constitue une version moderne de la roue de Barlow) (l'absence de tôles magnétiques — rotor dit « sans fer » — élimine la réaction d'induit et améliore, par conséquent, la commutation ; de plus, le bon refroidissement des conducteurs nus permet d'y faire circuler un courant de grande densité et d'obtenir ainsi une puissance massique élevée, surtout si l'on rapporte la puissance au poids du rotor) (sur le plan mécanique, le rotor étant beaucoup moins lourd que celui d'un moteur classique comparable, surtout à la périphérie, son moment d'inertie est beaucoup moins grand et son temps de réponse est réduit dans les mêmes proportions, ce qui est particulièrement intéressant dans un servomoteur pour l'accélération au démarrage et la décélération à l'arrêt et, par conséquent, pour les changements de sens de rotation) (pour les démarrages, qui constituent une notion essentielle dans le cas des servomoteurs, la combinaison de la faible inertie de ce rotor et de sa grande puissance massique fait du moteur à rotor imprimé le servomoteur idéal) (cf. aussi* dc motor, armature reaction, commutation 1), current density, servomotor *et* printed circuit).

printed-circuit array antenna *cf.* printed-circuit antenna.

printed-circuit artwork (le) dessin des circuits imprimés *(au sens de « dessiner ») (cf. aussi* printed-circuit layout).

printed-circuit board *(ce terme, qui avait initialement uniquement le sens de 2) ci-après, a pris progressivement celui de 1) dans le cas général)* **1)** carte à circuit imprimé, carte enfichable, carte imprimée, carte *(plaquette à circuit imprimé rectangulaire réalisée sous la forme d'un module enfichable grâce à des dimensions normalisées et à l'emploi d'un connecteur approprié) (est normalement montée dans un panier à cartes) (voir aussi 2) ci-après) (cf. aussi* single-sided printed-circuit board, double-sided printed-circuit board, multilayer printed-circuit board, printed-circuit connector, card cage *et* plug-in module). **2)** plaquette à circuit imprimé *(ensemble formé par un circuit imprimé réalisé sur un substrat rigide ou semi-rigide peu épais et ce substrat) (depuis la généralisation des cartes enfichables, ce terme désigne normalement un circuit imprimé non enfichable, c.-à-d. généralement fixé par des vis) (voir en tête de rubrique) (cf. aussi* printed circuit).

printed-circuit board ... *cf.* PC-board ...

printed-circuit card *cf.* printed-circuit board. *(de même pour les termes dérivés).*

printed-circuit conductor conducteur de circuit imprimé *(cf. aussi* trace[1] 2)).

printed-circuit connection connexion de circuit imprimé *(connexion entre un conducteur d'un circuit imprimé, notamment une plage de connexion ou un trou métallisé, et une sortie d'un composant monté sur le circuit ou tout autre conducteur) (est assurée par une soudure à l'étain) (cf. aussi* trace[1] 2), bonding pad, plated-through hole, lead[2] 2) *et* wave soldering).

printed-circuit connector connecteur de circuit imprimé *(ou* de carte à circuit imprimé *ou* de carte enfichable), connecteur pour *(idem) (connecteur plat à grand nombre de contacts conçu pour raccorder un circuit imprimé à un ensemble de conducteurs formant généralement un câble plat ou associés à un fond de panier) (cf. aussi* one-piece connector, two-piece connector, connector (a), low-insertion-force connector, zero-insertion-force connector, printed circuit, flat cable *et* backplane).

printed-circuit industry (l')industrie des circuits imprimés *(cf. aussi* printed-circuit manufacturer).

printed-circuit laminate stratifié pour circuits imprimés *(dans* *le cas général, est un isolant en feuille formé de plusieurs couches d'isolant imprégnées de résine polymérisée par chauffage sous pression entre deux plateaux) (est utilisé comme substrat de circuit imprimé) (cf. aussi* glass-epoxy laminate *et* printed-circuit substrate*).*

printed-circuit layout dessin des circuits imprimés, *(parf.)* disposition des composants sur un circuit imprimé, implantation *(idem) (cf. aussi* printed circuit*).*

printed-circuit maker *cf.* printed-circuit manufacturer.

printed-circuit manufacturer fabriquant de circuits imprimés *(est souvent une petite entreprise à caractère plus ou moins artisanal, surtout en dehors des Etats-Unis).*

printed-circuit motor moteur à circuit imprimé, moteur à rotor imprimé *(ou* plat*)*, moteur à bobinages imprimés *(moteur à courant continu utilisant un rotor à circuit imprimé) (cf. aussi* printed-circuit armature*).*

printed-circuit panel panneau à circuit imprimé *(panneau d'antenne à circuit imprimé formée d'un ou plusieurs panneaux) (hyper) (cf. aussi* printed-circuit antenna*).*

printed-circuit pins *(parf.* sortie sur) broches pour montage sur circuit imprimé *(broches d'un composant enfichable pour circuit imprimé) (sont disposées au pas de la grille internationale et permettent d'enficher le composant directement dans des trous métallisés ou des douilles rapportées, ou indirectement dans un support approprié) (cf. aussi* pin 1), PC-board component, grid 2), plated-through hole *et* pin socket*).*

printed-circuit plug-in *cf.* printed-circuit board 1).

printed-circuit substrate substrat de circuit imprimé *(parf.* pour circuits imprimés*) (support isolant relativement mince généralement recouvert d'une mince couche de cuivre sur une de ses faces ou sur les deux destinée à être photogravée) (feuille de stratifié, feuille ou bande de plastique ou tôle émaillée) (cf. aussi* printed-circuit laminate, porcelain-coated steel *et* printed circuit*).*

printed-circuit technology (la) technique des circuits imprimés *(cf. aussi* printed circuit *et* technology*).*

printed-circuit trace ruban de circuit imprimé *(cf. aussi* trace[1] 2)).

printed component *(noter qu'un circuit imprimé ne comporte normalement pas de composants imprimés) (cf. aussi* printed circuit) composant imprimé (a) *nom parfois donné à un composant sérigraphié) (CH) (cf. aussi* screen-printed component ; (b) *composant fabriqué de la même façon qu'un circuit imprimé) (cf. aussi* printed switch*).*

printed conductor conducteur imprimé (a) *conducteur de circuit imprimé) (cf. aussi* printed circuit) ; (b) *nom parfois donné à un conducteur sérigraphié) (CH) (cf. aussi* screen-printed conductor*).*

printed contact contact imprimé (a) *contact d'une galette d'un commutateur à circuit imprimé (cf. aussi* printed switch) ; (b) *nom parfois donné à une plage de contact d'une carte à circuit imprimé) (cf. aussi* plated finger*).*

printed motor *cf.* printed-circuit motor.

printed switch commutateur à circuit imprimé *(commutateur à une ou plusieurs galettes fabriquées comme des circuits imprimés) (cf. aussi* wafer rotary switch, printed circuit *et* flushing*).*

printed wiring câblage imprimé *(nom parfois donné au réseau de conducteurs d'une plaquette ou d'une carte à circuit imprimé, c.-à-d. à un circuit imprimé proprement dit, pour faire la distinction avec le sens généralement donné à ce terme) (cf. aussi* printed circuit*).*

printed-wiring ... *cf.* printed-circuit ...

printer 1) imprimante *s (machine exécutant l'impression des résultats d'un traitement d'informations) (cf. aussi* impact printer, non-impact printer, serial printer, line printer, page printer, OEM printer *et* print mechanism). 2) graveur (de motifs) *(fab. CI, semi) (cf. aussi* pattern printer*).*

printer driver pilote d'imprimante *(inf) (cf. aussi* driver 2)).

printer rate *cf.* printing speed.

printer telegraph code code de téléimprimeur *(code télégraphique utilisé dans les liaisons assurées par des téléimprimeurs) (code Baudot, code ASCII, etc.) (tls) (cf. aussi* Baudot code, ASCII code *et* telegraph code*).*

printing *s* impression *(de résultats ou autres informations) (inf, etc.) (cf. aussi* unidirectional printing, bidirectional printing *et* printer 1)).

printing calculator calculatrice imprimante *(calculatrice électronique équipée d'une petite imprimante, généralement à tambour ou, plus récemment, à courroie) (cf. aussi* calculator, drum printer, chain printer *et* printer 1)).

printer rate *cf.* printing speed.

printing speed vitesse d'impression, cadence d'impression *(nombre de caractères, de lignes ou de pages imprimé par une imprimante par unité de temps) (l'unité de temps dépend du type d'imprimante (inf) (cf. aussi* cps 2), lpm, ppm 3) *et* printer 1)).

printing telegraphy télégraphie par téléimprimeurs *(tls) (cf. aussi* teleprinter *et* telegraphy*).*

printing terminal terminal imprimant *(nom parfois donné à une imprimante à clavier) (inf) (cf. aussi* KSR).

printout *s* résultats imprimés, *(parf.)* impression des résultats, *(parf.)* sortie sur imprimante *(inf) (cf. aussi* hard copy *et* printer 1)).

prioritization affectation des priorités *(cf. aussi* interrupt prioritization *et* threat prioritization*).*

prioritize *v* affecter une priorité *(cf. aussi* prioritization*).*

prioritized interrupt interruption prioritaire *(inf) (cf. aussi* interrupt prioritization*).*

priority interrupt *cf.* prioritized interrupt.

private automatic branch exchange central automatique d'abonné, central téléphonique *(idem) (central téléphonique automatique relié à un réseau téléphonique public, c-à-d. central d'une entreprise ou d'un organisme important) (les centraux automatiques non publics sont presque toujours des centraux d'abonnés) (tls) (cf. aussi* automatic telephone exchange*).*

private automatic exchange central automatique privé, central téléphonique *(idem) (central téléphonique automatique non relié à un réseau téléphonique public) (cas très rare) (tls) (cf. aussi* automatic telephone exchange*).*

private branch exchange central d'abonné, central téléphonique d'abonné *(central téléphonique manuel ou automatique d'un abonné au téléphone, celui-ci étant une entreprise ou un organisme) (tls) (cf. aussi* telephone exchange*).*

private exchange central privé, central téléphonique privé *(central téléphonique non relié à un réseau téléphonique public) (est presque toujours un central manuel) (tls) (cf. aussi* manual telephone exchange*).*

private line *cf.* leased line. *(de même pour les termes dérivés).*

private manual branch exchange central manuel d'abonné, central téléphonique *(idem) (central téléphonique manuel relié à un réseau téléphonique public, c-à-d. central d'une entreprise ou d'un organisme de petite ou moyenne importance) (tls) (cf. aussi* manual telephone exchange*).*

private manual exchange central manuel privé, central téléphonique *(idem) (central téléphonique manuel non relié à un réseau téléphonique public) (cas relativement rare) (tls) (cf. aussi* manual telephone exchange*).*

PRK *cf.* pulse-reversal keying.

PRM *cf.* pulse-rate modulation.

PRN *cf.* pseudo-random noise.

probability density densité de probabilité *(en statistique mathématique, y compris en statistique quantique, fonction représentant la probabilité d'une valeur d'une grandeur variable en fonction d'une autre variable) (analyse du bruit électrique, fonction d'onde, etc.) (cf. aussi* wave function, Gaussian noise, function[1] 1) (b) *et* quantun statistics).

probability density function *cf.* probability density.

probability of false alarm probabilité de fausse alarme *(radar, sonar, etc.) (cf. aussi* false alarm probability*).*

probability of busy probabilité d'occupation *(d'un circuit téléphonique) (théorie de la commutation) (cf. aussi* telephone circuit *et* switching theory*).*

probability of detection probabilité de détection *(d'une cible radar ou sonar) (mil, etc.) (cf. aussi* detection probability*).*

probability of engagement *cf.* probability of busy.

probability of intercept probabilité d'interception *(probabilité d'intercepter un signal émis par l'adversaire) (ce terme désigne souvent la probabilité, pour l'opérateur d'un récepteur* *d'écoute, de déterminer la fréquence d'un tel signal et notamment la probabilité, pour un récepteur à fréquence instantanée, de déterminer la fréquence instantanée d'un tel signal) (mil) (cf. aussi* intercept 2), surveillance receiver *et* IFM receiver).

probe¹ *s*   sonde *(dispositif permettant de prélever un signal dans un circuit ou, parfois, appliquer un signal à un circuit)* (a) *sonde montée à l'extrémité du cordon de mesure d'un oscilloscope, d'un multimètre ou d'un analyseur logique) (est généralement un cylindre isolant terminé par une pointe métallique servant de pointe de touche, et contenant éventuellement des éléments d'adaptation ou de conversion du signal à examiner ou mesurer) (cf. aussi* passive probe, active probe *et* test probe); (b) *tige métallique dépassant à l'intérieur d'un guide d'ondes pour coupler un circuit extérieur avec le champ électrique de l'onde se propageant dans le circuit en guides d'ondes) (sert à prélever ou appliquer un signal) (cf. aussi* slotted-line probe *et* waveguide).

probe² *v*   sonder, *(souvent)* contrôler *(cf. aussi* probe¹).

probe compensation   compensation de l'effet de la sonde, compensation de la sonde *(compensation de l'effet de la résistance, la capacité ou l'inductance de la sonde d'un oscilloscope sur le signal visualisé) (cf. aussi* oscilloscope probe).

probe contact   *cf.* probing pad.

probe coupling   couplage par sonde, couplage électrique *(hyper) (cf. aussi* coupling probe *et* electric coupling 1)).

probe microphone   microphone-sonde *(microphone de mesure de très petites dimensions utilisé pour faire des mesures dans un champ sonore en perturbant celui-ci le moins possible par sa présence) (mesures de bruit) (cf. aussi* microphone).

probe pad   *cf.* probing pad.

probe power jack   jack d'alimentation de sonde *(jack monté sur un oscilloscope pour y enficher la fiche du cordon d'alimentation d'une sonde active) (cf. aussi* jack *et* active probe).

probe power supply   1) alimentation de la sonde *(alimentation d'une sonde active d'oscilloscope) (cf. aussi* power supply 1) *et* active probe). 2) alimentation de sonde *(voir aussi* 1) *ci-dessus) (cf. aussi* power supply 2)).

probe tip   embout de sonde *(pointe métallique d'une sonde d'appareil de mesure) (cf. aussi* probe (a)).

probing   sondage, *(souvent)* contrôle *(cf. aussi* probe (a)).

probing pad   point de mesure *(plage métallisée servant de point de mesure sur un circuit intégré monolithique ou hybride) (cf. aussi* test point *et* integrated circuit).

probing socket card   carte à circuit imprimé *portant des supports de circuits intégrés destinés à recevoir des circuits intégrés, généralement monolithiques, à contrôler) (cf. aussi* printed-circuit board, monolithic integrated circuit *et* burn-in board).

problem-oriented language   langage orienté vers les problèmes *(nom donné à un langage évolué lorsqu'on le compare à un langage orienté vers la machine) (inf) (cf. aussi* high-level language, machine-oriented language *et* programming language).

procedural language   langage procédural, langage de programmation procédural *(langage de programmation dans lequel la méthode à suivre pour exécuter une instruction est implicitement contenue dans celle-ci) (type classique) (inf) (cf. aussi* programming language *et* instruction).

proceed-to-dial signal   *cf.* proceed-to-send signal.

proceed-to-send signal   tonalité d'invitation à numéroter *(signal à fréquence audible envoyé au demandeur d'une communication téléphonique automatique par l'autocommutateur du central qui le dessert après réception du préfixe du numéro du poste demandé pour indiquer que les opérations nécessaires à la prise en compte de la suite du numéro sont exécutées) (cf. aussi* prefix (b) *et* telephone switch).

process¹ *s*   1) processus *(suite d'actions ou de phénomènes conduisant respectivement à un résultat ou un état final déterminé) (voir aussi* 2) *ci-après et ne pas confondre, cette distinction n'existant pas en anglais) (cf. aussi* stochastic process *et* process control). 2) procédé, *(souvent aussi)* méthode *(suite d'opérations conduisant à un résultat déterminé (procédé de fabrication, etc.) (voir aussi* 1) *ci-dessus) (cf. aussi* processing step *et notamment* bipolar process, MOS process *et* CMOS process).

process² *v (cf. aussi* processing)   1) traiter. 2) fabriquer, *(parf.* usiner).

process computer   *cf.* process controller.

process control *(cf. aussi* control¹)   1) commande de processus, conduite de processus *(commande d'un processus, notamment par un régisseur de processus) (inf, etc.) (cf. aussi* process¹ 1) *et* process controller). 2) suivi de fabrication *(ensemble des activités de contrôle, réglage et modification destinées à assurer la reproductibilité des caractéristiques des composants à semiconducteur ou autres produits) (cf. aussi* process parameters).

process control computer   *cf.* process controller.

process control graphics   visualisation de processus, *(etc.) (visualisation du déroulement d'un processus industriel ou autre sur un écran cathodique) (inf).

process controller   régisseur de processus *(terme que j'ai proposé),* automate programmable *(terme officiel et trop général car un automate, qu'il soit programmable ou non, de Vaucanson ou d'un autre, n'est pas forcément un régisseur de processus),* ordinateur industriel, calculateur industriel *(régisseur commandant le déroulement d'un processus industriel ou autre) (noter qu'un régisseur de processus peut être un dispositif analogique, bien que cela soit devenu rare, et que le terme « ordinateur industriel » ne peut alors être employé) (inf) (cf. aussi* process control 1), controller 1) *et* computer 2)).

process development   mise au point du procédé.

process engineer   ingénieur de fabrication.

process parameters   1) paramètres du processus *(commande de processus) (cf. aussi* process control 1)). 2) paramètres de fabrication *(parf.* de traitement) *(en électronique, ces termes s'appliquent notamment aux composants à semiconducteur et désignent des grandeurs telles que la température et la durée de diffusion thermique, l'énergie d'implantation ionique, la température et la durée de recuit, la nature du rayonnement sensibilisant et du résist, le type d'attaque chimique, etc.) (cf. aussi* semiconductor device, diffusion 2), ion implantation, annealing, resist, etching *et* parameter).

process step   opération du procédé *(fab. CI, semi, etc.) (cf. aussi* processing step).

process technology *(cf. aussi* technology)   1) technologie du procédé *(cf. aussi* process¹ 2)). 2) *cf.* processing technology.

processed circuit   circuit fabriqué *(circuit imprimé ou circuit intégré monolithique) (cf. aussi* printed circuit *et* monolithic integrated circuit).

processed wafer   plaquette traitée *(plaquette à gravure prête à être découpée en puces) (fab. CI, semi) (cf. aussi* wafer 2), scribing *et* chip 1)).

processing   1) traitement *(en électronique, action de faire subir des opérations déterminées à un signal, des informations, un corps ou un objet en vue d'obtenir un résultat également déterminé) (a) traitement de signaux) (cf. aussi* signal processing *et* processing step 1)); (b) *traitement d'informations) (inf) (cf. aussi* data processing); (c) *traitement chimique d'un substrat et notamment d'une plaquette à gravure) (fab. CI, semi) (cf. aussi* non-vacuum processing 1), vacuum processing 1) *et* etching). 2) fabrication *(de composants à semiconducteurs ou autres) (cf. aussi* processing step 2)).

processing algorithm   algorithme (de traitement) *(de signaux ou d'informations) (inf) (cf. aussi* algorithm).

processing area   1) *cf.* processing field. 2) *cf.* processing site.

processing capabilities   *cf.* processing capability.

processing capability   possibilités de traitement *(parf. au singulier), (parf.)* puissance de traitement *(inf) (cf. aussi* digital processing, processing power *et* capability).

processing chain   chaîne de traitement (de signaux) *(cf. aussi* signal processing chain).

processing chip   puce de traitement (de signaux) *(puce de circuit intégré assurant le traitement de signaux numériques ou analogiques) (ce terme désigne, entre autres, la puce du circuit à transfert de charges accolée à la puce de détection dans une cible focale hybride) (cf. aussi* chip 1), processing 1) (a) *et* hybrid focal plane array).

processing circuitry   circuits de traitement (de signaux) *(CI, etc.) (cf. aussi* processing 1) (a) *et* circuitry).

processing defect défaut de fabrication *(CI, semi, CH, CP).*

processing electronics électronique de traitement *(électronique traitant des signaux) (cf. aussi* electronics[1] (c) *et* processing 1) (a)).

processing element élément de traitement (a) *nom parfois donné à une unité centrale d'ordinateur lorsque celui-ci en comporte plusieurs) (inf) (cf. aussi* central processing unit *et* multiprocessor) ; (b) *nom parfois donné à une porte logique d'un circuit intégré numérique et notamment d'une matrice prédiffusée) (inf) (cf. aussi* logic gate, digital integrated circuit *et* gate array).

processing end extrémité réceptrice *(au sens du terme anglais, extrémité réceptrice d'une liaison de transmission de données) (télinf) (cf. aussi* data link).

processing equipment 1) matériel de traitement (de l'information) *(inf) (cf. aussi* data processing equipment). 2) matériel de fabrication *(matériel employé pour fabriquer les composants à semiconducteur ou autres) (cf. aussi* semiconductor processing equipment).

processing field *(cf. aussi* processing) 1) domaine de la fabrication *(parf. du traitement).* 2) *cf.* data processing field.

processing power puissance de traitement *(ce terme a un sens plus large que la vitesse de traitement car il inclut les possibilités plus ou moins grande du jeu d'instructions de l'appareil et la capacité de la mémoire centrale, ainsi que, dans une moindre mesure, la capacité de la mémoire auxiliaire rapide telle qu'un disque dur et le temps d'accès à celle-ci) (inf) (cf. aussi* processing speed *et* instruction set).

processing section partie traitement *(ordinateur) (cf. aussi* processor (a)).

processing site lieu de traitement *(d'informations radar ou autres) (mil, etc.).*

processing speed vitesse de traitement *(nombre d'opérations élémentaires qu'une unité centrale ou, par conséquent, un microprocesseur ou un ordinateur peut exécuter par seconde, ou nombre correspondant d'instructions élémentaires) (est donc exprimée en opérations par seconde ou en instructions par seconde) (cf. aussi* processing power, central processing unit, OPS, FLOPS *et* IPS).

processing step 1) phase de traitement *(parf. du traitement) (une des phases du traitement d'un signal ou d'informations) (cf. aussi* signal processing *et* data processing). 2) opération de fabrication, *(parf.)* phase de la fabrication *(en électronique, ce terme désigne souvent une des opérations successives nécessaires pour fabriquer simultanément un certain nombre de composants à semiconducteur ou assimilés sur une plaquette à gravure : épitaxie, oxydation thermique, enduction de résist, étuvage, insolation, attaque chimique ou au plasma, diffusion thermique, implantation ionique, métallisation, contrôle, découpe, encapsulation, etc.) (cf. aussi* semiconductor device *et* wafer 2)).

processing technique 1) méthode de traitement *(de signaux, d'informations ou de composants à semiconducteur ou autres) (cf. aussi* processing 1). 2) procédé de fabrication, méthode de fabricatin *(de composants à semiconducteur ou autres) (cf. aussi* processing 2)).

processing technology (la) technologie (de fabrication) *(noter que « technology » se traduit ici effectivement par « technologie ») (CI, semi, etc.) (cf. aussi* bipolar technology, MOS technology, CMOS technology *et* technology).

processing throughput capacité de traitement (a) *ordinateur, etc.) (inf) (cf. aussi* processing power) ; (b) *graveur de motifs, etc.) (fab. CI, semi) (cf. aussi* throughput (b)).

processing time 1) temps de traitement, durée du traitement *(signaux, informations, composants) (inf, CI, semi) (cf. aussi* processing 1). 2) temps de fabrication, durée de la fabrication *(composants) (cf. aussi* processing 2)).

processing unit unité de traitement (a) *ensemble électronique ou autre exécutant un traitement de signaux ou d'informations) (cf. aussi* processing 1) (a), (b) ; (b) *cf. aussi* central processing unit).

processing yield rendement de fabrication *(CI, semi) (cf. aussi* yield (b)).

processor 1) organe de traitement, partie traitement, processeur *(anglicisme courant mais à éviter),* traiteur d'informations *(terme que j'ai proposé) (partie de l'unité centrale d'un* ordinateur dans laquelle est effectué le traitement des informations ou, par extension, l'unité centrale complète ou, par extension encore plus grande et fréquente, l'ordinateur complet) (dans le premier cas, comprend l'unité arithmétique et logique et l'unité de commande) (cf. aussi* processor array, central processing unit, arithmetic-logic unit *et* control unit 2)). 2) *cf.* microprocessor. 3) *cf.* word processor. 4) *cf.* compiler.

processor array matrice de processeurs, *(etc.) (ensemble d'organes de traitement disposés fonctionnellement comme les éléments d'une matrice, chacun d'eux pouvant notamment correspondre à un point d'une image à traiter) (cf. aussi* processor 1), matrix *et* array processor *et* noter que celui-ci peut être un « processor array »).

processor chip *cf.* microprocessor chip.

processor control unit unité de commande du processeur, *(etc.) (inf) (cf. aussi* processor (a)).

processor IC *cf.* processor integrated circuit.

processor integrated circuit *cf.* microprocessor.

processor section *cf.* processing section.

processor slice puce partielle *(microprocesseur) (CI) (inf) (cf. aussi* bit-slice microprocessor).

prod pointe de touche *(cf. aussi* test prod).

product s produit *(résultat d'une multiplication) (produit arithmétique, produit logique, produit gain × largeur de bande, etc.) (math, inf) (cf. aussi* logic product *et* gain-bandwidth product).

product demodulator *cf.* product detector.

product detector détecteur-produit *(nom parfois donné au détecteur synchrone pour rappeler que sa tension de sortie est proportionnelle au produit de l'amplitude de la porteuse régénérée et de l'amplitude de la porteuse reçue) (récepteur) (cf. aussi* synchronous detector).

product modulator modulateur-produit *(nom parfois donné à un modulateur en anneau pour rappeler que l'amplitude du signal de sortie est proportionnelle au produit de l'amplitude du signal modulant et du signe instantané de la porteuse) (émetteur) (cf. aussi* ring modulator).

product of sums produit de sommes *(en informatique, ce terme désigne le produit logique de deux ou plusieurs sommes logiques et a pour synonyme le terme « intersection de réunions », lequel est toutefois moins employé) (cf. aussi* logic product *et* logic sum).

production device dispositif produit en série *(en électronique, ce terme désigne souvent un composant à semiconducteur produit en grande série) (cf. aussi* jelly beans).

production mask masque de fabrication *(masque de gravure effectivement utilisé pour cette opération) (est la reproduction du masque initial appelé « sous-mère chrome » conservé comme modèle, les masques de fabrication s'usant et devant être remplacés après un certain nombre d'opérations de gravure) (fab. CI, semi) (cf. aussi* mask 2).

production photomask *cf.* production mask.

professional electronic equipment matériel électronique professionnel *(ou* de type professionnel), matériel professionnel *(le terme anglais est peu employé et généralement remplacé par « industrial electronic equipment » ou « commercial electronic equipment » bien que le premier soit trop spécifique et le second trop général) (voir ces termes et adapter éventuellement) (de même pour les termes dérivés).

program [1] s programme (a) *suite d'actions ou d'opérations à exécuter) (en électronique, cette acception du mot « programme » s'applique généralement à un programme d'ordinateur) (cf. aussi* computer program) ; (b) *nom souvent donné à une émission de radiodiffusion sonore et notamment visuelle) (cf. aussi* radio program *et* television program).

program[2] v programmer *(établir un programme et notamment un programme d'ordinateur ou charger un tel programme dans une mémoire programmable) (cf. aussi* computer program *et* programmable memory).

program address adresse du programme *(inf) (cf. aussi* address[1] (a)) (a) *adresse de la première instruction d'un programme d'ordinateur chargé dans la mémoire de celui-ci, notamment avec d'autres) (cf. aussi* instruction *et* computer program) ; (b) *nom parfois donnée à une adresse d'instruction par opposition à une adresse de donnée).

program address counter *cf.* program counter.

program amplifier amplificateur de modulation *(amplificateur amplifiant le signal en provenance de la régie d'un studio de radiodiffusion sonore avant qu'il soit transmis par un circuit radiophonique) (cf. aussi* program circuit).

program board tableau de connexions *(au sens du terme anglais, petit tableau de connexions monté notamment sur une machine mécanographique telle qu'une tabulatrice pour programmer une courte suite d'opérations) (inf) (cf. aussi* plugboard).

program bug erreur de programmation, panne logicielle, os logiciel, os *(termes que j'ai proposé),* bogue *(terme officiel tout à fait impropre dont la seule raison d'être est de ressembler phonétiquement au terme anglais) (erreur commise dans l'élaboration d'un programme d'ordinateur) (inf) (cf. aussi* warning message *et* computer program).

program circuit circuit radiophonique *(circuit téléphonique à large bande reliant la régie d'un studio de radiodiffusion sonore au centre distributeur de modulation ou celui-ci à un émetteur) (cf. aussi* wideband telephone circuit, modulation (b), program amplifier *et* program weighting).

program control commande par programme *(commande du fonctionnement d'un appareil ou d'une machine par un programme enregistré sous une forme ou une autre) (inf, etc.) (cf. aussi* program[1] (a) *et* program-controlled computer).

program-controlled computer calculateur à programme enregistré *(nom descriptif, incomplet, de l'ordinateur) (est incomplet car ne comporte pas le qualificatif « numérique », qui est essentiel) (inf) (cf. aussi* computer 2)).

program counter compteur d'instructions, compteur ordinal *(terme ancien) (registre compteur de l'unité de commande d'un ordinateur contenant l'adresse de l'instruction à exécuter après l'instruction en cours d'exécution) (aussitôt que la prochaine instruction commence à être exécutée, son adresse contenue dans le compteur disparaît de celui-ci pour être remplacée par l'adresse de l'instruction à exécuter après, et ainsi de suite) (inf) (cf. aussi* incrémentation 2) (b), counting register, instruction *et* control unit 2)).

program debugging mise au point des programmes *(souvent du programme) (élimination des erreurs dans les programmes d'ordinateur) (inf) (cf. aussi* program bug).

program development élaboration de programmes *(d'ordinateur) (parf. du programme) (inf) (cf. aussi* computer program).

program director directeur de programme, metteur en ondes *(studio de radiodiffusion).*

programme entry introduction du programme *(au clavier d'un appareil programmable) (cf. aussi* programmable (b)).

program error *cf.* program bug. *(ce terme étant le plus employé).*

program execution exécution du programme *(inf, etc.).*

program flow déroulement du programme *(déroulement de l'exécution d'un programme d'ordinateur) (inf) (cf. aussi* computer program).

program flowchart organigramme de programmation *(organigramme indiquant les opérations logiques, arithmétiques ou autres à exécuter par l'unité centrale d'un ordinateur pour chaque phase d'un traitement d'informations) (inf) (cf. aussi* logic operation *et* central processing unit).

program generation génération de programmes *(inf) (cf. aussi* program generator).

program generator générateur de programmes, programme générateur (de programmes) *(ou* de génération) *(idem) (programme d'ordinateur réalisant la programmation automatique) (inf) (cf. aussi* application generator *et* automatic programming).

program instruction instruction du programme *(instruction d'un programme d'ordinateur) (inf) (cf. aussi* instruction).

program interrupt interruption *(de programme ou* du programme *selon le contexte) (inf) (cf. aussi* interrupt).

program library bibliothèque de programmes, bibliothèque, programmathèque *(ensemble de programmes et sous-programmes d'ordinateur enregistrés sur disques magnétiques ou bandes magnétiques pour être mis à la dispositions d'utilisateurs) (les disques et bandes peuvent être utilisés tels quels ou*

certains des programmes qu'ils portent peuvent être regroupés sur un autre support magnétique) (inf) (cf. aussi* computer program *et* subroutine).

program loading chargement du programme *(introduction d'un programme dans la mémoire centrale d'un ordinateur à partir d'une mémoire auxiliaire de celui-ci ou de la mémoire centrale d'un autre ordinateur) (inf) (cf. aussi* remote loading, computer program *et* main memory).

program media supports d'informations *(inf) (cf. aussi* storage medium *et* media 1)).

program memory mémoire de programme *(parf.* contenant le programme) *(mémoire auxiliaire d'ordinateur dans laquelle le programme de celui-ci est enregistré, ou partie de la mémoire centrale dans laquelle il est chargé) (inf) (cf. aussi* program ROM, auxiliary storage, main memory *et* computer program).

program module module de programme (d'ordinateur), *(parf.* du programme) *(partie d'un programme d'ordinateur formant un tout) (peut donc être élaborée presque indépendamment du reste du programme) (inf) (cf. aussi* computer program).

program on the air programme en cours d'émission *(ou en émission ou émis) (radiodif) (cf. aussi* put on the air).

program producer *cf.* program director.

program register *cf.* program counter.

program ROM mémoire ROM de programme, mémoire morte *(idem) (mémoire ROM contenant le programme d'un ordinateur) (inf) (cf. aussi* ROM *et* computer program).

program run passage du programme *(exécution complète d'un programme d'ordinateur par celui-ci) (inf) (cf. aussi* computer program).

program run time temps d'exécution du programme, temps de passage en machine, durée *(idem) (cf. aussi* program run).

program-sensitive error incident de programme *(erreur dans les résultats fournis par un ordinateur due à une combinaison particulière d'opérations à exécuter imposée par le programme) (n'est pas une véritable erreur de programmation) (inf) (cf. aussi* program bug).

program sequence suite d'instructions (du programme) *(inf) (cf. aussi* instruction).

program statement *cf.* program instruction.

program status register registre d'état programme *(ou* du programme) *(registre d'ordinateur destiné à contenir un mot d'état programme pendant une interruption pour permettre la reprise de l'exécution du programme dans les mêmes conditions après l'interruption) (inf) (cf. aussi* register[1] 1) (a), program status word *et* interrupt).

program status word mot d'état programme *(ou* du programme) *(mot binaire représentant l'état des différents organes de l'unité centrale d'un ordinateur, c-à-d. le contenu des registres associés à ceux-ci, au moment d'une interruption pour permettre la sauvegarde de cet état pendant l'interruption) (les principaux registres d'état sont le compteur de programme, les registres indicateurs de l'unité arithmétique et logique, le registre de la clé de protection mémoire, les registres de masque d'interruption, etc.) (inf) (cf. aussi* binary word, program status register, central processing unit, program counter *et* interrupt mask).

program storage 1) mémorisation du programme *(inf) (cf. aussi* program memory). **2)** *cf.* program memory.

program-storage memory *cf.* program memory.

program storage unit *cf.* program memory.

program store *cf.* program memory.

program tape bande-programme *(bande magnétique ou perforée sur laquelle est enregistré un programme d'ordinateur ou, dans le premier cas, plusieurs programmes) (inf) (cf. aussi* computer program).

program test (un) essai d'un programme *(parf.* du programme) *(inf) (cf. aussi* program testing).

program testing (l')essai des programmes *(parf.* du programme) *(essai de programmes d'ordinateur par passage en machine) (inf) (cf. aussi* program run).

program transmission émission de programmes, *(parf.)* transmission *(idem) (de radiodiffusion) (cf. aussi* program[1] (b)).

program unit programmateur *(cf. aussi* programmer 2)).

program weighting pondération pour circuits radiophoniques *(pondération du bruit dans un psophomètre utilisé pour des mesures sur circuits radiophoniques) (est différente de la pondération psophométrique) (tél) (cf. aussi* noise weighting *et* program circuit).

programmability programmabilité *(propriété d'un appareil ou un dispositif programmable) (inf, etc.) (cf. aussi* programmable[1]).

programmable[1] *a* programmable (a) *propriété d'un appareil ou dispositif électronique dont une caractéristique peut être modifiée en fonctionnement par application d'un signal numérique approprié ou, parfois et généralement à l'arrêt, par changement de la valeur d'une résistance) (voir aussi notamment* programmable power supply, programmable amplifier *et* programmable filter) *(cf. aussi* digital signal) ; (b) *propriété d'un appareil à microprocesseur autre qu'un micro-ordinateur dont le programme peut être changé par l'utilisateur) (le changement de programme est effectué par introduction d'un nouveau programme au clavier ou par échange d'une cassette à bande magnétique ou autre mémoire modulaire ou, parfois, en appuyant sur une touche mettant en service une autre mémoire ou zone de mémoire morte) (calculatrice programmable, jeu vidéo programmable, etc.) (cf. aussi* microprocessor *et* ROM) ; (c) *propriété d'un circuit intégré numérique dont certaines caractéristiques de fonctionnement peuvent être fixées par l'utilisateur entre des limites déterminées) (mémoire programmable ou matrice prédiffusée) (inf) (cf. aussi* programmable memory, programmable gate array *et* digital integrated circuit).

programmable[2] *s cf.* programmable calculator.

programmable amplifier amplificateur programmable *(ou à gain programmable) (cf. aussi* amplifier, programmable[1] (a) *et* gain 1)).

programmable array logic *cf.* PAL[2].

programmable band-pass filter filtre passe-bande programmable *(cf. aussi* programmable filter).

programmable bit-rate generator générateur de cadence binaire programmable, générateur de cadence programmable *(générateur de cadence binaire à cadence programmable) (inf) (cf. aussi* bit-rate generator *et* programmable[1] (a)).

programmable calculator calculatrice programmable, calculatrice électronique *(idem) (calculatrice électronique pouvant exécuter différents programmes introduits par l'utilisateur) (cf. aussi* calculator *et* programmable[1] (b)).

programmable controller régisseur programmable, *(etc.) (cf. aussi* process controller *et* programmable[1] (b)).

programmale current output *cf.* programmable output current.

programmable filter filtre programmable *(filtre passe-bande ou coupe-bande dans lequel la largeur de bande est programmable) (cf. aussi* band-pass filter, band-stop filter *et* programmable[1] (a)).

programmable-gain ... *cf.* programmable ...

programmable gate array *cf.* gate array.

programmable generator générateur programmable *(terme générique couvrant notamment le générateur de signaux programmable et le générateur de cadence binaire programmable) (cf. aussi* programmable signal generator *et* programmable bit-rate generator).

programmable instrumentation amplifier amplificateur de mesure programmable *(cf. aussi* instrumentation amplifier *et* programmable amplifier).

programmable logic (une) logique programmable *(terme générique couvrant notamment les matrices prédiffusées et les circuits PLA) (CI) (inf) (cf. aussi* gate array *et* PLA).

programmable logic array *cf.* PLA.

programmable memory mémoire programmable *(mémoire d'ordinateur programmable électriquement) (inf) (cf. aussi* electrically-programmable memory).

programmable multiplexer multiplexeur programmable *(multiplexeur dans lequel le nombre de voies utilisées est programmable) (cf. aussi* multiplexer *et* programmable[1] (a)).

programmable notch filter filtre coupe-bande à bande étroite programmable *(cf. aussi* notch filter *et* programmable filter).

programmable oscillator oscillator programmable *(ou à fréquence programmable) (oscillateur dans lequel la fréquence du signal de sortie est programmable) (cf. aussi* oscillator *et* programmable[1] (a)).

programmable oscilloscope oscilloscope programmable *(oscilloscope permettant d'effectuer successivement différentes mesures en appuyant simplement sur un bouton après avoir affiché les valeurs nécessaires, soit manuellement, soit automatiquement à partir d'un disque magnétique ou autre support d'informations) (est utilisé notamment pour le contrôle de fabrication de composants, circuits et appareils électroniques en sortie de chaîne) (cf. aussi* oscilloscope).

programmable output current (intensité du) courant de sortie programmable *(alim) (cf. aussi* programmable power supply).

programmable output voltage tension de sortie programmable *(alim) (cf. aussi* programmable power supply).

programmable power source source d'alimentation programmable *(nom parfois donné à une alimentation programmable) (cf. aussi* programmable power supply).

programmable power supply alimentation programmable *(alimentation dont la tension de sortie ou l'intensité du courant de sortie est programmable) (cf. aussi* power supply 2) *et* programmable[1] (a)).

programmable pulse compressor compresseur d'impulsions programmable *(compresseur d'impulsions dont la loi de compression est programmable) (radar) (cf. aussi* pulse compressor 1) *et* programmable[1] (a)).

programmable pulse generator générateur d'impulsions programmable *(générateur d'impulsions dans lequel les caractéristiques des impulsions fournies sont programmables) (cf. aussi* pulse generator *et* programmable[1] (a)).

programmable random tuning accord par sauts programmables *(accord d'un magnétron de radar militaire à sauts de fréquence utilisé en oscillateur programmable) (cf. aussi* programmable oscillator, frequency-hopping radar *et* tuning).

programmable read-only memory *cf.* PROM.

programmable ROM *cf.* PROM.

programmable signal generator générateur de signaux programmable *(générateur de signaux dans lequel la fréquence du signal de sortie est programmable) (cf. aussi* signal generator *et* programmable[1] (a)).

programmable signal source source de signaux programmable *(termes génériques couvrant le générateur de signaux programmable et l'oscillateur programmable) (cf. aussi* programmable signal generator *et* programmable oscillator).

programmable source source programmable *(terme générique couvrant la source de signaux programmable et la source d'alimentation programmable) (cf. aussi* programmable signal source *et* programmable power source).

programmable step attenuator atténuateur à plots programmable *(atténuateur à plots dans lequel l'atténuation est programmable) (cf. aussi* step attenuator *et* programmable[1] (a)).

programmable transversal filter filtre transversal programmable *(cf. aussi* transversal filter *et* programmable filter).

programmable unijunction transistor transistor unijonction programmable *(transistor unijonction dont la tension de déclenchement peut être réglée à l'aide d'un potentiomètre) (semi) (cf. aussi* unijunction transistor *et* potentiometer 1)).

programmable video game jeu vidéo programmable *(jeu vidéo permettant de jouer à différents jeux en changeant le programme utilisé) (cf. aussi* video game *et* programmable[1] (b)).

programmable unit *(cf. aussi* programmable) **1)** appareil programmable. **2)** version programmable *(cf. aussi* unit 3)).

programmable voltage output *cf.* programmable output voltage.

programmed ... *cf.* programmable ... *(pour les termes qui ne figurent pas ci-après).*

programmed floating gate grille flottante programmée *(grille flottante ayant acquis des électrons excédentaires la rendant négative, ce qui correspond à la présence d'un binaire « 1 » dans la cellule de mémoire dont elle fait partie) (mémoire morte reprogrammable) (CI) (inf) (cf. aussi* floating gate).

programmed guidance guidage programmé *(guidage d'un*

mobile, notamment d'un missile, d'un avion sans pilote ou d'une fusée spatiale, assuré par un programme enregistré à bord du mobile, généralement sous la forme d'un programme de calculateur numérique) (mil, espace, etc.) (cf. aussi guidance et computer 3)).

programmer **1)** programmeur *(personne spécialisée dans l'élaboration des programmes d'ordinateur) (inf) (cf. aussi* computer program). **2)** programmateur *(appareil électromécanique commandant le déclenchement d'une série d'actions dans un ordre et à des intervalles de temps déterminés par l'envoi d'impulsions à des relais et autres dispositifs électromécaniques ou électroniques) (est de plus en plus remplacé par un microprocesseur) (fusée, appareil ménager, etc.) (cf. aussi* sequencer 1) (a) *et* microprocessor). **3)** *cf.* PROM programmer.

programming programmation (a) *commande d'actions ou d'opérations suivant un programme) (cf. aussi* programmer 2) *et* programmable[1]) ; (b) *établissement d'un programme et notamment élaboration d'un programme d'ordinateur) (inf) (cf. aussi* uniprogramming, multiprogramming, microprogramming, macroprogramming, symbolic programming, optimum programming, serial programming, automatic programming *et* computer program) ; (c) *chargement d'un programme d'ordinateur dans une mémoire programmable) (inf) (cf. aussi* computer program *et* programmable memory).

programming ... *cf.* software ... *(pour les termes qui ne figurent pas ci-après).*

programming board tableau de programmation, programmateur à broches *(terme générique couvrant le tableau de connexions employé aux fins de programmation et la matrice de programmation) (inf) (cf. aussi* plugboard *et* pinboard).

programming capabilities *cf.* programming capability.

programming capability possibilités de programmation *(parf. au singulier) (appareil ou dispositif) (cf. aussi* programmable[1] *et* capability).

programming code code de programmation *(code utilisé dans un langage de programmation) (inf) (cf. aussi* mnemonic code *et* programming language).

programming current *(parf.* intensité du) courant de programmation *(courant produisant l'enregistrement d'un binaire « 1 » dans une cellule de mémoire programmable ou reprogrammable ou, parfois, intensité de ce courant) (CI) (inf) (cf. aussi* memory cell, bit, PROM *et* REPROM).

programming error *cf.* program bug. *(ce terme étant le plus employé).*

programming language langage de programmation *(ensemble de notations conventionnelles utilisées pour rédiger un programme d'ordinateur et notamment un programme source) (inf) (cf. aussi* subset 5), superset, assembly language, high-level language, low-level language, machine language, procedural language, non-procedural language, source program *et* computer program).

programming pin broche de programmation *(broche d'une mémoire programmable ou reprogrammable à laquelle sont appliquées les impulsions de tension opérant la programmation) (CI) (inf) (cf. aussi* PROM *et* REPROM).

programming time temps de programmation, *(parf.)* durée de la programmation *(inf) (cf. aussi* programming (b)).

programming tools outils de programmation *(inf) (cf. aussi* software tools, *ce terme étant le plus employé).*

programming transistor transistor de programmation *(dans une cellule de mémoire programmable ou reprogrammable, transistor rendu conducteur pour introduire un binaire « 1 » dans cette cellule) (CI) (inf) (cf. aussi* transistor, memory cell, PROM, REPROM *et* bit).

programming voltage tension de programmation *(tension appliquée à une cellule de mémoire programmable ou reprogrammable pour y faire circuler le courant de programmation) (CI) (inf) (cf. aussi* programming current).

progressive action action progressive, compensation progressive *(dans un régulateur, ce terme générique couvre l'action proportionnelle, l'action dérivée, l'action intégrale et les combinaisons de celles-ci) (cf. aussi* proportional action, derivative action, integral action *et* action).

progressive scanning balayage sans entrelacement *(ou* non entrelacé), *(parf. aussi)* analyse *(idem) (balayage d'une image de télévision dans lequel toutes les lignes sont analysées successivement dans la caméra et tracées de même sur l'écran des récepteurs) (est peu employé et notamment pas en radiodiffusion visuelle par suite du papillotement de l'image qui en résulterait du fait de la faible fréquence d'image adoptée pour limiter la largeur de la bande de fréquences occupée par le signal vidéo) (cf. aussi* interlaced scanning *et* frame frequency 1)).

progressive wave onde progressive *(onde se déplaçant dans un milieu quelconque) (cf. aussi* travelling wave *et noter qu'en français, il n'existe qu'un seul terme pour les deux cas).*

projected moving-map display présentation cartographique à défilement par projection *(radar d'aéronef).*

projection aligner *cf.* projection printer.

projection alignment *cf.* projection lithography.

projection cathode-ray tube tube de projection, tube-image pour projection *(tube-image de petites dimensions et à grande luminosité conçu pour que l'image formée sur son écran soit projetée sur un écran beaucoup plus grand dans un système de télévision sur grand écran) (la grande luminosité est obtenue par l'emploi de luminophores spéciaux ; elle est essentielle dans un tel système, le rapport entre la luminosité de l'image projetée et celle de l'image du tube étant inversement proportionnel au rapport de leurs dimensions) (en télévision en noir et blanc, un tel tube est un tube noir et blanc ; en télévision en couleurs, c'est un tube monochrome employé avec deux autres ; n'est jamais un tube à masque perforé, la luminosité de celui-ci étant insuffisante) (cf. aussi* projection television *et* black-and-white tube).

projection CRT *cf.* projection cathode-ray tube.

projection display présentation par projection, *(parf.)* affichage par projection *(présentation d'informations graphiques par projection sur un verre dépoli) (cf. aussi* display[1] 1)).

projection E-beam ... *cf.* projection electron-beam ...

projection electron-beam lithography gravure par faisceau d'électrons réparti *(ou* par faisceau réparti *ou* par flux d'électrons), gravure électronique répartie *(gravure par faisceau d'électrons dans laquelle le faisceau couvre toute la surface à sensibiliser avec emploi d'un masque spécial) (est encore au stade experimental en 1990) (fab. CI) (cf. aussi* electron-beam lithography).

projection electron-beam machine graveur à faisceau d'électrons réparti, *(etc.) (cf. aussi* projection electron-beam lithography).

projection kinescope *cf.* projection cathode-ray tube.

projection lithography gravure par projection *(cf. aussi* lithography) (a) *photogravure utilisant un masque nettement séparé de la surface à sensibiliser ou un réticule) (fab. CI, semi) (cf. aussi* lithography, mask 2) *et* reticle) ; (b) *cf. aussi* projection electron-beam lithography).

projection mask masque à projection *(masque pour gravure par projection) (fab. CI, semi) (cf. aussi* projection lithography (a)).

projection mask aligner *cf.* projection-mask printer.

projection mask alignment system *cf.* projection-mask printer.

projection-mask printer graveur à masque à projection *(graveur de motifs utilisant un masque à projection) (fab. CI, semi) (cf. aussi* pattern printer *et* projection mask).

projection picture tube *cf.* projection cathode-ray tube.

projection printer graveur à projection, graveur de motifs à projection *(graveur de motifs réalisant la gravure par projection) (fab. CI, semi) (cf. aussi* projection-mask printer, step-and-repeat projection printer, pattern printer *et* projection lithography).

projection printing *cf.* projection lithography.

projection receiver *cf.* projection television receiver.

projection screen écran de projection *(écran sur lequel est projetée l'image dans un système de télévision sur grand écran) (cf. aussi* projection television, front-projection screen *et* rear-projection screen).

projection system système à projection (a) *cf. aussi* projection television system) ; (b) *cf. aussi* projection printer).

projection television télévision sur grand écran, télévision à projection *(le premier terme, qui est le terme initial, est le plus employé, mais ne convient pas dans le cas, plus récent, d'un téléviseur portable utilisant ce principe) (télévision dans laquelle l'image observée est formée par projection sur un écran, généralement grand, de l'image reçue formée initialement sur l'écran d'un ou trois tubes-image ou à l'intérieur d'un tube cathodique spécial) (l'écran sur lequel l'image est observée peut être opaque ou transparent) (cf. aussi* projection television system, front projection, rear projection, Eidophore *et* television).

projection television receiver récepteur de télévision sur grand écran *(cf. aussi* television receiver *et* projection television).

projection television system système de télévision sur grand écran *(comprend normalement le récepteur à un ou trois tubes de projection, l'optique de projection et l'écran de projection) (cf. aussi* three-tube projection television system *et* projection television).

projection television system manufacturer constructeur de systèmes de télévision sur grand écran.

projection tube *cf.* projection cathode-ray tube.

projection TV *cf.* projection television. *(de même pour les termes dérivés).*

projection-type ... *cf.* projection ...

projector 1) projecteur (de sonar) *(cf. aussi* sonar projector). **2)** *cf.* sound projector 1). **3)** *cf.* projection printer.

Prolog *(vient de « programming in logic »)* Prolog *(langage d'intelligence artificielle créé en France) (inf) (cf. aussi* artificial intelligence language).

PROM *(vient de « programmable read-only memory »)* mémoire PROM, mémoire morte programmable, mémoire programmable *(mémoire pouvant être programmée une fois pour toutes par l'utilisateur à l'aide d'un appareil appelé « programmateur de PROM ») (CI) (inf) (cf. aussi* ROM, fuse-link PROM *et* diode-link PROM).

PROM ... *cf.* PROM *et* ROM ... *et* adapter. *(pour les termes qui ne figurent pas ci-après).*

PROM programmer programmateur de PROM *(appareil utilisé pour programmer une mémoire PROM ou EPROM et effacer le contenu d'une mémoire EPROM à l'aide de rayons ultraviolets avant de la reprogrammer) (cf. aussi* programming (c), PROM *et* EPROM).

PROM programming programmation des mémoires PROM *(cf. aussi* PROM programmer).

prompt[1] *s* invitation, invite *sf (terme officiel) (en informatique, message affiché par un ordinateur sur son écran pour inviter l'opérateur à effectuer une manipulation déterminée) (cf. aussi* computer 2)).

prompt[2] *v* inviter (l'opérateur à) *(cf. aussi* prompt[1]).

prong broche *(composant) (cf. aussi* pin 1)).

propagating ... *cf.* propagation ... *(pour les termes qui ne figurent pas ci-après).*

propagating signal signal qui se propage, *(parf.)* signal se propageant, *(parf.)* signal en cours de propagation.

propagating wave onde ... *(voir aussi* propagating signal) *(cf. aussi* progressive wave).

propagation propagation *(progression d'une onde dans un milieu ou d'un signal électrique dans un conducteur) (propagation d'une onde électromagnétique, notamment d'une onde radioélectrique, ou propagation d'une onde acoustique) (cf. aussi* propagation medium, propagation phenomena, electromagnetic wave propagation, radio wave propagation, acoustic wave propagation *et* wave).

propagation a-d ... *cf.* propagation analog-to-digital ...

propagation A/D ... *cf.* propagation analog-to-digital ...

propagation ADC *cf.* propagation analog-to-digital converter.

propagation analog-to-digital conversion numérisation par approximations successives, *(etc.) (cf. aussi* successive approximation analog-to-digital conversion).

propagation analog-to-digital converter numériseur à approximations successives, *(etc.) (cf. aussi* successive-approximation analog-to-digital converter).

propagation anomaly anomalie de propagation *(variation indésirale des conditions de propagation d'une onde électromagnétique ou acoustique et notamment d'une onde radioélectrique) (radionav, radiocom, sonar, etc.) (cf. aussi* sudden ionospheric disturbance, polar cap anomaly *et* propagation conditions).

propagation conditions conditions de propagation *(facteurs influant sur la propagation d'une onde électromagnétique ou acoustique, c.-à-d. absorption d'énergie, réfraction et diffusion par le milieu de propagation, et propagation en ligne droite ou avec réflexion ou diffraction) (radio, radar, laser, sonar, hifi) (cf. aussi* standard propagation, ionospheric propagation conditions, line-of-sight propagation, multipath propagation, absorption, refraction, diffusion (c), reflection (a), diffraction *et* propagation medium).

propagation constant constante de propagation *(grandeur complexe représentant l'effet d'un milieu sur une onde électromagnétique qui s'y propage) (ce terme est employé notamment pour une ligne de transmission hyperfréquence) (cf. aussi* attenuation constant, phase constant, complex quantity *et* microwave transmission line).

propagation conversion *cf.* propagation analog-to-digital conversion.

propagation converter *cf.* propagation analog-to-digital converter.

propagation correction correction de propagation, correction de phase *(correction apportée à la différence de phase mesurée entre les signaux reçus d'une paire de stations d'un système de radionavigation hyperbolique à mesure de phase pour tenir compte des variations de la phase des signaux reçus) (mar, avia) (cf. aussi* propagation correction chart *et* hyperbolic navigation system).

propagation correction chart table de corrections de propagation *(ou de phase)*, table de corrections *(tableau indiquant les corrections à apporter aux valeur de la différence de phase fournies par un récepteur de radionavigation à mesure de phase en fonction des variations journalières, saisonnières et locales prévues des conditions de propagation des ondes à très basse fréquence) (cf. aussi* propagation correction *et* propagation conditions).

propagation-correction table *cf.* propagation-correction chart.

propagation delay temps de propagation *(le terme anglais désigne généralement le temps de propagation d'une impulsion dans une porte logique ou une suite de telles portes) (cf. aussi* gate delay *et* propagation time).

propagation disturbance *cf.* propagation anomaly.

propagation forecast *cf.* propagation prediction.

propagation law loi de la propagation *(des ondes radioélectriques) (loi physique selon laquelle l'atténuation d'une onde radioélectrique se propageant dans l'atmosphère est inversement proportionnelle au carré de la distance parcourue) (il en résulte que l'amplitude diminue de plus en plus lentement avec la distance) (radioélectricité) (cf. aussi* wave amplitude *et* radio wave propagation).

propagation loss pertes de propagation *(diminution de l'amplitude d'une onde se propageant dans un milieu matériel non confiné due à l'absorption d'énergie par celui-ci) (onde radioélectrique dans l'atmosphère, le sol, l'eau ; onde lumineuse dans l'atmosphère, l'eau et les autres corps transparents ; onde acoustique dans l'atmosphère, le sol, l'eau, les solides et la chair) (cf. aussi* wave amplitude, absorption, transmission loss *et* loss).

propagation medium milieu de propagation *(milieu dans lequel une onde se propage) (cf. aussi* propagation) **(a)** *milieu matériel diélectrique ou milieu immatériel dans le cas d'une onde électromagnétique) (cf. aussi* ether, vacuum, field in a conductor *et* electromagnetic wave) **(a1)** *corps opaque ou transparent ou le vide dans le cas d'une onde électromagnétique du domaine radioélectrique) (cf. aussi* radio wave) ; **(a2)** *corps transparent ou le vide dans le cas d'une onde électromagnétique du domaine optique) (cf. aussi* optical wave) ; **(b)** *milieu matériel dans le cas d'une onde acoustique) (corps opaque ou transparent) (une onde acoustique ne se propage pas dans le vide car elle représente la propagation d'une déformation élastique de la matière ; en d'autres termes, dans le vide on n'entend rien : un coup de tambour ne fait* *aucun bruit puisque les vibrations de la membrane ne sont pas transmises par le milieu ambiant et ne font donc pas vibrer le tympan de l'oreille ni la membrane d'un microphone) (cf. aussi* acoustic wave propagation).

propagation mode mode de propagation, mode *(manière dont une onde électromagnétique se propage entre deux points)* (a) *propagation de l'onde transmise par une ligne de transmission hyperfréquence) (type de la structure périodique du champ électromagnétique de l'onde dans le diélectrique d'une telle ligne, le cas le plus souvent considéré étant celui de la propagation dans un guide d'ondes et plus précisément un guide rectangulaire) (cf. aussi* TE mode, TM mode, TEM mode, electromagnetic field *et* microwave transmission line); (b) *propagation d'une onde optique dans une fibre optique) (allure du chemin suivi par l'onde dans la fibre) (cf. aussi* single-mode propagation *et* multimode propagation); (c) *propagation d'une onde radioélectrique dans l'atmosphère) (propagation à vue, par trajets multiples, ionosphérique, suivant un grand cercle, etc.) (cf. aussi* line-of-sight propagation, multipath propagation, ionospheric propagation, great-circle propagation *et* radio wave propagation).

propagation of acoustic waves propagation des ondes acoustiques, propagation acoustique *(acou) (cf. aussi* propagation medium (b)).

propagation of electromagnetic waves propagation des ondes électromagnétiques *(cf. aussi* propagation medium (a)).

propagation of radio waves propagation des ondes radio-électriques *(cf. aussi* radio wave propagation).

propagation of sound propagation du son *(ou des ondes sonores) (acou) (cf. aussi* propagation medium (b) *et* sound[1]).

propagation path trajet de propagation, *(parf.)* chemin de propagation *(chemin suivi par une onde électromagnétique ou acoustique entre le point d'émission et le point de réception) (ce terme s'applique principalement à une onde radioélectrique) (cf. aussi* wave path, propagation mode (c), electromagnetic wave *et* acoustic wave).

propagation pattern *cf.* radiation pattern.

propagation phenomena phénomènes de propagation *(phénomènes pouvant se produire lors de la propagation d'une onde) (absorption, réflexion, réfraction, diffraction, diffusion) (voir ces termes) (cf. aussi* propagation).

propagation prediction prévisions de propagation *(prévision des conditions de propagation des ondes radioélectriques dans l'atmosphère terrestre destinée à maintenir dans toute la mesure du possible la qualité d'exploitation des systèmes de radionavigation à moyenne et grande distance par introduction de corrections, et des radiocommunications à grande distance par choix de la fréquence d'émission optimale) (cf. aussi* propagation conditions, propagation correction *et* MUF).

propagation structure structure de propagation *(couche métallique à motifs répétitifs guidant le déplacement des bulles dans une mémoire à bulles magnétiques) (est une couche de métal à haute perméabilité magnétique tel que le permalloy formée sur la couche magnétique de la mémoire et dont les motifs matérialisent sur la couche magnétique la boucle majeure et les boucles mineures) (cf. aussi* propagator, major loop, minor loop, magnetic-bubble memory *et* permalloy).

propagation time temps de propagation (a) *temps nécessaire à une onde pour franchir la distance de son point d'émission à son point de réception (cf. aussi* propagation); (b) *temps nécessaire à un signal électrique pour passer d'un point d'un circuit à un autre point) (cf. aussi* propagation delay).

propagation time delay *cf.* propagation delay.

propagation velocity vitesse de propagation (a) *vitesse à laquelle une onde électromagnétique ou acoustique se propage dans un milieu déterminé) (la vitesse de propagation des ondes électromagnétiques, donc des ondes radioélectriques, dans le vide est celle de la lumière; la vitesse de propagation d'une onde acoustique dépend de la nature du milieu de propagation) (cf. aussi* electromagnetic wave, radio wave, acoustic wave, velocity of light, velocity of sound *et* propagation medium); (b) *vitesse à laquelle un signal électrique se propage dans un conducteur et notamment un signal téléphonique dans une ligne téléphonique) (est égale à environ*

200 000 km/s dans une ligne non chargée; dans un câble chargé, la vitesse de propagation diminue en fonction de la charge et peut tomber à moins de 20 000 km/s, ce qui donne lieu à un écho dans les liaisons à grande distance) (cf. aussi loaded cable *et* echo suppressor (a)).

propagator propagateur *(motif répétitif de forme géométrique de la structure de propagation d'une mémoire à bulles magnétiques matérialisant une position d'une bulle le long d'une boucle) (cf. aussi* contiguous-disk propagation structure *et* propagation structure).

propelled decoy leurre autopropulsé *(avion sans pilote équipé d'un brouilleur, etc.) (mil) (cf. aussi* decoy[1]).

proportional action action proportionnelle, compensation proportionnelle *(mode de fonctionnement d'un régulateur dans lequel la correction de l'écart est proportionnelle à celui-ci) (asser) (cf. aussi* continuous action).

proportional band domaine de proportionnalité *(intervalle de variation de la grandeur réglée d'un régulateur dans les limites duquel la correction est proportionnelle à l'écart) (asser) (cf. aussi* controlled variable, error 2) *et* regulator).

proportional control régulation proportionnelle *(régulation assurée par un régulateur à action proportionnelle) (asser) (cf. aussi* proportional action).

proportional control action *cf.* proportional action.

proportional control system régulateur à action proportionnelle *(asser) (cf. aussi* proportional action).

proportional-integral-derivative action action proportionnelle, intégrale et dérivée, action PID, compensation *(idem) (mode de fonctionnement d'un régulateur dans lequel la correction de l'écart est proportionnelle à celui-ci, à son intégrale pendant un temps déterminé, c.-à-d. à sa valeur moyenne pendant ce temps, et à sa dérivée, c.-à-d. à sa vitesse de variation) (asser) (cf. aussi* deviation 1), regulator, compound action, integral *et* derivative).

proportional-integral-derivative control régulation par action proportionnelle, intégrale et dérivée *(ou par action PID) (cf. aussi* proportional-integral-derivative action).

proportional navigation (guidage par) navigation proportionnelle *(procédé de guidage d'un missile, dans lequel la vitesse de rotation du vecteur vitesse de l'engin est proportionnelle à la vitesse de rotation de la droite joignant celui-ci à la cible) (mil) (cf. aussi* guidance *et* velocity vector).

proportional navigation guidance *cf.* proportional navigation.

proportional oven enceinte proportionnelle *(enceinte thermostatée dans laquelle le thermostat opère la régulation de température par action proportionnelle) (assure une température plus constante qu'une enceinte à régulation par tout ou rien) (oscillateur, etc.) (cf. aussi* oven 2), thermostat, proportional action *et* on/off action).

proportional plus derivative action action proportionnelle et dérivée, action PD, compensation *(idem) (mode de fonctionnement d'un régulateur dans lequel la correction de l'écart est proportionnelle à celui-ci et à sa dérivée, c.-à-d. à sa vitesse de variation) (asser) (cf. aussi* deviation 1), regulator, compound action *et* derivative).

proportional plus derivative control régulation par action proportionnelle et dérivée *(ou par action PD) (régulateur) (cf. aussi* proportional plus derivative action).

proportional plus integral action action proportionnelle et intégrale, action PI, compensation *(idem) (mode de fonctionnement d'un régulateur dans lequel la correction de l'écart est proportionnelle à celui-ci et à son intégrale pendant un temps déterminé, c.-à-d. à sa valeur moyenne pendant ce temps) (asser) (cf. aussi* deviation 1), regulator, coumpound action *et* integral).

proportional plus integral control régulation par action proportionnelle et intégrale *(ou par action PI) (régulateur) (cf. aussi* proportional plus integral action).

proprietary *a* exclusif *(caractéristique d'un appareil, dispositif, composant, système ou programme d'ordinateur protégé par un brevet, un dépôt de modèle ou un autre droit d'exclusivité d'exploitation).*

prospecting prospection *(recherche de gisements de minerais ou d'hydrocarbures) (cf. aussi* airborne magnetic prospecting *et* radio prospecting).

protected locations positions protégées (*positions de la mémoire centrale d'un ordinateur contenant des informations qui peuvent être lues, mais non effacées*) (*inf*) (*cf. aussi* memory location *et* main memory).

protection circuit circuit de protection (*montage limitant l'intensité du courant circulant dans un circuit ou interrompant ce courant au-dessus d'une surintensité déterminée*) (*alim, etc.*) (*cf. aussi* overcurrent protection).

protection diode diode de protection (*diode de stabilisation de tension montée aux bornes d'un composant ou d'un circuit pour protéger celui-ci contre les surtensions*) (*cf. aussi* voltage regulator diode *et* overvoltage protection).

protection resistor résistance de protection (*résistance montée en série avec un composant ou un autre matériel pour limiter l'intensité du courant qui le traverse*) (*transistor, etc.*) (*cf. aussi* overcurrent protection).

protective ... *cf.* protection ... (*pour les termes qui ne figurent pas ci-après*).

protective carrier foil feuille protectrice (*feuille métallique ou plastique appliquée sur une face métallisée de substrat pour circuits imprimés pour protéger la feuille de cuivre et qu'il faut peler avant d'utiliser le substrat*) (*cf. aussi* printed-circuit substrate).

protective resistance *cf.* protection resistor.

protective sheath enveloppe protectrice (*partie extérieure d'un câble téléphonique ou autre*) (*cf. aussi* cable (a)).

protector tube tube de protection (*tube stabilisateur de tension monté aux bornes d'un composant ou d'un circuit pour le protéger contre les surtensions*) (*a cédé la place aux diodes de protection et aux galvanorésistances*) (*cf. aussi* voltage-stabilizing tube, protection diode *et* voltage-dependent resistor).

protocol protocole de transmission, protocole (*ensemble des règles couvrant les caractéristiques électriques et fonctionnelles d'une liaison de transmission de données, ainsi que les procédures de transmission des données*) (*télinf*) (*cf. aussi* bit-oriented protocol, byte-oriented protocol *et* data link).

protocole converter convertisseur de protocole (*convertisseur de signaux convertissant un signal de transmission de données conforme à un protocole de transmission déterminé en un signal conforme à un autre protocole*) (*télinf*) (*cf. aussi* data converter *et* protocole).

proton proton (*particule élémentaire entrant dans la composition du noyau de l'atome et possédant une charge électrique égale à celle de l'électron, mais positive, ainsi qu'un moment magnétique et un spin*) (*a une masse égale à 1836 fois celle de l'électron*) (*cf. aussi* elementary particle, nucleus, electron, magnetic moment *et* spin).

proton magnetometer magnétomètre à protons (*cf. aussi* nuclear resonance magnetometer).

protuding aerial (*GB*) *cf.* protuding antenna.

protuding antenna antenne en saillie, antenne non encastrée (*antenne d'aéronef ou de missile dépassant du revêtement de celui-ci*) (*cf. aussi* flush-mounted antenna).

proximity detector détecteur de proximité (*dispositif émettant un signal électrique en-deçà d'une certaine distance d'un objet*) (*ce terme désigne généralement un détecteur de proximité inductif*) (*cf. aussi* inductive proximity detector).

proximity device dispositif de proximité (*terme générique couvrant le détecteur de proximité, l'interrupteur de proximité, la fusée de proximité et le graveur à proximité*) (*cf. aussi* proximity detector, proximity switch, proximity fuze *et* proximity printer).

proximity effect effet de proximité (a) *apparition d'un gradient de densité de courant dans la section droite d'un conducteur en présence d'un courant circulant dans un conducteur parallèle au premier et proche de celui-ci* (*la densité de courant est plus grande dans la partie de la section faisant face à l'autre conducteur lorsque les courants sont de même sens ; elle est plus grande dans la partie opposée lorsque les courants sont de sens contraires*) (*en d'autres termes les courants dans les deux conducteurs tendent à se rapprocher s'ils sont de même sens ou à s'éloigner s'ils sont de sens contraires*) (*ce faisant, ils exercent sur leurs conducteurs une force d'attraction ou de répulsion mutuelle, respectivement ; cette force est proportionnelle au produit de leurs intensités et inversement*

proportionnelle à la distance entre les deux conducteurs*) (*ces forces sont appelées « forces électrodynamiques » et peuvent être très grandes dans le cas de courants de grande intensité et de conducteurs très proches l'un de l'autre ; ce cas est fréquemment rencontré en électrotechnique, notamment dans le matériel pour courants forts et plus particulièrement en cas de court-circuit*) (*l'effet de proximité et les forces électrodynamiques qui en résultent sont dus à l'action de la force de Laplace résultant du champ magnétique créé par chacun des courants*) (*cf. aussi* gradient, current density *et* Lorentz force) ; (b) *sensibilisation indésirable du résist de chaque côté du trait tracé par le faisceau d'électrons dans la gravure par faisceau d'électrons dirigé*) (*est dû à la rétrodiffusion des électrons par la couche située sous le résist*) (*fab. CI*) (*cf. aussi* resist *et* direct writing).

proximity fuze fusée de proximité, fusée à influence (*fusée d'obus de canon anti-aérien déclenchant la mise à feu de la charge explosive lorsque la distance entre l'obus et l'aéronef visé passe par sa valeur minimale*) (*utilise un minuscule radar Doppler ou, anciennement, l'augmentation de la capacité du condensateur formé par l'avion et l'obus au fur et à mesure du rapprochement de celui-ci*) (*dans la fusée radar, la fréquence produite par le battement de l'onde réfléchie avec l'onde émise passe par un minimum lorsque la vitesse de rapprochement aéronef-obus est minimale, c.-à-d. lorsque l'obus est le plus près de l'aéronef — avion, en général ; à ce minimum correspond l'émission d'un signal électrique commandant la mise à feu de l'amorce de la charge*) (*mil*) (*cf. aussi* Doppler radar *et* capacitor).

proximity lithography gravure à proximité (*ou* en proximité *ou* avec masque de proximité) (*photogravure avec masque ou gravure aux rayons X dans laquelle le masque est très près de la surface à sensibiliser, mais ne la touche pas pour réduire l'usure du masque et la contamination de la surface*) (*la distance entre le masque et la surface est de quelques microns seulement*) (*fab. CI, semi*) (*cf. aussi* photolithography, X-ray lithography *et* mask 2)).

proximity mask masque de proximité (*masque de gravure utilisé pour la gravure à proximité*) (*fab. CI, semi*) (*cf. aussi* proximity lithography).

proximity masking masquage de proximité (*ou* par masque de proximité) (*fab. CI, semi*) (*cf. aussi* proximity mask).

proximity print system *cf.* proximity printer.

proximity printer graveur à proximité, graveur à masque de proximité, graveur de motifs (*idem*) (*graveur de motifs utilisé pour la gravure à proximité*) (*fab. CI, semi*) (*cf. aussi* pattern printer *et* proximity lithography).

proximity printing *cf.* proximity lithography.

proximity switch interrupteur de proximité (*détecteur de proximité ouvrant ou fermant un circuit*) (*en d'autres termes, interrupteur de fin de course actionné sans contact physique avec l'organe mobile commandant son fonctionnement*) (*ce terme désigne généralement un détecteur de proximité à relais à tiges*) (*cf. aussi* proximity detector, inductive proximity switch *et* limit switch).

PRR *cf.* pulse repetition rate.

PRV *cf.* peak reverse voltage.

ps *cf.* picosecond.

PSA ... *cf.* polysilicon self-aligned ...

pseudo-code pseudo-code (*nom parfois donné à un langage symbolique en informatique*) (*cf. aussi* symbolic coding).

pseudo-disk disque virtuel (*inf*) (*cf. aussi* virtual disk).

pseudo-noise *cf.* pseudo-random noise. (*de même pour les termes dérivés*).

pseudo-random binary sequence suite binaire pseudo-aléatoire, suite pseudo-aléatoire de nombres binaires (*suite pseudo-aléatoire dans laquelle les nombres sont des nombres binaires*) (*sert notamment à contrôler le fonctionnement de circuits logiques ou peut être un signal crypté*) (*inf*) (*cf. aussi* pseudo-random sequence *et* binary number).

pseudo-random code *cf.* pseudo-random noise code.

pseudo-random noise bruit pseudo-aléatoire (*bruit électrique paraissant aléatoire, mais dont les composantes sont en réalité créées suivant une séquence déterminée*) (*est produit à partir d'une suite pseudo-aléatoire et utilisé notamment dans l'ana-*

lyse des réseaux électriques et dans des brouilleurs à bruit) (cf. aussi random noise *et* pseudo-random sequence*).*

pseudo-random noise code code de bruit pseudo-aléatoire *(nom donné à une suite binaire pseudo-aléatoire employée pour produire une modulation de phase d'impulsions pseudo-aléatoire ou des sauts de fréquence pseudo-aléatoires dans une liaison radio à spectre étalé) (mil, etc.) (cf. aussi* pseudo-random binary sequence *et* spread-spectrum signal*).*

pseudo-random noise generator générateur de bruit pseudo-aléatoire *(appareil ou dispositif fournissant un signal de bruit pseudo-aléatoire) (cf. aussi* pseudo-random noise signal*).*

pseudo-random noise modulation modulation par du bruit pseudo-aléatoire, modulation par un signal de bruit pseudo-aléatoire *(porteuse d'une liaison radio militaire à faible probabilité d'interception, etc.) (cf. aussi* modulation (a) *et* pseudo-random noise*).*

pseudo-random noise signal signal de bruit pseudo-aléatoire *(signal électrique constituant un bruit pseudo-aléatoire ou porteuse radioélectrique modulée par un tel signal) (cf. aussi* pseudo-random noise *et* pseudo-random noise modulation*).*

pseudo-random noise source source de bruit pseudo-aléatoire *(nom parfois donné à un générateur de bruit pseudo-aléatoire) (cf. aussi* pseudo-random noise generator*).*

pseudo-random number generator *cf.* pseudo-random sequence generator.

pseudo-random sequence suite pseudo-aléatoire, suite de nombres pseudo-aléatoires *(suite de nombres se suivant dans un ordre apparemment quelconque, mais en réalité déterminé et ayant, par conséquent, une longueur finie au bout de laquelle elle se répète) (est utilisée notamment pour la génération de codes de chiffrage et de signaux de bruit) (cf. aussi* pseudo-random noise*).*

pseudo-random sequence generator générateur de suite pseudo-aléatoire *(ou de nombres pseudo-aléatoires),* générateur pseudo-aléatoire *(dispositif ou appareil fournissant une suite de nombres pseudo-aléatoire) (cf. aussi* pseudo-random sequence*).*

pseudo-random signal *cf.* pseudo-random noise signal.

pseudo-random source *cf.* pseudo-random noise source.

pseudo-static *a et s cf.* pseudo-static RAM.

pseudo-static device *cf.* pseudo-static RAM.

pseudo-static RAM mémoire RAM pseudo-statique, mémoire vive pseudo-statique *(mémoire RAM dynamique assurant elle-même son rafraîchissement à l'aide de circuits appropriés incorporés à la puce du circuit intégré) (inf) (cf. aussi* dynamic RAM*).*

pseudo-static RAM memory *cf.* pseudo-static RAM.

pseudo-static random-access memory *cf.* pseudo-static RAM.

pseudo-statics *(les)* mémoires RAM pseudo-statiques, *(etc.) (cf. aussi* pseudo-static RAM*).*

pseudo-stereo *cf.* pseudo-stereophony.

pseudo-stereophony pseudo-stéréophonie *(semblant de stéréophonie obtenu à l'aide de deux haut-parleurs suffisamment distants l'un de l'autre et reproduisant le même signal) (électroacou) (cf. aussi* stereophony*).*

PSF *cf.* power separating filter.

PSK (modulation) *cf.* phase-shift keying.

PSK modulator modulateur réalisant la modulation par déplacement de phase *(tlg) (cf. aussi* modulator *et* phase-shift keying*).*

PSK scheme procédé PSK *(modulation télégraphique) (cf. aussi* phase-shift keying*).*

PSN *cf.* public switched network.

psophometer psophomètre *(appareil composé essentiellement d'un voltmètre précédé d'un filtre spécial pour permettre la mesure des niveaux de bruit, notamment dans les circuits téléphoniques) (le filtre, appelé « filtre psophométrique » adapte la courbe de réponse de l'appareil à la courbe de sensibilité de l'oreille humaine en atténuant les fréquences graves et les fréquences aiguës par rapport aux fréquences comprises entre 1 000 et 5 000 Hz) (cf. aussi* noise level *et* telephone circuit*).*

psophometric power puissance psophométrique *(puissance de bruit à l'extrémité réceptrice d'un circuit téléphonique) (mesures de bruit) (cf. aussi* noise power *et* psophometer*).*

psophometric voltage tension psophométrique *(tension de bruit à l'extrémité réceptrice d'un circuit téléphonique) (mesures de bruit) (cf. aussi* psophometer*).*

psophometric weighting pondération psophométrique *(pondération du bruit dans un psophomètre conforme à la courbe normalisée de pondération du bruit établie par le CCITT pour les mesures sur circuits téléphoniques ordinaires) (cf. aussi* noise weighting, psophometer *et* CCITT*).*

P²CMOS *(voir au début de la lettre P, avant pA).*

PSTN *cf.* public switched telephone network.

PSU 1) *cf.* power-supply unit. 2) *cf.* program storage unit.

PSW *cf.* program status word.

PTC *cf.* positive temperature coefficient.

PTFE *cf.* polytetrafluorethylene.

PTR 1) *cf.* pointer 2). 2) *cf.* paper-tape reader.

PTS signal *cf.* proceded-to-send signal.

PTM *cf.* pulse-time modulation.

public-addres amplifier amplificateur de sonorisation *(amplificateur d'un système de sonorisation) (électroacou) (cf. aussi* public-address system*).*

public-address system système de sonorisation *(système pour lieux publics composé d'un microphone relié à un amplificateur basse fréquence de puissance relativement grande dont le signal de sortie attaque un ou plusieurs haut-parleurs) (électroacou) (cf. aussi* acoustic feedback*).*

public communications network *cf.* public network.

public network *(en électronique et sciences connexes)* réseau public (de télécommunications), réseau de télécommunications public *(réseau de télécommunications, y compris télématique, accessible au public, généralement à titre onéreux, dans une zone géographique déterminée et notamment dans les limites d'un pays) (est toujours un réseau commuté) (cf. aussi* public switched network, communications network, switched network *et* telematics*).*

public switched network réseau commuté public *(nom souvent donné à un réseau public de télécommunications, soit pour rappeler qu'il s'agit d'un réseau commuté, soit par opposition à un réseau commuté privé) (cf. aussi* public network*).*

public switched telephone network *cf.* public telephone network.

public telegraph network réseau télégraphique public *(cas général) (cf. aussi* telegraph network *et* public network*).*

public telephone booth cabine téléphonique publique.

public telephone network réseau téléphonique public *(tls) (cf. aussi* telephone network *et* public network*).*

public telephone switching (la) commutation téléphonique publique *(commutation téléphonique dans un réseau public) (tls) (cf. aussi* telephone switching *et* public telephone network*).*

public telephone system *cf.* public telephone network.

puff *(fam) (vient de la prononciation de pF) cf.* picofarad.

pull *s cf.* pull-off.

PULL PULL, *(déchargement) (nom d'une instruction de sortie d'informations contenues dans une pile inverse) (inf) (cf. aussi* LIFO*).*

pull down *v* amener à l'état bas *(produire l'excursion logique vers le bas à l'aide d'une résistance ou d'un transistor) (CI) (inf) (cf. aussi* logic swing*).*

pull-down *s cf.* pull-down device.

pull-down circuit circuit d'excursion basse *(montage produisant l'excursion basse d'un circuit logique) (cf. aussi* pull down*).*

pull-down device dispositif d'excursion basse *(résistance ou transistor d'excursion basse) (cf. aussi* pull down*).*

pull-down network *cf.* pull-down circuit.

pull-down resistor résistance d'excursion basse *(résistance produisant l'excursion basse d'un circuit logique) (cf. aussi* pull-down*).*

pull in *v* venir à l'appel, *(parf.)* venir à la position de travail, venir au travail *(relais) (cf. aussi* pull-in 1)*).*

pull-in *s* 1) appel *(mouvement de l'armature ou du noyau-plongeur d'un électro-aimant ou d'un relais venant à la position de travail sous l'action de l'attraction du noyau ou de la* *bobine, respectivement, lorsque celle-ci est excitée par un courant approprié) (cf. aussi* armature 1), plunger 1), make contact, break contact *et* release [1] 2)). **2)** *cf.* synchronization.

pull-in coil enroulement principal *(enroulement produisant l'appel de l'armature dans un relais à verrouillage à enroulement de maintien) (cf. aussi* pull-in 1) *et* dual-coil latching relay).

pull-in current *(parf.* intensité du) courant d'appel *(ou à* l'appel) *(électro-aimant ou relais) (cf. aussi* pull-in value).

pull-in range plage de synchronisation *(intervalle de fréquences dans lequel un oscillateur peut être synchronisé sur la fréquence d'un signal) (ne pas confondre « pull-in » et « pulling » malgré que ces deux notions soient liées) (cf. aussi* pulling).

pull-in torque couple d'accrochage *(couple résistant de la charge d'un moteur synchrone au-delà duquel il ne peut plus y avoir accrochage) (élt) (cf. aussi* synchronous motor *et* torque).

pull-in value valeur à l'appel *(valeur de la tension d'excitation ou de l'intensité du courant d'excitation d'un électroaimant ou d'un relais à laquelle se produit l'appel) (cf. aussi* pull-in 1)).

pull-in voltage tension d'appel, tension à l'appel *(électroaimant ou relais) (cf. aussi* pull-in value).

pull-off *s* décrochage *(état d'un radar militaire ou d'un autodirecteur radar actif perdant la cible qu'il suit sous l'action d'un brouillage de diversion) (cf. aussi* range-gate pull-off, angle-gate pull-off *et* velocity-gate pull-off).

pull-off angle angle de décrochage *(valeur de l'angle simulé de la direction d'une cible radar à laquelle un brouilleur de diversion monté sur celle-ci fait décrocher un radar ou un autodirecteur radar actif qui le suit) (mil) (cf. aussi* angle gate pull-off *et* repeater jammer).

pull-off connector connecteur largable *(connecteur conçu de façon que la partie mâle puisse être déboîtée de la partie femelle par simple traction exercée sur le câble) (connecteur de câble ombilical de fusée, de missile embarqué, etc.) (cf. aussi* umbilical connector *et* connector (a)).

pull-off plug connecteur mâle largable *(partie mâle d'un connecteur largable) (cf. aussi* pull-off connector).

pull-off range distance de décrochage *(valeur de la distance simulée d'une cible radar à laquelle un brouilleur de diversion monté sur celle-ci fait décrocher un radar ou un autodirecteur radar actif qui la suit) (mil) (cf. aussi* range-gate pull-off *et* repeater jammer).

pull-off speed *cf.* pull-off velocity.

pull-off velocity vitesse de décrochage *(au sens du terme anglais, valeur de la vitesse simulée d'une cible radar à laquelle un brouilleur de diversion monté sur celle-ci fait décrocher un radar ou un autodirecteur radar actif qui la suit) (mil) (cf. aussi* velocity-gate pull-off *et* repeater jammer).

pull-out rate cadence de perte de synchronisme *(moteur pas-à-pas) (cf. aussi* stepper motor).

pull-out torque couple de décrochage *(valeur du couple résistant exercé par la charge d'un moteur synchrone ou d'un moteur pas-à-pas à partir de laquelle celui-ci ne tourne plus en synchronisme avec le courant d'excitation) (cf. aussi* synchronous motor *et* stepper motor).

pull strength résistance à l'arrachement *(en électronique, ce terme s'applique notamment aux soudures des connexions des circuits intégrés monolithiques et hybrides et des sorties des composants discrets) (cf. aussi* integrated-circuit connection *et* lead[2] 2)).

pull test (un) essai d'arrachement *(ou de résistance à l'arrachement) (cf. aussi* pull strength).

pull up *v* amener à l'état haut *(produire l'excursion logique d'un circuit logique vers le haut à l'aide d'une résistance ou d'un transistor) (CI) (inf) (cf. aussi* logic swing).

pull-up *s cf.* pull-up device.

pull-up device dispositif d'excursion haute *(résistance ou transistor d'excursion haute) (cf. aussi* pull-up circuit).

pull-up resistor résistance d'excursion haute *(résistance produisant l'excursion haute d'un circuit logique) (cf. aussi* pull up).

pull-up transistor transistor d'excursion haute *(transistor*

produisant l'excursion haute d'un circuit logique) (cf. aussi pull up).

pulling **1)** entraînement de fréquence *(oscillateur) (cf. aussi* frequency pulling 1)). **2)** glissement aval *(oscillateur) (cf. aussi* frequency pulling 2)).

pulling factor *cf.* pulling figure.

pulling figure indice de glissement aval *(différence entre la valeur maximale et la valeur minimale de la fréquence du signal fourni par un oscillateur lorsque la phase du signal réfléchi par sa charge varie de 360° pour une valeur constante du coefficient de réflexion fixée à 0,20) (hyper, etc.) (cf. aussi* frequency pulling 2), phase angle *et* reflection coefficient).

pulling-in *cf.* pull-in.

pulling range *cf.* pull-in range.

pulsar *(vient de « pulsating radio source »)* pulsar *m (radiosource de très petite taille et de masse volumique considérable émettant des impulsions très régulières dans le domaine radioélectrique ou optique ou X ou, parfois, dans deux ou trois de ces domaines) (est le noyau d'une étoile dégénérée, ce qui explique sa densité 10^{14} fois supérieure à celle de l'eau (!) associée à un diamètre de quelques milliers de kilomètres seulement, ce qui en fait une radiosource ponctuelle ; est caractérisée en outre par la régularité de la fréquence de récurrence des impulsions émises, cette fréquence étant parfois comparable à celle d'un étalon primaire de fréquence) (radioastronomie) (cf. aussi* radio source, pulse repetition frequency *et* primary frequency standard).

pulsatance pulsation *(d'une grandeur sinusoïdale) (le terme anglais est rarement employé) (cf. aussi* angular frequency).

pulsating current courant pulsé, courant continu pulsé *(courant continu dont l'intensité varie périodiquement, c.-à-d. courant unidirecionnel périodique) (cf. aussi* unidirectional current).

pulsating direct current *cf.* pulsating current.

pulsating quantity grandeur pulsatoire *(grandeur dont la valeur varie périodiquement sans s'annuler) (intensité d'un courant pulsé, etc.) (cf. aussi* pulsating current).

pulse[1] *s* impulsion *(augmentation brusque et généralement brève de la valeur d'une grandeur variable à partir d'une valeur nulle ou non nulle, ou représentation graphique de ce phénomène) (impulsion électrique, impulsion acoustique, impulsion de rayonnement électromagnétique et notamment de lumière) (cf. aussi* pulse characteristics, electric pulse, acoustic pulse, electromagnetic pulse, light pulse, recurrent pulse *et* non-recurrent pulse).

pulse[2] *v* pulser, moduler par impulsions *(une grandeur variable) (cf. aussi* pulse[1]).

pulse ... *cf.* pulsed ... *(pour les termes qui ne figurent pas ci-après).*

pulse advance avance d'une impulsion, *(etc.) (générateur d'impulsions à deux voies, etc.) (cf. aussi* pulse offset *et* dual-channel pulse generator).

pulse amplification amplification d'impulsions *(parf.* des impulsions) *(augmentation provoquée de l'amplitude d'impulsions) (cf. aussi* pulse amplifier).

pulse amplifier amplificateur d'impulsions *(amplificateur conçu pour amplifier des impulsions de courant ou de tension sans les déformer excessivement) (est un amplificateur à large bande) (ne pas confondre avec « régénérateur d'impulsions ») (cf. aussi* pulse amplification, wideband amplifier *et* pulse regenerator).

pulse amplitude amplitude d'impulsion *(des impulsions, d'une impulsion, de l'impulsion) (suivant le contexte) (cf. aussi* peak pulse amplitude, pulse duration, amplitude *et* pulse[1]).

pulse-amplitude discrimination discrimination d'amplitude d'impulsion *(discrimination d'impulsions d'après leur amplitude) (cf. aussi* pulse discrimination *et* pulse-height discriminator).

pulse-amplitude discriminator *cf.* pulse-height discriminator.

pulse-amplitude modulation modulation d'amplitude d'impulsion *(parf.* des impulsions), modulation PAM *(modulation d'impulsions dans laquelle la caractéristique variable est l'amplitude des impulsions) (cf. aussi* pulse modulation 2) *et* pulse amplitude).

pulse-amplitude modulator modulateur d'amplitude d'impulsion *(modulateur réalisant la modulation d'amplitude d'impulsion) (cf. aussi* modulator *et* pulse-amplitude modulation).

pulse analysis **1)** analyse d'impulsions *(parf.* des impulsions) *(détermination des caractéristiques des impulsions d'un train d'impulsions récurrentes ou, parfois, d'une impulsion isolée) (cf. aussi* pulse characteristics *et* pulse train). **2)** *cf.* pulse-height analysis.

pulse analyzer analyseur d'impulsions (a) *analyseur de signaux permettant l'analyse d'impulsions, ou dispositif remplissant cette fonction) (cf. aussi* signal analyzer *et* pulse analysis) ; (b) *cf. aussi* pulse-height analyzer).

pulse applications applications en régime d'impulsions *(composant, etc.) (cf. aussi* pulse mode *et* application).

pulse bandwidth largeur de bande d'impulsion, *(etc.) (largeur de la bande de fréquences occupée par une impulsion ou par les impulsions d'un train d'impulsions récurrentes) (radar, etc.) (cf. aussi* pulse amplitude, bandwidth 1) *et* periodic pulse train).

pulse burst salve d'impulsions, salve *(court train d'impulsions récurrentes formé d'un nombre déterminé d'impulsions) (générateur d'impulsions, signal TVC, etc.) (cf. aussi* periodic pulse train *et* color burst).

pulse-by-pulse agility *cf.* pulse-to-pulse frequency hopping.

pulse carrier porteuse en impulsions *(porteuse formée d'un train d'impulsions récurrentes) (tls) (cf. aussi* carrier 1), periodic pulse train *et* pulse modulation 2)).

pulse carrier frequency fréquence porteuse des impulsions, fréquence des impulsions *(le second terme est imprécis et à éviter) (fréquence d'une porteuse modulée par impulsions et notamment de la porteuse d'un radar à impulsions) (cf. aussi* pulse modulation 1) *et* pulse frequency).

pulse characteristics caractéristiques des impulsions *(parf.* d'une impulsion, *parf.* de l'impulsion) *(durée, amplitude, polarité, temps de montée et temps de descente dans le cas général d'une impulsion positive, présence ou absence de dépassement et d'ondulations amorties, pente du sommet et, dans le cas d'un train d'impulsions, fréquence de récurrence, période de récurrence, rapport cyclique et, dans le cas d'impulsions d'une porteuse à haute fréquence, valeur de celle-ci) (cf. aussi* pulse duration, pulse amplitude, pulse polarity, rise time, fall time, overshoot[1], ringing 2), droop, pulse repetition frequency, pulse repetition interval, duty cycle 1) *et* pulse[1]).

pulse chirping *cf.* pulse compression 1).

pulse circuit circuit à impulsions *(montage fournissant ou recevant des impulsions) (générateur d'impulsions, amplificateur d'impulsions, régénérateur d'impulsions, discriminateur d'impulsions, etc.) (cf. aussi* circuit *et* pulse[1]).

pulse code code d'impulsions *(parf.* des impulsions) *(code utilisé pour coder des impulsions) (cf. aussi* pulse coding).

pulse-code modulation modulation par impulsions codées *(terme courant mais impropre),* modulation MIC *(abréviation du terme précédent),* modulation par codage d'impulsions *(terme correct que j'ai proposé),* modulation PCM *(abréviation très utilisée du terme anglais) (modulation d'impulsions dans laquelle la caractéristique variable est la structure de combinaisons successives d'impulsions de deux types) (chaque combinaison forme un mot binaire représentant la valeur quantifiée de l'amplitude instantanée du signal modulant) (la porteuse est souvent modulée quasi-instantanément par n signaux, l'ensemble obtenu formant un multiplex temporel) (tls, etc.) (cf. aussi* delta modulation, pulse modulation 2), binary word, quantized value *et* time-division multiplex).

pulse coder codeur d'impulsions *(dispositif fournissant des impulsions de durée ou d'intervalle variable) (balise radar, répondeur, etc.) (cf. aussi* pulse[1]).

pulse coding codage d'impulsions *(parf.* codage des impulsions) *(autre nom de la modulation d'impulsions employé principalement pour désigner la modulation par impulsions codées) (cf. aussi* pulse modulation 2)).

pulse coil **1)** bobine à impulsion *(une des deux bobines d'un électro-aimant ou relais bistable à noyau-plongeur) (cf. aussi* bistable relay). **2)** enroulement de maintien *(d'un relais à tiges à enroulement de maintien) (cf. aussi* pulse reed relay).

pulse compression compression d'impulsions *(parf.* des impulsions) (a) *réduction de la durée des échos des impulsions émises par un radar dit « à compression d'impulsions ») (cf. aussi* pulse-compression radar) ; (b) *réduction du nombre d'impulsions nécessaire pour représenter une information) (cf. aussi* data compression).

pulse compression filter filtre de compression d'impulsions *(radar) (cf. aussi* compression filter).

pulse compression radar radar à compression d'impulsions *(le terme anglais est la traduction littérale du terme français, le terme employé initialement en anglais étant « chirp radar ») (voir ce terme).*

pulse compression technique méthode de compression d'impulsions, procédé *(idem) (cf. aussi* pulse compression).

pulse compressor compresseur d'impulsions *(radar) (cf. aussi* compression filter).

pulse contact contact de passage, contact à impulsion, contact d'impulsion *(jeu de contacts de relais ouvert à la position de repos et à la position de travail de l'armature ou du noyau-plongeur et fermé un court instant pendant le passage de l'une à l'autre position) (est surtout employé sur certains relais à noyau-plongeur) (cf. aussi* relay[1] 1)).

pulse count nombre d'impulsions *(comptées par un compteur d'impulsions) (cf. aussi* pulse counter).

pulse counter compteur d'impulsions *(dispositif indiquant le nombre d'impulsions reçues dans un intervalle de temps déterminé) (peut être un dispositif électromécanique à électro-aimant et roue à rochet entraînant une série de tambours à décade successifs accolés, mais est généralement un montage électronique utilisant des échelles de comptage successives) (cf. aussi* ripple counter *et* scaler).

pulse counting comptage d'impulsions *(cf. aussi* pulse counter).

pulse data *cf.* pulse information.

pulse decay time *cf.* pulse fall time.

pulse deception jammer *cf.* pulse repeater jammer.

pulse deception jamming *cf.* pulse repeater jamming.

pulse decoder décodeur d'impulsions *(nom parfois donné à un dénumériseur) (cf. aussi* digital-to-analog converter).

pulse decoding décodage d'impulsions *(parf.* des impulsions) *(noms parfois donné à la dénumérisation) (cf. aussi* digital-to-analog conversion).

pulse delay **1)** retard de l'impulsion *(parf.* d'une impulsion) *(retard subi par une impulsion au cours de son passage dans un élément de circuit ou un montage et notamment dans une ligne à retard ou une porte logique) (cf. aussi* gate delay, delay line *et* pulse[1]). **2)** retard d'une impulsion, *(etc.) (générateur d'impulsions à deux voies, générateur de retard, etc.) (cf. aussi* pulse offset, dual-channel pulse generator *et* time synthesizer).

pulse delay line ligne à retard à impulsions *(ligne à retard conçue pour retarder des impulsions) (cf. aussi* delay line *et* pulse[1]).

pulse-delay network réseau retardateur d'impulsions *(nom descriptif d'une ligne à retard à impulsions) (cf. aussi* pulse delay line *et* network 1)).

pulse delay time *cf.* pulse delay.

pulse demoder discriminateur d'intervalle (d'impulsions) *(montage fournissant un signal uniquement pour les impulsions appliquées à son entrée avec un intervalle de temps déterminé entre deux impulsions successives).*

pulse dialer appeleur *(tél) (cf. aussi* dialer).

pulse dialling *cf.* pulse signalling.

pulse discrimination discrimination d'impulsions *(parf.* des impulsions) *(sélection d'impulsions possédant une caractéristique déterminée) (cf. aussi* pulse-amplitude discrimination, pulse-duration discrimination *et* pulse discriminator).

pulse discriminator discriminateur d'impulsions *(montage fournissant un signal uniquement pour les impulsions appliquées à son entrée possédant une caractéristique déterminée) (cf. aussi* pulse-height discriminator, pulse-duration discriminator *et* pulse[1]).

pulse distortion distortion des impulsions *(parf.* de l'impulsion) *(défauts de forme d'une impulsion par rapport à sa forme initiale ou à la forme normale) (cf. aussi* overshoot, undershoot, preshoot, ringing, glitch, droop *et* pulse[1]).

pulse Doppler mode mode Doppler à impulsions *(un des modes de fonctionnement d'un radar multimode dans lequel celui-ci fonctionne comme un radar Doppler à impulsions) (mil, etc.) (cf. aussi* pulse Doppler radar *et* multimode radar).

pulse Doppler radar radar Doppler à impulsions *(radar à impulsions utilisant l'effet Doppler) (cf. aussi* pulse radar *et* Doppler radar).

pulse Doppler radar system (station) radar Doppler à impulsions *(cf. aussi* pulse Doppler radar *et* radar system 1)).

pulse Doppler radar unit *cf.* pulse Doppler radar.

pulse Doppler search radar radar de veille Doppler à impulsions *(mil) (cf. aussi* search radar *et* pulse Doppler radar).

pulse drive attaque par impulsions, commande par impulsions *(amplificateur d'impulsions, etc.).*

pulse-driven attaqué par impulsions, *(etc.) (cf. aussi* pulse drive *et* pulse-operated).

pulse droop pente du sommet (de l'impulsion) *(cf. aussi* droop).

pulse duration durée d'impulsion, *(etc.) (par convention, la durée d'une impulsion est l'intervalle de temps pendant lequel son amplitude est égale ou supérieure à 50 % de sa valeur de crête) (cf. aussi* pulse amplitude, pulse width *et* pulse[1]).

pulse-duration coder *cf.* pulse coder.

pulse-duration discrimination discrimination de durée d'impulsion *(discrimination d'impulsions d'après leur durée) (cf. aussi* pulse discrimination *et* pulse duration).

pulse-duration discriminator discriminateur de durée d'impulsion *(discriminateur d'impulsions dans lequel la caractéristique déterminante des impulsions est leur durée) (en d'autres termes, ce montage ne fournit un signal que pour les impulsions dont la durée est au moins égale à une valeur déterminée) (cf. aussi* pulse discriminator *et* pulse duration).

pulse-duration error erreur due à la durée finie des impulsions *(erreur de mesure de la distance d'une cible par un radar à impulsions due à la durée non négligeable des impulsions émises par le radar) (cf. aussi* pulse radar, pulse duration *et* chirp radar).

pulse-duration modulation modulation de durée d'impulsion *(parf.* des impulsions), modulation PDM *(modulation d'impulsions dans laquelle la caractéristique variable est la durée des impulsions) (cf. aussi* pulse modulation 2), pulse duration *et* pulse-width modulation).

pulse-duration modulator modulateur de durée d'impulsion *(modulateur réalisant la modulation de durée d'impulsion) (cf. aussi* modulator *et* pulse-duration modulation).

pulse duty cycle rapport cyclique (des impulsions) *(train d'impulsions récurrentes) (cf. aussi* duty cycle 1)).

pulse duty factor *cf.* pulse duty cycle.

pulse echo écho de l'impulsion *(parf.* d'une impulsion) *(radar, sonar, échographie) (cf. aussi* echo).

pulse edge flanc d'une impulsion *(parf.* de l'impulsion) *(partie antérieure ou postérieure de la représentation graphique d'une impulsion) (cf. aussi* leading edge, trailing edge *et* steepness).

pulse emission émission d'impulsions *(diode émissive, sonar, échographie) (cf. aussi* pulse[1] *et* emission).

pulse equalizer *cf.* pulse shaper.

pulse excitation *cf.* pulse drive.

pulse fall time temps de descente de l'impulsion *(parf.* d'une impulsion) *(cf. aussi* fall time).

pulse former *cf.* pulse shaper.

pulse forming *cf.* pulse shaping.

pulse forming line *cf.* pulse forming network.

pulse-forming network ligne à retard *(le terme anglais est le nom souvent donné dans cette langue à la ligne à retard d'un modulateur de radar ou autre dispositif fournissant des impulsions de puissance relativement grande) (cf. aussi* radar modulator).

pulse frequency fréquence des impulsions *(cf. aussi* pulse[1]) (a) *cf. aussi* pulse repetition frequency ; (b) *cf. aussi* pulse carrier frequency).

pulse-frequency modulation modulation de fréquence d'impulsions *(parf.* de la fréquence des impulsions), modulation PFM *(modulation d'impulsions dans laquelle la caractéristique variable est la fréquence de récurrence des impulsions) (lorsqu'il s'agit d'impulsions de courant ou de rayonnement*

électromagnétique à haute fréquence comme dans le cas d'un radar à impulsions notamment, le terme « fréquence des impulsions » risque de prêter à confusion et il est préférable d'employer le terme complet « fréquence de récurrence des impulsions ») (cf. aussi* pulse modulation 2) *et* pulse frequency).

pulse-frequency modulator modulateur de fréquence d'impulsions *(modulateur réalisant la modulation de fréquence d'impulsions) (cf. aussi* modulator *et* pulse-frequency modulation).

pulse-frequency spectrum *cf.* pulse spectrum.

pulse generation génération d'impulsions, élaboration d'impulsions *(cf. aussi* pulse generator).

pulse generator générateur d'impulsions *(appareil ou montage fournissant des impulsions de tension ou de courant électrique à caractéristiques déterminées) (dans le cas d'un appareil notamment, il est généralement possible de faire varier au moins la fréquence de récurrence des impulsions fournies, leur amplitude et leur rapport cyclique) (cf. aussi* square-wave generator, relaxation oscillator, pulser, pulse[1] *et* pulse characteristics).

pulse height *cf.* pulse amplitude.

pulse-height analysis spectrométrie d'amplitude, analyse d'amplitudes d'impulsions *(visualisation d'un spectre d'amplitudes d'impulsions) (cf. aussi* pulse-height spectrum).

pulse-height analyzer analyseur d'amplitudes d'impulsions, analyseur de spectres d'impulsions, spectromètre d'impulsions *(appareil numérique visualisant le spectre d'amplitudes d'une population d'impulsions sur un écran cathodique) (est utilisé notamment en physique nucléaire en liaison avec un détecteur de particules pour obtenir le spectre d'énergie des radiations nucléaires) (cf. aussi* pulse-height spectrum, single-channel analyzer *et* multichannel analyzer).

pulse-height discriminator discriminateur d'amplitude d'impulsion *(discriminateur d'impulsions dans lequel la caractéristique déterminante des impulsions est leur amplitude) (en d'autres termes, ce montage ne fournit un signal que pour les impulsions dont l'amplitude est au moins égale à une valeur déterminée) (cf. aussi* pulse discriminator *et* pulse amplitude).

pulse-height distribution répartition des amplitudes d'impulsions *(spectre d'amplitudes d'impulsions) (cf. aussi* pulse-height spectrum).

pulse-height selector *cf.* pulse-height discriminator.

pulse-height spectrum spectre d'amplitudes d'impulsions, spectre d'amplitudes *(courbe représentant la répartition d'une population d'impulsions en fonction de leur amplitude) (spectrométrie d'amplitude) (cf. aussi* pulse-height analyzer).

pulse information informations relatives aux impulsions, caractéristiques des impulsions *(analyseur de spectres de brouilleur de radars, etc.) (cf. aussi* pulse characteristics).

pulse input *(cf. aussi* input[1] *et* pulse[1]) **1)** entrée des impulsions *(parf.* de l'impulsion) *(bornes d'entrée d'impulsions ou d'une impulsion) (cf. aussi* input terminal 1)). **2)** entrée en impulsions, *(parf.)* entrée impulsionnelle *(noms souvent donnés à un signal d'entrée formé d'impulsions ou constitué par une impulsion).*

pulse interlace *cf.* pulse interleaving.

pulse interlacing *cf.* pulse interleaving.

pulse interleaving entrelacement d'impulsions *(émission successive des groupes d'impulsions représentant chacun un signal dans une trame d'un multiplex temporel) (tls, etc.) (cf. aussi* frame 6)).

pulse interrogation interrogation par impulsions *(ou des impulsions) (déclenchement de l'émission d'une balise radar ou d'un répondeur radar par la réception d'une ou plusieurs impulsions appropriées) (cf. aussi* interrogation pulse).

pulse interval intervalle entre impulsions (a) *cf. aussi* pulse spacing ; (b) *cf. aussi* pulse repetition interval).

pulse-interval modulation modulation d'intervalle d'impulsions *(parf.* de l'intervalle entre impulsions) *(autres noms de la modulation de fréquence d'impulsions, les deux caractéristiques étant liées entre elles) (cf. aussi* pulse-frequency modulation).

pulse-interval modulator modulateur d'intervalle d'impulsions *(autre nom d'un modulateur de fréquence d'impulsions)* *(cf. aussi* pulse-interval modulation *et* pulse-frequency modulator*)*.

pulse jammer brouilleur à impulsions *(brouilleur émettant un signal constitué par un train d'impulsions) (brouilleur de radars à impulsions, etc.) (mil) (cf. aussi* repeater jammer*)*.

pulse jamming *cf.* pulsed jamming. *(plus loin)*.

pulse jitter instabilité des impulsions, jigue *(train d'impulsions) (cf. aussi* jitter 1*))*.

pulse jittering instabilité provoquée des impulsions, gigue provoquée *(anti-contre-mesure appliquée au signal émis par un radar militaire à impulsions) (cf. aussi* jitter 1) *et* radar counter-countermeasures*)*.

pulse keying *cf.* pulse modulation.

pulse leading edge front de l'impulsion *(parf.* d'une impulsion*) (cf. aussi* leading edge*)*.

pulse length *cf.* pulse duration.

pulse link liaison en impulsions *(nom parfois donné à une liaison numérique) (tls) (cf. aussi* digital link*)*.

pulse load charge impulsionnelle *(charge appliquée brusquement à une source de courant ou à un composant ou appareil) (alim, ampli, résistance, etc.) (cf. aussi* load[1] (a)*)*.

pulse loading (application d'une) charge impulsionnelle *(cf. aussi* pulse load*)*.

pulse mode *(cf. aussi* pulse[1]) **1)** mode d'impulsions *(mode de fonctionnement d'un dispositif ou appareil fournissant ou recevant des impulsions et pouvant fonctionner dans un autre mode) (générateur de signaux, oscilloscope, etc.) (cf. aussi* operating mode *et* pulsed mode). **2)** séquence d'impulsions *(court train d'impulsions constituant un signal complet, répétitif ou non) (cf. aussi* pulse train) (a) séquence de trame *(séquence d'impulsions commandant la scrutation des voies dans un commutateur cyclique) (cf. aussi* scanner 2)) ; (b) séquence de réponse *(nom donné à une suite d'impulsions constituant une réponse en impulsions) (radar) (cf. aussi* pulse sequence *et* pulse reply*)*.

pulse-mode multiplex multiplex à impulsions *(nom parfois donné à un multiplex temporel) (tls) (cf. aussi* time-division multiplex*)*.

pulse moder générateur de séquence de trame *(montage générateur d'impulsions fournissant la séquence de trame dans un multiplexeur temporel) (tél) (cf. aussi* pulse mode 2) (a)*)*.

pulse-modulate *v* moduler par impulsions *(une porteuse) (cf. aussi* pulse modulation 1)*)*.

pulse-modulated carrier porteuse modulée par impulsions *(tls, etc.) (cf. aussi* pulse modulation 1)*)*.

pulse-modulated navigation system *cf.* pulse navigation system.

pulse-modulated radar *cf.* pulse radar.

pulse-modulated wave onde modulée par impulsions *(radar, etc.) (cf. aussi* wave *et* pulse modulation*)*.

pulse modulation **1)** modulation par impulsions *(modulation d'une porteuse en ondes entretenues par un train d'impulsions) (est généralement une modulation par tout ou rien, la porteuse étant alors fournie pendant la durée de chaque impulsion, ce qui donne des impulsions de porteuse) (signal émis par un radar à impulsions, etc.) (cf. aussi* modulation (a), CW carrier, pulse frequency *et* pulse train). **2)** modulation d'impulsions *(modulation dans laquelle la porteuse est une porteuse en impulsions dont une caractéristique varie au rythme de l'amplitude du signal modulant) (cf. aussi* pulse-amplitude modulation, pulse-duration modulation, pulse-frequency modulation, pulse-code modulation, pulse-numbers modulation, pulse carrier, pulse[1] *et* modulation (a)*)*.

pulse modulator *(cf. aussi* pulse modulation et modulator) **1)** modulateur à impulsions *(modulateur réalisant la modulation par impulsions). **2)** modulateur d'impulsions *(modulateur réalisant la modulation d'impulsions) (cf. aussi* pulse-amplitude modulator, pulse-duration modulator, pulse-frequency modulator *et* pulse-position modulator*)*.

pulse multiplex *cf.* pulse-mode multiplex.

pulse navigation system système de navigation à mesure de temps *(ou* à impulsions*) (système de radionavigation fondé sur la mesure du temps nécessaire à une impulsion d'énergie électromagnétique à haute fréquence pour parcourir une distance déterminée) (mar, avia) (système Loran, radar de navi-*

gation, etc.) (cf. aussi Loran, navigation radar *et* radio navigation system*)*.

pulse noise bruit impulsionnel *(bruit formé d'impulsions pointues irrégulières) (cf. aussi* noise 2) (a)*)*.

pulse-numbers modulation modulation de nombre d'impulsions *(parf.* du nombre d'impulsions*) (modulation d'impulsions dans laquelle la caractéristique variable est le nombre d'impulsions émises par unité de temps) (tlg) (cf. aussi* pulse modulation 2)*)*.

pulse-numbers modulator modulateur de nombres d'impulsions *(modulateur réalisant la modulation de nombres d'impulsions) (cf. aussi* modulator *et* pulse-numbers modulation*)*.

pulse offset décalage d'impulsion, *(etc.) (avance ou retard d'une impulsion par rapport à une autre impulsion prise comme référence ou des impulsions d'un train d'impulsions récurrentes par rapport aux impulsions d'un autre train d'impulsions récurrentes de même fréquence de récurrence pris comme référence) (cf. aussi* pulse amplitude, pulse advance, pulse delay 2), pulse tuning, periodic pulse train *et* pulse repetition frequency*)*.

pulse-on-pulse modulation modulation d'une impulsion à l'autre *(modification d'une caractéristique des impulsions successives émises par un radar militaire opérée de façon différente pour chacune des impulsions pour réduire les risques d'interception du signal du radar) (anti-contre-mesure) (cf. aussi* pulse characteristics, pulse radar *et* counter-countermeasures*)*.

pulse-operated relay relais à impulsions *(ou* commandé par impulsions*) (noms parfois donnés à un relais bistable pour rappeler son mode de commande) (cf. aussi* bistable realy*)*.

pulse operation *cf.* pulsed operation. *(plus loin)*.

pulse oscillator oscillateur à impulsions *(nom parfois donné à un oscillateur à relaxation) (cf. aussi* relaxation oscillator*)*.

pulse output *voir* pulse input *et* output *et* adapter.

pulse parameters *cf.* pulse characteristics *(cf. aussi* parameter*)*.

pulse pattern combinaison d'impulsions *(suite d'impulsions identiques ou non représentant une information codée et notamment un mot binaire dans un signal numérique transmis en série) (cf. aussi* pulse[1], binary word *et* serial transmission*)*.

pulse peak power *cf.* peak power 1).

pulse per second *cf.* pulses per second.

pulse period *cf.* pulse repetition interval.

pulse phase phase des impulsions, *(etc.) (nom parfois donné à la position d'une ou plusieurs impulsions) (cf. aussi* pulse position *et* phase (a)*)*.

pulse-phase modulation *cf.* pulse-position modulation.

pulse polarity polarité de l'impulsion *(parf.* des impulsions*) (cf. aussi* positive pulse, negative pulse *et* inverted pulse*)*.

pulse position position d'une impulsion, *(etc.) (position d'une ou plusieurs impulsions d'un train d'impulsions par rapport aux impulsions voisines ou à la position normale, c.-à-d. instant correspondant) (cf. aussi* pulse amplitude, pulse-position modulation *et* pulse[1]*)*.

pulse-position modulation modulation de position d'impulsions *(parf.* de la position des impulsions*), modulation PPM *(modulation d'impulsions dans laquelle la caractéristique variable est la position des impulsions) (cf. aussi* pulse modulation 2) *et* pulse position*)*.

pulse-position modulator modulateur de position d'impulsions *(modulateur réalisant la modulation de position d'impulsions) (cf. aussi* modulator *et* pulse-position modulation*)*.

pulse power puissance d'impulsion, *(etc.) (puissance d'une impulsion de courant ou de rayonnement électromagnétique ou acoustique, c-à-d. puissance d'une ou des impulsions émises par un radar à impulsions, un sonar, un laser à impulsions ou autre appareil ou dispositif ou corps émettant des impulsions) (cf. aussi* pulse amplitude *et* power[1] 1)*)*.

pulse power capability tenue en puissance en régime d'impulsions, tenue en régime d'impulsions, tenue en impulsions *(cf. aussi* power capability *et* pulse mode 1)*)*.

pulse propagation time temps de propagation des impulsions, *(etc.) (signal radar, signal sonar, échographie, circuit à impulsions ou circuit logique) (cf. aussi* pulse amplitude *et* gate delay*)*.

pulse radar radar à impulsions *(radar émettant pendant des intervalles de temps très courts séparés par des intervalles beaucoup plus longs) (en l'absence de précisons, le terme « radar » désigne généralement un radar à impulsions) (cf. aussi* pulse radar signal, pulse Doppler radar *et* radar).

pulse radar deception jammer *cf.* pulse repeater jammer.

pulse radar deception jamming *cf.* pulse repeater jamming.

pulse radar jammer brouilleur de radars à impulsions *(brouilleur conçu pour brouiller les radars à impulsions) (ce terme désigne généralement un brouilleur répéteur à impulsions, mais peut également désigner un brouilleur à bruit) (mil) (cf. aussi* pulse repeater jammer *et* noise jammer).

pulse radar jamming brouillage des radars à impulsions *(mil) (cf. aussi* pulse radar jammer).

pulse radar receiver récepteur de radar à impulsions *(cf. aussi* pulse radar).

pulse radar signal signal de radar à impulsions *(parf.* d'un ...) *(signal radioélectrique émis par un radar à impulsions ou un autodirecteur radar actif) (est constitué par un train d'impulsions récurrentes d'une porteuse à fréquence radioélectrique très élevée et caractérisé par cette fréquence ou la longueur d'onde correspondante, la fréquence de récurrence des impulsions, leur rapport cyclique et leur puissance crête) (cf. aussi* radio signal, radar frequency, pulse radar, active radar seeker, periodic pulse train, pulse repetition frequency, carrier 1), duty cycle 1) *et* peak power 1)).

pulse radar threat menace d'un radar à impulsions, *(etc.) (parf.)* émission hostile *(idem) (mil) (cf. aussi* radat threat *et* pulse radar).

pulse rate *cf.* pulse repetition frequency.

pulse-rate modulation *cf.* pulse-frequency modulation.

pulse-rate modulator *cf.* pulse-frequency modulator.

pulse ratio *cf.* pulse duty cycle.

pulse recurrence ... *cf.* pulse repetition ...

pulse reed relay relais à tiges à enroulement de maintien *(relais à tiges fonctionnant comme un relais classique à verrouillage électrique) (cf. aussi* reed relay *et* magnetic latching relay).

pulse regeneration régénération d'impulsions *(élaboration, par un montage, d'une impulsion de forme, durée et amplitude déterminées pour chaque impulsion plus ou moins déformée appliquée à son entrée) (tls, etc.) (cf. aussi* monostable multivibrator, regenerative repeater *et* pulse[1]).

pulse regenerator régénérateur d'impulsions, régénérateur *(montage opérant la régénération d'impulsions) (tls, etc.) (cf. aussi* pulse regeneration).

pulse repeater 1) répéteur-régénérateur *(tls) (cf. aussi* regenerative repeater). 2) *cf.* pulse repeater jammer.

pulse repeater capability possibilités de fonctionnement en répéteur d'impulsions, *(parf.* possibilité ...), *(etc.) (brouilleur) (mil) (cf. aussi* pulse repeater jammer *et* capability).

pulse repeater jammer brouilleur répéteur à impulsions, brouilleur de diversion à impulsions, brouilleur coopératif à impulsions, répéteur (de signaux radar) à impulsions, répéteur d'impulsions *(brouilleur répéteur conçu pour le brouillage des radars à impulsions) (clpf) (mil) (cf. aussi* repeater jammer *et* pulse repeater jamming).

pulse repeater jamming brouillage par brouilleur répéteur à impulsions, *(etc.) (consiste à faire sortir l'écho de la cible du créneau de sélection dans le récepteur du radar brouillé) (mil) (cf. aussi* pulse repeater jammer, range gate pull-off, angle gate pull-off *et* velocity gate pull-off).

pulse repetition frequency fréquence de récurrence (des impulsions) *(nombre d'impulsions par seconde dans un train d'impulsions récurrentes) (dans le cas du signal émis par un radar à impulsions, une fréquence de récurrence de 1 000 impulsions/seconde est une valeur moyenne) (cf. aussi* pulse repetition interval, periodic pulse train *et* pulse radar signal).

pulse repetition interval période de récurrence (des impulsions) *(intervalle de temps séparant les fronts de deux impulsions successives d'un train d'impulsions récurrentes) (est l'inverse de la fréquence de récurrence) (radar, etc.) (cf. aussi* periodic pulse train *et* pulse repetition frequency).

pulse repetition period *cf.* pulse repetition interval.

pulse repetition rate *cf.* pulse repetition frequency.

pulse reply réponse en impulsions *(ou* formée d'impulsions) *(réponse d'une balise répondeuse ou d'un répondeur radar) (avia) (cf. aussi* radar beacon *et* transponder 1)).

pulse resolution pouvoir séparateur (d'impulsions) *(intervalle de temps minimal entre deux impulsions successives pour lequel un compteur d'impulsions peut encore les distinguer l'une de l'autre) (cf. aussi* pulse counter).

pulse response 1) réponse à une impulsion, réponse en régime impulsionnel *(ampli, haut-parleur, etc.) (cf. aussi* transient response). 2) *cf.* pulse reply.

pulse response mode mode de réponse en impulsions *(répondeur) (cf. aussi* pulse reply *et noter l'emploi de deux termes différents en anglais)*.

pulse restoration *cf.* pulse regeneration.

pulse rise time temps de montée d'une impulsion *(souvent* de l'impulsion) *(cf. aussi* rise time).

pulse scaler échelle de comptage (d'impulsions) *(cf. aussi* scaler).

pulse selection sélection d'impulsions *(parf.* des impulsions) *(nom parfois donné à la discrimination d'impulsions) (cf. aussi* pulse discrimination).

pulse selector sélecteur d'impulsions *(nom parfois donné à un discriminateur d'impulsions) (cf. aussi* pulse discriminator).

pulse separation intervalle de séparation entre impulsions *(intervalle de temps entre le flanc arrière d'une impulsion et le flanc avant de l'impulsion suivante) (peut aussi être défini de manière imagée comme l'espace vide entre deux impulsions) (ne pas confondre avec l'intervalle entre impulsions) (cf. aussi* pulse spacing).

pulse sequence suite d'impulsions *(train d'impulsions, généralement court, ou partie d'un train d'impulsions) (cf. aussi* pulse train).

pulse shape forme d'impulsion, *(etc.) (pointue, en dent de scie, carrée, rectangulaire en hauteur ou en longueur, etc.) (cf. aussi* pulse amplitude *et* pulse shaper).

pulse shaper conformateur d'impulsions, circuit de mise en forme d'impulsions *(montage fournissant une impulsion de forme déterminée pour chaque impulsion appliquée à son entrée) (termes génériques couvrant le régénérateur d'impulsions et l'élargisseur d'impulsions) (cf. aussi* pulse regenerator, pulse stretcher *et* pulse[1]).

pulse shaping mise en forme d'impulsions *(rétablissement ou changement de la forme d'impulsions) (cf. aussi* pulse shaper).

pulse shaping circuit *cf.* pulse shaper.

pulse signal signal impulsionnel *(signal formé d'une ou plusieurs impulsions) (cf. aussi* signal[1] *et* pulse[1]).

pulse signalling signalisation par impulsions, signalisation téléphonique *(idem) (signalisation téléphonique réalisée par des impulsions de courant émises par le poste du demandeur) (type classique) (cf. aussi* dial pulse *et* signalling 1)).

pulse source source d'impulsions *(dispositif, appareil ou corps fournissant des impulsionss de courant ou de tension ou émettant des impulsions de rayonnement, ou corps émettant des impulsions de rayonnement) (oscillateur à relaxation, base de temps, générateur d'impulsions, émetteur de radar à impulsions, laser à impulsions, diode émissive en régime d'impulsions, pulsar, etc.) (cf. aussi* pulse[1]).

pulse spacing intervalle entre impulsions *(intervalle de temps séparant les fronts de deux impulsions successives) (ce terme peut désigner la période de récurrence) (cf. aussi* pulse separation, pulse[1] *et* pulse repetition frequency).

pulse-spacing modulation *cf.* pulse-interval modulation.

pulse spectrometer spectromètre d'impulsions *(cf. aussi* pulse-height analyzer).

pulse spectrometry spectrométrie d'amplitude *(cf. aussi* pulse-height analysis).

pulse spectrum spectre d'impulsion *(spectre des fréquences composantes d'une impulsion) (cf. aussi* frequency spectrum (b), Fourier transformation *et* pulse[1]).

pulse spike transitoire superposée *(à une impulsion utile) (cf. aussi* transient[2] *et* pulse[1]).

pulse spring ressort d'impulsions *(une des deux lames élastiques produisant les impulsions de sélection dans un poste téléphonique automatique à cadran d'appel) (chacune des* *deux lames porte un contact maintenu appliqué contre l'autre au repos et écarté plusieurs fois par la came d'impulsions lors de la composition d'un numéro) (l'ouverture répétée du circuit de la ligne de l'abonné qui en résulte produit des impulsions de courant dans celle-ci représentant le numéro de l'abonné demandé et déclenchant le processus de commutation au central téléphonique desservant l'abonné demandeur) (cf. aussi* pulsing cam *et* telephone switching).

pulse strecher élargisseur d'impulsions, circuit *(idem) (montage fournissant une impulsion de durée (ou largeur) déterminée pour chaque impulsion de durée inférieure appliquée à son entrée) (peut être considéré comme un régénérateur d'impulsions assurant en plus l'élargissement de celles-ci) (cf. aussi* pulse width *et* pulse regenerator).

pulse stretching élargissement d'impulsions *(augmentation provoquée de la durée (ou largeur) d'une ou plusieurs impulsions) (cf. aussi* pulse stretcher).

pulse stretching circuit *cf.* pulse stretcher.

pulse string *cf.* pulse train.

pulse stuffing insertion d'impulsions *(adjonction d'impulsions à un signal numérique pour compenser une différence de fréquence d'horloge, notamment lors de la formation de certains multiplex temporels) (cf. aussi* digital signal, clock frequency *et* time-division multiplex).

pulse synthesis synthèse d'impulsions *(élaboration d'impulsions isolées) (cf. aussi* pulse[1] *et* pulse synthesizer).

pulse synthesizer synthétiseur d'impulsions *(montage générateur d'impulsions isolées utilisées à des fins de remplacement d'impulsions manquantes ou de complément d'impulsions existantes) (cf. aussi* pulse generator *et* pulse stuffing).

pulse test (un) essai sous tension de choc *(isolant) (cf. aussi* impulse test 1)).

pulse testing (l')essai ... *(cf. aussi* pulse test).

pulse tilt inclinaison du sommet (de l'impulsion) *(peut être à pente positive ou, plus souvent, négative) (cf. aussi* droop).

pulse time instant d'impulsion, *(etc.) (instant d'apparition d'une impulsion) (autre nom, plus correct mais moins employé, de la position d'une impulsion) (cf. aussi* pulse amplitude *et* pulse position).

pulse-time modulation modulation de temps d'impulsion *(modulation d'impulsions dans laquelle la caractéristique variable est un temps relatif aux impulsions) (terme générique couvrant la modulation de durée d'impulsion, la modulation de fréquence d'impulsion et la modulation de position d'impulsion) (cf. aussi* pulse-duration modulation, pulse-frequency modulation, pulse-position modulation *et* pulse modulation 2)).

pulse timing synchronisation d'impulsions *(fixation d'instants d'impulsions par rapport à des événements et notamment à des impulsions de provenance différente) (oscilloscope à deux voies, générateur d'impulsions à deux voies, etc.) (cf. aussi* pulse time, pulse offset, dual-channel oscilloscope *et* dual-channel pulse generator).

pulse-to-pulse agility *cf.* pulse-to-pulse frequency hopping.

pulse-to-pulse defruiter élagueur à coïncidence d'impulsions, *(etc.) (radar d'identification) (cf. aussi* defruiter).

pulse-to-pulse frequency agility *cf.* pulse-to-pulse frequency hopping.

pulse-to-pulse frequency excursion excursion de fréquence d'une impulsion à l'autre, *(parf.)* saut *(idem) (valeur d'un saut de fréquence d'une impulsion à l'autre ou, parfois, ce saut lui-même) (radar mil) (cf. aussi* pulse-to-pulse frequency hopping).

pulse-to-pulse frequency hopping sauts de fréquence d'une impulsion à l'autre *(anti-contre-mesure supplémentaire incorporée à certains radars militaires à sauts de fréquence pour réduire encore plus la probabilité d'interception des signaux émis par le radar) (cf. aussi* frequency-hopping radar).

pulse-to-pulse frequency variation *cf.* pulse-to-pulse frequency excursion.

pulse top sommet d'impulsion, *(etc.) (cf. aussi* pulse amplitude *et* pulse tilt).

pulse tracking radar radar de poursuite à impulsions *(cas général) (cf. aussi* tracking radar).

pulse train train d'impulsions *(groupe d'impulsions successives en nombre quelconque, récurrentes ou non) (cf. aussi* pulse sequence, periodic pulse train *et* pulse[1]).

pulse train analyzer analyseur de trains d'impulsions *(cf. aussi* pulse analyzer 1)).

pulse train interleaving entrelacement de trains d'impulsions *(formation des trames successives d'un multiplex temporel) (tls, etc.) (cf. aussi* frame 6)).

pulse transformer transformateur d'impulsions *(transformateur conçu pour transmettre des impulsions de courant d'un circuit à impulsions à un autre en assurant leur isolement galvanique et en modifiant éventuellement l'amplitude des impulsions transmises) (est un transformateur de liaison fonctionnant en régime d'impulsions) (cf. aussi* current pulse *et* coupling transformer).

pulse transformer coupling liaison par transformateur à impulsions *(liaison entre deux étages d'un montage ou un appareil produisant ou utilisant des impulsions) (cf. aussi* pulse transformer).

pulse transmitter émetteur à impulsions *(émetteur dont les signaux sont formés d'impulsions) (émetteur de radar à impulsions, émetteur de faisceau hertzien numérique, émetteur télégraphique ou téléphonique numérique, émetteur à fibre optique, etc.) (cf. aussi* transmitter (a) *et* pulse[1]).

pulse-triggered déclenché(e) par impulsions *(cf. aussi* pulse triggering).

pulse triggering déclenchement par impulsions *(base de temps, bascule, etc.) (cf. aussi* triggering).

pulse-type altimeter altimètre à impulsions *(avia) (cf. aussi* radar altimeter).

pulse waveform *(cf. aussi* waveform) 1) *cf.* pulse signal. 2) *cf.* pulse shape.

pulse width largeur d'impulsion, *(etc.) (nom donné à la durée d'une impulsion dans la représentation graphique de celle-ci et employé souvent à la place de « durée d'impulsion ») (la largeur d'une impulsion représentée graphiquement est proportionnelle à sa durée et dépend en outre de l'échelle adoptée) (cf. aussi* pulse amplitude, pulse-width modulation *et* pulse duration).

pulse-width-modulated power supply *cf.* pulse-width-modulated switching power supply.

pulse-width-modulated supply *cf.* pulse-width-modulated switching power supply.

pulse-width-modulated switcher *cf.* pulse-width-modulated switching power supply.

pulse-width-modulated switching power supply alimentation à découpage à modulation de largeur d'impulsions *(type classique) (cf. aussi* switching power supply).

pulse-width discriminator discriminateur de largeur d'impulsion *(nom parfois donné à un discriminateur de durée d'impulsion) (cf. aussi* pulse-duration discriminator *et* pulse width).

pulse-width-modulated switching regulator régulateur à découpage à modulation de largeur d'impulsion *(cas général) (alim. déc) (cf. aussi* switching regulator).

pulse-width modulation modulation de largeur d'impulsion, modulation PWM *(noms parfois donnés à la modulation de durée d'impulsions, notamment dans le cas d'un régulateur à découpage ou d'une alimentation à découpage utilisant un tel régulateur ou d'un amplificateur employant cette modulation) (cf. aussi* pulse-duration modulation, switching regulator *et* PWM amplifier).

pulse-width modulator modulateur de largeur d'impulsion *(nom parfois donné à un modulateur de durée d'impulsion) (cf. aussi* pulse-duration modulator *et* pulse-width modulation).

pulsed altimeter *cf.* pulse-type altimeter. *(plus haut).*

pulsed beam faisceau pulsé *(faisceau émis par impulsions) (radar à impulsions, machine à faisceau d'électrons, laser, etc.) (cf. aussi* beam[1] *et* pulse[1]).

pulsed conditions *cf.* pulsed mode.

pulsed continuous wave onde entretenue pulsée *(impulsions d'une onde entretenue) (signal de radar à impulsions, etc.) (cf. aussi* continuous wave *et* pulse carrier).

pulsed current courant pulsé *(courant circulant par impulsions dans un circuit, c.-à-d. impulsions de courant) (cf. aussi* pulse[1]).

pulsed CW *cf.* pulsed continuous wave.

pulsed deception jammer *cf.* pulse repeater jammer.

pulsed deception jamming *cf.* pulse repeater jamming.

pulsed deception repeater *cf.* pulse repeater jammer.

pulsed diode diode ... (*voir aussi* pulsed tube *et* diode).

pulsed Doppler radar *cf.* pulse Doppler radar.

pulsed electron beam faisceau d'électrons pulsé (*cf. aussi* electron beam *et* pulsed beam).

pulsed interference parasites impulsionnels (*parasites formés d'impulsions distinctes*) (*exemple : parasites produits par le système d'allumage d'un moteur à explosion*) (*cf. aussi* interference 1)).

pulsed jammer *cf.* pulse jammer.

pulsed jamming brouillage par impulsions, brouillage en impulsions (*brouillage opéré par un brouilleur à impulsions*) (*mil*) (*cf. aussi* pulse jammer).

pulsed laser laser pulsé (*ou* à faisceau pulsé *ou* à émission par impulsions) (*cf. aussi* laser).

pulsed laser annealing recuit par laser pulsé (*fab. CI, semi*) (*cf. aussi* laser annealing).

pulsed laser beam faisceau laser pulsé (*cf. aussi* laser beam *et* pulsed beam).

pulsed magnetron magnétron à impulsions, magnétron pulsé (*magnétron fonctionnant en régime d'impulsions*) (*radar, etc.*) (*cf. aussi* magnetron *et* pulsed mode).

pulsed maser maser à impulsions (*nom parfois donné à un maser à solide à deux niveaux pour rappeler son mode de fonctionnement*) (*cf. aussi* two-level solid-state maser).

pulsed mode régime d'impulsions (*régime de fonctionnement d'un appareil ou autre matériel fournissant ou recevant de l'énergie, notamment un signal, sous la forme d'impulsions de courant, de tension ou de rayonnement électromagnétique ou acoustique*) (*laser, diode émissive, radar, générateur de signaux, analyseur de signaux, oscilloscope, amplificateur, oscillateur, transformateur, servomoteur, notamment si moteur pas-à-pas, transistor, condensateur, etc.*) (*cf. aussi* pulse[1] *et* pulse mode 1)).

pulsed-mode output sortie en régime d'impulsions (*puissance fournie en régime d'impulsions ou, parfois, ce régime lui-même*) (*cf. aussi* pulsed mode *et* output[1]).

pulsed noise bruit impulsionnel (*bruit électrique formé d'impulsions pointues d'amplitude et intervalle irréguliers*) (*récepteur, etc.*) (*cf. aussi* noise 2) (a) *et* pulse[1]).

pulsed operation fonctionnement en régime d'impulsions, fonctionnement en impulsions (*cf. aussi* pulsed mode).

pulsed oscillator oscillateur à impulsions (*ou* pulsé) (*oscillateur fonctionnant en régime d'impulsions*) (*magnétron, etc.*) (*cf. aussi* oscillator *et* pulsed mode).

pulsed peak power *cf.* peak power 1).

pulsed plasma X-ray source source de rayons X pulsée à plasma (*source de rayons X à plasma fonctionnant en régime d'impulsions utilisée pour la gravure aux rayons X*) (*cf. aussi* X-ray source, pulsed mode *et* X-ray lithography).

pulsed power énergie pulsée (*énergie fournie sous la forme d'impulsions*) (*radar, laser, arme à faisceau d'énergie, etc.*) (*cf. aussi* energy *et* pulse[1]).

pulsed-power output *cf.* pulsed-mode output.

pulsed radar *cf.* pulse radar.

pulsed range technique méthode de brouillage en distance des radars à impulsions (*mil*) (*cf. aussi* range deception).

pulsed receiver *cf.* pulse radar receiver.

pulsed repeater *cf.* pulse repeater.

pulsed response mode *cf.* pulse response mode.

pulsed scanning balayage par impulsions (*balayage produit par des impulsions en dents de scie*) (*clpf*) (*cf. aussi* scanning 1)).

pulsed signal *cf.* pulse signal.

pulsed transistor transistor ... (*voir aussi* pulsed tube).

pulsed tube tube en régime d'impulsions, tube en impulsions, tube fonctionnant (*idem*), tube pulsé, tube électronique (*idem*) (*cf. aussi* electron tube *et* pulsed mode).

pulsed wave shape forme impulsionnelle du signal (*forme d'un signal impulsionnel*) (*cf. aussi* pulse signal).

pulsed waveform *cf.* pulse signal. (*cf. aussi* waveform).

pulser synchronisateur (de radar), (*etc.*) (*cf. aussi* radar synchronizer).

pulses per second impulsions par seconde (*noter l'emploi du pluriel, incorrect mais général*) (*unité de fréquence de récurrence*) (*radar, etc.*) (*cf. aussi* pulse repetition frequency).

pulsing application d'impulsions (*application d'un signal de commande formé d'impulsions à un dispositif ou appareil pour le faire fonctionner en régime d'impulsions*) (*ce terme s'applique notamment à un oscillateur, un laser ou une diode émissive*) (*cf. aussi* pulse[1] *et* pulsed mode).

pulsing cam came d'impulsions (*came entraînée en rotation par le disque à trous du cadran d'appel d'un poste téléphonique automatique à cadran lorsque le disque est relâché après avoir été écarté de sa position de repos*) (*la came étant entraînée par un cliquet agissant sur une roue à rochet, elle ne peut tourner pendant que l'usager tourne le disque ; de plus, sa vitesse de rotation lors du retour du disque à la position de repos sous l'action du ressort de rappel est maintenue constante par un régulateur centrifuge*) (*grâce à ces deux mesures, la cadence d'émission des impulsions est régulière et indépendante de la vitesse à laquelle l'usager tourne le disque du cadran*) (*cf. aussi* pulse spring).

pulsing magnet électro-aimant de rotation (*électro-aimant commandant la rotation des balais d'un commutateur téléphonique rotatif par action d'un cliquet solidaire de l'armature sur une roue à rochet*) (*cf. aussi* stepping relay *et* electromagnet).

pump *s* pompe (a) *dispositif fournissant l'énergie nécessaire au pompage d'un milieu ou d'un dispositif*) (*oscillateur, lampe à éclairs, etc.*) (*cf. aussi* pumping) ; (b) *transistor fournissant le courant nécessaire au maintien de la charge dans une pompe à charge*) (*cf. aussi* charge pump).

pump frequency fréquence de la pompe (*nom parfois donné à la fréquence de pompage*) (*cf. aussi* pumping frequency).

pump out *v* vider (*un tube électronique ou autre dispositif*) (*cf. aussi* degassing).

pumped tube tube à vide entretenu (*tube électronique dans lequel le vide est entretenu par une pompe à vide*) (*ce terme s'applique à certains redresseurs à vapeur de mercure de grande puissance*) (*cf. aussi* mercury-arc rectifier).

pumping pompage (*en électronique, fourniture d'énergie à un milieu ou un dispositif en vue d'accentuer une différence d'énergie*) (a) *augmentation provoquée et inégale de l'état d'énergie d'un ensemble d'atomes ou de molécules par apport d'énergie en vue de créer une inversion de population*) (*l'énergie fournie peut être de l'énergie mécanique résultant du choc entre des particules excitées du milieu et les autres particules, ou de l'énergie électrique cédée par un courant circulant dans le milieu, ou de l'énergie électromagnétique cédée par un rayonnement électromagnétique baignant le milieu, ou de l'énergie chimique libérée par une réaction chimique amorcée dans le milieu*) (*électronique quantique*) (*cf. aussi* optical pumping *et* population inversion) ; (b) *action de faire varier le paramètre variable d'un amplificateur paramétrique*) (*cf. aussi* parametric amplifier).

pumping band bande de pompage (*bande d'énergie dans laquelle sont transférés des électrons excités par pompage*) (*maser, laser*) (*cf. aussi* energy band *et* pumping (a)).

pumping frequency fréquence de pompage (*fréquence d'un rayonnement de pompage ou d'une tension de pompage*) (*cf. aussi* pumping radiation, pumping voltage *et* frequency).

pumping light lumière de pompage (*lumière assurant le pompage dans le procédé de pompage optique*) (*laser*) (*cf. aussi* optical pumping).

pumping photons photons de pompage (*photons d'une lumière de pompage*) (*laser*) (*cf. aussi* photon *et* pumping light).

pumping power énergie de pompage (*cf. aussi* pumping).

pumping radiation rayonnement de pompage (*autre nom d'une lumière de pompage*) (*cf. aussi* pumping light).

pumping voltage tension de pompage (*tension alternative constituant le signal de pompage dans un amplificateur paramétrique*) (*cf. aussi* parametric amplifier).

punch ... *cf.* punching ... (*pour les termes qui ne figurent pas ci-après*).

punch girl perforatrice (*personne*) (*inf*) (*cf. aussi* keypunch operator).

punch-through s claquage (*claquage d'un isolant ou claquage destructif d'une jonction de semiconducteurs*) (*cf. aussi* puncture *et* destructive breakdown).

punch-through voltage tension de claquage (*cf. aussi* punch-through).

punched card carte perforée (*support d'informations constitué d'un rectangle de carton mince destiné à recevoir des perforations rectangulaires ou circulaires représentant des informations à introduire dans la mémoire d'un ordinateur à l'aide d'un lecteur approprié*) (*la carte perforée la plus utilisée se présente sous la forme d'une matrice de 80 colonnes et 12 lignes numérotées dans l'ordre suivant* en partant du bas : 9, 8, 7, 6, 5, 4, 3, 2, 1, 0, 11, 12) (*chaque emplacement de perforation éventuelle porte le numéro de la ligne ; il y a donc, en partant du bas, 80 chiffres 9, 80 chiffres 8, ..., 80 chiffres 0 imprimés sur la carte ; les deux lignes supérieures, 11 et 12, qui constituent les lignes de commande, parfois avec la ligne des zéros, et forment ainsi la partie de la carte dite « hors texte », ne portent pas de chiffres et ne sont donc pas visibles, surtout en l'absence de perforations*) (*l'enregistrement d'un chiffre dans une colonne se fait en perforant le chiffre de la ligne correspondante ; l'enregistrement d'une lettre se fait en perforant deux chiffres dans la même colonne suivant un code*) (inf) (*cf. aussi* card punch, card reader, card-oriented computer *et* computer memory).

punched-card equipment matériel à cartes perforées, matériel mécanographique (*matériel informatique utilisant des cartes perforées*) (*ordinateur à cartes perforées, perforatrice de cartes, lecteur de cartes, trieuse de cartes, reproductrice de cartes, etc.*) (*cf. aussi* punched card).

punched card reader lecteur de cartes perforées (inf) (*cf. aussi* card reader).

punched tape bande perforée (*support d'informations constituée d'une bande de papier ou, parfois, de mylar destinée à recevoir des perforations circulaires sur plusieurs pistes longitudinales dont les combinaisons transversales représentent des informations binaires à transmettre ou mémoriser ou convertir en ordres électriques*) (tlg, inf) (*cf. aussi* channel[1] 1) (d), binary data *et* tape reader).

punched-tape reader lecteur de bande perforée (inf, tlg) (*cf. aussi* tape reader).

punching error erreur de perforation (*carte ou bande perforée*) (inf, tlg) (*cf. aussi* punched card *et* punched tape).

punching rate vitesse de perforation, cadence (*idem*) (*nombre moyen de performations exécutées par unité de temps*) (*cf. aussi* punched card *et* punched tape).

punching station poste de perforation (*partie d'une perforatrice de cartes ou d'un perforateur de bande dans laquelle l'opération de perforation est exécutée, c-à-d. dans laquelle le support d'informations à perforer est arrêté un court temps sous la rangée de poinçons à chaque ligne de perforations à exécuter*) (inf, tlg) (*cf. aussi* card punch *et* tape punch).

punchthrough *cf.* punch-through. (*plus haut*).

puncture claquage, percement (*d'un isolant soumis à une tension supérieure à sa rigidité dielectrique*) (*cf. aussi* dielectric strength *et* punch-through).

puncture voltage tension de claquage, (*etc.*) (*cf. aussi* puncture).

Pupin coil bobine de Pupin (tél) (*cf. aussi* loading coil 1)).

pure binary code code binaire pur (*nom donné à la numération binaire lorsqu'elle est appliquée au codage des nombres en informatique*) (*cf. aussi* binary number system *et* pure binary coding).

pure binary coding codage binaire pur (*codage binaire en bloc d'un nombre, c.-à-d. codage effectué sur le nombre considéré comme un tout, et non sur chacun de ses chiffres pris séparément*) (*le nombre binaire obtenu est formé de binaires dont celui de droite correspond à la puissance zéro de la base, c.-à-d. à 1 si le binaire est « 1 » ou à 0 s'il est « 0 » ; le deuxième binaire correspond à la puissance 1 de la base, c.-à-d. à 2 s'il est « 1 » ou à « 0 » s'il est 0 ; le troisième binaire correspond à la puissance 2 de la base, c.-à-d. à 4 s'il est « 1 » ou à « 0 » s'il est « 0 » ; le quatrième binaire correspond à la puissance 3 de la base, c.-à-d. à 8 s'il est « 1 » ou à 0 s'il est « 0 », et ainsi de suite*) (*exemple : le nombre à codage binaire*

pur 1111 représente le nombre décimal 15 puisque ses chiffres valent, en partant de la droite, 1 + 2 + 4 + 8 = 15) (inf) (*cf. aussi* least significant bit, most significant bit *et* binary code).

pure capacitance capacité pure (*capacité non associée à une inductance ni à une résistance*) (*produit un déphasage en avant de 90⁰ du courant par rapport à la tension*) (*élément de circuit*) (*cf. aussi* capacitance, inductance, resistance *et* phase lead).

pure color couleur pure (*couleur produite par une lumière monochromatique*) (*optique*) (*cf. aussi* monochromatic light).

pure inductance inductance pure (*inductance non associée à une capacité ni à une résistance*) (*produit un déphasage en arrière de 90⁰ du courant par rapport à la tension*) (*élément de circuit*) (*cf. aussi* inductance, capacitance, resistance *et* phase lag).

pure Omega system système Oméga pur (*système de navigation Oméga proprement dit, c.-à-d. non complété par le système VLF*) (radionav) (*cf. aussi* Omega *et* VLF/Omega system).

pure reactance réactance pure (*réactance non associée à une résistance*) (*cf. aussi* reactance *et* resistance).

pure resistance résistance pure, résistance ohmique (*résistance non accompagnée de réactance*) (*par conséquent, ne produit pas de déphasage d'un courant alternatif*) (*cf. aussi* resistance *et* reactance).

pure sinusoidal wave onde sinusoïdale pure (*onde absolument sinusoïdale, c.-à-d. à laquelle ne peut être associée qu'une seule fréquence*) (*porteuse, etc.*) (*cf. aussi* sinusoidal wave *et* complex wave).

pure tone son pur (*son produit par une oscillation mécanique à fréquence unique*) (acou) (*cf. aussi* tone 1)).

purity (*en colorimétrie*) pureté, pureté de couleur (*parf.* des couleurs) (*absence plus ou moins complète d'une ou deux couleurs primaires dans la troisième*) (*colorimétrie*) (TVC) (*cf. aussi* primary color *et* color saturation).

purity adjustment réglage de la pureté (*récepteur TVC*) (*cf. aussi* purity magnet).

purity coil bobine de pureté (*bobine enfilée sur le col du tube-image dans des récepteurs de télévision en couleurs de type ancien et parcourue par un courant continu d'intensité réglable pour produire un champ magnétique exerçant le même effet que l'aimant de pureté utilisé dans les récepteurs modernes*) (*cf. aussi* purity magnet).

purity control commande de pureté (*petit rhéostat permettant de régler l'intensité du courant dans une bobine de pureté*) (*récepteur TVC*) (*cf. aussi* purity coil *et* rheostat).

purity magnet aimant de pureté, bagues de pureté, anneaux de pureté (*ensemble de deux rondelles aimantées accolées enfilées sur le col d'un tube à masque perforé pour permettre le réglage de la pureté des couleurs au centre de l'écran dans un récepteur moderne de télévision en couleurs*) (*produit un champ magnétique dont l'intensité peut être réglée en faisant tourner une rondelle par rapport à l'autre et la direction fixée en faisant tourner l'ensemble des deux rondelles*) (*le réglage de la pureté au centre de l'écran est effectué sur le faisceau rouge après avoir coupé l'alimentation du canon vert et celle du bleu ; lorsque le champ magnétique créé par cet aimant composite est correctement réglé en intensité et en direction, la force de Laplace qu'il exerce sur les électrons du faisceau est telle que celui-ci tombe juste en face des trous du masque situés devant les luminophores rouges au centre de l'écran et n'excite donc pas les luminophores verts ou bleus, grâce à quoi la couleur rouge est pure au centre de l'écran*) (*l'écartement des trois canons à électrons étant fixé avec précision lors de la fabrication du tube, la pureté du rouge entraîne celle du vert et celle du bleu*) (*la pureté des couleurs sur les bords de l'écran est ensuite réglée en avançant ou reculant le bloc de déviation, ce qui modifie la position axiale du centre de déviation des faisceaux d'électrons*) (*cf. aussi* purity, shadow-mask tube, magnetic field, Lorentz force *et* purity coil).

purple boundary droite des pourpres saturés (*droite joignant les deux extrémités du lieu spectral sur le diagramme de chromaticité et dont une partie correspond à la couleur pourpre saturée, c.-à-d. base du triangle des couleurs*) (*colorimétrie*) (*cf. aussi* chromaticity diagram *et* saturated color).

purple plague peste rouge *(nom donné au composé poupre apparaissant sur les soudures or-aluminium des connexions de circuits intégrés et dû au fait que la jonction or-aluminium se comporte comme une petite pile, notamment en présence d'humidité, ce qui favorise la migration d'ions d'aluminium vers l'or) (la peste rouge augmente la résistance électrique de la connexion et diminue sa résistance mécanique) (cf. aussi* integrated-circuit connection, junction 1) *et* electromigration).

PUSH PUSH, chargement *(nom d'une instruction d'introduction d'informations dans une pile inverse) (inf) (cf. aussi* LIFO).

push-broom antenna *cf.* multibeam antenna.

push-button *cf.* pushbutton. *(plus loin).*

push-on tab borne à enfichage, languette à enfichage *(languette métallique servant de borne à un composant et sur laquelle une cosse spéciale est glissée à force pour établir une connexion) (type très employé) (cf. aussi* push-on terminal).

push-on terminal cosse enfichable, cosse à enficher, cosse à enfichage *(cosse à plage de contact rectangulaire presque complètement roulée sur les deux côtés pour pincer de chaque côté une borne à enfichage sur laquelle elle est glissée) (cf. aussi* push-on tab).

push-pull amplifier amplificateur symétrique, amplificateur push-pull *(amplificateur de puissance utilisant deux tubes électroniques ou deux transistors travaillant en opposition de phase) (ce résultat est obtenu grâce à un transformateur à point milieu au secondaire ou à un montage déphaseur attaquant les deux entrées en opposition de phase, de sorte qu'un composant amplifie les alternances positives du signal à amplifier et l'autre les alternances négatives, les deux demi-signaux résultants étant combinés dans un transformateur de sortie à point milieu au primaire) (dans le cas d'un amplificateur à transistors, il est possible de supprimer le transformateur d'entrée ou le montage déphaseur; il suffit pour cela d'employer deux transistors complémentaires) (les deux moitiés de l'amplificateur travaillant en opposition de phase, les distorsions de leurs signaux de sortie s'annulent partiellement et il en résulte un faible taux de distorsion) (cf. aussi* power amplifier, in phase opposition, half-cycle, complementary transistors *et* distortion factor).

push-pull arrangement montage symétrique *(montage fournissant deux courants alternatifs en oppositions de phase ou deux courants continus de sens opposés) (amplificateur symétrique ou alimentation à double polarité, respectivement) (cf. aussi* push-pull amplifier).

push-pull connection *cf.* push-pull arrangement.

push-pull currents courants équilibrés *(cf. aussi* balanced currents).

push-pull output sortie symétrique *(cf. aussi* balanced output).

push-pull transformer transformateur de sortie d'amplificateur symétrique *(ou* push-pull) *(transformateur basse fréquence à point milieu au primaire formant l'organe de sortie d'un amplificateur symétrique) (cf. aussi* transformer 1) *et* push-pull amplifier).

push-pull voltages tensions équilibrées *(cf. aussi* balanced voltages).

push-push currents courants additifs *(courants de même sens et d'égale intensité circulant dans les deux conducteurs d'une ligne de transmission équilibrée) (cf. aussi* balanced line).

push-to-latch relay *cf.* latching relay.

push-to-release relay *cf.* latching relay.

push-to-talk switch 1) pédale d'alternat, commutateur émission/réception *(manette disposée sur le combiné d'un radiotéléphone sur laquelle il faut appuyer pour pouvoir émettre, ce qui coupe en même temps la réception) (tls) (cf. aussi* T/R witching *et* radiotelephone). 2) bouton d'enregistrement *(bouton de l'interrupteur à glissière incorporé à un microphone à télécommande de magnétophone ou de machine à dicter pour commander le déroulement de la bande lorsque l'appareil fonctionne en mode d'enregistrement) (cf. aussi* audio tape recorder *et* dictating machine). 3) inverseur émission-réception *(ou* émission/réception) (interphone) (cf. aussi* talk-listen switch).

pushbutton bouton-poussoir *(interrupteur unipolaire commandé par un bouton sur lequel il faut appuyer pour fermer le circuit dans lequel il est inséré) (cf. aussi* momentary-action switch *et* locking pushbutton).

pushbutton action action momentanée *(interrupteur) (cf. aussi* momentary-action switch).

pushbutton beam-finder chercheur de faisceau commandé par bouton-poussoir *(cas général) (oscillo) (cf. aussi* beam finder).

pushbutton control commande par bouton-poussoir *(parf. au pluriel) (appareil, dispositif, etc.).*

pushbutton dialling numérotation au clavier, composition du numéro par clavier *(composition du numéro de l'abonné ou du service demandé sur un poste téléphonique à clavier) (cf. aussi* pushbutton telephone set).

pushbutton input *cf.* pushbutton dialling.

pushbutton operation *cf.* pushbutton control.

pushbutton phone *cf.* pushbutton telephone set.

pushbutton pot *(fam) cf.* pushbutton potentiometer.

pushbutton potentiometer potentiomètre à boutons-poussoirs *(ou* à poussoirs) (potentiomètre commandé comme une roue codeuse à boutons-poussoirs) (cf. aussi* potentiometer 1) *et* pushbutton rotary switch).

pushbutton rotary switch roue codeuse à boutons-poussoirs *(roue codeuse commandée par deux boutons-poussoirs, l'un disposé au-dessus de la fenêtre augmente d'une unité la valeur affichée à chaque fois qu'il est enfoncé, l'autre disposé au-dessous de la fenêtre la diminue de la même façon) (cf. aussi* thumbwheel switch).

pushbutton-selectable commutable par bouton-poussoir *(cf. aussi* selectable *et* pushbutton).

pushbutton set *cf.* pushbutton telephone set.

pushbutton switch 1) interrupteur à bouton-poussoir *(interrupteur bistable actionné par un bouton-poussoir sur lequel il faut donc appuyer tant pour fermer le circuit que pour l'ouvrir) (exemple : interrupteur miniature de lampe de chevet).* 2) *cf.* pushbutton.

pushbutton telephone *cf.* pushbutton telephone set.

pushbutton telephone set poste téléphonique à clavier *(ou à* touches *ou à* boutons), poste à clavier *(idem) (poste téléphonique automatique dans lequel le numéro d'appel de l'abonné ou du service demandé est composé en appuyant successivement sur des touches portant un chiffre ou un symbole) (le signal émis par l'enfoncement d'une touche peut être identique à celui émis par un poste à cadran ou être un signal à fréquences vocales selon le type de central desservant le poste considéré) (tls) (cf. aussi* dial telephone set, touch-tone telephone set *et* automatic telephone set).

pushbutton thumbwheel *cf.* pushbutton rotary switch.

pushbutton tuner syntoniseur à clavier *(récepteur) (cf. aussi* tuner 1)).

pushing glissement amont *(hyper) (cf. aussi* frequency pushing).

pushing figure indice de glissement amont *(grandeur représentant la variation de la fréquence d'oscillation d'un tube oscillateur hyperfréquence en fonction de l'intensité du courant d'alimentation ou, par conséquent, de la tension d'alimentation) (s'exprime en mégahertz par ampère ou par volt) (cf. aussi* microwave oscillator tube *et* pulling figure).

PUT *cf.* programmable unijunction transistor.

put on the air *v* envoyer sur les ondes *(terme parfois employé à la place de « émettre » dans le cas d'une émission de radiodiffusion sonore ou visuelle) (voir aussi les rubriques commençant par « on-air »).*

PV ... *cf.* photovoltaic ...

pW *cf.* picowatt. *(de même pour les termes dérivés).*

PW *cf.* pulse width.

PWM *cf.* pulse-width modulation.

PWM amplifier amplificateur à modulation de largeur d'impulsion, amplificateur PWM *(amplificateur de puissance à transistor pour courant continu dans lequel l'amplification est opérée par modulation de la largeur d'impulsions de courant continu fournies par le montage) (est utilisé notamment pour la commande de servomoteurs à courant continu) (cf. aussi* power amplifier *et* pulse-width modulation).

PWR *cf.* power[1].

PX *cf.* private exchange.

pyramidal horn antenna cornet pyramidal *(antenne-cornet en forme de tronc de pyramide à bases rectangulaires parallèles) (clpf) (hyper) (cf. aussi* horn antenna).

Pyricon *(marque déposée)* Pyricon, vidicon pyroélectrique *(tube vidicon sensible au rayonnement infrarouge à la température ambiante grâce à l'emploi d'une cible en matière pyroélectrique et d'une fenêtre d'entrée en verre transparent aux rayons infrarouges) (la matière employée est du sulfate de glycocolle) (l'image optique formée par l'objectif sur la cible produit sur celle-ci un relief de charges positives par effet pyroélectrique, la charge créée en chaque point de la cible étant proportionnelle à l'intensité du rayonnement infrarouge reçu par celui-ci; la compensation des charges électriques par les électrons du faisceau d'analyse lors de son passage sur les différents points de la cible efface le relief de charge en fournissant un courant modulé converti, aux bornes d'une résistance, en tension modulée constituant le signal vidéo) (un point quelconque de la cible ne fournissant un signal vidéo que si sa température change entre deux balayages successifs par le faisceau d'analyse, ce tube ne peut servir à transmettre des images fixes à température constante que s'il est précédé d'un obturateur synchronisé avec le balayage) (les objets mobiles et les objets fixes à température variable ne nécessitent pas de découpage du flux infrarouge incident) (caméra infrarouge) (mil, etc.) (cf. aussi* vidicon, infrared radiation, pyroelectric material *et* electric image 1)).

pyroelectric detector détecteur pyroélectrique *(nom parfois donné à une cible pyroélectrique) (cf. aussi* pyroelectric target).

pyroelectric effect effet pyroélectrique *(présence d'une polarisation électrique spontanée dans un corps et variation de cette polarisation avec la température du corps) (la première propriété est due à la présence d'un moment électrique dipolaire à l'échelle macroscopique dans le corps et la seconde à la variation de ce moment sous l'action de la chaleur) (l'effet pyroélectrique s'observe dans dix classes de cristaux piézoélectriques et dans certains corps non cristallins) (cf. aussi* dielectric polarization *et* Pyricon).

pyroelectric material corps pyroélectrique *(corps dans lequel l'effet pyroélectrique peut être observé) (cf. aussi* pyroelectric effect *et* material).

pyroelectric target cible pyroélectrique *(cible de tube analyseur ou cible focale en matière pyroélectrique) (caméra infrarouge) (cf. aussi* target (b), Pyricon *et* focal-plane array).

pyroelectric-target camera tube tube analyseur à cible pyroélectrique *(nom descriptif du tube Pyricon) (cf. aussi* Pyricon).

pyroelectric-target imaging tube *cf.* pyroelectric-target camera tube.

pyroelectric-target tube *cf.* pyroelectric-target camera tube.

pyroelectric vidicon *cf.* Pyricon.

pyroelectricity pyroélectricité *(électricité observée dans un corps pyroélectrique) (noter que ce terme est souvent et incorrectement employé avec le sens de « effet pyroélectrique ») (cf. aussi* pyroelectric effect).

pyrometer pyromètre *(thermomètre pour hautes températures) (est généralement un appareil électrique, mais peut être un appareil utilisant la dilatation thermique d'une tige métallique avec amplification mécanique de l'augmentation de longueur appelé « pyromètre à dilatation ») (cf. aussi* direct-sensing pyrometer, resistance pyrometer, thermocouple pyrometer *et* radiation pyrometer).

PZT *cf.* lead zirconate titanate.

Q

Q 1) Q, facteur de qualité, coefficient de qualité, facteur de mérite, indice de mérite) *(nombre exprimant la qualité d'un circuit oscillant ou d'une cavité résonante, c.-à-d. son aptitude à n'entrer en résonance que dans une bande de fréquences aussi étroite que possible centrée sur sa fréquence propre) (il résulte de cette définition que plus le Q d'un résonateur électrique est grand, plus sa courbe de résonance est pointue) (sa valeur est égale au rapport entre l'énergie emmagasinée et l'énergie dissipée en chaleur par le résonateur au cours d'un cycle, c.-à-d. au rapport entre la réactance et la résistance dans le cas d'un circuit oscillant) (une bobine d'inductance ayant une capacité parasite, un condensateur ayant une inductance parasite à partir d'une certaine fréquence, une résistance ayant une inductance ou une capacité parasite, ces éléments de circuit se comportent comme un résonateur électrique à une certaine fréquence et la notion de Q leur est, par conséquent, applicable) (cf. aussi* resonant circuit, cavity resonator, resonance *et* Q-meter). **2)** *cf.* Q signal).

Q ... *cf.* quadrature ... *(pour les termes qui ne figurent pas ci-après).*

Q band bande Q *(bande des fréquences comprises entre 36 et 46 GHz, soit 0,834 à 0,652 cm de longueur d'onde) (hyper) (cf. aussi* frequency band).

Q channel 1) bande du signal Q, bande du signal en quadrature *(bande de fréquences occupée par le signal Q dans le système NTSC) (cf. aussi* Q signal *et* frequency band). **2)** voie du signal Q, voie du signal en quadrature, voie Q *(partie de la voie de chrominance occupée par le signal Q dans le système NTSC) (cf. aussi* chrominance channel *et* Q signal).

Q channel input entrée de la voie Q, *(etc.) (borne ou signal d'entrée) (cf. aussi* Q channel 2) et input[1]).

Q channel output sortie de la voie Q, *(etc.) (borne ou signal de sortie) (cf. aussi* Q channel 2) *et* output[1]).

Q demodulator démodulateur de la voie Q, démodulateur Q, détecteur du signal Q, détecteur Q *(détecteur synchrone fournissant le signal Q dans un récepteur de télévision en couleurs NTSC à partir de la sous-porteuse de chrominance amplifiée et du signal fourni par l'oscillateur de régénération de sous-porteuse déphasé de + 90° avant de l'appliquer à son entrée) (cf. aussi* synchronous detector, Q signal *et* chrominance subcarrier oscillator).

Q electron électron de la couche Q *(atome) (cf. aussi* Q shell).

Q factor *cf.* Q 1)

Q measurement mesure de Q *(parf. du Q) (cf. aussi* Q 1)).

Q meter Q-mètre *(appareil de mesure conçu initialement pour mesurer le Q des bobinages haute fréquence et, par voie de conséquence, leur fréquence de résonance et leur inductance) (a été perfectionné et sert en plus à mesurer notamment le Q et la fréquence de résonance des condensateurs, ainsi que le Q et l'inductance des résistances) (cf. aussi* Q 1) *et* inductance).

Q-multiplier multiplieur de Q, Q-multiplier *(le terme anglais est très employé) (filtre actif équipant un récepteur de trafic pour produire au choix une forte augmentation de la sélectivité de l'appareil ou l'élimination d'une très étroite bande de fréquences) (est monté aux bornes de l'enroulement primaire du premier transformateur à fréquence intermédiaire et son mode de fonctionnement est choisi à l'aide d'un commutateur ; quand celui-ci est sur la position de grande sélectivité, le multiplieur de Q se comporte comme un filtre passe-bande (actif) à bande très étroite et grand gain permettant la réception radiotélégraphique en présence de parasites ; sur la position de réjection, il se comporte comme un filtre coupe-bande à bande très étroite permettant d'éliminer un sifflement d'interférence gênant, principalement pour la réception radiotéléphonique) (radiocom) (cf. aussi* Q 1), active filter, communications receiver, selectivity (a), band-pass filter, radiotelegraphy, notch filter *et* radiotelephony).

Q shell couche Q *(septième couche électronique d'un atome en partant du noyau) (cf. aussi* electron shell).

Q signal 1) signal Q, signal en quadrature *(signal de chrominance à bande relativement étroite (0,5 MHz) du procédé de télévision en couleurs NTSC) (transmet les couleurs à détails grossiers (pourpre à jaune-vert) par modulation d'amplitude de la composante en quadrature de la sous-porteuse de chrominance du signal émis) (cf. aussi* NTSC system, PAL system, chrominance subcarrier *et* quadrature). **2)** signal du code Q *(signal radiotélégraphique international commençant par la lettre Q et représentant une phrase complète) (QRA : quel est le nom de votre station ? QRJ : me recevez-vous mal ? QRV : êtes-vous prêt ? QRZ : par qui suis-je appelé ? etc.) (le signal de la réponse est identique à celui de la question lorsque celle-ci donne lieu à une réponse positive) (cf. aussi* radiotelegraphy).

Q-switch commutateur de Q, dispositif de déclenchement *(dispositif empêchant momentanément l'émission d'un faisceau laser) (cf. aussi* Q switching).

Q-switched laser laser déclenché *(cf. aussi* Q switching).

Q-switched laser pulse *cf.* Q-switched pulse.

Q-switched mode mode déclenché *(mode de fonctionnement d'un laser déclenché) (cf. aussi* Q switching).

Q-switched pulse impulsion déclenchée, impulsion laser déclenchée *(impulsion de lumière émise par un laser déclenché) (cf. aussi* Q switching).

Q-switched ruby laser laser à rubis déclenché *(cf. aussi* ruby laser *et* Q switching).

Q switching commutation de Q, fonctionnement en mode déclenché *(inhibition de l'émission d'un laser pendant le pompage du milieu actif pour augmenter l'efficacité du pompage et obtenir une impulsion très courte lors de la suppression de l'inhibition) (le premier terme rappelle que ce procédé revient à utiliser successivement deux valeurs du Q de la cavité résonante optique du laser, l'une, très basse, pendant le pompage, et l'autre, élevée, pendant l'émission de l'impul-*

sion) (*l'inhibition de l'émission est obtenue à l'aide d'un obturateur ou autre dispositif optique empêchant les réflexions successives du rayonnement entre les miroirs de la cavité tant que le degré de pompage n'est pas maximal*) (*l'énergie ainsi accumulée par pompage dans le milieu actif étant plus grande que dans le mode de fonctionnement normal et la durée de l'impulsion de rayonnement émise étant nettement plus courte, la puissance de celle-ci est beaucoup plus grande*) (*cf. aussi* laser, pumping (a), Q 1) *et* power[1] 1)).

Q value valeur du Q (*parf.* de Q) (*cf. aussi* Q 1)).

QAM *cf.* quadrature amplitude modulation.

QE *cf.* quantum efficiency.

quiet automatic volume control commande automatique de gain retardée (*récepteur radio*) (*cf. aussi* delayed automatic gain control).

QIL *cf.* QUIP. (*de même pour les termes dérivés*).

QPSK *cf.* quaternary phase-shift keying.

QPSK modulation *cf.* QPSK.

QPSK modulator modulateur QPSK (*modulateur réalisant la modulation de phase à quatre états*) (*tlg*) (*cf. aussi* modulator *et* quaternary phase-shift keying).

quad 1) quarte *sf* (*ensemble de quatre conducteurs formant un tout dans un câble téléphonique multiconducteur*) (*sert à former deux circuits téléphoniques à deux fils et un circuit fantôme en assurant une bonne symétrie électrique aux deux circuits*) (*cf. aussi* multiple-twin quad, star quad, quad cable *et* phantom circuit). 2) montage quadruple (*montage ou, parfois, composant réalisé en quatre exemplaires sur la puce d'un circuit intégré monolithique*) (*ampli, transistor, etc.*) (*cf. aussi* chip 1)). 3) *cf.* QUIP.

quad cable *cf.* quadded cable.

quad comparator comparateur quadruple (*CI*) (*cf. aussi* comparator *et* quad 2)).

quad diversity *cf.* quadruple diversity.

quad exclusive-OR gate porte OU exclusif quadruple (*CI*) (*cf. aussi* exclusive-OR gate *et* quad 2)).

quad-in-line package *cf.* QUIP.

quad line driver circuit d'attaque de ligne quadruple (*CI*) (*cf. aussi* line driver *et* quad 2)).

quad NOR gate porte NI quadruple (*CI*) (*cf. aussi* NOR gate *et* quad 2)).

quad op amp *cf.* quad operational amplifier.

quad operational amplifier amplificateur opérationnel quadruple (*CI*) (*cf. aussi* operational amplifier *et* quad 2)).

quadded cable câble à quartes (*câble téléphonique multiconducteur dans lequel tout ou partie des conducteurs sont groupés en quartes*) (*cf. aussi* quad 1) *et* telephone cable).

quadding 1) groupement en quarte (*cf. aussi* quad 1)). 2) quadruplage (*cf. aussi* quad 2)).

quadrac quadrac (*ensemble formé d'un triac et de son diac de déclenchement montés dans un même boîtier*) (*semi*) (*cf. aussi* triac *et* diac).

quadrant quadrant (*secteur circulaire de 90°, soit un quart de cercle, d'où son nom*) (*système de coordonnées polaires, etc.*) (*cf. aussi* polar coordinate system).

quadrant detector détecteur à quadrants (*ou à quatre quadrants*) (*détecteur de rayonnement optique composé de quatre détecteurs élémentaires en forme de quadrant*) (*détecteur d'autodirecteur infrarouge non imageur ou d'autodirecteur laser*) (*missile autoguidé*) (*mil*) (*cf. aussi* quadrant, optical detector, non-imaging infrared seeker *et* laser seeker).

quadrant electrometer électromètre à quadrants (*électromètre, dû à Thomson, formé essentiellement d'une boîte métallique cylindrique divisée en quatre quadrants isolés reliés électriquement en quinconce, dans laquelle tourne une électrode plane appelée « aiguille » formée de deux quadrants réunis par le sommet et suspendus à un fil de torsion conducteur*) (*dans le montage dit « hétérostatique », le plus employé, le potentiel à mesurer est appliqué à l'aiguille à l'aide du fil de torsion tandis que les deux paires de quadrants sont portées à des potentiels égaux en valeur absolue et opposés en signe par rapport à la terre à l'aide de deux piles électriques identiques*) (*dans le montage dit « idiostatique », utilisé uniquement pour la mesure de potentiels relativement élevés, le potentiel à mesurer est appliqué à une paire de quadrants, tandis que*

l'autre paire et l'aiguille sont reliées à la terre) (*les quadrants opposés étant reliés électriquement, chaque paire de quadrants forme avec l'électrode tournante un condensateur et celle-ci se trouve ainsi soumise à deux couples antagonistes dus aux forces électrostatiques, de sens opposés, dans ceux-ci et prend une position d'équilibre proportionnelle au potentiel électrique à mesurer*) (*cf. aussi* electrometer, quadrant, torsion string, electric potential, capacitor *et* Kelvin).

quadrantal error erreur quadrantale (*erreur d'indication d'un radiocompas d'aéronef due à la masse métallique de celui-ci*) (*radionav*) (*cf. aussi* automatic direction finder).

quadraphonic sound system chaîne quadraphonique, chaîne tétraphonique (*chaîne acoustique permettant la reproduction quadraphonique du son*) (*est caractérisée par l'emploi d'un support d'enregistrement à quatre pistes dont les signaux sont amplifiés et traités par quatre voies avant d'être appliqués à quatre haut-parleurs*) (*électroacou*) (*cf. aussi* sound system *et* quadraphony).

quadraphony quadraphonie, tétraphonie (*enregistrement sur disque phonographique des sons émis par un orchestre avec utilisation de quatre microphones et reproduction à l'aide de quatre hauts-parleurs*) (*les hauts-parleurs sont disposés aux quatre coins du local d'écoute et alimentés par les signaux en provenance indirecte des quatre microphones de telle manière que les deux haut-parleurs avant reproduisent les sons émis par l'orchestre et que les deux haut-parleurs arrière créent l'effet de reverbération de la salle d'orchestre*) (*cf. aussi* quadraphonic sound system).

quadrature quadrature (de phase) (*grandeurs sinusoïdales*) (*cf. aussi* in quadrature).

quadrature amplitude modulation modulation d'amplitude en quadrature, modulation en quadrature (de phase) (*modulation d'amplitude de deux porteuses de même fréquence déphasées de 90°, par deux signaux distincts avec suppression des porteuses*) (*le signal résultant est un multiplex à deux voies*) (*émetteur NTSC, etc.*) (*cf. aussi* amplitude modulation, in quadrature *et* NTSC system).

quadrature amplitude modulator modulateur d'amplitude à quadrature, modulateur à quadrature (*modulateur réalisant la modulation d'amplitude en quadrature*) (*cf. aussi* modulator *et* quadrature amplitude modulation).

quadrature channel voie en quadrature (*ce terme désigne généralement la voie Q dans un récepteur NTSC*) (*cf. aussi* Q channel 2)).

quadrature component composante en quadrature (a) *autre nom de la composante réactive d'un courant alternatif*) (*cf. aussi* reactive component); (b) *composante d'une porteuse modulée en quadrature obtenue par déphasage de 90° du signal fourni par l'oscillateur de la porteuse*) (*ce terme désigne souvent la composante de la sous-porteuse de chrominance du signal de télévision en couleurs NTSC obtenue par déphasage de 90° du signal fourni par l'oscillateur de sous-porteuse*) (*cf. aussi* quadrature amplitude modulation *et* Q signal 1)).

quadrature demodulator démodulateur de la composante en quadrature, détecteur du signal en quadrature (*ces termes désignent souvent le démodulateur Q d'un récepteur NTSC*) (*cf. aussi* Q demodulator).

quadrature detector *cf.* quadrature demodulator.

quadrature distortion distorsion de la composante en quadrature (*TVC*) (*cf. aussi* distortion *et* quadrature component (b)).

quadrature error erreur sur la composante en quadrature (*nom souvent donné à la distorsion de la composante en quadrature*) (*cf. aussi* quadrature distortion).

quadrature modulation *cf.* quadrature amplitude modulation.

quadrature modulator *cf.* quadrature amplitude modulator.

quadrature output sortie en quadrature (*borne de sortie d'un signal en quadrature ou ce signal lui-même*) (*ce terme désigne souvent la sortie de la voie Q d'un récepteur NTSC*) (*cf. aussi* Q channel output).

quadrature phase phase en quadrature (*avec une autre*) (*grandeurs alternatives*) (*cf. aussi* in quadrature).

quadrature-phase ... (*avec un trait d'union*) *cf.* quadrature ...

quadrature phase-shift keying *cf.* quaternary phase-shift keying.

quadrature phase splitter déphaseur à 90⁰ *(montage fournissant deux tensions sinusoïdales déphasées de 90⁰ à partir d'une tension alternative sinusoïdale appliquée à son entrée) (émetteur à modulation en quadrature, etc.) (cf. aussi* quadrature amplitude modulation).

quadrature phases phases en quadrature *(grandeurs alternatives) (cf. aussi* in quadrature).

quadrature PSK *cf.* quaternary phase-shift keying.

quadrature response *cf.* Q channel response.

quadrature signal signal en quadrature *(signal transmis par la composante en quadrature d'une porteuse modulée en quadrature) (ce terme désigne souvent le signal Q du procédé NTSC) (cf. aussi* quadrature component (b) *et* Q signal 1)).

quadrature signal component composante en quadrature (du signal) *(cf. aussi* quadrature component (b)).

quadrature splitter *cf.* quadrature phase splitter.

quadriphase modulation *cf.* quaternary phase-shift keying.

quadriphase phase-shift keying *cf.* quaternary phase-shift keying.

quadriphase PSK *cf.* quaternary phase-shift keying.

quadriphonic sound system *cf.* quadraphonic sound system.

quadriphony *cf.* quadraphony.

quadripole quadripôle, réseau à deux paires de bornes *(ou à deux accès),* réseau électrique *(idem) (réseau électrique comportant un circuit d'entrée et un circuit de sortie et éventuellement des circuits internes) (ne comporte souvent que trois bornes apparentes, l'une d'elles étant commune à l'entrée et à la sortie comme dans la plupart des montages à transistor ou à tube électronique à trois électrodes ou plus) (la plupart des montages électroniques sont des quadripôles) (ne pas confondre avec quadrupôle) (cf. aussi* passive quadripole, active quadripole, open-circuit impedance, short-circuit impedance, electric transducer, network 1), electronic circuit *et* quadrupole).

quadripole network *cf.* quadripole.

quadripole parameters paramètres d'un quadripôle *(parf.* du quadripôle) *(nom donné aux grandeurs électriques employées pour décrire le fonctionnement d'un quadripôle actif, notamment d'un montage à transistor, par des équations matricielles à l'aide d'un schéma équivalent dont les éléments sont représentés par une de ces grandeurs) (cf. aussi* hybrid parameters, y parameters *(au début de la lettre Y),* z parameters, S parameters, transistor parameters, electrical quantity, active quadripole, equivalent circuit *et* circuit element).

quadruple diversity diversité quadruple, diversité d'ordre quatre *(peut être une diversité d'espace ou de fréquence à la réception et est normalement une diversité de fréquence à l'émission) (radiocom) (cf. aussi* diversity *et* quadruple-diversity reception).

quadruple-diversity reception réception en diversité quadruple *(ou d'ordre quatre) (réception d'un signal transmis par quatre ondes radioélectriques) (radiocom) (cf. aussi* diversity reception *et* quadruple diversity).

quadruple-pair cable câble à quatre paires *(tél) (cf. aussi* pair 1)).

quadruplex circuit circuit quadruplex *(circuit télégraphique permettant la transmission simultanée de deux messages dans chaque sens) (cf. aussi* telegraph circuit).

quadruplex machine *cf.* quadruplex video tape recorder.

quadruplex recorder *cf.* quadruplex video tape recorder.

quadruplex tape recorder *cf.* quadruplex video tape recorder.

quadruplex video tape recorder magnétoscope quadruplex *(magnétoscope de studio utilisant quatre têtes vidéo montées sur un disque tournant autour d'un axe parallèle à l'axe de la bande magnétique) (la bande est incurvée par un guide à dépression en forme de gouttière pour la maintenir en contact avec chaque tête magnétique successive sur la majeure partie de sa largeur, qui est normalement de 2 pouces, soit 50,8 mm) (il est à noter que les pistes successives formées par les têtes sur la bande sont légèrement inclinées du fait du défilement de la bande) (cf. aussi* video tape recorder).

quadruplexer quadruplexeur *(multiplexeur à quatre voies) (cf. aussi* multiplexer).

quadrupole 1) quadrupôle *(ensemble formé de deux dipôles au sens physique) (ne pas confondre avec quadripôle) (cf. aussi* electric quadrupole, magnetic quadrupole, multipole *et* quadripole). **2)** quadrupôle, électro-aimant quadrupolaire *(électro-aimant à quatre pièces polaires utilisé en physique nucléaire pour dévier un faisceau de particules sans le défocaliser) (cf. aussi* electromagnet).

quadrupole moment moment de quadrupôle *(moment, au sens mécanique, d'un quadrupôle) (cf. aussi* quadrupole 1)).

quality factor *cf.* Q 1).

quality-factor meter *cf.* Q meter.

quanta *cf.* quantum.

quantity 1) quantité, *(parf.)* nombre *(sens usuels).* **2)** grandeur, quantité *(au sens physique ou mathématique, c-à-d. entité mesurable) (grandeur électrique, magnétique ou autre) (cf. aussi* variable quantity, constant quantity, numerical quantity, scalar quantity, vector quantity, electrical quantity, magnetic quantity, control quantity, input quantity, output quantity *et* quantity of interest).

quantity of electricity quantité d'électricité *(nom donné à une charge électrique considérée uniquement du point de vue quantitatif et exprimée en coulombs ou, pour les très faibles charges, en nombre d'électrons) (cf. aussi* electric charge, coulomb *et* electron).

quantity of interest grandeur considérée *(parf.* prise en considération *parf.* à prendre …) *(mesure, contrôle, etc.) (cf. aussi* quantity 2)).

quantization quantification (a) *propriété d'une grandeur ne pouvant prendre que des valeurs discrètes représentant des multiples entiers ou demi-entiers d'une valeur finie) (état d'énergie, spin ou moment magnétique d'un corpuscule ou énergie d'un champ électromagnétique) (cf. aussi* energy level *et* spin); (b) *assimilation à une valeur unique, des valeurs échantillonnées de l'amplitude d'un signal analogique comprises dans un intervalle déterminé) (exemple : toutes les valeurs comprises entre 0,5 et 1,5 volt sont assimilées à 1 volt, toutes celles comprises entre 1,5 volt et 2,5 volts sont assimilées à 2 volts, etc.) (est opérée lors de la numérisation d'un signal analogique) (cf. aussi* sampled value).

quantization distortion distortion de quantification *(différence entre la forme d'un signal analogique et la forme du signal quantifié correspondant due à l'erreur de quantification) (en d'autres termes, différence entre un signal à variation continue de l'amplitude et un signal à variation par paliers, c.-à-d. en marches d'escalier) (numériseur) (cf. aussi* quantized signal, quantization error *et* quantization noise).

quantization error erreur de quantification *(différence entre la valeur quantifiée d'un échantillon d'un signal analogique et la valeur effective de l'échantillon lorsque celle-ci ne tombe pas au milieu de l'échelon de quantification) (cette erreur est due au fait que les échelons de quantification dans lesquels les valeurs échantillonnées sont classées ont une certaine hauteur; de ce fait, le signal de sortie correspondant à un échelon de quantification peut aussi bien représenter une valeur échantillonnée située en bas, au milieu ou en haut de l'échelon, par exemple) (l'erreur de quantification est nulle quand la valeur échantillonnée tombe au milieu de l'échelon de quantification; sa valeur maximale est d'autant plus faible que la hauteur de l'échelon est plus petite) (numériseur) (cf. aussi* quantization level *et* quantization distortion).

quantization level échelon de quantification *(intervalle des valeurs d'un échantillon d'un signal analogique assimilées à une valeur unique, c.-à-d. pour lesquelles un échantillonneur fournit un même signal) (numériseur) (cf. aussi* quantization (b) *et* quantization error).

quantization noise bruit de quantification *(bruit électrique d'un signal échantillonné dû à la distorsion de quantification, c.-à-d. à la forme en marches d'escalier du signal) (numériseur) (cf. aussi* noise 2) (a) *et* quantization distortion).

quantize *v* quantifier *(réduire les valeurs possibles d'une grandeur variable à un certain nombre de valeurs discrètes régulièrement espacées ou non) (cf. aussi* quantization).

quantized energy level niveau d'énergie quantifié *(niveau d'énergie dont la valeur est quantifiée) (ce terme désigne un niveau d'énergie d'un corpuscule) (physique quantique) (cf. aussi* energy level *et* quantized value).

quantized-feedback analog-to-digital converter *cf.* successive approximation analog-to-digital converter.

quantized field theory théorie quantique du champ électromagnétique, théorie quantique des champs *(nom donné au développement de la théorie des quanta dû à Dirac, Heisenberg et Pauli et décrivant le champ électromagnétique à l'échelle microscopique, c.-à-d. à l'échelle des particules atomiques) (cf. aussi* quantum theory).

quantized level 1) niveau quantifié *(corpuscule) (cf. aussi* quantized energy level). 2) *cf.* quantization level.

quantized orbit orbite quantifiée *(orbite dont le rayon ou les paramètres ont des valeurs quantifiées, c-à-d. orbite d'un électron dans un atome) (cf. aussi* quantized value).

quantized pulse modulation modulation d'impulsions échantillonnée *(modulation d'impulsions ne produisant pas de variation des caractéristiques des impulsions) (terme générique couvrant la modulation par impulsions codées et la modulation de nombre d'impulsions) (cf. aussi* pulse code modulation, pulse number modulation, pulse characteristics *et* pulse modulation 2)).

quantized quantity grandeur quantifiée *(grandeur ne pouvant prendre que des valeurs quantifiées) (état d'énergie, moment cinétique ou moment magnétique d'un corpuscule) (cf. aussi* quantity 2), quantized value, energy level, angular momentum *et* magnetic moment).

quantized sample échantillon quantifié *(échantillon d'un signal analogique classé dans un intervalle de quantification) (numériseur) (cf. aussi* quantization interval).

quantized scale échelle quantifiée *(suite d'échelons de quantification) (cf. aussi* quantization level).

quantized signal signal quantifié *(signal analogique représenté par des valeurs discrètes d'une tension) (numériseur) (cf. aussi* quantization (b)).

quantized system système quantifié *(système dont l'état ne peut prendre que des valeurs quantifiées) (en d'autres termes, ensemble des particules formant un atome ou une molécule, l'état d'énergie d'un tel corpuscule ne pouvant prendre que des valeurs quantifiées) (cf. aussi* quantized value, energy state, atom *et* molecule).

quantized value valeur quantifiée *(valeur discrète d'une grandeur résultant de la quantification naturelle ou artificielle de celle-ci) (ce terme désigne la valeur d'une grandeur quantifiée dans le premier cas ou d'un échantillon quantifié dans le second) (cf. aussi* quantum number, quantization, quantized quantity *et* quantized sample).

quantizer quantificateur, circuit de quantification *(montage réalisant la quantification des échantillons d'un signal analogique) (numériseur) (cf. aussi* quantization (b)).

quantizing *cf.* quantization.

quantum quantum, (quanta *au pluriel) (valeur minimale pouvant être prise par une grandeur quantifiée) (cf. aussi* quantum of energy *et* quantized quantity).

quantum chemistry chimie quantique *(partie de la chimie utilisant la statistique quantique et la mécanique ondulatoire pour étudier les réactions chimiques) (cf. aussi* quantum statistics *et* wave mechanics).

quantum effect effet quantique *(effet explicable par la mécanique quantique et non explicable par la mécanique classique, et se produisant lorsqu'une particule élémentaire est confinée dans un milieu dont une dimension est comparable à la longueur de l'onde associée à la particule, c-à-d. extrêmement petite) (effet tunnel, notamment) (cf. aussi* tunnel effect, quantum well, quantum mechanics, elementary particle *et* de Broglie wavelength).

quantum efficiency rendement quantique *(rapport, exprimé en pourcentage, entre le nombre de charges électriques libérées dans un corps par un effet photoélectrique et le nombre de photons incidents) (les charges électriques considérées ici sont des électrons ou des paires électron-trou) (conformément à cette définition, la notion de rendement quantique s'applique tant à l'émission photoélectrique qu'à l'effet photovoltaïque et à la photoconduction; son emploi est toutefois souvent restreint à l'émission photoélectrique; on l'emploie beaucoup moins pour l'effet photovoltaïque et pratiquement pas pour la photoconduction car cet effet photoélectrique n'est pas utilisé pour produire un courant) (cf. aussi* photoelectric yield, photoelectric effect, electron *et* electron-hole pair).

quantum electrodynamics (l')électrodynamique quantique *(partie de la théorie quantique du champ électromagnétique traitant des phénomènes électromagnétiques liés au mouvement des électrons et des positons) (cf. aussi* quantized field theory, electron *et* positon).

quantum electronics (l')électronique quantique *(partie de l'électronique relative aux interactions entre un rayonnement électromagnétique et la matière) (définition formelle classique) (en termes plus explicites, l'électronique quantique est la partie de l'électronique utilisant le rayonnement électromagnétique émis par un électron excité retombant à son état d'énergie (quantique) fondamental sous l'action d'un autre rayonnement électromagnétique) (les trois principales applications de l'électronique quantique sont le laser, le maser et le magnétomètre quantique) (cf. aussi* electromagnetic radiation, energy state, laser, maser *et* quantum magnetometer).

quantum jump 1) *cf.* quantum transition. 2) augmentation importante.

quantum magnetometer magnétomètre quantique *(tg) (magnétomètre utilisant la quantification des niveaux d'énergie de l'atome, plus précisément l'effet Zeeman, pour mesurer des champs magnétiques d'intensité extrêmement faible) (il existe deux types principaux de magnétomètre quantique) (cf. aussi* nuclear resonance magnetometer, optical-pumping magnetometer, Zeeman effect *et* magnetometer).

quantum mechanics mécanique quantique *(nom donné à la théorie du mouvement et de l'état d'énergie des particules atomiques et notamment des électrons orbitaux) (a été élaborée par Pauli, Heisenberg et Dirac à partir de la mécanique ondulatoire dont elle s'est toutefois écartée, de l'équation de Schrödinger et du principe de complémentarité, et constitue finalement l'extension de la théorie des quanta à la matière) (cf. aussi* relativistic quantum mechanics, quantum effect, energy state, orbital, electron, wave mechanics, Schrödinger equation *et* complementarity principle).

quantum noise 1) bruit quantique *(bruit électrique à la sortie d'un capteur photoélectrique et notamment d'un détecteur photoélectrique dû à la nature quantifiée des rayonnements optiques, c.-à-d. au caractère discontinu du flux de photons reçu par le dispositif) (cette discontinuité de l'excitation du dispositif par les photons produit un très grand nombre de très petites fluctuations du signal de sortie constituant le bruit) (cf. aussi* noise 2) (a), optical sensor, photodetector, optical radiation, quantum theory *et* photon). 2) *cf.* quantization noise.

quantum number nombre quantique *(nombre entier ou demi-entier, positif, négatif ou nul caractérisant, avec d'autres, l'état d'un corpuscule et notamment d'un électron orbital) (les nombres quantiques les plus utilisés sont les quatre nombres caractérisant l'état d'équilibre d'un tel électron) (cf. aussi* principal quantum number, orbital quantum number, spin quantum number, magnetic quantum number *et* particle 2)).

quantum of action quantum d'action *(champ électromagnétique) (cf. aussi* Planck's constant).

quantum of electromagnetic energy quantum d'énergie électromagnétique *(ou du champ électromagnétique ou de rayonnement électromagnétique),* quantum électromagnétique *(noms descriptifs du photon) (physique quantique) (cf. aussi* photon *et* electromagnetic energy).

quantum of energy quantum d'énergie *(terme générique couvrant le quantum d'énergie électromagnétique et le quantum d'énergie vibrationnelle) (physique quantique) (cf. aussi* quantum of electromagnetic energy, quantum of vibrational energy *et* quantum).

quantum of vibrational energy quantum d'énergie vibrationnelle *(ou d'énergie de vibration ou du champ de vibration),* quantum vibrationnel *(noms descriptifs du phonon) (cristal) (cf. aussi* phonon *et* quantum).

quantum physics (la) physique quantique *(partie de la physique traitant des systèmes quantifiés) (cf. aussi* quantized system).

quantum state état quantique *(état d'un système quantifié ou d'un élément d'un tel système) (ce terme désigne souvent un état d'énergie) (atome, etc.) (cf. aussi* quantized system).

quantum statistics (la) statistique quantique *(statistique de la répartition des particules de même type d'un système quantifié entre les états d'énergie quantiques de celui-ci) (ce terme désigne généralement le calcul de la probabilité pour un électron déterminé d'un atome ou d'une molécule d'occuper tel ou tel niveau d'énergie dans le corpuscule) (physique quantique) (cf. aussi* Bose-Einstein statistics, Fermi-Dirac statistics, quantized system *et* energy state).

quantum theory théorie quantique *(terme générique couvrant la théorie des quanta et la mécanique quantique) (cf. aussi* quantum theory of radiation *et* quantum mechanics).

quantum theory of light théorie quantique de la lumière *(nom donné à la théorie des quanta appliquée à la lumière, par opposition à la théorie ondulatoire de la lumière) (optique) (cf. aussi* quantum theory of radiation *et* wave theory of light).

quantum theory of radiation théorie des quanta *(théorie postulant la quantification de l'énergie électromagnétique) (a été élaborée par le physicien allemand Max Planck en 1900 pour expliquer le rayonnement du corps noir) (en d'autres termes, théorie selon laquelle l'énergie rayonnante — en fait, l'énergie électromagnétique — ne peut être émise, transmise ou absorbée que par quantités discrètes et indivisibles appelées « quanta » (pluriel de « quantum ») pouvant être assimilées à des grains d'énergie microscopiques) (physique quantique) (cf. aussi* quantum of electromagnetic energy, quantized field theory, quantum theory *et* wave mechanics).

quantum transistor transistor quantique *(futur transistor ultra-rapide formé essentiellement d'un puits quantique disposé entre deux électrodes, le puits agissant comme la base d'un transistor bipolaire et les électrodes comme l'émetteur et le collecteur) (cf. aussi* quantum well *et* bipolar transistor).

quantum transition transition (quantique) *(corpuscule) (cf. aussi* transition (a)).

quantum well puits quantique *(nom donné à une couche de semiconducteur d'environ 0,01 micron d'épaisseur prise entre deux couches, également ultra-minces, d'un autre semiconducteur qu'un électron injecté dans la couche centrale peut traverser par effet tunnel) (le qualificatif « quantique » rappelle que ce dispositif est fondé sur un effet quantique) (cf. aussi* quantum effect, quantum transistor *et* semiconductor).

quantum yield *cf.* quantum efficiency.

quarter-phase *a cf.* two-phase 1).

quarter-wave aerial *(GB) cf.* quarter-wave antenna.

quarter-wave antenna antenne quart d'onde *(antenne dont la longueur électrique est égale au quart de la longueur de l'onde à émettre ou recevoir) (cf. aussi* electrical length).

quarter-wave line ligne quart d'onde *(hyper) (cf. aussi* stub).

quarter-wave stub *cf.* stub.

quarter-wave transformer transformateur quart d'onde *(transformateur d'impédance formé d'un tronçon de ligne de transmission hyperfréquence de longueur égale au quart de la longueur de l'onde transmise et dont la section longitudinale présente des discontinuités en marches d'escalier produisant des réflexions assurant l'adaptation) (hyper) (cf. aussi* impedance transformer *et* microwave transmission line).

quarter-wave transmission line *cf.* quarter-wave line.

quarter-wavelength *s* quart de longueur d'onde, λ/4 *(radioélectricité, acou) (cf. aussi* wavelength).

quartet quartet *(inf) (cf. aussi* four-bit byte).

quartz quartz *(cristal de silice (SiO_2) naturel ou artificiel caractérisé par ses propriétés piézoélectriques et optiques) (les premières le font employer comme résonateur et comme transducteur en électronique et en électroacoustique) (parmi les secondes, sa propriété de transparence aux rayons ultraviolets, que le verre ne possède pas, le fait employer en électronique pour la fenêtre des mémoires EPROM et pour les masques de gravure aux rayons ultraviolets notamment, tandis que sa propriété d'être plus transparent que le verre aux rayons infrarouges le fait employer pour la fenêtre d'entrée des tubes analyseurs, intensificateurs ou convertisseurs d'image utilisés en infrarouge) (cf. aussi* quartz crystal, piezoelectric properties, piezoelectric resonator *et* piezoelectric transducer).

quartz clock horloge à quartz *(horloge dans laquelle les oscillations d'un balancier sont remplacées par les vibrations d'un résonateur à quartz) (ces vibrations, caractérisées par la*

stabilité de leur fréquence dans le temps, assurent à leur tour la stabilité de la fréquence du courant alternatif à haute fréquence qui les entretient; cette fréquence est « démultipliée » (terme consacré rappelant les rouages d'une horloge mécanique ou électrique), c.-à-d. divisée par des circuits appropriés et le courant à basse fréquence obtenu alimente un micromoteur à courant alternatif entraînant les aiguilles ou est converti en impulsions excitant un afficheur, ou les deux) (cf. aussi* quartz watch *et* quartz resonator).

quartz crystal **1)** cristal de quartz *(cristal piézoélectrique en forme de prisme hexagonal régulier à bases surmontées de pyramides) (cfa.* quartz, electric axis (b), mechanical axis, optical axis (b) *et* piezoelectric crystal). **2)** (un) quartz *(au sens de « résonateur à quartz ») (cf. aussi* quartz resonator).

quartz-crystal band-pass filter *cf.* quartz-crystal filter.

quartz-crystal filter filtre à quartz *(cf. aussi* crystal filter).

quartz-crystal frequency standard *cf.* quartz frequency standard.

quartz-crystal oscillator *cf.* quartz oscillator.

quartz cut taille d'un quartz *(cf. aussi* crystal cut).

quartz delay line ligne à retard en quartz *(ligne à retard acoustique utilisant un prisme de quartz comme milieu retardateur) (cf. aussi* acoustic delay line *et* quartz).

quartz frequency source source de fréquence à quartz, source à quartz *(terme générique couvrant l'oscillateur à quartz et l'étalon de fréquence à quartz) (cf. aussi* quartz oscillator, quartz frequency standard *et* frequency source).

quartz frequency standard étalon de fréquence à quartz *(étalon de fréquence constitué par un oscillateur à quartz thermostaté à très grande stabilité de fréquence) (cf. aussi* quartz oscillator, temperature-controlled crystal oscillator *et* frequency standard).

quartz-iodide lamp lampe à iode, lampe à halogène *(lampe à incandescence contenant un peu d'iode destiné à empêcher le noircissement de l'ampoule par les vapeurs du filament et pour réduire l'usure de celui-ci) (l'iode vaporisé par la chaleur se combine avec le tungstène vaporisé du filament près de l'ampoule en formant de l'iodure de tungstène qui, étant solide, ne se dépose pas sur celle-ci par condensation; la convection thermique du gaz neutre remplissant l'ampoule amène l'iodure près du filament où la température élevée le décompose en iode et en tungstène qui se dépose sur le filament en le régénérant) (la formation de l'iodure de tungstène près de l'ampoule nécessitant une température d'environ 600°C à cet endroit, l'ampoule — tubulaire ou non — est en quartz fondu, ce qui interdit de la toucher, toute trace de graisse entraînant son noircissement rapide à chaud; c'est pour cette raison qu'une enveloppe extérieure en verre est employée dans les modèles tubulaires, lesquels doivent être utilisés en position horizontale pour que le tungstène se dépose régulièrement sur toute la longueur du filament disposé suivant l'axe du tube) (remplace de plus en plus les lampes ordinaires dans les phares d'automobiles) (écl) (cf. aussi* incandescent lamp).

quartz lamp lampe à tube de quartz *(lampe à vapeur de mercure utilisant les propriétés de transparence aux rayons ultraviolets et de résistance à la chaleur du quartz) (cf. aussi* mercury-vapor lamp *et* quartz).

quartz lid *cf.* quartz window.

quartz oscillator oscillateur à quartz *(noter que les termes anglais « quartz oscillator » et « quartz-crystal oscillator » sont surtout employés lorsqu'un oscillateur à quartz constitue ou équipe un étalon de fréquence, le terme usuel en anglais étant « crystal oscillator ») (cf. aussi* crystal oscillator *et* frequency standard).

quartz-oscillator frequency standard *cf.* quartz frequency standard.

quartz-oscillator standard *cf.* quartz frequency standard.

quartz plate lame de quartz *(élément piézoélectrique constitué d'une plaquette de quartz de forme rectangulaire ou carrée) (cf. aussi* piezoelectric element *et* quartz).

quartz resonator résonateur à quartz *(résonateur mécanique à excitation électrique constitué par un élément piézoélectrique en quartz utilisant l'effet piézoélectrique inverse) (cet élément a généralement la forme d'une plaquette ou d'un barreau et est soumis à une tension alternative de fréquence égale à sa* *fréquence propre ou à un harmonique de celle-ci, appliquée à ses armatures) (cf. aussi* resonator, piezoelectric element, inverse piezoelectric effect *et* overtone crystal).

quartz source *cf.* quartz frequency source.

quartz standard *cf.* quartz frequency standard.

quartz thermometer thermomètre à quartz *(thermomètre à grande sensibilité utilisant la variation de la fréquence de résonance d'un résonateur à quartz en fonction de sa température) (le résonateur est une lame de quartz, généralement carrée, montée dans une sonde placée dans le milieu dont la température est à mesurer) (cf. aussi* quartz resonator).

quartz-type ... *cf.* quartz ...

quartz wafer *cf.* quartz plate.

quartz watch montre à quartz *(montre réalisée comme une horloge à quartz miniature à affichage par cristaux liquides ou par aiguilles, ou les deux, alimentée par une pile-bouton) (le moteur électrique utilisé dans les modèles à aiguilles est un micromoteur à lame vibrante entraînant une roue à rochet, ou un micromoteur pas-à-pas) (les premiers modèles étaient à affichage par diodes lumineuses alimentées par un bouton-poussoir à presser pour lire l'heure, ce à cause de leur consommation relativement grande) (cf. aussi* quartz clock, liquid-crystal display *et* stepper motor).

quartz window fenêtre en quartz *(mémoire EPROM, tube analyseur, etc.) (cf. aussi* EPROM *et* quartz).

quasar *(vient de « quasi-stellar radio source »)* quasar *m (radiosource très puissante située apparemment à la limite observable de l'Univers et donnant l'impression d'être une étoile très brillante, d'où son nom complet en anglais) (astronomie) (cf. aussi* radio source).

quasi-optical propagation propagation quasi-optique *(propagation d'une onde radioélectrique analogue à celle d'une onde optique, c.-à-d. en ligne droite) (en d'autres termes, propagation d'une onde ultra-courte ou, dans une moindre mesure, d'une onde courte) (cf. aussi* radio wave *et* optical wave).

quasi-particle quasi-particule *(identité attribuée au phonon par analogie au photon) (cf. aussi* phonon).

quaternary modulation *cf.* quaternary phase-shift keying.

quaternary phase-shift keying modulation de phase à quatre états, modulation par déplacement de phase à quatre états, modulation QPSK *(modulation par déplacement de phase dans laquelle le nombre de phases possibles est égal à quatre, soit 0^0, 90^0, 180^0 et 270^0, chacune de ces valeurs représentant un dibinaire) (tlg) (cf. aussi* phase-shift keying *et* dibit).

quaternary phase-shift-keying modulation *cf.* quaternary phase-shift keying.

quaternary PSK *cf.* quaternary phase-shift keying.

query[1] *s* interrogation, consultation *(d'une banque de données) (inf) (cf. aussi* query language).

query[2] *v* interroger, consulter *(cf. aussi* query[1]).

query language langage d'interrogation *(ensemble de mots et symboles permettant d'interroger une banque de données) (comprend les termes du dictionnaire définissant les données mémorisées, des opérateurs logiques — notamment ET, OU, SAUF —, des opérateurs de comparaison — =, ≠, <, ≤, >, ≥ —, des quantificateurs — UN, N, TOUT — et des instructions — EXISTE (condition existentielle), SORTIR, CALCULER, IMPRIMER, etc.) (inf) (cf. aussi* data base *et* logic operator (a)).

queue file d'attente *(cf. aussi* queuing theory).

queue place position dans la file *(cf. aussi* queuing theory).

queue problem problème de file d'attente *(cf. aussi* queuing theory).

queue set ensemble de files d'attente *(cf. aussi* queue).

queuing theory théorie des files d'attente *(théorie de la probabilité et du temps d'accès à un appareil ou un système desservant un certain nombre d'usagers) (s'applique notamment à la commutation téléphonique et au traitement en temps partagé) (tls, inf, etc.) (cf. aussi* telephone switching *et* time sharing).

quick-acting fuse *cf.* quick-break fuse.

quick-break fuse fusible à action instantanée *(cf. aussi* fast-acting fuse).

quick-break switch interrupteur à rupture brusque *(interrupteur dans lequel la vitesse d'ouverture, et généralement de fermeture, des contacts ne dépend pas de la vitesse de manœuvre de l'organe de commande) (dans ce type d'interrupteur, le plus courant, l'énergie accumulée dans un ressort au début de la manœuvre assure l'achèvement de celle-ci par basculement brusque d'un système à genouillère portant les contacts mobiles une fois passé le point mort de celui-ci ou par inversion brusque de la cambrure d'une lamelle élastique formant contacts mobiles une fois passé le point de redressement de celle-ci) (cf. aussi* lever switch, rocker switch *et* snap-action switch).

quick-disconnect *s* raccord rapide *(ensemble de deux brides de guide d'ondes prévues pour être accouplées par agrafes à genouillère) (radar, etc.) (cf. aussi* waveguide flange).

quiescent *a* au repos, à l'état de repos *(état d'un dispositif ou appareil électronique ou assimilé en l'absence de signal d'entrée) (ampli, circuit logique, tube, transistor, etc.).*

quiescent-carrier modulation modulation à interruption de porteuse *(modulation dans laquelle la porteuse est supprimée en l'absence de signal modulant) (radiotéléphone) (cf. aussi* modulation (a)).

quiescent-carrier telephony radiotéléphonie avec suppression de la porteuse *(cf. aussi* radiotelephony *et* quiescent-carrier modulation).

quiescent current *(parf.* intensité du) courant de repos *(ou au repos ou en l'absence de signal) (cf. aussi* quiescent).

quiescent operation fonctionnement en l'absence de signal *(cf. aussi* quiescent).

quiescent point point de repos *(cf. aussi* operating point).

quiescent power *cf.* quiescent power consumption.

quiescent power consumption puissance consommée au repos, consommation au repos *(ces termes s'appliquent notamment à un circuit logique) (cf. aussi* quiescent).

quiescent power dissipation *cf.* quiescent power consumption.

quiescent state état de repos *(cf. aussi* quiescent).

quiescent value valeur au point de repos *(valeur de l'intensité du courant anodique ou de la tension d'une électrode dans un tube électronique au point de repos) (ampli, etc.) (cf. aussi* operating point).

quiet amplifier *cf.* low-noise amplifier.

quiet automatic volume control commande automatique de gain retardée *(récepteur) (cf. aussi* delayed automatic gain control).

quiet AVC *cf.* quiet automatic volume control.

quiet radar radar discret *(radar militaire dont les signaux sont difficiles à intercepter) (ce terme désigne notamment un radar de défense aérienne à courte portée émettant successivement un grand nombre de faisceaux d'ondes très étroits et à sauts de fréquence pour réduire la probabilité d'interception par le récepteur de l'autodirecteur des missiles antiradar) (cf. aussi* frequency hopping, antiradiation missile *et* radar).

quiet tuning accord silencieux *(récepteur) (cf. aussi* squelch circuit).

quieting sensitivity sensibilité utile *(amplitude minimale du signal d'entrée d'un récepteur à modulation de fréquence pour laquelle le rapport signal/bruit à la sortie du récepteur a une valeur suffisante pour que le signal de sortie soit utilisable) (cf. aussi* FM receiver *et* signal-to-noise ratio).

QUIL *cf.* QUIP.

QUIP *(vient de « QUIL package », QUIL venant lui-même de « quad-in-line » c.-à-d. « à quatre rangées »)* boîtier QUIP, boîtier à quatre rangées de broches *(boîtier enfichable normalisé à quatre rangées de broches décalées conçu pour recevoir un porte-puce enfichable) (cf. aussi* leaded chip carrier).

QUIP package *cf.* QUIP.

R

R display présentation du type R *(présentation des informations sur l'écran d'un radar analogue à la présentation du type A, mais avec possibilité de grossir l'écho d'une cible pour en distinguer les détails) (avia) (cf. aussi* A display).

R-Y signal signal R-Y *(TVC) (cf. aussi* color-difference signal).

R-nav *cf.* area navigation.

R/NAV *cf.* R-nav.

R scan *cf.* R display.

R scope écran à présentation du type R *(radar) (cf. aussi* R display).

R-2R ladder converter dénumériseur à échelle R-2R, *(etc.) (dénumériseur dans lequel l'échelle de résistances n'utilise que deux valeurs de résistance, de rapport 2 : une valeur R pour les résistances connectées en série entre une source de tension de référence et la masse, et une valeur 2R pour toutes les résistances formant les échelons de l'échelle, c-à-d. connectés entre les points de connexion des résistances R et des transistors de commutation qui les relient sélectivement à l'entrée d'un amplificateur sommateur) (a l'avantage de ne nécessiter que deux valeurs de résistance et que la précision de celles-ci n'a pas d'importance, seule la constance du rapport 2 étant nécessaire, ce qui est beaucoup plus facile à obtenir en fabrication) (cf. aussi* digital-to-analog converter).

R/W ... *cf.* read/write ...

rabbit-ear aerial *(GB) cf.* rabbit-ear antenna.

rabbit-ear antenna antenne en V, antenne intérieure en V, antenne à brins télescopiques *(antenne de récepteur de télévision formée de deux brins télescopiques montés à rotule sur un socle généralement posé sur l'appareil) (le réglage de la longueur des brins permet d'accorder l'antenne pour obtenir le maximum d'amplitude du signal).*

rabbit ears *cf.* rabbit-ear antenna.

race *s* basculement en série *(changement d'état quasi-simultané de deux ou plusieurs cellules de mémoire pendant une même impulsion d'horloge dû généralement à des impulsions défectueuses) (inf) (cf. aussi* memory cell *et* clock pulse).

race conditions *cf.* race.

race hazard risque de basculement en série *(cf. aussi* race).

raceway passage de câbles *(terme générique courant le chemin de câbles et le caniveau à câbles) (cf. aussi* cable tray, cable trough, wiring 2) *et* cable).

rack **1)** bâti (électronique), casier *(idem) (bâti métallique comportant des cases destinées à recevoir des châssis électroniques amovibles par l'avant) (ne pas employer « rack » ni « baie ») (cf. aussi* standard rack). **2)** coffret à châssis, case *(coffret conçu pour recevoir un châssis électronique amovible par l'avant).*

rack framework ossature du bâti *(parf.* d'un bâti), *(etc.) (cf. aussi* rack 1)).

rack mount *cf.* rack mounting.

rack-mountable pour montage en bâti, *(etc.),* à monter en bâti, *(etc.) (cf. aussi* rack).

rack-mounted monté en bâti, *(etc.) (cf. aussi* rack).

rack mounting montage en bâti, *(etc.) (cf. aussi* rack).

rack wiring câblage du bâti *(parf.* d'un bâti), *(etc.) (ensemble des conducteurs reliant entre eux et avec les bornes d'alimentation, d'entrée et de sortie les connecteurs montés au fond des cases d'un bâti électronique) (cf. aussi* rack 1)).

racon *cf.* radar beacon.

rad **1)** rad, rd *(vient de « radiation ») (unité de dose de radiation absorbée par un corps) (est égale à 100 ergs d'énergie électromagnétique absorbée par gramme du corps) (1 erg = 10^{-7} joule) (cf. aussi* rad (Si), radiation *et* joule). **2)** *cf.* radian.

rad-hard *cf.* radiation-hard.

rad-hardened *cf.* radiation-hardened.

rad hardness *cf.* radiation hardness.

rad (Si) rad (Si), rad silicium, rad puce *(unité de dose de radiation effectivement absorbée par la puce d'un circuit intégré monolithique en silicium ou autre semiconducteur) (mil, etc.) (cf. aussi* rad *et* chip 1)).

radar *(vient de « radio detection and ranging »)* radar *(ne pas employer « détection électromagnétique » pour les raisons exposées à « Remarque importante ») (procédé et matériel permettant la détection et la télémétrie d'un objet situé dans l'espace aérien par émission d'ondes radioélectriques dans sa direction et visualisation des échos renvoyés par l'objet sur un écran cathodique) (définition succincte correspondant au cas des premiers véritables radars, c.-à-d. au radar à impulsions indiquant uniquement la présence d'un avion dans l'espace aérien et sa distance) (suit une définition plus longue couvrant les principaux types de radar) (procédé — et matériel le mettant en œuvre — dans lequel une antenne directive excitée par un émetteur d'ondes ultracourtes émet des signaux radioélectriques appropriés qui se réfléchissent sur les obstacles fixes ou mobiles rencontrés et reviennent affaiblis, sous la forme d'échos, à la même antenne ou à une autre antenne, puis sont traités dans un récepteur spécial qui les visualise sur l'écran d'un tube cathodique ou les exploite directement pour permettre de déceler la présence de l'obstacle rencontré appelé « cible » et de déterminer un nombre plus ou moins grand de ses caractéristiques suivant le type de radar) (en l'absence de précisions, le terme « radar » désigne généralement un radar à impulsions) (Remarque importante : bien qu'il ait été proposé dans le but louable de lutter contre le franglais, le terme « détection électromagnétique » est impropre car le radar n'est qu'un cas particulier de cette technique; en effet, les détecteurs et caméras infrarouges, ainsi que le radar optique, utilisent, eux aussi, des ondes électromagnétiques pour fonctionner et ce ne sont pas des radars, même si les Américains appellent abusivement « forward-looking infrared radar » (« FLIR sensor ») un type de caméra infrarouge) (à ce sujet et au sujet du terme « radiodétection » également proposé, il ne faut pas oublier que le principe même du radar est l'émission de* *signaux radioélectriques et l'exploitation des échos naturels qui en résultent ou d'échos artificiels qu'ils déclenchent, c'est-à-dire la détection* active, *tandis que la radiodétection et, au sens le plus général, la détection électromagnétique peuvent être aussi bien passives qu'actives) (les seuls termes français acceptables sont « détection radioélectrique active » ou « radiodétection active » pour le procédé et « détecteur radioélectrique actif » ou « radiodétecteur actif » pour le matériel; toutefois, le terme « radar » étant précis, concis et compris dans le monde entier, il n'y a pas de raison valable de lui chercher un remplaçant; si tel était le cas, il faudrait également en chercher un pour transistor, maser et laser, notamment) (cf. aussi* radar types, radar transmitter, radar signal, radar target, radar scope, radar mapping, radar guidance, radar threat, radar jamming, radio wave *et* FLIR sensor).

radar absorbent *cf.* radar absorbing material.

radar absorbent material *cf.* radar absorbing material.

radar absorber *cf.* radar absorbing material.

radar absorbing material matière absorbante antiradar, absorbant antiradar *(matière absorbante pour hyperfréquences appliquée sur une cible radar ou un obstacle proche d'un radar pour réduire l'amplitude des échos renvoyés par la cible ou l'obstacle dans la direction du radar, la cible étant généralement un aéronef militaire et l'obstacle une superstructure d'un navire équipé d'un radar) (est généralement une sorte de peinture contenant des particules ou des fibres conductrices de dimensions déterminées destinées à entrer en résonance sous l'action de l'énergie électromagnétique reçue, en absorbant ainsi une grande partie de cette énergie, ce qui réduit d'autant le coefficient de réflexion de la surface peinte à la fréquence de résonance, les particules ou fibres étant en matière plastique spéciale sur les aéronefs pour réduire le poids) (cf. aussi* absorbing material, microwave, stealth technology *et* radar).

radar absorbing material treatment traitement avec une matière absorbante antiradar, *(etc.), (parf.)* application d'une *(idem) (cf. aussi* radar absorbing material).

radar acquisition accrochage par un radar, *(parf.)* accrochage de la cible *(idem) (cf. aussi* target acquisition).

radar aerial *(GB) cf.* radar antenna.

radar aid *cf.* radar navigation aid.

radar-aimed ... *cf.* radar-controlled ...

radar altimeter radioaltimètre à impulsions, altimètre à impulsions, altimètre radar *(radioaltimètre formé essentiellement d'un petit radar à impulsions) (utilise la mesure du temps écoulé entre l'émission d'une impulsion en direction du sol et la réception de l'écho renvoyé par celui-ci pour en déduire l'altitude de l'aéronef) (est précis, mais n'est utilisable qu'au-dessus d'une cinquantaine de mètres d'altitude) (cf. aussi* radio altimeter *et* pulse radar).

radar altimetry altimétrie radar *(mesure d'altitudes à l'aide d'un radar) (cf. aussi* height-finding radar *et* radar altimeter).

radar altitude altitude radar (a) *altitude d'un aéronef indiquée par un radar) (le radar peut être un radar au sol, sur navire ou aéroporté ou un radioaltimètre radar équipant l'aéronef) (cf. aussi* radar altimeter); (b) *altitude à laquelle un aéronef militaire volant à basse altitude doit monter pour lancer un missile en direction d'une cible éloignée au sol ou sur mer d'après les informations de distance et d'azimut fournies par le radar de tir de l'appareil une fois la cible visible sur l'écran du radar) (cf. aussi* pop up *et* radar).

radar antenna antenne de radar *(parf.* du radar) *(antenne directive, généralement à balayage mécanique ou électronique, servant à la fois pour l'émission et la réception dans le cas général d'un radar monostatique) (cf. aussi* search radar antenna, tracking radar antenna, mechanically-scanned antenna, phased-array antenna, directive antenna, real-aperture radar antenna, synthetic-aperture radar antenna, monostatic radar *et* antenna).

radar antenna array *cf.* phased-array antenna.

radar astronomy radarastronomie *(mesure de la distance et éventuellement de la vitesse radiale de corps célestes à l'aide du radar) (les radars employés sont des radars Doppler à impulsions) (ne pas confondre avec « radioastronomie ») (cf. aussi* pulse Doppler radar, range rate *et* radio astronomy).

radar band bande radar, bande de fréquences radar *(bande*

de fréquences utilisées pour les signaux émis par des radars) (bande L, bande S, bande X, etc.) (cf. aussi* microwave band *et* radar signal).

radar bandwidth largeur de bande du radar *(parf.* d'un radar) *(largeur de bande du signal émis par un radar) (cf. aussi* bandwidth 1) (b) *et* radar signal).

radar beacon balise répondeuse *(émetteur radioélectrique émettant des impulsions déterminées après réception des impulsions d'interrogation émises par un radar de navigation) (comprend une partie émettrice et une partie réceptrice commandant le fonctionnement de la première) (constitue un repère de direction et de distance, la mesure du temps écoulé entre l'instant d'émission d'une impulsion d'interrogation et l'instant de réception de l'impulsion de réponse correspondante permettant au radar interrogateur de calculer la distance du mobile à la balise) (avia, mar) (cf. aussi* tracking beacon, distance-measuring equipment, navigation radar *et* transponder 1)).

radar beam faisceau de radar *(faisceau d'ondes radioélectriques émis par l'antenne d'un radar) (cf. aussi* beam[1], radio wave *et* radar antenna).

radar blind spot zone aveugle d'un radar *(cf. aussi* dead zone 1)).

radar blip écho (de radar) *(écho d'une cible sur l'écran d'un radar) (cf. aussi* radar echo).

radar bombing bombardement au radar *(bombardement par avion avec utilisation du radar de bord pour déterminer la position de l'avion par rapport à la cible, notamment la nuit ou par mauvaise visibilité) (mil).

radar bright display présentation radar sur écran de télévision *(cf. aussi* radar bright-display equipment).

radar bright-display equipment système de conversion radar/télévision, *(parf.)* conversion radar/télévision *(système de présentation sur écran de télévision des informations fournies par un radar) (avia, etc.) (cf. aussi* display scan converter tube *et* radar data (a)).

radar boresighting centrage du faisceau d'un radar *(parf.* du radar) *(cf. aussi* boresight[2]).

radar burnthrough traversée du brouillage (par un radar) *(situation d'un radar militaire au sol brouillé par les signaux du brouilleur à bruit d'un avion hostile dont l'écho devient plus fort que les signaux de brouillage au fur et à mesure qu'il se rapproche du radar) (cf. aussi* burn through *et* noise jammer).

radar calibration calibrage d'un radar *(mesure des performances d'un radar et établissement des diagrammes et tableaux correspondants).

radar camera chambre radar *(chambre photographique spéciale utilisée pour photographier l'image formée sur l'écran d'un radar).

radar camouflage camouflage radar *(emploi, pour un aéronef militaire, de dimensions et surfaces aussi petites que possible, de formes arrondies, de matériaux non métalliques, de revêtements et peintures absorbants aux hyperfréquences et autres moyens pour le rendre difficile à détecter au radar) (cf. aussi* radar absorbing material *et* stealth aircraft).

radar capabilities *cf.* radar capability.

radar capability possibilités radar *(possibilités données à un mobile par la présence d'un ou plusieurs radars à bord de celui-ci) (cf. aussi* capability).

radar cell volume de confusion *(tranche transversale du faisceau d'un radar à impulsions dans laquelle deux cibles ne peuvent être distinguées l'une de l'autre par le radar et produisent donc un écho unique sur l'écran) (si le radar n'utilise pas l'effet Doppler, les cibles ne peuvent être distinguées ni en distance, ni en position angulaire, ni en vitesse; si le radar utilise l'effet Doppler, elles peuvent être distinguées si leurs vitesses sont différentes) (le volume de confusion est la zone de l'espace aérien ou cosmique occupé par le paquet d'ondes représentant une impulsion émise par l'antenne du radar) (sa profondeur, c.-à-d. l'épaisseur de la tranche ou l'intervalle de distances radiales correspondant, est proportionnelle à la durée des impulsions émises par le radar et ne dépend pas de la distance radiale à laquelle on le considère; dans le cas théorique d'une impulsion de durée infiniment courte, le volume* *de confusion se réduit à un plan transversal) (cf. aussi* pulse radar, pulse Doppler radar *et* resolution (f) *et* (f1)).

radar chaff leurres radar *(cf. aussi* chaff).

radar chain *cf.* radar network.

radar characteristics caractéristiques du radar *(parf.* d'un radar) *(fréquence de la porteuse, fréquence de récurrence, rapport cyclique et puissance crête des impulsions dans le cas général, pouvoir séparateur, présence éventuelle d'un éliminateur d'échos fixe, d'un traitement Doppler, de sauts de fréquence, etc.) (cf. aussi* radar frequency, duty cycle 1), peak power 1), MTI, Doppler processing, frequency hopping *et* radar).

radar chart carte radar *(carte indiquant les principaux points formant des sources d'échos dans le relief de la côte en vue ou du terrain survolé et pouvant éventuellement servir de points de repère pour la navigation au radar, certains d'entre eux pouvant être équipés d'une balise radar ou d'un réflecteur radar) (navigation au radar) (cf. aussi* radar navigation, radar beacon *et* radar reflector buoy).

radar clutter fouillis radar *(cf. aussi* clutter).

radar CM *cf.* radar countermeasures.

radar command guidance guidage par télécommande radar *(télécommande d'un missile sol-air par un radar au sol déterminant la trajectoire de la cible et celle du missile et calculant les corrections nécessaires pour commander l'émission des signaux correspondants) (avia. mil) (cf. aussi* command guidance).

radar console pupitre de radar *(ne pas employer « console de radar ») (cf. aussi* indicator (b)).

radar contact contact radar *(autre nom de l'accrochage de la cible par un radar employé surtout dans le cas d'un radar panoramique) (cf. aussi* target acquisition *et* PPI-display radar).

radar contact range *cf.* radar detection range.

radar control 1) commande par radar, *(parf.)* contrôle par radar, contrôle radar *(commande d'un processus d'après les informations fournies par un ou plusieurs radars) (terme générique couvrant la commande du pilotage d'un aéronef par son pilote, la conduite de tir et le guidage d'un missile) (ne pas employer « contrôle par radar » ni « contrôle radar », sauf dans le cas d'un aéronef, où l'on peut à la rigueur parler de contrôle) (voir aussi 2) et 3) ci-après) (cf. aussi* radar vectoring). **2)** conduite par radar *(arme) (cf. aussi* fire-control radar). **3)** *cf.* radar guidance.

radar control area zone de contrôle radar *(zone de l'espace aérien dans laquelle les aéronefs sont suivis par un ou plusieurs radars) (cf. aussi* radar control 1) *et* air traffic control).

radar-controlled gun canon commandé par radar *(mil) (cf. aussi* fire-control radar).

radar-controlled interception interception dirigée par radar *(interception d'un avion hostile par un intercepteur dont le pilote suit les instructions données par radio par l'opérateur de la station radar ayant pris l'intrus en charge) (mil) (cf. aussi* radar interception 1)).

radar-controlled missile *cf.* radar-guided missile.

radar-controlled weapon arme commandée par radar *(terme générique couvrant le canon à conduite de tir par radar, le missile à tir commandé par radar et le missile guidé par radar) (mil) (cf. aussi* radar-controlled gun *et* radar-guided missile).

radar-controlled weapon system système d'armes commandé par radar *(aéronef, navire ou véhicule terrestre militaire) (cf. aussi* radar-controlled weapon).

radar controller *cf.* radar operator.

radar coordinates coordonnées radar *(coordonnées d'une cible d'un radar déterminées par celui-ci) (cf. aussi* coordinates *et* radar target).

radar counter-countermeasures anti-contre-mesures radar, mesures d'antibrouillage radar, antibrouillage radar *(mesures prises pour réduire les risques de brouillage d'un radar militaire ou d'un autodirecteur radar par un brouilleur de l'adversaire) (les principales mesures d'antibrouillage radar sont l'emploi de sauts de fréquence et d'une fréquence de récurrence autre que constante) (cf. aussi* frequency hopping, PRF types, radar jamming *et* counter-countermeasures).

radar countermeasures contre-mesures radar *(mesures prises pour réduire les risques de détection d'une cible militaire par un radar de l'adversaire ou les risques de poursuite par un radar ou un missile à autodirecteur radar) (terme générique couvrant le camouflage radar et le brouillage radar) (cf. aussi* radar camouflage, radar jamming *et* electronic countermeasures).

radar cover *cf.* radar coverage.

radar coverage couverture radar *(parf.* d'un radar *parf.* du radar) *(forme, dans le plan vertical, de la zone couverte par un radar de veille ou de surveillance, tranche d'altitude correspondante et étendue de cette zone dans le plan horizontal) (dans le cas fréquent d'un radar panoramique, la zone de couverture est un volume de révolution centré sur l'antenne du radar) (mil, etc.) (cf. aussi* azimuth coverage, elevation coverage, search radar *et* PPI-display radar).

radar coverage area zone de couverture radar.

radar coverage diagram schéma de couverture radar.

radar cross section surface équivalente (radar) *(aire effective de réflexion des signaux d'un radar par une cible) (dépend de la taille de la cible, de sa forme, du rapport entre sa plus grande dimension et la longueur d'onde des signaux reçus, de la polarisation de ceux-ci, de l'angle de présentation de la cible et de la nature du revêtement de celle-ci) (cf. aussi* radar equation, radar target, target scintillation, wavelength, electromagnetic wave polarization, aspect angle *et* radar absorbing material).

radar data informations radar *(cf. aussi* data, information *et* radar) **(a)** *informations relatives à une ou plusieurs cibles détectées ou suivies par un radar c.-à-d. nombre plus ou moins grand de caractéristiques de celles-ci déduites de l'observation de l'écho ou des échos apparaissant sur l'écran du récepteur, ou signaux électriques correspondants) (cf. aussi* radar target characteristics *et* radar display); **(b)** *informations tirées d'une ou plusieurs images fournies par un radar cartographique) (cf. aussi* radar-image exploitation).

radar data display *cf.* radar display.

radar data processing *cf.* radar signal processing.

radar data processor *cf.* radar processor.

radar deception *cf.* radar deception jamming.

radar deception jamming brouillage de radars par diversion *(cf. aussi* deception jamming).

radar decoy fusée à leurres radar *(cf. aussi* chaff rocket).

radar decoy target fausse cible radar, cible radar fictive, *(etc.) (cf. aussi* false target).

radar denial jamming brouillage de radars par inhibition *(mil) (cf. aussi* denial jamming).

radar designer concepteur de radars *(ingénieur électronicien spécialisé dans l'étude et la réalisation de radars).*

radar-detected target cible détectée par radar *(parf.* au radar) *(cf. aussi* radar target).

radar detection détection par radar *(parf.* au radar), radiodétection active *(voir aussi « Remarque importante » à la rubrique « radar ») (cf. aussi* detection range, detection probability (a) *et* detection threshold).

radar detection range distance de détection au radar *(cf. aussi* detection range).

radar detector détecteur de radars *(mil) (cf. aussi* radar warning receiver, *le premier terme étant encore peu employé).*

radar device *cf.* radar set.

radar-directed bombing *cf.* radar bombing.

radar-directed fire control *cf.* radar fire control.

radar-directed gun *cf.* radar-controlled gun.

radar-directed missile *cf.* radar-guided missile.

radar-directed threat *cf.* radar-guided missile.

radar direction finding goniométrie radar *(goniométrie faisant appel aux signaux émis par un radar situé au point de mesure) (mil, etc.) (cf. aussi* direction finding).

radar dish *cf.* radar parabolic antenna.

radar display présentation des informations radar *(parf.* d'informations radar), présentation radar *(noms donnés à la visualisation des échos utiles sur l'écran d'un radar d'une manière telle que l'opérateur puisse en tirer le maximum d'informations sur les cibles correspondantes) (cf. aussi* radar data, radarscope, A display *à* P display *et* R display).

radar display unit *cf.* radar indicator.

radar drift dérive radar, dérive mesurée au radar *(dérive d'un aéronef déduite de mesures de distance par rapport à un repère au sol effectuées au radar).*

radar ECCM *(ECCM vient de « electronic counter-counter-measures »)* cf. radar counter-countermeasures.

radar echo écho radar *(onde radioélectrique réfléchie dans la direction d'un radar par une cible située dans le faisceau de celui-ci) (dans le cas général d'un radar à impulsions, l'écho est une impulsion d'énergie électromagnétique hyperfréquence dont l'amplitude croît avec l'amplitude et la durée de l'impulsion émise et avec la surface équivalente de la cible et décroît avec la distance radiale) (l'amplitude d'un écho radar est généralement très faible, surtout aux grandes distances de la cible et la puissance correspondante se mesure en microwatts)* (cf. aussi radio wave, pulse radar, electromagnetic energy, radar cross section, slant range *et* signal buried in noise).

radar ECM *(ECM vient de « electronic countermeasures »)* cf. radar countermeasures.

radar emission cf. radar transmission. *(et noter toutefois que pour un radar, le terme « emission » est de plus en plus employé par les Américains à la place de « transmission »).*

radar emitter cf. radar transmitter *et* radar emission.

radar energy cf. radar signal energy.

radar engineer ingénieur en radar *(ingénieur électronicien spécialiste en technique du radar) (ce terme désigne généralement un concepteur de radars, mais peut également désigner un utilisateur de radars) (cf. aussi* radar designer).

radar engineering cf. radar technology. *(et noter toutefois que le premier terme a été employé avant le second).*

radar environment ambiance radar *(ambiance électromagnétique d'une zone dans laquelle des radars émettent) (mil, etc.) (cf. aussi* electromagnetic environment).

radar equation équation du radar *(formule donnant la portée d'un radar en fonction de ses caractéristiques de performances et de la surface équivalente de la cible) (cf. aussi* radar characteristics, radar cross section *et* radar range 1)).

radar-equipped aircraft aéronef équipé d'un radar *(avion ou hélicoptère).*

radar-equipped missile cf. radar-guided missile.

radar expert (grand) spécialiste en radar.

radar fence chaîne de radars d'alerte *(mil) (cf. aussi* DEW line, mid-Canada line, Pine-tree line, Texas tower, early-warning radar *et* radar network).

radar fire control (system) (système de) conduite de tir par radar *(canon) (mil) (cf. aussi* fire-control radar).

radar fix point radar *(ou* fait au radar) *(point fait à l'aide du radar de bord d'un mobile et d'échos de balises radar ou de repères au sol) (radionav) (cf. aussi* position fix, radar beacon *et* radar chart).

radar frequency fréquence radar *(parf.* du radar, *parf.* d'un radar) *(fréquence de l'onde porteuse émise par l'antenne d'un radar et découpée en impulsions dans le cas d'un radar à impulsions) (ne doit pas être confondue avec la fréquence de récurrence des impulsions) (cf. aussi* low-frequency radar, radar signal *et* pulse repetition frequency).

radar fundamentals (les) principes fondamentaux du radar *(réflexion d'une onde radioélectrique sur un obstacle, calcul de la distance de l'antenne d'émission à l'obstacle d'après la mesure du temps de parcours aller et retour d'un paquet d'ondes et la vitesse de propagation de celles-ci, calcul de la puissance crête et la durée des impulsions nécessaires pour une portée déterminée dans les conditions également déterminées, élimination des échos parasites, etc.) (cf. aussi* radar pulse, radar range 1), moving-target indication *et* radar).

radar ground mapping cf. radar mapping.

radar guidance guidage radar, guidage par radar, guidage au radar, autoguidage *(idem) (autopoursuite radar considérée sous le seul angle du guidage du missile) (mil) (cf. aussi* radar homing *et* guidance).

radar guidance head cf. radar seeker.

radar guidance system système de guidage par radar, *(etc.) (cf. aussi* radar guidance) (a) *système formé d'un autodirecteur radar semi-actif et d'un radar illuminateur) (cf. aussi* semi-active radar seeker *et* illuminator (a)); (b) *système constitué par un autodirecteur radar actif) (cf. aussi* active radar seeker).

radar-guided air-to-air missile missile air-air guidé par radar, *(etc.) (mil) (cf. aussi* radar-guided missile).

radar-guided air-to-surface missile missile air-surface guidé par radar, *(etc.) (missile antinavire à guidage radar lancé d'un aéronef) (mil) (cf. aussi* radar-guided missile).

radar-guided antiship missile missile antinavire guidé par radar, *(etc.) (missile surface-surface ou air-surface guidé par radar) (mil) (cf. aussi* radar-guided missile).

radar-guided missile missile guidé par radar *(ou à autodirecteur radar ou à guidage radar) (missile équipé d'un autodirecteur radar actif ou passif) (ne pas employer « à guidage électromagnétique » ni « à autodirecteur électromagnétique » pour les raisons exposées à l'article « radar »)* (mil) (cf. aussi radar guidance, radar seeker *et* radar).

radar-guided threat cf. radar-guided missile.

radar-guided weapon cf. radar-guided missile.

radar gun-laying cf. radar fire control.

radar handoff changement de mains *(passage de la poursuite d'une cible d'un opérateur radar à un autre sans interrompre celle-ci, notamment dans une tour de régie) (cf. aussi* air traffic controller).

radar head cf. radar seeker.

radar heading cap relevé au radar *(radionav) (mar, avia) (cf. aussi* heading 1)).

radar hole zone aveugle *(radar) (cf. aussi* dead zone 1)).

radar homer 1) cf. radar-guided missile. **2)** cf. radar seeker.

radar homing autopoursuite au radar, autopoursuite radar *(autopoursuite d'une cible par un missile guidé par radar) (mil) (cf. aussi* homing[1] 2), radar-guided missile *et* radar tracking phase (b)).

radar homing head cf. radar seeker.

radar homing missile cf. radar-guided missile. *(cf. aussi* radar-homing missile *et noter l'importance du trait d'union).*

radar-homing missile cf. radar-seeking missile. *(cf. aussi* radar homing missile).

radar homing seeker *(ou* **sensor** *ou* **system** *ou* **unit**) cf. radar seeker.

radar horizon horizon radar *(distance maximale à la surface de la Terre à laquelle un radar peut détecter une cible) (est déterminée principalement par la courbure de la Terre et l'altitude du radar) (cf. aussi* over-the-horizon radar).

radar identification identification au radar *(identification d'un mobile à l'aide d'un radar d'identification ou par analyse de son empreinte radar) (mil, etc.) (cf. aussi* IFF radar *et* radar signature analysis).

radar-illuminated target cible illuminée par un radar *(mil) (cf. aussi* radar illumination).

radar illumination illumination radar *(ou par un radar) (illumination d'une cible attaquée par un missile à autodirecteur radar semi-actif) (mil) (cf. aussi* target illumination *et* semi-active radar seeker).

radar illuminator illuminateur radar *(illuminateur constitué par un radar) (mil) (cf. aussi* illuminator (a)).

radar image image radar *(image formée par un ou plusieurs échos utiles et éventuellement par des échos parasites sur l'écran d'un radar et notamment d'un radar panoramique, ou obtenue par photographie d'un tel écran) (cf. aussi* PPI-display radar *et* picture).

radar-image exploitation exploitation des images radar *(ensemble des opérations permettant de tirer le maximum d'informations d'une ou plusieurs images radar) (ce terme s'applique surtout aux images obtenues à l'aide d'un radar cartographique dans le domaine militaire et dans celui de la télédétection) (cf. aussi* radar data *et* ground-mapping radar).

radar imager imageur radar *(nom parfois donné à un radar cartographique) (cf. aussi* ground-mapping radar *et* imager).

radar imagery images radar *(avia, espace) (mil) (etc.) (cf. aussi* imagery *et* radar imager).

radar imaging cf. radar mapping. *(cf. aussi* imaging).

radar indicator indicateur radar *(cf. aussi* indicator 2)).

radar information cf. radar data.

radar/infrared-guided missile missile à guidage radar/infrarouge *(ou* radar/IR), missile à autodirecteur *(idem) (missile pouvant être équipé d'un autodirecteur radar ou d'un autodirecteur infrarouge) (l'autodirecteur radar est généralement* *un autodirecteur radar passif) (mil) (cf. aussi* radar seeker *et* infrared seeker).

radar/infrared-guided weapon *cf.* radar/infrared-guided missile.

radar/infrared homer *cf.* radar/infrared-guided missile.

radar/infrared homing missile *cf.* radar/infrared-guided missile.

radar/infrared weapon *cf.* radar/infrared-guided missile.

radar intercept interception de signaux radar *(captation des signaux émis par un ou plusieurs radars de l'adversaire et analyse de leurs caractéristiques par un récepteur d'écoute spécial en vue de les brouiller) (détecteur de radars, etc.) (mil) (cf. aussi* radar warning receiver).

radar interception **1)** interception au radar *(interception d'un avion hostile par un intercepteur dont le pilote utilise le radar de bord pour rejoindre l'intrus) (mil).* **2)** *cf.* radar-controlled interception.

radar jammer brouilleur de radars *(émetteur radioélectrique émettant des signaux destinés à brouiller les échos reçus par un radar)* (a) *émetteur monté sur aéronef militaire pour assurer l'autoprotection de celui-ci contre les radars hostiles et notamment les missiles hostiles à autodirecteur radar actif en brouillant les échos renvoyés par le mobile) (mil) (cf. aussi* pulse radar jammer *et* radar jamming) ; (b) *cf. aussi* police radar jammer).

radar jammer simulation simulation de brouilleurs de radars *(mil) (cf. aussi* radar jammer simulator).

radar jammer simulator simulateur de brouilleurs de radars *(simulateur de contre-mesures permettant notamment ou exclusivement la simulation de signaux émis ou renvoyés par des brouilleurs de radars) (mil) (cf. aussi* ECM simulator *et* radar jammer).

radar jamming brouillage radar *(ou des radars) (création d'échos fictifs ou modifiés ou de bruit à haut niveau dans le récepteur d'un radar militaire, normalement de l'adversaire) (les échos fictifs sont créés par des leurres radar; les échos modifiés sont créés par des brouilleurs répéteurs; le bruit à haut niveau est créé par des brouilleurs à bruit) (cf. aussi* chaff, repeater jammer, noise jammer, railing, military radar *et* jamming).

radar library fichier radar, fichier d'empreintes radar, *(etc.) (ensemble d'empreintes radar mémorisées ou photographiées) (récepteur d'écoute, détecteur de radars) (mil) (cf. aussi* radar signature analysis).

radar-located target cible localisée par un radar *(ou au radar) (mil, etc.) (cf. aussi* radar target).

radar lock-on accrochage de la cible *(par le radar parf. un radar) (cf. aussi* target acquisition).

radar-man *cf.* radar operator.

radar map carte établie au radar *(carte établie à l'aide d'un radar cartographique) (cf. aussi* ground-mapping radar *et, à titre d'information,* radar chart).

radar mapping cartographie radar *(reproduction graphique d'une zone survolée par un avion ou un satellite artificiel obtenue à l'aide d'un radar spécial monté dans le mobile) (mil, télédétection) (cf. aussi* ground-mapping radar).

radar masking *cf.* radar camouflage.

radar measurement mesure au radar *(ou par radar) (mesure de distance, d'azimut, d'angle de site, d'altitude ou de vitesse radiale ou non effectuée à l'aide d'un radar) (cf. aussi* azimuth, elevation angle *et* range rate).

radar mile *cf.* radar nautical mile.

radar missile guidance *cf.* radar guidance.

radar missile seeker *(ou* **sensor)** *cf.* radar seeker.

radar mission mission radar *(mission confiée à l'équipage d'un aéronef militaire nécessitant l'utilisation du radar de bord aux fins de navigation, de reconnaissance, d'interception, de bombardement, de lancement de missiles ou de triangulation).*

radar modulator modulateur de radar *(montage fournissant l'impulsion de courant à tension élevée alimentant le tube d'émission pendant l'émission d'une impulsion dans un radar à impulsions) (dans le cas général, est formé essentiellement d'une ligne à retard spéciale à plusieurs cellules alimentée en courant continu à tension élevée pour servir de réservoir d'énergie électrique et d'un thyratron ou d'un thyristor monté entre la borne de la ligne à retard connectée à l'alimentation et*

la masse, ainsi que d'un transformateur d'impulsions dont l'enroulement primaire est monté entre l'autre borne de la ligne et la masse) (entre deux impulsions fournies par le générateur de synchronisation, le thyratron est bloqué et la ligne à retard se charge; à la fin d'une période de récurrence des impulsions de synchronisation, une impulsion est appliquée à la grille du thyratron et le débloque, grâce à quoi l'énergie électrique accumulée dans la ligne à retard s'écoule brusquement à la masse par le thyratron en parcourant l'enroulement primaire du transformateur, qui referme le circuit; cette impulsion de courant induit dans l'enroulement secondaire une impulsion de même durée alimentant le tube d'émission) (cf. aussi radar synchronizer, pulse-forming network, pulse radar, radar transmitter *et* thyratron).

radar monitoring receiver récepteur d'écoute de radars *(récepteur d'écoute conçu pour l'écoute des radars) (mil) (cf. aussi* surveillance receiver).

radar nautical mile mille radar *(nom donné au temps nécessaire à une impulsion émise par un radar à impulsions pour atteindre une cible située à un mille marin, soit 1852 mètres, de l'antenne et revenir à celle-ci sous la forme d'un écho) (est égal à environ 12,367 microsecondes) (cf. aussi* radar ranging).

radar navigation navigation au radar *(navigation d'un navire ou d'un aéronef d'après les informations fournies par une ou plusieurs aides radar à la navigation et notamment par un radar de navigation) (cf. aussi* radar navigation aid *et* radar chart).

radar navigation aid aide radar (à la navigation) *(radar de navigation, radioaltimètre à impulsions, balise répondeuse) (cf. aussi* navigation radar, radar altimeter, radar beacon *et* navigation aid).

radar navigator navigateur radar *(navigateur d'aéronef utilisant un radar de navigation) (cf. aussi* navigation radar).

radar net *cf.* radar fence.

radar netting interconnexion de stations radar *(cf. aussi* radar network).

radar network chaîne de stations radar *(ensemble de stations radar de régie de la circulation aérienne, de trajectograhie d'engins spatiaux ou d'alerte reliées à un poste central d'exploitation des informations radar) (cf. aussi* radar fence *et* radar data).

radar observer observateur radar *(nom parfois donné à l'opérateur radar d'un avion de reconnaissance) (mil) (cf. aussi* radar operator *et* radar reconnaissance).

radar ocean surveillance satellite satellite radar de surveillance maritime *(satellite géostationnaire militaire équipé d'un radar cartographique et mis à poste au-dessus d'une zone maritime déterminée pour détecter et localiser les navires qui s'y trouvent) (cf. aussi* geostationary satellite *et* ground-mapping radar).

radar ocean surveillance spacecraft *cf.* radar ocean surveillance satellite.

radar operator opérateur radar, radariste *(opérateur d'un radar).*

radar paint peinture anti-radar, peinture absorbante *(mil) (cf. aussi* radar absorbing material *et* radar camouflage).

radar parabolic antenna antenne parabolique de radar *(antenne de radar de poursuite) (cf. aussi* parabolic antenna *et* tracking radar).

radar parameters *cf.* radar characteristics *et* parameter.

radar performance performances du radar *(parf. d'un radar) (portée sur cible de référence, pouvoir séparateur en distance, en azimut, en site et éventuellement en vitesse, possibilité de suivre plusieurs cibles simultanément, etc.) (cf. aussi* radar range 1), resolution (f1) *et* radar).

radar performance figure facteur de performances du radar *(parf. d'un radar) (rapport entre la valeur de référence de la puissance crête des impulsions émises par un radar à impulsions et la puissance des échos correspondant au seuil de détection) (cf. aussi* peak power 1) *et* detection threshold (a)).

radar picket station radar avancée *(navire ou aéronef militaire équipé d'un radar de veille et croisant à une certaine distance en avant de l'objectif à protéger) (cf. aussi* AWACS *et* search radar).

radar picket ship navire radar *(cf. aussi* radar picket).

radar picture *cf.* radar image.

radar pilotage *cf.* radar navigation.

radar platform plate-forme radar *(mobile portant un ou plusieurs radars) (aéronef, satellite artificiel, navire, véhicule terrestre) (ce terme désigne souvent un aéronef militaire, notamment un avion d'alerte lointaine ou une plate-forme de surveillance du champ de bataille ou un satellite de reconnaissance radar et s'emploie également souvent pour un satellite de télédétection radar) (cf. aussi* AWACS *et* radar satellite).

radar plot **1)** schéma radar, *(parf.)* situation radar *(schéma indiquant la position de navires, aéronefs ou autres cibles établi d'après les informations fournies par un radar) (cf. aussi* radar situation *et* radar). **2)** plot radar *(avia) (cf. aussi* plot[1] 2)).

radar plot extraction extraction des plots (radar) *(cf. aussi* plot extraction).

radar population parc de radars *(ensemble des radars d'un pays, etc.).*

radar probing sondage au radar *(émission de signaux en direction d'une planète éloignée à l'aide d'un radar à impulsions et observation de l'écho éventuellement reçu) (cf. aussi* pulse radar *et* radar astronomy).

radar processing *cf.* radar signal processing.

radar processor calculateur de radar, traiteur de signaux radar, processeur *(idem) (calculateur numérique traitant le signal vidéo numérisé dans le récepteur d'un radar numérique) (cf. aussi* computer 3), radar signal processing *et* digital radar).

radar profile *cf.* radar signature.

radar pulse impulsion de radar *(une des impulsions du signal émis par un radar à impulsions) (cf. aussi* pulse radar signal).

radar pulse compression compression d'impulsions radar *(cf. aussi* pulse compression (a)).

radar pulse extraction extraction d'impulsions radar *(nom parfois donné à la détermination des caractéristiques des impulsions d'un radar de l'adversaire, notamment par l'analyseur d'un détecteur de radars) (mil) (ne pas confondre le terme anglais avec « radar plot extraction ») (cf. aussi* pulse characteristics *et* radar warning receiver).

radar range **1)** portée radar *(souvent du radar, parf.* d'un radar) *(distance maximale à laquelle un radar déterminé peut détecter une cible dans des conditions déterminées, c.-à-d. une cible de surface équivalente déterminée avec une probabilité de détection également déterminée) (ce terme s'applique généralement à un radar à impulsions et plus particulièrement à un radar de veille) (cf. aussi* radar equation, detection probability, pulse radar *et* search radar). **2)** *cf.* microwave oven.

radar range equation *cf.* radar equation.

radar range-finding *cf.* radar ranging.

radar range marker repère de distance sur écran radar *(cf. aussi* range marker).

radar range measurement *cf.* radar ranging.

radar ranging télémétrie radar, mesure de distance au radar *(mesure de distance effectuée à l'aide d'un radar à impulsions et fondée sur la connaissance de la vitesse de propagation des ondes radioélectriques et la mesure de la durée du trajet aller et retour d'une impulsion) (cf. aussi* radar nautical mile, propagation velocity (a), pulse radar *et* range-finding radar).

radar receiver récepteur de radar *(parf.* du radar), récepteur radar *(récepteur superhétérodyne hyperfréquence à haute sensibilité et faible bruit traitant les signaux reçus par l'antenne d'un radar pour fournir la tension variable appliquée au wehnelt du tube cathodique de l'indicateur) (est généralement réalisé sous la forme d'un appareil ou un module distinct de l'émetteur, notamment dans les radars d'une certaine puissance) (cf. aussi* superheterodyne receiver, microwave receiver, low-noise receiver, radar signal processing, indicator (b), radar *et* control grid (b)).

radar reco *(fam) cf.* radar reconnaissance.

radar recognition *cf.* radar identification.

radar reconnaissance reconnaissance radar *(ou au radar) (utilisation d'un radar cartographique monté dans un avion ou un satellite de reconnaissance pour obtenir une vue d'une zone généralement occupée par l'adversaire, indépendamment des conditions de visibilité) (mil) (cf. aussi* ground-mapping radar).

radar reconnaissance aircraft avion de reconnaissance radar *(avion de reconnaissance équipé d'un radar cartographique) (mil) (cf. aussi* radar reconnaissance).

radar reflection *cf.* radar echo. *(et noter que le terme « radar reflection » désigne souvent l'écho d'un obstacle fixe et constitue alors généralement un écho parasite).*

radar reflector réflecteur radar *(dispositif conçu pour réfléchir les ondes émises par un radar, dans la direction de celui-ci) (terme générique couvrant la lentille de Luneberg, le réflecteur en coin de cube et les leurres radar) (cf. aussi* Luneberg lens, cube corner reflector *et* chaff).

radar reflector buoy bouée radar passive, bouée réfléchissante *(bouée de balisage équipée d'un réflecteur radar monté au sommet d'un mât) (cf. aussi* radar reflector *et* radar chart).

radar relay relais radar *(liaison radio analogue à un relais hertzien utilisée pour transmettre à une certaine distance le signal fourni par le récepteur d'un radar et les signaux de synchronisation du balayage du tube cathodique de l'indicateur pour permettre la recopie à grande distance) (radar de surveillance de la circulation aérienne situé à une certaine distance d'un aéroport, etc.) (cf. aussi* radar repeater *et* microwave radio).

radar remote sensing télédétection au radar *(télédétection assurée par un radar à ouverture dynamique monté dans un satellite artificiel de la Terre ou d'une autre planète) (cf. aussi* remote sensing *et* synthetic-aperture radar).

radar repeater écran de recopie, écran déporté *(noms donnés à un indicateur radar situé à une certaine distance de l'indicateur d'un radar et reproduisant l'image formée sur l'écran de celui-ci) (cf. aussi* radar relay *et* indicator (b)).

radar resolution pouvoir séparateur du radar *(parf.* d'un radar), *(etc.) (cf. aussi* resolution (1) *et* radar cell).

radar resolution cell *cf.* radar cell.

radar return *cf.* radar echo.

radar-rich area zone truffée de radars *(mil) (cf. aussi* hostile electromagnetic environment).

radar satellite satellite radar *(satellite de reconnaissance ou de télédétection équipé d'un radar à ouverture dynamique) (mil, espace) (cf. aussi* remote sensing *et* synthetic-aperture radar).

radar scan (un) balayage du radar *(parf.* d'un radar) *(exploration d'une zone de l'espace aérien par le faisceau émis par l'antenne d'un radar de veille ou de surveillance au cours d'une rotation complète ou non de l'antenne ou, dans le second cas, du faisceau) (cf. aussi* radar antenna *et* search radar).

radar scope *(scope vient de « oscilloscope » et rappelle qu'un indicateur radar est un type particulier d'oscilloscope)* écran radar *(ou de radar, etc.) (écran de tube cathodique sur lequel sont visualisés les échos des cibles détectées ou suivies par un radar) (le terme anglais s'écrit souvent en un seul mot) (cf. aussi* cathode-ray tube, indicator (b) *et* radar).

radar-scope display *cf.* radar display.

radar screen *cf.* radar scope.

radar seeker **1)** autodirecteur radar, *(etc.) (autodirecteur dont le détecteur est un radar ou un récepteur radar miniature) (ne pas employer « autodirecteur électromagnétique », etc. pour les raisons exposées à l'article « radar ») (mil) (cf. aussi* active radar seeker, passive radar seeker, homing head *et* radar). **2)** *cf.* radar-seeking missile.

radar seeker head *cf.* radar seeker 1).

radar-seeking missile missile antiradar *(mil) (cf. aussi* anti-radiation missile).

radar sensing *cf.* radar remote sensing.

radar sensor capteur radar *(radar considéré comme un capteur) (ce terme s'applique surtout à un radar cartographique) (cf. aussi* radar, sensor *et* ground-mapping radar).

radar separation séparation radar *(distance entre aéronefs, notamment au voisinage des aéroports, imposée à partir d'informations radar).*

radar service service radar *(service d'aide à la navigation aérienne assuré par les régisseurs de vols à l'aide des radars d'aide à la navigation aérienne, notamment aux abords des aéroports) (cf. aussi* air-traffic controller).

radar service area zone de service radar *(zone de l'espace* aérien couverte par un radar d'aide à la navigation aérienne) (cf. aussi radar service).

radar set (un) radar (ensemble formé par l'émetteur et le récepteur d'un radar et, parfois, l'antenne et sa ligne d'alimentation) (cf. aussi radar).

radar shadow cf. radar shadow area.

radar shadow area zone d'ombre radar, zone aveugle au sol, zone masquée (zone au sol que le faisceau d'un radar déterminé ne peut atteindre par suite de la présence d'un obstacle tel qu'une colline ou un repli de terrain sur son trajet) (mil, etc.) (cf. aussi dead zone 1)).

radar signal signal radar (ou d'un radar, parf. du radar), signal émis par (idem) (onde porteuse radioélectrique découpée en impulsions ou non émise par l'antenne d'un radar, ou écho de ce signal renvoyé par une cible) (cf. aussi pulse radar signal, CW radar signal, radar frequency, carrier 1), radio wave, continuous wave et radar).

radar signal analysis analyse de signaux radar (parf. des ...) (analyse des signaux émis par un radar ou un autodirecteur radar actif de l'adversaire en vue de déterminer ses caractéristiques d'émission pour pouvoir le brouiller) (détermination des caractéristiques des impulsions, de l'angle d'ouverture du faisceau, de la cadence d'exploration éventuelle, de l'instant et la direction de réception des signaux, etc.) (récepteur d'écoute, détecteur de radars) (mil) (cf. aussi pulse characteristics, scanning rate 1) et active radar seeker).

radar signal detection set cf. radar warning receiver.

radar-signal digital processor cf. radar data processor.

radar signal energy énergie d'un signal radar, (etc.) (cf. aussi radar signal et signal energy).

radar signal intercept interception de signaux radar (parf. des ...), (etc.) (cf. aussi radar signal et signal interception).

radar signal power puissance d'un signal radar, (etc.) (cf. aussi radar signal et signal power).

radar signal processing traitement de signaux radar, (etc.) (traitement, par le récepteur d'un radar, des signaux appliqués à son entrée, en vue de les présenter sur l'écran de l'indicateur sous la forme fournissant les informations désirées, et d'éliminer les échos parasites) (peut être analogique ou, dans les radars modernes, numérique) (cf. aussi signal processing, radar data et radar receiver).

radar signal processor cf. radar processor.

radar signal return cf. radar echo.

radar signal simulation cf. radar simulation.

radar signal simulator cf. radar simulator.

radar signature empreinte radar, signature radar (forme d'écho caractéristique d'un type de cible militaire ou non sur l'écran d'un radar) (cf. aussi signature analysis 1) et radar target).

radar signature analysis analyse d'empreintes radar (ou de signatures radar) (mil) (cf. aussi radar signature).

radar silence silence radar (interruption voulue de toute émission de signaux radar pour éviter leur exploitation par les missiles antiradar de l'adversaire) (mil) (cf. aussi antiradiation missile et electronic silence).

radar silence mode mode d'écoute (mode de fonctionnement d'un radar militaire dans lequel seul le récepteur est en action) (cf. aussi radar silence).

radar simulation simulation de radars (simulation de signaux émis par des radars ou d'échos renvoyés par des cibles radar) (mil, etc.) (cf. aussi radar signal et radar simulator).

radar simulator simulateur de radars (appareil employé pour la formation des opérateurs radar) (mil, etc.) (cf. aussi radar simulation et simulator 1) (b)).

radar site emplacement de station radar, emplacement de radar (radar au sol) (cf. aussi radar system).

radar situation situation radar (situation tactique déduite des informations présentées sur l'écran d'un ou plusieurs radars militaires et notamment d'un radar de surveillance du champ de bataille) (cf. aussi radar data et battlefield surveillance radar).

radar-sonde cf. radarsonde. (plus loin).

radar specialist spécialiste en radar.

radar station station radar (le terme anglais est beaucoup moins employé que « radar system » et a un sens un peu plus large que ce dernier car il couvre implicitement le bâtiment ou le mobile contenant la station radar proprement dite) (cf. aussi radar system).

radar storm detection détection des orages au radar (ou par radar) (méthode de détection des orages utilisant la réflexion des ondes émises par un radar à impulsions par les grosses gouttes de pluie et les grêlons) (est utilisée dans les radars météorologiques) (cf. aussi weather radar).

radar suite panoplie de radars (ensemble des radars montés sur la plupart des navires militaires).

radar surveillance 1) veille radar (surveillance d'une zone déterminée de l'espace aérien ou maritime par un radar militaire appelé « radar de veille ») (cf. aussi search radar). 2) surveillance par radar, surveillance radar (a) surveillance d'une zone d'opérations militaires par un ou plusieurs radars) (cf. aussi battlefield surveillance radar); (b) surveillance de l'espace aérien autour d'un aéroport ou des pistes de celui-ci par un radar de surveillance) (cf. aussi airport surveillance radar et airport surface detection equipment).

radar surveillance aircraft aéronef de surveillance (radar) (terme générique couvrant l'avion d'alerte lointaine, la plateforme d'observation radar et l'avion de reconnaissance radar) (mil) (cf. aussi AWACS, radar surveillance platform et radar reconnaissance aircraft).

radar surveillance platform plateforme d'observation radar (petit aéronef militaire autosustenté par une hélice à axe vertical, relié au sol par un câble et portant un petit émetteur radar relié par câble coaxial au récepteur situé à terre) (cf. aussi battlefield surveillance radar).

radar surveying levé de terrain au radar (levé de terrain effectué à l'aide d'un aéronef portant un radar utilisé pour mesurer sa distance à deux balises radar situées au sol, ce qui permet de connaître la distance séparant les balises lorsque l'aéronef coupe la droite qui les joint) (est utilisé dans des zones ne permettant pas la mesure sur le terrain) (cf. aussi radar ranging et radar beacon).

radar sweep balayage radar (parf. du radar, parf. d'un radar) (balayage de l'écran de l'indicateur d'un radar) (est un balayage analogue à celui d'un oscilloscope dans le cas d'un indicateur à présentation en coordonnées rectangulaires, ou un balayage radial tournant dans le cas d'un indicateur panoramique) (cf. aussi indicator (b), radar display, oscilloscope display, PPI display et sweep 1) (a)).

radar synchronizer générateur de synchronisation (de radar), synchronisateur (de radar), pilote (de radar) (générateur d'impulsions récurrentes de très courte durée et très grande stabilité de la fréquence de récurrence cadençant le fonctionnement du modulateur de l'émetteur d'un radar à impulsions et servant de référence de temps pour le traitement des échos reçus) (peut être considéré comme le cœur d'un radar à impulsions) (cf. aussi periodic pulses, pulse repetition frequency et radar modulator).

radar system station radar, (parf.) radar (tout court) (ensemble du matériel constituant un radar complet : émetteur, récepteur, duplexeur, guides d'ondes, antenne, indicateur radar, etc.) (cf. aussi radar station).

radar system designer cf. radar designer.

radar target cible radar (parf. du radar, parf. d'un radar) (cible détectée, suivie ou surveillée par un radar) (cf. aussi simple target, complex target, radar target characteristics, target scintillation, target (a) et radar camouflage).

radar target characteristics caractéristiques d'une cible radar (distance radiale, azimut, altitude ou angle de site, vitesse, vitesse radiale, forme, nature, surface équivalente, etc.) (cf. aussi slant range, azimut 1), elevation angle, range rate, radar cross section et radar target).

radar target illumination illumination d'une cible par un radar (parf. de la cible) (cible militaire attaquée par un missile à autodirecteur radar semi-actif) (cf. aussi target illumination et semi-active radar seeker).

radar technician technicien radar (ce terme désigne souvent un dépanneur radar).

radar technology (la) technique radar (ou du radar) (cf. aussi radar engineering et technology).

radar telescope radar d'astronomie (nom parfois donné à un *radiotélescope pouvant être utilisé pour la radarastronomie, c.-à-d. en émetteur de signaux) (astronomie) (cf. aussi* radio telescope *et* radar astronomy).

radar terminal seeker autodirecteur radar terminal, *(etc.) (autodirecteur de guidage terminal constitué par un autodirecteur radar actif) (missile) (mil) (cf. aussi* terminal guidance seeker *et* active radar seeker).

radar test (un) essai de radar *(cf. aussi* test[1] *et* radar).

radar testing (l')essai des radars *(cf. aussi* radar test).

radar theodolite radiothéodolite *(radar à impulsions utilisé comme théodolite) (cf. aussi* pulse radar).

radar threat menace radar *(ou* par un radar, *etc.), (parf.) émission hostile d'un radar (menace constituée par l'émission d'un ou plusieurs radars ou autodirecteurs radar actifs ou, parfois, cette ou ces émissions elles-mêmes) (mil) (cf. aussi* threat, radar *et* active radar seeker).

radar trace *cf.* radar image.

radar tracker *cf.* radar seeker.

radar tracking poursuite au radar *(ou* par un radar) *(poursuite d'une cible par un radar ou, parfois, autopoursuite radar) (cf. aussi* tracking 1) (a) *et* radar homing).

radar tracking head *cf.* radar seeker.

radar tracking phase phase de poursuite au radar (a) *partie de la trajectoire d'une fusée spatiale ou militaire pendant laquelle celle-ci est suivie par un ou plusieurs radars au sol);* (b) *partie de la trajectoire d'un missile à guidage inertiel/radar ou radar/infrarouge dans laquelle l'autopoursuite de la cible est assurée par l'autodirecteur radar) (mil) (cf. aussi* radar homing *et* dual-mode guidance system).

radar traffic service *cf.* radar service.

radar trainer *cf.* radar simulator.

radar transmission émission radar *(ou* d'un radar, *etc.) (autre nom du signal émis par un radar) (cf. aussi* radar emission *et* radar signal).

radar transmitter émetteur radar *(ou* de radar, *etc.) (partie émettrice d'un radar) (dans un radar à impulsions classique, l'émetteur comprend essentiellement le générateur de synchronisation, le modulateur et l'oscillateur, éventuellement suivi d'un amplificateur de puissance, l'alimentation pouvant être incorporée ou extérieure) (noter que le terme « émetteur » est souvent employé pour désigner l'oscillateur et son amplificateur éventuel) (cf. aussi* radar synchronizer, radar modulator, power oscillator, pulse radar *et* radar receiver).

radar transponder répondeur radar *(avia) (cf. aussi* transponder 1)).

radar tube tube radar, tube pour radars *(tube électronique conçu pour être utilisé dans un radar, c.-à-d. en fait tube hyperfréquence et notamment magnétron, klystron, carcinotron, tube à onde progressive et certains tubes nouveaux) (cf. aussi* microwave tube, magnetron, klystron, carcinotron *et* travelling-wave tube).

radar types types de radar *(cf. aussi* pulse radar, CW radar, Doppler radar, monostatic radar, bistatic radar, multistatic radar, primary radar, secondary radar, optical radar, search radar, tracking radar, ATC radar, navigation radar, meteorological radar, ground-mapping radar, air-defense radar, early-warning radar, ground radar, airborne radar, spaceborne radar, marine radar *et* police radar).

radar unit *cf.* radar set.

radar van remorque radar *(remorque fermée de véhicule routier équipée d'un radar militaire ou non).*

radar vector vecteur radar, vecteur *(direction à suivre indiquée au pilote d'un aéronef par un opérateur radar et notamment par un régisseur de vols) (cf. aussi* air traffic controller).

radar-vectored guidé par vecteurs (radar) *(cf. aussi* radar vector).

radar vectoring guidage par vecteurs (radar) *(cf. aussi* radar vector).

radar video ... *cf.* radar ...

radar warning alerte radar *(alerte donnée par un radar ou d'après les informations fournies par celui-ci) (ce terme désigne souvent l'alarme déclenchée à bord d'un aéronef militaire dont le détecteur de radars a intercepté une émission radar hostile) (cf. aussi* radar warning receiver).

radar warning capability possibilités d'alerte radar *(parf.* au

singulier) (caractéristique d'un système d'autoprotection) (cf. aussi radar warning, self-protection system *et* capability).

radar warning equipment matériel de détection de radars *(autre nom, plus général, des détecteurs de radars) (mil) (cf. aussi* radar warning receiver).

radar warning net *cf.* radar fence.

radar warning receiver détecteur de radars *(récepteur radar spécial monté à l'arrière d'un avion militaire ou sur une autre cible pour avertir le pilote ou l'opérateur lorsque celle-ci est prise dans le faisceau d'un radar hostile et notamment d'un autodirecteur radar actif ou d'un radar de nez d'avion militaire) (analyse les signaux interceptés pour déterminer la menace qu'ils représentent et fournit une alarme visuelle et parfois sonore au pilote et, dans un système d'autoprotection, déclenche la prise de contre-mesures appropriées) (cf. aussi* radar signal analysis, self-protection system, electronic countermeasures *et* active radar seeker).

radar warning receiver ... *cf.* RWR ...

radar warning set *cf.* radar warning receiver.

radar warning system 1) système d'alerte radar *(système d'alerte aérienne, spatiale ou maritime utilisant un ou plusieurs radars) (mil) (cf. aussi* early-warning radar). 2) système de détecteurs de radars *(ensemble de plusieurs détecteurs de radars montés sur une cible) (mil) (cf. aussi* radar detector). 3) *cf.* radar detector. 4) *cf.* radar fence.

radar watch dog *(fam) cf.* radar picket.

radar wave onde radar, *(etc.) (onde radioélectrique émise par l'antenne d'un radar) (cf. aussi* radar signal).

radar waveform *cf.* radar signal. *(cf. aussi* waveform).

radarman *cf.* radar operator.

radarscope *cf.* radar scope. *(plus haut).*

radarsonde radarsonde *(radiosonde utilisée en liaison avec un radar au sol pour déclencher son émission ou pour mesurer ses coordonnées) (météo) (cf. aussi* radiosonde).

radial *s* radiale *sf (une des directions définies par les signaux d'une station VOR) (radionav) (avia) (cf. aussi* VOR).

radial component composante radiale *(composante d'un vecteur orientée suivant un rayon) (cf. aussi* vector[1] 1)) (a) *composante d'un champ électrique ou magnétique orientée suivant un rayon d'un système de révolution et notamment d'une machine électrique tournante);* (b) *composante de la vitesse d'une cible radar orientée dans la direction de la distance radiale dans le cas d'une cible ne suivant pas cette direction) (cf. aussi* slant range).

radial connections *cf.* radial leads.

radial field champ radial *(champ de forces dont les lignes de force partent d'un point comme les rayons d'un cercle ou d'une sphère ou partent d'une droite comme les rayons d'un cylindre de révolution) (cf. aussi* field of force).

radial lead sortie radiale *(composant) (cf. aussi* radial leads).

radial-lead arrangement *cf.* radial-lead configuration.

radial-lead capacitor condensateur à sorties radiales *(cf. aussi* radial leads).

radial-lead component composant à sorties radiales *(cf. aussi* radial leads).

radial-lead configuration configuration à sorties radiales *(composant) (cf. aussi* radial leads).

radial-lead device *cf.* radial-lead component.

radial-lead resistor résistance à sorties radiales *(cf. aussi* radial leads).

radial-lead unit version à sorties radiales *(composant) (cf. aussi* radial leads *et* unit 3)).

radial-leaded ... *cf.* radial-lead ...

radial leads sorties radiales *(sorties d'un composant disposées l'une à côté de l'autre et parallèles entre elles) (condensateur, résistance, etc.) (cf. aussi* lead[2] 2)).

radial velocity vitesse radiale *(cible radar) (cf. aussi* range rate, *le premier terme étant peu employé).*

radially ended ... *cf.* radial-lead ...

radian radian *(angle plan ayant son sommet au centre d'un cercle et interceptant sur la circonférence de celui-ci un arc de longueur égale à celle du rayon) (la circonférence du cercle étant égale à $2\pi r$, il y a 2π radians dans 360^0 et le radian est donc égal à $57,295^0$ ou 57^0 $17'$ $44''$) (cf. aussi* angular frequency).

radian frequency pulsation (*cf. aussi* angular frequency).

radian length longueur d'onde équivalente à un radian (*distance entre deux points d'une onde sinusoïdale dont la phase diffère d'un radian*) (*conformément à la définition du radian, cette distance est égale à la longueur d'onde divisée par 2π*)(*cf. aussi* radian, phase (a) *et* wavelength).

radiance luminance énergétique (*intensité énergétique d'une surface rayonnante par unité d'aire projetée sur un plan perpendiculaire à la direction de rayonnement considérée*) (*rayonnement thermique*) (*cf. aussi* radiant intensity).

radiant energy énergie rayonnante (*énergie se propageant sous la forme d'un rayonnement*) (*conformément à cette définition, le terme « énergie rayonnante » devrait couvrir tant l'énergie acoustique que l'énergie électromagnétique; or, il désigne presque toujours cette dernière et sous-entend même généralement l'énergie électromagnétique se propageant sous la forme d'un rayonnement thermique*) (*cf. aussi* radiated energy, energy, radiation, acoustic energy, electromagnetic energy, thermal radiation *et* radiometer).

radiant flux flux énergétique, flux d'énergie rayonnée, flux rayonné (*quantité d'énergie rayonnante émise par unité de temps par une surface*) (*s'exprime en watts par seconde (W/s ou $W.s^{-1}$)*) (*rayonnement thermique*) (*cf. aussi* radiant energy *et* flux (a)).

radiant flux density émittance énergétique, densité de flux énergétique, (*etc.*) (*flux énergétique émis par unité d'aire d'une surface rayonnante*) (*s'exprime en watts par mètre carré (W/m^2 ou $W.m^{-2}$)*) (*rayonnement thermique*) (*cf. aussi* radiant flux).

radiant intensity intensité énergétique (*flux énergétique émis par une surface rayonnante par unité d'angle solide dans une direction déterminée*) (*rayonnement thermique*) (*cf. aussi* radiant flux *et* steradian).

radiant power *cf.* radiant energy.

radiant sensitivity sensibilité spectrale (*dispositif photoélectrique*) (*cf. aussi* spectral sensitivity).

radiate v rayonner (*émettre de l'énergie sous la forme d'un rayonnement*) (*antenne, transducteur électroacoustique émetteur, etc.*) (*cf. aussi* radiation).

radiated energy énergie rayonnée (*nom donné à l'énergie rayonnante lorsque l'on considère la source de rayonnement*) (*diffère toutefois de ce terme par le fait qu'il s'emploie pour l'énergie acoustique comme pour l'énergie électromagnétique*) (*cf. aussi* radiant energy).

radiated field champ rayonné (*champ de forces associé à un rayonnement*) (*cf. aussi* field of force *et* radiation) (a) *champ électromagnétique créé notamment par une antenne d'émission*) (*cf. aussi* electromagnetic field); (b) *champ acoustique créé notamment par un transducteur électroacoustique émetteur*) (*haut-parleur, etc.*) (*cf. aussi* acoustic field).

radiated heat chaleur rayonnée (*chaleur transmise sous forme d'énergie rayonnante*) (*détection infrarouge, etc.*) (*cf. aussi* radiant energy).

radiated interference parasites rayonnés (*parasites constitués par un rayonnement électromagnétique à fréquence radio-électrique*) (*parasites créés par les étincelles éclatant aux balais d'une machine électrique tournante à collecteur ou à bagues, par le circuit d'allumage d'un moteur à explosion, par l'oscillateur local d'un récepteur superhétérodyne, par l'oscillateur d'un générateur de signaux, par une ligne de transmission haute fréquence non coaxiale, etc.*) (*cf. aussi* electromagnetic radiation, radio frequency *et* interference 1)).

radiated jamming power puisance de brouillage rayonnée (*puissance d'un signal de brouillage*) (mil) (*cf. aussi* signal power *et* jamming signal).

radiated leakage fuites de rayonnement (électromagnétique) (*appareil ou ligne de transmission à haute fréquence et notamment générateur de signaux hyperfréquence ou joint entre deux brides de guide d'ondes*) (*cf. aussi* electromagnetic radiation, waveguide flange *et* shield[1]).

radiated noise bruit rayonné (*nom parfois donné aux parasites rayonnés*) (*le terme français est peu employé, sauf pour le signal émis par un brouilleur à bruit*) (*cf. aussi* radiated interference *et* noise jammer).

radiated power puissance rayonnée (*énergie transportée par unité de temps par un rayonnement électromagnétique ou acoustique*) (*cf. aussi* radiation intensity, effective radiated power, effective isotropic radiated power, power[1] 1), electromagnetic radiation *et* acoustic radiation).

radiated power level niveau de puissance rayonnée (*cf. aussi* power level *et* radiated power).

radiated target *cf.* illuminated target.

radiating aerial (*GB*) *cf.* radiating antenna.

radiating antenna antenne en cours d'émission, antenne en émission (*antenne d'émission en train d'émettre*) (*cf. aussi* transmitting antenna).

radiating aperture ouverture rayonnante (*ouverture de forme et dimensions déterminées pratiquée dans un guide d'ondes pour réaliser un type particulier d'antenne d'émission hyperfréquence*) (*cornet rayonnant ou fente rayonnante*) (*cf. aussi* radiating horn, radiating slot, radiating waveguide, aperture illumination *et* microwave antenna).

radiating array groupement d'éléments rayonnants (*antenne d'émission multi-élément*) (*cf. aussi* radiating element *et* antenna array).

radiating circuit circuit rayonnant (*circuit ou montage haute fréquence non blindé et présentant, par conséquent, des fuites de rayonnement électromagnétique*) (*cf. aussi* radiated leakage *et* shield[1]).

radiating dipole dipôle rayonnant (*dipôle utilisé comme antenne d'émission ou comme source primaire*) (*cf. aussi* dipole antenna *et* primary radiator).

radiating electroacoustic transducer *cf.* transmitting electroacoustic transducer.

radiating element élément rayonnant (*élément d'antenne utilisé dans une antenne multiple d'émission ou d'émission-réception*) (*cf. aussi* antenna element *et* radiator).

radiating guide *cf.* radiating waveguide.

radiating horn cornet rayonnant (*cornet hyperfréquence utilisé comme antenne d'émission*) (*cf. aussi* horn antenna).

radiating patch pastille rayonnante (*élément rayonnant d'antenne plane constitué par une pastille métallique*) (*cf. aussi* radiating element *et* flat-plate antenna).

radiating surface surface rayonnante (*surface émettant un rayonnement*) (*en électronique, ce terme désigne souvent la face excitée d'un réflecteur d'antenne d'émission à réflecteur*) (*cf. aussi* radiation, reflector antenna *et* radiating aperture).

radiating target cible rayonnante (*cible d'un engin autoguidé, émettant un rayonnement électromagnétique ou acoustique*) (*ce terme désigne notamment une antenne de radar ou autre en cours d'émission, un aéronef dont la ou les tuyères propulsives ou les pipes d'échappement surchauffées émettent un rayonnement infrarouge relativement intense, de même que l'échappement d'un char ou une cheminée de navire ou d'usine en fonctionnement, ou un navire de surface ou un sous-marin dont l'appareil propulsif en fonctionnement émet des ondes acoustiques, etc.*) (*autopoursuite passive*) (*cf. aussi* electromagnetic radiation, acoustic radiation, passive homing *et* antiradiation missile).

radiating waveguide guide d'ondes rayonnant, guide rayonnant (*guide d'ondes ouvert à une extrémité ou muni d'une ou plusieurs ouvertures rayonnantes pour servir d'antenne d'émission hyperfréquence*) (*cf. aussi* waveguide radiator, waveguide *et* radiating aperture).

radiation rayonnement (*transmission d'énergie sous la forme d'une onde électromagnétique ou acoustique ou de particules élémentaires ou, par extension, cette énergie elle-même*) (*noter que le terme « radiation » est souvent employé en français pour désigner un rayonnement ionisant ou un rayonnement optique monochromatique*) (*cf. aussi* electromagnetic radiation, acoustic radiation, ionizing radiation, monochromatic radiation, energy *et* elementary particle).

radiation belt ceinture de radiations (*espace*) (*cf. aussi* Van Allen belt, *ce terme étant le plus employé*).

radiation center centre de rayonnement (*antenne*) (*cf. aussi* phase center).

radiation counter détecteur de particules, compteur de radiations (*terme grand public*) (*dispositif permettant la mise en évidence et éventuellement le comptage de particules ionisantes*) (*chambre d'ionisation, compteur de Geiger, compteur* *à scintillations, etc.) (cf. aussi* radiation detector 1), ionization chamber, Geiger counter, scintillation counter *et* ionizing particle).

radiation-counter tube tube compteur de radiations *(tube électronique produisant une impulsion de courant électrique sous l'action d'une ou plusieurs particules ionisantes) (est utilisé dans certains détecteurs de particules et notamment dans le compteur de Geiger) (cf. aussi* Geiger counter *et* radiation counter).

radiation counting comptage de radiations *(fonction remplie par un compteur de radiations) (cf. aussi* radiation counter).

radiation damage dommages par radiations *(modification de la structure d'un solide sous l'action de radiations, c.-à-d. notamment création d'une lacune dans un corps cristallin par recul d'un atome sous le choc d'un neutron rapide ou ionisation d'un atome dans un isolant créant ainsi deux particules chargées) (semi, etc.) (mil, etc.) (cf. aussi* radiation failure).

radiation detection détection des rayonnements *(parf.* des radiations) *(cf. aussi* detection 1) *et* radiation).

radiation detector 1) détecteur de radiations *(nom parfois donné à un détecteur de particules) (cf. aussi* radiation counter *et* semiconductor radiation detector). 2) détecteur de rayonnement *(cf. aussi* detector 1)).

radiation diagram *cf.* radiation pattern.

radiation dose dose de radiation *(quantité de rayonnement ionisant absorbée par un corps) (s'exprime en rads) (cf. aussi* ionizing radiation *et* rad).

radiation effect effet des radiations *(parf.* dû aux radiations) *(cf. aussi* radiation damage).

radiation efficiency rendement de rayonnement *(rapport entre la puissance rayonnée par une antenne d'émission et la puissance électrique fournie à celle-ci) (est toujours inférieur à l'unité) (cf. aussi* radiated power).

radiation emission émission d'un rayonnement *(corps ou dispositif) (cf. aussi* radiation).

radiation environment 1) ambiance de radiations, ambiance de rayonnements ionisants *(CI, etc.) (mil, etc.) (cf. aussi* radiation hardness). 2) *cf.* electromagnetic environment.

radiation excitation excitation par un rayonnement *(excitation d'un corpuscule par un rayonnement électromagnétique) (effet photoélectrique, pompage optique, etc.) (cf. aussi* radiation ionization, excitation (a), photo-excitation *et* electromagnetic radiation).

radiation failure défaillance par radiations *(défaut de fonctionnement ou destruction d'un circuit intégré à semiconducteur ou autre composant à semiconducteur résultant de l'action de radiations sur celui-ci) (est due notamment à la création de charges électriques dans certaines parties de ces composants, charges produisant des courants de fuite ainsi que des changements d'état logique intempestifs dans les circuits numériques et des verrouillages dans certains d'entre eux) (cf. aussi* latch-up, radiation hardness *et* alpha upset).

radiation field champ de rayonnement *(champ d'un rayonnement, c.-à-d. champ électromagnétique ou champ acoustique) (cf. aussi* electromagnetic field, acoustic field *et* field 1)).

radiation goal *cf.* radiation hardness goal.

radiation-hard résistant aux radiations *(cf. aussi* radiation hardness).

radiation-hardened renforcé aux radiations, rendu résistant aux radiations *(cf. aussi* radiation hardness).

radiation hardening renforcement aux radiations *(terme que j'ai proposé),* durcissement aux radiations *(anglicisme courant mais à éviter) (ensemble des précautions prises pour réduire l'effet des radiations sur les composants et appareils électroniques et les installations électriques) (emploi de matériaux et procédés de fabrication spéciaux, blindage, découplage, etc.) (en électronique, ce terme s'applique généralement aux composants à semiconducteur, notamment aux circuits intégrés à semiconducteur, principalement aux circuits numériques et plus particulièrement à ceux du système de guidage des missiles stratégiques) (les circuits intégrés CMOS sont plus résistants aux radiations que les circuits NMOS et les circuits CMOS sur saphir le sont encore plus grâce au substrat isolant qui s'oppose à l'apparition de courants de fuite; dans les circuits intégrés bipolaires, l'isolation diélectrique produit le*

même résultat) (mil, etc.) (cf. aussi radiation hardness, radiation failure, semiconductor integrated circuit, digital integrated circuit, CMOS integrated circuit, NMOS integrated circuit, SOS CMOS integrated circuit *et* dielectric isolation).

radiation hardening technique méthode de renforcement aux radiations, *(etc.),* procédé *(idem) (cf. aussi* radiation hardening).

radiation hardening technology (la) technique du renforcement aux radiations *(cf. aussi* radiation hardening *et* technology).

radiation hardness résistance aux radiations, radiorésistance *(résistance d'un corps ou d'un dispositif à l'action des radiations nucléaires) (cf. aussi* nuclear radiation) (a) *propriété d'une matière dont les caractéristiques physiques ne sont pas ou presque pas modifiées par les radiations) (cf. aussi* radiation damage); (b) *propriété d'un dispositif électronique ou autre dont le fonctionnement n'est pas perturbé par les radiations) (en électronique, les tubes électroniques et les mémoires magnétiques sont caractérisés par leur résistance quasi-totale aux radiations et les composants à semiconducteur par leur mauvaise résistance) (cf. aussi* radiation hardening).

radiation hardness goal objectif de résistance aux radiations, résistance aux radiations à obtenir *(ou* atteindre) *(cf. aussi* radiation hardness).

radiation hardness requirement(s) impératif(s) de résistance aux radiations *(résistance aux radiations imposée par une spécification ou autre document) (cf. aussi* radiation hardness *et* specification).

radiation hazard danger des radiations *(risque de lésions pouvant être mortelles produites dans les êtres vivants par les rayonnements ionisants) (ces lésions sont dues à la dissociation de certaines molécules des cellules par suite de l'ionisation d'un atome dans celles-ci et, souvent, aux produits chimiques ainsi formés dans la cellule) (cf. aussi* ionizing radiation *et* radiation protection).

radiation homing seeker autodirecteur passif *(le terme anglais désigne généralement un autodirecteur de missile antiradar) (mil) (cf. aussi* passive seeker *et* antiradiation missile).

radiation-induced ... *cf.* radiation ... *(pour les termes qui ne figurent pas ci-après).*

radiation-induced error erreur induite par radiation *(erreur dans le signal de sortie d'un circuit intégré numérique due à l'action d'un rayonnement ionisant sur les circuits logiques de celui-ci) (le mécanisme d'apparition de ces erreurs est le suivant : par suite de l'ionisation qu'il produit dans le substrat semiconducteur et les couches d'oxyde isolant du circuit intégré, le rayonnement ionisant crée des charges électriques qui peuvent faire passer un transistor de l'état bloqué à l'état passant ou vice-versa et, par conséquent, provoquer un changement intempestif de l'état logique de la sortie d'un circuit logique, le phénomène pouvant intéresser simultanément un nombre quelconque de transistors) (inf) (cf. aussi* alphaparticle-induced error, ionizing radiation, on-state, logic state *et* soft error).

radiation intensity intensité de rayonnement *(puissance rayonnée par unité d'angle solide par une antenne d'émission dans une direction déterminée) (cette direction est généralement la direction de rayonnement maximal de l'antenne) (cf. aussi* radiated power *et* steradian).

radiation ionization ionisation par radiations *(excitation par radiations dans laquelle l'intensité d'excitation est suffisante pour provoquer l'ionisation d'un ou plusieurs atomes) (gaz, etc.) (cf. aussi* radiation excitation *et* ionization).

radiation level niveau de radiations *(nom parfois donné à l'intensité d'un rayonnement ionisant) (cf. aussi* level 1) *et* ionizing radiation).

radiation lobe *cf.* lobe.

radiation loss pertes par rayonnement *(pertes d'énergie par une ligne de transmission haute fréquence non blindée due à l'onde électromagnétique créée par le courant à haute fréquence le long de la ligne) (cf. aussi* radiated leakage, energy, transmission line *et* electromagnetic wave).

radiation measurement mesure de rayonnement *(parf.* de radiations) *(cf. aussi* radiation *et* measurement).

radiation pattern diagramme de rayonnement, *(souvent)*

diagramme de directivité *(diagramme en coordonnées polaires ou équivalent représentant l'intensité du rayonnement électromagnétique émis par une antenne dans les différentes directions du plan horizontal ou, parfois, vertical) (représente donc l'efficacité de l'antenne à l'émission en fonction de la direction et, le fonctionnement d'une antenne étant réversible, à la réception) (comporte au moins deux lobes plus ou moins distincts, sauf dans le cas d'une antenne omnidirectionnelle; lorsqu'un seul lobe est représenté sur un schéma, il s'agit du lobe principal) (cf. aussi* figure-of-eight radiation pattern, directivity pattern, lobe, polar diagram, directional antenna, omnidirectional antenna *et* radiation intensity).

radiation pressure pression de radiation *(pression exercée par un rayonnement électromagnétique ou acoustique sur la source de rayonnement et sur un corps exposé à celui-ci) (est égale à la quantité de mouvement de l'onde émise par la source ou reçue par le corps par unité de temps et de surface et peut être considérée comme représentant la composante continue de l'onde) (ce terme désigne généralement la pression exercée sur le corps, le cas de la pression exercée sur la source étant rarement considéré) (la pression de radiation d'un rayonnement électromagnétique est extrêmement faible, sauf notamment à proximité du Soleil) (la pression de radiation d'un rayonnement acoustique est plus sensible; elle est surtout mesurée dans le domaine des ultrasons et ne doit pas être confondue avec la pression acoustique) (cf. aussi* electromagnetic radiation, acoustic radiation *et* sound pressure).

radiation protection protection contre les radiations *(protection des personnes contre le danger des radiations ou protection du matériel électronique ou autre contre les dommages par radiations assurée par un écran approprié) (cf. aussi* radiation shield, radiation hazard *et* radiation damage).

radiation pyrometer pyromètre à rayonnement *(pyromètre utilisant l'énergie rayonnante émise par la source de chaleur considérée) (il existe deux types principaux de pyromètre à rayonnement : le pyromètre à rayonnement total et le pyromètre à rayonnement partiel, généralement appelé « pyromètre optique ») (noter que le terme anglais est généralement employé avec le sens de « total radiation pyrometer ») (cf. aussi* total radiation pyrometer, optical pyrometer, radiant energy *et* pyrometer).

radiation requirement *cf.* radiation hardness requirement.

radiation resistance **1)** résistance de rayonnement *(résistance d'une antenne d'émission à la résonance, mesurée au point d'excitation) (en d'autres termes, résistance d'une antenne d'émission mesurée au point d'alimentation de celle-ci par un courant alternatif dont la fréquence est égale à la fréquence de résonance de l'antenne, c.-à-d. dans les conditions normales de fonctionnement) (la réactance de l'antenne à cette fréquence étant nulle, l'impédance de celle-ci est alors due uniquement à sa résistance; cette résistance est toujours beaucoup plus grande que la résistance en courant continu de l'antenne car elle est due au couplage entre le courant circulant dans celle-ci et le champ électromagnétique créé) (cf. aussi* resistance, impedance, transmitting antenna *et* resonance). **2)** *cf.* radiation hardness.

radiation-resistant *cf.* radiation-hard.

radiation-seeking missile missile antiradar *(mil) (cf. aussi* antiradiation missile).

radiation-sensitive *a* sensible aux radiations, *(parf.)* peu résistant aux radiations *(cf. aussi* radiation damage).

radiation sensitivity sensibilité aux radiations, *(parf.)* faible résistance aux radiations *(cf. aussi* radiation damage).

radiation shield écran de protection contre les radiations, écran contre les radiations, écran anti-radiations *(écran de matière assurant la protection contre les radiations en absorbant plus ou moins leur énergie par ionisation ou autre phénomène) (écran de plomb, notamment, ou d'eau, de béton, de terre, etc.) (cf. aussi* radiation protection).

radiation shielding *cf.* radiation protection.

radiation-soft *a cf.* radiation-sensitive.

radiation softness *cf.* radiation sensitivity.

radiation source source de rayonnement *(ou* d'énergie rayonnante) *(source d'énergie fournie sous la forme d'un rayonnement électromagnétique ou acoustique) (antenne d'émission,* lampe, haut-parleur, etc.) *(cf. aussi* electromagnetic source, acoustic source, point source *et* source (a)).

radiation test *(un)* essai aux radiations *(essai de résistance aux radiations d'un matériau métallique ou autre matière ou d'un dispositif électronique ou autre) (cf. aussi* radiation hardness).

radiation testing (l')essai aux radiations *(cf. aussi* radiation test).

radiation tolerance *cf.* radiation hardness.

radiation-tolerant *cf.* radiation-hard.

radiative recombination recombinaison radiative, effet Lossev *(le second terme est peu employé) (recombinaison directe avec émission d'un photon, dans un semiconducteur) (est utilisée dans les diodes émissives) (cf. aussi* direct recombination, photon *et* emissive diode).

radiative transition transition radiative *(transition électronique au cours de laquelle un photon est émis) (en d'autres termes, transition vers un état inférieur, l'énergie excédentaire étant émise sous la forme du photon) (cf. aussi* electron transition, photon, spontaneous emission *et* stimulated emission).

radiator radiateur *(source de rayonnement généralement constituée par un dispositif) (le terme français n'est employé que pour une source de rayonnement thermique) (le terme anglais est employé également pour une source de rayonnement radioélectrique, en l'occurrence un élément rayonnant d'antenne) (cf. aussi* heat sink 2), radiating element, thermal radiation *et* radiation source).

radio[1] *s* **1)** (la) radioélectricité, (la) radio *(partie de l'électricité, en tant que science, traitant de l'émission, la propagation et l'utilisation des ondes hertziennes) (noter que le second terme a souvent le sens de « radiodiffusion sonore » et que le terme « radioélectricité » est généralement rendu par « radio engineering » en anglais lorsqu'il s'agit des applications de cette science) (cf. aussi* radio engineering, radio communications, radio broadcasting, radio wave *et* electricity 2)). **2)** *cf.* radio receiver.

radio[2] *v* transmettre par radio *(cf. aussi* radio communications).

radio aid *cf.* radio navigation aid.

radio altimeter radioaltimètre, altimètre radioélectrique *(altimètre utilisant l'émission d'une onde radioélectrique en direction du sol situé sous l'aéronef qui le porte pour mesurer l'altitude de celui-ci) (termes génériques couvrant le radioaltimètre à modulation de fréquence et le radioaltimètre à impulsions) (radionav) (cf. aussi* FM radio altimeter, radar altimeter *et* radio wave).

radio altimetry radioaltimétrie *(altimétrie utilisant un radioaltimètre) (avia) (cf. aussi* radio altimeter).

radio altitude altitude radioélectrique *(altitude d'un aéronef indiquée par un radioaltimètre) (cf. aussi* radio altimeter).

radio applications applications à la radioélectricité, applications radioélectriques *(cf. aussi* radio[1] 1) *et* application).

radio astronomer radioastronome *(spécialiste en radioastronomie) (cf. aussi* radio astronomy).

radio astronomy radioastronomie *(partie de l'astronomie étudiant les corps célestes d'après les ondes radioélectriques qu'ils émettent) (Soleil ou radiosource) (cf. aussi* radio source *et* radar astronomy).

radio beacon radiobalise, *(souvent aussi)* radiophare *(station d'émission radio dont les signaux sont destinés à la radionavigation) (avia, mar) (cf. aussi* non-directional beacon, directional beacon, omnidirectional beacon, marker beacon, locator beacon *et* radio navigation).

radio beam faisceau d'ondes radioélectriques *(ou* hertziennes) *(faisceau d'ondes émis par l'antenne d'un émetteur ou réémetteur de faisceau hertzien, d'un radiophare ou d'un radar) (cf. aussi* radio wave *et* beam[1]).

radio bearing relèvement radioélectrique *(relèvement effectué à l'aide d'un radiogoniomètre ou d'un radiocompas) (radionav) (cf. aussi* radio direction finder *et* automatic direction finder).

radio blackout interruption de la transmission (a) *cabine spatiale) (cf. aussi* communications blackout); (b) *propagation ionosphérique) (cf. aussi* Dellinger effect).

radio broadcast émission de radiodiffusion (sonore), émission radio, *(parf.)* émission radiodiffusée *(émission d'une station de radiodiffusion sonore) (cf. aussi* radio broadcast station).

radio broadcast equipment matériel de radiodiffusion (sonore) *(émetteurs et récepteurs de radiodiffusion sonore et leurs antennes).*

radio broadcast receiver récepteur de radiodiffusion (sonore) *(terme exact)*, récepteur radio *(terme moins précis)*, poste de radio *(terme le plus courant et le moins précis) (récepteur radio conçu pour recevoir les émissions de stations de radiodiffusion) (cf. aussi* radio receiver *et* radio broadcast station).

radio broadcast station station de radiodiffusion (sonore) *(le qualificatif « sonore » est ajouté lorsqu'il y a risque de confusion avec la télévision) (station de radiodiffusion diffusant des programmes sonores ou autres informations) (cf. aussi* broadcast station *et* radio program).

radio broadcast transmitter émetteur de radiodiffusion (sonore) *(émetteur équipant une station de radiodiffusion sonore) (cf. aussi* radio broadcast station).

radio broadcaster exploitant d'une station de radiodiffusion (sonore) *(cf. aussi* radio broadcast station).

radio broadcasting radiodiffusion (sonore) *(radiodiffusion de programmes sonores) (cf. aussi* radio broadcast station).

radio buff amateur de radio *(ce terme n'est pas synonyme de radio-amateur) (cf. aussi* radio[1] *et* amateur).

radio channel bande d'émission radio *(bande de fréquences réservée aux émissions d'émetteurs de radiodiffusion ou de radiocommunications, ou longueurs d'ondes correspondantes) (cf. aussi* frequency allocation).

radio circuit montage radio *(nom parfois donné à un montage électronique constituant un étage d'un émetteur ou un récepteur radio) (oscillateur, amplificateur, modulateur, changeur de fréquence, détecteur, etc.) (cf. aussi* circuit).

radio command ordre transmis par radio, ordre radio *(radio-commande) (cf. aussi* radio control).

radio command link liaison de radiocommande, liaison de télécommande par radio *(cf. aussi* radio control).

radio common carrier société de radiocommunications *(société assurant un service de radiotéléphonie ou d'appel de personnes ou les deux, notamment aux États-Unis) (tls) (cf. aussi* radiotelephony, paging system *et* communications common carrier).

radio communications radiocommunications, télécommunications par radio *(ou* par voie hertzienne) *(télécommunications utilisant une onde porteuse radioélectrique pour la transmission des informations) (cf. aussi* carrier 1), radio wave *et* communications).

radio communications equipment matériel de radiocommunications *(émetteurs et récepteurs de trafic et leurs antennes et accessoires, radiotéléphones et systèmes d'appel de personnes) (tls) (cf. aussi* communications transmitter, communications receiver, radiotelephone *et* paging system).

radio communications jamming brouillage des radiocommunications *(mil) (cf. aussi* communications jamming, *le premier terme étant peu employé).*

radio communications link *cf.* radio link.

radio company société de constructions radioélectriques *(société industrielle construisant du matériel radio) (cf. aussi* radio equipment).

radio compass radiocompas *(radionav) (avia) (cf. aussi* automatic direction finder, *le premier terme étant peu employé).*

radio control radiocommande, télécommande par radio *(télécommande utilisant une liaison radio pour la transmission des ordres de télécommande, l'objet télécommandé étant équipé d'un récepteur de télécommande) (cf. aussi* remote control, radio link, radio command, command receiver *et* radio guidance).

radio-controlled radiocommandé, télécommandé par radio *(cf. aussi* radio control).

radio deception diversion radio *(émission, par un belligérant, de messages radio propres à induire l'adversaire en erreur s'il les capte) (mil) (cf. aussi* deception).

radio designer concepteur de matériel radio *(ingénieur électronicien spécialisé dans la conception du matériel radio) (cf. aussi* radio equipment).

radio detection radiodétection, détection radioélectrique *(mise en évidence de la présence d'un objet ou d'un être à l'aide d'une onde radioélectrique) (fonction remplie seule par les premiers radars et rapidement complétée par la télémétrie) (cf. aussi* radar).

radio detection and ranging *cf.* radar.

radio direction finder radiogoniomètre, radiocompas manuel *(le second terme n'est employé que lorsque l'on veut marquer la différence avec le radiocompas automatique) (goniomètre de bord formé essentiellement d'un cadre orientable dans le plan horizontal relié à un récepteur radio utilisant les signaux émis par un émetteur au sol) (conformément au principe de fonctionnement du cadre décrit à l'article « loop antenna », l'opérateur fait tourner le cadre à l'aide d'une commande graduée sur 360⁰ jusqu'à ce que le signal de sortie du récepteur soit minimal, ce qui signifie que le plan du cadre est perpendiculaire à la direction de l'émetteur) (le dispositif de commande étant gradué, l'opérateur connaît alors la direction de l'émetteur, et ce avec un doute de 180⁰ puisque celui-ci peut être à droite ou à gauche du cadre; le lever de doute se fait à l'aide d'une antenne omnidirectionnelle disposée à une certaine distance du cadre et dont le diagramme de directivité circulaire décalé par rapport au diagramme en huit du cadre, donne un diagramme résultant en forme de cardioïde, donc unidirectionnel) (la détermination de la direction de l'émetteur au sol se fait en cherchant l'orientation du cadre donnant le minimum du signal (appelée « position d'extinction ») et non celle donnant le maximum car le minimum est plus pointu et l'indication de direction obtenue plus précise, par conséquent) (a depuis longtemps cédé la place au radiocompas) (radionav) (avia) (cf. aussi* automatic direction finder, VDF, loop antenna, omnidirectional antenna *et* radiation pattern).

radio direction finding *cf.* radiogoniometry.

radio distress signal signal de détresse émis par radio, *(parf.)* signal radio de détresse *(cas général des signaux de détresse) (cf. aussi* distress signal).

Radio-Electronics-Television Manufacturers Association (RETMA) *Association américaine des constructeurs de matériel radio, électronique et de télévision, RETMA (cf. aussi* Electronic Industries Association).

radio emission *cf.* radio transmission.

radio emitter *cf.* radio transmitter.

radio engineer ingénieur radioélectricien *(ou en radioélectricité) (anciens noms de l'ingénieur électronicien; sont encore utilisés pour désigner un ingénieur électronicien spécialiste de la radioélectricité appliquée) (cf. aussi* radio engineering).

radio engineering technique de la radio, technique radio *(conception, construction, utilisation, entretien et réparation du matériel radio) (cf. aussi* radio equipment *et* radio[1] 1)).

radio equipment matériel radio *(émetteurs et récepteurs radios, leurs antennes et leurs accessoires) (cf. aussi* radio communications equipment *et* radio broadcast equipment).

radio facility installation radio *(station radio ou autre installation utilisant du matériel radio) (cf. aussi* radio station *et* radio equipment).

radio facsimile radiotélécopie *(télécopie utilisant une liaison radio pour la transmission des signaux) (tls) (cf. aussi* facsimile *et* radio link).

radio fade-out interruption de la transmission *(liaison radio) (cf. aussi* Dellinger effect).

radio fix détermination de position par signaux radio (a) *détermination de la position d'un mobile) (cf. aussi* navigation fix); (b) *détermination de la position d'un émetteur radio) (cf. aussi* radio direction finding).

radio frequency fréquence radioélectrique, fréquence radio, radiofréquence, *(souvent aussi)* haute fréquence, HF *(fréquence correspondant à la longueur d'onde d'une onde radio-électrique, c.-à-d. dont la valeur est comprise entre 30 hertz et 3 000 gigahertz, ces limites étant fixées arbitrairement) (noter que le terme « haute fréquence » n'est employé que pour les fréquences radioélectriques élevées) (radioélectricité) (cf. aussi* radio wave, RF range *et* high frequency).

radio frequency ... *cf.* RF ... *(pour les termes qui ne figurent pas ci-après).*

radio frequency spectrum *cf.* radio spectrum.

radio galaxy radiogalaxie *(galaxie extérieure constituant une radiosource) (une galaxie extérieure, ou nébuleuse extragalactique ou nébuleuse résoluble, est une galaxie autre que la nôtre, c.-à-d. celle dont fait partie le système solaire) (radioastronomie) (cf. aussi* radio source).

radio goniometer *cf.* radiogoniometer. *(plus loin).*

radio guard station d'écoute *(mil) (cf. aussi* listening station).

radio guidance radioguidage, guidage par radio, guidage radio *(pilotage à distance d'un mobile à l'aide d'une onde porteuse radioélectrique transmettant les ordres de pilotage, c.-à-d. radiocommande appliquée au pilotage d'un mobile) (aéronef, missile, maquette, jouet) (cf. aussi* direct command guidance, guidance *et* radio control).

radio guidance system système de radioguidage, *(etc.) (système de guidage utilisant une liaison radio) (comprend essentiellement un émetteur de télécommande servi par un opérateur et un récepteur adéquat monté dans le mobile) (cf. aussi* radio guidance, non-cooperative guidance system, cooperative guidance system, television guidance system *et* guidance system).

radio-guided radioguided, guidé par radio *(cf. aussi* radio guidance).

radio homing radioralliement *(avia) (cf. aussi* homing[1] 1).

radio homing aid *cf.* radio beacon.

radio homing beacon *cf.* radio beacon.

radio horizon horizon radioélectrique, horizon radio *(lieu des points où le rayon direct d'un émetteur radio est tangent à la surface de la Terre) (définition formelle) (en pratique, l'horizon radioélectrique est la distance maximale de réception de l'onde directe d'un émetteur à ondes courtes due à la courbure de la Terre) (propa) (cf. aussi* direct ray).

radio identification identification des émissions radio *(station d'écoute) (mil) (cf. aussi* listening station).

radio intelligence *cf.* communications intelligence.

radio intercept *cf.* communications intercept.

radio interference 1) parasites radioélectriques, parasites à haute fréquence, *(parf.)* bruit radioélectrique *(parasites gênant la réception de signaux radio, c.-à-d. dont tout ou partie du spectre de fréquences est compris dans la gamme des fréquences radioélectriques) (cf. aussi* interference 1), frequency spectrum *et* radio frequency). 2) interférence (radio) *(cf. aussi* interference 2)).

radio jamming *cf.* radio communications jamming.

radio link 1) liaison radio, liaison radioélectrique, liaison hertzienne *(liaison de télécommunications utilisant une onde porteuse radioélectrique émise par l'antenne d'un émetteur radio et reçue par l'antenne d'un récepteur radio) (liaison radiotélégraphique ou radiotéléphonique ou liaison de radiocommande ou de télémesure) (cf. aussi* communications link, carrier 1), radio wave, radio transmitter, radio receiver, communications transmitter, communications receiver, radiotelegraphy, radiotelephony, radio control *et* telemetry). 2) faisceau hertzien *(tls) (cf. aussi* microwave radio).

radio listening *cf.* radio monitoring.

radio listening device récepteur d'écoute *(mil) (cf. aussi* surveillance receiver).

radio log registre de trafic *(registre dans lequel un opérateur radio consigne les messages émis ou reçus pendant ses vacations, ainsi que les heures d'émission ou de réception et tout autre renseignement utile relatif à l'exploitation de la station) (radiocom) (cf. aussi* radio operator).

radio magnetic indicator indicateur radiomagnétique *(appareil de navigation comprenant essentiellement un radiocompas complété par une boussole) (cf. aussi* automatic direction finder).

radio-man *cf.* radioman. *(plus loin).*

Radio Manufacturers Association Association américaine des constructeurs de matériel radio, RMA *(cf. aussi* Electronic Industries Association).

radio marker beacon *cf.* marker beacon.

radio message message radio, message transmis par radio *(message transmis par une liaison radio) (radiocom) (cf. aussi* message *et* radio link).

radio monitoring écoute des émissions radio, écoute radio *(mil) (cf. aussi* listening).

radio multiplex multiplex radioélectrique, multiplex radio *(multiplex transmis sous la forme d'un signal radioélectrique) (faisceau hz) (cf. aussi* multiplex[1] *et* radio signal).

radio navigation radionavigation *(navigation utilisant des signaux radioélectriques pour la détermination de la position ou du cap du mobile) (les signaux peuvent être émis par le mobile ou par une ou plusieurs stations d'émission) (noter que le terme « radionavigation » couvre la navigation au radar, mais que le terme « aide radio à la navigation ne peut être employé pour désigner une aide radar à la navigation) (avia, mar, espace) (cf. aussi* radio navigation aid, hyperbolic navigation, radar navigation, en-route navigation, area navigation, terminal navigation *et* electronic navigation).

radio navigation aid (une) aide radio à la navigation, (une) aide radio *(termes génériques couvrant le radiogoniomètre, le radiocompas, la radiobalise, le radiophare, la station de radionavigation, le satellite de navigation et le récepteur de navigation) (cf. aussi* radiogoniometer, automatic direction finder, radio beacon, radio range, radio navigation station, navigation satellite, navigation receiver, navigation aid *et* radio navigation).

radio navigation equipment matériel de radionavigation *(ce terme désigne généralement des récepteurs de navigation, mais peut aussi désigner n'importe quel matériel électronique de navigation) (cf. aussi* navigation receiver *et* navigation electronic equipment).

radio navigation facilities moyens de radionavigation *(terme général couvrant le matériel de radionavigation et les stations de radionavigation) (cf. aussi* radio navigation equipment *et* radio navigation station).

radio navigation station station de radionavigation *(station d'émission de signaux radio destinés à être exploités par des récepteurs de navigation) (est souvent une station terrestre de moyenne ou grande puissance ou, parfois, une station constituée par un satellite artificiel et dont la puissance est très limitée) (cf. aussi* Loran station, Omega station *et* radio navigation).

radio navigation system système de radionavigation *(système permettant la radionavigation) (ce terme désigne généralement un ensemble de stations de radionavigation et des récepteurs de navigation montés sur des mobiles, tels que les systèmes Loran, Decca, Oméga et GPS notamment, mais peut également désigner l'ensemble formé par une station radiogoniométrique au sol et un récepteur radio de bord, ou par une ou plusieurs radiobalises et un radiogoniomètre de bord ou un radiocompas, ou par un radiophare et un récepteur de bord, ou par un radar de navigation et une balise répondeuse au sol, ou simplement par un radar de navigation Doppler) (cf. aussi* Loran, Decca, Omega, GPS, radiogoniometer, automatic direction finder, radio beacon, radio range, radar beacon *et* navigation radar).

radio net *cf.* radio network.

radio network réseau de stations radio *(réseau de stations de radiocommunications militaires ou civiles) (ce terme peut désigner un réseau de faisceaux hertziens) (tls) (cf. aussi* radio station *et* microwave radio 1)).

radio noise *cf.* radio interference 1).

radio officer officier radio *(officier responsable du matériel et des liaisons radio d'une unité ou d'un navire militaire) (a généralement des opérateurs radio et des dépanneurs radio sous ses ordres) (cf. aussi* radio equipment, radio link, radio operator *et* radio serviceman).

radio operator opérateur radio *(spécialiste civil ou militaire chargé d'assurer les liaisons par radiotélégraphie ou radiotéléphonie au sol, dans un véhicule terrestre, un navire ou un aéronef) (dans le cas de la radiotélégraphie, l'opérateur dispose d'un émetteur de trafic et d'un récepteur de trafic ou, parfois, d'un récepteur seulement) (dans le cas de la radiotéléphonie, l'opérateur dispose d'un émetteur-récepteur de trafic) (radiocom) (cf. aussi* radio log, communications receiver, radiotelegraphy, radiotelephony, operator 1) (a) *et* radio communications).

radio path trajet radioélectrique *(parf. d'une onde radioélectrique) (trajet de propagation d'une onde radioélectrique) (cf. aussi* propagation path *et* radio wave).

radio-phonograph combination combiné radio-phono *(ensemble ancien formé d'un poste de radio à lampes et d'un tourne-disque montés dans un coffret en bois) (est l'ancêtre de la chaîne à haute fidélité ou chaîne hifi, sans la stéréophonie) (cf. aussi* stereo sound system).

radio photography radiophotographie *(terme impropre mais commode couvrant la cartographie radar et la cartographie infrarouge) (cf. aussi* radar mapping *et* infrared mapping).

radio program programme radio *(parf.* à la radio), programme de radiodiffusion (sonore), programme radiophonique, *(parf.)* programme sonore, émission *(idem) (émission de radiodiffusion réalisée à des fins récréatives, culturelles ou éducatives) (cf. aussi* broadcast radio).

radio propagation *cf.* radio wave propagation.

radio propagation prediction prévisions de propagation (des ondes radioélectriques) *(radionav, radiocom) (cf. aussi* propagation prediction).

radio prospecting prospection radioactive *(méthode de prospection faisant appel à la mesure de la radioactivité du sol) (est employée pour la recherche des minerais radioactifs) (cf. aussi* radioactivity *(plus loin) et* prospecting).

radio proximity fuze *cf.* proximity fuze.

radio range radiophare *(émetteur radio situé au sol dont les signaux permettent à des aéronefs ou des navires de déterminer leur position par rapport à celui-ci à l'aide d'un simple récepteur radio de bord) (radionav) (cf. aussi* A-N radio range *(au début de la lettre A) et* VOR).

radio-range beacon *cf.* radio range.

radio range-finding *cf.* radar ranging.

radio-range leg axe de radioalignement (d'un radiophare directionnel) *(une des directions définies dans l'espace aérien ou sur une carte par les signaux d'un radiophare équisignal) (radionav) (avia, mar) (cf. aussi* A-N radio range *(au début de la lettre A)).*

radio receiver récepteur radio, porte de radio *(récepteur dans lequel l'onde porteuse utilisée est une onde radioélectrique émise par l'antenne d'un émetteur situé à une certaine distance et les informations transmises sont des sons) (comprend essentiellement les circuits nécessaires pour choisir l'émission désirée, amplifier le courant haute fréquence induit dans l'antenne par l'onde porteuse reçue, après avoir changé ou non sa fréquence, détecter le signal à basse fréquence représenté par la modulation de ce courant et amplifier le courant à basse fréquence ainsi obtenu avant de lui faire exciter un haut-parleur) (le récepteur radio initial, à amplification directe, a depuis longtemps cédé la place au récepteur superhétérodyne) (peut être un récepteur de radiodiffusion ou de trafic ou la partie réceptrice d'un émetteur-récepteur, ou un récepteur d'appel de personnes) (cf. aussi* superheterodyne receiver, tuned radio-frequency receiver, regenerative receiver, AM receiver, FM receiver, monophonic receiver, stereo receiver, radio broadcast receiver, communications receiver, transceiver, paging receiver, receiver sensitivity, selectivity (a), radio set, RF receiver *et* receiver).

radio reception réception radio, réception de signaux radio *(réception de messages ou de programmes à l'aide d'un récepteur radio) (cf. aussi* straight reception, heterodyne reception, superheterodyne reception, diversity reception *et* radio receiver).

radio recognition *cf.* radio identification.

radio regulations réglementation des émissions radio *(ensemble des règles appliquées à l'échelon national ou international pour l'attribution des fréquences aux différentes catégories d'émetteurs radio et de télévision et notamment aux différents émetteurs de radiodiffusion d'une même zone) (cf. aussi* frequency allocation).

radio relay relais hertzien, relais de faisceau hertzien, station relais (de faisceau hertzien) *(station réémettrice assurant le relayage d'un faisceau hertzien lorsque l'antenne de réception n'est pas en visibilité directe de l'antenne d'émission) (dans le cas le plus fréquent d'un relais hertzien au sol, celui-ci comprend essentiellement un pylône ou une tour portant deux ou plusieurs antennes paraboliques et abritant les appareils de réception et réémission des signaux) (peut être constitué par un satellite de télécommunications) (cf. aussi* radio repeater, microwave radio *et* communications satellite).

radio relay link liaison par faisceau hertzien en plusieurs bonds, liaison en plusieurs bonds *(liaison par faisceau hertzien comportant une ou plusieurs stations relais) (cf. aussi* radio relay).

radio relay receiver récepteur de relais hertzien *(cf. aussi* radio relay).

radio relay system *cf.* radio relay link.

radio relay tower pylône de relais hertzien, *(parf.)* tour *(idem), (parf.)* relais hertzien *(cf. aussi* radio relay).

radio relay transmitter émetteur de relais hertzien *(cf. aussi* radio relay).

radio repeater répéteur de faisceau hertzien, répéteur de relais hertzien, répéteur hertzien *(ensemble formé d'un récepteur radio et d'un émetteur radio remplissant, dans un relais hertzien, les mêmes fonctions qu'un répéteur sur câble téléphonique) (de même qu'un répéteur sur câble, un répéteur hertzien peut être du type analogique ou numérique selon que le multiplex qu'il relaie est lui-même analogique ou numérique) (le signal hyperfréquence capté par l'antenne de réception est soumis à un changement de fréquence pour abaisser celle-ci, puis filtré et amplifié ou régénéré, dans le récepteur, avant de moduler, dans l'émetteur, un courant hyperfréquence à fréquence différente ou non de la fréquence de réception constituant la porteuse excitant l'antenne d'émission) (cf. aussi* heterodyne repeater, radio relay, repeater 1) (b) *et* translator 2)).

radio repeater station *cf.* radio relay.

radio route artère de radiocommunications *(nom parfois donné à un faisceau hertzien) (cf. aussi* microwave radio).

radio scatter *cf.* radio wave scattering.

radio service service radiotéléphonique *(ou* de radiotéléphonie) *(service de téléphonie assuré par radio entre points fixes ou mobiles, ou les deux) (cf. aussi* fixed service, mobile service *et* radiotelephony).

radio serviceman dépanneur radio *(technicien spécialisé dans le dépannage et le réglage des récepteurs de radiodiffusion sonore et éventuellement des récepteurs de trafic et des émetteurs de trafic, ce dernier cas étant notamment celui d'un dépanneur militaire) (cf. aussi* communications receiver).

radio set poste de radio *(ce terme désigne généralement un récepteur de radiodiffusion ou de trafic, mais peut aussi désigner un émetteur de radio ou un émetteur-récepteur) (cf. aussi* radio receiver).

radio show *cf.* radio program.

radio signal signal radio, signal radioélectrique *(signal transmis ou constitué par une onde radioélectrique) (noter que le second terme couvre également le signal d'un émetteur de télévision ou de radar, ce qui n'est pas le cas pour le premier ni pour le terme anglais) (radiodif, radiocom) (cf. aussi* signal[1], radio wave *et* RF signal).

radio silence silence radio *(interruption de toutes les émissions radio en temps de paix ou de guerre pour faciliter la réception des appels de détresse ou des signaux d'une station particulière ou, en temps de guerre, interruption des émissions radio dans une zone déterminée pour éviter le repérage des stations d'émission par l'adversaire, par radiogoniométrie) (cf. aussi* international radio silence, distress signal, radiogoniometry *(plus loin) et* electronic silence).

radio sonde *cf.* radiosonde. *(plus loin).*

radio sonobuoy *cf.* sonobuoy.

radio sounding radiosondage, sondage radio, emploi de radiosondes *(étude de l'atmosphère par radiosondes) (météo) (cf. aussi* radiosonde *(plus loin)).*

radio source radiosource *(source naturelle extra-terrestre d'ondes radioélectriques autre que le Soleil ou une planète) (radiogalaxie, pulsar, quasar) (astronomie) (cf. aussi* radio galaxy, pulsar, quasar *et* radio wave).

radio spectrum spectre des fréquences radioélectriques, spectre des radiofréquences, spectre radioélectrique *(gamme des fréquences radioélectriques considérée en tant que domaine du spectre des fréquences des rayonnements électromagnétiques) (cf. aussi* radio frequency *et* electromagnetic spectrum).

radio star *cf.* quasar.

radio station station radio *(station d'émission ou de réception* *ou d'émission et réception de signaux radio) (comprend un émetteur radio ou un récepteur radio ou les deux, ou un émetteur-récepteur, et une antenne unique) (cf. aussi* radio transmitter *et* radio receiver).

radio station interference brouillage par une émission radio *(souvent par une autre émission) (radiodif, radiocom) (cf. aussi* interference 2)).

radio sun (le) Soleil radioélectrique *(le Soleil considéré en tant que radiosource, bien que ce nom ne soit, par convention, pas utilisé pour cet astre) (cf. aussi* radio source).

radio system 1) *cf.* radio network. 2) *cf.* radio link.

Radio Technical Commission for Aeronautics *(RTCA)* Commission radiotechnique de l'aéronautique, RTCA.

radio technician radiotechnicien, technicien radio *(agent technique spécialisé en radio) (ces termes peuvent désigner un dépanneur radio) (cf. aussi* radio serviceman *et* radio[1] 1)).

radio technology *cf.* radio engineering.

radio telegraph *cf.* radiotelegraph. *(plus loin).*

radio telephone *cf.* radiotelephone. *(plus loin).*

radio telescope radiotélescope *(récepteur radio ultra-sensible à très faible bruit équipé d'une antenne directive de grandes ou très grandes dimensions conçu pour capter et analyser les ondes émises par les radiosources) (utilise un maser ou un amplificateur paramétrique comme étage d'entrée) (radioastronomie) (cf. aussi* radio receiver, receiver sensitivity, low-noise receiver, directional antenna, radio source, maser *et* parametric amplifier).

radio teleprinter *cf.* radioteletype. *(plus loin).*

radio teletype *cf.* radioteletype. *(plus loin).*

radio teletypewriter *cf.* radioteletype. *(plus loin).*

Radio-Television Manufacturers Association *(RTMA)* Association américaine des constructeurs de matériel de radio et de télévision, RTMA *(cf. aussi* Electronic Industries Association).

radio tower *cf.* radio relay tower.

radio transmission 1) transmission radioélectrique (de signaux), transmission radio *(idem)*, transmission (de signaux) par ondes radioélectriques *(ou hertziennes ou* radio *ou par voie hertzienne) (signaux ou informations) (transmission de signaux par une onde radioélectrique modulée) (cf. aussi* radio wave *et* modulation (a)). 2) émission radio *(émission d'un émetteur radio) (cf. aussi* radio transmitter).

radio transmitter émetteur radio *(émetteur dans lequel les signaux sont émis sous la forme d'une onde radioélectrique modulée ou non et représentent généralement des sons) (comprend essentiellement un oscillateur fournissant un courant à haute fréquence constituant la porteuse, un modulateur dans lequel celle-ci est modulée par le signal à transmettre et un amplificateur de puissance amplifiant la porteuse modulée avant qu'elle soit appliquée à l'antenne) (la porteuse peut être modulée en amplitude ou en fréquence ou en phase; dans certains cas, elle n'est pas modulée et c'est alors sa présence qui constitue le signal à transmettre; dans d'autres cas, elle est modulée par tout ou rien, c.-à-d. émise par impulsions et c'est alors la présence ou la combinaison des impulsions qui constitue le signal) (cf. aussi* AM transmitter, FM transmitter, broadcast transmitter, RF transmitter, radio receiver, oscillator, modulator, power amplifier, frequency-shift keying, phase-shift keying *et* transmitter (a)).

radio tube lampe de radio *(cf. aussi* electron tube).

radio warning alerte donnée par radio, alerte radio *(mil, etc.).*

radio watch veille radio, *(parf.)* vacation *(écoute des appels de détresse et autres signaux radio par un opérateur radio et notamment un opérateur d'un navire civil ou militaire) (cf. aussi* distress signal *et* radio operator).

radio wave onde radioélectrique, onde hertzienne, onde radio *(onde électromagnétique créée par la circulation d'un courant alternatif à fréquence radioélectrique dans un conducteur et notamment dans une antenne d'émission, ou émise par une radiosource) (radioélectricité) (cf. aussi* atmospheric radio wave, ground wave, tropospheric wave, sky wave, electromagnetic wave, radio frequency *et* radio source).

radio wave path *cf.* radio path.

radio wave polarization polarisation d'une onde radioélec-

trique *(cf. aussi* electromagnetic wave polarization *et* radio wave).

radio wave propagation propagation des ondes radioélectriques *(ou* radio *ou* hertziennes), propagation radioélectrique *(ou* hertzienne) *(les ondes radioélectriques se propagent dans le vide, dans les gaz non ionisés, donc dans l'air, et dans les diélectriques, quelle que soit leur longueur d'onde, ainsi que dans le sol si leur longueur est relativement grande et dans l'eau si elle est très grande; leur vitesse de propagation est celle des ondes électromagnétiques) (elles ne se propagent pas dans les corps conducteurs de l'électricité, donc pas dans les métaux, ni les semiconducteurs, ni les gaz ionisés, ces corps ne pouvant être le siège d'un champ électrique ou magnétique) (cf. aussi* great-circle propagation, line-of-sight propagation, multipath propagation, ionospheric propagation, sporadic-E propagation, duct propagation, propagation phenomena, radio wave *et* electromagnetic wave propagation).

radio wave spectrum *cf.* radio spectrum.

radio window fenêtre radioélectrique, fenêtre de transmission *(idem) (fenêtre de transmission des ondes radioélectriques) (ce terme s'applique généralement à l'ionosphère, mais peut également s'appliquer à l'atmosphère, notamment dans le cas de précipitations atmosphériques) (cf. aussi* transmission window, radio wave *et* ionosphere).

radioacoustics radiophonie théorique *(cf. aussi* radiophony *et* acoustics).

radioactive material corps radioactif *(corps possédant la propriété de radioactivité) (cf. aussi* radioactivity).

radioactivity radioactivité *(désintégration spontanée plus ou moins lente du noyau des atomes d'un corps avec émission de particules à haute énergie, notamment de particules alpha ou bêta ou de rayons gamma) (physique nucléaire) (cf. aussi* curie, alpha particle, beta particle, gamma ray *et* nucleus).

radioed transmis par radio *(message, signal).*

radiogoniometer *cf.* radio direction finder.

radiogoniometry radiogoniométrie *(détermination de la direction d'un émetteur radio à l'aide d'un récepteur radio associé à une antenne orientable) (radionav, etc.) (cf. aussi* radio direction finder).

radiogram radiotélégramme, radiogramme *(télégramme transmis par radiotélégraphie) (cf. aussi* radiotelegraphy).

radiograph (une) radiographie *(cf. aussi* X-ray photograph).

radiography (la) radiographie *(photographie de la structure interne d'un corps ou un objet à l'aide de rayons X) (médecine, contrôle des matériaux, etc.) (cf. aussi* X rays).

radioisotope radio-isotope *(isotope radioactif d'un élément chimique) (est obtenu par bombardement d'un échantillon du corps par des neutrons dans un réacteur nucléaire) (physique nucléaire) (cf. aussi* radioactive material).

radiolocation localisation radioélectrique *(le terme anglais est le nom donné initialement à la fonction complète du radar par les Anglais) (est encore employé) (cf. aussi* radiolocator *et* radio detection).

radiolocator « localisateur radioélectrique » *(le terme anglais est le nom donné initialement au radar par les Anglais) (est rarement employé de nos jours) (cf. aussi* radiolocation *et* radar).

radiological *a* radiologique *a (caractéristique de ce qui est relatif à la radiologie et aux radiations nucléaires) (médecine, mil) (cf. aussi* radiology *et* nuclear radiation).

radiology radiologie *(branche de la médecine utilisant les rayonnements ionisants et notamment les rayons X pour le diagnostic et le traitement des maladies) (cf. aussi* radiography, ionizing radiation *et* X rays).

radiolucent *cf.* radiotransparent.

radioluminescence radioluminescence *(luminescence produite par un rayonnement ionisant) (cf. aussi* luminescence *et* ionizing radiation).

radioman 1) *cf.* radio operator. 2) *cf.* radio technician. 3) *cf.* radio serviceman.

radiometallography radiométallographie *(radiographie de pièces métalliques à l'aide des radiations émises par un radio-isotope) (contrôle des matériaux) (cf. aussi* radiography *et* radioisotope).

radiometeorograph *cf.* radiosonde.

radiometer radiomètre *(dispositif mesurant l'énergie d'un rayonnement électromagnétique à courte longueur d'onde ou d'un rayonnement acoustique)* *(dans un radiomètre pour rayonnement électromagnétique, l'énergie du rayonnement absorbée produit une variation de résistance électrique ou une force électromotrice constituant une mesure de cette énergie)* *(l'élément sensible est un bolomètre, une thermistance ou une thermopile)* (cf. aussi acoustic radiometer, energy, electromagnetic radiation, bolometer, thermistor *et* thermopile).

radiometric data informations radiométriques *(résultats obtenus par radiométrie)* (cf. aussi radiometry *et* data).

radiometry radiométrie *(mesure de l'énergie d'un rayonnement)* (cf. aussi radiometer).

radiopacity radio-opacité *(propriété opposée à la radiotransparence)* (cf. aussi radiotransparency).

radiopaque *(cf. aussi radiopacity)* radio-opaque, opaque aux …

radiophare cf. radio beacon.

radiophone cf. radiotelephone.

radiophony radiophonie *(transmission du son par radio, c-à-d. par une onde radioélectrique)* *(terme générique couvrant la radiotéléphonie et la radiodiffusion)* (cf. aussi radioacoustics, radiotelephony, radio broadcasting, sound[1] *et* radio wave).

radiophoto bélinogramme *(photo transmise entre deux télécopieurs reliés par une liaison radio)* (cf. aussi facsimile *et* radio link).

radioscopy radioscopie *(examen de la structure interne d'une partie plus ou moins grande d'un corps ou d'un objet à l'aide de rayons X excitant un écran fluorescent sur lequel se forme l'image de la zone irradiée, ou agissant sur une photocathode)* *(l'excitation locale de l'écran ou la charge électrique locale créée sur la photocathode est inversement proportionnelle à l'opacité aux rayons X du point correspondant de la zone irradiée)* (cf. aussi X-ray examination *et* X-ray television).

radiosonde radiosonde *(station météorologique miniature complétée par un émetteur de télémesure et portée par un ballon libre)* (cf. aussi telemetry).

radiotelegraph link liaison radiotélégraphique *(ou de radiotélégraphie)* (cf. aussi radiotelegraphy).

radiotelegraph transmitter émetteur radiotélégraphique, émetteur de trafic *(émetteur radio permettant la radiotélégraphie)* *(ne permet pas la radiotéléphonie)* (cf. aussi radiotelegraphy *et* radiotelephony) (a) *émetteur radio émettant une onde entretenue découpée en impulsions longues ou courtes à l'aide d'un manipulateur pour représenter les traits et les points de l'alphabet Morse)* *(clpf)* (cf. aussi continuous wave, key[1] 2) *et* Morse code); (b) *émetteur de radiotéléimprimeur)* (cf. aussi radioteletype).

radiotelegraphy radiotélégraphie *(télégraphie utilisant une onde radioélectrique pour la transmission des signaux, c.-à-d. en l'occurence un émetteur radiotélégraphique et un récepteur radio équipé d'un oscillateur de battement)* *(radiocom)* (cf. aussi telegraphy, radiotelegraph transmitter (a), beat-frequency oscillator, Q signal 2) *et* SOS[1]).

radiotelephone radiotéléphone *(poste radio permettant la radiotéléphonie, c.-à-d. poste émetteur-récepteur équipé d'un microphone servant à moduler l'onde porteuse émise par l'antenne pour transmettre les paroles prononcées par l'opérateur, et d'un écouteur, avec liaison en alternat)* (cf. aussi transceiver, walkie-talkie, push-to-talk switch 1), radiotelephony *et* half-duplex).

radiotelephone communications télécommunications par radiotéléphones, *(souvent)* liaisons *(idem)* (cf. aussi radiotelephone).

radiotelephone distress call appel de détresse en phonie *(avia, mar, etc.)* (cf. aussi mayday).

radiotelephone link liaison radiotéléphonique *(ou par radiotéléphones)* (cf. aussi radiotelephone).

radiotelephone receiver récepteur de radiotéléphone *(partie réceptrice d'un radiotéléphone)* (cf. aussi radiotelephone).

radiotelephone transmitter émetteur de radiotéléphone *(partie émettrice d'un radiotéléphone)* (cf. aussi radiotelephone).

radiotelephony radiotéléphonie *(téléphonie utilisant une liaison radio pour la transmission des signaux c.-à-d. assurée par deux radiotéléphones)* *(radiocom)* (cf. aussi mobile telephony, telephony *et* radiotelephone).

radioteletype radiotéléimprimeur, RTTY *(téléimprimeur associé à un émetteur-récepteur radio assurant la liaison par voie hertzienne avec un appareil analogue)* *(à l'émission les impulsions électriques fournies par le téléimprimeur modulent par déplacement de fréquence HF ou BF l'onde porteuse émise par l'émetteur)* *(à la réception, un appareil appelé « convertisseur » transforme les déplacements de fréquence du signal de sortie du récepteur en impulsions identiques à celles reçues dans une liaison par fil)* *(radiotlg)* (cf. aussi teleprinter, frequency-shift keying *et* audio frequency-shift keying).

radioteletype link liaison par radiotéléimprimeurs *(liaison radiotélégraphique assurée par deux radiotéléimprimeurs)* (cf. aussi radioteletype).

radioteletypewriter cf. radioteletype.

radiotherapy radiothérapie *(traitement d'affections localisées ou non par exposition de la zone atteinte à des rayons X ou gamma d'énergie déterminée pendant des périodes de durée et espacement déterminés, généralement pour détruire des cellules malades d'une tumeur maligne, celles-ci étant beaucoup moins résistantes aux radiations que les cellules saines)* *(médecine)* (cf. aussi X-rays *et* gamma ray).

radiotransparency radiotransparence *(transparence d'un corps à un rayonnement électromagnétique non optique)* (cf. aussi non-optical radiation *et* radiopacity) (a) transparence aux rayons X *(ou, parfois, gamma)* *(sens initial du terme dans les deux langues)* (cf. aussi X-rays *et* gamma ray) ; (b) transparence radioélectrique *(ou aux ondes radioélectriques)* *(second sens, plus récent, apparu avec la généralisation des radomes, notamment sur avions militaires, pour lesquels cette notion présente une grande importance, surtout en réception du fait de la faible amplitude des échos reçus)* (cf. aussi radio wave *et* radome).

radiotransparent radiotransparent, transparent aux … *(voir aussi radiotransparency)*.

radius vector rayon vecteur *(coordonnées polaires)* (cf. aussi polar coordinate system).

radix complement complément vrai *(inf, etc.)* (cf. aussi true complement).

radix-minus-one complement complément restreint *(inf, etc.)* (cf. aussi diminished-radix complement).

radome *(vient de « radar dome »)* radome, radôme *(carénage en matière transparente aux ondes ultra-courtes abritant une antenne de radar)* *(un radome d'avion est réalisé en tissu de fibre de verre imprégné de résine synthétique ou en nid d'abeilles confectionné avec les mêmes matières premières)* *(un radome de radar au sol ou de véhicule ou de navire est réalisé de la même façon jusqu'à une certaine taille ou, au-delà, à l'aide de plaques hexagonales de même matière ou, parfois, en tissu spécial imperméabilisé maintenu en forme de sphère par surpression d'air à l'intérieur de la station)* (cf. aussi microwave *et* radar antenna).

Radux système Radux *(nom du premier prototype du système Oméga, réalisé vers l'année 1950)* *(radionav)* (cf. aussi Radux-Omega).

Radux-Omega système Radux-Oméga *(nom du deuxième prototype du système Oméga, réalisé vers l'année 1955)* *(radionav)* (cf. aussi Radux *et* Omega).

raid assessment mode mode de grossissement (de cible) *(mode de fonctionnement d'un radar multimode d'aéronef militaire, dans lequel la zone de l'espace aérien située autour d'une cible déterminée est dilatée pour accroître le pouvoir séparateur du radar au voisinage de la cible pour permettre de distinguer si celle-ci n'est pas constituée en fait par plusieurs aéronefs)* (cf. aussi multimode radar *et* resolution (f)).

rail pôle *(de l'alimentation)* *(inf)* (cf. aussi supply rail).

rail voltage cf. supply voltage.

railgun canon électromagnétique *(canon expérimental dans lequel l'obus est propulsé par l'action d'électro-aimants puissants)* *(mil)* (cf. aussi electromagnet).

railing échos jointifs *(échos de brouillage parallèles contigus couvrant l'écran d'un radar militaire)* (cf. aussi noise jammer).

railroad radio service service mobile des chemins de fer *(service de radiotéléphonie entre les gares et les trains) (cf. aussi* mobile service).

rain attenuation atténuation due à la pluie *(ou* par la pluie), affaiblissement *(idem) (diminution de l'amplitude d'une onde électromagnétique, notamment d'une onde radioélectrique, dans l'atmosphère en présence de pluie due à l'absorption et la diffraction de l'onde par les gouttes d'eau) (l'absorption est prédominante lorsque le diamètre des gouttes est très petit : brouillard, bruine, nuages; la diffraction apparaît lorsque le diamètre des gouttes n'est pas négligeable par rapport à la longueur de l'onde) (d'une façon générale, l'atténuation par la pluie augmente quand la longueur d'onde diminue) (radar, faisceau hertzien, etc.) (cf. aussi* attenuation *et* radio wave).

rain clutter échos de pluie, *(etc.) (échos parasites formés sur l'écran d'un radar par la réflexion des ondes émises sur les gouttes d'eau) (ce phénomène peut être réduit par l'emploi de la polarisation circulaire) (cf. aussi* circular polarization *et* clutter).

rain depolarization dépolarisation par la pluie *(modification de la polarisation d'une onde radioélectrique produite par la pluie) (radar, faisceau hz) (cf. aussi* electromagnetic wave polarization).

rain losses pertes dues à la pluie *(perte d'énergie d'une onde électromagnétique, notamment d'une onde radioélectrique, résultant de l'atténuation de l'onde par la pluie) (propa) (cf. aussi* wave energy *et* rain attenuation).

rain returns *cf.* rain clutter.

rainfall ... *cf.* rain ...

RALU *(vient de « register and arithmetic and logic unit »)* RALU, circuit RALU *(puce partielle dotée de registres) (CI) (inf) (cf. aussi* bit slice *et* register[1] 1) (a)).

RAM[1] *(vient de « random-access memory »)* mémoire RAM, mémoire vive, MEV *(mémoire à accès direct réalisée sous la forme d'un ou plusieurs circuits intégrés numériques à semi-conducteur ou d'une partie d'un tel circuit, et constituant notamment la mémoire centrale d'un ordinateur depuis l'abandon des mémoires à tores magnétiques) (noter que le sigle RAM n'est jamais employé pour désigner une mémoire à tores magnétiques) (inf) (cf. aussi* random-access memory, RAM disk, static RAM, dynamic RAM, bipolar RAM, PMOS RAM, NMOS RAM, CMOS RAM, main memory, RAM cache *et* semiconductor integrated circuit).

RAM[2] *cf.* radar absorbing material.

RAM allocation affectation de la mémoire RAM *(ou* vive) *(inf) (cf. aussi* memory allocation *et* RAM[1]).

RAM array groupement de mémoires RAM *(groupe de mémoires RAM montées sur une carte à circuit imprimé ou tout autre substrat) (inf) (cf. aussi* RAM[1] *et* array).

RAM back-up sauvegarde de mémoire RAM *(ou* des informations en RAM *ou* contenues en RAM *ou* dans la RAM), *(etc.) (par une pile ou une batterie, lors d'une coupure de courant ou de la mise hors circuit de l'appareil dont elle fait partie) (inf) (cf. aussi* RAM[1], DIP battery *et* volatile memory).

RAM buffer mémoire-tampon RAM *(ou* en RAM) *(mémoire RAM utilisée comme mémoire FIFO) (inf) (cf. aussi* RAM[1] *et* FIFO).

RAM buffering utilisation d'une mémoire RAM en tampon *(cf. aussi* RAM buffer).

RAM burn-in vieillissement artificiel de mémoires RAM. *(CI) (cf. aussi* burn-in *et* RAM[1]).

RAM burn-in test (un) essai de vieillissement de mémoires RAM *(cf. aussi* RAM burn-in).

RAM burn-in testing (l')essai de vieillissement des mémoires RAM *(cf. aussi* RAM burn-in).

RAM cache cache RAM, mémoire cache RAM *(ou* de RAM), *(etc.) (mémoire cache insérée entre la mémoire centrale et l'unité arithmétique et logique) (est formée d'un ou plusieurs boîtiers de mémoire SRAM à temps d'accès nettement plus court que celui de la mémoire centrale) (inf) (cf. aussi* data cache, instruction cache, cache memory *et* SRAM).

RAM caching emploi d'une ... *(cf. aussi* RAM cache).

RAM capacity capacité en RAM *(ou* de la RAM *ou* mémoire RAM), *(etc.) (inf) (cf. aussi* RAM[1] *et* memory capacity).

RAM cell cellule de mémoire RAM *(CI) (cf. aussi* static RAM cell, dynamic RAM cell, RAM[1] *et* memory cell).

RAM chip puce de mémoire RAM *(puce de circuit intégré sur laquelle est réalisée une mémoire RAM) (inf) (cf. aussi* chip 1) *et* RAM[1]).

RAM control commande de mémoire RAM *(commande de l'accès à une mémoire RAM) (inf) (cf. aussi* RAM[1]).

RAM controller régisseur de mémoire RAM, circuit de commande de mémoire RAM *(circuit intégré monolithique assurant la commande d'une mémoire RAM) (ne pas employer « contrôleur de RAM ») (inf) (cf. aussi* RAM control *et* controller 1)).

RAM device boîtier RAM *(boîtier de circuit intégré monolithique contenant une puce RAM, c.-à-d. mémoire RAM unitaire) (inf) (cf. aussi* RAM chip).

RAM disc *cf.* RAM disk.

RAM disk disque virtuel *(inf) (cf. aussi* virtual disk).

RAM location position de mémoire RAM *(position de mémoire dans une mémoire RAM) (inf) (cf. aussi* memory location *et* RAM[1]).

RAM memory *cf.* RAM[1].

RAM memory cell *cf.* RAM cell.

RAM read cycle cycle de lecture d'une mémoire RAM *(parf. de la ...) (inf) (cf. aussi* read cycle *et* RAM[1]).

RAM refresh rafraîchissement des mémoires RAM (dynamiques) *(parf. de la ...) (régénération des informations contenues dans les cellules d'une mémoire RAM dynamique par application périodique d'une impulsion de tension à celles contenant un « 1 ») (CI) (inf) (cf. aussi* refresh cycle, burst-mode refresh, distributed refresh, synchronous refresh, asynchronous refresh, semisynchronous refresh, dynamic RAM *et* refresh[2]).

RAM space place en mémoire RAM *(inf) (cf. aussi* memory space *et* RAM[1]).

RAM storage mémorisation dans une mémoire RAM *(inf) (cf. aussi* RAM[1]).

RAM storage cell *cf.* RAM cell.

RAM store *cf.* RAM[1].

RAM technology (la) technique des mémoires RAM *(CI) (cf. aussi* RAM[1] *et* technology).

RAM unit *cf.* RAM[1]. *(cf. aussi* unit 3)).

RAM write cycle cycle d'écriture dans une mémoire RAM *(parf. la mémoire RAM) (inf) (cf. aussi* write cycle).

Raman conversion conversion Raman *(ou* par effet Raman) *(obtention d'une lumière monochromatique de longueur d'onde différente de celle d'une lumière monochromatique initiale par utilisation de l'effet Raman) (cf. aussi* Raman effect *et* xenon chloride laser).

Raman effect effet Raman *(apparition de nouvelles fréquences de part et d'autre de la fréquence d'une lumière monochromatique lors de la diffusion de celle-ci par certains corps transparents) (cet effet, qui s'observe notamment dans le benzène, est dû à des collisions inélastiques entre des photons de la lumière incidente et des électrons des atomes ou des molécules du corps) (une collision inélastique entre deux particules est une collision au cours de laquelle la particule incidente cède ou prend de l'énergie à la particule qu'elle heurte) (si un photon rebondit ainsi sur un électron à l'état fondamental, il l'excite en lui cédant une partie de son énergie et sa fréquence après le choc est, par conséquent, moins élevée qu'avant celui-ci ; si l'électron sur lequel le photon rebondit est déjà excité, il peut retourner à l'état fondamental au cours du choc en cédant son énergie excédentaire au photon, ce qui produit une augmentation de la fréquence de celui-ci) (une lumière diffusée par effet Raman contient donc, en plus d'une composante à la fréquence initiale due à la diffusion normale par chocs élastiques, c.-à-d. sans transfert d'énergie, plusieurs fréquences inférieures à celle-ci et plusieurs fréquences supérieures) (les fréquences inférieures sont appelées « raies Stockes » car elles sont permises par la loi de Stokes, tandis que les fréquences supérieures sont appelées « raies anti-Stokes » (ou « antistokes ») parce qu'elles sont interdites par cette loi) (cf. aussi* monochromatic light, photon, excited state *et* Stokes' law).

Raman scattering diffusion de Raman *(diffusion d'une lumière avec effet Raman) (cf. aussi* Raman effect).

ramark *(vient de « radar marker »)* balise ramark *(balise radioélectrique émettant en permanence des impulsions reçues par le radar de navigation des navires et avions pour servir de point de repère) (radionav) (cf. aussi* radio beacon *et* navigation radar*).*

ramp[1] *s* rampe *(autre nom, plus récent, d'une dent de scie) (s'emploie notamment lorsqu'il s'agit d'une dent de scie isolée ou de quelques dents de scie ou d'une dent de scie à faible pente) (une rampe peut être rectiligne ou légèrement incurvée) (cf. aussi* sawtooth waveform*).*

ramp[2] *v* intégrer *(une tension à l'aide d'un circuit intégrateur) (cf. aussi* integrating circuit *et* ramp[1]*).*

ramp function fonction rampe *(fonction à croissance linéaire) (cf. aussi* function[1] 1) (b) *et* ramp[1]*).*

ramp generator **1)** générateur de rampe *(nom donné notamment au circuit intégrateur fournissant la tension de balayage en dent de scie dans un générateur de signaux à balayage) (cf. aussi* ramp[1]*,* integrating circuit *et* sweeping generator*).* **2)** *cf.* time base (c).

ramp signal *cf.* ramp waveform.

ramp voltage tension en dent de scie *(ou* en rampe *ou* à croissance linéaire) *(cf. aussi* ramp[1] *et* voltage*).*

ramp waveform signal en dent de scie *(cf. aussi* sawtooth waveform *et* ramp[1]*).*

Ramsauer effect effet Ramsauer *(augmentation de la section efficace des électrons dans un gaz rare avec leur vitesse) (en d'autres termes, dans un gaz rare siège d'une décharge électrique, la probabilité de collision entre les électrons arrachés aux atomes du gaz et ceux-ci est faible aux faibles vitesses des électrons et grande aux grandes vitesses) (cf. aussi* scattering cross section *et* ionization*).*

random access accès direct *(à une position de mémoire) (inf) (ne pas employer « accès aléatoire ») (cf. aussi* RAM[1]*).*

random-access memory mémoire à accès direct *(mémoire numérique dans laquelle l'accès à une position se fait directement, sans passer par d'autres positions) (terme générique couvrant initialement la mémoire à tores magnétiques, puis la mémoire RAM) (noter que les mémoires ROM et dérivées sont également à accès direct, bien que cela soit rarement mentionné et ne pas employer « mémoire à accès aléatoire » car l'accès à une telle mémoire n'est pas aléatoire malgré le qualificatif du terme anglais et noter que les Américains eux-mêmes font souvent mention du « direct access to RAM data ») (inf) (cf. aussi* RAM[1]*,* magnetic-core memory, main memory, ROM, digital memory, memory location *et* sequential-access memory*).*

random-access programming programmation à temps d'accès quelconque *(programmation d'un ordinateur exécutée sans chercher à rendre minimal le temps d'accès à chacune des informations à traiter) (inf) (cf. aussi* programming (b)).

random-access storage **1)** mémorisation dans une mémoire à accès direct *(inf) (cf. aussi* random-access memory*).* **2)** *cf.* random-access memory.

random-access store *cf.* random-access memory.

random-access time temps d'accès direct *(temps d'accès à une position d'une mémoire à accès direct) (inf) (cf. aussi* access time *et* random-access memory*).*

random components *cf.* random-noise components.

random dots points dispersés *(points formés en dehors de la trace sur l'écran d'un oscilloscope à échantillonnage) (cf. aussi* trace[1] 1) *et* sampling oscilloscope*).*

random error erreur aléatoire *(erreur dont la probabilité d'apparition ne peut être évaluée que statistiquement) (mesure).*

random event événement aléatoire *(phénomène produisant ou constituant un signal aléatoire) (oscilloscopie, etc.) (cf. aussi* random signal*).*

random failure défaillance accidentelle *(défaillance due à une cause autre que l'usure ou le vieillissement et dont la probabilité d'apparition est normalement très faible) (composant, etc.) (cf. aussi* failure*).*

random logic logique programmable *(CI) (inf) (cf. aussi* programmable logic*).*

random logic chip puce logique programmable *(cf. aussi* logic chip *et* random logic*).*

random logic circuit circuit de logique programmable *(circuit intégré monolithique constituant une logique programmable) (inf) (cf. aussi* programmable logic*).*

random noise bruit aléatoire *(bruit électrique caractérisé par une répartition irrégulière des fréquences composantes et des amplitudes correspondantes) (peut être un bruit parasite comme le bruit thermique et l'effet de grenaille, notamment, ou un bruit produit intentionnellement pour des mesures de bruit ou pour un signal de brouillage) (cf. aussi* noise 2) (a), thermal noise *et* shot noise*).*

random-noise background bruit de fond aléatoire *(cf. aussi* random noise*).*

random-noise components composantes d'un bruit aléatoire *(fréquences composantes d'un bruit aléatoire) (cf. aussi* random noise*).*

random-noise generator générateur de bruit aléatoire *(générateur de signaux fournissant un signal de bruit aléatoire) (cf. aussi* random-noise signal *et* signal generator*).*

random-noise signal signal de bruit aléatoire *(signal électrique constitué par un bruit aléatoire, généralement fourni par un générateur de signaux approprié) (cf. aussi* random noise*).*

random-noise source source de bruit aléatoire *(générateur de bruit aléatoire ou phénomène produisant un tel bruit) (cf. aussi* random-noise generator*).*

random number sequence suite de nombres aléatoires *(suite de nombres se succédant dans un ordre imprévisible) (cf. aussi* pseudo-random sequence*).*

random process processus aléatoire *(processus dont le déroulement est imprévisible) (analyse de signaux, etc.).*

random pulse impulsion aléatoire *(impulsion dont l'instant d'apparition ne peut être prévu) (cf. aussi* random signal*).*

random scan *cf.* vector scan.

random signal signal aléatoire *(signal dont l'amplitude à un instant déterminé ne peut être prévue) (ce terme désigne souvent une impulsion aléatoire) (cf. aussi* random pulse, random event *et* signal[1]*).*

random source *cf.* random noise source.

random tuning accord aléatoire *(variation selon une loi indéterminée de l'accord de l'oscillateur d'un émetteur militaire à sauts de fréquence) (assure une bonne protection contre les brouilleurs à prédiction) (cf. aussi* tuning, frequency-hopping transmitter *et* predictive jammer*).*

random variable variable aléatoire *(variable pouvant prendre un certain nombre de valeurs discrètes ou continues dont chacune ne peut être prise qu'avec une certaine probabilité à un instant déterminé ou en un point déterminé) (théorie des probabilités) (cf. aussi* variable quantity *et* stochastic process*).*

random winding enroulement à spires non jointives *(ou irrégulier) (enroulement dont certaines spires en chevauchent d'autres) (est généralement un enroulement bobiné à la main sans précautions particulières) (cf. aussi* winding*).*

randomly accessed data informations à accès direct, données *(idem) (informations contenues dans une mémoire à accès direct) (inf) (cf. aussi* random-access memory*).*

randomly timed pulses *cf.* random pulses.

range **1)** portée *(distance maximale d'utilisation d'un émetteur radio, radar ou sonar ou autre dispositif à émission d'énergie).* **2)** distance *(entre un radar ou un sonar et une cible, etc.) (cf. aussi* slant range*).* **3)** gamme *(de fréquences, de longueurs d'onde, d'atténuations, de produits ou services offerts par une société, etc.) (cf. aussi* high-end*).* **4)** intervalle, plage, gamme *(intervalle de valeurs prises ou pouvant être prises par une grandeur variable) (plage de températures, etc.) (cf. aussi* widely ranging *et* variable quantity*).* **5)** calibre, gamme, *(parf.)* intervalle, plage *(app. mesure ou autre) (cf. aussi* measurement range*).* **6)** radiophare *(radionav) (cf. aussi* radio range*).*

range accuracy précision en distance *(précision de mesure de la distance d'une cible par un radar, un sonar, un télémètre laser ou autre appareil fonctionnant en télémètre) (cf. aussi* range finder*).*

range ambiguity ambiguïté en distance, ambiguïté distance *(intervalle de distances radiales centré sur la distance d'une cible radar dans lequel une autre cible animée de la même* *vitesse radiale ne peut être distinguée de la première) (cf. aussi* range resolution).

range-amplitude display présentation en distance *(présentation des informations sur un écran de radar dans laquelle seule la distance radiale de la cible est indiquée et ce par un écho perpendiculaire ou normal à la base de temps) (terme générique couvrant la présentation du type A et celle du type J) (cf. aussi* A display, J display, radar display *et* time base (a)).

range-azimuth antenna antenne de distance et azimut *(antenne au sol de radar d'atterrissage) (avia).*

range calibration calibrage en distance *(calibrage des distances de cible indiquées par un radar à l'aide de cibles situées à des distances connues) (cf. aussi* calibration 2)).

range calibration ring *cf.* range ring.

range cell case distance *(position d'une mémoire numérique de récepteur de radar cartographique dans laquelle est mémorisée l'amplitude d'un écho renvoyé par un point du sol) (cf. aussi* memory location *et* ground-mapping radar).

range changing 1) changement de gamme *(récepteur, générateur de signaux, etc.).* 2) changement de calibre, changement de gamme *(app. mesure) (cf. aussi* measurement range 2)).

range circle *cf.* range ring.

range computation calcul de distance *(souvent* de la distance) *(de la cible d'un radar, d'un sonar, etc.).*

range control commande de sensibilité *(au sens du terme anglais, potentiomètre permettant de régler de façon continue la sensibilité d'un enregistreur graphique sur une position quelconque du sélecteur de sensibilité de l'appareil) (cf. aussi* potentiometer 1) *et* range switch 1)).

range data *cf.* range information.

range deception diversion en distance *(brouillage de diversion consistant à renvoyer les échos du radar ou de l'autodirecteur avec un retard variable destiné à tromper le récepteur de celui-ci sur la distance réelle de la cible) (mil) (cf. aussi* range-gate pull-off *et* deception jamming).

range deception jamming brouillage par diversion en distance *(mil) (cf. aussi* range deception).

range deception protection protection par diversion en distance *(aéronef militaire) (cf. aussi* range deception).

range deception technique méthode de diversion en distance, procédé *(idem) (mil) (cf. aussi* range deception).

range denial inhibition en distance *(inhibition de la poursuite en distance dans un radar) (mil) (cf. aussi* denial jamming *et* range tracking).

range-denial protection protection par inhibition en distance *(aéronef militaire) (cf. aussi* range denial *et* self-protection).

range discrimination discrimination en distance *(action, pour un récepteur radar, de distinguer l'une de l'autre deux cibles situées à des distances radiales différentes) (cf. aussi* slant range *et* range resolution).

range display affichage de la distance *(radar, etc.)*

range error erreur en distance *(erreur sur la distance d'une cible indiquée par un radar) (cf. aussi* range calibration).

range false target fausse cible en distance *(cible fictive créée par brouillage de diversion en distance) (avia mil) (cf. aussi* range deception).

range finder télémètre *(dispositif indiquant la distance entre lui-même et un objet vers lequel il est pointé) (télémètre optique, ou radar ou laser employé comme télémètre) (mil, etc.) (cf. aussi* range-finding radar *et* laser range-finder).

range-finding télémétrie, mesure de distance *(parf.* de la distance) (par télémètre), *(parf.)* mesure de la distance radiale *(radar, laser, etc.) (noter que le terme français « télémétrie » n'a pas du tout le même sens que le terme anglais « telemetry ») (cf. aussi* range finder *et* telemetry).

range-finding radar radar de télémétrie, radar télémétrique, radar télémètre, télémètre radar *(radar à impulsions servant uniquement ou principalement à mesurer la distance des cibles détectées) (mil, etc.) (cf. aussi* range-only radar, radar ranging *et* range-finding).

range gate 1) porte de distance, porte de sélection de distance, porte de poursuite en distance *(dans un récepteur de radar de poursuite, circuit à porte ne transmettant que les échos correspondant à un étroit intervalle de distances radiales pour permettre la poursuite automatique en distance d'une*

cible située dans cet intervalle ou, par extension, impulsion rectangulaire provoquant l'ouverture de la porte pendant toute sa durée) (cf. aussi range gating, range-gate pull-off, gate[1] 1), slant range *et* tracking radar). 2) *cf.* range window.

range-gate memory circuits circuits de sélection de distance *(cf. aussi* range gate).

range-gate pull-off décrochage de la poursuite en distance *(ou de la porte de distance), (etc.),* décrochage en distance *(conditions de fonctionnement du récepteur d'un radar de poursuite dans lesquelles, sous l'action d'un brouillage de diversion opéré par la cible suivie, l'écho de celle-ci sort du créneau de sélection de distance : le radar a perdu la cible qu'il suivait) (ce terme s'applique notamment à un missile équipé d'un autodirecteur radar actif) (cf. aussi* range deception *et* range window).

range-gate tracker filtre de sélection de distance *(radar) (cf. aussi* range gate 1)).

range-gate walk-off *cf.* range-gate pull-off.

range gating sélection de distance *(limitation de l'intervalle de distances radiales auxquelles un radar de poursuite peut détecter des cibles, réalisée pour éliminer les échos provenant d'autres cibles ou d'obstacles fixes situés en-deça et au-delà de la cible suivie) (est réalisée en ouvrant la porte de sélection de distance à l'instant voulu et pendant le temps voulu après l'émission de chaque impulsion) (cf. aussi* range window *et* range gate).

range-height display présentation distance-altitude *(nom descriptif de la présentation du type E sur un écran de radar) (avia) (cf. aussi* E display).

range-height indicator indicateur à présentation distance-altitude *(radar) (cf. aussi* indicator 2) *et* range-height display).

range-height indicator display *cf.* range-height display.

range information information de distance *(valeur de la distance d'un objet indiquée par un télémètre et notamment de la distance d'une cible localisée ou suivie par un radar ou un sonar) (cf. aussi* range finder *et* information).

range information processing traitement de l'information de distance *(radar, etc.) (cf. aussi* range information).

range instrumentation radar radar de trajectographie *(radar de poursuite à moyenne ou longue portée utilisé sur un champ de tir de missiles ou une base de lancement de fusées spatiales pour suivre chaque engin lancé en fournissant les signaux permettant de reproduire graphiquement la trajectoire de celui-ci à l'aide d'une table traçante) (cf. aussi* tracking radar *et* X-Y recorder 2)).

range jamming brouillage en distance *(brouillage de la porte de distance d'un radar par un écho truqué ou un signal de bruit) (mil) (cf. aussi* range deception, range denial, range gate *et* radar jamming).

range jamming technique méthode de brouillage en distance, procédé *(idem) (mil) (cf. aussi* range jamming).

range mark *cf.* range marker.

range marker repère de distance, marque de distance *(marque lumineuse formée sur l'écran d'un radar pour indiquer une distance radiale) (peut-être une impulsion repère ou un cercle de distance suivant le type de présentation des informations sur l'écran) (cf. aussi* range marker pip *et* range ring).

range marker generator générateur de repères de distance, *(etc.) (montage fournissant les signaux électriques produisant un ou plusieurs repères de distance sur l'écran d'un radar) (cf. aussi* range marker).

range marker pip repère de distance, impulsion repère (de distance) *(impulsion verticale formée en un point déterminé de la base de temps sur l'écran d'un radar à présentation en coordonnées rectangulaires pour servir de repère de distance) (cf. aussi* range marker, rectangular-coordinate display *et* time base (a)).

range marker ring *cf.* range ring.

range measurement mesure de distance *(cf. aussi* range finding *et* measurement).

range multiplier multiplicateur de calibre *(dispositif permettant de multiplier le calibre d'un appareil de mesure) (terme générique couvrant le shunt d'ampèremètre et la résistance additionnelle de voltmètre) (cf. aussi* range[1] 5), shunt[1] 1) *et* multiplier resistor).

range of currents gamme d'intensités (de courant), intervalle *(idem) (cf. aussi* current).

range of frequencies gamme de fréquences, intervalle de fréquences *(cf. aussi* frequency range).

range of measurements éventail de mesures *(ensemble de mesures de types divers) (le terme « gamme de mesures » est à éviter ici pour éviter de créer la confusion avec un calibre de mesure) (cf. aussi* measurement range 2)).

range of operation plage de fonctionnement *(appareil ou dispositif) (cf. aussi* operating range 1)).

range of voltages gamme de tensions, *(etc.) (cf. aussi* voltage range 1)).

range-only radar radar télémétrique de bord *(radar de navigation d'aéronef assurant uniquement la fonction de télémétrie) (cf. aussi* navigation radar *et* range-finding radar).

range overlap recoupement des calibres *(dans un appareil de mesure analogique à plusieurs calibres, notamment un multimètre analogique, les calibres doivent se recouper suffisamment pour que la lecture puisse toujours se faire en dehors du début et de la fin de l'échelle du cadran pour des raisons de précision et souvent de lisibilité) (cela nécessite que les calibres successifs soient dans un rapport ne dépassant pas 3:1 ; un rapport de 5:1, courant sur les appareils bon marché, ne permet pas un recoupement suffisant des calibres) (cf. aussi* measurement range, volt-ohm-milliammeter *et* meter scale).

range processing *cf.* range information processing.

range pull-off *cf.* range-gate pull-off.

range-range … *cf.* rho-rho …

range rate vitesse radiale *(vitesse à laquelle une cible suivie par un radar se rapproche ou, parfois, s'éloigne de celui-ci suivant l'axe de l'antenne) (noter que ce terme est presque toujours synonyme de « vitesse de rapprochement », le cas de la vitesse d'éloignement ne présentant généralement pas d'intérêt) (cf. aussi* slant range, velocity gate *et* approaching target).

range resolution 1) pouvoir séparateur en distance, pouvoir discriminateur en distance, définition en distance *(distance minimale entre deux cibles situées sur l'axe du faisceau de l'antenne d'un radar pour laquelle les échos des deux cibles peuvent encore être distingués l'un de l'autre par les circuits du récepteur du radar) (cf. aussi* range ambiguity *et* spatial resolution). 2) pouvoir séparateur transversal, pouvoir discriminateur transversal, définition transversale *(pouvoir séparateur en distance d'un radar cartographique, notamment d'un radar à ouverture dynamique, dans la direction perpendiculaire à la trajectoire du mobile portant le radar) (l'obtention d'une valeur suffisante de ce pouvoir séparateur fait appel à la compression d'impulsions) (voir aussi* 1) *ci-dessus) (cf. aussi* ground-mapping radar, synthetic-aperture radar *et* pulse compression (a)).

range ring cercle de distance *(circonférence lumineuse formée sur l'écran d'un radar panoramique ou de navigation généralement en plusieurs exemplaires, pour servir de repère (s) de distance dans tous les azimuts couverts par l'antenne) (cf. aussi* variable range ring, range marker *et* PPI-display radar).

range scale échelle de distance *(échelle des distances radiales gravée sur l'écran d'un radar) (cf. aussi* slant range).

range selection choix de la gamme, *(etc.),* (parf.) sélection *(idem) (appareil) (cf. aussi* range 2) à 5)).

range selector *cf.* range switch.

range setting gamme affichée, calibre affiché *(selon l'appareil) (cf. aussi* range 3) *et* 5) *et* setting).

range switch 1) commutateur de gammes *(ce terme désigne généralement un atténuateur à plots permettant d'adapter la sensibilité d'un appareil tel qu'un oscilloscope ou un enregistreur, notamment, à l'amplitude du signal d'entrée) (cf. aussi* step attenuator *et* oscilloscope sensitivity). 2) commutateur de calibres *(ou de gammes) (commutateur permettant d'adapter la sensibilité d'un appareil de mesure, notamment d'un multimètre, à la valeur de la grandeur mesurée par insertion ou suppression de résistances dans le circuit de mesure) (cf. aussi* range multiplier *et* multimeter).

range switching commutation de gammes *(parf.* de calibres) *(cf. aussi* range switch).

range target cible de calibrage en distance *(objet utilisé pour le calibrage en distance d'un radar) (cf. aussi* radar calibration).

range technique *cf.* range jamming technique.

range to target *cf.* range to the target.

range to the target distance de la cible *(radar, etc.) (cf. aussi* slant range).

range tracking poursuite en distance *(maintien du créneau de distance centré sur les échos successifs d'une cible suivie par un radar de poursuite) (ce résultat est obtenu en ouvrant la porte de distance pendant un temps déterminé centré sur l'instant probable de réception de l'écho après chaque impulsion émise) (cf. aussi* range window).

range tracking gate *cf.* range gate.

range walk-off *cf.* range-gate pull-off.

range-while search … *cf.* track-while-scan …

range window créneau de distance, fenêtre de distance *(intervalle de distances défini par une porte de distance dans un radar) (cf. aussi* range gate).

ranging 1) *cf.* range-finding. 2) *cf.* range changing 2).

ranging function fonction de télémétrie *(radar, laser) (cf. aussi* range-finding).

ranging information *cf.* range information.

rapid-access memory *cf.* rapid memory.

rapid-access storage *cf.* rapid memory.

rapid memory mémoire rapide *(inf) (cf. aussi* fast memory).

rapid storage *cf.* rapid memory.

rapidly fluctuating noise bruit à fluctuations rapides, bruit fluctuant rapidement *(cf. aussi* noise 2) (a)).

rapidly tunable … *cf.* fast-tuned …

RARC *cf.* Regional Administrative Radio Conference.

rare earths terres rares, lanthanides *(noms donnés aux éléments chimiques à propriétés d'oxydes métalliques dont le numéro atomique est compris entre celui du lanthane (57) et celui du lutécium (71) inclusivement, auxquels on ajoute souvent le scandium (21) et l'yttrium (39), qui ne sont pas des lanthanides) (les terres rares sont utilisées principalement en métallurgie, notamment sous la forme de mischmétal ; en électronique, on utilise surtout le gadolinium, le néodyme, le samarium et le grenat d'yttrium, ainsi que le mischmétal) (voir ces termes et atomic number).

rare-earth magnet aimant aux terres rares *(aimant permanent au cobalt additionné d'une ou plusieurs terres rares) (ce terme désigne généralement un aimant au samarium-cobalt) (cf. aussi* permanent magnet, rare earths *et* samarium-cobalt magnet).

RAS *cf.* row-address strobe.

raster trame de balayage *(trajet en zigzag suivi par un ou plusieurs faisceaux d'électrons ou de lumière sur une surface) (TV, etc.) (cf. aussi* raster scanning).

raster display *cf.* raster-scan display.

raster display technology (la) technique de la présentation en balayage tramé *(cf. aussi* raster-scan display *et* technology).

raster graphics graphisme à balayage tramé *(nom parfois donné à la présentation en balayage tramé lorsqu'il s'agit de courbes ou de dessins) (inf) (cf. aussi* raster-scan display *et* graphics).

raster line ligne de balayage *(ligne d'une trame de balayage) (cf. aussi* raster).

raster pattern *cf.* raster.

raster scan (un) balayage tramé *(cf. aussi* raster scanning).

raster-scan cathode-ray tube tube cathodique à balayage tramé *(tube cathodique sur l'écran duquel le ou les faisceaux d'électrons exécutent un balayage tramé) (récepteur TV, etc.) (cf. aussi* cathode-ray tube *et* raster scanning (a)).

raster-scan CRT *cf.* raster-scan cathode-ray tube.

raster-scan display présentation en balayage tramé *(présentation d'informations sur l'écran d'un tube cathodique à balayage tramé) (terminal à écran, etc.) (cf. aussi* raster-scan cathode-ray tube *et* display[1])).

raster-scan display terminal terminal à balayage tramé *(ou à écran à balayage tramé) (terminal à écran équipé d'un tube cathodique à balayage tramé) (inf) (cf. aussi* display terminal *et* raster-scan cathode-ray tube).

raster-scan display tube tube de présentation à balayage tramé, *(etc.) (tube cath) (cf. aussi* display tube *et* raster-scan cathode-ray tube).

raster-scan E-beam ... *cf.* raster-scan electron-beam ...

raster-scan electron-beam lithography gravure par faisceau d'électrons à balayage tramé, gravure à balayage tramé *(procédé de gravure par faisceau d'électrons dirigé dans lequel le faisceau exécute un balayage tramé sur la surface à sensibiliser) (constitue une des deux variantes — la moins rapide — du procédé de gravure par faisceau dirigé, l'autre étant la gravure à balayage cavalier) (fab. CI, masques) (cf. aussi* direct writing 1) *et* raster scanning (c)).

raster-scan electron-beam lithography machine *(ou* **system)** graveur à faisceau d'électrons à balayage tramé, graveur à balayage tramé *(graveur à faisceau d'électrons réalisant la gravure à balayage tramé) (fab. CI, masques) (cf. aussi* raster-scan electron-beam lithography *et* direct-write electron-beam lithography machine).

raster-scan electron-beam machine *cf.* raster-scan electron-beam lithography machine.

raster-scan electron-beam method *cf.* raster-scan electron-beam process.

raster-scan electron-beam process procédé à faisceau d'électrons à balayage tramé, procédé à balayage tramé, procédé de gravure *(idem)*, méthode) *(idem) (fab. CI, masques) (cf. aussi* raster-scan electron-beam lithography).

raster-scan electron-beam system *cf.* raster-scan electron-beam machine.

raster-scan electron-beam technique *cf.* raster-scan electron-beam process.

raster-scan graphics *cf.* raster graphics.

raster-scan lithography *cf.* raster-scan electron-beam lithography. *(de même pour les termes dérivés).*

raster-scan machine *cf.* raster-scan electron-beam lithography machine.

raster-scan printer *cf.* raster-scan electron-beam machine.

raster-scan process *cf.* raster-scan electron-beam process.

raster-scan system *cf.* raster-scan electron-beam machine.

raster-scan technique *cf.* raster-scan electron-beam process.

raster-scan technology (la) technique du balayage tramé *(cf. aussi* raster scanning *et* technology).

raster-scan terminal *cf.* raster-scan display terminal.

raster-scan tube *cf.* raster-scan cathode-ray tube.

raster-scanned ... *cf.* raster-scan ... *(pour les termes qui ne figurent pas ci-après).*

raster-scanned beam faisceau à balayage tramé *(faisceau d'électrons ou de lumière exécutant un balayage tramé) (tube cath, etc.) (cf. aussi* raster scanning).

raster-scanned surface surface à balayage tramé *(surface balayée par un faisceau à balayage tramé) (écran de tube cathodique, échantillon examiné dans un microscope électronique à balayage, plaquette de semiconducteur ou autre matériau traité dans un graveur à faisceau d'électrons, etc.) (cf. aussi* raster-scanned beam).

raster scanning balayage tramé, balayage ligne par ligne, balayage télévision *(balayage d'une surface par un ou plusieurs faisceaux d'électrons ou par un faisceau de lumière suivant un trajet en zigzag appelé « trame de balayage » pour décrire les droites parallèles presque contiguës appelées « lignes » couvrant toute la surface balayée) (le cas du balayage par plusieurs faisceaux est celui du balayage de l'écran d'un tube à masque perforé) (cf. aussi* shadow-mask tube) (a) *dans un tube-image de télévision ou dans un tube-image de terminal à écran à balayage tramé, le ou les faisceaux sont « éteints » pendant les retours de ligne et de trame, ainsi qu'aux points correspondant aux zones noires de l'image ; il peut y avoir une seule trame ou, plus souvent, deux trames pour former une image complète) (cf. aussi* interlaced scanning *et* picture tube) ; (b) *dans un tube analyseur (de caméra de télévision), le faisceau d'analyse est « bloqué » pendant les retours de ligne et de trame ; il peut y avoir une seule trame ou, plus souvent, deux trames pour analyser une image complète) (cf. aussi* interlaced scanning *et* camera tube) ; (c) *dans un graveur à faisceau d'électrons à balayage tramé, le faisceau est « bloqué » pendant les retours de ligne et aux points où le vernis doit être laissé intact ; il n'y a naturellement qu'une seule trame par motif à former) (cf. aussi* raster-scan electron-beam lithography machine).

raster-scanning ... *cf.* raster-scan ...

rat race *(fam)* anneau hybride *(hyper) (cf. aussi* hybrid ring).

rate *s* 1) cadence, *(parf. aussi)* vitesse *(cf. aussi* transmission rate). 2) vitesse *(cf. aussi* range rate). 3) taux *(cf. aussi* gradient). 4) débit *(cf. aussi* bit rate). 5) tarif *(électricité, etc.) (cf. aussi* telephone rates).

rate action action dérivée *(régulateur) (cf. aussi* derivative action).

rate effect effet de dV/dt *(déclenchement intempestif d'un thyristor pouvant se produire lors de sa mise sous tension si le dV/dt a une valeur élevée) (semi) (cf. aussi* rate of voltage rise *et* silicon controlled rectifier).

rate generator *cf.* trigger pulse generator.

rate gyro *(vient de « rate gyroscope », qui est rarement employé)* gyromètre *(gyroscope à un degré de liberté mesurant la vitesse de rotation de son boîtier autour de l'axe d'entrée grâce à un dispositif de rappel élastique de l'axe de la toupie à la position de repos) (fournit un signal électrique proportionnel à cette vitesse de rotation et utilisé dans des pilotes automatiques et des centrales inertielles) (cf. aussi* gyroscope).

rate gyroscope *cf.* rate gyro.

rate of change taux de variation *(variation plus ou moins grande de la valeur d'une grandeur variable pour une variation déterminée d'une autre grandeur variable dont elle dépend) (cf. aussi* time rate of change, space rate of change, derivative *et* variable quantity).

rate of current rise vitesse d'accroissement du courant *(ou de* l'intensité du courant), di/dt *(vitesse d'accroissement de l'intensité du courant dans un circuit comprenant une source de force électromotrice lors de la fermeture du circuit, c.-à-d. dérivée de l'intensité du courant par rapport au temps après la fermeture) (alimentation, commutation de puissance, etc.) (cf. aussi* electromotive force *et* derivative).

rate of decay vitesse de décroissance *(d'une grandeur impulsionnelle ou autre) (dans le cas d'une impulsion, est l'inverse du temps de descente) (cf. aussi* fall time).

rate of rise 1) vitesse de montée *(inverse du temps de montée d'une impulsion) (est définie de la même façon que celui-ci) (cf. aussi* rise time). 2) *cf.* rate of voltage rise. 3) *cf.* rate of current rise.

rate of sweep *cf.* sweep rate.

rate of voltage rise vitesse d'accroissement de la tension, dV/dt *(vitesse d'établissement de la tension aux bornes d'un circuit ou d'un composant lors de la mise sous tension, c.-à-d. dérivée de la tension à ses bornes par rapport au temps après la fermeture du circuit d'alimentation) (alim, etc.) (cf. aussi* dV/dt *et* derivative).

rate sensitivity sensibilité à la vitesse *(sensibilité d'un composant ou d'un phénomène à la vitesse d'accroissement de la tension ou de l'intensité du courant) (cf. aussi* rate of voltage rise, rate of current rise *et* rate effect).

rate sensor *cf.* rate gyro.

rate signal signal proportionnel à la dérivée *(signal fourni par le détecteur d'écart d'un régulateur à action dérivée) (asser) (cf. aussi* error detector *et* derivative action).

rated accuracy précision nominale *(appareil de mesure, générateur de signaux, atténuateur, etc.) (cf. aussi* rated value).

rated amperage *cf.* rated current.

rated at N amperes *(cf. aussi* ampere) 1) prévu(e) pour n ampères, conçu(e) *(idem)*, pouvant débiter n ampères *(alimentation ou autre source de courant conçue pour débiter n ampères sans échauffement excessif).* 2) prévu pour n ampères, conçu *(idem)*, pouvant couper n ampères *(contact de relais ou autre) (cf. aussi* breaking capacity).

rated at N volts prévu(e) pour n volts *(ou* pour fonctionner sous n volts, conçu(e) *(idem)*, *(parf.)* fonctionnement sous n volts, *(parf.)* à tension nominale de n volts *(appareil électrique ou électronique ou machine électrique conçu(e) pour être alimenté(e) sous une tension de n volts) (cf. aussi* volt).

rated at N watts prévu(e) pour n watts *(ou* pour dissiper n watts *ou* une puissance de n watts), conçu *(idem)*, *(parf.)* d'une puissance nominale de n watts *(résistance ou rhéostat conçu(e) pour dissiper n watts sans échauffement excessif) (cf. aussi* watt).

rated capacity capacité nominale *(terme général applicable* *notamment à la capacité d'un accumulateur électrique et désignant alors sa capacité dans les conditions nominales de décharge) (cf. aussi* rated value).

rated conditions conditions nominales *(conditions de fonctionnement ou d'ambiance telles que les valeurs des grandeurs pouvant exercer un effet sur l'entité considérée soient nominales) (cf. aussi* operating conditions, environmental conditions *et* rated value).

rated consumption *cf.* rated power consumption.

rated contact current intensité admissible aux contacts, courant *(idem) (intensité de courant maximale qu'un jeu de contacts de relais ou autre peut supporter en service continu sans échauffement excessif) (est généralement inférieur au pouvoir de coupure du jeu de contacts) (cf. aussi* breaking capacity).

rated current intensité nominale *(du courant débité par une source de courant ou absorbé par un récepteur de courant) (cf. aussi* rated value, current source *et* current sink).

rated dissipation *cf.* rated power dissipation.

rated efficiency rendement nominal *(alim, etc.) (cf. aussi* rated value *et* efficiency).

rated load charge nominale *(d'une alimentation ou autre source de courant, d'un moteur électrique ou autre, d'un jeu de contacts, etc.) (cf. aussi* rated value *et* full load).

rated operating temperature température de fonctionnement nominale *(dispositif) (cf. aussi* rated value).

rated output sortie nominale *(ce terme désigne généralement une puissance de sortie, mais peut également désigner une tension de sortie, l'intensité d'un courant de sortie ou une cadence de sortie) (cf. aussi* rated value).

rated output current intensité nominale du courant de sortie, courant de sortie nominal *(alim, etc.) (cf. aussi* rated value *et* output current).

rated output power puissance de sortie nominale *(ampli, etc.) (cf. aussi* rated value *et* output power).

rated output voltage tension de sortie nominale *(alim, etc.) (cf. aussi* rated value *et* output voltage).

rated power puissance nominale *(puissance qu'un dispositif peut fournir ou absorber dans des conditions déterminées de régime de fonctionnement et de température sans être endommagé) (cf. aussi* rated output power, rated power consumption, rated power dissipation, power[1] 1) *et* rated value).

rated power consumption consommation nominale *(appareil, etc.) (cf. aussi* rated power *et* power consumption).

rated power dissipation 1) puissance dissipée nominale, puissance admissible, puissance nominale *(puissance qu'une résistance peut dissiper en régime permanent dans l'air ambiant sous forme de chaleur dans les conditions nominales de température ambiante et de ventilation sans être endommagée par un échauffement excessif) (cf. aussi* power[1] 1), resistance *et* rated value). 2) *cf.* rated power consumption.

rated power handling puissance admissible *(terme générique couvrant la puissance de sortie nominale et la puissance dissipée nominale) (cf. aussi* rated output power, rated power dissipation *et* power handling).

rated temperature *cf.* rated operating temperature.

rated to ... *cf.* rated at ...

rated value valeur nominale *(valeur d'une grandeur fixée lors de la conception d'un dispositif ou système) (valeur nominale d'une caractéristique mécanique, électrique, magnétique ou autre de celui-ci) (est la valeur que la grandeur doit avoir, aux tolérances près, dans les conditions normales de fonctionnement ou d'emploi du dispositif ou système) (Nota : le qualificatif « nominal » existe en anglais, mais il est beaucoup moins employé que « rated » et pratiquement jamais pour une intensité de courant, une puissance, un débit ou une grandeur analogue) (cf. aussi* rating *et* derate).

rated voltage tension nominale *(valeur nominale de la tension fournie par une source de tension ou appliquée aux bornes d'un circuit ou un dispositif) (alim, etc.) (cf. aussi* rated value *et* voltage source).

rated working voltage *cf.* working voltage.

rating caractéristique (nominale) *(cf. aussi* ratings).

ratings caractéristiques (nominales), *(parf.)* performances *(idem) (valeurs nominales des caractéristiques de fonctionne-*

ment d'un dispositif) (cf. aussi power rating, current rating, voltage rating, rated value *et* operating characteristics).

ratio arms branches à rapport variable *(branches voisines d'un pont de Wheatstone comportant l'une la résistance à mesurer, l'autre la résistance variable) (app. mesure) (cf. aussi* Wheatstone bridge).

ratio detector détecteur de rapport *(discriminateur dérivé du discriminateur de Foster-Seeley et caractérisé par son insensibilité à l'amplitude de la porteuse et sa grande sensibilité à la fréquence) (est, pour la première raison, utilisé sans limiteur d'amplitude) (dans ce discriminateur, la tension de sortie est prise aux bornes de l'un des deux condensateurs de détection et varie donc comme le rapport des tensions aux bornes des deux condensateurs, d'où le nom du montage) (ce rapport étant, par construction, indépendant de la tension appliquée aux deux condensateurs montés en série, la tension de sortie ainsi recueillie ne dépend pas de l'amplitude de la porteuse, d'où la propriété du montage équivalente à une autolimitation d'amplitude) (récepteur FM) (cf. aussi* Foster-Seely discriminator).

ratio error erreur de rapport *(différence entre la valeur nominale et la valeur effective d'un rapport et notamment du rapport de capacité de deux condensateurs commutés) (cf. aussi* switched capacitors *et* rated value).

ratio measurement mesure de rapport, *(parf.)* mesure relative *(mesure du rapport, généralement exprimé en décibels, entre la valeur d'une grandeur et la valeur d'une grandeur de même nature prise comme référence) (mesure d'amplitude, de puissance, de bruit, de distorsion, etc.) (cf. aussi* decibel *et* measurement).

ratio meter logomètre, quotientmètre *(appareil de mesure analogique indiquant le rapport entre deux tensions) (est essentiellement un galvanomètre à cadres croisés, c.-à-d. calés à 90° sur l'axe de l'aiguille) (l'un des cadres est parcouru par le courant produit par l'une des tensions et l'autre par le courant produit par l'autre tension ; le sens de circulation du courant dans les cadres est tel qu'ils créent des couples antagonistes et l'équipage mobile prend une position d'équilibre correspondant au rapport des deux tensions, celui-ci étant indiqué par la position de l'aiguille) (est utilisé notamment dans le mégohmmètre à magnéto) (cf. aussi* moving-coil galvanometer *et* insulation tester).

ratio of transformation rapport de transformation *(transfo) (cf. aussi* turns ratio).

ratio tracking suivi de rapport (en température) *(suivi en température du rapport de deux résistances, notamment appariées, ou de deux condensateurs, notamment à rapport de capacité) (cf. aussi* temperature tracking, matched resistors *et* area-ratioed capacitors).

ratioed capacitor condensateurs à rapport de capacité *(CI) (cf. aussi* area-ratioed capacitors).

raw data informations brutes, informations non traitées *(radar, inf) (cf. aussi* raw radar data *et* data processing).

raw radar radar à présentation brute (des informations) *(radar sans élimination des échos parasites ni corrélation ou autre traitement du signal vidéo) (cf. aussi* moving-target indication, correlation radar *et* video signal).

raw radar data informations radar non traitées *(informations radar présentées sans avoir été traitées, ou considérées avant leur traitement) (cf. aussi* radar data (a) *et* raw radar).

raw signal signal non traité *(récepteur) (radar, etc.) (cf. aussi* raw radar *et* signal processing).

rawin *(vient de « radar wind » et « radio wind »)* radiomesure du vent *(mesure de la direction et la vitesse du vent en altitude à l'aide d'une radiosonde à vent) (météo) (cf. aussi* rawinsonde).

rawinsonde radiosonde à vent *(radiosonde utilisée en liaison avec un radiothéodolite indiquant l'azimuth et l'angle de site de la sonde pour en déterminer la trajectoire) (cf. aussi* rawin *et* radar theodolite).

RAX *cf.* rural automatic exchange.

ray rayon *(dans la théorie de la propagation par rayon, faisceau d'ondes de diamètre infiniment petit) (l'emploi de ce terme, qui s'appliquait initialement aux ondes lumineuses, a été étendu à toutes les ondes électromagnétiques et aux ondes acoustiques) (cf. aussi* ray propagation theory, beam[1], ca-*

thode rays, canal rays, light rays, X rays, cosmic rays, alpha ray, beta ray *et* gamma ray).

ray propagation   **1)** propagation des rayons *(cf. aussi* ray). **2)** propagation par rayon *(cf. aussi* ray propagation theory).

ray propagation theory   théorie de la propagation par rayon *(théorie de la propagation des ondes radioélectriques et des ondes acoustiques dans laquelle l'onde est assimilée à un rayon lumineux et se propage donc normalement en ligne droite) (cf. aussi* direct ray, indirect ray, reflected ray *et* propagation).

ray weapon   *cf.* beam weapon.

Rayleigh disk   disque de Rayleigh *(radiomètre acoustique formé essentiellement d'un disque de mica très léger argenté sur une face et suspendu à un fil de quartz) (par suite de la dissymétrie créée par la présence du disque dans l'écoulement d'air, celui-ci tourne d'un angle proportionnel à la pression de radiation; cet angle est mesuré à l'aide d'un faisceau de lumière dévié par la face argentée) (cf. aussi* acoustic radiometer).

Rayleigh fading   évanouissement rapide *(radio) (cf. aussi* fading).

RBDE   *cf.* radar bright-display equipment.

RBV   *cf.* return-beam vidicon.

RBV camera   caméra RBV *(caméra de télévision équipée d'un vidicon à retour de faisceau) (est montée dans des satellites de télédétection) (cf. aussi* return-beam vidicon, television camera *et* remote sensing).

RC   *cf.* RC circuit.

RC amplifier   *cf.* resistance-coupled amplifier.

RC circuit   circuit RC, circuit résistance-capacité, circuit à résistance et capacité *(circuit formé d'une résistance et d'un condensateur montés en série et alimentés en courant alternatif) (a une constante de temps, mesurée en secondes, égale au produit de la résistance en ohms par la capacité du condensateur en farads) (constitue un circuit intégrateur lorsque la tension de sortie est prise aux bornes du condensateur ou un circuit différentiateur lorsqu'elle est prise aux bornes de la résistance) (dans le premier cas, on dit que le circuit RC est « monté en intégrateur » et, dans le second, qu'il est « monté en différentiateur ») (cf. aussi* integrating circuit, differentiating circuit, time constant, resistance, capacitance *et* RLC circuit).

RC constant   *cf.* RC time constant.

RC coupling   *cf.* resistance-capacitance coupling.

RC differentiator   différentiateur à circuit RC *(circuit RC utilisé comme différentiateur) (cf. aussi* RC circuit).

RC filter   filtre RC *(filtre passe-bas constitué par un circuit RC monté en intégrateur) (cf. aussi* low-pass filter, RC circuit *et* integrating circuit).

RC filter circuit   circuit de filtrage RC *(nom parfois donné à un filtre RC) (cf. aussi* RC filter).

RC integrator   intégrateur RC, intégrateur à résistance-capacité *(circuit RC monté en intégrateur) (base de temps, numériseur, etc.) (cf. aussi* RC filter).

RC ladder filter   filtre en échelle à cellules RC, filtre à cellules RC *(le second terme est le plus employé) (filtre en échelle dont chaque cellule est un filtre RC) (cf. aussi* ladder filter *et* RC filter).

RC network   *cf.* RC circuit.

RC oscillator   oscillateur RC *(oscillateur basse fréquence dans lequel le résonateur est un circuit RC dont la constante de temps fixe la période des oscillations produites par la charge et la décharge alternées du condensateur) (cf. aussi* audio-frequency oscillator *et* RC circuit).

RC product   produit RC *(produit résistance × capacité des deux éléments d'un circuit RC) (cf. aussi* RC circuit).

RC snubber circuit   circuit d'amortissement RC *(alim. déc) (cf. aussi* snubber circuit).

RC time constant   constante de temps RC *(constante de temps d'un circuit RC) (cf. aussi* RC circuit).

RCM   *cf.* radar countermeasures.

RCS   *cf.* radar cross section.

RCTL   *(vient de « resistor-capacitor-transistor logic »)* (la) logique RCTL *(ou à résistances, condensateurs et transistors) (le second terme est peu employé) (logique bipolaire*

ancienne *dérivée de la logique RTL par adjonction d'un condensateur de faible capacité monté en parallèle sur la résistance de la base de chaque transistor pour augmenter la vitesse de commutation de celui-ci) (cf. aussi* RTL, base resistor *et* switching speed).

rd   *cf.* rad.

RD   *cf.* read.

RDF   **1)** *cf.* radio direction finder *et* radio direction finding. **2)** *cf.* repeater distribution frame.

re-...   *(voir plus loin le terme en un seul mot).*

reactance   réactance **(a)** *partie imaginaire (au sens mathématique) de l'impédance d'un circuit ou un élément de circuit, c.-à-d. opposition au passage d'un courant variable et notamment alternatif due uniquement à l'inductance ou la capacitance résultante du circuit ou de l'élément) (l'inductance ou la capacitance résultante d'un circuit ou un élément de circuit est la somme algébrique de l'inductance et la capacitance de celui-ci considérées séparément; si l'inductance est plus grande que la capacitance, la résultante est une réactance inductive et vice versa) (le cas où l'inductance est égale à la capacitance est celui de la résonance) (la réactance produit un déphasage du courant dont le sens dépend du type de réactance) (cf. aussi* inductive reactance, capacitive reactance, impedance *et* resonance); **(b)** *cf. aussi* acoustic reactance).

reactance coil   bobine d'inductance *(cf. aussi* inductor).

reactance drop   chute réactive *(chute de tension aux bornes d'un circuit ou un élément de circuit réactif due uniquement à la réactance de celui-ci) (cf. aussi* voltage drop *et* reactive circuit).

reactance frequency multiplier   multiplicateur de fréquence à réactance *(autre nom d'un multiplicateur de fréquence harmonique rappelant que celui-ci utilise un élément à réactance) (cf. aussi* harmonic frequency multiplier *et* reactance).

reactance modulator   modulateur à réactance variable *(modulateur utilisant la variation de la réactance d'un élément de circuit pour moduler la fréquence d'une porteuse) (terme générique couvrant le modulateur à tube à réactance et le modulateur à transistor bipolaire, dans lequel le signal modulant fait varier la capacité base-collecteur du transistor) (cf. aussi* reactance tube *et* bipolar transistor).

reactance tube   tube à réactance *(tube pentode dont la capacité grille de commande-anode est montée en parallèle sur le condensateur du circuit oscillant d'un oscillateur haute fréquence à tube électronique pour faire varier la fréquence de celui-ci au rythme du signal appliqué à la grille) (est un tube pentode à pente variable et grande résistance interne) (est utilisé comme élément actif d'un modulateur de fréquence à tube ou d'une commande automatique de fréquence à tube) (cf. aussi* pentode, transconductance, frequency modulator *et* automatic frequency control).

reaction time   temps de réaction *(temps écoulé entre la perception d'un événement et le début d'une action qu'il déclenche) (définition générale) (commande de processus, etc.) (dans le cas d'un système d'autoprotection, le temps de réaction est le temps écoulé entre l'instant où une menace est identifiée, notamment par un détecteur de menaces, et l'instant de mise en action de la ou des contre-mesures correspondantes) (cf. aussi* real-time control, self-protection system, warning receiver *et, à titre d'information,* response time).

reactive   réactif *a (en électronique, caractéristique de ce qui possède une réactance) (cf. aussi* reactance (a)).

reactive attenuator   atténuateur réactif, atténuateur à réactance *(atténuateur dans lequel l'affaiblissement du signal d'entrée est produit par réactance et n'absorbe, par conséquent, qu'une faible fraction de la puissance de celui-ci) (cf. aussi* attenuator *et* reactance).

reactive capacitance   *cf.* capacitance. *(le terme anglais, que l'on rencontre parfois, est un pléonasme).*

reactive circuit   circuit réactif, circuit à réactance *(circuit électrique possédant une réactance due à la présence d'un ou plusieurs éléments de circuit réactifs) (circuits à courant alternatif) (cf. aussi* reactive element).

reactive circuit element   *cf.* reactive element.

reactive component   **1)** composante réactive, composante en quadrature *(composante d'un courant alternatif sinusoïdal* *dans un circuit ou élément de circuit déphasée de 90⁰ par rapport à la tension aux bornes de celui-ci) (s'observe dans le cas, très fréquent, où le circuit ou élément de circuit a une réactance, le signe du déphasage dépendant du signe de la réactance) (cf. aussi* reactive power, sinusoidal current, in quadrature, reactance *et* component 4)). **2)** composant réactif, composant à réactance *(composant électronique ou assimilé possédant une réactance (condensateur ou bobine d'inductance ou composant se comportant de la même façon vis-à-vis d'un courant alternatif) (cf. aussi* reactance, capacitor, inductor *et* electronic component).

reactive discontinuity discontinuité réactive *(discontinuité dans une ligne de transmission se comportant comme une réactance vis-à-vis du signal transmis et modifiant, par conséquent, sa phase) (cf. aussi* transmission line, reactance *et* phase (a)).

reactive element élément réactif, élément à réactance, élément de circuit *(idem) (élément de circuit électrique possédant une réactance) (cf. aussi* circuit element *et* reactance).

reactive factor facteur de puissance réactive, sinus ∅ *(rapport entre la puissance réactive et la puissance apparente absorbée par un circuit ou un élément de circuit à courant alternatif) (est égal au sinus de l'angle ∅) (ces termes sont rarement employés) (cf. aussi* power factor).

reactive ion-beam etching *cf.* reactive-plasma etching.

reactive-ion etching attaque par ions réactifs, attaque chimique *(idem) (fab. CI) (cf. aussi* plasma etching).

reactive-ion etching technique *cf.* plasma etching process 1).

reactive-ion plasma plasma d'ions réactifs *(fab. CI) (cf. aussi* plasma etching).

reactive load charge réactive *(charge possédant une réactance, c.-à-d. charge autre qu'une résistance pure) (alim, ampli, etc.) (cf. aussi* inductive load, capacitive load, load[1] (a) *et* reactance).

reactive-plasma etching attaque au plasma *(fab. CI) (cf. aussi* plasma etching).

reactive power puissance réactive *(puissance mise en jeu par la composante réactive d'un courant alternatif) (est égale au produit de la puissance apparente et du sinus de l'angle ∅, et s'exprime en vars) (circuits à courant alternatif) (cf. aussi* power[1] 1), reactive component 1), apparent power, power factor *et* var).

reactive sputter etching *cf.* reactive-plasma etching.

reactive sputtering pulvérisation réactive *(procédé de pulvérisation cathodique dans lequel un gaz capable d'entrer en réaction avec le métal déposé, tel que l'azote ou l'oxygène, est introduit sous faible pression dans la cloche pour produire un composé du métal) (exemples : dans le cas de la pulvérisation du tantale, l'adjonction d'azote produit du nitrure de tantale et l'adjonction d'oxygène donne de l'oxyde de tantale) (fab. CH, etc.) (cf. aussi* sputtering).

reactive voltampere *cf.* voltampere reactive.

reactive voltampere-hour *cf.* voltampere-hour reactive.

reactive voltampere meter *cf.* varmeter.

reactive voltamperes *cf.* reactive power.

reactor **1)** *cf.* reactive component 2). **2)** *cf.* diffusion furnace.

read[1] *v* lire *(des informations enregistrées sur un support d'informations ou contenues dans une mémoire, le support pouvant constituer lui-même une mémoire, c.-à-d. obtenir un signal électrique représentant ces informations) (le signal obtenu est analogique si la mémoire est elle-même analogique ; il est numérique si la mémoire est numérique, ce dernier cas étant le plus fréquent ; c'est alors un signal simple si la sortie des informations se fait sur un seul conducteur ou un signal multiple si elle se fait sur plusieurs conducteurs en parallèle) (lorsqu'il s'agit d'informations enregistrées sur un support considéré comme un support d'enregistrement et non comme un support d'informations, le terme français ne change pas, mais le terme anglais cède la place à « play back » ou à « reproduce » selon le cas) (inf, tube à mémoire, etc.) (cf. aussi* storage medium, memory *et* recording medium).

read[2] *s cf.* reading 1).

read access accès en lecture *(accès à une mémoire numérique pour y lire une ou plusieurs informations) (inf) (cf. aussi* digital memory *et* read[1]).

read address adresse de lecture *(adresse d'une position de lecture) (inf) (cf. aussi* address[1] (a) *et* read location).

read-address counter compteur d'adresses de lecture *(inf) (cf. aussi* read address).

read address pointer pointeur d'adresse de lecture *(pointeur de pile indiquant une adresse de lecture dans la pile) (CI) (inf) (cf. aussi* stack pointer *et* read address).

read-after-write cycle cycle de lecture après écriture *(ensemble des opérations nécessaires pour introduire une information dans une mémoire d'ordinateur et la lire ensuite) (inf) (cf. aussi* read[1]).

read amplifier amplificateur de lecture *(amplificateur amplifiant le signal fourni par une tête de lecture) (mémoire à défilement) (cf. aussi* read head).

read back *v* lecture *(parf. aussi* relecture) *(inf) (cf. aussi* readback) *(plus loin).*

read-back *s cf.* readback *(plus loin).*

read beam *cf.* reading beam.

read brush balai de lecture *(lecteur de cartes perforées ou de bande perforée) (inf, tlg) (cf. aussi* card reader *et* punched-tape reader).

read cell cellule de lecture *(nom parfois donné à un photoélément considéré lors de la lecture de l'information optique contenue dans celui-ci) (capteur à CCD, etc.) (cf. aussi* photoelement).

read circuit circuit de lecture *(ce terme désigne généralement le circuit d'une tête de lecture) (mémoire) (cf. aussi* read head).

read column colonne de lecture *(nom parfois donné à une colonne de photoéléments considérée lors de la lecture des informations optiques contenues dans ceux-ci) (capteur à CCD, etc.) (cf. aussi* photoelement).

read compensation compensation à la lecture *(compensation de la distortion des impulsions enregistrées sur les pistes intérieure d'un disque magnétique à haute densité d'enregistrement effectuée lors de la lecture des signaux enregistrés) (inf) (cf. aussi* magnetic disk).

read control commande de lecture *(mémoire) (cf. aussi* read[1]).

read current *(parf.* intensité du) courant de lecture (a) *courant circulant dans une tête de lecture lors de la lecture d'une information ou, parfois, intensité de ce courant) (cf. aussi* read head) ; (b) *courant commandant la lecture d'une information dans une mémoire à semiconducteur ou, parfois, intensité de ce courant) (cf. aussi* read[1] *et* semiconductor memory).

read cycle cycle de lecture *(ensemble des opérations nécessaires pour lire une information dans une mémoire numérique ou, par extension, temps nécessaire à l'exécution de ces opérations) (inf) (cf. aussi* read[1] *et* digital memory).

read cycle time durée du cycle de lecture, temps de lecture *(mémoire) (cf. aussi* read cycle).

read-cycle timing cadencement du cycle de lecture *(émission des impulsions commandant l'exécution d'un cycle de lecture dans une mémoire) (inf) (cf. aussi* read cycle).

read error erreur de lecture *(présence d'un binaire erroné — « 1 » au lieu de « 0 » ou vice versa — dans le signal de sortie d'une mémoire numérique et notamment d'une mémoire à défilement) (inf) (cf. aussi* bit, moving-medium memory *et* error detection).

read gun *cf.* reading gun.

read head tête de lecture (de mémoire à défilement) *(transducteur fournissant un signal électrique représentant les informations enregistrées sur le support d'informations d'une mémoire à défilement) (inf) (cf. aussi* transducer 1), digital data *et* moving-medium memory) (a) *tête de lecture magnétique) (tête magnétique convertissant en signal électrique les variations d'aimantation d'une bande magnétique ou d'un disque magnétique produites par l'enregistrement d'informations) (cf. aussi* magnetic head) ; (b) *tête de lecture optique) (tête de lecture de mémoire à disque optique) (cf. aussi* optical pick-up *et* optical-disk memory).

read in *v cf.* read into.

read into *v* mettre en mémoire *(inf) (cf. aussi* write[1]).

read laser laser de lecture *(tourne-disque optique, mémoire optique) (cf. aussi* optical pick-up *et* optical memory).

read location position de lecture (*position d'une mémoire où une information est lue*) (inf) (*cf. aussi* memory location *et* read[1]).

read mode mode de lecture (*mode de fonctionnement d'une mémoire à lecture et écriture pendant un cycle de lecture*) (inf) (*cf. aussi* read/write memory *et* read cycle).

read-modify-write cycle cycle de lecture-modification-écriture (inf) (*cf. aussi* read cycle *et* write cycle).

read-mostly memory *cf.* RMM.

read number nombre de lectures (*des informations contenues dans une mémoire et notamment une grille-mémoire de tube à mémoire*) (*cf. aussi* read[1] *et* storage mesh).

read-only memory mémoire à lecture seule, (*etc.*) (CI) (inf) (*cf. aussi* ROM).

read-only storage 1) mémorisation dans une mémoire morte (inf) (*cf. aussi* ROM). 2) *cf.* read-only memory.

read operation opération de lecture (*action de lire dans une mémoire numérique*) (inf) (*cf. aussi* read[1]).

read out *v* lire, (*parf.*) extraire, sortir (*des informations contenues dans la mémoire centrale d'un ordinateur*) (inf) (*cf. aussi* read[1] *et* main memory).

read-out *s cf.* readout. (*plus loin*).

read output signal de sortie de lecture (*signal fourni par la lecture d'une information dans une mémoire*) (inf, tube à mémoire) (*cf. aussi* read[1]).

read pulse impulsion de lecture (*ou de commande de lecture ou de sortie de mémoire*) (*impulsion appliquée à la borne de commande de lecture d'une mémoire numérique pour commander la lecture d'une information contenue dans une position de la mémoire*) (inf) (*cf. aussi* read[1], digital memory, memory location *et* pulse[1]).

read request demande de lecture (*signal émis par l'unité de commande d'un ordinateur lorsqu'une information doit être lue dans la mémoire centrale de l'appareil*) (inf) (*cf. aussi* control unit (a), main memory *et* read[1]).

read speed *cf.* reading speed.

read station poste de lecture (*partie d'un lecteur de support d'informations dans laquelle l'opération de lecture est exécutée, c-à-d. dans laquelle le support d'informations à lire est arrêté un court temps sous la rangée de dispositifs de lecture à chaque ligne d'informations à lire*) (inf) (*cf. aussi* reader).

read time temps de lecture, temps d'accès en lecture (*temps d'accès à une mémoire numérique en mode de lecture*) (inf) (*cf. aussi* access time *et* read mode).

read track boucle majeure (*mémoire à bulles*) (*cf. aussi* major loop).

read transistor transistor de lecture (*transistor rendu conducteur pour lire l'information contenue dans une cellule de mémoire à semiconducteur*) (CI) (inf) (*cf. aussi* transistor, memory cell *et* semiconductor memory).

read winding enroulement de lecture (*enroulement assurant la fonction de lecture dans une tête de lecture/écriture à deux enroulements*) (mémoire) (*cf. aussi* read/write head).

read wire fil de lecture (*conducteur d'une mémoire à tores magnétiques dont l'état électrique représente le binaire lu dans une cellule de la mémoire*) (inf) (*cf. aussi* magnetic-core memory, bit *et* memory cell).

read/write cell cellule de mémoire à lecture et écriture (*cellule d'une mémoire à lecture et écriture*) (inf) (*cf. aussi* memory cell *et* read/write memory).

read/write control commande de lecture et d'écriture (*mémoire*) (*cf. aussi* read[1] *et* write[1]).

read/write errors erreurs de lecture ou d'écriture (*mémoire*) (inf) (*cf. aussi* error detection).

read/write head tête de lecture/écriture, tête de lecture et écriture, tête mixte (*tête magnétique assurant la lecture et l'écriture dans une mémoire magnétique à défilement*) (*peut comporter un seul enroulement servant successivement pour l'écriture et la lecture ou deux enroulements, ce qui permet le contrôle de l'enregistrement des informations au fur et à mesure de son exécution*) (inf) (*cf. aussi* read head (a) *et* write head (a)).

read/write memory mémoire à lecture et écriture (*mémoire dans laquelle l'unité centrale d'un ordinateur peut lire ou introduire des informations suivant ses besoins*) (mémoire magnétique ou mémoire RAM) (*la mémoire centrale d'un ordinateur est par nature une mémoire à lecture et écriture*) (*cf. aussi* magnetic memory, RAM, main memory *et* central processing unit).

read/write operations opérations de lecture et d'écriture (*mémoire*) (*cf. aussi* read operation *et* write operation).

read/write time temps de lecture/écriture (*temps de lecture ou d'écriture d'une mémoire à lecture et écriture*) (inf) (*cf. aussi* read time, write time *et* read/write memory).

read/write window fenêtre de lecture/écriture, fenêtre d'accès (*ouverture allongée pratiquée dans l'enveloppe d'un disque souple pour permettre le passage et le déplacement de la tête de lecture/écriture*) (inf) (*cf. aussi* floppy disk).

readback 1) lecture (*au sens du terme anglais, lecture d'informations contenues dans une mémoire à défilement, par analogie à « playback »*) (inf) (*cf. aussi* reading, moving-medium memory *et* playback). 2) signalisation (de position *ou* d'état) (*signalisation de la position d'un organe mobile ou de l'état d'un dispositif par émission d'un signal, à partir de celui-ci, destiné à exciter un indicateur et notamment à allumer un voyant lumineux*) (*cf. aussi* pilot light *et* status signal).

reader lecteur (*appareil ou dispositif convertissant en signaux électriques des informations portées par un support d'informations ou un document*) (inf) (*cf. aussi* card reader, tape reader, optical reader, bar code reader *et* storage medium 1)).

reading 1) lecture (*d'informations portées par un support d'informations ou contenues dans une mémoire*) (inf, *etc.*) (*cf. aussi* read[1]). 2) valeur indiquée, indication (de l'appareil), valeur mesurée, (*parf.*) (une) mesure (*appareil de mesure indicateur*) (*cf. aussi* up reading, down reading, take a reading *et* indicating instrument).

reading beam faisceau de lecture (*faisceau d'électrons ou de lumière permettant la lecture d'informations enregistrées sur un support d'informations*) (*cf. aussi* read[1]) (a) *faisceau d'électrons balayant la cible d'un tube à mémoire en convertissant le relief de charges porté par celle-ci en variations de son intensité reproduisant le signal représenté par ce relief*) (*cf. aussi* storage tube) ; (b) *faisceau de lumière devant lequel défile la piste d'un disque optique*) (*cf. aussi* optical disk).

reading gun canon de lecture (*convertisseur de balayage*) (*cf. aussi* scan converter).

reading-in *s* introduction (*d'informations dans une mémoire numérique*) (inf) (*cf. aussi* writing).

reading-out extraction, sortie (*d'informations contenues dans une mémoire numérique*) (inf) (*cf. aussi* read[1]).

reading rate vitesse de lecture, cadence de lecture (*le second terme est le meilleur, mais le premier est le plus employé*) (*nombre de caractères, de mots, de groupes de mots ou de cartes perforées lus par unité de temps par un dispositif d'introduction de données*) (inf) (*cf. aussi* data entry device).

reading speed vitesse de lecture (a) *faisceau de lecture ou de lecture/écriture d'un tube à mémoire*) (*cf. aussi* reading beam (a)) ; (b) *cf. aussi* reading rate).

readout 1) indication (*au sens d'action d'indiquer*), (*parf.*) présentation, (*parf.*) affichage (*d'un résultat de mesure ou de calcul par un appareil de mesure ou autre*) (*cf. aussi* display[1] 1)). 2) *cf.* display[1] 1), 2) *et* 4)).

readout channel voie de mesure (*mesure centralisée*) (*cf. aussi* data logging).

readout device dispositif indicateur, (*etc.*) (*cf. aussi* readout 1)).

readout interval *cf.* measurement range 1).

readout register registre de lecture (*capteur à CCD*) (*cf. aussi* CCD sensor).

readout tube tube d'affichage (*tube à décharge permettant d'afficher un chiffre lumineux compris entre 0 et 9 inclusivement*) (*cf. aussi* Nixie tube).

readout unit *cf.* readout device.

ready-to-receive signal signal d'invitation à émettre (*signal émis par un télécopieur après réception du signal de mise en phase*) (tlg) (*cf. aussi* phasing signal).

real address adresse réelle (*adresse d'une instruction dans une mémoire réelle*) (inf) (*cf. aussi* instruction address *et* real memory).

real addressing adressage réel (*adressage utilisant des adresses réelles*) (*inf*) (*cf. aussi* real address *et* addressing mode).

real addressing mode mode d'adressage réel (*inf*) (*cf. aussi* real addressing).

real-aperture aerial (*GB*) *cf.* real-aperture antenna.

real-aperture antenna antenne à ouverture statique, (*etc.*) (*antenne de radar à ouverture statique*) (*clpf*) (*cf. aussi* real-aperture radar).

real-aperture radar radar à ouverture statique (*terme que j'ai proposé*) (*ou* réelle) (*anglicisme courant mais à éviter*) (*radar cartographique classique, c.-à-d. dans lequel l'angle d'ouverture du faisceau d'ondes émis par l'antenne est déterminé uniquement par les dimensions de celle-ci*) (*cf. aussi* ground-mapping radar *et* radar antenna).

real-aperture radar aerial *cf.* real-aperture antenna.

real-aperture radar antenna *cf.* real-aperture antenna.

real-beam aerial *cf.* real-aperture antenna.

real-beam antenna *cf.* real-aperture antenna.

real-beam ground mapping mode *cf.* real-beam mapping mode.

real-beam mapping mode mode cartographique avec ouverture statique, (*etc.*) (*mode cartographique classique d'un radar de nez d'avion militaire*) (*cf. aussi* real-beam radar *et* mapping mode).

real-beam mode *cf.* real-beam mapping mode.

real-beam radar *cf.* real-aperture radar.

real-beam radar aerial *cf.* real-aperture antenna.

real-beam radar antenna *cf.* real-aperture antenna.

real component composante active, composante wattée (*composante d'un courant alternatif sinusoïdal dans un circuit ou élément de circuit en phase avec la tension aux bornes de celui-ci*) (*cf. aussi* real power, sinusoidal current, in phase *et* component 3)).

real estate place, surface (*surface disponible ou occupée par un composant sur un substrat de circuit intégré monolithique ou hybride ou de circuit imprimé*) (*cf. aussi* chip area, board area, substrate *et* integrated component).

real-estate requirement place nécessaire, surface nécessaire (*cf. aussi* real estate).

real memory mémoire réelle, mémoire non virtuelle (*mémoire centrale d'un ordinateur utilisée normalement, c.-à-d. sans faire appel au concept de mémoire virtuelle*) (*inf*) (*cf. aussi* main memory).

real power puissance active (*puissance mise en jeu par la composante active d'un courant alternatif*) (*est égale au produit de la puissance apparente et du facteur de puissance, et s'exprime en watts*) (*cf. aussi* real component, apparent power, power factor *et* watt).

real threat menace réelle (*menace signalée notamment par un détecteur de radars ou de lasers et correspondant effectivement à l'émission d'un radar ou un autodirecteur radar actif hostile ou au pointage du faisceau d'un marqueur laser en direction de la cible considérée*) (*sdpo à « fausse alarme »*) (*mil*) (*cf. aussi* threat *et* warning receiver).

real-time *a* en temps réel (*caractéristique d'une opération ou d'un traitement exécuté(e) aussitôt après l'apparition du phénomène qui lui donne lieu, ou d'un appareil ou un dispositif fonctionnant suivant ce principe*) (*cf. aussi* real-time processing *et* on-line).

real-time analysis analyse en temps réel (*analyse de spectres ou d'informations en temps réel*) (*cf. aussi* real-time spectrum analysis *et* real-time data analysis).

real-time analyzer *cf.* real-time spectrum analyzer.

real-time bandwidth 1) largeur de bande en temps réel (*largeur de bande d'un oscilloscope sans mémoire ou utilisé sans celle-ci*) (*cf. aussi* oscilloscope bandwidth). 2) largeur de bande analysée en temps réel (*largeur de la bande de fréquences des signaux interceptés analysée en temps réel par un détecteur de radars*) (*mil*) (*cf. aussi* bandwidth *et* real-time analysis).

real-time bit mapping présentation binaire en temps réel (*présentation en temps réel de l'état binaire des cellules d'une mémoire RAM sur l'écran d'un analyseur d'états logiques ou d'un analyseur logique mixte*) (*inf*) (*cf. aussi* logic-state analyzer, logic state-and-timing analyzer *et* RAM[1]).

real-time clock horloge horaire (*nom parfois donné à une horloge ordinaire par opposition à une horloge d'ordinateur ou autre système à fonctionnement cadencé*) (*cf. aussi* clock[1]).

real-time computer ordinateur utilisé en temps réel (*utilisé ou* exploité, *selon le contexte*), ordinateur en temps réel (*ordinateur exécutant des traitements en temps réel*) (*inf*) (*cf. aussi* computer 2) *et* real-time processing).

real-time control commande en temps réel (*commande de processus avec un temps de réaction négligeable*) (*cf. aussi* process control *et* reaction time).

real-time data informations en temps réel (*informations fournies par un traitement d'informations en temps réel, c.-à-d. résultat d'un tel traitement*) (*inf*) (*cf. aussi* real-time processing *et* data).

real-time data analysis analyse d'informations en temps réel (*informations ou* données) (*cf. aussi* real-time bit mapping).

real-time display présentation en temps réel (*cf. aussi* display[1] 1) *et* real-time).

real-time emulation *cf.* in-circuit emulation.

real-time input introduction en temps réel (*introduction d'informations au fur et à mesure de leur création*) (*inf*) (*cf. aussi* data entry).

real-time link *cf.* real-time television link.

real-time measurement mesure en temps réel (*mesure instantanée de la valeur d'une grandeur à variation rapide telle que l'amplitude d'une impulsion de très courte durée, par exemple, effectuée par un analyseur de signaux ou un oscilloscope*) (*cf. aussi* pulse[1], signal analyzer *et* oscilloscope).

real-time operation fonctionnement en temps réel (*fonctionnement d'un ordinateur exécutant un traitement en temps réel ou d'un analyseur effectuant une analyse en temps réel*) (*cf. aussi* real-time processing *et* real-time analysis).

real-time oscilloscope oscilloscope en temps réel (*nom parfois donné à un oscilloscope ordinaire pour le distinguer d'un oscilloscope à échantillonnage*) (*cf. aussi* sampling oscilloscope *et* real-time).

real-time output sortie en temps réel (*présentation des résultats d'un traitement en temps réel ou fourniture des signaux correspondants*) (*inf*) (*cf. aussi* real-time processing).

real-time processing traitement en temps réel (*traitement d'un signal ou d'informations exécuté au fur et à mesure de la réception ou l'évolution du signal ou de la collecte des informations*) (*détecteur de radars, inf, etc.*) (*mil, etc.*) (*cf. aussi* signal processing, data processing *et* real-time).

real-time processor calculateur en temps réel, (*etc.*) (*calculateur exécutant des traitements en temps réel*) (*inf*) (*cf. aussi* processor 1) *et* real-time processing).

real-time readout indication en temps réel, (*etc.*) (*cf. aussi* readout *et* real-time output).

real-time signal processing traitement de signaux en temps réel (*de ou* des, *selon le contexte*) (*détecteur de radars, etc.*) (*mil, etc.*) (*cf. aussi* real-time processing).

real-time signal processor *cf.* real-time processor.

real-time simulation simulation en temps réel (*simulation effectuée dans le même temps que le déroulement du processus réel*) (*cf. aussi* simulation).

real-time simulator simulateur en temps réel (*simulateur effectuant des simulations en temps réel*) (*cf. aussi* simulator (a) *et* real-time simulation).

real-time spectrum analysis analyse de spectres en temps réel (*analyse du spectre de signaux effectuée en temps réel et notamment analyse des signaux interceptés par un détecteur de radars effectuée par l'analyseur de spectres de l'appareil au fur et à mesure de l'interception*) (*avia. mil*) (*cf. aussi* spectrum analysis *et* radar warning receiver).

real-time spectrum analyzer analyseur de spectres en temps réel, analyseur en temps réel (*analyseur de spectres réalisant l'analyse en temps réel*) (*cf. aussi* spectrum analyzer *et* real-time spectrum analysis).

real-time television down-link liaison de télévision en temps réel avec le sol, (*parf. aussi*) liaison de télévision air-sol en temps réel, (*parf. aussi*) liaison de télévision satellite-sol en temps réel (*liaison de télévision en temps réel entre un avion de reconnaissance sans pilote ou un satellite et le sol avec transmission radioélectrique des signaux fournis par la caméra de l'engin*) (*mil*) (*cf. aussi* real-time television link).

real-time television link liaison de télévision en temps réel, liaison en temps réel *(liaison de télévision entre un engin militaire ou autre équipé d'une caméra de télévision et un point fixe ou mobile avec transmission des signaux fournis par la caméra au fur et à mesure de leur élaboration, sans enregistrement préalable à bord de l'engin) (la liaison entre l'engin et le point de réception peut être assurée par une onde radio-électrique ou, dans le cas d'un missile antichar, par une fibre optique) (cf. aussi* real-time television down-link, television link, radio transmission *et* optical fiber).

real-time transmission transmission en temps réel *(transmission d'informations sans mémorisation intermédiaire de celles-ci, c-à-d. au fur et à mesure de leur collecte ou élaboration) (ce terme désigne souvent la transmission d'images de télévision en temps réel) (cf. aussi* real-time television link *et* information).

real-time video information information vidéo transmise en temps réel *(images transmises par une liaison de télévision en temps réel) (mil) (cf. aussi* real-time television link).

real-time video signal processing traitement des signaux vidéo en temps réel *(cf. aussi* video signal processing *et* real-time processing).

rear connector connecteur arrière *(ou* monté à l'arrière), *(etc.) (cf. aussi* rear-panel mounting, rear input connector, rear output connector *et* connector (a)).

rear coverage *cf.* rear-hemisphere coverage.

rear-hemisphere coverage couverture de l'hémisphère arrière, couverture arrière *(couverture d'un avion militaire assurée par un détecteur de menaces) (cf. aussi* warning receiver).

rear illumination éclairage par l'arrière *(afficheur passif, cadran, etc.) (cf. aussi* passive display).

rear input entrée à l'arrière, entrée sur connecteur arrière, *(etc.) (entrée d'un signal par un connecteur arrière) (cf. aussi* rear connector).

rear input connector connecteur d'entrée monté à l'arrière, *(etc.) (cf. aussi* rear connector).

rear jamming antenna antenne de brouillage arrière *(ou* montée à l'arrière *ou* postérieure) *(antenne d'un brouilleur d'avion militaire montée à l'arrière de celui-ci) (cf. aussi* jamming antenna).

rear-mounted unit version pour montage par l'arrière *(composant) (cf. aussi* rear mounting *et* unit 3)).

rear-mounted version *cf.* rear-mounted unit.

rear mounting montage par l'arrière *(montage d'un composant conçu pour être fixé dans une ouverture pratiquée dans la platine avant d'un appareil après l'avoir introduit par la face arrière de la platine) (appareil de mesure, afficheur, voyant, etc.) (cf. aussi* front panel *et* mounting).

rear output sortie à l'arrière, sortie sur connecteur arrière, *(etc.) (sortie d'un signal par un connecteur arrière) (cf. aussi* rear connector).

rear output connector connecteur de sortie monté à l'arrière, *(etc.) (cf. aussi* rear connector).

rear panel face arrière, *(parf.)* panneau arrière *(d'un coffret d'appareil, etc.) (cf. aussi* front panel).

rear-panel connector *cf.* rear connector.

rear-panel control commande montée sur la face arrière, commande sur face arrière, commande à l'arrière *(cf. aussi* rear-panel mounting).

rear-panel mounted monté sur la face arrière, monté à l'arrière *(cf. aussi* rear-panel mounting).

rear-panel mounting montage sur la face arrière *(parf.* le panneau arrière), montage à l'arrière *(montage d'un connecteur, d'un interrupteur, d'un porte-fusible, d'un sélecteur de tension ou autre composant sur la face postérieure du châssis ou du coffret d'un appareil) (cf. aussi* mounting).

rear-panel socket *cf.* rear connector.

rear polarizer polariseur arrière, polariseur postérieur *(afficheur) (cf. aussi* liquid-crystal display 2)).

rear projection projection par l'arrière, projection arrière, projection sur verre dépoli *(projection d'images de télévision sur grand écran avec le récepteur disposé derrière l'écran, celui-ci étant translucide) (cf. aussi* projection television).

rear-projection screen écran à projection arrière *(ou* par l'arrière) *(TV) (cf. aussi* rear projection).

rear-projection television télévision sur grand écran avec projection par l'arrière, télévision à projection par l'arrière *(cf. aussi* rear projection).

rear-projection television set poste de télévision à projection arrière *(cf. aussi* rear projection).

rear terminal borne montée à l'arrière, *(etc.) (cf. aussi* rear mounting).

rearm *v* réarmer *(remettre un dispositif à fonctionnement coup par coup en état de fonctionner une nouvelle fois après un cycle de fonctionnement) (oscilloscope, etc.) (cf. aussi* single sweep).

rearrangeable concentrator concentrateur à mailles d'entraide *(concentrateur de lignes téléphoniques équipé d'un réseau de connexion à mailles d'entraide) (cf. aussi* concentrator *et* rearrangeable network).

rearrangeable network réseau de connexion à mailles d'entraide, réseau à mailles d'entraide *(réseau de connexion avec blocage dans lequel un commutateur quelconque d'un étage de commutation peut être relié à un autre commutateur du même étage par une liaison dite « maille d'entraide » lorsque sa liaison ou « maille » avec un commutateur de l'étage suivant est occupée, ce afin de réduire la probabilité de blocage) (central tél) (cf. aussi* blocking network).

rearrangeable switching network *cf.* rearrangeable network.

rebalance[1] *v* refaire l'équilibre *(d'un pont de mesure) (cf. aussi* bridge).

reboot[1] *v* ré-initialiser *(un ordinateur) (remettre les circuits d'un ordinateur à l'état initial sans l'arrêter, généralement après un incident de traitement, en appuyant sur une combinaison de touches ou sur un bouton-poussoir prévu à cet effet) (inf) (cf. aussi* boot *et* initialization).

reboot[2] *s (parf.* bouton de) ré-initialisation *(cf. aussi* reboot[1]).

rebroadcast[1] *v* retransmettre *(cf. aussi* rebroadcast[2]).

rebroadcast[2] *s* retransmission *(émission d'un programme de radiodiffusion sonore ou visuelle un certain temps après son déroulement) (cf. aussi* live broadcast).

rebroadcasting *cf.* rebroadcast[2].

REC *cf.* recording.

receding aspect présentation arrière *(cible radar) (cf. aussi* aspect angle).

receding speed vitesse d'éloignement *(vitesse à laquelle une cible s'éloigne du radar qui la suit) (cf. aussi* range rate).

receding target cible en éloignement *(ou* en présentation arrière) *(cible s'éloignant du radar qui la suit) (avia, etc.) (cf. aussi* aspect angle).

receive aerial *(GB) cf.* receiving antenna.

receive antenna *cf.* receiving antenna.

receive array antenne multiple de réception, *(etc.) (cf. aussi* array antenna *et* receiving antenna).

receive beam faisceau de réception *(terme impropre utilisé parfois pour désigner le lobe principal du diagramme de directivité d'une antenne de radar fonctionnant en mode de réception, c.-à-d. lors de la réception d'un écho) (il est évident que le faisceau d'une antenne ne peut exister que lorsqu'elle émet) (cf. aussi* main lobe).

receive crystal quartz d'oscillateur local *(quartz d'un oscillateur à quartz utilisé comme oscillateur local) (super) (cf. aussi* crystal oscillator *et* local oscillator).

receive filter filtre de réception *(filtre passe-bande monté à l'entrée d'un récepteur pour éliminer les signaux indésirables) (cf. aussi* band-pass filter).

receive loop cadre (de réception) *(antenne) (cf. aussi* loop antenna).

receive mode *cf.* receiving mode.

receive not ready *cf.* RNR.

receive-only teleprinter téléimprimeur récepteur, téléimprimante *(téléimprimeur fonctionnant uniquement en mode de réception) (tlg) (cf. aussi* teleprinter).

receive-only teletypewriter *cf.* receive-only teleprinter.

receive-only terminal terminal récepteur *(nom parfois donné à un téléimprimeur récepteur) (cf. aussi* receive-only teleprinter).

receive ready *cf.* RR.

receive section *cf.* receiving section.

receive side *cf.* receiving end.

receive terminal *cf.* receiving terminal.

received echo écho reçu *(radar, sonar) (cf. aussi* radar echo *et* sonar echo).

received signal signal reçu *(par un récepteur, ou constitué par une onde captée) (cf. aussi* signal[1], receiver *et* picked-up wave).

received wave *cf.* picked-up wave.

receiver récepteur *s, (souvent aussi)* appareil récepteur, poste récepteur, *(parf. aussi)* dispositif récepteur *(appareil ou dispositif permettant d'utiliser les informations transmises par des signaux) (les informations peuvent être sonores ou visuelles ou être utilisées directement sous la forme de courants électriques) (le signal qui les transmet peut être un courant électrique ou une onde électromagnétique ou acoustique)* (a) *récepteur télégraphique, récepteur radio, récepteur de télévision, récepteur de radar, récepteur optique, récepteur de sonar) (en l'absence de précisions, le terme « récepteur » désigne généralement un récepteur radio) (cf. aussi* radio receiver, television receiver, radar receiver, optical receiver, telegraph receiver, sonar receiver, signal[1] *et* transmitter); (b) *cf. aussi* telephone receiver); (c) *cf. aussi* synchro receiver).

receiver aerial *(GB) cf.* receiver antenna.

receiver aircraft aéronef récepteur *(avion ou hélicoptère militaire dans lequel est monté le récepteur d'un radar bistatique embarqué) (cf. aussi* airborne bistatic radar).

receiver alignment alignement du récepteur *(cf. aussi* alignment 1)).

receiver antenna antenne du récepteur *(parf. de récepteur) (autres noms d'une antenne de réception employés notamment pour un radar bistatique) (cf. aussi* receiving antenna *et* bistatic radar).

receiver bandwidth bande passante du récepteur *(parf. d'un récepteur) (bande passante d'un récepteur radioélectrique) (cf. aussi* bandwidth 2) *et* RF receiver).

receiver board carte récepteur, carte réceptrice, carte de réception *(carte à circuit imprimé portant les circuits de réception d'un modem réalisé en circuits imprimés) (télinf) (cf. aussi* printed-circuit board 1) *et* modem).

receiver capsule capsule d'écouteur (téléphonique) *(cf. aussi* telephone receiver).

receiver card *cf.* receiver board.

receiver circuitry (les) circuits du récepteur *(cf. aussi* receiving section *et* circuitry).

receiver diode diode réceptrice, *(parf.)* diode du récepteur *(photodiode d'une liaison par fibre optique) (cf. aussi* fiberoptic link).

receiver front end circuits d'entrée du récepteur, *(etc.) (cf. aussi* front end 1)).

receiver front-end protection protection des circuits d'entrée (du récepteur) *(ce terme s'applique notamment à un récepteur de radar) (cf. aussi* front end 1) *et* TR tube).

receiver gain gain du récepteur *(gain de la chaîne d'amplification à fréquence intermédiaire d'un récepteur superhétérodyne ou de la chaîne d'amplification à haute fréquence d'un récepteur à amplification directe) (cf. aussi* gain 1), IF amplifier *et* tuned radio-frequency receiver).

receiver gating déblocage du récepteur *(rétablissement du gain normal d'un récepteur radar pendant l'intervalle de temps de réception possible d'un écho) (cf. aussi* sensitivity-time control).

receiver input entrée du récepteur *(bornes d'entrée d'un récepteur) (cf. aussi* input[1] *et* receiver (a)).

receiver input impedance impédance d'entrée du récepteur *(impédance de l'étage d'entrée d'un récepteur radioélectrique) (cf. aussi* input impedance *et* RF receiver).

receiver input signal signal d'entrée du récepteur, signal appliqué à l'entrée du récepteur.

receiver input terminals bornes d'entrée du récepteur *(cf. aussi* receiver input).

receiver location emplacement du récepteur *(emplacement d'un récepteur radioélectrique ou autre dans un mobile, un immeuble ou une zone géographique) (cf. aussi* receiver site *et* RF receiver).

receiver noise bruit du récepteur *(parf.* d'un récepteur), bruit propre *(idem) (bruit électrique à la sortie d'un récepteur radioélectrique ou sonar ou optique) (dans un récepteur radioélectrique ou sonar, le bruit est dû à ses circuits et notamment à ses étages d'amplification, en plus de bruit éventuel à l'entrée ; dans un récepteur optique, le bruit est dû en premier lieu à la nature quantique de l'effet photoélectrique) (cf. aussi* noise 2) (a), internal noise, RF receiver, low-noise receiver, optical receiver *et* photoelectric effect).

receiver noise figure facteur de bruit du récepteur *(cf. aussi* noise figure *et* receiver noise).

receiver noise level niveau de bruit du récepteur *(cf. aussi* noise level *et* receiver noise).

receiver noise sources sources de bruit du récepteur *(phénomènes responsables du bruit d'un récepteur) (cf. aussi* noise source (a) *et* receiver noise).

receiver noise temperature température de bruit du récepteur *(cf. aussi* noise temperature *et* receiver noise).

receiver output sortie du récepteur (a) *bornes de sortie d'un récepteur);* (b) *cf. aussi* receiver output signal) *(cette acception est très courante en anglais).*

receiver output signal signal de sortie du récepteur.

receiver primaries (les) primaires reproduites *(récepteur TVC) (cf. aussi* display primaries).

receiver rack bâti du récepteur *(cf. aussi* rack 1)).

receiver radiation rayonnement du récepteur *(parf.* d'un récepteur) *(rayonnement électromagnétique parasite émis par l'oscillateur local d'un récepteur superhétérodyne lorsque cet oscillateur est insuffisamment blindé) (l'oscillateur local se comporte alors comme un émetteur radio à ondes entretenues dont le signal peut produire des phénomènes d'interférence dans des récepteurs voisins) (cf. aussi* local oscillator, CW transmitter (a) *et* interference 2)).

receiver section *cf.* receiving section.

receiver sensitivity sensibilité du récepteur *(parf.* d'un récepteur) *(amplitude minimale du signal d'entrée d'un récepteur radioélectrique pour laquelle celui-ci fournit un signal utilisable) (cf. aussi* amplitude, RF receiver *et* sensitivity).

receiver set poste récepteur *(cf. aussi* receiver (a)).

receiver side *cf.* on the receiver side.

receiver signal-to-noise ratio rapport signal/bruit du récepteur *(rapport signal/bruit d'un récepteur radioélectrique) (cf. aussi* signal-to-noise ratio *et* radio receiver).

receiver site lieu du récepteur, emplacement du récepteur *(emplacement d'un récepteur radioélectrique ou autre dans une zone géographique) (cf. aussi* receiver location).

receiver synchro synchrorécepteur *s (asser) (cf. aussi* synchro receiver).

receiver unit appareil récepteur *(cf. aussi* receiver (a)).

receiving[1] *a* de réception, récepteur, réceptrice *(tlg, tél, radio, radar, etc.).*

receiving[2] *s cf.* reception.

receiving ... *cf.* receive ... *et* reception ... *(pour les termes qui ne figurent pas ci-après).*

receiving aerial *(GB) cf.* receiving antenna.

receiving antenna antenne de réception, antenne réceptrice *(antenne conçue pour capter des ondes radioélectriques qu'elle convertit en courant à haute fréquence excitant l'étage d'entrée d'un récepteur radioélectrique auquel elle est reliée) (cf. aussi* antenna *et* RF receiver).

receiving chain *cf.* receiving system. *(ce terme étant le plus employé).*

receiving circuitry (les) circuits de réception *(ce terme s'emploie principalement dans le cas d'un émetteur-récepteur) (cf. aussi* receiving section *et* receiver circuitry).

receiving country pays de réception *(pays dans lequel est reçu un message ou une émission de radiodiffusion sonore ou visuelle en provenance d'un autre pays, directement ou par l'intermédiaire d'un satellite de télécommunications).*

receiving device dispositif récepteur, dispositif de réception *(cf. aussi* receiver).

receiving electroacoustic transducer transducteur électroacoustique récepteur, transducteur récepteur *(transducteur électroacoustique convertissant une onde acoustique en un courant électrique d'intensité variable) (microphone, hydrophone) (cf. aussi* electroacoustic transducer).

receiving electronics électronique de réception *(nom parfois donné à la partie réception d'un appareil) (cf. aussi* receiving section *et* electronics[1] (c)).

receiving end extrémité réceptrice *(celle des deux stations d'une liaison de télécommunications à laquelle parvient un message à l'instant considéré) (cf. aussi* at the receiving end *et* communications link).

receiving equipment 1) matériel de réception *(récepteurs, antennes, etc.).* 2) appareil récepteur *(cf. aussi* receiver).

receiving frequency *cf.* reception frequency.

receiving mode mode de réception *(mode de fonctionnement d'un appareil ou un dispositif émetteur-récepteur lors de la réception de signaux) (dans le cas d'un radar, les signaux sont des échos) (cf. aussi* receiving section).

receiving point point de réception *(point d'implatation d'un récepteur ou d'une antenne de réception) (cf. aussi* receiver location).

receiving-rectifying antenna *cf.* rectenna.

receiving section partie réception, partie réceptrice *(le premier terme est le plus employé) (ensemble des circuits de réception d'un appareil ou un dispositif émetteur-récepteur) (cf. aussi* receiver (a) *et* transmitting section).

receiving set poste récepteur *(ce terme désigne généralement un récepteur radio, mais couvre en fait tous les types de récepteurs) (cf. aussi* receiver (a)).

receiving site lieu de réception *(cf. aussi* receiver site).

receiving station station de réception, station réceptrice *(station équipée d'un ou plusieurs récepteurs) (cf. aussi* station 1) *et* receiver).

receiving system chaîne de réception *(ensemble des appareils ou dispositifs permettant la réception de signaux déterminés) (ce terme s'applique généralement à un récepteur radioélectrique et désigne alors l'ensemble des éléments formés par l'antenne, la ligne de transmission reliant celle-ci au récepteur, les étages successifs de ce dernier et le dispositif de présentation des informations transmises par les signaux) (est employé notamment pour un radar) (cf. aussi* receiver (a), radio receiver, radar receiver *et* system).

receiving terminal terminal récepteur *(terminal d'ordinateur recevant un message en provenance de celui-ci) (cf. aussi* computer terminal).

receiving transducer *cf.* receiving electroacoustic transducer.

receiving tube tube de réception, tube électronique *(idem) (tube électronique pour signaux à haute fréquence de faible puissance) (cf. aussi* electron tube *et* signal power).

receptacle 1) prise de courant. 2) socle de connecteur *(cf. aussi* connector socket).

reception réception *(utilisation de signaux à l'aide d'un récepteur) (cf. aussi* radio reception, television reception, signal[1] *et* receiver).

reception area zone de réception *(zone dans laquelle un signal est reçu ou peut être reçu) (a) zone géographique ou autre de réception d'un signal radioélectrique ou autre) (radio, etc.) (cf. aussi* radio reception) ; (b) *zone sous-marine ou autre de réception d'un signal acoustique) (sonar) (cf. aussi* sonar).

reception frequency fréquence de réception *(fréquence d'un signal reçu) (radio, etc.) (cf. aussi* carrier frequency).

reception level niveau de réception *(niveau du signal reçu par un récepteur) (radio, etc.) (cf. aussi* signal level *et* receiver (a)).

reception problems difficultés de réception *(radio).*

reception side *cf.* on the receiver side.

reception threshold seuil de réception *(autre nom de la sensibilité d'un récepteur employé dans un contexte quelque peu différent) (cf. aussi* receiver sensitivity).

recessed-oxide isolation isolement par oxide en retrait *(CI) (cf. aussi* oxide isolation).

recharge[1] *v* recharger, charger de nouveau *(rétablir la charge d'un condensateur ou d'un accumulateur déchargé) (cf. aussi* capacitor *et* storage cell 1)).

recharge[2] *s* recharge *sf (cf. aussi* recharge[1]).

rechargeable battery 1) batterie d'accumulateurs *(cf. aussi* storage battery). 2) pile rechargeable *(pile électrique pouvant* être rechargée un petit nombre de fois comme un accumulateur après avoir servi une première fois comme une pile) (cf. aussi* primary battery).

rechargeable cell pile rechargeable (à un seul élément) *(cf. aussi* rechargeable battery 2)).

reciprocal circuit element *cf.* reciprocal element.

reciprocal element élément réciproque, élément de circuit réciproque *(élément de circuit déphasant de la même quantité le signal qui le traverse dans un sens ou dans l'autre) (cf. aussi* circuit element, phase shift *et* non-reciprocal element).

reciprocal transducer *cf.* reversible transducer.

reciprocating tuner syntoniseur à translation *(ensemble de pistons enfoncés simultanément dans les cavités de l'anode d'un magnétron à sauts de fréquence pour faire varier leur fréquence de résonance et, par conséquent, celle du signal fourni par le tube) (le mouvement de translation alternatif du syntoniseur est commandé par un moteur électrique) (mil) (cf. aussi* frequency-hopping magnetron).

reciprocity principle principe de réciprocité *(principe selon lequel le rapport entre l'amplitude du signal de sortie d'un transducteur réversible et l'amplitude du signal d'entrée ne change pas lorsque l'on permute l'entrée et la sortie) (cf. aussi* reversible transducer).

reciprocity theorem *(of electric networks)* théorème de réciprocité (des réseaux électriques) *(théorème selon lequel, dans un réseau électrique passif, si la création d'une force électromotrice E dans une branche provoque la circulation d'un courant d'intensité I dans une autre branche, la création de la même force électromotrice dans la seconde branche provoque la circulation du même courant dans la première) (cf. aussi* passive network).

recirculate mode mode de circulation *(mode de fonctionnement d'une mémoire à circulation) (inf) (cf. aussi* circulating memory).

recirculating memory mémoire à circulation *(inf) (cf. aussi* circulating memory).

recognizer *cf.* speech recognition system.

recoil electron électron de recul *(nom donné à l'électron mis en mouvement dans l'effet Compton) (cf. aussi* Compton effect).

recombination recombinaison *(réunion d'un électron et d'un atome ionisé positivement pour former un atome neutre dans un gaz ionisé ou un semiconducteur) (cf. aussi* ionized atom *et* carrier recombination).

recombination base current *(parf.* intensité du) courant de recombinaison dans la base *(courant dans la base d'un transistor bipolaire produit par la recombinaison des porteurs dans celle-ci ou, parfois, intensité de ce courant) (cf. aussi* carrier recombination *et* bipolar transistor).

recombination losses pertes par recombinaison *(diminution du nombre de porteurs de charge dans une zone déterminée d'un composant à semiconducteur due à la recombinaison de certains d'entre eux) (cf. aussi* carrier recombination).

recombination process processus de recombinaison *(cf. aussi* recombination).

recombination radiation rayonnement de recombinaison *(rayonnement optique produit par la recombinaison des porteurs de charge dans une diode émissive) (cf. aussi* radiative recombination).

recombination rate vitesse de recombinaison *(inverse de la durée de vie des porteurs de charge en excès dans un semiconducteur) (cf. aussi* carrier lifetime).

recombination velocity *cf.* recombination rate.

reconditioned-carrier reception réception avec renforcement de la porteuse *(cf. aussi* exalted-carrier reception).

reconfigurable memory *cf.* reprogrammable memory.

reconnaissance radar radar de reconnaissance *(radar cartographique monté sur un avion ou un satellite de reconnaissance) (mil) (cf. aussi* ground-mapping radar 1)).

reconnaissance radar image image fournie par un radar de reconnaissance, image de radar de reconnaissance *(mil) (cf. aussi* reconnaissance radar).

reconnaissance radar imagery images ... *(voir aussi* reconnaissance image) *(cf. aussi* imagery).

reconnaissance receiver récepteur d'écoute embarqué *(ou* aéroporté) (*récepteur d'écoute monté dans un avion de reconnaissance piloté ou sans pilote*) (mil) (*cf. aussi* surveillance receiver).

reconnect *v* reconnecter, rebrancher (*connecter une nouvelle fois, éventuellement à une autre borne ou un autre point d'un circuit*) (*cf. aussi* connect 1)).

reconnection reconnexion, rebranchement, (*parf.*) changement de branchement (*cf. aussi* reconnect).

reconstruct a signal *v* reconstituer un signal.

reconstruction filter filtre de reconstitution (*d'un signal*).

recontrol time *cf.* recovery time 1).

reconverter dénumériseur (*cf. aussi* digital-to-analog converter).

record[1] *s* **1)** (un) enregistrement (*signal ou autres informations enregistrés à l'aide d'un enregistreur*) (*cf. aussi* recorder). **2)** disque (phonographique) *cf. aussi* phonograph record).

record[2] *v* enregistrer (*des signaux ou autres informations*) (*cf. aussi* record[1]).

record changer changeur de disques (*dispositif permettant d'utiliser successivement et automatiquement plusieurs disques sur un tourne-disque ou, par extension, tourne-disque équipé d'un tel dispositif*) (*cf. aussi* record player).

record gap espace interbloc (enr. mag) (inf) (*cf. aussi* interblock gap).

record head *cf.* recording head.

record length longueur d'enregistrement (*nombre d'unités d'informations enregistrées en une seule fois sur un support à défilement*) (*dans le cas fréquent d'informations enregistrées sous forme binaire, l'unité d'informations est le caractère binaire ou le mot binaire*) (inf, etc.) (*cf. aussi* moving medium, binary character *et* binary word).

record medium *cf.* recording medium.

record player tourne-disque (*phonographe dans lequel la tête de lecture mécano-acoustique est remplacée par une tête mécano-électrique ou, dans une « platine laser », par une tête optique et le moteur mécanique par un moteur électrique*) (*cf. aussi* mechanical phonograph, phonograph pick-up, optical pick-up *et* player 2), 3) *et* 4)).

record pressing pressage des disques (*cf. aussi* pressing 1)).

record sheet feuille de réception (*feuille de papier sur laquelle est reproduit le document transmis dans un télécopieur fonctionnant en mode de réception*) (tlg) (*cf. aussi* facsimile machine).

record time *cf.* recording time.

recorded broadcast émission en différé (*cf. aussi* recorded program).

recorded data données enregistrées (*cf. aussi* data *et* recorded information).

recorded information informations enregistrées, (*etc.*) (*sur un support d'enregistrement*) (*cf. aussi* information *et* recording medium 1)).

recorded material *cf.* recorded information.

recorded program programme émis en différé, émission en différé (*programme de radiodiffusion sonore ou visuelle enregistré sur bande magnétique ou autre support d'enregistrement pour être émis ultérieurement*) (*ne pas confondre le terme anglais avec « stored program »*) (*cf. aussi* program (b), recording medium *et* stored program).

recorded tape bande enregistrée (*bande magnétique portant un enregistrement*) (*cf. aussi* magnetic tape *et* record[1] 1)).

recorded voice announcement annonce enregistrée (*répondeur tél, etc.*).

recorder enregistreur *sm* (*appareil permettant l'enregistrement d'informations par l'intermédiaire d'un courant électrique excitant un dispositif produisant une modification locale d'une caractéristique d'un support d'informations en mouvement relatif par rapport au dispositif*) (*la caractéristique modifiée peut être la continuité de la surface, son coefficient de réflexion, son aimantation ou sa composition chimique*) (*cf. aussi* recording instrument, mechanical recorder, graphic recorder, magnetic recorder, optical recorder *et* recording medium).

recorder chart graphique tracé par un enregisteur (graphique) (*cf. aussi* graphic recorder).

recorder chart paper *cf.* recording paper.

recorder paper *cf.* recording paper.

recorder sentitivity sensibilité de l'enregistreur (*parf.* d'un enregistreur) (*amplitude de la courbe tracée par un enregistreur graphique ou optique par unité d'amplitude du signal enregistré*) (*s'exprime généralement en millivolts par centimètre, c.-à-d. sous la forme inverse de la définition, à savoir sous la forme de l'amplitude du signal nécessaire par unité d'amplitude de la courbe tracée ; est généralement réglable par paliers*) (*dans le cas d'un enregistreur graphique, l'amplitude de la courbe est égale à l'amplitude du déplacement du dispositif d'inscription ; dans le cas d'un enregistreur optique, l'amplitude de la courbe est proportionnelle à l'angle de rotation du miroir*) (*cf. aussi* graphic recorder, optical recorder *et* sensitivity).

recording **1)** (l')enregistrement (*en électronique, consignation d'informations sur un support durable à l'aide d'un appareil appelé « enregistreur »*) (*noter que l'on emploie généralement le terme « enregistrement » lorsque les informations à enregistrer sont représentées par un signal analogique et « mémorisation » lorsqu'elles sont représentées par un signal numérique*) (*cf. aussi* mechanical recording, graphic recording, magnetic recording, optical recording, analog signal, digital signal *et* recorder). **2)** *cf.* record[1] 1).

recording ... *cf.* record ... (*pour les termes qui ne figurent pas ci-après*).

recording blank *cf.* recording disk.

recording camera chambre d'enregistrement (*chambre photographique conçue pour être montée sur l'écran du tube cathodique d'un oscilloscope ou autre appareil pour photographier l'image lumineuse formée sur l'écran*) (*cf. aussi* oscillograph (b)).

recording channel voie d'enregistrement (*ensemble des circuits et organes formant une voie d'un enregistreur multivoie*) (*cf. aussi* multichannel recorder).

recording characteristic *cf.* recording curve.

recording curve courbe d'enregistrement, caractéristique d'enregistrement (*courbe représentant l'atténuation des fréquences basses d'un signal à enregistrer sur disque phonographique et l'accentuation des fréquences élevées opérées lors de la gravure à amplitude constante du disque original*) (*l'amplitude des déplacements du burin d'un graveur de disques étant inversement proportionnelle à la fréquence du signal enregistré, aux fréquences basses de celui-ci, les ondulations d'un sillon risquent de chevaucher celles des sillons voisins ; c'est pourquoi ces fréquences sont soumises à une atténuation, celle-ci étant d'autant plus grande que leur valeur est plus basse*) (*inversement et pour la même raison, aux fréquences élevées du signal, l'amplitude des déplacements du burin n'est plus suffisante pour assurer une bonne reproduction du signal lors de la lecture ; c'est pourquoi ces fréquences sont soumises à une « préaccentuation » proportionnelle à leur valeur*) (*l'opération inverse — relèvement des fréquences basses et désaccentuation des fréquences élevées — est réalisée dans l'amplificateur des tourne-disques et électrophones pour retrouver le rapport des amplitudes des différentes fréquences du signal original*) (*cf. aussi* pre-emphasis (c), companding, constant-amplitude recording *et* cutting stylus).

recording density densité d'enregistrement (*nombre de binaires enregistrés par unité de longueur ou de surface d'un support d'informations à défilement*) (*mémoire*) (inf) (*cf. aussi* linear bit density, track density, packing density 2) *et* storage density).

recording device *cf.* recording instrument.

recording disk disque original (*disque sur lequel les sons sont enregistrés par gravure dans l'enregistrement du son sur disque classique*) (*cf. aussi* master disk).

recording equipment **1)** matériel d'enregistrement (*enregistreurs et leurs accessoires : rouleaux et feuilles de papier, bandes et fils magnétiques, plumes, encres, etc.*) (*cf. aussi* recorder). **2)** *cf.* recording instrument.

recording galvanometer galvanomètre enregistreur (*nom donné au galvanomètre à cadre mobile constituant l'élément de mesure d'un enregistreur galvanométrique*) (*cf. aussi* moving-coil galvanometer *et* direct-writing recorder).

recording head tête d'enregistrement *(tête magnétique convertissant un signal électrique en variations d'aimantation d'un support à défilement magnétique) (enr. mag) (cf. aussi* magnetic head, moving magnetic medium *et* write head).

Recording Industry Association of America Association américaine de l'industrie de l'enregistrement, RIAA *(organisme de normalisation et syndicat américain des fabricants de disques phonographiques et tourne-disques) (cf. aussi* RIAA curve).

recording instrument appareil enregistreur *(nom initial et plus complet d'un enregistreur) (cf. aussi* recording measuring instrument).

recording lamp lampe d'enregistrement *(lampe électrique produisant la lumière concentrée en faisceau d'intensité éventuellement variable impressionnant le support photosensible dans un enregistreur optique ou un télécopieur) (cf. aussi* optical recorder *et* facsimile machine).

recording level niveau d'enregistrement *(niveau d'un signal appliqué à un enregistreur et notamment à un enregistreur à bande magnétique) (cf. aussi* level 1) *et* VU meter).

recording loss perte d'amplitude (à l'enregistrement) *(différence entre l'amplitude du déplacement du burin graveur et l'amplitude de l'ondulation du sillon gravé par celui-ci dans un disque phonographique due à l'élasticité de la matière du disque) (cf. aussi* cutting stylus).

recording measuring instrument appareil de mesure enregistreur *(nom complet d'un enregistreur conçu aux fins de mesure) (ce terme n'est employé que pour rappeler qu'un tel enregistreur est un type particulier d'appareil de mesure ou par opposition à « appareil de mesure indicateur ») (cf. aussi* recorder, indicating instrument *et* measuring instrument).

recording medium 1) support d'enregistrement *(objet sur lequel ou dans lequel est réalisé un enregistrement) (sauf l'exception notable constituée par le support d'enregistrement utilisé dans un traceur de courbes classique, un tel support est toujours du type à défilement) (cf. aussi* record[1] 1), moving medium, X-Y recorder *et* storage medium). 2) milieu d'enregistrement *(matière dans laquelle un enregistrement est effectivement réalisé) (peut être la matière du support d'enregistrement lui-même ou une matière portée par celui-ci) (cf. aussi* magnetic recording medium).

recording noise bruit d'enregistrement *(bruit d'un signal enregistré dû au bruit des circuits de l'enregistreur) (ce terme s'applique surtout à l'enregistrement magnétique) (cf. aussi* noise 2) (a) *et* magnetic recording).

recording paper papier d'enregistrement, papier pour enregistreurs *(papier en rouleaux pour enregistreurs graphiques à défilement ou en feuilles pour traceurs de courbes) (cf. aussi* strip-chart recorder *et* X-Y recorder).

recording-playback head tête d'enregistrement/lecture *(tête magnétique de magnétophone conçue pour être utilisée tant comme tête d'enregistrement que comme tête de lecture) (cf. aussi* magnetic head).

recording process procédé d'enregistrement, méthode d'enregistrement, *(parf.* processus ...) *(cf. aussi* recording 1)).

recording rate vitesse d'enregistrement *(nombre de binaires enregistrés par unité de temps dans une mémoire à défilement) (inf) (cf. aussi* bit *et* moving-medium memory).

recording spot point lumineux (d'enregistrement) *(formé sur le papier photosensible par la lampe et le système optique d'un enregistreur optique ou d'un télécopieur) (cf. aussi* optical recorder *et* facsimile machine).

recording storage tube tube à mémoire enregistreur *(ou à* sortie électrique), tube enregistreur *(idem) (tube à mémoire dans lequel les informations mémorisées sont lues sous la forme d'un signal électrique produit par la modulation du faisceau de lecture par les charges portées par la cible) (est employé notamment pour le traitement de signaux radar et comme convertisseur de balayage) (cf. aussi* storage tube *et* scan converter).

recording stylus stylet enregistreur *(pointe en matière dure creusant un sillon dans une matière plastique pour reproduire la variation d'une grandeur) (ce terme peut désigner un burin graveur) (cf. aussi* cutting stylus).

recording technique *cf.* recording process.

recording technology (la) technique de l'enregistrement *(cf. aussi* recording 1) *et* technology).

recording time durée d'enregistrement, temps *(idem).*

recording track piste (d'enregistrement) *(support à défilement) (cf. aussi* track[1] 1)).

recording unit *cf.* recording instrument.

recover low-level signals *v* dégager du bruit les signaux à bas niveau *(ou* de faible amplitude) *(récepteur) (cf. aussi* signal buried in noise).

recovered charge charge recouvrée *(charge électrique acquise à nouveau par une électrode après être passée par l'état électriquement neutre) (cf. aussi* electric charge).

recovery 1) rétablissement *(cf. aussi* recovery time 2)). 2) recouvrement *(cf. aussi* recovery time 3)). 3) récupération *(cf. aussi* overload recovery *et* transient recovery). 4) extraction *(cf. aussi* phase recovery *et* synchronization recovery). 5) reprise après incident *(reprise automatique de l'exécution d'un programme d'ordinateur après un incident de fonctionnement et notamment après la détection d'une erreur et sa correction) (inf) (cf. aussi* error detection).

recovery from dynamic loads récupération après surcharge *(alim, etc.) (cf. aussi* overload recovery time).

recovery time 1) temps de désionisation *(dans un thyratron ou autre tube à gaz à électrode de commande) (cf. aussi* de-ionization *et* thyratron). 2) temps de rétablissement *(de la sensibilité d'un récepteur radar à commande cyclique du gain après l'émission d'une impulsion) (cf. aussi* sensitivity-time control). 3) temps de recouvrement *(temps de passage de la jonction d'une diode à semiconducteur de l'état de polarisation inverse à l'état de polarisation directe ou vice-versa) (cf. aussi* forward recovery time, reverse recovery time *et* junction diode). 4) *cf.* overload recovery time. 5) *cf.* transient recovery time.

rectangular coordinate system système de coordonnées rectangulaires, système rectangulaire *(système de coordonnées cartésiennes dans lequel les axes de coordonnées sont orthogonaux, c.-à-d. perpendiculaires entre eux) (en électronique, le système de coordonnées rectangulaires le plus utilisé est le système de coordonnées dans le plan) (cf. aussi* X axis 1), Y axis 1), rectangular coordinates, rectangular display *et* coordinate system).

rectangular coordinates coordonnées rectangulaires *(coordonnées d'un point dans un système de coordonnées rectangulaires) (cf. aussi* rectangular coordinate system).

rectangular display présentation en coordonnées rectangulaires *(ou* cartésiennes), présentation rectangulaire *(présentation d'informations sous la forme d'un diagramme en coordonnées rectangulaires sur un écran ou une feuille d'enregistrement) (oscilloscope, indicateur radar, traceur de courbes, etc.) (cf. aussi* rectangular coordinate system).

rectangular horn cornet rectangulaire, cornet à section rectangulaire *(cornet hyperfréquence dont la section droite est un rectangle) (clpf) (antenne) (cf. aussi* horn antenna).

rectangular horn antenna *cf.* rectangular horn.

rectangular hysteresis loop cycle d'hystérésis rectangulaire, cycle rectangulaire *(cycle d'hystérésis dont la forme est proche de celle d'un rectangle dont les grands côtés, orientés verticalement, sont légèrement inclinés vers la droite et dont les petits côtés, orientés horizontalement, montent très légèrement vers la droite) (le « rectangle » est donc en fait un parallélogramme) (cette forme de cycle d'hystérésis est particulièrement intéressante pour les tores des mémoires à tores magnétiques car elle assure le basculement d'un état magnétique à l'autre à une valeur bien définie de l'intensité du champ magnétique de basculement, donc du courant d'écriture, grâce au fait que la branche inférieure et la branche supérieure du cycle sont presque horizontales et forment un coude brusque à l'extrémité située du côté du basculement magnétique) (on obtient ainsi une différenciation bien nette des deux états magnétiques du point de vue des courants de commande) (magnétisme) (cf. aussi* hysteresis loop *et* magnetic core memory).

rectangular loop *cf.* rectangular hysteresis loop.

rectangular-loop ferrite ferrite à cycle d'hystérésis rectangulaire, ferrite à cycle rectangulaire *(cf. aussi* ferrite *et* rectangular hysteresis loop).

rectangular-loop magnetic material matériau magnétique à cycle d'hystérésis rectangulaire *(ou* à cycle rectangulaire) *(ferrite) (cf. aussi* magnetic material *et* rectangular hysteresis loop).

rectangular multiturn cermet trimmer potentiomètre ajustable cermet multitour rectangulaire, potentiomètre ajustable multitour à piste cermet et boîtier rectangulaire *(cf. aussi* cermet trimmer *et* rectangular multiturn trimmer).

rectangular multiturn trimmer potentiomètre ajustable multitour rectangulaire, potentiomètre ajustable rectangulaire *(potentiomètre ajustable multitour dans lequel le curseur se déplace le long de l'axe de commande fileté) (le nombre de tours de l'axe de commande, d'une butée à l'autre, est généralement supérieur à 10) (est souvent du type cermet) (cf. aussi* multiturn trimmer *et* cermet trimmer).

rectangular pulse impulsion rectangulaire *(impulsion dont les deux flancs sont approximativement verticaux et le sommet approximativement horizontal, le rectangle pouvant reposer sur un grand côté ou un petit côté) (cf. aussi* boxcar pulse, rectangular wave *et* pulse[1]).

rectangular scanning balayage rectangulaire, exploration d'une zone rectangulaire, exploration rectangulaire *(exploration d'une zone rectangulaire de l'espace aérien par l'antenne d'un radar de veille ou d'un radar primaire dans un plan perpendiculaire à l'axe du faisceau) (est obtenue en superposant un balayage sectoriel lent dans un plan à un balayage sectoriel rapide dans l'autre plan) (mil) (cf. aussi* sector scanning).

rectangular system *cf.* rectangular coordinate system.

rectangular-to-circular transition *(en hyperfréquences)* transition rectangulaire-circulaire, transition de guides d'ondes *(idem) (transition de guide d'ondes conçue pour raccorder un guide rectangulaire à un guide circulaire, notamment dans des gyrateurs, des circulateurs, des isolateurs et des déphaseurs hyperfréquence) (cf. aussi* waveguide transition).

rectangular-to-circular waveguide transition *cf.* rectangular-to-circular transition.

rectangular trimmer *(potentiometer) cf.* rectangular multiturn trimmer.

rectangular wave onde rectangulaire *(nom donné à un train d'impulsions rectangulaires) (cf. aussi* rectangular pulse *et* square wave).

rectangular waveguide guide d'ondes rectangulaire *(ou* à section rectangulaire), guide rectangulaire, *(idem) (guide d'ondes dont la section droite est un rectangle) (clpf) (hyper) (cf. aussi* E plane, H plane *et* waveguide).

rectangular wiring armement Lorrain *(disposition des fils sur les poteaux téléphoniques dans laquelle les deux fils d'un même circuit sont disposés aux sommets opposés du rectangle formé par la nappe de fils pour réduire la diaphonie) (tls) (cf. aussi* crosstalk 1)).

rectenna *(vient de « rectifying antenna »)* antenne redresseuse *(antenne de réception hyperfréquence fournissant un courant continu de grande intensité à partir du faisceau d'ondes ultra-courtes reçu d'un satellite héliogénérateur) (comprend essentiellement un groupement de petits dipôles récepteurs associés chacun à un montage redresseur à diodes à jonction connecté en parallèle avec les autres à une ligne de transport d'énergie à courant continu) (cf. aussi* solar power satellite, dipole antenna *et* junction diode).

rectification redressement *(conversion d'un courant alternatif en courant unidirectionnel d'intensité périodiquement variable à l'aide d'un redresseur) (cf. aussi* half-wave rectification, full-wave rectification, alternating current, unidirectional current, ripple current, rectifier *et* rectification efficiency).

rectification efficiency rendement de redressement *(rapport entre la puissance en courant unidirectionnel disponible à la sortie d'un redresseur et la puissance en courant alternatif qui lui est fournie) (cf. aussi* power[1] 1), rectifier *et* rectification loss).

rectification loss pertes de redressement *(énergie dissipée en chaleur dans un redresseur) (les pertes de redressement sont inversement proportionnelles au rendement de redressement) (cf. aussi* energy, rectifier *et* rectification efficiency).

rectified current courant redressé *(courant fourni par un redresseur) (cf. aussi* rectification).

rectified-current source source de courant redressé *(nom parfois donné à une alimentation) (cf. aussi* power supply 2)).

rectified output sortie redressée *(bornes de sortie d'un courant redressé ou, par extension, ce courant lui-même) (cf. aussi* rectified current *et* output[1]).

rectified power puissance redressée *(puissance transportée par un courant redressé) (cf. aussi* power[1] 1) *et* rectified current).

rectified source *cf.* rectified-current source.

rectified to a dc current redressé pour donner un courant continu *(courant alternatif) (cf. aussi* rectified current).

rectified voltage tension redressée *(tension aux bornes d'un redresseur, ou d'un circuit parcouru par un courant redressé) (cf. aussi* rectifier, circuit *et* voltage).

rectifier redresseur (de courant) *(dispositif réalisant le redressement d'un courant alternatif grâce à sa propriété de conduction unidirectionnelle, c.-à-d. redresseur élémentaire ou montage redresseur) (un redresseur élémentaire est une diode conçue pour redresser un courant d'une certaine intensité et supporter une tension inverse périodique pouvant être égale à 3,14 fois la tension redressée) (un redresseur élémentaire étant une diode, une tension alternative appliquée à ses bornes n'y fait circuler un courant que pendant ses alternances positives, c.-à-d. lorsqu'elle rend l'anode positive par rapport à la cathode, ce qui produit un courant unidirectionnel dans le circuit dans lequel est monté le redresseur) (un montage redresseur comprend normalement plusieurs redresseurs élémentaires) (tube redresseur, redresseur sec, redresseur à jonction PN, thyristor, ou montage utilisant un ou plusieurs de ces éléments) (cf. aussi* rectifier tube, metallic rectifier, p-n rectifier *(au début de la lettre P),* silicon controlled rectifier, rectifying circuit, rectifier diode, power rectifier, rectification, unidirectional conduction *et* half-cycle).

rectifier action *cf.* rectifying action.

rectifier bridge pont de redresseurs *(cf. aussi* bridge rectifier).

rectifier cell cellule de redresseur (sec) *(cf. aussi* metallic rectifier cell).

rectifier circuit *cf.* rectifying circuit.

rectifier diode diode de redressement *(diode à jonction ou, anciennement, tube diode conçu(e) pour être utilisé(e) comme redresseur grâce à la possibilité de laisser passer un courant d'intensité relativement grande sans échauffement excessif) (cf. aussi* p-n rectifier *(au début de la lettre P),* rectifier *et* diode).

rectifier instrument appareil à redresseur, appareil de mesure *(idem) (appareil de mesure analogique pour courant continu équipé d'un redresseur permettant de l'utiliser en courant alternatif) (cf. aussi* analog meter *et* rectifier).

rectifier junction jonction de redresseur *(jonction d'un redresseur sec ou d'un redresseur à jonction PN) (en d'autres termes, jonction redresseuse effectivement utilisée aux fins de redressement) (cf. aussi* metallic rectifier, p-n rectifier *(au début de la lettre P) et* rectifying junction).

rectifier stack *cf.* metallic rectifier stack.

rectifier tube tube redresseur, valve *(terme ancien) (tube électronique à deux électrodes ou plus admettant un courant d'intensité relativement grande permettant de l'utiliser comme redresseur) (terme générique couvrant la diode à vide de redressement, la diode à gaz et le redresseur à vapeur de mercure) (a cédé la place aux redresseurs à jonction PN dans la plupart des cas) (cf. aussi* vacuum-tube rectifier, gas diode, mercury-arc rectifier *et* rectifier).

rectify *v* redresser *(un courant alternatif ou, par conséquent, une tension alternative) (cf. aussi* rectification).

rectifying action effet redresseur, effet de redressement *(effet exercé sur un courant alternatif par un redresseur ou un contact agissant comme tel, c.-à-d. redressement du courant) (cf. aussi* rectification).

rectifying cell *cf.* rectifier cell.

rectifying circuit montage redresseur, circuit de redressement *(montage formé d'un ou plusieurs éléments redresseurs et des conducteurs associés) (ce terme s'emploie principalement lorsqu'un redresseur comprend deux ou plusieurs éléments, c.-à-d. dans le cas d'un montage va-et-vient ou d'un montage en pont) (cf. aussi* half-bridge rectifier, bridge rectifier *et* rectifying element).

rectifying contact   contact redresseur *(contact entre deux conducteurs agissant comme une jonction métal-semiconducteur) (cf. aussi* metal-semiconductor junction *et* ohmic contact).

rectifying element   élément redresseur *(redresseur élémentaire, c.-à-d. tube redresseur, cellule de redresseur sec ou diode à jonction de redressement ou, parfois, groupe de telles cellules ou diodes montées en série ou en parallèle) (cf. aussi* rectifier).

rectifying junction   jonction redresseuse *(jonction possédant la propriété de conduction unidirectionnelle et utilisable, par conséquent comme redresseur élémentaire) (terme générique couvrant la jonction métal-semiconducteur et la jonction PN) (cf. aussi* metal-semiconductor junction, p-n junction *(au début de la lettre P),* unidirectional conduction *et* rectifier junction).

rectilinear scanning   balayage ligne par ligne *(TV, etc.) (cf. aussi* raster scanning).

recur *v*   se reproduire *(événement, etc.) (cf. aussi* recurrent phenomenon).

recurrence frequency   *cf.* repetition rate.

recurrence rate   *cf.* repetition rate.

recurrent phenomenon   phénomène récurrent *(ce nom est parfois donné à une impulsion d'un train d'impulsions récurrentes) (oscilloscopie, etc.) (cf. aussi* periodic pulse train).

recurrent pulses   impulsions récurrentes *(cf. aussi* periodic pulses, *ce terme étant le plus employé).*

recurrent sweep   *cf.* repetitive sweep.

recurrent trigger   *cf.* repetitive trigger.

recursive digital filter   *cf.* recursive filter.

recursive filter   filtre récursif, filtre numérique *(idem) (filtre numérique dans lequel le signal de sortie à un instant donné dépend non seulement du signal d'entrée à cet instant, mais aussi du signal de sortie à l'instant précédent, ce filtre utilisant une rétroaction positive) (cf. aussi* IIR filter, positive feedback *et* digital filter).

recursive filtering   filtrage récursif *(ou par filtre récursif) (cf. aussi* recursive filter).

recycle[1] *v*   repartir pour un cycle *(cf. aussi* recycling).

recycle[2] *s*   *cf.* recycling.

recycling   répétition d'un cycle *(générateur à balayage, traceur de courbes, etc.) (cf. aussi* cycle *et* sweeping generator).

red beam   1) faisceau rouge, faisceau de lumière rouge *(cf. aussi* red laser). 2) faisceau rouge, faisceau d'électrons rouge *(cf. aussi* red gun).

red gain control   commande de gain des rouges *(potentiomètre ajustable permettant de régler l'amplitude du signal appliqué au wehnelt du canon rouge d'un tube-image couleur à trois canons) (récepteur TVC, etc.) (cf. aussi* red gun, control grid 2) *et* trimmer potentiometer).

red gun   canon rouge, canon des rouges, canon du faisceau rouge, canon des luminophores rouges *(canon à électrons dont le faisceau frappe les luminophores rouges dans un tube-image couleur à trois canons) (récepteur TVC) (cf. aussi* electron gun, phosphor *et* three-gun color picture tube).

red laser   laser à lumière rouge *(laser émettant un faisceau de lumière rouge) (cf. aussi* laser).

red memory   *cf.* red plane.

red phosphor   luminophore rouge *(luminophore émettant une lumière rouge) (écran cath) (cf. aussi* phosphor).

red plane   plan rouge *(mémoire) (cf. aussi* memory plane).

red restorer   circuit de niveau des rouges *(circuit de rétablissement de niveau compris dans la partie des circuits de chrominance traitant le signal « rouge » dans un récepteur de télévision en couleurs) (cf. aussi* dc restorer).

red signal   signal rouge, signal des rouges (a) *signal fourni par les circuits d'une caméra de télévision en couleurs analysant les plages rouges de la scène à transmettre) ; (b) signal appliqué au wehnelt du canon rouge d'un tube-image couleur à trois canons) (cf. aussi* red gun).

red tube   tube rouge *(tube-image projetant l'image rouge dans un système de télévision en couleurs sur grand écran à trois tubes-image) (cf. aussi* three-tube projection television system).

red video voltage   tension vidéo des rouges *(autre nom du signal rouge) (TVC) (cf. aussi* red signal).

redial *v*   refaire un numéro *(parf.* le numéro), composer de nouveau un numéro *(idem) (sur le cadran ou le clavier d'appel d'un poste téléphonique automatique) (cf. aussi* telephone dial).

radialling   répétition du numéro composé, répétition de l'appel *(tél) (cf. aussi* redial).

rediffusing broadcasting   *cf.* rediffusion.

rediffusion   radiodiffusion par fil *(diffusion d'un programme de radiodiffusion sonore par des lignes téléphoniques) (a été utilisée notamment en Grande-Bretagne dans certaines zones urbaines et constitue l'ancêtre de la télévision par câble) (cf. aussi* cable television).

redisplay   nouvelle présentation *(d'un signal ou d'une image sur un écran cathodique) (oscillo, terminal à écran, etc.) (cf. aussi* display[1] 1)).

redistribution   redistribution des charges *(ou de la charge ou des électrons secondaires),* redistribution *(modification de la répartition des charges électriques sur la cible d'un tube analyseur à cible photoémissive ou à émission secondaire ou sur la grille-mémoire d'un tube à mémoire due à la captation, par les zones positives de la surface, d'une partie plus ou moins grande des électrons secondaires produits par l'impact du faisceau d'électrons) (dans le cas d'une cible photoémissive, la redistribution des charges est également due à des électrons de photoémission non captés par l'anode collectrice) (cf. aussi* shading, photoemissive target, secondary-emission target *et* storage mesh).

reduction of data   *cf.* data reduction.

reduction printer   *cf.* reduction projection printer.

reduction projection machine   *cf.* reduction projection printer.

reduction projection printer   photorépétiteur *(fab. CI) (cf. aussi* step-and-repeat projection printer).

reduction projection system   *cf.* reduction projection printer.

redundancy   redondance *(caractéristique de ce qui comporte des éléments superflus)* (a) *utilisation de plusieurs dispositifs analogues pour remplir une fonction que l'un quelconque d'entre eux suffit à assurer, ce aux fins de fiabilité) (les n dispositifs peuvent fonctionner en parallèle ou n − 1 dispositifs peuvent être laissés en attente d'une défaillance éventuelle du premier avec mise en service automatique du suivant, et ainsi de suite) (la fiabilité ainsi obtenue est souvent recherchée pour des raisons de sécurité comme dans le cas des chaînes de commande des gouvernes d'un avion à commandes électriques ou des chaînes de sécurité d'un réacteur nucléaire, par exemple) (cf. aussi* fail-safe *et* majority gate) ; (b) *utilisation d'éléments d'information auxiliaires dans la transmission d'informations binaires tels que les binaires de parité en informatique et en transmission de données) (cf. aussi* parity bit).

redundancy check   contrôle de redondance *(nom parfois donné au contrôle de parité) (inf, tls) (cf. aussi* parity check).

redundancy-check character   caractère de contrôle de parité, clé de parité *(caractère binaire formé par un groupe de binaires de parité) (inf) (cf. aussi* LRCC, CRCC, binary character *et* parity bit).

redundant bit   binaire redondant, binaire de redondance *(noms parfois donnés à un binaire de parité) (inf, tls) (cf. aussi* parity bit).

redundant cell   cellule redondante, cellule de réserve *(cellule de mémoire à semiconducteur pouvant être mise en service lors de l'essai de celle-ci ou, parfois, automatiquement en fonctionnement, pour remplacer une cellule défectueuse) (CI) (inf) (cf. aussi* memory cell *et* semiconductor memory).

redundant character   caractère redondant *(nom parfois donné à un caractère de contrôle de parité) (inf, tls) (cf. aussi* redundancy-check character).

redundant check   *cf.* redundancy check.

redundant code   code redondant *(code binaire utilisant des binaires de parité ou des caractères redondants) (inf, tls) (cf. aussi* binary code, parity bit *et* redundant character).

redundant digit   *cf.* redundant bit.

reed frequency meter   *cf.* vibrating-reed frequency meter.

reed relay   relais à tiges *(terme courant, mais impropre),* relais à lames souples, relais à barrettes *(terme que j'ai proposé) (relais utilisant l'attraction mutuelle de deux barrettes en métal* *magnétique sous l'action d'un champ magnétique pour fermer un jeu de contacts formé ou porté par les barrettes) (les barrettes sont montées aux extrémités une enveloppe cylindrique ou à section carrée en verre ou métallique remplie d'un gaz inerte sur laquelle est enfilée ou bobinée la bobine d'excitation) (le relais à barrettes est un type particulier de relais électromagnétique dans lequel chacune des deux barrettes joue à la fois le rôle de noyau et d'armature) (cf. aussi mercury-wetted reed relay, reed switch et electromagnetic relay).*

reed-relay network *cf.* reed-relay switching network.

reed-relay switch autocommutateur à relais à tiges *(etc.)*, autocommutateur téléphonique *(idem) (autocommutateur téléphonique électromécanique utilisant un réseau de connexion à relais à tiges) (ne pas confondre avec « reed switch ») (central tél) (cf. aussi* electromechanical telephone switch, reed-relay switching network *et* reed switch).

reed-relay switching commutation par relais à tiges, *(etc.) (cf. aussi* switching *et* reed relay).

reed-relay switching network réseau de connexion à relais à tiges, *(etc.)*, réseau à relais à tiges *(réseau de connexion dans lequel les points de connexion sont constitués par les contacts de relais à tiges) (autocommutateur tél) (cf. aussi* switching network *et* reed relay).

reed-relay telephone switch *cf.* reed-relay switch.

reed switch interrupteur à tiges, *(etc.) (noms donnés à l'ampoule ou l'enveloppe métallique complète d'un relais à tiges, c.-à-d. à celui-ci sans la bobine d'excitation, notamment lorsqu'il est commandé par le déplacement d'un aimant à la place de l'excitation par la bobine) (cf. aussi* reed relay).

reed-type keyswitch interrupteur de touche à tiges, *(etc.) (interrupteur de touche constitué par un interrupteur à tiges commandé par un aimant solidaire de la touche) (cf. aussi* keyswitch 1) *et* reed switch).

reel[1] *s* bobine *(pour bande magnétique, bande perforée, fil magnétique, composants en bande, etc.) (cf. aussi* feed reel, take-up reel *et* spooler 1).

reel[2] *v* enrouler *(une bande ou un fil sur une bobine) (cf. aussi* reel[1]).

reel-to-reel ... *cf.* open-reel ...

reeled capacitors condensateurs en bande, *(etc.) (cf. aussi* reeled component).

reeled components composants en bande *(ou livrés en bande ou fournis en bande (ou en bobine) (composants à sorties axiales ou autres livrés pris entre deux bandes de papier enroulées sur une bobine destinée à être montée sur une machine d'insertion automatique) (cf. aussi* machine-insertable component).

reeled contacts contacts en bande, *(etc.)* contacts de connecteurs en bande, *(etc.) (cf. aussi* reeled component *et* connector contact).

reeled resistors résistances en bande, *(etc.) (cf. aussi* reeled component).

reeling enroulement, bobinage *(au sens de* reel[2]).

reentrant-beam tube tube à faisceau rentrant *(tube à champs croisés à configuration circulaire dans lequel le faisceau d'électrons tourne dans un espace annulaire) (terme générique couvrant notamment l'amplificateur à champs croisés et l'amplitron) (il est à noter que le magnétron n'est pas considéré comme un tube à faisceau rentrant, bien qu'il corresponde à la définition donnée ci-dessus) (hyper) (cf. aussi* crossed-field tube, crossed-field amplifier, amplitron *et* magnetron).

re-entrant subroutine sous-programme réentrant *(sous-programme d'ordinateur utilisable quasi-simultanément par plusieurs programmes au cours d'interruptions successives et devant pour cela être invariant, les variables propres à chaque programme devant être extérieures au sous-programme) (inf) (cf. aussi* subroutine *et* interrupt).

reference address adresse de référence *(nom parfois donné à une adresse de base) (inf) (cf. aussi* base address).

reference aerial *(GB) cf.* reference antenna.

reference antenna antenne de référence *(antenne réelle ou imaginaire prise comme base de comparaison pour mesurer le gain d'une antenne d'émission ou de réception déterminée) (doublet élémentaire ou antenne isotrope) (cf. aussi* unit dipole antenna, isotropic antenna *et* gain 2) *et* 3)).

reference black *cf.* reference black level.

reference black level niveau du noir *(amplitude du signal vidéo ou de luminance d'un signal de télévision correspondant à une zone noire de l'image transmise, c.-à-d. pour laquelle le point lumineux doit s'éteindre sur l'écran des récepteurs) (cf. aussi* blacker-than-black level, video signal *et* luminance signal).

reference-board test *(un)* contrôle d'après carte de référence, testeur *(idem) (cf. aussi* reference-board tester).

reference-board tester contrôleur à carte de référence *(contrôleur de cartes logiques utilisant une carte fonctionnant parfaitement pour effectuer ses contrôles par comparaison) (cf. aussi* logic tester).

reference-board testing *(le)* contrôle d'après carte de référence *(cf. aussi* reference-board tester).

reference burst salve de référence *(signal TVC) (cf. aussi* color burst).

reference coupling couplage de référence *(degré de couplage inductif nécessaire entre deux circuits téléphoniques dans un câble ou une ligne en fils pour obtenir un niveau de diaphonie déterminé dans le circuit perturbé lorsqu'un signal d'amplitude déterminée est transmis par l'autre circuit) (cf. aussi* inductive coupling *et* crosstalk 1)).

reference dipole doublet de référence *(doublet pris comme antenne de référence pour des mesures de gain d'antenne) (cf. aussi* reference antenna).

reference electron électron de référence *(électron par rapport auquel on considère le retard des électrons ralentis et l'avance des électrons accélérés dans le groupement des électrons dans un tube à modulation de vitesse) (est l'électron qui traverse l'espace d'interaction considéré à l'instant ou le champ électrique créé par le signal dans celui-ci s'annule en passant d'une alternance positive à l'alternance négative qui lui fait suite) (hyper) (cf. aussi* velocity-modulated tube *et* half-cycle).

reference equivalent *(l')*équivalent de référence *(nombre de décibels indiqué par le système de référence de transmission du CCITT lorsque l'affaiblissement dans celui-ci est réglé de telle manière que l'intensité du son produit par l'écouteur étalon soit la même que celle du son de l'écouteur du système de transmission essayé, la pression sonore sur la membrane du microphone étant la même dans les deux cas) (comparaison de systèmes de transmission téléphonique) (cf. aussi* decibel, attenuation *et* CCITT).

reference input **1)** *cf.* reference signal. **2)** point de consigne *(asser) (cf. aussi* set point).

reference junction jonction de référence *(nom parfois donné à la soudure froide d'un thermocouple pour rappeler sa fonction) (cf. aussi* cold junction).

reference level niveau de référence *(niveau d'un signal pris comme référence pour mesurer l'amplitude relative d'autres signaux de même nature) (cf. aussi* level 1)).

reference line droite de référence *(droite prise comme référence pour la mesure d'un angle) (radiogoniométrie, écran de radar panoramique, etc.)*.

reference noise bruit de référence *(puissance de bruit d'un signal téléphonique prise comme référence pour mesurer le niveau de bruit d'autres signaux téléphoniques) (cf. aussi* noise power *et* noise level).

reference phase phase de référence *(phase d'une grandeur sinusoïdale par rapport à laquelle est mesurée la phase d'une autre grandeur sinusoïdale de même fréquence) (dans le procédé de télévision en couleurs NTSC, la salve de référence est fournie par les salves couleur) (cf. aussi* phase (a) *et* color burst).

reference plane plan de référence *(en hyperfréquences, section droite d'un guide d'ondes ou autre ligne de transmission hyperfréquence à partir de laquelle est mesurée la phase de l'onde se propageant dans la ligne) (est souvent le plan défini par un court-circuit) (cf. aussi* short[2] (b), microwave transmission line *et* phase (a)).

reference quantity grandeur de référence *(asser, etc.)(cf. aussi* quantity 2)).

reference signal signal de référence *(signal auquel est comparée l'amplitude, la phase ou la forme d'un autre signal) (mesure de niveau, mesure de différence de phase) (acou,*

reference signal input entrée du signal de référence *(dans un circuit ou sur un appareil) (cf. aussi* reference signal).

reference signal phase phase du signal de référence *(comparateur de phase) (récepteur TVC, etc.) (cf. aussi* reference signal *et* phase detector).

reference source *cf.* reference voltage source.

reference standard étalon (employé comme référence) *(cf. aussi* standard¹ 1)).

reference stimulus stimulus de référence *(stimulus appliqué aux fins de réglage ou de calibrage) (cf. aussi* stimulus *et* calibration 1)).

reference supply *cf.* reference voltage source.

reference tape bande maîtresse *(bande magnétique constituant un ficher permanent ou utilisée pour une duplication) (inf) (cf. aussi* magnetic tape *et* file¹).

reference variable *cf.* reference quantity.

reference voltage tension de référence *(tension à laquelle est comparée une autre tension) (pont de mesure, numériseur, etc.) (cf. aussi* reference voltage source).

reference voltage source source de tension de référence, source de référence *(dispositif fournissant une tension de référence) (est souvent une diode Zener et peut être une pile étalon) (cf. aussi* reference voltage, Zener diode, standard cell 1) *et* voltage source).

reference volume volume de référence *(volume sonore pour lequel un vumètre indique « 0 ») (électroacou) (cf. aussi* volume (b) *et* VU meter).

reference waveform *cf.* reference signal. *(et noter que le premier terme est employé notamment pour un signal de référence visualisé sur l'écran d'un oscilloscope) (cf. aussi* waveform).

reference white 1) (le) blanc de référence *(lumière blanche de composition spectrale déterminée prise comme référence de couleur dans les systèmes de colorimétrie) (il existe trois blancs de référence définis par la Commission Internationale de l'Eclairage (CIE) : le blanc A : lumière émise par une lampe à incandescence à filament de tungstène et atmosphère gazeuse dont la température de couleur est de 2 848 K, le blanc B, obtenu à partir du blanc A par interposition d'un filtre liquide approprié et dont la température de couleur est de 4 800 K, et le blanc C, obtenu également à partir du blanc A à l'aide d'un filtre liquide portant la température de couleur à 6 500 K) (le blanc C est pris comme blanc de référence du triangle des couleurs) (TVC, etc.) (cf. aussi* spectral content, color temperature *et* chromaticity diagram). **2)** *cf.* reference white level.

reference white level niveau du blanc *(amplitude du signal vidéo ou de luminance d'un signal de télévision correspondant à une zone blanche de l'image transmise, c.-à-d. pour laquelle le point lumineux, simple ou composite, est le plus brillant sur l'écran des récepteurs) (cf. aussi* video signal *et* luminance signal).

referenced to ... ayant pour référence ..., *(parf.)* a pour référence ... *(tension, niveau, etc.)*.

referred to input rapporté(e) à l'entrée *(valeur d'une grandeur à la sortie d'un quadripôle exprimée en unités relatives, c.-à-d. en décibels, par rapport à la valeur de cette grandeur à l'entrée du quadripôle) (bruit à la sortie d'un amplificateur, etc.) (cf. aussi* quadripole *et* decibel).

reflectance réflectance, pouvoir réflecteur *(noms parfois donnés au coefficient de réflexion lorsque l'onde considérée est une onde lumineuse) (cf. aussi* reflection coefficient).

reflected beam faisceau réfléchi *(réflecteur d'antenne ou autre, cible radar, sonar ou laser, miroir, etc.) (cf. aussi* reflection *et* beam¹).

reflected binary code code binaire réfléchi, code réfléchi *(noms souvent donnés au code de Gray pour rappeler que dans celui-ci les nombres binaires représentant 2^n nombres décimaux successifs sont symétriques, sauf pour le binaire de poids fort, des nombres binaires représentant les 2^n nombres décimaux suivants) (les nombres binaires obtenus étant quasi-symétriques deux à deux de part et d'autre d'une ligne ou une surface imaginaire passant entre le nombre représentant 2^n et* celui représentant $2^n - 1$, la surface peut être considérée comme un miroir, d'où le qualificatif « réfléchi ») (cette propriété de ce code, curieuse mais sans intérêt, n'est qu'une conséquence de sa propriété principale définie ailleurs) (inf) (cf. aussi* Gray code).

reflected impedance 1) impédance vue de l'entrée *(ou des bornes d'entrée ou ramenée à l'entrée ou aux bornes d'entrée) (impédance d'entrée d'un quadripôle dont les bornes de sortie sont reliées à une charge, c.-à-d. impédance d'entrée en charge du quadripôle) (est inférieure à l'impédance d'entrée à vide par suite du transfert d'énergie entre l'entrée et la sortie lorsque celle-ci débite du courant dans une charge) (cf. aussi* input impedance, quadripole *et* load¹ (a)). **2)** impédance vue du primaire, *(etc.) (transfo) (voir aussi 1) ci-dessus) (cf. aussi* transformer 1)).

reflected path *cf.* indirect path.

reflected power énergie réfléchie *(énergie d'une onde ou d'une ou plusieurs particules réfléchies par un obstacle) (cf. aussi* energy *et* reflection).

reflected primaries *cf.* reflected primary electrons.

reflected primary electrons électrons primaires réfléchis *(tube, etc.) (cf. aussi* primary electron).

reflected ray rayon réfléchi (a) *rayon de lumière réfléchi par une surface formant miroir) (cf. aussi* light ray *et* reflection (a)) ; (b) *nom donné à une onde réfléchie dans la théorie de la propagation par rayon) (cf. aussi* reflected wave (a) *et* ray propagation theory).

reflected resistance résistance ramenée au primaire *(résistance mesurée aux bornes de l'enroulement primaire d'un transformateur dont l'enroulement secondaire débite dans une charge résistive de valeur déterminée) (cf. aussi* transformer 1) *et* resistive load).

reflected signal signal réfléchi *(onde réfléchie considérée en tant que signal) (radio, radar, acou, laser) (cf. aussi* reflected wave *et* return signal).

reflected signature empreinte par réflexion, *(etc.) (radar, etc.) (mil) (cf. aussi* active signature).

reflected voltage tension réfléchie *(tension due à l'onde réfléchie dans une ligne de transmission mal adaptée) (mesure de coefficient de réflexion) (cf. aussi* impedance matching).

reflected wave onde réfléchie *(onde déviée de sa direction de propagation initiale ou renvoyée vers sa source par un obstacle) (a) le premier cas est général et compris dans la propagation par trajets multiples) (cf. aussi* indirect wave *et* multipath propagation) ; (b) *le second cas se rencontre notamment dans un système d'ondes stationnaires) (cf. aussi* standing wave).

reflecting curtain nappe de brins réflecteurs *(nappe de brins parasites disposés derrière une nappe de dipôles rayonnants pour former une antenne d'émission directive) (cf. aussi* parasitic element *et* dipole antenna).

reflecting electrode électrode réflectrice *(tube hyper) (cf. aussi* repeller, reflector electrode *et, à titre d'information,* reflective electrode).

reflecting grating *cf.* reflection grating.

reflecting paraboloid *cf.* parabolic reflector.

reflecting target cible réfléchissante *(cible dont la surface réfléchit les ondes émises par un radar ou un sonar) (cas général) (cf. aussi* target (a)).

reflection réflexion *(renvoi d'une partie plus ou moins grande de l'énergie reçue par une surface ou un dispositif dans la direction de sa source ou dans une autre direction) (cf. aussi* energy *et* wave) (a) *réflexion d'une onde électromagnétique ou acoustique se propageant en espace libre ou considéré comme tel) (cf. aussi* diffuse reflection *et* specular reflection) ; (b) *réflexion d'une onde de courant ou d'une onde électromagnétique ou acoustique dans une ligne de transmission par une charge non adaptée à sa source ou par une discontinuité de la ligne) (cf. aussi* transmission line *et* impedance matching).

reflection altimeter *cf.* radio altimeter.

reflection angle angle de réflexion *(cf. aussi* angle of reflection).

reflection coefficient coefficient de réflexion *(rapport entre l'amplitude d'une onde réfléchie par une surface ou un dispo-*

sitif et l'amplitude de l'onde incidente) (cf. aussi reflectance *et* reflection).

reflection electron microscope microscope électronique à réflexion *(microscope électronique dans lequel le faisceau d'électrons frappe la surface de l'échantillon sous un certain angle, les électrons réfléchis formant l'image observée) (l'épaisseur de l'échantillon peut être quelconque) (est pratiquement abandonné, n'ayant pas donné les résultats escomptés) (cf. aussi* electron microscope).

reflection electron microscopy microscopie électronique *par* réflexion *(examen d'échantillons à l'aide d'un microscope électronique à réflexion) (cf. aussi* reflection electron microscope).

reflection error erreur par réflexion *(erreur dans l'indication du gisement d'un lieu fournie par un récepteur de navigation due à une ou plusieurs réflexions indésirables de l'onde captée au cours de sa propagation dans l'atmosphère) (l'erreur est due au déphasage de l'onde ou à l'augmentation du temps de parcours résultant de la ou des réflexions) (mar, avia) (cf. aussi* navigation receiver).

reflection factor 1) facteur de réflexion *(autre nom du coefficient de réflexion employé en outre pour la réflexion de particules) (cf. aussi* reflection coefficient). **2)** facteur de désadaptation *(d'une charge) (cf. aussi* mismatch factor).

reflection grating réseau de fils *(réseau de fils métalliques parallèles disposé sur le parcours de deux ondes ultra-courtes à polarisation orthogonale se propageant dans des directions opposées pour laisser passer l'onde polarisée perpendiculairement aux fils et réfléchir l'onde polarisée parallèlement à ceux-ci) (réflecteur auxiliaire d'antenne Cassegrain, etc.) (hyper) (cf. aussi* electromagnetic wave polarization).

reflection interval temps de réflexion, temps d'aller et retour *(temps nécessaire à une onde pour atteindre un obstacle et revenir à sa source) (radar, sonar, contrôle par ultrasons) (cf. aussi* reflection).

reflection laws lois de la réflexion *(lois régissant la réflexion spéculaire) 1°) le rayon incident, la normale au point d'incidence et le rayon réfléchi sont dans un même plan appelé « plan d'incidence » ; 2°) l'angle de réflexion est égal à l'angle d'incidence) (il résulte de ces deux lois que le rayon réfléchi est symétrique du rayon incident par rapport à la normale ; les deux rayons peuvent donc être permutés, ce qui correspond au cas de la marche inverse de la lumière dans le cas de la réflexion d'une onde lumineuse) (optique, hyper) (cf. aussi* specular reflection, incidence angle *et* reflection angle).

reflection LCD *cf.* reflective liquid-crystal display.

reflection liquid-crystal display *cf.* reflective liquid-crystal display.

reflection loss pertes par réflexion *(ligne de transmission) (cf. aussi* return loss).

reflection measurement mesure de réflexion *(en électronique, ce terme désigne généralement la mesure du rapport d'ondes stationnaires) (cf. aussi* standing-wave ratio *et* reflection).

reflection-mode ... *cf.* reflective ...

reflection plotter projecteur de cartes *(appareil permettant de projeter l'image de la carte d'une zone côtière sur l'écran d'un radar de navigation de navire pour faciliter l'identification des échos sur l'écran panoramique) (cf. aussi* navigation radar *et* PPI scope).

reflection-type encoder *(ou* **shaft encoder**) *cf.* reflection-type shaft-position encoder.

reflection-type shaft-position encoder codeur d'angle à réflexion, codeur de position angulaire à réflexion, codeur optique à réflexion *(codeur de position angulaire fonctionnant par réflexion de la lumière des diodes sur des zones réfléchissantes, les zones opaques étant noir mat et chaque photodétecteur étant disposé à côté de la diode correspondante) (cf. aussi* shaft-position encoder).

reflectionless termination terminaison sans réflexion *(nom parfois donné à une charge adaptée) (cf. aussi* matched load).

reflective display afficheur à réflexion *(afficheur utilisant la réflexion de la lumière ambiante pour fonctionner) (ne comporte donc pas de source de lumière et a, par conséquent, une faible consommation d'énergie électrique) (afficheur à cristaux liquides à réflexion, afficheur électrochromique, électrophorétique ou électrolytique) (cf. aussi* display[1] 4)).

reflective electrode électrode réfléchissante *(dans un afficheur notamment, électrode remplissant la fonction d'un miroir en plus de sa fonction électrique) (cf. aussi* electrode *et* reflective liquid-crystal display).

reflective LCD *cf.* reflective liquid-crystal display.

reflective liquid-crystal display afficheur à cristaux liquides à réflexion *(type classique) (cf. aussi* liquid-crystal display *et* reflective display).

reflective target *cf.* reflecting target.

reflectivity réflectivité *(propriété d'une surface réfléchissante) (est souvent assimilée à la réflectance) (optique, hyper) (cf. aussi* reflectance).

reflectivity dip baisse de réflectivité *(cible radar) (cf. aussi* target fadedown).

reflectometer réflectomètre (a) *appareil mesurant le rapport d'ondes stationnaires dans une ligne de transmission bouclée sur une charge) (dans le cas général d'une ligne de transmission hyperfréquence, le réflectomètre est un coupleur directif double, ou un ensemble de deux coupleurs unidirectionnels, complété par un générateur de signaux hyperfréquence et un TOS-mètre, ainsi que des dispositifs et éventuellement appareils auxiliaires) (l'un des coupleurs permet de prélever le signal incident à l'aide d'un détecteur c.-à-d. le signal du générateur appliqué au composant hyperfréquence contrôlé, tandis que l'autre permet de prélever le signal réfléchi par le composant, celui-ci n'étant jamais parfaitement adapté ; le détecteur du second coupleur est relié au TOS-mètre) (le générateur de signaux est un générateur à balayage) (cf. aussi* reflectometry (a), standing-wave ratio, directional coupler, SWR meter *et* sweeping generator) ; (b) *appareil permettant la localisation de défauts dans une ligne de transmission) (tls) (cf. aussi* time-domain reflectometer).

reflectometry réflectométrie (a) *mesure du coefficient de réflexion de la charge montée à l'extrémité réceptrice d'une ligne de transmission) (cette mesure est effectuée par l'intermédiaire de la mesure du rapport d'ondes stationnaires dans la ligne) (cf. aussi* reflection coefficient, transmission line *et* reflectometer (a)) ; (b) *localisation de défauts dans une ligne de transmission) (tls) (cf. aussi* time-domain reflectometry).

reflector réflecteur *(surface réfléchissant une onde ou un faisceau de particules)* (a) *surface continue ou discontinue réfléchissant les ondes émises ou reçues par une antenne pour changer leur direction de propagation et généralement les rendre planes à l'émission ou les focaliser à la réception) (cf. aussi* corner reflector *et* parabolic reflector) ; (b) *cf. aussi* reflector electrode).

reflector aerial *(GB) cf.* reflector antenna.

reflector antenna antenne à réflecteur *(antenne directive dont la directivité est accrue par un réflecteur) (antenne Yagi, antenne panneau, antenne à réflecteur dièdre, à réflecteur parabolique, etc.) (cf. aussi* directional antenna *et* reflector).

reflector buoy *cf.* radar reflector buoy.

reflector electrode électrode réflectrice, réflecteur *(électrode réfléchissant un faisceau d'électrons ou autres particules dans un tube hyperfréquence ou autre dispositif) (cf. aussi* repeller).

reflector element réflecteur, élément réflecteur, *(souvent aussi)* brin réflecteur *(brin parasite ou autre élément parasite utilisé comme réflecteur dans une antenne) (antenne Yagi, etc.) (cf. aussi* parasitic element)

reflector microwave antenna antenne hyperfréquence à réflecteur *(antenne hyperfréquence formée essentiellement d'un réflecteur et d'une source primaire disposée au foyer de celui-ci) (la source primaire sert d'antenne proprement dite, d'émission ou de réception, ou les deux alternativement selon le mode de fonctionnement de l'antenne) (est généralement une antenne parabolique ou analogue) (cf. aussi* reflector (a), primary radiator *et* parabolic antenna).

reflector space espace cavité-réflecteur *(espace compris entre la cavité et le réflecteur dans un klystron reflex) (sert d'espace de regroupement lors du retour des électrons vers la cavité) (tube hyper) (cf. aussi* reflex klystron *et* drift space).

reflector voltage tension du réflecteur *(ou* appliquée au réflecteur) *(cf. aussi* reflector electrode).

reflex baffle enceinte bass reflex *(hifi) (cf. aussi* bass reflex baffle).

reflex bunching groupement après réflexion *(groupement des électrons dans un klystron réflex) (tube hyper) (cf. aussi reflector space).*

reflex klystron klystron réflex *(klystron dans lequel les deux cavités résonantes sont remplacées par une seule cavité servant tant pour l'application du signal d'entrée que pour le prélèvement du signal de sortie après réflexion des électrons par une électrode réflectrice et groupement en paquets) (est utilisé comme oscillateur grâce à la facilité d'accord permise par la cavité unique et sert surtout d'oscillateur local dans des récepteurs de radars et d'oscillateur dans des générateurs de signaux hyperfréquence et des émetteurs de faisceaux hertziens, ainsi que de pompe d'amplificateur paramétrique) (tube hyper) (cf. aussi repeller, reflector space, klystron et local oscillator).*

reflow-solder *v* souder par refusion *(cf. aussi reflow soldering).*

reflow-soldered leads sorties soudées par refusion *(porte-puce, boîtier plat, etc.) (cf. aussi reflow soldering).*

reflow soldering soudage par refusion, soudure par refusion *(soudage de conducteurs préétamés réalisé par chauffage et application d'une légère pression, sans nouvel apport de soudure à l'étain) (est très utilisé pour connecter et fixer en même temps les composants rapportés sur les circuits hybrides) (cf. aussi soldering et hybrid circuit).*

reflow soldering system appareil à souder par refusion *(cf. aussi reflow soldering).*

reformat *v* reformater, changer de format, restructurer, *(parf.)* mettre au nouveau format *(changer le format d'informations binaires) (inf) (cf. aussi format¹).*

reformatted data informations reformatées, *(etc.) (inf) (cf. aussi reformat).*

reformatting reformatage, changement de format, restructuration, *(parf.)* mise au nouveau format *(cf. aussi reformat).*

refracted wave onde réfractée *(onde déviée de sa direction de propagation initiale après réfraction) (cf. aussi refraction).*

refraction réfraction *(changement de la direction de propagation d'une onde passant obliquement d'un milieu à un autre) (la réfraction est due à la différence de vitesse de propagation de l'onde dans les deux milieux ; elle est toujours accompagnée de réflexion, l'onde incidente se décomposant en une onde réfractée et une onde réfléchie, d'amplitude moindre, obéissant aux lois de la réflexion) (les deux milieux peuvent être de natures différentes — air et eau, air et terre, terre et eau, matière plastique et air, etc. — ou être de même nature, c.-à-d. constitués par un milieu anisotrope — couches d'air ou d'eau à températures ou pressions et, par conséquent, densités différentes, par exemple) (ce phénomène, considéré principalement en optique pour la propagation d'un rayon lumineux, se produit pour toutes les ondes électromagnétiques, donc pour les ondes radioélectriques dans les couches de différentes densités de l'atmosphère, et pour les ondes acoustiques, donc notamment pour les ondes ultrasonores émises par un sonar actif dans des couches de différentes densités du milieu marin) (cf. aussi refraction law, shore effect, reflection et propagation phenomena).*

refraction angle angle de réfraction *(cf. aussi angle of refraction).*

refraction error erreur due à la réfraction *(erreur dans l'indication du gisement d'un lieu fournie par un récepteur de navigation ou de la position d'une cible fournie par un radar ou un sonar due à la réfraction des ondes au cours de leur propagation) (l'erreur est due à l'effet de mirage produit par la réfraction, le point considéré n'étant pas dans le prolongement de la direction de propagation de l'onde reçue) (cf. aussi refraction).*

refraction laws lois de la réfraction *(lois régissant la réfraction) 1°) le rayon incident, la normale au point d'incidence et le rayon réfracté sont dans un même plan appelé « plan d'incidence » ; 2°) le rapport entre le sinus de l'angle d'incidence et le sinus de l'angle de réfraction est constant et appelé « indice de réfraction » du second milieu par rapport au premier (si l'indice de réfraction est plus grand que l'unité, l'angle de réfraction est plus petit que l'angle d'incidence, le rayon réfracté se rapprochant de la normale ; on dit alors que le second milieu est plus réfringent que le premier ; exemples :*

l'eau est plus réfringente que l'air et le verre est plus réfringent que l'eau) (cf. aussi refraction, incidence angle, refraction angle et Snell's law).

refractive réfringent *(caractéristique d'un corps possédant la propriété de réfringence) (cf. aussi refractivity 1)).*

refractive index indice de réfraction *(rapport entre le sinus de l'angle d'incidence et le sinus de l'angle de réfraction dans le phénomène de réfraction) (cf. aussi refraction laws).*

refractive power degré de réfringence *(réfringence exprimée quantitativement par l'indice de réfraction) (cf. aussi refraction et refractive index).*

refractivity 1) réfringence *(propriété d'un corps dans lequel peut être observée la réfraction) (cf. aussi refraction).* 2) réfractivité *(grandeur égale à l'indice de réfraction d'un corps moins 1) (cf. aussi refractive index).*

refresh¹ *v* rafraîchir *(des informations) (inf, etc.) (cf. aussi refresh²).*

refresh² *s* rafraîchissement *(en électronique, régénération périodique d'informations) (inf, etc.) (a) régénération périodique des informations contenues dans une mémoire électrostatique par rétablissement périodique des charges électriques représentant ces informations) (cette acception du terme « rafraîchissement » désigne généralement le rafraîchissement des informations contenues dans une mémoire RAM dynamique) (cf. aussi electrostatic memory et RAM refresh) ; (b) rafraîchissement des informations présentées sur l'écran d'un terminal à écran par passage périodique du ou des faisceaux d'électrons aux points rendus lumineux pour entretenir leur luminosité) (cf. aussi display terminal).*

refresh circuit circuit de rafraîchissement *(montage fournissant des signaux de rafraîchissement) (cf. aussi refresh²).*

refresh circuitry circuit(s) de rafraîchissement *(cf. aussi refresh circuit et circuitry).*

refresh control commande du rafraîchissement *(commande du fonctionnement d'un circuit de rafraîchissement) (cf. aussi refresh circuit).*

refresh control circuit circuit de commande du rafraîchissement *(cf. aussi refresh control).*

refresh control circuitry circuit(s) de commande du rafraîchissement *(cf. aussi refresh control et circuitry).*

refresh controller *cf. refresh circuit.*

refresh cycle cycle de rafraîchissement *(ensemble des opérations nécessaires pour exécuter un rafraîchissement ou, par extension, durée d'un tel cycle) (dans une mémoire RAM dynamique, un cycle de rafraîchissement est une sorte de cycle de lecture qui porte sur une ligne complète à la fois à raison d'environ un cycle sur 100 cycles de lecture ordinaires) (cf. aussi refresh² et RAM refresh).*

refresh cycle time *cf. refresh interval.*

refresh duty cycle rapport cyclique du rafraîchissement *(rapport cyclique des impulsions de rafraîchissement d'une mémoire RAM dynamique) (CI) (inf) (cf. aussi duty cycle 1) et RAM refresh).*

refresh interval période de rafraîchissement *(durée d'un cycle de rafraîchissement) (cf. aussi refresh cycle et period).*

refresh line ligne de rafraîchissement *(conducteur reliant la borne de rafraîchissement d'une mémoire RAM dynamique à son circuit de rafraîchissement) (CI) (inf) (cf. aussi RAM refresh).*

refresh memory mémoire de rafraîchissement *(mémoire ROM ou RAM contenant les coordonnées des points à rafraîchir sur l'écran d'un terminal à écran) (inf) (cf. aussi ROM, RAM¹ et refresh² (b)).*

refresh mode mode de rafraîchissement (a) *mode de fonctionnement d'un tube cathodique à rafraîchissement ou d'une mémoire RAM dynamique pendant le rafraîchissement de celui-ci ou celle-ci) (cf. aussi refresh²) ; (b) nom donné au type de rafraîchissement d'une mémoire RAM dynamique) (CI) (inf) (cf. aussi RAM refresh).*

refresh-mode operation fonctionnement en mode de rafraîchissement *(cf. aussi refresh mode (a)).*

refresh operation opération de rafraîchissement *(cf. aussi refresh²).*

refresh period *cf. refresh interval.*

refresh pulse impulsion de rafraîchissement *(impulsion de* tension appliquée à une cellule de mémoire RAM dynamique ou au wehnelt d'un tube cathodique pour opérer son rafraîchissement) (cf. aussi refresh[2] et control grid 2)).

refresh RAM cf. dynamic RAM.

refresh rate fréquence de rafraîchissement, cadence (idem) (fréquence de récurrence d'un signal de rafraîchissement) (cf. aussi repetition rate et refresh signal).

refresh signal signal de rafraîchissement (train d'impulsions de rafraîchissement ou, parfois, une telle impulsion) (est un train d'impulsions récurrentes dans le cas du rafraîchissement d'une mémoire RAM dynamique) (cf. aussi refresh pulse et periodic pulse train).

refresh time 1) instant de rafraîchissement (instant d'application d'une impulsion de rafraîchissement) (cf. aussi refresh pulse). 2) cf. refresh interval.

refresh timing cadencement du rafraîchissement (commande ou détermination des instants de rafraîchissement d'une mémoire RAM dynamique) (cf. aussi refresh time 1)).

refreshed image image rafraîchie (image formée sur l'écran d'un tube cathodique fonctionnant en mode de rafraîchissement) (cf. aussi refresh[2]).

refreshed information informations rafraîchies (parf. au singulier) (informations contenues dans une mémoire RAM dynamique ou présentées sur l'écran d'un tube cathodique fonctionnant en mode de rafraîchissement) (le terme au singulier s'emploie notamment lorsque l'on considère le rafraîchissement d'une seule cellule de la mémoire) (cf. aussi refresh mode).

refreshing cf. refresh[2].

regenerate v régénérer (un signal ou une charge électrique) (cf. aussi regeneration 1)).

regenerated carrier cf. reinserted carrier.

regenerated charge charge régénérée, charge rétablie (mémoire électrostatique) (cf. aussi refresh[2]).

regenerated pulse impulsion régénérée, impulsion remise en forme (tls, etc.) (cf. aussi pulse regeneration).

regeneration 1) régénération (a) régénération d'un signal et notamment d'une porteuse ou d'impulsions) (cf. aussi carrier regeneration et pulse regeneration) ; (b) régénération d'une ou plusieurs charges électriques, notamment dans une mémoire électrostatique) (cf. aussi refresh[2]). 2) réaction (positive) (cf. aussi positive feedback).

regeneration control commande de réaction (condensateur variable, inductance variable ou potentiomètre permettant de régler la réaction dans un récepteur à réaction ou, parfois, bouton de commande de ce dispositif) (cf. aussi regenerative receiver).

regeneration interval (ou **period**) cf. refresh interval.

regenerative amplification amplification avec réaction (positive) (amplification réalisée par un amplificateur à réaction) (cf. aussi regenerative amplifier).

regenerative amplifier amplificateur à réaction (amplificateur utilisant une légère réaction positive pour augmenter son gain) (cf. aussi amplifier, positive feedback et gain 1)).

regenerative circuit montage à réaction (montage utilisant une réaction positive) (terme générique couvrant l'oscillateur, l'amplificateur à réaction et la détectrice à réaction) (cf. aussi positive feedback, oscillator, regenerative amplifier et regenerative detector).

regenerative detector détectrice à réaction (montage à détection par la grille utilisant une réaction positive réglable pour augmenter l'amplification de la triode et, par conséquent, la sensibilité du récepteur) (noter l'emploi du féminin dû au fait que le tube triode était une « lampe de T.S.F. » à l'époque où ce montage a été inventé) (radio) (cf. aussi regenerative receiver, grid-leak detector et positive feedback).

regenerative feedback réaction positive (cf. aussi positive feedback).

regenerative memory mémoire à régénération (mémoire dans laquelle les informations contenues doivent être régénérées périodiquement pour ne pas disparaître) (terme générique couvrant la mémoire RAM dynamique et la ligne à retard bouclée sur elle-même) (cf. aussi dynamic RAM et delay line).

regenerative radio repeater répéteur régénérateur de fais-

ceau hertzien (répéteur de faisceau hertzien analogue, quant à sa fonction, à un répéteur régénérateur en câble) (radiocom) (cf. aussi radio repeater, regenerative repeater 1) et regenerative transponder).

regenerative receiver récepteur à réaction (ancien récepteur radio composé essentiellement d'une détectrice à réaction) (est un récepteur à tube électronique à amplification directe simplifié au maximum) (cf. aussi regenerative detector et tuned radio-frequency receiver).

regenerative repeater 1) répéteur régénérateur (en câble), répéteur numérique (idem), répéteur à impulsions (idem) (le premier terme est le plus employé parce que le plus ancien ; le second, plus récent, est appelé à s'imposer ; le troisième est un terme descriptif) (répéteur opérant la régénération des impulsions d'un multiplex téléphonique numérique ou, anciennement, d'un signal télégraphique) (tls) (cf. aussi repeater 1) (a) et (c), pulse regeneration, time-division multiplex et telegraph signal). 2) cf. regenerative radio repeater.

regenerative sense amplifier cf. sense amplifier.

regenerative storage cf. regenerative memory.

regeneratively read v lire et ré-écrire (une information dans une mémoire à lecture destructive pour éviter qu'elle soit perdue) (inf) (cf. aussi destructive readout memory).

regenerator régénérateur (d'impulsions) (tls, etc.) (cf. aussi pulse regenerator).

region 1) zone (d'un cristal semiconducteur, etc.) (cf. aussi p-type region, n-type region et intrinsic region). 2) domaine (intervalle déterminé de valeurs d'une grandeur, notamment sur un diagramme ou dans un spectre) (cf. aussi infrared region, visible region, UV region et range 3) et 4)).

region of operation domaine de fonctionnement (intervalle de valeurs d'un ou plusieurs paramètres de fonctionneemnt d'un dispositif) (cf. aussi operating parameters).

region of proportionality domaine de proportionnalité (intervalle des valeurs de la variable d'une fonction d'une seule variable dans lequel les accroissements de la fonction sont proportionnels aux accroissements de la variable) (exemple : intervalle d'amplitudes du signal d'entrée d'un amplificateur linéaire correspondant à la partie rectiligne de sa courbe de réponse en amplitude) (cf. aussi linear amplifier et amplitude response curve).

Regional Administrative Radio Conference Conférence radio administrative régionale (Conférence radio administrative tenue à l'échelon de plusieurs pays limitrophes ou proches les uns des autres) (radio) (cf. aussi World Administrative Radio Conference).

regional beam faisceau régional (sat.tls) (cf. aussi zone beam, ce terme étant le plus employé).

regional channel bande de fréquences régionale (bande de fréquences attribuée à plusieurs stations de radiodiffusion régionales) (cf. aussi frequency allocation).

regional coverage couverture régionale (radio) (cf. aussi coverage (a)) (a) couverture d'une région d'un pays par un émetteur de radiodiffusion sonore de moyenne puissance (cf. aussi radio broadcast transmitter) ; (b) couverture assurée par un faisceau régional (sat. tls) (cf. aussi zone beam).

regional satellite communications télécommunications par satellite à l'échelle régionale (télécommunications par satellite dans tout le territoire d'un pays ou de plusieurs pays voisins) (cf. aussi regional beam).

register[1] **s** 1) registre (petite mémoire numérique) (cf. aussi digital memory) (a) dans un ordinateur ou un microprocesseur, petite mémoire spécialisée à accès parallèle pouvant généralement contenir un mot binaire) (comprend donc autant de cellules que le mot à mémoriser comprend de binaires ; les cellules sont des bascules) (sert principalement de mémoire temporaire pour la mémorisation de résultats partiels d'opérations de traitement ou d'informations en cours de transfert et pour le décodage des instructions, ainsi que de compteur binaire) (peut être réalisée sous la forme d'une mémoire indépendante ou être constituée par des positions réservées dans la mémoire centrale) (inf) (cf. aussi accumulator register, address register, arithmetic register, instruction register, underflow, overflow, memory access register, buffer register, parallel access, flip-flop, word 2) et main memory) ;

(b) *cf. aussi* shift register). **2)** enregistreur *(dispositif électromécanique enregistrant le numéro composé par un abonné au téléphone sur un poste automatique et émettant ensuite les impulsions correspondantes pour la commande des sélecteurs afin d'établir la liaison dans certains centraux téléphoniques électromécaniques) (tls) (cf. aussi* electromechanical telephone exchange). **3)** *cf.* registration.

register² v coïncider, se superposer (exactement), *(parf.)* être aligné *(cf. aussi* registration 1)).

register and arithmetic and logic unit *cf.* RALU.

register control 1) commande de superposition *(cf. aussi* registration 1)). **2)** commande par enregistreur *(tél) (cf. aussi* register-controlled switching system).

register-controlled switching system système de commutation à enregistreur, système à enregistreur *(système de commutation téléphonique électromécanique dans lequel les impulsions de sélection agissent non pas sur les organes de sélection mais sur un enregistreur) (tls) (cf. aussi* electromechanical telephone switching, dial pulse *et* register¹ 2)).

register length longueur de registre *(souvent* du registre) *(nombre de cellules d'un registre d'ordinateur) (inf) (cf. aussi* register¹ 1) (a)).

register set jeu de registres *(ensemble des registres dont dispose l'organe de traitement d'un ordinateur) (inf) (cf. aussi* register¹ 1) (a) *et* processor (a)).

registered output *cf.* latched output.

registration 1) coïncidence (de position), superposition (exacte), *(parf.)* alignement *(composantes d'une image en couleurs obtenue par superposition, masque ou conducteur de circuit intégré, trous de circuit imprimé ou hybride multicouche, etc.) (cf. aussi* three-tube projection television system *et* alignment 2)). **2)** cadrage, *(parf.)* alignement *(disposition des perforations d'une carte perforée ou autres éléments d'information portés sur un support d'informations par rapport aux bords de celui-ci) (inf) (cf. aussi* punched card).

registration accuracy *(cf. aussi* registration) **1)** précision de superposition *(image en couleurs, etc.).* **2)** précision d'alignement *(CI, etc.) (cf. aussi* alignment 2)). **3)** précision de cadrage *(carte perforée, etc.).*

registry *cf.* registration.

regrown crystal cristal reformé *(après recuit, etc.) (semi) (cf. aussi* annealing).

regrown oxide oxyde reformé *(semi) (cf. aussi* oxide regrowth).

regrowth reformation *(d'un oxyde ou d'un cristal semiconducteur) (fab. CI, semi) (cf. aussi* oxide regrowth *et* regrown crystal).

regular reflection réflexion spéculaire *(onde) (cf. aussi* specular reflection).

regulated output sortie régulée *(courant ou tension de sortie ou, parfois, bornes de sortie d'une alimentation régulée) (cf. aussi* regulated power supply).

regulated output current *(parf.* intensité du) courant de sortie régulé *(courant de sortie d'une alimentation régulée en courant ou, parfois, intensité de ce courant) (cf. aussi* regulated power supply).

regulated output voltage tension de sortie régulée *(tension de sortie d'une alimentation régulée en tension) (cf. aussi* regulated power supply).

regulated power supply alimentation régulée *(alimentation dont la tension de sortie ou l'intensité du courant de sortie est maintenue pratiquement constante lorsque la charge ou la tension du secteur varie) (ce terme sous-entend généralement une alimentation régulée série, mais couvre également l'alimentation à découpage) (cf. aussi* load regulation, line regulation, series-regulated power supply, switching power supply *et* power supply 2)).

regulated quantity grandeur réglée *(régulateur) (cf. aussi* controlled variable).

regulated supply *cf.* regulated power supply.

regulated voltage tension régulée *(tension fournie par une alimentation régulée en tension ou, plus généralement, par tout dispositif régulateur de tension) (cf. aussi* regulated power supply *et* voltage regulator).

regulating device *cf.* regulator.

regulating range *cf.* regulation range.

regulating system *cf.* regulator.

regulation régulation *(maintien de la valeur de la grandeur de sortie d'un système le plus près possible d'une valeur fixe prédéterminée appelée « point de consigne ») (régulation de tension, d'intensité, de température, de vitesse, de pression, etc.) (la régulation est un cas particulier de l'asservissement) (noter que l'on ne dit pas « régulation de fréquence » ni « régulation de phase » ni « régulation de position » car, dans ces cas précis, la grandeur de référence étant variable, on a affaire à un asservissement proprement dit, c.-à-d. à un fonctionnement en système suiveur, et non à une régulation) (cf. aussi* closed-loop control).

regulation range plage de régulation *(intervalle de variation de la valeur d'une grandeur réglée) (cf. aussi* regulated quantity).

regulation system *cf.* regulator.

regulation technique méthode de régulation, procédé *(idem) (alim, etc.) (cf. aussi* regulated power supply).

regulator régulateur, système de régulation, dispositif de régulation *(dispositif assurant la régulation d'une grandeur) (est un système asservi à référence fixe ou lentement variable) (cf. aussi* voltage regulator, regulation, automatic control system *et* closed-loop control system).

regulator chip puce de régulateur *(puce portant les circuits d'un régulateur de tension) (CI) (cf. aussi* chip 1) *et* voltage regulator).

regulator tube *cf.* voltage-stabilizing tube.

reignition voltage tension de réamorçage *(tension d'amorçage d'un thyratron en cours d'extinction) (augmente au fur et à mesure que le taux d'ionisation décroît dans le tube et devient naturellement égale à la tension d'amorçage normale lorsqu'il est tombé à zéro, c.-à-d. lorsque la décharge a cessé) (cf. aussi* striking voltage).

reinserted carrier porteuse régénérée *(tls, etc.) (cf. aussi* suppressed-carrier transmission).

reinserter *cf.* dc restorer.

reinsertion of carrier régénération de la porteuse *(tls) (cf. aussi* suppressed-carrier transmission).

reject ... *cf.* rejection ...

rejected frequency fréquence éliminée *(par un filtre coupe-bande à bande étroite) (il s'agit en fait d'une bande de fréquences et non d'une fréquence unique) (cf. aussi* notch filter).

rejection élimination, *(parf.)* atténuation (importante), *(parf.)* réjection *(réjection est un anglicisme bien implanté qui désigne l'atténuation d'un signal parasite ou de fréquences gênantes par un filtre et s'emploie avec un autre sens pour les amplificateurs différentiels) (cf. aussi* rejection band, attenuation *et* common-mode rejection).

rejection band bande coupée *(filtre coupe-bande) (cf. aussi* stop band).

rejection filter filtre coupe-bande *(cf. aussi* band-stop filter).

rejection of sound *cf.* rejection of the sound signal.

rejection of the sound signal réjection du signal son, réjection du son *(récepteur TV) (cf. aussi* sound-signal rejection).

rejection ratio *cf.* common-mode rejection ratio.

rejector réjecteur *(filtre) (cf. aussi* trap¹ 1)).

rejector circuit *cf.* rejector.

relampable from front relampable (par l'avant) *(cf. aussi* relampable pushbutton).

relampable illuminated pushbutton *cf.* relampable pushbutton.

relampable illuminated switch *cf.* relampable pushbutton.

relampable lighted ... *cf.* relampable illuminated ...

relampable pushbutton bouton-poussoir relampable, bouton-poussoir éclairé relampable *(bouton-poussoir éclairé à lampe interchangeable par l'avant) (cf. aussi* illuminated pushbutton).

relampable switch *cf.* relampable pushbutton.

relamping remplacement de la lampe, relampage *(voyant ou interrupteur lumineux) (cf. aussi* relampable pushbutton).

relaning recherche de chenal *(radionav) (cf. aussi* lane).

relational data base banque de données relationnelle *(banque de données dans laquelle la recherche de celles-ci* *n'obéit pas à des règles de hiérarchie, mais aux relations existant entre les informations classées en plusieurs colonnes — désignation d'article, fournisseur, référence, prix, etc. — par le logiciel, l'utilisation en gestion de fichiers étant également possible) (inf) (cf. aussi* tuple *et* data base).

relational data base management system   système de gestion de banque de données relationnelle, *(etc.) (cf. aussi* database management system *et* relational data base).

relational data base system   *cf.* relational data base management system.

relational DBMS   *cf.* relational data base management system.

relational system   *cf.* relational data base management system.

relative accuracy   précision relative *(précision d'un résultat de mesure ou de calcul exprimée en pourcentage de la valeur obtenue) (cf. aussi* measurement accuracy).

relative address   adresse relative *(adresse d'une instruction dans un programme d'ordinateur définie par rapport à une autre adresse) (inf) (cf. aussi* base address).

relative addressing   adressage relatif *(adressage avec utilisation d'adresses relatives) (inf) (cf. aussi* relative address).

relative amplitude   amplitude relative, niveau *(signal) (cf. aussi* amplitude *et* level 1)).

relative amplitude measurement   mesure d'amplitude relative, *(etc.) (cf. aussi* relative amplitude *et* measurement).

relative bearing   gisement relatif *(gisement mesuré par rapport à l'axe d'un mobile) (nav) (cf. aussi* bearing 1)).

relative coding   programmation avec adressage relatif, programmation relative *(noter que le terme « relative programming » n'est pas employé) (inf) (cf. aussi* programming (b) *et* relative addressing).

relative harmonic content   taux d'harmoniques *(signal) (cf. aussi* percent harmonic distortion).

relative heading   *cf.* heading 1).

relative level   *(ce terme est un pléonasme) cf.* relative amplitude).

relative measurement   mesure relative, mesure de rapport *(en électronique, le second terme est le plus employé) (cf. aussi* ratio measurement).

relative permeability   perméablité relative, perméabilité magnétique relative *(perméabilité d'un corps rapportée à celle du vide ou, en pratique, à celle de l'air) (est une grandeur sans dimension) (magnétisme) (cf. aussi* permeability *et* dimensionless quantity).

relative permittivity   permittivité relative, constante diélectrique, pouvoir inducteur spécifique *(permittivité d'un diélectrique matériel rapportée à celle du vide) (est une grandeur sans dimension) (cf. aussi* permittivity, dielectric constant, vacuum *et* dimensionless quantity).

relative phase   phase relative *(phase d'une grandeur sinusoïdale mesurée par rapport à la phase d'une autre grandeur sinusoïdale de même fréquence) (est un des deux cas de la différence de phase) (cf. aussi* phase difference).

relative power   puissance relative *(puissance mesurée par rapport à une autre puissance prise comme référence) (cf. aussi* power[1] 1) *et* power level).

relative refractive index   indice de réfraction relatif, indice relatif *(rapport entre les indices de réfraction de deux milieux) (cf. aussi* refractive index).

relative response   réponse relative *(réponse d'un transducteur électroacoustique mesurée en décibels) (cf. aussi* response 1), electroacoustic transducer *et* decibel).

relative signal amplitude   amplitude relative du signal, *(etc.) (cf. aussi* relative amplitude *et* signal[1]).

relative signal level   *(ce terme est un pléonasme) cf.* relative signal amplitude.

relative target bearing   gisement relatif de la cible *(gisement relatif d'une cible détectée par un radar de navire ou d'aéronef ou par un sonar) (mil, etc.) (cf. aussi* relative bearing).

relatively negative voltage   tension négative en valeur relative *(c-à-d. par rapport à une autre) (cf. aussi* negative voltage).

relatively positive voltage   *voir ci-dessus et* adapter.

relativistic electron   électron relativiste *(électron animé d'une vitesse relativiste) (cf. aussi* relativistic velocity).

relativistic electron beam   faisceau d'électrons relativistes *(cf. aussi* relativistic electron *et* electron beam).

relativistic mass   masse relativiste *(masse effective d'une particule relativiste) (cf. aussi* relativistic particle).

relativistic particle   particule relativiste *(particule animée d'une vitesse relativiste) (cf. aussi* relativistic velocity).

relativistic quantum mechanics   mécanique quantique relativiste *(mécanique quantique dans laquelle les équations de mouvement des particules satisfont au principe de relativité) (atome) (cf. aussi* quantum mechanics *et* relativity principle).

relativistic velocity   vitesse relativiste *(vitesse d'une particule à partir de laquelle les effets prévus par la théorie de la relativité, notamment l'augmentation de sa masse par rapport à sa valeur au repos, deviennent sensibles) (est prise arbitrairement égale au dixième de la vitesse de la lumière, soit 30 000 km/s) (électron, etc.) (cf. aussi* particle 2) *et* theory of relativity).

relativity principle   (le) principe de relativité *(principe de la relativité du temps, de l'espace et de la masse énoncé dans la théorie de la relativité) (cf. aussi* theory of relativity).

relativity theory   théorie de la relativité *(physique) (cf. aussi* theory of relativity).

relaxation generator   *cf.* relaxation oscillator.

relaxation oscillation   oscillation de relaxation *(nom donné au courant produit par la décharge du condensateur d'un oscillateur à relaxation, c.-à-d. à chacune des impulsions fournies par celui-ci) (cf. aussi* relaxation oscillator).

relaxation oscillator   oscillateur à relaxation *(oscillateur utilisant la décharge périodique brusque d'un condensateur pour fournir des impulsions récurrentes de courant ou de tension) (les impulsions fournies sont normalement des dents de scie, mais peuvent également être des impulsions rectangulaires) (chaque période de récurrence du signal fourni par l'oscillateur comprend la charge progressive du condensateur suivie de sa décharge brusque provoquée par le passage à l'état conducteur d'un dispositif de commutation intervenant automatiquement lorsque le condensateur est chargé) (cette libération brusque de l'énergie électrique accumulée progressivement dans le condensateur est une relaxation d'énergie, d'où le nom donné à cet oscillateur) (le dispositif de commutation peut être un tube électronique triode, une lampe au néon, un thyratron, un transistor bipolaire ou un transistor unijonction) (est utilisé comme générateur d'impulsions et notamment comme générateur de base de temps) (cf. aussi* blocking oscillator, multivibrator, unijunction transistor, thyratron, integrating capacitor, periodic pulses, pulse generator, time-base generator *et* oscillator).

relay[1] s   relais (a) *dispositif permettant de fermer ou ouvrir un ou plusieurs circuits à l'aide d'un courant électrique ou d'un rayonnement optique) (le terme « relais » employé avec cette acception et sans qualificatif désigne généralement un relais électromagnétique) (cf. aussi* electromagnetic relay, solid-state relay *et* optical relay) ; (b) *relais hertzien) (faisceau hertzien) (cf. aussi* radio relay).

relay[2] v   relayer *(des signaux à transmettre) (faisceaux hz, etc.) (cf. aussi* radio relay).

relay armature   armature de relais *(partie mobile du circuit magnétique d'un relais électromagnétique dit « à armature ») (est généralement une armature pivotante, mais peut aussi être du type à déplacement par translation ou par rotation autour d'un axe disposé transversalement entre les deux extrémités du noyau recourbé en U à chaque extrémité) (l'armature d'un relais porte le ou les contacts mobiles de l'appareil ou une ou plusieurs tiges agissant sur ceux-ci) (cf. aussi* clapper, armature 1), relay contact *et* electromagnetic relay).

relay bay   *cf.* relay rack.

relay center   centre de commutation *(tls) (cf. aussi* switching center).

relay coil   bobine de relais *(bobine d'excitation d'un relais électromagnétique) (cf. aussi* electromagnetic relay).

relay computer   machine à calculer à relais, calculatrice à relais *(première génération d'ordinateurs, dans laquelle les opérations logiques étaient exécutées par les contacts de relais à armature) (inf) (cf. aussi* computer 2), logic operation *et* armature relay).

relay contact   contact de relais *(ce terme désigne généralement un jeu de deux contacts formant interrupteur ou de trois contacts formant inverseur dans un relais électromagnétique,* *mais peut également désigner un seul de ces contacts considéré isolément) (les contacts d'un relais à mercure constituent un cas particulier défini ailleurs) (cf. aussi ST contact, change-over contact, mercury relay, relay armature et electromagnetic relay).*

relay driver attaqueur de relais, *(etc.) (attaqueur fournissant le courant d'excitation d'un relais électromagnétique (cf. aussi driver 1) et electromagnetic relay).*

relay hum ronflement d'un relais *(bruit produit par les vibrations du circuit magnétique d'un relais électromagnétique alimenté en courant alternatif ou en courant redressé mal filtré lorsque son noyau n'est pas muni d'une spire de silence) (cf. aussi electromagnetic relay et hum slug).*

relay magnet électro-aimant de relais *(nom parfois donné à la bobine d'un relais électromagnétique classique équipée de son noyau) (cf. aussi electromagnetic relay).*

relay rack bâti à relais, *(etc.) (bâti recevant des châssis portant des relais, notamment dans un central téléphonique électromécanique) (ne pas employer « baie à relais ») (cf. aussi rack 1) et relay¹ (a)).*

relay receiver récepteur de station-relais *(faisceau hz) (cf. aussi radio relay).*

relay station station relais *(faisceau hz) (cf. aussi radio relay).*

relay switching system système de commutation à relais, système à relais *(système de commutation téléphonique électromécanique utilisant des relais à armature ou spéciaux au lieu de commutateurs pas-à-pas) (système « tout à relais », système Crossbar, etc.) (cf. aussi Crossbar switching system, electromechanical telephone switching system, armature relay et stepping relay).*

relay system 1) système à relais (a) *système utilisant un ou plusieurs relais) (commande automatique, etc.)* ; (b) *cf. aussi* relay switching system). 2) relais hertzien *(faisceau hertzien) (cf. aussi radio relay).*

relay transmitter émetteur de station relais *(faisceau hz) (cf. aussi radio relay).*

release¹ s 1) libération de la ligne, libération *(suppression de la liaison entre deux postes téléphoniques automatiques produite au central par le raccrochage du combiné de l'un des deux postes par le correspondant après la fin de la communication) (tls) (cf. aussi calling-party release et called-party release).* 2) relâchement, retour à la position de repos, retombée *(retour de l'armature ou du noyau-plongeur d'un électro-aimant ou d'un relais à la position de repos lorsque le courant d'excitation est coupé ou que son intensité décroît au point de devenir insuffisante pour maintenir l'élément mobile à la position de travail) (bien qu'il soit couramment employé pour les relais à armature, le terme « retombée » est à éviter car il donne à penser que l'armature descend à ce moment, alors qu'elle remonte au contraire sous l'action du ressort de rappel sauf, naturellement, si le relais est monté la tête en bas) (cf. aussi armature 1), plunger 1) et pull-in).* 3) déclencheur s *(électro-aimant commandant le déclenchement d'un disjoncteur sur courant de défaut) (cf. aussi circuit breaker).*

release² v *(voir aussi release¹)* 1) libérer. 2) être relâché(e), revenir à la position de repos. 3) déclencher, libérer (les contacts).

release current 1) intensité de relâchement, *(etc.) (relais, électro-aimant) (cf. aussi release¹ 2)).* 2) intensité de déclenchement *(disjoncteur) (cf. aussi release¹ 3)).*

release guard protection de libération *(dispositif empêchant la commutation d'une ligne téléphonique occupée, dans un central téléphonique automatique, tant qu'elle n'est pas libérée) (tls) (cf. aussi release¹ 1)).*

release lag retard au relâchement, retard à la retombée *(relais temporisé au relâchement) (cf. aussi slow-release relay et release¹ 2)).*

release time temps de relâchement, *(etc.) (intervalle de temps entre l'instant de coupure du courant d'excitation d'un électro-aimant ou d'un relais et l'instant où l'élément mobile a atteint sa position de repos) (cf. aussi release¹ 2)).*

reliability fiabilité, sûreté de fonctionnement *(propriété d'un composant ou autre matériel dont la probabilité de défaillance est très faible) (cf. aussi failure rate et fail-safe).*

reliability index indice de fiabilité *(grandeur proportionnelle*

à la fiabilité d'un matériel) (cf. aussi reliability, mean time between failure et failure rate).

reliability test (un) essai de fiabilité *(nom donné à un essai d'endurance destiné à faire apparaître la fréquence et la gravité des défaillances éventuelles d'un matériel) (cf. aussi life test, acceptable reliability level et reliability).*

reliability test pattern puce témoin (de fiabilité) *(puce de circuit intégré conçue en vue d'essais de fiabilité) (est réalisée en même temps que les autres puces sur une plaquette de semiconducteur et comporte des éléments de circuit spécialement conçus pour faire apparaître à court terme les défaillances qui risquent de se produire à plus ou moins long terme dans les autres puces issues de la même plaquette) (une puce témoin peut être montée seule dans un boîtier de circuit intégré ou à côté d'une puce utilisée réellement pour assurer des conditions de fonctionnement identiques lors des essais de fiabilité) (cf. aussi reliability, chip 1), resolution pattern 2) et wafer 2)).*

reliability testing (l')essai de fiabilité *(cf. aussi reliability test).*

reliable range portée pratique *(portée d'un émetteur radio dans les conditions normales de fonctionnement et de propagation des signaux).*

relinquish control to … v passer la main à … *(en informatique, ce terme s'applique souvent à l'unité de commande d'un ordinateur, notamment en multiprogrammation, lorsque celle-ci passe de l'exécution d'un programme à un autre — auquel elle passe la main — ou lorsqu'elle confie l'exécution d'une partie d'un programme à un autre microprocesseur tel qu'un coprocesseur notamment) (cf. aussi control unit (a), multiprogramming et coprocessor).*

reluctance réluctance *(opposition au passage d'un flux magnétique dans un circuit magnétique) (est égale au quotient de la force magnétomotrice par le flux magnétique) (est l'analogue magnétique de la résistance électrique) (cf. aussi magnetic flux, magnetic circuit, resistance, variable-reluctance microphone et variable-reluctance pick-up).*

reluctance microphone cf. variable-reluctance microphone.

reluctance motor moteur à réluctance (variable) *(petit moteur synchrone utilisant la différence de réluctance de l'entrefer entre les parties saillantes et les parties rentrantes d'un rotor non bobiné pour assurer le synchronisme) (démarre comme un moteur asynchrone grâce à la présence d'une cage d'écureuil dans le rotor et tourne ensuite comme un moteur synchrone si la charge entraînée est assez faible pour que le rotor atteigne et conserve la vitesse de synchronisme, ce moteur étant peu puissant) (cf. aussi synchronous motor, reluctance et squirrel cage).*

reluctance pick-up cf. variable-reluctance pick-up.

reluctivity cf. reluctance.

remanence rémanence *(persistance d'une propriété artificielle d'un corps après suppression de la cause créant cette propriété) (le terme anglais peut s'appliquer à l'aimantation et à la polarisation diélectrique ; il est souvent synonyme de « remanent magnetization » ; le terme français est en outre synonyme de « persistance ») (cf. aussi remanent magnetization, remanent charge et persistence).*

remanent charge charge rémanente, charge électrique *(idem) (charge électrique portée par un diélectrique polarisé électriquement et notamment par un électret) (cf. aussi electric charge, dielectric polarization et electret).*

remanent induction induction rémanente, induction magnétique *(idem) (induction magnétique dans un corps possédant une aimantation rémanente) (magnétisme) (cf. aussi magnetic induction et remanent magnetization).*

remanent magnetization aimantation rémanente *(aimantation subsistant dans un corps ferromagnétique soumis à un champ magnétisant après suppression de celui-ci) (aimantation d'un aimant permanent artificiel ou de tout objet assimilable à un tel aimant) (cf. aussi magnetization 1), ferromagnetic material et magnetizing field).*

remodulation transfert de modulation *(modulation d'une porteuse émise par un émetteur radio à l'aide du signal transmis par une porteuse reçue par un récepteur radio) (opération effectuée notamment dans un répéteur de faisceau* *hertzien) (radiocom) (cf. aussi* modulation (a) *et* radio repeater).

remote s émission en direct *(radiodif) (cf. aussi* live broadcast).

remote access accès à distance *(à un ordinateur ou à une station de radiocommunications) (télinf, tls) (cf. aussi* multiple access).

remote acquisition *cf.* remote data acquisition.

remote batch *cf.* remote batch processing.

remote batch processing télétraitement par lots, traitement par lots à distance *(télinf) (cf. aussi* remote processing *et* batch processing).

remote broadcast *cf.* remote.

remote computer ordinateur satellite *(ordinateur dépendant de l'ordinateur principal dans un réseau de téléinformatique) (cf. aussi* computer 2) *et* telematic network).

remote control télécommande, commande à distance *(commande du fonctionnement d'un dispositif ou pilotage d'un mobile par l'intermédiaire de signaux ou, parfois, d'organes de liaison mécaniques) (cf. aussi* radio control, radio guidance *et* control[1]).

remote-control capability possibilité(s) de commande à distance *(appareil, etc.) (cf. aussi* remote control *et* capability).

remote-controlled commandé à distance, télécommandé *(cf. aussi* remote control).

remote cut-off tube tube à pente variable *(cf. aussi* variable-mu tube).

remote data acquisition saisie de l'information à distance *(ou* des données ...) *(télinf) (cf. aussi* data acquisition 2)).

remote data processing traitement de l'information à distance *(ou* des données ...) *(souvent)* télétraitement *(télinf) (cf. aussi* remote processing).

remote data processor *cf.* remote computer.

remote display présentation à distance, *(etc.) (d'informations sous diverses formes) (cf. aussi* display[1] 1)).

remote-display capability possibilité(s) de présentation à distance, *(etc.) (cf. aussi* remote display *et* capability).

remote indication indication à distance *(de la position d'un organe de machine, etc.) (cf. aussi* selsyn).

remote indicator 1) indicateur à distance, *(parf.)* répétiteur *(indicateur situé à une certaine distance du lieu d'émission des informations qu'il présente) (cf. aussi* indicator (a) *et* repeater 5)). 2) indicateur de recopie *(indicateur radar dont l'écran reproduit l'image formée sur l'écran de l'indicateur principal) (cf. aussi* indicator (b) *et* PPI repeater).

remote inquiry interrogation à distance *(interrogation d'un ordinateur à l'aide d'un terminal éloigné) (télinf) (cf. aussi* remote terminal).

remote loading téléchargement, chargement à distance *(d'un programme ou autres informations dans la mémoire centrale d'un ordinateur) (inf) (cf. aussi* uploading, downloading, computer program *et* main memory).

remote metering télémesure *(cf. aussi* telemetry).

remote monitoring surveillance à distance, *(souvent)* télé-surveillance *(de répéteurs de câble téléphonique, de stations émettrices automatiques, etc.) (cf. aussi* monitoring).

remote pickup *cf.* remote.

remote plan-position indicator écran panoramique de recopie *(radar) (cf. aussi* PPI repeater).

remote power-down control commande à distance de la mise en veilleuse *(appareil de mesure utilisant une mémoire à mise en veilleuse) (cf. aussi* power-down feature).

remote power supply téléalimentation *(alimentation des répéteurs d'un câble téléphonique à grande distance par un courant circulant dans le câble, notamment dans le cas d'un câble sous-marin) (tls) (cf. aussi* power separating filter, repeater (a) *et* submarine cable).

remote PPI *cf.* remote plan-position indicator.

remote processing traitement à distance, *(parf. aussi)* télétraitement, *(parf.)* (la) téléinformatique *(traitement d'informations ou de signaux exécuté par un ordinateur situé à une distance quelconque du lieu de saisie des informations ou d'émission des signaux) (cf. aussi* processing 1), telematics *et* computer 2)).

remote processor *cf.* remote computer.

remote programmability programmabilité à distance, possibilité de programmation à distance *(parf.* possibilités ...) *(cf. aussi* remote programming).

remote programming programmation à distance *(programmation d'un appareil ou dispositif programmable effectuée à l'aide de signaux appropriés, généralement électriques, émis à destination de celui-ci) (cf. aussi* programmable[1] (a)).

remote sensing 1) télédétection *(nom donné à l'observation de la surface d'une planète, notamment de la Terre, à partir d'un satellite artificiel de celle-ci) (l'observation est effectuée à l'aide de divers types de capteurs : chambres photographiques spéciales pour photographie en lumière visible ou en infrarouge, caméras de télévision infrarouge, souvent à balayage, radars cartographiques, radiomètres, etc.) (sert à détecter les gisements, étudier la végétation et sa répartition, y compris les récoltes, étudier la nature du sol, certaines structures géologiques, les courants marins, la pollution des eaux, établir des cartes, etc. et à mettre au point des satellites de reconnaissance) (cf. aussi* passive remote sensing, active remote sensing, sensor, infrared scanner, ground-mapping radar *et* radiometer). 2) *cf.* telemetry.

remote sensing applications applications à la télédétection *(matériel ou procédé) (cf. aussi* remote sensing 1) *et* application).

remote-sensing satellite satellite de télédétection *(satellite artificiel équipé de moyens de télédétection) (cf. aussi* remote sensing 1)).

remote sensing technology (la) technique de la télédétection *(cf. aussi* remote sensing 1) *et* technology).

remote sensor capteur de télédétection *(cf. aussi* remote sensing 1)).

remote shopping téléachats *(télinf) (cf. aussi* teleshopping).

remote station 1) station éloignée *(radio, etc.).* 2) *cf.* remote terminal.

remote supply *cf.* remote power supply.

remote terminal terminal éloigné *(terminal d'un réseau de téléinformatique) (cf. aussi* telematic network).

remote transmission *cf.* remote.

remotely controlled commandé à distance, télécommandé *(appareil, etc.) (cf. aussi* remote control).

remotely operated *cf.* remotely controlled.

remotely programmable programmable à distance *(cf. aussi* remote programming).

remotely-sensed data informations obtenues par télédétection *(cf. aussi* data *et* remote sensing 1)).

remotely-sensed image image captée à distance *(image obtenue à bord d'un satellite de télédétection, notamment à l'aide d'une caméra infrarouge ou d'un radar cartographique) (cf. aussi* remote sensing 1)).

removable-cartridge drive mémoire à chargeur (amovible) *(mémoire à disque magnétique utilisant un disque amovible logé dans un chargeur) (inf) (cf. aussi* magnetic-disk memory).

removable hard disk disque dur amovible, disque Winchester en chargeur *(mémoire) (inf) (cf. aussi* hard disk).

removable Winchester disk *cf.* removable hard disk.

remove v 1) enlever, ôter *(sens usuels).* 2) couper *(un courant d'alimentation).* 3) supprimer *(une tension appliquée à une borne).* 4) décrocher *(le combiné d'un poste téléphonique).*

rendez-vous radar radar de rendez-vous *(radar à impulsions monté sur un engin spatial et utilisé pour faciliter les manœuvres de rapprochement et d'accostage avec un autre engin spatial) (cf. aussi* pulse radar).

renormalization of mass renormalisation de la masse *(artifice de la théorie quantique du champ électromagnétique consistant à assigner une valeur égale à* − ∞ *(moins l'infini) à la masse mécanique de l'électron pour tenir compte de sa masse d'origine électromagnétique, théoriquement infinie, lors de l'émission d'un photon suivie de sa réabsorption, la masse mesurée étant implicitement la somme algébrique de ces deux masses inséparables) (cf. aussi* quantized field theory, electron *et* photon).

rep rate *cf.* repetition rate.

repaint *cf.* redisplay.

repair kit trousse de dépannage, *(parf.)* mallette de dépannage *(dépanneur radio, TV, etc.).*

repairman dépanneur *s (radio, etc.)*.

repeat-cycle timer minuterie à répétition *(minuterie dans laquelle le cycle de fonctionnement peut se reproduire périodiquement un nombre quelconque ou réglable de fois) (cf. aussi* timer 1)).

repeat play arrêt sur image *(magnétoscope)*.

repeat-point tuning double accord *(récepteur radio) (cf. aussi* double-spot tuning).

repeatability reproductibilité *(d'un résultat de mesure, de la valeur d'une grandeur correspondant à une position déterminée du bouton de commande d'un potentiomètre ou d'un condensateur variable, etc.)*.

repeated signal signal transmis par un répéteur *(parf.* le répéteur*) (tls) (cf. aussi* repeater 1)).

repeater 1) répéteur *(dispositif compensant l'affaiblissement d'un signal en cours de transmission dans une liaison de télécommunications à grande distance) (cf. aussi* attenuation *et* communications link*)* (a) *répéteur téléphonique (répéteur inséré à intervalles théoriquement réguliers dans un câble téléphonique à grande distance pour amplifier ou régénérer le signal multiplex transmis par celui-ci) (est du type non-régénérateur ou régénérateur selon que le multiplex est du type fréquentiel ou temporel et comprend en fait deux tels dispositifs, un par sens de transmission) (cf. aussi* non-regenerative repeater, regenerative repeater *et* multiplex[1])*; (b) *répéteur de faisceau hertzien) (cf. aussi* radio repeater*); (c) *nom donné autrefois à un relais opérant la régénération des impulsions transmises par une ligne télégraphique à grande distance, l'amplitude de l'impulsion produite par la fermeture des contacts du relais alimentés par une source de courant continu étant plus grande que celle de l'impulsion reçue) (cf. aussi* relay[1] 1), pulse[1] *et* telegraph*). 2) cf.* repeating coil. 3) réémetteur *(de télévision) (cf. aussi* translator 2)). 4) *cf.* repeater jammer. 5) répétiteur *(appareil indicateur reproduisant l'indication fournie par un autre indicateur situé à une certaine distance) (est généralement un appareil analogique dont l'aiguille est calée sur l'arbre d'un synchrorécepteur et reproduit, par conséquent, une position angulaire) (cf. aussi* analog meter *et* synchro receiver*)*.

repeater distribution frame répartiteur de station de répéteurs *(tél) (cf. aussi* distribution frame *et* repeater station 1)).

repeater jammer brouilleur répéteur, brouilleur de diversion, brouilleur coopératif, répéteur *(de signaux radar) (récepteur-émetteur radar militaire spécial monté sur une cible radar et notamment un aéronef pour renvoyer des échos modifiés des signaux radar reçus) (cf. aussi* deception jamming, CW repeater jammer, pulse repeater jammer, self-protection jammer *et* jammer*)*.

repeater jamming brouillage en répéteur, brouillage de diversion *(brouillage opéré par un brouilleur répéteur) (mil) (cf. aussi* repeater jammer *et* deception jamming*)*.

repeater jamming mode *cf.* repeater mode.

repeater mode mode répéteur, mode de brouillage en répéteur *(un des modes de fonctionnement d'un brouilleur multimode dans lequel celui-ci fonctionne comme un brouilleur répéteur) (mil) (cf. aussi* repeater jammer *et* multimode jammer*)*.

repeater satellite satellite relais *(nom parfois donné à un satellite de télécommunications) (espace) (cf. aussi* communications satellite*)*.

repeater section section de répéteurs *(partie d'une liaison de télécommunications avec répéteurs comprise entre deux répéteurs successifs) (tronçon de câble d'une liaison par câble ou bond d'une liaison par faisceau hertzien en plusieurs bonds) (cf. aussi* repeater 1) (a) *et* radio repeater*)*.

repeater spacing distance entre répéteurs *(tls) (cf. aussi* repeaterless span*)*.

repeater station 1) station de répéteurs *(local abritant des répéteurs téléphoniques, généralement de type ancien, c.-à-d. à tubes électroniques) (cf. aussi* repeater 1) (a)). 2) relais hertzien *(radiocom) (cf. aussi* radio relay*)*.

repeater test (un) essai de répéteur *(essai d'un répéteur téléphonique, généralement dans une station de répéteurs) (tls) (cf. aussi* repeater 1) (a) *et* repeater station*)*.

repeater testing (l')essai des répéteurs *(cf. aussi* repeater test*)*.

repeatered link liaison à répéteurs *(liaison de télécommunications équipée de répéteurs) (cf. aussi* repeaterless link*)*.

repeaterless link liaison sans répéteurs *(liaison téléphonique ou télégraphique par fil ou par fibre optique reliant directement deux points, sans insertion de répéteurs) (cf. aussi* repeater 1)).

repeaterless span longueur sans répéteur, distance entre répéteurs *(longueur d'une section de répéteurs) (tls) (cf. aussi* repeater section*)*.

repeaterless transmission transmission sans répéteurs *(ou par une liaison sans répéteurs) (tls) (cf. aussi* repeaterless link*)*.

repeating coil translateur *(terme employé pour les circuits en câbles)*, bobine toroïdale *(terme employé pour les circuits en fils nus) (en cas de doute, employer le premier terme) (transformateur à rapport 1 : 1 et à point milieu sur un enroulement utilisé pour former un circuit fantôme ou superfantôme aux extrémités d'une ligne téléphonique interurbaine) (cf. aussi* transformer 1), turns ratio *et* center tap*)* (a) *dans le cas d'un circuit fantôme, un transformateur est monté à chaque extrémité des deux circuits métalliques utilisés pour former le fantôme; il faut donc quatre translateurs ou bobines toroïdales pour former un circuit fantôme) (les deux fils d'un circuit métallique sont connectés à l'enroulement à point milieu, ce dernier étant connecté à un fil prolongeant le conducteur fantôme ainsi formé jusqu'à l'une des deux bornes de la ligne d'abonné correspondante sur le répartiteur) (le même montage est effectué pour l'autre circuit métallique et ce à chaque extrémité des deux circuits, c.-à-d. dans les deux centraux reliés par la ligne) (cf. aussi* phantom circuit *et* distribution frame*)*; (b) *dans le cas d'un circuit superfantôme, le transformateur est monté aux extrémités de deux circuits fantômes; il faut donc quatre translateurs ou bobines toroïdales en plus des quatre nécessaires à chacun des deux circuits fantômes, soit douze en tout pour former un circuit superfantôme) (la formation du superfantôme se fait de la même façon que celle du fantôme, c.-à-d. que les deux fils prolongeant un circuit fantôme sont connectés à l'enroulement à point milieu, ce dernier étant connecté à un fil prolongeant le conducteur superfantôme ainsi formé jusqu'au répartiteur) (le même montage est effectué pour l'autre circuit fantôme, et ce à chaque extrémité des deux circuits fantômes) (cf. aussi* double-phantom circuit*)*.

repeller réflecteur, électrode réflectrice *(électrode circulaire portée à un potentiel négatif dans un klystron réflex pour renvoyer les électrons du faisceau vers la cavité) (tube hyper) (cf. aussi* reflex klystron*)*.

reperforator reperforateur *(récepteur télégraphique équipé d'un perforateur de bande fournissant une bande perforée dont les perforations représentent les signaux reçus) (tls) (cf. aussi* tape relay*)*.

repertoire dialer *cf.* repertory dialer.

repertory dialer composeur à répertoire *(composeur téléphonique pouvant conserver en mémoire un certain nombre de numéros d'appel) (cf. aussi* dialer*)*.

repertory dialer chip puce de composeur à répertoire *(CI) (cf. aussi* chip 1) *et* repertory dialer*)*.

repetition frequency *cf.* repetition rate.

repetition rate fréquence de récurrence *(fréquence d'occurrence d'un phénomène ou d'une action périodique) (impulsions, etc.) (cf. aussi* pulse repetition frequency*)*.

repetition rate generator *cf.* trigger pulse generator.

repetitive peak inverse voltage *cf.* repetitive peak reverse voltage.

repetitive peak reverse voltage tension inverse de crête récurrente *(diode) (cf. aussi* peak reverse voltage *et* repetitive voltage*)*.

repetitive pulses *cf.* recurrent pulses.

repetitive signal signal récurrent *(nom parfois donné à une impulsion périodique) (cf. aussi* periodic pulse*)*.

repetitive sweep balayage récurrent *(mode de balayage de l'écran d'un oscilloscope dans lequel le point lumineux se déplace périodiquement de la gauche à la droite de l'écran) (est le mode de balayage le plus employé) (sdpo à « balayage monocourse ») (cf. aussi* oscilloscope sweep*)*.

repetitive trigger impulsion de déclenchement récurrente *(impulsion de déclenchement produisant le balayage récurrent d'un oscilloscope, c.-à-d. appliquée à chaque récurrence du balayage) (cf. aussi* trigger pulse *et* repetitive sweep).

repetitive waveform   *cf.* repetitive signal. *(cf. aussi* waveform).

replaceable unit   ensemble interchangeable, *(parf. aussi)* module *(cf. aussi* line-replaceable unit *et* module (a)).

replacement circuit   *cf.* replacement integrated circuit.

replacement component   composant équivalent *(composant électronique pouvant être utilisé à la place d'un composant analogue de marque ou type différent dont il a les caractéristiques de fonctionnement) (ce terme s'applique principalement aux tubes électroniques et aux composants à semiconducteur) (cf. aussi* operating characteristics *et* semiconductor device).

replacement device   *cf.* replacement component.

replacement diode   diode équivalente *(cf. aussi* replacement component).

replacement IC   *cf.* replacement integrated circuit.

replacement integrated circuit   circuit intégré équivalent *(cf. aussi* replacement component).

replacement list   liste d'équivalences *(liste de composants électroniques et des composants équivalents) (cf. aussi* replacement component).

replacement transistor   transistor équivalent *(cf. aussi* replacement component).

replacement tube   tube équivalent, tube électronique équivalent *(cf. aussi* replacement component).

replay[1] *v*   *cf.* reread.

replay[2] *s*   lecture *(d'un enregistrement) (cf. aussi* playback).

replicate data   résultats de mesures répétées *(calcul de la valeur moyenne de plusieurs mesures d'une même grandeur) (cf. aussi* measurement).

replicated bubble   bulle dupliquée *(mémoire à bulles) (cf. aussi* bubble stretcher).

replicated pattern   motif reproduit *(motif d'un masque de gravure ou d'un réticule reproduit sur la surface traitée) (fab. CI, semi) (cf. aussi* mask 2) *et* reticle).

replication   1) duplication *(d'une bulle magnétique, etc.) (cf. aussi* bubble stretcher). 2) reproduction *(d'un motif de gravure, etc.) (cf. aussi* replicated pattern).

replicator   duplicateur (de bulles) *(mémoire à bulles) (cf. aussi* bubble stretcher).

reply *s*   réponse *(notamment d'un répondeur radar) (cf. aussi* transponder 1)).

reply-path side-lobe suppression   *cf.* side-lobe suppression.

reproduce *v*   1) reproduire *(des signaux enregistrés sur une bande magnétique ou un disque vidéo) (enregistreur à bande magnétique de mesure, magnétoscope, tourne-disque vidéo).* 2) dupliquer *(reproduire un document) (inf, etc.).*

reproduce amplifier   amplificateur de lecture *(cf. aussi* playback amplifier).

reproduce head   tête de lecture *(le terme anglais est surtout employé pour une tête de lecture d'enregistreur de mesure) (cf. aussi* playback head *et* instrumentation recorder).

reproducer   1) reproductrice (de cartes perforées) *(inf) (cf. aussi* card reproducer). 2) reproducteur (de bandes perforées) *(inf, etc.) (cf. aussi* tape reproducer 1)). 3) lecteur (de bandes magnétiques) *(cf. aussi* tape player).

reproducibility   *cf.* repeatability.

reproducing stylus   pointe de lecture *(tourne-disque) (cf. aussi* stylus 1)).

reproduction quality   qualité de reproduction *(d'un son ou d'une image) (audio, vidéo, télécopie, etc.).*

reproduction speed   vitesse de reproduction *(surface d'un document reproduite par unité de temps par un télécopieur fonctionnant en récepteur) (tlg) (cf. aussi* facsimile).

reprogram *v*   reprogrammer *(introduire un nouveau programme dans la mémoire d'un ordinateur et notamment dans une mémoire REPROM) (inf) (cf. aussi* computer program *et* REPROM).

reprogrammable memory   *cf.* REPROM.

reprogrammable read-only memory   *cf.* REPROM.

reprogrammable ROM   *cf.* REPROM.

REPROM   *(vient de « reprogrammable read-only memory »)* mémoire REPROM, mémoire ROM reprogrammable, mé-

moire morte *(idem)*, mémoire reprogrammable *(mémoire ROM pouvant être programmée, effacée et reprogrammée un nombre pratiquement quelconque de fois par l'utilisateur) (termes génériques couvrant, en 1990, la mémoire EEPROM, la mémoire EPROM et la mémoire ovonique) (CI) (inf) (cf. aussi* EPROM, EEPROM, ovonic memory, RMM *et* ROM).

repulsion   1) répulsion *(action de repousser ou être repoussé sans toucher) (cf. aussi* repulsive force). 2) *cf.* repulsive force.

repulsion-induction motor   moteur à répulsion-induction *(moteur à répulsion fonctionnant en répulsion jusqu'à une certaine vitesse de rotation et en moteur asynchrone monophasé au-delà de cette vitesse) (ce résultat est obtenu à l'aide d'un court-circuiteur centrifuge calé sur l'arbre du rotor, en bout du collecteur, et mettant les lames de celui-ci en court-circuit à une vitesse déterminée pour transformer les enroulements du rotor en cage d'écureuil) (combine le couple au démarrage du moteur à répulsion et l'absence d'emballement du moteur asynchrone) (cette propriété le fait utiliser dans des machines tournant souvent à vide, surtout si elles nécessitent un grand couple au démarrage) (cf. aussi* repulsion motor, single-phase induction motor *et* squirrel cage).

repulsion motor   moteur à répulsion *(moteur électrique monophasé à collecteur dans lequel la rotation du rotor est produite par des forces de répulsion magnétique créées entre celui-ci et le stator) (ce résultat est obtenu en connectant directement l'inducteur à la source de courant alternatif et en reliant les deux balais entre eux, ce qui court-circuite l'enroulement du rotor, tout en les décalant d'un certain angle par rapport à la ligne neutre) (l'orientation et le sens instantané du champ magnétique créé par le courant produit par induction dans l'enroulement du rotor sont tels que le pôle nord du rotor se trouve en face de la pièce polaire constituant à cet instant un pôle nord également, et de même pour le pôle sud) (il en résulte la répulsion du rotor par les deux pièces polaires diamétralement opposées et, comme l'inversion des polarités magnétiques à chaque alternance du courant d'alimentation se produit simultanément dans le stator et dans le rotor, la rotation est continue) (le moteur à répulsion a un couple élevé au démarrage comme le moteur monophasé série dont il a la caractéristique couple-vitesse ; sa vitesse de rotation peut être réglée en faisant varier le calage des balais, généralement instantanément à l'aide d'un levier faisant tourner la couronne porte-balais) (cf. aussi* magnetic repulsion *et* repulsion-induction motor).

repulsion-start induction motor   *cf.* repulsion-induction motor.

repulsive force   force de répulsion *(force tendant à éloigner l'un de l'autre deux corps portant des charges électriques de même signe ou possédant des pôles magnétiques de même nom ou deux conducteurs voisins non orthogonaux parcourus par des courants de sens opposés) (cf. aussi* like charges, like poles *et* proximity effect (a)).

request input   *cf.* request signal.

request signal   signal de demande *(signal binaire représentant une demande d'opération déterminée émis par un appareil ou un organe d'un appareil) (inf) (cf. aussi* binary signal).

request to read   demande de lecture *(inf) (cf. aussi* read request).

request to send   *cf.* RTS.

request to write   demande d'écriture *(inf) (cf. aussi* write request).

reradiation   1) rerayonnement *(nom parfois donné à la réflexion d'un rayonnement par un corps et notamment à la réflexion des ondes reçues par une cible radar) (cf. aussi* reflection *et* radar target). 2) rayonnement de l'oscillateur local *(rayonnement électromagnétique parasite à fréquence radioélectrique émis par l'oscillateur local d'un récepteur superhétérodyne lorsque cet oscillateur est mal blindé) (cf. aussi* electromagnetic radiation, radio frequency, local oscillator *et* shield[1]).

reread *v*   relire, lire de nouveau, lire à nouveau *(des informations enregistrées sur une bande magnétique), (parf.)* repasser, faire défiler une nouvelle fois, faire redéfiler *(une* *bande magnétique portant un enregistrement) (cf. aussi ma-gnetic tape et* read[1]).

rerecord *v*   réenregistrer, enregistrer de nouveau, enregistrer à nouveau *(un signal ou des informations) (cf. aussi* recording 1)).

rerecording   1) réenregistrement *(cf. aussi* rerecord). 2) *cf.* dubbing.

rereflect *v*   réfléchir une seconde fois, réréfléchir *(réflecteur réfléchissant une onde déjà réfléchie par un premier réflecteur, ou source de signaux réfléchissant un signal déjà réfléchi par une charge mal adaptée) (antenne Cassegrain, ligne de trans-mission, etc.) (cf. aussi* Cassegrain antenna *et* impedance matching).

reroute *v*   réacheminer, ré-acheminer *(acheminer un message vers une destination autre que celle desservie par la liaison utilisée pour la première partie de son acheminement) (tls).*

rerun[1] *v*   réexécuter, repasser, exécuter de nouveau *(ou à nouveau) (un programme d'ordinateur ou une partie de celui-ci) (inf) (cf. aussi* rerun[2]).

rerun[2] *s*   reprise du traitement, reprise de l'exécution du programme, reprise *(reprise de l'exécution du programme d'un ordinateur après un arrêt sur incident) (inf) (cf. aussi* rerun point, rerun routine *et* computer program).

rerun point   point de reprise *(point d'interruption périodique de l'exécution d'un programme d'ordinateur auquel le conte-nu de la mémoire centrale est copié dans une mémoire externe pour permettre de retrouver ces informations en cas de néces-sité de reprise du traitement par suite d'un incident) (à chaque point de reprise successif, les informations copiées dans la mémoire auxiliaire remplacent les informations copiées au point précédent) (lorsqu'un incident de traitement se produit tel que l'apparition de résultats douteux ou un changement de bobine sur un dérouleur de bande magnétique, par exemple, le traitement est repris non pas au point d'arrêt de son déroulement, mais au point de reprise précédant le point d'arrêt après avoir remplacé les informations présentes dans la mémoire centrale lors de l'arrêt par celles qui avaient été copiées au point de reprise) (inf) (cf. aussi* computer pro-gram, main memory *et* auxiliary storage).

rerun routine   sous-programme de reprise *(sous-programme d'ordinateur permettant de reconstituer le programme princi-pal à partir du dernier point de reprise après un arrêt du traitement dû à des résultats erronés) (inf) (cf. aussi* subrou-tine *et* rerun point).

RES   *cf.* reset[2] 1).

reserve battery   pile amorçable (à plusieurs éléments) *(pile galvanique à électrolyte liquide dans laquelle celui-ci est ajouté au moment de l'emploi pour éviter l'usure de la pile pendant son stockage) (l'électrolyte est généralement ajouté par bris d'une ampoule sous l'action d'une masselotte commandée par inertie ou par un électro-aimant) (pile pour torpille, pour fusée de proximité, pour missile, pour engin spatial, etc.) (cf. aussi* galvanic cell).

reserve cell   pile amorçable (à un élément), élément de pile amorçable *(cf. aussi* reserve battery).

reset[1] *v (voir aussi* reset[2])   1) mettre à zéro, *(parf.)* remettre à l'état initial. 2) réarmer.

reset[2] *s*   1) mise à zéro, remise à zéro, *(parf.)* remise à l'état initial *(remise d'une bascule à l'état zéro ou d'un compteur au zéro) (cf. aussi* flip-flop, ZERO state *et* counter). 2) réarme-ment *(rétablissement des conditions nécessaires à l'exécution d'un cycle de fonctionnement dans un appareil à fonctionne-ment par cycle) (oscillo, etc.) (cf. aussi* sweep reset).

reset button   1) bouton de mise à zéro *(compteur)*. 2) bouton de réarmement *(oscillo) (cf. aussi* sweep reset).

reset line   ligne de mise à zéro *(conducteur transmettant une impulsion de remise à zéro, notamment dans un circuit intégré numérique) (cf. aussi* reset[2] 1).

reset pulse   impulsion de mise à zéro *(impulsion produisant la mise à zéro d'un montage à deux ou plusieurs états) (cf. aussi* reset[2] 1).

reset pushbutton   *cf.* reset button.

reset to zero   *cf.* reset[1] 1).

resettability   1) possibilité de remise à zéro *(cf. aussi* re-set[2] 1)). 2) *cf.* repeatability.

resettable counter   compteur à remise à zéro.

resetting   *cf.* reset[2].

resident program   programme résident *(programme intégra-teur, utilitaire ou autre, contenu dans la mémoire centrale d'un ordinateur pendant tout le traitement exécuté par un autre programme) (inf) (cf. aussi* integrating program, utility rou-tine *et* main memory).

residual capacitance   capacité résiduelle *(capacité d'un condensateur variable lorsque les lames mobiles sont complè-tement sorties et en butée) (cf. aussi* capacitance *et* variable capacitor).

residual carrier   porteuse résiduelle *(signal à porteuse suppri-mée) (radio) (cf. aussi* suppressed-carrier signal).

residual charge   charge résiduelle *(charge électrique restant dans un condensateur déchargé par mise en court-circuit de ses bornes pendant un court moment) (est due à un phéno-mène d'hystérésis d'écoulement des charges électriques empê-chant celles-ci de s'écouler toutes instantanément lors de la mise en court-circuit) (cf. aussi* electric charge *et* capacitor).

residual current   *(parf.* intensité du) courant résiduel *(cou-rant subsistant pendant un certain temps dans un dispositif ou un montage électronique après coupure du courant d'ali-mentation ou, parfois, intensité de ce courant) (est dû à l'inertie des électrons ou à la décharge d'un condensateur et dure beaucoup plus longtemps dans le second cas que dans le premier).*

residual discharge   décharge secondaire *(décharge produite par la charge résiduelle d'un condensateur) (cf. aussi* dis-charge *et* residual charge).

residual field   champ résiduel, champ magnétique résiduel *(champ magnétique dû à l'aimantation rémanente) (aimant) (cf. aussi* magnetic field *et* remanent magnetization).

residual flux density   *cf.* remanent induction.

residual FM   *cf.* residual frequency modulation.

residual frequency modulation   modulation de fréquence rési-duelle, FM résiduelle *(fluctuations indésirables de la fré-quence d'une onde entretenue et notamment de la fréquence d'un générateur de fréquences, d'une porteuse ou d'un oscilla-teur local) (cf. aussi* frequency modulation *et* continuous wave).

residual gap   entrefer résiduel *(entrefer ménagé entre l'arma-ture d'un relais à armature pivotante et l'extrémité du noyau lorsque l'armature est à la position de travail) (est créé par la butée d'entrefer et sert à éviter que l'armature reste collée contre le noyau sous l'action de l'aimantation rémanente de ces éléments lorsque le courant d'excitation est coupé) (cf. aussi* air gap 1) *et* residual pin).

residual gas   (les) gaz résiduels *(très petite quantité d'air et autres gaz restant à l'intérieur d'un tube électronique à vide après scellement de celui-ci) (cf. aussi* getter[1]).

residual induction   *cf.* remanent induction.

residual ionization   ionisation résiduelle *(ionisation d'un gaz dans une enceinte fermée en l'absence d'agent d'ionisation proche, c.-à-d. ionisation du gaz par les rayons cosmiques) (cf. aussi* ionization *et* cosmic rays).

residual magnetic field   *cf.* residual field.

residual magnetic induction   *cf.* remanent induction.

residual magnetism   *cf.* remanent magnetization.

residual modulation   modulation résiduelle *(nom parfois don-né au bruit d'une porteuse, notamment lorsque celle-ci est un signal fourni par un générateur de signaux) (cf. aussi* carrier noise).

residual pin   butée d'entrefer *(tête de rivet ou autre pièce en métal amagnétique incorporée à l'armature ou à l'extrémité active du noyau d'un relais à armature pivotante pour créer un entrefer résiduel en empêchant l'armature de porter contre le noyau à la position de travail) (cf. aussi* residual gap *et* pivoted-armature relay).

residual resistance   résistance résiduelle *(résistance d'un élé-ment de circuit au zéro absolu c.-à-d. résistance électrique indépendante de la température) (est extrêmement faible) (supraconduction) (cf. aussi* resistance, circuit element *et* residual resistivity).

residual resistivity   résistivité résiduelle *(résistivité d'un métal au zéro absolu, c.-à-d. résistivité indépendante de la tempéra-*

ture) (est extrêmement faible et d'autant plus faible que le métal est plus pur) (supraconduction) (cf. aussi resistivity *et* superconductivity).

residual screw vis d'entrefer *(butée d'entrefer réglable constituée par une vis, généralement vissée dans l'armature) (relais) (cf. aussi* residual pin).

resist *v* résist *sm (terme employé à la place de « photorésist » en gravure lorsque l'agent sensibilisant n'est pas un rayonnement optique : gravure par rayons X ou par faisceau d'électrons) (le terme « résist » peut être employé à la place de « photorésist » et doit même l'être lorsqu'il y a doute sur le type de vernis protecteur utilisé ou en cas de nécessité d'un terme générique) (noter en outre qu'avec le qualificatif « positif » ou « négatif », on emploie plutôt « résist » que « photorésist ») (fab. CI, etc.) (cf. aussi* photoresist, electron-beam resist, X-ray resist, negative resist *et* positive resist).

resist-coated wafer plaquette enduite *(ou* couverte*) de résist (fab. CI, etc.) (cf. aussi* wafer 2*),* resist *et* wafer spinner).

resist-covered wafer *cf.* resist-coated wafer.

resist exposure exposition du résist (à l'agent sensibilisant), *(souvent)* insolation du résist *(fab. CI, etc.) (cf. aussi* resist).

resist mask masque de résist *(nom donné à une couche de résist sensibilisée et développée, sa fonction étant alors celle d'un masque pour l'attaque de la surface à graver) (fab. CI, etc) (cf. aussi* resist *et* mask 2)).

resist pattern motif formé sur le résist, motif du résist *(motif géométrique formé par une couche de résist après élimination de certaines zones de celle-ci) (fab. CI, semi) (cf. aussi* pattern *et* resist).

resistance 1) resistance *(au sens du terme anglais, opposition à un déplacement due au frottement)* (a) résistance électrique, résistance *(opposition au passage d'un courant continu manifestée par un conducteur imparfait) (est l'homologue électrique du frottement mécanique et s'exprime en ohms) (est due principalement au choc des électrons contre les phonons ; le nombre de ceux-ci augmentant avec la température du conducteur, la résistance augmente avec la température dans les métaux ; ceux-ci ont donc un coefficient de température positif) (dans les semiconducteurs, l'augmentation du nombre de porteurs de charge avec la température l'emporte sur l'augmentation du nombre de phonons, grâce à quoi la résistance diminue quand la température augmente ; ceux-ci ont donc un coefficient de température négatif) (dans un circuit à courant alternatif ou dans un élément d'un tel circuit, la résistance est la partie réelle (au sens mathématique) de l'impédance) (cf. aussi* low-frequency resistance, high-frequency resistance, resistor, ohm, impedance, electron, phonon, semiconductor *et* temperature coefficient) ; (b) résistance acoustique *(cf. aussi* acoustic resistance). 2) *cf.* ohmic value.

resistance adjustment réglage de résistance *(souvent de la résistance) (résistance variable) (cf. aussi* resistance setting, adjustment *et* variable resistor).

resistance box boîte de résistances *(boîte à décades contenant des résistances) (clpf) (cf. aussi* decade box).

resistance bridge pont de mesure de résistance *(le second terme est peu employé en raison du risque de confusion avec « pont de résistances ») (pont de mesure permettant la mesure des résistances et utilisant, par conséquent, une source de courant continu) (mesure) (cf. aussi* Wheatstone bridge, Kelvin bridge, bridge, resistance measurement *et, à titre d'information,* resistor bridge).

resistance-capacitance ... *cf.* RC ... *(pour les termes qui ne figurent pas ci-après).*

resistance-capacitance coupling liaison par résistance et capacité *(liaison entre la sortie d'un étage amplificateur ou autre assurée par un condensateur connecté entre la sortie du premier étage et l'entrée du second, la charge du premier étant constituée par une résistance et l'entrée du second étant reliée à la masse par une résistance également) (cf. aussi* capacitive coupling).

resistance change variation de résistance *(potentiomètre, etc.), (parf.)* changement de résistance.

resistance-coupled amplifier amplificateur à liaison par résistance et capacité *(cf. aussi* amplifier *et* resistance-capacitance coupling).

resistance coupling *cf.* resistance-capacitance coupling.

resistance decade décade de résistances *(décade d'une boîte de résistances) (cf. aussi* resistance box).

resistance divider *cf.* resistor voltage divider.

resistance drop chute de tension ohmique *(cf. aussi* ohmic drop).

resistance element élément résistant *(ou* résistif*) (partie résistive d'une résistance, d'un potentiomètre, d'un rhéostat ou d'un élément chauffant) (fil résistant, bâtonnet de poudre de carbone, couche de carbone ou métallique ou cermet ou plastique, etc.).

resistance film *cf.* resistive film.

resistance-grounded electrode électrode mise à la masse par une résistance *(tube, transistor, etc.) (cf. aussi* ground[1] 1)).

resistance-inductance-capacitance circuit *cf.* RLC circuit.

resistance ladder *cf.* resistor string.

resistance loss pertes par résistance *(cf. aussi* ohmic loss).

resistance material matériau pour résistances *(métal ou alliage à haute résistivité utilisé pour fabriquer des éléments résistants métalliques ou métallocéramiques) (cf. aussi* resistivity, resistance element *et* material).

resistance measurement mesure de résistance *(mesure de la valeur ohmique d'une résistance) (cf. aussi* ohmic value *et* resistance measurement method).

resistance measurement method méthode de mesure de résistance *(méthode de déviation ou « méhode à l'ohmmètre », méthode de comparaison ou « méthode au voltmètre », méthode de substitution ou « méthode à l'ampèremètre », méthode d'opposition ou « méthode au pont ») (cf. aussi* ohmmeter, comparison method, substitution method, resistance bridge *et* resistance measurement).

resistance pad atténuateur à résistances *(atténuateur fixe n'utilisant que des résistances) (cf. aussi* fixed attenuator).

resistance per unit length résistance linéique, résistance par unité de longueur *(résistance d'un conducteur ou d'un fil ou un ruban résistant par unité de longueur de celui-ci) (cf. aussi* resistance).

resistance pyrometer pyromètre à résistance *(thermomètre à résistance conçu pour mesurer des températures élevées) (cf. aussi* resistance thermometer).

resistance ratio rapport de résistance *(rapport entre les valeurs ohmiques de deux résistances) (diviseur de tension à résistances, etc.) (cf. aussi* resistance *et* resistor divider).

resistance setting réglage de résistance, *(parf.)* résistance affichée *(boîte de résistances, etc.) (cf. aussi* resistance adjustment, setting *et* resistance box).

resistance standard étalon de résistance *(cf. aussi* standard resistor).

resistance thermometer thermomètre à résistance (électrique) *(thermomètre électrique utilisant l'augmentation de la résistance électrique d'un fil métallique en fonction de la température pour mesurer celle-ci) (le fil est monté dans une branche d'un pont de mesure alimenté par une source de courant continu à tension constante ; l'intensité du courant dans le fil mesurée à l'aide du pont étant inversement proportionnelle à la température, on en déduit celle-ci) (cf. aussi* platinum-resistance thermometer, nickel-resistance thermometer, resistance, bridge (a) *et* electric thermometer).

resistance value valeur de résistance, valeur de la résistance, valeur ohmique *(selon le contexte) (cf. aussi* ohmic value).

resistance voltage divider *cf.* resistor voltage divider.

resistance wire fil à résistances, *(souvent)* fil résistant *(fil métallique à haute résistivité utilisé pour fabriquer des résistances bobinées, des potentiomètres bobinés, des rhéostats et des éléments chauffants) (cf. aussi* Nichrome *et* resistance material).

resistive circuit circuit résistif *(circuit électrique ne comprenant que des éléments résistifs) (cf. aussi* resistive element 1) *et* circuit).

resistive coupling 1) couplage par résistance (commune) *(couplage parasite entre deux circuits dû à une résistance commune aux deux circuits) (la tension créée aux bornes de la résistance par le courant circulant dans chacun des deux circuits se trouve appliquée à l'autre circuit, ce qui produit un couplage mutuel) (exemple : dans un amplificateur basse* *fréquence alimenté par le secteur, si la tension redressée alimentant les étages est mal filtrée, la composante alternative résiduelle qui se trouve ainsi appliquée à l'entrée des étages, puisqu'elle passe par la masse comme le signal d'entrée, se retrouve dans le signal de sortie sous la forme d'une tension de ronflement) (cf. aussi* Ohm's law, ground[1] 1) *et* hum 1) (a)). **2)** *cf.* resistance-capacitance coupling).

resistive discontinuity discontinuité résistive (*discontinuité dans une ligne de transmission affaiblissant le signal qui se propage dans celle-ci sans modifier sa phase*) (*cf. aussi* transmission line *et* phase (a)).

resistive divider *cf.* resistor voltage divider.

resistive element *cf.* resistance element.

resistive fault défaut résistif (*résistance excessive en un point d'un circuit téléphonique*) (*cf. aussi* resistance *et* telephone circuit).

resistive film couche résistive, couche résistante (*élément résistant d'une résistance à couche*) (*peut constituer la résistance complète*) (*cf. aussi* resistance element, film resistor *et* sheet resistance).

resistive ink pâte résistive, pâte à résistances (*pâte à circuits utilisée pour réaliser des résistances*) (*utilise généralement de la poudre d'oxyde métallique tel que l'oxyde de ruthénium, l'oxyde d'indium, l'oxyde de thallium, l'oxyde de bismuth, notamment, pour les pâtes à grande résistivité ou un mélange de poudre d'argent et de palladium, notamment, pour les pâtes à faible résistivité*) (CH) (*cf. aussi* ink 2)).

resistive line termination *cf.* resistive termination.

resistive load charge résistive (*charge se comportant comme une résistance pure vis-à-vis du courant qui la traverse et dans laquelle, par conséquent, le courant est en phase avec la tension à ses bornes*) (*alim, ampli, etc.*) (*cf. aussi* load[1] (a), pure resistance *et* in phase).

resistive-load capability pouvoir de coupure sur charge résistive (*contacts de relais ou autres*) (*cf. aussi* breaking capacity, resistive load *et* capability).

resistive load switching commutation d'une charge résistive (*ou* sur charge résistive) (*commutation d'un circuit comportant une charge résistive*) (*cf. aussi* switching 1) (a) *et* resistive load).

resistive loading application d'une charge résistive (*à une source de courant*) (*cf. aussi* resistive load).

resistive loss (*ou* **losses**) *cf.* resistance loss.

resistive matched load charge adaptée résistive (*hyper*) (*cf. aussi* matched load (b) *et* resistive load).

resistive matrix *cf.* resistor matrix.

resistive paste *cf.* resistive ink.

resistive pattern motif résistif (*motif formé par une couche de pâte résistante déposée localement sur un substrat*) (*cf. aussi* resistive ink).

resistive sensor capteur résistif (*ou* à variation de résistance) (*capteur de mesure utilisant une variation de résistance électrique sous l'action de la grandeur à mesurer*) (*capteur à potentiomètre, à thermistance, à photorésistance, à magnétorésistance ou à piézorésistance*) (*cf. aussi* sensor, resistance, thermistor, photovaristor, magnetoresistor *et* piezoresistor).

resistive short court-circuit résistant, court-circuit pas franc (*court-circuit présentant une certaine résistance*) (*cf. aussi* short circuit[1] 1) (a)).

resistive strays tensions parasites d'origine résistives (*tensions parasites dues à des couplages par résistance commune dans un montage ou un appareil*) (*cf. aussi* resistive coupling).

resistive termination terminaison résistive (*ligne*) (*cf. aussi* termination *et* resistive load).

resistive thin film couche mince résistive (*couche résistive réalisée sous la forme d'une couche mince*) (*cf. aussi* resistive film *et* thin film).

resistive voltage divider *cf.* resistor voltage divider.

resistive-wall amplifier amplificateur à paroi résistive (*tube à onde progressive dans lequel la ligne à retard est une paroi résistive longée par le faisceau d'électrons*) (*hyper*) (*cf. aussi* travelling-wave tube).

resistivity résistivité, résistance spécifique, ρ (*résistance d'un conducteur par unité de section et de longueur*) (*est égale à la résistance du conducteur multipliée par l'aire de sa section droite et divisée par sa longueur, soit $\rho = RS/l$*) (*l'unité officielle est l'ohm-mètre ($\Omega.m$) ; en pratique, on utilise surtout le $\mu\Omega.cm$ pour les conducteurs et l'$\Omega.cm$ pour les semiconducteurs*) (*cf. aussi* volume resistivity, surface resistivity, sheet resistance, resistance *et* resistor).

resistor résistance (*au sens du terme anglais, dispositif conçu pour opposer une résistance appréciable au passage d'un courant électrique*) (*noter qu'en anglais on dispose du terme « resistor » pour désigner un composant résistif et du terme « resistance » pour désigner sa propriété électrique et celle de tout élément de circuit résistif, tandis qu'en français on ne dispose que du terme « resistance » pour exprimer les deux notions, ce qui crée parfois une ambiguïté que l'on élimine en introduisant le terme « valeur ohmique » pour la propriété, qui a d'ailleurs son équivalent « ohmic value » en anglais*) (*noter également que certains enseignants tentent d'imposer « resistor »*) (*est réalisée sous la forme d'un composant discret ou intégré*) (*cf. aussi* fixed resistor, variable resistor, adjustable resistor, linear resistor, non-linear resistor, metallic resistor, film resistor, carbon-composition resistor *et* resistance).

resistor bridge pont de résistances (*montage formé de quatre résistances identiques ou non montées en pont*) (*extensomètres, etc.*) (*cf. aussi* bridge, resistor, strain gage *et*, *à titre d'information* resistance bridge).

resistor cap embout de résistance (*cf. aussi* end cap).

resistor-capacitor ... *cf.* RC ... (*pour les termes qui ne figurent pas ci-après*).

resistor-capacitor-transistor logic (la) logique à résistances, condensateurs et transistors (CI) (*cf. aussi* RCTL).

resistor chain *cf.* resistor string. (*ce terme étant le plus employé*).

resistor chip résistance pastille (*cf. aussi* chip component).

resistor color code code des couleurs des résistances (*code des couleurs appliqué aux résistances, c.-à-d. valeur en ohms d'une résistance et éventuellement tolérances sur cette valeur indiquées sur la résistance à l'aide du code des couleurs*) (*sur une résistance à sorties axiales, ces valeurs sont indiquées par trois anneaux de couleur et éventuellement un anneau argenté ou doré pour les tolérances ; le premier anneau représente le premier chiffre, le deuxième anneau le deuxième chiffre et le troisième le nombre de zéros ; en l'absence d'anneau métallisé, les tolérances sont d'environ ± 20 %*) (*sur une résistance à sorties radiales, la couleur du corps représente le premier chiffre, la couleur d'une extrémité représente le deuxième chiffre, la couleur du point coloré situé au milieu du corps représente le nombre de zéros et la présence éventuelle d'un point de couleur argentée ou dorée à une extrémité indique les tolérances*) (*cf. aussi* color code, resistor, axial leads *et* radial leads).

resistor composition composition pour résistances (à couche épaisse), composition résistive (*nom parfois donnés aux pâtes résistives pour circuits hybrides ou pour résistances discrètes à couche épaisse*) (*cf. aussi* resistive ink *et* thick-film discrete resistor).

resistor core support de résistance (*pièce cylindrique ou prismatique en matière réfractaire sur laquelle est enroulé un fil ou un ruban résistant ou est formée une couche résistante*) (*les matières les plus employées sont la stéatite et l'alumine*) (*cf. aussi* steatite, alumina *et* resistor).

resistor divider *cf.* resistor voltage divider.

resistor element *cf.* resistance element.

resistor ladder échelle de résistances (*ensemble de résistances de valeurs croissantes dans le rapport de 2 alimentées en parallèle par une source de courant continu pour fournir des courants à poids binaires*) (*dénumériseur, etc.*) (*cf. aussi* summing ladder, binary-weighted currents, digital-to-analog converter *et* Ohm's law).

resistor matrix matrice de résistances (*ensemble de résistances connectées de façon rappelant une matrice*) (*cf. aussi* matrix).

resistor network réseau de résistances (*ensemble de résistances interconnectées ou non, souvent réalisé sous la forme d'un circuit hybride*) (*cf. aussi* hybrid circuit).

resistor paste *cf.* resistive ink.

resistor quad quarte de résistances *(réseau de résistances comprenant quatre résistances, généralement identiques) (CH) (cf. aussi* resistor network).

resistor string chaîne de résistances *(groupe de résistances montées en série, généralement pour former un diviseur de tension) (cf. aussi* resistor voltage divider *et, à titre d'information,* resistor ladder).

resistor tracking suivi en température des résistances, uniformité des coefficients de température des résistances *(cf. aussi* temperature tracking).

resistor-transistor logic (la) logique à résistances et transistors *(CI) (cf. aussi* RTL).

resistor trimming ajustage des résistances *(opération consistant à amener exactement à la valeur fixée ou nécessaire la valeur ohmique d'une résistance à couche par enlèvement localisé de matière sur toute l'épaisseur de la couche résistive) (ajustage par spiralage au laser ou, anciennement, à la meule pour les résistances discrètes à couche, découpe au laser, par jet de particules abrasives ou par étincelage, coupure de connexions ou réduction d'épaisseur par oxydation anodique pour les résistances intégrées de circuits hybrides) (cf. aussi* helixing, laser trimming, trim tab, discrete film resistor, ohmic value *et* integrated hybrid resistor).

resistor value valeur de la résistance *(valeur ohmique d'une résistance en tant que composant) (cf. aussi* ohmic value *et* resistor).

resistor voltage divider diviseur de tension à résistances *(diviseur de tension formé de deux ou plusieurs résistances montées en série, la tension voulue, par rapport à une extrémité du montage, étant prélevée entre les deux résistances dans le premier cas, ou chacune des tensions voulues étant prélevée le long de la chaîne de résistances dans le second cas) (un potentiomètre est un diviseur de tension réglable) (cf. aussi* voltage divider *et* potentiometer 1)).

resistor wire *cf.* resistance wire.

resolution définition *(ne pas employer « résolution ») (plus petite valeur discernable d'une grandeur dans un graphisme ou un dispositif déterminé)* (a) définition, finesse de l'image *(nombre de points ou de lignes dans une image tramée) (TV, panneau afficheur, parfois radar) (cf. aussi* television picture definition) ; (b) définition, finesse de la trace *(oscillo, radar) (cf. aussi* trace[1] 1)) ; (c) définition, précision des bords *(conducteur de circuit imprimé ou intégré) (cf. aussi* trace[1] 2)) ; (d) définition, finesse de réglage, progressivité (de variation) *(potentiomètre, atténuateur variable, oscillateur à fréquence variable, déphaseur, etc.)* ; (e) *définition, finesse de mesure (capteur de déplacement) (cf. aussi* position sensor) ; (f) pouvoir séparateur, pouvoir discriminateur, définition, *(parf.)* discrimination (f1) *spatial(e) ou en vitesse (aptitude d'un radar à distinguer deux cibles proches l'une de l'autre) (cf. aussi* spatial resolution *et* velocity resolution), (f2) *aptitude d'un appareil à mesurer ou produire une petite différence d'une grandeur et notamment de temps, de tension, de fréquence ou de phase).*

resolution capability *cf.* resolution. *(cf. aussi* capability).

resolution cell volume de confusion *(radar) (cf. aussi* radar cell).

resolution chart mire *(TV) (cf. aussi* test pattern (a)).

resolution in altitude pouvoir séparateur en altitude, *(etc.) (radar) (cf. aussi* altitude resolution).

resolution in azimuth pouvoir séparateur en azimut, *(etc.) (radar) (cf. aussi* azimuth resolution).

resolution in elevation pouvoir séparateur en site, *(etc.) (radar) (cf. aussi* altitude resolution).

resolution in range pouvoir séparateur en distance, *(etc.) (radar) (cf. aussi* range resolution).

resolution pattern 1) *cf.* resolution chart. 2) mire de définition (de circuit intégré) *(motif géométrique à espacement décroissant formé sur une puce témoin pour faciliter le contrôle de la définition obtenue sur la plaquette à gravure dont la puce fait partie) (fab. CI) (cf. aussi* reliability test pattern *et* resolution (c)).

resolution time *cf.* resolving time.

resolution wedge faisceau de définition *(faisceau de droites*

convergentes d'une mire de télévision servant à contrôler la définition) (cf. aussi* test pattern 1)).

resolved target cible discriminée *(cf. aussi* resolution (f)).

resolver trigonomètre, convertisseur d'angle *(petite machine électrique tournante convertissant un angle de rotation en une tension alternative proportionnelle au sinus de cet angle et une autre au cosinus) (sert principalement à passer d'un système de coordonnées polaires à un système de coordonnées rectangulaires dans des radars et des calculateurs analogiques) (cf. aussi* pancake resolver, rotating electrical machine, polar coordinate system *et* rectangular coordinate system).

resolving cell *cf.* resolution cell.

resolving power pouvoir séparateur *(optique, radar, etc.) (cf. aussi* resolution (f)).

resolving time pouvoir séparateur temporel *(intervalle de temps minimal entre deux impulsions successives pour lequel un compteur d'impulsions peut encore distinguer les deux impulsions) (cf. aussi* pulse counter).

resonance résonance *(état d'un système oscillant dans lequel l'amplitude des oscillations est maximale) (cet état est atteint lorsque le système est soumis à des excitations périodiques dont la fréquence est égale à sa fréquence propre) (en électronique, ce terme s'applique généralement à un circuit oscillant ou à une cavité résonnante) (dans un circuit oscillant, la résonance est obtenue lorsque la fréquence d'oscillation est telle que la réactance inductive est égale à la réactance capacitive, de sorte qu'elles s'annulent mutuellement, seule la résistance du circuit subsistant pour limiter l'amplitude des oscillations) (dans une cavité résonnante, le processus est le même, la composante du champ électromagnétique considérée étant généralement le champ électrique) (cf. aussi* magnetic resonance, oscillatory system, natural frequency, resonator, inductive reactance, capacitive reactance *et* resistance).

resonance bridge pont à résonance, pont de mesure *(idem) (pont de mesure à courant alternatif dont une branche comporte un condensateur variable et une bobine d'inductance en série avec la résistance de la branche) (les mesures sont effectuées en alimentant le pont avec un courant alternatif de fréquence égale à la fréquence de résonance du circuit oscillant) (cf. aussi* ac bridge *et* resonant circuit).

resonance characteristic *cf.* resonance curve.

resonance curve courbe de résonance *(courbe représentant la variation de l'amplitude des oscillations dans un système oscillant en fonction de la fréquence d'excitation aux valeurs de celle-ci proches de la fréquence de résonance) (en électronique, ce terme s'applique généralement à un circuit oscillant et désigne alors la courbe représentant la variation de l'intensité du courant dans celui-ci ou de la tension à ses bornes en fonction de la fréquence du signal appliqué autour de la fréquence de résonance) (cf. aussi* resonance).

resonance frequency *cf.* resonant frequency. *(ce terme étant le plus employé).*

resonance indicator indicateur de résonance *(autre nom, plus général d'un indicateur d'accord ; peut s'employer pour n'importe quel type de résonateur) (cf. aussi* tuning indicator, resonance *et* resonator).

resonance peak pic de résonance *(pic d'amplitude sur une courbe de résonance) (cf. aussi* amplitude peak *et* resonance curve).

resonant cavity cavité résonnante *(hyper) (cf. aussi* cavity resonator).

resonant chamber *cf.* resonant cavity.

resonant circuit circuit oscillant, circuit résonnant, circuit LC, circuit inductance-capacité *(montage formé d'une bobine d'inductance et d'un condensateur montés en série ou en parallèle, le tout étant inséré dans un circuit parcouru par un courant alternatif à fréquence généralement élevée) (constitue un résonateur électrique dont la période d'oscillation propre est proportionnelle au produit de l'inductance de la bobine et de la capacité du condensateur et dont, par conséquent, la fréquence propre est inversement proportionnelle à ce produit) (la période propre d'un circuit oscillant est donnée par la formule $T = 2\pi\sqrt{LC}$ et, par conséquent, sa fréquence propre par la formule $f = 1/2\pi\sqrt{LC}$, où T est la période exprimée en secondes, L l'inductance en henrys, C la* *capacité en farads et f la fréquence en hertz) (est utilisé principalement comme filtre pour courants à haute fréquence, notamment dans les récepteurs radioélectriques) (cf. aussi* series resonant circuit, parallel resonant circuit, resonance, tuned circuit, inductor, capacitor, resonator *et* natural period).

resonant converter convertisseur auto-oscillant *(convertisseur continu-continu dans lequel la fréquence de découpage du courant continu à convertir est déterminée par les caractéristiques du montage assurant le découpage) (il n'y a donc pas d'oscillateur indépendant fournissant un signal de découpage) (alim) (cf. aussi* dc/dc converter).

resonant current *(parf.* intensité du) courant à la résonance *(parf.* de résonance) *(cf. aussi* resonant circuit).

resonant element élément résonnant *(autre nom d'un résonateur ; est peu employé pour un résonateur électrique) (cf. aussi* resonator).

resonant frequency fréquence de résonance *(fréquence des oscillations d'un système oscillant à laquelle s'observe la résonance dans celui-ci) (cf. aussi* resonance *et* frequency).

resonant frequency drift dérive de la fréquence de résonance *(cf. aussi* drift[1] 1) *et* resonant frequency).

resonant gap cavité résonnante (d'un tube TR) *(radar) (cf. aussi* cavity resonator *et* TR tube).

resonant impedance impédance à la résonance *(impédance complexe dans un résonateur électrique à la fréquence de résonance) (est nulle par définition) (cf. aussi* complex impedance *et* resonator).

resonant line ligne accordée, ligne de transmission accordée *(tronçon de ligne coaxiale rigide ou de ligne à rubans de longueur déterminée utilisé comme résonateur hyperfréquence) (cf. aussi* rigid coaxial line, parallel-plate line *et* microwave resonator).

resonant oscillation oscillation à la résonance *(parf.* de résonance) *(système oscillant) (cf. aussi* oscillation *et* resonance).

resonant-line oscillator oscillateur à ligne accordée *(oscillateur hyperfréquence dans lequel le résonateur est une ligne accordée) (cf. aussi* microwave oscillator *et* resonant line).

resonant load charge résonnante *(charge d'une source de courant alternatif constituée par un résonateur électrique) (ampli, etc.) (cf. aussi* load[1] (a) *et* resonator).

resonant period période de résonance *(période d'une oscillation à la résonance) (cf. aussi* period *et* resonance).

resonant-reed filter filtre mécanique *(tél) (cf. aussi* mechanical filter).

resonant reed relay relais à tiges accordé *(relais à tiges à contact de travail dans lequel le contact mobile ne vient toucher le contact fixe que lorsque la fréquence du courant alternatif d'excitation de la bobine est égale à la fréquence de résonance de la barrette portant le contact mobile) (cf. aussi* reed relay *et* resonant frequency).

resonant relay relais accordé *(relais électromagnétique utilisant un résonateur électrique ou mécanique) (terme générique couvrant notamment le relais de fréquence et le relais à tiges accordé) (cf. aussi* frequency relay, resonant-reed relay, resonator *et* electromagnetic relay).

resonant resistance résistance à la résonance *(résistance d'un circuit oscillant ou d'une ligne accordée à la fréquence de résonance) (est égale à sa résistance aux autres fréquences) (cf. aussi* resistance *et* resonance).

resonant transmission line *cf.* resonant line.

resonate *v* **1)** résonner, *(souvent)* entrer en résonance *(système oscillant) (cf. aussi* resonance). **2)** faire résonner *(un système oscillant)*.

resonating ... resonant ...

resonator résonateur *s (système oscillant artificiel conçu pour y exploiter le phénomène de résonance, notamment en le complétant par les organes nécessaires pour obtenir un oscillateur) (balancier d'horloge, diapason entretenu, tige résonnante, lame de quartz ou autre résonateur à quartz, circuit oscillant, cavité résonnante électromagnétique ou acoustique, etc.) (en électronique et sciences connexes, le terme français « résonateur » désigne généralement un circuit oscillant, une cavité résonnante électromagnétique ou un résonateur à quartz) (le terme anglais « resonator » est souvent employé*

avec le sens restreint de « cavité résonnante (électromagnétique) ») (conformément à la définition de la résonance, un résonateur est conçu pour être le siège d'oscillations de grande amplitude ne nécessitant qu'un faible apport, périodique, d'énergie pour être entretenues ; cet apport sert à compenser les pertes d'énergie qui se produisent à chaque oscillation et entraînent l'amortissement de celles-ci) (les pertes d'énergie, inévitables, sont dues principalement au frottement interne ou non dans un résonateur mécanique, au frottement interne dans un résonateur piézo-électrique, à la résistance électrique dans un résonateur électrique ou à l'absorption d'énergie par les parois dans une cavité résonnante) (cf. aussi resonant circuit, cavity resonator, quartz resonator, acoustic resonator, oscillatory system, resonance, oscillator *et* damping).

resonator filter filtre à cavité *(hyper) (cf. aussi* cavity filter).

resonator grid grille de couplage, lèvre *(une des deux grilles assurant le couplage entre le faisceau d'électrons et une cavité résonnante dans un klystron) (est disposée perpendiculairement à l'axe du faisceau au niveau d'un bord de la cavité auquel elle est fixée) (cf. aussi* rhumbatron).

resonator wavemeter ondemètre à cavité *(hyper) (cf. aussi* cavity-resonator wavemeter).

resource allocation affectation des ressources *(répartition de ressources entre plusieurs utilisateurs en fonction de leurs besoins et de règles préétablies) (cf. aussi* resources).

resource management gestion des ressources *(organisation de la répartition des ressources) (cf. aussi* resource allocation).

resource sharing partage des ressources *(en informatique, utilisation des ressources d'un ordinateur par des programmes exécutés en multiprogrammation) (cf. aussi* resources (a) *et* multiprogramming).

resources ressources (a) *ensemble des moyens dont dispose l'organe de traitement d'un ordinateur pour remplir sa fonction, c.-à-d. ensemble des positions disponibles en mémoire centrale et des appareils périphériques disponibles, notamment des mémoires à disques magnétiques) (inf) (cf. aussi* processor 1), memory location, main memory, peripheral device *et* magnetic-disk memory) ; (b) *ensemble des moyens dont dispose le calculateur d'un système d'autoprotection pour remplir sa fonction, c.-à-d. ensemble des brouilleurs et lance-leurres disponibles et puissance électrique disponible pour alimenter les brouilleurs) (mil) (cf. aussi* self-protection system).

responder émetteur de réponses *(partie émettrice d'une balise répondeuse) (radionav) (avia, mar) (ne pas confondre avec « responser ») (cf. aussi* radar beacon *et* responser).

responder beacon balise répondeuse *(radionav) (cf. aussi* radar beacon).

response 1) réponse *(manière dont le signal de sortie d'un quadripôle, d'un transducteur ou d'un système asservi varie en fonction de la valeur d'une des caractéristiques du signal d'entrée) (cf. aussi* response curve, amplitude-amplitude response, frequency response, phase response, passband response, spectral response, spatial response, harmonic response, transient response, step-function response, temperature response, quadripole, transducer 1) *et* closed-loop control system). **2)** *cf.* response curve. **3)** *cf.* reply.

response characteristic *cf.* response curve.

response compensation correction de la réponse *(caméra infrarouge, etc.) (cf. aussi* spatial response).

response curve courbe de réponse, caractéristique *sf (courbe représentant la réponse d'un quadripôle ou d'un dispositif assimilable à un quadripôle) (la courbe de réponse la plus utilisée est la courbe de réponse en fréquence, mais l'on utilise également la courbe de réponse en amplitude et la courbe de réponse en phase) (ampli, filtre, haut-parleur, asser, etc.) (cf. aussi* response 1), frequency response curve, amplitude response curve, phase response curve *et* characteristic curve).

response mode mode de réponse *(répondeur radar) (cf. aussi* transponder 1)).

response time temps de réponse *(temps nécessaire pour réagir à une excitation ou répondre à une question)* (a) *temps nécessaire à un dispositif pour parvenir à l'état correspondant à une excitation reçue ou à un état intermédiaire déterminé) (relais, appareil de mesure analogique, moteur électrique,* *système asservi, amplificateur magnétique, etc.) (cf. aussi* operating speed (b)) ; (b) *temps mis par un ordinateur pour fournir une réponse à une question posée, généralement à l'aide d'un clavier) (inf) (cf. aussi* man-machine communication).

response uniformity uniformité de la réponse *(cible de caméra infrarouge) (cf. aussi* spatial response).

responser *(vient de « response receiver »)* récepteur de réponses *(partie réceptrice d'un radar d'identification) (reçoit les réponses des répondeurs interrogés par la partie émettrice de l'appareil) (radionav) (ne pas confondre avec « responder ») (cf. aussi* interrogator-responsor *et* responder).

responsive jammer brouilleur autoadaptatif, brouilleur à récepteur MFI *(mil) (cf. aussi* IFM receiver).

responsivity *cf.* sensitivity.

responsor *cf.* responser.

respool *v cf.* rewind[1].

rest current *(parf.* intensité du) courant de repos *(ou* au point de repos *ou* de fonctionnement) *(ampli) (cf. aussi* load line).

restart point point de redémarrage *(parf.* de reprise) *(inf, etc.) (cf. aussi* rerun point).

restart pulse impulsion de redémarrage *(d'un dispositif) (microprocesseur, etc.).*

restart routine *cf.* rerun routine.

restartability reprise automatique *(faculté d'un ordinateur de reprendre l'exécution correcte d'un programme au dernier point de reprise après un incident de traitement) (inf) (cf. aussi* rerun point).

resting frequency fréquence de repos *(nom parfois donné à la fréquence centrale d'une porteuse) (cf. aussi* center frequency).

restore *v* **1)** rétablir *(un état antérieur).* **2)** *cf.* reset[2] 1).

restorer *cf.* dc restorer.

restoring spring ressort de rappel *(ressort rappelant un organe mécanique mobile à la position de repos) (ressort de rappel de l'armature ou du noyau-plongeur d'un relais, de l'équipage mobile d'un appareil de mesure analogique, d'une clé téléphonique à ressort, d'un bouton-poussoir, d'un interrupteur à levier monostable, etc.) (noter que le mouvement produit par un ressort de rappel peut être un mouvement de translation ou de rotation selon l'organe à rappeler et que le second cas introduit la notion de couple de rappel) (cf. aussi* restoring torque).

restoring torque couple de rappel *(couple appliqué à un organe pivotant par un ressort de rappel, spiral ou non, un fil de torsion ou un ruban de suspension) (armature de relais pivotante ou tournante, équipage mobile d'appareil de mesure analogique, etc.) (cf. aussi* restoring spring, torque, spiral spring, torsion string *et* taut-band suspension).

restriking voltage *cf.* reignition voltage.

resync *cf.* resynchronizing.

resynchronizing resynchronisation *(cf. aussi* synchronization).

retained image image rémanente *(tube analyseur) (cf. aussi* burned-in image).

retarding field champ retardateur *(champ électrique ralentissant les électrons dans une partie déterminée de leur trajectoire dans un tube électronique ou autre dispositif à faisceau d'électrons) (les électrons étant ralentis par le champ, ils lui cèdent de l'énergie) (ce terme désigne souvent le champ électrique créé par le signal dans une zone déterminée de l'espace d'interaction d'un tube à modulation de vitesse pendant une alternance du signal pendant laquelle son sens est tel qu'il est retardateur) (cf. aussi* electric field, interaction gap, velocity-modulated tube *et* half-period).

retention conservation de l'information *(conservation des informations introduites dans une mémoire analogique ou numérique, ou d'un élément d'information introduit dans une cellule d'une mémoire numérique) (tube à mémoire, inf) (cf. aussi* analog memory, digital memory *et* data element).

retention time temps de conservation de l'informaion *(temps pendant lequel les informations mémorisées restent utilisables) (cf. aussi* retention).

retentivity aimantation rémanente *(cf. aussi* remanent magnetization).

reticle réticule, masque unitaire *(dans la technologie des circuits intégrés monolithiques, ces termes désignent un masque utilisé pour insoler l'emplacement d'une seule puce à la fois sur une plaquette à gravure dans un photorépétiteur et ne portant, par conséquent, qu'un seul motif à reproduire) (cf. aussi* mask 2), chip 1), wafer 2), pattern *et* step-and-repeat projection printer).

RETMA *cf.* Radio-Electronics-Television Manufacturers Association.

retrace *s* **1)** retour du faisceau, retour de balayage *(retour du ou des faisceaux d'un tube cathodique au point de départ d'un cycle de balayage) (oscillo, TV, radar, etc.) (cf. aussi* horizontal retrace, vertical retrace, sweep cycle *et* cathode-ray tube). **2)** retour de la plume *(retour de la plume d'un traceur de courbes à gauche de la feuille, généralement avec relevage de celle-ci) (cf. aussi* X-Y recorder).

retrace ... *cf.* blanking ... *(pour les termes qui ne figurent pas ci-après).*

retrace blanking suppression du faisceau *(tube cath) (cf. aussi* blanking).

retrace curve courbe aller et retour *(courbe à deux branches tracée à l'aide d'un traceur de courbes pour contrôler sa réversibilité) (si l'appareil est parfaitement réversible, la branche retour est confondue avec la branche aller) (cf. aussi* X-Y recorder).

retrace error erreur d'aller et retour *(défaut de coïncidence entre la branche aller et la branche retour d'une courbe d'aller et retour) (enr) (cf. aussi* retrace curve).

retrace ghost trace de retour (de balayage) *(ligne de retour de balayage visible, c.-à-d. plus ou moins lumineuse) (est observée lorsque le ou les points lumineux ne sont pas complètement éteints pendant le retour du balayage) (ce défaut de balayage est dû à une insuffisance de la polarisation du wehnelt du ou des canons à électrons du tube) (cf. aussi* retrace line *et* control grid)).

retrace interval intervalle de suppression (du faisceau *ou*, parfois, des faisceaux) *(partie d'un signal de télévision occupée par une impulsion de suppression) (cf. aussi* television signal *et* blanking pulse).

retrace line ligne de retour de balayage *(ligne droite, normalement invisible, tracée sur l'écran d'un tube cathodique à balayage tramé par le ou les faisceaux d'électrons pendant un retour de balayage) (ligne de retour de ligne ou de trame) (récepteur TV, etc.) (cf. aussi* retrace ghost, retrace 1) *et* raster scanning).

retrace period période de suppression (du faisceau *ou*, parfois, des faisceaux) *(période ou durée ou temps) (durée d'un intervalle de suppression d'un signal de télévision) (cf. aussi* retrace interval *et* period).

retrace time *cf.* retrace period.

retracing *cf.* retrace. *(de même pour les termes dérivés).*

retransmission **1)** retransmission *(d'un message) (tlg) (cf. aussi* tape relay). **2)** réémission *(de signaux radioélectriques) (relais hertzien, réémetteur) (cf. aussi* radio relay *et* translator 2)).

retransmit *v (voir aussi* retransmission) **1)** retransmettre. **2)** réémettre.

retransmitting potentiometer potentiomètre de recopie *(nom parfois donné à un potentiomètre conçu pour être utilisé comme capteur de déplacement) (peut être un potentiomètre à élément résistant circulaire ou rectiligne selon le type de déplacement à mesurer) (traceur de courbes, etc.) (cf. aussi* potentiometer 1) *et* position sensor).

retrieval extraction, *(parf.)* recherche *(inf) (cf. aussi* information retrieval).

retrieval time temps d'accès (à l'information) *(recherche documentaire, etc.) (inf) (cf. aussi* information retrieval).

retrieve *v* extraire, *(parf.)* rechercher *(inf, etc.) (cf. aussi* information retrieval).

retrigger *v* redéclencher, déclencher de nouveau *(ou* à nouveau *ou* une nouvelle fois), *(parf.)* se redéclencher, *(etc.) (base de temps d'un oscilloscope, ou autre dispositif à déclenchement) (cf. aussi* triggering).

retroaction rétroaction *(asser) (cf. aussi* feedback).

retrodirective jammer brouilleur réémetteur *(nom parfois donné à un brouilleur répéteur) (mil) (cf. aussi* repeater jammer).

retrodirective jamming brouillage par réémission *(nom descriptif du brouillage de diversion) (mil) (cf. aussi* deception jamming).

retrofit[1] *v* mettre à niveau *(inf, etc.), (parf.)* rééquiper *(avia, etc.) (augmenter les performances ou les possibilités d'un matériel relativement ancien par modification, remplacement ou adjonction d'organes pour les amener au niveau de celles d'un matériel analogue plus récent) (cf. aussi* expansion board).

retrofit[2] *s* mise à niveau, *(parf.)* rééquipement *(cf. aussi* retrofit[1]).

retrofitting *cf.* retrofit[2].

retry[1] *v (en informatique)* essayer de relancer l'opération *(cf. aussi* retry[2]).

retry[2] *s* tentative de relance (d'une opération) *(essai de nouvelle exécution d'une opération de traitement par un ordinateur après un incident de traitement) (inf)*.

re-tune *v* réaccorder, accorder de nouveau *(récepteur, etc.) (cf. aussi* tune[1]).

return[1] *s* **1)** écho *(radar) (noter qu'au singulier, le terme anglais désigne généralement un écho utile et qu'au pluriel, il est parfois synonyme de « clutter ») (cf. aussi* ground returns, sea returns *et* radar echo). **2)** retour au programme principal, *(parf.)* renvoi *(idem), (parf.)* reprise *(reprise de l'exécution du programme principal dans un ordinateur après exécution complète ou non d'un sous-programme) (inf) (cf. aussi* computer program, subroutine *et* rerun[2]).

return to ... *v* retourner à ..., *(parf.)* renvoyer à ..., *(parf.)* reprendre à ... *(inf, etc.) (cf. aussi* return[1] 2)).

return beam faisceau réfléchi *(le terme anglais désigne généralement le faisceau d'électrons réfléchi par la cible dans un tube analyseur à retour du faisceau) (caméra TV) (cf. aussi* return-beam tube).

return-beam camera tube *cf.* return-beam tube.

return-beam pick-up tube *cf.* return-beam tube.

return-beam tube tube à retour du faisceau, tube analyseur *(idem) (tube analyseur dans lequel les électrons du faisceau d'analyse non absorbés par les zones positives de la cible à neutraliser retournent vers le canon à électrons sous l'action du champ électrique fortement positif de la dernière électrode de celui-ci) (termes génériques couvrant l'orthicon, l'image-orthicon et le vidicon à retour du faisceau) (cf. aussi* orthicon, image orthicon, return-beam vidicon *et* camera tube).

return-beam vidicon (tube) vidicon à retour du faisceau *(tube vidicon dans lequel le signal vidéo est fourni par un photomultiplicateur amplifiant le flux d'électrons réfléchis par la cible comme dans l'image-orthicon, la cible pouvant conserver pendant un temps appréciable l'image électrique qu'elle porte, ce qui permet notamment de l'analyser en balayage lent) (ce tube analyseur est utilisé dans certaines caméras de télévision montées dans des satellites de télédétection) (cf. aussi* vidicon, image orthicon, return-beam tube *et* remote sensing).

return-beam vidicon camera caméra à vidicon à retour du faisceau, caméra RBV *(le second terme est le plus employé) (TV) (cf. aussi* television camera *et* return-beam vidicon).

return conductor conducteur de retour *(conducteur refermant un circuit) (cf. aussi* circuit *et* return wire).

return echo *cf.* echo.

return interval *cf.* retrace interval.

return line *cf.* retrace line.

return loss pertes par réflexion, perte *(idem) (perte d'énergie dans une ligne de transmission due à une réflexion du signal sur une discontinuité de la ligne) (guide d'ondes, ligne coaxiale, etc.) (cf. aussi* loss, transmission line, reflection (b) *et* standing-wave ratio).

return period *cf.* retrace period.

return signal signal rétroréfléchi *(nom parfois donné à un écho) (cf. aussi* echo *et* reflected signal).

return spring *cf.* restoring spring.

return time *cf.* retrace period.

return-to-bias *cf.* return-to-zero

return-to-zero à retour à zéro, avec retour à zéro, RZ *(caractéristique et appelation d'un procédé d'enregistrement magnétique de signaux binaires dans lequel le support re-*

tourne à l'état magnétique représentant un binaire « zéro » après l'enregistrement d'un binaire « un ») (inf) (cf. aussi non-return-to-zero).

return-to-zero ... *cf.* RZ ...

return wire fil de retour *(ce terme s'emploie notamment pour désigner l'un des deux conducteurs d'un circuit métallique en téléphonie) (cf. aussi* return conductor *et* metallic circuit).

returned echo écho renvoyé par la cible *(radar, etc.) (cf. aussi* target echo).

returned signal *cf.* return signal.

returning ... *cf.* return ...

reuse *cf.* frequency reuse.

reverberant room salle réverbérante *(local dans lequel le temps de réverbération est appréciable et, par conséquent, le phénomène d'écho perceptible, c.-à-d. dont les parois sont réfléchissantes vis-à-vis des ondes sonores) (peut être une simple salle de séjour peu meublée, une salle de spectacle mal conçue, une église ou autre grande salle ou une chambre réverbérante) (acoustique architecturale) (cf. aussi* reverberation time *et* reverberation chamber).

reverberate *v* réverbérer, réfléchir *(une onde acoustique, thermique ou lumineuse) (cf. aussi* reverberation).

reverberated sound son réverbéré *(son perçu par réverbération) (acou) (cf. aussi* reverberation).

reverberation réverbération *(en acoustique, persistance d'un son en un point déterminé d'un local ou d'une zone sous-marine après cessation de l'émission du son) (est due à la propagation du son par trajets multiples dans le lieu considéré) (cf. aussi* sound[1] *et* multipath propagation).

reverberation chamber chambre réverbérante *(local parallélipipédique à parois lisses, dures et rigides utilisé pour faire des mesures de coefficient de réflexion sur des plaques de matériaux absorbants par mesure du temps de réverbération) (le coefficient de réflexion des parois de la chambre est pratiquement égal à l'unité et, par conséquent, celles-ci réfléchissent la quasi-totalité de l'énergie sonore incidente) (ne pas confondre avec une salle réverbérante ou une chambre d'écho) (acou) (cf. aussi* reverberation time, sabine coefficient, reverberant room *et* echo chamber).

reverberation level niveau de réverbération *(niveau d'un son réverbéré) (cf. aussi* level 1) *et* reverberated sound).

reverberation room *cf.* reverberation chamber.

reverberation time temps de réverbération *(temps au bout duquel le niveau d'un son réverbéré a diminué de 60 décibels par rapport au son initial) (un affaiblissement du son de 60 dB représente un son un million de fois moins intense) (acou) (cf. aussi* reverberated sound *et* decibel).

reverberation unit chambre d'écho artificielle, chambre de réverbération artificielle *(dispositif électroacoustique remplaçant une chambre de réverbération) (utilise des ressorts à boudin excités par un vibreur électromagnétique et excitant à leur tour un capteur électromagnétique) (le courant de sortie du capteur reproduit le courant excitant le vibreur complété par des composantes représentant les échos d'amplitude décroissante produits par les allers et retours des ondes de vibration dans les ressorts) (studio d'enregistrement) (cf. aussi* echo chamber).

reverberator *cf.* reverberation unit.

reversal inversion *(cf. aussi* current reversal *et* polarity reversal).

reverse bias polarisation inverse *(ou* dans le sens inverse *ou* en sens inverse *ou* en inverse*) (état d'une diode ou d'une jonction redresseuse à laquelle est appliquée une tension continue de sens tel que le courant ne passe pratiquement pas, ou action d'amener une diode ou une jonction dans cet état) (la notion de polarisation inverse est parfois étendue à un thyristor dans lequel le courant circule dans le sens opposé au sens normal) (cf. aussi* bias[1], diode *et* rectifying junction).

reverse-bias *v* polariser dans le sens inverse, *(etc.) (parf.)* se polariser *(idem)*, passer en polarisation inverse *(cf. aussi* reverse bias).

reverse-bias burn-in vieillissement artificiel sous polarisaiton inverse *(diodes à jonction) (cf. aussi* burn-in *et* reverse bias).

reverse-bias capability possibilité(s) de fonctionnement sous polarisation inverse *(condensateur électrolytique, etc.) (cf. aussi* reverse bias, capability *et* reverse-voltage capability).

reverse-bias characteristic *cf.* reverse characteristic.

reverse-bias current *cf.* reverse current.

reverse-bias leakage current *(parf.* intensité du) courant de fuite en polarisation inverse, *(etc.) (thyristor) (noter que lorsqu'il est appliqué à une jonction PN ou à une diode à semiconducteur, ce terme est un pléonasme, la notion de courant de fuite dans un tel élément impliquant la notion de polarisation inverse) (cf. aussi* reverse current).

reverse-bias operation fonctionnement en polarisation inverse *(cf. aussi* reverse bias).

reverse-biased polarisée dans le sens inverse, *(etc.) (cf. aussi* reverse bias).

reverse biasing application d'une polarisation inverse *(cf. aussi* reverse bias).

reverse blocking capability tenue à l'état bloqué *(autre nom, moins précis, de la tension inverse de blocage d'un thyristor) (cf. aussi* reverse blocking voltage *et* capability).

reverse blocking voltage tension inverse de blocage *(tension inverse maximale qu'un thyristor peut supporter sans être détruit) (cf. aussi* reverse voltage *et* silicon controlled rectifier).

reverse breakdown claquage (inverse), avalanche *(jonction PN) (cf. aussi* avalanche breakdown).

reverse breakdown voltage tension d'avalanche, tension de claquage *(jonction PN) (cf. aussi* breakdown voltage 5)).

reverse characteristic caractéristique inverse *(ou de conduction inverse) (caractéristique d'une diode à semiconducteur polarisée dans le sens inverse, c.-à-d. courbe représentant l'intensité du courant inverse dans la diode en fonction de la tension inverse à ses bornes) (cf. aussi* reverse bias, reverse current *et* characteristic curve).

reverse charge *cf.* reverse charging.

reverse-charge *v* charger à l'envers *(cf. aussi* reverse charging).

reverse charging charge à l'envers *(charge d'un accumulateur ou d'une batterie d'accumulateurs effectuée avec le pôle positif de la source de courant de charge relié au pôle négatif du dispositif à charger et vice versa) (entraîne la détérioration de ce dernier) (cf. aussi* storage cell 1)).

reverse compatibility compatibilité inverse *(possibilité pour un récepteur de télévision en couleurs de recevoir des émissions en noir et blanc) (cf. aussi* compatibility).

reverse conductance conductance inverse, *(etc.) (conductance d'une diode ou d'une jonction polarisée dans le sens inverse) (cf. aussi* reverse bias *et* conductance).

reverse conduction conduction dans le sens inverse, *(etc.) (conduction dans une diode ou une jonction polarisée dans le sens inverse) (cf. aussi* reverse bias).

reverse conduction characteristic *cf.* reverse characteristic.

reverse current **1)** *(parf.* intensité du) courant inverse *(courant dans une diode ou une jonction polarisée dans le sens inverse ou, parfois, intensité de ce courant) (cf. aussi* reverse bias *et* current). **2)** retour de courant, retour de puissance *(circulation du courant dans le mauvais sens dans un générateur de courant et notamment dans un alternateur de centrale électrique) (cf. aussi* reverse-current relay).

reverse-current relay relais à retour de puissance, relais à retour de courant *(le premier terme est le plus employé) (relais à induction dont l'élément tournant vient à la position de travail lorsque le courant d'excitation circule dans le sens contraire du sens normal) (est utilisé notamment pour la protection d'alternateurs alimentant en parallèle un réseau de distribution d'énergie dans une centrale électrique) (cf. aussi* induction relay *et* reverse current 2)).

reverse direction sens inverse (a) *sens usuel de ce terme;* (b) *sens de conduction inverse, c.-à-d. sens de conduction d'une diode ou d'une jonction redresseuse polarisée dans le sens inverse) (cf. aussi* reverse bias).

reverse emission émission d'électrons par l'anode *(émission d'électrons par l'anode d'un tube à vide lorsqu'elle est suffisamment négative par rapport à la cathode, les rôles des deux électrodes étant alors inversés) (peut être une émission de champ ou, si l'anode est fortement chauffée, une émission thermoélectronique et constitue un mode de fonctionnement anormal) (cf. aussi* electron emission *et* vacuum tube).

reverse gate voltage tension inverse de gâchette *(thyristor) (cf. aussi* reverse voltage *et* gate voltage 2)).

reverse leakage (current) *cf.* reverse-bias leakage current.

reverse-phase relay relais à inversion de phases *(relais protégeant une installation triphasée chez un abonné contre une inversion de phases commise lors d'une réparation ou une modification sur la ligne ou dans l'installation) (est un relais à induction triphasé dont l'élément tournant vient à la position de repos sous l'action d'un ressort de rappel lorsque deux phases du courant d'excitation sont inversées) (fonctionne également lorsque la tension du réseau est insuffisante et constitue ainsi en outre un relais à minimum de tension) (cf. aussi* induction relay *et* undervoltage relay).

reverse polarity polarité inverse *(borne, aimant) (cf. aussi* polarity).

reverse-polarity protection protection contre les inversions de polarité *(alim, app. mesure, diode semi, etc.) (cf. aussi* polarity).

reverse power retour de puissance (a) *nom parfois donné à l'énergie réfléchie dans une ligne de transmission) (cf. aussi* reflection (b)); (b) *cf. aussi* reverse current 2)).

reverse printing impression de droite à gauche *(imprimante) (cf. aussi* bidirectional printing).

reverse reading lecture arrière *(lecture d'informations sur la bande d'un dérouleur de bande magnétique défilant dans le sens contraire du sens d'enregistrement des informations) (inf) (cf. aussi* reading *et* tape drive).

reverse recovery recouvrement inverse *(cf. aussi* reverse recovery time).

reverse recovery current *(parf.* intensité du) courant de recouvrement inverse *(cf. aussi* reverse recovery time).

reverse recovery time temps de recouvrement inverse *(intervalle de temps entre l'instant où la jonction d'une diode à semiconducteur passe de la polarisation directe à la polarisation inverse et l'instant ou l'intensité du courant inverse retombe à sa valeur minimale) (est dû au fait que, après l'application de la tension inverse, la plupart des porteurs de charge reviennent dans leur zone d'équilibre en créant un courant inverse relativement important pendant un temps très court) (cf. aussi* recovery time, forward bias, reverse bias *et* charge carrier).

reverse resistance résistance inverse, *(etc.) (résistance d'une diode ou d'une jonction polarisée dans le sens inverse) (cf. aussi* reverse bias *et* resistance).

reverse second breakdown *cf.* second breakdown.

reverse-to-forward characteristics caractéristiques de la transition du sens inverse au sens direct, caractéristiques de transition directe, caractéristiques de recouvrement direct *(temps de transition directe et intensité du courant de transition directe) (diode semi) (cf. aussi* forward recovery time).

reverse travelling wave onde régressive, onde progressive inverse, onde inverse *(onde progressive se propageant dans le sens opposé à celui des électrons du faisceau dans un tube hyperfréquence dérivé du tube à onde progressive) (cf. aussi* travelling wave).

reverse video vidéo inversée *(nom donné à la présentation d'informations sur un écran d'ordinateur ou autre avec permutation locale des couleurs du fond et du graphisme) (exemple: sur un écran noir à caractères blancs, un ou plusieurs caractères ou mots apparaissent en noir dans un rectangle blanc) (inf, etc.) (cf. aussi* attributes).

reverse voltage tension inverse *(tension appliquée à un dispositif avec une polarité opposée à la polarité normale) (cf. aussi* voltage polarity) (a) *tension continue appliquée à une diode ou une jonction redresseuse dans le sens opposé au sens de conduction normale, c.-à-d. le positif à la cathode et le négatif à l'anode dans le cas d'une diode ou le positif à la zone N et le négatif à la zone P dans le cas d'une jonction, et créant dans celle-ci une polarisation inverse) (cf. aussi* reverse bias); (b) *(tension continue, ou tension alternative instantanée équivalente, appliquée à l'envers à un condensateur électrolytique, c.-à-d. avec le positif à la cathode et le négatif à l'anode, ce qui conduit rapidement à sa destruction avec explosion, sauf dans des cas particuliers et seulement pour des faibles valeurs de cette tension) (cf. aussi* electrolytic capacitor); (c) *inver-*

sion de polarité (intempestive) (*cf. aussi* reverse-voltage protection).

reverse-voltage capability tenue en tension inverse (*aptitude d'une diode ou d'une jonction redresseuse à supporter une tension inverse plus ou moins élevée sans être détériorée ou détruite*) (*ce terme s'applique généralement à une diode de redressement à jonction ou à un redresseur sec*) (*cf. aussi* reverse voltage, p-n rectifier (*au début de la lettre P*) *et* metallic rectifier).

reverse voltage-current characteristic *cf.* reverse characteristic.

reverse-voltage protection protection contre les inversions de polarité (*protection d'une alimentation à courant redressé ou d'un appareil de mesure à courant continu contre un branchement de la charge ou la source de courant, respectivement, dans le mauvais sens*).

reverse wave *cf.* reverse travelling wave.

reversed-bias second breakdown *cf.* second breakdown.

reversed connector connecteur inversé (*connecteur de fond de panier en deux pièces dans lequel, pour des raisons d'abaissement du prix de revient des fonds de panier, c'est la partie mâle qui est prévue pour être montée sur ceux-ci*) (*en effet, la partie mâle du connecteur est nettement moins coûteuse que la partie femelle et le nombre de parties montées sur un fond de panier est fixe, tandis que le nombre de parties opposées effectivement utilisées dépend du nombre de cartes enfichables montées dans le panier*) (*cf. aussi* two-piece connector).

reversed polarity polarité inversée (*cf. aussi* reverse polarity).

reversible counter compteur réversible (*cf. aussi* up-down counter).

reversible electroacoustic transducer transducteur électroacoustique réversible (*transducteur électroacoustique pouvant fonctionner en émetteur comme en récepteur*) (*exemple : micro-haut-parleur d'interphone*) (*cf. aussi* electroacoustic transducer).

reversible transducer transducteur réversible (*transducteur pouvant fonctionner dans les deux sens, l'entrée pouvant devenir la sortie et vice versa*) (*transducteur electroacoustique réversible, antenne, etc.*) (*cf. aussi* reversible electroacoustic transducer, bilateral transducer, transducer 1) *et* antenna).

reversing switch inverseur (de polarité) (*commutateur permettant d'inverser le branchement d'un dispositif à courant continu et, par conséquent, la polarité de sa tension d'alimentation*) (*inverseur de sens de rotation d'un moteur à aimant permanent, etc.*) (*cf. aussi* polarity reversal (a)).

revisit accuracy *cf.* repeatability.

rewind[1] *v* rebobiner, réenrouler (*une bande magnétique ou autre ou un fil magnétique sur la bobine débitrice*) (*magnétophone, etc.*).

rewind[2] *s* rebobinage, réenroulement (*cf. aussi* rewind[1]).

rewind speed vitesse de rebobinage (*cf. aussi* rewind[1]).

rewind spool bobine réceptrice (*cf. aussi* take-up spool).

rewind time temps de rebobinage, durée du rebobinage (*cf. aussi* rewind[1]).

rewinding *cf.* rewind[2].

rewire *v* recâbler, câbler de nouveau (*ou* à nouveau) (*refaire le câblage d'un appareil, d'un tableau de programmation, etc.*) (*cf. aussi* wiring 1)).

rewiring recablâge, nouveau câblage (*cf. aussi* rewire).

rewrite *v* réécrire, écrire de nouveau, écrire à nouveau (*écrire une information dans une mémoire à lecture destructive aussitôt après l'avoir lue pour qu'elle reste disponible dans la mémoire*) (*inf*) (*cf. aussi* destructive readout).

rewriting réécriture, nouvelle écriture (*cf. aussi* rewrite).

RF (*ou* **rf**) (*vient de « radio frequency »*) à fréquence radioélectrique (*ou* radio), radiofréquence *a*, (à) haute fréquence, HF (*signal ou dispositif*) (*radioélectricité*) (*cf. aussi* radio frequency *et* RF band).

RF alternator alternateur haute fréquence (*alternateur produisant un courant à fréquence de plusieurs centaines de hertz à une dizaine de kilohertz*) (*est utilisé comme générateur de courant pour le chauffage par induction dit « à moyenne fréquence »*) (*cf. aussi* alternator *et* medium-frequency heating).

RF amplification amplification des fréquences radioélectriques (*ou* radio *ou* des radiofréquences), (*souvent*) amplification haute fréquence (*ou* HF) (*amplification d'une porteuse à fréquence radioélectrique et notamment d'une onde porteuse reçue par une antenne de réception à la fréquence à laquelle elle est reçue*) (*cf. aussi* amplification, radio frequency *et* IF amplification).

RF amplifier amplificateur de fréquences radioélectriques, (*etc.*) (*amplificateur conçu pour réaliser l'amplification haute fréquence*) (*est généralement un amplificateur accordé*) (*émetteur ou récepteur radioélectrique, etc.*) (*cf. aussi* RF amplification *et* tuned amplifier).

RF band bande de fréquences radioélectriques, bande de radiofréquences (*bande de fréquences constituant une des subdivisions de la gamme des fréquences radioélectriques*) (*cf. aussi* ELF band, ILF band, LF band, MF band, HF band, VHF band, UHF band, SHF band, EHF band *et* RF range).

RF bandwidth largeur de bande haute fréquence (*ou* HF) (*largeur de la bande de fréquences occupée par un signal à fréquence radioélectrique*) (*cf. aussi* bandwidth 1) *et* radio frequency).

RF burst salve à haute fréquence, salve HF (*court train d'impulsions d'une onde entretenue dont la longueur correspond à une fréquence radioélectrique*) (*TVC, radionav, etc.*) (*cf. aussi* pulse train, continuous wave *et* radio frequency).

RF cable câble haute fréquence, câble HF (*câble électrique pour courants à haute fréquence, c.-à-d. câble à faibles pertes diélectriques à ces fréquences*) (*est souvent un câble coaxial, mais peut aussi être un câble bifilaire plat à conducteurs séparés par une distance d'environ 1 cm*) (*cf. aussi* RF current, dielectric loss *et* coaxial cable).

RF carrier porteuse à haute fréquence, porteuse HF (*porteuse à fréquence radioélectrique et notamment porteuse captée par une antenne de réception*) (*cf. aussi* carrier 1), radio frequency *et* IF carrier).

RF choke bobine d'arrêt haute fréquence (*ou* HF) (*cf. aussi* choke coil).

RF circuit circuit haute fréquence, circuit HF (*circuit parcouru par un courant à haute fréquence*) (*cf. aussi* RF current *et* circuit).

RF coil bobinage haute fréquence, bobinage HF (*bobine d'inductance conçue pour être utilisée avec un courant à haute fréquence*) (*est généralement une bobine en nid d'abeilles, souvent en fil de Litz*) (*cf. aussi* inductor, RF current, honeycomb coil *et* Litz wire).

RF component composante à haute fréquence, composante HF (*fréquence d'une porteuse modulée en amplitude considérée par opposition aux fréquences du signal modulant*) (*cf. aussi* amplitude-modulated carrier *et* radio frequency).

RF current courant à haute fréquence, courant alternatif (*idem*), courant HF (*courant alternatif à fréquence radioélectrique*) (*cf. aussi* alternating current, radio frequency *et* RF current source).

RF current source source de courant à haute fréquence, (*etc.*) (*montage ou appareil fournissant un courant à haute fréquence*) (*oscillateur haute fréquence, générateur haute fréquence ou amplificateur haute fréquence*) (*cf. aussi* RF oscillator, RF generator, RF amplifier *et* RF current).

RF electric field champ électrique à haute fréquence, (*etc.*) (*cf. aussi* RF field).

RF electromagnetic field champ électromagnétique à haute fréquence, (*etc.*) (*cf. aussi* RF field).

RF electronic warfare guerre électronique aux fréquences radioélectriques (*ou* aux radiofréquences *ou* en HF) (*guerre électronique considérée du seul point de vue des émissions radio et radar, sans tenir compte des émissions de rayonnement optique ou acoustique*) (*mil*) (*cf. aussi* electronic warfare).

RF energy énergie haute fréquence, énergie HF (*énergie électromagnétique transportée par une onde radioélectrique*) (*cf. aussi* electromagnetic energy *et* radio wave).

RF field champ à haute fréquence, (*etc.*) (*champ électromagnétique ou, par conséquent, champ électrique ou magnétique alternatif à fréquence radioélectrique*) (*cf. aussi* radio frequency *et* electromagnetic field).

RF filter filtre haute fréquence, filtre HF *(filtre pour courants à haute fréquence) (clpf) (cf. aussi* filter[1] *et* RF current).

RF frequency *cf.* radio frequency.

RF frequency band *cf.* RF band.

RF frequency range *cf.* RF band.

RF generator générateur haute fréquence, générateur HF *(générateur de courant alternatif à fréquence radioélectrique) (est utilisé principalement comme source de courant pour le chauffage électronique) (alternateur à haute fréquence, convertisseur de fréquence à thyristors, magnétron, etc.) (cf. aussi* radio frequency, electronic heating *et* RF alternator).

RF guidance guidage radioélectrique *(nom parfois donné au guidage radar) (mil) (cf. aussi* radar guidance).

RF guidance head *cf.* RF seeker.

RF-guided missile missile à guidage radioélectrique *(nom parfois donné à un missile à guidage radar) (mil) (cf. aussi* radar-guided missile).

RF head 1) tête HF, tête haute fréquence *(ensemble des circuits haute fréquence d'un appareil réalisés sous la forme d'un module aux fins d'interchangeabilité) (radar, etc.) (cf. aussi* RF circuit *et* module (a)). 2) *cf.* RF seeker.

RF heating chauffage haute fréquence, chauffage HF *(cf. aussi* electronic heating).

RF homing autopoursuite radioélectrique *(nom parfois donné à l'autopoursuite radar) (mil) (cf. aussi* radar homing).

RF homing head *cf.* RF seeker.

RF image rejection *cf.* image-frequency rejection.

RF impedance impédance en haute fréquence *(impédance d'un élément de circuit vis-à-vis d'un courant à haute fréquence) (cf. aussi* impedance *et* RF current).

RF impedance matching adaptation d'impédance en haute fréquence, adaptation d'impédance HF *(adaptation d'impédance entre une source de courant à haute fréquence et sa charge) (cf. aussi* impedance matching *et* RF current source).

RF interference parasites à haute fréquence *(cf. aussi* radio interference 1)).

RF interference ... *cf.* RFI ...

RF intermodulation distortion distortion d'intermodulation dans la partie haute fréquence *(ou* HF) *(distorsion d'intermodulation se produisant dans la partie haute fréquence d'un récepteur superhétérodyne) (cf. aussi* intermodulation distortion *et* RF section).

RF/IR ... *cf.* radar/infrared ...

RF line *cf.* RF transmission line.

RF link *cf.* radio link.

RF loss *(ou* **losses***)* pertes en haute fréquence, pertes HF *(pertes diélectriques aux fréquences radioélectriques) (cf. aussi* dielectric loss *et* radio frequency.

RF magnetic field champ magnétique à haute fréquence, *(etc.) (cf. aussi* RF field).

RF matching *cf.* RF impedance matching.

RF measurement mesure en haute fréquence, mesure en HF, mesure HF *(mesure effectuée sur un circuit à haute fréquence) (cf. aussi* RF circuit *et* measurement).

RF network analyzer analyseur de réseaux haute fréquence *(ou* HF) *(analyseur de réseaux pour circuits et éléments de circuit haute fréquence) (cf. aussi* network analyzer *et* RF circuit).

RF oscillator oscillateur haute fréquence, oscillateur HF *(oscillateur fournissant un courant à haute fréquence) (clpf) (cf. aussi* oscillator *et* RF current).

RF path trajet de propagation *(onde radioélectrique) (cf. aussi* propagation path).

RF power *cf.* RF energy.

RF power FET *cf.* RF power field-effect transistor.

RF power field-effect transistor transistor à effet de champ de puissance haute fréquence *(ou* pour hautes fréquences *ou* HF), TEC *(idem)*, FET *(idem) (semi) (cf. aussi* field-effect transistor, power transistor *et* RF transistor).

RF power source source d'énergie haute fréquence, source d'énergie HF *(noms parfois donnés à une source de courant à haute fréquence) (cf. aussi* RF current source).

RF probe sonde haute fréquence, sonde HF *(le second terme est le plus employé) (sonde de multimètre numérique conçue pour le prélèvement de tensions à haute fréquence) (cf. aussi* probe[1] (a), digital multimeter *et* RF voltage).

RF pulse impulsion haute fréquence, impulsion HF *(impulsion de courant, tension ou énergie électromagnétique à haute fréquence) (cf. aussi* pulse[1] *et* radio frequency).

RF pulse train train d'impulsions haute fréquence *(ou* HF) *(radar, etc.) (cf. aussi* pulse train *et* RF pulse).

RF radiation rayonnement à fréquence radioélectrique, *(etc.) (nom donné à une onde radioélectrique dans le contexte des rayonnements) (cf. aussi* RF, radio wave *et* radiation).

RF range gamme des fréquences radioélectriques, *(etc.)*, *(parf.)* gamme des ondes radioélectriques *(ou* hertziennes) *(cf. aussi* radio frequency).

RF receiver récepteur radioélectrique *(récepteur conçu pour recevoir des ondes radioélectriques) (terme générique couvrant le récepteur radio, le récepteur de télévision et le récepteur radar) (cf. aussi* radio receiver, television receiver, radar receiver, radio wave *et* receiver (a)).

RF resistance résistance en haute fréquence *(conducteur) (cf. aussi* high-frequency resistance).

RF section partie haute fréquence, partie HF, étage(s) *(idem)*, circuits *(idem) (ensemble des étages haute fréquence d'un appareil utilisant un ou plusieurs courants à haute fréquence, cet ensemble pouvant être réduit à un étage unique) (cf. aussi* RF stage).

RF seeker autodirecteur radioélectrique *(nom parfois donné à un autodirecteur radar) (mil) (cf. aussi* radar seeker).

RF seeker head *cf.* RF seeker.

RF sensor 1) *cf.* radar sensor. 2) *cf.* RF seeker.

RF signal signal à haute fréquence, *(etc.) (courant alternatif ou tension alternative à fréquence radioélectrique ou onde radioélectrique constituant un signal) (cf. aussi* radio frequency, radio wave *et* signal[1]).

RF signal generator générateur de signaux à haute fréquence, *(etc.)*, générateur HF *(cf. aussi* signal generator *et* RF signal).

RF signal power puissance d'un signal à haute fréquence, *(etc.) (cf. aussi* signal power *et* RF signal).

RF signal source source de signaux à haute fréquence, *(etc.)*, source haute fréquence, source HF *(générateur de signaux à haute fréquence ou phénomène produisant de tels signaux ou astre émettant de tels signaux) (cf. aussi* RF signal generator *et* radio source).

RF source *cf.* RF signal source.

RF spectrum spectre des fréquences radioélectriques *(cf. aussi* radio spectrum).

RF stage étage haute fréquence, étage HF *(étage fournissant ou traitant un signal à haute fréquence dans un appareil électronique) (ces termes désignent souvent un oscillateur haute fréquence ou un amplificateur haute fréquence) (dans un récepteur superhétérodyne, ce terme s'emploie généralement par opposition à « étage à fréquence intermédiaire » et désigne alors le changeur de fréquence ou l'amplificateur haute fréquence éventuel) (cf. aussi* RF current, RF oscillator, RF amplifier, mixer, preselector *et* RF section).

RF switching commutation en haute fréquence, commutation HF *(commutation d'un courant à haute fréquence) (radar, etc.) (cf. aussi* switching (a) *et* RF current).

RF threat menace radioélectrique *(nom parfois donné à la menace radar) (mil) (cf. aussi* radar threat).

RF tracker *cf.* RF seeker.

RF tracking poursuite radioélectrique *(nom parfois donné à la poursuite par radar, notamment dans le domaine militaire) (cf. aussi* radar tracking).

RF tracking head *cf.* RF seeker.

RF transformer transformateur haute fréquence *(ou* HF), *(parf.)* transformateur pour fréquences radioélectriques *(transformateur de liaison d'étages haute fréquence ou de la borne d'antenne d'un récepteur radioélectrique au premier étage de l'appareil) (est généralement un transformateur accordé et peut avoir un noyau en ferrite ou un noyau en air) (cf. aussi* coupling transformer, RF stage, radio receiver, tuned transformer, ferrite core 1) *et* air core).

RF transistor transistor haute fréquence, transistor HF *(transistor conçu pour fonctionner dans la gamme des fréquences radioélectriques) (cf. aussi* transistor *et* radio frequency).

RF transmission 1) transmission haute fréquence, transmission HF *(transmission d'énergie haute fréquence, notamment dans une ligne de transmission) (cf. aussi* RF energy *et* RF transmission line). 2) émission radioélectrique *(émission d'une onde radioélectrique) (cf. aussi* radio wave).

RF transmission line ligne de transmission haute fréquence *(ou* HF), ligne haute fréquence, ligne HF *(ligne de transmission conçue pour transmettre une porteuse à fréquence radioélectrique) (malgré cette définition, ces termes sont généralement employés avec le sens restreint de « câble haute fréquence », les lignes de transmission hyperfréquence autres que les câbles coaxiaux étant considérées à part) (cf. aussi* RF cable *et* transmission line).

RF transmitter émetteur radioélectrique *(émetteur conçu pour émettre des ondes radioélectriques) (terme générique couvrant l'émetteur radio, l'émetteur de télévision et l'émetteur radar) (cf. aussi* radio transmitter, television transmitter, radar transmitter, radio wave *et* transmitter (a)).

RF tuner *cf.* tuner.

RF voltage tension à haute fréquence, tension alternative *(idem)*, tension HF *(tension alternative produite par un courant à haute fréquence) (cf. aussi* ac voltage *et* RF current).

RF voltmeter voltmètre haute fréquence, voltmètre HF *(voltmètre pour courant alternatif conçu pour mesurer des tensions à haute fréquence par échantillonnage de celles-ci comme dans un oscilloscope à échantillonnage) (cf. aussi* ac voltmeter, RF voltage *et* sampling oscilloscope).

RFC *cf.* RF choke.

RFEM field *cf.* RF electromagnetic field.

RFI *cf.* RF interference.

RFI filter filtre antiparasite *(cf. aussi* interference filter).

RFI shielding blindage contre les parasites radioélectriques *(cf. aussi* shielding *et* RF interference).

RFI suppression élimination des parasites (radioélectriques) *(cf. aussi* interference suppression).

RFI suppression device *cf.* RFI filter.

RFI suppression filter *cf.* RFI filter.

RFI suppressor *cf.* RFI filter.

RFI susceptibility sensibilité aux parasites (radioélectriques) *(récepteur radio ou TV) (cf. aussi* RF interference).

RFI susceptibility test (un) essai de sensibilité aux parasites (radioélectriques) *(cf. aussi* RFI susceptibility).

RFI susceptibility testing (les) essais de sensibilité aux parasites (radioélectriques) *(cf. aussi* RFI susceptibility test).

RGB triangle *(RGB vient de « red, green, blue »)* triangle des couleurs *(TVC, etc) (cf. aussi* chromaticity diagram).

RGPO *cf.* range-gate pull-off.

RGPO with fixed-offset pulse décrochage en distance par impulsions à décalage fixe *(décrochage en distance produit par des impulsions récurrentes émises en permanence à la distance maximale de décrochage par un brouilleur répéteur avec brouillage angulaire appliqué à ces impulsions) (radar mil) (cf. aussi* range-gate pull-off *et* angle jamming).

RGW *cf.* radar-guided weapon.

RGWO *cf.* range-gate walk-off.

RHC polarization *cf.* right-hand circular polarization.

rheostat rhéostat *(appareil permettant d'insérer une résistance variable dans un circuit) (ce terme désigne généralement un rhéostat métallique, c.-à-d. une résistance bobinée munie d'un bouton entraînant un curseur rotatif ou à translation frottant sur le fil résistant) (les modèles pour courant de grande intensité sont uniquement rotatifs et le curseur frotte sur des plots reliés par des résistances successives ; la variation de résistance est alors très discontinue et la rotation du curseur est commandée par une poignée) (un rhéostat a deux bornes utiles : une à l'une des extrémités de la résistance et l'autre au curseur ; étant monté en série dans un circuit, il sert à régler l'intensité du courant dans celui-ci et ne doit pas être confondu avec un potentiomètre, bien que celui-ci ne soit qu'un rhéostat de très faible puissance à trois bornes monté en conséquence d'une autre manière) (cf. aussi* potentiometer 1)).

rheostat connection montage en rhéostat *(montage d'une résistance ajustable utilisée comme rhéostat) (cf. aussi* ajustable resistor *et* rheostat).

rheostat mode mode rhéostatique *(mode d'utilisation d'une résistance en rhéostat) (cf. aussi* rheostat connection).

rheostriction rhéostriction *(nom scientifique de l'effet de pincement) (cf. aussi* pinch effect).

rheotaxial film *cf.* rheotaxial layer.

rheotaxial growth croissance rhéotaxiale *(ou d'une couche rhéotaxiale) (cf. aussi* rheotaxial layer).

rheotaxial layer couche rhéotaxiale *(ou formée par rhéotaxie ou déposée par rhéotaxie ou rhéotaxiée) (cf. aussi* rheotaxy).

rheotaxy rhéotaxie *(formation d'une mince couche monocristalline d'un corps cristallin sur un substrat par évaporation sous vide du corps en présence du substrat dont la surface est maintenue à l'état liquide) (fab. semi, etc.) (cf. aussi* single crystal *et* chemical vapor deposition).

RHI *cf.* range-height indicator.

rho-cubed mode mode à trois distances *(mode de navigation à trois distances) (cf. aussi* rho-cubed navigation).

rho-cubed navigation *(« rho-cubed » vient de « rho-rho-rho », qui signifie « range-range-range »)* navigation à trois distances *(mode de navigation à l'aide d'un récepteur de navigation hyperbolique dans lequel celui-ci compte les rotations de phase par rapport à trois stations d'émission pour indiquer le point) (n'est pas une véritable navigation hyperbolique, les lignes de position définies par les signaux reçus étant des circonférences) (radionav) (mar, avia) (cf. aussi* hyperbolic navigation).

rho-cubed navigation system système de navigation à trois distances, système à trois distances *(noms parfois donnés à un récepteur de navigation permettant la navigation à trois distances) (cf. aussi* rho-cubed navigation).

rho-cubed system *cf.* rho-cubed navigation system.

ρ - ρ … *cf.* rho-rho …

rho-rho mode mode à deux distances *(mode de navigation à deux distances) (cf. aussi* rho-rho navigation).

rho-rho navigation *(« rho-rho » vient de « range-range »)* navigation à deux distances *(mode de navigation à l'aide d'un récepteur de navigation hyperbolique dans lequel celui-ci compte les rotations de phases par rapport à deux stations d'émission pour indiquer le point) (n'est pas une véritable navigation hyperbolique, les lignes de position définies par les signaux reçus étant des circonférences) (radionav) (mar, avia) (cf. aussi* hyperbolic navigation).

rho-rho navigation system système de navigation à deux distances, système à deux distances *(noms parfois donnés à un récepteur de navigation permettant la navigation à deux distances) (cf. aussi* rho-rho navigation).

rho-rho system *cf.* rho-rho navigation system.

rho-rho-rho … *cf.* rho-cubed …

rho-theta navigation *(« rho » vient de « range » et « theta » rappelle une valeur angulaire)* navigation en coordonnées polaires, navigation rho-thêta *(radionavigation dans laquelle la position du mobile est définie par sa distance à une station VOR mesurée par un distancemètre et son gisement par rapport à celle-ci) (cf. aussi* VOR, DME, radio navigation, polar coordinates *et* bearing 1)).

rhodium rhodium, Rh *(métal blanc, dur, un peu plus dense que le plomb (densité moyenne 12,3) et plus réfractaire (2 000° C) et coûteux que le platine, utilisé principalement pour la protection de surfaces métalliques contre la corrosion et pour l'élaboration de l'alliage à 90 % de platine et 10 % de rhodium appelé « platine rhodié » utilisé dans les thermocouples platine-platine rhodié employés pour la mesure de températures élevées) (cf. aussi* thermocouple).

rhombic aerial *(GB) cf.* rhombic antenna.

rhombic antenna antenne losange *(antenne d'émission directive formée essentiellement de quatre conducteurs disposés en losange dans le plan horizontal) (une résistance de charge est insérée entre les deux moitiés du losange à une extrémité du grand axe pour que l'antenne ne constitue pas un court-circuit pour la ligne d'alimentation, laquelle est connectée aux deux autres côtés du losange, à l'autre extrémité du grand axe) (cf. aussi* transmitting antenna *et* directional antenna).

rhumbatron *(vient du nom de la danse cubaine « rumba » ou « rhumba » et rappelle le mouvement de balancement du champ électromagnétique dans la cavité)* rhumbatron *(nom donné aux cavités résonnantes toroïdales entourant le corps d'un klystron) (cf. aussi* cavity resonator, klystron *et* resonator grid).

RIAA *cf.* Recording Industry Association of America.

RIAA curve courbe RIAA (*courbe d'enregistrement ou de lecture des disques phonographiques normalisée aux Etats-Unis par la RIAA*) (*il y a donc deux courbes RIAA, l'une appliquée à la gravure des disques, l'autre à leur lecture*) (*cf. aussi* recording curve, equalization curve *et* RIAA).

ribbon cable câble plat (*cf. aussi* flat cable).

ribbon electroacoustic transducer *cf.* ribbon transducer.

ribbon lead ruban (conducteur) (*CP, etc.*) (*cf. aussi* trace[1] 2)).

ribbon loudspeaker haut-parleur à ruban (*haut-parleur électrodynamique dans lequel le conducteur mobile est un ruban métallique ou métallisé mince et large servant en même temps de membrane*) (*le ruban assure à la fois la conversion du courant à basse fréquence en vibrations mécaniques et la conversion de celles-ci en ondes sonores*) (*est l'inverse du microphone à ruban et sert pour la reproduction des sons aigus*) (*cf. aussi* dynamic loudspeaker *et* ribbon microphone).

ribbon microphone microphone à ruban (*microphone électrodynamique dans lequel le conducteur mobile est un ruban métallique ondulé disposé dans l'entrefer d'un aimant*) (*le ruban est mis directement en vibration par les ondes sonores et sert ainsi en même temps de membrane*) (*cf. aussi* moving-conductor microphone *et* riblon loudspeaker).

ribbon transducer transducteur à ruban, transducteur électroacoustique à ruban (*transducteur électroacoustique à conducteur mobile dans lequel celui-ci est un ruban métallique*) (*terme générique couvrant le microphone à ruban et le haut-parleur à ruban*) (*cf. aussi* ribbon microphone, ribbon loudspeaker *et* moving-conductor transducer).

ribbon tweeter haut-parleur d'aigus à ruban (*hifi*) (*cf. aussi* tweeter *et* ribbon loudspeaker).

Richardson-Dushman equation *cf.* Richardson equation.

Richardson effect *cf.* Edison effect.

Richardson equation formule de Richardson (*ou de Richardson et Dushman*), loi (*idem*), loi de l'émission thermoélectronique (*formule donnant l'intensité du courant dans le circuit anodique d'un tube électronique à vide à cathode chaude en fonction du travail de sortie du matériau de la cathode, de l'aire de celle-ci et de sa température*) (*lorsque l'aire de la cathode est posée égale à l'unité, cette formule donne la densité de courant dans le tube*) (*cf. aussi* thermionic emission, hot-cathode vacuum tube, work function *et* current density).

ride a beam *v* s'aligner sur un faisceau, suivre un faisceau (*missile, aéronef*) (*mil, etc.*) (*cf. aussi* beam-rider guidance).

ride gain *v* régler le niveau au vumètre (*régler le niveau d'enregistrement d'un signal sonore sur bande magnétique d'après les indications d'un vumètre équipant l'appareil*) (*cf. aussi* recording level *et* VU meter).

ride-through *s* temps de maintien (*au sens du terme anglais, temps pendant lequel une alimentation à découpage continue d'alimenter sa charge pendant une microcoupure du courant du secteur*) (*est généralement de quelques dizaines de millisecondes au maximum*) (*inf*) (*etc.*) (*cf. aussi* switching power supply, brown-out *et, pour information,* hold-up time 2)).

ridge waveguide guide d'ondes nervuré (*guide d'ondes comportant une nervure intérieure longitudinale ou deux nervures opposées*) (*la ou les nervures créent une capacité uniformément répartie abaissant sensiblement la fréquence de coupure du mode fondamental et augmentant ainsi la largeur de la bande passante du guide*) (*cf. aussi* double-ridged waveguide, waveguide cut-off frequency *et* bandwidth 2)).

ridge-waveguide termination charge pour guide nervuré, charge nervurée (*charge adaptée pour guide d'ondes nervuré*) (*hyper*) (*cf. aussi* matched load (b) *et* ridge waveguide).

ridged horn cornet à nervure (*antenne hyper*) (*cf. aussi* horn antenna *et* ridge waveguide).

ridged waveguide *cf.* ridge waveguide.

RIE *cf.* reactive ion etching.

Rieke chart *cf.* Rieke diagram.

Rieke diagram diagramme de Rieke (*nom donné à l'abaque de Smith lorsqu'il est utilisé pour déterminer la puissance du signal de sortie et la fréquence d'oscillation d'un tube hyperfréquence oscillateur en fonction du coefficient de réflexion de la charge*) (*s'emploie notamment pour le klystron et le magnétron*) (*cf. aussi* Smith chart *et* microwave oscillator tube).

Righi-Leduc effect effet Righi-Leduc (*apparition d'une différence de température entre les deux bords d'une lamelle métallique parcourue par un flux de chaleur et placée dans un champ magnétique perpendiculaire à son plan*) (*effet thermomagnétique superposé à l'effet Nernst et dont l'homologue galvanomagnétique est l'effet Ettingshausen*) (*cf. aussi* thermomagnetic effect *et* galvanomagnetic effect).

right-angle DIP switch *cf.* side-actuated DIP switch.

right channel voie droite (*ensemble des circuits parcourus par le signal droit dans une chaîne stéréophonique*) (*hifi*) (*cf. aussi* right signal).

right-hand … *cf.* right … (*pour les termes qui ne figurent pas ci-après*).

right-hand circular polarization polarisation circulaire droite, polarisation droite (*polarisation circulaire d'une onde électromagnétique dans laquelle le vecteur champ électrique tourne vers la droite, c.-à-d. en sens d'horloge, vu de l'antenne d'émission*) (*cf. aussi* circular polarization).

right-hand circularly polarized … *cf.* right-hand polarized …

right-hand polarization *cf.* right-hand circular polarization.

right-hand polarized aerial *cf.* right-hand polarized antenna.

right-hand polarized antenna antenne à polarisation circulaire droite (*antenne émettant une onde à polarisation circulaire droite*) (*cf. aussi* right-hand circular polarization).

right-hand polarized signal *cf.* right-hand polarized wave.

right-hand polarized wave onde à polarisation circulaire droite, onde polarisée circulairement à droite, onde polarisée à droite (*cf. aussi* right-hand circular polarization).

right-hand rule règle des trois doigts de la main droite (*règle des trois doigts pour une génératrice, c.-à-d. appliquée à un courant induit*) (*moyen mnémotechnique permettant de trouver le sens du courant d'électrons induit dans un conducteur se déplaçant dans un champ magnétique orthogonal*) (*le pouce, l'index et le majeur de la main droite étant orientés à 90[0] l'un par rapport à l'autre, si le pouce représente le sens de déplacement du conducteur et le majeur le sens du champ magnétique, l'index représente le sens du courant d'électrons dans le conducteur*) (*ce sens est celui du courant d'électrons dans les conducteurs de l'induit d'une dynamo où le sens instantané du courant dans les conducteurs de l'induit d'un alternateur ou dans le conducteur mobile d'un microphone électrodynamique*) (*Nota : si, comme on le fait généralement et incorrectement, on considère le sens conventionnel du courant, cette règle prend le nom, alors erroné, de « règle des trois doigts de la main gauche » définie plus haut pour son sens exact ; cet emploi du sens conventionnel du courant est, ici notamment, une source de confusion*) (*induction électromagnétique*) (*cf. aussi* electromagnetic induction, current direction *et* Fleming's rules).

right-hand shift décalage vers la droite (*registre à décalage*) (*inf*) (*cf. aussi* shift register).

right-hand taper loi de variation à pente décroissante, loi à pente décroissante, variation à pente décroissante (*loi de variation de la résistance d'un potentiomètre non linéaire dans lequel la variation de résistance par unité d'angle de rotation de l'axe de commande est plus petite à la fin de la rotation qu'au début de celle-ci, c.-à-d. loi logarithmique inverse ou exponentielle inverse*) (*cf. aussi* non-linear taper).

right-handed … *cf.* right-hand …

right signal signal droit, signal de la voie droite (*signal d'enregistrement stéréophonique représentant principalement les sons émis à droite d'un auditeur placé approximativement dans l'axe de l'orchestre*) (*en d'autres termes, signal fourni par un ou plusieurs microphones situés à droite des sources sonores lors de l'enregistrement ou converti par un ou plusieurs haut-parleurs situés à droite de l'auditeur lors de la reproduction du son, ou signal considéré entre ces deux opérations extrêmes*) (*cf. aussi* stereo sound system).

right stereo channel *cf.* right channel.

rightmost … *cf.* least significant … (*le cas échéant*).

rigid circuit *cf.* rigid printed circuit.

rigid coaxial line ligne coaxiale rigide, ligne rigide (*ligne coaxiale dont le conducteur central est une tige métallique* *cylindrique et le conducteur extérieur est un tube métallique cylindrique, le diélectrique étant généralement l'air ambiant, sauf aux points de centrage du conducteur central) (est utilisée principalement dans les lignes quart d'onde, ainsi que dans des montages et appareils hyperfréquence, et mesure rarement plus de quelques dizaines de centimètres de longueur) (cf. aussi* coaxial line *et* stub).

rigid disc *cf.* rigid disk.

rigid disk disque rigide *(inf) (cf. aussi* hard disk).

rigid guide *cf.* rigid waveguide.

rigid line *cf.* rigid coaxial line.

rigid line connector connecteur pour ligne rigide, prise coaxiale *(idem) (connecteur pour ligne coaxiale rigide) (hyper) (cf. aussi* coaxial connector *et* rigid coaxial line).

rigid printed circuit circuit imprimé rigide *(ou à substrat rigide),* circuit rigide *(circuit imprimé réalisé sur un substrat rigide, cette rigidité n'étant d'ailleurs pas absolue dans le cas général) (clpf) (cf. aussi* printed circuit).

rigid printed wiring *cf.* rigid printed circuit.

rigid waveguide guide d'onde rigide, guide rigide *(clpf) (hyper) (cf. aussi* waveguide).

rim drive entraînement par galet *(entraînement du plateau d'un tourne-disque par l'intermédiaire d'un galet caoutchouté interposé entre la poulie à gradins calée sur l'arbre du moteur et la face intérieure de la jante du plateau) (cf. aussi* turntable drive).

rim magnet aimant de compensation *(tube-image TVC) (cf. aussi* field-neutralizing magnet).

ring[1] *s* 1) anneau *(sens usuel).* 2) coup de sonnerie *(tél).* 3) nuque *(bague métallique isolée d'une fiche de jack à laquelle aboutit un des deux conducteurs du cordon) (cf. aussi* jack plug).

ring[2] *v* 1) appeler *(un abonné) (opératrice de central téléphonique) (cf. aussi* ringing key). 2) avoir des ondulations (en bande passante *ou* dans la bande passante) *(filtre passe-bande) (cf. aussi* ringing 3)).

ring-around réponses parasites multiples *(radar d'identification) (cf. aussi* fruit).

ring cathode cathode annulaire *(cathode de canon à électrons en forme de couronne circulaire) (sert à produire un faisceau d'électrons tubulaire, notamment dans le gyrotron) (cf. aussi* cathode (b), electron gun *et* gyrotron).

ring counter compteur en anneau *(compteur formé de bascules connectées en cascade avec la sortie de la dernière reliée à l'entrée de la première) (chaque impulsion successive appliquée à l'entrée du compteur provoque le basculement d'une bascule successive le long de l'anneau) (cf. aussi* flip-flop).

ring coupler *cf.* ring junction.

ring electron gun canon à électrons annulaire *(canon à électrons à cathode annulaire) (cf. aussi* ring cathode).

ring head tête en C, tête magnétique en C *(tête magnétique utilisant un noyau magnétique en forme d'anneau rond ou carré interrompu par un entrefer radial très étroit) (type classique) (enr. mag) (cf. aussi* magnetic head *et* air gap).

ring hybrid *cf.* hybrid ring.

ring junction jonction en anneau *(nom parfois donné à l'anneau hybride) (hyper) (cf. aussi* hybrid ring).

ring key *cf.* ringing key.

ring-laser gyro gyromètre laser *(cf. aussi* laser gyro).

ring modulator modulateur en anneau *(modulateur d'amplitude utilisant quatre diodes montées en pont dans le même sens et deux transformateurs à point milieu sur l'enroulement connecté aux diodes pour supprimer la porteuse tout en produisant ses bandes latérales modulées) (le qualificatif « en anneau » rappelle la représentation classique d'un montage en pont et la circulation du courant dans celui-ci résultant du montage des quatre diodes dans le même sens) (le signal modulant est appliqué à l'enroulement sans point milieu de l'un des transformateurs, appelé « transformateur d'entrée », et constituant, par conséquent, l'enroulement primaire de celui-ci ; la porteuse non modulée est appliquée entre les deux points milieu des transformateurs, tandis que les bandes latérales modulées sont recueillies aux bornes de l'enroulement sans point milieu du deuxième transformateur, appelé « transformateur de sortie », et constituant, par conséquent,* l'enroulement secondaire de celui-ci) (la suppression de la porteuse résulte de la symétrie du montage créée par l'emploi de transformateurs à point milieu ; en effet, la porteuse non modulée étant appliquée entre ces deux points, les forces électromotrices qu'elle induit dans l'enroulement secondaire du transformateur de sortie sont en opposition de phase et s'annulent donc ; il en est d'ailleurs de même pour les forces électromotrices qu'elle induit dans l'enroulement primaire du transformateur d'entrée, lequel enroulement primaire joue le rôle d'un enroulement secondaire vis-à-vis d'elle) (le modulateur en anneau est utilisé en téléphonie pour la transmission par courants porteurs et dans les émetteurs radioélectriques à suppression de porteuse) (cf. aussi* product modulator, amplitude modulator, bridge, center-tap transformer, electromotive force *et* suppressed-carrier transmission).

ring network réseau en anneau, réseau bouclé *(réseau de télécommunications, notamment de téléinformatique, ou réseau de distribution d'énergie dans lequel les stations sont connectées en différents points d'une voie de transmission ou d'une ligne de transport d'énergie, respectivement, refermée sur elle-même, à la station de distribution dans le second cas) (le premier terme est le plus employé en télécommunications et le second en distribution d'énergie) (cf. aussi* communications network *et* computer communications).

ring oscillator oscillateur en anneau *(montage formé d'un nombre impair de portes inverseuses montées en cascade avec la sortie de la dernière connectée à l'entrée de la première) (sert notamment, sous la forme d'un circuit intégré monolithique, à mesurer des temps de propagation par porte) (cf. aussi* inverter gate *et* gate delay).

ring time temps de perte d'écho *(temps mesuré entre l'instant d'émission d'une impulsion radar dans une boîte à échos et l'instant où l'amplitude de l'écho reçu tombe au-dessous d'une valeur déterminée) (cf. aussi* echo box).

ring wire 1) fil de sonnerie *(fil alimentant une clé d'appel dans un central téléphonique) (cf. aussi* ringing key). 2) fil de nuque *(fil connecté à la nuque d'une fiche de jack) (cf. aussi* ring[1] 3)).

ringer dispositif d'appel *(magnéto ou circuit fournissant le courant de sonnerie dans une liaison téléphonique) (cf. aussi* magneto (b) *et* ringing current).

ringer chip *cf.* dialer chip.

ringing 1) appel par sonnerie *(tél) (cf. aussi* telephone bell). 2) oscillations de dépassement, oscillations *(petites oscillations amorties faisant suite au dépassement au sommet d'une impulsion et constituant la queue de celui-ci) (cf. aussi* damped oscillation *et* overshoot[1]). 3) ondulation en bande passante, ondulation *(petites ondulations de la courbe de réponse en fréquence d'un filtre passe-bande dans la bande passante, c.-à-d. dans la partie de cette courbe correspondant aux fréquences transmises) (cf. aussi* band-pass filter *et* frequency response curve).

ringing-choke converter *cf.* flyback converter.

ringing-choke dc/dc converter *cf.* flyback converter.

ringing current *(parf.* intensité du) courant de sonnerie *(courant alternatif actionnant la sonnerie d'un poste téléphonique ou, parfois, intensité de ce courant) (cf. aussi* telephone bell).

ringing input *cf.* ringing input signal.

ringing input signal signal d'entrée affecté d'oscillations *(ou présentant des oscillations) (étage) (cf. aussi* ringing 2)).

ringing key clé d'appel *(clé téléphonique sur laquelle une opératrice de central téléphonique appuie par à-coups pour appeler un abonné en envoyant des impulsions de courant alternatif dans sa ligne pour actionner sa sonnerie) (cf. aussi* key[1] 1) *et* telephone bell).

ringing time 1) durée d'appel *(tél). (cf. aussi* ringing 1)). 2) temps d'amortissement *(cf. aussi* ringing 2)). 3) *cf.* ring time.

ringing tone tonalité d'appel *(ou de retour d'appel) (tonalité entendue dans l'écouteur d'un poste téléphonique et indiquant au demandeur que la communication a effectivement été établie et que la sonnerie du demandé retentit) (cf. aussi* telephone receiver *et* telephone bell).

ringing transient *cf.* ringing 2).

ringing voltage tension de sonnerie *(tension alternative appliquée aux bornes de la sonnerie d'un poste téléphonique pour y faire circuler le courant de sonnerie) (cf. aussi* ringing current).

ripple ondulation résiduelle, ondulation *(variation périodique de la tension et du courant dans le circuit de sortie d'une alimentation à courant redressé ou d'une dynamo) (est généralement atténuée à l'aide d'un filtre dans le premier cas) (cf. aussi* ripple voltage, ripple current, power supply 2), dynamo *et* smoothing filter).

ripple attenuation atténuation de l'ondulation résiduelle *(atténuation produite par le filtre de lissage d'une alimentation à courant redressé) (cf. aussi* ripple).

ripple counter compteur en cascade *(compteur d'impulsions formé d'échelles de comptage) (type classique) (cf. aussi* pulse counter).

ripple current ondulation du courant, *(parf.)* courant ondulé *(composante alternative d'un courant redressé c.-à-d. variation périodique de l'intensité de celui-ci) (cf. aussi* ripple).

ripple-current capability tenue en courant ondulé *(aptitude d'un condensateur électrolytique pour alimentation à courant redressé à supporter l'ondulation de la tension à ses bornes) (cf. aussi* ripple, electrolytic capacitor *et* capability).

ripple-current handling *cf.* ripple-current capability.

ripple factor taux d'ondulation *(rapport entre la valeur efficace de la tension d'ondulation et la tension moyenne aux bornes de la charge d'une alimentation à courant redressé) (cf. aussi* ripple voltage *et* RMS value).

ripple filter filtre d'alimentation, filtre de sortie (d'alimentation), filtre de lissage *(filtre passe-bas monté à la sortie d'une alimentation à courant redressé pour réduire l'amplitude de l'ondulation résiduelle) (comprend généralement une bobine d'inductance appelée « bobine de lissage » parcourue par le courant débité et dont l'entrée et la sortie sont reliées chacune à la masse par un condensateur électrolytique de capacité relativement grande appelé « condensateur de filtrage », l'ensemble formant une cellule de filtrage) (cf. aussi* low-pass filter, ripple, inductor, electrolytic capacitor, π-network *et* filter section).

ripple filtering filtrage de l'ondulation résiduelle *(alim) (cf. aussi* ripple filter).

ripple frequency fréquence de l'ondulation résiduelle, fréquence d'ondulation *(fréquence de la tension ou du courant d'ondulation) (est égale à la fréquence du courant alternatif redressé dans le cas du redressement à simple alternance et au double de celle-ci dans le cas du redressement à double alternance) (alim) (cf. aussi* ripple, half-wave rectification *et* full-wave rectification).

ripple rating tension d'ondulation admissible *(condensateur électrolytique) (cf. aussi* ripple-current capability *et* ratings).

ripple ratio *cf.* ripple factor.

ripple rejection *cf.* ripple attenuation.

ripple voltage ondulation de la tension, *(parf.)* tension ondulée *(tension alternative de faible amplitude superposée à la tension continue aux bornes de la charge d'une alimentation à courant redressé) (cf. aussi* ripple factor *et* ripple).

RISC *(vient de « reduced-instruction-set computer »)* RISC *(qualificatif appliqué à la structure d'un microprocesseur conçu pour n'utiliser qu'un nombre réduit d'instructions afin d'augmenter la vitesse de traitement) (les instructions sont toutes des instructions simples, ce qui permet l'exécution de la plupart d'entre elles en un seul cycle machine, la moyenne du temps d'exécution n'atteignant pas deux cycles et une instruction de microprocesseur à structure CISC étant remplacée par un certain nombre d'instructions simples dont le temps total d'exécution est beaucoup plus court, en grande partie grâce à la simplification des opérations de décodage qui en résulte) (à fréquence d'horloge égale, un microprocesseur à structure RISC est environ cinq fois plus rapide qu'un microprocesseur à structure CISC ; de plus, la simplicité de sa structure réduit fortement la difficulté de conception, de mise au point, de contrôle et de fabrication et, par conséquent, le prix de revient de ce composant) (est appelé à se généraliser) (inf) (cf. aussi* microprocessor, architecture, instruction, processing speed, instruction execution, machine cycle, CISC, instruction decoding *et* clock frequency).

RISC ... *cf.* RISC et ..., et adapter.

rise rate vitesse de montée *(inverse du temps de montée d'une impulsion) (cf. aussi* rise time).

rise time temps de montée *(pente du front d'une impulsion exprimée comme le temps mis par l'impulsion pour passer de 10 à 90 % de son amplitude) (plus le temps de montée est court, plus la pente du front est raide) (cf. aussi* fall time).

rise-time capability possibilités en temps de montée *(aptitude d'un oscilloscope à reproduire fidèlement la forme d'impulsions à court temps de montée sur son écran) (cf. aussi* rise time *et* capability).

rise-time measurement mesure de temps de montée *(souvent* du temps de montée) *(mesure du temps de montée d'une impulsion, effectuée sur l'écran d'un oscilloscope à l'aide du graticule de l'écran) (cf. aussi* rise time *et* graticule).

rising edge *cf.* leading edge.

rising-sun anode anode à cavités alternées *(magnétron) (a donné naissance à l'anode cloisonnée, plus facile à fabriquer mais nécessitant le jumelage) (cf. aussi* rising-sun magnetron *et* vane-type anode).

rising-sun magnetron magnétron à cavités alternées *(terme que j'ai proposé) (magnétron dans lequel les cavités de l'anode sont en forme de secteur de deux tailles différentes alternées pour assurer naturellement la séparation des modes) (l'emploi d'une telle anode évite donc de recourir au jumelage des cavités) (hyper) (ne pas employer « magnétron soleil levant ») (cf. aussi* magnetron *et* mode separation).

RLC circuit *(vient de « resistance-inductance-capacitance circuit »)* circuit RLC, circuit résistance-inductance-capacité *(circuit comportant une résistance, une inductance et une capacité associées en série ou en parallèle) (ce terme désigne généralement le circuit équivalent d'un circuit LC réel) (cf. aussi* LC circuit, resistance *et* equivalent circuit).

RLG *cf.* ring-laser gyro.

RLL code *cf.* RLL encoding.

RLL coding *cf.* RLL encoding.

RLL encoding codage RLL *(procédé d'enregistrement magnétique dérivé du codage MFM par insertion d'un nombre déterminé de « 0 » entre deux « 1 » successifs avec une réduction de la longueur des points mémoire, l'espacement minimal entre deux inversions de flux successives restant inchangé) (dans le procédé RLL 2, 7, couramment employé, le nombre de « 0 » insérés entre deux « 1 » successifs est au minimum de 2 et au maximum de 7) (permet d'augmenter d'environ 40 % la densité linéique d'enregistrement par rapport au codage MFM) (inf) (cf. aussi* MFM encoding).

RMA *cf.* Radio Manufacturers Association.

RMA color code code des couleurs de la RMA *(ancien nom du code des couleurs de l'EIA) (cf. aussi* EIA color code *et* RMA).

RMI *cf.* radio magnetic indicator.

RMM *(vient de « read-mostly memory »)* mémoire RMM, mémoire à lecture majoritaire *(noms initialement donnés aux premiers types des mémoires appelées par la suite « mémoire REPROM ») (le terme complet, en anglais comme en français, rappelle que la lecture des informations contenues dans la mémoire par l'organe de traitement de l'ordinateur est beaucoup plus fréquente que l'écriture, c.-à-d. la programmation de la mémoire) (cf. aussi* REPROM *et* processor 1)).

RMS *cf.* RMS value.

RMS current intensité efficace, valeur efficace de l'intensité *(d'un courant alternatif) (le second terme est peu employé) (intensité d'un courant continu produisant le même dégagement de chaleur que le courant alternatif considéré, dans les mêmes conditions) (cf. aussi* RMS value 2), direct current, Joule heat *et* alternating current).

RMS detector *cf.* square-law detector.

RMS deviation écart quadratique moyen *(valeur quadratique moyenne de la tension d'erreur dans un régulateur) (asser) (cf. aussi* RMS value 1), error voltage *et* regulator).

RMS electromotive force force électromotrice efficace, fém efficace *(source de courant alternatif) (cf. aussi* electromotive force *et* RMS value 2)).

RMS emf *(ou* EMF) *cf.* RMS electromotive force.

RMS-responding voltmeter *cf.* RMS voltmeter.

RMS response réponse à la valeur efficace *(réponse d'un voltmètre efficace à la tension appliquée à ses bornes, c.-à-d. tension indiquée) (cf. aussi* RMS voltmeter).

RMS sound pressure pression acoustique efficace *(cf. aussi* effective sound pressure).

RMS value *(RMS vient de « root mean square »)* **1)** valeur quadratique moyenne *(nombre égal à la racine carrée de la somme des carrés d'une suite de valeurs d'une grandeur) (ce terme s'applique principalement à une grandeur sinusoïdale et la suite des valeurs considérées est alors la suite des valeurs instantanées de la grandeur dans une période) (voir aussi* 2) *ci-après) (cf. aussi* standard deviation, period *et* sinusoidal quantity). **2)** valeur efficace *(nom donné à la valeur quadratique moyenne d'une grandeur électrique alternative : force électromotrice, tension ou courant) (la valeur efficace* G_{eff} *d'une grandeur électrique est égale au quotient de sa valeur de crête G et de* $\sqrt{2}$*, soit* $G/\sqrt{2}$ *ou, formule plus commode,* $G \times 0,707$*) (sauf mention contraire, la tension ou l'intensité indiquée par un appareil de mesure pour courant alternatif est la valeur efficace de celle-ci ; c'est ainsi que la tension de 220 volts du secteur correspond à une tension de crête de* ± 220 $V/0,707 = \pm 310$ V*) (le qualificatif « efficace » rappelle la définition de l'intensité efficace d'un courant alternatif) (cf. aussi* true RMS value, peak value, RMS current, RMS voltmeter *et* electromotive force).

RMS voltage tension efficace *(valeur efficace d'une tension sinusoïdale) (cf. aussi* RMS value 2) *et* sinusoidal voltage).

RMS voltmeter voltmètre efficace, voltmètre de valeur efficace *(voltmètre pour courant alternatif indiquant la valeur efficace de la tension mesurée) (clpf) (cf. aussi* RMS voltage *et* ac voltmeter).

RMS volts volts efficaces *(nom souvent donné à la valeur numérique d'une tension efficace) (cf. aussi* RMS voltage).

RNAV *cf.* area navigation. *(le R vient du r de « area »)*

RNR *(vient de « receive not ready »)* RNR, pas prêt à recevoir *(caractère parfois émis par une station d'une liaison de transmission de données en réponse à une demande d'émission émanant d'une autre station) (télinf) (cf. aussi* data link).

RO *(vient de « receive only »)* imprimante sans clavier *(téléimprimeur sans clavier utilisé notamment comme imprimante d'ordinateur) (cf. aussi* teleprinter, printer 1) *et* Teletype).

robot robot *(machine capable d'exécuter des travaux normalement confiés à l'homme et pouvant avoir un aspect humain) (dans l'industrie, ce terme désigne généralement une machine capable d'exécuter des travaux d'assemblage, éventuellement en plus d'autres travaux, une machine, même entièrement automatisée, exécutant uniquement des opérations d'usinage étant rarement considérée comme un robot) (un robot est un automate à vocation utilitaire mettant en œuvre un ensemble de systèmes asservis ; un robot moderne est commandé par microprocesseur) (cf. aussi* closed-loop control system *et* microprocessor).

robot vision vision artificielle, *(parf.)* (la) visionique *(vision d'un robot équipé d'un ou plusieurs dispositifs de reconnaissance des formes ou, parfois, technique correspondante) (cf. aussi* robot *et* pattern recognition).

robotic ... *cf.* robot ...

robotics (la) robotique *(technique des robots) (cf. aussi* robot).

Rochelle salt sel de Seignette, sel de Rochelle, sel de la Rochelle *(le premier terme est le plus employé) (corps piézoélectrique constitué par un tartrate double de potassium et de sodium dont les cristaux sont obtenus artificiellement) (cf. aussi* piezoelectric material).

Rochelle-salt crystal cristal de sel de Seignette, *(etc.) (cristal piézoélectrique utilisé notamment dans des microphones et têtes de lecture piézoélectriques) (cf. aussi* Rochelle salt).

rocker **1)** bouton à bascule *(cf. aussi* rocker switch). **2)** *cf.* rocker switch.

rocker action commande par basculement *(cf. aussi* rocker switch).

rocker-actuated switch *cf.* rocker switch.

rocker switch interrupteur à bascule *(interrupteur à rupture brusque commandé par un bouton à bascule) (a remplacé les interrupteurs à levier dans nombre de cas, notamment dans les installations électriques domestiques et sur les tableaux de bord des automobiles) (cf. aussi* quick-break switch).

rocking **1)** basculement *(cf. aussi* rocker switch). **2)** variation alternée *(variation alternée de l'accord d'un récepteur radio superhétérodyne par action sur le bouton de recherche des stations pendant le réglage du correcteur de bas de gamme pour faciliter l'alignement) (cf. aussi* low-frequency padder).

roentgen röntgen *(unité de quantité de rayonnement X ou gamma) (est égale à la quantité de rayons X nécessaire pour libérer une charge électrique égale à l'unité électrostatique, soit* $1/(3 \times 10^9)$ *coulomb, dans 1 cm³, soit 1,293 mg, d'air sec à la pression et la température normales) (cf. aussi* X rays, gamma rays *et* coulomb).

roentgen rays *cf* Roentgen rays.

Roentgen rays rayons de Röntgen *(autre nom, peu employé, des rayons X) (cf. aussi* X rays).

roger compris, *(souvent aussi)* d'accord *(radiotéléphonie)*.

roll *s* défilement vertical de l'image *(défaut d'une image de télévision dû à une mauvaise synchronisation verticale) (cf. aussi* vertical synchronization).

roll-in *s* transfert en mémoire centrale *(transfert dans la mémoire centrale d'un ordinateur de tout ou partie d'un programme contenu dans une mémoire à disque(s)) (multiprogrammation) (inf) (cf. aussi* main memory *et* computer program).

roll off *v* éliminer, atténuer fortement *(des fréquences) (filtre) (cf. aussi* roll-off).

roll-off *s* (la) coupure, *(parf.)* atténuation croissante *(atténuation progressive des fréquences du signal d'entrée d'un filtre dans un intervalle déterminé des valeurs de celles-ci) (cf. aussi* attenuation *et* roll-off band).

roll-off band bande de coupure, bande de transition *(bande de fréquences dans laquelle se produit la coupure d'un filtre réel, c.-à-d. bande correspondant à la, ou une, partie inclinée de la courbe de réponse du filtre) (est d'autant plus étroite que la pente de la courbe est raide) (cf. aussi* roll-off, roll-off rate *et* ideal filter).

roll-off frequency fréquence de coupure *(d'un filtre) (fréquence du signal d'entrée d'un filtre idéal à laquelle se produit la coupure) (un filtre passe-bas ou passe-haut a une fréquence de coupure séparant la bande passante de la bande coupée, tandis qu'un filtre passe-bande ou coupe-bande a deux fréquences de coupure délimitant la bande passante ou la bande coupée, respectivement) (bien que le terme « fréquence de coupure » soit couramment employé pour un filtre réel, celui-ci n'a pas une ou deux fréquences de coupure, mais une ou deux bandes de coupure) (cf. aussi* roll-off band).

roll-off rate raideur de la coupure *(pente de la courbe de réponse d'un filtre dans la bande de coupure) (cf. aussi* roll-off band *et* filter order).

roll-on/roll-off *cf.* repeatability.

roll out *v* lire par passage à zéro *(lire le contenu d'un registre d'ordinateur en ajoutant un binaire « 1 » au contenu de chaque position du registre jusqu'à ce qu'elles contiennent toutes un « 0 », avec émission d'un signal à chaque fois que l'une d'elle passe à zéro) (inf) (cf. aussi* register¹ 1 (a)).

roll-out *v* transfert en mémoire auxiliaire *(retour dans une mémoire à disque d'un ordinateur d'informations transférées dans la mémoire centrale de celui-ci) (inf) (cf. aussi* roll-in).

ROM *(vient de « read-only memory »)* mémoire ROM, mémoire morte, MEM, mémoire fixe, mémoire non effacable, mémoire à lecture seule *(le premier terme est le plus employé) (mémoire à accès direct dont le contenu peut être lu mais non modifié par l'ordinateur dont elle fait partie) (est réalisée sous la forme d'un ou plusieurs circuits intégrés numériques à semiconducteur ou d'une partie d'un tel circuit) (il existe trois grandes catégories de mémoires mortes : les « ROM » proprement dites ou « ROM masquées », lesquelles sont des mémoires mortes programmées une fois pour toutes par masquage au cours de leur fabrication, les PROM ou mémoires mortes programmées une fois pour toutes par l'utilisateur et les REPROM ou mémoires mortes programmées et reprogrammables par l'utilisateur) (inf) (cf. aussi* PROM, REPROM, random-access memory, masking (a), digital integrated circuit *et* semiconductor integrated circuit).

ROM capacity capacité en ROM *(ou en mémoire morte) (le premier terme est le plus employé) (capacité d'une ou* *plusieurs mémoires mortes utilisées dans un ordinateur et notamment de la mémoire morte d'un micro-ordinateur monopuce) (CI) (inf) (cf. aussi* memory capacity, ROM *et* single-chip microcomputer).

ROM cell   cellule de mémoire ROM, *(etc.) (cf. aussi* ROM *et* memory cell).

ROM chip   puce de mémoire ROM, *(etc.)* puce ROM *(puce de circuit intégré sur laquelle est réalisée une mémoire ROM) (cf. aussi* ROM *et* chip 1)).

ROM code   code en ROM, *(etc.)*, code machine *(idem) (code machine contenu dans une mémoire ROM) (inf) (cf. aussi* ROM *et* machine code).

ROM memory   *cf.* ROM. *(de même pour les termes dérivés).*

ROM-resident program   programme enregistré en ROM *(ou dans une ROM), (etc.) (programme d'ordinateur enregistré dans une mémoire morte) (est souvent un microprogramme) (inf) (cf. aussi* ROM, computer program *et* microprogram).

ROM simulator   simulateur de ROM, *(etc.) (appareil utilisant une mémoire RAM pour remplacer une mémore morte pendant la mise au point d'un programme d'ordinateur sur celui-ci) (permet de ne programmer la mémoire morte que lorsque le programme à y introduire est au point, ce qui évite d'avoir à la jeter pour en programmer une autre si une erreur est découverte dans le programme au cours des essais, et ce éventuellement plusieurs fois) (inf) (cf. aussi* ROM, RAM[1] *et* computer program).

ROM storage   mémorisation dans une mémoire ROM, *(etc.) (inf) (cf. aussi* ROM).

ROM storage cell   *cf.* ROM cell.

ROM store   *cf.* ROM.

roof-top antenna   antenne de toit *(antenne réceptrice de radio-diffusion sonore ou visuelle fixée au faîte d'un immeuble) (cf. aussi* receiving antenna).

roof-top dish antenna   *cf.* roof-top parabolic antenna.

roof-top parabolic antenna   antenne parabolique de toit *(antenne parabolique utilisée comme antenne de toit pour la réception directe d'émissions en provenance d'un satellite de radiodiffusion) (cf. aussi* parabolic antenna, roof antenna *et* direct broadcast satellite).

roof-top terminal   terminal de toit *(nom parfois donné à une antenne parabolique de toit équipée ou non d'un préamplificateur) (cf. aussi* roof-top parabolic antenna *et* preamplifier).

root mean square ...   *cf* RMS ...

rooter amplifier   *cf.* gamma corrector.

rope   ficelles *(leurres radar très allongés) (mil) (cf. aussi* chaff).

rosin-core solder   soudure à la résine, soudure à flux incorporé *(fil de soudure à l'étain tubulaire garni de résine) (cf. aussi* rosin flux).

rosin flux   flux à la résine *(pour soudage (ou soudure) à l'étain), flux à souder à la résine (flux pour soudage à l'étain composé principalement de colophane appelée « résine » en l'occurence) (est très utilisé en électronique et en électrotechnique du fait de l'absence de corrosivité de la colophane malgré son action sur les oxydes) (noter par conséquent que, contrairement à ce que l'on voit parfois écrit, le flux à la résine n'est pas un décapant) (cf. aussi* rosin-core solder *et* soldering flux).

rosin joint   connexion à la résine *(connexion soudée à l'étain à une température insuffisante pour vaporiser complètement le flux à souder, celui-ci isolant alors les conducteurs entre eux et provoquant une coupure de circuit permanente ou intermittente) (cf. aussi* soldering flux).

rosin soldering flux   *cf.* rosin flux.

rotary   1) rotatif *a.* 2) *cf.* rotary switch.

rotary air line   ligne à air tournante, ligne coaxiale tournante, ligne tournante *(ligne coaxiale rigide de courte longueur dont l'un des connecteurs peut tourner de 360⁰ autour de l'axe de la ligne pour faciliter son raccordement à d'autres éléments rigides) (cf. aussi* rigid coaxial line).

rotary actuator   actionneur rotatif *(actionneur produisant un mouvement de rotation) (terme générique couvrant le servomoteur et le moteur-couple) (asser) (cf. aussi* servomotor, torque motor *et* actuator).

rotary amplifier   amplificateur tournant, amplificateur magnétique tournant, machine tournante amplificatrice, dynamo amplificatrice *(amplificateur magnétique constitué par une dynamo spéciale dans laquelle une faible variation de l'intensité du courant d'excitation produit une forte variation de l'intensité du courant débité, le signal à amplifier étant appliqué à l'enroulement d'excitation) (est utilisée notamment pour l'alimentation, donc le réglage de la vitesse, de gros moteurs et servomoteurs à courant continu et notamment les servomoteurs des grandes antennes de radar) (est de plus en plus remplacé par l'amplificateur à thyristor) (termes génériques couvrant notamment l'amplidyne et la métadyne) (cf. aussi* amplidyne, metadyne, dynamo *et* SCR amplifier).

rotary converter   commutatrice *(cf. aussi* dynamotor).

rotary coupler   *cf.* rotary joint. *(et noter toutefois que le premier terme est le terme initial.)*

rotary dial   1) cadran rotatif *(disque gradué porté par un bouton de réglage et dont les graduations se déplacent devant un index ou repère fixe) (appareil de mesure, générateur de signaux, etc.).* 2) *cf.* telephone dial.

rotary joint   joint tournant *(composant hyperfréquence inséré dans le guide d'ondes alimentant une antenne de radar classique pour permettre la rotation ou le pivotement de celle-ci) (cf. aussi* rotary coupler, waveguide *et* radar antenna).

rotary knob   bouton rotatif *(bouton de commande actionné en le faisant tourner) (commutateur, inverseur, interrupteur, rhéostat, potentiomètre, condensateur variable, etc.) (clpf) (cf. aussi* sliding knob).

rotary multiposition switch   *cf.* rotary switch 2).

rotary position sensor   capteur de position angulaire *(cf. aussi* angular position sensor).

rotary position transducer   *cf.* rotary position sensor.

rotary pot   *(fam)   cf.* rotary potentiometer.

rotary potentiometer   potentiomètre rotatif *(potentiomètre commandé par un axe muni d'un bouton rotatif ou d'une fente tournevis, c.-à-d. potentiomètre dans lequel le curseur se déplace le long d'un élément résistant circulaire ou hélicoïdal) (clpf) (cf. aussi* potentiometer 1), multiturn potentiometer, rotary knob *et* screwdriver slot).

rotary stepping relay   *cf.* stepping relay.

rotary switch   1) interrupteur rotatif *(interrupteur commandé par un axe muni d'un bouton rotatif) (ce terme désigne souvent l'interrupteur d'un potentiomètre à interrupteur de poste de radio) (cf. aussi* switch[1] 1)). 2) commutateur rotatif, commutateur *(commutateur commandé par un axe muni d'un bouton rotatif) (est généralement un commutateur à galette(s)) (noter que cette acception du terme anglais est beaucoup plus fréquente que la précédente ; cela est dû au fait que la plupart des commutateurs sont du type rotatif, tandis que les interrupteurs le sont rarement) (le terme anglais exact est « rotary multiposition switch » ; étant trop long pour être maniable, il est peu employé) (cf. aussi* multiposition switch *et* wafer switch).

rotary-tuned magnetron   magnétron accordé par disque *(tube hyper) (cf. aussi* spin-tuned magnetron).

rotary-vane attenuator   atténuateur à lame orientable *(atténuateur variable de guide d'ondes formé essentiellement d'une lame isolante à couche résistive orientable autour de l'axe du guide) (hyper) (cf. aussi* variable attenuator *et* waveguide attenuator).

rotary variable differential transformer   transformateur différentiel à rotation *(ou à noyau pivotant) (capteur de déplacement angulaire à signal de sortie analogique fonctionnant selon le même principe que le transformateur différentiel à translation, mais dans lequel le noyau est porté par un bras pivotant et décrit un mouvement de rotation) (cf. aussi* linear variable differential transformer).

rotatable linear polarization   polarisation rectiligne orientable, polarisation orientable *(polarisation rectiligne dont la direction peut être autre que l'horizontale ou la verticale) (antenne, onde) (cf. aussi* linear polarization).

rotatable loop aerial   *(GB)   cf.* rotatable loop antenna.

rotatable loop antenna   cadre orientable *(cadre dont l'orientation dans le plan horizontal peut être fixée à l'aide d'un mécanisme à commande manuelle ou par moteur électrique) (radiogoniomètre, radiocompas) (cf. aussi* loop antenna).

rotating aerial *(GB)* *cf.* rotating antenna.
rotating amplifier *cf.* rotary amplifier.
rotating anode anode tournante *(tube à rayons X)* *(cf. aussi rotating-anode tube).*
rotating-anode tube tube à anode tournante, tube à rayons X *(idem)* *(tube à rayons X dans lequel l'anode est un disque épais en tungstène dont la périphérie tourne devant la cathode pour réduire l'échauffement de la zone frappée par les électrons en la changeant continuellement) (cf. aussi X-ray tube).*
rotating-anode X-ray tube *cf.* rotating-anode tube.
rotating antenna antenne tournante, antenne directive tournante *(antenne directive effectuant normalement des rotations successives de 360° dans le plan horizontal, c.-à-d. antenne de radar panoramique) (cf. aussi directional antenna et PPI-display radar).*
rotating-coil display indicateur à bobine tournante, *(parf.)* présentation par *(idem)* *(indicateur radar à présentation panoramique dans lequel le balayage circulaire de l'écran est produit par la rotation d'une bobine autour du col du tube cathodique en synchronisme avec la rotation de l'antenne) (cf. aussi PPI display).*
rotating directional ... *cf.* rotating ...
rotating electric field champ électrique tournant *(tube hyperfréquence à champs croisés à configuration circulaire, etc.) (cf. aussi electric field et rotating field).*
rotating electric machine *cf.* rotating electrical machine.
rotating electrical machine machine électrique tournante, machine tournante *(machine électrique comportant un rotor, lequel peut faire fonction d'induit ou d'inducteur) (dynamo, alternateur, moteur électrique de type quelconque sauf le moteur linéaire, commutatrice, synchromachine, trigonomètre, etc.) (cf. aussi electrical machine).*
rotating field champ tournant *(champ magnétique ou électrique dont la direction effectue des rotations successives de 360°) (cf. aussi rotating electric field, rotating magnetic field et field direction).*
rotating head tête tournante *(tête magnétique montée, éventuellement avec une ou plusieurs autres, sur un support tournant, généralement à grande vitesse, notamment dans un enregistreur à balayage hélicoïdal) (enr. mag) (cf. aussi magnetic head et helical-scan recorder).*
rotating joint *cf.* rotary joint.
rotating magnetic amplifier *cf.* rotary amplifier.
rotating machine machine tournante *(électrique ou autre) (cf. aussi rotating electrical machine).*
rotating magnetic field champ magnétique tournant *(moteur asynchrone, tube hyperfréquence à champs croisés à configuration circulaire, mémoire à bulles magnétiques, etc.) (cf. aussi magnetic field et rotating field).*
rotating memory mémoire à support tournant *(nom parfois donné à une mémoire à disque (cf. aussi disk memory).*
rotating pattern diagramme de rayonnement tournant, diagramme tournant *(diagramme de rayonnement de l'antenne d'un radiophare tournant) (radionav) (cf. aussi radiation pattern et rotating radio beacon).*
rotating radio beacon radiophare tournant *(radiophare omnidirectionnel émettant un faisceau d'ondes tournant dans le plan horizontal) (la station VOR est un type particulier de radiophare tournant) (radionav) (cf. aussi omnidirectional beacon et VOR).*
rotating target *cf.* rotating anode.
rotating tuner syntoniseur tournant *(magnétron à sauts de fréquence) (cf. aussi spin-tuned magnetron).*
rotator 1) rotor d'antenne *(dispositif à moteur électrique permettant d'orienter à distance une antenne de réception de télévision ou de radiodiffusion en modulation de fréquence dans la direction de meilleure réception).* 2) rotateur de polarisation, rotateur *(noms parfois donnés à un guide d'ondes torsadé hyperfréquence ou à un gyrateur) (hyper) (cf. aussi waveguide twist et microwave gyrator).*
rotodome rotodome, radome lenticulaire *(radome de forme lenticulaire et de grand diamètre monté au-dessus du fuselage d'un avion d'alerte lointaine pour abriter l'antenne tournante du radar de veille de l'appareil) (mil) (cf. aussi radome et AWACS).*

rotodome-mounted aerial *cf.* rotodome-mounted antenna.
rotodome-mounted antenna antenne sous rotodome *(radar) (cf. aussi rotodome).*
rotodome-type ... *cf* rotodome-mounted ...
rotor rotor *(partie tournante d'une machine électrique tournante ou d'un condensateur variable)* (a) *partie d'une machine électrique tournante comprenant la partie tournante du circuit magnétique et le ou les enroulements associés dans le cas d'un rotor bobiné, ou seulement ces enroulements dans le cas d'un rotor sans fer) (le cas du rotor non bobiné est celui du rotor constitué essentiellement par un ou plusieurs aimants permanents, c-à-d. de certains alternateurs, ou du rotor constitué par un disque de cuivre ou d'aluminium, c-à-d. du moteur à disque à courant de Foucault et de la génératrice homopolaire, ou du rotor constitué par un disque denté de fer doux, c-à-d. du moteur à réluctance) (élt) (cf. aussi magnetic circuit, rotor winding, alternator, eddy-current disk, homopolar generator, reluctance motor, printed-circuit motor et rotating electrical machine)*; (b) *cf. aussi variable capacitor).*
rotor coil bobine rotorique, bobine du rotor *(parf. de rotor) (une des bobines — ou, parfois, bobine unique — d'un bobinage rotorique) (entoure un pôle du circuit magnétique du rotor et forme avec ce pôle un électro-aimant lorsque ce bobinage est un bobinage inducteur) (élt) (cf. aussi rotor winding et electromagnet).*
rotor current *(parf.* intensité du) courant rotorique *(ou dans le rotor) (courant circulant dans un bobinage rotorique ou, parfois, intensité de ce courant) (élt) (cf. aussi rotor winding et current).*
rotor field champ rotorique, champ du rotor, champ magnétique *(idem)* *(champ magnétique créé par un bobinage rotorique inducteur excité) (peut être un champ magnétique statique ou alternatif selon la nature du courant d'excitation) (élt) (cf. aussi magnetic field, rotor winding, static field et alternating field).*
rotor lamination tôle du rotor *(parf. de rotor) (une des tôles du circuit magnétique du rotor d'une machine électrique tournante à courant alternatif à rotor à fer, ce cas étant le cas général) (élt) (cf. aussi lamination et rotor (a)).*
rotor magnetic circuit circuit magnétique du rotor *(parf. de rotor) (cf. aussi rotor (a)).*
rotor magnetic field *cf.* rotor field.
rotor plate lame mobile, lame du rotor *(condensateur variable) (cf. aussi variable capacitor).*
rotor slot encoche du rotor *(parf. de rotor) (une des encoches du circuit magnétique du rotor d'une machine électrique tournante à rotor à fer, ce cas étant le cas général) (élt) (cf. aussi slot 2) et rotor (a)).*
rotor winding bobinage rotorique, bobinage du rotor *(parf. de rotor), (parf.)* enroulement rotorique, *(idem)* *(bobinage porté par le rotor d'une machine électrique tournante à rotor bobiné) (élt) (cf. aussi wound rotor et rotor coil).*
rough adjustment réglage grossier, réglage approximatif *(d'une tension, fréquence, résistance, etc.) (cf. aussi adjustment (a)).*
round cermet trimmer potentiomètre ajustable cermet à boîtier cylindrique, potentiomètre ajustable à piste cermet et boîtier cylindrique *(cf. aussi cermet trimmer).*
round robin s séquence périodique *(suite d'opérations ou d'événements revenant périodiquement) (inf, etc.) (cf. aussi round-robin (ci-après).*
round-robin adv à tour de rôle *(interrogation de terminaux d'ordinateur, etc.) (inf, etc.).*
round single-turn cermet trimmer potentiomètre ajustable cermet monotour à boîtier cylindrique, potentiomètre ajustable monotour à piste cermet et boîtier cylindrique *(cf. aussi cermet trimmer et single-turn potentiometer).*
round single-turn trimmer potentiomètre ajustable monotour à boîtier cylindrique *(cf. aussi trimmer potentiometer et single-turn potentiometer).*
round trip aller et retour *(du signal émis par un radar, un sonar, une sonde à ultrasons, un combiné téléphonique, etc.) (cf. aussi echo et round-trip delay).*
round-trip delay temps d'aller et retour, temps de propagation aller et retour *(temps écoulé entre l'émission d'une parole*

et le retour de l'écho du signal réfléchi par l'extrémité de la liaison dans une liaison téléphonique à grande distance par câble ou par satellite de télécommunications) (est dû à la vitesse de propagation finie des signaux, surtout dans une liaison par câble, et peut donner lieu à un écho gênant s'il est supérieur à 1/10 de seconde) (cf. aussi echo suppressor).

round-trip time temps d'aller et retour, *(etc.) (temps écoulé entre l'émission d'un signal donnant lieu à un écho et la réception de celui-ci au point d'émission du signal) (cf. aussi* round trip *et* round-trip delay).

route[1] *s* itinéraire, *(parf.)* tracé *(a) ensemble des points de passage d'une ligne téléphonique ou autre dans une zone géographique) (cf. aussi* routing 4)); *(b) ensemble des liaisons de télécommunications successives assurant la transmission d'un message) (cf. aussi* communications link).

route[2] *v* **1)** acheminer *(un message) (cf. aussi* route[1] (b)). **2)** faire passer, *(parf.)* poser *(un câble téléphonique ou autre, un conducteur, etc.) (cf. aussi* routing 5)). **3)** diriger vers, aiguiller vers *(un signal, une carte perforée, etc.)*.

routine *(terme ambigu désignant normalement un sous-programme d'ordinateur, et plus particulièrement un sous-programme dit « standard », c.-à-d. utilisable dans différents programmes, mais employé fréquemment pour désigner un programme principal) (inf) (cf. aussi* computer program *et* subroutine).

routine maintenance entretien périodique *(appareil, etc.)*.

routing **1)** acheminement *(d'un message) (tls) (cf. aussi* route[1] (b). **2)** aiguillage *(de signaux, etc.) (cf. aussi* route[2] 3)). **3)** passage, *(parf.)* pose *(voir aussi 5) ci-après) (cf. aussi* route[2] 2) **4)** tracé *(d'une ligne téléphonique ou autre sur une carte) (cf. aussi* route[1] (a)). **5)** routage *(détermination de l'emplacement optimal des conducteurs dans un montage) (ce terme désigne généralement le routage des interconnexions sur le substrat d'un circuit intégré monolithique, mais peut également s'appliquer aux rubans d'un circuit intégré hybride ou d'un circuit imprimé) (cf. aussi* interconnection (b), trace[1] 2) *et* placement).

routing digits *(chiffres du)* préfixe *(tél) (cf. aussi* prefix).

routing process **1)** processus d'acheminement *(cf. aussi* routing 1)). **2)** processus de routage *(cf. aussi* routing 5)).

routing time **1)** temps d'acheminement, durée d'acheminement *(cf. aussi* routing 1)). **2)** temps de routage, durée du routage *(cf. aussi* routing 5)).

routing to ... acheminement vers ... *(ou* à destination de ...).

row **1)** rangée *(de touches, boutons, voyants, etc.)*. **2)** ligne *(d'une matrice ou d'une carte perforée) (cf. aussi* matrix *et* punched card). **3)** colonne *(ligne de perforation perpendiculaire à l'axe d'une bande perforée) (cf. aussi* punched tape).

row address adresse de ligne *(rang d'une ligne d'un dispositif matriciel, notamment d'une mémoire matricielle ou d'un afficheur matriciel, ou caractères ou signal représentant ce rang) (cf. aussi* matrix addressing *et* address[1]).

row-address buffer mémoire-tampon d'adresse de ligne, tampon d'adresse de ligne *(mémoire-tampon montée dans la sortie ligne d'une mémoire RAM de rafraîchissement) (CI) (régisseur de tube cathodique) (inf) (cf. aussi* buffer memory *et* refresh memory).

row-address circuit *cf.* row-address decoder.

row-address circuitry *cf.* row-address decoder.

row-address counter compteur d'adresses de lignes *(cf. aussi* row address).

row-address decoder décodeur d'adresses de lignes, *(etc.)* *(inf) (cf. aussi* address decoder *et* row address).

row-address decoding décodage des adresses des lignes *(parf.* de l'adresse de la ligne) *(inf) (cf. aussi* address decoding *et* row address).

row-address decoding ... *cf.* row-address decoder.

row-address logic *cf.* row-address decoder.

row-address selection *cf.* row selection.

row-address strobe impulsion de sélection de ligne *(impulsion opérant la sélection d'une ligne dans une mémoire matricielle et notamment une mémoire RAM) (inf) (cf. aussi* row address *et* strobe[1]).

row and column addressing adressage des lignes et des colonnes *(mémoire, etc.) (cf. aussi* matrix addressing).

row/column addressing *cf.* row and column addressing.

row-decode ... *cf.* row-address decoder.

row decoder *cf.* row-address decoder.

row decoding *cf.* row-address decoding.

row pitch pas des colonnes, pas longitudinal *(distance entre deux colonnes successives d'une bande perforée) (cf. aussi* row 3)).

row selection sélection des colonnes *(parf.* d'une colonne, *parf.* de la colonne) *(mémoire) (cf. aussi* row-address strobe *et* address selection).

row strobe *cf.* row-address strobe.

RR *(vient de « receive ready »)* RR, prêt à recevoir *(caractère de mise en liaison émis par la station réceptrice d'une liaison de transmission de données avant l'émission effective d'un message par la station émettrice) (télinf) (cf. aussi* data link).

RS flip-flop *(RS vient de « set-reset » ; noter l'inversion opérée en passant du terme complet à l'abréviation)* bascule RS *(bascule à deux entrées et deux sorties utilisée comme cellule de mémoire) (est formée de deux circuits NI rétrocouplés, c.-à-d. que la sortie de l'un est reliée à une des deux entrées de l'autre) (l'entrée libre d'un des deux circuits est appelée « R » (« reset ») et celle de l'autre « S » (« set ») ; la sortie du circuit à entrée R est appelée « Q » et celle de l'autre « P » ou « $\overline{Q}$ » ; le signal de sortie considéré est celui de la sortie Q, l'autre étant son complément comme l'indique la barre supérieure du $\overline{Q}$) (quel que soit l'état initial de la sortie, si une impulsion appropriée est appliquée à l'entrée S, la sortie Q passe ou reste à l'état « 1 » et y reste lorsque l'impulsion disparaît, ce qui correspond à la mémorisation d'un binaire « 1 » ; de même, si une impulsion est appliquée à l'entrée R, la sortie Q passe ou reste à l'état « 0 » et y reste, ce qui correspond à la mémorisation d'un binaire « 0 ») (comme il ressort de ce qui précède, en l'absence d'impulsion sur les deux entrées, la sortie Q est dans l'état correspondant à la dernière impulsion reçue) (par contre, la présence éventuelle d'une impulsion sur les deux entrées entraîne une indétermination de l'état de la sortie puisqu'elle doit être simultanément à l'état « 1 » et à l'état « 0 » et reste dans l'un ou l'autre état lorsqu'elles disparaissent simultanément ; ce cas de fonctionneemnt est donc interdit et des précautions doivent être prises pour qu'il ne puisse se produire ; c'est ce qui a conduit à imaginer la bascule JK) (cf. aussi* JK flip-flop, flip-flop, memory cell, NOR circuit, reset[2] 1), set[1] 3), ONE state *et* complement).

RST **1)** *cf.* reset[2] 1). **2)** *cf.* RST flip-flop.

RST flip-flop *(RST vient de « reset-set-toggle »)* bascule RST *(bascule formée d'une bascule RS associée à une bascule T) (lorsque l'entrée de la bascule T est à l'état « 0 », la bascule RST fonctionne comme une bascule RS ; lorsque l'entrée de la bascule T passe à l'état « 1 », la sortie de la bascule RST change d'état, c.-à-d. passe à l'état « 0 » si elle était à l'état « 1 » et vice-versa) (cf. aussi* RS flip-flop *et* T flip-flop).

RTBM *cf.* real-time bit mapping.

RTCA *cf.* Radio Technical Commission for Aeronautics.

RTL *(vient de « resistor-transistor logic »)* (la) logique RTL, (la) logique à résistances et transistors *(le second terme est peu employé) (logique bipolaire ancienne utilisant des résistances pour les entrées et un ou deux transistors montés en inverseurs) (dans la version initiale, les entrées se font sur trois résistances connectées en parallèle à la base d'un transistor) (dans la seconde version, améliorée et très différente de la première, les entrées, réduites à deux, se font sur deux résistances connectées chacune à la base d'un transistor distinct) (est une logique à injection de courant et la première logique intégrée ; a donné naissance à la logique RCTL) (CI) (inf) (cf. aussi* RCTL, bipolar logic, inverter transistor, current-sourcing logic *et* integrated logic).

RTL logic *cf.* RTL.

RTMA *cf.* Radio-Television Manufacturers Association.

RTR *cf.* repeater test rack.

RTS *(vient de « request to send »)* RTS, demande pour émettre *(noms donnés au signal émis par un appareil informatique à destination du modem qui lui est associé en vue d'émettre des informations par l'intermédiaire d'une ligne téléphonique) (trans. données) (cf. aussi* modem *et* CTS).

RTTY *cf.* radioteletype.

rubidium rubidium, Rb *(métal blanc, très mou, très léger (densité 1,52), très oxydable, fondant très facilement (à 39⁰ C), se vaporisant facilement (ébullition à 696⁰ C), à comportement alcalin) (n'est utilisé que dans l'étalon de fréquence à vapeur de rubidium) (cf. aussi alkali metal et rubidium-vapor frequency standard).*

rubidium cell *cf.* rubidium gas cell.

rubidium frequency reference *cf.* rubidium-vapor frequency standard.

rubidium frequency source source de fréquence au rubidium, source au rubidium *(noms donnés à un étalon de fréquence au rubidium considéré en tant que source de fréquence) (cf. aussi rubidium frequency standard et frequency source).*

rubidium frequency standard *cf.* rubidium-vapor frequency standard.

rubidium gas cell cellule à vapeur de rubidium *(étalon au rubidium) (cf. aussi rubidium-vapor frequency standard).*

rubidium magnetometer magnétomètre au rubidium *(cf. aussi optical-pumping magnetometer).*

rubidium resonance cell *cf.* rubidium gas cell.

rubidium source *cf.* rubidium frequency source.

rubidium standard *cf.* rubidium-vapor frequency standard.

rubidium-type ... *cf.* rubidium ...

rubidium-vapor cell *cf.* rubidium gas cell.

rubidium-vapor frequency reference *(ou* **source)** *cf.* rubidium-vapor frequency standard.

rubidium-vapor frequency standard étalon de fréquence à vapeur de rubidium *(ou au rubidium),* étalon au rubidium *(étalon atomique de fréquence dans lequel les atomes utilisés sont des atomes de rubidium vaporisés et la fréquence étalon est fournie par un oscillateur à quartz asservi à la fréquence de résonance de ces atomes) (les atomes de rubidium vaporisé sont mélangés à un gaz inerte contenu dans une enceinte spéciale appelée « cellule à vapeur de rubidium » où ils sont excités par pompage optique) (la nécessité de mélanger la vapeur de rubidium à un gaz a pour résultat que la fréquence de résonance apparente des atomes de rubidium dépend de la pression du gaz et n'est donc pas une véritable constante ; c'est pourquoi l'étalon au rubidium est un étalon secondaire et non un étalon primaire malgré le principe mis en œuvre) (est plus simple, plus robuste, moins coûteux et presque aussi stable que l'étalon de fréquence à jet de césium et, pour toutes ces raisons, beaucoup plus employé, notamment à bord des aéronefs et satellites) (cf. aussi atomic frequency standard, quartz oscillator, optical pumping, secondary standard et primary standard).*

rubidium-vapor reference *cf.* rubidium-vapor frequency standard.

rubidium-vapor source *cf.* rubidium frequency source.

rubidium-vapor standard *cf.* rubidium-vapor frequency standard.

ruby rubis *(cristal d'alumine transparente Al$_2$O$_3$ dans lequel un certain pourcentage d'atomes d'aluminium Al sont remplacés par des atomes de chrome Cr) (est une variété de corindon) (le rubis utilisé en électronique est du rubis synthétique employé comme milieu actif dans un type de maser et de laser).*

ruby laser laser à rubis *(laser à cristal dans lequel celui-ci est un cristal de rubis synthétique cylindrique dont les atomes de chrome constituent le milieu actif effectif) (est le premier laser à cristal réalisé et est encore très employé) (cf. aussi crystalline laser et ruby).*

ruby maser maser à rubis *(maser à solide dans lequel celui-ci est un cristal de rubis synthétique) (est un maser à trois niveaux) (cf. aussi solid-state maser, three-level maser et ruby).*

Rubylith *(marque déposée)* Rubylith *(feuille de Mylar transparent recouverte d'une pellicule de vernis pelable opaque utilisée pour la fabrication d'un masque de gravure) (le dessin du masque est tracé à grande échelle sur une feuille de Rubylith à l'aide d'un coordinatographe ; le vernis est ensuite décollé aux emplacements des éléments à reproduire et la feuille est photographiée à l'aide d'un banc photographique en ramenant les dimensions à l'échelle 1 sur la plaque photographique utilisée, laquelle sert de masque intermédiaire pour la gravure du masque à fabriquer) (cf. aussi mask 2)).*

rugged construction construction robuste *(appareil, etc.).*

ruggedization *cf.* rugged construction.

Ruhmkorff coil bobine de Ruhmkorff *(cf. aussi induction coil 1)).*

rule-based expert system système expert à règles, système à règles *(système expert dans lequel le résultat cherché est obtenu en appliquant une règle, puis en observant le résultat ainsi obtenu, puis en appliquant une nouvelle règle tenant compte de celui-ci, et ainsi de suite) (inf) (cf. aussi expert system).*

rule-based system *cf.* rule-based expert system.

ruled scale échelle graduée *(app. mesure, etc.) (cf. aussi meter scale).*

rumble ronronnement, bruit propre *(tension de bruit à basse fréquence à la sortie de la tête de lecture d'un tourne-disque due aux vibrations du moteur transmises au plateau) (cf. aussi noise 2) (a), phonograph pick-up et turntable).*

run[1] *s* passage en machine, passage *(exécution de tout ou partie d'un programme d'ordinateur sur un tel appareil) (inf) (cf. aussi computer program).*

run[2] *v* exécuter, passer en machine *(cf. aussi run*[1]*).*

run down *v* **1)** se décharger *(accumulateur).* **2)** s'user *(pile électrique).*

run-in *s* début de sillon *(disque) (cf. aussi lead-in groove).*

run-in groove sillon initial *(disque) (cf. aussi lead-in groove).*

run-length-limited ... *cf.* RLL ...

run of cable *(etc.)* *(une (certaine)) longueur de câble, (etc.).*

run time temps d'exécution *(inf) (cf. aussi execution time).*

runaway emballement *(semi) (cf. aussi thermal runaway).*

running rabbits échos parasites mobiles *(échos parasites produits sur l'écran d'un radar panoramique par les signaux d'un autre radar) (cf. aussi PPI-display radar).*

running rate cadence de fonctionnement *(nombre de pas effectués par seconde par le rotor d'un moteur pas-à-pas) (cf. aussi stepper motor).*

running torque couple en marche *(couple exercé par le rotor d'un moteur électrique lorsqu'il tourne) (ce terme s'applique notamment à un moteur pas-à-pas) (cf. aussi torque et stepper-motor torque).*

runout *cf.* mask runout.

runway localizer indicateur d'axe de piste *(avia) (cf. aussi localizer 1)).*

runway localizing beacon *cf.* runway localizer.

rural automatic exchange central automatique rural, central téléphonique *(idem) (cf. aussi rural exchange).*

rural communications *(les) télécommunications rurales (télécommunications assurées dans les zones rurales) (cf. aussi communications).*

rural exchange central rural, central téléphonique rural *(central téléphonique automatique implanté en zone rurale) (cf. aussi automatic telephone exchange).*

rural line ligne rurale, ligne d'abonné rural *(ligne téléphonique reliant un abonné à un central rural) (cf. aussi rural exchange).*

rural network réseau rural, réseau téléphonique rural *(réseau téléphonique formé de lignes rurales et d'un ou plusieurs centraux ruraux) (cf. aussi rural line).*

rural subscriber abonné rural *(abonné au téléphone dont le poste est desservi par une ligne rurale) (cf. aussi rural line).*

rural subscriber line *cf.* rural line.

rural system *cf.* rural network.

rural telephone ... *cf.* rural ...

ruthenium ruthénium *(métal gris, dur, cassant, un peu plus dense que le plomb (densité moyenne : 12,5) et nettement plus réfractaire que le platine (fusion à 2450⁰ C) appartenant au groupe de ce dernier) (est utilisé en électronique sous forme d'alliage avec le platine pour des contacts et sous forme d'oxyde) (cf. aussi ruthenium oxide).*

ruthenium oxide oxyde de ruthénium *(corps isolant utilisé en électronique dans des pâtes résistives) (cf. aussi ruthenium et resistive ink).*

ruthenium-oxide ink pâte à l'oxyde de ruthénium *(pâte résistive contenant de l'oxyde de ruthénium) (CH) (cf. aussi resistive ink et ruthenium).*

RVDT *cf.* rotary variable differential transformer.

RWM *cf.* read/write memory.
RWR *cf.* radar warning receiver.
RWR processor analyseur de détecteur de radars *(calculateur numérique analysant les signaux interceptés par un détecteur de radars) (mil) (cf. aussi* radar warning receiver *et* signal processor).
RWR trainer simulateur de détecteur de radars *(appareil utilisé pour apprendre au pilote d'un aéronef militaire à se*

servir du détecteur de radars de son appareil) (cf. aussi radar warning receiver).
RWS *cf.* radar warning system.
RWV *cf.* rated working voltage.
RX *cf.* receiver.
RZ *cf.* return-to-zero.
RZ code code RZ, code à retour à zéro *(enr. mag) (inf) (cf. aussi* return-to-zero).

S

s *cf.* second.

S **1)** *cf.* siemens. **2)** *cf.* source[1] (b)). **3)** *cf.* secondary winding.

S & R ... *cf.* step-and-repeat ...

S band bande S *(bande des fréquences comprises entre 1 550 et 5 200 MHz, soit 19,3 à 5,77 cm de longueur d'onde) (hyper) (cf. aussi* frequency band).

S-band diode diode en bande S *(diode hyperfréquence conçue pour fonctionner aux fréquences de la bande S) (semi) (cf. aussi* microwave diode *et* S band).

S-band ground-mapping radar radar cartographique en bande S *(cf. aussi* ground-mapping radar *et* S-band radar).

S-band imager (un) imageur en bande S *(nom parfois donné à un radar cartographique fonctionnant en bande S) (cf. aussi* ground mapping radar *et* S-band radar).

S-band imaging cartographie en bande S *(cartographie réalisée par un radar cartographique en bande S) (cf. aussi* ground mapping *et* S-band ground-mapping radar).

S-band imaging radar *cf.* S-band ground-mapping radar.

S-band radar radar en bande S *(radar émettant une porteuse dont la fréquence est comprise dans la bande S) (cf. aussi* radar, carrier 1) *et* S-band).

s-domain domaine fréquentiel *(filtre, etc.) (cf. aussi* frequency domain).

S/H *cf.* sample-and-hold circuit.

S-meter *(vient de « signal-strength meter »)* S-mètre, indicateur de force de réception *(milliampèremètre monté à la sortie du détecteur ou de la commande automatique de volume d'un récepteur de trafic pour indiquer la « force de réception » du signal capté, c.-à-d. l'amplitude de la porteuse de celui-ci, en unités S ou en décibels) (radiocom) (cf. aussi* communications receiver, carrier 1) S unit *et* decibel).

S/N ratio *cf.* signal-to-noise ratio.

S parameters *(le S vient de « scattering »)* paramètres S *(ensemble des deux coefficients de réflexion et des deux coefficients de transmission représentant le rapport entre l'amplitude de l'onde réfléchie et l'amplitude de l'onde transmise aux deux accès d'un quadripôle utilisant un transistor aux fréquences très élevées) (ampli, oscillateur) (hyper) (cf. aussi* reflection coefficient, transmission coefficient *et* quadripole).

S unit unité S, unité de force de réception *(unité arbitraire généralement employée pour graduer l'échelle d'un S-mètre et souvent complétée par une graduation en décibels au-dessous de l'échelle, dans la deuxième moitié de celle-ci) (cf. aussi* S-meter).

S-unit meter *cf.* S-meter.

S/W *cf.* software.

S wire *cf.* sleeve wire.

sabin sabin *(unité d'absorption acoustique d'une surface employée dans les pays anglo-saxons) (est égale à l'absorption d'une surface d'un pied carré, soit 0,093 m², à coefficient d'absorption unitaire, c.-à-d. absorbant la totalité de l'énergie*

sonore reçue) *(acoustique architecturale : salle de concert, etc.) (cf. aussi* sound absorption).

Sabine coefficient coefficient d'absorption de Sabine, coefficient de Sabine *(coefficient d'absorption d'une paroi déduit de la différence entre le temps de réverbération mesuré dans une chambre de réverbération nue et le temps mesuré dans la même chambre partiellement couverte du matériau essayé) (acou) (cf. aussi* absorption coefficient *et* reverberation chamber).

safe operating area aire de sécurité *(zone du diagramme courant-tension d'un transistor bipolaire de puissance dans laquelle le point de fonctionnement du transistor doit rester en permanence pour éviter la destruction de celui-ci par emballement thermique) (est située à gauche et au-dessous de la ligne brisée représentant l'intensité du courant de collecteur du transistor en fonction de la tension collecteur-émetteur) (l'aire de sécurité est plus grande en régime d'impulsions qu'en régime permanent et plus grande en régime de commutation qu'en régime d'impulsions, la puissance moyenne dissipée par le transistor sous forme de chaleur allant en diminuant dans cet ordre) (ampli, découpeur) (semi) (cf. aussi* power bipolar transistor, operating point *et* thermal runaway).

safe store *v* transférer en mémoire *(transférer le contenu d'un registre d'un ordinateur dans la mémoire centrale de celui-ci) (inf) (cf. aussi* register[1] 1) (a) *et* main memory).

sag pente du plateau *(impulsion) (cf. aussi* droop).

Saint Elmo's fire feu de Saint Elme *(nom donné par les marins d'autrefois à la décharge en couronne apparaissant parfois au sommet des mâts en bois des navires par temps orageux) (ce phénomène est dû aux charges électriques recueillies par la pointe du mât et ne pouvant s'écouler dans l'eau ; il est rare sur les navires métalliques) (cf. aussi* corona discharge).

salient pole pôle saillant *(protubérance du circuit magnétique du stator ou du rotor d'une machine électrique tournante portant un ou plusieurs enroulements et constituant un pôle magnétique) (le stator comporte un nombre pair de pôles au moins égal à deux et le rotor généralement un nombre impair) (cf. aussi* magnetic circuit, magnetic pole (a) *et* rotating electrical machine).

salient-pole rotor rotor à pôles saillants *(cf. aussi* rotor (a) *et* salient pole).

salient-pole stator stator à pôles saillants *(cf. aussi* stator (a) *et* salient pole).

samarium-cobalt magnet aimant au samarium-cobalt *(aimant permanent artificiel à grande susceptibilité magnétique et grand champ coercitif) (l'alliage samarium-cobalt permettant de fabriquer des aimants puissants sous un petit volume, il est de plus en plus employé malgré son prix pour les aimants dont l'encombrement ou le poids risque d'être excessif et notamment l'aimant des magnétrons) (cf. aussi* artificial permanent magnet, magnetic susceptibility *et* coercive force).

sample¹ *s* échantillon (a) *en électronique, ce terme désigne souvent une valeur discrète d'une grandeur variable considérée à un instant déterminé* (*cf. aussi* sampling (a)) ; (b) *sens statistique de ce terme* (*cf. aussi* sample size).

sample² *v* échantillonner (*prélever des échantillons, notamment d'un signal analogique*) (*cf. aussi* sample¹).

sample-and-hold 1) *cf.* sample-and-hold circuit. 2) *cf.* sampling.

sample-and-hold amplifier *cf.* sample-and-hold circuit.

sample-and-hold capacitor *cf.* hold capacitor.

sample-and-hold circuit (circuit) échantillonneur (*ou* d'échantillonnage), montage (*idem*) (*montage fournissant des échantillons successifs d'une tension variable*) (*comprend essentiellement un transistor de commutation formant interrupteur dont le courant de sortie charge un condensateur à très faibles pertes monté à l'entrée d'un étage à très haute impédance d'entrée*) (*lorsque l'interrupteur est fermé, c.-à-d. lorsque le transistor est conducteur, le courant produit dans celui-ci par la tension à échantillonner charge le condensateur jusqu'à une valeur proportionnelle à la valeur de la tension à cet instant, la durée de fermeture étant très courte*) (*la charge électrique contenue dans le condensateur lorsque l'interrupteur s'ouvre, c.-à-d. lorsque le transistor redevient non conducteur, constitue l'échantillon de tension prélevé*) (*l'étage qui suit le condensateur ayant une très grande impédance d'entrée, il ne le court-circuite pas et le condensateur étant à très faibles pertes, il garde sa charge pendant un temps suffisant pour qu'elle puisse être utilisée par les circuits aval après l'ouverture de l'interrupteur*) (*l'étage monté après le condensateur est normalement un amplificateur opérationnel*) (*ce montage est utilisé notamment dans le numériseur et dans l'oscilloscope à échantillonnage*) (*cf. aussi* sample¹, switching transistor, input impedance, sample mode *et* hold mode).

sample-and-hold cycle *cf.* sampling cycle.

sample-and-hold period *cf.* sampling period.

sample device composant échantillon (*CI, etc.*).

sample-hold (**amplifier** *ou* **circuit**) *cf.* sample-and-hold circuit.

sample mode mode d'échantillonnage, mode de prélèvement (*mode de fonctionnement d'un échantillonneur pendant la phase de prélèvement de l'échantillon, c.-à-d. pendant que le transistor est conducteur*) (*cf. aussi* sample-and-hold circuit).

sample pulse *cf.* sampling pulse.

sample rate *cf.* sampling rate.

sample size effectif de l'échantillon (*nombre d'éléments composant un échantillon au sens collectif du terme tel qu'il est employé en statistique*) (*en électronique, ce terme s'emploie notamment dans le domaine du contrôle de fabrication et des essais d'endurance et de fiabilité ; on dira, par exemple, que le taux de défaillance d'un type de circuit intégré numérique a été déterminé sur un échantillon de 20 circuits prélevés dans un lot de 1 000*) (*cf. aussi* life test, reliability test *et* failure rate).

sample time *cf.* sampling time.

sample-to-hold offset error erreur transmode, erreur entre les deux modes, erreur de tension (*idem*) (*différence entre la tension aux bornes du condensateur de maintien d'un échantillonneur lorsque l'interrupteur commence à s'ouvrir et la valeur de cette tension lorsqu'elle est stabilisée*) (*cette différence est positive du fait de la charge transférée au condensateur par le transistor lors du passage de celui-ci à l'état bloqué*) (*cf. aussi* sample mode *et* hold mode).

sampled analog filtering *cf.* sampled-data analog filtering.

sampled analog signal *cf.* sampled signal.

sampled data *cf.* sampled signal.

sampled-data analog filter *cf.* sampled-data filter.

sampled-data analog filtering *cf.* sampled-data filtering.

sampled-data circuit circuit à signal échantillonné (*circuit parcouru par un signal échantillonné*) (*cf. aussi* sampled signal).

sampled-data filter filtre pour signaux échantillonnés.

sampled-data filtering filtrage de signaux échantillonnés.

sampled-data system *cf.* sampling control system.

sampled signal signal échantillonné, signal analogique échantillonné (*signal analogique représenté par des échantillons de tension*) (*cf. aussi* sampling (a)).

sampled sine wave signal sinusoïdal échantillonné (*oscilloscope ou voltmètre à échantillonnage*) (*cf. aussi* sine wave *et* sampled signal).

sampled value valeur échantillonnée, (*parf.*) échantillon (*valeur de l'amplitude d'un signal à un instant d'échantillonnage de celui-ci*) (*cf. aussi* sampling (a)).

sampling échantillonnage (a) *conversion d'une tension continûment variable en une suite de tensions discrètes par prélèvement périodique de cette tension et charge d'un condensateur à l'aide de l'échantillon prélevé*) (*lorsque la tension variable est quelconque, l'échantillonnage est opéré en vue de la numérisation du signal analogique qu'elle constitue*) (*cf. aussi* analog-to-digital conversion) (*lorsque la tension variable est une tension périodique, l'échantillonnage est opéré pour permettre la présentation du signal qu'elle constitue sur l'écran d'un oscilloscope ou sa mesure à l'aide d'un voltmètre analogique*) (*cf. aussi* sampling oscilloscope *et* sampling voltmeter) ; (b) *prélèvement d'échantillons dans une population d'objets au sens statistique du terme*) (*essais de composants, etc.*) (*cf. aussi* sample size).

sampling amplifier amplificateur à échantillonnage (*amplificateur associé à un échantillonneur dont il amplifie les signaux de sortie*) (*oscilloscope, etc.*) (*cf. aussi* sample-and-hold circuit *et* sampling vertical amplifier).

sampling circuit *cf.* sample-and-hold circuit.

sampling control system système asservi échantillonné (*système asservi utilisant des signaux discrets*) (*terme et définition génériques couvrant à l'origine les systèmes asservis associés à un radar à impulsions, notamment les systèmes de conduite de tir et les systèmes de guidage ou autoguidage utilisant un tel radar, et plus récemment, les systèmes asservis numériques*) (*cf. aussi* closed-loop control system, discrete signal, digital control system, pulse radar, fire-control system *et* guidance system).

sampling cycle cycle d'échantillonnage (*cycle de prélèvement d'un échantillon dans un échantillonneur, c.-à-d. fermeture de l'interrupteur, charge de condensateur et ouverture de l'interrupteur*) (*cf. aussi* sample-and-hold circuit).

sampling delayed-sweep time base base de temps pour balayage retardé avec échantillonnage (*oscilloscope à échantillonnage*) (*cf. aussi* time base (b), delayed sweep *et* sampling oscilloscope).

sampling frequency *cf.* sampling rate.

sampling gate porte d'échantillonnage (*nom parfois donné à l'interrupteur d'un échantillonneur, notamment lorsqu'il s'agit de l'échantillonneur d'un oscilloscope à échantillonnage*) (*cf. aussi* sample-and-hold circuit *et* sampling oscilloscope).

sampling interval période d'échantillonnage (*durée d'un cycle d'échantillonnage*) (*cf. aussi* sampling cycle *et* period).

sampling method méthode d'échantillonnage (*méthode de représentation d'un signal par des valeurs échantillonnées*) (*cf. aussi* sampling (a)).

sampling mode mode d'échantillonnage (*mode de fonctionnement normal d'un oscilloscope à échantillonnage*) (*cf. aussi* sampling oscilloscope).

sampling oscilloscope oscilloscope à échantillonnage (*oscilloscope à très large bande passante pour signaux périodiques dans lequel la largeur de la bande passante est obtenue par prélèvement d'un échantillon sur des cycles successifs du signal en des points successifs du cycle*) (*le principe utilisé est celui de la stroboscopie, chaque point successif d'un cycle visualisé sur l'écran étant pris sur un cycle successif du signal ; l'échantillonnage porte donc sur autant de cycles que le nombre d'échantillons utilisés pour reproduire l'un d'eux*) (*par sa nature même, ce type d'oscilloscope ne peut visualiser que des signaux périodiques et stables et ne peut reproduire un signal non récurrent tel qu'une impulsion isolée*) (*cf. aussi* wideband oscilloscope, sampling (a) *et* cycle).

sampling period *cf.* sampling interval.

sampling process processus d'échantillonnage (*cf. aussi* sampling).

sampling pulse impulsion d'échantillonnage (*impulsion commandant l'ouverture d'une porte d'échantillonnage, c.-à-d. la fermeture de l'interrupteur*) (*cf. aussi* sampling gate).

sampling rate cadence d'échantillonnage, fréquence (*idem*) *(nombre d'échantillons prélevés par unité de temps par un échantillonneur) (l'unité de temps employée est généralement la seconde) (cf. aussi sampling (a)).*

sampling scope *cf.* sampling oscilloscope.

sampling spectrum analyzer analyseur de spectres à échantillonnage *(nom parfois donné à un analyseur de spectres numérique) (cf. aussi digital spectrum analyzer).*

sampling sweep balayage avec échantillonnage *(balayage d'un oscilloscope à échantillonnage fonctionnant en mode d'échantillonnage) (cf. aussi oscilloscope sweep et sampling mode).*

sampling switch **1)** commutateur cyclique *(cf. aussi* scanner 2)).* **2)** interrupteur d'échantillonnage, interrupteur *(noms souvent donnés au transistor d'un échantillonneur) (cf. aussi sample-and-hold circuit).*

sampling technique *cf.* sampling method.

sampling theorem théorème de Shannon *(ou d'échantillonnage) (théorème de la théorie de l'information selon lequel la cadence minimale d'échantillonnage d'un signal analogique à numériser permettant une reproduction correcte du signal initial lors de la dénumérisation est égale à deux fois la fréquence la plus élevée de celui-ci) (cf. aussi* undersampling, oversampling, sampling rate, analog-to-digital conversion, digital-to-analog conversion *et* information theory*).*

sampling theory théorie de l'échantillonnage *(théorie de la cadence d'échantillonnage minimale nécessaire d'un signal) (est résumée par le théorème de Shannon) (cf. aussi* sampling theorem*).*

sampling time **1)** temps d'échantillonnage, durée d'échantillonnage *(durée de prélèvement d'un échantillon) (échantillonneur) (cf. aussi* sampling (a)).* **2)** instant d'échantillonnage *(instant auquel commence un cycle d'échantillonnage) (échantillonneur) (cf. aussi* sampling cycle*).*

sampling time base base de temps à échantillonnage *(base de temps utilisée pour le balayage avec échantillonnage dans un oscilloscope à échantillonnage) (cf. aussi* time base (b) *et* sampling sweep*).*

sampling time-base plug-in tiroir de base de temps à échantillonnage *(tiroir d'oscilloscope à échantillonnage fournissant la base de temps à échantillonnage) (cf. aussi* oscilloscope plug-in *et* sampling time base*).*

sampling vertical amplifier amplificateur vertical à échantillonnage *(amplificateur à échantillonnage utilisé comme amplificateur vertical d'un oscilloscope à échantillonnage) (cf. aussi* sampling amplifier, vertical amplifier *et* sampling oscilloscope*).*

sampling voltmeter voltmètre à échantillonnage *(voltmètre haute fréquence dans lequel la tension à mesurer est échantillonnée comme le signal appliqué à un oscilloscope à échantillonnage pour abaisser sa fréquence apparente et permettre ainsi la mesure de tensions à fréquence très élevées) (cf. aussi* RF voltmeter *et* sampling oscilloscope*).*

sanctuary aircraft aéronef en zone sûre *(aéronef militaire volant en zone sûre tout en illuminant la cible d'un missile air-sol ou air-surface à l'aide d'un émetteur de radar bistatique ou d'un marqueur laser ou en brouillant un émetteur de l'adversaire) (est souvent un avion, mais peut être un hélicoptère) (cf. aussi* sanctuary area, bistatic radar *et* laser designator*).*

sanctuary area zone sûre *(au sens du terme anglais, zone de l'espace aérien située suffisamment loin d'un théâtre d'opérations militaires pour qu'un aéronef chargé d'une mission d'illumination de cible ou de brouillage puisse y opérer avec une sécurité relative) (mil) (cf. aussi* sanctuary aircraft *et* sanctuary jammer*).*

sanctuary jammer brouilleur en zone sûre *(brouilleur à longue portée utilisé par un aéronef en zone sûre) (mil) (cf. aussi* stand-off jammer *et* sanctuary area*).*

sapphire saphir *(variété de corindon naturel ou artificiel de couleur bleue employée en électroacoustique pour des pointes de lecture de tourne-disque et en électronique pour des substrats de circuits intégrés monolithiques) (cf. aussi* sapphire stylus *et* sapphire substrate*).*

sapphire stylus pointe de lecture en saphir, pointe en saphir *(pointe de lecture de tourne-disque courant) (est nettement*

moins coûteuse qu'une pointe en diamant, mais s'use beaucoup plus vite du fait de sa dureté sensiblement moins grande) (cf. aussi stylus 1) et sapphire).*

sapphire substrate substrat en sapphire *(CI) (cf. aussi SOS CMOS integrated circuit, sapphire et spinel).*

SAR *cf.* synthetic-aperture radar.

SAR image image de radar à ouverture dynamique, *(etc.) (image obtenue à l'aide d'un radar à ouverture dynamique) (avia. mil, espace) (cf. aussi SAR).*

SAR imager *cf.* SAR.

SAR imagery images ... *(voir aussi SAR image) (cf. aussi)* imagery.

SAR imaging *cf.* SAR mapping.

SAR mapping cartographie par radar à ouverture dynamique, *(etc.),* cartographie radar dynamique, cartographie dynamique *(cartographie utilisant un radar à ouverture dynamique) (avia. mil, espace) (cf. aussi SAR).*

SAR picture *cf.* SAR image *(cf. aussi* picture*).*

SAR radar *cf.* SAR.

SAR sensing *cf.* SAR imaging.

SAR sensor *cf.* SAR *(cf. aussi* sensor*).*

SAR technology (la) technique du radar à ouverture dynamique, *(etc.),* technique de l'ouverture dynamique *(avia mil, espace) (cf. aussi SAR et* technology*).*

sat comm *cf.* satellite communications.

satcom *cf.* satellite communications.

satcom system *cf.* satellite communications network.

satellite *s* **1)** satellite *s (sens usuels) (cf. aussi* communications satellite *et* satellite computer*).* **2)** station réémettrice *(type de réémetteur de télévision constituant une véritable station de télévision secondaire, notamment aux Etats-Unis) (cf. aussi* translator 2)).*

satellite broadcast émission d'un satellite *(ou en provenance d'un satellite), (parf.)* programme *(idem) (radiodif) (cf. aussi* satellite broadcasting*).*

satellite broadcast service service de radiodiffusion par satellite(s) *(service assuré par un exploitant de satellites de radiodiffusion à un exploitant de station de télévision) (cf. aussi* satellite operator *et* broadcaster*).*

satellite broadcast terminal terminal de radiodiffusion par satellite *(nom parfois donné à un récepteur de télévision utilisé en liaison avec un satellite de radiodiffusion) (cf. aussi* satellite broadcasting*).*

satellite broadcaster exploitant de satellites de radiodiffusion *(société ou organisme exploitant un ou plusieurs satellites de radiodiffusion) (cf. aussi* satellite broadcasting*).*

satellite broadcasting radiodiffusion par satellite(s), radiodiffusion spatiale *(émission de programmes de radiodiffusion visuelle ou sonore par un émetteur situé sur la Terre et muni d'une antenne très directive orientée vers un satellite de télécommunications servant de réémetteur couvrant une zone relativement étendue au sol) (cf. aussi* broadcasting *et* communications satellite*).*

satellite broadcasting ... *cf.* satellite broadcast ...

satellite call communication par satellite(s), communication téléphonique par satellite(s) *(communication téléphonique empruntant une liaison par satellite(s)) (cf. aussi* telephone call 1) *et* satellite telephone link*).*

satellite carrier société de télécommunications par satellites, *(parf.)* exploitant de satellites de télécommunications *(cf. aussi* communications common carrier*).*

satellite channel **1)** voie de satellite *(voie téléphonique ou télégraphique d'un faisceau hertzien relayé par un satellite de télécommunications) (cf. aussi* telephone channel *et* communications satellite*).* **2)** canal de satellite *(canal de télévision réémis par un satellite de radiodiffusion) (cf. aussi* television channel *et* broadcast satellite*).*

satellite circuit *cf.* satellite channel 1).

satellite communications télécommunications par satellites *(radiocommunications à grande ou très grande distance utilisant un ou plusieurs satellites artificiels de la Terre servant de relais) (cf. aussi* radio communications *et* satellite relay*).*

satellite communications earth station station terrienne de télécommunications par satellites *(station au sol ou sur navire) (cf. aussi* satellite communications ground station *et* satellite communications*).*

satellite communications equipment matériel de télécommunications par satellites *(postes émetteurs et récepteurs, antennes, calculateurs, accessoires et composants conçus pour être montés dans un satellite de télécommunications ou dans une station terrienne de télécommunications par satellites).*

satellite communications ground station station terrestre de télécommunications par satellites, station au sol *(idem) (clpf) (cf. aussi* satellite communications earth station).

satellite communications jamming brouillage des télécommunications par satellites *(mil) (cf. aussi* communications jamming *et* satellite communications).

satellite communications link liaison de télécommunications par satellite(s), liaison par satellite(s) *(cf. aussi* satellite communications).

satellite communications network réseau de télécommunications par satellites *(réseau de télécommunications à grande distance utilisant un ou plusieurs satellites de télécommunications) (cf. aussi* communications network *et* communications satellite).

satellite communications service service de télécommunications par satellites.

satellite communications station station de télécommunications par satellites *(station émettrice ou réceptrice ou les deux, au sol ou sur navire).*

satellite communications system système de télécommunications par satellite *(cf. aussi* communications system *et* satellite communications).

satellite communications terminal terminal de télécommunications par satellite *(récepteur de traffic utilisé dans une liaison de télécommunications par satellite(s)) (cf. aussi* communications receiver *et* satellite communications link).

satellite computer ordinateur satellite *(télinf) (cf. aussi* remote computer).

satellite digital communications télécommunications numériques par satellite *(cf. aussi* digital communications *et* satellite communications).

satellite earth station station terrienne de satellite, station terrienne *(station de satellite située sur la Terre) (est généralement une station fixe au sol, mais peut également être une station montée dans un véhicule routier, un navire ou un aéronef) (cf. aussi* satellite station).

satellite exchange central auxiliaire, central téléphonique auxiliaire *(central téléphonique automatique dépendant d'un central automatique plus important) (tls) (cf. aussi* automatic telephone exchange).

satellite ground station station au sol de satellite, station au sol *(station de satellite située à terre) (clpf) (cf. aussi* satellite station).

satellite ground terminal terminal de satellite au sol *(terminal de satellite situé à terre) (clpf) (cf. aussi* satellite terminal).

satellite hardening *cf.* satellite radiation hardening.

satellite hardening technology (la) technique du renforcement aux radiations des satellites *(ou* du renforcement des satellites) *(mil) (cf. aussi* radiation hardening *et* technology).

satellite link *cf.* satellite communications link.

satellite link equipment *cf.* satellite communications equipment.

satellite link operation 1) fonctionnement d'une liaison par satellite(s) *(ou* d'une liaison de télécommunications par satellite(s)).* 2) exploitation ... *(idem 1) ci-dessus).*

satellite link operator exploitant d'une liaison par satellite(s), exploitant d'une liaison de télécommunications par satellite (s) *(cf. aussi* satellite operator).

satellite microwave link faisceau hertzien relayé par satellite (s) *(radiocom) (cf. aussi* satellite communications).

satellite microwave radio link *cf.* satellite microwave link.

satellite navigation navigation par satellites *(radionavigation à l'aide de signaux émis par un ou plusieurs satellites de navigation) (mar, avia) (cf. aussi* navigation satellite).

satellite navigation system système de navigation par satellites, système par satellites *(procédé de navigation par satellites ou matériel utilisé pour le mettre en œuvre) (cf. aussi* satellite navigation).

satellite network réseau de satellites *(ensemble de satellites de télécommunications, de navigation, de télédétection ou de* reconnaissance utilisés conjointement) *(cf. aussi* satellite communications network, navigation satellite *et* remote-sensing satellite).

satellite operation 1) fonctionnement d'un satellite *(souvent du ...) (de télécommunications ou autre).* 2) exploitation de satellites *(cf. aussi* satellite operator).

satellite operator exploitant de satellites *(société ou organisme exploitant un ou plusieurs satellites de télécommunications ou de radiodiffusion).*

satellite optical link liaison optique de satellite *(liaison de télécommunications par faisceau laser entre un satellite artificiel de la Terre et le sol ou entre deux satellites) (cf. aussi* laser communications link).

satellite radar radar de satellite *(radar cartographique monté dans un satellite de reconnaissance ou de télédétection) (est généralement un radar à ouverture dynamique) (mil, espace) (cf. aussi* ground-mapping radar, remote sensing satellite *et* synthetic aperture radar).

satellite radiation hardening renforcement des satellites aux radiations, renforcement des satellites *(renforcement aux radiations du matériel électronique ou autre monté dans les satellites militaires) (cf. aussi* radiation hardening).

satellite radio relay *cf.* satellite relay.

satellite relay relais sur satellite, *(parf.)* satellite-relais *(relais de transmission de signaux radio constitué par un satellite de télécommunications) (est presque toujours un relais hertzien et, par conséquent, le satellite un satellite actif) (espace) (cf. aussi* communications satellite *et* radio relay).

satellite relaying relayage par satellite *(signaux radio) (cf. aussi* satellite relay).

satellite repeater répéteur de satellite *(répéteur de faisceau hertzien monté dans un satellite de télécommunications) (espace) (cf. aussi* radio repeater *et* communications satellite).

satellite sensing télédétection (par satellite) *(cf. aussi* remote sensing).

satellite sensor capteur de satellite, capteur monté dans un satellite *(chambre photographique, caméra cinématographique, détecteur infrarouge ou autre, chercheur d'étoile ou autre, caméra de télévision infrarouge ou en visible, radiomètre, spectromètre, radar cartographique, ou autre capteur monté dans un satellite artificiel de la Terre ou d'une autre planète) (cf. aussi* sensor *et* remote sensing).

satellite service service par satellite(s) *(tls, etc.) (cf. aussi* terrestrial service).

satellite signal signal émis par un satellite, signal en provenance d'un satellite, signal d'un satellite *(radio, radar, laser) (cf. aussi* satellite service).

satellite signal reception réception de signaux émis par un satellite, *(etc.) (cf. aussi* satellite signal).

satellite signal transmission émission de signaux par un satellite *(tls, etc.) (cf. aussi* satellite service).

satellite station station de satellite *(station de radiocommunications, de radiodiffusion ou de radionavigation fonctionnant en liaison avec un satellite artificiel de la Terre ou constituée par celui-ci) (cf. aussi* satellite earth station, satellite ground station *et* station 1)).

satellite telephone call *cf.* satellite call.

satellite telephone communications liaisons téléphoniques par satellite(s) *(cf. aussi* satellite telephone link).

satellite telephone link liaison téléphonique par satellite *(liaison téléphonique dont un tronçon plus ou moins long utilise un satellite-relais) (tls) (cf. aussi* satellite relay).

satellite television (la) télévision par satellite *(cf. aussi* television *et* satellite broadcasting).

satellite television broadcast émission de télévision par satellite.

satellite television link liaison de télévision de satellite *(liaison de télévision entre un satellite, notamment de télédétection, et la Terre ou une autre planète autour de laquelle il gravite) (cf. aussi* television down-link *et* remote-sensing satellite).

satellite terminal terminal de satellite *(terminal conçu pour utiliser les signaux radioélectriques émis par un satellite artificiel de la Terre) (cf. aussi* satellite communications terminal *et* satellite broadcast terminal).

satellite-to-earth link liaison du satellite à la Terre *(sat. tls ou autre) (cf. aussi* down-link).

satellite-to-earth signal signal du satellite à la Terre *(sat. tls ou autre) (cf. aussi* down-link signal).

satellite tracking poursuite de satellites *(radar) (cf. aussi* satellite tracking station).

satellite tracking station station de poursuite de satellites, station de trajectographie *(station radar de poursuite à longue portée utilisée pour déterminer les éléments de l'orbite d'un ou plusieurs satellites artificiels de la Terre) (cf. aussi* tracking radar).

satellite transmission 1) transmission par satellite, relayage par satellite *(tls) (cf. aussi* satellite relay). 2) (une) émission d'un satellite *(ou en provenance d'un satellite) (radiocom, radiodif) (cf. aussi* satellite broadcast).

satellite transmission service *cf.* satellite broadcast service.

satellite transponder *cf.* satellite repeater.

satellite TV *cf.* satellite television.

saturable-core magnetometer magnétomètre à noyau saturable *(magnétomètre utilisant la non-linéarité de la relation entre l'induction magnétique dans un matériau ferromagnétique et l'intensité du champ magnétisant pour mesurer un champ magnétique de très faible intensité) (comprend essentiellement un tube en alliage fer-nickel soumis à un champ magnétique radial et au champ à mesurer ; le tube est traversé suivant sa longueur par un conducteur axial parcouru par un courant alternatif créant le champ radial et entouré d'une spire aux bornes de laquelle est recueillie une tension alternative proportionnelle à l'intensité du champ magnétique à mesurer) (cf. aussi* magnetic induction 2), magnetizing field *et* magnetometer).

saturable-core reactor *cf.* saturable reactor.

saturable reactor inductance saturable *(bobine d'inductance dont on peut faire varier l'inductance en agissant sur la saturation magnétique du noyau à l'aide d'un courant continu d'intensité réglable circulant dans un enroulement auxiliaire) (est le cœur d'un amplificateur magnétique) (cf. aussi* inductor, magnetic saturation, magnetic amplifier *et* reactor 1)).

saturable transformer transformateur saturable, *(souvent aussi)* transformateur à fer saturé *(transformateur calculé de telle façon que le noyau magnétique soit saturé à partir d'une valeur déterminée de la tension aux bornes de l'enroulement primaire) (la saturation du noyau limitant la force électromotrice induite dans l'enroulement secondaire par réduction de l'inductance mutuelle, ce transformateur est utilisé comme régulateur de tension secteur précédant l'alimentation de certains appareils électroniques, notamment des anciens récepteurs de télévision et des appareils informatiques) (le découplage magnétique entre les deux enroulements du transformateur produit par la saturation du noyau le fait utiliser également dans certains modulateurs de radar) (cf. aussi* transformer 1), magnetic core 1), magnetic saturation *et* mutual inductance).

saturated color couleur saturée, couleur non délavée *(couleur non adoucie par un mélange de blanc) (colorimétrie) (TVC, etc.) (cf. aussi* color saturation).

saturated conditions *cf.* saturation conditions.

saturated core noyau saturé *(noyau magnétique saturé) (cf. aussi* magnetic core 1) *et* magnetic saturation).

saturated logic (une) logique saturée *(logique utilisant des transistors saturés) (logique TTL notamment) (CI) (cf. aussi* logic (b), saturated transistor *et* TTL).

saturated mode mode saturé *(mode de fonctionnement d'un transistor saturé) (cf. aussi* saturated transistor).

saturated output current *(parf.* intensité du) courant de sortie à l'état saturé *(transistor) (cf. aussi* saturated transistor).

saturated output power puissance de sortie à l'état saturé *(transistor de puissance) (cf. aussi* saturated transistor).

saturated state état saturé, état de saturation *(noyau ou circuit magnétique ou transistor) (cf. aussi* magnetic saturation *et* saturated transistor).

saturated toroidal transformer transformateur toroïdal à fer saturé *(cf. aussi* toroidal transformer *et* saturated transformer).

saturated transformer transformateur saturé *(cf. aussi* saturable transformer).

saturated transistor transistor saturé *(transistor dans lequel l'intensité du courant de sortie atteint la valeur maximale possible dans les conditions normales d'alimentation) (semi) (cf. aussi* transistor).

saturating signal signal saturant *(signal dont l'amplitude est supérieure à la valeur maximale pouvant être reproduite sans distorsion par un appareil récepteur) (dans le cas où l'appareil saturé est un récepteur radio, le signal saturant peut être le signal émis par une station d'émission proche de grande puissance ou par un brouilleur à bruit ; dans le cas d'un récepteur radar, le signal saturant est le signal d'un brouilleur à bruit) (cf. aussi* amplitude, distortion *et* noise jammer).

saturation saturation *(état d'un corps ou d'un dispositif correspondant à la valeur maximale possible d'une de ses caractéristiques) (en d'autres termes, toute augmentation ultérieure de la valeur de la grandeur dont dépend la caractéristique reste sans effet sur celle-ci) (cf. aussi* magnetic saturation, anode saturation, temperature saturation, transistor saturation *et* color saturation).

saturation conditions régime de saturation *(régime de fonctionnement d'un dispositif en présence de saturation) (cf. aussi* under saturation conditions, saturation *et* operating conditions 2)).

saturation current (intensité du) courant de saturation (a) *intensité maximale du courant dans un tube électronique, une diode à semiconducteur, un transistor ou un thyristor lorsque la tension appliquée au dispositif augmente sans toutefois atteindre une valeur entraînant la destruction de celui-ci) (cf. aussi* saturated transistor) ; (b) *intensité du courant dans une bobine entourant un corps ferromagnétique à partir de laquelle la saturation magnétique est atteinte dans le corps) (noyau ou circuit magnétique) (cf. aussi* magnetic saturation).

saturation flux density *cf.* saturation induction.

saturation induction induction à saturation *(ou à la saturation) (corps ferromagnétique) (cf. aussi* magnetic saturation).

saturation magnetization aimantation à saturation *(ou à la saturation) (aimantation maximale possible d'un aimant permanent) (est obtenue à la saturation magnétique, c.-à-d. lorsque le moment magnétique de tous les domaines de Weiss est aligné sur la direction du champ magnétisant) (magnétisme) (cf. aussi* magnetization 1) (b), magnetic saturation, magnetic domain *et* permanent magnet).

saturation of color saturation des couleurs *(TVC, etc.) (cf. aussi* color saturation).

saturation output power puissance de sortie à la saturation *(puissance de sortie d'un tube électronique correspondant au courant de saturation) (noter que le terme anglais et le terme français sont rarement employés pour un transistor) (cf. aussi* saturation current, saturated output power *et* power[1] 1)).

saturation output state état de sortie à la saturation *(transistor) (cf. aussi* saturated transistor).

saturation recording enregistrement à saturation *(mode d'enregistrement d'informations binaires sur une bande ou un disque magnétique dans lequel la saturation magnétique du support est atteinte dans un sens pour les binaires « 1 » ou dans l'autre pour les binaires « 0 ») (ne permet pas d'atteindre des très grandes densités linéiques d'enregistrement et, pour cette raison, n'est pas employé dans les mémoires à bande ou disque(s) magnétique(s) à haute performances) (inf) (cf. aussi* magnetic saturation, linear bit density, light writing *et* digital magnetic recording).

saturation region domaine de saturation *(intervalle de valeurs d'une grandeur variable dans lequel se produit la saturation d'une grandeur qui en dépend) (cf. aussi* saturation).

saturation value valeur de saturation, valeur à la saturation (a) *valeur d'une grandeur variable à la saturation de celle-ci) (cf. aussi* saturation) ; (b) *valeur d'une grandeur variable à laquelle commence la saturation d'une grandeur qui en dépend) (cf. aussi* saturation region).

saturation voltage tension de saturation *(tension d'alimentation minimale produisant le courant de saturation dans un tube électronique ou un dispositif à semiconducteur) (cf. aussi* saturation current (a)).

save *v* 1) économiser *(de la place en mémoire, etc.) (inf, etc.).* 2) sauvegarder *(préserver d'un effacement accidentel des in-*

formations contenues dans une mémoire, généralement en les enregistrant sur une disquette ou un disque dur dans le cas de la mémoire centrale d'un ordinateur ou sur une bande magnétique ou un second disque dur dans le cas d'un disque dur) (inf, *tube à mémoire*) (*cf. aussi* information, floppy disk, hard disk, magnetic tape *et* storage tube).

SAW *cf.* surface acoustic wave.

SAW chip puce à ondes de surface, (*etc.*) (*nom parfois donné au substrat d'un composant à ondes de surface de petites dimensions par analogie aux circuits intégrés monolithiques*) (*cf. aussi* chip 1) *et* SAW device).

SAW-compressed pulse impulsion comprimée par un filtre à ondes de surface, (*etc.*) (*cf. aussi* SAW pulse compression).

SAW compression *cf.* SAW pulse compression.

SAW compression device *cf.* SAW compression filter.

SAW compression filter filtre compresseur d'impulsions à ondes de surface, compresseur d'impulsions à ondes de surface, filtre compresseur à ondes de surface, compresseur à ondes de surface, (*etc.*) (*filtre compresseur d'impulsions réalisé sous la forme d'un filtre à ondes de surface*) (*récepteur radar*) (*cf. aussi* compression filter *et* SAW filter).

SAW compressor *cf.* SAW compression filter.

SAW delay line ligne à retard à ondes de surface, (*etc.*) (*ligne à retard pour signaux à fréquence très élevée réalisée sous la forme d'un dispositif à ondes acoustiques de surface*) (*utilise des transducteurs à dents à espacement constant*) (hyper) (*cf. aussi* SAW device *et* delay line).

SAW device dispositif à ondes de surface (*ou à ondes acoustiques de surface ou à ondes élastiques de surface*), (*souvent*) composant (*idem*) (*dispositif utilisant une onde acoustique de surface pour retarder ou filtrer un signal électrique*) (*comprend essentiellement un substrat piézoélectrique, un transducteur d'entrée utilisant l'effet piézoélectrique inverse pour convertir le signal d'entrée en déformations de la surface du substrat et un transducteur de sortie utilisant l'effet piézoélectrique direct pour convertir les ondes de surface en tension alternative constituant le signal de sortie retardé ou filtré*) (*les transducteurs sont du type interdigité*) (*cf. aussi* surface acoustic wave, SAW delay line, SAW filter, interdigitated transducer *et* piezoelectric effect).

SAW die *cf.* SAW chip.

SAW dispersive delay line ligne à retard dispersive à ondes de surface, ligne dispersive à ondes de surface, (*etc.*) (*le second terme est le plus employé*) (*ligne à retard dispersive réalisée sous la forme d'un dispositif à ondes de surface*) (radar) (*cf. aussi* dispersive delay line *et* SAW device).

SAW dispersive line *cf.* SAW dispersive delay line.

SAW-expanded pulse impulsion élargie par un filtre à ondes de surface, (*etc.*) (*cf. aussi* SAW pulse expansion).

SAW expansion *cf.* SAW pulse expansion.

SAW expansion device *cf.* SAW expansion filter.

SAW expansion filter filtre élargisseur d'impulsions à ondes de surface, expanseur d'impulsions à ondes de surface, filtre élargisseur à ondes de surface, expanseur à ondes de surface (*filtre élargisseur d'impulsions réalisé sous la forme d'un filtre à ondes de surface*) (*émetteur radar*) (*cf. aussi* expansion filter *et* SAW filter).

SAW filter filtre à ondes de surface, (*etc.*) (*filtre passe-bande pour signaux à fréquence élevée réalisé sous la forme d'un dispositif à ondes acoustiques de surface*) (*utilise des transducteurs à dents à espacement variable et éventuellement un réseau d'électrodes transversales parallèles disposé entre les deux transducteurs non alignés dans ce cas et assurant le couplage entre eux*) (hyper) (*cf. aussi* SAW device, band-pass filter *et* graded periodicity).

SAW filtering filtrage par filtre à ondes de surface, (*etc.*) (*cf. aussi* SAW filter).

SAW line ligne à ondes de surface, (*etc.*) (a) *cf. aussi* SAW delay line); (b) *cf. aussi* SAW dispersive delay line).

SAW pulse compression compression d'impulsions par filtre à ondes de surface, (*etc.*) (*radar*) (*cf. aussi* pulse compression *et* SAW compression filter).

SAW pulse compression filter *cf.* SAW compression filter.

SAW pulse compressor *cf.* SAW compression filter.

SAW pulse expansion filter *cf.* SAW expansion filter.

SAW technology (la) technique des dispositifs à ondes de surface, (*etc.*) (*cf. aussi* SAW device *et* technology).

SAW transducer *cf.* SAW device.

sawtooth dent de scie (*cf. aussi* sawtooth waveform).

sawtooth current courant en dents de scie (*courant dont l'intensité constitue un signal en dents de scie*) (*cf. aussi* sawtooth waveform *et* current).

sawtooth generator générateur de base de temps (*oscillo, etc.*) (*cf. aussi* time-base generator).

sawtooth output signal de sortie en dents de scie (*signal fourni par un générateur de base de temps*) (*cf. aussi* sawtooth waveform).

sawtooth pulse impulsion en dent de scie (*cf. aussi* pulse¹ *et* sawtooth waveform).

sawtooth sweep drive *cf.* sawtooth sweep signal.

sawtooth sweep signal signal de balayage (en dents de scie) (*un signal de balayage est implicitement en dents de scie*) (*cf. aussi* sweep signal *et* sawtooth waveform).

sawtooth sweep waveform *cf.* sawtooth sweep signal.

sawtooth voltage tension en dents de scie (*cf. aussi* sawtooth waveform).

sawtooth wave *cf.* sawtooth waveform.

sawtooth waveform signal en dents de scie (*tension ou courant périodique à croissance linéaire ou quasi-linéaire relativement lente et à décroissance très rapide*) (*le graphe de la fonction représentant une période de ce signal a la forme d'une dent de scie, ou plus précisément d'égoïne, représentée la pointe en l'air et le tranchant à droite, d'où son nom*) (*est utilisé principalement comme signal de balayage et fourni par un générateur de base de temps*) (*le cas considéré le plus souvent est celui d'une tension en dents de scie ; le cas d'un courant en dents de scie s'observe notamment dans les bobines de déviation d'un tube cathodique à déviation magnétique*) (*cf. aussi* ramp¹, integrating capacitor, sweep signal *et* time-base generator).

sb *cf.* stilb.

Sb *cf.* antimony.

SB *cf.* sideband.

SBM *cf.* single-balanced mixer.

SC 1) *cf.* suppressed carrier. 2) *cf.* subcarrier. 3) *cf.* synchronous communications. 4) *cf.* switched capacitor.

scalar *a et s* scalaire *a et s* (*cf. aussi* scalar quantity).

scalar analysis *cf.* scalar network analysis.

scalar analyzer *cf.* scalar network analyzer.

scalar field champ scalaire (*champ dont chaque point est décrit par un scalaire*) (*champ de température, champ de concentration, etc.*) (*cf. aussi* field 1) *et* scalar quantity).

scalar function fonction scalaire (*grandeur scalaire constituant une fonction d'une autre grandeur scalaire*) (*cf. aussi* function¹ 1) (b) *et* scalar quantity).

scalar measurement mesure scalaire (*mesure d'une grandeur scalaire*) (*en électronique et sciences connexes, ce terme désigne une mesure d'amplitude, celle-ci pouvant être le module d'un vecteur*) (*cf. aussi* scalar quantity, amplitude, vector *et* measurement).

scalar network analysis analyse scalaire des réseaux (électriques), analyse scalaire (*analyse des réseaux électriques ne faisant appel qu'à des mesures scalaires*) (*cf. aussi* network analysis (a) *et* scalar measurement).

scalar network analyzer analyseur de réseaux scalaire, analyseur scalaire (*analyseur de réseau ne permettant que l'analyse scalaire*) (*cf. aussi* network analyzer *et* scalar network analysis).

scalar potential potentiel scalaire (*potentiel d'un point dépendant uniquement de ses coordonnées et du temps*) (*cf. aussi* potential *et* scalar quantity).

scalar quantity grandeur scalaire, scalaire *sm* (*grandeur entièrement définie par un nombre dans une échelle d'unités de mesure, indépendamment de toute considération de direction et de sens*) (*résistance, capacité, inductance, température, concentration, temps, etc.*) (*cf. aussi* quantity 2)).

scale¹ *s* 1) échelle (*suite de traits courts équidistants ou non appelés « divisions » disposés le long d'une droite ou d'une courbe matérialisée ou non*) (*app. mesure, etc.*) (*cf. aussi* horizontal scale, vertical scale *et* meter scale). 2) gamme (*suite de sons musicaux à fréquence croissante*).

scale² v **1)** mettre à l'échelle (cf. aussi scaling 1). **2)** réduire d'échelle (cf. aussi scaling 2)).

scale constant cf. scale factor.

scale division division de l'échelle (cf. aussi scale¹ 1)).

scale down v réduire les dimensions, réduire l'échelle (cf. aussi scaled technology).

scale factor facteur d'échelle, facteur multiplicatif (nombre par lequel la valeur indiquée par un appareil de mesure analogique doit éventuellement être multipliée pour obtenir la valeur effective de la grandeur mesurée) (ce terme s'applique généralement à un appareil à plusieurs calibres et notamment à un multimètre) (cf. aussi analog meter, measurement range 2) et multimeter).

scale numbers (les) chiffres de l'échelle (cf. aussi scale¹ 1)).

scale of integration degré d'intégration (autre nom, plus général de la densité d'intégration) (CI) (cf. aussi integration density).

scale-of-ten circuit échelle de dix (compteur) (cf. aussi decade scaler).

scale-of-two circuit échelle de deux (compteur) (cf. aussi binary scaler).

scale ratio cf. scale factor.

scale-setting resistor cf. scaling resistor.

scale unit unité de l'échelle (unité de mesure employée pour graduer l'échelle d'un appareil de mesure) (volt, ampère, ohm, watt, décibel, etc.) (cf. aussi unit 1) et meter scale).

scaled depletion-load silicon-gate technology (la) technique de la grille au silicium avec charge à depletion et réduction d'échelle (CI) (cf. aussi silicon-gate technology, depletion load et scaled technology).

scaled-down ... cf. scaled ... (pour les termes qui ne figurent pas ci-après).

scaled-down frequency fréquence abaissée (fréquence dont la valeur est diminuée par division de fréquence ou par changement de fréquence) (cf. aussi frequency division 1) et frequency conversion).

scaled NMOS technology (la) technique NMOS à réduction d'échelle (CI) (cf. aussi NMOS technology et scaled technology).

scaled technology (la) technique à réduction d'échelle (technique d'un type de circuit intégré numérique dérivé d'un type existant dont on réduit la largeur minimale des traits pour augmenter la densité d'intégration) (cf. aussi digital integrated circuit, line 4), integration density et technology).

scaled variable range ring cercle de distance variable (gradué) (écran radar) (cf. aussi variable range ring).

scaler échelle de comptage, circuit diviseur, circuit de division, diviseur (montage fournissant une impulsion toutes les n impulsions appliquées à son entrée) (constitue un étage d'un compteur d'impulsions) (cf. aussi binary scaler, decade scaler et pulse counter).

scaling **1)** mise à l'échelle (multiplication de l'amplitude d'un signal par un facteur déterminé) (mesure, etc.) (cf. aussi amplitude). **2)** réduction d'échelle (CI, etc.) (cf. aussi scaled technology). **3)** comptage par échelles de comptage (impulsions) (cf. aussi scaler).

scaling circuit cf. scaler.

scaling-down cf. scaling 2).

scaling factor rapport de comptage (nombre d'impulsions d'entrée nécessaires pour obtenir une impulsion à la sortie d'une échelle de comptage) (cf. aussi scaler).

scaling law loi de la réduction d'échelle (relation non linéaire à respecter entre la réduction de la largeur des traits dans un circuit intégré et la réduction des dimensions des éléments du circuit) (cf. aussi line 4) et scaled technology).

scaling ratio cf. scaling factor.

scaling resistor résistance de mise à l'échelle (numériseur) (cf. aussi scaling 1)).

scan¹ v (voir aussi scanning) **1)** balayer. **2)** explorer. **3)** analyser. **4)** scruter.

scan² s (un) balayage (un balayage complet, c.-à-d. un cycle de balayage) (cf. aussi scanning).

scan ... cf. scanning ... (pour les termes qui ne figurent pas ci-après).

scan axis axe de poursuite (nom donné à la droite joignant l'antenne d'un radar ou le projecteur d'un sonar à la cible qu'il suit) (cf. aussi scanning (a2)).

scan-converted data informations converties par un convertisseur de balayage (cf. aussi scan converter).

scan converter (tube) convertisseur de balayage (tube à mémoire permettant de passer d'un type de balayage d'un écran cathodique à un autre pour la présentation d'images sur un tel écran) (peut être un tube monocanon, c.-à-d. un tube à mémoire enregistreur fonctionnant alternativement en écriture et en lecture lorsque ces deux opérations n'ont pas besoin d'être simultanées) (dans le cas contraire et le plus fréquent, un convertisseur de balayage est un tube à mémoire bicanon, c.-à-d. formé en fait d'un tube à mémoire enregistreur et d'un tube analogue fonctionnant en analyseur réunis bout à bout par leur grand diamètre) (grâce à la séparation des fonctions d'écriture et de lecture, l'image électrique formée sur une face de la cible-mémoire du tube enregistreur par le faisceau d'électrons du canon d'écriture selon un type de balayage et à une cadence de balayage déterminés, peut être lue sur l'autre face par le faisceau d'électrons du canon d'analyse selon un type ou à une cadence de balayage différent(e), ou les deux, éventuellement avec un certain retard) (le convertisseur de balayage bicanon sert principalement à convertir le balayage circulaire d'un écran panoramique de radar ou de sonar en balayage tramé d'un écran de télévision, ou le balayage d'un écran de télévision à un certain nombre de lignes ou d'images par seconde en un balayage analogue à nombre différent de lignes ou d'images, ou les deux) (cf. aussi recording storage tube et raster scanning (a)).

scan converter tube cf. scan converter.

scan line cf. scanning line.

scan period cf. scanning period.

scan type cf. scanning type.

scanned area (voir aussi scanning) **1)** zone balayée. **2)** zone explorée. **3)** zone analysée.

scanned beam faisceau animé d'un mouvement de balayage.

scanned CW laser annealing recuit par faisceau laser continu à balayage (fab. CI, semi) (cf. aussi CW laser annealing et scanning (a)).

scanned volume volume exploré (a) volume d'espace aérien exploré par l'antenne d'un radar de veille ou de surveillance) (cf. aussi search radar) ; (b) volume d'espace sous-marin exploré par un projecteur de sonar) (cf. aussi sonar projector).

scanner (voir aussi scanning) **1)** dispositif à balayage (terme le plus général). **2)** scrutateur, commutateur cyclique, commutateur (dispositif électronique ou, anciennement, électromécanique explorant successivement et périodiquement un certain nombre d'entrées correspondant chacune à un circuit distinct) (centrale de mesure, émetteur de télémesure, multiplexeur temporel) (cf. aussi scanning switch, data logger, telemetry transmitter et time-division multiplexer). **3)** capteur à balayage (cf. aussi infrared scanner). **4)** cf. flying-spot scanner. **4)** cf. optical scanner. **5)** cf. bar-code reader. **6)** (nom parfois donné en anglais à une antenne de radar à balayage mécanique) (cf. aussi mechanical scanning antenna). **7)** tomographe (méd).

scanning balayage (passage provoqué d'une grandeur par des valeurs successives) (définition la plus générale, la grandeur pouvant être notamment une direction ou une fréquence) (a) déplacement angulaire d'un faisceau de particules ou d'ondes ou de l'angle de champ d'un capteur sur une surface ou dans un volume) (cf. aussi raster scanning), (a1) balayage, (a1a) déplacement d'un faisceau de particules sur une surface) (tube cathodique, microscope électronique à balayage, graveur à faisceau d'électrons, etc.), (cf. aussi television scanning, scanning electron microscope et electron-beam lithography machine), (a1b) déplacement d'un faisceau d'ondes ou de particules dans un volume) (arme à faisceau d'énergie, etc.) (cf. aussi beam weapon), (a2) balayage, exploration (déplacement d'un faisceau d'ondes ou du champ d'un capteur dans un volume ou sur une surface) (antenne de radar, projecteur de sonar, caméra infrarouge à balayage, etc.) (le second terme est le plus employé pour un radar ou un sonar et le premier pour une caméra) (cf. aussi sector scanning, rectangular scanning, spiral scanning, mechanical scanning (b), electronic scanning 1) (b), radar antenna, sound projector 2) *et* infrared scanner), (a3) balayage, analyse *(déplacement d'un faisceau de particules ou de lumière sur une surface) (tube analyseur, télécopieur, etc.) (cf. aussi* camera tube *et* facsimile machine); (b) commutation cyclique, balayage, scrutation, exploration *(le troisième terme est le plus employé) (commutation successive périodique d'une borne avec plusieurs lignes) (cf. aussi* scanner 2)); (c) balayage de fréquence, balayage *(passage par des valeurs successives d'une fréquence et notamment de la fréquence d'accord d'un récepteur) (cf. aussi* scanning surveillance receiver).

scanning ... *cf.* scan ... *(pour les termes qui ne figurent pas ci-après).*

scanning aerial *(GB) cf.* scanning antenna.

scanning angle angle de balayage, *(parf. aussi)* angle d'exploration, *(parf. aussi)* angle d'analyse *(angle formé par les deux directions extrêmes d'un faisceau de balayage ou les deux positions angulaires extrêmes d'un dispositif à balayage mécanique) (cf. aussi* scanning (a)).

scanning antenna antenne à balayage *(antenne orientable balayant automatiquement ou non une zone déterminée de l'espace aérien ou extra-atmosphérique dans le plan horizontal ou vertical ou dans les deux plans) (peut être une antenne de radar, c.-à-d. une antenne émettrice-réceptrice, ou une antenne de radiotélescope ou de station de réception de télécommunications spatiales, c.-à-d. une antenne réceptrice, etc.) (le balayage peut être produit par des moyens mécaniques ou électroniques) (cf. aussi* mechanical scanning antenna, electronic scanning antenna *et* steerable antenna).

scanning beam **1)** faisceau de balayage, *(parf. aussi)* faisceau d'exploration, *(parf. aussi)* faisceau d'analyse *(faisceau d'ondes ou de particules animé d'un mouvement angulaire simple ou complexe) (cf. aussi* scanning (a) *et* beam[1]). **2)** faisceau battant *(faisceau d'ondes émis par une antenne directive oscillante ou à balayage électronique dans certains systèmes d'aide à l'atterrissage) (cf. aussi* PAR 1) *et* MLS).

scanning-beam microwave landing system système d'atterrissage hyperfréquence à faisceaux battants *(avia) (cf. aussi* MLS).

scanning-beam satellite satellite à balayage *(satellite de télécommunications comportant une antenne émettrice directive dont le faisceau balaie une zone déterminée de la Terre) (cf. aussi* communications satellite).

scanning circuit *cf.* sweep circuit.

scanning cycle cycle de balayage, *(parf. aussi)* cycle d'exploration, *(parf. aussi)* cycle d'analyse, *(parf. aussi)* cycle de scrutation *(suite des positions ou valeurs successives d'un balayage avec retour, souvent rapide, à la position ou la valeur initiale par progression en sens inverse ou, parfois, dans le même sens) (cf. aussi* scanning).

scanning detector *cf.* scanning infrared sensor.

scanning disk disque de balayage *(disque perforé assurant le balayage de la scène à transmettre dans les procédés de télévision à balayage mécanique) (le disque de balayage le plus connu est celui de Nipkov) (cf. aussi* mechanical television system).

scanning E-beam *cf.* scanning electron beam. *(de même pour les termes dérivés).*

scanning electron beam faisceau d'électrons de balayage *(parf. aussi* d'analyse*) (faisceau d'électrons assurant le balayage d'une surface à exciter, charger ou décharger électriquement, sensibiliser, observer, etc.) (le faisceau d'électrons est produit par un canon à électrons et le balayage est réalisé par des électrodes de déviation ou des bobines de déviation) (tube cathodique, tube analyseur, graveur à faisceau d'électrons, microscope électronique à balayage, etc.) (cf. aussi* electron gun, deflection electrode *et* deflection coil).

scanning electron-beam lithography gravure par faisceau d'électrons à balayage *(le terme anglais, bien que canonique, étant peu maniable, il est peu employé; il en est de même du terme français) (fab. CI, masques) (cfa.* direct writing 1)).

scanning electron-beam system graveur à faisceau dirigé *(fab. CI, masques) (cf. aussi* direct-write electron-beam machine).

scanning electron micrograph micrographie obtenue au microscope électronique, micrographie électronique *(cf. aussi* scanning electron microscope).

scanning electron microscope microscope électronique à balayage *(microscope électronique dans lequel la surface de l'échantillon est balayée suivant une trame par un faisceau d'électrons de très petit diamètre pour former l'image observée) (les électrons secondaires arrachés à la surface par les électrons du faisceau sont recueillis par un détecteur d'électrons à scintillateur et photomultiplicateur suivi d'un amplificateur; le signal de sortie de celui-ci est appliqué au wehnelt d'un tube cathodique pour moduler l'intensité du faisceau d'électrons en formant ainsi sur l'écran l'image de la surface examinée, laquelle est généralement photographiée, et le balayage de l'écran du tube cathodique par le faisceau formant l'image est synchronisé sur le balayage de l'échantillon par le faisceau d'analyse) (l'épaisseur de l'échantillon peut être quelconque, ce qui rend ce microscope précieux en métallographie) (cf. aussi* electron microscope, raster scanning (c), secondary electron, scintillator, photomultiplier *et* control grid 2)).

scanning electron microscopy microscopie électronique à balayage, microscopie à balayage *(examen d'échantillons à l'aide d'un microscope électronique à balayage) (cf. aussi* scanning electron microscope).

scanning frequency *cf.* scanning rate.

scanning in azimuth balayage en azimut, *(etc.) (radar) (cf. aussi* azimuth scanning).

scanning in elevation balayage en site, *(etc.) (radar) (cf. aussi* elevation scanning).

scanning infrared detector *cf.* scanning infrared sensor.

scanning infrared imager *cf.* scanning infrared sensor.

scanning infrared seeker autodirecteur infrarouge à balayage *(autodirecteur infrarouge dans lequel le détecteur est une petite caméra infrarouge à balayage) (mil) (cf. aussi* infrared seeker *et* infrared scanner).

scanning infrared sensor caméra infrarouge à balayage *(cf. aussi* infrared scanner).

scanning length longueur de balayage *(longueur d'une ligne de balayage) (cf. aussi* scanning line).

scanning line ligne de balayage, *(parf. aussi)* ligne d'analyse *(ligne droite ou non, invisible ou visible, tracée sur une surface par un faisceau de lumière ou de particules en mouvement relatif par rapport à la surface, et notamment ligne droite d'une trame de balayage) (télécopieur, tube cathodique, tube analyseur, microscope électronique à balayage, graveur à faisceau d'électrons dirigé, etc.) (cf. aussi* scanning (a1a), (a3) *et* raster).

scanning-line frequency *cf.* horizontal sweep frequency.

scanning-line length *cf.* scanning length.

scanning-line rate *cf.* horizontal sweep frequency.

scanning linearity linéarité du balayage *(uniformité de la vitesse de balayage d'un faisceau) (cf. aussi* scanning speed *et* linearity).

scanning loss perte par modulation de lobe *(perte de sensibilité d'un radar à impulsions dont le faisceau balaie une cible par rapport à sa sensibilité lorsque le faisceau est maintenu fixe sur la cible) (est due au fait que les échos réfléchis par la cible lorsque celle-ci n'est pas exactement dans l'axe du faisceau ont une amplitude moins grande que l'écho obtenu dans l'axe du fait de la forme arrondie de l'extrémité du lobe principal du diagramme de l'antenne) (cf. aussi* main lobe *et* pulse radar).

scanning mirror miroir de balayage *(miroir oscillant ou tournant d'une caméra infrarouge à balayage, etc.) cf. aussi* infrared scanner).

scanning pattern trame de balayage *(tube cath, etc.) (cf. aussi* raster).

scanning period période de balayage, *(etc.) (durée d'un cycle de balayage) (cf. aussi* scanning cycle *et* period).

scanning pitch pas de balayage *(distance entre deux lignes de balayage successives) (cf. aussi* scanning line).

scanning raster *cf.* scanning pattern.

scanning rate cadence de balayage *(nombre de cycles de balayage par unité de temps) (l'unité de temps employée est généralement la seconde ou la minute) (cf. aussi* scanning cycle) (a) *télécopieur, appareil à balayage de fréquence, etc.*) *(cf. aussi* scanning line*)* ; (b) cadence d'exploration, cadence de balayage, *(parf. aussi)* vitesse de rotation *(nombre de tours ou d'aller et retour angulaires effectués par une antenne de radar de veille ou de surveillance ou par le faisceau d'une telle antenne par unité de temps) (cf. aussi* search radar*)* ; (c) cadence de scrutation, cadence d'exploration, cadence de balayage *(nombre de cycles de scrutation par unité de temps) (cf. aussi* scanning cycle *et* scanning (b)).

scanning rate measurement   mesure de la cadence d'exploration *(ou de balayage) (de l'antenne ou du faisceau d'un radar hostile par un détecteur de radars en vue de commander l'élaboration et l'émission de signaux de brouillage appropriés) (mil) (cf. aussi* scanning rate (b), radar warning receiver *et* measurement).

scanning receiver   *cf.* scanning surveillance receiver.

scanning recorder   centrale de mesure *(cf. aussi* data logger 1)).

scanning seeker   *cf.* scanning infrared seeker.

scanning sensor   *cf.* scanning infrared sensor.

scanning sequence   séquence de balayage, *(parf. aussi)* séquence d'analyse *(suite de cycles de balayage) (cf. aussi* scanning cycle).

scanning sonar   sonar de veille *(mar. mil) (cf. aussi* search sonar).

scanning spectrum analyzer   analyseur de spectres à balayage *(ou hétérodyne)*, analyseur à balayage *(idem) (analyseur de spectres dans lequel le signal à analyser est modulé en amplitude par une tension sinusoïdale balayée en fréquence pour faire apparaître ses composantes) (le signal modulé est appliqué à un filtre passe-bande à bande très étroite dont le signal de sortie est appliqué à son tour au tube cathodique dont le balayage est synchronisé sur celui de la fréquence d'accord de l'oscillateur fournissant la tension de modulation) (cf. aussi* spectrum analyzer, heterodyne scanning, frequency sweep, narrow-band filter, sweep[1] 1) *et* tuning frequency).

scanning speed   vitesse de balayage, *(parf. aussi)* vitesse d'exploration, *(parf. aussi)* vitesse d'analyse *(angle ou longueur de balayage par unité de temps) (l'unité de temps employée est généralement la seconde) (cf. aussi* scanning angle *et* scanning length).

scanning spot   point lumineux d'analyse *(parf. de reproduction) (point lumineux produit par une lampe et une optique assurant l'analyse ou, parfois, la reproduction du document à transmettre dans un télécopieur) (tlg) (cf. aussi* facsimile).

scanning spot-beam antenna   antenne à faisceau local à balayage *(sat. tls) (cf. aussi* spot beam *et* scanning antenna).

scanning superheterodyne receiver   *cf.* scanning surveillance receiver.

scanning superheterodyne tuner   *cf.* scanning tuner.

scanning surveillance receiver   récepteur d'écoute à balayage *(récepteur d'écoute réalisé sous la forme d'un récepteur superhétérodyne dans lequel la gamme de fréquences couverte est explorée par variation continue automatique et répétée de l'accord du récepteur par action sur l'oscillateur local) (mil) (cf. aussi* panoramic receiver, surveillance receiver *et* superheterodyne receiver).

scanning switch   scrutateur mécanique, commutateur cyclique mécanique, commutateur mécanique *(scrutateur réalisé sous la forme d'un commutateur rotatif à rotation continue entraîné par un moteur électrique à vitesse constante) (cf. aussi* scanner 2) *et* rotary switch 2)).

scanning time   *cf.* scanning period.

scanning tuner   syntoniseur à balayage *(syntoniseur d'un récepteur d'écoute à balayage) (mil) (cf. aussi* tuner 1) *et* scanning surveillance receiver).

scanning type   type de balayage *(tube cath, antenne) (cf. aussi* raster scanning, vector scanning, circular scanning, conical scanning, spiral scanning *et* scanning (a)).

scatter[1]   *v*   diffuser *(cf. aussi* scattering).

scatter[2]   *s*   *cf.* scattering.

scatter propagation   propagation par diffusion *(propagation à grande distance d'une onde radioélectrique par diffusion de celle-ci par des particules contenues dans l'atmosphère ou dans l'espace extra-atmosphérique avec captation de la faible fraction d'énergie électromagnétique diffusée dans la direction*

du récepteur) (l'onde est émise par une antenne directive de grandes dimensions excitée par un émetteur de grande puissance) (la station de réception est équipée d'un récepteur ultrasensible comportant généralement un préamplificateur à faible bruit et relié à deux ou quatre antennes directives de grandes dimensions utilisées en diversité) (cf. aussi* tropospheric scatter, ionospheric scatter, meteoric scatter, radio wave propagation, low-noise preamplifier *et* diversity reception).

scattered radiation   rayonnement diffusé *(ce terme s'applique généralement à une onde électromagnétique) (cf. aussi* scattering (b) *et* (c)).

scattering   diffusion *(au sens de « dispersion », c-à-d. propagation de particules ou d'une onde simultanément dans plusieurs directions sous l'action de chocs avec des particules ou une surface rugueuse) (cf. aussi* backscattering, diffuse reflection, particle *et* wave) (a) *diffusion de photons ou autres particules au cours d'un choc avec des particules) (cf. aussi* photon*)* ; (b) *diffusion d'une onde électromagnétique et notamment d'une onde radioélectrique ou lumineuse par des particules en suspension dans le milieu de propagation ou par réflexion diffuse) (cf. aussi* electromagnetic wave propagation *et* scatter propagation*)* ; (c) *diffusion d'une onde acoustique par des hétérogénéités du milieu de propagation ou par réflexion diffuse) (cf. aussi* acoustic wave propagation) *(noter que le terme anglais ne peut s'employer pour désigner la diffusion d'un corps dans un autre ni la diffusion d'informations, par exemple) (cf. aussi* diffusion).

scattering cross-section   section efficace, section de collision *(noms donnés à la probabilité de collision d'une particule avec une autre) (en électronique, ces termes désignent notamment la probabilité pour un électron d'un gaz ionisé d'entrer en collision avec un atome ou une molécule du gaz) (cf. aussi* particle 2) *et* ionized gas).

scattering loss   pertes par diffusion *(partie des pertes de transmission d'une onde due à sa diffusion partielle dans le milieu de propagation) (cf. aussi* transmission loss 1) *et* scattering (b) *et* (c)).

scattering medium   milieu diffusant *(milieu matériel produisant la diffusion d'une onde qui s'y propage) (cf. aussi* scattering (b) *et* (c) *et* material medium).

scattering parameters   *cf.* S parameters. *(au début de la lettre S).*

scene   scène *(en télévision, ce terme désigne ce que voit une caméra, que ce soit un groupe de personnages, un paysage, une image ou autre chose).*

scene color content   (le) contenu chromatique de la scène *(ensemble des couleurs d'une scène) (TV) (cf. aussi* scene).

scene colors   (les) couleurs de la scène *(TV) (cf. aussi* scene color content).

scene infrared radiation   rayonnement infrarouge de la scène *(rayonnement infrarouge plus ou moins intense émis par les différentes zones d'une scène et notamment de la scène observée par une caméra de télévision infrarouge) (mil, etc.) (cf. aussi* infrared radiation, scene *et* infrared camera).

scene matching   corrélation d'images *(autoguidage, etc.) (cf. aussi* pattern matching).

scene radiated heat   chaleur rayonnée par la scène *(TV infrarouge) (cf. aussi* scene infrared radiation).

scheduling-type control   *cf.* open-loop control.

schematic[1]   *a*   schématique *a (dessin, représentation, etc.).*

schematic[2]   *s*   *cf.* schematic diagram.

schematic circuit diagram   *cf.* circuit diagram.

schematic diagram   schéma de principe *(de circuits ou autre) (cf. aussi* circuit diagram).

scheme   combinaison, plan, système, procédé *(selon le contexte) (cf. aussi* coding scheme).

Schering bridge   pont de Schering *(pont de mesure à courant alternatif utilisé pour mesurer la capacité et l'angle de perte des condensateurs) (cf. aussi* ac bridge, capacitance *et* loss angle).

Schmidt trigger   bascule de Schmidt *(circuit bistable fournissant une impulsion à caractéristiques bien déterminées chaque fois qu'un signal de forme quelconque, mais d'amplitude suffisante, est appliqué à son entrée) (est utilisée principalement comme circuit de déclenchement à seuil, ainsi que pour la génération de signaux carrés à partir d'une tension sinusoï-*

dale et la régénération d'impulsions) (cf. aussi bistable multi-vibrator, pulse characteristics, square wave, pulse regeneration et trigger circuit 1)).

Schockley ... cf. Shockley ... (et noter que l'orthographe du premier terme est incorrecte et assez fréquente, même dans les textes en langue anglaise).

school oscilloscope oscilloscope d'enseignement (ou pour l'enseignement) (oscilloscope simplifié) (cf. aussi oscilloscope).

Schottky array cf. Schottky detector array.

Schottky barrier barrière de Schottky (nom donné à une jonction métal-semiconducteur formée d'une couche épitaxiale de silicium du type N^- déposée sur un substrat de silicium N^+ et recouverte à son tour d'une couche de chrome ou d'alliage platine-nickel) (cette jonction utilise l'effet Schottky créé par le contact du semiconducteur avec le métal ; elle est utilisée dans les diodes Schottky et constitue un type particulier de redresseur sec) (les électrons qui passent du métal au semiconducteur doivent posséder une énergie relativement grande pour franchir la barrière de potentiel existant à la surface du métal, d'où le nom de « porteurs chauds » qui leur est souvent donné ou, plus rarement, « électrons chauds ») (cf. aussi Schottky effect, Schottky diode, metal-semiconductor junction, epitaxial layer, N^- silicon (au début de la lettre N), N^+ silicon (idem) et metallic rectifier).

Schottky-barrier ... cf. Schottky ... (pour les termes qui ne figurent pas ci-après).

Schottky-barrier detector détecteur Schottky (ou à barrière de Schottky) (détecteur constitué par une diode Schottky (a) cf. aussi Schottky-barrier infrared detector) ; (b) cf. aussi Schottky-barrier detector diode).

Schottky-barrier detector diode diode de détection Schottky (ou à barrière de Schottky), diode détectrice Schottky (idem), (parf.) diode Schottky de détection (ou détectrice) (diode Schottky conçue pour être utilisée comme diode de détection) (semi) (cf. aussi detector diode et Schottky diode).

Schottky-barrier diode diode Schottky, diode à effet Schottky, diode à barrière de Schottky, diode à porteurs chauds, diode à électrons chauds (diode à semiconducteur formée essentiellement d'une barrière de Schottky) (dans cette diode, la conduction est assurée par les électrons arrachés au métal de la barrière ; les électrons étant négatifs, ils constituent des porteurs majoritaires dans le semiconducteur du type N^- où ils pénètrent et la conduction dans la diode est donc assurée par les porteurs majoritaires) (le nombre de porteurs minoritaires créés dans le semiconducteur à proximité de la jonction étant négligeable, le temps de recouvrement de la diode ne dépend que de la durée de vie des porteurs majoritaires ; comme celle-ci est beaucoup plus courte que celle des porteurs minoritaires, la diode Schottky a un temps de recouvrement extrêmement court permettant son fonctionnement aux fréquences très élevées) (elle est utilisée sous forme de composant discret et de composant intégré) (cf. aussi Schottky-barrier detector diode, Schottky-barrier mixer diode, Schottky-barrier switching diode, Schottky-barrier rectifier diode, semiconductor diode, Schottky barrier, majority carrier, minority carrier et recovery time 3)).

Schottky-barrier FET cf. Schottky-barrier field-effect transistor.

Schottky-barrier field-effect transistor transistor à effet de champ à accès Schottky (semi) (cf. aussi MESFET).

Schottky-barrier infrared detector détecteur infrarouge Schottky (ou à barrière de Schottky) (détecteur infrarouge constitué par une diode Schottky spéciale dans laquelle les électrons sont arrachés du métal par le choc des photons du rayonnement infrarouge capté) (semi) (cf. aussi infrared detector, Schottky diode et photon).

Schottky-barrier mixer diode diode mélangeuse Schottky (ou à barrière de Schottky), (parf.) diode Schottky mélangeuse (diode Schottky conçue pour être utilisée comme diode mélangeuse) (semi) (cf. aussi mixer diode et Schottky diode).

Schottky-barrier rectifier cf. Schottky-barrier rectifier diode.

Schottky-barrier rectifier diode diode de redressement Schottky (ou à barrière de Schottky), diode redresseuse Schottky (idem), redresseur Schottky (idem), (parf.) diode

Schottky de redressement (diode Schottky conçue pour être utilisée comme diode de redressement) (est utilisée dans des alimentations à découpage en raison de son aptitude à redresser des courants de fréquence élevée) (cf. aussi rectifier diode, Schottky diode et switching power supply).

Schottky-barrier switching diode diode de commutation Schottky (ou à barrière de Schottky), (parf.) diode Schottky de commutation (diode Schottky conçue pour être utilisée comme diode de commutation) (semi) (cf. aussi switching diode et Schottky diode).

Schottky bipolar circuit cf. Schottky bipolar integrated circuit.

Schottky bipolar digital circuit cf. Schottky bipolar integrated circuit.

Schottky bipolar IC cf. Schottky bipolar integrated circuit.

Schottky bipolar integrated circuit circuit intégré bipolaire Schottky, circuit numérique bipolaire Schottky, circuit bipolaire Schottky (circuit intégré numérique bipolaire utilisant des transistors à diode Schottky pour accroître la vitesse de commutation) (circuit TTL Schottky, STL, etc.) (cf. aussi Schottky TTL, STL, bipolar digital integrated circuit et Schottky-clamped transistor).

Schottky clamp diode cf. Schottky clamping diode.

Schottky-clamped bipolar transistor cf. Schottky-clamped transistor.

Schottky-clamped transistor transistor Schottky, transistor à diode Schottky (transistor de commutation bipolaire de circuit intégré numérique dont la base et le collecteur sont réunis par une diode Schottky polarisée dans le sens inverse pour l'empêcher de se saturer afin d'augmenter sa vitesse de commutation) (la diode étant montée en inverse entre les deux électrodes, elle conduit le courant à partir d'une tension déterminée entre celles-ci et dérive alors vers le collecteur une partie du courant qui circulerait normalement dans le circuit de la base ; cette dérivation d'une partie du courant empêche la base d'amener le transistor à la saturation, ce qui réduit le temps de désaturation et augmente, par conséquent, la vitesse de commutation du transistor) (ne pas confondre avec « transistor à accès Schottky ») (cf. aussi switching transistor, bipolar transistor, Schottky diode, reverse bias, storage time 3), switching speed, Schottky bipolar integrated circuit et MESFET).

Schottky clamping cf. Schottky-diode clamping.

Schottky clamping diode diode de limitation Schottky (cf. aussi Schottky-diode clamping).

Schottky detector cf. Schottky-barrier detector.

Schottky detector diode cf. Schottky-barrier detector diode.

Schottky device composant Schottky, (parf.) dispositif Schottky (diode Schottky, détecteur infrarouge Schottky, transistor MESFET, circuit intégré à transistors MESFET, transistor à diode Schottky, circuit intégré bipolaire Schottky) (voir ces termes en anglais).

Schottky diode cf. Schottky-barrier diode.

Schottky-diode clamped transistor cf. Schottky-clamped transistor.

Schottky-diode clamping limitation de courant par diode Schottky, limitation par diode Schottky (limitation du courant dans un transistor bipolaire intégré réalisée par une diode Schottky) (cf. aussi Schottky-diode clamped transistor).

Schottky-diode FET cf. Schottky-gate field-effect transistor.

Schottky-diode FET logic cf. SDFL.

Schottky-diode field-effect transistor cf. Schottky-gate field-effect transistor.

Schottky-diode gate grille à diode Schottky (grille de transistor MESFET) (CI) (cf. aussi MESFET).

Schottky-diode transistor cf. Schottky transistor.

Schottky effect effet Schottky (diminution du travail de sortie d'un métal soumis à un champ électrique accélérateur d'intensité modérée dans le vide) (est dû à la création d'une charge-image dans le métal lorsqu'un électron quitte la surface de celui-ci et à la réduction de la hauteur de la barrière de potentiel qui en résulte) (augmente légèrement l'émission d'électrons par une cathode thermoélectronique et permet le fonctionnement de la barrière de Schottky) (ne doit pas être confondu avec l'émission de champ) (cf. aussi work function, image charge, potential barrier, thermionic cathode, Schottky barrier et field emission).

Schottky emission émission Schottky (*ou par effet Schottky*) (*émission d'un ou plusieurs électrons par une surface métallique par effet Schottky*) (*cf. aussi* Schottky effect).

Schottky gate grille à diode Schottky (*grille du transistor MESFET*) (CI) (*cf. aussi* MESFET).

Schottky-gate FET *cf.* Schottky-gate field-effect transistor.

Schottky-gate field-effect transistor transistor à effet de champ à accès Schottky (CI) (*cf. aussi* MESFET).

Schottky I²L *cf.* STL.

Schottky IC *cf.* Schottky bipolar integrated circuit.

Schottky integrated circuit *cf.* Schottky bipolar integrated circuit.

Schottky integrated injection logic *cf.* STL.

Schottky microwave diode diode hyperfréquence Schottky, diode Schottky hyperfréquence (*diode Schottky conçue pour être utilisée comme diode hyperfréquence*) (semi) (*cf. aussi* Schottky diode *et* microwave diode).

Schottky noise *cf.* shot noise.

Schottky power rectifier redresseur de puissance Schottky (*nom parfois donné à un redresseur Schottky pour rappeler qu'il s'agit d'un composant de puissance*) (*cf. aussi* Schottky-barrier rectifier diode).

Schottky rectifier *cf.* Schottky-barrier rectifier diode.

Schottky rectifier diode *cf.* Schottky-barrier rectifier diode.

Schottky switch *cf.* Schottky switching diode.

Schottky switching commutation par diode Schottky (*commutation réalisée par une diode de commutation Schottky*) (*cf. aussi* switching (a) *et* Schottky-barrier switching diode).

Schottky switching diode *cf.* Schottky-barrier switching diode.

Schottky transistor *cf.* Schottky-clamped transistor.

Schottky transistor logic *cf.* STL.

Schottky TTL logique TTL Schottky, logique TTL/S, logique STTL (*logique TTL utilisant des transistors Schottky pour avoir une vitesse de commutation plus grande*) (CI) (inf) (*cf. aussi* TTL *et* Schottky-clamped transistor).

Schottky TTL gate porte TTL Schottky (*porte d'une logique TTL Schottky*) (circuit logique) (CI) (inf) (*cf. aussi* logic gate *et* Schottky TTL).

Schottky TTL logic *cf.* Schottky TTL.

Schrödinger equation équation de Schrödinger (*équation définissant la fonction d'onde ψ en fonction des coordonnées et du temps et, par là même, les états d'énergie que peut occuper un électron dans un atome*) (*cf. aussi* wave function *et* energy state).

Schrödinger wave equation *cf.* Schrödinger equation.

Schrödinger wave function *cf.* wave function.

Schroedinger ... *cf.* Schrödinger ... (*ci-dessus*).

Schuster magnetometer magnétomètre de Schuster (*magnétomètre formé essentiellement de deux bobines toriques identiques et coaxiales séparées par une certaine distance entre lesquelles est suspendue une aiguille aimantée soumise au champ magnétique à mesurer et au champ des bobines*) (*cf. aussi* magnetometer).

scientific calculator calculatrice scientifique, calculatrice électronique scientifique (*calculatrice électronique conçue et programmée pour le calcul de fonctions mathématiques en plus de l'exécution des opérations arithmétiques et pouvant être programmable*) (inf) (*cf. aussi* electronic calculator, function[1] 1) (b), arithmetic operation *et* programmable calculator).

scientific computation (le) calcul scientifique (inf, etc.) (*cf. aussi* scientific computer).

scientific computer ordinateur scientifique, calculateur scientifique (*ordinateur conçu et programmé plus particulièrement pour l'exécution de calculs scientifiques et caractérisé notamment par une grande vitesse de traitement et l'emploi d'un langage de programmation scientifique*) (inf) (*cf. aussi* computer 2), programming (b), processing speed *et* scientific language).

scientific language langage scientifique, langage de programmation scientifique (*langage de programmation élaboré spécialement pour la résolution de problèmes scientifiques, c-à-d. d'équations*) (inf) (*cf. aussi* Fortran, programming language *et* scientific computer).

scientific machine *cf.* scientific computer.

scintillation scintillation (a) *scintillation de la cible d'un radar*) (*cf. aussi* target scintillation) ; (b) *fluctuations rapides de l'amplitude du signal reçu par une antenne de réception de faisceau hertzien*) (*dans le cas d'un faisceau hertzien troposphérique, la scintillation est due à des fluctuations de l'indice de réfraction de l'atmosphère*) (*dans le cas d'un faisceau hertzien entre le sol et un satellite artificiel de la Terre, la scintillation est due à des fluctuations du taux d'ionisation de l'ionosphère*) (*cf. aussi* microwave radio, troposcatter link, ionization degree *et* ionosphere) ; (c) *luminescence de très courte durée produite par le passage d'une particule chargée dans certains corps*) (*est due à l'excitation d'un électron d'un atome du corps par le choc de la particule*) (*cf. aussi* luminescence *et* scintillator).

scintillation counter compteur à scintillations (*détecteur de particules formé d'un scintillateur et d'un photomultiplicateur convertissant en impulsions électriques les impulsions de lumière produites par les particules dans le scintillateur*) (physique nucléaire) (*cf. aussi* particle (b), scintillator *et* photomultiplier).

scintillation detector *cf.* scintillator.

scintillator scintillateur (*corps dans lequel la scintillation peut être observée*) (*scintillateur organique : benzène et ses dérivés : naphtalène, anthracène, trans-stilbène, etc., ou inorganique : iodure de sodium, de potassium ou de césium, etc.*) (physique nucléaire) (*cf. aussi* scintillation (c) *et* nuclear battery 3°)).

scintillator material *cf.* scintillator.

scope 1) *cf.* oscilloscope. (*de même pour les termes dérivés qui ne figurent pas ci-après*). 2) écran (*de radar ou de sonar*) (*cf. aussi* radar scope *et* sonar scope).

scope circuitry circuits de l'indicateur (*radar, sonar*) (*cf. aussi* indicator (b) *et* circuitry).

scope image image formée sur l'écran (*cf. aussi* scope 2)).

scope picture *cf.* scope image (*cf. aussi* picture).

scope trace trace formée sur l'écran (*oscillo, etc.*) (*cf. aussi* trace[1] 1)).

scotophor scotophore (*corps de couleur claire prenant une teinte foncée sous l'action d'un bombardement électronique*) (*chlorure de potassium, etc.*) (*cf. aussi* skiatron).

SCPC system (*SCPC vient de « single-channel-per-carrier »*) système multiporteuse (radiocom) (*cf. aussi* multicarrier system).

SCR *cf.* silicon controlled rectifier.

SCR amplifier amplificateur à thyristor(s) (*montage utilisant un ou plusieurs thyristors pour faire varier l'intensité moyenne d'un courant par variation de l'angle de conduction du ou des thyristors*) (*est utilisé pour régler l'intensité d'un courant d'alimentation et notamment pour faire varier la vitesse d'un servomoteur à courant continu*) (*cf. aussi* silicon controlled rectifier, conduction angle *et* servomotor).

SCR converter convertisseur à thyristor(s) (*le pluriel est le cas le plus fréquent*) (*convertisseur de courant utilisant un ou plusieurs thyristors pour remplir sa fonction*) (*le terme « régulateur à thyristor(s) » est souvent employé à la place du terme ci-dessus pour rappeler sa fonction auxiliaire*) (*cf. aussi* power converter *et* SCR regulator).

SCR device *cf.* SCR.

SCR power supply *cf.* SCR-regulated power supply.

SCR preregulation prérégulation par thyristors (*prérégulation assurée par un prérégulateur à thyristors*) (alim) (*cf. aussi* preregulation *et* SCR preregulator).

SCR preregulator prérégulateur à thyristors (*régulateur à thyristors utilisé comme prérégulateur*) (alim) (*cf. aussi* SCR regulator *et* preregulator power supply).

SCR preregulator-series regulator régulateur série à prérégulateur à thyristors (*régulateur série précédé d'un prérégulateur à thyristors*) (alim) (*cf. aussi* series regulator *et* SCR preregulator).

SCR-regulated power supply alimentation à thyristor(s) (*alimentation régulée équipé d'un régulateur à thyristor(s)*) (*une alimentation à thyristors n'étant pas une alimentation à découpage au sens propre du terme, elle ne peut pas être utilisée avec une source de courant continu*) (*cf. aussi* regulated power supply, SCR regulator *et* switching power supply).

SCR-regulated supply *cf.* SCR-regulated power supply.

SCR-regulated switching power supply (*ou* **switching supply**) *cf.* SCR-regulated power supply.

SCR regulation régulation par thyristors (*régulation de tension ou de courant assurée par un régulateur à thyristor(s)*) (*alim*) (*cf. aussi* SCR regulator).

SCR regulator régulateur à thyristor(s) (*montage utilisant un ou plusieurs thyristors assurant simultanément le redressement d'un courant alternatif et la régulation de la tension de sortie*) (*un régulateur pour courant monophasé utilise un ou, beaucoup plus souvent, deux thyristors ; un régulateur pour courant triphasé utilise trois ou six thyristors*) (*la régulation est réalisée en faisant varier l'angle de retard à la conduction des thyristors en fonction de la différence entre la tension de sortie et une tension de référence de façon à annuler cette différence*) (*constitue le cœur d'une alimentation à thyristor(s)*) (*cf. aussi* silicon controlled rectifier, SCR-regulated power supply *et* SCR converter).

SCR supply *cf.* SCR-regulated power supply.

SCR switching supply *cf.* SCR-regulated power supply.

SCR trigger *cf.* SCR trigger pulse.

SCR trigger pulse impulsion de déclenchement d'un thyristor (*cf. aussi* silicon controlled rectifier).

SCR trigger transformer transformateur de déclenchement de thyristor (*transformateur à impulsions monté entre le générateur d'impulsions de déclenchement d'un thyristor et la gâchette de celui-ci pour convertir les impulsions de tension fournies par le générateur en impulsions de courant*) (*est donc un transformateur abaisseur de tension adaptant l'impédance de sortie élevée du générateur d'impulsions à la faible impédance d'entrée du thyristor*) (*cf. aussi* pulse transformer, trigger pulse generator, silicon controlled rectifier, stepdown transformer *et* impedance matching).

SCR triggering déclenchement d'un thyristor (*nom souvent donné à l'amorçage d'un thyristor, notamment lorsqu'il s'agit d'un amorçage intempestif*) (*cf. aussi* silicon controlled rectifier).

scramble *v* crypter (par embrouillage) (*une conversation radiotéléphonique*) (*cf. aussi* scrambling).

scrambled speech conversation cryptée (par embrouillage), paroles cryptées (*idem*) (*radiotél*) (*cf. aussi* scrambling).

scrambler crypteur (embrouilleur) *s* (*montage réalisant le cryptage par embrouillage dans un émetteur*) (*cf. aussi* scrambling).

scrambling cryptage (par embrouillage), cryptage des signaux (*idem*), (*parf.*) embrouillage, (*parf.*) codage (*déformation intentionnelle du signal émis par un radiotéléphone destinée à garantir le secret des conversations échangées entre correspondants en le rendant incompréhensible à celui qui n'est pas équipé d'un récepteur adéquat, ou du signal émis par un émetteur de télévision diffusée pour empêcher la réception des émissions par les téléviseurs qui ne sont pas équipés d'un décodeur fourni dans le cadre d'un abonnement*) (*est réalisé par inversion du spectre dans le cas, le plus fréquent pour le matériel civil, où le signal émis est analogique, ou par insertion de mots binaires pseudo-aléatoires qui rendent le signal incompréhensible à la réception si le récepteur n'a pas en mémoire le code de génération de nombres pseudo-aléatoires utilisé à l'émission, pour pouvoir éliminer les mots binaires ajoutés pour crypter le message dans le cas, le plus fréquent pour le matériel militaire, où le signal émis est numérique, le générateur de nombres pseudo-aléatoires du récepteur étant synchronisé sur celui de l'émetteur par le signal lui-même*) (*le cryptage d'un signal numérique est également utilisé pour réduire la longueur des suites de « 1 » ou de « 0 » qui apparaissent inévitablement dans un message transmis en numérique et ont l'inconvénient de perturber la synchronisation du récepteur sur l'émetteur*) (*radiocom*) (*cf. aussi* inversion 2), radiotelephone, binary word *et* pseudo-random sequence).

scrambling circuit *cf.* scrambler.

scratch bruit de surface (*disque*) (*cf. aussi* surface noise).

scratch area zone de manœuvre (*partie de la mémoire centrale d'un ordinateur où sont rangés notamment les résultats partiels et les constantes*) (*inf*) (*cf. aussi* main memory).

scratch disk disque de manœuvre (*disque de mémoire à disques utilisé comme zone de manœuvre*) (*inf*) (*cf. aussi* magnetic-disk memory *et* scratch area).

scratch filter filtre d'aiguille (*filtre passe-bas incorporé à un amplificateur de tourne-disque pour atténuer le bruit de surface*) (*cf. aussi* low-pass filter *et* surface noise).

scratches bruit de friture (*bruit produit par des parasites dans un écouteur ou un haut-parleur*) (*tél, radio, audio*).

scratchpad *cf.* scratchpad memory.

scratchpad memory mémoire bloc-notes (*petite mémoire rapide de l'unité centrale d'un ordinateur utilisée pour noter l'adresse des données relatives à une instruction d'entrée/sortie en cours d'exécution, des résultats partiels de calculs effectués, etc.*) (*inf*) (*cf. aussi* scratchpad RAM *et* central processing unit).

scratchpad RAM mémoire RAM bloc-notes (*mémoire RAM utilisée comme mémoire bloc-notes*) (*cas général d'une mémoire bloc-notes*) (*CI*) (*inf*) (*cf. aussi* RAM^1 *et* scratchpad memory).

screen^1 *s* écran (a) *sens usuel* ; (b) *écran de tube cathodique ou autre*) (*cf. aussi* CRT screen) ; (c) *écran de télévision sur grand écran* (*cf. aussi* projection screen) ; (d) *écran de sérigraphie* (*cf. aussi* screen printing) ; (e) *grille-écran*) (*cf. aussi* screen grid) ; (f) *blindage*) (*cf. aussi* shield^1).

screen^2 *v* (*voir aussi* screening) **1)** munir d'un écran. **2)** faire écran, masquer. **3)** trier. **4)** sérigraphier.

screen ... *cf.* screen-grid ... (*pour les termes qui ne figurent pas ci-après*).

screen cursor curseur formé sur l'écran (*appareil à tube cathodique*) (*cf. aussi* cursor 1)).

screen display présentation sur écran (*souvent* cathodique), (*etc.*) (*cf. aussi* display^1 1) *et* CRT screen).

screen format format de l'écran (*au même sens que « format de l'image »*) (*TV, etc.*) (*cf. aussi* aspect ratio *et* screen size).

screen grid grille-écran (*grille formant un écran électrostatique entre la grille de commande et l'anode dans certains tubes électroniques pour réduire l'effet de la capacité grille-anode*) (*est portée à une tension positive légèrement inférieure à celle de l'anode et réduit l'influence électrostatique de celle-ci sur la grille, c.-à-d. l'action de la tension de l'anode sur la tension de la grille*) (*cf. aussi* grid 1), electrostatic shield *et* interelectrode capacitance).

screen-grid bias polarisation de la grille-écran, polarisation de l'écran (*tube*) (*cf. aussi* bias^1 *et* screen-grid voltage).

screen-grid current (*parf.* intensité du) courant dans la grille-écran (*ou* dans l'écran) (*courant produit dans le circuit d'une grille-écran par les électrons captés par celle-ci ou, parfois, intensité de ce courant*) (*tube*) (*cf. aussi* screen grid).

screen-grid tube tube à grille-écran, tube électronique (*idem*) (*parf.* à grilles-écrans) (*tube électronique comportant une ou, parfois, deux grilles-écrans*) (*tétrode, pentode, hexode, heptode ou tube combiné*) (*cf. aussi* screen grid).

screen-grid voltage tension de la grille-écran, tension d'écran, potentiel (*idem*) (*tension de polarisation d'une grille-écran, c.-à-d. tension positive appliquée entre celle-ci et la cathode du tube*) (*cf. aussi* screen grid *et* bias voltage).

screen-on *v* *cf.* screen-print.

screen-print *v* sérigraphier (*cf. aussi* screen-printing).

screen-printed sérigraphié (*élément de circuit hybride à couches épaisses*) (*conducteur, résistance, etc.*) (*cf. aussi* screen printing).

screen printer machine à sérigraphier (*nom donné à un appareil comprenant essentiellement un plateau sur lequel est tendu un écran de sérigraphie*) (*cf. aussi* screen printing).

screen printing sérigraphie (*en électronique, la sérigraphie est utilisée pour former les couches successives d'un circuit hybride à couches épaisses par dépôt de pâtes appropriées à travers les mailles non obturées d'un écran en nylon ou en acier inoxydable à mailles très fines, à l'aide d'une raclette actionnée à la main ou mécaniquement dans une machine à sérigraphier*) (*cf. aussi* screen printer, thick-film hybrid circuit *et* ink 2)).

screen refresh rafraîchissement de l'écran (*ou* de la présentation), rafraîchissement vidéo (*inf, etc.*) (*cf. aussi* refresh^2 (b)).

screen refreshing *cf.* screen refresh.

screen size dimensions de l'écran *(dimensions d'un écran rectangulaire à bords droits ou bombés, ou par extension, diamètre d'un écran circulaire) (TV, radar, etc.) (cf. aussi* screen format *et* screen[1] (b) et (c)).

screenable ink pâte à sérigraphier *(fab. CH) (cf. aussi* ink 2)).

screenable paste *cf.* screenable ink. *(ce terme étant le plus employé).*

screenable polymer polymère à sérigraphier *(type de liant pour pâtes à sérigraphier) (cf. aussi* ink 2)).

screened *(voir aussi* screening) **1)** protégé par un écran. **2)** masqué par un écran. **3)** triés, sélectionnés. **4)** sérigraphié.

screened ... *cf.* shielded ... *(pour les termes qui ne figurent pas ci-après).*

screened and cured *cf.* screened and fired.

screened and fired sérigraphiée et cuite au four *(couche de pâte à sérigraphier) (cf. aussi* screen printing *et* firing 4)).

screened-on *cf.* screen-printed.

screened target cible masquée *(cible radar ou autre masquée par un obstacle vis-à-vis de l'appareil considéré) (mil, etc.) (cf. aussi* target (a)).

screened to ... triés conformément à ..., sélectionnés *(idem) (telle ou telle spécification ou norme militaire ou autre) (composants) (cf. aussi* screening 3), specification *et* standard[1] 2).

screening **1)** interposition d'un écran *(cf. aussi* shielding). **2)** masquage, *(parf. aussi)* présence d'un écran *(cf. aussi* masking (a) *et* (b)). **3)** tri, triage, sélection *(de composants, pour éliminer les défectueux, souvent à l'aide d'essais particuliers) (cf. aussi* screening test). **4)** sérigraphie *(cf. aussi* screen printing).

screening effect effet d'écran *(effet produit par un obstacle situé ou disposé sur le trajet d'une onde ou d'un faisceau de particules) (accident de terrain, immeuble, blindage, grille-écran, masque, etc.) (cf. aussi* shield[1], screen grid *et* mask[1]).

screening procedures règles de tri, règles de sélection *(composants) (cf. aussi* screening 3)).

screening test essai de sélection *(nom parfois donné à un essai de vieillissement artificiel) (composants) (cf. aussi* burn-in).

screwdriver adjustement réglage par tournevis *(réglage d'un potentiomètre ajustable ou d'un condensateur ajustable effectué à l'aide d'un tournevis à lame plate dont on engage la lame dans une fente ménagée à l'extrémité de l'axe de commande du composant) (cf. aussi* trimmer potentiometer *et* trimmer capacitor).

screwdriver control commande à réglage par tournevis *(ou à fente tournevis) (cf. aussi* screwdriver adjustment).

screwdriver slot fente pour réglage par tournevis, fente tournevis *(le second terme est le plus employé) (cf. aussi* screwdriver adjustment).

scribe *v* découper *(un substrat) (cf. aussi* scribing).

scriber rayeuse *(machine de précision exécutant la découpe des plaquettes à graver et à sérigraphier) (cf. aussi* scribing).

scribing découpe *(au diamant, au laser, à la scie diamantée) (découpage des substrats des circuits intégrés monolithiques ou hybrides ou des composants à semiconducteur réalisés simultanément sur une plaquette à gravure ou à sérigraphie) (cette opération consiste à exécuter deux réseaux orthogonaux de rayures parallèles équidistantes à l'aide d'une pointe en diamant ou d'un laser ou d'une scie circulaire à lame diamantée très mince et à casser la plaquette le long des rayures pour obtenir des puces ou des plaquettes carrées ou rectangulaires portant chacune un circuit intégré ou un composant discret) (les plaquettes élémentaires peuvent être séparées les unes des autres aussitôt après l'opération de contrôle unitaire faisant suite à l'opération de découpe ou, plus récemment, juste avant leur montage dans un boîtier, avec élimination des plaquettes défectueuses repérées à l'encre) (cf. aussi* laser scribing, wafer 2) *et* screen printing).

scribing step opération de découpe *(cf. aussi* scribing).

scroll *v* faire défiler *(des informations sur un écran) (inf) (cf. aussi* scrolling).

scrolling défilement *(mouvement vertical ou, moins souvent,*

horizontal *d'un texte ou autre graphisme formé sur l'écran d'un ordinateur ou d'un terminal à écran obtenu pour chercher un passage ou une autre zone particulière du texte ou graphisme) (inf) (cf. aussi* browsing *et* display terminal).

SCS **1)** *cf.* silicon controlled switch. **2)** *cf.* satellite communications system.

SCU *cf.* subscriber channel unit.

SCV *cf.* subclutter visibility.

SDC *cf.* synchro-to-digital converter.

SDF *cf.* supergroup distribution frame.

SDFL *(vient de « Schottky-diode FET logic »)* logique SDFL, logique à transistors MESFET *(ou à transistors à accès Schottky) (logique utilisant des transistors MESFET) (CI) (inf) (cf. aussi* logic (b) *et* MESFET).

SDI *cf.* serial data input.

SDLC *(vient de « synchronous data-link control »)* protocole SDLC *(protocole à binaires de la société américaine IBM pour transmission synchrone) (trans. données) (cf. aussi* bit-oriented protocol *et* synchronous transmission).

SDO *cf.* serial data output.

sea ... *cf.* surface ... *(pour les termes qui ne figurent pas ci-après).*

sea clutter échos de mer, échos de houle, retours de mer, fouillis de mer *(échos parasites sur un écran radar dus à la réflexion du faisceau d'ondes sur les vagues) (cf. aussi* clutter).

sea-clutter returns *cf.* sea clutter.

sea noise bruit marin *(sonar, etc.) (cf. aussi* undersea ambient noise).

sea returns *cf.* sea clutter.

sea search veille surface *(radar mil) (cf. aussi* surface search).

sea surface ... *cf.* surface ...

seabed sonar sonar de fond, *(parf.)* sonar de rade *(sonar passif ancré au fond d'une zone maritime à surveiller et notamment d'une rade) (mar. mil) (cf. aussi* passive sonar).

sealed contacts contacts scellés *(contacts de relais disposés dans une enceinte hermétique remplie d'un gaz neutre) (contacts de relais à tiges ou à mercure) (cf. aussi* relay contact, mercury relay *et* reed relay).

sealed crystal unit quartz en boîtier hermétique *(clpf) (cf. aussi* crystal can).

sealed rectifier redresseur à vide définitif, redresseur à cuve scellée, tube *(idem) (redresseur à cathode liquide dans lequel le vide est fait une fois pour toutes et non entretenu par une ou plusieurs pompes à vide) (ce terme s'applique aux redresseurs à cuve métallique, les redresseurs à ampoule en verre étant tous à vide définitif) (cf. aussi* mercury-pool tube).

sealed rotary *cf.* sealed-wafer rotary switch.

sealed rotary switch *cf.* sealed-wafer rotary switch.

sealed switch *cf.* sealed-wafer rotary switch.

sealed tube *cf.* sealed rectifier.

sealed-wafer rotary switch commutateur à galette(s) fermé, commutateur fermé *(commutateur à galette(s) dans lequel la ou les galettes sont protégées par un boîtier) (cf. aussi* wafer rotary switch).

sealing compound brai *(résidu solide de la distillation de goudrons de houille ou autres corps utilisé notamment comme agent d'étanchéité mis en place à chaud dans des accumulateurs, des boîtes de raccordement, des condensateurs, etc.).*

sealing-off scellement après pompage *(ou* dégazage) *(ampoule ou enveloppe de tube à vide) (cf. aussi* degassing).

search[1] *s* **1)** recherche *(de cibles),* exploration *(de l'espace aérien ou sous-marin),* veille *(radar, sonar) (mil) (cf. aussi* air search, surface search *et* search radar). **2)** recherche *(d'informations dans un fichier, une table, etc.) (inf, etc.).*

search[2] *v (voir aussi* search[1]) **1)** chercher, explorer, assurer la veille. **2)** chercher.

search aerial *(GB) cf.* search radar antenna.

search and track capability possibilité(s) de veille et poursuite *(radar) (cf. aussi* search-and-track radar *et* capability).

search-and-track radar radar de veille et poursuite *(mil) (cf. aussi* track-while-scan radar).

search antenna *cf.* search radar antenna.

search coil bobine exploratrice *(champ magnétique) (cf. aussi* flip coil).

search mode mode de veille (*un des modes de fonctionnement d'un radar militaire multifonction*) (*cf. aussi* search radar *et* multimode radar).

search operator 1) *cf.* search radar operator. 2) *cf.* surveillance receiver operator.

search phase phase de recherche (*phase d'une séquence de fonctionnement d'un radar militaire ou d'un autodirecteur pendant laquelle celui-ci cherche une cible à suivre*) (*cf. aussi* homing head).

search pulse Doppler radar radar de veille Doppler à impulsions (*mil*) (*cf. aussi* pulse Doppler radar *et* search radar).

search radar radar de veille (*radar militaire à moyenne ou longue portée émettant un faisceau en éventail vertical balayant régulièrement l'horizon sur 360⁰ ou moins pour assurer la détection des aéronefs et missiles ou, parfois, des navires de surface*) (*noter que le terme anglais initial était « surveillance radar » et que l'emploi de ce terme étendu par la suite au radar primaire est de plus en plus limité à celui-ci*) (*cf. aussi* detection radar, air search radar, surface-search radar, search radar antenna *et* airport surveillance radar).

search radar aerial (*GB*) *cf.* search radar antenna.

search radar antenna antenne de radar de veille, antenne de veille (*antenne de radar émettant un faisceau d'ondes en forme d'éventail orienté dans le plan vertical*) (*en d'autres termes, antenne dont le lobe principal du diagramme de rayonnement est étroit dans le plan horizontal et large dans le plan vertical*) (*dans le cas très fréquent d'une antenne à balayage mécanique, une antenne de veille dite une antenne dite « peau d'orange », c.-à-d. une antenne à réflecteur parabolique réduit à une ellipse allongée et cintrée dans le plan de son grand axe, celui-ci étant disposé horizontalement*) (*mil*) (*cf. aussi* truncated paraboloid, search radar, main lobe, mechanical scanning *et* radar antenna).

search radar network chaîne de radars de veille (*mil*) (*cf. aussi* search radar *et* early-warning radar).

search radar operator opérateur de radar de veille (*mil*) (*cf. aussi* radar operator *et* search radar).

search receiver récepteur d'écoute (*mil*) (*cf. aussi* surveillance receiver).

search sonar sonar de veille (*sonar de navire militaire ou de rade couvrant un angle solide important, c-à-d. explorant successivement ou simultanément un certain nombre de directions du plan horizontal, souvent par rotation du transducteur autour d'un axe vertical, et du plan vertical*) (*donne donc une représentation des cibles environnantes dans le plan horizontal sur 360⁰ ou moins à l'aide d'un indicateur panoramique analogue à celui d'un radar panoramique*) (*noter que ce terme désigne donc un sonar de veille actif, mais couvre également le sonar de veille passif*) (*mar. mil*) (*cf. aussi* active search sonar, passive search sonar, PPI display *et* sonar).

search threat menace d'un radar de veille, (*parf.*) émission d'un radar de veille hostile (*émission d'un radar de veille de l'adversaire en direction d'une cible amie*) (*mil*) (*cf. aussi* search radar *et* radar threat).

search volume volume d'exploration (*partie de l'espace aérien explorée par un radar de veille*) (*mil*) (*cf. aussi* search radar).

searchlight sonar sonar directif (*mar*) (*cf. aussi* attack sonar).

searchlighting illumination permanente (*illumination d'une cible par un radar restant pointé dans la direction de celle-ci*) (*mil, etc.*) (*cf. aussi* target illumination).

seasonal propagation propagation saisonnière (*propagation d'ondes radioélectriques dont les conditions ne sont pas les mêmes pour toutes les saisons*) (*radiocommunications et radionavigation à moyenne et grande distance*) (*cf. aussi* propagation conditions).

sec *cf.* second.

SECAM *cf.* SECAM system.

SECAM broadcast émission SECAM, (*etc.*) (*cf. aussi* SECAM signal).

SECAM color ... *cf.* SECAM ...

SECAM colors (les) couleurs (des images) du procédé SECAM, (*etc.*) (*TVC*) (*cf. aussi* SECAM system).

SECAM receiver récepteur SECAM, récepteur couleur SECAM (*ou* de télévision en couleurs SECAM), poste (*idem*), téléviseur SECAM (*ou* couleur SECAM) (*cf. aussi* television receiver *et* SECAM system).

SECAM set *cf.* SECAM receiver.

SECAM signal signal SECAM (*ou* du procédé SECAM), (*etc.*), signal couleur (*idem*) (*cf. aussi* color television signal *et* SECAM system).

SECAM system (*SECAM vient de « séquentiel couleur à mémoire »*) procédé SECAM (*procédé séquentiel de télévision en couleurs inventé en France par Henri de France et adopté par ce pays et notamment par l'Union Soviétique, l'Allemagne de l'Est et la Tchécoslovaquie*) (*est caractérisé : 1°) par le fait qu'un seul des deux signaux de chrominance d'une ligne de l'image est transmis à chaque ligne analysée, l'autre étant transmis à la ligne suivante, tandis que le premier est mis en mémoire dans le récepteur pendant la durée d'une ligne avant d'être appliqué au tube-image en même temps que le second signal) ; 2°) par l'emploi de la modulation de fréquence pour la sous-porteuse de chrominance*) (*la transmission séquentielle des deux signaux de chrominance exclut le risque de diaphotie de chrominance, c.-à-d. d'interaction entre eux conduisant à une altération de la couleur à reproduire ; la mise en mémoire du signal de chrominance dans le récepteur est assurée par une ligne à retard imposant un retard de 64 microsecondes à celui-ci, soit la durée du balayage d'une ligne*) (*l'émission alternée des deux signaux de chrominance d'une ligne est commandée par un commutateur électronique à deux voies dans l'émetteur ; le récepteur est équipé d'un commutateur analogue dont le fonctionnement est synchronisé sur celui de l'émetteur par des signaux incorporés aux signaux de synchronisation et appelés « signaux d'identification »*) (*ces signaux ne jouent donc pas le même rôle que la salve de référence du procédé NTSC, sauf en ce qui concerne la commande du circuit d'achrominance*) (*le commutateur connecte alternativement la sortie de la ligne à retard et la sortie directe à l'entrée des circuits de démodulation de la sous-porteuse de chrominance en synchronisme avec le commutateur de l'émetteur*) (*dans un procédé séquentiel, l'amplitude du signal de chrominance pouvant être très différente d'une ligne à la suivante, l'emploi de la modulation d'amplitude et les grandes différences d'amplitude de la sous-porteuse de chrominance qui en résulteraient alors produirait un phénomène appelé « effet de persienne », c.-à-d. une augmentation de luminosité d'une ligne sur deux de l'image ; c'est en grande partie pour éviter ce défaut et améliorer, par conséquent, la compatibilité directe que la sous-porteuse de chrominance est modulée en fréquence dans le procédé SECAM*) (*la compatibilité directe du procédé SECAM est moins bonne que celle du procédé NTSC du fait que, en raison même du procédé choisi pour la modulation de la sous-porteuse de chrominance, celle-ci ne peut pas être supprimée à l'émission et apparaît légèrement sur l'écran des récepteurs noir et blanc*) (*la compatibilité inverse est bonne grâce au circuit d'achrominance des récepteurs*) (*cf. aussi* sequential color television system, chrominance signal, frequency modulation, television system compatibility, color killer *et* NTSC system).

SECAM system colors *cf.* SECAM colors.

SECAM system compatibility compatibilité du procédé SECAM (*cf. aussi* television system compatibility *et* SECAM system).

SECAM system signal *cf.* SECAM signal.

SECAM television ... *cf.* SECAM ...

SECAM TV ... *cf.* SECAM ...

second s seconde *sf*, s (*unité de temps*) (*la durée officielle de la seconde, qui était égale à 1/86 400 de la durée du jour solaire moyen et s'est révélée variable par suite de légères irrégularités de la vitesse de rotation de la Terre sur elle-même, a été rapportée en 1956 à la durée d'une période de révolution de la Terre autour du Soleil, soit un an, c.-à-d. à la vitesse de rotation de la Terre autour du Soleil*) (*cet étalon a été abandonné à son tour et la seconde définie par la XIIIᵉ Conférence générale des Poids et Mesures tenue à Paris en 1967, comme étant « la durée de 9.192.631.770 périodes de l'onde électromagnétique émise lors de la transition entre les deux niveaux hyperfins de l'état fondamental de l'atome de césium 133 »*) (*la durée officielle de la seconde est donc maintenant rapportée à une constante de l'atome, donc à une constante absolue) (en électronique, on utilise surtout les sous-multiples de cette unité) (cf. aussi millisecond, microsecond, nanosecond, picosecond, femtosecond et time standard).

second anode seconde anode (dans un canon à électrons, lorsque la « first anode » est l'anode de concentration, la « second anode » est la première anode d'accélération ; si la « first anode » est une anode d'accélération, la « second anode » est l'anode de concentration et il y a alors une « third anode », laquelle est normalement une seconde anode d'accélération) (tube cath) (cf. aussi first anode et electron gun).

second breakdown claquage secondaire, second claquage (claquage destructif de la jonction base-collecteur d'un transistor bipolaire par emballement thermique) (semi) (cf. aussi thermal runaway et breakdown 2)).

second-breakdown failure destruction par claquage secondaire, (etc.) (cf. aussi second breakdown).

second breakdown failure mechanism mécanisme de la ... (cf. aussi second breakdown failure).

second-channel attenuation cf. adjacent-channel attenuation.

second-channel interference diaphonie par troisième fil (diaphonie entre une voie d'un câble téléphonique à courants porteurs et une voie située au-dessous ou au-dessus de la voie voisine inférieure ou supérieure, respectivement, dans l'échelle des fréquences) (tls) (cf. aussi crosstalk 1) et carrier telephony).

second detector détecteur s (le terme anglais est le nom généralement donné dans cette langue au détecteur d'un récepteur superhétérodyne à simple changement de fréquence) (cf. aussi detector 2) et superheterodyne receiver).

second equalizing pulse sequence train d'impulsions de post-égalisation (signal TV) (cf. aussi back equalizing pulses).

second field trame paire (image TV) (cf. aussi even field).

second Fresnel zone second ellipsoïde de Fresnel (faisceau hz) (cf. aussi Fresnel zone).

second-generation computer ordinateur de la deuxième génération (ordinateur utilisant des transistors discrets à la place des tubes électroniques) (cf. aussi computer generation et discrete transistor).

second harmonic harmonique 2 (ou de rang 2), deuxième harmonique, second harmonique (cf. aussi harmonic).

second harmonic distortion distorsion par harmonique 2 (distorsion d'un signal due à la présence de l'harmonique 2 dans celui-ci) (cf. aussi distortion et harmonic).

second-harmonic injection injection d'harmonique 2 (tube hyper, etc.) (cf. aussi second harmonic).

second IF cf. second intermediate frequency.

second IF amplifier second amplificateur à fréquence intermédiaire (ou FI), amplificateur à seconde fréquence intermédiaire (idem) (amplificateur amplifiant la porteuse issue du second changeur de fréquence d'un récepteur superhétérodyne à double changement de fréquence avant qu'elle soit appliquée au détecteur) (cf. aussi second mixer et third detector).

second injection injection du signal du second oscillateur local, injection du second signal local, seconde injection (application du signal du second oscillateur local à l'électrode correspondante de l'élément non linéaire du second changeur de fréquence d'un récepteur superhétérodyne à double changement de fréquence) (cf. aussi second local oscillator).

second intermediate frequency seconde fréquence intermédiaire, seconde FI (fréquence de la porteuse à la sortie du second changeur de fréquence d'un récepteur superhétérodyne à double changement de fréquence) (cf. aussi second mixer et second IF amplifier).

second intermediate frequency amplifier cf. second IF amplifier.

second ionization seconde ionisation (ionisation produite par l'arrachement d'un deuxième électron à un atome ou une molécule ayant déjà perdu un électron) (cf. aussi ionization).

second ionization potential second potentiel d'ionisation (potentiel auquel se produit la seconde ionisation) (cf. aussi second ionization et ionization potential).

second-level metallization cf. second metallization level.

second local oscillator second oscillateur local (oscillateur local du second changeur de fréquence d'un récepteur super-

hétérodyne à double changement de fréquence) (la fréquence de la porteuse appliquée à ce changeur de fréquence étant fixe, la fréquence du signal fourni par le second oscillateur local est aussi fixe) (cf. aussi second mixer et first local oscillator).

second metallization level second niveau de métallisation (CI) (cf. aussi metallization level).

second mixer second changeur de fréquence, second changeur (changeur de fréquence d'un récepteur superhétérodyne à double changement de fréquence, dans lequel la fréquence de la porteuse issue de l'amplificateur à première fréquence intermédiaire est abaissée par battement avec le signal du second oscillateur local) (cf. aussi mixer, first IF amplifier, second local oscillator et second intermediate frequency).

second-order band-elimination filter cf. second-order band-stop filter.

second-order band-pass cf. second-order band-pass filter.

second-order band-pass filter filtre passe-bande du second ordre (ou d'ordre 2) (cf. aussi band-pass filter et filter order).

second-order band reject cf. second-order band-stop filter.

second-order band-rejection filter cf. second-order band-stop filter.

second-order band-stop filter filtre coupe-bande du second ordre (ou d'ordre 2) (cf. aussi band-stop filter et filter order).

second-order filter filtre du second ordre, filtre d'ordre 2 (cf. aussi filter order).

second-order high-pass cf. second-order high-pass filter.

second-order high-pass filter filtre passe-haut du second ordre (ou d'ordre 2) (cf. aussi high-pass filter et filter order).

second-order hold cf. second-order hold circuit.

second-order hold circuit échantillonneur du second ordre (ou d'ordre 2) (numériseur) (cf. aussi sample-and-hold circuit).

second-order low-pass cf. second-order low-pass filter.

second-order low-pass filter filtre passe-bas du second ordre (ou d'ordre 2) (cf. aussi low-pass filter et filter order).

second-order notch filter cf. second-order band-stop filter.

second-order prefilter préfiltre du second ordre (ou d'ordre 2) (cf. aussi prefilter et filter order).

second-order section cellule du second ordre (ou d'ordre 2) (filtre) (cf. aussi filter section et filter order).

second-order servo système asservi du second ordre (ou d'ordre 2), système du second ordre (idem) (cf. aussi servo order).

second-order system cf. second-order servo.

second source licencié s, fabricant licencié, seconde source (d'approvisionnement) (fabricant de composants à semi-conducteur ou autres et notamment de circuits intégrés monolithiques ayant obtenu une licence de fabrication d'un ou plusieurs modèles d'un concurrent) (cf. aussi second sourcing, multiple sourcing et semiconductor device).

second-source agreement contrat de licence (cf. aussi second source).

second-source arrangement cf. second-source agreement.

second-source component composant fabriqué sous licence (cf. aussi second source).

second-source device cf. second-source component.

second sourcing fabrication sous licence, (parf. aussi) fabrication par un licencié (parf. par des licenciés) (cf. aussi second source).

second-sourcing rights droits de fabrication sous licence (cf. aussi second source).

second-time-around echo écho hors cycle (écho d'une impulsion d'un radar à impulsions reçu par le récepteur du radar après l'émission de l'impulsion suivante) (en d'autres termes, écho dont le temps d'aller et retour radar-cible est plus long que la période de récurrence des impulsions émises) (cf. aussi pulse radar).

secondary s cf. secondary winding.

secondary battery batterie d'accumulateurs (élec) (cf. aussi storage battery).

secondary breakdown cf. second breakdown.

secondary cell accumulateur (élec) (cf. aussi storage cell 1)).

secondary center tap prise médiane au secondaire, (parf.) point milieu du secondaire (prise médiane ménagée sur l'enroulement secondaire d'un transformateur) (cf. aussi center tap et secondary winding).

secondary circuit   circuit secondaire, circuit du secondaire, circuit de l'enroulement secondaire, *(parf.)* circuit de la charge *(circuit comprenant l'enroulement secondaire d'un transformateur, c.-à-d., en pratique, partie de ce circuit constituée par la charge dans laquelle cet enroulement débite du courant et les conducteurs la reliant aux bornes de celui-ci) (cf. aussi* transformer 1) *et* load[1] (a)).

secondary color   couleur secondaire *(couleur produite par le mélange de deux couleurs primaires, c-à-d. couleur jaune, cyan ou magenta) (colorimétrie, TVC, etc.) (cf. aussi* yellow, cyan, magenta *et* primary color).

secondary current   *(parf.* intensité du) courant secondaire *(ou* dans le secondaire *ou* dans l'enroulement secondaire *parf.* dans le circuit secondaire *(ce cas étant d'ailleurs inclus dans les termes précédents) (transfo) (cf. aussi* secondary circuit *et* current).

secondary electron   électron secondaire *(électron émis par émission secondaire dans un tube électronique) (cf. aussi* secondary emission).

secondary-electron emission   *cf.* secondary emission.

secondary-electron multiplier   *cf.* electron multiplier.

secondary-electron yield   *cf.* secondary emission ratio.

secondary emission   émission secondaire, émission d'électrons secondaires *(émission d'électrons par une électrode d'un tube électronique sous l'action du choc d'électrons émis par une autre électrode) (l'émission secondaire se produit généralement sur l'anode du tube sous l'action des électrons (primaires) émis par la cathode, mais elle peut intéresser les autres électrodes et notamment la cathode dans un tube à décharge) (cf. aussi* secondary-emission ratio, secondary-emission tube, cathode rays, electron *et* electron tube).

secondary-emission factor   *cf.* secondary-emission ratio.

secondary-emission noise   bruit d'émission secondaire *(bruit électrique à la sortie d'un tube électronique dû à l'irrégularité de l'émission secondaire) (cf. aussi* noise 2) (a), secondary emission *et* tube noise).

secondary-emission ratio   rendement d'émission secondaire *(nombre d'électrons secondaires chassés d'une surface par un électron primaire) (cf. aussi* secondary emission).

secondary-emission target   cible à émission secondaire *(cible de tube analyseur utilisant l'émission secondaire produite par l'impact des électrons émis par une photocathode sur laquelle l'image à transmettre est focalisée) (est couverte d'une mosaïque analogue à celle d'une cible photo-émissive, mais formée d'une matière à grand rendement d'émission secondaire et à émission photoélectrique négligeable) (cible de supericonoscope, de photicon ou d'image-orthicon) (ne pas confondre avec la cible photoémissive, dans laquelle l'émission secondaire est un phénomène parasite) (caméra TV) (cf. aussi* target (b), secondary emission, photocathode, supericonoscope, photicon, image-orthicon *et* photoemissive target).

secondary-emission tube   tube à émission secondaire *(tube électronique utilisant l'émission secondaire) (tube photomultiplicateur ou tube analyseur à cible à émission secondaire) (cf. aussi* photomultiplier *et* secondary-emission target).

secondary emitter   émetteur d'électrons secondaires (a) *électrode émettant des électrons secondaires et notamment dynode) (cf. aussi* secondary emission *et* dynode) ; (b) *corps à grand rendement d'émission secondaire) (oxyde de magnésium, etc.) (cf. aussi* secondary-emission ratio).

secondary frequency standard   étalon secondaire de fréquence *(étalon de fréquence constituant un étalon secondaire, c.-à-d. étalon de fréquence à vapeur de rubidium ou à quartz) (cf. aussi* frequency standard, secondary standard, rubidium-vapor frequency standard *et* quartz frequency standard).

secondary grid emission   émission secondaire par la grille, émission d'électrons secondaires par la grille *(émission d'électrons secondaires par la, ou une, grille d'un tube électronique sous l'action du choc d'électrons primaires) (cf. aussi* secondary emission *et* primary electron).

secondary inductance   inductance du secondaire *(ou* de l'enroulement secondaire) *(transfo) (cf. aussi* inductance *et* secondary winding).

secondary lobe   lobe secondaire *(antenne) (cf. aussi* side lobe).

secondary radar   radar secondaire *(radar dans lequel les échos présentés sur l'écran sont produits par une balise ou un répondeur porté par la cible) (le terme français a pris en fait le sens restreint correspondant à « secondary surveillance radar ») (voir ce terme) (cf. aussi* radar beacon, primary radar *et* radar).

secondary radiation   rayonnement secondaire *(émission de particules par un corps sous l'action du choc de particules) (émission secondaire, etc.) (cf. aussi* particle 2) *et* secondary emission).

secondary resistance   résistance du secondaire *(ou de l'enroulement secondaire) (transfo) (cf. aussi* resistance *et* secondary winding).

secondary service area   zone desservie par l'onde de ciel *(zone de réception des signaux d'un émetteur radio dans laquelle l'onde de ciel est prépondérante ou seule présente, le signal reçu présentant de ce fait des évanouissements) (entoure la zone de réception instable ou la zone de silence ; est la zone de réception la plus éloignée de l'émetteur et la plus vaste) (n'existe qu'en ondes moyennes ou courtes et pas en ondes longues) (propa) (radiodif, radiocom) (cf. aussi* sky wave, intermittent-service area, skip zone, fading *et* service area).

secondary standard   étalon secondaire *(étalon devant être lui-même étalonné à l'aide d'un étalon primaire lors de sa construction et périodiquement ensuite) (cf. aussi* standard[1] 1) *et* secondary frequency standard).

secondary storage   mémoire auxiliaire *(inf) (cf. aussi* auxiliary storage).

secondary surveillance radar   radar secondaire, radar d'identification (civil) *(radar d'identification adjoint au radar primaire d'un aéroport) (sert à identifier les aéronefs pris en charge par celui-ci) (est dérivé du radar IFF) (cf. aussi* IFF radar *et* airport surveillance radar).

secondary tap   prise au secondaire, prise sur l'enroulement secondaire *(prise ménagée sur l'enroulement secondaire d'un transformateur) (cf. aussi* tap[1] *et* secondary winding).

secondary target   cible secondaire *(cible suivie par un radar secondaire) (cf. aussi* secondary radar).

secondary terminals   bornes du secondaire *(ou de l'enroulement secondaire) (transfo) (cf. aussi* secondary winding *et* terminal 1)).

secondary unit   *cf.* secondary standard.

secondary voltage   tension au secondaire *(ou aux bornes du secondaire ou de l'enroulement secondaire) (transfo) (cf. aussi* secondary winding *et* voltage).

secondary winding   enroulement secondaire, (le *ou*, parfois, un) secondaire *(enroulement d'un transformateur dans lequel est induite une force électromotrice) (cf. aussi* transformer 1)).

secondary-winding …   *cf.* secondary …

secondary yield   *cf.* secondary-emission ratio.

section   **1)** section *(sens usuels).* **2)** tronçon *(de câble, de guide d'ondes, etc.)* **3)** partie *(en électronique et techniques connexes, ensemble de circuits ou autres organes d'un appareil ou autre matériel constituant une des grandes divisions de celui-ci) (cf. aussi* input section, output section, transmitting section, receiving section, IF section, picture section *et* sound section).

section of waveguide   tronçon de guide d'ondes *(hyper) (cf. aussi* waveguide section).

sectionalized vertical antenna   antenne verticale divisée *(antenne d'émission verticale formée de plusieurs tronçons superposés isolés entre eux et alimentés avec une phase appropriée) (cf. aussi* transmitting antenna *et* phase (a)).

sector   secteur *(sens usuels, sauf « secteur électrique ») (dans un disque magnétique, un secteur est une division d'une des pistes d'enregistrement dont la longueur est un sous-multiple entier de la longueur de la piste ; est repéré par un numéro) (cf. aussi* sectoring, interleaving 3) *et* magnetic disk).

sector display   présentation sectorielle *(présentation panoramique limitée à un secteur de la zone entourant le radar) (la présentation panoramique d'un radar de navigation d'aéronef est une présentation sectorielle, le faisceau du radar n'explorant que la zone située devant l'appareil) (cf. aussi* PPI display).

sector scan   (un) balayage sectoriel *(cf. aussi* sector scanning).

sector scanning (le) balayage sectoriel, exploration d'un secteur, exploration sectorielle *(exploration d'un secteur de l'espace aérien dans le plan horizontal ou vertical par un radar de veille ou un radar primaire) (avia) (cf. aussi* scanning (a), search radar *et* airport surveillance radar).

sector search veille sectorielle *(veille d'un radar de veille assurée par balayage sectoriel) (mil) (cf. aussi* search radar *et* sector scanning).

sector transmission émission sectorielle *(émission d'un radar fonctionnant en mode de balayage sectoriel) (cf. aussi* sector scanning).

sectoral horn cornet sectoriel *(cornet rectangulaire dans lequel deux côtés seulement s'évasent, les deux autres restant parallèles dans le prolongement du guide d'ondes) (antenne hyper) (cf. aussi* E-plane sectoral horn *(au début de la lettre E),* H-plane sectoral horn *(idem H) et* horn antenna).

sectorial ... *cf.* sector ...

sectoring sectorisation *(délimitation des secteurs d'un disque magnétique à l'aide d'un ou plusieurs trous pratiqués dans le disque près du trou d'entraînement et détectés par un photodétecteur recevant la lumière d'une source de lumière disposée de l'autre côté du disque) (mémoire à disque(s) magnétique(s)) (inf) (cf. aussi* hard sectoring, soft sectoring *et* sector.

secular change variation séculaire *(variation extrêmement lente de la valeur d'une grandeur) (en électronique, ce terme désigne notamment la variation de la fréquence d'un étalon de fréquence atomique) (cf. aussi* atomic frequency standard).

secular variation *cf.* secular change.

secure communications liaisons sûres, *(souvent)* liaisons discrètes *(liaisons radio utilisant des signaux difficiles à intercepter ou brouiller, ou les deux, c-à-d. utilisant le cryptage, des sauts de fréquence, l'étalement du spectre, l'émission en salves, etc.) (mil, etc.) (cf. aussi* scrambling, frequency hopping, spread-spectrum signal, burst transmission *et* radio communications).

secure data link liaison de transmission de données sûre *(mil, etc.) (cf. aussi* data link *et* secure communications).

secure link liaison sûre, liaison de télécommunications *(idem) (mil, etc.) (cf. aussi* communications link *et* secure communications).

secure speech ... *cf.* secure voice ...

secure voice *cf.* secure voice communications.

secure voice communications liaisons discrètes en phonie *(mil, etc.) (cf. aussi* voice link *et* secure communications).

secure voice link liaison discrète en phonie *(mil, etc.) (cf. aussi* voice link *et* secure communications).

secure voice message message discret en phonie *(message crypté émis par un radiotéléphone) cf. aussi* secure communications *et* scrambling.

secure voice transmission transmission discrète de la parole *(cf. aussi* secure voice message).

securely grounded soigneusement mis à la masse *(parf. à la terre) (appareil, borne, etc.) (cf. aussi* ground[1]).

Seebeck effect effet Seebeck *(apparition d'une force électromotrice dans un circuit formé de deux conducteurs de nature différente soudés ensemble à leurs extrémités lorsque celles-ci sont à des températures différentes) (est utilisé notamment dans les thermocouples) (est un des trois effets thermoélectriques et a pour réciproque l'effet Peltier) (thermoélectricité) (cf. aussi* electromotive force, thermocouple *et* thermoelectric effect).

seed[1] *s* germe *(petit monocristal de semiconducteur à orientation cristallographique déterminée utilisé pour obtenir un monocristal de semiconducteur de dimensions beaucoup plus grandes et de forme cylindrique ou autre) (fab. semi) (cf. aussi* single crystal, semiconductor *et* single-crystal growth).

seed[2] *v* ensemencer *(un gaz) (cf. aussi* seeding 1)).

seeding *s* **1)** ensemencement *(introduction d'ions de césium ou d'un corps équivalent dans un gaz pour faciliter l'ionisation de ce dernier) (cf. aussi* cesium *et* ionization). **2)** introduction d'un germe *(parf. du germe) (fab. semi) (cf. aussi* seed[1]).

seek time temps de recherche *(temps nécessaire à une tête de lecture/écriture de mémoire à disque(s) pour passer de la piste où elle se trouve à la piste où elle doit lire ou écrire une information) (inf) (cf. aussi* read/write head *et* magnetic-disk memory).

seeker **1)** autodirecteur, *(etc.) (engin autoguidé) (mil) (cf. aussi* homing head). **2)** chercheur *(engin spatial, etc.) (cf. aussi* sun seeker).

seeker head *cf.* seeker 1).

seeker range portée de l'autodirecteur, *(etc.) (distance maximale à laquelle un autodirecteur peut commencer l'autopoursuite d'une cible) (mil) (cf. aussi* homing head).

seeking recherche (a) *recherche d'une cible par un autodirecteur) (mil) (cf. aussi* homing head) ; (b) *recherche d'un repère par un chercheur spatial) (engin spatial) (cf. aussi* sun seeker *et* star tracker).

seeking head *cf.* seeker.

segment[1] *s* segment (a) *trait lumineux ou opaque, généralement court et épais, formant tout ou partie d'un caractère apparaissant sur un afficheur) (cf. aussi* display[1] 4)) ; (b) *partie d'un programme d'ordinateur formant un tout pouvant être contenu, éventuellement avec d'autres, dans la mémoire centrale d'un ordinateur ou, par extension, zone d'un espace d'adressage contenant une telle partie de programme) (un segment peut avoir une longueur quelconque, contrairement à une page) (inf) (cf. aussi* segmentation *et* segment-oriented virtual memory).

segment[2] *v* segmenter, découper en segments *(un programme ou une mémoire d'ordinateur) (inf) (cf. aussi* segment[1] (b)).

segment driver attaqueur de segment *(attaqueur excitant un segment déterminé d'un afficheur à segments) (cf. aussi* driver 1) *et* segment-type display 2)).

segment line ligne de segment *(conducteur reliant un attaqueur de segment à celui-ci) (afficheur) (cf. aussi* segment driver).

segment line driver *cf.* segment driver.

segment-oriented memory *cf.* segment-oriented virtual memory.

segment-oriented virtual memory mémoire virtuelle à segments *(ou* segmentée), mémoire à segments *(idem) (mémoire virtuelle dans laquelle l'espace d'adressage est divisé en segments) (inf) (cf. aussi* virtual memory, address space *et* segment[1] (b)).

segment-type display **1)** affichage par segments *(affichage par un afficheur à segments) (voir aussi 2) ci-après).* **2)** afficheur à segments *(afficheur dans lequel les caractères sont formés par des segments) (cf. aussi* seven-segment display, 18-segment display *et* segment[1] (a)).

segmentation segmentation *(division d'un programme d'ordinateur en plusieurs parties appelées « segments » lorsque le programme est trop long pour être contenu dans la mémoire centrale de l'appareil, chaque segment étant introduit dans celle-ci au moment voulu) (inf) (cf. aussi* segment[1] (b), computer program *et* main memory).

segmented memory *cf.* segment-oriented virtual memory.

segmenting *cf.* segmentation.

seizure prise *(d'une ligne par un appareil de connexion dans un central téléphonique ; après quoi, la ligne ne peut plus être utilisée pour une autre communication tant qu'elle n'a pas été libérée) (tls) (cf. aussi* release[1] 1)).

selectable commutable *(caractéristique d'une grandeur réglable par paliers à l'aide d'un commutateur ou non) (cf. aussi* switch selectable).

selectable bandwidth largeur de bande commutable *(filtre passe-bande, amplificateur à bande étroite) (oscillo, etc.) (cf. aussi* bandwidth 2) *et* selectable).

selectable gain gain commutable *(ampli) (cf. aussi* gain 1) *et* selectable).

selectable ranges *cf.* switch-selectable ranges.

selectance *cf.* adjacent-channel attenuation.

selection rules règles de sélection *(ensemble des règles permettant de classer en deux catégories les transitions entre états d'énergie d'un atome suivant leur probabilité d'apparition en fonction des nombres quantiques décrivant le corpuscule) (cf. aussi* allowed transition, forbidden transition, transition (a), energy state *et* quantum number).

selective calling appel sélectif *(appel d'une station de récep-*

tion radio déterminée) (radiotél, système d'appel de personnes).

selective diffusion diffusion sélective *(diffusion d'atomes d'impureté dans des zones déterminées de la surface d'un substrat de semiconducteur recouvert d'une couche d'oxyde protectrice éliminée par voie chimique aux emplacements de ces zones) (fab. semi) (cf. aussi diffusion 2), oxide window et planar process).*

selective dump vidage sélectif *(vidage de la mémoire centrale d'un ordinateur ne portant que sur une partie déterminée du contenu de celle-ci) (inf) (cf. aussi memory dump).*

selective erasing *cf.* selective erasure.

selective erasure effacement sélectif *(effacement d'informations déterminées contenues dans une mémoire) (inf) (cf. aussi erasure).*

selective fading évanouissement sélectif *(évanouissement affectant plus certaines fréquences d'un signal que les autres) (réception radio) (cf. aussi fading).*

selective feedback contre-réaction sélective *(contre-réaction dont le taux est fonction de la fréquence du signal amplifié grâce à la présence d'un filtre dans le circuit de contre-réaction) (ampli) (cf. aussi negative feedback et filter[1]).*

selective-feedback amplifier amplificateur à contre-réaction sélective *(cf. aussi feedback amplifier et selective feedback).*

selective gold plating dorure sélective *(dorure des contacts d'un connecteur limitée à la partie utile de ceux-ci) (cf. aussi selective plating).*

selective jamming brouillage sélectif *(mil) (cf. aussi spot jamming).*

selective level meter *cf.* wave analyzer.

selective plating placage sélectif, *(souvent)* dorure sélective *(placage d'une partie d'une pièce à l'aide d'un métal précieux et du reste de la pièce à l'aide d'un métal ordinaire ou d'un alliage de tels métaux pour réduire la consommation de métal précieux et, par conséquent, le prix de revient de la pièce) (ce terme s'applique surtout aux contacts de connecteurs) (cf. aussi selectively plated contacts et noble metal).*

selective-repeat ARQ demande de répétition sélective, ARQ sélectif *(demande de répétition déclenchant uniquement la réémission du bloc contenant l'erreur détectée) (transmission de données) (cf. aussi ARQ).*

selective transmission transmission sélective *(transmission des ondes électromagnétiques par un milieu matériel avec des pertes d'énergie beaucoup moins grandes pour certaines longueurs d'ondes, ou fréquences correspondantes, que pour les autres) (cf. aussi transmission window, electromagnetic wave et propagation medium).*

selectively plated contacts contacts à placage sélectif, contacts plaqués sélectivement *(contacts de connecteur plaqués à l'or sur l'extrémité servant effectivement à établir le contact avec l'autre partie du connecteur et à l'étain-plomb sur la queue de connexion) (cf. aussi selective plating et connector contact).*

selectivity sélectivité *(propriété d'un dispositif ou un appareil capable de séparer une bande de fréquences déterminée d'un signal complexe) (l'acception la plus fréquente de ce terme est définie en (a) ci-après, mais n'est que la conséquence de (b)) (a) aptitude d'un récepteur radio ou de télévision à ne capter que l'émission désirée et donc à fournir un signal non brouillé par d'autres émissions) (dépend du coefficient de surtension des circuits accordés du récepteur, c.-à-d. des circuits accordés des étages à fréquence intermédiaire et éventuellement du préamplificateur dans le cas général d'un récepteur superhétérodyne) (cf. aussi Q 1), tuned circuit, IF stage, preselector et radio receiver) ; (b) aptitude d'un filtre passe-bande à séparer nettement les fréquences de la bande passante des autres fréquences du signal d'entrée, c.-à-d. raideur des flancs de la courbe de réponse du filtre et souvent étroitesse de la bande passante) (cf. aussi band-pass filter et skirt selectivity).*

selectivity control commande de sélectivité, bouton de sélectivité *(bouton rotatif permettant de régler la sélectivité de certains récepteur radio en agissant sur celle de ses circuits accordés) (cf. aussi selectivity).*

selector 1) sélecteur téléphonique, sélecteur *(commutateur rotatif ou à deux mouvements ou à relais connectant un circuit*

téléphonique déterminé à un autre circuit, également déterminé, parmi un certain nombre de circuits dans un autocommutateur électromécanique) (cf. aussi stepping relay, Strowger system, crossbar switch et electromechanical telephone switch). 2) cf. selector switch.

selector bank banc de broches de sélecteur *(rotatif ou à deux mouvements)*, couronne de contacts *(ou de broches ou banc de contacts) (idem) (autocommutateur téléphonique) (cf. aussi stepping relay et Strowger system).*

selector pulse impulsion de sélection *(cf. aussi gating pulse).*

selector relay relais sélecteur *(nom parfois donné à un relais pas-à-pas) (central tél) (cf. aussi stepping relay).*

selector switch commutateur, *(parf. aussi)* sélecteur *(au sens du terme anglais, commutateur permettant de choisir la valeur d'une grandeur parmi plusieurs valeurs discrètes sur un appareil électronique ou électrique) (commutateur de tension, de fréquence, de gain, etc.) (cf. aussi switch selectable et multiposition switch).*

selenium sélénium, Se *(semiconducteur dans lequel l'effet de photoconduction est très marqué) (en électronique, est utilisé dans les redresseurs fer-sélénium pour sa propriété de semiconducteur et dans des cellules photoélectriques pour sa propriété de photoconduction) (cf. aussi semiconductor, photoconductivity, selenium rectifier et selenium cell).*

selenium cell cellule au sélénium, cellule photoélectrique *(ou photoconductrice) (idem) (cellule photoconductrice utilisant du sélénium ou un composé de ce corps) (la cellule au sélénium pur n'est plus utilisée) (semi) (cf. aussi photovaristor et selenium).*

selenium rectifier redresseur au sélénium *(redresseur sec dans lequel le semiconducteur est du sélénium et le métal un alliage d'étain, de cadmium et de bismuth, le support métallique étant du fer nickelé) (ne pas employer le terme « redresseur fer-sélénium » que l'on rencontre parfois car le fer du support n'a rien à voir avec le métal de la jonction) (a remplacé le redresseur à l'oxyde de cuivre avant de céder la place au redresseur à jonction PN) (cf. aussi metallic rectifier et selenium).*

self-adapting *cf.* self-adaptive.

self-adaptive *cf.* adaptive. *(de même pour les termes dérivés).*

self-aligned CMOS *cf.* self-aligned CMOS transistors.

self-aligned CMOS process procédé CMOS à grille auto-alignée, *(etc.) (procédé à grille auto-alignée adaptée à la fabrication de transistors CMOS) (fab. CI) (cf. aussi self-aligned-gate process et CMOS transistors).*

self-aligned CMOS transistors transistors CMOS à grille auto-alignée, *(etc.) (transistors CMOS fabriqués par le procédé à grille auto-alignée) (CI) (cf. aussi self-aligned MOS transistor et CMOS transistors).*

self-aligned floating-gate structure structure à grille flottante auto-alignée *(transistor MOS intégré) (cf. aussi floating gate et self-aligned MOS structure).*

self-aligned gate grille auto-alignée *(grille de transistor MOS intégré réalisée par le procédé à grille auto-alignée) (semi) (cf. aussi self-aligned gate process).*

self-aligned-gate process procédé à grille auto-alignée (au silicium *ou* au polysilicium) *(procédé de fabrication de circuits intégrés MOS dans lequel la source et le drain de chacun des transistors sont formés après la grille en polysilicium dans des fenêtres dont la position est définie par la grille, ce qui assure automatiquement l'alignement correct de la grille par rapport à ces deux électrodes) (la source et le drain ne débordant pas sous la grille, c.-à-d. sous la couche d'oxyde qui isole celle-ci du substrat, contrairement au cas des transistors formés par le procédé classique, les capacités parasites grille-source et grille-drain sont nettement diminuées, ce qui augmente la vitesse de commutation du transistor) (ce procédé est utilisé pour des circuits NMOS et des circuits CMOS) (cf. aussi alignment 2), MOS integrated circuit, silicon gate, oxide window, switching speed, silicon-gate process et metal-gate process).*

self-aligned gate structure *cf.* self-aligned MOS structure.

self-aligned MOS *cf.* self-aligned MOS transistor.

self-aligned MOS process *cf.* self-aligned-gate process.

self-aligned MOS structure structure MOS à grille auto-alignée, structure MOS auto-alignée, structure à grille auto-alignée, structure auto-alignée *(structure d'un transistor MOS intégré à grille auto-alignée) (semi) (cf. aussi* self-aligned-gate process).

self-aligned MOS transistor   transistor MOS à grille auto-alignée (au silicium *ou* au polysilicium) *(semi) (cf. aussi* self-aligned-gate process).

self-aligned NMOS   *cf.* self-aligned NMOS transistor.

self-aligned NMOS process   procédé NMOS à grille auto-alignée (au silicium *ou* au polysilicium) *(fab. CI) (cf. aussi* NMOS process *et* self-aligned-gate process).

self-aligned NMOS transistor   transistor NMOS à grille auto-alignée, *(etc.) (transistor NMOS fabriqué par le procédé à grille auto-alignée) (cf. aussi* self-aligned MOS transistor *et* NMOS transistor).

self-aligned polysilicon gate   *cf.* self-aligned gate.

self-aligned polysilicon-gate ...   *cf.* self-aligned MOS ...

self-aligned silicon gate   *cf.* self-aligned gate.

self-aligned silicon-gate ...   *cf.* self-aligned ...

self-aligned structure   *cf.* self-aligned MOS structure.

self-aligning process   *cf.* self-aligned-gate process.

self-balancing bridge   pont auto-équilibré, pont de mesure *(idem) (pont de mesure de puissance hyperfréquence ou autre dans lequel la tension aux bornes du détecteur de zéro est utilisée comme signal d'erreur pour ramener le pont à l'équilibre, généralement par chauffage d'une thermistance, l'ensemble constituant un système asservi) (cf. aussi* null detector, thermistor, error signal *et* closed-loop control system).

self-ballasting   autoprotection contre l'emballement thermique *(TEC) (cf. aussi* power MOS transistor *et* ballasting).

self-bias   polarisation automatique *(polarisation de la grille de commande d'un tube électronique à grille de commande assurée par le courant circulant dans le tube, c.-à-d. par la chute de tension créée aux bornes d'une résistance montée entre la cathode du tube et la masse, un condensateur étant monté en parallèle sur la résistance pour offrir un chemin à basse impédance à la composante alternative du courant cathodique) (cf. aussi* grid bias, grid-controlled tube, bias resistor *et* impedance).

self-biased tube   tube à polarisation automatique, tube électronique *(idem) (tube électronique à grille de commande à polarisation automatique) (clpf) (cf. aussi* self-bias).

self-calibration   autocalibrage *(app. mesure) (cf. aussi* automatic calibration).

self-capacitance   *cf.* distributed capacitance.

self-checking code   code détecteur d'erreurs *(trans. données) (cf. aussi* error-detecting code).

self-cleaning action   autonettoyage, effet d'autonettoyage *(contacts) (cf. aussi* wiping contact).

self-cleaning contact   contact autonettoyant *(interrupteur, etc.) (cf. aussi* wiping contact).

self-clocking code   code autocadencé, code autorythmé, code autosynchronisé *(code de transmission ou d'enregistrement magnétique d'informations numériques dans lequel chaque impulsion d'horloge produit une transition représentant un binaire du signal à transmettre ou enregistrer) (code Manchester, etc.) (cf. aussi* Manchester code).

self-contained instrument   appareil complet en lui-même *(appareil de mesure ou autre ne nécessitant pas l'emploi d'accessoires) (peut être autonome ou non) (cf. aussi* self-powered instrument).

self-defense   *cf.* self-protection *(de même pour les termes dérivés)*.

self-demagnetization   autodésaimantation, autodémagnétisation *(tendance à la diminution de l'aimantation d'un aimant permanent sous l'action de son champ démagnétisant) (cf. aussi* self-demagnetizing field).

self-demagnetizing field   champ démagnétisant (propre) *(champ magnétique créé dans un aimant permanent par les pôles de celui-ci) (le sens de ce champ est tel que son action se retranche de celle du champ normal de l'aimant et qu'il tend, par conséquent, à désaimanter celui-ci) (dans le cas théorique d'un barreau aimanté de longueur infinie, les pôles de l'aimant étant reportés à l'infini, ils n'exercent aucune action sur le champ de l'aimant et celui-ci n'a donc pas tendance à se désaimanter) (dans la pratique, pour éviter la désaimantation*

progressive *d'un aimant permanent lorsque celui-ci n'est pas monté dans une machine ou un appareil, il faut réaliser la condition du cas théorique en supprimant les pôles de l'aimant ; cette condition est réalisée très simplement en les réunissant par un pont magnétique ; les lignes de force du champ magnétique de l'aimant se refermant dans le circuit magnétique ainsi formé, il n'y a plus de pôles magnétiques, donc plus de champ démagnétisant) (c'est pourquoi il faut toujours employer un pont magnétique avec un aimant non monté dans un circuit magnétique) (magnétisme) (cf. aussi* keeper, magnetic field, permanent magnet, magnetic line of force *et* magnetic circuit).

self-discharge   autodécharge (a) *décharge d'un condensateur chargé et non connecté à une charge, due au courant de fuite dans le diélectrique) (cf. aussi* self-discharge time constant *et* capacitor) ; (b) *décharge d'un accumulateur chargé et ne débitant pas dans une charge, due aux processus chimiques internes) (cf. aussi* storage cell 1)).

self-discharge time constant   constante de temps d'autodécharge *(temps nécessaire pour que la tension aux bornes d'un condensateur chargé et non connecté tombe à 36,8 % de sa valeur iniliale) (cf. aussi* self-discharge).

self-excited oscillator   oscillateur auto-excité *(oscillateur dans lequel l'amorçage et la période des oscillations ne dépendent que d'éléments incorporés à celui-ci) (cas général des oscillateurs utilisés en électronique et techniques connexes) (cf. aussi* oscillator *et* period).

self-excited power oscillator   oscillateur de puissance auto-excité *(hyper, etc.) (cf. aussi* power oscillator *et* self-excited oscillator).

self-generating transducer   transducteur autogénérateur *(transducteur fournissant un signal sans nécessiter de courant d'alimentation) (capteur piézoélectrique, cellule photovoltaïque, microphone électrodynamique, etc.) (cf. aussi* transducer 1)).

self-guidance   autoguidage *(guidage d'un mobile assuré par ses seuls moyens) (dans le domaine militaire, ce terme désigne généralement le guidage d'un engin équipé d'un autodirecteur) (le guidage est alors l'autopoursuite considérée du seul point de vue du pilotage de l'engin) (cf. aussi* beam-rider guidance, proportional navigation, guidance, homing head, homing 2) *et* homing weapon).

self-guided ...   *cf.* homing ...

self-healing   autocicatrisation *(disparition spontanée d'un court-circuit entre les armatures de certains types de condensateurs) (cf. aussi* self-healing capacitor) (a) *propriété naturelle d'un condensateur à air, le diélectrique se reformant instantanément après disparition de la décharge électrique) (cf. aussi* air capacitor) ; (b) *dans un condensateur métallisé, l'autocicatrisation se produit par vaporisation du métal des deux armatures au point de contact sous l'action de l'étincelle produite et formation d'un oxyde isolant sur le bord du trou résultant dans chaque armature) (cf. aussi* metallized capacitor) ; (c) *dans un condensateur au tantale, l'autocicatrisation se produit par reformation de la couche de diélectrique au point de claquage par action chimique de l'électrolyte) (cf. aussi* tantalum capacitor).

self-healing capacitor   condensateur autocicatrisant *(condensateur possédant la propriété d'autocicatrisation) (condensateur à air, condensateur au papier métallisé ou au plastique métallisé, condensateur au tantale) (ce terme s'emploie peu pour un condensateur à air, cette propriété étant évidente dans ce type de condensateur) (cf. aussi* capacitor *et* self-healing).

self-heating   auto-échauffement, échauffement propre *(noms parfois donnés à l'effet Joule dans une résistance ordinaire et généralement donné à cet effet dans une résistance où il constitue un effet nuisible produisant une erreur de mesure, c.-à-d. dans la résistance d'un thermomètre à résistance ou d'un extensomètre ou dans la thermistance d'un thermomètre à thermistance) (cf. aussi* Joule effect (a)).

self-heating coefficient   coefficient d'autoéchauffement *(variation de la valeur ohmique d'une résistance par watt de puissance dissipée) (ce terme s'applique surtout aux résistances agglomérées, lesquelles sont caractérisées par un échauffement relativement grand de leur élément résistant du* fait de l'épaisseur de l'isolant qui l'entoure) (cf. aussi ohmic value, watt et carbon-composition resistor).

self-identification feature auto-identification (identification d'un aéronef ou autre mobile permise par un répondeur porté par celui-ci) (mil) (cf. aussi SIF).

self-impedance cf. open-circuit impedance.

self-inductance inductance propre, coefficient d'auto-induction, coefficient d'induction propre, inductance (inductance d'un circuit ou un élément de circuit vis-à-vis du courant qui y circule) (représente l'importance de l'auto-induction dans le circuit ou l'élément de circuit et, par conséquent, la vigueur de l'opposition de celui-ci à toute variation de l'intensité du courant qui y circule) (noter que lorsque l'on parle de l'inductance d'un circuit ou un élément de circuit, il s'agit presque toujours de l'inductance propre, l'autre cas — celui de l'inductance mutuelle — étant généralement mentionné comme tel) (électromagnétisme) (cf. aussi inductance, self-induction et mutual inductance).

self-induction auto-induction, induction propre (induction d'une force électromotrice et, par conséquent, d'un courant dans un circuit sous l'action d'une variation de l'intensité du courant circulant initialement dans celui-ci) (l'intensité du courant initial variant, l'intensité du champ magnétique qu'il crée varie également, ainsi que le flux magnétique correspondant et, conformément à la loi de l'induction électromagnétique, cette dernière variation induit un second courant dans le circuit) (conformément à la loi de Lenz, le courant induit est de sens opposé au courant initial lorsque celui-ci augmente d'intensité et de même sens lorsqu'il diminue) (l'auto-induction s'oppose ainsi tant à l'augmentation du courant initial dans le circuit qu'à sa diminution, donc à toute variation du courant circulant dans un circuit) (l'auto-induction agit, par conséquent, comme l'inertie qui freine la mise en mouvement — de translation ou de rotation — d'une masse, donc son accélération linéaire ou angulaire, sous l'action d'une force, et retarde son ralentissement lorsque l'intensité de la force diminue) (est la cause de l'extra-courant de rupture et de la réactance inductive) (cf. aussi electromagnetic induction, Lenz's law, break-induced current, inductive reactance et self-inductance).

self-induction current (parf. intensité du) courant d'auto-induction, (etc.) (courant créé par auto-induction dans un circuit ou, parfois, intensité de ce courant) (cf. aussi self-induction).

self-jamming autobrouillage (brouillage de tout ou partie des émissions radio d'un belligérant dû au grand nombre de ses émissions et à une mauvaise répartition du spectre des fréquences radioélectriques entre les différents utilisateurs) (mil) (cf. aussi jamming et radio frequency spectrum).

self-maintained ... cf. self-sustained ...

self-maintaining ... cf. self-sustained ...

self-noise bruit propre (ampli, etc.) (cf. aussi internal noise).

self-operated control system système asservi autonome (système asservi ne nécessitant pas de source d'énergie auxiliaire pour fonctionner) (exemple : régulateur centrifuge) (cf. aussi control system et regulator).

self-oscillating inverter onduleur auto-oscillant, onduleur autonome auto-oscillant (onduleur autonome dans lequel les impulsions de commande des éléments de commutation sont prélevées dans le circuit de la charge) (cf. aussi inverter 1)).

self-oscillation cf. self-sustained oscillations.

self-phased array cf. adaptive antenna.

self-powered autonome (caractéristique d'un appareil ou système équipé d'un dispositif assurant son alimentation en énergie électrique) (appareil ou système à cellules solaires, à éolienne, à pile nucléaire, etc.) (cf. aussi power supply 1), solar cell, self-powered pod et nuclear battery).

self-powered pod nacelle autonome, nacelle autoalimentée (nacelle de contre-mesures ou autre dont l'alimentation en énergie électrique est assurée par une génératrice dite « à moulinet » c.-à-d. entraînée par une éolienne actionnée par le vent relatif dû à la vitesse de l'avion) (mil) (cf. aussi external countermeasures).

self-protect ... cf. self-protection ...

self-protection autoprotection (protection d'une cible mili-

taire contre les engins autoguidés qui l'attaquent) (est assurée par la mise en œuvre de contre-mesures adaptées autant que possible aux divers types d'engins ou, parfois, par leur destruction, après détection et détermination éventuelle de leur type) (ce terme désigne souvent la protection d'un aéronef contre les missiles air-air et air-sol, mais s'applique également aux autres objectifs militaires tel qu'un navire de surface attaqué par un missile air-mer ou mer-mer, un char attaqué par un missile air-sol ou un sous-marin attaqué par une torpille, par exemple) (cf. aussi self-protection system, homing weapon et countermeasures).

self-protection capability possibilité(s) d'autoprotection (aéronef, etc.) (mil) (cf. aussi self-protection et capability).

self-protection chaff leurres d'autoprotection (leurres radar lancés par un système d'autoprotection) (mil) (cf. aussi radar chaff et self-protection system).

self-protection chaff ejection éjection de leurres d'autoprotection (par un aéronef militaire) (cf. aussi self-protection chaff).

self-protection chaff lauching lancement de leurres d'autoprotection (par un navire militaire, un char ou un objectif fixe) (cf. aussi self-protection chaff).

self-protection countermeasures contre-mesures d'autoprotection, contre-mesures électroniques d'autoprotection (contre-mesures opérées par un système d'autoprotection, c.-à-d. émission de signaux de brouillage ou d'un écran de fumée ou éjection ou lancement de leurres) (mil) (cf. aussi self-protection system, jamming signal, smoke screen, decoy[1] et countermeasures).

self-protection ECM cf. self-protection countermeasures.

self-protection electronic countermeasures cf. self-protection countermeasures.

self-protection jammer brouilleur d'autoprotection (émetteur radar spécial monté sur aéronef militaire pour brouiller les radars hostiles qui le suivent : autodirecteurs radar actifs, radars d'aéronefs et radars au sol ou de navire) (est généralement un brouilleur répéteur et fait souvent partie d'un système d'autoprotection) (cf. aussi repeater jammer, active radar seeker et self-protection system).

self-protection jamming brouillage d'autoprotection (brouillage opéré aux fins d'autoprotection, c.-à-d. par un brouilleur d'autoprotection) (mil) (cf. aussi self-protection jammer et jamming).

self-protection jamming pod nacelle d'autoprotection (ou de brouillage d'autoprotection ou défensif) (nacelle de contre-mesures contenant le système d'autoprotection d'un aéronef militaire) (cf. aussi jamming pod et self-protection system).

self-protection range distance d'autoprotection (distance maximale à laquelle un brouilleur d'autoprotection peut brouiller le récepteur d'un radar hostile) (mil) (cf. aussi self-protection jammer).

self-protection suite panoplie d'autoprotection (nom parfois donné à un système d'autoprotection) (mil) (cf. aussi self-protection system).

self-protection system système d'autoprotection (ensemble des appareils et organes assurant l'autoprotection d'une cible) (sur un aéronef, comprend au moins un détecteur de radars et un brouilleur de radars et peut en comprendre plusieurs, ainsi qu'un ou plusieurs détecteurs infrarouges et un ou plusieurs lance-leurres radar et lance-leurres ou brouilleurs infrarouges) (sur un navire ou un char, notamment, comprend en outre des pots fumigènes) (cf. aussi external self-protection system, internal self-protection system, self-protection, radar warning receiver, radar jammer, infrared detector (b), chaff dispenser, flare dispenser, infrared jammer et smoke screen).

self-refresh s autorafraîchissement (rafraîchissement d'une mémoire RAM dynamique par des circuits ajoutés aux circuits de mémorisation sur la puce du circuit intégré, ce qui en fait une mémoire RAM pseudostatique) (CI) (inf) (cf. aussi RAM refresh, pseudo-static RAM et self-refresh logic).

self-refresh logic logique d'autorafraîchissement (logique assurant l'autorafraîchissement d'une mémoire RAM) (CI) (cf. aussi logic (b) et self-refresh).

self-refresh mode mode d'autorafraîchissement (un des deux modes de rafraîchissement d'une mémoire RAM dynamique dont le contenu peut être rafraîchi soit par l'unité centrale de l'ordinateur, soit par une logique d'autorafraîchissement) (CI) (inf) (cf. aussi RAM refresh).

self-refreshing   cf. self-refresh.

self-refreshing dynamic RAM   cf. self-refreshing RAM.

self-refreshing RAM   mémoire RAM à autorafraîchissement, mémoire RAM dynamique (idem) (autres noms d'une mémoire RAM pseudostatique) (CI) (inf) (cf. aussi pseudostatic RAM).

self-resetting   à réarmement automatique (disjoncteur, etc.).

self-resonance   résonance à la fréquence propre (système oscillant) (cf. aussi resonance et natural frequency).

self-resonant frequency   fréquence propre (système oscillant) (cf. aussi natural frequency).

self-screening   cf. self-protection.

self-starting synchronous motor   moteur autosynchrone (moteur synchrone dont le rotor forme une cage d'écureuil lui permettant de démarrer comme un moteur asynchrone à cage d'écureuil) (l'accrochage se fait ensuite normalement une fois atteinte la vitesse de synchronisme sous la condition que le couple résistant ne dépasse pas une valeur déterminée appelée « couple d'accrochage ») (cf. aussi synchronous motor et squirrel-cage motor).

self-supporting antenna tower   pylône d'antenne autoporteur (pylône d'antenne non maintenu par des haubans) (cf. aussi antenna tower).

self-supporting tower radiator   pylône rayonnant autoporteur (pylône rayonnant réalisé sous la forme d'un pylône d'antenne autoporteur) (cf. aussi tower radiator et self-supporting antenna tower).

self-sustained discharge   décharge autonome (décharge dans un tube à décharge subsistant en l'absence de tout agent ionisant extérieur, c.-à-d. décharge obtenue lorsque la tension de l'anode est suffisamment élevée pour créer un nombre suffisant d'électrons par bombardement de la cathode par les ions positifs et par ionisation par choc) (cf. aussi discharge tube, positive ion et impact ionization).

self-sustained oscillations   oscillations auto-entretenues (oscillations entretenues par réaction positive, c-à-d. oscillations dans un oscillateur ou dans un amplificateur à l'accrochage) (cf. aussi oscillation et positive feedback).

self-sustaining ...   cf. self-sustained ...

self-synchronous machine   cf. selsyn.

self-test   (un) autocontrôle (appareil) (cf. aussi built-in test).

self-test capability   possibilité(s) d'autocontrôle (cf. aussi self-test et capability).

self-test feature   cf. self-test.

self-test mode   mode d'autocontrôle (mode de fonctionnement d'un appareil ou autre matériel pendant son autocontrôle) (cf. aussi built-in test).

self-testing   (l')autocontrôle (cf. aussi self-test).

self-tracking   autocentrage de la bande passante, autocentrage (filtre) (cf. aussi self-tracking band-pass filter).

self-tracking band-pass filter   filtre passe-bande autocentré (récepteur) (cf. aussi tracking filter).

self-tracking filter   cf. self-tracking band-pass filter.

self-wiping contact   cf. self-cleaning contact.

selsyn   (vient de « self-synchronous ») synchromachine (asser, calcul) (ne pas employer « selsyn ») (cf. aussi synchro).

selsyn ...   cf. synchro ...

SEM   cf. scanning electron microscope.

semi   s   cf. semiconductor. (de même pour les termes dérivés, mais pas pour les noms composés, ce terme étant alors un préfixe).

semi-...   (pour les termes qui ne figurent pas ci-après, voir plus loin le terme sans trait d'union).

semi-active guidance   cf. semi-active homing.

semi-active guidance head   cf. semi-active seeker.

semi-active guidance system   cf. semi-active homing system.

semi-active guidance unit   cf. semi-active seeker.

semi-active homer   1) cf. semi-active homing missile. 2) cf. semi-active seeker.

semi-active homing   autopoursuite semi-active, autoguidage semi-actif (autopoursuite faisant appel à un rayonnement émis par une source autre que l'autodirecteur de l'engin ou la cible)

(est assurée par un autodirecteur semi-actif) (la poursuite n'est donc pas autonome comme la poursuite active mais, l'autodirecteur n'émettant aucun rayonnement, elle est discrète comme la poursuite passive et, contrairement à celle-ci, ne nécessite pas une cible rayonnante) (mil) (cf. aussi homing 2), semi-active seeker et radiating target).

semi-active homing guidance   cf. semi-active homing.

semi-active homing head   cf. semi-active seeker.

semi-active homing illumination   illumination pour autopoursuite semi-active (mil) (cf. aussi target illumination).

semi-active homing illuminator   illuminateur d'autopoursuite semi-active (mil) (cf. aussi illuminator 1)).

semi-active homing missile   missile à autodirecteur semi-actif, missile à autoguidage semi-actif, missile piloté par autodirecteur semi-actif (mil) (cf. aussi semi-active seeker).

semi-active homing system   1) système d'autopoursuite semi-active, système d'autoguidage semi-actif (système formé par un autodirecteur semi-actif ou un engin équipé d'un tel autodirecteur et l'illuminateur associé) (mil) (cf. aussi semi-active homing). 2) cf. semi-active seeker).

semi-active laser-guided ...   cf. laser-guided ...

semi-active missile   cf. semi-active homing missile.

semi-active missile guidance   autoguidage semi-actif d'un missile (mil) (cf. aussi semi-active homing).

semi-active missile guidance head   cf. semi-active missile seeker.

semi-active missile guidance system   1) système d'autoguidage semi-actif de missile (mil) (cf. aussi semi-active homing system 1)). 2) cf. semi-active missile seeker).

semi-active missile guidance unit   cf. semi-active missile seeker.

semi-active missile seeker   autodirecteur semi-actif de missile (mil) (cf. aussi semi-active seeker et missile seeker).

semi-active missile seeker head   cf. semi-active missile seeker.

semi-active missile tracker   (ou tracking head) cf. semi-active missile seeker.

semi-active radar guidance   cf. semi-active radar homing.

semi-active radar guidance head   cf. semi-active radar seeker.

semi-active radar guidance system   cf. semi-active radar homing system.

semi-active radar guidance unit   cf. semi-active radar seeker.

semi-active radar homing   autopoursuite radar semi-active (poursuite d'une cible par un missile à autodirecteur radar semi-actif) (mil) (cf. aussi semi-active radar seeker).

semi-active radar homing head   cf. semi-active radar seeker.

semi-active radar homing illumination   illumination pour autopoursuite radar semi-active (mil) (cf. aussi target illumination et semi-active radar homing).

semi-active radar homing illuminator   illuminateur d'autopoursuite radar semi-active (mil) (cf. aussi illuminator 1) et semi-active radar homing).

semi-active radar homing missile   missile à autodirecteur radar semi-actif, missile à autopoursuite radar semi-active, missile à autoguidage radar semi-actif (missile dont le pilotage est assuré par un autodirecteur radar semi-actif) (mil) (cf. aussi semi-active radar seeker).

semi-active radar homing system   1) système d'autopoursuite radar semi-actif, système d'autoguidage radar semi-actif (système formé par un autodirecteur radar semi-actif ou un missile équipé d'un tel autodirecteur et l'illuminateur associé) (mil) (cf. aussi semi-active radar seeker). 2) cf. semi-active radar seeker.

semi-active radar seeker   autodirecteur radar semi-actif, (etc.) (ne pas employer « autodirecteur électromagnétique semi-actif » pour les raisons exposées à l'article « radar ») (autodirecteur semi-actif de missile utilisant un récepteur radar, mais pas d'émetteur) (est utilisé en liaison avec l'émetteur d'un radar à ondes entretenues servant d'illuminateur) (il est à noter que l'ensemble formé par le récepteur de l'autodirecteur et l'émetteur de l'illuminateur constitue un radar bistatique) (mil) (cf. aussi semi-active seeker, CW radar et bistatic radar).

semi-active radar seeker head   cf. semi-active radar seeker.

semi-active radar tracker   cf. semi-active radar seeker.

semi-active radar tracking   cf. semi-active radar homing.

semi-active radar tracking head *cf.* semi-active radar seeker.

semi-active seeker autodirecteur semi-actif, *(etc.)* *(autodirecteur n'émettant aucun rayonnement pour remplir sa fonction d'autoguidage et utilisant à cette fin un rayonnement réfléchi par la cible en provenance d'un illuminateur) (est en réalité un autodirecteur passif conçu pour poursuivre une cible non rayonnante, la poursuite ainsi réalisée étant appelée « poursuite semi-active ») (autodirecteur radar semi-actif ou autodirecteur laser) (mil) (cf. aussi* homing head, illuminator 1), semi-active homing, semi-active radar seeker *et* laser seeker).

semi-active seeker head *cf.* semi-active seeker.

semi-active tracker *cf.* semi-active seeker.

semi-active tracking *cf.* semi-active homing.

semi-active tracking head *cf.* semi-active seeker.

semi-active tracking system *cf.* semi-active homing system.

semi-automatic exchange *cf.* semi-automatic telephone exchange.

semi-automatic telephone exchange central téléphonique semi-automatique, central semi-automatique *(central téléphonique reliant un réseau manuel à un réseau automatique) (tls) (cf. aussi* telephone exchange, manual telephone system *et* automatic telephone network).

semiconducting material *cf.* semiconductor material.

semiconducting oxide oxyde semiconducteur *(oxyde de cuivre notamment) (cf. aussi* semiconductor, cuprous oxide *et, à titre d'information,* semiconductor oxide).

semiconducting properties propriétés semiconductrices *(propriétés d'un semiconducteur) (cf. aussi* semiconductor).

semiconductive device *cf.* semiconductor device.

semiconductivity conductibilité des semiconducteurs *(cf. aussi* semiconductor).

semiconductor semiconducteur s *(corps dont la résistivité est comprise entre celle des métaux et celle des isolants, diminue quand la température augmente, dépend fortement de la pureté du corps et peut dépendre sensiblement de la présence d'un rayonnement optique ou d'un champ magnétique ou électrique, et dont les atomes sont tétravalents) (peut être un corps simple tel que le sélénium, le germanium ou le silicium, par exemple, ou un corps composé tel que le sulfure de plomb, l'oxyde de cuivre, le sulfure de cadmium, le tellurure de plomb, l'antimoniure d'indium, l'arséniure de gallium, etc.) (dans la théorie des bandes d'énergie, un semiconducteur est caractérisé par le fait que la bande interdite, dont la largeur est d'environ 1 électron-volt, est beaucoup plus étroite que dans un isolant et qu'un électron de la bande de valence peut de ce fait la franchir, en laissant un trou à sa place, pour passer dans la bande de conduction, c.-à-d. devenir un électron de conduction, après avoir acquis l'énergie nécessaire par excitation thermique ou électromagnétique ou par choc) (l'augmentation du nombre d'électrons de conduction sous l'action d'un agent extérieur est la cause du coefficient de température négatif des semiconducteurs ; l'augmentation par unité de température étant relativement grande, le coefficient de température est fortement négatif) (dans un semiconducteur, la conduction électrique est assurée tant par les électrons de conduction que par les trous, chaque trou formé dans un atome étant « bouché » successivement par un électron — de conduction — en provenance d'un atome voisin, grâce à quoi le trou se déplace comme un électron de conduction, mais naturellement dans le sens inverse de celui-ci) (les deux types de porteurs de charge étant de signes opposés et se déplaçant en sens opposés, leurs effets s'ajoutent et l'intensité du courant dans un semiconducteur est la somme des intensités du courant d'électrons et du courant de trous) (cf. aussi* intrinsic semiconductor, extrinsic semiconductor, p-type semiconductor *(au début de la lettre P),* n-type semiconductor *(idem),* polycrystal semiconductor, single-crystal semiconductor, resistivity, tetravalent atom, band theory, conduction electron, electron, hole 1), negative temperature coefficient *et* semiconductor device).

semiconductor age (l')ère des semiconducteurs.

semiconductor area 1) surface de semiconducteur *(puce) (cf. aussi* chip area). 2) *cf.* semiconductor region. 3) *cf.* semiconductor field.

semiconductor capacitor condensateur à semiconducteur *(nom parfois donné à une diode à jonction polarisée dans le sens inverse pour l'utiliser comme un condensateur) (cf. aussi* junction diode, reverse bias, capacitor *et* varactor).

semiconductor chip puce de semiconducteur *(noter que certaines puces sont constituées d'une matière autre qu'un semiconducteur) (cf. aussi* chip 1), semiconductor *et* bubble chip).

semiconductor company société fabriquant des composants à semiconducteur, *(etc.) (cf. aussi* semiconductor device).

semiconductor component composant à semiconducteur, *(etc.) (le terme anglais est encore peu employé) (cf. aussi* semiconductor device).

semiconductor crystal cristal semiconducteur *(dans le domaine des composants à semiconducteur, le terme « cristal » désigne souvent un monocristal) (cf. aussi* single crystal *et* semiconductor).

semiconductor detector détecteur à semiconducteur *(détecteur utilisant un semiconducteur comme élément sensible à la grandeur à détecter) (ce terme désigne généralement un photodétecteur à semiconducteur) (cf. aussi* semiconductor photodetector).

semiconductor device composant à semiconducteur, *(parf.)* dispositif *(idem),* semistor *(terme que j'ai proposé, les termes précédents, bien que couramment employés, étant peu maniables et, pour cette raison, souvent remplacés par le terme impropre « semiconducteur », lequel désigne la matière du composant et non celui-ci) (composant électronique utilisant un morceau ou une couche de semiconducteur de nature, type, forme et dimensions appropriés à la fonction à remplir) (redresseur sec, diode à semiconducteur, transistor, thyristor, triac, diac, varistance, détecteur à semiconducteur, cellule photovoltaïque, circuit intégré à semiconducteur, etc.) (voir ces termes en anglais) (cf. aussi* semiconductor component *et* semiconductor).

semiconductor device physics (la) physique des composants à semiconducteur *(ensemble des lois de la physique régissant le fonctionnement des composants à semiconducteur) (cf. aussi* semiconductor device *et* semiconductor physics).

semiconductor die *cf.* semiconductor chip.

semiconductor diode diode à semiconducteur, diode à cristal *(diode constituée essentiellement d'une jonction PN formée dans un cristal semiconducteur employé seul ou associé à une pointe métallique) (cf. aussi* junction diode, point-contact diode, diode *et* semiconductor).

semiconductor-diode light source source de lumière à diode à semiconducteur, source de lumière à semiconducteur, source à diode à semiconducteur, source à semiconducteur *(noms descriptifs parfois donnés à une diode émissive) (opto) (cf. aussi* emissive diode *et* semiconductor).

semiconductor diode source *cf.* semiconductor-diode light source.

semiconductor doping dopage des semiconducteurs *(parf.* du semiconducteur) *(fab. semi) (cf. aussi* doping).

semiconductor equipment *cf.* semiconductor processing equipment.

semiconductor equipment manufacturer constructeur de matériel pour la fabrication des composants à semiconducteur *(ou* pour composants à semiconducteur) *(cf. aussi* semiconductor processing equipment 2)).

semiconductor expert *(voir aussi* semiconductor specialist) **1)** (grand) spécialiste en semiconducteurs. **2)** (grand) spécialiste des composants à semiconducteur, *(etc.).*

semiconductor fabrication fabrication des composants à semiconducteur, *(etc.) (cf. aussi* semiconductor device).

semiconductor fabrication method *cf.* semiconductor fabrication process.

semiconductor fabrication process procédé de fabrication de composants à semiconducteur, *(etc.),* méthode *(idem) (diffusion, implantation ionique, procédé mesa, planar, DMOS, VMOS, etc.) (voir ces termes en anglais) (cf. aussi* semiconductor device *et* semiconductor process).

semiconductor fabrication technique *cf.* semiconductor fabrication process.

semiconductor fabrication technology (la) technologie de fabrication des composants à semiconducteur, *(etc.),* technologie des composants à semiconducteur, *(etc.) (cf. aussi* semiconductor device *et* technology).

semiconductor field domaine des composants à semiconducteur, *(etc.) (domaine d'activité industrielle ou autre) (cf. aussi* semiconductor device).

semiconductor firm *cf.* semiconductor company.

semiconductor house *cf.* semiconductor company.

semiconductor IC *cf.* semiconductor integrated circuit.

semiconductor industry (l')industrie des composants à semiconducteurs, *(etc) (cf. aussi* semiconductor device).

semiconductor injection laser *cf.* semiconductor laser.

semiconductor integrated circuit circuit intégré à semiconducteur *(circuit intégré monolithique réalisé sur un substrat semiconducteur) (cas général, l'exception notable étant la mémoire à bulles magnétiques) (cf. aussi* monolithic integrated circuit, semiconductor *et* magnetic-buble memory).

semiconductor junction jonction de semiconducteurs *(autre nom, plus général, de la jonction PN) (cf. aussi* p-n junction).

semiconductor laser laser à semiconducteur, laser à jonction, laser à injection, diode laser *(laser à solide dans lequel le milieu actif est la jonction d'une diode à jonction PN émettant un rayonnement monochromatique cohérent par la tranche sous l'action d'un courant la traversant dans le sens direct) (la cavité résonnante du laser est formée par la jonction dont deux tranches opposées et perpendiculaires à son plan forment les deux miroirs ; le courant traversant la jonction produit au niveau de celle-ci l'inversion de population nécessaire à l'émission stimulée en augmentant fortement le nombre d'électrons dans la zone P et le nombre de trous dans la zone N, donc en réalisant l'injection de porteurs de charge, d'où le nom parfois donné à ce laser ; pour que l'inversion de population se produise, il faut que cette augmentation soit très importante, ce qui nécessite une très grande densité de courant dans la jonction ; c'est la raison pour laquelle les diodes laser chauffent notablement et, de ce fait, durent beaucoup moins longtemps que les diodes lumineuses) (il est à noter que les caractéristiques très particulières de ce type de laser et notamment les dimensions extrêmement réduites de la cavité résonnante ont pour résultat que la monochromaticité et la cohérence du faisceau émis sont très imparfaites) (une puce laser mesure environ 1 mm de côté) (cf. aussi* solid-state laser, laser, p-n junction diode, minority-carrier injection, current density *et* light-emitting diode).

semiconductor layer couche de semiconducteur, couche semiconductrice *(dans un substrat de composant à semiconducteur, le terme anglais « layer » désigne généralement une couche superficielle, sauf dans des termes consacrés tels que « buried layer », tandis que le terme français « couche » s'applique indifféremment à une couche superficielle ou à une couche en profondeur, laquelle s'appelle « region » ou parfois « area » en anglais) (cf. aussi* semiconductor device *et* buried layer).

semiconductor maker *cf.* semiconductor manufacturer.

semiconductor manufacturer fabricant de composants à semiconducteur, *(etc.) cf. aussi* semiconductor device).

semiconductor manufacturing *cf.* semiconductor fabrication. *(de même pour les termes dérivés).*

semiconductor market marché des composants à semiconducteur, *(etc.) (cf. aussi* semiconductor device).

semiconductor material corps semiconducteur, matière semiconductrice, substance semiconductrice, *(parf.)* matériau semiconducteur *(cf. aussi* semiconductor *et* material).

semiconductor memory mémoire à semiconducteur *(mémoire intégrée utilisant un substrat semiconducteur) (CI) (inf) (mémoire RAM ou ROM ou dérivée, en 1990) (cas général des mémoires intégrées, l'exception notable étant la mémoire à bulles magnétiques) (cf. aussi* solid-state memory, semiconductor substrate, RAM[1], ROM *et* magnetic-bubble memory).

semiconductor memory storage mémorisation dans une mémoire à semiconducteur *(cf. aussi* semiconductor memory).

semiconductor oxide oxyde de semiconducteur *(oxyde formé sur un semiconducteur) (cf. aussi* oxide *et, à titre d'information,* semiconducting oxide).

semiconductor photodetector photodétecteur à semiconducteur *(photodétecteur utilisant un substrat semiconducteur) (terme générique couvrant la photorésistance, la photodiode, le phototransistor, le photothyristor et le photodétecteur photovoltaïque) (voir ces termes en anglais) (cf. aussi* photodetector *et* semiconductor substrate).

semiconductor physics (la) physique des semiconducteurs *(partie de la physique traitant des semiconducteurs, c.-à-d. de leur nature, leur structure et leurs propriétés) (cf. aussi* semiconductor *et* semiconductor device physics).

semiconductor power component composant de puissance à semiconducteur *(cf. aussi* power semiconductor device).

semiconductor power converter convertisseur de courant à composants à semiconducteur, *(etc.) (termes génériques couvrant le convertisseur à thyristors et le convertisseur à découpage) (cf. aussi* semiconductor device, SCR converter, switching converter *et* power converter).

semiconductor process 1) procédé d'élaboration de semiconducteurs *(cf. aussi* semiconductor processing 1)). 2) *cf.* semiconductor fabrication process.

semiconductor processing 1) élaboration des semiconducteurs *(métallurgie) (en électronique, cette acception du terme anglais est beaucoup moins fréquente que la suivante).* 2) fabrication des composants à semiconducteur, fabrication des semistors *(cf. aussi* semiconductor device).

semiconductor processing equipment 1) matériel pour l'élaboration des semiconducteurs *(cf. aussi* semiconductor processing 1)). 2) matériel pour la fabrication des composants à semiconducteur *(fours de diffusion, implanteurs ioniques, graveurs de motifs, rayeuses, etc.) (cf. aussi* semiconductor device, diffusion furnace, ion implanter, pattern printer *et* scriber).

semiconductor processing technique *cf.* semiconductor process.

semiconductor processing technology 1) (la) technologie de l'élaboration des semiconducteurs *(cf. aussi* semiconductor processing 1) *et* technology). 2) *cf.* semiconductor fabrication technology.

semiconductor producer 1) producteur de semiconducteurs *(usine métallurgique).* 2) *cf.* semiconductor manufacturer.

semiconductor radiation detector détecteur de radiations à semiconducteur, détecteur à semiconducteur *(détecteur de radiations nucléaires formé essentiellement d'une diode à jonction spéciale polarisée dans le sens inverse et dont la jonction est traversée par les particules ou les rayons gamma à détecter) (fonctionne à la fois comme une chambre d'ionisation et comme une photodiode, l'énergie mécanique ou électromagnétique cédée respectivement par une particule ou un rayon à un électron d'un atome du semiconducteur au niveau de la jonction créant une paire électron-trou que le champ électrique de polarisation inverse empêche de se recombiner instantanément et qui donne lieu à une impulsion de courant dans le circuit connecté à la diode) (l'énergie nécessaire pour créer une paire électron-trou dans un semiconducteur étant environ dix fois moins grande que l'énergie nécessaire pour ioniser un atome d'un gaz, le détecteur de radiations à semiconducteur est beaucoup plus sensible que la chambre d'ionisation) (cf. aussi* radiation detector 1), junction diode, reverse bias, ionization chamber, photodiode *et* electron-hole pair).

semiconductor RAM mémoire RAM à semiconducteur *(en 1990, toutes les mémoires RAM sont à semiconducteur) (CI) (inf) (cf. aussi* RAM[1] *et* semiconductor memory).

semiconductor random-access memory *cf.* semiconductor RAM.

semiconductor rectifier redresseur à semiconducteur *(redresseur utilisant un semiconducteur employé seul ou en association avec un métal) (terme générique couvrant le redresseur à jonction PN et le redresseur sec) (cf. aussi* p-n rectifier, metallic rectifier *et* rectifier).

semiconductor rectifier diode diode de redressement à semiconducteur *(cf. aussi* p-n rectifier *et* rectifier diode).

semiconductor relay relais à semiconducteur *(cf. aussi* solid-state relay).

semiconductor research recherche dans le domaine des semiconducteurs, recherche en semiconducteurs *(recherche scien-*

tifique dans le domaine des semiconducteurs et composants à semiconducteur) (cf. aussi semiconductor).

semiconductor resistor   résistance à semiconducteur *(résistance formée essentiellement d'un semiconducteur massif ou d'une poudre d'oxydes semiconducteurs agglomérée) (terme générique couvrant la photorésistance, la thermistance, la galvanorésistance et la magnétorésistance) (cf. aussi* photovaristor, thermistor, voltage-dependent resistor, magnetoresistor *et* semiconductor).

semiconductor single crystal   monocristal de semiconducteur *(cas général des semiconducteurs employés comme substrat de composant électronique) (cf. aussi* single crystal *et* semiconductor).

semiconductor single-crystal growth   tirage des monocristaux de semiconducteur *(fab. semi) (cf. aussi* single-crystal growth *et* semiconductor).

semiconductor specialist   **1)** spécialiste en semiconducteurs *(ou des ...) (ingénieur métallurgiste spécialiste de l'élaboration des semiconducteurs) (cf. aussi* semiconductor) *(en électronique, cette acception du terme anglais est beaucoup moins fréquente que la suivante).* **2)** spécialiste des composants à semiconducteur, *(etc.) (ingénieur électronicien spécialisé dans la conception ou l'utilisation des composants à semiconducteur) (cf. aussi* semiconductor device).

semiconductor storage   **1)** *cf.* semiconductor memory storage. **2)** *cf.* semiconductor memory.

semiconductor substrate   substrat semiconducteur *(ou en semiconducteur ou de semiconducteur) (substrat d'un composant discret ou d'un circuit intégré monolithique constitué par une puce ou une couche de semiconducteur monocristallin) (cas général des transistors, diodes à jonction et composants analogues, ainsi que des circuits intégrés monolithiques, l'exception notable étant le substrat de la mémoire à bulles magnétiques) (cf. aussi* substrate, chip 1), single-crystal, semiconductor *et* magnetic-bubble memory).

semiconductor supplier   fournisseur de composants à semiconducteur, *(etc.) (est souvent le fabricant lui-même) (cf. aussi* semiconductor device).

semiconductor switch   interrupteur à semiconducteur *(composant à semiconducteur employé aux fins de commutation) (terme générique couvrant notamment la diode de commutation, le transistor de commutation, le thyristor et le triac) (cf. aussi* switching (a), switching diode, switching transistor, silicon controlled rectifier *et* triac).

semiconductor technology   (la) technique des composants à semiconducteur, *(etc.) (cf. aussi* semiconductor device *et* technology).

semiconductor vendor   *cf.* semiconductor supplier.

semiconductor wafer   plaquette à gravure en semiconducteur, plaquette en semiconducteur *(plaquette à gravure réalisée dans un matériau semiconducteur) (clpf) (cf. aussi* wafer 2) *et* semiconductor material).

semicustom   *cf.* semicustom circuit.

semicustom array   matrice prédiffusée, *(etc.)* (CI) *(cf. aussi* gate array).

semicustom chip   puce semi-personnalisée *(puce de circuit semi-personnalisé)* (CI) *(cf. aussi* chip 1) *et* semicustom circuit).

semicustom circuit   circuit semi-personnalisé *(circuit intégré monolithique réalisé partiellement à la demande, notamment soit sous la forme d'un circuit prédiffusé, soit sous celle d'un circuit à cellules prédéfinies) (semi) (cf. aussi* custom circuit, gate array *et* standard cell 2)).

semicustom circuitry   circuits semi-personnalisés *(cf. aussi* semicustom circuit *et* circuitry).

semicustom gate array   *cf.* gate array.

semicustom IC   *cf.* semicustom circuit.

semicustom logic array   *cf.* gate array.

semigraphic display   présentation semi-graphique *(présentation graphique obtenue à l'aide de points carrés relativement gros ne permettant pas de reproduire des détails ni de tracer des courbes régulières, celles-ci étant une suite de carrés décalés) (présentation sur écran de Minitel, etc.) (cf. aussi* graphic display 1)).

semigraphics ...   *cf.* semigraphic ... *(et noter toutefois que la première forme est la plus courante).*

semi-insulating substrate   substrat semi-isolant *(nom parfois donné à un substrat semiconducteur notamment lorsque celui-ci est un semiconducteur intrinsèque) (cf. aussi* semiconductor substrate *et* intrinsic semiconductor).

semi-omni   *cf.* semi-omnidirectional antenna.

semi-omnidirectional aerial   *(GB)*   *cf.* semi-omnidirectional antenna.

semi-omnidirectional antenna   antenne semi-omnidirectionnelle *(antenne omnidirectionnelle dans un hémisphère) (en d'autres termes, antenne omnidirectionnelle disposée au-dessus d'un plan de dimensions théoriquement infinies et, pratiquement, grandes par rapport à la longueur de l'onde émise ou reçue) (cf. aussi* omnidirectional antenna).

semi-precision pot   *cf.* semi-precision potentiometer.

semi-precision potentiometer   potentiomètre de bonne précision *(potentiomètre dont la précision est meilleure que celle d'un potentiomètre ordinaire et moins bonne que celle d'un potentiomètre de précision) (cf. aussi* precision potentiometer).

semi-random access   accès semi-direct, accès semi-séquentiel *(accès à une mémoire séquentielle formée de plusieurs mémoires élémentaires accessibles en parallèle réalisées dans un circuit intégré monolithique) (accès à une mémoire à tambour ou disques(s) magnétique(s), à disque optique, à bulles magnétiques classiques ou à CCD du type LARAM) (cf. aussi* sequential-access memory, magnetic-drum memory, disk memory, magnetic-bubble memory *et* LARAM).

semis   (les) composants à semiconducteur, *(etc.) (cf. aussi* semiconductor device).

semi-sequential access   *cf.* semi-random access.

semisynchronous refresh   rafraîchissement semisynchrone *(combinaison du rafraîchissement synchrone et du rafraîchissement asynchrone d'une mémoire RAM dynamique) (CI) (inf) (cf. aussi* synchronous refresh *et* asynchronous refresh).

semitone   demi-ton *(intervalle musical le plus petit) (ne pas confondre « semitone » et « half-tone ») (cf. aussi* half-tone).

semitransparent photocathode   photocathode semi-transparente *(photocathode dans laquelle le rayonnement optique est reçu sur une face et l'émission photoélectrique a lieu sur l'autre face) (est formée d'une couche photoémissive très mince déposée sur la face intérieure de l'ampoule de certains tubes photosensibles et notamment de certains phototubes, du superconoscope, de l'image-orthicon, du photomultiplicateur, de l'intensificateur d'image et du convertisseur d'image) (voir ces termes en anglais) (cf. aussi* photocathode *et* photosensitive tube).

send *v*   **1)** envoyer *(sens usuel).* **2)** émettre *(des signaux ou un message) (cf. aussi* sending ...).

send out *v*   *cf.* send.

send-receive ...   *cf.* transmit/receive ... *(pour les termes qui ne figurent pas ci-après).*

send-receive unit   appareil émetteur-récepteur *(le terme anglais désigne généralement un appareil télégraphique pouvant fonctionner alternativement en émetteur et en récepteur, c.-à-d. notamment un téléimprimeur ou un télécopieur) (tls) (cf. aussi* teleprinter *et* facsimile machine).

sender   **1)** expéditeur *(d'un message) (tls).* **2)** émetteur *(télégraphique) (tls) (cf. aussi* telegraph transmitter).

sending *(voir aussi* send)   **1)** envoi. **2)** émission.

sending ...   *cf.* transmitting ... *(pour les termes qui ne figurent pas ci-après) (et noter que « sending » est souvent employé à la place de « transmitting » dans les noms composés en téléphonie et surtout en télégraphie).*

sending end   extrémité émettrice *(tél, tlg) (cf. aussi* sending ... *et* transmitting end).

sending key   manipulateur *(télégraphique) (cf. aussi* key¹ 2)).

sending level   niveau d'émission, niveau du signal émis *(amplitude du signal émis à une extrémité d'une liaison de télécommunications et notamment d'une ligne téléphonique ou télégraphique) (cf. aussi* level 1)).

sending path   chemin de transmission *(tél, tlg) (cf. aussi* transmission path 1)).

sense¹ *s*   sens *(noter que le sens d'un courant se traduit généralement par « current direction » en anglais et rarement* par « current sense » et que « sense » est toutefois couramment employé pour le sens d'un vecteur sur sa droite d'action, ce pour des raisons évidentes, et le sens de déplacement d'un mobile le long d'une droite issue d'un radiophare, pour des raisons analogues) (cf. aussi current direction, vector¹ 1) et sensing 3)).

sense² v (voir aussi sensing) **1)** détecter, (parf.) analyser, (parf.) explorer, (parf.) mesurer. **2)** lire, (parf.) analyser, (parf.) explorer, (parf.) détecter. **3)** lever l'ambiguïté de sens.

sense ... cf. sensing ... (pour les termes qui ne figurent pas ci-après).

sense aerial (GB) cf. sense antenna.

sense amplifier amplificateur de lecture (amplificateur amplifiant le signal fourni par la lecture d'une cellule de mémoire contenant un binaire « 1 ») (inf) (cf. aussi memory cell).

sense antenna antenne de lever de doute (petite antenne omnidirectionnelle adjointe au cadre d'un radiogoniomètre ou d'un radiocompas pour permettre le lever de doute en donnant avec le cadre un diagramme de directivité unidirectionnel) (avia) (cf. aussi ambiguity resolution (a), radio direction finder et automatic direction finder).

sense finder cf. sense antenna.

sense-finding lever de doute, lever d'ambiguïté de sens (radionav) (cf. aussi ambiguity resolution (a)).

sense line ligne de lecture (conducteur transmettant à l'organe de traitement d'un ordinateur l'impulsion électrique produite par la lecture d'un binaire « 1 » dans la mémoire centrale de l'appareil) (inf) (cf. aussi bit, main memory et processor 1)).

sense resistor cf. sensing resistor.

sense wire fil de lecture (mémoire à tores) (cf. aussi magnetic-core memory).

sensing (voir aussi sensor) **1)** détection, (parf.) analyse, (parf.) exploration, (parf.) mesure (cf. aussi current sensing, temperature sensing et remote sensing). **2)** lecture, (parf.) analyse, (parf.) exploration (d'un support d'informations ou d'un document) (inf) (cf. aussi reader). **3)** cf. sense-finding.

sensing ... cf. sense ... (pour les termes qui ne figurent pas ci-après).

sensing aerial (GB) cf. sense antenna.

sensing antenna cf. sense antenna.

sensing device **1)** cf. sensor. **2)** palpeur (fil métallique fermant un circuit électrique à l'emplacement d'une perforation d'une carte ou une bande perforée dans un lecteur électrique de tel support d'informations) (inf) (cf. aussi card reader et tape reader).

sensing electrode électrode de mesure (tête de mesure à variation de capacité, etc.) (cf. aussi electrode).

sensing element **1)** élément sensible (organe d'un capteur réagissant directement à la présence et la valeur de la grandeur mesurée) (en d'autres termes, organe dont une des caractéristiques mécaniques, électriques, magnétiques ou optiques est modifiée par la grandeur mesurée et notamment position relative – linéaire ou angulaire –, résistance, polarisation électrique, réluctance, indice de réfraction, etc.) (l'élément sensible d'un capteur peut être un organe inerte ou un transducteur) (masse mobile dans un accéléromètre ou un gyromètre classique, rotor dans un gyroscope, lame de quartz, extensomètre ou cristal piézorésistif dans un capteur de pression, enroulements secondaires dans un capteur de déplacement à transformateur différentiel, noyau de la bobine d'un capteur à réluctance variable, fibre optique dans un capteur à fibres optique, etc.) (cf. aussi sensor). **2)** cf. sensor.

sensing lead fil de mesure (fil reliant un capteur à un appareil indicateur ou enregistreur) (cf. aussi sensor).

sensing potentiometer potentiomètre détecteur (nom parfois donné à un capteur potentiométrique) (cf. aussi potentiometer sensor).

sensing resistor résistance de détection (de courant) (cf. aussi current-sensing resistor).

sensing unit cf. sensor.

sensitive data informations confidentielles (inf, tls, etc.) (cf. aussi data).

sensitive measurement mesure d'une faible valeur, (parf.) mesure de faible valeur (mesure d'une faible tension, etc.) (cf. aussi measurement et sensitive measuring instrument).

sensitive measuring instrument appareil de mesure sensible (appareil de mesure indiquant une très faible variation de la grandeur mesurée) (un appareil de mesure peut être sensible sans pour autant être précis) (cf. aussi measuring instrument et sensitivity).

sensitive radio receiver récepteur radio à haute sensibilité (ce terme s'applique notamment à un récepteur d'écoute) (cf. aussi radio receiver, receiver sensibity et surveillance receiver).

sensitive range calibre à haute sensibilité, gamme à haute sensibilité (sur un appareil de mesure à plusieurs calibres tel qu'un multimètre notamment) (cf. aussi measurement range).

sensitive relay relais sensible (relais ne nécessitant qu'un courant d'excitation d'intensité de l'ordre du milliampère) (cf. aussi relay¹ (a), milliampere et of the order of n ...).

sensitive switch interrupteur à faible course (nom parfois donné à un interrupteur à passage de point mort utilisé comme interrupteur de fin de course) (cf. aussi snap-action switch).

sensitivity sensibilité (aptitude d'un dispositif ou un appareil électrique ou électronique à réagir à une faible valeur ou variation de la grandeur d'excitation) (appareil de mesure, tube cathodique, tube photosensible, récepteur radioélectrique, relais, etc.) (cf. aussi receiver sensitivity, deflection sensitivity et recorder sensitivity).

sensitivity adjustment réglage de la sensibilité (oscillo) (cf. aussi deflection sensitivity).

sensitivity control **1)** commande de sensibilité, (parf. aussi) bouton de réglage de la sensibilité (atténuateur à plots permettant de régler la sensibilité d'un oscilloscope ou, parfois, bouton de commande d'un tel atténuateur) (agit sur le gain de l'amplificateur vertical) (cf. aussi deflection sensitivity, step attenuator et vertical amplifier). **2)** commande de la sensibilité, commande du gain (récepteur radar) (cf. aussi sensitivity-time control).

sensitivity range gamme de sensibilités (a) commande de sensibilité d'un oscilloscope) (cf. aussi sensitivity control 1)). (b) appareil de mesure à plusieurs calibres) (cf. aussi measurement range 2)).

sensitivity-time control commande cyclique du gain, gain variable dans le temps (le premier terme est le meilleur, le second est le plus employé) (réduction du gain de l'amplificateur à fréquence intermédiaire du récepteur d'un radar à impulsions après émission de chaque impulsion pour éliminer les échos parasites provenant d'obstacles proches du radar et rétablissement du gain après un temps déterminé à partir duquel l'écho de la cible doit parvenir à l'antenne) (ce procédé revient à désensibiliser le récepteur vis-à-vis des échos proches et à le resensibiliser vis-à-vis des échos éloignés) (ne pas confondre avec « éliminateur d'échos fixes ») (cf. aussi gain 1), IF amplifier, pulse radar, receiver sensitivity et moving-target indicator).

sensitization sensibilisation, (parf.) activation (cf. aussi activation 1)).

sensitizer activateur (cf. aussi activator).

sensor capteur, (parf.) détecteur, (parf.) transducteur, (parf.) élément sensible (transducteur d'entrée, c-à-d. conçu pour être employé comme organe d'entrée d'une chaîne de mesure, de détection, d'analyse, d'enregistrement, de reproduction ou de transmission) (un capteur de pression, de position ou déplacement, de vibrations, etc. ou une sonde de température est un capteur de mesure ; un chercheur de repères célestes est un capteur de détection ; un détecteur infrarouge ou un radar classique est un capteur de détection et accessoirement de mesure ; un capteur tactile à palpeur est un capteur de mesure ; un capteur tactile à protubérances est un capteur d'analyse ; un microphone est un capteur de transmission ou d'enregistrement ; une caméra de télévision est un capteur de transmission ; une caméra vidéo est un capteur d'enregistrement ; une tête de lecture de tourne-disque est un capteur de reproduction ; une tête magnétique utilisée en lecture ou en reproduction est un capteur – utilisée en enregistrement, c'est un transducteur, mais non un capteur, celui-ci étant le microphone ou la caméra ; un lecteur optique ou magnétique est un capteur de reproduction) (cf. aussi analog sensor, digital sensor, magnetic sensor, pressure sensor, optical sensor, radar sensor, tactile sensor, television sensor, detector 1), transducer 1) *et* sensing element).

sensor chip puce d'analyse *(nom parfois donné à un capteur à CCD) (cf. aussi* chip 1) *et* CCD sensor).

sensor data *cf.* sensor information.

sensor indication indication fournie par le capteur *(parf.* un capteur), indication du capteur *(parf.* d'un capteur) *(valeur de la grandeur mesurée par un capteur de mesure) (cf. aussi* sensor).

sensor information informations fournies par le capteur *(parf.* un capteur) *(ces termes désignent notamment les informations fournies par un radar, un sonar, une caméra de télévision infrarouge ou ordinaire ou un radiomètre) (télédétection, mil, etc.) (cf. aussi* information *et* sensor).

sensor measurement mesure effectuée par un capteur *(cf. aussi* measurement *et* sensor).

sensor resolution pouvoir séparateur du capteur *(parf.* d'un capteur) *(pouvoir séparateur d'une caméra de télévision classique ou infrarouge ou d'un radar) (mil, télédétection, etc.) (cf. aussi* resolution (a) *et* (f1)).

sensor signal signal fourni par le capteur *(parf.* un capteur), signal du capteur *(parf.* d'un capteur) *(courant électrique fourni par un capteur ou tension produite par ce courant aux bornes d'une résistance) (cf. aussi* sensor *et* Ohm's law).

sensor technology (la) technique des capteurs *(cf. aussi* sensor *et* technology).

sensory ... *cf.* sensor ...

separate ... diffusion diffusion d'une zone ... *(P, N, etc.) (fab. semi) (cf. aussi* diffusion 2)).

separate excitation excitation séparée *(excitation d'une dynamo ou d'un moteur à courant continu par un courant continu fourni par une source extérieure) (cf. aussi* excitation (d)).

separately excited generator génératrice à excitation séparée *(cf. aussi* separate excitation).

separating ... *cf.* separation ...

separation séparation (a) *sens usuel)* ; (b) *absence plus ou moins grande de diaphonie entre les deux voies d'une chaîne stéréophonique ou entre une voie avant et la voie arrière d'un même côté d'une chaîne quadraphonique) (est exprimée sous la forme du rapport, en décibels, entre l'amplitude du signal utile sur une voie et l'amplitude du signal parasite) (hifi) (cf. aussi* crosstalk 1), stereo sound system, quadraphonic sound system *et* decibel) ; (c) *cf. aussi* radar separation).

separation circuit *cf.* separator.

separation energy *cf.* binding energy.

separation filter filtre de voie *(multiplex tél) (cf. aussi* channel filter).

separation loss perte par éloignement, effet d'éloignement *(diminution de l'amplitude du signal fourni par une tête de lecture d'enregistreur à bande magnétique lorsque la bande n'est pas appliquée contre la tête) (cette diminution est importante, principalement pour les fréquences élevées du signal enregistré) (cf. aussi* magnetic head *et* tape recorder).

separation of sound *cf.* sound separation.

separation of the sound signal *cf.* sound separation.

separator 1) séparateur (de signaux de synchronisation) *(récepteur TV) (cf. aussi* synchronization separator). 2) séparateur (d'accumulateur) *(feuille de matière isolante poreuse ou de matière plastique perforée et ondulée disposée entre les plaques de polarités opposées d'un accumulateur électrique pour éviter tout contact direct entre celles-ci tout en laissant l'électrolyte imprégner leurs faces en regard) (élec) (cf. aussi* storage cell 1)).

septum *(pluriel :* **septa**) diaphragme *(au sens du terme anglais, diaphragme monté dans la section droite d'un guide d'ondes et comportant une ou plusieurs ouvertures) (hyper) (cf. aussi* waveguide).

sequence¹ *s* **1)** séquence *(suite d'actions pouvant constituer tout ou partie d'un programme) (en électronique et sciences connexes, ce terme désigne notamment une suite d'actions de commande ou une suite d'opérations de traitement d'informations ou d'opérations de fabrication) (cf. aussi* sequencer *et* program¹ (a)). **2)** suite *(de nombres, de binaires, etc.) (noter que cette acception du terme français n'ayant pas d'équivalent en anglais, elle est rendue par « sequence »).*

sequence² *v (cf. aussi* sequence¹) **1)** exécuter une séquence. **2)** faire exécuter une séquence.

sequence control (la) commande séquentielle *(commande automatique d'une suite d'opérations dans un ordre prédéterminé et en fonction du temps et du résultat de l'opération précédente) (commande du démarrage d'une locomotive électrique, de la mise en service d'une centrale nucléaire, du lancement d'une fusée spatiale, etc.) (cf. aussi* automatic control).

sequence control system système de commande séquentielle, (un) automatisme séquentiel, système séquentiel *(cf. aussi* sequence control).

sequence counter *cf.* program counter.

sequence of points suite de points *(de mesure ou autres) (cf. aussi* sequence¹ 2), data point *et* set of points).

sequence of signals suite de signaux *(cf. aussi* sequence¹ 2) *et* signal¹).

sequence relay relais à séquence (a) relais clignoteur *(relais à un jeu de contacts fermant ou ouvrant périodiquement un circuit)* ; *(cf. aussi* relay¹ 1) ; (b) relais à programme *(cyclique ou non) (relais à séquence constitué en fait par un petit moteur synchrone très démultiplié entraînant un disque muni de taquets réglables actionnant successivement des contacts) (constitue un petit programmateur commandé à distance et à fonctionnement éventuellement cyclique) (cf. aussi* synchronous motor *et* programmer 2)).

sequence switch *cf.* sequencer (a).

sequence timer *cf.* sequencer (a).

sequencer séquenceur *s* (a) *programmateur dont le démarrage est commandé par un autre programmateur) (en d'autres termes et lorsque ce terme est employé correctement, programmateur secondaire commandant l'exécution d'une séquence d'opérations dans le cadre du déroulement d'un processus complexe commandé par un programmateur principal) (noter que ce terme est souvent employé incorrectement pour désigner un programmateur indépendant) (cf. aussi* programmer 2)) ; (b) *partie de l'unité de commande d'un ordinateur déterminant la séquence d'exécution de chacune des instructions du programme) (émet des impulsions rectangulaires plus ou moins larges appelées « microcommandes » appliquées à des points déterminés du chemin de données selon un chronogramme également déterminé pour réaliser l'exécution d'une instruction) (inf) (cf. aussi* hard-wired sequencer, microprogrammed sequencer, control unit 2), instruction, data path *et* timing diagram).

sequencing séquencement *(commande de l'exécution d'une séquence) (cf. aussi* sequence¹ 1)).

sequential access accès séquentiel *(accès obligatoirement successif aux informations contenues dans une mémoire numérique) (inf) (cf. aussi* sequential-access memory).

sequential-access memory mémoire à accès séquentiel, mémoire série *(mémoire numérique dans laquelle on ne peut accéder directement à une information déterminée, son accès nécessitant de passer par toutes celles qui la précèdent dans le sens de la lecture) (bande magnétique, mémoire à circulation) (cf. aussi* memory access, semi-random access, magnetic-tape memory *et* circulating memory).

sequential-access storage *cf.* sequential-access memory.

sequential addressing adressage séquentiel *(adressage de positions successives d'une mémoire) (inf) (cf. aussi* addressing *et* memory location).

sequential color television télévision en couleurs à transmission séquentielle *(cf. aussi* sequential color television system).

sequential color television system procédé séquentiel de télévision en couleurs, procédé séquentiel *(procédé de télévision en couleurs dans lequel les deux signaux de chrominance résultant de l'analyse d'une même ligne de l'image ne sont pas transmis en même temps) (procédé SECAM) (cf. aussi* SECAM system *et* color television system).

sequential color TV *cf.* sequential color television.

sequential computer *cf.* sequential machine.

sequential control exécution successive des instructions, exécution des instructions en séquence *(mode de fonctionnement d'une machine séquentielle) (inf) (cf. aussi* instruction *et* sequential machine).

sequential data transfer transfert successif des informations *(inf) (cf. aussi* data transfer*)*.

sequential fields trames successives *(image TV) (cf. aussi* interlaced scanning*)*.

sequential lobing commutation séquentielle de lobes (a) *émission successive sur deux ou quatre lobes par l'antenne d'un radar à commutation de lobes) (cf. aussi* lobe switching *)* ; (b) *détermination de l'angle de site d'une cible dans un radar tridimensionnel par émission successive en site d'un faisceau fin et prise en compte des deux échos les plus forts, ceux-ci encadrant la cible dans le plan vertical) (cf. aussi* three-dimensional radar*)*.

sequential logic logique séquentielle *(logique dans laquelle les signaux de sortie dépendent des signaux d'entrée et du temps) (est donc caractérisée par la présence d'une fonction mémoire pour pouvoir tenir compte de l'état antérieur d'au moins un signal d'entrée) (est utilisée dans un système de commande séquentielle) (inf, commande automatique) (cf. aussi* logic (b) *et* sequence control system*)*.

sequential machine machine séquentielle *(nom parfois donné à une machine de von Neumann pour rappeler son principe de fonctionnement) (inf) (cf. aussi* von Neumann machine*)*.

sequential operation fonctionnement séquentiel *(fonctionnement d'un système de commande séquentielle) (commande automatique) (cf. aussi* sequence control system*)*.

sequential operator opérateur séquentiel *(opérateur arithmétique d'ordinateur dans lequel l'opération est exécutée en plusieurs phases successives commandées par des impulsions) (nécessite l'emploi de registres pour la mémorisation des résultats partiels) (inf) (cf. aussi* arithmetic operator (b) *et* register[1] 1) (a)).

sequential sampling scrutation, *(etc.) (mesure, etc.) (cf. aussi* scanning (b)).

sequential scanning balayage sans entrelacement *(image TV) (cf. aussi* progressive scanning*)*.

sequential system système séquentiel *(système dont le fonctionnement est fondé sur l'exécution unique ou répétée d'une séquence) (cf. aussi* sequence[1] 1)) (a) *système séquentiel de télévision en couleurs) (cf. aussi* sequential color television system*)* ; (b) *système de commande séquentielle) (cf. aussi* sequence control system*)*.

serial a-d ... *(ou* a/d *ou* A/D) *cf.* serial analog-to-digital ...

serial access 1) accès série *(accès par une entrée série) (cf. aussi* serial input*)*. 2) *cf.* sequential access.

serial-access device dispositif à accès séquentiel *(nom parfois donné à une mémoire à accès séquentiel) (cf. aussi* sequential access*)*.

serial-access memory *cf.* sequential-access memory.

serial-access mode mode d'accès séquentiel *(cf. aussi* sequential access*)*.

serial ADC *cf.* serial analog-to-digital converter.

serial adder additionneur série *(additionneur binaire exécutant l'addition successive des binaires d'un nombre binaire en commençant par le binaire de moindre poids et en ajoutant à chaque colonne d'addition le report de la retenue éventuelle de la colonne précédente) (inf) (cf. aussi* binary adder*)*.

serial analog-to-digital conversion conversion série, numérisation série *(numériseur) (cf. aussi* successive-approximation analog-to-digital conversion*)*.

serial analog-to-digital converter convertisseur série, numériseur série *(cf. aussi* successive-approximation analog-to-digital converter*)*.

serial array groupement série *(groupement d'éléments de mémoire accessibles séquentiellement) (mémoire à CCD) (cf. aussi* sequential access *et* array*)*.

serial bit pattern combinaison de binaires en série, combinaison série *(noms parfois donnés à un mot binaire considéré lors d'une transmission série, par opposition à un tel mot considéré lors d'un transfert parallèle) (inf) (cf. aussi* binary word, serial transmission *et* bit pattern*)*.

serial bit stream flux de binaires en série, flux série, flux sériel *(flux de binaires existant lors d'une transmission série) (inf) (cf. aussi* bit stream *et* serial transmission*)*.

serial by bit en série par binaire *(mode de mémorisation d'informations dans une mémoire à accès séquentiel dans*

lequel tous les binaires représentant les informations sont mémorisés successivement) (en d'autres termes, enregistrement des informations sur une bande magnétique à une seule piste ou sur un disque magnétique ou optique) (cf. aussi* sequential-access memory *et* bit*)*.

serial by character en série par caractère *(définition analogue à celle de « serial by word ») (inf) (cf. aussi* character*)*.

serial by word en série par mot *(mode de mémorisation d'informations dans une mémoire à accès séquentiel dans laquelle tous les binaires d'un mot sont mémorisés simultanément et tous les mots successivement) (en d'autres termes, enregistrement des informations sur une bande magnétique à autant de pistes que les mots à mémoriser comprennent de binaires) (inf) (cf. aussi* sequential-access memory, binary word *et* tape drive 1)).

serial communications (les) télécommunications par voie série, *(souvent)* les liaisons série *(cf. aussi* serial communications channel *et* serial link*)*.

serial communications channel voie de télécommunications série, voie série *(voie de télécommunications utilisant la transmission série) (cas général) (cf. aussi* communications channel *et* serial transmission*)*.

serial communications link *cf.* communications link.

serial computer *cf.* serial machine.

serial conversion 1) *cf.* serial analog-to-digital conversion. 2) *cf.* parallel-to-serial conversion.

serial converter 1) *cf.* serial analog-to-digital converter. 2) *cf.* parallel-to-serial converter.

serial data informations série, données série *(informations numériques transmises ou enregistrées sous forme série) (tls, inf) (cf. aussi* serial transmission*)*.

serial-data ... *cf.* serial ...

serial data communications télécommunications avec transmission série des informations, *(etc.) (cf. aussi* serial transmission*)*.

serial data input entrée série (des informations), *(etc.) (inf) (cf. aussi* serial input *et* data*)*.

serial data output sortie série (des informations), *(etc.) (inf) (cf. aussi* serial output *et* data*)*.

serial data pattern *cf.* serial bit pattern.

serial data stream flux d'informations série, *(etc.) (nom souvent donné à un flux de binaires série) (inf) (cf. aussi* serial bit stream *et* data*)*.

serial data transmission *(ce terme est peu employé en anglais, sa forme contractée lui étant préférée) (télinf) (cf. aussi* serial transmission*)*.

serial digital computer *cf.* serial machine.

serial digital input *cf.* serial input.

serial digital output *cf.* serial output.

serial digital signal signal numérique série, signal série *(signal numérique formé d'une suite unique de binaires) (peut donc être transmis par un conducteur ou une voie unique comme un signal analogique) (tls, enr. mag. et opt) (cf. aussi* digital signal, bit, analog signal *et* serial transmission*)*.

serial form forme série, *(parf.)* mode série *(mode de transmission, d'enregistrement, de mémorisation ou de traitement de signaux numériques dans lequel une voie unique est utilisée pour tous les binaires d'un mot à transmettre, enregistrer, mémoriser ou traiter) (la ligne de transmission, le support d'enregistrement, ou les circuits de mémorisation ou de traitement utilisés ne comportent donc qu'une seule voie, quel que soit le nombre de binaires contenu dans un mot) (tls, inf, enr. mag. et opt) (cf. aussi* digital signal, digital data, binary word *et* parallel form*)*.

serial full adder *cf.* serial adder.

serial full subtracter *cf.* serial subtracter.

serial I/O *cf.* serial input/output.

serial I/O communications liaisons série avec l'extérieur *(liaisons entre un ordinateur ou autre appareil informatique et l'extérieur assurée par une ligne de tranmsission série) (cas général à partir d'une certaine distance) (inf) (cf. aussi* input/output *et* serial-data line*)*.

serial I/O port *cf.* serial port.

serial input entrée série, entrée sérielle, entrée numérique *(idem) (entrée d'informations numériques sous forme série* *dans un appareil informatique ou autre appareil numérique ou dans un organe d'un tel appareil) (cf. aussi* serial form).

serial input/output   *cf.* serial port.

serial-input register   registre à entrée série *(registre à décalage à entrée série) (inf) (cf. aussi* shift register, serial input *et* serial-to-parallel converter).

serial interface   *cf.* serial-to-parallel interface.

serial line   ligne de transmission série, ligne série *(ligne de télécommunications faisant partie d'une liaison à transmission série) (cf. aussi* communications line *et* serial link).

serial link   liaison série *(liaison de télécommunications ou autre assurant la transmission série des signaux) (cas général) (cf. aussi* communications link *et* serial transmission).

serial loop   *cf.* serial line.

serial machine   machine série, machine sérielle, calculateur série, calculateur sériel *(le premier terme est le plus employé et le troisième est le meilleur) (noms parfois donnés à un monoprocesseur par opposition à « machine parallèle ») (inf) (cf. aussi* single-processor machine, parallel machine *et* machine).

serial memory   mémoire série *(inf) (cf. aussi* sequential-access memory).

serial mode   mode série *(mode de fonctionnement d'un appareil ou un dispositif utilisant ou transmettant des signaux sous forme série) (cf. aussi* serial form).

serial operation   fonctionnement série *(ou* en mode série) *(cf. aussi* serial mode).

serial organization   organisation série *(organisation d'une mémoire à accès séquentiel) (inf) (cf. aussi* sequential-access memory).

serial output   sortie série, sortie sérielle, sortie numérique *(idem) (inf) (cf. aussi* serial input *et* adapter la définition).

serial-parallel ...   *cf.* serial-to-parallel ... *(pour les termes qui ne figurent pas ci-après).*

serial/parallel ...   *cf.* serial-to-parallel ...

serial-parallel-serial architecture *(ou* **arrangement** *ou* **organization***)*   structure série-parallèle-série, organisation *(idem) (structure d'une mémoire à CCD dans laquelle les informations à mémoriser sont introduites sous forme série, mémorisées sous forme parallèle et sorties sous forme série pour réduire le temps d'accès) (dans cette structure de mémoire, chaque mot binaire de n binaires est introduit à grande cadence de transfert, sous forme série, dans un registre à décalage d'entrée à n cellules qui transfère ensuite en parallèle les n binaires dans autant de registres à décalage dans lesquels la vitesse de transfert initiale est divisée par n et dont les sorties sont reliées aux n cellules d'un registre à décalage de sortie qui remet le mot binaire sous sa forme série) (il est à noter que le registre d'entrée fonctionne en convertisseur série/parallèle et celui de sortie en convertisseur parallèle/série) (CI) (inf) (cf. aussi* CCD memory, serial form, parallel form, access time, binary word, transfer rate, shift register, serial/parallel converter *et* parallel/serial converter).

serial port   accès série, accès sériel *(entrée et/ou sortie série) (inf) (cf. aussi* port 1) *et* serial input).

serial printer   imprimante caractère par caractère, imprimante série *(imprimante imprimant un seul caractère à la fois) (machine à écrire électrique ou téléimprimeur utilisé comme imprimante, ou imprimante matricielle) (inf) (cf. aussi* teleprinter, matrix printer *et* printer 1)).

serial printing   impression caractère par caractère, impression série *(inf) (cf. aussi* serial printer).

serial processing   traitement série *(traitement d'informations par un ordinateur avec exécution successive de toutes les opérations arithmétiques et logiques nécessitées par le traitement) (en d'autres termes, traitement par une machine série) (inf) (cf. aussi* serial machine).

serial processor   *cf.* serial machine.

serial programming   programmation série *(mode de programmation d'un ordinateur dans lequel une seule opération logique ou arithmétique peut être exécutée à la fois) (type classique) (inf) (cf. aussi* programming (b), logic operation *et* arithmetic operation).

serial readout   *cf.* serial output.

serial signal   *cf.* serial digital signal.

serial register   *cf.* serial-input register.

serial storage   **1)** mémorisation dans une mémoire série *(inf) (cf. aussi* sequential-access memory). **2)** *cf.* sequential-access memory.

serial subtractor   soustracteur série *(soustracteur binaire analogue à l'additionneur série) (inf) (cf. aussi* binary subtractor *et* serial adder).

serial-to-parallel conversion   conversion de série en parallèle, conversion série/parallèle, conversion de la forme série à la forme parallèle (série *ou* sérielle), parallélisation *(conversion de signaux ou informations numériques de la forme série à la forme parallèle) (inf) (est réalisée par un convertisseur série/parallèle) (cf. aussi* serial form, parallel form, serial-to-parallel converter *et* data conversion).

serial-to-parallel converter   convertisseur série/parallèle, paralléliseur *(convertisseur de signaux opérant la conversion série/parallèle) (fournit donc simultanément sur n conducteurs les n binaires d'un même mot binaire reçus successivement sur un seul conducteur) (est un registre à décalage à entrée série et sortie parallèle) (inf) (cf. aussi* serial-to-parallel conversion *et* shift register).

serial-to-parallel interface   interface *f* série/parallèle *(nom parfois donné à un convertisseur série/parallèle) (cf. aussi* serial-to-parallel converter *et* interface[1] 2)).

serial transfer   *cf.* serial transmission. *(le transfert d'informations se faisant toujours en parallèle, le terme anglais et son équivalent français ne sont pas employés, sauf abus de langage) (cf. aussi* data transfer).

serial transmission   transmission série *(ou* sérielle *ou* en série *ou* sous forme série *(ou* sérielle)), transmission des informations, *(etc.) (idem) (mode de transmission d'informations numériques dans lequel les binaires d'un mot binaire sont transmis successivement par une seule et même voie, chaque mot l'un après l'autre) (mode de transmission par une ligne de télécommunications, notamment, et plus particulièrement par une liaison de transmission de données) (télinf, etc.) (cf. aussi* digital data, binary word *et* data link).

serialization   sérialisation *(d'informations numériques parallèles) (inf) (cf. aussi* parallel-to-serial conversion).

serialize *v*   sérialiser, convertir de parallèle en série *(des informations numériques) (inf) (cf. aussi* parallel-to-serial conversion).

serializer   sérialiseur *(inf) (cf. aussi* parallel-to-serial converter).

serially accessed memory   *cf.* sequential-access memory.

serially transmitted data   informations transmises en série, *(etc.) (tls) (cf. aussi* serial transmission).

series arrangement   montage en série, branchement en série *(montage de deux ou plusieurs éléments de circuit ou dispositifs entre deux bornes de telle manière que l'intensité du courant soit la même dans chacun d'eux) (chaque élément a donc une borne connectée à une borne d'un autre élément, les deux bornes extrêmes étant, elles, connectées aux deux bornes considérées) (la tension aux bornes d'un élément est proportionnelle à sa résistance, conformément à la loi d'Ohm, et peut donc être très différente de celle aux bornes d'un autre élément) (lorsque les éléments de circuit sont des sources de courant continu, le montage doit tenir compte de leur polarité, c.-à-d. que la borne positive d'une source doit être connectée à la borne négative d'une autre source) (cf. aussi* circuit element, Ohm's law, current source *et* arrangement 1)).

series base resistance   résistance série de la base *(transistor bipolaire) (cf. aussi* series resistance 2) *et* base resistance).

series capacitance   capacité en série *(capacité en série dans un circuit et notamment capacité en série avec un élément de circuit dans un schéma équivalent) (cf. aussi* capacitance, circuit element *et* equivalent circuit).

series capacitor   condensateur monté en série *(cf. aussi* capacitor *et* series arrangement).

series circuit   circuit série (a) *circuit électrique dont tous les éléments sont montés en série) (cf. aussi* electric circuit, circuit element *et* series arrangement) ; (b) *cf. aussi* series resonnant circuit).

series collector resistance   résistance série du collecteur *(transistor bipolaire) (cf. aussi* series resistance 2) *et* collector resistance).

series-connected monté en série, *(souvent)* montés en série *(cf. aussi* series arrangement*)*.

series-connected circuit *cf.* series circuit.

series connection *cf.* series arrangement.

series converter convertisseur à inductance série *(nom parfois donné à un convertisseur direct pour rappeler que l'enroulement dans lequel l'énergie est accumulée est en série dans le circuit de la charge, cet enroulement étant la bobine de lissage) (alim. déc) (cf. aussi* forward converter*)*.

series dc generator *cf.* series dynamo.

series dc motor moteur à courant continu à excitation série, moteur série à courant continu *(cf. aussi* dc motor *et* series motor*)*.

series DC ... *cf.* series dc ...

series drain resistance résistance série du drain *(TEC) (cf. aussi* series resistance 2) *et* drain resistance*)*.

series dynamo dynamo à excitation en série *(ou à excitation série)*, dynamo série *(le dernier terme est le plus employé)*, génératrice *(idem) (la dynamo série est très peu employée du fait de son risque de désamorçage lorsque l'intensité du courant débité est inférieure à une certaine valeur) (cf. aussi* dynamo *et* series excitation*)*.

series emitter resistance résistance série de l'émetteur *(transistor bipolaire) (cf. aussi* series resistance 2) *et* emitter resistance*)*.

series excitation excitation série *(excitation de l'inducteur d'une dynamo ou d'un moteur à collecteur par le courant circulant dans le rotor) (en d'autres termes, excitation dans une machine tournante à collecteur dans laquelle l'inducteur et le rotor sont montés en série) (cf. aussi* excitation (d), series dynamo, series motor *et* series connection*)*.

series-excited ... **1)** *cf.* series ... **2)** *cf.* series-fed ...

series-fed aerial *(GB) cf.* series-fed vertical antenna.

series-fed antenna *cf.* series-fed vertical antenna.

series-fed vertical aerial *(GB) cf.* series-fed vertical antenna.

series-fed vertical antenna antenne verticale excitée par le bas *(émetteur) (cf. aussi* end-fed vertical antenna*)*.

series feed alimentation série *(de la plaque ou l'anode) (application de la tension d'alimentation à l'anode d'un tube amplificateur haute fréquence par l'intermédiaire de la bobine d'inductance du circuit oscillant constituant la charge du tube) (le qualificatif « série » rappelle que, dans ce montage, le courant continu d'alimentation de la plaque passe par le circuit oscillant) (cf. aussi* resonant circuit *et* shunt feed*)*.

series feedback contre-réaction série *(contre-réaction dans laquelle la tension de contre-réaction est appliquée en série avec la source du signal d'entrée c.-à-d. entre une borne de celle-ci et la borne d'entrée correspondante de l'amplificateur) (peut être une contre-réaction de tension ou de courant) (cf. aussi* negative feedback*)*.

series generator *cf.* series dynamo.

series loading *cf.* series feed.

series motor moteur série, moteur à excitation série *(ou en série) (moteur à collecteur à excitation série) (est caractérisé par un grand couple au démarrage et par le fait que sa vitesse est inversement proportionnelle à la charge, donc par son emballement à vide, lequel doit être évité) (la puissance développée étant égale au produit du couple par la vitesse, elle est sensiblement constante et c'est pourquoi ce moteur est dit « autorégulateur de puissance ») (son grand couple au démarrage en fait le moteur de traction idéal et le fait adopter en outre pour les appareils de levage, entre autres) (le moteur série peut être un moteur à courant continu ou un moteur universel) (cf. aussi* commutator motor, series excitation, dc motor *et* universal motor*)*.

series-parallel ... *cf.* serial-to-parallel ... *(pour les termes qui ne figurent pas ci-après)*.

series/parallel ... **1)** *cf.* serial-to-parallel ... **2)** *cf.* series-parallel ...

series-parallel circuit circuit série-parallèle *(circuit électrique comprenant des éléments montés en série et d'autres montés en parallèle) (exemple : circuit comprenant une pile électrique, un rhéostat et deux lampes montées en parallèle entre celui-ci et l'autre borne de la pile) (cf. aussi* series arrangement *et* parallel arrangement*)*.

series-parallel combination couplage série-parallèle, *(etc.) (cf. aussi* series-parallel switch*)*.

series-parallel switch coupleur série-parallèle *(ou* série/parallèle*) (commutateur à deux positions dont l'une réalise le montage en série de deux ou plusieurs éléments de circuits et l'autre leur montage en parallèle) (les éléments de circuits peuvent être notamment les batteries d'accumulateurs d'un véhicule ou les moteurs de traction d'une locomotive électrique couplé(e)s en série au démarrage) (cf. aussi* series arrangement *et* parallel arrangement*)*.

series-pass ... *cf.* series ... *(pour les termes qui ne figurent pas ci-après)*.

series-pass element élément série *(autre nom, plus général, d'un transistor ballast) (alim) (cf. aussi* series-pass transistor*)*.

series-pass power transistor transistor de puissance employé comme transistor ballast *(etc.) (alim) (cf. aussi* series-pass transistor*)*.

series-pass transistor transistor ballast, transistor série, transistor de régulation *(transistor assurant la régulation dans une alimentation régulée série) (cf. aussi* series regulation*)*.

series peaking correction série, correction par circuit série *(correction des fréquences élevées réalisée en montant la bobine d'inductance en série avec la résistance de charge de l'amplificateur) (cf. aussi* peaking*)*.

series reactance réactance en série *(réactance d'un élément de circuit monté en série avec un autre élément) (cf. aussi* reactance *et* series arrangement*)*.

series-regulated output sortie à régulation série *(tension ou courant de sortie d'une alimentation à régulation série) (cf. aussi* series-regulated power supply*)*.

series-regulated power supply alimentation à régulation série *(alimentation régulée utilisant un régulateur série pour remplir sa fonction de régulation) (type classique) (cf. aussi* regulated power supply *et* series regulator*)*.

series-regulated supply *cf.* series-regulated power supply.

series regulation régulation série *(ou sans découpage)*, régulation de tension *(idem) (régulation de la tension de sortie d'une alimentation par variation de la résistance opposée au passage du courant de sortie par un transistor bipolaire de puissance monté en série dans le circuit de sortie) (la variation de résistance est obtenue en faisant varier l'intensité du courant dans le circuit de la base du transistor ; cette variation est effectuée dans le sens et avec l'amplitude nécessaires pour réduire à zéro la différence entre la tension de sortie effective et la valeur fournie par une diode de référence de tension) (alimentation régulée) (cf. aussi* series-pass transistor, regulation, power supply 2), power bipolar transistor, base circuit, voltage reference diode *et* series regulator*)*.

series regulator régulateur série *(ou sans découpage)*, régulateur de tension *(idem) (régulateur de tension réalisant la régulation série) (est utilisé dans une alimentation régulée série) (cf. aussi* voltage regulator, series regulation *et* series-regulated power supply*)*.

series resistance **1)** résistance en série *(au sens du terme anglais, résistance figurant dans un schéma équivalent ou valeur ohmique d'une résistance montée en série dans un circuit réel) (cf. aussi* resistance, equivalent circuit *et* series resistor*)*. **2)** résistance série *(nom souvent donné à la résistance d'une jonction redresseuse ou d'une diode à semiconducteur ou d'une électrode d'un transistor ou autre composant à semiconducteur lorsque celui-ci est monté dans un circuit) (cf. aussi* resistance, rectifying junction, semiconductor diode, transistor *et* series resistor*)*.

series resistor résistance montée en série, résistance en série *(résistance montée en série dans un circuit) (cf. aussi* resistor, series connection *et* series resistance*)*.

series resonance résonance série, résonance *(le second terme s'emploie ici par opposition à « antirésonance ») (résonance dans un circuit résonant série) (cf. aussi* series resonant circuit*)*.

series resonant circuit circuit résonnant série, circuit oscillant série, circuit résonnant *(circuit oscillant formé d'une capacité et d'une inductance en série sur le parcours d'un courant à haute fréquence) (dans le cas, observé en pratique, où le courant considéré est un signal complexe, le circuit résonnant* *série entre en résonance aux fréquences du signal proches de sa fréquence de résonance en laissant ainsi passer ces fréquences, qui sont dérivées à la masse à sa sortie, donc éliminées, tandis que les autres sont conservées sous la forme d'une tension alternative à ses bornes les contenant, laquelle tension est transmise à l'étage suivant pour utilisation) (le circuit résonant série est donc un filtre coupe-bande à bande étroite; la bande des fréquences éliminées est d'autant plus étroite que le Q du circuit oscillant est grand) (cf. aussi* resonant circuit, complex signal, band-stop filter, narrowband filter *et* Q 1)).

series T *cf.* series T junction.

series T junction jonction en T série, T série *(le second terme est le plus employé) (jonction en T équivalente à la mise en série des deux guides raccordés par le T) (ce résultat est obtenu en réalisant le couplage des deux guides par le champ électrique, c.-à-d. en raccordant les guides par le grand côté) (hyper) (cf. aussi* T junction *et* E plane).

series-to-parallel ... *cf.* serial-to-parallel ...

series transistor *cf.* series-pass transistor.

series voltage regulator *cf.* series regulator.

series winding enroulement en série, enroulement série *(enroulement monté en série avec un autre et notamment enroulement inducteur monté en série avec l'induit dans une dynamo ou le rotor dans un moteur électrique à collecteur) (cf. aussi* series excitation, armature (b) *et* winding).

series-wound ... *cf.* series ...

serrated pulse impulsion découpée *(impulsion rectangulaire allongée divisée en plusieurs impulsions d'égale durée) (impulsion de synchronisation de trame d'un signal de télévision, etc.) (cf. aussi* vertical synchronizing pulse).

serrated rotor plate *cf.* slotted rotor plate.

serrodyne[1] *v* dynamiser le signal, moduler le temps de transit *(cf. aussi* serrodyning).

serrodyne[2] *s* *cf.* serrodyne modulator.

serrodyne amplifier *cf.* serrodyne modulator.

serrodyne generator *cf.* serrodyne modulator.

serrodyne modulation *cf.* serrodyning.

serrodyne modulator modulateur dynamiseur *(ou à modulation du temps de transit) (amplificateur à tube à onde progressive réalisant la dynamisation du signal de sortie) (hyper) (brouilleur répéteur) (mil) (cf. aussi* serrodyning).

serrodyning dynamisation des échos, dynamisation, modulation du temps de transit *(création d'une fréquence Doppler fictive dans les échos renvoyés par le brouilleur répéteur d'un aéronef militaire pour faire décrocher la porte de sélection de vitesse d'un radar Doppler adverse accroché à celui-ci) (la fréquence Doppler fictive est produite en faisant varier en dents de scie la tension de l'hélice d'un tube à onde progressive formant l'amplificateur de puissance du brouilleur; la variation de la tension de l'hélice produit une variation du temps de transit dans le tube, qui entraîne à son tour une variation de la fréquence du signal de sortie) (la pente des dents de scie, donc la vitesse de variation de la fréquence de sortie, est choisie pour que la valeur de la fréquence Doppler résultante assure le décrochage de la porte de vitesse en faisant apparaître au récepteur du radar ou de l'autodirecteur brouillé une vitesse radiale de la cible que celle-ci n'a pas) (cf. aussi* velocity-gate pull-off, Doppler shift, repeater jammer, sawtooth waveform, travelling tube, transit time *et* range rate).

server serveur *s (entité fournissant des services)* (a) centre serveur *(société, organisme ou autre entité fournissant des services téléinformatiques et plus particulièrement télématiques, notamment la consultation de banques de données) (inf) (cf. aussi* microserver, computer communications, telematics *et* data base); (b) *par extension, ordinateur utilisé à cette fin) (cf. aussi* computer 2)); (c) *par extension encore plus grande, programme exécuté par cet ordinateur pour remplir sa fonction) (cf. aussi* computer program); (d) *par extension également, nom parfois donné à une station d'un réseau informatique par laquelle transitent des informations destinées à d'autres stations et qui les dirige sélectivement vers celles-ci) (cf. aussi* computer network).

service application demande d'abonnement *(tél, télex, etc.).*

service area zone desservie *(zone géographique couverte par*

un émetteur de radiodiffusion, radionavigation ou autre, c.-à-d. dans laquelle ses émissions sont utilisables) (propa) (cf. aussi primary service area, secondary sercice area, local service area, intermittent-service area, fringe area *et* skip area).

service band bande d'émission (attribuée) *(émetteur radio) (cf. aussi* frequency allocation).

service bureau centre de traitement à façon, façonnier du traitement informatique, façonnier informatique, façonnier *(centre de traitement informatique mis à la disposition du public à titre onéreux par une société de prestations de services) (cf. aussi* information center).

service call **1)** communication de service *(communication téléphonique entre un employé d'un central et un d'un autre central, par exemple) (cf. aussi* telephone call 1)). **2)** demande de dépannage (par téléphone) *(émise par un utilisateur de matériel informatique ou autre).*

service channel voie de service *(voie d'un multiplex téléphonique réservée à la transmission de signaux relatifs au fonctionnement de la liaison) (tls) (cf. aussi* telephone multiplex *et* pilot tone).

service diagram plan de la zone desservie *(radio) (cf. aussi* service area).

service engineer ingénieur d'après-vente *(ingénieur électronicien, informaticien ou autre dirigeant ou assurant l'entretien et la réparation en clientèle du matériel vendu par son employeur).*

service life durée de vie en service, durée de service, durée de vie *(temps total de fonctionnement normal d'un composant ou autre matériel dans les conditions de fonctionnement nominales) (cf. aussi* operating conditions, rated value *et* lifetime (b)).

service-life performance *cf.* service life.

service man *cf.* serviceman. *(plus loin).*

service oscillator générateur HF *(cf. aussi* RF signal generator).

service oscilloscope oscilloscope portatif *(oscilloscope robuste et de petites dimensions pouvant être alimenté par une batterie d'accumulateurs incorporé ou, généralement, par le secteur) (cf. aussi* oscilloscope).

service routine programme de service *(inf) (cf. aussi* utility routine).

service technician technicien d'après-vente *(cf. aussi* serviceman) *(plus loin).*

service test (un) essai d'endurance *(composant, etc.) (cf. aussi* life test).

service trouble-shooter *cf.* serviceman.

serviceman dépanneur *s, (souvent aussi)* technicien d'après-vente *(cf. aussi* radio serviceman).

serving guipage *(gaîne isolante en fils de coton ou de jute torsadés autour d'un conducteur ou en ruban de papier ou de matière plastique enroulé en hélice autour de celui-ci et recouvert d'une enveloppe en caoutchouc ou en matière plastique dans le cas d'un conducteur faisant partie d'un câble).*

servo *cf.* servo control.

servo accelerometer accéléromètre d'asservissement *(accéléromètre mesurant une accélération constituant la grandeur de sortie dans un servomécanisme) (cf. aussi* accelerometer, output quantity *et* servomechanism).

servo amplifier amplificateur d'asservissement, amplificateur de système asservi *(amplificateur de puissance inséré dans la chaîne directe d'un système asservi pour fournir la puissance nécessaire à l'asservissement considéré) (ce terme désigne souvent l'amplificateur d'un servomécanisme, le courant de sortie de celui-ci servant alors à commander un actionneur) (cf. aussi* power amplifier, forward path, servo system *et* servomechanism).

servo control servocommande *(commande assistée de la position d'un organe mécanique ou de la force exercée sur celui-ci, dont l'action est asservie à la position de l'organe de commande ou à la force exercée sur celui-ci, respectivement) (est un type particulier de servomécanisme réalisant un asservissement de position ou de force) (exemple : servocommande de gouverne d'avion, servofrein de véhicule) (cf. aussi* servomecanism *et* position feedback control).

servo control system *cf.* servomechanism.

servo-controlled asservi *(sytème, etc.) (cf. aussi* closed-loop control system).

servo-driven potentiometer potentiomètre d'asservissement, potentiomètre asservi *(le premier terme est le meilleur) (potentiomètre commandé par un servomoteur dans un servomécanisme et constituant le détecteur d'écart) (potentiomètre d'enregistreur potentiométrique, de multiplieur asservi, etc.) (cf. aussi* potentiometer 1), servomotor, servomechanism, error detector, potentiometer recorder *et* servo multiplier).

servo-driven recorder *cf.* servo recorder.

servo-driven strip-chart recorder *cf.* servo recorder.

servo electronics électronique d'asservissement *(électronique d'un système asservi utilisant des circuits électroniques) (clpf) (cf. aussi* electronics[1] (c) *et* closed-loop control system).

servo information information d'asservissement *(nom parfois donné au signal d'erreur d'un système asservi) (cf. aussi* error signal).

servo loop boucle d'asservissement (a) *nom parfois donné à un système asservi et notamment à une chaîne d'asservissement d'un régulateur multivariable) (cf. aussi* closed-loop control system *et* multivariable regulator) ; (b) *nom parfois donné à la boucle de retour d'un système asservi) (cf. aussi* feedback loop).

servo meter galvanomètre asservi *(nom parfois donné au système de mesure d'un enregistreur potentiométrique) (cf. aussi* potentiometer recorder).

servo motor *cf.* servomotor. *(plus loin).*

servo multiplier multiplieur asservi *(multiplieur formé essentiellement d'un ou plusieurs potentiomètres entraînés par un servomoteur et auxquels sont appliquées des tensions variables à multiplier par une tension également variable appliquée à un potentiomètre d'asservissement entraîné avec les potentiomètres multiplieurs) (la tension prélevée au curseur du potentiomètre d'asservissement est comparée à la tension variable prise comme référence et la tension d'erreur résultante éventuelle est amplifiée et commande la rotation du servomoteur, dans un sens ou dans l'autre suivant le signe de l'erreur, jusqu'à ce que celle-ci s'annule ; la tension recueillie sur le curseur de chacun des potentiomètres multiplieurs est alors proportionnelle au produit de la tension variable correspondante par la tension variable de référence) (calculateur analogique) (cf. aussi* multiplier 1), potentiometer 1) *et* servo-driven potentiometer).

servo order ordre du système asservi *(parf.* d'un ...) *(ordre de la fonction de transfert d'un système asservi) (cf. aussi* transfer function order).

servo recorder enregistreur potentiométrique *(cf. aussi* potentiometer recorder).

servo system *cf.* servomechanism. *(et noter que « servo system » ne se traduit normalement pas par « système asservi »).*

servomechanism servomécanisme *(système asservi comportant un ou plusieurs organes à fonction mécanique) (l'organe à fonction mécanique est généralement un actionneur) (un servomécanisme est souvent un système suiveur comme le système commandant les mouvements d'une antenne de radar en mode de poursuite automatique, mais peut aussi être un régulateur comme le régulateur de Watt, lequel est l'ancêtre des systèmes asservis) (le terme « servomécanisme » ne doit pas être utilisé pour désigner un système asservi qui ne comporte pas d'organe à fonction mécanique) (cf. aussi* closed-loop control system *et* actuator).

servomotor servomoteur *(moteur électrique ou, parfois, hydraulique utilisé comme actionneur dans un servomécanisme) (est caractérisé par un court temps de réponse, donc un rotor à faible inertie, et un fort couple au démarrage permettant une grande accélération angulaire) (est souvent un moteur à courant continu, ce type de moteur couvrant toutes les puissances nécessaires, ou un moteur diphasé pour les puissances ne dépassant pas quelques centaines de watts, ou un moteur pas-à-pas, également pour les petites et très petites puissances) (comme utilisations courantes d'un servomoteur, on peut citer la commande d'un mouvement de rotation d'une antenne de radar orientable, la commande de chariots et broches de machines-outils automatiques, la commande de portes à ou-*verture automatique, la commande du diaphragme d'une caméra, etc.) (cf. aussi* dc servomotor, printed motor, two-phase motor, stepping motor *et* actuator).

sesqui-sideband transmission *cf.* vestigial-sideband transmission.

set[1] *s* **1)** poste *(poste émetteur ou récepteur, de radio ou de télévision, poste téléphonique, radar, sonar, etc.).* **2)** appareil *(cf. aussi* test set). **3)** mise à l'état « 1 », mise à 1 *(bascule) (cf. aussi* ONE state *et* flip-flop). **4)** jeu, *(parf.)* ensemble *s (cf. aussi* chip set *et* instruction set).

set[2] *v* **1)** mettre sur une position *(bouton de commutateur, etc.) (cf. aussi* setting). **2)** afficher *(une valeur sur un cadran, un commutateur, etc.).* **3)** préafficher *(le plus souvent au sens de 2)).* **4)** régler *(le plus souvent au sens de 1)).* **5)** fixer *(une valeur).* **6)** mettre à 1 *(cf. aussi* set[1] 3)).

SET *cf.* set[1] 3).

set maker fabricant de postes, constructeur de postes *(de radio ou de télévision).*

set of contacts jeu de contacts *(ensemble formé d'un contact mobile et d'un ou deux contacts fixes dans un interrupteur, un inverseur ou un relais) (cf. aussi* normally-open contact, normally-closed contact, change-over contact *et* contact (a)).

set of instructions jeu d'instructions *(ordinateur) (cf. aussi* instruction set).

set of points ensemble de points *(de mesure ou autres) (cf. aussi* sequence of points).

set-on frequency fréquence instantanée d'émission *(émetteur à sauts de fréquence) (mil) (cf. aussi* frequency-hopping transmitter).

set-on receiver récepteur à fréquence instantanée *(mil) (cf. aussi* IFM receiver).

set-on time temps d'accord instantané *(temps écoulé entre l'instant ou un récepteur à fréquence instantanée associé à un brouilleur à bande étroite a intercepté un signal hostile et l'instant ou le brouilleur émet un signal de brouillage sur la fréquence du signal intercepté) (mil) (cf. aussi* IFM receiver).

set-on VCO *cf.* set-on voltage-controlled oscillator.

set-on voltage-controlled oscillator oscillateur commandé en tension à fréquence instantanée, VCO à fréquence instantanée, VCO instantané *(le deuxième terme est le plus employé) (oscillateur à sauts de fréquence commandé en tension dont la fréquence de sortie change quasi-instantanément à chaque saut de fréquence) (émetteur mil) (cf. aussi* frequency-hopping oscillator *et* voltage-controlled oscillator).

set point point de consigne, valeur de consigne *(valeur à laquelle un régulateur doit maintenir la grandeur réglée) (asser) (cf. aussi* regulator *et* controlled variable).

set pulse impulsion de mise à l'état 1, impulsion de mise à 1 *(impulsion mettant à l'état 1 une bascule ou un tore magnétique de mémoire à tores) (inf) (cf. aussi* ONE state, flip-flop *et* magnetic-core memory).

set-reset flip-flop *cf.* RS flip-flop.

set-reset-trigger flip-flop *cf.* RST flip-flop.

set up *v* **1)** *(sens usuels).* **2)** mettre en œuvre *(un appareil) (cf. aussi* setting-up).

set-up *s cf.* setup. *(de même pour les termes dérivés).*

set value *cf.* set point.

setability *cf.* settability.

settability finesse de réglage *(potentiomètre, etc.) (cf. aussi* resolution (d)).

settable réglable *(généralement par paliers) (grandeur variable) (cf. aussi* adjustment *et* in steps).

setting *(cf. aussi* set[2]) *(souvent)* position de réglage, position, *(un)* réglage, *(parf.)* (le) réglage choisi *(position d'un bouton de réglage progressif ou discontinu et notamment d'un bouton de commande de commutateur) (cf. aussi* control setting, adjustment *et* multiposition switch).

setting to zero mise à zéro *(app. mesure, compteur).*

setting-up mise en œuvre *(d'un appareil ou système) (ensemble des opérations à exécuter avant de pouvoir utiliser un appareil ou un système).*

settle *v* se stabiliser *(cf. aussi* settling).

settling stabilisation, *(parf.)* amortissement *(disparition des oscillations de la valeur d'une grandeur après un changement brusque de cette valeur due à une variation brusque de la* *grandeur dont elle dépend) (tension à la sortie d'un circuit logique, d'un amplificateur opérationnel, d'un dénumériseur ou autre montage, grandeur de sortie d'un système asservi, position du point lumineux sur l'écran d'un tube cathodique, etc.) (la variation initiale considérée est souvent un signal en échelon) (cf. aussi* settling time *et* step input).

settling time temps de stabilisation *(parf. d'amortissement) (temps écoulé entre l'instant d'application d'un signal à l'entrée d'un dispositif constituant, ou assimilable à, un quadripôle et l'instant où la grandeur de sortie de celui-ci est stabilisée) (cf. aussi* settling *et* quadripole).

setup **1)** montage temporaire, montage *(ensemble de composants et éventuellement d'appareils interconnectés temporairement aux fins de mesure, d'essai ou de démonstration) (cf. aussi* test setup, breadboard setup, measuring setup *et* laboratory setup). **2)** marge de noir *(nom parfois donné à la différence entre le niveau du noir et le niveau de suppression dans un signal de télévision, c.-à-d. à l'amplitude de l'impulsion de suppression de ligne) (cf. aussi* reference black level *et* blanking level).

setup time temps d'établissement *(temps pendant lequel une impulsion représentant un binaire doit être présente à une entrée d'une bascule synchrone avant que l'impulsion d'horloge soit appliquée à l'entrée de synchronisation) (circuit logique) (cf. aussi* clocked flip-flop *et* hold time).

seven-electrode tube tube à sept électrodes *(cf. aussi* heptode).

seven-electrode valve *(GB) cf.* seven-electrode tube.

seven-segment character caractère à sept segments *(caractère d'afficheur à sept segments) (cf. aussi* seven-segment display).

seven-segment display afficheur à sept segments, afficheur numérique *(idem) (afficheur à segments comportant sept segments − trois horizontaux et quatre verticaux − pour former les caractères, ceux-ci ne pouvant être que des chiffres) (l'excitation simultanée des sept segments correspond à l'affichage du chiffre 8) (clpf) (cf. aussi* segment-type display 2)).

seven-unit code code à sept moments, code télégraphique *(idem) (code télégraphique utilisant sept moments pour représenter un caractère) (code ASCII ou code ISO presque identique à celui-ci) (utilise généralement un huitième élément constitué par un binaire de parité) (transmission de données) (cf. aussi* telegraph code, ASCII *et* parity bit).

seven-unit teleprinter code *cf.* seven-unit code.

sexadecimal ... *cf.* hexadecimal ...

sexless connector *cf.* hermaphroditic connector.

sferics *cf.* atmospherics.

sferics receiver *cf.* sferics set.

sferics set détecteur d'orages *(radiogoniomètre indiquant la direction et l'intensité de coups de foudre lointains) (météo) (cf. aussi* radio direction finder).

SG *cf.* screen grid.

SGEMP *cf.* system-generated electromagnetic pulse.

SGPO *(vient de « speed-gate pull-off ») cf.* velocity-gate pull-off.

shaded area *cf.* shadow area.

shaded-pole motor moteur à spires de Frager *(ou de déphasage) (petit moteur asynchrone monophasé à deux pôles démarrant sans enroulement de démarrage grâce à une spire de Frager disposée sur chacun des épanouissements polaires du circuit magnétique du stator pour créer un flux glissant assurant la mise en rotation du rotor) (ne peut démarrer que sous faible charge, le moment du couple créé par le flux glissant étant faible) (moteur de ventilateur, de tourne-disque, etc.) (cf. aussi* single-phase induction motor *et* shading ring).

shades of gray degrés de gris, valeurs de gris *(TV, etc.) (cf. aussi* gray scale).

shading formation d'une tache, *(souvent)* la tache *(variation de la luminance le long d'une diagonale d'une image de télévision en noir et blanc analysée par un iconoscope ou un supericonoscope, l'image étant sombre dans le coin supérieur gauche et claire dans le coin inférieur droit) (est due à la répartition inégale, ou « redistribution », des électrons secondaires non captés par l'anode collectrice et retombant sur la mosaïque, cette répartition étant à son tour due au fait que, le mouvement du faisceau d'électrons se faisant de gauche à*

droite et de haut en bas, les points de la mosaïque qui attirent le plus les électrons secondaires, c.-à-d. les points les plus positifs, donc ceux qui viennent d'être balayés par le faisceau, sont situés à gauche et au-dessus de celui-ci) (la forme et l'intensité de la tache dépendent de l'image analysée) (caméra TV) (cf. aussi redistribution, iconoscope, image iconoscope *et* shading compensation).

shading coil *cf.* shading ring.

shading compensation correction de la tache *(élimination de la tache produite par un tube analyseur par application de signaux de correction appropriés à l'amplificateur de la caméra) (caméra TV) (cf. aussi* shading *et* shading signal).

shading generator générateur de signal de correction de tache *(montage fournissant un signal de correction de la tache) (caméra TV) (cf. aussi* shading signal).

shading ring spire de Frager, *(parf. aussi)* spire de silence, *(parf. aussi)* spire de déphasage *(spire fermée en conducteur de section relativement grande entourant partiellement ou complètement l'extrémité d'une branche du circuit magnétique d'un électro-aimant à courant alternatif pour former un écran électromagnétique ou créer un champ magnétique déphasé par rapport à celui de l'électro-aimant) (le terme anglais, qui signifie littéralement « anneau faisant ombre », rappelle cet effet d'écran) (la spire fermée forme le secondaire en court-circuit d'un transformateur dont l'enroulement primaire est la bobine de l'électro-aimant et dont le circuit magnétique ne peut se saturer puisqu'il comporte un grand entrefer, les lignes de force du champ magnétique créé par la bobine se refermant dans l'air, à l'extérieur du circuit magnétique) (le circuit magnétique ne pouvant se saturer et la résistance de la spire en court-circuit étant très faible du fait de la petite longueur et la section relativement grande du conducteur, le flux magnétique alternatif dans la spire est très faible et l'est encore plus au-delà de celle-ci, d'où son action d'écran électromagnétique ; de plus, le flux dans la spire est déphasé en arrière de près de $\pi/2$ par rapport au flux dans le reste du noyau, d'où son utilité pour créer un champ magnétique alternatif déphasé par rapport au champ normal de l'électro-aimant) (le circuit magnétique peut être : 1° le circuit d'un électro-aimant proprement dit comme dans le cas du noyau de la bobine d'excitation d'un haut-parleur à excitation, auquel cas la spire de Frager est une rondelle de cuivre épaisse et relativement large emboîtée sur l'extrémité du noyau, entre la bobine d'excitation et la bobine mobile, pour former un écran électromagnétique empêchant la première d'agir sur la seconde par induction électromagnétique ; 2° le circuit d'un relais à courant alternatif, auquel cas la spire de Frager est une bague de cuivre ou de laiton relativement épaisse emboîtée sur l'extrémité d'une branche extérieure du circuit magnétique fixe en E, sur la moitié environ de la section de la branche, pour empêcher le champ magnétique alternatif de la bobine d'excitation de faire vibrer l'armature lorsque celle-ci est à la position de travail) (elle est alors souvent appelée « spire de silence » ou, parfois « spire de déphasage ») ; 3° un des deux pôles d'un petit moteur asynchrone monophasé, auquel cas la spire de Frager sert à créer un champ magnétique déphasé et est une bague emboîtée sur la moitié environ de l'épanouissement du pôle ou, plus souvent, une spire fermée en fil de cuivre ou de laiton de plusieurs millimètres de diamètre passée dans un trou traversant le paquet de tôles au tiers environ de la largeur de l'épanouissement polaire) (elle est alors souvent appelée « spire de déphasage ») (cf. aussi* transformer 1), magnetic saturation, air gap, magnetic core 1), phase shift, excited-field loudspeaker, ac relay *et* shaded-pole motor).

shading signal signal de correction de tache *(tension variable faisant varier le gain de l'amplificateur du signal de luminance fourni par certains tubes analyseur pour corriger la tache) (caméra TV) (cf. aussi* shading compensation *et* gain 1)).

shadow area zone masquée, zone d'ombre *(zone géographique dans laquelle la réception de signaux radioélectriques à courte longueur d'onde, notamment de signaux de télévision, ou la détection d'une cible par un radar est gênée par la présence d'un obstacle sur le trajet de l'onde en provenance de l'antenne d'émission) (cf. aussi* dead zone 1)).

shadow effect effet de masque *(propa) (cf. aussi* masking (c)).

shadow factor facteur de diffraction sphérique *(rapport entre l'intensité du champ électrique produit en un point de la Terre par un émetteur radio et la valeur qu'aurait ce champ à la même distance de l'émetteur si la propagation avait lieu au-dessus d'un plan) (propa) (cf. aussi* radio wave propagation).

shadow mask 1) masque perforé *(écran métallique mince disposé derrière l'écran d'un tube-image couleur dit « à masque perforé » et percé de trous de très petit diamètre dont chacun est situé en face du centre d'un triplet de luminophores pour obliger les électrons de chacun des trois faisceaux à ne frapper que le luminophore correspondant au faisceau) (en d'autres termes, le masque perforé laisse le faisceau du canon rouge frapper le luminophore rouge du triplet visé et l'empêche de frapper le luminophore vert et le bleu de ce triplet, le même raisonnement s'appliquant au canon vert et au canon bleu) (la présence du masque perforé est rendue indispensable par le fait que le diamètre des faisceaux d'électrons étant nettement plus grand que le diamètre ou la largeur d'un luminophore, un faisceau frapperait simultanément les trois luminophores du triplet visé) (le masque est en tôle d'acier de 0,1 mm d'épaisseur percée d'autant de trous de 0,25 mm de diamètre que l'écran comporte de triplets de luminophores, soit environ 400 000 trous, obtenus par photogravure) (arrêtant environ les 4/5 des électrons émis par les trois canons, il chauffe beaucoup et réduit fortement la luminosité de l'écran en obligeant à utiliser une tension d'accélération finale (THT) d'environ 25 000 volts pour la maintenir à une valeur acceptable) (cf. aussi* shadow-mask tube, triad *et* photolithography). 2) *cf.* mask 2).

shadow-mask color picture tube *cf.* shadow-mask tube.

shadow-mask color tube *cf.* shadow-mask tube.

shadow-mask picture tube *cf.* shadow-mask tube.

shadow-mask tube tube à masque perforé, tube-image *(idem)*, tube-image couleur *(idem) (tube-image couleur à trois canons dans lequel les obstacles placés devant les luminophores qui ne doivent pas être atteints par un faisceau d'électrons sont réalisés sous la forme d'un masque perforé) (est de très loin le plus répandu malgré ses défauts pour des raisons de puissance industrielle de ses promoteurs américains ayant permis sa mise au point et celle de sa fabrication en grande série avant les modèles concurrents dont certains lui sont supérieurs) (récepteur TVC) (cf. aussi* three-gun color picture tube *et* shadow-mask 1)).

shadow region *cf.* shadow area.

shadow time séparation insuffisante *(conditions de réception d'échos radar dans lesquelles les échos reçus sont trop rapprochés pour que le temps d'aller et retour des impulsions puisse être mesuré avec précision) (cf. aussi* radar echo).

shadow tuning indicator *cf.* magic eye.

shadow zone *cf.* shadow area.

shadowing masquage *(propa) (cf. aussi* masking (c)).

shaft-angle encoder *cf.* shaft-position encoder.

shaft coupling accouplement d'axes, accouplement *(en électronique, petit accouplement élastique conçu pour réunir un axe de potentiomètre ou autre à un axe de commande aligné sur celui-ci en permettant un léger défaut d'alignement angulaire) (cf. aussi* potentiometer 1)).

shaft encoder *cf.* shaft-position encoder.

shaft-position digitizer *cf.* shaft-position encoder.

shaft-position encoder codeur d'angle, codeur de position angulaire, *(très souvent aussi)* codeur optique *(capteur de position angulaire à signal de sortie numérique) (les premiers codeurs d'angles, à plages de contact et balais, ont cédé la place au codeur optique décrit ci-après) (comprend essentiellement un disque comportant des zones alternativement opaques et transparentes formant des couronnes concentriques sur le disque tournant entre des diodes lumineuses disposées suivant un rayon à raison d'une par couronne et des photodétecteurs leur faisant face) (il y a autant de couronnes que les mots binaires constituant le signal de sortie comprennent de binaires ; si les mots ont huit binaires, par exemple, il y a huit couronnes, la première en partant du centre étant divisée en deux parties égales, l'une opaque et l'autre transparente, la deuxième en quatre parties égales alternativement opaques et transparentes, la troisième en huit parties égales alternativement opaques et transparentes, et ainsi de suite) (on voit que plus le nombre de binaires des mots de sortie est grand, plus la couronne extérieure comprend de zones alternativement opaques et transparentes et, par conséquent, plus la précision de mesure angulaire, généralement appelée « définition », est grande) (les photodétecteurs employés sont des photodiodes ou des phototransistors) (lorsqu'une zone transparente d'une couronne se trouve devant la diode lumineuse correspondante, le courant de sortie du photodétecteur disposé en face représente un binaire « 1 » ; lorsque c'est une zone opaque, l'absence de courant représente un binaire « 0 ») (il existe des codeurs optiques incrémentaux et des codeurs à réflexion) (cf. aussi* incremental shaft-position encoder, reflection-type shaft-position encoder, angular displacement sensor, digital signal, light-emitting diode, binary word, photodiode *et* phototransistor).

shaft-position sensing détection de position angulaire *(nom donné à mesure de la position angulaire d'un arbre de machine) (asser, etc.) (cf. aussi* angular position sensor).

shaft-position sensor capteur de position angulaire, *(etc.) (asser, etc.) (cf. aussi* angular position sensor).

shaft-position transducer *cf.* shaft-position sensor.

shape factor *cf.* form factor.

shape matching comparaison de formes *(cf. aussi* pattern recognition).

shaped beam faisceau mis en forme *(antenne de satellite, etc.) (cf. aussi* contoured beam *et* shaped-beam tube).

shaped-beam aerial *(GB) cf.* shaped-beam antenna.

shaped-beam antenna antenne à faisceau mis en forme *(satellite, etc.) (cf. aussi* contoured beam).

shaped-beam tube tube à faisceau en forme *(tube générateur de caractères dans lequel la section droite du faisceau d'électrons a la forme du caractère à faire apparaître sur l'écran) (tube cath) (cf. aussi* character-writing tube).

shaped pulse impulsion mise en forme *(cf. aussi* pulse shaping).

shaper *(amplifier) cf.* shaping amplifier.

shaping amplifier amplificateur de mise en forme, circuit de mise en forme *(amplificateur modifiant la forme du signal appliqué à son entrée en amplifiant certaines fréquences composantes de celui-ci plus que les autres) (constitue un filtre actif) (cf. aussi* pre-emphasis *et* active filter).

shaping network circuit de mise en forme (de signaux), conformateur *(idem) (au sens du terme anglais, montage modifiant la forme d'un signal analogique appliqué à son entrée, c.-à-d. filtre ou limiteur d'amplitude) (le terme français a un sens plus large auquel correspond exactement le terme anglais « signal conditioner ») (cf. aussi* analog signal, filter[1], limiter 1) *et* signal conditioner).

shared-channel codec codec multivoie *(tél) (cf. aussi* multichannel codec).

shared codec *cf.* shared-channel codec.

shared computer ordinateur central *(télinf) (cf. aussi* host computer).

shared-computer system système de téléinformatique *(système de traitement de l'information à distance formé d'un ordinateur central, de terminaux plus ou moins éloignés et de liaisons de télécommunications reliant ceux-ci à l'ordinateur) (cf. aussi* data communications network, host computer, computer terminal *et* communications link).

shared data base fichier central commun *(fichier central informatique pouvant être consulté à partir de terminaux installés chez plusieurs utilisateurs) (télinf) (cf. aussi* data base).

shared line ligne partagée *(tél) (cf. aussi* party line).

shared memory mémoire partagée *(mémoire centrale d'un ordinateur utilisée par plusieurs unités centrales, c.-à-d. mémoire d'un multiprocesseur) (inf) (cf. aussi* main memory, central processing unit *et* multiprocessor).

shared private line ligne louée partagée, ligne spécialisée *(idem) (tél) (cf. aussi* leased line *et* party line).

shared resources ressources partagées *(inf) (cf. aussi* resource sharing).

shared storage 1) mémorisation dans une mémoire partagée *(inf) (cf. aussi* shared memory). 2) *cf.* shared memory.

shared storage device   *cf.* shared memory.

sharp cut-off filter   filtre à flancs raides *(filtre coupe-bande dont la courbe de réponse en fréquence a des flancs raides) (cf. aussi* roll-off rate).

sharp cut-off tube   tube à coude brusque, tube électronique *(idem) (tube électronique amplificateur dans lequel le coude inférieur de la caractéristique est plus prononcé que dans un tube ordinaire, ce résultat étant obtenu en donnant aux spires de la grille de commande un écartement régulier et relativement petit) (est l'opposé d'un tube à pente variable) (cf. aussi* cut-off 1) *et* control grid 1)).

sharp filter   *cf.* sharp cut-off filter.

sharp pulse   impulsion très courte, impulsion très étroite *(radar, etc.) (cf. aussi* pulse duration *et* pulse width).

sharp-pulse radar   radar à impulsions très courtes *(radar à impulsions émettant des impulsions très courtes pour avoir un grand pouvoir séparateur en distance) (mil, etc.) (cf. aussi* pulse radar, pulse duration *et* range resolution 1)).

sharp radiation pattern   diagramme de rayonnement très directif *(diagramme de rayonnement dont le lobe principal est très étroit) (en d'autres termes, diagramme de rayonnement d'une antenne d'émission très directive) (cf. aussi* radiation pattern *et* directional antenna).

sharp resonance   résonance pointue *(résonance se produisant dans une bande de fréquences très étroite) (en d'autres termes, résonance représentée par une courbe de résonance pointue) (système oscillant) (cf. aussi* resonance).

sharp reverse breakdown voltage   tension de claquage précise en polarisation inverse, tension d'avalanche précise *(propriété nécessaire de la jonction d'une diode de référence ou de régulation de tension) (semi) (cf. aussi* breakdown 2), voltage-reference diode *et* voltage regulation diode).

sharp tuning   accord très pointu *(accord obtenu dans une bande de fréquences très étroite assimilée à une fréquence unique) (récepteur, etc.) (cf. aussi* tuning).

sharpness   **1)** netteté, finesse des détails *(image TV ou autre).* **2)** étroitesse *(de la résonance ou de l'accord ou d'une impulsion) (cf. aussi* sharp resonance, sharp tuning *et* sharp pulse).

shear wave   onde transversale, onde de cisaillement, onde acoustique *(idem),* onde élastique *(idem) (onde acoustique de volume dans laquelle la direction de variation de la position des particules est perpendiculaire à la direction de propagation de l'onde) (en d'autres termes, le milieu dans lequel l'onde se propage est alternativement comprimé à droite et à gauche le long de la direction de propagation de l'onde dans le plan de propagation et allongé du côté opposé, c.-à-d. à gauche et à droite respectivement) (dans la direction et le plan de propagation de l'onde, les points du milieu situés sur une même droite en l'absence d'onde forment donc, en présence de celle-ci, une ligne sinueuse dont l'amplitude des sinuosités est proportionnelle à l'amplitude correspondante de l'onde) (cf. aussi* bulk acoustic wave).

sheath   **1)** gaîne extérieure, enveloppe *(d'un fil ou câble électrique, téléphonique ou autre).* **2)** *cf.* ion sheath. **3)** paroi *(d'un guide d'ondes) (hyper) (cf. aussi* waveguide).

sheet resistance   résistance par carré, résistivité en couche *(résistivité d'une couche résistive ou conductrice) (ne pas confondre avec la résistivité de la matière constituant la couche, bien qu'elle en dépende) (la résistance par carré est donnée par la formule $R\ (\Omega/\square) = \rho/e$, où ρ est la résistivité de la matière et e l'épaisseur de la couche, d'où l'on voit que la résistance par carré est indépendante de la longueur des côtés du carré) (cela se comprend facilement car, si la longueur du côté du carré augmente, la longueur de la couche résistive augmente, donc sa résistance également, mais la largeur de la couche augmente dans les mêmes proportions et la section du conducteur imparfait qu'elle représente fait de même, donc sa résistance diminue, ce qui compense l'augmentation précédente, et vice versa si le côté du carré diminue) (résistance à couche ou conducteur en couche) (cf. aussi* resistivity *et* resistive film).

sheet resistance loss   pertes dans une couche résistive *(pertes par effet Joule dans une couche résistive) (résistance à couche) (cf. aussi* ohmic loss *et* resistive film).

sheet resistance losses   *cf.* sheet resistance loss.

sheet resistivity   *cf.* sheet resistance.

shelf life   durée de vie en stockage, durée de conservation *(dépend du produit ou du matériel considéré et des conditions d'ambiance du stockage) (condensateur électrolytique, pile, etc.) (cf. aussi* operating life *et* environmental conditions).

shell   **1)** couche (électronique) *(atome) (cf. aussi* electron shell). **2)** corps, capot *(capot métallique en deux ou une partie protégeant les bornes de nombreux types de connecteurs et servant à maintenir les fils ou le câble en place à l'aide d'un passe-fil ou d'un serre-fils) (cf. aussi* connector (a) *et* grommet).

shell style   forme du corps, forme du capot *(d'un connecteur) (cf. aussi* shell 2)).

shell-type transformer   transformateur cuirassé *(transformateur dans lequel la bobine, ou chaque bobine, est complètement entourée par le circuit magnétique dans au moins un plan) (le cas de plusieurs bobines, à savoir trois, est celui d'un transformateur triphasé) (en électronique et pour les petites puissances en électrotechnique, un transformateur cuirassé est un transformateur monophasé dans lequel les enroulements sont réalisés sur une bobine unique enfilée sur la branche centrale d'un circuit magnétique en E fermé par des barrettes ou un bloc en I) (l'enroulement primaire est bobiné en premier et suivi de l'enroulement secondaire ou des enroulements secondaires) (les deux enroulements, ou les deux types d'enroulement, étant disposés sur une même branche du E, le flux de fuite est réduit au minimum) (type classique) (cf. aussi* single-phase transformer, E core *et* leakage flux).

SHF   *cf.* super-high frequency.

SHF …   *cf.* VHF … *et* SHF band *et* adapter *(pour les termes qui ne figurent pas ci-après).*

SHF band   bande des supra-hautes fréquences *(ou* SHF), gamme *(idem), (parf.)* gamme des ondes centimétriques *(radioélectricité) (cf. aussi* super-high frequency).

SHF frequency   fréquence SHF *(fréquence comprise dans la bande SHF) (cf. aussi* SHF band).

SHF frequency band   *cf.* SHF band.

SHF frequency range   *cf.* SHF frequency band.

SHF generator   *cf.* SHF signal generator.

SHF signal generator   générateur de signaux SHF, générateur SHF *(générateur de signaux sinusoïdaux à supra-haute fréquence pouvant généralement être modulés en amplitude ou par impulsions) (hyper) (cf. aussi* signal generator *et* super-high frequency).

shield[1]   *s*   blindage, *(parf. aussi)* écran *(enceinte métallique reliée à la masse d'un appareil ou à la terre et entourant un ou plusieurs circuits ou composants pour les protéger de l'action des champs électriques, magnétiques ou électromagnétiques extérieurs ou, inversement, pour les empêcher de créer un tel champ autour d'eux) (peut être une enceinte à parois rigides telle qu'un blindage de transformateur ou de tube électronique haute fréquence, par exemple, ou une enceinte à paroi souple telle qu'une tresse métallique recouvrant un fil isolé ou un câble multiconducteur) (le terme « shield » est employé principalement par les Américains ; les Anglais utilisant généralement « screen » ; de même pour « shielding ») (cf. aussi* ground[1], field 1) *et* braid 1)).

shield[2]   *v*   blinder, munir d'un blindage *(parf.* d'un écran), *(cf. aussi* shield[1]).

shielded cable   câble blindé *(câble multiconducteur comportant une tresse ou une enveloppe métallique entourant les conducteurs et généralement recouverte d'une enveloppe de protection mécanique et chimique en matière plastique ou en caoutchouc) (noter qu'un câble muni d'une gaîne de plomb ou d'aluminium aux fins de protection chimique et mécanique ou d'un feuillard d'acier aux fins de protection mécanique n'est généralement pas considéré comme un câble blindé, bien qu'il le soit effectivement lorsque cette enveloppe métallique est mise à la terre) (cf. aussi* shield[1], multicore cable, braid 1) *et* ground[1] 2)).

shielded enclosure   enceinte blindée *(enceinte métallique constituant un blindage) (coffret d'appareil ou local muni d'une cage de Faraday ou formant une telle cage) (cf. aussi* shield[1] *et* Faraday shield).

shielded line   *cf.* shielded transmission line.

shielded microphone cable cordon de microphone blindé *(cordon de microphone constitué comme un câble blindé) (cf. aussi* microphone cable *et* shielded cable).

shielded pair paire blindée *(paire téléphonique recouverte d'une gaîne métallique et notamment d'une gaîne de plomb) (tls) (cf. aussi* pair 1) *et* shield[1]).

shielded transformer transformateur blindé *(transformateur entouré par un blindage en tôle d'acier, d'aluminium ou de laiton) (transformateur haute fréquence de récepteur radio-électrique ou autre appareil électronique, transformateur d'alimentation de certains appareils électroniques, etc.) (ne pas confondre avec « transformateur cuirassé ») (cf. aussi* transformer 1), shield[1], RF transformer, power transformer *et* shell-type transformer).

shielded transmission line ligne de transmission blindée, ligne blindée *(ligne de transmission munie d'un blindage ou constituant elle-même un blindage) (fil blindé, câble coaxial ou guide d'ondes) (cf. aussi* shielded wire, coaxial cable, waveguide, transmission line *et* shield[1]).

shielded wire fil blindé *(conducteur électrique isolé recouvert d'une gaîne métallique) (dans le cas général, ce terme désigne un fil souple dont l'isolant est recouvert d'une tresse) (cf. aussi* shield[1] *et* braid 1)).

shielding emploi d'un blindage, *(souvent aussi)* protection par un blindage *(circuit, etc.) (cf. aussi* shield[1]).

shielding action effet d'écran *(effet produit par un blindage) (cf. aussi* screening effect *et* shield[1]).

shielding effectiveness efficacité du blindage *(cf. aussi* shield[1]).

shielding material matériau de blindage *(métal utilisé pour confectionner un blindage) (cf. aussi* shield[1] *et* material) (a) *métal bon conducteur de l'électricité tel que le cuivre, le laiton ou l'aluminium pour un blindage électrostatique) (cf. aussi* electrostatic shield)*; (b) métal à haute perméabilité magnétique tel que le Permalloy, le Mumétal, le Supermalloy et l'Anhyster, notamment, pour un blindage magnétique) (cf. aussi* permeability, magnetic shield *et* Permalloy).

shielding metal métal de blindage *(cf. aussi* shielding material).

shift[1] *s* 1) décalage, changement de position *(de binaires dans une mémoire numérique, etc.) (inf, etc.) (cf. aussi* shift register). 2) déplacement, changement de valeur *(de la fréquence ou la phase d'une porteuse, etc.) (modulation, etc.) (cf. aussi* frequency-shift keying *et* phase-shift keying). 3) glissement *(de fréquence) (cf. aussi* frequency departure). 4) changement, rotation *(de phase) (cf. aussi* phase shift). 5) fréquence, décalage (Doppler) *(cf. aussi* Doppler shift).

shift[2] *v (voir aussi* shift[1]) 1) décaler, changer de position. 2) déplacer, changer de valeur. 3) glisser. 4) changer, tourner.

shift in *v* introduire par décalage, *(souvent)* introduire *(introduire un mot binaire sous forme série dans un registre à décalage ou un ou plusieurs mots binaires successifs sous forme parallèle dans une pile) (mémoire) (inf) (cf. aussi* binary word), serial form, shift register, parallel form *et* stack).

shift-in character caractère de code normal, caractère SI *(caractère de commande de transmission indiquant à l'imprimante qui le reçoit qu'elle doit revenir aux caractères normaux après celui-ci) (tlg) (cf. aussi* shift-out character).

shift-in input *cf.* shift-in pulse.

shift-in pulse impulsion d'introduction, signal d'introduction *(impulsion de commande d'introduction par décalage) (inf) (cf. aussi* shift in).

shift-in signal *cf.* shift-in pulse.

shift out *v* faire sortir par décalage, *(souvent)* faire sortir *(faire sortir un mot binaire d'un registre à décalage sous forme série ou un ou plusieurs mots binaires successifs d'une pile sous forme parallèle) (cf. aussi* shift in).

shift-out *s* passage en code spécial *(trans. données) (cf. aussi* SO).

shift-out character caractère de code spécial *(trans. données) (cf. aussi* SO).

shift-out input *cf.* shift-out pulse.

shift-out pulse impulsion de sortie, signal de sortie *(impulsion de commande de sortie par décalage) (inf) (cf. aussi* shift out).

shift-out signal *cf.* shift-out pulse.

shift pulse impulsion de décalage *(impulsion appliquée à un registre à décalage pour déplacer son contenu d'une position) (inf) (cf. aassi* shift register).

shift register registre à décalage *(registre dans lequel, à chaque impulsion d'horloge reçue, l'information binaire contenue est décalée d'une position binaire vers la droite ou la gauche) (est utilisé principalement comme convertisseur série/parallèle ou parallèle/série et comme mémoire à circulation et fait normalement partie d'un circuit intégré numérique) (inf) (cf. aussi* register[1] 1) (a), clock pulse, serial-to-parallel converter, parallel-to-serial converter, circulating memory *et* digital integrated circuit).

shift-register memory mémoire à registre(s) à décalage *(mémoire numérique utilisant un ou plusieurs registres à décalage, c.-à-d. mémoire à circulation, mémoire à CCD ou mémoire à bulles magnétiques) (inf) (cf. aussi* circulating memory, CCD memory, magnetic-bubble memory, digital memory *et* shift register).

shifted in phase *cf.* phase-shifted.

shifting *cf.* shift[1].

shifting register *cf.* shift register.

ship-based ... *cf.* shipboard ... *(plus loin).*

ship-board ... *cf.* shipboard ... *(plus loin).*

ship detection détection des navires *(par le radar d'un navire, d'un aéronef militaire ou d'un satellite de reconnaissance) (cf. aussi* surface search).

ship error erreur due au navire *(erreur d'un radiogoniomètre monté sur un navire due à la réflexion des ondes radio-électriques sur les superstructures de celui-ci) (cf. aussi* radio direction finder).

ship's ... *cf.* shipboard ...

ship-to-ship communications télécommunications entre navires *(ou* mer-mer), *(souvent)* liaisons *(idem) (cf. aussi* ship-to-ship link).

ship-to-ship link liaison entre navires, liaison mer-mer *(liaison radiotéléphonique, radiotélégraphique, par faisceau laser ou par signaux lumineux classiques entre deux navires) (tls) (cf. aussi* radiotelephone, radiotelegraph *et* laser communications).

ship-to-shore communications télécommunications entre les navires et la côte *(ou* mer-terre), *(souvent)* liaisons *(idem) (cf. aussi* ship-to-ship link).

ship-to-shore link liaison entre un navire et la côte, liaison mer-terre *(tls) (cf. aussi* ship-to-ship link).

shipboard air-search radar radar de veille aérienne de navire *(mil) (cf. aussi* air search radar).

shipboard chaff launcher lance-leurres de navire, lance-leurres naval *(lance-leurres monté sur un navire militaire et utilisé pour tromper l'autodirecteur des missiles qui l'attaquent en créant une fausse cible à hauteur déterminée sur laquelle l'autodirecteur de l'engin s'oriente pendant que le navire s'en écarte) (cf. aussi* chaff launcher).

shipboard chaff launching lancement de leurres à partir d'un navire *(mil) (cf. aussi* chaff launching).

shipboard chaff launching system *cf.* shipboard chaff launcher.

shipboard electronic equipment matériel électronique de navire *(matériel électronique naval monté sur navires) (cf. aussi* naval electronic equipment).

shipboard electronic warfare equipment matériel de guerre électronique de navire *(ou* monté sur navire) *(mar. mil) (cf. aussi* electronic warfare equipment).

shipboard electronic warfare suite panoplie de guerre électronique de navire *(mar. mil) (cf. aussi* electronic warfare suite).

shipboard electronics électronique navale (embarquée) *(matériel électronique monté sur navire) (cf. aussi* naval electronics).

shipboard ESM equipment matériel d'écoute naval *(ou de navire ou monté sur navire) (mar. mil) (cf. aussi* ESM equipment).

shipboard hostile radar radar de navire hostile *(mil) (cf. aussi* hostile radar).

shipboard interrogator interrogateur de navire, interrogateur monté sur navire *(radar IFF) (mar. mil) (cf. aussi* interrogator).

shipboard radar radar de navire, radar monté sur navire *(notamment radar de navigation ou, sur un navire militaire, radar de veille) (cf. aussi* navigation radar *et* search radar).

ship-board radar system station radar de navire *(parf.* sur navire) *(cf. aussi* radar system *et* shipboard radar).

shipboard search radar radar de veille de navire *(radar de veille aérienne ou de veille surface) (mar. mil) (cf. aussi* search radar).

shipboard station station de navire, *(parf.)* station sur navire *(station radio) (cf. aussi* radio station).

shipboard threat menace en provenance d'un navire, *(parf.)* émission hostile *(idem) (mil) (cf. aussi* threat).

shipboard threat radar *cf.* shipboard hostile radar.

shipboard transmission émission en provenance d'un navire *(radio, radar).*

shipboard transmitter émetteur de navire, émetteur monté sur navire *(radio, radar, sonar) (cf. aussi* transmitter (a)).

shipboard transponder répondeur de navire, répondeur monté sur navire *(radar IFF) (mar. mil) (cf. aussi* transponder 1)).

shipborne ... *cf.* shipboard ...

shock excitation excitation par choc *(excitation des oscillations dans un oscillateur électrique par le choc électrique produit par une impulsion de courant dans le dispositif et notamment par l'impulsion produite par sa mise sous tension) (cf. aussi* oscillator *et* current pulse).

shock-excited oscillations oscillations excitées par choc *(nom parfois donné à des oscillations libres) (cf. aussi* free oscillation *et* shock excitation).

shock hazard risque de choc électrique, *(parf.)* risque d'électrocution *(conducteur à tension élevée par rapport à la terre).*

shock mount support antivibratoire *(support à éléments amortisseurs en caoutchouc incorporés pour récepteur radio ou autre appareil électronique soumis à des chocs et vibrations, par exemple dans un char) (mil, etc.).*

Shockley diode diode Shockley *(semi) (cf. aussi* four-layer diode).

Shockley equation formule de Shockley *(formule donnant la tension aux bornes d'une jonction PN polarisée dans le sens direct en fonction de l'intensité du courant qui la traverse) (cf. aussi* p-n junction *(au début de la lettre P) et* forward bias).

shoot-down capability possibilité(s) de tir vers le bas *(possibilité pour un radar de nez d'avion militaire de commander le tir de missiles air-air sur une cible située nettement au-dessous de l'axe longitudinal de l'avion) (cf. aussi* capability *et* look-down capability).

shoot-down radar radar à possibilité de tir vers le bas, radar à tir vers le bas *(avion mil) (cf. aussi* shoot-down capability).

shore effect réfraction côtière *(légère réfraction d'une onde radioélectrique au passage d'une côte due au fait que la vitesse de propagation d'une telle onde est légèrement plus grande au-dessus de la mer qu'au-dessus des terres) (cf. aussi* refraction).

shore end câble d'atterrissage *(nom donné à chacun des tronçons extrêmes d'un câble sous-marin) (tél, etc.) (cf. aussi* submarine cable).

shore radar radar côtier *(radar installé sur une côte).*

shore radar station station radar côtière.

shore station station côtière *(radiocom, radionav, radar).*

shore-to-ship communications télécommunications entre la côte et les navires *(ou terre-mer), (souvent)* liaisons *(idem) (cf. aussi* ship-to-ship link).

shore-to-ship link liaison entre la côte et un navire, liaison terre-mer *(tls) (cf. aussi* ship-to-ship link).

short[1] *a* court *a (sens usuel).*

short[2] *s* court-circuit (a) *(cf. aussi* short-circuit[1]) ; (b) *dispositif hyperfréquence réfléchissant totalement l'onde se propageant dans une ligne de transmission hyperfréquence pour établir un plan de référence dans la section droite de la ligne où se produit la réflexion) (cf. aussi* waveguide short, coaxial short, reflection (b) *et* microwave transmission line).

short[3] *v (voir aussi* short-circuit[1]) 1) court-circuiter, mettre en court-circuit *(deux conducteurs), (parf.)* établir un court-

circuit *(entre deux conducteurs).* 2) se mettre en court-circuit *(composant défaillant).*

short base-line system système à base courte *(système de radionavigation dans lequel la distance entre les stations d'une paire de stations est relativement courte, c.-à-d. nettement inférieure à celle du système Oméga, qui est d'environ 10 000 km) (cf. aussi* station pair).

short channel canal court *(canal de transistor MOS intégré dont la longueur est inférieure à 1 micron environ, cette limite étant fixée d'après l'apparition de l'effet dit « de canal court ») (CI) (cf. aussi* channel[1] 1) *et* short-channel effect).

short-channel device *cf.* short-channel MOS transistor.

short-channel effect effet de canal court *(effet par lequel l'intensité du courant dans un transistor MOS ne dépend plus uniquement de la tension de la grille lorsque le canal est court) (CI) (cf. aussi* MOS transistor *et* short channel).

short-channel MOS *cf.* short-channel MOS transistor.

short-channel MOS transistor transistor MOS à canal court, transistor à canal court *(transistor MOS intégré à canal court) (semi) (cf. aussi* integrated MOS transistor *et* short channel).

short-channel MOSFET *cf.* short-channel MOS transistor.

short-channel NMOS *cf.* short-channel NMOS transistor.

short-channel NMOS technology (la) technique NMOS à canal court *(technique des circuits intégrés NMOS à transistors à canal court) (CI) (cf. aussi* NMOS integrated circuit, short-channel transistor *et* technology).

short-channel NMOS transistor transistor NMOS à canal court *(CI) (cf. aussi* NMOS transistor *et* short channel MOS transistor).

short-channel transistor *cf.* short-channel MOS transistor.

short-circuit[1] *s* 1) court-circuit *(chemin conducteur à faible résistance ou impédance créé accidentellement ou intentionnellement entre deux conducteurs portés à des potentiels différents) (cf. aussi* potential) (a) *chemin à faible résistance créé entre deux conducteurs à potentiel continu) (cf. aussi* resistance) ; (b) *chemin à faible impédance créé entre deux conducteurs à potentiel alternatif) (cf. aussi* impedance). 2) *cf.* acoustic short-circuit.

short-circuit[2] *v cf.* short[3].

short-circuit current intensité du courant de court-circuit, *(parf.)* courant de court-circuit *(intensité du courant débité par une source de courant dont les bornes de sortie sont mises en court-circuit ou, parfois, ce courant) (alim, etc.) (cf. aussi* short-circuit[1] 1) *et* current source).

short-circuit impedance impédance en court-circuit *(impédance d'entrée d'un quadripôle lorsque sa sortie est en court-circuit) (cf. aussi* input impedance *et* quadripole).

short-circuit protected protégé contre les courts-circuits *(appareil ou dispositif) (cf. aussi* short-circuit protection).

short-circuit protection protection contre les courts-circuits *(protection d'un appareil ou un dispositif contre les surintensités dues à des courts-circuits) (alim, etc.) (cf. aussi* short-circuit 1) *et* overcurrent protection).

short-circuited *cf.* shorted.

short-circuited armature induit en court-circuit *(moteur asynchrone) (cf. aussi* induction motor).

short-distance navigation aid aide à la navigation à courte distance *(aide à la navigation utilisable en visibilité directe, c.-à-d. jusqu'à une distance d'environ 300 km) (cf. aussi* navigation aid *et* line-of-sight propagation).

short duty-cycle pulses impulsions à faible rapport cyclique *(train d'impulsions récurrentes) (cf. aussi* duty cycle 1) *et* periodic pulse train).

short duty-cycle pulsing *(cf. aussi* duty cycle 1)) 1) application d'impulsions à faible rapport cyclique *(à un dispositif fonctionnant par impulsions).* 2) émission d'impulsions à faible rapport cyclique *(laser, etc.).*

short-haul cable câble à courte distance, câble téléphonique *(idem) (câble téléphonique reliant deux centraux distants de quelques dizaines de kilomètres au maximum) (tls) (cf. aussi* telephone cable).

short-haul communications link *cf.* short-haul link.

short-haul fiber-optic link liaison par fibre optique à courte distance *(tél) (cf. aussi* fiber-optic link *et* short-haul cable).

short-haul link liaison à courte distance *(liaison téléphonique par câble à courte distance) (cf. aussi* short-haul cable).

short-haul modem modem pour courte distance, modem pour liaison à courte distance *(télinf)* *(cf. aussi* modem *et* short-haul link).

short-interaction tube tube à interaction courte *(tube hyperfréquence dans lequel l'interaction entre le faisceau ou le flux d'électrons et le signal à amplifier ou entretenir se produit sur une distance relativement courte) (klystron, etc.) (cf. aussi* interaction gap).

short-loop device *cf.* short-loop memory.

short-loop memory mémoire à boucles multiples *(nom parfois donné à une mémoire à bulles magnétiques ou à une mémoire à CCD à registres bouclés) (CI) (cf. aussi* magnetic bubble memory *et* CCD memory).

short-neck projection tube tube de projection à col court *(TV) (cf. aussi* projection picture tube).

short out *v cf.* short[3].

short pulse impulsion courte, impulsion de courte durée, impulsion étroite *(cf. aussi* pulse duration).

short-pulse chirp mode mode d'impulsions courtes modulées en fréquence *(radar d'avion utilisé pour la surveillance maritime) (cf. aussi* chirp radar).

short-range air defense radar radar anti-aérien à courte portée, radar de défense aérienne *(idem) (mil) (cf. aussi* air-defense radar *et* short-range radar).

short-range detection capability possibilité(s) de détection à courte distance *(radar) (mil, etc.) (cf. aussi* detection range *et* capability).

short-range communications télécommunications à courte distance, *(souvent)* liaisons *(idem) (télécommunications entre deux points distants de quelques dizaines de kilomètres au maximum) (cf. aussi* communications).

short-range radar radar à courte portée *(radar de veille ou de poursuite dont la portée sur une cible à section équivalente de 1 m[2] est inférieure à quelques centaines de kilomètres) (radar d'avion ou autre) (cf. aussi* radar range 1), radar cross section, search radar *et* tracking radar).

short-range radar coverage couverture radar à courte distance *(couverture radar assurée généralement par un radar à courte portée) (mil, etc.) (cf. aussi* radar coverage *et* short-range radar).

short-range target cible à courte distance *(ou peu éloignée) (radar, etc.) (cf. aussi* target (a)).

short-range track mode *cf.* short-range tracking mode.

short-range tracking mode mode de poursuite à courte distance *(radar mil.) (cf. aussi* tracking mode).

short-ranged ... *cf.* short-range ...

short-term drift dérive à court terme *(oscillateur, etc.) (cf. aussi* drift[1] 1)).

short-term frequency stability stabilité en fréquence à court terme *(d'un oscillateur) (est inversement proportionnelle au bruit de phase) (cf. aussi* phase noise).

short-term noise *cf.* phase noise.

short-term protection protection contre les surcharges de courte durée *(alim, etc.) (cf. aussi* overload protection).

short-term stability stabilité à court terme *(fréquence, etc.) (cf. aussi* stability).

short time constant faible constante de temps, courte *(idem) (le premier terme est le plus employé) (cf. aussi* time constant).

short-time rating *cf.* intermittent-duty rating.

short wave onde courte *(radioélectricité) (cf. aussi* decametric wave).

short-wave ... *cf.* HF ... *(pour les termes qui ne figurent pas ci-après).*

short-wave aerial *(GB) cf.* short-wave antenna.

short-wave antenna antenne pour ondes courtes *(antenne conçue pour émettre ou capter une onde décamétrique) (ce terme désigne souvent une antenne de réception pour ondes courtes) (cf. aussi* antenna *et* decametric wave).

short-wave converter convertisseur pour ondes courtes, convertisseur *(appareil permettant de recevoir les émissions en ondes courtes avec un récepteur radio ne comportant pas cette gamme d'ondes) (est essentiellement un changeur de fréquence abaissant la fréquence du signal reçu à une valeur sur laquelle le récepteur peut être accordé) (cf. aussi* decametric wave *et* mixer).

short-wave infrared (l')infrarouge à courte longueur d'onde, *(etc.) (rayonnement infrarouge dont la longueur d'onde est comprise entre 1 et 2,5 microns, ou domaine correspondant du spectre des ondes électromagnétiques) (est le rayonnement infrarouge le plus énergétique et la partie de l'infrarouge proche la plus proche du domaine de la lumière visible) (cf. aussi* near infrared).

short-wave infrared radiation *cf.* short-wave infrared.

short-wave IR *cf.* short-wave infrared.

short-wave laser *cf.* short-wavelength laser.

short-wave listener amateur d'ondes courtes *(personne s'intéressant particulièrement à l'écoute des émissions radio en ondes courtes et notamment des émissions de stations lointaines) (ce terme s'applique souvent à un radio-amateur) (cf. aussi* short-wave *et* amateur).

short-wave receiver récepteur pour ondes courtes *(récepteur radio pouvant être accordé sur une fréquence correspondant à une onde courte) (cf. aussi* short wave).

short-wave transmission émission en ondes courtes *(radiodif) (cf. aussi* short wave).

short-wave transmitter émetteur en ondes courtes *(émetteur radio dont la fréquence d'émission correspond à une onde courte) (émetteur de trafic ou émetteur de radiodiffusion à couverture internationale) (cf. aussi* short-wave *et* communications receiver).

short-wavelength laser laser à courte longueur d'onde *(laser dont le rayonnement a une longueur d'onde fixée arbitrairement à moins de 0,1 micron) (laser à iode, à fluorure de deutérium, à oxyde d'étain, à électrons libres, etc.) (cf. aussi* laser).

shorted court-circuité, mis en court-circuit *(composant, bobinage, source d'énergie électrique, etc.) (cf. aussi* short-circuit[1] 1)).

shorted out *cf.* shorted.

shorted trace ruban court-circuité *(CP, CH) (cf. aussi* trace[1] 2)).

shorted track *cf.* shorted trace.

shorted turn spire en court-circuit (a) *spire d'un enroulement accidentellement en court-circuit) (cf. aussi* turn 2) *et* short-circuit[1] 1)); (b) *anneau métallique parcouru par un courant induit et notamment spire de Frager) (cf. aussi* shading ring).

shorting mise en court-circuit, court-circuitage *(le second terme est encore peu employé, mais il est correct) (cf. aussi* short-circuit[1] 1)).

shorting action 1) effet de court-circuit *(effet produit notamment par une capacité de valeur suffisante montée ou existant entre deux points d'un circuit à courant alternatif) (cf. aussi* short-circuit[1] 1) *et* capacitance) (cf. aussi* bridging action). 2) chevauchement *(contacts) (cf. aussi* bridging action).

shorting contact 1) contact de mise en court-circuit, *(etc.) (contact ou jeu de contacts de relais ou de commutateur court-circuitant deux points d'un circuit lorsqu'il est fermé) (cf. aussi* shorting). 2) contact à chevauchement *(relais) (cf. aussi* make-before-break contact).

shorting-contact switch commutateur à contacts à chevauchement, commutateur à chevauchement *(commutateur équipé de contacts à chevauchement) (cf. aussi* bridging contacts).

shorting contacts contacts à chevauchement *(commutateur) (cf. aussi* bridging contacts).

shorting lead *cf.* shorting link.

shorting link connexion de mise en court-circuit *(conducteur reliant deux points d'un circuit pour court-circuiter la partie du circuit comprise entre ces deux points) (ce terme désigne souvent un fil, une barrette, un cavalier ou une tresse réunissant deux bornes prévues à cet effet) (cf. aussi* short-circuit[1] 1)).

shorting noise bruit de mise en court-circuit, bruit de court-circuit *(bruit observé aux bornes de sortie d'un potentiomètre bobiné pendant la rotation de l'axe de commande et dû à la mise en court-circuit des spires successives par le curseur au cours de son déplacement le long de l'élément résistant) (cf. aussi* noise 2) (a) *et* wirewound potentiometer).

shorting switch 1) interrupteur de mise en court-circuit, *(etc.) (cf. aussi* shorting contact 1)). 2) *cf.* shorting-contact switch.

shot effect   *cf.* shot noise.

shot noise   bruit de grenaille *(bruit impulsionnel observé aux bornes d'un circuit électronique et dû à la nature discontinue du phénomène donnant lieu à la circulation d'un courant électrique dans le circuit) (le bruit de grenaille à la sortie d'un montage à tube électronique est dû à l'irrégularité de l'émission des électrons par la cathode) (le bruit de grenaille aux bornes d'un photodétecteur à semiconducteur est dû principalement à la nature discontinue des photons) (cf. aussi* pulse noise, electron emission, semiconductor photodetector *et* photon).

shunt[1] *s*   shunt d'ampèremètre, shunt *(anglicisme bien implanté) (résistance de précision de faible valeur montée aux bornes d'un galvanomètre pour permettre son utilisation en ampèremètre, ou aux bornes d'un ampèremètre — en parallèle sur le shunt de celui-ci — pour augmenter l'étendue de sa plage de mesure) (cf. aussi* precision resistor *et* galvanometer).

shunt[2] *v*   ponter, shunter, *(parf.)* court-circuiter *(monter une résistance ou un autre élément de circuit en parallèle sur les bornes d'un élément de circuit ou d'un montage en série) (cf. aussi* circuit element, parallel arrangement *et* series arrangement).

shunt[3] *a*   en dérivation, en parallèle, *(parf.)* parallèle *(voir rubriques ci-après).*

shunt capacitance   capacité en parallèle *(capacité parasite ou non en parallèle sur un circuit ou un élément de circuit, notamment dans un schéma équivalent) (cf. aussi* capacitance, circuit element *et* equivalent circuit).

shunt-connected   *cf.* parallel-connected.

shunt-connected ...   *cf.* shunt ...

shunt dc generator   *cf.* shunt dynamo.

shunt dc motor   *cf.* shunt motor.

shunt DC ...   *cf.* shunt dc ...

shunt dynamo   dynamo shunt *(ou* à excitation en dérivation), *(etc.)* génératrice *(idem) (cfa.* dynamo *et* shunt excitation (a)).

shunt excitation   excitation en dérivation, excitation shunt *(cf. aussi* excitation (d)) (a) *excitation de l'inducteur d'une dynamo monté en parallèle sur l'induit, c.-à-d. connecté aux balais et excité par une partie du courant circulant dans l'induit) (cf. aussi* dynamo) ; (b) *excitation de l'inducteur d'un moteur à courant continu monté en parallèle sur le rotor, c.-à-d. connecté aux bornes d'arrivée du courant et excité par le courant d'alimentation, indépendamment du courant circulant dans le rotor) (cf. aussi* dc motor).

shunt-excited ...   **1)** *cf.* shunt ... **2)** *cf.* shunt-fed ...

shunt-fed aerial *(GB)*   *cf.* shunt-fed vertical antenna.

shunt-fed antenna   *cf.* shunt-fed vertical antenna.

shunt-fed vertical aerial   *cf.* shunt-fed vertical antenna.

shunt-fed vertical antenna   antenne verticale mise à la terre *(antenne d'émission verticale reliée à la terre à son extrémité inférieure et excitée en un point déterminé de sa hauteur) (cf. aussi* vertical antenna).

shunt feed   alimentation parallèle *(de la plaque ou de l'anode), alimentation shunt *(idem) (anglicisme bien implanté) (application de la tension d'alimentation à l'anode d'un tube amplificateur haute fréquence par une bobine d'inductance montée en parallèle sur le circuit oscillant constituant la charge du tube) (on voit que, dans ce montage, le courant continu d'alimentation de la plaque ne passe pas par le circuit oscillant) (cf. aussi* resonant circuit *et* series feed).

shunt feedback   contre-réaction parallèle *(contre-réaction dans laquelle la tension de contre-réaction est appliquée en parallèle sur la source du signal d'entrée, c.-à-d. entre les bornes d'entrée de l'amplificateur) (peut être une contre-réaction de tension ou de courant) (cf. aussi* negative feedback).

shunt generator   *cf.* shunt dynamo.

shunt motor   moteur shunt *(ou* à excitation en dérivation), *(etc.) (cf. aussi* shunt excitation (b)).

shunt neutralization   neutrodynage inductif *(ampli. HF) (cf. aussi* inductive neutralization).

shunt peaking   correction parallèle, correction par circuit parallèle *(correction des fréquences élevées réalisée en montant la bobine d'inductance en parallèle sur la résistance de charge de l'amplificateur) (cf. aussi* peaking).

shunt resistance   résistance en parallèle *(au sens du terme anglais, résistance figurant dans un schéma équivalent ou valeur ohmique d'une résistance montée en parallèle dans un circuit réel) (cf. aussi* resistance, equivalent circuit *et* shunt resistor).

shunt resistor   résistance en parallèle, résistance en dérivation *(résistance montée en parallèle sur un circuit ou un élément de circuit) (cf. aussi* resistor, parallel arrangement *et* shunt resistance).

shunt T   *cf.* shunt T junction.

shunt T junction   jonction en T parallèle, T parallèle *(le second terme est le plus employé) (jonction en T équivalente à la mise en parallèle des deux guides raccordés par le T) (ce résultat est obtenu en réalisant le couplage des deux guides par le champ magnétique, c.-à-d. en raccordant les guides par le petit côté) (hyper) (cf. aussi* T junction *et* H plane).

shunt tee   *cf.* shunt T junction.

shunt-type ...   *cf.* shunt ...

shunt winding   enroulement en dérivation *(enroulement inducteur excité en dérivation dans une machine électrique tournante à courant continu) (cf. aussi* field winding *et* shunt excitation).

shunt-wound ...   *cf.* shunt ...

shutdown   arrêt *(appareil, machine).*

shutdown circuit   circuit de protection *(alim, etc.) (cf. aussi* protection circuit).

Si   *cf.* silicon. *(de même pour les termes dérivés).*

Si₃N₄   *cf.* silicon nitride.

SI   **1)** *cf.* shift in. **2)** *cf.* speech interpolation.

SI character   *cf.* shift-in character.

Si-Ge alloy   *cf.* silicon-germanium alloy.

SiC   *cf.* silicon carbide.

SIC   *cf.* silicon integrated circuit.

SID   *cf.* sudden ionospheric disturbance.

side-actuated DIP switch   commutateur DIP à commande latérale *(commutateur DIP à leviers dans lequel ceux-ci sont disposés sur un grand côté du boîtier pour réduire l'encombrement en hauteur du composant pour des raisons d'accès) (cf. aussi* DIP switch).

side-band   *cf.* sideband. *(plus loin).*

side circuit   circuit réel *(terme employé pour les circuits en câbles), circuit combinant *(terme employé pour les circuits en fils nus) (en cas de doute ou de nécessité d'un terme générique, employer le premier terme) (noms donnés aux circuits métalliques utilisés pour former un circuit fantôme ou un circuit combiné, respectivement) (tél) (cf. aussi* phantom circuit).

side diffusion   *cf.* lateral diffusion.

side echo   *cf.* sidelobe echo.

side frequency   *cf.* sideband frequency.

side lobe   lobe secondaire *(lobe du diagramme de directivité d'une antenne directive autre que le lobe principal) (cf. aussi* radiation pattern).

side-lobe blanking   *cf.* side-lobe cancellation.

side-lobe cancellation   suppression des signaux reçus sur les lobes secondaires *(ou dus aux lobes secondaires ou des lobes secondaires), suppression des lobes secondaires *(terme impropre mais le plus employé) (termes utilisables dans tous les cas, y compris dans le cas d'un radar militaire brouillé par un brouilleur de l'adversaire), suppression des échos reçus sur les lobes secondaires, *(etc.) (échos ou échos parasites) (termes utilisables dans le cas général d'échos parasites), suppression des réponses reçues sur les lobes secondaires, (etc.) (termes utilisables pour un radar d'identification) (élimination plus ou moins complète des échos ou autres signaux reçus sur les lobes secondaires du diagramme de directivité de l'antenne d'un radar) (a pour but d'éviter plus ou moins complètement le brouillage de l'écran du radar par les signaux d'un brouilleur, par les échos de cibles proches, par les échos de sol ou, dans le cas d'un radar d'identification, par les réponses asynchrones, reçus sur les lobes secondaires) (est réalisée en comparant l'amplitude des échos captés par l'antenne du radar à l'amplitude des échos captés simultanément par une antenne auxiliaire dont le diagramme de directivité englobe largement les lobes secondaires du diagramme de directivité de l'antenne principale) (si les échos captés par* *l'antenne principale ont une amplitude inférieure aux échos captés par l'antenne auxiliaire, cela signifie qu'ils ont été captés par un lobe secondaire de l'antenne principale puisque ceux-ci sont tous plus courts que le rayon de la partie correspondante du diagramme de directivité de l'antenne auxiliaire; ces échos sont alors éliminés) (mil, etc.) (cf. aussi side-lobe suppression et side lobe).*

side-lobe cancelling *cf.* side-lobe cancellation.

side-lobe cancelling aerial *cf.* side-lobe cancelling antenna.

side-lobe cancelling antenna antenne à suppression des lobes secondaires *(cf. aussi side-lobe cancellation).*

side-lobe cancelling array *cf.* side-lobe cancelling antenna.

side-lobe cancellor ... *cf.* side-lobe cancelling ...

side-lobe clutter échos dus aux lobes secondaires, échos reçus sur les lobes secondaires, échos des lobes secondaires, *(etc.) (échos parasites captés par les lobes secondaires du diagramme de directivité de l'antenne d'un radar) (cf. aussi side-lobe cancellation).*

side-lobe echo écho dû à un lobe secondaire, écho reçu sur un lobe secondaire, écho de lobe secondaire *(écho parasite reçu par un radar) (cf. aussi side-lobe clutter).*

side-lobe inhibit *cf.* side-lobe cancellation.

side-lobe inhibition *cf.* side-lobe cancellation.

side-lobe jamming brouillage par les lobes secondaires *(brouillage d'un radar par des échos ou des signaux reçus sur un ou plusieurs lobes secondaires) (mil, etc.) (cf. aussi side-lobe cancellation).*

side-lobe level niveau des lobes secondaires *(nom donné au niveau des échos ou autres signaux reçus sur les lobes secondaires de l'antenne d'un radar) (cf. aussi level 1) et side-lobe cancellation).*

side-lobe reduction *cf.* side-lobe cancellation.

side-lobe suppression *(ce terme, qui est le terme initial et a été employé pendant longtemps, est de plus en plus remplacé par « side-lobe cancellation »)* (voir ce dernier terme).

side-looking aerial *(GB) cf.* side-looking antenna.

side-looking airborne radar radar d'avion à couverture latérale *(radar à couverture latérale monté sur un avion de reconnaissance) (mil) (cf. aussi side-looking radar).*

side-looking antenna antenne à couverture latérale *(antenne de radar à couverture latérale) (cf. aussi side-looking radar).*

side-looking radar radar à couverture latérale *(radar cartographique dont le faisceau est dirigé à droite ou à gauche de la trajectoire suivie par le porteur) (peut être un radar à ouverture statique ou un radar à ouverture dynamique lorsque le porteur est un avion) (peut être seulement un radar à ouverture dynamique lorsque le porteur est un satellite, les dimensions très limitées de celui-ci ne permettant pas l'emploi d'une antenne à ouverture statique) (cf. aussi ground-mapping radar, real-aperture radar et synthetic-aperture radar).*

side-looking sonar sonar à couverture latérale *(sonar émettant un faisceau en éventail dans le plan vertical sur le côté du navire porteur) (cf. aussi sonar).*

side-scan sonar *cf.* side-looking sonar.

side-scanning sonar *cf.* side-looking sonar.

side thrust poussée latérale *(force radiale exercée sur le flanc intérieur du sillon d'un disque phonographique par la pointe de lecture d'un tourne-disque à bras pivotant lorsque la pointe n'est pas sur le rayon du disque perpendiculaire au bras) (la droite d'action de la force d'entraînement exercée sur la pointe de lecture par le frottement du disque ne peut passer par l'axe de pivotement du bras que pour le sillon où la droite joignant la pointe de lecture à l'axe du pivot du bras est perpendiculaire au rayon joignant l'axe de rotation du plateau à la pointe de lecture; pour les autres sillons, la décomposition vectorielle de cette force fait apparaître une force radiale dirigée vers l'axe du plateau, donc une force centripète, qui pousse la pointe de lecture vers le centre du disque) (la poussée latérale entraîne donc une usure plus grande du flanc intérieur du sillon que celle du flanc extérieur, ce qui produit une distorsion, surtout pour les disques stéréophoniques, qui s'ajoute à l'erreur de piste) (c'est la poussée latérale qui fait que, lorsque la pointe de lecture sort du sillon, elle retombe toujours dans un sillon plus proche du centre du disque; cette poussée n'existe naturellement pas dans les tourne-disques à bras radial ou à bras*

tangentiel) (électroacoustique) (cf. aussi distortion et tracking error 2)).

side-to-phantom crosstalk diaphonie entre circuit réel et circuit fantôme *(tél) (cf. aussi crosstalk 1) et side circuit).*

side-wall-coupled couplés par le petit côté *(guides d'ondes de coupleur directif en guides d'ondes, etc.) (hyper) (cf. aussi waveguide directional coupler).*

side-wipe contact contact à portée sur la tranche *(contact de support de composant enfichable dans lequel la broche du composant enfiché porte sur la tranche de la lamelle de contact, généralement sur deux côtés opposés de la broche, pour assurer une pression de contact relativement grande et un autonettoyage efficace lors de l'enfichage du composant) (a l'inconvénient d'user sensiblement la broche si le composant est souvent retiré du support) (cf. aussi plug-in component).*

side wiping portée sur la tranche *(contact) (cf. aussi side-wipe contact).*

sideband bande latérale *(une des deux bandes de fréquences créées par la modulation de l'amplitude d'une porteuse) (ces fréquences sont produites par battement entre la fréquence de la porteuse et les fréquences du signal modulant) (noter que les bandes latérales sont propres à la modulation d'amplitude et n'existent pas en modulation de fréquence) (cf. aussi lower sideband, upper sideband, amplitude modulation et beating).*

sideband attenuation atténuation d'une bande latérale *(émission à bande latérale atténuée) (TV) (cf. aussi vestigial-sideband transmission et sideband suppression).*

sideband components *cf.* sideband frequencies.

sideband energy énergie des bandes latérales *(énergie transportée par les bandes latérales d'une porteuse modulée en amplitude) (cf. aussi energy et sideband).*

sideband filter filtre de bande latérale *(filtre éliminant plus ou moins une bande latérale de la porteuse après modulation de celle-ci dans certains émetteurs à modulation d'amplitude) (est un filtre passe-haut ou passe-bas selon le cas) (émetteur BLU ou BLA) (cf. aussi single-sideband filter, vestigial-sideband filter et sideband).*

sideband frequencies (les) fréquences des bandes latérales *(parf. de la bande latérale) (fréquences ou fréquences composantes ou composantes) (cf. aussi sideband).*

sideband frequency (une) fréquence d'une bande latérale, *(etc.) (cf. aussi sideband frequencies).*

sideband interference interférence entre canaux voisins *(radio) (cf. aussi adjacent-channel interference 1)).*

sideband non-symmetry asymétrie des bandes latérales *(signal à bande latérale atténuée) (TV) (cf. aussi vestigial-sideband signal).*

sideband plot diagramme de bruit de phase *(courbe représentant l'amplitude du bruit de phase en fonction de la fréquence dans une bande latérale d'un signal sinusoïdal) (oscillateur, etc.) (cf. aussi phase noise).*

sideband power *cf.* sideband energy.

sideband response réponse aux bandes latérales *(réponse des démodulateurs d'un récepteur de télévision en couleurs NTSC ou PAL aux bandes latérales de la sous-porteuse de chrominance, c.-à-d. aux signaux de chrominance) (cf. aussi response 1) et NTSC system).*

sideband splash *cf.* sideband interference.

sideband splatter *cf.* sideband interference.

sideband suppression élimination d'une bande latérale *(modulation à bande latérale unique) (tls) (cf. aussi single-sideband modulation et sideband attenuation).*

sidelobe *cf.* side lobe. *(plus haut).*

sidetone effet local *(son de sa propre voix que l'utilisateur d'un poste téléphonique entendrait dans l'écouteur si le poste n'était pas équipé d'un circuit éliminant presque complètement cet effet) (tls) (cf. aussi antisidetone circuit).*

siemens siemens, S *(autre nom, plus récent que « mho » et officiel depuis l'année 1933, donné à l'unité de conductance) (cf. aussi mho).*

SIF *(vient de « self-identification feature »)* *(ce sigle est parfois employé à la place de IFF) (avia. mil) (cf. aussi self-identification feature et IFF radar).*

SIF mode mode d'identification *(radar mil) (cf. aussi SIF).*

Sigint *cf.* signal intelligence 1).

Sigint ... *cf.* Elint ...

SIGINT *cf.* Sigint.

sign bit binaire de signe *(inf)* *(cf. aussi* sign digit).

sign digit caractère de signe *(caractère binaire précédant un nombre dans un ordinateur ou autre appareil informatique pour indiquer son signe algébrique) (est souvent réduit à un simple binaire) (cf. aussi* binary character *et* bit).

signal[1] *s* signal *(événement porteur d'information) (l'information transmise peut être utile − signal proprement dit − ou gênante − signal parasite) (en électronique, un signal est constitué par la présence ou la variation ou, parfois, l'annulation d'une grandeur, celle-ci étant un courant ou une tension électrique ou un rayonnement) (noter que le courant alternatif fourni par un oscillateur ou un générateur de signaux est appelé « signal », bien qu'il ne soit généralement pas porteur d'information) (cf. aussi* analog signal, digital signal, CW signal, pulse signal, interference signal, signal processing, electric signal, telegraph signal, telephone signal, radio signal, television signal, radar signal, acoustic signal, sound signal, sonar signal, optical signal *et* hostile signal).

signal[2] *v* signaler, *(parf.)* émettre un signal *(parf.* des signaux) *(cf. aussi* signal[1]).

signal-activity monitor récepteur d'écoute *(mil) (cf. aussi* surveillance receiver).

signal agility sauts de fréquence du signal *(mil) (cf. aussi* frequency agility).

signal amplitude amplitude du signal *(parf.* d'un signal, *parf.* des signaux) *(cf. aussi* amplitude *et* signal[1]).

signal analysis analyse de signaux *(ou du signal parf.* des signaux) *(détermination des caractéristiques d'un signal) (en d'autres termes, analyse du spectre du signal dans le cas d'un signal analogique ou analyse d'impulsions dans le cas d'un signal numérique ou autre signal formé d'impulsions) (mil, etc.) (cf. aussi* signal[1], spectrum analysis, analog signal, pulse analysis, digital signal *et* signal analyzer).

signal analysis algorithm algorithme d'analyse de signaux *(parf.* des signaux) *(détecteur de radars, etc.) (mil, etc.) (cf. aussi* algorithm *et* signal analysis).

signal analyzer analyseur de signaux *(appareil de mesure électronique permettant de déterminer les caractéristiques de divers types de signaux sur un écran cathodique) (terme générique couvrant notamment l'analyseur de spectres, l'analyseur d'ondes, l'analyseur de distorsion et l'analyseur de modulation) (noter que l'analyseur logique n'est pas classé dans cette catégorie d'appareils, pas plus que l'oscilloscope, bien que tous les analyseurs ne soient que des oscilloscopes spécialisés) (cf. aussi* signal analysis, spectrum analyzer, wave analyzer, distorsion analyzer, modulation analyzer, logic analyzer *et* oscilloscope).

signal averaging moyennage de signaux *(obtention de la valeur moyenne de l'amplitude d'un signal récurrent ou non)* (a) *dans le cas d'un signal non récurrent, le moyennage est opéré par intégration du signal) (cf. aussi* non-recurrent signal *et* signal integration) ; (b) *dans le cas d'un signal récurrent, le moyennage est opéré par autocorrélation et constitue alors l'opération exécutée pour extraire un signal noyé dans le bruit) (radar, etc.) (cf. aussi* autocorrelation).

signal averaging circuit moyenneur *s (nom parfois donné à un circuit intégrateur) (cf. aussi* integrating circuit).

signal bandwith largeur de bande du signal *(parf.* d'un signal) *(cf. aussi* bandwidth 1)).

signal buried in noise signal noyé dans le bruit *(ou* masqué par le bruit) *(signal dont l'amplitude est comparable à celle du bruit qui lui est superposé) (ce terme s'applique notamment aux échos reçus par une antenne de radar ou un hydrophone de sonar dans des conditions défavorables) (cf. aussi* signal[1], noise 2) (a) *et* signal averaging (b)).

signal cancellation disparition du signal, extincton du signal *(réduction à zéro de l'amplitude du signal fourni par un récepteur radio par suite de propagation par trajets multiples particulièrement défavorables) (cf. aussi* multipath propagation).

signal characteristics caractéristiques du signal *(parf.* d'un signal *parf.* des signaux) *(nature − signal électrique, radio-* électrique, optique ou acoustique ; analogique ou numérique −, amplitude du signal ou de la porteuse éventuelle, type de modulation de celle-ci, fréquence − ou fréquences composantes − polarité éventuelle, polarisation éventuelle, etc.) (voir ces termes en anglais) (cf. aussi* signal[1]).

signal charge charge du signal, charge représentant le signal *(charge électrique représentant le signal traité dans un élément de circuit à transfert de charges) (cf. aussi* CTD).

signal clipping écrêtage du signal *(cf. aussi* limiting 1)).

signal/clutter ratio *cf.* signal-to-clutter ratio.

signal comparison comparaison de signaux *(parf.* des signaux) *(comparaison de l'amplitude de deux tensions continues ou de deux impulsions ou de la phase de deux tensions alternatives, effectuée par un comparateur) (cf. aussi* amplitude, phase (a) *et* comparator).

signal comparator comparateur (de signaux) *(cf. aussi* comparator).

signal component (une) composante du signal *(parf.* d'un signal) *(fréquence composante d'un signal complexe ou impulsion d'un train d'impulsions modulées ou codées) (cf. aussi* frequency component *et* pulse train).

signal compression *cf.* bandwidth compression.

signal conditioner conformateur de signaux, circuit de mise en forme (de signaux) *(montage opérant la mise en forme d'un signal) (termes génériques couvrant le filtre, le limiteur d'amplitude, le conformateur d'impulsions, et parfois étendu à des montages tels qu'un convertisseur de signaux) (le terme anglais et les termes français s'appliquent tant à la mise en forme de signaux analogiques que de signaux numériques ; il existe en anglais un terme limité aux signaux analogiques) (cf. aussi* signal conditioning, shaping network, pulse shaper *et* signal converter).

signal conditioner module module de mise en forme, *(etc.) (circuit de mise en forme réalisé sous la forme d'un module enfichable) (cf. aussi* signal conditioner *et* plug-in module).

signal conditioning mise en forme de signaux *(modification de la forme d'un signal et parfois de sa nature en vue de l'adapter au circuit auquel il doit être appliqué) (le signal mis en forme peut être un signal analogique ou un signal numérique) (cf. aussi* analog signal, digital signal *et* signal conditioner).

signal conditioning chip puce de mise en forme *(puce de circuit intégré réalisant la mise en forme de signaux) (ce terme désigne souvent une puce de numériseur monolithique) (semi) (cf. aussi* chip 1), signal conditioning *et* analog-to-digital converter).

signal conditioning circuit *cf.* signal conditioner.

signal conditioning circuitry circuits de mise en forme (des signaux) *(cf. aussi* signal conditioner *et* circuitry).

signal conversion conversion de signaux *(le terme anglais est peu employé) (cf. aussi* data conversion).

signal converter convertisseur de signaux *(le terme anglais est peu employé) (cf. aussi* data converter).

Signal Corps (the) les Transmissions *(régiment des Transmissions dans l'armée américaine).

signal covertness discrétion des signaux *(tls) (mil, etc.) (cf. aussi* covert communications).

signal current courant de signal *(parf.* du signal) *(courant électrique constituant un signal par sa présence ou par la variation de son intensité) (cf. aussi* current *et* signal[1]).

signal delay 1) retard du signal *(temps écoulé entre l'application d'un signal à l'entrée d'un dispositif et l'instant d'apparition du signal résultant à la sortie du dispositif) (ligne à retard, porte logique, etc.) (cf. aussi* delay line, gate delay *et* signal[1]). 2) retardement du signal, *(parf.)* balayage retardé *(oscillo) (cf. aussi* delayed sweep).

signal digitization numérisation de signaux *(cf. aussi* digitization).

signal digitizer numériseur *(cf. aussi* analog-to-digital converter).

signal digitizing *cf.* signal digitization.

signal display visualisation de signaux, *(etc.) (cf. aussi* display[1] 1) *et* signal[1]).

signal distortion distortion du signal *(parf.* d'un signal) *(cf. aussi* distortion).

signal edge flanc du signal *(nom parfois donné à un flanc d'une impulsion) (cf. aussi* pulse edge).

signal electrode électrode de signal *(nom parfois donné à la plaque-signal d'un tube analyseur) (cf. aussi* signal plate).

signal element élément de signal *(parf.* du signal) *(impulsion d'un signal formé d'un train d'impulsions et notamment d'un signal numérique) (cf. aussi* pulse train *et* digital signal).

signal embedded in noise *cf.* signal buried in noise.

signal energy énergie du signal *(parf.* d'un signal) *(énergie transportée par un signal) (est l'intégrale de la puissance du signal) (est une énergie mécanique lorsque le signal est une onde acoustique, ou une énergie électrique lorsque c'est un courant électrique, ou une énergie électromagnétique lorsque c'est une onde électromagnétique) (cf. aussi* energy, signal power *et* integral).

signal energy content énergie contenue dans le signal, *(parf.)* contenu énergétique du signal *(cf. aussi* signal energy).

signal enhancement extraction du signal *(souvent* d'un signal) *(mise en évidence d'un signal noyé dans le bruit réalisée par moyennage) (cf. aussi* signal buried in noise *et* signal averaging (b)).

signal environment ambiance d'émissions *(ce terme est généralement employé dans un contexte militaire et désigne alors souvent une ambiance d'émissions hostiles) (cf. aussi* hostile environment).

signal format format du signal *(parf.* d'un signal, *parf.* des signaux) *(structure d'un signal formé d'impulsions ou comportant des impulsions, c.-à-d. nombre, durée et espacement de celles-ci) (signal numérique, signal de radionavigation, signal de télévision, etc.) (cf. aussi* analog format, digital format, format[1] *et* pulse[1]).

signal frequency fréquence du signal *(parf.* des signaux) *(fréquence d'une porteuse modulée ou non) (radio, etc.) (cf. aussi* carrier 1)).

signal frequency shift déplacement de la fréquence de la porteuse *(tlg) (cf. aussi* frequency-shift keying).

signal generation génération de signaux *(parf.* des signaux *parf.* du signal) *(cf. aussi* signal synthesis, signal generator *et* signal[1]).

signal generator générateur de signaux *(appareil ou dispositif fournissant un courant électrique sinusoïdal ou une onde électromagnétique sinusoïdale à fréquence ou longueur réglable, respectivement, pouvant généralement être modulé(e), ou des impulsions de courant ou d'énergie électromagnétique de différentes formes et de caractéristiques réglables, ou les deux) (cf. aussi* function generator, pulse generator, microwave signal generator, sinusoidal current, electromagnetic wave *et* modulation (a)).

signal generator calibration étalonnage de générateurs de signaux *(cf. aussi* calibration 1) *et* signal generator).

signal hand-off transfert du signal *(aiguillage du signal de sortie d'un récepteur vers un analyseur de signaux ou autre appareil) (mil, etc.) (cf. aussi* signal analyzer).

signal hidden in noise *cf.* signal buried in noise.

signal information informations relatives au signal *(parf.* aux signaux) *(informations constituées par tout ou partie des caractéristiques d'un signal ou de signaux) (mil, etc.) (cf. aussi* signal characteristics *et* information).

signal input entrée du signal *(parf.* des signaux) *(cf. aussi* input[1] *et* signal[1]).

signal integration intégration de signaux *(parf.* des signaux) *(obtention de la somme d'une suite de signaux identiques)* (a) *intégration d'impulsions par un condensateur) (cf. aussi* integrating capacitor) ; (b) *visualisation des échos successifs d'une cible à la même place sur l'écran d'un indicateur radar utilisant un tube cathodique à longue persistance ou à mémoire) (cf. aussi* radar indicator, persistence *et* storage tube).

signal intelligence **1)** espionnage électronique *(le terme anglais couvre la combinaison de « electronic intelligence » et « communications intelligence ») (cf. aussi* electronic intelligence 1)). **2)** informations contenues dans le signal *(tls) (cf. aussi* information *et* signal[1]).

signal intercept *cf.* signal interception.

signal-intercept equipment *cf.* signal monitoring equipment.

signal interception interception de signaux, interception des signaux de l'adversaire *(captation de signaux de l'adversaire en fait ou en puissance, généralement suivie de leur analyse ou leur déchiffrage en vue de les exploiter, entre autres pour localiser leur émetteur ou le brouiller) (station d'écoute, détecteur de radars, autodirecteur de missile antiradar) (mil, etc.) (cf. aussi* signal monitoring).

signal interception ... *cf.* signal intercept ...

signal isolation *cf.* signal separation.

signal lamp lampe-témoin *(cf. aussi* pilot light).

signal level niveau du signal *(parf.* d'un signal) *(ce terme est souvent et incorrectement employé pour désigner l'amplitude d'un signal) (cf. aussi* level 1), amplitude *et* signal[1]).

signal light lampe de signalisation *(lampe électrique utilisée pour émettre des signaux optiques en Morse ou non) (tls)*.

signal line ligne de signaux, ligne de transmission de signaux *(noms parfois donnés à une ligne de transmission, notamment dans un montage et plus particulièrement dans un circuit intégré, sa longueur étant alors très courte) (cf. aussi* transmission line *et* integrated circuit).

signal lost in noise *cf.* signal buried in noise.

signal margin marge de bruit, marge des signaux *(le premier terme prête à confusion, mais il est plus employé que le second parce que plus euphonique) (différence entre le niveau des signaux binaires dans un circuit intégré numérique et la tension produite par des parasites quelconques) (augmente avec l'excursion logique) (inf) (cf. aussi* noise immunity *et* logic swing).

signal masked by noise *cf.* signal buried in noise.

signal modelling modélisation de signaux *(élaboration de modèles de signaux) (mil, etc.) (cf. aussi* modelling *et* signal[1]).

signal monitoring écoute *sf (mil, etc.) (cf. aussi* electronic signal monitoring).

signal monitoring equipment matériel d'écoute *(mil, etc.) (cf. aussi* surveillance equipment).

signal multiplexing multiplexage de signaux *(souvent* des signaux) *(cf. aussi* multiplexing).

signal/noise ratio *cf.* signal-to-noise ratio.

signal null zéro du signal, *(parf.)* extinction du signal *(récepteur) (cf. aussi* null[1] (c)).

signal obscured by noise *cf.* signal buried in noise.

signal officer officier des Transmissions *(mil) (cf. aussi* Signal Corps).

signal offset décalage du signal *(différence entre l'amplitude, la fréquence ou la phase d'un signal et celle d'un signal de référence ou la valeur de référence du même signal) (cf. aussi* signal[1]).

signal output sortie du signal *(parf.* des signaux) *(appareil, etc.) (cf. aussi* output[1] *et* signal[1]).

signal output current *(parf.* intensité du) courant de signal *(courant dans un dispositif photoélectrique dû uniquement à l'éclairement de celui-ci ou, parfois, intensité de ce courant) (est égal à la différence entre l'intensité totale du courant dans le dispositif soumis à un rayonnement optique et l'intensité du courant d'obscurité) (cf. aussi* photoelectric device, illumination 1) *et* dark current).

signal path trajet du signal *(ou* suivi par le signal), *(parf.)* chemin *(idem) (trajet ou chemin suivi par une onde ou un signal électrique) (cf. aussi* propagation path *et* transmission path).

signal peaking recherche du maximum du signal *(recherche de l'accord d'un récepteur radio sur une émission déterminée) (cf. aussi* tuning).

signal phase phase du signal *(TVC, radionav, etc.) (cf. aussi* phase (a)).

signal plate plaque-signal *(nom donné à la couche conductrice déposée sur la face postérieure de la feuille de mica portant la mosaïque d'un tube analyseur pour recueillir le signal vidéo) (chacune des gouttelettes émissives forme une armature d'un condensateur minuscule dont l'autre armature, commune à toutes les gouttelettes, est la plaque signal et dont le diélectrique est la feuille de mica) (lorsque le faisceau d'analyse passe sur les gouttelettes successives le long d'une ligne de balayage, des électrons du faisceau déchargent les condensateurs en prenant la place des électrons perdus par photo-*

émission et le courant d'intensité variable qui en résulte dans le circuit relié à la plaque constitue le signal vidéo) (caméra TV) (cf. aussi mosaic (a), video signal *et* capacitor).

signal power puissance du signal *(parf.* d'un signal*) (énergie transportée par unité de temps par un signal) (cf. aussi* power[1] 1) *et* signal energy).

signal processing traitement de signaux *(ou* du signal *parf.* des signaux) *(action de faire subir des opérations déterminées à un signal en vue d'obtenir un résultat également déterminé) (le signal à traiter peut être un signal analogique ou un signal numérique)* (a) *dans le cas d'un signal analogique, les principales opérations de traitement sont l'amplification, la modulation, le filtrage, la multiplication de fréquence, le changement de fréquence, la transposition de fréquence, la détection, la limitation d'amplitude, la compression de dynamique, l'expansion de dynamique, la préaccentuation, la désaccentuation, la comparaison, la corrélation, la convolution, la mémorisation et la numérisation) (voir ces termes en anglais) (cf. aussi* analog signal) ; (b) *dans le cas d'un signal numérique, les principales opérations de traitement sont celles d'un signal analogique, sauf le changement de fréquence, la transposition de fréquence, la multiplication de fréquence, la préaccentuation, la désaccentuation, et la numérisation, et plus la régénération d'impulsions et la dénumérisation) (cf. aussi* digital signal, radar signal processing, sonar signal processing, data processing, real-time processing, pulse regeneration, digital-to-analog conversion *et* (a) *ci-dessus).*

signal-processing algorithm algorithme de traitement de signaux, *(etc.) (radar, sonar, etc.) (mil, etc.) (cf. aussi* algorithm *et* signal processing (b)).

signal processing applications applications de traitement de signaux *(microprocesseur, etc) (cf. aussi* signal processing (b) *et* application).

signal processing chain chaîne de traitement de signaux *(parf.* du signal*) (suite d'étages assurant le traitement de signaux, notamment dans un récepteur de radar ou de sonar) (cf. aussi* stage 1) *et* signal processing).

signal processing chip puce de traitement de signaux *(puce de circuit intégré portant un traiteur de signaux) (cf. aussi* chip 1) *et* signal processor).

signal processing circuitry *cf.* signal processing circuits. *(cf. aussi* circuitry).

signal processing circuits circuits de traitement de signaux *(parf.* des signaux *ou* du signal*) (circuits exécutant une ou plusieurs opérations de traitement de signaux) (ce terme peut désigner aussi bien les étages d'un poste à transistors, par exemple, que les circuits de l'unité centrale d'un ordinateur utilisé pour le traitement de signaux) (cf. aussi* signal processing).

signal-processing computer *cf.* signal processor.

signal processing electronics (l')électronique de traitement des signaux *(cf. aussi* electronics[1] (c) *et* signal processing).

signal processing function fonction de traitement de signaux *(nom souvent donné à une opération de traitement de signaux ou une suite de telles opérations) (ce terme désigne souvent une fonction complexe assurée par une puce de traitement de signaux) (cf. aussi* signal processing, complex function *et* signal processing chip).

signal processing of radar data *cf.* radar signal processing.

signal processing of sonar data *cf.* sonar signal processing.

signal processing technique méthode de traitement de signaux, procédé *(idem) (termes généraux couvrant la méthode de traitement analogique et la méthode de traitement numérique et pouvant désigner une fonction complexe) (cf. aussi* analog processing technique, digital processing technique, complex function *et* signal processing).

signal processing technology (la) technique du traitement des signaux *(cf. aussi* signal processing, signal processing technique *et* technology).

signal processing unit *cf.* signal processor.

signal processor processeur de signaux *(anglicisme courant),* traiteur de signaux *(terme que j'ai proposé) (ordinateur conçu pour le traitement numérique de signaux) (est souvent un microprocesseur associé à des circuits auxiliaires) (inf) (mil, etc.) (cf. aussi* computer 2) *et* signal processing (b)).

signal processor chip *cf.* signal processing chip.

signal propagation propagation des signaux *(parf.* de signaux *parf.* du signal*) (radioélectricité, etc.) (cf. aussi* propagation).

signal propagation mode mode de propagation des signaux *(parf.* du signal*) (cf. aussi* propagation mode).

signal pulse impulsion formant signal, *(parf.)* impulsion du signal *(impulsion constituant un signal ou un élément de signal) (cf. aussi* pulse[1], signal[1] *et* signal element).

signal/quantization noise ratio *cf.* signal-to-quantization noise ratio.

signal reception réception de signaux *(parf.* des signaux *parf.* du signal*) (radio, tél, etc.).

signal-reflecting discontinuity discontinuité réfléchissant le signal, discontinuité produisant une réflexion du signal *(discontinuité dans une ligne de transmission) (cf. aussi* reflection (b)).

signal reflection réflexion du signal *(parf.* d'un signal *parf.* des signaux) *(cf. aussi* reflection).

signal regeneration régénération des signaux *(nom parfois donné à la régénération des impulsions d'un signal formé d'un train d'impulsions) (cf. aussi* pulse regeneration *et* pulse train).

signal regenerator régénérateur de signaux *(nom parfois donné à un répéteur régénérateur) (tél) (cf. aussi* regenerative repeater).

signal requirements impératifs applicables au signal *(parf.* aux signaux) *(valeurs imposées aux caractéristiques d'un signal ou de signaux) (spécification, etc.) (cf. aussi* signal characteristics *et* specification).

signal response réponse à un signal *(parf.* au signal *parf.* aux signaux) *(quadripôle, etc.) (cf. aussi* response 1)).

signal return écho *(radar) (cf. aussi* return[1] 1)).

signal ringing oscillations de dépassement du signal, oscillations du signal *(impulsion) (cf. aussi* ringing 2)).

signal scaling mise à l'échelle du signal *(réglage par paliers de la sensibilité d'un enregistreur graphique ou optique pour obtenir une courbe d'amplitude normale sur le papier pour une amplitude moyenne déterminée du signal enregistré) (on voit que c'est en fait l'appareil qui est « mis à l'échelle » et non le signal qu'il enregistre) (cf. aussi* recorder sensitivity).

signal separation 1) séparation de signaux *(souvent des signaux) (séparation de deux signaux)* (a) *séparation de deux signaux formant un signal composite réalisée par un filtre) (TV, etc.) (cf. aussi* filter[1]) ; (b) *séparation du signal incident et du signal réfléchi dans une ligne de transmission hyperfréquence réalisée par un dispositif tel qu'un gyrateur ou un coupleur directif) (cf. aussi* reflection (b), microwave gyrator *et* directional coupler). **2)** séparation des signaux *(action de ménager un intervalle de fréquences entre deux signaux pour éviter qu'ils interfèrent, ou résultat de cette action, c.-à-d. cet intervalle) (radiodif, radiocom) (cf. aussi* guard band).

signal separation filter *cf.* separation filter.

signal shaping mise en forme de signaux *(parf.* des signaux) *(cf. aussi* shaping network).

signal-shaping network circuit de mise en forme de signaux *(cf. aussi* shaping network).

signal simulation simulation de signaux *(génération de signaux aux fins d'essai, de contrôle ou d'entraînement) (mil, etc.) (cf. aussi* electronic warfare simulator).

signal skew biais du signal *(inf) (cf. aussi* time skew).

signal smearing manque de netteté du signal *(écho radar fluctuant, etc.).*

signal sorter *cf.* signal analyzer.

signal source source de signaux *(générateur de signaux ou corps émettant des signaux ou phénomène produisant ceux-ci) (cf. aussi* signal generator *et* radio source).

signal storage mémorisation de signaux *(parf.* des signaux *parf.* du signal*) (radar, TV, etc.) (cf. aussi* storage 1)).

signal strength **1)** *cf.* signal amplitude. **2)** force du signal, force de réception *(noms souvent donnés à l'amplitude du signal reçu par l'antenne d'un récepteur radioélectrique et notamment d'un récepteur de trafic) (cf. aussi* S-meter *(au début de la lettre S).*

signal-strength meter indicateur de force de réception *(récepteur de trafic) (cf. aussi* S-meter *(au début de la lettre S).*

signal synthesis synthèse de signaux, *(etc.)* *(génération de signaux par synthèse de fréquence)* *(cf. aussi* signal generation *et* frequency synthesis).

signal-to-clutter ratio rapport signal/échos parasites *(ou* signal sur échos parasites), rapport signal/fouillis *(idem)* *(rapport entre l'amplitude des échos utiles reçus par l'antenne d'un radar à impulsions et l'amplitude des échos parasites captés en même temps par l'antenne)* *(est généralement exprimé en décibels)* *(avia, etc.)* *(cf. aussi* target echo, clutter, pulse radar, decibel, signal buried in noise *et* moving-target indication).

signal-to-crosstalk ratio rapport de diaphonie *(rapport entre l'amplitude du signal utile mesurée en un point déterminé d'un circuit téléphonique et l'amplitude du signal de diaphonie dû à un autre circuit mesurée au même point, l'amplitude du signal d'entrée étant la même pour les deux circuits)* *(est exprimé en unités de diaphonie ou en décibels)* *(cf. aussi* crosstalk 1), crosstalk unit, decibel *et* telephone circuit).

signal-to-image ratio rapport signal/fréquence-image *(ou* signal sur fréquence-image) *(rapport entre l'amplitude de la porteuse du signal utile et l'amplitude de la porteuse à la fréquence-image dans un récepteur superhétérodyne)* *(cf. aussi* image frequency 1)).

signal-to-interference ratio rapport signal/parasites *(ou* signal sur parasites) *(rapport entre l'amplitude d'un signal utile capté par une antenne ou reçu par un récepteur et l'amplitude des parasites superposés à ce signal)* *(radio, TV, tél, tlg)* *(cf. aussi* amplitude, signal¹ *et* interference 1)).

signal-to-noise enhancement augmentation du rapport signal/bruit, *(etc.)*, amélioration *(idem)* *(réducteur de bruit, éliminateur d'échos fixes, etc.)* *(cf. aussi* signal-to-noise ratio).

signal-to-noise maximization maximisation du rapport signal/bruit, *(etc.)* *(récepteur radar, sonar, etc.)* *(cf. aussi* signal-to-noise ratio).

signal-to-noise ratio rapport signal/bruit *(ou* signal sur bruit) *(rapport entre l'amplitude d'un signal utile et l'amplitude du bruit superposé à celui-ci à l'entrée ou, plus souvent, à la sortie d'un quadripôle et notamment à la sortie d'un amplificateur)* *(est généralement exprimé en décibels)* *(cf. aussi* noise 2) (a), quadripole, decibel *et* noise figure).

signal-to-noise ratio ... *cf.* signal-to-noise ...

signal-to-quantization noise ratio rapport signal/bruit de quantification *(ou* signal sur bruit de quantification), rapport S/Q *(rapport entre l'amplitude d'un échantillon quantifié dans un numériseur et le bruit produit par sa quantification)* *(en d'autres termes, rapport entre l'amplitude de l'échantillon et la valeur absolue de la différence, positive ou négative, entre celle-ci et l'amplitude admise pour l'échelon de quantification correspondant au signal)* *(est généralement exprimé en décibels)* *(cf. aussi* quantization noise *et* decibel).

signal trace trace (du signal) *(oscillo, etc.)* *(cf. aussi* trace¹ 1)).

signal tracer ensemble de contrôle dynamique *(ensemble formé par un générateur de signaux à haute et basse fréquence modulables et un voltmètre pour courant alternatif à haute et basse fréquence réunis ou non en un seul appareil utilisé pour pratiquer le contrôle dynamique)* *(cf. aussi* signal generator *et* signal tracing).

signal tracing (le) contrôle dynamique *(méthode de contrôle du fonctionnement d'un récepteur radio par application successive d'un signal approprié à l'entrée de ses différents étages en remontant de l'étage de sortie à l'étage d'entrée et en mesurant à chaque fois le signal de sortie obtenu)* *(mise au point, dépannage)* *(cf. aussi* signal tracer).

signal track piste (du signal) *(support d'enregistrement)* *(cf. aussi* track¹ 1)).

signal transmission *(cf. aussi* transmission) **1)** transmission de signaux *(parf. des signaux, parf. du signal)* *(par une ligne de transmission)* *(tél, tlg, etc.)*. **2)** émission de signaux *(idem)* *(par un émetteur radio ou autre)*.

signal transmission path *(cf. aussi* transmission path) **1)** chemin de transmission du signal *(parf. des signaux)*. **2)** trajet propagation du signal *(parf. des signaux)*.

signal under test signal contrôlé *(analyse de signaux)* *(cf. aussi* signal analysis).

signal voltage *cf.* signal amplitude.

signal wave onde porteuse d'information *(onde constituant ou, plus souvent, transmettant un signal)* *(ce terme désigne généralement une onde porteuse modulée)* *(cf. aussi* carrier 1)).

signal waveform forme du signal *(cf. aussi* waveform).

signal winding *cf.* control winding.

signaling *cf.* signalling. *(de même pour les termes dérivés)*.

signalling **1)** signalisation *(en télécommunications, émission de signaux destinés à établir ou interrompre une communication téléphonique ou télégraphique)* *(cf. aussi* telephone signalling *et* telegraph signalling) ; **2)** émission de signaux télégraphiques *(cf. aussi* telegraph signal).

signalling channel voie de signalisation *(voie d'un multiplex téléphonique réservée à la transmission de signaux de signalisation)* *(tls)* *(cf. aussi* multiplex channel *et* signalling 1)).

signalling condition état de signalisation *(état électrique d'une ligne ou d'une voie téléphonique ou télégraphique pendant la transmission de signaux de signalisation, c.-à-d. présence ou absence d'un courant, ainsi que nature, polarité, intensité ou fréquence de celui-ci)* *(cf. aussi* signalling 1)).

signalling generator magnéto d'appel, magnéto *(petite magnéto entraînée à la main incorporée à un poste téléphonique manuel pour émettre l'impulsion de courant alternatif faisant tomber l'annonciateur correspondant au poste appelant sur le commutateur du central manuel desservant celui-ci)* *(la magnéto d'un poste manuel d'une installation fixe est généralement entraînée par un secteur denté solidaire d'une manette pivotante actionnée par le pouce de la main droite)* *(la magnéto d'un poste de campagne est généralement entraînée par une manivelle repliée par un ressort au repos)* *(cf. aussi* magneto (b) *et* annunciator 1)).

signalling key manipulateur *(tlg)* *(cf. aussi* key¹ 2)).

signalling rate *cf.* signalling speed.

signalling speed rapidité de modulation *(tlg)* *(cf. aussi* baud rate).

signalling tone fréquence vocale de signalisation *(une des deux fréquences émises par un poste téléphonique à fréquences vocales lors de l'enfoncement d'une touche du clavier)* *(cf. aussi* tone signalling).

signature **1)** empreinte, signature *(anglicisme courant mais à éviter)* *(représentation caractéristique d'un type d'objet, d'être ou de phénomène sur un écran de radar, de sonar ou de télévision)* *(mil, etc.)* *(cf. aussi* active signature, passive signature, radar signature, acoustic signature, infrared signature *et* vibrational signature). **2)** réponse logique, signature logique *(anglicisme courant mais à éviter)* *(combinaison logique ou chronogramme apparaissant sur l'écran d'un analyseur logique lors du contrôle du fonctionnement de circuits logiques)* *(inf)* *(cf. aussi* logic pattern, timing diagram *et* logic analyzer).

signature analysis **1)** analyse d'empreintes, *(etc.)* *(analyse d'empreintes radar ou autres effectuée en vue de déterminer le type d'objet ou les caractéristiques du phénomène qu'elles représentent)* *(mil, etc.)* *(cf. aussi* signature 1)). **2)** analyse de réponses logiques, *(etc.)* *(contrôle ou analyse du fonctionnement des circuits d'un appareil numérique d'après les réponses obtenues en appliquant au circuit d'entrée des signaux numériques appropriés)* *(cf. aussi* signature 2)).

signature analyzer analyseur logique *(inf)* *(cf. aussi* logic analyzer).

signature augmentation intensification de l'empreinte, *(etc.)* *(augmentation de l'intensité de l'empreinte d'une cible radar par emploi d'un réflecteur radar, ou de l'empreinte d'une cible infrarouge par emploi d'une source auxiliaire de rayonnement infrarouge)* *(mil, etc.)* *(cf. aussi* signature 1), radar reflector, infrared target *et* infrared source).

signature characteristics caractéristiques de l'empreinte, *(etc.)* *(forme d'une empreinte, intensité de ses différentes parties, etc.)* *(mil, etc.)* *(cf. aussi* signature 1)).

signature catalog catalogue d'empreintes, *(etc.)* *(ensemble de caractéristiques d'empreintes conservées dans une mémoire numérique aux fins de comparaison, notamment dans un détecteur de radars ou de tirs)* *(mil)* *(cf. aussi* signature characteristics, digital memory, radar warning receiver *et* infrared warning receiver).

signature cataloging établissement d'un catalogue d'empreintes, (etc.) (mil) (cf. aussi signature catalog).

signature catalogue cf. signature catalog.

signature cataloguing cf. signature cataloging.

signature classification classification d'empreintes (parf. des empreintes), (etc.) (en fonction de leurs caractéristiques, en vue d'établir un catalogue d'empreintes) (mil) (cf. aussi signature characteristics et signature catalog).

signature data bank cf. signature catalog.

signature data base cf. signature catalog.

signature number cf. signature word.

signature recognition reconnaissance des empreintes, (etc.) (identification d'une empreinte par comparaison de ses caractéristiques à celles contenues dans un catalogue) (mil) (cf. aussi signature characteristics et signature catalog).

signature reduction réduction des empreintes (souvent de l'empreinte), (etc.) (réduction des émissions et réflexions de rayonnement par des objectifs militaires et notamment par des cibles telles qu'un aéronef, un navire de surface, un sous-marin ou un char) (a pour but de réduire les risques de détection par un radar, un capteur infrarouge ou un sonar et les risques de poursuite par un engin autoguidé) (cf. aussi signature 1), radar camouflage, passive infrared countermeasures et homing weapon).

signature suppression cf. signature reduction.

signature word mot de réponse (logique) (mot binaire constituant une réponse logique) (inf) (cf. aussi binary word et signature analysis).

signed digit chiffre ... (voir aussi signed number).

signed number nombre affecté d'un signe, nombre avec signe (nombre positif ou négatif) (math, inf).

significance (parf.) poids (inf) (cf. aussi weight).

significant digit chiffre significatif (premier chiffre d'un nombre, en partant de la gauche, qui soit différent de zéro et, dans un nombre entier, tout chiffre suivant ou, dans un nombre décimal, tout chiffre après la virgule autre qu'un zéro suivi de zéros ou occupant le dernier rang du nombre) (math, inf).

signless digit chiffre ... (voir aussi signless number).

signless number nombre sans signe, nombre non affecté d'un signe (est normalement un nombre positif) (math, inf).

SIL cf. speech interference level.

silent area cf. silent zone.

silent mode mode passif, mode bistatique (un des deux modes de fonctionnement d'un radar hybride) (cf. aussi hybrid radar).

silent period 1) période de silence (obligatoire) (période de trois minutes commençant après le quart d'heure et les trois quarts d'heure de chaque heure, pendant laquelle les émissions radio des navires et autres stations sur les fréquences proches de la fréquence internationale de détresse doivent être interrompues pour faciliter l'écoute des appels de détresse) (cf. aussi international distress frequency). 2) intervalle de silence (intervalle de temps pendant lequel un récepteur radio ne reçoit pas de signal utile).

silent zone zone de silence (propa) (cf. aussi skip zone).

silica silice (cf. aussi silicon dioxide).

silicon silicium (semiconducteur le plus employé (en 1990) pour la fabrication des composants à semiconducteur) (a remplacé le germanium dans presque toutes les applications pour des raisons de meilleure tenue à la chaleur et d'abondance dans le sol sous forme de silice malgré des difficultés d'élaboration et une mobilité des électrons trois fois moins grande) (est également employé comme élément d'alliage dans l'élaboration de certains aciers pour tôles magnétiques) (cf. aussi semiconductor device, electron mobility, silicon steel et germanium).

silicon area surface de silicium (aire d'un substrat de silicium ou partie de cette aire) (semi) (cf. aussi silicon substrate).

silicon avalanche diode diode à avalanche au silicium (semi) (cf. aussi avalanche diode et silicon device).

silicon avalanche photodiode photodiode à avalanche au silicium (cf. aussi avalanche photodiode et silicon device).

silicon bipolar cf. silicon bipolar device.

silicon bipolar component cf. silicon bipolar device.

silicon bipolar device composant bipolaire au silicium (transistor bipolaire au silicium ou circuit intégré bipolaire au silicium) (semi) (cf. aussi silicon bipolar transistor et silicon bipolar integrated circuit).

silicon bipolar IC cf. silicon bipolar integrated circuit.

silicon bipolar integrated circuit circuit intégré bipolaire au silicium (semi) (cf. aussi bipolar integrated circuit et silicon device).

silicon bipolar technology (la) technique bipolaire au silicium (technique des composants bipolaires au silicium) (semi) (cf. aussi silicon bipolar device et technology).

silicon bipolar transistor transistor bipolaire au silicium (semi) (cf. aussi bipolar transistor et silicon device).

silicon capacitor cf. varactor.

silicon CCD circuit CCD au silicium (semi) (cf. aussi CCD et silicon device).

silicon carbide carbure de silicium, carborundum, SiC (semiconducteur réfractaire) (cf. aussi silicon).

silicon carbide varistor varistance au carbure de silicium (autre nom, plus général, d'une galvanorésistance au carbure de silicium) (semi) (cf. aussi silicon carbide voltage-dependent resistor).

silicon carbide VDR cf. silicon carbide voltage-dependent resistor.

silicon carbide voltage-dependent resistor galvanorésistance au carbure de silicium, (etc.) (galvanorésistance utilisant du carbure de silicium en poudre agglomérée par un liant) (type classique) (cf. aussi voltage-dependant resistor et silicon carbide).

silicon cell cellule au silicium (cellule photovoltaïque au silicium ou, souvent, cellule solaire au silicium) (cf. aussi silicon photovoltaic cell et silicon solar cell).

silicon chip puce de silicium, puce en silicium (puce en silicium, généralement monocristallin) (semi) (cf. aussi chip 1), silicon et single-crystal silicon).

silicon-chromium thin-film resistor résistance à couche mince au silicium-chrome (cf. aussi thin-film resistor).

silicon compiler compilateur de silicium (anglicisme désignant un logiciel de conception de circuits personnalisés) (inf, CI) (cf. aussi software et semi-custom circuit).

silicon component cf. silicon device. (le premier terme étant peu employé).

silicon controlled rectifier thyristor, redresseur commandé au silicium (redresseur au silicium rendu conducteur, dans le sens direct, par une impulsion de courant appliquée à une électrode de commande, après quoi celle-ci n'a plus d'effet sur la conduction du dispositif) (comprend essentiellement quatre couches de semiconducteur P et N alternées — N, P, N, P, en partant de la cathode — formant trois jonctions PN, la jonction centrale étant, par conséquent, montée dans le sens inverse des jonctions extrêmes et, de ce fait, polarisée dans le sens inverse) (la zone P centrale, commune à la première jonction qu'elle forme avec la cathode et à la seconde jonction qu'elle forme avec la seconde couche N, constitue l'électrode de commande munie d'une borne appelée « gâchette ») (le thyristor est équivalent à deux transistors bipolaires complémentaires imbriqués de telle façon que le courant du collecteur de l'un soit injecté dans la base de l'autre, ce qui crée une boucle de réaction positive augmentant fortement l'intensité du courant inverse dans la jonction centrale qui bloque le thyristor en l'absence de cette réaction, et rend ainsi celui-ci conducteur, dans le sens direct, lorsqu'une impulsion de courant positive d'intensité suffisante est appliquée à la gâchette, c.-à-d. en fait à la base du transistor NPN) (la mise en conduction du thyristor étant produite par une réaction positive, la conduction est auto-entretenue par le courant qui y circule et la gâchette ne peut avoir d'action sur son fonctionnement une fois qu'il est amorcé ; il ne peut donc se rebloquer que si l'intensité du courant diminue suffisamment pour faire cesser le processus de réaction positive) (comme tout redresseur, le thyristor étant normalement monté dans un circuit à courant alternatif, c.-à-d. soumis à une tension alternative, cette diminution se produit automatiquement, jusqu'à l'annulation, à chaque période du courant lorsque celui-ci passant du sens correspondant à la polarisation positive du thyristor *au sens correspondant à la polarisation négative, la tension alternative appliquée à ses bornes s'annule un court instant) (après l'alternance négative de la tension, lorsque le courant change de sens en passant à l'alternance positive de la période suivante, le thyristor reste bloqué tant qu'une nouvelle impulsion n'est pas appliquée à la gâchette) (c'est ce blocage automatique du thyristor à chaque période de la tension alternative appliquée à ses bornes qui fait tout l'intérêt de ce composant ; en effet, le réglage de l'intervalle de temps après lequel l'impulsion de réamorçage est appliquée après chaque blocage permet de faire varier l'intensité moyenne du courant redressé et, par conséquent, la puissance fournie à la charge) (bien que le thyristor soit essentiellement un redresseur, il est très utilisé comme variateur de puissance pour courant alternatif, sous la forme du triac, du fait de cette possibilité de réglage de l'angle de conduction) (il existe des thyristors pouvant être bloqués par action sur la gâchette) (le terme « thyristor » est la contraction de « thyratron » et de « transistor » et rappelle que ce composant est l'analogue à semiconducteur du thyratron) (noter que le thyristor étant formé de deux transistors bipolaires, c'est un dispositif commandé en courant comme l'indique la description de son processus d'amorçage donnée ci-dessus) (semi) (cf. aussi thyristor, conduction angle, silicon rectifier, SCR amplifier, p-n junction (au début de la lettre P), reverse bias, complementary bipolar transistors, positive feedback, current-controlled device, gate turn-off SCR, thyratron et triac).*

silicon controlled switch interrupteur commandé au silicium *(thyristor dans lequel la zone N comprise entre les deux zones P est munie d'une sortie permettant de l'utiliser comme un thyristor blocable) (semi) (cf. aussi* silicon controlled rectifier *et* gate turn-off SCR*).*

silicon crystal cristal de silicium *(semi) (cf. aussi* semiconductor crystal *et* silicon*).*

silicon crystal mixer mélangeur à cristal de silicium *(mélangeur à cristal utilisant une diode au silicium) (hyper) (cf. aussi* crystal mixer *et* silicon diode*).*

silicon detector détecteur au silicium, photodétecteur au silicium *(noms souvent donnés à une photodiode ou un phototransistor au silicium) (semi) (cf. aussi* silicon photodiode *et* silicon phototransistor*).*

silicon detector diode diode de détection au silicium, *(etc.) (diode de détection constituée par une diode au silicium) (semi) (cf. aussi* detector diode *et* silicon diode*).*

silicon device composant au silicium, semistor au silicium, *(parf.)* dispositif au silicium *(composant à semiconducteur utilisant un substrat de silicium) (transistor, etc.) (cf. aussi* semiconductor device *et* silicon substrate*).*

silicon device technology (la) technique des composants au silicium, *(etc.) (semi) (cf. aussi* silicon device, silicon processing technology 2) *et* technology*).*

silicon die *cf.* silicon chip.

silicon digital IC *cf.* silicon digital integrated circuit.

silicon digital integrated circuit circuit intégré numérique au silicium, circuit numérique au silicium *(semi) (inf) (cf. aussi* digital integrated circuit *et* silicon integrated circuit*).*

silicon diode diode au silicium *(diode à semiconducteur utilisant un substrat de silicium) (cf. aussi* silicon junction diode, silicon point-contact diode, semiconductor diode *et* silicon substrate*).*

silicon dioxide dioxyde de silicium, oxyde de silicium, silice, SiO_2 *(le deuxième terme est le plus employé) (oxyde formé à diverses fins sur le substrat d'un composant au silicium au cours de sa fabrication) (semi) (cf. aussi* oxidation *et* silicon device*).*

silicon dioxide film *cf.* silicon dioxide layer.

silicon dioxide layer couche d'oxyde de silicium *(semi) (cf. aussi* silicon dioxide*).*

silicon doping dopage du silicium *(fab. semi) (cf. aussi* doping *et* silicon*).*

silicon epitaxial layer couche épitaxiale de silicium *(semi) (cf. aussi* silicon layer*).*

silicon epitaxial planar transistor transistor planar épitaxial au silicium *(transistor planar épitaxial réalisé dans un substrat de silicium, c.-à-d. transistor planar classique) (semi) (cf. aussi* planar transistor *et* silicon transistor*).*

silicon FET *cf.* silicon field-effect transistor.

silicon FET device *cf.* silicon field-effect transistor.

silicon field-effect transistor transistor à effet de champ au silicium, TEC au silicium, FET au silicium *(semi) (cf. aussi* field-effect transistor *et* silicon device*).*

silicon film *cf.* silicon layer.

silicon founder fondeur de silicium, fondeur *(dirigeant d'une fonderie de silicium) (cf. aussi* silicon foundry*).*

silicon foundry fonderie de silicium, fonderie, *(parf.)* fondeur *(idem) (nom parfois donné à une fabrique de circuits intégrés prédiffusés pour rappeler l'analogie entre un tel circuit et une pièce moulée, et ensuite usinée) (cf. aussi* gate array*).*

silicon gate grille en silicium, grille au silicium, grille en polysilicium, grille en silicium polycristallin *(le deuxième terme est le plus employé) (grille d'un transistor MOS intégré réalisée en polysilicium fortement dopé pour augmenter sa conductibilité électrique) (semi) (cf. aussi* gate[1] 2), MOS transistor, polysilicon *et* silicon-gate process*).*

silicon-gate C-MOS *cf.* silicon-gate CMOS *(plus loin).*

silicon-gate chip puce à grilles au silicium, *(etc.) (puce de circuit intégré MOS à grilles au silicium) (semi) (cf. aussi* silicon gate *et* chip 1)).

silicon-gate CMOS *(idem* silicon-gate MOS *en remplaçant* MOS *par* CMOS *et, éventuellement, en ajoutant un s à « transistor ») (semi) (cf. aussi* CMOS transistors*).*

silicon-gate component *cf.* silicon-gate device. *(le premier terme étant peu employé).*

silicon-gate device composant à grille(s) au silicium, *(etc.) (transistor MOS à grille au silicium ou circuit intégré MOS ou CMOS utilisant de tels transistors) (semi) (cf. aussi* silicon gate, silicon-gate MOS transistor, silicon-gate MOS integrated circuit *et* silicon-gate CMOS integrated circuit.

silicon-gate MOS *cf.* silicon-gate MOS device.

silicon-gate MOS circuit *cf.* silicon-gate MOS integrated circuit.

silicon-gate MOS component *cf.* silicon-gate MOS device. *(le premier terme étant peu employé).*

silicon-gate MOS device composant MOS à grille(s) au silicium, *(etc.) (transistor MOS à grille au silicium ou circuit intégré monolithique utilisant de tels transistors) (semi) (cf. aussi* silicon gate*).*

silicon-gate MOS IC *cf.* silicon-gate MOS integrated circuit.

silicon-gate MOS integrated circuit circuit intégré MOS à grilles au silicium, *(etc.),* circuit MOS *(idem) (circuit intégré MOS utilisant des transistors à grille au silicium) (semi) (cf. aussi* silicon gate *et* MOS integrated circuit*).*

silicon-gate MOS process procédé MOS à grilles au silicium, *(etc.) (fab. CI) (cf. aussi* silicon gate*).*

silicon-gate MOS technique *cf.* silicon-gate MOS process.

silicon-gate MOS technology (la) technique MOS à grilles au silicium, *(etc.) (technique des circuits intégrés MOS à grilles au silicium) (semi) (cf. aussi* silicon gate *et* technology*).*

silicon-gate MOS transistor transistor MOS à grille au silicium, *(etc.) (CI) (cf. aussi* silicon gate*).*

silicon-gate MOS unit *cf.* silicon-gate MOS device.

silicon-gate n-MOS ... *cf.* silicon-gate NMOS ...

silicon-gate NMOS *(idem* silicon-gate MOS *en remplaçant* MOS *par* NMOS*) (semi) (cf. aussi* NMOS transistor*).*

silicon-gate p-MOS *cf.* silicon-gate PMOS.

silicon-gate PMOS *(idem* silicon-gate MOS *en remplaçant* MOS *par* PMOS*) (semi) (cf. aussi* PMOS transistor*).*

silicon-gate process procédé à grille au silicium *(ou au polysilicium),* procédé au silicium *(idem) (noms souvent donnés, surtout le premier, au procédé de fabrication de circuits intégrés MOS ou CMOS à grille auto-alignée par opposition au procédé classique, dans lequel la grille des transistors est en aluminium) (semi) (cf. aussi* self-aligned-gate process *et* silicon gate*).*

silicon-gate processing fabrication par le procédé à grille au silicium, *(etc.) (CI) (cf. aussi* silicon-gate process*).*

silicon-gate structure structure à grille au silicium, *(etc.) (structure d'un transistor MOS intégré ou d'un circuit intégré MOS ou CMOS utilisant de tels transistors) (cf. aussi* silicon gate*).*

silicon-gate technique *cf.* silicon-gate process.

silicon-gate technology (la) technique de la grille au silicium, *(etc.), technique MOS à grille au silicium (idem) (technique des circuits intégrés MOS ou CMOS fabriqués par le procédé à grille au silicium) (semi) (cf. aussi* silicon-gate process).

silicon-gate transistor *cf.* silicon-gate MOS transistor.

silicon-gate unit version à grille au silicium, *(etc.) (cf. aussi* silicon-gate device *et* unit 3)).

silicon-germanium alloy alliage silicium-germanium, alliage Si-Ge *(alliage de silicium et de germanium) (semi) (cf. aussi* silicon *et* germanium).

silicon IC *cf.* silicon integrated circuit.

silicon integrated circuit circuit intégré au silicium *(circuit intégré monolithique réalisé sur un substrat de silicium) (semi) (cf. aussi* monolithic integrated circuit *et* silicon substrate).

silicon intensifier target cible multiplicatrice au silicium, cible intensificatrice au silicium *(tube analyseur) (cf. aussi* silicon intensifier-target vidicon).

silicon-intensifier-target camera tube tube analyseur à cible multiplicatrice au silicium *(ou* intensificatrice au silicium), tube de prise de vues *(idem) (noms descriptifs d'un vidicon à cible multiplicatrice au silicium) (caméra TV) (cf. aussi* silicon intensifier-target vidicon.

silicon-intensifier-target tube *cf.* silicon intensifier-target camera tube.

silicon intensifier-target vidicon (tube) vidicon à cible multiplicatrice *(tube vidicon à cible au silicium dans lequel les photons d'excitation sont remplacés par des électrons émis par une photocathode et accélérés par une tension positive appliquée à la cible formant anode) (l'émission secondaire produite par le choc d'un électron sur une diode de la cible multiplie l'effet de celui-ci en créant une charge proportionnelle au nombre d'électrons émis, ce qui augmente la sensibilité du tube par rapport au vidicon à cible au silicium non multiplicatrice) (tube Nocticon) (est caractérisé par une très grande sensibilité, un faible courant d'obscurité, une faible rémanence et une grande résistance aux suréclairements) (caméra de télévision pour faible éclairement) (cf. aussi* silicon-target vidicon, photon, photocathode, secondary emission *et* dark current).

silicon island îlot de silicium *(CI) (cf. aussi* SOS process).

silicon junction diode diode à jonction au silicium *(semi) (cf. aussi* junction diode *et* silicon device).

silicon junction rectifier *cf.* silicon rectifier.

silicon layer couche de silicium *(couche épitaxiale de silicium formée sur un substrat de silicium ou d'une autre matière) (semi) (cf. aussi* epitaxial layer, silicon *et* silicon substrate).

silicon mixer diode diode mélangeuse au silicium *(semi) (hyper) (cf. aussi* mixer diode *et* silicon device).

silicon MOS FET *cf.* silicium MOS transistor.

silicon MOS transistor transistor MOS au silicium *(semi) (cf. aussi* MOS transistor *et* silicon device).

silicon MOSFET *cf.* silicon MOS transistor.

silicon nitridation nitruration du silicium *(CI) (cf. aussi* silicon nitride).

silicon nitride nitrure de silicium, Si_3N_4 *(a) couche isolante formée sur le substrat de certains circuits intégrés dérivés du type MOS par remplacement de la couche d'oxyde par une couche de nitrure) (semi) (cf. aussi* MIS transistor); *(b) couche de passivation formée sur certains circuits intégrés monolithiques) (semi) (cf. aussi* passivation layer).

silicon npn transistor transistor NPN au silicium *(semi) (cf. aussi* npn transistor *et* silicon transistor).

silicon NPN transistor *cf.* silicon npn transistor.

silicon on sapphire silicium sur saphir *(CI) (cf. aussi* SOS process).

silicon-on-sapphire ... *cf.* SOS ...

silicon oxidation oxydation du silicium *(fab. semi) (cf. aussi* oxidation).

silicon oxide oxyde de silicium *(semi) (cf. aussi* silicon dioxide).

silicon-oxide-passivated junction jonction passivée à l'oxyde de silicium *(diode à semiconducteur) (cf. aussi* p-n junction *(au début de la lettre P),* passivation *et* silicon dioxide).

silicon p-i-n ... *cf.* silicon PIN ... *(plus loin).*

silicon parametric amplifier diode diode d'amplification pa-

ramétrique au silicium *(hyper) (semi) (cf. aussi* parametric amplifier diode *et* silicon diode).

silicon photodetector *cf.* silicon detector. *(le second terme étant plus employé que le premier parce que plus court, malgré qu'il soit moins précis).*

silicon photodiode photodiode au silicium *(semi) (opto) (cf. aussi* photodiode *et* silicon device).

silicon phototransistor phototransistor au silicium *(semi) (opto) (cf. aussi* phototransistor *et* silicon device).

silicon photovoltaic cell cellule photovoltaïque au silicium *(semi) (opto) (cf. aussi* photovoltaic cell *et* silicon device).

silicon PIN photodetector photodétecteur à diode PIN au silicium *(photodétecteur constitué par une photodiode PIN au silicium) (cf. aussi* photodetector *et* silicon PIN photodiode).

silicon PIN photodiode photodiode PIN au silicium, diode PIN au silicium *(semi) (opto) (cf. aussi* PIN photodiode *et* silicon device).

silicon planar diode diode planar au silicium *(semi) (cf. aussi* planar diode *et* silicon device).

silicon planar transistor transistor planar au silicium *(semi) (cf. aussi* planar transistor *et* silicon device).

silicon point-contact diode diode à pointe au silicium *(diode à pointe dans laquelle le cristal semiconducteur est en silicium) (semi) (cf. aussi* point-contact diode *et* silicon).

silicon power bipolar transistor transistor bipolaire de puissance au silicium *(semi) (cf. aussi* power bipolar transistor *et* silicon device).

silicon power FET *cf.* silicon power field-effect transistor.

silicon power field-effect transistor transistor à effet de champ de puissance au silicium, TEC de puissance au silicium, FET de puissance au silicium *(semi) (cf. aussi* power field-effect transistor *et* silicon device).

silicon power transistor transistor de puissance au silicium *(semi) (cf. aussi* power transistor *et* silicon device).

silicon process procédé au silicium *(procédé de fabrication de composants au silicium et notamment de circuits intégrés au silicium) (cf. aussi* silicon device).

silicon processing 1) élaboration du silicium *(métallurgie) (en électronique, cette acception du terme anglais est beaucoup moins fréquente que la suivante).* 2) fabrication des composants au silicium *(semi) (cf. aussi* silicon device).

silicon processing technique *cf.* silicon process.

silicon processing technology 1) (la) technologie du silicium *(technologie de l'élaboration du silicium) (semi) (cf. aussi* silicon processing 1) *et* technology). 2) (la) technologie des composants au silicium, *(etc.) (technologie de fabrication des composants au silicium) (semi) (cf. aussi* silicon device technology).

silicon real estate surface de silicium *(substrat) (cf. aussi* silicon area *et* real estate).

silicon rectifier redresseur au silicium *(redresseur utilisant une puce de silicium) (cas général des redresseurs à jonction PN) (semi) (cf. aussi* rectifier, silicon chip, p-n junction rectifier *(au début de la lettre P) et* silicon controlled rectifier).

silicon-silicon dioxide interface interface silicium/oxyde de silicium *(ou* entre le silicium et l'oxyde de silicium) *(interface entre le substrat d'un circuit intégré monolithique au silicium et la couche d'oxyde épais) (semi) (cf. aussi* silicium integrated circuit *et* field oxide).

silicon slice *cf.* silicon wafer.

silicon solar cell cellule solaire au silicium *(cf. aussi* solar cell *et* silicon device).

silicon steel acier au silicium *(acier pour tôles magnétiques appelées « tôles au silicium », contenant un faible pourcentage de silicium permettant d'obtenir une structure à gros grains orientés ou non à perméabilité magnétique et résistivité accrues et à pertes par hystérésis diminuées) (cf. aussi* core lamination, silicon, permeability, resistivity *et* magnetic hysteresis).

silicon-steel core noyau en acier au silicium *(noyau de transformateur en tôles d'acier au silicium) (cf. aussi* transformer core *et* silicon steel).

silicon steel lamination tôle en acier au silicium *(ou* d'acier au silicium) *(circuit magnétique) (cf. aussi* core lamination *et* silicon steel).

silicon strain gage extensomètre au silicium, (etc.) (extensomètre formé essentiellement de bandes de silicium en couche mince déposées sur une membrane et dont la valeur ohmique change quand la membrane est déformée) (cf. aussi strain gage et silicon).

silicon substrate substrat de silicium, substrat en silicium (substrat de composant à semiconducteur constitué par une puce de silicium ou une couche de silicium) (cf. aussi substrate (c), semiconductor device, silicon chip et silicon layer).

silicon surface stability stabilité de la surface du silicium (absence de déformation de la surface d'une plaquette à gravure en silicium, notamment après une opération de diffusion thermique ou de recuit au four) (semi) (cf. aussi silicon wafer, diffusion 2) et thermal annealing).

silicon target vidicon (tube) vidicon à cible au silicium (tube vidicon dans lequel la cible est constituée d'un grand nombre de minuscules photodiodes au silicium polarisées dans le sens inverse et dont l'intensité du courant inverse dépend de l'éclairement de la diode) (la charge électrique ainsi accumulée dans la jonction de la diode est annulée par le faisceau d'analyse comme dans un vidicon ordinaire) (tube à grande sensibilité et grande résistance aux surintensités lumineuses) (caméra TV) (cf. aussi vidicon, silicon photodiode et illumination 1)).

silicon technique cf. silicon process.

silicon technology 1) cf. silicon device technology. 2) cf. silicon processing technology 1).

silicon transistor transistor au silicium (semi) (cf. aussi transistor et silicon device).

silicon tuning varactor diode varicap d'accord au silicium (semi) (cf. aussi tuning varactor et silicon device).

Silicon Valley Silicon Valley, Vallée du Silicium (surnom donné par les électroniciens américains à la vallée de la rive gauche de la baie de San Francisco, où se trouvent la plupart des grandes sociétés américaines fabriquant des circuits intégrés monolithiques, transistors et autres composants à semiconducteur) (cf. aussi silicon).

silicon varactor diode varicap au silicium, diode à capacité variable au silicium (semi) (cf. aussi varactor).

silicon varactor diode cf. silicon varactor.

silicon wafer plaquette à gravure en silicium, plaquette de silicium, plaquette en silicium (plaquette à gravure en silicium monocristallin) (semi) (cf. aussi wafer 2) et single-crystal silicon).

silicone silicone f (le terme français s'emploie surtout au pluriel) (matière plastique à base de silicium caractérisée principalement par sa résistance à la chaleur, sa rigidité diélectrique, son caractère hydrofuge et sa souplesse à basse température) (en électronique, est utilisée notamment sous forme de graisse conductrice de la chaleur appliquée sous l'embase d'un transistor ou un thyristor de puissance monté sur un support métallique formant puits de chaleur ou radiateur pour faciliter le transfert de chaleur à celui-ci aux points où les deux surfaces métalliques ne se touchent pas) (cf. aussi silicon, dielectric strength, heat sink et thermal resistance).

silicone cladding gaine en caoutchouc aux silicones (fil ou câble électrique, fibre optique) (cf. aussi silicone).

silicone-encapsulated component composant enrobé de plastique aux silicones (cf. aussi packaging 1)).

silicone-encapsulated device cf. silicone-encapsulated component.

siliconization intégration sur silicium (réalisation de circuits électroniques sous la forme de circuits intégrés monolithiques au silicium) (cf. aussi silicon integrated circuit).

silk-screening s sérigraphie (fab. CH, etc.) (cf. aussi screen printing).

silver argent (métal précieux, lourd (densité 10,5) et mou, bon conducteur de la chaleur, très bon conducteur de l'électricité (à la plus faible résistivité de tous les métaux), à faible résistance de contact et peu oxydable, l'oxyde d'argent étant par ailleurs bon conducteur de l'électricité) (en électrotechnique et en électronique, l'argent est utilisé principalement pour les contacts de relais et des contacts d'interrupteurs, généralement allié à un autre métal pour augmenter sa dureté ou une autre propriété, dans des accumulateurs et piles, et comme fusible) (cf. aussi silver cell, silver-oxide cell, resistivity et contact resistance).

silver battery batterie à l'argent (batterie d'accumulateurs à l'argent) (cf. aussi silver cell et storage battery).

silver-cadmium battery batterie argent-cadmium (batterie d'accumulateurs argent-cadmium) (cf. aussi silver-cadmium cell et storage battery).

silver-cadmium cell accumulateur argent-cadmium (accumulateur alcalin combinant la capacité spécifique de l'accumulateur argent-zinc et la robustesse de l'accumulateur cadmium nickel) (cf. aussi alkaline storage cell, silver-zinc cell et nickel-cadmium cell).

silver-cadmium secondary ... cf. silver-cadmium ...

silver-cadmium storage ... cf. silver-cadmium ...

silver-case tantalum capacitor condensateur au tantale à boîtier en argent (type classique) (cf. aussi tantalum capacitor).

silver-case wet-slug tantalum capacitor condensateur au tantale à anode frittée et boîtier en argent (type classique) (cf. aussi wet-slug tantalum capacitor).

silver cell accumulateur à l'argent (accumulateur électrique utilisant de l'argent pour une de ses électrodes) (terme générique couvrant l'accumulateur argent-zinc et l'accumulateur argent-cadmium) (cf. aussi silver-zinc cell et silver-cadmium cell).

silver contact contact en argent (relais, etc.) (cf. aussi silver).

silver epoxy colle époxy à l'argent (fab. CH) (cf. aussi conductive epoxy).

silver-oxide battery pile à l'oxide d'argent (à plusieurs éléments), (etc.) (cf. aussi silver-oxide cell).

silver-oxide cell pile à l'oxyde d'argent, pile à l'argent (pile analogue à la pile au mercure, la cathode étant une pâte de peroxyde d'argent Ag_2O_2) (est également impolarisable, l'argent formé à la cathode, en passant par l'oxyde d'argent Ag_2O, étant conducteur) (est caractérisée par une tension élevée de 1,9 volt, par la constance de cette tension et par un prix élevé dû au métal employé) (élec) (cf. aussi mercury cell).

silver-oxyde primary cell cf. silver-oxide cell.

silver-plated contact contact argenté (connecteur) (cf. aussi silver).

silver-zinc battery batterie argent-zinc (batterie d'accumulateurs argent-zinc) (cf. aussi silver-zinc cell).

silver-zinc cell accumulateur argent-zinc (accumulateur argent-zinc ordinaire ou amorçable) (cf. aussi silver-zinc storage cell et silver-zinc primary cell).

silver-zinc primary battery batterie d'accumulateurs argent-zinc amorçables (cf. aussi silver-zinc primary cell).

silver-zinc primary cell accumulateur argent-zinc amorçable (accumulateur argent-zinc destiné à être utilisé une seule fois après introduction de l'électrolyte, comme une pile amorçable) (cf. aussi silver-zinc storage cell et reserve cell).

silver-zinc secondary battery cf. silver-zinc storage battery.

silver-zinc secondary cell cf. silver-zinc storage cell.

silver-zinc storage battery batterie argent-zinc (batterie d'accumulateurs argent-zinc) (cf. aussi silver-zinc storage cell et storage battery).

silver-zinc storage cell accumulateur argent-zinc (accumulateur alcalin dans lequel la plaque positive est garnie d'oxyde d'argent et la plaque négative de zinc) (est caractérisé par une grande capacité par unité de masse ou de volume et un prix élevé dû au métal employé) (cf. aussi alkaline storage cell).

silvered-mica capacitor condensateur au mica argenté (nom parfois donné au condensateur au mica métallisé) (cf. aussi metallized mica capacitor).

SIMD (vient de « single instruction stream, multiple data stream ») SIMD (qualificatif appliqué à une machine parallèle comportant n organes de traitement et n mémoires associées, tous les organes de traitement actifs exécutant la même instruction en même temps sur des données contenues dans leur mémoire et pouvant communiquer entre eux) (inf) (cf. aussi parallel machine et processor 1)).

SIMM (vient de « single-in-line memory module ») boîtier SIMM (boîtier SIP contenant une puce de mémoire RAM et généralement enfiché en plusieurs exemplaires alignés pour former une « barrette de mémoires RAM » elle-même généralement utilisée en plusieurs exemplaires disposés parallèlement sur une carte mère ou une carte mémoire) (inf) (cf. aussi SIP, RAM[1], chip 1), mother-board et memory board).

simple function fonction simple *(fonction de traitement de signaux constituant une opération relativement simple d'un tel traitement) (amplification, détection, comparaison, etc.) (cf. aussi* signal processing).

simple-function chip puce à fonction simple *(puce de circuit intégré à fonction simple) (cf. aussi* chip 1) *et* simple-function integrated circuit.

simple-function circuit *cf.* simple-function integrated circuit.

simple-function device *cf.* simple-function integrated circuit.

simple-function IC *cf.* simple-function integrated circuit.

simple-function integrated circuit circuit intégré simple *(circuit intégré monolithique réalisant une fonction simple) (exemple : amplificateur opérationnel) (circuit SSI ou MSI) (semi) (cf. aussi* simple function, SSI *et* MSI).

simple-function microcircuit *cf.* simple-function integrated circuit.

simple hybrid *cf.* simple hybrid circuit.

simple hybrid circuit circuit hybride simple *(circuit hybride monté dans un boîtier dont le périmètre intérieur est inférieur à 50 mm, selon une règle empirique appliquée dans l'industrie électronique américaine) (cf. aussi* hybrid integrated circuit).

simple-packaged crystal oscillator oscillateur à quartz non thermostaté *(oscillateur à quartz ordinaire) (cf. aussi* crystal oscillator).

simple radar target *cf.* simple target.

simple sound source source sonore isotrope, source isotrope *(source sonore rayonnant avec la même puissance dans toutes les directions dans les conditions de champ libre) (acou) (cf. aussi* sound source, power[1] 1) *et* free field).

simple source *cf.* simple sound source.

simple target cible isotrope *(cible radar dont la surface équivalente est la même sous tous les angles de présentation) (en d'autres termes, cible assimilable à une sphère) (un satellite artificiel à peu près sphérique et sans panneaux solaires dépliés ni antennes paraboliques constitue une bonne approximation d'une cible isotrope) (cf. aussi* radar cross section *et* aspect angle).

simple tone son pur *(acou) (cf. aussi* pure tone).

simplex alternat *(le terme anglais est employé principalement pour une liaison radiotéléphonique) (tls) (cf. aussi* half-duplex *et* radiotelephone link).

simplex circuit circuit exploité en alternat *(tlg) (cf. aussi* half-duplex).

simplex line ligne exploitée en alternat *(tlg) (cf. aussi* half-duplex).

simplex operation *(cf. aussi* simplex) **1)** exploitation en alternat *(liaison de télécommunications).* **2)** fonctionnement en alternat *(appareil ou dispositif émetteur-récepteur d'une liaison de télécommunications).*

simplex transmission transmission en alternat *(tls) (cf. aussi* simplex).

simplexed ... *cf.* simplex ...

simulated target cible simulée *(cible radar simulée par des signaux appropriés) (mil)* (a) *cf. aussi* electronic warfare simulator) ; (b) *cf. aussi* false target).

simulation simulation *(reproduction du déroulement d'un processus à l'aide d'un simulateur) (cf. aussi* real-time simulation, computer simulation *et* simulator).

simulation program programme de simulation *(programme d'ordinateur permettant de réaliser une simulation sur ordinateur) (inf) (cf. aussi* computer program *et* computer simulation).

simulation routine *cf.* simulation program.

simulation software logiciel de simulation *(inf) (cf. aussi* software *et* simulation program).

simulator simulateur *(appareil, système, installation ou programme permettant la simulation) (cf. aussi* simulation). (a) *calculateur analogique ou numérique ou hybride utilisé pour l'étude de processus existants ou en projet) (cf. aussi* analog computer, digital computer *et* hybrid computer) ; (b) *appareil, système ou installation utilisant un tel calculateur pour accélérer la formation du personnel à l'emploi d'un matériel complexe) (simulateur de pilotage d'avions, simulateur de trafic aérien, simulateur de guerre électronique, simulateur de tir de chars, simulateur de centrales nucléaires, etc.)*

(cf. aussi electronic warfare simulator) ; (c) *cf. aussi* simulation program).

simulcast[1] *v* émettre simultanément *(radiodif) (cf. aussi* simulcast[2]).

simulcast[2] *s* émission simultanée *(programme de radiodiffusion émis simultanément à la radio et à la télévision ou en radio ordinaire et en stéréophonie) (cf. aussi* radio program).

simultaneous access *cf.* parallel access.

simultaneous color television télévision en couleurs à transmission simultanée *(cf. aussi* simultaneous color television system).

simultaneous color television system procédé simultané de télévision en couleurs *(ou de TVC), procédé simultané (procédé de télévision en couleurs dans lequel les deux signaux de chrominance représentant la couleur d'un point de l'image sont transmis en même temps, chaque signal étant transmis par une bande latérale d'une porteuse à modulation d'amplitude) (procédé NTSC ou PAL) (cf. aussi* NTSC system, PAL system *et* color television system).

simultaneous color TV *cf.* simultaneous color television. *(de même pour les termes dérivés).*

simultaneous conversion *cf.* parallel conversion.

simultaneous lobing émission simultanée sur plusieurs lobes *(émission simultanée de deux ou quatre faisceaux d'ondes par l'antenne d'un radar mono-impulsion) (avia, espace) (cf. aussi* monopulse radar *et* lobing).

simultaneous system *cf.* simultaneous color television system.

sinad sinad *(nom donné au rapport entre la somme de l'amplitude du signal utile, du bruit et de la distorsion, d'une part, et la somme du bruit et de la distorsion, d'autre part, à la sortie du récepteur d'un radiotéléphone) (radiocom) (cf. aussi* noise 2) (a), distortion *et* radiotelephone).

sinad ratio *cf.* sinad.

sine carrier porteuse sinus *(une des deux porteuses d'une liaison par faisceau hertzien utilisant deux porteuses modulées en quadrature pour doubler la capacité de transmission de la liaison, l'autre étant la porteuse cosinus) (cf. aussi* quadrature amplitude modulation *et* microwave radio).

sine-cosine generator *cf.* resolver.

sine curve *cf.* sinusoid.

sine function *cf.* sinusoidal function.

sine galvanometer boussole des sinus *(cf. aussi* tangent galvanometer).

sine law *cf.* sinusoidal law.

sine pot *(fam) cf.* sine potentiometer.

sine potentiometer potentiomètre sinus *(ou à variation en sinus ou à loi (de variation) en sinus (potentiomètre non linéaire dans lequel la valeur de la résistance aux bornes de sortie est proportionnelle au sinus de l'angle de rotation de l'axe de commande à partir de la position de repos) (cf. aussi* non-linear potentiometer).

sine taper variation en sinus, loi en sinus, loi sinus, loi de variation en sinus *(cf. aussi* sine potentiometer).

sine-taper potentiometer *cf.* sine potentiometer.

sine wave onde sinusoïdale *(onde dont l'amplitude est une fonction sinusoïdale du temps) (cf. aussi* wave, amplitude *et* sinusoidal function).

sine-wave carrier (onde) porteuse sinusoïdale *(tls) (cf. aussi* carrier 1) *et* sine wave).

sine-wave current *cf.* sinusoidal current.

sine-wave measurement mesure en régime sinusoïdal *(mesure effectuée sur un dispositif ou un appareil alimenté par un courant sinusoïdal) (analyse de réseaux électriques, etc.) (cf. aussi* sinusoidal current).

sine-wave modulation modulation par un signal sinusoïdal *(porteuse) (cf. aussi* modulation (a) *et* sinusoidal signal).

sine-wave oscillator oscillateur harmonique *(cf. aussi* harmonic oscillator).

sine-wave output *cf.* sine-wave output signal.

sine-wave output signal signal de sortie sinusoïdal *(oscillateur, etc.) (cf. aussi* sinusoidal signal).

sine-wave response réponse en régime sinusoïdal *(réponse d'un système asservi à une variation sinusoïdale de la grandeur d'entrée) (cf. aussi* closed-loop control system *et* sinusoidal quantity).

sine-wave signal *cf.* sinusoidal signal. *(de même pour les termes dérivés).*

sine-wave test (un) essai en régime sinusoïdal *(mesure en régime sinusoïdal effectuée aux fins d'essai) (cf. aussi* sine-wave measurement).

sine-wave testing (l')essai en régime sinusoïdal *(cf. aussi* sine-wave test).

sine-wave tuning accord sinusoïdal *(ou* à variation sinusoï-dale *ou* à loi sinusoïdale) *(accord variable d'un magnétron de radar militaire ou autre oscillateur dans lequel la fréquence d'accord est une fonction sinusoïdale du temps) (cf. aussi* tuning, magnetron *et* sinusoidal function).

sine-wave voltage *cf.* sinusoidal voltage.

sine waveform *cf.* sinusoidal waveform.

singing accrochage *(nom donné au fonctionnement d'un amplificateur en oscillateur par suite d'un gain excessif produisant une réaction positive d'amplitude suffisante pour faire apparaître le phénomène) (lorsque l'accrochage se produit dans un amplificateur haute fréquence ou moyenne fréquence d'un poste de radio, il en résulte un sifflement dans le haut-parleur, d'où le terme anglais) (peut se produire dans une liaison téléphonique équipée de répéteurs non régénérateurs) (cf. aussi* positive feedback *et* non-regenerative repeater).

singing margin marge de gain (avant l'accrochage) *(augmentation possible du gain d'un amplificateur avant l'accro-chage) (cf. aussi* gain 1) *et* singing).

singing point limite d'accrochage *(valeur du gain d'un amplificateur à partir de laquelle se produit l'accrochage) (cf. aussi* singing).

singing-stovepipe effect effet de tuyau chantant *(vibrations de conduits en tôles assemblés et non soudés situés à proximité de l'antenne d'un émetteur radio puissant) (est dû à l'effet redresseur du contact défectueux entre les tôles plus ou moins rouillées, l'ensemble se comportant comme un poste à galène) (s'observe principalement sur les navires) (cf. aussi* rectifying action *et* crystal set).

single-address ... *cf.* one-address ...

single-anode rectifier redresseur monoanodique *(redresseur à vapeur de mercure comportant une seule anode) (ignitron, excitron, etc.) (cf. aussi* ignitron, excitron *et* mercury-arc rectifier).

single-anode tube tube monoanodique *(tube électronique comportant une seule anode) (ce terme peut désigner un redresseur monoanodique) (clpf) (cf. aussi* electron tube *et* single-anode rectifier).

single-balanced mixer mélangeur symétrique simple *(mélangeur symétrique utilisant deux diodes montées tête-bêche pour appliquer le signal en provenance de l'antenne à l'une ou l'autre borne de l'enroulement secondaire à point milieu d'un transformateur employé également pour appliquer le signal de l'oscillateur local et recueillir le signal à fréquence inter-médiaire) (le signal de l'antenne est appliqué entre la masse et l'une ou l'autre borne du secondaire suivant l'alternance grâce au montage tête-bêche des diodes et parcourt donc une moitié ou l'autre de cet enroulement jusqu'au point milieu) (le signal de l'oscillateur local est appliqué entre une borne de l'enroule-ment primaire du transformateur et la masse, l'autre borne du primaire étant mise à la masse) (le signal à fréquence inter-médiaire est recueilli entre le point milieu du secondaire et la masse) (l'entrée du signal de l'oscillateur local étant symé-trique par rapport à l'entrée du signal de l'antenne et à la sortie du signal à fréquence intermédiaire grâce au transformateur à point milieu, ce signal est nul en ces points si les deux moitiés du secondaire sont identiques et les deux diodes également) (ce montage assure donc l'isolement, en courant alternatif, entre l'oscillateur local, d'une part, et l'antenne ainsi que la sortie à fréquence intermédiaire, d'autre part) (cela signifie que le signal de l'oscillateur local ne risque pas d'être rayonné par l'antenne ni d'apparaître à la sortie du signal à fréquence intermédiaire) (par contre, le signal de l'antenne étant appli-qué alternativement, et non symétriquement, par rapport au point milieu du secondaire, il ne s'annule pas entre celui-ci et la masse et apparaît donc à la sortie du signal à fréquence intermédiaire) (hyper) (cf. aussi* balanced mixer *et* anti-parallel arrangement).

single-beam aerial *(GB) cf.* single-beam antenna.

single-beam antenna antenne monolobe, antenne à simple faisceau *(antenne d'émission émettant un seul faisceau d'ondes) (clpf) (cf. aussi* lobe).

single-beam cathode-ray tube tube cathodique monofaisceau *(ou* à un seul faisceau) *(clpf) (cf. aussi* cathode-ray tube).

single-beam color picture tube tube-image couleur mono-faisceau *(ou* à un seul faisceau), tube couleur *(idem) (TVC) (cf. aussi* chromatron).

single-beam color tube *cf.* single-beam color picture tube.

single-beam CRT *cf.* single-beam cathode-ray tube.

single-beam oscilloscope oscilloscope à un faisceau *(ou* un seul faisceau *ou* à simple faisceau *ou* monofaisceau) *(oscillo-scope utilisant un tube cathodique à un seul faisceau, c.-à-d. oscilloscope à une voie ou oscilloscope à double trace) (noter que ces termes peuvent désigner deux types d'oscilloscope nettement différents) (cf. aussi* single-channel oscilloscope, dual-trace oscilloscope *et* oscilloscope).

single-beam picture tube *cf.* single-beam color picture tube.

single-beam scope *cf.* single-beam oscilloscope.

single-beam tube tube monofaisceau, (etc.) *(cf. aussi* single-beam cathode-ray tube *et* single-beam color picture tube).

single-bit correction *cf.* single-bit error correction.

single-bit error erreur sur un binaire *(ou* un seul binaire) *(présence d'un, et un seul, binaire erroné dans un mot binaire) (inf, tls) (cf. aussi* error bit).

single-bit error correction correction des erreurs sur un binaire *(ou* un seul binaire) *(inf, tls) (cf. aussi* error correc-tion *et* single-bit error).

single-bit error detection détection des erreurs sur un binaire *(ou* un seul binaire) *(inf, tls) (cf. aussi* error detection *et* single-bit error).

single-bit failure *cf.* single-bit memory failure.

single-bit memory failure erreur de la mémoire sur un bi-naire, erreur sur un binaire *(inf) (cf. aussi* single-bit error).

single-bit word mot d'un binaire *(ou* d'un seul binaire) *(mot binaire formé en fait d'un seul binaire) (inf, tls) (cf. aussi* binary word).

single-board computer *cf.* single-board microcomputer.

single-board micro *cf.* single-board microcomputer.

single-board μC *cf.* single-board microcomputer.

single-board microcomputer micro-ordinateur monocarte *(micro-ordinateur dont tous les circuits tiennent sur une carte à circuit imprimé) (inf) (cf. aussi* microcomputer *et* printed-circuit board).

single-board microprocessor *cf.* single-chip microprocessor.

single-break contact contact à simple rupture, jeu de contacts *(idem) (jeu de contacts de relais formé d'un contact fixe et d'un contact mobile) (clpf) (cf. aussi* relay contact).

single cancellation annulation simple, simple annulation *(éli-mination des échos fixes opérée en comparant les échos provenant de deux récurrences successives, c.-à-d. deux im-pulsions successives émises par le radar) (ne pas oublier qu'une même impulsion émise par un radar produit plusieurs échos sur l'écran si elle rencontre plusieurs obstacles réflé-chissants) (radar MTI) (cf. aussi* moving target indicator).

single-cancellation moving-target indication élimination des échos fixes par simple annulation, élimination par simple annulation *(radar MTI) (cf. aussi* single cancellation).

single-cancellation moving-target indicator éliminateur d'échos fixes à simple annulation, MTI à simple annulation *(radar MTI) (cf. aussi* single cancellation).

single-cancellation MTI *cf.* single-cancellation moving-target indicator.

single-capstan transport mécanisme d'entraînement à un seul cabestan, mécanisme monocabestan *(enr. mag) (cf. aussi* capstan).

single-card ... *cf.* single-board ...

single-carrier-per-channel system *cf.* SCPC system.

single-channel amplifier amplificateur monovoie *(ou* à une voie) *(amplificateur amplifiant un seul signal) (ce terme désigne généralement l'amplificateur vertical d'un oscillo-scope monovoie) (cf. aussi* vertical amplifier *et* single-channel oscilloscope).

single-channel analyzer analyseur monocanal *(premier type* *d'analyseur d'amplitude d'impulsions, dans lequel le comptage ne porte que sur un seul intervalle d'amplitudes ou de temps à la fois (cf. aussi pulse-height analyzer).*

single-channel codec codec monovoie *(codec agissant sur une seule voie téléphonique) (cf. aussi* codec).

single-channel controller régisseur monocanal, régisseur simple *(régisseur de périphérique commandant un seul périphérique) (inf) (cf. aussi* peripheral controller *et* channel[1] 1) (c)).

single-channel data rate cadence de transmission sur une voie *(ou* une seule voie) *(multiplex de transmission de données) (télinf) (cf. aussi* transmission rate *et* multiplex channel).

single-channel display visualisation d'une seule voie *(visualisation d'un seul signal sur l'écran d'un oscilloscope à deux voies) (cf. aussi* dual-channel oscilloscope).

single-channel memory *cf.* single-channel MOS memory.

single-channel MOS (circuit *ou* **IC)** *cf.* single-channel MOS integrated circuit.

single-channel MOS integrated circuit circuit intégré MOS monocanal, circuit MOS monocanal *(termes génériques couvrant le circuit intégré MOS à canal P et le circuit à canal N) (sdpo à « circuit CMOS ») (cf. aussi* PMOS integrated circuit, NMOS integrated circuit *et* CMOS integrated circuit).

single-channel MOS memory mémoire MOS monocanal *(mémoire MOS constituée par un circuit intégré MOS monocanal) (inf) (cf. aussi* MOS memory *et* single-channel MOS integrated circuit).

single-channel MOS PROM mémoire PROM MOS monocanal *(mémoire PROM constituée par un circuit intégré MOS monocanal) (inf) (cf. aussi* PROM *et* single-channel MOS integrated circuit).

single-channel operation 1) fonctionnement en monovoie *(oscilloscope à deux voies) (cf. aussi* dual-channel oscilloscope). 2) exploitation en monovoie *(exploitation d'une liaison de télécommunications à une seule voie) (cf. aussi* communications link).

single-channel oscilloscope oscilloscope à une voie *(ou* monovoie *ou* monotrace *ou* monocourbe) *(oscilloscope ne pouvant visualiser qu'un seul signal à la fois, c.-à-d. oscilloscope classique) (cf. aussi* oscilloscope).

single-channel per carrier system *cf.* SCPC system.

single-channel receiver récepteur monocanal *(récepteur de télévision ne pouvant recevoir les émissions que d'un seul émetteur) (cf. aussi* television receiver).

single-channel simplex *cf.* simplex.

single-chip camera caméra monocapteur *(caméra à CCD pour télévision en couleurs utilisant un seul capteur pour l'élaboration des trois signaux représentant les couleurs primaires) (cf. aussi* CCD camera *et* primary color).

single-chip computer *cf.* single-chip microcomputer.

single-chip conversion conversion sur une seule puce *(conversion opérée par un convertisseur monopuce) (cf. aussi* single-chip converter).

single-chip converter convertisseur monopuce *(convertisseur de signaux réalisé sur une seule puce de circuit intégré) (cf. aussi* signal converter *et* chip 1)).

single-chip device *cf.* single-chipper.

single-chip DIP boîtier DIP à une puce *(ou* une seule puce *ou* monopuce) *(boîtier DIP contenant une seule puce de circuit intégré) (cas général) (cf. aussi* DIP *et* chip 1)).

single-chip dual-in-line package *cf.* single-chip DIP.

single-chip micro *cf.* single-chip microcomputer.

single-chip μC *cf.* single-chip microcomputer.

single-chip microcomputer micro-ordinateur monopuce, ordinateur monopuce *(micro-ordinateur dont tous les circuits essentiels sont réalisés sur une seule et même puce de circuit intégré) (n'utilise donc pas de mémoires RAM ni ROM extérieures, celles-ci étant réalisées sur la puce) (CI) (inf) (cf. aussi* microcomputer, chip 1), RAM[1] *et* ROM).

single-chip μP *cf.* single-chip microprocessor.

single-chip microprocessor microprocesseur monopuce *(microprocesseur entièrement réalisé sur une puce de circuit intégré) (clpf) (inf) (cf. aussi* microprocessor).

single-chip NMOS microprocessor microprocesseur NMOS monopuce *(CI) (inf) (cf. aussi* NMOS microprocessor *et* single-chip microprocessor).

single-chip processor *cf.* single-chip microprocessor.

single-chip speech recognition reconnaissance de la parole sur une seule puce *(reconnaissance de la parole réalisée à l'aide d'un seul circuit intégré monolithique, en l'occurence un circuit VLSI) (cf. aussi* speech recognition *et* VLSI circuit).

single-chip 32-bit microprocessor microprocesseur 32 binaires monopuce *(cf. aussi* 32-bit microprocessor *et* single-chip microprocessor).

single-chipper circuit monopuce *(dispositif électronique complexe réalisé sur une seule et même puce de circuit intégré) (terme générique couvrant notamment le microprocesseur monopuce, le micro-ordinateur monopuce et le convertisseur monopuce) (cf. aussi* chip 1)).

single-coil latching relay relais à verrouillage sans enroulement de maintien *(relais à verrouillage électrique dans lequel le verrouillage est assuré par la bobine d'excitation elle-même, le contact de maintien étant alors monté en parallèle sur les bornes du bouton de commande) (clpf) (cf. aussi* magnetic latching relay).

single-color display 1) affichage monochrome *(affichage assuré par un afficheur monochrome) (voir aussi* 2) ci-après). 2) afficheur monochrome *(afficheur produisant des signes d'une seule couleur) (clpf) (cf. aussi* display[1] 4)).

single-component signal signal sinusoïdal *(cf. aussi* sinusoidal signal).

single-conductor cable câble à un conducteur, câble monoconducteur *(cf. aussi* cable (a)).

single-core cable *cf.* single-conductor cable.

single crystal monocristal *(échantillon de corps cristallin formé de groupes d'atomes ou de molécules ayant tous la même orientation) (en électronique, ce terme désigne généralement un monocristal de semiconducteur) (cf. aussi* single-crystal growth *et* single-crystal semiconductor).

single-crystal GaAs *cf.* single-crystal gallium arsenide.

single-crystal gallium arsenide arséniure de gallium monocristallin *(arséniure de gallium élaboré sous la forme d'un monocristal) (cf. aussi* gallium arsenide *et* single crystal).

single-crystal Ge *cf.* single-crystal germanium.

single-crystal germanium germanium monocristallin *(germanium élaboré sous la forme d'un monocristal) (cf. aussi* germanium *et* single crystal).

single-crystal growth tirage des monocristaux *(parf.* d'un monocristal) *(élaboration d'un monocristal de semiconducteur ou autre corps cristallin par extraction ou translation lente d'un germe de monocristal du corps introduit dans un bain, ou d'une zone du corps en fusion, respectivement) (cf. aussi* single crystal, semiconductor, Czochralski method *et* floating-zone method).

single-crystal ingot lingot monocristallin *(lingot cylindrique monocristallin obtenu par tirage) (cf. aussi* single-crystal growth).

single-crystal rod barreau de monocristal *(tronçon d'un lingot monocristallin) (cf. aussi* single-crystal ingot).

single-crystal seed germe (de monocristal *ou* monocristallin) *(semi) (cf. aussi* seed[1]).

single-crystal semiconductor semiconducteur monocristallin *(semiconducteur élaboré sous la forme d'un monocristal) (cas général des semiconducteurs employés pour la fabrication des substrats en semiconducteur) (cf. aussi* semiconductor, single crystal *et* semiconductor substrate).

single-crystal semiconductor material corps semiconducteur monocristallin *(cf. aussi* single-crystal semiconductor *et* material).

single-crystal Si *cf.* single-crystal silicon.

single-crystal silicon silicium monocristallin, monosilicium *(silicium élaboré sous la forme d'un monocristal) (semi) (cf. aussi* silicon *et* single crystal).

single-crystal silicon cell *cf.* single-crystal silicon solar cell.

single-crystal silicon growth tirage d'un monocristal de silicium *(semi) (cf. aussi* single-crystal growth *et* silicon).

single-crystal silicon ingot lingot de silicium monocristallin *(semi) (cf. aussi* single-crystal ingot *et* silicon).

single-cristal silicon layer couche de silicium monocristallin, couche monocristalline de silicium *(semi) (cf. aussi* silicon layer *et* single crystal).

single-crystal silicon solar cell cellule solaire au silicium monocristallin, cellule au silicium monocristallin *(cellule solaire utilisant un substrat en silicium monocristallin) (cas général en 1990) (cf. aussi* solar cell *et* single-crystal silicon).

single-crystal silicon substrate substrat en silicium monocristallin *(substrat de composant à semiconducteur constitué par du silicium monocristallin) (clpf) (cf. aussi* semiconductor substrate *et* single-crystal silicon).

single-crystal silicon wafer plaquette à gravure en silicium monocristallin, plaquette en silicium monocristallin *(clpf) (fab. semi) (cf. aussi* wafer 2) *et* single-crystal silicon).

single-crystal substrate substrat monocristallin *(substrat de composant à semiconducteur réalisé dans un monocristal de semiconducteur) (cas général) (cf. aussi* semiconductor substrate).

single-cycle rating *cf.* non-repetitive rating.

single-cycle refresh rafraîchissement réparti *(mémoire RAM dynamique) (cf. aussi* distributed refresh).

single cycling cyclage simple *(cyclage comprenant l'exécution d'un seul cycle) (cf. aussi* cycling 1)).

single-density diskette *cf.* single-density floppy disk.

single-density floppy *cf.* single-density floppy disk.

single-density floppy disk disque souple à simple densité, disquette (à) simple densité, disquette SD, disquette (à) simple face et simple densité, disquette SSSD *(disque souple à simple face et à simple densité d'enregistrement) (dans le format courant de 5 pouces 1/4, est la première version de ce format et a une capacité formatée de 90 kilo-octets) (inf) (cf. aussi* single-sided floppy disk, recording density, FM encoding *et* floppy disk).

single-dial control commande unique *(cf. aussi* ganged control).

single-diffusion process procédé à simple diffusion *(nom parfois donné au procédé planar normal par opposition au procédé à double diffusion) (fab. semi) (cf. aussi* planar process).

single-direction coverage couverture dans une seule direction *(parf.* limitée à une ...), couverture unidirectionnelle *(antenne directive, etc.) (cf. aussi* directional antenna).

single directional coupler *cf.* unidirectional coupler.

single-ended ... *cf.* radial-lead ... *(pour les termes qui ne figurent pas ci-après).*

single-ended amplifier amplificateur non symétrique *(amplificateur dont la sortie se fait sur une seule borne isolée, l'autre étant la masse du montage) (clpf) (est généralement un amplificateur utilisant un seul tube électronique ou transistor par étage, mais il est à noter qu'un amplificateur différentiel ou opérationnel est, en général, également à sortie unique) (cf. aussi* amplifier, ground[1] 1) *et* differential amplifier).

single-ended amplifier stage étage amplificateur non symétrique *(cf. aussi* amplifier stage *et* single-ended amplifier).

single-ended arrangement montage asymétrique *(montage à sortie asymétrique) (cf. aussi* arrangement 1) *et* single-ended output).

single-ended capacitor condensateur à sorties radiales *(cf. aussi* radial leads).

single-ended circuit circuit asymétrique *(cf. aussi* unbalanced circuit).

single-ended component composant à sorties radiales *(cf. aussi* radial leads).

single-ended crystal mixer mélangeur à cristal non équilibré, mélangeur non équilibré *(mélangeur à cristal utilisant une seule diode) (hyper) (cf. aussi* crystal mixer).

single-ended device *cf.* single-ended component.

single-ended input entrée asymétrique *(cf. aussi* unbalanced input).

single-ended mixer *cf.* single-ended crystal mixer.

single-ended operation fonctionnement avec sortie asymétrique *(cf. aussi* single-ended output).

single-ended output sortie asymétrique, sortie non équilibrée *(sortie d'un quadripôle ou d'un appareil dont une des deux bornes de sortie est à la masse, l'autre étant isolée) (clpf) (ces termes s'appliquent surtout à un amplificateur, notamment un amplificateur opérationnel, et à une alimentation) (cf. aussi* quadripole, ground[1] 1) *et* output[1]).

single-ended push-pull amplifier amplificateur symétrique sans transformateur (de sortie) *(amplificateur symétrique à transistors dans lequel une électrode extrême de chaque transistor est connectée à une même borne de la charge) (dans le cas d'un amplificateur à transistors bipolaires du même type, ces électrodes sont l'émetteur de l'un et le collecteur de l'autre) (dans le cas d'un amplificateur à transistors bipolaires complémentaires, ces électrodes sont les deux émetteurs) (cf. aussi* push-pull amplifier *et* bipolar transistor).

single-ended sense amplifier amplificateur de lecture asymétrique *(mémoire) (cf. aussi* sense amplifier *et* single-ended amplifier).

single-ended tube tube à grille au culot *(tube électronique à grille de commande dans lequel celle-ci est connectée à une broche du culot) (clpf) (cf. aussi* control grid 1) *et* tube base).

single event événement non récurrent *(cf. aussi* non-recurrent event).

single-event phenomenon phénomène non récurrent *(cf. aussi* non-recurrent phenomenon).

single-fiber cable câble monofibre, câble optique monofibre *(câble à fibre optique comprenant une seule fibre) (clpf) (cf. aussi* fiber-optic cable).

single-fiber connector connecteur monofibre, connecteur optique monofibre *(connecteur optique pour câble monofibre) (cf. aussi* fiber-optic connector *et* single-fiber cable).

single-fiber line ligne en câble monofibre *(ou en câble optique monofibre) (ligne de transmission optique constituée par un câble monofibre) (cf. aussi* optical transmission line *et* single-fiber cable).

single 5-V supply alimentation unique en 5 volts *(CI) (cf. aussi* single-supply operation).

single-frame video *cf.* slow-scan television.

single-frequency duplex alternat à commande vocale *(le terme anglais devrait être « voice-operated half-duplex ») (mode de fonctionnement d'un radiotéléphone dépourvu de pédale d'alternat, la fonction de celle-ci étant assurée par un circuit à commande vocale) (cf. aussi* radiotelephone, voice-operated transmission *et* single-frequency simplex).

single-frequency jammer brouilleur à bande étroite *(mil) (cf. aussi* spot jammer).

single-frequency jamming brouillage à bande étroite *(mil) (cf. aussi* spot jamming).

single-frequency operation 1) fonctionnement sur une seule fréquence *(oscillateur, émetteur).* 2) exploitation sur une seule fréquence *(liaison radio).*

single-frequency simplex alternat à commande manuelle *(le terme anglais devrait être « manual-switching simplex ») (alternat d'une liaison radiotéléphonique commandé par la pédale d'alternat des deux correspondants) (cas général) (radiocom) (cf. aussi* simplex, push-to-talk switch *et* single-frequency duplex).

single-gate MOS *cf.* single-gate MOS transistor.

single-gate MOS transistor transistor MOS à simple grille *(cas général) (semi) (cf. aussi* MOS transistor).

single-grid tube tube à une seule grille, tube électronique *(idem) (noms parfois donnés à un tube triode pour le différencier des tubes électroniques à deux ou plusieurs grilles) (cf. aussi* triode tube).

single-gun cathode-ray tube tube cathodique monocanon *(ou à un canon ou un seul canon) (à électrons) (clpf) (cf. aussi* cathode-ray tube *et* single-gun color tube).

single-gun color picture tube *cf.* single-gun color tube.

single-gun color tube tube couleur monocanon, *(souvent aussi)* tube-image couleur monocanon *(tube cathodique couleur utilisant un seul canon à électrons émettant un seul faisceau d'électrons pour former une image en couleurs) (ce terme désigne généralement un tube-image de télévision en couleurs monocanon monofaisceau tel que le chromatron, mais couvre en fait également le tube à pénétration) (noter que le Trinitron émettant plusieurs faisceaux d'électrons, il n'est généralement pas classé dans cette catégorie de tubes couleur) (cf. aussi* chromatron, penetration tube, color cathode-ray tube, electron gun *et* Trinitron).

single-gun CRT *cf.* single-gun cathode-ray tube.

single-heterojunction laser diode diode laser à simple hétérojonction *(semi) (cf. aussi* laser diode *et* heterojunction).

single-heterostructure laser diode *cf.* single-heterojunction laser diode.

single-hop propagation *cf.* single-hop transmission.

single-hop transmission propagation en un seul bond *(propagation ionosphérique avec une seule réflexion sur l'ionosphère) (onde radio) (cf. aussi* ionospheric propagation).

single-in-line ... *cf.* SIP ... *(pour les termes qui ne figurent pas ci-après).*

single-in-line memory module *cf.* SIMM.

single-in-line package *cf.* SIP.

single-input control loop système asservi monovariable *(système asservi à une seule variable) (clpf) (cf. aussi* closed-loop control system).

single-instruction computer machine de von Neumann *(inf) (cf. aussi* von Neumann machine).

single ionization ʃimple ionisation, ionisation simple, ionisation unique *(ionisation d'un atome ou d'une molécule par arrachement d'un seul de ses électrons) (cf. aussi* ionization *et* first ionization).

single-ionized atom atome simplement ionisé, atome ionisé une fois, atome ayant subi une seule ionisation *(ou une simple ionisation ou une ionisation simple) (atome ayant perdu un seul électron) (cf. aussi* single ionization).

single-ionized molecule molécule ... *(voir aussi* single-ionized atom *et* molecule).

single-knob control commande unique *(cf. aussi* ganged control).

single-layer ceramic *cf.* single-layer ceramic capacitor.

single-layer ceramic cap *cf.* single-layer ceramic capacitor.

single-layer ceramic capacitor condensateur céramique monocouche *(condensateur céramique formé d'une plaquette de céramique métallisée sur les deux faces pour former les armatures) (cf. aussi* ceramic capacitor).

single-layer chip carrier porte-puce monocouche *(porte-puce utilisant une seule couche métallique de connexion) (cf. aussi* chip carrier).

single-level metallization métallisation à simple niveau *(métallisation à une seule couche) (CI) (cf. aussi* metallization (a)).

single-level logic function fonction logique à un niveau *(ou un seul niveau) (fonction logique impliquant une seule opération logique, plus précisément une opération logique fondamentale) (élément logique) (inf) (cf. aussi* logic function *et* logic operation).

single-level masking structure structure à simple niveau de masquage *(structure d'un circuit intégré monolithique ne nécessitant qu'une seule opération de masquage pour sa fabrication) (cf. aussi* masking (a)).

single-level polysilicon process procédé au polysilicium à simple couche, procédé à une couche de polysicilium, procédé Poly I *(procédé classique de fabrication des circuits intégrés MOS à grille au silicium, les grilles étant réalisées par gravure dans une couche de polysilicium déposée sur une couche d'oxyde isolant) (semi) (cf. aussi* silicon-gate MOS integrated circuit).

single-level programmable gate array matrice de portes programmable à simple niveau *(circuit PAL ou équivalent) (cf. aussi* PAL^2).

single-line codec *cf.* single-channel codec.

single-line subscriber abonné à une seule ligne *(tél) (clpf) (cf. aussi* telephone subscriber *et* telephone line.

single-loop servomechanism servomécanisme à une seule chaîne de retour, *(etc.) (clpf) (asser) (cf. aussi* servomechanism *et* feedback loop).

single-mode cable câble monomode *(ou à fibre monomode ou à fibre optique monomode), câble optique (idem) (câble optique utilisant une fibre monomode) (tls) (cf. aussi* fiber-optic cable *et* single-mode fiber).

single-mode communications *cf.* single-mode fiber-optic communications.

single-mode core cœur monomode *(cœur d'une fibre optique monomode) (cf. aussi* single-mode optical fiber).

single-mode energy énergie à propagation monomode *(énergie transportée par une onde à propagation monomode) (cf. aussi* energy *et* single-mode propagation).

single-mode fiber *cf.* single-mode optical fiber.

single-mode fiber-optic cable *cf.* single-mode cable.

single-mode fiber-optic communications télécommunications par fibres optiques monomode *(ou par fibres monomode), (souvent)* liaisons *(idem) (cf. aussi* single-mode optical fiber).

single-mode jammer brouilleur monomode *(brouilleur ne pouvant émettre qu'un seul type de signaux) (mil) (cf. aussi* jammer).

single-mode line ligne monomode, ligne de transmission monomode *(ligne de transmission à propagation monomode du signal) (ce terme désigne généralement une fibre optique monomode) (cf. aussi* single-mode propagation, single-mode optical fiber *et* transmission line).

single-mode link liaison monomode *(ou par fibre monomode, (etc.)),* liaison de télécommunications *(idem) (cf. aussi* single-mode optical fiber *et* fiber-optic communications link).

single-mode operation fonctionnement monomode (a) *fonctionnement d'un appareil à un seul mode de fonctionnement) (radar, brouilleur, etc.)* ; (b) *fonctionnement d'une ligne de transmission monomode) (cf. aussi* single-mode line).

single-mode optical cable *cf.* single-mode cable.

single-mode optical fiber fibre optique monomode, fibre monomode *(fibre optique dans laquelle il n'existe qu'un seul mode de propagation de la lumière, celle-ci se propageant en ligne droite suivant l'axe du cœur de la fibre) (la propagation se fait donc sans réflexions sur l'interface cœur/gaîne) (ce résultat est obtenu en employant un cœur de diamètre presque aussi petit que la longueur de l'onde optique à transmettre, à savoir moins de 10 microns, et en choisissant l'indice de réfraction du cœur et celui de la gaîne de façon à empêcher la transmission par réflexions) (cf. aussi* optical fiber, propagation mode *et* refractive index).

single-mode optical IC *cf.* single-mode optical integrated circuit.

single-mode optical integrated circuit circuit intégré optique monomode, circuit optique monomode *(circuit intégré optique dans lequel la lumière se propage comme dans une fibre optique monomode) (opto) (cf. aussi* optical integrated circuit *et* single-mode optical fiber).

single-mode propagation propagation monomode *(ou par mode unique) (propagation d'une onde électromagnétique guidée s'effectuant suivant un seul mode de propagation) (ce terme s'applique généralement à la propagation dans une fibre optique monomode) (cf. aussi* propagation mode *et* single-mode optical fiber).

single-mode sensor élément sensible monomode *(élément sensible de capteur à fibre optique constitué par une fibre monomode) (cf. aussi* fiber-optic sensing element *et* single-mode optical fiber).

single-mode step-index fiber *(ou* **optical fiber***) cf.* step-index single-mode optical fiber.

single-mode transmission *cf.* single-mode propagation.

single-mode transmission line *cf.* single-mode line.

single-mode waveguide guides d'ondes monomode, guide monomode *(guide d'ondes admettant un seul mode de propagation à sa fréquence de fonctionnement) (hyper) (cf. aussi* waveguide propagation mode).

single operational amplifier amplificateur opérationnel simple *(amplificateur opérationnel réalisé en simple exemplaire sur une puce de circuit intégré) (cf. aussi* operational amplifier *et* chip 1)).

single-output control loop système asservi à une seule grandeur de sortie *(clpf) (cf. aussi* closed-loop control system).

single-output linear power supply alimentation série monotension, *(etc.) (cf. aussi* linear power supply *et* single-output power supply).

single-output power supply alimentation monotension *(ou monosortie ou monovoie) (alimentation ne pouvant fournir qu'un seul courant d'alimentation, sous une tension généralement réglable) (clpf) (cf. aussi* power supply (b)).

single-output supply *cf.* single-output power supply.

single-output switcher *cf.* single-output switching power supply.

single-output switching power supply alimentation à découpage monotension, (etc.) (cf. aussi switching power supply et single-output power supply).

single-output switching-regulated power supply cf. single-output switching power supply.

single-output unit version monotension, (etc.) (alim) (cf. aussi single-output power supply et unit 3)).

single-pair cable câble à une paire (câble téléphonique à une seule paire) (câble d'abonné) (cf. aussi pair 1) (a)).

single-path reception 1) réception sans réflexion (réception d'un signal à trajet direct) (cf. aussi single-path signal). 2) réception sans diversité d'espace (réception de signaux radioélectriques à l'aide d'une seule antenne) (clpf) (cf. aussi space diversity).

single-path signal signal à trajet direct (signal radioélectrique ou acoustique se propageant sans subir de réflexions entre le point d'émission et le point de réception) (ce terme s'applique généralement à un signal radioélectrique) (cf. aussi radio signal, line-of-sight signal et multipath signal).

single-phase a 1) monophasé (caractéristique d'un courant alternatif unique, c.-à-d. non produit, transporté, transformé, converti ou consommé en même temps qu'un ou plusieurs autres courants de mêmes fréquence et intensité et de phase différente ou, par extension, caractéristique d'un dispositif dans lequel circule un tel courant) (courant monophasé, alternateur monophasé, moteur monophasé, transformateur monophasé, redresseur monophasé, disjoncteur monophasé, réseau de distribution monophasé, etc.) (cf. aussi alternating current et phase (a)). 2) monophase a (sans accent), à une phase, à une seule phase (cf. aussi notamment single-phase clock).

single-phase ac current cf. single-phase current.

single-phase alternating current cf. single-phase current.

single-phase clock 1) horloge monophase, horloge à une phase (horloge fournissant des impulsions récurrentes) (inf, tls) (cf. aussi clock[1] et periodic pulses). 2) cf. single-phase clock signal).

single-phase clock generator cf. single-phase clock 1).

single-phase clock signal signal d'horloge monophase (ou à une phase), signal monophase, (idem) (signal formé par le train d'impulsions fourni par une horloge monophase) (cf. aussi single-phase clock 1)).

single-phase clocking cadencement par horloge monophase, (etc.) (inf, tls) (cf. aussi clocking et single-phase clock).

single-phase clocking ... cf. single-phase clock ...

single-phase current courant monophasé, courant alternatif monophasé (courant alternatif produit, transporté ou utilisé isolément) (cf. aussi single-phase 1)).

single-phase electric machine cf. single-phase machine.

single-phase electric motor cf. single-phase motor.

single-phase electrical ... cf. single-phase electric ...

single-phase induction motor moteur asynchrone monophasé (moteur asynchrone conçu pour être alimenté par un courant monophasé) (ne peut démarrer seul sans artifice, un courant monophasé ne pouvant créer un champ tournant) (cet artifice consiste à créer, au démarrage ou en permanence, un champ auxiliaire déphasé par rapport au champ créé par l'inducteur pour produire un effet semblable à celui d'un champ tournant) (le champ auxiliaire peut être créé à l'aide d'un enroulement auxiliaire ou de spires de Frager) (est généralement un moteur de faible ou très faible puissance utilisé dans les machines devant tourner à vitesse constante — parfois à deux vitesses constantes — telles que des petites machines-outils fixes, des pompes, notamment les pompes de circulation de chauffage central classique, les machines à laver le linge ou la vaisselle, les réfrigérateurs domestiques, les petits ventilateurs, etc.) (cf. aussi capacitor motor, shaded-pole motor, induction motor, single-phase current et phase shift).

single-phase machine machine monophasée, machine électrique (idem) (machine électrique produisant ou convertissant un courant monophasé ou alimentée par un tel courant) (alternateur monophasé, transformateur monophasé ou moteur monophasé) (élt) (cf. aussi single-phase current, single-phase motor et electrical machine).

single-phase motor moteur monophasé (ou à courant mono-phasé), moteur électrique (idem) (moteur électrique à cou-

rant alternatif conçu pour être alimenté par un courant mono-phasé) (comporte un stator monophasé et un rotor monophasé) (ces termes désignent souvent le moteur asynchrone monophasé, mais couvrent également le moteur à répulsion et le moteur universel) (cf. aussi single-phase current, single-phase induction motor, repulsion motor, universal motor et ac motor).

single-phase signal cf. single-phase clock signal.

single-phase supply alimentation monophasée (alimentation d'une machine ou d'un appareil électrique assurée par un courant monophasé) (élt) (cf. aussi single-phase current).

single-phase system réseau monophasé (réseau de distribution d'un courant monophasé) (utilise deux conducteurs) (cf. aussi single-phase current).

single-phase transformer transformateur monophasé (transformateur transformant un courant monophasé) (en d'autres termes, transformateur comportant un seul enroulement primaire) (cas le plus fréquent en électronique et pour les petites puissances en électrotechnique) (cf. aussi transformer 1) et single-phase current).

single-phase winding bobinage monophasé, enroulement monophasé (bobinage de machine électrique à courant alternatif formé d'un seul enroulement et parcouru en conséquence par un seul courant) (cf. aussi stator winding, rotor winding, single-phase current et winding).

single-polarity pulses impulsions de même polarité (cf. aussi unidirectional pulses).

single polarization polarisation simple, simple polarisation (polarisation rectiligne horizontale ou verticale, ou circulaire droite ou gauche d'une antenne) (radioélectricité) (cf. aussi antenna polarization).

single-pole a 1) unipolaire (caractéristique d'un dispositif électrique agissant sur un seul circuit) (cf. aussi SPDT, SPST et pole[1] 1) (a) (1)). 2) à un pôle, à un seul pôle (cf. aussi single-pole filter).

single-pole double-throw cf. SPDT. (de même pour les termes dérivés).

single-pole filter filtre à un pôle, filtre à un seul pôle (cf. aussi filter poles).

single-pole RC low-pass filter filtre passe-bas RC à un seul pôle (cf. aussi low-pass filter, RC filter et filter poles).

single-pole single-throw cf. SPST. (de même pour les termes dérivés).

single-pole switch interrupteur unipolaire, (etc.) (cf. aussi switch[1] et single-pole).

single-pole syllabic filter filtre syllabique à un pôle (ou un seul pôle) (cf. aussi syllabic filter et filter poles).

single-port RAM mémoire RAM à un accès (ou un seul accès), (etc.) (inf) (cf. aussi RAM[1] et port 1)).

single-processor machine monoprocesseur s (ordinateur à un seul processeur, c.-à-d. ordinateur classique) (inf) (cf. aussi processor 1) et serial machine).

single-processor system cf. single-processor machine.

single pulse impulsion isolée (impulsion ne faisant pas partie d'un groupe ou un train d'impulsions) (cf. aussi pulse[1]).

single-pulse signal signal impulsionnel élémentaire (signal constitué par une impulsion isolée) (cf. aussi pulse signal et single pulse).

single range 1) une seule gamme (de fréquences, atténuation, etc.) (sur un générateur de signaux ou autre appareil) (cf. aussi range 3)). 2) un seul calibre (sur un appareil de mesure) (cf. aussi measurement range 2)).

single-range instrument appareil à un calibre (ou un seul calibre) (appareil de mesure à un seul calibre) (cf. aussi measurement range 2)).

single-range supply cf. single-output power supply.

single-readout connector connecteur simple face (connecteur en une partie dont chaque contact porte sur une plage de contact d'une seule face de la carte enfichée dans le connecteur) (CP) (cf. aussi one-piece connector).

single scan 1) balayage unique, (parf.) un seul balayage (balayage de l'espace aérien au cours d'un seul tour de la rotation de l'antenne d'un radar panoramique ou d'un seul aller et retour d'un déplacement angulaire du faisceau inférieur à 360^0) (cf. aussi radar scan et PPI-display radar). 2) cf. single sweep.

single-section filter filtre à une cellule (*ou* une seule cellule) (*filtre comprenant une seule cellule de filtrage*) (*ce terme désigne souvent un filtre d'alimentation de type classique*) (*cf. aussi* filter section *et* smoothing filter).

single-section output filter *cf.* single-section filter.

single-section prefilter préfiltre à une cellule (*ou* une seule cellule) (*cf. aussi* prefilter *et* filter section).

single-shot ... *cf.* non-recurrent ... (*pour les termes qui ne figurent pas ci-après*).

single-shot capture *cf.* single-shot display.

single-shot circuit circuit monostable (*cf. aussi* monostable multivibrator).

single-shot display visualisation des signaux non récurrents, (*etc.*) (*oscillo*) (*cf. aussi* display[1] 3) *et* non-recurrent signal).

single-shot event *cf.* non-recurrent event.

single-shot mode *cf.* single-sweep mode.

single-shot multivibrator multivibrateur monostable (*cf. aussi* monostable multivibrator).

single-shot signal *cf.* non-recurrent signal.

single-shot sweep *cf.* single sweep 2).

single-shot transient *cf.* transient[2].

single-sideband (à) bande latérale unique, BLU (*qualificatif appliqué à un procédé de transmission par fil ou par radio à l'aide d'une porteuse modulée en amplitude, dans lequel une des deux bandes latérales de la porteuse est supprimée par filtrage après la modulation, la porteuse étant elle-même supprimée ou atténuée ou, parfois, conservée*) (*chacune des deux bandes latérales d'une porteuse modulée en amplitude contenant la totalité du signal à transmettre, il suffit d'en conserver une, ce qui réduit de moitié la largeur du spectre de fréquences occupé par le signal transmis, tandis que la suppression presque complète de la porteuse généralement opérée en même temps permet de réduire la puissance d'émission nécessaire pour une portée déterminée*) (*ce procédé est employé pour la transmission téléphonique par courants porteurs et pour nombre de liaisons radio*) (*dans le premier cas, c'est la bande latérale inférieure qui est conservée ; dans le second cas, c'est la bande latérale supérieure*) (*tls*) (*cf. aussi* sideband, carrier telephony *et* suppressed-carrier modulation).

single-sideband AM *cf.* single-sideband modulation.

single-sideband amplitude modulation *cf.* single-sideband modulation.

single-sideband communications télécommunications avec transmission par bande latérale unique, (*souvent*) liaisons en bande latérale unique, liaisons BLU (*cf. aussi* single-sideband).

single-sideband filter filtre de bande latérale unique (*filtre de bande latérale éliminant complètement celle-ci dans un émetteur à bande latérale unique*) (*est un filtre passe-haut lorsque la bande latérale éliminée est la bande inférieure ou un filtre passe-bas lorsque c'est la bande supérieure*) (*tls*) (*cf. aussi* sideband filter, single-sideband transmitter, high-pass filter *et* low-pass filter).

single-sideband full-carrier transmission émission à bande latérale unique avec porteuse, émission en BLU avec porteuse (*émission à bande latérale unique dans laquelle la porteuse n'est pas supprimée*) (*cf. aussi* single-sideband).

single-sideband generator *cf.* single-sideband modulator.

single-sideband modulation modulation à bande latérale unique, modulation d'amplitude (*idem*), modulation BLU (*modulation d'amplitude suivie de la suppression d'une des deux bandes latérales de la porteuse*) (*tls*) (*cf. aussi* single-sideband).

single-sideband modulator modulateur à bande latérale unique, modulateur d'amplitude (*idem*), modulateur BLU (*modulateur d'amplitude réalisant la modulation à bande latérale unique*) (*émetteur*) (*cf. aussi* amplitude modulator *et* single-sideband modulation).

single-sideband phase noise bruit de phase dans une bande latérale (*bruit de phase dans une des deux bandes latérales du signal de sortie d'un changeur de fréquence, c-à-d. dans le signal à fréquence intermédiaire, en l'absence de modulation de la porteuse*) (*cf. aussi* phase noise *et* sideband).

single-sideband radio communications radiocommunications en bande latérale unique (*ou* en BLU) (*tls*) (*cf. aussi* radio communications *et* single-sideband).

single-sideband receiver récepteur à bande latérale unique, récepteur BLU (*récepteur superhétérodyne permettant la réception des émissions à bande latérale unique grâce à la présence d'un détecteur synchrone*) (*est souvent un récepteur de trafic*) (*radiocom*) (*cf. aussi* superheterodyne receiver, single-sideband transmission, synchronous detector *et* communications receiver).

single-sideband reception réception en bande latérale unique (*ou* en BLU) (*réception d'une émission à bande latérale unique*) (*ces termes désignent généralement la réception d'une émission radio à bande latérale unique*) (*tls*) (*cf. aussi* single-sideband receiver).

single-sideband reduced-carrier transmission émission à bande latérale unique à porteuse atténuée (*ou* réduite), émission en BLU (*idem*) (*clpf*) (*cf. aussi* single-sideband).

single-sideband signal signal à bande latérale unique, signal BLU (*signal transmis par une bande latérale unique*) (*tls*) (*cf. aussi* single-sideband *et* signal[1]).

single-sideband suppressed-carrier signal signal à bande latérale unique à porteuse supprimée, signal BLU (*idem*) (*tls*) (*cf. aussi* single-sideband signal).

single-sideband suppressed-carrier transmission émission à bande latérale unique à porteuse supprimée, émission en BLU (*idem*) (*tls*) (*cf. aussi* single-sideband).

single-sideband transmission émission à bande latérale unique, émission BLU (*tls*) (*cf. aussi* single-sideband).

single-sideband transmitter émetteur à bande latérale unique, émetteur BLU (*émetteur à modulation d'amplitude à bande latérale unique*) (*radiocom*) (*cf. aussi* single-sideband).

single-sided aerial (*GB*) *cf.* single-sided antenna.

single-sided antenna *cf.* unidirectional antenna.

single-sided board *cf.* single-sided printed-circuit board.

single-sided card *cf.* single-sided printed-circuit board.

single-sided circuit board (*ou* **card**) *cf.* single-sided printed-circuit board.

single-sided diskette *cf.* single-sided floppy disk.

single-sided double-density disk (*ou* **diskette** *ou* **floppy** *ou* **floppy disk**) disquette simple face double densité, (*etc.*) (*inf*) (*cf. aussi* single-sided floppy disk).

single-sided floppy *cf.* single-sided floppy disk.

single-sided floppy disk disque souple à simple face, disquette simple face (*disque souple portant une couche magnétique sur une seule face*) (*dans le format courant de 5 pouces 1/4, ces disquettes existent en simple densité d'enregistrement et en double densité*) (*mémoire*) (*inf*) (*cf. aussi* single-density floppy disk, double-density floppy disk *et* floppy disk).

single-sided floppy-disk drive mémoire à disque souple à simple face, mémoire à disquette simple face (*inf*) (*cf. aussi* floppy-disk drive *et* single-sided floppy disk).

single-sided microdiskette *cf.* single-sided microfloppy disk.

single-sided microfloppy *cf.* single-sided microfloppy disk.

single-sided microfloppy disk disquette de 3,5 pouces à simple face, (*etc.*) (*inf*) (*cf. aussi* microfloppy disk *et* single-sided floppy disk).

single-sided pc ... *cf.* single-sided PC ...

single-sided PC board *cf.* single-sided printed-circuit board.

single-sided PC card *cf.* single-sided printed-circuit board.

single-sided printed board (*ou* **card**) *cf.* single-sided printed-circuit board.

single-sided printed circuit circuit imprimé simple face (*ou* à simple face), circuit simple face (*idem*) (*circuit imprimé réalisé sur un substrat à simple face*) (*clpf*) (*cf. aussi* printed circuit *et* single-sided substrate).

single-sided printed-circuit board (*ou* **card**) carte à circuit imprimé simple face (*ou* à simple face), (*etc.*) (*cf. aussi* printed-circuit board *et* single-sided printed circuit).

single-sided single-density ... *cf.* single-density ... (*la « simple face » étant normalement implicite dans une disquette à simple densité*).

single-sided substrate substrat simple face (*ou* à simple face) (*substrat de circuit imprimé portant une couche de cuivre sur une seule face*) (*cf. aussi* printed-circuit substrate).

single-stage amplifier amplificateur à un étage (*ou* un seul étage) (*amplificateur dans lequel le signal d'entrée n'est amplifié qu'une seule fois*) (*utilise généralement un seul tube* *électronique ou un seul transistor, mais peut en utiliser deux s'il s'agit d'un amplificateur symétrique ou différentiel) (cf. aussi* amplifier, push-pull amplifier, differential amplifier *et* stage 1*)).*

single-stage filter *cf.* single-section filter.

single-stage hybrid amplifier amplificateur hybride à un étage (*cf. aussi* hybrid amplifier *et* single-stage amplifier).

single-stage integrated amplifier amplificateur intégré à un étage (*cf. aussi* integrated amplifier *et* single-stage amplifier).

single-stage prefilter *cf.* single-section prefilter.

single-step operation *cf.* step-by-step operation.

single-stub tuner adaptateur coaxial simple, adaptateur d'impédance (*idem*) (*adaptateur d'impédance coaxial comportant un seul élément coulissant) (hyper) (cf. aussi* coaxial tuner).

single-substrate hybrid *cf.* single-substrate hybrid circuit.

single-substrate hybrid circuit circuit hybride monosubstrat (*circuit intégré hybride réalisé sur un seul substrat) (cas général) (cf. aussi* hybrid circuit *et* hybrid-circuit substrate).

single supply alimentation par une seule tension (*ou* par tension unique) (*cf. aussi* power supply 1) *et* single-supply operation*).*

single-supply circuit circuit à tension unique (*cf. aussi* single-supply operation).

single-supply memory mémoire à tension unique (*CI*) (*cf. aussi* single-supply operation).

single-supply microprocessor microprocesseur à tension unique (*cf. aussi* microprocessor *et* single-supply operation).

single-supply operation fonctionnement sous tension unique (*caractéristique d'un dispositif électronique qui ne nécessite qu'une seule tension d'alimentation) (ce terme s'applique notamment à certaines mémoires à semiconducteur et à d'autres circuits intégrés monolithiques) (cf. aussi* supply voltage *et* semiconductor memory).

single supply voltage tension d'alimentation unique, (*parf.*) une seule tension d'alimentation (*cf. aussi* supply voltage *et* single-supply operation).

single sweep 1) balayage unique, (*parf.*) un seul balayage (*cf. aussi* sweep[1]). 2) balayage monocourse (*mode de balayage déclenché de l'écran d'un oscilloscope dans lequel le point lumineux traverse une seule fois l'écran, de gauche à droite, lorsque le signal à visualiser est appliqué à l'entrée de l'appareil, après quoi il faut appuyer sur le bouton de réarmement pour pouvoir visualiser un nouveau signal) (est utilisé pour visualiser un signal non récurrent) (cf. aussi* triggered sweep, non-recurrent signal *et* sweep reset).

single-sweep mode mode de balayage monocourse (*oscillo*) (*cf. aussi* single sweep).

single-sweep operation fonctionnement en mode de balayage monocourse (*oscillo*) (*cf. aussi* single sweep).

single-sweep trace trace d'un signal non récurrent (*trace produite sur l'écran d'un oscilloscope par un signal non récurrent) (cf. aussi* non-recurrent signal).

single-target track mode *cf.* single-target tracking mode.

single-target tracking poursuite monocible (*ou* d'une seule cible *ou* d'une cible unique) (*poursuite d'une seule cible à la fois par un radar) (avia, espace) (cf. aussi* tracking 1) (a)).

single-target tracking mode mode de poursuite monocible, (*etc.*) (*cf. aussi* single-target tracking *et* tracking mode).

single-task operating system système d'exploitation monotâche, système monotâche (*système d'exploitation ne permettant que la monoprogrammation) (inf) (cf. aussi* operating system, uniprogramming *et* MS-DOS).

single-task OS *cf.* single-task operating system.

single-tasking exploitation en monotâche, mode d'(*idem*), le monotâche (*inf*) (*cf. aussi* single-task operating system).

single-tasking ... *cf.* single-task ...

single-throw relay relais non inverseur (*relais électromagnétique ne comportant pas de contact inverseur et ne comportant, par conséquent, qu'un ou plusieurs jeux de contacts de travail ou de repos) (clpf) (cf. aussi* electromagnetic relay, make contact, break contact, double-throw contact *et* relay contact).

single-throw switch interrupteur (*dispositif à contacts à commande manuelle ou non permettant d'ouvrir un ou plusieurs circuits) (cf. aussi* SPST switch, DPST switch, lever switch 1) *et* switch[1]).

single time base 1) base de temps unique (*oscillo, etc.*) (*cf. aussi* time base). 2) *cf.* single time-base sweep.

single time-base sweep balayage à une base de temps (*ou* une seule base de temps) (*mode de balayage normal de chaque voie d'un oscilloscope à deux voies) (ne pas confondre le terme anglais avec « single sweep ») (cf. aussi* dual time-base sweep *et* single sweep).

single time-base sweep mode mode de balayage ... (*cf. aussi* single time-base sweep *et* sweep mode).

single-tone keying modulation simple fréquence (*modulation d'amplitude d'une porteuse par un signal à basse fréquence représentant un état d'un signal télégraphique, l'absence de modulation représentant l'autre état) (tls) (cf. aussi* modulation (a) *et* telegraph signal).

single-trace display visualisation en simple trace (*visualisation du signal d'une seule voie d'un oscilloscope à deux voies ou du signal représentant la somme algébrique des signaux des deux voies, avec ou sans inversion du signe de l'un d'eux) (cf. aussi* differential operation *et* dual-channel oscilloscope).

single-trace oscilloscope *cf.* single-channel oscilloscope.

single-track recorder enregistreur monopiste (*ou* à une piste *ou* une seule piste) (*enregistreur à bande magnétique formant une seule piste d'enregistrement sur la bande, c-à-d. enregistreur à une seule tête d'enregistrement et dans lequel la bande n'est pas retournée après enregistrement) (cf. aussi* magnetic-tape recorder *et* magnetic track (b)).

single-transistor cell cellule à un transistor (*ou* un seul transistor), cellule de mémoire (*idem*) (*cellule de mémoire utilisant un transistor MOS ou dérivé pour conserver l'information, c-à-d. cellule de mémoire RAM dynamique, de mémoire EPROM ou de mémoire EEPROM) (CI) (inf) (cf. aussi* memory cell, MOS transistor, dynamic RAM, EPROM *et* EEPROM).

single-transistor memory cell *cf.* single-transistor cell.

single-transistor RAM cell cellule de mémoire RAM à un transistor, (*etc.*) (*cf. aussi* single-transistor cell).

single-trip multivibrator *cf.* single-shot multivibrator.

single-tuned circuits circuits à simple accord (*circuits couplés à couplage lâche ou critique) (sont caractérisés par le fait que la courbe de réponse en fréquence du filtre qu'ils forment n'a qu'une seule bosse) (cf. aussi* coupled circuits *et* filter frequency response).

single-turn cermet *cf.* single-turn cermet trimmer.

single-turn cermet trimmer potentiomètre ajustable cermet monotour, potentiomètre ajustable monotour à piste cermet (*cf. aussi* cermet trimmer *et* single-turn potentiometer).

single-turn pot (*fam*) *cf.* single-turn potentiometer.

single-turn potentiometer potentiomètre monotour (*potentiomètre rotatif dont la plage de réglage, d'une butée à l'autre, est couverte par une rotation de l'axe de commande légèrement inférieure à 360°) (clpf) (cf. aussi* rotary potentiometer).

single-turn trimmer potentiomètre ajustable monotour (*cf. aussi* trimmer potentiometer *et* single-turn potentiometer).

single-turn trimmer potentiometer *cf.* single-turn trimmer.

single-tube camera *cf.* single-tube color camera.

single-tube color camera caméra couleur monotube, caméra monotube, caméra de télévision (*idem*) (*caméra de télévision en couleurs utilisant un seul tube analyseur pour l'obtention des trois signaux de couleur élémentaires) (cf. aussi* color television camera *et* color camera tube).

single-turn unit version monotour (*potentiomètre*) (*cf. aussi* single-turn potentiometer *et* unit 3)).

single-turner *cf.* single-turn potentiometer.

single-wire aerial (*GB*) *cf.* single-wire antenna.

single-wire antenna antenne unifilaire (*antenne filaire formée d'un seul conducteur) (radio) (cf. aussi* wire antenna).

single-wire line ligne unifilaire (*ligne télégraphique formée d'un seul fil, le second conducteur étant la terre) (cf. aussi* telegraph line).

sink *s* 1) récepteur de courant, récepteur d'énergie électrique (*termes génériques couvrant tous les dispositifs capables d'absorber un courant électrique) (s'emploient par opposition à « générateur de courant » et désignent en fait la charge d'un tel dispositif) (cf. aussi* load[1] (a) *et* current generator). 2) *cf.* heat sink.

sintered anode anode frittée (*anode de condensateur au tantale réalisée sous la forme d'un cylindre de poudre de tantale à haute pureté frittée*) (*le frittage, exécuté sous vide pour éviter l'absorption d'oxygène dont le tantale est très friand, consiste à comprimer la poudre sous une forte pression, puis à la porter à une température élevée, ce qui amène les grains de poudre à se souder entre eux en formant un bloc résistant et poreux présentant une grande surface de contact avec l'électrolyte et donnant, par conséquent, un condensateur de grande capacité sous un faible volume*) (*noter que le terme « anode frittée » désigne toujours une anode massive, mais que l'anode d'un condensateur au tantale bobiné est, malgré sa minceur, obtenue à partir d'un barreau de poudre de tantale fritté ; c'est donc en fait également une anode frittée*) (*cf. aussi* wet-slug tantalum capacitor, solid tantalum capacitor *et* tantalum).

sintered-anode solid-electrolyte tantalum capacitor condensateur au tantale à électrolyte solide (*cf. aussi* solid tantalum capacitor).

sintered-anode tantalum capacitor condensateur au tantale à anode frittée (*condensateur au tantale à anode frittée et électrolyte gélifié ou condensateur au tantale à électrolyte solide*) (*cf. aussi* tantalum capacitor *et* sintered anode).

sintered-anode wet-electrolyte tantalum capacitor condensateur au tantale à anode frittée et électrolyte gélifié (*cf. aussi* wet-slug tantalum capacitor).

sinusoid *s* sinusoïde *sf*, courbe sinusoïdale (*graphe d'une fonction sinusoïdale, c.-à-d. courbe représentant celle-ci*) (*en terme simples, une sinusoïde est une suite d'ondulations identiques comme celles d'une tôle ondulée classique vue en bout*) (*cf. aussi* sinusoidal function).

sinusoidal *a* sinusoïdal *a* (*caractéristique de ce qui peut être représenté par une sinusoïde ou constitue une sinusoïde*) (*cf. aussi* sinusoid).

sinusoidal carrier wave onde porteuse sinusoïdale, porteuse sinusoïdale (*cf. aussi* carrier 1) *et* sinusoidal wave).

sinusoidal conditions régime sinusoïdal (*régime de fonctionnement d'un dispositif fournissant ou absorbant un courant sinusoïdal*) (*cf. aussi* operating conditions 2) *et* sinusoidal current).

sinusoidal current courant sinusoïdal, courant alternatif sinusoïdal, courant à variation sinusoïdale (*courant alternatif dont l'intensité est une fonction sinusoïdale du temps*) (*cas général d'un courant alternatif au sens habituel de ce terme*) (*cf. aussi* alternating current *et* sinusoidal function).

sinusoidal electric field champ électrique sinusoïdal, champ sinusoïdal (*constitue une des deux composantes d'un champ électromagnétique sinusoïdal*) (*cf. aussi* electric field, sinusoidal field *et* electromagnetic field).

sinusoidal electromagnetic field champ électromagnétique sinusoïdal (*cf. aussi* electromagnetic field *et* sinusoidal field).

sinusoidal electromagnetic wave onde électromagnétique sinusoïdale (*cf. aussi* electromagnetic wave *et* sinusoidal wave).

sinusoidal field champ sinusoïdal, champ alternatif sinusoïdal (*champ alternatif dont l'intensité est une fonction sinusoïdale du temps ou de la distance*) (*cf. aussi* alternating field *et* sinusoidal function).

sinusoidal frequency tuning *cf.* sinusoidal tuning.

sinusoidal function fonction sinusoïdale (*fonction périodique proportionnelle au sinus d'un angle dont la valeur varie de 0^0 à 360^0, cette variation pouvant se produire dans le temps ou dans l'espace, c.-à-d. le long d'une droite*) (*le cas le plus fréquent en électronique et en électrotechnique est celui d'une fonction sinusoïdale du temps, celle-ci représentant la variation de la force électromotrice produite par une source de courant alternatif, ou de la tension, du courant ou du champ alternatif qui en résulte*) (*cf. aussi* periodic function *et* ac current source).

sinusoidal input entrée sinusoïdale (*tension ou courant d'entrée sinusoïdal ou éclairement sinusoïdal*) (*ce terme désigne souvent un signal d'entrée sinusoïdal*) (*montage, appareil, etc.*) (*cf. aussi* sinusoidal quantity).

sinusoidal input signal signal d'entrée sinusoïdal (*cf. aussi* sinusoidal input).

sinusoidal law loi sinusoïdale (*loi de variation d'une fonction sinusoïdale*) (*cf. aussi* law of change *et* sinusoidal function).

sinusoidal magnetic field champ magnétique sinusoïdal, champ magnétique alternatif sinusoïdal (*cf. aussi* magnetic field, sinusoidal field *et* electromagnetic field).

sinusoidal oscillation oscillation sinusoïdale (*souvent au pluriel*) (*oscillation dans laquelle la valeur de la grandeur variable est une fonction sinusoïdale du temps*) (clpf) (*cf. aussi* oscillation *et* sinusoidal function).

sinusoidal output sortie sinusoïdale (*tension ou courant de sortie sinusoïdal ou flux lumineux sinusoïdal*) (*ce terme désigne souvent un signal de sortie sinusoïdal*) (*oscillateur, etc.*) (*cf. aussi* sinusoidal quantity).

sinusoidal output signal signal de sortie sinusoïdal (*cf. aussi* sinusoidal output).

sinusoidal quantity grandeur sinusoïdale (*ou* à variation sinusoïdale), grandeur périodique (*ou* alternative) (*idem*) (*grandeur périodique dont la valeur est une fonction sinusoïdale*) (*tension alternative, courant alternatif, champ alternatif, etc.*) (*cf. aussi* periodic quantity *et* sinusoidal function).

sinusoidal scanning balayage sinusoïdal (*balayage produit par un signal sinusoïdal*) (*cf. aussi* scanning 1) *et* sinusoidal signal).

sinusoidal signal signal sinusoïdal (*signal périodique dont l'amplitude est une fonction sinusoïdale du temps*) (*ce terme désigne souvent une tension sinusoïdale*) (*cf. aussi* alternating quantity, half-cycle, periodic signal, amplitude, sinusoidal function *et* spectral purity).

sinusoidal signal generator générateur de signaux sinusoïdaux (*cas ou mode de fonctionnement le plus simple d'un générateur de signaux*) (*cf. aussi* signal generator *et* sinusoidal signal).

sinusoidal signal source source de signaux sinusoïdaux, source sinusoïdale (*termes génériques couvrant le générateur de signaux sinusoïdaux et l'oscillateur harmonique*) (*cf. aussi* sinusoidal signal generator *et* harmonic oscillator).

sinusoidal source *cf.* sinusoidal signal source.

sinusoidal tuning accord sinusoïdal, accord à variation sinusoïdale (*accord d'un oscillateur dans lequel la fréquence d'accord est une fonction sinusoïdale du temps*) (*magnétron de radar militaire, etc.*) (*cf. aussi* tuning *et* sinusoidal function).

sinusoidal vibration *cf.* sinusoidal oscillation.

sinusoidal voltage tension sinusoïdale (*ou* à variation sinusoïdale), tension alternative (*idem*) (*tension alternative dont la valeur est une fonction sinusoïdale du temps*) (*cas général d'une tension alternative au sens habituel du terme*) (*cf. aussi* ac voltage *et* sinusoidal function).

sinusoidal wave *cf.* sine wave.

sinusoidal waveform forme d'onde sinusoïdale (*forme d'une onde sinusoïdale*) (*cf. aussi* sine wave *et* waveform).

sinusoidally varying à variation sinusoïdale (grandeur) (*cf. aussi* sinusoidal quantity).

SIP (*vient de « single-in-line package »*) boîtier SIP, boîtier à une rangée de broches (*boîtier enfichable normalisé à une rangée de broches disposées sur le chant d'un grand côté pour permettre d'enficher le boîtier en position verticale afin d'occuper moins de place sur les cartes enfichables et éventuellement améliorer le refroidissement par convection*) (*est utilisé pour encapsuler certains composants tels qu'un réseau de résistances ou une mémoire RAM, notamment, ou fabriquer certains potentiomètres ajustables*) (*cf. aussi* SIMM *et* plug-in package).

SIP capacitor condensateur en boîtier SIP, (*etc.*) (*condensateur d'un réseau de condensateurs en boîtier SIP*) (*cf. aussi* SIP network).

SIP capacitor network réseau de condensateurs en boîtier SIP, (*etc.*) (*cf. aussi* SIP network).

SIP network réseau en boîtier SIP, (*etc.*) (*réseau de résistances ou de condensateurs en boîtier SIP*) (*cf. aussi* resistor network, capacitor network *et* SIP).

SIP resistor résistance en boîtier SIP, (*etc.*) (*résistance d'un réseau de résistances en boîtier SIP*) (*cf. aussi* SIP network).

SIP resistor network réseau de résistances en boîtier SIP, (*etc.*) (*cf. aussi* SIP network).

SIP socket support SIP, support de boîtier SIP, *(etc.) (cf. aussi* SIP *et* socket 2)).

SIP switch commutateur SIP *(ou* en boîtier SIP) *(cf. aussi* SIP *et* DIP switch).

SIP trimmer potentiomètre ajustable en boîtier SIP, *(etc.) (cf. aussi* SIP *et* trimmer potentiometer).

siphon recorder enregistreur à siphon *(enregistreur graphique dans lequel un tube capillaire formant siphon sert de plume) (cf. aussi* graphic recorder).

SIR *cf.* signal-to-interference ratio.

SIT 1) *cf.* silicon intensifier target. 2) *cf.* static induction transistor.

SIT tube *cf.* SIT vidicon.

SIT vidicon *cf.* silicon intensifier-target vidicon.

situation display présentation de la situation *(représentation généralement schématique et annotée d'une zone d'opérations militaires sur un écran de radar ou de télévision ou sur un panneau afficheur) (cf. aussi* display[1]).

six-digit display afficheur à six chiffres *(cf. aussi* display[1] 4)).

six-electrode tube tube à six électrodes *(cf. aussi* hexode).

six-electrode valve *(GB) cf.* six-electrode tube.

six-grid tube tube à six grilles *(cf. aussi* octode).

six-grid valve *(GB) cf.* six-grid tube.

six-phase current courant hexaphasé, courants hexaphasés *(ensemble de six courants polyphasés déphasés successivement de 60°) (cf. aussi* polyphase current).

six-pole filter filtre à six pôles *(cf. aussi* filter poles).

six-port junction jonction à six accès *(jonction de guides d'ondes à six accès) (hyper) (cf. aussi* waveguide junction).

six-transistor cell *cf.* six-transistor memory cell.

six-transistor memory cell cellule de mémoire à six transistors, cellule à six transistors *(cellule de mémoire à semiconducteur utilisant six transistors dont deux seulement servent à mémoriser l'information, les autres assurant des fonctions auxiliaires pour l'écriture et la lecture de celle-ci) (CI) (inf) (cf. aussi* memory cell *et* semiconductor memory).

six-transistor RAM cell *cf.* six-transistor static RAM cell.

six-transistor static RAM cell cellule de mémoire RAM statique à six transistors, *(etc.) (CI) (cf. aussi* static RAM cell *et* six-transistor cell).

16-bit ... *voir* 8-bit ... *et* adapter.

16-pin DIP boîtier DIP à 16 broches *(cf. aussi* DIP).

sixth-order bandpass filter filtre passe-bande d'ordre 6 *(ou* du sixième ordre) *(cf. aussi* band-pass filter *et* filter order).

sixth-order filter filtre d'ordre 6 *(ou* du sixième ordre) *(cf. aussi* filter order).

64-bit ... *voir* 8-bit ... *et* adapter.

64-K ... ... de 64 K *(plus précisément 65 536 binaires) (capacité de mémoire) (inf) (cf. aussi* kilobit *et* memory capacity).

64-kbit ... *cf.* 64-K ... *(ci-dessus).*

64-pin DIP boîtier DIP à 64 broches *(CI) (cf. aussi* DIP).

64-pin package *cf.* 64-pin DIP.

size *s* 1) taille *(sens usuel).* 2) longueur *(d'un article en informatique, d'un programme d'ordinateur, etc.).* 3) dimensions *(d'un objet, d'une surface, etc.)* 4) format *(d'un écran de télévision, d'un document, etc.) (cf. aussi* picture size). 5) capacité *(d'une mémoire numérique, etc.) (cf. aussi* memory capacity). 6) encombrement *(d'informations dans une mémoire d'ordinateur et notamment d'un programme) (cf. aussi* memory-hungry).

size control commande d'amplitude, *(souvent aussi)* potentiomètre d'amplitude *(potentiomètre ajustable permettant de régler la hauteur ou la largeur de l'image formée sur l'écran d'un récepteur de télévision par action sur la base de temps correspondante) (le second potentiomètre est souvent omis dans les récepteurs modernes, l'amplitude du balayage lignes étant réglée automatiquement et ces termes désignent alors la commande d'amplitude verticale) (cf. aussi* height control *et* trimming potentiometer).

SK *cf.* socket.

skating effet de poussée latérale *(tête de lecture de tourne-disque) (noter que le terme anglais est généralement et incorrectement traduit en français par « poussée latérale », ce qui revient à confondre la cause et son effet) (cf. aussi* side thrust).

skew *s* 1) biais, obliquité (a) défaut d'alignement *(défaut d'une bande magnétique défilant suivant une direction légèrement différente de la perpendiculaire à l'axe de l'entrefer de la tête magnétique considérée) (cf. aussi* azimuth effect); (b) biais temporel) *(inf) (cf. aussi* time skew). 2) déformation en losange *(défaut d'une image de télécopie ou de télévision due à un défaut de synchronisation du récepteur).*

skew symmetry défaut de symétrie, manque de symétrie *(cf. aussi* skew 2)).

skiatron skiatron, tube à trace foncée *(tube cathodique dans lequel les luminophores sont remplacés par des scotophores pour obtenir une trace foncée sur fond clair sur l'écran) (ce tube employé dans certains indicateurs de radars militaires, notamment pendant la Seconde guerre mondiale, permet la projection sur grand écran de l'image obtenue par réflexion d'une lumière intense) (cf. aussi* cathode-ray tube, scotophore *et* radar indicator).

skin aerial *(GB) cf.* skin antenna.

skin antenna antenne affleurante *(antenne encastrée formée d'un morceau du revêtement isolé du reste de celui-ci) (avia) (cf. aussi* flush-mounted antenna).

skin depth épaisseur de peau *(épaisseur de la couche superficielle d'un conducteur parcouru par un courant alternatif à fréquence élevée dans laquelle le courant circule effectivement) (détermine la section utile du conducteur aux fréquences élevées, celui-ci devenant assimilable à un tube à paroi d'autant plus mince que la fréquence est plus élevée) (effet pelliculaire) (cf. aussi* skin effect).

skin echo *cf.* skin return.

skin effect effet pelliculaire, effet de peau, effet Kelvin *(présence d'un gradient radial négatif de densité de courant de la périphérie au centre d'un conducteur filiforme parcouru par un courant alternatif, cet effet n'étant sensible qu'aux fréquences élevées) (en d'autres termes, diminution de la densité de courant dans le conducteur au fur et à mesure que l'on s'éloigne de sa surface, le courant tendant à se concentrer à la périphérie lorsque sa fréquence augmente) (est dû au courant alternatif induit dans les spires constituées par la partie périphérique des sections droites successives du conducteur par le courant circulant dans celui-ci) (cf. aussi* skin depth, gradient, current density, low-frequency resistance, high frequency resistance, effective resistance, Litz wire *et* electromagnetic induction).

skin-effect factor facteur d'effet pelliculaire *(ou* d'effet de peau) *(noms donnés au coefficient de réduction de la section d'un conducteur tenant compte de l'effet pelliculaire) (cf. aussi* skin effect).

skin-effect loss pertes par effet pelliculaire *(ou* par effet de peau) *(pertes d'énergie dans un conducteur parcouru par un courant alternatif à fréquence élevée dues à l'augmentation de sa résistance apparente produite par l'effet de peau) (cf. aussi* loss *et* skin effect).

skin-effect losses *cf.* skin-effect loss.

skin mapping relevé magnétique *(détermination des points du revêtement d'un aéronef où un cadre de réception peut être installé en subissant le minimum de perturbations magnétiques dues aux courants circulant dans les circuits de l'appareil) (radionav) (cf. aussi* loop antenna).

skin painting détection sur échos de peau *(détection d'une cible aérienne par un radar exploitant les échos de peau en provenance de la cible) (clpf) (cf. aussi* skin return).

skin return écho de peau, écho naturel *(écho radar produit par la réflexion des ondes émises sur le revêtement d'une cible aérienne) (se dit par opposition à un écho renforcé par un réflecteur ou un écho artificiel émis par une balise répondeuse) (avia) (cf. aussi* radar echo, radar reflector *et* radar beacon).

skin tracking poursuite sur échos de peau *(poursuite d'une cible aérienne par un radar exploitant les échos de peau en provenance de la cible) (clpf) (cf. aussi* radar tracking *et* skin return).

skinner fil de peigne *(un des fils d'un peigne de câble) (cf. aussi* cable fan).

skip area zone sautée *(zone circulaire comprise entre l'antenne d'un émetteur à ondes courtes et la zone desservie par l'onde de ciel) (comprend la zone desservie par l'onde de sol et* *la zone de silence et a pour rayon la distance de saut) (propa) (cf. aussi* primary service area, secondary service area, skip distance *et* service area).

skip bond pont de connexion *(conducteur de courte longueur soudé après coup entre deux rubans d'un circuit imprimé ou hybride pour établir une connexion entre deux circuits, généralement en passant par-dessus un ou plusieurs rubans) (cf. aussi* trace[1] 2)).

skip distance distance de saut *(distance entre l'antenne d'un émetteur à ondes courtes et le début de la zone desservie par l'onde de ciel) (est la somme du rayon de la zone desservie par l'onde de sol et de la largeur de la zone de silence) (cf. aussi* skip zone).

skip zone zone de silence, zone annulaire de silence *(zone de réception nulle ou très faible des émissions radio en ondes courtes située entre la zone desservie par l'onde de sol et la zone desservie par l'onde de ciel) (est l'analogue en ondes courtes de la zone de réception instable en ondes moyennes) (propa) (cf. aussi* primary service area, secondary service area, decametric wave *et* intermittent-service area).

skirt resolution pouvoir séparateur dans le bruit de phase *(aptitude d'un analyseur de spectres à séparer les fréquences composantes du bruit de phase d'un signal) (cf. aussi* skirts).

skirt selectivity raideur des flancs, pente des flancs *(raideur de la coupure d'un filtre passe-bande de chaque côté de la bande passante) (cf. aussi* roll-off rate *et* band-pass filter).

skirts 1) flancs *(cf. aussi* steep skirts). 2) bruit de phase *(le terme anglais est le nom souvent donné dans cette langue au bruit de phase du signal d'un oscillateur tel qu'il apparaît sur l'écran d'un analyseur de spectres) (cf. aussi* phase noise *et* spectrum analyzer).

SKT *cf.* socket.

sky error *cf.* ionospheric error.

sky noise *cf.* cosmic noise.

sky wave onde de ciel, onde ionosphérique, onde réfléchie par l'ionosphère, onde à propagation ionosphérique *(onde radioélectrique parvenant à une antenne de réception après avoir subi une ou plusieurs réflexions sur l'ionosphère) (propa) (cf. aussi* radio wave, ionosphere *et* secondary service area).

sky-wave correction correction de propagation (ionosphérique) *(correction apportée à une indication de position fournie par un récepteur de radionavigation pour compenser l'erreur de propagation ionosphérique) (cf. aussi* ionospheric error).

sky-wave error *cf.* ionospheric error.

sky-wave propagation error *cf.* ionospheric error.

slab bloc de quartz *(barreau de quartz naturel ou, plus souvent, artificiel à section droite rectangulaire de quelques centimètres de côté dans lequel des résonateurs à quartz sont découpés par sciage) (cf. aussi* quartz).

slant distance *cf.* slant range.

slant linear polarization *cf.* slant polarization.

slant polarization polarisation oblique *(type de polarisation rectiligne d'une onde électromagnétique dans lequel le vecteur champ électrique de l'onde est situé dans un plan formant un angle compris entre 0 et 90⁰ avec le plan horizontal) (ce terme s'emploie également pour qualifier une antenne conçue pour émettre ou recevoir une telle onde) (cf. aussi* linear polarization).

slant range distance radiale, distance de la cible *(distance de l'antenne d'un radar à la cible qu'il détecte ou suit) (cf. aussi* range rate *et* radar).

SLAR *cf.* side-looking airborne radar.

slave aerial *(GB) cf.* slave antenna.

slave antenna antenne asservie *(antenne directive orientable dont l'orientation est asservie à la position d'un objet ou d'un corps mobile par un servomécanisme) (antenne de radar, de radiotélescope, de station de télécommunications par satellite à défilement, cadre de radiocompas) (cf. aussi* directional antenna *et* servomechanism).

slave computer ordinateur secondaire *(ou* asservi) *(noms parfois donnés à un ordinateur satellite, notamment lorsque celui-ci n'est pas éloigné de l'ordinateur principal) (ne pas employer « ordinateur esclave ») (cf. aussi* remote computer).

slave-mode operation *cf.* slave operation.

slave operation fonctionnement avec asservissement *(fonctionnement d'un ou plusieurs dispositifs, appareils ou systèmes asservis à un autre) (alim, etc.) (cf. aussi* master-slave operation).

slave processor *cf.* slave computer.

slave signal signal synchronisé *(signal dont la phase est asservie à celle d'un autre signal) (radionav, etc.) (cf. aussi* phase (a)).

slave state état d'asservissement *(état d'un dispositif asservi) (cf. aussi* slave operation).

slave station 1) station asservie, station secondaire *(éviter d'employer « station esclave ») (station de radionavigation dont les instants d'émission suivent ceux d'une autre station avec un intervalle de temps déterminé) (cf. aussi* radio navigation station *et* master station). 2) station secondaire *(nom parfois donné à un terminal intelligent) (inf) (cf. aussi* intelligent terminal).

slave sweep base de temps asservie *(base de temps d'un récepteur de navigation à tube cathodique déclenchée par une impulsion émise par une station pilote et reçue par l'antenne pour fournir une référence de temps commune à tous les récepteurs utilisant les signaux du système de navigation considéré) (cf. aussi* time base (c) *et* master station).

slave transmitter émetteur asservi *(émetteur d'une station asservie) (radionav) (cf. aussi* slave station 1)).

slaved asservi *(cf. aussi* slave operation).

SLB *cf.* side-lobe blanking.

SLC 1) *cf.* side-lobe cancellation. 2) *cf.* straight-line capacitance. 3) *cf.* submarine laser communications.

sleeve 1) manchon *(isolant ou métallique). 2) fût *(dans une fiche de jack, tube métallique coulissant dans la douille du jack et compris entre le corps isolant et les contacts) (tél, etc.) (cf. aussi* sleeve wire *et* jack 1)).

sleeve aerial *(GB) cf.* sleeve antenna.

sleeve antenna antenne à tube *(antenne demi-onde verticale formée d'une tige montée au sommet d'un tronçon de tube vertical de diamètre relativement grand et isolée de celui-ci) (cf. aussi* half-wave antenna).

sleeve wire fil de masse *(au sens du terme anglais, fil reliant la douille d'un jack à la masse) (cf. aussi* sleeve 2) *et* ground[1] 1)).

sleeving *cf.* sleeve 1).

slew *v* tourner de façon continue *(moteur pas-à-pas, antenne de radar, etc.) (cf. aussi* slewing mode).

slew mode *cf.* slewing mode.

slew range plage de rotation continue *(intervalle des vitesses de rotation continue d'un moteur pas-à-pas) (cf. aussi* slewing mode).

slew rate 1) vitesse de balayage *(vitesse maximale d'accroissement de la tension de sortie d'un amplificateur opérationnel quand l'entrée est attaquée par un signal en échelon) (est exprimée en volts par microseconde, V/µs) (cf. aussi* operational amplifier *et* step input). 2) *cf.* slewing rate.

slewer *cf.* operational amplifier.

slewing 1) déplacement de la plume *(enregistreur graphique) (cf. aussi* graphic recorder). 2) rotation continue *(moteur pas-à-pas) (cf. aussi* slewing mode). 3) balayage rapide *(antenne de radar) (cf. aussi* radar scan). 4) balayage *(ampli. opérationnel) (cf. aussi* slew rate).

slewing mode mode de rotation continue *(mode de fonctionnement d'un moteur pas-à-pas dans lequel le rotor ne s'arrête pas entre deux impulsions d'alimentation successives) (est obtenu lorsque la fréquence de récurrence des impulsions d'alimentation est suffisamment grande) (cf. aussi* stepper motor).

slewing motor servomoteur de rotation *(servomoteur commandant la rotation de l'antenne d'un radar dans le plan horizontal) (cf. aussi* servomotor).

slewing rate 1) cadence de fonctionnement *(généralement en mode de rotation continue) (moteur pas-à-pas) (cf. aussi* running rate *et* slewing mode). 2) *cf.* slew rate 1)).

slewing speed 1) vitesse de déplacement de la plume *(enregistreur graphique) (cf. aussi* graphic recorder). 2) vitesse de rotation *(antenne de radar) (cf. aussi* slewing 3)).

SLF *cf.* straight-line frequency.

SLI *cf.* sidelobe inhibit.

SLIC *(vient de « subscriber-line interface circuit »)* joncteur d'abonné *(ou de ligne d'abonné) (dans un central téléphonique public numérique, circuit intégré numérique connecté à l'extrémité d'une ligne d'abonné pour permettre le raccordement de celle-ci à l'autocommutateur) (assure l'alimentation de la ligne pour le microphone de l'abonné, la protection des circuits électroniques d'entrée de l'autocommutateur contre les surtensions accidentelles en ligne, la fourniture du courant de sonnerie à destination de l'abonné, la réception des signaux d'appel de l'abonné, la fonction termineur, la ligne d'abonné ayant deux fils et les circuits du central ayant deux fils par sens de transmission, et le « test » d'occupation de la ligne) (tls) (cf. aussi* subscriber channel unit, digital telephone exchange, telephone switch, subscriber line, digital integrated circuit, dialling, terminating set *et* interface[1] 2)).

slice 1) *cf.* wafer 2). 2) *cf.* bit slice. 3) *cf.* time slot.

slicer limiteur à seuil *(cf. aussi* clipper-limiter).

slicing sciage des plaquettes (à gravure) *(fab. semi) (cf. aussi* wafer 2)).

slide pot *(fam) cf.* slide potentiometer.

slide potentiometer potentiomètre à glissière *(potentiomètre commandé par un bouton à glissière, c.-à-d. potentiomètre dans lequel le curseur se déplace le long d'un élément résistant rectiligne) (cf. aussi* potentiometer 1) *et* sliding knob).

slide-rule dial cadran rectiligne *(cadran d'accord ou autre à une ou plusieurs échelles rectilignes devant lesquelles l'aiguille se déplace d'un mouvement de translation) (cf. aussi* tuning dial).

slide scanner analyseur de diapositives *(TV) (cf. aussi* flying-spot scanner).

slide switch interrupteur à glissière, *(parf.)* inverseur à glissière, *(parf.)* commutateur à glissière *(interrupteur, inverseur ou commutateur commandé par un bouton à glissière) (cf. aussi* switch[1] *et* sliding knob).

slide-wire résistance variable à glissière *(terme générique couvrant un type de potentiomètre d'asservissement et le rhéostat tubulaire) (cf. aussi* slide-wire potentiometer *et* slide-wire rheostat).

slide-wire potentiometer potentiomètre d'asservissement *(le terme anglais est le nom donné, concurremment à « slide-wire », dans cette langue au potentiomètre d'asservissement d'un enregistreur potentiométrique) (cf. aussi* slide-wire *et* potentiometer recorder).

slide-wire rheostat rhéostat tubulaire *(rhéostat dans lequel le curseur se déplace d'un mouvement de translation le long d'un ou plusieurs tubes isolants sur lesquels le fil résistant est bobiné) (dans les modèles pour faibles puissances, le curseur est commandé directement par un bouton qu'il porte) (dans les modèles pour puissances relativement grandes et notamment les modèles à deux, trois ou quatre tubes portant autant d'éléments résistants montés en parallèle et sur lesquels frotte un curseur.à deux, trois ou quatre contacts, respectivement, le curseur est commandé par une tige filetée entraînée en rotation par un petit volant actionné à la main) (est utilisé principalement comme appareil de laboratoire) (cf. aussi* rheostat).

slider 1) curseur *(contact glissant sur l'élément résistant d'un potentiomètre ou d'un rhéostat en exerçant une pression déterminée sur celui-ci) (dans un potentiomètre, le curseur prélève la tension voulue le long de l'élément résistant ; dans un rhéostat, il règle la valeur de la résistance insérée dans le circuit à l'aide de celui-ci) (cf. aussi* multifingered slider, potentiometer 1) *et* rheostat). 2) *cf.* slide potentiometer.

slider noise bruit du curseur, *(souvent aussi)* bruit de rotation *(bruit électrique produit par le déplacement du curseur d'un potentiomètre sur l'élément résistant (est dû à l'irrégularité de la résistance de contact entre les deux organes et, dans un potentiomètre bobiné, aux discontinuités mécaniques) (cf. aussi* noise 2) (a), slider 1) *et* mechanical jump).

slidewire *cf.* slide-wire. *(plus haut).*

sliding contact contact glissant *(contact mobile se déplaçant par translation dans le plan de la surface de contact) (contact mobile de commutateur, de nombreux interrupteurs et inverseurs, curseur, frotteur de captation de courant, etc.) (est autonettoyant par nature) (cf. aussi* slider 1), wiping contact *et* contact (a)).

sliding knob bouton à glissière, bouton à translation *(bouton de commande actionné en le faisant glisser suivant une droite dans une fente ou non) (interrupteur, inverseur, commutateur, rhéostat et notamment potentiomètre) (cf. aussi* slide potentiometer *et* rotary knob).

sliding load charge réglable, charge adaptée réglable *(charge adaptée hyperfréquence dans laquelle la position axiale de l'élément absorbant peut être réglée en tournant un bouton pour parfaire l'adaptation) (cf. aussi* coaxial sliding load, waveguide sliding load *et* matched load (b)).

sliding short court-circuit réglable, court-circuit en guide réglable, court-circuit hyperfréquence réglable *(court-circuit en guide d'ondes dans lequel la position axiale du piston peut être réglée en tournant un bouton pour faire varier la position du plan de référence) (hyper) (cf. aussi* waveguide short).

sliding termination *cf.* sliding load.

slip-cast fused-silica radome radome en silice vitreuse coulée en barbotine *(radome à haute résistance à l'abrasion par les précipitations atmosphériques pour avion supersonique) (radar) (cf. aussi* radome).

slip glissement *(en électrotechnique, différence entre la vitesse de synchronisme et la vitesse de rotation effective du rotor d'un moteur asynchrone) (est généralement inférieur à 5 % de la vitesse de synchronisme lorsque le moteur tourne à vide et augmente légèrement en charge) (est due au principe de fonctionnement du moteur asynchrone et ne peut, par conséquent, être nulle) (cf. aussi* synchronous speed *et* induction motor).

slip ring bague collectrice *(bague conductrice isolée calée sur un arbre et sur laquelle appuie un balai ou une lamelle conductrice) (sert à assurer la continuité électrique d'un circuit comportant une partie tournante) (alternateur ou magnéto à induit tournant, alternateur à rotor inducteur excité, moteur asynchrone à bagues, etc.).

slip-ring induction motor moteur asynchrone à bagues *(élt) (cf. aussi* wound-rotor induction motor).

slip-ring motor moteur à bagues *(moteur électrique portant deux ou plusieurs bagues collectrices sur son arbre connectées au bobinage du rotor à diverses fins) (ce terme désigne généralement un moteur asynchrone à bagues, mais couvre également le moteur synchrone ordinaire) (élt) (cf. aussi* wound-rotor induction motor, synchronous motor *et* slip ring).

SLO *cf.* sweeping local oscillator.

slope pente *(d'une courbe de réponse, etc.) (cf. aussi* slope sign, transconductance *et* roll-off rate).

slope polarity *cf.* slope sign.

slope sign signe de la pente *(fonction) (cf. aussi* positive slope, negative slope *et* derivative).

slot 1) fente *(de guide d'ondes ou autre élément).* 2) encoche *(rainure de section rectangulaire ménagée en nombre variable dans la partie statorique et souvent la partie rotorique du circuit magnétique d'une machine électrique tournante pour recevoir un ou, plus souvent, plusieurs conducteurs appartenant à autant de spires d'un enroulement) (cf. aussi* magnetic circuit). 3) *cf.* time slot.

slot aerial *(GB) cf.* slot antenna.

slot antenna fente rayonnante *(antenne d'émission hyperfréquence constituée par une fente à bords parallèles pratiquée dans une des parois d'un guide d'ondes à section rectangulaire et orientée de telle façon qu'elle coupe les lignes de courant dans la paroi à l'endroit considéré) (la fente coupant des lignes de courant, elle constitue une impédance aux bornes de laquelle (c.-à-d. entre ses deux bords) apparaît une tension alternative à la fréquence de l'onde dans le guide ; cette tension hyperfréquence crée un champ électrique de même fréquence, donc une onde électromagnétique, également de même fréquence, dont la direction de propagation est perpendiculaire au plan de la fente) (est généralement utilisée en groupe) (cf. aussi* slot array, rectangular waveguide, line of electric flux, impedance *et* electromagnetic wave).

slot array groupement de fentes (rayonnantes) *(groupe de fentes rayonnantes disposées et excitées de façon déterminée pour obtenir une directivité suffisante) (cf. aussi* slot antenna, directivity (a) *et* array).

slot-array aerial (GB) cf. slot-array antenna.

slot-array antenna antenne à fentes (antenne hyperfréquence utilisant un groupement de fentes) (cf. aussi slot array).

slot coupling couplage par fente (couplage entre une ligne coaxiale et un guide d'ondes assuré par une fente pratiquée dans le conducteur extérieur de la ligne coaxiale et dans la paroi du guide d'ondes) (hyper) (cf. aussi coupling 1) (a), coaxial line et waveguide).

slot-line antenna (ou **aerial**) cf. slot antenna.

slot mask masque à fentes (masque de tube à masque dans lequel les perforations sont remplacées par des fentes verticales) (est utilisé notamment dans le Trinitron) (récepteur TVC) (cf. aussi shadow-mask tube et Trinitron).

slot radiator (antenna ou aerial) cf. slot antenna.

slotted antenna (ou **aerial**) cf. slot antenna.

slotted guide cf. slotted waveguide.

slotted line ligne de mesure (dispositif hyperfréquence permettant de mesurer le rapport d'ondes stationnaires d'un composant hyperfréquence par déplacement d'une sonde suivant l'axe d'un tronçon de ligne de transmission hyperfréquence à une extrémité duquel est monté le composant) (cf. aussi slotted-line probe, waveguide slotted line, coaxial slotted line, standing-wave ratio, microwave component, probe[1] (b) et microwave transmission line).

slotted-line measurement mesure sur ligne de mesure (hyper) (cf. aussi slotted line).

slotted-line probe sonde de ligne de mesure (petite tige introduite plus ou moins profondément dans le tronçon de mesure d'une ligne de mesure, dans l'axe de celui-ci et perpendiculairement à cet axe, pour servir d'antenne réceptrice convertissant en courant hyperfréquence le champ électrique de l'onde stationnaire au point où elle se trouve) (hyper) (cf. aussi slotted section et standing-wave detector).

slotted-line section cf. slotted section.

slotted measuring section cf. slotted section.

slotted planar-array aerial cf. slot array antenna.

slotted planar-array antenna cf. slot-array antenna.

slotted section tronçon de mesure (tronçon de guide d'ondes ou de ligne coaxiale spéciale dans lequel se déplace la sonde d'une ligne de mesure) (hyper) (cf. aussi waveguide slotted section, coaxial slotted section et slotted line).

slotted waveguide guide d'ondes à fente(s), guide à fente(s) (guide d'ondes comportant une ou plusieurs fentes, c.-à-d. antenne à fente(s) ou tronçon de mesure en guide d'ondes) (hyper) (cf. aussi slot antenna, waveguide slotted section et waveguide).

slotted-waveguide array groupement de guides d'ondes à fente(s) (antenne d'émission hyperfréquence) (cf. aussi slotted waveguide et antenna array).

slow-access memory (ou **storage**) cf. slow memory.

slow-acting relay cf. slow-operate relay.

slow-action relay relais temporisé (cf. aussi time-delay relay).

slow-blow fuse fusible à action retardée, fusible retardé (fusible pouvant supporter, pendant un temps très court, une intensité de courant très supérieure à sa valeur de fusion pour éviter de fondre lors de la mise sous tension d'une charge produisant un grand appel de courant telle qu'une charge capacitive) (cf. aussi current surge 2)).

slow fading évanouissement progressif (ou par masquage) (dans le récepteur d'un radiotéléphone de véhicule, diminution progressive de l'amplitude du signal reçu au fur et à mesure du passage du véhicule derrière un obstacle naturel ou un immeuble) (radiocom) (cf. aussi land mobile service et fading).

slow frequency hopping sauts de fréquence à basse fréquence (ou lents), sauts à basse fréquence (idem) (sauts de fréquence séparés par des intervalles de temps relativement longs) (radar, radio) (mil) (cf. aussi frequency hopping).

slow hopper émetteur à sauts lents, (etc.) (émetteur à sauts de fréquence à basse fréquence) (mil) (cf. aussi slow frequency hopping).

slow hopping cf. slow frequency hopping.

slow line ligne à faible débit, (etc.) (ligne de transmission de données à 50 bauds ou, dans une moindre mesure, à 200 bauds) (télinf) (cf. aussi transmission rate, data link et baud).

slow memory mémoire lente, mémoire à long temps d'accès (ces termes désignent généralement une mémoire auxiliaire d'ordinateur, mais peuvent également désigner une mémoire numérique quelconque lente en valeur relative) (inf) (cf. aussi auxiliary storage, access time et digital memory).

slow motion ralenti (cinéma, magnétoscope) (cf. aussi slow-motion playback).

slow-motion playback ralenti, reproduction au ralenti (mode de fonctionnement d'un magnétoscope produisant un ralentissement des mouvements sur l'écran comme au cinéma) (cf. aussi video tape recorder).

slow-moving signal cf. slow-varying signal.

slow-operate relay relais temporisé à l'appel (relais temporisé dans lequel la temporisation agit lors de l'appel) (cf. aussi time-delay relay et pull-in 1)).

slow-operating relay cf. slow-operate relay.

slow-release relay relais temporisé au relâchement (relais temporisé dans lequel la temporisation agit lors du relâchement) (cf. aussi time-delay relay et release[1] 2)).

slow-releasing relay cf. slow-release relay.

slow-scan television télévision à balayage lent (transmission d'images fixes par télévision avec analyse d'une image durant plusieurs secondes pour réduire la largeur de bande du signal vidéo pour pouvoir transmettre le signal complet par une ligne téléphonique ordinaire) (l'écran du tube image du récepteur doit avoir une persistance au moins égale à la durée d'une analyse complète de l'image transmise pour ne pas que le haut de celle-ci s'estompe ou disparaisse avant que le bas soit reproduit) (tls) (cf. aussi bandwidth 1) et television signal).

slow storage cf. slow memory.

slow-sweep display visualisation avec balayage lent (oscillo) (cf. aussi sweep[1] 1) et display[1] 1)).

slow wave onde lente (onde électromagnétique dont la vitesse de propagation est nettement inférieure à celle de la lumière) (tube hyper) (cf. aussi electromagnetic wave, velocity of light et slow-wave structure).

slow-wave circuit cf. slow-wave structure.

slow-wave electron tube cf. slow-wave tube.

slow-wave structure ligne à onde lente (ou à retard), structure (idem) (dispositif réduisant la vitesse de propagation d'une onde électromagnétique de très courte longueur dans une direction déterminée dans certains tubes hyperfréquence) (est constituée par une hélice, une ligne interdigitée, une suite de cavités résonantes ou un bloc de diélectrique spécial) (réduit la vitesse de l'onde à une valeur comparable à celle des électrons du faisceau pour que ceux-ci puissent lui céder de l'énergie) (cf. aussi helix, interdigital line, cavity resonator, dielectric[1], slow wave, slow-wave tube et delay line).

slow-wave tube tube à onde lente, tube hyperfréquence (idem) (tube hyperfréquence dans lequel l'onde électromagnétique représentant le signal à amplifier ou entretenir est une onde lente créée par une structure appropriée) (tube à onde progressive, carcinotron, etc.) (cf. aussi slow wave, travelling-wave tube, carcinotron et microwave tube).

slowly changing ... cf. slowly warying ... (pour les termes qui ne figurent pas ci-après).

slowly changing phenomenon phénomène à évolution lente (phénomène étudié notamment à l'aide d'un oscilloscope à mémoire) (cf. aussi slowly varying signal et storage oscilloscope).

slowly varying analog signal cf. slowly varying signal.

slowly varying signal signal à variation lente (ou variant lentement), signal analogique (idem) (signal analogique dont l'amplitude varie lentement, c.-à-d. tension à variation lente) (représente souvent un phénomène à évolution lente) (enregistrement sur enregistreur graphique, visualisation sur oscilloscope, etc.) (cf. aussi analog signal, amplitude et slowly changing phenomenon).

slowly varying voltage tension à variation lente, tension variant lentement (tension constituant généralement un signal à variation lente) (cf. aussi voltage et slowly varying signal).

SLP process cf. single-level polysilicon process.

SLS cf. side-lobe suppression.

slug 1) spire de silence (relais) (cf. aussi shading ring). 2) anode frittée (massive) (condensateur) (cf. aussi sintered anode). **3)** noyau réglable *(bobinage haute fréquence) (cf. aussi* tuning core). **4)** sonde d'adaptation, sonde d'accord *(le second terme est impropre, mais courant) (tige métallique cylindrique pouvant être enfoncée plus ou moins dans un guide d'ondes rectangulaire aux fins d'adaptation d'impédance) (la tige est montée dans l'axe d'un grand côté du guide d'ondes et créée une réactance capacitive si sa longueur à l'intérieur du guide est inférieure à* λ /4, *c.-à-d. au quart de la longueur de l'onde dans celui-ci, un effet de résonance, c.-à-d. une réactance nulle, si sa longueur est égale à* λ /4 *ou une réactance positive si elle est supérieure à* λ /4) *(cf. aussi* rectangular waveguide, impedance matching, capacitive reactance, resonance *et* inductive reactance).

slug-tuned **1)** accordé par noyau réglable *(cf. aussi* slug tuning 1)). **2)** adapté par sonde réglable *(cf. aussi* slug 4)).

slug tuner dispositif d'adaptation à sonde réglable, adaptateur à sonde réglable *(hyper) (cf. aussi* slug 4)).

slug tuning **1)** accord par noyau réglable *(accord d'un circuit oscillant obtenu en vissant ou dévissant un noyau réglable disposé au centre du bobinage du circuit) (cf. aussi* tuning *et* tuning core). **2)** adaptation par sonde réglable *(hyper) (cf. aussi* slug 4)).

SLW *cf.* straight-line wavelength.

small amplitude petite amplitude, faible amplitude *(signal, onde) (cf. aussi* amplitude).

small-amplitude signal *cf.* small signal.

small amplitude variation petite variation d'amplitude, faible *(idem) (signal, onde, etc.) (cf. aussi* amplitude).

small-amplitude variation variation de faible amplitude, petite variation, faible variation *(de la valeur d'une grandeur variable) (cf. aussi* amplitude *et* variable quantity).

small computer petit ordinateur, ordinateur de faible puissance *(inf) (cf. aussi* computer 2) *et* processing power).

small-gain amplifier amplificateur à faible gain *(cf. aussi* gain 1)).

small-scale computer *cf.* small computer.

small-scale IC *cf.* SSI circuit.

small-scale integrated circuit *cf.* SSI circuit.

small-scale integration intégration à faible densité (de composants), petite intégration, SSI *(intégration d'un petit nombre de transistors dans le substrat d'un circuit intégré monolithique) (semi) (cf. aussi* integration density).

small-scale integration ... *cf.* SSI ...

small-screen color television television en couleurs sur petit écran *(clpf) (cf. aussi* direct-view television).

small-screen color TV *cf.* small-screen color television.

small-screen television télévision sur petit écran *(clpf) (cf. aussi* direct-view television).

small-screen TV *cf.* small-screen television.

small signal petit signal, signal de faible amplitude *(ou à* faible amplitude), signal à bas niveau *(tension variable de faible amplitude, courant variable de faible intensité ou onde électromagnétique ou acoustique de faible amplitude) (les deux premiers cas — petit signal électrique — sont les acceptions les plus courantes de ces termes, le second étant le cas considéré dans la « commutation de petits signaux ») (exemples de petits signaux électriques : signal téléphonique, signal fourni par un capteur de mesure, signal logique) (cf. aussi* signal[1], amplitude, level 1) *et* small-signal switching).

small-signal amplification amplification de petits signaux, *(etc.) (amplification réalisée par un amplificateur de petits signaux) (cf. aussi* small signal *et* small-signal amplifier).

small-signal amplifier amplificateur de petits signaux *(ou de* signaux à bas niveau) *(amplificateur de tension utilisant un transistor pour petits signaux ou, anciennement, amplificateur de tension à tube électronique équivalent) (cf. aussi* voltage amplifier, small-signal transistor *et* small signal).

small-signal analysis anayse en régime linéaire *(analyse du fonctionnement d'un dispositif électronique excité de telle façon qu'il fonctionne en régime linéaire) (cf. aussi* small-signal operation).

small-signal bandwidth bande passante en petits signaux *(ou* pour les petits signaux) *(bande passante d'un amplificateur pour les petits signaux) (la bande passante d'un amplificateur est toujours plus large pour les petits signaux que pour les*

signaux de grande amplitude, la déformation d'un signal amplifié en fonction de la fréquence augmentant avec son amplitude) *(cf. aussi* bandwidth 2) *et* small signal).

small-signal bipolar *cf.* small-signal bipolar transistor.

small-signal bipolar transistor transistor bipolaire pour petits signaux *(semi) (cf. aussi* bipolar transistor *et* small-signal transistor).

small-signal conditions régime de petits signaux *(cf. aussi* small-signal operation *et* operating conditions).

small-signal current gain gain en courant en régime linéaire *(gain en courant d'un amplificateur à transistor bipolaire ou autre fonctionnant en régime linéaire) (cf. aussi* current gain *et* small-signal operation).

small-signal FET *cf.* small-signal field-effect transistor.

small-signal field-effect transistor transistor à effet de champ pour petits signaux, TEC pour petits signaux *(semi) (cf. aussi* field-effect transistor *et* small-signal transistor).

small-signal gain gain en régime linéaire, gain en petits signaux *(gain en tension ou en courant d'un amplificateur fonctionnant en régime linéaire) (cf. aussi* gain 1) *et* small-signal operation).

small-signal IC *cf.* small-signal integrated circuit.

small-signal integrated circuit circuit intégré pour petits signaux *(circuit intégré analogique ne comportant que des transistors pour petits signaux) (clpf) (cf. aussi* analog integrated circuit *et* small-signal transistor).

small-signal measurement mesure de petits signaux *(cf. aussi* small signal *et* measurement).

small-signal noise factor *cf.* small-signal noise figure.

small-signal noise figure facteur de bruit en petits signaux *(facteur de bruit d'un amplificateur fonctionnant en petits signaux) (cf. aussi* noise figure *et* small-signal operation).

small-signal npn transistor *(ou* **bipolar transistor***)* transistor NPN pour petits signaux *(semi) (cf. aussi* npn transistor *et* small-signal transistor).

small-signal operation fonctionnement en petits signaux *(ou* en régime de petits signaux) *(fonctionnement d'un transistor, d'un amplificateur ou autre dispositif auquel est appliqué un signal d'entrée d'amplitude suffisamment petite pour qu'il reste dans les limites de la partie rectiligne de la caractéristique du dispositif) (est le régime de fonctionnement linéaire le plus courant, mais un dispositif peut avoir un fonctionnement linéaire avec de grands signaux) (cf. aussi* small signal, linear operation *et* characteristic 2)).

small-signal pnp transistor *(ou* **bipolar transistor***)* transistor PNP pour petits signaux *(semi) (cf. aussi* PNP transistor *et* small-signal transistor).

small-signal response réponse en petits signaux *(réponse d'un amplificateur fonctionnant en régime de petits signaux) (cf. aussi* response *et* small-signal operation).

small-signal switching (la) commutation de petits signaux *(commutation d'un circuit transmettant des petits signaux) (cf. aussi* switching 1) (a) *et* small signal).

small-signal switching applications applications de commutation de petits signaux *(applications de l'électronique nécessitant la commutation de petits signaux) (cf. aussi* small-signal switching *et* application).

small-signal switching circuit circuit de commutation de petits signaux *(cf. aussi* small-signal switching).

small-signal switching device dispositif de commutation pour petits signaux *(dispositif conçu pour assurer la commutation de petits signaux) (ce terme désigne généralement un dispositif à semiconducteur pour commutation de petits signaux, mais peut également désigner un relais miniature, notamment) (cf. aussi* small-signal switching, small-signal switching semiconductor device *et* miniature relay).

small-signal switching semiconductor device dispositif à semiconducteur pour commutation de petits signaux, *(souvent)* composant *(idem) (dispositif à semiconducteur conçu pour assurer la commutation de petits signaux) (ces termes désignent un transistor de commutation pour petits signaux ou une diode de commutation) (cf. aussi* small-signal switching, small-signal switching transistor, switching diode *et* semiconductor device).

small-signal switching transistor transistor de commutation pour petits signaux *(nom donné à un transistor pour petits signaux conçu pour être utilisé comme transistor de commutation)* (cf. aussi small-signal transistor *et* switching transistor).

small-signal transistor transistor pour petits signaux *(ou* pour signaux à bas niveau) *(transistor conçu pour assurer l'amplification ou la commutation de petits signaux, ne mettant donc en jeu qu'une puissance négligeable) (en l'absence de précisions, le terme « transistor » désigne généralement un transistor pour petits signaux) (sdpo à « transistor de puissance »)* (cf. aussi transistor, small signal *et* power[1] 1)).

small-signal vertical pnp transistor transistor PNP vertical pour petits signaux *(CI)* (cf. aussi vertical pnp transistor *et* small-signal transistor).

smart aiming guidage laser *(mil)* (cf. aussi laser guidance).

smart bomb bombe planante *(mil)* (cf. aussi glide bomb).

smart chip puce intelligente *(ce terme, amusant en français, désigne une puce de circuit intégré numérique exécutant une fonction complexe ou très complexe et notamment une puce de micro-ordinateur, de microprocesseur, de traitement de signaux ou de convertisseur de signaux)* (cf. aussi chip 1), digital integrated circuit *et* complex function).

smart dispenser lance-leurres intelligent *(lance-leurres d'aéronef équipé d'un ou plusieurs détecteurs de menaces, notamment d'un détecteur de radars, et des circuits associés pour former un système d'autoprotection autonome) (est généralement réalisé sous la forme d'une nacelle de contre-mesures) (mil)* (cf. aussi chaff dispenser, self-protection system *et* ECM pod).

smart instrument appareil intelligent *(nom parfois donné à un appareil de mesure ou autre commandé par microprocesseur)* (cf. aussi microprocessor-controlled).

smart jammer brouilleur intelligent *(brouilleur classé dans les appareils intelligents) (mil)* (cf. aussi jammer *et* smart instrument).

smart jamming brouillage intelligent *(brouillage opéré par un brouilleur intelligent)* (cf. aussi jamming *et* smart jammer).

smart jamming technique méthode de brouillage intelligent, procédé *(idem) (mil)* (cf. aussi smart jamming).

smart missile cf. guided missile.

smart module module intelligent *(module contenant une ou plusieurs puces intelligentes) (CH)* (cf. aussi module (a) *et* smart chip).

smart multimode jammer brouilleur multimode intelligent *(brouilleur multimode classé dans les brouilleurs intelligents) (mil)* (cf. aussi multimode jammer *et* smart jammer).

smart noise bruit intelligent *(signal émis par un brouilleur à bruit intelligent) (mil)* (cf. aussi smart noise jammer).

smart noise jammer brouilleur à bruit intelligent *(ou du type intelligent) (brouilleur à bruit classé dans les brouilleurs intelligents) (mil)* (cf. aussi noise jammer *et* smart jammer).

smart noise jamming brouillage par bruit intelligent *(brouillage opéré par un brouilleur à bruit intelligent) (mil)* (cf. aussi smart noise jammer).

smart noise jamming mode mode de brouillage par bruit intelligent, mode de bruit intelligent *(un des modes de fonctionnement d'un brouilleur multimode intelligent) (mil)* (cf. aussi smart noise jamming *et* smart multimode jammer).

smart noise mode cf. smart noise jamming mode.

smart projectile cf. smart weapon. *(ce terme étant le plus employé).*

smart seeker autodirecteur intelligent *(mil)* (cf. aussi homing head *et* VHSIC circuit).

smart sensor capteur intelligent, capteur à microprocesseur *(capteur contenant un microprocesseur effectuant un traitement numérique du signal fourni par l'élément sensible avant son application aux bornes de sortie du capteur) (mesure, détection)* (cf. aussi sensor, microprocessor *et* signal processing (b)).

smart terminal terminal intelligent *(inf)* (cf. aussi intelligent terminal).

smart weapon engin autoguidé *(mil)* (cf. aussi homing weapon).

smectic liquid crystals cristaux liquides smectiques *(ou* en phase smectique), cristaux smectiques *(idem) (cristaux liquides parallèles entre eux et disposés bout à bout sans décalage axial entre deux colonnes voisines, c.-à-d. formant des couches régulières dont l'épaisseur est égale à longueur d'un cristal) (afficheur)* (cf. aussi liquid crystal).

smectic material liquide smectique *(liquide composé de cristaux liquides smectiques)* (cf. aussi smectic liquid crystals).

Smith chart abaque de Smith *(diagramme en coordonnées polaires représentant le comportement de certains composants hyperfréquence en fonction du coefficient de réflexion de la charge) (comporte des cercles de résistance constante, des cercles de réactance constante et des cercles de rapport d'ondes stationnaires constant)* (cf. aussi Rieke diagram, polar coordinates, microwave component, reflection coefficient, reactance *et* standing-wave ratio).

smoke screen écran de fumée *(contre-mesure de camouflage d'une cible attaquée par un engin supposé être équipé d'un autodirecteur optique) (mil)* (cf. aussi optical seeker *et* concealment countermeasures).

smooth v lisser, *(parf.)* filtrer (cf. aussi smoothing).

smooth control commande progressive, *(souvent)* réglage progressif *(réglage effectué à l'aide d'un potentiomètre hélicoïdal ou démultiplié, d'un condensateur variable démultiplié ou d'un noyau magnétique réglable par vis, etc.).*

smoothing lissage (a) *élimination plus ou moins complète des irrégularités de résultats de mesure permettant de construire une courbe représentant la variation effective de la grandeur mesurée)* (cf. aussi standard deviation) ; (b) *nom parfois donné au filtrage d'un courant unidirectionnel)* (cf. aussi smoothing filter).

smoothing choke bobine de lissage, inductance de lissage, inductance de filtre d'alimentation (cf. aussi ripple filter).

smoothing circuit cf. smoothing filter.

smoothing coil cf. smoothing choke.

smoothing factor taux d'ondulation (résiduelle) *(filtre d'alimentation)* (cf. aussi ripple factor).

smoothing filter filtre de lissage *(alim, etc.)* (cf. aussi ripple filter).

smoothing inductor cf. smoothing choke.

smoothing unit cf. smoothing filter.

SMPS cf. switching-mode power supply.

SMPTE cf. Society of Moving Picture and Television Engineers.

snap-action loading spring ressort de basculement *(ressort à boudin ou autre provoquant le basculement brusque du ou des contacts mobiles d'un interrupteur à passage de point mort)* (cf. aussi snap-action switch).

snap-action switch interrupteur à passage de point mort *(interrupteur à rupture brusque dans lequel tant la fermeture que l'ouverture est brusque, ce qui est le cas général) (le terme anglais désigne parfois un interrupteur de fin de course ou, parfois, un bouton-poussoir fonctionnant ainsi)* (cf. aussi quick-break switch *et* limit switch).

snap-in jack cf. snap-in socket.

snap-in socket douille à encliqueter *(douille de circuit imprimé munie de deux ou trois fils ou languettes élastiques le long du fût pour assurer son maintien dans le trou de la carte par encliquetage)* (cf. aussi pin socket).

snap-in switch interrupteur à encliqueter *(ou* à emboîter par l'avant) *(interrupteur fixé par emboîtement dans une ouverture pratiquée dans une platine avant ou un autre panneau et maintenu en place par des bossages à ressort métalliques ou plastiques qui s'écartent une fois passée la platine, réalisant ainsi un encliquetage).*

snap-off diode diode à coupure brusque *(semi)* (cf. aussi step-recovery diode).

snap-off varactor cf. snap varactor.

snap-on ammeter pince ampèremétrique *(ampèremètre pour courant alternatif équipé d'un transformateur d'intensité dont le circuit magnétique forme une boucle articulée s'ouvrant pour la passer autour d'un conducteur parcouru par un courant alternatif dont on veut mesurer l'intensité sans être obligé de déconnecter ou couper le conducteur) (est pratique mais peu précis et sert surtout en électrotechnique)* (cf. aussi ac ammeter *et* current transformer).

snap switch cf. snap-action switch.

snap varactor diode varicap à coupure brusque *(semi) (cf. aussi* step-recovery varactor).

sneak path trajet caché *(couplage capacitif parasite dans un circuit intégré numérique) (peut produire des changements intempestifs d'états de circuits logiques) (inf) (cf. aussi* capacitive coupling 1) *et* digital integrated circuit).

Snell's law loi de Snell, loi de Snell van Roijen *(ou van Royen) (le premier terme est le plus employé) (noms parfois donnés à la seconde loi de la réfraction, du nom du géomètre hollandais ayant découvert ces lois) (optique, propa) (cf. aussi* refraction laws).

sniperscope télescope infrarouge *(monté sur une carabine) (cf. aussi* snooperscope).

snooperscope télescope infrarouge *(lunette de visée infrarouge utilisée avec une arme feu et permettant de distinguer la cible dans l'obscurité) (comprend essentiellement un projecteur infrarouge, un convertisseur d'image infrarouge et une alimentation) (les rayons infrarouges réfléchis par la cible à son insu permettent de former une image grossière de celle-ci sur la fenêtre de sortie du tube) (mil, chasse) (cf. aussi* infrared projector *et* infrared image converter).

snow neige *(points blancs parasites apparaissant sur l'écran d'un récepteur de télévision, surtout lorsque l'amplitude du signal reçu est insuffisante) (cet effet est dû au bruit propre des circuits de l'appareil) (cf. aussi* internal noise).

SNR *cf.* signal-to-noise ratio.

SNR enhancement *cf.* signal-to-noise enhancement.

snubber *cf.* snubber capacitor.

snubber capacitor condensateur d'amortissement *(condensateur d'un circuit d'amortissement) (cf. aussi* snubber circuit).

snubber circuit circuit d'amortissement *(nom souvent donné à un montage formé d'un condensateur et d'une résistance en série, l'ensemble étant monté aux bornes principales d'un transistor de commutation de puissance ou d'un thyristor débitant sur une charge inductive pour réduire le dV/dt dû à la tension de rupture en compensant partiellement l'inductance de la charge) (alim. déc) (cf. aussi* power switching transistor, silicon controlled rectifier, inductive load, dV/dt *et* inductive voltage spike).

snubber network *cf.* snubber circuit.

snubber resistor résistance d'amortissement *(résistance d'un circuit d'amortissement) (cf. aussi* snubber circuit).

SO *(vient de « shift-out »)* SO, passage en code spécial *(caractère de commande de transmission faisant passer une imprimante du jeu de caractères du code normalisé à un jeu de caractères supplémentaires, ce qui double le nombre de caractères significatifs pouvant être transmis à l'aide d'un code télégraphique déterminé) (produit le même effet que la touche «'majuscules » d'une machine à écrire, laquelle double le nombre de caractères pouvant être imprimés avec les touches du clavier) (trans. données) (cf. aussi* control character, printer 1) *et* telegraph code).

SO character caractère de code spécial, caractère SO *(cf. aussi* SO).

SOA *cf.* safe operating area.

Society of Motion Picture and Television Engineers Société américaine des Ingénieurs en Cinéma et Télévision, SMPTE *(société scientifique américaine œuvrant dans les domaines du cinéma et de la télévision).*

socket **1)** douille (a) *pièce métallique tubulaire ou fonctionnellement équivalente destinée à recevoir une broche ou une fiche pour établir une connexion électrique) (douille de prise de courant, douille banane, contact femelle de connecteur, jack, etc.) (cf. aussi* pin 1), banana jack, jack 1) *et* female contact) ; (b) *dispositif permettant de connecter instantanément une lampe électrique tout en la supportant) (douille à vis ou à bayonnette) (cf. aussi* electric lamp). **2)** support *(dispositif permettant de connecter instantanément un composant enfichable tout en le supportant) (comprend essentiellement un bloc isolant ou un assemblage de plaques isolantes muni d'un certain nombre de douilles disposées régulièrement à la périphérie de celui-ci) (support de tube électronique, de circuit intégré, etc.) (voir aussi* 1) (a) *ci-dessus) (cf. aussi* tube socket, integrated-circuit socket *et* plug-in component). **3)** socle (de connecteur) *(cf. aussi* connector socket).

socket adapter adaptateur de culot *(dispositif conçu pour être enfiché dans un support de tube électronique et recevoir un tube dont le brochage ne correspond pas à celui du support) (cf. aussi* tube socket *et* pinout).

socket board fond de panier *(appareil à cartes enfichables) (cf. aussi* backplane).

socketing emploi d'un support *(pour le montage d'un composant) (cf. aussi* socket 2)).

sodar *(vient de « sound detection and ranging »)* sondeur atmosphérique, sodar *(appareil dérivé du sonar émettant des impulsions sonores en direction du ciel et visualisant les échos reçus sur un écran cathodique pour détecter la présence d'une couche à grande différence de température de l'atmosphère d'après l'amplitude des échos reçus, celle-ci étant inversement proportionnelle à la température) (météo) (cf. aussi* sound pulse, ionosonde *et* sonar).

sodium contamination contamination par le sodium *(migration des ions de sodium contenus dans l'oxyde de grille d'un transistor MOS intégré vers l'interface métal/oxyde ou oxyde/silicium selon la polarité de la grille sous l'action de la tension de grille, ce qui modifie la tension de seuil) (ce défaut est combattu par dopage au phosphore, de l'oxyde si la grille est métallique, ou de la grille si elle est en polysilicium, les ions de phosphore immobilisant les ions de sodium) (cf. aussi* ion, gate oxide, threshold voltage, doping, phosphorus, metal gate *et* polysilicon gate).

sodium-vapor lamp lampe à vapeur de sodium *(lampe à décharge à atmosphère formée d'un mélange de néon et d'un peu d'argon et, en fonctionnement, de vapeurs de sodium fournissant la majeure partie du rayonnement lumineux émis) (comprend essentiellement un tube à décharge en verre spécial résistant aux vapeurs de sodium replié en U et monté dans une ampoule de diamètre supérieur vide d'air formant enceinte à double paroi pour réduire les pertes de chaleur et stabiliser la température du tube) (le sodium étant solide à la température ambiante et fondant à 98⁰ C, il est introduit sous cette forme dans la lampe et la décharge créée initialement dans le mélange de néon et d'argon produit l'augmentation de température nécessaire pour le vaporiser) (après extinction de la lampe, les vapeurs de sodium se condensent dans des rainures annulaires ménagées en plusieurs points le long du tube à décharge pour favoriser son équirépartition, ce qui oblige à utiliser la lampe en position horizontale) (pendant la période de chauffage, qui dure plusieurs minutes, la lampe émet une lumière rouge caractéristique du rayonnement du néon, après quoi la lumière jaune du sodium est seule visible) (l'efficacité lumineuse de la lampe à vapeur de sodium, qui dépasse 150 lumens par watt, est la plus élevée de toutes les lampes, mais le type presque monochromatique (jaune seulement) de la lumière émise ne permet pas un bon rendu des couleurs, ce qui limite son emploi à l'éclairage des grands espaces à l'extérieur : autoroutes, chantiers, quais, etc.) (certaines lampes plus récentes, dites « à haute pression » n'ont pas ce défaut, la lumière émise étant blanche, légèrement orangée) (cf. aussi* discharge lamp *et* luminous efficacy).

sofar *(vient de « sound fixing and ranging »)* sofar *(procédé de localisation acoustique de rescapés en mer par triangulation utilisant les ondes acoustiques émises par une charge explosive immergée en profondeur au point à localiser) (mar, avia) (cf. aussi* acoustic wave).

soft architecture structure souple, *(etc.) (structure d'un ordinateur utilisant une ou plusieurs mémoires programmables) (inf) (cf. aussi* architecture *et* programmable memory).

soft-contact printing *cf.* proximity lithography.

soft copy présentation visuelle *(présentation d'informations sur un écran cathodique ou autre) (inf) (cf. aussi* hard copy).

soft error erreur induite *(changement intempestif de l'état logique de la sortie d'un circuit logique dans un circuit intégré numérique dû à un rayonnement ionisant ou à un signal parasite ou à des conditions de fonctionnement défectueuses) (le risque d'erreur induite est d'autant plus grand que l'excursion logique du signal d'entrée est plus petite) (mémoire RAM, etc.) (inf) (cf. aussi* radiation-induced error, noise immunity, signal margin, logic state *et* digital integrated circuit).

soft failure défaillance partielle *(appareil, circuit intégré numérique, etc.) (cf. aussi* fail-soft).

soft ferrite ferrite doux *(ferrite possédant les propriétés d'un matériau magnétique doux) (cf. aussi* ferrite *et* soft magnetic material).

soft ferromagnetic material *cf.* soft magnetic material.

soft function key *cf.* soft key.

soft iron fer doux *(fer possédant les propriétés d'un matériau magnétique doux, c.-à-d. fer ne contenant pas de carbone) (cf. aussi* soft magnetic material).

soft-iron core noyau de fer doux, noyau en fer doux, noyau magnétique en fer doux *(cf. aussi* magnetic core 1) *et* soft iron).

soft-iron magnetic core *cf.* soft-iron core.

soft key touche programmable, touche de fonction programmable *(touche de fonction dont la fonction peut être changée par l'opérateur) (inf) (cf. aussi* function key).

soft limiting limitation d'amplitude à niveau variable, écrêtage à niveau variable *(limitation d'amplitude dans laquelle l'amplitude du signal de sortie dépasse légèrement le seuil d'écrêtage lorsque l'amplitude du signal d'entrée est très supérieure à ce seuil) (cf. aussi* limiting 1)).

soft magnetic material matériau magnétique doux, *(etc.)* matériau ferromagnétique doux, *(idem)* *(le terme « matériau » est le plus employé en l'occurence) (corps ou matériau magnétique à faible champ coercitif, c.-à-d. qui se désaimante facilement après avoir été aimanté et, par conséquent, ne garde pas son aimantation éventuelle) (est employé pour fabriquer des circuits ou noyaux magnétiques) (magnétisme) (cf. aussi* magnetic material, coercive force, soft iron, soft ferrite, magnetic circuit, magnetic core 1) *et* material).

soft pulse impulsion à front oblique, impulsion à long temps de montée *(cf. aussi* rise time).

soft radiation rayonnement peu énergétique, radiation *(idem)* *(rayonnement ionisant peu énergétique, c.-à-d. à longueur d'onde relativement grande) (un tel rayonnement pénètre peu profondément dans les corps) (cf. aussi* ionizing radiation, wavelength *et* radiation).

soft sectoring sectorisation logicielle *(sectorisation d'un disque magnétique assurée par le système d'exploitation à partir d'un unique trou de repère) (clpf) (inf) (cf. aussi* sectoring *et* operating system).

soft solder soudure tendre *(nom parfois donné à la soudure à l'étain) (cf. aussi* solder[1] 1)).

soft-soldered soudé(e) à l'étain *(connexion, etc.) (cf. aussi* soft solder).

soft start *(ou* **starting**) *cf.* soft turn-on.

soft superconductor supraconducteur de première espèce *(supraconducteur dans lequel la supraconduction peut être détruite par un champ magnétique d'intensité relativement faible orienté parallèlement à l'axe du conducteur) (plomb, étain, aluminium, etc.) (cf. aussi* superconductor, magnetic field intensity *et* field direction).

soft tube **1)** tube à vide partiel *(ou* incomplet) *(tube électronique à vide dans lequel la pression résiduelle n'est pas négligeable, le vide étant très imparfait) (cf. aussi* degassing). **2)** tube à rayons X mous *(tube à rayons X à vide volontairement légèrement imparfait pour produire des rayons X mous) (cf. aussi* X-ray tube *et* soft X rays).

soft turn-on mise sous tension sans appel de courant *(mise sous tension d'une charge résistive ou inductive) (alim) (cf. aussi* resistive load, inductive load *et* current surge 2)).

soft X-rays rayons X mous *(rayons X peu énergétiques) (cf. aussi* X-rays, soft radiation *et* soft tube 2)).

softkey *cf.* soft key. *(plus haut).*

software logiciel *(ensemble des programmes utilisables sur un ou plusieurs ordinateurs ou, souvent et par abus de langage, nom donné à un programme d'ordinateur) (inf) (cf. aussi* computer program).

software aids *cf.* software tools.

software automation automatisation de la programmation *(inf) (cf. aussi* automatic programming).

software bug erreur de programmation *(inf) (cf. aussi* program bug).

software cache mémoire cache logicielle *(mémoire cache de disque constituée par une partie de la mémoire centrale réservée à cet effet par programmation) (inf) (cf. aussi* disk cache *et* main memory).

software code *cf.* code[1] 2).

software company société de services informatiques *(ou de services et d'ingénierie en informatique), SSII (société spécialisée dans la fourniture du logiciel nécessaire à des applications particulières et sa mise en œuvre initiale) (inf) (cf. aussi* software).

software compatibility compatibilité du logiciel *possibilité d'utiliser le même logiciel pour plusieurs appareils informatiques de marques différentes ou de types différents) (inf) (cf. aussi* upward compatibility, downward compatibility *et* software).

software-compatible *a* à logiciel compatible *(appareils informatiques) (cf. aussi* software compatibility).

software compensation compensation logicielle *(compensation de soudure froide d'un thermocouple réalisée par un microprocesseur calculant la tension aux bornes de la soudure froide à la température considérée et retranchant la valeur obtenue de la tension mesurée aux bornes du voltmètre) (cf. aussi* cold-junction compensation *et* microprocessor).

software controller régisseur logiciel *(régisseur obtenu par réalisation logicielle) (inf) (cf. aussi* controller 1) *et* software implementation).

software debugging mise au point du logiciel *(inf) (cf. aussi* program debugging).

software design *cf.* software development.

software designer concepteur de logiciel, créateur de logiciel *(autres noms, plus généraux, d'un programmeur en informatique) (inf) (cf. aussi* software *et* programmer 1)).

software developer *cf.* software designer.

software development élaboration du logiciel *(inf) (cf. aussi* software).

software development tools *(ou* **aids**) *cf.* software tools.

software engineer ingénieur en programmation, ingénieur-programmeur *(inf) (cf. aussi* programmer 1)).

software engineering technique de la programmation, technique du logiciel, génie logiciel, ingéniérie logicielle *(inf) (cf. aussi* software).

software environment (le) logiciel existant *(inf) (cf. aussi* software).

software error *cf.* software bug.

software failure incident dû au programme, incident logiciel *(arrêt automatique ou manuel du traitement exécuté par un ordinateur résultant d'une erreur dans le programme exécuté) (inf) (cf. aussi* program bug).

software fault tolerance tolérance aux erreurs de programmation *(ordinateur) (inf) (cf. aussi* program bug).

software firm *cf.* software company.

software-generated interrupt *cf.* software interrupt.

software house *cf.* software company.

software implementation réalisation logicielle *(réalisation d'une fonction plus ou moins complexe d'un ordinateur à l'aide d'un sous-programme) (inf) (cf. aussi* subroutine).

software-implemented function fonction réalisée en logiciel *(inf) (cf. aussi* software implementation).

software in ROM logiciel en mémoire morte *(ou* en mémoire ROM *ou* en ROM) *(ces termes désignent généralement le système d'exploitation d'un micro-ordinateur contenu dans une mémoire morte de l'appareil, ce qui évite d'avoir à le charger dans la mémoire centrale à chaque mise en marche de celui-ci, mais peut aussi désigner un logiciel d'application conservé de la même façon) (inf) (cf. aussi* software, ROM, operating system *et* application software).

software in silicon *cf.* software in ROM.

software-intensive applications applications nécessitant beaucoup de logiciel, applications à grand logiciel *(applications de l'informatique nécessitant l'emploi d'un long programme d'ordinateur, celui-ci étant souvent formé de plusieurs programmes) (exemples: reconnaissance vocale, traitement d'images, intelligence artificielle, etc.) (sont en outre des applications gourmandes en mémoire) (cf. aussi* computer program, memory-intensive applications *et* application).

software interrupt interruption logicielle, interruption programmée *(interruption de programme d'ordinateur prévue dans le programme) (inf) (cf. aussi* interrupt).

software library *cf.* program library.

software maintenance amélioration du logiciel *(amélioration de programmes d'ordinateur au fur et à mesure de l'apparition d'imperfections ou d'erreurs de programmation dans ceux-ci au cours de leur utilisation par le public) (inf) (cf. aussi* program bug).

software overhead *cf.* software requirements.

software package ensemble de programmes, jeu de programmes, logiciel *(ces termes désignent généralement plusieurs programmes fournis ou pouvant être fournis avec un ordinateur) (inf) (cf. aussi* software).

software people les programmeurs, *(parf. aussi)* les gens de la programmation *(inf) (cf. aussi* programmer 1)).

software piracy piraterie logicielle *(copie clandestine de tout ou partie de programmes d'ordinateur pour usage personnel ou à des fins commerciales) (inf) (cf. aussi* software).

software products produits logiciels *(nom donné aux programmes d'ordinateurs considérés en tant que produits mis en vente) (inf) (cf. aussi* software).

software program programme du logiciel *(considéré) (ou* faisant partie du logiciel *parf.* d'un logiciel) *(idem), (parf.)* programme d'ordinateur *(inf) (cf. aussi* software).

software-programmable programmable par logiciel *(caractéristique d'un appareil informatique ou d'un circuit intégré numérique pouvant remplir différentes fonctions par simple échange du programme utilisé) (cf. aussi* programmable (b) *et* (c)).

software publisher éditeur de logiciels *(entité éditant des programmes d'ordinateur sous son nom) (est souvent une société employant des programmeurs, mais peut aussi être un auteur de logiciels agissant pour son propre compte) (inf) (cf. aussi* software).

software publishing édition de logiciels *(inf) (cf. aussi* software publisher).

software publishing company société d'édition de logiciels *(inf) (cf. aussi* software publisher).

software publishing firm *cf.* software publishing company.

software publishing house *cf.* software publishing company.

software requirements (le) logiciel nécessaire *(pour une application déterminée) (inf) (cf. aussi* software *et* application).

software science science de la programmation *(nom donné au niveau le plus élevé de la technique de la programmation) (inf) (cf. aussi* software engineering).

software technology *cf.* software engineering.

software test (un) essai de logiciel *(cf. aussi* software testing).

software testing (l')essai de logiciels *(souvent du logiciel parf.* des logiciels) *(inf) (cf. aussi* software).

software tools outils de programmation, outils de mise au point *(noms souvent donnés aux programmes fournis par un constructeur d'ordinateur ou un éditeur de logiciels pour faciliter la mise au point d'un programme non élaboré par ses soins) (inf) (cf. aussi* computer program).

SOH *(vient de « start of heading »)* SOH, début d'en-tête *(caractère de commande de transmission précédant l'en-tête d'un message) (trans. données) (cf. aussi* transmission control character).

solar array *cf.* solar-cell array.

solar-array panel *cf.* solar-cell panel.

solar cell cellule solaire *(cellule photovoltaïque conçue pour convertir la lumière solaire en énergie électrique aux fins d'alimentation d'appareils et machines utilisant l'électricité comme source d'énergie) (est caractérisée par une surface aussi grande que possible exposée au rayonnement solaire, par un rendement également aussi grand que possible, et généralement par le montage en parallèle ou en série ou, le plus souvent, en série-parallèle d'un certain nombre de cellules fixées sur une surface plane pour fournir la tension et l'intensité de courant nécessaire) (est employée notamment pour l'alimentation en énergie électrique de satellites artificiels et autres engins spatiaux, ainsi que de stations radio et appareils autonomes, principalement des calculettes et pour le chauffage de locaux et d'eau à usage domestique (semi) (cf. aussi* silicon solar cell *et* photovoltaic cell).

solar-cell area surface de cellules solaires, aire *(idem) (parfois au singulier) (aire utile d'un panneau de cellules solaires ou, parfois, aire de la surface d'une cellule solaire) (cf. aussi* solar-cell panel).

solar-cell array 1) batterie de cellules solaires *(cf. aussi* solar cell). 2) *cf.* solar-cell panel.

solar-cell efficiency rendement d'une cellule solaire *(parf.* des cellules solaires) *(rapport entre l'énergie fournie par une cellule solaire sous la forme d'un courant électrique et l'énergie absorbée sous forme de lumière) (est toujours nettement inférieur à* 1) *(cf. aussi* solar cell *et* energy).

solar-cell panel panneau de cellules solaires, panneau solaire, panneau électrogène *(panneau ou autre surface portant une batterie de cellules solaires) (cf. aussi* solar cell).

solar electric plant *cf.* solar power plant.

solar electricity électricité solaire *(électricité obtenue par conversion de l'énergie solaire en énergie électrique) (cf. aussi* solar-energy conversion).

solar energy (l')énergie solaire *(au sens du terme anglais, énergie électromagnétique transportée par le rayonnement solaire) (cf. aussi* electromagnetic energy, solar radiation, solar-energy conversion *et* solar power).

solar-energy conversion conversion de l'énergie solaire *(en électronique et électrotechnique, ce terme désigne généralement la conversion de l'énergie solaire en énergie électrique, soit directement, à l'aide de cellules solaires, soit indirectement, notamment par chauffage d'une chaudière par le rayonnement solaire focalisé par un ou plusieurs miroirs pour alimenter une turbine à vapeur entraînant un alternateur ou une dynamo, la conversion indirecte étant toutefois très peu employée) (cf. aussi* solar energy, solar cell *et* solar power satellite).

solar flare éruption solaire *(phénomène solaire caractérisé par l'émission d'un rayonnement électromagnétique intense et d'un flux intense de rayons cosmiques) (cf. aussi* solar X-ray flare, electromagnetic radiation *et* cosmic rays).

solar generating plant *cf.* solar power plant.

solar generator générateur solaire, héliogénérateur *(générateur de courant continu formé de plusieurs cellules solaires) (cf. aussi* dc generator *et* solar cell).

solar noise bruit d'origine solaire, parasites *(idem) (parasites radioélectriques dus au rayonnement électromagnétique émis par le Soleil dans le domaine des longueurs d'ondes radioélectriques) (cf. aussi* radio noise).

solar panel *cf.* solar-cell panel.

solar plant *cf.* solar power plant.

solar power énergie solaire *(au sens du terme anglais, énergie électrique obtenue par conversion de l'énergie rayonnante du Soleil, notamment à l'aide de cellules solaires) (cf. aussi* solar energy *et* solar cell).

solar power plant centrale solaire, centrale électrique solaire, centrale héliogénératrice *(centrale électrique utilisant la conversion de l'énergie solaire pour produire le courant) (élt) (cf. aussi* solar-energy conversion).

solar power satellite satellite héliogénérateur *(partie spatiale d'un projet de centrale électrique solaire spatioterrestre) (satellite géosynchrone formé essentiellement d'un panneau de cellules solaires de plusieurs dizaines de kilomètres carrés de surface, de milliers de tubes de puissance hyperfréquence convertissant en énergie hyperfréquence le courant continu fourni par les cellules et d'une antenne d'émission à fentes d'environ un kilomètre de diamètre rayonnant l'énergie hyperfréquence en direction de la partie terrestre de la centrale, où le faisceau hyperfréquence est reconverti en électricité) (cf. aussi* rectenna, geosynchronous satellite, solar cell, microware power tube, microware energy *et* slot-array antenna).

solar-powered à énergie solaire, héalimenté *(caractéristique d'un dispositif utilisant directement ou indirectement l'énergie solaire pour fonctionner) (cf. aussi* solar-energy conversion).

solar radiation rayonnement solaire *(ou du Soleil) (rayonnement électromagnétique et corpuscules émis par les réactions nucléaires dont le Soleil est le siège en permanence) (cf. aussi* electromagnetic radiation, corpuscle *et* solar energy).

solar radio noise *cf.* solar noise.

solar X-ray flare bouffée de rayons X d'origine solaire *(ou émise par le Soleil) (phénomène influant sur la propagation ionosphérique en accroissant le taux d'ionisation des couches supérieures de l'ionosphère) (cf. aussi* solar flare, X-rays *et* ionospheric propagation).

solder[1] *s* **1)** soudure à l'étain, brasure tendre *(le second terme est peu employé) (alliage d'étain et de plomb utilisé pour le soudage à l'étain) (la soudure à l'étain utilisée en électronique et en électrotechnique est un alliage à environ 65 % d'étain et 35 % de plomb fondant vers 200 °C ; l'addition de cadmium permet d'abaisser la température de fusion à 145 °C) (en électronique, en électrotechnique des courants faibles et en téléphonie, la soudure à l'étain est utilisée principalement sous la forme de fil, généralement à flux incorporé, sauf pour le soudage au trempé ou à la vague) (cf. aussi* rosin-core solder *et* soldering). **2)** *cf.* solder bond *et noter l'ambiguïté du terme « soudure », qui a trois acceptions.*

solder[2] *v* souder à l'étain, souder *(cf. aussi* soldering).

solder ... *cf.* soldering ... *(pour les termes qui ne figurent pas ci-après).*

solder bond soudure à l'étain, soudure *(joint réalisé par soudage à l'étain) (en électronique, le joint considéré est souvent une connexion) (cf. aussi* soldering *et* solder[1] 1) *et noter que le terme « soudure », en plus de cette dernière acception, désigne tant le résultat de l'opération que celle-ci, ce qui crée une ambiguïté que l'on élimine de plus en plus en employant « soudage » pour l'opération, comme pour le soudage autogène).*

solder bonding *cf.* soldering.

solder bridge pont de soudure *(petit amas de soudure à l'étain court-circuitant deux conducteurs voisins d'un montage et notamment d'un circuit imprimé ou hybride) (est généralement le résultat d'un défaut d'exécution d'une soudure, mais peut aussi être réalisé volontairement pour former une connexion de courte longueur entre deux circuits).*

solder-coated étamée(e) *(fil, borne, etc.).*

solder-dip termination queue pour soudage au trempé *(ou* soudure au trempé) *(queue d'un contact de connecteur ou autre borne de composant conçue pour former une connexion soudée au trempé après mise en place du conducteur aboutissant à la broche) (cf. aussi* dip soldering).

solder-leach resistance *cf.* solder-leaching resistance.

solder leaching absorption d'ions par la soudure *(tendance d'une soudure à l'étain à absorber des ions du métal de base lors de son exécution) (cf. aussi* solder bond *et* ion 2)).

solder-leaching resistance résistance à l'absorption d'ions (par la soudure) *(métal d'un conducteur soudé à l'étain) (cf. aussi* solder leaching).

solder lug cosse à souder *(cosse prévue pour être soudée à l'étain après mise en place du ou des conducteurs) (cosse à fût à souder sans ou avec sertissage du fût sur le conducteur, cosse de barrette à cosses, borne de potentiomètre, de relais, ou autre composant) (cf. aussi* lug *et* soldering).

solder pin tige à souder, *(parf. aussi)* broche à souder, picot à souder *(borne à souder réalisée sous la forme d'une petite tige de laiton étamé) (cf. aussi* solder terminal).

solder-seal encapsulation encapsulation dans un boîtier soudé à l'étain *(composant) (cf. aussi* solder-sealed metal can).

solder-sealed crystal quartz en boîtier métallique (soudé à l'étain) *(cf. aussi* solder-sealed metal can).

solder-sealed crystal can boîtier de quartz (soudé à l'étain) *(cf. aussi* solder-sealed metal can).

solder-sealed metal can boîtier métallique soudé à l'étain, boîtier soudé à l'étain *(petit boîtier en tôle étamée et soudée à l'étain dans lequel est monté un composant tel qu'un résonateur à quartz ou un condensateur, notamment) (cf. aussi* crystal can).

solder sealing scellement par soudure à l'étain *(boîtier métallique) (cf. aussi* solder-sealed metal can).

solder short court-circuit dû à une soudure *(cf. aussi* solder bridge).

solder sniffer *(fam) cf.* unsoldering iron.

solder tail queue à souder *(composant) (cf. aussi* solder terminal).

solder terminal borne à souder, *(parf. aussi)* sortie à souder,

(parf. aussi) queue à souder *(borne d'un composant conçue pour être soudée à l'étain après mise en place du ou des conducteurs qui y aboutissent) (cf. aussi* solder lug, solder pin *et* soldering).

solder-type ... *cf.* solder ...

solder-wrap connection connexion enroulée-soudée *(connexion enroulée et soudée ensuite) (cf. aussi* wire-wrap connection *et* soldered connection).

solderability aptitude au soudage à l'étain *(ou* à la soudure à l'étain *ou* à être soudé à l'étain), soudabilité (à l'étain) *(d'un métal) (est excellente chez l'or et l'argent, très bonne chez le cuivre, le zinc, le laiton, le bronze et le maillechort, médiocre chez l'acier et très mauvaise chez l'aluminium par suite de la formation d'une couche d'alumine sous l'action de l'oxygène de l'air et de la chaleur, cette couche devant être éliminée au fur et à mesure de sa formation) (cf. aussi* soldering).

solderable **1)** soudable à l'étain *(métal) (cf. aussi* solderability). **2)** à souder *(borne, cosse ou composant muni de telles bornes) (cf. aussi* solder terminal).

soldered can *cf.* solder-sealed metal can.

soldered connection connexion soudée (à l'étain) *(connexion réalisée ou consolidée et stabilisée par une soudure à l'étain) (cf. aussi* connection 2) (a) *et* solder bond).

soldered crystal can *cf.* solder-sealed crystal can.

soldered interconnection *cf.* soldered connection.

soldered metal can *cf.* solder-sealed metal can.

soldering soudage à l'étain, soudure à l'étain *(le terme normalisé est « brasage tendre », mais il est très peu employé, sauf dans les manuels de soudage) (procédé de soudage consistant à réunir deux ou plusieurs éléments métalliques, notamment des conducteurs électriques, par dépôt d'un alliage d'étain en fusion sur la surface mise à vif ou préalablement étamée des conducteurs, avec utilisation d'un flux) (cf. aussi* solder bond, soldering flux, soldering iron, reflow soldering, dip soldering, wave soldering, solder[1] 1) *et* solderability).

soldering ... *cf.* solder ... *(pour les termes qui ne figurent pas ci-après).*

soldering bit panne de fer à souder *(cf. aussi* soldering iron).

soldering copper *cf.* soldering iron.

soldering flux flux pour soudage à l'étain *(ou* soudure à l'étain), flux à souder (à l'étain), flux *(matière empêchant la formation d'oxydes sur un métal au cours d'une opération de soudage à l'étain pour permettre à la soudure en fusion de mouiller le métal en s'étalant sur celui-ci) (un flux pour soudage à l'étain peut être décapant ou non décapant) (cf. aussi* rosin flux *et* soldering).

soldering gun pistolet à souder *(fer à souder électrique à chauffage instantané, ce résultat étant obtenu à l'aide d'un petit transformateur abaisseur de tension incorporé dont l'enroulement secondaire en gros fil débite, presque en court-circuit, dans un U en métal résistant formant la panne d'un fer à souder) (ne permet pas de faire du bon travail, la température de la panne étant rapidement excessive ou insuffisante selon que l'on appuie ou non sur la gâchette, par suite de son inertie thermique insuffisante) (cf. aussi* soldering iron *et* step-down transformer).

soldering iron fer à souder *(outil à main utilisé pour exécuter une soudure à l'étain) (comprend essentiellement une pièce en cuivre ou alliage de cuivre en forme de coin ou de tige effilée réunie à un manche en bois ou matière plastique par une tige, celle-ci étant remplacé par un tube contenant un fil résistant chauffant la panne dans le cas, général en électronique, d'un fer à souder électrique) (cf. aussi* soldering gun *et* soldering).

soldering paste pâte à souder *(flux à la résine préparé sous la forme d'une pâte dont on enduit préalablement les surfaces à souder à l'étain) (cf. aussi* rosin flux).

soldering pencil fer crayon *(fer à souder électrique de petite puissance — environ 30 watts — à panne droite dont la forme pratiquement cylindrique et les petites dimensions rappellent un crayon) (cf. aussi* soldering iron).

soldering pliers pince à souder (à l'étain) *(ne pas confondre avec les pinces à souder par points) (pince à charbons chauffants utilisée notamment pour souder des grosses cosses sur des câbles en électrotechnique) (chacun des deux becs de la pince est muni d'un charbon relié à une extrémité du se-*

condaire d'un transformateur abaisseur de tension pouvant débiter un courant de plusieurs dizaines d'ampères) (la cosse est serrée entre les charbons qui rougissent par effet Joule et la chauffent rapidement) (cf. aussi step-down transformer *et* Joule effect *(à)).

soldering step opération de soudage à l'étain, *(etc.) (processus de fabrication) (cf. aussi* soldering).

soldering tool outil à souder à l'étain, outil pour soudage à l'étain *(ou* soudure à l'étain*) (termes génériques couvrant le fer à souder, le pistolet à souder et la pince à souder à l'étain) (cf. aussi* soldering iron, soldering gun *et* soldering pliers).

solderless backplane fond de panier à connexions sans soudure *(ce terme désigne généralement un fond de panier à connexions enroulées) (appareil à cartes enfichables) (cf. aussi* backplane *et* wire-wrap connection).

solderless box lug *cf.* solderless box tail.

solderless box tail queue à sertir *(queue d'un contact de connecteur à sertir) (cf. aussi* crimp contact).

solderless connection connexion sans soudure *(connexion par borne à vis, à écrou ou à ressort, par sertissage, par fil enroulé, etc.) (cf. aussi* wire-wrap connection *et* connection) (a)).

solderless connector connecteur sans soudure *(terme générique couvrant le connecteur à contacts à sertir et le connecteur autodénudant) (cf. aussi* crimp-contact connector, insulation-displacement connector *et* connector (a)).

solderless contact contact sans soudure, contact de connecteur sans soudure *(termes génériques couvrant le contact à sertir et le contact autodénudant) (cf. aussi* crimp contact, insulation-displacement contact *et* connector contact).

solderless wrapped connection connexion enroulée (sans soudure) *(cf. aussi* wire-wrap connection).

sole sole *(pièce métallique rectiligne ou, plus souvent, annulaire refermée ou non, disposée en regard de la ligne à onde lente dans la plupart des tubes hyperfréquence à champs croisés pour former avec celle-ci l'espace d'interaction et constituer éventuellement la cathode) (lorsque la sole n'est pas émissive, elle est portée à un potentiel négatif par rapport à la cathode) (noter que la cathode du magnétron n'est jamais appelée « sole », bien qu'elle soit l'équivalent d'une sole annulaire refermée émissive) (cf. aussi* crossed-field amplifier *et* interaction space).

sole-source component composant à source d'approvisionnement unique *(ou* à source unique*) (composant à semiconducteur, notamment circuit intégré monolithique, ou autre composant fabriqué par une seule société) (cf. aussi* second-source component).

sole-source procurement approvisionnement par source unique *(composant, etc.) (cf. aussi* sole-source component).

sole-source supplier fournisseur exclusif *(cf. aussi* sole-source component).

sole-source supply *cf.* sole-source procurement.

sole voltage tension de la sole *(tension mesurée entre la sole d'un tube hyperfréquence et la masse du tube) (cf. aussi* sole, ground[1] 1) *et* voltage).

solenoid 1) solénoïde *sm (bobine cylindrique de longueur généralement plus grande que le diamètre enroulée à spires jointives) (un solénoïde parcouru par un courant continu est équivalent à un barreau aimanté et, par conséquent, se comporte comme une aiguille aimantée s'il est suspendu librement dans le champ magnétique terrestre ou un champ plus intense) (lorsqu'une pièce en métal magnétique est partiellement introduite à une extrémité d'un solénoïde parcouru par un courant continu ou alternatif, elle est attirée à l'intérieur de celle-ci en vertu de la règle du flux maximal) (ce phénomène est mis à profit dans l'électro-aimant à noyau-plongeur) (le solénoïde est utilisé principalement dans cette application et pour des démonstrations relatives à l'électromagnétisme) (voir aussi 2) ci-après) (cf. aussi* ideal solenoid *et* Maxwell's rule). 2) électro-aimant à noyau-plongeur (électro-aimant dont la bobine d'excitation est un solénoïde muni d'un tube central dans lequel une tige coulissante en fer doux de diamètre relativement grand appelée « noyau-plongeur » est attirée lorsqu'il est excité) (voir aussi 1) ci-dessus) (cf. aussi* electro-magnet *et* plunger relay).

solenoid-actuated commandé par …, actionné par … *(voir aussi* solenoid actuation).

solenoid actuation commande par électro-aimant à noyau-plongeur *(ou* par noyau-plongeur*) (organe mobile) (cf. aussi* solenoid 2)).

solenoid driver circuit d'excitation de relais à noyau-plongeur, *(etc.) (cf. aussi* driver 1) *et* plunger relay).

solenoid field 1) champ d'un solénoïde *(parf.* du solénoïde*) (champ magnétique créé par un solénoïde parcouru par un courant) (cf. aussi* magnetic field *et* solenoid 1)). 2) solenoidal field.

solenoid relay relais à noyau-plongeur *(cf. aussi* plunger relay).

solenoid stepper *cf.* solenoid stepper motor.

solenoid stepper motor moteur pas-à-pas à cliquet *(moteur pas-à-pas formé essentiellement d'un électro-aimant à noyau plongeur actionnant un cliquet entraînant une roue à rochet, la bobine étant excitée par impulsions) (cf. aussi* stepper motor *et* solenoid 2)).

solenoid stepping motor *cf.* solenoid stepper motor.

solenoid valve électrovanne, vanne à commande électrique *(vanne dont l'élément mobile est actionné par un électro-aimant à noyau-plongeur) (cf. aussi* solenoid 2)).

solenoidal field champ solénoïdal, champ à flux conservatif *(champ de forces dérivant d'un potentiel vecteur, c.-à-d. créé par un tel potentiel) (champ magnétostatique, etc.) (cf. aussi* force field, conservative flux *et* vector potential).

solenoidal vector field *cf.* solenoidal field.

solid aluminium capacitor condensateur à l'aluminium à électrolyte solide *(condensateur électrolytique à l'aluminium dans lequel les bandes de papier séparant les bandes d'aluminium sont remplacées par des bandes de tissu de verre imprégné de nitrate de manganèse qui, par chauffage au four après bobinage des bandes, se transforme en bioxyde de manganèse,* MnO_2 *constituant l'électrolyte solide) (cf. aussi* aluminium electrolytic capacitor *et* solid electrolytic capacitor).

solid aluminiums (les) condensateurs à l'aluminium à électrolyte solide *(cf. aussi* solid aluminium capacitor).

solid-aluminum … *(USA) cf.* solid-aluminium …

solid capacitor *cf.* solid-electrolyte capacitor.

solid conductor conducteur massif *(conducteur électrique formé d'un seul élément conducteur, c.-à-d. d'un seul fil ou profilé métallique) (cf. aussi* conductor).

solid device *cf.* solid-electrolyte capacitor.

solid dielectric diélectrique solide *(diélectrique constitué par un solide) (ce terme s'applique notamment à un diélectrique de condensateur) (cf. aussi* dielectric[1]).

solid-electrolyte capacitor condensateur à électrolyte solide, condensateur électrolytique *(idem),* condensateur électrochimique *(idem) (condensateur électrolytique dans lequel l'électrolyte est constitué par une mince couche d'un solide) (cf. aussi* solid aluminium capacitor, solid tantalum capacitor *et* electrolytic capacitor).

solid-electrolyte device *cf.* solid-electrolyte capacitor.

solid-electrolyte unit version à électrolyte solide *(condensateur) (cf. aussi* solid-electrolyte capacitor *et* unit 3)).

solid ground masse franche, *(parf.)* terre franche *(connexion de masse ou prise de terre assurant une bonne continuité électrique) (cf. aussi* ground[1]).

solid laser *cf.* solid-state laser.

solid lasing material *cf.* solid lasing medium.

solid lasing medium milieu actif solide *(milieu actif d'un laser constitué par un corps cristallin) (cf. aussi* solid-state laser).

solid maser *cf.* solid-state maser.

solid-metal resistor *cf.* metallic resistor.

solid-mode annealing *cf.* solid-mode laser annealing.

solid-mode laser annealing recuit au laser en phase solide *(recuit au laser d'une plaquette de semiconducteur sans fusion de la surface de celle-ci) (fab. semi) (cf. aussi* laser annealing).

solid-phase epitaxy *cf.* vapor-phase epitaxy.

solid state état solide *(cf. aussi* solid-state) *(ci-après).*

solid-state *a* à solide, *(parf.)* à cristal, *(parf.)* transistorisé, *(parf.)* intégré, *(parf.)* monolithique, *(souvent)* à semiconducteur *(termes génériques employés pour qualifier un composant électronique n'utilisant pas le vide ni un gaz ni un liquide pour remplir sa fonction) (le solide utilisé est souvent* *un monocristal de semiconducteur, mais peut aussi être un cristal piézoélectrique, magnétique ou autre ou un corps non cristallin) (l'emploi du terme anglais est étendu à un appareil utilisant de tels composants, c.-à-d. n'utilisant pas de tubes électroniques ; il en est parfois de même pour les équivalents français, notamment pour « transistorisé » (cf. aussi solid-state device et electron tube).*

solid-state amplifier *cf.* transistor amplifier.

solid-state analog meter appareil analogique incrémental, appareil de mesure *(idem) (appareil de mesure analogique dont le cadran est réalisé sous la forme d'un afficheur incrémental) (cf. aussi* analog meter et bar-graph display).

solid-state array matrice de détecteurs à semiconducteur *(caméra infrarouge, etc.) (cf. aussi* semiconductor detector et array).

solid-state camera caméra sans tube, caméra de télévision sans tube, *(parf.)* caméra vidéo sans tube *(noms parfois donnés à une caméra à CCD) (cf. aussi* CCD camera).

solid-state circuit circuit monolithique *(cf. aussi* monolithic integrated circuit).

solid-state circuitry circuits monolithiques *(au sens du terme anglais, circuits d'un appareil réalisés en majeure partie sous la forme de circuits intégrés monolithiques) (cf. aussi* monolithic integrated circuit et circuitry).

solid-state component composant à solide *(ce terme désigne souvent un composant à semiconducteur, mais peut aussi désigner une mémoire à bulles magnétiques ou un composant à ferrite, par exemple) (cf. aussi* solid state et semiconductor component).

solid-state computer ordinateur à semiconducteurs *(ordinateur à transistors et diodes à semiconducteur ou, plus récemment, à circuits intégrés monolithiques) (cf. aussi* computer 2), transistor *et* monolithic integrated circuit).

solid-state device dispositif à solide *(autre nom, plus général, d'un composant à solide) (cf. aussi* solid-state component).

solid-state display 1) affichage par solide *(affichage par afficheur à solide) (voir aussi 2) ci-après)*. 2) afficheur à solide *(afficheur constituant un composant à solide, c.-à-d. afficheur à diodes lumineuses ou afficheur électroluminescent) (cf. aussi* solid-state component, LED display, electroluminescent display display[1] 5)).

solid-state electrical surge arrestor *cf.* solid-state surge arrestor.

solid-state electronics 1) (l')électronique des semiconducteurs *(partie de l'électronique traitant des semiconducteurs et des composants à semiconducteur) (cf. aussi* electronics[1] (a), semiconductor et semiconductor device). 2) (une) électronique à semiconducteurs *(ou transistorisée) (électronique n'employant que des composants à semiconducteur et n'employant, par conséquent, pas de tubes électroniques, sauf éventuellement un ou plusieurs tubes cathodiques ou analogues) (cf. aussi* electronics (c) et semiconductor device).

solid-state expert (grand) spécialiste des composants à solide, *(etc.) (cf. aussi* solid-state specialist).

solid-state expertise compétence en composants à solide, *(etc.) (ingénieur, fabricant, professeur, nation, etc.) (cf. aussi* solid-state expert).

solid-state image sensor capteur d'images à solide *(nom descriptif d'un capteur à CCD) (caméra TV) (cf. aussi* CCD sensor).

solid-state lamp lampe à solide *(lampe électrique constituant un composant à solide, c.-à-d. diode lumineuse ou lampe électroluminescente) (cf. aussi* solid-state component, light-emitting diode, electroluminescent lamp et electric lamp).

solid-state laser laser à solide *(laser dans lequel le milieu actif est un solide homogène) (ce terme qui, en toute rigueur, couvre tant le laser à semiconducteur que le laser à cristal, n'est en fait employé que pour désigner ce dernier) (le qualificatif « homogène » figurant dans la définition que je donne ci-dessus rappelle cette restriction) (cf. aussi* crystal laser, semiconductor laser, lasing medium et laser).

solid-state maser maser à solide *(maser dans lequel l'émission stimulée est produite dans un cristal disposé dans une cavité résonnante) (hyper) (cf. aussi* ruby maser et maser).

solid-state memory mémoire intégrée *(mémoire numérique réalisée sous la forme d'un circuit intégré monolithique (numérique)) (est généralement une mémoire à semiconducteur, mais peut également être une mémoire à substrat magnétique ou autre) (cf. aussi* semiconductor memory, magnetic-bubble memory, digital memory, photon echo memory et monolithic integrated circuit).

solid-state microwave source source hyperfréquence à semiconducteur *(nom parfois donné à une diode à semiconducteur utilisable comme oscillateur hyperfréquence, c.-à-d. à une diode Gunn ou une diode Impatt, en 1990) (cf. aussi* Gunn diode, Impatt diode et microwave oscillator).

solid-state oscillator oscillateur à solide *(oscillateur utilisant un composant à solide, c.-à-d. en l'occurrence un transistor, une diode à semiconducteur ou un cristal YIG) (ce terme s'emploie surtout en hyperfréquence) (cf. aussi* transistor oscillator, solid-state microwave source, YIG crystal, solid-state component et oscillator).

solid-state physicist physicien spécialiste des solides *(cf. aussi* solid-state physics).

solid-state physics (la) physique des solides *(en électronique, ce terme désigne généralement la physique des semiconducteurs) (cf. aussi* semiconductor physics et solid-state).

solid-state power device composant de puissance à semiconducteur *(cf. aussi* power semiconductor device).

solid-state radar radar à semiconducteurs *(radar dans lequel l'oscillateur de l'émetteur utilise une diode à semiconducteur, les autres étages de l'appareil employant également des composants à semiconducteur et notamment des transistors) (cf. aussi* solid-state microwave source, transistor et radar).

solid-state receiver récepteur à transistors *(ou transistorisé) (récepteur radioélectrique utilisant des transistors et des diodes à semiconducteur à la place des tubes électroniques) (clpf) (cf. aussi* radio receiver, transistor et semiconductor diode).

solid-state relay relais à semiconducteur, relais statique (à semiconducteur) *(relais statique utilisant un composant à semiconducteur pour assurer sa fonction, c.-à-d. en l'occurrence un transistor de commutation ou un thyristor) (cf. aussi* static relay, switching transistor et silicon controlled rectifier).

solid-state replacement équivalent à solide *(composant à solide équivalant à un tube électronique) (cf. aussi* solid-state component).

solid-state scanner *cf.* CCD camera.

solid-state sensor capteur à solide *(capteur constituant un composant à solide, c.-à-d. utilisant un cristal) (cf. aussi* sensor et solid-state component).

solid-state source *cf.* solid-state microwave source.

solid-state specialist spécialiste des composants à solide, *(souvent des semiconducteurs) (cf. aussi* solid-state physics et semiconductor specialist).

solid-state surge arrestor limiteur de surtension à semiconducteur *(nom descriptif d'une galvanorésistance) (cf. aussi* surge arrestor et voltage-dependent resistor).

solid-state switch *cf.* semiconductor switch.

solid-state technologist *cf.* solid-state specialist.

solid-state technology (la) technique des composants à solide *(ne pas employer « technologie de l'état solide ») (cf. aussi* solid-state component et technology).

solid-state television camera *cf.* solid-state camera.

solid-state throughout *cf.* fully solid-state.

solid-state thyratron thyratron à solide *(nom parfois donné à un thyristor pour rappeler son analogie avec un thyratron et sa nature de composant à solide) (cf. aussi* silicon controlled rectifier et solid-state component).

solid-state TV camera *cf.* solid-state camera.

solid-state unit appareil transistorisé, *(parf.)* version transistorisée *(cf. aussi* solid-state et unit 3)).

solid-state watch montre à solide *(nom parfois donné à une montre à quartz à affichage numérique) (cf. aussi* quartz watch et solid-state).

solid tantalum *cf.* solid tantalum capacitor.

solid tantalum capacitor condensateur au tantale à électrolyte solide, condensateur au tantale sec *(condensateur au tantale comparable au modèle à électrolyte gélifié, mais dans* lequel l'électrolyte est du bioxyde de manganèse obtenu par décomposition à chaud d'une solution de nitrate de manganèse dont on imprègne l'anode après la formation du diélectrique) (est caractérisé par une durée de vie en stockage pratiquement illimitée et une grande résistance aux vibrations) (cf. aussi wet-slug tantalum capacitor).

solid-tantalum electrolytic (capacitor) *cf.* solid tantalum capacitor.

solid tantalums (les) condensateurs au tantale à électrolyte solide, (etc.) (cf. aussi solid tantalum capacitor).

solid unit *cf.* solid-electrolyte unit.

solid wire fil rigide (cf. aussi solid conductor).

solidly ground *v* mettre soigneusement à la masse (parf. à la terre) (cf. aussi ground²).

solidly grounded mis ... (voir aussi solidly ground).

solids (les) condensateurs à électrolyte solide, (etc.) (cf. aussi solid-electrolyte capacitor).

sonar (vient de « sound navigation and ranging ») sonar (procédé et matériel permettant la détection et la télémétrie d'un objet situé dans l'espace sous-marin par émission d'ondes acoustiques dans sa direction et visualisation des échos renvoyés par l'objet sur un écran cathodique) (cette définition et le sens initial du mot « sonar » correspondent au cas du sonar actif; en l'absence de précisions, le terme « sonar » désigne un tel sonar) (l'onde acoustique est émise sous la forme d'une impulsion à fréquence sonore ou ultrasonore par un projecteur acoustique et l'écho est capté par un hydrophone ou, plus souvent, par le projecteur fonctionnant alors en hydrophone) (la similitude entre la définition du sonar donnée ci-dessus et celle donnée à la rubrique « radar » souligne l'analogie entre les deux procédés, le sonar étant en quelque sorte l'analogue acoustique — sous-marin ou, plus récemment, aérien — du radar à impulsions, les différences les plus notables entre les deux procédés étant la nature de l'onde utilisée et, par conséquent, sa vitesse de propagation, la longueur de l'onde ou la fréquence correspondante et la fréquence de récurrence des impulsions émises) (est, plus récemment, utilisé également dans l'espace aérien, notamment comme sondeur atmosphérique et comme télémètre acoustique) (cf. aussi asdic, sonar types, sonar system, range finding, acoustic wave, indicator (b), sonic frequency, ultrasonic frequency, sonar projector, hydrophone, wavelength, pulse repetition frequency, sonar range-finder, sodar, sofar et radar).

sonar absorbent *cf.* sonar absorbing material.

sonar absorbent material *cf.* sonar absorbing material.

sonar absorbing material matière absorbante antisonar, absorbant antisonar (matière plastique spéciale recouvrant la coque de certains sous-marins modernes pour réduire le risque de détection par un sonar actif de l'adversaire) (mar. mil) (cf. aussi absorbing material et active sonar).

sonar attack attaque au sonar (attaque d'un navire à la torpille par un sous-marin d'après les informations sur la cible fournies par un sonar d'attaque) (cf. aussi attack sonar).

sonar beacon balise acoustique, balise sonar (projecteur sonar fixe émettant des signaux utilisables par un récepteur sonar aux fins d'orientation) (mar) (cf. aussi sonar projector).

sonar characteristics (les) caractéristiques d'un sonar (parf.) du sonar (type de sonar, type de transducteur utilisé, fréquence du signal éventuellement émis, puissance d'émission, disposition du transducteur sur le porteur, etc.) (mar, etc.) (cf. aussi sonar types et sonar transducer).

sonar camouflage camouflage sonar (mar. mil) (cf. aussi acoustic camouflage).

sonar CM *cf.* sonar countermeasures.

sonar computer calculateur de sonar (calculateur numérique fournissant des informations sur la position et la vitesse éventuelle de la cible détectée ou suivie par un sonar) (mar, etc.) (cf. aussi digital computer et sonar).

sonar conditions *cf.* sonar propagation conditions.

sonar contact contact sonar (nom donné à la réception d'un écho sonar à bord d'un sous-marin ou d'un escorteur) (signifie que le sonar de veille considéré a détecté une cible, notamment un sous-marin hostile en plongée) (mar. mil) (cf. aussi sonar echo et search sonar).

sonar countermeasures contre-mesures sonar (mar. mil) (cf. aussi acoustic countermeasures).

sonar data informations sonar (informations fournies par un sonar sur une cible qu'il a détectée ou qu'il suit, à savoir ses coordonnées ou seulement sa distance dans le cas d'un télémètre sonar) (mar, etc.) (cf. aussi sonar target et sonar range-finder).

sonar data computer *cf.* sonar computer.

sonar decoy leurre acoustique, leurre sonar (générateur de bruit acoustique approprié monté dans un« poisson » remorqué sous l'eau par un sous-marin au bout d'un câble pour réduire les risques d'être détecté par un sonar passif ou atteint par une torpille à autodirecteur acoustique passif) (mar. mil) (cf. aussi passive sonar et passive acoustic seeker).

sonar detector détecteur de sonar (nom descriptif d'un hydrophone utilisé dans un sonar passif) (mar) (cf. aussi hydrophone).

sonar display présentation des informations sonar, présentation sonar (présentation d'informations sur l'écran d'un indicateur de sonar) (mar) (cf. aussi sonar data et indicator (b)).

sonar dome bulbe sonar (carénage transparent aux ondes acoustiques abritant un projecteur acoustique ou un hydrophone de sonar) (mar) (est au sonar ce que le radome est au radar) (cf. aussi sonar projector, hydrophone et radome).

sonar echo écho sonar (onde acoustique réfléchie dans la direction d'un sonar actif ou d'un autodirecteur acoustique actif par une cible située dans le faisceau de celui-ci) (mar, etc.) (cf. aussi sound wave, active sonar, sonar contact et active acoustic seeker).

sonar equation équation du sonar (formule donnant la portée d'un sonar en fonction des conditions de détection, c.-à-d. en fonction notamment de la fréquence et la puissance d'émission, ainsi que des caractéristiques de réflexion de la cible et des conditions de propagation dans le cas d'un sonar actif ou du spectre de fréquences et de l'amplitude du bruit émis par la cible dans le cas d'un sonar passif, ainsi que du bruit de fond dans les deux cas) (mar) (cf. aussi sonar et radar equation).

sonar homer *cf.* sonar seeker.

sonar homing autopoursuite au sonar (torpille) (mar. mil) (cf. aussi acoustic homing).

sonar-homing torpedo torpille à autodirecteur sonar (mar. mil) (cf. aussi acoustic homing torpedo).

sonar indicator indicateur sonar (indicateur d'un sonar) (mar) (cf. aussi indicator (b)).

sonar information *cf.* sonar data.

sonar-man *cf.* sonar operator.

sonar modulator modulateur de sonar (modulateur faisant varier la fréquence des impulsions émises par un sonar actif (mar, etc.) (cf. aussi active sonar).

sonar operator opérateur sonar (ou de sonar), sonariste (opérateur d'un sonar) (mar).

sonar operator's console pupitre d'opérateur sonar (ou de sonar) (pupitre de commande associé à un indicateur sonar) (mar, etc.) (ne pas employer « console ») (cf. aussi sonar indicator).

sonar parameters paramètres sonar (terme vague englobant les caractéristiques d'un sonar, celles d'une cible éventuelle et les conditions de propagation avec présence ou non de bruit marin) (mar, etc.) (cf. aussi sonar characteristics, sonar target characteristics, underwater propagation conditions et underwater noise).

sonar processing *cf.* sonar signal processing.

sonar processor calculateur de sonar, traiteur de signaux sonar (ou acoustiques), processeur (idem) (calculateur numérique traitant le signal vidéo numérisé dans le récepteur d'un sonar numérique) (mar) (cf. aussi processor 1), sonar signal processing et digital sonar).

sonar projector projecteur sonar (ou de sonar ou acoustique), antenne (idem) (transducteur de sonar émettant des impulsions d'énergie acoustique à fréquence sonore ou ultrasonore) (peut être assimilé grossièrement à un haut-parleur qui émettrait des sons ou des ultrasons) (est un transducteur piézoélectrique ou un transducteur à magnétostriction et s'utilise alternativement comme projecteur à l'émission et comme hydrophone ou microphone à la réception grâce à la réversibilité de ces transducteurs) (comprend en fait généralement un certain nombre, parfois grand, de transducteurs élémentaires) *(est au sonar ce que l'antenne est au radar) (mar) (cf. aussi* split projector, sonar transducer, acoustic energy, ultrasonic frequency, piezoelectric transducer, magnetostrictive transducer *et* hydrophone).

sonar propagation conditions condition de propagation sonar *(ou des signaux sonar) (mar) (cf. aussi* propagation conditions, propagation medium (b), propagation velocity (a), thermocline *et* sonar).

sonar range-finder télémètre acoustique, télémètre sonar *(sonar actif miniature utilisé comme télémètre sur certains appareils photographiques à réglage automatique de la distance (mise au point automatique)) (le temps écoulé entre l'émission d'une impulsion d'ultrasons et la réception de l'écho renvoyé par le sujet, proportionnel à la distance de celui-ci, détermine la position angulaire de la bague de mise au point entraînée en rotation par un petit moteur électrique) (utilise un transducteur sonar réversible, c.-à-d. fonctionnant en projecteur à l'émission et en microphone à la réception) (cf. aussi* active sonar *et* sonar transducer).

sonar range-finding *cf.* sonar ranging.

sonar ranging télémétrie acoustique *(ou* sonar *ou* par sonar *ou* au sonar), mesure de distance par sonar *(ou* au sonar) *(cf. aussi* active sonar ranging, passive sonar ranging, sonar range-finder *et* range-finding).

sonar receiver récepteur de sonar *(parf.* du sonar), récepteur sonar *(récepteur superhétérodyne spécial fournissant un signal électrique à basse fréquence appliqué à un ou plusieurs casques d'écoute et hauts-parleurs et une tension appliquée à un indicateur, à partir des signaux acoustiques, réfléchis ou non, captés par un transducteur de sonar) (mar) (cf. aussi* superheterodyne receiver, indicator 2) *et* sonar transducer).

sonar return *cf.* sonar echo.

sonar reverberation réverbération sonar *(ou* d'une impulsion de sonar (actif)) *(sur des obstacles autres qu'une cible) (cf. aussi* active sonar).

sonar seeker autodirecteur sonar *(torpille autoguidée) (cf. aussi* acoustic seeker).

sonar set (un) sonar *(cf. aussi* sonar).

sonar signal signal sonar *(signal acoustique émis ou reçu par un sonar, ou signal électrique produit dans le récepteur du sonar par un signal reçu) (ce terme désigne souvent le signal électrique) (cf. aussi* passive sonar signal, active sonar signal *et* sonar).

sonar signal analysis analyse des signaux sonar *(en vue de déterminer les caractéristiques de la cible d'après celles des signaux) (mar) (cf. aussi* signal analysis, sonar signal *et* sonar target characteristics.

sonar signal processing traitement des signaux sonar *(traitement effectué sur les signaux reçus par un sonar en vue d'éliminer le bruit de fond masquant la ou les cibles éventuelles) (le bruit de fond acoustique du milieu marin produit un bruit de fond électrique dans le signal de sortie du projecteur ou de l'hydrophone du sonar) (mar) (cf. aussi* signal processing, noise 2) (a) *et* sonar).

sonar signal processor *cf.* sonar processor.

sonar signal simulator *cf.* sonar simulator.

sonar simulator simulateur de sonar *(simulateur produisant des signaux électriques simulant des échos sonar) (mar. mil) (cf. aussi* simulator 1) (b) *et* sonar echo).

sonar sounder *cf.* sonic depth finder.

sonar sounding sondage au sonar *(sondage des fonds marins effectué à l'aide d'un sonar porté par un navire) (cf. aussi* sonar *et* sonic depth finder).

sonar sounding set *cf.* sonic depth finder.

sonar system station sonar *(ensemble du matériel constituant un sonar complet : émetteur, récepteur, projecteur, câbles d'alimentation de celui-ci, commutateur de voies éventuel, indicateur sonar, etc.) (mar) (cf. aussi* sonar).

sonar target cible sonar, cible d'un sonar *(parf.* du sonar) *(sous-marin, banc de poissons, navire de surface ou autre obstacle détecté ou suivi par un sonar) (mar) (cf. aussi* sonar target characteristics *et* sonar).

sonar target characteristics caractéristiques d'une cible sonar *(distance, azimut, site, forme, dimensions, nature et, éventuellement, caractéristiques de rayonnement ou réflexion*

acoustique d'une cible sonar, ainsi que, éventuellement, vitesse et cap de celle-ci) (mar, etc.) (cf. aussi* sonar target *et* sonar data).

sonar technology (la) technique du sonar *(cf. aussi* sonar *et* technology).

sonar threat menace sonar *(mar. mil) (cf. aussi* acoustic threat).

sonar torpedo torpille à autodirecteur sonar *(mar. mil) (cf. aussi* acoustic homing torpedo).

sonar tracking poursuite au sonar *(poursuite d'un sous-marin à l'aide d'un sonar, généralement d'attaque) (mar. mil) (cf. aussi* tracking 1) (a) *et* sonar).

sonar trainer *cf.* sonar simulator.

sonar transducer transducteur de sonar, transducteur électroacoustique de sonar *(transducteur électroacoustique assurant la conversion d'énergie entre un sonar et le milieu de propagation des ondes acoustiques) (termes génériques couvrant le projecteur sonar et l'hydrophone) (cf. aussi* sonar projector, hydrophone *et* electroacoustic transducer).

sonar transducer scanner scrutateur de voies (sonar) *(scrutateur explorant les voies d'un projecteur sonar à plusieurs colonnes ou rangées indépendantes fonctionnant en mode de réception pour déterminer la direction de la cible avec précision) (mar) (cf. aussi* scanner 2) *et* sonar projector).

sonar transmission émission sonar, émission d'un sonar *(parf.* du sonar) *(signal émis par un sonar actif) (mar, etc.) (cf. aussi* active sonar).

sonar transmitter émetteur de sonar *(parf.* du sonar) *(appareil fournissant des impulsions de courant alternatif à fréquence acoustique excitant un projecteur sonar) (mar, etc.) (cf. aussi* pulse[1], acoustic frequency *et* sonar projector).

sonar types types de sonar *(cf. aussi* active sonar, passive sonar, navigation sonar, search sonar, attack sonar, hull sonar, side-looking sonar, variable-depth sonar *et* dipping sonar).

sonar waveform *cf.* sonar signal. *(cf. aussi* waveform).

sonar window fenêtre acoustique *(partie d'un bulbe sonar effectivement transparente aux ondes acoustiques) (mar) (cf. aussi* sonar dome).

sone sone m *(unité d'intensité sonore subjective créée pour les sons complexes) (est égale à 40 phones) (acou) (cf. aussi* phon *et* complex sound).

sonic barrier mur du son *(augmentation brusque de la résistance à l'avancement à vaincre par un avion lorsque sa vitesse atteint la vitesse de propagation du son dans l'atmosphère) (est due à l'apparition d'une onde de choc, c.-à-d. à la variation brusque de la pression dans l'air en écoulement relatif autour des parties saillantes antérieures de l'avion, cette variation brusque étant à son tour due au fait que l'avion avance plus vite que la perturbation aérodynamique, c.-à-d. l'onde acoustique, qu'il crée dans l'air, celle-ci ne pouvant alors plus commencer à déplacer les particules d'air avant l'arrivée de l'avion comme elle le fait aux vitesses subsoniques) (en d'autres termes, l'onde acoustique approximativement sphérique émise par l'avion à un instant déterminé est créée en un point de l'espace aérien où l'onde à l'instant précédent n'a pas encore eu le temps d'arriver ; l'onde émise la dernière n'est donc plus entièrement comprise dans l'onde émise la première comme c'est le cas aux vitesses subsoniques) (l'enveloppe de cette suite d'ondes sphériques se chevauchant, de diamètre croissant dans le sens opposé à la progression de l'avion, est appelé « cône de Mach » ou « onde de Mach » et son demi-angle au sommet « angle de Mach ») (aérodynamique, acou) (cf. aussi* speed of sound *et* acoustic wave).

sonic boom bang sonique *(bruit d'explosion produit par le passage de l'onde de choc accompagnant un avion volant à la vitesse du son ou plus) (noter conformément à cette définition que, contrairement à l'opinion très répandue, le bang sonique ne se produit pas qu'au moment où l'avion franchit le mur du son) (acoustique aéronautique) (cf. aussi* sonic barrier).

sonic cleaning nettoyage par ultrasons *(cf. aussi* ultrasonic cleaning).

sonic delay line ligne à retard acoustique *(cf. aussi* acoustic delay line).

sonic depth finder écho-sondeur, sondeur acoustique *(type de* sonar à faisceau vertical utilisé pour des mesures de profondeur en mer) (cf. aussi sonar).

sonic drilling usinage par ultrasons (fab. méc) (cf. aussi ultrasonic drilling).

sonic flaw detection localisation acoustique des défauts (contrôle des matériaux) (cf. aussi ultrasonic inspection).

sonic frequency fréquence sonore (cf. aussi audio frequency).

sonic mine cf. acoustic mine.

sonic pulse cf. sound pulse.

sonic radar cf. sodar.

sonic signal cf. sound signal.

sonic speed vitesse sonique (nom parfois donné à une vitesse égale à la vitesse du son par opposition à « vitesse subsonique » ou à « vitesse supersonique » ou aux deux) (avia, etc.) (cf. aussi speed of sound).

sonics (l')acoustique physique f (partie de l'acoustique ne faisant pas intervenir la phonation ni l'ouïe, c.-à-d. ne comprenant pas l'émission, la transmission, l'enregistrement, la reproduction, la mémorisation ni la synthèse de la parole) (ultrasons, acoustique supersonique, etc.) (voir ces termes en anglais à speech ... ou voice ...) (cf. aussi acoustics).

sonne cf. Consol.

sonobuoy bouée sonore (bouée parachutée d'un aéronef militaire et équipée d'un capteur dont le signal de sortie module en fréquence un émetteur radio monté dans la bouée pour indiquer la présence éventuelle d'un sous-marin à l'équipage de l'aéronef équipé de récepteurs de bouées sonores) (le capteur est normalement un hydrophone omnidirectionnel fixe, mais peut aussi être un hydrophone bidirectionnel tournant ou même un petit sonar actif) (est généralement utilisée en plusieurs exemplaires répartis à la périphérie de la zone suspecte, ou également dans celle-ci si elle est étendue, pour permettre la localisation de la cible par triangulation) (lutte anti-sous-marine) (cf. aussi hydrophone, frequency modulation, active sonar et sensor).

sonobuoy receiver récepteur de bouées sonores (récepteur radio conçu pour recevoir les signaux émis par des bouées sonores) (avia. mil) (cf. aussi sonobuoy).

sonobuoy simulator simulateur de bouées sonores (simulateur produisant des signaux électriques simulant les signaux reçus par un récepteur de bouées sonores) (mil) (cf. aussi simulator 1) (b) et sonobuoy).

sonobuoy trainer cf. sonobuoy simulator.

sonography échographie (visualisation de l'intérieur d'un milieu stratifié et notamment de tissus biologiques à l'aide d'ultrasons) (est employée notamment en médecine pour la mise en évidence d'une tumeur interne et la surveillance d'un fœtus, entre autres, et constitue un type évolué de contrôle par ultrasons) (acou) (cf. aussi ultrasonic testing).

sonoluminescence sonoluminescence (émission de lumière par un liquide parcouru par une onde ultrasonore d'intensité suffisante sous l'action de la cavitation produite par l'onde) (acou) (cf. aussi ultrasonic wave et luminescence).

sonometer cf. sound-level meter.

sort v trier, classer (des informations, etc.) (inf, etc.) (cf. aussi sort routine).

sort routine programme de tri, sous-programme de tri (sous-programme d'ordinateur permettant le classement d'informations contenues dans un fichier) (fait partie du système d'exploitation) (inf) (cf. aussi operating system).

sorter trieuse (en informatique, machine à trier des cartes perforées, des chèques ou autres documents d'après une information portée par celui-ci à un emplacement déterminé) (cf. aussi card sorter).

sorting tri (inf, etc.) (cf. aussi sorter).

sorting bin case de tri (inf, etc.) (cf. aussi sorter).

sorting needle aiguille de tri (aiguille opérant le tri des cartes dans une trieuse de cartes perforées) (inf) (cf. aussi card sorter).

sorting program cf. sort routine.

sorting rod cf. sorting needle.

sorting utility cf. sort routine.

SOS¹ (vient de « save our souls », c.-à-d. « sauvez nos âmes ») SOS (signal de détresse radiotélégraphique international formé de ces trois lettres en alphabet Morse, c.-à-d. trois points,

trois traits, trois points, et employé principalement par les navires) (tls) (cf. aussi radiotelegraphy, Morse code et distress signal).

SOS² cf. SOS CMOS. (de même pour les termes qui ne figurent pas ci-après).

SOS CMOS ... cf. SOS CMOS integrated circuit et CMOS ... et adapter.

SOS CMOS integrated circuit circuit intégré CMOS sur saphir (ou SOS CMOS ou CMOS/SOS ou SOS) (circuit intégré CMOS dans lequel chaque transistor est réalisé sur un minuscule îlot formé par photogravure dans une couche de silicium monocristallin déposée sur un substrat isolant en saphir) (les transistors étant complètement isolés les uns des autres par le substrat en saphir, les courants de fuite sont éliminés et les capacités parasites sont fortement réduites) (le circuit CMOS sur saphir se distingue d'un circuit CMOS sur silicium principalement par un temps de commutation plus court dû à la réduction des capacités parasites, donc par une valeur plus élevée de la fréquence maximale possible de fonctionnement, par une densité d'intégration nettement accrue grâce à la suppression des anneaux de garde isolant les transistors du circuit et par une meilleure résistance aux radiations due à la réduction des courants de fuite qu'elles produisent) (semi) (cf. aussi CMOS integrated circuit, integration density, channel stopper et radiation hardness (b)).

SOS device composant sur saphir (circuit intégré CMOS sur saphir ou transistor d'un tel circuit) (cf. aussi SOS CMOS integrated circuit).

SOS film cf. SOS layer.

SOS IC cf. SOS CMOS integrated circuit.

SOS integrated circuit cf. SOS CMOS integrated circuit.

SOS layer couche de silicium sur saphir (CI) (cf. aussi SOS CMOS integrated circuit).

SOS microprocessor cf. SOS CMOS microprocessor.

SOS MOS cf. SOS MOS transistor.

SOS MOS circuit cf. SOS CMOS integrated circuit.

SOS MOS device cf. SOS MOS transistor.

SOS MOS transistor transistor MOS sur saphir, (etc.) (transistor de circuit intégré CMOS sur saphir) (semi) (cf. aussi SOS CMOS integrated circuit).

SOS MOST cf. SOS MOS transistor.

SOS n-channel device cf. SOS NMOS transistor.

SOS n-channel MOS cf. SOS NMOS transistor.

SOS n-channel MOS transistor cf. SOS NMOS transistor.

SOS n-channel transistor cf. SOS NMOS transistor.

SOS NMOS transistor transistor NMOS sur saphir (transistor NMOS d'un circuit intégré CMOS sur saphir) (semi) (cf. aussi NMOS transistor et SOS CMOS integrated circuit).

SOS p-channel device cf. SOS PMOS transistor.

SOS p-channel MOS cf. SOS PMOS transistor.

SOS p-channel MOS transistor cf. SOS PMOS transistor.

SOS p-channel transistor cf. SOS PMOS transistor.

SOS PMOS transistor transistor PMOS sur saphir (transistor PMOS d'un circuit intégré CMOS sur saphir) (semi) (cf. aussi PMOS transistor et SOS CMOS integrated circuit).

SOS process cf. SOS CMOS process.

SOS processing cf. SOS CMOS processing.

SOS RAM cf. SOS CMOS RAM.

SOS signal signal SOS, signal de détresse (radiotélégraphique) (cf. aussi SOS¹).

SOS structure cf. SOS CMOS structure.

SOS transistor cf. SOS MOS transistor.

sound¹ s son sm (effet produit sur l'appareil auditif par la vibration d'un milieu matériel élastique entre certaines limites de la fréquence de vibration ou, par extension, cette vibration elle-même) (cf. aussi infrasonic vibrations, audible sound, non-audible sound, loudness, pitch, timbre, sound wave et, dans un autre ordre d'idées, magnetic sound et optical sound).

sound² a acoustique a, (souvent aussi) sonore (le premier terme couvre tous les cas, c.-à-d. celui des infrasons, celui des sons audibles et celui des ultrasons, tandis que le second ne doit être employé que pour les sons audibles) (cette distinction n'est pas toujours respectée et l'est encore moins en anglais où l'adjectif « sound » est très souvent employé à la place de « acoustical » ou « acoustic ») (cf. aussi sound¹).

sound³ *v* résonner, émettre un son *(corps élastique en vibration)* *(cf. aussi* sound¹).

sound absorber *cf.* sound-absorbing material.

sound-absorbing material matériau absorbant (le son *ou* les ondes sonores *ou* acoustiques), matière *(idem)*, absorbant acoustique *(matériau poreux et mou tel que le feutre et le liège notamment, ou mou et lourd tel que le plomb) (acou) (cf. aussi* sound absorption *et* absorbing material).

sound absorption absorption du son, absorption acoustique *(absorption d'une fraction plus ou moins grande de l'énergie mécanique transportée par une onde sonore rencontrant un obstacle avec conversion de l'énergie absorbée en chaleur dans celui-ci et diminution proportionnelle de l'amplitude de l'onde réfléchie ou transmise par l'obstacle) (l'absorption d'énergie est due au travail nécessaire pour mettre en mouvement les particules du corps constituant l'obstacle) (acou) (cf. aussi* sound wave, energy *et* sound-absorbing material).

sound absorption coefficient coefficient d'absorption acoustique, coefficient d'absorption *(rapport entre l'énergie acoustique absorbée par un obstacle rencontré par une onde sonore et l'énergie de l'onde incidente) (acou) (cf. aussi* sound absorption).

sound analyzer analyseur de sons *(ou* d'harmoniques), analyseur acoustique *(ou* de spectres acoustiques *ou* d'ondes acoustiques) *(appareil permettant de déterminer les fréquences d'un son complexe et de mesurer l'amplitude de chacune d'elles) (cf. aussi* complex sound *et* amplitude).

sound barrier *cf.* sonic barrier.

sound bars bandes dues au son *(on dit qu'« il y a du son dans l'image »)* *(bandes horizontales sombres plus ou moins larges et instables apparaissant sur l'écran d'un récepteur de télévision lorsque le signal son parvient à l'entrée du tube cathodique, généralement par suite d'un réglage ou un composant défectueux) (cf. aussi* sound signal 2).

sound box pick-up *(nom donné autrefois à la tête de lecture mécano-acoustique d'un phonographe) (cf. aussi* mechanical phonograph *et* phonograph pick-up).

sound broadcast *cf.* radio broadcast.

sound broadcasting *cf.* radio broadcasting.

sound camera caméra sonore *(caméra de cinéma conçue pour enregistrer des sons en même temps que des images, sur une piste appropriée portée par le film) (cf. aussi* sound track).

sound carrier porteuse son, porteuse audio *(porteuse du signal son d'une émission de télévision) (est modulée en fréquence par le signal à transmettre et incorporée au signal image avant émission, à une fréquence supérieure à celle de ce signal) (cf. aussi* carrier 1), sound signal 2), frequency modulation *et* diplexer (b)).

sound-carrier frequency fréquence de la porteuse son *(ou* audio) *(signal TV) (cf. aussi* sound carrier).

sound-carrier modulation modulation de la porteuse son *(ou* audio) *(signal TV) (cf. aussi* sound carrier).

sound cell *cf.* Bragg cell.

sound channel 1) partie son, chaîne son, circuits son *(ou* audio) *(ensemble des circuits traitant le signal son dans un récepteur de télévision) (cf. aussi* sound signal 2), sound receiver 1) *et* television receiver). 2) voie audio *(multiplex) (cf. aussi* audio channel 1). 3) canal de son, canal acoustique, conduit *(idem)*, couche-piège (acoustique) *(couche d'eau de mer dans laquelle la vitesse de propagation du son étant différente de celle de la couche inférieure et de celle de la couche supérieure éventuelle, les ondes sonores sont réfractées sur les frontières inférieure et supérieure de la couche, ce qui favorise grandement leur propagation) (ces termes désignent généralement la couche d'épaisseur variable située vers 1 000 mètres de profondeur et dans laquelle la focalisation périodique des ondes acoustiques produite par leur réfraction augmente fortement la portée d'un projecteur de sonar, mais ils couvrent également la couche-piège superficielle) (acou. sous-marine) (cf. aussi* speed of sound, refraction, thermocline *et* underwater acoustics).

sound communications *cf.* acoustic communications.

sound control room régie son *(partie d'une régie de télévision relative au signal son) (cf. aussi* television control room *et* sound signal 2)).

sound effects effets sonores *(imitation de sons naturels lors d'un enregistrement sonore) (radiodif, disque, cinéma).*

sound energy énergie acoustique, *(souvent aussi)* énergie sonore *(énergie mécanique transportée par une onde acoustique) (cf. aussi* sound², energy *et* acoustic wave).

sound energy density densité d'énergie acoustique, *(souvent aussi)* densité d'énergie sonore *(densité d'énergie dans un champ acoustique) (cf. aussi* sound energy, energy density *et* sound field).

sound energy flux flux d'énergie acoustique, *(souvent aussi)* flux d'énergie sonore, flux acoustique *(flux d'énergie dans un champ acoustique) (cf. aussi* sound energy, energy flux *et* sound field).

sound equipment matériel audio *(cf. aussi* audio equipment).

sound field champ acoustique, *(souvent aussi)* champ sonore *(champ de forces mécaniques créé par une onde acoustique) (cf. aussi* field of force *et* sound wave).

sound film film sonore, film parlant *(terme ancien) (film de cinéma portant une ou deux pistes sonores) (cf. aussi* sound track).

sound flux *cf.* sound energy flux.

sound frequency 1) fréquence acoustique, *(souvent aussi)* fréquence sonore *(fréquence d'une vibration produisant une onde acoustique) (cf. aussi* infrasonic frequency, sonic frequency, ultrasonic frequency, hypersonic frequency, frequency *et* sound wave). 2) *cf.* sound-signal frequency.

sound generation production de sons *(généralement audibles)*, émission *(idem) (cf. aussi* sound generator).

sound generator générateur sonore, générateur de sons audibles *(sonnerie électrique, vibreur acoustique, klaxon, sirène, etc.) (cf. aussi* audible sound).

sound head lecteur de son *(tête de lecture magnétique ou dispositif photoélectrique convertissant en signaux électriques à basse fréquence les informations portées par une piste sonore de film de cinéma) (cf. aussi* magnetic head, optical sound reproducer *et* sound track).

sound hologram *cf.* acoustic hologram.

sound information information sonore *(information transmise par un signal sonore) (cf. aussi* information *et* sound signal 1)).

sound insulation *cf.* soundproofing. *(avant « source »).*

sound intensity intensité acoustique, *(souvent aussi)* intensité sonore *(énergie acoustique traversant, par unité de temps, l'unité d'aire d'une surface perpendiculaire à la direction de propagation d'une onde acoustique) (s'exprime en watts par mètre carré (W/m²)) (cf. aussi* sound energy).

sound level niveau sonore, niveau acoustique *(le premier terme est le plus employé) (noms généralement donnés au niveau de pression acoustique efficace) (cf. aussi* effective sound pressure level).

sound-level meter sonomètre *(appareil mesurant les niveaux sonores) (comprend essentiellement un microphone, un amplificateur à gain variable et un voltmètre gradué en décibels, ainsi que des filtres commutables) (cf. aussi* sound level).

sound modulation *cf.* sound-carrier modulation.

sound navigation and ranging *cf.* sonar.

sound pick-up captation des sons *(parf.* du son), *(parf.)* prise de son *(en studio, etc.) (noms donnés à la conversion d'un son en un signal électrique par un microphone ou un hydrophone, ou à la conversion de sons en signaux électriques par deux ou plusieurs microphones) (électroacou) (cf. aussi* monophonic sound pick-up, stereophonic sound pick-up, quadraphonic sound pick-up, sound¹, microphone *et* hydrophone).

sound pick-up equipment matériel de prise de son *(terme vague désignant généralement un ou plusieurs microphones, leurs cordons et leurs supports éventuels utilisés pour une prise de son, ou les microphones considérés collectivement) (électroacou) (cf. aussi* microphone *et* sound pick-up).

sound power puissance acoustique, *(souvent aussi)* puissance sonore *(énergie acoustique mise en jeu par unité de temps) (cf. aussi* power¹ 1) *et* sound energy).

sound power level niveau de puissance acoustique, *(souvent aussi)* niveau de puissance sonore *(cf. aussi* level 1) *et* sound power).

sound-powered microphone microphone autogénérateur *(mi-*

crophone fonctionnant sans source de courant, c.-à-d. fournissant directement le courant modulé transmettant la parole) (est un microphone à bobine mobile conçu pour produire une force électromotrice relativement grande dans la bobine) (est utilisé notamment sur les navires de guerre pour des raisons d'indépendance vis-à-vis du réseau de distribution d'énergie lors des combats) (noter que tous les microphones électrodynamiques sont autogénérateurs par nature, ainsi que le microphone piézoélectrique, mais que ce qualificatif n'est appliqué qu'au type de microphone décrit ci-dessus) (électroacou) (cf. aussi moving-coil microphone, electromotive force et piezoelectric microphone).

sound pressure pression acoustique, (souvent aussi) pression sonore (différence entre la pression instantanée en un point d'un milieu parcouru par une onde acoustique et la pression au même point en l'absence d'onde) (cf. aussi effective sound pressure et sound wave).

sound pressure level niveau de pression acoustique, (souvent aussi) niveau de pression sonore (cf. aussi level 1) et sound pressure.

sound probe sonde acoustique, sonde de pression acoustique (petit microphone ou petit tube relié à un microphone et déplacé dans un champ acoustique pour explorer celui-ci en mesurant la pression acoustique en un certain nombre de ses points) (cf. aussi microphone, sound field et sound pressure).

sound projector 1) projecteur de sons (noms parfois donné au pavillon d'un haut-parleur à pavillon pour rappeler sa propriété de directivité) (cf. aussi horn loudspeaker). 2) projecteur acoustique (autre nom, plus précis, d'un projecteur sonar) (cf. aussi sonar projector). 3) projecteur sonore (projecteur de cinéma conçu pour projeter des films sonores) (cf. aussi sound film).

sound-proof a cf. soundproof. (avant « source »).

sound propagation propagation du son (ou des ondes sonores ou acoustiques) (cf. aussi propagation medium (b) et sound wave).

sound pulse impulsion sonore (ou acoustique), impulsion d'énergie acoustique (ou sonore) (noter la permutation du qualificatif) (cf. aussi pulse[1] et sound energy).

sound ranging télémétrie acoustique (a) (détermination de la distance d'une source sonore d'après le temps écoulé entre l'émission et la réception d'un son émis par celle-ci) (est employée notamment pour la mesure de la distance d'un éclair et la localisation d'une batterie de l'adversaire par goniométrie acoustique à l'aide de deux ou plusieurs microphones séparés par une distance connue) ; (b) (cf. aussi sonar ranging).

sound ray rayon sonore (nom parfois donné à une onde ultrasonore pour rappeler sa propriété de directivité) (acou) (cf. aussi ultrasonic wave).

sound receiver 1) récepteur son (nom parfois donné à la partie son d'un récepteur de télévision diffusée, celle-ci constituant l'équivalent d'un récepteur de radiodiffusion sonore, à savoir d'un récepteur superhétérodyne) (cf. aussi sound channel 1), sound separation, television receiver, radio receiver et superheterodyne receiver). 2) récepteur de sons, récepteur acoustique (terme générique couvrant le microphone, l'hydrophone et l'oreille) (cf. aussi microphone et hydrophone).

sound reception 1) réception de sons (ou du son ou des sons) (cf. aussi sound receiver 2)). 2) réception du son (réception du signal son en télévision) (cf. aussi sound signal 2)).

sound record (un) enregistrement sonore (enregistrement représentant des sons) (ce terme désigne généralement un enregistrement porté par un disque phonographique, classique ou optique, ou une bande magnétique de magnétophone, mais couvre également le cas d'un film sonore et celui d'une bande ou d'un disque vidéo) (cf. aussi phonograph record, record 1) et sound recording 1)).

sound recorder enregistreur de sons (enregistreur conçu ou utilisé pour enregistrer des sons) (tout enregistreur peut enregistrer des sons une fois ceux-ci convertis en un signal électrique approprié) (ce terme désigne souvent une table de gravure ou un magnétophone) (électroacou) (cf. aussi disk recorder, tape recorder, sound recording et recorder).

sound recording 1) (l')enregistrement du son, (parf.) prise de son (cinéma, etc.) (conservation de sons sous la forme d'une grandeur variable autre qu'une grandeur acoustique à l'aide d'un enregistreur de sons, c-à-d. obtention d'une représentation graphique, mécanique, magnétique ou optique des vibrations produisant les sons considérés) (cf. aussi mechanical sound recording, magnetic sound recording, optical sound recording, sound[1], sound recorder et recording 1). 2) cf. sound record.

sound recording instrument appareil enregistreur de sons (nom complet d'un enregistreur de sons) (cf. aussi sound recorder).

sound recording system chaîne d'enregistrement du son, chaîne de prise de son (ensemble d'appareils ou de dispositifs interconnectés permettant l'enregistrement du son) (comprend essentiellement un ou plusieurs microphones et un enregistreur de son, généralement précédé d'une table de mélange dans le cas de plusieurs microphones) (électroacou) (cf. aussi sound recording 1), microphone, sound recorder et sound-reproducing system).

sound recording unit cf. sound recording instrument.

sound reflection réflexion du son (ou des ondes acoustiques ou sonores), réflexion acoustique (cf. aussi reflection et sound[1]).

sound reflection coefficient coefficient de réflexion acoustique (ou du son) (coefficient de réflexion d'une surface pour une onde acoustique) (cf. aussi reflection coefficient et sound reflection).

sound refraction réfraction du son (ou des ondes acoustiques ou sonores), réfraction acoustique (cf. aussi refraction et sound wave).

sound rejection réjection du son, réjection du signal son (dans un récepteur de télévision, atténuation du signal son subsistant dans le signal image après séparation du son, pour éviter qu'il perturbe l'image (cf. aussi sound signal 2), sound trap et rejection).

sound reproducing system chaîne électroacoustique (ensemble d'appareils ou de dispositifs interconnectés permettant la reproduction de sons enregistrés sur un support d'enregistrement) (comprend au minimum un tourne-disque, un magnétophone ou un lecteur de cassettes, un amplificateur basse fréquence, souvent incorporé à l'appareil, et un haut-parleur, un écouteur ou un casque d'écoute) (cf. aussi stereo sound system, quadraphonic sound system et sound recording system).

sound reproduction reproduction du son (émission de sons plus ou moins semblables à des sons enregistrés) (est réalisée à l'aide d'une chaîne électroacoustique ou, anciennement, d'un phonographe) (cf. aussi sound-reproducing system, mechanical phonograph et sound recording 1)).

sound screen écran perforé (écran de cinéma comportant de nombreux petits trous destinés à faciliter la transmission du son du ou des haut-parleurs placés derrière) (cf. aussi sound transmission).

sound section partie son, (etc.) (TV) (cf. aussi sound transmitter et sound receiver).

sound sensation sensation auditive, sensation sonore (autres noms d'un son au sens physiologique du terme) (cf. aussi sound[1]).

sound separation séparation du son, séparation du signal son (dans un récepteur de télévision, action de séparer le signal son du signal vidéo composite à l'aide d'un filtre passe-bande pour lui faire subir ensuite des traitements appropriés à sa fonction) (est opérée à la sortie du changeur de fréquence lorsque la porteuse son est modulée en amplitude ou à la sortie de l'amplificateur à fréquence intermédiaire commun aux deux porteuses ou, parfois, à la sortie du changeur de fréquence, lorsque la porteuse son est modulée en fréquence) (cf. aussi sound signal 2), composite video signal, band-pass filter, mixer, IF amplifier, intercarrier sound system et sound rejection).

sound set cf. sound receiver 1).

sound signal 1) signal sonore (signal constitué par un son audible ou non) (cf. aussi signal[1] et sound[1]). 2) signal son, signal audio (signal transmettant le son d'une émission de télévision) (est lui-même transmis par la porteuse son) (cf. aussi sound carrier, sound separation et television signal).

sound-signal carrier *cf.* sound carrier.

sound-signal frequency fréquence du signal son, fréquence du son *(nom parfois donné à la fréquence d'une porteuse son)* *(TV)* *(cf. aussi* sound carrier).

sound-signal rejection *cf.* sound rejection.

sound-signal separation *cf.* sound separation.

sound source source sonore *(nom généralement donné à une source de rayonnement acoustique, notamment lorsque le son émis est effectivement un son audible)* *(cf. aussi* acoustic radiation source *et* audible sound).

sound spectrograph *cf.* sound analyzer.

sound spectrum spectre acoustique, *(souvent aussi)* spectre sonore *(spectre des fréquences d'un son complexe)* *(cf. aussi* frequency spectrum (b) *et* complex sound).

sound speed cadence de défilement (d'un film sonore) *(est normalisée à 24 images par seconde pour les projecteurs de cinéma professionnels et à 24 et 18 images/seconde pour les projecteurs d'amateurs) (ne pas confondre le terme anglais avec « speed of sound »)* *(cf. aussi* sound film).

sound stripe piste couchée, *(parf.)* piste à coller *(noms souvent donnés à une piste sonore magnétique selon qu'elle est collée sur le film ou pas encore collée)* *(ciné)* *(cf. aussi* magnetic sound track).

sound system système acoustique, *(souvent)* chaîne électroacoustique *(cf. aussi* sound-reproducing system).

sound take-off point de séparation du son *(ou du signal son ou audio)* *(récepteur TV)* *(cf. aussi* sound separation).

sound track piste sonore, piste son *(zone d'un support à défilement portant un enregistrement sonore) (peut être une zone optique faisant partie intégrante du support ou une zone magnétique normalement rapportée sur celui-ci) (est une zone longitudinale lorsque le défilement du support est obtenu par translation de celui-ci, c.-à-d. dans le cas d'un film de cinéma ou d'une bande vidéo) (est une zone spirale lorsque le défilement est obtenu par rotation du support, c.-à-d. dans le cas d'un disque vidéo)* *(cf. aussi* magnetic sound track, optical sound track, moving medium *et* sound record).

sound transmission 1) transmission du son *(ou des sons)*, transmission acoustique *(noms donnés à la propagation du son dans un milieu lorsque l'on considère l'action de ce dernier)* *(cf. aussi* sound propagation *et* sound transmission coefficient). 2) transmission du son *(transmission du signal son en télévision)* *(cf. aussi* sound signal 2)).

sound transmission coefficient coefficient de transmission acoustique *(ou du son)* *(coefficient de transmission de l'énergie acoustique entre deux milieux)* *(cf. aussi* transmission coefficient 1) *et* sound energy).

sound transmitter 1) émetteur son *(ou du son ou audio)*, partie son, partie audio *(ensemble des circuits d'un émetteur de télévision élaborant le signal son appliqué à l'entrée correspondante du diplexeur)* *(cf. aussi* sound signal 2), diplexer (b) *et* television transmitter). 2) émetteur de sons, émetteur acoustique *(terme générique couvrant le haut-parleur et l'écouteur)* *(cf. aussi* loudspeaker, headphone *et* sound generator).

sound trap réjecteur son *(nom donné à un filtre coupe-bande utilisé en plusieurs exemplaires dans l'amplificateur FI image d'un récepteur de télévision pour assurer la réjection du son)* *(cf. aussi* band-stop filter *et* sound rejection).

sound velocity vitesse du son *(cf. aussi* speed of sound).

sound wave onde acoustique, *(souvent aussi)* onde sonore *(onde acoustique produisant un son audible, c.-à-d. dont la longueur correspond à une fréquence d'un tel son, ou par extension abusive, onde acoustique quelconque) (en d'autres termes, vibration d'un milieu matériel élastique se propageant dans celui-ci en créant une pression oscillatoire sur son passage ; c'est cette pression variable qui met en mouvement le tympan de l'oreille ou la membrane d'un microphone)* *(cf. aussi* acoustic wave, audible sound, infrasonic wave, ultrasonic wave, longitudinal wave, shear wave, wave, sound[1] *et* materiel medium).

sound-wave source *cf.* sound source.

sound-wave velocity vitesse d'une onde acoustique, *(souvent aussi)* vitesse d'une onde sonore *(noms descriptifs de la vitesse du son)* *(cf. aussi* speed of sound).

sounder 1) sondeur *(cf. aussi* ionosonde, sonic depth finder *et* sonar). 2) parleur (télégraphique) *(tls)* *(cf. aussi* telegraph sounder).

sounding sondage *(sens usuels)* *(cf. aussi* sounder).

soundproof insonorisé, *(parf. aussi)* traité acoustiquement *(local, etc.)* *(cf. aussi* soundproofing).

soundproofed *cf.* soundproof.

soundproofing insonorisation, isolation acoustique, *(parf. aussi)* traitement acoustique, isolation phonique *(terme de l'industrie du bâtiment) (diminution de la transmission du son par les parois d'une enceinte, notamment d'un local ou d'un capot de machine, et éventuellement diminution des échos à l'intérieur du local) (est obtenue principalement par l'emploi de matériaux absorbants) (dans le premier cas, l'insonorisation revient à diminuer le coefficient de transmission des parois ; dans le second, c'est leur coefficient de réflexion qui est diminué) (l'insonorisation des parois d'une enceinte a généralement pour but d'isoler celle-ci des bruits extérieurs lorsqu'il s'agit d'un local et inversement lorsqu'il s'agit d'un capot de machine)* *(cf. aussi* sound absorbing material, sound transmission coefficient *et* sound reflection coefficient).

source[1] *s* 1) source *(corps, dispositif ou phénomène fournissant de l'énergie sous la forme d'un courant, d'une tension, d'un rayonnement ou de particules)* *(cf. aussi* current source, voltage source, radiation source, sound source, electron source, ion source *et* energy). 2) source, électrode de source *(électrode émettrice d'un transistor à effet de champ) (semi)* *(cf. aussi* field-effect transistor).

source[2] *v* débiter, fournir *(un courant) (source de courant)* *(cf. aussi* current source).

source code 1) code source *(code employé dans le langage source d'un ordinateur) (inf)* *(cf. aussi* source language). 2) *cf.* source program.

source coding programmation en langage source *(inf)* *(cf. aussi* source language).

source computer machine de compilation *(nom donné à un ordinateur exécutant un traitement de compilation) (inf)* *(cf. aussi* compilation).

source contact contact de source *(ou de la source) (zone de la source d'un transistor à effet de champ par laquelle se fait le contact avec la connexion de cette électrode) (semi)* *(cf. aussi* source 2)).

source diffusion diffusion de la source *(action)*, *(parf.)* diffusion de source *(résultat) (TEC)* *(cf. aussi* source 2) *et* diffusion 2)).

source dopant *cf.* source impurities.

source doping dopage de la source *(TEC)* *(cf. aussi* doping *et* source 2)).

source-drain capacitance capacité source-drain, capacité drain-source *(capacité du condensateur formé par la source et le drain d'un transistor à effet de champ et dont le diélectrique est constitué par le canal)* *(cf. aussi* capacitance *et* field-effect transistor).

source-drain circuit circuit drain-source *(noter l'inversion d'une langue à l'autre) (circuit reliant le drain d'un transistor à effet de champ à la source de celui-ci, c.-à-d. circuit dans lequel le transistor est monté) (semi)* *(cf. aussi* field-effect transistor).

source effect effet de source *(alim.)* *(cf. aussi* line regulation).

source electrode *cf.* source 2).

source-follower amplifier amplificateur à source suiveuse *(cf. aussi* common-drain amplifier).

source-gate circuit circuit grille-source *(noter l'inversion d'une langue à l'autre) (circuit reliant la grille d'un transistor à effet de champ à la source de celui-ci, c.-à-d. circuit de commande du transistor)* *(cf. aussi* field-effect transistor).

source impedance impédance de la source *(parf. de source) (impédance d'une source de courant alternatif)* *(cf. aussi* impedance *et* ac current source).

source impurities impuretés de la source *(impuretés créant la source dans un transistor à effet de champ)* *(cf. aussi* source 2) *et* impurity).

source language langage source *(langage de programmation dans lequel les instructions d'un programme d'ordinateur sont écrites initialement, par un ou plusieurs programmeurs, à partir de l'énoncé du problème à résoudre ou autre traitement d'informations à effectuer)* (inf) *(cf. aussi* low-level language, high-level language *et* programming language).

source level niveau de la source *(niveau du signal fourni par une source de signaux et notamment par un générateur de signaux)* *(cf. aussi* level 1) *et* signal source).

source levelling régulation du niveau de la source, nivelage de la source *(hyper, etc.)* *(cf. aussi* levelling).

source match (degré d')adaptation de la source *(cf. aussi* source matching).

source matching adaptation de la source *(adaptation de l'impédance d'une source de courant à l'impédance de sa charge)* *(cf. aussi* impedance matching).

source of current source de courant *(cf. aussi* current source).

source of interference source de parasites *(cf. aussi* interference 1)).

source of supply source d'alimentation *(nom donné à une source de courant utilisée comme alimentation)* *(cf. aussi* current source *et* power supply 2)).

source program programme source, programme symbolique *(le premier terme est le plus employé)* *(programme d'ordinateur rédigé en langage source, c.-à-d. programme initial)* *(est ensuite traduit en langage machine)* *(cf. aussi* computer program *et* source language).

source resistance résistance de la source *(parf. de source)* *(résistance d'une source de courant continu)* *(cf. aussi* resistance *et* current source).

source terminal borne de la source (a) *une des deux bornes d'une source de courant)* *(cf. aussi* terminal 1) *et* current source); (b) *borne de la source d'un transistor à effet de champ)* *(cf. aussi* source 2)).

source-to-drain breakdown voltage tension de claquage drain-source *(tension drain-source à laquelle le canal d'un transistor à effet de champ est détruit par l'intensité excessive du courant qu'elle produit dans le canal)* (semi) *(cf. aussi* source-to-drain voltage).

source-to-drain current *(parf.* intensité du) courant de drain *(TEC)* *(cf. aussi* drain current 1)).

source-to-drain resistance résistance source-drain *(résistance mesurée entre la source et le drain d'un transistor à effet de champ)* (semi) *(cf. aussi* resistance *et* field-effect transistor).

source-to-drain voltage *cf.* drain-source voltage.

source-to-fiber coupling couplage source-fibre *(couplage optique entre une source de lumière excitant une fibre optique et l'extrémité de celle-ci)* *(liaison par fibre optique)* *(cf. aussi* fiber-optic transmission system).

source voltage tension de la source *(tension aux bornes d'une source de tension ou de courant)* *(cf. aussi* voltage source *et* current source).

south magnetic pole pôle magnétique sud, (le) sud magnétique *(de la Terre)* *(cf. aussi* magnetic pole (b) *et* south pole).

south pole pôle sud *(pôle d'un aimant par lequel il est admis par convention que les lignes de force de son champ magnétique rentrent dans l'aimant)* *(magnétisme)* *(cf. aussi* magnetic pole (a) *et* magnetic line of force).

south-seeking pole *cf.* south pole.

SP *cf.* single-pole 1).

SPA *cf.* sudden phase anomaly.

space 1) espace *(sens usuels)*. 2) repos, espace *(signal télégraphique)* *(cf. aussi* space state).

space aerial *(GB)* *cf.* space antenna.

space antenna antenne spatiale *(antenne montée sur un engin spatial ou installée sur le sol d'une planète autre que la Terre)* *(cf. aussi* antenna).

space attenuation atténuation dans l'espace, affaiblissement dans l'espace *(affaiblissement d'une onde électromagnétique se propageant dans l'espace extra-atmosphérique)* *(est très faible, les interactions entre l'onde et la matière du milieu de propagation étant relativement rares)* *(cf. aussi* attenuation *et* propagation medium (a)).

space-based ... *cf.* space-borne ... *(et noter que le premier qualificatif est souvent employé à la place du second dans le*

domaine militaire) *(noter également toutefois que le premier terme s'applique tant à un dispositif installé sur une planète autre que la Terre que monté dans un engin spatial, tandis que le second sous-entend normalement que le dispositif est monté dans un engin spatial)* *(cf. aussi* space laser).

space-borne communications *cf.* satellite communications.

space-borne computer calculateur d'engin spatial *(calculateur numérique de pilotage ou autre monté dans une fusée spatiale, un satellite artificiel, une sonde spatiale ou un missile stratégique)* (inf) *(cf. aussi* space-based ... *et* computer 3)).

space-borne early-warning radar radar d'alerte lointaine sur satellite *(ou* monté sur satellite) *(mil)* *(cf. aussi* space-based ... *et* early-warning radar).

space-borne ground-mapping radar radar cartographique de satellite *(mil, etc.)* *(cf. aussi* space-based ... *et* ground mapping radar).

space-borne imaging radar *cf.* space-borne ground mapping radar.

space-borne laser laser de satellite *(laser monté dans un satellite artificiel)* *(ce terme désigne souvent une arme laser de satellite)* *(cf. aussi* space-based ..., laser *et* space-borne laser weapon).

space-borne laser system réseau de lasers sur satellites *(ensemble de satellites militaires équipés d'une arme laser)* *(cf. aussi* space-borne laser weapon).

space-borne laser technology (la) technique des lasers de satellite *(cf. aussi* space-borne laser *et* technology).

space-borne laser weapon arme laser de satellite *(arme laser montée sur un satellite militaire pour neutraliser des missiles stratégiques et des satellites offensifs de l'adversaire)* *(guerre spatiale)* *(cf. aussi* space-based ... *et* laser weapon).

space-borne link *cf.* satellite communications link.

space-borne radar radar d'engin spatial, radar spatial, *(souvent)* radar de satellite *(mil. etc.)* *(cf. aussi* space-based ... *et* satellite radar).

space-borne radar sensor capteur radar de satellite *(télédétection, mil)* *(cf. aussi* radar sensor *et* space-borne radar).

space-borne radar system station radar spatiale *(cf. aussi* radar system *et* space-borne radar).

space-borne SAR *cf.* space-borne synthetic-aperture radar.

space-borne SAR sensor *cf.* space-borne synthetic-aperture radar. *(cf. aussi* sensor).

space-borne sensor *cf.* satellite sensor.

space-borne synthetic-aperture radar radar à ouverture dynamique de satellite *(ou* monté sur satellite), radar SAR *(idem)* *(cf. aussi* synthetic-aperture radar).

space change variation spatiale, variation avec la distance *(variation de la valeur d'une grandeur variable en fonction de la distance, c.-à-d. le long d'une droite)* *(cf. aussi* variable quantity *et* gradient).

space charge charge d'espace *(charge électrique non portée par une électrode)* *(ce terme désigne généralement le nuage d'électrons entourant la cathode d'un tube à vide ou la charge électrique créée par les porteurs de charge dans une jonction PN)* *(cf. aussi* electric charge, vacuum tube *et* p-n junction *(au début de la lettre P)).

space-charge cloud nuage de charge d'espace *(cf. aussi* space charge).

space-charge debunching dégroupement par répulsion mutuelle *(tendance au dégroupement des électrons d'un paquet d'électrons dans certains tubes hyperfréquence due aux forces de répulsion électrostatique mutuelle exercées par les électrons du paquet)* *(cf. aussi* bunching *et* space-charge effect).

space-charge density densité de charge d'espace *(parf. de la charge d'espace)* *(charge électrique par unité de volume d'une zone de charge d'espace)* *(cf. aussi* space charge).

space-charge density gradient gradient de densité de charge d'espace, *(etc.)* *(cf. aussi* space-charge density *et* gradient).

space-charge distribution répartition de la charge d'espace *(répartition de la densité d'une charge d'espace)* *(cf. aussi* space-charge density).

space-charge effect effet de la charge d'espace *(parf. de charge d'espace)* *(action d'une charge d'espace sur le fonctionnement d'un dispositif électronique à vide ou à jonction(s) PN et notamment réduction du flux d'électrons émis par la* *cathode d'un tube à vide due aux forces de répulsion électrostatique mutuelle exercées entre ceux-ci et les électrons de la charge d'espace du tube, ou dégroupement d'un paquet d'électrons*) (*cf. aussi* space charge, electrostatic repulsion *et* space-charge debunching).

space-charge layer *cf.* depletion layer.

space-charge-limited current courant limité par la charge d'espace (*intensité du courant dans un tube à vide fonctionnant en régime de charge d'espace*) (*cf. aussi* space-charge-limited operation).

space-charge-limited operation régime de charge d'espace (*régime de fonctionnement d'une diode à vide ou d'un tube à vide à plusieurs électrodes monté en diode dans lequel la charge d'espace cathodique limitant l'émission d'électrons par la cathode, l'intensité maximale du courant dans le tube est inférieure à la valeur théorique correspondant à la saturation de l'émission thermoélectronique par la cathode en l'absence de charge d'espace*) (*cf. aussi* space charge, vacuum diode, perveance *et* thermionic emission).

space-charge region zone de charge d'espace (*zone d'un espace ou d'un corps occupée par une charge d'espace*) (*cf. aussi* space charge).

space-charge wave onde de charge d'espace (*variation périodique de la densité d'une charge d'espace dans une direction déterminée*) (*ce terme désigne notamment la variation périodique de la densité de charge d'espace suivant l'axe d'un tube hyperfréquence à modulation de vitesse due à la formation de paquets d'électrons*) (*cf. aussi* space-charge density *et* velocity-modulated tube).

space-charge-wave tube tube à onde de charge d'espace (*autre nom, peu employé, d'un tube à modulation de vitesse*) (hyper) (*cf. aussi* space-charge wave).

space communications (les) télécommunications spatiales (*télécommunications, par radio ou par faisceau laser, entre planètes, entre planètes et engins spatiaux et entre engins spatiaux*) (*ce terme ne doit pas être employé à la place de « télécommunications par satellites »*) (*cf. aussi* radio communications, laser communications *et* satellite communications).

space communications service service de télécommunications spatiales, service spatial (*cf. aussi* space communications).

space diversity diversité d'espace (*contrairement à la diversité de fréquence et à la diversité de polarisation, ce terme ne s'applique qu'à la réception, les ondes reçues en diversité d'espace n'étant que le résultat de trajets de propagation différents d'une onde unique émise par l'antenne de l'émetteur*) (radiocom) (*cf. aussi* diversity *et* space-diversity reception).

space-diversity reception réception en diversité d'espace (*réception en diversité dans laquelle chacune des ondes utilisées est reçue par une antenne distincte, les antennes étant séparées par une distance égale à plusieurs fois la longueur d'onde du signal reçu*) (radiocom) (*cf. aussi* diversity reception *et* space diversity).

space-division electronic switch autocommutateur électronique spatial, (etc.) (*noms généralement donnés à un autocommutateur spatial électronique, c.-à-d. un autocommutateur spatial utilisant un réseau de connexion électronique*) (central tél) (*cf. aussi* space-division switch *et* electronic switching network).

space-division electronic switching (la) commutation électronique spatiale, (etc.) (*commutation téléphonique réalisée à l'aide d'un commutateur électronique spatial*) (central tél) (*cf. aussi* space-division switch *et* telephone switching).

space-division electronic switching network réseau de connexion électronique spatial (*nom généralement donné à un réseau de connexion spatial électronique, c.-à-d. à un réseau de connexion spatial utilisant des points de connexion électroniques*) (autocommutateur) (*cf. aussi* space-division switching network *et* electronic crosspoint).

space-division electronic switching system 1) système de commutation électronique spatiale (*ou* analogique) (commutation *ou* commutation téléphonique) (*système de commutation téléphonique utilisant un autocommutateur électronique spatial*) (central tél) (*cf. aussi* telephone switching system

et space-division electronic switch). 2) *cf.* space-division electronic switch.

space-division switch autocommutateur spatial (*ou* de circuits *ou* analogique), autocommutateur téléphonique (*idem*), commutateur (*idem*), commutateur téléphonique (*idem*) (*autocommutateur téléphonique réalisant la commutation spatiale*) (*est généralement un autocommutateur électromécanique, mais peut être un autocommutateur à réseau de connexion électronique*) (central tél) (*cf. aussi* telephone switch, space-division switching, electromechanical telephone switch *et* electronic switching network).

space-division switching (la) commutation spatiale (*ou* de circuits *ou* analogique) (*commutation téléphonique dans laquelle chaque circuit aboutissant à l'autocommutateur peut être identifié tout au long du réseau de connexion de celui-ci, les signaux transmis étant analogiques*) (type classique) (central tél) (*cf. aussi* telephone switching, space-division switch *et* analog signal).

space-division switching network réseau de connexion spatial, réseau spatial (*réseau de connexion d'un autocommutateur spatial*) (central tél) (*cf. aussi* switching network *et* space-division switch).

space-division switching system 1) système de commutation spatiale (*ou* analogique) (commutation *ou* commutation téléphonique) (*cf. aussi* telephone switching system *et* space-division switching). 2) *cf.* space-division switch.

space-division telephone ... *cf.* space-division ...

space-division voice switching *cf.* space-division switching.

space electronics (l')électronique spatiale (*matériel électronique conçu pour être utilisé dans l'espace extra-atmosphérique, notamment à bord d'engins spatiaux, et activités qui s'y rattachent*) (*est généralement caractérisé par une très grande fiabilité pour des raisons de sécurité, d'impossibilité ou de difficulté de réparation, par une consommation d'énergie aussi faible que possible et, pour certains composants, par une bonne résistance aux radiations*) (*cf. aussi* electronics[1] 1) (c) reliability *et* radiation hardness).

space factor coefficient de remplissage (*rapport entre la section totale des conducteurs d'une bobine et la section qu'ils occupent*) (*est toujours inférieur à 1*) (transfo, etc.).

space filter *cf.* spatial filter.

space filtering *cf.* spatial filtering.

space frequency 1) fréquence de repos, fréquence espace (*fréquence d'émission d'un émetteur télégraphique pendant un état de repos*) (*cf. aussi* space state *et* telegraph transmitter). 2) *cf.* spatial frequency.

space function fonction spatiale (*ou* de la distance) (*fonction à une variable indépendante dans laquelle celle-ci est une distance*) (math) (*cf. aussi* function[1] 1) (b) *et* space change).

space instrumentation instrumentation spatiale (*appareils électroniques ou autres conçus pour être utilisés dans un engin spatial, notamment un satellite artificiel de la Terre, ou sur une planète autre que la Terre*).

space interval intervalle de repos, intervalle espace (*partie d'un signal télégraphique correspondant à un état de repos*) (*cf. aussi* space state).

space laser *cf.* space-borne laser. (*et noter que, dans le cas de rédaction d'un texte en anglais et d'hésitation entre les qualificatifs « space-borne » et « space-based », il est préférable d'employer « space » tout court*).

space pattern cercle de linéarité (*circonférence figurant en un ou plusieurs exemplaires, éventuellement de deux ou plusieurs diamètres, sur une mire de télévision transmise pour permettre le contrôle de la linéarité du balayage horizontal et du balayage vertical et faciliter leur réglage, un manque de linéarité d'un balayage ovalisant le cercle*) (*cf. aussi* test pattern 1), horizontal sweep 1), vertical sweep *et* linearity control).

space perception *cf.* spatial auditory perception.

space permeability perméabilité magnétique du vide (*cf. aussi* permeability of free space).

space phase phase spatiale (*phase d'une grandeur sinusoïdale à variation spatiale*) (*cf. aussi* phase (a) *et* space change).

space quadrature quadrature spatiale, quadrature de phase spatiale (*quadrature de phase entre deux grandeurs sinusoïdales à variation spatiale*) (*cf. aussi* in quadrature *et* space change).

space radar cf. space-borne radar. *(de même pour les termes dérivés) (voir aussi remarque à « space laser »).*

space rate of change vitesse de variation spatiale *(ou par rapport à la distance) (noms descriptifs du gradient) (cf. aussi* gradient *et* rate of change).

space sensor capteur spatial *(capteur utilisé ou conçu pour être utilisé dans l'espace extra-atmosphérique et notamment sur un satellite artificiel) (cf. aussi* sensor *et* satellite sensor).

space service cf. space communications service.

space solar array panneau solaire spatial *(panneau solaire conçu pour être monté sur un engin spatial ou installé sur le sol d'une planète autre que la Terre) (cf. aussi* solar-cell array).

space state état de repos, état espace *(état d'un signal télégraphique pendant que le manipulateur est relevé ou pendant l'émission d'un binaire « 0 » par un téléimprimeur) (tls) (cf. aussi* telegraph signal, key[1] 2), teleprinter *et* mark state).

space telemetry télémesure spatiale *(télémesure intéressant un objet ou un être situé dans l'espace extra-atmosphérique, la station de réception pouvant être située sur la Terre ou ailleurs) (cf. aussi* telemetry).

space-to-earth communications télécommunications entre l'espace et la Terre, télécommunications espace-Terre *(cf. aussi* space communications).

space-to-space communications cf. space communications.

space variation cf. space change.

space wave onde d'espace *(composante de l'onde de sol formée elle-même de l'onde directe et de l'onde réfléchie par le sol) (est prépondérante dans les faisceaux hertziens classiques) (propa) (cf. aussi* ground wave, direct wave *et* ground-reflected wave).

space-wave propagation propagation de l'onde d'espace *(cf. aussi* space wave).

space-wave transmission transmission par l'onde d'espace *(transmission d'un signal radio assurée principalement par l'onde d'espace) (cf. aussi* space wave).

spaceborne ... cf. space-borne ... *(plus haut).*

spacing interval cf. space interval.

spacing wave onde de repos, onde espace *(nom donné au signal émis par un émetteur radiotélégraphique pendant un intervalle de repos) (cf. aussi* space interval *et* wave).

spade bolt attache filetée *(courte tige filetée à oreille percée d'un trou souvent utilisée pour la fixation du blindage d'un transformateur haute fréquence, notamment sur un châssis ou une carte à circuit imprimé).*

spade lug cosse fendue *(cosse à plage ouverte à l'extrémité pour pouvoir la monter sur une borne à écrou ou à vis sans avoir à dévisser complètement celui-ci ou celle-ci) (cf. aussi* lug).

spade terminal cf. spade lug.

spaghetti souplisso *(gaine isolante souple en tresse de coton vernie ou en matière plastique pour isolation de fils nus ou de cosses montées sur fils ou pour protection de fils isolés).*

span galloping mouvement de galop *(mouvement oscillatoire des fils ou du câble d'une ligne aérienne entre deux poteaux sous l'action du vent dans certaines conditions) (tél, etc.) (cf. aussi* overhead line).

spare cell cellule de réserve *(cellule de mémoire à semiconducteur, notamment de mémoire RAM, pouvant être mise en circuit pour remplacer une cellule défectueuse, en cours de fabrication de la mémoire) (CI) (inf) (cf. aussi* memory cell *et* semiconductor memory).

spare socket socle de réserve *(socle de connecteur inutilisé sur un fond de panier ou autre support) (cf. aussi* connector socket *et* backplane).

spark[1] s étincelle *(en électricité, décharge disruptive dans laquelle l'énergie mise en jeu est beaucoup moins grande que dans un arc, ainsi que l'arrachement de matière des conducteurs entre lesquels elle jaillit) (cf. aussi* disruptive discharge).

spark[2] v émettre des étincelles *(contact glissant, etc.) (cf. aussi* spark[1]).

spark arrester cf. spark suppressor.

spark capacitor condensateur pare-étincelles *(condensateur monté entre deux contacts d'interrupteur ou de relais et notamment entre les contacts d'un rupteur pour réduire l'étincelle jaillissant entre ceux-ci lorsqu'ils s'ouvrent, en offrant un* chemin à l'extra-courant de rupture, ce qui limite l'usure des contacts par arrachement de matière et la production de parasites) (cf. aussi* capacitor, spark[1], interrupter *et* break-induced current).

spark coil bobine d'allumage *(auto) (cf. aussi* ignition coil).

spark discharge décharge par étincelle *(décharge électrique produisant une étincelle) (cf. aussi* spark[1]).

spark gap éclateur s *(dispositif formé essentiellement de deux électrodes séparées par une certaine distance entre lesquelles une étincelle éclate lorsque la tension qui leur est appliquée est suffisante) (parafoudre, duplexeur de radar, etc.) (cf. aussi* sphere gap *et* spark[1]).

spark-gap generator générateur à étincelles *(ancien type d'oscillateur produisant des ondes amorties par décharge d'un condensateur à l'aide d'un éclateur) (émetteur radio) (cf. aussi* oscillator, damped wave *et* spark gap).

spark-gap modulation modulation par éclateur *(modulation réalisée par un modulateur à éclateur) (radar) (cf. aussi* spak-gap modulator).

spark-gap modulator modulateur à éclateur *(modulateur de radar de grande puissance dans lequel le thyratron est remplacé par un éclateur fermant le circuit par jaillissement d'une étincelle) (cf. aussi* radar modulator *et* spark gap).

spark generator cf. spark-gap generator.

spark meter spinthermètre *(éclateur à sphères interchangeables à écartement réglable utilisé pour des mesures de distance disruptive) (cf. aussi* spark gap *et* sparking distance).

spark-over cf. spark[1].

spark plug *(US)* cf. sparking plug.

spark suppression réduction des étincelles, *(souvent aussi)* antiparasitage *(cf. aussi* spark suppressor).

spark suppressor pare-étincelles, *(souvent aussi)* antiparasite sm *(dispositif formé d'un condensateur et d'une résistance en série ou constitué par une diode à jonction PN et fonctionnant comme un condensateur pare-étincelles) (cf. aussi* spark capacitor *et* p-n junction diode).

sparking jaillissement d'étincelles *(contact, balai, etc.) (cf. aussi* spark[1]).

sparking distance distance disruptive *(distance de deux conducteurs entre lesquels jaillit une étincelle) (ce terme s'applique notamment à un éclateur) (cf. aussi* spark gap).

sparking plug *(GB)* bougie d'allumage, bougie *(éclateur spécial de petites dimensions vissé dans la culasse d'un cylindre de moteur à explosion pour y produire l'étincelle électrique enflammant le mélange d'air et d'essence à la fin du temps de compression de chaque cycle de fonctionnement du moteur) (reçoit les impulsions de courant à haute tension fournies par une magnéto, une bobine d'allumage ou un volant magnétique) (cf. aussi* spark gap), magneto (a), ignition coil *et* magnetic flywheel).

sparking potential cf. sparking voltage.

sparking voltage tension disruptive, potentiel disruptif *(tension minimale à laquelle une étincelle jaillit entre deux conducteurs déterminés séparés par une distance déterminée dans un milieu déterminé) (cf. aussi* spark[1] *et* voltage).

sparkover cf. spark[1].

spatial auditory perception perception auditive spatiale *(audition simultanée de sons provenant de deux ou plusieurs directions avec perception de ces directions par l'auditeur) (nom et définition scientifiques de l'effet stéréophonique) (audiométrie, hifi) (cf. aussi* sound[1] *et* stereophonic effect).

spatial coherence cohérence spatiale *(propriété d'un faisceau d'ondes électromagnétiques ou acoustiques dans lequel il existe une relation de phase bien définie entre deux points quelconques de la section droite du faisceau) (en d'autres termes, cohérence dans la section droite du faisceau) (faisceau laser, interféromètre, faisceau sonar multiple) (cf. aussi* coherence).

spatial coverage cf. three-dimensional coverage.

spatial discrimination discrimination spatiale *(discrimination de deux cibles radar ou sonar d'après leur position, indépendamment de leur vitesse éventuelle) (cf. aussi* range discrimination, angular discrimination, target discrimination *et* spatial resolution).

spatial domain domaine spatial *(au sens du terme anglais,* *terme du traitement des échos radar ou sonar signifiant que l'on travaille sur les caractéristiques de ceux-ci permettant de déterminer une ou plusieurs coordonnées de la cible dans l'espace aérien, extra-atmosphérique, ou sous-marin selon le cas) (mil, etc.) (cf. aussi* radar signal processing *et* sonar signal processing).

spatial-domain analysis analyse dans le domaine spatial *(analyse d'échos radar ou sonar dans le domaine spatial) (cf. aussi* signal analysis *et* spatial domain).

spatial electronic switch *cf.* space-division electronic switch.

spatial filter filtre spatial *(filtre réalisant le filtrage spatial)* (a) *iris ou cache réalisant le filtrage spatial optique) (cf. aussi* spatial filtering (a)) ; (b) *ensemble de circuits électroniques réalisant le filtrage spatial radar) (cf. aussi* spatial filtering (b)).

spatial filtering filtrage spatial (a) *masquage d'une ou plusieurs zones déterminées de la section droite d'un faisceau d'ondes optiques) (laser, etc.) (cf. aussi* optical wave *et* beam[1]) ; (b) *élimination plus ou moins complète du signal d'un brouilleur à bruit dans le récepteur d'un radar brouillé par création d'un zéro de directivité de l'antenne du radar dans la direction du brouilleur) (mil) (cf. aussi* noise jammer *et* null[1] (c)).

spatial frequency fréquence spatiale (a) *nombre de cycles d'une fonction périodique de la distance par unité de longueur) (sinusoïde, etc.) (cf. aussi* frequency *et* periodic function) ; (b) *(nombre de lignes ou de points d'une image ou d'un dispositif dans une direction déterminée) (détermine la définition de l'image obtenue dans la direction considérée) (mire ou trame de télévision, barrette ou matrice de photodétecteurs, etc.) (cf. aussi* resolution (a)).

spatial modulation modulation spatiale *(modulation de l'orientation d'un faisceau d'ondes et notamment de lumière (cf. aussi* modulation (a) *et* wave beam).

spatial period période spatiale *(longueur d'un cycle d'une fonction périodique de la distance) (cf. aussi* cycle *et* periodic function).

spatial periodic field champ à périodicité spatiale, champ périodique *(idem) (cf. aussi* periodic field *et* spatial periodicity).

spatial periodicity périodicité spatiale *(périodicité le long d'une droite, la période étant exprimée en unités de longueur) (cf. aussi* periodicity *et* spatial period).

spatial resolution pouvoir séparateur spatial, pouvoir discriminateur spatial, définition spatiale *(pouvoir séparateur en distance et angulaire d'un radar ou d'un sonar) (cf. aussi* range resolution, angular resolution *et* resolution (f) *et* (f1)).

spatial response réponse spatiale *(uniformité plus ou moins parfaite de la sensibilité des différents éléments photosensibles de la cible d'une caméra infrarouge) (cf. aussi* infrared camera).

spatial uniformity uniformité de la réponse spatiale *(cf. aussi* spatial response).

spatially coherent beam faisceau à cohérence spatiale *(cf. aussi* spacial coherence).

spatially coherent light beam faisceau de lumière à cohérence spatiale *(laser) (cf. aussi* spatial coherence).

SPDT *(vient de « single-pole double-throw »)* SPDT *(qualifie un dispositif ne pouvant inverser qu'un seul circuit) (voir rubriques ci-après) (cf. aussi* SPST, DPST *et* DPDT).

SPDT contact contact inverseur, jeu de contacts inverseurs, contact SPDT *(inverseur, relais) (cf. aussi* SPDT).

SPDT relay relais à un contact inverseur, relais à simple contact inverseur, relais inverseur unipolaire, relais SPDT *(cf. aussi* SPDT *et* relay[1] 1)).

SPDT switch inverseur unipolaire *(inverseur à un seul jeu de contacts) (cf. aussi* SPDT).

speak on the telephone *v* parler au téléphone *(tls) (cf. aussi* telephone[2]).

speak over the radio *v* parler à la radio *(radiodif).*

speaker 1) locuteur *s (personne en train de parler) (analyse de la parole, (etc.) (cf. aussi* speech analysis). 2) haut-parleur *(cf. aussi* loudspeaker).

speaker system *cf.* loudspeaker system.

speakerphone poste téléphonique à haut-parleur incorporé *(cf. aussi* telephone set).

speaking arc arc chantant, arc parlant *(le premier terme est le plus employé) (nom donné à un haut-parleur réalisé en 1935 par l'anglais William Duddell et dans lequel les variations de température d'un arc électrique à haute fréquence dont l'intensité est modulée par un signal à basse fréquence à l'aide d'un transformateur de couplage, créent dans l'air ambiant des ondes acoustiques reproduisant correctement les sons initiaux) (a conduit ultérieurement à l'invention du haut-parleur ionique dont le principe de fonctionnement est toutefois différent) (cf. aussi* electric arc *et* ionic loudspeaker).

speaking position position de conversation, position d'émission *(position de travail d'une pédale d'alternat) (radiotél) (cf. aussi* push-to-talk switch 1)).

SPEC *cf.* speech predictive encoding.

spec-for-spec equivalent *(« spec » vient de « specification »)* équivalent exact *(d'un composant enfichable ou non) (cf. aussi* pin compatibility *et* specification).

spec out *v (vient de « go out of specification »)* lâcher *(se dit d'un composant ou un appareil dont les performances se dégradent fortement) (cf. aussi* specification).

special effects effets spéciaux *(nom donné aux modifications souvent apportées à un signal capté en studio, avant de l'émettre ou de l'enregistrer, pour produire une impression particulière aux auditeurs — parfois à l'auditeur — ou aux téléspectateurs ou leur fournir des informations supplémentaires)* (a) *effets sonores incorporés à un programme de radiodiffusion sonore ou au son d'un programme de télévision ou à un enregistrement sonore et notamment effet d'écho obtenu à l'aide d'une chambre d'écho) (cf. aussi* echo chamber) ; (b) *effets tels que le fondu enchaîné, le fondu au noir, la superposition d'images avec ou sans transparence et l'incrustation d'image obtenue à l'aide d'un mélangeur-truqueur lors de l'élaboration d'un programme de télévision pour émission en différé, c.-à-d. enregistré à l'aide d'un magnétoscope de studio) (cf. aussi* special-effects generator).

special-effects generator mélangeur-truqueur, générateur d'effets spéciaux *(dispositif électronique permettant d'obtenir des effets spéciaux dans un studio de télévision) (comprend essentiellement une matrice de points de connexion appelée « grille de commutation » dont les lignes sont alimentées par les diverses sources de signaux vidéo utilisées et dont deux colonnes sont reliées à deux amplificateurs à gain variable permettant la réalisation des différents types de fondu sur la position « mélange » du sélecteur d'effets, tandis que deux autres colonnes aboutissent à un commutateur électronique à deux voies commandé par un signal de découpage constitué par un signal rectangulaire à rapport cyclique variable suivant les dimensions relatives des deux images à enregistrer simultanément sur la position « truquage » du sélecteur) (les points de connexion sont des portes analogiques) (cf. aussi* special effects, gain 1), rectangular wave *et* analog gate).

special-position identification pulse impulsion d'identification à position codée *(impulsion du signal émis par un répondeur d'identification militaire dont la position dans le signal a une signification particulière) (avia) (cf. aussi* reply).

special-purpose component composant pour applications spéciales *(transistor, etc.) (cf. aussi* application).

special-purpose computer ordinateur spécialisé, *(parf.)* calculateur spécialisé *(ordinateur dont la structure et la composition sont optimisées pour un type d'application déterminé) (ordinateur de gestion, ordinateur scientifique, régisseur de processus, calculateur de tir ou de guidage, etc.) (inf) (cf. aussi* computer 2) *et* 3)).

special relativity theory *cf.* special theory of relativity.

special theory of relativity théorie de la relativité restreinte *(phys) (cf. aussi* theory of relativity).

specific address *cf.* absolute address.

specific addressing *cf.* absolute addressing.

specific charge charge spécifique, charge électrique spécifique *(charge électrique d'une particule élémentaire au repos par unité de masse de celle-ci) (cf. aussi* electric charge (a) *et* elementary particle).

specific coding programmation en langage machine *(inf) (cf. aussi* machine language).

specific conductance *cf.* conductivity.

specific conductivity *cf.* conductivity.

specific dielectric rigidity *cf.* dielectric rigidity.

specific electric charge *cf.* specific charge.

specific electron charge charge spécifique de l'électron, charge électrique spécifique de l'électron *(cf. aussi* specific charge *et* electron charge).

specific electronic charge *cf.* specific electron charge.

specific emission densité d'émission *(nombre d'électrons émis par unité de temps par unité de surface d'une cathode thermoélectronique) (tube) (cf. aussi* hot cathode).

specific inductive capacity pouvoir inducteur spécifique *(diélectrique) (cf. aussi* relative permittivity).

specific ionization ionisation spécifique *(nombre de paires d'ions formées par une particule ionisante dans un gaz par unité de longueur de sa trajectoire) (cf. aussi* ionization, ion pair *et* ionizing particle).

specific permeability *cf.* relative permeability.

specific program *cf.* specific routine.

specific resistance *cf.* resistivity.

specific routine programme spécifique *(programme machine utilisable pour un traitement d'informations déterminé) (inf) (cf. aussi* machine code 2)).

specification *(en plus de son sens, au pluriel, de « spécifications du cahier des charges » déformé en « spécification » pour désigner celui-ci ou une norme à usage généralement limité, le terme anglais est souvent employé au pluriel avec le sens de « caractéristiques » d'un matériel) (cf. aussi* spec-for-spec equivalent, spec out *et* standard[1] 2)).

spectra *cf.* spectrum.

spectral analysis *cf.* spectrum analysis. *(le premier terme est un terme d'optique employé parfois incorrectement à la place du terme d'électronique).*

spectral characteristic 1) caractéristique spectrale, courbe de réponse spectrale, courbe de sensibilité spectrale *(le second terme est le plus employé) (courbe représentant la sensibilité spectrale d'un dispositif photoélectrique sur un graphique) (cette acception du terme anglais et du premier terme français est la plus fréquente) (voir aussi 2) ci-après) (cf. aussi* spectral sensitivity *et* characteristic curve). 2) caractéristique spectrale (d'émission) *(courbe représentant la puissance par unité de largeur de bande d'un rayonnement optique non monochromatique et notamment du rayonnement émis par un luminophore) (est tracée à l'aide d'un spectrophotomètre) (tube cath, etc.) (cf. aussi* power[1] 1), bandwidth 1), non-monochromatic radiation, phosphor *et* spectrophotometer).

spectral color couleur du spectre *(une des couleurs du spectre de la lumière blanche : rouge, orange, jaune, vert, bleu, indigo, violet, par ordre de longueur d'onde décroissante du rayonnement optique produisant la couleur) (colorimétrie) (TVC, etc.) (cf. aussi* white light *et* optical radiation).

spectral component composante spectrale *(composante du spectre de fréquences d'un signal complexe) (cf. aussi* frequency spectrum (b)).

spectral content composition spectrale *(fréquences composant une onde complexe ou un signal complexe, notamment une lumière non monochromatique, et amplitudes respectives de ces composantes) (cf. aussi* complex wave, complex signal, monochromatic light *et* amplitude).

spectral data *cf.* spectral information.

spectral density densité spectrale (a) *densité de puissance par unité de largeur de bande d'un rayonnement électromagnétique formé d'un spectre de fréquences) (l'unité de largeur de bande employée est le hertz) (cf. aussi* power density *et* bandwidth 1)) ; (b) *puissance d'un signal de bruit par unité de largeur de bande de celui-ci) (l'unité de largeur de bande employée est le hertz) (cf. aussi* power[1] 1), noise signal, bandwidth 1) *et* noise spectral density).

spectral discriminator discriminateur de spectre *(nom parfois donné à un photodétecteur sensible à un intervalle étroit de longueurs d'onde de rayonnement optique) (cf. aussi* photodetector).

spectral display présentation spectrale *(présentation d'un signal sous forme d'un spectre de fréquences) (sdpo à « présentation temporelle ») (cf. aussi* display[1] 1), time-related display *et* frequency spectrum (b)).

spectral distribution répartition spectrale *(répartition des valeurs d'une grandeur variable en fonction de la fréquence dans un spectre de fréquences, la grandeur étant généralement une amplitude ou une puissance) (cf. aussi* frequency spectrum (a), amplitude spectrum *et* power spectrum).

spectral information informations spectrales, *(parf. aussi)* données spectrales *(informations sur un signal fournies par un analyseur de spectres) (cf. aussi* spectrum analyzer).

spectral line raie spectrale *(trait vertical d'un spectre dont la position le long de l'axe des abscisses correspond à la fréquence d'une composante d'un signal complexe et dont la longueur est proportionnelle à l'amplitude de cette composante) (ce terme de spectroscopie, c.-à-d. d'analyse de spectres optiques, est également employé en analyse de signaux électriques analogiques) (cf. aussi* spectrum 1), complex signal *et* amplitude).

spectral measurements mesures de spectres *(mesure de certaines caractéristiques d'un signal complexe à l'aide d'un analyseur de spectres, c.-à-d. mesures effectuées au cours d'une analyse de spectre) (cf. aussi* complex signal *et* spectrum analyzer).

spectral output *cf.* spectral display.

spectral overcrowding encombrement du spectre (des fréquences), encombrement de l'éther *(occupation complète d'une partie déterminée relativement grande du spectre des fréquences radioélectriques par les émissions d'un grand nombre d'émetteurs) (radio) (cf. aussi* spectrum 1) (a), radio frequency *et* ether).

spectral peak pic d'un spectre *(parf. du spectre) (amplitude d'une raie d'un spectre nettement plus longue que les raies voisines) (cf. aussi* spectral line).

spectral purity pureté spectrale *(propriété d'une onde ou d'un signal auquel ne peut être associée qu'une seule fréquence, c.-à-d. d'une onde ou d'un signal sinusoïdal pur) (est, par conséquent, exempt de bruit de phase) (cf. aussi* pure sinusoïdal wave *et* phase noise).

spectral region domaine spectral *(partie d'un spectre correspondant à une subdivision plus ou moins arbitraire de celui-ci) (cf. aussi* microwave region, optical region *et* spectrum 1)).

spectral response 1) *cf.* spectral sensitivity. 2) *cf.* spectral characteristic.

spectral response curve *cf.* spectral characteristic 1).

spectral sensitivity sensibilité spectrale, réponse spectrale *(sensibilité d'un dispositif photoélectrique en fonction de la longueur d'onde du rayonnement incident, c.-à-d. intensité du courant fourni par le dispositif par unité de puissance du rayonnement) (s'exprime généralement en milliampères par watt (mA/W) pour chaque longueur d'onde exprimée en microns (μm)) (le premier terme est également employé pour l'œil) (cf. aussi* photoelectric sensitivity, photoelectric device, power[1] 1) *et* spectral characteristic 1)).

spectral sensitivity characteristic *cf.* spectral characteristic 1).

spectral sensitivity curve *cf.* spectral characteristic 1).

spectrally pure signal signal spectralement pur *(cf. aussi* spectral purity).

spectrophotometer spectrophotomètre *(appareil permettant de connaître la répartition de l'énergie, en fait de la puissance, dans le spectre d'un rayonnement optique non monochromatique) (analyse spectrale optique) (cf. aussi* energy *et* spectral characteristic 2)).

spectroradiometer spectroradiomètre *(radiomètre pour rayonnement électromagnétique indiquant la répartition spectrale de l'énergie du rayonnement) (cf. aussi* radiometer *et* spectral distribution).

spectrum *(pluriel : spectra)* 1) spectre (a) *ensemble des valeurs successives pouvant être prises par certaines grandeurs physiques) (spectre de fréquences ou de longueurs d'onde) (cf. aussi* frequency spectrum (a) *et* wavelength spectrum) ; (b) *représentation graphique d'un tel ensemble sous la forme d'une échelle horizontale ou verticale, y compris le spectre des couleurs) (cf. aussi* spectral color) ; (c) *spectre de fréquence, de phase, de puissance ou de densité de puissance d'un signal) (cf. aussi* frequency spectrum (b), phase spectrum, power spectrum *et* power-density spectrum). 2) *cf.* range 3).

spectrum analysis analyse de spectre(s) *(mise en évidence des fréquences composant un signal complexe et détermination de l'énergie du signal à chaque fréquence)* *(est effectuée par analyse harmonique du signal à l'aide d'un analyseur de spectres)* *(analyse de signaux)* *(cf. aussi* complex signal, signal energy, harmonic analysis, spectrum analyzer *et* signal analysis).

spectrum analyzer analyseur de spectres *(analyseur de signaux réalisant l'analyse de spectres, c.-à-d. présentant le spectre des amplitudes des composantes d'un signal complexe et, parfois, le spectre des phases de ces composantes)* *(cf. aussi* signal analyzer, spectrum analysis, amplitude *et* phase (a)).

spectrum analyzer display visualisation d'un spectre par un analyseur de spectres *(cf. aussi* display¹ 1) *et* spectrum analyzer).

spectrum display visualisation d'un spectre *(parf.* du spectre) *(cf. aussi* display¹ 1) *et* spectrum 1) (b)).

spectrum generator générateur de spectre *(diode semi)* *(cf. aussi* comb generator).

spectrum locus lieu des lumières monochromatiques, lieu spectral *(lieu des points représentant les couleurs pures sur le diagramme de chromaticité, c.-à-d. ligne extérieure du triangle des couleurs)* *(colorimétrie)* *(TVC, etc.)* *(cf. aussi* pure color *et* chromaticity diagram).

spectrum management gestion du spectre (radioélectrique *ou* des fréquences radioélectriques *ou* des longueurs d'ondes radioélectriques), *(souvent aussi)* attribution des fréquences *(répartition du spectre des fréquences radioélectriques entre les différentes stations d'émission radio par attribution de fréquences d'émission à chaque catégorie de stations et éventuellement à chaque station d'une même catégorie dans une zone géographique déterminée pour éviter les interférences entre émissions)* *(cf. aussi* spectrum occupancy, frequency allocation, radio regulations *et* radio spectrum).

spectrum measurements *cf.* spectral measurements.

spectrum occupancy degré d'occupation du spectre *(etc.)* *(par les émissions de tous les émetteurs radio émettant en même temps dans une zone géographique déterminée)* *(cf. aussi* spectrum management).

spectrum recorder enregistreur de spectres *(traceur de courbes utilisé en liaison avec un analyseur de spectres pour fournir un enregistrement graphique du spectre visualisé par l'appareil)* *(cf. aussi* X-Y recorder *(au début de la lettre X) et* spectrum analyzer).

spectrum signature spectre d'émission *(spectre des fréquences d'un signal radioélectrique)* *(cf. aussi* frequency spectrum (b) *et* radio signal).

spectrum spreading étalement du spectre (du signal) *(radiocom. mil)* *(cf. aussi* spread-spectrum signal).

spectrum usage utilisation du spectre, *(etc.)* *(par les émetteurs radio)* *(cf. aussi* spectrum management).

spectrum user utilisateur du spectre, *(etc.)* *(utilisateur ou exploitant d'une station d'émission radio)* *(cf. aussi* spectrum management).

specular reflection réflexion spéculaire *(ou* sans diffusion) *(réflexion d'une onde sur une surface formant miroir pour celle-ci, c.-à-d. dont la longueur des irrégularités est petite par rapport à la longueur de l'onde incidente)* *(optique, radar, etc.)* *(cf. aussi* reflection (a)).

speech amplifier *cf.* microphone amplifier.

speech analysis analyse de la parole, analyse vocale *(analyse du spectre d'un signal vocal)* *(cf. aussi* spectrum analysis *et* voice signal).

speech analyzer analyseur vocal *(analyseur de spectres conçu ou utilisé pour l'analyse vocale)* *(cf. aussi* spectrum analyzer *et* speech analysis).

speech band *cf.* voice band.

speech channel *cf.* voice-grade channel.

speech chip *cf.* speech processing chip.

speech circuit *cf.* voice-grade circuit.

speech clipper régulateur de niveau *(radiotél, etc.)* *(cf. aussi* volume compressor).

speech clipping régulation de niveau *(radiotél, etc.)* *(cf. aussi* volume compression).

speech coder codeur vocal *(nom souvent donné à un numériseur vocal)* *(cf. aussi* speech digitizer).

speech coder chip *cf.* speech coding chip.

speech coding codage de la parole *(nom souvent donné à la numérisation de la parole)* *(cf. aussi* speech digitization).

speech coding chip puce de numériseur vocal *(puce de circuit intégré portant un numériseur vocal)* *(cf. aussi* chip 1) *et* speech digitizer).

speech coil bobine mobile *(haut-parleur, micro)* *(cf. aussi* voice coil).

speech compression compression de la parole *(réduction du nombre de mots binaires nécessaires pour représenter des paroles sous la forme d'un signal numérique par compression des grandes amplitudes du signal original)* *(est opérée au cours de la numérisation du signal fourni par un microphone)* *(est un des cas de la compression d'informations)* *(cf. aussi* speech compression law *et* data compression).

speech compression law loi de compression de la parole, loi de compression *(loi de variation de la hauteur des échelons de quantification d'un numériseur vocal en fonction de l'amplitude des échantillons quantifiés, permettant d'obtenir un rapport signal/bruit de quantification constant quelle que soit l'amplitude des échantillons et, par conséquent, une valeur acceptable de ce rapport sans nécessiter des mots binaires à grand nombre de binaires pour le signal numérique obtenu)* *(le bruit de quantification étant proportionnel à la hauteur des échelons de quantification et indépendant de l'amplitude de l'échantillon quantifié, le rapport signal/bruit de quantification est d'autant plus petit, donc plus mauvais, que l'amplitude de l'échantillon quantifié est plus petite, ce qui est défavorable pour la reproduction ultérieure des faibles amplitudes du signal original puisqu'elles sont alors plus ou moins noyées dans le bruit)* *(pour éviter que le rapport signal/bruit de quantification soit plus petit pour les faibles amplitudes que pour les grandes, il faut que le bruit de quantification soit lui-même plus faible pour les faibles amplitudes ; il faut donc que la hauteur des échelons soit plus petite pour celles-ci, c.-à-d. augmente avec l'amplitude des échantillons, la loi de variation adoptée étant logarithmique)* *(on pourrait naturellement n'utiliser que des échelons de faible hauteur pour tout l'intervalle de variation d'amplitude du signal à numériser, mais cela conduirait à un grand nombre d'échelons nécessitant des mots binaires en sortie à grand nombre de binaires)* *(les mots binaires les plus employés sont des octets, ce qui donne $2^8 = 256$ échelons de quantification et assure déjà une bonne précision de conversion)* *(tél, etc.)* *(cf. aussi* A-law *(au début de la lettre A)*, μ-law *(avant multi- ...)*, quantization level, speech digitizer, signal-to-quantization noise ratio *et* binary word).

speech current *cf.* voice current.

speech data informations vocales, *(parf.)* (l')information vocale *(au sens du terme anglais, signal vocal numérique)* *(inf, tls, audio)* *(cf. aussi* voice signal *et* digital signal).

speech digitization numérisation de la parole *(représentation de paroles par un signal numérique, c.-à-d. numérisation du signal fourni par un microphone)* *(est opérée aux fins de transmission ou de mémorisation)* *(cf. aussi* analog-to-digital conversion, microphone, digital telephony *et* speech storage).

speech digitizer numériseur vocal *(numériseur assurant la numérisation de la parole)* *(cf. aussi* analog-to-digital converter *et* speech digitization).

speech digitizer chip *cf.* speech coding chip.

speech digitizing *cf.* speech digitization.

speech dizitizing chip *cf.* speech coding chip.

speech encipherment chiffrage de la parole, chiffrement *(idem)* *(chiffrage d'un signal vocal numérisé)* *(mil, etc.)* *(cf. aussi* encipherment *et* speech digitization).

speech encoder *cf.* speech digitizer.

speech encoder chip *cf.* speech coding chip.

speech encoding *cf.* speech coding.

speech encryption *cf.* speech scrambling.

speech filter filtre vocal *(cf. aussi* voice-band filter).

speech filtering filtrage vocal *(cf. aussi* voice-bande filtering).

speech frequency fréquence vocale *(cf. aussi* voice frequency) *(de même pour les termes dérivés)*.

speech interference level niveau de bruit de fond *(niveau du* *bruit de fond superposé aux sons utiles émis par un haut-parleur ou un écouteur) (tél, audio) (cf. aussi* noise level *et* background noise).

speech interpolation interpolation de la parole *(tél) (cf. aussi* TASI).

speech interpolation technique méthode d'interpolation de la parole, procédé *(idem) (cf. aussi* speech interpolation).

speech inversion *cf.* speech scrambling.

speech inverter *cf.* speech scrambler.

speech link *cf.* voice-grade link.

speech output sortie vocale *(cf. aussi* voice output).

speech path *cf.* voice path.

speech pattern suite vocale *(suite de paroles prononcées, ou de sons vocaux émis, par un locuteur ou un phonateur) (cf. aussi* speaker 1) *et* vocoder).

speech power puissance vocale *(puissance acoustique d'un locuteur) (cf. aussi* acoustic power *et* speaker 1)).

speech predictive coding codage prédictif de la parole *(autre nom du codage prédictif linéaire) (numérisation de la parole) (cf. aussi* linear predictive coding).

speech process *cf.* voice process.

speech processing traitement de la parole *(modification des caractéristiques d'un signal vocal) (numérisation d'un signal vocal analogique, compression du signal numérique obtenu, transmission, mémorisation ou enregistrement du signal comprimé, réception ou lecture et dénumérisation du signal transmis, mémorisé ou enregistré, pour retrouver le signal analogique initial, suivies de l'application de celui-ci à un haut-parleur ou un écouteur pour reproduire les paroles originales) (cf. aussi* voice signal, speech digitization, speech compression *et* speech storage).

speech processing algorithm algorithme de traitement de la parole, algorithme vocal *(algorithme de traitement de paroles numérisées) (cf. aussi* algorithm, speech processing *et* digitized speech).

speech processing chip puce de traitement de la parole, puce vocale *(puce de circuit intégré sur laquelle est réalisé l'essentiel ou la totalité d'un numériseur vocal, d'un analyseur vocal ou d'un phonateur) (cf. aussi* chip 1), speech digitizer, speech analyzer *et* vocoder).

speech quality qualité de la parole, qualité vocale *(impression plus ou moins naturelle produite par les paroles prononcées par un répondeur vocal et notamment par un phonateur) (cf. aussi* voice response unit *et* speech synthesizer.

speech recognition reconnaissance de la parole, reconnaissance vocale *(noms donnés à la compréhension de paroles isolées ou de phrases par un ordinateur, c.-à-d. à l'émission par celui-ci de signaux correspondant au contenu sémantique des mots prononcés) (l'ordinateur peut être incorporé à un appareil, une machine ou un jouet, les signaux émis par l'ordinateur déclenchant l'exécution d'opérations telles que notamment l'émission d'une réponse vocale ou non à une question posée, l'exécution d'un ordre par un dispositif ou la mémorisation des informations qu'elles représentent en vue de leur traitement par l'ordinateur) (est fondée sur l'analyse de la parole) (inf) (cf. aussi* computer 2), voice response *et* speech analysis.

speech recognition system système de reconnaissance de la parole *(ordinateur réalisant la reconnaissance de la parole) (cf. aussi* speech recognition).

speech recognition unit *cf.* speech recognition system.

speech recognizer *cf.* speech recognition system.

speech scrambler crypteur *s (radiotél) (cf. aussi* scrambler).

speech scrambling cryptage de la parole *(radiotél) (cf. aussi* scrambling).

speech signal signal de parole *(cf. aussi* voice signal).

speech signal ... *cf.* voice signal ...

speech sound son vocal *(cf. aussi* voice sound).

speech spectrum *cf.* voice spectrum.

speech storage mémorisation de la parole *(conservation de paroles dans une mémoire numérique après numérisation de celles-ci en vue de leur reproduction ultérieure par synthèse de la parole) (phonateur) (cf. aussi* digital memory, speech digitizing *et* speech synthesis).

speech synthesis synthèse de la parole, synthèse vocale *(émis-*

sion de paroles par un haut-parleur ou un écouteur dont le courant d'excitation est la combinaison d'oscillations électriques de fréquences, amplitudes et durées déterminées par des signaux numériques mémorisés représentant les caractéristiques des éléments des paroles à reproduire) (cf. aussi phonemic synthesis, speech synthesizer *et* speech storage).

speech synthesis chip *cf.* speech synthesizer chip.

speech synthesis system *cf.* speech synthesizer.

speech synthesis unit *cf.* speech synthesizer.

speech synthesizer phonateur *s (terme que j'ai proposé),* synthétiseur vocal, synthétiseur de paroles, synthétiseur, système de synthèse vocale *(ou de la parole),* unité de *(idem) (appareil ou circuit intégré réalisant la synthèse de la parole) (comprend essentiellement un ou plusieurs oscillateurs harmoniques dont les signaux de sortie sont modulés par des modulateurs attaqués par des signaux analogiques obtenus à partir de signaux numériques mémorisés représentant les sons à reproduire, et suivis chacun d'un filtre passe-bande dont le signal de sortie attaque un amplificateur sommateur dont le signal de sortie excite un haut-parleur ou un écouteur) (est utilisé notamment dans des répondeurs d'ordinateur, des systèmes d'annonces automatiques, des systèmes d'alarme militaires ou non et des jouets électroniques) (cf. aussi* speech synthesis, integrated circuit, harmonic oscillator, modulator, analog signal, digital signal, band-pass filter, summing amplifier *et* voice-response unit).

speech-synthesizer chip puce de phonateur, *(etc.) (puce de circuit intégré sur laquelle est réalisé l'essentiel des circuits d'un phonateur) (cf. aussi* chip 1) *et* speech synthesizer).

speech template modèle vocal *(synthèse vocale, etc.) (cf. aussi* voice template).

speech test (un) essai de conversation *(essai d'une liaison téléphonique par deux personnes, généralement des techniciens, utilisant celle-ci normalement) (cf. aussi* telephone link).

speech traffic *cf.* telephone traffic.

speech transmission *cf.* voice transmission.

speech warning alarme vocale *(cf. aussi* voice warning).

speech wave onde de parole *(cf. aussi* voice wave).

speech waveform *cf.* speech signal. *(cf. aussi* waveform).

speed control 1) réglage de la vitesse, *(parf.)* asservissement de la vitesse, *(parf.)* asservissement en vitesse *(moteur, etc.) (voir aussi* 2) ci-après *et* closed-loop control). 2) commande de vitesse *(dispositif permettant de régler la vitesse d'un moteur électrique ou autre et, par conséquent, de sa charge) (dans le cas d'un moteur électrique, est généralement un rhéostat ou un triac) (cf. aussi* electric motor, rheostat *et* triac).

speed control loop système asservi en vitesse, boucle d'asservissement de vitesse *(cf. aussi* closed-loop control system).

speed control servo loop *cf.* speed control loop.

speed-density figure of merit produit vitesse-densité *(CI) (cf. aussi* functional throughput rate).

speed gate *cf.* velocity gate.

speed of light vitesse de la lumière *(cf. aussi* velocity of light).

speed of operation vitesse de fonctionnement *(transistor, CI, etc.) (cf. aussi* operating speed).

speed of propagation vitesse de propagation *(onde) (cf. aussi* propagation velocity).

speed of response vitesse de réponse *(inverse du temps de réponse d'un dispositif) (cf. aussi* response time).

speed of sound vitesse du son, vitesse de propagation du son *(vitesse de propagation d'une onde acoustique produisant un son audible ou non) (la vitesse du son est de 331,3 mètres par seconde dans l'air sec à 0° C sous la pression atmosphérique normale et augmente avec la température et la pression de l'air) (dans l'eau, la vitesse du son est d'environ 1430 m/s et augmente avec la température, la salinité et la pression de l'eau) (dans les métaux, la vitesse du son dépend du métal et diminue avec la température; elle est de 2 200 m/s dans le plomb, 4 600 dans le cuivre, 5 850 dans le fer, 6 100 dans l'acier et 6 400 dans l'aluminium) (cf. aussi* sound wave, sound[1], propagation velocity (a) *et* sonic barrier).

speed-power performance *cf.* speed-power product.

speed-power product produit vitesse-consommation, facteur

de mérite (*grandeur tenant compte du temps de propagation d'une porte logique et de la consommation de celle-ci pour exprimer l'intérêt de la famille logique à laquelle elle appartient*) (*inf*) (*cf. aussi* gate delay *et* logic family).

speed regulation régulation de vitesse (*régulation de la vitesse de rotation d'un moteur électrique ou autre et, par conséquent, de la vitesse de rotation ou de translation de sa charge*) (*asser*) (*cf. aussi* regulation).

speed regulator régulateur de vitesse (*régulateur réalisant la régulation de vitesse*) (*cf. aussi* regulator *et* speed regulation).

speed-up capacitor condensateur d'accélération (*condensateur accélérant un processus de commutation par un transistor*) (*logique RCTL, etc.*) (*cf. aussi* switching process *et* RCTL).

speed-up diode diode d'accélération (*diode Schottky montée entre la base et le collecteur d'un transistor bipolaire pour augmenter sa vitesse de commutation*) (*est employée notamment dans les circuits intégrés TTL Schottky*) (*cf. aussi* Schottky-clamped transistor).

sphere gap éclateur à sphères (*éclateur dont les électrodes sont terminées par des sphères de même diamètre entre lesquelles jaillit l'étincelle*) (*élec*) (*cf. aussi* measuring spark gap *et* spark gap).

spherical aerial (*GB*) *cf.* spherical antenna.

spherical antenna antenne sphérique (*cf. aussi* isotropic antenna).

spherical-earth factor coefficient de propagation terrestre (*rapport entre l'intensité du champ électrique créé en un point déterminé de la surface de la Terre par une antenne d'émission et l'intensité qui serait obtenue à la même distance de l'antenne si la surface de la Terre était plane et parfaitement conductrice*) (*théorie de la propagation des ondes radioélectriques*) (*cf. aussi* electric field strength *et* radio wave propagation).

spherical wave onde sphérique (*onde dont les surfaces équiphase sont des sphères concentriques*) (*en d'autres termes, onde dont le front forme une sphère de rayon croissant*) (*exemple: onde acoustique produite par une explosion en altitude, dans l'atmosphère*) (*cf. aussi* wave, equiphase surface *et* wave front).

spherics *cf.* atmospherics.

spider **1)** suspension centrale, spider (*terme courant, mais à éviter*) (*membrane circulaire élastique centrant la bobine mobile d'un haut-parleur à bobine mobile dans l'entrefer des pièces polaires du moteur*) (*à la forme d'une couronne circulaire, généralement réalisée en tissu imprégné gaufré et pressé, collée autour de la partie antérieure de la bobine mobile*) (*cf. aussi* suspension (b)). **2)** pattes d'araignées (*CH*) (*cf. aussi* spider bonding).

spider bonding connexion par pattes d'araignées (*fab. CH*) (*cf. aussi* tape automated bonding).

spike pointe de tension, (*parf.*) transitoire sf (*cf. aussi* voltage spike *et* spiking).

spiking présence de transitoires (*dans un signal visualisé sur un oscilloscope ou non*) (*cf. aussi* transient[2] *et* under spiking conditions).

spiking conditions *cf.* under spiking conditions.

spill s redistribution des charges (*cible d'analyse, grille-mémoire*) (*cf. aussi* redistribution of charges).

spill-over s **1)** rayonnement des lobes secondaires (*perte de rayonnement par une antenne d'émission à réflecteur, notamment une antenne de radar, par les lobes secondaires du diagramme de rayonnement de celle-ci, y compris les lobes arrière*) (*cf. aussi* side lobe *et* spill-over echo). **2)** dépassement de frontières, débordement (*couverture d'une zone géographique débordant les frontières du ou des pays desservis par une antenne d'un satellite de télécommunications ou de radiodiffusion*) (*cf. aussi* beam contouring). **3)** diaphonie entre pistes (*enr. mag.*) (*cf. aussi* crosstalk[1]).

spill-over echo écho de lobe secondaire (*radar*) (*cf. aussi* sibe-lobe echo *et* spill-over 1).

spill-proof battery **1)** batterie étanche (*batterie d'accumulateurs étanche*) (*cf. aussi* storage battery). **2)** pile étanche (*pile électrique étanche*) (*cf. aussi* primary battery).

spilling-over s *cf.* spill-over (*plus haut*).

spillover *cf.* spill-over. (*plus haut*).

spin s spin, moment cinétique intrinsèque (*ou* propre), moment angulaire intrinsèque (*idem*) (*le premier terme, emprunté à l'anglais, est le plus employé pour des raisons de brièveté*) (*moment cinétique d'un électron ou autre particule atomique par rapport à son axe de rotation propre*) (*noter que le spin n'est pas le mouvement de rotation propre de la particule, mais le moment cinétique qui en résulte*) (*noter également que le terme exact anglais « intrinsic angular momentum » existe, mais que « spin » est beaucoup plus employé pour les mêmes raisons qu'en français*) (*cf. aussi* electron spin *et* particle (b)).

spin angular momentum moment cinétique intrinsèque, moment cinétique de spin, moment angulaire (*idem*) (*moment cinétique intrinsèque d'un électron orbital*) (*noter que le deuxième terme et le quatrième, qui sont des anglicismes et peuvent être considérés comme des pléonasmes si l'on tient compte du sens exact du mot « spin », en français comme en anglais, ne sont employés — comme le premier qui, lui, est parfaitement correct — que pour faire la distinction avec le moment cinétique orbital d'un tel électron*) (*cf. aussi* spin).

spin coating application par centrifugation, application à la tournette, enduction (*idem*) (*étalement du résist sur un substrat à l'aide d'une tournette après avoir déposé quelques gouttes de résist au centre substrat*) (*fab. CI*) (*cf. aussi* resist *et* spinner 2)).

spin-on *cf.* spin coating.

spin-on photoresist technique (*voir* spin-on resist technique *et* adapter) (*cf. aussi* photoresist).

spin-on resist technique méthode d'application du résist par centrifugation (*ou* à la tournette), méthode d'application par centrifugation (*idem*), méthode de centrifugation, méthode de la tournette, procédé (*idem*) (*application du résist ou enduction de la plaquette*) (*cf. aussi* spin coating).

spin-on technique *cf.* spin-on resist technique.

spin-orbit coupling couplage spin-orbite (*couplage entre le moment cinétique intrinsèque d'un électron orbital et son moment cinétique orbital, c.-à-d. action du premier sur le second*) (*cf. aussi* spin *et* orbital angular momentum).

spin quantum number nombre quantique de spin, nombre s (*nombre quantique représentant le moment cinétique intrinsèque d'une particule*) (*le nombre quantique de spin de l'électron ne peut prendre que les deux valeurs + 1/2 et −1/2*) (*atome*) (*cf. aussi* quantum number *et* spin).

spin-tuned magnetron magnétron accordé par rotation (*magrétron à sauts de fréquence dans lequel les variations, périodiques, de la fréquence sont produites par la rotation d'une couronne perforée de trous radiaux de diamètres et espacements déterminés tournant entre la paroi extérieure de l'anode et les cloisons des cavités sur une partie de la hauteur de celles-ci, ce qui fait varier leur fréquence de résonance*) (*radar mil*) (*cf. aussi* frequency-hopping magnetron *et* resonant frequency).

spindle-operated ... *cf.* rotary ...

spinel spinelle m, $MgAl_2O_4$ (*minéral dur constitué d'oxyde de magnésium et d'aluminium utilisé notamment comme substrat isolant à la place du saphir dans certains circuits intégrés monolithiques*) (*cf. aussi* sapphire substrate).

spinner **1)** partie tournante (*d'une antenne de radar classique, c.-à-d. étrier de l'antenne proprement dite*) (*ne pas employer « l'aérien »*) (*cf. aussi* radar antenna). **2)** tournette (*nom donné à une petite centrifugeuse utilisée pour étaler le résist sur un substrat à graver*) (*fab. CP, CH, CI*) (*cf. aussi* wafer spinner, spin coating *et* lithography).

spinning gyro **1)** gyroscope en rotation (*gyroscope dont la toupie est en train de tourner*) (*cf. aussi* gyroscope). **2)** gyromètre à toupie (*nom parfois donné à un gyromètre classique pour le distinguer d'un gyromètre laser*) (*cf. aussi* rate gyro).

spinning head *cf.* rotating head.

spinning mirror miroir tournant (*caméra infrarouge à balayage, imprimante laser, etc.*) (*cf. aussi* infrared scanner *et* laser printer).

spinning particle particule animée d'un mouvement de rotation (propre), (*parf. aussi*) particule en rotation (*électron, etc.*) (*cf. aussi* spin).

spiral aerial (*GB*) *cf.* spiral antenna.

spiral antenna antenne spirale (*antenne hyperfréquence formée essentiellement d'une spirale métallique excitée en son centre*) (*cf. aussi* planar spiral antenna, conical spiral antenna *et* microwave antenna).

spiral four quarte en étoile (*câble tél*) (*cf. aussi* star quad).

spiral-four cable cable à quartes en étoile (*tél*) (*cf. aussi* star-quad cable).

spiral groove 1) sillon spiral (*sillon de disque phonographique*) (*cf. aussi* phonograph record). 2) rainure hélicoïdale (*résistance à couche*) (*cf. aussi* helixing).

spiral inductor inductance spirale (*bobine d'inductance plane formée d'une couche conductrice en spirale circulaire ou carrée déposée sur le substrat d'un circuit hybride*) (*cf. aussi* inductor *et* hybrid circuit).

spiral scanning balayage spiral (*balayage de l'espace aérien par le faisceau d'une antenne de radar décrivant une spirale dans le plan perpendiculaire à une direction déterminée*) (*cf. aussi* scanning (a2)).

spiral spring ressort spiral, spiral *s* (*en électronique et sciences connexes, ce terme désigne généralement le ressort de rappel équipant la plupart des appareils de mesure analogiques*) (*cf. aussi* restoring spring *et* analog meter).

spiral track piste spirale (*piste de disque vidéo ou audio optique ou capacitif*) (*noter que sur un tel disque, « les » pistes sont formées en fait par les spires successives d'une spirale, exactement comme sur un disque microsillon où « les » sillons sont en réalité les spires successives d'un seul et même sillon gravé en spirale*) (*dans un disque magnétique ou optique de mémoire d'ordinateur, par contre, les pistes sont normalement circulaires et concentriques et, par conséquent, distinctes, ce qui constitue une différence fondamentale entre ces deux grandes catégories de supports d'informations*) (*cf. aussi* video disk, audio disk, optical disk, capacitive disk, magnetic disk *et* phonograph record).

SPKR *cf.* speaker 2).

SPL *cf.* sound pressure level.

splash baffle déflecteur (*tôle empêchant les projections de mercure sur l'anode de certains tubes à cathode liquide*) (*redresseur*) (*cf. aussi* mercury-pool tube).

splice[1] *s* 1) épissure (*point de raccordement de deux fils électriques nus ou dénudés, par torsadage de l'extrémité libre de chacun d'entre eux autour de l'autre, suivi ou non de soudage à l'étain*) (*cf. aussi* splicing tape). 2) collure (*point de raccordement de deux bandes vidéo par collage*) (*magsc*) (*cf. aussi* video tape). 3) raccord (*point de raccordement d'une fibre optique avec un composant pour fibre optique et notamment un connecteur pour fibre optique*) (*cf. aussi* optical fiber *et* fiber-optic connector).

splice[2] *v* 1) raccorder par une épissure, épissurer, (*parf.*) faire une épissure (*cf. aussi* splice[1] 1)). 2) raccorder par une collure, raccorder par collage, coller, (*parf.*) faire une collure (*cf. aussi* plice[1] 2)). 3) raccorder une fibre optique (*cf. aussi* splice[1] 3)).

splice-free tape bande sans collures (*bande vidéo, ou autre bande magnétique, sans collure*) (*cf. aussi* splice[1] 2)).

splice loss pertes aux points de raccordement (*parf.* au point de raccordement) (*perte d'intensité lumineuse dans une liaison par fibre optique aux points de raccordement de celle-ci*) (*opto*) (*cf. aussi* loss *et* splice[1] 3)).

splicer colleuse (*appareil conçu pour réaliser des collures sur une bande magnétique*) (*vidéo, etc.*) (*cf. aussi* splice[1] 2)).

splicer table table de montage (*table conçue pour recevoir une colleuse*) (*cf. aussi* splicer).

splicing 1) raccordement par épissurage, épissure (*fils électriques*) (*cf. aussi* splice[1] 1)). 2) raccordement par collure, raboutage (*bande magnétique*) (*cf. aussi* splice[1] 2)). 3) raccordement d'une fibre optique, raccordement (*cf. aussi* splice[1] 3)).

splicing chamber chambre de raccordement (*petite fosse bétonnée prévue pour permettre le raccordement de deux câbles téléphoniques souterrains*) (*tls*) (*cf. aussi* telephone cable).

splicing tape ruban adhésif isolant, (*anciennement et parfois encore actuellement*) chatterton (*ruban adhésif utilisé principalement pour isoler et protéger une épissure*) (*cf. aussi* splice[1] 1)).

split *s* trou (*au sens du terme anglais, absence d'un signe dans la réception d'un caractère du code Morse*) (*tlg*) (*cf. aussi* Morse code).

split-anode magnetron magnétron à anode en deux parties (*ancien type de magnétron dans lequel l'anode est divisée en deux parties suivant un diamètre*) (*tube hyper*) (*cf. aussi* magnetron).

split-beam cathode-ray tube tube cathodique à faisceau divisé (*ou à deux faisceaux monocanon ou bifaisceau monocanon*) (*tube cathodique à deux faisceaux émis par un canon à électrons commun avec division du faisceau unique initial en deux sous-faisceaux, l'un inférieur, l'autre supérieur, par une plaque horizontale*) (*tube cathodique d'oscilloscope à deux voies permettant la visualisation réellement simultanée de deux signaux, mais non complètement indépendante du fait que le faisceau d'électrons initial est commun aux deux voies*) (*cf. aussi* dual-beam cathode-ray tube).

split-beam CRT *cf.* split-beam cathode-ray tube.

split-beam tube *cf.* split-beam cathode-ray tube.

split-electrode CCD filter *cf.* split-electrode filter.

split-electrode filter filtre à électrodes en deux parties (*ou divisées*), filtre à CCD (*idem*), filtre transversal (*idem*) (*filtre à CCD dans lequel les électrodes sont divisées en deux parties de longueurs inégales par une coupure transversale ménagée en un point déterminé de leur longueur pour obtenir un rapport également déterminé entre les charges électriques acquises par les deux parties, ce rapport constituant le coefficient de pondération de l'étage formé par l'électrode*) (*cf. aussi* CCD filter *et* weighting factor).

split-electrode transversal filter *cf.* split-electrode filter.

split gate porte double, double porte (*porte de sélection de distance d'un radar formée en fait de deux portes dont la première est associée à la première moitié de l'écho et la seconde à la seconde moitié*) (*les deux signaux de poursuite en distance ainsi obtenu sont appliqués à deux circuits intégrateurs et les deux signaux intégrés attaquent un amplificateur différentiel dont le signal de sortie est le signal d'erreur de position de la porte par rapport au milieu de l'écho, son amplitude étant proportionnelle au décalage et sa polarité indiquant le sens de celui-ci*) (*cf. aussi* range gate, integrating circuit, error signal *et* differential amplifier).

split-gate range tracking poursuite en distance par porte double (*ou double porte*) (*radar*) (*cf. aussi* range tracking *et* split gate).

split hydrophone hydrophone multivoie (*hydrophone formé de plusieurs hydrophones élémentaires ou colonnes d'hydrophones élémentaires fournissant un signal distinct pour chaque direction d'écoute correspondante*) (*sonar mil*) (*cf. aussi* hydrophone).

split-phase coding *cf.* Manchester coding.

split-phase current courant déphasé (*cf. aussi* phase shift).

split-phase induction motor *cf.* split-phase motor.

split-phase motor moteur à enroulement auxiliaire (*ou de démarrage*), moteur asynchrone (*idem*) (*moteur asynchrone monophasé utilisant un enroulement auxiliaire créant un champ déphasé pour permettre le démarrage du moteur, après quoi cet enroulement est mis hors circuit ou non*) (*dans les anciens moteurs à enroulement auxiliaire, le déphasage du courant d'excitation de celui-ci nécessaire pour créer un champ déphasé était produit par une bobine d'inductance montée en série avec l'enroulement, celui-ci étant mis hors circuit après le démarrage*) (*dans les moteurs modernes à enroulement auxiliaire, le déphasage du courant d'excitation est produit par un ou plusieurs condensateurs montés en série avec l'enroulement*) (*cf. aussi* capacitor motor, single-phase induction motor *et* inductor).

split projector projecteur multivoie (*projecteur sonar formé de plusieurs projecteurs élémentaires ou, plus souvent, colonnes de projecteurs élémentaires excités par une impulsion de courant distincte pour chaque direction de rayonnement correspondante*) (*mar, mil*) (*cf. aussi* sonar projector).

split-screen display visualisation sur écran divisé (*visualisation de deux signaux sur l'écran d'un oscilloscope à deux voies à mémoire avec emploi de la mémoire pour l'un des deux signaux utilisé comme référence à laquelle est comparé l'autre* *signal, visualisé en temps réel) (ce terme s'applique notamment à un oscilloscope à mémoire bistable) (cf. aussi* dual-channel oscilloscope, storage oscilloscope, bistable storage tube *et* display[1] 1)).

split-screen feature *cf.* spilt-screen display.

split-screen mode mode de visualisation sur écran divisé *(oscillo) (cf. aussi* split-screen display).

split-screen operation fonctionnement avec visualisation sur écran divisé *(oscillo) (cf. aussi* split-screen display).

split-screen viewing *cf.* split-screen display.

split series motor moteur série à deux enroulements *(moteur série dont l'inducteur comprend deux enroulements identiques mais de sens opposés dont l'un est excité pour obtenir un sens de rotation du rotor et l'autre pour l'autre sens) (servomoteur, moteur de jouet, etc.) (cf. aussi* series motor).

split sound system procédé à son séparé *(procédé de réception d'un signal de télévision dans lequel la séparation du signal son est opérée à la sortie du changeur de fréquence, donc avant l'amplificateur à fréquence intermédiaire, pour être traité séparément à partir de ce point) (est employé dans tous les récepteurs recevant un signal son modulé en amplitude) (cf. aussi* sound separation).

split-stator variable capacitor condensateur variable à rotor commun *(condensateur variable à deux stators montés de part et d'autre d'un rotor commun aux deux cages ainsi formées) (sert à équilibrer deux circuits oscillants dans certains émetteurs radios) (cf. aussi* variable capacitor).

split winding enroulement en deux parties *(enroulement inducteur ou autre divisé en deux parties d'égal nombre de tours pouvant être connectées en série ou en parallèle) (servomoteur, etc.) (cf. aussi* field winding, series arrangement *et* parallel arrangement).

spoking apparition de traces radiales *(défaut de fonctionnement d'un radar panoramique consistant en l'apparition de traces brillantes allongées suivant des rayons de l'écran) (cf. aussi* PPI-display radar).

sponsor[1] *s* financeur *s (terme que j'ai proposé),* commanditaire *sm,* sponsor *(terme à éviter) (personne, société commerciale ou industrielle ou organisme finançant en totalité ou en partie une activité à but commercial ou non) (en électronique, ces termes désignent généralement un client d'une station de radiodiffusion finançant tout ou partie d'une émission publicitaire à la radio ou à la télévision).*

sponsor[2] *v* financer *(une émission publicitaire à la radiodiffusion, etc.) (cf. aussi* sponsor[1]).

sponsored broadcast *cf.* sponsored program.

ponsored broadcasting émission de programmes publicitaires *(radiodif) (cf. aussi* sponsor[1]).

sponsored program émission publicitaire, *(parf.)* programme publicitaire *(radiodif) (cf. aussi* sponsor[1]).

sponsored radio (la) radio publicitaire *(radiodif) (cf. aussi* sponsor[1]).

sponsored radio broadcast *cf.* sponsored radio program.

sponsored radio broadcasting émission de programmes publicitaires à la radio, émission de programmes radio publicitaires *(le premier terme est le plus employé) (radiodif) (cf. aussi* sponsor[1]).

sponsored radio program émission publicitaire à la radio, émission radio publicitaire *(le premier terme est le plus employé),* programme *(idem) (radiodif) (cf. aussi* sponsor[1]).

sponsored television (la) télévision publicitaire *(radiodif) (cf. aussi* sponsor[1]).

sponsored television broadcast *cf.* sponsored television program.

sponsored television broadcasting émission de programmes publicitaires à la télévision, émission de programmes de télévision publicitaires *(le premier terme est le plus employé) (radiodif) (cf. aussi* sponsor[1]).

sponsored television program émission publicitaire à la télévision, émission de télévision publicitaire *(le premier terme est le plus employé),* programme *(idem) (radiodif) (cf. aussi* sponsor[1]).

spontaneous emission émission spontanée *(émission d'un photon par un atome excité retombant spontanément à un état d'énergie inférieur) (ce phénomène est mis à profit dans les*

lampes à décharge pour produire de la lumière et constitue, par contre, un inconvénient dans le laser et surtout le maser) (cf. aussi photon, excited atom, discharge lamp *et* maser).

spoof *v* tromper, induire en erreur *(l'adversaire ou un radar ou un autodirecteur d'engin hostile, par des contre-mesures de diversion) (mil) (cf. aussi* deceptive electronic countermeasures).

spoofing diversion *(mil) (cf. aussi* deception).

spoofing ... *cf.* deception ... *ou* deceptive ...

spool[1] *s* bobine *(cf. aussi* reel[1]).

spool[2] *v* enrouler, bobiner *(cf. aussi* spooler[1]).

spool[3] *(vient de « simultaneous peripheral operation on-line »)* programme tampon (d'impression) *(termes que j'ai proposé),* spoule (d'imprimante) *(anglicisme officiel à éviter) (sous-programme d'ordinateur gérant l'impression d'informations contenues dans la mémoire centrale de l'appareil en même temps que se poursuit l'exécution du traitement en cours, c-à-d. permettant d'imprimer un document traité tout en travaillant sur un autre ou une autre partie de celui-ci) (cf. aussi* background task, subroutine *et* main memory).

spooler 1) enrouleuse, enrouleur, bobineuse *(dispositif à manivelle ou à moteur permettant d'enrouler rapidement et correctement un support d'informations à enrouler sur une bobine) (cf. aussi* reel[1]). 2) *cf.* spool[3].

spooling 1) enroulage, bobinage *(cf. aussi* spooler[1]). 2) emploi d'un programme tampon, *(etc.) (cf. aussi* spool[3]).

sporadic E 1) *cf.* sporadic E layer. 2) *cf.* sporadic E propagation.

sporadic-E interference interférence sporadique *(interférence entre l'onde reçue directement par un récepteur radio ou de télévision et l'onde reçue après réflexion sur une couche E sporadique) (est une interférence due à un type particulier de propagation par trajets multiples) (cf. aussi* sporadic E layer *et* multipath propagation).

sporadic-E ionization ionisation de la couche E sporadique, ionisation sporadique *(propa) (cf. aussi* sporadic E layer).

sporadic E layer couche E sporadique *(couche d'étendue limitée fortement ionisée par intermittence à l'intérieur de la couche E de l'ionosphère et semblant due à l'interaction des vents dans la haute atmosphère avec le champ magnétique terrestre) (est la cause d'anomalies de propagation des ondes radioélectriques sur les liaisons à moyenne et grande distance du fait de la réflexion qu'elle produit) (propa) (cf. aussi* E layer *(au début de la lettre E) et* terrestrial magnetism).

sporadic-E map carte d'interférence par couche E sporadique, carte d'interférence sporadique *(carte représentant une zone géographique subdivisée dans laquelle l'interférence par couche E sporadique se fait sentir pendant une période déterminée de l'année) (cette zone est divisée en sous-zones concentriques ou non en fonction du pourcentage de temps pendant lequel l'interférence est ressentie dans la période considérée) (propa) (cf. aussi* sporadic-E interference).

sporadic-E propagation propagation sporadique *(propagation d'une onde radioélectrique par réflexion sur une couche E sporadique) (cf. aussi* radio wave propagation, sporadic E layer *et* sporadic-E interference).

sporadic-E reflection réflexion sporadique *(réflexion d'une onde radioélectrique sur une couche E sporadique) (propa) (cf. aussi* reflection (a) *et* sporadic-E layer).

sporadic-E signal signal réfléchi par une couche E sporadique, signal à réflexion sporadique *(signal radioélectrique parvenant à une antenne de réception après réflexion sur une couche E sporadique) (propa) (cf. aussi* radio signal *et* sporadic-E layer).

sporadic-E skip *cf.* sporadic-E propagation.

sporadic reflection *cf.* sporadic-E reflection.

spot[1] *s* 1) point, *(parf.)* tache, *(parf.)* emplacement *(sens usuels).* 2) point lumineux *(tube cath, etc.) (cf. aussi* luminous spot *et* light spot 2). 3) annonce publicitaire *(insérée entre deux programmes de radio ou de télévision ou, parfois, dans un programme).*

spot[2] *v* localiser *(une cible) (radar, sonar, autodirecteur, etc.) (cf. aussi* target (a)).

spot and barrage capability possibilité(s) de brouillage à bande étroite et à large bande *(ou de brouillage à bande* étroite et large) *(possibilité pour un brouilleur de fonctionner indifféremment en mode de brouillage à bande étroite ou en mode à large bande) (mil))* (cf. aussi spot jamming, barrage jamming *et* capability).

spot beam faisceau local *(faisceau d'une antenne d'émission de satellite de télécommunications couvrant une zone peu étendue sur la Terre)* (cf. aussi global beam *et* zone beam).

spot-beam aerial *(GB)* cf. spot-beam antenna.

spot-beam antenna antenne à faisceau local, antenne émettant un faisceau local *(sal. tls)* (cf. aussi spot beam).

spot brightness luminosité du point lumineux *(tube cath)* (cf. aussi luminance *et* luminous spot).

spot deflection déplacement du point lumineux *(sur l'écran d'un tube cathodique)* (cf. aussi deflection (a) *et* luminous spot).

spot diameter cf. spot size *(le premier terme étant peu employé, pour des raisons d'euphonie).*

spot jammer brouilleur à bande étroite, brouilleur sélectif *(brouilleur permettant le brouillage à bande étroite (mil)* (cf. aussi jammer *et* spot jamming).

spot jamming brouillage à bande étroite, brouillage sélectif *(brouillage de l'émission d'un émetteur radar ou radio militaire par un brouilleur à bruit émettant dans une étroite bande de fréquence centrée sur la fréquence instantanée des signaux à brouiller mesurée à l'aide d'un récepteur MFI commandant la fréquence d'émission du brouilleur)* (cf. aussi sweep jammer, noise jammer *et* IFM receiver).

spot-jamming mode mode de brouillage à bande étroite *(ou* sélectif), mode à bande étroite *(idem) (un des deux modes de fonctionnement d'un brouilleur à bruit bimode, ou mode unique d'un brouilleur à bande étroite) (mil)* (cf. aussi spot and barrage capability).

spot mode cf. spot-jamming mode.

spot-mode operation fonctionnement en … *(cf. aussi spot-jamming mode).*

spot noise bruit à bande étroite *(au sens du terme anglais signal de bruit à bande étroite) (mil)* (cf. aussi spot noise signal *et* narrow-band noise).

spot-noise emission cf. spot-noise transmission.

spot-noise emitter cf. spot-noise transmitter.

spot-noise mode cf. spot-jamming mode.

spot-noise signal signal de bruit à bande étroite *(signal émis par un brouilleur à bande étroite)* (cf. aussi spot jammer).

spot-noise transmission émission de bruit à bande étroite *(émission d'un brouilleur à bande étroite) (mil)* (cf. aussi spot jammer).

spot-noise transmitter émetteur de bruit à bande étroite, émetteur à bande étroite *(émetteur proprement dit d'un brouilleur à bande étroite, c.-à-d. partie du brouilleur autre que l'alimentation, l'antenne, la ligne d'antenne, le coffret ou le capot, etc.) (mil)* (cf. aussi transmitter *et* spot jammer).

spot projection projection d'un point lumineux *(généralement sur un papier d'enregistrement photosensible) (enr. optique)* (cf. aussi optical recording).

spot scanning cf. flying-spot scanning.

spot signal cf. spot-noise signal.

spot size 1) diamètre du point lumineux *(formé sur l'écran d'un tube cathodique, etc.)* (cf. aussi luminous spot). 2) diamètre du point d'impact (du faisceau) *(appareil utilisant un ou plusieurs faisceaux de particules focalisés et notamment graveur à faisceau d'électrons, perceuse ou soudeuse à faisceau d'électrons et tube cathodique)* (cf. aussi electron beam).

spot-size error erreur due à la largeur de la trace *(erreur de mesure sur l'écran d'un oscilloscope, ou d'interprétation ou de mesure sur l'écran d'un radar ou d'un sonar, due au fait que, le point lumineux formé sur l'écran ayant un diamètre non négligeable, la trace qu'il produit a également une certaine largeur)* (cf. aussi luminous spot).

spot speed vitesse du point lumineux, *(souvent aussi)* vitesse de balayage *(vitesse de déplacement d'un point lumineux sur une surface) (tube cath, enr. optique, etc.)* (cf. aussi luminous spot, light spot 1) *et* sweep speed).

spot wobble nutation du point lumineux *(oscillation verticale d'amplitude limitée du point lumineux autour de sa position moyenne au cours du balayage produite sur l'écran de certains* récepteurs de télévision pour rendre moins visible la structure lignée de l'image)* (cf. aussi television scanning).

spotter cf. laser designator.

spotting cf. localization (a).

spread spectrum spectre étalé, *(souvent aussi)* étalement du spectre *(radiocom. mil)* (cf. aussi spread-spectrum signal).

spread-spectrum access cf. spread-spectrum multiple access.

spread-spectrum coding cryptage par étalement du spectre *(radiocom. mil)* (cf. aussi spread-spectrum signal).

spread-spectrum coding technique méthode de cryptage par étalement du spectre, procédé *(idem) (radiocom. mil)* (cf. aussi spread-spectrum signal).

spread-spectrum communications radiocommunications à étalement du spectre *(ou à spectre étalé) (radiocommunication assurée par des signaux à spectre étalé) (mil)* (cf. aussi spread-spectrum signal).

spread-spectrum communications link cf. spread-spectrum radio link.

spread-spectrum demodulation démodulation d'une porteuse à spectre étalé *(radiocom. mil)* (cf. aussi demodulation *et* spread-spectrum signal).

spread-spectrum demodulator démodulateur pour spectre étalé *(démodulateur d'un récepteur de signaux à spectre étalé) (mil)* (cf. aussi demodulator *et* spread-spectrum signal).

spread-spectrum link cf. spread-spectrum radio link.

spread-spectrum modulation modulation avec étalement du spectre *(ou à spectre étalé) (modulation d'une porteuse produisant un signal à spectre étalé) (émetteur radio mil)* (cf. aussi modulation (a) *et* spread-spectrum signal).

spread-spectrum modulator modulateur à étalement du spectre *(ou à spectre étalé) (modulateur réalisant la modulation avec étalement du spectre) (émetteur radio mil)* (cf. aussi modulator *et* spread-spectrum modulation).

spread-spectrum multiple access accès multiple avec étalement du spectre *(accès multiple avec utilisation de signaux à spectre étalé) (sat. tls. mil)* (cf. aussi multiple access *et* spread-spectrum signal).

spread-spectrum radar radar à étalement du spectre *(ou à spectre étalé) (noms parfois donnés à un radar à sauts de fréquence) (mil)* (cf. aussi frequency-hopping radar).

spread-spectrum radio link liaison radio à étalement du spectre *(ou à spectre étalé),* liaison de télécommunications *(idem) (liaison radio assurée par un signal à spectre étalé) (mil)* (cf. aussi spread-spectrum signal).

spread-spectrum radiotelegraph link liaison radiotélégraphique à étalement du spectre *(ou à spectre étalé),* liaison de télécommunications par radiotélégraphie à étalement du spectre *(idem) (mil)* (cf. aussi radiotelegraphy *et* spread-spectrum communications).

spread-spectrum radiotelegraph communications link cf. spread-spectrum radiotelegraph link.

spread-spectrum receiver récepteur de signaux à spectre étalé *(récepteur radio pour signaux à spectre étalé) (mil)* (cf. aussi radio receiver *et* spread-spectrum signal).

spread-spectrum reception réception de signaux à spectre étalé *(mil)* (cf. aussi spread-spectrum signal).

spread-spectrum signal signal à spectre étalé, signal à étalement du spectre *(signal radioélectrique dans lequel l'énergie électromagnétique représentant l'information à transmettre est répartie sur une bande de fréquences beaucoup plus large que celle du signal original pour réduire les risques d'interception ou de brouillage) (l'étalement du spectre est obtenu par codage pseudo-aléatoire, par l'emploi de sauts de fréquence ou de sauts temporels ou par une combinaison de ces procédés) (ces termes s'appliquent généralement à un signal radio, lequel est alors obligatoirement un signal numérique, mais sont parfois également employés pour un signal radar) (mil)* (cf. aussi radio signal, frequency spectrum (b), pseudo-random coding, frequency hopping, time hopping, digital signal *et* spread-spectrum radar).

spread-spectrum technique méthode d'étalement du spectre *(ou de spectre étalé),* procédé *(idem) (procédé de modulation avec étalement du spectre) (mil)* (cf. aussi spread-spectrum modulation).

spread-spectrum technology (la) technique de l'étalement du

spread-spectrum transmission
849
spurious response ratio

spectre *(ou du spectre étalé) (mil) (cf. aussi* spread-spectrum signal *et* technology).

spread-spectrum transmission émission à spectre étalé *(ou à étalement du spectre) (mil) (cf. aussi* spread-spectrum signal).

spread-spectrum transmitter émetteur à étalement du spectre, émetteur de signaux à spectre étalé *(mil) (cf. aussi* spread-spectrum signal).

spreading resistance résistance intrinsèque *(résistance d'une jonction métal-semiconducteur due uniquement à la résistivité du semiconducteur, indépendamment de la résistance de la couche de déplétion) (cf. aussi* resistance, metal-semiconductor junction *et* depletion layer).

spreadsheet feuille de calcul (électronique), *(abusivement)* tableur s *(tableau à une ou plusieurs colonnes de nombres formé sur l'écran d'un ordinateur avec les rubriques correspondantes et dans lequel le changement d'une valeur introduite au clavier provoque un nouveau calcul de tous les nombres qui en dépendent) (est utilisé notamment pour faire des prévisions de prix de revient ou autres en fonction de différentes valeurs prévisibles données aux différents paramètres, les répercussions sur les différents nombres apparaissant après un temps de calcul par l'appareil) (inf) (cf. aussi* spreadsheet program).

spreadsheet package *cf.* spreadsheet program.

spreadsheet program tableur s *(programme d'ordinateur permettant l'utilisation d'une feuille de calcul électronique) (inf) (cf. aussi* computer program *et* spreadsheet).

spring action effet de ressort *(contact élastique, etc.) (cf. aussi* spring contact).

spring contact contact élastique *(contact de relais, interrupteur, commutateur ou inverseur formé ou porté par une lame élastique ou formé par un fil métallique élastique) (cf. aussi* phosphor bronze *et* spring-loaded contact).

spring-loaded contact contact à ressort *(contact poussé ou serré par un ressort) (ce terme désigne souvent un contact de support de composant enfichable serré sur la broche du composant par un fil d'acier en anneau ouvert ou un dispositif équivalent) (cf. aussi* socket 2) *et* spring contact).

spring-loaded switch *cf.* spring-return switch.

spring probe pointe de touche à ressort *(pointe de touche constituant un des contacts d'un lit de clous) (contrôle des cartes enfichables) (cf. aussi* test prod *et* bed of nails).

spring-return switch interrupteur monostable *(interrupteur à levier ou à bascule revenant à la position de repos sous l'action d'un ressort comme un bouton-poussoir ordinaire, lorsque l'on relâche le levier ou le basculeur) (cf. aussi* lever switch, rocker switch *et* pushbutton).

spring set bloc des contacts *(relais, etc.) (cf. aussi* pileup).

sprite motif programmé *(figure géométrique ou autre dessin produit sur l'écran d'un ordinateur par un programme approprié et pouvant être déplacé sur l'écran avec précision, notamment dans un programme de jeu sur ordinateur) (inf)*.

sprocket picot d'entraînement, picot *(une des dents tronconiques à base circulaire garnissant la jante d'une « roue à picots » assurant l'entraînement de la bande dans un appareil ou un dispositif à bande perforée ou à papier en continu) (tlg, inf, etc.) (cf. aussi* sprocket channel).

sprocket channel canal d'entraînement *(bande perforée) (cf. aussi* feed channel).

sprocket feed entraînement par roues à picots *(bande perforée, etc.) (cf. aussi* sprocket).

sprocket hole perforation d'entraînement *(bande perforée, etc.) (cf. aussi* sprocket).

sprocket pulse impulsion de synchronisation *(impulsion électrique émise à chaque incrément de rotation d'une roue à picots égal à l'avancement d'un picot dans un appareil à bande perforée pour synchroniser le poinçonnage ou la lecture de la bande avec son déroulement) (tlg, inf) (cf. aussi* sprocket wheel).

sprocket wheel roue à picots *(roue d'entraînement à jante plate munie de picots) (tlg, inf, etc.) (cf. aussi* sprocket).

SPS 1) *cf.* switching power supply. 2) *cf.* solar power satellite.

SPS architecture *cf.* serial-parallel-serial architecture.

SPST *(vient de « single-pole single-throw »)* SPST *(qualifie un dispositif ne pouvant couper qu'un seul circuit) (voir rubriques ci-après) (cf. aussi* SPDT, DPST *et* DPDT).

SPST contact contact interrupteur, jeu de contacts interrupteurs, contact SPST *(interrupteur, relais) (cf. aussi* SPST).

SPST relay relais à un contact interrupteur, relais à simple contact interrupteur, relais interrupteur unipolaire, relais SPST *(cf. aussi* SPST *et* relay[1] 1)).

SPST switch interrupteur unipolaire *(interrupteur à un seul jeu de contacts) (cf. aussi* SPST *et* switch[1] 1)).

spun-on-film *cf.* spun-on resist film.

spun-on photoresist film *voir* spun-on resist film *et* adapter.

spun-on resist film couche de résist appliquée par centrifugation *(ou à la tournette ou* centrifugée) *(appliquée ou étalée ou* étendue), *(souvent)* couche de photorésist *(idem) (gravure) (cf. aussi* spin coating).

spur *cf.* spurious response.

spurious AM *cf.* spurious amplitude modulation.

spurious amplitude modulation modulation d'amplitude parasite *(cf. aussi* spurious modulation).

spurious attenuation atténuation des parasites *(filtre antiparasite) (cf. aussi* interference filter).

spurious component composante parasite *(composante d'un signal parasite) (cf. aussi* signal component *et* spurious signal).

spurious conditions *cf.* under spurious conditions.

spurious discharge décharge parasite *(décharge disruptive accidentelle entre deux conducteurs d'un dispositif ou entre un conducteur et la masse du dispositif ou la terre) (cf. aussi* disruptive discharge *et* ground[1]).

spurious echo écho parasite *(écho radar ou sonar produit par un obstacle autre qu'une cible ou, parfois, écho radar produit par un brouilleur de radars) (cf. aussi* radar echo, sonar echo *et* radar jammer).

spurious emission *cf.* spurious radiation.

spurious FM *cf.* spurious frequency modulation.

spurious frequency modulation modulation de fréquence parasite *(cf. aussi* spurious modulation).

spurious frequency fréquence parasite *(fréquence, ou une des fréquences, d'un signal parasite) (cf. aussi* spurious signal).

spurious mode mode parasite, mode d'oscillation parasite *(mode d'oscillation d'un magnétron à une fréquence autre que celle sur laquelle il est accordé) (hyper) (cf. aussi* moding).

spurious modulation modulation parasite *(modulation indésirable de la fréquence ou l'amplitude du signal fourni par un oscillateur) (peut être notamment une modulation de fréquence produite par des vibrations faisant varier la capacité d'un condensateur variable ou une capacité interélectrode d'un tube électronique) (peut être une modulation parasite induite) (cf. aussi* incidental modulation, frequency modulation, amplitude modulation *et* oscillator).

spurious output fréquence de sortie parasite, fréquence parasite *(fréquence indésirable superposée au signal de sortie d'un oscillateur ou d'un montage ou un appareil comportant un oscillateur) (cf. aussi* oscillator).

spurious pulse impulsion parasite *(impulsion indésirable dans le signal de sortie d'un générateur d'impulsions ou d'un compteur de radiations ou dans un récepteur et notamment un récepteur de radar à impulsions) (cf. aussi* pulse[1]).

spurious radiation rayonnement parasite, *(parf.)* émission d'un rayonnement parasite *(rayonnement électromagnétique indésirable émis par un dispositif ou un appareil électronique mal blindé) (ce terme désigne souvent le rayonnement radioélectrique parasite émis par un émetteur radio ou radar mal blindé ou par un oscillateur local mal blindé) (cf. aussi* electromagnetic radiation, shield[2] *et* local oscillator).

spurious response 1) réponse non sélective, réponse en dehors de l'accord *(signal de sortie d'un récepteur radio pour une fréquence du signal d'entrée différente de celle sur laquelle il est accordé) (cf. aussi* selectivity). 2) réponse parasite *(radar d'identification) (cf. aussi* fruit).

spurious response ratio rapport de sélectivité *(rapport entre l'intensité du champ au voisinage de l'antenne d'un récepteur radio à une fréquence produisant une réponse non sélective d'amplitude déterminée et l'intensité nécessaire du champ à la* *fréquence d'accord du récepteur produisant un signal utile de même amplitude) (est toujours très supérieur à l'unité) (cf. aussi* spurious response 1), field strength meter *et* tuning frequency).

spurious signal signal parasite *(signal indésirable susceptible de gêner le fonctionnement, l'utilisation ou l'exploitation d'un appareil ou un système) (ce terme désigne souvent un signal électrique ou radioélectrique, mais couvre également les autres types de signaux) (cf. aussi* signal[1] *et* interference 1)).

sputtered layer couche formée par pulvérisation cathodique, (formée *ou* déposée) *(cf. aussi* sputtering).

sputtered metallization métallisation formée par pulvérisation cathodique (formée *ou* déposée) *(CI) (cf. aussi* metallization (a) *et* sputtering).

sputterer appareil à pulvérisation cathodique *(appareil permettant de réaliser la pulvérisation cathodique) (cf. aussi* sputtering).

sputtering pulvérisation cathodique *(procédé de dépôt de couches métalliques sous vide partiel utilisant une décharge lumineuse entre deux électrodes planes pour transférer des ions du métal de l'électrode formant la cathode à des substrats disposés sur l'anode) (est très utilisé pour le dépôt de couches de métaux réfractaires tels que le tantale) (fab. CH, semi) (cf. aussi* reactive sputtering *et* cathode disintegration).

SQ system procédé SQ *(procédé de quadraphonie matricielle breveté et déposé par la société américaine CBS Laboratory) (hifi) (cf. aussi* matrix quadraphony).

square-law demodulation *cf.* square-law detection.

square-law demodulator *cf.* square-law detector.

square-law detection détection quadratique *(détection d'enveloppe dans laquelle l'amplitude du signal de sortie du détecteur est proportionnelle au carré de l'amplitude du signal d'entrée) (récepteur AM, etc.) (cf. aussi* detection 2)).

square-law detector détecteur quadratique *(détecteur d'enveloppe réalisant la détection quadratique) (récepteur, etc.) (cf. aussi* detector 2) *et* square-law detection).

square-law region domaine quadratique *(intervalle d'amplitudes du signal d'entrée d'un détecteur quadratique pour lequel celui-ci est effectivement quadratique) (cf. aussi* square-law detector).

square-law response réponse quadratique *(réponse d'un détecteur quadratique dans le domaine quadratique) (cf. aussi* response 1) *et* 2) *et* square-law region).

square leadless ceramic chip carrier porte-puce céramique à souder carré *(CH) (cf. aussi* leadless chip carrier).

square loop 1) cycle rectangulaire *(magnétisme) (cf. aussi* rectangular hysteresis loop). 2) cadre rectangulaire *(antenne) (cf. aussi* loop antenna).

square-loop ferrite ferrite à cycle d'hystérésis rectangulaire, ferrite à cycle rectangulaire *(tore magnétique) (cf. aussi* ferrite *et* rectangular hysteresis loop).

square multiturn cermet trimmer potentiomètre ajustable cermet multitour à boîtier carré, potentiomètre ajustable multitour à piste cermet et boîtier carré *(cf. aussi* square multiturn trimmer, cermet trimmer *et* multiturn potentiometer).

square multiturn trimmer potentiomètre ajustable multitour à boîtier carré *(potentiomètre ajustable multitour dans lequel l'élément résistant est analogue à celui d'un potentiomètre ajustable monotour et le curseur est solidaire d'une roue dentée entraînée par une vis sans fin formant l'axe de commande muni à une extrémité d'une fente tournevis débouchant sur un côté du boîtier) (le nombre de tours de l'axe de commande d'une butée à l'autre est généralement égal à 10 et la position angulaire du curseur est généralement indiquée sur le boîtier par un index tournant devant des chiffres) (cf. aussi* single-turn trimmer *et* screwdriver adjustment).

square-rooter *cf.* square-rooting circuit.

square-rooting circuit circuit à racine carrée *(montage fournissant une tension proportionnelle à la racine carrée de la tension appliquée à son entrée).*

square single-turn cermet trimmer potentiomètre ajustable cermet monotour à boîtier carré, potentiomètre ajustable monotour à piste cermet et boîtier carré *(cf. aussi* cermet trimmer *et* single-turn potentiometer).

square-to-circular flange adapter adaptateur de brides carrée/circulaire *(court tronçon de guide d'ondes muni d'un côté d'une bride carrée et de l'autre d'une bride circulaire) (hyper) (cf. aussi* waveguide).

square trimmer potentiomètre ajustable à boîtier carré *(cf. aussi* square single-turn cermet trimmer, square multiturn cermet trimmer *et* trimmer potentiometer).

square wave signaux carrés, signal en onde carrée *(noms donnés à un train d'impulsions rectangulaires à rapport cyclique égal à 0,5) (générateur de signaux, etc.) (cf. aussi* pulse train *et* duty cycle 1)).

square-wave direct current courant continu à deux niveaux d'intensité *(courant continu dont l'intensité passe alternativement par deux valeurs distinctes et constantes maintenues chacune pendant un temps constant) (cf. aussi* direct current).

square-wave drive attaque par des signaux carrés *(ampli, etc.) (cf. aussi* drive[1] 1)) *et* square wave).

square-wave generation génération de signaux carrés, élaboration *(idem) (cf. aussi* square-wave generator).

square-wave generator générateur de signaux carrés *(générateur de signaux ou montage fournissant des signaux carrés) (cf. aussi* signal generator *et* square wave).

square-wave input entrée en signaux carrés *(entrée d'un dispositif à laquelle sont appliqués des signaux carrés ou, par extension, ces signaux eux-mêmes) (cf. aussi* square wave).

square-wave modulation modulation par des signaux carrés *(modulation d'une porteuse par des signaux carrés) (cf. aussi* modulation (a) *et* square wave).

square-wave modulator modulateur à signaux carrés *(modulateur réalisant la modulation par des signaux carrés) (cf. aussi* modulator *et* square-wave modulation).

square-wave output sortie en signaux carrés *(sortie d'un dispositif à laquelle sont recueillis des signaux carrés ou, par extension, ces signaux eux-mêmes) (cf. aussi* square wave).

square-wave response *cf.* step-function response.

square-wave test (un) essai aux signaux carrés *(essai d'un dispositif en régime transitoire par application de signaux carrés à son entrée) (cf. aussi* square wave).

square-wave testing (l')essai aux signaux carrés *(cf. aussi* square-wave test).

squareness rectangularité *(d'un cycle d'hystérésis, notamment) (cf. aussi* rectangular hysteresis loop).

squareness ratio rapport de rémanence *(rapport entre l'induction rémanente dans un aimant et l'induction maximale créée dans celui-ci par le champ magnétisant) (cf. aussi* remanent induction).

squarer *cf.* squaring circuit.

squaring circuit 1) circuit de mise au carré *(circuit de mise en forme fournissant des signaux carrés à partir d'une tension sinusoïdale appliquée à son entrée) (cf. aussi* shaping circuit *et* Schmidt trigger). 2) circuit d'élévation au carré *(montage fournissant une tension proportionnelle au carré de la tension appliquée à son entrée).*

squawker haut-parleur de médiums *(haut-parleur conçu pour reproduire avec le maximum de fidélité les sons du registre médium) (hifi) (cf. aussi* loudspeaker *et* mid-range 2)).

squealing sifflement *(au sens du terme anglais, son aigu émis par le haut-parleur d'un récepteur radio par suite d'interférence entre l'émission choisie et une autre émission, ou d'accrochage dans les circuits du récepteur) (cf. aussi* selectivity *et* singing).

squeezable waveguide guide d'ondes à section réglable, guide à section réglable *(guide d'ondes rectangulaire dont la grande dimension de la section droite peut être modifiée pour agir sur la phase de l'onde transmise) (hyper) (cf. aussi* rectangular waveguide *et* phase (a)).

squeeze box *cf.* squeezable waveguide.

squeeze section *cf.* squeezable waveguide.

squeeze track piste à densité et largeur variables *(piste à densité variable d'un film de cinéma dont la largeur est modifiée par action de l'opérateur sur la largeur du faisceau d'enregistrement pour améliorer le rapport signal-bruit du signal enregistré en certains points de l'enregistrement) (cf. aussi* variable-density sound track *et* signal-to-noise ratio).

squeezed resistor *cf.* pinched resistor.

squegger *cf.* squegging oscillator.

squegging blocage périodique *(d'un tube électronique à grille de commande ou d'un transistor) (cf. aussi* squegging oscillator).

squegging oscillator oscillateur à relaxation *(cf. aussi* squegging *et* relaxation oscillator).

squelch[1] *v* bloquer automatiquement *(un récepteur en l'absence de signal utile ou utilisable) (cf. aussi* squelch circuit).

squelch[2] *s* 1) accord silencieux, *(parf.)* blocage automatique *(récepteur radio) (cf. aussi* squelch circuit 1)). 2) blocage automatique *(récepteur) (cf. aussi* squelch circuit 2)).

squelch circuit 1) circuit d'accord silencieux *(montage réduisant automatiquement l'intensité du son émis par le ou les haut-parleurs d'un récepteur radio en l'absence de signal utile, c.-à-d. entre les stations) (cf. aussi* radio receiver). 2) circuit de blocage automatique *(montage bloquant un récepteur télégraphique en l'absence d'un signal d'entrée d'amplitude déterminée pour éviter la prise en compte de signaux parasites de faible amplitude) (tls) (récepteur à fibre optique, etc.) (cf. aussi* telegraph receiver).

SQUID *(vient de « superconducting quantum interference device »)* anneau de commutation, squid *(terme à éviter) (anneau supraconducteur utilisé comme élément de commutation ultra-rapide en liaison avec une jonction Josephson) (circuits logiques) (cf. aussi* superconducting ring, switching element *et* Josephson junction).

squint 1) angle entre lobes, angle interlobes *(angle formé par les axes des lobes opposés d'une antenne de radar à commutation de lobes) (cf. aussi* lobe-switching antenna). 2) angle du cône (de balayage), angle au sommet du cône *(idem) (angle au sommet du cône engendré par l'axe du faisceau d'une antenne de radar à balayage conique) (cf. aussi* conical-scan antenna). 3) angle d'excentrement *(angle généralement formé par l'axe électrique et l'axe géométrique d'une antenne à haute directivité) (cf. aussi* boresight[1]).

squirrel-cage induction motor *cf.* squirrel-cage motor.

squirrel-cage magnetron magnétron à cage d'écureuil *(magnétron de type ancien dans lequel les dents de l'anode sont formées par des tiges parallèles à l'axe du tube) (hyper) (cf. aussi* magnetron).

squirrel-cage motor moteur à cage d'écureuil, moteur asynchrone *(idem) (le premier terme est le plus employé et le second rappelle que ce moteur est un type particulier de moteur asynchrone) (moteur asynchrone dans lequel l'enroulement du rotor est constitué par des barres non isolées de métal bon conducteur disposées dans les encoches de celui-ci et réunies aux deux extrémités par des anneaux du même métal, l'ensemble rappelant une cage d'écureuil) (les barres du rotor peuvent être des barres de cuivre ou de laiton rapportées dans les encoches du rotor et soudées aux extrémités à un anneau de même métal de forte section ou, plus souvent, surtout pour les petits moteurs, être en alliage d'aluminium coulé d'une seule pièce avec deux flasques d'extrémité autour du paquet de tôles du rotor et mis au diamètre ensuite par tournage) (moteur asynchrone le plus employé pour les petites et moyennes puissances) (cf. aussi* induction motor).

squirrel-cage rotor rotor en cage d'écureuil *(rotor de moteur à cage d'écureuil) (cf. aussi* squirrel-cage motor).

squirrel-cage winding enroulement en cage d'écureuil *(enroulement du rotor d'un moteur à cage d'écureuil) (cf. aussi* squirrel-cage motor).

squitter réponses erratiques *(émission de réponses par un répondeur radar sous l'action de signaux autres que des signaux d'interrogation) (avia, etc.) (cf. aussi* transponder 1)).

sr *cf.* steradian.

SR 1) *cf.* slew rate. 2) *cf.* shift register.

SR flip-flop *cf.* RS flip-flop.

SRAM *cf.* static RAM.

SRD *cf.* step-recovery diode.

SRDM *cf.* step-recovery-diode multiplier.

SRE *(vient de « surveillance radar element »)* radar d'approche initiale, radar SRE *(noms donnés au radar panoramique du système GCA) (avia) (cf. aussi* GCA).

SRF *cf.* self-resonant frequency.

SRT flip-flop *cf.* RST flip-flop.

SS 1) *cf.* spread spectrum. 2) *cf.* satellite-switched.

SS-TDMA *cf.* TDMA.

SSB *cf.* single sideband.

SSB/AM *cf.* SSB.

SSC *cf.* sudden storm commencement.

SSDD *cf.* single-sided double-density disk.

SSI *cf.* small-scale integration.

SSI ... *cf.* SSI *et* ... *et* adapter.

SSMA *cf.* spread-spectrum multiple access.

SSR 1) *cf.* secondary surveillance radar. 2) solid-state relay.

SSRC *cf.* single-sideband reduced-carrier transmission.

SSSC *cf.* single-sideband suppressed-carrier transmission.

SSSD *cf.* single-side single-density ...

SSTV *cf.* slow-scan television.

ST 1) *cf.* ST contact. 2) *cf.* status register.

ST-BY *cf.* standby.

ST contact *(ST vient de « single-throw »)* contact interrupteur *(contact de travail ou contact de repos d'un relais) (sdpo à « contact inverseur ») (cf. aussi* make contact, break contact, relay contact *et* single-throw switch).

ST cut coupe ST *(coupe d'un cristal de quartz utilisé comme substrat d'un composant à ondes de surface) (cf. aussi* crystal cut *et* SAW device).

ST-cut quartz quartz à coupe ST, cristal de quartz à coupe ST *(cf. aussi* ST cut).

stability stabilité *(en électronique, ce terme désigne généralement l'absence plus ou moins complète de variation de la valeur d'une grandeur) (la stabilité à long terme est l'inverse de la dérive) (fréquence d'un oscillateur ou d'un générateur de signaux et notamment d'un étalon de fréquence, tension d'une source de tension fixe et notamment d'un étalon de tension, valeur ohmique d'une résistance, etc.) (cf. aussi* short-term stability, long-term stability *et* drift[1] 1)).

stability-precision dilemma dilemme stabilité-précision *(terme rappelant que dans un servomécanisme, si le gain de la chaîne directe est faible, le système est stable, c.-à-d. n'a pas tendance à entrer en oscillation, mais il est peu précis et réagit lentement aux perturbations, alors que si le gain est grand, le système réagit rapidement et avec précision, mais il oscille autour du point atteint, un compromis devant être trouvé) (asser) (cf. aussi* Nyquist criterion 1), servomechanism, forward path *et* gain 1)).

stability rating stabilité nominale *(ce terme désigne en fait la dérive nominale, la stabilité chiffrée étant exprimée en termes de dérive) (cf. aussi* stability, drift[1] 1) *et* rated value).

stabilization stabilisation *(sens usuel) (stabilisation de tension, de fréquence, de température, etc.) (cf. aussi* voltage stabilization, frequency stabilization, temperature stabilization *et* stability).

stabilization bake traitement de stabilisation *(passage à l'étuve de circuits hybrides ou autres composants pour en stabiliser les caractéristiques électriques) (cf. aussi* pre-seal bake, post-seal bake, hybrid circuit *et* burn-in).

stabilization circuit circuit de stabilisation *(montage réalisant la stabilisation de la fréquence du signal fourni par un oscillateur) (est souvent un circuit de compensation de température) (cf. aussi* temperature compensation).

stabilization circuitry circuits de stabilisation *(cf. aussi* stabilization circuit *et* circuitry).

stabilized aerial *(GB) cf.* stabilized antenna.

stabilized antenna antenne stabilisée *(antenne de radar montée sur une plate-forme stabilisée sur un navire) (cf. aussi* radar antenna *et* stabilized platform).

stabilized feedback *cf.* negative feedback.

stabilized input voltage tension d'entrée stabilisée *(tension stabilisée considérée aux bornes d'entrée d'un dispositif) (cf. aussi* stabilized voltage).

stabilized local oscillator *cf.* stalo.

stabilized output voltage tension de sortie stabilisée *(tension stabilisée considérée aux bornes de sortie d'un dispositif) (cf. aussi* stabilized voltage).

stabilized voltage tension stabilisée *(tension recueillie aux bornes d'un stabilisateur de tension en fonctionnement) (cf. aussi* voltage stabilizer).

stabilizer *cf.* voltage stabilizer *(pour cette acception du terme).*

stabilizer tube *cf.* voltage-stabilizing tube.

stabilizing tube *cf.* voltage-stabilizing tube.

stabilotron *cf.* stabilotron (*tube oscillateur hyperfréquence à fréquence d'oscillation très stable dérivé de l'amplitron par adjonction d'une cavité résonnante à l'entrée de la structure à onde lente et désadaptation de sa sortie pour produire une réaction positive par réflexion d'énergie) (est donc essentiellement un amplitron monté en oscillateur) (cf. aussi* amplitron, cavity resonator, impedance matching, positive feedback, reflection (b) *et* microwave oscillator tube).

stabistor stabistor (*stabilisateur de tension formé d'une ou plusieurs diodes à jonction au silicium montées en série, l'ensemble étant polarisé dans le sens inverse et fonctionnant comme une diode stabilisatrice de tension pour des tensions inférieures à celles stabilisées par une diode Zener) (cf. aussi* silicon junction diode *et* voltage-regulator diode).

stable element élément à orientation fixe (dans l'espace) (*nom descriptif, du point de vue fonctionnel, parfois donné à la toupie d'un gyroscope ou, par extension, à celui-ci) (navigation par inertie) (cf. aussi* gyroscope).

stable local oscillator *cf.* stalo.

stable state état stable (*état auquel un système tend à revenir après en avoir été écarté) (position verticale d'un pendule, etc.) (en électronique, ce terme désigne souvent l'état électrique dans lequel un multivibrateur monostable reste en l'absence d'excitation extérieure ou un des deux états d'un multivibrateur bistable) (cf. aussi* monostable multivibrator *et* bistable multivibrator); (*en physique des corpuscules, ce terme désigne souvent l'état fondamental d'un corpuscule) (cf. aussi* ground state); (*en électrotechnique, ce terme désigne souvent l'état de repos de l'armature ou du noyau plongeur d'un relais classique ou un des deux états de cet élément d'un relais bistable, de même pour un interrupteur ou un bouton-poussoir) (cf. aussi* relay[1] 1), bistable relay *et* spring-return switch).

stack *s* 1) pile (a) *sens usuels autres que « pile électrique » et les termes apparentés) (pile de disques magnétiques, pile de cartes perforées, etc.) (inf. etc.) (cf. aussi* disk stack); (b) *petite mémoire d'ordinateur formée d'un certain nombre de registres successifs) (peut constituer un organe indépendant et s'appelle alors « pile matérielle » ou être formée par des positions réservées de la mémoire centrale de l'ordinateur s'appelle alors « pile logicielle ») (le nombre de registres s'appelle « profondeur de la pile » et détermine le nombre de mots binaires que celle-ci peut contenir) (il existe deux types de pile, à fonctionnement et utilisation très différents) (inf) (cf. aussi* FIFO, LIFO *et* register[1] 1) (a)). 2) *cf.* spring set.

stack ... *cf.* stacked ... (*pour les termes qui ne figurent pas ci-après*).

stack pointer pointeur de pile (*registre contenant l'adresse du sommet ou de la base d'une pile d'ordinateur) (inf) (cf. aussi* register[1] 1) *et* stack 1) (b)).

stacked array antenne multiple à éléments superposés (*antenne multiple dont les éléments sont disposés dans le plan vertical) (cf. aussi* antenna array).

stacked dipole array groupement de dipôles superposés (*antenne d'émission) (cf. aussi* dipole 3) *et* stacked array).

stacked dipoles dipôles superposés (*antenne) (cf. aussi* stacked dipole array).

stacked-film capacitor condensateur au plastique multicouche (*condensateur au plastique réalisé sous la forme d'un condensateur multicouche) (cf. aussi* plastic capacitor *et* multilayer capacitor).

stacked-foil capacitor condensateur multicouche (*cf. aussi* multilayer capacitor).

stacked heads têtes superposées, têtes magnétiques superposées (*têtes magnétiques de magnétophone stéréophonique ou de lecteur de cassettes stéréophonique disposées exactement l'une au-dessus de l'autre, les deux entrefers étant alignés) (cas général des appareils modernes) (hifi) (cf. aussi* magnetic head *et* stereo tape recorder).

staff locator *cf.* paging system.

staffed position position occupée (*emplacement de travail d'une opératrice de central téléphonique ou autre opérateur effectivement occupé par celui-ci) (cf. aussi* operator 1) (a)).

stage 1) étage (*nom donné à un montage électronique remplissant une fonction élémentaire lorsque celui-ci fait partie d'un montage plus compliqué et notamment lorsqu'il constitue un des maillons des circuits d'un appareil électronique) (étage amplificateur, étage limiteur, étage détecteur, etc.) (cf. aussi* electronic circuit). 2) stade (*d'évolution d'un processus, etc.*). 3) phase, étape (*de traitement, etc.*).

stage-by-stage elimination method méthode de recherche des pannes étage par étage (*dépannage des récepteurs radio et autres appareils électroniques) (cf. aussi* signal tracing).

stage coupling liaison entre étages (*cf. aussi* coupling between stages).

stage efficiency rendement de l'étage (*parf.* d'un étage) (*rapport entre la puissance fournie par un amplificateur de puissance à sa charge et la puissance fournie à l'amplificateur) (cf. aussi* power amplifier).

stage gain gain de l'étage (*parf.* d'un étage) (*gain d'un étage amplificateur) (cf. aussi* gain 1) *et* amplifier stage).

stagger[1] *s* décalage (*d'impulsions, de fréquences d'accord, de positions, etc.) (cf. aussi* offset).

stagger[2] *v* décaler (*cf. aussi* stagger[1]).

stagger ratio rapport de décalage (*rapport entre le décalage d'une impulsion du signal émis par un radar à fréquence de récurrence variable et la période de récurrence moyenne) (mil) (cf. aussi* staggered pulse repetition frequency *et* pulse repetition interval).

stagger-tuned amplifier amplificateur à circuits décalés (*cf. aussi* staggered circuits).

stagger-tuned circuits *cf.* staggered circuits.

staggered circuits circuits à accord décalé, circuits décalés (*circuits oscillants d'entrée, de liaison entre étages et de sortie d'un amplificateur haute fréquence à deux ou plusieurs étages accordés sur des fréquences différentes pour élargir la bande passante de l'amplificateur) (chaque étage assure ainsi l'amplification nécessaire dans la partie de la bande passante englobant la fréquence d'accord de son circuit d'entrée et celle de son circuit de sortie) (l'emploi de ces circuits accordés nécessitant la fabrication et le réglage d'un certain nombre de circuits à fréquences d'accord différentes, on leur préfère les circuits surcouplés, qui donnent les mêmes résultats, notamment pour l'amplificateur vidéo des récepteurs de télévision) (cf. aussi* resonant circuit, tuning frequency, passband *et* overcoupled circuits).

staggered heads têtes décalées, têtes magnétiques décalées (*têtes magnétiques d'ancien magnétophone stéréophonique non disposées exactement l'une au-dessus de l'autre) (hifi) (cf. aussi* magnetic head *et* stereo tape recorder).

staggered 4-PSK modulation par déplacement de phase à quatre états avec décalage, modulation de phase (*idem*), modulation 4-PSK (*modulation par déplacement de phase à quatre états opérée sur deux porteuses en quadrature) (tlg) (cf. aussi* quaternary phase-shift keying *et* quadrature modulation).

staggered PRF *cf.* staggered pulse repetition frequency.

staggered PRF pulse train train d'impulsions à fréquence de récurrence variable (*radar) (cf. aussi* staggered pulse repetition frequency).

staggered PRR *cf.* staggered pulse repetition rate.

staggered pulse repetition frequency fréquence de récurrence variable (*caractéristique des signaux émis par certains radars à impulsions militaires destinée à gêner leur interception et leur brouillage par l'adversaire, la période de récurrence des impulsions et, par conséquent leur fréquence de récurrence variant de façon pseudo-aléatoire autour d'une valeur moyenne) (cf. aussi* pulse repetition frequency *et* pseudo-random sequence).

staggered pulse repetition rate *cf.* staggered pulse repetition frequency.

staggered scanning *cf.* interlaced scanning.

staggered tuning accord décalé (*accord de deux ou plusieurs circuits oscillants associés sur des fréquences différentes) (ampli HF) (cf. aussi* staggered circuits).

staggering décalage (*parfois au sens de « action de décaler ») (cf. aussi* stagger[1]).

staircase function fonction en escalier (*fonction croissante* *par paliers dont le graphe rappelle donc un escalier) (cf. aussi* function[1] 1) (b)).

staircase generator générateur de signaux en escalier *(générateur de signaux fournissant une tension en escalier utilisée notamment pour vérifier la linéarité de la transmission d'images de télévision) (cf. aussi* signal generator *et* staircase voltage).

staircase ramp voltage *cf.* staircase voltage.

staircase signal signal en escalier *(signal constitué par une tension en escalier) (TV, etc.) (cf. aussi* staircase voltage *et* staircase generator).

staircase voltage tension en escalier *(tension croissant comme une fonction en escalier) (cf. aussi* staircase function).

stall torque couple de calage *(couple maximal exercé par un moteur électrique ou autre sur son arbre lorsque celui-ci est bloqué) (servomoteur, etc.) (cf. aussi* torque).

stalo *(vient de « stable local oscillator »)* oscillateur local à très haute stabilité *(ou* ultra-stable*), stalo (klystron réflex ou autre tube oscillateur hyperfréquence à fréquence d'oscillation très stable utilisé comme oscillateur local dans le récepteur de certains radars et notamment d'un radar MTI ou d'un radar bistatique) (cf. aussi* local oscillator, reflex klystron, MTI radar *et* bistatic radar).

STALO *cf.* stalo.

stamped printed circuit circuit imprimé découpé *(circuit imprimé dans lequel le réseau de conducteurs est obtenu par estampage d'une feuille de cuivre suivi du collage sur un substrat) (cas rare et limité à des circuits très simples) (cf. aussi* printed circuit).

stamper matrice de pressage, matrice *(disque en nickel chromé portant en relief les sillons d'un disque phonographique et soudé sur un flan épais en cuivre prévu pour être fixé sur un des deux plateaux d'une presse à disques) (est fabriqué par galvanoplastie à partir de la mère) (cf. aussi* pressing 1) *et* mother).

stamping tôle découpée, tôle magnétique découpée *(tôle magnétique fabriquée par découpage à la presse) (clpf) (cf. aussi* lamination).

stand-alone *a* autonome *(appareil) (le terme anglais s'emploie souvent en informatique) (cf. aussi* stand-alone instrument).

stand-alone computer ordinateur autonome *(inf) (cf. aussi* computer 1) *et* stand-alone machine).

stand-alone environment *cf.* operation in a stand-alone environment.

stand-alone instrument appareil autonome *(au sens du terme anglais, appareil de mesure ou autre fonctionnant sans être connecté à d'autres appareils et notamment à des appareils auxiliaires) (cf. aussi* stand-alone machine).

stand-alone machine machine autonome, appareil autonome *(appareil informatique fonctionnant sans être relié à un ordinateur central) (cf. aussi* data-processing instrument *et* host computer).

stand-alone μC *cf.* single-chip microcomputer.

stand-alone microcomputer *cf.* single-chip microcomputer.

stand-alone operation fonctionnement autonome *(appareil, etc.) (cf. aussi* stand-alone instrument).

stand-alone word processor traiteur de textes autonome *(inf) (cf. aussi* word processor 1) *et* stand-alone machine).

stand-by ... *cf.* standby ... *(plus loin).*

stand-off CM *cf.* stand-off countermeasures.

stand-off countermeasures contre-mesures à distance de sécurité, contre-mesures électroniques *(idem) (noms parfois donnés au brouillage à distance de sécurité) (mil) (cf. aussi* stand-off jamming).

stand-off ECM *cf.* stand-off electronic countermeasures.

stand-off electronic countermeasures *cf.* stand-off countermeasures.

stand-off insulator isolateur *(au sens du terme anglais, isolateur maintenant un conducteur à une distance appréciable de la surface sur laquelle il est monté) (cf. aussi* insulator 2)).

stand-off jammer brouilleur à distance de sécurité *(brouilleur à grande puissance utilisé pour le brouillage à distance de sécurité) (mil) (cf. aussi* high-power jammer *et* stand-off jamming).

stand-off jamming brouillage à distance de sécurité *(brouil-*

lage d'une cible adverse opéré à une distance telle que le porteur du brouilleur risque peu d'être détecté ou atteint par la cible) (mil) (cf. aussi stand-off jamming mission, stand-off jammer *et* jamming).

stand-off jamming mission mission de brouillage à distance de sécurité *(mission généralement confiée à l'équipage d'un avion brouilleur escortant une formation aérienne en zone hostile) (mil) (cf. aussi* stand-off jamming *et* jammer aircraft).

stand-off radar surveillance surveillance à distance de sécurité par radar *(mil) (cf. aussi* radar surveillance 2) (a)).

stand-off range distance de sécurité *(distance la plus grande possible, par rapport à la cible, à laquelle opère notamment un avion brouilleur ou un radar de surveillance militaire) (cf. aussi* stand-off jammer *et* stand-off radar surveillance).

stand-off target acquisition accrochage de la cible à distance de sécurité *(radar mil) (cf. aussi* target acquisition *et* stand-off range).

standard[1] *s* 1) étalon *(dispositif ou phénomène matérialisant une unité de mesure, absolument ou conventionnellement) (étalon de longueur, étalon de masse, étalon de temps, étalon électrique, etc.) (métrologie) (cf.* primary standard, secondary standard, transfer standard, national standard 1), international standard 1) *et aussi* electrical standard 1)). 2) norme *(document établissant les caractéristiques nécessaires d'un type d'objet ou de matière ou les détails d'un procédé ou d'une méthode au niveau national ou international ou à un niveau inférieur) (cf. aussi* national standard 2), international standard 2), electrical standard 2), television standard *et* specification).

standard[2] *a* ordinaire, normal, courant, de série, classique, normalisé, de référence *(selon le contexte)*, standard *(terme commode mais à éviter) (cf. aussi* standard[1] 2)).

standard bipolar *cf.* standard bipolar integrated circuit.

standard bipolar circuit *cf.* standard bipolar integrated circuit.

standard bipolar IC *cf.* standard bipolar integrated circuit.

standard bipolar integrated circuit circuit intégré bipolaire classique, circuit bipolaire classique *(noms parfois donnés à un circuit intégré bipolaire à isolement par jonctions) (semi) (cf. aussi* junction-isolated bipolar integrated circuit).

standard bipolar process procédé bipolaire classique, méthode *(idem) (procédé de fabrication de circuits intégrés bipolaires classiques) (semi) (cf. aussi* standard bipolar integrated circuit).

standard bipolar technique *cf.* standard bipolar process.

standard bipolar technology (la) technique bipolaire classique *(technique des circuits intégrés bipolaires classiques) (semi) (cf. aussi* standard bipolar integrated circuit *et* technology).

standard bipolars (les) circuits intégrés bipolaires classiques, *(etc.) (semi) (cf. aussi* standard bipolar integrated circuit).

standard broadcast *cf.* standard frequency broadcast.

standard broadcast band *cf.* broadcast band.

standard broadcast channel *cf.* broadcast channel.

standard broadcasting *cf.* medium-wave broadcasting.

standard cable câble étalon *(câble téléphonique à deux conducteurs à caractéristiques électriques déterminées utilisé comme étalon de ligne de transmission téléphonique) (les caractéristiques considérées sont la résistance linéique en boucle, c.-à-d. d'un seul conducteur, la capacité linéique et l'inductance linéique) (métrologie) (tls) (cf. aussi* resistance per unit length, capacitance per unit length, inductance per unit length *et* telephone cable).

standard candela *cf.* candela.

standard capacitor condensateur étalon, étalon de capacité *(condensateur conçu et réalisé pour servir d'étalon de capacité, c.-à-d. dont la capacité est connue avec précision, stable dans le temps et pratiquement indépendante de la température aux températures d'utilisation) (est généralement un condensateur à anneau de garde, mais peut avoir une autre constitution) (métrologie) (cf. aussi* guard-ring capacitor, capacitance, temperature coefficient *et* electrical standard 1)).

standard cell 1) pile étalon, étalon de force électromotrice, étalon de tension *(le premier terme et le troisième sont les plus employés, le second est le terme exact) (pile galvanique à force* *électromotrice très stable dans le temps et reproductible d'une pile à l'autre utilisée comme étalon de force électromotrice continue) (sert à mesurer des tensions continues avec une très grande précision et doit être utilisée en circuit ouvert, c.-à-d. ne débiter pratiquement aucun courant et, pour cela, être insérée dans un montage de mesure réalisant la méthode d'opposition) (métrologie) (cf. aussi* Weston standard cell, galvanic cell, electromotrice force, opposition method *et* electrical standard 1)). **2)** cellule prédéfinie, microbloc *(termes que j'ai proposés),* cellule précaractérisée *(terme courant mais à éviter),* cellule standard *(anglicisme courant à éviter) (montage — généralement circuit logique — réalisant une fonction déterminée, dont le modèle est choisi dans une bibliothèque de fonctions par le concepteur d'un circuit intégré monolithique travaillant sur ordinateur et dont l'emplacement sur la puce est également choisi par le concepteur, les tracés correspondant sur les dessins des masques de diffusion étant exécutés par une machine à dessiner commandée par l'ordinateur dont le programme est alors constitué par la fonction choisie dans la bibliothèque) (une cellule prédéfinie peut être aussi bien une simple porte logique réalisant, par conséquent, une fonction logique simple, qu'un ensemble complexe de circuits logiques réalisant une fonction complexe de traitement de signaux ou d'informations) (bien que cela ne soit pas encore courant, une cellule prédéfinie peut également être un montage analogique: amplificateur, comparateur, détecteur, etc.) (en plus de cette possibilité de présence de cellules à fonction plus ou moins complexe, un circuit intégré à cellules prédéfinies diffère principalement d'un circuit prédiffusé en ce que ces cellules ne constituent pas une matrice d'éléments identiques, plusieurs cellules différentes étant utilisées pour dessiner le circuit, certaines d'entre elles pouvant, par ailleurs, être reproduites à un grand nombre d'exemplaires) (la méthode des cellules prédéfinies permet une utilisation de la surface de la puce, c.-à-d. une densité d'intégration effective, meilleure que celle obtenue avec la méthode des circuits prédiffusés, mais toutefois moins bonne que la méthode des circuits à la demande) (semi) (inf) (cf. aussi* logic circuit, standard-cell library, digital integrated circuit, chip 1), diffusion mask, signal processing, gate array, integration density *et* full-custom circuit).

standard-cell approach formule des cellules prédéfinies, *(etc.),* méthode *(idem) (CI) (cf. aussi* standard cell 2)).

standard-cell chip puce à cellules prédéfinies, *(etc.) (CI) (cf. aussi* chip 1) *et* standard cell 2)).

standard-cell circuit circuit à cellules prédéfinies, *(etc.),* circuit intégré *(idem) (cf. aussi* standard cell 2)).

standard-cell design conception des circuits à cellules prédéfinies, *(etc.) (CI) (cf. aussi* standard-cell circuit).

standard-cell library bibliothèque de fonctions *(ensemble de cellules prédéfinies dont la représentation graphique est convertie en signaux numériques enregistrés sur disque magnétique ou dans une autre mémoire numérique) (fab. CI) (cf. aussi* standard cell 2), digital signal *et* digital memory).

standard components composants ordinaires, *(etc.) (cf. aussi* component 1) *et* standard²).

standard deviation écart-type, écart quadratique moyen *(grandeur représentant la dispersion d'une série de valeurs d'une autre grandeur et notamment d'une série de résultats de mesure) (est égale à la valeur quadratique moyenne des écarts entre les valeurs obtenues et leur moyenne arithmétique) (statistiques, mesure) (cf. aussi* RMS value 1)).

standard feature caractéristique normale *(caractéristique d'un appareil ou autre matériel d'un modèle non spécial).*

standard frequency fréquence étalon *(fréquence d'un signal fourni par un étalon de fréquence ou émis par un émetteur de radiodiffusion dont l'oscillateur est constitué par un tel étalon) (cf. aussi* frequency, frequency standard *et* standard-frequency signal).

standard-frequency broadcast émission de fréquences étalons *(radiodif) (cf. aussi* standard-frequency signal).

standard-frequency service service d'émission de fréquences étalons *(service d'émission de signaux à fréquence étalon) (radiodif) (cf. aussi* standard-frequency signal).

standard-frequency signal signal à fréquence étalon *(signal*

fourni par un étalon de fréquence ou, plus souvent, émis par certaines stations de radiodiffusion aux fins de contrôle et d'étalonnage des récepteurs radio et notamment des récepteurs de radionavigation) (dans le premier cas, est généralement un courant alternatif à fréquence radioélectrique et peut être une onde radioélectrique) (dans le second cas, est une onde radioélectrique) (cf. aussi standard frequency, WWVB *et* radio wave).

standard frequency source source de fréquence étalon *(nom parfois donné à un étalon de fréquence) (cf. aussi* frequency standard *et* frequency source).

standard inductor inductance étalon, étalon d'inductance *(bobine d'inductance conçue et réalisée pour servir d'étalon d'inductance, c.-à-d. dont l'inductance est connue avec précision, stable dans le temps et pratiquement indépendante de la température aux températures d'utilisation) (dans le cas le plus fréquent d'un étalon d'inductance propre, est réalisée sous la forme d'un solénoïde à une seule couche) (métrologie) (cf. aussi* inductor, inductance, solenoid 1), temperature coefficient *et* electrical standard 1)).

standard instrument appareil étalon *(appareil matérialisant un étalon) (cf. aussi* standard¹ 1)).

standard light source source de lumière étalon, source étalon, lampe étalon *(lampe à filament de tungstène en atmosphère gazeuse conçue pour être utilisée comme étalon d'intensité lumineuse ou de couleur, à savoir de lumière blanche) (cf. aussi* gas-filled tungstene-filament lamp, luminous intensity, reference white 1) *et* standard¹ 1)).

standard microphone microphone étalon *(microphone dont la réponse en fréquence dans des conditions d'emploi déterminées est connue avec précision) (électroacou) (cf. aussi* microphone *et* frequency response 1)).

standard MOS **1)** *cf.* standard MOS integrated circuit. **2)** (les) circuits intégrés MOS classiques, *(etc.) (cf. aussi* standard MOS integrated circuit).

standard MOS ... *cf.* standard MOS *et* MOS ... *et* adapter.

standard noise temperature température de bruit de référence *(température de bruit prise comme référence pour comparer des valeurs de bruit interne) (a été fixée à 290 K, soit 17 °C, c.-à-d. la température ambiante moyenne) (cf. aussi* noise temperature *et* internal noise).

standard observer observateur-type, œil moyen *(nom donné à un observateur imaginaire pris comme référence pour l'appréciation des couleurs résultant d'un mélange de primaires normalisées en proportions déterminées) (colorimétrie) (TVC, etc.) (cf. aussi* standard primaries).

standard primaries (les) primaires normalisées *(couleurs primaires adoptées pour la reproduction des images de la télévision en couleurs, telles qu'elles sont définies par leurs coordonnées sur le diagramme de chromaticité) (colorimétrie) (cf. aussi* primary color *et* chromaticity diagram).

standard propagation propagation dans les conditions de référence *(propagation d'une onde radioélectrique dans l'atmosphère de la Terre en admettant que celle-ci est lisse, parfaitement sphérique, que sa constante diélectrique et sa conductivité sont constantes et que la réfraction est normale) (théorie de la propagation des ondes radioélectriques) (cf. aussi* radio wave, dielectric constant, conductivity *et* standard refraction).

standard propagation conditions conditions de propagation de référence *(cf. aussi* standard propagation *et* propagation conditions).

standard rack bâti normalisé, *(etc.), (parf.)* case normalisée *(bâti électronique dimensionné pour recevoir des châssis dont la platine avant mesure 19 pouces de largeur, soit 48,3 cm, et de hauteur variable) (cf. aussi* rack *et* front panel).

standard refraction réfraction normale *(ou dans l'atmosphère normale) (réfraction des ondes radioélectriques dans l'atmosphère de la Terre obtenue en supposant que le gradient négatif de l'indice de réfraction de l'atmosphère suivant la verticale est constant, c.-à-d. que l'indice de réfraction diminue uniformément avec l'altitude) (le taux de décroissance adopté est égal à 39 « unités N », soit 39 × 10⁻⁶ par kilomètre d'altitude) (théorie de la propagation des ondes radioélec-*

triques) (cf. aussi infrarefraction, superrefraction, refraction, refractive index, gradient *et* standard propagation).

standard resistor résistance étalon, étalon de résistance *(résistance conçue et réalisée pour servir d'étalon de résistance électrique, c.-à-d. dont la valeur ohmique est connue avec précision, stable dans le temps et pratiquement indépendante de la température aux températures d'utilisation) (est généralement une résistance bobinée en manganine) (métrologie) (cf. aussi* resistance, resistor, manganine, temperature coefficient *et* electrical standard 1)).

standard sea-water conditions conditions normales en eau de mer, conditions de propagation normales *(idem) (conditions de référence adoptées pour les calculs de propagation du son, notamment des signaux sonar, dans l'eau de mer ; pression, température et salinité telles que la vitesse de propagation du son soit de 1 500 mètres par seconde) (acou) (cf. aussi* sound propagation, sonar signal *et* speed of sound).

standard signal signal étalon *(nom parfois donné à un signal de référence constituant une référence de forme de signal) (cf. aussi* reference signal).

standard source source étalon *(nom souvent donné à un étalon fournissant un signal et plus particulièrement à une source de lumière étalon) (métrologie) (cf. aussi* standard frequency source, standard voltage source, standard light source *et* standard[1] 1)).

standard subroutine sous-programme standard *(terme consacré) (sous-programme d'ordinateur fourni par un constructeur d'ordinateurs pour l'exécution de fonctions courantes telles que l'exécution d'opérations arithmétiques, le calcul de fonctions arithmétiques, etc. par un ou plusieurs de ses appareils) (inf) (cf. aussi* subroutine).

standard television signal signal de télévision normalisé *(signal de télévision tel que défini dans une norme de télévision) (cf. aussi* television standard).

standard time temps étalon *(temps pris comme étalon de temps, c.-à-d. temps solaire moyen ou temps atomique) (métrologie) (cf. aussi* atomic time).

standard TTL logique TTL normale *(ou* standard) *(modèle initial de la logique TTL, le moins performant, dont sont dérivés les modèles améliorés commercialisés par la suite) (CI) (inf) (cf. aussi* TTL).

standard unit version normale, version ordinaire *(cf. aussi* unit 3)).

standard vidicon vidicon normal, vidicon standard *(vidicon pour prises de vues à la lumière du jour ou à la lumière artificielle avec une vitesse d'analyse normale et sans cible au silicium) (caméra TV) (cf. aussi* vidicon).

standard conversion conversion de normes (de télévision *ou* de balayage), conversion de standard *(le second terme est le plus employé) (conversion d'un signal de télévision conforme à une norme d'émission déterminée en un signal conforme à une autre norme) (exemple : conversion d'un signal noir-et-blanc à 525 lignes et 60 trames par seconde en un signal noir-et-blanc à 625 lignes et 50 trames) (est réalisée par un convertisseur de normes) (cf. aussi* television signal, television standard *et* standard converter).

standard converter convertisseur de normes (de balayage), convertisseur de standard *(anglicisme courant mais à éviter) (dispositif réalisant la conversion de normes de télévision) (peut être du type optique, utilisable seulement en noir et blanc et comprenant essentiellement un récepteur de télévision reproduisant les images du premier signal sur un écran à persistance généralement assez grande et une caméra aux normes du second signal analysant les images formées sur l'écran) (peut être du type électronique — et l'est toujours pour un signal de télévision en couleurs — et se présente alors sous la forme d'un convertisseur de balayage utilisant deux tubes à mémoire enregistreurs utilisés l'un comme mémoire de ligne et l'autre comme mémoire de trame, dans lesquelles les informations correspondantes sont enregistrées à la cadence du premier signal et lues à celle du second, ou est, plus récemment, constitué par un convertisseur de balayage monotube spécial) (cf. aussi* television standards, persistence, recording storage tube *et* scan converter).

standby *s* état d'attente *(parf. de veille) (appareil, etc.).*

standby battery batterie de secours *(batterie d'accumulateurs prévue pour assurer l'alimentation d'une installation ou une machine électrique ou d'un appareil électrique ou électronique en cas de panne du secteur, généralement avec utilisation d'un onduleur de secours) (hôpital, station d'émission radio, ordinateur, etc.) (cf. aussi* storage battery, standby inverter *et* back-up battery).

standby capacity *cf.* standby supply capacity.

standby consumption *cf.* standby power consumption.

standby current *(parf.* intensité du) courant en veilleuse *(courant absorbé par une mémoire RAM dynamique à l'état de veilleuse ou, parfois, intensité de ce courant) (CI) (inf) (cf. aussi* power-down feature).

standby current drain *(parf.* intensité du) courant absorbé en veilleuse *(cf. aussi* standby current).

standby heater voltage tension de chauffage de veille (ou d'attente) *(tension de chauffage réduite appliquée au filament d'un tube électronique en période d'attente pour réduire son temps de mise en action) (magnétron de radar militaire, etc.) (cf. aussi* heater voltage).

standby inverter onduleur de secours *(onduleur associé à une batterie de secours pour convertir le courant continu fourni par celle-ci en courant alternatif à la fréquence du secteur) (cf. aussi* inverter 1) *et* standby battery.

standby mode mode d'attente, mode de veille, mode veilleuse *(le troisième terme est employé principalement pour une mémoire RAM dynamique) (mode de fonctionnement à puissance réduite d'un circuit ou d'un appareil dans lequel seuls quelques circuits déterminés restent alimentés) (cf. aussi* standby heater voltage *et* power-down feature).

standby power 1) *cf.* standby power supply. 2) *cf.* standby power consumption.

standby power consumption consommation en attente, *(etc.) (cf. aussi* standby mode).

standby power dissipation *cf.* standby power consumption.

standby power option *cf.* with standby power option.

standby power source *cf.* standby power supply.

standby power supply alimentation de secours *(alimentation d'un dispositif entrant en action en cas de défaillance de l'alimentation normale de celle-ci et notamment du secteur) (est souvent assurée par une batterie de secours) (cf. aussi* power supply 1) *et* standby battery.

standby register registre d'attente, registre de stockage *(registre d'ordinateur dans lequel une information vérifiée est conservée pour être réutilisée en cas d'erreur dans un programme en cours d'exécution pour mise au point) (inf) (cf. aussi* register[1] 1) (a) *et* program debugging).

standby state état d'attente, *(etc.) (cf. aussi* standby mode).

standby supply alimentation par une alimentation de secours *(appareil) (cf. aussi* standby power supply).

standby supply capacity capacité d'alimentation en secours, capacité en secours *(nombre de minutes, heures ou jours pendant lequel une alimentation de secours peut assurer l'alimentation d'un appareil ou système) (cf. aussi* standby power supply).

standby transmitter émetteur de secours *(émetteur maintenu prêt à fonctionner en remplacement de l'émetteur normal d'une station d'émission radio en cas de panne, d'entretien ou de révision de celui-ci) (radionav, radiocom, radiodif) (cf. aussi* radio transmitter).

standing-on-nines carry report simultané *(inf) (cf. aussi* high-speed carry).

standing wave onde stationnaire, système d'ondes stationnaire *(le premier terme est le plus employé, le second est le meilleur) (onde périodique ne se propageant pas, c.-à-d. dont l'amplitude en un point de l'espace est constante dans le temps) (est le résultat de la combinaison de deux ondes périodiques de même longueur et même amplitude se propageant en sens opposés suivant une même direction, l'une d'elles étant l'onde initiale et l'autre une onde réfléchie) (ce phénomène se produit dans certaines conditions dans une corde vibrante, dans un conduit acoustique et, en électronique — ou, plus précisément, en radioélectricité — dans une ligne de transmission dont la charge n'est pas adaptée, ainsi que dans certaines antennes) (cf. aussi* standing-wave pattern, node (b), antinode, standing-wave ratio, periodic wave *et* reflection (b)).

standing-wave aerial *(GB)*   *cf.* standing-wave antenna.

standing-wave antenna   antenne à ondes stationnaires *(antenne d'émission filaire utilisée en régime d'ondes stationnaires) (cf. aussi* transmitting antenna, wire antenna *et* standing-wave conditions).

standing-wave conditions   régime d'ondes stationnaires *(mode d'excitation d'un dispositif, notamment d'une ligne de transmission ou d'une antenne d'émission, caractérisé par la présence d'un système d'ondes stationnaires dans celui-ci) (cf. aussi* standing-wave pattern).

standing-wave detector   détecteur d'ondes stationnaires *(détecteur à cristal connecté directement à la sonde d'une ligne de mesure pour redresser le courant alternatif fourni par celle-ci et dont la tension de sortie unidirectionnelle est proportionnelle à l'amplitude de l'onde stationnaire au point où se trouve la sonde) (hyper) (cf. aussi* crystal detector, slotted-line probe *et* unidirectional voltage).

standing-wave indicator   *cf.* standing-wave ratio meter.

standing-wave measurement   *cf.* standing-wave ratio measurement.

standing-wave meter   *cf.* standing-wave ratio meter.

standing-wave pattern   système d'ondes stationnaires *(cf. aussi* standing wave).

standing-wave ratio   rapport d'ondes stationnaires, ROS, taux d'ondes stationnaires, TOS *(le premier terme est plus récent que le second, qui est impropre, mais encore très utilisé et a donné naissance à « TOS-mètre » devenu « tosmètre ») (rapport entre la valeur des maximums et la valeur des minimums de l'amplitude d'un système d'ondes stationnaire de tension ou de courant dans une ligne de transmission) (en pratique, c'est toujours le rapport des tensions qui est mesuré, d'où l'abréviation « VSWR » parfois utilisée en anglais, c.-à-d. « voltage standing-wave ratio ») (hyper) (cf. aussi* standing wave *et* standing-wave ratio meter).

standing-wave ratio indicator   *cf.* standing-wave ratio meter.

standing-wave ratio measurement   mesure de rapport d'ondes stationnaires, *(etc.) (cf. aussi* standing-wave ratio).

standing-wave ratio meter   tosmètre, TOS-mètre *(appareil mesurant le rapport d'ondes stationnaires dans une ligne de mesure) (comprend essentiellement un voltmètre précédé d'un amplificateur accordé attaqué par le signal fourni par un détecteur d'ondes stationnaires) (hyper) (cf. aussi* standing-wave ratio, slotted line, tuned amplifier *et* standing-wave detector).

standing-wave system   *cf.* standing-wave pattern. *(ce terme étant le plus employé).*

standing-wave voltage ratio   *cf.* voltage standing wave ratio.

standoff ...   *cf.* stand-off ... *(plus haut).*

star chain   chaîne en étoile *(chaîne de stations de radionavigation dans laquelle la station pilote est située entre plusieurs stations asservies) (cf. aussi* master station).

star configuration   configuration en étoile *(nom souvent donné à la structure d'un réseau en étoile) (cf. aussi* star network).

star-connected   monté(e) en étoile *(cf. aussi* star connection).

star connection   montage en étoile *(mode de branchement des phases d'une machine électrique triphasée dans lequel une extrémité de chaque phase est connectée à un point commun normalement relié à la terre aux fins de protection contre la foudre) (cf. aussi* phase (b) *et* three-phase machine).

star-delta switch   coupleur étoile-triangle, démarreur *(idem)*, commutateur *(idem) (le premier terme est le plus employé) (commutateur permettant de connecter en étoile un moteur asynchrone triphasé au démarrage pour réduire l'appel de courant, la tension aux bornes du bobinage statorique étant ainsi divisée par $\sqrt{3}$, et de passer instantanément au montage en triangle dès que le rotor a atteint une vitesse suffisante, sa force contre-électromotrice réduisant alors l'appel de courant) (élt) (cf. aussi* star connection, delta connection, three-phase induction motor, counter electromotive force *et* static transformer).

star network   réseau en étoile, réseau radial *(réseau de télécommunications ou de distribution d'énergie dans lequel une station centrale est reliée directement à chacune des autres stations) (le premier terme est le plus employé en télécommunications et le second en distribution d'énergie) (cf. aussi* network 2)).

star quad   quarte en étoile *(quarte formée de quatre conducteurs torsadés ensemble) (câble tél) (cf. aussi* quad 1)).

star-quad cable   câble à quartes en étoile *(câble téléphonique à quartes dans lequel celles-ci sont des quartes en étoile) (cf. aussi* quad cable *et* star quad).

star system   *cf.* star network.

star tracker   chercheur d'étoile *(capteur optique asservi à rester pointer dans la direction d'une étoile déterminée dans un engin spatial pour fournir une référence de direction utilisée pour piloter l'engin ou maintenir son orientation dans l'espace) (cf. aussi* optical sensor, position control system *et* sun follower).

staring array   *cf.* focal-plane array.

staring camera   *cf.* staring infrared camera.

staring focal plane (array)   *cf.* focal-plane array.

staring focal-plane array seeker   *cf.* staring imaging infrared seeker.

staring FPA   *cf.* focal-plane array.

staring FPA seeker   *cf.* staring imaging infrared seeker.

staring imaging infrared seeker   autodirecteur à caméra infrarouge sans balayage, autodirecteur télévision infrarouge sans balayage, autodirecteur (infrarouge) sans balayage *(autodirecteur télévision infrarouge dont la caméra est du type sans balayage) (mil) (cf. aussi* imaging infrared seeker *et* staring infrared camera).

staring infrared camera   caméra infrarouge sans balayage, caméra sans balayage, caméra de télévision *(idem) (caméra infrarouge à cible focale) (mil, etc.) (cf. aussi* infrared camera *et* focal-plane array).

staring infrared imaging seeker   *cf.* staring imaging infrared seeker.

staring infrared seeker   *cf.* staring imaging infrared seeker.

staring mode   mode sans balayage *(mode de fonctionnement d'une caméra infrarouge sans balayage) (cf. aussi* staring infrared camera).

staring operation   fonctionnement sans balayage *(caméra infrarouge) (cf. aussi* staring mode).

staring seeker   *cf.* staring imaging infrared seeker.

staring sensor   *cf.* staring infrared camera.

staring tracker   *cf.* staring infrared seeker.

Stark broadening   élargissement des raies par effet Stark, élargissement par effet Stark *(spectroscopie) (cf. aussi* Stark effect).

Stark effect   effet Stark, effet Stark-Lo Surdo *(décomposition des raies spectrales d'un corps sous l'action d'un champ électrique) (électro-optique, spectroscopie) (est l'analogue électro-optique de l'effet Zeeman) (cf. aussi* electro-optical effect *et* Zeeman effect).

start[1] *s*   démarrage, mise en marche, mise en route, départ, lancement, amorçage *(selon le contexte) (moteur, processus, etc.).*

start[2] *s*   démarrer, mettre en marche, mettre en route, faire partir, lancer, amorcer *(voir aussi* start[1]).

start bit   *cf.* START bit.

START bit   signal de départ, impulsion de départ, binaire de départ, signal « départ », *(etc.)*, signal « start », *(etc.) (termes courants, mais à éviter) (impulsion négative constituant le signal de départ dans un signal télégraphique transmis en mode asynchrone) (tls) (cf. aussi* negative pulse *et* asynchronous transmission).

start frequency   fréquence initiale *(fréquence la plus basse émise par un générateur à balayage au cours d'un balayage) (cf. aussi* sweeping generator).

start of heading   *cf.* SOH.

start of text   *cf.* STX.

start pulse   impulsion de départ, impulsion de mise en marche *(impulsion électrique ou autre provoquant la mise en marche d'un dispositif) (cf. aussi* pulse[1] *et* START bit).

start signal   signal de départ *(cf. aussi* start pulse).

start-stop apparatus   téléimprimeur arythmique, appareil arythmique *(téléimprimeur ne nécessitant pas une frappe rythmée pour l'émission des messages par l'opérateur) (tlg) (cf. aussi* teleprinter).

start/stop drive   dérouleur de bande classique, dérouleur classique *(sdpo à « dérouleur continu ») (inf) (cf. aussi* tape drive 1)).

start-stop frequencies fréquences initiale et finale *(générateur à balayage)* *(cf. aussi* start frequency *et* stop frequency).

start-stop operation *cf.* asynchronous operation.

start-stop system système asynchrone *(système de transmission asynchrone) (tlg) (cf. aussi* asynchronous transmission).

start/stop tape drive *(ou* **unit**) *cf.* start/stop drive.

start-stop telegraph (le) télégraphe arythmique *(télégraphe utilisant des téléimprimeurs arythmiques) (tls) (cf. aussi* tele-graph[1] *et* start-stop apparatus).

start-stop transmission transmission asynchrone *(tlg) (cf. aussi* asynchronous transmission).

start time 1) temps de démarrage *(temps nécessaire à un moteur électrique ou autre ou à sa charge pour atteindre sa vitesse nominale après mise en marche) (mémoire à défilement, etc.) (cf. aussi* electric motor *et* moving-medium memory). 2) instant de démarrage *(instant auquel la partie mobile d'un moteur électrique ou autre se met en mouvement lors d'un démarrage) (voir aussi 1) ci-dessus)*.

start up *v cf.* start[2].

start-up *s cf.* start[1].

starter 1) starter (de lampe) *(interrupteur automatique assurant la mise sous tension des filaments d'une lampe fluorescente et l'ouverture du circuit après la période de préchauffage, avec création d'une surtension inductive facilitant l'amorçage de la décharge dans la lampe) (cf. aussi* glow switch *et* inductive voltage spike). 2) démarreur *s (a) moteur à courant continu assurant le lancement d'un moteur à combustion interne) (est normalement alimenté par une batterie d'accumulateurs et est généralement un moteur série) (auto, etc.) (cf. aussi* dc motor *et* series motor) ; (b) *dispositif réduisant l'intensité du courant absorbé par un moteur électrique au démarrage jusqu'à ce que la vitesse de rotation nominale soit atteinte) (est généralement un rhéostat de démarrage ou un dispositif utilisant un tel rhéostat et agit sur le courant rotorique ou statorique selon le type de moteur) (cf. aussi* starting rheostat). 3) *cf.* starting electrode.

starter motor *cf.* starter 2) (a).

starting address adresse de début d'implantation *(adresse d'un emplacement de début d'implantation dans une mémoire d'ordinateur) (cf. aussi* address[1] (a) *et* starting location).

starting anode anode d'amorçage *(nom souvent donné à une électrode d'amorçage utilisée dans un tube à cathode liquide) (peut être fixe et disposée près du mercure ou être enfoncée dans celui-ci par un électro-aimant excité par une impulsion de courant à la mise en marche de l'installation et faisant ensuite jaillir un arc en quittant le mercure sous l'action d'un ressort de rappel) (redresseur) (cf. aussi* starting electrode *et* mercury-pool tube).

starting current 1) (intensité du) courant de démarrage *(intensité du courant absorbé par un moteur électrique au démarrage) (cf. aussi* counter electromotive force (a), static transformer *et* electric motor). 2) (intensité du) courant d'accrochage *(intensité nominale du courant cathodique dans un tube hyperfréquence oscillateur nécessaire pour que celui-ci soit effectivement le siège d'oscillations électriques) (cf. aussi* microwave oscillator tube).

starting electrode électrode d'amorçage, électrode auxiliaire *(électrode facilitant l'amorçage de la décharge dans un tube à cathode liquide ou une lampe à décharge en créant une décharge locale temporaire) (cf. aussi* starting anode *et* discharge lamp).

starting location emplacement de début d'implantation *(emplacement d'une mémoire d'ordinateur, notamment de la mémoire centrale de celui-ci, occupé par le premier caractère d'un programme mis en mémoire) (inf) (cf. aussi* memory location, main memory *et* computer program).

starting rheostat rhéostat de démarrage *(rhéostat à plots utilisé comme démarreur de moteur électrique) (est monté en série avec le rotor dans le cas d'un moteur à courant continu à excitation en dérivation, ou en série avec le moteur dans le cas d'un moteur série à courant continu ou alternatif) (dans le cas fréquent d'un moteur asynchrone à rotor bobiné, le rhéostat de démarrage comprend trois parties distinctes montées chacune en série avec un des enroulements du rotor) (les résistances sont éliminées par paliers successifs, d'un plot au*

suivant, par commande manuelle ou automatique par contacteurs, au fur et à mesure de l'augmentation de la vitesse du rotor, la force contre-électromotrice croissante dans les enroulements réduisant finalement à une valeur acceptable l'intensité du courant créé dans ceux-ci par la force électromotrice d'induction) (élt) (cf. aussi starter 2) (b), shunt motor, series motor, wound-rotor induction motor, undercurrent relay, counter electromotive force *et* induced electromotive force).

starting torque couple de démarrage *(couple exercé au démarrage par un moteur électrique ou autre) (cf. aussi* torque).

starting voltage *cf.* firing voltage.

state analysis *cf.* logic-state analysis.

state analyzer *cf.* logic-state analyzer.

state diagram logigramme, diagramme d'états *(ensemble de combinaisons binaires présentées sur l'écran d'un analyseur d'états logiques) (inf) (cf. aussi* logic pattern *et* logic-state analyzer).

state domain domaine logique *(circuits logiques) (cf. aussi* data domain).

state indicator indicateur d'état (logique) *(circuits logiques) (cf. aussi* logic-state indicator *et, pour information,* status indicator).

state information informations d'état *(parfois au singulier) (informations sur l'état logique de circuits logiques, généralement obtenues à l'aide d'un analyseur d'états logiques) (inf) (cf. aussi* logic-state analyzer).

state machine automate fini *(dispositif dont le fonctionnement est caractérisé par l'existence d'un nombre fini d'états prédéterminés de ses différents organes) (tout circuit logique ou ensemble de tels circuits est un automate fini) (cf. aussi* logic circuit).

state ONE *cf.* ONE state.

state ZERO *cf.* ZERO state.

statement *cf.* instruction.

static[1] *a* statique *a (sens usuel)*.

static[2] *s* parasites électrostatiques *(parasites produits directement ou indirectement par des charges électriques statiques) (cf. aussi* interference 1)) (a) *parasites atmosphériques) (cf. aussi* atmospherics) ; (b) *parasites produits par les grains de poussière attirés sur un disque phonographique par l'électricité statique accumulée sur celui-ci par frottement) (cf. aussi* static electricity).

static bipolar (**circuit** *ou* **component** *ou* **device** *ou* **memory**) *cf.* static bipolar RAM.

static bipolar RAM mémoire RAM bipolaire statique, mémoire vive *(idem) (mémoire RAM bipolaire réalisée sous la forme d'une mémoire RAM statique) (CI) (inf) (cf. aussi* bipolar RAM *et* static RAM).

static bipolar RAMs (les) mémoires RAM bipolaires statiques, *(etc.) (cf. aussi* static bipolar RAM).

static bipolar unit version bipolaire statique *(cf. aussi* static bipolar RAM *et* unit 3)).

static bipolars *cf.* static bipolar RAMs.

static breeze effluves *(cf. aussi* brush discharge).

static build-up accumulation d'électricité statique *(ou de charges statiques) (sur une surface) (cf. aussi* static charge).

static burn-in test essai de vieillissement statique *(ou sous tension continue) (vieillissement ou vieillissement artificiel) (essai de vieillissement artificiel de circuits intégrés alimentés normalement, mais sans application de signaux d'entrée) (cf. aussi* burn-in test).

static cell cellule statique *(cellule de mémoire utilisant une bascule électronique, c.-à-d. cellule de mémoire RAM statique ou cellule de registre à décalage ou analogue à une telle cellule) (inf) (cf. aussi* static RAM *et* register[1] 1)).

static characteristic caractéristique statique *(courbe représentant la variation de l'intensité du courant de sortie d'un tube électronique à grille de commande ou d'un transistor en fonction de la tension, continue, appliquée à une électrode du dispositif − notamment à l'électrode de commande −, la tension des autres électrodes étant maintenue constante) (cf. aussi* characteristic curve *et* control electrode).

static charge charge statique, charge électrique statique, charge électrostatique, *(parf. aussi)* charge au repos, charge électrique au repos *(charge électrique immobile portée par un* *isolant, ou par une électrode ou une borne en l'absence de circulation d'un courant dans celle-ci) (électrostatique) (cf. aussi* electric charge *(a))*.

static chip *cf.* static RAM chip.

static CMOS RAM mémoire RAM CMOS statique *(CI) (inf) (cf. aussi* static RAM *et* CMOS RAM*)*.

static conditions régime statique *(régime de fonctionnement d'un quadripôle ou d'un dispositif analogue en l'absence de signal d'entrée ou, parfois, en présence d'un signal d'entrée d'amplitude constante ou variant très lentement, les autres conditions de fonctionnement étant maintenues constantes) (ce terme s'applique notamment à un amplificateur et à un système asservi) (cf. aussi* quadripole, under static conditions *et* operating conditions*)*.

static control limitation des charges statiques *(dans un lieu de travail ou autre, par emploi de revêtements conducteurs sur les surfaces isolantes et de tresses de mise à la terre, ainsi que de bracelets reliés à la terre ou à la masse pour les mains du personnel) (cette notion revêt une grande importance dans les ateliers et laboratoires d'électronique utilisant des circuits intégrés MOS, les transistors d'entrée de ceux-ci pouvant être détruits par les charges statiques accumulées notamment sur les mains du personnel) (cf. aussi* static charge *et* MOS integrated circuit*)*.

static convergence convergence statique *(convergence des faisceaux d'électrons au centre de l'écran d'un tube-image couleur à trois canons) (en d'autres termes, convergence dans la position la plus favorable des faisceaux) (se règle en l'absence de balayage horizontal et vertical, les faisceaux étant immobiles au centre de l'écran, d'où son nom) (TVC) (cf. aussi* convergence*)*.

static converter convertisseur statique *(convertisseur de courant ou de fréquence ne comportant pas de pièces en mouvement, c.-à-d. utilisant un ou plusieurs composants à semiconducteur ou, anciennement, tubes électroniques) (les composants à semiconducteur utilisés sont des redresseurs à semiconducteur, des transistors ou des thyristors) (cf. aussi* power converter *et* frequency converter*)*.

static discharger dissipateur d'électricité statique *(dispositif en forme de petite brosse métallique ronde (mèche métallique) ou équivalent monté en plusieurs exemplaires sur le bord de fuite de l'aile d'un avion pour faciliter l'écoulement dans l'atmosphère des charges statiques portées par l'avion) (cf. aussi* static charge*)*.

static dump vidage sur point fixe *(dans un ordinateur, vidage de la mémoire effectué en un point fixe du programme, en cours d'exécution, généralement à la fin de celui-ci) (inf) (cf. aussi* memory dump *et* computer program*)*.

static electric charge *cf.* static charge.

static electric field champ électrique statique *(cf. aussi* electrostatic field *et* static field*)*.

static electric machine *cf.* static electrical machine.

static electrical machine machine électrique statique, machine statique *(machine électrique ne comportant pas de pièces en mouvement, c.-à-d. transformateur) (cf. aussi* transformer 1) *et* electrical machine*)*.

static electricity électricité statique *(électricité formée de charges statiques) (cf. aussi* electricity *et* static charge*)*.

static eliminator limiteur de parasites *(récepteur radio) (cf. aussi* noise limiter 1))*.

static field champ statique, champ continu *(le premier terme est le meilleur)*, champ de forces *(idem) (champ de forces dont l'intensité est constante dans le temps) (en électronique et sciences connexes, ces termes désignent généralement un champ électrique ou magnétique possédant cette propriété, c.-à-d. un champ électrostatique ou un champ magnétostatique) (cf. aussi* electrostatic field, magnetostatic field, field of force, field strength, stationary field *et ne pas confondre)*.

static flip-flop *cf.* flip-flop.

static focus concentration statique, focalisation statique *(concentration du ou des faisceaux d'électrons au centre de l'écran d'un tube cathodique) (en d'autres termes, concentration dans la position la plus favorable du ou des faisceaux) (se règle en l'absence de balayage, d'où son nom) (oscillo, TV, etc.) (cf. aussi* focusing*)*.

static frequency converter convertisseur de fréquence statique *(cf. aussi* frequency converter *et* static converter*)*.

static gain gain statique *(nom donné au gain d'un amplificateur à gain variable lorsque celui-ci est maintenu constant) (récepteur de radar, etc.) (cf. aussi* variable-gain amplifier*)*.

static induction *cf.* electrostatic induction.

static induction transistor transistor à induction (statique), transistor SIT *(transistor à effet de champ de puissance formé en fait d'un grand nombre de petits transistors à effet de champ à jonction verticaux à canal très court montés en parallèle) (est caractérisé principalement par la grande vitesse de déplacement des porteurs de charge dans le champ électrique à grande intensité dû à la faible longueur de canal) (semi) (cf. aussi* power field-effect transistor, junction field-effect transistor *et* electric field strength*)*.

static interference *cf.* static[2] *(a)*.

static inverter onduleur s *(alim) (cf. aussi* inverter 1))*.

static machine **1)** *cf.* static electrical machine. **2)** *cf.* electrostatic machine.

static magnetic field champ magnétique statique *(cf. aussi* magnetostatic field *et* static field*)*.

static measurement mesure statique, *(souvent aussi)* mesure au repos *(mesure effectuée en régime statique) (cf. aussi* measurement *et* static conditions*)*.

static memory mémoire statique *(a) cf. aussi* static RAM *(cette acceptation de ce terme est la plus fréquente)* ; *(b) mémoire numérique ne comportant pas de pièces en mouvement, c.-à-d. notamment mémoire à tores magnétiques, mémoire à couches minces, mémoire à semiconducteur et mémoire à bulles magnétiques) (inf) (cf. aussi* magnetic-core memory, thin-film memory, semiconductor memory, magnetic-bubble memory, digital memory *et* moving-medium memory*)*.

static memory cell cellule de mémoire statique *(ce terme désigne presque toujours une cellule de mémoire RAM statique) (inf) (cf. aussi* memory cell, static RAM *et* static memory*)*.

static MOS (circuit *ou* **component** *ou* **device** *ou* **memory)** *cf.* static MOS RAM.

static MOS RAM mémoire RAM MOS statique, mémoire vive *(idem) (mémoire RAM MOS réalisée sous la forme d'une mémoire RAM statique) (CI) (inf) (cf. aussi* MOS RAM *et* static RAM*)*.

static MOS RAMs *(les)* mémoires RAM MOS statiques, *(etc.) (cf. aussi* static MOS RAM*)*.

static MOS unit version MOS statique *(cf. aussi* static MOS RAM *et* unit 3))*.

static MOSs *cf.* static MOS RAMs.

static operation fonctionnement statique *(a) fonctionnement d'un dispositif ne comportant pas de pièces en mouvement et notamment d'un dispositif électronique) (cf. aussi* static relay, static memory (b) *et* electronic device) ; *(b) fonctionnement en régime statique) (cf. aussi* static conditions) ; *(c) fonctionnement d'une mémoire RAM statique) (cf. aussi* static RAM*)*.

static pick-up captation de parasites *(électrostatiques) (notamment par un circuit non blindé) (cf. aussi* static *(a))*.

static RAM mémoire RAM statique, mémoire vive statique *(mémoire RAM admettant un fonctionnement statique, c.-à-d. dans laquelle l'information contenue dans chaque cellule n'a pas besoin d'être rafraîchie périodiquement, celle-ci étant essentiellement une bascule électronique) (les cellules d'une mémoire RAM statique étant des bascules complétées par des circuits d'accès, la mémoire conserve naturellement les informations qu'elle contient sous réserve qu'elle soit correctement alimentée, ce qui élimine les servitudes des mémoires RAM dynamiques et donne une mémoire beaucoup plus rapide, mais conduit à des cellules plus encombrantes du fait des quatre transistors nécessaires pour réaliser la bascule) (noter que si une mémoire RAM statique ne nécessite pas de rafraîchissement, elle n'en est pas moins une mémoire volatile) (CI) (inf) (cf. aussi* pseudo-static RAM, RAM[1], memory cell, flip-flop, dynamic RAM *et* volatile memory*)*.

static RAM ... *cf.* static RAM *et* RAM ... *et adapter*.

static random-access memory *cf.* static RAM.

static register registre statique *(registre utilisant des cellules statiques) (CI) (inf) (cf. aussi* register[1] 1) *et* static cell*)*.

static register cell cellule de registre statique *(CI) (cf. aussi* static cell).

static relay relais statique, relais électronique, interrupteur électronique *(dispositif assurant la fonction d'un relais électromagnétique sans utiliser de pièces en mouvement, c.-à-d. relais à semiconducteur ou thyratron) (cf. aussi* solid-state relay, thyratron *et* electromagnetic relay).

static-sensitive component composant sensible aux charges statiques *(composant électronique risquant d'être détérioré par une charge statique) (CI) (cf. aussi* static control).

static storage **1)** mémorisation dans une mémoire statique *(inf) (cf. aussi* static memory (b)). **2)** *cf.* static memory (b)).

static store *cf.* static memory.

static stylus force force d'appui (à l'arrêt) *(pointe de lecture) (cf. aussi* stylus force).

static switch commutateur statique, *(souvent)* interrupteur statique *(dispositif réalisant la commutation statique, le second terme désignant souvent un relais statique) (cf. aussi* static switching *et* static relay).

static switching commutation statique *(commutation réalisée par un dispositif de commutation ne comportant pas de pièces en mouvement, c.-à-d. par un tube électronique de commutation ou un interrupteur à semiconducteur et notamment par un relais statique) (cf. aussi* switching tube, semiconductor switch, static relay *et* switching device).

static test (un) essai statique, *(parf.)* (un) contrôle statique *(essai ou contrôle effectué en régime statique) (cf. aussi* static conditions).

static testing (l')essai statique, *(etc.) (cf. aussi* static test).

static torque *cf.* stall torque.

static transconductance pente statique, transconductance statique *(le second terme est peu employé) (transconductance d'un dispositif amplificateur en régime statique) (cf. aussi* transconductance *et* static conditions).

static transformer transformateur statique *(nom parfois donné à un transformateur pour rappeler qu'il s'agit d'une machine électrique statique, et employé plus particulièrement pour un moteur asynchrone à l'arrêt, lors du démarrage ou d'un calage, le bobinage du rotor étant alors comparable à l'enroulement secondaire d'un transformateur, enroulement qui serait en court-circuit, sauf dans un moteur à bagues, au démarrage) (cf. aussi* transformer 1), induction motor, wound-rotor induction motor, star-delta switch *et* electrical machine).

static trimming ajustage statique *(ajustage d'une résistance ou d'un condensateur intégré de circuit hybride exécuté en fonction de la valeur du composant mesurée à l'aide d'un pont de mesure) (cf. aussi* resistor trimming, capacitor trimming, bridge (a) *et* trimming).

static unit version statique *(cf. aussi* static RAM *et* unit 3)).

staticize *v (voir aussi* staticizing) **1)** convertir de série en parallèle. **2)** prendre en charge une instruction.

staticizer convertisseur série/parallèle *(inf) (cf. aussi* serial-to-parallel converter).

staticizing **1)** conversion de série en parallèle *(signaux numériques) (inf) (cf. aussi* serial-to-parallel conversion). **2)** prise en charge (d'une instruction) *(par le décodeur d'instructions d'un ordinateur) (inf) (cf. aussi* instruction decoder).

statics **1)** (la) statique *(partie de la mécanique).* **2)** mémoires statiques *(cf. aussi* static memory). **3)** *cf.* static².

station **1)** station *(en électronique et sciences connexes, lieu équipé d'un ou plusieurs émetteurs ou récepteurs ou les deux ou, parfois, d'appareils de mesure) (noter que le terme français pris avec cette acception n'est pas toujours rendu par « station » en anglais) (cf. aussi* transmitting station, receiving station, radio station, television station, communications station, radar station *et* sonar system 1)). **2)** poste *m (emplacement où s'exécute une opération ou un travail) (poste de perforation ou de lecture dans les machines à cartes perforées ou à bande perforée, poste de travail d'un opérateur, etc.) (inf, etc.) (cf. aussi* punching station, read station, work station *et* operator 1) (a)).

station call letters indicatif de la station *(parf.* d'une station) *(radiocom) (cf. aussi* call letters).

station keeping maintien à poste *(satellite géostationnaire) (cf. aussi* geostationary satellite).

station log registre de la station, registre d'exploitation *(idem) (radiocom) (cf. aussi* log).

station on the air station en émission *(radio) (cf. aussi* on-air station).

station pair paire de stations, couple de stations *(ensemble des deux stations d'émission dont les signaux sont nécessaires pour définir une ligne de position dans un système de navigation hyperbolique) (comprend une station pilote émettant des signaux de durée, espacement et fréquence déterminés et une station asservie émettant des signaux identiques avec un retard constant très précis par rapport aux signaux de la station pilote) (cf. aussi* Loran pair, Omega pair *et* line of position).

station-to-station call communication interurbaine automatique *(communication téléphonique interurbaine établie entre deux postes téléphoniques automatiques, c.-à-d. par des centraux téléphoniques automatiques) (tls) (cf. aussi* trunk call *et* automatic telephone exchange).

stationary *a* stationnaire *a* (a) *synonyme de « fixe » ;* (b) *propriété d'une grandeur variable dont la probabilité de prendre une valeur déterminée ne dépend pas du temps, c.-à-d. dont la valeur moyenne ne dépend pas du temps) (cf. aussi* stationary field *et* stationary noise).

stationary-anode tube tube à anode fixe *(ou* cible fixe), tube à rayons X *(idem) (tube à rayons X dans lequel l'anode est fixe et refroidie par circulation d'eau ou d'huile dans les tubes modernes) (cf. aussi* X-ray tube).

stationary-anode X-ray tube *cf.* stationary-anode tube.

stationary armature induit fixe *(induit de machine électrique tournante constituant le stator de la machine, l'inducteur étant le rotor) (cas de la plupart des alternateurs) (élt) (cf. aussi* armature (b), stator (a) *et* alternator).

stationary battery batterie stationnaire *(batterie d'accumulateurs utilisée à poste fixe) (batterie de secours, batterie de central téléphonique, batterie d'installation industrielle, etc.) (cf. aussi* storage battery *et* standby battery).

stationary contact contact fixe *(cf. aussi* fixed contact).

stationary electric field champ électrique stationnaire *(cf. aussi* electric field *et* stationary field).

stationary field champ stationnaire *(champ électrique ou magnétique dont l'intensité est stationnaire) (cf. aussi* field strength, stationary (b) *et, pour information,* static field).

stationary gaussian noise bruit stationnaire gaussien *(bruit gaussien constituant un bruit stationnaire) (radar, sonar, etc.) (cf. aussi* gaussian noise *et* stationary noise).

stationary magnetic field champ magnétique stationnaire *(cf. aussi* magnetic field *et* stationary field).

stationary noise bruit stationnaire *(bruit électrique dont l'amplitude est stationnaire) (cf. aussi* noise 2) (a), amplitude *et* stationary (b)).

stationary orbit *cf.* synchronous orbit.

stationary radar radar fixe *(radar utilisé à poste fixe, c.-à-d. dont le socle de l'antenne est généralement ancré dans le sol) (radar d'aéroport, certains radars d'aérodrome, radar portuaire, radar de veille au sol à grande portée, certains radars de trajectographie, etc.) (cf. aussi* radar).

stationary satellite satellite stationnaire, satellite synchrone *(cf. aussi* geostationary satellite).

stationary state état stationnaire *(en physique, état d'énergie stationnaire d'un corpuscule) (cf. aussi* energy state *et* stationary (b)).

stationary target cible stationnaire *(radar, etc.) (cf. aussi* fixed target).

stationary wave *cf.* standing wave.

stationary-wave system *cf.* standing-wave pattern.

statistical concentration concentration statistique *(concentration de lignes téléphoniques numériques tenant compte du trafic sur chaque voie) (tls) (cf. aussi* concentrator *et* digital telephone line).

statistical concentrator concentrateur statistique *(concentrateur de lignes téléphoniques réalisant la concentration statistique) (tls) (cf. aussi* concentrator *et* statistical concentration).

statistical multiplexer multiplexeur statistique *(multiplexeur numérique réalisant en outre la concentration statistique) (tél) (cf. aussi* time-division multiplexer *et* statistical concentration).

statistical multiplexing multiplexage statistique *(multiplexage réalisé par un multiplexeur statistique) (tél) (cf. aussi* multiplexing *et* statistical multiplexer).

statistical multiplexor *cf.* statistical multiplexer.

statistical process control commande statistique de processus *(commande d'un processus, notamment par un ordinateur, avec prise en compte du résultat de l'analyse statistique des résultats obtenus pendant une période antérieure déterminée pour agir sur le processus en conséquence) (les résultats obtenus peuvent notamment être le respect plus ou moins strict de tolérances de fabrication) (cf. aussi* process control 1)).

stator stator *(partie fixe d'une machine électrique tournante ou d'un condensateur variable)* (a) *partie d'une machine électrique tournante comprenant la partie fixe du circuit magnétique, le ou les enroulements associés et éventuellement la carcasse) (cf. aussi* magnetic circuit, stator winding *et* rotating electrical machine) ; (b) *cf. aussi* variable capacitor).

stator coil bobine statorique, bobine du stator *(parf. de* stator) *(une des bobines — ou, parfois, bobine unique — d'un bobinage statorique) (entoure un pôle du circuit magnétique du stator et forme avec ce pôle un électro-aimant lorsque ce bobinage est un bobinage inducteur) (cf. aussi* stator winding *et* electromagnet).

stator current *(parf.* intensité du) courant statorique *(ou* dans le stator) *(courant circulant dans un bobinage statorique ou, parfois, intensité de ce courant) (élt) (cf. aussi* stator winding *et* current).

stator field champ statorique, champ du stator, champ magnétique *(idem) (champ magnétique créé par un bobinage statorique inducteur excité) (est un champ magnétique statique ou un champ magnétique alternatif selon la nature du courant d'excitation et, dans le second cas, peut être un champ tournant) (cf. aussi* magnetic field, stator winding, static field, alternating field *et* rotating field).

stator lamination tôle du stator *(parf. de* stator) *(une des tôles du circuit magnétique du stator d'une machine électrique tournante à courant alternatif) (cf. aussi* lamination *et* stator (a)).

stator magnetic circuit circuit magnétique du stator *(cf. aussi* stator (a)).

stator magnetic field *cf.* stator field.

stator plate lame fixe, lame du stator *(condensateur variable) (cf. aussi* variable capacitor).

stator slot encoche du stator *(parf. de* stator) *(une des encoches du circuit magnétique du stator d'une machine électrique tournante) (cf. aussi* slot 2) *et* stator (a)).

stator winding bobinage statorique, bobinage du stator *(parf.* de stator), *(parf.)* enroulement *(idem) (bobinage porté par le stator d'une machine électrique tournante à stator bobiné) (est généralement un bobinage inducteur, mais peut être un bobinage induit) (cf. aussi* single-phase winding, three-phase winding, wound stator, stator coil, field winding, armature winding *et* winding).

status counter *cf.* status register.

status flag drapeau d'état, indicateur d'état *(binaire indiquant l'état d'un organe d'un ordinateur et faisant normalement partie d'un mot d'état) (inf) (cf. aussi* flag 3) *et* status word).

status indicator indicateur d'état *(au sens du terme anglais, voyant lumineux indiquant un état de fonctionnement particulier ou, parfois, un mode de fonctionnement particulier d'un appareil ou système) (est souvent une diode lumineuse) (cf. aussi* operating mode *et, pour information,* state indicator).

status line ligne d'état *(conducteur transmettant un signal d'état) (CI, etc.) (cf. aussi* status signal).

status register registre d'état *(du programme) (inf) (cf. aussi* program status register).

status signal signal d'état *(signal représentant l'état d'un dispositif ou système) (en informatique, ce terme désigne souvent un mot binaire représentant l'état de remplissage d'une pile d'ordinateur) (cf. aussi* binary word *et* stack 1) (b)).

status signalling signalisation d'état *(émission de signaux d'état) (cf. aussi* status signal).

status word mot d'état *(du programme) (inf) (cf. aussi* program status word).

stay *s* hauban *(de mât d'antenne, etc.).*

STB *cf.* strobe.

STC 1) *cf.* sensitivity time control. 2) *cf.* stored-program control. 3) *cf.* short time constant.

STC circuit variateur cyclique de gain, variateur de gain *(montage assurant la variation cyclique du gain dans un récepteur de radar) (cf. aussi* sensitivity-time control).

steady ... *cf.* constant ... *et* static ... *(pour les termes qui ne figurent pas ci-après).*

steady beam faisceau continu, faisceau non pulsé *(faisceau émis en permanence pendant un temps relativement long) (radar ou laser à émission continue, etc.) (cf. aussi* beam[1]).

steady state régime permanent, régime établi, *(parf. aussi)* régime forcé *(régime de fonctionnement d'un dispositif, notamment d'un circuit, d'un quadripôle, d'un transducteur ou d'un système asservi, dans lequel la grandeur d'entrée ne varie pas ou varie lentement) (le régime permanent est atteint après amortissement des oscillations du régime transitoire) (amplificateur, haut-parleur, régulateur, alimentation régulée, etc.) (cf. aussi* quadripole, transducer, input quantity, under steady-state conditions, transient conditions *et* operating conditions)

steady-state change variation du régime permanent, *(etc.) (variation lente des conditions du régime permanent) (cf. aussi* steady state).

steady-state condition *cf.* steady state.

steady-state conditions (les) conditions du régime permanent, *(etc.) (cf. aussi* steady state).

steady-state conduction conduction en régime permanent, *(etc.) (tube, transistor) (cf. aussi* steady state *et* conduction).

steady-state current (intensité du) courant en régime permanent, *(etc.) (intensité du courant fourni ou absorbé par un dispositif fonctionnant en régime permanent) (alim, ampli, tube, transistor, résistance, moteur, etc.) (cf. aussi* steady state).

steady-state deviation *cf.* steady-state error.

steady-state error erreur en régime permanent, *(etc.),* écart *(idem) (erreur résiduelle de la grandeur de sortie d'un système asservi en régime permanent) (cf. aussi* steady state *et* error 2)).

steady-state operation fonctionnement en régime permanent, *(etc.) (cf. aussi* steady state).

steady-state power dissipation puissance dissipée en régime permanent, *(etc.) (puissance dissipée par un dispositif absorbant un courant en régime permanent) (cf. aussi* steady-state current *et* power 1)).

steady-state response réponse en régime permanent, *(etc.) (réponse d'un dispositif à une variation du régime permanent) (asser) (cf. aussi* steady-state change *et* response 1)).

steady-state value valeur en régime permanent, *(etc.) (valeur de la grandeur de sortie d'un système asservi, notamment d'un régulateur, en régime permanent) (cf. aussi* steady state *et* output quantity).

steady-state voltage tension en régime permanent, *(etc.) (tension aux bornes de la charge d'une alimentation régulée en régime permanent) (cf. aussi* steady state *et* regulated power supply).

stealth aircraft avion furtif, avion invisible au radar *(avion de pénétration utilisant les ressources du camouflage radar pour réduire fortement sa surface équivalente et, par conséquent, son empreinte radar afin de réduire dans les mêmes proportions les risques de détection par les radars de l'adversaire) (noter que l'avion n'est pas totalement invisible aux radars) (mil) (cf. aussi* radar camouflage, radar cross section *et* radar signature).

stealth technology (la) technique du camouflage radar *(avia. mil) (cf. aussi* stealth aircraft *et* technology).

steatite stéatite *f (porcelaine spéciale utilisée comme isolant électrique réfractaire et constituée par une céramique à base de stéatite, c.-à-d. de silicate de magnésium (variété de talc)).*

steel core *cf.* steel substrate.

steel substrate substrat en tôle d'acier *(CH) (cf. aussi* porcelain-coated steel).

steel-tank rectifier redresseur à cuve métallique *(redresseur à vapeur de mercure dont l'enveloppe est une cuve en acier* *scellée) (ignitron, excitron, mutateur) (cf. aussi* mercury-arc rectifier).

steep edge flanc raide, *(souvent)* front raide *(impulsion) (cf. aussi* pulse edge *et* steepness).

steep leading edge front raide, flanc avant raide *(impulsion) (cf. aussi* leading-edge *et* steepness).

steep trailing edge flanc arrière raide *(impulsion) (cf. aussi* trailing edge *et* steepness).

steep skirts flancs raides *(courbe de réponse d'un filtre) (cf. aussi* steepness).

steepness raideur *(inclinaison plus ou moins grande d'un segment déterminé du graphe d'une fonction, notamment d'une courbe de réponse, ou d'un flanc d'une impulsion) (cf. aussi* response curve *et* pulse edge).

steerable aerial *(GB) cf.* steerable antenna.

steerable antenna antenne orientable *(antenne directive dont le lobe principal du diagramme de directivité peut être orienté à volonté dans un angle plan ou solide déterminé) (ce terme désigne souvent une antenne à balayage, mais on notera qu'une antenne peut être orientable sans être à balayage) (radar, etc.) (cf. aussi* antenna mount, main lobe, scanning antenna *et* steradian).

steerable antenna beam faisceau d'antenne orientable *(cf. aussi* steerable antenna).

steerable television camera caméra de télévision orientable *(sur avion de reconnaissance sans pilote, etc.) (mil, etc.) (cf. aussi* television camera).

steering 1) pilotage, *(parf. aussi)* conduite *(d'un mobile).* 2) pointage *(d'une antenne orientable, etc.) (cf. aussi* steerable antenna). 3) commande *(d'un dispositif).*

steering circuitry circuit de commande *(cf. aussi* control circuit 1) *et* circuitry).

steering command ordre de guidage, *(parf.)* ordre de pilotage *(signal électrique émis par les circuits de décision ou de réception d'un système de guidage ou de pilotage pour commander le fonctionnement d'un actionneur) (engin guidé, etc.) (mil, etc.) (cf. aussi* guidance system *et* actuator).

Stefan-Boltzmann law loi de Stefan-Boltzmann *(formule selon laquelle l'énergie rayonnante émise par le corps noir est proportionnelle à la quatrième puissance de sa température absolue) (théorie du rayonnement thermique) (cf. aussi* radiant energy *et* blackbody).

Steinmetz formula formule de Steinmetz *(formule empirique donnant les pertes par hystérésis magnétique par unité de volume d'un corps ferromagnétique au cours d'un cycle d'aimantation de celui-ci) (magnétisme) (cf. aussi* magnetic hysteresis loss *et* magnetization cycle).

stellar guidance guidage astronomique *(cf. aussi* celestial guidance).

stem *s* 1) pied *(tube de verre supportant les supports du filament à l'intérieur de l'ampoule d'une lampe à incandescence ou les supports des électrodes à l'intérieur de l'ampoule d'un tube électronique classique) (dans les deux cas, le queusot est soudé à l'extrémité fermée du tube, à l'intérieur de celui-ci, et débouche dans l'ampoule par un petit orifice, l'extrémité ouverte du tube étant soudée à l'extrémité du col de l'ampoule pour fermer celle-ci avant de la vider) (cf. aussi* exhaust tube). 2) bras central, branche centrale, accès central, voie centrale *(bras d'une jonction en té perpendiculaire aux deux autres bras) (guides d'ondes) (cf. aussi* T junction).

step[1] *s* 1) pas (de rotation) *rotation élémentaire de la partie tournante d'un commutateur pas-à-pas ou d'un moteur pas-à-pas, etc.) (cf. aussi* stepping switch *et* stepper motor). 2) pas (de progression) *(étape unitaire d'un processus répétitif) (pas de calcul, pas d'intégration, pas de variation d'une fréquence synthétisée, etc.).* 3) marche, *(souvent en électronique et sciences connexes)* échelon, *(souvent aussi)* palier *(cf. aussi* by steps *et* unit step). 4) phase (a) *cf. aussi* processing step 1)); (b) *cf. aussi* in step). 5) opération *(cf. aussi* processing step 2)).

step[2] *v (sens intransitif)* 1) tourner en pas à pas *(moteur) (cf. aussi* step[1] 1)). 2) progresser en pas à pas, *(parf. aussi)* avancer en pas à pas *(commutateur) (cf. aussi* step[1] 1)).

step accuracy précision des pas *(précision de l'angle de rotation effectif du rotor d'un moteur pas-à-pas à chaque pas de rotation en charge) (cf. aussi* stepper motor).

step-and-repeat aligner *(ou* **camera**) *cf.* step-and-repeat projection printer.

step-and-repeat imaging *(ou* **lithography**) *cf.* step-and-repeat projection lithography.

step-and-repeat lithography machine *(ou* **system**) *cf.* step-and-repeat projection printer.

step-and-repeat machine *cf.* step-and-repeat projection printer.

step-and-repeat method *cf.* step-and-repeat process.

step-and-repeat optical ... *cf.* step-and-repeat projection ...

step-and-repeat printer *cf.* step-and-repeat projection printer.

step-and-repeat printing *cf.* step-and-repeat projection lithography.

step-and-repeat process procédé de gravure par projection répétitive, procédé de photorépétition, méthode *(idem) (fab. CI) (cf. aussi* step-and-repeat projection lithography).

step-and-repeat projection aligner *(ou* **camera**) *cf.* step-and-repeat projection printer.

step-and-repeat projection lithography gravure par projection répétitive, photorépétition *(procédé de gravure de circuits intégrés monolithiques par projection dans lequel une seule puce est insolée à la fois, à l'aide d'un réticule, sur la plaquette à gravure, celle-ci étant déplacée de la distance nécessaire après chaque insolement) (le réticule est disposé près de la source de lumière et suivi d'une optique réduisant l'image projetée aux dimensions d'une puce sur la surface à insoler, la plaquette à gravure étant disposée sur le plateau d'un coordinatographe qui la déplace de la distance nécessaire après insolement d'une zone correspondant à une puce, avec répétition du processus jusqu'à ce que toute la surface de la plaquette soit insolée) (cf. aussi* projection lithography, reticle *et* monolithic integrated circuit).

step-and-repeat projection machine *cf.* step-and-repeat projection printer.

step-and-repeat projection printer photorépétiteur, répétiteur optique, graveur à projection répétitive *(le premier terme est le plus employé) (graveur à projection optique réalisant la projection répétitive) (le terme anglais n'étant pas maniable, il est souvent remplacé par « optical stepper » ou « wafer stepper », ce dernier terme ayant d'ailleurs un second sens) (cf. aussi* projection printer, step-and-repeat projection lithography *et* wafer stepper).

step-and-repeat projection printing *cf.* step-and-repeat projection lithography.

step-and-repeat projection system *cf.* step-and-repeat projection printer.

step-and-repeat registration alignement obtenu en gravure répétitive *(ou par projection répétée)*, alignement en photorépétition *(fab. IC) (cf. aussi* alignement 2) *et* step-and-repeat projection lithography).

step-and-repeat system *cf.* step-and-repeat projection printer.

step-and-repeat technique *cf.* step-and-repeat process.

step-and-repeat technology (la) technique de la gravure par projection répétitive *(ou de la photorépétition) (fab. CI) (cf. aussi* step-and-repeat projection lithography *et* technology).

step-and-repeat X-ray lithography gravure répétitive aux rayons X *(gravure aux rayons X analogue à la gravure par projection répétitive) (fab. CI) (cf. aussi* X-ray lithography *et* step-and-repeat projection lithography).

step-and-repeat X-ray lithography machine *(ou* **system**) répétiteur à rayons X, graveur répétitif à rayons X *(graveur à rayons X analogue à un photorépétiteur) (fab. CI) (cf. aussi* X-ray lithography machine *et* step-and-repeat projection printer).

step angle angle de pas *(angle d'un pas de rotation, notamment d'un moteur pas-à-pas) (cf. aussi* step[1] 1)).

step attenuator atténuateur à plots *(atténuateur produisant une atténuation réglable par paliers) (noter que dans le cas d'un atténuateur hyperfréquence, un atténuateur à plots est toujours du type coaxial) (cf. aussi* step coaxial attenuator *et* attenuator).

step-by-step action action discontinue, compensation discontinue *(mode de fonctionnement d'un régulateur dans le-*

quel la correction de l'écart est opérée de façon discontinue) (asser) (cf. aussi control action).

step-by-step automatic system système automatique à commutateurs pas-à-pas (système de commutation téléphonique électromécanique utilisant des commutateurs pas-à-pas) (système le plus classique) (central tél) (cf. aussi electromechanical telephone switch et stepping switch).

step-by-step control 1) commande discontinue (de la position d'un organe mobile ou de la valeur d'une grandeur variable) (cf. aussi variable quantity). 2) régulation par action discontinue (régulateur) (cf. aussi regulation et step-by-step action).

step-by-step control system régulateur à action discontinue (asser) (cf. aussi regulator et step-by-step action).

step-by-step excitation excitation par paliers (excitation d'un électron, d'un atome ou d'une molécule portant le corpuscule à des états d'énergie successifs de plus en plus élevés) (cf. aussi excitation (a) et energy state).

step-by-step operation fonctionnement en pas à pas (commutateur pas-à-pas, moteur pas-à-pas, etc.) (cf. aussi stepping switch et stepping motor).

step-by-step switch cf. stepping switch

step-by-step system 1) cf. step-by-step control system. 2) cf. step-by-step automatic system.

step change variation brusque, (souvent) variation en échelon (dans le second cas, variation de la valeur d'une grandeur constituant une fonction en échelon) (cf. aussi step function).

step-change input cf. step input.

step coaxial attenuator atténuateur coaxial à plots, atténuateur à plots du type coaxial (atténuateur coaxial réalisé sous la forme d'un atténuateur à plots) (hyper) (cf. aussi coaxial attenuator et step attenuator).

step-down autotransformer autotransformateur abaisseur de tension (autotransformateur fonctionnant comme un transformateur abaisseur de tension, c.-à-d. dans lequel la partie de l'enroulement comprise entre une borne de celui-ci et la prise intermédiaire est utilisée comme enroulement secondaire) (cf. aussi autotransformer et step-down transformer).

step-down transformer transformateur abaisseur de tension, transformateur dévolteur (le second terme est peu employé) (transformateur dans lequel la tension aux bornes du ou des enroulements secondaires est inférieure à la tension aux bornes de l'enroulement primaire) (cf. aussi step-down autotransformer, turns ratio et transformer 1)).

step function fonction en échelon, fonction échelon, fonction échelon unité, échelon unité, échelon, fonction de Heaviside (fonction dont la valeur est nulle jusqu'à un instant déterminé et passe à une valeur positive constante égale à l'unité à partir de cet instant) (en d'autres termes, fonction dont le graphe représente un signal dont l'amplitude est nulle jusqu'à un instant déterminé, puis positive et constante pratiquement à partir de cet instant, c.-à-d. un signal en échelon ou, en termes imagés, un signal en marche d'escalier) (un tel signal est utilisé notamment pour étudier ou contrôler le comportement d'un quadripôle, d'un transducteur ou d'un système asservi en régime transitoire du fait du changement de régime de fonctionnement extrêmement brusque que son application à l'entrée d'un tel dispositif constitue) (cf. aussi function[1] 1) (b), transient conditions et step-function response).

step-function generator générateur de fonctions en échelon, (etc.) (générateur de fonctions pouvant fournir des fonctions en échelon, c.-à-d. des signaux en échelons) (cf. aussi step function et function generator).

step-function response réponse à un échelon (unité) (cf. aussi unit-step response).

step generator cf. step-function generator.

step index saut d'indice (fibre optique) (cf. aussi step-index optical fiber).

step-index fiber cf. step-index optical fiber.

step-index multimode fiber cf. step-index multimode optical fiber.

step-index multimode optical fiber fibre optique multimode à saut d'indice, fibre multimode à saut d'indice (cf. aussi multimode optical fiber et step-index optical fiber).

step-index optical fiber fibre optique à saut d'indice, fibre à

saut d'indice (fibre optique dans laquelle l'indice de réfraction diminue brusquement au passage du cœur à la gaine) (fibre monomode ou fibre multimode à saut d'indice) (cf. aussi monomode optical fiber, step-index multimode optical fiber, optical fiber et refractive index).

step-index single-mode fiber cf. step-index single-mode optical fiber.

step-index single-mode optical fiber fibre optique monomode à saut d'indice, fibre monomode à saut d'indice (cf. aussi single-mode optical fiber et step-index optical fiber).

step input entrée en échelon (nom donné à un signal d'entrée en échelon ou à une perturbation produisant un tel signal) (asser, etc.) (cf. aussi step function).

step mode cf. stepping mode.

step motor cf. stepper motor.

step-on-wafer ... cf. step-and-repeat ...

step position position de pas (parf. d'un pas) (position angulaire du rotor d'un moteur pas-à-pas après réception d'une impulsion de pas) (cf. aussi stepper motor et stepping pulse (b)).

step pulse 1) cf. step input. 2) cf. stepping pulse.

step pulse input 1) cf. step input. 2) réception d'une impulsion de pas (moteur pas-à-pas) (cf. aussi stepping pulse (b)).

step-recovery diode diode à coupure brusque, diode à recouvrement brusque, diode à court temps de recouvrement (diode à jonction utilisant l'accumulation d'un nombre relativement grand de porteurs minoritaires à proximité de la jonction pendant le passage du courant direct pour atteindre un temps de recouvrement inverse extrêmement court) (ce résultat est obtenu grâce à une jonction abrupte augmentant la durée de vie des porteurs minoritaires et conduisant au fonctionnement suivant : pendant l'alternance positive de la tension alternative appliquée à la diode, les porteurs minoritaires injectés dans la zone de la jonction par le passage du courant direct restent accumulés près de celle-ci en nombre relativement grand et sont ainsi immédiatement disponibles pour créer un courant inverse d'intensité relativement grande au passage à l'alternance négative, où la polarisation de la diode change) (l'intensité du courant inverse étant relativement grande, la transition entre l'état passant et l'état bloqué est beaucoup plus courte que lorsque le courant inverse est beaucoup moins intense que le courant direct et forme ainsi un palier intermédiaire entre l'état passant et l'état bloqué) (la rapidité de la coupure du courant dans la diode à coupure brusque en fait un excellent générateur d'harmoniques en hyperfréquences et un générateur d'impulsions hyperfréquence très courtes) (semi) (cf. aussi junction diode, minority carrier, forward current, reverse recovery time, abrupt junction, half-cycle, reverse current, on-state et off-state).

step-recovery diode chip puce de diode à coupure brusque, (etc.) (puce sur laquelle est réalisée une diode à coupure brusque) (semi) (cf. aussi step-recovery diode et chip 1)).

step-recovery diode frequency multiplier cf. step-recovery diode multiplier.

step-recovery diode multiplier multiplicateur à diode à coupure brusque, (etc.), multiplicateur de fréquence (idem) (multiplicateur de fréquence utilisant une diode à coupure brusque pour produire des harmoniques de la fréquence à multiplier, l'harmonique désiré étant sélectionné par un filtre passe-bande à bande très étroite) (cf. aussi frequency multiplier, step-recovery diode et band-pass filter).

step-recovery varactor diode varicap à coupure brusque, (etc.) (diode varicap dont le comportement à la coupure est celui d'une diode à coupure brusque) (semi) (cf. aussi step-recovery diode et varactor).

step response réponse à un échelon (asser, etc.) (cf. aussi unit-step response).

step signal cf. step input.

step size (voir aussi step[1]) 1) grandeur des pas. 2) hauteur des échelons (ou des paliers). 3) cf. step angle.

step transition transition brusque (changement brusque d'une dimension de la section droite d'un guide d'ondes rectangulaire) (hyper) (cf. aussi rectangular waveguide).

step-up autotransformer autotransformateur élévateur de tension (autotransformateur fonctionnant comme un trans-

formateur élévateur de tension, c.-à-d. dans lequel la partie de l'enroulement comprise entre une extrémité de celui-ci et la prise intermédiaire est utilisée comme enroulement primaire) (cf. aussi autotransformer *et* step-up transformer*).*

step-up transformer transformateur élévateur de tension, transformateur survolteur *(le second terme est peu employé) (transformateur dans lequel la tension aux bornes du ou d'un enroulement secondaire est supérieure à la tension aux bornes de l'enroulement primaire) (cf. aussi* step-up autotransformer, turns ratio *et* transformer 1*)).*

step voltage tension en échelon *(tension constituant une fonction en échelon) (cf. aussi* step function*).*

stepless control commande continue *(cf. aussi* continuous control*).*

stepped adjustment réglage par paliers *(cf. aussi* in steps*).*

stepped attenuator *cf.* step attenuator.

stepped variation variation par paliers *(cf. aussi* in steps*).*

stepper 1) *cf.* stepper motor. 2) *cf.* wafer stepper.

stepper motor moteur pas-à-pas *(moteur électrique à rotation incrémentale produite par des impulsions de courant continu) (comprend essentiellement un rotor aimanté à plusieurs paires de pôles magnétiques créées par des aimants permanents et un stator à deux ou plusieurs paires de pôles magnétiques créés par autant d'enroulements excités successivement par des impulsions de courant continu de polarité déterminée, le sens de rotation du rotor dépendant de l'ordre d'application des impulsions aux enroulements) (est utilisé comme moteur à vitesse variable par variation de la fréquence de récurrence des impulsions d'alimentation, principalement comme servomoteur, notamment dans les systèmes à commande numérique du fait de sa commande par impulsions et pour la commande de dispositifs à rotation ou avance discontinue) (cf. aussi* variable-reluctance stepper motor, four-phase stepper motor, two-phase stepper motor, stepping mode, slewing mode, stepper-motor torque, servomotor *et* digital control system*).*

stepper-motor actuator actionneur à moteur pas-à-pas *(actionneur constitué par un moteur pas-à-pas ou utilisant un tel moteur) (asser) (cf. aussi* actuator *et* stepper motor*).*

stepper-motor control commande de moteur pas-à-pas *(montage électronique fournissant les impulsions de courant d'alimentation d'un moteur pas-à-pas) (cf. aussi* stepper motor*).*

stepper-motor positioner positionneur à moteur pas-à-pas *(positionneur de tête magnétique ou autre organe formé essentiellement d'un moteur pas-à-pas entraînant directement une vis tournant dans un écrou incorporé à la tête magnétique ou autre organe, le système vis-écrou assurant la conversation du mouvement de rotation en mouvement de translation) (mémoire à disque(s), etc.) (cf. aussi* positioner*).*

stepper-motor torque couple d'un moteur pas-à-pas *(un moteur pas-à-pas a quatre types de couple) (cf. aussi* holding torque, running torque, pull-out torque, stall torque, torque *et* stepper motor*).*

stepping 1) fonctionnement en pas à pas *(commutateur pas-à-pas ou moteur pas-à-pas) (cf. aussi* stepping switch *et* stepper motor. 2) progression pas à pas, *(souvent aussi)* progression *(math, inf. etc.) (cf. aussi* step[1] 2*).* 3) réglage local *(antenne) (cf. aussi* zoning*).*

stepping magnet électro-aimant de rotation *(commutateur tél.) (cf. aussi* stepping switch*).*

stepping mode mode pas à pas, mode de fonctionnement en pas à pas *(mode de fonctionnement normal d'un moteur pas-à-pas, c.-à-d. dans lequel le rotor s'arrête pendant un certain temps après chaque pas, ce temps pouvant être très court) (cf. aussi* stepper motor*).*

stepping motor *cf.* stepper motor.

stepping pulse 1) impulsion d'avancement, impulsion de rotation *(impulsion appliquée à un commutateur pas-à-pas pour le faire passer d'un contact au suivant) (tél.) (cf. aussi* stepping switch*).* 2) impulsion de rotation, impulsion de pas *(impulsion appliquée à un moteur pas-à-pas pour faire tourner son rotor d'un pas) (cf. aussi* stepper motor*).*

stepping relay *cf.* stepping switch.

stepping switch commutateur pas-à-pas, *(souvent aussi)* commutateur rotatif *(commutateur rotatif à plusieurs couronnes de contacts commandé par un électro-aimant action-*

nant un cliquet agissant sur une roue à rochet calée sur l'arbre du bras rotatif portant les contacts mobiles) (les couronnes — ou, plutôt, demi-couronnes ou quarts de couronnes — sont souvent appelées « bancs de broches » et sont généralement disposées côte à côte, leur diamètre, relativement grand, étant proportionnel au nombre de contacts portés, soit généralement 51 contacts sur une demi-circonférence ou 11 contacts sur un quart de circonférence, de diamètre moindre) (à chaque impulsion de courant appliquée à l'électro-aimant, le cliquet fait tourner la roue à rochet d'une dent et, par conséquent, fait avancer les balais d'un contact, c.-à-d. les fait passer d'un circuit au suivant) (constitue l'organe de commutation essentiel dans un autocommutateur téléphonique électromécanique dit « à commutateurs rotatifs » où il est utilisé comme sélecteur et comme chercheur) (central tél) (cf. aussi selector 1*),* finder, electromagnet *et* electromechanical telephone switch*).*

steradian stéradian, sr *(unité d'angle solide) (est l'angle solide ayant son sommet au centre d'une sphère et délimitant sur la surface de celle-ci une aire égale à celle d'un carré de côté égal au rayon de la sphère) (conformément à cette définition, il y a 4 π stéradians dans une sphère) (cette unité est utilisée notamment dans les mesures d'énergie rayonnante et de flux lumineux) (cf. aussi* radiant intensity *et* luminous intensity*).*

stereo *s et a cf.* stereophony.

stereo ... *cf.* stereophonic ... *(pour les termes qui ne figurent pas ci-après).*

stereo amplifier amplificateur stéréophonique *(amplificateur basse fréquence linéaire à deux voies connecté aux sorties de la tête de lecture d'un tourne-disque ou un magnétophone stéréophonique ou du syntoniseur d'un récepteur FM stéréophonique, et constituant un maillon d'une chaîne stéréophonique) (hifi) (cf. aussi* audio amplifier, linear amplifier, dual-channel amplifier *et* stereophonic sound system*).*

stereo broadcast émission stéréophonique, émission en modulation de fréquence *(idem),* émission FM *(idem) (programme musical de radiodiffusion sonore émis sous la forme d'un signal permettant de le reproduire en stéréophonie à l'aide d'un récepteur adéquat) (cf. aussi* stereo FM*).*

stereo broadcasting radiodiffusion stéréophonique *(ou en stéréophonie),* émission de programmes stéréophoniques *(cf. aussi* stereo broadcast*).*

stereo effect *cf.* stereophonic effect.

stereo FM stéréophonie en modulation de fréquence, stéréophonie FM *(ou MF),* stéréophonie multiplex, modulation de fréquence stéréophonique, FM stéréo, MF stéréo *(émission et réception de programmes musicaux de radiodiffusion sonore permettant l'audition stéréophonique à l'aide d'un récepteur à modulation de fréquence adéquat) (utilise le signal à modulation de fréquence normal constitué ici par la somme $G + D$ du signal gauche et du signal droit fournis par la prise de son stéréophonique ; ce signal est complété par un signal à modulation d'amplitude représentant la différence $G - D$ entre ces deux signaux et transmis avec suppression de porteuse ; la porteuse, dont la fréquence est de 38 kHz, est remplacée à l'émission par une onde non modulée de 19 kHz appelée « fréquence pilote ») (cette fréquence est séparée du signal multiplex dans les récepteurs et multipliée par deux pour rétablir la porteuse de 38 kHz supprimée à l'émission et pouvoir opérer la détection du signal modulé en amplitude d'une façon analogue à la détection synchrone) (le signal composite $G - D$ ainsi obtenu est combiné, par matriçage, au signal composite $G + D$ fourni par la démodulation de la porteuse modulée en fréquence pour obtenir le signal G et le signal D, lesquels sont ensuite amplifiés et appliqués aux haut-parleurs correspondants) (le signal à modulation de fréquence peut être reçu par un récepteur FM monophonique et le signal à modulation d'amplitude, qui transporte le complément d'information nécessaire à la reproduction stéréophonique des sons transmis, ne perturbe pas son fonctionnement, grâce à quoi ce procédé est dit « compatible mono-stéréo ») (cf. aussi* stereophonic audition, frequency modulation, stereo microphone system, amplitude modulation, carrier suppression, multiplex[1], synchronous detection, matrixing (a) *et* monophonic receiver*).*

stereo FM broadcast *cf.* stereo broadcast.

stereo FM broadcasting *cf.* stereo broadcasting. ·

stereo FM multiplex multiplex stéréophonique (FM *ou* MF) *(multiplex constitué par le signal d'une émission stéréophonique) (radiodif) (cf. aussi* multiplex[1] *et* stereo FM spectrum).

stereo FM receiver récepteur FM stéréophonique *(ou* stéréo) (FM *ou* MF), récepteur à modulation de fréquence stéréophonique *(récepteur de radiodiffusion à modulation de fréquence — et à modulation d'amplitude — conçu pour reproduire les émissions stéréophoniques, c.-à-d. utilisant notamment un syntoniseur stéréophonique et un amplificateur stéréophonique à deux voies excitant deux haut-parleurs ou jeux de haut-parleurs) (cf. aussi* FM home receiver, stereo tuner *et* stereo amplifier).

stereo FM spectrum spectre d'un multiplex stéréophonique *(ou* stéréo FM *ou* stéréo MF) *(spectre de fréquences du signal multiplex d'une émission stéréophonique) (s'étend de 0 à 53 kHz, l'intervalle de 0 à 15 kHz étant occupé par le signal somme, la fréquence de 19 kHz par la fréquence pilote, l'intervalle de 23 à 38 kHz par la bande latérale inférieure du signal différence et l'intervalle de 38 à 53 kHz par sa bande latérale supérieure) (radiodif) (cf. aussi* frequency spectrum (b) *et* stereo FM).

stereo groove sillon stéréophonique *(sillon d'un disque stéréophonique) (cf. aussi* stereo record).

stereo information (l')information stéréophonique *(information transmise par le signal différence d'une émission stéréophonique et sans laquelle la reproduction stéréophonique du signal reçu n'est pas possible, c.-à-d. information directionnelle) (radiodif) (cf. aussi* stereo FM).

stereo microphone system système de prise de son stéréophonique *(ensemble des microphones utilisés pour une prise de son stéréophonique) (cf. aussi* stereophonic sound pick-up).

stereo/mono compatibility compatibilité mono-stéréo *(noter l'inversion d'une langue à l'autre) (compatibilité d'une émission stéréophonique avec les récepteurs à modulation de fréquence monophoniques ou d'un disque stéréophonique avec les têtes de lecture monophoniques) (cf. aussi* compatibility, stereo FM *et* stereo record).

stereo/mono compatible compatible mono-stéréo *(émission ou disque stéréophonique) (cf. aussi* stereo-mono compatibility).

stereo multiplex *cf.* stereo FM multiplex.

stereo operation fonctionnement en stéréophonie *(fonctionnement d'un graveur de disques, d'un magnétophone, d'une tête de lecture de tourne-disque, ou d'un récepteur de radiodiffusion, enregistrant ou reproduisant des sons en stéréophonie, selon le cas) (cf. aussi* stereophony).

stereo pick-up tête de lecture stéréophonique, tête stéréo, *(etc.) (tête de lecture de tourne-disque permettant la lecture des disques stéréophoniques) (diffère d'une tête monophonique par le fait que la pointe de lecture agit sur deux éléments sensibles disposés à 45° de part et d'autre de son axe, dans le plan vertical contenant l'axe de rotation du plateau portant le disque (un élément sensible fournit le signal produit par les ondulations du flanc intérieur du sillon et l'autre élément le signal produit par les ondulations du flanc extérieur) (hifi) (cf. aussi* phonograph pick-up *et* stereo record).

stereo preamplifier préamplificateur stéréophonique, préampli stéréo *(fam) (préamplificateur basse fréquence linéaire à deux voies connecté entre la source de signaux et l'amplificateur dans une chaîne stéréophonique d'une certaine puissance) (hifi) (cf. aussi* preamplifier *et* stereo amplifier).

stereo program programme stéréophonique *(programme de radiodiffusion sonore émis en modulation de fréquence stéréophonique) (cf. aussi* stereo FM).

stereo receiver *cf.* stereo FM receiver.

stereo reception *cf.* stereophonic reception.

stereo record disque stéréophonique, disque stéréo *(disque microsillon portant un enregistrement stéréophonique, c.-à-d. sur lequel un flanc des sillons porte les ondulations représentant le signal fourni par un microphone et l'autre flanc le signal fourni par l'autre microphone) (les ondulations du flanc intérieur, c.-à-d. du flanc situé du côté du centre du disque,* représentent le signal de la voie gauche, tandis que celles du flanc extérieur représentent le signal de la voie droite) *(les flancs du sillon formant un angle de 45° avec la perpendiculaire passant par le fond de celui-ci, la gravure d'un disque stéréophonique est appelée « gravure deux fois 45 » ou « gravure 45-45 ») (de plus, cette symétrie des deux supports modulés a pour résultat que la gravure est « compatible mono-stéréo », c.-à-d. qu'un disque stéréophonique peut être lu par une tête monophonique sans distorsion du son ni détérioration du sillon, tous les disques modernes étant pour cette raison gravés uniquement en stéréophonie) (hifi) (cf. aussi* long-play record, stereophonic recording, monophonic pick-up *et* stereophony).

stereo recorder tape *cf.* stereo tape.

stereo recorder *cf.* stereo tape recorder.

stereo recording *cf.* stereophonic recording.

stereo separation séparation des voies, séparation entre voies *(absence plus ou moins complète de diaphonie entre les voies d'une chaîne stéréophonique) (n'est jamais complète, le signal de chacune des deux voies apparaissant dans l'autre avec une faible amplitude) (cf. aussi* crosstalk 1) *et* stereophonic sound system).

stereo sound *cf.* stereophonic sound.

stereo sound broadcasting *cf.* stereo broadcasting.

stereo sound recording *cf.* stereophonic sound recording.

stereo sound system *cf.* stereophonic sound system.

stereo subcarrier sous-porteuse stéréo *(nom donné au signal à 38 kHz élaboré dans un récepteur FM stéréophonique et permettant de recevoir l'information stéréophonique) (cf. aussi* stereo FM).

stereo subchannel sous-canal stéréophonique *(nom parfois donné à la bande de fréquences occupée par les deux bandes latérales du signal différence d'un multiplex stéréophonique) (s'étend de 23 à 53 kHz) (radiodif) (cf. aussi* frequency band *et* stereo multiplex).

stereo system *cf.* stereophonic sound system.

stereo tape bande stéréophonique, bande stéréo, bande magnétique stéréophonique *(bande magnétique portant un enregistrement stéréophonique sur deux pistes dans un sens de défilement et souvent deux dans l'autre sens) (hifi) (cf. aussi* magnetic tape *et* stereo recording 2)).

stereo tape recorder magnétophone stéréophonique, magnétophone stéréo *(magnétophone équipé d'une tête d'enregistrement double, à deux entrefers superposés, et d'une tête de lecture similaire pour permettre l'enregistrement stéréophonique du son sur bande magnétique et la reproduction stéréophonique des sons enregistrés) (hifi) (cf. aussi* audio tape recorder, recording head, stereophonic sound recording *et* stereophonic sound reproduction).

stereo tape recording enregistrement stéréophonique sur bande magnétique *(enregistrement stéréophonique effectué à l'aide d'un magnétophone adéquat) (hifi) (cf. aussi* stereophonic sound recording *et* stereo tape recorder).

stereocasting *cf.* stereo broadcasting.

stereophonic *a* stéréophonique *a,* stéréo *a (fam) (caractéristique de ce qui est relatif à la stéréophonie ou en constitue une application) (cf. aussi* stereophony).

stereophonic ... *cf.* stereo ... *(pour les termes qui ne figurent pas ci-après).*

stereophonic audition audition stéréophonique, écoute stéréophonique *(le second terme est le plus employé, mais le premier est le meilleur) (audition binaurale de sons provenant de deux endroits différents) (ce terme désigne généralement l'audition de sons reproduits par une chaîne stéréophonique) (cf. aussi* binaural listening *et* stereophonic sound system).

stereophonic effect effet stéréophonique *(impression de largeur de la scène occupée par l'orchestre produite par l'écoute d'un enregistrement ou d'une émission de radiodiffusion en stéréophonie) (hifi) (cf. aussi* stereophony, spatial auditory perception *et* auditory perspective).

stereophonic listening *cf.* stereophonic audition.

stereophonic reception réception stéréophonique *(réception d'une émission stéréophonique par un récepteur radio adéquat) (radiodif) (cf. aussi* stereo FM receiver).

stereophonic record *cf.* stereo record.

stereophonic recording   **1)** *cf.* stereophonic sound recording. **2)** (un) enregistrement stéréophonique *(enregistrement sonore à deux voies fourni par une prise de son stéréophonique et porté par un disque stéréophonique ou une bande magnétique stéréophonique) (cf. aussi* sound record, stereophonic sound pick-up, stereo record *et* stereo tape*)*.

stereophonic reproduction   *cf.* stereophonic sound reproduction.

stereophonic sound   (le) son stéréophonique *(nom souvent donné aux sons reproduits par les haut-parleurs ou le casque d'écoute d'une chaîne stéréophonique) (hifi) (cf. aussi* sound[1] *et* stereophonic sound system*)*.

stereophonic sound pick-up   prise de son stéréophonique *(prise de son d'un orchestre à l'aide de deux microphones en vue de la reproduction stéréophonique des sons captés) (dans le cas général, on utilise deux microphones cardioïdes disposés devant l'orchestre, à plusieurs mètres de celui-ci et l'un de l'autre, ces deux distances étant fonction de la largeur de l'orchestre) (hifi) (cf. aussi* microphone *et* stereophonic reproduction*)*.

stereophonic sound reception   *cf.* stereophonic reception.

stereophonic sound recording   (l')enregistrement stéréophonique (du son) *(enregistrement simultané sur disque phonographique ou sur bande magnétique des deux signaux fournis par une prise de son stéréophonique) (hifi) (cf. aussi* stereophonic sound pick-up, stereo record *et* stereo tape*)*.

stereophonic sound reproduction   reproduction stéréophonique (du son) *(reproduction d'un signal sonore permettant l'audition stéréophonique de celui-ci) (en d'autres termes, reproduction par une chaîne stéréophonique d'un signal enregistré ou transmis au cours d'une prise de son stéréophonique) (hifi) (cf. aussi* stereophonic audition*)*.

stereophonic sound system   chaîne stéréophonique, chaîne stéréo, chaîne à haute fidélité, chaîne hi-fi, chaîne hifi *(chaîne électroacoustique permettant la stéréophonie, c.-à-d. comportant deux voies de reproduction du son enregistré sur un disque phonographique ou une bande magnétique ou transmis par radio, les signaux de sortie des deux voies excitant deux haut-parleurs ou jeux de haut-parleurs disposés à une certaine distance l'un de l'autre (chaque voie comprend essentiellement un amplificateur basse fréquence linéaire éventuellement précédé d'un préamplificateur et suivi d'un ou plusieurs haut-parleurs souvent montés dans une enceinte acoustique) (cf. aussi* sound-reproducing system, stereophony, stereo record, stereo tape, stereo FM receiver, audio amplifier, linear amplifier, preamplifier, loudspeaker baffle *et* quadraphonic sound system*)*.

stereophonic system   *cf.* stereophonic sound system.

stereophonic tape   *cf.* stereo tape.

stereophonic transmission   **1)** transmission stéréophonique *(transmission d'un programme stéréophonique par voie hertzienne) (radiodif) (cf. aussi* stereo program*)*. **2)** *cf.* stereo broadcast.

stereophony   stéréophonie *(partie de l'électroacoustique relative à la reproduction de sons à deux ou plusieurs sources disposées dans des directions différentes par rapport à la zone normale d'audition d'un orchestre notamment, réalisée de telle façon qu'un auditeur des sons reproduits perçoive plus ou moins la direction de ces sources) (noter que le terme « stéréophonie », bien que solidement implanté, est impropre car le préfixe « stéréo » signifie « en relief » et la stéréophonie s'applique à la direction des sources sonores et non à leur distance de la zone d'écoute, laquelle seule est incluse dans la notion de « relief sonore » prise avec son sens correct, ce qui est rarement le cas) (cf. aussi* sound[1], stereophonic audition, stereophonic effect, sound reproduction *et* electroacoustics*)*.

stereoscopic television   télévision stéréoscopique *(cf. aussi* three-dimensional television*)*.

stick circuit   circuit de maintien *(circuit formé par les deux conducteurs reliant les bornes du bouton-poussoir de désexcitation d'un relais à verrouillage électrique sans enroulement de maintien aux contacts de maintien du relais) (cf. aussi* magnetic latching relay*)*.

sticking   **1)** collage *(tendance d'un organe d'un appareil électromécanique à rester à une position déterminée, notamment dans les cas ci-après) (a) tendance de l'armature d'un relais à rester en position de travail en l'absence de précautions particulières prises à la construction du relais) (cf. aussi* residual gap*)* ; **(b)** *tendance de l'équipage mobile d'un galvanomètre ou autre appareil de mesure analogique à rester à la position atteinte une fois déconnecté ou, parfois, à la position zéro en présence d'une tension à ses bornes, due à un frottement parasite) (cf. aussi* moving element*)*. **2)** tendance monostable *(tendance d'une bascule électronique à rester ou revenir à l'un de ses deux états) (cf. aussi* flip-flop*)*.

stilb   stilb *(unité de luminance égale à une candela par centimètre carré (cd/m^2) (photométrie) (cf. aussi* candela*)*.

stimulated emission   émission stimulée, émission induite *(le premier terme est le plus employé) (émission de photons par un ensemble d'atomes ou de molécules ayant subi une inversion de population et retombant à l'état fondamental sous le choc de photons d'énergie déterminée, chaque photon émis étant identique au photon incident qui repart avec lui, c.-à-d. qu'il a la même direction, la même fréquence et la même phase que celui-ci) (la fréquence des photons émis étant égale à celle des photons incidents et ceux-ci provenant de l'onde électromagnétique constituant le signal à amplifier ou entretenir, le rayonnement électromagnétique constitué par les photons émis a la même fréquence que l'onde initiale) (le rayonnement émis ayant la même fréquence que le rayonnement absorbé et la même phase, le phénomène peut devenir cumulatif, ce qui conduit à la possibilité de réaliser un amplificateur, à savoir le maser amplificateur, ou un oscillateur, à savoir le maser oscillateur et surtout le laser) (chaque photon émis ayant la même phase que le photon incident, ils sont en cohérence de phase ; cette propriété essentielle se retrouve dans la lumière émise par le laser) (l'émission stimulée est donc le phénomène quantique fondamental qui a permis la réalisation du maser et du laser ; on se rappellera qu'elle dépend à son tour du processus quantique, également fondamental, qu'est l'inversion de population) (électronique quantique) (cf. aussi* photon, population inversion, phase coherence, electromagnetic radiation, maser, laser *et* quantum electronics*)*.

stimulated emission of radiation   *cf.* stimulated emission.

stimulated Raman effect   effet Raman stimulé *(effet Raman obtenu avec la lumière d'un laser) (optique non linéaire) (cf. aussi* Raman effect, laser *et* non-linear optics*)*.

stimuli   stimuli *(cf. aussi* stimulus*)*.

stimulus   stimulus *(pluriel :* stimuli*) (signal de caractéristiques déterminées appliqué à un montage, appareil ou système pour en étudier le comportement, vérifier ou commander le fonctionnement ou effectuer le réglage ou le calibrage) (cf. aussi* reference stimulus*)*.

stimulus source   source de stimuli *(appareil ou dispositif fournissant des stimuli) (cf. aussi* stimulus*)*.

stitch bond   soudure par piqûre *(cf. aussi* stitch bonding*)*.

stitch bonding   soudage par piqûre, soudure par piqûre *(le premier terme est le meilleur) (soudage par thermocompression dans lequel le fil est aplati sur la surface à connecter par un outil à face active parallèle à celle-ci, le processus étant généralement répété sur plusieurs surfaces successives sans couper le fil, d'où le nom anglais de « soudage par piqûre à la machine à coudre ») (c'est parce que le fil n'est pas destiné à relier seulement deux plages de contact, contrairement au cas des connexions de circuit intégré, et ne doit donc pas se casser facilement au ras de la soudure, d'un côté de celle-ci, qu'il est écrasé à plat sur la surface à connecter, sa résistance à la cassure étant ainsi la même des deux côtés de la soudure) (ce procédé de soudage est employé notamment pour le câblage de cartes à circuit imprimé spéciales munies de plots de contact en acier inoxydable dépassant nettement sur la face arrière de la carte) (cf. aussi* thermocompression bonding *et* integrated circuit connection*)*.

stitch wiring   câblage par piqûres *(câblage de cartes ou plaquettes à circuit imprimé, notamment de fonds de panier, faisant appel au soudage par piqûre) (cf. aussi* stitch bonding, printed-circuit board *et* backplane*)*.

STL   *(vient de « Schottky transistor logic »)* logique STL, logique I^{2}L à transistors Schottky *(logique I^{2}L utilisant des transistors Schottky comme la logique TTL Schottky et pour* *la même raison) (CI) (inf) (cf. aussi* I^{2}L *(au début de la lettre I),* Schottky TTL *et* Schottky-clamped transistor*).*

stochastic process processus stochastique *(processus constitué par l'évolution d'un ensemble de variables aléatoires) (l'exemple classique de processus stochastique est le mouvement brownien ou mouvement naturel désordonné et permanent de particules microscopiques en suspension dans un fluide et notamment dans un liquide) (la prise d'une valeur déterminée par une variable aléatoire étant un événement aléatoire, un processus stochastique peut également être défini comme étant un ensemble d'événements aléatoires) (noter d'après ces définitions et la définition du terme « processus » donnée ailleurs, que le terme anglais ne doit pas être traduit par « processus aléatoire » comme on le voit parfois) (théorie des probabilités) (filtrage de signaux noyés dans le bruit, etc.) (radar, etc.) (cf. aussi* process^1 1) *et* random variable*).*

Stokes' law loi de Stokes *(loi physique selon laquelle la longueur d'onde d'un rayonnement de luminescence produit par un rayonnement électromagnétique est plus grande que celle du rayonnement incident) (c'est ce phénomène qui permet la conversion des rayons ultraviolets initiaux en un rayonnement visible par le revêtement interne d'une lampe fluorescente et la conversion du rayonnement invisible incident en rayonnement visible dans un tube convertisseur d'image) (cf. aussi* wavelength, luminescence, electromagnetic radiation, fluorescent lamp *et* image converter tube*).*

stop-band bande coupée, bande éliminée, bande atténuée, bande affaiblie *(bande des fréquences fortement atténuées par un filtre coupe-bande) (cf. aussi* frequency band *et* band-stop filter*).*

stop-band attenuation atténuation dans la bande coupée *(atténuation du signal de sortie d'un filtre coupe-bande dans la bande coupée) (doit être aussi grande que possible) (cf. aussi* attenuation, stop-band *et* ideal filter*).*

stop-band elimination *cf.* stop-band attenuation.

stop-band filter *cf.* band-stop filter.

stop-band rejection *cf.* stop-band attenuation.

stop-band suppression *cf.* stop-band attenuation.

stop bit *cf.* STOP bit. *(ci-après).*

STOP bit signal d'arrêt, impulsion d'arrêt, binaire d'arrêt, signal « arrêt », *(etc.),* signal « stop », *(etc.) (impulsion positive constituant le signal d'arrêt dans un signal télégraphique transmis en mode asynchrone) (est caractérisée par une durée variable dont seule la limite inférieure est fixée) (tls) (cf. aussi* positive pulse *et* asynchronous transmission*).*

stop frequency fréquence finale *(fréquence la plus élevée émise par un générateur à balayage au cours d'un cycle de balayage) (cf. aussi* sweeping generator*).*

stop motion *cf.* stop picture.

stop picture arrêt sur image *(reproduction continuelle de la même image par un magnétoscope ou un tourne-disque vidéo) (a) dans un magnétoscope possédant cette possibilité, l'arrêt sur image est obtenu en arrêtant le défilement de la bande magnétique tout en laissant tourner les têtes vidéo qui explorent ainsi toujours la même piste) (cf. aussi* video tape recorder*) ; (b) dans un tourne-disque vidéo possédant cette possibilité, l'arrêt sur image est obtenu en ramenant la tête de lecture au point de la piste correspondant au début de l'image ou des images enregistrées sur un tour une fois celui-ci terminé) (cf. aussi* video-disk player*).*

stop pulse impulsion d'arrêt, signal d'arrêt *(impulsion électrique ou autre commandant l'arrêt d'un dispositif) (cf. aussi* pulse^1, device *et* STOP bit*).*

stop signal signal d'arrêt *(est généralement une impulsion) (cf. aussi* stop pulse*).*

stop time temps d'arrêt *(laps de temps écoulé entre l'instant de coupure du courant d'alimentation du moteur d'entraînement d'un support à défilement et l'instant d'arrêt effectif du support) (ce terme s'applique notamment à un dérouleur de bande magnétique) (cf. aussi* moving medium *et* tape drive*).*

stopband *cf.* stop-band *(plus haut).*

stopping capacitor condensateur de liaison *(cf. aussi* coupling capacitor*).*

stopping-off masquage *(le terme anglais est surtout employé en électrodéposition) (cf. aussi* masking (b) *et* electrodeposition*).*

storability aptitude à la mémorisation, *(parf.)* possibilité de mémorisation *(aptitude d'un signal ou d'informations à être mise(s) en mémoire) (cf. aussi* storage 1)).

storable mémorisable(s), apte à être mise(s) en mémoire, apte à être mémorisé(es) *(cf. aussi* storability*).*

storage 1) mémorisation, *(souvent aussi)* mise en mémoire, enregistrement en mémoire, *(parf. aussi)* rangement en mémoire *(conservation d'informations représentées par un signal analogique ou numérique introduit dans une mémoire du même type) (cf. aussi* memory*).* 2) *cf.* memory. 3) accumulation (d'énergie) *(cf. aussi* energy storage*).*

storage access *cf.* memory access.

storage address adresse de rangement (en mémoire), adresse de mémorisation *(d'une information) (inf) (cf. aussi* memory address*).*

storage allocation *cf.* memory allocation.

storage applications applications avec mémorisation *(applications d'un oscilloscope à mémoire nécessitant l'utilisation de celle-ci) (cf. aussi* storage oscilloscope *et* application*).*

storage area zone de mémorisation, *(parf. aussi)* zone de mémoire *(zone d'une mémoire numérique dans laquelle sont rangées des informations) (ce terme s'applique généralement à la mémoire centrale d'un ordinateur) (inf) (cf. aussi* digital memory *et* main memory*).*

storage bandwidth bande passante en mode mémoire *(bande passante d'un oscilloscope à mémoire numérique, c.-à-d. en fait fréquence maximale d'un signal sinusoïdal que celui-ci peut mettre en mémoire en un seul balayage et reproduire correctement sur l'écran) (cf. aussi* bandwidth 2) *et* digital storage oscilloscope*).*

storage battery batterie d'accumulateurs, batterie *(ensemble de plusieurs accumulateurs électriques connectés en série, en parallèle ou en série-parallèle) (l'ensemble peut être contenu dans un même boîtier étanche appelé « bac » et les connexions entre les différents accumulateurs de la batterie sont alors généralement définitives comme dans une batterie d'automobile) (l'ensemble peut aussi être formé de plusieurs boîtiers distincts et une partie au moins des connexions est alors généralement amovible) (les accumulateurs élémentaires d'une batterie en un ou plusieurs boîtiers sont appelés « éléments » de la batterie ; il faut donc se rappeler qu'un élément de batterie est un accumulateur « à part entière ») (cf. aussi* storage cell 1), series arrangement, parallel arrangement *et* series-parallel switch*).*

storage block *cf.* storage area.

storage capability 1) possibilité(s) de mémorisation *(possibilité, pour un appareil, d'enregistrer les signaux qui lui sont appliqués à diverses fins) (oscilloscope à mémoire, analyseur de réseaux ou autre à mémoire, etc.) (cf. aussi* storage 1) *et* capability*).* 2) *cf.* storage capacity.

storage capacitor 1) condensateur de mémorisation *(condensateur plan microscopique constituant une cellule de certaines mémoires électrostatiques) (ce terme désigne souvent une cellule d'une mémoire RAM dynamique, mais couvre également le cas d'un élément d'une mosaïque photosensible classique) (cf. aussi* dynamic RAM, mosaic (a), parallel-plate capacitor, memory cell *et* electrostatic memory*).* 2) *cf.* energy-storage capacitor.

storage capacity capacité de mémorisation *(inf) (cf. aussi* memory capacity*).*

storage cathode-ray tube *cf.* storage tube. *(et noter que le terme anglais, trop long, est peu employé).*

storage cell 1) accumulateur électrique, accumulateur *(réservoir chimique d'électricité dérivé du voltamètre) (est donc un voltamètre particulier fortement polarisé par passage dans un sens du courant fourni par une source de courant continu, cette opération étant appelée « charge de l'accumulateur », puis dépolarisé par passage dans l'autre sens du courant continu fourni à un récepteur de courant, cette opération étant appelée « décharge de l'accumulateur ») (un accumulateur électrique étant un voltamètre, il comprend essentiellement une cuve remplie presque complètement d'un électrolyte liquide ou, parfois, gélifié, dans lequel baignent deux électrodes simples ou multiples souvent séparées par des feuilles isolantes gaufrées et perforées appelées « séparateurs ») (un accumula-*

teur réalise donc la conversion de l'énergie électrique en énergie chimique lors de la charge grâce à des réactions chimiques et la conversion de cette énergie chimique en énergie électrique lors de la décharge grâce à la réversibilité de ces réactions) (il est donc à noter que l'énergie électrique emmagasinée dans un accumulateur chargé ne l'est pas sous forme d'électricité et qu'il faut passer par des réactions chimiques pour la récupérer ; c'est pourquoi la batterie d'une automobile fournit moins de courant au démarreur du véhicule par grand froid qu'à température normale, pour un même état de charge, la vitesse de déroulement des réactions chimiques diminuant lorsque la température baisse) (c'est également pourquoi un accumulateur ne peut en aucun cas être déchargé aussi rapidement qu'un condensateur et ne peut donc être utilisé comme réservoir d'énergie électrique dans certaines applications) (cf. aussi lead-acid cell, alkaline storage cell, electricity, voltameter, energy-storage capacitor *et* galvanic cell). **2)** *cf.* memory cell.

storage contents *cf.* memory contents.

storage core *cf.* magnetic core 2).

storage CRT *cf.* storage cathode-ray tube.

storage cycle *cf.* memory cycle.

storage delay (time) *cf.* storage time 2).

storage density **1)** densité de mémorisation *(nombre de binaires pouvant être mémorisés par unité de surface ou de volume du support d'informations d'une mémoire à support fixe) (inf) (cf. aussi* bit *et* fixed-medium memory). **2)** *cf.* recording density.

storage device dispositif de mémorisation *(élément de mémorisation au sens (a) du terme ou mémoire) (cf. aussi* storage element (a) *et* memory).

storage diagram *cf.* memory map.

storage display visualisation en mode mémoire, *(etc.) (oscillo, etc.) (cf. aussi* storage mode et display[1] 3).

storage display tube *cf.* storage tube.

storage dump *cf.* memory dump.

storage effect effet de la charge accumulée *(augmentation du temps de blocage d'un transistor bipolaire saturé due à la charge électrique accumulée dans la jonction) (cf. aussi* storage time 4)).

storage element élément de mémorisation, *(souvent aussi)* élément de mémoire (a) *(dispositif utilisé comme cellule de mémoire considérée isolément ou, parfois, cette cellule elle-même considérée dans l'ensemble des cellules d'une mémoire) (cf. aussi* memory cell) ; (b) *(zone de l'écran d'un tube à mémoire portant une information visuelle distincte du reste de la trace lumineuse) (oscillo, etc.) (cf. aussi* storage tube).

storage instrument appareil à mémoire *(appareil à tube cathodique équipé d'une mémoire, c.-à-d. oscilloscope à mémoire ou appareil dérivé) (cf. aussi* storage oscilloscope).

storage life durée de vie en stockage *(composant, etc.) (cf. aussi* shelf life).

storage location emplacement de mémorisation *(emplacement de mémoire effectivement utilisé pour la mémorisation d'une information) (inf) (cf. aussi* memory location).

storage loop boucle de mémorisation *(mémoire à bulles) (cf. aussi* minor loop).

storage management *cf.* memory management.

storage map *cf.* memory map.

storage measurement mesure avec mémorisation, mesure avec mémoire *(mesure d'une grandeur d'un signal visualisé sur l'écran d'un oscilloscope à mémoire fonctionnant en mode de mémorisation) (cf. aussi* storage mode).

storage medium support d'informations, *(parf.)* milieu de mémorisation *(partie d'une mémoire constituant la mémoire proprement dite) (cf. aussi* memory) *(le premier terme désigne généralement un support d'enregistrement portant des informations numériques, mais il est parfois également employé lorsque le support porte des informations analogiques et peut aussi désigner une grille-mémoire ou même une mosaïque) (cf. aussi* recording medium 1), input medium, output medium, digital data, analog data, storage mesh *et* mosaic) *(le second terme désigne généralement le substrat d'une mémoire intégrée, mais peut désigner le milieu de mémorisation d'un support d'informations) (voir aussi 1) ci-dessus) (cf. aussi* recording medium 2) *et* solid-state memory).

storage mesh grille-mémoire *(grille constituant la mémoire proprement dite d'un tube à mémoire à grille) (cf. aussi* storage tube).

storage-mesh cathode-ray tube tube cathodique à grille-mémoire, tube à grille-mémoire, tube à grille, tube à mémoire à grille *(le dernier terme est le plus employé) (oscillo, etc.) (cf. aussi* storage tube).

storage-mesh CRT *cf.* storage-mesh cathode-ray tube.

storage method méthode de mémorisation, procédé *(idem) (mémorisation analogique ou mémorisation numérique) (cf. aussi* analog storage *et* digital storage).

storage mode mode de mémorisation, mode mémoire *(mode de fonctionnement d'un oscilloscope à mémoire ou appareil dérivé ou d'un tube à mémoire lorsque celle-ci est effectivement utilisée) (cf. aussi* storage oscilloscope *et* storage tube).

storage-mode operation fonctionnement en mode de mémorisation, *(etc.) (cf. aussi* storage mode).

storage node point mémoire *(au sens du terme anglais, cœur d'une cellule de mémoire et notamment condensateur MOS de mémorisation ; le terme français a un sens plus large) (inf) (cf. aussi* memory cell, storage capacitor *et* storage site).

storage operating mode *cf.* storage mode.

storage operation **1)** opération de mémorisation *(inf) (cf. aussi* write operation). **2)** *cf.* storage-mode operation.

storage oscilloscope oscilloscope à mémoire *(oscilloscope dans lequel la trace formée sur l'écran par un signal peut être conservée pendant un temps réglable après la disparition du signal) (ce résultat est obtenu par l'emploi d'un tube à mémoire ou, plus récemment, d'un tube cathodique classique et d'une mémoire numérique) (dans un oscilloscope utilisant un tube à mémoire, le signal visualisé est conservé tel quel, c.-à-d. sous forme analogique et ce derrière l'écran ou dans l'écran) (dans un oscilloscope utilisant une mémoire numérique, le signal analogique à visualiser est converti en signal numérique, celui-ci est mis en mémoire et, à chaque rafraîchissement de la trace formée sur l'écran, il est reconverti en un signal analogique reproduisant le signal initial) (l'oscilloscope à mémoire numérique présente les avantages suivants sur son aîné : 1°) utilisation d'un tube cathodique ordinaire au lieu d'un tube à mémoire, beaucoup plus coûteux ; 2°) possibilité de durée de mémorisation quasi-infinie ; 3°) possibilité de faire subir des traitements numériques à un signal avant de le visualiser pour faire apparaître certaines caractéristiques plus clairement que dans le signal initial, ce qui donne des grandes possibilités à l'appareil ; 4°) possibilité d'affichage d'informations alphanumériques relatives au signal sur l'écran) (cf. aussi* oscilloscope, storage tube, digital memory, analog-to-digital conversion, refresh[1] (b) *et* signal processing).

storage persistence persistance en mode mémoire, *(etc.) (persistance de la trace formée sur l'écran d'un oscilloscope à mémoire fonctionnant en mode mémoire) (cf. aussi* storage mode, variable persistence *et* persistence).

storage position *cf.* storage location.

storage protection *cf.* memory protection.

storage pulse impulsion de mémorisation *(inf) (cf. aussi* write pulse).

storage register registre de mémorisation, registre mémoire *(noms parfois donnés à un registre ordinaire par opposition à un registre à décalage) (inf) (cf. aussi* register[1] 1) (a)).

storage requirements *cf.* memory requirements.

storage scope *cf.* storage oscilloscope.

storage screen écran à mémoire *(écran d'un tube à mémoire bistable) (oscillo) (cf. aussi* bistable storage tube).

storage site point mémoire, *(parf. aussi)* point de mémorisation *(au sens du terme anglais, zone d'un substrat pouvant contenir une information binaire ou non, notamment dans une mémoire intégrée et plus particulièrement dans une mémoire à CCD ou une mémoire à bulles magnétiques, ou zone d'un support d'informations contenant une information élémentaire ; le terme français a un sens plus large) (cf. aussi* solid-state memory, storage medium 1) *et* storage node).

storage space *cf.* memory space.

storage surface surface de mémorisation *(surface sur laquelle des informations sont enregistrées sous la forme de charges électriques ou d'altérations locales, c.-à-d. notamment surface* d'une mosaïque ou d'une grille-mémoire, ou d'un disque optique) (cf. aussi mosaic, storage mesh, optical disk et electric charge).

storage target cf. storage mesh.

storage technique cf. storage method.

storage technology cf. memory technology.

storage temperature température de stockage (cette notion revêt une importance particulière pour les composants sensibles à la chaleur tels que les condensateurs électrolytiques à électrolyte non solide et les appareils utilisant de tels composants) (cf. aussi storage life).

storage time 1) temps de conservation (de la charge) (temps pendant lequel une charge accumulée est conservée) (cf. aussi stored charge). 2) temps de mémorisation, temps de conservation de l'information (mémorisée) (temps pendant lequel une information est conservée dans une mémoire ou une cellule de mémoire) (cf. aussi memory et memory cell). 3) temps de mémorisation, temps de conservation de la trace (parf. du signal) (temps pendant lequel une trace est conservée sur l'écran d'un oscilloscope à mémoire ou un appareil dérivé fonctionnant en mode de mémorisation) (cf. aussi storage oscilloscope). 4) temps de désaturation (temps nécessaire à l'écoulement de la charge accumulée dans la base d'un transistor bipolaire utilisé en commutation) (est proportionnel à la charge et limite la vitesse de commutation en déterminant le temps de commutation effectif du transistor) (est l'équivalent, dans un transistor bipolaire, du temps de recouvrement inverse d'une diode à jonction) (semi) (cf. aussi stored base charge, switching transistor, saturated logic et reverse recovery time). 5) temps de stockage (sens usuel) (cf. aussi storage life).

storage transistor transistor de mémorisation (transistor MOS constituant l'essentiel d'une cellule de certaines mémoires à semiconducteur, à savoir notamment d'une mémoire RAM dynamique, d'une mémoire EPROM ou d'une mémoire EEPROM) (CI) (inf) (cf. aussi MOS transistor, memory cell, dynamic RAM, EPROM et EEPROM).

storage tube tube à mémoire, tube cathodique à mémoire (tube cathodique dans lequel une information graphique peut être conservée sous forme visible ou invisible dans sa forme originale, c.-à-d. sous forme analogique) (il existe deux grandes familles de tubes à mémoire : les tubes à grille et les tubes bistables ; les premiers ont des possibilités beaucoup plus grandes que les seconds et sont beaucoup plus employés) (en l'absence de précisions, le terme « tube à mémoire » désigne un tube à mémoire à grille, c.-à-d. dans lequel l'information est conservée sous la forme de charges électriques déposées par un faisceau d'électrons sur une grille en matière isolante appelée « grille-mémoire » ou « cible ») (l'information étant mémorisée sous la forme de charges électriques, un tube à mémoire à grille ou, plus précisément celle-ci, est une mémoire électrostatique ; la répartition des charges électriques sur la grille-mémoire reproduisant exactement l'information qu'elle représente, cette mémoire est une mémoire analogique) (il existe trois grandes catégories de tubes à mémoire à grille : les tubes à mémoire à lecture directe, les tubes à mémoire enregistreurs et les tubes convertisseurs de balayage) (le type le plus employé est le tube à lecture directe, et ce principalement dans des oscilloscopes) (cf. aussi direct-view storage tube, recording storage tube, scan converter, bistable storage tube, cathode-ray tube, electric charge, electrostatic memory, analog memory et storage oscilloscope).

storage unit 1) unité de mémoire (nom souvent donné à une mémoire auxiliaire distincte d'ordinateur) (inf) (cf. aussi disk unit, tape unit et auxiliary storage). 2) version à mémoire (oscilloscope) (cf. aussi storage oscilloscope et unit 3)).

storage vehicle support d'informations (le terme anglais est parfois employé pour désigner le support d'informations d'une mémoire à défilement) (cf. aussi storage medium).

storage writing speed (ou **rate**) cf. stored writing speed.

store¹ s mémoire (le terme anglais sous-entend généralement une mémoire numérique) (inf, etc.) (cf. aussi memory et digital memory).

store² v 1) (sens transitif) mémoriser, mettre en mémoire, enregistrer dans une mémoire, (parf.) ranger en mémoire

(cf. aussi storage 1)). 2) (sens intransitif) mémoriser, conserver (une ou plusieurs informations) (mémoire ou point-mémoire) (cf. aussi memory, storage node et storage site). 3) accumuler, emmagasiner (de l'énergie électrique ou autre, etc.) (cf. aussi storage cell 1) et energy-storage capacitor).

store mode cf. storage mode.

store on tape v enregistrer sur bande magnétique (le terme anglais désigne l'enregistrement des résultats d'un traitement d'informations ou d'un calcul exécuté par un ordinateur, ou des résultats de mesures numériques, sur une bande magnétique) (inf) (cf. aussi magnetic-tape memory).

storecasting radiodiffusion de musique d'ambiance (pour grands magasins et établissements publics).

stored base charge charge accumulée dans la base (charge électrique constituée par les porteurs minoritaires restant dans la base d'un transistor bipolaire lorsque celui-ci passe de l'état saturé à l'état bloqué) (semi) (cf. aussi storage time 4), electric charge, minority carrier, bipolar transistor, saturated transistor et off-state).

stored bit binaire mémorisé (mémoire numérique) (inf) (cf. aussi bit et digital memory).

stored charge charge accumulée (charge électrique accumulée dans un condensateur, une jonction redresseuse ou un accumulateur électrique ou sur un corps et notamment une électrode) (cf. aussi electric charge, rectifying junction, storage cell 1) et electrode).

stored-charge effect cf. storage effect.

stored-charge image relief de charges (mosaïque, grille-mémoire, etc.) (cf. aussi electric image 1)).

stored data cf. stored information.

stored energy énergie accumulée, énergie emmagasinée (condensateur, etc.) (cf. aussi energy storage).

stored image image mémorisée, image mise en mémoire (image optique conservée sous la forme d'une image électrique ou optique dans un tube à mémoire ou sous la forme d'informations numériques dans une mémoire numérique) (oscillo, radar, terminal, TV, etc.) (cf. aussi stored picture, storage tube, digital memory et video memory).

stored information informations mémorisées, (etc.) (parfois au singulier, notamment dans le cas d'un oscilloscope à mémoire), (parf.) données mémorisées, (etc.) (cf. aussi store² 1) et information).

stored mode cf. storage mode.

stored pattern cf. stored image.

stored picture image mémorisée, (etc.) (le terme anglais s'emploie surtout en technique vidéo) (cf. aussi stored image et video technology).

stored program programme enregistré (programme d'ordinateur enregistré dans une mémoire numérique) (inf) (cf. aussi computer program et digital memory).

stored-program computer calculateur à programme enregistré (nom descriptif de l'ordinateur rappelant que celui-ci est essentiellement une machine à calculer dans laquelle la suite des opérations à effectuer est déterminée à l'avance par un programme enregistré dans une mémoire) (inf) (cf. aussi computer 2)).

stored-program control commande par programme enregistré (commande d'un ordinateur par le programme de l'appareil ou commande d'un processus industriel ou autre par un ordinateur) (inf) (cf. aussi stored-program computer et process control 1)).

stored-program-controlled commandé par programme enregistré, (très souvent) commandé par ordinateur (inf) (cf. aussi stored-program control).

stored routine cf. stored program.

stored signal signal mémorisé, signal mis en mémoire (signal conservé sous forme analogique ou numérique dans une mémoire de même type) (cf. aussi memory et signal¹).

stored trace trace mémorisée, trace mise en mémoire (nom souvent donné à un signal mis en mémoire dans un oscilloscope à mémoire, les deux termes — signal et trace — étant pratiquement synonymes dans l'occurrence) (cf. aussi storage oscilloscope et trace¹ 1)).

stored writing rate cf. stored writing speed.

stored writing speed vitesse d'inscription en mode mémoire (ou de mémorisation) (vitesse d'inscription d'un tube à mémoire fonctionnant en mode de mémorisation) (plus cette vitesse est grande, plus l'appareil est apte à visualiser des signaux à variation rapide en mode de mémorisation) (cette caractéristique revêt une importance particulière pour la visualisation de signaux isolés ou d'impulsions à faible fréquence de récurrence en mode mémoire) (oscillo, etc.) (cf. aussi writing speed, storage tube et storage mode).

storeview mode cf. storage mode.

storm center centre de mesures d'orages (nom donné à une station météorologique spécialisée dans la détection à grande distance, la localisation et la mesure de l'étendue des formations orageuses grâce à l'emploi du radar) (fournit des renseignements utilisés principalement pour la prévision des conditions de propagation ionosphérique pour la radionavigation et les radiocommunications à grande distance) (cf. aussi radar storm detection et ionospheric propagation conditions).

storm-warning radar cf. weather radar.

stoved hammer finish peinture martelée cuite au four (présentation souvent utilisée pour le coffret des appareils électroniques).

straight cut découpe droite (forme de découpe pratiquée dans une résistance de circuit hybride pour ajuster sa valeur) (cf. aussi resistor trimming et trim tab).

straight dipole dipôle droit (dipôle classique) (antenne) (cf. aussi dipole antenna).

straight-line capacitance variation linéaire de la capacité, loi de variation linéaire (de la capacité) ; loi linéaire en capacité, (parf.) courbe de variation linéaire (idem) (variation de la capacité d'un condensateur variable proportionnellement à l'angle de rotation de l'axe de commande ou, parfois, courbe représentant cette variation) (est obtenue avec des lames mobiles en forme de demi-cercle et donne une variation logarithmique en fréquence, ce qui ne convient pas pour la graduation du cadran des récepteurs de radiodiffusion sonore, les fréquences d'émission des stations étant régulièrement espacées) (cf. aussi variable capacitor et mid-line capacitance).

straight-line frequency variation linéaire de la fréquence, loi de variation linéaire (de la fréquence), loi linéaire en fréquence, (parf.) courbe de variation linéaire (idem) (variation de la fréquence d'accord d'un circuit d'accord à condensateur variable proportionnelle à l'angle de rotation de l'axe de commande du condensateur ou, parfois, courbe représentant cette variation) (est obtenue avec des lames mobiles dont la forme rappelle une nervure d'aile d'avion, l'axe étant situé environ au quart de la corde à partir du bord d'attaque, ce qui donne une loi de variation logarithmique de la capacité du condensateur en fonction de l'angle de rotation de l'axe) (est peu employée, les lames mobiles étant trop allongées et, par conséquent, manquant de rigidité et étant impossibles à fabriquer économiquement dans les petites dimensions) (récepteur radio) (cf. aussi tuning frequency, tuning circuit, variable capacitor et straight-line capacitance).

straight-line path cf. straight-line propagation path.

straight-line propagation propagation en ligne droite (propagation d'une onde électromagnétique ne pouvant se faire qu'en ligne droite, c.-à-d. propagation d'une onde optique ou, dans une moindre mesure, propagation d'une onde ultracourte, ces ondes ne pouvant contourner un obstacle, mis à part le phénomène de diffraction) (cf. aussi optical wave, microwave, diffraction et line-of-sight propagation).

straight-line propagation path trajet de propagation en ligne droite (ou rectiligne), trajet en ligne droite (idem) (onde électromagnétique) (cf. aussi propagation path et straight-line propagation).

straight-line wavelength variation linéaire de la longueur d'onde, loi de variation linéaire (en longueur d'onde), loi linéaire en longueur d'onde, (parf.) courbe de variation linéaire (idem) (variation de la longueur d'onde correspondant à la fréquence d'accord d'un circuit d'accord à condensateur variable proportionnelle à l'angle de rotation de l'axe de commande du condensateur ou, parfois, courbe représentant cette variation) (n'est pas employée) (cf. aussi straight-line frequency et wavelength).

straight-projection ... cf. 1:1 projection ... (à la lettre O).

straight receiver récepteur à amplification directe, poste (idem) (radiodif) (cf. aussi tuned radio-frequency receiver).

straight reception réception avec amplification directe (radio) (cf. aussi tuned radio-frequency reception).

straight scanning balayage sans entrelacement (TV) (cf. aussi progressive scanning).

straight set cf. straight receiver.

strain gage extensomètre, jauge d'extension, jauge d'extensométrie, jauge extensométrique, jauge de contraintes (ce dernier terme, qui est le plus employé, est un « mauvais » anglicisme résultant d'une « traduction » initiale incorrecte, le terme anglais « strain » ne signifiant pas « contrainte » en résistance des matériaux, mais bien « déformation sous l'action d'un effort », lequel est souvent, ou produit souvent, une force d'extension ; l'équivalent de « contrainte » en anglais avec cette acception est « stress ») (dispositif permettant de mesurer l'allongement local d'une pièce mécanique sous un effort grâce à l'augmentation de la résistance d'un fil résistant de très petit diamètre ou d'une lamelle de semiconducteur rendu(e) solidaire de la surface de la pièce) (dans le cas le plus fréquent d'un extensomètre à fil résistant, celui-ci forme plusieurs méandres dont les parties rectilignes mesurent quelques millimètres à quelques centimètres de longueur ; le fil est collé sur un support isolant mince et souple, l'ensemble formant l'extensomètre ou jauge) (pour mesurer la déformation d'une pièce, on colle la jauge à la place où celle-ci se produit en orientant les parties droites des méandres du fil dans la direction de l'allongement de la pièce ; l'augmentation, très faible, de la résistance du fil due à son allongement, également très faible, provoquant sa striction est multipliée par le nombre de parties droites des méandres — souvent six — pour obtenir une variation de résistance électrique suffisamment grande pour déséquilibrer un pont de mesure appelé « pont d'extensométrie » dans une branche duquel la jauge est montée) (connaissant la résistivité du fil, l'augmentation totale de sa résistance mesurée à l'aide du pont et divisée par le nombre de parties droites des méandres permet de calculer l'allongement de celles-ci et, par conséquent, l'allongement de la pièce ; connaissant la résistance à la traction du métal ou autre matériau de la pièce, son allongement permet à son tour de calculer la contrainte d'extension créée dans celle-ci par l'effort appliqué, c.-à-d. la force d'extension créée par unité d'aire de la section droite considérée pour vérifier si cette force ne dépasse pas la limite admissible) (deux ou trois fils peuvent être collés sur un même support suivant des directions orthogonales ou non pour mesurer simultanément des déformations suivant celles-ci) (les jauges d'extension sont employées pour la surveillance d'organes mécaniques et comme élément sensible dans certains capteurs) (cf. aussi resistivity, strain-gage bridge et strain-gage transducer).

strain-gage bridge pont de jauges (d'extension), (etc.) (ensemble de quatre jauges d'extension montées en pont pour permettre l'insertion de potentiomètres ajustables de compensation de température, de réglage du zéro, de l'étendue de mesure et de la résistance d'entrée) (la tension d'alimentation est appliquée à deux sommets opposés du pont et l'appareil de mesure est connecté aux deux autres sommets, éventuellement par l'intermédiaire d'un amplificateur de mesure) (constitue, avec l'appareil de mesure associé, un type particulier de pont de mesure) (capteur) (cf. aussi strain gage et bridge).

strain-gage measurements mesures par extensomètre(s), (etc.) (cf. aussi strain gage et measurement).

strain-gage pressure transducer capteur de pression à jauges d'extension, (etc.) (cf. aussi strain-gage transducer et pressure transducer).

strain-gage transducer capteur à jauge(s) d'extension, (etc.) (capteur dont l'élément sensible est constitué par une ou plusieurs jauges d'extension généralement collées sur une membrane ou autre pièce métallique déformable sur laquelle agit la grandeur à mesurer ou convertir) (cf. aussi sensor, sensing element et strain gage).

strain gauge (GB) cf. strain gage.

strain isolator isolateur en traction (isolateur de brin d'antenne filaire monté entre le fil et son point d'ancrage et conçu pour résister à la traction exercée par le poids et la tension du brin) (cf. aussi wire antenna).

strain measurements   mesures d'allongement, *(parf. aussi)* (l')extensométrie *(cf. aussi* strain-gage measurements).

strained resistance   résistance en présence d'extension *(résistance d'un extensomètre en présence d'extension, donc de déformation de son support) (extensométrie) (cf. aussi* strain gage *et* resistance).

strained value   valeur en présence d'extension *(valeur effective ou mesurée de la résistance en présence d'extension) (cf. aussi* strained resistance).

stranded cable   câble (souple), câble (à âme divisée) *(cf. aussi* stranded conductor *et* cable 1) (a)).

stranded conductor   conducteur divisé *(conducteur formé d'un certain nombre de conducteurs élémentaires de section droite généralement circulaire appelés « brins ») (les brins sont généralement torsadés ensemble dans le cas d'un fil souple ou d'un câble de petit diamètre ou groupés en torons torsadés ensemble ou par couches concentriques dans le cas d'un câble de diamètre moyen ou grand, chaque toron étant semblable à un fil divisé).*

stranded wire   fil divisé, fil souple *(cf. aussi* stranded conductor *et* wire[1])).

strap   **1)** connexion *(le terme anglais désigne une connexion de section relativement grande généralement constituée par une bande, une tresse ou une barrette métallique) (cf. aussi* ground strap *et* braid 2)). **2)** barrette de jumelage, *(etc.) (magnétron) (cf. aussi* strapping 2)).

strap-down ...   *cf.* strapdown ... *(ci-après).*

strapdown inertial guidance system   centrale inertielle sans plate-forme (stabilisée), centrale inertielle rigide *(ou* liée *ou* à plate-forme non stabilisée) *(centrale inertielle ne comportant pas de plate-forme stabilisée, les accéléromètres étant fixés rigidement au boîtier appelé par habitude « plate-forme », donc à la structure du mobile, et un calculateur numérique déterminant en permanence l'orientation de l'axe sensible de chacun des accéléromètres à partir des signaux fournis par les gyromètres fixés également au boîtier) (le rôle du calculateur consistant entre autres à garder en mémoire l'orientation initiale de l'axe sensible des accéléromètres, il peut être comparé sous ce rapport au rôle de la plate-forme stabilisée d'une centrale inertielle classique) (dans les modèles récents, les gyromètres sont des gyromètres laser) (missile, etc.) (cf. aussi* inertial reference unit, digital computer *et* laser gyro).

strapdown inertial navigation system   système de navigation inertielle sans plate-forme (stabilisée), *(etc.), (souvent aussi)* centrale inertielle sans plate-forme *(idem) (avia, etc.) (cf. aussi* inertial navigation system *et* strapdown inertial guidance system).

strapdown inertial reference unit   plate-forme inertielle non stabilisée *(nom donné au boîtier d'une centrale inertielle sans plate-forme stabilisée) (cf. aussi* strapdown inertial guidance system).

strapdown laser gyro   gyromètre laser non stabilisé, *(etc.) (gyromètre laser utilisé dans une plate-forme inertielle non stabilisée) (cf. aussi* laser gyro *et* strapdown inertial reference unit).

strapdown laser inertial navigation system *(ou* **reference unit***)*   *cf.* laser inertial navigation system.

strapdown laser inertial unit   *cf.* laser inertial reference unit.

strapdown LINS   *cf.* strapdown laser inertial navigation system.

strapdown technology   (la) technique des centrales non stabilisées, *(etc.) (cf. aussi* strapdown inertial guidance system *et* technology).

strapdown unit   *cf.* strapdown inertial reference unit. *(parf.)* version sans plate-forme (stabilisée), *(etc.),* modèle *(idem) (cf. aussi* unit 3)).

strap-selectable   commutable par barrette *(circuit, etc.).*

strapped-anode magnetron   magnétron à anode jumelée *(tube hyper) (cf. aussi* magnetron *et* strapping 2)).

strapped-down ...   *cf.* strapdown ...

strapped magnetron   *cf.* strapped-anode magnetron.

strapped-vane magnetron   magnétron à cloisons jumelées, *(etc.) (ne pas employer « magnétron à vannes strappées », terme employé par certains spécialistes!) (hyper) (cf. aussi* vane-type magnetron *et* strapping 2)).

strapping   **1)** réunion par une connexion *(cf. aussi* strap 1)). **2)** jumelage *(dans un magnétron à cavités identiques, réunion des dents paires de l'anode entre elles et des dents impaires entre elles par des conducteurs de section relativement grande pour le faire osciller sur le mode π en favorisant l'établissement de ce mode au démarrage des oscillations) (les conducteurs réunissant les dents sont appelées « straps » ou, mieux « barrettes de jumelage » quelle que soit la forme et l'aire de leur section droite) (les dents peuvent être réunies par des fils successifs ou par deux anneaux concentriques et généralement coplanaires appelés alors « anneaux de jumelage » dont l'un réunit entre elles toutes les dents paires et l'autre toutes les dents impaires) (les dents de l'anode étant reliées deux à deux, aucun courant ne circule dans le fil réunissant deux dents paires successives, par exemple, lorsqu'elles sont au même potentiel, c.-à-d. lorsque les champs électriques dans les cavités correspondantes sont en phase, donc lorsque les champs dans deux cavités successives sont déphasés de π ; n'étant parcouru par aucun courant, le fil n'a alors aucune action défavorable, ni favorable, sur le mode d'oscillation du magnétron, ce mode étant le mode voulu) (lorsque le mode d'oscillation s'écarte du mode π, les champs électriques dans les cavités correspondantes ne sont plus en phase puisque le déphasage des champs dans deux cavités successives n'est plus égal à π ; il apparaît alors une différence de potentiel entre les deux dents considérées, laquelle entraîne la circulation d'un courant dans le fil avec, par conséquent, absorption d'énergie du champ dans les cavités, donc amortissement du mode parasite) (le jumelage des dents de l'anode des magnétrons de petites dimensions posant des problèmes de fabrication, on lui préfère l'emploi d'une anode à cavités alternées) (hyper) (cf. aussi* multicavity magnetron, π mode, potential, in phase, in phase opposition, damping *et* rising-sun magnetron).

strategic communications   (les) télécommunications stratégiques *(radiocommunications militaires à grande distance) (cf. aussi* radio communications *et* military communications).

strategic missile guidance   guidage des missiles stratégiques *(parf.* de missiles stratégiques) *(mil) (cf. aussi* guided missile).

strategic radiation hardness level   niveau stratégique de résistance aux radiations *(niveau de résistance aux radiations nucléaires d'un circuit intégré monolithique à usage militaire destiné à être monté dans un missile stratégique) (cf. aussi* radiation hardness).

strategic undersea communications   télécommunications sous-marine stratégiques *(radiocommunications entre un état-major et ses sous-marins lanceurs de missiles nucléaires lorsque les sous-marins sont en plongée) (sont assurées par des ondes mégamétriques ou, dans un proche avenir, par satellite et laser bleu-vert) (cf. aussi* ELF communications *et* blue-green laser).

strategic weapon guidance   *cf.* strategic missile guidance.

stray capacitance   capacité parasite *(cf. aussi* parasitic capacitance).

stray capacitive effect   effet de capacité parasite *(cf. aussi* parasitic capacitance).

stray coupling   couplage parasite *(couplage inductif indésirable produit par un champ électromagnétique parasite) (cf. aussi* inductive coupling 2) *et* stray field).

stray current   courant vagabond *(courant circulant dans le sol en dehors du trajet prévu dans un circuit à retour par la terre ou mis à la terre, par suite de l'existence d'un chemin conducteur de moindre résistance en parallèle sur ce trajet) (le courant considéré est souvent le courant de retour d'un réseau de traction électrique ferroviaire revenant à une sous-station en empruntant sur une partie du trajet une conduite d'eau ou autre canalisation meilleure conductrice que les rails) (cf. aussi* stray-current corrosion).

stray-current corrosion   corrosion par courants vagabonds *(corrosion électrochimique d'une structure métallique enterrée aux points où des courants vagabonds y pénètrent en faisant ainsi jouer à ces points le rôle de l'anode) (s'observe notamment sur des conduites de fluide et des enveloppes de câbles électriques et téléphoniques parallèles à une ligne de chemin de fer à traction électrique lorsque le retour du courant aux sous-stations par les rails est défectueux) (cf. aussi* electrolytic corrosion *et* stray current).

stray electric field champ électrique parasite *(cf. aussi* stray field).

stray field champ parasite *(champ électrique ou magnétique indésirable et susceptible de perturber le fonctionnement d'un appareil, dispositif ou système) (cf. aussi* electric field *et* magnetic field).

stray hum ronflement par couplage parasite *(ou dû à un couplage parasite) (cf. aussi* hum 1) *et* stray coupling).

stray inductance inductance parasite *(cf. aussi* parasitic inductance).

stray inductive effect effet d'inductance parasite *(cf. aussi* parasitic inductance).

stray magnetic field champ magnétique parasite *(cf. aussi* stray field).

stray pick-up captation des parasites *(parf.* de …) *(par un circuit non blindé) (cf. aussi* interference 1) *et* shield[1]).

stray pulse impulsion parasite *(cf. aussi* spurious pulse).

stray radiation rayonnement parasite *(cf. aussi* spurious radiation).

strays parasites atmosphériques *(cf. aussi* atmospherics).

streaking traînage *(au sens du terme anglais, défaut de reproduction d'une image de télévision consistant en l'apparition d'une traînée ou de stries claires à la suite d'un objet clair sur un fond foncé, surtout lorsque l'objet se déplace rapidement) (est dû au temps de réponse non nul de la cible et des circuits de la caméra, en d'autres termes à l'inertie du dispositif de prise de vues) (le terme français a un sens plus large et désigne tout phénomène dû au temps de réponse d'un dispositif) (cf. aussi* trailer 1) *et* television camera).

stream of bits flux de binaires *(cf. aussi* bit stream).

stream of pulses train d'impulsions *(cf. aussi* pulse train).

streamer *cf.* streaming-tape drive.

streaming-tape drive dérouleur continu *(ou* en continu), *(souvent)* (dispositif de) sauvegarde à bande magnétique *(ne pas employer « streamer ») (dérouleur de bande magnétique dans lequel les espaces interbloc créés sur la bande sont très courts, celle-ci ne s'arrêtant pas entre deux blocs) (la bande magnétique va directement de la bobine débitrice à la bobine réceptrice, dans un sens comme dans l'autre, sans passer par des cabestans ni des puits à dépression, sa vitesse de défilement devant les têtes d'écriture et de lecture et sa tension étant réglées électroniquement, avec emploi de moteurs à entraînement direct à couple asservi à la tension de la bande) (permet une densité effective d'enregistrement plus grande et un temps d'accès nettement plus court qu'un dérouleur classique et est employé principalement comme mémoire de sauvegarde de disque dur d'ordinateur, en coffret extérieur ou incorporé à l'appareil) (inf) (cf. aussi* hard-disk back-up, tape drive, interblock gap, direct drive *et* recording density).

streaming-tape format format en déroulement continu *(format d'enregistrement sur la bande d'un dérouleur continu) (inf) (cf. aussi* recording format *et* streaming-tape drive).

streaming-tape mode mode de déroulement continu *(mode de déroulement de la bande d'un dérouleur continu) (inf) (cf. aussi* streaming-tape drive).

streaming-tape operation fonctionnement en déroulement continu *(cf. aussi* streaming-tape mode).

streaming-tape unit version à déroulement continu *(cf. aussi* streaming-tape drive *et* unit 3)).

striated discharge décharge striée, *(souvent aussi)* formation de stries, présence de stries, striation *(décharge dans un tube de Crookes caractérisée par la présence de zones discoïdales alternativement lumineuses et sombres le long de la colonne positive) (ce phénomène s'observe lorsque le gaz du tube contient des impuretés et ne s'observe pas avec les gaz inertes très purs) (cf. aussi* positive column).

striation technique méthode strioscopique *(ou* des stries), méthode Schlieren, *(parf.)* strioscopie ultrasonore *(l'avant-dernier terme est un germanisme parfois employé) (en acoustique, ces termes désignent une méthode de visualisation d'ondes ultrasonores dans un fluide transparent, notamment un liquide, fondée sur les variations de l'indice de réfraction du fluide produites par les variations de pression dans celui-ci dues aux ondes) (cf. aussi* ultrasonic wave *et* refractive index).

strike *v (en électricité)* faire jaillir *(un arc ou une étincelle) (cf. aussi* striking 1)).

strike radar radar de tir de missiles *(nom parfois donné à un radar de tir d'aéronef utilisé pour le tir de missiles air-sol ou air-mer) (mil) (cf. aussi* fire-control radar).

striking 1) amorçage (d'un arc) *(au sens du terme anglais, action d'amorcer un arc, notamment dans un tube à gaz, ou plus souvent, de faire jaillir une étincelle entre deux conducteurs à des potentiels différents en les mettant en contact momentanément) (cf. aussi* arc, spark *et* potential). 2) dépôt d'une mince couche *(électrodéposition) (cf. aussi* electrodeposition).

striking potential *cf.* striking voltage.

striking pulse impulsion d'amorçage *(d'un thyratron) (cf. aussi* firing pulse).

striking voltage 1) tension disruptive *(tension minimale à laquelle se produit une décharge disruptive) (terme générique couvrant la tension d'amorçage et la tension de claquage) (cf. aussi* disruptive discharge, firing voltage *et* breakdown voltage). 2) tension critique de grille *(valeur minimale de la tension négative appliquée à la grille d'un thyratron à laquelle se produit l'amorçage du tube) (cf. aussi* thyratron).

string[1]s 1) corde *(de galvanomètre, etc.).* 2) chaîne *(de résistances, etc.).* 3) suite *(de binaires, etc.).*

string[2] v 1) connecter en série *(cf. aussi* series arrangement). 2) monter en cascade *(cf. aussi* cascade arrangement).

string electrometer électromètre à fil *(électromètre formé essentiellement d'un fil conducteur suspendu entre deux électrodes planes verticales portées à des potentiels égaux et opposés par rapport à la terre, le potentiel à mesurer étant appliqué au fil) (dans les électromètres à fil modernes, le fil est en quartz métallisé et sa flexion sous l'action du potentiel à mesurer fait dévier un rayon lumineux se déplaçant derrière une échelle graduée en verre dépoli) (cf. aussi* electrometer).

string galvanometer galvanomètre à corde *(au singulier) (autre nom, plus général, du galvanomètre de Einthoven, c.-à-d. d'un type de galvanomètre à corde(s) employé effectivement comme galvanomètre) (cf. aussi* Einthoven galvanometer *et, à titre d'information,* light valve 1)).

string of bits suite de binaires *(inf, etc.) (cf. aussi* bit string).

string of resistors chaîne de résistances *(cf. aussi* resistor string).

strip *v* dénuder *(cf. aussi* stripping 1)).

strip-chart recorder enregistreur graphique à défilement, enregistreur à bande de papier *(enregistreur graphique dans lequel le support d'informations est une bande de papier animée d'un mouvement de translation entre une bobine débitrice et une bobine réceptrice, le dispositif d'inscription se déplaçant perpendiculairement à la direction de défilement de la bande, suivant un arc de cercle ou une droite) (cf. aussi* direct-writing recorder, potentiometer recorder, multipoint recorder *et* graphic recorder).

strip delay line ligne à retard triplaque *(ligne à retard hyperfréquence réalisée sous la forme d'une ligne triplaque) (cf. aussi* microwave delay line *et* stripline).

strip-line *cf.* stripline.

strip transmission line *cf.* stripline.

stripline ligne triplaque *(ligne à rubans formée d'une bande métallique étroite disposée entre deux bandes métalliques plus larges maintenues à égale distance de la bande centrale par un diélectrique et pouvant être réunies entre elles par des bandes métalliques latérales) (hyper) (cf. aussi* parallel-plate line).

stripline circuit circuit en ligne triplaque *(circuit hyperfréquence formé de lignes triplaques et de composants en ligne triplaque) (cf. aussi* microwave circuit, stripline *et* stripline component).

stripline circuitry circuits en ligne triplaque *(cf. aussi* stripline circuit *et* circuitry).

stripline component composant en ligne triplaque, composant hyperfréquence *(idem) (la plupart des composants hyperfréquence en guide d'ondes ou en ligne coaxiale peuvent être réalisés en ligne triplaque pour les faibles puissances) (cf. aussi* microwave component *et* stripline).

stripline package boîtier pour ligne triplaque *(boîtier de diode ou autre composant hyperfréquence, conçu pour être monté sur une ligne triplaque) (cf. aussi* stripline).

stripline technology (la) technique des lignes triplaque *(hyper) (cf. aussi* stripline *et* technology).

stripped wire fil dénudé *(cf. aussi* stripping 1)).

stripper outil à dénuder *(pince à dénuder ou machine à dénuder) et* stripping 1)).

stripping **1)** dénudage *(opération consistant à enlever l'isolant d'un conducteur isolé sur une certaine longueur de celui-ci, généralement aux extrémités pour établir des connexions) (cf. aussi* stripper). **2)** élimination *(par attaque chimique) (CP, etc.) (cf. aussi* etching).

stripping pliers pince à dénuder *(cf. aussi* stripping).

stripping tool *cf.* stripper.

strobe[1] *s* **1)** trace radiale *(trace lumineuse radiale formant repère de direction ou produite par un signal de brouillage sur l'écran d'un radar panoramique) (cf. aussi* PPI-display radar). **2)** *cf.* strobe pulse.

strobe[2] *v* **1)** activer par une impulsion *(cf. aussi* strobe pulse 1)). **2)** transférer par une impulsion *(cf. aussi* strobe pulse 2)).

strobe input *cf.* strobe pulse.

strobe line ligne de commande de transfert *(conducteur transmettant une impulsion de transfert dans un ordinateur) (inf) (cf. aussi* strobe pulse 2)).

strobe pulse **1)** impulsion d'activation *(impulsion permettant ou déclenchant le fonctionnement d'un dispositif) (peut être notamment une impulsion d'ouverture de porte, une impulsion de validation, une impulsion de transfert de charge ou d'informations) (cf. aussi* gating pulse, enabling pulse *et* 2) ci-après). **2)** impulsion de transfert, signal de transfert *(dans l'unité centrale d'un ordinateur, impulsion commandant un transfert d'informations entre deux registres, les informations contenues dans le registre émetteur étant transférées dans le registre récepteur par l'intermédiaire d'un bus) (est appliquée au registre récepteur pour permettre l'introduction des informations à transférer lorsque les signaux représentant celles-ci sont présents et stabilisés dans le bus) (ne pas employer « impulsion d'échantillonnage » ni « signal d'échantillonnage », ces termes, tout à fait impropres, résultant d'une mauvaise traduction initiale) (cf. aussi* central processing unit, register[1] 1) (a), bus a1) *et, pour information,* sampling pulse).

strobing **1)** activation par une impulsion *(cf. aussi* strobe pulse 1)). **2)** transfert par une impulsion *(cf. aussi* strobe pulse 2)).

stroboscope stroboscope *(dispositif utilisant une lampe à décharge émettant des éclairs à une fréquence déterminée pour permettre l'observation d'un organe mécanique animé d'un mouvement périodique, notamment un mouvement de rotation, ou pour mesurer ou contrôler la fréquence de ce mouvement en donnant l'impression que l'organe est immobile) (dans le cas le plus fréquent d'un mouvement de rotation, l'organe entraîné par l'arbre — plateau, poulie ou roue dentée — porte un repère ou une ou plusieurs séries de traits ou autres repères équidistants sur sa périphérie) (lorsque la vitesse de rotation de l'arbre, c.-à-d. sa fréquence angulaire, est égale à la fréquence des éclairs émis par la lampe, le ou les repères éclairés paraissent immobiles et la connaissance de la fréquence des éclairs permet de connaître la vitesse de rotation de l'arbre) (si la fréquence angulaire de l'arbre est inférieure à la fréquence des éclairs, le repère tourne dans le même sens que l'arbre et ce d'autant plus lentement que la différence entre les deux fréquences est plus petite, ce qui a pour limite le cas précédent) (si la fréquence angulaire de l'arbre est supérieure à la fréquence des éclairs, le repère tourne dans le sens contraire du sens de rotation effectif de l'arbre, la même remarque qu'au cas précédent s'appliquant pour la différence entre les deux fréquences) (on sait donc que si le repère tourne dans le bon sens, il faut réduire la fréquence des éclairs pour l'arrêter ; s'il tourne dans le mauvais sens, il faut augmenter la fréquence) (dans les domaines courants, le stroboscope est employé notamment pour le contrôle et le réglage de l'avance à l'allumage des moteurs à explosion et de la vitesse de rotation du plateau de certains tourne-disques) (la lampe utilisée est une lampe au néon ou, plus récemment, au xénon) (cf. aussi* neon lamp *et* xenon lamp).

stroboscopic disc *cf.* stroboscopic disk.

stroboscopic disk disque stroboscopique *(cf. aussi* stroboscope).

stroboscopic light lumière stroboscopique *(lumière émise par un stroboscope) (cf. aussi* stroboscope).

stroke **1)** frappe *(d'une touche) (téléimprimeur, terminal à clavier, calculatrice, etc.)*. **2)** bâtonnet *(élément d'un caractère pour lecture automatique et notamment d'un caractère magnétique) (inf) (cf. aussi* magnetic character).

stroke in *v* introduire au clavier *(inf) (cf. aussi* enter).

stroke scanning *cf.* vector scanning.

stroke writing tracé continu *(tracé d'une courbe ou d'une droite en trait continu sur le papier d'un enregistreur graphique ou sur l'écran d'un oscilloscope) (clpf dans le premier cas) (cf. aussi* recorder *et* oscilloscope).

strong inversion forte inversion *(formation d'une couche d'inversion complètement développée dans un transistor MOS) (semi) (cf. aussi* inversion layer).

strong-inversion mode mode de forte inversion *(un des deux modes de fonctionnement d'un transistor MOS en ce qui concerne l'inversion) (cf. aussi* strong inversion).

strong-inversion region domaine de forte inversion *(intervalle des valeurs de la tension de la grille d'un transistor MOS pour lesquelles se produit la forte inversion) (cf. aussi* strong inversion).

strong return écho intense *(radar) (cf. aussi* return 1)).

strong signal signal à haut niveau *(cf. aussi* high-level signal).

strongly damped fortement amorti *(caractéristique d'une oscillation dont l'amortissement est rapide) (cf. aussi* damping).

Strowger system système Strowger *(système téléphonique automatique à commutateurs pas-à-pas dans lequel les commutateurs comportent plusieurs bancs de broches superposés, le bras porte-balais montant ou descendant d'abord jusqu'au niveau du banc sélectionné, puis tournant pour explorer celui-ci) (cf. aussi* stepping switch).

structured programming programmation structurée *(en informatique, programmation effectuée à l'aide d'un langage de programmation permettant d'obtenir des programmes possédant une structure comme dans le cas d'un ouvrage, avec ses tomes, parties, chapitres, paragraphes, etc.) (cf. aussi* programming (b) *et* programming language).

STTL *cf.* Schottky TTL.

stub adaptateur à ligne *(ou* à court-circuit), adaptateur d'impédance *(idem) (dispositif d'adaptation d'impédance pour ligne de transmission hyperfréquence rigide formé d'un tronçon de longueur déterminée d'une telle ligne monté à angle droit sur celle-ci, du côté de la charge, et court-circuité à son extrémité libre) (est souvent un tronçon de ligne coaxiale rigide monté sur une telle ligne et dont la longueur est égale au quart de la longueur de l'onde se propageant dans la ligne principale) (cf. aussi* impedance matching *et* microwave transmission line).

stub matching adaptation par adaptateur à ligne *(hyper) (cf. aussi* stub).

stub tuner adaptateur à ligne réglable *(adaptateur à ligne dans lequel la position du court-circuit peut être réglée à l'aide d'une vis micrométrique pour parfaire l'adaptation) (hyper) (cf. aussi* stub).

stub tuning *cf.* stub matching.

stud-mounted component composant à fixation par tige filetée *(cf. aussi* stud mounting).

stud-mounted device *cf.* stud-mounted component.

stud-mounted package boîtier à fixation par tige filetée *(cf. aussi* stud mounting).

stud-mounted unit version à fixation par tige filetée *(cf. aussi* stud mounting *et* unit 3)).

stud mounting fixation par tige filetée *(fixation d'un composant en boîtier sur un châssis ou une carte ou plaquette à circuit imprimé par une courte tige filetée soudée au boîtier) (condensateur tubulaire à boîtier métallique, transistor de puissance, thyristor, etc.)*

studio studio *(local dans lequel est réalisé un programme de radiodiffusion sonore ou visuelle ou est effectué un enregistrement sonore) (cf. aussi* control room 2), broadcasting *et* sound recording).

studio broadcast (une) émission en studio *(parf en provenance d'un studio) (cf. aussi* studio).

studio broadcasting (l')émission de programmes en studio *(ou à partir d'un studio) (cf. aussi* studio).

studio equipment matériel de studio (*matériel électronique professionnel ou autre matériel professionnel conçu pour être utilisé dans un studio*) (*microphones, amplificateurs, magnétophones, tables de gravure, tourne-disque, caméras de télévision, magnétoscopes, analyseurs d'images, etc.*) (*cf. aussi* studio *et* professional electronic equipment).

STX (*vient de « start of text »*) STX, début de texte (*caractère de commande de transmission précédant le début effectif du message transmis*) (*trans. données*) (*cf. aussi* transmission control character).

style forme, type, version, disposition, (*etc.*) (*suivant le contexte*) (*composant*) (*cf. aussi* contact style).

styli *cf.* stylus.

stylus (*pluriel:* styli) **1)** pointe de lecture (*organe de la tête de lecture d'un tourne-disque ou, anciennement, d'un phonographe imprimant à l'organe de conversion du dispositif des mouvements ou des déformations d'amplitude proportionnelle à l'amplitude des ondulations du sillon qu'il suit*) (*est en saphir ou, mieux, en diamant dans un tourne-disque ou constitue la pointe d'une aiguille en acier dur dans un phonographe*) (*électroacou*) (*cf. aussi* phonograph pick-up. **2)** *cf.* recording stylus. **3)** *cf.* cutting stylus.

stylus drag force d'entraînement (*de la pointe de lecture, etc.*) (*force tangentielle exercée notamment sur une pointe de lecture par un disque en rotation par suite du frottement de celle-ci sur les flancs du sillon*) (*cf. aussi* stylus).

stylus force force d'appui (*force verticale exercée notamment sur un disque phonographique par une pointe de lecture lorsque le disque ne tourne pas*) (*cf. aussi* stylus).

stylus pressure *cf.* stylus force.

stylus scratch bruit de surface (*pointe de lecture*) (*cf. aussi* surface noise).

subarray sous-groupement, groupement partiel, (*etc.*) (*antenne, CI, etc.*) (*cf. aussi* array).

subatomic particle particule atomique (*particule élémentaire formant un des constituants de l'atome, c.-à-d. particule élémentaire autre qu'un photon*) (*physique atomique*) (*cf. aussi* elementary particle).

subaudio frequency fréquence infrasonore (*acou*) (*cf. aussi* infrasonic frequency).

subaudio range gamme des fréquences infrasonores (*acou*) (*cf. aussi* infrasonic frequency).

subband sous-bande (de fréquences) (*subdivision d'une bande de fréquences*) (*exemple: une des bandes Xa et Xk de la bande X*) (*cf. aussi* frequency band *et* X band).

subcarrier sous-porteuse *s* (*porteuse modulée ou destinée à être modulée avant de moduler elle-même une autre porteuse*) (*sous-porteuse d'un multiplex fréquentiel, d'un signal de télévision en couleurs, d'une émission stéréophonique, etc.*) (*cf. aussi* frequency-division multiplex, chrominance subcarrier, stereo subcarrier, carrier 1) *et* modulation (a)).

subcarrier band *cf.* subcarrier bandwidth.

subcarrier bandwidth largeur de bande de la sous-porteuse (*largeur de bande d'une sous-porteuse modulée*) (*cf. aussi* bandwidth 1) *et* subcarrier).

subcarrier oscillator **1)** oscillateur de sous-porteuse (*oscillateur fournissant une sous-porteuse d'un multiplex fréquentiel*) (*tél*) (*cf. aussi* oscillator *et* subcarrier). **2)** régénérateur de sous-porteuse (de chrominance), oscillateur de régénération de la sous-porteuse (*idem*) (*oscillateur fournissant le signal appliqué au démodulateur du signal I et, après déphasage de 90°, au démodulateur du signal Q dans un récepteur de télévision en couleurs NTSC ou PAL pour permettre la détection synchrone du signal correspondant*) (*cf. aussi* oscillator, I demodulator *(au début de la lettre I) et* Q demodulator).

subcarrier regenerator *cf.* subcarrier oscillator 2). (*le premier terme étant peu employé*).

subchannel voie (d'un multiplex) (*une voie d'un multiplex est normalement appelée « channel » en anglais, mais, lorsque le multiplex est considéré comme un canal de transmission d'informations et que l'on emploie en conséquence le terme « channel » en anglais pour le désigner, on utilise le terme « subchannel » pour désigner une de ses voies*) (*tls*) (*cf. aussi* multiplex channel.

subclutter visibility taux de visibilité (*grandeur exprimant l'aptitude d'un radar MTI à distinguer une cible sur un fond d'échos parasites*) (*avia*) (*cf. aussi* MTI radar).

subharmonic (un) harmonique inférieur (*grandeur sinusoïdale dont la fréquence est un sous-multiple entier de celle d'une grandeur sinusoïdale de même nature*) (*en électronique, ce terme désigne une tension sinusoïdale obtenue par division de la fréquence d'une tension sinusoïdale fournie par un oscillateur et notamment un oscillateur à quartz, par exemple dans une horloge à quartz*) (*cf. aussi* sinusoidal quantity, quartz clock *et* harmonic).

submarine aerial (*GB*) *cf.* submarine antenna.

submarine antenna antenne de sous-marin (*antenne de radio ou de radar équipant un sous-marin*) (*dans le premier cas, peut être une antenne remorquée*) (*mil*) (*cf. aussi* trailing antenna *et* submarine radar).

submarine cable câble sous-marin (*câble télégraphique, téléphonique ou électrique conçu pour être immergé, parfois à grande profondeur, pour réaliser une liaison de télécommunications par fil ou une ligne de transport d'énergie, respectivement entre deux côtes ou deux rives*) (*peut être un câble à fibre(s) optique(s) dans les deux premiers cas*) (*la plupart des câbles sous-marins actuellement exploités sont des câbles téléphoniques*) (*cf. aussi* telegraph cable *et* telephone cable).

submarine communications **1)** télécommunications sous-marines, (*souvent*) liaisons sous-marines (*au sens du terme anglais, télécommunications par câbles sous-marins*) (*cf. aussi* submarine cable *et* undersea communications). **2)** *cf.* communications with submarines.

submarine detecting set détecteur d'anomalies magnétiques (*avia. mil*) (*cf. aussi* magnetic anomaly detector).

submarine fire control system système de conduite de tir de sous-marin (*comprend essentiellement un sonar d'attaque avec les appareils associés de présentation des informations recueillies et des circuits ou un calculateur de tir commandant le lancement des torpilles et éventuellement des réglages à bord de celles-ci avant le lancement*) (*mar. mil.*) (*cf. aussi* attack sonar, fire-control computer *et* guided torpedo).

submarine laser communications télécommunications par laser avec les sous-marins, (*souvent*) liaisons laser (*idem*) (*télécommunications unilatérales entre un aéronef ou un satellite militaire portant un laser bleu-vert et un sous-marin en plongée peu profonde équipé d'un récepteur optique approprié*) (*cf. aussi* blue-green laser *et* laser communications).

submarine location localisation sous-marine (*sonar*) (*cf. aussi* undersea localization).

submarine radar radar de sous-marin (*radar de veille dont l'antenne, de petites dimensions, est montée au sommet d'un mât télescopique, comme un schnorkel, dans le kiosque d'un sous-marin pour permettre la veille anti-aérienne et la veille surface en plongée au schnorkel*) (*mil*) (*cf. aussi* search radar).

submarine search veille sous-marine (*veille assurée par un ou plusieurs sonars de veille*) (*mar. mil*) (*cf. aussi* search sonar).

submarine sonar sonar de sous-marin (*sonar militaire conçu pour être monté dans un sous-marin*) (*un sous-marin est normalement équipé d'un sonar d'attaque et d'un sonar de veille de coque et éventuellement d'un sonar remorqué*) (*cf. aussi* sonar, attack sonar, search sonar *et* towed sonar).

submarine surveillance *cf.* submarine search.

submarine telephone cable câble téléphonique sous-marin (*tls*) (*cf. aussi* submarine cable).

submarine threat menace sous-marine, (*parf.*) émission sous-marine hostile (*menace constituée par des torpilles de l'adversaire et leur autodirecteur ou par l'émission d'un sonar ou un autodirecteur sonar actif*) (*mar. mil*) (*cf. aussi* active sonar, active sonar seeker *et* threat).

submarine tracking poursuite sous-marine (*poursuite d'un navire de surface ou d'un sous-marin par un sous-marin utilisant un sonar de poursuite ou par une torpille à autodirecteur sonar*) (*mil*) (*cf. aussi* attack sonar *et* sonar seeker).

submaster cliché intermédiaire (*cliché à l'échelle 1 d'un composant à photograver obtenu sur plaque photographique à partir d'un dessin à grande échelle du composant et destiné à *servir de masque pour la photogravure d'un masque ou d'un réticule) (fab. CI, semi) (cf. aussi* photolithography, mask 2) *et* reticle).

submerged cable câble immergé (*cf. aussi* submarine cable).

submerged repeater répéteur immergé *(répéteur de câble téléphonique sous-marin) (tls)) (cf. aussi* repeater 1) *et* submarine cable).

submicrometer ... *cf.* submicron ...

submicron circuit *cf.* submicron integrated circuit.

submicron component composant submicronique *(ou* submicrométrique) *(noms parfois donnés à un circuit intégré submicronique) (cf. aussi* submicron integrated circuit).

submicron device 1) *cf.* submicron component. 2) *cf.* submicron feature.

submicron feature élément submicronique, élément submicrométrique *(élément d'un circuit intégré submicronique) (cf. aussi* submicron integrated circuit).

submicron feature size taille d'élément submicronique, *(etc.) (CI) (cf. aussi* submicron feature).

submicron geometry géométrie submicronique *(ou* submicrométrique *ou* inférieure au micron *(ou au micromètre) (caractéristique d'un circuit intégré monolithique dans lequel la largeur minimale des éléments de circuit est inférieure à 1 micromètre) (cf. aussi* integrated-circuit feature).

submicron IC *cf.* submicron integrated circuit.

submicron integrated circuit circuit intégré submicronique, *(ou* submicrométrique), circuit submicronique *(idem) (cf. aussi* submicron geometry).

submicron integrated circuit technology (la) technique des circuits intégrés submicroniques, *(etc.) (cf. aussi* submicron integrated circuit *et* technology).

submicron lithography gravure submicronique, gravure submicrométrique *(gravure de circuits intégrés à géométrie submicronique) (gravure par faisceau d'électrons ou aux rayons X) (cf. aussi* lithography (c) *et* (d) *et* submicron integrated circuit).

submicron microcircuit *cf.* submicron integrated circuit.

submicron microelectronics (l')électronique submicronique, (l')électronique submicrométrique *(électronique des circuits intégrés submicroniques) (cf. aussi* electronics[1] (a) *et* (b) *et* submicron integrated circuit).

submicron pattern motif submicronique, motif submicrométrique, motif à traits submicroniques *(ou* submicrométriques *ou* inférieurs au micron *(ou au micromètre), motif à largeur de trait submicronique, (idem) (motif d'un circuit intégré submicronique) (cf. aussi* pattern *et* submicron integrated circuit).

submicron patterning formation de motifs submicroniques, *(etc.) (fab. CI) (cf. aussi* patterning *et* submicron pattern).

submicron polysilicon gate grille en silicium submicronique *(ou* submicrométrique *ou* inférieur au micron) (silicium *ou* polysilicium) *(circuit intégré MOS) (cf. aussi* silicon gate *et* submicron geometry).

submicron silicon circuit *cf.* submicron silicon integrated circuit.

submicron silicon IC *cf.* submicron silicon integrated circuit.

submicron silicon integrated circuit circuit intégré submicronique au silicium, *(etc.) (semi) (cf. aussi* submicron integrated circuit *et* silicon integrated circuit).

submicron silicon integrated-circuit technology (la) technique des circuits intégrés submicroniques au silicium, *(etc.) (cf. aussi* submicron silicon integrated circuit *et* technology).

submicron silicon technology *cf.* submicron silicon integrated-circuit technology.

submicron size *cf.* submicron feature size.

submicron technology *cf.* submicron integrated-circuit technology.

submicron unit version submicrométrique *(cf. aussi* submicron component *et* unit 3)).

submicrosecond ... inférieur à la microseconde *(voir aussi* microsecond ... *et adapter).*

submillimeter wave onde submillimétrique *(onde radioélectrique de longueur inférieure à 1 mm, correspondant à une fréquence supérieure à 300 GHz) (cf. aussi* radio wave *et* wavelength).

submillimeter wavelength longueur d'onde submillimétrique *(longueur d'une onde submillimétrique) (cf. aussi* submillimeter wave).

subminiature component composant subminiature *(composant de dimensions nettement plus petites que celle d'un composant miniature) (un composant pour circuit hybride est un composant subminiature, mais certains composants pour circuits imprimés, bien que nettement plus gros, sont parfois qualifiés de « subminiature ») (cf. aussi* hybrid-circuit component 1) *et* miniature component).

subminiature relay relais subminiature (*cf. aussi* relay[1] 1) *et* subminiature component).

subminiature tube tube subminiature, tube électronique subminiature *(tube miniature d'environ 1 cm de diamètre et quelques centimètres de longueur) (cf. aussi* acorn tube, miniature tube *et* subminiature component).

subminiaturization subminiaturisation, miniaturisation poussée *(réalisation et emploi de composants subminiature) (cf. aussi* subminiature component).

submode sous-mode (de propagation) *(mode de propagation dans un guide d'ondes constituant une sous-catégorie d'un mode déterminé) (hyper) (cf. aussi* waveguide propagation mode).

subnanosecond ... inférieur à la nanoseconde *(voir aussi* nanosecond ... *et adapter) (pour les termes qui ne figurent pas ci-après).*

subnanosecond logic logique subnanoseconde *(logique, telle que la logique ECL, dont le temps de commutation peut être inférieur à une nanoseconde) (CI) (inf) (cf. aussi* logic (b), switching time *et* ECL).

subnet *cf.* subnetwork.

subnetwork sous-réseau *(partie d'un réseau de télécommunications constituant un réseau en elle-même) (cf. aussi* communications network).

sub-Nyquist rate *cf.* sub-Nyquist sampling rate.

sub-Nyquist sampling rate cadence d'échantillonnage inférieure à la valeur minimale *(échantillonneur) (cf. aussi* Nyquist sampling rate).

subprogram *cf.* subroutine.

subrefraction infraréfraction *(réfraction des ondes radioélectriques dans l'atmosphère lorsque le gradient de l'indice de réfraction est supérieur à 39 unités N par kilomètre) (est caractérisé par le fait que la trajectoire des ondes est moins courbée que dans l'atmosphère normale et s'écarte ainsi plus vite de la surface de la Terre, ce qui diminue la portée au sol ou à altitude moyenne d'un émetteur d'ondes ultracourtes) (propa) (radiocom, radar) (cf. aussi* standard refraction)

subroutine sous-programme *(petit programme d'ordinateur constituant une partie d'un programme principal, généralement exécutée un certain nombre de fois par l'appareil pour des opérations courantes au cours de l'exécution du programme principal) (exemples: sous-programme d'opération arithmétique, sous-programme de calcul de fonction mathématique, sous-programme de tri, sous-programme d'impression de résultats, etc.) (inf) (cf. aussi* closed subroutine, open subroutine, standard subroutine, subroutine call, computer program *et* object-oriented language).

subroutine call appel de sous-programme, appel d'un sous-programme, appel du sous-programme *(selon le contexte) (émission de signaux par l'unité de commande d'un ordinateur provoquant le chargement en mémoire centrale d'un sous-programme fermé en vue de son exécution) (l'appel d'un sous-programme déclenche l'interruption de l'exécution du programme principal et la sauvegarde de l'état de celui-ci pendant l'exécution du sous-programme, après quoi l'appareil revient au programme principal) (inf) (cf. aussi* control unit 2), closed subroutine, interrupt *et* program status register).

subroutine library bibliothèque de sous-programmes *(inf) (cf. aussi* program library *et* subroutine).

subsampling sous-échantillonnage *(échantillonnage sélectif éliminant les échantillons les moins représentatifs du signal à transmettre ou mémoriser) (compression de l'information) (cf. aussi* sampling *et* data compression).

subscriber abonné s *(personne physique ou morale ayant souscrit un abonnement) (tls, etc.) (cf. aussi* telephone subscriber *et* subscription).

subscriber channel unit interface de ligne d'abonné *(dans un central téléphonique public numérique, ensemble formé d'un joncteur d'abonné et d'un second circuit intégré numérique appelé « cofidec » et monté entre le joncteur et l'autocommutateur pour assurer, comme son nom l'indique, le codage des signaux analogiques reçus de l'abonné, le décodage des signaux numériques à destination de l'abonné et le filtrage des signaux dénumérisés envoyés dans la ligne en passant par le joncteur) (cf. aussi* SLIC *et* codec*).*

subscriber extension station *cf.* extension 1).

subscriber line ligne d'abonné *(ligne téléphonique ou télégraphique reliant l'installation d'un abonné au téléphone ou au télégraphe, respectivement, au central qui le dessert) (tls) (cf. aussi* exchange 2)).

subscriber-line interface circuit *cf.* SLIC.

subscriber loop *cf.* subscriber line.

subscriber main station poste principal (d'abonné) *(poste téléphonique connecté directement à la ligne desservant un central téléphonique privé) (tls) (cf. aussi* telephone set *et* private exchange).

subscriber meter compteur d'abonné, compteur téléphonique, compteur *(appareil ou montage totalisant les unités de taxation des communications téléphoniques d'un abonné dans un central automatique) (tls) (cf. aussi* telephone charging *et* automatic telephone exchange).

subscriber number numéro d'abonné *(tél, etc.) (cf. aussi* telephone subscriber number).

subscriber set poste d'abonné *(ce terme désigne généralement un poste téléphonique d'un abonné au téléphone, mais peut également désigner un télécopieur d'un tel abonné ou un téléimprimeur d'un abonné au télex ou même un récepteur de télévision d'un abonné à un service payant de radiodiffusion visuelle) (cf. aussi* telephone set, facsimile machine, teleprinter *et* subscription television).

subscriber station poste d'abonné *(poste d'abonné au téléphone ou au télex considéré en anglais comme une station de télécommunications) (cf. aussi* subscriber set).

subscriber telephone set poste téléphonique d'abonné, poste d'abonné *(le second terme est le plus employé) (tls) (cf. aussi* subscriber set).

subscription abonnement *(en télécommunications, informatique, radiodiffusion et distribution d'énergie, entre autres, droit d'user d'un service public ou non, acquis à titre onéreux pour une période déterminée) (abonnement au téléphone, au télex, à une banque de données, à la télévision payante, à la distribution d'énergie électrique, etc.) (cf. aussi* subscription television).

subscription service service payant *(cf. aussi* subscription).

subscription television télévision payante *(mode de diffusion de programmes de télévision nécessitant la location d'un décrypteur à adjoindre aux récepteurs dans le cas de la radiodiffusion visuelle ou le paiement d'un supplément d'abonnement dans le cas de la télévision par câble) (cf. aussi* unscrambler *et* cable television).

subscription television operator exploitant d'une station de télévision payante *(cf. aussi* subscription television).

subscription television program programme de télévision payante *(cf. aussi* television program *et* subscription television).

subscription television service service de télévision payante *(cf. aussi* subscription television).

subscription TV *cf.* subscription television.

subset 1) jeu partiel *(de caractères d'imprimante, etc.) (inf, etc.).* 2) sous-ensemble, ensemble partiel *(math, etc.).* 3) *cf.* subscriber telephone set. 4) *cf.* modem. 5) langage réduit, sous-ensemble (du langage) *(version d'un langage de programmation ne comprenant pas toutes les instructions du langage complet) (inf) (cf. aussi* programming language).

subsonic frequency *cf.* infrasonic frequency.

substitution method méthode de substitution *(méthode de mesure de résistance dans laquelle la résistance est montée en série avec une source de courant continu et un ampèremètre, puis remplacée par une résistance de valeur connue produisant la même déviation de l'ampèremètre, la résistance de valeur connue étant obtenue à l'aide d'une boîte de résistances) (cf. aussi* resistance measurement method *et* resistance box).

substitution technique *cf.* substitution method.

substrate substrat *(plaquette isolante dans la masse ou en surface, ou semiconductrice ou autre, de dimensions pouvant être très petites, sur laquelle ou dans laquelle est réalisé un circuit ou un composant) (cf. aussi* printed-circuit substrate, hybrid-circuit substrate, monolithic integrated-circuit substrate, semiconductor substrate *et* piezoelectric substrate).

substrate bias polarisation du substrat *(d'un circuit intégré numérique) (cf. aussi* substrate biasing).

substrate-bias generator générateur de polarisation du substrat *(montage fournissant une tension de polarisation d'un substrat) (cf. aussi* substrate biasing).

substrate biasing polarisation du substrat *(application d'une tension négative au substrat d'un circuit intégré numérique notamment au substrat d'une mémoire RAM dynamique, pour augmenter la vitesse de commutation des transistors et réduire l'effet des variations de la tension d'alimentation du circuit intégré sur son fonctionnement) (semi) (inf) (cf. aussi* biasing, digital integrated circuit, RAM^1 *et* switching speed).

substrate bond soudure sur le substrat *(soudure exécutée sur une plage de connexion d'un circuit hybride) (cf. aussi* bonding pad).

substrate coupling couplage par le substrat *(couplage capacitif indésirable entre deux transistors d'un circuit intégré monolithique dû à la capacité parasite formée entre chacun d'eux et le substrat du circuit) (semi) (cf. aussi* capacitive coupling 1) *et* monolithic integrated-circuit substrate).

substrate doping density concentration d'impuretés dans le substrat *(composant à semiconducteur) (cf. aussi* impurity concentration).

substrate leakage fuites au substrat *(fuites de courant entre une électrode d'un composant de circuit intégré à semiconducteur et le substrat du circuit) (cf. aussi* semiconductor integrated circuit).

substrate material matériau du substrat *(parf.* pour substrat) *(cf. aussi* substrate *et* material).

substrate real estate surface disponible sur le substrat *(CP, CH, CI) (cf. aussi* real estate).

substrate resistivity résistivité du substrat *(ce terme désigne généralement la résistivité d'un substrat semiconducteur, mais peut également s'appliquer à un substrat isolant) (cf. aussi* resistivity, semiconductor substrate *et* insulating substrate.

substrate wafer *cf.* wafer 2).

subthreshold current courant infraseuil, intensité du courant infraseuil *(courant d'intensité inférieure au courant de seuil dans un dispositif, ou cette intensité elle-même) (cf. aussi* threshold current).

substhreshold leakage fuites par courant infraseuil *(TEC) (cf. aussi* subthreshold current).

subtract with carry *v* soustraire avec report *(inf) (cf. aussi* binary subtraction *et* carry).

subtracter soustracteur *s (montage dont le signal de sortie est égal ou proportionnel à la différence entre deux signaux d'entrée) (a) soustracteur analogique, c.-à-d. amplificateur opérationnel monté en amplificateur différentiel) (cf. aussi* operational amplifier); (b) *soustracteur binaire) (inf) (cf. aussi* binary subtracter).

subtraction instruction instruction de soustraction *(instruction de programme d'ordinateur commandant l'exécution d'un sous-programme de soustraction (inf) (cf. aussi* instruction *et* subtraction subroutine).

subtraction subroutine sous-programme de soustraction *(sous-programme d'ordinateur établi pour l'exécution de soustractions, celles-ci étant effectuées sous la forme binaire) (inf) (cf. aussi* subroutine *et* binary subtraction).

subtractive method *cf.* subtractive process.

subtractive process méthode soustractive, procédé soustractif *(le second terme est peu employé) (procédé de fabrication de circuits imprimés dans lequel le réseau de conducteurs est obtenu par élimination de certaines zones de la couche de cuivre) (cette élimination est presque toujours réalisée par photogravure ou, parfois, par enlèvement mécanique) (la méthode soustractive est de loin la plus employée) (cf. aussi* printed circuit *et* photolithography).

subtractor *cf.* subtracter.

subvoice-grade line *cf.* telegraph line.

successive-approximation a-d ... *(ou* **A/D ...)** *cf.* successive-approximation analog-to-digital ...

successive-approximation ADC *cf.* successive-approximation analog-to-digital converter.

successive-approximation analog-to-digital conversion conversion analogique/numérique par approximations successives *(ou par pesée),* numérisation *(idem),* conversion *(idem),* conversion série, numérisation série *(numérisation réalisée par un numériseur à approximations successives) (cf. aussi* analog-to-digital conversion *et* successive-approximation analog-to-digital converter).

successive-approximation analog-to-digital converter convertisseur analogique/numérique à approximations successives *(ou à pesée),* numériseur *(idem),* convertisseur *(idem),* convertisseur série, numériseur série *(numériseur réalisant la conversion analogique/numérique en comparant successivement la tension à convertir à des tensions continues croissantes) (ces tensions sont obtenues en ajoutant à la première d'entre elles — égale à la moitié de la plage de tensions à couvrir — une tension égale à la moitié de celle-ci, et ainsi de suite, chaque tension ajoutée étant retenue si la tension totale ainsi obtenue n'est pas supérieure à la tension à mesurer, et rejetée dans le cas contraire) (exemple: soit à convertir en numérique une tension analogique de 8 volts dans une plage de mesure couvrant les tensions de 1 à 10 volts) (la tension de 8 volts est appliquée à une entrée d'un comparateur de tension; une tension égale à la moitié de la plage de mesure, soit 5 volts, est appliquée à l'autre entrée; cette tension de référence ou « poids mis sur un plateau de la balance » n'étant pas supérieure à la tension à convertir, elle est retenue — le poids est laissé sur le plateau — et représentée par un 1 à la position du binaire de plus fort poids du mot binaire représentant la tension convertie) (une tension égale à la moitié de la tension de référence précédente, soit 2,5 volts, est ajoutée à celle-ci — comme un poids ajouté sur le plateau à côté du premier —; la tension de référence totale obtenue, soit 7,5 volts — total des poids posés sur le plateau — n'étant pas supérieure à la tension à convertir, la tension ajoutée est retenue — le deuxième poids est laissé sur le plateau — et donc représentée par un 1 à la position suivante du mot binaire) (une tension égale à la moitié de la tension ajoutée pour la comparaison précédente, soit 1,25 volt, est ajoutée à la tension de référence précédente — comme un troisième poids ajouté aux deux premiers —; la tension de référence totale obtenue, soit 8,75 volts, étant supérieure à la tension à convertir, elle n'est pas retenue — le troisième poids est retiré du plateau — et est donc représentée par un 0 à la position suivante du mot binaire) (une tension égale à la moitié de 1,25 volt, soit 0,625 volt, est ajoutée à 7,5 volts; la tension obtenue, soit 8,125 volts, étant supérieure à 8 volts, elle n'est pas retenue et donne un 0 dans le mot binaire) (une tension égale à la moitié de 0,625 volt, soit 0,312 volt, est ajoutée à 7,5 volts; la tension obtenue, soit 7,812 volts, étant inférieure à 8 volts, elle est retenue et représentée par un 1, et ainsi de suite, le nombre de comparaisons successives étant égal au nombre de binaires du mot, lequel est souvent un octet, ce qui donne dans notre cas 11001100) (on notera que, si la tension à convertir est de 5 volts, le mot obtenu est 10000000; si elle est de 10 volts, le mot est 11111111, ce qui représente d'ailleurs un peu moins de 10 volts, l'erreur correspondante diminuant quand le nombre de binaires du mot augmente) (cf. aussi* parallel converter 1), parallel-serial-parallel converter, analog-to-digital converter, voltage comparator *et* binary word).

successive-approximation conversion *cf.* successive-approximation analog-to-digital conversion.

successive-approximation converter *cf.* successive-approximation analog-to-digital converter.

successive-approximation logic logique d'approximations successives *(logique réalisant les comparaisons successives dans un numériseur à approximations successives) (inf) (cf. aussi* logic (b) *et* successive-approximation analog-to-digital converter).

successive-approximation register registre d'approximations successives *(registre contenant le mot binaire fourni par un numériseur à approximations successives) (cf. aussi* register[1] 1) (a) *et* successive-approximation analog-to-digital converter).

successive-approximation technique (la) méthode d'approximations successives *(méthode de numérisation par approximations successives) (cf. aussi* successive-approximation analog-to-digital conversion).

sudden change variation brusque *(de la valeur d'une grandeur variable) (en électronique, ce terme désigne parfois une fonction en échelon) (cf. aussi* variable quantity *et* step function).

sudden ionospheric disturbance perturbation ionosphérique à début brusque, PIDB, soudaine anomalie ionosphérique, SID *(sigle du terme anglais) (réduction brusque de l'altitude apparente de la couche D de l'ionosphère due à une forte augmentation de son taux d'ionisation sous l'action d'un flux intense de rayons X émis par une éruption solaire) (propa) (cf. aussi* D layer, ionization degree, X rays, solar flare *et* sudden phase anomaly).

sudden phase anomaly variation brusque de phase, soudaine anomalie de phase *(variation brusque de la phase du signal reçu par un récepteur de navigation hyperbolique due à une perturbation ionosphérique à début brusque réduisant son trajet de propagation ionosphérique) (est une source d'erreurs sur le point calculé) (cf. aussi* hyperbolic navigation system, sudden ionospheric disturbance *et* ionospheric propagation).

sudden storm commencement début brusque *(début d'un orage magnétique dit « à début brusque » caractérisé par une brusque diminution de l'intensité du champ magnétique à la surface de la Terre) (cf. aussi* magnetic storm).

suite 1) travée *(suite de bâtis électroniques alignés, notamment dans un central téléphonique automatique) (cf. aussi* rack 1)). 2) panoplie, *(parf. aussi)* équipement *(cf. aussi* ECM suite, electronic warfare suite *et* radar suite).

sulfating sulfatation *(formation de sulfate de plomb sur les plaques d'un accumulateur au plomb laissé à l'état déchargé pendant un certain temps) (le sulfate bouche progressivement les pores de la matière active des plaques en empêchant l'acide d'imprégner celles-ci et finit ainsi par rendre la batterie inapte à prendre la charge) (cf. aussi* lead-acid cell).

sulfur hexafluoride hexafluorure de soufre, SF_6 *(gaz isolant employé dans certains disjoncteurs pour courants forts et dans les guides d'ondes de certains radars de grande puissance à la place de l'air grâce à sa rigidité diélectrique environ 2,5 fois plus grande que celle de l'air) (cf. aussi* dielectric strength).

sum[1] *s* somme, *(parf.)* total *(résultat d'une addition) (somme arithmétique, somme algébrique, ou somme logique) (cf. aussi* logic sum).

sum[2] *v* sommer, additionner *(cf. aussi* sum[1]).

sum channel *cf.* sum signal.

sum frequency fréquence somme *(fréquence égale à la somme des fréquences de deux signaux appliqués à un élément non linéaire) (changeur de fréquence) (cf. aussi* non-linear element *et* mixer).

sum of products somme de produits *(en informatique, ce terme désigne la somme logique de deux ou plusieurs produits logiques et a pour synonyme le terme « réunion d'intersections », lequel est toutefois moins employé) (cf. aussi* logic sum *et* logic product).

sum signal signal somme *(signal résultant de la superposition de deux signaux) (FM stéréo, etc.) (cf. aussi* stereo FM).

summation ... *cf.* summing ...

summing amplifier amplificateur sommateur, amplificateur de sommation *(amplificateur opérationnel dans lequel l'amplitude instantanée du signal de sortie est la somme algébrique des amplitudes instantanées de deux ou plusieurs signaux d'entrée appliqués en parallèle à une entrée) (cf. aussi* operational amplifier *et* amplitude).

summing ladder échelle de sommation *(nom parfois donné à l'échelle de résistances d'un dénumériseur pour rappeler qu'elle permet la sommation des poids binaires considérés) (cf. aussi* resistor ladder).

summing network réseau de sommation *(nom parfois donné à une matrice de décodage réalisant la sommation de deux ou plusieurs signaux) (cf. aussi* decoding matrix).

summing mode *cf.* summing point.

summing point point de sommation (*point d'un montage où plusieurs tensions ou courants s'additionnent*) (*nom parfois donné notamment au détecteur d'écart d'un système asservi*) (*cf. aussi* error detector).

sun energy *cf.* solar energy.

sun follower chercheur de Soleil (*capteur optique asservi à rester pointé dans la direction du Soleil*) (*est utilisé notamment pour maintenir un ou plusieurs panneaux de cellules solaires orientés vers le Soleil dans des engins spatiaux et des centrales solaires ou, dans ce dernier cas, un ou plusieurs miroirs*) (*cf. aussi* sun seeker, optical sensor, position control system, solar power plant *et, pour information,* star tracker).

sun following poursuite du Soleil (*maintien de l'orientation d'un chercheur de Soleil dans la direction de celui-ci malgré le mouvement relatif du support du chercheur dû à sa trajectoire ou à la rotation de la Terre*) (*cf. aussi* sun follower).

sun power *cf.* solar power.

sun-powered electric ... *cf.* sun-powered ...

sun-powered generating plant *cf.* sun-powered plant.

sun-powered generator générateur solaire (*cf. aussi* solar generator).

sun-powered plant centrale solaire (*cf. aussi* solar power plant).

sun seeker chercheur de Soleil (*le terme anglais est généralement employé à la place de « sun follower » lorsqu'il s'agit d'un chercheur monté sur un engin spatial*) (*cf. aussi* sun follower).

sun sensing détection du Soleil (*début du processus de poursuite du Soleil*) (*cf. aussi* sun following).

sun sensor *cf.* sun seeker.

sun spot tache solaire (*zone sombre à la surface du Soleil dans laquelle le champ magnétique est très intense*) (*cf. aussi* magnetic field strength *et* solar flare).

sun tracker *cf.* sun follower. (*le premier terme étant peu employé*).

sunlight-readable lisible en plein soleil (*afficheur, écran cathodique*).

SUP *cf.* suppressor grid.

super-beta bipolar transistor *cf.* super-beta transistor.

super-beta transistor transistor super-bêta (*transistor bipolaire à très grand bêta*) (*semi*) (*cf. aussi* beta).

super-chip superpuce (*nom souvent donné à la puce d'un circuit intégré monolithique à très haute densité ou plus, pour rappeler ses très grandes possibilités de traitement de signaux numériques*) (*cf. aussi* VLSI chip, ULSI chip, VHSIC chip *et* digital signal processing).

supercomponent supercomposant (*nom parfois donné à un circuit intégré complexe et plus particulièrement à un circuit intégré monolithique utilisant une superpuce*) (*semi*) (*cf. aussi* complex integrated circuit *et* super-chip).

supercomputer super-ordinateur (*ordinateur de très grande puissance, c.-à-d. ordinateur de la 4e génération ou plus*) (*inf*) (*cf. aussi* computer power *et* fourth-generation computer).

supercomputing traitement par super-ordinateur, supertraitement (d'informations) (*terme que j'ai proposé*) (*traitement d'informations exécuté par un super-ordinateur*) (*inf*) (*cf. aussi* data processing *et* supercomputer).

superconducting circuit 1) circuit supraconducteur (*circuit dont les conducteurs sont des supraconducteurs utilisés à l'état de supraconduction*) (*cf. aussi* superconductor). 2) *cf.* superconducting integrated circuit).

superconducting device dispositif à supraconduction (*dispositif, tel que la jonction Josephson, dont le fonctionnement repose sur la supraconduction*) (*cf. aussi* superconductivity *et* Josephson junction).

superconducting electromagnet *cf.* superconducting magnet.

superconducting film couche supraconductrice (*jonction Josephson, etc.*) (*cf. aussi* superconductivity).

superconducting IC *cf.* superconducting integrated circuit.

superconducting inductor (bobine d')inductance supraconductrice (*cf. aussi* inductor *et* superconductivity).

superconducting integrated circuit circuit intégré à supraconduction (*circuit intégré monolithique utilisant des dispositifs à supraconduction*) (*mémoire à supraconduction, etc.*) (*cf. aussi* monolithic integrated circuit *et* superconducting memory).

superconducting loop *cf.* superconducting ring.

superconducting magnet aimant supraconducteur, électro-aimant supraconducteur (*le premier terme est le plus employé*) (*électro-aimant dont la bobine utilise un supraconducteur pour créer un champ magnétique de très grande intensité*) (*cf. aussi* electromagnet *et* superconductor).

superconducting material *cf.* superconductor.

superconducting memory mémoire à supraconduction (*mémoire intégrée dont les cellules utilisent un ou plusieurs dispositifs à supraconduction et notamment une jonction Josephson*) (*est encore expérimentale en 1990*) (*inf*) (*cf. aussi* solid-state memory, superconductiviy *et* Josephson junction).

superconducting microcircuit *cf.* superconducting integrated circuit.

superconducting ring anneau supraconducteur (*anneau en métal supraconducteur dans lequel un courant induit circule quasi-indéfiniment*) (*cf. aussi* superconductor *et* induced current).

superconducting thin-film couche mince supraconductrice (*couche mince déposée à partir d'un corps supraconducteur*) (*cf. aussi* thin film *et* superconductor).

superconductive ... *cf.* superconducting ...

superconductivity supraconduction (*conduction électrique dans certains corps aux températures proches du zéro absolu caractérisée par l'annulation quasi-totale et brusque de la résistance électrique du corps et par le comportement diamagnétique de celui-ci*) (*la densité de courant dans un conducteur peut alors être très grande sans risque d'échauffement excessif de celui-ci*) (*la supraconduction est encore imparfaitement expliquée et serait due à l'interaction collective des paires de Cooper avec les phonons selon la théorie de Bardeen, Cooper et Schrieffer appelée « théorie BCS »*) (*cf. aussi* Cooper pair, phonon, Meissmer effect, London equation, Josephson junction, electric conduction, resistance, diamagnetism *et* current density).

superconductor supraconducteur s, corps supraconducteur, matériau (*idem*), métal (*idem*), alliage (*idem*) (*selon le contexte*) (*corps dans lequel la supraconduction peut être observée, c.-à-d. certains métaux tels que notamment le plomb, l'étain, l'aluminium, le niobium, le tellure et le mercure, et des alliages et composés intermétalliques*) (*cf. aussi* soft superconductor, hard superconductor, superconductivity *et* material).

superfast annealing recuit ultra-rapide (*recuit par faisceau laser ou par faisceau d'électrons*) (*fab. CI, semi*) (*cf. aussi* laser annealing *et* electron-beam annealing).

supergroup (un) groupe supérieur (*groupe de voies d'un multiplex téléphonique à répartition de fréquence autre que le groupe primaire, c.-à-d. groupe secondaire, groupe tertiaire ou groupe quaternaire*) (*tls*) (*cf. aussi* basic supergroup *et* frequency-division multiplex).

supergroup distribution frame répartiteur de groupes supérieurs (*répartiteur permettant de brasser des groupes supérieurs d'un multiplex téléphonique*) (*répartiteur de groupes secondaires, répartiteur de groupes tertiaires ou répartiteur de groupes quaternaires*) (*central tél*) (*cf. aussi* distribution frame *et* supergroup).

superhet (receiver) *cf.* superheterodyne receiver.

superheterodyne *cf.* superheterodyne receiver.

superheterodyne band conversion *cf.* band conversion.

superheterodyne conversion *cf.* band conversion.

superheterodyne microwave receiver récepteur hyperfréquence superhétérodyne (*cas général*) (*cf. aussi* microwave receiver *et* superheterodyne receiver).

superheterodyne radio receiver récepteur radio superhétérodyne (*récepteur radio réalisé sous la forme d'un récepteur superhétérodyne*) (*cas général des récepteurs modernes*) (*cf. aussi* radio receiver *et* superheterodyne receiver).

superheterodyne receiver récepteur superhétérodyne, récepteur à changement de fréquence (*récepteur radioélectrique dans lequel la fréquence de la porteuse reçue est abaissée par changement de fréquence avant que la porteuse soit amplifiée et démodulée, la fréquence obtenue étant par ailleurs constante quelle que soit la fréquence de la porteuse reçue,* *l'accord sur cette dernière fréquence étant obtenu en faisant varier simultanément l'accord de l'étage d'entrée et la fréquence de l'oscillateur local) (cette définition est celle du récepteur superhétérodyne classique, c.-à-d. à simple changement de fréquence) (l'abaissement de la fréquence de la porteuse facilite son amplification en limitant les risques d'accrochage tandis que la constance de cette fréquence facilite la réalisation d'un amplificateur sélectif) (le principe du récepteur superhétérodyne a été imaginé en 1917 par l'ingénieur français Lucien Lévy) (presque tous les récepteurs radioélectriques sont des récepteurs superhétérodynes depuis une cinquantaine d'années) (cf. aussi* infradyne receiver, supradyne receiver, double-conversion superheterodyne receiver, RF receiver, mixer, intermediate frequency, image frequency 1), radio receiver, singing, narrow-band amplifier *et, à titre d'information,* frequency conversion).

superheterodyne reception réception par un récepteur superhétérodyne *(cf. aussi* superheterodyne receiver).

superheterodyne scanning receiver *cf.* scanning receiver.

superheterodyned ... *cf.* superheterodyne ...

super-high frequency supra-haute fréquence, SHF, fréquence SHF *(fréquence de 3 à 30 GHz, correspondant à une longueur d'onde de 10 à 1 cm) (radioélectricité) (cf. aussi* frequency *et* wavelength).

super-high frequency ... *cf.* SHF ... *(pour les termes qui ne figurent pas ci-après).*

super-high frequency band bande SHF *(radioélectricité) (cf. aussi* super-high frequency *et* SHF band).

Supermalloy Supermalloy *(nom commercial d'un alliage à haute perméabilité magnétique dérivé du permalloy principalement par addition de molybdène et dont la perméabilité est très supérieure à celle de l'alliage initial) (cf. aussi* permalloy).

supermicro *cf.* supermicrocomputer.

supermicrocomputer supermicro-ordinateur, supermicro *(micro-ordinateur dont la puissance de traitement est proche de celle d'un mini-ordinateur, bien que sa structure puisse être sensiblement différente de celle de ce dernier) (est caractérisé par l'emploi d'un microprocesseur à 32 binaires, par une mémoire centrale à capacité d'au moins 2 mégaoctets et un disque dur d'au moins 32 Mo) (inf) (cf. aussi* microcomputer, processing power, 32-bit microprocessor, main memory, megabyte, hard disk *et* minicomputer).

supermini *cf.* superminicomputer.

superminicomputer supermini-ordinateur, supermini *(mini-ordinateur dont la puissance de traitement est proche de celle d'un macro-ordinateur, l'appareil travaillant sur des mots de 32 binaires) (inf) (cf. aussi* minicomputer, processing power *et* mainframe 1)).

superposed circuit circuit non métallique *(circuit téléphonique ou télégraphique non physiquement identifiable formé à partir de circuits métalliques ou eux-mêmes non métalliques) (terme générique couvrant le circuit fantôme et le circuit superfantôme) (tls) (cf. aussi* phantom circuit, double-phantom circuit, telegraph-telephone circuit *et* metallic circuit).

superposition theorem théorème de superposition, principe de superposition *(les deux termes sont employés indifféremment, mais on notera que le premier est l'énoncé formel du second) (théorème selon lequel, dans un réseau électrique linéaire ne comprenant que des résistances et des générateurs de courant, l'intensité du courant circulant dans une branche d'une maille du réseau est la somme algébrique des courants produits dans cette branche par chacun des générateurs fonctionnant seul, les autres étant remplacés par leur résistance interne) (théorie des réseaux électriques) (cf. aussi* linear network).

superpower station station de très grande puissance *(station de radiodiffusion dotée d'un ou plusieurs émetteurs de très grande puissance, soit de 1 000 kW ou plus, cette limite inférieure étant conventionnelle) (cf. aussi* broadcast station *et* transmitter power).

superrefraction superréfraction *(réfraction des ondes radioélectriques dans l'atmosphère lorsque le gradient de l'indice de réfraction est inférieur à 39 unités N par kilomètre) (est caractérisée par le fait que la trajectoire des ondes est plus courbée que dans l'atmosphère normale, ce qui augmente la portée au sol ou à altitude moyenne d'un émetteur d'ondes ultra-courtes, l'onde suivant la courbure de la Terre sur une certaine distance ou, pour les valeurs inférieures à -157 unités N/km, revient vers le sol et s'y réfléchit, puis en altitude, et ainsi de suite, comme dans une couche-piège, l'augmentation de portée pouvant alors être importante) (propa) (radiocom, radar) (cf. aussi* standard refraction *et* duct 1)).

superregeneration superréaction, super-réaction *(procédé d'augmentation du gain de la partie amplificatrice d'une détectrice à réaction consistant à la faire fonctionner avec une réaction positive jusqu'à la limite de l'accrochage, auquel point la réaction positive est arrêtée, le processus se reproduisant périodiquement) (la fréquence de la tension alternative chargée d'annuler périodiquement la réaction positive est légèrement supérieure à la limite des fréquences audibles pour que son action ne soit pas perçue dans les sons reproduits par le récepteur) (l'augmentation du gain procure une augmentation de la sensibilité du récepteur) (radio) (cf. aussi* regenerative detector, gain 1), positive feedback *et* singing).

superregenerative detector détectrice à superréaction *(détectrice à réaction à sensibilité accrue par emploi de la super-réaction) (récepteur radio) (cf. aussi* regenerative detector *et* superregeneration).

superregenerative receiver récepteur à super-réaction *(ancien récepteur radio utilisant une détectrice à superréaction) (cf. aussi* superregenerative detector *et* radio receiver).

superregenerator *cf.* superregenerative receiver.

superscale computer *cf.* supercomputer.

supersensitive relay relais ultra-sensible *(relais dont la bobine consomme au maximum quelques centaines de microampères) (cf. aussi* relay[1] 1)).

superset surensemble *(en programmation, version d'un langage de programmation ayant des possibilités accrues, c-à-d. plus d'instructions que le langage initial) (inf) (cf. aussi* programming language).

superturnstile aerial *(GB) cf.* superturnstile antenna.

superturnstile antenna antenne supertourniquet *(antenne tourniquet dans laquelle les tiges des dipôles sont remplacées par des surfaces triangulaires opposées par leur extrémité la plus pointue) (émetteur radio) (cf. aussi* turnstile antenna).

supervidicon supervidicon, super-vidicon, (tube) vidicon intensificateur *(tube vidicon précédé d'un intensificateur d'image dont la fenêtre de sortie est couplée optiquement à la fenêtre d'entrée du vidicon par une plaque de fibres optiques) (tube analyseur à grande sensibilité pour prise de vues à bas niveau d'éclairement) (caméra TV) (cf. aussi* vidicon, image intensifier tube *et* optical fiber).

supervisor superviseur *s*, programme superviseur *(programme du système d'exploitation d'un ordinateur commandant le déroulement du ou des programmes en cours d'exécution) (est contenu en grande partie dans la mémoire centrale de l'appareil pendant toute la durée du traitement et comprend des sous-programmes correspondant à ses différentes interventions) (inf) (cf. aussi* operating system, main memory *et* subroutine).

supervisory control system système de commande à rétrosignalisation *(système de télécommande par fils dans lequel le dispositif télécommandé envoie un signal après exécution d'un ordre reçu) (cf. aussi* remote control).

supplied with ... auquel est fourni ... *(un courant, etc.) (moteur, etc.),* recevant ... *(un signal, etc.).*

supply[1] *s* alimentation *(cf. aussi* power supply).

supply[2] *v* fournir *(un courant, une tension, un signal etc.), (parf.)* alimenter *(en courant) (un appareil, etc) (cf. aussi* power supply 1)).

supply conductor conducteur d'alimentation *(conducteur reliant directement ou en série avec d'autres, une des bornes de sortie d'une alimentation à sa charge ou, parfois, une borne du secteur à une borne d'entrée d'une alimentation) (ce terme peut désigner un conducteur microscopique dans un circuit intégré monolithique) (cf. aussi* power supply 2)).

supply current[1] *s (parf.* intensité du) courant d'alimentation *(courant alimentant un appareil ou un dispositif électronique ou électrique ou, parfois, intensité de ce courant) (un courant* d'alimentation est généralement fourni par une alimentation mais peut aussi être fourni par un autre type de source de courant) (cf. aussi power supply²)).

supply current² v fournir du courant, (souvent) alimenter (cf. aussi power supply 1)).

supply-current crowbarring coupure du courant d'alimentation par court-circuiter, (etc.) (alim) (cf. aussi crowbarring).

supply-current frequency fréquence du courant d'alimentation (fréquence du courant alternatif alimentant un appareil ou une machine à courant alternatif et notamment un transformateur d'alimentation ou un moteur électrique à courant alternatif) (cf. aussi frequency, alternating current et power transformer).

supply-current requirement intensité nécessaire du courant d'alimentation, courant d'alimentation nécessaire (appareil, etc.) (cf. aussi power requirements 1)).

supply frequency cf. supply-current frequency.

supply hum ronflement (dû à l'alimentation) (appareil) (cf. aussi hum 1) (a)).

supply input cf. power-supply input.

supply lead cf. supply conductor.

supply line ligne d'alimentation (conducteur d'alimentation ou ensemble de tels conducteurs) (cf. aussi supply conductor).

supply network réseau de distribution d'énergie (élec) (cf. aussi power grid).

supply output cf. power-supply output.

supply rail pôle de l'alimentation (le terme anglais désigne souvent le potentiel de l'un ou l'autre des deux pôles de l'alimentation d'un circuit logique, par rapport à la masse du montage, soit zéro volt ou la tension d'alimentation) (CI) (inf) (cf. aussi from rail to rail of the power supply, power supply 2) et logic circuit).

supply range cf. supply voltage range.

supply reel bobine débitrice (appareil à bande) (cf. aussi feed reel).

supply section partie alimentation (nom parfois donné à une alimentation d'appareil par opposition aux autres circuits de celui-ci) (cf. aussi power supply 2)).

supply source source d'alimentation (nom parfois donné à une alimentation) (cf. aussi power supply 2)).

supply terminal borne d'alimentation (borne d'un dispositif à laquelle est appliquée une tension d'alimentation, l'autre borne pouvant être constituée par la masse du dispositif) (cf. aussi terminal 1) et supply voltage).

supply transformer transformateur d'alimentation (appareil) (cf. aussi power transformer).

supply voltage tension d'alimentation (tension appliquée aux bornes d'alimentation d'un dispositif pour faire circuler dans celui-ci le courant d'alimentation) (cf. aussi supply terminal et power supply 1)).

supply-voltage drift dérive de la tension d'alimentation (cf. aussi drift¹ 1) et supply voltage).

supply-voltage operating range cf. supply voltage range.

supply-voltage rail cf. supply rail.

supply-voltage range plage de tensions d'alimentations, plage nominale (idem), gamme (idem) (ensemble des valeurs de la tension d'alimentation d'un dispositif pour lesquelles le fonctionnement de celui-ci est nominal) (cf. aussi supply voltage et rated value).

supply-voltage swings variations de la tension d'alimentation (cf. aussi supply voltage).

support chip puce auxiliaire, (souvent) boîtier auxiliaire (puce ou boîtier de circuit intégré auxiliaire selon le contexte) (inf) (cf. aussi chip 1) et support circuit).

support circuit circuit auxiliaire, circuit intégré auxiliaire, boîtier auxiliaire (circuit intégré numérique adjoint, avec d'autres, à un microprocesseur pour former un micro-ordinateur ou, d'une façon générale, à l'unité centrale d'un type quelconque d'ordinateur) (mémoire ROM ou RAM, circuit d'entrée/sortie, etc.) (inf) (cf. aussi peripheral circuit, digital integrated circuit, microprocessor et microcomputer.

support circuitry circuits auxiliaires (cf. aussi support circuit et circuitry).

support electronics (l')électronique auxiliaire (ce terme désigne généralement des circuits intégrés auxiliaires) (cf. aussi electronics¹ (c) et support circuit).

support functions fonctions auxiliaires, (parf.) (les) servitudes (le terme anglais désigne souvent les fonctions assurées par des circuits intégrés auxiliaires) (cf. aussi support circuit).

support program cf. support routine.

support routine programme auxiliaire (autre nom d'un programme utilitaire) (inf) (cf. aussi utility routine).

support software logiciel auxiliaire (inf) (cf. aussi software et support routine).

supporting ... cf. support ...

suppressed aerial (GB) cf. suppressed antenna.

suppressed antenna antenne encastrée (avia) (cf. aussi flush-mounted antenna).

suppressed carrier porteuse supprimée (signal radio) (cf. aussi suppressed-carrier modulation).

suppressed-carrier AM cf. suppressed-carrier modulation.

suppressed-carrier amplitude modulation cf. suppressed-carrier modulation.

suppressed-carrier modulation modulation à porteuse supprimée (ou avec suppression de porteuse), modulation d'amplitude (idem) (modulation d'amplitude dans laquelle l'amplitude de la composante du signal de sortie du modulateur à la fréquence de la porteuse est très fortement réduite, seules subsistant les bandes latérales de celle-ci) (ce type de modulation d'amplitude est normalement employé pour une émission à bande latérale unique ou à bande latérale atténuée ou à bandes latérales indépendantes pour réduire la puissance d'émission nécessaire pour une portée déterminée, la composante à la fréquence de la porteuse étant inutile après la modulation puisqu'elle ne contient aucune information) (la modulation à porteuse supprimée est généralement réalisée à l'aide d'un modulateur en anneau et nécessite la détection synchrone du signal transmis à la réception) (émetteur radio ou TV, tél) (cf. aussi amplitude modulation, single-sideband modulation, independant-sideband modulation, vestigial sideband modulation, ring modulator et synchronous detection).

suppressed-carrier modulator modulateur à suppression de porteuse, modulateur d'amplitude (idem) (modulateur d'amplitude réalisant la modulation à suppression de porteuse) (émetteur) (cf. aussi amplitude modulator et suppressed-carrier modulation).

suppressed-carrier reception réception d'un signal à porteuse supprimée (tls, TV) (cf. aussi suppressed-carrier signal).

suppressed-carrier signal signal à porteuse supprimée (signal transmis par une onde à porteuse supprimée) (signal BLU, BLA ou BLI) (tls, TV) (cf. aussi suppressed-carrier modulation).

suppressed-carrier transmission transmission par onde à porteuse supprimée, (parf.) émission à porteuse supprimée (tls, TV) (cf. aussi suppressed-carrier modulation).

suppressed-carrier transmitter émetteur à suppression de porteuse (émetteur radio émettant une onde à porteuse supprimée) (cf. aussi suppressed-carrier modulation).

suppressed contact contact antiparasité (jeu de contacts de relais ou autre muni d'un pare-étincelles) (cf. aussi relay contact et spark suppressor).

suppressed glide-slope antenna antenne de plan de descente encastrée (avion) (cf. aussi glide-slope antenna et flush-mounted antenna).

suppressed relay relais antiparasité (relais à contacts antiparasités) (cf. aussi relay¹ 1) et suppressed contact).

suppressed-zero instrument appareil à zéro en dehors de l'échelle (appareil de mesure analogique dans lequel la position de repos de l'aiguille est en-deçà du zéro de l'échelle) (cf. aussi analog meter et meter scale.

suppression 1) suppression, (parf.) élimination (suppression des zéros non significatifs dans un nombre, etc.) (inf, etc.). 2) antiparasitage, suppression des parasites (diminution plus ou moins grande de l'amplitude des parasites produits par un dispositif de commutation) (cf. aussi interference 1), switching device et suppressor 1)).

suppression capacitor condensateur antiparasite, condensateur d'antiparasitage (condensateur utilisé comme pare-étincelles) (contacts) (cf. aussi capacitor et spark suppressor).

suppression diode diode d'amortissement, diode antiparasite, diode d'antiparasitage (*diode à jonction utilisée comme pare-étincelles*) (*cf. aussi* junction diode *et* spark suppressor).

suppressor 1) antiparasite, dispositif antiparasite (*ou* d'anti-parasitage) (*dispositif réalisant l'antiparasitage d'un appareil ou un système électrique ou électronique ou d'une machine électrique, comportant un dispositif de commutation*) (*peut être une simple résistance insérée dans un conducteur comme dans le cas d'un fil de bougie d'allumage ou un pare-étincelles ou un véritable filtre*) (*le terme anglais désigne souvent une résistance de fil de bougie*) (*cf. aussi* suppression 2), spark suppressor *et* interference filter (a)). 2) *cf.* suppressor grid. 3) *cf.* noise suppressor.

suppressor grid grille suppresseuse, grille d'arrêt (*grille disposée entre la grille-écran et l'anode dans un tube électronique pentode et reliée directement à la cathode du tube à l'intérieur de celui-ci pour obliger les électrons secondaires émis par l'anode à retourner vers celle-ci au lieu d'être attirés par la grille-écran*) (*la grille suppresseuse étant reliée directement à la cathode, son potentiel est celui de la cathode, c.-à-d. très négatif par rapport à l'anode, grâce à quoi les électrons secondaires retournent vers celle-ci au lieu d'être attirés par la grille-écran positive et de créer dans le circuit de celle-ci un courant modifiant la polarisation de cette grille*) (*la présence de la grille suppresseuse augmente la résistance interne du tube par rapport à une tétrode équivalente*) (*cf. aussi* pentode, secondary electron, potential *et* bias[1]).

suppressor-grid modulation modulation par la grille suppresseuse (*ou* d'arrêt), modulation par la troisième grille (*modulation d'amplitude réalisée par application du signal modulant à la grille suppresseuse d'une pentode dans laquelle cette grille n'est pas reliée à la cathode et est mise à la masse en courant alternatif par un condensateur, dans certains émetteurs radio à tubes électroniques*) (*cf. aussi* amplitude modulation *et* suppressor grid).

supradyne receiver récepteur supradyne (*récepteur superhétérodyne dans lequel la fréquence du signal fourni par l'oscillateur local est supérieure à celle de la porteuse*) (*cf. aussi* superheterodyne receiver *et* local oscillator).

surface acoustic wave onde acoustique de surface, onde élastique de surface, onde de surface (*onde acoustique se propageant à la surface d'un substrat piézoélectrique poli après avoir été créée dans celui-ci par un transducteur approprié*) (*filtre, etc.*) (*cf. aussi* acoustic wave, piezoelectric substrate *et* SAW device).

surface-acoustic-wave ... *cf.* SAW ...

surface air surveillance radar radar de veille aérienne de surface (*radar de veille aérienne installé au sol ou monté sur un véhicule ou un navire*) (*mil*) (*cf. aussi* air surveillance radar).

surface barrier barrière de potentiel en surface (*barrière de potentiel à la surface d'un métal, notamment dans une cathode émissive, ou d'un semiconducteur, notamment dans une jonction métal-semiconducteur*) (*clpf*) (*cf. aussi* potential barrier, emitting cathode *et* metal-semiconductor junction).

surface-based ... *cf.* shipboard ...

surface channel canal en surface (*canal de circuit à CCD ou autre formé à la surface du substrat, sous la couche d'oxyde*) (*semi*) (*cf. aussi* channel[1] 1)).

surface-channel CCD circuit à CCD à canal en surface (*circuit à CCD dans lequel les canaux sont en surface*) (*cf. aussi* surface channel).

surface-channel CCD structure structure de CCD à canal en surface (*cf. aussi* surface-channel CCD).

surface charge charge superficielle, charge électrique superficielle (*charge électrique portée par un corps électrisé*) (*cf. aussi* electric charge).

surface charge density densité surfacique de charge (électrique), densité superficielle (*idem*), densité de charge (électrique) superficielle (*charge électrique portée par unité de surface d'un corps électrisé*) (*cf. aussi* charge density).

surface density of electric charge *cf.* surface charge density.

surface detection *cf.* surface target detection.

surface duct couche-piège en surface, (*etc.*) (*couche-piège formée entre la surface de la Terre et une couche de l'atmosphère*) (*a généralement une épaisseur d'environ 300 mètres et dépasse rarement 1 km*) (*peut se transformer en couche-piège en altitude*) (*propa*) (*cf. aussi* duct 1)).

surface echo écho de surface (*dans le contrôle des matériaux par ultrasons par la méthode d'écho, écho réfléchi par la face de la pièce opposée à celle contre laquelle est appliqué le palpeur lorsque le faisceau d'ultrasons ne rencontre aucun défaut sur son trajet*) (*cf. aussi* ultrasonic testing).

surface elastic wave *cf.* surface acoustic wave *et* elastic wave.

surface flashover *cf.* flashover.

surface impurity concentration concentration d'impuretés en surface (*concentration d'impuretés dans les couches les plus proches de la surface d'un substrat semiconducteur*) (*transistor, etc.*) (*cf. aussi* impurity concentration).

surface leakage pertes en surface, pertes par cheminement (*courant parasite constitué par des charges électriques cheminant à la surface d'un isolant ou d'un semiconducteur et notamment du substrat d'un circuit intégré monolithique à semiconducteur*) (*cf. aussi* electric charge *et* semiconductor).

surface lifetime durée de vie en surface, durée de vie des porteurs en surface (*durée de vie des porteurs de charge dans les couches les plus proches de la surface d'un substrat semiconducteur*) (*transistor, etc.*) (*cf. aussi* carrier lifetime *et* surface recombination velocity).

surface magnetic wave *cf.* surface magnetostatic wave.

surface magnetostatic wave onde magnétostatique de surface, (*parf.*) onde de surface magnétostatique (*onde magnétostatique se propageant à la surface du corps*) (*cf. aussi* magnetostatic wave).

surface-mounted component composant monté en surface (*nom souvent donné à un composant pastille dans le cadre du montage en surface*) (*CP*) (*cf. aussi* surface mounting 2)).

surface-mounted device *cf.* surface-mounted component.

surface mounting 1) montage en saillie (*montage d'un appareil de mesure ou autre dispositif sur une surface dont il dépasse sur la majeure partie de sa hauteur*) (*platine avant, tableau, etc.*) (*cf. aussi* mounting). 2) montage en surface (*nom donné à l'utilisation de cartes à circuit imprimé sans trous et de composants pastilles soudés directement sur les plages de connexion du circuit, ces opérations étant normalement exécutées par des machines automatiques*) (*ce nom rappelle que les composants sont montés directement sur la surface du circuit et non « en l'air » par l'intermédiaire de leurs sorties coudées ou non avant de les introduire dans des trous et de les souder, à l'étain, à des plages de connexion situées généralement sur la face opposée*) (*on notera que 1°) dans ce mode de montage des composants sur un circuit imprimé, ceux-ci sont montés sur le circuit même, c.-à-d. sur le réseau de conducteurs, et non sur la face opposée de la carte comme c'est le cas dans le procédé de montage classique ; 2°) il entraîne obligatoirement l'utilisation de composants pastilles et réduit ainsi la différence existant entre un circuit imprimé et un circuit hybride, la formule mixte, utilisant également des composants classiques et des trous, étant aussi employée ; 3°) il facilite les réparations nécessitant le remplacement d'un ou plusieurs composants, ceux-ci étant beaucoup plus faciles à dessouder que sur une carte classique ; 4°) il augmente la résistance aux vibrations des composants montés en réduisant leur porte-à-faux ; 5°) il conduit à utiliser autant que possible pour les composants des matières ayant le même coefficient de dilatation thermique que la matière du substrat de la carte pour éviter la fissuration des composants par traction exercée par la dilatation du substrat dans certains cas, l'absence de sorties supprimant toute possibilité d'auto-adaptation de longueur par déformation de celles-ci*) (*cf. aussi* printed-circuit board, grid 2), chip component, bonding pad, lead[2] 2) *et* hybrid circuit).

surface naval electronic warfare guerre électronique navale en surface (*guerre électronique entre navires de surface*) (*mar. mil*) (*cf. aussi* naval electronic warfare).

surface noise bruit de surface (*bruit à la sortie d'une tête de lecture de tourne-disque classique dû aux irrégularités de la surface des flancs du sillon*) (*electroacou*) (*cf. aussi* noise 2) (a) *et* phonograph pick-up).

surface-oriented transistor *cf.* planar transistor.

surface-passivated ... *cf.* passivated ...

surface passivation   passivation (de la surface) *(semi) (cf. aussi* passivation).

surface photoelectric effect   effet photoélectrique externe *(cf. aussi* photoelectric emission).

surface potential well   puits de potentiel en surface *(puits de potentiel situé à la surface d'un solide) (cf. aussi* potential well).

surface radar   radar de navire *(cf. aussi* shipboard radar).

surface recombination   recombinaison en surface *(recombinaison des paires électron-trou dans les couches superficielles d'une zone d'un cristal semiconducteur) (cf. aussi* electron-hole pair recombination).

surface recombination rate   *cf.* surface recombination velocity.

surface recombination velocity   vitesse de recombinaison en surface *(semi) (cf. aussi* recombination velocity *et* surface recombination).

surface resistivity   résistivité superficielle *(résistivité de la surface d'un isolant) (se mesure en ohms par carré comme la résistivité d'une résistance à couche) (cf. aussi* sheet resistance).

surface search   veille surface, veille en surface *(surveillance de la surface de la mer par un radar de navire ou aéronef militaire ou assimilé en vue de détecter les navires de surface éventuels) (cf. aussi* search radar).

surface search mode   mode de veille surface *(mode de fonctionnement d'un radar multifonction assurant la veille surface) (mil, etc.) (cf. aussi* surface search *et* multimode radar).

surface search radar   radar de veille surface *(radar de navire conçu pour assurer la veille surface ou radar d'aéronef pouvant assurer cette fonction) (cf. aussi* surface search).

surface ship sonar   sonar de navire de surface *(sonar de navire autre qu'un sous-marin et notamment sonar d'escorteur) (mar. mil) (cf. aussi* sonar).

surface surveillance ...   *cf.* surface search ...

surface target   cible en surface, cible à la surface de la mer *(navire de surface, sous-marin émergé ou autre embarcation détectée ou suivie par un radar de veille surface ou autre ou suivie par un autodirecteur) (mil, etc.) (cf. aussi* surface search radar *et* homing head).

surface target detection   détection des cibles en surface *(radar de veille surface) (mil, etc.) (cf. aussi* surface target).

surface trapping site   centre de recombinaison en surface *(semi) (cf. aussi* trapping site *et* surface recombination).

surface warning radar   *cf.* surface search radar.

surface wave   onde de surface *(onde se propageant à la surface d'un corps approximativement plan c.-à-d. le long de la surface de séparation de deux milieux de natures différentes)* (a) *onde radioélectrique se propageant le long d'une surface plus ou moins conductrice) (cf. aussi* radio wave) (a1) *onde se propageant le long d'une antenne ou d'une ligne de transmission) (cf. aussi* surface-wave antenna *et* surface-wave transmission line) ; (a2) *composante de l'onde de sol guidée par la Terre) (propa) (cf. aussi* ground wave) ; (b) *onde acoustique de surface) (cf. aussi* surface acoustic wave).

surface-wave ...   *cf.* SAW ... *(pour les termes qui ne figurent pas ci-après).*

surface-wave aerial *(GB) cf.* surface-wave antenna.

surface-wave antenna   antenne à onde de surface *(antenne d'émission dans laquelle l'onde est émise sous la forme d'une onde de surface, c.-à-d. antenne utilisant un ou plusieurs conducteurs pour créer l'onde émise) (cas le plus fréquent des antennes d'émission, les exceptions notables étant l'antenne-cornet et l'antenne à fente) (cf. aussi* transmitting antenna, surface wave (a), horn antenna *et* slot antenna).

surface-wave line   *cf.* surface-wave transmission line.

surface-wave transmission line   ligne de transmission à onde de surface, ligne à onde de surface *(ligne de transmission le long de laquelle se propage une onde de surface, c.-à-d. ligne de transmission haute fréquence formée d'un conducteur unique) (exemples : ligne d'alimentation d'antenne et descente d'antenne constituée par un simple fil électrique nu ou isolé) (cf. aussi* RF transmission line *et* surface wave).

surface-wave transmission mode   mode de transmission par onde de surface *(cf. aussi* surface-wave transmission line).

surface waveguide   guide d'ondes en surface *(nom parfois*

---

donné à une ligne de transmission à onde de surface) (hyper) (cf. aussi surface-wave transmission line).

surge   pointe d'énergie, *(souvent aussi)* transistoire *sf (augmentation brusque et importante de l'énergie mise en jeu dans un circuit) (cf. aussi* current surge, voltage surge, power surge, energy *et* transient[2]).

surge absorber   *cf.* surge arrester.

surge admittance   admittance caractéristique *(inverse de l'impédance caractéristique) (cette notion est peu employée) (ligne) (cf. aussi* admittance *et* characteristic impedance).

surge arrester   limiteur de surtension (transitoire), dispositif de protection contre les surtensions (transitoires) *(dispositif conçu pour protéger un circuit contre les surtensions transitoires en créant à son entrée un chemin de faible résistance que le courant associé à la surtension emprunte) (met donc pratiquement en court-circuit les bornes d'entrée du circuit à protéger pendant la durée de la surtension) (le chemin conducteur peut être créé par un composant à semiconducteur, notamment une galvanorésistance ou une diode de protection, ou par un gaz ionisé et notamment l'air) (cf. aussi* lightning arrester, transient suppressor, solid-state surge arrestor, voltage surge, voltage-dependent resistor *et* protection diode).

surge arrestor   *cf.* surge arrester.

surge behaviour   *cf.* surge capability.

surge capability   tenue aux pointes d'énergie, *(souvent aussi)* tenue aux transitoires *(aptitude d'un composant à supporter des pointes d'énergie sans être endommagé) (résistance, condensateur, redresseur, transistor, etc.) (cf. aussi* surge *et* capability).

surge current   courant de pointe, *(parf.)* appel de courant *(cf. aussi* current surge).

surge-current capability   tenue aux pointes de courant *(cf. aussi* surge capability).

surge-current handling   *cf.* surge-current capability.

surge-current handling capability   *cf.* surge-current capability.

surge-current limiting   limitation de l'appel de courant *(alim) (cf. aussi* current limiting *et* current surge).

surge-current rating   intensité admissible en pointe *(intensité du courant de pointe admissible dans un composant) (cf. aussi* current surge *et* surge rating).

surge generator   générateur de tension de choc *(essais) (cf. aussi* impulse generator).

surge handling   *cf.* surge capability.

surge-handling capability   *cf.* surge capability.

surge impedance   impédance caractéristique *(ligne) (cf. aussi* characteristic impedance).

surge of current   pointe de courant, *(parf.)* appel de courant *(cf. aussi* current surge).

surge of electromagnetic energy   bouffée d'énergie électromagnétique *(nom parfois donné à l'impulsion électromagnétique) (cf. aussi* electromagnetic pulse).

surge of power   pointe de puissance *(cf. aussi* power surge).

surge of RF energy   *cf.* surge of electromagnetic energy.

surge power   puissance de pointe *(cf. aussi* power surge).

surge power capability   tenue aux pointes de puissance *(composant) (cf. aussi* surge capability *et* power surge).

surge power rating   puissance admissible en pointe *(composant) (cf. aussi* power rating *et* power surge).

surge protection   protection contre les pointes d'énergie *(souvent* contre les surtensions (transitoires)) *(composant, appareil) (cf. aussi* surge arrester *et* overvoltage protection).

surge protection device   *cf.* surge arrester.

surge rating   valeur admissible en pointe *(cf. aussi* surge-current rating, surge-power rating *et* rating).

surge suppressor   *cf.* surge arrester.

surge voltage   tension de pointe *(cf. aussi* voltage surge).

surge-voltage capability   tenue aux pointes de tension *(composant) (cf. aussi* surge capability *et* voltage surge).

surgeless turn-on   mise sous tension sans appel de courant *(alim) (cf. aussi* soft turn-on).

surveillance aircraft   aéronef de surveillance, *(etc.) (est généralement un aéronef de surveillance radar) (mil) (cf. aussi* radar surveillance aircraft).

surveillance camera   caméra de surveillance, caméra de télévision *(idem)*, caméra TV *(idem)* *(caméra de télévision filaire en noir et blanc utilisée pour la surveillance d'un local public ou autre, d'une cour d'usine, d'une zone à accès réservé ou autre lieu) (peut être une caméra de télévision à bas niveau de lumière ou une caméra infrarouge) (sécurité, gardiennage)* *(cf. aussi* closed-circuit television, low-light-level television *et* infrared camera).

surveillance equipment matériel d'écoute *(récepteurs d'écoute et leurs accessoires, notamment antennes et analyseurs de signaux) (mil, etc.) (cf. aussi* surveillance receiver).

surveillance mode mode de veille *(radar) (cf. aussi* search mode).

surveillance radar radar de surveillance, *(parf.)* radar de veille *(avia) (cf. aussi* search radar *et* ground-based surveillance radar).

surveillance radar element radar d'approche initiale *(avia)* *(cf. aussi* SRE).

surveillance receiver récepteur d'écoute *(récepteur radio-électrique militaire spécial ultra-sensible conçu pour intercepter les émissions radio ou radar de l'adversaire et, notamment dans le second cas, déterminer les caractéristiques des signaux interceptés) (est normalement utilisé en liaison avec un oscilloscope sur l'écran duquel apparaît le spectre des fréquences des signaux interceptés, l'ensemble formant en fait un analyseur de spectres et l'oscilloscope étant incorporé au récepteur dans les appareils modernes) (cf. aussi* scanning surveillance receiver, wide-open receiver, IFM receiver, RF receiver, oscilloscope *et* spectrum analyzer).

surveillance receiver intercept interception par un récepteur d'écoute *(interception d'un signal par un récepteur d'écoute) (mil) (cf. aussi* intercept[2] *et* surveillance receiver).

surveillance receiver operator opérateur de récepteur d'écoute *(mil) (cf. aussi* surveillance receiver).

surveillance television camera *cf.* surveillance camera.

susceptance susceptance *(partie imaginaire, au sens mathématique, de l'admittance) (est l'inverse de la réactance et peut donc être définie comme l'aptitude d'un circuit ou un élément de circuit à laisser passer la composante alternative d'un courant alternatif) (est à l'admittance ce que la réactance est à l'impédance) (cf. aussi* admittance *et* reactance).

susceptibility **1)** susceptibilité *(aptitude d'un milieu à acquérir une polarisation électrique ou magnétique, c.-à-d. susceptibilité électrique ou magnétique) (est une grandeur sans dimension) (cf. aussi* electric susceptibility, magnetic susceptibility *et* dimensionless quantity). **2)** sensibilité *(aux signaux parasites)*.

susceptibility to interference sensibilité aux parasites *(récepteur radio) (cf. aussi* interference 1)).

susceptibility to jamming sensibilité au brouillage *(récepteur radio ou radar militaire) (cf. aussi* jamming).

susceptibility to noise sensibilité au bruit *(circuit logique) (cf. aussi* noise immunity).

susceptometer susceptomètre *(appareil de laboratoire permettant la mesure de la susceptibilité magnétique d'un corps) (cf. aussi* magnetic susceptibility).

suspension suspension *(dispositif permettant les mouvements d'un organe mécanique ou autre par rapport à son support)* (a) *dispositif permettant à l'équipage mobile d'un galvanomètre ou autre appareil indicateur de tourner sous l'action de la grandeur à mesurer avec le minimum de frottements) (cf. aussi* torsion string, unifilar suspension, bifilar suspension, pivot-and-jewel suspension, taut-band suspension *et* meter movement) ; (b) *dispositif permettant à la bobine mobile d'un haut-parleur à bobine mobile de se déplacer d'un mouvement de translation avec le minimum de mouvement angulaire appelé « roulis ») (cf. aussi* spider 1), peripheral suspension *et* moving-coil loudspeaker) ; (c) *dispositif permettant à un gyroscope, un gyromètre ou une plate-forme inertielle de conserver son orientation dans l'espace malgré les mouvements angulaires de son support) (est souvent une suspension à la cardan, mais peut être une suspension électrostatique dans les deux premiers cas) (cf. aussi* electrical suspension *et* intertial platform) ; (d) *(cf. aussi* magnetic suspension).

sustained oscillation(s) oscillation(s) entretenue(s) *(le pluriel est souvent préféré) (oscillations dont l'amplitude est mainte-*

nue constante d'un cycle au suivant par apport d'énergie compensant les pertes dans le système oscillant considéré) (oscillateur, etc.) (cf. aussi* undamped oscillation, oscillation *et* damping).

SW **1)** *cf.* short wave. **2)** *cf.* switch[1]. **3)** *cf.* standing wave.

swap[1] *s* transfert (alterné) *(inf) (cf. aussi* swapping 1)).

swap[2] *v* **1)** transférer alternativement, *(parf.)* transférer *(inf)* *(cf. aussi* swappping 1)). **2)** *cf.* swap boards.

swap boards *v* changer les cartes défectueuses, remplacer *(idem)*, échanger *(idem) (appareil) (cf. aussi* board swapping).

swap gate porte de transfert *(mémoire à bulles) (cf. aussi* transfer gate 1)).

swapping **1)** transfert alterné, *(souvent aussi)* bascule, *(parf.)* transfert *(transfert d'informations alternativement entre une ou deux mémoires auxiliaires d'ordinateur et la mémoire centrale) (inf) (cf. aussi* auxiliary storage *et* main memory) (a) *transfert bidirectionnel entre une mémoire auxiliaire et la mémoire centrale, notamment dans le traitement en temps partagé et dans le concept de mémoire virtuelle) (cf. aussi* time sharing *et* virtual memory) ; (b) *transfert alterné entre une mémoire auxiliaire et deux zones de la mémoire centrale pour réduire le temps de traitement, les informations introduites dans une zone étant traitées pendant le chargement de l'autre zone) ; (c) transfert alterné entre deux mémoires auxiliaires et la mémoire centrale) (cf. aussi* tape swapping). **2)** échange *(cartes à circuit imprimé). (cf. aussi* board swapping).

swapping memory *(ou store) cf.* cache memory.

SWBD *cf.* switchboard.

sweep[1] *s* balayage *(voir aussi* scanning) *(le terme anglais est généralement employé de préférence à « scanning » dans les cas suivants) (cf. aussi* linear sweep *et* logarithmic sweep) : (a) *balayage de l'écran d'un tube cathodique par un ou plusieurs faisceaux d'électrons créant un point lumineux respectivement simple ou multiple) (est produit par une ou deux bases de temps ou par un générateur à balayage) (oscilloscope, indicateur radar ou sonar, récepteur de télévision, terminal à écran, etc.) (cf. aussi* horizontal sweep, vertical sweep, oscilloscope sweep *et* sweeping generator) ; (b) *balayage de la feuille de papier d'un traceur de courbes par la réglette se déplaçant suivant l'axe x du plateau sous l'action d'une tension en dent de scie fournie ou non par un générateur à balayage) (cf. aussi* X-Y recorder *et* sweeping generator) ; (c) *balayage de fréquence) (cf. aussi* frequency sweep).

sweep[2] *v* balayer *(voir aussi* sweep[1]).

sweep accuracy précision du balayage *(parf. de balayage) (différence entre la vitesse de balayage effective de l'écran d'un oscilloscope et la vitesse affichée à l'aide du commutateur de vitesses de balayage) (cf. aussi* sweep speed).

sweep amplifier amplificateur de balayage *(amplificateur amplifiant le signal fourni par un générateur de base de temps) (terme générique couvrant notamment l'amplificateur horizontal d'un oscilloscope, l'amplificateur de sortie lignes et l'amplificateur de sortie trames d'un récepteur de télévision) (est un amplificateur de tension ou de puissance selon le cas) (cf. aussi* horizontal amplifier, horizontal sweep amplifier, vertical sweep amplifier, time-base generator *et* amplifier).

sweep arming *cf.* sweep reset.

sweep capability possibilités de balayage *(parf. au singulier) (oscillo, générateur de signaux) (cf. aussi* frequency sweep *et* capability).

sweep circuit circuit de balayage *(nom parfois donné à un générateur de base de temps) (est souvent employé au pluriel et couvre alors également le circuit excité par celui-ci, y compris l'amplificateur généralement monté à sa sortie) (oscillo, etc.) (cf. aussi* time-base generator).

sweep circuitry circuits de balayage *(cf. aussi* sweep circuit *et* circuitry).

sweep cycle cycle de balayage *(ensemble des valeurs successives prises par une grandeur soumise à un balayage suivi du retour à la valeur initiale) (appareil à tube cathodique, générateur à balayage) (cf. aussi* horizontal sweep cycle, vertical sweep cycle *et* sweep[1]).

sweep delay retard de balayage (a) *temps écoulé entre l'instant de déclenchement de la base de temps retardante d'un oscillo-*

scope à deux voies fonctionnant en mode de balayage dilaté et l'instant de déclenchement de la base de temps retardée) (le réglage de ce temps à l'aide d'un potentiomètre permet de choisir le point du signal visualisé où le balayage dilaté doit commencer) (cf. aussi mixed sweep) ; (b) *temps écoulé entre l'instant d'application du signal à visualiser à la base de temps d'un oscilloscope fonctionnant en mode de balayage monocourse pour déclencher celle-ci et l'instant d'application du signal aux plaques de déviation) (noter d'après cette définition qu'il s'agit en fait d'une avance de balayage puisque c'est le signal qui est retardé) (est obtenu à l'aide d'une ligne à retard montée entre la borne d'entrée du signal sur l'appareil et l'entrée de l'amplificateur ou l'atténuateur de déviation verticale) (cf. aussi* pretrigger *et* delay line).

sweep delay time temps de retard de balayage, durée du retard de balayage *(cf. aussi* sweep delay).

sweep drive *cf.* sweep signal.

sweep expander *cf.* sweep magnifier.

sweep expansion dilatation de la trace *(oscillo, etc.) (cf. aussi* magnifier *et* delayed sweep).

sweep frequency fréquence de balayage, *(parf. aussi)* fréquence de la base de temps *(nombre de cycles de balayage par unité de temps) (oscillo, etc.) (cf. aussi* sweep cycle).

sweep frequency range gamme de fréquences de balayage *(cf. aussi* sweep frequency).

sweep generating circuit *cf.* sweep generator.

sweep generator 1) générateur de balayage *(appareil à tube cathodique) (cf. aussi* time-base generator). 2) *cf.* sweeping generator.

sweep jammer brouilleur à balayage *(brouilleur réalisant le brouillage à balayage) (mil) (cf. aussi* jammer *et* sweep jamming).

sweep jamming brouillage à balayage *(brouillage à bande étroite dans lequel la fréquence d'émission varie périodiquement entre deux limites déterminées, la période d'un cycle de balayage étant généralement très courte) (mil) (cf. aussi* spot jamming *et* sweep period).

sweep length longueur de balayage *(longueur d'une ligne de balayage) (cf. aussi* sweep line *et, à titre d'information,* sweep width).

sweep line ligne de balayage *(ligne droite tracée sur l'écran d'un tube-image par le ou les faisceaux d'"électrons ou sur le papier d'un traceur de courbes par la plume) (cf. aussi* horizontal sweep 1) *et* X-Y recorder).

sweep linearity linéarité du balayage *(proportionnalité entre la longueur d'une ligne de balayage et le temps écoulé à partir du début du balayage) (est obtenu lorsque la dent de scie produisant le balayage est rectiligne) (oscillo, générateur à balayage, etc.) (cf. aussi* sweep line *et* sawtooth).

sweep magnifier loupe *(oscillo) (cf. aussi* magnifier).

sweep mode mode de balayage *(type de balayage de l'écran d'un oscilloscope) (cf. aussi* free-running sweep, triggered sweep, conventional triggered sweep, normal sweep, single sweep, main sweep, delayed sweep, delaying sweep, mixed sweep, expanded sweep, linear sweep, logaritmic sweep, time sweep *et* oscilloscope sweep).

sweep oscillator 1) *cf.* sweeping generator. *(le premier terme est plus employé que le second, mais celui-ci est nettement meilleur).* 2) *cf.* time-base generator.

sweep output sortie du balayage *(borne d'un montage ou d'un appareil à laquelle est recueilli un signal de balayage ou, par extension, ce signal lui-même) (cf. aussi* sweep signal).

sweep period période de balayage *(durée d'un cycle de balayage périodique) (cf. aussi* horizontal sweep period, vertical sweep period, sweep cycle *et* period).

sweep plug-in tiroir de balayage *(tiroir enfichable contenant les circuits élaborant la tension de balayage fournie par un générateur à balayage à tiroir) (cf. aussi* plug-in[1] *et* sweeping generator).

sweep range 1) gamme de balayage *(gamme de fréquences de balayage ou de vitesses de balayage) (cf. aussi* sweep frequency *et* sweep speed). 2) *cf.* swept range.

sweep rate *cf.* sweep speed.

sweep-rate generator *cf.* sweep generator 1).

sweep re-arming *cf.* sweep reset. *(ci-après).*

sweep reset réarmement du balayage *(ou de la base de temps) (rétablissement de l'état initial de la base de temps d'un oscilloscope après un balayage monocourse pour permettre un nouveau balayage) (cf. aussi* single sweep *et* time-base generator).

sweep setting (un) réglage du balayage *(ou de la base de temps) (une des positions du commutateur de vitesses de balayage sur un oscilloscope ou un générateur à balayage) (cf. aussi* sweep speed).

sweep shape *cf.* trace type.

sweep signal signal de balayage *(signal en dent de scie périodique, c.-à-d. en dents de scie, ou unique produisant un balayage respectivement périodique ou unique) (cf. aussi* sawtooth waveform *et* sweep[1]) (a) *tension en dent de scie périodique ou, parfois, unique produisant le balayage dans un tube cathodique d'oscilloscope ou autre dispositif ou appareil à déviation électrostatique) (cf. aussi* oscilloscope sweep *et* electrostatic deflection) ; (b) *tension en dent de scie périodique produisant le balayage dans un très petit tube-image, à déviation électrostatique, monté dans un récepteur de télévision miniature) (voir aussi (c) ci-après) (cf. aussi* electrostatic deflection) ; (c) *courant en dent de scie périodique produisant le balayage dans un tube-image classique ou autre dispositif ou appareil à déviation magnétique) (voir aussi (b) ci-dessus) (cf. aussi* picture tube *et* electromagnetic deflection) ; (d) *tension en dent de scie unique ou, parfois, périodique fourni par un générateur à balayage pour assurer le balayage d'un traceur de courbes ou d'un oscilloscope) (cf. aussi* sweeping generator).

sweep signal generator *cf.* sweeping generator.

sweep speed vitesse de balayage *(vitesse de déplacement du point lumineux sur l'écran d'un tube cathodique, ou de la réglette d'un traceur de courbes au cours d'un balayage) (cf. aussi* sweep[1] (a) *et* (b)).

sweep speed setting (un) réglage de la vitesse de balayage *(oscillo) (cf. aussi* setting *et* sweep speed).

sweep start départ du balayage *(valeur initiale d'un cycle de balayage ou instant correspondant) (cf. aussi* sweep cycle).

sweep synchronization synchronisation du balayage *(ou du déclenchement (du balayage)) (le premier terme est le plus employé, mais le second, sous sa forme complète, est le plus précis) (synchronisation du balayage de l'écran d'un tube cathodique sur un événement extérieur périodique ou non, c.-à-d. synchronisation du déclenchement du balayage sur cet événement) (cf. aussi* synchronization *et* sweep triggering) (a) *déclenchement du balayage de l'écran d'un oscilloscope en synchronisme avec le signal à visualiser ou avec un signal fourni par une source extérieure) (cf. aussi* triggered sweep *et* trigger circuit) ; (b) *déclenchement du balayage d'un tube-image en synchronisme avec l'analyse de l'image dans la caméra) (cf. aussi* television scanning).

sweep test *cf.* swept-frequency test.

sweep-test *v* soumettre à un essai avec balayage de fréquence, essayer en balayage de fréquence *(un composant hyperfréquence) (cf. aussi* swept-frequency test).

sweep testing *cf.* swept-frequency testing.

sweep-through jamming brouillage à balayage discontinu *(brouillage à balayage dans lequel la fréquence d'émission du brouilleur varie par paliers) (mil) (cf. aussi* sweep jamming).

sweep time temps de balayage, durée du balayage *(temps nécessaire pour exécuter un balayage, c.-à-d. durée de la partie active d'un cycle de balayage) (cf. aussi* sweep cycle).

sweep trigger *cf.* sweep triggering.

sweep triggering déclenchement du balayage, *(souvent aussi)* déclenchement de la base de temps *(application d'un signal de déclenchement à un générateur de base de temps pour lui permettre de fonctionner pendant un cycle unique ou périodique selon le signal appliqué) (ces termes désignent souvent le déclenchement de la base de temps d'un oscilloscope) (cf. aussi* trigger signal, trigger mode *et* time-base generator).

sweep triggering mode mode de déclenchement du balayage *(oscillo) (cf. aussi* trigger mode).

sweep vernier vernier de balayage *(nom donné au potentiomètre permettant de régler avec précision la vitesse de balayage d'un oscilloscope) (cf. aussi* sweep speed *et* potentiometer 1)).

sweep voltage tension de balayage *(tension en dent(s) de scie constituant un signal de balayage) (est le signal de balayage employé notamment dans un tube cathodique à déviation électrostatique et plus particulièrement dans le tube d'un oscilloscope) (dans un tube cathodique, la tension de balayage est une tension en dents de scie (au pluriel), c.-à-d. une tension en dent de scie périodique, pour tous les modes de balayage, sauf le mode de balayage monocourse, lequel nécessite naturellement une seule dent de scie) (cf. aussi sawtooth waveform et single sweep).*

sweep waveform *cf.* sweep signal. *(cf. aussi waveform).*

sweep width largeur de balayage *(largeur de la gamme de fréquences balayée par un générateur à balayage) (cf. aussi sweeping generator et, à titre d'information, sweep length).*

sweeper *cf.* sweeping generator.

sweeping[1] *s cf.* sweep[1].

sweeping[2] *a* à balayage *(voir ci-après).*

sweeping frequency synthesizer *cf.* sweeping synthesizer.

sweeping generator générateur à balayage *(générateur de fréquences fournissant un signal dont la fréquence varie régulièrement entre deux limites déterminées) (la fréquence du signal fourni augmente linéairement entre deux valeurs qui peuvent être très espacées et ce à une vitesse réglable entre larges limites, chaque balayage de fréquence étant généralement unique, mais pouvant être périodique) (est utilisé principalement pour obtenir la courbe de réponse en fréquence de composants hyperfréquence à large bande en liaison avec un traceur de courbes pour les faibles vitesses de balayage en fréquence ou un oscilloscope pour les grandes vitesses) (fournit le signal à fréquence à variation linéaire au composant essayé et une tension continue à variation linéaire (dent de scie) ou logarithmique aux circuits de l'axe x du traceur de courbes ou de l'oscilloscope, la base de temps de cet appareil étant alors déconnectée) (cf. aussi* sweep signal (d), frequency generator, start frequency, stop frequency, linear law, frequency response curve, wideband measurement, X axis 1), X-Y recorder *et* oscilloscope).

sweeping local oscillator oscillator local à balayage *(oscillateur local réalisé sous la forme d'un oscillateur à balayage) (oscillateur local d'un récepteur d'écoute à balayage ou d'un analyseur de spectres à balayage) (ne pas confondre avec « oscillateur local asservi ») (mil) (cf. aussi* local oscillator, sweeping oscillator, scanning surveillance receiver, scanning spectrum analyzer *et* tracking local oscillator).

sweeping oscillator oscillateur à balayage *(oscillateur à fréquence variable dans lequel la fréquence varie automatiquement et éventuellement périodiquement entre des limites réglables) (cf. aussi* sweeping local oscillator *et* variable-frequency oscillator).

sweeping signal generator *cf.* sweeping generator.

sweeping superheterodyne receiver *cf.* scanning superheterodyne receiver.

sweeping synthesizer synthétiseur à balayage, synthétiseur de fréquence à balayage *(synthétiseur de fréquence dans lequel la fréquence du signal fourni peut varier comme dans un générateur à balayage) (est employé notamment avec un analyseur de réseaux) (cf. aussi* frequency synthesizer, sweeping generator *et* network analyzer).

swept amplitude amplitude avec balayage de fréquence, amplitude en balayage *(amplitude obtenue au cours d'une mesure avec balayage de fréquence) (hyper, etc.) (cf. aussi* swept-frequency measurement *et* amplitude).

swept analyzer *cf.* swept spectrum analyzer.

swept area zone balayée, *(parf.)* surface balayée *(écran cathodique, papier de traceur de courbes) (cf. aussi* sweep[1] (a) et (b)).

swept filter filtre à balayage *(filtre coupe-bande à bande étroite dont on peut faire varier instantanément la fréquence centrale entre de larges limites pour explorer une bande de fréquence) (est monté dans le circuit de contre-réaction d'un amplificateur à contre-réaction sélective auquel est appliqué le signal à analyser ; la composante du signal dont la fréquence est égale à la fréquence centrale instantanée du filtre n'est donc pas transmise par le circuit de contre-réaction, grâce à quoi on la retrouve amplifiée à la sortie de l'amplificateur tandis que* les autres composantes ne sont pratiquement pas transmises) (analyseur de spectres) (cf. aussi* notch filter, center frequency (b), selective-feedback amplifier *et* scanning spectrum analyzer).

swept-filter spectrum analyzer *cf.* swept spectrum analyzer.

swept frequencies fréquences balayées, *(parf.)* balayage de fréquence *(cf. aussi* sweeping generator).

swept frequency fréquence à balayage *(cf. aussi* sweeping generator).

swept-frequency analysis analyse avec balayage de fréquence, analyse en balayage *(analyse du fonctionnement d'un quadripôle effectuée à l'aide de mesures avec balayage de fréquence) (cf. aussi* quadripole *et* swept-frequency measurement).

swept-frequency generator *cf.* sweeping generator.

swept-frequency measurement mesure avec balayage de fréquence, mesure en balayage (de fréquence) *(mesure d'une caractéristique du signal de sortie d'un quadripôle, notamment d'un composant hyperfréquence, en fonction de la fréquence du signal d'entrée avec variation automatique et continue de celle-ci) (mesure d'atténuation, de gain, de déphasage, de délai de groupe, de rapport d'ondes stationnaires, etc.) (cf. aussi* wideband measurements, quadripole, microwave component *et* sweeping generator).

swept-frequency modulation modulation de fréquence d'impulsion *(radar) (cf. aussi* chirp modulation).

swept-frequency oscillator *cf.* sweeping oscillator.

swept-frequency pulse impulsion modulée en fréquence *(radar) (cf. aussi* chirp pulse).

swept frequency range *cf.* swept range.

swept-frequency technique méthode de balayage de fréquence *(cf. aussi* swept-frequency measurement).

swept-frequency test (un) essai avec balayage de fréquence, essai en balayage (de fréquence) *(essai d'un composant ou un dispositif hyperfréquence consistant à faire une ou plusieurs mesures avec balayage de fréquence sur celui-ci) (cf. aussi* swept-frequency measurement.

swept-frequency tested essayé avec balayage de fréquence, *(etc.) (cf. aussi* swept-frequency test).

swept-frequency testing (l')essai avec balayage de fréquence, *(etc.) (cf. aussi* swept-frequency test).

swept gain gain avec balayage de fréquence, gain en balayage (de fréquence) *(courbe de gain d'un amplificateur relevée à l'aide d'une mesure avec balayage de fréquence) (cf. aussi* gain curve *et* swept-frequency measurement).

swept gain control commande cyclique de gain *(récepteur radar) (cf. aussi* sensitivity-time control).

swept generator *cf.* sweeping generator.

swept jammer *cf.* sweep jammer.

swept jamming *cf.* sweep jamming.

swept local oscillator *cf.* sweeping local oscillator.

swept measurement *cf.* swept-frequency measurement.

swept measurement technique *cf.* swept-frequency technique.

swept network analyzer analyseur de réseau à balayage *(cas général des analyseurs modernes) (cf. aussi* network analyzer).

swept oscillator *cf.* sweeping generator.

swept range gamme balayée, gamme de fréquences balayée *(générateur à balayage) (cf. aussi* sweeping generator).

swept receiver récepteur à balayage *(le terme anglais désigne généralement un analyseur de spectres à balayage, mais couvre également le récepteur d'écoute à balayage, tandis que l'inverse prévaut pour le terme français) (cf. aussi* scanning spectrum analyzer *et* scanning surveillance receiver).

swept signal signal à balayage de fréquence *(signal à fréquence variable fourni par un générateur à balayage) (cf. aussi* sweeping generator).

swept signal generator *cf.* sweeping generator.

swept signal source source de signaux à balayage, source à balayage *(noms parfois donnés à un générateur à balayage) (cf. aussi* sweeping generator).

swept sinewave *cf.* swept signal.

swept slotted-line measurement mesure sur ligne de mesure avec balayage de fréquence *(ou en balayage)*, mesure à large bande sur ligne de mesure *(hyper)* *(cf. aussi* slotted line *et* swept-frequency measurement).

swept source *cf.* swept signal source.

swept spectrum analyzer analyseur de spectres à balayage *(cf. aussi* scanning spectrum analyzer).

swept spot jammer *cf.* sweep jammer.

swept spot jamming *cf.* sweep jamming.

swept spot noise bruit à bande étroite à balayage *(ou* balayé en fréquence*)*, bruit à balayage *(idem) (bruit à bande étroite émis par un brouilleur à balayage) (mil) (cf. aussi* spot noise *et* sweep jammer).

swept spot noise mode mode de bruit à bande étroite à balayage, *(etc.) (un des modes de fonctionnement d'un brouilleur multimode) (mil) (cf. aussi* swept spot noise *et* multimode jammer).

swept swr measurement *cf.* swept SWR measurement.

swept SWR measurement mesure de rapport d'ondes stationnaires avec balayage de fréquence *(ou* en balayage*)*, mesure de ROS *(idem), (etc.) (hyper) (cf. aussi* standing-wave ratio *et* swept-frequency measurement).

swept technique *cf.* swept-frequency technique.

swept test *cf.* swept-frequency test.

swept testing *cf.* swept-frequency testing.

swept-tuned pause-lock receiver récepteur à balayage discontinu *(ou* par valeurs discrètes*) (récepteur d'écoute à balayage dont la fréquence d'accord varie par paliers avec un temps d'arrêt très court à chaque palier) (mil) (cf. aussi* scanning surveillance receiver).

SWI *cf.* software interrupt.

swing excursion *(variation totale de la valeur d'une grandeur variable et notamment d'une fréquence ou d'une amplitude) (cf. aussi* frequency deviation 1*)*, amplitude *et* variable quantity).

swinging fluctuation de fréquence *(variation brève de la fréquence d'une onde porteuse) (cf. aussi* carrier 1)).

swinging choke bobine saturable *(bobine de lissage conçue pour que son noyau magnétique travaille presque à la saturation lorsque l'intensité du courant débité par l'alimentation est nominale, toute augmentation sensible du courant entraînant la saturation du noyau et, par conséquent, une certaine régulation d'intensité) (alim) (cf. aussi* smoothing choke *et* saturation current).

SWIR *cf.* short-wave infrared.

switch[1] *s* **1)** interrupteur *s (dispositif permettant d'ouvrir et fermer commodément un ou plusieurs circuits) (est généralement un dispositif à commande manuelle, mais peut être un dispositif à commande électrique) (voir aussi 2) ci-après) (cf. aussi* single-throw switch, rotary switch, lever switch, toggle switch, rocker switch, slide switch, momentary-action switch, pushbutton switch, limit switch, non-illuminated switch, illuminated switch *et* switching device). **2)** commutateur *s (terme le plus général, à employer en cas de doute ou de nécessité d'un terme générique — et uniquement dans ce cas car il introduit une ambiguïté —, la langue française ne possédant pas de terme générique équivalent à « switch ») (cf. aussi* multiposition switch *et* 4) ci-après). **3)** inverseur *s (cf. aussi* double-throw switch). **4)** commutateur cyclique *(cf. aussi* scanner 2)). **5)** autocommutateur *(tél) (cf. aussi* telephone switch). **6)** changement, *(parf.)* aiguillage, *(parf.)* branchement *(cf. aussi* jump 2)).

switch[2] *v (voir aussi* switching) **1)** commuter. **2)** aiguiller. **3)** basculer *(bascule, tore magnétique) (cf. aussi* flip-flop *et* magnetic-core memory).

switch control commande par interrupteur *(parf.* par inverseur, *parf.* par commutateur*) (cf. aussi* switch[1] 1).

switch-control regulation *cf.* switching regulation.

switch detent encliquetage d'un commutateur *(parf.* du commutateur*) (cf. aussi* detent).

switch hook support de combiné, support commutateur, crochet commutateur *(le dernier terme, qui date des premiers postes où l'on décrochait l'écouteur pour mettre le microphone en circuit, est encore couramment employé par les professionnels du téléphone malgré que les postes téléphoniques modernes n'aient plus de crochet, les expressions « décrocher le combiné » et « raccrocher le combiné » étant*

elles-mêmes impropres) (crochet, berceau, poussoir double ou autre dispositif à ressort commandant la fermeture de deux jeux de contacts lorsque l'écouteur principal ou le combiné d'un poste téléphonique est retiré de son support, ces contacts reliant alors les deux bornes de la ligne aux deux extrémités de l'enroulement primaire de la bobine d'induction du poste pour mettre le microphone et l'écouteur en circuit) (tls) (cf. aussi telephone set *et* telephone induction coil).

switch mode *cf.* switching mode.

switch-mode ... *cf.* switching ...

switch off *v cf.* turn off.

switch on *v cf.* turn on.

switch out *v cf.* turn off.

switch over *v* **1)** inverser *(cf. aussi* change over). **2)** basculer *(cf. aussi* switchover 2) *(plus loin)*.

switch-over *s cf.* switchover. *(plus loin)*.

switch point *cf.* switching point.

switch-selectable *cf.* switchable.

switch set to ... commutateur mis sur la position ... *(cf. aussi* setting *et* multiposition switch).

switch-through current *cf.* on-state current.

switchable commutable, *(souvent aussi)* réglable par commutateur *(propriété d'une caractéristique de fonctionnement d'un appareil réglable par paliers, généralement à l'aide d'un commutateur) (tension, fréquence, gain, atténuation, etc.) (cf. aussi* selector switch).

switchable ranges gammes sélectionnées par commutateur, gammes commutables, *(parf.)* calibres *(idem) (appareil) (cf. aussi* range 5) *et* switchable).

switchable settings réglages sélectionnés par commutateur, réglages commutables *(appareil) (cf. aussi* setting *et* switchable).

switchboard **1)** tableau de distribution *(tableau portant notamment des interrupteurs montés dans des circuits de distribution d'énergie électrique) (centrale électrique, poste de distribution, etc.)*. **2)** tableau de commutation, commutateur téléphonique manuel, commutateur manuel, meuble téléphonique, meuble, standard téléphonique, standard *(le dernier terme, sans rapport avec le terme anglais, est le plus employé ; le terme « meuble » est surtout employé pour le commutateur d'un central public et ne convient pas dans tous les cas) (meuble ou coffret portant les organes permettant la commutation téléphonique manuelle) (tls) (cf. aussi* manual telephone switching).

switchboard operator *cf.* telephone operator.

switched amplifier *cf.* switching amplifier.

switched capacitor capacité commutée *(CI) (cf. aussi* switched-capacitor technique).

switched-capacitor band-pass filter filtre passe-bande à capacités commutées *(filtre passe-bande réalisé sous la forme d'un filtre à capacités commutées) (CI) (cf. aussi* band-pass filter *et* switched-capacitor filter).

switched-capacitor band-split filter *cf.* switched-capacitor band-pass filter.

switched-capacitor elliptic filter filtre elliptique à capacités commutées *(filtre elliptique réalisé sous la forme d'un filtre à capacités commutées) (CI) (cf. aussi* elliptic filter *et* switched-capacitor filter).

switched-capacitor filter filtre à capacités commutées *(filtre de circuit intégré monolithique dans lequel les résistances sont des capacités commutées) (cf. aussi* monolithic filter *et* switched-capacitor technique).

switched-capacitor filtering filtrage par filtre à capacités commutées *(cf. aussi* switched-capacitor filter).

switched-capacitor ladder échelle de capacités commutées *(échelle de résistances utilisant des capacités commutées) (CI) (cf. aussi* resistor ladder *et* switched-capacitor technique).

switched-capacitor-ladder filter *cf.* switched-capacitor filter.

switched-capacitor network *cf.* switched-capacitor ladder.

switched-capacitor resistor résistance à capacité commutée *(résistance formée de deux capacités commutées) (CI) (cf. aussi* resistor *et* switched-capacitor technique).

switched-capacitor technique méthode des capacités commutées *(méthode employée pour obtenir une résistance de valeur ohmique élevée et reproductible dans un circuit intégré mono-*

lithique en remplaçant la résistance par deux condensateurs à rapport de capacités déterminé soumis chacun à une tension découpée à haute fréquence par un transistor de commutation) (la résistance obtenue étant fonction du rapport des capacités des condensateurs et indépendante des valeurs de celles-ci, cette méthode permet d'obtenir des résultats reproductibles car la constance de ce rapport est beaucoup plus facile à obtenir à la fabrication que la constance de la valeur ohmique d'une résistance intégrée, ainsi qu'une grande valeur ohmique et, par ailleurs, le coefficient de température de la capacité étant le même pour les deux condensateurs réalisés dans le même substrat, le coefficient de température de la résistance obtenue est pratiquement nul) (semi) (cf. aussi integrated-circuit resistor, ohmic value, capacitor, switching transistor, temperature coefficient *et, à titre d'information,* ratioed capacitors).

switched channels voies commutées (*commutation de voies téléphoniques*) (*cf. aussi* telephone switching *et* telephone channel).

switched-mode ... *cf.* switching ...

switched network réseau commuté (*réseau de télécommunications dans lequel n'importe quel poste peut être mis en communication avec n'importe quel autre poste par l'intermédiaire d'un ou plusieurs postes d'aiguillage appelés « centraux »*) (*tél, etc.*) (*cf. aussi* communications network *et* exchange).

switched power puissance commutée (*puissance mise en jeu dans un dispositif de commutation de puissance*) (*ce terme désigne généralement la puissance commutée admissible sans endommager le dispositif par échauffement excessif*) (*semi, etc.*) (*cf. aussi* power[1] 1) *et* power switching device).

switched-power mode *cf.* power switching mode.

switched Q *cf.* Q switching.

switch telegraph network réseau télégraphique commuté (*réseau télégraphique construit sous la forme d'un réseau commuté*) (*tls*) (*cf. aussi* telegraph network *et* switched network).

switch telephone network réseau téléphonique commuté (*réseau téléphonique construit sous la forme d'un réseau commuté*) (*cas général*) (*tls*) (*cf. aussi* telephone network *et* switched network).

switcher *cf.* switching power supply.

switcher regulator *cf.* switching regulator.

switcher supply *cf.* switching power supply.

switchgear appareillage de commutation, appareils (*idem*) (*interrupteurs, inverseurs, commutateurs, relais, contacteurs, disjoncteurs et sectionneurs*) (*électrotechnique*) (*cf. aussi* switch[1] 1) *à* 3), relay[1] 1), magnetic contactor, circuit breaker *et* switching 1)).

switching 1) commutation (a) *ouverture et fermeture répétées ou non d'un circuit opérées par un dispositif approprié*) (*alim. déc, etc.*) (*cf. aussi* switching device) ; (b) *mise en communication des postes d'un réseau de télécommunications commuté*) (*cf. aussi* telephone switching, telegraph switching, circuit switching, packet switching *et* switched network) (*Nota: le terme français « commutation » a une troisième acception: celle-ci se rend par « commutation » en anglais*) (*cf. aussi* commutation 1). **2)** aiguillage (*action de diriger un message vers tel ou tel destinataire*) (*tls*) (*cf. aussi* switching center).

switching action *cf.* switching 1) (a).

switching amplifier amplificateur à découpage (*cf. aussi* chopper amplifier).

switching capacity capacité de commutation (*terme générique couvrant le pouvoir de coupure et le pouvoir de fermeture*) (*contacts*) (*cf. aussi* breaking capacity *et* making capacity).

switching center (*USA*) centre de commutation (*terme générique relativement récent couvrant le central téléphonique automatique et le central télex et employé principalement pour désigner un central téléphonique automatique interurbain*) (*tls*) (*cf. aussi* automatic telephone exchange, telegraph exchange *et* trunk exchange).

switching-center network *cf.* switching network.

switching centre (*GB*) *cf.* switching center.

switching circuit circuit de commutation (*circuit comprenant un dispositif de commutation*) (*cf. aussi* switching device).

switching converter convertisseur à découpage (*autre nom d'un convertisseur continu/continu employé notamment pour désigner le convertisseur d'une alimentation à découpage*) (*on notera que, dans ce dernier cas, le convertisseur est souvent appelé « régulateur à découpage » pour rappeler sa fonction auxiliaire de régulation*) (*cf. aussi* dc-dc converter *et* switching regulator).

switching crosspoint *cf.* crosspoint.

switching current gain gain en courant de commutation (*rapport entre l'intensité du courant commuté par un dispositif de commutation de puissance et l'intensité de crête des impulsions de courant appliquées au dispositif pour commander la commutation*) (*thyristor, etc.*) (*cf. aussi* power switching device *et* peak current).

switching delay *cf.* switching time.

switching device dispositif de commutation (*dispositif conçu pour réaliser la commutation d'un circuit électrique*) (*terme générique et même général couvrant les appareils de commutation et les dispositifs de commutation électroniques, c.-à-d. notamment le tube électronique de commutation, la diode de commutation, le transistor de commutation, le thyristor, le triac et la jonction Josephson*) (*voir ces termes en anglais*) (*cf. aussi* switchgear, switching 1) (a) *et* switching time).

switching diode diode de commutation (*diode à semiconducteur conçue pour être utilisée comme dispositif de commutation par application d'une tension inverse suffisante pour la faire passer de l'état conducteur à l'état bloqué lorsque le circuit dans lequel elle est montée doit être ouvert, et caractérisée par un temps de recouvrement très court*) (*est utilisée notamment dans les circuits logiques et généralement réalisée sous la forme d'un composant de circuit intégré monolithique*) (*cf. aussi* semiconductor diode, switching device, reverse voltage, on-state, off-state, recovery time, logic circuit *et* monolithic integrated circuit).

switching efficiency rendement de commutation (*différence, exprimée sous la forme d'un pourcentage, entre la puissance mise en jeu dans un dispositif de commutation et les pertes de commutation*) (*cf. aussi* switching loss).

switching element élément de commutation (*nom souvent donné à un dispositif de commutation électronique considéré en tant qu'élément de circuit*) (*cf. aussi* switching device *et* circuit element).

switching equipment matériel de commutation (*tls*) (*cf. aussi* telephone switching equipment).

switching frequency fréquence de commutation (*nombre d'ouvertures d'un circuit par seconde opérées par un dispositif de commutation*) (*alim. déc, etc.*) (*cf. aussi* switching 1) (a)).

switching function fonction de commutation (a) *fonction remplie par un dispositif de commutation*) (*cf. aussi* switching device) ; (b) *nom parfois donné à une fonction logique, celle-ci étant généralement obtenue à l'aide de dispositifs de commutation*) (*circuit logique*) (*inf*) (*cf. aussi* logic function *et* switching device).

switching key *cf.* key[1] 1).

switching life durée de vie (en commutation) (*nombre moyen de cycles d'ouverture et fermeture des contacts d'un interrupteur, inverseur, commutateur ou relais avant apparition d'un défaut de fonctionnement par usure*) (*cf. aussi* lifetime).

switching loss pertes de commutation, pertes d'énergie dues à la commutation (*noter l'emploi du pluriel en français*) (*perte d'énergie dans un élément de commutation, notamment un transistor de commutation de puissance ou un thyristor, lors de l'ouverture et la fermeture du circuit*) (*est due au fait que les processus d'ouverture et de fermeture ne sont pas instantanés, c.-à-d. au fait qu'entre l'état conducteur à faibles pertes et l'état bloqué à pertes négligeables, ou inversement, l'élément passe par un état intermédiaire à résistance moyenne et intensité de courant appréciable, donc à pertes d'énergie sensibles par effet Joule, conformément à la loi d'Ohm*) (*cf. aussi* turn-off loss, turn-on loss, energy, switching element, power switching transistor, silicon controlled rectifier, on-state, off-state, Joule effect (a) *et* Ohm's law).

switching losses *cf.* switching loss.

switching matrix matrice de commutation (*autocommutateur*) (*central tél*) (*cf. aussi* crosspoint matrix).

switching mode 1) mode de commutation (*mode de fonc-*

tionnement d'un tube électronique, d'une diode à semi-conducteur ou d'un transistor utilisé comme dispositif de commutation) (cf. aussi switching device). 2) découpage *(alim) (cf. aussi* switching power supply).

switching-mode operation 1) fonctionnement en commutation *(ou en mode de commutation) (cf. aussi* switching mode 1)). 2) fonctionnement en découpage *(cf. aussi* switching mode 2)).

switching-mode power supply *cf.* switching power supply.

switching network réseau de connexion *(ensemble des points de connexion et circuits de commutation d'un autocommutateur téléphonique) (le réseau de connexion est la partie qui réalise directement la mise en communication des abonnés) (central tél) (cf. aussi* blocking network, non-blocking network, rearrangeable network, crosspoint *et* telephone switch).

switching node nœud de commutation *(anglicisme désignant un réseau de connexion ou, par extension, un autocommutateur, un concentrateur ou un centre de commutation) (tls) (cf. aussi* switching network, telephone switch, concentrator *et* switching center).

switching-off *cf.* turn-off 1).

switching office central *s (tls) (cf. aussi* exchange).

switching-on *cf.* turn-on 1).

switching operation *cf.* switching-mode operation.

switching-out *s cf.* turn-off 1).

switching-over *cf.* switchover. *(plus loin).*

switching performance performances en commutation *(vitesse de commutation et éventuellement puissance commutée et rendement de commutation d'un dispositif de commutation) (cf. aussi* switching speed, switched power *et* switching efficiency).

switching point point d'aiguillage *(cf. aussi* switching 2)).

switching power dissipation consommation en activité *(mémoire RAM) (CI) (inf) (cf. aussi* power-down feature).

switching power loss *cf.* switching loss.

switching power losses *cf.* switching loss.

switching power supply alimentation à découpage *(alimentation régulée formée essentiellement d'un régulateur à découpage précédé d'un redresseur à courant de sortie filtré) (en d'autres termes, alimentation régulée dans laquelle le courant du secteur est redressé, filtré, découpé à une fréquence élevée (10 à 100 kHz) par un transistor, le courant quasi-rectangulaire ainsi obtenu excite l'enroulement primaire d'un transformateur dont le courant de l'enroulement secondaire est à son tour redressé et filtré, la régulation étant réalisée par variation de la durée des périodes de conduction du transistor) (le transformateur assure l'isolation galvanique entre le secteur et le circuit de la charge et permet d'obtenir une tension continue différente de la tension de sortie du premier redresseur) (malgré sa complexité, l'alimentation à découpage présente l'avantage déterminant dans nombre de cas d'un poids et d'un encombrement beaucoup moins grands que ceux d'une alimentation régulée série dû à l'emploi d'un transformateur de petites dimensions permis par la fréquence élevée du courant à transformer et par la très faible valeur des pertes d'énergie dues à la régulation par découpage, grâce à quoi le rendement global est couramment de 0,8) (un second avantage est la possibilité de fonctionner à partir de tensions et fréquences du secteur très diverses et même à partir de courant continu, le redresseur d'entrée étant un redresseur en pont) (cf. aussi* regulated power supply, switching regulator, rectifier, transformer 1), galvanic isolation, series-regulated power supply, switching loss *et* bridge rectifier).

switching-power-supply filter filtre d'alimentation à découpage *(cf. aussi* ripple filter *et* switching power supply).

switching power-supply manufacturer constructeur d'alimentations à découpage.

switching power transistor transistor de puissance pour commutation *(semi) (cf. aussi* power switching transistor).

switching process processus de commutation *(suite d'actions et de phénomènes produisant une commutation) (cf. aussi* switching 1) (a) *et* process[1] 1)).

switching pulse impulsion de commutation *(impulsion appliquée à un dispositif de commutation pour produire une*

commutation) (tél, alim. déc, circuit logique, etc.) (cf. aussi pulse[1] *et* switching device).

switching rate *cf.* switching frequency.

switching-regulated power supply *cf.* switching power supply.

switching-regulated supply *cf.* switching power supply.

switching regulation régulation par découpage *(régulation de la tension de sortie ou de l'intensité du courant de sortie d'un convertisseur continu/continu statique opérée en faisant varier la durée de conduction du transistor de commutation à chaque cycle de découpage, la puissance de sortie étant proportionnelle à l'énergie transmise par le transistor au cours d'un cycle) (la variation de la durée de conduction du transistor est obtenue en faisant varier la durée des impulsions appliquées à son électrode de commande pour le débloquer, donc leur rapport cyclique, c.-à-d. en employant la modulation de largeur d'impulsion) (cf. aussi* switching regulator, switching converter, power[1] 1), duty cycle 1) *et* pulse-width modulation).

switching regulator régulateur à découpage *(convertisseur à découpage statique utilisant la régulation par découpage pour fournir un courant régulé) (constitue le cœur d'une alimentation à découpage) (cf. aussi* switching converter, switching regulator *et* switching power supply).

switching regulator chip puce de régulateur à découpage *(puce de circuit intégré sur laquelle est réalisé un régulateur à découpage monolithique) (alim) (cf. aussi* chip 1) *et* switching regulator).

switching-regulator power supply *cf.* switching power supply.

switching-regulator supply *cf.* switching power supply.

switching satellite satellite à commutation *(satellite de télécommunications remplissant des fonctions analogues à celles d'un central téléphonique automatique) (cf. aussi* communications satellite *et* multiple access).

switching servo amplifier amplificateur d'asservissement à découpage *(amplificateur d'asservissement réalisé sous la forme d'un amplificateur à découpage) (cf. aussi* servo amplifier *et* chopper amplifier).

switching software logiciel de commutation *(logiciel conçu pour commander la commutation dans un central téléphonique électronique) (inf) (tls) (cf. aussi* software *et* telephone switching).

switching speed 1) vitesse de commutation *(inverse du temps de commutation d'un dispositif de commutation) (noter que cette grandeur est souvent et abusivement exprimée en unités de temps et se confond alors avec le temps de commutation) (un interrupteur, un commutateur, un inverseur classique est un dispositif de commutation lent ; un relais classique est un dispositif de commutation peu rapide ; les dispositifs de commutation électroniques peuvent être rapides, très rapides ou ultra-rapides) (cf. aussi* switching time 1)). 2) vitesse de basculement *(inverse du temps de basculement) (élément bistable) (cf. aussi* switching time 2).

switching spike *cf.* switching transient.

switching stage 1) étage de commutation *(étage remplissant une fonction de commutation, c.-à-d. utilisant un ou plusieurs dispositifs de commutation) (cf. aussi* stage 1) *et* switching device). 2) étage de sélection *(sélecteur téléphonique, ou groupe de tels sélecteurs, constituant un maillon de la chaîne de sélection dans un autocommutateur électromécanique) (cf. aussi* selector 1)).

switching supply *cf.* switching power supply.

switching system système de commutation *(tél, etc.) (cf. aussi* telephone switching system).

switching technique méthode de commutation, procédé *(idem) (utilisation de tel ou tel type de dispositif de commutation) (cf. aussi* switching device *et* switching technology).

switching technology (la) technique de la commutation *(cf. aussi* switching *et* technology).

switching theory théorie de la commutation *(étude des relations entre des circuits de commutation interconnectés et calcul du nombre de dispositifs de commutation élémentaires nécessaires pour établir des relations déterminées) (est appliquée à la synthèse des circuits logiques et des réseaux de connexion téléphoniques) (inf, tls) (cf. aussi* switching circuit, switching device, logic circuit *et* switching network).

switching time 1) temps de commutation, *(parf.)* instant de commutation *(durée d'un processus de commutation, c.-à-d. temps écoulé entre l'instant de réception, par le dispositif de commutation, du signal ou autre action déclenchant le processus de commutation et l'instant où celui-ci est achevé ou, parfois, instant de réception du signal) (en termes simples, temps d'ouverture ou de fermeture d'un circuit) (cf. aussi* millisecond switching time, microsecond switching time, nanosecond switching time, picosecond switching time, switching speed 1) *et* switching 1) (a)). 2) temps de basculement, *(parf.)* instant de basculement *(temps nécessaire à un élément bistable pour passer d'un état stable à l'autre après réception d'un signal provoquant le basculement ou, parfois, instant initial du basculement) (en d'autres termes, dans le premier cas, temps écoulé entre l'instant d'application du signal de commande et l'instant où le nouvel état est stabilisé ou considéré comme tel) (cf. aussi* bistable element).

switching transient transitoire de commutation *(nom souvent donné à la tension de rupture, notamment dans le cas d'un circuit de commutation) (cf. aussi* inductive voltage spike *et* switching circuit).

switching transistor transistor de commutation *(transistor conçu pour être utilisé comme dispositif de commutation par application d'une impulsion de polarité appropriée et d'amplitude suffisante pour le faire passer de l'état conducteur à l'état bloqué lorsque le circuit dans lequel il est monté doit être ouvert) (peut être un transistor bipolaire ou un transistor à effet de champ et notamment un transistor MOS ou dérivé; l'impulsion appliquée est une impulsion de courant dans le premier cas ou de tension dans le second) (est un transistor pour petits signaux dans les circuits logiques, notamment, ou un transistor de puissance dans les alimentations à découpage, notamment) (cf. aussi* bipolar switching transistor, MOS switching transistor, small-signal switching transistor, power switching transistor, transistor, switching device, on-state, off-state *et* pulse[1]).

switching tube tube de commutation *(tube électronique à gaz à électrode de commande ou non, conçu pour être utilisé comme dispositif de commutation) (ce terme désigne généralement un tube de duplexeur de radar, mais couvre également le thyratron) (cf. aussi* TR tube, pre-TR tube, ATR tube, thyratron, switching device, gas tube *et* ignitor).

switching-type ... *cf.* switching ...

switching voltage regulator *cf.* switching regulator.

switchlight *cf.* illuminated pushbutton.

switchover 1) inversion *(inverseur, etc.) (cf. aussi* changeover). 2) basculement *(passage d'un état à l'autre d'un élément bistable) (cf. aussi* bistable element).

swivel adapter *cf.* swivelling adapter.

swivelling adapter adaptateur articulé *(dispositif permettant de raccorder deux lignes coaxiales rigides formant un angle quelconque entre elles) (mesures hyper) (cf. aussi* rigid coaxial line).

SWL *cf.* short-wave listener.

swr *cf.* SWR.

SWR *cf.* standing-wave ratio.

SWS *cf.* slow-wave structure.

SWVR *cf.* standing-wave voltage ratio.

syllabic companding compansion syllabique *(compansion opérée avec une constante de temps correspondant à la durée moyenne d'une syllabe et n'agissant, par conséquent, pas sur les sons plus courts) (enr. son, radiotél) (cf. aussi* companding *et* time constant).

syllabic filter filtre syllabique *(filtre réalisant la compansion syllabique) (cf. aussi* filter[1] *et* syllabic companding).

symbolic address adresse symbolique *(adresse représentée par un symbole dans un programme d'ordinateur) (inf) (cf. aussi* address[1] (a) *et* symbolic programming).

symbolic code code symbolique *(code utilisant des symboles pour représenter des informations) (inf) (cf. aussi* symbolic language).

symbolic coding codage symbolique *(codage d'informations à l'aide d'un code symbolique) (inf) (cf. aussi* symbolic code).

symbolic computing *cf.* symbolic coding.

symbolic language langage symbolique *(langage de program-mation utilisant un code symbolique pour représenter les opérations à exécuter et les informations à traiter) (terme générique couvrant les langages à haut niveau et les langages à bas niveau) (inf) (cf. aussi* programming language, symbolic code, high-level language *et* low-level language).

symbolic logic logique symbolique *(logique utilisant des symboles pour exprimer les relations considérées) (la logique symbolique la plus connue et utilisée en informatique est l'algèbre de Boole et les symboles employés sont les opérateurs logiques) (cf. aussi* logic (a), Booleau algebra *et* logic operator (a)).

symbolic processing traitement symbolique *(traitement d'informations exécuté à l'aide d'un programme symbolique) (inf) (cf. aussi* data processing *et* symbolic program).

symbolic program programme symbolique *(programme d'ordinateur rédigé en langage symbolique) (inf) (cf. aussi* computer program *et* symbolic language).

symbolic programming programmation symbolique *(élaboration de programmes symboliques) (inf) (cf. aussi* symbolic program *et* programming (b)).

symbology symboles *(le terme anglais s'emploie, entre autres, pour des symboles formés sur un écran cathodique et notamment un écran de radar).

symmetrical alternating quantity grandeur alternative symétrique *(ce terme s'applique notamment à une grandeur sinusoïdale) (cf. aussi* sinusoidal quantity).

symmetrical arrangement montage symétrique, montage équilibré, circuit *(idem) (montage comprenant deux branches semblables, symétriques ou complémentaires du point de vue électrique) (les deux branches peuvent avoir une entrée commune et deux sorties distinctes ou deux entrées et une sortie) (montage en pont, montage va-et-vient, amplificateur symétrique, amplificateur différentiel, modulateur en anneau, etc.) (cf. aussi* bridge circuit, half-bridge arrangement, push-pull amplifier, differential amplifier, ring modulator *et* arrangement 1)).

symmetrical pair paire symétrique *(tél) (cf. aussi* twisted pair, *ce terme étant le plus employé).

symmetrical relay *cf.* bistable relay.

symmetrical SCR thyristor symétrique *(nom parfois donné à un thyristor classique pour le distinguer d'un thyristor asymétrique) (semi) (cf. aussi* silicon controlled rectifier).

symmetrical transducer transducteur symétrique *(transducteur dont l'entrée peut être permutée avec la sortie sans en modifier le fonctionnement) (cf. aussi* transducer 1)).

symmetrical wire pair *cf.* symmetrical pair.

sync[1] *s* *cf.* synchronization.

sync[2] *v* *cf.* synchronize.

SYNC *cf.* synchronization.

synced synchronisé(e) *(cf. aussi* synchronize).

synching *cf.* synchronizing.

synchro *(vient de « synchronous machine »)* synchromachine, synchro *sm (petite machine électrique tournante à bobinage statorique triphasé monté en étoile et bobinage rotorique monophasé utilisée par paire pour former un arbre électrique ou un capteur de déplacement angulaire) (noter que le terme anglais « synchro » n'est jamais employé comme abréviation du mot « synchronization » comme nous le faisons souvent en français pour « synchronisation », notamment en télévision, l'abréviation anglaise correspondante étant toujours « sync ») (asser) (cf. aussi* synchro transmitter, synchro receiver, synchro system, synchro transformer, three-phase stator winding, star connection, single-phase winding *et* angular position sensor).

synchro angle angle d'écart *(angle de rotation du rotor d'une synchromachine par rapport à la position correspondant au zéro électrique) (cf. aussi* synchro *et* electrical zero (a)).

synchro control transformer *cf.* synchro transformer.

synchro control transmitter *cf.* synchro transmitter.

synchro differential receiver synchrorécepteur différentiel, synchro différentiel (récepteur) *(synchrorécepteur comportant deux stators reliés chacun à un synchrotransmetteur, l'angle de rotation du rotor du récepteur étant égal à la différence entre les angles de rotation des rotors des deux transmetteurs) (asser) (cf. aussi* synchro receiver *et* synchro transmitter).

synchro differential transmitter synchrotransmetteur diffé-rentiel, synchro différentiel (transmetteur) *(synchrotrans-metteur dont le stator est relié à un synchrotransmetteur ordinaire, l'angle de rotation du rotor du récepteur étant égal à la somme des angles de rotation des rotors des deux transmet-teurs) (asser) (cf. aussi* synchro transmitter *et* synchro recei-ver).

synchro generator *cf.* synchro transmitter.

synchro indicator synchro-indicateur *s (indicateur de position angulaire formé essentiellement d'un synchrorécepteur sur l'arbre duquel est calée une aiguille se déplaçant devant un cadran) (cf. aussi* synchro receiver).

synchro motor *cf.* synchro receiver.

synchro receiver synchrorécepteur *s*, synchromachine récep-trice *(synchromachine dont le rotor reproduit une position angulaire absolue ou différentielle) (asser) (cf. aussi* synchro differential receiver *et* synchro).

synchro resolver *cf.* resolver.

synchro system arbre électrique *(ensemble formé d'un syn-chrotransmetteur et d'un synchrorécepteur servant à repro-duire une position angulaire ou à transmettre un mouvement de rotation sans liaison mécanique) (les deux rotors sont alimentés en parallèle par une source de courant alternatif monophasé et les trois bornes des stators sont reliées deux à deux) (le courant circulant dans l'enroulement d'un rotor induit une force électromotrice dans chacun des trois enroule-ments du stator, la valeur de cette force dépendant de l'angle formé par l'axe de la bobine du rotor et l'axe de la bobine considérée du stator) (les enroulements statoriques des deux machines étant reliés deux à deux, lorsque les deux rotors ont la même position angulaire, les forces électromotrices induites dans les enroulements correspondants sont égales et, par conséquent, aucun courant ne circule dans les trois conduc-teurs reliant les deux stators) (lorsque le rotor du synchro-transmetteur tourne d'un angle quelconque, les forces électro-motrices induites dans les enroulements du stator changent de valeur et ne sont donc plus les mêmes que dans le synchro-récepteur, ce qui provoque la circulation d'un courant dans chacun des conducteurs de liaison, le sens de circulation du courant dépendant du sens de rotation du synchrotransmet-teur) (la circulation d'un courant dans les trois conducteurs de liaison et, par conséquent, dans les trois enroulements des deux stators fait tourner le rotor du synchrorécepteur par action de la force de Laplace, et conformément à la loi de Lenz voulant l'annulation de sa cause, jusqu'à ce que ce courant s'annule, c.-à-d. jusqu'à ce que le rotor occupe la même position angulaire que le rotor du synchro-émetteur) (asser) (cf. aussi* synchro, synchro transmitter, synchro recei-ver, rotor (a), stator (a), induced electromotive force, Lo-renz force *et* Lenz's law).

synchro-to-digital conversion conversion synchro/numé-rique, numérisation synchro *(conversion analogique/numé-rique des tensions de sortie d'un synchrotransmetteur ou d'un trigonomètre) (cf. aussi* analog-to-digital conversion, synchro transmitter *et* resolver).

synchro-to-digital converter convertisseur synchro/numé-rique, numériseur synchro *(convertisseur analogique/numé-rique réalisant la conversion synchro/numérique) (cf. aussi* analog-to-digital converter *et* synchro-to-digital conversion).

synchro transformer synchrotransformateur *(capteur de posi-tion angulaire formé d'un synchrotransmetteur relié à un synchrorécepteur dont le rotor est maintenu fixe et n'est pas alimenté) (lorsque l'arbre du synchrotransmetteur s'écarte de sa position de repos, il apparaît aux bornes du rotor du synchrorécepteur une tension alternative proportionnelle à l'angle de rotation de l'arbre) (cf. aussi* synchro transmitter, synchro receiver *et* angular position sensor).

synchro transmitter synchrotransmetteur, synchromachine émettrice *(synchromachine fournissant des tensions propor-tionnelles à une position angulaire absolue ou à la somme de deux positions angulaires) (cf. aussi* synchro differential transmitter *et* synchro).

synchro zeroing réglage du zéro d'un synchro-indicateur *(opération consistant à régler un synchro-indicateur pour qu'il indique zéro lorsque la position angulaire de l'arbre à contrô-*

ler est celle choisie comme position zéro) (cf. aussi synchro indicator).

synchronism synchronisme *(coïncidence temporelle de deux ou plusieurs événements périodiques ou non) (synchronisme de deux oscillations en phase, donc de deux courants sinusoï-daux en phase, synchronisme de deux balayages associés, etc.) (cf. aussi* synchronization *et* in phase).

synchronization synchronisation *(création du synchronisme entre un événement et un autre pris comme référence et maintien du synchronisme dans le cas d'événements pério-diques) (synchronisation du balayage d'un oscilloscope sur le signal à visualiser, synchronisation du balayage du tube-image d'un récepteur de télévision sur le balayage de l'image analy-sée dans la caméra, synchronisation d'un téléimprimeur ou d'un télécopieur récepteur sur l'appareil émetteur, synchroni-sation des signaux émis par une station de radionavigation asservie sur ceux émis par la station pilote, etc.) (cf. aussi* synchronism, synchronizing *et* synchronization pulse).

synchronization acquisition accrochage de la synchronisation *(début de la synchronisation d'un événement périodique, notamment dans un appareil récepteur) (cf. aussi* synchroni-zation).

synchronization amplifier amplificateur de synchronisation *(amplificateur amplifiant un signal de synchronisation pério-dique) (est un amplificateur d'impulsions) (oscillo, etc.) (cf. aussi* pulse amplifier *et* synchronization signal).

synchronization bit binaire de synchronisation *(binaire assu-rant la synchronisation du récepteur sur l'émetteur dans une transmission asynchrone) (tls) (cf. aussi* START bit *et* syn-chronization).

synchronization burst *cf.* synchronization signal.

synchronization character caractère de synchronisation *(ca-ractère binaire assurant la synchronisation du récepteur sur l'émetteur dans une transmission de données en mode syn-chrone) (télinf) (cf. aussi* binary character *et* synchronous transmission).

synchronization circuits circuits de synchronisation *(nom souvent donné à un montage fournissant des impulsions de synchronisation) (cf. aussi* synchronization pulse).

synchronization generator générateur de synchronisation, générateur pilote *(montage fournissant des impulsions ré-currentes très étroites à période de récurrence très régulière à partir desquelles sont élaborés les signaux de balayage, de blocage, de synchronisation et de suppression dans un émet-teur de télévision) (tous ces signaux étant élaborés à partir d'un même signal de référence à caractéristiques temporelles très précises, ils sont synchronisés entre eux, ce qui est indispen-sable pour la reproduction correcte des images transmises) (cf. aussi* pulse generator, synchronization, sweep signal (a), synchronization signal *et* blanking signal).

synchronization information informations de synchronisation *(s'emploie aussi au singulier) (informations contenues dans des signaux de synchronisation, c.-à-d. instants déterminés) (cf. aussi* synchronization signals).

synchronization input entrée de la synchronisation *(borne d'un montage ou un appareil à laquelle sont appliquées des impulsions de synchronisation destinées à synchroniser son fonctionnement) (cf. aussi* synchronization pulse).

synchronization level niveau de synchronisation, niveau des signaux de synchronisation *(noms donnés à l'amplitude d'im-pulsions de synchronisation exprimée en unités de tension ou en pourcentage d'une tension de référence) (TV, etc.) (cf. aussi* level 1) *et* synchronization pulse).

synchronization limiter écrêteur d'impulsions de synchroni-sation *(émetteur TV, etc.) (cf. aussi* limiter 1) *et* synchroniza-tion pulse).

synchronization output sortie de la synchronisation *(parf.* de synchronisation) *(borne d'un montage ou un appareil par laquelle celui-ci fournit des impulsions de synchronisation destinées à synchroniser un autre montage ou appareil) (cf. aussi* synchronization pulse).

synchronization pulse impulsion de synchronisation *(impul-sion de déclenchement périodique ou non émise en synchro-nisme avec un événement respectivement périodique ou non pour synchroniser le déclenchement sur l'événement) (en* oscilloscopie et en télévision ou vidéo notamment, le déclenchement est celui d'une base de temps en synchronisme avec l'apparition du signal à visualiser dans le premier cas ou avec l'analyse de l'image transmise ou enregistrée dans le second) (noter qu'en oscilloscopie, les impulsions de synchronisation sont généralement appelées « impulsions de déclenchement ») (cf. aussi horizontal synchronization pulse, vertical synchronization pulse, synchronism, time base (c) et trigger pulse).

synchronization pulse stream cf. synchronization pulse train.

synchronization pulse train train d'impulsions de synchronisation (cf. aussi pulse train et synchronization pulse).

synchronization recovery extraction de la synchronisation (extraction des impulsions de synchronisation contenues dans certains signaux reçus par un récepteur radio ou télégraphique pour lui permettre de décoder les signaux reçus) (récepteur radio pour signaux à sauts de fréquence, etc.) (cf. aussi synchronization pulse).

synchronization separating circuit cf. synchronization separator.

synchronization separation séparation des impulsions de synchronisation (ou des signaux...) (opération consistant à séparer les impulsions de synchronisation et le signal image dans un récepteur de télévision) (est fondée sur la différence d'amplitude existant entre les impulsions de synchronisation et le signal image) (est effectuée à la sortie ou, parfois, à l'entrée de l'amplificateur vidéo et supprime le risque de déclenchement intempestif des générateurs de base de temps par des pics d'amplitude du signal image) (ne pas confondre la séparation des impulsions de synchronisation et leur tri, c.-à-d. la séparation des impulsions de trame, laquelle a lieu après la première séparation) (cf. aussi synchronization separator, horizontal synchronization pulse, vertical synchronization pulse, vertical separator et composite video signal).

synchronization separator séparateur de synchronisation (ou de signaux de synchronisation ou d'impulsions de synchronisation), séparateur (étage effectuant la séparation des impulsions de synchronisation dans un récepteur de télévision) (utilise le blocage et le déblocage d'un tube pentode ou d'un transistor suivant l'amplitude des signaux appliqués à son entrée pour remplir sa fonction) (cf. aussi synchronization separation).

synchronization signal signal de synchronisation (signal formé d'un train d'impulsions de synchronisation ou, parfois, constitué par une telle impulsion) (cf. aussi synchronization pulse et synchronization signals).

synchronization-signal ... cf. synchronization ...

synchronization signals signaux de synchronisation (nom souvent donné à des impulsions de synchronisation) (en télévision, ce terme couvre souvent le signal de synchronisation horizontale et le signal de synchronisation verticale) (cf. aussi synchronization pulse, horizontal synchronization signal et vertical synchronization signal).

synchronization stripper cf. synchronization separator.

synchronization technique méthode de synchronisation, procédé (idem) (tls, etc.).

synchronization terminal borne de synchronisation (borne d'un montage ou d'un appareil à laquelle est appliqué un signal de synchronisation) (cf. aussi synchronization signal et terminal 1)).

synchronize v synchroniser (réaliser la synchronisation) (cf. aussi synchronization).

synchronized sweep 1) balayage synchronisé (balayage d'un écran cathodique opéré en synchronisme avec un événement périodique) (exemple : balayage du tube-image d'un récepteur de télévision opéré en synchronisme avec le balayage de la cible de la caméra utilisée pour la prise de vues) (cf. aussi sweep[1] (a) et synchronism). 2) cf. triggered sweep.

synchronizer synchroniseur (dispositif émettant des impulsions synchronisant le fonctionnement de deux ou plusieurs dispositifs ou appareils) (ce terme désigne généralement le générateur de synchronisation d'un radar) (cf. aussi synchronize et radar synchronizer).

synchronizing cf. synchronization (de même pour les termes dérivés et noter toutefois que, dans ceux-ci, les termes « synchronizing » et « sync » — ce dernier surtout pour la télévision

— sont plus utilisés que « synchronization » pour des raisons de brièveté).

synchroscope synchronoscope (noter la différence entre les deux termes) (appareil de mesure à aiguille indiquant la phase relative de deux courants alternatifs sinusoïdaux utilisé pour déterminer l'instant où un alternateur peut être couplé à un ou plusieurs autres dans une centrale électrique) (lorsque l'alternateur à coupler est à la vitesse de synchronisme, l'aiguille est immobile à la position verticale ; lorsque l'alternateur ne tourne pas assez vite, l'aiguille tourne lentement vers la gauche, ou vers la droite lorsqu'il tourne trop vite) (élt) (cf. aussi synchronous speed (b)).

synchronous a synchrone a (caractéristique d'événements coïncidant dans le temps ou d'un dispositif utilisant une telle coïncidence) (oscillations synchrones, transmission synchrone, etc.) (cf. aussi synchronism).

synchronous bit rate cadence binaire en mode synchrone, etc.) (tlg) (cf. aussi bit rate et synchronous transmission).

synchronous bus bus synchrone (bus à transmission synchrone) (inf) (cf. aussi bus (a1) et synchronous transmission).

synchronous capacitor compensateur synchrone (nom donné à un moteur synchrone ou asynchrone synchronisé utilisé pour relever le facteur de puissance d'une installation électrique industrielle ou d'un réseau de distribution d'énergie électrique comportant des charges inductives, c.-à-d. en l'occurrence des moteurs et des transformateurs) (est un tel moteur de puissance moyenne ou grande fonctionnant à vide ou à faible charge en régime surexcité pendant les périodes où les charges inductives sont alimentées ; le régime surexcité est obtenu lorsque l'intensité du courant d'excitation est supérieure à la valeur pour laquelle le facteur de puissance du moteur est égal à l'unité) (un moteur synchrone ou asynchrone synchronisé surexcité entraînant une charge (mécanique) nulle ou faible se comporte comme une charge (électrique) capacitive et compense ainsi plus ou moins l'effet des charges inductives de l'installation ou du réseau en produisant de la puissance réactive comme une batterie de condensateurs) (élt) (cf. aussi synchronous motor, power factor, inductive load et reactive power).

synchronous communications télécommunications synchrones, (souvent) liaisons synchrones (tlg) (cf. aussi synchronous link).

synchronous communications ... cf. synchronous ...

synchronous computer calculateur synchrone (nom donné à un ordinateur dans lequel l'exécution des opérations élémentaires est cadencée par les impulsions d'une horloge) (dans un tel ordinateur, les microcommandes ne peuvent donc être émises par le séquenceur qu'aux instants de réception des impulsions d'horloge par celui-ci) (si l'exécution d'une opération nécessite un peu plus de deux périodes d'horloge, par exemple, c.-à-d. si, après avoir été déclenchée par une microcommande à l'instant de réception d'une impulsion d'horloge, elle se termine un peu après la réception de la deuxième impulsion suivante, le séquenceur ne pourra émettre la première microcommande de l'opération suivante que lorsqu'il recevra la troisième impulsion suivante) (inf) (cf. aussi computer 2), clock[1], microcommand et sequencer (b)).

synchronous controller régisseur synchrone, régisseur de transmission synchrone, régisseur de ligne (de transmission) synchrone (ne pas employer « contrôleur ... ») (trans. données) (cf. aussi communications controller et synchronous transmission).

synchronous controller chip puce de régisseur synchrone (CI) (tlg) (cf. aussi controller chip et synchronous controller).

synchronous converter convertisseur synchrone, commutatrice (noms donnés à une commutatrice utilisée comme convertisseur de courant alternatif triphasé en courant continu) (cf. aussi dynamotor).

synchronous coupling accouplement asynchrone (noter l'opposition entre les deux langues) (accouplement entre deux arbres en prolongement utilisant le principe du moteur asynchrone pour réaliser en outre la limitation du couple transmis) (comprend essentiellement une roue à tambour calée sur l'arbre menant et dont la face intérieure porte deux électroaimants diamétralement opposés alimentés en courant continu *par l'intermédiaire de bagues tournantes et formant des pôles inducteurs, tandis que l'arbre mené porte l'équivalent d'un rotor à cage d'écureuil, un entrefer étant ménagé entre le « rotor » et les pôles du « stator ») (lorsque l'arbre menant tourne et que les électro-aimants sont excités, ils produisent un champ magnétique tournant exerçant le même effet que le champ tournant créé dans un moteur asynchrone et entraînant, par conséquent, la cage d'écureuil) (cet accouplement pouvant, par nature, patiner en cas de blocage de l'arbre mené, il joue à la fois le rôle d'embrayage électrique et de limiteur de couple inusable protégeant la transmission et le moteur d'entraînement) (il est utilisé notamment pour l'entraînement d'arbres d'hélice de marine par moteur Diesel) (élt) (cf. aussi* asynchronous motor, magnetic clutch *et* torque).

synchronous data informations synchrones, *(parf. aussi)* données synchrones *(informations transmises en mode synchrone) (tlg) (cf. aussi* synchronous transmission).

synchronous data communications (les) transmissions de données synchrones *(ou en mode synchrone) (télinf) (cf. aussi* data communications *et* synchronous transmission).

synchronous data link liaison informatique synchrone, *(etc.) (télinf) (cf. aussi* data link *et* synchronous link).

synchronous data-link control *cf.* SDLC protocol.

synchronous data stream flux d'informations synchrones, flux de données synchrones *(flux d'informations transmises en mode synchrone) (trans. données) (cf. aussi* synchronous transmission).

synchronous data transfer *cf.* synchronous transfer.

synchronous data transmission transmission synchrone de données, transmission de données en mode synchrone *(télinf) (cf. aussi* data transmission *et* synchronous transmission).

synchronous demodulation *cf.* synchronous detection.

synchronous demodulator *cf.* synchronous detector.

synchronous detection détection synchrone, démodulation cohérente *(détection d'enveloppe réalisée sur un signal à porteuse supprimée, après régénération de la porteuse) (est en fait un changement de fréquence opéré sur la porteuse à fréquence intermédiaire à l'aide de la porteuse régénérée) (récepteur BLU, etc.) (cf. aussi* detection 2), suppressed-carrier signal *et* synchronous detector).

synchronous detector détecteur synchrone, démodulateur synchrone, détecteur-produit, démodulateur cohérent *(le premier terme est, de loin, le plus employé, le deuxième terme est employé principalement quand un tel détecteur est utilisé dans un montage ou un appareil autre qu'un récepteur; les deux derniers sont peu employés) (détecteur d'enveloppe réalisant la détection synchrone) (est en fait un changeur de fréquence auquel sont appliquées la porteuse modulée à fréquence intermédiaire, c.-à-d. le signal de sortie de l'amplificateur à fréquence intermédiaire, et la porteuse régénérée, c.-à-d. le signal de sortie de l'oscillateur de régénération de porteuse, et dont le signal de sortie est le signal à basse fréquence à recevoir) (récepteur BLU, BLA ou BLI) (cf. aussi* detector 2), synchronous detection, mixer, IF amplifier *et* carrier-reinsertion oscillator).

synchronous format format synchrone, format de transmission synchrone *(nombre et disposition des binaires utilisés pour transmettre un caractère en mode synchrone) (cf. aussi* synchronous transmission *et* format[1]).

synchronous gate porte synchrone, porte logique synchrone *(porte logique dont le fonctionnement est cadencé par des impulsions d'horloge, c.-à-d. dont la sortie ne peut changer d'état qu'à la réception d'une telle impulsion) (circuits logiques) (inf) (cf. aussi* logic gate *et* clock pulse).

synchronous generator générateur synchrone *(nom parfois donné à un alternateur) (élt) (cf. aussi* alternator).

synchronous induction motor moteur asynchrone synchronisé *(moteur asynchrone à bagues dans lequel un enroulement du rotor est excité par un courant continu après le démarrage pour convertir le moteur en moteur synchrone en marche normale) (dans les modèles relativement récents, le rotor porte cet enroulement, en cuivre, et un autre enroulement, en fer, l'ensemble formant un bobinage rotorique diphasé) (au dé-*

marrage ou lors d'un décrochage, les deux enroulements jouent le rôle des enroulements rotoriques d'un moteur asynchrone à bagues) (pendant la marche synchrone, l'enroulement en cuivre joue le rôle décrit plus haut et l'enroulement en fer joue un rôle magnétique) (élt) (cf. aussi three-phase induction rotor *et* synchronous motor).

synchronous inverter onduleur synchrone, commutatrice inversée *(le second terme est le plus employé) (noms donnés à une commutatrice utilisée en onduleur) (cf. aussi* dynamotor *et* inverter 1)).

synchronous line controller *cf.* synchronous controller.

synchronous line protocol *cf.* synchronous protocol.

synchronous link liaison synchrone, liaison à transmission synchrone, liaison télégraphique synchrone, *(souvent aussi)* liaison informatique synchrone, liaison de transmission de données synchrone *(liaison informatique à transmission synchrone ou, anciennement, liaison par téléimprimeurs synchrones) (tls) (cf. aussi* data link *et* synchronous transmission).

synchronous logic logique synchrone *(logique dont le fonctionnement est cadencé par des impulsions d'horloge) (inf) (cf. aussi* logic (b) *et* clock pulse).

synchronous machine machine synchrone, machine électrique synchrone *(machine électrique tournante à courant alternatif dont la vitesse de rotation du rotor est proportionnelle à la fréquence du courant produit ou absorbé) (termes génériques et définition générale couvrant l'alternateur et le moteur synchrone et appliqués plus particulièrement à ce dernier) (élt) (cf. aussi* synchronous motor *et* alternator).

synchronous memory mémoire synchrone *(inf) (cf. aussi* clocked memory).

synchronous mode mode synchrone *(mode de fonctionnement, de transmission, de transfert ou de rafraîchissement synchrone) (cf. aussi* synchronous operation, synchronous transmission, synchronous transfer *et* synchronous refresh).

synchronous modem modem synchrone, modem pour transmission synchrone *(modem conçu pour assurer la transmission synchrone des informations à transmettre) (trans. données) (cf. aussi* modem *et* synchronous transmission).

synchronous motor moteur synchrone *(moteur électrique triphasé dont la vitesse de rotation est déterminée par la fréquence du courant d'alimentation du bobinage du stator, le rotor portant normalement un enroulement alimenté par un courant continu appelé « courant d'excitation ») (est essentiellement un alternateur inversé, c.-à-d. utilisé en moteur, le démarrage et la mise en vitesse de celui-ci jusqu'à la vitesse de synchronisme liée à la fréquence du courant et alors appelée « vitesse d'accrochage » nécessitant des précautions particulières ou le lancement par un moteur auxiliaire) (est caractérisé par: 1°) un faible couple au démarrage interdisant l'entraînement d'une charge appréciable jusqu'à l'accrochage; 2°) une vitesse de rotation aussi constante que la fréquence du courant d'alimentation et au-dessous de laquelle il décroche et cale; 3°) un facteur de puissance pouvant être rendu égal à l'unité par réglage de l'intensité du courant d'excitation, le moteur constituant alors une charge résistive) (selon que le moteur est sous-excité ou surexcité, il constitue une charge inductive ou capacitive, respectivement; cette dernière propriété est mise à profit dans le compensateur synchrone) (élt) (cf. aussi* permanent-magnet synchronous motor, synchronous capacitor, synchronous induction motor, power factor, load[1] (a) *et* three-phase motor).

synchronous network operation exploitation d'un réseau en mode synchrone *(exploitation d'un réseau informatique en mode de transmission synchrone) (télinf) (cf. aussi* data communications network *et* synchronous transmission).

synchronous operation 1) fonctionnement synchrone *(fonctionnement de deux ou plusieurs dispositifs en synchronisme) (cf. aussi* synchronism). **2)** fonctionnement en mode synchrone *(fonctionnement d'un appareil ou d'un dispositif en mode de transmission synchrone) (cf. aussi* synchronous transmission). **3)** exploitation en mode synchrone *(exploitation d'une liaison ou d'un réseau informatique à transmission synchrone) (cf. aussi* synchronous transmission).

synchronous orbit orbite synchrone *(nom souvent donné à une orbite géosynchrone) (cf. aussi* geosynchronous orbit).

synchronous protocol protocole synchrone, protocole de transmission synchrone, protocole de ligne (de transmission) synchrone *(protocole élaboré pour être appliqué à des liaisons informatiques à transmission synchrone) (télinf) (cf. aussi* protocol *et* synchronous transmission).

synchronous rectifier *(nom souvent donné en anglais à un vibreur synchrone) (cf. aussi* synchronous vibrator).

synchronous refresh rafraîchissement synchrone *(rafraîchissement d'une mémoire RAM dynamique synchronisé par les impulsions d'horloge de l'unité centrale dans un ordinateur et effectué pendant les instants où l'unité centrale ne communique pas avec la mémoire) (CI) (inf) (cf. aussi* RAM refresh, clock pulse *et* central processing unit).

synchronous refresh mode mode de rafraîchissement synchrone, mode synchrone (de rafraîchissement) *(inf) (cf. aussi* synchronous refresh).

synchronous satellite satellite synchrone *(nom parfois donné à un satellite géostationnaire) (tls, etc.) (cf. aussi* geostationary satellite).

synchronous scheme *cf.* synchronous format.

synchronous speed vitesse de synchronisme *(cf. aussi* synchronism) *(en électrotechnique :* (a) *vitesse de rotation normale du rotor d'un moteur synchrone, le temps nécessaire à un pôle du rotor pour passer d'un pôle du stator au suivant étant alors égal à la demi-période du courant d'excitation du stator) (cf. aussi* synchronous motor *et* half-cycle) ; (b) *vitesse de rotation à laquelle le rotor d'un alternateur doit être amené au moment de le coupler en parallèle sur un ou plusieurs autres alternateurs analogues) (cf. aussi* synchronoscope).

synchronous system système synchrone, système télégraphique synchrone *(système télégraphique dans lequel l'appareil émetteur et l'appareil récepteur sont maintenus en synchronisme) (ce terme, qui s'appliquait initialement à une liaison par téléimprimeurs synchrones, couvre maintenant également une liaison informatique synchrone) (cf. aussi* synchronous transmission).

synchronous transfer transfert synchrone (des informations) *(transfert d'informations entre un appareil périphérique d'ordinateur et la mémoire centrale entrelacé avec les cycles d'accès de l'unité centrale à la mémoire) (inf) (cf. aussi* data transfer).

synchronous transfer mode mode de transfert synchrone, mode synchrone *(inf) (cf. aussi* synchronous transfer).

synchronous transmission transmission synchrone *(ou en mode synchrone) (mode de transmission télégraphique dans lequel l'appareil ou le dispositif émetteur et l'appareil ou le dispositif récepteur sont maintenus en synchronisme par des impulsions d'horloge pendant toute la durée de la transmission et les caractères sont transmis à cadence fixe) (la transmission synchrone a été utilisée dans les premiers téléimprimeurs et l'est maintenant dans des liaisons informatiques où elle permet une cadence de transmission supérieure à celle autorisée par la transmission asynchrone) (tls) (cf. aussi* telegraph transmission, synchronism, clock pulse *et* data link).

synchronous transmission format *cf.* synchronous format.

synchronous transmission mode mode de transmission synchrone, mode synchrone *(tlg) (cf. aussi* synchronous transmission).

synchronous transmission scheme *cf.* synchronous format.

synchronous vibrator vibreur synchrone *(vibreur de convertisseur utilisant un deuxième jeu de contacts inverseurs pour redresser le courant fourni par le transformateur en évitant ainsi l'emploi d'une valve biplaque) (est monté dans un boîtier avec un filtre d'alimentation en sortie et éventuellement la batterie fournissant le courant continu initial pour former un convertisseur continu/continu constituant alors une alimentation autonome) (est de plus en plus remplacé par les alimentations à découpage) (cf. aussi* vibrator, ripple filter *et* switching power supply).

synchronous voice-grade modem modem téléphonique synchrone *(ou pour transmission synchrone) (tlg) (cf. aussi* voice-grade modem *et* synchronous transmission).

synchronously de façon synchrone, de manière synchrone, en mode synchrone, *(parf.)* en synchronisme *(cf. aussi* synchronous).

synchrony *cf.* synchronism.

syncing *cf.* synchronizing.

synthesis synthèse *(réunion d'éléments déterminés de plusieurs ensembles apparentés pour former un tout cohérent) (en électronique, ce terme désigne souvent la synthèse de fréquence ou la synthèse de la parole) (cf. aussi* frequency synthesis *et* speech synthesis).

synthesis technique méthode de synthèse *(méthode appliquée pour faire une synthèse) (cf. aussi* frequency synthesis technique).

synthesized frequency fréquence synthétisée *(fréquence d'un signal fourni par un synthétiseur de fréquences) (cf. aussi* frequency synthesizer).

synthesized frequency source source de fréquence synthétisée, source synthétisée *(terme générique couvrant l'oscillateur à fréquence synthétisée et le synthétiseur de fréquences) (cf. aussi* synthesized oscillator *et* frequency synthesizer).

synthesized generator *cf.* synthesized signal generator.

synthesized LO *cf.* synthesized local oscillator.

synthesized local oscillator oscillateur local synthétisé *(ou à fréquence synthétisée) (oscillateur local réalisé sous la forme d'un oscillateur synthétisé) (super) (cf. aussi* local oscillator *et* synthesized oscillator).

synthesized music musique synthétisée *(musique obtenue par synthèse de fréquence sous la commande d'un microprocesseur programmé en conséquence) (inf) (cf. aussi* frequency synthesis *et* microprocessor).

synthesized oscillator oscillateur synthétisé, oscillateur à fréquence synthétisée *(oscillateur fournissant un signal obtenu par synthèse de fréquence) (cf. aussi* oscillator *et* frequency synthesis).

synthesized receiver récepteur synthétisé *(récepteur superhétérodyne utilisant un oscillateur local synthétisé) (cf. aussi* superheterodyne receiver *et* synthesized local oscillator).

synthesized signal signal synthétisé *(signal obtenu par synthèse de fréquence) (oscillateur, générateur de signaux) (cf. aussi* frequency synthesis).

synthesized signal generator générateur de signaux synthétisés, générateur synthétisé *(noms parfois donnés à un synthétiseur de fréquences, notamment lorsqu'il peut fournir des signaux non sinusoïdaux) (cf. aussi)* frequency synthesizer *et* signal generator).

synthesized sine wave onde sinusoïdale synthétisée, signal *(idem) (onde sinusoïdale fournie par une source de fréquence synthétisée) (cf. aussi* sine wave *et* synthesized frequency source).

synthesized source *cf.* synthesized frequency source.

synthesized speech (la) parole synthétisée *(nom donné aux sons émis par un phonateur) (synthèse vocale) (cf. aussi* speech synthesizer).

synthesized speech capability possibilité(s) de phonation artificielle *(possibilités d'un appareil, d'une machine ou d'un système équipé d'un phonateur) (cf. aussi* synthesized speech *et* capability).

synthesized speech memorization *cf.* synthesized speech storage.

synthesized speech storage mémorisation de la parole synthétisée *(mémorisation de signaux permettant la synthèse vocale) (cf. aussi* speech synthesis).

synthesized speech system système de synthèse vocale *(cf. aussi* speech synthesizer).

synthesized transceiver émetteur-récepteur synthétisé *(émetteur-récepteur formé d'un émetteur synthétisé et d'un récepteur synthétisé) (cf. aussi* transceiver, synthesized transmitter *et* synthesized receiver).

synthesized transmitter émetteur synthétisé *(émetteur radio à sauts de fréquence ou à fréquences préréglées dans lequel celles-ci sont fournies par un oscillateur synthétisé) (mil, etc.) (cf. aussi* frequency-hopping radio transmitter, preset frequency *et* synthesized oscillator).

synthesized voice *cf.* synthesized speech.

synthesizer synthétiseur *(appareil ou dispositif conçu pour réaliser un type déterminé de synthèse) (synthétiseur de fréquences ou synthétiseur vocal) (cf. aussi* frequency synthesizer, speech synthesizer *et* synthesis).

synthesizer chip puce de phonateur, *(etc.)* *(puce de circuit intégré sur laquelle est réalisé l'essentiel des circuits d'un phonateur) (synthèse vocale) (cf. aussi* speech synthesizer *et* chip 1)).

synthetic aperture ouverture dynamique *(antenne de radar) (cf. aussi* synthetic-aperture radar).

synthetic-aperture mapping *cf.* SAR mapping.

synthetic-aperture ground-mapping radar radar cartographique à ouverture dynamique *(nom complet du radar à ouverture dynamique) (cf. aussi* synthetic-aperture radar).

synthetic-aperture mapping radar *cf.* synthetic-aperture ground-mapping radar.

synthetic-aperture radar radar à ouverture dynamique *(terme que j'ai proposé)*, radar SAR *(abréviation anglaise) (ne pas employer « radar à ouverture synthétique ») (radar à couverture latérale utilisant le déplacement du porteur le long de sa trajectoire et l'effet Doppler des échos qui en résulte pour atteindre une haute définition d'image dans la direction du déplacement, ce qui nécessiterait une antenne à très grande ouverture, donc totalement inconcevable en l'occurrence) (la définition dans la direction perpendiculaire à la trajectoire, qui dépend du pouvoir séparateur en distance du radar, est obtenue par compression d'impulsions) (la haute définition dans la direction longitudinale — on dit « définition en azimut » — est obtenue grâce à l'emploi d'une antenne aussi courte que possible dans la direction de déplacement du porteur et à la très grande stabilité de la fréquence porteuse des impulsions émises) (cette fréquence ne doit absolument pas varier pendant tout le temps où un même point au sol est éclairé par le radar, c.-à-d. compris dans les limites du faisceau d'ondes atteignant le sol, pour que la fréquence Doppler associée à chacun des échos successifs renvoyés par ce point puisse être mesurée avec précision et sa loi de variation en fonction du temps en être déduite) (l'antenne étant très courte dans la direction du déplacement, le faisceau d'ondes émis à chaque impulsion est très ouvert dans cette direction et la longueur éclairée au sol — proportionnelle à l'altitude du porteur — est de plusieurs centaines de mètres, pour un avion ou plusieurs kilomètres pour un satellite, ce qui revient à dire qu'un même point du sol recevra des impulsions successives pendant tout le temps nécessaire au porteur pour parcourir cette distance) (le nombre d'impulsions ainsi reçues est généralement compris entre 100 et 500, ce qui donne une idée du nombre d'opérations de traitement de signaux à exécuter simultanément ou non dans le récepteur pour tous les points au sol situés sur une même perpendiculaire à la trace au sol de la trajectoire ; pour cette raison, ce traitement est, en 1990, effectué au sol après transmission des signaux par radio) (c'est ce grand nombre d'impulsions reçues par un même point pendant le passage du faisceau sur celui-ci qui permet de distinguer deux points proches l'un de l'autre dans la direction de déplacement du porteur, ce qui nécessiterait autrement un faisceau aussi fin que la distance séparant les deux points ; en effet, le pouvoir séparateur en distance ne sert à rien dans cette direction — seul sert le pouvoir séparateur en azimut, lequel est proportionnel à la finesse du faisceau) (est utilisé sur avion de reconnaissance, sur satellite de reconnaissance et sur satellite de télédétection) (cf. aussi* side-looking radar, Doppler effect, antenna aperture, pulse compression (a), pulse frequency, Doppler shift, Doppler bin, radar signal processing, range resolution, azimuth resolution *et* remote sensing).

synthetic-aperture radar aerial *(GB) cf.* synthetic-aperture radar antenna.

synthetic-aperture radar antenna antenne de radar à ouverture dynamique *(cf. aussi* synthetic-aperture radar).

synthetic-aperture reconnaissance radar radar de reconnaissance à ouverture dynamique *(radar à ouverture dynamique monté dans un avion de reconnaissance ou un satellite de reconnaissance) (mil) (cf. aussi* synthetic-aperture radar).

synthetic-aperture side-looking radar radar à couverture latérale à ouverture dynamique *(nom plus complet du radar à ouverture dynamique) (cf. aussi* synthetic-aperture radar).

synthetic-aperture technique méthode de l'ouverture dynamique, procédé *(idem) (procédé d'obtention d'une haute*

définition en azimut dans un radar cartographique) (cf. aussi synthetic-aperture radar).

synthetic beam steering *cf.* electronic beam steering.

synthetic speech *cf.* synthesized speech.

synthetic voice *cf.* synthesized speech. *(de même pour les termes dérivés qui ne figurent pas ci-après).*

synthetic voice response *cf.* voice response.

synthetic voice warning *cf.* voice warning.

syntonization syntonisation *(action de régler la fréquence d'oscillation de deux oscillateurs sur la même valeur) (cf. aussi* oscillator *et* tuner 1).

syntonize *v* syntoniser *(cf. aussi* syntonization).

syntonizing *cf.* syntonization.

syntony syntonie *(état de deux oscillateurs oscillant à la même fréquence) (cf. aussi* syntonization).

system système *(ensemble d'éléments associés concourant à une même fin) (cf. aussi notamment* communications system, data acquisition system, data-processing system, fire-control system, guidance system, radar system, sonar system, telegraph system, telephone system *et* television system).

system ... *cf.* systems ... *(pour les termes qui ne figurent pas ci-après).*

system board carte mère *(inf) (cf. aussi* mother-board).

system chip puce système *(puce à fonction complexe comportant les circuits auxiliaires nécessaires pour remplir celle-ci) (CI) (cf. aussi* complex-function chip *et* support circuit).

system component *cf.* system element.

system deviation *cf.* deviation 1).

system disk disque système *(disque magnétique sur lequel est enregistré le système d'exploitation d'un ordinateur) (inf) (cf. aussi* magnetic disk, operating system *et* program generator).

system element (un) élément du système *(parf.* d'un système *parf.* de la chaîne (de mesure) *parf.* d'une ...) *(cf. aussi* system *et* data acquisition system).

system error *cf.* deviation.

system-generated electromagnetic pulse impulsion électromagnétique indirecte *(impulsion de courant produite dans un circuit ou une pièce métallique d'une certaine longueur lorsqu'une partie de celui-ci ou celle-ci est soumise à une impulsion électromagnétique plus intensément que le reste) (est due au fait que le nombre d'électrons arrachés aux atomes du matériau par les rayons X incidents étant plus grand dans la partie la plus irradiée, celle-ci devient positive par rapport à la partie la moins irradiée et les électrons devenus en surnombre dans cette dernière créent un courant de courte durée allant de celle-ci à la première pour rétablir l'équilibre électrostatique) (cf. aussi* electromagnetic pulse *et* X rays).

system-generated EMP *cf.* system-generated electromagnetic pulse.

system-generated pulse *cf.* system-generated electromagnetic pulse.

system-level chip *cf.* system chip.

system operator 1) utilisateur du système, opérateur *(cf. aussi* operator) (a)). 2) société exploitante *(société exploitant un réseau de télécommunications ou de téléinformatique ou une chaîne de télévision, notamment aux USA).*

system resources (les) ressources du système *(inf, mil) (cf. aussi* resources).

system software logiciel de base *(logiciel normalement fourni avec un ordinateur par le constructeur de celui-ci) (comprend au moins le système d'exploitation) (inf) (cf. aussi* software *et* operating system).

system status indicator indicateur d'état du système *(cf. aussi* status indicator).

system tape bande système *(bande magnétique sur laquelle est enregistré le système d'exploitation d'un ordinateur) (cède la place au disque système) (inf) (cf. aussi* magnetic tape *et* system disk).

system under test système essayé *(parf.* contrôlé) *(cf. aussi* device under test *et* system).

systems analysis analyse de systèmes *(analyse des facteurs influant sur le fonctionnement d'un système) (cf. aussi* systems engineering).

systems company société construisant des systèmes, société de systèmes *(noms souvent donnés à une société construisant des appareils électroniques) (cf. aussi* component company).

systems designer concepteur de systèmes, ingénieur en systèmes (*noms donnés notamment à un ingénieur électronicien travaillant à la conception d'appareils électroniques ou informatiques faisant ou non partie d'un système*).

systems engineering conception globale (*conception d'un matériel électronique ou autre tenant compte de tous les facteurs pouvant influer sur son fonctionnement en service*).

systems firm (*ou* **house**) *cf.* systems company.

systems maker *cf.* systems manufacturer.

systems manufacturer constructeur de systèmes (*cf. aussi* systems company).

systems-oriented ... *cf.* systems ...

systems producer *cf.* systems manufacturer.

systems vendor *cf.* systems manufacturer.

T

T **1)** *cf.* tesla. **2)** *cf.* transformer 1).

T aerial *(GB)* *cf.* T antenna.

T antenna antenne en T *(antenne d'émission formée d'un ou plusieurs fils horizontaux parallèles excité en leur milieu par la ligne d'alimentation) (émetteur radio) (cf. aussi* transmitting antenna 1)).

T circulator circulateur en T *(circulateur à trois voies réalisé sous la forme d'une jonction en T comportant un barreau de ferrite cylindrique au centre de la jonction) (hyper) (cf. aussi* circulator *et* T junction).

t-domain *cf.* time domain.

T flip-flop *(T vient de « toggle »)* bascule T *(bascule à une entrée dans laquelle la sortie change d'état à chaque impulsion appliquée à l'entrée) (fournit donc une impulsion toutes les deux impulsions reçues, ce qui en fait un diviseur par deux) (cf. aussi* flip-flop *et* binary scaler).

T junction jonction en T, (un) T *(jonction hyperfréquence formée de deux tronçons de guide d'ondes raccordés de manière à former un T) (est souvent utilisé comme interrupteur entre les deux accès de la barre du T en créant ou non un court-circuit dans la hampe du T à une distance appropriée de l'ouverture dans l'autre guide d'ondes, ce qui empêche ou permet le passage de l'onde entre les deux accès selon le montage) (cf. aussi* microwave junction *et* hybrid T).

T network réseau en T *(réseau électrique formé de trois branches ayant un point commun) (l'une des branches est donc commune à l'entrée et à la sortie du quadripôle formé par le réseau) (ce type de réseau se rencontre notamment dans les montages à tube électronique à grille de commande, le circuit de la cathode étant commun à l'entrée et à la sortie du montage, ainsi que dans les montages à transistor, le circuit de l'émetteur ou de la source étant commun à l'entrée et à la sortie du montage) (cf. aussi* network 1) *et* quadripole).

T pad réseau atténuateur en T *(réseau atténuateur réalisé sous la forme d'un réseau en T) (cf. aussi* pad 1) *et* T network).

T/R switching *(T/R vient de « transmit/receive »)* commutation émission/réception *(passage de l'émission à la réception et inversement dans un radiotéléphone) (tls) (cf. aussi* push-to-talk switch 1)).

T-section cellule en T *(cellule de filtre constituée par un réseau en T) (cf. aussi* filter section *et* T network).

T²L *cf.* TTL.

TAB *cf.* tape automated bonding.

tab-mounted à fixation par oreille, fixé par oreille *(thyristor, etc.) (cf. aussi* tab mounting).

tab mounting fixation par oreille *(fixation d'un composant, notamment d'un composant à semiconducteur de puissance, par un prolongement de l'embase métallique du boîtier percée d'un trou) (dans un composant à semiconducteur de puissance, l'embase est en métal bon conducteur de la chaleur d'une certaine épaisseur et forme un puits de chaleur, l'oreille formant en outre un radiateur) (cf. aussi* power semiconductor device *et* heat sink).

tab pin broche plate *(broche de connecteur en forme de barrette) (cf. aussi* pin 1)).

table look-up consultation de tables, *(parf.)* recherche dans des tables *(inf)*.

tabular display présentation tabulaire, affichage tabulaire *(présentation d'informations sous la forme d'un tableau) (inf. etc.) (cf. aussi* display¹ 1) *et* 2)).

tabulating equipment matériel mécanographique *(inf) (cf. aussi* punched-card equipment).

tabulating machine *cf.* tabulator.

tabulator tabulatrice *s (machine imprimant les informations portées par des cartes perforées) (inf) (cf. aussi* punched card).

Tacan *(vient de « tactical air navigation »)* système Tacan *(système de radionavigation à portée d'environ 250 km, initialement pour avions militaires, dont les stations d'émissions, appelées « balises Tacan », utilisent une antenne verticale entourée d'un cylindre isolant tournant portant une bande métallique disposée le long d'une génératrice et formant élément parasite pour rendre directif le diagramme de l'antenne, ainsi que d'un cylindre extérieur tournant avec le premier et portant 9 éléments parasites créant autant de bosses sur le diagramme précédant pour augmenter la précision de la mesure de gisement, une impulsion de référence étant émise lorsque le lobe principal du diagramme de rayonnement est orienté vers le nord et une impulsion de fréquence différente étant émise tous les 40°, la station comprenant également un distancemètre) (cf. aussi* parasitic element, radiation pattern, distance measuring equipment *et* navigation system).

tachogenerator génératrice tachymétrique *(petite génératrice dont une ou deux caractéristiques du courant de sortie sont proportionnelles à la vitesse de rotation du rotor, ce qui la fait employer comme capteur de vitesse angulaire) (cf. aussi* generator 2) *et* angular-velocity sensor) (a) *petite dynamo dont l'inducteur est un aimant permanent, donc dans laquelle le flux inducteur est constant, grâce à quoi la tension à vide aux bornes des balais est pratiquement proportionnelle à la vitesse de rotation de l'induit) (pour conserver cette proportionnalité, on réduit le plus possible le courant débité en connectant la sortie de la dynamo à un voltmètre ou autre dispositif à grande résistance d'entrée) (cf. aussi* dynamo) ; (b) *petit alternateur dont la tension de sortie ou la tension et la fréquence de sortie sont proportionnelles à la vitesse de rotation) (b1) *petit alternateur à bobinage statorique diphasé formé d'un enroulement inducteur extérieur alimenté en courant alternatif à tension et fréquence constants et d'un enroulement induit central perpendiculaire au précédent et couplé magnétiquement à celui-ci par le rotor en forme de cloche cylindrique en cuivre tournant dans l'entrefer ménagé autour de la partie centrale du stator) (les courants de Foucault induits dans la cloche par le champ alternatif inducteur n'induisent aucune force électromotrice dans l'enroulement induit* *du stator lorsque la cloche ne tourne pas car la direction du champ magnétique qu'ils créent étant parallèle au plan des spires de l'enroulement induit, le flux magnétique qu'elles embrassent ne varie pas) (lorsque la cloche tourne, la direction du champ magnétique qu'elle crée s'incline dans la direction de la vitesse périphérique, proportionnellement à celle-ci, ce qui crée un couplage de plus en plus grand entre ce champ et l'enroulement induit en faisant apparaître aux bornes de celui-ci une tension alternative proportionnelle à la vitesse de rotation de la cloche) (cf. aussi* eddy current, electromotive force *et* flux linkage); *(b2) petit alternateur dans lequel le rotor constitué par un aimant permanent est l'inducteur, le stator portant un enroulement dans lequel est induite une force électromotrice alternative dont la valeur et la fréquence sont proportionnelles à la vitesse de rotation du rotor) (la fréquence de la tension alternative recueille aux bornes de l'enroulement statorique étant rigoureusement proportionnelle à la vitesse de rotation, tandis que la tension ne l'est qu'approximativement, c'est généralement la fréquence qui est prise comme signal tachymétrique) (cf. aussi* alternator).

tachometer 1) tachymètre, compte-tours *(le second terme est le plus employé) (appareil conçu pour la mesure de vitesses de rotation) (peut être mécanique ou électrique et comprend alors essentiellement un capteur de vitesse angulaire relié à un appareil indicateur) (cf. aussi* angular-velocity sensor *et* indicating instrument). **2)** *cf.* tachogenerator.

tachometer generator *cf.* tachogenerator.

tachometer signal signal tachymétrique *(signal électrique ou autre proportionnel à une vitesse de rotation, c-à-d. signal fourni par un capteur de vitesse angulaire) (cf. aussi* angular-velocity sensor *et* signal).

tactical air navigation 1) navigation aérienne tactique *(mil).* **2)** *cf.* Tacan.

tactical airborne monostatic radar radar monostatique embarqué tactique *(nom descriptif d'un radar classique d'avion militaire) (cf. aussi* monostatic radar *et* tactical radar).

tactical airborne relay relais aéroporté tactique *(relais de radiocommunications militaires tactiques monté sur avion ou hélicoptère et comprenant un récepteur recevant des signaux émis du sol et un émetteur les transmettant à une station au sol relativement éloignée) (cf. aussi* radio communications *et* tactical communications).

tactical aircraft avionics avionique d'aéronef tactique *(souvent d'avion tactique parfois au pluriel) (mil) (cf. aussi* avionics).

tactical bistatic radar radar bistatique (tactique) *(noter qu'un radar bistatique est généralement un radar tactique) (avia. mil) (cf. aussi* bistatic radar *et* tactical radar).

tactical communications télécommunications tactiques, transmissions tactiques, *(souvent)* liaisons tactiques *(télécommunications militaires dans une zone d'opérations militaires) (cf. aussi* communications).

tactical communications equipment matériel de télécommunications tactiques, *(etc.) (émetteurs-récepteurs radio militaires à courte ou très courte portée, antennes et accessoires correspondants, ainsi que postes et centraux téléphoniques de campagne, fils téléphoniques et accessoires) (cf. aussi* tactical communications, backpack transceiver *et* walkie-talkie).

tactical communications jamming brouillage des liaisons tactiques (par radio), *(etc.) (mil) (cf. aussi* communications jamming *et* tactical communications).

tactical communications satellite satellite de télécommunications tactiques *(etc.) (satellite de télécommunications militaires utilisé comme relais hertzien pour des liaisons radio tactiques) (cf. aussi* tactical communications *et* communications satellite).

tactical ECM *cf.* tactical electronic countermeasures.

tactical ECM suite équipement de contre-mesures tactique, panoplie *(idem) (équipement de contre-mesures monté sur un aéronef militaire à mission tactique, c-à-d. système d'auto-protection et éventuellement brouilleurs à bruit à courte portée) (cf. aussi* self-protection system *et* noise jammer).

tactical ECM system *cf.* tactical ECM suite.

tactical electronic countermeasures contre-mesures électro-niques tactiques, contre-mesures tactiques *(le second terme est le plus employé) (contre-mesures électroniques mises en œuvre dans une zone d'opérations militaires) (cf. aussi* electronic countermeasures).

tactical electronic equipment matériel électronique tactique *(matériel électronique militaire conçu pour être utilisé dans une zone d'opérations militaires) (émetteurs-récepteurs tactiques, radars tactiques, brouilleurs tactiques, télescopes infrarouges, jumelles de nuit, projecteurs infrarouges, caméras de télévision ordinaires ou infrarouges, etc.) (cf. aussi* tactical transceiver, tactical radar, tactical jammer, snooperscope, infrared projector, infrared camera *et* military electronic equipment).

tactical electronic reconnaissance reconnaissance électronique tactique *(reconnaissance électronique effectuée dans une zone d'opérations militaires, c-à-d. notamment reconnaissance par avions sans pilote équipés d'une caméra de télévision avec transmission des signaux vidéo par radio ou enregistrement à bord, ou les deux, puis retour à la base) (cf. aussi* electronic reconnaissance).

tactical electronics *cf.* tactical electronic equipment.

tactical frequency management gestion des fréquences à usage tactique *(détermination des fréquences d'émission les plus aptes à assurer les liaisons radio tactiques en évitant les interférences entre les émissions d'un même belligérant) (mil) (cf. aussi* tactical communications).

tactical guidance *cf.* tactical weapon guidance.

tactical guided weapon projectile guidé à usage tactique, arme *(idem) (terme générique couvrant le missile tactique, la bombe guidée et l'obus guidé) (mil) (cf. aussi* tactical missile, guided bomb *et* laser-guided projectile).

tactical hardness level *cf.* tactical radiation hardness level.

tactical jammer brouilleur tactique *(nom souvent donné à un brouilleur à bruit à courte portée généralement monté sur aéronef militaire) (cf. aussi* noise jammer).

tactical jamming brouillage tactique *(brouillage opéré dans une zone d'opérations militaires à l'aide d'un ou plusieurs brouilleurs tactiques) (cf. aussi* tactical jammer *et* jamming).

tactical jamming aircraft aéronef de brouillage tactique *(aéronef militaire équipé pour le brouillage tactique) (est généralement un avion) (cf. aussi* tactical jamming).

tactical jamming pod nacelle de contre-mesures tactiques, nacelle tactique *(avia. mil) (cf. aussi* jamming pod *et* tactical jamming).

tactical jamming system système de brouillage tactique *(brouilleur tactique ou ensemble de brouilleurs tactiques) (mil) (cf. aussi* tactical jammer).

tactical jamming transmitter *cf.* tactical jammer.

tactical military communications *cf.* tactical communications.

tactical missile guidance guidage des missiles tactiques *(parf. de missiles tactiques) (mil) (cf. aussi* guided missile).

tactical radar radar tactique *(radar militaire à courte portée facilement transportable ou monté sur véhicule routier, sur véhicule blindé ou sur aéronef) (cf. aussi* short-range radar).

tactical radar simulator simulateur de radars tactiques *(mil) (cf. aussi* radar simulator *et* tactical radar).

tactical radar threat menace d'un radar tactique, *(etc.) (mil) (cf. aussi* radar threat *et* tactical radar).

tactical radar threat generator *cf.* tactical radar simulator.

tactical radiation hardness level niveau tactique de résistance aux radiations *(ou de radiorésistance) (résistance aux radiations nécessaire à un composant électronique risquant d'être exposé à l'explosion de projectiles nucléaires tactiques) (cf. aussi* radiation hardness *et* level 1)).

tactical radio *cf.* tactical transceiver.

tactical radio set *cf.* tactical transceiver.

tactical set 1) *cf.* tactical transceiver. **2)** *cf.* tactical radar set.

tactical transceiver émetteur-récepteur tactique *(émetteur-récepteur radio militaire à courte portée porté à dos d'homme ou monté sur véhicule ou à très courte portée tenu à la main ou porté en bandoulière) (cf. aussi* backpack transceiver, walkie-talkie *et* transceiver).

tactical transmitter émetteur tactique *(émetteur radio militaire à portée généralement courte conçu pour être utilisé dans une zone d'opérations militaires et faisant ou non partie d'un* *émetteur-récepteur tactique*) (*cf. aussi* radio transmitter *et* tactical transceiver).

tactical troposcatter radio *cf.* tactical troposcatter radio set.

tactical troposcatter radio set émetteur transhorizon tactique (*mil*) (*cf. aussi* troposcatter radio set *et* tactical transmitter).

tactical unit version tactique (*émetteur-récepteur radio, radar, brouilleur*) (*mil*) (*cf. aussi* tactical transceiver, tactical radar, tactical jammer *et* unit 3)).

tactical weapon guidance guidage de projectiles tactiques (*ou* d'armes tactiques) (*mil*) (*cf. aussi* tactical guided weapon).

tactile feedback *cf.* tactile feel.

tactile feel toucher sensible (*propriété d'une touche de clavier ou d'un bouton-poussoir dont la résistance à l'enfoncement diminue brusquement lorsque le contact s'établit*) (*ce résultat est souvent obtenu à l'aide d'une lamelle ou une coupelle de contact incurvée ou bombée, respectivement, dont le sens de courbure change à partir d'une course déterminée de la touche ou du bouton, cet élément élastique constituant un ressort de basculement*) (*cf. aussi* snap-action loading spring).

tactile sensing (le) toucher artificiel (*toucher d'un capteur tactile*) (*cf. aussi* tactile sensor).

tactile sensor capteur tactile (a) *capteur de déplacement dans lequel l'élément sensible est soumis aux mouvements de translation ou de rotation d'un palpeur dont l'extrémité suit la surface d'une pièce) (est utilisé notamment pour le contrôle dimensionnel automatique de pièces en cours d'usinage et pour la mesure de la rugosité de la surface de pièces usinées) (cf. aussi* position sensor) ; (b) *capteur incorporé aux « doigts » d'un robot industriel ou autre et formé d'une matrice de protubérances élastiques commandant chacune l'émission d'un signal lorsqu'elle est écrasée, l'amplitude du signal pouvant être variable en fonction de l'écrasement de la protubérance) (la comparaison spatiale et éventuellement d'amplitude des signaux émis à des modèles mémorisés effectuée par un microprocesseur incorporé ou non au capteur permet au robot de « savoir » s'il tient une vis, un écrou ou une rondelle, entre autres, et éventuellement « d'avoir une idée » de sa forme et de ses dimensions) (robot assembleur ou autre) (cf. aussi* robot, microprocessor *et* artificial intelligence).

tag 1) étiquette (*informations alphanumériques affichées sur l'écran d'un radar panoramique à côté de l'écho d'une cible, notamment pour l'identifier et indiquer ses coordonnées*) (*avia, etc.*) (*cf. aussi* alphanumeric data *et* PPI-display radar). **2)** *cf.* flag 3)).

tagged target cible affectée d'une étiquette (*radar*) (*cf. aussi* tag 1)).

tail queue (*ce terme est souvent employé pour désigner le flanc arrière d'une impulsion à temps de descente relativement long*) (*cf. aussi* trailing edge).

tail coverage couverture vers l'arrière (*avia. mil*) (*cf. aussi* rear-hemisphere coverage).

tail-end ... *cf.* tail ...

tail jammer brouillage de queue (*brouilleur monté à l'arrière d'un avion militaire*) (*cf. aussi* jammer).

tail jamming brouillage vers l'arrière (*avia. mil*) (*cf. aussi* aft jamming).

tail-on target cible en présentation arrière (*radar*) (*cf. aussi* receding target).

tail warning radar radar de queue (*radar monté dans la queue d'un avion militaire pour détecter les avions et les missiles qui le poursuivent) (ne pas confondre avec un détecteur de radars*) (*cf. aussi* radar *et* radar warning receiver).

tail warning sensor détecteur de queue (*détecteur de menaces monté dans la queue d'un avion militaire*) (*cf. aussi* warning sensor).

tail warning system *cf.* tail warning sensor.

tailing traînage (*haut-parleur, TV*) (*cf. aussi* hangover *et* streaking).

tailless wedge bond soudure en biseau (sans queue) (*le qualificatif « tailless » est ajouté uniquement pour rappeler que, dans le soudage en biseau, l'excédent de fil est cassé à ras de la soudure (CH, etc.*) (*cf. aussi* wedge bonding).

take a bearing *v* faire un relèvement, effectuer un relèvement

(*déterminer le gisement d'une balise ou autre point de repère*) (*nav*) (*cf. aussi* bearing 1)).

take a reading *v* relever une valeur (*de la grandeur mesurée par un appareil de mesure indicateur*) (*cf. aussi* reading 2) *et* indicating instrument).

take-off *cf.* sound take-off.

take-off angle angle de tir (*angle formé par la direction de rayonnement maximal d'une antenne de radiocommunications en ondes courtes et l'horizontale au point d'émission*) (*la valeur de cet angle influe sur la portée maximale obtenue par propagation ionosphérique*) (*cf. aussi* ionospheric propagation).

take-up reel bobine réceptrice (*bobine sur laquelle s'enroule le support d'enregistrement après enregistrement dans un enregistreur graphique à défilement ou après enregistrement ou lecture dans un appareil à bande ou fil magnétique ou à bande perforée, etc.*) (*cf. aussi* reel[1]).

take-up spool *cf.* take-up reel.

talk-back circuit interphone (*cf. aussi* intercommunication system)

talk-down system (*nom parfois donné en anglais au système GCA*) (*avia*) (*cf. aussi* GCA).

talk-listen switch inverseur émission/réception (*inverseur faisant fonctionner le haut-parleur d'un interphone en microphone lorsqu'il est actionné*) (*peut être un inverseur à levier ou une touche blocable et joue un rôle comparable, mais non semblable, à celui d'une pédale d'alternat*) (*tls*) (*cf. aussi* intercommunication unit *et* push-to-talk switch 1)).

talk on the telephone *v* parler au téléphone.

talk path trajet de conversation (*nom parfois donné à un circuit téléphonique, notamment lorsqu'il transmet une conversation*) (*tls*) (*cf. aussi* telephone circuit).

talking chip puce parlante (*nom parfois donné à une puce de phonateur pour rappeler sa fonction*) (*CI*) (*cf. aussi* speech-synthesizer chip).

talking path *cf.* talk path.

talking position position d'émission (*position sur laquelle doit être maintenu(e) une pédale d'alternat ou un inverseur d'émission/réception pour émettre*) (*radiotél, interphone*) (*cf. aussi* push-to-talk switch 1) *et* talk-listen switch).

tandem arrangement montage en cascade (*étages*) (*cf. aussi* cascade arrangement).

tandem connection *cf.* tandem arrangement.

tandem dialling numérotation avec indicatif départemental (*composition d'un numéro de téléphone précédé d'un indicatif départemental*).

tandem exchange central de transit, centre de transit (*le second terme est le plus récent*) (*central téléphonique interurbain reliant d'autres centraux interurbains*) (*tls*) (*cf. aussi* trunk exchange).

tandem link liaison en plusieurs bonds (*liaison par faisceau hertzien utilisant une ou plusieurs stations relais*) (*radiocom*) (*cf. aussi* microwave radio *et* radio relay).

tandem office (*USA*) *cf.* tandem exchange.

tandem selection sélection en tandem (*sélection téléphonique faisant appel à deux sélecteurs fonctionnant en tandem pour augmenter les possibilités de sélection*) (*tls*) (*cf. aussi* telephone selection).

tangent galvanometer boussole des tangentes, boussole des sinus, boussole électromagnétique, galvanomètre à aimant mobile (*le premier terme est le plus employé et le plus connu ; le dernier est le meilleur*) (*galvanomètre indicateur formé essentiellement d'une aiguille aimantée suspendue en son milieu à un fil sans torsion dans le plan d'une bobine circulaire verticale de diamètre relativement grand parcourue par un courant de très faible intensité à mettre en évidence, cette intensité étant proportionnelle à la tangente de l'angle de rotation de l'aiguille*) (*premier type de galvanomètre indicateur réalisé ; a l'inconvénient dans cette version de ne pas être astatique, le plan de la bobine devant être aligné sur le méridien magnétique local*) (*on notera que, comme son nom l'indique, le galvanomètre à aimant mobile est l'inverse du galvanomètre à bobine mobile qui lui a succédé et dont le principe de fonctionnement est le même, c-à-d. fait appel à la force de Laplace*) (*cf. aussi* galvanoscope, astatic galvanometer, magnetic meridian, moving-coil galvanometer *et* Lorentz force).

tangential arm *cf.* tangential pick-up arm.

tangential pick-up arm bras de lecture tangentiel, bras tangentiel *(bras de lecture d'un tourne-disque à angle de pivotement réduit et dont le pivot se déplace le long d'une droite parallèle au rayon sur lequel se trouve la pointe de lecture pour éviter l'erreur de piste) (électroacou) (cf. aussi* pick-up arm *et* tracking error 2)).

tangential sensitivity sensibilité limite *(nom donné à la sensibilité d'un récepteur ou d'un analyseur de signaux lorsque l'on rapporte l'amplitude correspondante du signal à l'amplitude moyenne du bruit de l'appareil, le rapport signal/bruit de celui-ci étant alors à peine supérieur à l'unité) (cf. aussi* receiver sensitivity, signal-to-noise ratio *et* signal buried in noise).

tank **1)** cuve *(de redresseur à vapeur de mercure à cuve métallique, etc.)* **2)** *cf.* tank circuit.

tank circuit circuit bouchon *(circuit oscillant) (cf. aussi* parallel resonant circuit).

tank detection radar radar antichar, radar détecteur de chars *(radar militaire dont le pouvoir séparateur angulaire est assez grand pour pouvoir distinguer un char d'assaut des autres véhicules militaires d'après la forme générale de celui-ci) (cf. aussi* angular resolution 1)).

tantalum **1)** tantale *(métal blanc d'argent, dur, lourd (densité 16,65), réfractaire (température de fusion 3 000° C), très résistant aux acides aux températures courantes, paramagnétique, supraconducteur et coûteux) (en électronique, le tantale est utilisé principalement: 1°) comme dégazeur « non flashé », c-à-d. naturel, pour la fabrication de grilles et anodes de tubes électroniques grâce à sa capacité d'absorption des gaz après dégazage sous vide à haute température; 2°) comme anode dans des condensateurs électrolytiques) (cf. aussi* paramagnetic material, superconductor, getter *et* tantalum capacitor). **2)** *cf.* tantalum capacitor.

tantalum anode anode en tantale, anode de tantale *(anode de condensateur électrolytique constituée d'une mince bande ou d'un bloc de tantale fritté) (cf. aussi* electrolytic capacitor, sintered anode *et* tantalum).

tantalum cap *(fam) cf.* tantalum capacitor.

tantalum capacitor condensateur au tantale, condensateur électrolytique *(idem)*, condensateur électrochimique *(idem) (condensateur électrolytique dans lequel le diélectrique est une mince couche d'oxyde de tantale formée sur une anode en tantale fritté) (cf. aussi* tantalum-foil capacitor, wet-slug tantalum capacitor, solid tantalum capacitor, tantalum chip capacitor, sintered anode, tantalum oxide *et* electrolytic capacitor).

tantalum caps *cf.* tantalums.

tantalum-case tantalum capacitor condensateur au tantale à boîter en tantale, condensateur tout tantale *(est caractérisé par le fait qu'il supporte une tension inverse de 3 volts, ce qui le fait souvent préférer pour les applications militaires et spatiales, notamment) (cf. aussi* tantalum capacitor *et* reverse voltage (b)).

tantalum chip capacitor condensateur pastille au tantale *(condensateur au tantale réalisé sous la forme d'un composant pastille) (ne pas employer « condensateur chipse au tantale ») (cf. aussi* tantalum capacitor *et* chip component).

tantalum device *cf.* tantalum capacitor.

tantalum electrolytic *cf.* tantalum capacitor.

tantalum electrolytic capacitor *cf.* tantalum capacitor.

tantalum-foil capacitor condensateur au tantale bobiné, condensateur électrolytique au tantale bobiné *(condensateur au tantale réalisé sous la forme d'un condensateur bobiné, c-à-d. dans lequel la cathode est une mince bande de tantale nu et l'anode une mince bande de tantale recouverte d'une couche d'oxyde de tantale, les deux bandes étant bobinées ensemble avec interposition de deux bandes de papier spécial imprégné sous vide avec de l'électrolyte liquide après montage dans un boîtier métallique) (cf. aussi* tantalum capacitor *et* wound-foil capacitor).

tantalum-foil electrolytic *cf.* tantalum-foil capacitor.

tantalum-foil electrolytic capacitor *cf.* tantalum-foil capacitor.

tantalum nitride resistor résistance en nitrure de tantale *(résistance à couche mince formée par pulvérisation cathodique de tantale dans une atmosphère d'azote, le corps déposé sur le substrat étant du nitrure de tantale résultant de la réaction chimique entre les ions de tantale arrachés à la cathode et les ions d'azote) (CH) (cf. aussi* thin-film resistor, sputtering, tantalum *et* ion).

tantalum oxide oxyde de tantale, pentoxyde de tantale *(terme exact)*, Ta_2O_5 *(oxyde isolant utilisé comme diélectrique dans les condensateurs au tantale grâce à un ensemble inégalé de propriétés pour la fonction de diélectrique de condensateur électrolytique: 1°) constante diélectrique égale à 26, soit trois fois plus que celle de l'oxyde d'aluminium, d'où une réduction égale de la surface des armatures à capacité égale; 2°) grande rigidité diélectrique assortie de la facilité de formation d'une couche extrêmement mince et régulière, ce qui augmente encore la capacité surfacique; 3°) grande statilité chimique dans le temps, ce qui assure aux condensateurs au tantale une longue durée de vie en stockage comme en service; 4°) possibilité d'utilisation d'un électrolyte non corrosif mise à profit dans le condensateur au tantale à électrolyte solide; 5°) bonne tenue à la chaleur, le condensateur à boîtier en tantale pouvant être utilisé jusqu'à 200° C) (est également utilisé dans des condensateurs à couches minces pour ses propriétés générales de diélectrique et la minceur de la couche obtenue) (cf. aussi* tantalum, dielectric¹, tantalum capacitor *et* tantalum-oxide capacitor).

tantalum-oxide capacitor condensateur à l'oxyde de tantale, condensateur au pentoxyde de tantale, condensateur à couches minces *(idem) (condensateur à couches minces dans lequel le diélectrique est une couche d'oxyde de tantale formée par oxydation de l'armature inférieure en tantale et sur laquelle est ensuite déposée la seconde armature) (ce condensateur n'utilisant pas d'électrolyte, ce n'est pas un condensateur électrolytique malgré l'emploi du tantale comme diélectrique; c'est pourquoi il n'est normalement pas appelé « condensateur au tantale » pour éviter les risques de confusion) (CH) (cf. aussi* thin-film capacitor *et* tantalum oxide).

tantalum-oxide dielectric diélectrique en oxyde de tantale *(condensateur) (cf. aussi* tantalum oxide).

tantalum slug anode en tantale frittée *(anode de condensateur au tantale constituée par un cylindre en tantale fritté et oxydé, c-à-d. anode de condensateur au tantale à électrolyte gélifié ou à électrolyte solide) (cf. aussi* sintered anode *et* tantalum-slug capacitor).

tantalum-slug capacitor condensateur à anode en tantale fritté, condensateur à anode frittée, condensateur électrolytique *(idem)*, condensateur électrochimique *(idem) (condensateur au tantale utilisant une anode frittée, c-à-d. condensateur au tantale à électrolyte gélifié ou à électrolyte solide) (cf. aussi* wet-slug tantalum capacitor, solid tantalum capacitor, tantalum slug *et* tantalum capacitor).

tantalum-slug electrolytic capacitor *cf.* tantalum-slug capacitor.

tantalum solid *cf.* tantalum solid capacitor.

tantalum solid capacitor condensateur au tantale à électrolyte solide *(cf. aussi* solid tantalum capacitor).

tantalum unit version au tantale *(cf. aussi* tantalum capacitor *et* unit 3)).

tantalum wet *(fam) cf.* tantalum wet capacitor.

tantalum wet capacitor condensateur au tantale à électrolyte liquide ou gélifié *(condensateur au tantale bobiné ou à anode frittée et électrolyte gélifié) (cf. aussi* tantalum-foil capacitor, wet-slug tantalum capacitor *et* tantalum capacitor).

tantalum wet-slug capacitor *cf.* wet-slug tantalum capacitor.

tantalum wets (les) condensateurs ... *(voir aussi* tantalum wet capacitor).

tantalums (les) condensateurs au tantale *(cf. aussi* tantalum capacitor).

tantalytic *cf.* tantalum capacitor.

tap¹ s prise *(point d'un enroulement, d'une bobine, d'une résistance bobinée ou d'une ligne à retard prévu pour y connecter un conducteur pour n'utiliser qu'une partie du dispositif ou pour le diviser en deux parties ou prélever ou appliquer une tension ou un signal en un point déterminé de* *celui-ci*) (*transformateur, bobine d'inductance, etc.*) (*cf. aussi* transformer tap).

tap² v prélever (*une tension ou un signal*) (*cf. aussi* tap¹).

tap-off *s*   *cf.* tap¹.

tape¹ s bande, ruban (*le second terme est peu employé*) (*en électronique et techniques connexes, ces termes désignent souvent une bande relativement étroite et mince destinée à être utilisée comme support d'enregistrement, c-à-d. une bande magnétique ou perforée*) (*audio, vidéo, inf, etc.*) (*cf. aussi* magnetic tape *et* punched tape).

tape² v enregistrer sur bande magnétique (*cf. aussi* magnetic band).

tape automated bonding soudage sur bande, soudure sur bande (*procédé utilisé pour souder automatiquement sur des puces de circuits intégrés des lamelles conductrices destinées à relier les plages de connexion de la puce à celles d'un circuit hybride ou d'une grille de connexion*) (*les lamelles à disposition en étoile sont obtenues par estampage d'une mince bande de métal à défilement automatique, le motif qu'elles forment rappelant les pattes d'une araignée, d'où le nom anglais de « spider bonding » également employé pour désigner ce mode de connexion, ces pattes restant initialement solidaires de la bande par leur extrémité extérieure, l'extrémité intérieure ayant une longueur déterminée*) (*après estampage, toutes les extrémités intérieures sont soudées simultanément par ultrasons ou thermocompression sur la puce, puis les extrémités extérieures sont découpées, les pattes quittant ainsi la bande et restant avec la puce ; celle-ci est ensuite collée sur le substrat du circuit hybride ou le fond du boîtier et toutes les extrémités extérieures sont soudées simultanément sur les plages de connexion du circuit ou de la grille de connexion, respectivement*) (*cf. aussi* face-up TAB, face-down TAB, chip 1), bonding pad, chip-and-wire hybrid, lead frame, ultrasonic bonding, thermocompression bonding *et* integrated-circuit connection).

tape back-up 1) sauvegarde sur bande magnétique (*disque dur*) (*cf. aussi* hard-disk back-up *et* 2) *ci-après*). **2)** sauvegarde à bande magnétique (*inf*) (*cf. aussi* streaming-tape drive).

tape bias polarisation de la bande (magnétique) (*enr. mag*) (*cf. aussi* magnetic bias (a)).

tape-bound *a*   *cf.* tape-limited.

tape break sensor détecteur de rupture de bande (*dispositif arrêtant immédiatement un dérouleur de bande magnétique ou autre appareil à bande magnétique en cas de rupture de celle-ci*) (*inf, etc.*) (*cf. aussi* tape drive).

tape cable cable plat (*cf. aussi* flat cable).

tape carrier assembly *cf.* tape automated bonding.

tape cartridge chargeur à bande magnétique (*nom initial des boîtiers à bande magnétique facilement interchangeables appelés « cassettes à bande magnétique » après normalisation de leurs caractères géométriques, sauf pour certains boîtiers de dimensions, forme ou destination particulières qui ont gardé ce nom, concurrencé ultérieurement par l'anglicisme « cartouche à bande magnétique », notamment dans les dérouleurs continus*) (*cf. aussi* magnetic-tape cassette *et* streaming-tape drive).

tape cartridge back-up sauvegarde sur bande magnétique en cartouche (*ou* sur bande en cartouche) (*disque dur*) (*inf*) (*cf. aussi* hard-disk back-up *et* tape cartridge).

tape cassette cassette à bande magnétique, cassette (*magnétophone, etc.*) (*cf. aussi* magnetic-tape cassette).

tape-cassette memory mémoire à cassettes (à bande magnétique) (*noter l'emploi du pluriel*) (*mémoire à bande magnétique dans laquelle celle-ci est utilisée en cassette*) (*inf*) (*cf. aussi* magnetic-tape memory *et* magnetic-tape cassette).

tape channel 1) canal (de bande perforée) (*cf. aussi* channel¹ 1) (d)). **2)** *cf.* tape track.

tape comparator *cf.* tape verifier.

tape control unit *cf.* tape controller.

tape-controlled *a* commandé par bande, à commande par bande (*magnétique ou perforée*) (*appareil ou machine*) (*cf. aussi* tape¹).

tape controller régisseur de dérouleur (de bande magnétique), pilote (*idem*) (*ne pas employer « contrôleur de dérouleur ... »*) (*inf*) (*cf. aussi* controller 1) *et* tape drive).

tape copy 1) copie sur bande (*résultat d'une duplication de bande*) (*cf. aussi* tape duplication). **2)** *cf.* tape duplication.

tape core *cf.* tape-wound core.

tape deck 1) platine à bande magnétique (*partie d'un appareil à bande magnétique formée d'une platine horizontale ou verticale portant le mécanisme d'entraînement de la bande, les têtes magnétiques et généralement les commandes et organes de contrôle éventuels*) (*cf. aussi* tape transport 2), magnetic head *et* magnetic-tape instrument). **2)** *cf.* tape drive 1).

tape degausser *cf.* tape eraser.

tape density densité d'enregistrement sur bande (magnétique) (*inf*) (*cf. aussi* recording density *et* magnetic tape).

tape drive 1) dérouleur de bande magnétique, dérouleur de bande (*enregistreur à bande magnétique à bobines indépendantes à grande vitesse de défilement et grande capacité conçu pour être utilisé comme mémoire auxiliaire d'ordinateur*) (*utilise de la bande magnétique relativement large, l'enregistrement et la lecture des informations étant effectués par une tête magnétique multiple comprenant généralement 7 ou 9 têtes élémentaires appelées « têtes de lecture/écriture » créant autant de pistes magnétisées sur la bande lors de l'enregistrement, soit une piste par binaire de chaque mot binaire successif enregistré, plus une piste pour le binaire de parité transversale*) (*on voit d'après ce qui précède que les mots sont enregistrés transversalement, sous forme parallèle, sur la bande comme sur une bande perforée et contrairement à un disque magnétique ou optique*) (*cf. aussi* start/stop drive, streaming-tape drive, auxiliary storage, read/write head, binary word, VRC bit, parallel form, punched tape, magnetic-disk memory, optical disk memory *et* magnetic-tape memory). **2)** tape transport 2)).

tape drive maker *cf.* tape drive manufacturer.

tape drive manufacturer constructeur de dérouleurs de bande magnétique, constructeur de dérouleurs (de bande) (*cf. aussi* tape drive 1)).

tape drive supplier *cf.* tape drive manufacturer.

tape drive vendor *cf.* tape drive manufacturer.

tape dump vidage sur bande magnétique, vidage sur bande (*inf*) (*cf. aussi* memory dump).

tape duplication duplication de bande (*enregistrement sur bande magnétique ou perforée des informations déjà enregistrées sur une autre bande de même type*) (*cf. aussi* tape¹).

tape editing montage des bandes vidéo (*opération analogue au montage des films de cinéma consistant à éliminer les séquences superflues d'une bande vidéo enregistrée en coupant les longueurs correspondantes et à raccorder par collage les parties conservées*) (*magnétoscope*) (*cf. aussi* video tape).

tape eraser effaceur de bandes magnétiques (*cf. aussi* bulk eraser).

tape erasing effaçage de bandes magnétiques (*cf. aussi* bulk eraser).

tape feed *cf.* tape transport 1) *et* 2).

tape file fichier sur bande (magnétique) (*fichier informatique enregistré sur bande magnétique à l'aide d'un dérouleur de bande magnétique*) (*cf. aussi* file¹ *et* tape drive 1)).

tape format format sur bande (*parf.* sur la bande), structure (*idem*) (*format des informations enregistrées sur la bande d'une mémoire à bande magnétique ou sur une bande perforée*) (*est caractérisé par la disposition transversale des caractères ou mots enregistrés, les binaires d'un même caractère ou mot étant enregistrés sous forme parallèle*) (*tlg, inf*) (*cf. aussi* format¹, tape drive 1), punched tape *et* parallel form).

tape formatting mise au format sur bande, formattage sur bande (*parf.* sur la bande) (*cf. aussi* tape format).

tape guide guide-bande *m* (*dans un appareil à bande magnétique, ergot à collerette ou autre dispositif en matière amagnétique disposé de chaque côté de la bande magnétique à proximité d'une tête magnétique pour centrer la bande par rapport à l'entrefer de celle-ci*) (*cf. aussi* magnetic tape *et* magnetic head).

tape handler *cf.* tape drive 1).

tape leader amorce de bande (*extrémité d'une bande magnétique ou perforée servant à accrocher celle-ci au moyeu d'une bobine*) (*cf. aussi* tape¹).

tape library bibliothèque de bandes magnétiques, bibliothèque de bandes *(ensemble de bobines de bandes magné-tiques d'ordinateur sur lesquelles sont enregistrées des infor-mations) (inf) (cf. aussi* programm tape, tape file *et* magnetic tape).

tape-limited *a* limitée par la vitesse des dérouleurs (de bande) *(parf.* du dérouleur*) (idem) (inf) (cf. aussi* I/O limited *(au début de la lettre I) et* tape drive 1)).

tape loading mise en place de la bande, chargement de la bande (a) *montage d'une bobine de bande magnétique ou perforée ou autre sur le moyeu correspondant et accrochage de l'amorce libre de la bande sur le moyeu de la bobine réceptrice avec mise en place de la bande sur les dispositifs de guidage et d'entraînement) (cf. aussi* tape[1]) ; (b) *introduction d'une cassette à bande magnétique dans son logement sur un appareil) (cf. aussi* magnetic-tape cassette.

tape loading mechanism mécanisme de chargement de la bande, (etc.) *(nom parfois donné aux galets-tendeurs à ressort et autres organes mécaniques facilitant la mise en place de la bande magnétique dans un magnétoscope) (cf. aussi* tape loading *et* video tape recorder).

tape loop 1) boucle de bande *(boucle formée par une bande magnétique ou perforée ou autre, notamment sous l'action d'un galet-tendeur ou d'une dépression) (cf. aussi* tape[1] *et* vacuum column). 2) bande pilote *(cf. aussi* control tape 2)).

tape loop column puits à dépression *(dérouleur de bande) (inf) (cf. aussi* vacuum column).

tape motion défilement de la bande *(mouvement de transla-tion d'une bande magnétique ou perforée ou autre) (cf. aussi* tape[1]).

tape movement *cf.* tape motion.

tape noise bruit de la bande *(ou* dû à la bande), bruit de fond *(idem),* souffle *(idem) (bruit électrique à la sortie d'une tête de lecture d'appareil à bande magnétique dû à la nature granu-laire de la couche magnétique) (est, par conséquent, d'autant plus faible que les grains sont plus petits et leurs dimensions régulières) (enr. mag) (cf. aussi* magnetic head *et* magnetic coating).

tape-operated *cf.* tape-controlled.

tape operating system système d'exploitation à bandes (ma-gnétiques) *(système d'exploitation d'ordinateur conçu pour être utilisé avec un ou plusieurs dérouleurs de bande magné-tique) (inf) (cf. aussi* operating system *et* tape drive 1)).

tape perforator *cf.* tape punch. *(et noter que le premier terme est le terme préféré en télégraphie et le second en informa-tique).*

tape player lecteur de bande magnétique *(appareil permet-tant la lecture d'informations sonores ou autres enregistrées sur une bande magnétique, mais non leur enregistrement) (ce terme désigne généralement un lecteur de cassettes) (cf. aussi* cassette player).

tape punch perforateur de bande *(appareil ou dispositif conçu pour enregistrer des informations sur une bande géné-ralement en papier à l'aide de poinçons commandés par des électro-aimants, la bande obtenue étant appelée « bande per-forée ») (tlg, inf) (cf. aussi* punched tape).

tape puncher *cf.* tape punch.

tape punching perforation de bande *(exécution de perfora-tions dans une bande) (cf. aussi* tape punch).

tape punchings confettis (de bande) *(petits disques de papier produits par l'exécution de perforations dans une bande) (cf. aussi* tape punch).

tape reader lecteur de bande perforée, lecteur de bande *(appareil ou dispositif fournissant des signaux électriques reproduisant les informations représentées par les perforations d'une bande perforée) (les signaux fournis sont des impulsions de courant produites par la mise en contact d'un fil métallique avec un cylindre métallique lors du passage d'une perforation sous le fil, le nombre de fils du dispositif de lecture étant égal au nombre de canaux de la bande, toutes les perforations d'une même rangée transversale étant lues simultanément et le dispositif à contacts électriques étant parfois remplacé par une source de lumière et une cellule photoélectrique disposées de part et d'autre de la bande) (tlg, inf) (cf. aussi* punched tape *et* photocell).

tape reading lecture de bandes *(magnétiques ou perforées), (parf.)* lecture de la bande *(mémoire à bande magnétique ou lecteur de bande perforée) (tlg, inf) (cf. aussi* magnetic-tape memory, tape reader *et* tape sensing).

tape record enregistrement sur bande *(enregistrement effec-tué sur une bande magnétique ou, parfois, sur une bande perforée) (cf. aussi* magnetic-tape recording *et* punched tape).

tape-recorded enregistré sur bande *(cf. aussi* tape record).

tape recorder enregistreur à bande magnétique *(cf. aussi* magnetic-tape recorder *et noter que le terme anglais qui, à l'origine, désignait uniquement un magnétophone, peut main-tenant désigner n'importe quel type d'enregistreur à bande magnétique).*

tape recorder deck *cf.* tape deck 1).

tape recorder flutter scintillement d'un magnétophone *(scin-tillement du signal de sortie d'un magnétophone) (cf. aussi* flutter (b)).

tape recorder/reproducer *cf.* tape recorder.

tape recording enregistrement sur bande *(ce terme désigne généralement l'enregistrement sur bande magnétique, mais couvre également l'enregistrement sur bande perforée) (cf. aussi* magnetic-tape recording *et* punched tape).

tape recording technology (la) technique de l'enregistrement sur bande magnétique *(cf. aussi* magnetic-recording *et* tech-nology).

tape reel bobine de bande *(bobine sur laquelle est enroulée une bande magnétique ou perforée ou autre) (cf. aussi* reel[1] *et* tape[1]).

tape relay méthode de la bande perforée, procédé *(idem) (le premier terme est le plus employé) (procédé de commutation des messages dans un central télégraphique manuel consistant à recevoir les messages sur bande perforée et à les retrans-mettre à l'aide d'un transmetteur automatique) (tls) (cf. aussi* torn-tape relay, continuous-tape relay, reperforator, automatic-transmitter *et* telegraph exchange).

tape reperforator reperforateur *(central tlg) (cf. aussi* reper-forator).

tape reproducer 1) duplicateur de bandes perforées *(appa-reil reproduisant les perforations d'une bande perforée sur une bande vierge pour fournir une copie de la première) (inf) (cf. aussi* punched tape). 2) *cf.* tape player.

tape sensing lecture de bandes perforées *(parf.* de la bande) (perforée) *(tlg, inf) (cf. aussi* tape reader).

tape skew obliquité de la bande, biais de la bande *(aligne-ment angulaire défectueux d'une bande magnétique ou perfo-rée ou autre par rapport à l'axe transversal d'une tête ma-gnétique ou d'un poste de poinçonnage ou de lecture, respectivement, ou d'un autre dispositif) (cf. aussi* tape[1]).

tape speed vitesse de défilement de la bande, vitesse de défilement, vitesse de la bande *(vitesse de translation d'une bande magnétique ou perforée ou autre, notamment devant un dispositif d'enregistrement ou de lecture dans les deux pre-miers cas) (cf. aussi* tape[1]).

tape splicer colleuse de bandes magnétiques, colleuse de bandes, colleuse *(appareil conçu pour permettre le raccorde-ment de deux longueurs de bande magnétique par collage à l'aide d'un ruban adhésif spécial extra-mince) (est utilisé principalement pour le montage des bandes) (cf. aussi* tape editing).

tape splicing collage des bandes magnétiques, collage des bandes, collage, *(parf.)* collage de la bande (magnétique) *(cf. aussi* tape splicer).

tape spool *cf.* tape reel.

tape spooling enroulage de bandes *(souvent* de la bande) *(cf. aussi* spooler 1) *et* tape[1]).

tape station *cf.* tape drive 1).

tape storage mémorisation sur bande magnétique *(inf) (cf. aussi* magnetic-tape memory).

tape storage file *cf.* tape file.

tape swap bascule de dérouleurs *(emploi alterné de deux dérouleurs de bande magnétique d'un ordinateur) (inf) (cf. aussi* tape drive 1)).

tape swapping emploi d'une bascule de dérouleurs *(cf. aussi* tape swap).

tape switching   *cf.* tape swapping.

tape teleprinter   téléimprimeur à papier en continu *(téléimprimeur utilisant une bande de papier en rouleau pour l'impression des textes émis et reçus) (type classique) (tlg) (cf. aussi* teleprinter).

tape tension   tension de la bande *(cf. aussi* tape[1]).

tape threading   *cf.* tape loading (a)).

tape-to-card conversion   conversion bande/cartes *(ou de bandes à cartes) (enregistrement sur cartes perforées d'informations numériques enregistrées sur une bande magnétique de dérouleur de bande ou sur une bande perforée) (inf) (cf. aussi* punched card, digital data, tape drive 1) *et* punched tape).

tape-to-card converter   convertisseur bande/cartes *(machine mécanographique réalisant la conversion de bande à cartes) (inf) (cf. aussi* tape-to-card conversion).

tape-to-head contact   contact entre la bande et la tête *(appareil à bande magnétique) (cf. aussi* magnetic tape).

tape track   piste de bande magnétique *(souvent de la bande)* (magnétique) *(cf. aussi* magnetic track (b)).

tape trailer   queue de bande *(extrémité d'une bande magnétique ou autre attachée au moyeu de la bobine sur laquelle elle est enroulée) (cf. aussi* tape[1]).

tape transmitter   transmetteur automatique *(appareil télégraphique assurant la transmission automatique de messages enregistrés sur bande perforée) (tout téléimprimeur équipé d'un lecteur de bande perforée peut fonctionner en transmetteur automatique) (tls) (cf. aussi* tape reader *et* teleprinter).

tape transport   **1)** entraînement de la bande *(fonction remplie par un cabestan dans un appareil à bande magnétique) (noter que cette acception du terme anglais, qui est la seule correcte, est la moins employée) (cf. aussi* capstan). **2)** mécanisme d'entraînement (de la bande) *(ensemble des organes assurant le défilement de la bande sur une platine à bande magnétique, c-à-d. notamment cabestan(s), bobine débitrice, bobine réceptrice, moteur(s) d'entraînement du ou des cabestans et des bobines et dispositif(s) de tension de la bande éventuel(s) (cf. aussi* capstan, feed reel, take-up reel *et* tape deck 1)). **3)** *cf.* tape drive 1).

tape-transport deck   *cf.* tape deck 1).

tape transport mechanism   *cf.* tape transport 2) *(et noter que le premier terme est correct, tandis que le second ne l'est pas, mais celui-ci est beaucoup plus employé).*

tape travel   *cf.* tape motion.

tape unit   *cf.* tape drive 1).

tape unreeling   déroulement de bandes *(souvent de la bande) (cf. aussi* tape[1]).

tape utilization   *cf.* tape utilization efficiency.

tape utilization efficiency   taux d'utilisation de la bande, rendement de la bande *(rapport entre la longueur effectivement occupée par des informations sur une bande magnétique d'ordinateur et la longueur totale de l'enregistrement, espaces interblocs compris) (est plus grand dans une bande de dérouleur continu que dans une bande de dérouleur classique) (inf) (cf. aussi* interblock gap, streaming-tape drive *et* tape drive 1)).

tape video recording   (l')enregistrement vidéo sur bande magnétique *(le terme anglais s'emploie par opposition à « disk video recording ») (cf. aussi* video tape recording).

tape wound core   tore en feuillard enroulé *(noyau toroïdal réalisé par enroulement d'un feuillard en tôle magnétique exécuté sur un mandrin de telle façon que les spires se recouvrent exactement) (cf. aussi* toroidal core *et* core lamination).

taper   **1)** légère décroissance *(de largeur, épaisseur ou valeur) (sens fondamental).* **2)** loi de variation, loi, variation *(courbe représentant la variation de la résistance aux bornes de sortie d'un potentiomètre en fonction de l'angle de rotation de l'axe de commande à partir de la position de repos) (cf. aussi* linear taper, non-linear taper *et* potentiometer 1)). **3)** *cf.* waveguide taper.

taper section   *cf.* tapered section.

tapered section   transition de guides d'ondes, transition hyperfréquence, transition *(le dernier terme est le plus employé) (tronçon de guide d'ondes rectangulaire à parois légèrement convergentes servant à raccorder deux guides d'ondes rectan-*

gulaires de sections différentes) (cf. aussi* rectangular waveguide).

tapered waveguide (section)   *cf.* tapered section.

tapped analog delay line   ligne à retard analogique à prises *(cf. aussi* analog delay line *et* tap[1]).

tapped coil   bobine à prise(s) *(bobine munie d'une ou plusieurs prises généralement utilisées pour faire varier son inductance par paliers) (cf. aussi* coil[1], tap[1] *et* inductance).

tapped control   potentiomètre à prises *(potentiomètre bobiné utilisant une résistance à prises) (cf. aussi* wirewound potentiometer *et* tapped resistor).

tapped delay line   ligne à retard à prises, ligne à prises *(ligne à retard comportant des prises entre les cellules pour permettre de choisir la valeur du retard créé) (cf. aussi* delay line *et* tap[1]).

tapped delays   retards échelonnés *(retards obtenus à l'aide d'une ligne à retard à prises) (cf. aussi* tapped delay line).

tapped line   *cf.* tapped delay line

tapped primary   *cf.* tapped primary winding.

tapped primary winding   enroulement primaire à prises, primaire à prises *(enroulement primaire de transformateur muni de prises permettant d'adapter son nombre de spires à la tension du réseau de distribution d'énergie) (cas général de l'enroulement primaire d'un transformateur d'alimentation) (cf. aussi* primary winding, tapped winding *et* line-voltage selector).

tapped resistor   résistance à prise(s) *(résistance bobinée munie d'une ou plusieurs prises permettant notamment de faire varier par paliers la valeur ohmique effectivement utilisée) (cf. aussi* wirewound resistor *et* tap[1]).

tapped secondary   *cf.* tapped secondary winding.

tapped secondary winding   enroulement secondaire à prises, secondaire à prises *(enroulement secondaire d'un transformateur muni de prises pour permettre le réglage par paliers de la tension prélevée à ses bornes, notamment dans le cas d'un transformateur d'alimentation) (cf. aussi* secondary winding, tap[1] *et* power transformer 1)).

tapped transformer   transformateur à prises *(transformateur comportant un ou plusieurs enroulements à prises) (cf. aussi* tapped winding).

tapped voltages   tensions échelonnées *(au sens du terme anglais, tensions prélevées sur une résistance à prises ou sur un enroulement secondaire à prises) (cf. aussi* tapped resistor, tapped secondary winding *et* voltage).

tapped winding   enroulement à prise(s) *(enroulement de transformateur ou autre muni d'une ou plusieurs prises) (cf. aussi* tapped primary winding, tapped secondary winding, center-tap winding, tap[1] *et* transformer 1)).

tapping   **1)** prélèvement *(d'une tension sur une résistance à prise(s) ou un enroulement secondaire à prises, d'un retard sur une ligne à retard à prises, etc.) (cf. aussi* tapped resistor, tapped secondary winding *et* tapped delay line). **2)** emploi de prises *(voir aussi 1) ci-dessus).* **3)** *cf.* tap[1].

tapping point   point de prélèvement *(est généralement une prise) (cf. aussi* tapping 1)).

TAR   *cf.* terrain-avoidance radar.

target   cible (a) *objet, corps ou être mobile ou fixe détecté ou suivi par un radar ou un sonar ou un autodirecteur, ou en direction duquel est pointé(e) un marqueur laser ou une arme à faisceau d'énergie ou autre) (cf. aussi* radar target, sonar target, laser-designated target, moving target, fixed target, homing head *et* beam weapon); (b) *dispositif plan convertissant une image optique en image électrique par effet photoélectrique dans un tube analyseur ou une caméra de télévision sans tube) (cible photo-émissive, cible photoconductrice ou capteur à CCD) (cf. aussi* photoemissive target, photoconductive target, electric image 1), photoelectric effect, camera tube *et* CCD sensor).

target acquisition   accrochage d'une cible *(souvent de la cible), (parf.)* localisation d'une cible *(idem) (entrée d'une cible dans le faisceau d'ondes émis par un radar ou par un autodirecteur radar actif ou dans le champ couvert par un autodirecteur passif ou semi-actif ou, parfois, par une caméra de télévision non incorporée à un autodirecteur) (ne pas employer « acquisition de la cible») (avia, etc.) (mil, etc.) (cf.*

aussi radar contact, lock-on, radar, homing head *et* television camera).

target acquisition system système de localisation de cibles *(termes générique couvrant les radars et les caméras de télévisions employées aux fins de poursuite optique) (cf. aussi* target acquisition *et* optical tracking)

target angle angle de présentation *(de la cible) (cf. aussi* aspect angle).

target area 1) surface de la cible, aire de la cible *(cible radar ou autre) (cf. aussi* target (a) *et* radar cross section). **2)** zone de la cible *(zone dans laquelle se trouve une cible radar ou autre) (cf. aussi* target (a)).

target aspect présentation de la cible *(radar) (cf. aussi* aspect angle).

target augmentation augmentation de la visibilité des cibles *(souvent* de la cible) (a) *augmentation de l'amplitude des échos renvoyés par une cible radar aérienne ou spatiale par emploi d'un réflecteur radar ou d'une balise monté(e) sur celle-ci) (le premier procédé revient à augmenter la surface équivalente de la cible) (engin-cible, satellite, etc.) (cf. aussi* radar reflector, radar beacon *et* radar cross section); (b) *augmentation de l'intensité du rayonnement infrarouge émis par une cible aérienne grâce au montage d'un intensificateur de rayonnement infrarouge monté sur celle-ci) (cf. aussi* infrared augmentor).

target autotracking autopoursuite de la cible *(radar, etc.) (cf. aussi* automatic tracking).

target azimuth azimut de la cible *(radar, etc.) (cf. aussi* azimuth 1) *et* target (a)).

target bearing gisement de la cible *(radar, etc.) (cf. aussi* bearing 1) *et* target (a)).

target cataloguing *cf.* target classification.

target channel voie à brouiller, voie brouillée *(selon le contexte)*, voie visée *(bande de fréquences utilisée pour des radiocommunications militaires qu'un brouilleur à bande étroite a pour mission de brouiller) (cf. aussi* spot jammer *et* target frequency).

target characteristics caractéristiques de la cible *(parf. des cibles) (caractéristiques d'une ou plusieurs cibles suivies par un radar ou un sonar) (mil, etc.) (cf. aussi* radar target characteristics *et* sonar target characteristics).

target classification classification des cibles *(parf. de la cible) (classification d'une ou plusieurs cibles radar ou sonar d'après leurs caractéristiques) (mil, etc.) (cf. aussi* radar target characteristics *et* sonar target characteristics).

target communications channel *cf.* target channel.

target computer ordinateur final, ordinateur cible, machine d'exécution *(le deuxième terme est un anglicisme courant, mais à éviter) (ordinateur pour lequel un programme est mis au point sur un autre ordinateur) (inf) (cf. aussi* computer program *et* target microprocessor).

target cross section *cf.* target radar cross section.

target data *cf.* target information.

target designating *cf.* target designation.

target designating laser *cf.* target designator.

target designation désignation de cibles *(souvent de la cible) (résultat de l'illumination de cibles) (mil) (cf. aussi* target illumination).

target designation laser laser marqueur de cibles *(mil) (cf. aussi* laser designator).

target designation radar radar de désignation d'objectif *(mil) (cf. aussi* target designation).

target designator marqueur de cible *(laser) (mil) (cf. aussi* laser designator)

target detection détection des cibles *(souvent de la cible) (par un radar ou un sonar) (cf. aussi* target (a)).

target detection probability probabilité de détection des cibles *(parf. de la cible) (radar, sonar) (mil, etc.) (cf. aussi* detection probability).

target detection range distance de détection de la cible *(radar, sonar) (cf. aussi* detection range).

target direction direction de la cible *(cf. aussi* target azimuth, target bearing, target elevation *et* target (a)).

target discrimination discrimination des cibles (a) *action, pour un récepteur radar ou sonar, de distinguer deux cibles proches l'une de l'autre) (cette acception s'applique surtout à un radar et cette action fait intervenir le pouvoir séparateur du radar) (mil. etc.) (cf. aussi* radar resolution); (b) *action, pour un autodirecteur optique, de distinguer une cible au sol du fond qui l'entoure) (mil) (cf. aussi* optical seeker).

target distance *cf.* target range.

target echo écho de cible, écho utile, écho de la cible, écho renvoyé par la cible *(écho renvoyé par la cible d'un radar ou d'un sonar) (dans le cas le plus fréquent d'un radar, peut être un écho de peau ou un écho renforcé) (sdpo à « écho parasite ») (cf. aussi* skin echo, target enhancement, radar echo *et* sonar echo).

target echo return *cf.* target echo.

target elevation site de la cible *(radar) (cf. aussi* elevation).

target elevation tracking poursuite en site *(de la cible)*, poursuite de la cible en site *(radar) (cf. aussi* elevation tracking).

target enhancement *cf.* target augmentation.

target extraction *cf.* plot extraction.

target extractor *cf.* plot extractor.

target fade *cf.* target fadedown.

target fadedown baisse de réflectivité de la cible *(diminution momentanée de l'amplitude des échos reçus d'une cible radar) (est généralement due à des phénomènes de propagation) (cf. aussi* radar echo *et* propagation phenomena).

target frequency fréquence à brouiller *(fréquence d'émission d'un émetteur radio ou radar militaire qu'un brouilleur à bande étroite doit brouiller) (cf. aussi* spot jammer *et* target channel).

target glint *cf.* target scintillation.

target identification identification des cibles *(souvent de la cible), (parf.) reconnaissance des cibles (idem) (identification d'une ou plusieurs cibles détectées par un radar ou un sonar) (nécessite la connaissance d'un certain nombre de caractéristiques des cibles) (ce terme s'applique surtout aux cibles radar militaires) (cf. aussi* target characteristics).

target illuminating laser laser illuminant la cible *(ou* éclairant la cible) *(mil) (cf. aussi* target illumination).

target illuminating radar radar illuminant la cible *(ou* éclairant la cible) *(mil) (cf. aussi* target illumination).

target illumination illumination de cibles *(souvent de la cible) (pointage d'un faisceau radar, laser ou infrarouge en direction d'une cible) (les deux premiers cas font partie de la poursuite semi-active) (mil, etc.) (cf. aussi* target (a) *et* semi-active homing).

target illuminator illuminateur de cibles *(parf. de la cible) (mil) (cf. aussi* illuminator 1)).

target image image de la cible *(parf. d'une cible) (cf. aussi* target imaging).

target imaging visualisation des cibles *(souvent de la cible) (radar d'aéronef) (mil) (cf. aussi* imaging).

target in clutter cible sur fond d'échos parasites *(exemple: cible d'un radar d'avion volant en altitude constituée par un autre avion volant à basse altitude au-dessus d'une mer houleuse ou d'un sol à la surface irrégulière) (cf. aussi* clutter).

target in track cible suivie *(par un radar, etc.) (cf. aussi* tracking 1) (a)).

target information informations relatives à la cible, *(parf.)* données *(idem) (caractéristiques d'une cible et informations complémentaires éventuelles relatives à celle-ci) (radar, sonar, etc.) (cf. aussi* target characteristics *et* information).

target language langage objet *(inf) (cf. aussi* object language).

target localization localisation des cibles *(souvent de la cible) (radar, sonar) (cf. aussi* localization (a) *et* targeting).

target location 1) *cf.* target position. **2)** *cf.* target localization.

target location information informations relatives à la position de la cible *(cf. aussi* target (a)).

target lock *cf.* target acquisition.

target material matière de la cible *(cf. aussi* material) (a) *matière dont est constitué le revêtement d'une cible d'un radar ou autre détecteur) (cf. aussi* target (a)); (b) *matière dont est constituée la surface d'une cible photosensible) (cf. aussi* target (b)).

target microprocessor microprocesseur final, microprocesseur cible, microprocesseur d'exécution (*le deuxième terme est un anglicisme courant, mais à éviter*) (*microprocesseur destiné à être utilisé dans un ordinateur après mise au point du programme de celui-ci et des circuits auxiliaires du microprocesseur*) (*CI*) (*inf*) (*cf. aussi* microprocessor, computer 2), computer program, support circuit *et* emulator).

target modeling modélisation de cibles (*souvent de la cible*) (*modélisation d'une ou plusieurs cibles radar ou d'une cible sonar*) (*mil, etc.*) (*cf. aussi* modeling, radar target *et* sonar target).

target noise **1)** bruit de la cible (*bruit acoustique émis par une cible sonar et notamment par la cible d'un sonar passif*) (*cf. aussi* sonar target *et* passive sonar). **2)** *cf.* target scintillation.

target position position de la cible (*radar, etc.*) (*cf. aussi* target (a)).

target processor *cf.* target microprocessor.

target radar **1)** radar de la cible (*ou de l'objectif*) (*radar équipant un objectif militaire*) (*cf. aussi* radar). **2)** radar visé (*cf. aussi* radar) (a) *radar militaire brouillé par un brouilleur de radars de l'adversaire* (*cf. aussi* radar jammer) ; (b) *radar militaire attaqué par un ou plusieurs missiles antiradar de l'adversaire* (*cf. aussi* antiradiation missile).

target radar cross section surface équivalente de la cible (*radar*) (*cf. aussi* radar cross section).

target radiated heat chaleur rayonnée par la cible (*détection infrarouge ou autopoursuite infrarouge*) (*cf. aussi* infrared detection *et* infrared homing).

target radiation rayonnement de la cible (*rayonnement électromagnétique ou acoustique émis par une cible*) (*détection ou autopoursuite passive infrarouge ou acoustique, etc.*) (*mil, etc.*) (*cf. aussi* radiation *et* target (a)).

target range distance de la cible, (*souvent aussi*) distance radiale de la cible (*cf. aussi* slant range *et* target (a)).

target range information *cf.* range information.

target receiver récepteur visé (*récepteur radio militaire recevant des signaux brouillés par un brouilleur de l'adversaire*) (*cf. aussi* communications jamming).

target recognition *cf.* target identification.

target recognizer chercheur de cible (*nom parfois donné à un autodirecteur intelligent*) (*mil*) (*cf. aussi* homing head *et au milieu de la rubrique* VHSIC circuit).

target reradiation rerayonnement de la cible (*radar, etc.*) (*cf. aussi* reradiation *et* target (a)).

target resolution *cf.* target discrimination.

target return (**signal**) *cf.* target echo.

target scattering diffusion par la cible (*diffusion de l'énergie reçue par la cible d'un radar ou d'un sonar actif ou d'un illuminateur*) (*mil, etc.*) (*cf. aussi* scattering, energy, radar, active sonar *et* illuminator 1)).

target scintillation scintillation de la cible, scintillation, fluctuation (*idem*) (*fluctuation des caractéristiques de réflexion et, par conséquent, de la surface équivalente de la cible d'un radar à impulsions, d'une impulsion reçue à la suivante, due à des changements d'orientation rapides d'une ou plusieurs surfaces de la cible*) (*entraîne une instabilité de l'écho formé sur l'écran du récepteur*) (*le mot « scintillation » rappelle que la cible — considérée comme une cible complexe dans le cas général — est assimilée à un ensemble de surfaces réfléchissantes distinctes appelées « points brillants » dont l'orientation ou la position, ou les deux, de certaines d'entre elles varient du fait de leur rotation ou de phénomènes vibratoires, ce qui les fait « scintiller »*) (*la scintillation s'observe principalement lorsque la cible est un avion — surtout un avion à hélice(s) — ou un hélicoptère et est alors due à la rotation d'une hélice ou d'un rotor ou à la déformation élastique d'une aile ou autre partie de la cellule*) (*dans le cas d'un radar de poursuite à commutation de lobes, la fluctuation de l'amplitude de l'écho renvoyé d'une impulsion à la suivante réduit la précision de la détermination de la direction de la cible, donc de la poursuite angulaire ; cet inconvénient n'existe pas dans le radar mono-impulsion du fait que la mesure de direction se fait sur une seule et même impulsion*) (*cf. aussi* artificial glint, radar cross section, pulse radar, complex target, lobe-switching radar *et* monopulse radar).

target search recherche de cibles (des cibles, de la cible) (*selon le contexte*) (*radar, sonar, autodirecteur*) (*mil, etc.*) (*cf. aussi* target (a)).

target search and tracking recherche et poursuite des cibles, (*etc.*) (*cf. aussi* target search *et* target tracking).

target seeker **1)** autodirecteur (*engin autoguidé*) (*mil*) (*cf. aussi* homing head). **2)** *cf.* target seeking missile.

target-seeker missile *cf.* target-seeking missile.

target-seeking missile missile autoguidé (*cas général*) (*mil*) (*cf. aussi* homing missile).

target selection choix des cibles (*souvent de la cible*) (*radar, etc.*) (*mil, etc.*) (*cf. aussi* target (a)).

target signal *cf.* target echo.

target signature empreinte d'une cible (*souvent de la cible*) (*radar, etc.*) (*mil*) (*cf. aussi* signature1)).

target signature analysis analyse de l'empreinte d'une cible, (*etc.*) (*cf. aussi* target signature *et* signature analysis 1)).

target speed *cf.* target velocity.

target spotting *cf.* target localization.

target track *cf.* target tracking.

target track file fichier de poursuite de cibles (*mémoire d'un ordinateur associé à un radar de poursuite, dans laquelle sont rangées et mises à jour les informations relatives aux cibles suivies et notamment les éléments de leur trajectoire*) (*mil, espace, etc.*) (*cf. aussi* computer memory, tracking radar *et* target information).

target tracker *cf.* target seeker.

target tracking poursuite des cibles (*souvent de la cible*) (*radar, etc.*) (*cf. aussi* tracking 1) (a) *et* target (a)).

target velocity vitesse de la cible (*vitesse de translation de la cible d'un radar ou d'une autre cible*) (*avia, etc.*) (*cf. aussi* range rate *et* target (a)).

target voltage tension de la cible, tension appliquée à la cible (*tension continue, positive par rapport à la cathode, appliquée à la plaque signal de la cible d'un tube analyseur*) (*caméra TV*) (*cf. aussi* signal plate *et* voltage).

target zone *cf.* target area 2).

targeting *cf.* target localization. (*et noter que le premier terme est souvent employé à la place du second en anglais lorsqu'il s'agit d'une cible militaire à détruire après l'avoir localisée*) (*cf. aussi* target localization).

targeting data *cf.* targeting information.

targeting information informations sur la position de la cible (*parf. sur l'emplacement de la cible*) (*cas d'une cible au sol*) (*parf. des cibles*) (*radar, sonar*) (*mil*) (*cf. aussi* targeting).

targeting phase phase de localisation (de la cible) (*autodirecteur*) (*mil*) (*cf. aussi* targeting *et* homing head).

TASI (*vient de « time assignment speech interpolation »*) procédé TASI (*procédé d'augmentation de la capacité d'une liaison téléphonique par multiplex temporel par utilisation des instants d'inoccupation de chaque voie pour transmettre des communications qui nécessiteraient autrement des voies supplémentaires*) (*tls*) (*cf. aussi* time-division multiplex).

TASS *cf.* towed-array sonar system.

taut-band meter appareil de mesure à rubans tendus, appareil à rubans tendus (*appareil de mesure analogique dans lequel l'équipage utilise une suspension à rubans tendus*) (*cf. aussi* analog meter *et* taut-band suspension).

taut-band meter movement *cf.* taut-band movement.

taut-band movement équipage à rubans tendus, équipage d'appareil de mesure (*idem*) (*équipage d'appareil de mesure analogique utilisant une suspension à rubans tendus*) (*cf. aussi* meter movement *et* taut-band suspension).

taut-band suspension suspension à rubans tendus (*suspension de l'équipage mobile d'un appareil de mesure analogique formée de deux rubans métalliques minces et étroits fixés au extrémités de l'axe de l'équipage mobile et tendus par fixation aux flasques du moteur*) (*les rubans tendus constituent des pivots à frottement interne, donc stable dans le temps et indépendant de l'orientation de l'équipage mobile ; de plus, leur résistance à la torsion créé le couple de rappel nécessaire et permet ainsi de se passer de spiraux, d'autant plus qu'ils peuvent servir de conducteurs d'amenée de courant*) (*constitue la version moderne et très utilisée de la suspension par fil de torsion*) (*cf. aussi* suspension (a), meter movement *et* torsion string).

taxi radar (« *taxi* » *vient de* « *taxiway* », *c-à-d. piste de circulation d'un aéroport*) radar de pistes *(avia)* (*cf. aussi* airport surface detection equipment).

Tb *cf.* terabit.

TC 1) *cf.* temperature coefficient. 2) *cf.* temperature compensation.

TC ... *cf.* temperature-compensated ...

TCA *cf.* terminal control area.

TCC *cf.* temperature coefficient of capacitance.

TCF *cf.* temperature coefficient of frequency.

Tchebyscheff filter *cf.* Chebyshev filter.

TCR *cf.* temperature coefficient of resistance.

TCXO 1) *cf.* temperature-compensated crystal oscillator. *(terme nouvellement représenté par l'abréviation).* 2) *cf.* temperature-controlled crystal oscillator. *(terme anciennement représenté par l'abréviation et souvent représenté maintenant par la nouvelle abréviation OCXO pour éviter la confusion entre les deux types d'oscillateur à quartz) (noter que l'abréviation initiale est ainsi employée pour le type d'oscillateur le plus récent et l'abréviation récente pour le type d'oscillateur initial)* (*cf. aussi* OCXO).

TDF *cf.* trunk distribution frame.

TDM 1) *cf.* time-division multiplex. 2) *cf.* time-domain modulation.

TDM ... *cf.* time-division ... *(pour les termes qui ne figurent pas ci-après).*

TDM/FDM ... *cf.* TDM-to-FDM ...

TDM-to-FDM conversion conversion temporel/fréquentiel *(ou de temporel en fréquentiel) (conversion d'un multiplex temporel en un multiplex fréquentiel) (tél)* (*cf. aussi* transmultiplexer).

TDM-to-FDM converter convertisseur temporel/fréquentiel *(convertisseur de multiplex réalisant la conversion de temporel en fréquentiel)* (*cf. aussi* TDM-to-FDM conversion).

TDM-to-FDM translator *cf.* TDM-to-FDM converter.

TDMA *cf.* time-division multiple access.

TDMA ... *cf.* time-division ...

TDR 1) *cf.* time-delay relay. 2) *cf.* time-domain reflectometry. 3) *cf.* temperature-dependent resistor.

TDR measurements mesures de réflexions dans le domaine temporel (*cf. aussi* time-domain reflectometry).

TE mode (*TE vient de* « *tranverse electric* ») mode TE, mode transversal électrique, mode tranverse électrique *(le premier terme est le plus employé, le dernier est un anglicisme courant) (mode de propagation de l'onde électromagnétique dans un guide d'ondes dans lequel le vecteur champ électrique de l'onde est toujours perpendiculaire à la direction de propagation) (en d'autres termes, mode de propagation dans lequel les lignes de force du champ électrique sont toujours dans la section droite du guide) (est le mode de propagation le plus employé, sous la forme du mode TE_{10}, car il permet alors de transmettre le maximum de puissance pour un guide d'ondes de section droite déterminée) (hyper)* (*cf. aussi* propagation mode (a), electric field vector, waveguide *et* power[1] 1)).

TE wave *cf.* transverse electric wave.

TEA laser *cf.* transversely-excited atmospheric pressure laser.

teaching machine machine à enseigner *(ordinateur programmé de façon à poser des questions à un élève, à l'aide d'un terminal à écran associé ou éloigné ou d'un phonateur associé, ou les deux, et analyser les réponses données par l'élève, généralement à l'aide d'un clavier, la question suivante pouvant constituer une progression ou un retour en arrière selon la justesse de la réponse) (les premières machines étaient des machines électromécaniques à projection de pages de texte imprimé) (inf)* (*cf. aussi* computer 2), computer program, display terminal, speech synthetizer *et, à titre d'information,* learning machine).

techniques generation élaboration des séquences de brouillage, élaboration des séquences *(mil)* (*cf. aussi* techniques generator).

techniques generator générateur de séquences de brouillage, générateur de séquences *(micro-ordinateur d'un système d'autoprotection élaborant les séquences de brouillage mises en œuvre par le système) (mil)* (*cf. aussi* jamming technique *et* microcomputer).

technology (*Contrairement à ce que l'on voit écrit et entend partout, y compris dans l'enseignement (sic) où l'on a créé notamment des* « *Instituts Universitaires de Technologie* » *(IUT), le terme anglais* « *technology* » *ne doit pas être traduit systématiquement par* « *technologie* ». *On ne doit le faire que lorsqu'il peut être remplacé par* « *technologie de construction* » *ou* « *technologie de fabrication* ». *Quand il y a le moindre doute, c'est le mot* « technique » *qui doit être employé en français. Dans le domaine des composants à semiconducteur, le terme anglais désigne un procédé, le terme* « *technique* » *pouvant toutefois être employé pour couvrir également les activités de conception propres à ce procédé:* « *MOS technology* » = « *procédé MOS* » *ou* « *technique MOS* », *le second terme étant le plus employé, principalement pour des raisons d'euphonie. Il est à noter que les Américains eux-mêmes emploient l'un des termes* « *fabrication technology* », « *manufacturing technology* » *ou, notamment pour les composants à semiconducteur,* « *processing technology* » *lorsqu'ils veulent préciser qu'il s'agit effectivement de technologie, ce qui prouve que, pour eux,* « *technology* » *tout court signifie quelque chose de plus vaste que la technologie au sens correct du terme. Dans le même ordre d'idées, il est évident qu'un terme tel que* « *signal processing technology* », *par exemple, ne peut être traduit par* « *technologie du traitement des signaux* » *par un technicien français qui sent un tant soit peu sa propre langue ... L'emploi de* « *technology* » *à la place de* « *technique* » *en anglais est dû en partie au fait que ce dernier mot est de plus en plus employé pour désigner une méthode, de même en français. Il faut se rappeler que la technologie est la partie de la technique relative à la réalisation de l'objet conçu, c-à-d. à sa construction ou sa fabrication. Le succès, regrettable, de cet anglicisme est dû en grande partie à sa consonnance* « *savante* » *résultant de son suffixe scientifique* « *logie* »).

tee ... *cf.* T ...

Teflon *(marque déposée)* téflon *(nom donné par la société américaine Du Pont au polytétrafluoréthylène qu'elle fabrique) (matière plastique utilisée, entre autres, comme diélectrique de condensateur) (est un excellent diélectrique utilisable jusqu'à 200° C)* (*cf. aussi* dielectric[1]).

Teflon capacitor condensateur au téflon *(condensateur au plastique dans lequel celui-ci est du téflon)* (*cf. aussi* plastic capacitor *et* Teflon).

Teflon film capacitor *cf.* teflon capacitor.

Tek scope oscilloscope Tektronix *(oscilloscope d'une marque américaine — la plus grande marque mondiale d'oscilloscopes)* (*cf. aussi* oscilloscope).

Telautograph *(marque déposée)* téléautographe s *(appareil télégraphique réalisant la reproduction à distance d'un document manuscrit au fur et à mesure du tracé des lettres par l'opérateur) (tls)* (*cf. aussi* telegraph).

telco *(ou* telcom) *cf.* telecommunications.

tele *cf.* telephone. *(et noter que* « *la télé* » *se dit* « *the TV* » *en anglais).*

telebanking *cf.* electronic banking.

telecamera *cf.* television camera.

telecast[1] *v* diffuser, émettre *(des programmes de télévision) (radiodif)* (*cf. aussi* television program).

telecast[2] *s cf.* television broadcast.

telcaster *cf.* television broadcaster.

telecasting *s cf.* television broadcasting.

telecenter centre de télétraitement *(télinf)* (*cf. aussi* remote processing).

telecine (le) télécinéma *(cinéma dans lequel les images portées par le film sont reproduites sur l'écran de récepteurs de télévision diffusée)* (*cf. aussi* television film scanner).

telecomm *cf.* telecommunications.

telecommunications *cf.* communications.

teleconference téléconférence *(conférence tenue entre des personnes reliées par des moyens de télécommunications, c-à-d. par téléphone et éventuellement télécopieurs ou par télévision, le stade ultime étant la visioconférence)* (*cf. aussi* video conference).

teleconferencing tenue de téléconférences *(parf. d'une téléconférence)* (*cf. aussi* teleconference).

telecopier télécopieur *(tlg) (cf. aussi* fascimile machine).
telefilm film passé à la télévision *(cf. aussi* telecine).
telegenic photogénique à la télévision *(présentatrice, etc.).*
telegram[1] *s* télégramme, message télégraphique, dépêche *f (message transmis par télégraphie) (tls) (cf. aussi* telegraphy *et* telegraphic style).
telegram[2] *v cf.* telegraph[2].
telegrams *(dans un en-tête de lettre commerciale)* adresse télégraphique *(cf. aussi* telegraphic address).
telegraph[1] *s* (le) télégraphe *(système permettant la télégraphie) (sous sa forme la plus simple, comprend un appareil émetteur et un appareil récepteur reliés par un fil conducteur, le retour du courant se faisant par mise à la terre d'une des deux bornes de chaque appareil) (sous sa forme la plus courante dès les débuts du télégraphe, chaque extrémité de la liaison est dotée d'un émetteur et d'un récepteur reliés à la même ligne) (dans les premiers télégraphes, l'émetteur était un manipulateur et le récepteur un récepteur Morse traçant des traits et des points à l'encre sur une bande de papier à déroulement continu) (d'autres appareils ont également été utilisés par la suite, notamment l'onduleur, sorte d'enregistreur galvanométrique dont le tracé était traduit par un opérateur télégraphiste, et le transmetteur automatique, ainsi que le télécopieur, qui forme une classe à part d'appareil télégraphique) (puis est apparue ce que l'on peut appeler la troisième génération d'appareils télégraphiques, c-à-d. le téléimprimeur fonctionnant normalement en émetteur-récepteur) (la forme la plus moderne du télégraphe, celle qui ramène au premier plan cet ancêtre des télécommunications et constitue la quatrième génération, est la transmission de données avec matérialisation de l'information reçue par une imprimante ou/et présentation sur un écran) (tls) (cf. aussi* telegraphy, telegraph instrument *et* telegraph system).
telegraph[2] *v* télégraphier, transmettre par télégraphe *(un message écrit ou autre information graphique) (tls) (cf. aussi* telegraph[1]).
telegraph apparatus *cf.* telegraph instrument. *(et noter que le premier terme désigne souvent l'ensemble formé par un émetteur et un récepteur télégraphiques distincts).*
telegraph boy *cf.* telegraph messenger.
telegraph cable câble télégraphique *(câble électrique isolé ou câble à fibre optique utilisé comme ligne télégraphique) (ce terme désigne souvent un câble télégraphique sous-marin) (tls) (cf. aussi* telegraph line *et* submarine cable).
telegraph carrier porteuse télégraphique *(porteuse modulée par un signal télégraphique) (tls) (cf. aussi* telegraph modulation).
telegraph channel voie télégraphique *(équivalent d'une voie téléphonique utilisé pour la transmission de signaux télégraphiques et notamment de signaux de transmission de données) (tls) (cf. aussi* telephone channel, telegraph signal *et* data communications).
telegraph circuit circuit télégraphique *(circuit reliant deux appareils télégraphiques pour assurer la transmission des signaux) (cf. aussi* telegraph apparatus).
telegraph code code télégraphique, code de transmission télégraphique *(code de représentation des caractères employés en télégraphie alphanumérique par des changements d'état électrique ou optique) (ces changements d'état ou « transitions » créent des impulsions appelées « moments ») (tls) (cf. aussi* Morse code, two-level code, printer telegraph code, transition (c), level 2) *et* transmission code).
telegraph communications (les) télécommunications par télégraphe, *(souvent)* liaisons télégraphiques *(cf. aussi* telegraph link *et* communications).
telegraph connection communication télégraphique *(liaison établie temporairement entre deux appareils d'un réseau télégraphique commuté) (tls) (cf. aussi* telegraph instrument, telegraph network *et* switched network).
telegraph distortion distorsion télégraphique *(ou des signaux télégraphiques) (déformation des impulsions de courant émises par un téléimprimeur, les impulsions reçues étant plus courtes que les impulsions émises) (ce phénomène est dû à la capacité de la ligne) (tls) (cf. aussi* teleprinter).
telegraph equipment matériel télégraphique, matériel de

télégraphie *(matériel électrique, électromécanique et électronique conçu pour être utilisé en télégraphie et matériel auxiliaire propre à la télégraphie) (manipulateurs, récepteurs Morse, lecteurs au son, onduleurs, récepteurs perforateurs, transmetteurs automatiques, téléimprimeurs, autocommutateurs télégraphiques, fils et câbles télégraphiques, accessoires, appareils de contrôle, etc.) (le récepteur Morse et l'onduleur sont des appareils très anciens) (tls) (cf. aussi* key[1] 1), telegraph, sounder, reperforator, automatic transmitter, teleprinter, telegraph exchange, telegraph cable *et* telegraph link).
telegraph exchange central télégraphique *(central desservant les usagers d'un réseau télégraphique commuté) (la commutation des messages entre les lignes aboutissant au central peut être manuelle, c-à-d. faire appel à la méthode de la bande perforée, ou automatique, c-à-d. utiliser un autocommutateur comparable, mais non semblable, à un autocommutateur téléphonique) (noter que, malgré ce qui précède et contrairement au cas du téléphone, les qualificatifs « manuel » et « automatique » sont rarement ajoutés au terme « central télégraphique ») (tls) (cf. aussi* exchange 2), switched telegraph network, tape relay *et* telephone switch).
telegraph-grade line *cf.* telegraph line.
telegraph instrument appareil télégraphique *(appareil permettant l'émission ou la réception de signaux télégraphiques, ou les deux) (émetteur télégraphique, récepteur télégraphique, ou, plus souvent, actuellement, émetteur-récepteur télégraphique et notamment téléimprimeur ou télécopieur) (tls) (cf. aussi* telegraph transmitter, telegraph receiver, teleprinter, fascimile machine *et* telegraph signal).
telegraph key manipulateur (télégraphique) *(tls) (cf. aussi* key[1] 2)).
telegraph level *cf.* telegraph signal level.
telegraph line ligne télégraphique *(ligne de transmission conçue pour la transmission de signaux télégraphiques) (a généralement une bande passante moins large que celle d'une ligne téléphonique) (tls) (cf. aussi* transmission line).
telegraph link liaison télégraphique *(liaison de télécommunications permettant la télégraphie) (utilise un appareil télégraphique émetteur, un appareil télégraphique récepteur, ou deux appareils émetteurs-récepteurs, et un circuit télégraphique) (cf. aussi* communications link, telegraphy, telegraph instrument *et* telegraph circuit).
telegraph message *cf.* telegram.
telegraph messenger porteur de télégrammes, facteur du télégraphe, préposé à la remise des télégrammes, *(souvent aussi, mais ancien)* petit télégraphiste *(également au féminin) (tls) (cf. aussi* telegram[1]).
telegraph-modulated wave onde manipulée *(nom parfois donné à une porteuse télégraphique modulée par un signal à deux états) (le qualificatif « manipulée » rappelle le type de modulation produite par un manipulateur) (tls) (cf. aussi* telegraph carrier *et* key[1] 2)).
telegraph modulation modulation télégraphique *(modulation d'une porteuse par un signal télégraphique à transmettre) (tls) (cf. aussi* amplitude-shift keying, frequency-shift keying, phase-shift keying, two-tone keying, keying, modulation (a) *et* telegraph signal).
telegraph network réseau télégraphique *(réseau de télécommunications permettant la télégraphie, c-à-d. dans lequel les appareils des stations sont des appareils télégraphiques) (est généralement un réseau public commuté) (cf. aussi* Telex, communications network, telegraphy *et* switched network).
telegraph office bureau télégraphique, bureau du télégraphe *(local dans lequel un ou plusieurs appareils télégraphiques sont utilisés) (tls) (cf. aussi* telegraph instrument).
telegraph operator opérateur de télégraphe *(opérateur d'un appareil télégraphique) (noter qu'une personne utilisant un téléimprimeur est un opérateur de télégraphe) (tls) (cf. aussi* telegraphist, telegraph instrument *et* operator 1) (a)).
telegraph pole poteau télégraphique *(poteau, généralement en bois, portant une ou plusieurs lignes télégraphiques aériennes, notamment le long d'une voie ferrée) (tls) (cf. aussi* telegraph line *et* overhead line).
telegraph receiver récepteur télégraphique *(appareil ou dis-*

positif conçu pour recevoir des signaux télégraphiques) (peut être un appareil distinct tel qu'un récepteur Morse imprimant, un parleur télégraphique, un reperforateur, une imprimante de terminal d'ordinateur, ou un dispositif formant la partie réceptrice d'un téléimprimeur, d'un télécopieur, d'un téléautographe ou, par extension, d'un modem) (tls) (cf. aussi telegraph sounder, reperforator, teleprinter, facsimile machine, Telautograph, modem et telegraph instrument).

telegraph receiving device dispositif télégraphique récepteur (cf. aussi telegraph receiver).

telegraph receiving instrument appareil télégraphique récepteur (cf. aussi telegraph receiver).

telegraph repeater répéteur télégraphique (répéteur régénérateur inséré dans un câble télégraphique à grande distance) (tls) (cf. aussi regenerative repeater et telegraph cable).

telegraph service service télégraphique (service public de télégraphie) (cf. aussi telegraphy et communications service).

telegraph signal signal télégraphique (signal transmettant des informations graphiques, généralement sous la forme de valeurs discrètes d'une grandeur électrique ou d'impulsions de lumière ou, parfois, sous la forme d'un signal électrique analogique) (noter que le terme « signal télégraphique » désigne tant un signal émis tel quel qu'une porteuse modulée par un tel signal) (dans le cas d'un signal discontinu émis tel quel, un signal télégraphique est formé d'impulsions de courant continu de polarité appropriée) (dans le cas d'une porteuse non optique, le signal est formé d'impulsions créées par les transitions) (dans le cas d'une porteuse optique, le signal est formé d'impulsions de lumière) (cf. aussi telegraph code, telegraph modulation, analog signal et telegraphy).

telegraph signal distortion cf. telegraph distortion.

telegraph signal level niveau d'un signal télégraphique (cf. aussi level 1) et telegraph signal.

telegraph signal transmission cf. telegraph transmission.

telegraph signalling signalisation télégraphique (signalisation relative aux communications télégraphiques) (tls) (cf. aussi signalling 1) et telegraph connection.

telegraph signalling signals signaux de signalisation télégraphique (signaux assurant la signalisation télégraphique) (tls) (cf. aussi telegraph signalling et signal¹).

telegraph sounder parleur télégraphique, parleur (le second terme est le plus employé en cours de texte et le seul employé dans les termes tels que « parleur à lampes » et « parleur à transistors ») (récepteur télégraphique fournissant un signal sonore) (sous sa forme initiale et courante, c-à-d. électromagnétique, comprend essentiellement un électro-aimant à armature formée d'une lame d'acier portant un contact monté en série avec la bobine d'excitation et vibrant ainsi à chaque impulsion de courant excitant la bobine pour produire un son audible permettant la « lecture au son » d'un message en Morse, notamment aux fins de formation des opérateurs radiotélégraphistes) (peut être réalisé sous la forme d'un montage à tubes électroniques ou à transistors fournissant des impulsions de courant à basse fréquence excitant un ou plusieurs écouteurs ou casques d'écoute ou un haut-parleur au rythme des signaux reçus) (cf. aussi telegraph receiver, Morse code et radiotelegraphy).

telegraph speed cf. telegraph transmission speed.

telegraph system système télégraphique (nom donné à un type déterminé de télégraphe) (télégraphe électrique, télégraphe optique, télégraphe à courant continu, à courant alternatif, à courants porteurs, à manipulateur et récepteur Morse, à téléimprimeurs, etc.) (est un système de transmission) (tls) (cf. aussi telegraph et transmission system).

telegraph-telephone circuit circuit approprié (tls) (cf. aussi telephone circuit with superposed telegraph circuit).

telegraph terminal cf. telegraph instrument. (le premier terme désigne souvent un téléimprimeur) (tls) (cf. aussi teleprinter).

telegraph terminal equipment cf. telegraph terminal.

telegraph traffic trafic télégraphique (trafic d'une ou plusieurs liaisons télégraphiques) (tls) (cf. aussi traffic et telegraph link).

telegraph transmission transmission télégraphique (ou de signaux télégraphiques) (tls) (cf. aussi asynchronous trans-

mission, synchronous transmission, telegraph signal et transmission 1)).

telegraph transmission rate cf. telegraph transmission speed.

telegraph transmission speed vitesse de transmission (télégraphique) (tls) (cf. aussi transmission speed).

telegraph transmitter émetteur télégraphique (appareil ou dispositif conçu pour émettre des signaux télégraphiques) (peut être un appareil distinct tel qu'un transmetteur automatique ou un dispositif distinct tel qu'un manipulateur télégraphique ou formant la partie émettrice d'un téléimprimeur, d'un télécopieur, d'un téléautographe ou, par extension, d'un modem) (cf. aussi key¹ 2), automatic transmitter, teleprinter, facsimile machine, Telautograph, modem et telegraph instrument).

telegraph transmitting device dispositif télégraphique émetteur (cf. aussi telegraph transmitter).

telegraph transmitting instrument appareil télégraphique émetteur (cf. aussi telegraph transmitter).

telegraph wire fil télégraphique (conducteur d'une ligne télégraphique aérienne) (cf. aussi telegraph line et overhead line).

telegraph word mot télégraphique (conventionnel) (mot de cinq caractères plus un espace utilisé pour les mesures de rapidité de modulation télégraphique) (tls) (cf. aussi transmission speed).

telegrapher personne qui télégraphie (est généralement un opérateur télégraphique) (tls) (cf. aussi telegraph operator).

telegraphic … cf. telegraph … (pour les termes qui ne figurent pas ci-après).

telegraphic address adresse télégraphique (indicatif d'un récepteur télégraphique et notamment numéro d'appel d'un téléimprimeur) (cf. aussi telegrams et telegraph receiver).

telegraphic style style télégraphique (style concis employé pour rédiger un télégramme) (est caractérisé par la suppression de tout mot non indispensable à la compréhension du message pour réduire le prix à payer pour sa transmission) (tls) (cf. aussi telegram¹).

telegraphically par télégramme, par le télégraphe, télégraphiquement (transmission d'un message écrit ou autre document) (le terme anglais est peu employé ; le premier terme français est le plus employé et le troisième l'est très peu) (tls) (cf. aussi telegraph¹).

telegraphist télégraphiste (opérateur télégraphique professionnel) (tls) (cf. aussi telegraph operator et telegraph messenger).

telegraphy (la) télégraphie (reproduction à distance et sur papier du contenu d'un document avec transmission de l'information par un signal électrique ou optique) (tls) (cf. aussi radiotelegraphy et telegraph¹).

telegraphy over radio cf. radiotelegraphy.

telematic age (le) siècle de la télématique (télinf) (cf. aussi telematics).

telematic network réseau télématique (ou de télématique ou de téléinformatique) (réseau de télécommunications reliant des terminaux informatiques à un ou plusieurs ordinateurs, les terminaux pouvant être des récepteurs de télévision ordinaires complétés par un clavier et les circuits nécessaires pour communiquer avec l'ordinateur) (cf. aussi telematics et communications network).

telematic service service de télématique (service assuré aux abonnés d'un réseau télématique) (cf. aussi telematic network).

telematic society (la) société informatisée (société, au sens de groupement d'individus, dans laquelle la télématique est très développée) (télinf) (cf. aussi telematics).

telematics (la) télématique (ensemble des services professionnels et publics autres que le téléphone proprement dit faisant appel simultanément aux télécommunications et à l'informatique) (on peut également définir la télématique comme étant la téléinformatique généralisée, c-à-d. étendue aux applications « grand public » en plus de ses applications professionnelles initiales, et incluant la transmission d'images fixes ou animées) (ce terme a été forgé par MM. Simon Nora et Alain Minc, auteurs du rapport intitulé « L'informatisation de la société » établi en 1977 sur la demande du gouvernement *français ; il a depuis fait fortune grâce à sa brièveté, celle-ci l'ayant même fait adopter par les Anglo-Saxons à la place du terme anglais) (il couvre donc toutes les utilisations des voies de télécommunications autres que la transmission de la parole seule et notamment l'accès à distance aux banques de données, dont l'annuaire électronique, le courrier électronique, notamment les messageries électroniques, les télé-achats, la monétique, le vidéotex, la téléécriture, la visiophonie et la visioconférence) (cf. aussi* computer communications, data base, electronic directory, electronic mail, electronic messaging, teleshopping, electronic banking, videotex, telewriting, videophone *et* video conference).

telemeter[1] *s* **1)** télémètre (*cf. aussi* range finder). **2)** *cf.* telemetry system.

telemeter[2] *v* télémesurer, mesurer à distance *(la valeur d'une grandeur) (cf. aussi* telemetry).

telemeter ... *cf.* telemetry ...

telemetering *cf.* telemetry.

telemetric ... *cf.* telemetry ...

telemetry télémesure *(mesure d'une ou plusieurs grandeurs variables par l'intermédiaire d'une liaison radio) (noter que ce terme n'est normalement pas employé pour la mesure à distance utilisant une liaison par fil) (ce terme désigne généralement la mesure, dans une station fixe ou mobile, des paramètres de fonctionnement d'un mobile ou des paramètres physiologiques d'un être vivant, équipé d'un ou plusieurs capteurs et d'un émetteur radio transmettant les signaux fournis par ceux-ci) (le mobile peut être notamment une fusée spatiale, un satellite artificiel, un missile ou un avion) (l'être vivant peut être un homme tel qu'un cosmonaute, un pilote d'aéronef, un malade en hôpital, ou être un animal de laboratoire, éventuellement embarqué dans un engin spatial) (ne pas confondre le terme anglais « telemetry » avec le terme français « télémétrie ») (cf. aussi* telemetry system, remote monitoring *et, pour information,* range finding).

telemetry aerial *(GB) cf.* telemetry antenna.

telemetry and ranging télémesure et télémétrie *(cf. aussi* telemetry *et* ranging 1)).

telemetry antenna antenne de télémesure *(antenne de l'émetteur ou du récepteur d'un système de télémesure) (ce terme désigne souvent l'antenne du récepteur) (cf. aussi* antenna *et* telemetry system).

telemetry band bande de télémesure, bande de fréquences *(idem) (une des bandes de fréquences attribuées aux émetteurs de télémesure montés notamment sur aéronefs ou engins spatiaux) (cf. aussi* frequency allocation *et* telemetry transmitter).

telemetry channel voie de télémesure *(une des voies d'un multiplex de télémesure) (cf. aussi* multiplex channel *et* telemetry multiplex).

telemetry data informations de télémesure *(résultats de mesure obtenus par télémesure) (cf. aussi* telemetry *et* data).

telemetry link liaison de télémesure *(liaison radio d'un système de télémesure) (cf. aussi* radio link *et* telemetry system).

telemetry pick-up capteur de télémesure *(capteur utilisé dans un système de télémesure) (cf. aussi* telemetry system).

telemetry receiver récepteur de télémesure *(récepteur d'un système de télémesure) (cf. aussi* telemetry system).

telemetry reception réception des signaux de télémesure *(parf. de signaux ...) (cf. aussi* telemetry signal).

telemetry sender *cf.* telemetry transmitter.

telemetry sending *cf.* telemetry signal transmission.

telemetry signal signal de télémesure *(signal multiplex ou non émis par un émetteur de télémesure, ou un des signaux du multiplex) (cf. aussi* multiplex[1] *et* telemetry transmitter).

telemetry signal transmission émission de signaux de télémesure *(cf. aussi* telemetry signal).

telemetry system système de télémesure *(système permettant la télémesure) (comprend essentiellement un ou, plus souvent, plusieurs capteurs de mesure, un scrutateur dans le second cas et un émetteur radio portés par l'objet de la télémesure, ainsi qu'un récepteur radio dans la station de télémesure suivi d'un enregistreur monovoie dans le premier cas ou d'un distributeur et d'un ou plusieurs enregistreurs multivoie dans le second cas) (cf. aussi* telemetry, instrumentation transducer, scan-

ner 2), radio transmitter, radio receiver, single-channel recorder *et* multichannel recorder).

telemetry, tracking and command télémesure, poursuite et télécommande *(engin spatial ou missile) (cf. aussi* telemetry, tracking *et* command[1] 2)).

telemetry transmission émission de télémesure *(émission d'un émetteur de télémesure) (cf. aussi* transmission 2) *et* telemetry transmitter).

telemetry transmitter émetteur de télémesure *(émetteur d'un système de télémesure) (cf. aussi* telemetry system).

telephone[1] *v* (le) téléphone *(système permettant la téléphonie) (sous sa forme la plus simple, comprend deux appareils émetteurs-récepteurs électriques reliés par deux fils conducteurs) (cf. aussi* telephony, telephone set, telephone system *et* radiotelephone).

telephone[2] *v* téléphoner *(parler à quelqu'un par téléphone) (cf. aussi* speak on the telephone *et* telephone[1]).

telephone answerer répondeur téléphonique, répondeur *(appareil connecté à un poste téléphonique automatique pour émettre un message pré-enregistré en cas d'appel, principalement en l'absence du demandé) (est un magnétophone spécial, à cassette dans les répondeurs modernes, et peut en outre enregistrer un message du demandeur et parfois être interrogé à distance dans le cas d'un répondeur-enregistreur) (tls) (cf. aussi* telephone set *et* tape recorder).

telephone answering machine *(ou* set *ou* unit) *cf.* telephone answerer.

telephone band bande téléphonique, bande des fréquences téléphoniques *(bande des fréquences de la voix transmises sans déformation excessive par le téléphone) (s'étend normalement de 300 à 3 400 Hz, cette largeur de bande étant suffisante pour une reproduction intelligible de la parole) (tls) (cf. aussi* frequency band, bandwidth 2) *et* telephone[1]).

telephone bell sonnerie téléphonique *(sonnerie polarisée associée ou incorporée à un poste téléphonique pour annoncer un appel d'un autre poste) (est connectée en permanence aux bornes de la ligne, avec un condensateur en série pour éviter que ses bobines soient parcourues par un courant continu, notamment dans le cas d'un poste à batterie centrale) (de plus, dans un poste manuel, la sonnerie est mise en court-circuit par un jeu de contacts commandé par l'axe de la magnéto d'appel lorsque l'on actionne celle-ci, pour l'empêcher de sonner en même temps que celle du poste appelé) (dans le cas le plus fréquent d'un poste d'un réseau commuté, la sonnerie est actionnée par des impulsions de courant alternatif provenant du central desservant le poste, après établissement de la communication) (dans un central manuel, l'émission de ces impulsions est commandée par une opératrice en appuyant autant de fois sur une clé à ressort ; dans un central automatique, elle est commandée par la fermeture automatique de contacts appropriés) (dans le cas de deux postes reliés directement, la sonnerie est actionnée par le courant alternatif fourni par la magnéto d'appel du poste du demandeur) (tls) (cf. aussi* polarized bell, telephone set, signalling generator *et* switched network).

telephone bill facture du téléphone, facture téléphonique *(facture établie pour les services assurés à un abonné au téléphone pendant une période déterminée) (tls) (cf. aussi* telephone service *et* telephone rates).

telephone billing facturation téléphonique *(ou des services téléphoniques) (établissement des factures du téléphone) (tls) (cf. aussi* telephone bill).

telephone book *cf.* telephone directory.

telephone booth cabine téléphonique *(publique ou non) (tls) (cf. aussi* telephone box).

telephone box *(GB)* cabine téléphonique (publique) *(tls) (cf. aussi* telephone booth).

telephone buzzer ronfleur téléphonique *(sonnerie téléphonique peu bruyante incorporée à un poste téléphonique) (tls) (cf. aussi* telephone bell).

telephone cable câble téléphonique *(câble électrique à nombre pair de conducteurs isolés ou câble à fibre(s) optique(s) utilisé pour former une ou plusieurs lignes téléphoniques) (cf. aussi* paired cable, quadded cable, local cable, trunk cable, long-distance cable, underground cable, submarine cable *et* fiber-optic cable).

telephone cable pair (une) paire de câble téléphonique *(au singulier)*, (une) paire en câble *(une des paires d'un câble téléphonique à paires) (tls) (cf. aussi* pair 1) (a) *et* paired cable).

telephone call 1) communication téléphonique, communication, coup de fil *(ou* de téléphone) *(fam) (liaison établie temporairement entre deux postes d'un réseau téléphonique commuté) (tls) (cf. aussi* local call 1), trunk call 1), timed call, untimed call, toll-free call, telephone set, telephone network *et* switched network). 2) appel téléphonique *(appel d'un usager du téléphone par émission de signaux mettant directement ou indirectement en action la sonnerie d'un poste téléphonique) (noter que cette acception du terme anglais est la seule correcte, mais que l'acception 1) ci-dessus est plus courante) (tls) (cf. aussi* local call 2), trunk call 2), lost call, telephone bell *et* ringing 1)). 3) *cf.* telephone conversation.

telephone carrier current courant porteur téléphonique *(courant porteur modulé par un ou plusieurs signaux téléphoniques) (tls) (cf. aussi* carrier current *et* telephone signal).

telephone central office (USA) *cf.* telephone exchange.

telephone channel voie téléphonique *(équivalent d'un circuit téléphonique dans un multiplex téléphonique) (tls) (cf. aussi* traffic channel, signalling channel, telephone circuit *et* telephone multiplex) (a) *intervalle de fréquences équivalant à un circuit téléphonique dans un multiplex téléphonique fréquentiel) (cf. aussi* frequency-division multiplex) ; (b) *ensemble d'instants équivalant à un circuit téléphonique dans un multiplex téléphonique temporel) (cf. aussi* time-division multiplex).

telephone channel filter filtre de voie téléphonique *(démultiplexeur) (tls) (cf. aussi* channel filter).

telephone channel measurements mesures sur voies téléphoniques *(mesures d'affaiblissement, de distorsion, notamment de diaphonie, ou autres effectuées sur des voies téléphoniques) (tls) (cf. aussi* crosstalk 1) *et* telephone channel).

telephone charge taxe téléphonique *(somme demandée à un abonné au téléphone pour une communication ou un autre service) (tls) (cf. aussi* telephone rates).

telephone charging taxation téléphonique *(ou des services téléphoniques) (souvent* des communications téléphoniques) *(fixation des taxes téléphoniques) (tls) (cf. aussi* telephone charge).

telephone circuit circuit téléphonique *(circuit électrique parcouru par le courant modulé par le microphone d'un poste téléphonique) (ce terme a souvent le sens restreint ne couvrant que les deux conducteurs reliant deux postes téléphoniques indépendamment de la continuation de ces conducteurs aux deux extrémités nécessaire pour former effectivement un circuit) (tls) (cf. aussi* metallic circuit, superposed circuit, wire circuit, cable circuit, two-wire circuit, four-wire circuit, telephone microphone *et* telephone channel).

telephone circuit with superposed telegraph circuit circuit téléphonique approprié à la télégraphie, circuit approprié *(circuit téléphonique utilisé pour former un circuit fantôme ou superfantôme employé comme circuit télégraphique) (cf. aussi* telephone circuit *et* telegraph circuit) (a) *circuit téléphonique métallique employé avec un autre pour former un circuit fantôme utilisé comme circuit télégraphique) (cf. aussi* phantom circuit) ; (b) *circuit téléphonique fantôme employé avec un autre pour former un circuit superfantôme utilisé comme circuit télégraphique) (cf. aussi* double-phantom circuit).

telephone communications (les) télécommunications par téléphone, *(souvent)* liaisons téléphoniques, liaisons par téléphone *(cf. aussi* telephone link *et* communications).

telephone communications via satellite (les) liaisons téléphoniques par satellite, *(etc.) (liaisons téléphoniques transitant par un satellite de télécommunications) (cf. aussi* telephone communications *et* communications satellite).

telephone company société de téléphonie *(société commerciale américaine ou autre exploitant un réseau téléphonique public) (tls) (cf. aussi* public telephone network *et* communications common carrier).

telephone conférence conférence téléphonique *(conférence par téléphone entre trois correspondants desservis par un central électronique) (tls) (cf. aussi* telephone party *et* electronic exchange).

telephone conferencing tenue de conférences par téléphone *(cf. aussi* telephone conference).

telephone connection *cf.* telephone call 1). *(et noter que le premier terme est le terme correct, mais peu employé).*

telephone conversation conversation téléphonique *(conversation tenue par l'intermédiaire du téléphone) (tls) (cf. aussi* telephone[1]).

telephone coupler coupleur téléphonique *(télinf) (cf. aussi* acoustic coupler).

telephone current *(parf.* intensité du) courant téléphonique *(courant circulant dans un circuit téléphonique ou, parfois, intensité de ce courant) (ce terme désigne généralement le courant microphonique dans le circuit) (tls) (cf. aussi* voice current *et* telephone circuit).

telephone dial cadran d'appel (de poste téléphonique), cadran *(idem) (ensemble des organes assurant l'émission des signaux de mise en communication dans un poste téléphonique automatique classique) (comprend essentiellement un disque tournant portant dix trous d'entraînement par le doigt à la périphérie, une came associée agissant sur un rupteur à plusieurs contacts, ainsi qu'une butée pour le doigt d'entraînement, et les chiffres 0 à 9 ou des groupes de trois ou deux lettres, ou les deux, marqués sur le boîtier en face des trous du disque à la position de repos) (tls) (cf. aussi* finger wheel, finger stop, pulsing cam, pulse spring *et* automatic telephone set).

telephone directory annuaire téléphonique *(ou des abonnés au téléphone ou du téléphone),* l'annuaire *(annuaire des abonnés au téléphone d'un pays divisé en un certain nombre de volumes couvrant chacun une zone déterminée — en France, un département dans le cas général) (tls) (cf. aussi* Yellow Pages, electronic directory *et* telephone subscriber).

telephone engineer ingénieur en téléphonie *(ingénieur des télécommunications spécialisé dans la téléphonie) (cf. aussi* communications engineer *et* telephony).

telephone equipment matériel téléphonique, matériel de téléphonie *(matériel électrique, électromécanique et électronique conçu pour être utilisé en téléphonie, et matériel auxiliaire propre à la téléphonie) (postes téléphoniques, standards téléphoniques, autocommutateurs téléphoniques, concentrateurs téléphoniques, fils et câbles téléphoniques, accessoires, appareils de contrôle, etc.) (tls) (cf. aussi* telephone set, switchboard 2), telephone switch, telephone concentrator, telephone cable *et* telephony).

telephone exchange central téléphonique, central *s (central desservant les usagers d'un réseau téléphonique commuté) (tls) (cf. aussi* manual telephone exchange, automatic telephone exchange *et* exchange).

telephone frequency fréquence téléphonique *(fréquence comprise dans la bande des fréquences téléphoniques) (cf. aussi* telephone band).

telephone frequency band *cf.* telephone band.

telephone girl demoiselle du téléphone *(nom donné aux premières opératrices de central téléphonique) (tls) (cf. aussi* telephone operator).

telephone handset combiné téléphonique *(tls) (cf. aussi* telephone set).

telephone induction coil bobine d'induction (téléphonique *ou* de poste téléphonique) *(l'un ou l'autre qualificatif n'est ajouté que lorsque l'on veut préciser qu'il ne s'agit pas d'un autre type de bobine d'induction) (nom donné au petit transformateur à noyau droit réalisant principalement l'adaptation d'impédance entre la ligne et les circuits du microphone et de l'écouteur dans un poste téléphonique) (sauf dans les postes à batterie locale ou à piles, la bobine d'induction est un transformateur à enroulement primaire à point milieu, qui n'est d'ailleurs pas exactement au milieu de l'enroulement) (l'enroulement primaire est connecté aux bornes de la ligne par l'intermédiaire du crochet commutateur, tandis que l'enroulement secondaire est connecté en permanence aux bornes de l'écouteur) (le microphone est connecté en permanence entre une extrémité de l'enroulement primaire et le point milieu de celui-ci, en série avec le circuit antilocal) (l'enroulement pri-*

maire complet se comporte donc comme l'enroulement se-condaire d'un autotransformateur élévateur de tension à l'émission, c-à-d. que, lorsque l'on parle devant le micro-phone, le courant microphonique circulant dans la moitié considérée de cet enroulement, induit aux extrémités de celui-ci une tension approximativement deux fois plus grande qu'aux bornes de cette moitié) (on notera que la bobine d'induction téléphonique fonctionne comme un transforma-teur ordinaire à la réception et comme un autotransformateur à l'émission, son enroulement secondaire ne servant alors à rien) (noter également que le microphone est alimenté en courant continu par la ligne, généralement sous une tension de 48 volts, et que c'est la composante alternative de cette tension, d'amplitude approximativement doublée par l'autotransfor-mateur, qui constitue le signal téléphonique transmis par la ligne) (la symétrie de l'enroulement primaire à point milieu complétée par le circuit antilocal — ou plutôt la quasi-symétrie tenant compte de la présence de ce circuit — empêche le courant microphonique d'induire dans le circuit secondaire un courant d'intensité suffisante pour être gênante dans l'écou-teur) (cf. aussi transformer 1), impedance matching, tele-phone set, switch hook, telephone transmitter, step-up auto-transformer, antisidetone circuit et induction coil (a) à (d).

telephone installation installation téléphonique *(poste ou en-semble de postes téléphoniques, lignes et accessoires installés dans un même lieu et notamment chez un abonné au télé-phone) (les accessoires peuvent comprendre un standard télé-phonique ou un autocommutateur) (tls) (cf. aussi telephone set, switchboard 2), telephone switch et telephone subscri-ber).*

telephone jack jack téléphonique *(cf. aussi jack 1).*

telephone line ligne téléphonique *(ligne de transmission conçue pour la transmission de signaux téléphoniques) (a été longtemps réalisée sous la forme de deux fils métalliques nus portés par des isolateurs) (constitue un circuit téléphonique ou transmet un certain nombre de voies téléphoniques) (tls) (cf. aussi subscriber line, trunk line, party line, leased line, hot line 2), wire line, cable line, fiberoptic line, overhead line, underground line, voice-grade line, conditioned line, trans-mission line, telephone signal, telephone circuit, telephone channel et carrier system).*

telephone link liaison téléphonique, liaison par téléphone *(liaison de télécommunications permettant la téléphonie) (utilise deux postes téléphoniques et un circuit téléphonique) (cf. aussi communications link, telephony, telephone set et telephone circuit).*

telephone message message téléphonique, message téléphoné *(message transmis par téléphone) (tls) (cf. aussi telephone[1]).*

telephone modem *cf. modem.*

telephone multiplex multiplex téléphonique *(multiplex formé de signaux téléphoniques) (tls) (cf. aussi multiplex[1] et tele-phone signal).*

telephone multiplex channel voie d'un multiplex télépho-nique *(parf. de ...) (tls) (cf. aussi telephone channel).*

telephone net *cf. telephone network.*

telephone network réseau téléphonique *(réseau de télé-communications permettant la téléphonie, c-à-d. dans lequel les appareils des stations sont des appareils téléphoniques) (est toujours un réseau commuté dans le cas d'un réseau public et presque toujours dans le cas d'un réseau privé ou militaire) (cf. aussi communications network, telephony et switched network).*

telephone number numéro d'appel *(indicatif d'un poste télé-phonique relié directement à un réseau téléphonique public commuté) (dans le cas d'un poste téléphonique automatique, le numéro d'appel est le numéro à composer au cadran ou sur le clavier d'un autre poste automatique pour entrer en commu-nication avec le premier) (cf. aussi telephone set et switched network).*

telephone numbering plan plan de numérotation (télépho-nique), plan de numérotage *(ensemble des règles adoptées pour la signification des différents groupes de chiffres d'un numéro d'appel téléphonique) (tls) (cf. aussi telephone num-ber et world numbering plan).*

telephone office *(USA) cf. telephone exchange.*

telephone operation exploitation téléphonique *(exploitation d'un réseau téléphonique ou, plus rarement, d'une liaison téléphonique) (tls) (cf. aussi telephone network et telephone link).*

telephone operator opératrice (de central téléphonique), *(parf.)* opérateur *(idem) (personne établissant des communi-cations dans un centra! téléphonique manuel) (tls) (cf. aussi manuel telephone exchange et operator 1) (a)).*

telephone pair paire téléphonique *(conducteurs) (tls) (cf. aussi pair 1 (a)).*

telephone party (un) correspondant au téléphone, (un) cor-respondant *(une des deux personnes ou plus mises en commu-nication par téléphone) (tls) (cf. aussi calling party, called party et telephone[1]).*

telephone pick-up capteur téléphonique *(microphone conçu pour être placé sous un poste téléphonique et être relié à un magnétophone pour enregistrer la conversation des corres-pondants) (cf. aussi microphone, telephone set et tape recor-der).*

telephone plug fiche de jack *(cf. aussi jack 1)).*

telephone pole poteau téléphonique *(poteau en tôle d'acier galvanisé ou, anciennement, en bois portant une ou plusieurs lignes téléphoniques aériennes) (tls) (cf. aussi telephone line et overhead line).*

telephone rates tarif téléphonique *(tarif des services télé-phoniques) (tls) (cf. aussi telephone service).*

telephone receiver écouteur téléphonique, écouteur s, récep-teur téléphonique, récepteur s *(écouteur utilisé comme récep-teur dans un poste téléphonique) (est un écouteur électro-magnétique réalisé sous la forme d'une capsule facilement interchangeable) (un poste téléphonique comporte normale-ment un écouteur incorporé au combiné et un écouteur supplé-mentaire relié à l'appareil par un cordon distinct) (noter que les termes « telephone receiver » et surtout « receiver » sont toujours employés en anglais pour désigner un écouteur télé-phonique, le terme « headphone » ne l'étant jamais, tandis que les termes « écouteur téléphonique » et surtout « écou-teur » sont presque toujours employés en français, le terme « récepteur » l'étant rarement et ce uniquement dans des textes professionnels et le terme « récepteur téléphonique » encore plus rarement) (tls) (cf. aussi headphone, moving-armature headphone et telephone set).*

telephone regenerative repeater répéteur régénérateur télé-phonique *(répéteur régénérateur inséré dans un câble télé-phonique) (tls), (cf. aussi regenerative repeater et telephone cable).*

telephone relay relais téléphonique *(relais à courant continu à très faible consommation, à armature pivotante coudée et à plusieurs jeux de contacts utilisés en nombre pouvant être très grand dans un standard téléphonique ou un autocommuta-teur) (est caractérisé par l'emploi d'une bobine allongée por-tant souvent quatre jeux de contacts inverseurs à lames élas-tiques et grains d'argent disposés sur deux rangées parallèlement à l'axe de la bobine, donc superposés par deux, les lames portant les contacts mobiles étant actionnées.par deux tiges — une par rangée — solidaires de la partie coudée de l'armature et traversant la ou les lames fixes situées sur leur passage sans les toucher grâce à un trou pratiqué dans celles-ci) (les tiges de commande sont en outre montées dans l'arma-ture à l'aide d'un canon isolant) (élt, tls) (cf. aussi dc relay, pivoted armature, change-over contact, switchboard 2) et telephone switch).*

telephone-relay driver attaqueur de relais téléphonique *(cf. aussi relay driver et telephone relay).*

telephone repeater répéteur téléphonique *(répéteur inséré dans un câble téléphonique) (tls) (cf. aussi repeater 1) (a)).*

telephone repeating coil *cf. repeating coil*

telephone ringing appel d'une sonnerie téléphonique *(tls) (cf. aussi telephone bell).*

telephone selection (la) sélection téléphonique, (la) sélection *(le second terme est le plus employé lorsqu'il n'y a pas d'ambiguïté) (ensemble des opérations consistant à relier une entrée de la partie correspondante du réseau de connexion d'un autocommutateur téléphonique à une sortie déterminée de celle-ci en fonction des signaux de signalisation reçus)* *(noter que ces termes sont parfois employés au sens plus large de « commutation téléphonique automatique ») (central tél.) (cf. aussi switching network, telephone signalling et automatic telephone switching).*

telephone service service téléphonique *(service public de téléphonie et éventuellement de prestations par téléphone telles que l'indication de l'heure (horloge parlante), le réveil d'une personne à l'heure demandée (service du réveil), la transmission des télégrammes à leur arrivée (télégrammes téléphonés), la consultation de banques de données, etc.) (tls) (cf. aussi* telephony *et* communications service*).*

telephone set poste téléphonique, appareil téléphonique *(le second terme est le terme initial; il est peu employé actuellement) (appareil émetteur-récepteur permettant la téléphonie) (comprend essentiellement un microphone, un écouteur, une sonnerie, un inverseur, une bobine d'induction et les organes et circuits auxiliaires nécessaires, notamment une magnéto d'appel ou un cadran ou un clavier d'appel et éventuellement une source de courant continu) (sauf dans les premiers appareils, le microphone et l'écouteur sont réunis par une poignée, l'ensemble étant appelé « le combiné ») (tls) (cf. aussi* local-battery telephone set, central-battery telephone set, manual telephone set, automatic telephone set, telephony, microphone, telephone bell, telephone induction coil, signalling generator, telephone dial *et* pushbutton telephone set*).*

telephone signal signal téléphonique *(signal électrique émis par le microphone d'un poste téléphonique ou autre signal représentant le premier) (est toujours un signal analogique dans le premier cas et peut être un signal analogique ou numérique – électrique, radioélectrique ou optique – dans le second et constituer une voie d'un multiplex) (tls) (cf. aussi* analog signal, digital signal, multiplex[1], telephone transmitter, electrical signal, radio signal *et* optical signal*).*

telephone signal transmission *cf.* telephone transmission.

telephone signalling (la) signalisation téléphonique *(émission d'impulsions de courant provoquant la mise en communication de deux postes d'un réseau téléphonique automatique par commande des organes de commutation dans le central ou les centraux assurant l'établissement de la communication) (noter que dans le cas le plus simple et initial de deux postes reliés directement, la signalisation est l'émission d'une ou plusieurs impulsions de courant par l'un des postes, à l'aide d'une magnéto, pour faire retentir la sonnerie de l'autre et signaler ainsi l'appel, d'où le nom de « signalisation » conservé pour tous les types de liaisons téléphoniques) (lorsqu'un poste est desservi par un central manuel, la première impulsion émise par la magnéto fait généralement tomber un annonciateur dans le central, ce qui constitue la signalisation de l'appel) (tls) (cf. aussi* pulse signalling, tone signalling, telephone switching, signalling generator, annunciator (a) *et* signalling 1*)).*

telephone signalling signals signaux de signalisation téléphonique *(signaux assurant la signalisation téléphonique) (tls) (cf. aussi* telephone signalling*).*

telephone station *(nom parfois donné en anglais à un poste téléphonique considéré comme une station de télécommunications) (l'équivalent français « station téléphonique » n'est pas employé) (cf. aussi* telephone set *et* communications station*).*

telephone subscriber abonné au téléphone *(abonné à un service téléphonique) (tls) (cf. aussi* subscriber *et* telephone service*).*

telephone subscriber number numéro d'abonné au téléphone *(souvent* d'un abonné*) (numéro d'appel d'un abonné au téléphone) (tls) (cf. aussi* telephone number*).*

telephone subscriber set poste d'abonné au téléphone, poste d'abonné *(le second terme est le plus employé) (poste téléphonique utilisé par un abonné au téléphone) (tls) (cf. aussi* telephone set *et* telephone subscriber*).*

telephone subset *cf.* telephone subscriber set.

telephone switch autocommutateur (téléphonique), commutateur (téléphonique) *(dispositif électromécanique ou électronique complexe assurant la commutation téléphonique) (central tél) (cf. aussi* electromechanical telephone switch, electronic telephone switch, telephone switching *et* switching network*).*

telephone switchboard standard téléphonique *(central tél) (cf. aussi* switchboard 2*)).*

telephone switchgear *cf.* telephone switching equipment.

telephone switching (la) commutation téléphonique, (la) commutation *(mise en communication des abonnés au téléphone dans un central téléphonique) (peut être manuelle ou automatique; de nos jours, ces termes désignent généralement la commutation téléphonique automatique) (tls) (cf. aussi* manual telephone switching, automatic telephone switching, telephone exchange et, pour information, switching*).*

telephone switching equipment matériel de commutation téléphonique *(matériel conçu pour réaliser la commutation téléphonique) (ce terme désigne généralement les autocommutateurs et, accessoirement, les concentrateurs, ainsi que leurs organes essentiels, à savoir les commutateurs téléphoniques, les relais téléphoniques et, plus récemment, les ensembles electroniques spécialisés, mais couvre également les standards téléphoniques) (tls) (cf. aussi* telephone switching, telephone switch, concentrator, stepping switch, telephone relay *et* switchboard 2*)).*

telephone switching system système de commutation téléphonique (automatique) *(matériel utilisé pour mettre en œuvre un procédé de commutation téléphonique automatique) (système R6, système Rotary, système Strowger, système Crossbar, système E10, etc.) (tls) (cf. aussi* Strowger system, crossbar system *et* automatic telephone switching*).*

telephone system *(cf. aussi* system*)* système téléphonique (a) *(nom donné à un réseau téléphonique considéré comme un système dans les expressions « système à batterie locale » et « système à batterie centrale », le terme anglais étant, quant à lui, tout à fait synonyme de « telephone network ») (cf. aussi* telephone network, local-battery system *et* central-battery system*)*; (b) *système de commutation téléphonique) (cf. aussi* telephone switching system*).*

telephone-telegram *cf.* telephoned telegram.

telephone traffic trafic téléphonique *(trafic d'une ou plusieurs liaisons téléphoniques) (s'exprime en erlangs) (tls) (cf. aussi* traffic, telephone link *et* erlang*).*

telephone transmission (la) transmission téléphonique *(transmission de signaux téléphoniques) (tls) (cf. aussi* telephone signal *et* transmission 1*)).*

telephone transmitter microphone de poste téléphonique, microphone téléphonique *(microphone formant l'essentiel de la partie émettrice d'un poste téléphonique en modulant le courant continu circulant dans le circuit dans lequel il est inséré ou, parfois, en produisant lui-même un courant modulé, pour transmettre les paroles prononcées devant sa membrane) (dans un poste à batterie locale ou à piles, le microphone est alimenté par la batterie ou les piles et est couplé à la ligne par une bobine d'induction sans point milieu) (dans un poste à batterie centrale, le microphone est alimenté par la ligne et donc inséré dans celle-ci lorsque le combiné est « décroché ») (le microphone téléphonique est généralement un microphone à grenaille de charbon et peut être un microphone autogénérateur) (tls) (cf. aussi* carbon microphone, self-powered microphone, microphone, telephone set *et* telephone induction coil*).*

telephone-type ... *cf.* telephone ...

telephone user usager du téléphone *(peut être un abonné au téléphone ou non) (tls) (cf. aussi* telephone subscriber*).*

telephone wire fil téléphonique, *(parf. aussi)* fil du téléphone *(un des deux fils d'une ligne téléphonique aérienne ou non en fils) (cf. aussi* overhead line*).*

telephone working *cf.* telephone operation.

telephoned message message téléphoné *(message transmis par téléphone, l'originateur du message étant généralement une personne, mais pouvant être un appareil ou un dispositif) (tls) (cf. aussi* telephone[1]*).*

telephoned telegram télégramme téléphoné *(télégramme dont le contenu est transmis par téléphone du bureau d'arrivée au destinataire) (tls) (cf. aussi* telegram*).*

telephonic ... *cf.* telephone ...

telephonically adv par téléphone, téléphoniquement *(transmission d'un message ou autre information) (le terme anglais est peu employé et le second terme français encore moins) (tls) (cf. aussi* telephone[1]*).*

telephonist téléphoniste *(opératrice ou opérateur téléphonique professionnel(le))* *(cf. aussi* telephone operator*)*.

telephony (la) téléphonie *(transmission bidirectionnelle de la parole par des signaux se propageant dans une ligne de transmission)* *(noter que cette définition inclut la transmission directe de la parole par un conduit acoustique imaginée et essayée avec succès sur plusieurs centaines de mètres par le bénédictin Dom Gauthey sous le règne de Louis XVI et que, depuis l'invention du « téléphone » par l'Américain Graham Bell en 1876, les termes « téléphonie » et « téléphone » sous-entendent l'emploi de signaux électriques ou, plus récemment, optiques pour la transmission de la parole) (la téléphonie est un des deux grands moyens de télécommunications) (cf. aussi* manual telephony, automatic telephony, analog telephony, digital telephony, voice-frequency telephony, carrier telephony, wire telephony, radiotelephony, telephone[1], transmission line *et* communications*)*.

telephony ... *cf.* telephone ...

telephoto *cf.* telephotography.

telephotography téléphotographie *(tlg)* *(cf. aussi* facsimile*)*.

teleprinter téléimprimeur *(machine à écrire électrique conçue pour servir d'émetteur-récepteur télégraphique imprimant) (lorsque l'appareil est utilisé comme émetteur, la frappe d'un caractère sur le papier déclenche l'émission d'impulsions représentant celui-ci et commandant la frappe du même caractère sur le papier du téléimprimeur récepteur à l'autre extrémité de la liaison) (dans les premiers appareils, appelés « appareils synchrones », la synchronisation de l'appareil récepteur sur l'émetteur nécessitait des précautions particulières et la frappe rythmée par l'opérateur à l'émission) (sur les appareils modernes, appelés « téléimprimeurs arythmiques », la synchronisation du récepteur est réalisée à chaque caractère indépendamment du rythme d'enfoncement des touches du clavier émetteur, la transmission s'effectuant en mode asynchrone) (de plus, les téléimprimeurs modernes sont équipés d'un lecteur de bande perforée permettant la transmission automatique différée de messages préalablement enregistrés sur bande perforée à l'aide d'un perforateur de bande incorporé commandé par le clavier) (tls) (cf. aussi* Teletype, KSR, asynchronous transmission, tape reader, tape perforator *et* teleprinter code*)*.

teleprinter *cf.* TTY ... *(pour les termes qui ne figurent pas ci-après)*.

teleprinter code code de téléimprimeur *(code utilisé pour les impulsions représentant un caractère émis par un téléimprimeur) (le code Baudot est le seul utilisé) (tlg) (cf. aussi* Baudot code *et* teleprinter*)*.

teleprocess *v* traiter à distance *(des informations) (télinf) (cf. aussi* remote processing*)*.

teleprocessing *(ancienne marque déposée de la société américaine IBM)* (le) télétraitement *(le terme anglais est peu employé, contrairement au terme français) (télinf) (cf. aussi* remote processing*)*.

telescopie aerial *(GB)* *cf.* telescopic antenna.

telescopic antenna antenne télescopique (a) *antenne fouet formée de deux ou plusieurs éléments coulissant l'un dans l'autre) (est montée notamment sur des récepteurs radio portatifs et sur les automobiles équipées d'un autoradio) (cf. aussi* whip antenna*)* ; (b) *antenne montée sur un mât télescopique) (est utilisée notamment avec certains postes émetteurs-récepteurs militaires et certains cars de reportage de télévision et sert dans ce dernier cas uniquement d'antenne d'émission) (cf. aussi* antenna*)*.

teleshopping (les) télé-achats *(achats par correspondance effectués à l'aide d'un terminal à écran tel que le Minitel en ce qui concerne la France ou d'un micro-ordinateur programmé et connecté en conséquence) (télinf) (cf. aussi* display terminal *et* telematics*)*.

teletex *(sans « t »)* Télétex *(service de courrier électronique permettant la transmission de documents par télécopieurs ou par machine de traitement de textes, la réception se faisant simultanément sur papier et sur écran, le terminal grand public permettant ces liaisons étant appelé « terminal Télétex ») (télinf) (cf. aussi* electronic mail, word processor, facsimile *et* teletext*)*.

teletext *(avec un « t »)* Télétexte, Télétexte diffusé, service Télétexte, *(idem) (service vidéotex diffusé, c-à-d. diffusion d'informations graphiques pouvant être reçues sur un récepteur de télévision « grand public » en mode non interactif, c-à-d. sans pouvoir poser de questions à l'aide d'un clavier) (télinf) (cf. aussi* Antiope, videotex *et* teletex*)*.

Teletype Télétype *(marque déposée des téléimprimeurs fabriqués par la société américaine Teletype Corporation) (ce terme est souvent employé, sans majuscule, à la place de « téléimprimeur ») (tlg) (cf. aussi* teleprinter*)*.

teletype *v* transmettre par téléimprimeur, télégraphier *(par téléimprimeur) (un message) (tls) (cf. aussi* teleprinter*)*.

Teletype code *cf.* teleprinter code.

Teletype machine *cf.* Teletype.

Teletype operator opérateur *(souvent* opératrice*)* de téléimprimeur *(cf. aussi* teletypist *et* operator 1) (a))*.

Teletype unit *cf.* Teletype.

teletypewrite *v* *cf.* teletype.

teletypewriter *cf.* teleprinter. *(et noter que le premier terme est le terme initial)*.

teletypewriter ... *cf.* TTY ... *(pour les termes qui ne figurent pas ci-après)*.

teletypewriter exchange service (le) service Télex *(tlg) (cf. aussi* Telex*)*.

teletypewriter perforator perforateur de bande de téléimprimeur *(tlg) (cf. aussi* tape perforator *et* teleprinter*)*.

teletypist télétypiste, télexiste *(opérateur professionnel de téléimprimeur) (cf. aussi* Teletype operator*)*.

teleview *v* voir à la télévision, regarder à la télévision *(regarder une scène quelconque et notamment un programme sur un écran de télévision) (cf. aussi* television program*)*.

televiewer *cf.* television viewer.

televise *v* téléviser, transmettre par télévision *(transmettre des images par télévision) (le premier terme s'emploie surtout pour la télévision radiodiffusée ou par câbles, le second est généralement préféré pour les autres usages de la télévision tels que la surveillance à distance ou la reconnaissance militaire notamment) (cf. aussi* television*)*.

televised program programme télévisé *(nom parfois donné à un programme de télévision) (cf. aussi* television program*)*.

television (la) télévision, (la) TV *(l'abréviation est rarement utilisée précédée de l'article en français)*, la télé *(terme familier utilisé uniquement pour la télévision diffusée) (technique de reproduction à distance sur écran d'images animées ou non transmises sous la forme de signaux radioélectriques, électriques ou optiques) (sous sa forme la plus courante, utilise une caméra électronique appelée « caméra de télévision » dont le signal de sortie associé à des signaux de synchronisation module l'onde émise par un émetteur radioélectrique et modulée en outre par le signal sonore éventuel, et des récepteurs radioélectriques à tube cathodique dans lesquels le signal représentant les images successives analysées par la caméra est appliqué au tube cathodique, ainsi que les signaux de synchronisation préalablement séparés, le signal sonore éventuel étant séparé du signal vidéo et appliqué à l'équivalent d'un récepteur de radiodiffusion sonore incorporé) (l'image est formée sur l'écran du tube cathodique par le déplacement du point lumineux suivant des droites horizontales successives appelées « lignes », ce déplacement étant effectué en synchronisme avec l'analyse de la même « ligne » de la scène dans la caméra grâce aux signaux de synchronisation, et la luminosité des points successifs d'une ligne tracée reproduisant celle de la ligne analysée, les couleurs des différents points pouvant également être reproduites) (cf. aussi* television system, interlaced scanning, black-and-white television, color television, infrared television, broadcast television, cable television, closed-circuit television, military television, television camera, television transmitter, television signal, television standard *et* television receiver*)*.

television aerial *(GB)* *cf.* television antenna.

television antenna antenne de télévision *(antenne pour ondes très courtes ou ultra-courtes utilisée pour émettre ou pour recevoir un signal de télévision transmis par voie hertzienne) (cf. aussi* television receiving antenna, VHF wave, UHF wave, television signal *et* antenna*)*.

television audience les téléspectateurs *(cf. aussi* television viewer).

television bandwidth largeur de bande en télévision *(largeur de bande d'un signal de télévision) (cf. aussi* television signal bandwidth).

television bandwidth compression compression de bande en télévision *(compression de la largeur de bande d'un signal de télévision) (cf. aussi* bandwidth compression *et* television signal).

television broadcast emission de télévision (diffusée), *(souvent aussi)* émission de radiodiffusion visuelle, émission de télédiffusion *(émission d'une station de télévision) (cf. aussi* television station).

televison broadcast band bande d'émission de télévision (diffusée), *(etc) (bande de fréquences réservées aux émissions de stations de télévision) (est divisée en plusieurs canaux) (cf. aussi* television broadcast, frequency band *et* television channel).

television broadcast channel *cf.* television channel.

television broadcast satellite satellite de télévision (radiodiffusée), *(etc.) (satellite de radiodiffusion retransmettant des programmes de télévision) (cas général) (cf. aussi* television broadcast, broadcast satellite *et* television program).

television broadcast station *cf.* television station.

television broadcast transmitter émetteur de télévision (radiodiffusée), *(etc.) (émetteur de radiodiffusion émettant un signal transmettant un programme de télévision) (cf. aussi* television broadcast, broadcast transmitter, television transmitter *et* television program).

television broadcaster exploitant d'une station de télévision *(société commerciale ou organisme exploitant une station de télévision) (cf. aussi* television station).

television broadcasting télédiffusion, diffusion de programmes de télévision, *(souvent aussi)* émission de programmes de télévision *(cf. aussi* broadcast television).

television broadcasting industry industrie de la télévision (diffusée) *(notamment aux États-Unis) (cf. aussi* television broadcast *et* broadcast television).

television cable câble de télévision *(cf. aussi* video cable).

television camera caméra de télévision, caméra TV, caméra électronique *(caméra dans laquelle l'image optique formée par l'objectif sur une surface photosensible appelée « cible » est convertie par celle-ci en image électrique, l'analyse ligne par ligne de cette image fournissant un signal électrique représentant la scène observée) (cf. aussi* television sensor, video camera, black-and-white television camera, color television camera, infrared camera, target (b) *et* television).

television camera tube tube analyseur (de caméra de télévision) *(cf. aussi* camera tube).

television carrier porteuse de télévision *(porteuse d'un signal de télévision) (cf. aussi* carrier 1) *et* television signal).

television chain chaîne de télévision *(au sens de liaison de télévision diffusée) (cf. aussi* television link, broadcast television *et* television network).

television channel canal de télévision *(bande de fréquences d'émission attribuée à une station de télévision, c-à-d. largeur de bande du signal émis) (comprend les deux bandes latérales de la porteuse image, dont l'une est atténuée, et celles de la porteuse son et augmente avec le nombre de lignes de l'image) (est notamment de 6 MHz pour le signal NTSC, 8 MHz pour le signal SECAM et 13,15 MHz pour le signal des émissions en 819 lignes) (cf. aussi* television signal bandwidth 1) *et* vestigial-sideband transmission).

television channel spacing échelonnement des canaux de télévision *(noter que l'on peut parler d'espacement des porteuses de télévision, mais non des canaux de télévision puisqu'ils se touchent) (cf. aussi* television channel *et* television carrier).

television chart mire de télévision *(cf. aussi* test pattern 1)).

television commercial annonce commerciale à la télévision, (une) publicité à la télévision *(radiodif).*

television compatibility (la) compatibilité en télévision *(cf. aussi* television system compatibility).

television control room régie de télévision *(dans un studio de télévision, local équipé notamment de récepteurs de contrôle et*

dans lequel le « réalisateur » du programme choisit l'image à envoyer sur l'antenne parmi celles apparaissant sur les écrans de contrôle et effectue les truquages éventuels) (radiodif) (cf. aussi* television studio, television monitor *et* television mixer).

television coverage area zone couverte par la télévision, zone desservie *(idem) (zone desservie par un émetteur de télévision radiodiffusée) (est généralement limitée du fait du type de propagation des signaux de télévision) (cf. aussi* television signal propagation).

television definition (la) définition de la télévision *(définition des images de télévision) (cf. aussi* television picture definition).

television display présentation sur écran de télévision, présentation du type télévision, *(etc.) (présentation d'informations sur un écran de télévision, ces informations pouvant être des images au sens usuel du terme) (cf. aussi* display[1] 1) *et* television screen).

television down-link liaison de télévision avec le sol *(liaison de télévision entre un aéronef ou un engin spatial et la Terre ou, dans le second cas, une autre planète) (dans le premier cas, ce terme désigne notamment une liaison de télévision entre un avion de reconnaissance sans pilote et le sol) (mil, espace, etc.) (cf. aussi* television link).

television engineering (la) technique de la télévision *(télévision appliquée) (cf. aussi* television).

television equipment matériel de télévision *(matériel électronique conçu pour être utilisé en télévision et matériel auxiliaire propre à la télévision) (caméras, tubes analyseurs, émetteurs, réémetteurs, récepteurs, tubes-image, décodeurs, antennes, convertisseurs de balayage, câbles coaxiaux, accessoires, générateurs de mire, etc.) (cf. aussi* television camera, camera tube, television transmitter, translator 2), television receiver, picture tube, scan converter, television cable, pattern generator, television *et* video equipment).

television equipment manufacturer constructeur de matériel de télévision *(cf. aussi* television equipment).

television film scanner appareil de télécinéma, projecteur de télécinéma, (un) télécinéma, *(parf. aussi)* analyseur de films *(l'avant-dernier terme est le plus employé) (projecteur de cinéma dans lequel les images du film sont converties en signaux électriques appliqués à un émetteur de télévision radiodiffusée pour permettre l'observation du film à distance à l'aide d'un récepteur de télévision) (télécinéma à déroulement saccadé ou à déroulement continu) (cf. aussi* telecine, flying-spot scanner *et* television).

television frame image isolée de télévision, (une) image de télévision *(image de télévision formée sur l'écran d'un récepteur par un seul balayage complet de la scène transmise ou signaux électriques représentant cette image) (est l'analogue en télévision d'une image considérée isolément dans un film de cinéma) (noter qu'en anglais l'emploi du terme « frame » — comme en cinéma — au lieu de « picture » ou « image » évite toute ambiguïté, ce qui n'est pas le cas en français) (une image isolée de télévision est généralement formée de deux trames) (cf. aussi* television picture *et* field 2)).

television frequencies (les) fréquences de la télévision *(fréquences des signaux de télévision) (cf. aussi* television signal).

television frequency converter réémetteur de télévision *(cf. aussi* translator 2)).

television frequency spectrum *cf.* television spectrum.

television game jeu vidéo *(cf. aussi* video game).

television guidance guidage par télévision, guidage télévision, guidage TV *(guidage d'un mobile faisant appel à une caméra de télévision montée dans celui-ci, c-à-d. incorporée à la chaîne de guidage) (le mobile est généralement un avion sans pilote, un engin air-sol, c-à-d. un missile air-sol ou une bombe planante, ou un missile antichar) (a) radioguidage par télévision (cf. aussi* television repeat-back guidance) ; (b) autoguidage par télévision *(guidage par télévision d'un missile air-sol dans lequel la caméra est incorporée à un autodirecteur relié par fil au récepteur du tireur installé dans l'aéronef et que celui-ci cale en direction de la cible apparaissant sur l'écran avant de lancer ou larguer l'engin, après quoi celui-ci est guidé par son autodirecteur, la liaison par fil étant coupée au* moment du lancement par la séparation d'une prise largable) *(cf. aussi* imaging infrared guidance *et* television seeker) ; (c) filoguidage par télévision *(mil) (cf. aussi* wire-guided missile (b)).

television guidance head *cf.* television seeker.

television guidance system système de guidage par télévision, (etc.) *(système de radioguidage complété par une liaison de télévision dans le sens du mobile à l'opérateur) (mil, etc.) (cf. aussi* television guidance).

television guidance unit *cf.* television seeker.

television-guided bomb bombe guidée par télévision, (etc.), bombe planante *(idem) (avia. mil) (cf. aussi* television-guided weapon *et* glide bombe).

television-guided glide bomb *cf.* television-guided bomb.

television-guided missile missile guidé par télévision, (etc.) *(mil) (cf. aussi* television-guided weapon *et* guided missile).

television-guided weapon engin guidé par télévision *(ou* téléguidé par télévision *ou* à guidage par télévision *ou* à guidage télévision) *(missile ou bombe planante guidé(e) par télévision) (mil) (cf. aussi* television guidance).

television head *cf.* television seeker.

television homing head *cf.* television seeker.

television household foyer possédant un poste de télévision, (etc.) *(statistiques, etc.)(cf. aussi* television receiver).

television image *cf.* television picture.

television imagery images transmises par télévision *(cf. aussi* television imaging).

television imaging imagerie par télévision *(nom parfois donné à la transmission d'images par télévision, notamment dans le domaine militaire et le domaine spatial) (cf. aussi* imaging, television down-link *et* television guidance).

television interference parasites de télévision *(points blancs et autres traces gênantes produits sur un écran de télévision par des parasites à haute fréquence captés par l'antenne du récepteur) (cf. aussi* RF interference).

television-like ... *cf.* television ...

television link liaison de télévision, liaison vidéo *(liaison assurée ou formée par une caméra de télévision associée ou non à un émetteur de télévision, le milieu de transmission des signaux émis et un récepteur de télévision) (lorsque le milieu de transmission est un câble, la caméra est en même temps l'émetteur) (est utilisée notamment aux fins de surveillance, d'observation et de guidage) (mil, espace, etc.) (cf. aussi* closed-circuit television, television down-link, television guidance, television *et* video cable).

television maker *cf.* television set manufacturer.

television manufacturer 1) *cf.* television equipment manufacturer. 2) *cf.* television set manufacturer..

television modulation (la) modulation en télévision *(modulation de la porteuse d'un signal de télévision proprement dit par celui-ci) (cf. aussi* modulation (a) *et* television signal).

television monitor présenteur vidéo *(cf. aussi* video monitor).

television network chaîne de télévision *(réseau de télévision radiodiffusée formé d'une station émettrice principale et de réémetteurs reliés à celle-ci par des faisceaux hertziens et généralement des relais de télévision) (cf. aussi* television chain, broadcast television, translator 2), microwave radio 1), television repeater *et* cable television network).

television pick-up tube tube analyseur *(caméra TV) (cf. aussi* camera tube).

television picture image de télévision *(image, généralement lumineuse, formée sur un écran de télévision) (cf. aussi* picture, positive image, negative image, ghost image, television frame, aspect ratio, luminance, black-and-white television, color television *et* television screen).

television picture definition définition d'une image de télévision *(parf.* des images de la télévision) *(nombre d'éléments géométriques discernables par unité de longueur d'une image de télévision dans la direction verticale ou horizontale) (la définition généralement considérée est la définition verticale) (cf. aussi* vertical definition, horizontal definition, high-definition television *et* television picture).

television picture distortion distorsion d'une image de télévision *(défaut de forme de l'image formée sur un écran de télévision par rapport à la scène analysée par la caméra)*

(distorsion trapézoïdale, distorsion en coussin et distorsion en tonneau, notamment) (cf. aussi keystone distorsion, pincushion distortion, barrel distortion *et* television picture).

television picture signal signal image d'un signal de télévision *(cf. aussi* picture signal).

television picture tube tube-image *(récepteur TV) (cf. aussi* picture tube).

television program programme de télévision (diffusée), programme télévisé *(ou* télédiffusé), programme à la télévision, *(souvent aussi)* programme de radiodiffusion visuelle, émission *(idem) (émission de télévision radiodiffusée ou par câbles réalisée à des fins récréatives, culturelles ou éducatives dans un studio de télévision ou ailleurs) (cf. aussi* broadcast television).

television program broadcasting *cf.* television broadcasting.

television program producer réalisateur de programmes de télévision *(professionnel responsable de la réalisation de programmes de télévision) (cf. aussi* television program).

television program production réalisation de programmes de télévision, production *(idem) (le second terme est le plus employé, principalement parce que plus facile à prononcer, mais le premier est meilleur) (cf. aussi* television program).

television program transmission transmission de programmes de télévision *(TV par câbles) (cf. aussi* cable television).

television projection CRT *cf.* projection CRT.

television raster trame de balayage télévision *(trame de balayage d'un écran de télévision ou, par extension, trame de balayage analogue) (cf. aussi* raster *et* television scanning).

television receiver récepteur de télévision, poste de télévision, téléviseur *(le premier terme est le meilleur, les deux autres étant les termes « grand public » et, par conséquent, plus employés dans les textes courants et la conversation) (récepteur superhétérodyne conçu pour la réception de signaux de télévision avec reproduction des images qu'ils représentent, généralement sur l'écran d'un tube cathodique incorporé, et des sons associés aux images dans le cas d'un récepteur de télévision diffusée) (un tel récepteur de télévision comprend donc en fait un récepteur image et un récepteur son précédés de quelques étages communs et logés dans un même coffret) (cf. aussi* picture receiver, sound receiver 1), superheterodyne receiver, television signal *et* television transmitter).

television receiver cabinet coffret de récepteur de télévision, (etc.) *(cf. aussi* television receiver).

television receiving *cf.* television reception.

television receiving aerial *cf.* television receiving antenna.

television receiving antenna antenne de réception de télévision *(parf.* de récepteur de télévision) *(est généralement une antenne Yagi, éventuellement avec réflecteur dièdre, à l'extérieur ou sous toiture et même parfois à l'intérieur, ou une antenne en V à l'intérieur) (cf. aussi* television antenna, Yagi antenna, corner-reflector antenna, rabbit-ear antenna *et* receiving antenna).

television reception réception de la télévision *(ou* des émissions de télévision *ou* des programmes de télévision *ou* des signaux de télévision) *(parfois au singulier) (fonction assurée par un récepteur de télévision) (cf. aussi* television signal *et* television receiver).

television reconnaissance reconnaissance par télévision, reconnaissance TV *(reconnaissance aérienne militaire effectuée par un avion sans pilote équipé d'une caméra de télévision orientée vers l'avant et le sol et d'un émetteur de télévision transmettant au sol les vues des zones successives couvertes par la caméra) (cf. aussi* television down-link).

television recording cinégraphie *(TV) (cf. aussi* kinescope recording).

television relay relais de télévision *(relais hertzien relayant un signal de télévision et équipé en conséquence d'un répéteur de télévision) (chaîne de télévision) (cf. aussi* radio relay *et* television repeater).

television relay link liaison de télévision en plusieurs bonds *(liaison de télévision par faisceau hertzien utilisant un ou plusieurs relais de télévision) (chaîne de télévision) (cf. aussi* television relay).

television relay system *cf.* television relay link.

television remote control télécommande de télévision *(télé-commande d'un récepteur de télévision « grand public » par émission de rayons infrarouges ou, anciennement, d'ultrasons) (cf. aussi* infrared remote control).

television repairman *cf.* television serviceman.

television repeat-back guidance radioguidage par télévision, radioguidage avec télévision *(le second terme est meilleur que le premier, mais peu employé) (radioguidage d'un mobile, notamment d'un avion sans pilote ou d'un engin air-sol, équipé d'une caméra de télévision associée à un émetteur de télévision et à un récepteur de télécommande montés dans le mobile) (le signal de télévision émis par le mobile et reçu à la station de radioguidage permettent à l'opérateur de voir la zone située en avant du mobile sur un écran de télévision et de le piloter en conséquence par radiocommande, vers la cible à atteindre dans le second cas, la station étant alors installée dans l'aéronef lanceur) (mil, etc.) (cf. aussi* radio guidance, television camera, television transmitter, command receiver *et* television guidance).

television repeater répéteur de télévision *(répéteur de faisceau hertzien conçu pour recevoir et réémettre un signal de télévision) (radiodif) (cf. aussi* radio repeater, television relay, television signal *et* translator 2)).

television resolution *cf.* television definition.

television scanning balayage télévision, *(parf. aussi)* balayage tramé *(balayage ligne par ligne, donc tramé, avec ou sans entrelacement, d'un écran de télévision par le ou les faisceaux d'électrons ou, parfois, balayage analogue d'une autre surface ou d'un volume, toujours sans entrelacement) (cf. aussi* interlaced scanning, progressive scanning, scanning (a) *et* television raster).

television scanning rate fréquence de balayage en télévision *(fréquence du balayage horizontal d'un écran de télévision) (cf. aussi* scanning rate *et* horizontal sweep 1)).

television screen écran de télévision *(écran sur lequel est formée ou projetée une image de télévision) (ce terme désigne généralement l'écran du tube-image d'un récepteur de télévision classique ou d'un appareil analogue, mais peut également désigner un écran à cristaux liquides ou équivalent ou un écran de projection) (cf. aussi* picture tube, LCD screen *et* projection screen).

television seeker autodirecteur télévision, autodirecteur TV, *(etc.) (autodirecteur optique dans lequel le détecteur est une petite caméra de télévision) (avia. mil) (cf. aussi* homing head, infrared imaging seeker, television guidance *et* optical seeker).

television seeker head *cf.* television seeker.

television sensor *cf.* television camera. *(et noter que le premier terme désigne généralement une caméra de guidage ou de reconnaissance par télévision ou de télédétection notamment) (mil, espace, etc.) (cf. aussi* television guidance, television reconnaissance, remote sensing *et* sensor).

television service service de télévision *(service public offert par une station de télévision diffusée) (cf. aussi* broadcast television *et* cable television).

television serviceman dépanneur télévision *(technicien spécialisé dans le dépannage des récepteurs de télévision) (cf. aussi* serviceman *et* television receiver).

television set *cf.* television receiver. *(et noter que le premier terme est le terme « grand public » en anglais).*

television set maker *cf.* television set manufacturer.

television set manufacturer constructeur de récepteurs de télévision, *(etc) (cf. aussi* television set).

television show *cf.* television program.

television signal signal de télévision *(signal électrique, radio-électrique ou optique transmettant les images de la scène analysée par une caméra de télévision et souvent les sons captés en même temps) (bien que cela soit rarement mentionné, un signal de télévision est un type particulier de multiplex fréquentiel — cas général 1990 — dans le cas d'un signal de télévision en noir et blanc avec le son ou dans le cas d'un signal de télévision en couleurs avec ou sans le son) (cf. aussi* television signal characteristics, black-and-white television signal, color television signal, composite video signal 1), composite color signal, sound signal 2), radio signal *et* frequency-division multiplex).

television signal bandwidth largeur de bande d'un signal de télévision *(parf. des signaux de télévision) (cf. aussi* television channel).

television signal characteristics (les) caractéristiques d'un signal de télévision *(parf. des signaux de télévision) (les principales caractéristiques sont les suivantes: fréquence de la porteuse image, fréquence de la porteuse son et, par conséquent, écart entre les deux porteuses, type de modulation de la porteuse image (uniquement modulation d'amplitude), polarité de cette modulation (positive ou négative), type de modulation de la porteuse son (modulation d'amplitude ou de fréquence), largeur de bande du signal (largeur du canal), fréquence de récurrence, durée et amplitude des signaux de synchronisation et, dans le cas d'un signal de télévision en couleurs, fréquence de la sous-porteuse de chrominance, type de modulation de cette sous-porteuse et caractéristiques des signaux de synchronisation de couleur) (cf. aussi* television signal, television standard, picture carrier, sound carrier, picture-to-sound carrier spacing, positive modulation, negative modulation, amplitude modulation, frequency modulation, television channel, synchronization signals, chrominance subcarrier *et* color synchronization signals).

television signal format format d'un signal de télévision *(cf. aussi* signal format *et* television signal).

television signal propagation propagation des signaux de télévision *(parf. d'un signal ...) (les signaux de télévision transmis par voie hertzienne étant des ondes très courtes ou ultra-courtes, ils se propagent en ligne droite, ce qui limite la portée d'un émetteur de télévision à l'horizon radioélectrique, sanf dans le cas d'un satellite de télévision) (cf. aussi* television signal, VHF propagation, radio horizon, television broadcast satellite *et* ghost image).

television signal reception réception de signaux de télévision *(cf. aussi* television reception).

television signal spectrum spectre d'un signal de télévision *(spectre des fréquences d'un signal de télévision) (cf. aussi* frequency spectrum, television signal *et* television spectrum).

television signal transmission transmission de signaux de télévision *(transmission par une onde radioélectrique dans l'atmosphère ou l'espace extra-atmosphérique, notamment par un faisceau hertzien, ou par un câble coaxial ou à fibre optique) (cf. aussi* television signal, radio wave, microwave radio, coaxial cable, fiber-optic cable *et* video transmission).

television sound son en télévision *(ou à la télévision ou de la télévision) (le premier terme est le meilleur, le dernier le moins bon) (noms donnés aux sons reproduits par la partie son d'un récepteur de télévision diffusée, par opposition au son d'un récepteur de radiodiffusion sonore) (cf. aussi* sound channel 1)).

television sound signal signal son de la télévision *(cf. aussi* sound signal 2)).

television spectrum spectre de la télévision, spectre des fréquences de la télévision *(partie du spectre des radio-fréquences comprenant les fréquences utilisées pour transmettre des signaux de télévision) (comprend la bande VHF et la partie inférieure de la bande UHF) (cf. aussi* radio spectrum, television signal, VHF band, UHF band *et* television signal spectrum).

television standard *(parfois au pluriel) cf.* television transmission standard.

television station station de télévision, station d'émission de télévision, station de radiodiffusion visuelle *(station de radiodiffusion diffusant des programmes de télévision) (cf. aussi* broadcast station *et* television program).

television studio studio de télévision *(studio de radiodiffusion visuelle) (radiodif) (cf. aussi* studio, broadcast television *et* television control room).

television studio equipment matériel de studio de télévision *(caméras de télévision, magnétoscopes et analyseurs d'images, notamment, et leurs accessoires) (cf. aussi* television camera, video tape recorder, flying-spot scanner *et* studio equipment).

television studio-transmitter link liaison entre un studio de télévision et l'émetteur *(est une liaison par faisceau hertzien en un ou plusieurs bonds) (radiodif) (cf. aussi* studio, microwave radio *et* television relay link).

television synchronization (la) synchronisation en télévision *(synchronisation du balayage dans un récepteur de télévision sur le balayage dans la caméra) (cf. aussi* television *et* synchronization).

television system 1) procédé de télévision *(ce terme désigne généralement un procédé de télévision en couleurs, mais peut également désigner la télévision à balayage mécanique par opposition à la télévision à balayage électronique, ou vice-versa, ou la télévision en noir et blanc par opposition à la télévision en couleurs, ou vice-versa, ou une variante de la première telle que le procédé à 819 lignes, par exemple) (cf. aussi* color television system, black-and-white television, mechanical-scanning television, electronic-scanning television, television *et* system). **2)** *cf.* television link.

television system compatibility (la) compatibilité d'un procédé de télévision (en couleurs) *(possibilité de reproduction en noir et blanc d'images de télévision en couleurs par un récepteur noir et blanc, ou d'images de télévision en noir et blanc par un téléviseur couleur) (est obtenue à l'aide du matriçage des signaux de couleur à l'émission d'un signal de télévision en couleurs) (cf. aussi* direct compatibility, reverse compatibility, matrixing (b) *et* color television system).

television tape recorder magnétoscope *(cf. aussi* video tape recorder).

television technology *cf.* television engineering. *(cf. aussi* technology).

television test (un) contrôle en télévision *(cf. aussi* television testing).

television test pattern mire de télévision *(cf. aussi* test pattern (a)).

television testing (le) contrôle en télévision *(contrôle du fonctionnement des caméras, émetteurs et notamment récepteurs de télévision, principalement de leur partie image) (cf. aussi* picture receiver *et* video testing).

television tracker *cf.* television seeker.

television tracking *cf.* television guidance.

television translator réémetteur de télévision *(radiodif) (cf. aussi* translator 2)).

television transmission 1) *cf.* television signal transmission. **2)** *cf.* television broadcast.

television transmission standards *(parfois au singulier)* norme d'émission de télévision, norme de télévision, standard *(idem) (anglicisme courant, mais à éviter) (norme fixant les caractéristiques du signal utilisé pour la transmission des images dans un procédé de télévision déterminé avec des nombres déterminés de lignes par image et d'images par seconde) (cf. aussi* television signal characteristics, television system, television picture definition *et* standard[1] 2)).

television transmitter émetteur de télévision *(émetteur radioélectrique conçu pour émettre un signal de télévision) (noter que : 1°) un émetteur de télévision radiodiffusée comprend en fait toujours deux émetteurs distincts : l'émetteur image et l'émetteur son ; 2°) un émetteur de télévision militaire notamment ne comprend normalement que l'émetteur image ; 3°) dans une liaison de télévision filaire, l'émetteur est la caméra, de même que dans l'enregistrement vidéo) (cf. aussi* picture transmitter, sound transmitter 1), translator 2), RF transmitter, television signal, broadcast television, military television, closed-circuit television, video recording *et* television).

television transmitting *cf.* television transmission.

television transmitting aerial *(GB) cf.* television transmitting antenna.

television transmitting antenna antenne d'émission de télévision *(parf.* d'émetteur de télévision) *(cf. aussi* television antenna *et* transmitting antenna).

television trouble-shooter *cf.* television serviceman.

television trouble-shooting dépannage télévision, dépannage des postes de télévision, *(etc.) (cf. aussi* television set).

television tuner sélecteur de canaux (de téléviseur), *(etc.)*, syntoniseur de téléviseur, *(idem)*, tuner de téléviseur *(idem) (anglicisme courant, mais à éviter) (syntoniseur d'un récepteur de télévision diffusée, c-à-d. syntoniseur permettant de choisir un canal parmi ceux pour lesquels le récepteur est prévu) (noter que le syntoniseur d'un récepteur de télévision*

n'est jamais réalisé sous la forme d'un coffret distinct) (cf. aussi turret tuner, tuner 1), television set *et* television channel).

television viewer téléspectateur *s (personne regardant les images reproduites sur l'écran d'un récepteur de télévision diffusée) (ce terme n'est normalement pas employé pour désigner un observateur d'un écran de télévision de surveillance ou de télévision militaire, notamment) (cf. aussi* broadcast television *et* military television).

televisor *cf.* television receiver.

televoltmeter télévoltmètre *(voltmètre relié par télémesure au circuit à surveiller) (cf. aussi* voltmeter *et* telemetry).

telewriter *cf.* telautograph.

Telex *(vient de « teletypewriter exchange (service) »)* (le) Télex, (le) service Télex *(nom donné au réseau mondial de télégraphie par téléimprimeurs mis en communication par des autocommutateurs comme pour le téléphone automatique) (tls) (cf. aussi* teleprinter, telegraph switch *et* telegraphy).

telex[1] *s* un télex *(message télégraphique transmis par le réseau Télex) (tls) (cf. aussi* Telex).

telex[2] *v* envoyer par télex, *(parf.)* envoyer un télex *(message) (cf. aussi* telex[1]).

Telex machine *cf.* teleprinter.

Telex network (le) réseau Télex *(tlg) (cf. aussi* Telex).

Telex operator *cf.* Teletype operator.

Telex tape bande télex *(bande de papier sur laquelle s'impriment les messages reçus par un téléimprimeur du réseau Télex) (cf. aussi* Telex).

tell-tale communications télécommunications peu discrètes *(radiocommunications militaires ou autres faciles à intercepter) (cf. aussi* communications intercept).

tell-tale lamp *(ou* **light)** lampe-témoin *(cf. aussi* pilot light).

telluric current courant tellurique *(Terre) (cf. aussi* earth current 1)).

tellurium tellure *m (semiconducteur) (cf. aussi* semiconductor).

tellurium-nitride resistor résistance au nitrure de tellure *(résistance à couche mince obtenue par pulvérisation cathodique de tellure sous atmosphère d'azote) (cf. aussi* thin-film resistor, sputtering *et* tellurium).

TEM 1) *cf.* TEM mode. **2)** *cf.* thermoelectric module.

TEM heat pump pompe à chaleur thermoélectrique *(pompe à chaleur utilisant une batterie Peltier) (cf. aussi* thermoelectric module).

TEM mode *(TEM vient de « transverse electromagnetic »)* mode TEM, mode transversal électromagnétique, mode transverse électromagnétique *(le premier terme est le plus employé, le dernier est un anglicisme courant, mais à éviter) (mode de propagation de l'onde électromagnétique dans une ligne de transmission hyperfréquence dans lequel le vecteur champ électrique et le vecteur champ magnétique sont toujours perpendiculaires à la direction de propagation, ce mode ne pouvant exister que dans une ligne à deux conducteurs) (on se rappellera que les deux vecteurs sont toujours perpendiculaires entre eux) (en d'autres termes, mode de propagation dans lequel les lignes de forces du champ électrique et celles du champ magnétique sont toujours dans la section droite de la ligne) (dans ce mode de propagation, le champ électrique se comporte comme un champ électrostatique et nécessite de ce fait une différence de potentiel entre deux points ou lignes opposés de la section de la ligne de transmission, ce qui nécessite à son tour une ligne à deux conducteurs) (le mode TEM ne peut pas exister dans un guide d'ondes car celui-ci constituant un conducteur unique, sa surface intérieure est une surface équipotentielle et il ne peut donc pas y avoir de différence de potentiel entre deux points ou lignes opposés de sa section) (cf. aussi* propagation mode (a), electric field vector, magnetic field vector, two-conductor microwave line, electrostatic field, potential difference, waveguide *et* equipotential surface).

TEM wave *cf.* transverse electromagnetic wave.

tempco *cf.* temperature coefficient.

temperature characteristic caractéristique thermique *(courbe représentant la variation d'une grandeur en fonction de la température sur un graphique) (terme générique couvrant* *notamment la courbe de réponse en température et la caracté-ristique de dérive thermique) (cf. aussi* temperature response curve, thermal drift characteristic *et* characteristic curve).

temperature coefficient coefficient de température *(taux de variation d'une caractéristique d'un dispositif ou un appareil électronique ou autre en fonction de sa température) (est exprimé en valeur absolue ou relative par degré Celsius: ohms/C⁰, farads/C⁰, volts/C⁰, ampères/C⁰, hertz/C⁰, etc. ou sous-multiple de ces unités,* %/C⁰, ‰C⁰ *ou* ppm/C⁰*) (coefficient de température de la valeur ohmique d'une résistance, de la force électromotrice d'une pile électrique et notamment d'une pile étalon, de la fréquence de résonance d'un résonateur et notamment d'un résonateur à quartz ou, par conséquent, de la fréquence du signal fourni par un oscillateur, du zéro d'un appareil de mesure, etc.) (Nota: certains auteurs étrangers qualifient de « négatif » un coefficient de température qui pour nous, Français, est positif et vice-versa, ce qui est une source de confusion) (c'est ainsi que des auteurs américains écrivent que l'absence d'emballement thermique dans les transistors à effet de champ correspond à un coefficient de température négatif car ils considèrent l'intensité du courant de drain, qui diminue effectivement quand la température augmente, tandis que nous considérons la résistance du canal, qui augmente, ce qui revient au même) (cf. aussi* positive temperature coefficient, negative temperature coefficient, thermal runaway *et* ppm 1)).

temperature coefficient of capacitance coefficient de tempé-rature de la capacité *(d'un condensateur) (cf. aussi* temperature coefficient *et* capacitance).

temperature coefficient of frequency coefficient de tempé-rature de la fréquence *(d'oscillation d'un résonateur à quartz ou d'un oscillateur) (cf. aussi* temperature coefficient, quartz resonator *et* oscillator).

temperature coefficient of resistance coefficient de tempé-rature de la résistance *(coefficient de température de la valeur ohmique d'une résistance ou d'un autre élément de circuit) (cf. aussi* temperature coefficient *et* ohmic value).

temperature coefficient tracking *cf.* temperature tracking.

temperature-compensated crystal oscillator oscillateur à quartz compensé en température *(ou à compensation ther-mique (ou de température), oscillateur compensé en tempé-rature, (idem), pilote (idem) (oscillateur à quartz muni d'un réseau de compensation thermique assurant la constance de la fréquence du signal de sortie dans une plage déterminée de températures ambiantes) (cf. aussi* crystal oscillator, tempera-ture-compensating network *et* TCXO).

temperature-compensated diode *cf.* temperature-compensa-ted Zener diode.

temperature-compensated oscillator *cf.* temperature-compensated crystal oscillator.

temperature-compensated Zener diode diode de référence de tension compensée en température *(ou à compensation ther-mique ou à compensation de température), diode Zener compensée en température, (idem) (le second terme sous ses différentes formes est courant, mais impropre) (diode de référence de tension dans laquelle la tension de référence est approximativement constante dans une plage de température relativement étendue) (est en fait une diode de référence de tension combinée formée d'une diode Zener et d'une diode à avalanche réalisées sur le même substrat et éventuellement d'une seconde diode à avalanche réalisée sur un substrat distinct dans le même boîtier, la diode Zener étant polarisée dans le sens inverse et la ou les diodes à avalanche dans le sens direct) (le coefficient de température de la résistance d'une jonction polarisée dans le sens inverse étant positif et celui d'une jonction polarisée dans le sens direct étant négatif, les coefficients des deux types de jonction s'annulent mutuelle-ment plus ou moins complètement, ce qui réduit fortement l'effet de la température ambiante sur la tension aux bornes de la diode) (semi) (cf. aussi* voltage-reference diode *et* tempera-ture coefficient).

temperature-compensating capacitor condensateur de compensation thermique *(ou de température) (condensateur dont le coefficient de température de la capacité a un signe et une valeur tels qu'il compense le coefficient de température de*

la fréquence du circuit oscillant dans lequel il est monté et maintient ainsi sa fréquence de résonance approximativement constante entre des limites déterminées de la température ambiante) (cf. aussi capacitor, temperature coefficient *et* resonant circuit).

temperature-compensating circuit *cf.* temperature-compen-sation network.

temperature-compensating network réseau de compensation thermique *(ou de température), circuit (idem) (montage comportant un ou plusieurs composants dont le coefficient de température a un signe et une valeur tels qu'il compense directement ou indirectement le coefficient de température d'un composant déterminé) (ce terme désigne souvent un montage associé au quartz d'un oscillateur à quartz et comportant une diode varicap montée en série avec le quartz et dont la capacité varie dans le sens convenable sous l'action d'une tension prélevée aux bornes d'une thermistance appro-priée pour compenser la dérive thermique de la fréquence d'oscillation du quartz) (cf. aussi* temperature coefficient, crystal oscillator, varactor, thermistor *et* thermal drift).

temperature compensation compensation de température *(ou de l'effet de la température), compensation thermique (an-nulation plus ou moins complète de l'effet de la température ambiante, dans des limites déterminées de celle-ci, sur le fonctionnement d'un dispositif) (ces termes s'appliquent no-tamment à un oscillateur à quartz) (cf. aussi* temperature-compensated crystal oscillator).

temperature compensation ... *cf.* temperature-compensa-ting ...

temperature control 1) régulation de température *(cf. aussi* regulation). 2) *cf.* thermostat.

temperature-controlled crystal quartz thermostaté *(quartz d'oscillateur monté dans une enceinte thermostatée pour main-tenir sa température de fonctionnement constante et éviter ainsi la dérive thermique de sa fréquence d'oscillation) (cf. aussi* oscillator crystal, oven 2), thermal drift *et* temperature-controlled crystal oscillator).

temperature-controlled crystal oscillator oscillateur à quartz thermostaté, pilote à quartz thermostaté, pilote thermostaté, maître-oscillateur thermostaté *(oscillateur à quartz utilisant un quartz thermostaté ou lui-même entièrement thermostaté, la seconde solution étant de plus en plus adoptée) (étalon de fréquence, etc.) (cf. aussi* crystal oscillator *et* temperature-controlled crystal).

temperature-controlled crystal unit *cf.* temperature-control-led crystal.

temperature-controlled enclosure *cf.* temperature-controlled oven 2)).

temperature-controlled oscillator *cf.* temperature-controlled crystal oscillator.

temperature-controlled oven 1) four thermostaté, *(parf.)* étuve (thermostatée) *(four ou, parfois, étuve dont la tempéra-ture est maintenue constante par un thermostat) (cf. aussi* thermostat). 2) enceinte thermostatée *(oscillateur, etc.) (cf. aussi* oven 2)).

temperature-controlled switch thermocontact *(cf. aussi* ther-mal switch).

temperature-controlled time base base de temps thermosta-tée *(générateur de base de temps utilisant un oscillateur à quartz thermostaté) (cf. aussi* time base (c) *et* temperature-controlled crystal oscillator).

temperature correction correction de température *(correc-tion apportée à un résultat de mesure pour tenir compte de l'erreur en température) (cf. aussi* temperature error 2).

temperature cycling cyclage thermique, cyclage en tempéra-ture *(variation périodique de la température du milieu dans lequel fonctionne ou se trouve un matériel ou une matière) (cf. aussi* temperature cycling test).

temperature cycling test (un) essai de cyclage thermique, *(etc.) (essai d'ambiance d'un matériel consistant à le soumettre à un cyclage thermique à variations de grande amplitude et à le faire fonctionner, généralement après l'essai et s'il fonctionne encore, pour vérifier si ses caractéristiques de fonctionnement sont encore nominales) (est appliqué notamment aux cicruits intégrés, principalement hybrides, pour matériel militaire ou* spatial) *(cf. aussi* temperature cycling, operating characteristics, rated value *et* hybrid circuit).

temperature-dependent resistor résistance sensible à la température *(cf. aussi* thermistor).

temperature-derate *v* détarer en température *(cf. aussi* temperature derating).

temperature derating détarage en température *(détarage effectué en prévision d'une température excessive) (composant, etc.) (cf. aussi* derating).

temperature derating factor coefficient de détarage en température *(composant, etc.) (cf. aussi* derating factor *et* temperature derating).

temperature drift dérive due à la température *(cf. aussi* thermal drift).

temperature element *cf.* temperature-sensing element.

temperature error 1) erreur de température *(erreur sur la valeur mesurée ou calculée d'une température).* 2) erreur en température *(ou* due à la température) *(erreur de mesure due à la différence entre la température à laquelle la mesure est effectuée et la température d'étalonnage de l'appareil de mesure utilisé) (cf. aussi* temperature correction, measurement error *et* calibration 1)).

temperature inversion inversion de température *(inversion du gradient de température normal dans la direction verticale dans l'atmosphère ou la mer, la température augmentant alors avec l'altitude dans une certaine tranche d'altitude dans le premier cas ou avec la profondeur, à partir de la surface ou d'une certaine profondeur, dans le second cas) (produit une inversion de la courbure du rayon représentatif d'une onde se propageant obliquement dans l'atmosphère ou la mer, dans le cas général, résultant de l'inversion du signe de l'indice de réfraction qu'elle produit) (propa) (cf. aussi* gradient, ray propagation theory, refractive index *et* thermocline).

temperature measurement mesure de température *(cf. aussi* thermometer).

temperature measurement system *cf.* temperature measuring system.

temperature measuring system chaîne de mesure de température *(chaîne de mesure utilisant un ou plusieurs capteurs de température) (cf. aussi* measuring system *et* temperature sensor).

temperature range plage de températures, gamme de températures, intervalle de températures *(cf. aussi* range 4) *et* operating temperature range).

temperature-related failure défaillance due à la température, *(souvent aussi)* panne *(idem) (défaillance d'un dispositif due à une température ambiante excessive ou, parfois très basse, en fonctionnement ou non) (composant à semiconducteur, condensateur électrolytique, etc.) (cf. aussi* failure).

temperature-related failure mode type de défaillance due à la température *(cf. aussi* failure mode *et* temperature-related failure).

temperature-related parameter paramètre lié à la température *(ou* dépendant de la température *ou* variant avec la température *ou* fonction de la température) *(paramètre constituant une fonction de la température) (exemple : dérive thermique) (cf. aussi* parameter, function[1] 1) (b) *et* thermal drift).

temperature response réponse en température *(variation de la caractéristique variable d'un élément thermosensible en fonction de la température) (cf. aussi* temperature-sensing element *et* response 1)) (a) *variation de la tension aux bornes d'un thermocouple) (cf. aussi* thermocouple) ; (b) *variation de la résistance d'une thermistance ou d'une résistance métallique) (cf. aussi* temperature coefficient).

temperature response curve courbe de réponse en température *(courbe représentant la réponse en température d'un dispositif sur un graphique) (cf. aussi* temperature response *et* response curve).

temperature saturation saturation de température *(saturation de l'émission themoélectronique dans un tube à vide à cathode chaude à partir d'une certaine valeur de la température de la cathode, due à la charge d'espace) (cf. aussi* thermionic emission *et* space charge).

temperature sensing détection de température *(détection d'une variation de température ou mesure de température) (cf. aussi* temperature measurement *et* sensing 1)).

temperature-sensing element élément sensible à la température, élément thermosensible *(élément sensible d'un capteur de température) (thermocouple, thermistance ou résistance métallique) (cf. aussi* sensing element, temperature sensor, thermocouple, thermistance *et* resistance thermometer).

temperature-sensitive resistor résistance sensible à la température *(cf. aussi* thermistor).

temperature sensor capteur de température, sonde de température *(le second terme est employé principalement pour un capteur de température dont la forme allongée rappelle celle d'une sonde médicale) (capteur fournissant un signal proportionnel à la température du milieu avec lequel il est en contact) (utilise un élément thermosensible et constitue la partie essentielle d'un thermomètre électrique) (cf. aussi* sensor, temperature-sensing element *et* electric thermometer).

temperature stabilization stabilisation de température *(enceinte thermostatée) (cf. aussi* oven 2)).

temperature-stabilize *v* stabiliser en température *(cf. aussi* temperature stabilization).

temperature-track *v* avoir le même coefficient de température *(cf. aussi* temperature tracking).

temperature tracking suivi en température, uniformité des coefficients de température *(variation identique du coefficient de température de deux ou plusieurs composants en fonction de la température et notamment de résistances de circuit intégré monolithique) (cf. aussi* temperature coefficient).

temperature transducer *cf.* temperature sensor.

temperature voltage derating détarage de la tension en température *(détarage en tension pour cause de température) (cf. aussi* voltage derating *et* temperature derating).

template modèle (de mot) *(reconnaissance de la parole) (cf. aussi* word template).

temporal coherence cohérence temporelle *(propriété d'un rayonnement électromagnétique dans lequel l'onde émise à un instant donné est en phase avec l'onde émise à un autre instant si le temps séparant ces deux instants est un multiple entier de la période de l'onde) (en d'autres termes, propriété d'un rayonnement électromagnétique dans lequel la période d'oscillation ne prend qu'une seule valeur, donc propriété d'un rayonnement électromagnétique monochromatique) (faisceau laser, interféromètre) (cf. aussi* coherence time, monochromatic radiation *et* coherence).

temporal gain control commande cyclique de gain *(radar) (cf. aussi* sensitivity-time control).

temporally coherent beam *(ou* light beam) faisceau à cohérence temporelle *(ou* cohérent dans le temps), faisceau de lumière *(idem) (laser) (cf. aussi* temporal coherence *et* beam[1]).

temporary magnet aimant temporaire *(nom descriptif de l'électro-aimant) (cf. aussi* electromagnet).

temporary storage mémoire intermédiaire *(inf) (cf. aussi* working storage).

ten-pole filter filtre à dix pôles *(cf. aussi* filter poles).

ten's complement complément à 10 *(ou* à dix) *(complément vrai en base 10) (en d'autres termes, nombre décimal obtenu en ajoutant 1 au complément restreint en base 10) (inf, etc.) (cf. aussi* true complement, diminished-radix complement, complement 1) (b) *et* decimal number).

ten-turn dial cadran à dix tours *(cf. aussi* turns counting dial).

10-turn helidial cadran de potentiomètre hélicoïdal à 10 tours *(cf. aussi* turns counting dial).

10-turn pot *(fam) cf.* ten-turn potentiometer.

10-turn potentiometer potentiomètre à 10 tours, potentimètre 10 tours *(potentiomètre multitour dans lequel nombre de tours de l'axe de commande est égal à dix) (clpf) (cf. aussi* multiturn potentiometer).

tenebrescence ténébrescence *(propriété d'un corps de couleur claire prenant une couleur foncée sous l'action d'une excitation électromagnétique appropriée) (en d'autres termes, propriété d'un scotophore) (est l'inverse de la luminescence) (cf. aussi* scotophore *et* luminescence).

tension tension *(mécanique ou électrique) (cf. aussi* voltage).

tension arm tendeur de bande (*bras pivotant à ressort portant à son extrémité libre un galet appuyant sur la bande pour la maintenir légèrement tendue dans certains appareils à bande magnétique ou autre*) (*le galet considéré n'est pas un galet presseur*) (*magnétoscope, etc.*) (*cf. aussi* magnetic-tape instrument *et* pressure roller).

tensor tenseur *s* (*être mathématique en forme de tableau généralisant une grandeur vectorielle pour la rendre invariante, c-à-d. en donner une représentation indépendante du système de coordonnées utilisé et faciliter ainsi les changements de système de coordonnées*) (*cf. aussi* tensor field, vector quantity *et* coordinate system).

tensor field champ tensoriel (*champ de forces dont chaque point est représenté par un tenseur*) (*cf. aussi* force field *et* tensor).

tera ... *cf.* mega ... (*et adapter*) (*pour les termes qui ne figurent pas ci-après*).

terahertz térahertz, THz (*unité de fréquence égale à 10^{12} hertz*) (*cf. aussi* hertz).

teraohm téraohm, TΩ (*unité de résistance électrique égale à 10^{12} ohms*) (*cf. aussi* ohm).

Tercom guidance system (*Tercom vient de « terrain contour matching »*) système de guidage Tercom (*missile*) (*mil*) (*cf. aussi* terrain contour matching).

TEREC *cf.* tactical electronic reconnaissance.

term. *cf.* terminal.

terminal *s* 1) borne (*dispositif de connexion d'un dispositif électrique ou électronique et notamment d'un circuit, d'un composant, d'un appareil, d'une source de courant ou d'un récepteur de courant*) (*borne à vis, à écrou, à agrafe, à languette, à tige, à sertir, à souder, à connexion enroulée, etc.*). 2) *cf.* lug. 3) terminal *s* (3a) *terminal d'ordinateur*) (*inf*) (*cf. aussi* computer terminal) ; (3b) *terminal de réception*) (*récepteur radio ou récepteur de télévision et son antenne et autres accessoires éventuels utilisés sur Terre dans un réseau de télécommunications ou de radiodiffusion par satellite*) (*cf. aussi* radio receiver, television receiver, satellite communications *et* satellite broadcasting) ; (3c) *terminal d'émission-réception*) (*émetteur-récepteur radio militaire ou non utilisé dans un réseau de télécommunications par satellites*) (*cf. aussi* transceiver *et* satellite communications).

terminal area 1) *cf.* terminal control area. 2) plage de connexion (*CP, etc.*) (*cf. aussi* bonding pad).

terminal block bornier (*au sens du terme anglais, bloc isolant portant des bornes pour servir de plaquette à bornes*) (*cf. aussi* terminal board).

terminal board plaquette à bornes, (*parf.*) réglette à bornes, (*parf. aussi*) bornier (*plaque isolante de forme générale rectangulaire plus ou moins allongée portant des bornes permettant de raccorder des circuits électriques et notamment un appareil électrique ou électronique ou une machine électrique à une source de courant*) (*cf. aussi* terminal block, terminal strip *et* terminal 1)).

terminal control area zone de régie terminale (*terme que j'ai proposé*), zone de contrôle terminal (*anglicisme à éviter*), zone terminale (*terme le plus employé*) (*zone de l'espace aérien couverte par un radar primaire autour d'un aéroport*) (*avia*) (*cf. aussi* air traffic control *et* airport surveillance radar).

terminal equipment 1) équipement terminal (*équipement d'une station terminale*) (*cf. aussi* terminal station). 2) *cf.* computer terminal.

terminal exchange central de destination (*central téléphonique desservant un abonné demandé par un abonné desservi par un autre central*) (*tls*) (*cf. aussi* telephone exchange).

terminal guidance guidage terminal (*ou en phase terminale ou dans la phase terminale ou en fin de trajectoire*) (*guidage d'un engin guidé, notamment d'un engin autoguidé et plus particulièrement d'un missile autoguidé, dans la dernière phase de son vol, c-à-d. à une distance relativement courte de la cible à détruire*) (*dans le cas le plus fréquent d'un missile autoguidé, le guidage terminal est parfois assuré par un autodirecteur affecté uniquement à cette fonction*) (*mil*) (*cf. aussi* guidance, guided weapon, homing weapon *et* terminal-guidance seeker).

terminal-guidance radar radar de guidage terminal (*radar d'un autodirecteur radar de guidage terminal*) (*missile*) (*mil*) (*cf. aussi* radar terminal seeker).

terminal-guidance radar seeker autodirecteur radar de guidage terminal (*missile*) (*mil*) (*cf. aussi* radar terminal seeker).

terminal-guidance seeker autodirecteur de guidage terminal (*ou de phase terminale*), autodirecteur terminal (*autodirecteur assurant le guidage terminal d'un missile*) (*peut être un autodirecteur radar actif, un autodirecteur laser ou un autodirecteur infrarouge*) (*mil*) (*cf. aussi* homing head, terminal guidance, active radar seeker, laser seeker *et* infrared seeker).

terminal homing *cf.* terminal guidance.

terminal lug *cf.* lug.

terminal navigation navigation terminale (*navigation à proximité de l'aéroport ou du port de destination*) (*avia, mar*) (*cf. aussi* navigation (b)).

terminal phase phase terminale (*phase de guidage terminal, notamment*) (*cf. aussi* terminal guidance).

terminal protocol *cf.* protocol.

terminal radar service area *cf.* terminal control area.

terminal seeker *cf.* terminal-guidance seeker.

terminal station station terminale (*station située à une extrémité d'une liaison par faisceau hertzien en deux ou plusieurs bonds*) (*tls*) (*cf. aussi* microwave radio).

terminal strip barrette à bornes (*parf.* à cosses) (*plaquette à bornes allongée portant des bornes ou des cosses à souder, ces dernières servant généralement de relais de câblage*) (*cf. aussi* terminal board).

terminal tab languette de connexion (*languette métallique formant borne*) (*cf. aussi* terminal 1)).

terminal threat menace terminale (*ou en phase terminale*) (*menace des radars de défense aérienne d'un objectif pour un avion de pénétration ou un missile de croisière*) (*mil*) (*cf. aussi* radar threat *et* air-defense radar).

terminal VOR *cf.* TVOR.

terminally guided submunition submunition à guidage terminal (*petite bombe planante antichar éjectée en nombre variable d'un missile au-dessus d'une concentration de chars de l'adversaire et équipée d'un autodirecteur radar actif ou infrarouge de guidage terminal*) (*cf. aussi* terminal guidance).

terminally homing ... *cf.* terminally-guided ....

terminate *v* 1) refermer sur une charge (*connecter une charge à l'extrémité réceptrice d'une ligne de transmission*) (*cf. aussi* termination). 2) munir d'un connecteur (*un câble multiconducteur ou à fibre(s) optique(s)*) (*cf. aussi* connector (a)).

terminate a call *v* mettre fin à une communication (*téléphonique*) (*cf. aussi* telephone call 1)).

terminated in N ohms refermée sur n ohms (*ou sur une charge de n ohms*) (*cf. aussi* terminated line).

terminated line ligne refermée sur une charge, ligne de transmission (*idem*) (*cf. aussi* terminate 1)).

terminated transmission line *cf.* terminated line.

terminating bouclage (*au sens du terme anglais, action de refermer une ligne sur une charge*) (*cf. aussi* terminate 1)).

terminating element élément dissipatif (de charge adaptée) (*élément dissipatif d'une charge adaptée hyperfréquence*) (*est généralement un bloc de céramique pyramidal et peut être de l'eau*) (*cf. aussi* dissipative element *et* matched load (b)).

terminating impedance impédance de bouclage (*nom parfois donné à l'impédance de la charge d'une ligne de transmission*) (*cf. aussi* impedance *et* termination).

terminating resistor résistance de bouclage (*résistance montée à l'extrémité réceptrice d'une ligne de transmission pour fermer le circuit aux fins de mesure*) (*cf. aussi* transmission line).

terminating set termineur *s* (*organe d'aiguillage monté à chaque extrémité d'un circuit à quatre fils de câble téléphonique à grande distance pour raccorder celui-ci au circuit correspondant à deux fils du central auquel aboutit le câble*) (*comprend essentiellement un transformateur différentiel et un équilibreur*) (*tls*) (*cf. aussi* hybrid coil 1), balancing network *et* four-wire cable).

terminating tool pince à sertir (*pince conçue pour sertir des* cosses ou des contacts de connecteur sur des conducteurs) (cf. aussi lug et connector (a)).

termination 1) terminaison (nom souvent donné au dispositif monté à l'extrémité réceptrice d'une ligne de transmission et formant, avec celle-ci, la charge du dispositif émetteur) (ce terme désigne souvent une charge adaptée hyperfréquence) (cf. aussi transmission line, load¹ (a) et matched termination 2)). 2) dispositif de connexion (terme générique désignant souvent les sorties ou les bornes d'un composant et couvrant en outre notamment les cosses souvent montées aux extrémités d'un câble électrique) (cf. aussi lead² 2), terminal 1) et lug).

termination panel cf. terminal board.

termination style type de bornes, type de sorties (selon le contexte) (composant), (parf.) type de queues (contacts de connecteur) (cf. aussi terminal 1) et lead² 2) .

termination tool cf. terminating tool.

terminator cf. terminating resistor.

terrain avoidance capability possibilités d'évitement du terrain (parf. au singulier) (radar) (cf. aussi terrain-avoidance radar et capability).

terrain avoidance mode mode d'évitement de terrain (un des modes de fonctionnement éventuel d'un radar multifonction d'aéronef militaire) (cf. aussi terrain avoidance radar et multimode radar).

terrain-avoidance radar radar d'évitement de terrain (radar d'aéronef militaire visualisant le terrain situé en avant de l'appareil pour faciliter le vol à très basse altitude) (cf. aussi terrain-following radar et radar).

terrain clearance indicator sonde altimétrique (avia) (cf. aussi FM radio altimeter).

terrain-clearance warning indicator avertisseur de proximité du sol (avia) (cf. aussi ground proximity warning system).

terrain clutter cf. ground clutter.

terrain contour matching corrélation d'images (système d'autoguidage de missile) (cf. aussi map-matching guidance).

terrain data base banque de données cartographiques (nom donné à la mémoire contenant les informations sur le terrain à survoler dans le guidage cartographique) (avia. mil) (cf. aussi map-matching guidance et data base).

terrain echoes échos de sol (radar) (cf. aussi ground clutter).

terrain error erreur due au sol (erreur dans l'indication d'un récepteur de radionavigation due à des irrégularités de propagation des signaux reçus résultant d'hétérogénéités du sol au-dessus duquel les ondes se propagent) (avia) (cf. aussi navigation receiver et radio wave propagation).

terrain following mode mode de suivi de terrain (un des modes de fonctionnement éventuel d'un radar multifonction d'aéronef militaire) (cf. aussi terrain following radar et multimode radar).

terrain-following radar radar de suivi de terrain (radar d'évitement de terrain pouvant être utilisé comme tel ou en liaison avec le pilote automatique de l'avion) (est monté notamment sur avion de pénétration à basse altitude) (avia. mil) (cf. aussi terrain-avoidance radar et autopilot).

terrain imaging visualisation du terrain (radar) (cf. aussi ground mapping).

terrain recognition reconnaissance du terrain (par un auto-directeur cartographique) (missile) (mil) (cf. aussi map-matching guidance).

terrestrial broadcast émission terrestre, programme terrestre (radiodif) (cf. aussi terrestrial broadcasting).

terrestrial broadcasting radiodiffusion terrestre (émission de programmes de radiodiffusion sonore ou visuelle par un émetteur situé sur la Terre, avec réception directe du signal par les récepteurs, c-à-d. sans relayage par un satellite de radiodiffusion) (cf. aussi broadcast satellite).

terrestrial carrier société de télécommunications terrestres (société de télécommunications n'utilisant pas de satellites de télécommunications) (cf. aussi communications common carrier et communications satellite).

terrestrial communications télécommunications terrestres (télécommunications entre des points situés sur la Terre, assurées sans passer par un satellite de télécommunications) (cf. aussi communications satellite).

terrestrial communications line ligne de télécommunications

terrestres, ligne terrestre (le second terme est le plus employé en cours de texte) (ces termes désignent généralement une ligne téléphonique terrestre) (cf. aussi communications line et terrestrial communications).

terrestrial communications link liaison de télécommunications terrestres, liaison terrestre (le second terme est le plus employé dans le cours d'un texte) (cf. aussi communications link et terrestrial communications).

terrestrial communications network réseau de télécommunications terrestres, réseau terrestre (clpf) (cf. aussi communications network et terrestrial communications).

terrestrial data link liaison informatique terrestre, (etc.) (télinf) (cf. aussi data link et terrestrial communications).

terrestrial guidance cf. terrestrial-reference guidance.

terrestrial licensee cf. terrestrial operator.

terrestrial line cf. terrestrial communications line.

terrestrial link cf. terrestrial communications link.

terrestrial link operation exploitation d'une liaison terrestre, (etc.) (cf. aussi terrestrial communications link).

terrestrial link operator exploitant d'une liaison terrestre, exploitant terrestre (exploitant d'une liaison de télécommunications terrestre) (cf. aussi operator 2) et terrestrial communications link).

terrestrial magnetism magnétisme terrestre, magnétisme de la Terre, géomagnétisme (la Terre est un aimant dont les pôles nord et sud sont situés approximativement aux pôles géographiques correspondants) (cf. aussi magnetic declination et magnetism).

terrestrial microwave link cf. terrestrial microwave radio link.

terrestrial microwave radio (les) faisceaux hertziens terrestres (faisceaux hertziens assurant des télécommunications terrestres) (clpf) (cf. aussi microwave radio et terrestrial communications).

terrestrial microwave radio communications (les) radiocommunications par faisceaux hertziens terrestres (cf. aussi radio communications et terrestrial microwave radio).

terrestrial microwave radio communications system cf. terrestrial microwave system.

terrestrial microwave radio link faisceau hertzien terrestre (radiocom) (cf. aussi terrestrial microwave radio).

terrestrial microwave service service assuré par faisceau hertzien terrestre (service de télécommunications assuré par un faisceau hertzien terrestre ou service de radiodiffusion utilisant une telle liaison) (cf. aussi communications service et terrestrial microwave radio).

terrestrial microwave system faisceau hertzien terrestre (radiocom) (cf. aussi microwave system et terrestrial microwave radio).

terrestrial network réseau terrestre, (parf.) chaîne terrestre (réseau de télécommunications terrestres ou, parfois, chaîne de télévision terrestre) (cf. aussi terrestrial communications network et terrestrial television network).

terrestrial network operator exploitant d'un réseau terrestre, (parf.) exploitant d'une chaîne terrestre, exploitant terrestre (tls, radiodif) (cf. aussi operator 2) et terrestrial network).

terrestrial operator exploitant terrestre (exploitant d'une liaison, d'un réseau ou d'une chaîne terrestre) (cf. aussi terrestrial link operator et terrestrial network operator).

terrestrial path trajet terrestre (partie terrestre d'une liaison de télécommunications utilisant un satellite relais) (cf. aussi communications satellite).

terrestrial-reference guidance guidage à référence terrestre (guidage d'un missile à longue portée faisant appel à une référence telle que le champ de gravitation terrestre) (mil) (cf. aussi guidance).

terrestrial service service terrestre (service de télécommunications, de radiodiffusion, de météorologie, de radionavigation ou d'alerte n'utilisant que des stations situées sur la Terre, c-à-d. pas de stations montées dans des satellites artificiels de la Terre).

terrestrial station station terrestre, (parf.) station terrienne (station située sur la Terre) (spdo à « station sur satellite », « station spatiale », « lunaire », etc.) (cf. aussi station 1)).

terrestrial television network chaîne de télévision terrestre *(chaîne de télévision n'utilisant pas de satellite de radio-diffusion) (cf. aussi* television network *et* broadcast satellite*).*

tesla telsa *m*, T *(unité d'induction magnétique du système SI) (est l'induction magnétique uniforme qui crée un flux de 1 weber dans une surface plane de 1 mètre carré perpendiculaire aux lignes de force du champ magnétique) (cette unité est beaucoup plus grande que le gauss qu'elle est censée remplacer et qui est encore employé : 1 testa = 10^4 gauss) (cf. aussi* magnetic induction 2*),* weber *et* gauss*).*

Tesla coil bobine de Tesla *(ancien générateur d'étincelles à haute fréquence formé d'une bobine d'induction sans fer à enroulement secondaire accordé débitant dans un éclateur associée à une bobine d'induction à noyau de fer, pour produire des décharges électriques à très haute tension et très haute fréquence) (l'enroulement secondaire de la bobine d'induction à noyau de fer est connecté aux bornes d'une bouteille de Leyde que chaque impulsion de courant à haute tension produite dans cet enroulement charge) (l'enroulement primaire de la bobine de Tesla est également connecté aux bornes de la bouteille de Leyde, mais avec un éclateur en série dans l'un des conducteurs) (la bobine de Tesla est, comme la bobine à noyau de fer, un transformateur élévateur de tension à très grand rapport de transformation) (la décharge oscillante de la bouteille de Leyde qui se produit, après chaque impulsion, dans le circuit oscillant qu'elle forme avec l'enroulement primaire de la bobine de Tesla et le premier éclateur, excite cet enroulement, ce qui induit une tension alternative très élevée et à très haute fréquence aux bornes du second éclateur, où se produit l'étincelle utilisée) (on voit d'après ce qui précède que le terme « bobine de Tesla » désigne en fait un ensemble de deux bobines d'induction constituant deux étages successifs d'amplification d'impulsions de tension) (cf. aussi* induction coil, air-core coil, tuned winding, iron-core coil, electric discharge *et* Leyden jar*).*

test[1] *s* (un) essai, *(souvent)* (un) contrôle, *(parf.)* (une) mesure *(éviter d'employer « test ») (cf. aussi* electrical test, static test, burn-in test, temperature cycling test, life test, impulse test *et* testing*).*

test[2] *v* essayer, contrôler, mesurer *(selon le contexte) (éviter d'employer « tester ») (cf. aussi* test[1]*).*

test chart *cf.* test pattern[1].

test chip 1) puce témoin *(CI) (cf. aussi* reliability test pattern*).* 2) puce contrôlée *(contrôle de circuits intégrés ou de composants discrets à semiconducteur) (cf. aussi* chip 1*)).*

test circuit circuit essayé *(noter que le terme anglais est souvent employé abusivement à la place de « tested circuit ») (cf. aussi* circuit*).*

test clip pince crocodile *(cf. aussi* alligator clip*).*

test conditions conditions d'essai *(conditions de fonctionnement d'un dispositif essayé ou contrôlé en fonctionnement) (cf. aussi* operating conditions *et* testing requirements*).*

test connector *cf.* test jack.

test current *(parf.* intensité du) courant d'essai *(courant constituant un signal d'essai ou, parfois, intensité de ce courant) (cf. aussi* test signal *et* current*).*

test data résultats d'essai, *(parf.)* résultats des contrôles, *(etc.) (cf. aussi* test[1]*).*

test desk table d'essai *(dans un central téléphonique, emplacement équipé d'appareils de contrôle et de circuits de raccordement facilitant l'identification et la localisation des dérangements dans les lignes aboutissant au central) (tls) (cf. aussi* telephone exchange*).*

test device dispositif essayé *(cf. aussi* device under test*).*

test device response réponse du dispositif essayé *(cf. aussi* response 1 *et* test device*).*

test engineer ingénieur d'essais *(ingénieur spécialisé dans l'essai du matériel électronique ou autre).*

test engineering (la) technique des essais *(parf. du contrôle) (cf. aussi* test[1]*).*

test equipment matériel d'essai, *(souvent, notamment en électronique et en électrotechnique)* appareils de contrôle *(cf. aussi* test intrumentation*).*

test frequency fréquence d'essai *(fréquence d'un signal d'essai) (cf. aussi* test signal *et* frequency*).*

test instrument appareil de contrôle, *(parf. aussi)* contrôleur *(appareil de mesure conçu ou employé aux fins de contrôle) (cf. aussi* measuring instrument *et* test set*).*

test intrumentation appareils de contrôle *(cf. aussi* test intrument *et* test equipment*).*

test jack douille de mesure *(douille banane employée comme point de mesure) (cf. aussi* banana jack *et* test point*).*

test lead cordon (d'essai) *(fil souple isolé généralement muni d'une fiche banane à chaque extrémité utilisé pour établir une connexion temporaire entre deux points) (noter qu'en anglais un cordon utilisé pour relier une borne d'un appareil de mesure à un point d'un circuit garde son nom de « test lead » et que s'il est employé pour relier entre eux deux points d'un montage, il peut être appelé « jumper ») (cf. aussi* banana plug, jumper *et, pour information,* cord*).*

test lines lignes-test *(terme consacré) (groupe de signaux distincts de forme déterminée insérés éventuellement à la fin de l'intervalle de suppression de trame dans un signal de télévision pour permettre le contrôle du fonctionnement d'un émetteur de télévision sans gêner la réception du signal) (ces signaux, souvent au nombre de cinq, comprennent des impulsions de plusieurs durées et amplitudes, un signal en escalier et un court train d'oscillations à haute fréquence) (cf. aussi* vertical blanking interval, television signal, pulse[1] *et* staircase signal*).*

test meter *cf.* test instrument *(cf. aussi* meter[1]*).*

test node *cf.* test point.

test oscillator oscillateur de mesure *(nom parfois donné à un générateur de signaux sinusoïdaux utilisé aux fins d'essai ou de contrôle) (cf. aussi* signal generator *et* sinusoidal signal*).*

test pattern motif de contrôle *(tg) (motif destiné à permettre le contrôle du fonctionnement d'un dispositif ou appareil électronique ou la qualité d'un résultat obtenu) (cf. aussi* pattern*)* (a) mire de télévision, mire de définition (de télévision), mire *(image géométrique formée sur l'écran d'un récepteur de télévision par l'émetteur ou par un générateur spécial pour faciliter le contrôle de la définition de l'image et éventuellement le réglage de l'appareil) (dans le cas le plus fréquent d'une mire de monoscope, c-à-d. de ce que l'on appelle généralement « la mire », cette image comporte essentiellement des réseaux de lignes droites parallèles plus ou moins espacées, des faisceaux de lignes droites, des carreaux noirs et blancs, un ou plusieurs cercles et une ou plusieurs échelles de gris) (la qualité de reproduction de ces figures géométriques sur l'écran du récepteur permet de juger de son aptitude à reproduire les principales formes géométriques, la netteté du bord des objets et l'échelle des gris) (cf. aussi* pattern generator, television picture definition, monoscope, resolution wedge *et* gray scale*)* ; (b) motif binaire (de contrôle) *(combinaison de binaires appliquée notamment à une carte logique pour contrôler son fonctionnement à l'aide d'un analyseur logique) (inf) (cf. aussi* bit pattern *et* logic analyzer*)* ; (c) motif-témoin *(d'une puce-témoin) (CI) (cf. aussi* test chip 1*)).*

test-pattern generator générateur de mire *(TV) (cf. aussi* pattern generator*).*

test-pattern signal signal de la mire *(signal fourni par un générateur de mire de télévision) (cf. aussi* pattern generator*).*

test point point de mesure *(point d'un circuit ou d'un montage prévu ou utilisé pour effectuer une mesure électrique aux fins de contrôle ou de réglage) (lorsqu'il s'agit d'un point prévu, celui-ci peut être constitué par une borne ou une douille banane) (cf. aussi* arrangement 1*),* test prod *et* banana jack*).*

test probe 1) sonde de mesure *(nom souvent donné à une sonde servant à prélever un signal, c-à-d. généralement à une sonde équipant un appareil de mesure ou d'analyse) (cf. aussi* probe (a)*).* 2) *cf.* test prod. *(ci-après).*

test prod pointe de touche *(tige métallique effilée et généralement isolée, sauf à la pointe, reliée par un cordon à un appareil de mesure, un oscilloscope, un générateur de signaux ou autre appareil pour mesurer, visualiser ou appliquer une tension ou un signal ou vérifier la continuité électrique d'un circuit) (peut être munie d'un cordon soudé ou serti et généralement terminé par une fiche banane, ou d'une douille banane isolée par la poignée, permettant d'y connecter instantanément un cordon de longueur quelconque) (est normalement tenue à la main, mais peut faire partie d'un lit de clous et* *prend alors généralement le nom de « test probe » ou « spring probe » en anglais) (cf. aussi* bed of nails, banana jack, test lead *et, à titre d'information,* test probe 1)).

test program *cf.* test routine.

test pulse impulsion d'essai *(impulsion constituant un signal d'essai) (cf. aussi* pulse[1] *et* test signal).

test routine programme d'essai *(programme d'ordinateur élaboré pour la conduite de l'essai automatique d'un matériel, notamment en sortie de fabrication, par un ordinateur) (inf) (cf. aussi* computer program).

test set appareil de contrôle combiné *(appareil de contrôle comprenant deux ou plusieurs appareils de mesure montés dans un même boîtier) (cf. aussi* measuring instrument).

test set-up *cf.* test setup. *(ci-après).*

test setup montage d'essai, *(parf.)* montage de mesure *(montage temporaire réalisé aux fins d'essais ou, parfois, de mesure) (cf. aussi* setup 1)).

test signal signal d'essai *(signal appliqué à l'entrée d'un montage ou d'un appareil pour pouvoir contrôler son fonctionnement) (en télévision, un signal d'essai peut-être notamment une ligne-test ou un signal de mire électronique) (cf. aussi* signal[1], arrangement 1), test line *et* pattern generator 1).

test signal generator générateur de signaux d'essai *(générateur de signaux fournissant des signaux d'essai) (terme générique couvrant notamment le générateur de mire et le générateur de barres de couleur en télévision) (cf. aussi* pattern generator, color-bar generator *et* test signal).

test software logiciel d'essai *(inf) (cf. aussi* software *et* test routine).

test specimen *cf.* test device.

test stimulus *cf.* stimulus.

test switch commutateur de mesure *(commutateur permettant de mesurer successivement la tension en différents points des circuits d'un appareil) (cf. aussi* switch[1] 2)).

test terminal borne de mesure *(cf. aussi* test point).

test tone onde pilote de contrôle *(onde pilote de multiplex téléphonique fréquentiel permettant d'effectuer des contrôles, c-à-d. onde de mesure ou de continuité) (tls) (cf. aussi* pilot tone 1)).

test vector *cf.* test pattern (b).

test voltage tension d'essai *(tension constituant un signal d'essai) (cf. aussi* test signal *et* voltage).

test waveform *cf.* test signal. *(cf. aussi* waveform).

testability facilité d'essai *(d'un circuit intégré monolithique ou hybride ou autre dispositif ou appareil) (ce terme s'applique notamment aux circuits intégrés à haute ou très haute densité, pour lesquels cette qualité est difficile à obtenir) (cf. aussi* integrated circuit).

tested essayé, *(parf.)* contrôlé *(cf. aussi* test[1]).

tester *cf.* test intrument. *(éviter d'employer « testeur »).*

testing (l')essai, *(parf.)* (le) contrôle *(au sens général : l'essai ou le contrôle d'un type d'appareil électronique, par exemple) (cf. aussi* test[1]).

testing ... *cf.* test ... *(pour les termes qui ne figurent pas ci-après).*

testing applications applications au contrôle *(applications d'un appareil au contrôle de matériels quelconques) (cf. aussi* test[1] *et* application).

testing requirements impératifs d'essai *(conditions d'essai à remplir) (cf. aussi* test conditions).

tetravalence tétravalence *(propriété d'un atome ou d'un élément chimique tétravalent) (semi, etc.) (cf. aussi* tetravalent atom).

tetravalent atom atome tétravalent *(atome dont la valence est quatre) (semi, etc.) (cf. aussi* valence).

tetrode tétrode *sf*, tube tétrode, tube à deux grilles, tube électronique *(idem) (tube électronique à vide à quatre électrodes : cathode, grille de commande, grille-écran et anode) (est une triode à laquelle une grille-écran a été ajoutée) (cf. aussi* beam power tube, screen grid, triode *et* vacuum tube).

tetrode transistor transistor tétrode *(semi) (cf. aussi* dual-gate MOS transistor).

Texas tower station Texas tower *(station radar d'alerte lointaine construite sur pilotis, comme une plate-forme de forage*

au large de la côte est des États-Unis) (mil) (cf. aussi early-warning radar).

text editor éditeur de textes, éditeur, programme *(idem) (programme d'ordinateur permettant d'élaborer un programme d'ordinateur en langage source à l'aide du clavier et de l'écran de l'appareil ou d'un terminal à écran) (les premiers éditeurs de textes ne permettaient de faire apparaître qu'une seule ligne à la fois sur l'écran) (a donné naissance aux programmes de traitement de texte) (inf) (cf. aussi* full-page editor, computer program, source language *et* word processing program).

text-handling system système de traitement de textes *(inf) (cf. aussi* word processor 1)).

text processing *cf.* word processing. *(le premier terme étant peu employé).*

text processor *cf.* word processor. *(idem ci-dessus).*

text transmission transmission du texte *(transmission de la partie essentielle d'un message, considérée indépendamment de l'en-tête de celui-ci) (tls) (cf. aussi* STX).

textbook-clean signal signal parfaitement pur *(signal totalement exempt de parasites ou de distorsion) (réception, etc.) (cf. aussi* interference 1) *et* distorsion).

TFEL display *cf.* thin-film electroluminescent display.

TFEL display panel panneau afficheur électroluminescent à couches minces, *(etc.) (cf. aussi* display panel *et* thin-film electroluminescent display).

TFEL display technology (la) technique de l'affichage par électroluminescence à couches minces, technique des afficheurs électroluminescents à couches minces *(cf. aussi* TFEL display *et* technology).

TFEL panel *cf.* TFEL display panel.

TFEL technology *cf.* TFEL display technology.

TFR *cf.* terrain-following radar.

TFT *cf.* thin-film transistor.

TG *cf.* transfert gate.

TGS *cf.* triglycine sulfate.

TGSM *cf.* terminally-guided submunition.

thallium oxysulfide oxysulfure de thallium *(semiconducteur sensible au proche infrarouge) (cf. aussi* semiconductor, near infrared *et* thaloffide cell).

thallofide cell cellule thallofide *(nom donné à une cellule photoconductrice utilisant de l'oxysulfure de thallium comme élément photosensible, dans une ampoule vide d'air) (cf. aussi* photovaristor *et* thallium oxysulfide).

THD *cf.* total harmonic distortion.

the current lags the voltage le courant est en retard sur la tension *(inductance) (cf. aussi* inductive reactance).

the current leads the voltage le courant est en avance sur la tension *(condensateur) (cf. aussi* capacitive reactance).

theater ... *cf.* tactical ... *(pour les termes qui ne figurent pas ci-après).*

theater television télévision en salle *(télévision sur grand écran dans une salle de spectacle ou autre) (cf. aussi* projection television).

theater TV *cf.* theater television.

theory theorie *(cf. aussi* circuit theory, network theory, electromagnetic theory, theory of light, quantum theory, theory of relativity, band theory, control theory, information theory, queuing theory *et* game theory).

theory of electrical circuits théorie des circuits électriques *(cf. aussi* circuit theory, *ce terme étant le plus employé).*

theory of electrical networks théorie des réseaux électriques *(cf. aussi* network theory, *ce terme étant le plus employé).*

theory of light théorie de la lumière *(théorie tentant de décrire la nature de la lumière) (optique) (cf. aussi* corpuscular theory of light, electromagnetic theory of light, wave theory of light *et* light[1] 1)).

theory of queues théorie des files d'attente *(tls, etc.) (cf. aussi* queuing theory).

theory of relativity théorie de la relativité *(théorie postulant essentiellement la relativité de la notion de simultanéité de deux événements, tout système de coordonnées de référence ayant son temps propre, et postulant, par voie de conséquence, la nécessité d'appliquer les mêmes lois à la description des phénomènes physiques se produisant dans les systèmes de* *coordonnées de référence en mouvement l'un par rapport à l'autre)* (il en découle la relativité de toutes les mesures de temps, ainsi que des mesures de position et de masse, les notions de temps, d'espace et de masse étant liées entre elles dans le cadre de la théorie de la relativité) (cette théorie a été élaborée par Albert Einstein pour éliminer certaines contradictions entre la mécanique classique, c-à-d. newtonienne, et la théorie de l'électromagnétisme de Maxwell en remplaçant l'hypothèse de temps, d'espace et de masse absolus par l'hypothèse de valeur finie et constante de la lumière dans le vide constituant un maximum ne pouvant être dépassé) (bien qu'elle soit très grande, la vitesse de la lumière étant finie et impossible à dépasser, et non infinie comme on l'admettait auparavant, il est impossible de définir un temps absolu et donc de postuler la simultanéité absolue de deux événements car toute mesure de temps entre deux points non confondus nécessite la transmission d'un signal qui, même effectuée à la vitesse maximale qu'est celle de la lumière, demande un certain temps) (c'est ainsi qu'un éclair à haute altitude aperçu par deux observateurs situés à des distances très différentes du phénomène n'est pas vu au même instant par les deux observateurs, d'où la relativité du temps) (c'est ainsi également que, selon l'exemple donné par Einstein, si la foudre tombe simultanément aux deux extrémités d'une voie ferrée rectiligne de grande longueur, un observateur se trouvant sur un quai situé à mi-chemin des deux extrémités verra les deux éclairs en même temps, avec un retard égal pour les deux, tandis qu'un voyageur passant devant lui dans un train très rapide à l'instant du phénomène verra l'éclair vers lequel il se dirige plus tôt que lui car le train aura parcouru une certaine distance pendant le temps mis par la lumière de l'éclair pour parvenir à l'observateur fixe et, pour la même raison, le voyageur verra l'éclair dont il s'éloigne plus tard que lui) (en d'autres termes, les deux événements sont simultanés pour l'observateur fixe dans le système de référence et ne le sont pas pour l'observateur mobile dans ce même système, d'où la relativité de la notion de simultanéité de deux événements) (la théorie de la relativité a été énoncée en deux fois ; la première fois, en 1905, Einstein a énoncé la « théorie de la relativité restreinte » qui se résume ainsi sous forme simplifiée : « deux observateurs animés d'un mouvement rectiligne uniforme ne peuvent mettre en évidence leur mouvement absolu ; seul leur mouvement relatif peut être observé » ou sous forme rigoureuse : « un système de référence animé d'un mouvement de translation uniforme par rapport à un système de référence inertiel ne peut être distingué de celui-ci, quant à son mouvement, par une expérience physique ») (les deux parties de ce principe se vérifient facilement en pratique : 1°) si l'on ferme les yeux dans un train roulant à vitesse constante en ligne droite et sans secousses, au bout d'un moment on ne peut plus dire si l'on avance ou recule ou est arrêté ; il en est de même si l'on ne voit pas le paysage : nuit noire ou tunnel et compartiment sans lumière ; 2°) au moindre ralentissement, on perçoit le mouvement relatif de son corps par rapport au wagon, même si l'on ne perçoit toujours pas le mouvement de celui-ci ; un effet encore plus remarquable se produit parfois lorsqu'on s'arrête en voiture, à côté d'une voiture arrêtée ; si celle-ci démarre aussitôt après et que l'on a eu un instant d'inattention entre deux, on a l'impression en la regardant que c'est la voiture dans laquelle on se trouve qui recule ; ce phénomène s'observe également dans un train à l'arrêt) (la théorie de la relativité restreinte a démontré notamment l'inexistence du milieu hypothétique appelé « éther » supposé permettre la propagation des ondes électromagnétiques et de prévoir l'augmentation de la masse d'un corps ou un corpuscule liée à sa vitesse aux très grandes valeurs de celle-ci, la masse du corps devenant infinie à la vitesse de la lumière, ainsi que l'équivalence entre la masse et l'énergie, en plus de la contraction du temps au très grandes vitesses illustrée notamment par le « paradoxe des jumeaux » de Paul Langevin qui s'énonce ainsi : si un jumeau s'éloigne de la Terre dans un obus (ou plutôt une fusée) à une vitesse proche de celle de la lumière et revient au bout d'un temps qui représentera une cinquantaine d'années pour son frère resté sur Terre, lui n'aura vieilli que d'une dizaine d'années, c-à-d. du temps propre à son système de référence ; le jumeau voyageur sera encore un homme jeune quand son frère « jumeau » sera un vieillard !) (l'interdépendance des notions d'espace et de temps postulée dans la théorie de la relativité restreinte a conduit Minkowski à proposer la notion d'« espace-temps » ou « espace à quatre dimensions » ou « univers de Minkowski », dans lequel les trois coordonnées orthogonales de l'espace euclidien (espace ordinaire) sont complétées par une coordonnée temporelle faisant intervenir la notion de temps dans la définition de la position d'un point dans l'espace) (la seconde fois, en 1916, Einstein a énoncé la « théorie de la relativité générale » dans laquelle le mouvement des observateurs peut être quelconque et non plus seulement rectiligne et uniforme) (cette théorie est fondée sur une généralisation de l'espace-temps et constitue essentiellement une théorie relativiste de la gravitation) (la théorie de la relativité a reçu nombre de confirmations expérimentales, notamment en physique nucléaire et en astronomie) (en 1949, au soir de sa vie, Einstein a annoncé une « théorie unitaire des champs », c-à-d. une théorie de la relativité reliant entre eux le champ de gravitation, le champ électromagnétique et le champ mésonique, théorie difficile à accorder avec la théorie quantique et la mécanique ondulatoire et à laquelle il a ajouté un complément en 1953 ; sa mort, en 1955, l'a empêché de parfaire le couronnement de son œuvre)* (cf. aussi velocity of light, ether, gravitational field, electromagnetic field, meson field, quantum theory, wave mechanics *et* relativistic quantum mechanics).

theory of waiting lines *cf.* theory of queues.

thereby causing the output to go high *(ou low)* ce qui fait passer la sortie à l'état haut *(ou bas) (cf. aussi* go high).

thermal agitation agitation thermique (des électrons) *(mouvement désordonné des électrons libres dans un conducteur ou un semiconducteur aux températures autres que le zéro absolu) (est donc nulle au zéro absolu et due à l'excitation thermique des électrons et augmente en conséquence avec la température du conducteur ou du semiconducteur en constituant une source de bruit électrique proportionnel à celle-ci et en donnant lieu à la limite à l'émission thermoélectronique dans un conducteur) (cf. aussi* free electron, thermal excitation, noise 2) (a) *et* thermionic emission).

thermal-agitation noise *cf.* thermal noise.

thermal-agitation voltage *cf.* thermal noise voltage.

thermal ammeter ampèremètre thermique *(tg) (ampèremètre réalisé sous la forme d'un appareil thermique pour mesurer l'intensité d'un courant alternatif de fréquence presque quelconque, ainsi que l'intensité d'un courant continu) (ampèremètre à fil chaud ou à thermocouple) (noter que le terme anglais est généralement employé avec le sens restreint de « hot-wire ammeter ») (cf. aussi* thermoammeter, hot-wire ammeter, thermocouple ammeter, thermal instrument *et* ammeter).

thermal analysis analyse thermique *(calcul de la température en fonctionnement des éléments d'un montage électronique ou autre, ou relevé de cette température, notamment par thermographie) (cf. aussi* thermal map).

thermal annealing recuit au four *(fab. semi, etc.) (cf. aussi* annealing).

thermal barrier mur de la chaleur *(nom parfois sonné à la limite de la densité d'intégration dans les circuits intégrés monolithiques due à la chaleur dégagée par chacun des transistors du circuit) (semi) (cf. aussi* integration density *et* speed-power product).

thermal battery batterie thermoélectrique *(cf. aussi* thermopile).

thermal behaviour comportement thermique *(comportement d'un dispositif électronique ou autre en fonction de la température, c-à-d. réponse en température, dérive en température ou tenue en température du dispositif) (cf. aussi* temperature response, thermal drift, thermal endurance *et* device).

thermal blooming divergence thermique *(terme que j'ai proposé) (phénomène subi par un faisceau laser à grande puissance traversant l'atmosphère ; la densité de l'air échauffé par le passage du faisceau diminuant, la réfraction qui en résulte fait diverger les rayons du faisceau) (mil, etc.) (cf. aussi* high-energy laser *et* refraction).

thermal breakdown claquage par emballement thermique *(transistor bipolaire) (cf. aussi* thermal runaway).

thermal camera camera infrarouge *(TV) (cf. aussi* infrared camera).

thermal compensation compensation thermique *(cf. aussi* temperature compensation).

thermal compression bonding *cf.* thermocompression bonding.

thermal conduction conduction thermique *(conduction de la chaleur par un corps) (cf. aussi* thermal conductivity).

thermal conductivity conductibilité thermique, conductivité thermique *(le premier terme a un sens qualitatif et le second un sens quantitatif) (aptitude d'un corps à conduire la chaleur) (en électronique, cette propriété revêt une importance particulière pour les boîtiers de composants de puissance, les puits de chaleur et les radiateurs, notamment) (cf. aussi* thermal resistance *et* heat sink).

thermal conversion conversion thermique *(ce terme, qui ne signifie pas grand-chose, est parfois employé pour désigner la conversion de l'énergie solaire) (cf. aussi* solar energy conversion).

thermal converter convertisseur thermique (de mesure), convertisseur de mesure *(dispositif à thermocouple chauffé par une résistance conçu pour convertir un courant alternatif à haute fréquence en courant continu aux fins de mesure) (est généralement monté dans un petit boîtier et permet de mesurer une tension à haute fréquence, ou une puissance haute fréquence à l'aide d'un galvanomètre gradué en conséquence) (noter qu'un convertisseur thermique est utilisé en liaison avec un appareil de mesure et n'est pas lui-même un appareil de mesure) (cf. aussi* thermocouple, radio frequency, galvanometer *et* thermocouple instrument).

thermal cut-off *cf.* thermal cutout.

thermal cutout disjoncteur thermique *(nom parfois donné à un relais thermique, notamment pour rappeler sa fonction) (cf. aussi* thermal relay).

thermal cycling cyclage thermique *(composant, etc.) (cf. aussi* temperature cycling).

thermal cycling test essai de cyclage thermique *(composants, etc.) (cf. aussi* temperature cycling test).

thermal derating *cf.* temperature derating.

thermal detection *cf.* infrared detection.

thermal detector détecteur thermique *(ou de rayonnement thermique) (autres noms du bolomètre considéré comme un détecteur sensible au rayonnement thermique) (cf. aussi* bolometer, detector 1) *et* thermal radiation).

thermal diode caloduc *(cf. aussi* heat pipe).

thermal dot-matrix printer *cf.* thermal printer.

thermal drift dérive thermique, dérive en température, dérive due à la température *(le second terme est courant mais ambigu) (dérive d'une grandeur en fonction de la température) (cf. aussi* drift[1] 1) *et* temperature characteristic).

thermal drift characteristic caractéristique de dérive thermique *(courbe représentant la dérive thermique d'une grandeur sur un graphique) (cf. aussi* thermal drift *et* characteristic curve).

thermal effect effet d'agitation thermique *(électrons) (cf. aussi* thermal agitation).

thermal electromotive force force électromotrice d'origine thermique *(cf. aussi* thermoelectromotive force).

thermal EMF *(ou* **emf)** *cf.* thermal electromotive force.

thermal endurance tenue à la chaleur, tenue en température, résistance à la chaleur, endurance thermique *(aptitude d'un dispositif électronique ou autre matériel à rester utilisable à des températures relativement élevées) (cf. aussi* thermal life).

thermal energy (l')énergie thermique *(énergie matérialisée sous la forme de chaleur) (cf. aussi* energy, heat *et* thermal excitation).

thermal excitation excitation thermique *(excitation d'un corpuscule produite par un apport d'énergie thermique) (cf. aussi* excitation (a), thermal energy *et* thermal agitation).

thermal flasher thermocontact périodique, *(parfois, notamment dans l'automobile)* centrale clignotante *(dispositif à bilame chauffée par une résistance montée en série avec les contacts de celle-ci pour provoquer leur ouverture périodique)* *(commande de rampe lumineuse, de feux clignotants, etc.) (cf. aussi* bimetallic strip).

thermal generation génération thermique *(de paires électron-trou) (semi) (cf. aussi* thermally-generated pair).

thermal image image thermique, image infrarouge, thermogramme *(image produite par une caméra infrarouge sur un écran de télévision ou photographie d'une telle image) (mil, etc.) (cf. aussi* infrared imaging).

thermal imager caméra infrarouge *(cf. aussi* infrared camera).

thermal imagery images thermiques, images infrarouges *(cf. aussi* thermal image *et* imagery).

thermal imaging imagerie thermique *(mil, etc.) (cf. aussi* infrared imaging).

thermal-imaging camera *cf.* thermal imager.

thermal-imaging detector *cf.* thermal imager.

thermal-imaging scanner *cf.* thermal scanner.

thermal-imaging sensor *cf.* thermal imager.

thermal-imaging system liaison de télévision infrarouge, *(etc.), (parf.)* système de thermographie, *(etc.) (mil, etc.) (cf. aussi* infrared imaging system).

thermal-imaging tube tube analyseur infrarouge *(caméra TV) (cf. aussi* infrared camera tube).

thermal-imaging viewer *cf.* thermal imager.

thermal inertia inertie thermique *(lenteur relative de la variation de la température d'un corps ou d'un dispositif et éventuellement de la variation d'une caractéristique de celui-ci liée à sa température) (exemples: inertie thermique du filament d'une lampe à incandescence ou d'un tube électronique à cathode chaude) (cf. aussi* inrush current).

thermal infrared (l')infrarouge thermique *(rayonnement infrarouge transportant le maximum d'énergie, donc produisant le maximum d'élévation de température) (correspond aux longueurs d'ondes de 3 à 30 microns, ces limites étant fixées arbitrairement, c-à-d. à la partie du domaine infrarouge située approximativement au dixième de celui-ci en partant de la lumière visible) (optique) (cf. aussi* infrared radiation *et* energy).

thermal infrared band *cf.* thermal infrared region.

thermal infrared region domaine de l'infrarouge thermique *(cf. aussi* infrared region *et* thermal infrared).

thermal instrument appareil thermique, appareil de mesure *(idem) (appareil de mesure analogique de grandeurs électriques liées à un courant utilisant l'échauffement d'un conducteur ou d'un thermocouple par le courant à mesurer) (est utilisé pour la mesure de courants alternatifs de fréquence à peu près quelconque, son fonctionnement étant indépendant du sens du courant et pratiquement indépendant de sa fréquence) (termes génériques couvrant l'appareil à fil chaud et l'appareil à thermocouple) (noter que le thermomètre à thermocouple n'étant pas un appareil de mesure de grandeur électrique, il n'est pas classé dans cette catégorie, bien que ce soit effectivement un appareil de mesure à thermocouple et qu'il soit en conséquence classé dans cette dernière catégorie!) (cf. aussi* hot-wire instrument, thermocouple instrument *et* analog meter).

thermal inversion *cf.* temperature inversion.

thermal ionization ionisation thermique *(ou par apport de chaleur) (ionisation d'un gaz par échauffement lorsque la température atteinte par le gaz est suffisante pour que l'énergie fournie aux électrons de ses atomes ou molécules permette l'apparition du phénomène) (cf. aussi* ionization).

thermal IR *cf.* thermal infrared.

thermal junction *cf.* thermoelectric junction.

thermal lag *cf.* thermal inertia.

thermal life durée de vie à la chaleur *(ou* en température), durée de vie thermique *(durée de vie d'un dispositif électronique ou autre aux températures relativement élevées) (ce terme s'applique notamment aux condensateurs électrolytiques) (cf. aussi* thermal endurance *et* lifetime (b)).

thermal-magnetic relay relais magnétothermique *(nom donné à un disjoncteur formé d'un relais à maximum de courant et d'un relais thermique combinés dans un même boîtier) (le relais à maximum de courant assure la protection de l'installation ou la machine en cas de surintensité brusque due notam-*

ment à un court-circuit et le relais *thermique assure la protection en cas de surcharge moins importante, mais prolongée*) (élt) (cf. aussi overcurrent relay, thermal relay *et* circuit breaker).

thermal map   carte thermique (*représentation graphique des différentes températures d'un ensemble, généralement par thermographie*) (*l'ensemble étudié peut être notamment une zone déterminée d'un corps vivant ou d'une planète ou un dispositif tel qu'une carte à circuit imprimé couverte de circuits intégrés dont le dégagement de chaleur pose des problèmes de refroidissement*) (cf. aussi thermography).

thermal mapping   cartographie infrarouge, (parf.) thermographie (cf. aussi infrared mapping *et* thermography).

thermal microphone   microphone thermique (*autre nom, plus général, du microphone à fil chaud*) (électroacou) (cf. aussi hot-wire microphone).

thermal noise   bruit thermique (*ou* d'agitation thermique *ou* dû à l'agitation thermique), bruit Johnson (*ou* dû à l'effet Johnson), tension de bruit thermique, (etc.) (*très faible tension de bruit produite aux bornes d'un élément de circuit, notamment d'une résistance, par les microcourants résultant de l'agitation thermique des électrons*) (*le bruit thermique est proportionnel à la température absolue de l'élément considéré et constitue un bruit blanc*) (*dans un amplificateur, la tension de bruit thermique dans les éléments du circuit d'entrée se trouve amplifiée en même temps que le signal utile, auquel elle se trouve superposée, et il en résulte une tension de bruit (thermique) à la sortie qui représente une partie plus ou moins grande du bruit propre de l'amplificateur et s'ajoute au bruit éventuel du signal d'entrée également amplifié avec celui-ci*) (*dans un amplificateur de tension à grand gain, le bruit thermique doit être très faible, faute de quoi la tension de bruit thermique à la sortie n'est pas négligeable, ce qui est notamment incompatible avec l'amplification de signaux noyés dans le bruit*) (cf. aussi noise voltage, circuit element, thermal agitation, white noise, internal noise, voltage amplifier, gain 1) *et* signal buried in noise).

thermal noise generator   générateur de bruit thermique (*générateur de bruit fournissant un bruit thermique*) (*utilise un dispositif produisant une forte élévation de température d'un élément de circuit, ce dispositif pouvant être notamment une lampe à incandescence alimentée en courant continu, ou une diode à cathode chaude fonctionnant à la saturation, en parallèle sur laquelle sont connectées les bornes d'entrées du dispositif auquel doit être appliqué le bruit ; en hyperfréquence, un générateur de bruit thermique est un tube à décharge monté dans un guide d'ondes*) (cf. aussi thermal noise, thermionic diode, saturation, discharge tube *et* noise generator).

thermal noise power   puissance de bruit thermique (*puissance d'un bruit thermique*) (cf. aussi noise power *et* thermal noise).

thermal noise source   source de bruit thermique (a) *nom souvent donné à un élément de circuit considéré sous l'angle du bruit thermique qu'il produit*) (cf. aussi thermal noise) ; (b) *nom parfois donné à un générateur de bruit thermique*) (cf. aussi thermal noise generator).

thermal noise voltage   tension de bruit thermique (*tension de bruit due uniquement au bruit thermique*) (cf. aussi noise voltage *et* thermal noise).

thermal oxide   oxyde thermique (*ou* formé par chauffage *ou* par croissance thermique) (*oxyde formé sur un substrat par chauffage de celui-ci*) (semi, etc.) (cf. aussi oxide).

thermal photograph   photo infrarouge (*photo d'une image thermique ou obtenue à l'aide d'une pellicule à émulsion sensible au rayonnement infragouge*) (cf. aussi thermal image).

thermal printer   imprimante thermique, imprimante matricielle thermique, imprimante à matrice de points du type thermique, imprimante par points du type thermique (*imprimante matricielle dans laquelle les points sont formés par échauffement localisé d'un papier thermosensible*) (inf) (cf. aussi matrix printer).

thermal protector   protection thermique, ipsotherme m (*dispositif incorporé à un moteur électrique pour actionner une*

alarme ou couper le courant d'alimentation en cas d'échauffement excessif du bobinage statorique ou, parfois, d'un palier) (*peut être une bilame collée contre le bobinage et commandant un relais ou, plus récemment, une thermistance à coefficient de température positif noyée dans le bobinage et commandant également un relais d'alarme ou de coupure par diminution importante de l'intensité du courant d'excitation*) (*dans le second cas notamment, peut être incorporée à un palier*) (cf. aussi bimetallic strip *et* positive-temperature-coefficient-thermistor).

thermal pumping   pompage thermique (*ou* par apport de chaleur) (*pompage d'un milieu par chauffage de celui-ci*) (laser) (cf. aussi pumping (a) *et* thermally pumped laser).

thermal radiation   rayonnement thermique (*rayonnement électromagnétique produisant un effet calorifique sensible*) (*conformément à cette définition, le rayonnement thermique est normalement le rayonnement infrarouge, mais il est à noter qu'on admet qu'il comprend également le rayonnement visible et le proche ultraviolet, ce qui correspond à des longueurs d'ondes de 1 mm à 0,1 micron, ces limites étant fixées arbitrairement*) (cf. aussi Stefan-Boltzmann law, Kirchoff's radiation law, Wien's displacement law, Planck's law, electromagnetic radiation, infrared radiation, radiant energy *et* radiation).

thermal relay   relais thermique (*nom donné à un disjoncteur utilisant la déformation d'une bilame chauffée directement ou indirectement par le courant à limiter pour déclencher l'ouverture des contacts en cas de surintensité excessive ou prolongée*) (cf. aussi thermal time-delay relay, bimetallic strip, thermal-magnetic relay *et* circuit breaker).

thermal resistance   résistance thermique (*opposition à l'évacuation de la chaleur dégagée par un composant manifestée par le boîtier ou l'enrobage de celui-ci*) (*est l'inverse de la conductibilité thermique et se mesure en degrés Celsius par watt (°C/W)*) (*cette notion est utilisée notamment pour les transistors de puissance, les thyristors et triacs et les circuits intégrés monolithiques à (relativement) forte consommation*) (cf. aussi conductive epoxy adhesive).

thermal-resistance rating   résistance thermique nominale (cf. aussi thermal resistance *et* rated value).

thermal resistor   cf. thermistor.

thermal resolution   définition thermique (*aptitude d'une caméra infrarouge à réagir à des différences de température plus ou moins faibles de la scène observée*) (cf. aussi infrared camera *et* resolution).

thermal response   cf. temperature response.

thermal runaway   emballement thermique (*accroissement de l'intensité du courant jusqu'à destruction dans un transistor bipolaire de puissance, notamment aux températures ambiantes supérieures à la moyenne, si une résistance de protection n'est pas insérée dans le circuit du collecteur*) (*est dû à la formation d'un point chaud dans la jonction base-collecteur et au fait que le coefficient de température de celle-ci est négatif*) (*de ce fait, l'augmentation de la température en ce point y produit un accroissement de l'intensité du courant inverse ; cette augmentation du courant produit une nouvelle augmentation de la température, celle-ci produit une nouvelle augmentation du courant, et ainsi de suite jusqu'au claquage destructif de la jonction par effet cumulatif*) (semi) (cf. aussi second breakdown, power bipolar transistor, negative temperature coefficient, reverse current, safe operating area *et* power MOS transistor).

thermal scanner   caméra infrarouge à balayage (cf. aussi infrared scanner).

thermal shutdown   blocage thermique (*nom parfois donné à l'absence d'emballement thermique d'un transistor MOS de puissance*) (semi) (cf. aussi thermal runaway).

thermal switch   thermocontact (*nom donné à un interrupteur formé essentiellement d'une bilame montée dans un boîtier*) (*exemple : thermocontact vissé à la base du radiateur de la plupart des automobiles modernes et commandant la mise en marche du ventilateur électrique monté derrière celui-ci lorsque la température de l'eau dépasse une valeur déterminée*) (cf. aussi bimetallic strip *et* thermostat).

thermal television   télévision thermique (mil, etc.) (cf. aussi infrared television).

thermal television camera *cf.* thermal camera.

thermal time-delay relay relais temporisé thermique *(autre nom, peu employé, d'un relais thermique, celui-ci étant temporisé par nature du fait du temps nécessaire à l'échauffement de la bilame) (cf. aussi* thermal relay *et* time-delay relay).

thermal tube *cf.* thermal imaging tube.

thermal tuning accord thermique *(réglage de la fréquence d'une cavité résonnante par chauffage précis de celle-ci pour en modifier les dimensions, donc la fréquence de résonance) (est très peu employé) (hyper) (cf. aussi* tuning *et* cavity resonator).

thermal TV *cf.* thermal television.

thermal voltage *cf.* thermal noise voltage.

thermal voltmeter voltmètre à thermocouple, voltmètre thermique *(le premier terme est le plus employé) (voltmètre haute fréquence réalisé sous la forme d'un appareil à thermocouple à conversion indirecte dont l'indicateur est gradué en unités de tension électrique) (cf. aussi* RF voltmeter *et* thermocouple instrument).

thermal wattmeter wattmètre thermique *(cf. aussi* thermocouple wattmeter).

thermal writing recorder enregistreur graphique à pointe chauffante *(enregistreur graphique à défilement dans lequel l'organe de traçage est une pointe chauffée et le papier un papier thermosensible) (est peu employé) (cf. aussi* strip-chart recorder).

thermally derated détaré en température *(composant, etc.) (cf. aussi* temperature derating).

thermally excited excité thermiquement *(ou par apport de chaleur) (cf. aussi* thermal excitation).

thermally generated electron électron d'origine thermique, électron thermique *(électron d'une paire d'origine thermique) (semi) (cf. aussi* thermally generated pair).

thermally generated hole trou d'origine thermique, trou thermique *(trou d'une paire d'origine thermique) (semi) (cf. aussi* thermally generated pair).

thermally generated pair paire d'origine thermique, paire thermique *(paire électron-trou créée dans un semiconducteur par ionisation thermique d'un atome de celui-ci) (transistor, etc.) (cf. aussi* electron-hole pair *et* thermal ionization).

thermally grown oxide *cf.* thermal oxide.

thermally pumped laser laser à pompage thermique *(autre nom, plus général, du laser à détente) (cf. aussi* gas dynamic laser *et* thermal pumping).

thermally sensitive resistor résistance thermosensible *(cf. aussi* thermistor).

thermasonic bond soudure thermosonique, *(etc.) (soudure réalisée par thermocompression ultrasonique) (cf. aussi* thermasonic bonding).

thermasonic bonder soudeuse thermosonique *(ou à thermocompression ultrasonique), (etc.) (petite machine à souder de très haute précision réalisant le soudage thermosonique) (cf. aussi* thermasonic bonding).

thermasonic bonding soudage thermosonique *(ou par thermocompression ultrasonique ou sous ultrasons), soudure (idem) (procédé de soudage de connexions de composants combinant le soudage par thermocompression et le soudage par ultrasons) (fab. CI, etc.) (cf. aussi* thermocompression bonding *et* ultrasonic bonding).

thermel *cf.* thermoelectric thermometer.

thermion *(nom parfois donné en anglais à un thermoélectron) (cf. aussi* thermoelectron).

thermionic cathode cathode à émission thermoélectronique *(tube) (cf. aussi* hot cathode).

thermionic conversion conversion thermo-ionique *(ou thermoélectronique) (conversion directe d'énergie thermique en énergie électrique à l'aide d'un convertisseur thermo-ionique) (cf. aussi* thermal energy, electric energy, thermionic converter *et* energy conversion).

thermionic converter convertisseur thermo-ionique *(ou thermoélectronique) (le premier terme est le plus employé, mais le second est le meilleur),* diode *(idem) (les termes commençant par « diode » sont moins employés que les précédents ; ils décrivent la constitution du dispositif plutôt que sa fonction) (noms donnés à un tube diode à électrodes planes conçu*

pour convertir la chaleur fournie à la cathode en électricité par émission thermoélectronique intense sans nécessiter l'application d'une tension positive à l'anode grâce à une très faible distance interélectrode et au choix des métaux des électrodes) (peut être une diode à vide ou à gaz) (dans le premier cas, la densité de courant dans l'espace interélectrode est limitée par la charge d'espace cathodique et la distance interélectrode est alors de l'ordre du centième de millimètre seulement pour réduire l'effet de celle-ci, ce qui pose de difficiles problèmes de réalisation) (dans le second cas, la diode est remplie d'une vapeur métallique − vapeur de césium à haute ou basse pression − qui neutralise la charge d'espace en permettant ainsi l'emploi d'une distance interélectrode environ dix fois plus grande, favorise l'émission thermoélectronique et diminue la résistance interne, le résultat final étant un rendement très supérieur atteignant 15 à 18 % dans certaines diodes à basse pression) (le convertisseur thermo-ionique est utilisé notamment pour assurer l'alimentation en énergie électrique de certains engins spatiaux, la face postérieure de la cathode étant en contact avec une plaque métallique chauffée à l'aide d'un radio-isotope) (cf. aussi thermionic generator, diode tube, thermionic emission, cathode space charge, Richardson equation, cesium *et* radioisotope).

thermionic current *(parf.* intensité du) courant thermoélectronique *(ou* thermo-ionique) *(courant produit par émission thermoélectronique ou, parfois, intensité de ce courant) (tube) (cf. aussi* thermionic emission).

thermionic detector détecteur à diode à vide, détecteur à tube diode, détecteur à tube électronique (diode) *(détecteur d'enveloppe dans lequel l'élément redresseur est une diode à cathode chaude) (récepteur radio à tubes) (cf. aussi* detector 2) *et* thermionic diode).

thermionic diode diode à cathode chaude *(tube électronique diode utilisant une cathode chaude) (dans le cas d'un tube électronique, en l'absence de précisions, le terme « diode » désigne généralement une telle diode et plus particulièrement une diode à vide) (cf. aussi* vacuum diode, gas diode, diode tube *et* hot cathode).

thermionic emission émission thermoélectronique, émission thermo-ionique *(le premier terme est le meilleur) (émission d'électrons par un métal porté à haute température) (est une conséquence de l'agitation thermique des électrons utilisée notamment pour la cathode des tubes électroniques à cathode chaude et constitue un des types d'émission primaire) (cf. aussi* Edison effect, electron, thermal agitation, hot cathode *et* primary emission).

thermionic emitter *cf.* thermionic cathode.

thermionic energy énergie thermo-ionique *(énergie électrique produite par conversion thermo-ionique) (cf. aussi* thermionic conversion).

thermionic generation of electricity production d'électricité par conversion thermo-ionique *(ou* thermoélectronique) *(cf. aussi* thermionic conversion).

thermionic generator générateur thermo-ionique *(ou* thermoélectronique) *(générateur de courant continu formé essentiellement d'un convertisseur thermo-ionique et d'une source de chaleur) (noter que la distinction entre « convertisseur thermo-ionique » et « générateur thermo-ionique » est rarement faite) (cf. aussi* thermionic converter *et* dc generator).

thermionic grid emission émission thermoélectronique par la grille, émission primaire par la grille, émission d'électrons primaires par la grille *(émission d'électrons par la grille de commande d'un tube électronique atteignant une température excessive due à l'énergie cédée sous forme de chaleur par le flux d'électrons heurtant la grille) (cf. aussi* thermionic emission *et* control grid 1)).

thermionic power *cf.* thermionic energy.

thermionic rectification redressement par effet thermoélectronique *(redressement dans une diode à cathode chaude) (tube) (cf. aussi* rectification *et* thermionic diode).

thermionic triode triode à cathode chaude *(clpf) (tube) (cf. aussi* triode tube *et* hot cathode).

thermionic tube tube à cathode chaude *(cf. aussi* hot-cathode tube).

thermionic valve *(GB)* cf. thermionic tube.

thermionic work function travail de sortie thermoélectronique *(ou d'émission thermoélectronique ou de thermoémission)*, énergie d'extraction thermo-électronique, *(etc.) (travail de sortie considéré dans le cas de l'émission thermo-électronique) (tube) (cf. aussi* work function *et* thermionic emission).

thermionically emitted electrons électrons émis par effet Edison, *(etc.) (tube) (cf. aussi* Edison effect).

thermionically generated current cf. termionic current.

thermistor *(vient de « thermally sensitive resistor »)* thermistance, résistance thermosensible, résistance sensible à la température *(résistance à semiconducteur à grand coefficient de température, c-à-d. dont la valeur ohmique varie fortement avec la température) (le coefficient de température peut être positif ou négatif; le second cas est le plus fréquent) (la thermistance est un type de varistance; elle est utilisée notamment pour la mesure de températures, la compensation de température et la protection thermique) (cf. aussi* positive-temperature-coefficient thermistor, negative-temperature-coefficient thermistor, varistor, temperature compensation *et* overtemperature protection).

thermistor bridge pont de thermistances, montage en pont à thermistances *(ensemble de quatre thermistances montées en pont) (régulateur de température) (cf. aussi* bridge *et* thermistor).

thermistor control commande par thermistance(s) *(commande d'un système de chauffage par un régulateur de température utilisant une ou plusieurs thermistances comme capteur(s) de température) (enceinte thermostatée, etc.) (cf. aussi* regulator, thermistor *et* temperature sensor).

thermistor element cf. thermistor.

thermistor mount support de thermistance *(petit boîtier métallique conçu pour monter une thermistance sur une ligne de transmission hyperfréquence, notamment pour mesurer la puissance du signal transmis par celle-ci) (cf. aussi* waveguide thermistor mount, coaxial thermistor mount, thermistor *et* microwave transmission line).

thermistor power sensor détecteur de puissance à thermistance *(détecteur de puissance constitué par une thermistance) (cf. aussi* power sensor *et* thermistor).

thermistor-varactor compensation compensation par thermistance et diode varicap *(compensation de température d'un oscillateur à quartz réalisée à l'aide d'une thermistance et d'une diode varicap) (cf. aussi* temperature-compensating network).

thermoammeter cf. thermal ammeter. *(et noter que le premier terme est généralement employé avec le sens restreint de « thermocouple ammeter »).*

thermocline thermocline *sf (couche d'eau de mer comprise approximativement entre 100 et 1 000 mètres de profondeur dans laquelle la vitesse du son diminue avec la profondeur, comme la température, après quoi elle augmente sous l'effet de la pression, cet effet l'emportant sur l'effet contraire de la diminution de la température avec la profondeur) (l'inversion du signe de la variation de la vitesse de propagation du son en fonction de la profondeur qui en résulte au passage de la couche supérieure à la thermocline a pour effet que les ondes acoustiques émises par un projecteur sonar situé dans la première couche, c-à-d. entre la surface de l'eau et approximativement 100 mètres de profondeur, peuvent être réfractées vers la surface ou vers le fond par la zone de transition entre les deux couches selon la direction d'émission dans le plan vertical et la profondeur exacte du projecteur) (les ondes réfractées vers la surface se réfléchissent sur celle-ci, puis sont de nouveau réfractées vers le haut, et ainsi de suite, la couche supérieure formant alors une couche-piège en surface généralement appelée « canal de son en surface » ou « superficiel ») (ces phénomènes de propagation ont pour résultat qu'à partir d'une distance relativement courte du projecteur, il existe une « zone d'ombre » non atteinte par le faisceau du sonar dans laquelle un sous-marin ne peut être détecté par celui-ci) (mar. mil) (cf. aussi* temperature inversion, sound channel 3), sonar projector *et* refraction).

thermocompression bond soudure par thermocompression *(soudure exécutée par thermocompression) (semi, etc.) (cf. aussi* thermocompression bonding).

thermocompression bonder soudeuse à thermocompression *(petite machine à souder de très haute précision réalisant le soudage par thermocompression) (cf. aussi* thermocompression bonding *et* wire bonder).

thermocompression bonding soudage par thermocompression, soudure *(idem) (le premier terme est le meilleur) (soudage des connexions de composants électroniques ou autres éléments par application simultanée de pression et de chaleur, la soudure étant obtenue par diffusion moléculaire des deux métaux en contact, sans fusion) (permet de souder deux métaux de natures différentes) (le fil de connexion à souder est aplati contre la plage de connexion du composant par la petite base d'un outil en acier en forme de tronc de cône inversé dans l'axe duquel est percé un trou par lequel passe le fil en provenance d'une bobine, l'outil étant appelé « outil capillaire » du fait de la longueur relativement grande et du diamètre relativement petit du trou guide-fil) (le fil utilisé peut être isolé par une gaine en plastique, celle-ci étant fendue et écartée par la pression exercée par l'outil avant l'exécution du soudage proprement dit) (le soudage par thermocompression est utilisé principalement pour souder les connexions des composants à semiconducteurs et celles de certaines cartes à circuit imprimé) (cf. aussi* ball bonding, wedge bonding, stitch bonding, bonding pad *et* bonding 1)).

thermocompression bonding mechanism (le) mécanisme du soudage par thermocompression *(processus physique) (cf. aussi* thermocompression bonding).

thermocompression weld cf. thermocompression bond.

thermocompression welding cf. thermocompression bonding.

thermocompression wire bond soudure de connexion par thermocompression *(cf. aussi* thermocompression bonding).

thermocompression wire bonder soudeuse de connexions à thermocompression *(cf. aussi* thermocompression bonder).

thermocompression wire bonding soudage des connexions par thermocompression *(cf. aussi* thermocompression bonding).

thermocouple thermocouple, couple thermoélectrique *(dispositif formé de deux conducteurs de natures différentes soudés ensemble à leurs extrémités pour former un circuit électrique comportant deux jonctions entre lesquelles une force électromotrice due à l'effet Seebeck apparaît lorsqu'elles sont à des températures différentes) (les deux conducteurs peuvent être deux métaux ou deux semiconducteurs) (l'une des soudures est maintenue à une température constante qui peut être la température ambiante ou, dans le cas de mesures de température de précision, la température de la glace fondante, tandis que l'autre soudure est mise en contact avec le corps dont on veut mesurer la température dans le cas le plus fréquent ou convertir la chaleur en électricité dans certaines applications) (noter que le terme « thermocouple » désigne souvent la soudure destinée à être exposée à la chaleur, l'autre soudure étant implicitement associée à la première et constituant souvent un composant distinct) (cf. aussi* semiconductor thermocouple, cold junction, hot junction, electromotive force, Seebeck effect, thermoelectric power, thermoelectric instrument, Magnus's law *et* thermoelectricity).

thermocouple ammeter ampèremètre à thermocouple *(ampèremètre thermique réalisé sous la forme d'un appareil à thermocouple à conversion indirecte dont l'appareil indicateur est gradué en unités d'intensité de courant électrique) (cf. aussi* thermal ammeter *et* thermocouple instrument).

thermocouple amplifier amplificateur de thermocouple *(amplificateur de mesure utilisé pour amplifier la faible tension continue ou lentement variable fournie par le thermocouple de certains appareils de mesure à thermocouple et notamment d'un thermomètre à thermocouple) (cf. aussi* instrumentation amplifier *et* thermocouple instrument).

thermocouple cold junction soudure froide d'un thermocouple, *(etc.) (cf. aussi* cold junction).

thermocouple converter convertisseur à thermocouple(s) *(tg)* (a) *convertisseur thermique) (cf. aussi* thermal converter); (b) *convertisseur thermoélectrique) (cf. aussi* thermoelectric converter).

thermocouple current *(parf.* intensité du) courant dans un thermocouple *(parf.* dans le thermocouple) *(cf. aussi* thermoelectric current).

thermocouple e.m.f. *cf.* thermocouple electromotive force.

thermocouple electromotive force force électromotrice d'un thermocouple *(parf.* du thermocouple), f.é.m. *(idem) (cf. aussi* thermoelectromotive force).

thermocouple emf *cf.* thermocouple electromotive force.

thermocouple EMF *cf.* thermocouple electromotive force.

thermocouple hot junction soudure chaude d'un thermocouple, (etc.) *(cf. aussi* hot junction).

thermocouple instrument appareil à thermocouple, appareil de mesure *(idem) (appareil de mesure utilisant un thermocouple pour convertir directement ou indirectement la grandeur à mesurer en une tension continue appliquée à un galvanomètre inséré dans le circuit du thermocouple ou à un amplificateur de mesure relié à un appareil indicateur ou enregistreur) (lorsque la grandeur à mesurer est une température ou une puissance rayonnée par une source de chaleur, la conversion est directe, c-à-d. que la jonction de mesure du thermocouple est soumise à l'action de la source de chaleur considérée) (ce cas est celui du thermomètre à thermocouple, du pyromètre à thermocouple et du radiomètre à thermocouple) (voir ces termes en anglais) (lorsque la grandeur à mesurer est une caractéristique d'un courant électrique, la conversion est indirecte, c-à-d. que la jonction de mesure du thermocouple est soumise à la chaleur produite par effet Joule dans une résistance parcourue par le courant considéré) (ce cas est celui de l'ampèremètre à thermocouple, du voltmètre à thermocouple et du wattmètre à thermocouple) (voir ces termes en anglais) (noter que la seconde catégorie d'appareils à thermocouple est classée dans les appareils thermiques et que la première n'y est pas, bien qu'il s'agisse effectivement de tels appareils) (cf. aussi* thermocouple, galvanometer, instrumentation amplifier, radiated power, hot junction, Joule effect *et* thermal instrument).

thermocouple junction jonction de thermocouple *(une des deux jonctions d'un thermocouple) (cf. aussi* thermocouple).

thermocouple measurements mesures par thermocouple *(mesures effectuées à l'aide d'un appareil à thermocouple) (cf. aussi* thermocouple instrument *et* measurement).

thermocouple meter *cf.* thermocouple instrument.

thermocouple power sensor détecteur de puissance à thermocouple *(hyper) (cf. aussi* power sensor *et* thermocouple sensor).

thermocouple pyrometer pyromètre à thermocouple, pyromètre thermoélectrique *(pyromètre réalisé sous la forme d'un thermomètre à thermocouple utilisant un thermocouple convenant aux température élevées) (peut être un pyromètre à mesure directe ou, plus souvent, un pyromètre à rayonnement) (cf. aussi* pyrometer *et* thermocouple thermometer).

thermocouple reference référence de thermocouple *(d'un …, du …) (selon le contexte) (noms parfois donnés à la soudure froide d'un thermocouple pour rappeler sa fonction) (cf. aussi* cold junction).

thermocouple sensing mesure par thermocouple *(cf. aussi* thermocouple sensor).

thermocouple sensor capteur à thermocouple, *(parf. aussi)* sonde à thermocouple, *(parf.)* détecteur à thermocouple *(capteur de température ou détecteur de puissance constitué par la jonction de mesure d'un thermocouple) (cf. aussi* temperature sensor, power sensor, thermocouple, hot junction *et* sensor).

thermocouple signal signal du thermocouple *(parf.* d'un thermocouple) *(nom parfois donné à la tension d'un thermocouple utilisé comme capteur) (cf. aussi* thermocouple voltage, sensor *et* signal[1]).

thermocouple thermometer thermomètre à thermocouple, thermomètre électrique *(idem) (thermomètre électrique réalisé sous la forme d'un appareil de mesure à thermocouple à conversion directe de la grandeur à mesurer et à mesure directe de celle-ci, la jonction de mesure du thermocouple étant en contact avec le corps dont la température est à mesurer) (les principaux thermocouples pour thermomètres et pyromètres sont les suivants: cuivre-constantan $(-100$ à $+300°$ C), fer-constatan $(0$ à $900°$ C), chromel-alumel $(0$ à $1\,500°$ C)*

(noter que la jonction de mesure d'un thermomètre à thermocouple est toujours en contact avec le corps chaud, tandis que celle d'un pyromètre à thermocouple ne l'est pas forcément) (cf. aussi thermocouple instrument, thermocouple pyrometer *et* electric thermometer).

thermocouple transducer *cf.* thermocouple sensor.

thermocouple vacuum gage jauge à vide à thermocouple, jauge à thermocouple *(jauge à vide utilisant le même phénomène que la jauge de Pirani et dans laquelle le filament est en contact avec un thermocouple et parcouru par un courant d'intensité constante, la tension aux bornes du thermocouple étant alors inversement proportionnelle à la pression résiduelle dans l'enceinte à vider) (en effet, l'intensité du courant dans le filament résistant étant maintenue constante, la puissance dissipée en chaleur dans celui-ci par effet Joule est également constante et, le transfert de chaleur diminuant comme la pression résiduelle, la température du flament augmente et, par conséquent, celle du thermocouple) (la tension fournie par le thermocouple est généralement amplifiée par un amplificateur de mesure et appliquée à un voltmètre gradué en torrs) (noter que cette jauge n'utilise pas de pont de mesure) (cf. aussi* Pirani gage, thermocouple *et* instrumentation amplifier).

thermocouple voltage tension de thermocouple (du thermocouple, d'un thermocouple) *(selon le contexte) (tension apparaissant aux bornes d'un thermocouple dont la soudure chaude est exposée à une température supérieure à la température de référence) (cf. aussi* thermocouple *et* voltage).

thermocouple voltmeter *cf.* thermal voltmeter. *(le second terme étant le plus employé).*

thermocouple wattmeter wattmètre à thermocouple, wattmètre thermique *(wattmètre pour courant alternatif à fréquence pouvant être très élevée réalisé sous la forme d'un appareil à thermocouple à conversion indirecte dont l'indicateur est gradué en unités de puissance) (peut également être utilisé en courant continu) (cf. aussi* wattmeter *et* thermocouple instrument).

thermocouple wire fil de thermocouple *(fil utilisé dans un cordon de compensation) (cf. aussi* compensating cable).

thermoelectric *a* thermoélectrique *(caractéristique de ce qui est relatif à la thermoélectricité ou en constitue une application) (cf. aussi* thermoelectricity).

thermoelectric action *cf.* thermoelectric effect.

thermoelectric conversion conversion thermoélectrique (de l'énergie) *(conversion directe de l'énergie thermique en énergie électrique réalisée à l'aide d'un thermocouple ou d'une thermopile ou, au sens industriel du terme, à l'aide d'un grand nombre de thermopiles) (cf. aussi* thermal energy, electric energy, thermocouple, thermopile *et* energy conversion).

thermoelectric converter convertisseur thermoélectrique *(dispositif réalisant la conversion thermoélectrique, c-à-d. thermocouple ou thermopile ou groupe de tels dispositifs) (cf. aussi* thermoelectric conversion *et* thermoelectric generator).

thermoelectric cooler réfrigérateur thermoélectrique *(nom descriptif d'une batterie Peltier utilisée comme élément réfrigérant) (cf. aussi* thermoelectric module).

thermoelectric couple couple thermoélectrique *(cf. aussi* thermocouple).

thermoelectric current *(parf.* intensité du) courant thermoélectrique *(courant créé par une force électromotrice thermoélectrique, c-à-d. courant créé dans le circuit d'un thermocouple ou d'une thermopile) (cf. aussi* thermoelectromotive force.

thermoelectric e.m.f. *cf.* thermoelectromotive force.

thermoelectric effect effet thermoélectrique *(effet, dont il existe trois types, liant une force électromotrice à une différence de température, ou un transfert de chaleur au passage d'un courant) (est beaucoup plus marqué dans les semiconducteurs que dans les métaux) (effet Seebeck, effet Peltier, effet Thomson) (cf. aussi* Seebeck effect, Peltier effect *et* Thomson effect).

thermoelectric element élément thermoélectrique, thermoélément *(noms parfois donnés à un thermocouple, notamment lorsque celui-ci est considéré en tant qu'élément d'une thermopile) (cf. aussi* thermocouple *et* thermopile).

thermoelectric emf *cf.* thermoelectromotive force.

thermoelectric EMF *cf.* thermoelectromotive force.

thermoelectric energy énergie thermoélectrique *(nom donné à la thermoélectricité considérée en tant qu'énergie) (cf. aussi* thermoelectricity (a) *et* energy).

thermoelectric energy conversion *cf.* thermoelectric conversion.

thermoelectric generation of electricity production d'électricité par conversion thermoélectrique *(cf. aussi* thermoelectric conversion).

thermoelectric generator générateur thermoélectrique *(générateur de courant continu formé essentiellement d'un convertisseur thermoélectrique, généralement à grand nombre d'éléments, et d'une source de chaleur) (noter que la distinction entre « convertisseur thermoélectrique » et « générateur thermoélectrique » est rarement faite) (cf. aussi* thermoelectric converter *et* dc generator).

thermoelectric heat pump pompe à chaleur thermoélectrique *(nom descriptif d'une batterie Peltier utilisée comme pompe à chaleur) (cf. aussi* thermoelectric module).

thermoelectric junction jonction thermoélectrique *(nom descriptif d'une jonction de thermocouple) (cf. aussi* thermocouple *et* junction 1)).

thermoelectric module batterie Peltier, batterie à effet Peltier *(pile d'éléments Peltier montés en série pour former une pompe à chaleur thermoélectrique sous la forme d'un bloc réfrigérant) (cf. aussi* Peltier couple *et* heat pump).

thermoelectric potential difference *cf.* thermoelectric voltage.

thermoelectric power 1) pouvoir thermoélectrique, coefficient de Seebeck *(le premier terme est le plus employé) (tension d'un thermocouple par degré de différence de température entre les deux jonctions) (est exprimé en microvolts par degré Kelvin ($\mu V/K$), les températures considérées étant les températures absolues) (est beaucoup plus grand dans les thermocouples à semiconducteurs que dans les thermocouples métalliques, à savoir environ 10 à 50 $\mu V/K$ dans les seconds et environ cinq fois plus dans les premiers (cf. aussi* thermoelectric voltage). 2) *cf.* thermoelectric energy.

thermoelectric pyrometer *cf.* thermocouple pyrometer. *(le premier terme étant peu employé).*

thermoelectric series série thermoélectrique *(nom donné à la liste des métaux et semiconducteurs ordonnés d'après leur pouvoir thermoélectrique en liaison avec un métal de référence constitué par le plomb) (thermocouple) (cf. aussi* thermoelectric power 1)).

thermoelectric thermometer *cf.* thermocouple thermometer. *(ce terme étant le plus employé).*

thermoelectric voltage tension thermoélectrique, différence de potentiel thermoélectrique *(tension créée par une force électromotrice thermoélectrique, c-à-d. tension en circuit ouvert dans le circuit d'un thermocouple ou d'une thermopile ou, en pratique, tension aux bornes d'un galvanomètre inséré dans un tel circuit) (cf. aussi* thermoelectromotive force, galvanometer *et* voltage).

thermoelectrically generated current *cf.* thermoelectric current.

thermoelectricity thermoélectricité (a) *électricité produite directement par une différence de température, c-à-d. par effet Seebeck) (thermocouple) (cf. aussi* electricity (a) *et* Seebeck effect) ; (b) *partie de l'électricité, en tant que science, traitant des effets thermoélectriques) (cf. aussi* electricity (b) *et* thermoelectric effect).

thermoelectromotive force force électromotrice d'origine thermique *(ou de température ou de Seebeck ou thermoélectrique) (force électromotrice créée par effet Seebeck, c-à-d. créée dans un thermocouple ou une thermopile) (thermoélectricité) (cf. aussi* electromotive force *et* Seebeck effect).

thermoelectron thermoélectron, électron d'origine thermique *(électron libéré d'un corps par émission thermoélectronique) (tube, etc.) (cf. aussi* thermionic emission).

thermoelectronic ... *cf.* thermionic ...

thermoelement 1) thermoélément *(cf. aussi* thermoelectric element). 2) *cf.* thermal converter.

thermogalvanometer galvanomètre à thermocouple *(ampèremètre à thermocouple pour courants de faible ou très faible*

**intensité dans lequel l'appareil indicateur est un galvanomètre) (clpf) (cf. aussi* thermal ammeter *et* galvanometer).

thermogram thermogramme *(cf. aussi* thermal image).

thermographic camera caméra infrarouge *(TV) (cf. aussi* infrared camera).

thermography thermographie *(terme générique couvrant la photographie infrarouge et la télévision infrarouge) (cf. aussi* thermal map *et* infrared imaging).

thermojunction *cf.* thermoelectric junction.

thermoluminescence thermoluminescence *(luminescence produite par l'échauffement progressif de certains solides à des températures très inférieures à celle de l'incandescence) (s'observe notamment dans la fluorine — minéral constitué de fluorure de calcium) (cf. aussi* luminescence).

thermomagnetic effect effet thermomagnétique *(effet liant l'apparition d'une tension à la présence d'un champ magnétique et d'un flux de chaleur orthogonaux ou, réciproquement, l'apparition d'un gradient de température à la présence d'un courant et d'un champ magnétique orthogonaux) (cf. aussi* Nernst effect, Righi-Leduc effect, magnetic field *et* gradient).

thermometer thermomètre *(appareil de mesure de températures) (les deux principales catégories de thermomètre sont le thermomètre à dilatation d'un liquide et le thermomètre électrique) (cf. aussi* electric thermometer).

thermopile thermopile, pile thermoélectrique, batterie thermoélectrique *(le premier terme est le plus employé) (batterie de thermocouples montés en série) (cf. aussi* thermocouple *et* series arrangement).

thermopile ... *cf.* thermocouple ... *(et adapter).*

thermoplastic recording enregistrement thermoplastique, enregistrement sur bande thermoplastique *(enregistrement d'images de télévision sur une bande en matière plastique transparente analogue à un film de cinéma par création des images électriques correspondantes sur une face de la bande à l'aide d'un faisceau d'électrons agissant comme dans un tube-image et conversion des images électriques obtenues en images optiques par chauffage haute fréquence) (la bande d'enregistrement est formée d'un support en matière plastique transparente peu sensible à la chaleur recouvert d'une mince couche conductrice et transparente portée à une tension positive par rapport au canon à électrons et recouverte à son tour d'une couche de matière plastique transparente à basse température de fusion) (les images électriques sont formées sur cette couche par le faisceau d'électrons comme les images successives d'un film, les charges électriques créées aux différents points d'une image étant proportionnelles à la luminance des mêmes points de l'image à reproduire) (après enregistrement d'une image sous forme électrique, la bande avance et la zone correspondante de la couche électrisée est amenée à l'état liquide par chauffage haute fréquence, grâce à quoi les charges électriques, négatives, plus ou moins grandes et attirées, par conséquent, plus ou moins par la couche conductrice, positive, déforment plus ou moins la couche liquide en formant des ondulations plus ou moins longues et profondes que l'arrêt de l'action du chauffage fige sous la forme d'une image optique à réfraction variable) (le « film » obtenu est projeté à l'aide d'un projecteur de cinéma spécial comportant notamment deux grilles d'occultation à barreaux parallèles en quinconce comme dans l'eidophore, le principe de la projection étant le même, sauf qu'ici la lumière de la lampe est plus ou moins réfractée par les ondulations de la couche de plastique qu'elle traverse au lieu d'être plus ou moins déviée lors de sa réflexion) (les images optiques enregistrées peuvent être effacées par un second chauffage haute fréquence, les charges électriques s'étant écoulées entre-temps, la couche sensible redevient lisse après liquéfaction et peut servir de nouveau) (ce procédé, qui permet la projection instantanée sur grand écran de cinéma et peut être adapté à la couleur par création de franges d'interférence colorées, ne s'est pas imposé, principalement parce que l'enregistrement par faisceau d'électrons nécessite un vide poussé, donc un enregistreur encombrant et très coûteux) (cf. aussi* television picture, electric image 1), picture tube, high-frequency heating, luminance, refraction, eidophore *et* video recording).

thermostat thermostat *(au sens général : régulateur de température) (exemple : thermostat de four ou étuve à gaz) (en électrotechnique, thermocontact réglable inséré dans le circuit d'alimentation d'un ou plusieurs éléments chauffants pour maintenir plus ou moins constante la température à l'intérieur d'une enceinte avec ou sans action de celle-ci sur la bilame) (exemples : thermostat de four ou étuve électrique ou d'enceinte thermostatée) (cf. aussi* thermal switch *et* oven 2*)).*

thermostatically controlled ... *cf.* temperature-controlled ...

thermostatted ... *cf.* temperature-controlled ...

Thevenin's theorem théorème de Thévenin *(théorème selon lequel l'intensité du courant circulant dans une impédance connectée à deux bornes quelconques d'un réseau électrique linéaire à deux ou plusieurs paires de bornes est la même que si cette impédance était connectée à une source de tension constante fournissant une tension égale à la tension initiale aux bornes considérées et dont l'impédance est égale à l'impédance mesurée entre ces bornes en l'absence de tension, toute source de tension montée entre celles-ci étant remplacée par son impédance interne) (en d'autres termes, l'intensité du courant dans une impédance connectée en parallèle sur une impédance d'un réseau électrique aux bornes de laquelle existe initialement une tension, est égale au quotient de cette tension et de la somme des deux impédances) (si U est la tension initiale aux bornes de la première impédance, R1 sa valeur, R2 la valeur de la seconde impédance, et I l'intensité du courant dans celle-ci, ce théorème conduit à la formule I = U/(R1 + R2)) (les impédances considérées peuvent être des résistances ou des impédances complexes) (le théorème de Thévenin découle du théorème de superposition et conduit à la loi d'Ohm) (théorie des réseaux électriques) (cf. aussi* Norton's theorem, impedance, linear electric network, constant-voltage source, superposition theorem *et* Ohm's law*).*

thick film 1) couche épaisse *(en électronique, ce terme désigne généralement une couche de composant à couches épaisses) (CH, etc.) (cf. aussi* thick-film device*).* 2) *cf.* thick-film hybrid circuit.

thick-film bond (une) soudure sur couche épaisse *(cf. aussi* thick-film bonding*).*

thick-film bonding soudage sur couches épaisses, (la) soudure sur couches épaisses *(le premier terme est le meilleur) (soudage de connexions ou de composants sur les plages de connexion des circuits hybrides à couches épaisses) (cf. aussi* bonding pad *et* thick-film hybrid circuit*).*

thick-film capacitor condensateur à couches épaisses *(ou de circuit hybride à couches épaisses) (condensateur intégré réalisé sur le substrat d'un circuit hybride à couches épaisses par dépôt localisé d'une couche conductrice formant une armature du condensateur, puis d'une couche isolante constituant le diélectrique, puis d'une autre couche conductrice formant la seconde armature ou, parfois, par dépôt d'une couche conductrice sur chaque face du substrat servant de diélectrique, sa matière étant alors choisie en conséquence) (cf. aussi* thick-film hybrid circuit *et* integrated hybrid capacitor*).*

thick-film capacitor network réseau de condensateurs à couches épaisses *(réseau de condensateurs réalisé sous la forme d'un circuit hybride à couches épaisses) (est peu employé en raison du manque de stabilité de la capacité de ces condensateurs due notamment à l'absorption d'humidité) (cf. aussi* capacitor network *et* thick-film hybrid circuit*).*

thick-film circuit *cf.* thick-film hybrid circuit.

thick-film circuitry circuits en couches épaisses *(circuits réalisés sur le substrat d'un circuit hybride à couches épaisses) (cf. aussi* thick-film hybrid circuit *et* circuitry*).*

thick-film component composant en couches épaisses *(résistance, condensateur ou inductance réalisé(e) sur le substrat d'un circuit hybride à couches épaisses) (noter que la résistance et l'inductance ne comportent qu'une seule couche malgré l'emploi du pluriel pour le terme générique) (cf. aussi* thick-film resistor, thick-film capacitor, thick-film inductor, thick-film device *et* thick-film hybrid circuit*).*

thick-film conductor conducteur en couche épaisse *(conducteur constitué par une bande d'une couche conductrice déposée sur le substrat d'un composant à couches épaisses) (cf. aussi* thick-film device*).*

thick-film conductor pattern réseau de conducteurs en couche épaisse *(ensemble des conducteurs d'un composant à couches épaisses à plusieurs circuits et notamment des conducteurs d'un circuit hybride à couches épaisses) (cf. aussi* thick-film conductor*).*

thick-film device composant à couches épaisses *(parfois au singulier) (composant électronique utilisant une ou plusieurs couches épaisses, c-à-d. circuit hybride ou panneau afficheur à couches épaisses, résistance à couche épaisse, etc.) (cf. aussi* thick-film hybrid circuit *et* thick-film component (et ne pas confondre).*

thick-film discrete *cf.* thick-film discrete resistor.

thick-film discrete resistor résistance discrète à couche épaisse *(résistance discrète à couche dans laquelle celle-ci est une couche épaisse) (cf. aussi* metal-glaze resistor, film resistor *et, à titre d'information,* thick-film resistor*).*

thick-film electroluminescent panel panneau électroluminescent à couches épaisses *(panneau électroluminescent utilisant des conducteurs en couche épaisse) (a cédé la place au panneau électroluminescent à couches minces) (cf. aussi* thin-film electroluminescent panel *et* thick-film conductor*).*

thick-film element *cf.* thick-film resistive element.

thick-film fabrication technique *cf.* thick-film process.

thick-film hybrid *cf.* thick-film hybrid circuit.

thick-film hybrid ... *cf.* thick-film ... *(pour les termes qui ne figurent pas ci-après).*

thick-film hybrid circuit circuit hybride à couches épaisses, circuit à couches épaisses, circuit intégré *(idem) (circuit hybride dans lequel les différentes couches formant les circuits sont obtenues par sérigraphie de pâtes spéciales sur le substrat avec cuisson de chaque pâte au four après son dépôt) (tout en étant très minces en valeur absolue (≈ 20 microns), les couches sérigraphiées sont en moyenne 50 fois plus épaisses que les couches obtenues par dépôt sous vide, d'où l'appellation « couches épaisses ») (cf. aussi* hybrid circuit, screen printing, ink 2), thick-film component *et* Tinker toy*).*

thick-film hybrid-circuit substrate substrat de circuit hybride à couches épaisses, *(etc.) (substrat en alumine le plus souvent ou, parfois et plus récemment, en acier émaillé) (doit pouvoir subir l'opération de cuisson sans dommage) (cf. aussi* thick-film hybrid circuit, alumina, porcelain-coated steel *et* hybrid-circuit substrate*).*

thick-film hybrid-circuit technology (la) technique des circuits hybrides à couches épaisses, *(etc.) (cf. aussi* thick-film hybrid circuit *et* thick-film technology*).*

thick-film hybrid module module hybride à couches épaisses *(circuit hybride à couches épaisses réalisé sous la forme d'un module hybride) (cf. aussi* thick-film hybrid circuit *et* hybrid module*).*

thick-film hybrid technology *cf.* thick-film hybrid-circuit technology.

thick-film IC *cf.* thick-film integrated circuit.

thick-film inductor inductance en couche épaisse, bobine d'inductance *(idem) (bobine d'inductance intégrée réalisée sur le substrat d'un circuit hybride à couches épaisses) (cf. aussi* integrated hybrid inductor *et* thick-film hybrid circuit*).*

thick-film ink pâte pour couches épaisses *(pâte pour circuits hybrides à couches épaisses) (cf. aussi* ink 2*)).*

thick-film integrated circuit *cf.* thick-film hybrid circuit.

thick-film material matière pour couches épaisses, matériau *(idem) (matière pour pâtes pour couches épaisses) (métal, matière minérale ou matière organique utilisé(e) pour la fabrication de pâtes pour couches épaisses) (CH, etc.) (cf. aussi* ink 2) *et* material*).*

thick-film microcircuit *cf.* thick-film hybrid circuit.

thick-film multilayer circuit *cf.* thick-film multilayer hybrid circuit.

thick-film multilayer hybrid *cf.* thick-film multilayer hybrid circuit.

thick-film multilayer hybrid circuit circuit hybride multicouche à couches épaisses, circuit multicouche à couches épaisses *(ces termes sont employés lorsque le circuit en question est considéré comme une catégorie de circuit multicouche) (cf. aussi* multilayer thick-film hybrid circuit*).*

thick-film network réseau à couche(s) épaisse(s) *(réseau de* résistances à couche épaisse ou de condensateurs à couches épaisses) (CH) (cf. aussi thick-film resistor network et thick-film capacitor network).

thick-film panel   cf. thick-film electroluminescent panel.

thick-film paste   cf. thick-film ink.

thick-film printing   cf. thick-film screen printing.

thick-film process   procédé des couches épaisses, méthode (idem) (procédé de réalisation des couches, ou de la couche, d'un composant à couche(s) épaisse(s)) (noter que dans le cas des circuits hybrides notamment, contrairement au procédé des couches minces, le procédé des couches épaisses est un procédé purement additif, les pâtes n'étant déposées qu'aux endroits où elles doivent rester en totalité) (cf. aussi thick-film hybrid circuit, thick-film discrete resistor et thin-film process).

thick-film processing   réalisation des couches épaisses (parf. de ...), obtention (idem) (cf. aussi thick-film process).

thick-film resistance   résistance d'une couche épaisse (résistance d'un conducteur en couche épaisse) (CH, etc.) (cf. aussi resistance, thick-film conductor et sheet resistance).

thick-film resistive element   élément résistant à couche épaisse (élément résistif d'une résistance discrète à couche épaisse, c.-à-d. la couche résistive elle-même) (cf. aussi thick-film discrete resistor).

thick-film resistor   résistance à couche épaisse (a) résistance intégrée de circuit hybride à couches épaisses, c.-à-d. résistance formée sur le substrat d'un circuit hybride à couches épaisses à l'aide d'une pâte résistive analogue à celle d'une résistance discrète à couche épaisse) (cf. aussi thick-film hybrid circuit, resistive ink, metal-glaze resistor et integrated hybrid resistor) ; (b) résistance discrète à couche épaisse (cf. aussi thick-film discrete resistor).

thick-film resistor network   réseau de résistances à couche épaisse, réseau à couche épaisse (réseau de résistances réalisé sous la forme d'un circuit hybride à couches épaisses) (cf. aussi resistor network et thick-film hybrid circuit).

thick-film screen   écran de sérigraphie (au sens du terme anglais, écran utilisé pour la sérigraphie des circuits hybrides à couches épaisses) (cf. aussi screen printing).

thick-film screen printing   sérigraphie de couches épaisses (CH) (cf. aussi screen printing).

thick-film screener   machine à sérigraphier (CH) (cf. aussi screen printer).

thick-film substrate   cf. thick-film hybrid-circuit substrate.

thick-film technique   cf. thick-film process.

thick-film technology   (la) technique des couches épaisses (ou des composants à couches épaisses souvent aussi des circuits hybrides à couches épaisses), (etc.) (procédé des couches épaisses et conception des composants à couches épaisses) (cf. aussi thick-film process et technology).

thick-films   (les) circuits hybrides à couches épaisses, (etc.), (parf.) (les) couches épaisses (cf. aussi thick-film hybrid circuit).

thick oxide   oxyde secondaire (couche d'oxyde épais formée après une ou plusieurs opérations ayant suivi la formation de l'oxyde primaire) (CI) (cf. aussi field oxide).

thick-oxide metal-gate MOS circuit   circuit MOS à grille métallique et oxyde secondaire, circuit intégré (idem) (cf. aussi metal-gate MOS circuit et thick oxide).

thickness shear   cisaillement en épaisseur, cisaillement d'épaisseur (le premier terme est le meilleur) (mode de vibration d'un résonateur à quartz à section rectangulaire, notamment d'un quartz d'oscillateur, dans lequel les deux grandes faces du résonateur sont animées d'un mouvement de translation alternatif dans leur plan suivant des directions opposées) (en d'autres termes, le mouvement des grandes faces du résonateur est celui des mains d'une personne ramollissant une boule de mastic en la faisant rouler alternativement dans les deux sens entre ses mains) (est le mode de vibration normalement utilisé pour un quartz à coupe AT, la fréquence de vibration ainsi obtenue étant généralement comprise entre 750 kHz et 20 MHz) (cf. aussi quartz resonator, oscillator crystal et AT cut).

thickness-shear resonance   résonance de cisaillement en

épaisseur (ou d'épaisseur) (résonance d'un résonateur à quartz vibrant en mode de cisaillement en épaisseur) (oscillateur) (cf. aussi resonance et thickness shear).

thickness vibration   vibrations d'épaisseur (variation périodique de l'épaisseur d'un résonateur à quartz de section rectangulaire sous l'action d'une tension alternative appliquée à ses armatures) (cf. aussi quartz resonator).

thin film   1) couche mince (en électronique, ce terme désigne généralement une couche de composant à couches minces) (CH, etc.) (cf. aussi thin-film device). 2) cf. thin-film hybrid circuit.

thin-film bond   (une) soudure sur couche mince (cf. aussi thin-film bonding).

thin-film bonding   soudage sur couche mince, (la) soudure sur couche mince (le premier terme est le meilleur) (soudage de connexions ou de composants sur les plages de connexion des composants à couches minces) (cf. aussi bonding pad et thin-film device).

thin-film capacitor   condensateur à couches minces (ou de circuit hybride à couches minces) (condensateur intégré réalisé sur le substrat d'un circuit hybride à couches minces par dépôt et photogravure d'une couche métallique pour obtenir une armature du condensateur, puis dépôt et photogravure d'une couche isolante ou oxydation superficielle de l'armature pour former le diélectrique, puis dépôt et photogravure d'une seconde couche métallique pour obtenir la seconde armature) (cf. aussi thin-film hybrid circuit et integrated hybrid capacitor).

thin-film capacitor network   réseau de condensateurs à couches minces (réseau de condensateurs réalisé sous la forme d'un circuit hybride à couches minces) (cf. aussi capacitor network et thin-film hybrid circuit).

thin-film circuit   cf. thin-film hybrid circuit.

thin-film circuitry   circuits en couches minces (circuits réalisés sur le substrat d'un circuit hybride à couches minces) (cf. aussi thin-film hybrid circuit et circuitry).

thin-film component   composant en couches minces (résistance, condensateur ou inductance réalisé(e) sur le substrat d'un circuit hybride à couches minces) (noter que la résistance et l'inductance ne comportent qu'une seule couche malgré l'emploi du pluriel pour le terme générique) (cf. aussi thin-film resistor, thin-film capacitor, thin-film inductor, thin-film device et thin-film hybrid circuit).

thin-film conductor   conducteur en couche mince (conducteur constitué par une bande d'une couche conductrice déposée sur le substrat d'un composant à couche(s) mince(s)) (cf. aussi thin-film device).

thin-film conductor pattern   réseau de conducteurs en couche mince (ensemble des conducteurs d'un composant à couches minces à plusieurs circuits et notamment des conducteurs d'un circuit hybride à couches minces) (cf. aussi thin-film conductor).

thin-film deposition   (le) dépôt des couches minces (parf. de couches minces) (dépôt d'une ou plusieurs couches minces sur le substrat d'un composant à couches minces) (cf. aussi thin-film device).

thin-film device   composant à couches minces (parfois au singulier) (composant électronique utilisant une ou plusieurs couches minces, c.-à-d. circuit hybride, panneau afficheur ou mémoire à couches minces, disque ou tête magnétique à couche mince, etc.) (cf. aussi thin-film hybrid circuit et thin-film component et ne pas confondre).

thin-film disc   cf. thin-film magnetic disk.

thin-film discrete   cf. thin-film discrete resistor.

thin-film discrete resistor   cf. metal-film resistor. (ce terme étant le plus employé).

thin-film disk   cf. thin-film magnetic disk.

thin-film disk technology   (la) technique des disques magnétiques à couche mince (cf. aussi thin-film magnetic disk et technology).

thin-film EL display   cf. thin-film electroluminescent display.

thin-film electroluminescent display   1) affichage par électroluminescence en couches minces. 2) afficheur électroluminescent à couches minces (cf. aussi electroluminescent display et thin-film device).

thin-film electroluminescent panel panneau électroluminescent à couches minces, panneau afficheur *(idem) (cf. aussi* electroluminescent panel *et* thin-film electroluminescent display 2)).

thin-film fabrication technique *cf.* thin-film process.

thin-film head *cf.* thin-film magnetic head.

thin-film hybrid *cf.* thin-film hybrid circuit.

thin-film hybrid ... *cf.* thin-film ... *(pour les termes qui ne figurent pas ci-après).*

thin-film hybrid circuit circuit hybride à couches minces, circuit à couches minces *(circuit hybride dans lequel les différentes couches formant les circuits sont obtenues principalement par évaporation sous vide ou par pulvérisation cathodique sur toute la surface du substrat, une couche obtenue étant ensuite photogravée pour ne laisser subsister que les zones utiles) (ces couches ne dépassent généralement pas quelques microns d'épaisseur, d'où leur nom) (cf. aussi* hybrid circuit, vapor deposition, sputtering, photolithography *et* thin-film process).

thin-film hybrid-circuit substrate substrat de circuit hybride à couches minces, substrat de circuit à couches minces *(substrat en alumine ou en verre Pyrex, le plus souvent) (cf. aussi* thin-film hybrid circuit *et* alumina).

thin-film hybrid-circuit technology (la) technique des circuits hybrides à couches minces, *(etc.) (cf. aussi* thin-film hybrid circuit *et* thin-film technology).

thin-film hybrid module module hybride à couches minces *(circuit hybride à couches minces réalisé sous la forme d'un module hybride) (cf. aussi* thin-film hybrid circuit *et* hybrid module).

thin-film hybrid technology *cf.* thin-film hybrid circuit technology.

thin-film IC *cf.* thin-film integrated circuit.

thin-film inductor inductance en couche mince, bobine d'inductance *(idem) (bobine d'inductance intégrée réalisée sur le substrat d'un circuit hybride à couches minces) (cf. aussi* integrated hybrid inductor *et* thin-film hybrid circuit).

thin-film integrated circuit *cf.* thin-film hybrid circuit.

thin-film lens lentilles en couche mince *(lentille formée d'une mince couche de verre de section appropriée sur le substrat d'un circuit hybride optique) (cf. aussi* optical hybrid circuit).

thin-film magnetic disk disque magnétique à couche mince, disque à couche mince *(disque magnétique dans lequel la couche magnétique déposée sur une ou les deux faces est obtenue par pulvérisation cathodique) (le fait que le milieu d'enregistrement est constitué uniquement par un corps magnétique permet d'obtenir un signal de lecture d'amplitude plus grande que dans le cas d'une couche magnétique classique, c.-à-d. formée de grains d'oxyde magnétique dispersés dans un liant organique, lorsque la densité d'enregistrement linéique est tellement grande que la zone magnétisée représentant un binaire ne contient presque plus de matière) (de plus, le remplacement des grains relativement gros de la poudre d'oxyde par les grains nettement plus petits de la couche d'oxyde formée par pulvérisation cathodique diminue le bruit dû à la granularité du milieu d'enregistrement lors de la lecture des signaux enregistrés) (mémoire) (inf) (cf. aussi* magnetic disk, sputtering, linear recording density *et* noise 2) (a)).

thin-film magnetic head tête magnétique à couche mince, tête à couche mince *(tête de lecture/écriture dans laquelle le ou les enroulements sont formés chacun de spires d'un conducteur en couche mince) (mémoire) (inf) (cf. aussi* read/write head *et* thin-film conductor).

thin-film magnetoresistor magnétorésistance en couche mince *(magnétorésistance réalisée sous la forme d'une résistance à couche mince) (est utilisée notamment sur le substrat d'une mémoire à bulles magnétiques) (cf. aussi* magnetoresistor, thin-film resistor *et* bubble detector).

thin-film material matière pour couches minces, matériau *(idem) (métal utilisé pour obtenir un type de couche déterminé dans un composant à couches minces) (or, nichrome, nickel, tantale, aluminium, etc.) (cf. aussi* thin-film device *et* material).

thin-film memory mémoire à couches minces *(mémoire magnétique dans laquelle le support d'informations est une*

couche mince magnétique portant des conducteurs d'écriture et de lecture également en couche mince) (la couche mince magnétique est formée sur un substrat amagnétique en présence d'un champ magnétique continu de polarisation parallèle à la surface du substrat, et les conducteurs forment deux réseaux orthogonaux de droites parallèles permettant la lecture et l'écriture par coïncidence de courant, comme dans une mémoire à tores magnétiques) (inf) (cf. aussi* magnetic-core memory).

thin-film microcircuit *cf.* thin-film hybrid circuit.

thin-film MOS (transistor) *cf.* thin-film transistor.

thin-film MOSFET *cf.* thin-film transistor.

thin-film MOST *cf.* thin-film transistor.

thin-film multilayer circuit *cf.* thin-film multilayer hybrid circuit.

thin-film multilayer hybrid *cf.* thin-film multilayer hybrid circuit.

thin-film multilayer hybrid circuit circuit hybride multicouche à couches minces, circuit multicouche à couches minces *(ces termes sont employés lorsque le circuit en question est considéré comme une catégorie de circuit multicouche) (cf. aussi* multilayer thin-film hybrid circuit).

thin-film network réseau à couche mince *(réseau de résistances à couche mince ou de condensateurs à couches minces) (CH)(cf. aussi* thin-film resistor network *et* thin-film capacitor network).

thin-film nichrome resistor résistance en nichrome à couche mince *(résistance à couche mince utilisant du nichrome) (CH) (cf. aussi* thin-film resistor).

thin-film panel *cf.* thin-film electroluminescent panel.

thin-film process procédé des couches minces, méthode *(idem) (procédé de réalisation des couches, ou de la couche, d'un composant à couche(s) mince(s)) (noter que, dans le cas des circuits hybrides notamment, le procédé des couches minces est un procédé essentiellement soustractif puisque les couches formées par un procédé, qui en soi est additif, sont ensuite éliminées sur une grande partie de leur surface) (cf. aussi* thin-film device *et* thick-film process).

thin-film processing réalisation des couches minces *(parf. de ...),* obtention *(idem) (cf. aussi* thin-film process).

thin-film resistance résistance d'une couche mince *(résistance d'un conducteur en couche mince) (cf. aussi* resistance, thin-film conductor *et* sheet resistance).

thin-film resistive element élément résistant à couche mince *(élément résistant d'une résistance discrète à couche mince, c.-à-d. la couche résistive elle-même) (cf. aussi* thin-film discrete resistor).

thin-film resistor résistance à couche mince (a) *résistance intégrée de circuit hybride à couches minces, c.-à-d. résistance formée sur le substrat d'un tel circuit à partir d'une couche résistive déposée sur celui-ci et éventuellement ajustée en fin de fabrication) (cf. aussi* thin-film hybrid circuit, resistive thin film, integrated hybrid resistor *et* resistor trimming) ; (b) *cf. aussi* thin-film discrete resistor).

thin-film resistor network réseau de résistances à couche mince *(réseau de résistances réalisé sous la forme d'un circuit hybride à couches minces) (cf. aussi* resistor network *et* thin-film hybrid circuit).

thin-film storage 1) mémorisation dans une couche mince *(mémoire) (cf. aussi* thin-film memory). 2) *cf.* thin-film memory.

thin-film store *cf.* thin-film memory.

thin-film substrate *cf.* thin-film hybrid-circuit substrate.

thin-film tantalum capacitor *cf.* tantalum-oxide capacitor.

thin-film technique *cf.* thin-film process.

thin-film technology (la) technique des couches minces *(ou des composants à couches minces souvent aussi des circuits hybrides à couches minces) (procédé des couches minces et conception des composants à couches minces) (cf. aussi* thin-film process *et* technology).

thin-film transistor transistor à couches minces, transistor MOS *(idem) (transistor MOS réalisé sous la forme d'une partie de circuit à couches minces dont les couches sont suffisamment minces pour être transparentes, le transistor permettant de faire apparaître un point de la grille de points d'un écran à cristaux liquides dit « actif » et comportant autant de transistors que de points affichables) (cf. aussi* MOS transistor, bit map *et* LCD screen).

thin-films (les) circuits hybrides à couches minces, *(etc.)*, *(parf.)* (les) couches minces *(cf. aussi* thin-film hybrid circuit).

third-channel trigger view visualisation des signaux de déclenchement *(oscillo)* *(cf. aussi* trigger view).

third detector détecteur *s* *(le terme anglais est le nom généralement donné dans cette langue au détecteur d'un récepteur superhétérodyne à double changement de fréquence)* *(cf. aussi* detector 2) *et* double-conversion superheterodyne receiver).

third Fresnel zone troisième ellipsoïde de Fresnel *(faisceau hz)* *(cf. aussi* Fresnel zone).

third-generation computer ordinateur de la troisième génération *(ordinateur utilisant des circuits intégrés monolithiques en remplacement de la plupart des transistors et autres composants, c.-à-d. dans lequel les circuits logiques sont réalisés sous la forme de circuits intégrés numériques, d'abord du type SSI, puis MSI et enfin LSI) (a commencé en 1964 avec la réalisation de l'ordinateur IBM 360) (inf)* *(cf. aussi* computer generation, monolithic integrated circuit, logic circuit, digital integrated circuit *et* integration density).

third harmonic harmonique 3, harmonique de rang 3, troisième harmonique *(fréquences)* *(cf. aussi* harmonic).

third harmonic distortion distorsion par harmonique 3, *(etc.)* *(distorsion d'un signal due à la présence de l'harmonique 3 dans celui-ci) (ampli)* *(cf. aussi* third harmonic *et* harmonic distortion).

third ionization troisième ionisation *(ionisation produite par l'arrachement d'un troisième électron à un atome ou une molécule ayant déjà perdu deux électrons) (gaz)* *(cf. aussi* ionization).

third ionization potential troisième potentiel d'ionisation *(potentiel auquel se produit la troisième ionisation)* *(cf. aussi* third ionization *et* ionization potential).

third-order active filter filtre actif du troisième ordre *(ou* d'ordre 3) *(cf. aussi* active filter *et* filter order).

third-order band- ... *cf.* second-order band- ... *(et adapter)* *(pour les termes qui ne figurent pas ci-après)*.

third-order band-pass filter filtre passe-bande du troisième ordre *(ou* d'ordre 3) *(cf. aussi* band-pass filter *et* filter order).

third-order band-stop filter filtre coupe-bande du troisième ordre *(ou* d'ordre 3) *(cf. aussi* band-stop filter *et* filter order).

third-order digital Butterworth filter filtre de Butterworth numérique du troisième ordre *(ou* d'ordre 3) *(cf. aussi* Butterworth filter, digital filter *et* filter order).

third-order filter filtre du troisième ordre, filtre d'ordre 3 *(cf. aussi* filter order).

third-order intermodulation products produits d'intermodulation du troisième ordre *(nom donné à l'harmonique 3 lorsque celui-ci est un produit d'intermodulation)* *(cf. aussi* third harmonic *et* intermodulation product).

third-order mixing product *cf.* third-order intermodulation products.

third-order prefilter préfiltre du troisième ordre *(ou* d'ordre 3) *(préfiltre constitué par un filtre du troisième ordre)* *(cf. aussi* prefilter[1] *et* filter order).

third overtone (le) mode partiel 4 *(ou* de rang 4), (le) partiel *(idem)* *(quartz)* *(cf. aussi* overtone).

third-overtone crystal quartz à mode partiel de rang 4, *(etc.)* *(résonateur à quartz excité de telle façon qu'il oscille sur le mode partiel de rang 4)* *(cf. aussi* third overtone).

32-bit ... *(voir* eight-bit ... *et adapter)*.

thixotropic paste pâte thixotrope *(pâte à circuits présentant le phénomène de thixotropie, c.-à-d. devenant liquide lorsqu'elle est malaxée et se figeant après, comme la mayonnaise) (CH)* *(cf. aussi* ink 2)).

Thomson bridge pont de Thomson *(app. mesure)* *(cf. aussi* Kelvin bridge).

Thomson coefficient coefficient de Thomson *(coefficient τ tenant compte de la nature du métal considéré dans la formule donnant la quantité de chaleur Q mise en jeu dans l'effet Thomson: $Q = \tau I (\alpha T/\alpha x)$, I étant l'intensité du courant dans le conducteur et $(\alpha T/\alpha x)$ le gradient de température le long de celui-ci) (ce coefficient s'exprime en microvolts par degré Kelvin (μV/K) ou, en pratique, en microvolts par degré Celsius (μV/C°)) (est donc égal au rapport entre la tension entre deux points du conducteur et la différence de température entre ces points)* *(cf. aussi* Thomson effect *et* gradient).

Thomson effect effet Thomson *(dégagement ou absorption de chaleur par un conducteur homogène non refermé sur lui-même parcouru par un courant électrique lorsque ce conducteur est le siège d'un gradient de température suivant sa longueur, le sens du transfert de chaleur — dégagement ou absorption de chaleur — dépendant du sens de circulation du courant par rapport au signe du gradient de température) (l'effet Thomson est réversible, ce qui le différencie de l'effet Joule, lequel est en outre beaucoup plus marqué et le masque, raison pour laquelle l'effet Thomson est difficile à mettre en évidence) (l'effet Thomson est parfois défini comme l'apparition de la tension de Thomson, mais ce phénomène n'est pas l'effet Thomson) (l'effet Thomson est un des effets thermoélectriques)* *(cf. aussi* Magnus's law, gradient, Joule effect, Thomson voltage *et* thermoelectric effect).

Thomson voltage tension de Thomson, différence de potention de Thomson *(tension apparaissant entre deux points espacés d'un conducteur portés à des températures différentes) (est due à la différence de mobilité des électrons du conducteur résultant de la différence de température) (thermoélectricité)* *(cf. aussi* electron mobility *et* Thomson effect).

thoriated tungsten filament cathode en tungstène thorié *(cathode à chauffage direct recouverte d'une mince couche d'oxyde de thorium augmentant son pouvoir émissif, le travail de sortie de ce corps étant moins grand que celui du tungstène) (tube)* *(cf. aussi* directly heated cathode, thorium *et* work function).

thorium thorium, Th *(métal gris, réfractaire (point de fusion à 1 842° C), lourd (densité 11,7), mou, légèrement radioactif, supraconducteur, faiblement paramagnétique et dont l'oxyde allie un faible travail de sortie à une haute température de fusion, ce qui le fait utiliser dans des cathodes de tubes électroniques)* *(cf. aussi* thoriated tungsten filament).

thousand instructions per second millier d'instructions par seconde, kilo-instruction par seconde, Kips *(inf)* *(cf. aussi* instructions per second).

thousand operations per second millier d'opérations par seconde, kilo-opération par seconde, Kops *(inf)* *(cf. aussi* operations per seconde).

thread[1] *s* copeau *(enr. disque)* *(cf. aussi* chip 3).

thread[2] *v* mettre en place *(une bande)* *(cf. aussi* tape threading).

threading mise en place (d'une bande) *(cf. aussi* tape threading).

threat menace, *(parf.)* émission hostile *(parf. au pluriel)* *(parf.)* signal hostile *(idem)* *(menace constituée par l'émission d'un rayonnement hostile en direction d'une cible amie par l'adversaire d'un belligérant ou, parfois, cette émission elle-même, ou par le pointage d'un capteur passif hostile dans la direction d'une telle cible) (menace active ou passive) (mil)* *(cf. aussi* non-lethal threat, lethal threat, active threat, passive threat *et* threat warning).

threat acquisition *cf.* threat detection.

threat area zone de menaces, zone à présence de menaces *(mil)* *(cf. aussi* threat).

threat assesment évaluation de la menace *(parf. d'une menace parf. des menaces) (détermination du type probable de projectile associé à une émission hostile interceptée par une cible et du temps disponible avant qu'il atteigne celle-ci) (est effectuée par le calculateur d'un système d'autoprotection) (mil)* *(cf. aussi* threat *et* self-protection system).

threat avoidance évitement de la menace *(parf. d'une menace parf. des menaces) (évitement d'un engin autoguidé par la cible de celui-ci, généralement grâce à la mise en œuvre de contre-mesures) (mil)* *(cf. aussi* threat, homing weapon *et* countermeasures).

threat avoidance information informations permettant d'éviter la menace, *(etc.) (informations relatives à une menace et aux contre-mesures utilisables par la cible considérée) (cf. aussi* threat avoidance, threat information *et* countermeasures).

threat band *cf.* threat bandwidth.

threat bandwidth largeur de bande de l'émission hostile, *(parf.* d'une émission hostile), largeur de bande du signal hostile, *(idem) (largeur de bande du signal émis par un radar, autodirecteur radar actif ou brouilleur hostile) (mil) (cf. aussi* bandwidth 1) *et* threat).

threat bearing gisement de l'émetteur hostile *(parf.* d'un émetteur hostile) *(gisement d'un radar ou d'un brouilleur hostile au sol ou sur navire) (mil) (cf. aussi* threat).

threat capability possibilités offensives *(missile, etc.) (mil) (cf. aussi* threat *et* capability).

threat characteristics caractéristiques de la menace *(parf.* d'une menace *parf.* des menaces) *(fréquence porteuse, fréquence de récurrence éventuelle, cadence d'exploration éventuelle, sauts de fréquence éventuels, amplitude et autres caractéristiques du signal d'une émission hostile) (mil) (cf. aussi* threat information, threat, carrier frequency, repetition frequency, scanning rate *et* frequency hopping).

threat data *cf.* threat information.

threat density densité d'émissions hostiles, densité de menaces *(nombre d'émissions hostiles par unité de temps dans une zone d'opérations militaire déterminée) (cf. aussi* threat).

threat detection détection de la menace *(parf.* d'une menace, *parf.* des menaces) *(interception d'une ou plusieurs émissions hostiles par une cible menacée) (mil) (cf. aussi* threat).

threat detection alarm *cf.* threat warning.

threat detection warning *cf.* threat warning.

threat emission *cf.* threat transmission. *(cf. aussi* threat emitter).

threat emitter *cf.* threat transmitter. *(et noter toutefois que le premier terme commence à être employé à la place du second dans les textes américains).*

threat encounter présence de signaux hostiles *(le terme anglais désigne généralement la situation d'un aéronef militaire pris dans le faisceau d'un radar hostile de l'adversaire ou de l'autodirecteur d'un missile hostile à autodirecteur radar actif) (cf. aussi* threat).

threat encounter training *cf.* threat training.

threat environment ambiance d'émissions hostiles *(mil) (cf. aussi* hostile environment).

threat evaluation *cf.* threat assesment.

threat exposure exposition aux émissions hostiles *(ce terme s'applique surtout à l'équipage d'un aéronef militaire) (cf. aussi* threat).

threat exposure training *cf.* threat training.

threat frequency fréquence de l'émission hostile *(parf.* d'une émission hostile, *parf.* des émissions hostiles), fréquence du signal hostile, *(idem) (fréquence porteuse d'un signal hostile) (mil) (cf. aussi* threat *et* carrier frequency).

threat identification identification de la menace *(parf.* d'une menace, *parf.* des menaces) *(identification d'une ou plusieurs sources d'émissions hostiles d'après les caractéristiques de celles-ci) (mil) (cf. aussi* threat transmission).

threat information informations relatives à la menace *(nom parfois donné à tout ou partie des caractéristiques d'une ou plusieurs émissions hostiles) (mil) (cf. aussi* threat characteristics).

threat intelligence *cf.* threat information.

threat jammer *cf.* radar jammer.

threat jamming brouillage des émissions hostiles *(parf.* de l'émission hostile, *parf.* d'une émission hostile), brouillage des signaux hostiles *(idem) (brouillage des signaux émis par un radar ou un autodirecteur radar actif hostile) (mil) (cf. aussi* radar jamming *et* threat).

threat location emplacement de l'émetteur hostile *(parf.* d'un émetteur hostile) *(mil) (cf. aussi* threat transmitter).

threat monitoring écoute des émissions hostiles *(interception des émissions hostiles à l'aide d'un récepteur d'écoute) (mil) (cf. aussi* threat transmission *et* surveillance receiver).

threat parameters *cf.* threat characteristics. *(cf. aussi* parameter).

threat pattern *cf.* threat environment.

threat picture *cf.* threat environment.

threat platform plate-forme hostile *(nom générique donné à un avion, navire ou autre mobile militaire susceptible de lancer des engins guidés) (cf. aussi* threat *et* guided weapon).

threat prioritization affection de priorités aux menaces *(opération exécutée par le calculateur d'un système d'autoprotection dans une ambiance d'émissions hostiles afin de tenter de neutraliser en premier les menaces les plus proches dans le temps) (mil) (cf. aussi* threat, self-protection system *et* hostile environment).

threat priority priorité de la menace (d'une menace, des menaces) *(selon le contexte) (cf. aussi* threat prioritization).

threat processing traitement des menaces *(parf.* de la menace) *(traitement des signaux hostiles par le calculateur d'un détecteur de radars ou d'un système d'autoprotection en vue de l'identification des menaces qu'ils représentent) (mil) (cf. aussi* signal processing, radar warning receiver, self-protection system *et* threat identification).

threat processor processeur de menaces, traiteur de menaces *(calculateur numérique opérant le traitement des menaces dans une cible militaire) (cf. aussi* computer 3), processor 1) *et* threat processing).

threat radar radar hostile *(mil) (cf. aussi* hostile radar).

threat radar capabilities possibilités des radars de l'adversaire *(ce terme désigne généralement les possibilités d'anti-contre-mesures des radars de l'adversaire d'un belligérant, mais peut aussi désigner leurs performances) (cf. aussi* radar counter-countermeasures, radar performance *et* capability).

threat scenario *cf.* threat environment.

threat signal signal hostile *(mil) (cf. aussi* hostile signal).

threat signature empreinte de la menace *(parf.* d'une menace), signature *(idem)*, empreinte hostile, signature hostile *(empreinte d'une menace active et notamment d'une menace radar active) (mil) (cf. aussi* signature 1) *et* active threat).

threat simulation simulation d'émissions hostiles *(ou de signaux hostiles ou de menaces) (ces termes désignent généralement la simulation de signaux radar hostiles) (mil) (cf. aussi* radar simulation *et* hostile radar signal).

threat simulation equipment 1) matériel de simulation d'émissions hostiles *(simulateurs d'émissions hostiles et leurs accessoires) (mil) (cf. aussi* threat simulator).2) *cf.* threat simulator.

threat simulation system *cf.* threat simulator.

threat simulator simulateur d'émissions hostiles *(ce terme désigne généralement un simulateur de radars militaires hostiles) (cf. aussi* radar simulator).

threat situation *cf.* threat environment.

threat spectrum spectre du signal hostile *(parf.* d'un signal hostile) *(spectre de fréquences d'un signal hostile) (mil) (cf. aussi* frequency spectrum (b) *et* hostile signal).

threat training entraînement au brouillage des signaux hostiles *(entraînement des opérateurs de brouilleurs et des pilotes d'aéronefs militaires sur simulateur ou dans les conditions réelles) (cf. aussi* electronic warfare simulator).

threat training system *cf.* threat simulator.

threat transmission émission hostile *(émission d'un signal hostile ou ce signal lui-même) (mil) (cf. aussi* hostile signal).

threat transmitter émetteur hostile, émetteur de signaux hostiles *(mil) (cf. aussi* threat emitter *et* hostile signal).

threat type type de menace, (etc.) *(mil) (cf. aussi* threat).

threat warning avertissement de la menace (d'une menace, des menaces) *(selon le contexte) (allumage d'un voyant lumineux ou émission d'une alarme sonore ou vocale dans le poste de pilotage d'un aéronef militaire ou à bord d'une autre cible prise dans le faisceau d'un radar, autodirecteur radar actif ou marqueur laser hostile, cette action étant commandée par un détecteur de menaces ou un système d'autoprotection) (cf. aussi* threat warning receiver *et* self-protection system).

threat warning device *cf.* threat warning receiver.

threat warning receiver détecteur de menaces *(détecteur de signaux hostiles ou autre menace) (terme générique couvrant le détecteur de radars, le détecteur de lasers et le détecteur de tirs) (mil) (cf. aussi* radar warning receiver, laser warning receiver, infrared warning receiver *et* threat).

threat warning sensor *cf.* threat warning receiver.

threat warning set *cf.* threat warning receiver.

threat warning system système détecteur de menaces *(ou de détection de menaces ou avertisseur de menaces ou d'avertissement de menaces) (système formé d'un ou plusieurs détecteurs de menaces et des capteurs et dispositifs d'alarme et autres organes associés) (mil) (cf. aussi* threat warning receiver *et* sensor).

threat weapon engin hostile *(engin autoguidé de l'adversaire constituant une menace) (cf. aussi* homing weapon *et* threat).

threat weapon system système d'arme hostile *(ce terme dé-*

signe généralement un aéronef militaire hostile équipé d'engins autoguidés) (cf. aussi homing weapon *et* threat).

three-address code programme à trois adresses *(programme d'ordinateur utilisant des instructions à trois adresses) (inf) (cf. aussi* three-address instruction).

three-address coding *cf.* three-address programming.

three-address computer *cf.* three-address machine. *(ce terme étant le plus employé).*

three-address instruction instruction à trois adresses *(instruction d'un programme d'ordinateur comprenant trois adresses en plus du code opération : l'adresse du premier opérande, l'adresse du deuxième opérande et l'adresse ou doit être rangé les résultat de l'opération) (type classique) (inf) (cf. aussi* instruction *et* address[1] (a)).

three-address machine machine à trois adresses *(nom donné à un ordinateur utilisant des instructions à trois adresses) (inf) (cf. aussi* computer 2), three-address instruction *et* machine).

three-address programming programmation à trois adresses *(programmation d'un ordinateur effectuée à l'aide d'instructions à trois adresses) (cf. aussi* programming (b) *et* three-address instruction).

$3^{1/2}$ digit instrument appareil à moins de 10 000 points *(appareil de mesure numérique à moins de 10 000 points) (cf. aussi* number of digits 2)).

three-beam color picture tube tube-image couleur à trois faisceaux (d'électrons) *(ou* trifaisceau), tube couleur *(idem)*, tube *(idem) (tube-image couleur utilisant trois faisceaux d'électrons excitant simultanément l'un un luminophore rouge, le deuxième un luminophore vert et le troisième un bleu grâce à leur positions relatives sur la face postérieure de l'écran et à des obstacles appropriés disposés derrière celui-ci) (l'intensité de chacun des faisceaux est modulée par le signal de différence de couleur correspondant et les trois faisceaux d'électrons sont généralement fournis par trois canons à électrons, mais peuvent l'être par un canon unique) (cf. aussi* thre-gun color picture tube, Trinitron, color-difference signal *et* color picture tube).

three-beam color tube *cf.* three-beam color picture tube.

three-beam tube *cf.* three-beam color picture tube.

three-bit byte triplet *(mot binaire formé de trois binaires) (cf. aussi* byte).

three-cavity klystron klystron à trois cavités *(tube hyper) (cf. aussi* multicavity klystron).

three-conductor cable *(USA)* câble à trois conducteurs *(cf. aussi* multiconductor cable).

three-core cable *(GB) cf.* three-conductor cable.

3-D ... 1) *cf.* three-dimensional ... 2) *cf.* triple-diffused ...

three-dimensional coverage couverture tridimensionnelle *(couverture d'une zone de l'espace aérien ou extra-atmosphérique par un radar tridimensionnel) (mil, etc.) (cf. aussi* three-dimensional radar).

three-dimensional display présentation tridimensionnelle *(présentation d'un dessin en perspective sur un terminal à écran) (inf) (cf. aussi* display terminal).

three-dimensional IC *cf.* three-dimensional integrated circuit.

three-dimensional image 1) image en relief *(reproduction d'un objet ou d'une scène donnant l'impression de le ou la voir réellement dans l'espace, c.-à-d. l'impression d'éloignement relatif de ses différents plans) (photo, cinéma, TV, holographie) (cf. aussi* holography, three-dimensional television *et* picture). 2) image tridimensionnelle *(nom parfois donné à une vue en perspective d'un objet, notamment lorsque celui-ci est représenté sur l'écran d'un terminal à écran, ou dans la reconnaissance de cibles) (inf, mil, etc.) (cf. aussi* display terminal *et* three-dimensional target recognition).

three-dimensional integrated circuit circuit intégré tridimensionnel, circuit intégré monolithique *(idem) (le premier terme est le plus employé pour des raisons de brièveté, mais il peut prêter à confusion car, en toute rigueur, un circuit hybride multicouche est également un circuit intégré tridimensionnel) (circuit intégré monolithique à semiconducteur dans lequel les circuits sont réalisés dans un grand nombre de couches du substrat occupant toute l'épaisseur de celui-ci) (est encore au stade de la recherche en 1990 et semble pouvoir être réalisé par*

cristallisation localisée de silicium amorphe ou recristallisation localisée de polysilicium réalisée à l'aide d'un faisceau laser comme le recuit au laser) (il ne faut pas oublier que dans les circuits intégrés monolithiques actuels (en 1990), même les plus complexes, les circuits sont réalisés dans les couches tout à fait superficielles du substrat et que, par conséquent, le reste de l'épaisseur de celui-ci ne sert à rien pour la densité d'intégration, celle-ci étant actuellement une densité surfacique et non volumique) (semi) (cf. aussi monolithic integrated circuit, amorphous silicon, polysilicon, laser annealing, integration density *et* multilayer hybrid circuit).

three-dimensional integration intégration tridimensionnelle *(intégration de circuits sous la forme de circuits intégrés tridimensionnels) (semi) (cf. aussi* integration 2) *et* three-dimensional integrated circuit).

three-dimensional laser radar *cf.* three-dimensional optical radar.

three-dimensional long-range air defense radar radar de défense anti-aérienne tridimensionnel à longue portée *(mil) (cf. aussi* air defense radar, three-dimensional radar *et* long-range radar).

three-dimensional optical radar radar optique tridimensionnel *(cf. aussi* optical radar *et* three-dimensional radar).

three-dimensional picture *cf.* three-dimensional image. *(cf. aussi* picture).

three-dimensional program programme en relief, programme de télévision *(idem) (cf. aussi* three-dimensional television *et* television program).

three-dimensional radar radar tridimensionnel *(ou* 3 D) *(radar de veille ou autre indiquant les trois coordonnées — distance, azimuth et site — de la ou des cibles aériennes qu'il détecte) (en d'autres termes, radar de veille indiquant l'altitude des cibles détectées en plus de leur distance et leur direction) (ce résultat est obtenu 1°) en émettant un certain nombre de faisceaux fins superposés auxquels correspondent autant de récepteurs, le numéro du récepteur à la sortie duquel apparaît un écho permettant de connaître la tranche d'altitudes dans laquelle se trouve la cible détectée, ou 2°) en balayant l'espace aérien horizontalement et verticalement comme un écran de télévision, le numéro de la « ligne » de balayage sur laquelle est reçu un écho permettant de connaître l'altitude de la cible avec une précision généralement plus grande que dans le cas précédent, ce mode d'altimétrie étant employé notamment dans les radars de veille à balayage électronique, ou 3°) et anciennement, à l'aide de faisceaux en V) (ne pas employer « radar volumétrique », ce terme étant impropre puisqu'il ne s'agit aucunement d'une mesure de volume) (mil, etc.) (cf. aussi* phased-array antenna, V-beam radar *et* search radar).

three-dimensional show *cf.* three-dimensional program.

three-dimensional structure structure tridimensionnelle *(ce terme désigne notamment la structure d'un circuit intégré monolithique tridimensionnel) (cf. aussi* three-dimensionnal integrated circuit).

three-dimensional target recognition reconnaissance des cibles en trois dimensions *(reconnaissance des cibles radar d'après leurs dimensions déterminées dans un système de coordonnées trirectangle par un radar à ouverture dynamique) (mil) (cf. aussi* target recognition *et* synthetic-aperture radar).

three-dimensional television télévision en relief *(ou* stéréoscopique *ou* tridimensionnelle) *(le second terme est peu employé, mais il est meilleur que le premier car on devrait dire « télévision du relief », la vision stéréoscopique étant la perception visuelle du relief) (télévision produisant des images en relief avec ou sans port de lunettes polarisantes par les téléspectateurs) (dans le procédé nécessitant le port de lunettes — procédé non autostéréoscopique —, le seul relativement au point, les vues sont prises sous deux angles différents par deux caméras spéciales montées dans un même boîtier, puis transmises par deux voies de transmission distinctes et reproduites par un récepteur double équipé de deux tubes de projection projetant chacune une image sur la face arrière d'un écran en verre dépoli, ou d'un tube-image spécial à écran recouvert de deux films polarisants) (les verres polarisants des lunettes spéciales portés par un téléspectateur ont pour effet que seule* *la vue prise par la caméra de gauche est vue par l'œil gauche de celui-ci et la vue droite par l'œil droit, ce qui crée l'impression de relief si l'on se tient à peu près dans l'axe de l'écran) (le second procédé — autostéréoscopique —, très complexe, utilise normalement six caméras montées dans un même boîtier, autant de voies de transmission distinctes ou multiplexées, de récepteurs et de tubes de projection ou un tube-image très spécial et ne nécessite pas le port de lunettes polarisantes) (cf. aussi* television *et* multiplexing).

three-dimensional television glasses lunettes stéréoscopiques *(lunettes à verres polarisés dont le port est nécessaire pour garder une émission de télévision en relief non autostéréoscopique) (cf. aussi aussi* three-dimensional television).

three-dimensional TV *cf.* three-dimensional television.

three-electrode electron tube *cf.* three-electrode tube.

three-electrode tube tube à trois électrodes, tube électronique, *(idem)* tube à une grille, *(idem) (noms descriptifs de la triode, les deux premiers s'appliquant également à la double diode à cathode commune) (cf. aussi* triode tube *et* double diode).

three-electrode valve *(GB) cf.* three-electrode tube.

three-grid tube tube à trois grilles *(cf. aussi* pentode).

three-grid valve *(GB) cf.* three-grid tube.

three-gun color picture tube tube-image couleur à trois canons (à électrons) *(ou* tricanon), tube couleur *(idem)*, tube *(idem) (tube-image couleur à trois faisceaux d'électrons dans lequel ceux-ci sont produits par trois canons à électrons distincts) (clpf) (récepteur TV, etc.) (cf. aussi* shadow-mask tube *et* three-beam color tube).

three-gun color tube *cf.* three-gun color picture tube.

three-gun tube *cf.* three-gun color picture tube.

three-input adder *cf.* full adder.

three-input gate porte à trois entrées, porte logique *(idem) (porte logique dans laquelle l'état de la sortie dépend de la combinaison des états de trois entrées) (est employée notamment comme porte majoritaire) (circuit logique) (inf) (cf. aussi* logic gate, logic state *et* majority gate).

three-input logic gate *cf.* three-input gate.

three-input NAND gate porte ET à trois entrées, *(etc.) (circuit logique) (inf) (cf. aussi* NAND gate *et* three-input gate).

three-input subtracter *cf.* full subtracter.

three-layer metallization métallisation à trois couches *(métallisation avec formation de trois couches ou, parfois, ces couches elles-mêmes) (CI) (cf. aussi* metallization layer).

three-layered ... *cf.* three-layer ...

three-level action action à trois niveaux, compensation *(idem) (action échelonnée à trois niveaux) (régulateur) (cf. aussi* multilevel action).

three-level code code à trois niveaux *(code de codage par transitions dans lequel les transitions successives sont séparées par un état à tension nulle) (trans. données) (cf. aussi* transition coding).

three-level coding codage par code à trois niveaux *(cf. aussi* three-level code).

three-level laser laser à trois niveaux *(nom parfois donné au laser à rubis pour rappeler sa filiation avec le maser à rubis) (électronique quantique) (cf. aussi* ruby laser *et* ruby maser).

three-lever maser maser à trois niveaux *(maser dans lequel l'émission stimulée met en jeu trois niveaux d'énergie, c.-à-d. dans lequel le pompage porte les électrons à un niveau d'énergie supérieur à celui, intermédiaire, auquel se produit l'émission stimulée, et dont ils redescendent spontanément pour s'accumuler sur le niveau intermédiaire en créant l'inversion de population permettant l'émission stimulée, celle-ci les ramenant à l'état fondamental) (le maser à trois niveaux utilise le fait que, dans certains corps, il est beaucoup plus facile de porter les électrons de l'état fondamental à un niveau supérieur à celui auquel l'émission stimulée peut se produire, que de les porter directement à celui-ci et que, une fois parvenus au niveau supérieur facile à atteindre, ils redescendent d'eux-mêmes au niveau voulu difficile à atteindre directement) (électronique quantique) (cf. aussi* ruby maser *et* maser).

three-level metallization métallisation à trois niveaux *(CI) (cf. aussi* metallization level *et* three-layer metallization).

three-level signal signal à trois niveaux *(signal dont l'amplitude peut prendre trois valeurs bien distinctes) (ce terme désigne souvent un signal formé d'impulsions positives et d'impulsions négatives séparées par des intervalles à tension nulle) (tlg, etc.) (cf. aussi* level 1), positive pulse *et* negative pulse).

three-phase *a* **1)** triphasé, à trois phases *(élt) (cf. aussi notamment* three-phase current). **2)** triphase *(sans accent sur l'e)*, à trois phases *(inf) (cf. aussi* three-phase clock).

three-phase alternating current *cf.* three-phase current.

three-phase alternator alternateur triphasé *(alternateur produisant un courant triphasé) (est toujours un alternateur à rotor inducteur et stator induit) (est l'alternateur des centrales électriques) (élt) (cf. aussi* three-phase current *et* alternator).

three-phase circuit circuit triphasé *(terme courant, mais impropre, désignant un ensemble de trois circuits associés parcourus par un courant triphasé) (élt) (cf. aussi* three-phase current).

three-phase clock **1)** horloge triphase *(ou à trois phases) (horloge fournissant des trains périodiques de trois impulsions, chaque train d'impulsions assurant le cadencement d'une opération exécutée en trois phases) (CCD, etc.) (cf. aussi* three-phase 2), clock[1] *et* CCD). **2)** *cf.* three-phase clock signal.

three-phase clock generator *cf.* three-clock 1).

three-phase clock signal signal d'horloge triphase *(sans accent sur l'e)*, signal d'horloge à trois phases, signal triphase, *(idem) (signal formé par la suite d'impulsions fournie par une horloge triphase) (cf. aussi* three-phase clock).

three-phase clocking cadencement triphase *(sans accent sur l'e) ou* par horloge triphase *(cadencement d'opérations assuré par un signal d'horloge triphase) (cf. aussi* clocking *et* three-phase clock signal).

three-phase clocking ... *cf.* three-phase clock ...

three-phase current courant triphasé, courant alternatif triphasé, courants triphasés, *(idem)*, système de courants triphasés, *(idem) (le premier terme est le plus employé, mais n'est pas correct; le troisième est le meilleur) (ensemble de trois courants polyphasés déphasés successivement de 120°) (élt) (cf. aussi* polyphase current).

three-phase electric(al) ... *cf.* three-phase ...

three-phase induction motor moteur asynchrone triphasé *(moteur asynchrone réalisé sous la forme d'un moteur triphasé) (démarre de lui-même, un courant triphasé pouvant créer un champ tournant) (élt) (cf. aussi* induction motor, three-phase motor *et* star-delta switch).

three-phase machine machine triphasée, machine électrique *(idem) (machine électrique produisant ou convertissant un courant triphasé ou alimenté par un tel courant) (alternateur triphasé, transformateur triphasé ou moteur triphasé) (élt) (cf. aussi* three-phase current, three-phase alternator, three-phase motor *et* electrical machine).

three-phase motor moteur triphasé *(ou à courant triphasé)*, moteur électrique *(idem) (moteur électrique à courant alternatif conçu pour être alimenté par un courant triphasé, ce courant circulant dans trois enroulements portés par le stator et, dans le moteur triphasé à collecteur, dans le rotor) (ces termes couvrent le moteur synchrone, le moteur asynchrone triphasé, le moteur asynchrone synchronisé et le moteur triphasé à collecteur, ce dernier étant en voie de disparition) (élt) (cf. aussi* synchronous motor, three-phase induction motor, synchronous induction motor *et* ac motor).

three-phase power supply *cf.* three-phase power supply.

three-phase rotor rotor triphasé *(rotor de machine électrique tournante portant un bobinage triphasé) (élt) (cf. aussi* rotor (a) *et* three-phase rotor winding).

three-phase rotor winding bobinage rotorique triphasé, bobinage de rotor triphasé, enroulement *(idem) (le dernier terme, sous ses deux formes, est à éviter) (bobinage rotorique réalisé sous la forme d'un bobinage triphasé) (rotor de moteur asynchrone à trois bagues) (cf. aussi* rotor winding *et* three-phase winding).

three-phase signal *cf.* three-phase clock signal.

three-phase stator stator triphasé *(stator de machine électrique tournante portant un bobinage triphasé) (élt) (cf. aussi* stator (a) *et* three-phase stator winding).

three-phase stator winding bobinage statorique triphasé, bobinage de stator triphasé, enroulement *(idem) (le dernier terme, sous ses deux formes, est à éviter) (bobinage statorique réalisé sous la forme d'un bobinage triphasé) (mach. tournante) (élt) (cf. aussi* stator winding *et* three-phase winding*).*

three-phase stepper *cf.* three-phase stepper motor.

three-phase stepper motor moteur pas-à-pas à trois phases *(voir aussi* four-phase stepper motor *et adapter la définition).*

three-phase stepping motor *cf.* three-phase stepper motor.

three-phase supply alimentation triphasée *(alimentation d'une machine ou une installation électrique par un courant triphasé) (élt) (cf. aussi* three-phase current *et* electric machine*).*

three-phase synchronous motor moteur synchrone triphasé *(moteur synchrone à stator triphasé) (clpf) (élt) (cf. aussi* synchronous motor *et* three-phase stator*).*

three-phase system réseau triphasé *(réseau de distribution d'un courant triphasé) (utilise un conducteur par phase et éventuellement un conducteur neutre) (élt) (cf. aussi* three-phase current*).*

three-phase transformer transformateur triphasé *(transformateur transformant un courant triphasé, c.-à-d. comportant trois enroulements primaires identiques et trois enroulements secondaires respectifs) (transformateur industriel) (élt) (cf. aussi* transformer 1) *et* three-phase current*).*

three-phase winding bobinage triphasé, enroulement triphasé *(le second terme est à éviter) (bobinage de machine électrique à courant alternatif formé de trois enroulements distincts montés en étoile ou en triangle) (cf. aussi* three-phase stator winding, three-phase rotor winding, polyphase winding, star connection *et* delta connection*).*

three-pole Bessel filter filtre de Bessel à trois pôles *(cf. aussi* Bessel filter *et* filter poles*).*

three-pole filter filtre à trois pôles *(cf. aussi* filter poles*).*

three-pole ... filter filtre ... à trois pôles *(cf. aussi* ... filter *et* filter poles*).*

three-pole switch interrupteur tripolaire *(interrupteur agissant simultanément sur trois circuits distincts, notamment dans un réseau triphasé à trois fils) (cf. aussi* switch[1] 1) *et* three-phase system*).*

three-position action *cf.* three-level action.

three-section capacitor *cf.* three-section variable capacitor.

three-section filter filtre à trois cellules *(cf. aussi* filter section*).*

three-section variable capacitor condensateur variable à trois cages, condensateur à trois cages *(super) (cf. aussi* variable capacitor*).*

three-stage amplifier amplificateur à trois étages *(cf. aussi* amplifier stage*).*

three-stage depressed collector collecteur en cuvette à trois gradins *(tube hyper) (cf. aussi* depressed collector*).*

three-state buffer mémoire-tampon à trois états, tampon à trois états *(mémoire-tampon possédant une sortie à trois états) (inf) (cf. aussi* buffer memory *et* three-state output*).*

three-state buffered latch *cf.* three-state buffer.

three-state data output *cf.* three-state output.

three-state device dispositif à trois états *(terme général désignant notamment une porte à trois états en électronique) (inf, etc.) (cf. aussi* three-state gate*).*

three-state driver attaqueur à trois états, *(etc.) (attaqueur possédant une sortie à trois états) (inf, tls) (cf. aussi* driver 1) *et* three-state output).

three-state gate porte à trois états, porte logique à trois états *(porte logique possédant une sortie à trois états) (inf) (cf. aussi* logic gate *et* three-state output*).*

three-state logic logique à trois états *(logique utilisant des portes à trois états) (cf. aussi* logic (b) *et* three-state gate*).*

three-state-logic gate *cf.* three-state gate.

three-state output sortie à trois états *(sortie d'une porte logique pouvant prendre trois états électriques, c.-à-d. les deux états habituels représentant les deux états logiques, plus un état dit « à haute impédance » dans lequel elle est « en l'air », c.-à-d. pratiquement débranchée de la porte pour éviter un court-circuit avec d'autres portes montées en parallèle sur le même bus) (inf) (cf. aussi* logic gate, logic state *et* bus (a1)*).*

three-state output buffer mémoire-tampon de sortie à trois états, tampon de sortie à trois états *(inf) (cf. aussi* output buffer *et* three-state buffer*).*

three-step action *cf.* three-level action.

three-term action action à trois termes *(action combinée mettant en jeu trois grandeurs liées à l'écart dans un régulateur) (autre nom, plus général, de l'action PID) (asser) (cf. aussi* compound action *et* proportional-integral-derivative action*).*

three-terminal device dispositif à trois bornes, *(souvent aussi)* composant à trois sorties *(potentiomètre, tube électronique à trois électrodes, transistor, thyristor, triac, etc.) (constitue un quadripôle) (cf. aussi* quadripole*).*

three-terminal resistor résistance à prise *(cf. aussi* tapped resistor*).*

three-transistor cell *cf.* three-transistor memory cell.

three-transistor memory cell cellule de mémoire à trois transistors, cellule à trois transistors *(cellule de mémoire à semi-conducteur utilisant trois transistors : un transistor d'écriture ou programmation, un transistor de mémorisation et un transistor de lecture) (cellule d'ancienne mémoire RAM dynamique ou de mémoire REPROM à semiconducteur) (cf. aussi* memory cell, semiconductor memory, write transistor, programming transistor, storage transistor, read transistor, dynamic RAM *et* REPROM*).*

three-tube camera *cf.* three-tube color television camera.

three-tube color camera *cf.* three-tube color television camera.

three-tube color television camera caméra de télévision en couleurs à trois tubes analyseurs, caméra de télévision à trois tubes, caméra à trois tubes *(caméra de télévision en couleurs utilisant un tube analyseur par couleur primaire, c.-à-d. un tube pour le rouge, un pour le vert et un pour le bleu) (chaque tube est excité par la lumière colorée correspondante grâce à un filtre optique disposé sur sa fenêtre d'entrée et ne laissant passer que celle-ci, la lumière atteignant les trois tubes grâce à deux miroirs dichroïques disposés à 45° et en opposition dans l'axe de l'objectif) (cf. aussi* color television camera *et* dichroic mirror*).*

three-tube projection television system système de télévision sur grand *(parf.* sur petit) écran à trois tubes, système de télévision en couleurs sur grand écran *(idem)* à trois tubes de projection, système de projection à trois tubes, trinoscope *(système de télévision en couleurs sur grand écran utilisant un tube de projection monochrome à luminophores rouges, un à luminophores verts et un à luminophores bleus attaqués chacun par le signal de différence de couleur correspondant, les trois images monochromes étant projetées simultanément sur l'écran pour réaliser la synthèse des couleurs au niveau de celui-ci) (les trois tubes sont disposés dans le plan horizontal ou, parfois, vertical, le tube central étant dans l'axe de l'écran de projection et les tubes extérieurs formant un angle avec cet axe) (la distorsion trapézoïdale qui en résulte pour l'image formée sur l'écran par chacun des tubes extérieurs est corrigée par formation d'une image à distorsion trapézoïdale inverse sur l'écran du tube grâce à l'emploi de bobines de correction du balayage ou, solution beaucoup plus élégante, d'un tube à dalle inclinée) (chacun des trois tubes de projection ne reproduisant qu'une seule couleur — tube monochrome —, il ne comporte pas de masque perforé et peut ainsi produire une image très brillante) (a donné naissance à des récepteurs portatifs à projection arrière — à petit écran) (cf. aussi* color television, projection television, projection cathode-ray tube, color-difference signal, keystone distortion *et* tilted-faceplate projection tube*).*

three-tube television camera *cf.* three-tube color television camera.

three-tube TV camera *cf.* three-tube television camera.

three-way loudspeaker system *cf.* three-way system *(ce terme étant le plus employé).*

three-way speaker system *cf.* three-way system.

three-way system enceinte à trois voies, enceintes acoustique *(idem) (enceinte acoustique équipée de trois haut-parleurs : un de graves, un de médium et un d'aigus, ainsi que d'un filtre d'aiguillage) (hifi) (cf. aussi* loudspeaker baffle, woofer, squawker, tweeter *et* crossover network*).*

three-winding transformer transformateur à trois enroulements (*transformateur monophasé comportant deux enroulements secondaires distincts*) (*cf. aussi* single-phase transformer).

three-zeros anti-alias ... *cf.* three-zeros antialiasing ...

three-zeros anti-aliasing filter filtre antirepliement de spectre à trois zéros (de transmission) (*numériseur*) (*cf. aussi* antialiansing filter *et* filter zeroes).

three-zeros anti-aliasing prefilter *cf.* three-zeros anti-aliasing filter.

three-zeros filter filtre à trois zéros (de transmission) (*cf. aussi* filter zeroes).

threshold seuil (*valeur minimale d'une grandeur variable à laquelle se produit un phénomène ou une action qui dépend de cette grandeur*) (*seuil de tension, d'intensité de courant ou de champ, seuil de fréquence, etc.*).

threshold comparator *cf.* threshold detector.

threshold current (*parf.* intensité du) courant de seuil (*intensité minimale du courant dans un dispositif électronique à laquelle se produit un phénomène dans celui-ci*) (*exemples : intensité du courant dans un tube à décharge à laquelle la décharge passe du régime non autonome au régime autonome, intensité du courant dans une diode oscillatrice à laquelle se produisent les oscillations, intensité du courant dans un laser à semiconducteur à laquelle se produit l'effet laser*) (*cf. aussi* Townsend discharge, self-sustained discharge, oscillator diode *et* semiconductor laser).

threshold detection détection avec seuil (*détection réalisée par un détecteur à seuil*) (*cf. aussi* threshold detector).

threshold detector détecteur à seuil (*montage fournissant un signal à partir d'une valeur déterminée de l'amplitude du signal appliqué à son entrée*) (*ne pas employer « détecteur de seuil », ce terme étant impropre*) (*cf. aussi* threshold).

threshold effect effet de seuil (*présence d'un seuil dans l'apparition d'un phénomène*) (*en radioélectricité, ce terme désigne notamment la suppression spontanée du bruit de fond dans le haut-parleur d'un récepteur à modulation de fréquence dès que l'amplitude de la porteuse à l'entrée du récepteur est supérieure au bruit au même point*) (*cf. aussi* noise 2) (a), FM receiver *et* threshold).

threshold element élément à seuil (*nom parfois donné à un dispositif dont le fonctionnement présente un seuil*) (*ce terme désigne souvent une porte à seuil*) (*cf. aussi* threshold *et* threshold gate).

threshold frequency fréquence de seuil (*notamment fréquence du seuil photoélectrique dans l'effet photoélectrique*) (*cf. aussi* photoelectric threshold).

threshold gate porte à seuil, porte logique à seuil (*porte logique à trois entrées ou plus conçue pour être utilisée comme porte majoritaire avec la possibilité de donner à une ou plusieurs entrées un poids logique supérieur à celui des autres, soit un poids de 2 en général, pour modifier le seuil de décision*) (*inf*) (*cf. aussi* majority gate *et* threshold).

threshold of audibility seuil d'audition (*ou* d'audibilité *ou* de perception auditive *ou* de sensation auditive), seuil auditif (*intensité minimale d'un son pur de fréquence déterminée à partir de laquelle celui-ci est perçu par un sujet à système auditif moyen dit « oreille moyenne »*) (*varie avec la fréquence, la sensibilité de l'oreille humaine étant fonction de la fréquence des sons, à savoir minimale vers 2 000 Hz et augmentant de part et d'autre de cette fréquence*) (*acoustique physiologique, audiométrie*) (*cf. aussi* sound intensity *et* pitch 2)).

threshold of detection seuil de détection (*radar, sonar*) (*cf. aussi* detection threshold).

threshold of discomfort *cf.* threshold of feeling.

threshold of feeling seuil de douleur, seuil de sensation douloureuse (*intensité sonore minimale produisant une sensation douloureuse chez un sujet à système auditif moyen dit « oreille moyenne » pour une fréquence déterminée du son considéré, la tolérance de l'oreille humaine étant fonction de la fréquence des sons, à savoir maximale vers 1 000 Hz et diminuant de part et d'autre de cet intervalle de fréquences*) (*acoustique physiologique, audiométrie*) (*cf. aussi* sound intensity *et* pich 2)).

threshold of hearing *cf.* threshold of audibility.

threshold of pain *cf.* threshold of feeling.

threshold of luminescence seuil de luminescence (*cf. aussi* luminescence threshold).

threshold of sensitivity *cf.* threshold sensitivity. (*ci-après*).

threshold sensitivity seuil de sensibilité (*amplitude minimale du signal appliqué à un dispositif tel qu'un détecteur, un récepteur, un appareil de mesure ou un relais, notamment, pour laquelle celui-ci réagit de façon utilisable*) (*cf. aussi* threshold *et* sensitivity).

threshold signal signal minimal utilisable (*signal d'amplitude minimale utilisable par un récepteur, notamment un récepteur radio, et plus particulièrement un récepteur de radionavigation*) (*cf. aussi* amplitude *et* signal[1]).

threshold value valeur de seuil (*valeur du seuil d'une grandeur présentant une telle particularité*) (*cf. aussi* threshold).

threshold voltage tension de seuil (*valeur d'une tension appliquée à un dispositif électronique à laquelle se produit un phénomène déterminé dans celui-ci*) (*ce terme désigne notamment la tension de grille d'un transistor MOS à laquelle se produit la forte inversion*) (*cf. aussi* strong inversion).

threshold wavelength longueur d'onde de seuil (*longueur d'onde du rayonnement optique correspondant à la fréquence de seuil*) (*cf. aussi* threshold frequency *et* wavelength).

thresholding fixation d'un seuil (*parf.* de seuils), (*parf.*) emploi (*idem*) (*cf. aussi* threshold).

throat 1) embouchure (*celle des deux extrémités d'un pavillon de haut-parleur ou autre dont la section droite est la plus petite*) (*cf. aussi* horn loudspeaker). 2) entrée (*celle des deux extrémités d'une antenne-cornet dont la section droite est la plus petite*) (*hyper*) (*cf. aussi* horn antenna).

throat microphone *cf.* laryngophone.

through hole trou traversant, trou (*trou percé dans toute l'épaisseur d'une pièce et notamment du substrat d'un circuit imprimé*) (*cf. aussi* plated-through hole).

throug-hole plating métallisation des trous (*CP*) (*cf. aussi* plated-through hole).

through-hole printing *cf.* through-hole plating.

through path chaîne directe (*asser*) (*cf. aussi* forward path).

throughput capacité (*au sens de quantité de travail pouvant être fournie par une machine ou un système*) (a) capacité de traitement, capacité de gravure (*nombre de plaquettes à gravure qu'un graveur de circuits peut graver par heure ou d'opérations de gravure qu'il peut exécuter par heure*) (*CI, semi*) (*cf. aussi* wafer 2) *et* pattern printer) ; (b) capacité de traitement (*ordinateur*) (*inf*) (*cf. aussi* processing power) ; (c) capacité de transmission (*d'une liaison de télécommunications*) (c1) *nombre de communications téléphoniques ou télégraphiques qu'une liaison peut transmettre simultanément*) (*cf. aussi* multiplex[1]) ; (c2) (*autre nom du débit d'une ligne télégraphique*) (*cf. aussi* transmission speed).

throughput capacity *cf.* throughput rate.

throughput rate 1) *cf.* throughput. 2) produit vitesse-densité (*CI*) (*cf. aussi* functional throughput rate).

throw[1] (*a switch*) *v* basculer, mettre sur l'autre position (*changer de position l'organe de commande d'un interrupteur ou un inverseur, généralement à levier*) (*cfa.* toggle switch).

throw[2] *s* saut de papier (*avancement brusque de la bande ou la feuille de papier d'une longueur égale à un ou plusieurs interlignes sur une imprimante*) (*inf*) (*cf. aussi* printer 1)).

throw-out spiral sillon final (*disque*) (*cf. aussi* lead-out groove).

thruput (*USA*) *cf.* throughput.

thumbwheel switch roue codeuse (*commutateur juxtaposable à dix positions 0 à 9 pour l'affichage d'un nombre décimal ou 16 positions pour l'affichage d'un nombre hexadécimal et à sortie binaire sur quatre broches, généralement en binaire pur, à axe horizontal commandé par une molette ou deux poussoirs, avec affichage du nombre choisi dans une fenêtre*) (*inf*) (*cf. aussi* hexadecimal number *et* pure binary code).

thump cognement (*bruit sourd parasite produit dans un haut-parleur*) (*cf. aussi* loudspeaker).

thyratron thyratron, triode à gaz (*le premier terme est le plus employé, le second est un terme descriptif*) (*tube électronique à gaz à cathode chaude et électrode de commande dans lequel* *la conduction est déclenchée par l'application d'une impulsion de tension positive à la grille de commande provoquant l'amorçage du tube, après quoi celle-ci n'exerce plus aucune action sur le courant traversant le tube, son interruption nécessitant l'ouverture du circuit anodique) (la plupart des thyratrons ont trois électrodes — la cathode, la grille de commande ou grille tout court et l'anode — et sont appelés « thyratron triode » ou « thyratron à une grille ») (certains thyratrons ont en plus une grille-écran entourant la grille de commande principalement pour diminuer l'effet de la température du tube sur sa tension d'amorçage à chaud en évitant l'émission thermoélectronique de la grille de commande sous l'action de la chaleur en provenance de l'anode ; ces thyratrons sont appelés « thyratron tétrode » ou « thyratron à deux grilles ») (le thyratron est l'équivalent électronique d'un relais à verrouillage, mais sans inertie) (il a cédé la place au thyristor, sauf dans certaines applications et notamment dans des modulateurs de radars) (cf. aussi* gas tube, control grid 1), control characteristic, thermionic emission, latching relay *et* silicon controlled rectifier).

thyratron inverter onduleur à thyratrons *(ancien onduleur utilisant des thyratrons pour réaliser le découpage du courant continu) (alim) (cf. aussi* inverter 1) *et* thyratron).

thyristor thyristor *(le terme « thyristor » a un sens plus large en anglais qu'en français et peut s'appliquer à un triac ou un diac) (ce que nous appelons un « thyristor » s'appelle normalement un « silicon controlled rectifier » ou, plus souvent, un « SCR » en anglais) (il est à noter toutefois que le terme « thyristor » est de plus en plus employé en anglais avec le sens français) (cf. aussi* silicon controlled rectifier).

thyristor ... *cf.* SCR ...

Thz *cf.* terahertz.

ticket ticket *(en téléphonie, ce terme désigne le carré de bristol sur lequel est enregistrée une communication manuelle) (cf. aussi* manual telephone exchange).

ticketing établissement du ticket *(parf. des tickets) (central tél. manuel) (cf. aussi* ticket).

tickler bobine de réaction (de montage à tube) *(petite bobine insérée dans le circuit anodique d'un tube électronique et couplée inductivement à une bobine analogue insérée dans le circuit de grille du tube pour produire une réaction positive) (est utilisée notamment dans la détectrice à réaction) (cf. aussi* anode circuit, inductive coupling, positive feedback *et* regenerative detector).

ticonal ticonal *(acier à aimants) (cf. aussi* alnico).

tie-down point fréquence d'alignement *(fréquence du signal appliqué à l'entrée de l'amplificateur à fréquence intermédiaire d'un récepteur radio pour l'aligner) (deux fréquences, assez espacées, sont normalement utilisées successivement pour obtenir un alignement moyen) (cf. aussi* alignment 1)).

tie in *v* connecter, relier *(une source de courant à un réseau de distribution d'énergie, etc.).*

tie-line ligne d'interconnexion privée *(ligne téléphonique reliant deux centraux privés) (est peu fréquente) (tls) (cf. aussi* private exchange).

tie point 1) point de raccordement *(point d'un circuit où sont raccordés un ou plusieurs autres circuits) (est généralement une borne prévue à cet effet) (cf. aussi* terminal 1)). 2) point d'interconnexion, point de raccordement *(point d'un réseau de distribution d'énergie où celui-ci est interconnecté avec un autre réseau de distribution d'énergie) (cf. aussi* power grid).

tie trunk *cf.* tie line.

tie wire fil de connexion *(au sens du terme anglais, fil nu ou isolé reliant successivement plusieurs bornes) (cf. aussi* jumper wire).

tight buffer gaîne intermédiaire serrée *(gaîne intermédiaire étroitement appliquée sur la fibre optique qu'elle entoure) (cf. aussi* buffer (b)).

tight coupling couplage serré, fort couplage *(couplage entre les deux enroulements d'un transformateur à coefficient de couplage proche de l'unité, c.-à-d. tel que presque tout le flux magnétique créé par l'enroulement primaire soit embrassé par l'enroulement secondaire) (en d'autres termes, couplage tel que presque toute la puissance disponible au primaire soit transférée au secondaire) (est obtenu en disposant les enroule-*

ments, et éventuellement en agissant sur la position du noyau magnétique, de telle façon que le flux de fuite soit très faible) (en radioélectricité, ce terme est souvent employé avec le sens de « surcouplage ») (cf. aussi coupling coefficient *et* overcoupling).

tightly buffered fiber fibre à gaîne intermédiaire serrée, fibre optique *(idem) (cf. aussi* tight buffer).

tightly coupled circuits circuits à couplage serré *(ou à fort couplage) (circuits couplés) (cf. aussi* tight coupling).

tilt *s* 1) inclinaison *(sens usuel).* 2) *cf.* tilt angle.

tilt angle angle d'inclinaison *(sens usuel) (en technique radar, ce terme désigne l'angle formé par l'axe électrique de l'antenne d'un radar et l'horizontale) (cf. aussi* electrical boresight).

tilt error *cf.* ionospheric error.

tilt stand support incliné *(pour oscilloscope, multimètre numérique, etc.).*

tilted-faceplate projection tube tube de projection à dalle inclinée *(tube de projection dans lequel le plan tangent à l'écran n'est pas perpendiculaire à l'axe du canon à électrons, de sorte que l'image formée sur l'écran présente une distortion trapézoïdale voulue) (récepteur TV) (cf. aussi* projection cathode-ray tube, faceplate *et* three-tube projection television system).

tilted-faceplate tube *cf.* tilted-faceplate projection tube.

tilting inclinaison *(en radioélectricité, le terme anglais désigne notamment l'inclinaison, par rapport à la verticale, du front de l'onde de surface, cette inclinaison étant fonction de la constante diélectrique du sol) (propa) (cf. aussi* wave front, surface wave (a2) *et* dielectric constant).

timbre timbre *(en acoustique, qualité subjective d'un son liée à sa composition spectrale, indépendamment de son intensité et de sa hauteur) (conformément à cette définition, ce terme sous-entend que l'on a affaire à un son complexe) (cf. aussi* sound[1], spectral content *et* complex sound).

time[1] *s* temps, *(parf.)* instant, *(parf.)* durée *(cf. aussi* second).

time[2] *v* cadencer *(cf. aussi* clock[2]).

... time temps de ..., *(souvent aussi)* durée du ..., durée de la ...).

time axis axe des temps *(noter l'emploi du pluriel) (nom souvent donné à l'axe x d'un graphique ou d'un écran d'oscilloscope lorsque la variable x représente le temps écoulé à partir de l'origine des coordonnées, ce qui est le cas le plus fréquent) (cf. aussi* X axis 1), time origin *et* time sweep).

time-axis oscillator *cf.* time-base generator.

time-bandwidth product produit durée-largeur de bande *(produit de la durée et de la largeur de bande des impulsions émises par un radar à compression d'impulsions) (est un facteur de mérite du radar, la portée étant proportionnelle à la durée des impulsions émises et l'étroitesse des échos exploités après filtrage dans le récepteur étant proportionnelle à la largeur de bande de ces impulsions) (cf. aussi* chirp radar, bandwidth 1) (a) *et* figure of merit).

time base base de temps (a) *ligne droite formée par le point lumineux sur l'écran d'un oscilloscope ou appareil dérivé en l'absence de signal (sur l'écran d'un oscilloscope, la base de temps est horizontale et forme l'axe des temps) (sur l'écran d'un récepteur de télévision ou appareil similaire, chaque ligne du balayage est équivalente à une base de temps dans laquelle la fonction temporelle est remplacée par une fonction spatiale) (sur l'écran d'un radar ou un sonar panoramique, la base de temps va du centre de l'écran au bord de celui-ci et tourne en synchronisme avec l'antenne ou le projecteur, respectivement) (voir aussi (b) ci-après) (cf. aussi* sweep[1] (a), time axis, horizontal sweep 1) *et* PPI display) ; (b) *par extension fréquente, signal produisant la ligne définie en (a) ci-dessus, c.-à-d. signal de balayage) (cf. aussi* sweep signal) ; (c) *par extension encore plus large et très fréquente, montage produisant le signal mentionné en (b) ci-dessus, c.-à-d. générateur de base de temps) (cf. aussi* time-base generator).

time-base generator générateur de base de temps, générateur de balayage, base de temps *(le dernier terme est le plus employé parce que le plus court, bien qu'il ne soit pas correct) (oscillateur à relaxation fournissant un signal en dent(s) de scie assurant le balayage de l'écran d'un tube cathodique)* *(lorsque le tube cathodique est le tube d'un oscilloscope ou un appareil dérivé, le signal du générateur produit une base de temps) (dans un oscilloscope, le signal fourni peut être une suite de dents de scie ou une dent de scie unique) (lorsque le tube cathodique est un tube-image, le signal du générateur est associé au signal d'un autre générateur de base de temps pour produire une trame de balayage) (cf. aussi relaxation oscillator, sawtooth waveform, time base (a), raster, horizontal sweep oscillator et vertical sweep oscillator).*

time-base oscillator *cf.* time-base generator.

time-base plug-in tiroir base de temps *(tiroir d'oscilloscope contenant une base de temps) (cf. aussi oscilloscope plug-in et time base (c)).*

time-base setting (un) réglage de la base de temps *(oscillo, etc.) (cf. aussi sweep setting).*

time-base sweep balayage par base de temps *(balayage de l'écran d'un oscilloscope ou de la feuille de papier d'un traceur de courbes assuré par la base de temps de l'appareil, ou par une base de temps auxiliaire dans certains traceurs de courbes, et non par un second signal) (clpf) (cf. aussi sweep (a) et (b) et X-Y display).*

time-base triggering déclenchement de la base de temps, *(parf.* d'une base de temps) *(oscillo, etc.) (cf. aussi sweep triggering).*

time-base voltage tension de la base de temps *(nom parfois donné à une tension de balayage) (cf. aussi sweep voltage).*

time change variation temporelle *(ou dans le temps ou avec le temps ou en fonction du temps) (variation d'une fonction du temps) (cf. aussi time function).*

time coherence *cf.* temporal coherence.

time constant constante de temps *(en électricité et électronique, temps nécessaire à une tension unidirectionnelle ou à l'intensité d'un courant unidirectionnel pour atteindre 63 % de sa valeur finale ou pour tomber à 37 % de sa valeur initiale après une variation de l'état du circuit) (se mesure en secondes) (la variation considérée est la fermeture du circuit ou l'augmentation brusque de la tension appliquée à ses bornes dans le premier cas ; c'est l'ouverture du circuit ou la diminution brusque de la tension appliquée à ses bornes dans le second cas) (ce terme s'applique notamment à un circuit RC) (ne pas confondre avec « temps de réponse ») (cf. aussi RC circuit et response time (a)).*

time delay retard, *(parf.)* temporisation *(cf. aussi delay[1] et time lag).*

time-delay bin case distance *(radar) (cf. aussi Doppler bin).*

time-delay circuit circuit de temporisation, circuit à retard *(noms donnés à un montage introduisant un retard dans le fonctionnement d'un dispositif électrique, électromécanique ou électronique) (est généralement un circuit RC monté en intégrateur) (cf. aussi RC circuit).*

time-delay circuitry circuits de temporisation, *(etc.) (cf. aussi time-delay circuit et circuitry).*

time-delay distortion distorsion du temps de retard (de groupe) *(signal) (cf. aussi group-delay distortion).*

time-delay fuse *cf.* slow-blow fuse.

time-delay generation génération de retards *(cf. aussi time synthesizer).*

time-delay generator *cf.* time synthesizer.

time-delay match égalité du temps de propagation *(de deux signaux et notamment des signaux de chrominance du procédé de télévision en couleurs NTSC) (cf. aussi propagation time (a) et NTSC system).*

time-delay relay relais temporisé *(relais dans lequel l'armature ne se déplace qu'un certain temps après la fermeture ou l'ouverture du circuit de commande) (la temporisation est souvent assurée par un circuit de temporisation, notamment dans le cas des petits relais, ou par une bilame, mais elle peut être assurée, par un mouvement d'horlogerie sans ressort, un volant d'inertie, un retardateur hydraulique, pneumatique ou magnétique ou par l'écoulement du mercure dans un orifice calibré dans le cas d'un relais à mercure) (élt) (cf. aussi slow-operate relay, slow-release relay, time-delay circuit, thermal time-delay relay, dashpot, eddy-current timing device, mercury relay, timing device et relay[1] 1)).*

time-delayed relay *cf.* time-delay relay.

time discriminator *cf.* time-interval discriminator.

time display 1) affichage de l'heure *(parf.* du temps) *(indication de l'heure ou d'un temps uniquement par des chiffres) (montre ou horloge numérique) (cf. aussi digital watch et digital clock).* 2) *cf.* time-related display.

time division répartition dans le temps *(ou temporelle) (le premier terme est le plus employé) (répartition dans le temps de signaux à transmettre quasi-simultanément) (tls) (cf. aussi time-division multiplex).*

time-division circuit switching *cf.* time-division switching.

time-division data link liaison informatique temporelle, *(etc.) (liaison informatique assurée par une voie d'un multiplex temporel) (cf. aussi time-division multiplex et data link).*

time-division demultiplexer démultiplexeur temporel *(ou numérique), (etc.) (démultiplexeur réalisant le démultiplexage temporel) (tls) (cf. aussi time-division demultiplexing et demultiplexer).*

time-division demultiplexing démultiplexage temporel *(ou numérique ou d'un multiplex à répartition dans le temps), (etc.) (démultiplexage réalisé sur un multiplex à répartition dans le temps) (tél) (cf. aussi time-division multiplex et demultiplexing).*

time-division demultiplexor *cf.* time-division demultiplexer.

time-division DMUX *cf.* time-division demultiplexer.

time-division electronic switch autocommutateur électronique temporel, *(etc.) (cf. aussi time-division switch).*

time-division equipment matériel pour multiplex à répartition dans le temps, *(etc.)* matériel temporel, matériel numérique, *(etc.) (autocommutateurs temporels, répéteurs regénérateurs, etc.) (tél) (cf. aussi time-division multiplex, time-division switch et regenerative repeater).*

time-division link liaison par multiplex à répartition dans le temps, *(etc.),* liaison temporelle, liaison numérique, *(etc.) (liaison de télécommunications assurée par un multiplex à répartition dans le temps) (tél, etc.) (cf. aussi time-division multiplex et communications link).*

time-division microwave link faisceau hertzien à répartition dans le temps, *(etc.) (cf. aussi time-division microwave radio).*

time-division microwave radio (les) faisceaux hertziens à répartition dans le temps, *(etc.) (faisceaux hertziens utilisant un multiplex à répartition dans le temps) (radiocom) (cf. aussi time-division multiplex et microwave radio).*

time-division microwave radio link *cf.* time-division microwave link.

time-division multiple access accès multiple par répartition dans le temps, accès multiple temporel *(accès multiple à un satellite relayant un multiplex temporel) (tls) (cf. aussi multiple access et time-division multiplex).*

time-division multiplex multiplex à répartition dans le temps, multiplex temporel *(ou numérique ou à impulsions codées ou MIC ou PCM) (les deux premiers termes sont les plus employés) (multiplex formé de signaux numériques entrelacés sous la forme d'une suite de trames) (tls) (cf. aussi multiplex[1], digital signal, frame 6) et pulse-code modulation).*

time-division-multiplexed signals signaux multiplexés par répartition dans le temps, signaux à multiplexage temporel *(ou numérique),* signaux multiplexés MIC *(ou PCM) (signaux formant un multiplex à répartition dans le temps) (tls) (cf. aussi time-division multiplex).*

time-division multiplexer multiplexeur à répartition dans le temps, multiplexeur temporel *(ou numérique), (etc.) (multiplexeur élaborant un multiplex temporel à partir d'un certain nombre de signaux analogiques) (comprend essentiellement un scrutateur suivi de numériseurs) (tls) (cf. aussi time-division multiplex, multiplexer, analog signal, scanner 2) et analog-to-digital converter).*

time-division multiplexing multiplexage par répartition dans le temps, multiplexage temporel *(ou numérique), (etc.) (formation d'un multiplex temporel) (tls) (cf. aussi time-division multiplex).*

time-division multiplexor *cf.* time-division multiplexer.

time-division MUX *cf.* time-division multiplexer.

time-division network réseau à répartition dans le temps, *(etc.) (réseau de télécommunications dans lequel les signaux transmis sont des multiplex à répartition dans le temps) (cf. aussi* time-division multiplex *et* communications network).

time-division signals *cf.* time-division-multiplexed signals.

time-division switch autocommutateur temporel *(ou numérique),* autocommutateur téléphonique *(idem),* autocommutateur électronique *(idem),* commutateur téléphonique *(idem),* commutateur électronique *(idem) (autocommutateur téléphonique réalisant la commutation temporelle, c.-à-d. autocommutateur électronique commutant des signaux numériques) (central tél.) (cf. aussi* telephone switch, time-division switching *et* electronic telephone switch).

time-division switching (la) commutation temporelle *(ou numérique) (commutation téléphonique automatique dans laquelle chaque circuit aboutit à l'autocommutateur sous la forme d'une voie d'un multiplex à répartition dans le temps, les signaux transmis étant numériques) (remplace de plus en plus la commutation spatiale (en 1990)) (tls) (cf. aussi* automatic telephone switching, telephone switch, time-division multiplex *et* digital signal).

time-division switching network réseau de connexion temporel, réseau temporel *(réseau de connexion d'un autocommutateur temporel) (central tél) (cf. aussi* switching network *et* time-division switch).

time-division switching system système de commutation temporelle *(ou numérique ou de commutation téléphonique) (idem) (autres noms, plus généraux, d'un autocommutateur téléphonique temporel) (tls) (cf. aussi* time-division switch).

time-division telephone ... *cf.* time-division ... *(pour les termes qui ne figurent pas ci-après).*

time-division telephone link liaison téléphonique à répartition dans le temps *(ou à multiplex temporel), (etc.),* liaison téléphonique numérique, *(etc.) (liaison téléphonique assurée par un multiplex à répartition dans le temps) (tls) (cf. aussi* time-division multiplex *et* telephone link).

time-division telephony téléphonie à répartition dans le temps *(nom parfois donné à la téléphonie numérique par opposition à la téléphonie par courants porteurs) (tls) (cf. aussi* digital telephony *et* carrier telephony).

time dodging *cf.* time hopping.

time domain domaine temporel *(terme du traitement des signaux signifiant que l'on travaille sur les instants d'apparition d'un signal, c.-à-d. que l'on a affaire à un signal formé d'impulsions, souvent un signal numérique) (cf. aussi* signal processing *et* digital signal).

time-domain analysis *cf.* time-domain signal analysis.

time-domain convolution convolution dans le domaine temporel, convolution temporelle *(convolution dans laquelle les fonctions sont représentées par des signaux numériques) (radar, etc.) (cf. aussi* convolution, digital signal *et* time domain).

time-domain correlation corrélation dans le domaine temporel, corrélation temporelle *(noms donnés à la comparaison des instants d'apparition de deux ou plusieurs impulsions) (radar, etc.) (cf. aussi* correlation (b) *et* pulse time).

time-domain filtering filtrage dans le domaine temporel, filtrage temporel *(filtrage d'un signal formé d'impulsions, c.-à-dire élimination de certaines de celles-ci en fonction de leur instant d'apparition) (ce terme peut désigner le filtrage numérique) (détecteur de radar, etc.) (cf. aussi* pulse time *et* digital filtering).

time-domain measurement mesure dans le domaine temporel, mesure temporelle *(mesure effectuée dans le domaine temporel) (signal) (cf. aussi* time domain).

time-domain modulation *cf.* time modulation.

time-domain multiplication multiplication dans le domaine temporel, multiplication temporelle *(multiplication d'un signal par lui-même ou par un autre signal effectuée dans le domaine temporel, c-à-d. convolution temporelle) (cf. aussi* time-domain convolution).

time-domain processing *cf.* time-domain signal processing.

time-domain reflectometer reflectomètre temporel *(appareil de contrôle pour câbles coaxiaux utilisant la réflectométrie temporelle) (comprend essentiellement une source d'impulsions isolées et un oscilloscope réunis dans le même coffret)*

(tls, TV) (cf. aussi time-domain reflectometry *et, pour information,* reflectometer (a)).

time-domain reflectometry reflectrométrie temporelle *(méthode de localisation des défauts des lignes de transmission en câble coaxial ou en fibre optique par émission d'une impulsion à une extrémité de la ligne et visualisation de l'écho de l'impulsion sur l'écran d'un oscilloscope connecté à la même extrémité) (l'écho est produit par la réflexion d'une partie de l'énergie de l'impulsion par la discontinuité constituée par le défaut, celui-ci étant le plus souvent une coupure ou un mauvais contact dans un connecteur) (la position de l'écho sur l'axe des temps permet de calculer approximativement la distance du défaut, connaissant la vitesse de propagation de l'impulsion émise et réfléchie, tandis que la forme de l'écho donne une indication du type du défaut) (l'impulsion émise est une impulsion de tension dans le cas d'un câble coaxial, ou une impulsion de lumière infrarouge dans le cas d'une fibre optique) (dans le premier cas, l'impulsion émise est une impulsion courte ou très courte ou parfois un échelon unité émis(e) par un générateur d'impulsions ; dans le second cas, c'est une impulsion très courte émise par une diode laser) (la réflectométrie temporelle est utilisée pour les câbles téléphoniques coaxiaux et les câbles à fibre(s) optique(s) servant pour la transmission de données, en raison de la sensibilité du taux d'erreurs aux conditions de transmission, et pour les câbles de la télévision par câbles) (cf. aussi* coaxial cable, optical fiber, oscilloscope, reflection, time axis, propagation velocity, voltage pulse, infrared light, laser diode, data transmission, cable television, transmission line *et, pour information,* reflectometry (a)).

time-domain signal signal dans le domaine temporel *(cf. aussi* time domain *et* signal[1]).

time-domain signal analysis analyse de signaux dans le domaine temporel, analyse dans le domaine temporel, analyse temporelle *(mise en évidence des différentes impulsions d'un signal formé d'un train d'impulsions et détermination des caractéristiques de celles-ci) (détecteur de radars, etc.) (cf. aussi* signal analysis, time domain *et* pulse characteristics).

time-domain signal processing traitement de signaux dans le domaine temporel, traitement dans le domaine temporel, traitement temporel *(traitement d'un signal formé d'un train d'impulsions) (récepteur de radar, etc.) (cf. aussi* signal processing *et* time domain).

time drift dérive temporelle, dérive dans le temps, dérive en fonction du temps *(cf. aussi* drift[1] 1)).

time flutter *cf.* time jitter.

time frequency fréquence temporelle *(nombre de cycles par unité de temps) (s'exprime en hertz) (nom donné à la fréquence au sens usuel du terme lorsque l'on veut préciser qu'il ne s'agit pas d'une fréquence spatiale) (cf. aussi* hertz *et* frequency).

time function fonction temporelle, fonction du temps *(fonction à une variable indépendante dans laquelle celle-ci est le temps) (math) (cf. aussi* function[1] 1) (b)).

time gate porte temporelle, porte de sélection temporelle *(porte analogique réalisant la sélection temporelle) (radar, etc.) (cf. aussi* analog gate, time gating *et* time window).

time-gated mode mode de sélection temporelle *(mode de fonctionnement d'un récepteur de radar réalisant la sélection temporelle) (cf. aussi* time gating).

time gating sélection temporelle, sélection dans le temps *(sélection de parties déterminées d'un signal par ouverture d'une porte analogique à des instants déterminés, les parties du signal pouvant être des impulsions d'un train d'impulsions) (noter que dans le cas du récepteur d'un radar à impulsions, la sélection temporelle se confond avec la sélection en distance) (cf. aussi* analog gate, pulse train *et* range gating).

time-gating frequency fréquence de sélection temporelle *(fréquence de récurrence d'une sélection temporelle périodique) (cf. aussi* time gating *et* repetition rate).

time hopper émetteur à sauts temporel *(émetteur de radiocommunications militaires utilisant des sauts temporels aux fins d'anti-contre-mesures) (cf. aussi* time hopping).

time hopping (emploi de) sauts temporels *(anti-contre-mesure de radiocommunications consistant, pour un émetteur* *radio numérique militaire, à n'émettre que pendant le temps correspondant à chaque élément du signal à émettre pour réduire le risque d'interception ou brouillage par l'adversaire) (cf. aussi* counter-countermeasures, radio communications *et* digital transmitter).

time interleaving entrelacement dans le temps *(ou* temporel) *(entrelacement des signaux unitaires d'un multiplex à répartition dans le temps) (cf. aussi* time-division multiplex).

time interval intervalle de temps, laps de temps *(temps écoulé entre deux instants déterminés) (se mesure en unités de temps) (cf. aussi* time slot *et* second).

time-interval capability possibilités d'intervallométrie, *(etc.) (parfois au singulier) (oscillo) (cf. aussi* time-interval measurement *et* capability).

time-interval counter intervallomètre *(appareil permettant de mesurer avec une très grande précision le temps écoulé entre deux événements ou entre deux instants déterminés d'un même événement par comptage du nombre d'impulsions émises pendant ce temps par une horloge) (les événements considérés sont souvent eux-mêmes des impulsions) (cf. aussi* trigger hold-off (b), pulse counter *et* clock[1]).

time-interval discriminator discriminateur d'intervalles entre impulsions *(discriminateur d'impulsions dans lequel la caractéristique déterminante des impulsions est leur intervalle) (en d'autres termes, montage ne fournissant un signal que pour les impulsions précédées d'un intervalle déterminé) (cf. aussi* pulse discriminator *et* pulse interval.)

time-interval generator *cf.* time-slot generator.

time-interval measurement intervallométrie, mesure d'intervalles de temps *(ces termes désignent généralement la mesure d'intervalles de temps courts ou très courts) (cf. aussi* time-interval counter).

time-interval selector *cf.* time-interval discriminator.

time invariant signal signal invariant dans le temps *(ou* constant dans le temps) *(signal dont l'amplitude ne varie pas dans le temps) (noter que le terme anglais « time-constant signal » n'est pas employé du fait de l'ambiguïté que créerait alors le qualificatif « time-constant ») (cf. aussi* amplitude, time constant *et* time-varying signal).

time jitter gigue temporelle, instabilité temporelle *(ou* dans le temps) *(gigue affectant l'instant d'apparition d'une impulsion ou l'instant d'occurence d'une transition, ou les instants de plusieurs impulsions ou transitions) (cf. aussi* jitter 1), position jitter *et* phase jitter).

time keeper garde-temps *(nom parfois donné à une horloge de haute précision employée comme étalon de temps) (cf. aussi* time keeping *et* time standard).

time keeping conservation du temps *(fonction assurée par un garde-temps) (cf. aussi* time keeper).

time lag retard *(au sens du terme anglais, temps écoulé entre une action et son résultat lorsque les deux événements ne sont pas simultanés) (cf. aussi* time delay).

time-lag relay *cf.* time-delay relay.

time-mark generator *cf.* time marker generator.

time marker marqueur de temps *(marqueur indiquant un temps sur un écran cathodique ou sur un enregistrement graphique) (cf. aussi* marker 1) (a) *et* (b)).

time-marker generator générateur de marqueurs de temps *(cf. aussi* marker generator *et* time marker).

time measurement mesure de temps *(parf. du temps) (compteur d'impulsions, oscilloscope, etc.) (cf. aussi* time-interval measurement).

time modulation modulation dans le temps *(ou* le domaine temporel), modulation temporelle *(autres noms de la modulation de temps d'impulsion désignant souvent la modulation de position d'impulsion) (cf. aussi* pulse-time modulation).

time of arrival temps de réception, *(souvent)* instant de réception *(temps auquel est reçue une impulsion déterminée émise par un radar, un émetteur de radionavigation, un détecteur de particules, un pulsar ou autre appareil ou corps) (cf. aussi* radar pulse).

time-of-arrival measurement mesure de temps de réception *(cf. aussi* time of arrival *et* measurement).

time of closest approach instant de moindre distance *(fusée de proximité, etc.) (cf. aussi* proximity fuze).

time of decay *cf.* decay time.

time of fall *cf.* fall time.

time of rise *cf.* rise time.

time origin origine des temps *(noter l'emploi du pluriel) (nom donné au point pris pour origine de l'axe des temps sur un graphique, c.-à-d. au point d'intersection des axes de coordonnées) (cf. aussi* time axis).

time-out control gestion des temps morts *(nom donné à la prise de décisions appropriées par un régisseur de transmission en l'absence de transmission de signaux) (trans. données) (cf. aussi* communications controller).

time period 1) *cf.* time interval. 2) période temporelle *(nom parfois donné à une période au sens usuel du terme pour préciser qu'il ne s'agit pas d'une période spatiale) (cf. aussi* period (a)).

time periodic field champ à périodicité temporelle, champ périodique *(idem) (cf. aussi* periodic field *et* time periodicity).

time periodicity périodicité temporelle *(périodicité dans le temps, la période étant exprimée en unités de temps) (clpf) (cf. aussi* periodicity).

time phase phase temporelle *(phase d'une grandeur sinusoïdale à variation temporelle) (le terme « phase » employé seul désigne souvent une phase temporelle) (cf. aussi* phase (a) *et* time change).

time quadrature quadrature temporelle, quadrature de phase temporelle *(quadrature de phase entre deux grandeurs sinusoïdales à variation temporelle) (le terme « quadrature » envoyé seul désigne souvent une quadrature temporelle) (cf. aussi* in quadrature *et* time change).

time rate of change vitesse de variation temporelle *(ou par rapport au temps) (noms descriptifs de la dérivée par rapport au temps) (cf. aussi* derivative *et* rate of change).

time reference référence de temps, référence temporelle *(temps ou instant pris comme référence, ou impulsion de courte durée émise à cet instant) (radar, radionav, tlg, etc.) (cf. aussi* zero time 1)).

time-reference scanning beam faisceau battant de référence de temps *(cf. aussi* time-reference scanning-beam microwave landing system).

time-reference scanning-beam microwave landing system système d'atterrissage guidé à code temporel et faisceaux battants *(nom complet du procédé finalement retenu pour le MLS) (avia) (cf. aussi* MLS).

time registration extraction des mots *(détermination du début et de la fin des mots dans l'analyse de la parole) (cf. aussi* speech analysis).

time-related data *cf.* time-related information.

time-related display présentation temporelle, visualisation en fonction du temps *(visualisation d'un signal périodique ou non sur l'écran d'un oscilloscope en fonction du temps) (clpf) sdpo à « présentation xy » ou, parfois, à « présentation spectrale ») (cf. aussi* oscilloscope display 1) *et* time axis).

time-related failure défaillance par vieillissement *(ou* due au vieillissement), *(souvent aussi)* panne *(idem) (défaillance d'un dispositif due à la dégradation lente des caractéristiques d'une matière employée dans celui-ci) (condensateur, notamment électrolytique, au papier ou au plastique, composant à semiconducteur, etc.) (cf. aussi* failure).

time-related failure mode type de défaillance ..., *(etc.) (voir aussi* time-related failure).

time-related information informations liées au temps *(nom parfois donné à une fonction du temps telle qu'une dérive temporelle, par exemple) (cf. aussi* time function *et* time drift).

time-related parameter paramètre lié au temps *(ou dépendant du temps ou variant dans le temps ou avec le temps ou à variation temporelle ou fonction du temps) (paramètre constituant une fonction du temps (exemple : dérive temporelle) (cf. aussi* parameter, time function *et* time drift).

time relationship relation temporelle *(relation représentée par une fonction temporelle) (cf. aussi* time function).

time resolution pouvoir séparateur temporel *(ou en temps ou dans le temps), pouvoir discriminateur temporel (idem), définition temporelle (idem) (temps minimal entre deux évé-*

nements successifs pour lequel un dispositif distingue le second événement du premier, ces événements étant généralement des impulsions) (intervallomètre, etc.) (cf. aussi time-interval counter *et, pour information,* resolution).

time response   1) réponse temporelle *(ou en fonction du temps) (réponse d'un dispositif ou d'un corps à une excitation en fonction du temps) (cf. aussi* response 1)) (a) *réponse temporelle d'un quadripôle ou d'un transducteur à un signal d'entrée) (cf. aussi* quadripôle *et* transducer 1)) ; (b) *réponse temporelle d'un corps à une excitation par un faisceau de particules et notamment d'un luminophore à une excitation par un faisceau d'électrons) (cf. aussi* phosphor). 2) *cf.* time response curve.

time response curve   courbe de réponse en fonction du temps, *(etc.) (cf. aussi* time response 1) *et* response curve).

time scale   échelle de temps *(suite des instants définis par une horloge et notamment par un étalon de temps) (cf. aussi* time stardard).

time segment   *cf.* time slot.

time-series analysis   analyse de séries temporelles *(analyse de séries mathématiques dont les termes sont des fonctions du temps) (analyse de signaux sonar, etc.) (cf. aussi* time function *et* signal analysis).

time-share *v*   exploiter en temps partagé *(un ordinateur) (télinf) (cf. aussi* time sharing).

time-shared computer   ordinateur exploité en temps partagé *(télinf) (cf. aussi* time sharing).

time-shared computer network   réseau informatique exploité en temps partagé, réseau exploité en temps partagé *(réseau informatique desservi par un ordinateur exploité en temps partagé) (clpf) (cf. aussi* computer network *et* time sharing).

time-shared computer service   service de traitement en temps partagé *(service assuré aux utilisateurs d'un ordinateur exploité en temps partagé) (télinf) (cf. aussi* time sharing).

time-shared network   *cf.* time-shared computer network.

time-shared operation   exploitation en temps partagé *(ordinateur) (cf. aussi* time sharing).

time-shared service   *cf.* time-shared computer service.

time sharing   temps partagé, traitement en temps partagé, partage du temps, multiprogrammation en temps partagé *(le premier terme est le plus employé, le second est meilleur, le dernier est le plus précis, mais est peu employé) (multiprogrammation dans laquelle les programmes sont traités quasi-simultanément et cycliquement pendant les intervalles de temps égaux et très courts qui leur sont alloués successivement et périodiquement) (il y a donc entrelacement régulier du traitement des différents programmes) (bien que nombre d'auteurs semblent ne pas l'avoir remarqué, ce qui explique pourquoi le quatrième terme est peu employé, il est à noter que le traitement en temps partagé n'est qu'un type particulier et perfectionné de multiprogrammation) (il diffère de celle-ci, prise avec son sens habituel, par les points suivants: 1°) le temps de traitement d'un programme quelconque est divisé en tranches égales, 2°) les programmes sont traités dans leur ordre d'arrivée à chaque cycle de traitement successif et non par ordre de priorité, 3°) l'utilisation d'une mémoire-tampon rapide entre les appareils périphériques et la mémoire centrale permet de ne charger dans celle-ci que le programme en cours de traitement, en plus du superviseur et du compilateur, en le faisant ainsi bénéficier de toute la puissance de traitement de l'ordinateur, ce qui réduit le temps de traitement total d'un programme) (le temps de traitement d'un programme dépassant ainsi rarement quelques secondes et les traitements étant exécutés quasi-simultanément, chacun des utilisateurs d'un terminal relié à l'ordinateur a l'impression que celui-ci ne travaille que pour lui, contrairement au cas de la multiprogrammation où l'attente de la réponse à une question posée à l'ordinateur peut être longue à recevoir) (le traitement en temps partagé est de plus en plus employé pour le télétraitement et l'est toujours dans les réseaux informatiques) (on notera qu'il présente une certaine analogie, dans un tout autre domaine, avec le multiplexage temporel) (inf) (cf. aussi* multiprogramming, buffer memory, supervisor, compiler, processing power, teleprocessing, data communications network *et, pour information,* time-division multiplexing).

time-sharing ...   *cf.* time-shared ... *(pour les termes qui ne figurent pas ci-après).*

time-sharing company *(ou* **firm** *ou* **house**)   société de traitement en temps partagé *(société commerciale offrant un service de traitement en temps partagé à titre onéreux) (télinf) (cf. aussi* time-shared computer service).

time-sharing user   utilisateur de temps partagé *(usager d'un service de traitement en temps partagé) (télinf) (cf. aussi* time-shared computer service).

time-sharing vendor   *cf.* time-sharing company.

time shift   décalage temporel *(ou dans le temps) (impulsion, etc.).*

time signal   signal horaire, *(parf. aussi)* top *(signal constituant une référence de temps) (ces termes désignent notamment un signal sonore émis par le haut-parleur d'un récepteur de radiodiffusion à la réception du signal radioélectrique correspondant ou par certains instruments horaires à quartz) (cf. aussi* signal[1]).

time skew   biais temporel *(terme que j'ai proposé),* défaut d'alignement temporel *(ou dans le temps) (défaut d'un signal numérique transmis en parallèle dans lequel les différents binaires d'un même mot n'apparaissent pas tous exactement au même instant) (dénumériseur, etc.) (cf. aussi* parallel transfer *et* glitch).

time slice   *cf.* time slot.

time slicing   découpage du temps *(cf. aussi* time slot).

time slot   tranche de temps *(nom souvent donné à une subdivision d'un intervalle de temps découpé en intervalles égaux, généralement de très courte durée, notamment dans le multiplexage temporel et le traitement en temps partagé) (cf. aussi* time interval, time-division multiplexing *et* time sharing).

time-slot generator   horloge *(inf, tls, etc.) (cf. aussi* clock[1]).

time standard   étalon de temps *(dispositif ou phénomène matérialisant un intervalle de temps périodique ou non avec une très grande stabilité dans le temps) (dans le cas d'un dispositif, un étalon de temps moderne est un étalon de fréquence démultiplié) (mesure du temps) (cf. aussi* frequency standard, standard time *et* second).

time sweep   balayage temporel *(ou en fonction du temps) (balayage dans lequel la grandeur variable varie uniquement en fonction du temps) (ces termes désignent notamment le balayage d'un oscilloscope en mode de présentation temporelle et le balayage de la feuille d'un traceur de courbes lorsque le signal est enregistré en fonction du temps) (clpf) (cf. aussi* sweep[1] (a) *et* (b) *et* time-related display).

time switch   programmateur, *(souvent)* prise programmable *(minuterie permettant de mettre sous tension un appareil ménager ou autre après un intervalle de temps réglable ou à une heure déterminée de la journée et de couper ensuite le courant après un temps de fonctionnement également réglable) (est souvent réalisé sous la forme d'un boîtier enfichable dans un socle de prise de courant) (cf. aussi* timer 1)).

time switching   *cf.* time-division switching.

time synthesis   génération de retards *(parf.* d'un retard *parf.* du retard) (cf. aussi* time synthesizer).

time synthesizer   générateur de retard *(générateur d'impulsions fournissant une impulsion après un intervalle de temps réglable et généralement très court après l'application à son entrée d'une impulsion apparaissant à un instant quelconque) (est utilisé notamment dans des applications de télémétrie radar ou laser) (cf. aussi* pulse generator *et* range-finding).

time tick   top *(au sens du terme anglais, signal impulsionnel émis par une station de radiodiffusion pour faciliter la mise à l'heure des horloges et autres instruments horaires).*

time to failure   temps avant défaillance *(matériel) (cf. aussi* mean time to failure).

time to go   temps jusqu'à la station *(temps nécessaire à un mobile pour parcourir la distance jusqu'à la station considérée à la vitesse de croisière) (radionav) (cf. aussi* distance to go).

time unit   unité de temps *(cf. aussi* second).

time variation   *cf.* time change.

time-varied gain control   commande cyclique de gain *(radar) (cf. aussi* sensitivity-time control).

time-varying filter   filtre à variation temporelle *(filtre passebande dont on fait varier la largeur de la bande passante en* *fonction du temps) (phonateur, etc.) (cf. aussi* bandpass filter).

time-varying imagery images à variation temporelle *(images de scènes variant dans le temps) (cf. aussi* imagery).

time-varying signal signal variant dans le temps *(ou en fonction du temps)*, signal à variation temporelle *(signal dont l'amplitude varie en fonction du temps) (cf. aussi* amplitude, function[1] 1) (b) *et* time-invariant signal).

time window fenêtre temporelle *(intervalle de temps, généralement très court, pendant lequel un signal est appliqué à un appareil ou un montage, généralement aux fins d'analyse ou de visualisation) (noter qu'une fenêtre temporelle est produite par une porte temporelle) (analyse de la parole, oscilloscope à échantillonnage, etc.) (cf. aussi* time gate).

timed call communication taxée à la durée, communication téléphonique *(idem) (communication téléphonique dont le coût est proportionnel à la durée comptée par tranches de temps) (clpf) (tls) (cf. aussi* telephone call).

timed gate *cf.* time gate.

timer 1) minuterie, *(parf.)* temporisateur, dispositif de temporisation *(dispositif mécanique, électromécanique ou électronique ouvrant ou fermant un circuit électrique après un intervalle de temps déterminé et éventuellement réglable, après avoir été actionné) (cf. aussi* electronic timer, repeat-cycle timer *et* time switch). 2) synchronisateur *(cf. aussi* synchronizer).

time-counter *cf.* time-interval meter.

time-pacer *cf.* clock[1].

timer-sequencer *cf.* sequencer (a).

timesharing … *cf.* time-sharing … *(plus haut)*.

timing positionnement temporel *(terme le plus général, que j'ai proposé)*, minutage, temporisation, cadencement, synchronisation, chronologie *(suivant le contexte) (cf. aussi* clock[1] *et* synchronization).

timing analysis *cf.* logic timing analysis.

timing analyzer *cf.* logic timing analyzer.

timing-axis oscillator *cf.* time-base generator.

timing chart *cf.* timing diagram.

timing circuit 1) *cf.* time-delay circuit. 2) *cf.* clock[1]).

timing circuitry *cf.* time-delay circuitry.

timing cycle cycle de cadencement *(parf.* de temporisation) *(cf. aussi* cycle, timing *et* clocking).

timing data informations chronologiques *(caractéristiques temporelles d'un chronogramme, c.-à-d. instants et durées d'émission des différentes impulsions) (inf) (cf. aussi* timing diagram).

timing device dispositif de temporisation *(dispositif introduisant un retard entre une action et l'événement qui la déclenche) (en électrotechnique et en électronique, l'action retardée est généralement la fermeture ou l'ouverture d'un ou plusieurs jeux de contacts dans une minuterie ou un relais temporisé) (dans une minuterie, l'événement déclenchant l'action est la manœuvre d'un bouton ou autre dispositif de commande; dans un relais temporisé, c'est la variation d'une grandeur associée à un courant électrique) (dans une minuterie, le dispositif de temporisation est généralement un mouvement d'horlogerie, un moteur synchrone ou un retardateur à huile) (dans un relais temporisé, lorsque le dispositif de temporisation est autre que purement électrique, il est souvent appelé « élément retardateur », « élément frein » ou « retardateur », ce dernier terme étant le plus employé lorsque le type du dispositif est précisé: retardateur chronométrique, hydraulique, électromécanique, etc.) (cf. aussi* time switch *et* time-delay relay).

timing diagram chronogramme, diagramme des temps *(le premier terme est le plus employé) (diagramme multiple en créneaux de plusieurs longueurs représentant notamment les microcommandes émises par le séquenceur d'un ordinateur et éventuellement le signal d'horloge de l'appareil) (inf) (cf. aussi* sequencer (b) *et* clock signal 1)).

timing error *cf.* timing skew.

timing generator générateur de synchronisation *(inf) (cf. aussi* clock[1]).

timing measurement mesure de cadencement *(mesure des instants d'émission d'impulsions de cadencement sur l'écran*

d'un oscilloscope) (circuits logiques, etc.) (cf. aussi clock pulse *et* measurement).

timing pulse impulsion de cadencement *(parf.* de synchronisation) *(cf. aussi* clock pulse *et* synchronization pulse).

timing recovery *cf.* synchronization recovery.

timing sequence 1) séquence de cadencement *(séquence d'émission d'impulsions de cadencement ou, parfois, ces impulsions elles-mêmes) (cf. aussi* clock pulse). 2) chronologie *(au sens du terme anglais, suite de temps définie par un chronogramme) (cf. aussi* timing diagram).

timing signal signal de cadencement, signal de synchronisation *(selon le contexte) (signal constitué par une impulsion de cadencement ou de synchronisation ou formé d'un train de telles impulsions) (cf. aussi* timing pulse).

timing skew erreur de synchronisation *(décalage indésirable d'une ou plusieurs impulsions d'un train d'impulsions de synchronisation et notamment d'impulsions d'horloge dans un ordinateur) (inf, etc.) (cf. aussi* time skew, synchronization pulse *et* clock pulse).

timing strobe *cf.* timing pulse.

timing track piste de synchronisation *(piste magnétique ou optique d'enregistrement de signaux de synchronisation sur un support à défilement) (ce terme désigne généralement la piste d'enregistrement des signaux de synchronisation du balayage des images formée le long d'un bord d'une bande magnétique de magnétoscope) (cf. aussi* magnetic track (b), synchronization signals *et* video tape recorder).

timing waveform *cf.* timing diagram.

tin étain, Sn *(métal blanc, mou, de densité 7,3, fondant facilement (température de fusion: 232 °C) s'alliant facilement à d'autres métaux pour former du bronze et de la soudure à l'étain et diffusant facilement dans l'acier et le cuivre pour former du fer-blanc et du cuivre entamé) (en électronique et électrotechnique, l'étain est utilisé principalement dans la soudure à l'étain et pour étamer de nombreux conducteurs en cuivre et pièces conductrices en cuivre ou en laiton) (cf. aussi* solder[1]).

tin-oxide resistor résistance à couche d'oxyde d'étain *(ou à l'oxyde d'étain) (résistance à oxyde métallique utilisant de l'oxyde d'étain) (cf. aussi* metal-film resistor).

Tinker toy projet Tinker toy *(nom d'un programme de modularisation des circuits électroniques mis en œuvre par l'armée américaine pendant la Seconde Guerre mondiale) (les modules réalisés constituaient chacun un étage d'un montage électronique et comprenaient un tube électronique miniature disposé au-dessus d'une pile de plaquettes carrées en céramique portant sur une face un ou plusieurs composants à couches épaisses connectés par des conducteurs de même nature aux fils de sortie du tube longeant la pile dans des gouttières formées par des encoches pratiquées sur les quatre côtés des plaquettes et alignées par construction) (ce programme n'a pas atteint le stade industriel, mais constitue le véritable point de départ des circuits hybrides à couches épaisses qui, eux, se sont imposés) (cf. aussi* module (a) *et* thick-film hybrid circuit).

tinned wire fil étamé *(fil électrique recouvert d'une mince couche d'étain destinée à empêcher l'oxydation du cuivre et à faciliter l'exécution de soudures à l'étain éventuelles aux points de connexion avec des bornes ou des cosses à souder ou un autre fil) (en électronique, la plupart des fils utilisés autres que ceux des bobinages sont des fils étamés) (cf. aussi* tin).

tinsel paillettes réfléchissantes *(leurres radar constitués par des paillettes d'aluminium) (avia. mil) (cf. aussi* chaff).

tinsel cord cordon extra-souple *(cordon d'appareil électrique, électroacoustique ou électronique dans lequel les conducteurs sont formés chacun d'une bande de cuivre très mince et étroite enroulée autour d'une âme centrale textile pour leur donner à la fois une grande souplesse et une grande résistance aux flexions répétées) (cordon de rasoir électrique, de casque d'écoute, etc.)*.

tip 1) bout, extrémité, pointe *(sens usuels)*. 2) pointe *(extrémité métallique sphérique isolée d'une fiche de jack à laquelle aboutit un des deux conducteurs du cordon) (vient en contact avec la petite lame élastique du jack lorsque la fiche est enfoncée à fond dans celui-ci) (tél, etc.) (cf. aussi* jack 1)).

tip jack douille de fiche *(terme générique couvrant la douille banane et les autres types de douilles pour fiche unipolaire)* *(cf. aussi* banane jack).

tip wire fil de pointe *(fil connecté à la pointe d'une fiche de jack)* *(cf. aussi* tip 2)).

TIR *cf.* thermal infrared.

titanium disilicide disiliciure de titane, TiSi$_2$ *(composé métallique employé pour certains contacts de circuits intégrés monolithiques en raison de sa conductibilité électrique relativement grande)* *(cf. aussi* contact (a)).

TJS *cf.* tactical jamming system.

TLX *cf.* Telex.

TM 1) *cf.* TM mode. 2) *cf.* torque motor.

TM mode *(TM vient de « transverse magnetic »)* mode TM, mode transversal magnétique, mode transverse magnétique *(le premier terme est le plus employé, le dernier est un anglicisme courant)* *(mode de propagation de l'onde électromagnétique dans un guide d'ondes dans lequel le vecteur champ magnétique de l'onde est toujours perpendiculaire à la direction de propagation) (en d'autres termes, mode de propagation dans lequel les lignes de force du champ magnétique sont toujours dans la section droite du guide) (est peu employé) (hyper)* *(cf. aussi* propagation mode (a), magnetic field vector *et* waveguide).

TM wave *cf.* transverse magnetic wave.

TNLC *cf.* twisted nematic liquid crystals.

to and from the ... à destination et en provenance de *(la mémoire centrale, etc.).*

TO can *cf.* TO package. *(et noter toutefois que le premier terme est le plus employé car il rappelle qu'il s'agit d'un boîtier métallique).*

TO-5 relay relais en boîtier TO-5 *(relais subminiature monté dans un boîtier TO-5)* *(cf. aussi* subminiature relay *et* TO package).

TO-FROM indicator indicateur de sens, indicateur TO-FROM *(anglicisme très courant, mais à éviter) (dispositif incorporé à l'un des cadrans d'un récepteur VOR pour préciser le sens du gisement indiqué) (avia)* *(cf. aussi* VOR *et* bearing 1)).

TO header *cf.* TO package header.

TO lid *cf.* TO package lid.

TO package *(TO vient de « transistor outline »)* boîtier TO *(petit boîtier métallique cylindrique de différents diamètres et à différents nombres de sorties parallèles à l'axe disposées sur une base, conçu initialement pour recevoir une puce de transistor et utilisé ensuite également pour d'autres composants subminiature) (boîtier TO-5, TO-18, etc.) (noter que le sigle TO a été étendu à des boîtiers plus récents de forme différente)* *(cf. aussi* TO package header, TO package lid, TO can, chip 1) *et* package^1 1)).

TO package header embase de boîtier TO *(partie en forme de disque d'un boîtier TO sur laquelle est monté le composant et dont sortent les sorties)* *(cf. aussi* TO package).

TO package lid couvercle de boîtier TO *(partie en forme de casserole d'un boîtier TO soudée sur l'embase de celui-ci pour protéger le composant)* *(cf. aussi* TO package).

TOA *cf.* time of arrival.

toggle^1 *s* 1) genouillère *(interrupteur, etc.) (cf. aussi* quick-break switch). 2) *cf.* toggle switch. 3) *cf.* flip-flop.

toggle^2 *v* 1) basculer, changer d'état *(bascule, etc.) (cf. aussi* flip-flop). 2) introduire par basculement d'un interrupteur *(introduire un nombre dans la mémoire d'un ordinateur par basculement du levier d'un interrupteur à levier) (inf) (cf. aussi* toggle switch).

toggle-actuated switch *cf.* toggle switch.

toggle frequency 1) fréquence de basculement *(bascule) (cf. aussi* flip-flop). 2) *cf.* switching frequency.

toggle switch interrupteur à levier *(à rupture brusque), (parf.)* inverseur *(idem) (les termes abrégés sont pratiquement les seuls employés, mais ils sont imprécis car un interrupteur ou un inverseur peut être à levier sans être à rupture brusque) (interrupteur ou, parfois, inverseur commandé par un petit levier à deux positions stables avec passage d'un point mort) (on notera qu'il s'agit en fait d'un interrupteur ou d'un inverseur à passage de point mort, mais ces termes sont peu*

employés) (cf. aussi lever switch, quick-break switch *et* snap-action switch).

toggling basculement *(cf. aussi* toggle^2 1)).

TΩ *cf.* teraohm.

token-passing network réseau à passage de jeton, réseau à jeton, réseau local *(idem) (réseau informatique local dans lequel une station ne peut émettre que lorsqu'elle reçoit un « jeton » constitué par un mot binaire particulier émis successivement à destination de chaque station par la station commandant le réseau, grâce à quoi il ne peut y avoir de collision entre les émissions de deux stations) (télinf) (cf. aussi* local computer network *et* binary word).

toll ... *cf.* trunk ... *(pour les termes qui ne figurent pas ci-après) (et noter que les termes commençant par « toll » sont employés principalement par les Américains et les termes commençant par « trunk » principalement par les Anglais).*

toll call communication interurbaine avec surtaxe *(aux États-Unis notamment) (tél) (cf. aussi* trunk call).

toll center central interurbain *(tél) (cf. aussi* trunk exchange).

toll-free call communication payable à l'arrivée, communication en PCV *(communication téléphonique imputée au compte de l'abonné demandé) (tls) (cf. aussi* telephone call 1)).

toll-free number numéro d'appel en PCV *(numéro d'appel de certaines sociétés américaines à utiliser pour obtenir une communication en PCV avec l'une d'elles) (équivalent d'un « numéro vert » en France) (tls) (cf. aussi* tall-free-call).

toll-free telephone call *cf.* toll-free call.

toll line ligne interurbaine *(tél) (cf. aussi* trunk line *et* toll ...).

toll office *cf.* toll center.

toll service service interurbain, service téléphonique interurbain *(service téléphonique utilisant le réseau interurbain) (tls) (cf. aussi* telephone service *et* trunk network).

toll telephone ... *cf.* toll ...

tonal balance équilibre de tonalité *(répartition équilibrée de la puissance sonore entre les sons aigus et les sons graves d'une reproduction sonore) (cf. aussi* sound power, treble *et* bass).

tonal component composante discrète *(au sens du terme anglais, une des composantes d'un son complexe) (acou) (cf. aussi* complex sound).

tone 1) son *(à fréquence vocale ou musicale) (acou) (cf. aussi* pure tone, complex tone *et* sound^1). 2) fréquence (vocale *ou* musicale) *(acou) (cf. aussi* voice frequency). 3) tonalité (a) *autre nom du timbre d'un son) (acou) (cf. aussi* timbre) ; (b) *signal sonore de signalisation téléphonique ou signal électrique à fréquence sonore produisant ou non un tel signal) (cf. aussi* dialling tone 1), signalling tone, busy tone, NU tone *et* telephone signalling). 4) onde pilote *(cf. aussi* pilot tone 1)). 5) fréquence pilote *(cf. aussi* pilot tone 2)).

tone arm bras de lecture *(tourne-disque) (cf. aussi* pick-up arm).

tone burst impulsion sonore *(son intense de courte durée) (acou) (cf. aussi* sound intensity).

tone control correcteur de tonalité *(dispositif incorporé à un amplificateur basse fréquence pour rendre plus ou moins graves les sons émis par le haut-parleur en réduisant plus ou moins l'amplitude des fréquences élevées du signal reproduit) (les fréquences élevées sont atténuées par dérivation à la masse à l'aide d'un condensateur fixe ou variable) (cf. aussi* audio amplifier).

tone decoder décodeur de fréquences vocales *(circuit intégré monolithique fournissant les signaux nécessaires à la mise en communication avec l'abonné demandé dans un central téléphonique électronique à partir des signaux émis par un poste à clavier à fréquences vocales) (tls) (cf. aussi* monolithic integrated circuit *et* touch-tone telephone set).

tone decoder chip puce de décodeur de fréquences vocales *(puce de circuit intégré portant un décodeur de fréquences vocales) (tél) (cf. aussi* chip 1) *et* tone decoder).

tone decoding décodage des fréquences vocales *(fonction remplie par un décodeur de fréquences vocales) (tél) (cf. aussi* tone decoder).

tone dialer composeur à fréquences vocales, *(etc.) (composeur téléphonique émettant les mêmes signaux qu'un poste téléphonique à clavier à fréquences vocales) (tls) (cf. aussi* dialer *et* touch-tone telephone set).

tone dialling *cf.* tone signalling.

tone generator **1)** générateur de fréquences vocales *(circuit intégré monolithique fournissant les signaux de signalisation émis par un poste téléphonique à clavier à fréquences vocales) (tls) (cf. aussi* monolithic integrated circuit *et* touch-tone telephone set). **2)** *cf.* audio signal generator.

tone generator chip puce de générateur de fréquences vocales *(puce de circuit intégré portant un générateur de fréquences vocales) (tél) (cf. aussi* chip 1) *et* tone generator 1)).

tone localizer indicateur d'axe de piste équisignal *(avia) (cf. aussi* equisignal localizer).

tone-modulated wave onde modulée en basse fréquence *(onde porteuse modulée par un signal sinusoïdal à basse fréquence) (cf. aussi* carrier wave, sinusoidal signal *et* audio frequency).

tone pulse impulsion à fréquence vocale *(une des impulsions émises par un générateur de fréquences vocales) (tél) (cf. aussi* tone generator 1)).

tone receiver *cf.* tone decoder.

tone ringer sonnerie monolithique *(sonnerie téléphonique réalisée sous la forme d'un circuit intégré monolithique comportant notamment un oscillateur à basse fréquence fournissant le courant nécessaire pour exciter un vibreur piézoélectrique associé) (cf. aussi* monolithic integrated circuit).

tone ringer chip puce de sonnerie (monolithique) *(puce de circuit intégré sur laquelle est réalisée une sonnerie monolithique) (tél) (cf. aussi* chip 1) *et* tone ringer).

tone signal signal à fréquence vocale *(parf.* à fréquences vocales) *(cf. aussi* voice frequency *et* tone signalling).

tone signaling *cf.* tone signalling *(ci-après)*.

tone signalling signalisation par fréquences vocales, signalisation multifréquence *(signalisation téléphonique réalisée par un poste à clavier à fréquences vocales, c.-à-d. par un poste à clavier dans lequel le signal émis par l'enfoncement d'une touche est une combinaison de deux fréquences vocales) (les deux fréquences émises sont choisies parmi sept fréquences possibles réparties en deux groupes définissant un tableau à deux entrées aux points d'intersection des lignes et colonnes duquel correspondent les chiffres des différentes touches du clavier) (le tableau comporte trois colonnes et quatre lignes comme les touches du clavier ; aux trois colonnes correspondent les fréquences de 1 209 Hz, 1 336 Hz et 1 477 Hz, de gauche à droite, et aux quatre lignes les fréquences de 697 Hz, 770 Hz et 941 Hz, de haut en bas) (lorsque l'on appuie sur la touche « 1 », par exemple, qui se trouve en haut et à gauche du clavier, donc au point d'intersection de la première ligne et la première colonne, le poste émet les deux fréquences correspondantes, soit 697 Hz et 1 209 Hz) (le même raisonnement s'applique aux autres touches) (l'émission simultanée de deux fréquences et le choix judicieux de leur valeur éliminent le risque de confusion par l'autocommutateur entre une fréquence du signal de conversation et les signaux émis par le clavier) (de plus, seule la combinaison de fréquences de chaque signal émis, c.-à-d. de chaque impulsion émise, a une signification pour l'autocommutateur auquel le poste est relié, la durée d'une impulsion et l'intervalle entre deux impulsions successives, c.-à-d. la durée d'enfoncement d'une touche et l'intervalle de temps entre le relâchement d'une touche et l'enfoncement de la suivante, pouvant être pratiquement quelconques) (en plus de l'emploi d'un courant alternatif à deux fréquences fourni par le poste au lieu d'un courant continu fourni au poste, c'est ce qui distingue cette signalisation de la signalisation appelée « signalisation par impulsions », les signaux émis étant en fait des impulsions dans les deux cas) (tls) (cf. aussi* telephone signalling, touch-tone telephone set, voice frequency *et* telephone switch).

tone source *cf.* tone generator.

toner encre en poudre *(terme que j'ai proposé)*, toner *(anglicisme courant, mais à éviter) (photocopieur) (cf. aussi* xerography).

toothed poles *cf.* salient poles.

top sommet, (le) haut *(cf. aussi* pulse top *et* top of the line).

top-bottom diffusion diffusion par les deux faces *(diffusion d'impuretés dans une couche épitaxiale par les deux faces de celle-ci, les impuretés diffusant par la face inférieure étant*

préalablement introduites par implantation ionique dans le substrat à l'endroit correspondant) (fab. CI) (cf. aussi* diffusion 2), epitaxial layer *et* ion implantation).

top cap connexion de grille *(petit chapeau métallique surmontant l'ampoule de certains tubes électroniques à grille de commande auquel est connectée la grille) (cette disposition de la borne de la grille a pour but d'éliminer la capacité parasite entre la connexion interne de la grille et les autres connexions, lesquelles aboutissent au culot du tube) (cf. aussi* control grid 1) *et* parasitic capacitance).

top-capacity ... *cf.* top-loaded ...

top hat languette d'ajustage *(résistance de circuit hybride) (cf. aussi* trim tab).

top-loaded aerial *(GB) cf.* top-loaded antenna.

top-loaded antenna antenne chargée par le sommet, antenne verticale *(idem) (antenne verticale élargie au sommet pour produire l'effet d'une charge capacitive) (ce terme désigne généralement une antenne de véhicule formée d'une tige rigide surmontée d'un chapeau métallique portant une antenne-fouet et connecté à la tige par une bobine) (cf. aussi* vertical antenna *et* antenna loading).

top-loaded vertical ... *cf.* top-loaded ...

top-of-line ... *cf.* top-of-the-line ...

top of the line (le) haut de gamme *(modèle) (cf. aussi* high-end).

top-of-the-line device *cf.* top-of-the line model.

top-of-the-line model modèle de haut de gamme *(appareil, etc.) (cf. aussi* high-end).

top-of-the-line unit *cf.* top-of-the-line model *et* unit 3).

top priority priorité absolue *(message) (tls)*.

top-wall coupled couplé par le grand côté *(coupleur directif en guide d'ondes) (hyper) (cf. aussi* waveguide directional coupler).

topping charge charge d'appoint *(charge d'un ou plusieurs accumulateurs électriques incomplètement déchargés) (élt) (cf. aussi* battery charge).

topping-charge rate *cf.* trickle-charge rate.

topsi *cf.* topside sounder.

topside sounder sondeur par le haut, satellite sondeur *(satellite artificiel de la Terre équipé d'un sondeur ionosphérique de petites dimensions émettant vers la Terre) (cf. aussi* ionosonde).

topside sounding sondage par le haut *(sondage de l'ionosphère par un satellite sondeur) (cf. aussi* topside sounder).

Toran système Toran *(système de navigation hyperbolique de précision à courte portée utilisant la comparaison de fréquences en plus de la mesure de phases) (mar) (cf. aussi* hyperbolic navigation system).

torn-tape-relay méthode de la bande coupée, procédé de la bande coupée *(le premier terme est le plus employé) (méthode de la bande perforée dans laquelle la longueur de bande contenant un message complet est déchirée à la sortie du récepteur et introduite dans un transmetteur automatique connecté en permanence à la ligne par laquelle le message doit être retransmis) (central tlg) (cf. aussi* tape relay).

toroid *s cf.* toroidal inductor.

toroid ... *cf.* toroidal ...

toroidal coil *cf.* toroidal inductor.

toroidal core noyau toroïdal, noyau torique, noyau magnétique *(idem) (noyau magnétique de transformateur ou de bobine d'inductance en forme de tore) (cette forme de noyau magnétique permet de réduire au minimum les pertes de flux magnétique) (noter que la section droite du « tore » est rarement un cercle et a plus souvent la forme d'un rectangle à coins arrondis ou non) (élt) (cf. aussi* magnetic core 1) *et* magnetic flux leakage).

toroidal-core ... *cf.* toroidal ...

toroidal inductor inductance toroïdale *(ou* torique), bobine d'inductance *(idem) (bobine d'inductance à noyau de fer dans laquelle celui-ci est un noyau toroïdal) (élt) (cf. aussi* iron-core coil *et* toroidal core).

toroidal transformer transformateur toroïdal *(ou* torique), transformateur à noyau toroïdal *(idem) (transformateur à noyau magnétique toroïdal) (élt) (cf. aussi* transformer 1) *et* toroidal core).

torpedo torpille, torpille marine *(mar. mil) (cf. aussi* homing torpedo *et* wire-guided torpedo).

torpedo guidance head *cf.* torpedo seeker.

torpedo guidance system système de guidage de torpille *(système permettant de guider une torpille)* (a) *système formé essentiellement par l'autodirecteur d'une torpille autoguidée, les gouvernes de l'engin et leurs actionneurs) (mar. mil) (cf. aussi* guidance system, homing torpedo *et* actuator) ; (b) *cf. aussi* wire-guided torpedo.

torpedo guidance unit *cf.* torpedo seeker.

torpedo homing head *cf.* torpedo seeker.

torpedo seeker autodirecteur de torpille, *(etc.) (autodirecteur équipant une torpille autoguidée) (mar. mil) (cf. aussi* acoustic seeker *et* homing torpedo).

torque couple *(ce terme est presque toujours employé avec le sens de « moment » au sens mécanique du terme ; il est alors confondu avec la grandeur qui mesure un couple et est exprimé avec les mêmes dimensions, c.-à-d. des m.kg ou une unité plus petite ou plus récente) (c'est notamment le cas du couple d'un moteur électrique ou d'un ressort de rappel agissant en rotation) (cf. aussi* starting torque, running torque, pull-out torque, stalling torque, holding torque, restoring torque *et* torque motor).

torque motor moteur-couple *(moteur électrique conçu pour exercer un couple relativement important à faible vitesse ou à l'arrêt avec un angle de rotation de l'arbre inférieur à 360°) (est un servomoteur électrique non démultiplié et à rotation limitée) (élt) (asser) (cf. aussi* servomotor).

torque-speed characteristic caractéristique couple-vitesse *(caractéristique représentant le couple d'un moteur électrique ou autre en fonction de la vitesse de rotation du rotor) (cf. aussi* torque, electric motor *et* characteristic curve).

torque synchro *cf.* synchro receiver.

torquer *cf.* torque motor.

torsion string fil de torsion *(fil très fin, métallique ou en quartz, formant la suspension de l'équipage mobile d'un appareil de mesure indicateur et exerçant le couple de rappel nécessaire) (comprend en fait deux fils fixés chacun à une extrémité de l'axe de l'équipage mobile et tendus) (est utilisé notamment dans le galvanomètre de Desprez et d'Arsonval et a été repris sous une forme légèrement différente dans la suspension à rubans tendus) (cf. aussi* suspension (a) *et* d'Arsonval galvanometer).

torsion-string galvanometer galvanomètre à fil de torsion *(nom partiellement descriptif du galvanomètre de Desprez et d'Arsonval) (cf. aussi* d'Arsonval galvanometer).

TOS *cf.* tape operating system.

total angular momentum moment cinétique total *(moment cinétique d'une particule atomique, notamment d'un électron en orbite, résultant de la composition du moment cinétique intrinsèque de la particule et de son moment cinétique orbital) (cf. aussi* intrinsic angular momentum *et* orbital angular momentum).

total dose dose totale *(de radiations absorbée par un corps, un dispositif ou un être vivant) (en électronique, ce terme s'applique généralement à un circuit intégré monolithique exposé à des radiations nucléaires, notamment dans un matériel militaire) (cf. aussi* radiation hardness).

total dose hardness dose totale admissible *(CI, etc.) (cf. aussi* total dose).

total dose radiation *cf.* total dose.

total earth coverage couverture mondiale *(cf. aussi* worldwide coverage).

total electrode capacitance capacité intérelectrode totale *(capacité entre une électrode d'un tube électronique à plusieurs électrodes et l'ensemble des autres électrodes connectées entre elles) (caractéristique sans grande utilité) (cf. aussi* interelectrode capacitance).

total emission émission à saturation *(valeur maximale du flux d'électrons pouvant être émis par la cathode d'un tube électronique à cathode chaude) (cf. aussi* thermionic emission).

total harmonic distortion distorsion harmonique totale *(distorsion harmonique résultant de tous les harmoniques produits à la sortie du montage) (cf. aussi* harmonic distortion).

total internal reflection réflexion interne totale *(réflexion totale de la lumière sur la surface intérieure de la gaîne d'une fibre optique) (cf. aussi* reflection *et* optical fiber).

total radiation pyrometer pyromètre à rayonnement total *(pyromètre à rayonnement dans lequel la totalité du rayonnement émis par la source, c.-à-d. le rayonnement visible et le rayonnement infrarouge, est focalisée par une optique sur un radiomètre pour rayonnement électromagnétique) (cf. aussi* radiation pyrometer, infrared radiation *et* radiometer).

totem pole *cf.* totem-pole arrangement.

totem-pole arrangement montage en totem pole *(ou* cascode à point milieu) *(terme que j'ai proposé) (amplificateur à deux transistors bipolaires dans lequel le collecteur de l'un est relié à l'émetteur de l'autre, le signal de sortie étant prélevé au point de connexion des deux électrodes réunies) (le nom anglais vient de la représentation verticale de ce montage sur les schémas) (cf. aussi* cascode amplifier).

totem-pole configuration *cf.* totem pole arrangement.

totem-pole driver attaqueur antisymétrique, *(etc.) (cf. aussi* driver 1) *et* totem-pole arrangement).

touch-activated *cf.* touch-controlled.

touch control commande au toucher *(commande d'une fonction d'un appareil par simple toucher d'un organe de celui-ci) (terme générique couvrant la commande par touche à effleurement et la commande par écran tactile) (cf. aussi* touch switch *et* touch screen).

touch-controlled commandé(e) au toucher, à commande au toucher *(cf. aussi* touch control).

touch keyboard clavier à touches à effleurement *(cf. aussi* touch switch).

touch screen écran tactile, écran sensible (au doigt) *(écran de terminal à écran sur lequel il suffit de poser le doigt au point voulu pour exercer la même action qu'avec un crayon optique) (inf) (cf. aussi* light pen).

touch-sensitive ... *cf.* touch ...

touch switch touche à effleurement *(touche de clavier d'appareil comportant deux électrodes isolées formant les armatures d'un condensateur monté dans un circuit de commande et dont la capacité est modifiée par le contact d'un doigt de l'opérateur, ce qui déclenche indirectement la fermeture ou l'ouverture d'un circuit) (cf. aussi* touch control *et* capacitor).

touch-tone ... *cf.* tone ... *(pour les termes qui ne figurent pas ci-après).*

touch-tone set *cf.* touch-tone telephone set.

touch-tone signal signal à fréquences vocales *(signal de signalisation émis par un poste téléphonique à fréquences vocales) (tls) (cf. aussi* touch-tone telephone set).

touch-tone telephone *cf.* touch-tone telephone set.

touch-tone telephone set poste teléphonique à fréquences vocales, poste à fréquences vocales, poste à clavier à fréquences vocales, poste teléphonique à clavier à fréquences vocales) *(poste téléphonique à clavier utilisant la signalisation par fréquences vocales) (en d'autres termes, poste à clavier conçu pour être relié à un central électronique) (tls) (cf. aussi* pushbutton telephone set *et* tone signalling).

tourmaline tourmaline *(cristal naturel fortement piézoélectrique) (est un borosilicate d'alumine complexe présentant de nombreuses variétés, de couleurs variées, dont certaines sont utilisées comme pierres précieuses) (en tant que cristal piézoélectrique, la tourmaline est utilisée dans des capteurs de pression pour pressions élevées) (cf. aussi* piezoelectric material *et* piezoelectric pressure transducer).

towed aerial *(GB) cf.* trailing antenna.

towed antenna *cf.* trailing antenna.

towed array poisson *(sonar mil) (cf. aussi* variable-depth sonar).

towed-array sonar sonar remorqué *(mar. mil) (cf. aussi* variable-depth sonar).

towed-array sonar system *cf.* towed-array sonar.

tower 1) tour *(édifice).* 2) pylône *(d'antenne ou autre) (cf. aussi* antenna tower).

tower antenna *cf.* tower radiator.

tower radiator pylône rayonnant *(antenne d'émission verticale pour ondes relativement longues constituée par un pylône en treillis isolé du sol et excité à la base) (station de radiodiffusion, etc) (cf. aussi* guyed tower radiator, self-supporting tower radiator *et* vertical antenna).

tower transmission émission de la tour de régie (*émission radio de la tour de régie d'un aérodrome ou aéroport à destination d'un aéronef en vol dans la zone terminale, ou au sol, généralement prêt à décoller*) (*radiocom*) (*cf. aussi* control tower).

Townsend avalanche avalanche de Townsend (*autre nom de l'avalanche dans un gaz employé principalement dans la technique du comptage des particules à haute énergie*) (*rappelle le physicien anglais qui a particulièrement étudié ce phénomène*) (*cf. aussi* avalanche *et* radiation counting).

Townsend discharge décharge de Townsend, décharge non autonome (*décharge non lumineuse produite dans un tube à décharge par un agent ionisant extérieur tel qu'un rayon cosmique*) (*étant produite par un agent extérieur, elle cesse dès que celui-ci disparaît et n'est donc pas autonome*) (*cf. aussi* discharge tube, ionizing agent *et* cosmic ray).

Townsend ionization *cf.* Townsend avalanche.

tpi *cf.* tracks per inch.

TPI *cf.* tracks per inch.

TR *cf.* TR tube.

TR box *cf.* TR tube.

TR cavity cavité résonnante de tube TR (*etc.*) (*radar*) (*cf. aussi* TR tube).

TR cell *cf.* TR tube.

TR switch *cf.* TR tube.

TR tube (*TR vient de « transmit-receive »*) tube TR, tube de blocage d'impulsion (*terme descriptif que j'ai proposé*) (*tube de commutation court-circuitant l'entrée du récepteur d'un radar à impulsions pendant la durée de chaque impulsion émise pour le protéger de celle-ci*) (*l'amplitude des impulsions émises étant au minimum des milliers de fois plus grande que celle des échos pour lesquels les circuits d'entrée du récepteur sont conçus, ceux-ci seraient détruits à la première impulsion si l'on ne « fermait pas la porte » à l'onde électromagnétique émise en créant un rideau de gaz ionisé dans la section du guide d'ondes conduisant au récepteur*) (*l'ionisation du gaz est créée par l'impulsion elle-même ; dès que l'impulsion est passée, le gaz se désionise — « la porte s'ouvre » — et le récepteur peut recevoir l'écho de l'impulsion reçu par l'antenne quelques instants après*) (*le phénomène se reproduit à chaque impulsion successivement émise, c.-à-d. à la fréquence de récurrence de l'émetteur*) (*le tube TR fait partie du duplexeur du radar*) (*cf. aussi* switching tube, pulse repetition frequency *et* duplexer).

trace¹ *s* 1) trace (*trace lumineuse formée par le déplacement du point lumineux sur l'écran d'un tube cathodique classique et constituant la représentation graphique lumineuse d'un signal dans le cas d'un oscilloscope ou appareil dérivé*) (*cf. aussi* luminous spot *et* oscilloscope). 2) ruban (*nom donné aux conducteurs plats et étroits formés sur le substrat d'un circuit imprimé ou d'un circuit intégré hybride*) (*cf. aussi* printed circuit *et* hybrid circuit). 3) *cf.* trace routine.

trace² *v* 1) tracer (*sens usuels*). 2) rechercher, (*parf.*) localiser, (*parf.*) imputer (*une panne ou défaillance d'un matériel*).

trace blanking suppression du faisceau (*tube cath*) (*cf. aussi* blanking).

trace brightness luminosité de la trace (*oscillo, etc.*) (*cf. aussi* brightness *et* trace¹ 1)).

trace data *cf.* trace information.

trace information informations relatives à la trace (*nom donné aux signaux numériques représentant une trace d'oscilloscope numérique ou appareil dérivé mémorisée dans la mémoire de l'appareil*) (*cf. aussi* trace¹ 1) *et* digital oscilloscope).

trace integration intégration de la trace (*tube à mémoire*) (*cf. aussi* variable-persistence storage tube).

trace intensification intensification de la trace (*augmentation de la brillance d'une partie d'une trace lumineuse formée sur l'écran d'un tube cathodique et notamment du tube d'un oscilloscope*) (*cf. aussi* trace¹ 1), intensified main sweep *et*, *pour intensification*, intensification).

trace intensity *cf.* trace brightness.

trace persistence persistance de la trace (*tube cath*) (*cf. aussi* persistence).

trace program *cf.* trace routine.

trace reactance réactance des rubans (*d'un ruban, du ruban*) (*selon le contexte*) (*réactance de chacun des rubans d'un circuit imprimé ou hybride en tant qu'élément de circuit*) (*cf. aussi* reactance *et* trace¹ 2)).

trace routine programme d'analyse (*programme d'ordinateur permettant l'analyse de l'exécution des instructions d'un autre programme par un ordinateur*) (*inf*) (*cf. aussi* computer program *et* instruction).

trace shape forme de la trace (*oscillo, etc.*) (*cf. aussi* trace¹ 1)).

trace width 1) largeur de la trace (*cf. aussi* trace¹ 1)). 2) largeur des rubans (*parf.* du ruban) (*cf. aussi* trace¹ 2)).

traceability to ... filiation par rapport à ... (*au sens du terme anglais, relation officielle entre un appareil ou un instrument de mesure étalonné et l'étalon primaire utilisé en passant par les étalons intermédiaires éventuels*) (*est matérialisée par les certificats d'étalonnage successifs*) (*la même notion est parfois appliquée à des documents ; par exemple à une spécification d'un constructeur par rapport à une norme nationale*) (*cf. aussi* standard¹).

traceable to ... identifiable par rapport à ... (*appareil ou instrument de mesure, document*) (*cf. aussi* traceability to ...).

tracer ... *cf.* trace ...

tracing distortion distorsion de contact (*erreur de reproduction des sons enregistrés sur un disque phonographique due au fait que les oscillations de la pointe de lecture ne reproduisent pas exactement celles du burin graveur parce qu'elle n'est pas en contact avec le disque de la même façon que le burin*) (*en effet, l'extrémité de la pointe de lecture étant arrondie et non pointue comme le burin, elle ne porte pas au fond du sillon, mais seulement sur les flancs de celui-ci, lesquels ne sont pas toujours exactement symétriques par rapport à l'axe du sillon constitué par le fond de celui-ci*) (*la distorsion de contact est une distorsion non linéaire à la lecture*) (*électroacou*) (*cf. aussi* phonograph record, stylus 1), cutting stylus *et* non-linear distortion (c)).

tracing programme *cf.* trace routine.

tracing routine *cf.* trace routine.

track¹ *s* 1) piste d'enregistrement, piste (a) *lieu des points occupés par un enregistrement magnétique ou optique sur un support à défilement ou non*) (*cf. aussi* magnetic track (b), optical track 1), video track, track width, track pitch, track spacing, magnetic record, optical record *et* moving medium*) ; (b) *étroite bande de matière magnétique incorporée à un support d'informations à défilement ou non* (*noter que la piste au sens de (b) ci-dessus est destinée à porter une piste au sens de (a)*) (*film sonore, etc.*) (*cf. aussi* magnetic sound track *et* magnetic card 1)). 2) route (*chemin effectivement suivi par un mobile dans le plan horizontal*) (*nav, radionav*) (*cf. aussi* along-track error *et* cross-track error). 3) trajectoire (*sur l'écran d'un radar panoramique, lieu des positions successives des échos d'une cible mobile*) (*cf. aussi* PPI-display radar *et* plot¹ 2)). 4) *cf.* trace¹ 2).

track² *v* (*voir aussi* tracking) 1) suivre. 2) poursuivre. 3) varier uniformément.

track ... *cf.* tracking ... (*pour les termes qui ne figurent pas ci-après*).

track alignment alignement de la piste (*alignement d'une piste magnétique ou optique par rapport à une tête de lecture magnétique ou optique, respectivement, c.-à-d. en fait alignement de la tête par rapport à la piste*) (*cf. aussi* magnetic track, optical track *et* track-following servo).

track-and-hold ... *cf.* sample-and-hold ...

track-ball *cf.* trackball. (*plus loin*).

track-command guidance guidage par radars et télécommande (*guidage d'un missile sol-air par radiocommande en fonction des informations sur la différence entre la trajectoire du missile et celle de l'aéronef poursuivi fournies par deux radars suivant l'un la cible et l'autre le missile*) (*mil*) (*cf. aussi* guidance *et* radio command).

track data *cf.* tracking data.

track density densité de pistes (*nombre de pistes d'enregistrement par unité de longueur dans le sens de la largeur ou du rayon d'un support d'informations à défilement*) (*ce terme* s'applique surtout aux disques magnétiques ou optiques) (inf, vidéo, audio) (cf. aussi track[1] 1) (a), tracks per inch et moving medium).

track down a fault v   localiser une panne (dans un appareil, etc.) (cf. aussi fault isolation).

track following   **1)** suivi de piste (tête de lecture) (cf. aussi tracking 2) (b)). **2)** asservissement à la piste (tête de lecture) (cf. aussi track-following servo).

track-following drive   cf. track-following servo.

track-following servo   servomécanisme d'asservissement à la piste (servomécanisme maintenant une tête magnétique ou optique alignée sur une piste magnétique ou optique, respectivement, ou sur l'emplacement d'une telle piste) (mémoire à disque(s)) (inf) (cf. aussi servomechanism, magnetic head et optical pick-up).

track history   (l')historique de la poursuite (suite des échos d'une cible observés sur l'écran d'un radar ou d'un sonar, c.-à-d. trajectoire de la cible dans le plan représenté) (cf. aussi tracking 1) (a)).

track homing   ralliement suivant une ligne de position (ralliement de la verticale d'un point au sol effectué par un aéronef en suivant une ligne de position passant par ce point) (cf. aussi homing[1] 1) et line of position).

track in range v   poursuivre en distance (suivre au radar une cible s'éloignant ou se rapprochant de celui-ci, c.-à-d. déplacer dans le temps le créneau de distance de la porte de sélection de distance du radar) (avia, etc.) (cf. aussi range window et receding target).

track location   emplacement de la piste (emplacement d'une piste d'enregistrement sur son support) (cf. aussi track[1] 1)).

track mode   **1)** cf. tracking mode. **2)** cf. sample mode.

track-on-jam   cf. home-on-jam.

track pitch   pas des pistes (distance entre les axes de deux pistes d'enregistrement voisines) (cf. aussi track[1] 1) (a), track density et track spacing).

track-radar ...   cf. tracking radar ...

track range   portée en poursuite (distance maximale à laquelle un radar de poursuite ou fonctionnant en mode de poursuite ou un autodirecteur radar actif peut suivre une cible) (cf. aussi tracking radar, tracking mode, active radar seeker et tracking range).

track registration   cf. track alignment.

track spacing   distance entre pistes (distance entre les bords en regard de deux pistes d'enregistrement voisines) (ne pas confondre avec le pas des pistes, celui-ci étant indépendant de leur largeur) (cf. aussi track pitch).

track-to-track access time   temps d'accès d'une piste à l'autre (temps nécessaire à une tête de lecture-écriture ou de lecture pour passer d'une piste à une des deux pistes situées de part et d'autre de celle-ci) (mémoire à disque(s) magnétique(s) ou optique) (inf) (cf. aussi read/write head).

track-to-track speed   vitesse d'une piste à l'autre, vitesse de déplacement d'une piste à l'autre (quotient du pas des pistes et du temps d'accès d'une piste à l'autre) (cf. aussi track pitch et track-to-track access time).

track-via-missile guidance   guidage par l'intermédiaire du missile (nom parfois donné au guidage télévision) (mil) (cf. aussi television guidance).

track-while-scan   poursuite discontinue (etc.) (radar mil) (cf. aussi track-while-scan radar).

track-while-scan capability   possibilités de poursuite discontinue, (parfois au singulier) (etc.) (radar mil) (cf. aussi track-while-scan radar).

track-while-scan feature   cf. track-while-scan capability.

track-while-scan radar   radar de poursuite discontinue (ou à poursuite et veille simultanées) (radar à balayage électronique utilisé comme radar de poursuite, ce radar pouvant assurer la poursuite quasi-simultanée de plusieurs cibles situées dans un angle solide relativement grand, c.-à-d. la poursuite en même temps que la veille) (le faisceau du radar suit une cible pendant une fraction de seconde pendant son mouvement de balayage dans un plan ou dans l'autre, puis suit la seconde cible qu'il rencontre, et ainsi de suite pendant un cycle de balayage, après quoi celui-ci recommence) (le mode de fonctionnement est permis par la très grande vitesse à

laquelle le faisceau d'ondes émis par le radar peut changer de direction et nécessite toutefois des circuits de traitement des signaux appropriés dans le récepteur du radar) (c'est ce type de radar qui permet notamment à certains avions militaires modernes de lancer simultanément plusieurs missiles air-air en direction d'aéronefs hostiles) (mil) (cf. aussi phased-array radar, tracking radar, search radar, scanning (a2) et radar signal processing).

track-while-scan technique   méthode de poursuite discontinue, (etc.), procédé (idem) (cf. aussi track-while-scan radar).

track width   largeur de la piste (largeur d'une piste d'enregistrement) (cf. aussi track[1] 1)).

trackability   cf. tracking 2).

trackball   boule roulante (manche à balai sans manette dont la rotule est remplacée par une sphère libre d'environ 70 mm de diamètre, ce qui permet de la faire tourner dans la direction et le sens voulu avec la paume de la main, la sphère roulant sur trois éléments tournants dont deux, disposés à 90°, sont les axes de deux capteurs d'angle dont les signaux reproduisent les deux composantes du trajet de la main) (est montée dans un boîtier indépendant ou incorporée à un pupitre de commande ou un clavier d'ordinateur) (cf. aussi joystick 1) et mouse).

tracked target   (cf. aussi target (a)) **1)** cible suivie (par un radar, notamment) (cf. aussi tracking 1) (a)). **2)** cible poursuivie (par un engin autoguidé, notamment) (mil) (cf. aussi homing weapon).

tracker   **1)** chercheur s, (parf. aussi) détecteur s (détecteur de repère astronomique faisant partie de la chaîne de pilotage d'un engin spatial ou d'un dispositif au sol à orientation asservie à la direction d'un tel repère) (cf. aussi star tracker, sun tracker, guidance system, tracking 1) et, pour information, horizon sensor). **2)** autodirecteur s (engin autoguidé) (mil) (cf. aussi homing head). **3)** commande automatique de fréquence (récepteur radio) (cf. aussi automatic frequency control). **4)** cf. tracking radar. **5)** cf. laser tracker. **6)** cf. infrared tracker.

tracker ball   cf. trackball.

tracking   **1)** poursuite (a) action de suivre un objet, un corps céleste ou un être mobile ou en mouvement relatif à l'aide d'un radar, d'un sonar, d'un autodirecteur, d'une antenne de réception orientable, d'un panneau de cellules solaires, d'une caméra de télévision, d'un cinéthéodolite ou autre appareil ou dispositif, selon le cas) (dans le cas d'un radar notamment, la poursuite peut être manuelle ou automatique) (dans le cas d'un autodirecteur, elle est automatique par nature) (cf. aussi manual tracking, automatic tracking et homing[1] 2)) ; (b) action de suivre les fluctuations de la fréquence de la porteuse d'un signal radio) (récepteur) (cf. aussi automatic frequency control). **2)** suivi d'enregistrement (action d'une tête de lecture suivant le lieu des informations enregistrées sur un support à défilement ou aptitude de la tête à cette action) (cf. aussi playback head et moving medium) (a) suivi de sillon (suivi du sillon d'un disque phonographique par la pointe de lecture de la tête de lecture d'un tourne-disque ou, plus précisément, aptitude d'une tête de lecture de tourne-disque à faire suivre la modulation du sillon à la pointe de lecture) (est l'aptitude de l'équipage mobile de la tête à maintenir la pointe de lecture en contact avec les deux flancs du sillon aux fréquences élevées du signal enregistré, c.-à-d. lorsque les ondulations du sillon sont très serrées) (cf. aussi phonograph pick-up et stylus 1)) ; (b) suivi de piste (suivi d'une piste sur un disque magnétique ou optique par une tête de lecture appropriée) (inf, vidéo) (cf. aussi magnetic disk et optical disk). **3)** suivi de variation (uniformité de la variation de la valeur de deux ou plusieurs grandeurs de même nature variant simultanément dans des conditions d'ambiance ou de fonctionnement identiques) (cf. aussi temperature tracking, frequency tracking 2) et phase tracking).

tracking aerial   (GB)   cf. tracking antenna.

tracking angle error   cf. angle tracking error.

tracking antenna   **1)** antenne de poursuite, antenne de radar de poursuite (le premier terme est le plus employé) (antenne parabolique émettant un, deux ou quatre faisceaux étroits permettant de connaître en permanence la direction d'une cible mobile, généralement aérienne, avec une précision angu-

laire relativement grande) (*avia, etc.*) (*cf. aussi* conical-scan antenna, lobe-switching antenna, monopulse antenna, parabolic antenna *et* tracking radar). **2)** antenne de poursuite, antenne asservie (*antenne d'une station de télécommunications par satellites maintenue pointée dans la direction d'un satellite de télécommunications à défilement par un servomécanisme pendant la période de visibilité du satellite à chacune de ses révolutions*) (*cf. aussi* satellite communications station *et* servomechanism).

tracking beacon répondeur de poursuite (*nom donné à une balise radar simplifiée monté sur un mobile, notamment un engin-cible, un missile ou un engin spatial pour faciliter ou permettre sa poursuite au radar*) (*mil, espace*) (*cf. aussi* radar beacon 1) *et* tracking radar).

tracking beam faisceau de poursuite (*faisceau d'ondes émis par l'antenne d'un radar de poursuite*) (*cf. aussi* tracking antenna).

tracking capability possibilités de poursuite (*parf. au singulier*) (*radar, etc.*) (*cf. aussi* tracking 1) *et* capability).

tracking circuit circuit d'asservissement en fréquence (*autre nom d'une commande automatique de fréquence*) (*cf. aussi* automatic frequency control).

tracking clutter filter filtre d'échos fixes autocentré, (*etc.*) (*filtre d'échos fixes réalisé sous la forme d'un filtre autocentré*) (*radar*) (*cf. aussi* clutter filter *et* tracking filter).

tracking data informations de poursuite (*informations relatives à une cible suivie par un radar de poursuite, c.-à-d. coordonnées de la cible, plus éventuellement sa vitesse*) (*cf. aussi* tracking radar).

tracking error **1)** erreur de poursuite (*radar*) (*cf. aussi* angle tracking error). **2)** erreur de piste (*erreur de reproduction des sons enregistrés sur un disque phonographique lu par un tourne-disque à bras pivotant due au fait que la projection, sur le disque, du plan dans lequel la pointe de lecture oscille ne peut, au mieux, être confondue avec le rayon sur lequel se trouve la pointe que pour un seul sillon du disque et forme un angle, variable, avec ce rayon pour tous les autres sillons, tandis que la projection du plan dans lequel le burin graveur oscille à l'enregistrement est toujours confondue avec le rayon, le déplacement du burin étant un mouvement de translation radial*) (*l'erreur de piste est une distorsion non linéaire à la lecture ; elle n'existe pas dans un tourne-disque à bras tangentiel*) (*électroacou*) (*cf. aussi* phonograph record, stylus 1), cutting stylus, non-linear distortion (c) *et* tangential pick-up arm).

tracking filter filtre suiveur, filtre autocentré (*termes que j'ai proposés*), filtre à poursuite en fréquence, filtre passe-bande (*idem*) (*filtre passe-bande à bande étroite dont la bande passante est maintenue centrée sur la fréquence de la porteuse du signal à recevoir dans un récepteur radioélectrique lorsque celle-ci varie*) (*cf. aussi* band-pass filter, narrow-band filter, carrier 1) *et* RF receiver).

tracking gate porte de sélection, porte de poursuite (*porte analogique permettant la poursuite automatique dans le récepteur d'un radar à impulsions*) (*cf. aussi* range gate, angle gate, velocity gate, analog gate, automatic tracking *et* pulse radar).

tracking generator générateur asservi (*générateur de signaux fournissant un signal sinusoïdal dont la fréquence est constamment égale à la fréquence d'accord d'un analyseur de spectres à balayage*) (*peut être un appareil indépendant ou un montage incorporé à un analyseur de spectres*) (*cf. aussi* signal generator, sinusoidal signal, tuning frequency *et* scanning spectrum analyzer).

tracking head *cf.* tracker 2).

tracking information *cf.* tracking data (*le second terme étant le plus employé*).

tracking instrumentation appareils de poursuite, instrumentation de poursuite (*radars de poursuite, cinéthéodolites et télémètres laser utilisés pour suivre un engin spatial ou un missile en vol*) (*cf. aussi* tracking radar *et* laser range-finder).

tracking local oscillator oscillateur local asservi (en fréquence) (*oscillateur local d'un récepteur à commande automatique de fréquence*) (*ne pas confondre avec « oscillateur local à balayage »*) (*cf. aussi* local oscillator, automatic frequency control *et* sweeping local oscillator).

tracking loop **1)** boucle d'asservissement (en fréquence *ou* en phase), circuit d'asservissement (*idem*) (*montage asservissant la fréquence ou, parfois, la phase du signal de sortie d'un oscillateur local à la fréquence ou la phase de la porteuse*) (*dans le premier cas, le plus fréquent, ces termes sont synonymes de « commande automatique de fréquence »*) (*récepteur*) (*cf. aussi* feedback loop, phase (a), local oscillator *et* automatic frequency control). **2)** *cf.* tracking servo loop.

tracking mode mode de poursuite (*mode de fonctionnement d'un radar multifonction utilisé pour suivre une cible*) (*cf. aussi* tracking 1) (a) *et* multimode radar).

tracking network *cf.* tracking station network.

tracking oscillator oscillateur asservi (en fréquence *ou* à fréquence asservie) (*oscillateur à fréquence variable dont la fréquence suit, éventuellement avec un décalage constant, la fréquence d'un signal à fréquence variable, ce signal pouvant être le signal fourni par un oscillateur à fréquence variable, éventuellement à balayage, ou la porteuse du signal reçu par un récepteur radioélectrique*) (*cf. aussi* tracking local oscillator, variable-frequency oscillator, sweeping oscillator, carrier 1), RF receiver *et* oscillator).

tracking phase phase de poursuite (*temps pendant lequel une poursuite est assurée par un appareil*) (*ce terme désigne souvent le temps pendant lequel un radar ou un autodirecteur radar actif suit une cible après l'avoir accrochée*) (*cf. aussi* tracking 1) (a) *et* target acquisition).

tracking radar radar de poursuite (*radar à impulsions optimisé pour la poursuite des cibles après leur détection souvent assurée par un autre radar, c.-à-d. pour la détermination précise de leurs coordonnées*) (*est caractérisé principalement par l'emploi d'une antenne et de circuits de réception adaptés à cette fonction*) (*noter que la poursuite peut être effectuée dans une certaine mesure par un radar de veille ou un radar primaire, mais que la veille ou la surveillance peuvent difficilement être assurées par un radar de poursuite, son faisceau couvrant une zone trop petite dans l'espace pour balayer tout celui-ci en un temps suffisamment court pour qu'aucune cible ne puisse échapper à la détection*) (*noter en outre que ce qui précède s'applique au radar à balayage mécanique et que le radar à balayage électronique peut remplir les deux fonctions grâce à la possibilité de modifier la forme du faisceau et surtout à la vitesse de balayage possible*) (*cf. aussi* echo-splitting radar, conical-scan radar, monopulse radar, tracking antenna, tracking gate, acquisition radar, search radar, mechanical-scanning radar, phased-array radar, track-while-scan radar *et* pulse radar).

tracking radar antenna *cf.* tracking antenna.

tracking range **1)** distance de poursuite (*distance entre un radar ou un autodirecteur et une cible suivie par celui-ci*) (*cf. aussi* tracking 1) (a), radar *et* homing head). **2)** demi-plage de synchronisme (*plage de synchronisme de chaque côté de la fréquence centrale d'une boucle à phase asservie*) (*cf. aussi* lock range).

tracking sensor *cf.* tracker 2).

tracking servo *cf.* tracking servo loop.

tracking servo loop servomécanisme de poursuite angulaire (*servomécanisme réalisant la poursuite angulaire automatique d'un objet mobile ou en mouvement relatif*) (*en d'autres termes, servomécanisme de poursuite automatique en azimut ou en site d'une antenne de radar ou d'autodirecteur radar ou de poursuite en site d'une antenne de télécommunications au sol ou de radiotélescope ou d'un panneau de cellules solaires, notamment*) (*cf. aussi* servomechanism, angular tracking, automatic tracking *et* servo loop).

tracking signal source *cf.* tracking generator.

tracking solar cell panel panneau de cellules solaires asservi (à la direction du Soleil *ou* au Soleil), panneau asservi (*idem*) (*panneau de cellules solaires maintenu en permanence perpendiculaire à la direction du Soleil par un servomécanisme pour assurer l'ensoleillement maximal des cellules*) (*centrale solaire, etc.*) (*cf. aussi* solar cell panel, servomechanism *et* sun following).

tracking station station de poursuite (a) (*station radar assurant la poursuite d'engins spatiaux ou de missiles après leur lancement du sol*) (*utilise un radar de poursuite à longue* *portée) (cf. aussi* radar station *et* tracking radar) ; (b) *station de télécommunications par satellites utilisant une antenne de poursuite) (cf. aussi* satellite communications station *et* tracking antenna 2)).

tracking station network   réseau de stations de poursuite, réseau de poursuite *(ensemble de stations de poursuite réparties dans une zone géographique, souvent à l'échelle mondiale) (cf. aussi* tracking station).

tracking, telemetry and command station   station de poursuite, télécommande et télémesure *(noter la permutation d'une langue à l'autre) (station remplissant les fonctions d'une station de poursuite, d'une station de télécommande et d'une station de télémesure et équipée, par conséquent, des trois types d'appareils correspondants) (mil, espace) (cf. aussi* tracking station, command station *et* telemetry station).

tracking voltage   tension d'asservissement en fréquence *(tension d'accord d'un oscillateur asservi en fréquence) (cf. aussi* tuning voltage *et* tracking oscillator).

tracks per inch   (nombre de) pistes par pouce *(unité de densité de pistes d'enregistrement) (cf. aussi* track density).

tracks per side   (nombre de) pistes par face *(nombre de pistes formées ou pouvant être formées sur une face d'un disque magnétique ou optique) (dépend du diamètre du disque ou, plus précisément, de son rayon utile et de la densité de pistes) (cf. aussi* track density, magnetic disk *et* optical disk).

traffic   trafic *(en télécommunications, ensemble des messages transmis par une ou plusieurs liaisons de télécommunications dans une période déterminée) (cf. aussi* telephone traffic *et* communications link).

traffic capacity   capacité de transmission *(trafic maximal admissible par unité de temps dans une liaison de télécommunications) (cf. aussi* traffic).

traffic channel   voie de conversation *(voie d'un multiplex téléphonique effectivement utilisée pour la transmission de conversations ou autres messages) (tls) (cf. aussi* telephone channel).

traffic controller   *cf.* air traffic controller.

traffic density   intensité du trafic *(trafic par unité de temps) (tls) (cf. aussi* traffic).

traffic flow   écoulement du trafic *(tls) (cf. aussi* traffic).

traffic frequency   fréquence de trafic *(radiocom) (cf. aussi* working frequency 2)).

traffic intensity   *cf.* traffic density.

traffic load   *cf.* traffic density.

traffic section   (les) services d'exploitation *(parfois au singulier) (services d'une administration ou une société de télécommunications chargés de l'exploitation des liaisons assurées) (cf. aussi* communications common carrier *et* communications link).

traffic signal   signal de trafic *(signal téléphonique transmettant effectivement une conversation, c.-à-d. signal de conversation, ou signal télégraphique transmettant effectivement un message) (tls) (cf. aussi* signalling signal).

traffic staff   personnel d'exploitation *(personnel chargé de l'exploitation d'une liaison ou d'un réseau de télécommunications) (cf. aussi* communications link).

traffic unit   unité d'intensité de trafic (téléphonique), unité de trafic téléphonique *(noms descriptifs de l'erlang) (tls) (cf. aussi* erlang).

trailer   1) queue de comète *(traînage très prononcé, sur une image de télévision) (cf. aussi* streaking). 2) queue de bande *(extrémité d'une bande magnétique dépourvue de couche magnétique) (cf. aussi* magnetic tape).

trailing aerial   *(GB) cf.* trailing antenna.

trailing antenna   antenne remorquée *(câble de longueur généralement grande attaché à la queue d'un avion ou à la poupe d'un sous-marin) (dans le premier cas, peut être notamment une antenne de grande longueur remorquée par un avion militaire pour émettre des signaux en ondes myriamétriques destinées à être reçues par des sous-marins en plongée peu profonde) (dans le second cas, est une antenne de longueur moyenne remorquée par un sous-marin pour recevoir les signaux émis par une antenne du type décrit ci-dessus ou par une station au sol émettant en ondes mégamétriques) (cf. aussi* VLF wave, ELF wave *et* radio wave propagation).

trailing edge   flanc arrière, *(parf.)* queue *(partie postérieure d'une impulsion) (en d'autres termes, partie à pente négative, c.-à-d. partie descendante, dans le cas le plus fréquent d'une impulsion positive ou partie à pente positive, c.-à-d. partie montante, dans le cas d'une impulsion négative)) (cf. aussi* pulse[1]).

train of pulses   train d'impulsions *(cf. aussi* pulse train) *(ce terme étant le plus employé).*

trainer   simulateur *s (cf. aussi* simulator 1) (b)).

transaction   *(en informatique)* mouvement *(introduction d'informations dans un fichier ou sortie d'informations d'un fichier ou, souvent, ces informations elles-mêmes) (cf. aussi* file[1]).

transaction data   mouvements *(inf, etc) (cf. aussi* transaction).

transactional back-up   sauvegarde des mouvements *(sauvegarde d'un disque dur faite une fois terminés les mouvements à effectuer pour celui-ci) (inf) (cf. aussi* transaction *et* hard-disk back-up).

transadmittance   *(vient de « transfer admittance »)* transadmittance, admittance de transfert *(notion remplaçant la transconductance lorsque l'on considère le fonctionnement de l'élément en courant alternatif avec utilisation des notations complexes (au sens mathématique)) (est peu employée, sauf pour les tubes amplificateurs hyperfréquence) (cf. aussi* transconductance).

transcalent power device   composant de puissance à caloduc incorporé, composant à caloduc *(composant à semiconducteur de puissance refroidi par caloduc) (cf. aussi* power semiconductor device *et* heat pipe).

transceive *v*   transmettre dans les deux sens *(des signaux ou informations).*

transceiver   *(vient de « transmitter-receiver »)* trancepteur *(terme que j'ai proposé),* émetteur-récepteur radio, émetteur-récepteur, poste émetteur-récepteur *(radiotéléphone dans lequel l'émetteur et le récepteur sont montés dans un même boîtier, certains circuits étant communs aux deux appareils) (clpf) (radiocom) (cf. aussi* backpack transceiver *et* radiotelephone).

transcode *v*   transcoder *(inf, tls) (cf. aussi* code conversion).

transcoder   transcodeur *(inf, tls) (cf. aussi* code converter).

transcoding   transcodage *(inf, tls) (cf. aussi* code conversion).

transconductance   transconductance, conductance mutuelle, pente *(rapport entre une augmentation de l'intensité du courant de sortie d'un tube électronique ou d'un transistor monté en amplificateur et l'augmentation de la tension d'entrée qui l'a produite, la tension de sortie étant maintenue constante, ou pente de la caractéristique correspondante) (s'exprime en milliampères par volt (mA/V)) (cf. aussi* transadmittance, grid characteristic *et* amplifier).

transconductance meter   pentemètre *(autre nom d'un lampemètre) (cf. aussi* tube tester).

transcontinental call   communication transcontinentale, communication téléphonique *(idem) (communication téléphonique d'une côte à l'autre des États-Unis) (tls) (cf. aussi* telephone call 1)).

transcontinental telephone call   *cf.* transcontinental call.

transcription   1) transcription *(sens usuel).* 2) disque de programme *(disque phonographique gravé directement et pouvant être lu tel quel un certain nombre de fois dans un studio de radiodiffusion sonore pour transmettre un programme en différé) (peut être considéré comme un disque original qui n'est pas reproduit par la suite) (a cédé la place au magnétophone de studio) (électroacou) (cf. aussi* master disk).

transducer   1) transducteur *s (dispositif convertissant une grandeur variable non électrique constituant un signal en un signal électrique ou vice-versa sans en modifier les variations relatives d'amplitude) (un transducteur peut être considéré comme un quadripôle à conversion d'énergie dont une des deux paires de bornes n'est pas électrique) (noter que la notion de signal, non perçue par nombre d'auteurs, est essentielle dans la définition du transducteur, faute de quoi tout dispositif opérant une conversion d'énergie, notamment une dynamo, un alternateur ou un moteur électrique, peut être considéré comme un transducteur, ce qui n'est pas le cas ; par contre, un* *actionneur électrique − qui convertit un signal électrique en un déplacement − peut être considéré comme un trans-ducteur) (microphone, cellule photoélectrique, etc.) (ne pas confondre « transducteur » et « capteur ») (cf. aussi* sensor, electroacoustic transducer, photoelectric transducer, fiber-optic transducer, electric transducer, passive transducer, active transducer, reversible transducer, unidirectional transducer, linear transducer, amplitude, quadripole, energy conversion *et* actuator). **2)** *cf.* sensor.

transducer amplifier *cf.* sensor amplifier.

transduction conversion par un transducteur *(conversion d'énergie par un transducteur) (cf. aussi* transducer 1)).

transductor *(vient de « transfer inductor »)* transducteur ma-gnétique *(terme générique impropre couvrant l'inductance saturable et l'amplificateur magnétique) (cf. aussi* saturable reactor, magnetic amplifier *et, pour information,* transducer 1)).

transfer[1] *s* transfert *(sens usuel) (cf. aussi* data transfer *et, notamment,* transfer rate).

transfer[2] *v* transférer *(cf. aussi* transfer[1] *et* transfer control to …).

transfer accuracy précision de transfert *(précision d'un éta-lon de travail) (cf. aussi* transfer standard).

transfer admittance *cf.* transadmittance.

transfer characteristic caractéristique de transfert *(tg) (courbe représentant l'intensité du courant de sortie d'un amplificateur ou d'un élément amplificateur en fonction de la tension d'entrée) (noter que ce terme est parfois employé, incorrectement, avec d'autres sens dont celui de la courbe de sensibilité d'un dispositif photoélectrique) (cf. aussi* characte-ristic curve) (a) caractéristique de grille *(courbe représentant l'intensité du courant anodique d'un tube à vide à grille de commande en fonction de la tension de grille, la tension anodique et celle des autres électrodes éventuelles étant main-tenues constantes) (noter que cette acception du terme « carac-téristique de grille », quasi-générale depuis des dizaines d'an-nées, n'est pas l'acception initiale de ce terme) (cf. aussi* transconductance *et* grid characteristic) (b) caractéristique de transfert *(b1) courbe représentant l'intensité du courant de collecteur d'un transistor bipolaire en fonction de la tension base-émetteur) (cf. aussi* collector current *et* base-emitter voltage) ; *(b2) courbe représentant l'intensité du courant de drain d'un transistor à effet de champ en fonction de la tension de grille) (cf. aussi* drain current *et* gate voltage 1)) ; *(b3) courbe à deux branches en x représentant l'intensité du cou-rant de sortie d'un amplificateur différentiel en fonction de la tension différentielle d'entrée et de sa polarité) (cf. aussi* differential amplifier *et* voltage polarity).

transfer check contrôle de transfert *(contrôle d'un mot bi-naire dans un ordinateur après son transfert entre deux or-ganes de l'appareil et notamment son transfert de la mémoire centrale à la partie traitement) (inf) (cf. aussi* binary word, processing section *et* error detection).

transfer control to … *v* passer la main à … *(cf. aussi* relin-quish control to …).

transfer diagram diagramme de transfert, lieu de transfert, courbe de transfert *(le premier terme est le meilleur) (dia-gramme en coordonnées polaires ou rectangulaires permettant de représenter la réponse en amplitude et en phase d'un système asservi en fonction de la fréquence à l'aide d'une seule courbe) (la fréquence augmente le long de la courbe, ce qui permet d'affecter une coordonnée à la représentation de l'am-plitude et l'autre à la représentation de la phase) (cf. aussi* Nyquist diagram, Black diagram, frequency response 1), phase response 1) *et* closed-loop control system).

transfer efficiency efficacité du transfert (de charge) *(circuit à transfert de charges) (cf. aussi* charge transfer efficiency).

transfer function fonction de transfert, transmittance *(le premier terme est le meilleur) (expression mathématique liant la transformée de Laplace du signal de sortie d'un filtre ou d'un système asservi à la transformée de Laplace du signal d'entrée) (la fonction de transfert est une fraction rationnelle, c.-à-d. le rapport de deux polynômes, dont le numérateur et le dénominateur sont des polynômes en p, cette grandeur étant la variable de Laplace) (la fonction de transfert exprime simulta-*

nément la réponse en fréquence et la réponse en phase du système) (cf. aussi poles and zeros, filter[1], closed-loop control system, Laplace transform, frequency response 1) *et* phase response 1)).

transfer function measurement mesure de fonctions de trans-fert *(nom donné au relevé simultané de la courbe de réponse en fréquence et de la courbe de réponse en phase d'un réseau électrique effectué au moyen d'un analyseur de réseaux ou d'un appareil équivalent, les deux courbes étant présentées sur l'écran de l'appareil et généralement tracées en même temps par un traceur de courbes à deux plumes) (cf. aussi* transfer function *et* network analyzer).

transfer function order ordre d'une fonction de transfert *(degré du polynôme en p figurant au dénominateur d'une fonction de transfert) (cf. aussi* transfer function, filter order *et* control system order).

transfer gate porte de transfert *(dispositif opérant le transfert d'un signal élémentaire) (a) électrode formée sur la couche magnétique d'une mémoire à bulles magnétiques pour opérer le transfert des bulles entre les deux types de boucles) (cf. aussi* magnetic-bubble memory) ; *(b) électrode formée au-dessus de deux électrodes d'accumulation dans certains circuits à CCD pour opérer le transfert de la charge d'une cellule à la suivante) (semi) (cf. aussi* CCD).

transfer impedance impédance de transfert *(nom donné à l'impédance d'entrée d'un quadripôle en régime sinusoïdal) (cf. aussi* input impedance *et* sinusoidal conditions).

transfer inefficiency inefficacité du transfert (de charges) *(circuit à transfert de charges) (cf. aussi* charge transfer efficiency).

transfer instruction instruction de branchement *(inf) (cf. aussi* branch instruction).

transfer of data transfert d'informations *(inf) (cf. aussi* data transfer).

transfer rate vitesse de transfert, cadence de transfert, débit *(le deuxième terme est le meilleur, mais le premier et le troisième sont plus employés) (vitesse de transmission dans le transfert d'informations en parallèle, c.-à-d. vitesse de trans-mission dans chacun des conducteurs utilisés) (inf) (cf. aussi* transmission rate *et* parallel transfer).

transfer ratio gain interne *(cf. aussi* internal gain).

transfer resistance *cf.* transistance.

transfer standard étalon de travail *(étalon étalonné à l'aide d'un étalon secondaire et utilisé effectivement en laboratoire ou en atelier) (métrologie) (cf. aussi* secondary standard).

transfer switch inverseur *s (cf. aussi* double-throw switch).

transfer time 1) temps de transfert, durée du transfert *(temps nécessaire à l'exécution d'un transfert d'informations dans un ordinateur) (inf) (cf. aussi* data transfer). **2)** temps d'inver-sion, durée de l'inversion *(temps écoulé entre l'instant où le contact mobile d'un jeu de contacts inverseurs d'un relais quitte le contact de repos et l'instant où il est en contact stable avec le contact de travail après rebondissement éventuel) (cf. aussi* change-over contact, break contact, make contact *et* contact bounce).

transferred charge charge transférée *(charge électrique trans-férée d'une électrode d'un dispositif électrique ou électronique à une autre) (cf. aussi* charge-transfer device).

transferred-electron device dispositif à transfert d'électrons *(autre nom, plus général, d'une diode à transfert d'électrons) (cf. aussi* transferred-electron diode).

transferred-electron diode diode à transfert d'électrons *(nom donné à un dispositif à semiconducteur dans lequel l'énergie des électrons est augmentée fortement sous l'action d'un champ électrique intense, ce qui entraîne l'apparition d'un effet de résistance négative produisant des variations pério-diques très rapides de l'intensité du courant) (noter qu'il ne s'agit pas d'une diode malgré son nom) (diode Gunn notam-ment)(cf. aussi* Gunn diode, high-energy electron, negative resistance *et* semiconductor device).

transflective back coating couche postérieure semi-trans-parente *(afficheur) (cf. aussi* transflective liquid-crystal dis-play).

transflective display *cf.* transflective liquid-crystal display.

transflective LCD *cf.* transflective liquid-crystal display.

transflective liquid-crystal display afficheur à cristaux liquides à transflexion *(ou à transmission-réflexion ou transflectif)*, afficheur à transflexion *(idem) (afficheur à cristaux liquides utilisant l'éclairage ambiant et une source de lumière disposée derrière une couche semi-transparente pour permettre sa lecture dans l'obscurité) (la source de lumière doit produire une lumière uniformément répartie sur toute la surface de la couche et peut être notamment une lampe électroluminescente) (cf. aussi* liquid-crystal display *et* electroluminescent lamp).

transformer 1) transformateur s, transformateur statique *(le second terme est peu employé, sauf lorsque l'on compare le bobinage induit d'un moteur asynchrone à l'enroulement secondaire d'un transformateur) (machine électrique statique utilisant l'induction électromagnétique pour changer la valeur d'une tension variable ou l'intensité d'un courant d'intensité variable en réalisant ainsi l'adaptation d'impédance ou pour transférer de l'énergie électrique d'un circuit à un autre tout en assurant leur isolement galvanique) (dans le cas général, sert à changer la tension d'une source de courant alternatif et notamment la tension du secteur) (réalise alors en fait l'adaptation de l'impédance de la charge à alimenter en courant à l'impédance de la source de courant) (sous sa forme la plus simple et la plus courante, un transformateur comprend essentiellement un noyau magnétique portant deux enroulements isolés dont l'un, appelé « enroulement primaire », est parcouru par le courant alternatif de la source dont on veut changer la tension, par exemple, et l'autre, appelé « enroulement secondaire », est le siège de la force électromotrice induite par le premier courant) (la tension recueillie aux bornes de l'enroulement secondaire dépend de la tension appliquée aux bornes de l'enroulement primaire et du rapport de transformation) (la puissance mise en jeu dans le circuit secondaire lorsque l'enroulement secondaire débite dans une charge étant forcément égale, aux pertes près, à la puissance fournie à l'enroulement primaire, l'intensité du courant dans le secondaire est changée en raison inverse de la tension à ses bornes) (pour obtenir plusieurs tensions secondaires en vue d'alimenter séparément plusieurs charges, il suffit de prévoir autant d'enroulements secondaires distincts, les tensions à leurs bornes pouvant aussi bien être égales que très différentes ; il suffit de choisir le rapport de transformation de chaque secondaire en conséquence) (le circuit magnétique d'un transformateur est généralement, et souvent incorrectement, appelé « noyau » ou, parfois, « paquet de tôles » ; la bobine isolante sur laquelle sont enroulés les fils des enroulements est généralement appelée « carcasse ») (la plupart des transformateurs sont du type cuirassé) (élt) (cf. aussi* turns ratio, ideal transformer, step-down transformer, step-up transformer, power transformer, instrument transformer, isolation transformer, RF transformer, pulse transformer, shell-type transformer, transformer core, transformer tap, transformer loss, transformer coupling, static electric machine, electromagnetic induction, impedance matching, galvanic isolation *et, pour information,* telephone induction coil *et* induction motor). 2) *cf.* Fourier transformer.

transformer bridge pont à transformateur *(pont de mesure à courant alternatif utilisant un transformateur à prise médiane au secondaire, cet enroulement constituant la source de courant alternatif et son point milieu étant connecté à l'extrémité de la diagonale opposée aux impédances à comparer) (cf. aussi* ac bridge, transformer 1) *et* secondary center tap).

transformer core noyau de transformateur, noyau magnétique *(idem) (le premier terme est le plus employé) (noms souvent donnés au circuit magnétique d'un transformateur) (sauf dans le cas d'un transformateur à noyau droit ou d'un transformateur à noyau toroïdal, qui constitue le cas limite du précédent, ces termes sont en réalité impropres car, en toute rigueur, le noyau n'est que la partie du circuit magnétique portant les enroulements, mais cette distinction n'est généralement faite que pour les gros transformateurs industriels, les noyaux, au nombre de trois pour un transformateur triphasé, étant alors démontables) (dans le cas le plus fréquent des transformateurs cuirassés utilisés en électronique et pour les petites puissances en électrotechnique, le noyau portant la* carcasse *est généralement appelé « branche » ou « branche centrale » du fait de la forme en E, refermé par une barrette, du circuit magnétique) (élt) (cf. aussi* I core, E core, toroidal core, pot core, magnetic circuit *et* transformer 1)).

transformer core material matériau pour circuit magnétique de transformateurs, *(etc.) (tôle magnétique, ferrite, fil de fer doux) (élt) (cf. aussi* transformer lamination, transformer 1) *et* material).

transformer-coupled *a* à liaison par transformateur, *(parf.)* relié par un transformateur *(étage et notamment amplificateur) (cf. aussi* transformer coupling).

transformer-coupled amplifier amplificateur à liaison par transformateur *(cf. aussi* amplifier *et* transformer coupling) ; (a) *amplificateur relié à sa charge par un transformateur) (clpf) (l'exemple classique de ce type d'amplification à liaison par transformateur est l'amplificateur basse fréquence d'un poste de radio attaquant le haut-parleur par l'intermédiaire du transformateur de sortie) (cf. aussi* output transformer) ; (b) *amplificateur relié à la source du signal à amplifier par un transformateur) (l'exemple classique de ce type d'amplificateur à liaison par transformateur est l'amplificateur isolé par transformateur) (cf. aussi* transformer-isolated amplifier) ; (c) *amplificateur relié tant à la source de signal qu'à la charge par un transformateur) (ce cas est généralement assimilé au cas (a) ci-dessus, d'où l'emploi du singulier malgré l'utilisation de deux transformateurs) (l'exemple classique de ce type d'amplificateur à liaison par transformateur est constitué par chacun des étages de l'amplificateur à fréquence intermédiaire d'un récepteur superhétérodyne, les transformateurs utilisés étant alors des transformateurs accordés) (cf. aussi* transformer coupling, IF amplifier *et* tuned transformer).

transformer-coupled isolation amplifier amplificateur d'isolement à liaison par transformateur *(cf. aussi* isolation amplifier *et* transformer coupling).

transformer coupling liaison par transformateur *(liaison entre étages assurée par un transformateur) (l'enroulement primaire du transformateur est inséré dans le circuit de sortie du premier étage dont il constitue la charge et l'enroulement secondaire dans le circuit d'entrée de l'étage suivant dont il constitue la source de tension ou de courant de commande) (est un cas d'emploi particulier du transformateur) (cf. aussi* stage coupling *et* transformer 1)).

transformer galvanic isolation *cf.* transformer isolation.

transformer hybrid *cf.* hybrid coil 1).

transformer-isolated amplifier amplificateur isolé par transformateur *(amplificateur d'isolement dans lequel l'isolation est réalisée par un transformateur) (cf. aussi* isolation amplifier *et* transformer 1)).

transformer isolation isolement par transformateur, isolement galvanique *(idem) (isolement galvanique entre deux circuits couplés par un transformateur) (cf. aussi* isolation transformer).

transformer lamination tôle de transformateur, tôle magnétique *(idem) (une des tôles du circuit magnétique d'un transformateur à circuit magnétique feuilleté) (élt) (cf. aussi* core lamination *et* transformer core).

transformer loss pertes dans un transformateur *(parf. le transformateur) (noter l'emploi du pluriel en français) (perte globale d'énergie dans un transformateur débitant dans une charge, c.-à-d. pertes dans le cuivre et pertes dans le fer dans le cas le plus courant d'un transformateur à fréquence industrielle et pertes diélectriques dans le cas d'un transformateur haute fréquence) (à la fréquence du secteur, les pertes diélectriques sont négligeables) (cf. aussi* copper loss, core loss, dielectric loss, transformer 1) *et* loss).

transformer losses *cf.* transformer loss.

transformer oil huile à transformateurs *(ou pour transformateurs) (huile minérale ou synthétique à grande rigidité diélectrique, grande conductibilité thermique et grande stabilité chimique, notamment, utilisée dans la cuve des transformateurs industriels de grande puissance et de certaines bobines d'allumage pour améliorer l'isolement des enroulements et le refroidissement du circuit magnétique et des conducteurs) (cf. aussi* transformer 1), dielectric strength *et* ignition coil).

transformer primary *cf.* transformer primary winding.
transformer primary winding (enroulement) primaire d'un transformateur *(parf.* du transformateur) *(cf. aussi* transformer 1)).
transformer ratio rapport de transformation *(transfo) (cf. aussi* turns ratio).
transformer secondary *cf.* transformer secondary winding.
transformer secondary winding (enroulement) secondaire d'un transformateur *(parf.* du transformateur) *(cf. aussi* transformer 1)).
transformer tap prise de transformateur *(souvent du transformateur) (prise ménagée sur un enroulement d'un transformateur dit « à prises » ou, parfois, « à prise médiane »)* *(est généralement une prise au secondaire, mais peut être une prise au primaire) (cf. aussi* secondary tap, primary tap *et* tap[1]).
transformer winding enroulement de transformateur *(cf. aussi* transformer 1)).
transformer winding capacitance capacité d'un enroulement de transformateur *(cf. aussi* winding capacitance *et* transformer 1)).
transforming section *cf.* matching section.
transient[1] *a* transitoire *a (sens usuel) (cf. aussi* transient[2]).
transient[2] *s* transitoire *sf (oscillation amortie dans un dispositif fonctionnant en régime transitoire) (en électronique ce terme désigne souvent une transitoire électrique, c.-à-d. une pointe de tension parasite) (cf. aussi* damped oscillation, transient conditions *et* voltage transient).
transient analysis analyse des transitoires *(analyse des signaux appliquée à des transitoires) (l'analyse d'une transitoire par développement en série de Fourier de la fonction représentative fait apparaître des fréquences s'étendant théoriquement de zéro à l'infini) (c'est pourquoi les transitoires sont des parasites gênants dans toutes les gammes de fréquences et, en télévision, des signaux difficiles à amplifier ou transmettre, la largeur de bande de l'amplificateur ou de la voie de transmission, respectivement, devant être théoriquement infinie et pratiquement très grande) (cf. aussi* signal analysis, transient[2], Fourier analysis *et* video bandwidth).
transient analyzer analyseur de transitoires *(analyseur de signaux permettant l'analyse des transitoires) (cf. aussi* signal analyser *et* transient analysis).
transient behaviour comportement en régime transitoire *(cf. aussi* transient response).
transient capability tenue aux transitoires *(composant) (cf. aussi* surge capability).
transient conditions régime transitoire, régime non établi *(régime de fonctionnement d'un dispositif, notamment d'un circuit, d'un quadripôle, d'un transducteur ou d'un système asservi, en présence d'une variation brusque de la grandeur d'entrée) (est caractérisé par la présence d'une oscillation amortie suivie du régime permanent) (ampli, haut-parleur, etc.) (cf. aussi* quadripole, transducer 1), input quantity, under transient conditions, steady state *et* operating conditions).
transient distortion distorsion en régime transitoire, distorsion des transitoires *(distorsion due à une réponse insuffisante en régime transitoire) (cf. aussi* distortion *et* transient response).
transient event événement transitoire, *(parf. aussi)* phénomène transitoire *(événement ou phénomène de très courte durée, ou transitoire qui en résulte éventuellement) (exemple : ouverture ou fermeture d'un circuit) (cf. aussi* transient[2]).
transient handling *cf.* transient capability.
transient-handling capability *cf.* transient capability.
transient latch-up verrouillage à l'état passant (par transitoire) *(transistor, etc.) (cf. aussi* latch-up).
transient load *cf.* transiend overload.
transient noise bruit impulsionnel *(cf. aussi* impulse noise).
transient oscillation *cf.* transient[2].
transient overload surcharge transitoire *(surcharge de très courte durée) (dispositif) (cf. aussi* overload[1]).
transient overshoot *cf.* overshoot[1].
transient overvoltage surtension transitoire *(cf. aussi* voltage transient).

transient overvoltage protection protection contre les surtensions transitoires *(ou les pointes de tension ou les transitoires) (action ou dispositif) (cf. aussi* overvoltage protection *et* voltage transient).
transient performance performances en régime transitoire *(terme général couvrant la réponse en régime transitoire et la tenue en régime transitoire) (cf. aussi* transient response *et* transient capability).
transient phenomenon phénomène transitoire *(cf. aussi* transient event).
transient protection *cf.* transient overvoltage protection.
transient pulse transitoire impulsionnelle *(transitoire d'amplitude maximale relativement grande et de durée relativement courte) (cf. aussi* transient[2]).
transient radiation bouffée de radiations *(radiations émises pendant un temps relativement court) (explosion nucléaire, etc.) (cf. aussi* radiation).
transient radiation hardness *(ou* **résistance***)* résistance aux bouffées de radiations *(composant, etc.) (cf. aussi* radiation hardness *et* transient radiation).
transient recorder enregistreur de transitoires *(enregistreur de mesure conçu pour l'enregistrement de transitoires) (cf. aussi* instrumentation recorder *et* transient recording).
transient recording (l')enregistrement des transitoires *(enregistrement de signaux transitoires) (cf. aussi* transient signal *et* transient recorder).
transient recovery rétablissement après transitoire, récupération *(rétablissement du régime stationnaire dans un dispositif après une transitoire) (système de régulation et notamment alimentation régulée) (cf. aussi* steady state *et* transient[2]).
transient recovery time temps de rétablissement après transitoire, temps de récupération *(cf. aussi* transient recovery *et* load-effect transient recovery time).
transient response réponse en régime transitoire, réponse aux transitoires, réponse transitoire *(réponse d'un dispositif en régime transitoire, c.-à-d. à une variation brusque de la grandeur d'entrée) (cf. aussi* pulse response, step response, response 1) *et* transient conditions).
transient signal signal transitoire *(transitoire électrique considérée comme un signal) (cf. aussi* transient[2]).
transient suppression élimination des transitoires *(réduction importante de l'amplitude des pointes de tension parasites éventuelles à l'entrée d'un circuit ou d'un composant opérée en vue d'éviter de l'endommager ou de perturber son fonctionnement, notamment dans le cas de circuits logiques et plus particulièrement de circuits logiques intégrés) (est réalisée par un suppresseur de transitoires) (cf. aussi* voltage transient, logic circuit *et* transient suppressor).
transient suppression circuit *cf.* transient suppresor.
transient suppression network *cf.* transient suppressor.
transient suppressor suppresseur de transitoires *(non souvent donné à un limiteur de surtension transitoire utilisé pour protéger un circuit utilisant un ou plusieurs composants sensibles aux pointes de tension tels qu'un transistor, un thyristor, un triac ou une diode à semiconducteur et notamment un circuit intégré numérique) (cf. aussi* surge arrester *et* transient suppression).
transient upset basculement par transitoire, basculement intempestif *(idem) (basculement intempestif produit par une pointe de tension due à une explosion nucléaire ou à une autre cause) (CI) (cf. aussi* upset *et* voltage transient).
transient upset hardness résistance aux basculements par transitoire *(cf. aussi* transient upset).
transient voltage *cf.* voltage transient.
transient voltage suppressor *cf.* transient suppressor.
transient waveform *cf.* transient signal.
transimpedance amplifier amplificateur d'adaptation d'impédance *(cf. aussi* buffer amplifier).
transistance *(vient de « transfer resistance »)* transistance, résistance de transfert *(noms parfois donnés à la variation de la résistance de sortie d'un transistor sous l'action du signal d'entrée) (cf. aussi* transistor).
transistor *(vient de « transfer resistor »)* transistor *(dispositif à semiconducteur à plusieurs électrodes remplissant approximativement les mêmes fonctions qu'un tube électronique clas-*

sique à grille de commande et notamment les fonctions d'amplification et de commutation) (dans le cas général, est formé d'un monocristal de semiconducteur à trois zones structurales ou fonctionnelles formant électrodes, dans lequel la conduction entre les deux zones extrêmes est commandée par le signal appliquée à la zone intermédiaire constituant l'électrode de commande) (en termes imagés, un transistor est un « robinet électronique à semiconducteur », c.-à-d. l'équivalent, à semiconducteur, d'un rhéostat dont on pourrait faire varier la résistance quasi-instantanément entre une valeur très grande — robinet fermé — et une valeur très petite — robinet ouvert — en agissant sur l'électrode de commande, toutes les valeurs intermédiaires étant possibles) (le fonctionnement du transistor avec passage brusque du robinet fermé au robinet ouvert ou vice versa est le fonctionnement en mode de commutation, et le fonctionnement avec variation plus ou moins progressive et complète, et généralement alternée, de l'ouverture du robinet est le fonctionnement en amplificateur) (il existe deux grandes catégories de transistors : les transistors bipolaires et les transistors unipolaires, ces derniers étant généralement appelés « transistors à effet de champ ») (le premier transistor inventé et utilisé exclusivement pendant une quinzaine d'années étant le transistor bipolaire, le terme « transistor » employé sans qualificatif désigne souvent un tel transistor, ce qui est une source de confusion ; cette habitude est d'autant plus regrettable que les deux sortes de transistor ont des principes de fonctionnement totalement différents et n'ont pratiquement de commun que l'utilisation d'un petit morceau de semiconducteur pour les fabriquer) (par rapport aux tubes électroniques équivalents, le transistor présente les avantages suivants : 1°) absence de chauffage, donc réduction de la consommation d'énergie et de l'échauffement pouvant être très grande et suppression du temps de chauffage à la mise en marche des appareils (le son d'un poste à transistors se fait entendre dès que l'on tourne le bouton du potentiomètre-interrupteur, contrairement à un poste « à lampes », 2°) dimensions pouvant être microscopiques ; cette propriété jointe à l'absence de chauffage a permis la réalisation des circuits intégrés monolithiques, 3°) alimentation sous une tension ne dépassant pas une dizaine de volts dans les cas courants, ce qui permet la réalisation d'appareils portatifs alimentés directement par une ou plusieurs piles de lampe de poche (poste à transistors, etc.) ou une batterie d'accumulateurs de véhicule, 4°) usure nulle dans les conditions de fonctionnement normales, d'où une durée de service quasi-infinie, alors que la cathode d'un tube électronique classique finit par s'épuiser, 5°) fabrication collective des puces abaissant très fortement leur prix de revient unitaire qui, sans cela, serait exorbitant du fait du matériel, des traitements et de la précision nécessaires pour fabriquer chacune d'elles) (ses inconvénients par rapport aux tubes sont les suivants : 1°) très grande sensibilité aux surcharges en tension ou en courant avec destruction instantanée du composant si une certaine limite est dépassée, 2°) sensibilité à la chaleur ; cette sensibilité dépend de la nature du semiconducteur utilisé, le germanium étant le plus sensible, 3°) sensibilité aux radiations, celles-ci créant des charges électriques dans les semiconducteurs) (le transistor est réalisé sous forme de composant discret et de composant intégré ; dans le premier cas, ses dimensions propres sont de l'ordre du millimètre, celles de son boîtier étant nettement plus grandes, dans le second cas, ses dimensions sont de l'ordre de la dizaine de microns ou moins) (semi) (cf. aussi bipolar transitor, unipolar transistor, discrete transistor, integrated transistor, small-signal transistor, power transistor, amplifying transistor, switching transistor, transistor action, transistor resistance, transistor saturation, transistor parameters, semiconductor device, grid-controlled electron tube, radiation hardness et, pour information, integration density).

transistor action effet transistor (effet d'amplification d'un transistor bipolaire, c.-à-d. variation relativement importante de l'intensité du courant de collecteur d'un tel transistor produite par une faible variation de l'intensité du courant de base) (noter que ce terme ne s'applique qu'au transistor bipolaire, le transistor à effet de champ utilisant un effet totalement différent) (cf. aussi bipolar transistor et transistor).

transistor amplification amplification par transistor (parfois au pluriel) (amplification d'un signal par une amplificateur à transistor(s)) (cf. aussi transistor amplifier).

transistor amplifier amplificateur à transistor(s) (amplificateur utilisant un ou plusieurs transistors pour remplir sa fonction) (cf. aussi amplifier et transistor).

transistor base base d'un transistor (bipolaire) (parf. du ...) (semi) (cf. aussi bipolar transistor).

transistor bias polarisation d'un transistor (parf. du transistor) (polarisation de l'électrode de commande d'un transistor, généralement obtenue à l'aide d'un pont de polarisation) (semi) (cf. aussi bias[1] et bias resistor network) (a) polarisation positive ou négative de la base d'un transistor bipolaire par rapport à l'émetteur obtenue en connectant la base au pont (cf. aussi bipolar transistor) ; (b) polarisation négative ou positive de la grille d'un transistor à effet de champ par rapport à la source obtenue en connectant la grille au pont (cf. aussi field-effect transistor).

transistor characteristics caractéristiques d'un transistor (parf. du transistor) (résistance d'entrée, résistance de sortie, tension d'alimentation, tension ou courant de polarisation de l'électrode de commande, amplitude maximale admissible du signal d'entrée, gain, bruit, etc.) (semi) (cf. aussi input resistance, output resistance, bias[1], transistor gain, transistor noise, transistor characterization et transistor parameters).

transistor characterization mise en chiffres des transistors, (etc.) (cf. aussi characterization et transistor).

transistor chip puce de transistor, (etc.) (puce de semiconducteur sur laquelle est réalisé un transistor discret) (cf. aussi chip 1) et discrete transistor).

transistor clock horloge à transistor, (etc.) (horloge électrique à balancier dans laquelle les contacts d'entretien sont remplacés par un transistor fonctionnant en mode de commutation sous l'action du courant fourni par un capteur inductif à chaque oscillation du balancier) (cf. aussi electric clock, transistor, switching mode 1) et inductive transducer).

transistor current gain gain en courant d'un transistor (parf. du transistor) (semi) (cf. aussi current gain et beta).

transistor density cf. integration density.

transistor electrodes électrodes d'un transistor (nom donné aux différentes zones d'un transistor) (cf. aussi electrode et transistor) (a) émetteur, base et collecteur d'un transistor bipolaire (cf. aussi bipolar transistor) ; (b) source, grille et drain d'un transistor à effet de champ) (cf. aussi field-effect transistor).

transistor equivalent (l')équivalent à transistor(s) (montage à un ou plusieurs transistors équivalent à un montage déterminé à autant de tubes électroniques) (cf. aussi arrangement 1), transistor et electron tube).

transistor equivalent circuit schéma équivalent d'un transistor (cf. aussi equivalent circuit, transistor et transistor parameters).

transistor gain gain d'un transistor (parf. du transistor) (gain d'un amplificateur à transistor) (cf. aussi gain 1) et transistor amplifier).

transistor gate grille de transistor (à effet de champ) (semi) (cf. aussi gate[1] 2)).

transistor header embase de transistor (embase d'un boîtier de transistor) (semi) (cf. aussi header 2)).

transistor heat sink radiateur de transistor, (etc.), (parf.) radiateur pour transistor, (idem) (radiateur incorporé ou ajouté à un transistor de puissance) (cf. aussi heat sink 2) et power transistor).

transistor lead sortie de transistor (parf. du transistor) (cf. aussi lead[2] 2) et transistor).

transistor memory cell cellule de mémoire à transistor (mémoire RAM dynamique) (cf. aussi dynamic RAM).

transistor microwave amplifier cf. microwave transistor amplifier. (le second terme étant le plus employé).

transistor modulator modulateur à transistor (modulateur électronique utilisant un transistor pour remplir sa fonction, le signal modulant étant appliqué à l'électrode de commande de celui-ci) (cf. aussi modulator et transistor).

transistor oscillator oscillateur à transistor (oscillateur dans lequel l'élément actif est un transistor) (cf. aussi oscillator et transistor).

transistor pair paire de transistors *(ensemble de deux transistors complémentaires ou appariés) (semi) (cf. aussi* complementary transistors *et* matched pair*)*.

transistor parameters paramètres d'un transistor *(grandeurs utilisées pour décrire le fonctionnement d'un transistor par des équations matricielles à l'aide de son schéma équivalent, celui-ci constituant un quatripôle) (en d'autres termes, paramètres d'un quadripôle utilisant un transistor) (résistance ou conductance, impédance ou admittance, d'entrée et de sortie, gain en courant ou en tension et taux de contre-réaction) (cf. aussi* hybrid parameters, y parameters, z parameters, transistor, equivalent circuit *et* quadripole parameters*)*.

transistor power amplifier amplificateur de puissance à transistor(s) *(amplificateur de puissance utilisant un ou plusieurs transistors de puissance) (cf. aussi* power amplifier *et* power transistor*)*.

transistor radio poste à transistors, récepteur radio à transistors *(récepteur radio utilisant des transistors et au moins une diode à semiconducteur à la place des « lampes de radio » des anciens postes) (cf. aussi* radio receiver, transistor, semiconductor diode *et* electron tube*)*.

transistor resistance résistance d'un transistor *(parf. du transistor) (résistance d'un transistor mesurée entre ses deux électrodes extrêmes) (semi) (cf. aussi* off-resistance, on-resistance, resistance *et* transistor*)*.

transistor saturation saturation d'un transistor *(souvent du transistor) (saturation du courant de sortie d'un transistor) (semi) (cf. aussi* saturated transistor *et* saturation*)*.

transistor speed-up augmentation de la vitesse de commutation d'un transistor *(semi) (cf. aussi* Schottky-clamped transistor*)*.

transistor storage cell *cf.* transistor memory cell.

transistor switching commutation par transistor *(commutation d'un circuit assurée par un transistor de commutation) (cf. aussi* switching 1) (a) *et* switching transistor*)*.

transistor switching speed vitesse de commutation d'un transistor *(souvent du transistor) (semi) (cf. aussi* switching speed 1) *et* transistor switching*)*.

transistor switching time temps de commutation d'un transistor *(souvent du transistor) (semi) (cf. aussi* switching time *et* transistor switching*)*.

transistor symbol symbole d'un transistor *(représentation schématique normalisée d'un transistor (cf. aussi* transistor *et* current direction*)*.

transistor test *(un)* essai de transistor *(cf. aussi* transistor testing*)*.

transistor testing *(l')*essai des transistors *(mesure des caractéristiques de transistors aux fins de contrôle) (cf. aussi* transistor characteristics*)*.

transistor-transistor logic logique à transistor et transistors *(CI) (cf. aussi* TTL*)*.

transistorization transistorisation *(le terme anglais est peu employé, le terme français l'est un peu plus) (utilisation de transistors et autres composants à semiconducteur dans un appareil qui, autrefois ou dans les premiers modèles, était équipé de tubes électroniques) (cf. aussi* fully solid-state, transistor, semiconductor device *et* electron tube*)*.

transistorize *v* transistoriser, équiper de transistors *(appareil) (cf. aussi* transistorization*)*.

transistorized transistorisé, équipé de transistors *(appareil) (cf. aussi* transistorization*)*.

transit call appel en transit, appel de transit *(appel téléphonique reçu dans un centre de transit et transmis au central suivant) (tls) (cf. aussi* telephone call 2) *et* tandem exchange*)*.

transit time temps de transit *(temps nécessaire à un porteur de charge pour franchir la distance séparant deux électrodes successives dans un dispositif électronique) (a) temps nécessaire à un électron pour franchir la distance séparant deux électrodes successives dans un tube électronique (cf. aussi* electron tube*)*; (b) *temps nécessaire à un électron ou un trou pour traverser une jonction de semiconducteurs ou un échantillon de semiconducteur) (cf. aussi* hole 1) *et* semiconductor junction) *(est souvent négligeable dans le second cas du fait de la minceur de la jonction, mais ne l'est pas dans le premier du fait de la distance séparant deux électrodes successives dans un*

tube électronique à grille de commande et impose de ce fait une limite supérieure à la fréquence de fonctionnement des tubes hyperfréquence à structure classique) (en effet, pour qu'un tel tube remplisse sa fonction d'oscillateur ou d'amplificateur, il faut que la tension de la grille de commande ne change pas de signe pendant le temps nécessaire à un électron pour aller de la grille à l'anode ; il faut donc que le temps de transit grille-anode soit nettement plus court que la demi-période des oscillations à entretenir ou amplifier ; or, aux hyperfréquences, la période du signal est extrêmement courte, ce qui oblige à rapprocher au maximum les électrodes du tube et conduit finalement, pour les valeurs élevées de ces fréquences, à utiliser des tubes mettant, au contraire, à profit le temps de transit des électrons pour moduler leur vitesse et obtenir ainsi un fonctionnement complètement différent de celui d'un tube classique) (cf. aussi* disk-seal tube, period *et* velocity-modulated tube*)*.

transit-time device dispositif à temps de transit *(autre nom, plus général, d'une diode à temps de transit) (cf. aussi* transit-time diode*)*.

transit-time diode diode à temps de transit, diode hyperfréquence *(idem) (diode hyperfréquence dans laquelle le temps de transit est suffisamment court pour produire un effet de résistance négative aux hyperfréquences permettant de l'utiliser dans un oscillateur hyperfréquence) (ce terme couvre notamment la diode Gunn, la diode Impatt et la diode Trapatt) (cf. aussi* microwave diode, transit time (b), negative resistance, microwave frequency, Gunn diode, Impatt diode *et* Trapatt diode*)*.

transit-time microwave diode *cf.* transit-time diode.

transit-time modulation modulation du temps de transit *(tube hyper) (cf. aussi* serrodyning*)*.

transition transition, *(parf.)* passage *(passage d'un corps, d'un signal ou d'une borne d'un état à un autre, nettement différent, souvent sans transition (sic)) (définition générale)* (a) *passage d'un corpuscule d'un état d'énergie à un autre (atome) (cf. aussi* electron transition) ; (b) *passage d'un corps magnétique d'un état magnétique à un autre) (cf. aussi* magnetic transition) ; (c) *passage d'un signal à deux ou trois niveaux ou états d'un niveau ou un état à l'autre ou à un autre, respectivement) (signal télégraphique ou numérique) (cf. aussi* high-to-low transition, low-to-high transition *et* binary level) ; (d) *passage de la borne de sortie d'un circuit logique d'un état logique à l'autre (inf) (cf. aussi* 1-to-0 transition, 0-to-1 transition, logic circuit *et* logic state) ; (e) *transition de couleur) (TVC) (cf. aussi* color transition) ; (f) *passage d'une ligne de transmission à une ligne différente) (hyper, etc.) (cf. aussi* microwave adapter*)*.

transition coding codage par transition *(nom donné à la modulation par déplacement de phase lorsque l'information transmise est représentée par le sens du passage d'une phase à l'autre ou à une autre et non par la valeur de celle-ci) (tlg) (cf. aussi* phase-shift keying *et* Manchester code*)*.

transition color shift *cf.* color-edge distortion.

transition density densité de transitions *(nombre de transitions magnétiques par unité de longueur d'une piste magnétique contenant un signal numérique) (mémoire) (inf) (cf. aussi* magnetic transition 1) (a), magnetic track *et* digital signal*)*.

transition element élément de transition (a) *élément de la classification périodique des éléments de Mendeleïev dans lequel les électrons de valence sont répartis dans les deux dernières couches) (dans cette classification, les éléments de transition sont les éléments situés au milieu des périodes longues : scandium, titane, vanadium, chrome, manganèse, fer, cobalt, nickel, notamment) (atome) (cf. aussi* electron shell) ; (b) *autre nom, très général, d'une transition hyperfréquence) (hyper) (cf. aussi* microwave adapter*)*.

transition frequency fréquence de transition *(fréquence d'une grandeur périodique correspondant à une transition) (cf. aussi* periodic quantity *et* transition) (a) *fréquence à laquelle le burin graveur d'une table de gravure passe de la gravure à amplitude constante à la gravure à vitesse constante lorsque les deux types de gravure sont utilisés pour graver un disque original) (électroacou) (cf. aussi* cutting stylus, constant-amplitude recording, constant-velocity recording *et* recording disk) ; (b) *fréquence d'une transition électronique descendante c.-à-d. fréquence du rayonnement électromagnétique émis sous la forme d'un photon lors du retour d'un électron à l'état fondamental après avoir été excité) (atome)* (cf. aussi electron transition, electromagnetic radiation, photon *et* luminescence).

transition loss   pertes de transition, perte *(idem) (perte d'énergie dans une transition hyperfréquence)* (cf. aussi loss *et* microwave adapter).

transition region   zone de transition *(zone d'un corps dans laquelle une caractéristique de celui-ci passe d'une valeur à une autre, sensiblement différente, la longueur de la zone pouvant être très courte) (en électronique, ce terme désigne souvent une jonction PN)* (cf. aussi p-n jonction).

transition shift   cf. transition color shift.

transition time   1) temps de transition *(durée d'une transition)* (a) *temps de transition d'un signal à plusieurs niveaux ou états ou d'un dispositif à plusieurs états et notamment d'un signal numérique ou d'un circuit logique) (tlg, inf)* (cf. aussi transition (a) (b), (c) et (d)) ; (b) *terme générique couvrant le temps de montée et le temps de descente d'une impulsion* (cf. aussi rise time *et* fall time). 2) instant de transition *(instant auquel commence une transition) (voir aussi 1) ci-dessus).*

transitional coupling   couplage transitionnel *(couplage entre les deux enroulements d'un transformateur accordé au primaire et au secondaire donnant une courbe de réponse en fréquence à sommet approximativement plat et relativement large) (en d'autres termes, couplage intermédiaire entre le couplage lâche et le surcouplage, d'où son nom) (est le couplage optimal dans la plupart des cas)* (cf. aussi inductive coupling, tuned transformer *et* frequency response curve).

transitional power   cf. transitional power consumption.

transitional power consumption *(ou* dissipation*)* puissance consommée lors des transitions, *(parf. aussi)* consommation lors des transitions *(puissance consommée par un circuit logique lors d'un changement d'état de sa sortie) (peut être très supérieure à la puissance consommée au repos ; c'est le cas notamment des circuits CMOS) (inf)* (cf. aussi power[1] 1), logic circuit, logic state *et* CMOS circuit).

translater   cf. translator 3).

translating equipment   équipement de transposition *(ensemble du matériel électronique opérant les transpositions de fréquence d'un multiplex fréquentiel) (tél)* (cf. aussi frequency translation).

translating program   cf. translator 3).

translating routine   cf. translator 3).

translation   1) traduction *(d'un texte d'une langue en une autre ou d'un programme d'ordinateur en un autre)* (cf. aussi machine translation *et* translator routine). 2) transposition (de fréquence) (cf. aussi frequency translation). 3) répétition (de signaux) *(tls)* (cf. aussi repeater 1). 4) conversion (de code) (cf. aussi code conversion) 5) translation *(méc, etc.).*

translation loss   perte d'amplitude à la lecture *(disque phono)* (cf. aussi playback loss).

translation program   programme de traduction (automatique) *(programme d'ordinateur assurant la traduction de textes) (ne pas confondre avec « programme traducteur ») (inf)* (cf. aussi machine translation *et* translator 3)).

translation routine   cf. translation program.

translator   1) traducteur *(dispositif recevant un appel en provenance d'un abonné dans un autocommutateur électromécanique et émettant ensuite des signaux représentant le numéro de l'abonné demandé et des informations relatives à l'acheminement de l'appel par les organes de sélection situés en aval, et à la taxation de la communication) (central tél)* (cf. aussi electromechanical telephone switch *et* telephone signalling). 2) réémetteur de télévision, réémetteur *(émetteur de télévision de faible puissance précédé d'un récepteur et utilisé pour réémettre vers une zone masquée les signaux d'une station d'émission de télévision ne pouvant atteindre directement cette zone) (la fréquence du signal reçu est généralement transposée à l'émission pour éviter les interférences entre le signal émis et le signal reçu) (un réémetteur est généralement placé sur la hauteur masquant la zone considérée et, dans le cas d'une vallée de montagne notamment, peut être suivi de plusieurs*

réémetteurs analogues répartis dans la vallée, le long de celle-ci, et formant ainsi une chaîne de relais de télévision particuliers, le signal émis par un réémetteur autre que le dernier étant en même temps reçu par le suivant et par les récepteurs de la zone couverte) (radiodif) (cf. aussi television transmitter, television receiver, frequency translation *et* television repeater). 3) traducteur, programme traducteur *(programme auxiliaire d'ordinateur assurant la traduction d'un programme principal écrit dans un langage déterminé en un programme écrit dans un autre langage) (termes génériques et définition générale couvrant l'assembleur et le compilateur) (inf)* (cf. aussi interpreter 2), assembler, compiler, auxiliary program *et* programming language). 4) dictionnaire électronique *(inf)* (cf. aussi electronic translator). 5) convertisseur de code *(inf)* (cf. aussi code converter).

transmission   1) transmission *(transmission d'un signal par une ligne de transmission, une voie de transmission, un milieu de propagation ou, parfois, une discontinuité de celui-ci) (voir aussi 2) ci-après et noter l'ambiguïté du terme anglais qui date des débuts du télégraphe où le télégraphiste « transmettait » le message qu'on lui remettait écrit, et la ligne « transmettait » le signal émis)* (cf. aussi signal[1], transmission line, transmission channel, transmission characteristics, propagation medium, telegraph transmission, telephone transmission, radio transmission 1), television transmission 1), data transmission *et* optical transmission). 2) émission (d'un signal) *(action d'émettre un signal destiné à être reçu ou réfléchi à une certaine distance ou, par extension, résultat de cette action, c.-à-d. le signal lui-même) (noter que, dans cette acception, le terme anglais « transmission » est parfois remplacé par « emission », notamment dans la technique radar, principalement les radars militaires) (tls, radiodif, radar, sonar) (voir aussi 1) ci-dessus)* (cf. aussi signal[1]).

transmission aerial *(GB)*   cf. transmitting antenna.

transmission antenna   cf. transmitting antenna.

transmission band   bande passante *(filtre, etc.)* (cf. aussi passband).

transmission bandwidth   largeur de bande de transmission *(largeur de bande d'un signal transmis) (tls)* (cf. aussi bandwidth 1)).

transmission channel   voie de tramission *(milieu délimité, courant à haute fréquence ou onde électromagnétique utilisé (e) pour transmettre un signal) (en d'autres termes, circuit téléphonique ou télégraphique, métallique, non métallique ou à fibre optique, voie d'un multiplex téléphonique, faisceau hertzien ou faisceau laser transmettant un signal unique)* (cf. aussi analog transmission channel, digital transmission channel, telephone circuit, telegraph circuit, optical fiber, telephone multiplex channel, microwave radio, laser communications *et* signal[1]).

transmission channel bandwidth   bande passante de la voie de transmission *(tls)* (cf. aussi bandwidth 2) *et* transmission channel).

transmission characteristics   1) caractéristique de transmission *(fréquence de transmission, coefficient de transmission, pertes de transmission, gain de transmission, largeur de bande de transmission, etc.) (voir ces termes en anglais)* (cf. aussi transmission 1)). 2) caractéristiques d'émission *(fréquence ou longueur d'onde d'émission, puissance rayonnée, polarisation éventuelle de l'onde émise, etc.)* (cf. aussi radiated power, electromagnetic wave polarization *et* transmission 2)).

transmission code   code de transmission *(nom parfois donné à un code télégraphique lorsque l'on considère la transmission de signaux et non leur génération) (tls)* (cf. aussi telegraph code).

transmission coefficient   coefficient de transmission (a) *rapport entre l'énergie transmise et l'énergie incidente au niveau d'une discontinuité dans le milieu de propagation d'une onde)* (cf. aussi sound transmission coefficient, energy *et* propagation medium) ; (b) *rapport entre l'énergie transmise par un dispositif hyperfréquence et l'énergie incidente)* (cf. aussi energy *et* microwave device) ; (c) cf. aussi penetration probability).

transmission control   commande de la transmission *(tlg)* (cf. aussi transmission control character).

transmission control character caractère de commande de transmission, caractère de commande *(noms donnés à un groupe de caractères, trois dans le protocole Bisync, émis par l'appareil émetteur ou l'appareil récepteur dans une liaison de transmission de données pour commander le fonctionnement de l'autre appareil ou faciliter la transmission) (télinf) (cf. aussi* ACK, DLE, ENQ, EOT, ETB, ETX, NAK, SOH, STX, SYN *et* data link).

transmission control unit *cf.* transmission controller.

transmission controller régisseur de transmission *(télinf) (cf. aussi* communications controller).

transmission delay temps de transmission *(temps nécessaire à la transmission d'un signal entre deux points déterminés situés généralement aux extrémités d'une liaison de télécommunications) (tél, etc.) (cf. aussi* transmission 1), communications link *et, pour information,* propagation delay.

transmission direction **1)** sens de transmission *(cf. aussi* transmission 1)). **2)** direction d'émission *(cf. aussi* transmission 2)).

transmission electron microscope microscope électronique à transmission *(microscope électronique dans lequel le faisceau d'électrons traverse l'échantillon pour former l'image observée) (nécessite des échantillons extrêmement minces) (est très utilisé en biologie) (cf. aussi* electron microscope).

transmission electron microscopy microscopie électronique par transmission *(examen d'échantillons à l'aide d'un microscope électronique à transmission) (cf. aussi* transmission electron miscroscope).

transmission equipment *cf.* communications equipment.

transmission error erreur de transmission *(erreur dans un message reçu à une extrémité d'une liaison de télécommunications intervenue au cours de la transmission du message) (ce terme s'applique notamment à un message transmis par une liaison de transmission de données) (cf. aussi* error detection *et* data link).

transmission facilities *cf.* communications facilities.

transmission factor *cf.* transmission coefficient.

transmission frequency **1)** fréquence de transmission *(fréquence de la porteuse d'un signal transmis) (tlg, etc.) (cf. aussi* transmission 1) *et* carrier frequency). **2)** fréquence d'émission *(fréquence de la porteuse d'un signal émis) (radio, etc.) (cf. aussi* transmission 2) *et* carrier frequency).

transmission impairment dégradation de la qualité de transmission *(tls) (cf. aussi* transmission quality).

transmission LCD *cf.* transmissive liquid-crystal display.

transmission level **1)** niveau de transmission, niveau du signal transmis *(niveau du signal en un point déterminé d'une liaison de télécommunications par rapport à un point pris comme référence et notamment au point d'émission) (le signal considéré est généralement un signal téléphonique) (cf. aussi* level 1), communications link, telephone signal *et* transmission loss). **2)** *cf.* sending level.

transmission-level diagram hypsogramme *(tls) (cf. aussi* level diagram).

transmission-level measuring set hypsomètre *(tél) (cf. aussi* level measuring set).

transmission line ligne de transmission *(milieu confiné allongé à section droite homogène ou non utilisable pour transmettre des signaux) (définition la plus générale) (conducteur, paire de conducteurs, câble coaxial, guide d'ondes, ligne à rubans, fibre optique, conduit acoustique, etc.) (une ligne de transmission quelconque est caractérisée par sa bande passante et son affaiblissement linéaire ; une ligne de transmission électrique ou acoustique est caractérisée en outre par son impédance caractéristique) (le terme « ligne de transmission » désigne généralement une ligne de transmission électrique ou, plus récemment, une ligne à fibre optique) (noter que le terme anglais est parfois employé à la place de « power line ») (l'exemple le plus classique de ligne de transmission électrique est la ligne téléphonique sur poteaux utilisant deux fils nus ou en câble formant un circuit téléphonique) (cf. aussi* electrical transmission line, optical transmission line, acoustic transmission line, signal line, balanced line, unbalanced line, microwave transmission line, analog line, digital line, uniform line, lossy line, non-resonant line, resonant line, band-

width 2), attenuation per unit length, characteristic impedance, communications line, signal[1] *et* power line).

transmission-line test (un) essai de ligne de transmission *(cf. aussi* transmission-line testing).

transmission-line test set *cf.* transmission measuring set.

transmission-line testing (l')essai des lignes (de transmission) *(nom donné au contrôle des lignes de télécommunications) (ce terme désigne souvent le contrôle des lignes téléphoniques et couvre notamment la mesure des niveaux et pertes de transmissions, de la distorsion, du bruit et de la diaphonie) (cf. aussi* transmission level, distortion, noise 2) (a), crosstalk 1) *et* communications line).

transmission-line theory théorie des lignes de transmission, théorie des lignes *(théorie de la transmission des signaux dans les lignes de transmission, c.-à-d. étude de l'évolution des caractéristiques des signaux au cours de leur transmission et calcul de la bande passante nécessaire d'une ligne pour transmettre un signal déterminé avec une qualité de transmission également déterminée) (tls, etc.) (cf. aussi* transmission line, bandwidth 2) *et* transmission quality).

transmission link *cf.* link[1] 1).

transmission liquid-crystal display *cf.* transmissive liquid-crystal display.

transmission loss pertes de transmission, *(parf. aussi)* pertes en ligne *(tél) (perte d'énergie subie par un signal pendant sa propagation dans un milieu et notamment dans une ligne de transmission) (est due à l'absorption d'énergie par le milieu de propagation ou de transmission et se mesure par l'atténuation du signal) (tls, etc.) (cf. aussi* transmission-loss measurement, loss, propagation, transmission line, transmission medium *et* attenuation).

transmission-loss measurement mesure des pertes de transmission *(nom donné au calcul des pertes de transmission effectué à partir de mesures de niveau de transmission) (cf. aussi* transmission loss *et* transmission level).

transmission measurement mesure de transmission *(mesure de niveaux de transmission ou de pertes de transmission) (cf. aussi* transmission level 1) *et* transmission loss).

transmission measuring set contrôleur de lignes (de transmission) *(appareil de contrôle combiné conçu pour le contrôle des lignes de transmission) (tls) (cf. aussi* test set *et* transmission-line testing).

transmission medium milieu de transmission *(milieu de propagation d'une ligne de transmission) (constitue parfois la ligne elle-même comme dans le cas d'un fil télégraphique ou téléphonique nu) (dans un guide d'ondes classique, le milieu de transmission est l'air contenu dans le guide ; dans une fibre optique, c'est le cœur) (cf. aussi* propagation medium *et* transmission line).

transmission mode **1)** mode de transmission *(un des deux modes de transmission des signaux dans une liaison télégraphique et notamment une liaison informatique) (tls) (cf. aussi* asynchronous transmission, synchronous transmission *et* data link). **2)** mode par transmission *(mode de fonctionnement d'un afficheur à cristaux liquides à transmission) (cf. aussi* transmissive liquid-crystal display). **3)** *cf.* transmitting mode. **4)** *cf.* propagation mode.

transmission-mode LCD *cf.* transmissive liquid-crystal display.

transmission-mode liquid-crystal display *cf.* transmissive liquid-crystal display.

transmission network réseau de transmission *(réseau transmettant des signaux) (terme générique couvrant le réseau de télécommunications, la chaîne de télévision et le réseau de télévision par câbles) (cf. aussi* communications network, television network, cable television network *et* network 2) *et* 3)).

transmission parameters *cf.* transmission characteristics. *(cf. aussi* parameter).

transmission path **1)** chemin de transmission *(ensemble des conducteurs ou autres lignes de transmission parcourus successivement par un signal électrique ou une onde guidée, respectivement, pour aller du point d'émission au point de réception) (cf. aussi* transmission 1)). **2)** *cf.* propagation path.

transmission performance *cf.* transmission quality.

transmission performance rating indice de qualité de transmission *(tls) (cf. aussi* transmission quality).

transmission quality qualité de transmission (*absence plus ou moins grande de distorsion, de bruit et de diaphonie dans le signal reçu à une extrémité d'une ligne téléphonique*) (*tls*) (*cf. aussi* distortion, noise 2) (a), crosstalk 1) *et* telephone line).

transmission rate *cf.* transmission speed. (*et noter toutefois que le premier terme est meilleur que le second, mais que celui-ci tend à le supplanter*).

transmission reliability fiabilité de la transmission (*tls*) (*cf. aussi* reliability et transmission 1)).

transmission security sécurité des transmissions (*tls*) (*cf. aussi* communications security).

transmission side *cf.* on the transmitter side.

transmission span *cf.* repeaterless span.

transmission speed vitesse de transmission, cadence de transmission, débit (*le deuxième terme est le meilleur, mais le premier et le troisième sont plus employés*) (*nombre d'éléments d'information, c.-à-d. de binaires, transmis par unité de temps par une ligne télégraphique*) (*en d'autres termes, noms donnés à la rapidité de modulation télégraphique lorsque l'on considère la transmission du signal et non sa génération*) (*tls*) (*cf. aussi* transmission rate, baud rate *et* transfer rate).

transmission standard (*parfois au pluriel*) norme d'émission (de télévision) (*radiodif*) (*cf. aussi* television transmission standard).

transmission system système de transmission, (*souvent*) chaîne (*idem*) (*système permettant la transmission d'informations sous la forme de signaux, c.-à-d. la réalisation d'une liaison de télécommunications ou de diffusion dans le cas le plus fréquent où la distance de transmission est relativement grande*) (*en d'autres termes, ensemble des éléments d'une telle liaison*) (*cf. aussi* telegraph system, telephone system (a), communications link *et* transmission 1)).

transmission test set *cf.* transmission measuring set.

transmission time 1) temps de transmission, (*souvent aussi*) durée de la transmission (*tls*) (*cf. aussi* transmission 1)). 2) instant d'émission (*d'une impulsion de télémétrie, etc.*). 3) heure d'émission (*radio, TV*) (*cf. aussi* transmission 2)).

transmission-type photocathode photocathode semi-transparente (*photocathode très mince formée sur la face intérieure d'un tube photoélectrique pour recevoir la lumière sur une face et émettre par l'autre face*) (*est utilisée notamment dans les photomultiplicateurs, les intensificateurs d'image, les convertisseurs d'image et dans l'image-orthicon*) (*cf. aussi* photocathode, photomultiplier, image intensifier tube, image converter tube *et* image-orthicon).

transmission unit unité de niveau de transmission (*nom donné autrefois au décibel dans les mesures de niveau de transmission*) (*tél*) (*cf. aussi* decibel *et* transmission level).

transmission window fenêtre de transmission (*intervalle de longueurs d'onde d'un rayonnement électromagnétique, ou fréquences correspondantes, dans lequel l'absorption du rayonnement par le milieu traversé n'est pas excessive*) (*propa*) (*cf. aussi* radio transmission window, infrared transmission window, electromagnetic radiation *et* selective transmission).

transmissive display *cf.* transmissive liquid-crystal display.

transmissive LCD *cf.* transmissive liquid-crystal display.

transmissive liquid-crystal display afficheur à cristaux liquides à transmission (*ou* transmissif), afficheur à transmission (*idem*) (*afficheur à cristaux liquides dans lequel les segments excités deviennent transparents et laissent passer la lumière d'une lampe à incandescence disposée à l'arrière du boîtier*) (*cf. aussi* liquid-crystal display).

transmissivity transmissivité (*aptitude d'un milieu à transmettre une onde*) (*la transmissivité du vide est nulle pour une onde acoustique et égale à l'unité pour une onde électromagnétique*) (*propa*) (*cf. aussi* transmission 1) *et* propagation medium).

transmit¹ s (*voir aussi* transmission) 1) transmettre. 2) émettre.

transmit² s *cf.* transmission.

transmit ... *cf.* transmitting ... *ou* transmission ... (*pour les termes qui ne figurent pas ci-après*).

transmit event *cf.* transmitted pulse.

transmit mode *cf.* transmitting mode.

transmit-only teleprinter (*ou* **teletypewriter**) téléimprimeur émetteur (*téléimprimeur fonctionnant uniquement en mode d'émission*) (*cf. aussi* teleprinter).

transmit-only terminal terminal émetteur seulement (*nom parfois donné à un téléimprimeur émetteur*) (*cf. aussi* transmit-only teleprinter).

transmit pulse *cf.* transmitted pulse.

transmit-receive ... *cf.* transmit/receive ...

transmit/receive ... *cf.* T/R ... (*pour les termes qui ne figurent pas ci-après*).

transmit/receive aerial (*GB*) *cf.* transmit/receive antenna.

transmit/receive antenna antenne d'émission/réception (*antenne utilisée alternativement pour émettre et recevoir des signaux, c.-à-d. antenne d'émetteur-récepteur radio ou de radar monostatique*) (*cf. aussi* antenna, transceiver *et* monostatic radar).

transmit section *cf.* transmitting section.

transmit side *cf.* transmitting end.

transmit terminal *cf.* transmitting terminal.

transmittance transmittance (a) (*cf. aussi* transmission coefficient) ; (b) (*cf. aussi* transfer function).

transmitted bandwidth largeur de la bande transmise (*filtre passe-bande*) (*cf. aussi* bandwidth 2)).

transmitted beam faisceau émis (*parf.* transmis) (*cf. aussi* transmitting beam).

transmitted carrier porteuse émise (*cf. aussi* carrier 1) *et* transmitted-carrier operation).

transmitted-carrier operation émission à porteuse émise (*émision à modulation d'amplitude dans laquelle la porteuse est émise avec les bandes latérales, c.-à-d. émission normale*) (*radioélectricité*) (*cf. aussi* amplitude modulation).

transmitted frequency *cf.* transmitted signal frequency.

transmitted power (*cf. aussi.* power¹ 1)). 1) puissance transmise (*par une ligne de transmission ou de transport d'énergie*) (*cf. aussi* transmission line). 2) puissance émise (*par un émetteur*) (*cf. aussi* radiated power).

transmitted power level (*cf. aussi* transmitted power *et* power level) 1) niveau de puissance transmise. 2) niveau de puissance émise (*cette acceptation du terme anglais est la plus fréquente*).

transmitted pulse (*cf. aussi* pulse¹) 1) impulsion transmise (*par une ligne de transmission*) (*cf. aussi* transmission line). 2) impulsion émise (*notamment par l'antenne d'un radar à impulsions*) (*cette acception du terme anglais est la plus fréquente*) (*cf. aussi* pulse radar).

transmitted signal (*cf. aussi* signal¹) 1) signal transmis (*par une ligne de transmission ou une onde porteuse*) (*cf. aussi* transmission line *et* carrier 1). 2) signal émis (*par un émetteur radio ou autre*) (*cf. aussi* transmitter).

transmitted wave (*cf. aussi* wave) 1) onde transmise (*nom parfois donné à une onde réfractée*) (*cf. aussi* refracted wave). 2) onde émise (*notamment par une antenne d'émission ou un transducteur électro-acoustique émetteur*) (*cf. aussi* transmitting antenna *et* transmitting electroacoustic transducer).

transmitted waveform *cf.* transmitted signal.

transmitter émetteur s, (*souvent aussi*) appareil émetteur, (*appareil ou dispositif conçu pour émettre des signaux*) (*les signaux peuvent être émis sous la forme d'un courant électrique ou d'une onde électromagnétique ou acoustique*) (*cf. aussi* signal¹ *et* wave) (a) émetteur télégraphique, émetteur radio, émetteur de télévision, émetteur de radar, émetteur optique, émetteur de sonar) (*en l'absence de précisions, le terme « émetteur » désigne généralement un émetteur radio*) (*cf. aussi* radio transmitter, television transmitter, radar transmitter, optical transmitter, telegraph transmitter, sonar transmitter *et* reveiver) ; (b) *cf. aussi* telephone transmitter) ; (c) *cf. aussi* synchro transmitter).

transmitter aerial (*GB*) *cf.* transmitter antenna.

transmitter aircraft aéronef émetteur (*avion ou hélicoptère militaire dans lequel est monté l'émetteur d'un radar bistatique embarqué*) (*cf. aussi* airborne bistatic radar).

transmitter antenna antenne de l'émetteur (*autre nom d'une antenne d'émission employé notamment pour un radar bistatique*) (*cf. aussi* transmitting antenna *et* bistatic radar).

transmitter button capsule microphonique (*tél*) (*cf. aussi* microphone button *et* telephone transmitter).

transmitter cabinet coffret de l'émetteur *(coffret d'un émetteur logé dans un coffret) (cf. aussi* transmitter (a)).

transmitter capsule *cf.* transmitter button.

transmitter circuitry (les) circuits de l'émetteur, *(souvent aussi)* (les) circuits d'émission *(circuits d'un émetteur) (cf. aussi* transmitting circuitry, transmitter (a) *et* circuitry).

transmitter diode diode émettrice, *(parf.)* diode de l'émetteur *(diode émissive d'une liaison par fibre optique) (cf. aussi* fiberoptic transmitter).

transmitter drift dérive de l'émetteur *(dérive de la fréquence d'un émetteur) (cf. aussi* frequency drift *et* transmitter frequency).

transmitter duty cycle rapport cyclique de l'émetteur *(rapport des impulsions émises par un émetteur fonctionnant en régime d'impulsions et notamment par l'émetteur d'un radar à impulsions) (cf. aussi* duty cycle 1)).

transmitter frequency fréquence de l'émetteur *(parf.* d'un émetteur) *(cf. aussi* transmitting frequency).

transmitter localization localisation de l'émetteur *(parf.* d'un émetteur) *(cf. aussi* radiogoniometry).

transmitter location emplacement de l'émetteur *(emplacement d'un émetteur radioélectrique ou autre dans un mobile, un immeuble ou une zone géographique) (cf. aussi* transmitter site *et* RF transmitter).

transmitter noise bruit du microphone *(ou* dû au microphone) *(bruit du signal fourni par un microphone à charbon et notamment par le microphone d'un appareil téléphonique) (est dû aux fluctuations de la résistance de contact de la grenaille de charbon) (cf. aussi* noise 2) (a), carbon microphone *et* telephone transmitter).

transmitter output 1) sortie de l'émetteur *(bornes ou autre dispositif de sortie du signal d'un émetteur) (cf. aussi* transmitter output signal). 2) *cf.* transmitter power.

transmitter output power *cf.* transmitter power.

transmitter output signal signal de sortie de l'émetteur, signal de l'émetteur *(signal fourni par un émetteur) (cf. aussi* transmitter).

transmitter output terminals bornes de sortie de l'émetteur *(cf. aussi* transmitter output 1)).

transmitter power puissance de l'émetteur, puissance de sortie de l'émetteur, *(souvent aussi)* puissance d'émission *(puissance fournie ou rayonnée, ou pouvant l'être, par un émetteur) (cf. aussi* power[1] 1) *et* transmitter (a)) (a) *puissance électrique fournie par un émetteur radioélectrique à une antenne d'émission ou par un émetteur de sonar à un projecteur acoustique) (cf. aussi* electrical power 1), RF transmitter *et* sonar projector) ; (b) *(puissance optique rayonnée par un émetteur optique) (cf. aussi* optical power *et* optical transmitter).

transmitter power level niveau de puissance de l'émetteur *(cf. aussi* power level *et* transmitter power).

transmitter pulse impulsion émise (par l'émetteur) *(cf. aussi* transmitted pulse 2)).

transmitter-receiver émetteur-récepteur *s (ensemble formé d'un émetteur et d'un récepteur associés, souvent réunis pour former un seul appareil ou module) (émetteur-récepteur radio, notamment radiotéléphone, téléimprimeur, télécopieur, radar monostatique, sonar actif, modem, codec) (le terme anglais est rarement employé pour désigner un émetteur-récepteur radio) (cf. aussi* transmitting section, receiving section, transmitter-receiver unit, transceiver, radiotelephone, teleprinter, facsimile machine, bistatic radar, active sonar, modem, codec, transmitter (a), receiver (a) *et* module (a)).

transmitter-receiver module module émetteur-récepteur *(ensemble émetteur-récepteur réalisé sous la forme d'un module) (cf. aussi* transmitter-receiver unit *et* module (a)).

transmitter-receiver unit ensemble émetteur-récepteur *(ce terme désigne généralement l'émetteur-récepteur d'un autodirecteur radar actif ou sonar actif, mais couvre également les autres types d'émetteur-récepteur) (cf. aussi* transmitter-receiver module, transmitter-receiver, active radar seeker *et* active sonar seeker).

transmitter-responder *cf.* transponder.

transmitter section *cf.* transmitting section.

transmitter shutdown arrêt de l'émetteur *(parf.* d'un émetteur) *(arrêt provoqué de l'émetteur, ou d'un émetteur, d'une station d'émission ou d'émission-réception) (cf. aussi* transmitter (a) *et, pour information,* electronic silence).

transmitter side *cf.* on the transmitter side.

transmitter signal *cf.* transmitter output signal.

transmitter site lieu de l'émetteur, emplacement de l'émetteur *(emplacement d'un émetteur radioélectrique ou autre dans une zone géographique) (cf. aussi* transmitter location).

transmitter synchro synchrotransmetteur *s (asser) (cf. aussi* synchro transmitter).

transmitter test (un) essai d'émetteur *(parf.* de l'émetteur) *(cf. aussi* transmitter testing).

transmitter testing (l')essai des émetteurs *(parf.* d'émetteurs) *(essai d'émetteurs et notamment analyse de la modulation et de la distortion du signal émis par un émetteur de radiodiffusion sonore à modulation d'amplitude) (cf. aussi* modulation analysis, distorsion analysis *et* transmitter (a)).

transmitter tube *cf.* transmitting tube.

transmitter tuning accord de l'émetteur *(parf.* d'un émetteur) *(accord de l'oscillateur fournissant la porteuse d'un émetteur radioélectrique) (cf. aussi* tuning *et* RF transmitter).

transmitter unit (appareil) émetteur *(cf. aussi* transmitter (a)).

transmitting[1] *a* 1) de transmission, transmetteur, transmettrice *(selon le contexte) (cf. aussi* transmission 1)). 2) d'émission, émetteur, émettrice *(selon le contexte) (cf. aussi* transmission 2)).

transmitting[2] *s cf.* transmission.

transmitting ... *cf.* transmit ... *et* transmission ... *(pour les termes qui ne figurent pas ci-après).*

transmitting aerial *(GB) cf.* transmitting antenna.

transmitting antenna 1) antenne d'émission, antenne émettrice *(antenne conçue ou utilisée pour émettre des ondes radioélectriques) (une antenne étant un dispositif réversible, une antenne d'émission est utilisable comme antenne de réception mais, sauf dans les ensembles émetteur-récepteur utilisant une antenne commune, la très grande différence de puissance mise en jeu à l'émission et à la réception et les impératifs de directivité souvent différents conduisent à des différences notables entre les deux types d'antenne) (de plus, dans le cas d'une antenne de radio, une antenne d'émission est souvent une antenne accordée, tandis qu'une antenne de réception l'est moins souvent) (radioélectricité) (cf. aussi* near region, Fraunhofer region, antenna, radiation pattern *et* isotropic antenna). 2) antenne qui émet, antenne en cours d'émission *(antenne d'émission en train d'émettre parmi plusieurs antennes associées ou non) (voir aussi* 1) ci-dessus).

transmitting antenna array groupement d'éléments rayonnants *(antenne d'émission multiple) (cf. aussi* antenna array).

transmitting array *cf.* transmitting antenna array.

transmitting beam faisceau émis, faisceau d'émission *(le second terme est peu employé) (faisceau d'ondes émis notamment par une antenne d'émission directive) (cf. aussi* beam[1], transmitting antenna *et* directional antenna).

transmitting chain *cf.* transmitting system.

transmitting circuitry (les) circuits d'émission *(ce terme s'emploie notamment dans le cas d'un émetteur-récepteur) (cf. aussi* transmitting section *et* transmitter circuitry).

transmitting country pays d'émission *(pays dans lequel est émis un message ou une émission de radiodiffusion sonore ou visuelle reçu(e) dans un autre pays) (cf. aussi* receiving country).

transmitting device dispositif émetteur, *(souvent aussi)* dispositif d'émission *(cf. aussi* transmitter).

transmitting efficiency rendement acoustique *(rapport entre la puissance acoustique rayonnée par un transducteur électroacoustique émetteur et la puissance électrique qui lui est fournie) (ce terme s'applique surtout à un haut-parleur et à un projecteur de sonar) (cf. aussi* sound power, transmitting electroacoustic transducer *et* electrical power 1)).

transmitting electroacoustic transducer transducteur électroacoustique émetteur, transducteur émetteur *(transducteur électroacoustique convertissant un courant électrique d'intensité variable en ondes acoustiques) (cf. aussi* electroacoustic transducer).

transmitting electronics électronique d'émission *(nom parfois donné à la partie émission d'un appareil) (cf. aussi* transmitting section).

transmitting end extrémité émettrice *(celle des deux stations d'une liaison de télécommunications de laquelle émane un message à l'instant considéré) (cf. aussi* at the transmitting end *et* communications link).

transmitting equipment 1) matériel d'émission *(émetteurs, antennes d'émission, lignes d'alimentation d'antenne, etc). (cf. aussi* transmitter, transmitting antenna *et* feeder). 2) appareil émetteur *(cf. aussi* transmitter).

transmitting facilities moyens de transmission *(matériel de télécommunications, de radiodiffusion et de télévision par câbles installé) (cf. aussi* communications facilities, communications equipment, broadcast equipment *et* cable television).

transmitting frequency *cf.* transmission frequency.

transmitting medium *cf.* transmission medium.

transmitting mode mode d'émission *(mode de fonctionnement d'un appareil ou un dispositif émetteur-récepteur lors de l'émission de signaux) (cf. aussi* transmitter-receiver).

transmitting point point d'émission *(point d'implantation d'un émetteur ou d'une antenne d'émission) (cf. aussi* transmitter location).

transmitting power puissance d'émission *(cf. aussi* transmitter power).

transmitting power requirement puissance d'émission nécessaire *(puissance d'un émetteur nécessaire pour obtenir une portée déterminée dans des conditions de transmission ou de propagation également déterminées) (ce terme s'applique principalement à un émetteur radioélectrique) (cf. aussi* transmitter power *et* RF transmitter).

transmitting power requirements *(au pluriel)* impératifs de puissance d'émission *(nom parfois donné à la puissance d'émission nécessaire) (cf. aussi* transmitting power requirement).

transmitting section partie émission, partie émettrice *(le premier terme est le plus employé) (ensemble des circuits d'émission d'un appareil ou un dispositif émetteur-récepteur) (cf. aussi* transmitter-receiver).

transmitting set poste émetteur, appareil émetteur *(cf. aussi* transmitter (a).

transmitting station station d'émission, station émettrice *(station équipée d'un ou plusieurs émetteurs) (cf. aussi* station 1) *et* transmitter (a)).

transmitting system chaîne d'émission *(ensemble des appareils ou dispositifs permettant l'émission de signaux déterminés) (ce terme s'applique généralement à un émetteur radioélectrique et désigne alors l'ensemble des éléments formés par le microphone ou autre dispositif éventuel fournissant un signal modulant, les étages successifs de l'émetteur, la ligne d'alimentation d'antenne et l'antenne) (ne pas confondre le terme anglais avec « transmission system ») (cf. aussi.* transmitter (a), RF transmitter, modulating signal *et* transmission system).

transmitting terminal terminal émetteur *(terminal d'ordinateur émettant ou pouvant émettre des informations à destination d'un ordinateur) (télinf) (cf. aussi* computer terminal).

transmitting transducer *cf.* transmitting electroacoustic transducer.

transmitting tube tube d'émission, tube électronique *(idem) (tube électronique conçu pour être utilisé dans un émetteur radioélectrique, c.-à-d. tube de puissance pour hautes fréquences) (cf. aussi* power tube *et* RF transmitter).

transmitting tube ratings classification des tubes d'émission *(suivant leurs conditions d'emploi) (cf. aussi* intermittent commercial and amateur service, continuous commercial service *et* transmitting tube.

transmitting typewriter machine à écrire émettrice-réceptrice *(machine à écrire électrique spéciale connectée à un ordinateur pour servir alternativement d'appareil périphérique d'entrée et d'imprimante) (inf) (cf. aussi* input device 2) *et* printer 1)).

transmitting wavelength longueur d'onde d'émission *(cf. aussi* wavelength *et* transmitting frequency).

transmittivity *cf.* transmissivity.

transmultiplexer transmultiplexeur *s,* convertisseur de multiplex (téléphonique) *(appareil ou dispositif électronique complexe convertissant un multiplex téléphonique fréquentiel en multiplex temporel ou vice-versa dans une station de télécommunications) (cf. aussi* FDM-to-TDM converter, TDM-to-FDM converter, frequency-division-multiplex *et* time-division multiplex).

transmultiplexing conversion de multiplex *(conversion d'un multiplex téléphonique) (cf. aussi* transmultiplexer).

transmultiplexor *cf.* transmultiplexer.

Transpac network *(Transpac vient de « transmission par paquets »)* Transpac, réseau Transpac *(réseau public français de transmission de données à commutation de paquets) (télinf) (cf. aussi* data transmission, packet switching *et* two-way videotex).

transparency transparence (a) *au sens de l'optique) (cf. aussi* transparent anode) ; (b) *au sens de l'informatique, c.-à-d. propriété d'un dispositif ou système admettant plusieurs types de signaux ou d'accès quasi-simultanés) (cf. aussi* transparent controller, transparent link *et* transparent memory).

transparent addressing adressage transparent *(adressage d'une mémoire transparente) (inf) (cf. aussi* addressing *et* transparent memory).

transparent anode anode transparente *(anode de tube électronique ou d'afficheur formée d'une couche métallique extrêmement mince déposée sur la face intérieure de l'ampoule du tube ou de la plaque de verre antérieure de l'afficheur, respectivement) (cf. aussi* transparent electrode, anode (b), field-emission microscope *et* display[1] 5)).

transparent controller régisseur transparent, *(etc.) (régisseur de transmission transmettant des signaux quel que soit leur code, c.-à-d. comme un simple train d'impulsions sans signification, et ne pouvant, par conséquent, assurer la détection des erreurs ni des caractères de commande de transmission) (télinf) (cf. aussi* communications controller, telegraph code, error detection *et* transmission control character).

transparent data transfer *cf.* transparent transfer.

transparent electrode électrode transparente *(électrode formée d'une couche de métal ou de composé métallique suffisamment mince pour laisser passer la lumière tout en assurant une conduction électrique suffisante et éventuellement en formant un élément graphique à faire apparaître) (cellule photovoltaïque, afficheur, etc.) (cf. aussi* electrode *et* transparent anode).

transparent link liaison transparente *(liaison informatique utilisant un régisseur transparent) (télinf) (cf. aussi* data link *et* transparent controller).

transparent memory mémoire transparente *(mémoire RAM utilisée quasi-simultanément et indépendamment par l'unité centrale d'un ordinateur et par un autre organe logique tel qu'un régisseur de tube cathodique, par exemple, grâce au multiplexage de son accès) (inf) (cf. aussi* RAM[1], central processing unit, CRT controller *et* multiplexing).

transparent mode mode transparent (a) *mode de fonctionnement d'un dispositif ou système transparent) (inf) (cf. aussi* transparency (b) ; (b) *mode de rafraîchissement transparent) (mémoire) (cf. aussi* transparent refresh).

transparent plasma plasma transparent (aux ondes radioélectriques) *(propriété d'un plasma vis-à-vis d'une onde radioélectrique à partir d'une longueur suffisamment courte de celle-ci, ou d'une valeur suffisamment élevée de la fréquence correspondante, l'onde pouvant se propager dans le plasma et le traverser au lieu d'être réfléchie par celui-ci) (onde métrique ou plus courte) (ionosphère, etc.) (propa) (cf. aussi* plasma (a), radio wave *et* wavelength).

transparent refresh rafraîchissement transparent *(terme impropre désignant le rafraîchissement synchrone d'une mémoire RAM) (inf) (cf. aussi* synchronous refresh).

transparent transfer transfert transparent (des informations) *(terme impropre désignant le transfert synchrone des informations dans un ordinateur) (cf. aussi* synchronous transfer).

transponded signal signal relayé (par un satellite de télécommunications actif) *(radiocom) (cf. aussi* active communications satellite).

transponder *(vient de « transmitter-responder »)* **1)** répondeur d'identification, répondeur de bord, répondeur radar, répondeur *(le premier terme est le meilleur, le deuxième et le quatrième sont les plus employés (balise répondeuse montée sur aéronef militaire ou civil, sur navire militaire ou sur char et dont les impulsions de réponse émises suivant un code spécial permettent l'identification du mobile par les radars d'identification qui l'interrogent) (cf. aussi* radar beacon *et* IFF radar*).* **2)** répéteur de satellite, répéteur *(répéteur de faisceau hertzien monté dans un satellite de télécommunications) (cf. aussi* non-regenerative transponder, regenerative transponder, radio repeater *et* communications satellite*).* **3)** *cf.* transponder beacon.

transponder beacon balise répondeuse *(radionav) (cf. aussi* radar beacon*).*

transponder code code de répondeur *(souvent* du répondeur*) (code des impulsions émises par un répondeur d'identification (avia, etc.) (cf. aussi* transponder 1*)).*

transponder dead time temps de récupération du répondeur *(parf.* d'un répondeur*) (temps pendant lequel un répondeur d'identification, après avoir reçu une impulsion d'interrogation, ne peut réagir à une seconde impulsion) (cf. aussi* transponder 1*)).*

transponder-enhanced target cible équipée d'un répondeur *(avia, espace) (cf. aussi* tracking beacon*).*

transponder mode **1)** mode d'un répondeur (d'identification), mode de réponse *(un des modes de fonctionnement d'un répondeur d'identification) (avia, etc.) (cf. aussi* transponder 1*)).* **2)** mode répondeur *(mode de fonctionnement d'un brouilleur répéteur dans lequel chaque écho reçu est amplifié et réémis avec un retard croissant graduellement pour faire décrocher la porte de sélection de distance du radar hostile) (avia, mil) (cf. aussi* repeater jammer *et* range-gate pull-off*).*

transponder overload indicator indicateur d'interrogations multiples *(voyant lumineux s'allumant au tableau de bord d'un aéronef lorsque le répondeur d'identification de celui-ci est interrogé simultanément par plusieurs radars secondaires) (cf. aussi* transponder 1 *et* secondary surveillance radar*).*

transponder reply réponse d'un répondeur *(souvent* du répondeur*) (avia, etc.) (cf. aussi* transponder 1*)).*

transponder response *cf.* transponder reply.

transport[1] *s* **1)** transport *(sens usuel).* **2)** *cf.* tape transport.

transport[2] *v* **1)** transporter *(sens usuel).* **2)** faire défiler *(une bande magnétique ou autre) (cf. aussi* tape transport*).*

transport mechanism mécanisme d'entraînement (de la bande) *(appareil à bande magnétique) (cf. aussi* tape transport 2*)).*

transportation electronics électronique véhiculaire *(cf. aussi* vehicular electronics*).*

transposer *cf.* translator 2.

transposition croisement des fils *(permutation, à intervalles réguliers, de la position des deux fils de chaque circuit dans une ligne téléphonique aérienne à plusieurs circuits en fils nus pour réduire la diaphonie) (tls) (ne pas confondre le terme anglais avec le terme français « transposition ») (cf. aussi* crosstalk 1, wiring 3) *et* translation 2*).*

transposition section section de croisement *(tronçon d'un circuit téléphonique en fils nus compris entre deux points de croisement) (cf. aussi* transposition*).*

transversal device *cf.* transversal filter.

transversal filter filtre transversal *(filtre formé essentiellement d'une ligne à retard après chaque cellule de laquelle le signal est prélevé et multiplié par un coefficient fonction du rang de la cellule, les signaux ainsi obtenus étant additionnés pour former le signal de sortie) (cf. aussi* filter section *et* delay line*).*

transversal filtering filtrage par filtre transversal *(cf. aussi* transversal filter*).*

transversal prefilter préfiltre transversal *(préfiltre réalisé sous la forme d'un filtre transversal) (cf. aussi* prefilter[1] 1) *et* transversal filter*).*

transversal prefiltering préfiltrage par filtre transversal *(cf. aussi* prefiltering *et* transversal filter*).*

transversally ... *cf.* transversely ...

transverse electric mode mode transversal électrique *(guide d'ondes) (cf. aussi* TE mode*).*

transverse electric wave onde transversale électrique, onde électrique *(le deuxième terme est un anglicisme courant, mais à éviter) (onde se propageant suivant le mode TE dans un guide d'ondes) (hyper) (cf. aussi* TE mode*).*

transverse electromagnetic mode mode transversal électromagnétique *(ligne hyper) (cf. aussi* TEM mode*).*

transverse electromagnetic wave onde transversale électromagnétique, onde transverse électromagnétique, onde TEM *(le deuxième terme est une anglicisme courant, mais à éviter) (onde se propageant suivant le mode TEM dans une ligne de transmission hyperfréquence) (cf. aussi* TEM mode*).*

transverse magnetic mode mode transversal magnétique *(guide d'ondes) (cf. aussi* TM mode*).*

transverse magnetic wave onde transversale magnétique, onde transverse magnétique, onde TM *(le deuxième terme est un anglicisme courant, mais à éviter) (onde se propageant suivant le mode TM dans un guide d'ondes) (hyper) (cf. aussi* TM mode*).*

transverse magnetization aimantation transversale *(aimantation d'un support d'enregistrement magnétique produite de telle façon que les dipôles magnétiques créés dans le support soient orientés perpendiculairement à l'axe de la piste créée et parallèlement à la surface du support) (cf. aussi* magnetization, magnetic recording medium *et* magnetic dipole*).*

transverse wave onde transversale *(onde dans laquelle la direction de la variation des caractéristiques du milieu de propagation qu'elle produit est perpendiculaire à la direction de propagation) (onde acoustique de cisaillement, onde électromagnétique en espace libre, onde électrique ou magnétique transversale dans un guide d'ondes) (cf. aussi* shear wave, electromagnetic wave, transverse electric wave, transverse magnetic wave, wave *et* propagation medium*).*

transversely-excited atmospheric pressure laser laser à pression atmosphérique à excitation transversale, laser TEA *(le terme complet, trop long, est peu employé) (laser à détente dans lequel le gaz passe dans un tube muni d'une série de paires d'électrodes diamétralement opposées disposées le long du tube et portées deux à deux à des potentiels permettant d'atteindre un taux d'ionisation élevé du gaz) (cf. aussi* gas-dynamic laser, potential *et* ionization degree*).*

trap[1] *s* **1)** piège *(dispositif ou zone d'un corps piégeant des particules)* (a) *piège à ions) (cf. aussi* ion trap*) ;* (b) *piège à porteurs de charge) (cf. aussi* trapping site*).* **2)** *(au sens de « trap filter », c.-à-d. de « filtre piégeant des fréquences ») (nom parfois donné en anglais à un circuit-bouchon utilisé comme filtre coupe-bande à bande étroite, notamment dans les étages haute fréquence et à fréquence intermédiaire d'un récepteur superhétérodyne et plus particulièrement d'un récepteur de télévision) (en plus de son équivalent exact, précis mais long, ce terme peut être traduit par « réjecteur », « filtre réjecteur« ou « circuit réjecteur ») (ne pas employer « trappe » ni « filtre à trappe » comme on le voit parfois) (cf. aussi* sound trap, wave trap, parallel resonant circuit, notch filter *et* superheterodyne receiver*).* **3)** interruption *(inf) (cf. aussi.* interrupt*).*

trap state état de recombinaison (de paires électron-trou) *(semi) (cf. aussi* electron-hole pair recombination*).*

trapatt diode *(Trapatt vient de « trapped plasma avalanche transit-time »)* diode Trapatt *(diode hyperfréquence analogue à la diode Impatt et utilisée de la même façon) (diffère de la diode Impatt principalement par un dopage moins élevé de la zone centrale, un courant de seuil et un rendement plus élevés et une fréquence d'oscillation moins élevée) (semi) (cf. aussi* Impatt diode *et* threshold current*).*

trapezoidal distortion distorsion trapézoïdale *(TV) (cf. aussi* keystone distortion*).*

trapezoidal pulse impulsion trapézoïdale *(forme réelle d'une impulsion dite « rectangulaire », les flancs de celle-ci n'était jamais rigoureusement verticaux, ce qui nécessiterait un temps de montée nul et un temps de descente également nul) (cf. aussi* rectangular pulse, rise time *et* fall time*).*

trapezoidal raster trame de balayage trapézoïdale, trame trapézoïdale *(trame de balayage formée notamment sur la mosaïque de l'iconoscope et du supericonoscope ou sur* *l'écran d'un tube de projection à dalle inclinée) (TV, etc.) (cf. aussi* raster, iconoscope, image iconoscope *et* tilted-face-plate projection tube).

trapezoidal signal signal trapézoïdal *(autre nom, plus général, d'une impulsion trapézoïdale) (cf. aussi* trapezoidal pulse).

trapezoidal waveform *cf.* trapezoidal signal. *(cf. aussi* waveform).

trapped charge *cf.* trapped charge carrier.

trapped charge carrier porteur de charge piégé, charge piégée *(électron ou trou piégé dans un semiconducteur) (cf. aussi* trapping site).

trapped electron électron piégé *(cf. aussi* trapping site).

trapped-electron density densité d'électrons piégés *(nombre d'électrons piégés par unité de volume d'une zone d'un cristal de semiconducteur) (cf. aussi* electron trapping).

trapped flux flux piégé *(nom donné à un flux magnétique embrassé par un anneau supraconducteur) (cf. aussi* flux linkage *et* superconducting ring).

trapped hole trou piégé *(semi) (cf. aussi* trapping site).

trapped mode mode de propagation guidée *(au sens du terme anglais, mode de propagation d'une onde radioélectrique dans une couche-piège) (cf. aussi* duct 1).

trapped radiation radiations piégées *(nom donné à des particules à haute énergie capturées par un champ magnétique) (cf. aussi* Van Allen belt).

trapping piégeage *(capture de particules ou d'un rayonnement par un corps, un dispositif ou un phénomène) (cf. aussi* particle 2)) (a) *capture d'un électron ou d'un trou par un défaut du réseau cristallin d'un semiconducteur) (cf. aussi* trapping site ; (b) *capture d'ions par un piège à ions) (cf. aussi* ion trap ; (c) *capture de particules par un champ magnétique) (cf. aussi* trapped radiation ; (d) *capture d'une onde radioélectrique par une couche-piège) (cf. aussi* duct 1)).

trapping center *cf.* trapping site.

trapping layer couche-piège *(propa) (cf. aussi* duct 1)).

trapping site piège à porteurs de charge, piège, centre de recombinaison, centre recombinant *(le deuxième et le troisième termes sont les plus employés) (noms donnés à un défaut du réseau cristallin d'un semiconducteur où peut se produire la recombinaison d'une paire électron-trou, ce défaut pouvant notamment être une lacune du réseau) (cf. aussi* electron trapping site, hole trapping site, trapping (a), electron-hole pair recombination *et* vacancy).

traveling ... *cf.* travelling ... *(ci-après).*

travelling detector *cf.* travelling probe.

travelling probe sonde mobile, sonde à translation *(noms parfois donnés à une sonde de ligne de mesure) (hyper) (cf. aussi* slotted-line probe).

travelling wave onde progressive *(onde dans laquelle la perturbation se propage effectivement) (cf. aussi* wave) (a) *onde électromagnétique se déplaçant le long d'un conducteur parcouru par un courant alternatif, à l'extérieur du conducteur, ou entre deux conducteurs parcourus par un tel courant) (acception la plus fréquente de ce terme) (ce terme désigne généralement l'onde radioélectrique se déplaçant dans le diélectrique d'une ligne de transmission à fréquence élevée telle qu'un câble coaxial ou un guide d'ondes notamment, mais s'applique en fait à toutes les lignes de transmission à courant alternatif) (cf. aussi* forward travelling wave *et* reverse travelling wave) ; (b) *terme employé parfois par opposition à « onde stationnaire ») (cf. aussi* progressive wave *et* standing wave).

travelling-wave aerial *(GB) cf.* travelling-wave antenna.

travelling-wave amp *cf.* travelling-wave amplifier.

travelling-wave amplifier *cf.* travelling-wave-tube amplifier.

travelling-wave amplifier tube *cf.* travelling-wave tube.

travelling-wave antenna *cf.* antenne à onde progressive *(antenne d'émission filaire utilisée en régime d'onde progressive) (cf. aussi* transmitting antenna, wire antenna *et* travelling-wave conditions).

travelling-wave conditions régime d'onde progressive *(mode d'excitation d'une ligne de transmission ou d'une antenne créant une onde progressive dans celle-ci) (cf. aussi* travelling wave).

travelling-wave magnetron magnétron *(le terme anglais est un pléonasme, le magnétron étant par nature un tube à onde*

progressive au sens exact du terme) (cf. aussi magnetron *et* travelling-wave tube).

travelling-wave tube tube à onde progressive, TOP, tube à propagation d'onde du type O, TPO *(le second terme complet et son abréviation sont peu employés) (tube amplificateur hyperfréquence à faisceau droit dans lequel ce dernier cède de l'énergie au signal à amplifier sous la forme d'une onde lente se propageant dans une structure appropriée dans l'axe de laquelle passe le faisceau) (est généralement un tube à hélice) (il est à noter que le terme « tube à onde progressive » est employé uniquement pour désigner le tube défini ci-dessus, mais qu'en fait tous les tubes à interaction répartie sont également des tubes à onde progressive puisque c'est l'emploi d'une telle onde qui permet une interaction répartie) (cf. aussi* linear-beam tube, slow wave, helix tube, extended-interaction tube *et* travelling-wave tube amplifier).

travelling-wave-tube amplifier amplificateur à tube à onde progressive, amplificateur à TOP *(amplificateur hyperfréquence à large bande formé essentiellement d'un tube à onde progressive) (cf. aussi* travelling-wave tube *et* wideband amplifier).

treble (les) aigus, (les) sons aigus, *(parf. aussi)* (l')aigu, (le) registre aigu *(sons dont la fréquence est comprise dans la partie supérieure de la gamme des fréquences audibles, c.-à-d. est supérieure à 3 000 Hz, cette limité étant fixée arbitrairement) (acou) (cf. aussi* pitch 1), tweeter *et* audio range).

treble boost accentuation des aigus, correction des aigus *(augmentation provoquée du gain d'un amplificateur basse fréquence pour les fréquences élevées du signal d'entrée aux grandes amplitudes de celui-ci) (électroacou) (cf. aussi* gain 1), audio-frequency amplifier *et* treble).

treble frequencies fréquences des aigus, fréquences aiguës *(fréquences des sons aigus) (acou) (cf. aussi* treble).

tree architecture *cf.* tree structure.

tree-like ... *cf.* tree ...

tree structure structure ramifiée, structure en arbre, structure arborescente *(structure telle que celle d'un réseau en étoile comportant des points de ramification successifs ou d'un système de classement hiérarchisé pouvant, par conséquent être représenté de la même façon, notamment dans une banque de données) (élec, tls, inf, etc.) (cf. aussi* star network *et* data base).

treeing ramification *(d'une décharge disruptive notamment) (cf. aussi* disruptive discharge).

trembler bell sonnerie trembleuse *(sonnerie électrique dans laquelle un contact porté par l'armature oscillante terminée par le marteau coupe le courant d'excitation de l'électro-aimant lorsque l'armature est attirée par le noyau de celui-ci, après quoi l'élasticité de la lame de ressort formant pivot ramène l'armature à la position de repos, ce qui referme le jeu de contacts, et le processus recommence) (les vibrations du marteau étant de faible amplitude, celui-ci donne l'impression de trembler, d'où le nom donné à cette sonnerie) (type classique) (cf. aussi* non-polarized-bell).

TRF *cf.* tuned radio-frequency.

tri- ... *cf.* three- ... *(pour les termes qui ne figurent pas ci-après).*

tri-tet oscillator *(tri-tet vient de « triode-tetrode »)* Tritet *(noter la différence d'orthographe entre les deux langues) (noms donnés à un oscillateur à couplage électronique réalisé sous la forme d'un oscillateur ECO utilisant un quartz dans le circuit de grille) (cf. aussi* electron-coupled oscillator *et* crystal oscillator).

triac *(vient de « triode AC (semiconducteur switch) »)* triac *(dispositif de commutation à semiconducteur formé de deux thyristors montés tête-bêche réalisés dans une même puce de silicium) (permet de régler l'intensité moyenne du courant fourni à une charge alimentée en courant alternatif par action sur l'angle de conduction d'un thyristor pendant les alternances positives du courant pour celui-ci et de l'autre pendant les alternances négatives pour le premier) (est généralement déclenché, à chaque alternance, à l'aide d'un diac ou d'un transistor unijonction) (est très utilisé comme régulateur de vitesse pour moteurs universels, notamment dans les perceuses électriques, et comme variateur de puissance, notamment dans* *des gradateurs de lumière et des appareils de chauffage électrique à courant alternatif) (cf. aussi silicon controlled rectifier, antiparallel arrangement, chip 1), conduction angle, half-period, diac, unijunction transistor et semiconductor switching device).*

triac driver déclencheur de triac, circuit de déclenchement de triac *(montage fournissant les impulsions de déclenchement d'un triac) (cf. aussi trigger pulse et triac).*

triad 1) triplet de luminophores, triplet *(groupe de trois luminophores produisant une lumière respectivement rouge, verte et bleue disposés en triangle, le rouge à gauche, le bleu en bas, vu de l'avant, derrière chacun des trous du masque d'un tube-image à masque perforé, sur la face intérieure de l'écran) (l'excitation plus ou moins forte de chacun des trois luminophores d'un triplet par le faisceau d'électrons du canon rouge, vert ou bleu permet de reproduire la couleur du point correspondant de l'image analysée, par synthèse additive des couleurs, les luminophores étant juxtaposés et non superposés) (récepteur TVC, etc.) (cf. aussi phosphor dot, shadow-mask tube et additive mixing).* 2) *cf.* triplet.

triangle wave signal triangulaire *(signal en dents de scie dont chaque dent forme deux côtés d'un triangle isocèle ou équilatéral) (est fourni par un générateur de fonctions) (cf. aussi sawtooth waveform et function generator).*

triangle waveform *cf.* triangle wave. *(cf. aussi waveform).*

triangular ... *cf.* triangle.

tribit triplet de binaires, triplet, tribinaire sm *(mot binaire formé de trois binaires) (inf, tls) (cf. aussi binary word).*

triboelectric series série triboélectrique *(liste de corps acquérant une charge électrique par frottement entre eux ordonnés de telle façon qu'un corps acquiert une charge positive lorsqu'il est frotté contre un corps situé après lui dans la liste, et négative lorsqu'il est frotté contre un corps situé avant lui) (cf. aussi tribolectricity).*

triboelectricity triboélectricité *(électricité statique produite par frottement sur un solide et notamment sur un isolant) (résulte de l'augmentation importante du transfert de charges électriques statiques produit par la mise en contact de deux corps due à l'augmentation également importante de la surface de contact effective produite par le frottement) (cf. aussi static electricity et triboelectric series).*

triboluminescence triboluminescence *(luminescence produite par le frottement de deux parties d'un même corps) (s'observe parfois lorsque l'on casse un morceau de sucre dans l'obscurité et toujours lorsque l'on déroule un rouleau de chatterton) (est due à la création de charges électriques par frottement sur les deux parties du corps, lors de leur séparation brusque et à l'ionisation résultante de l'air compris entre celles-ci, la lumière observée étant celle d'une effluve électrique) (la triboluminescence ne se produit donc pas dans le corps considéré, mais dans le gaz ambiant, ce qui est confirmé par le fait qu'elle ne s'observe pas dans le vide) (cf. aussi luminescence, electric charge et ionization).*

trichromatic coefficient coefficient trichromatique *(ou de tristimulus ou colorimétrique) (le premier terme est le plus employé) (coefficient fixant la quantité de chacune des couleurs primaires nécessaire pour reproduire une couleur déterminée par synthèse additive) (TVC, etc.) (cf. aussi primary color, triad, chromaticity coordinates et additive mixing).*

trichromatic coordinates coordonnées trichromatiques *(trichromie) (TVC, etc.) (cf. aussi chromaticity coordinates).*

trichromatism trichromie *(emploi de trois couleurs pures pour obtenir n'importe quelle autre couleur) (synthèse des couleurs) (peinture, photographie, cinéma, TVC) (cf. aussi primary color).*

trickle charge charge lente, *(souvent aussi)* charge d'entretien *(charge d'un ou plusieurs accumulateurs à un régime ne dépassant pas le 1/50 de leur capacité en ampères-heure) (exemple : charge d'une batterie d'automobile de 60 Ah par un courant de 1 ampère) (noter qu'une charge lente peut être appliquée à un accumulateur complètement déchargé, notamment pour le désulfater s'il est sulfaté, et n'est donc pas forcément une charge d'entretien) (élt) (cf. aussi battery charge).*

trickle-charge rate régime de charge lente *(cf. aussi trickle charge).*

trickled-charged chargé lentement *(accumulateur), (souvent)* chargée lentement *(batterie d'accumulateurs) (cf. aussi trickle charge).*

trickle charger chargeur d'entretien *(chargeur de batteries ne pouvant débiter qu'un courant de faible intensité) (élt) (cf. aussi battery charger et trickle charge).*

trigatron *(vient de « triggered electron-tube (switch) »)* trigatron *(nom commercial d'un éclateur déclenché utilisé en technique radar) (cf. aussi triggered spark gap).*

trigger[1] *v (voir aussi triggering)* 1) déclencher. 2) se déclencher.

trigger[2] *s* 1) *cf.* trigger pulse. 2) *cf.* trigger circuit 1).

trigger action effet de déclenchement, *(souvent)* déclenchement *(cf. aussi triggering).*

trigger adjustment réglage du déclenchement *(ou du niveau de déclenchement) (cf. aussi trigger level).*

trigger channel 1) voie de déclenchement *(ensemble des circuits assurant le déclenchement dans un oscilloscope ou un autre appareil) (cf. aussi triggering).* 2) *cf.* trigger-view channel.

trigger characteristics caractéristiques de déclenchement *(ou du signal de déclenchement parf. des signaux ...) (amplitude et éventuellement pente du front et durée d'un signal de déclenchement unique ; amplitude, fréquence de récurrence et éventuellement pente du front et durée des impulsions d'un signal de déclenchement périodique classique ; amplitude et fréquence d'un signal de déclenchement périodique sinusoïdal) (oscillo, etc.) (cf. aussi trigger signal, trigger requirements, amplitude, leading edge et pulse repetition frequency).*

trigger circuit 1) circuit de déclenchement *(montage dans lequel l'amplitude du signal de sortie présente une variation d'amplitude brusque et importante pour une faible augmentation de l'amplitude du signal d'entrée à partir d'une valeur déterminée pouvant être nulle, le signal de sortie étant une impulsion de déclenchement) (a) circuit déclenchant la base de temps d'un oscilloscope en synchronisme avec le signal à visualiser, celui-ci étant appliqué au circuit de déclenchement et aux plaques de déviation verticale, éventuellement avec un léger retard) (cf. aussi trigger pulse, time base (c) et vertical deflection plate) ; (b) circuit déclenchant la conduction dans un modulateur de radar) (cf. aussi radar modulator).* 2) *cf.* flip-flop.

trigger control 1) commande par impulsions de déclenchement *(commande périodique du fonctionnement d'un dispositif par des impulsions de déclenchement) (redresseur à vapeur de mercure à électrode de commande, thyristor, triac, etc.) (cf. aussi trigger pulse).* 2) *cf.* trigger level control.

trigger current (intensité du) courant de déclenchement *(amplitude d'une impulsion de courant constituant une impulsion de déclenchement) (thyristor, etc.) (cf. aussi current pulse et trigger pulse).*

trigger diode diode de déclenchement *(nom descriptif d'un diac) (semi) (cf. aussi diac).*

trigger energy énergie de déclenchement *(quantité d'énergie nécessaire pour produire un déclenchement) (en électronique, ce terme désigne généralement une quantité d'énergie électrique) (cf. aussi electric energy et triggering).*

trigger hold-off inhibition du déclenchement *(a) inhibition du circuit de déclenchement d'un oscilloscope après le déclenchement d'un cycle de balayage, pendant une partie réglable de celui-ci, pour éviter les déclenchements intempestifs pouvant être produits par un signal périodique présentant plus d'une fois par cycle le niveau et la pente nécessaires au déclenchement) (cf. aussi trigger circuit (a), sweep cycle, trigger level et trigger slope) ; (b) inhibition de la prise en compte d'impulsions reçues par un intervallomètre pendant un temps déterminé après le début d'un cycle de comptage pour éviter la prise en compte d'impulsions parasites pendant un laps de temps inférieur au temps nécessaire pour recevoir une impulsion utile) (mesure de temps d'aller et retour d'impulsions radar ou laser, etc.) (cf. aussi time-interval counter).*

trigger level niveau de déclenchement *(nom donné à l'amplitude d'un signal de déclenchement à laquelle celui-ci se produit) (ce terme désigne notamment l'amplitude d'un signal* *visualisé sur l'écran d'un oscilloscope fonctionnant en mode de balayage déclenché, à laquelle se produit le déclenchement) (cf. aussi* trigger threshold, level 1) *et* trigger signal).

trigger level adjustment *cf.* trigger adjustment.

trigger level control commande du niveau de déclenchement *(bouton et potentiomètre associé permettant de régler le niveau de déclenchement d'un appareil ou montage) (oscillo, etc.) (cf. aussi* trigger level).

trigger mode mode de déclenchement (du balayage) *(mode de déclenchement interne, externe, normal ou automatique du balayage de l'écran d'un oscilloscope) (cf. aussi* internal triggering, external triggering, normal triggering, automatic triggering *et* sweep triggering).

trigger output sortie de déclenchement *(bornes de sortie d'un signal de déclenchement sur un appareil ou un montage ou, par extension, ce signal lui-même) (générateur d'impulsions, etc.) (cf. aussi* trigger signal).

trigger point point de déclenchement *(point du signal à visualiser sur l'écran d'un oscilloscope auquel le balayage est déclenché lorsque l'appareil fonctionne en mode de balayage déclenché) (cf. aussi* triggered sweep).

trigger polarity polarité du déclenchement *(déclenchement du balayage d'un oscilloscope par les alternances positives ou négatives d'une tension alternative) (cf. aussi* sweep triggering *et* half-cycle).

trigger pulse impulsion de déclenchement *(impulsion destinée à produire un déclenchement d'un dispositif) (est souvent une impulsion de tension, mais peut être une impulsion de courant comme dans un thyristor notamment) (peut être une impulsion isolée ou faire partie d'un train d'impulsions récurrentes et, dans les deux cas, peut être une impulsion de synchronisation) (cf. aussi* trigger signal, triggering, synchronization pulse *et* pulse[1]).

trigger pulse generator générateur d'impulsions de déclenchement *(générateur d'impulsions conçu pour fournir des impulsions de déclenchement) (cf. aussi* pulse generator *et* trigger pulse).

trigger sensitivity sensibilité du déclenchement *(valeur minimale du seuil de déclenchement d'un dispositif et notamment de la base de temps d'un oscilloscope) (cf. aussi* trigger threshold).

trigger signal signal de déclenchement *(signal produisant un déclenchement unique ou périodique) (est généralement une impulsion dans le premier cas ; est un train d'impulsions récurrentes ou, parfois, un signal sinusoïdal dans le second cas) (dans les deux cas, ce terme désigne souvent le signal déclenchant la base de temps d'un oscilloscope) (cf. aussi* triggering, pulse[1], periodic pulse train, sinusoidal signal, time base (c) *et* oscilloscope).

trigger signal characteristics *cf.* trigger characteristics.

trigger slope pente de déclenchement *(pente positive ou négative du signal utilisé pour synchroniser le balayage de l'écran d'un oscilloscope, sur laquelle est situé le point correspondant à l'instant où l'impulsion de déclenchement est émise) (cf. aussi* sweep synchronization (a) *et* trigger pulse).

trigger source source de déclenchement *(montage ou phénomène assurant le déclenchement de la base de temps d'un oscilloscope ou appareil dérivé) (peut être une source interne ou extérieure) (termes consacrés) (cf. aussi* sweep triggering) (a) *générateur d'impulsions de déclenchement incorporé à l'appareil ou extérieur à celui-ci) (cf. aussi* trigger pulse generator) ; (b) *la tension du secteur) (est une source extérieure) (cf. aussi* line triggering) ; (c) *le signal à visualiser lui-même) (est considéré comme une source interne) (cf. aussi* trigger circuit (a)).

trigger switch interrupteur à gâchette *(interrupteur commandé par une gâchette) (en d'autres termes, interrupteur incorporé à la poignée d'un appareil électrique portatif ou d'une machine électroportative et commandé par la pression du doigt comme notamment dans une perceuse électrique).*

trigger sync *cf.* trigger synchronization.

trigger synchronization synchronisation du déclenchement (du balayage) *(cf. aussi* sweep synchronization).

trigger synchronizing *cf.* trigger synchronization.

trigger take-off point de prélèvement du signal de déclenche-

ment *(point des circuits d'un oscilloscope où est prélevé le signal de déclenchement) (ne pas confondre avec « point de déclenchement ») (cf. aussi* trigger signal *et* trigger point).

trigger threshold seuil de déclenchement *(nom donné au niveau de déclenchement considéré comme un seuil à atteindre) (cf. aussi* trigger sensitivy, trigger level *et* threshold).

trigger time instant de déclenchement *(instant auquel se produit un déclenchement) (cf. aussi* triggering).

trigger view visualisation du déclenchement *(ou du signal de déclenchement),* présentation *(idem) (visualisation du signal de déclenchement de la base de temps d'un oscilloscope à deux voies sur l'écran de l'appareil, en plus des deux autres signaux, ce qui donne une pseudo-troisième voie) (cf. aussi* trigger signal, dual-channel oscilloscope *et* display[1] 3).

trigger-view channel voie de visualisation du signal de déclenchement, *(etc.) (ensemble des circuits permettant la visualisation du déclenchement dans un oscilloscope) (cf. aussi* trigger view).

trigger-view mode mode de visualisation du signal de déclenchement, *(etc.) (mode de fonctionnement d'un oscilloscope avec visualisation du déclenchement) (cf. aussi* trigger view).

trigger voltage tension de déclenchement *(autre nom, plus précis, du niveau de déclenchement) (cf. aussi* trigger threshold *et* voltage).

trigger waveform *cf.* trigger signal. *(cf. aussi* waveform).

trigger winding enroulement de déclenchement *(nom parfois donné à l'enroulement secondaire d'un transformateur d'impulsions fournissant des impulsions de déclenchement) (cf. aussi* pulse transformer *et* trigger pulse).

trigger word mot de déclenchement *(mot binaire déclenchant un processus) (inf) (cf. aussi* binary word).

triggered blocking oscillator oscillateur bloqué déclenché *(oscillateur bloqué dans lequel la décharge du condensateur est déclenchée par une impulsion étroite appliquée à l'électrode de commande du tube ou du transistor pour fixer avec précision l'instant initial de la décharge) (ce terme désigne notamment la base de temps d'un oscilloscope fonctionnant en mode déclenché) (cf. aussi* blocking oscillator *et* triggered mode).

triggered display visualisation en mode déclenché, présentation *(idem) (visualisation d'un signal sur l'écran d'un oscilloscope fonctionnant en mode de balayage déclenché) (cf. aussi* triggered sweep *et* display[1] 3)).

triggered mode mode déclenché, mode de balayage déclenché *(mode de fonctionnement d'un oscilloscope avec balayage déclenché) (ne pas confondre le terme anglais avec « trigger mode ») (cf. aussi* triggered sweep *et* trigger mode).

triggered period période d'état déclenché *(temps pendant lequel un dispositif est déclenché périodiquement) (cf. aussi* triggering *et* period).

triggered spark gap éclateur déclenché *(nom donné à un tube de commutation dans lequel chaque décharge est déclenchée par une impulsion de tension appliquée à une électrode auxiliaire) (est utilisé notamment dans certains modulateurs de radar à la place du thyratron) (cf. aussi* trigatron, switching tube *et* radar modulator).

triggered sweep balayage déclenché *(mode de balayage de l'écran d'un oscilloscope dans lequel le balayage est obtenu en appliquant un signal de déclenchement à la base de temps de l'appareil, le balayage s'arrêtant en l'absence de ce signal et celui-ci étant généralement le signal à visualiser) (ce terme désigne généralement le balayage déclenché récurrent, mais couvre également le balayage monocourse) (sdpo à « balayage relaxé ») (cf. aussi* conventional triggered sweep, single sweep, trigger signal, free-running sweep *et* sweep mode).

triggered sweep mode *cf.* triggered mode.

triggering déclenchement *(action d'amorcer le déroulement d'un processus unique ou de chacun des cycles d'un processus périodique) (en électronique, ce terme désigne souvent le déclenchement d'un générateur de base de temps, notamment de la base de temps d'un oscilloscope, ou d'un dispositif de commutation tel qu'un thyristor, un triac ou un éclateur déclenché, notamment, ou encore d'un compteur) (ce déclenchement est produit par un signal approprié) (cf. aussi* tripping, trigger signal, sweep triggering, SCR triggering *et* triggered spark gap).

triggering ... *cf.* trigger ... *(pour les termes qui ne figurent pas ci-après).*

triggering capabilities possibilités de déclenchement *(nombre et types des modes de déclenchement possible du balayage d'un oscilloscope) (cf. aussi* trigger mode *et* capability).

triggering event événement provoquant le déclenchement *(nom parfois donné à un signal de déclenchement lorsqu'il s'agit d'un signal unique) (cf. aussi* trigger signal).

triggering requirements impératifs de déclenchement *(nom donné aux valeurs nécessaires des caractéristiques d'un signal de déclenchement) (cf. aussi* trigger characteristics).

triglycine sulfate sulfate de glycocolle, TGS *(corps ferroélectrique sensible au rayonnement infrarouge utilisé notamment comme cible de tube analyseur pour caméra infrarouge) (cf. aussi* ferroelectric material, infrared radiation *et* Pyricon).

trihedral corner *cf.* trihedral reflector.

trihedral corner reflector *cf.* trihedral reflector.

trihedral reflector réflecteur en coin de cube, réflecteur trièdre *(le premier terme est le plus employé) (réflecteur radar ou laser formé d'un trièdre concave à faces intérieures métallisées) (a la propriété que le rayon réfléchi est parallèle au rayon incident quel que soit l'angle d'incidence dans les deux plans, dans certaines limites, grâce à quoi l'amplitude de l'écho renvoyé par la cible dépend peu de l'orientation du réflecteur par rapport à l'émetteur au sol) (c'est utilisé comme répondeur passif sur cible radar ou laser pour faciliter la poursuite de celle-ci) (cf. aussi* radar reflector *et* skin tracking).

trim[1] *v* ajuster *(la valeur d'une résistance ou d'une capacité) (cf. aussi* trimming).

trim[2] *s cf.* trimming.

trim factor rapport d'ajustement *(rapport entre la valeur ohmique maximale possible d'une résistance à couche après ajustage et sa valeur initiale) (cf. aussi* resistor trimming).

trim pot *(fam) cf.* trimmer potentiometer.

trim tab languette d'ajustage *(languette ménagée sur un grand côté d'une résistance intégrée de circuit hybride et destinée à présenter une fente plus ou moins longue partant du côté opposé de la résistance et pratiquée par un jet abrasif très fin ou un laser pour porter sa valeur ohmique à la valeur voulue en allongeant la longueur de résistance parcourue par le courant) (cf aussi* integrated hybrid resistor, ohmic value *et* resistor trimming).

trimmed resistance résistance après ajustage, valeur ohmique après ajustage *(valeur ohmique d'une résistance ajustée) (cf. aussi* resistance *et* trimmed resistor).

trimmed resistor résistance ajustée *(résistance à couche ayant subi une opération d'ajustage) (ne pas confondre le terme anglais avec « trimmed resistance ») (cf. aussi* resistor trimming *et* trimmed resistance).

trimmer 1) (un) ajustable *(petit potentiomètre ou petit condensateur à capacité réglable et de faible valeur destiné à n'être réglé qu'aux fins de mise au point du montage ou de l'appareil auquel il est incorporé et n'étant en conséquence pas commandé par un bouton) (cf. aussi* trimming potentiometer, trimmer capacitor, potentiometer 1) *et* capacitor). 2) trimmer *(super) (cf. aussi* high-frequency trimmer).

trimmer cap *(fam) cf.* trimmer capacitor.

trimmer capacitor condensateur ajustable *(petit condensateur variable dont la capacité peut être réglée par rotation d'un axe, généralement à l'aide d'un tournevis) (cf. aussi* variable capacitor *et* trimmer 1).

trimmer potentiometer *cf.* trimming potentiometer.

trimmer resistor *cf.* trimming potentiometer.

trimming ajustage, ajustement *(réglage fin de la valeur ohmique d'une résistance ou de la capacité d'un condensateur) (noter que le terme anglais désigne parfois le réglage fin d'une grandeur autre qu'une résistance ou une capacité, notamment du gain d'un amplificateur, et que le terme français à employer est alors « réglage » ou « réglage fin ») (cf. aussi* resistor trimming, capacitor trimming, static trimming, dynamic trimming, trimmer 1), resistance *et* capacitance).

trimming capability possibilité(s) d'ajustage, *(etc.) (cf. aussi* trimming *et* capability).

trimming capacitor *cf.* trimmer capacitor.

trimming pot *(fam) cf.* trimming potentiometer.

trimming potentiometer potentiomètre ajustable *(ou* d'ajustage *ou* d'ajustement) *(petit potentiomètre réglable par tournevis, molette ou dispositif équivalent) (cf. aussi* single-turn trimmer, multiturn trimmer, screwdriver adjustment *et* trimmer 1)).

trimming resistor *cf.* trimming potentiometer.

trimming resolution finesse d'ajustage *(résistance ou condensateur) (cf. aussi* resolution (d) *et* trimming).

trimming tab *cf.* trim tab.

trinistor *cf.* triac.

Trinitron Trinitron, tube Trinitron *(tube-image couleur à trois faisceaux d'électrons émis par un canon à électrons unique à trois cathodes disposées dans le plan horizontal, dans lequel les luminophores sont disposés sur l'écran sous la forme de bandes verticales étroites précédées d'une grille de focalisation formée de fils métalliques verticaux disposés derrière les bandes bleues et les rouges, mais non derrière les vertes, et portée à une tension positive élevée, mais inférieure à celle de l'écran) (les trois faisceaux se croisent, dans le plan horizontal, entre deux fils de la grille, chacun d'eux n'atteignant que la bande de couleur qui lui correspond) (ce tube relativement ancien présente l'avantage important d'une grande luminosité due au fait que tous les électrons émis par le canon atteignent les luminophores et celui, existant également dans le tube PIL, d'absence de réglage de la convergence verticale due à la disposition des cathodes du canon et à l'emploi de luminophores en bandes verticales) (récepteur TVC, etc.) (cf. aussi* three-beam color picture tube, phosphor, PIL tube *et* vertical convergence).

trinoscope trinoscope *(TV) (cf. aussi* three-tube projection television system).

trio *cf.* triad 1).

triode triode *sf (dispositif électronique à trois électrodes dans lequel la deuxième électrode commande la circulation du courant entre la première et la troisième électrode) (le terme « triode » employé sans qualificatif désigne généralement un tube électronique triode, mais s'applique également à un transistor à trois électrodes) (cf. aussi* triode tube, transistor *et* electron-bombarded semiconductor).

triode action effet triode *(effet de réglage de l'intensité du flux d'électrons allant de l'électrode émettrice à l'électrode réceptrice exercé par l'électrode de commande dans un tube triode ou un transistor à effet de champ) (est un effet de champ) (cf. aussi* triode tube *et* field effect).

triode amplification amplification par triode *(parf.* d'une triode *parf.* de la triode) *(amplification produite par un tube triode monté en amplificateur) (cf. aussi* amplification, triode tube *et* triode amplifier).

triode amplifier amplificateur à triode *(parfois au pluriel) (amplificateur utilisant un tube triode comme élément actif ou, parfois, deux ou plusieurs tubes de ce type) (a été le type d'amplificateur le plus utilisé pendant des dizaines d'années) (cf. aussi* amplifier *et* triode tube).

triode characteristics (les) caractéristiques de la triode *(ou* d'une triode), *(etc.) (caractéristiques de grille et de plaque d'un tube électronique triode à vide) (cf. aussi* grid characteristic, anode characteristic *et* triode tube).

triode electron tube *cf.* triode tube.

triode-hexode triode-hexode *sf,* tube triode-hexode *(tube électronique à vide contenant les électrodes d'une triode et celle d'une hexode, la cathode étant commune aux deux parties du tube) (est utilisé comme changeur de fréquence dans des récepteurs à tubes électroniques, la partie triode étant affectée à l'oscillateur local et la partie hexode au changement de fréquence proprement dit) (cf. aussi* triode tube, hexode, mixer *et* local oscillator).

triode-hexode converter changeur de fréquence à triode-hexode *(changeur de fréquence utilisant un tube triode-hexode) (super) (cf. aussi* triode-hexode).

triode oscillator oscillator à triode *(ou* à tube triode) *(oscillateur utilisant un tube triode, c.-à-d. formé d'un amplificateur à triode à réaction positive) (cf. aussi* oscillator, triode tube, triode amplifier *et* positive feedback).

triode-pentode triode-pentode *sf*, tube triode-pentode *(tube électronique à vide contenant les électrodes d'une triode et celles d'une pentode, la cathode étant commune aux deux parties du tube) (est utilisée comme la triode-hexode et moins fréquemment que celle-ci) (cf. aussi* triode tube, pentode *et* triode-hexode).

triode region domaine triode, domaine sans saturation *(intervalle des valeurs de la tension de drain d'un transistor à effet de champ monté en amplificateur, dans lequel le transistor amplifie le signal d'entrée comme un tube électronique triode, ou segment correspondant de la caractéristique courant de drain-tension de drain du transistor) (est situé avant la tension de pincement et constitue le domaine d'utilisation normale du transistor en amplificateur) (semi) (cf. aussi* field-effect transistor, drain voltage, triode tube, drain current-drain voltage characteristic *et* pinch-off voltage).

triode-region operation fonctionnement dans le domaine triode, *(etc.) (TEC) (cf. aussi* triode region).

triode transistor transistor triode, transistor à trois électrodes *(cas général du transistor) (semi) (cf. aussi* transistor).

triode tube tube triode, triode *sf*, tube électronique triode, lampe triode *(terme ancien) (le deuxième terme est le plus employé et provient du quatrième) (tube électronique à trois électrodes) (dans le cas le plus fréquent d'une triode à vide, la triode comporte une cathode chaude émettant des électrons, une grille portée à un potentiel plus ou moins négatif par rapport à la cathode pour repousser plus ou moins les électrons émis par celle-ci et régler ainsi le flux d'électrons dans le tube et une anode portée à un potentiel très positif par rapport à la cathode pour attirer les électrons émis par celle-ci et recueillir ceux qui franchissent la grille, cette électrode étant souvent appelée « plaque ») (le potentiel négatif de la grille est généralement de l'ordre du volt ou de la dizaine de volts suivant le type de triode ; le potentiel positif de l'anode est généralement de l'ordre de la centaine de volts ou du kilovolt) (en termes imagés, la triode est un « robinet électronique à vide ») (voir à ce sujet la rubrique* transistor*) (elle a été inventée en 1907 par l'ingénieur américain Lee de Forest par adjonction d'une grille à la diode à vide et constitue le véritable point de départ de l'électronique puisqu'étant le premier dispositif amplificateur électronique réalisé) (la triode a donné naissance à d'autres tubes à vide à grille de commande obtenus par adjonction d'une ou plusieurs grilles supplémentaires) (il existe également des triodes à gaz, mais le principe de fonctionnement et la fonction de ces tubes sont différents de celui de la triode à vide car ils ne présentent pas l'effet triode) (en l'absence de précisions, le terme « triode » et ses synonymes désignent généralement une triode à vide) (cf. aussi* audion, vacuum triode, gas triode, hot cathode, grid 1), plate 1) (a), transistor, vacuum, diode, triode amplifier, tetrode, triode action, triode, electron tube *et* of the order of n ...)

triode-type operation fonctionnement du type triode *(fonctionnement d'un dispositif comparable à celui d'un tube électronique triode, c-à-d. fonctionnement du transistor à effet de champ) (cf. aussi* field-effect transistor *et* triode tube).

triode vacuum tube tube à vide triode *(cf. aussi* vacuum triode).

triode valve *(GB) cf.* triode tube.

trip *v* déclencher, *(parf.)* faire basculer *(cf. aussi* tripping).

triplate line ligne triplaque *(hyper) (cf. aussi* stripline, *le terme anglais étant peu employé et provenant du terme français).*

triple-detection receiver récepteur à double changement de fréquence *(radiocom) (cf. aussi* double-conversion superhcterodyne receiver).

triple-diffused bipolar ... *cf.* triple-diffused ... *(la forme abrégée étant la plus employée).*

triple-diffused device *cf.* triple-diffused transistor.

triple-diffused technology (la) technique à triple diffusion *(ou* technique bipolaire) *(idem) (technique des transistors bipolaires fabriqués par le procédé à triple diffusion) (cf. aussi* triple-diffusion process *et* technology).

triple-diffused transistor transistor à triple diffusion, transistor bipolaire *(idem) (transistor bipolaire fabriqué par le procédé à triple diffusion) (semi) (cf. aussi* triple-diffusion process).

triple-diffusion process procédé à triple diffusion, procédé bipolaire *(idem) (procédé de fabrication de transistors bipolaires discrets ou intégrés dans lequel ceux-ci sont obtenus par trois diffusions successives d'impuretés dans un substrat de silicium non épitaxié) (la première diffusion, pratiquée sur les deux faces du substrat et suivie de l'élimination par rodage de l'une des deux couches formées, permet d'obtenir une couche de semiconducteur de même type que le substrat, mais fortement dopée, destinée à servir de sortie commune aux collecteurs des transistors constitués par le substrat initial résiduel) (la seconde diffusion, pratiquée sur la face du substrat mise à nu par l'élimination de la couche dopée superflue, permet d'obtenir une mince couche de semiconducteur peu dopé de type opposé à celui du substrat destinée à former la base des transistors) (après oxydation de cette dernière couche et ouverture de fenêtres dans la couche d'oxyde obtenue, la troisième diffusion, pratiquée dans les fenêtres, forme les émetteurs des transistors dans la partie supérieure de la couche de la base) (après quoi, l'oxyde est reformé dans les fenêtres, puis des fenêtres de prise de contact sur les électrodes des transistors sont ouvertes à nouveau, les zones de contact sont métallisées, et dans le cas de transistors intégrés, les interconnexions sont réalisées) (procédé classique) (semi) (cf. aussi* bipolar transistor, discrete transistor, integrated transistor, diffusion 2), silicon substrate, epitaxy, semiconductor type, highly doped semiconductor, oxidation, oxide window, bonding pad *et* interconnection (b)).

triple-diffusion processing fabrication par le procédé à triple diffusion *(semi) (cf. aussi* triple--diffusion process).

triple-diffusion technique *cf.* triple-diffusion process.

triple ionization triple ionisation, ionisation triple *(ionisation d'un atome ou d'une molécule par arrachement de trois de ses électrons) (cf. aussi* ionization *et* third ionization).

triple-ionized atom atome triplement ionisé, atome ionisé trois fois *(atome ayant subi une triple ionisation) (cf. aussi* triple ionization *et* atom).

triple-ionized molecule molécule ... *(voir aussi* triple-ionized atom *et* molecule).

triple-output power supply alimentation à trois sorties *(cf. aussi* multiple-output power supply).

triple-output supply *cf.* triple-output power supply.

triple-output switcher *cf.* triple-output switching power supply.

triple-output switching power supply alimentation à découpage à trois sorties *(cf. aussi* switching power supply *et* multiple-output power supply).

triple-poly ... *cf.* triple polysilicon-layer ...

triple polysilicon layer triple couche de polysilicium *(CI) (cf. aussi* triple polysilicon-layer structure).

triple polysilicon-layer process procédé à triple couche de polysilicium, procédé à trois couches de polysilicium, procédé triple-poly *(procédé de fabrication de circuits intégrés MOS à structure à triple couche de polysilicium) (semi) (cf. aussi* triple polysilicon-layer structure).

triple polysilicon-layer structure structure à triple couche de polysilicium, structure à trois couches de polysilicium, structure triple-poly *(structure de circuit intégré MOS utilisant trois couches de polysilicium fortement dopé pour réaliser des conducteurs) (est utilisée notamment dans certaines mémoires RAM dynamiques à grande capacité où la première couche de polysilicium sert à former les grilles des transistors, la deuxième couche sert de plan de masse et la troisième sert à former les lignes de mot) (semi) (cf. aussi* MOS integrated circuit, polysilicon, highly doped semiconductor, dynamic RAM, ground plane *et* word line).

triple-stub tuner adaptateur d'impédance coaxial triple, adaptateur coaxial triple *(adaptateur d'impédance coaxial comportant trois éléments coulissants disposés dans un même plan le long de la ligne coaxiale, l'élément du milieu étant généralement plus près d'un élément extrême que de l'autre) (hyper) (cf. aussi* coaxial tuner).

tripler tripleur *(montage triplant la valeur d'une tension ou d'une fréquence)* *(cf. aussi* voltage tripler *et* frequency tripler).*

triplet triplet de stations *(groupe de trois stations de radionavigation utilisés pour faire le point) (mar, avia) (cf. aussi* Loran triplet *et* radio navigation station).*

triplexer triplexeur *(duplexeur à trois voies pour utilisation de deux récepteurs dans un radar diversité) (cf. aussi* duplexer *et* diversity radar).*

tripping déclenchement, *(parf.)* basculement *(le terme anglais est le terme généralement utilisé dans cette langue lorsque le processus considéré est un processus mécanique tel que le déclenchement d'un disjoncteur, par exemple) (cf. aussi* triggering *et* circuit-breaker).*

tripping pulse *cf.* trigger pulse.

tristate ... *cf.* three-state ...

tristimulus values *cf.* trichromatic coefficient.

trivalence trivalence *(propriété d'un atome ou élément chimique trivalent) (cf. aussi* trivalent atom).*

trivalent atom atome trivalent *(atome dont la valence est trois) (bore, aluminium, gallium, etc.) (semi, etc.) (cf. aussi* valence *et* acceptor impurity).*

tropicalization tropicalisation *(procédé de protection, contre l'humidité et les moisissures, des circuits des appareils électroniques et électriques destinés à être utilisés dans les pays chauds et humides, par imprégnation à l'aide d'un vernis hydrofuge et fongicide) (s'applique notamment au matériel militaire).*

tropicalize v tropicaliser *(réaliser la tropicalisation) (cf. aussi* tropicalization).*

tropo ... *cf.* troposcatter.

troposcatter *cf.* tropospheric scatter.

troposcatter communications (les) télécommunications par faisceaux hertziens transhorizon, *(souvent)* liaisons par faisceaux hertziens transhorizon *(radiocom) (cf. aussi* troposcatter link *et* radio communications).*

troposcatter communications link *cf.* troposcatter link.

troposcatter communications system faisceau hertzien transhorizon *(faisceau hertzien utilisant la propagation troposphérique pour assurer une liaison entre deux points non situés en visibilité l'un de l'autre, c.-à-d. généralement distants de plus d'une centaine de kilomètres) (radiocom) (cf. aussi* microwave radio 1), tropospheric scatter *et* line-of-sight propagation).*

troposcatter link liaison par faisceau hertzien transhorizon, liaison transhorizon *(liaison de télécommunications assurée par un faisceau hertzien transhorizon) (cf. aussi* communications link *et* troposcatter communications system).*

troposcatter loss pertes par diffusion troposphérique *(perte d'énergie de l'onde d'un faisceau hertzien transhorizon due à sa diffusion dans la troposphère) (radiocom) (cf. aussi* troposcatter communications system).*

troposcatter microwave link *cf.* troposcatter link.

troposcatter microwave radio (les) faisceaux hertziens transhorizon *(radiocom) (cf. aussi* troposcatter communications system).*

troposcatter radio *cf.* troposcatter radio set.

troposcatter radio set émetteur-récepteur transhorizon *(émetteur-récepteur radio, généralement militaire, utilisé dans une liaison transhorizon) (cf. aussi* troposcatter link).*

troposphere troposphère *(couche de l'atmosphère comprise entre le sol et 7 à 17 km d'altitude suivant la latitude et dans laquelle la température décroît avec l'altitude et s'observent les phénomènes météorologiques courants: nuages, pluie, neige, vent, orages, etc.) (cf. aussi* tropospheric scatter).*

tropospheric bending réfraction dans l'atmosphère *(autre nom, plus général, de la superréfraction) (propa) (cf. aussi* superrefraction).*

tropospheric conditions *cf.* tropospheric propagation conditions.

tropospheric duct *cf.* duct 1).

tropospheric propagation *cf.* tropospheric scatter.

tropospheric propagation conditions conditions de propagation troposhérique *(cf. aussi* trophospheric scatter).*

tropospheric scatter propagation par diffusion troposphérique, propagation troposphérique *(propagation par diffusion dans laquelle celle-ci se produit dans la troposphère, c.-à-d. est produite par les irrégularités de structure de la basse atmosphère) (selon certains auteurs, les irrégularités de l'atmosphère se comportent comme un milieu isotrope, c.-à-d. diffusant de la même façon dans toutes les directions l'énergie de l'onde) (selon d'autres auteurs, elles se comportent comme des miroirs réfléchissant une partie de cette énergie vers la Terre; il ne s'agit donc plus ici de difffusion au sens strict du terme, mais de réflexion) (radiocom) (cf. aussi* scatter propagation, troposphere *et* reflection).*

tropospheric scatter ... *cf.* troposcatter ...

tropospheric scattering *cf.* tropospheric scatter.

tropospheric superrefraction *cf.* superrefraction.

tropospheric wave onde réfléchie dans la troposphère *(onde radioélectrique se propageant entre deux points de la surface de la Terre en subissant une réflexion sur une discontinuité de la troposphère) (propa) (cf. aussi* radio wave, troposphere *et* duct 1)).*

trouble-free set-up mise en œuvre sans problèmes *(d'un appareil ou un système).*

trouble-locating problem problème de diagnostic *(problème à résoudre sur ordinateur dont l'énoncé est tel qu'en cas de solution incorrecte fournie par l'appareil, l'erreur apparaissant dans les résultats facilite la recherche de l'organe défectueux) (est utilisé après mise en évidence d'un défaut de fonctionnement par un programme de contrôle) (inf) (cf. aussi* check routine).*

trouble-location problem *cf.* trouble-locating problem.

trouble-shoot v rechercher une panne, *(souvent aussi)* dépanner *(cf. aussi* trouble-shooting).*

trouble-shooter 1) dépanneur s *(cf. aussi* serviceman). 2) *cf.* test instrument.

trouble-shooting recherche des pannes, *(souvent aussi)* dépannage *(d'un appareil ou système ou dispositif ou d'une machine) (cf. aussi* fault isolation).*

TRSA *cf.* terminal radar service area.

TRSB *cf.* time-reference scanning beam.

TRSB MLS *cf.* time-reference scanning beam microwave landing system.

true bearing gisement par rapport au nord géographique *(nav) (cf. aussi* bearing 1)).*

true complement complément vrai *(nom donné au complément d'un nombre lorsque l'on veut préciser qu'il ne s'agit pas du complément restreint) (inf, etc.) (cf. aussi* complement (b)).*

.true course route vraie *(route par rapport au nord géographique) (nav) (cf. aussi* course 1)).*

true heading cap vrai *(cap par rapport au nord géographique) (nav) (cf. aussi* heading 1)).*

true motion display présentation de la route vraie *(sur un radar de navigation maritime) (cf. aussi* true course, shipboard navigation radar *et* display[1] 1)).*

true motion radar radar à présentation de la route vraie *(mar) (cf. aussi* true motion display).*

true north (la) direction du nord géographique *(nav) (cf. aussi* magnetic north).*

true RMS instrument appareil à valeur efficace vraie, appareil de mesure *(idem)*, appareil efficace vrai *(noms donnés à un voltmètre ou un wattmètre pour courant alternatif indiquant la valeur efficace vraie de la grandeur mesurée) (cf. aussi* ac voltmeter, ac wattmeter *et* true RMS value).*

true RMS measurement mesure de la valeur efficace vraie *(parf. de valeur efficace vraie)*, mesure efficace vraie *(mesure effectuée à l'aide d'un appareil à valeur efficace vraie) (cf. aussi* true RMS instrument *et* measurement).*

true RMS meter *cf.* true RMS instrument.

true RMS power meter wattmètre à valeur efficace vraie, *(etc.) (cf. aussi* true RMS instrument *et* power meter).*

true RMS-responding ... *cf.* true RMS ...

true RMS value valeur efficace vraie *(valeur indiquée par un voltmètre ou un wattmètre à valeur efficace utilisant deux thermocouples montés en opposition et dont les non-linéarités se compensent donc mutuellement) (l'un des termocouples est chauffé par une résistance alimentée par le courant alternatif à* mesurer, *après amplification de celui-ci ; l'autre thermocouple est chauffé par une résistance alimentée par le courant redressé et amplifié appliqué au galvanomètre) (toute non-linéarité de la tension produite aux bornes du premier thermocouple est ainsi compensée par une variation dans le sens contraire du chauffage du second thermocouple, donc de la tension à ses bornes, laquelle se retranche de la précédente) (cf. aussi* RMS voltmeter *et* thermocouple).

true RMS voltage meter *cf.* true RMS voltmeter.

true RMS voltmeter voltmètre à valeur efficace vraie, *(etc)* (*cf. aussi* true RMS instrument *et* voltmeter).

truncated paraboloid paraboloïde tronqué (*réflecteur parabolique d'antenne de radar réduit en hauteur dans sa partie supérieure et sa partie inférieure pour réduire fortement sa directivité dans le plan vertical et obtenir ainsi un faisceau en éventail dans ce plan) (le paraboloïde tronqué est souvent réduit à une « peau d'orange ») (antenne de radar de veille ou de radar primaire) (cf. aussi* parabolic reflector *et* search radar antenna).

trunk *(en télécommunications)* **1)** artère téléphonique, artère *(ligne téléphonique ou ensemble de telles lignes reliant deux centraux interurbains) (tls) (cf. aussi* telephone line, trunk exchange *et* toll ...). **2)** circuit d'interconnexion *(circuit reliant plusieurs étages de sélection dans un autocommutateur électromécanique) (central tél) (cf. aussi* electromechanical telephone switch).

trunk cable câble interurbain, câble téléphonique *(idem)* (*câble téléphonique constituant une artère téléphonique) (tls) (cf. aussi* telephone cable *et* trunk 1)).

trunk call **1)** communication interurbaine, communication téléphonique *(idem)* (*communication téléphonique entre deux abonnés desservis par des centraux différents) (en d'autres termes, communication utilisant une ou plusieurs lignes interurbaines) (tls) (cf. aussi* toll call, telephone call 1) *et* trunk exchange). **2)** appel interurbain, appel téléphonique interurbain (*appel téléphonique reçu dans un central urbain ou interurbain en provenance d'un central interurbain) (tls) (cf. aussi* telephone call 2), local exchange *et* trunk exchange).

trunk circuit circuit interurbain, circuit téléphonique *(idem)* (*circuit téléphonique faisant partie d'une artère téléphonique) (tls) (cf. aussi* telephone circuit *et* trunk 1)).

trunk connection liaison interurbaine, liaison téléphonique *(idem)* (*liaison téléphonique réalisée pour permettre une communication interurbaine) (tls) (cf. aussi* trunk call 1)).

trunk exchange central interurbain, central téléphonique *(idem)*, centre de transit *(terme le plus récent) (central téléphonique reliant entre eux plusieurs centraux urbains, c.-à-d. assurant la « commutation de circuits » et non de lignes d'abonnés) (on distingue le « centre de transit interurbain », le plus courant, qui est un central interurbain reliant des centraux urbains situés dans des localités distinctes et le « centre de transit urbain », qui relie les centraux urbains d'une agglomération importante telle que Paris, Lyon ou Lille, en France, par exemple) (tls) (cf. aussi* telephone exchange).

trunk junction circuit circuit d'interconnexion de lignes interurbaines *(autocommutateur) (tél) (cf. aussi* trunk line).

trunk line ligne interurbaine, ligne téléphonique *(idem)* (*ligne téléphonique faisant partie d'une artère téléphonique) (tls) (cf. aussi* telephone line *et* trunk 1)).

trunk network réseau interurbain, réseau téléphonique *(idem)* (*réseau d'artères téléphoniques) (tls) (cf. aussi* trunk 1) *et* telephone network).

trunk telephone ... *cf.* trunk ...

trunk traffic trafic interurbain, trafic téléphonique *(idem)* (*trafic téléphonique dans une ou plusieurs lignes interurbaines) (cf. aussi* telephone traffic *et* trunk line).

trunking interconnexion des travées (*établissement des circuits de liaison nécessaires entre les différents groupes d'organes de commutation d'un autocommutateur) (central tél) (cf. aussi* telephone switch).

truth table table logique, table de combinaisons (logiques), tables d'états (logiques), table de vérité (*anglicisme courant, mais à éviter) (tableau indiquant l'état logique de la sortie d'un circuit logique pour les différentes combinaisons possibles d'états logiques des entrées) (en d'autres termes, tableau indiquant les différentes valeurs prises par une fonction logique) (dans le cas général d'une fonction de deux variables, c.-à-d. d'un circuit logique à deux entrées, ce tableau comprend trois colonnes — une pour chaque entrée et pour la sortie — et quatre lignes — une par combinaison possible) (inf) (cf. aussi* logic state, logic circuit *et* logic function).

TST *cf.* test[1].

T²L *(se prononce comme « T squared L »)* *cf.* TTL.

TTC *cf.* telemetry, tracking and command.

TTL *(vient de « transistor-transistor logic »)* logique TTl, logique à transistor multiémetteur (*logique bipolaire relativement rapide dans laquelle l'entrée se fait sur les émetteurs d'un transistor multiémetteur et la sortie se fait par deux transistors ordinaires antisymétriques) (est dérivée de la logique DTL par remplacement des diodes d'entrée par le transistor multiémetteur et par adjonction des deux transistors de sortie) (existe en nombreuses versions, les premières réalisées étant des logiques saturées et les plus récentes des logiques non saturées) (est caractérisée par une vitesse de commutation relativement grande dans les versions saturées et accrue dans les versions non saturées, une consommation moyenne, malheureusement proportionnelle à la fréquence de commutation, une sortance élevée et une sensibilité au bruit relativement grande, ainsi qu'une densité d'intégration moyenne) (ces caractéristiques constituant le meilleur compromis des logiques bipolaires réalisées avant la logique* I²L, *la logique TTL est devenue « la référence » des logiques bipolaires à laquelle on compare les autres logiques) (cf. aussi* TTL logic family, bipolar logic, fast logic, multiemetter transistor, totem-pole arrangement, DTL, saturated logic, non-saturated logic, switching speed, fan-out, noise immunity, integration density, industry standard *et* I²L *(au début de la lettre I).*

TTL array *cf.* TTL gate array.

TTL bipolar ... *cf.* TTL ...

TTL chip puce TTL (*puce de circuit intégré TTL) (semi) (cf. aussi* chip 1) *et* TTL integrated circuit).

TTL circuit circuit TTL, circuit logique TTL (a) (*circuit logique formé d'une ou plusieurs portes TTL) (CI) (cf. aussi* logic circuit *et* TTL gate) ; (b) *cf. aussi* TTL integrated circuit).

TTL compatibility compatibilité TTL (*propriété d'un circuit logique ou d'un composant pouvant fonctionner en liaison avec un circuit TTL) (le cas le plus souvent considéré est celui où chaque entrée du circuit logique ou l'entrée du composant peut être attaquée par la sortie d'un circuit TTL, la tension et l'intensité du signal de sortie de celui-ci étant suffisantes pour cette fonction) (cf. aussi* logic circuit *et* TTL).

TTL-compatible compatible TTL (*ou avec la logique TTL) (cf. aussi* TTL compatibility).

TTL-compatible inputs entrées compatibles TTL, *(etc.)* (*circuit logique) (cf. aussi* TTL-compatible).

TTL-compatible memory mémoire compatible TTL, *(etc.)* (*mémoire à semiconducteur ou autre mémoire numérique à entrée compatible TTL) (inf) (cf. aussi* TTL-compatible *et* semiconductor memory).

TTL-compatible MOS RAM mémoire RAM MOS compatible TTL, *(etc)* (CI) *(cf. aussi* TTL-compatible *et* MOS RAM).

TTL-compatible output sortie compatible TTL, *(etc.)* (*circuit logique, etc.) (cf. aussi* TTL-compatible).

TTL-compatible RAM mémoire RAM compatible TTL, *(etc.)* (CI) *(cf. aussi* TTL-compatible *et* RAM[1]).

TTL device *cf.* TTL integrated circuit.

TTL family *cf.* TTL logic family.

TTL gate porte TTL, porte logique TTL (*porte logique réalisée suivant le principe de la logique TTL) (ce terme peut désigner la porte logique élémentaire de la définition de la logique TTL ou un circuit logique utilisant plusieurs de ces portes) (CI) (cf. aussi* logic gate *et* TTL).

TTL gate array matrice de portes TTL, *(etc.)* (*matrice de portes dans laquelle celles-ci sont des portes TTL) (CI) (cf. aussi* gate array *et* TTL gate).

TTL IC *cf.* TTL integrated circuit.

TTL integrated circuit circuit intégré TTL, circuit TTL

(circuit intégré numérique utilisant des portes TTL) (inf) (cf. aussi digital integrated circuit *et* TTL gate).

TTL interface circuitry circuits d'interface TTL *(circuits d'interface entre un circuit intégré TTL et un circuit intégré d'un autre type) (cf. aussi* interface circuitry *et* TTL device).

TTL logic *cf.* TTL.

TTL logic circuit *cf.* TTL circuit (a)).

TTL logic family (la) famille logique TTL, (la) famille TTL *(CI) (cf. aussi* logic family, standard TTL, low-power TTL, Schottky TTL, low-power Schottky TTL *et* TTL).

TTL memory mémoire à circuits TTL *(mémoire à semi-conducteur utilisant des circuits TTL) (CI) (cf. aussi* semi-conductor memory *et* TTL circuit (a)).

TTL process procédé TTL, procédé bipolaire TTL *(procédé de fabrication des circuits intégrés TTL) (semi) (cf. aussi* TTL integrated circuit).

TTL processing fabrication par le procédé TTL *(CI) (cf. aussi* TTL process).

TTL pulse impulsion TTL, signal TTL *(impulsion fournie par la sortie d'une porte TTL lorsqu'elle passe à l'état « 1 ») (CI) (cf. aussi* TTL gate *et* ONE state).

TTL RAM *cf.* TTL static RAM. *(et noter qu'une mémoire RAM TTL ne peut être que statique).*

TTL signal *cf.* TTL pulse.

TTL static RAM mémoire RAM statique TTL, mémoire RAM TTL *(mémoire RAM statique utilisant des portes TTL) (CI) (cf. aussi* TTL RAM, static RAM *et* TTL gate).

TTL technique *cf.* TTL process.

TTL technology (la) technique TTL *(technique des circuits intégrés TTL) (cf. aussi* TTL integrated circuit *et* technology).

TTL transition transition en TTL, transition TTL *(transition d'une porte TTL) (circuits logiques) (cf. aussi* transition (d) *et* TTL gate).

TTL transition time temps de transition en TTL, durée d'une transition en TTL, *(etc.) (CI) (cf. aussi* TTL transition).

TTY *cf.* teletypewriter.

TTY communications (les) télécommunications par téléimprimeurs, *(souvent)* liaisons par téléimprimeurs *(tlg) (cf. aussi* TTY link *et* communications).

TTY converter convertisseur (de radiotéléimprimeur) *(radiotlg) (cf. aussi* radioteletype).

TTY link liaison par téléimprimeurs *(liaison télégraphique utilisant deux téléimprimeurs) (tls) (cf. aussi* telegraph link *et* TTY).

TTY signal signal d'un téléimprimeur *(parf.* de ...), signal émis par un téléimprimeur *(train d'impulsions émis par un téléimprimeur) (tlg) (cf. aussi* TTY *et* pulse train).

tube tube (a) *sens usuel)*; (b) *tube électronique) (cf. aussi* electron tube).

tube ... *cf.* vacuum-tube ... *(pour les termes qui ne figurent pas ci-après).*

tube base culot de tube (électronique) *(extrémité d'un tube électronique par laquelle sortent les broches ou les fils permettant de connecter le tube aux circuits dont il fait partie) (peut être un culot en matière plastique collé à l'extrémité du tube par un ciment spécial et portant des broches ou être constitué par cette extrémité munie de broches, notamment dans les tubes miniature, ou de fils dans les tubes subminiature) (cf. aussi* octal base, noval base, magnal base, tube socket *et* electron tube).

tube camera caméra à tube, caméra de télévison à tube *(souvent au pluriel pour une caméra couleur) (caméra de télévision utilisant un ou trois tubes analyseurs pour la captation des images) (clpf) (cf. aussi* television camera *et* camera tube).

tube complement jeu de tubes (électroniques) *(ensemble des tubes électroniques utilisés dans un appareil électronique à tubes) (cf. aussi* electron tube).

tube converter changeur de fréquence à tube (électronique) *(changeur de fréquence dans lequel l'élément non linéaire est un tube électronique à plusieurs grilles tel qu'une pentode ou une hexode, notamment, ou un tube à deux fonctions tel qu'une triode-pentode ou une triode-hexode, notamment) (super à tubes) (voir ces termes) (cf. aussi* mixer).

tube electrode électrode de tube (électronique) *(cf. aussi* electron tube).

tube envelope enveloppe de tube (électronique) *(cf. aussi* electron tube).

tube heater filament de tube (électronique) *(cf. aussi* heater).

tube heating (le) chauffage des tubes *(chauffage de la cathode des tubes à cathode chaude d'un appareil ou un montage électronique à tubes) (cf. aussi* hot-cathode tube).

tube image image formée sur le tube *(image formée sur l'écran du tube-image, ou d'un tube-image, dans un récepteur de télévision sur grand écran, par opposition à l'image formée sur l'écran de projection) (cf. aussi* projection television).

tube noise bruit du tube *(parf.* d'un tube) (électronique) *(bruit d'un tube électronique à vide) (cf. aussi* vacuum-tube noise).

tube noise factor facteur de bruit du tube, *(etc.) (cf. aussi* noise factor *et* tube noise).

tube of force tube de force, tube d'induction *(ensemble de lignes de force s'appuyant sur un contour fermé circulaire dans un champ d'induction) (cf. aussi* line of force *et* induction field).

tube shield blindage de tube (électronique), blindage de lampe *(terme ancien) (capuchon métallique cylindrique ouvert au sommet conçu pour être emboîté sur le support de certains tubes électroniques pour servir de blindage au tube) (est généralement fixé par un système à bayonnette et muni d'un ressort conique en fil appuyant sur le sommet du tube pour le maintenir en place) (cf. aussi* shield[1] *et* tube socket).

tube socket support de tube (électronique), support de lampe *(terme ancien) (support isolant circulaire ou approximativement ovale comportant plusieurs alvéoles munis de contacts dans lesquels s'enfichent les broches ou, parfois, les fils du culot d'un tube électronique pour établir les connexions avec les électrodes du tube et maintenir celui-ci en place) (cf. aussi* wafer socket, tube base *et* tube shield).

tube storage mémorisation dans un tube à mémoire *(mémorisation d'informations dans un tube à mémoire) (cf. aussi* storage tube).

tube television camera *cf.* tube camera.

tube tester lampemètre *(ancien appareil de contrôle permettant de mesurer les caractéristiques des tubes électroniques classiques et notamment leur résistance interne, la tension appliquée à chaque électrode et l'intensité du courant dans le circuit de chaque électrode en fonctionnement, ainsi que la pente des tubes amplificateurs) (noter que ce terme date de l'époque des « lampes de radio », d'où sa racine) (cf. aussi* electron tube, transconductance *et* amplifier tube).

tube TV camera *cf.* tube camera.

tubing chart tableau des tubes (électroniques) *(employés dans un appareil électronique à tubes).*

tubular capacitor condensateur tubulaire *(condensateur de forme générale cylindrique allongée) (a) (condensateur bobiné à boîter cylindrique, généralement métallique, et à sorties axiales) (cas général) (cf. aussi* wound-foil capacitor *et* axial leads); (b) *(cf. aussi* tubular electrolytic capacitor); (c) *(cf. aussi* tubular ceramic capacitor).

tubular ceramic capacitor condensateur céramique tubulaire *(condensateur céramique dans lequel le diélectrique est un petit tube de céramique métallisé à l'intérieur et à l'extérieur, mais non aux extrémités, pour former les deux armatures) (cf. aussi* ceramic capacitor).

tubular electrolytic *cf.* tubular electrolytic capacitor.

tubular electrolytic capacitor condensateur électrolytique tubulaire *(condensateur électrolytique réalisé dans un tube métallique fermé à une extrémité) (le boîtier est souvent muni d'une tige filetée à l'extrémité fermée ou d'une patte servant de dispositif de fixation et constituant une des deux bornes du condensateur, mais celui-ci peut aussi avoir des sorties axiales ou radiales) (clpf) (cf. aussi* electrolytic capacitor *et* tubular capacitor (a)).

tubular filter filtre tubulaire *(filtre coaxial en forme de tube muni d'une prise coaxiale à chaque extrémité) (hyper) (cf. aussi* coaxial filter).

tunability accordabilité *(propriété d'un résonateur, dispositif ou appareil accordable ou aptitude de celui-ci à être accordé avec précision) (oscillateur, etc.) (cf. aussi* tunable *et* tuning sensitivity).

tunable accordable (*propriété d'un résonateur dont on peut faire varier la fréquence de résonance entre des limites déterminées ou d'un dispositif ou un appareil utilisant un ou plusieurs tels résonateurs) (oscillateur, etc.) (cf. aussi* tuning).

tunable band-pass filter filtre passe-bande accordable (*cf. aussi* tunable filter).

tunable band-stop filter filtre coupe-bande accordable (*cf. aussi* tunable filter).

tunable cavity *cf.* tunable cavity resonator.

tunable-cavity filter filtre à cavité accordable (*filtre à cavité réalisé sous la forme d'un filtre accordable, c.-à-d. utilisant une cavité accordable) (hyper) (cf. aussi* cavity filter, tunable filter *et* tunable cavity resonator).

tunable cavity resonator cavité résonnante accordable, cavité accordable (*hyper) (cf. aussi* cavity resonator *et* tunable).

tunable filter filtre accordable (*filtre passe-bande ou coupe-bande dont on peut faire varier la fréquence centrale) (cf. aussi* band-pass filter, band-stop filter *et* center frequency (b)).

tunable laser laser accordable (*laser dans lequel on peut choisir ou faire varier entre certaines limites la fréquence du rayonnement émis, c.-à-d. laser à semiconducteur, laser à colorant ou laser paramétrique) (dans le cas fréquent du laser à semiconducteur, la fréquence est fixée par le choix du semiconducteur et peut être réglée en agissant sur sa température, en appliquant une pression perpendiculairement au plan de la jonction ou en réglant l'intensité du courant dans celle-ci) (dans un laser à colorant, la fréquence est fixée par le choix du colorant et peut être réglée à l'aide de l'élément dispersif) (cf. aussi* semiconductor laser, dye laser, parametric laser *et* laser).

tunable local oscillator oscillateur local accordable (*cas général) (super) (cf. aussi* local oscillator *et* tunable oscillator).

tunable magnetron magnétron accordable (*magnétron constituant un oscillateur accordable, c.-à-d. utilisant une anode à cavités accordables) (ce terme désigne souvent un magnétron à sauts de fréquence) (hyper) (cf. aussi* magnetron, tunable oscillator, tunable cavity resonator *et* frequency-hopping magnetron).

tunable narrow-band filter filtre à bande étroite accordable (*cf. aussi* narrow-band filter *et* tunable filter).

tunable notch filter filtre coupe-bande à bande étroite accordable (*cf. aussi* notch filter *et* tunable filter).

tunable oscillator oscillateur accordable, oscillateur à fréquence réglable (*oscillateur dans lequel la fréquence d'oscillation peut être réglée facilement à l'arrêt par action sur son résonateur, c.-à-d. oscillateur à résonateur accordable à l'arrêt) (cf. aussi* variable-frequency oscillator, tunable resonator *et* oscillator).

tunable resonant cavity *cf.* tunable cavity resonator.

tunable resonator résonateur accordable (*résonateur électrique ou électromagnétique pouvant être accordé) (cf. aussi* resonator *et* tuning).

tunable short *cf.* sliding short.

tunable short-circuit *cf.* sliding short.

tune[1] *v* accorder (*un résonateur, etc.) (cf. aussi* tuning).

tune[2] *s* accord (obtenu) (*récepteur) (cf. aussi* in tune, out of tune *et* tuning).

tune in *v* accorder, syntoniser (*un récepteur) (cf. aussi* tuning).

tuneable *cf.* tunable. (*de même pour les termes dérivés*).

tuned aerial (*GB) cf.* tuned antenna.

tuned amplifier amplificateur accordé (*amplificateur haute fréquence dans lequel la charge est un circuit accordé, en l'occurence un circuit bouchon) (constitue un filtre passe-bande actif, le gain étant beaucoup plus grand pour la bande des fréquences encadrant la fréquence de résonnance du circuit bouchon que pour les autres du fait de l'action de celui-ci) (ce terme désigne généralement un amplificateur à bande étroite, mais peut désigner un amplificateur à bande relativement large formé de deux ou trois étages amplificateurs à bande étroite) (cf. aussi* mid-band gain, narrow-band amplifier, video amplifier, RF amplifier, parallel resonant circuit, active band-pass filter *et* gain 1).

tuned-anode oscillator oscillateur à plaque accordée, oscillateur à anode accordée (*le premier terme est le plus employé*) (*oscillateur à tube électronique dans lequel le circuit accordé est monté dans le circuit de l'anode et constitue la charge de celle-ci) (cf. aussi* vacuum-tube oscillator *et* anode circuit).

tuned antenna antenne accordée (*nom souvent donné à une antenne à ondes stationnaires, l'antenne formant alors avec la ligne d'alimentation un circuit accordé sur la fréquence de travail) (l'accord d'une antenne d'émission est nécessaire pour rayonner le maximum de puissance) (radioélectricité) (cf. aussi* standing-wave antenna, antenna tuning coil, antenna tuning capacitor, transmitting antenna, tuned circuit, feeder *et* radiated power).

tuned-base oscillator oscillateur à base accordée (*ou à circuit de base accordé) (oscillateur à transistor bipolaire dans lequel le circuit accordé est monté dans le circuit de la base) (est l'équivalent à transistor d'un oscillateur à grille accordée) (cf. aussi* bipolar transistor oscillator, base circuit *et* tuned-grid oscillator).

tuned cavity cavité résonnante (*hyper) (cf. aussi* cavity resonator).

tuned circuit circuit accordé, circuit oscillant accordé (*circuit oscillant dont l'inductance et la capacité sont calculées ou réglées pour le faire résonner à une fréquence déterminée) (ce terme désigne généralement un circuit oscillant parallèle accordé et, parfois, un circuit d'accord) (cf. aussi* resonant circuit, parallel resonant circuit *et* tuning circuits).

tuned-collector oscillator oscillateur à collecteur accordé (*oscillateur à transistor bipolaire dans lequel le circuit accordé est monté dans le circuit du collecteur) (semi) (est l'équivalent à transistor de l'oscillateur à plaque accordée) (cf. aussi* bipolar-transistor oscillator, collector circuit *et* tuned-anode oscillator).

tuned dipole dipôle accordé (*antenne dipôle dont la longueur est calculée pour qu'elle constitue une antenne accordée) (cf. aussi* dipole antenna *et* tuned antenna).

tuned filter filtre accordé (*filtre passe-bande ou coupe-bande utilisant un ou plusieurs circuits accordés) (cf. aussi* band-pass filter, band-stop filter *et* tuned circuit).

tuned-grid oscillator oscillateur à grille accordée (*oscillateur à tube électronique dans lequel le circuit accordé est monté dans le circuit de la grille) (cf. aussi* vacuum-tube oscillator *et* grid circuit).

tuned-grid tuned-anode oscillator oscillateur à grille et plaque accordées (plaque *ou* anode), oscillateur TPTG (*ce sigle vient de « tuned-plate tuned-grid », inversion de l'autre forme du terme anglais) (le terme abrégé est le plus employé) (oscillateur à tube électronique utilisant un circuit accordé monté dans le circuit de la grille et un monté dans le circuit de l'anode, le couplage entre les deux circuits étant assuré par la capacité grille-anode du tube) (cf. aussi* vacuum-tube oscillator, grid circuit, anode circuit *et* grid-anode capacitance).

tuned in accordé (*cf. aussi* tune in).

tuned radio-frequency *a* (à) amplification directe (*récepteur, etc.) (cf. aussi* tuned radio-frequency receiver).

tuned radio-frequency amplification (l')amplification directe (*amplification des signaux réalisée dans un récepteur à amplification directe) (radio) (cf. aussi.* tuned radio-frequency receiver).

tuned radio-frequency amplifier amplificateur à amplification directe (*partie amplificatrice d'un récepteur à amplification directe, c.-à-d. ensemble des étages précédant le détecteur) (cf. aussi* tuned radio-frequency receiver)

tuned radio-frequency receiver récepteur à amplification directe, poste (*idem) (récepteur à modulation d'amplitude dans lequel le courant à haute fréquence en provenance de l'antenne est amplifié tel quel avant la détection, c.-à-d. sans lui faire subir de changement de fréquence) (ne permet pas une amplification importante du signal à haute fréquence reçu par suite du risque d'accrochage dans les étages amplificateurs qu'un tel signal implique et nécessite un nombre relativement grand de circuits accordés devant être accordés simultanément pour la réception d'une émission déterminée) (depuis la généralisation du récepteur superhétérodyne, le récepteur à amplification directe n'est plus employé que dans des cas particuliers tels que la réception d'une émission unique et, sous une forme spéciale, dans certains récepteurs militaires) (cf. aussi* AM receiver, frequency conversion, singing, superheterodyne receiver *et* wide-open receiver).

tuned radio-frequency reception réception avec amplification directe *(réception d'un signal radio par un récepteur à amplification directe) (cf. aussi* tuned radio-frequency receiver).

tuned radio-frequency stage étage d'amplification directe *(cf. aussi* tuned radio-frequency amplifier *et* stage 1)).

tuned receiver récepteur accordé *(ce terme s'emploie parfois pour désigner un récepteur radio ordinaire par opposition à un récepteur non accordé) (cf. aussi* radio receiver, tuning *et* wide-open receiver).

tuned-reed frequency meter fréquencemètre à lames vibrantes *(cf. aussi* vibrating-reed frequency meter).

tuned relay relais accordé *(relais à courant alternatif dont les contacts ne se ferment ou s'ouvrent que sous l'action d'un courant de fréquence déterminée provoquant la résonance d'un résonateur électrique ou mécanique) (cf. aussi* frequency relay, resonant-reed relay, ac relay *et* resonator).

tuned RF receiver *cf.* tuned radio-frequency receiver.

tuned RF transformer *cf.* tuned transformer.

tuned to a transmission accordé sur une émission *(récepteur) (cf. aussi* tuning).

tuned transformer transformateur accordé *(transformateur hatue fréquence dans lequel les bornes de l'enroulement secondaire et, souvent, celles de l'enroulement primaire, sont réunies par un condensateur formant avec l'enroulement un circuit accordé) (constitue un filtre passe-bande passif pour signaux à haute fréquence) (dans le cas le plus fréquent où les deux enroulements sont refermés sur un condensateur, les deux circuits accordés ainsi formés et couplés par induction mutuelle sont appelés « circuits couplés ») (le transformateur accordé ainsi obtenu, c.-à-d. accordé au primaire et au secondaire, est utilisé notamment comme organe de liaison des étages à fréquence intermédiaire des récepteurs superhétérodynes) (cf. aussi* loose coupling, tight coupling, overcoupling, transitional coupling, RF transformer, tuned circuit, inductive coupling 1) *et* coupled circuits).

tuned transmitting aerial *cf.* tuned transmitting antenna.

tuned transmitting antenna antenne d'émission accordée, antenne émettrice accordée *(antenne d'émission réalisée sous la forme d'une antenne accordée) (cf. aussi* transmitting antenna *et* tuned antenna).

tuned voltmeter voltmètre accordé *(autre nom d'un analyseur d'ondes décrivant sa constitution) (cf. aussi* wave analyzer *et* untuned voltmeter).

tuned winding enroulement accordé *(enroulement de transformateur accordé) (cf. aussi* tuned transformer).

tuner 1) syntoniseur *(terme que j'ai proposé)*, tête HF, tête haute fréquence, *(parf.)* sélecteur de canaux, sélecteur *(ne pas employer « tuner ») (ensemble des étages d'un récepteur radio superhétérodyne ou d'un récepteur de télévision permettant d'accorder l'appareil sur la fréquence de l'émission désirée) (comprend normalement le préamplificateur éventuel, le changeur de fréquence, l'oscillateur local et les circuits associés, c.-à-d. forme la partie haute fréquence de l'appareil) (cette description correspond au cas du syntoniseur d'un récepteur de télévision) (dans le cas d'un récepteur radio, ces termes ne sont employés que si l'appareil est réalisé sous la forme de deux coffrets prévus pour faire partie d'une chaîne stéréophonique — le coffret du syntoniseur et l'amplificateur basse fréquence) (le coffret du syntoniseur contient alors les étages à fréquence intermédiaire et l'étage détecteur en plus des étages d'un syntoniseur de télévision, c.-à-d. forme essentiellement la partie haute fréquence et moyenne fréquence de l'appareil) (l'amplificateur basse fréquence contenu dans le second coffret est conçu pour pouvoir être connecté, à l'aide d'un commutateur, tant au syntoniseur pour former le récepteur complet qu'au magnétophone ou au tourne-disque de la chaîne pour former une chaîne de lecture) (cf. aussi* television tuner, superheterodyne radio receiver, tuning, preselector, mixer, local oscillator, intermediate frequency, detector 2), audio amplifier *et* stereophonic sound system). 2) syntoniseur, dispositif d'accord *(dispositif permettant d'accorder un ou plusieurs résonateurs hyperfréquence) (est généralement un dispositif à piston coulissant permettant d'accorder une*

cavité résonnante ou un tronçon de ligne coaxiale rigide employé comme résonateur, mais peut être un dispositif déformant une cavité résonnante ou un ensemble de pistons ou un disque perforé accordant simultanément toutes les cavités résonnantes d'un magnétron, entre autres) (cf. aussi* tuning, cavity resonator, rigid coaxial line *et* spin-tuned magnetron). 3) adaptateur d'impédance réglable, adaptateur d'impédance, adaptateur réglable, adaptateur *(dispositif permettant de réaliser l'adaptation d'impédance dans une ligne de transmission hyperfréquence, notamment dans une ligne coaxiale ou un guide d'ondes, à l'aide d'un ou plusieurs éléments coulissants disposés perpendiculairement à l'axe de la ligne ou, parfois, dans l'axe de celle-ci, à une de ses extrémités) (noter que, malgré ce que le terme anglais donne à penser, il ne s'agit pas d'un dispositif d'accord) (cf. aussi* coaxial tuner, waveguide tuner *et* impedance matching).

tungar tube *(tungar vient de « tungsten-argon »)* tungar, tube tungar, redresseur tungar *(tube redresseur pour basses tensions et intensités modérées comportant un filament en tungstène thorié formant cathode et un disque de graphite formant anode dans une ampoule remplie d'argon à basse pression) (était employé principalement dans les chargeurs de batteries avant les redresseurs au sélénium et constituait un redresseur monoalternance ou, plus précisément, une diode de redressement à gaz monoanodique) (cf. aussi* rectifier tube, thoriated tungsten filament, battery charger, selenium rectifier *et* half-wave rectifier).

tungsten *(vient du suédois « tung sten » : pierre lourde)* tungstène, wolfram, W *(le premier terme est le plus employé, mais le symbole chimique provient du second) (métal gris et rare, très dur, très lourd (densité 19,3) et très réfractaire (point de fusion à 3 650º C environ)) (est utilisé principalement en métallurgie comme élément d'alliage, notamment dans les aciers rapides élaborés pour la fabrication de nombreux outils de coupe, ainsi qu'en électrotechnique, notamment pour la fabrication du filament des lampes à incandescence, de contacts de rupteurs ou autres et d'électrodes non consommables pour le soudage à l'arc électrique, et en électronique pour la fabrication du filament des tubes électroniques à cathode chaude et de celle-ci, ainsi que des autres électrodes de certains tubes) (l'utilisation du tungstène pour les cathodes chaudes est due tant à son faible travail de sortie à haute température qu'à son haut point de fusion) (la température de fusion du tungstène étant trop élevée pour permettre l'emploi des procédés classiques de travail des métaux, il est fritté avant d'être laminé et étiré) (cf. aussi* tungsten filament, tungsten contacts, hot cathode *et* work function).

tungsten contacts contacts en tungstène *(ou de tungstène) (contacts de rupteur ou autre dispositif à contacts en tungstène pur ou allié au cuivre ou à l'argent par frittage) (cf. aussi* interrupter *et* tungsten).

tungsten filament filament de tungstène *(fil de tungstène enroulé en hélice formant le filament d'une lampe à incandescence ou d'un tube électronique à cathode chaude) (cf. aussi* tungsten, thoriated tungsten filament, incandescent lamp *et* hot-cathode tube).

tungsten-filament lamp lampe à filament de tungstène *(lampe à incandescence dont le filament est en tungstène) (cas général) (cf. aussi* incandescent lamp *et* tungsten filament).

tungsten metallization métallisation en tungstène *(métallisation d'un circuit intégré monolithique utilisant du tungstène) (cf. aussi* metallization (a) *et* tungsten).

tuning accord, syntonisation *(le second terme, ancien mais toujours valable, s'emploie surtout pour un récepteur) (réglage de la fréquence de résonance d'un résonateur, c.-à-d., en radioélectricité, d'un circuit accordé ou d'une cavité résonnante ou, par conséquent, de la fréquence de travail d'un dispositif ou appareil utilisant un ou plusieurs résonateurs et notamment d'un oscillateur) (en d'autres termes, réglage de la fréquence du signal fourni par un oscillateur ou un générateur de signaux sinusoïdaux, de la fréquence de la porteuse émise par un émetteur radioélectrique ou autre, de la fréquence de réception d'un récepteur radioélectrique ou de la fréquence centrale d'un filtre accordé, à la valeur désirée, ou résultat de ce réglage) (dans le cas le plus fréquent d'un circuit accordé,* *l'accord est obtenu en agissant sur sa capacité ou son inductance) (dans le cas d'une cavité résonnante, l'accord est obtenu en agissant sur une de ses dimensions) (cf. aussi* capacitive tuning, inductive tuning, varactor tuning, YIG tuning, mechanical tuning, piezoelectric tuning, manual tuning, automatic tuning, random tuning, non-random tuning, tuning circuits, resonant frequency, resonator, resonant circuit, cavity resonator *et* tuned filter).

tuning band bande d'accord *(bande de fréquences dans laquelle un résonateur ou un dispositif ou appareil utilisant un résonateur peut être accordé) (cf. aussi* frequency band *et* tuning).

tuning capability possibilités d'accord *(parfois au singulier) (oscillateur, etc.) (cf. aussi* tuning *et* capability).

tuning capacitor condensateur d'accord *(condensateur variable ou ajustable permettant de faire varier la fréquence de résonance d'un circuit accordé dans lequel il est monté dans le premier cas ou aux bornes duquel il est généralement monté dans le second cas) (oscillateur) (cf. aussi* variable capacitor, trimmer capacitor, resonant frequency *et* tuned circuit).

tuning circuits circuits d'accord *(nom donné aux circuits accordés à réglage rapide entre des limites de fréquence relativement larges permettant de choisir une émission sur un récepteur radio ou un récepteur de télévision) (le réglage de l'accord est effectué en faisant varier la capacité du condensateur variable ou de la diode varicap de chaque circuit d'accord) (dans un récepteur à amplification directe, tous les circuits accordés sont des circuits d'accord) (dans un récepteur superhétérodyne, les circuits d'accord sont généralement au nombre de deux, l'un à l'entrée du changeur de fréquence et l'autre dans l'oscillateur local; si l'appareil comporte un préamplificateur, le nombre des circuits d'accord est de trois) (cf. aussi* tuned circuit, radio receiver, television receiver, variable capacitor, varactor, tuned radio-frequency receiver, superheterodyne receiver, ganged circuits *et* tuner 1)).

tuning coil bobinage d'accord *(bobine d'inductance variable permettant de faire varier la fréquence de résonance d'un circuit accordé dans lequel elle est montée) (oscillateur) (cf. aussi* variable inductance, resonant frequency *et* tuned circuit).

tuning control commande d'accord, *(souvent aussi)* bouton de recherche des stations *(bouton rotatif permettant d'accorder un récepteur radio sur la fréquence voulue) (commande les condensateurs variables des circuits d'accord ou des potentiomètres et le déplacement de l'aiguille du cadran d'accord) (cf. aussi* tuning circuits *et* tuning dial).

tuning control knob *cf.* tuning knob.

tuning core noyau réglable *(courte tige filetée de diamètre relativement grand en matière magnétique pouvant être déplacée par vissage suivant l'axe d'un bobinage d'accord pour faire varier son inductance, ou d'un transformateur accordé pour faire varier le couplage entre les enroulements) (cf. aussi* tuning coil *et* tuned transformer).

tuning curve courbe d'accord *(courbe représentant la variation de la fréquence de résonance d'un résonateur, notamment d'un circuit accordé ou d'une cavité résonnante, ou d'un dispositif ou un appareil utilisant un tel résonateur, en fonction de la variation de la valeur de sa capacité ou son inductance) (cf. aussi* tuning).

tuning dial cadran d'accord, cadran des stations, cadran *(le troisième terme est le plus employé) (cadran facilitant l'accord d'un récepteur radio sur la fréquence de l'émission désirée) (comprend généralement plusieurs échelles rectilignes ou circulaires devant lesquelles une aiguille se déplace) (les échelles correspondent aux différentes gammes de longueurs d'ondes que l'appareil peut recevoir et sont généralement graduées en longueurs d'ondes et en fréquences correspondantes) (cf. aussi* tuning control *et* dial cord).

tuning diode diode d'accord *(nom souvent donné à une diode varicap pour rappeler sa fonction) (semi) (cf. aussi* varactor).

tuning eye *cf.* magic eye.

tuning fork diapason *(étalon mécanique de fréquence sonore formé d'un barreau d'acier dur recourbé en U légèrement fermé solidaire d'une tige appelée « queue » fixée au bas du U et tenue à la main ou fixée à une caisse de résonance) (le*

diapason est un résonateur mécanique et, pour cette raison, est utilisé dans certains oscillateurs et filtres en plus de son emploi en musique pour donner le ton du « la normal » correspondant à une fréquence de vibration de 435 Hz) (cf. aussi sound frequency, resonator, hertz, tuning-fork oscillator *et* tuning-fork filter).

tuning-fork drive pilotage par diapason *(stabilisation de la fréquence d'un oscillateur à partir d'un harmonique de la fréquence d'oscillation d'un diapason agissant sur la fréquence de résonance du résonateur de l'oscillateur) (cf. aussi* tuning-fork oscillator, harmonic *et* tuning fork).

tuning-fork filter filtre à diapason *(filtre mécanique dans lequel le résonateur mécanique est un diapason) (cf. aussi* mechanical filter *et* tuning fork).

tuning-fork oscillator oscillateur à diapason *(oscillateur piloté par diapason) (est employé notamment pour fournir des courants porteurs en téléphonie) (cf. aussi* oscillator, tuning-fork drive *et* carrier telephony).

tuning-fork resonator résonateur à diapason *(résonateur électrique à fréquence de résonance stabilisée par un diapason) (oscillateur) (cf. aussi* tuning-fork drive).

tuning frequency fréquence d'accord, fréquence de syntonisation *(le second terme est peu employé) (fréquence sur laquelle est accordé un circuit d'accord) (récepteur) (cf. aussi* tuning circuit).

tuning head *cf.* tuner 1).

tuning indicator indicateur d'accord *(dispositif permettant de trouver facilement l'accord précis d'un récepteur radio sur l'émission désirée) (est généralement un œil magique, mais peut être un voltmètre et utilise la tension de CAG) (cf. aussi* magic eye, automatic gain control *et* tuning).

tuning knob bouton de recherche des stations *(récepteur radio) (cf. aussi* tuning control).

tuning meter galvanomètre d'accord *(voltmètre ou ampèremètre à courant continu utilisé comme indicateur d'accord) (récepteur) (cf. aussi* tuning indicator *et* galvanometer).

tuning piston *cf.* tuning plunger.

tuning plunger piston d'accord *(hyper) (cf. aussi* plunger 2) (b)).

tuning probe tige d'adaptation *(tige métallique pénétrant plus ou moins à l'intérieur d'un guide d'ondes sous l'action d'un bouton moleté pour réaliser l'adaptation d'impédance dans le guide) (est l'élément mobile d'un adaptateur d'impédance élémentaire de guide d'ondes) (ne pas employer « sonde d'accord », ce terme, qui résulte d'une mauvaise traduction initiale, étant particulièrement impropre) (hyper) (cf. aussi* waveguide tuner *et, pour information,* tuning).

tuning range plage d'accord *(intervalle des fréquences sur lesquelles un résonateur ou un dispositif ou appareil utilisant un résonateur peut être accordé) (cf. aussi* tuning).

tuning screw vis d'adaptation (d'impédance) *(vis vissée dans la paroi d'un guide d'ondes pour remplir la fonction d'une tige d'adaptation d'impédance) (hyper) (cf. aussi* tuning probe).

tuning sensitivity sensibilité de l'accord *(taux de variation de la fréquence de résonance d'un résonateur autour d'un point déterminé de sa courbe de résonance pour une variation déterminée de la position de l'organe d'accord ou de la tension d'accord) (l'organe d'accord est la partie mobile d'un condensateur approprié ou le noyau réglable d'un bobinage approprié) (cf. aussi* rate of change, resonator, resonance curve *et* tuning voltage).

tuning speed vitesse d'accord *(inverse du temps nécessaire pour passer d'une fréquence d'accord d'un oscillateur à fréquence variable à une autre) (cette caractéristique revêt une importance particulière dans les émetteurs à sauts de fréquence) (mil, etc.) (cf. aussi* tuning frequency, variable-frequency oscillator *et* frequency-hopping transmitter).

tuning stub adaptateur d'impédance *(noter qu'ici le qualificatif anglais ne signifie pas « d'accord ») (hyper) (cf. aussi* stub *et, pour information,* tuning).

tuning varactor diode varicap d'accord *(diode à capacité variable conçue pour être utilisée pour l'accord d'un circuit accordé) (semi) (cf. aussi* varactor *et* tuning).

tuning voltage tension d'accord *(tension continue variable appliquée à un oscillateur commandé en tension aux fins d'accord) (cf. aussi* voltage-controlled oscillator *et* tuning).

tuning wand outil à aligner (*cf. aussi* aligning tool).

tunnel *v* franchir par effet tunnel (*une barrière de potentiel*) (*électron*) (*cf. aussi* tunnel effect).

tunnel barrier barrière à effet tunnel (*barrière de potentiel dans laquelle l'effet tunnel est utilisé*) (*jonction Josephson, etc.*) (*cf. aussi* tunnel effect).

tunnel diode diode tunnel, diode à effet tunnel, diode Esaki (*diode à résistance négative obtenue par effet tunnel grâce à un très fort niveau de dopage de chaque côté de la jonction*) (*semi*) (*cf. aussi* negative-resistance diode, tunnel effect *et* doping level).

tunnel-diode amplifier amplificateur à diode tunnel (*amplificateur hyperfréquence utilisant une diode tunnel comme élément actif grâce à sa résistance négative créant un coefficient de réflexion supérieur à l'unité*) (*étant un dipôle, la diode amplificatrice n'a qu'un accès et doit être précédée d'un circulateur séparant le signal d'entrée du signal de sortie*) (*cf. aussi* microwave amplifier, tunnel diode, active element reflection coefficient, dipole 2) *et* circulator).

tunnel effect effet tunnel (*franchissement d'une barrière de potentiel par une particule possédant une énergie cinétique théoriquement insuffisante pour y parvenir*) (*ce franchissement, impossible dans le cadre de la mécanique classique, est possible dans celui de la mécanique quantique, plus précisément de la mécanique ondulatoire, la fonction d'onde de la particule montrant qu'il existe une probabilité petite mais finie de trouver celle-ci de l'autre côté de la barrière avec son onde associée*) (*la particule franchissant une barrière qu'elle n'a pas la force de sauter, on considère qu'elle la traverse dans un tunnel, d'où le nom donné à ce phénomène*) (*en physique nucléaire, l'effet tunnel permet l'émission d'une particule alpha par le noyau d'un atome malgré la barrière de potentiel constituée par l'attraction électrostatique des autres particules du noyau*) (*en électronique, où il s'applique aux électrons, il permet l'émission de champ, et son application aux jonctions de semiconducteurs a permis de réaliser la diode tunnel*) (*cf. aussi* Fowler-Nordheim tunneling, potential barrier, quantum mechanics, wave mechanics, wave function, alpha particle, field emission *et* tunnel diode).

tunnel oxide couche d'oxyde à effet tunnel (*transistor FLOTOX, etc.*) (*cf. aussi* FLOTOX transistor).

tunnel through *v* traverser par effet tunnel (*un isolant*) (*cf. aussi* tunnel).

tunneling *s* franchissement par effet tunnel, passage par effet tunnel (*barrière de potentiel*) (*cf. aussi* tunnel effect).

tunneling current (*parf.* intensité du) courant par effet tunnel (*courant d'électrons produit par effet tunnel dans une jonction PN ou, parfois, intensité de ce courant*) (*cf. aussi* tunnel effect).

tunneling effect *cf.* tunnel effect.

tunneling electrons electrons circulant par effet tunnel (*cf. aussi* tunnel effect).

tunneling mechanism mécanisme de l'effet tunnel (*ou du franchissement par effet tunnel*) (*barrière de potentiel*) (*cf. aussi* tunnel effect).

tuple (un) enregistrement (relationnel) (*informations contenues dans une ligne d'une table d'une banque de données relationnelle*) (*exemple : « Dupont Jacques 50 ans comptable marié Paris »*) (*inf*) (*cf. aussi* relational data base).

Turing machine machine de Turing (*machine imaginaire simulant le processus utilisé par l'homme pour effectuer un calcul, c.-à-d. opérant par pas élémentaires successifs en fonction des informations limitées qu'elle peut prendre en compte simultanément et en tenant compte des résultats limités des opérations précédentes dont elle peut se souvenir*) (*théorie des machines*) (*inf*).

turn *s* 1) tour (*rotation de l'axe d'un potentiomètre, d'un bouton de réglage, etc.*). 2) spire (*boucle complète d'un fil métallique ou autre conducteur généralement suivie d'autres pour former une bobine ou un enroulement*) (*cf. aussi* loosely wound turns, closely wound turns, coil[1], winding, ampere-turn *et* turns ratio).

turn-around delay *cf.* turn-around time.

turn-around time 1) temps d'inversion de la transmission (*temps nécessaire à l'inversion du sens de transmission dans une liaison de télécommunications exploitée en alternat*) (*en d'autres termes, temps minimal écoulé entre la fin de la réception d'un message ou d'une information par la partie réceptrice de l'émetteur-récepteur d'une station et le début de l'émission de la réponse par la partie émettrice*) (*est notable dans le cas d'un téléimprimeur*) (*cf. aussi* half-duplex). 2) délai de réalisation (*d'un circuit intégré à la demande, par exemple*) (*cf. aussi* custom circuit). 3) délai d'exécution (*d'un travail et notamment d'un traitement par lot par un ordinateur, plus particulièrement dans le cas du télétraitement*) (*inf, etc.*) (*cf. aussi* batch processing 2) *et* remote processing).

turn off *v* (*voir aussi* turn-off) 1) mettre hors circuit, (*parf.*) arrêter, (*parf.*) couper le circuit. 2) bloquer, rendre non conducteur (*ou non passant*), faire passer à l'état non conducteur (*ou bloqué*), annuler la conduction, (*etc.*), (*parf.*) se bloquer, passer à l'état non conducteur (*ou bloqué*), cesser de conduire, (*etc.*). 3) éteindre, (*parf.*) s'éteindre.

turn-off *s* 1) mise hors circuit, (*parf.*) arrêt, (*parf.*) coupure du circuit (*coupure du circuit d'alimentation d'un dispositif électrique ou électronique opérée par un interrupteur ou un dispositif équivalent*) (*cf. aussi* power supply 1) *et* switch[1] 1)). 2) blocage, annulation de la conduction (*sens actif*), (*souvent aussi*) passage à l'état non conducteur (*ou bloqué*) (*sens passif*) (*transistor, etc.*) (*cf. aussi* off-state). 3) extinction (*d'une lampe, d'un voyant lumineux ou autre dispositif lumineux*).

turn-off circuit circuit de blocage (*etc.*) (*circuit parcouru par des impulsions de blocage*) (*cf. aussi* turn-off 2) *et* turn-off pulse).

turn-off current *cf.* turn-off gate current.

turn-off current gain gain en courant au blocage, (*etc.*) (*rapport entre l'intensité du courant dans un transistor de commutation de puissance ou un thyristor blocable et l'amplitude de l'impulsion de courant nécessaire pour le bloquer*) (*ce « gain » est en fait un indice de mérite indiquant l'aptitude du composant à couper un courant de grande intensité à l'aide d'un courant de commande de faible intensité*) (*semi*) (*cf. aussi* turn-off 2), power switching transistor, gate turn-off SCR *et* figure of merit).

turn-off delay retard au blocage, (*etc.*) (*cf. aussi* turn-off time).

turn-off gate current (intensité du) courant de gâchette au blocage (*ou* courant de blocage), (*etc.*) (*intensité du courant de gâchette d'un thyristor blocable nécessaire pour le bloquer*) (*semi*) (*cf. aussi* turn-off 2) *et* gate turn-off SCR.

turn-off loss pertes au blocage, (*etc.*), pertes d'énergie (*idem*) (*perte d'énergie dans un transistor de commutation de puissance ou un thyristor blocable lors de son blocage*) (*semi*) (*cf. aussi* turn-off 2), gate turn-off SCR *et* switching loss).

turn-off losses *cf.* turn-off loss.

turn-off performance rapidité de blocage, (*etc.*) (*cf. aussi* turn-off speed).

turn-off period *cf.* turn-off time.

turn-off power puissance de blocage, (*etc.*) (*puissance fournie par une impulsion de blocage, notamment dans le cas d'une impulsion de courant*) (*cf. aussi* power[1] 1) *et* turn-off pulse).

turn-off power loss *cf.* turn-off loss.

turn-off pulse impulsion de blocage, (*etc*), (*parf. aussi*) signal de blocage (*impulsion produisant le blocage d'un dispositif de commutation, à savoir d'une diode de commutation, d'un tube électronique utilisé en commutation, d'un transistor à effet de champ à déplétion utilisé en commutation ou d'un thyristor blocable*) (*est une impulsion de tension dans les trois premiers cas et une impulsion de courant dans le dernier cas*) (*cf. aussi* turn-off 2), voltage pulse, current pulse, switching diode, grid-controlled electron tube, depletion-mode field-effect transistor, gate turn-off SCR *et* switching device).

turn-off signal signal de blocage, (*etc.*) (*cf. aussi* turn-off pulse).

turn-off speed vitesse de blocage, (*etc.*) (*inverse du temps de blocage*) (*cf. aussi* turn-off time *et* turn-off performance).

turn-off storage delay time *cf.* turn-off storage time.

turn-off storage time temps de désaturation (au blocage), *(etc.) (transistor de commutation) (cf. aussi* turn-off 2) *et* storage time 4)).

turn-off thyristor thyristor blocable *(semi) (cf. aussi* gate turn-off SCR).

turn-off time temps de blocage, *(etc.), (parf. aussi)* retard au blocage *(idem) (intervalle de temps entre l'instant où une impulsion de blocage est appliquée à un dispositif de commutation blocable et l'instant où l'intensité du courant dans celui-ci tombe à une valeur nulle ou négligeable) (diode, transistor, thyristor blocable, tube), (cf. aussi* turn-off 2), turn-off pulse, storage time 4) *et* reverse recovery time).

turn-off voltage tension de blocage, *(etc.) (amplitude nécessaire d'une impulsion de blocage lorsque celle-ci est une impulsion de tension) (cf. aussi* turn-off 2), turn-off pulse *et* amplitude).

turn on *v (voir aussi* turn-on) 1) mettre sous tension, *(parf.)* mettre en circuit, *(parf.)* mettre en marche, *(parf.)* fermer le circuit. 2) débloquer, rendre conducteur *(ou* passant), faire passer à l'état conducteur *(ou* passant), mettre en conduction, *(etc.), (parf.)* se débloquer, devenir conducteur, passer à l'état conducteur *(ou* passant), se mettre à conduire, *(etc.)* 3) allumer, *(parf.* s'allumer).

turn-on *s* 1) mise sous tension, *(parf.)* mise en circuit, *(parf.)* mise en marche, *(parf.)* fermeture du circuit *(fermeture du circuit d'alimentation d'un dispositif électrique ou électronique par un interrupteur ou un dispositif équivalent) (cf. aussi* power supply 1), switch[1] 1) *et* device). 2) déblocage, mise en conduction *(sens actif), (souvent aussi)* passage à l'état conducteur *(ou* débloqué) *(sens passif) (transistor, etc.) (cf. aussi* on-state). 3) allumage *(d'une lampe, d'un voyant lumineux ou autre dispositif lumineux).*

turn-on by the dV/dt déblocage par dV/dt, *(etc.) (déblocage intempestif d'un thyristor par un dV/dt excessif) (semi) (cf. aussi* turn-on 2), silicon controlled rectifier *et* dV/dt).

turn-on circuit circuit de déblocage, *(etc.) (circuit parcouru par des impulsions de déblocage) (cf. aussi* turn-on 2) *et* turn-on pulse).

turn-on current 1) *(parf.* intensité du) courant à la fermeture, *(etc.) (courant dans un circuit à la fermeture de celui-ci ou, parfois, intensité de ce courant) (alim) (cf. aussi* turn-on 1). 2) (intensité du) courant de déblocage, *(etc.) (amplitude nécessaire ou effective d'une impulsion de déblocage lorsque celle-ci est une impulsion de courant) (cf. aussi* turn-on 2), turn-on pulse *et* amplitude).

turn-on delay retard au déblocage, *(etc.) (cf. aussi* turn-on time).

turn-on dissipation *cf.* turn-on loss.

turn-on gate current (intensité du) courant de gâchette au déblocage *(ou* du courant de déblocage), *(etc.) (autres noms de l'intensité du courant de déclenchement d'un thyristor, c.-à-d. amplitude nécessaire d'une impulsion de déclenchement d'un tel composant) (semi) (cf. aussi* turn-on 2) *et* silicon controlled rectifier).

turn-on loss pertes au déblocage, *(etc.),* pertes d'énergie *(idem) (perte d'énergie dans un transistor de commutation de puissance ou un thyristor lors de son déblocage) (est un des deux types de pertes de commutation) (semi) (cf. aussi* turn-on 2) *et* switching loss).

turn-on losses *cf.* turn-on loss.

turn-on performance rapidité de déblocage, *(etc.) (cf. aussi* turn-on speed).

turn-on period *cf.* turn-on time.

turn-on power puissance de déblocage, *(etc.) (puissance fournie par une impulsion de déblocage, notamment dans le cas d'une impulsion de courant) (cf. aussi* turn-on 2), power[1] 1) *et* turn-on pulse).

turn-on power loss *cf.* turn-on loss.

turn-on pulse impulsion de déblocage, *(etc.), (parf. aussi)* signal de déblocage *(idem) (impulsion produisant le déblocage d'un dispositif de commutation à semiconducteur ou, anciennement, d'un tube électronique utilisé en commutation) (est une impulsion de tension pour une diode, un transistor à effet de champ ou un tube électronique) (est une impulsion de courant pour un transistor bipolaire ou un thyristor ; dans ce dernier cas, est généralement appelée « impulsion de déclen-*

chement ») *(cf. aussi* turn-on 2), voltage pulse, current pulse, switching diode, switching transistor *et* silicon controlled rectified.)

turn-on signal signal de déblocage, *(etc.) (cf. aussi* turn-on pulse *et* signal[1]).

turn-on speed vitesse de déblocage, *(etc.) (inverse du temps de déblocage) (cf. aussi* turn-on time *et* turn-on performance).

turn-on time temps de déblocage, *(etc.), (parf. aussi)* retard au déblocage *(idem) (intervalle de temps entre l'instant où une impulsion de blocage appliquée à un dispositif de commutation est supprimée ou l'instant où une impulsion de déclenchement lui est appliquée et l'instant où l'intensité du courant dans le dispositif atteint sa valeur normale dans les conditions de fonctionnement considérées) (diode, transistor, thyristor, tube) (cf. aussi* turn-on 2), turn-off pulse *et* forward recovery time).

turn-on voltage 1) tension à la fermeture (du circuit), *(etc.) (tension aux bornes d'un interrupteur ou autre dispositif de commutation et notamment d'un thyristor lors de la fermeture du circuit qu'il commande) (cf. aussi* turn-on 1) *et* zero-voltage turn-on). 2) tension de déblocage, *(etc.) (amplitude d'une impulsion de déblocage lorsque celle-ci est une impulsion de tension) (cf. aussi* turn-on 2) *et* turn-on pulse).

turn-over cartridge tête de lecture à deux pointes (de lecture), *(etc.),* tête à deux pointes *(idem) (tête de lecture enfichable de tourne-disque, comportant deux pointes de lecture opposées, l'une en saphir pour les disques 78 tours et l'autre, généralement en diamant, pour les disques microsillon, dont l'une ou l'autre est utilisée en tournant de 180° dans le sens nécessaire, à l'aide d'un petit levier, la tige interchangeable qui les porte) (cas général des têtes modernes) (électroacou) (cf. aussi* phonograph cartridge).

turn-over frequency *cf.* transition frequency (a).

turn-over point point d'inversion (du quartz) *(point de la courbe de la fréquence de résonnance d'un résonateur à quartz en fonction de la température auquel la fréquence cesse d'augmenter avec la température et à partir duquel elle diminue lorsque celle-ci continue d'augmenter) (dans le cas d'un quartz thermostaté, le point d'inversion doit être pris comme température nominale de fonctionnement pour réduire le plus possible la valeur absolue de la dérive de fréquence due à la température) (oscillateur) (cf. aussi* quartz resonator *et* temperature-controlled crystal).

turn-over temperature temperature du point d'inversion *(quartz) (cf. aussi* turn-over point).

..., turning the ... off ..., bloquant le ... *(ou la ...), (etc.) (le transistor, le thyristor ou la diode) (cf. aussi* turn off 2)).

..., turning the ... on ..., débloquant le ... *(ou la ...), (etc.) (le transistor, le thyristor ou la diode) (cf. aussi* turn-on 2)).

turns counter dial *cf.* turns counting dial.

turns counting dial cadran compte-tours *(cadran associé au bouton de commande de certains potentiomètres multitour et atténuateurs variables pour indiquer le nombre de tours effectué par le bouton à partir de la position zéro) (est entraîné par l'intermédiaire d'un engrenage réducteur dont le rapport de démultiplication est calculé pour que l'angle de rotation du cadran ne dépasse pas 360° pour le nombre de tours maximal du bouton) (le nombre de tours effectué et, éventuellement, des divisions apparaissent dans une fenêtre) (cf. aussi* multiturn potentiometer *et* variable attenuator).

turns ratio rapport de transformation *(rapport entre le nombre de spires de l'enroulement secondaire d'un transformateur et le nombre de spires de l'enroulement primaire) (noter que certains auteurs définissent le rapport de transformation comme le rapport entre la tension nominale aux bornes du secondaire et la tension nominale aux bornes du primaire, ce qui revient au même) (la tension aux bornes de l'enroulement secondaire étant proportionnelle au nombre de spires de celui-ci, puisque les spires sont en série, il en résulte que lorsque le rapport de transformation est inférieur à l'unité, la tension aux bornes du secondaire est inférieure à la tension aux bornes de l'enroulement primaire et — les puissances mises en jeu dans les deux circuits, quand le transformateur débite dans une charge, étant forcément égales, aux pertes* près, — *l'intensité du courant circulant dans le secondaire est supérieure, dans le même rapport, à l'intensité du courant dans le primaire*) (*lorsque le rapport de transformation est supérieur à l'unité, on a la situation inverse : la tension secondaire est plus grande que la tension primaire et l'intensité du courant secondaire est, par conséquent, plus faible que l'intensité du courant primaire*) (*ces deux cas constituent le cas général, c.-à-d. celui d'un transformateur utilisé effectivement pour changer la valeur d'une tension alternative*) (*lorsque le rapport de transformation est égal à l'unité, c.-à-d. lorsque les deux enroulements ont le même nombre de spires, la tension secondaire est égale à la tension primaire et l'intensité du courant secondaire est, par conséquent, égale à l'intensité du courant primaire*) (*ce cas est le cas particulier d'un transformateur « qui ne transforme pas » la tension appliquée au primaire, l'adaptation d'impédance n'étant pas le but recherché, c.-à-d. d'un transformateur utilisé pour transférer de l'énergie d'un circuit à un autre par induction électromagnétique tout en assurant l'isolement galvanique entre les deux circuits*) (*cf. aussi* transformer 1), rated voltage, galvanic isolation *et* series connection).

turnstile aerial *(GB)* *cf.* turnstile antenna.

turnstile antenna antenne tourniquet *(antenne d'émission omnidirectionnelle formée essentiellement d'une paire de dipôles croisés excités en quadrature ou de plusieurs paires disposées les unes au-dessus des autres*) *(émetteur TV, FM, etc.)* (*cf. aussi* dipole antenna *et* supertunstile antenna).

turntable plateau *(plateau circulaire rotatif entraîné à vitesse constante sur lequel est posé le disque lu par un phonographe (à disque) ou un tourne-disque)* (*cf. aussi* wow, flutter, rumble, turntable drive *et* phonograph).

turntable drive entraînement du plateau *(entraînement en rotation du plateau d'un tourne-disque par un moteur électrique et des organes de transmission éventuels)* (*cf. aussi* rim drive, belt drive, direct drive *et* turntable).

turntable rumble *cf.* rumble.

turret attenuator atténuateur à barillet *(atténuateur coaxial à plots dans lequel la variation de l'atténuation est obtenue en insérant un des éléments résistifs portés par un barillet à la place du conducteur central de la ligne)* *(la rotation du barillet est commandée par le bouton de réglage de l'atténuateur)* *(hyper)* (*cf. aussi* coaxial attenuator *et* step attenuator).

turret tuner rotacteur s *(commutateur de syntoniseur de récepteur de télévision multicanaux dont la partie tournante a la forme d'un tambour portant les bobinages des circuits d'accord correspondants aux différents canaux utilisables)* *(des plages de contact portées par le tambour et des lamelles de contact portées par la partie fixe du rotateur mettent en circuit le jeu des bobinages correspondant au canal sur lequel est placé le bouton de commande)* *(cette disposition permet de raccourcir les fils de connection des bobinages aux bornes des autres éléments des circuits d'accord par rapport à la solution classique des bobinages fixes et procure une réduction proportionnelle des capacités parasites)* *(a cédé la place à l'accord par boutons-poussoirs)* (*cf. aussi* television tuner, tuning circuit *et* parasitic capacitance).

TV *cf.* television. *(de même pour les termes dérivés).*

TVI *cf.* television interference.

TVM guidance *cf.* track-via-missile guidance.

TVOR *(vient de « terminal VOR »)* station TVOR, station VOR terminale *(station VOR située sur un aérodrome et servant à la navigation dans la zone proche de celui-ci)* *(radionav)* (*cf. aussi* VOR).

TWA *cf.* travelling-wave amplifier.

tweeter haut-parleur d'aigus *(haut-parleur de petit diamètre conçu spécialement pour la reproduction des sons à fréquence élevée)* *(est utilisé en combinaison avec un haut-parleur de graves et de médium ou un de graves et un de médium)* *(hifi)* (*cf. aussi* loudspeaker, treble *et* crossover network).

12-bit ... *(ou* twelve-bit **...** *)* *cf.* eight-bit **...** *(et* adapter).

twelve punch perforation 12 *(perforation exécutée dans la ligne 12 d'une carte perforée classique)* *(inf)* (*cf. aussi* punched card).

twelve-row punched card carte perforée à 12 lignes, carte à 12 lignes, carte 12 lignes *(type classique)* *(inf)* (*cf. aussi* punched card).

twin- ... *cf.* two ... *(pour les termes qui ne figurent pas ci-après).*

twin cable câble à paires symétriques *(câble téléphonique à paires dans lequel celles-ci sont des paires symétriques indépendantes, c.-à-d. non groupées en quartes)* *(l'emploi de paires symétriques réduit la diaphonie entre paires voisines en réalisant automatiquement le croisement des fils)* *(tls)* (*cf. aussi* paired cable, twisted pair 2), quad 1) *et* transposition).

twin check contrôle par duplication, double contrôle *(contrôle permanent du fonctionnement d'un ordinateur par utilisation simultanée d'un ordinateur identique effectuant le même traitement et comparaison automatique des résultats fournis par les deux appareils)* *(inf)* (*cf. aussi* computer 2)).

twin-lead (line) *cf.* twin-line.

twin-line ligne bifilaire, ligne de transmission bifilaire, ligne 300 ohms, câble 300 ohms *(au sens du terme anglais, ligne de transmission symétrique haute fréquence pour descentes d'antenne de télévision formée de deux fils isolés dans les bourrelets formés sur les bords d'un ruban de polythène et maintenus écartés par le ruban pour réduire la capacité parasite de la ligne)* *(l'impédance caractéristique de cette ligne est de 300 ohms, d'où les noms qui lui sont souvent donnés)* (*cf. aussi* transmission line, characteristic impedance *et* parasitic capacitance).

twin-T filter filtre en double T *(filtre formé d'un réseau en double T utilisant des résistances et des condensateurs)* (*cf. aussi* filter[1] *et* twin-T network).

twin-T network réseau en double T *(réseau électrique formé de deux réseaux en T montés en parallèle)* *(filtre)* (*cf. aussi* T network).

twin-tee ... *cf.* twin-T ...

twin triode double triode *(tube)* (*cf. aussi* double triode).

twin-tub structure *cf.* twin-well structure.

twin-well structure structure à deux caissons (d'isolement) *(CI)* (*cf. aussi* dual-well structure).

twin-wire aerial *(GB)* *cf.* twin-wire antenna.

twin-wire antenna antenne bifilaire *(antenne filaire utilisant deux conducteurs généralement parallèles et horizontaux)* (*cf. aussi* wire antenna).

twist[1] s 1) torsade *(disposition en hélice des conducteurs d'un câble à deux ou plusieurs conducteurs)* *(câble tél, etc.)* (*cf. aussi* twist pitch *et* twisted pair). 2) *cf.* twisted waveguide.

twist[2] v 1) torsader *(une paire ou un faisceau de conducteurs, etc.)* (*cf. aussi* twist[1] 1)). 2) vriller *(un guide d'ondes vrillable, etc.)* (*cf. aussi* twistable waveguide).

twist pitch pas de torsade *(longueur mesurée entre deux points d'intersection successifs d'un faisceau de deux ou plusieurs conducteurs ou ensembles de conducteurs torsadé et une même génératrice du cylindre délimitant le faisceau)* (*cf. aussi* twist[1] 1)).

twistable waveguide guide d'ondes vrillable, guide vrillable *(tronçon de guide d'ondes rectangulaire flexible auquel il est possible de donner une forme en hélice à très grand pas, la déformation possible étant très limitée)* *(est un type particulier de guide d'ondes flexible)* *(hyper)* (*cf. aussi* flexible waveguide *et* twisted waveguide).

twisted nematic display *cf.* twisted nematic liquid-crystal display.

twisted nematic LCD *cf.* twisted nematic liquid-crystal display.

twisted nematic liquid-cristal display 1) affichage par cristaux liquides nématiques (en hélice) *(voir aussi 2) ci-après)*. 2) afficheur à cristaux liquides nématiques (en hélice) *(noter que le qualificatif anglais « twisted », c.-à-d. en hélice, est superflu, la mise en hélice des cristaux étant le phénomène sur lequel est fondé le fonctionnement des afficheurs à cristaux nématiques)* (*cf. aussi* nematic liquid crystals *et* liquid-crystal display).

twisted nematic liquid crystals cristaux liquides nématiques (en hélice) *(afficheur)* (*cf. aussi* twisted nematic liquid-crystal display).

twisted pair 1) paire torsadée *(ensemble de deux fils électriques souples et isolés torsadés ensemble pour former une ligne de transmission ou un cordon d'alimentation ne comportant pas d'enveloppe de protection)* (*cf. aussi* twisted-pair flat cable, transmission line *et* power cord). 2) paire symétrique *(nom donné à une paire téléphonique réalisée sous la forme d'une paire torsadée contenue avec d'autres paires torsadées et éventuellement coaxiales dans un câble téléphonique multiconducteur) (le nom français rappelle la symétrie électrique d'une telle ligne de transmission) (tls) (voir aussi 1) ci-dessus) (cf. aussi* pair 1) (a), twin cable *et* balanced line).

twisted-pair cable 1) *cf.* twisted-pair flat cable. 2) *cf.* twin cable.

twisted-pair flat cable câble plat à paires torsadées *(câble plat à nombre pair de conducteurs dans lequel ceux-ci sont groupés par deux sous la forme de paires torsadées disposées côte à côte et destinées à former chacune un circuit) (cf. aussi* flat-cable, twisted pair 1) *et* twin cable).

twisted-pair lay-up câblage en paires symétriques *(disposition des conducteurs dans un câble téléphonique à paires symétriques) (tls) (cf. aussi* twin cable).

twisted pair line line à paires symétriques *(parfois au singulier) (lorsque ce terme est au singulier, il peut désigner une ligne autre qu'une ligne téléphonique) (cf. aussi* twisted-pair telephone line).

twisted-pair telephone line ligne téléphonique à paires symétriques, ligne à paires symétriques *(parfois au singulier) (le second terme est le plus employé) (le terme anglais désigne une ligne téléphonique constituée par un câble à paires symétriques) (les termes français couvrent en outre la ligne aérienne en fils nus) (tls) (cf. aussi* twin cable *et* overhead line).

twisted waveguide guide d'ondes torsadé *(hyper) (cf. aussi* waveguide twist *et* twistable waveguide).

twister quartz en torsion *(lame de quartz ou autre corps piézoélectrique utilisant l'effet piézoélectrique direct pour fournir une tension proportionnelle au moment d'un couple mécanique auquel il est soumis) (capteur de couple) (cf. aussi* quartz plate, piezoelectric material *et* direct piezoelectric effect).

two-address code programme à deux adresses *(programme d'ordinateur utilisant des instructions à deux adresses) (inf) (cf. aussi* computer program *et* two-address instruction).

two-address coding *cf.* two-address programming.

two-address computer *cf.* two-address machine. *(ce terme étant le plus employé).*

two-address instruction instruction à deux adresses *(instruction de programme d'ordinateur ne contenant que deux adresses, c.-à-d. dans laquelle l'adresse à laquelle doit être rangé le résultat de l'opération à exécuter est celle du premier opérande) (clpf) (inf) (cf. aussi* instruction, address[1] (a) *et* operand).

two-address machine machine à deux adresses *(nom donné à un ordinateur utilisant des instructions à deux adresses) (inf) (cf. aussi* computer 2), two-address instruction *et* machine).

two-address programming programmation à deux adresses *(programmation d'un ordinateur effectuée à l'aide d'instructions à deux adresses) (inf) (cf. aussi* programming (b) *et* two-address instruction).

two-bit slice puce partielle à deux binaires, puce à deux binaires *(puce partielle travaillant sur deux binaires successifs des mots à traiter) (microprocesseur à puces partielles) (inf) (cf. aussi* bit slice).

two-cavity klystron klystron à deux cavités *(klystron classique) (tube hyper) (cf. aussi* klystron).

two-channel amplifier amplificateur à deux voies *(chaîne stéréophonique, oscilloscope à deux voies, etc.) (cf. aussi* multichannel amplifier).

two-channel recorder enregistreur bivoie *(enregistreur graphique pouvant enregistrer simultanément deux signaux) (est généralement un enregistreur graphique à défilement ou un traceur à deux plumes) (cf. aussi* graphic recorder).

two-channel stereo *cf.* two-channel stereophony.

two-channel stereo record disque stéréophonique *(à deux voies) (type classique) (sdpo à « disque quadraphonique ») (hifi) (cf. aussi* stereo record).

two-channel stereophony stéréophonie à deux voies *(nom parfois donné à la stéréophonie classique pour préciser qu'il ne s'agit pas de quadraphonie) (hifi) (cf. aussi* stereophony *et* quadraphony).

two-channel television télévison à deux canaux, télévision bicanaux *(télévision à haute définition dans laquelle le signal est transmis par deux canaux pour assurer la compatibilité avec les récepteurs couleur à définition normale) (l'un des canaux transmet un signal dont le nombre de lignes est celui de ces récepteurs et pouvant être reçu par ceux-ci à l'aide de circuits supplémentaires ajoutés ou incorporés, tandis que l'autre canal transmet un signal représentant les lignes intermédiaires permettant la haute définition et pouvant être reçu, en plus du premier signal, par les récepteurs à haute définition) (radiodif) (cf. aussi* high-definition television *et* television channel).

two-chip bit-slice architecture structure à deux puces partielles *(structure d'un microprocesseur à puces partielles employant deux telles puces) (CI) (inf) (cf. aussi* bit-slice microprocessor).

two-chip set jeu de deux puces *(CI) (cf. aussi* chip set).

two-conductor cable *(USA)* câble à deux conducteurs *(cf. aussi* multiconductor cable).

two-conductor microwave line ligne hyperfréquence à deux conducteurs, ligne de transmission *(idem) (ligne de transmission hyperfréquence formée essentiellement de deux conducteurs parallèles séparés par un diélectrique approprié) (est caractérisée par la propagation du signal sous la forme d'un courant circulant dans les deux conducteurs et d'une onde électromagnétique se propageant dans le diélectrique suivant le mode TEM) (la ligne bifilaire n'étant pas utilisée en hyperfréquences, ces termes génériques couvrent principalement la ligne coaxiale et la ligne à rubans) (cf. aussi* coaxial line, parallel-plate line, microwave transmission line, dielectric[1] *et* TEM mode).

two-conductor microwave transmission line *cf.* two-conductor microwave line. *(le premier terme étant peu employé).*

two-conductor power cord cordon d'alimentation à deux conducteurs *(cordon d'alimentation sans fil de terre) (cf. aussi* power cord).

two-core cable *(GB) cf.* two-conductor cable.

two-core mains cable *cf.* two-conductor power cord.

two-course radio range radiophare bidirectionnel *(radiophare dont les signaux définissent un seul axe de radioralliement) (cf. aussi* radio range *et* radio-range leg).

two-dimensional array groupement bidimensionnel *(groupement d'éléments formant une matrice) (cf. aussi* array *et* matrix).

two-dimensional detector array matrice de détecteurs *(cible à CCD, etc.) (cf. aussi* two-dimensional array *et* detector array).

two-electrode electron tube *cf.* two-electrode tube.

two-electrode tube tube à deux électrodes, tube électronique *(idem) (tube électronique comportant deux électrodes, c.-à-d. tube diode ou tube à décharge) (cf. aussi* diode tube, discharge tube *et* electron tube).

two-electrode valve *(GB) cf.* two-electrode tube.

two-frequency duplex duplex à deux fréquences, système N+N *(système duplex utilisant deux bandes de fréquences différentes pour les deux sens de transmission pour réduire les risques de diaphonie) (tél) (cf. aussi* duplex *et* crosstalk 1)).

two-frequency jamming brouillage sur deux fréquences, brouillage bifréquence *(brouillage à bande étroite opéré sur deux fréquences) (mil) (cf. aussi* spot jamming).

two-grid tube tube à deux grilles *(cf. aussi* tetrode tube).

two-grid valve *(GB) cf.* two-grid tube.

two-head video tape recorder magnétoscope à deux têtes *(vidéo) (clpf) (cf. aussi* video tape recorder).

two-hole coupler *cf.* two-hole directional coupler.

two-hole directional coupler coupleur directif à deux trous, coupleur à deux trous *(coupleur directif en guide d'ondes, à bande étroite, dans lequel le couplage est obtenu à l'aide de deux trous espacés du quart de la longueur d'onde de travail de la ligne principale pratiqués dans le petit côté commun des guides, le couplage étant assuré par le champ magnétique de l'onde) (l'étroitesse de la bande passante du coupleur est due à l'utilisation de deux trous séparés par une distance égale à un sous-multiple de la longueur d'onde, ce qui réduit très rapidement le degré de couplage dès que la longueur de l'onde* *s'écarte de la valeur nominale) (hyper) (cf. aussi* two-slot directional coupler, multihole directional coupler, waveguide directional coupler *et* narrow-band directional coupler).

256 K memory mémoire de 256 K *(mémoire numérique dont la capacité est de 256 kilo-octets) (est souvent une mémoire intégrée) (inf) (cf. aussi* digital memory, memory capacity, kilobyte *et* solid-state memory).

two-input adder additionneur à deux entrées *(circuit logique) (cf. aussi* half-adder).

two-input gate porte à deux entrées, porte logique *(idem) (clpf) (circuit logique) (inf) (cf. aussi* logic gate).

two-input logic gate *cf.* two-input gate.

two-input NAND gate porte ET à deux entrées, *(etc.) (clpf) (circuit logique) (inf) (cf. aussi* NAND gate).

two-input subtracter soustracteur à deux entrées *(circuit logique) (cf. aussi* half-substracter).

two-leg relay link to ground liaison indirecte avec le sol *(liaison radioélectrique entre un aéronef ou un engin guidé et le sol relayée par un aéronef ou un satellite) (radiocom, radioguidage, télémesure) (mil, etc.) (cf. aussi* radio link).

two-level action *cf.* two-step action.

two-level code code à deux niveaux *(code télégraphique utilisant deux tensions continues pour représenter les informations à transmettre, ces tensions étant généralement égales en amplitude absolue et opposées en signe) (tls) (cf. aussi* telegraph code *et* dc voltage).

two-level gas maser maser à gaz à deux niveaux *(maser à gaz constituant un maser à deux niveaux) (maser à ammoniaque et maser à hydrogène) (électronique quantique) (cf. aussi* ammonia maser, hydrogen maser, gas maser *et* two-level maser).

two-level logic function fonction logique à deux niveaux, fonction à deux niveaux *(fonction logique impliquant deux opérations logiques successives) (exemples: fonction $\overline{ET}$ ou fonction NI) (inf) (cf. aussi* logic function, logic operation, NAND function *et* NOR function).

two-level maser maser à deux niveaux *(maser utilisant deux niveaux d'énergie des atomes ou molécules du milieu actif) (ce terme désigne souvent le maser à solide à deux niveaux, mais n'est pas limité à celui-ci) (électronique quantique) (cf. aussi* two-level solid-state maser, two-lever gas maser *et* maser).

two-level metallization *cf.* double-level metallization.

two-level solid-state maser maser à solide à deux niveaux *(maser à solide constituant un maser à deux niveaux) (électronique quantique) (cf. aussi* solid-state maser *et* two-level maser).

two-motion selector sélecteur à double mouvement *(nom descriptif d'un sélecteur Strowger) (autocommutateur) (tél) (cf. aussi* Strowger system).

two-out-of-five code code deux sur cinq *(code détecteur d'erreur dans lequel chaque chiffre décimal est représenté par cinq binaires dont deux identiques) (en d'autres termes, code détecteur d'erreurs dans lequel chaque chiffre décimal est représenté par deux « 1 » et trois « 0 » ou deux « 0 » et trois « 1 » et jamais par quatre « 1 » et un « 0 » ou vice versa) (inf) (cf. aussi* error-detecting code).

two-phase 1) diphasé, à deux phases *(élt) (cf. aussi notamment* two-phase current). 2) biphase *(sans accent sur l'e),* à deux phases *(inf) (cf. aussi notamment* two-phase clock 1)).

two-phase alternating current *cf.* two-phase current.

two-phase circuit circuit diphasé *(terme courant mais impropre désignant un ensemble de deux circuits associés parcourus par un courant diphasé) (élt) (cf. aussi* two-phase current).

two-phase clock 1) horloge biphase *(ou à deux phases) (horloge fournissant des trains périodiques de deux impulsions, chaque train d'impulsions assurant le cadencement d'une opération exécutée en deux phases) (inf, etc.) (cf. aussi* two-phase 2), clock 1). 2) *cf.* two-phase clock signal.

two-phase clock generator *cf.* two-phase clock 1).

two-phase clock signal signal d'horloge biphase *(ou à deux phases),* signal biphase *(idem) (signal formé par la suite d'impulsions fournie par une horloge biphase) (cf. aussi* two-phase clock 1)).

two-phase clocking cadencement biphase *(sans accent sur l'e) (ou par horloge biphase) (cadencement d'opérations assuré par un signal d'horloge biphase) (cf. aussi* clocking *et* two-phase clock signal).

two-phase clocking ... *cf.* two-phase clock ...

two-phase current courant diphasé, courant alternatif *(idem),* courants *(idem),* système de courants *(idem) (le premier terme est le plus employé, mais n'est pas correct; le troisième est le meilleur) (ensemble de deux courants polyphasés déphasés de 90°) (élt) (cf. aussi* polyphase current).

two-phase electric(al) ... *cf.* two-phase ...

two-phase induction motor *cf.* two-phase motor.

two-phase machine machine diphasée, machine tournante diphasée, machine électrique diphasée, machine électrique tournante diphasée *(ces termes désignent un moteur diphasé, l'alternateur diphasé, au sens propre du terme, c.-à-d. de génératrice de courant diphasé, n'étant pas utilisé) (élt) (cf. aussi* two-phase current, two-phase motor *et* electrical machine).

two-phase motor 1) moteur diphasé, moteur asynchrone diphasé, moteur électrique diphasé *(servomoteur électrique constitué par un moteur asynchrone à deux enroulements inducteurs alimentés par deux courants distincts en quadrature) (l'un des deux enroulements est alimenté par le secteur ou, dans un aéronef notamment, par le réseau à 400 Hz de celui-ci, dont la phase constitue la phase de référence, tandis que l'autre est excité par le courant alternatif de même fréquence, mais d'amplitude et de phase variables fourni par un amplificateur d'asservissement, ce courant constituant le signal appliqué au servomoteur) (le rotor est généralement à cage d'écureuil, mais peut être en cloche pour réduire son inertie; sa résistance électrique est relativement grande pour donner un couple élevé au démarrage et une variation approximativement linéaire du couple en fonction de la vitesse) (le couple exercé par le rotor est proportionnel à l'intensité du courant fourni par l'amplificateur et diminue quand la vitesse augmente) (le sens de rotation dépend de la phase relative de ce courant: s'il est en phase avec le courant de référence, les actions des deux enroulements se compensent et le rotor ne tourne pas; si le courant de commande est déphasé en avance sur le courant du secteur, le moteur tourne dans un sens; s'il est déphasé en arrière, le moteur tourne dans l'autre sens) (est très utilisé comme servomoteur de petite puissance) (élt, asser) (cf. aussi* servomotor, induction motor, in quadrature, phase (a), amplitude, servo amplifier, squirrel-cage rotor *et* torque). 2) *cf.* two-phase stepper motor.

two-phase power supply *cf.* two-phase supply.

two-phase rotor rotor diphasé *(rotor de machine électrique tournante portant un bobinage diphasé) (élt) (cf. aussi* rotor (a) *et* two-phase rotor winding).

two-phase rotor winding bobinage rotorique diphase, bobinage de rotor diphasé, enroulement *(idem) (le dernier terme, sous ses deux formes, est à éviter) (bobinage rotorique réalisé sous la forme d'un bobinage biphasé) (élt) (cf. aussi* rotor winding, two-phase winding *et* synchronous induction motor).

two-phase signal *cf.* two-phase clock signal.

two-phase stator stator diphasé *(stator de machine électrique tournante portant un bobinage diphasé) (élt) (cf. aussi* stator (a) *et* two-phase stator winding).

two-phase stator winding bobinage statorique diphasé, bobinage de stator diphasé, enroulement *(idem) (le dernier terme, sous ses deux formes, est à éviter) (bobinage statorique de moteur asynchrone diphasé) (élt) (cf. aussi* stator winding *et* two-phase motor 1)).

two-phase stepper *cf.* two-phase stepper motor.

two-phase stepper motor moteur pas-à-pas à deux phases *(moteur pas-à-pas dont le bobinage statorique comprend deux enroulements excités successivement avec inversion successive du sens du courant pour produire le même effet qu'un bobinage à quatre phases) (cf. aussi* stepper motor).

two-phase stepping motor *cf.* two-phase stepper motor.

two-phase supply alimentation diphasée *(alimentation d'un moteur électrique par un courant diphasé) (élt) (cf.aussi* two-phase current *et* two-phase motor).

two-phase system réseau diphasé *(réseau de distribution d'un courant diphasé) (élt) (cf. aussi* two-phase current).

two-phase winding bobinage diphasé, enroulement diphasé *(le second terme est à éviter) (bobinage de moteur asynchrone, formé de deux enroulements distincts et sans point commun) (élt) (cf. aussi* two-phase stator winding, two-phase rotor winding *et* induction motor).

two-piece connector connecteur en deux parties *(connecteur pour carte à circuit imprimé formé d'une partie mâle montée sur les plages de contact de la carte et d'une partie femelle montée sur un fond de panier ou l'extrémité d'un câble plat ou de fils distincts) (évite l'usure des plages de contact et l'effet des déformations éventuelles du bord de la carte sur la qualité des connexions et permet d'employer plus de deux rangées de contacts par connecteur, mais coûte plus cher, prend plus de place et pèse plus lourd qu'un connecteur en une partie) (cf. aussi* reversed connector *et* printed-circuit connector).

two-piece PC-board connector *cf.* two-piece connector.

two-piece PC-card connector *cf.* two-piece connector.

two-piece printed-circuit connector *cf.* two-piece connector.

two-pole filter filtre à deux pôles *(cf. aussi* filter poles).

two-pole ... filter filtre ... à deux pôles *(cf. aussi* ... filter *et* filter poles).

two-pole switch interrupteur bipolaire *(cf. aussi* double-pole switch).

two-poly ... *cf.* double-poly ...

two-port device *cf.* two-port network.

two-port network réseau à deux accès, réseau électrique *(idem) (cf. aussi* quadripole).

two-position action *cf.* two-step action.

two-ray multipath trajets multiples à deux rayons *(cas le plus fréquent de trajets multiples, dans lequel il n'y a qu'un rayon réfléchi) (propa) (cf. aussi* multipath propagation).

two's complement complément à 2 *(ou à deux) (complément vrai en base 2) (en d'autres termes, nombre binaire obtenu en ajoutant 1 au complément restreint en base 2) (exemple: soit à calculer le complément à 2 du nombre binaire 1010, nous avons vu plus haut que le complément restreint de ce nombre était 0101; l'addition de 1 à ce dernier donne 0110) (inf) (cf. aussi* true complement, binary number, dimisnished-radix complement *et* binary addition).

two's complement arithmetic *cf.* two's complement calculation.

two's complement calculation calcul du complément à 2, *(etc.) (cf. aussi* two's complement).

two-section capacitor *cf.* two-section variable capacitor.

two-section filter filtre à deux cellules *(ce terme désigne souvent un filtre d'alimentation à deux cellules de filtrage) (cf. aussi* filter section *et* ripple filter).

two-section output filter filtre de sortie à deux cellules, *(etc.) (alim) (cf. aussi* two-section filter).

two-section variable capacitor condensateur variable à deux cages, condensateur à deux cages *(clpf) (super, etc.) (cf. aussi* variable capacitor).

two-sided ... *cf.* double-sided ...

two-slot coupler *cf.* two-slot directional coupler.

two-slot directional coupler coupleur directif à deux fentes *(ou à fentes)*, coupleur *(idem) (le dernier terme est le plus employé) (coupleur directif à deux trous dans lequel les trous sont allongés en forme de fente suivant l'axe du guide d'ondes pour élargir la bande passante du coupleur) (hyper) (cf. aussi* two-hole directional coupler).

two-stage amplification amplification en deux étages *(amplification réalisée par un amplificateur à deux étages) (cf. aussi* two-stage amplifier).

two-stage amplifier amplificateur à deux étages *(amplificateur dans lequel le signal d'entrée est amplifié deux fois de suite, c.-à-d. amplificateur formé de deux amplificateurs élémentaires en cascade) (le gain total de l'amplificateur est le produit des gains des deux étages; si les gains sont exprimés en décibels, le gain total est la somme des deux gains élémentaires) (l'exemple classique d'un amplificateur à deux étages en radioélectricité est l'amplificateur à fréquence intermédiaire d'un récepteur superhétérodyne) (ce nombre d'étages est rarement dépassé en haute fréquence en raison du* risque d'accrochage lorsque le gain total est très grand) *(cf. aussi* amplifier, stage 1), cascade arrangement, gain 1), IF amplifier *et* singing).

two-state variable *cf.* two-value variable.

two-step action action par tout ou rien, *(etc.) (asser) (cf. aussi* on/off action).

two-term action action à deux termes, compensation *(idem) (action combinée mettant en jeu deux grandeurs liées à l'écart dans un régulateur) (terme générique couvrant l'action PD et l'action PI) (asser) (cf. aussi* compound action, proportional plus derivative action *et* proportional plus integral action).

two-terminal capacitor *cf.* two-terminal electrolytic capacitor.

two-terminal circuit element élément de circuit à deux bornes, élément à deux bornes *(cf. aussi* dipole 3)).

two-terminal electric network *cf.* two-terminal network.

two-terminal element *cf.* two-terminal circuit element.

two-terminal network réseau à une paire de bornes, réseau électrique *(idem) (cf. aussi* dipole 2)).

two-terminal-pair network *cf.* two-port network.

two-terminal resistor résistance à deux bornes *(cas général) (cf. aussi* resistor).

two-to-four-wire conversion passage de 2 fils en 4 fils *(passage d'un circuit téléphonique à deux fils à un circuit à quatre fils) (cable tél) (cf. aussi* hybrid coil 1)).

two-to-four-wire converter transformateur différentiel *(téléphonique) (cf. aussi* two-to-four-wire conversion).

two-tone keying modulation à deux fréquences, modulation bifréquence *(modulation télégraphique dans laquelle la porteuse est modulée par un signal à basse fréquence pour un état de travail et par un autre signal à basse fréquence pour un état de repos) (tls) (cf. aussi* telegraph modulation, mark state *et* space state).

two-transistor gate porte à deux transistors *(porte logique utilisant deux transistors pour remplir sa fonction) (circuits logiques) (inf) (cf. aussi* logic gate *et* transistor).

two-value capacitor motor moteur à condensateur étagé *(ou à deux capacités) (moteur à condensateur utilisant deux condensateurs au démarrage dont l'un reste ensuite en circuit pour relever le facteur de puissance du moteur) (élt) (cf. aussi* capacitor-start motor *et* power factor).

two-value variable variable à deux valeurs *(algèbre binaire) (cf. aussi* binary variable).

two-valued variable *cf.* two-value variable.

two-way communication (la) communication bilatérale *(communication possible dans les deux sens de transmission des informations) (cf. aussi* communication) (a) *communication permise par une liaison de télécommunications bilatérale;* (b) *autre forme, plus générale du terme « dialogue homme-machine ») (inf) cf. aussi* man-machine communication).

two-way communications télécommunications bilatérales, *(souvent)* liaisons bilatérales *(télécommunications entre deux postes émetteurs-récepteurs) (cf. aussi* communications *et* transmitter-receiver).

two-way communications link *cf.* two-way link.

two-way communications system système de télécommunications bilatérales, système bilatéral *(autres noms, plus généraux, d'une liaison de télécommunications bilatérales) (cf. aussi* two-way link *et* communications system).

two-way Doppler shift fréquence Doppler due au double trajet *(fréquence Doppler obtenue lorsque le point d'émission et le point de réception sont confondus comme dans le cas d'un radar Doppler notamment) (cf. aussi* Doppler shift *et* Doppler radar).

two-way link liaison bilatérale, liaison bidirectionnelle, liaison de télécommunications *(idem) (liaison de télécommunications permettant les communications bilatérales) (la liaison peut être assurée alternativement ou simultanément entre les deux stations, le second cas étant notamment celui d'une liaison téléphonique) (cf. aussi* two-way radio link, two-way wire link, two-way communication *et* communications link).

two-way loudspeaker system *cf.* two-way system 1). *(ce terme étant le plus employé).*

two-way radio *cf.* transceiver.

two-way radio link liaison radio bilatérale *(liaison par radio-*

téléphone ou liaison radiotélégraphique bilatérale) (radio-com) (cf. aussi radiotelephone, radiotelegraphy, radio link *et* two-way link).

two-way repeater *cf.* repeater 1) (a).

two-way speaker system *cf.* two-way system 1).

two-way system **1)** enceinte à deux voies, enceinte acoustique *(idem) (enceinte acoustique équipée de deux haut-parleurs : un de graves et médium et un d'aigus, ainsi que d'un filtre d'aiguillage) (hifi) (cf. aussi* loudspeaker system, woofer, tweeter *et* crossover network). **2)** système bidirectionnel *(nom parfois donné au vidéotex interactif) (télinf) (cf. aussi* two-way videotex). **3)** *cf.* two-way communications system.

two-way telegraph link liaison télégraphique bilatérale *(liaison télégraphique constituant une liaison de télécommunications bilatérale) (cas général, mais une liaison télégraphique peut être unilatérale) (cf. aussi* telegraph link *et* two-way link).

two-way traffic trafic bidirectionnel *(ou dans les deux sens) (trafic dans une liaison de télécommunications bilatérale) (cf. aussi* traffic *et* two-way link).

two-way videotex vidéotex interactif *(vidéotex permettant initialement à un usager du service de consulter des banques de données à l'aide d'un clavier alphanumérique associé à son terminal et de recevoir les réponses sur l'écran de celui-ci et, à des stades ultérieurs d'extension du service, d'expédier et recevoir du courrier électronique et d'effectuer des versements électroniques, ainsi que de transmettre des images, cette énumération n'étant pas exhaustive) (le vidéotex interactif français est le service Télétel, qui utilise le réseau téléphonique public et, souvent, le réseau Transpac ; le terminal le plus employé est le Minitel, fourni par les PTT, principalement pour le service de l'annuaire électronique) (télinf) (cf. aussi* videotex, data bank, electronic mail, electronic banking, electronic directory *et* Transpac network).

two-way voice link liaison bilatérale en phonie *(autre forme, plus complète, du terme « liaison en phonie ») (cf. aussi* voice link).

two-way wire link liaison filaire bilatérale *(liaison filaire constituant une liaison de télécommunications bilatérale) (liaison téléphonique par fil ou liaison télégraphique bilatérale par fil) (tls) (cf. aussi* wire link *et* two-way link).

two-winding transformer transformateur à deux enroulements *(transformateur monophasé ne comportant qu'un seul enroulement secondaire) (clpf) (cf. aussi* single-phase transformer).

two-wire circuit circuit à deux fils *(ou* à 2 fils), circuit téléphonique *(idem) (noms donnés à un circuit téléphonique utilisant une seule paire d'un câble à grande distance pour les deux sens de transmission des signaux) (tls) (cf. aussi* telephone circuit, long distance cable *et* cable circuit).

two-wire feeder ligne d'alimentation bifilaire *(ligne d'alimentation d'antenne constituée par une ligne de transmission bifilaire) (émetteur) (cf. aussi* feeder *et* two-wire line).

two-wire line ligne bifilaire, ligne à deux fils, ligne de transmission *(idem) (ligne de transmission formée de deux fils métalliques identiques isolés ou non) (sdpo à « ligne coaxiale » et à « ligne à retour par la terre ») (ce terme désigne souvent un circuit téléphonique à deux fils) (tls) (cf. aussi* two-wire circuit *et* transmission line).

two-wire repeater répéteur à deux fils *(ou* à 2 fils), répéteur 2 fils, répéteur téléphonique *(idem) (répéteur téléphonique conçu pour être inséré dans un circuit à deux fils) (comprend essentiellement deux amplificateurs ou régénérateurs et deux transformateurs différentiels montés de part et d'autre de ceux-ci pour assurer l'aiguillage des signaux vers l'un ou l'autre amplificateur ou régénérateur suivant le sens de transmission, l'ensemble de ceux-ci étant assimilable à un circuit à quatre fils) (tls) (cf. aussi* repeater 1) (a), two-wire circuit, hybrid coil 1) *et* four-wire circuit).

two-wire telephone ... *cf.* two-wire ...

two-wire transmission transmission par deux fils *(transmission de signaux par une ligne de transmisson bifilaire) (tls) (cf. aussi* transmission 1) *et* two-wire line).

two-wire transmission line *cf.* two-wire line.

TWS radar *cf.* track-while-scan radar.

TWT *cf.* travelling-wave tube.

TWT amplifier amplificateur à TOP, *(etc.) (hyper) (cf. aussi* travelling-wave-tube amplifier).

TWTA *cf.* TWT amplifier. *(ci-dessus).*

TWX *cf.* Télex.

TX *cf.* transmitter.

type *s* **1)** type *(d'appareil, de procédé, etc.).* **2)** caractère d'imprimerie, caractère *(imprimante, etc.) (inf, etc.) (cf. aussi* printer 1) *et* character).

type in *v* introduire au clavier *(des données) (inf) (cf. aussi* keyboard entry).

typewriter terminal terminal à machine à écrire *(terminal d'ordinateur constitué par une machine à écrire émettrice-réceptrice) (inf) (cf. aussi* transmitting typewriter *et* computer terminal).

U

UART *(vient de « universal asynchronous receiver-transmitter »)* circuit UART, interface asynchrone, interface de transmission asynchrone *(circuit d'interface conçu pour être monté entre un appareil informatique et une ligne de transmission bifilaire pour permettre la transmission de données en mode asynchrone) (en d'autres termes, circuit intégré numérique opérant à l'émission la conversion parallèle/série sur les signaux émis à destination de l'extérieur par l'unité centrale d'un appareil informatique pour permettre leur transmission sous forme série, en mode asynchrone, et opérant la conversion inverse à la réception) (noter que le circuit UART fonctionne dans les deux sens et comprend, par conséquent, une partie émission et une partie réception, chaque extrémité de la ligne étant équipée d'un tel circuit) (télinf) (cf. aussi* ACIA, USART, USRT, digital integrated circuit, parallel-to-series conversion, series transmission, asynchronous transmission, series-to-parallel conversion *et* interface[1] 2)).

UART chip puce de circuit UART, *(etc.) (puce de circuit intégré monolithique sur laquelle est réalisé un circuit UART) (cf. aussi* UART *et* chip 1)).

ubitron ubitron *(tube hyperfréquence expérimental à faisceau droit utilisant des électrons relativistes) (est utilisable comme amplificateur et comme oscillateur) (cf. aussi* linear-beam tube *et* relativistic electron).

uhf *cf.* UHF. *(de même pour les termes dérivés).*

UHF *cf.* ultra-high frequency.

UHF aerial *(GB) cf.* UHF antenna.

UHF antenna antenne UHF, antenne pour ondes décimétriques *(antenne conçue pour l'émission et éventuellement la réception d'une onde décimétrique) (cf. aussi* antenna et decimetric wave).

UHF band bande des ultra-hautes fréquences, gamme *(idem)*, bande UHF, *(parf.)* gamme des ondes décimétriques *(radioélectricité) (cf. aussi* ultra-high frequency).

UHF communications radiocommunications en ondes décimétriques, radiocommunications UHF *(radiocommunications dans lesquelles la porteuse est une onde décimétrique) (faisceau hz, etc.) (tls) (cf. aussi* radio communications *et* decimetric wave).

UHF communications receiver récepteur de trafic UHF *(récepteur de trafic conçu pour recevoir des émissions d'émetteurs de trafic UHF) (radiocom) (cf. aussi* communications receiver *et* UHF communications transmitter).

UHF communications set poste de trafic UHF *(émetteur ou récepteur de trafic UHF) (radiocom) (cf. aussi* UHF communications transmitter *et* UHF communications receiver).

UHF communications station station de télécommunications en ondes décimétriques, station de télécommunications UHF, station UHF *(cf. aussi* communications station *et* UHF station).

UHF communications transmitter émetteur de trafic UHF *(émetteur de trafic réalisé sous la forme d'un émetteur UHF)*

(radiocom) (cf. aussi communications transmitter *et* UHF transmitter).

UHF equipment matériel UHF, matériel pour ondes décimétriques *(émetteurs, récepteurs, émetteurs-récepteurs, antennes UHF et accessoires) (radiocom, radiodif) (voir ces termes en anglais) (cf. aussi* UHF).

UHF frequency fréquence UHF *(fréquence comprise dans la bande UHF) (cf. aussi* UHF band).

UHF frequency band *(ou* **range** *ou* **region**) *cf.* UHF band.

UHF generator *cf.* UHF signal generator.

UHF portable gear postes portatifs UHF *(postes émetteurs-récepteurs portatifs UHF) (cf. aussi* transceiver *et* UHF transmitter).

UHF propagation propagation des ondes décimétriques *(ou* ultra-courtes), propagation en UHF *(radioélectricité) (cf. aussi* decimetric wave *et* radio wave propagation).

UHF radio equipment *cf.* UHF equipment.

UHF receiver *cf.* UHF communications receiver.

UHF receiving aerial *(GB) cf.* UHF receiving antenna.

UHF receiving antenna antenne de réception UHF, *(etc.) (cf. aussi* UHF antenna *et* receiving antenna).

UHF signal signal UHF, signal à fréquence UHF, signal à ultra-haute fréquence *(signal radioélectrique constitué par une onde décimétrique modulée ou non) (cf. aussi* radio signal *et* decimetric wave).

UHF signal generator générateur de signaux UHF, générateur UHF *(générateur de signaux sinusoïdaux à fréquence UHF pouvant généralement être modulés en amplitude ou par impulsions ou par des signaux carrés) (cf. aussi* sinusoidal signal generator *et* UHF signal).

UHF station station en ondes décimétriques, station UHF *(station équipée d'un ou plusieurs émetteurs ou récepteurs UHF ou les deux) (ces termes désignent souvent une station de télévision en ondes décimétriques, mais couvrent en outre notamment les stations terminales de faisceaux hertziens en ondes décimétriques et des stations du service mobile) (cf. aussi* UHF transmitter *et* station 1)).

UHF television (la) télévision en ondes décimétriques *(ou* en UHF) *(télévision radiodiffusée ou non utilisant une onde décimétrique pour la transmission des signaux) (cf. aussi* television *et* decimetric wave).

UHF television ... *cf.* UHF television *et* ... *et* adapter.

UHF transmission émission en ondes décimétriques, émission UHF *(émission d'un émetteur UHF) (cf. aussi* transmission 2) *et* UHF transmitter).

UHF transmitter émetteur UHF, émetteur en ondes décimétriques *(émetteur radioélectrique conçu pour fournir un signal UHF à une antenne) (ces termes désignent généralement un émetteur de télévision radiodiffusée UHF ou de radiocommunications UHF, mais un émetteur de radar est parfois également un émetteur UHF) (cf. aussi* RF transmitter *et* UHF signal).

UHF transmitting aerial *cf.* UHF transmitting antenna.

UHF transmitting antenna antenne d'émission UHF, *(etc.)* *(cf. aussi* UHF antenna *et* transmitting antenna).

UHF TV *cf.* UHF television.

UHF wave onde UHF *(radioélectricité) (cf. aussi* decimetric wave).

UJT *cf.* unijunction transistor.

UL-listed agréé UL *(caractéristique d'un appareil satisfaisant aux normes de sécurité établies par les « Underwriters' Laboratories », sorte de « Bureau Veritas » américain) (en électronique, cet agrément s'applique notamment aux programmateurs de PROM, dont les rayons ultraviolets sont dangereux) (cf. aussi* PROM programmer).

UL-rated *cf.* UL-listed.

UL recognition agrément UL *(cf. aussi* UL-listed).

UL-recognized *cf.* UL-listed.

ULA *cf.* uncommitted logic array. *(le sigle ULA n'étant pratiquement pas employé en français et assez peu en anglais).*

ULSI *cf.* ultra-large-scale integation.

ultor *(nom parfois donné en anglais à la seconde anode d'accélération du ou d'un canon à électrons d'un tube-image) (récepteur TV) (cf. aussi* second anode *et* picture tube).

ultra-high frequency ultra-haute fréquence, UHF, fréquence UHF *(fréquence de 300 à 3 000 MHz, correspondant à une longueur d'onde de 1 m à 10 cm, c.-à-d. à une onde décimétrique) (radioélectricité) (cf. aussi* frequency *et* wavelength).

ultra-high frequency ... *cf.* UHF ...

ultra-large-scale integration intégration à ultra-haute densité (de composants), ultra-haute intégration, intégration à ultra-grande échelle, ULSI *(intégration d'un très très grand nombre de transistors dans le substrat d'un circuit intégré monolithique) (semi) (cf. aussi* integration density).

ultrashort wave onde ultracourte ou très courte *(noter que le terme anglais désigne une onde pouvant appartenir à l'une ou l'autre de deux gammes d'ondes voisines) (radioélectricité) (cf. aussi* microwave *et* metric wave).

ultrasonic beam faisceau d'ultrasons, faisceau ultrasonore *(faisceau d'ondes ultrasonores) (acou) (cf. aussi* beam[1] *et* ultrasonic wave).

ultrasonic bond soudure par ultrasons *(soudure exécutée à l'aide d'ultrasons) (semi, etc.) (cf. aussi* ultrasonic bonding).

ultrasonic bonder soudeuse à ultrasons *(petite machine à souder de très haute précision réalisant le soudage par ultrasons) (cf. aussi* ultrasonic bonding *et* wire bonder).

ultrasonic bonding soudage par ultrasons, soudure par ultrasons *(le premier terme est le meilleur) (soudage de connexions de composants électroniques ou autres éléments par application simultanée de pression et de vibrations à fréquence ultrasonore à la connexion) (ce procédé de soudage de haute précision est comparable au soudage par thermocompression avec cette différence que la chaleur nécessaire est ici produite par le frottement de la connexion sur la plage de connexion sous l'action des vibrations qui lui sont imprimées) (fab. semi, etc.) (cf. aussi* ultrasound *et* thermocompression bonding).

ultrasonic bonding mechanism (le) mécanisme du soudage par ultrasons *(processus physique) (cf. aussi* ultrasonic bonding).

ultrasonic cleaner machine à nettoyer par ultrasons, nettoyeuse à ultrasons *(« machine à laver » utilisant des ultrasons pour le nettoyage de pièces et ensembles mécaniques ou électroniques, d'instruments de chirurgie, d'optique ou autres ou d'articles textiles) (peut être une simple « cuve à ultrasons » à poser sur une table pour le nettoyage de petits objets ou une installation industrielle importante et souvent automatisée) (acou) (cf. aussi* ultrasonic cleaning).

ultrasonic cleaning nettoyage par ultrasons *(nettoyage d'objets par immersion de ceux-ci dans un liquide dans lequel des ondes ultrasonores sont créées par un transducteur à ultrasons) (le décollement des corps étrangers souillant les objets est assuré par la cavitation créée dans le liquide par les ondes ultrasonores) (acou) (cf. aussi* ultrasonic cleaner, ultrasound *et* ultrasonic transducer).

ultrasonic cleaning machine *cf.* ultrasonic cleaner.

ultrasonic delay line ligne à retard à ultrasons *(radar, TV, etc.) (cf. aussi* acoustic delay line).

ultrasonic detector détecteur d'ultrasons, *(parf. aussi)* sonde à ultrasons *(dispositif fournissant un signal électrique sous l'action d'ultrasons, c.-à-d. transducteur à ultrasons utilisé comme récepteur ou comme radiomètre acoustique) (acou) (cf. aussi* ultrasonic transducer *et* acoustic radiometer).

ultrasonic drill machine à usiner par ultrasons *(machine-outil de précision réalisant l'usinage par ultrasons) (du point de vue fonctionnel, comprend essentiellement un transducteur à magnétostriction fonctionnant en émetteur disposé verticalement et refroidi par circulation d'eau portant à son extémité inférieure un cône métallique terminé par le cône porte-outil, ainsi que l'alimentation fournissant le courant à haute fréquence excitant le transducteur) (l'outil sert principalement à communiquer aux grains d'abrasif le mouvement alternatif produisant l'enlèvement de matière ; il n'a donc pas besoin d'être particulièrement dur et est, par conséquent, généralement confectionné dans de l'acier doux non trempé, puis brasé à l'extrémité du porte-outil ; il peut forer jusqu'à plusieurs centaines d'ouvertures avant de devoir être remplacé) (la vitesse de pénétration de l'outil — vitesse d'usinage — varie de quelques centièmes à quelques dixièmes de millimètre par seconde en fonction de la fréquence et l'amplitude des vibrations, la grosseur et la matière des grains d'abrasif, la pression exercée sur l'outil et la matière à percer, la matière de l'outil et la nature du liquide — généralement de l'eau — influant peu sur la vitesse d'usinage) (cf. aussi* ultrasonic drilling *et* magnetostrictive transducer).

ultrasonic drilling usinage par ultrasons *(exécution d'ouvertures de forme quelconque dans une matière dure ou très dure à l'aide d'un outil de forme baignant dans une bouillie abrasive et pénétrant dans le corps par abrasion sous l'action de vibrations axiales à haute fréquence communiquées à l'outil) (ce procédé d'usinage n'est pas applicable aux matières relativement molles telles que le plomb et les matières plastiques, notamment, les grains d'abrasif s'enfonçant dans celles-ci au lieu de les entamer ; c'est pourquoi l'usinage est d'autant plus facile que la matière est plus dure et même cassante) (il est à noter que, contrairement à l'usinage par étincelage, le procédé aux ultrasons est applicable tant aux matières isolantes qu'aux matières conductrices, c.-à-d. en l'occurence tant aux céramiques, au verre, au diamant, au quartz et autres minéraux, notamment, qu'à l'acier trempé, au tungstène et au carbure de tungstène, notamment) (fab. méc, etc.) (cfa.* ultrasonic drill *et* electric-discharge machining).

ultrasonic echo écho ultrasonore *(écho d'une onde ultrasonore) (acou) (cf. aussi* echo *et* ultrasonic wave).

ultrasonic echo ranging télémétrie par écho ultrasonore *(ou* d'ultrasons) *(procédé de télémétrie mis en œuvre dans le sonar) (acou) (cf. aussi* echo ranging *et* sonar).

ultrasonic energy énergie ultrasonore *(énergie d'un ultrason, c.-à-d. énergie transportée par une onde ultrasonore) (acou) (cf. aussi* energy *et* ultrasound).

ultrasonic equipment matériel à ultrasons *(matériel produisant ou utilisant des ultrasons, c.-à-d. générateurs d'ultrasons et transducteurs à ultrasons et, par extension, appareil ou machine utilisant un tel matériel) (acou) (cf. aussi* ultrasonic generator *et* ultrasonic transducer).

ultrasonic field champ ultrasonore, champ d'ondes ultrasonores *(acou) (cf. aussi* wave field *et* ultrasonic wave).

ultrasonic flaw detection localisation des défauts par ultrasons *(contrôle des matériaux) (cf. aussi* ultrasonic inspection).

ultrasonic flaw detector détecteur de défauts à ultrasons *(appareillage de contrôle conçu pour le contrôle par ultrasons) (dans la méthode par transmission, comprend un générateur d'impulsions de courant à haute fréquence relié par un câble à un transducteur à ultrasons piézoélectrique émetteur appelé « palpeur » appliqué sur une face de la pièce à contrôler et un appareil récepteur à aiguille ou à tube cathodique relié par un câble à un palpeur récepteur appliqué sur l'autre face de la pièce, les deux appareils pouvant être réunis en un seul) (dans la méthode par réflexion, les deux appareils sont généralement réunis en un seul, ainsi que les deux palpeurs, l'unique palpeur fonctionnant alors d'abord en émetteur, puis en récepteur, grâce à sa réversibilité) (cf. aussi* ultrasonic inspection, ultrasonic transducer *et* piezoelectric transducer).

ultrasonic frequency fréquence ultrasonore *(fréquence d'un ultrason, c.-à-d. fréquence des vibrations produisant un ultrason) (acou) (cf. aussi* frequency *et* ultrasound*).*

ultrasonic frequency range *cf.* ultrasonic range.

ultrasonic generator générateur d'ultrasons *(générateur de courant alternatif à fréquence ultrasonore associé à un transducteur à ultrasons) (est généralement un oscillateur conçu pour fournir un courant sinusoïdal d'une certaine intensité pouvant même être très grande) (acou) (cf. aussi* ultrasonic frequency, ultrasonic transducer, oscillator *et* sinusoidal current*).*

ultrasonic gold-ball bonding soudage sur boucle d'or par ultrasons *(fab. semi, etc.) (cf. aussi* gold-ball bonding *et* ultrasonic bonding*).*

ultrasonic holography holographie ultrasonore *(acou) (cf. aussi* acoustic holography*).*

ultrasonic imaging visualisation par ultrasons *(acou) (cf. aussi* acoustic imaging*).*

ultrasonic inspection (le) contrôle par ultrasons, localisation des défauts par ultrasons, contrôle acoustique, localisation acoustique des défauts *(mise en évidence des défauts internes éventuels d'une pièce métallique ou non par mesure de la transmission ou de la réflexion d'un faisceau d'ultrasons dans la pièce) (dans la méthode par transmission, souvent appelée (méthode par transparence », le faisceau d'ultrasons pénètre dans la pièce par une face de celle-ci et ressort par la face opposée avec pratiquement la même intensité s'il n'a pas rencontré de défaut ou avec une intensité nettement réduite dans le cas contraire) (dans la méthode par réflexion, souvent appelée « méthode par écho », l'intensité du faisceau réfléchi et le temps écoulé entre l'émission d'une impulsion d'ultrasons et la réception de l'écho sur la même face varient selon que le faisceau est réfléchi par la face postérieure de la pièce ou par un défaut) (contrôle non destructif des matériaux) (fab. méc, etc.) (cf. aussi* ultrasonic beam, ultrasonic flaw detector *et* sonography*).*

ultrasonic light diffraction diffraction de la lumière par les ultrasons *(diffraction d'un faisceau de lumière traversant un faisceau d'ultrasons dans un liquide transparent perpendiculairement à l'axe de celui-ci, avec formation d'anneaux de diffraction sur une surface appropriée disposée derrière le liquide) (est due aux variations locales, à périodicité spatiale, de la pression dans le liquide et, par conséquent, de son indice de réfraction produites par les ultrasons) (optique, acou) (cf. aussi* diffraction, ultrasound *et* refractive index*).*

ultrasonic light modulator modulateur de lumière à ultrasons *(cf. aussi* acousto-optic modulator*).*

ultrasonic machining *cf.* ultrasonic drilling. *(ce terme étant le plus employé).*

ultrasonic power puissance ultrasonore *(puissance mise en jeu sous la forme d'ultrasons) (acou) (cf. aussi* power[1] 1) *et* ultrasound*).*

ultrasonic pulse impulsion ultrasonore, impulsion d'énergie ultrasonore *(impulsion d'énergie acoustique à fréquence ultrasonore) (sonar, etc.) (acou) (cf. aussi* sound pulse *et* ultrasonic frequency*).*

ultrasonic radiation rayonnement ultrasonore *(nom donné à un ultrason considéré en tant que rayonnement) (acou) (cf. aussi* ultrasound *et* radiation*).*

ultrasonic range gamme des fréquences ultrasonores, gamme ultrasonore *(acou) (cf. aussi* ultrasonic frequency*).*

ultrasonic receiver récepteur d'ultrasons *(autre nom, plus général, d'un détecteur d'ultrasons) (cf. aussi* ultrasonic detector*).*

ultrasonic scanning exploration par ultrasons *(examen successif de différentes zones de l'intérieur d'un corps à l'aide d'ultrasons) (terme générique et définition générale couvrant le contrôle par ultrasons et l'échographie) (acou) (cf. aussi* ultrasound, ultrasonic inspection *et* sonography*).*

ultrasonic soldering iron fer à souder à ultrasons *(fer à souder électrique dont la panne est animée de vibrations ultrasonores pour faire apparaître la cavitation dans le bain de soudure et empêcher ainsi la formation d'oxyde sous l'action de la chaleur) (évite l'emploi d'un flux et permet de souder l'aluminium à l'étain) (cf. aussi* soldering iron *et* ultrasonic vibration*).*

ultrasonic sound *cf.* ultrasound.

ultrasonic sounding sondage par ultrasons *(mar) (cf. aussi* echo sounder*).*

ultrasonic technique méthode ultrasonore, procédé ultrasonore *(méthode de contrôle ou d'investigation ou autre ou procédé de fabrication ou autre faisant appel à des ultrasons) (contrôle des matériaux par ultrasons, échographie, nettoyage par ultrasons, soudage par ultrasons, usinage par ultrasons, etc.) (voir ces termes en anglais) (acou) (cf. aussi* ultrasound*).*

ultrasonic test (un) contrôle par ultrasons, *(etc.) (matériau, etc.) (cf. aussi* ultrasonic testing*).*

ultrasonic testing (le) contrôle par ultrasons, *(etc.) (matériau, etc.) (cf. aussi* ultrasonic inspection *et* testing*).*

ultrasonic therapy ultrasonothérapie *(emploi des ultrasons en thérapeutique) (est peu courant, contrairement à l'échographie) (acoustique médicale) (cf. aussi* ultrasound *et* sonography*).*

ultrasonic transducer transducteur à ultrasons, *(souvent aussi)* émetteur d'ultrasons, *(parf. aussi)* récepteur d'ultrasons *(transducteur électroacoustique conçu pour fonctionner à des fréquences ultrasonores, c.-à-d. convertissant un courant alternatif à fréquence ultrasonore en vibrations d'une pièce métallique à la même fréquence ou, parfois, convertissant inversement des ultrasons en un courant à fréquence ultrasonore) (acou) (cf. aussi* electrostriction transducer, piezoelectric transducer, magnetostrictive transducer, electroacoustic transducer, ultrasonic frequency *et* transducer 1)).

ultrasonic transmitter émetteur d'ultrasons *(nom souvent donné à un transducteur à ultrasons utilisé en émetteur) (acou) (cf. aussi* ultrasonic transducer*).*

ultrasonic velocity vitesse des ultrasons, vitesse de propagation des ultrasons *(acou) (cf. aussi* sound velocity *et* ultrasound*).*

ultrasonic vibration vibration ultrasonore *(vibration à fréquence ultrasonore) (acou) (cf. aussi* ultrasonic frequency*).*

ultrasonic wave onde ultrasonore *(onde acoustique dont la longueur correspond à une fréquence ultrasonore) (cf. aussi* sound ray, acoustic wave, wavelength *et* ultrasonic frequency*).*

ultrasonic wave field *cf.* ultrasonic field.

ultrasonic weld *cf.* ultrasonic bond.

ultrasonic welding *cf.* ultrasonic bonding. *(le premier terme étant le plus employé).*

ultrasonic wire bond soudure de connexion par ultrasons *(cf. aussi* ultrasonic bond*).*

ultrasonic wire bonder soudeuse de connexions à ultrasons *(cf. aussi* ultrasonic bonder*).*

ultrasonic wire bonding soudage de *(souvent* des) connexions par ultrasons *(cf. aussi* ultrasonic bonding*).*

ultrasonics (l')ultra-acoustique, (l')acoustique des ultrasons *(partie de l'acoustique traitant des ultrasons ou les utilisant) (cf. aussi* acoustics (a) *et* (b) *et* ultrasound*).*

ultrasonogram échogramme, (une) échographie *(image obtenue par échographie) (acou) (cf. aussi* sonography*).*

ultrasound ultrason *(son non audible dont la fréquence est supérieure à 16 kHz, cette limite étant fixée arbitrairement) (sur le plan physique, les ultrasons se différencient des sons audibles par les propriétés suivantes, d'autant plus marquées que la fréquence est élevée : 1°) propagation rectiligne due à la petitesse de la longueur d'onde ; cette propriété est utilisée notamment dans le sonar, ainsi que le contrôle et la visualisation par ultrasons ; 2°) densité d'énergie rayonnée beaucoup plus grande puisque proportionnelle tant au carré de la fréquence qu'au carré de l'amplitude de l'onde ; 3°) absorption beaucoup plus grande par le milieu de propagation puisque proportionnelle au carré de la fréquence de l'onde) (acou) (cf. aussi* hypersound, non-audible sound, energy density, wavelength, ultrasonic transducer *et* sonoluminescence*).*

ultrasound ... *cf.* ultrasonic ...

ultra-thin foil plaçage ultra-mince, *(souvent aussi)* feuille ultra-mince *(feuille de cuivre très mince utilisée sur certains substrats de circuits imprimés) (cf. aussi* printed-circuit substrate*).*

ultraviolet ultraviolet, UV *(adjectifs ou substantifs) (cf. aussi* ultraviolet radiation*).*

ultraviolet aurora aurore polaire ultraviolette *(aurore polaire caractérisée par l'émission de rayons ultraviolets) (ne peut être observée, à l'aide de détecteurs appropriés, qu'à partir de l'espace extra-atmosphérique par suite de l'absorption des rayons ultraviolets de courte longueur d'onde par l'atmosphère) (propa, étude de la haute atmosphère) (cf. aussi* ultraviolet radiation).

ultraviolet band *cf.* ultraviolet region.

ultraviolet detector détecteur de rayons ultraviolets, *(etc.)* détecteur ultraviolet *(détecteur sensible aux rayons ultraviolets) (cf. aussi* ultraviolet radiation *et* detector 1)).

ultraviolet emission émission de rayons ultraviolets, *(etc.) (source de rayons ultraviolets) (cf. aussi* ultraviolet radiation).

ultraviolet emitter émetteur de rayons ultraviolets, *(etc.) (nom parfois donné à une source de rayons ultraviolets) (cf. aussi* ultraviolet source).

ultraviolet lamp lampe à rayons ultraviolets, *(etc.) (lampe à vapeur de mercure conçue en vue de l'utilisation des rayons ultraviolets émis par l'arc électrique dans le mercure et dotée, par conséquent, d'une ampoule en matière transparente aux rayons ultraviolets) (lampe médicale, lampe de photogravure, lampe de programmateur de mémoires EPROM, etc.) (cf. aussi* ultraviolet radiation, mercury-vapor lamp *et* ultraviolet transparent material).

ultraviolet laser laser à ultraviolet *(laser émettant un faisceau de rayons ultraviolets) (cf. aussi* laser *et* ultraviolet radiation).

ultraviolet light lumière ultraviolette *(nom parfois donné au rayonnement ultraviolet pour rappeler qu'il s'agit d'une lumière invisible) (optique) (cf. aussi* ultraviolet radiation *et* invisible light).

ultraviolet lithography gravure par rayons ultraviolets *(ou* rayonnement ultraviolet *ou* aux rayons ultraviolets), gravure UV *(autres noms de la photogravure parfois employés pour rappeler la nature de la lumière utilisée) (cf. aussi* photolithography).

ultraviolet mapper caméra ultraviolette, caméra UV *(caméra cartographique à balayage utilisant des détecteurs sensibles au rayonnement ultraviolet) (est utilisé notamment pour la cartographie des aurores boréales ultraviolettes) (cf. aussi* mapper, ultraviolet radiation *et* ultraviolet aurora).

ultraviolet mapping cartographie ultraviolette *(ou* dans l'ultraviolet), cartographie UV *(cartographie utilisant le rayonnement ultraviolet de la zone observée) (en d'autres termes, cartographie effectuée à l'aide d'une caméra ultraviolette) (cf. aussi* mapping 1) *et* ultraviolet mapper).

ultraviolet radiation rayonnement ultraviolet, rayons ultraviolets, (l')ultraviolet *(rayonnement électromagnétique dont la longueur d'onde est comprise entre 0,38 microns, soit 3 800 angströms, et 40 angströms, cette dernière limite étant fixée arbitrairement) (en d'autres termes, rayonnement électromagnétique dont la longueur d'onde est comprise entre celle de la lumière violette, d'où son nom, et celle des rayons X mous, la limite entre ces deux domaines du spectre variant suivant les auteurs) (les rayons ultraviolets ont des effets chimiques et biologiques ; ils sont employés notamment comme bactéricide et peuvent être bénéfiques ou nuisibles à l'homme selon leur longueur d'onde et leur intensité ; ils sont toujours nuisibles pour les yeux ; ce sont eux qui produisent le bronzage de la peau au soleil ou sous une lampe à bronzer par formation de pigments bruns ; l'exposition prolongée favorise l'apparition du cancer de la peau et semble pouvoir la provoquer) (en électronique, les rayons ultraviolets sont utilisés principalement pour la photogravure et pour l'effacement de certaines mémoires à semiconducteur) (cf. aussi* near ultraviolet, far ultraviolet, electromagnetic radiation, ultraviolet source, ultraviolet lithography *et* EPROM).

ultraviolet radiation ... *cf.* ultraviolet ...

ultraviolet region domaine de l'ultraviolet, *(etc.) (partie du spectre des rayonnements électromagnétiques occupée par les longueurs d'onde des rayons ultraviolets ou des fréquences correspondantes) (constitue une des deux parties extérieures du spectre optique) (optique) (cf. aussi* ultraviolet radiation, electromagnetic spectrum *et* optical spectrum).

ultraviolet response réponse aux rayons ultraviolets, *(etc.) (réponse d'un détecteur aux rayons ultraviolets en fonction de leur longueur d'onde) (cf. aussi* ultraviolet radiation *et* response 1)).

ultraviolet seeker autodirecteur ultraviolet, *(etc.) (autodirecteur optique dont le détecteur est sensible au rayonnement ultraviolet du jet du moteur-fusée d'un missile) (est encore au stade expérimental en 1990) (mil) (cf. aussi* optical seeker *et* ultraviolet radiation).

ultraviolet sensor capteur ultraviolet *(capteur utilisant un ou plusieurs détecteurs ultraviolets) (cf. aussi* sensor *et* ultraviolet detector).

ultraviolet source source de rayons ultraviolets, *(etc.) (Soleil, arc électrique, lampe à rayons ultraviolets, etc.) (cf. aussi* ultraviolet radiation, electric arc *et* ultraviolet lamp).

ultraviolet spectrum spectre des rayons ultraviolets, *(etc.) (nom souvent donné au domaine des rayons ultraviolets considéré comme un spectre en soi) (cf. aussi* ultraviolet region *et* spectrum 1)).

ultraviolet technology (la) technique des rayons ultraviolets, *(etc.) (cf. aussi* ultraviolet radiation *et* technology).

ultraviolet transmitting window fenêtre transparente aux rayons ultraviolets, *(etc.) (fenêtre d'un dispositif réalisée dans une matière transparente aux rayons ultraviolets) (mémoire EPROM, etc.) (cf. aussi* ultraviolet-transparent material *et* EPROM).

ultraviolet-transparent material matière transparente aux rayons ultraviolets, *(etc.) (quartz et fluorite, notamment ; le verre absorbe les rayons ultraviolets dont la longueur d'onde est inférieure à 3 200 angströms) (cf. aussi* ultraviolet radiation).

ultraviolet wave onde ultraviolette *(onde électromagnétique dont la longueur est comprise dans le domaine de l'ultraviolet) (cf. aussi* electromagnetic wave *et* ultraviolet region).

ultraviolet wavelength longueur d'onde du domaine de l'ultraviolet, *(etc.) (cf. aussi* ultraviolet region *et* wavelength).

umbilical cable câble ombilical *(câble multiconducteur reliant une fusée aux circuits de contrôle et de commande et, éventuellement, d'alimentation de l'engin jusqu'à ce qu'elle quitte effectivement la table, la rampe ou le rail de lancement) (dans le cas où la fusée est un missile, lancé du sol ou d'un mobile, le câble ombilical sert souvent à introduire au dernier moment les coordonnées de la cible à atteindre dans la mémoire du système de guidage de l'engin) (cf. aussi* umbilical connector *et* guidance system).

umbilical connector prise ombilicale, connecteur ombilical *(le premier terme est le plus employé) (connecteur multicontact dont la partie femelle est prévue pour être montée sur le corps d'une fusée et la partie mâle à l'extrémité libre d'un câble ombilical, la séparation des deux parties lors du lancement de l'engin étant assurée par la traction exercée sur le câble par celui-ci) (espace, mil) (cf. aussi* connector (a) *et* umbilical cable).

umbilical cord *cf.* umbilical cable.

umbilical wire fil de guidage *(engin filoguidé) (mil) (cf. aussi* wire guidance).

umbrella aerial *(GB) cf.* umbrella antenna.

umbrella antenna antenne en parapluie *(antenne d'émission multifilaire dont les brins sont disposés autour d'un mât comme les baleines d'un parapluie à demi-ouvert) (cf. aussi* transmitting antenna *et* multiwire antenna).

unallocated frequency fréquence non attribuée *(émissions radio) (cf. aussi* frequency allocation).

unallocated locations positions non affectées, positions disponibles, emplacements *(idem) (mémoire) (cf. aussi* memory location).

unambiguous range of detection portée sans ambiguïté *(radar) (cf. aussi* range ambiguity).

unarmored cable câble non armé *(tél, etc.) (cf. aussi* armor).

unarmoured cable *(GB) cf.* unarmored cable.

unassigned ... *cf.* unallocated ...

unattended operation fonctionnement sans surveillance *(fonctionnement totalement automatique d'un appareil ou un système ou d'une machine) (station d'émission, appareil de contrôle sur chaîne de fabrication, etc.).*

unattended operation capability possibilités *(parfois au singulier)* de fonctionnement sans surveillance *(cf. aussi* unattended operation *et* capability).

unattended position position non occupée *(position d'opératrice téléphonique ou autre opérateur en l'absence de celle-ci ou celui-ci) (cf. aussi* operator position *et* operator 1) (a)).

unattended radar station station radar automatique *(ce terme s'applique notamment à certaines stations d'alerte lointaine) (mil, etc.) (cf. aussi* early-warning radar).

unattended recording enregistrement sans surveillance *(magnétoscope, etc.) (cf. aussi* unattended operation).

unattended station station automatique *(station d'émission radio ou de télévision ou station radar fonctionnant régulièrement en l'absence de personnel) (cf. aussi* unattended radar station *et* station 1)).

unbalance[1] *s* déséquilibre *(en électricité, électrotechnique et électronique, ce terme désigne souvent le manque d'égalité de la valeur absolue de deux tensions ou de l'intensité de deux courants, notamment dans un montage symétrique ou une ligne de transmission et plus particulièrement dans un pont de mesure) (cf. aussi* symmetrical arrangement, unbalanced line *et* bridge).

unbalance[1] *v* déséquilibrer, *(parf. aussi)* rompre l'équilibre *(d'un pont de mesure ou autre montage) (cf. aussi* unbalance[1]).

unbalance current *(parf.* intensité du) courant de déséquilibre *(courant produit par une tension de déséquilibre ou, parfois, intensité de ce courant) (pont de mesure, etc.) (cf. aussi* unbalance voltage).

unbalance signal signal de déséquilibre *(tension ou courant de déséquilibre constituant un signal) (cf. aussi* unbalance voltage, unbalance current *et* signal[1]).

unbalance voltage tension de déséquilibre *(tension existant notamment entre les extrémités de la diagonale d'un pont de mesure lorsque celui-ci n'est pas à l'équilibre, c-à-d. lorsque ses deux moitiés n'ont pas la même résistance ou la même impédance) (cf. aussi* null detector *et* voltage).

unbalanced circuit circuit non équilibré *(cf. aussi* unsymmetrical arrangement).

unbalanced input entrée asymétrique *(entrée d'un quadripôle ou un appareil dont une des deux bornes d'entrée est à la masse, l'autre étant isolée) (clpf) (ampli, etc.) (cf. aussi* quadripole, ground[1] 1) *et* input[1] 1)).

unbalanced line ligne non équilibrée *(ou* asymétrique), ligne de transmission *(idem) (ligne de transmission dans laquelle les tensions des deux conducteurs par rapport à la terre ou à la masse sont partout d'amplitudes inégales en valeur absolue) (le type le plus courant de ligne non équilibrée est la ligne coaxiale) (cf. aussi* transmission line, ground[1] *et* coaxial line).

unbalanced output sortie asymétrique *(montage) (cf. aussi* single-ended output).

unbalanced to ground non équilibrée(s) par rapport à la masse *(parf.* à la terre) *(tensions, entrée, sortie, ligne de transmission, etc.) (cf. aussi* unbalance[1]).

unbalanced transmission line *cf.* unbalanced line.

unbiased non polarisé(e) *(électrode, relais, etc.) (cf. aussi* bias[1]).

unblank *v* débloquer *(le faisceau ou les faisceaux d'un tube cathodique) (cf. aussi* unblanking).

unblanked beam faisceau débloqué *(tube cath) (cf. aussi* unblanking).

unblanking déblocage du faisceau *(parf.* des faisceaux) *(suppression de la polarisation négative du wehnelt du canon à électrons d'un tube cathodique à faisceau bloqué, ou des wehnelts dans le cas d'un tube à plusieurs faisceaux) (oscillo, TV, etc.) (cf. aussi* blanking).

unblanking pulse impulsion de déblocage du faiseau *(parf.* des faisceaux) *(impulsion de grande amplitude appliquée au wehnelt ou, parfois, à la cathode du canon à électrons d'un tube cathodique à faisceau bloqué ou de chacun des canons dans le cas d'un tube à plusieurs faisceaux pour le ou les débloquer) (est une impulsion positive lorsqu'elle est appliquée au wehnelt ou négative lorsqu'elle est appliquée à la cathode) (cf. aussi* unblanking, positive pulse *et* negative pulse).

unbound electron électron non lié *(atome) (cf. aussi* free electron).

unbuffered gate porte sans mémoire-tampon, porte sans tampon, porte non tamponnée, porte logique *(idem) (clpf) (circuit logique) (inf) (cf. aussi* buffered gate).

unbuffered output sortie sans mémoire-tampon, *(etc.) (sortie d'une porte logique sans mémoire-tampon) (cf. aussi* unbuffered gate).

uncalibrated setting position non calibrée *(position du bouton d'un commutateur sur laquelle la valeur affichée de la grandeur considérée est une valeur non calibrée) (oscillo, etc.) (cf. aussi* calibration 2) *et* setting).

uncased chip puce sans boîtier, puce nue *(CI, semi) (cf. aussi* chip 1) *et* chip-and-wire hybrid).

uncertainty principle principe d'indétermination (de Heisenberg), principe d'incertitude *(idem),* principe de Heisenberg *(principe de la mécanique quantique selon lequel il est impossible de mesurer simultanément avec une précision absolue la position et la vitesse d'une particule atomique) (cette impossibilité résulte du principe de complémentarité, l'action du système de mesure de l'une de ces grandeurs sur la particule, aussi minime soit-elle, modifiant la valeur de l'autre grandeur) (la position et la vitesse ou, par conséquent, la quantité de mouvement ou l'énergie cinétique d'une particule à un instant déterminé ne peuvent être calculées qu'avec une certaine probabilité souvent appelée « densité de probabilité ») (le principe d'indétermination s'applique notamment aux électrons orbitaux) (atome, etc.) (cf. aussi* wave function, quantum mechanics, particle 2), complementarity principle *et* orbital electron).

uncharged non chargé, *(parf. aussi)* neutre *(caractéristique d'un corps ou d'une particule ne portant pas de charge électrique ou d'un dispositif ne contenant pas de charge électrique) (cf. aussi* electric charge).

uncharged capacitor condensateur non chargé *(cf. aussi* capacitor).

uncharged particle particule non chargée, particule neutre *(neutron) (cf. ausi* uncharged, neutron *et* particle 2)).

unclocked flip-flop bascule asynchrone, bascule non synchronisée *(bascule dont le fonctionnement n'est pas cadencé par des impulsions d'horloge, l'état de sa sortie ne dépendant que des impulsions appliquées à ses entrées) (circuits à impulsions) (cf. aussi* flip-flop *et* clock[1] 1)).

uncoded non codé, non codée, non codées *(selon le contexte) (message, information(s)) (tls, inf) (cf. aussi* code[2]).

uncommitted array *cf.* uncommitted logic array.

uncommitted gate porte non connectée *(matrice de portes) (CI) (cf. aussi* gate array).

uncommitted logic array matrice de portes non finalisée, *(etc.) (CI) (cf. aussi* ULA *et* gate array).

uncommitted transistor transistor non connecté *(matrice de portes) (CI) (cf. aussi* gate array).

uncompensated response réponse non corrigée *(réponse d'un tube analyseur à l'éclairement de la scène avant l'application de la correction de gamma) (caméra TV) (cf. aussi* response 1), camera tube *et* gamma correction).

uncompressed pulse impulsion décomprimée *(radar à compression d'impulsions) (cf. aussi* chirp radar).

unconditional branch *cf.* unconditional jump.

unconditional jump branchement inconditionnel *(branchement dans le déroulement de l'exécution d'un programme d'ordinateur non soumis à une condition, c-à-d. intervenant obligatoirement) (inf) (cf. aussi* jump[1] 2)).

unconditional jump instruction instruction de branchement inconditionnel *(instruction d'un programme d'ordinateur provoquant un branchement inconditionnel) (inf) (cf. aussi* instruction *et* unconditional jump).

unconditional transfer *cf.* unconditional jump.

uncorrectable error erreur non corrigible *(erreur dans un mot binaire ne pouvant être corrigée par un code correcteur d'erreurs, c-à-d. double erreur compensée produite par le passage intempestif d'un binaire « 1 » à « 0 » et d'un binaire « 0 » à « 1 », la parité du mot restant inchangée malgré les deux erreurs) (tls, inf) (cf. aussi* word error *et* parity).

uncorrectable error rate taux d'erreurs non corrigibles

(pourcentage d'erreurs non corrigibles dans une suite de mots binaires) (cf. aussi uncorrectable error *et* error rate 1)).

undamped oscillations oscillations non amorties *(cas théorique d'oscillations n'ayant pas besoin d'être entretenues pour durer indéfiniment, ce terme désignant en fait généralement des oscillations très peu amorties) (cf. aussi* sustained oscillations).

undamped wave onde entretenue *(cf. aussi* continuous wave).

undebugged non mis au point, non au point, *(parf.)* pas au point *(inf, etc.) (cf. aussi* debugging).

under avalanche conditions en régime d'avalanche *(cf. aussi* avalanche conditions).

under computer control sous la commande d'un ordinateur *(parf.* d'un calculateur) *(machine, etc.) (cf. aussi* computer control).

under control of ... sous la commande de ... *(déroulement d'un processus, etc.) (cf. aussi* process control).

under dynamic conditions en régime dynamique *(cf. aussi* dynamic conditions).

under full-load conditions à pleine charge *(moteur, alim, etc.) (cf. aussi* full load).

under high-current conditions sous intensité élevée *(cf. aussi* current value).

under high-voltage conditions sous tension élevée *(cf. aussi* high voltage).

under line-of-sight conditions en visibilité directe *(propa) (cf. aussi* line-of-sight propagation).

under linear conditions en régime linéaire *(etc.) (ampli, etc.) (cf. aussi* linear conditions).

under microprocessor control sous la commande d'un microprocesseur *(appareil, etc.) (cf. aussi* microprocessor control).

under no-load conditions à vide, en l'absence de charge *(tension aux bornes d'une alimentation, puissance absorbée par un moteur électrique, etc.) (cf. aussi* load[1] (a)).

under non-linear conditions en régime non linéaire, *(etc.) (ampli, etc.) (cf. aussi* non-linear conditions).

under open-circuit conditions en circuit ouvert *(tension) (cf. aussi* open-circuit voltage).

under program control sous la commande d'un programme *(souvent* du programme) *(déroulement d'un processus suivant un programme et notamment exécution d'un traitement d'informations dans un ordinateur sous la direction du programme utilisé à cette fin dans l'appareil) (cf. aussi* program[1] (a)).

under pulsed conditions en régime d'impulsions, en régime impulsionnel, en impulsions, en impulsionnel *(cf. aussi* pulsed conditions).

under rated conditions dans les conditions nominales *(fonctionnement d'un dispositif, etc.) (cf. aussi* rated conditions).

under saturation conditions en régime de saturation, *(parf.)* à la saturation, *(parf.)* à l'état saturé *(cf. aussi* saturation conditions).

under short-circuit conditions en présence d'un court-circuit *(cf. aussi* short circuit[1] 1)).

under sinusoidal conditions en régime sinusoïdal *(cf. aussi* sinusoidal conditions).

under software control *cf.* under program control.

under specified conditions dans des conditions déterminées *(fonctionnement d'un dispositif, etc.) (cf. aussi* operating conditions).

under spiking conditions en présence de transitoires *(cf. aussi* spike).

under spurious conditions en présence de parasites *(réception d'un signal) (cf. aussi* interference 1)).

under standing-wave conditions en régime d'ondes stationnaires *(ligne, antenne) (cf. aussi* standing-wave conditions).

under static conditions en régime statique *(ampli, etc.) (cf. aussi* static conditions).

under steady-state conditions en régime permanent, *(etc.) (cf. aussi* steady state).

under temperature cycling conditions dans les conditions de cyclage thermique *(cf. aussi* temperature cycling).

under test *cf.* device under test.

under transient conditions en régime transitoire *(cf. aussi* transient conditions).

under travelling-wave conditions en régime d'onde progressive *(ligne, antenne) (cf. aussi* travelling-wave conditions).

under zero ... conditions en l'absence de ..., *(parf.)* dans les conditions de ... nul(le) *(tension, courant, champ, etc.)*.

underbunching groupement insuffisant *(dans un tube à modulation de vitesse, groupement des électrons inférieur à la valeur optimale) (hyper) (cf. aussi* optimum bunching *et* velocity-modulated tube).

undercurrent relay relais à minimum de courant *(ou* d'intensité) *(relais d'intensité dans lequel le retour de l'armature à la position de repos lorsque l'intensité du courant d'excitation tombe au-dessous de la valeur de réglage est utilisé pour fermer un ou plusieurs jeux de contacts de repos et éventuellement ouvrir des contacts de travail) (est utilisé notamment pour commander un contacteur électromagnétique court-circuitant une partie des résistances de démarrage d'un moteur asynchrone à rotor bobiné à démarreur lorsque la vitesse du rotor augmente après le démarrage, l'intensité du courant dans ses enroulements tombe à une valeur déterminée, ce processus se répétant plusieurs fois au fur et à mesure de la montée en vitesse, à l'aide de plusieurs relais et contacteurs jusqu'à l'élimination totale des résistances lorsque l'intensité du courant dans les enroulements rotoriques sans résistance ne risque plus d'être excessive) (cf. aussi* current relay, normally-closed contact, normally-open contact, magnetic contactor *et* starting rheostat).

undercut[1] *v* attaquer latéralement *(gravure chimique) (cf. aussi* undercutting).

undercut[2] *s cf.* undercutting.

undercutting attaque latérale *(attaque indésirable des chants des conducteurs réalisés par gravure chimique avec attaque à l'acide due au fait que l'acide agit à peu près à la même vitesse latéralement que verticalement, la largeur des conducteurs obtenus diminuant à mesure que l'on s'approche du substrat, ce qui leur donne une section en queue d'aronde) (ce défaut est particulièrement gênant dans le cas des interconnexions des circuits intégrés monolithiques à très haute densité où la largeur des conducteurs est au plus de quelques microns) (il existe également dans les circuits hybrides, où il est négligeable, et dans les circuits imprimés, où il passe inaperçu) (cf. aussi* wet etching *et* VLSI circuit).

underdamped instrument appareil de mesure sous-amorti *(cf. aussi* underdamping).

underdamping amortissement insuffisant, sous-amortissement *(amortissement d'un appareil de mesure analogique dans lequel l'aiguille atteint sa position d'équilibre après avoir oscillé autour de celle-ci) (cf. aussi* instrument damping).

underflow *s* sous-dépassement de capacité, dépassement de capacité négatif *(état d'un ordinateur dans lequel l'exposant du résultat d'une opération en virgule flottante est trop petit pour être représenté, l'appareil le remplaçant alors généralement par un zéro) (inf) (cf. aussi* floating-point operation).

underfrequency relay relais à minimum de fréquence *(relais de fréquence dans lequel le disque tourne lorsque la fréquence à surveiller atteint la valeur de réglage en décroissant) (élt) (cf. aussi* frequency relay).

underground aerial *(GB) cf.* underground antenna.

underground antenna antenne souterraine *(antenne d'émission ELF) (mil) (cf. aussi* ELF transmitting antenna).

underground antenna grid grille rayonnante souterraine *(antenne d'émission ELF) (mil) (cf. aussi* ELF transmitting antenna).

underground cable câble souterrain *(câble téléphonique ou autre enfoui dans une tranchée rebouchée, ou passé dans un conduit souterrain, ou courant dans une galerie souterraine) (tls, etc.) (cf. aussi* telephone cable).

underground line ligne souterraine *(ligne téléphonique ou autre constituée par un câble souterrain) (tls, etc.) (cf. aussi* telephone line *et* underground cable).

underlining soulignement *(d'un mot, etc. sur un écran d'ordinateur, un document d'imprimante, etc.) (inf, etc.) (cf. aussi* attributes).

underlying layer couche sous-jacente *(couche d'un solide située sous la surface de celui-ci ou, d'une façon plus générale, sous une autre couche) (semi, etc.)*.

underlying metal métal sous-jacent (*métal situé sous une couche d'oxyde ou autre*) (*en électronique, ce terme désigne notamment le métal d'une couche de métallisation recouvert d'une couche isolante dans un circuit intégré monolithique*) (*cf. aussi* metallization (a)).

undermodulation modulation insuffisante (*modulation d'amplitude dans laquelle, par suite d'un fonctionnement défectueux du modulateur, le taux de modulation de la porteuse est insuffisant pour assurer une transmission correcte du signal modulant*) (*émetteur*) (*cf. aussi* amplitude modulation).

underpower relay *cf.* indercurrent relay.

underrange calibre trop grand (*état d'un multimètre, notamment un multimètre numérique, dans lequel le calibre en service est trop grand par rapport à la valeur de la grandeur mesurée pour donner une indication précise*) (*cf. aussi* multimeter, measurement range *et* autoranging).

underrun *s* manque de caractères (*caractéristique d'un signal de transmission de données en mode synchrone lorsqu'un caractère ou plusieurs caractères successifs ne sont pas fournis à temps au modulateur de l'émetteur*) (*télinf*) (*cf. aussi* data link *et* synchronous transmission mode).

undersample *v* sous-échantillonner (*un signal*) (*cf. aussi* undersampling).

undersampled signal signal sous-échantillonné (*cf. aussi* undersampling).

undersampling sous-échantillonnage (*échantillonnage d'un signal à une cadence inférieure à la valeur minimale déduite du théorème de Shannon*) (*cf. aussi* sampling theorem).

undersea ... *cf.* underwater ... (*pour les termes qui ne figurent pas ci-après*) (*et noter que le premier qualificatif est souvent employé à la place du second pour des raisons de brièveté et parce que l'eau considérée est souvent celle de la mer.*)

undersea acoustic environment ambiance acoustique sous-marine, (*etc.*) (*autres noms, plus généraux, du bruit ambiant en milieu marin*) (*cf. aussi* undersea ambient noise).

undersea ambient noise bruit ambiant sous-marin (*ou en milieu marin ou dans le milieu marin ou dans la mer*), bruit sous-marin (*souvent au pluriel*), bruit marin (*idem*) (*est dû principalement à la faune marine et aux vagues et crée un bruit de fond électrique aux bornes d'un hydrophone*) (*sonar, etc.*) (*cf. aussi* ambient noise).

undersea background noise *cf.* undersea ambient noise.

undersea cable câble sous-marin (*tél, etc.*) (*cf. aussi* submarine cable).

undersea cable link *cf.* undersea link.

undersea communications télécommunications sous-marines, (*souvent*) liaisons sous-marines (*télécommunications entre sous-marins et entre ceux-ci et les navires de surface, ainsi que les stations au sol utilisables à cette fin, généralement par l'intermédiaire d'un avion-relais ou d'un satellite-relais*) (*les télécommunications entre sous-marins immergés sont du type acoustique et à courte distance ; les autres font appel à la radio ou au laser*) (*cf. aussi* ELF communications, trailing antenna, blue-green laser *et* communications).

undersea countermeasures contre-mesures sous-marines (*nom parfois donné aux contre-mesures sonar*) (*mar. mil*) (*cf. aussi* sonar countermeasures).

undersea detection détection sous-marine (*détection acoustique mise en œuvre dans la mer*) (*sonar, etc.*) (*cf. aussi* acoustic detection).

undersea electronic warfare guerre électronique sous-marine (*autre nom, plus général, des contre-mesures sous-marines*) (*il s'agit en fait d'une guerre acoustique*) (*mar. mil*) (*cf. aussi* undersea countermeasures *et* electronic warfare).

undersea electronic warfare technology (la) technique de la guerre électronique sous-marine (*cf. aussi* undersea electronic warfare *et* technology).

undersea EW *cf.* undersea electronic warfare.

undersea fiber-optic cable câble à fibre optique pour liaison sous-marine, câble sous-marin à fibre optique (*tls*) (*cf. aussi* fiber-optic cable *et* undersea link).

undersea link liaison sous-marine, liaison par câble sous-marin (*liaison téléphonique ou télégraphique utilisant un câble sous-marin*) (*tls*) (*cf. aussi* submarine cable).

undersea localization localisation sous-marine (*localisation d'une cible sous-marine par un sonar ou par triangulation à l'aide de trois hydrophones*) (*mar. mil, etc.*) (*cf. aussi* sonar *et* hydrophone).

undersea location *cf.* undersea localization.

undersea noise bruit sous-marin, bruit en milieu marin, bruit dans le milieu marin, bruit dans la mer (*bruit ambiant ou autre dans la mer*) (*acoustique sous-marine*) (*cf. aussi* undersea ambient noise).

undersea search veille sous-marine (*recherche de cibles par un sonar de veille*) (*mar. mil*) (*cf. aussi* search sonar).

undersea sensor capteur sous-marin (*nom parfois donné à un sonar ou un hydrophone*) (*cf. aussi* sonar, hydrophone *et* sensor).

undersea signal signal sous-marin (*signal acoustique émis par un projecteur de sonar ou capté par un hydrophone*) (*cf. aussi* acoustic signal, sound projector *et* hydrophone).

undersea sound propagation propagation du son dans l'eau de mer (*acoustique sous-marine*) (*cf. aussi* sound propagation).

undersea sound velocity vitesse du son dans l'eau de mer (*acoustique sous-marine*) (*cf. aussi* sound propagation).

undersea surveillance *cf.* undersea search.

undersea telephone cable câble téléphonique sous-marin (*tls*) (*cf. aussi* submarine cable).

undersea telephone transmission transmission téléphonique sous-marine (*transmission téléphonique par câble sous-marin*) (*cf. aussi* telephone transmission *et* submarine cable).

undersea voice communications (les) télécommunications verbales par câble sous-marin, (*souvent*) liaisons téléphoniques par câble sous-marin (*cf. aussi* voice communications *et* undersea cable).

undershoot[1] *s* dépassement négatif (*petite suroscillation négative à l'extrémité inférieure du flanc arrière d'une impulsion*) (*cf. aussi* trailing edge, preshoot *et* overshoot[1]).

undershoot[2] *v* présenter un dépassement négatif (*impulsion*) (*cf. aussi* undershoot[1]).

undervoltage protection protection contre les manques de tension (*protection d'un appareil ou un dispositif électronique ou électrique contre un fonctionnement sous une tension d'alimentation insuffisante*) (*cf. aussi* undervoltage relay).

undervoltage relay relais à minimum de tension, relais à manque de tension (*relais de tension dans lequel le retour de l'armature à la position de repos lorsque la tension aux bornes de la bobine d'excitation tombe à la valeur de réglage est utilisé pour fermer un ou plusieurs jeux de contacts de repos et éventuellement ouvrir des contacts de travail*) (*est utilisé principalement pour la protection de moteurs, appareils et installations électriques ne devant pas fonctionner sous une tension d'alimentation inférieure à une valeur déterminée, ainsi que comme relais de démarrage pour moteur asynchrone commandé ici par la tension aux bornes d'un enroulement du rotor*) (*élt*) (*cf. aussi* voltage relay, normally-closed contact, normally-open contact *et* undercurrent relay).

underwater ... *cf.* undersea ... (*pour les termes qui ne figurent pas ci-après.*)

underwater acoustics (l')acoustique sous-marine (*partie de l'acoustique relative à la propagation du son dans l'eau*) (*cf. aussi* acoustics (a) *et* (b) *et* sound propagation).

underwater communications télécommunications sous-marines, télécommunications acoustiques (sous-marines) (*télécommunications acoustiques dans l'eau, notamment dans la mer, les sons transmis étant émis par un projecteur de sonar adapté à cette fonction et reçus par un hydrophone connecté à un récepteur approprié*) (*sont utilisées notamment entre des sous-marins en plongée et entre ceux-ci et des navires de surface*) (*mar. mil, etc.*) (*cf. aussi* acoustic communications, sonar projector, hydrophone *et* communications).

underwater mapping cartographie sous-marine, cartographie des fonds sous-marins (*tracé du relief de fonds sous-marins à l'aide d'un écho-sondeur connecté à un traceur de courbes ou une imprimante graphique*) (*océanographie*) (*cf. aussi* sonic depth finder *et* mapping 1)).

underwater sound son sous-marin (*son émis dans l'eau et plus particulièrement dans la mer*) (*acoustique sous-marine*) (*cf. aussi* sound[1] *et* undersea sound).

underwater sound projector projecteur acoustique sous-marin *(nom descriptif d'un projecteur de sonar) (cf. aussi* sonar projector).

Underwriter's Laboratories (les) Underwriters' Laboratories *(cf. aussi* UL-listed).

undesired indésirable, *(souvent aussi)* parasite *a (couplage, etc.) (cf. aussi* parasitic 1)).

undistorted non déformé, non affecté de distorsion *(parfois au féminin) (signal, image TV ou autre) (cf. aussi* distortion).

unearthed *(GB) cf.* ungrounded.

unernergized non excité, non alimenté *(relais, moteur électrique, etc.) (cf. aussi* energize).

unerased non effacées, non effacée, non effacé *(selon le contexte) (informations contenues dans une mémoire ou, par extension, mémoire ou support d'informations contenant des informations) (enr. mag, inf. etc.) (cf. aussi* erasure).

unetched oxide oxyde non attaqué *(partie d'une couche d'oxyde entourant une fenêtre pratiquée dans celui-ci dans un composant à semiconducteur) (cf. aussi* oxide window).

unexpanded sweep balayage non dilaté *(balayage à la vitesse normale dans un oscilloscope ou un appareil dérivé) (cf. aussi* sweep[1] (a), sweep speed *et* expanded sweep).

unexpanded sweep speed vitesse du balayage non dilaté *(vitesse de balayage dans le cas du balayage non dilaté) (cf. aussi* unexpanded sweep).

unfired tube tube non amorcé *(tube à gaz non amorcé) (cf. aussi* firing 1)).

unformatted capacity capacité non formattée *(ou* brute) *(capacité théorique d'une mémoire à défilement, c.-à-d. calculée sans tenir compte de la perte due au formattage) (inf) (cf. aussi* memory capacity, moving-medium memory *et* formatting 2)).

unfriendly ... *cf.* hostile ... *(lorsque le contexte l'indique).*

unfurlable antenna antenne déployable *(antenne directive d'engin spatial maintenue repliée pendant le lancement et dépliée dans l'espace par un mécanisme approprié après réception d'un ordre transmis du sol par télécommande radio ou émis par un programmateur de bord) (est souvent une antenne parabolique) (satellite de télécommunications ou autre, sonde spatiale, station spatiale) (cf. aussi* parabolic antenna, radio control *et* programmer 2)).

ungrounded isolé(e) de la masse *(parf. de la terre) (circuit, appareil, borne, etc.) (cf. aussi* ground[1]).

unguarded input entrée non gardée *(entrée d'un voltmètre indicateur ou enregistreur ordinaire) (cf. aussi* guarded input).

unguarded instrument appareil non gardé *(appareil de mesure à entrée non gardée) (cf. aussi* unguarded input).

unguarded interval intervalle sans garde *(temps pendant lequel un circuit sélecté dans un autocommutateur téléphonique risque d'être pris par un autre appel) (central tél) (cf. aussi* telephone switch).

unguided weapon engin non guidé *(bombe, obus ou torpille classique ou roquette) (mil) (cf. aussi* guided weapon).

uniconductor waveguide guide d'ondes à un conducteur *(nom parfois donné au guide d'ondes classiques pour rappeler qu'il constitue un conducteur unique) (cf. aussi* waveguide).

unidirectional aerial *(GB) cf.* unidirectional antenna.

unidirectional antenna antenne unidirectionnelle *(antenne directive dont la directivité est limitée à une seule direction, c.-à-d. antenne à réflecteur) (cf. aussi* directional antenna *et* reflector antenna).

unidirectional conduction conduction unidirectionnelle *(conduction du courant électrique dans un seul sens dans un élément de circuit, c.-à-d. conduction du courant de la cathode à l'anode dans un tube électronique ou dans une jonction redresseuse) (cf. aussi* current direction, electron tube *et* rectifying junction).

unidirectional coupler coupleur unidirectionnel, coupleur directif *(idem) (noms parfois donnés à un coupleur directif ordinaire pour le distinguer d'un coupleur bidirectionnel) (hyper) (cf. aussi* directional coupler).

unidirectional current courant unidirectionnel *(courant électrique circulant toujours dans le même sens dans un circuit) (peut être un courant continu ou un courant pulsé) (cf. aussi* direct current, pulsating current, rectified current, electric current *et* current direction).

unidirectional device dispositif à conduction unidirectionnelle *(dispositif électronique dans lequel le courant ne circule normalement que dans un sens) (tube électronique, diode à semiconducteur, transistor bipolaire, thyristor, etc.) (cf. aussi* unidirectional conduction).

unidirectional hydrophone hydrophone unidirectionnel *(hydrophone directionnel sensible uniquement aux sons venant de l'avant) (électroacou) (cf. aussi* directional hydrophone).

unidirectional microphone microphone unidirectionnel *(microphone directionnel sensible uniquement aux sons venant de l'avant) (électroacou) (cf. aussi* directional microphone).

unidirectional printing impression unidirectionnelle *(impression par une imprimante à tête d'impression uniquement pendant les trajets aller de celle-ci) (clpf) (cf. aussi* printing).

unidirectional pulse train train d'impulsions unidirectionnelles, *(etc.) (cf. aussi* unidirectional pulses).

unidirectional pulses impulsions unidirectionnelles *(ou de même polarité) (impulsions toutes positives ou toutes négatives dans un train d'impulsions) (cf. aussi* positive pulse, negative pulse *et* pulse train).

unidirectional transducer transducteur non réversible *(transducteur dans lequel l'application d'un signal à la sortie ne fait pas apparaître de signal à l'entrée) (cf. aussi* transducer 1)).

unidirectional voltage tension unidirectionnelle *(tension dont la polarité est constante et la valeur peut être constante ou variable) (cf. aussi* dc voltage, rectified voltage *et* voltage).

unifilar suspension suspension unifilaire *(terme générique couvrant la suspension par fil de torsion et la suspension par rubans tendus) (app. mesure) (cf. aussi* torsion string *et* taut-band suspension).

uniform electric field champ électrique uniforme *(champ électrique constituant un champ de forces uniforme) (cf. aussi* electric field *et* uniform field of force).

uniform field of force champ de forces uniforme *(champ de forces dans lequel toutes les lignes de forces sont parallèles) (cf. aussi* field of force *et* line of force).

uniform magnetic field champ magnétique uniforme *(champ magnétique constituant un champ de forces uniforme) (cf. aussi* magnetic field *et* uniform field of force).

uniform line ligne uniforme, ligne de transmission *(idem) (ligne de transmission dont les caractéristiques électriques sont les mêmes sur toute sa longueur) (cas général, l'exception étant constituée par les lignes pupinisées) (cf. aussi* transmission line *et* loading coil).

uniform transmission line *cf.* uniform line.

unijonction transistor transistor unijonction, diode double base *(le second terme n'est plus employé) (noms donnés à un composant à semiconducteur possédant une caractéristique à résistance négative permettant la génération d'impulsions récurrentes) (est formé d'un barreau de silicium faiblement dopé dont les extrémités sont appelées « bases » et au milieu duquel est effectuée une soudure ou une diffusion planar à l'aluminium formant une électrode appelée « émetteur ») (le barreau de silicium constitue une résistance au milieu de laquelle la soudure ou la diffusion forme avec celui-ci une jonction PN polarisée dans le sens inverse) (à partir d'une certaine valeur de la tension appliquée à l'émetteur, la jonction est polarisée dans le sens direct et le courant qui la traverse injecte des porteurs minoritaires dans la moitié du barreau comprise entre la jonction et la masse, ce qui diminue sa résistance) (l'effet étant cumulatif du fait de la résistance négative du transistor unijonction dans la partie utilisée de sa caractéristique, cette résistance diminue fortement et rapidement et il en résulte une impulsion de courant entre les deux extrémités du barreau, après quoi la jonction revient en polarisation inverse et le cycle recommence) (le transistor unijonction est donc une résistance à semiconducteur dont on fait périodiquement et fortement décroître la valeur ohmique par application d'une tension appropriée à une jonction créée entre ses deux extrémités) (il est utilisé comme générateur d'impulsions, notamment pour fournir les impulsions de déclenchement d'un thyristor ou d'un triac) (semi) (cf. aussi* programmable unijunction transistor, negative-resistance characteristic, ligthly-doped silicon, planar diffusion, P-N junction, reverse bias, forward bias *et* carrier injection).

unilateral bearing gisement sans ambiguïté (*gisement dont le sens est connu, c.-à-d. dont le navigateur sait s'il est devant ou derrière le mobile ou à droite ou à gauche de celui-ci*) (*radionav*) (*cf. aussi* bearing 1) *et* sense antenna).

unilateral conductivity *cf.* unidirectional conduction.

unilateral device *cf.* unidirectional device.

unimplanted area *cf.* zone non implantée (*semi*) (*cf. aussi* ion implantation).

unintentional radiation intelligence informations fournies par des signaux émis involontairement (*ce terme désigne notamment l'information de direction fournie par une cible rayonnante*) (*mil*) (*cf. aussi* radiating target *et* information).

uninterruptible power supply (*ou* **system**) alimentation secourue, alimentation ininterruptible (*anglicisme courant*) (*système d'alimentation comprenant le secteur ou une alimentation normale et une alimentation de secours à onduleur ainsi que des circuits commandant le passage automatique sur celle-ci en cas de coupure du courant du secteur*) (*inf, etc.*) (*cf. aussi* power supply 2) *et* standby power supply).

uninverted crosstalk diaphonie intelligible (*tél*) (*cf. aussi* intelligible crosstalk).

union réunion (*opération logique*) (*inf*) (*cf. aussi* OR[1]).

union ... *cf.* OR ...

unipolar ... *cf.* single-pole ... (*pour les termes qui ne figurent pas ci-après*).

unipolar component *cf.* unipolar device.

unipolar device dispositif unipolaire, (*souvent aussi*) composant unipolaire (*composant à semiconducteur dans lequel la conduction est assurée par un seul type de porteurs de charge, à savoir les porteurs majoritaires*) (*transistor unipolaire, circuit intégré à transistors unipolaires, diode Schottky*) (*cf. aussi* majority carrier, unipolar transistor, Schottky diode *et* semiconductor device).

unipolar integrated circuit circuit intégré unipolaire (*ou à transistors unipolaires*) (*noms parfois donnés à un circuit intégré MOS ou dérivé par opposition à un circuit intégré bipolaire*) (*semi*) (*cf. aussi* MOS integrated circuit, unipolar transistor *et* bipolar integrated circuit).

unipolar machine machine homopolaire (*élt*) (*cf. aussi* homopolar generator).

unipolar mode mode unipolaire, mode de fonctionnement unipolaire (*cf. aussi* unipolar operation).

unipolar operating mode *cf.* unipolar mode.

unipolar operation fonctionnement unipolaire, fonctionnement en mode unipolaire (a) *fonctionnement d'un montage ou un appareil à sortie unipolaire*) (*cf. aussi* unipolar output) ; (b) *fonctionnement d'un transistor unipolaire*) (*cf. aussi* unipolar transistor).

unipolar output sortie unipolaire (*sortie d'un montage ou un appareil à courant continu sur deux bornes dont l'une est connectée à la masse de celui-ci, la tension recueillie à la borne isolée ne pouvant avoir qu'une polarité par rapport à la masse*) (*clpf*) (alimentation, dénumériseur, etc.) (*cf. aussi* ground[1] 1) *et* voltage polarity).

unipolar signal signal à simple polarité (*signal télégraphique ou autre formé d'impulsions de même polarité*) (*cf. aussi* telegraph signal *et* single-polarity pulses).

unipolar supply alimentation unipolaire (*alimentation sous une tension continue uniquement positive ou négative par rapport à la masse*) (*clpf*) (*cf. aussi* power supply 1), voltage polarity *et* ground[1] 1)).

unipolar transistor transistor unipolaire (*transistor dans lequel la conduction est assurée par des porteurs de charge d'une seule polarité, à savoir par les porteurs majoritaires*) (*autre nom du transistor à effet de champ rappelant le type de conduction dans celui-ci*) (*semi*) (*cf. aussi* transistor, majority carrier *et* field-effect transistor).

unipole antenne isotrope (*cf. aussi* isotropic antenna).

unipotential cathode cathode équipotentielle (*tube*) (*cf. aussi* indirectly-heated cathode).

uniprocessor monoprocesseur (*inf*) (*cf. aussi* single-processor machine).

uniprogramming monoprogrammation (*mode d'exploitation d'un ordinateur dans lequel celui-ci exécute entièrement un programme avant de passer à l'exécution d'un autre programme*) (*inf*) (*cf. aussi* programming (b)).

uniselector sélecteur rotatif, sélecteur téléphonique (*idem*) (*sélecteur téléphonique constitué par un commutateur pas-à-pas*) (*cf. aussi* selector 1) *et* stepping switch).

unit 1) unité de mesure, unité (*valeur d'une grandeur prise comme référence pour mesurer des grandeurs de même nature*) (unité géométrique, unité de masse, unité de temps, unité mécanique, unité électrique, unité magnétique, unité calorifique, unité optique, unité de radioactivité, unité de transmission) (*cf. aussi* absolute unit, relative unit, electrical unit, magnetic unit, transmission unit *et* time unit). 2) appareil, (*parf.*) bloc, (*parf.*) module (*cf. aussi* instrument, set[1] 2) *et* module (a)). 3) version, (*parf.*) modèle (*ces termes s'emploient avec un qualificatif distinguant le composant ou autre matériel considéré de ses autres formes de réalisation*) (*exemples : MOS unit = version MOS, par opposition à « version bipolaire » notamment ; standard unit = modèle ordinaire, modèle normal, par opposition à « modèle spécial »*) (*cf. aussi* MOS unit *et* bipolar unit).

unit bandwidth largeur de bande unité, unité de largeur de bande (*largeur de bande prise pour unité de largeur de bande*) (*est parfois prise égale à 1 hertz seulement, notamment dans les mesures de puissance de bruit, ou, plus souvent, à 1 kilohertz ou 1 megahertz selon la largeur de la bande de fréquences considérée*) (*cf. aussi* bandwidth 1), hertz *et* noise power).

unit charge charge unité (*charge électrique prise pour unité de charge électrique*) (*est souvent la charge de l'électron*) (*cf. aussi* electric charge *et* electron charge).

unit dipole antenna doublet élémentaire (de Hertz), doublet de Hertz (*doublet dont la longueur totale des deux tiges est beaucoup plus courte que la longueur de l'onde émise*) (*est utilisé comme antenne de référence*) (*antenne d'émission*) (*cf. aussi* dipole antenna *et* reference antenna).

unit of ... *cf.* ... unit (*pour les termes qui ne figurent pas ci-après*).

unit of bandwidth unité de largeur de bande (*cf. aussi* unit bandwidth).

unit of electronic equipment appareil électronique (*cf. aussi* electronic unit).

unit-step function fonction échelon unité (*cf. aussi* step function).

unit-step input entrée en échelon (*asser, etc.*) (*cf. aussi* step input).

unit-step response réponse à un échelon (unité), réponse indicielle (*réponse d'un dispositif à une entrée en échelon*) (*asser, etc.*) (*cf. aussi* response 1) *et* step input).

unit under test matériel essayé (*parf.* contrôlé) (*appareil ou composant essayé ou contrôlé*) (*cf. aussi* device under test).

unity coefficient of coupling coefficient de couplage unité, (*etc.*) (*cf. aussi* unity coupling).

unity coupling couplage unité (*ou égal à l'unité ou égal à 1*) (*couplage magnétique correspondant à un coefficient de couplage égal à 1*) (*transformateur idéal*) (*cf. aussi* magnetic coupling (a) *et* coupling coefficient).

unity gain gain unité, (*etc.*) (*ampli*) (*cf. aussi* unity-gain amplifier).

unity-gain amplifier amplificateur à gain unité (*ou égal à l'unité ou égal à 1*) (*noms parfois donnés à un amplificateur séparateur pour rappeler que son rôle n'est pas d'amplifier*) (*cf. aussi* buffer amplifier *et* gain 1)).

unity-gain bandwidth bande passante au gain unité (*bande passante d'un amplificateur pour un gain de celui-ci égal à l'unité, cette notion étant utilisée pour évaluer la qualité de différents amplificateurs en rapportant leur bande passante à une même valeur du gain*) (*cf. aussi* bandwidth 2) *et* gain-bandwidth product).

unity-gain buffer amplificateur séparateur à gain unité (*cf. aussi* buffer amplifier *et* unity-gain amplifier).

unity-gain output stage étage de sortie à gain unité (*étage de sortie constitué par un amplificateur à gain unité*) (*cf. aussi* output stage *et* unity-gain amplifier).

unity power factor facteur de puissance unité (*ou égal à l'unité ou égal à 1*) (*facteur de puissance d'un circuit, d'une machine ou d'une installation à courant alternatif équivalent à une résistance pure*) (*élt*) (*cf. aussi* power factor *et* pure resistance).

unity signal-to-noise ratio   rapport signal/bruit unité (*ou* égal à l'unité *ou* égal à 1) (*rapport signal/bruit d'un signal noyé dans le bruit*) (*radar, etc.*) (*cf. aussi* signal-to-noise ratio *et* signal buried in noise).

universal asynchronous receiver-transmitter *cf.* UART.

universal motor   moteur universel, moteur électrique universel (*le second terme est peu employé*) (*moteur série conçu pour pouvoir être alimenté indifféremment par un courant continu ou un courant alternatif monophasé*) (*diffère du moteur série à courant continu principalement par les points suivants : 1°*) *le nombre de spires du bobinage statorique est nettement moins grand pour réduire son inductance et augmenter ainsi l'intensité du courant qui y circule et qui serait trop faible sans cela, 2°*) *le nombre de spires de chacun des enroulements du bobinage rotorique est augmenté en compensation pour que le produit du flux statorique et du flux rotorique soit à peu près le même qu'en courant continu, 3°*) *le circuit magnétique est feuilleté pour réduire l'échauffement produit par les courants de Foucault, 4°*) *le stator des moteurs de puissance relativement grande porte des enroulements de compensation*) (*malgré ces modifications, un moteur universel est légèrement plus puissant en courant continu qu'en courant alternatif pour une même tension d'alimentation*) (*c'est le moteur qui anime la quasi-totalité des machines portatives telles que les perceuses électriques et des appareils ménagers, ou autres, portatifs, tels que les mixers, les aspirateurs électriques et les sèche-cheveux, par exemple*) (élt) (*cf. aussi* series motor, single-phase current, stator winding, inductance, rotor winding, magnetic flux, magnetic circuit, eddy current *et* compensation winding).

universal output transformer   transformateur de sortie à prises (*transformateur de sortie d'amplificateur basse fréquence muni de prises au secondaire permettant d'adapter l'impédance de celui-ci à celle de la plupart des haut-parleurs courants*) (*cf. aussi* output transformer, audio amplifier, secondary tap *et* impedance matching).

universal product code *cf.* UPC.

universal synchronous receiver-transmitter *cf.* USRT.

univibrator   univibrateur s (*cf. aussi* monostable multivibrator).

unjammed electromagnetic environment *cf.* unjammed environment.

unjammed environment   ambiance sans brouillage, ambiance électromagnétique (*idem*) (*mil*) (*cf. aussi* electromagnetic environment *et* jamming).

unlevelled power   puissance non nivelée (*hyper*) (*cf. aussi* power levelling).

unlighted switch *cf.* non-illuminated switch.

unlike charges   charges de signes contraires, charges électriques (*idem*) (*paire de charges électriques dont l'une est positive et l'autre négative*) (*cf. aussi* electric charge).

unlike electric charges *cf.* unlike charges.

unlike magnetic poles *cf.* unlike poles.

unlike poles   pôles de noms contraires, pôles magnétiques (*idem*) (*paire de pôles magnétiques dont l'un est un pôle nord et l'autre un pôle sud*) (*cf. aussi* magnetic pole (a)).

unload *v*   1) décharger, réduire la charge (*d'une source de courant ou d'un moteur notamment*) (*cf. aussi* current source 1)). 2) vider (une mémoire d'ordinateur), (*parf.*) transférer (*le contenu d'une mémoire d'ordinateur*) (*inf*) (*cf. aussi* computer memory).

unloaded aerial (*GB*) *cf.* unloaded antenna.

unloaded antenna   antenne non chargée (*émetteur radio*) (*cf. aussi* loaded antenna).

unlock *v*   déverrouiller (*un bouton de réglage, un clavier de machine informatique, etc.*).

unmatched load   charge non adaptée (*ampli, ligne de transmission*) (*cf. aussi* matched load (a)).

unmeasured input   grandeur non prise en compte dans la mesure (*mesures*).

unmodulated   non modulé(e) (*porteuse, sillon, etc.*) (*cf. aussi* modulate).

unmodulated carrier   porteuse non modulée, onde porteuse non modulée (*radio, etc.*) (*cf. aussi* modulation (a)).

unmodulated carrier wave *cf.* unmodulated carrier.

unmodulated groove   sillon non modulé (*partie d'un sillon d'un disque phonographique gravée en l'absence de signal à enregistrer et dont les flancs sont, par conséquent, lisses, le burin graveur restant fixe*) (*électroacou*) (*cf. aussi* phonograph record).

unmonitored control   commande en boucle ouverte (*asser*) (*cf. aussi* open-loop control).

unpack data *v*   éclater les données, éclater les informations (*diviser en éléments distincts un ensemble d'informations fournies à un ordinateur*) (*inf*) (*cf. aussi* data).

unpackaged chip   puce sans boîtier (*cf. aussi* bare chip).

unpacked data   données éclatées (*cf. aussi* unpack data).

unpacking of data   éclatement des données, (*etc.*) (*inf*) (*cf. aussi* unpack data).

unpaired electron   électron non apparié, électron à spin non compensé (*noms scientifiques de l'électron célibataire*) (*atome*) (*cf. aussi* lone electron *et* spin).

unpaired spin   spin non compensé (*spin d'un électron non apparié*) (*atome*) (*cf. aussi* unpaired electron).

unpassivated chip   puce non passivée (*semi*) (*cf. aussi* passivation).

unplug *v*   déficher, (*souvent*) enlever la fiche, débrocher (*le troisième terme s'emploie surtout en électrotechnique*), (*souvent aussi*) déconnecter (*cf. aussi* plug^2).

unplugged   déconnecté (*cf. aussi* unplug).

unprocessable data   informations inexploitables, données inexploitables (*informations ne pouvant être traitées par un ordinateur*) (*inf*) (*cf. aussi* data).

unreel *v*   dérouler (*cf. aussi* reel^2).

unreeling   déroulement (*cf. aussi* reeling).

unregulated current   courant non régulé (*courant fourni notamment par une alimentation non régulée*) (*cf. aussi* unregulated power supply).

unregulated power supply   alimentation non régulée (*alimentation à tension et courant non régulés*) (*type d'alimentation le plus simple*) (*cf. aussi* power supply 2)).

unregulated supply *cf.* unregulated power supply.

unregulated voltage   tension non régulée (*tension fournie notamment par une alimentation non régulée*) (*cf. aussi* unregulated power supply *et* voltage).

unrepeated link *cf.* unrepeatered link. (*ci-après*).

unrepeatered link   liaison sans répéteurs (*tls*) (*cf. aussi* repeaterless link).

unsaturated ... *cf.* non-saturated ...

unsave *v*   ne pas sauvegarder, détruire (*une information devenue inutile dans la mémoire d'un ordinateur*) (*inf*) (*cf. aussi* computer memory).

unscramble *v*   1) décrypter, désembrouiller (*un signal radiotéléphonique*) (*cf. aussi* unscrambling 1)). 2) décoder (*un signal de télévision*) (*cf. aussi* unscrambling 2)).

unscrambler   1) décrypteur, désembrouilleur (*montage opérant le décryptage dans un radiotéléphone*) (*cf. aussi* unscrambling 1)). 2) décodeur (*appareil opérant le décodage en télévision*) (*cf. aussi* unscrambling 2)).

unscrambling (*cf. aussi* scrambling)   1) décryptage, désembrouillage (*rétablissement du spectre normal du signal vocal reçu dans la partie réceptrice d'un radiotéléphone*). 2) décodage (*rétablissement de la forme normale d'un signal de télévision codé*).

unscrambling circuit *cf.* unscrambler 1).

unscrambling unit *cf.* unscrambler 2).

unscreened (*GB*) *cf.* unshielded.

unsegmented program   programme non segmenté (*programme d'ordinateur non segmenté*) (*inf*) (*cf. aussi* segmentation).

unsegmented routine *cf.* unsegmented program.

unshielded   non blindé (*câble téléphonique ou autre, tube électronique, etc.*) (*cf. aussi* shield^1).

unsigned number   nombre sans signe, nombre non affecté d'un signe (*inf, etc.*) (*cf. aussi* signed number).

unsolder *v*   dessouder (*un conducteur ou autre élément soudé à l'étain*) (*cf. aussi* soldering).

unsoldering iron   fer à dessouder (*fer à souder électrique équipé d'un dispositif aspirant la soudure à l'étain fondue par le trou d'une panne creuse pour faciliter le dessoudage des* *connexions soudées à l'étain) (est employé notamment pour le remplacement de composants défectueux sur les cartes à circuit imprimé) (cf. aussi* soldering).

unstabilized aerial *(GB) cf.* unstabilized antenna.

unstabilized antenna antenne non stabilisée *(antenne de radar ou autre fixée rigidement à la structure du mobile qui la porte et notamment d'un avion ou d'un navire) (cf. aussi* stabilized antenna).

unstable state état instable *(état dont un système s'écarte de plus en plus après en avoir été légèrement écarté) (position verticale d'une tige posée sur une extrémité, etc.) (en électronique, ce terme désigne souvent l'état électrique pris et conservé pendant un temps déterminé par un multivibrateur monostable après réception d'une impulsion à son entrée) (cf. aussi* monostable multivibrator *et* stable state).

unstrained reading valeur mesurée en l'absence d'extension *(cf. aussi* unstrained value).

unstrained resistance résistance en l'absence d'extension *(résistance d'un extensomètre en l'absence d'extension, donc de déformation de son support) (extensométrie) (cf. aussi* strain gage *et* resistance).

unstrained value valeur en l'absence d'extension *(valeur, effective ou mesurée, de la résistance en l'absence d'extension) (cf. aussi* unstrained resistance).

unstripped wire fil non dénudé *(cf. aussi* stripping 1)).

unsuppressed line ligne sans suppresseurs (d'échos), ligne téléphonique *(idem) (ligne téléphonique de grande longueur non équipée de suppresseurs d'échos) (tls) (cf. aussi* echo suppressor (a)).

unsymmetrical arrangement montage asymétrique *(ou non symétrique ou* non équilibré), circuit *(idem) (montage comprenant deux branches dissemblables du point de vue électrique) (cf. aussi* arrangement 1) *et* unbalance[1]).

untimed call communication à taxe fixe *(ou* non taxée à la durée), communication téléphonique *(idem) (communication téléphonique dont le coût ne dépend pas de la durée) (tls) (cf. aussi* telephone call 1)).

untuned non accordé *(résonateur, etc.) (cf. aussi* tuning).

untuned aerial *(GB) cf.* untuned antenna.

untuned antenna antenne non accordée *(nom souvent donné à une antenne à ondes progressives, l'antenne n'avantageant aucune fréquence, contrairement à une antenne accordée) (radioélectricité) (cf. aussi* progressive-wave antenna *et* tuned antenna).

untuned voltmeter voltmètre non accordé *(le terme anglais est peu employé) (cf. aussi* wideband voltmeter).

unwanted echo écho indésirable *(nom parfois donné à un écho parasite) (cf. aussi* spurious echo).

unwind *v* 1) dérouler *(cf. aussi* reel[2]). 2) programmer explicitement *(établir un programme d'ordinateur en détail) (inf) (cf. aussi* computer program).

unwritten state état non écrit *(état d'un tube à mémoire ou d'une cellule de mémoire numérique ne contenant pas d'information) (oscillo, inf) (cf. aussi* storage tube *et* memory cell).

up-chirp compression des impulsions *(parf.* d'impulsions), compression *(dans le récepteur d'un radar à compression d'impulsions, réduction de la largeur des impulsions reçues réalisée par un filtre compresseur d'impulsions) (cf. aussi* compression filter *et* chirp radar).

up-chirp device *cf.* up-chirp dispersive line.

up-chirp dispersive line ligne dispersive à compression (d'impulsions) *(radar) (cf. aussi* up-chirp).

up-chirp line *cf.* up-chirp dispersive line.

up-chirped pulse impulsion comprimée, impulsion rétrécie *(radar) (cf. aussi* up-chirp).

up-conversion transposition (de fréquence) *(cf. aussi* frequency translation).

up-converted transposé en fréquence *(cf. aussi* up-conversion).

up-converter 1) transposeur de fréquence *(tél, etc.) (cf. aussi* frequency translator). 2) amplificateur à bande supérieure, up-converter *(terme anglais courant, mais à éviter) (amplificateur paramétrique dans lequel la fréquence du signal de sortie est la somme de la fréquence du signal d'entrée et de la fréquence du signal de pompage) (réalise donc une transposi-*

tion de fréquence en plus d'une amplification, d'où l'emploi du terme anglais) (cf. aussi parametric amplifier).

up counter compteur progressif, compteur additif *(compteur dans lequel chaque impulsion appliquée à l'entrée augmente d'une unité le nombre qu'il contient) (inf, etc.) (cf. aussi* counter).

up Doppler fréquence Doppler positive *(ou* en rapprochement), (le) Doppler positif *(idem) (fréquence Doppler obtenue lorsque la source se rapprochant du point de réception, ou la cible se rapprochant du point d'émission-réception, la fréquence du signal au point de réception est supérieure à la fréquence d'émission) (cf. aussi* Doppler shift).

up/down counter compteur-décompteur, compteur réversible, compteur bidirectionnel *(compteur comportant une entrée de commande à laquelle est appliqué un signal déterminant le sens du comptage) (inf, etc.) (cf. aussi* counter).

up-link liaison montante, liaison dans le sens montant *(liaison radio ou laser entre une station située sur la Terre et un aéronef, un engin spatial ou une station située sur une autre planète, dans le sens de la Terre à l'aéronef ou liaison entre une autre planète et un engin spatial dans le sens de la planète à l'engin) (dans le cas fréquent d'un satellite de télécommunications ou autre, on peut aussi employer les termes « liaison de la Terre au satellite », « liaison vers le satellite », « liaison dans le sens Terre-satellite », « liaison Terre-satellite », etc.) (on peut faire de même pour un engin spatial quelconque ou une station sur une planète en changeant le mot nécessaire) (il en va de même pour un aéronef, mais il faut alors employer le mot « sol » à la place de « Terre ». Exemple : « liaison dans le sens sol-avion ») (tls) (cf. aussi* down-link, radio link *et* laser link).

up-link band *cf.* up-link bandwidth.

up-link bandwidth largeur de bande de la liaison montante *(largeur de bande du signal d'une liaison montante) (tls) (cf. aussi* bandwidth 1) *et* up-link signal).

up-link carrier porteuse de la liaison montante, porteuse du signal montant *(porteuse du signal d'une liaison montante) (tls) (cf. aussi* carrier 1) *et* up-link).

up-link direction sens de la liaison montante, sens montant *(tls) (cf. aussi* up-link).

up-link frequency fréquence de la liaison montante, fréquence du signal montant *(fréquence de la porteuse d'une liaison montante) (tls) (cf. aussi* up-link carrier).

up-link jammer brouilleur de liaison montante *(brouilleur, généralement situé au sol ou sur navire, utilisé pour brouiller les émissions radio destinées à un satellite militaire) (tls) (cf. aussi* jammer *et* up-link).

up-link jamming brouillage de la liaison montante *(tls) (mil) (cf. aussi* up-link jammer).

up-link operation fonctionnement de la liaison montante *(tls) (cf. aussi* up-link).

up-link power puissance du signal de la liaison montante, puissance du signal montant, puissance de la liaison montante *(tls) (cf. aussi* signal power *et* up-link signal).

up-link receiver récepteur de la liaison montante *(récepteur situé dans le mobile ou sur la planète communiquant avec la Terre dans une liaison montante) (tls) (cf. aussi* up-link).

up-link reception réception du signal montant, réception dans le sens montant, réception à l'extrémité de la liaison montante *(réception par le récepteur d'une liaison montante) (tls) (cf. aussi* up-link receiver).

up-link signal signal de la liaison montante, signal montant, signal dans le sens montant *(signal émis par l'émetteur d'une liaison montante) (tls) (cf. aussi* up-link transmitter).

up-link spectrum spectre de fréquences du signal montant, spectre du signal montant *(spectre de fréquences du signal d'une liaison montante) (tls) (cf. aussi* frequency spectrum (b) *et* up-link signal).

up-link transmission émission du signal montant, émission dans le sens montant *(tls) (cf. aussi* up-link signal).

up-link transmitter émetteur de la liaison montante *(émetteur situé sur la Terre ou sur la planète communiquant avec un mobile dans une liaison montante) (tls) (cf. aussi* up-link).

up-link voice communications liaisons en phonie dans le sens montant *(cf. aussi* voice link *et* up-link).

up-load *cf.* upload. (*plus loin*).

up pulse impulsion de comptage (*impulsion appliquée à l'entrée de commande d'un compteur-décompteur pour le faire fonctionner en compteur*) (*cf. aussi* up/down counter).

up reading valeur indiquée en croissant (*valeur indiquée par un appareil de mesure indiquant auparavant une valeur inférieure*) (*cf. aussi* reading 2)).

up side côté amont, côté émission (*d'une liaison de télécommunications*) (*cf. aussi* at the transmitter end).

up time temps de disponibilité (*temps pendant lequel un appareil, un système ou une machine est en état de fonctionner et, par conséquent, utilisable*) (*cf. aussi* down time).

UPC (*vient de « universal product code »*) code UPC, code à barres UPC (*code à barres universellement employé pour les produits vendus en magasin*) (*inf*) (*cf. aussi* bar code).

update *v* 1) mettre à jour (*un fichier informatique ou d'autres informations*) (*cf. aussi* file[1]). 2) faire progresser (*un compteur*) (*cf. aussi* counter).

upload *v* télécharger à partir d'un terminal (*ou dans le central ou en montant*), télécharger (*charger dans la mémoire d'un ordinateur central des informations en provenance d'un terminal intelligent*) (*inf*) (*cf. aussi* computer memory, host computer *et* intelligent terminal).

uploading téléchargement à partir d'un terminal (*ou dans le central ou ascendant*), téléchargement (*inf*) (*cf. aussi* upload).

upon depression of the key lorsque l'on appuie sur la touche (*clavier*).

upon receipt of ... à la réception de ... (*signal, etc.*).

upper band *cf.* upper frequency band.

upper frequency band bande de fréquences supérieure, bande supérieure (*bande de fréquences située au-dessus d'une autre, indépendamment de la valeur des fréquences considérées*) (*cf. aussi* frequency band).

upper frequency limit limite supérieure de fréquence (*limite supérieure d'une bande de fréquences déterminée*) (*cf. aussi* frequency band).

upper frequency range gamme de fréquences supérieure, gamme supérieure (*gamme de fréquences située au-dessus d'une autre, indépendamment de la valeur des fréquences considérées*) (*cf. aussi* frequency range).

upper-frequency response réponse aux fréquences élevées (en valeur relative) (*réponse d'un dispositif aux fréquences de la partie supérieure d'une bande de fréquences déterminée, quelles que soient ces fréquences*) (*ampli, haut-parleur, etc.*) (*cf. aussi* response 1) *et* high-frequency response).

upper harmonic harmonique supérieur (*en valeur relative ou, parfois, en valeur absolue*) (*cf. aussi* high-order harmonic).

upper-level metallization *cf.* upper metallization layer.

upper locations positions supérieures (*ou de la partie supérieure*), emplacements (*idem*) (*mémoire d'ordinateur*) (*cf. aussi* memory location *et* upper memory).

upper/lower case display affichage en majuscules et minuscules (*terminal à écran, etc.*) (*cf. aussi* display[1] 2).

upper memory partie supérieure de la mémoire (*positions (n/2) + 1 à n*) (*ordinateur*) (*voir aussi* lower memory *pour compléter la définition*).

upper metallization *cf.* upper metallization layer.

upper metallization layer couche supérieure de (la) métallisation, niveau supérieur (*idem*) (*circuit intégré à deux ou plusieurs couches de métallisation*) (*cf. aussi* metallization (a)).

upper metallization level *cf.* upper metallization layer.

upper range gamme supérieure (*fréquences, etc.*) (*cf. aussi* upper frequency range).

upper-scale accuracy précision dans la partie supérieure de l'échelle (*c'est dans les deux tiers supérieurs de l'échelle que la précision d'un appareil de mesure analogique est la meilleure*) (*cf. aussi* analog meter *et* measurement accuracy).

upper sideband bande latérale supérieure (*bande latérale comprenant les fréquences supérieures à celle de la porteuse*) (*ces fréquences sont égales à la somme de la fréquence de la porteuse et des fréquences du signal modulant*) (*cf. aussi* sideband).

upper sideband components *cf.* upper sideband frequencies.

upper-sideband filter filtre de bande latérale supérieure (*filtre passe-bas éliminant la bande latérale supérieure de la porteuse modulée dans un émetteur à bande latérale unique*) (*cf. aussi* low-pass filter, upper sideband *et* single-sideband transmission).

upper sideband frequencies fréquences de la bande latérale supérieure, composantes (*idem*) (*cf. aussi* upper sideband).

upper storage *cf.* upper memory.

upper store *cf.* upper memory.

UPS *cf.* uninterruptible power supply.

upset[1] *s* basculement intempestif (*changement intempestif de l'état logique de la sortie d'une ou plusieurs portes d'un circuit intégré numérique sous l'action de radiations ou d'une transitoire*) (*cf. aussi* alpha upset, transient upset *et* radiation-induced error).

upset[2] *v* perturber, (*parf.*) faire basculer (*cf. aussi* upset[1]).

upward compatibility compatibilité ascendante (*propriété d'un microprocesseur ou d'un ordinateur pouvant utiliser le logiciel d'un matériel plus puissant et généralement plus récent ou, par voie de conséquence, propriété d'un logiciel pouvant être utilisé avec un matériel plus puissant que celui pour lequel il a été conçu*) (*inf*) (*cf. aussi* software compatibility).

upward-compatible *a* à compatibilité ascendante (*cf. aussi* upward compatibility).

urint *cf.* unintentional radiation intelligence.

usable range plage d'utilisation (*plage de fonctionnement pratique*) (*cf. aussi* operating range 1)).

usable signal signal utilisable (*signal de forme ou caractéristiques appropriées au but poursuivi*) (*ce terme désigne parfois un signal noyé dans le bruit, mais néanmoins utilisable grâce à un traitement approprié*) (*cf. aussi* signal[1], signal buried in noise *et* useful signal).

USART (*vient de « universal synchronous/asynchronous receiver-transmitter »*) circuit USART, interface synchrone/asynchrone (*circuit d'interface pour transmission de données cumulant les possibilités du circuit UART et celles du circuit USRT*) (*CI*) (*télinf*) (*cf. aussi* UART *et* USRT).

USART chip puce de circuit USART, (*etc.*) (*puce de circuit intégré monolithique sur laquelle est réalisé un circuit USART*) (*cf. aussi* USART *et* chip 1)).

USASCII *cf.* ASCII code.

USB *cf.* upper sideband.

useful life durée de vie utile (*partie de la durée de vie d'un dispositif pendant laquelle son taux de défaillance ne dépasse pas une valeur déterminée considérée comme acceptable*) (*cf. aussi* lifetime (b) *et* failure rate).

useful signal signal utile (*signal reçu portant l'information désirée*) (*sdpo à « signal parasite »*) (*cf. aussi* usable signal *et* spurious signal).

user-definable définissable par l'utilisateur (*fonction d'une touche programmable, etc.*) (*inf*) (*cf. aussi* soft key).

user-defined key touche définie par l'utilisateur, touche à fonction (*idem*) (*cf. aussi* user-definable).

user-friendliness facilité d'utilisation, convivialité (*cf. aussi* user-friendly).

user-friendly *a* facile à utiliser, convivial (*appareil, etc.*) (*cf. aussi* user-oriented, à titre d'information).

user-generated program programme élaboré par l'utilisateur (*ou établi ou écrit*) (*programme d'ordinateur élaboré par l'utilisateur de l'appareil*) (*inf*) (*cf. aussi* computer program).

user-oriented *a* personnalisé (*programme d'ordinateur, etc.*) (*cf. aussi* user-friendly, à titre d'information).

user port accès pour l'utilisateur (*accès aux circuits d'un appareil informatique réservé à l'utilisateur de celui-ci*) (*cf. aussi* port 1)).

user-programmability possibilité de programmation par l'utilisateur (*inf*) (*cf. aussi* user programming).

user-programmable *a* programmable par l'utilisateur (*inf*) (*cf. aussi* user programming).

user programming programmation par l'utilisateur (*programmation d'une mémoire d'ordinateur ou autre appareil informatique par l'utilisateur de celui-ci ou, par conséquent, programmation de l'appareil*) (*cf. aussi* programming (b) *et* (c)).

user-selectable *a* sélectionnable par l'utilisateur (*caractéris-*

tique d'un appareil telle que la taille d'une mémoire cache disque, etc.) (cf. aussi memory size (a) *et* disk cache).

USRT *(vient de « universal synchronous receiver-transmitter »)* circuit URST *(circuit d'interface pour transmission de données analogue au circuit UART, mais conçu pour la transmission synchrone) (CI) (télinf) (cf. aussi* UART *et* synchronous transmission).

USRT chip puce de circuit USRT, *(etc.) (puce de circuit intégré monolithique sur laquelle est réalisé un circuit USRT) (cf. aussi* USRT *et* chip 1)).

USW *cf.* ultrashort wave.

UTF *cf.* ultra-thin foil.

UTF-clad board *cf.* UTF-clad printed-circuit board.

UTF-clad PC board *cf.* UTF-clad printed-circuit board.

UTF-clad printed-circuit board carte à circuit imprimé à placage ultra-mince, *(etc.) (cf. aussi* printed-circuit board *et* UTF).

utility **1)** fournisseur d'énergie électrique *(aux États-Unis notamment, société exploitant une ou plusieurs centrales électriques et le réseau de distribution d'énergie associé) (cf. aussi* power grid). **2)** *cf.* utility routine.

utility grid réseau de distribution d'énergie *(cf. aussi* power grid).

utility program *cf.* utility routine *(ce terme étant le plus employé).*

utility routine programme utilitaire, programme de service *(le second terme est peu employé) (programme auxiliaire d'ordinateur assurant l'exécution de tâches secondaires souvent répétitives telles que l'impression des résultats, la duplication de bande ou disques magnétiques, l'analyse de l'exécution d'un programme, etc.) (inf) (cf. aussi* resident program *et* auxiliary routine).

UUT *cf.* unit under test.

UV *cf.* ultraviolet *(de même pour les termes dérivés qui ne figurent pas ci-après).*

UV device *cf.* UV-erasable memory.

UV EPROM *cf.* EPROM.

UV-erasable memory mémoire effaçable aux ultraviolets *(CI) (cf. aussi* EPROM).

UV-erasable programmable read-only memory *cf.* UV-erasable programmable ROM.

UV-erasable programmable ROM mémoire ROM programmable effaçable aux ultraviolets, mémoire morte *(idem) (CI) (cf. aussi* EPROM).

UV-erasable PROM mémoire PROM effaçable aux ultraviolets *(CI) (cf. aussi* EPROM).

UV erasing *cf.* UV erasure.

UV erasure effacement par rayons ultraviolets *(mémoire) (cf. aussi* optical erasure).

UV light lumière ultraviolette *(cf. aussi* ultraviolet light).

UV lithography gravure aux ultraviolets, gravure UV *(CP, CP, CI, etc.) (cf. aussi* ultraviolet lithography).

UV printing *cf.* UV lithography.

UV radiation rayonnement ultraviolet *(cf. aussi* ultraviolet radiation).

UV region domaine de l'ultraviolet *(cf. aussi* ultraviolet region).

UV-type resist photorésist pour ultraviolets *(photogravure) (cf. aussi* photoresist).

uvicon *(vient de « UV vidicon »)* uvicon, tube uvicon *(tube vidicon à photocathode sensible au proche ultraviolet) (caméra TV) (cf. aussi* vidicon *et* near ultraviolet).

V

V 1) *cf.* volt. 2) *cf.* voltmeter. 3) *cf.* valve.

V aerial *(GB)* *cf.* V antenna.

V antenna antenne en V *(antenne d'émission directive formée de deux conducteurs disposés en V dans le plan horizontal et excités par une ligne d'alimentation équilibrée connectée aux deux extrémités des conducteurs formant la pointe du V) (le rayonnement est maximal dans la direction matérialisée par la bissectrice du V) (radio) (cf. aussi* directional antenna, feeder *et* balanced line).

V band bande V *(bande des fréquences comprises entre 46 000 et 56 000 MHz, soit 0,652 à 0,536 cm de longueur d'onde) (hyper) (cf. aussi* frequency band).

V-beam radar radar à faisceaux en V *(ancien radar tridimensionnel utilisant un faisceau en éventail vertical et un autre oblique pour indiquer l'altitude de la cible, le temps écoulé entre la réception des échos des impulsions des deux faisceaux étant proportionnel à la distance de la cible par rapport au faisceau incliné, donc à son altitude) (cf. aussi* three-dimensional radar).

V-bump *cf.* switching transient.

V-channel … *cf.* VMOS …

v-f … *cf.* V-f … *(ci-après).*

V-f circuit *cf.* V-f converter.

V-f conversion conversion tension-fréquence *(cf. aussi* voltage-to-frequency conversion).

V-f converter convertisseur tension-fréquence *(cf. aussi* voltage-to-frequency converter).

V-f unit *cf.* V-f converter.

V/F … *cf.* V-f …

V-F display *cf.* vacuum-fluorescent display.

V-FET *cf.* VMOS. *(de même pour les termes dérivés).*

V groove rainure en V *(transistor) (cf. aussi* VMOS).

V-groove … *cf.* VMOS … *(pour les termes qui ne figurent pas ci-après).*

V-groove etching gravure de la rainure en V *(transistor) (cf. aussi* VMOS).

V-I … *cf.* voltage-current …

V/m *cf.* volt per meter.

V-MOS *cf.* VMOS. *(de même pour les termes dérivés).*

V reflector réflecteur dièdre *(réflecteur d'antenne dièdre) (cf. aussi* corner-reflector antenna).

V-reflector aerial *(GB)* *cf.* V-reflector antenna.

V-reflector antenna antenne dièdre *(cf. aussi* corner-reflector antenna).

V-to-f … *cf.* V-f …

V-to-F … *cf.* V-f …

VA 1) *cf.* voltampere. 2) *cf.* video amplifier.

VAB *cf.* voice answer-back.

Vac *cf.* volts AC.

VAC *cf.* volts AC.

vacancy lacune *(nom parfois donné à un trou dans un semiconducteur) (ne pas confondre cette acception « électro-* nique » du terme « lacune » et son acception « cristallographique », c.-à-d. une lacune dans la maille élémentaire du réseau cristallin d'un corps cristallin produite par le déplacement ou le départ d'un atome) (noter que, dans le premier cas, la lacune est un électron manquant et dans le second un atome manquant) (noter également que les semiconducteurs étant presque toujours utilisés sous la forme cristalline, on rencontre parfois les deux acceptions non précisées dans un même texte, ce qui est une source de confusion, d'autant plus que les lacunes du réseau cristallin jouent un rôle important dans les semiconducteurs) (cf. aussi* hole 1) *et* trapping site).

vacuum (le) vide *(absence de matière) (noter que le vide (absolu) est le meilleur isolant électrique, l'absence d'atomes étant le meilleur moyen de s'opposer à la création d'un chemin conducteur) (cf. aussi* non-material medium, non-dispersive medium, propagation medium *et* medium 1)).

vacuum arc arc dans le vide *(arc électrique produit dans le vide et notamment dans un tube à vide) (cf. aussi* electric arc *et* vacuum).

vacuum bake étuvage sous vide *(étuvage de bobinages, de circuits intégrés hybrides ou autres composants ou ensembles dans une étuve à dépression pour les déshydrater et les dégazer avant imprégnation sous vide) (cf. aussi* vacuum impregnation).

vacuum bin *cf.* vacuum column.

vacuum breakdown claquage du vide *(jaillissement d'un arc dans le vide) (cf. aussi* breakdown 2) *et* vacuum).

vacuum capacitor condensateur à vide *(condensateur pour tension élevée dans lequel le diélectrique est le vide, les armatures, généralement tubulaires et concentriques, étant montées dans un tube de verre scellé dans lequel le vide est fait) (est utilisé notamment dans le circuit anodique à tension élevée de l'étage de sortie de certains émetteurs de radiodiffusion) (cf. aussi* capacitor *et* vacuum).

vacuum column puits à dépression *(tube à dépression disposé entre la tête magnétique et chacune des bobines d'un dérouleur de bande magnétique et dans lequel la bande forme une boucle de longueur variable sous l'action de l'air aspiré à la base du tube pour éviter le risque de rupture au démarrage des bobines dans un sens ou dans l'autre) (est un tube à section rectangulaire et à paroi antérieure transparente disposé verticalement sous chaque bobine, entre celle-ci et le cabestan correspondant en ce qui concerne le trajet de la bande) (un manocontact à dépression est monté au bas du tube pour couper le courant d'alimentation du moteur d'entraînement de la bobine en l'absence d'une dépression suffisante dans le tube) (lorsqu'une bobine démarre en bobine réceptrice, c.-à-d. dans le sens où elle tire sur la bande, la boucle raccourcit tout en étant soumise à la force de rappel élastique créée par la dépression, ce qui empêche la bande de se tendre brusquement entre la bobine et le cabestan, éliminant ainsi les risques de rupture au démarrage) (inf) (cf. aussi* tape drive 1) *et* capstan).

vacuum-column ... *cf.* start-stop ...

vacuum-deposited film couche déposée sous vide *(CI, etc.)* *(cf. aussi* vacuum deposition).

vacuum deposition dépôt sous vide *(dépôt d'une mince couche de métal sur un substrat isolant exécuté dans une enceinte dans laquelle règne un vide plus ou moins poussé) (terme générique et définition générale couvrant notamment l'évaporation sous vide et la pulvérisation cathodique) (la couche de métal déposée peut être transformée en un oxyde ou un nitrure au fur et à mesure de sa formation par introduction d'oxygène ou d'azote, respectivement, dans la cloche) (fab. CH, CI, etc.) (cf. aussi* vapor deposition *et* sputtering).

vacuum diffusion diffusion sous vide *(diffusion d'impuretés ou autre corps réalisée sous vide) (semi, etc.) (cas peu fréquent) (cf. aussi* diffusion 1) (b)).

vacuum diode diode à vide *(diode à cathode chaude réalisée sous la forme d'un tube à vide) (a été inventée par le physicien anglais Fleming en 1904 à partir de l'effet Edison, cette invention étant contestée par l'Américain, qui avait déposé une demande de brevet similaire en 1884, ce litige ayant donné lieu à des procès interminables) (en réalité, c'est effectivement Edison qui a inventé la diode à vide et c'est Fleming qui a eu l'idée de l'utiliser comme détecteur d'enveloppe dans un récepteur radio de l'époque, à la place du détecteur à galène — principale fonction qu'elle a remplie depuis, avant de céder la place aux diodes à jonction) (entre-temps, la diode à vide a donné naissance à la triode) (cf. aussi* thermionic diode, vacuum tube, Edison effect, detector 2) *et* triode).

vacuum discharge décharge dans le vide, décharge électrique *(idem) (décharge disruptive éclatant dans le vide) (cf. aussi* disruptive discharge *et* vacuum).

vacuum-encapsulated *a* encapsulé sous vide, monté en boîtier sous vide *(composant) (cf. aussi* vacuum encapsulation).

vacuum encapsulation encapsulation sous vide *(montage d'un composant, notamment d'un résonateur à quartz, dans un boîtier hermétique dans lequel le vide est fait ensuite) (cf. aussi* encapsulation).

vacuum evaporation *cf.* vapor deposition. *(le premier terme étant peu employé).*

vacuum fluorescent display 1) affichage par fluorescence. *(voir ci-après).* 2) afficheur fluorescent *(afficheur formé essentiellement d'un tube cathodique extra-plat comparable à un œil magique et comportant une série d'anodes coplanaires, fluorescentes visibles excitées sélectivement par les électrons émis par la cathode) (la forme des anodes est celle des caractères ou autre graphisme à faire apparaître par application d'une tension positive à celles-ci par rapport à la cathode et leur couleur dépend du luminophore dont elles sont recouvertes, la polychromie étant ainsi possible et même courante) (est utilisé notamment dans des tableaux de bord d'automobiles et des calculatrices électroniques de bureau) (opto) (cf. aussi* display[1] 5), magic eye *et* phosphor).

vacuum gage jauge à vide, vacumètre, manomètre à dépression *(le premier terme est le plus employé) (appareil de mesure indiquant la pression résiduelle dans une enceinte dans laquelle est fait le vide) (cf. aussi* Pirani gage, thermocouple vacuum gage, ionization gage *et* vacuum).

vacuum gauge *(GB) cf.* vacuum gage.

vacuum guide guide à dépression *(guide-bande de magnétoscope quadruplex Ampex donnant à la bande magnétique une section incurvée pour le passage de celle-ci devant le disque tournant transversal portant les quatre têtes vidéo) (cf. aussi* video tape recorder).

vacuum-impregnated imprégné sous vide *(cf. aussi* vacuum impregnation).

vacuum impregnation imprégnation sous vide *(imprégnation exécutée dans une enceinte dans laquelle un vide plus ou moins poussé est entretenu par pompage pour faciliter la pénétration du produit d'imprégnation dans les pores ou interstices des objets à imprégner grâce à l'absence d'air dans ceux-ci) (condensateur bobiné, bobinage de machine électrique ou autre, etc.) (cf. aussi* impregnation *et* vacuum bake).

vacuum-insulated isolés par le vide *(conducteurs) (cf. aussi* vacuum insulation).

vacuum insulation isolement par le vide *(isolement de deux conducteurs, notamment deux électrodes, disposés dans une enceinte dans laquelle le vide est fait) (tube à vide, condensateur à vide, etc.) (cf. aussi* insulation 2) *et* electrode).

vacuum level niveau de vide *(parf.* du vide) *(degré plus ou moins grand de vide) (cf. aussi* level 1) *et* vacuum).

vacuum metallization métallisation sous vide *(dépôt d'une couche métallique sous vide) (cf. aussi* vacuum deposition).

vacuum-metallized métallisé sous vide *(cf. aussi* vacuum metallization).

vacuum metallizing *cf.* vacuum metallization.

vacuum pencil pipette à dépression, pipette *(petit tube relié à une pompe à vide utilisé pour saisir des petits composants par aspiration dans des machines automatiques et notamment dans les machines conçues pour la pose en surface) (cf. aussi* surface mounting 2)).

vacuum phototube phototube à vide, tube photoélectrique à vide *(tube photoélectrique dans l'ampoule duquel le vide est fait avant de sceller celle-ci) (est caractérisé par un court temps de réponse et une faible valeur de l'intensité maximale du courant photoélectrique) (cf. aussi* phototube *et* response time (a)).

vacuum pocket *cf.* vacuum column.

vacuum-processed *(voir aussi* vacuum processing) 1) traité sous vide. 2) usiné sous vide. 3) élaboré sous vide.

vacuum processing 1) traitement sous vide *(traitement de corps ou d'objets exécuté dans une enceinte dans laquelle règne un vide plus ou moins poussé) (dépôt sous vide, diffusion sous vide, etc.) (cf. aussi* vacuum deposition, vacuum diffusion *et* processing 1)). 2) usinage sous vide *(usinage par faisceau d'électrons) (cf. aussi* electron-beam machining). 3) élaboration sous vide *(métal).*

vacuum triode triode à vide, tube triode à vide, tube à vide triode, tube électronique *(idem) (tube électronique triode réalisé sous la forme d'un tube à vide) (clpf) (cf. aussi* triode tube *et* vacuum tube).

vacuum tube tube à vide, tube électronique à vide *(tube électronique dans l'enveloppe duquel règne un vide relativement poussé) (le nombre de molécules d'air ou d'atomes d'autres gaz résiduels par unité de volume étant extrêmement faible, leur libre parcours moyen est beaucoup plus grand que la distance entre la cathode et l'anode du tube et, par conséquent, l'ionisation des gaz résiduels ne peut se produire et influer sur la conduction dans le tube) (la plupart des tubes électronique sont des tubes à vide) (cf. aussi* hard tube, soft tube, vacuum, mean free path, ionization *et* electron tube).

vacuum-tube amplification amplification par tube (électronique) *(parfois au pluriel) (amplification d'un signal par un amplificateur à un ou plusieurs tubes électroniques) (cf. aussi* amplification *et* vacuum-tube amplifier).

vacuum-tube amplifier amplificateur à tube électronique, amplificateur à tube *(parfois au pluriel) (amplificateur utilisant un tube électronique à vide à grille de commande comme élément actif ou, parfois, deux ou plusieurs tubes de ce type) (tous les amplificateurs à tube électroniques sont des amplificateurs à tube à vide) (cf. aussi* amplifier, vacuum tube, grid-controlled tube *et* triode amplifier).

vacuum-tube detector détecteur à tube (électronique) *(détecteur d'enveloppe utilisant une diode à vide comme élément redresseur) (récepteur, etc.) (cf. aussi* detector 2) *et* vacuum diode).

vacuum-tube electrometer tube électromètre *(noter que les deux termes ne se correspondent pas, les Anglo-Saxons considérant l'électromètre complet et les Français le tube électronique qu'il utilise) (au sens du terme français, triode à vide à très grande impédance d'entrée et très faible courant de grille conçu pour être utilisé dans un amplificateur à courant continu pour très faibles tensions utilisé comme électromètre) (cf. aussi* electrometer, vacuum triode, input impedance, grid current *et* dc amplifier).

vacuum-tube instrument appareil à tubes (électroniques) *(appareil utilisant des tubes électroniques à vide et éventuellement à gaz) (émetteur, récepteur, générateur de signaux, appareil de mesure, etc.) (cf. aussi* electron tube).

vacuum-tube modulator modulateur à tube électronique (à vide), modulateur à tube (à vide) *(modulateur électronique* *utilisant un tube à vide à grille de commande pour remplir sa fonction) (ces termes désignent souvent un modulateur d'amplitude à tube électronique) (émetteur, etc.) (cf. aussi* modulator, vacuum tube *et* grid-controlled tube).

vacuum-tube noise bruit d'un tube à vide, bruit d'un tube électronique (à vide) *(bruit électrique à la sortie d'un tube électronique à vide dû uniquement au tube) (est la somme du bruit thermique, du bruit de grenaille, du bruit de scintillation, du bruit de partage et du bruit d'émission secondaire) (cf. aussi* noise 2) (a), thermal noise, shot noise, flicker noise (a), partition noise, secondary-emission noise *et* electron tube).

vacuum-tube oscillator oscillateur à tube électronique (à vide), oscillateur à tube *(idem) (oscillateur dans lequel l'élément actif est un tube électronique à vide, à savoir une triode ou une pentode dans le cas d'un tube classique) (utilise un circuit accordé ou, parfois, deux) (cf. aussi* tuned-anode oscillator, tuned-grid oscillator, tuned-grid tuned-anode oscillator, oscillator, triode tube *et* pentode).

vacuum-tube radio receiver récepteur radio à tubes (électroniques), poste à lampes *(terme ancien encore employé)*, récepteur à tubes *(le dernier terme n'est employé que lorsqu'il n'y a pas de risque de confusion avec un autre type de récepteur à tubes électroniques) (cf. aussi* radio receiver *et* vacuum-tube receiver).

vacuum-tube receiver récepteur à tubes électroniques, récepteur à tubes, *(parf. aussi)* récepteur à lampes *(terme ancien) (récepteur radioélectrique utilisant des tubes électroniques à vide dans tout ou partie de ses étages) (cf. aussi* RF receiver *et* vacuum tube).

vacuum-tube rectifier diode à vide de redressement, valve, diode de redressement *(le dernier terme n'est employé que lorsqu'il n'y a pas de risque de confusion avec une diode de redressement à jonction) (diode à vide conçue pour être utilisée comme redresseur) (est généralement une diode à deux anodes appelée « valve biplaque », c.-à-d. une double diode de redressement à cathode commune destinée à être utilisée dans un montage va-et-vient) (était utilisée dans des chargeurs de batterie et dans les alimentations des « postes à lampes » et autres appareils électroniques avant la généralisation des redresseurs secs, puis des redresseurs à jonction PN) (tube) (cf. aussi* vacuum diode *et* rectifier).

vacuum-tube transmitter émetteur à tubes (électroniques) *(émetteur radioélectrique utilisant des tubes électroniques à vide et éventuellement à gaz dans le cas d'un émetteur de radar) (cf. aussi* RF transmitter, vacuum tube *et* gas tube).

vacuum-tube voltmeter voltmètre à lampe *(terme ancien encore employé)*, voltmètre électronique *(terme plus récent mais imprécis) (voltmètre électronique dans lequel l'amplificateur utilise un tube à vide à grille de commande à très grande impédance d'entrée) (cf. aussi* electronic voltmeter, vacuum tube *et* grid-controlled tube).

vacuum ultraviolet (l')ultraviolet dans le vide *(rayonnement ultraviolet se propageant dans le vide) (cf. aussi* ultraviolet radiation *et* vacuum).

vacuum UV *cf.* vacuum ultraviolet.

valence valence *(chiffre indiquant le nombre d'électrons qu'un atome peut perdre, acquérir ou mettre en commun avec autant d'électrons d'un ou plusieurs autres atomes pour former une ou plusieurs liaisons chimiques) (la valence d'un atome d'un élément chimique déterminé peut être différente selon l'atome auquel il se lie. Exemple : l'atome de soufre est bivalent dans l'acide sulfurique et hexavalent dans l'anhydride sulfureux) (la valence la plus élevée est égale à huit) (chimie physique) (cf. aussi* valence electron *et* null valence).

valence band bande de valence *(bande d'énergie des électrons de valence) (chimie physique) (semi, etc.) (cf. aussi* energy band *et* valence electron).

valence bond liaison de valence *(nom parfois donné à une liaison chimique pour rappeler qu'elle est due aux électrons de valence) (chimie physique) (cf. aussi* chemical bond *et* valence electron).

valence electron électron de valence *(électron périphérique d'un atome pouvant participer à une liaison chimique) (chimie physique) (cf. aussi* outer-shell electron, chemical bond *et* valence).

valence shell couche de valence *(nom parfois donné à la couche extérieure d'un atome pour rappeler que c'est cette couche qui peut contenir des électrons de valence) (chimie physique) (cf. aussi* outer shell *et* valence·electron).

value valeur *(au sens mathématique, nombre mesurant une grandeur) (cf. aussi* value of a quantity, discrete value, quantized value, rated value, RMS value, logic value, value range *et* ohmic value).

value-added carrier société à valeur ajoutée *(société de télécommunications exploitant un réseau à valeur ajoutée) (cf. aussi* value-added network).

value-added network réseau à valeur ajoutée *(réseau informatique dans lequel les informations transmises sont enrichies au cours de leur transmission, c-à-d. soumises à des opérations de mise en forme, tri, classement, comparaison, calcul, etc. exécutées par un ordinateur par lequel elles transitent) (télinf) (cf. aussi* data communications network).

value-added services services à valeur ajoutée *(services offerts par l'exploitant d'un réseau à valeur ajoutée) (cf. aussi* value-added network).

value of a quantity valeur d'une grandeur *(ne pas confondre les deux notions) (cf. aussi* value *et* quantity).

value range 1) gamme de valeurs, intervalle de valeurs, plage de valeurs *(suite de valeurs prises ou pouvant être prises par une grandeur variable) (cf. aussi* value *et* variable quantity). **2)** gamme de valeurs *(gamme de composants, notamment de résistances ou de condensateurs, d'un même type mais de différentes valeurs) (cf. aussi* ohmic value *et* capacitance).

valve *(GB)* tube électronique, *(etc.) (cf. aussi* electron tube).

valve ... *cf.* vacuum-tube ...

VAN *cf.* value-added network.

Van Allen belt ceinture de Van Allen, ceinture de radiations *(noms donnés à chacune des zones successives entourant la Terre au niveau de l'équateur magnétique, dans lesquelles circulent un grand nombre d'électrons et de protons à haute énergie provenant des rayons cosmiques et piégés par le champ magnétique terrestre autour des lignes de force duquel ils s'enroulent en hélice) (la première zone, mise en évidence par Van Allen, est située à environ 3 000 km d'altitude et la seconde, plus étendue, à environ 16 000 km ; certains auteurs admettent l'existence d'une troisième zone à environ 32 000 km) (noter également que certains auteurs réservent le terme « ceinture de Van Allen à la première zone) (cf. aussi* magnetic equator *et* cosmic rays).

Van de Graaff generator générateur de Van de Graaff, générateur électrostatique *(idem) (générateur électrostatique utilisant une courroie isolante verticale tendue entre deux poulies pour transporter des charges électriques collectées au niveau de la poulie inférieure jusqu'à une électrode hémisphérique creuse isolée coiffant l'installation où elles s'accumulent) (les charges électriques accumulées sur l'électrode hémisphérique sont utilisées par un accélérateur linéaire de particules disposé parallèlement à la courroie) (l'ensemble est monté dans une enceinte sous pression d'air ou de fréon pour améliorer l'isolement de l'électrode) (certains générateurs Van de Graaff mesurent plus de 10 mètres de hauteur et permettent d'obtenir une tension de plus de 10 millions de volts entre l'électrode et la terre) (cf. aussi* electrostatic generator).

vane-and-strap magnetron *cf.* strapped-vane magnetron.

vane attenuator atténuateur à lame absorbante, atténuateur à lame *(autres noms d'un atténuateur variable en guide d'ondes rappelant la constitution de celui-ci) (hyper) (cf. aussi* variable waveguide attenuator).

vane-type anode anode cloisonnée *(ou à cloisons ou à cavités sectorielles)*, anode sectorielle *(terme que j'ai proposé) (anode de magnétron dans laquelle les cavités sont créées par des cloisons radiales délimitées au centre par l'espace d'interaction, ce qui donne la forme d'un secteur tronqué à la section droite des cavités) (ne pas employer « anode à vanes ») (tube hyper) (cf. aussi* rising-sun anode *et* magnetron).

vane-type instrument appareil à palette de fer doux *(app. mesure) (cf. aussi* iron-vane instrument).

vane-type magnetron magnétron à anode cloisonnée, *(etc.) (tube hyper) (cf. aussi* vane-type anode).

vapor-deposited layer couche déposée par évaporation (sous vide), couche déposée en phase vapeur *(CI, etc.) (cf. aussi* vapor deposition).

vapor deposition 1) évaporation sous vide, dépôt en phase vapeur *(procédé de dépôt sous vide dans lequel le métal à déposer est sublimé par chauffage pour produire des vapeurs métalliques à une température relativement basse) (selon sa nature, le métal est utilisé notamment sous la forme de clinquant ou de fil fin accroché à un filament de tungstène chauffé par effet Joule, ou de poudre contenue dans un creuset entouré par le filament chauffant ou chauffée directement par un faisceau d'électrons ou un faisceau laser) (fab. CI, etc.) (cf. aussi* vacuum deposition). 2) dépôt en phase vapeur *(fibre optique) (cf. aussi* chemical vapor deposition 1)).

vapor deposition process procédé d'évaporation sous vide *(ou de dépôt en phase vapeur) (cf. aussi* vapor deposition).

vapor-phase epitaxy épitaxie en phase vapeur *(procédé d'épitaxie dans lequel le corps à partir duquel est formée la couche épitaxiale est amené à l'état de vapeur en contact avec le substrat à épitaxier) (fab. semi) (cf. aussi* epitaxy).

vapor-phase-grown epitaxial layer couche épitaxiée en phase vapeur *(couche épitaxiale formée par épitaxie en phase vapeur) (semi) (cf. aussi* vapor-phase epitaxy).

vapor-phase reaction réaction en phase vapeur *(réaction chimique se produisant, par exemple, entre les vapeurs d'un métal déposé par évaporation et un gaz éventuellement introduit dans la cloche d'évaporation) (cf. aussi* vapor deposition *et* vacuum deposition).

vaporization-cooled refroidi par vaporisation *(souvent au féminin) (anode de tube de puissance, etc.) (cf. aussi* vaporization cooling).

vaporization cooling refroidissement par vaporisation *(refroidissement d'un organe fonctionnant à haute température par mise en contact avec de l'eau, la vapeur formée étant ensuite condensée dans un condenseur ou un échangeur de chaleur, avec fonctionnement en circuit fermé) (tube de puissance, etc.) (cf. aussi* Vapotron).

Vapotron *(marque déposée)* Vapotron, tube Vapotron *(tube amplificateur de grande puissance dans lequel l'anode est munie, à l'extérieur, de nervures épaisses refroidies par évaporation dans de l'eau quasi-stagnante dans des conditions telles que la capacité de transfert de chaleur au milieu extérieur atteint le double de la valeur permise par le refroidissement par circulation forcée d'eau froide) (le système de refroidissement de ce tube électronique met en œuvre l'ébullition nuclée de l'eau et sa vaporisation semi-pelliculaire simultanée découverte en 1950 par un ingénieur de la société CFTH, devenue la Thomson-CSF) (le refroidissement du tube Vapotron a été ultérieurement amélioré à deux reprises pour donner le Supervapotron, puis l'Hypervapotron dont la capacité de transfert de chaleur, environ dix fois plus grande que celle du Vapotron, atteint en toute sécurité 1 kW/cm^2 de la surface extérieure de l'anode) (ces tubes sont employés notamment dans des émetteurs de radiodiffusion sonore ou visuelle, dans des générateurs de chauffage à haute fréquence et dans des émetteurs militaires) (cf. aussi* vaporization cooling *et* power tube).

var var *(vient de « voltampère réactif ») (unité de puissance réactive du système SI) (courant alternatif) (cf. aussi* voltampere *et* reactive power).

varactor *(vient de « variable reactor »)* diode varicap *(ou à capacité variable) (diode à jonction PN conçue pour que la capacité de la jonction varie assez fortement avec la tension inverse pour servir de condensateur variable à commande électrique instantanée) (la variation relativement grande de la capacité de la jonction avec la tension inverse est obtenue grâce à l'emploi d'une jonction abrupte ou hyperabrupte) (noter que cette variation existe également, mais moins marquée, dans une diode à jonction PN ordinaire) (est utilisée pour l'accord des circuits d'accord de nombreux récepteurs modernes de radiodiffusion sonore ou visuelle ou autres, pour la modulation de fréquence, la commande automatique de fréquence, la multiplication de fréquence et dans des amplificateurs paramétriques classiques) (semi) (cf. aussi* p-n junction diode, junction capacitance, abrupt junction, hyperabrupt junction, tuning circuits *et* parametric amplifier).

varactor chip puce de diode varicap, *(etc.) (puce sur laquelle est réalisée une diode à capacité variable) (semi) (cf. aussi* varactor *et* chip 1).

varactor diode *cf.* varactor.

varactor frequency multiplier multiplicateur de fréquence à diode varicap *(ou à capacité variable),* multiplicateur à diode varicap *(idem) (hyper) (cf. aussi* diode frequency multiplier *et* varactor).

varactor multiplier *cf.* varactor frequency multiplier.

varactor oscillator *cf.* varactor-tuned oscillator.

varactor-tuned Gunn-diode oscillator *cf.* varactor-tuned Gunn oscillator.

varactor-tuned Gunn-effect oscillator *cf.* varactor-tuned Gunn oscillator.

varactor-tuned Gunn oscillator oscillateur à diode Gunn accordé par diode varicap *(ou à capacité variable),* oscillateur Gunn à diode varicap *(idem) (hyper) (cf. aussi* Gunn oscillator *et* varactor tuning).

varactor-tuned local oscillator oscillateur local à diode varicap, *(etc.) (oscillateur local réalisé sous la forme d'un oscillateur accordé par diode varicap) (super) (cf. aussi* varactor-tuned oscillator *et* local oscillator).

varactor-tuned oscillator oscillateur accordé par diode varicap *(ou à capacité variable),* oscillateur à diode varicap *(idem) (oscillateur commandé en tension utilisant l'accord par diode à capacité variable) (cf. aussi* voltage-controlled oscillator *et* varactor tuning).

varactor-tuned VCO *cf.* varactor-tuned voltage-controlled oscillator.

varactor-tuned voltage-controlled oscillator oscillateur commandé en tension accordé par diode varicap *(ou à capacité variable) (cf. aussi* voltage-controlled oscillator *et* varactor tuning).

varactor tuning accord par diode varicap *(ou à capacité variable) (accord d'un circuit oscillant obtenu à l'aide d'une diode à capacité variable montée en parallèle sur le condensateur du circuit) (oscillateur commandé en tension) (cf. aussi* tuning *et* varactor).

varactor unit version à capacité variable *(diode à jonction PN) (cf. aussi* varactor *et* unit 3)).

variable-area optical ... *cf.* variable-area ...

variable-area recording enregistrement à densité fixe *(ou constante,* enregistrement optique *(idem),* enregistrement du son *(idem) (enregistrement optique du son sur un film de cinéma produisant une piste sonore à densité fixe) (cf. aussi* variable-area sound track).

variable-area sound recording *cf.* variable-area recording.

variable-area sound track piste sonore à densité fixe *(ou constante ou à surface variable),* piste optique *(idem),* piste *(idem) (piste sonore optique dans laquelle le signal à enregistrer est représenté par la modulation de la largeur de la piste produite par celui-ci) (la modulation de la largeur de la piste est produite par déviation du faisceau de lumière ou par variation de sa largeur sous l'action du signal à enregistrer) (le premier cas est celui où la modulation est réalisée par un oscillographe à miroir et le second par un galvanomètre à cordes modifié, c.-à-d. dans lequel les branches en U sont perpendiculaires à l'axe des fentes pour agir sur la largeur du faisceau et non sur son épaisseur) (film sonore) (cf. aussi* optical sound track, optical oscillograph *et* light valve 1)).

variable-area track *cf.* variable-area sound track.

variable attenuation atténuation variable, affaiblissement variable *(atténuation d'un signal produite par des conditions de propagation variables ou par un atténuateur variable) (cf. aussi* attenuation, propagation conditions *et* variable attenuator).

variable attenuator atténuateur variable *(atténuateur dans lequel l'atténuation peut être réglée entre deux limites déterminées) (ce terme désigne généralement un atténuateur à variation continue, mais est parfois employé pour désigner un atténuateur à plots) (cf. aussi* continuously variable attenuator, variable coaxial attenuator, variable waveguide attenuator, step attenuator *et* attenuator).

variable audio oscillator oscillateur BF à fréquence variable *(cf. aussi* audio-frequency oscillator).

variable autotransformer autotransformeur variable *(ou à rapport variable)*(*autotransformeur réalisé sous la forme d'un transformateur à rapport variable par emploi de spires à partie dénudée et d'un curseur, ou de prises sur l'enroulement et d'un commutateur) (élt) (cf. aussi* autotransformer, variable transformer *et* Variac).

variable-capacitance diode *cf.* varactor.

variable-capacitance sensor capteur capacitif, capteur à variation de capacité *(le premier terme est le plus employé) (capteur de mesure utilisant la variation de capacité d'un condensateur plan dont une armature se déplace légèrement sous l'action de la grandeur à mesurer) (est généralement monté dans le circuit oscillant d'un oscillateur dont il constitue le condensateur d'accord variable, la fréquence de sortie de l'oscillateur étant alors une mesure de la grandeur considérée) (est employé notamment comme capteur de dépression) (cf. aussi* sensor, capacitance, parallel-plate capacitor, resonant circuit *et* tuning capacitor).

variable-capacitance transducer *cf.* variable-capacitance sensor.

variable capacitor condensateur variable *(condensateur dont la capacité peut être réglée rapidement et de façon continue entre deux limites déterminées, le condensateur étant en outre conçu pour permettre des réglages fréquents sans usure appréciable) (c'est cette dernière caractéristique qui constitue la différence essentielle entre un condensateur variable et un condensateur ajustable) (comprend essentiellement: 1°) une série de plaquettes métalliques minces fixes de forme approximativement semi-circulaire régulièrement espacées appelées « lames fixes » et constituant l'armature fixe du condensateur appelée « stator » avec son cadre métallique ; 2°) une série de plaquettes similaires calées sur un axe tournant dans le cadre du stator et constituant l'amature mobile du condensateur appelée « rotor » dont les lames tournent dans les intervalles séparant les lames du stator, l'axe étant monté sur roulements à billes comprimés axialement pour assurer l'absence totale de jeu de l'axe et la continuité électrique entre celui-ci et le cadre) (les lames, initialement fabriquées en laiton, sont depuis longtemps en alliage d'aluminium ; elles doivent être aussi rigides que possible pour éviter l'effet microphonique dans les récepteurs radio) (lorsque les lames mobiles sont entièrement rentrées dans les intervalles séparant les lames fixes, la surface en regard des armatures est maximale et, par conséquent, la capacité du condensateur également ; lorsqu'elles sont entièrement sorties, la capacité est minimale et presque nulle) (le condensateur variable est utilisé notamment comme condensateur d'accord dans les récepteurs radio ; dans le cas général des récepteurs superhétérodynes, il comprend en fait deux ou trois condensateurs élémentaires appelés « cages » disposés l'un à la suite de l'autre dans le cadre métallique, les rotors étant calés sur le même axe pour permettre la commande unique et les cages étant séparées par une cloison métallique pour éviter les couplages indésirables entre circuits) (les modèles à deux cages, les plus courants, sont utilisés dans les récepteurs qui ne comportent pas d'amplificateur haute fréquence) (dans les récepteurs de radiodiffusion notamment, le condensateur variable est de plus en plus remplacé par la diode à capacité variable) (cf. aussi* split-stator variable capacitor, mid-line capacitance, straight-line capacitance, straight-line frequency, straight-line wavelength, trimmer capacitor, tuning capacitor, tuning circuit, ganged control, varactor *et* capacitor).

variable-capacitor section cage de condensateur variable *(un des éléments d'un condensateur variable multiple) (cf. aussi* variable capacitor).

variable-carrier modulation modulation à taux constant *(émetteur) (cf. aussi* controlled-carrier modulation).

variable coaxial attenuator atténuateur coaxial variable *(le terme anglais désigne presque toujours un atténuateur coaxial à variation continue) (hyper) (cf. aussi* continuously-variable coaxial attenuator).

variable-conductance tube *cf.* variable-mu tube.

variable coupling couplage variable *(couplage magnétique dont on peut faire varier le coefficient) (cf. aussi* magnetic coupling (a)).

variable-cycle operation fonctionnement à cycle variable *(fonctionnement cyclique d'un dispositif ou un appareil avec possibilité de faire varier la période du cycle) (ce terme désigne souvent le fonctionnement d'un calculateur asynchrone) (inf, etc.) (cf. aussi* period, cycle *et* asynchronous computer).

variable-density optical recording *cf.* variable-density recording.

variable-density optical track *cf.* variable-density sound track.

variable-density recording enregistrement à densité variable, enregistrement optique *(idem)*, enregistrement du son *(idem) (enregistrement optique du son sur un film de cinéma produisant une piste sonore à densité variable) (cf. aussi* variable-density sound track).

variable-density sound recording *cf.* variable-density recording.

variable-density sound track piste sonore à densité variable *(ou à surface constante)*, piste optique *(idem)*, piste *(idem) (piste sonore optique dans laquelle le signal à enregistrer est représenté par la modulation de la densité optique de la piste, sur toute sa largeur, produite par celui-ci) (la densité optique est le noircissement plus ou moins prononcé des parties exposées du film après développement) (la modulation de l'exposition de la piste, c.-à-d. de son éclairement, est produite par un galvanomètre à cordes, une lampe à lueur ou une cellule de Kerr ou de Pockel sous l'action du signal à enregistrer) (film sonore) (cf. aussi* optical sound track, light valve 1), glow lamp, Kerr cell *et* Pockel cell).

variable-density track *cf.* variable-density sound track.

variable-depth array poisson *(sonar) (cf. aussi* variable-depth sonar).

variable-depth sonar sonar remorqué *(sonar de navire militaire de surface, notamment d'escorteur, dont le projecteur réversible est monté dans une coque étanche profilée appelée « poisson » immergeable à une profondeur réglable au bout d'un câble de remorquage assurant également les liaisons électriques) (la longueur du câble est également réglable et peut atteindre plusieurs centaines de mètres) (noter que l'émetteur et le récepteur du sonar sont installés dans le navire malgré le nom donné au système) (l'emploi d'un poisson permet de réduire l'intensité des bruits du navire au niveau de l'hydrophone et d'immerger le projecteur à la profondeur optimale pour la détection des sous-marins en fonction des conditions locales de propagation des signaux émis, évitant ainsi la limitation de portée fréquemment imposée à un sonar de coque par des conditions bathythermiques défavorables en surface) (mar. mil) (cf. aussi* sonar *et* thermocline).

variable-depth sonar array *cf.* variable-depth array.

variable duty-cycle pulse train train d'impulsions à rapport cyclique variable *(cf. aussi* pulse train *et* duty cycle 1)).

variable duty-cycle waveform *cf.* variable duty-cycle pulse train. *(cf. aussi* waveform).

variable electric field champ électrique variable *(champ électrique d'intensité variable) (cf. aussi* electric field *et* variable field).

variable-erase recording enregistrement avec effacement sélectif, enregistrement magnétique avec effacement sélectif *(enregistrement d'informations en des endroits déterminés d'une bande magnétique déjà enregistrée avec effacement préalable des informations enregistrées aux points correspondants) (cf. aussi* tape recording).

variable field champ variable, champ de forces variable *(champ de forces d'intensité variable) (en électronique et sciences connexes, ce terme désigne souvent un champ électrique ou magnétique alternatif) (noter que, conformément à la théorie de l'électromagnétisme, de Maxwell, un champ électrique variable crée obligatoirement un champ magnétique variable et vice versa, qui lui est associé et que, si l'on ne considère généralement que le champ électrique ou magnétique variable, il n'en est pas moins vrai que l'on a affaire en réalité à un champ électromagnétique) (on se rappellera donc qu'un champ électromagnétique est variable par nature) (cf. aussi* stationary field, periodic field, field of force *et* field strength).

variable-frequency oscillator oscillateur à fréquence variable *(oscillateur accordable dans lequel la fréquence d'accord peut être réglée en fonctionnement par action manuelle ou par application d'une tension) (terme générique couvrant l'oscillateur accordable par condensateur variable classique, l'oscillateur commandé en tension et l'oscillateur commandé en courant) (cf. aussi* tunable oscillator, variable capacitor, voltage-controlled oscillator *et* current-controlled oscillator).

variable-gain amplifier amplificateur à gain variable *(amplificateur dont le gain peut être réglé de façon continue en fonctionnement entre deux limites déterminées par application d'un signal approprié) (est utilisé notamment dans certains radars) (cf. aussi* static gain, gain 1) *et* sensitivity-time control).

variable inductance inductance variable, bobine d'inductance variable *(bobine d'inductance dont l'inductance peut être réglée de façon continue entre des limites déterminées) (ce résultat est obtenu à l'aide d'un noyau magnétique disposé au centre de la bobine et pouvant être déplacé le long de son axe ou en réalisant la bobine en deux parties déplaçables l'une par rapport à l'autre) (cf. aussi* variometer *et* inductor).

variable-inductance … *cf.* variable-reluctance …

variable-length record article de longueur variable *(suite d'informations enregistrées sur une bande ou un disque magnétique de mémoire d'ordinateur sans impératif de longueur d'enregistrement à satisfaire) (inf) (cf. aussi* computer memory).

variable magnetic field champ magnétique variable *(champ magnétique d'intensité variable) (électromagnétisme) (cf. aussi* magnetic field *et* variable field).

variable microwave attenuator atténuateur hyperfréquence variable *(atténuateur hyperfréquence réalisé sous la forme d'un atténuateur variable) (cf. aussi* microwave attenuator *et* variable attenuator).

variable-modulus divider (circuit) diviseur à module variable *(circuit diviseur pouvant diviser par deux ou par trois, par exemple) (inf, etc.) (cf. aussi* scaler).

variable-mu tube tube à pente variable, tube électronique *(idem)*, lampe à pente variable *(terme ancien) (tube électronique amplificateur dans lequel la pente varie sensiblement en fonction du point de fonctionnement choisi, ce qui permet de faire varier le gain de l'amplificateur en agissant sur la tension de polarisation de la grille) (en d'autres termes, tube à grille de commande dont la caractéristique de grille est une courbe à grand rayon à peu près constant dans sa partie utile au lieu d'une droite précédée d'un coude relativement brusque, le gain de l'amplificateur diminuant alors sensiblement lorsque le point de fonctionnement recule le long de la caractéristique de grille, c.-à-d. lorsque la polarisation négative de la grille augmente) (ce résultat est obtenu grâce à l'emploi d'une grille en hélice dont les spires sont relativement espacées au milieu de l'hélice et se resserrent de plus en plus vers ses extrémités) (est employé notamment dans les récepteurs radio à tubes électroniques équipés d'un « antifading ») (cf. aussi* transconductance, load line, grid characteristic *et* automatic volume control).

variable oscillator *cf.* variable-frequency oscillator.

variable persistence persistance variable, rémanence variable *(tube à mémoire) (cf. aussi* variable-persistence storage tube).

variable-persistence cathode-ray tube *(ou* CRT*) cf.* variable-persistence storage tube.

variable-persistence mode mode de persistance variable *(mode de visualisation d'un tube à mémoire à persistance variable) (oscillo) (cf. aussi* variable-persistence storage tube).

variable-persistence oscilloscope *(ou* scope*) cf.* variable-persistence storage oscilloscope.

variable-persistence storage mémorisation à persistance variable, *(etc.) (mémorisation d'un signal dans un tube à mémoire à persistance variable) (oscillo) (cf. aussi* variable-persistence storage tube).

variable-persistence storage cathode-ray tube *(ou* CRT*) cf.* variable-persistence storage tube.

variable-persistence storage oscilloscope *(ou* scope*)* oscilloscope à mémoire à persistance variable, *(etc.)*, oscilloscope à persistance variable *(idem) (oscilloscope à mémoire équipé d'un tube à mémoire à persistance variable) (cf. aussi* variable-persistence storage tube).

variable-persistence storage tube tube à mémoire à persistance variable, tube à persistance variable *(persistance ou rémanence) (tube à mémoire dans lequel le temps pendant lequel un signal est visualisé sur l'écran peut être réglé entre des limites déterminées, la trace disparaissant progressivement après ce temps, c.-à-d. tube à mémoire à grille à lecture directe) (permet notamment de ne faire apparaître sur l'écran, par intégration sur la grille, que la partie utile de signaux récurrents affectés d'instabilité) (équipe tous les oscilloscopes à mémoire d'un certain niveau de performances) (cf. aussi* storage tube, direct-view storage tube *et* storage oscilloscope).

variable-persistence tube *cf.* variable-persistence storage tube.

variable-phase oscillator oscillateur à phase variable *(nom parfois donné à un oscillateur à phase asservie, cette caractéristique impliquant la possibilité de variation de la phase du signal fourni) (cf. aussi* phase-locked oscillator).

variable pole-zero filter filtre à pôles et zéros variables *(filtre dans lequel la position des pôles et des zéros de la fonction de transfert peut-être modifiée en fonctionnement) (cf. aussi* poles and zeros).

variable-PRF radar *cf.* variable pulse-repetition frequency radar. *(et noter toutefois que la forme abrégée est beaucoup plus employée que le terme complet).*

variable pulse-repetition-frequency radar radar à fréquence de récurrence variable *(radar militaire à impulsions dont la fréquence de récurrence varie de façon quasi-aléatoire pour réduire les risques d'interception et de brouillage) (ne pas confondre avec « radar à sauts de fréquence ») (cf. aussi* pulse radar, pulse repetition frequency *et* frequency-hopping radar).

variable pulse-repetition-rate radar *cf.* variable pulse-repetition-frequency radar.

variable quantity grandeur variable, (une) variable *(grandeur pouvant prendre différentes valeurs) (en électronique et en électrotechnique, les grandeurs variables les plus utilisées sont les grandeurs variables électriques et magnétiques) (cf. aussi* quantity 2), value, variation range, time change, space change, rate of change, settable, selectable *et* adjustable).

variable range marker marque de distance variable *(ce terme désigne généralement un cercle de distance variable) (radar) (cf. aussi* variable range ring).

variable range ring cercle de distance variable *(cercle de distance dont le rayon peut être amené à la valeur voulue sur l'écran d'un radar en tournant un bouton avec indication simultanée de la distance radiale correspondante) (cf. aussi* range ring).

variable-reluctance microphone microphone électromagnétique, microphone à réluctance variable *(le second terme est peu employé) (microphone réalisé sous la forme d'un capteur à réluctance variable dans lequel la pièce en fer doux est une membrane tendue devant les pièces polaires du circuit magnétique pour fermer celui-ci) (est très peu employé) (électroacou) (cf. aussi* microphone *et* variable-reluctance transducer).

variable-reluctance pick-up tête de lecture magnétique *(ou à réluctance variable), (etc.), (le second terme est peu employé) (tête de lecture de tourne-disque réalisé sous la forme d'un capteur à réluctance variable dans lequel la pièce en fer doux est une palette solidaire de la pointe de lecture dont elle suit par conséquent les oscillations) (électroacou) (cf. aussi* phonograph pick-up *et* variable-reluctance transducer).

variable-reluctance sensor capteur à réluctance variable, *(capteur utilisant la variation de la réluctance d'un circuit magnétique comprenant un aimant sous l'action du déplacement d'une pièce en fer doux insérée dans le circuit magnétique pour induire une force électromotrice dans deux bobines portées par le circuit magnétique) (les deux bobines sont disposées chacune sur une branche du circuit magnétique, de part et d'autre de l'aimant, en raison de la symétrie du dispositif et montées en série pour former un enroulement* *unique*) (*les mouvements de la pièce en fer doux sous l'action de la grandeur à convertir font varier la longueur effective du circuit magnétique reliant un pôle de l'aimant à l'autre, ce qui fait varier sa réluctance et, par conséquent, le flux magnétique qui le parcourt*) (*les variations de flux créent une force électromotrice alternative induite proportionnelle à l'amplitude des mouvements de la pièce en fer doux*) (*microphone électromagnétique, tête magnétique, etc.*) (*cf. aussi* sensor, reluctance, induced electromotive force, variable-reluctance pick-up *et* variable-reluctance microphone).

variable-reluctance stepper *cf.* variable-reluctance stepper motor.

variable-reluctance stepper motor moteur pas-à-pas à réluctance (*moteur pas-à-pas réalisé sous la forme d'un moteur à réluctance à deux ou plusieurs enroulements statoriques*) (*étant essentiellement un moteur à réluctance, ce moteur est caractérisé, pour un moteur pas-à-pas, par l'absence d'aimants dans le rotor et, par conséquent, par la valeur nulle du couple de maintien en l'absence d'excitation, ce qui constitue un avantage lorsque le moteur doit freiner le moins possible sa charge quand il n'est pas excité*) (*élt*) (*cf. aussi* stepper motor, variable-reluctance motor *et* detent torque).

variable-reluctance stepping motor *cf.* variable-reluctance stepper motor.

variable-reluctance transducer *cf.* variable-reluctance sensor.

variable resistance résistance variable (*au sens du terme anglais, valeur ohmique variable d'une résistance*) (*noter l'ambiguïté du terme français*) (*cf. aussi* resistance *et* variable resistor).

variable-resistance sensor capteur à résistance variable (*capteur de mesure dont l'élément sensible est une résistance variable à variation continue, c.-à-d. en l'occurrence un potentiomètre ou une varistance*) (*cf. aussi* sensor, sensing element 1), potentiometer sensor, varistor *et* variable resistor).

variable-resistance transducer *cf.* variable-resistance sensor.

variable resistor résistance variable (*résistance, en tant que composant, dont la valeur ohmique peut être réglée entre des limites déterminées, de façon continue ou, parfois, discontinue*) (*ce terme désigne souvent un potentiomètre ou un rhéostat, mais couvre également la résistance réglable à collier ou à prises, la varistance et la diode PIN, notamment*) (*cf. aussi* resistor, ohmic value, potentiometer 1), adjustable resistor, tapped resistor, varistor, PIN diode *et* resistance).

variable ring *cf.* variable range ring.

variable-speed motor moteur à vitesse variable, moteur électrique (*idem*) (*moteur électrique dont la vitesse de rotation du rotor peut être réglée de façon continue entre une valeur pouvant être très basse et la valeur nominale*) (*moteur à courant continu, moteur universel, moteur à répulsion, moteur triphasé à collecteur, moteur synchrone alimenté par un courant à fréquence variable*) (*élt*) (*cf. aussi* dc motor, universal motor, repulsion motor, induction motor *et* electric motor).

variable-time fuze fusée de proximité (*mil*) (*cf. aussi* proximity fuze).

variable transformer transformateur variable (*ou à rapport variable*) (*transformateur dans lequel le rapport de transformation peut être réglé entre des limites déterminées de façon continue ou discontinue*) (*le réglage continu du rapport de transformation est obtenu à l'aide d'un curseur frottant sur une partie dénudée des spires de l'enroulement secondaire*) (*le réglage discontinu est obtenu à l'aide d'un commutateur et de prises sur l'enroulement secondaire*) (*noter que le terme « transformateur à rapport variable » désigne parfois un autotransformateur à rapport variable*) (*élt*) (*cf. aussi* transformer 1), turns ratio, tap[1] *et* autotransformer).

variable waveguide attenuator atténuateur variable en guide d'ondes (*atténuateur en guide d'ondes dans lequel la position de la lame absorbante peut être modifiée de façon continue entre deux limites déterminées pour faire varier l'atténuation produite*) (*hyper*) (*cf. aussi* flap attenuator, parallel-vane attenuator, rotary-vane attenuator, vane attenuator, waveguide attenuator *et* variable attenuator).

Variac (un) Variac (*marque déposée d'un autotransformateur variable de fabrication américaine très utilisé dans les laboratoires d'électricité et d'électronique pour amener à la valeur voulue la tension du secteur appliquée à un appareil alimenté par le secteur*) (*est un autotransformateur toroïdal à variation continue assurée par un curseur rotatif*) (*élt*) (*cf. aussi* variable autotransformer *et* toroidal autotransformer).

variation in steps variation par paliers, (*etc.*) (*cf. aussi* in steps).

variation range intervalle de variation, plage de variation (*d'une grandeur variable*) (*cf. aussi* range 4)).

varicap *cf.* varactor.

variocoupler variocoupleur (*transformateur haute fréquence à couplage variable entre les deux enroulements par rotation du secondaire par rapport au primaire*) (*est utilisé dans des anciens postes de radio*) (*cf. aussi* RF transformer).

variometer variomètre (*inductance variable formée de deux bobines montées en série dont l'une peut pivoter à l'intérieur de l'autre*) (*cf. aussi* variable inductance).

varistor (*vient de « variable resistor »*) varistance, résistance non linéaire (*résistance dont la valeur ohmique est liée à une grandeur extérieure par une relation fortement non linéaire*) (*la grandeur extérieure peut être la température ambiante, la tension appliquée aux bornes de la résistance, l'intensité d'un champ magnétique dans lequel elle se trouve, l'éclairement de sa surface ou une pression qui lui est appliquée*) (*termes génériques couvrant, dans l'ordre de la définition ci-dessus, la thermistance, la galvanorésistance, la magnétorésistance, la photorésistance et la piézorésistance*) (*noter que certains auteurs réservent, à tort, le nom de « varistance » aux galvanorésistances et qu'il en est de même en anglais*) (*cf. aussi* thermistor, voltage-dependent resistor, magnetoresistor, photovaristor, pressure-sensitive resistor *et* resistor).

Varley loop test mesure au pont sur ligne bouclée (*mesure sur ligne bouclée avec utilisation d'un pont de Wheatstone*) (*tél, tlg*) (*cf. aussi* loop test *et* Wheatstone bridge).

varmeter varmètre (*appareil mesurant la puissance réactive en vars*) (*élt*) (*cf. aussi* reactive power).

varnished cambric toile vernie, toile huilée (*le premier terme est le meilleur, mais le second est le plus employé*) (*isolant électrique souple en feuille mince constitué par un tissu de coton recouvert ou imprégné d'un vernis à base d'huile minérale*).

varying qui varie (*cf. aussi* variable quantity).

VCO *cf.* voltage-controlled oscillator.

VCO heterodyning changement de fréquence par oscillateur commandé en tension (*changement de fréquence réalisé à l'aide d'un oscillateur local à diode varicap*) (*super*) (*cf. aussi* heterodyning *et* varactor-tuned local oscillator).

VCR 1) *cf.* video cassette recorder. 2) *cf.* voltage coefficient of resistance.

VCXO *cf.* voltage-controlled crystal oscillator.

VDC *cf.* volts DC.

VDC WKG (*vient de « volts, direct current, working »*) volts continus en service, (*parf.*) tension de service en courant continu (*indication de la valeur maximale de la tension continue qu'un condensateur peut supporter en service continu*) (*cf. aussi* working voltage *et* capacitor).

VDF (*vient de « very-high-frequency direction finder »*) station VDF (*radionav*) (*cf. aussi* Adcock direction finder).

VDG *cf.* video-display generator.

VDP *cf.* video disk player.

VDR 1) *cf.* voltage-dependent resistor. 2) *cf.* video disk recording.

VDS *cf.* variable-depth sonar.

VDT *cf.* video display terminal.

vector[1] s vecteur s (a) être mathématique représentant, en un point déterminé de l'espace ou d'un plan, une grandeur possédant une direction et un sens en plus de sa valeur) (*est représenté lui-même par un segment de droite orienté, c.-à-d. un segment de droite dont l'origine est le point considéré, dont la longueur appelée « module » est proportionnelle à la valeur absolue de la grandeur en ce point et dont l'orientation dans le plan de représentation est la direction d'action de la grandeur, appelée « droite d'action », le sens d'action le long de cette* *droite étant indiqué par une flèche ajoutée à l'extrémité du segment opposée à son origine) (cf. aussi* vector quantity *et* polar diagram) ; (b) *vecteur radar) (cf. aussi* radar vector) ; (c) *vecteur de données) (cf. aussi* vector processor).

vector² v diriger par radar, diriger au radar, diriger *(un aéronef, notamment à proximité d'un aérodrome ou un aéroport ou au cours d'une interception d'un ou plusieurs aéronefs hostiles) (avia) (cf. aussi* radar vector).

vector analysis analyse vectorielle (a) *sens usuel physico-mathématique) ;* (b) *cf. aussi* vector network analysis).

vector analyzer *cf.* vector network analyser.

vector computer *cf.* vector processor.

vector diagram diagramme vectoriel, représentation vectorielle *(construction graphique donnant la résultante de deux vecteurs) (grandeurs sinusoïdales, TVC, etc.) (cf. aussi* vector¹ (a) *et* impedance triangle).

vector display visualisation par balayage cavalier, *(etc.) (tube cath) (cf. aussi* vector scanning *et* display¹ 1)).

vector field champ vectoriel *(champ dont chaque point est décrit par un vecteur, c.-à-d. champ de forces ou de vitesses) (la notion de « champ de vitesses », propre à la mécanique des fluides, est généralement sans intérêt en électronique) (cf. aussi* conservative field, solenoidal field, vector¹ (a), field of forces *et* field).

vector flux flux d'un vecteur *(parf. du vecteur) (produit du module d'un vecteur par l'aire d'une surface plane perpendiculaire à la droite d'action du vecteur, cette surface pouvant être la projection d'une surface quelconque sur un plan perpendiculaire à la droite d'action) (exprimé sous une autre forme, le flux d'un vecteur est le produit de l'aire d'une surface plane par la composante d'un vecteur perpendiculaire à la surface) (exemple : le débit d'un liquide dans un tuyau est le flux du vecteur vitesse du liquide dans le tuyau) (cf. aussi* flux, vector¹ (a) *et* volume velocity).

vector function fonction vectorielle *(fonction constituée par un vecteur) (math) (cf. aussi* function¹ (b) *et* vector¹ (a)).

vector impedance meter impédancemètre-phasemètre *(impédancemètre indiquant le déphasage produit l'impédance mesurée) (cf. aussi* impedance meter *et* phase shift).

vector machine *cf.* vector processor.

vector measurement mesure vectorielle *(mesure d'une grandeur vectorielle) (cf. aussi* vector quantity *et* measurement).

vector network analysis analyse vectorielle des réseaux, analyse vectorielle *(analyse des réseaux électriques à courant alternatif faisant appel à la mesure de la phase des grandeurs considérées en plus de leur amplitude) (cf. aussi* network analysis (b) *et* phase (a)).

vector network analyzer analyseur vectoriel de réseaux, analyseur vectoriel *(analyseur de réseaux permettant l'analyse vectorielle en plus de l'analyse scalaire) (cf. aussi* vector network analysis *et* network analyzer).

vector potential potentiel vecteur *(potentiel pouvant être représenté par un vecteur) (est, par conséquent, une grandeur vectorielle) (potentiel électrique, potentiel magnétique, potentiel gravitationnel) (cf. aussi* electric potential, magnetic potential, potential, vector *et* vector quantity).

vector presentation *cf.* vector display.

vector processing traitement vectoriel *(traitement d'informations exécuté par un calculateur vectoriel) (cf. aussi* information processing *et* vector processor).

vector processor calculateur vectoriel, ordinateur *(idem) (ordinateur conçu et programmé pour exécuter simultanément une même instruction sur un « vecteur de données », c.-à-d. sur tous les éléments d'une ligne ou une colonne complète de données organisées en tableau) (noter qu'il ne s'agit pas d'un vecteur au sens mathématique du terme et qu'il y a une certaine analogie entre cet ordinateur et le calculateur arithmétique) (inf) (cf. aussi* array processor, computer 2) *et, pour information,* vector¹ (a)).

vector quantity grandeur vectorielle *(grandeur représentée par un vecteur, c.-à-d. impliquant les notions de direction et de sens d'action) (force, déplacement, vitesse, accélération, induction électrique, induction magnétique, etc.) (cf. aussi* vector¹ (a) *et* tensor).

vector scan *cf.* vector scanning.

vector-scan cathode-ray tube tube cathodique à balayage cavalier *(tube cathodique sur l'écran duquel le ou les faisceaux d'électrons exécutent un balayage cavalier) (terminal à écran, etc.) (cf. aussi* cathode-ray tube *et* vector scanning (a)).

vector-scan CRT *cf.* vector-scan cathode-ray tube.

vector-scan display présentation en balayage cavalier *(présentation d'informations sur l'écran d'un tube cathodique à balayage cavalier) (cf. aussi* vector-scan cathode-ray tube *et* display¹ 1).

vector-scan display terminal terminal à écran à balayage cavalier, terminal à balayage cavalier *(terminal à écran équipé d'un tube cathodique à balayage cavalier) (inf) (cf. aussi* display terminal *et* vector-scan cathode-ray tube).

vector-scan display tube tube de présentation à balayage cavalier, *(etc.) (tube cath) (cf. aussi* display tube *et* vector-scan cathode-ray tube).

vector-scan E-beam … *cf.* vector-scan electron-beam …

vector-scan electron-beam lithography gravure par faisceau d'électrons à balayage cavalier, gravure à balayage cavalier *(procédé de gravure par faisceau d'électrons dirigé dans lequel le faisceau exécute un balayage cavalier sur la surface à sensibiliser) (constitue une des deux variantes — la plus rapide — du procédé de gravure par faisceau dirigé, l'autre étant la gravure à balayage tramé) (fab. CI, masques) (cf. aussi* direct writing 1) *et* vector scanning (b)).

vector-scan electron-beam lithography machine graveur à faisceau d'électrons à balayage cavalier, graveur à balayage cavalier *(graveur à faisceau d'électrons réalisant la gravure à balayage cavalier) (fab. CI, masques) (cf. aussi* vector-scan electron-beam lithography *et* direct-write electron-beam lithography machine).

vector-scan electron-beam lithography system *cf.* vector-scan electron-beam lithography machine.

vector-scan electron-beam machine *cf.* vector-scan electron-beam lithography machine.

vector-scan electron-beam method *cf.* vector-scan electron-beam process.

vector-scan electron-beam process procédé à faisceau d'électrons à balayage cavalier, procédé à balayage cavalier, procédé de gravure … *(idem),* méthode *(idem) (cf. aussi* vector-scan electron-beam lithography).

vector-scan electron-beam system *cf.* vector-scan electron-beam lithography machine.

vector-scan electron-beam technique *cf.* vector-scan electron-beam process.

vector-scan lithography *cf.* vector-scan electron-beam lithography.

vector-scan machine *cf.* vector-scan electron-beam lithography machine.

vector-scan printer *cf.* vector-scan electron-beam lithography machine.

vector-scan process *cf.* vector-scan electron-beam process.

vector-scan system *cf.* vector-scan electron-beam lithography machine.

vector-scan technique *cf.* vector-scan electron-beam process.

vector-scan technology (la) technique du balayage cavalier *(cf. aussi* vector scanning *et* technology).

vector-scan terminal *cf.* vector-scan display terminal.

vector-scan tube *cf.* vector-scan cathode-ray tube.

vector-scanned … *cf.* vector-scan … *(pour les termes qui ne figurent pas ci-après).

vector-scanned beam faisceau à balayage cavalier *(faisceau d'électrons exécutant un balayage cavalier) (tube cath, etc.) (cf. aussi* vector scanning).

vector-scanned surface surface à balayage cavalier *(surface balayée par un faisceau à balayage cavalier) (écran de tube cathodique, plaquette de semiconducteur ou autre matériau traitée dans un graveur à faisceau d'électrons, etc.) (cf. aussi* vector-scanned beam).

vector scanning balayage cavalier *(balayage d'une surface par un faisceau d'électrons simple ou multiple se déplaçant dans des directions quelconques sur la surface) (il n'y a donc pas de trame de balayage) (le faisceau « saute » d'un point à l'autre de l'écran, éventuellement à travers toute la largeur de celui-ci,* *d'où le qualificatif employé en français*) (*cf. aussi* raster) (*le cas du balayage par un faisceau multiple est celui du balayage de l'écran d'un tube à masque performé*) (*récepteur TVC, etc.*) (*cf. aussi* shadow-mask tube) (a) *dans un tube-image de terminal à écran à balayage cavalier, le faisceau après avoir tracé un segment de droite ou de courbe quelconque sur l'écran, passe directement au point où commence le segment suivant quel que soit l'emplacement de ce point sur l'écran*) (*le faisceau est naturellement « éteint » pendant le trajet entre les deux segments pour que celui-ci n'apparaisse pas sur l'écran*) (*cf. aussi* blanking); (b) *dans un graveur à faisceau d'électrons à balayage cavalier, le balayage est identique au cas précédent, le faisceau étant « bloqué » pendant les trajets entre les zones à sensibiliser par balayage de segments rectilignes contigus*) (*voir aussi* (a) *ci-dessus*) (*cf. aussi* raster-scan electron-beam lithography machine).

vector-scanning ... *cf.* vector-scan ...

vector voltmeter voltmètre vectoriel (*appareil mesurant l'amplitude d'un signal en deux points d'un circuit et l'angle de phase entre les deux tensions mesurées*) (*comprend essentiellement un voltmètre accordé pouvant être connecté à l'un ou l'autre point du circuit à l'aide d'un commutateur à deux positions et un phasemètre*) (*est utilisé notamment pour la mesure du gain et du déphasage d'un amplificateur ou la mesure de l'atténuation et du déphasage d'un filtre*) (*cf. aussi* tuned voltmeter *et* phase shift).

vector-writing ... *cf.* vector-scan ...

vectored 1) dirigé par radar, (*etc.*) (*avia*) (*cf. aussi* vector[1]). 2) vectorisée (*inf*) (*cf. aussi* vectored interrupt).

vectored interrupt interruption vectorisée (*exécution d'un programme d'ordinateur*) (*inf*) (*cf. aussi* interrupt vectoring).

vectored priority interrupt interruption prioritaire vectorisée (*exécution d'un programme d'ordinateur*) (*inf*) (*cf. aussi* interrupt prioritization *et* interrupt vectoring).

vectoring 1) guidage par radar (*avia*) (*cf. aussi* radar vectoring). 2) vectorisation (*inf*) (*cf. aussi* interrupt vectoring).

vehicular electronics électronique véhiculaire (*matériel électronique conçu pour être utilisé dans des véhicules routiers ou ferroviaires et activités associées*) (*cf. aussi* electronic equipment *et* electronics (b)).

Veitch diagram diagramme de Veitch (*nom donné à un tableau utilisé pour simplifier les fonctions logiques*) (*est moins employé que le diagramme de Karnaugh*) (*inf*) (*cf. aussi* Karnaugh map).

velocimeter vélocimètre (*appareil mesurant la vitesse de translation d'un organe mécanique, d'un projectile ou d'un véhicule à partir d'un point fixe*) (*ce terme désigne souvent un radar de police*) (*cf. aussi* police radar).

velocity vitesse (*distance parcourue par unité de temps par un mobile ou une perturbation d'un milieu*) (*exprimée sous une forme plus mathématique, la vitesse est une grandeur vectorielle constituée par la dérivée de la distance par rapport au temps*) (*véhicule, onde, etc.*) (*cf. aussi* propagation velocity, vector quantity *et* derivative).

velocity-activated microphone *cf.* velocity microphone.

velocity ambiguity ambiguïté en vitesse (*ou* de vitesse), ambiguïté vitesse (*intervalle de vitesses radiales centré sur la vitesse radiale d'une cible radar dans lequel une autre cible située à la même distance du radar ne peut être distinguée de la première, les échos des deux cibles étant confondus*) (*est due au pouvoir séparateur en vitesse limité du radar*) (*cf. aussi* velocity resolution).

velocity control 1) commande de vitesse (*commande de la vitesse d'un organe d'une machine ou d'un mobile*) (*cf. aussi* velocity). 2) *cf.* velocity feedback control.

velocity control system système asservi en vitesse (*ou* d'asservissement de vitesse *ou* à asservissement de vitesse) (*système assurant l'asservissement de la vitesse de translation ou de rotation d'un organe ou d'un ensemble à une vitesse de référence constante ou variable*) (*cf. aussi* closed-loop control system).

velocity data *cf.* velocity information.

velocity deception diversion en vitesse (*brouillage de diversion consistant à créer une fausse cible Doppler s'éloignant de la cible réelle pour faire décrocher la porte de vitesse du radar*

ou de l'autodirecteur hostile) (*avia. mil*) (*cf. aussi* deception jamming, false Doppler target *et* velocity-gate pull-off).

velocity discrimination discrimination de vitesse (*discrimination de deux cibles radar d'après leur vitesse radiale relative, c.-à-d. discrimination, par un radar Doppler, de deux cibles de vitesse radiales différentes situées dans le volume de confusion*) (*noter que deux cibles de même vitesse radiale ne peuvent pas être discriminées en vitesse*) (*cf. aussi* target discrimination, range rate, Doppler radar *et* radar cell).

velocity error erreur de vitesse (a) *erreur sur la vitesse mesurée d'un mobile et notamment sur la vitesse d'une cible indiquée par un radar Doppler*) (*cf. aussi* Doppler radar); (b) *nom souvent donné à l'écart dans un système asservi en vitesse*) (*cf. aussi* error 2) *et* velocity control system).

velocity feedback control asservissement de vitesse (*parf.* de la vitesse) (*cf. aussi* velocity control system).

velocity filter filtre éliminateur d'échos fixes, filtre d'échos fixes (*dans le récepteur d'un radar MTI, montage utilisant un tube à mémoire enregistreur ou un autre dispositif, anciennement une ligne à retard à mercure, pour éliminer les échos fixes*) (*cf. aussi* MTI radar, recording storage tube *et* mercury delay line).

velocity-fluctuation noise bruit dû aux fluctuations de vitesse (*bruit à la sortie d'un tube à onde progressive dû aux fluctuations de la vitesse des électrons du faisceau*) (*hyper*) (*cf. aussi* noise 2) (a) *et* travelling-wave tube).

velocity gate 1) porte de vitesse (*ou* de sélection de vitesse *ou* de poursuite en vitesse) (*dans un récepteur de radar Doppler à impulsions, circuit à porte ne transmettant que les échos correspondant à un étroit intervalle de vitesses radiales pour permettre la poursuite automatique en vitesse d'une cible dont la vitesse est comprise dans cet intervalle en isolant ainsi chacun de ses échos des échos d'autres cibles de vitesse différente ou, par extension, impulsion rectangulaire provoquant l'ouverture de la porte*) (*cf. aussi* velocity gating, velocity-gate pull-off, gate[1] 1) *et* pulse Doppler radar). 2) *cf.* velocity window.

velocity-gate memory circuits circuits de sélection de vitesse (*cf. aussi* velocity gate).

velocity-gate pull-off décrochage de la poursuite en vitesse (*ou* de la porte de vitesse), (*etc.*), décrochage en vitesse (*conditions de fonctionnement du récepteur d'un radar Doppler à impulsions dans lesquelles, sous l'action d'un brouillage de diversion en vitesse opéré par la cible suivie, l'écho de celle-ci sort du créneau de sélection de vitesse: le radar a perdu la cible qu'il suivait*) (*ce terme s'applique notamment à un missile équipé d'un autodirecteur radar actif*) (*avia. mil*) (*cf. aussi* velocity deception *et* velocity window).

velocity-gate tracker *cf.* velocity-gate memory circuit.

velocity-gate walk-off *cf.* velocity-gate pull-off.

velocity gating sélection de vitesse (*limitation de la gamme de vitesses radiales auxquelles un radar Doppler peut suivre des cibles opérée pour éliminer les échos provenant d'autres cibles animées de vitesses radiales différentes*) (*cf. aussi* velocity window).

velocity hydrophone hydrophone à vitesse, hydrophone à gradient de pression (*hydrophone fonctionnant suivant le même principe que le microphone à vitesse*) (*sonar, etc.*) (*électroacou*) (*cf. aussi* hydrophone *et* velocity microphone).

velocity information information de vitesse (*valeur de la vitesse d'un mobile, notamment de la vitesse d'une cible mobile suivie par un radar Doppler, considérée en tant qu'information*) (*cf. aussi* velocity, information *et* Doppler radar).

velocity-information processing traitement de l'information de vitesse (*radar, etc.*) (*cf. aussi* velocity information).

velocity input entrée en vitesse, rampe (*noms donnés, dans un système asservi, à une augmentation de la valeur de la grandeur d'entrée proportionnelle au temps*) (*ces termes s'appliquent principalement à un servomécanisme*) (*asser*) (*cf. aussi* closed-loop control system, input quantity, servomechanism *et* following error).

velocity level niveau de vitesse (*cf. aussi* level 1) *et* velocity).

velocity measurement mesure de vitesse (*radar Doppler, etc.*) (*cf. aussi* velocity, velocimeter, Doppler radar *et* measurement).

velocity meter accéléromètre intégrateur *(accéléromètre fournissant un signal proportionnel à l'intégrale de l'accélération par rapport au temps, c-à-d. à la vitesse atteinte par le mobile portant l'appareil) (cf. aussi* accelerometer *et* integral*).*

velocity microphone microphone à vitesse *(ou* à gradient de pression*) (microphone dans lequel l'amplitude du signal de sortie est proportionnelle à la vitesse avec laquelle les molécules d'air agissent sur l'élément sensible) (pour qu'un microphone puisse fonctionner de cette façon, il faut que l'onde sonore puisse continuer de se propager normalement après avoir atteint l'élément sensible ; celui-ci doit donc être dégagé tant à l'arrière qu'à l'avant ; c'est pourquoi un microphone à vitesse est un microphone bidirectionnel) (microphone électrodynamique, notamment à ruban, et microphone à fil chaud) (électroacou) (cf. aussi* moving-conductor microphone, ribbon microphone, hot-wire microphone, bidirectional microphone *et* microphone*).*

velocity-modulated amplifier amplificateur à modulation de vitesse, tube *(idem) (noms parfois donnés à un tube à modulation de vitesse conçu pour fonctionner en amplificateur) (tube à onde progressive, amplificateur à champs croisés, etc.) (cf. aussi* velocity-modulated tube, travelling-wave tube, crossed-field amplifier *et* microwave amplifier*).*

velocity-modulated beam faisceau modulé en vitesse *(faisceau de particules, notamment d'électrons, ayant subi une modulation de vitesse) (cf. aussi* electron beam *et* velocity modulation*).*

velocity-modulated electron beam faisceau d'électrons modulés en vitesse *(tube hyper) (cf. aussi* velocity-modulated beam*).*

velocity-modulated oscillator oscillateur à modulation de vitesse, tube *(idem) (tube à modulation de vitesse conçu pour fonctionner en oscillateur) (klystron reflex, magnétron, carcinotron, stabilotron, monotron, oscillateur à interaction répartie, gyrotron, etc.) (cf. aussi* velocity-modulated tube, microwave oscillator, reflex klystron, magnetron, carcinotron, stabilotron, monotron, extended-interaction oscillator *et* gyrotron*).*

velocity-modulated tube tube à modulation de vitesse, tube hyperfréquence *(idem) (tube électronique hyperfréquence dans lequel les électrons émis par la cathode sont alternativement ralentis et accélérés par le champ électrique alternatif du signal à amplifier ou entretenir pour former des paquets successifs d'électrons permettant le fonctionnement du tube) (il est à noter que, malgré le nom donné à ce tube hyperfréquence, la modulation de vitesse n'est qu'une opération intermédiaire ayant pour but de créer une modulation de densité du faisceau d'électrons constituée par la conversion de celui-ci en une suite de paquets d'électrons) (ce n'est donc pas la modulation de vitesse qui permet au tube de fonctionner ; si la modulation de densité pouvait être obtenue par un autre moyen, le tube fonctionnerait de la même façon) (la suite de paquets d'électrons constitue un courant d'intensité périodiquement variable cédant de l'énergie au signal par couplage électrique dans des conditions déterminées de vitesse relative) (tous les tubes hyperfréquence autres que ceux dérivés de la triode à vide classique sont des tubes à modulation de vitesse ; parmi ces derniers, les plus utilisés sont le klystron, le magnétron et le tube à onde progressive) (cf. aussi* transit time, velocity-modulated amplifier, velocity-modulated oscillator. Applegate diagram, slow-wave structure, klystron, magnetron, travelling-wave tube, microwave tube *et* velocity*).*

velocity modulation modulation de vitesse *(en électronique, ce terme désigne généralement la modulation de la vitesse des électrons dans un tube à modulation de vitesse) (cf. aussi* velocity-modulated tube*).*

velocity-modulation ... *cf.* velocity-modulated ...

velocity of light vitesse de la lumière *(vitesse de propagation de la lumière dans le vide) (est pratiquement égale à 300 000 kilomètres par seconde (300 000 km/s)) (cf. aussi* propagation velocity (a), light[1] 1) *et* theory of relativity*).*

velocity of phase vitesse de phase *(onde) (cf. aussi* phase velocity*).*

velocity of phase propagation *cf.* velocity of phase.

velocity of propagation vitesse de propagation *(onde, signal) (cf. aussi* propagation velocity*).*

velocity of sound vitesse du son *(acou) (cf. aussi* speed of sound*).*

velocity pull-off *cf.* velocity-gate pull-off.

velocity resolution pouvoir séparateur en vitesse, pouvoir discriminateur en vitesse, définition en vitesse *(valeur minimale de la différence de vitesse radiale de deux cibles situées approximativement sur l'axe du faisceau d'un radar Doppler, à la même distance radiale, pour laquelle les échos des deux cibles peuvent encore être distingués l'un de l'autre par les circuits du récepteur du radar) (cf. aussi* velocity ambiguity, range rate, Doppler radar *et* slant range*).*

velocity resonance *cf.* mechanical resonance.

velocity saturation saturation de la vitesse (des porteurs de charge) *(état d'un semiconducteur dans lequel la vitesse des porteurs de charge atteint sa valeur maximale possible) (cf. aussi* carrier mobility *et* velocity*).*

velocity sensor capteur de vitesse *(capteur conçu pour la mesure de vitesses) (ce terme désigne généralement un capteur de vitesse angulaire, mais peut désigner un radar Doppler ou tout autre vélocimètre) (cf. aussi* angular-velocity sensor, Doppler radar *et* velocimeter*).*

velocity servo (system) *cf.* velocity control system.

velocity transducer *cf.* velocity sensor.

velocity vector vecteur vitesse *(vecteur représentant une vitesse) (cf. aussi* vector[1] (a), velocity *et* course 1))*.*

velocity vector flux flux du vecteur vitesse *(cf. aussi* vector flux *et* velocity vector*).*

velocity walk-off *cf.* velocity-gate pull-off.

velocity window créneau de vitesses, fenêtre de vitesses *(intervalle de vitesses radiales défini par une porte de vitesse dans un radar) (cf. aussi* velocity gate*).*

vented baffle enceinte bass reflex *(hifi) (cf. aussi* bass reflex baffle*).*

Verdet constant constante de Verdet *(dans la formule de l'effet Faraday, nom donné au coefficient tenant compte de la nature du corps, de sa température et de la longueur de l'onde incidente ou de la fréquence correspondante) (cf. aussi* Faraday effect*).*

vernier vernier *(dispositif augmentant la précision d'une mesure par coïncidence de deux traits de deux graduations) (en électronique, ce terme désigne souvent un bouton démultiplié et peut notamment désigner un bouton réduisant la vitesse de balayage d'un oscilloscope) (cf. aussi* vernier control*).*

vernier control commande démultipliée, bouton démultiplié *(bouton de commande de condensateur variable, de potentiomètre ou d'inductance variable entraînant l'organe mobile par l'intermédiaire d'un engrenage à grand rapport de démultiplication augmentant la précision du réglage du dispositif) (pont de mesure, oscilloscope, générateur de signaux, etc.).*

vernier dial cadran démultiplié *(cadran circulaire calé sur l'axe d'un dispositif commandé par un bouton démultiplié) (cf. aussi* circular dial *et* vernier control*).*

vernier drive entraînement par commande démultipliée *(cf. aussi* vernier control*).*

vertical acquisition mode mode d'accrochage dans le plan vertical *(mode de fonctionnement d'un radar multifonction d'aéronef militaire dans lequel le radar explore une tranche verticale d'espace aérien et accroche la première cible qu'il détecte à une distance déterminée) (cf. aussi* target acquisition *et* multimode radar*).*

vertical aerial *(GB) cf.* vertical antenna.

vertical amplifier amplificateur vertical *(ou* de déviation verticale *ou* de l'axe y*) (amplificateur de tension amplifiant le signal appliqué aux plaques de déviation verticale dans un oscilloscope lorsque l'amplitude de ce signal n'est pas assez grande pour produire un déplacement vertical suffisant du point lumineux sur l'écran) (ce signal est généralement le signal à visualiser sur l'écran cathodique) (un oscilloscope à deux voies comporte un amplificateur vertical pour chaque voie) (cf. aussi* voltage amplifier, vertical deflection electrode *et* oscilloscope*).*

vertical amplifier bandwidth bande passante de l'amplificateur vertical, *(etc.) (oscillo) (cf. aussi* vertical amplifier *et* bandwidth 2))*.*

vertical amplifier dynamic range (la) dynamique de l'amplificateur vertical, *(etc.) (oscillo) (cf. aussi* vertical amplifier *et* dynamic range).

vertical amplifier input entrée de l'amplificateur vertical, *(etc.) (bornes ou signal d'entrée d'un amplificateur vertical) (cf. aussi* vertical amplifier *et* input[1] 1)).

vertical amplifier output sortie de l'amplificateur vertical, *(etc.) (bornes ou signal de sortie d'un amplificateur vertical) (cf. aussi* aussi vertical amplifier *et* output[1]).

vertical aerial *(GB) cf.* vertical antenna.

vertical antenna antenne verticale *(antenne formée d'un conducteur vertical ou d'une structure conductrice verticale) (est généralement une antenne d'émission ou d'émission-réception) (antenne fouet, pylône rayonnant, fil suspendu) (station radio) (cf. aussi* whip antenna, tower radiator *et* antenna).

vertical axis axe vertical *(graphique, etc.) (cf. aussi* Y axis 1)).

vertical bandwidth *cf.* vertical-amplifier bandwidth.

vertical bipolar transistor transistor bipolaire vertical, *(etc.) (transistor bipolaire réalisé sous la forme d'un transistor vertical) (cf. aussi* vertical transistor, vertical pnp transistor, vertical npn transistor *et* bipolar transistor).

vertical blanking suppresion de trame *(cf. aussi* blanking) (a) *suppression du faisceau d'électrons dans un tube analyseur pendant les retours de trame) (caméra TV) (cf. aussi* vertical flyback 1)) ; (b) *suppression du ou des faisceaux d'électrons dans un tube-image pendant les retours de trame) (récepteur TV, etc.) (cf. aussi* vertical flyback 2).

vertical blanking interval intervalle de suppression de trame, intervalle de retour de trame *(partie d'un signal de télévision occupée par une impulsion de suppression de trame et éventuellement les impulsions d'égalisation associées, ou intervalle de temps correspondant) (cf. aussi* vertical blanking pulse *et* equalization pulses).

vertical blanking period période de suppression de trame, période de retour de trame *(autre façon d'exprimer la seconde acception de l'intervalle de suppression de trame) (cf. aussi* vertical blanking interval).

vertical blanking pulse impulsion de suppression de trame, impulsion de retour de trame *(impulsion rectangulaire assurant la suppression du faisceau après chaque trame d'un signal de télévision) (est comprise entre le signal vidéo de la dernière ligne d'une trame et celui de la première ligne de la trame suivante) (cf. aussi* vertical blanking signal, vertical blanking, video signal *et* television signal).

vertical blanking signal signal de suppression de trames, signal de retour de trames *(parfois au singulier) (signal formé par les impulsions de suppression de trame dans un signal de télévision ou, parfois, constitué par l'une de ces impulsions) (cf. aussi* vertical blanking pulse *et* blanking signal).

vertical centering cadrage vertical *(cadrage dans la direction verticale) (tube cath) (cf. aussi* centering).

vertical centering control commande de cadrage vertical, *(etc.) (cf. aussi* centering control *et* vertical centering).

vertical channel 1) canal vertical *(canal d'un transistor VMOS) (semi) (cf. aussi* VMOS transistor) 2) *cf.* vertical deflection system.

vertical-channel ... *cf.* VMOS ... *(pour les termes qui ne figurent pas ci-après).*

vertical-channel bandwidth largeur de bande de la partie verticale, *(etc.) (d'un oscilloscope) (est normalement limitée par la largeur de bande de l'amplificateur vertical) (cf. aussi* vertical deflection system *et* bandwidth 2)).

vertical-channel plug-in *cf.* vertical plug-in.

vertical circuitry *cf.* vertical circuits. *(le premier terme étant peu employé) (cf. aussi* circuitry).

vertical circuits 1) circuits de balayage trames, circuits de balayage vertical *(cf. aussi* vertical sweep) (a) *générateur de synchronisation et circuits associés dans une caméra ou un émetteur de télévision ou une caméra vidéo) (cf. aussi* vertical sweep generator 1)) ; (b) *base de temps trames et circuits associés dans un récepteur de télévision ou un appareil dérivé) (cf. aussi* vertical sweep oscillator). 2) circuits de déviation verticale *(oscillo) (cf. aussi* vertical deflection system).

vertical compliance mobilité verticale, *(etc.) (mobilité d'une pointe de lecture dans le plan vertical) (tourne-disque) (cf. aussi* compliance 1)).

vertical component composante verticale *(dans une onde électromagnétique) (a) champ électrique d'une onde à polarisation verticale) (cf. aussi* vertical polarization) ; (b) *champ magnétique d'une onde à polarisation horizontale) (cf. aussi* horizontal polarization).

vertical connection *cf.* vertical interconnection.

vertical controls *cf.* vertical deflection controls.

vertical convergence convergence radiale *(nom donné à la convergence des faisceaux d'électrons dans le plan vertical dans un tube à masque perforé) (récepteur TV, etc.) (cf. aussi* vertical static convergence, vertical dynamic convergence *et* convergence).

vertical convergence control commande de convergence dynamique radiale *(ou radiale dynamique) (récepteur TV, etc.) (cf. aussi* convergence control *et* vertical convergence).

vertical coverage diagram diagramme de couverture verticale *(schéma indiquant la forme et éventuellement les dimensions de la zone couverte par un radar dans le plan vertical, ainsi que les zones aveugles éventuelles) (cf. aussi* dead zone 1) et horizontal coverage diagram).

vertical definition définition verticale, définition *(nombre de points ou de lignes par unité de longueur d'une image dans la direction verticale et notamment nombre de lignes de balayage d'un écran de télévision) (cf. aussi* high-definition television *et* horizontal definition).

vertical deflection déviation verticale, *(parf. aussi)* déviation suivant l'axe y *(oscilloscope) (déplacement du ou d'un faisceau d'un tube cathodique dans le plan vertical) (dans le cas fréquent où ce terme s'applique à un oscilloscope, la déviation verticale est produite par le signal à visualiser et son amplitude est proportionnelle à celle du signal) (cf. aussi* deflection sensitivity, vertical deflection plate, vertical deflection coil, deflection *et* cathode-ray tube).

vertical deflection amplifier *cf.* vertical amplifier.

vertical deflection circuits *cf.* vertical deflection system.

vertical deflection coil bobine de déviation verticale, bobine de déviation (des) trames, bobine trames *(bobine de déviation agissant sur le ou les faisceaux d'électrons dans le plan vertical dans un tube cathodique ou sur le faisceau dans un tube analyseur) (est montée par deux sur le bloc de déviation d'un tube-image à déviation magnétique ou sur un tube analyseur, l'une à gauche de l'axe du tube et l'autre à droite) (récepteur TV, caméra TV, etc.) (cf. aussi* deflection coil *et* vertical sweep signal).

vertical deflection controls commandes de déviation verticale, commandes verticales *(potentiomètres de réglage de la sensibilité d'un oscilloscope et commutateurs associés ou boutons correspondants) (cf. aussi* deflection sensivity).

vertical deflection electrode *cf.* vertical deflection plate.

vertical deflection input *cf.* vertical input.

vertical deflection oscillator *cf.* vertical sweep oscillator.

vertical deflection plate plaque de déviation verticale, électrode de déviation verticale *(électrode agissant sur le ou un faisceau d'électrons dans le plan vertical dans un tube cathodique à déviation électrostatique) (est utilisée par deux, l'une disposée au-dessus de l'axe du tube et l'autre au-dessous) (le terme abrégé « plaque verticale » n'est normalement pas employé, ces plaques étant horizontales) (oscillo, etc.) (cf. aussi* deflection plate).

vertical deflection sensivity sensibilité de la déviation verticale, sensibilité verticale *(ou suivant l'axe y) (le qualificatif « de la déviation verticale » ou un de ses équivalents n'est normalement ajouté que dans le cas de la présentation xy pour faire alors la distinction avec la sensibilité de la déviation horizontale) (oscillo) (cf. aussi* deflection sensitivity *et* X-Y display).

vertical deflection signal signal à visualiser *(oscillo) (cf. aussi* vertical deflection).

vertical deflection system système de déviation verticale, circuits (idem), partie verticale, voie verticale *(ensemble des circuits et organes assurant la déviation verticale dans un oscilloscope) (comprend essentiellement les plaques de déviation verticale, l'amplificateur de déviation verticale, un atténuateur d'entrée à plots et un connecteur coaxial pour l'entrée du signal à visualiser) (l'amplificateur est inséré entre le connecteur et les plaques lorsque l'amplitude du signal à visualiser est insuffisante pour la sensibilité du tube cathodique ; l'atténuateur est inséré à la place de l'amplificateur dans le cas contraire) (cf. aussi vertical deflection, vertical deflection plate, vertical amplifier, step attenuator, deflection system et deflection sensitivity).

vertical deflection waveform cf. vertical deflection signal. (cf. aussi waveform).

vertical display visualisation simultanée (de deux signaux sur l'écran d'un oscilloscope à deux voies) (cf. aussi dual-channel oscilloscope).

vertical display mode mode de visualisation simultanée (cf. aussi vertical display).

vertical drive cf. vertical sweep signal.

vertical dynamic convergence convergence dynamique radiale, convergence radiale dynamique (convergence dynamique dans le plan vertical, c.-à-d. convergence radiale en dehors du centre de l'écran) (c'est naturellement au bord supérieur et au bord inférieur de l'écran que la convergence radiale est la plus difficile à obtenir) (tube à masque perforé) (récepteur TVC, etc.) (cf. aussi dynamic convergence et vertical convergence).

vertical dynamic range cf. vertical-amplifier dynamic range.

vertical FET cf. vertical field-effect transistor.

vertical field-effect transistor transistor à effet de champ vertical, (etc.) (transistor à effet de champ réalisé sous la forme d'un transistor vertical pour réduire la longueur du canal) (transistor VMOS ou autre) (semi) (cf. aussi vertical transistor, field-effect transistor, channel length et VMOS transistor).

vertical flyback 1) retour de trame, retour de balayage vertical (retour du faisceau d'analyse en haut de la cible à la fin d'une trame, pour analyser la trame suivante, dans le tube analyseur d'une caméra de télévision à tube) (pour que le décalage des deux trames puisse être maintenu sans recourir à des générateurs de balayage ultra-stables, il faut que le début de la première ligne d'une trame soit nettement espacé du début de la première ligne de l'autre trame) (l'espacement optimal étant égal à la moitié de la longueur d'une ligne, chaque trame a un nombre demi-entier de lignes, la première trame commençant approximativement au milieu de la partie supérieure de l'image et finissant à droite de sa partie inférieure, tandis que la seconde trame commence à gauche de la partie supérieure et finit approximativement au milieu de la partie inférieure) (l'emploi de trames dont l'une commence par une demi-ligne et l'autre finit par une demi-ligne a pour résultat que le nombre total de lignes d'une image de télévision à analyse entrelacée est toujours un nombre impair : 405 lignes, 525 lignes, 625 lignes, 819 lignes, etc.) (il résulte également de ce décalage que le retour du faisceau se fait à gauche de l'image après la première trame et au milieu de l'image après la deuxième trame) (voir aussi 2) ci-après) (cf. aussi vertical blanking et camera tube). 2) cf. vertical retrace (et noter que « flyback » peut s'employer pour un tube analyseur comme pour un tube-image, tandis que « retrace » ne le peut pas car le faisceau ne trace rien dans un tube analyseur).

vertical flyback time temps de retour de trame, (etc.) (durée d'un retour de trame) (cf. aussi vertical flyback 1)).

vertical frequency cf. vertical sweep frequency.

vertical geometry cf. vertical structure.

vertical guidance guidage dans le plan vertical, guidage vertical (guidage d'un mobile dans le plan vertical, notamment d'un avion effectuant un atterrissage aux instruments) (radionav) (cf. aussi guidance et instrument landing).

vertical hold stabilité verticale (de l'image) (stabilité d'une image de télévision dans la direction verticale) (récepteur TV) (cf. aussi vertical hold control).

vertical hold control commande de fréquence trames (ou de fréquence des trames ou de fréquence verticale ou de synchronisation verticale ou trames ou des trames), (souvent) potentiomètre de fréquence trames, (idem) (potentiomètre ajustable servant à régler la fréquence de la base de temps trames dans un récepteur de télévision ou un appareil analogue pour l'amener le plus près possible de la fréquence de récurrence des impulsions de synchronisation des trames pour

qu'elle puisse se synchroniser sur cette dernière afin d'obtenir une image stable dans la direction verticale) (cf. aussi vertical sweep oscillator, vertical synchronization pulse et hold control).

vertical-incidence radar cf. vertical-incidence sounder.

vertical-incidence sounder sondeur vertical (propa) (cf. aussi ionosonde).

vertical input 1) entrée verticale, entrée de la partie verticale, entrée du système de déviation verticale, entrée de la déviation verticale, entrée de l'axe y (connecteur d'un oscilloscope auquel est appliqué le signal à visualiser ou borne équivalente) (cf. aussi vertical deflection system). 2) cf. vertical input signal.

vertical input coupling liaison de l'entrée verticale, (etc.) (oscillo) (cf. aussi vertical input 1) et input coupling).

vertical input signal signal appliqué à l'entrée verticale, (etc.) (noms parfois donnés au signal à visualiser à l'aide d'un oscilloscope, notamment dans le cas du mode de présentation xy) (cf. aussi vertical input 1) et X-Y display).

vertical instability instabilité verticale, manque de stabilité verticale (image TV) (cf. aussi vertical hold et horizontal instability).

vertical insulation isolement vertical (isolement entre deux composants superposés dans un circuit intégré monolithique tridimensionnel) (semi) (cf. aussi active layer et three-dimensional integrated circuit).

vertical interconnect cf. vertical interconnection.

vertical interconnection interconnexion verticale (dans un circuit intégré monolithique, interconnexion reliant deux éléments de circuit réalisés dans des plans différents, ces éléments pouvant notamment être des conducteurs de deux couches de métallisation) (cf. aussi interconnection (b), circuit element et metallization layer).

vertical interval cf. vertical blanking interval.

vertical-interval reference lignes test, signaux test (noms donnés à des signaux insérés dans chaque intervalle de suppression de trame d'un signal de télévision diffusée pour permettre le contrôle de la qualité d'émission au cours de celle-ci) (ces signaux, au nombre de cinq, sont des impulsions de différentes amplitudes, durées et temps de montée, un signal en escalier et un court train d'oscillations sinusoïdales à haute fréquence) (ils servent à vérifier le fonctionnement des circuits de l'émetteur, notamment l'amplitude des différents signaux constituant un signal de télévision et la réponse aux transitoires de certains circuits et éventuellement la qualité de la transmission du signal émis, et le fonctionnement des récepteurs) (étant émis pendant les intervalles de suppression de trame, ils ne produisent aucune trace sur l'écran des récepteurs et sont de ce fait inconnus de la majeure partie des téléspectateurs, lesquels connaissent bien « la mire ») (cf. aussi vertical blanking interval, pulse charasteristics, staircase signal, transient response et test pattern (a)).

vertical linearity linéarité verticale (respect plus ou moins parfait des proportions de la scène originale dans la direction verticale d'une image de télévision) (cf. aussi vertical linearity control).

vertical linearity control commande de linéarité verticale, (parf.) potentiomètre (idem) (commande de linéarité agissant sur la hauteur de la moitié supérieure de l'image pour la linéariser) (récepteur TV, etc.) (cf. aussi linearity control et vertical linearity).

vertical magnetic recording (l')enregistrement magnétique vertical, (l')enregistrement vertical (magnétique) (procédé d'enregistrement magnétique utilisant l'aimantation perpendiculaire) (dans ce type d'enregistrement magnétique, les dipôles magnétiques successifs créés dans la couche magnétique ayant leurs polarités opposées — un dipôle dont le pôle nord est situé à la surface de la couche est suivi d'un dipôle dont le pôle sud est à cette surface, et ainsi de suite —, leurs champs magnétiques se renforcent mutuellement au lieu de s'affaiblir comme dans l'enregistrement horizontal, ce qui crée des transitions magnétiques franches, même avec de très petits dipôles, et permet ainsi une très grande densité linéaire d'enregistrement) (disque magnétique) (inf. etc.) (cf. aussi magnetic recording, perpendicular magnetization, magneto-optical disk et linear bit density).

vertical magnetization *cf.* perpendicular magnetization.

vertical MOS *cf.* vertical MOS transistor.

vertical MOS transistor transistor MOS vertical *(ou à structure verticale (transistor MOS réalisé sous la forme d'un transistor à effet de champ vertical) (semi) (cf. aussi MOS transistor et* vertical field-effect transistor).

vertical MOSFET *cf.* vertical MOS transistor.

vertical npn transistor transistor NPN vertical *(ou à structure verticale), transistor bipolaire (idem) (transistor NPN de circuit intégré monolithique réalisé sous la forme d'un transistor bipolaire vertical) (semi) (cf. aussi* npn transistor *et* vertical bipolar transistor).

vertical oscillator *cf.* vertical sweep oscillator.

vertical output *cf.* vertical amplifier output.

vertical output stage étage de sortie trames, étage de sortie de la base de temps trames *(ou horizontale)*, amplificateur *(idem) (amplificateur de puissance amplifiant le signal produit par la base de temps trames d'un récepteur de télévision ou un appareil dérivé pour fournir le courant en dents de scie excitant les bobines de déviation verticale) (cf. aussi* power amplifier, vertical sweep oscillator, sawtooth current *et* vertical deflection coil).

vertical parity parité transversale *(parité d'un mot binaire enregistré ou transmis avec d'autres sous forme parallèle) (en d'autres termes, parité d'un mot binaire de n binaires enregistré sur n canaux d'une bande perforée à n + 1 canaux ou sur n pistes d'une bande magnétique à n + 1 pistes ou transmis par un bus à n + 1 conducteurs, le canal, la piste ou le conducteur supplémentaire servant respectivement à enregistrer ou transmettre le binaire de parité de chaque mot) (inf) (cf. aussi* parity bit *et* parallel form).

vertical parity check *cf.* vertical redundancy check. *(le premier terme étant peu employé)*.

vertical pattern *cf.* vertical radiation pattern.

vertical period *cf.* vertical blanking period.

vertical plug-in tiroir de déviation verticale *(tiroir d'oscilloscope contenant un ou deux amplificateurs de déviation verticale) (contient un amplificateur dans le cas d'un oscilloscope nonovoie ou deux amplificateurs dans le cas d'un oscilloscope à deux voies) (cf. aussi* oscilloscope plug-in, vertical amplifier, single-channel oscilloscope *et* dual-channel oscilloscope).

vertical pnp transistor transistor PNP vertical *(ou à structure verticale), transistor bipolaire (idem) (transistor PNP de circuit intégré monolithique réalisé sous la forme d'un transistor bipolaire vertical) (semi) (cf. aussi* pnp transistor *et* vertical bipolar transistor).

vertical polarization polarisation verticale, polarisation rectiligne verticale *(polarisation rectiligne d'une onde électromagnétique dans laquelle le vecteur champ électrique de l'onde est situé dans le plan vertical) (radioélectricité) (cf. aussi* linear polarization *et* vertically polarized antenna).

vertical position control *cf.* vertical centering control.

vertical positioning *cf.* vertical centering.

vertical power MOS (device *ou* **FET)** *cf.* vertical power MOS transistor.

vertical power MOS technology *(la)* technique des transistors MOS de puissance verticaux *(semi) (cf. aussi* vertical power MOS transistor *et* technology).

vertical power MOS transistor transistor MOS de puissance verticale *(ou à structure verticale) (transistor MOS de puissance réalisé sous la forme d'un transistor à effet de champ vertical ou d'un grand nombre de tels transistors élémentaires disposés les uns à côté des autres et connectés en parallèle par construction) (semi) (cf. aussi* power MOS transistor *et* vertical field-effect transistor).

vertical power MOSFET *cf.* vertical power MOS transistor.

vertical power MOST *cf.* vertical power MOS transistor.

vertical presentation *cf.* vertical display.

vertical pulse 1) impulsion verticale *(impulsion apparaissant notamment sur la base de temps de l'écran d'un oscilloscope, ou d'un indicateur radar à présentation du type A ou dérivé) (cf. aussi* pulse[1], time base (a) *et* A display). 2) *cf.* vertical synchronization pulse. 3) *cf.* vertical blanking pulse.

vertical quarter-wave stub adaptateur quart d'onde vertical *(adaptateur coaxial formant la partie inférieure de certaines antennes d'émission verticales (cf. aussi* coaxial stub).

vertical radiation pattern diagramme de rayonnement vertical *(ou dans le plan vertical),* diagramme vertical *(idem) (antenne) (cf. aussi* radiation pattern).

vertical radiator antenne d'émission verticale *(antenne d'émission réalisée sous la forme d'une antenne verticale) (radioélectricité) (cf. aussi* transmitting antenna *et* vertical antenna).

vertical recording enregistrement vertical *(enregistrement mécanique ou magnétique dans le plan vertical du support d'enregistrement)* (a) gravure verticale, gravure en profondeur, enregistrement vertical *(gravure d'un support phonographique dans laquelle les ondulations du sillon sont formées dans le plan vertical, la pointe de gravure étant animée d'un mouvement de translation alternatif suivant son axe sous l'action des vibrations de la membrane appuyant sur son extrémité libre) (ce procédé d'enregistrement mécanique du son n'a été employé que dans les premiers phonographes, ceux à cylindre) (cf. aussi* mechanical sound recording): (b) enregistrement magnétique vertical *(cf. aussi* vertical magnetic recording).

vertical redundancy *cf.* vertical parity.

vertical redundancy check contrôle de parité transversale *(contrôle de parité portant sur la parité transversale de mots binaires) (inf) (cf. aussi* redundancy check, vertical parity *et* VRC bit).

vertical resolution *cf.* vertical definition *(le second terme étant appelé à supplanter le premier)*.

vertical retrace retour de trame, retour de balayage vertical *(retour du faisceau en haut de l'écran après la fin d'une trame, pour tracer la trame suivante dans un tube-image de télévision ou similaire) (cf. aussi* vertical flyback *et* picture tube).

vertical retrace time temps de retour de trame, *(etc.) (durée d'un retour de trame) (cf. aussi* vertical retrace).

vertical retracing *cf.* vertical retrace.

vertical scale échelle verticale *(échelle de mesure ou autre disposée verticalement, ses divisions étant horizontales) (cf. aussi* scale[1] 1)).

vertical scan *(un)* balayage vertical *(TV) (cf. aussi* vertical sweep).

vertical scan ... *cf.* vertical sweep ...

vertical scanning *(le)* balayage vertical *(TV) (cf. aussi* vertical sweep).

vertical sensitivity *cf.* vertical deflection sensitivity.

vertical separator cellule de tri des impulsions de trames *(ou des impulsions de synchronisation de trames) (nom donné au montage séparant les impulsions de synchronisation de trames des impulsions de synchronisation de lignes dans un récepteur de télévision, après la séparation des impulsions de synchronisation) (est un circuit différentiateur lorsque les impulsions de trames sont des impulsions uniques, c.-à-d. dans la norme française à 819 lignes) (est un circuit intégrateur lorsque les impulsions de trames sont des impulsions multiples, c.-à-d. dans les autres normes) (dans les deux cas, les impulsions de trames initiales, dont l'amplitude est égale à celle des impulsions de lignes et dont la durée est nettement plus longue, sont converties en impulsions étroites dont l'amplitude est nettement plus grande que celle des impulsions de lignes, ce qui permet de les séparer, c.-à-d. de les diriger vers le générateur de base de temps correspondant) (cf. aussi* horizontal synchronization pulse, vertical synchronization pulse, synchronisation separation, integrating circuit *et* differentiating circuit).

vertical shift control *cf.* vertical centering control.

vertical signal 1) *cf.* vertical sweep signal. 2) *cf.* vertical deflection signal.

vertical sounding sondage vertical *(sondage de l'ionosphère par un sondeur à émission verticale) (propa) (cf. aussi* ionosonde).

vertical source-drain geometry disposition verticale de la source et du drain, géométrie source-drain verticale *(anglicisme courant, mais à éviter) (disposition de la source et du drain dans un transistor à effet de champ vertical) (semi) (cf. aussi* vertical field-effect transistor).

vertical static convergence convergence statique radiale, convergence radiale statique *(convergence statique dans le plan vertical, c.-à-d. convergence radiale au centre de l'écran) (tube-image couleur) (récepteur TVC, etc.) (cf. aussi* static convergence *et* vertical convergence).

vertical step (un) pas vertical *(déplacement du bras mobile d'un commutateur téléphonique Strowger d'une couronne de contacts à la couronne supérieure ou inférieure) (autocommutateur) (cf. aussi* Strowger system).

vertical structure structure verticale *(structure d'un transistor vertical ou autre composant et notamment d'un circuit intégré monolithique utilisant un ou plusieurs transistors verticaux) (cf. aussi* vertical transistor).

vertical stylus force force d'appui *(pointe de lecture) (cf. aussi* stylus force).

vertical sweep balayage trames, balayage des trames, balayage vertical *(mouvement du ou des faisceaux d'électrons dirigé vers le bas de l'écran d'un tube-image de télévision ou similaire pendant le tracé d'une ligne et pendant le retour de ligne sous l'action des bobines de déviation verticale dans le cas général) (ce mouvement, qui n'est utile que pour le retour de ligne puisque le faisceau doit ensuite commencer à tracer la ligne suivante de la trame en cours, a pour résultat que les lignes tracées sur l'écran sont légèrement inclinées vers la droite, l'ensemble des lignes visibles tracées sur l'écran et des lignes invisibles des retours de ligne formant des zigzag très serrés) (en d'autres termes, le mouvement du ou des faisceaux d'électrons n'est jamais exactement horizontal : il est incliné vers la droite pendant le tracé des lignes et vers la gauche pendant les retours de ligne) (le cas de plusieurs faisceaux est celui d'un tube couleur à trois faisceaux d'électrons) (le même mouvement est imprimé au faisceau d'électrons du tube analyseur de la caméra utilisée lorsque celle-ci est une caméra à tube) (cf. aussi* television scanning, picture tube, horizontal retrace, vertical deflection coil, field 2) *et* camera tube).

vertical sweep amplifier amplificateur de balayage trames *(ou de balayage vertical ou de sortie trames) (idem) (autres noms, plus précis, mais moins employés, de l'étage de sortie trames) (cf. aussi* vertical output stage).

vertical sweep cycle cycle de trame, cycle de balayage trames *(au pluriel)*, cycle de balayage vertical, cycle trames, cycle vertical *(mouvement du ou des faisceaux d'électrons du haut de l'écran d'un tube-image de télévision ou similaire au bas de celui-ci pendant le tracé de toutes les lignes d'une trame de l'image ou, dans le cas d'un balayage non entrelacé, de toutes les lignes de l'image complète, et retour du ou des faisceaux en haut de l'écran) (le premier mouvement est produit par la pente montante d'une dent de scie du signal de balayage trames, et le second, beaucoup plus rapide, par la pente descendante de la dent de scie) (cf. aussi* vertical sweep period, vertical sweep time, vertical sweep *et* vertical sweep signal).

vertical sweep frequency fréquence de balayage trames *(ou des trames)*, fréquence du balayage vertical, fréquence trames *(nombre de cycles de balayage trames par seconde en télévision) (la fréquence du balayage trames est stabilisée par la fréquence du secteur et égale à celle-ci, soit 60 trames par seconde aux États-Unis et au Japon et 50 trames par seconde dans les autres pays) (elle est naturellement égale à la fréquence de récurrence des impulsions de synchronisation de trames) (cf. aussi* vertical sweep cycle *et* vertical synchronization pulse).

vertical sweep generator 1) générateur de balayage trames *(ou des trames ou de balayage vertical)*, générateur trames, générateur vertical *(noms donnés au générateur de base de temps fournissant le signal de balayage trames utilisé dans un tube analyseur) (caméra TV) (cf. aussi* time base (c), vertical sweep signal *et* camera tube). 2) *cf.* vertical sweep oscillator.

vertical sweep oscillator base de temps trames *(ou des trames ou* verticale), base trames, *(aussi)* générateur de balayage trames *(ou des trames ou de balayage vertical)*, relaxateur trames, relaxateur vertical *(nombreux noms donnés au générateur de base de temps fournissant le signal de balayage trames dans un récepteur de télévision ou un appareil analogue) (cf. aussi* time base (c), vertical sweep signal *et, pour information,* vertical sweep generator 1)).

vertical sweep period période de balayage trames, *(etc.) (durée d'un cycle de balayage trames) (TV, etc.) (cf.* vertical sweep cycle *et* period).

vertical sweep signal signal de balayage trames *(ou des trames ou de balayage vertical)*, signal trames, signal vertical *(signal en dents de scie fourni par un générateur de balayage trames ou une base de temps trames pour produire le balayage trames dans un tube analyseur ou un tube-image, respectivement) (le signal de balayage trames fourni par un générateur de balayage trames est un courant en dents de scie excitant les bobines de déviation verticale associées à un tube analyseur) (dans un récepteur de télévision ou un appareil analogue, dans le cas général d'un tube-image à déviation magnétique, le signal de balayage trames fourni par la base de temps trames de l'appareil est un courant en dents de scie excitant les bobines de déviation verticale associées au tube ; dans le cas particulier d'un tube-image à déviation électrostatique, le signal de balayage trames est une tension en dents de scie appliquée aux plaques de déviation verticale du tube) (cf. aussi* sawtooth waveform, vertical sweep generator 1), vertical sweep oscillator, vertical sweep, vertical deflection coil, vertical deflection plate *et* sweep signal).

vertical sweep time temps de balayage trames, *(etc.)*, durée du balayage trames, *(idem) (durée de la partie active d'un cycle de balayage trames) (cf. aussi* vertical sweep cycle).

vertical sync *cf.* vertical synchronization *(de même pour les termes dérivés) (cf. aussi* synchronizing).

vertical synchronization synchronisation des trames *(ou du balayage trames ou* verticale), synchronisation trames *(ou verticale ou de la base de temps trames ou verticale) (synchronisation entre le début du traçage d'une trame sur un écran de télévision et le début de l'analyse de la même trame de l'image dans la caméra) (cf. aussi* vertical synchronization pulse, field 2) *et* synchronization).

vertical synchronization pulse impulsion de synchronisation de trame *(ou* verticale), impulsion de trame, impulsion trame, impulsion verticale, top *(idem) (le dernier terme, sous ses différentes formes, est courant mais à éviter) (impulsion appliquée simultanément, au début de chaque trame de balayage d'une image de télévision, au générateur de balayage trames de la caméra et, par l'intermédiaire du signal émis, à la base de temps trames des récepteurs accordés sur l'émission, pour synchroniser le balayage trames de leur écran sur celui de la cible de la caméra) (noter que, sauf dans le signal de télévision français à 819 lignes, ce que l'on appelle « une » impulsion de synchronisation de trame est en réalité un train de plusieurs impulsions, l'impulsion théorique étant découpée au rythme de la synchronisation des lignes pour maintenir cette dernière pendant l'intervalle de suppression de trame) (cf. aussi* vertical synchronization, vertical sweep generator 1), vertical sweep oscillator *et* vertical blanking interval).

vertical synchronization signal signal de synchronisation des trames, *(etc.) (signal formé par les impulsions de synchronisation de trame d'un signal de télévision ou, parfois, constitué par une de ces impulsions) (cf. aussi* vertical synchronization pulse *et* synchronization signals).

vertical synchronizing *cf.* vertical synchronization *(de même pour les termes dérivés) (cf. aussi* synchronizing).

vertical system *cf.* vertical deflection system.

vertical transistor transistor vertical *(ou* à structure verticale) *(transistor dans lequel les porteurs de charge se déplacent suivant une direction approximativement perpendiculaire aux faces du substrat, les électrodes étant disposées dans des plans approximativement parallèles à ces faces, c.-à-d. disposées les unes au-dessus des autres) (ces termes s'appliquent souvent à un transistor de circuit intégré monolithique, mais peuvent s'appliquer à un transistor discret) (semi) (cf. aussi* vertical bipolar transistor, vertical field-effect transistor, transistor, charge carrier *et* substrate (c)).

vertical walls parois verticales *(en électronique, ce terme désigne généralement les chants d'un conducteur réalisé par photogravure et exempts d'attaque latérale) (cf. aussi* undercutting).

vertical waveform *cf.* vertical signal. *(cf. aussi* waveform).

vertically built transistor *cf.* vertical transistor.

vertically polarized aerial *cf.* vertically polarized antenna.

vertically polarized antenna antenne à polarisation verticale *(antenne conçue pour émettre ou recevoir une onde à polarisation verticale, c.-à-d. conducteur vertical ou antenne équivalente) (radioélectricité) (cf. aussi antenna et vertical polarization).*

vertically polarized wave onde à polarisation verticale, onde polarisée verticalement *(onde électromagnétique à polarisation verticale) (radioélectricité) (cf. aussi electromagnetic wave et vertical polarization).*

vertically structured transistor *cf.* vertical transistor.

vertically walled *a* à parois verticales *(conducteur) (cf. aussi* vertical walls*).*

very high frequency très haute fréquence, VHF, fréquence VHF *(fréquence de 30 à 300 MHz, correspondant à une longueur d'onde de 10 à 1 m, c-à-d. à une onde métrique) (radioélectricité) (cf. aussi* frequency *et* wavelength*).*

very high frequency ... *cf.* VHF ...

very-high-speed integrated circuit *cf.* VHSIC circuit.

very-high-speed integration intégration pour très grande vitesse (de commutation) *(intégration des transistors sur la puce d'un circuit intégré VHSIC) (cf. aussi* VHSIC circuit*).*

very-large-scale integrated circuit *cf.* VLSI circuit.

very-large-scale integration intégration à très haute densité (de composants), très haute intégration, intégration à très grande échelle, VLSI *(intégration d'un très grand nombre de transistors dans le substrat d'un circuit intégré monolithique) (semi) (cf. aussi* integration density*).*

very-large-scale integration ... *cf.* VLSI ...

very-long-range radar radar à très longue portée *(radar de veille dont la portée sur une cible à surface équivalente de 1 m² est supérieure à 1 000 km) (mil) (cf. aussi* search radar, radar range 1*) et* radar cross section*).*

very low frequency très basse fréquence, TBF, fréquence TBF, VLF, fréquence VLF *(fréquence de 3 à 30 kHz, correspondant à une longueur d'onde de 100 à 10 km, c.-à-dire à une onde myriamétrique) (radioélectricité) (cf. aussi* frequency *et* wavelength*).*

very-low frequency ... *cf.* VLF ...

very short-range radar radar à très courte portée *(radar militaire ou autre à portée inférieure à 50 km sur une cible à surface équivalente de 1 m² (cf. aussi* radar range *et* radar cross section*).*

very short wave onde très courte *(radioélectricité) (cf. aussi* metric wave*).*

vestigial sideband bande latérale atténuée, BLA *(celle des deux bandes latérales de la porteuse modulée d'un signal de télévision dont la largeur est diminuée volontairement à l'émission) (cf. aussi* vestigial-sideband transmission*).*

vestigial sideband filter 1) filtre de bande *(nom donné au filtre passe-bas réduisant la largeur de la bande latérale inférieure de la porteuse image d'un signal de télévision en n'éliminant totalement que les fréquences élevées de cette bande grâce à une courbe d'atténuation à flanc sensiblement incliné) (permet d'obtenir le signal dit « à bande latérale atténuée » utilisé en télévision) (est monté entre la sortie de l'émetteur image et l'antenne et souvent combiné au diplexeur pour former un ensemble appelé « filtre-diplexeur » utilisant des lignes coaxiales rigides) (cf. aussi* low-pass filter, attenuation curve, vestigial-sideband signal, diplexer (b) *et* rigid coaxial line*).* 2) filtre à flanc de Nyquist *(nom donné au filtre passe-bande à courbe de réponse asymétrique incorporé à l'amplificateur à fréquence intermédiaire de la partie image d'un récepteur de télévision pour compenser l'effet d'asymétrie produit à l'émission par le filtre de bande) (produit une atténuation progressive des fréquences basses, celles-ci devant être amplifiées deux fois moins que les fréquences élevées du fait qu'elles sont en réalité transmises en modulation d'amplitude classique et que l'amplitude de l'enveloppe de modulation correspondante est deux fois plus grande que celle d'un signal à bande latérale unique) (la partie inclinée de la courbe de réponse en fréquence du filtre produisant cette atténuation progressive du côté des fréquences basses est appelée « flanc de Nyquist »; la partie supérieure de ce flanc, c.-à-d. la partie correspondant aux fréquences peu atténuées, est appelée « talon ») (voir aussi 1) ci-dessus) (cf. aussi* band-pass filter, IF amplifier,*

picture receiver, modulation envelope *et* filter response curve*).*

vestigial sideband signal signal à bande latérale atténuée, signal BLA *(signal d'une émission à bande latérale atténuée) (TV) (cf. aussi* vestigial-sideband transmission*).*

vestigial sideband transmission émission à bande latérale atténuée, émission BLA *(émission d'un signal radioélectrique à modulation d'amplitude, à savoir le signal image d'un signal de télévision, dans lequel l'amplitude des fréquences de la bande latérale inférieure de la porteuse est progressivement réduite jusqu'à zéro par un filtre approprié pour réduire la largeur de la bande de fréquences occupée par le signal émis, afin de loger le plus grand nombre possible de canaux de télévision dans une bande de fréquences attribuée à la télévision) (une émission à bande latérale atténuée est un type d'émission intermédiaire entre une émission à modulation d'amplitude classique et une émission à bande latérale unique) (contrairement à cette dernière, elle permet de transmettre les fréquences basses du signal modulant, ce qui est nécessaire en télévision puisque le spectre du signal vidéo comprend des fréquences très basses) (dans une émission à bande latérale unique, la suppression de la porteuse fait disparaître les fréquences des bandes latérales les plus proches de celles-ci, c.-à-d. les fréquences basses du signal modulant) (il est à noter que dans une émission à bande latérale atténuée, la porteuse n'est pas supprimée) (il est en outre à noter que les fréquences basses n'étant pas éliminées dans la bande latérale inférieure, elles sont en fait émises en modulation d'amplitude classique et que, les fréquences élevées étant éliminées dans cette bande, elles sont en réalité émises en bande latérale unique, mais sans suppression de porteuse) (un signal à bande latérale atténué est donc un signal à modulation mixte : modulation d'amplitude classique pour la partie inférieure du spectre des fréquences du signal modulant et modulation à bande latérale unique pour la partie supérieure) (cette dualité de modulation oblige à utiliser un filtre spécial dans les récepteurs pour ne pas introduire de distorsions à la réception) (cf. aussi* vestigial-sideband filter 1*),* amplitude modulation, lower sideband, televison channel, single-sideband, video signal, video bandwidth, carrier 1*) et* picture signal*).*

vestigial-sideband transmitter émetteur à bande latérale atténuée, émetteur BLA *(noms parfois donnés à un émetteur de télévision radiodiffusée pour rappeler qu'il émet un signal à bande latérale atténuée) (cf. aussi* television broadcast transmitter *et* vestigial-sideband transmission*).*

vestigial transmission *cf.* vestigial-sideband transmission.

VF 1) *cf.* voice frequency. 2) *cf.* video frequency. 3) *cf.* vacuum fluorescent display.

VF display *cf.* vacuum fluorescent display.

VFD *cf.* vacuum fluorescent display.

VFD driver attaqueur d'afficheur fluorescent, *(etc.) (cf. aussi* driver 1*) et* vacuum fluorescent display 2*)).*

VFET *cf.* vertical field-effect transistor.

VFO *cf.* variable-frequency oscillator.

VFT *cf.* voice-frequency telegraphy.

VG ... *cf.* voice-grade ...

VGPO *cf.* velocity-gate pull-off.

VGWO *cf.* velocity-gate walk-off.

vhf *cf.* VHF. *(de même pour les termes dérivés).*

VHF *cf.* very high frequency.

VHF aerial *(GB) cf.* VHF antenna.

VHF antenna antenne VHF, antenne pour ondes métriques *(antenne conçue pour l'émission et éventuellement la réception d'une onde métrique) (cf. aussi* antenna *et* metric wave*).*

VHF band bande des très haute fréquences, gamme *(idem)* bande VHF, gamme VHF, *(parf.)* gamme des ondes métriques) *(radioélectricité) (cf. aussi* very high frequency*).*

VHF communications radiocommunications en ondes métriques, radiocommunications VHF *(radiocommunications dans lesquelles la porteuse est une onde métrique) (faisceau hz, etc.) (tls) (cf. aussi* radio communications *et* metric wave*).*

VHF communications receiver récepteur de trafic VHF *(récepteur de trafic conçu pour recevoir les émissions d'émetteurs de trafic VHF) (radiocom) (cf. aussi* communications receiver *et* VHF communications transmitter*).*

VHF communications set   poste de trafic VHF *(émetteur ou récepteur de trafic VHF) (radiocom) (cf. aussi* VHF communications transmitter *et* VHF communications receiver).

VHF communications station   station de radiocommunications en ondes métriques *(ou en ondes VHF)*, station VHF *(cf. aussi* VHF station).

VHF communications transmitter   émetteur de trafic VHF *(émetteur de trafic réalisé sous la forme d'un émetteur VHF) (radiocom) (cf. aussi* communications transmitter *et* VHF transmitter).

VHF équipment   matériel VHF, matériel radio VHF *(émetteur, récepteurs, antennes VHF et accessoires) (radiocom, radiodif) (voir ces termes en anglais).*

VHF frequency   fréquence VHF *(fréquence comprise dans la bande VHF) (cf. aussi* VHF band).

VHF frequency band *(ou* **range** *ou* **region)** *cf.* VHF band.

VHF generator *cf.* VHF signal generator.

VHF omnirange *cf.* VOR.

VHF propagation   propagation des ondes métriques, propagation des ondes très courtes, propagation en VHF   *(les ondes métriques se propagent presque aussi en ligne droite que les ondes ultra-courtes) (TV, FM, etc.) (radioélectricité) (cf. aussi* metric wave *et* radio wave propagation).

VHF radio equipment *cf.* VHF equipment.

VHF receiver *cf.* VHF communications receiver.

VHF receiving aerial *(GB) cf.* VHF receiving antenna.

VHF receiving antenna   antenne de réception VHF, *(etc.) (cf. aussi* VHF antenna *et* receiving antenna).

VHF signal   signal VHF, signal à fréquence VHF, signal à très haute fréquence *(signal radioélectrique constitué par une onde métrique modulée ou non) (radiocom, TV, FM, etc.) (cf. aussi* radio signal *et* metric wave).

VHF signal generator   générateur de signaux VHF, générateur VHF *(générateur de signaux sinusoïdaux à fréquence VHF pouvant généralement être modulée en amplitude par impulsions ou par des signaux carrés) (cf. aussi* sinusoidal signal generator *et* VHF signal).

VHF station   station en ondes métriques, station VHF *(station équipée d'un ou plusieurs émetteurs ou récepteurs VHF ou les deux) (ces termes désignent souvent une station de télévision en ondes métriques, mais couvrent en outre notamment les stations de radiodiffusion sonore à modulation de fréquence et les stations terminales de faisceaux hertziens en ondes métriques) (cf. aussi* VHF transmitter *et* station 1)).

VHF television   (la) télévision en ondes métriques *(ou en* VHF) *(télévision radiodiffusée ou non faisant appel à une onde métrique pour la transmission des signaux) (cf. aussi* television *et* metric wave).

VHF television ... *cf.* VHF television ... *et* television *et* adapter.

VHF transmission   émission en ondes métriques, émission VHF *(émission d'un émetteur VHF) (cf. aussi* transmission 2) *et* VHF transmitter).

VHF transmitter   émetteur VHF, émetteur en ondes métriques *(émetteur radioélectrique conçu pour fournir un signal VHF à une antenne) (cf. aussi* RF transmitter *et* VHF signal).

VHF transmitting aerial *cf.* VHF transmitting antenna.

VHF transmitting antenna   antenne d'émission VHF, *(etc.) (cf. aussi* VHF antenna *et* transmitting antenna).

VHF TV *cf.* VHF television.

VHF wave   onde VHF *(radioélectricité) (cf. aussi* metric wave).

VHSI *cf.* very-high-speed integration.

VHSIC ... *(voir* VHSIC circuit *et* VLSI ... *et* adapter) *(pour les termes qui ne figurent pas ci-après).*

VHSIC circuit *(VHSIC vient de « very-high-speed integrated circuit »)* circuit VHSIC, circuit intégré VHSIC, circuit ultra-rapide (du programme VHSIC) *(noms donnés aux circuits intégrés numériques complexes à très grande vitesse de fonctionnement fabriqués depuis l'année 1982 dans le cadre d'un important programme américain d'étude et de réalisation de prototypes et de semi-prototypes caractérisés par l'emploi de traits de très faible largeur permettant une très haute densité d'intégration conduisant à des temps de propagation des signaux extrêmement courts, cette dernière caractéristique*

concourant à une très grande vitesse de fonctionnement, donc de traitement des signaux) (ces circuits intégrés numériques sont destinés à être utilisés notamment dans les détecteurs de missiles autonomes « intelligents », c.-à-d. capables de distinguer un char d'un camion, par exemple) (dans la première partie du programme, la largeur des traits devait être à peine supérieure à un micron: dans la deuxième partie, elle devait descendre à 0,5 micron et ensuite plus bas si le rendement de fabrication le permet) (un circuit VHSIC est l'équivalent d'un circuit VLSI conçu en vue d'applications militaires et encore plus performant dans le cas général) (semi) (cf. aussi* complex integrated circuit, line[4]), integration density, gate delay, functional thoughput rate, processing speed, yield 2), VLSI circuit *et* superchip).

VHSIC concept   concept VHSIC, concept du programme VHSIC *(réalisation d'un nombre limité de circuits intégrés complexes dont la combinaison doit permettre de couvrir un grand nombre d'applications militaires) (semi) (cf. aussi* VHSIC circuit).

via *s*   traversée *(trou métallisé, broche ou autre conducteur traversant le substrat d'un montage réalisé sur un substrat, ou une couche de substrat, pour relier deux circuits ou composants du montage situés de part et d'autre du substrat ou de la couche) (CP, CI, etc.) (cf. aussi* plated-through hole).

via hole   trou traversant *(CP, CH) (cf. aussi* through hole).

vibrating bell   sonnerie trembleuse *(cf. aussi* trembler bell).

vibrating-reed frequency meter   fréquencemètre à lames vibrantes, fréquencemètre de Frahm *(fréquencemètre pour basses fréquences utilisant une série de lames d'acier de longueur décroissante excitées par un électro-aimant parcouru par le courant alternatif dont la fréquence est à mesurer) (les lames, disposées côte-à-côte, sont obtenues par exécution de traits de scie parallèles dans une tôle d'acier de largeur décroissante, les traits n'atteignant pas le bord opposé et l'extrémité libre des lames étant repliée à 90° pour former une sorte d'index visible à l'avant de l'appareil) (chaque lame étant fixée rigidement à une extrémité et libre à l'autre, elle forme un résonateur mécanique excité par l'électro-aimant dont elle referme le circuit magnétique, sa fréquence de résonance étant inversement proportionnelle à sa longueur) (la longueur des lames est calculée de telle façon que leur fréquence de résonance augmente de 0,25 Hz, 0,50 Hz ou 1 Hz d'une lame à sa voisine plus courte, c.à-d. située à sa droite lorsque l'on regarde le cadran de l'appareil) (la fréquence de chaque lame est marquée en regard de celle-ci sur le cadran: les fréquences mesurées dépassent rarement la centaine de hertz et les lames sont au nombre de plusieurs dizaines) (les lames dont la fréquence de résonance est proche du double de la fréquence du courant à mesurer vibrent plus ou moins, l'amplitude des déplacements de l'index de la lame dont la fréquence est la plus proche étant nettement supérieure à celle de ses voisines, ce qui permet de connaître la fréquence du courant) (si le noyau de l'électro-aimant est polarisé magnétiquement par un courant continu superposé au courant alternatif à mesurer ou constitué par un aimant permanent, les lames vibrent à la fréquence du courant à mesurer et une même lame permet ainsi de mesurer une fréquence deux fois plus grande) (ce fréquencemètre est utilisé pour mesurer la fréquence du courant produit par les alternateurs dans les centrales électriques, ainsi que par des groupes électrogènes et des onduleurs) (cf. aussi* mechanical resonator, resonance *et* frequency meter).

vibration   vibration *(s'emploie souvent au pluriel) (nom souvent donné à une oscillation à fréquence élevée, notamment dans le cas d'une oscillation mécanique ou de l'oscillation des composantes d'une onde optique) (cf. aussi* oscillation *et* optical wave).

vibration amplitude   amplitude de vibration, *(souvent aussi)* amplitude des vibrations *(cf. aussi* amplitude *et* vibration).

vibration energy *cf.* vibrational energy.

vibration frequency   fréquence de vibration, *(souvent aussi)* fréquence des vibrations *(fréquence d'une vibration sinusoïdale) (cf. aussi* frequency *et* sinusoidal vibration).

vibration meter   vibromètre, mesureur de vibrations *(appareil conçu pour mesurer la fréquence et l'amplitude de vibrations) (comprend essentiellement un capteur de vibrations, un ampli-*

ficateur de mesure et un ou deux appareils indicateurs) (cf. aussi vibration, vibration pick-up, instrumentation amplifier *et* indicating instrument).

vibration mode mode de vibration *(manière dont un solide vibre)* (a) *(mode d'oscillation d'un solide allongé tel qu'une corde vibrante, un tablier de pont suspendu, une fusée à plusieurs étages de faibles diamètres relatifs ou autre « corps élancé »)* (cf. aussi oscillation mode (b) et vibration) ; (b) *(mode de vibration d'un résonateur piézoélectrique, c.-à-d. vibrations de flexion, de compression, d'extension ou de cisaillement dans une direction déterminée)* (cf. aussi vibration *et* piezoelectric resonator).

vibration pick-up capteur de vibrations *(capteur fournissant un signal dont l'amplitude est proportionnelle à l'amplitude des vibrations d'un organe mécanique auquel il est fixé ou relié) (est généralement un capteur piézoélectrique dont l'élément sensible est soumis aux mouvements de l'organe vibrant)* (cf. aussi sensor, vibration *et* piezoelectric transducer 2)).

vibration signal signal de vibrations *(signal fourni par un capteur de vibrations)* (cf. aussi vibration pick-up).

vibration signature empreinte de vibrations, signature de vibrations *(signal caractéristique d'un type déterminé de vibrations fourni par un capteur de vibrations)* (cf. aussi vibration, vibration pick-up *et* signature 1)).

vibrational *a* cf. vibratory *(et noter toutefois que le premier terme est généralement préféré pour qualifier une énergie et le second pour qualifier un mouvement)* (cf. aussi vibrational energy *et* vibratory motion).

vibrational ... cf. vibration ... *(pour les termes qui ne figurent pas ci-après).*

vibrational energy energie vibratoire, énergie de vibration *(énergie mise en jeu par des vibrations)* (cf. aussi energy *et* vibration).

vibrational quantum number nombre quantique de vibration *(nombre quantique décrivant l'état d'énergie d'un atome ou d'une molécule dû aux vibrations de ses constituants)* (cf. aussi quantum number, atom *et* molecule).

vibrator vibreur (de convertisseur) *(électro-aimant à armature vibrante portant le contact mobile d'un jeu de contacts inverseurs connectant alternativement à une source de courant continu les deux moitiés de l'enroulement primaire à point milieu d'un transformateur élévateur de tension pour produire un courant alternatif dans cet enroulement en vue d'obtenir finalement une tension continue très supérieure à celle de la source utilisée) (le secondaire du transformateur, également à point milieu, est connecté à une valve biplaque fournissant un courant continu sous une tension élevée) (l'ensemble forme un convertisseur continu/continu à vibreur utilisé autrefois pour fournir le courant continu dit « à haute tension » aux appareils à tubes électroniques utilisés dans des véhicules à partir du courant de leur batterie d'accumulateurs) (a cédé la place au vibreur synchrone) (élt)* (cf. aussi synchronous vibrator, electromagnet, change-over contact, step-up transformer, center tap, dual-anode diode *et* dc/dc converter).

vibrator-type inverter onduleur à vibreur *(onduleur formé par le vibreur et le transformateur d'un convertisseur continu/ continu à vibreur)* (cf. aussi inverter 1) *et* vibrator).

vibratory *a* vibratoire *a (caractéristique de ce qui est relatif ou propre à des vibrations)* (cf. aussi vibration).

vibratory ... cf. vibration ... *ou* vibrational ... *(pour les termes qui ne figurent pas ci-après).*

vibratory motion mouvement vibratoire *(mouvement d'un corps animé de vibrations)* (cf. aussi vibration).

victim radar radar visé *(mil)* (cf. aussi target radar 2) (a)).

victimize *v* neutraliser *(au sens du terme anglais, action d'empêcher un radar militaire ou un émetteur radio militaire de remplir sa fonction en le brouillant ou en le détruisant à l'aide d'un missile approprié) (ce terme s'applique surtout à un radar)* (cf. aussi target radar 2)).

video[1] *a (mot latin signifiant « je vois »)* vidéo *a (noter l'accent sur le e du mot français) (qualificatif appliqué à un type de signal représentant une image au sens large du terme ou à un dispositif ou un appareil fournissant, transmettant, convertissant, mémorisant ou utilisant un tel signal)* (cf. aussi video signal).

video[2] *s* (la) vidéo (a) *technique de l'enregistrement vidéo des images et de la reproduction des images enregistrées)* (cf. aussi video recording ; (b) *nom parfois donné à un signal vidéo, notamment dans un récepteur de télévision et dans un récepteur de radar)* (cf. aussi video signal).

video a-d ... *(ou A/D ...)* cf. video analog-to-digital ...

video ADC cf. video analog-to-digital converter.

video amplification amplification vidéo, amplification vidéofréquence, *(souvent aussi)* amplification de la vidéo, *(idem) (amplification d'un signal vidéo)* (cf. aussi amplification *et* video signal).

video amplifier amplificateur vidéo *(amplificateur à large bande amplifiant le signal vidéo dans un récepteur de télévision ou de radar) (dans un récepteur de télévision, l'amplificateur vidéo est un amplificateur accordé à bande élargie par emploi de circuits à accord décalé)* (cf. aussi wideband amplifier, video signal, tuned amplifier *et* staggered circuits).

video analog-to-digital conversion numérisation vidéo, *(etc.) (numérisation de signaux vidéo analogiques)* (cf. aussi analog-to-digital conversion *et* video signal).

video analog-to-digital converter numériseur vidéo, *(etc.) (numériseur de signaux vidéo analogiques)* (cf. aussi analog-to-digital converter *et* video signal).

video bandwith largeur de bande vidéo, *(souvent aussi)* largeur de bande du signal vidéo *(largeur de bande d'un signal vidéo analogique) (est très grande, de zéro hertz à plusieurs mégahertz dans le cas d'un signal de télévision et proportionnelle ici au nombre de lignes de l'image, ce qui pose des problèmes ardus pour la télévision à haute définition) (le cas d'une fréquence nulle correspond à la transmission d'une zone de l'image dont la luminosité est uniforme, le signal vidéo fourni par la caméra étant alors une tension continue) (le cas d'une fréquence de plusieurs mégahertz correspond au passage brusque d'une zone noire à une zone blanche, le signal fourni étant alors une transitoire)* (cf. aussi bandwidth 1), video signal, high-definition television *et* transient[2]).

video bandwidth reduction cf. video compression.

video broadcasting cf. television broadcasting.

video cable câble vidéo, câble de télévision *(câble coaxial, câble bifilaire blindé ou câble à fibre optique conçu pour la transmission de signaux de télévision, c.-à-d. possédant une bande passante dont la limite supérieure est au moins égale à la fréquence d'un signal de télévision) (TV filaire, TV par câbles, etc.)* (cf. aussi coaxial cable, fiber optic cable, bandwidth 2), television signal, closed-circuit television *et* cable television).

video camera caméra vidéo, caméra électronique, caméra d'enregistrement *(caméra de télévision portative conçue pour être utilisée en liaison avec un magnétoscope enregistrant les signaux qu'elle fournit) (noter que contrairement à ce qui se rencontre fréquemment dans le cas d'une véritable caméra de télévision, une caméra vidéo comporte souvent tous les circuits nécessaires à son fonctionnement, aucun signal fonctionnel n'étant alors fourni de l'extérieur ; c'est donc souvent une caméra autonome)* (cf. aussi camescope, television camera *et* video tape recorder).

video carrier porteuse video *(signal TV)* (cf. aussi picture carrier).

video cassette cassette vidéo, vidéocassette *(cassette à bande magnétique de dimensions relativement grandes contenant une bande magnétique relativement large — généralement 12,7 mn, soit un demi-pouce — et généralement non retournable, conçue pour être montée sur un magnétoscope dit « à cassettes » de type déterminé) (noter à ce sujet que, contrairement au cas des magnétophones à cassettes, qui utilisent tous un même type de cassette normalisée, il existe en 1990 un certain nombre de types de cassettes vidéo dont chacun ne peut être utilisé au plus que sur quelques types de magnétoscopes, c.-à-d. sur des magnétoscopes du même « standard »)* (cf. aussi magnetic-tape cassette *et* cassette video recorder).

video cassette recorder magnétoscope à cassettes *(au pluriel ou au singulier, la première forme étant incorrecte, mais la plus employée) (magnétoscope grand public conçu pour utiliser une bande magnétique en cassette) (emploie l'analyse hélicoïdale de la bande magnétique ou, parfois, l'analyse longitudinale) (est caractérisé par son « standard »)* (cf. aussi video tape recorder, video cassette, helical scanning 2), longitudinal scanning *et* video recording standards).

video cassette recording (l')enregistrement vidéo sur bande en cassette, *(etc.)* *(enregistrement vidéo à l'aide d'un magnétoscope à cassettes)* *(cf. aussi* video recording *et* video cassette recorder).

video chain chaîne vidéo *(ensemble des circuits vidéo d'un récepteur de radar)* *(cf. aussi* video circuit 2)).

video channel 1) partie vidéo *(récepteur TV)* *(cf. aussi* picture channel). **2)** *cf.* television channel.

video characteristics 1) caractéristiques de la partie vidéo, *(etc.)* *(TV)* *(cf. aussi* video channel). **2)** caractéristiques de la chaîne vidéo *(radar)* *(cf. aussi* video chain).

video circuit 1) circuit image, circuit vidéo *(noms souvent donnés à un étage d'un récepteur de télévision traitant le signal image)* *(cf. aussi* stage 1), video signal *et* video channel). **2)** circuit vidéo *(nom souvent donné à un étage d'un récepteur de radar traitant le signal vidéo)* *(cf. aussi* stage 1), video signal *et* video chain).

video circuitry circuits vidéo *(cf. aussi* video circuit *et* circuitry).

video communications (les) télécommunications vidéo, *(souvent)* liaisons vidéo *(noms parfois donnés aux liaisons de télévision considérées comme des liaisons de télécommunications visuelles)* *(cf. aussi* television link *et* communications link).

video companding *cf.* video compression.

video compression compression vidéo *(TV, etc.)* *(cf. aussi* image compression).

video compression system système de compression vidéo, *(etc.)* *(TV)* *(cf. aussi* image compression).

video compression technique méthode de compression vidéo, *(etc.)*, procédé *(idem)* *(TV, etc.)* *(cf. aussi* image compression).

video conference visioconférence *(conférence entre deux groupes de personnes reliés simultanément par téléphone et par télévision, généralement à balayage lent)* *(chaque groupe est installé dans un local spécialement aménagé appelé « studio de visioconférence » et comportant notamment un récepteur de télévision et une table incurvée à microphones incorporés disposés chacun devant un des participants et commandant la caméra dirigée vers lui parmi une batterie de caméras de télévision, de sorte que l'image transmise est celle de l'orateur)* *(est classée dans les applications de la télématique, mais n'en est pas une, conformément à la définition de celle-ci)* *(tls)* *(cf. aussi* slow-scan television *et* telematics).

video conferencing (la) tenue de visioconférences, *(souvent)* (la) visioconférence *(cf. aussi* video conference).

video correlation corrélation vidéo *(corrélation d'échos radar effectuée sur le signal vidéo)* *(cf. aussi* video correlator).

video correlator corrélateur vidéo *(corrélateur de radar opérant par autocorrélation du signal vidéo suivie de l'intégration du signal obtenu)* *(cf. aussi* correlator 1), autocorrelation, video signal *et* video integration).

video data *cf.* video information.

video-data digital processing traitement numérique d'informations vidéo *(parf. des informations vidéo)*, *(etc)* *(cf. aussi* video information *et* image processing).

video data link liaison vidéo numérique *(liaison de télécommunications conçue pour assurer la transmission de signaux vidéo numériques)* *(TV, radar, etc.)* *(cf. aussi* communications link *et* digital video signal).

video-data processing *cf.* video data digital processing.

video detection détection vidéo, détection du signal vidéo, détection de la vidéo *(extraction du signal vidéo de la porteuse dans un récepteur de télévision ou de radar)* *(cf. aussi* detection 2) *et* video signal).

video detector détecteur vidéo *(détecteur d'enveloppe réalisant la détection vidéo dans un récepteur)* *(cf. aussi* detector 2) *et* video detection).

video digitization *cf.* video analog-to-digital conversion.

video digitizer *cf.* video analog-to-digital converter.

video disc *cf.* video disk *(de même pour les termes dérivés)*.

video disk disque vidéo, vidéodisque *(disque sur lequel des images peuvent être enregistrées sous la forme de variations d'une caractéristique de la surface du disque le long d'une spirale à très grand nombre de spires)* *(termes génériques couvrant, en 1990, le disque optique vidéo et le disque capacitif, ce dernier étant d'ailleurs pratiquement abandonné, ce qui conduit à considérer les disques vidéo comme un type particulier de disque optique)* *(cf. aussi* optical disk, capacitive video disk *et* video disk player).

video-disk player tourne-disque vidéo *(tourne-disque conçu pour utiliser des disques vidéo)* *(selon le mode d'enregistrement du disque utilisé, la vitesse de rotation du disque peut être constante, ce qui permet d'aligner radialement les impulsions de synchronisation à l'enregistrement et permet de réaliser éventuellement le ralenti et l'arrêt sur image à l'aide de circuits appropriés, ou variable selon la position radiale de la tête de lecture pour obtenir une vitesse de défilement constante, ce qui augmente sensiblement la durée de lecture, mais oblige à renoncer aux possibilités énumérées ci-dessus)* *(dans le cas des disques enregistrés à vitesse de rotation constante, les vitesses de rotation du plateau de la table d'enregistrement en studio et, par conséquent, des tourne-disques sont normalisées à 1 800, 900 et 450 tours par minute, ce qui correspond à une, deux ou quatre images par tour, respectivement)* *(on notera que la vitesse la plus faible est dix fois plus grande que celle d'un disque phonographique)* *(est appelé à concurrencer fortement le magnétoscope lorsque la possibilité d'enregistrement n'est pas nécessaire)* *(cf. aussi* optical video disk player, video disk, synchronization pulse *et* video tape recorder).

video-disk recorder table video, table d'enregistrement vidéo *(enregistreur de studio conçu pour l'enregistrement d'images sur un disque vidéo)* *(cf. aussi* video disk).

video-disk recording (l')enregistrement sur disque vidéo *(parfois au pluriel)* *(enregistrement d'images sur un ou plusieurs disques vidéo à l'aide d'une table d'enregistrement vidéo)* *(cf. aussi* video-disk recorder *et* video .recording).

video-disk storage *cf.* optical disk storage.

video-disk system système de disque vidéo, *(etc.)* *(noms donnés à l'ensemble formé par un type de disque vidéo et les types correspondants de table d'enregistrement et de tourne-disque)* *(cf. aussi* video disk, video disk player *et* system).

video display 1) présentation vidéo *(présentation d'informations sur un écran cathodique ou un dispositif équivalent)* *(cf. aussi* CRT screen *et* display[1] 1)). **2)** *cf.* raster-scan display.

video display ... *cf.* display ...

video distribution amplifier amplificateur de distribution du signal image *(ou* vidéo) *(studio TV)* *(cf. aussi* distribution amplifier *et* video signal).

video effects effets vidéo *(inf.)* *(cf. aussi* attributes) *(ce terme étant le plus employé)*.

video equipment matériel vidéo *(matériel électronique conçu pour être utilisé en vidéo et matériel auxiliaire propre à la vidéo)* *(caméras vidéo, magnétoscopes, tourne-disque vidéo, cassettes vidéo, disques vidéo, accessoires, etc.)* *(cf. aussi* video camera, video tape recorder, video disk player, video cassette, video disk, video *et* television equipment).

video expansion dilatation de la trace *(écran de radar)* *(cf. aussi* expansion 2)).

video flash converter numériseur parallèle vidéo *(ou pour signaux vidéo)*, *(etc.)* *(numériseur parallèle utilisé pour la numérisation de signaux vidéo)* *(CI)* *(cf. aussi* parallel converter *et* video signal).

video frequency *(cf. aussi* frequency) **1)** fréquence vidéo, . fréquence image *(sans trait d'union)* *(le second terme est peu employé en raison du risque de confusion àvec le terme « fréquence-image »)* *(une des fréquences du signal image dans une caméra, un émetteur de télévision ou notamment un récepteur de télévision)* *(cf. aussi* video signal, video bandwidth *et*, à titre d'information, image frequency 1)). **2)** fréquence vidéo *(une des fréquences du signal vidéo dans un récepteur de radar)* *(cf. aussi* video signal).

video-frequency ... *cf.* video ...

video gain control commande de gain vidéo *(potentiomètre permettant de régler le gain de l'amplificateur vidéo dans un récepteur de radar ou bouton de commande de ce potentiomètre)* *(cf. aussi* gain 1) *et* video amplifier).

video game (un) jeu vidéo *(système permettant de faire appa-*

raître sur un écran de télévision ou équivalent une image dont une ou plusieurs parties mobiles ou déformables telles que des ballons, véhicules, personnages ou projectiles, notamment, se déplacent ou se déforment sous l'action des signaux émis par deux, un ou plusieurs dispositifs actionnés par autant de joueurs) (les objets fixes ou mobiles sont formés sur l'écran par présentation matricielle suivant un programme enregistré dans une mémoire interchangeable et dont le déroulement est modifié par les signaux émis par les joueurs et interprétés par un microprocesseur incorporé) (la mémoire peut être notamment une mémoire ROM en cassette enfichable ou, principalement pour les jeux en salle, un disque optique) (cf. aussi home video game, arcade video game, joystick, trackball, microprocessor, ROM et optical disk).

video head tête vidéo (nom donné à une tête magnétique de magnétoscope) (cf. aussi magnetic head et video tape recorder).

video IF amplifier amplificateur FI image (ou vision) (amplificateur à fréquence intermédiaire amplifiant le signal image à la sortie du changeur de fréquence dans un récepteur de télévision classique, c.-à-d. conçu pour recevoir une porteuse son modulée en amplitude) (cf. aussi FI amplifier et sound separation).

video image image vidéo (image formée sur un écran cathodique ou équivalent) (TV, radar, etc.) (cf. aussi video picture, CRT screen, display[1], television image et radar image).

video information informations vidéo, données vidéo, (souvent aussi) l'information vidéo (a) noms donnés à la luminosité des différents points d'une image représentée par un signal vidéo) (TV, etc.) (cf. aussi luminance et video signal); (b) informations fournies par un service d'informations vidéo) (cf. aussi video service).

video integration intégration vidéo, intégration de la vidéo, intégration du signal vidéo (intégration du signal vidéo dans un récepteur de radar panoramique pendant le passage du faisceau sur la cible, c.-à-d. sur plusieurs échos, à l'aide d'un intégrateur, pour augmenter le rapport signal/bruit du signal vidéo) (les échos successifs ayant la même fréquence porteuse, leurs effets s'ajoutent pour donner un écho d'amplitude plus grande se détachant alors du bruit dont l'amplitude a tendance a diminuer lorsque la période d'intégration augmente, la nature aléatoire du bruit empêchant tout effet cumulatif et produisant, au contraire, un effet d'auto-annulation) (s'ajoute à l'effet d'intégration des échos produit par la persistance éventuelle de l'écran) (cf. aussi integration 1), video signal, PPI-display radar, integrator, signal-to-noise ratio, persistence et video correlator).

video link liaison vidéo (liaison de télécommunications assurant la transmission de signaux vidéo et notamment de signaux de télévision) (cf. aussi communications link, video signal et television link).

video logic logique vidéo (logique d'un régisseur d'écran) (inf) (cf. aussi logic (b) et CRT controller).

video mapping superposition cartographique (superposition électronique d'informations cartographiques sur l'écran d'un radar panoramique par action sur le faisceau du tube cathodique) (ne pas confondre avec la cartographie radar) (cf. aussi PPI-display et radar mapping).

video media (les) supports vidéo (supports d'images vidéo, c.-à-d. bandes vidéo et disques vidéo) (cf. aussi video tape, video disk, video image et media 1)).

video memory mémoire vidéo (mémoire numérique utilisée pour mémoriser une ou plusieurs images sous la forme d'un signal vidéo numérisé) (cf. aussi video RAM, digital memory, video signal et digitized signal).

video mixer mélangeur image, mélangeur vidéo, mélangeur (dispositif électronique utilisé dans la régie image d'un studio de télévision pour envoyer à l'antenne l'image choisie ou élaborée à partir des images fournies par plusieurs sources vidéo) (les mélangeurs perfectionnés modernes sont souvent appelés « mélangeur-truqueur ») (cf. aussi special-effects generator).

video monitor présenteur vidéo (terme que j'ai proposé) (est utilisable dans tous les cas), récepteur de contrôle (d'image), écran de contrôle (selon le contexte) (récepteur de télévision

sans antenne relié par câble coaxial à un émetteur ou une caméra de télévision, un magnétoscope ou un tourne-disque vidéo pour reproduire sur son écran les images émises, observées ou enregistrées, ce aux fins de contrôle, de surveillance ou de présentation, respectivement) (cf. aussi television receiver, display[1] 1) et monitor[1]).

video output sortie vidéo (borne ou connecteur coaxial de sortie d'un signal vidéo ou, par extension, ce signal lui-même) (cf. aussi terminal 1), coaxial connector et video signal).

video output stage étage de sortie vidéo (étage amplificateur amplifiant le signal vidéo dans un récepteur de radar avant de l'appliquer au tube cathodique) (cf. aussi output stage et video signal).

video path cf. video channel.

video-phone cf. videophone (plus loin).

video picture cf. video image (le premier terme étant peu employé).

video player cf. video-disk player.

video pre-emphasis préaccentuation vidéo (ou du signal vidéo) (préaccentuation d'un signal vidéo analogique avant de le transmettre par câble coaxial sur une distance supérieure à quelques centaines de mètres, pour améliorer le rapport signal/bruit du signal à l'extrémité réceptrice du câble) (est opérée notamment entre un studio de télévision et l'émetteur lorsque la distance entre les deux ne justifie pas l'emploi d'un faisceau hertzien) (cf. aussi pre-emphasis et video signal).

video processing traitement vidéo (ou de signaux vidéo parf. du signal vidéo) (cf. aussi video signal et signal processing).

video processing circuitry circuits de traitement vidéo, (etc.) (cf. aussi video processing, video circuit et circuitry).

video processing technique méthode de traitement vidéo (etc.), procédé (idem) (cf. aussi video processing).

video programm programme vidéo (programme de télévision diffusé ou enregistré sur cassette vidéo ou disque vidéo) (cf. aussi television programm, video cassette et video disk).

video pulse impulsion vidéo (nom parfois donné à une des impulsions incorporées à un signal de télévision ou à une impulsion émise par un émetteur de radionavigation et destinée à être visualisée sur l'écran cathodique des récepteurs) (cf. aussi television signal et pulse navigation system).

video RAM mémoire RAM vidéo (mémoire RAM utilisée comme mémoire vidéo, notamment dans un micro-ordinateur) (cf. aussi RAM[1] et video memory).

video recorder enregistreur vidéo (enregistreur conçu pour enregistrer des signaux vidéo) (ce terme désigne généralement un magnétoscope, mais peut désigner une table d'enregistrement vidéo ou tout autre enregistreur de signaux vidéo) (cf. aussi video tape recorder, video disk recorder et recorder).

video recording (l')enregistrement des images (ou vidéo) (enregistrement d'images sous la forme de signaux vidéo) (cf. aussi magnetic video recording, optical video recording, video signal et recording).

video recording standards (au pluriel, parfois au singulier) norme d'enregistrement vidéo (au singulier), norme vidéo, standard (idem) (anglicismes courants, mais à éviter) (« norme » constituée par les caractéristiques d'enregistrement adoptées par un constructeur de magnétoscopes à cassettes pour un ou plusieurs types de ses appareils et éventuellement adoptées ultérieurement par d'autres constructeurs) (les principales caractéristiques ainsi « normalisées » sont la forme et les dimensions de la cassette, l'emploi de bobines coplanaires ou coaxiales ou d'une bobine unique, la largeur de la bande magnétique, son épaisseur, sa longueur éventuelle, sa vitesse de défilement, la vitesse d'analyse de la bande, le mode d'analyse — hélicoïdal ou, parfois, longitudinal —, la largeur des pistes vidéo, leur angle d'inclinaison dans le cas du balayage hélicoïdal, la présence ou l'absence d'espaces interpistes, etc.) (cf. aussi helical scanning 2), longitudinal scanning, video cassette recorder et standard 2)).

video refresh rafraîchissement vidéo (écran vidéo) (cf. aussi screen refresh).

video refreshing cf. video refresh.

video scanning cf. video sweep.

video screen écran vidéo (cf. aussi display screen).

video sensing captation d'images (cf. aussi image sensing).

video sensor capteur vidéo, capteur d'images, dispositif imageur, imageur *s* (*dispositif produisant une image sur un écran cathodique ou autre présenteur vidéo, directement ou après enregistrement du signal fourni*) (*terme générique et définition générale couvrant la caméra de télévision ordinaire, la caméra infrarouge, la caméra vidéo, le tube analyseur ou la cible d'une telle caméra, et le radar cartographique*) (*cf. aussi* image sensor 1), television camera, infrared camera, video camera, ground-mapping radar, CRT screen *et* television monitor.

video service service vidéo, service d'informations vidéo (*service de télécommunications utilisant ou pouvant utiliser l'écran du récepteur de télévision des abonnés ou un terminal à écran approprié pour la transmission d'informations*) (*est le principal service du vidéotex*) (*télinf*) (*cf. aussi* videotex).

video signal signal vidéo, la vidéo (*parf. aussi*) signal image, signal vision (*TV dans ce cas*) (*signal représentant une ou plusieurs images destinées à être formées sur un écran cathodique ou autre présenteur vidéo*) (*est généralement un signal électrique analogique, en l'occurence à très grande largeur de bande, mais peut être un signal électrique numérique, en l'occurrence nécessitant normalement un très grand débit binaire, ou, dans le cas d'une transmission par fibre optique, un signal optique, également analogique ou numérique*) (*dans le cas général: (dans une caméra de télévision, le signal vidéo est le signal fourni tel quel par la caméra) (dans une caméra vidéo, le signal vidéo est le signal fourni par le capteur optique de celle-ci, avant adjonction des signaux de synchronisation et de suppression dans la caméra) (dans un émetteur de télévision émettant le signal fourni directement par une caméra de télévision, le signal vidéo est le signal reçu de la caméra, également avant adjonction des signaux de synchronisation et de suppression, puis des lignes-test) (dans un récepteur de télévision ou de radar, le signal vidéo est le signal obtenu à la sortie de l'étage détecteur et appliqué au tube cathodique après amplification et généralement après des traitements particuliers dans le cas d'un radar ; dans un tel récepteur, le signal vidéo est donc l'équivalent « vidéo » du signal « audio » obtenu à la sortie du détecteur ou du discriminateur d'un poste de radio — ou de la partie son d'un poste de télévision — et appliqué au haut-parleur) (dans une chaîne ou une liaison de télévision en couleurs, le signal vidéo proprement dit est appelé « signal de luminance » pour le distinguer du signal de chrominance qui l'accompagne*) (*cf. aussi* picture signal, television monitor, analog signal, video bandwidth, digital signal, bit rate, image compression, optical fiber, television camera, video camera, synchronization signals, blanking signals, vertical interval reference, television receiver, radar receiver, detector 2), sound receiver 1) *et* luminance signal).

video signal ... *cf.* video ...

video storage mémorisation d'images (*cf. aussi* image storage).

video stretching élargissement vidéo (*élargissement d'une impulsion vidéo dans un récepteur de navigation*) (*cf. aussi* pulse stretching *et* video pulse).

video sweep balayage télévision (*cf. aussi* television scanning).

video system *cf.* video-disk system.

video tape bande vidéo, bande magnétique vidéo (*bande magnétique utilisée pour l'enregistrement d'images, c.-à-d. dans un magnétoscope*) (*cf. aussi* magnetic tape *et* video tape recorder).

video-tape *v cf.* videotape. (*plus loin*).

video tape editing *cf.* tape editing.

video tape equipment matériel de magnétoscopie (*magnétoscopes et accessoires*) (*cf. aussi* video tape recorder).

video tape recorder magnétoscope (*enregistreur à bande magnétique dérivé du magnétophone et conçu pour enregistrer le signal fourni par une caméra de télévision ou une caméra vidéo ou reçu par un récepteur de télévision*) (*est caractérisé par la très grande largeur de bande du signal à enregistrer, laquelle ne permet pas l'enregistrement direct de celui-ci comme dans un magnétophone*) (*en effet, la longueur d'onde, sur la bande, d'un signal sinusoïdal enregistré, ne doit pas être inférieure à la largeur de l'entrefer d'une tête vidéo ; cette largeur étant finie — en général, 2,5 microns — cet impératif oblige à adopter une vitesse de défilement relative élevée pour la bande magnétique*) (*cette grande vitesse relative a malheureusement pour conséquence que les composantes à très basse fréquence du signal vidéo ont une très grande longueur d'onde sur la bande*) (*lors de la lecture, la vitesse de variation du flux magnétique qu'elle produisent dans la tête vidéo est trop faible pour induire à ses bornes un signal reproduisant correctement ces fréquences, l'étroitesse de l'entrefer accentuant ce défaut en permettant à une partie des lignes de force du champ magnétique correspondant de se refermer à l'extérieur du circuit magnétique de la tête, ce qui diminue encore plus la vitesse de variation du flux dans celle-ci*) (*les deux impératifs de vitesse de défilement très élevée pour les fréquences élevées et de vitesse modérée pour les fréquences basses étant inconciliables, ainsi que les impératifs d'entrefer à la fois très étroit et relativement large, on est conduit à utiliser un procédé d'enregistrement indirect, en l'occurence à enregistrer une porteuse — un courant sinusoïdal à fréquence élevée — modulée par le signal vidéo à enregistrer, la modulation choisie étant ici la modulation de fréquence*) (*cette modulation diffère de la modulation de fréquence classique par le fait que la fréquence de la porteuse est approximativement égale à la fréquence la plus élevée du signal à enregistrer, la valeur choisie étant généralement de 5,5 MHz*) (*la grande vitesse de défilement relative nécessaire est généralement obtenue en montant la tête vidéo, ou les têtes, sur un disque tournant en synchronisme avec le défilement de la bande autour d'un axe parallèle à l'axe de la bande ou, plus souvent, oblique*) (*dans le cas général, les signaux de synchronisation et de suppression sont enregistrés et lus sur une piste longitudinale située le long du bord inférieur de la bande magnétique, à l'aide d'une tête magnétique distincte appelée « tête de synchronisation » ou « tête synchro », tandis que le signal son est enregistré et lu sur une piste, également longitudinale, située le long du bord supérieur de la bande, à l'aide d'une tête magnétique analogue à celle d'un magnétophone*) (*cf. aussi* quadruplex video recorder, video cassette recorder, tape recorder, television camera, video camera, wavelength, video head, electromagnetic induction, frequency modulation, synchronization signals *et* video recorder).

video tape recording (l')enregistrement vidéo sur bande magnétique (*ou de signaux vidéo ou d'images*) (*idem*) (*enregistrement d'images à l'aide d'un magnétoscope*) (*cf. aussi* video tape recorder, video recording *et* tape recorder).

video-taped ... *cf.* videotaped ... (*plus loin*).

video teleconference *cf.* video conference.

video teleconferencing *cf.* video conferencing.

video telephone *cf.* videophone.

video terminal terminal vidéo (*inf*) (*cf. aussi* display terminal).

video test (un) contrôle vidéo (*cf. aussi* video testing).

video testing (le) contrôle vidéo (*contrôle de circuits vidéo*) (*ce terme couvre principalement le contrôle en télévision et le contrôle de magnétoscopes, caméras vidéo et tourne-disque vidéo*) (*cf. aussi* television testing, video tape recorder, video camera, video-disk player *et* video circuit).

video-to-sound carrier spacing écart entre la porteuse image et la porteuse son (*signal TV*) (*cf. aussi* picture-to-sound carrier spacing).

video track piste vidéo (*une des pistes formées par le signal enregistré sur une bande vidéo ou un disque vidéo, notamment*) (*cf. aussi* track[1] 1) (a), video tape *et* video disk).

video tracker *cf.* television seeker.

video tracking *cf.* television guidance.

video transmission transmission vidéo (*transmission de signaux vidéo et notamment de signaux de télévision*) (*cf. aussi* video signal *et* television signal transmission).

video waveform *cf.* video signal. (*cf. aussi* waveform).

videophone visiophone, vidéophone (*le premier terme est le plus employé*) (*poste téléphonique automatique associé à une caméra et un récepteur de télévision dans un même boîtier pour permettre à chaque correspondant de voir le visage de l'autre*) (*tls*) (*cf. aussi* automatic telephone set).

videotape *v* enregistrer sur bande vidéo (*cf. aussi* video tape).

videotaped self-training course cours sur bandes vidéo, cours enregistré *(idem)* *(cours d'autoformation enregistré sur des bandes vidéo)* *(cf. aussi* video tape).

videotex *(sans t)* vidéotex, Vidéotex *(avec ou sans accent et majuscule, la première orthographe ayant ma préférence)* *(nom générique officiel des services d'informations vidéo et des services dérivés utilisé toutefois plus particulièrement pour les services interactifs, c.-à-d. pour le vidéotex interactif)* *(télinf)* *(cf. aussi* video service, two-way videotex *et* teletex).

vidicon vidicon, tube vidicon *(tube analyseur à électrons lents utilisant une cible photoconductrice)* *(la cible est réalisée sur la face intérieure de la fenêtre d'entrée du tube; elle comprend une mince couche conductrice transparente constituant la plaque-signal et recouverte d'une mince couche de matière photoconductrice devant laquelle est disposée une grille de décélération et dont la surface est balayée par le faisceau d'analyse)* *(la conductibilité de chaque point de la couche photoconductrice étant proportionnelle à l'éclairement de celui-ci, la charge positive créée, par conduction, en ce point à la surface de la couche par la tension positive appliquée à la plaque-signal est également proportionnelle à son éclairement, ce qui crée une image électrique)* *(cette image est convertie en un signal électrique par le faisceau d'analyse, comme dans le cas d'une mosaïque)* *(on notera que le vidicon diffère notablement des autres tubes analyseurs par le fait qu'il utilise une cible photoconductrice au lieu d'une cible photoémissive)* *(le vidicon est plus simple, plus petit, moins fragile, moins lourd et moins cher que l'image-orthicon, mais il est moins sensible, présente une certaine rémanence pouvant produire du traînage et sa tension de sortie est moins élevée puisqu'il ne comporte pas de multiplicateur d'électrons)* *(son encombrement et son poids réduits, ainsi que sa robustesse et son prix modéré, le font utiliser notamment dans les caméras de télévision portatives, les caméras de télévision filaire et les caméras vidéo, où il cède la place aux capteurs à CCD)* *(cf. aussi* supervidicon, plumbicon, low-velocity-electron camera tube, photoconductive target, signal plate, illumination 1), electric image 1), mosaic, photoemissive target, image orthicon, streaking, closed-circuit television, video camera, picture tube *et* CCD sensor).

vidicon camera tube *cf.* vidicon.

vidicon pick-up tube *cf.* vidicon.

vidicon tube *cf.* vidicon.

view *v* 1) *(souvent en électronique)* observer *(cf. aussi* viewing). 2) *cf.* display.

view ... *cf.* viewing ...

viewfinder viseur *(dans une caméra de télévision de studio, le viseur est un viseur électronique)* *(dans une caméra portative ou vidéo, le viseur est généralement du type optique comme dans une caméra de cinéma, mais peut être électronique — dans les modèles perfectionnés)* *(cf. aussi* electronic viewfinder *et* video camera).

viewing observation visuelle, observation *(en électronique, notamment d'un écran cathodique, d'un afficheur ou autre présenteur d'informations)* *(cf. aussi* display[1] 6)).

viewing angle angle d'observation *(angle sous lequel est effectuée une observation visuelle)* *(ce terme désigne souvent l'angle d'observation maximal possible)* *(cf. aussi* viewing).

viewing area aire de présentation *(écran cathodique, etc.)* *(cf. aussi* display area).

viewing distance distance d'observation *(distance à laquelle est effectuée une observation visuelle)* *(cf. aussi* viewing).

viewing hood visière anti-reflets, visière, bonnette *(manchon en caoutchouc entourant l'écran du tube cathodique d'un oscilloscope ou autre appareil et dans lequel l'opérateur regarde pour éviter les reflets de la lumière ambiante sur l'écran et mieux distinguer la trace lumineuse)* *(cf. aussi* oscilloscope).

viewing intensity *cf.* brightness.

viewing screen écran de présentation, *(etc.)* *(noms parfois donnés à un écran cathodique ou autre)* *(cf. aussi* display[1] 1) *et* CRT screen).

viewing time temps de rétention (de l'information) *(temps pendant lequel une information présentée sur l'écran d'un oscilloscope à mémoire ou un appareil dérivé fonctionnant en*

mode de mémorisation reste visible sur l'écran) *(cf. aussi* storage mode *et* retention time).

viewing unit *cf.* display device.

Villari effect effet Villari *(variation de l'induction magnétique dans un barreau de métal ferromagnétique soumis à une traction ou une compression axiale)* *(en d'autres termes effet magnétostrictif inverse dans le cas de déformation axiale)* *(magnétostriction)* *(cf. aussi* magnetostriction).

violet response *cf.* ultraviolet response.

VIR *cf.* vertical interval reference.

virgin tape bande vierge (a) *bande magnétique non enregistrée, ou enregistrée puis effacée)* *(cf. aussi* tape eraser) ; (b) *bande perforée non utilisée)* *(cf. aussi* punched tape).

virtual address adresse virtuelle *(adresse dans une mémoire virtuelle)* *(inf)* *(cf. aussi* address[1] (a) *et* virtual memory).

virtual addressing adressage virtuel *(adressage utilisant des adresses virtuelles)* *(inf)* *(cf. aussi* addressing *et* virtual address).

virtual addressing mode mode d'adressage virtuel *(inf)* *(cf. aussi* virtual addressing *et* addressing mode).

virtual cathode cathode virtuelle *(nom donné à la charge d'espace à grande densité existant entre la grille-écran et l'anode d'une tétrode à faisceaux dirigés et empêchant les électrons secondaires émis par l'anode d'atteindre la grille-écran)* *(cf. aussi* space charge, beam power tube *et* secondary electron).

virtual disk disque virtuel *(dans un ordinateur dans lequel la capacité de la mémoire centrale est plus grande que le nombre de positions de mémoire que le système d'exploitation employé permet d'adresser, nom donné à la partie excédentaire de la mémoire lorsqu'elle est configurée pour être employée comme un disque dur de capacité réduite, mais à temps d'accès très court)* *(cette notion s'applique notamment à un micro-ordinateur compatible utilisant le système d'exploitation MS-DOS lorsque la capacité de sa mémoire centrale est supérieure à 640 kilo-octets)* *(noter que la notion de disque virtuel n'a rien à voir avec celle de mémoire virtuelle)* *(inf)* *(cf. aussi* RAM[1], memory capacity, memory location, operating system, address[2], hard disk, access time, compatible microcomputer et, à titre d'information, virtual memory).

virtual disk buffering emploi d'un disque virtuel (en tampon ou comme mémoire tampon) *(inf)* *(cf. aussi* virtual disk *et* buffer memory).

virtual height altitude apparente *(altitude d'une couche de l'ionosphère mesurée à l'aide d'un sondeur ionosphérique)* *(propa, etc.)* *(cf. aussi* ionosonde).

virtual machine machine virtuelle *(nom donné à chacun des ordinateurs imaginaires créés par un système d'exploitation d'ordinateur permettant à plusieurs utilisateurs d'utiliser simultanément ce dernier de façons différentes, chaque système d'exploitation ainsi effectivement utilisé correspondant à un ordinateur déterminé que l'appareil simule)* *(inf)* *(cf. aussi* operating system).

virtual memory mémoire virtuelle *(ensemble formé par la mémoire centrale d'un ordinateur et ses mémoires auxiliaires rapides — mémoires à disques dans le cas général — lorsque ces dernières sont utilisées de telle façon qu'elles constituent une extension de la mémoire centrale)* *(le programmeur peut alors élaborer un programme en utilisant toute la capacité de la mémoire virtuelle comme si c'était la capacité de la mémoire centrale et sans avoir besoin de savoir si telle ou telle instruction du programme ou information à traiter se trouvera dans la mémoire centrale ou dans une mémoire auxiliaire, le transfert des informations de celle-ci à la mémoire centrale et inversement étant effectué automatiquement au fur et à mesure des besoins)* *(ce mode d'utilisation des mémoires rapides d'un ordinateur permet d'utiliser des programmes très longs avec une mémoire centrale de capacité toujours nettement limitée)* *(imaginé vers la fin des années 50, il ne s'est généralisé dans les gros ordinateurs qu'au début des années 70, après que la société IBM eut forgé le terme « virtual memory », puis s'est étendu aux mini-ordinateurs et ensuite au micro-ordinateurs de haut de gamme)* *(inf)* *(cf. aussi* page-oriented virtual memory, segment-oriented virtual memory, virtual address, physical address, address space, memory management unit, main memory, computer program *et* swapping (a)).

virtual-memory management gestion de la mémoire virtuelle *(parf.* d'une ...) *(inf) (cf. aussi* memory management).

virtual storage *cf.* virtual memory.

viscous-damped pick-up arm bras de lecture à amortisseur hydraulique, bras à amortisseur hydraulique *(bras de lecture de tourne-disque dont la descente est freinée par un petit amortisseur hydraulique lors de la pose de la pointe de lecture sur le disque pour éviter d'endommager les sillons) (cf. aussi* pick-up arm).

visible band *cf.* visible region.

visible camera caméra pour lumière visible *(ou* en visible), caméra de télévision *(idem) (caméra de télévision utilisant un capteur sensible à la lumière visible) (noms parfois donnés à une caméra de télévision ordinaire par opposition à une caméra infrarouge) (cf. aussi* television camera, visible light *et* infrared camera).

visible detector *cf.* visible radiation detector.

visible electromagnetic radiation *cf.* visible radiation *(le terme complet étant peu employé).*

visible image image visible *(image perceptible à l'œil, c.-à-d. créée par l'émission ou, plus souvent, la réflexion d'une lumière visible) (cf. aussi* visible light *et* optical image).

visible laser laser à lumière visible, laser à faisceau visible, laser à rayon visible *(laser émettant un faisceau de lumière visible) (laser à rubis, certains lasers à l'hélium-néon, laser à l'argon, certains lasers à semiconducteur, laser à colorants, etc.) (cf. aussi* laser *et* visible light).

visible light lumière visible *(nom usuel d'un rayonnement optique visible, ce dernier terme étant le nom scientifique) (cf. aussi* visible optical radiation *et* light[1]).

visible-light source source de lumière visible *(corps, dispositif ou phénomène produisant une lumière visible) (soleil, étoile, solide incandescent, corps lumineux, gaz ionisé, lampe, transition radiative, etc.) (cf. aussi* visible light, incandescence, luminescence, ionized gas, lamp *et* radiative transition).

visible optical radiation *cf.* visible radiation *(le terme complet étant rarement employé).*

visible radiation rayonnement visible, rayonnement optique visible, rayonnement lumineux *(rayonnement optique perçu par l'œil, c.-à-d. produisant une des couleurs de l'arc-en-ciel ou une combinaison de deux ou plusieurs de celles-ci) (cf. aussi* visible light *et* optical radiation).

visible radiation detector détecteur de rayonnement visible, détecteur de visible *(photodétecteur sensible à la lumière visible) (clpf) (cf. aussi* photodetector *et* visible light).

visible radiation region *cf.* visible region.

visible radiation sensor capteur de rayonnement visible, capteur de visible *(capteur optique sensible à la lumière visible) (cf. aussi* optical sensor *et* visible light).

visible radiation spectrum *cf.* visible region.

visible refresh rafraîchissement asynchrone *(mémoire RAM dynamique) (CI) (inf) (cf. aussi* asynchronous refresh).

visible region domaine de la lumière visible, domaine des rayonnement visibles, domaine des rayonnements optiques visibles, domaine des rayonnements électromagnétiques visibles, domaine des radiations visibles, domaine du visible, domaine visible, spectre, *(idem) (tous ces termes sont employés, le plus courant étant le premier, le plus précis le troisième et le plus commode, mais le moins précis, le dernier) (partie du spectre des rayonnements électromagnétiques occupée par les longueurs d'onde de la lumière visible ou les fréquences correspondantes) (s'étend approximativement de 0,40 à 0,80 micron et comprend notamment les longueurs d'ondes d'environ 0,40 micron pour le violet, 0,44 pour l'indigo, 0,47 pour le bleu, 0,52 pour le vert, 0,58 pour le jaune, 0,60 pour l'orange, et 0,80 pour le rouge) (constitue la partie centrale du domaine optique) (optique) (cf. aussi* visible light, electromagnetic spectrum *et* optical region).

visible sensor *cf.* visible radiation sensor.

visible spectrum *cf.* visible region *(cf. aussi* spectrum 1)).

visible television télévision en lumière visible, télévision en visible *(télévision utilisant une caméra pour lumière visible, c.-à-d. télévision ordinaire) (cf. aussi* television *et* visible camera).

visible television camera *cf.* visible camera.

vision ... *cf.* video ...

visor *cf.* viewing hood.

visual ... *cf.* video ... *ou* picture ... *ou* optical ... *(pour les termes qui ne figurent pas ci-après).*

visual alarme alarme visuelle *(alarme par voyant lumineux ou voyant à drapeau) (cf. aussi* pilot light *et* flag alarm).

visual cue (une) indication visuelle *(signal optique constituant notamment un repère temporel ou spatial, un avertissement ou un ordre d'exécution) (cf. aussi* optical signal).

visual display présentation visuelle *(présentation d'informations faisant appel au sens de la vue) (clpf) (cf. aussi* display[1] *et, à titre d'information,* voice response).

visual guidance guidage visuel *(nom parfois donné au guidage par fil d'un missile pour rappeler que le tireur guide celui-ci en le voyant directement) (mil) (cf. aussi* wire guidance (a) *et* optical guidance).

visual indication indication visuelle *(indication faisant appel à la vue de l'observateur) (cf. aussi* visual indicator).

visual indicator indicateur visuel *(indicateur fournissant une indication visuelle) (voyant lumineux, voyant à drapeau, appareil indicateur, afficheur, écran cathodique ou autre présenteur vidéo) (cf. aussi* indicator (a), visual indication, pilot light, flag alarm, indicating instrument, display[1] 4), CRT screen *et* video monitor).

visual observation *cf.* viewing *(le second terme étant plus employé pour des raisons de brièveté).*

visual radio range radiophare à indication visuelle *(radiophare dont les signaux fournissent une indication visuelle dans les mobiles, généralement sous la forme d'une déviation d'une aiguille) (station VOR, etc.) (cf. aussi* radio range).

visual signal signal vision *(TV) (cf. aussi* video signal).

visual signature *cf.* signature 1).

visual transmitter émetteur vidéo *(émetteur TV) (cf. aussi* picture transmitter).

visual tuning accord visuel *(accord d'un récepteur radio obtenu à l'aide d'un indicateur d'accord) (cf. aussi* tuning *et* tuning indicator).

visualization visualisation *(cf. aussi* display[1] 3).

visualize *v* visualiser *(cf. aussi* display[1] 3).

visually guided missile *(ou* weapon*)* missile à guidage visuel *(mil) (cf. aussi* visual guidance).

visually readable characters caractères directement lisibles *(caractères à codage optique ou magnétique lisibles par l'homme) (inf) (cf. aussi* magnetic character *et* optical character).

Viterbi algorithm algorithme de Viterbi *(algorithme utilisé pour décoder un signal numérique codé à l'aide d'un code à convolution) (tls) (cf. aussi* algorithm *et* convolutional code).

Vivaldi antenna antenne Vivaldi *(antenne imprimée à très large bande, grand gain et polarisation rectiligne) (hyper) (cf. aussi* printed-circuit antenna, multiband antenna, gain (b), (c) *et* linear polarization).

vlf *cf.* VLF.

VLF *cf.* very low frequency.

VLF aerial *(GB) cf.* VLF antenna.

VLF antenna antenne VLF, antenne pour ondes myriamétriques *(antenne conçue pour l'émission ou la réception d'une onde myriamétrique) (cf. aussi* antenna *et* myriametric wave).

VLF band bande des très basses fréquences, gamme *(idem)*, bande VLF, gamme VLF, *(parf.)* gamme des ondes myriamétriques *(radioélectricité) (cf. aussi* very low frequency).

VLF communications radiocommunications en ondes myriamétriques, radiocommunications VLF *(radiocommunications dans lesquelles la porteuse est une onde myriamétrique) (tls) (cf. aussi* radio communications *et* myriametric wave).

VLF communications receiver récepteur de trafic VLF *(récepteur de trafic conçu pour recevoir les émissions d'émetteurs de trafic VLF) (radiocom) (cf. aussi* communications receiver *et* VLF communications transmitter).

VLF communications set poste de trafic VLF *(émetteur ou récepteur de trafic VLF) (radiocom) (cf. aussi* VLF communications receiver *et* VLF communications transmitter).

VLF communications station station de radiocommunications en ondes myriamétriques, station de radiocommunications VLF, station VLF *(mil) (cf. aussi* VLF station).

VLF communications system système de radiocommunications en ondes myriamétriques, système VLF (*cf. aussi* radio communications system *et* VLF communications).

VLF communications transmitter émetteur de trafic VLF (*émetteur de trafic réalisé sous la forme d'un émetteur VLF*) (*mil*) (*cf. aussi* communications transmitter *et* VLF transmitter).

VLF equipment matériel VLF, matériel radio VLF (*émetteurs, récepteurs, antennes VLF et accessoires*) (*radionav, radiocom*) (*voir ces termes en anglais*).

VLF frequency fréquence VLF (*fréquence comprise dans la bande VLF*) (*cf. aussi* VLF band).

VLF frequency band (*ou* **range** *ou* **region**) *cf.* VLF band.

VLF navigation navigation en ondes myriamétriques, navigation VLF, radionavigation (*idem*) (*navigation à l'aide d'un système de navigation VLF*) (*cf. aussi* navigation (b) *et* VLF navigation system).

VLF navigation receiver récepteur de navigation VLF, récepteur VLF (*récepteur de navigation conçu pour utiliser les signaux d'un système de navigation VLF*) (*radionav*) (*cf. aussi* navigation receiver *et* VLF navigation system).

VLF navigation system système de navigation à ondes myriamétriques (*système de navigation utilisant des ondes myriamétriques pour transmettre les signaux, c.-à-d. système de navigation hyperbolique à longue distance*) (*radionav*) (*cf. aussi* myriametric wave *et* hyperbolic navigation system).

VLF/Omega receiver récepteur VLF/Omega (*récepteur de navigation Omega conçu pour utiliser les signaux du réseau VLF/Omega*) (*radionav*) (*cf. aussi* Omega receiver *et* VLF/Omega system).

VLF/Omega system réseau VLF/Oméga (*réseau formé des huit stations d'émissions du réseau Oméga et de huit stations du réseau de radiocommunications en ondes myriamétriques de la marine militaire américaine « US Navy » appelé « VLF system »*) (*radionav*) (*cf. aussi* VLF/Omega receiver *et* VLF communications system).

VLF propagation propagation des ondes myriamétriques, propagation des ondes très longues, propagation en VLF (*radioélectricité*) (*cf. aussi* myriametric wave *et* propagation).

VLF radio signal *cf.* VLF signal.

VLF radio equipment *cf.* VLF equipment.

VLF radio navigation *cf.* VLF navigation.

VLF receiver récepteur VLF (*récepteur radio conçu pour utiliser des signaux VLF, c.-à-d. récepteur de trafic ou de navigation VLF*) (*cf. aussi* radio receiver, VLF signal, VLF communications receiver *et* VLF navigation receiver).

VLF receiving aerial (*GB*) *cf.* VLF receiving antenna.

VLF receiving antenna antenne de réception VLF, (*etc.*) (*cf. aussi* VLF antenna *et* receiving antenna).

VLF signal signal VLF, signal à fréquence VLF, signal à très basse fréquence (*signal radioélectrique constitué par une onde myriamétrique modulée ou non*) (*cf. aussi* radio signal *et* myriametric wave).

VLF station station en ondes myriamétriques, station VLF (*station équipée d'un ou plusieurs émetteurs ou récepteurs VLF*) (*ces termes désignent généralement une station d'émission en ondes myriamétriques*) (*cf. aussi* VLF transmitter *et* station 1)).

VLF system système VLF (*système de radionavigation VLF ou système de radiocommunications VLF*) (*cf. aussi* VLF navigation system, VLF communications system *et* system).

VLF transmission émission en ondes myriamétriques, émission VLF (*émission d'un émetteur VLF*) (*cf. aussi* transmission 2) *et* VLF transmitter).

VLF transmitter émetteur VLF, émetteur en ondes myriamétriques (*émetteur radioélectrique de grande puissance conçu pour fournir un signal VLF à une antenne, c-à-d. émetteur de radionavigation VLF ou émetteur de radiocommunications VLF*) (*cf. aussi* RF transmitter *et* VLF signal).

VLF transmitting aerial (*GB*) *cf.* VLF transmitting antenna.

VLF transmitting antenna antenne d'émission VLF, (*etc.*) (*antenne d'émission de très grande longueur*) (*cf. aussi* VLF antenna *et* transmitting antenna).

VLF wave onde VLF (*radioélectricité*) (*cf. aussi* myriametric wave).

VLSI *cf.* very-large-scale integration.

VLSI chip puce VLSI, puce de circuit VLSI (*puce de circuit intégré VLSI*) (*semi*) (*cf. aussi* chip 1) *et* VLSI circuit).

VLSI circuit circuit VLSI, circuit intégré VLSI, circuit intégré à très haute densité (de composants *ou* d'intégration), circuit à très haute intégration (*semi*) (*cf. aussi* VLSI).

VLSI circuit ... *cf.* VLSI ... (*pour les termes qui ne figurent pas ci-après*).

VLSI circuit design conception des circuits VLSI, (*etc.*) (*cf. aussi* VLSI circuit).

VLSI component *cf.* VLSI circuit.

VLSI device *cf.* VLSI circuit.

VLSI lithography gravure des circuits VLSI, (*etc.*) (*gravure à traits fins*) (*cf. aussi* VLSI circuit, lithography *et* fine line 1)).

VLSI memory mémoire VLSI (*mémoire à semiconducteur réalisée sous la forme d'un circuit VLSI*) (*CI*) (*inf*) (*cf. aussi* semiconductor memory *et* VLSI circuit).

VLSI memory chip puce-mémoire VLSI, puce de mémoire VLSI (*puce de circuit intégré monolithique sur laquelle est réalisée une mémoire VLSI*) (*CI*) (*cf. aussi* chip 1) *et* VLSI memory).

VLSI process procédé VLSI, procédé d'intégration à très haute densité (*procédé de fabrication de circuits intégrés VLSI*) (*semi*) (*cf. aussi* VLSI circuit).

VLSI processing fabrication par un procédé VLSI (*ou* un procédé à très haute intégration) (*fabrication de circuits intégrés VLSI*) (*semi*) (*cf. aussi* VLSI circuit).

VLSI processing technique *cf.* VLSI process.

VLSI processing technology (la) technologie des circuits VLSI, (*etc.*), technologie de la très haute intégration (*technologie de fabrication des circuits intégrés VLSI*) (*semi*) (*cf. aussi* VLSI circuit *et* technology).

VLSI RAM mémoire RAM VLSI (*mémoire RAM réalisée sous la forme d'un circuit VLSI*) (*CI*) (*inf*) (*cf. aussi* RAM[1] *et* VLSI circuit).

VLSI signal processing traitement de signaux par circuits VLSI, (*etc.*) (*cf. aussi* VLSI circuit *et* signal processing).

VLSI technique *cf.* VLSI process.

VLSI technology (la) technique VLSI (*ou* des circuits VLSI), (*etc.*) (*semi*) (*cf. aussi* VLSI circuit *et* technology).

VLSI tester contrôleur de circuits VLSI, (*etc.*) (*appareil complexe permettant le contrôle des circuits VLSI*) (*CI*) (*cf. aussi* VLSI circuit).

VLSI testing (le) contrôle des circuits VLSI, (*etc.*) (*CI*) (*cf. aussi* VLSI circuit).

VM 1) *cf.* voltmeter. **2)** *cf.* velocity modulation. **3)** *cf.* virtual memory.

VMOS (*vient de « V-groove MOS » et de « vertical MOS »*) VMOS (*voir rubriques ci-après et notamment « VMOS transistor*) (*noter que, pour un transistor, le sigle VMOS = V-MOS = VFET = V-FET = VMOS FET = V-MOS FET = V-groove MOS = vertical MOS*).

VMOS ... (*voir* MOS ... *et* VMOS transistor *et* adapter) (*pour les termes qui ne figurent pas ci-après*).

VMOS chip puce VMOS (*puce de transistor VMOS ou de circuit intégré VMOS*) (*semi*) (*cf. aussi* chip 1), VMOS transistor *et* VMOS integrated circuit).

VMOS circuit *cf.* VMOS integrated circuit.

VMOS component composant VMOS (*composant MOS fabriqué par le procédé VMOS, c.-à-d. transistor VMOS discret ou circuit intégré VMOS*) (*sdpo principalement à « planar MOS component »*) (*semi*) (*cf. aussi* MOS component, VMOS process *et* planar MOS component).

VMOS device *cf.* VMOS component.

VMOS FET *cf.* VMOS transistor.

VMOS field-effect transistor *cf.* VMOS transistor.

VMOS IC *cf.* VMOS integrated circuit.

VMOS integrated circuit circuit intégré VMOS, circuit VMOS (*le dernier terme est le plus employé*) (*circuit intégré monolithique utilisant des transistors VMOS*) (*n'a pas eu de succès par suite de difficultés de fabrication*) (*semi*) (*cf. aussi* monolitic integrated circuit, VMOS transistor, VMOS memory *et* VMOS microprocessor).

VMOS memory mémoire VMOS, mémoire à transistors VMOS (*mémoire à semiconducteur réalisée sous la forme* *d'un circuit VMOS) (ce type de mémoire à semiconducteur, intéressant notamment par sa densité d'intégration et mis au point par la société AMI (American Microsystems Inc.), a été retiré de fabrication dès le début de celle-ci, fin 1979, à la suite de chutes du rendement de fabrication dues à la formation d'une couche indésirable de nitrure de silicium (appelée « ruban de Kool », du nom de l'ingénieur qui l'a découverte) pendant l'opération d'oxydation locale de la puce) (cf. aussi* semiconductor memory, VMOS integrated circuit, integration density *et* yield crash).

VMOS microprocessor microprocesseur VMOS, microcesseur à transistors VMOS *(bien qu'elle ait cessé la fabrication des mémoires VMOS, la société AMI a continué de fabriquer un type de microprocesseur VMOS pendant un certain temps, le rendement de fabrication, légèrement meilleur pour ce type de circuit intégré, étant acceptable) (inf) (cf. aussi* microprocessor *et* VMOS memory).

VMOS power device *cf.* VMOS power transistor.

VMOS power FET *cf.* VMOS power transistor.

VMOS power-field-effect transistor *cf.* VMOS power transistor.

VMOS power transistor transistor de puissance VMOS *(transistor de puissance réalisé sous la forme d'un transistor VMOS) (a les qualités d'un transistor MOS de puissance et se distingue par une très grande vitesse de commutation due à la très faible longueur du canal) (cf. aussi* power transistor, VMOS transistor, power MOS transistor *et* switching speed).

VMOS process procédé VMOS, méthode VMOS *(procédé de fabrication de composants MOS) (semi) (cf. aussi* VMOS component).

VMOS structure structure VMOS, structure verticale, structure à canal vertical, structure à rainure en V *(structure d'un transistor VMOS) (semi) (cf. aussi* VMOS transistor *et* vertical structure).

VMOS transistor *(cf. aussi* VMOS) transistor VMOS, transistor MOS à structure verticale *(transistor MOS à structure comparable à celle du transistor DMOS, sauf que la grille est formée dans une rainure en V de profondeur très précise gravée dans les couches diffusées du substrat, cette structure étant assimilée à une structure verticale) (semi) (cf. aussi* MOS transistor, DMOS transistor, vertical field-effect transistor, VMOS power transistor *et* VMOS integrated circuit).

vocal ... *cf.* voice ...

vocoder *(vient de « voice coder »)* *cf.* voice synthesizer.

vocoding *cf.* voice coding.

VODAS *(vient de « voice-operated device anti-singing »)* suppresseur de réaction *(dispositif empêchant l'émetteur d'un radiotéléphone de fonctionner tant qu'un signal est présent à l'entrée du récepteur) (permet d'utiliser une même fréquence pour les deux sens de transmission grâce à l'élimination du risque d'accrochage résultant de l'exploitation en alternat qu'il impose) (ce dispositif empêche donc de couper la parole à son correspondant puisqu'il faut attendre qu'il ait cessé d'émettre pour émettre soi-même) (radiocom) (cf. aussi* radiotelephone, singing *et* half-duplex).

VOGAD *(vient de « voice-operated gain-adjusting device »)* régulateur de niveau *(radiotél) (cf. aussi* volume compressor *et* volume expander).

voice ... *cf.* speech ... *(pour les termes qui ne figurent pas ci-après).*

voice-activated device *cf.* voice-operated device.

voice activation activation par la voix *(mise en service effective d'une voie d'une liaison téléphonique numérique par satellite uniquement pendant les intervalles de temps pendant lesquels un usager parle devant le microphone à une extrémité de la voie considérée) (la porteuse n'est émise dans le satellite que pendant ces intervalles pour réduire la puissance nécessaire dans celui-ci et augmenter ainsi sa capacité en voies téléphoniques relayées pour une puissance disponible déterminée) (tls) (cf. aussi* telephone channel, time-division telephone link *et* satellite communications).

voice answer-back *cf.* voice response.

voice answer-back unit *cf.* voice-response unit.

voice band bande vocale, gamme vocale, bande des fréquences vocales, *(idem) (cf. aussi* frequency band *et* voice frequency).

voice-band digitization *cf.* voice digitization.

voice-band digitizing *cf.* voice digitization.

voice-band filter filtre à bande vocale, filtre vocal *(filtre conçu pour agir sur un signal à fréquence vocale) (cf. aussi* filter[1] *et* voice-frequency signal).

voice-band filtering filtrage dans la bande vocale *(filtrage réalisé par un filtre à bande vocale) (cf. aussi* filtering *et* voice-band filter).

voice-band signal *cf.* voice-frequency signal.

voice channel voie de parole *(voie d'une liaison de télécommunications conçue et utilisée pour la transmission de la parole)* (a) *voie téléphonique) (cf. aussi* telephone channel) ; (b) *voie d'un multiplex réservée à la transmission d'un signal de radiodiffusion sonore) (est alors une voie unilatérale) (cf. aussi* multiplex[1] *et* radio broadcast).

voice channel measurements mesures sur voies téléphoniques *(tls) (cf. aussi* telephone channel measurements).

voice chip *cf.* speech processing chip.

voice circuit *cf.* voice-grade circuit.

voice clipper régulateur de niveau *(radiotél, etc.) (cf. aussi* volume compressor).

voice clipping régulation de niveau *(radiotél, etc.) (cf. aussi* volume compression).

voice coder *cf.* voice synthesizer *(le premier terme est généralement employé sous sa forme contractée « vocoder »).*

voice coding codage de la parole *(cf. aussi* speech coding).

voice coding ... *cf.* speech coding ...

voice coil bobine mobile *(le terme anglais est souvent employé à la place de « moving coil » pour désigner la bobine mobile d'un haut-parleur ou microphone à bobine mobile et même parfois et abusivement la bobine mobile de certains dispositifs non acoustiques à bobine mobile) (cf. aussi* moving coil 1)).

voice-coil actuator *cf.* voice-coil positioner.

voice-coil head positioner positionneur de tête à bobine mobile, positionneur à bobine mobile *(positionneur de mémoire à disque(s) utilisant une bobine mobile à translation se déplaçant dans le champ d'un aimant permanent) (est caractérisé par un temps de réponse très court, une grande vitesse de déplacement, une absence totale de jeu mécanique et une course limitée) (inf) (cf. aussi* head positionner *et* voice coil).

voice-coil head positioning positionnement de la tête par bobine mobile, positionnement par bobine mobile *(positionnement d'une tête de lecture/écriture assuré par un positionneur à bobine mobile) (mémoire à disques(s) (cf. aussi* head positioning *et* voice-coil positioner).

voice-coil head-positioning actuator *cf.* voice-coil head positioner.

voice-coil head positioning system système de positionnement de tête à bobine mobile, système de positionnement à bobine mobile, système à bobine mobile *(système de positionnement de tête de lecture/écriture utilisant un positionneur à bobine mobile) (mémoire à disque(s)) (cf. aussi* head positioning system *et* voice-coil head positioner).

voice-coil positioner positionneur à bobine mobile *(ce terme désigne généralement un positionneur de tête à bobine mobile) (cf. aussi* voice-coil head positioner).

voice-coil positioning *cf.* voice-coil head positioning.

voice-coil system *cf.* voice-coil head-positionning system.

voice command 1) ordre donné oralement, ordre vocal, ordre verbal *(en électronique et sciences connexes, ces termes désignent généralement un ordre donné à un système de commande vocale) (aussi* voice command system). **2)** (la) commande vocale *(commande d'appareils, machines ou systèmes par la voix) (est réalisée à l'aide d'un système de commande vocale) (cf. aussi* voice command system).

voice command field (le) domaine de la commande vocale *(domaine d'activités scientifiques ou autres relatives à la commande vocale) (cf. aussi* voice command 2)).

voice command system système de commande vocale *(nom donné à un système de reconnaissance de la parole conçu pour permettre la commande vocale) (cf. aussi* speech recognition system *et* voice command 2)).

voice communications 1) télécommunications vocales *(télécommunications par téléphone ou radiotéléphone) (cf. aussi* telephone *et* radiotelephone). **2)** liaisons en phonie *(aussi* voice link).

voice compression compression de la parole (cf. aussi speech compression).

voice compression ... cf. speech compression.

voice current 1) (parf. intensité du) courant microphonique, (idem) courant vocal, (idem) courant modulé par la parole (courant alternatif à basse fréquence circulant dans un circuit électrique sous l'action des vibrations de la menbrane d'un microphone inséré dans le circuit ou, parfois, intensité de ce courant) (dans le cas d'un microphone à grenaille de charbon ou à condensateur notamment, le courant à basse fréquence est la composante alternative du courant continu fourni par la source de courant continu alimentant le circuit) (dans le cas d'un microphone autogénérateur au sens non restreint du terme, le courant à basse fréquence est fourni par le microphone et n'est pas superposé à un courant continu) (voir aussi 2) ci-après) (cf. aussi microphone et sound-powered microphone). 2) (parf. intensité du) courant de conversation (nom souvent donné au courant microphonique circulant dans une ligne ou un circuit téléphonique par opposition au courant de signalisation ou de sonnerie) (tls) (voir aussi 1) ci-dessus) (cf. aussi signalling current et ringing current).

voice data informations vocales (cf. aussi speech data).

voice digitization numérisation de la parole (cf. aussi speech digitization).

voice digitizer numériseur vocal (cf. aussi speech digitizer).

voice digitizing cf. voice digitization.

voice encipherment chiffrage de la parole (cf. aussi speech encipherment).

voice encoder cf. voice coder.

voice encoding cf. voice coding.

voice encryption cryptage de la parole (cf. aussi speech encryption).

voice frequency fréquence vocale (fréquence comprise dans la gamme des fréquences des sons émis par l'homme) (ce terme désigne souvent une fréquence téléphonique) (cf. aussi telephone frequency).

voice-frequency ... cf. voice-grade ... (pour les termes qui ne figurent pas ci-après).

voice-frequency band cf. voice band.

voice-frequency carrier telegraphy cf. voice-frequency telegraphy.

voice-frequency dialling cf. voice-frequency signalling.

voice-frequency range cf. voice band.

voice-frequency signal signal à fréquence vocale (signal électrique dont la ou les fréquences sont comprises dans la bande des fréquences vocales) (signal microphonique ou courant alternatif à fréquence vocale) (cf. aussi voice band).

voice-frequency signalling signalisation par fréquences vocales (tél) (cf. aussi tone signalling).

voice-frequency telegraphy télégraphie à fréquence vocale, télégraphie à courant porteur (idem) (télégraphie par fil utilisant la modulation d'un courant à basse fréquence pour transmettre les signaux) (tls) (cf. aussi telegraph modulation et carrier telegraphy).

voice-frequency telephony téléphonie en bande de base (ou à transmission en bande de base) (téléphonie dans laquelle le signal émis par le microphone des correspondants est transmis en bande de base, c.-à-d. téléphonie à courte distance) (sdpo à « téléphonie par courants porteurs ») (tls) (cf. aussi baseband (b) et telephony).

voice-garbling echoes échos déformant la parole (tél) (cf. aussi echo suppression 1)).

voice-grade channel voie à fréquence vocale, (etc.) (voie téléphonique constituant une ligne téléphonique à fréquence vocale) (tls) (cf. aussi voice-grade line et telephone channel).

voice-grade circuit circuit à fréquence vocale, (etc.) (circuit téléphonique constituant une ligne à fréquence vocale) (tls) (cf. aussi voice-grade line et telephone circuit).

voice-grade communications channel cf. voice-grade channel.

voice-grade communications line cf. voice-grade line.

voice-grade communications network cf. voice-grade network.

voice-grade communications system cf. voice-grade network.

voice-grade line ligne à fréquence vocale, ligne téléphonique (idem), ligne de télécommunications (idem), ligne vocale, ligne de qualité vocale (ligne téléphonique ordinaire, c.à-d. prévue initialement pour la transmission de signaux vocaux dans la bande téléphonique et ne convenant pas de ce fait à la transmission de données à grande vitesse, sa largeur de bande étant insuffisante) (tls) (cf. aussi telephone line, telephone band, data transmission et bandwidth 2)).

voice-grade modem modem pour ligne à fréquence vocale, (etc.) (modem conçu pour être connecté à une ligne téléphonique à fréquence vocale, donc pour assurer une cadence de transmission modérée) (transmission de données) (cf. aussi voice-grade line, modem et transmission rate).

voice-grade network réseau à fréquence vocale, (etc.), réseau téléphonique (idem) (réseau téléphonique formé de lignes à fréquence vocale) (tls) (cf. aussi voice-grade line et telephone network).

voice-grade telephone ... cf. voice-grade ...

voice link liaison en phonie, liaison radio en phonie (noms souvent donnés à une liaison radiotéléphonique, surtout le premier, notamment dans l'aéronautique) (avia, etc.) (cf. aussi radiotelephone link).

voice mail (le) courrier téléphoné (nom donné à la transmission de messages téléphonés reçus et enregistrés ou mémorisés par un central téléphonique spécial qui les achemine dès que la ligne du destinataire est libre) (ne pas confondre avec le courrier électronique) (tls) (cf. aussi telephone exchange et electronic mail).

voice mail service service de courrier téléphoné (cf. aussi voice mail).

voice message message oral (message transmis par la voix, celle-ci pouvant être une voix artificielle) (tls) (cf. aussi synthesized voice) (a) message téléphoné (cf. aussi telephoned message) ; (b) message en phonie) (cf. aussi voice link).

voice-modulated current cf. voice current.

voice multiplexing multiplexage de la parole (multiplexage de signaux téléphoniques) (tls) (cf. aussi telephone multiplex).

voice-operated device dispositif à commande par la voix (dispositif dont le fonctionnement est commandé par la présence d'un courant vocal) (terme générique couvrant notamment le suppresseur d'écho, le suppresseur de réaction et le régulateur de niveau à l'émission) (tls, etc.) (ne pas confondre avec « système de commande vocale ») (cf. aussi voice current 1), echo suppressor (a), VODAS, VOGAD et voice command system).

voice-operated gain control commande du gain par la voix (régulateur de niveau de modulation) (cf. aussi VOGAD).

voice-operated transmission émission commandée par la voix, VOX (sigle anglais) (émission d'un signal par un radiotéléphone dans lequel la porteuse est supprimée en l'absence de courant microphonique pour réduire l'encombrement du spectre ou la consommation d'énergie ou les deux) (ne pas confondre avec « activation par la voix » malgré la similitude des deux notions) (cf. aussi radiotelephone, carrier 1), voice current 1), spectral overcrowding et voice activation).

voice output sortie vocale (fourniture orale d'informations à l'aide d'un phonateur) (les informations fournies peuvent être notamment les réponses à des questions posées à un ordinateur, des instructions à suivre dans l'exécution d'un processus ou des avertissements à un pilote militaire en danger) (cf. aussi speech synthesizer et voice warning system).

voice path chemin de conversation, chemin de parole (chemin suivi par un signal téléphonique dans le réseau de connexion d'un central téléphonique) (tls) (cf. aussi switching network).

voice pattern cf. speech pattern.

voice process processus de phonation (cf. aussi phonation process).

voice processing traitement de la parole (cf. aussi speech processing).

voice processing ... cf. speech processing ...

voice quality qualité vocale (ce terme désigne généralement la qualité phonatoire des paroles prononcées par l'homme considérée comme étalon auquel on compare la qualité des paroles prononcées par un phonateur) (synthèse de la parole) (cf. aussi speech quality).

voice radio *cf.* radiotelephony.

voice radio link *cf.* voice link.

voice recognition reconnaissance de la parole (*cf. aussi* speech recognition).

voice recognition ... *cf.* speech recognition ... (*pour les termes qui ne figurent pas ci-après*).

voice recognition system (*ou* **unit**) système de reconnaissance de la parole (*cf. aussi* speech recognition system).

voice reply *cf.* voice response.

voice response réponse vocale, réponse orale (*le second terme est le meilleur, mais le premier qui résulte d'une mauvaise traduction initiale, est le plus employé*) (*réponse donnée par un répondeur d'ordinateur*) (*inf*) (*cf. aussi* voice-response unit).

voice response system système de réponse vocale (*autre nom, plus général, d'un répondeur d'ordinateur*) (*cf. aussi* voice-response unit).

voice-response unit répondeur d'ordinateur, répondeur informatique, unité de réponse vocale, répondeur vocal (*le troisième terme, couramment utilisé, n'est que le calque du terme anglais ; le quatrième est un pléonasme commode*) (*organe de sortie d'ordinateur fournissant, à l'aide d'un haut-parleur, les réponses aux questions posées à l'aide d'un terminal à clavier ou oralement, directement ou par téléphone*) (*utilise un magnétophone spécial sur la bande duquel sont enregistrées les réponses à fournir ou, plus récemment, un phonateur*) (*inf*) (*cf. aussi* tape recorder *et* speech synthesizer).

voice scrambler crypteur (à inversion du spectre) (*radiotél*) (*cf. aussi* scrambler).

voice scrambling cryptage de la parole (par inversion du spectre (*radiotél*) (*cf. aussi* scrambling).

voice service service téléphonique proprement dit (*service téléphonique utilisé uniquement pour des conversations entre correspondants et non pour la transmission de données*) (*tls*) (*cf. aussi* telephone service *et* data transmission).

voice signal signal vocal, signal de parole (*le premier terme est le meilleur*), (*parf. aussi*) signal de conversation (*tél*) (*signal électrique ou optique représentant des paroles*) (*est généralement un signal analogique fourni par un microphone, mais peut-être un signal numérique obtenu par conversion du précédent*) (*tél, phonateur, etc.*) (*cf. aussi* analog signal, microphone *et* speech digitzation).

voice signal input (*cf. aussi* voice signal) **1)** entrée du signal vocal (*borne d'entrée d'un signal vocal dans un appareil ou montage*). **2)** signal vocal d'entrée (*signal vocal appliqué à l'entrée d'un appareil ou montage*).

voice signature *cf.* voiceprint (*plus loin*).

voice sound (un) son vocal (*son émis par un locuteur*) (*cf. aussi* sound[1] *et* speaker 1)).

voice spectrum spectre vocal, spectre de la parole (*le premier terme est le meilleur*) (*spectre des fréquences vocales*) (*cf. aussi* frequency spectrum *et* voice frequency).

voice storage mémorisation de la parole (*cf. aussi* speech storage).

voice subcarrier sous-porteuse vocale (*nom parfois donné à une sous-porteuse d'un multiplex téléphonique fréquentiel*) (*cf. aussi* frequency multiplex).

voice synthesis (la) synthèse de la parole (*cf. aussi* speech synthesis).

voice synthesis chip puce de synthèse vocale (*cf. aussi* speech synthesis chip).

voice synthesis system *cf.* voice synthesizer.

voice synthesizer synthétiseur vocal (*synthèse de la parole*) (*cf. aussi* speech synthesizer).

voice template modèle vocal (*modèle de mot ou ensemble de tels modèles formant généralement une phrase*) (*reconnaissance de la parole*) (*cf. aussi* word template).

voice traffic *cf.* telephone traffic.

voice transmission **1)** transmission de la parole (*transmission de signaux représentant des paroles et notamment de signaux téléphoniques*) (*tls*) (*cf. aussi* telephone signal *et* transmission 1)). **2)** émission en phonie (*émission dans une liaison en phonie*) (*radiocom*) (*cf. aussi* voice link).

voice warning alarme vocale (*alarme donnée par un système d'alarme vocale*) (*cf. aussi* voice warning system).

voice warning system système d'alarme vocale, avertisseur vocal (*système d'alarme utilisant un phonateur pour donner celle-ci*) (*est utilisé principalement dans des véhicules, notamment des automobiles et des aéronefs, dans ce dernier cas notamment en liaison avec un système anticollision ou un récepteur d'alarme*) (*cf. aussi* warning system *et* speech synthesizer).

voice wave onde vocale, onde de parole (*onde acoustique émise par un locuteur*) (*cf. aussi* sound wave).

voice waveform *cf.* voice signal. (*cf. aussi* waveform).

voiceprint empreinte vocale, signature vocale (*anglicisme courant, mais à éviter, issu de « voice signature »*) (*noms souvent donnés à la courbe caractéristique de la voix d'un locuteur obtenue sur l'écran d'un spectrographe acoustique lors de la prononciation de mots déterminés*) (*est également photographiée pour obtenir un spectogramme utilisable aux fins d'identification par la voix, notamment dans le cas d'appels téléphoniques anonymes et en criminologie*) (*cf. aussi* sound spectrograph *et* signature 1)).

volatile data informations volatiles (*informations contenues dans une mémoire volatile*) (*cf. aussi* volatile memory).

volatile information *cf.* volatile data (*le premier terme étant peu employé*).

volatile memory mémoire volatile (*mémoire dans laquelle l'information contenue est perdue en cas de coupure du courant d'alimentation*) (*ce terme s'applique notamment à la plupart des mémoires à semiconducteur, donc à des mémoires numériques dans le cas général, mais couvre également les mémoires analogiques électrostatiques telles que les tubes à mémoire, ainsi que les mémoires à ligne à retard*) (*ce terme désigne souvent une mémoire RAM*) (*inf, etc.*) (*cf. aussi* RAM[1], semiconductor memory, digital memory, analog memory, storage tube, delay-line memory *et* non-volatile memory).

volatile RAM mémoire RAM volatile (*cas général*) (*CI*) (*inf*) (*cf. aussi* RAM[1] *et* volatile memory).

volatile storage **1)** mémorisation volatile (*mémorisation d'informations dans une mémoire volatile*) (*inf, etc.*) (*cf. aussi* volatile memory). **2)** *cf.* volatile memory.

volatility volatilité (*en électronique, défaut d'une mémoire volatile*) (*cf. aussi* volatile memory).

volt (*vient de « Volta »*) volt. V (*unité de différence de potentiel électrique du système SI*) (*est donc également l'unité de tension et de force électromotrice*) (*le volt est égal à la différence de potentiel existant entre deux points d'un conducteur parcouru par un courant continu d'intensité constante égale à 1 ampère lorsque la puissance dissipée par effet Joule entre ces deux points est égale à 1 watt*) (*élec*) (*cf. aussi* potential difference, voltage, electromotive force, Joule effect, watt *et* Volta effect).

volt-ammeter voltmètre-ampèremètre (*appareil de mesure utilisable comme voltmètre et comme ampèremètre à l'aide d'un inverseur ou d'un commutateur ou de bornes d'entrées distinctes pour chaque fonction*) (*cf. aussi* volt-ohm-milliammeter).

volt-ampere *cf.* voltampere (*après « voltameter »*) (*la nouvelle orthographe de ce terme étant appelée à s'imposer*) (*de même pour les termes dérivés et noter que les trois termes ci-après ne sont pas des termes dérivés*).

volt-ampere characteristic *cf.* voltage-current characteristic.

volt-ampere curve *cf.* voltage-current characteristic.

volt-ampere plot *cf.* voltage-current plot.

volt-ohm-milliammeter contrôleur universel, contrôleur, multimètre analogique, multimètre (*le premier terme est le terme initial ; le second est le plus employé lorsqu'il n'y a pas de risque d'ambiguïté ; le troisième a été forgé ultérieurement par opposition à « multimètre numérique »*) (*le terme anglais étant très peu maniable, il est souvent remplacé par « volt-ohmmeter » ou par l'abréviation « VOM »*) (*appareil de mesure analogique mesurant les tensions continues et alternatives, les intensités de courant continu et alternatif et les résistances dans des intervalles de valeurs plus ou moins étendus divisés en calibres sélectionnés à l'aide d'un commutateur ou de douilles bananes ou les deux*) (*certains modèles mesurent également les décibels et les capacités sélectionnés de* *la même façon) (cf. aussi* analog meter, measurement range, banana jack *et* multimeter).

volt-ohmmeter *cf.* volt-ohm-milliammeter.

volt p-p *(ou P-P) cf.* volt peak-to-peak.

volt peak volt crête *(cf. aussi* peak voltage).

volt peak-to-peak volt crête à crête *(cf. aussi* volt *et* peak-to-peak).

volt per meter volt par mètre, V/m *(unité d'intensité de champ électrique du système SI) (est l'intensité du champ électrique régnant dans l'espace séparant deux conducteurs distants de 1 mètre entre lesquels est appliquée une tension de 1 volt) (cf. aussi* electric field strength *et* volt).

volt pk-pk *cf.* volt peak-to-peak.

Volta effect effet Volta *(apparition d'une tension entre deux conducteurs de natures différentes mis en contact) (cette tension est appelée « différence de potentiel de contact » ou « potentiel de contact ») (cf. aussi* Volta's law *et* voltage).

Volta's law loi de Volta, loi des chaînes métalliques *(le second terme est le nom donné initialement par Volta à la loi à laquelle son nom a été donné par la suite) (loi selon laquelle le potentiel de contact ne change pas si l'on intercale des conducteurs de nature quelconque entre les deux conducteurs considérés pourvu que tous les conducteurs de la chaîne ainsi formée soient à la même température) (cf. aussi* Volta effect).

voltage tension (électrique) *(le terme complet est employé lorsqu'il peut y avoir confusion avec une tension mécanique),* différence de potentiel (électrique), potentiel (électrique), voltage *(le dernier terme n'est plus employé par les professionnels de l'électrotechnique ni de l'électronique) (le terme « tension » est le nom généralement donné à la différence de potentiel électrique pour des raisons de brièveté et d'analogie mécanique, la force d'attraction exercée sur un électron situé dans un champ électrique étant proportionnelle à cette différence) (cf. aussi* dc voltage, ac voltage, voltage drop, electrical potential, electromotive force *et* voltaic pile).

voltage across ... tension aux bornes de ... *(tension existant entre les bornes d'un générateur de courant, d'un circuit ou d'un élément de circuit) (cf. aussi* voltage *et* circuit element).

voltage adjustment réglage de tension *(parf. de la tension) (fixation de la valeur effective d'une tension réglable, notamment à l'aide d'un potentiomètre) (cf. aussi* voltage setting, voltage, adjustment 1) *et* potentiometer 1)).

voltage alternation alternance de tension *(parf. de la tension) (tension alternative) (cf. aussi* alternation *et* voltage).

voltage amplification 1) amplification de tension *(amplification des variations d'amplitude d'une tension variable sans augmentation notable de la puissance du signal de sortie par rapport à celle du signal d'entrée) (cf. aussi* amplification, voltage, signal power *et* voltage amplifier). 2) amplification en tension *(résultat chiffré d'une amplification de tension exprimé par le coefficient d'amplification en tension) (voir aussi* 1) *ci-dessus) (cf. aussi* voltage amplification factor).

voltage amplification factor coefficient d'amplification (en tension) *(le terme anglais est peu employé ; de même, le terme français complet n'est généralement employé que lorsqu'il y a risque de confusion avec le coefficient d'amplification en courant) (nom initial du gain en tension) (ampli) (cf. aussi* voltage gain *et* amplification factor).

voltage amplifier amplificateur de tension *(amplificateur réalisant l'amplification de tension) (est caractérisé par la mise en jeu d'une puissance relativement faible, parfois infime, due à l'emploi d'une charge à haute impédance, celle-ci étant nécessaire à l'amplification de tension) (utilisait autrefois un tube électronique à grille de commande comme élément actif ; utilise de nos jours généralement un transistor, le terme transistor employé sans qualificatif désignant d'ailleurs normalement un transistor pour amplificateur de tension) (cette possibilité d'utilisation d'un transistor et la faible puissance généralement nécessaire facilitent sa réalisation sous la forme d'un circuit intégré monolithique ou d'une partie d'un tel circuit) (est utilisé lorsque le signal à amplifier est une tension comme c'est le cas notamment pour la porteuse reçue dans un récepteur radioélectrique, c.à-d. dans les étages précédant l'étage de détection, non compris le changeur de fréquence éventuel, et pour le signal fourni par la plupart des capteurs,*

directement ou par conversion d'un courant variable en une tension variable à l'aide d'une résistance) (cf. aussi amplifier, voltage amplification, power[1]1), amplifier load, impedance, voltage amplifier tube, transistor, monolithic integrated circuit, carrier 1), sensor *et* Ohm's law).

voltage amplifier tube tube amplificateur de tension, tube électronique *(idem) (tube électronique amplificateur conçu pour l'amplification de tension, c.-à-d. présentant une transconductance élevée et ne pouvant débiter un courant d'intensité appréciable sans être détérioré ou détruit) (cf. aussi* amplifier tube, voltage amplification *et* transconductance).

voltage amplitude amplitude de tension (de la tension, d'une tension) *(selon le contexte) (valeur d'une tension considérée comme l'amplitude d'un signal) (cf. aussi* amplitude *et* voltage).

voltage amplitude measurement *cf.* voltage measurement.

voltage antinode ventre de tension *(ondes stationnaires) (cf. aussi* antinode *et* voltage).

voltage attenuation atténuation de tension (d'une tension, de la tension) *(selon le contexte) (cf. aussi* attenuation *et* voltage).

voltage balance équilibre des tensions *(état de deux tensions égales en valeur absolue) (ligne équilibrée, etc.) (cf. aussi* voltage *et* balanced line).

voltage burst *cf.* voltage transient.

voltage calibrator calibrateur de tension *(oscillo, etc.) (cf. aussi* calibrator).

voltage capability 1) tenue en tension *(aptitude d'un composant ou autre matériel à supporter une tension plus ou moins élevée appliquée à ses bornes) (ce terme s'applique notamment à un condensateur et à un composant à semiconducteur) (cf. aussi* component 1), voltage *et* capability). 2) tension admissible *(cf. aussi* permissible voltage).

voltage coefficient *cf.* voltage coefficient of resistance.

voltage coefficient of resistance coefficient de tension de la résistance, coefficient de tension *(rapport entre la diminution relative de la valeur nominale d'une résistance agglomérée lorsqu'une tension lui est appliquée et la valeur de cette tension) (est exprimée en ppm par volt (ppm/V)) (l'existence de cette grandeur propre aux résistances agglomérées est due au fait qu'une partie de leur valeur ohmique est due à la résistance de contact des grains de poudre et que cette dernière diminue lorsque la tension augmente) (cf. aussi* carbon composition resistor, voltage, ppm, ohmic value *et* contact resistance).

voltage comparator comparateur de tension *(montage fournissant une impulsion lorsqu'une tension appliquée à une de ses deux entrées est égale ou supérieure à une tension de référence appliquée à l'autre entrée) (est généralement réalisé sous la forme d'un amplificateur opérationnel intégré et sert notamment dans les convertisseurs à pesée et les systèmes de contrôle automatique) (cf. aussi* voltage, integrated operational amplifier *et* successive-approximation analog-to-digital converter).

voltage comparison comparaison de tension *(comparaison d'une tension à une autre) (cf. aussi* voltage comparator).

voltage control 1) commande de tension *(réglage permanent de la valeur d'une tension) (cf. aussi* voltage). 2) commande en tension *(commande d'un dispositif par action sur une tension appliquée à celui-ci) (cf. aussi* voltage-controlled device).

voltage-controlled capacitor condensateur commandé en tension *(nom parfois donné à une diode à capacité variable pour rappeler sa fonction) (cf. aussi* varactor).

voltage-controlled crystal oscillator oscillateur à quartz commandé en tension *(oscillateur à quartz dont il est possible de faire varier la fréquence d'oscillation dans un intervalle relativement étroit par application d'une tension continue variable appropriée au quartz) (constitue un type particulier d'oscillateur commandé en tension) (cf. aussi* crystal oscillator *et* voltage-controlled oscillator).

voltage-controlled device dispositif commandé en tension *(nom souvent donné à un composant électronique dont le fonctionnement est commandé par une tension variable qui lui est appliquée, l'intensité du courant produit par cette tension* *étant négligeable, ou à un montage utilisant un tel composant) (tube électronique à grille de commande, transistor à effet de champ, diode varicap, notamment, ou montage utilisant un de ces composants) (cf. aussi* voltage, grid-controlled tube, field-effect transistor, varactor *et* current-controlled device).

voltage-controlled input entrée commandée en tension *(nom souvent donné à l'entrée d'un dispositif commandé en tension, notamment dans le cas d'un transistor à effet de champ, et sauf pour une diode à capacité variable, celle-ci n'étant pas un quadripôle) (cf. aussi* voltage-controlled device *et* quadripole).

voltage-controlled oscillator oscillateur commandé en tension *(oscillateur à fréquence variable dans lequel la fréquence est commandée par la valeur d'une tension variable appliquée à un élément faisant varier la fréquence de résonance du circuit oscillant de l'oscillateur en agissant comme un condensateur variable à réglage instantané) (l'élément commandant la fréquence est monté en parallèle sur le condensateur du circuit oscillant pour faire varier la capacité résultante de celui-ci et est généralement constitué par une diode à capacité variable, mais peut être un tube à réactance notamment) (est utilisé notamment comme oscillateur d'émetteur à modulation de fréquence, comme oscillateur local et comme oscillateur asservi en phase) (cf. aussi* varactor-tuned oscillator, reactance tube, varactor-tuned local oscillator, phase-locked oscillator *et* variable-frequency oscillator).

voltage-controlled-oscillator ... *cf.* VCO ...

voltage converter convertisseur de tension *(nom parfois donné à une alimentation et notamment à un convertisseur continu-continu) (cf. aussi* power supply 2) *et* dc-dc converter).

voltage-current characteristic (curve) caractéristique tension-courant *(caractéristique représentant la chute de tension aux bornes d'un élément de circuit, notamment d'un élément à résistance négative, en fonction de l'intensité du courant dans celui-ci) (noter que ce terme est parfois employé, incorrectement, à la place de « caractéristique courant-tension, ce qui est une source de confusion) (cf. aussi* characteristic curve, Ohm's law, circuit element, negative-resistance element *et* current-voltage characteristic).

voltage current product produit tension-courant, produit $U \times I$ *(produit d'une tension par l'intensité du courant associé) (puissance électrique) (cf. aussi* electrical power 1)).

voltage cycle cycle de tension *(cycle d'une tension alternative et notamment d'une tension sinusoïdale) (cf. aussi* cycle *et* ac voltage).

voltage dependence dépendance vis-à-vis de la tension *(relation entre la valeur de la caractéristique utile d'un dispositif commandé en tension et celle-ci) (cf. aussi* voltage-controlled device).

voltage-dependent resistor galvanorésistance *(terme que j'ai proposé)*, résistance sensible à la tension *(varistance dont la valeur ohmique diminue lorsque la tension appliquée à ses bornes augmente) (est utilisée principalement comme dispositif de protection contre les surtensions) (à cette fin, la galvanorésistance est montée en parallèle sur les bornes du composant ou du circuit à protéger et court-circuite presque celles-ci à partir d'une certaine valeur de la surtension, grâce à quoi le courant excédentaire créé par la surtension traverse en majeure partie la galvanorésistance en épargnant le dispositif à protéger) (est composée principalement de poudre de carbure de silicium ou, plus récemment, d'oxyde de zinc mélangée à un liant et agglomérée) (le taux de décroissance de la résistance des modèles à l'oxyde de zinc avec la tension est nettement plus grand que celui des modèles au carbure de silicium et la protection assurée est, par conséquent, meilleure) (semi) (cf. aussi* varistor).

voltage-derated détaré en tension *(cf. aussi* voltage derating).

voltage derating détarage en tension *(détarage portant sur la tension de service du dispositif) (cf. aussi* derating *et* temperature voltage derating).

voltage difference différence de tension *(différence entre les valeurs de deux tensions distinctes ou entre deux valeurs d'une même tension) (cf. aussi* voltage *et* differential voltage).

voltage differential *cf.* voltage difference.

voltage display affichage de tensions *(d'une tension, de la*

tension) *(selon le contexte) (afficheur) (cf. aussi* display[1] 2) *et* voltage).

voltage divider diviseur de tension *(montage formé de résistances ou de condensateurs en série utilisé pour obtenir une ou plusieurs tensions inférieures à la tension qui lui est appliquée) (cf. aussi* resistor voltage divider *et* capacitive voltage divider).

voltage divider arrangement montage diviseur de tension *(cf. aussi* voltage divider *et* arrangement[1]).

voltage divider circuit *cf.* voltage divider arrangement.

voltage divider network *cf.* voltage divider.

voltage doubler doubleur de tension, *(etc.) (multiplicateur de tension dans lequel le multiple est égal à deux) (doubleur de Schenkel ou de Latour, notamment) (redresseur) (cf. aussi* voltage multiplier 1)).

voltage drift dérive de tension *(d'une tension, de la tension) (selon le contexte) (dérive de la tension fournie par une source de tension) (cf. aussi* drift[1] *et* voltage source).

voltage drive commande en tension, *(parf. aussi)* attaque en tension *(cf. aussi* voltage-controlled device).

voltage droop baisse de tension *(n'allant pas jusqu'à la coupure ou la microcoupure, mais de durée pouvant être relativement longue) (secteur, alim) (ne pas confondre avec « chute de tension ») (cf. aussi* brown-out, voltage recovery *et* voltage drop).

voltage drop chute de tension *(tension produite aux bornes d'un élément de circuit ou d'une partie de circuit par la circulation d'un courant dans celui-ci, conformément à la loi d'Ohm) (ne pas confondre avec « baisse de tension ») (cf. aussi* voltage, current source, Ohm's law, circuit element *et* voltage droop).

voltage dropping resistor résistance chutrice *(cf. aussi* dropping resistor).

voltage excursion *cf.* voltage swing.

voltage-fed aerial *(GB) cf.* voltage-fed antenna.

voltage-fed antenna antenne excitée en tension, *(etc.) (cf. aussi* voltage feed).

voltage feed excitation en tension, alimentation en tension, attaque en tension *(le premier terme est le meilleur) (mode d'excitation d'une antenne d'émission accordée obtenu lorsque la ligne d'alimentation est connectée à un point de l'antenne correspondant à un ventre de tension) (cf. aussi* feed[2] 1), tuned transmitting antenna *et* voltage node).

voltage feedback contre-réaction de tension *(contre-réaction dans laquelle la tension appliquée à l'entrée de l'amplificateur est proportionnelle à la tension de sortie de celui-ci) (la tension de contre-réaction est prélevée aux bornes de sortie de l'amplificateur, donc aux bornes de la charge, par l'intermédiaire d'un réseau de contre-réaction ; elle est donc proportionnelle à la tension aux bornes de la charge et agit par conséquent sur cette tension en la stabilisant) (cf. aussi* negative feedback).

voltage/frequency conversion *cf.* voltage-to-frequency conversion.

voltage/frequency converter *cf.* voltage-to-frequency converter.

voltage gain gain en tension, coefficient d'amplification en tension, facteur d'amplification en tension *(le premier terme est le plus employé) (rapport entre une variation de tension aux bornes de la charge d'un amplificateur de tension et la variation de la tension d'entrée qui la produit) (cf. aussi* voltage amplification factor, voltage amplifier, decibel *et* gain 1)).

voltage-gain error erreur sur le gain en tension *(ampli) (cf. aussi* voltage gain).

voltage generator générateur de tension *(dispositif conçu pour produire une tension électrique, c-à-d. source de tension artificielle) (cf. aussi* voltage source).

voltage gradient gradient de tension *(cf. aussi* potential gradient).

voltage handling (capability *ou* **capacity)** tenue en tension *(cf. aussi* voltage capability 1)).

voltage indication indication de tension *(indication d'une* *tension par un voltmètre ou un indicateur de tension) (cf. aussi* volmeter *et* voltage indicator).

voltage indicator indicateur de tension *(nom donné à un afficheur utilisé comme organe indicateur de voltmètre) (cf. aussi* display[1] 5) *et* voltage).

voltage isolation *cf.* galvanic isolation.

voltage jump saut de tension *(augmentation brusque d'une tension) (cf. aussi* voltage *et* voltage spike).

voltage level niveau de tension *(cf. aussi* level 1) *et* voltage).

voltage limiter limiteur de tension *(cf. aussi* overvoltage protection device).

voltage limiting limitation de tension *(limitation d'une tension et notamment d'une limitation de la tension de sortie d'une alimentation régulée en courant) (cf. aussi* constant-current power supply *et* overvoltage protection).

voltage loop *cf.* voltage antinode.

voltage measurement mesure de tension *(cf. aussi* voltage metering, measurement *et* voltage).

voltage meter *cf.* voltmeter.

voltage metering mesure de tensions *(cf. aussi* voltage measurement).

voltage-mode feedback *cf.* voltage feedback.

voltage multiplier 1) multiplicateur de tension *(montage redresseur fournissant une tension continue dont la valeur est approximativement égale à un multiple entier de la tension alternative à redresser) (utilise la charge d'un ou plusieurs condensateurs par la tension redressée à chaque alternance du courant alternatif pour accroître celle-ci) (cf. aussi* voltage doubler, voltage tripler, voltage *et* rectifying circuit). 2) *cf.* voltage-range multiplier.

voltage node nœud de tension *(ondes stationnaires) (cf. aussi* node 2) *et* voltage).

voltage noise *cf.* noise voltage.

voltage offset décalage en tension *(ampli. différentiel) (cf. aussi* offset 1) (a)).

voltage output 1) sortie en tension *(mode de fonctionnement d'un amplificateur de tension) (cf. aussi* voltage amplifier). 2) *cf.* output voltage.

voltage output device dispositif à sortie en tension *(nom parfois donné à un tube électronique ou un transistor utilisé dans un amplificateur de tension) (cf. aussi* voltage amplifier).

voltage polarity polarité de la tension *(parf.* d'une tension) *(signe respectif des pôles d'une source de tension, c.-à-d. le pôle positif à telle borne et le pôle négatif à l'autre, ou des bornes d'un élément de circuit auquel est appliquée cette tension) (cf. aussi* positive polarity, negative polarity, pole[1] 1) (a1) *et* polarity).

voltage programming programmation de tension *(souvent* de la tension) *(alimentation programmable) (cf. aussi* programmable power supply *et* voltage).

voltage pulse impulsion de tension *(impulsion dans laquelle la grandeur variable est une tension) (en d'autres termes, tension ou augmentation de tension de courte durée) (en l'absence de précisions, le terme « impulsion » désigne généralement une impulsion de tension) (cf. aussi* pulse[1] *et* voltage).

voltage ramp rampe de tension *(cf. aussi* ramp[1]).

voltage range *(cf. aussi* measurement range *et* voltage) 1) intervalle de tensions, plage de tensions, gamme de tensions. 2) calibre de tensions, gamme de tensions.

voltage-range multiplier résistance additionnelle *(voltmètre) (cf. aussi* multiplier resistor).

voltage rating tension nominale (a) *tension d'alimentation nominale) (cf. aussi* supply voltage *et* rated value); (b) *tension de service) (cf. aussi* working voltage).

voltage ratio rapport de tension *(rapport entre les valeurs de deux tensions distinctes ou entre deux valeurs d'une même tension) (diviseur de tension, transformateur, etc.) (cf. aussi* voltage, ratio meter, voltage divider *et* turns ratio).

voltage recovery rétablissement de la tension *(retour à la valeur initiale de la tension aux bornes d'une source de courant après une baisse de tension) (cf. aussi* voltage droop).

voltage reference référence de tension *(nom souvent donné à une source de tension de référence) (cf. aussi* reference voltage source).

voltage-reference diode diode de référence de tension *(diode*

à jonction à tension de claquage suffisamment reproductible pour être utilisée comme référence de tension seule ou, plus souvent et plus récemment, en combinaison avec une ou deux autres diodes à jonction) (en d'autres termes, diode Zener ou diode à avalanche utilisée comme référence de tension ou, plus souvent, diode de référence compensée en température) (semi) (cf. aussi* Zener diode, avalanche diode, junction diode, breakdown voltage *et* voltage reference).

voltage-reference tube tube de référence de tension, tube électronique *(idem) (tube stabilisateur de tension à chute de tension constante dans un intervalle d'intensités de courant relativement large et pratiquement indépendante de la température ambiante et du temps, permettant de l'utiliser comme référence de tension) (cf. aussi* voltage-stabilizing tube *et* voltage reference).

voltage reflection coefficient coefficient de réflexion (en tension) *(coefficient de réflexion dans une ligne de transmission électrique) (cf. aussi* reflection coefficient *et* electrical transmission line).

voltage-regulated power supply alimentation régulée en tension *(clpf) (cf. aussi* regulated power supply).

voltage-regulating diode *cf.* voltage-regulator diode.

voltage-regulating transformer transformateur régulateur de tension *(nom parfois donné à un transformateur saturable lorsqu'il est utilisé comme régulateur de tension) (noter que le terme anglais est, lui, le terme normalement employé dans cette langue dans ce cas) (cf. aussi* saturable transformer *et* voltage regulator).

voltage regulating tube *cf.* voltage-regulator tube.

voltage regulation régulation de tension (d'une tension, de la tension) *(suivant le contexte) (régulation de la tension sous laquelle une alimentation ou une génératrice fournit un courant) (cf. aussi* regulation, power supply 2), generator 2) *et* voltage stabilization.

voltage regulator régulateur de tension *(dispositif réalisant la régulation de tension) (dans le cas de la tension d'une alimentation, le régulateur est du type série ou à découpage) (dans le cas de la tension d'une génératrice, le régulateur est un relais vibrant insérant périodiquement une résistance dans le circuit d'excitation de la machine) (cf. aussi* voltage regulation, series regulator *et* switching regulator).

voltage-regulator diode diode stabilisatrice de tension, diode de stabilisation de tension, diode régulatrice de tension, diode de régulation de tension *(voir la remarque sur l'emploi de ces termes après la définition) (diode à jonction conçue pour être utilisée comme stabilisateur de tension par utilisation du claquage non destructif de la jonction) (est une diode à jonction conçue pour être polarisée dans le sens inverse et rendue conductrice par claquage non destructif de la jonction à partir d'une valeur déterminée de la tension inverse, ce qui réalise la mise en conduction du stabilisateur) (bien que les deux derniers termes soient les plus employés, les deux premiers sont les seuls corrects car il s'agit d'une stabilisation de tension et non d'une régulation de tension) (termes génériques couvrant la diode Zener et la diode à avalanche) (semi) (cf. aussi* Zener diode, avalanche diode, junction diode, voltage stabilizer, reverse bias, reverse voltage *et* voltage regulation).

voltage regulator tube *cf.* voltage-stabilizing tube.

voltage relay relais de tension *(relais dont le fonctionnement est commandé par la tension appliquée à ses bornes) (lorsqu'un relais de tension est utilisé comme dispositif de protection, sa bobine d'excitation est montée en parallèle sur les bornes du circuit à surveiller, directement lorsque la tension entre celles-ci est modérée ou par l'intermédiaire d'un transformateur de tension si elle est élevée) (cf. aussi* undervoltage relay, overvoltage relay, voltage transformer *et* relay[1]1)).

voltage resolution sensibilité de mesure (de la tension) *(voltmètre ou multimètre numérique) (cf. aussi* number of digits).

voltage saturation saturation de tension *(tube) (cf. aussi* anode saturation).

voltage scale échelle de tension, échelle graduée en volts *(échelle de voltmètre ou de multimètre) (cf. aussi* meter scale *et* volt).

voltage selector sélecteur de tension *(transfo) (cf. aussi* line-voltage selector).

voltage-sensitive resistor   résistance sensible à la tension *(semi)* *(cf. aussi* voltage-dependent resistor).

voltage sequencing   variation programmée de la tension *(alim)* *(cf. aussi* voltage programming).

voltage setting   réglage de tension *(au sens du terme anglais, tension affichée à l'aide d'un commutateur sur un appareil et notamment sur un multimètre)* *(cf. aussi* voltage adjustment *et* setting).

voltage settling   stabilisation de la tension *(amplificateur opérationnel, etc.)* *(cf. aussi* settling).

voltage settling time   temps de stabilisation de la tension *(cf. aussi* voltage settling *et* settling time).

voltage source   source de tension *(phénomène ou dispositif pouvant créer une tension électrique)* *(dans le cas le plus fréquent d'un dispositif, une source de tension est une source de force électromotrice conçue pour débiter un courant d'intensité négligeable dans une charge)* *(conformément à la loi d'Ohm, pour débiter un courant négligeable, une source de force électromotrice doit 1°) avoir une grande résistance ou impédance interne par rapport à la tension à ses bornes en circuit ouvert et 2°) débiter dans une charge dont la résistance ou l'impédance est également grande par rapport à cette tension)* *(est souvent une source de tension continue)* *(noter que le terme « source de tension » est souvent employé incorrectement pour désigner une source de courant)* *(noter également qu'une source de tension est, par nature, une source de tension constante ; dans le cas contraire, il s'agit en fait d'une source de courant)* *(cf. aussi* dc voltage source, load[1] (a), Ohm's law, impedance, constant-voltage source *et* source[1] (1)).

voltage span   gamme de sensibilité *(au sens du terme anglais, tension produisant une trace sur toute la largeur de la bande ou de la voie d'un enregistreur graphique à défilement à plusieurs sensibilités)* *(cf. aussi* strip-chart recorder *et* recorder sensitivity).

voltage spike   pointe de tension *(impulsion de tension, généralement parasite, de grande amplitude et de courte durée, donc très pointue, d'où son nom dans les deux langues)* *(est un type particulier de transitoire)* *(cf. aussi* transient[2] *et* pulse[1]).

voltage stabilization   stabilisation de tension *(limitation d'une tension d'alimentation continue à une valeur déterminée)* *(noter que conformément à la définition ci-dessus, la stabilisation de tension consiste à empêcher une tension normalement plus élevée que la valeur nécessaire à dépasser celle-ci et n'agit pas si la tension initiale descend au-dessous de la valeur nécessaire, contrairement à la régulation de tension) (les deux termes ne doivent donc pas être confondus)* *(cf. aussi* supply voltage, voltage stabilizer *et* voltage regulation).

voltage stabilizer   stabilisateur de tension *(dispositif électronique réalisant la stabilisation de tension par mise en conduction à partir d'une valeur déterminée de la tension appliquée à ses bornes)* *(le courant produit alors dans le dispositif par l'excédent de tension est dérivé à la masse par le dispositif, grâce à quoi la tension effective à ses bornes est pratiquement constante)* *(terme générique couvrant le tube stabilisateur de tension et la diode stabilisatrice de tension)* *(cf. aussi* voltage stabilization, voltage-stabilizing tube *et* voltage-regulator diode).

voltage stabilizing   *cf.* voltage stabilization.

voltage-stabilizing tube   tube stabilisateur de tension, tube de stabilisation de tension, tube régulateur de tension, tube de régulation de tension *(les deux premiers termes sont les seuls corrects car il s'agit d'une stabilisation de tension et non d'une régulation de tension : le premier est le plus employé)* *(tube à décharge conçu pour être utilisé comme stabilisateur de tension ; l'amorçage du tube à partir d'une valeur déterminée de la tension appliquée à ses bornes réalisant la mise en conduction du stabilisateur)* *(cf. aussi* glow-discharge tube, voltage stabilizer *et* firing voltage).

voltage standard   étalon de tension *(nom souvent donné à un étalon de force électromotrice)* *(cf. aussi* standard cell 1)).

voltage standing-wave ratio   rapport d'ondes stationnaires en tension, taux *(idem)* *(noms parfois donnés au rapport d'ondes stationnaires dans une ligne de transmission pour rappeler que la grandeur mesurée est une tension)* *(cf. aussi* standing-wave ratio).

voltage standing-wave ratio meter   *cf.* standing-wave ratio meter.

voltage step-down   abaissement de tension *(diminution d'une tension alternative à l'aide d'un transformateur abaisseur de tension)* *(cf. aussi* step-down transformer).

voltage step-up   élévation de tension *(augmentation d'une tension alternative à l'aide d'un transformateur élévateur de tension)* *(cf. aussi* step-up transformer).

voltage stress   contrainte galvanique *(terme que j'ai proposé)* *(contrainte produite dans un isolant par un champ électrique et qui, lorsqu'elle dépasse la rigidité diélectrique de celui-ci, entraîne son claquage)* *(cf. aussi* electric field, dielectric strength *et* breakdown 1)).

voltage supply   *cf.* supply voltage.

voltage surge   onde de tension *(nom parfois donné à une surtension transitoire, notamment lorsque son front est relativement incliné et plus particulièrement lorsqu'il s'agit de la surtension créée dans une ligne électrique par la chute de la foudre sur celle-ci)* *(cf. aussi* voltage transient, surge *et* leading edge).

voltage swing   excursion de tension *(amplitude de variation d'une tension variable entre deux valeurs limites)* *(tension de sortie d'un circuit logique, etc.)* *(cf. aussi* voltage *et* logic swing).

voltage-to-current converter   convertisseur tension/courant *(ou* tension-courant*)* *(nom donné à un amplificateur opérationnel monté de façon à fournir un courant d'intensité proportionnelle à la tension différentielle d'entrée)* *(cf. aussi* operational amplifier *et* input differential voltage).

voltage to earth *(GB)*   *cf.* voltage to ground.

voltage-to-frequency conversion   conversion tension/fréquence *(ou* tension-fréquence *ou* V/f*)* *(conversion d'une tension continue d'amplitude variable en un train d'impulsions récurrentes dont la fréquence de récurrence est proportionnelle à l'amplitude de la tension ou, parfois, en une tension alternative dont la fréquence est proportionnelle à cette amplitude)* *(dans le premier cas, la fréquence de récurrence des impulsions est mesurée par un compteur-fréquencemètre fournissant une indication ou un signal proportionnel(le) à la tension mesurée)* *(le second cas est celui de l'oscillateur commandé en tension)* *(cf. aussi* periodic pulse train, pulse repetition frequency, frequency counter *et* voltage-controlled oscillator).

voltage-to-frequency converter   convertisseur tension/fréquence *(ou* tension-fréquence *ou* V/f*)* *(montage réalisant la conversion tension/fréquence)* *(cf. aussi* voltage-to-frequency conversion) (a) *montage constituant une base de temps à fréquence variable inversement proportionnelle au temps nécessaire à la tension à convertir pour charger un condensateur, ce temps étant par ailleurs, d'autant plus court que la tension est plus grande)* *(cf. aussi* time base (c)) ; (b) *oscillateur commandé en tension conçu à cette fin)* *(cf. aussi* voltage-controlled oscillator).

voltage to ground *(USA)*   tension par rapport à la masse *(parf.* à la terre*)* *(tension entre un conducteur et la masse d'un ensemble ou, parfois, la terre)* *(cf. aussi* voltage *et* ground[1]).

voltage transformer   transformateur de tension, transformateur de potentiel, TP *(transformateur utilisé pour mesurer ou détecter la tension aux bornes d'un circuit)* *(l'enroulement primaire du transformateur est monté en parallèle sur le circuit considéré et l'enroulement secondaire est relié aux bornes d'un voltmètre)* *(cf. aussi* instrument transformer *et* voltage relay).

voltage transformation   transformation de tension *(changement de la valeur d'une tension alternative ou impulsionnelle à l'aide d'un transformateur)* *(cf. aussi* transformer 1)).

voltage transient   surtension transitoire *(surtension indésirable de courte durée)* *(cf. aussi* overvoltage, voltage spike *et* transient[2]).

voltage tripler   tripleur de tension, *(etc.)* *(multiplicateur de tension dans lequel le multiple est égal à trois)* *(cf. aussi* voltage multiplier 1)).

voltage-tunable ...   *cf.* voltage-tuned ...

voltage-tuned backward-wave tube   tube à onde régressive commandé en tension *(hyper)* *(voir aussi* voltage-tuned oscillator) *(cf. aussi* backward-wave tube).

voltage-tuned magnetron magnétron commandé en tension *(voir aussi* voltage-tuned oscillator) *(cf. aussi* magnetron).

voltage tuned oscillator oscillator accordé en tension *(nom souvent donné à un tube oscillateur hyperfréquence commandé en tension) (cf. aussi* microwave oscillator tube *et* voltage-controlled oscillator).

voltage value valeur de tension (d'une tension, de la tension) *(selon le contexte) (cf. aussi* value, voltage *et* amplitude).

voltage-variable ... *cf.* voltage-controlled ...

voltage waveform forme d'une tension *(souvent* de la tension) *(forme de la courbe représentant la variation d'amplitude d'une tension variable) (cf. aussi* voltage, amplitude *et* waveform).

voltages of opposites polarities tension de polarités opposées *(tensions continues ou instantanées dont l'une est positive et l'autre négative par rapport au point de référence, leurs valeurs absolues pouvant être égales ou non) (cf. aussi* voltage polarity).

voltaic cell pile voltaïque *(autre nom, peu employé, de la pile galvanique et provenant de la deuxième pile de Volta) (élec) (cf. aussi* galvanic cell *et* voltaic pile).

voltaic couple *cf.* galvanic couple.

voltaic current courant voltaïque *(pile) (cf. aussi* aussi galvanic current).

voltaic pile pile de Volta *(première pile galvanique, construite par le physicien italien Alessandro Volta à partir de la découverte de la contraction des muscles d'une grenouille morte depuis peu, au contact du scalpel, faite par le médecin italien Louis Galvani, d'où le qualificatif « galvanique » donné à ce type de générateur électrochimique) (est formée d'un empilement de disques de cuivre et de zinc alternés séparés par des rondelles de drap imprégnées d'eau, d'où le nom de « pile » donné initialement à ce générateur et conservé depuis, bien que les piles galvaniques modernes soient rarement des empilements) (il est à noter que la pile de Volta est en fait une batterie de piles montées en série, chaque paire de disques constituant une pile élémentaire ; c'est pourquoi sa force électromotrice est relativement grande) (quelque temps après, Volta a réalisé une autre pile électrique formée cette fois d'une lame de cuivre et une lame de zinc baignant dans une solution d'acide sulfurique ; cette pile, également appelée « pile de Volta », ne doit pas être confondue avec la première) (cf. aussi* voltaic cell, galvanic cell *et* series arrangement).

voltameter voltamètre *(appareil formé d'une cuve contenant un électrolyte dans lequel baignent deux électrodes entre lesquelles est appliquée une tension continue) (était utilisé initialement pour mesurer la quantité d'électricité circulant dans un conducteur par mesure du poids d'un des produits de décomposition de l'électrolyte par le passage du courant) (a donné naissance à la galvanoplastie et à l'accumuleur électrique) (élec) (ne pas confondre avec « voltmètre ») (cf. aussi* electrolytic cell, electrolyte, coulomb, electrodeposition, storage cell 1) *et* voltmeter).

voltammeter *cf.* volt-ammeter *(plus haut).*

voltampere voltampère, VA *(unité de puissance apparente du système SI) (est la puissance mise en jeu par un courant alternatif d'une intensité efficace de 1 ampère circulant dans un circuit ou un élément de circuit sous une tension efficace de 1 volt) (cf. aussi* apparent power).

voltampere meter voltampèremètre *(appareil conçu pour mesurer des puissances apparentes) (cf. aussi* apparent power).

voltampere reactive voltampère réactif *(cf. aussi* var).

voltmeter voltmètre *(appareil de mesure conçu pour mesurer des tensions électriques) (cf. aussi* dc voltmeter, ac voltmeter, analog voltmeter, digital voltmeter *et* voltage).

voltmeter-ammeter voltmètre et ampèremètre combinés *(appareil de mesure comprenant un voltmètre et un ampèremètre distincts montés dans un boîtier commun) (cf. aussi* voltmeter *et* ammeter).

voltmeter multiplier *cf.* voltage-range multiplier.

voltmeter sensitivity sensibilité d'un voltmètre *(parf.* du voltmètre) *(cf. aussi* ohm per volt *et* voltmeter).

volts ... *cf.* volt ... *(pour les termes qui ne figurent pas ci-après).*

volts AC volts alternatifs, VCA, Vca *(indication de la tension d'alimentation nominale d'un appareil ou d'une machine à courant alternatif, ou d'une tension alternative à ne pas dépasser, notamment en service continu) (cf. aussi* supply voltage, rated value *et* continuons duty).

volts DC volts continus, VCC, Vcc *(indication de la tension d'alimentation nominale d'un appareil ou d'une machine à courant continu ou d'une tension continue à ne pas dépasser, notamment en service continu) (cf. aussi* supply voltage, rated value, continuons duty *et* VDC WKG.

volts RMS volts efficaces *(indication d'une tension efficace) (cf. aussi* RMS voltage).

volts root-mean-square *cf.* volts RMS *(le terme complet étant rarement utilisé).*

volume *(en électroacoustique)* intensité sonore, volume *(le second terme est un anglicisme bien implanté) (cf. aussi* sound intensity, volume unit *et* electroacoustics).

volume ... *cf.* bulk ... *(pour les termes qui ne figurent pas ci-après).*

volume acoustic wave onde acoustique de volume *(cf. aussi* bulk acoustic wave).

volume charge density densité volumique de charge (électrique), densité de charge (électrique) en volume *(charge électrique contenue par unité de volume d'un corps électrisé) (cf. aussi* charge density).

volume compression compression de la dynamique, régulation du niveau de modulation, régulation de niveau *(procédé consistant à réduire la dynamique d'un signal microphonique destiné à produire une modulation d'amplitude en amplifiant plus les petites amplitudes du signal que les grandes) (est utilisé dans l'émetteur d'un radiotéléphone à modulation d'amplitude pour améliorer le rapport signal-bruit des petites amplitudes et réduire ainsi l'effet des parasites sur celles-ci au cours de la transmission) (cf. aussi* volume compressor, dynamic range, microphone signal, amplitude modulation, radiotelephone, signal-to-noise ratio *et* pre-emphasis).

volume compressor compresseur de dynamique, régulateur de niveau (de modulation) *(amplificateur à gain variable incorporé notamment à la partie émettrice d'un radiotéléphone à modulation d'amplitude pour comprimer la dynamique du signal avant de l'appliquer au modulateur) (est conçu de telle façon que le gain diminue lorsque l'amplitude moyenne du signal microphonique dépasse une valeur déterminée) (cf. aussi* variable-gain amplifier *et* volume compression).

volume control commande d'intensité sonore, commande de volume *(bouton de réglage de l'intensité des sons émis par un haut-parleur ou, parfois, potentiomètre de réglage correspondant réglant l'amplitude du signal appliqué à l'amplificateur excitant le haut-parleur) (cf. aussi* volume *et* control potentiometer).

volume control knob bouton de réglage de l'intensité sonore, *(etc.) (cf. aussi* volume control).

volume density of electric charge *cf.* volume charge density.

volume efficiency *cf.* volumetric efficiency.

volume elastic wave *cf.* volume acoustic wave.

volume expander expanseur de dynamique, régulateur de niveau *(amplificateur à gain variable en fonction de l'amplitude du signal d'entrée réalisant le rétablissement de la dynamique d'un signal) (cf. aussi* gain 1) *et* volume expansion).

volume expansion rétablissement de la dynamique, expansion de la dynamique *(amplification plus importante des grandes amplitudes d'un signal ayant subi une compression de dynamique que des petites amplitudes pour rétablir les proportions initiales des amplitudes du signal et retrouver ainsi sa forme originale) (cf. aussi* volume compression *et* volume expander).

volume indicator indicateur de niveau (de signal) *(appareil de mesure indiquant le niveau d'enregistrement d'un signal sonore et notamment le niveau du signal enregistré par un magnétophone) (est souvent un vumètre) (cf. aussi* VU meter, level 1) *et* sound recording).

volume-limiting amplifier régulateur de niveau (à la réception) *(amplificateur basse fréquence dont le gain diminue lorsque l'amplitude moyenne du signal d'entrée dépasse une* valeur déterminée pour maintenir la puissance de sortie à peu près constante) (est monté notamment dans la partie réceptrice d'un radiotéléphone à modulation d'amplitude pour maintenir à peu près constant le niveau des sons émis par l'écouteur malgré les fluctuations de l'amplitude du signal capté par l'antenne) (cf. aussi audio amplifier, gain 1) et radiotelephone).

volume magnetic wave cf. volume magnetostatic wave.

volume magnetostatic wave onde magnétostatique de volume (cf. aussi bulk magnetostatic wave).

volume magnetostriction magnétostriction en volume (modification du volume d'un corps par magnétostriction) (cf. aussi magnetostriction).

volume range (la) dynamique (d'un signal sonore) (cf. aussi dynamic range et volume).

volume recombination recombinaison en profondeur (semi) (cf. aussi bulk recombination).

volume recombination rate vitesse de recombinaison en profondeur (semi) (cf. aussi recombination rate et bulk recombination).

volume recombination velocity cf. volume recombination rate.

volume resistance cf. volume resistivity.

volume resistivity 1) résistivité volumique (nom parfois donné à la résistivité au sens habituel du terme pour la distinguer de la résistivité superficielle) (cf. aussi resistivity). 2) résistance en profondeur (semi) (cf. aussi bulk resistivity).

volume unit (en électroacoustique) unité de volume, unité de niveau basse fréquence (unité de niveau de puissance sonore d'un signal en cours d'enregistrement) (cf. aussi VU meter, level 1), sound power et volume).

volume-unit meter cf. VU meter (le terme abrégé étant le plus employé).

volume velocity flux de vitesse acoustique (flux du vecteur vitesse d'une onde acoustique, c.-à-d. produit de l'aire d'une surface plane traversée par l'onde et de la composante du vecteur vitesse de l'onde perpendiculaire à la surface) (acou) (cf. aussi vector flux, velocity vector et sound wave).

volumetric coverage couverture tridimensionnelle (radar) (cf. aussi three-dimensional coverage).

volumetric efficiency efficacité volumique (indice de mérite d'un condensateur égal au rapport entre son produit CV et son volume en centimètres cubes) (peut également être défini comme la capacité d'un condensateur par unité de volume pour une tension de charge déterminée) (c'est le condensateur au tantale à électrolyte gélifié qui a la plus grande efficacité volumique) (cf. aussi figure of merit, CV product et wet-slug tantalum capacitor).

volumetric radar radar tridimensionel (cf. aussi three-dimensional radar).

volumetric security protection volumétrique (protection d'un lieu contre les intrus assurée par des détecteurs d'intrus agissant dans tout ou partie du lieu) (protection par un radar ou un sonar de gardiennage) (cf. aussi intrusion detector).

VOM cf. volt-ohm milliammeter.

von Neumann bottleneck goulot de von Neumann (ou des machines de von Neumann) (limitation de la vitesse de traitement d'un ordinateur classique inhérente à son principe de fonctionnement) (inf) (cf. aussi von Neumann machine).

von Neumann computer cf. von Neumann machine (et noter que le premier terme est très peu employé).

von Neumann machine machine de von Neumann (nom parfois donné à un ordinateur classique pour rappeler que c'est une machine à calculer fondée sur les principes énoncés par von Neumann, c.-à-d. sur l'exécution successive des instructions du programme, et rappeler en même temps la limitation de la vitesse de traitement qui en résulte, une seule instruction étant exécutée à la fois) (cette limitation pose des problèmes ardus lorsque la quantité d'informations à traiter quasi-simultanément est très grande, notamment dans un détecteur de radars, et l'on s'en affranchit plus ou moins à l'aide du chevauchement ou du parallélisme ou, mieux, des deux) (inf) (cf. aussi computer 2), processing speed, instruction execution, pipelining et parallelism).

von Neumann processor cf. von Neumann machine.

VOR (vient de « VHF omnirange ») station VOR (radiophare omnidirectionnel en ondes métriques émettant un signal omnidirectionnel de référence de phase modulé en fréquence à 30 Hz et un signal de position modulé en amplitude à 30 Hz par la rotation mécanique ou électronique du diagramme de rayonnement cardioïde d'une seconde antenne à la vitesse de 30 tours par seconde) (la différence entre la phase du signal de position, qui varie avec l'azimuth du fait de la rotation du diagramme cardioïde, et la phase du signal de référence — constante dans toutes les directions puisque le signal est omnidirectionnel — est mesurée à bord de l'avion par le récepteur VHF équipé d'un adaptateur VOR et indique l'azimut de l'avion par rapport à la station VOR) (radionav) (avia) (cf. aussi VORNAV, TVOR, VOR-DME, omnirange, VHF, omnidirectional signal, phase (a) et cardioid diagram).

VOR-DME système VOR-DME (système de radionavigation aérienne formé, à terre, d'une station VOR complétée par une balise répondeuse et, dans les aéronefs, d'un adaptateur VOR, du récepteur VHF et du radar de navigation) (cf. aussi VOR et DME).

VOR-NAV cf. VORNAV (plus loin).

VOR navigation receiver cf. VOR receiver.

VOR radial radiale VOR (radionav) (cf. aussi radial).

VOR receiver récepteur VOR, récepteur de navigation VOR (récepteur de bord VHF d'aéronef équipé d'un adaptateur exploitant les deux signaux émis par une station VOR pour indiquer au pilote la radiale sur laquelle il se trouve) (radionav) (cf. aussi VOR).

VOR station cf. VOR.

VORDAC (vient de « VOR and Distance measuring equipment for Area Coverage ») cf. VOR-DME (plus haut).

VORNAV (vient de « navigation VOR ») station VORNAV (station VOR servant à la navigation en route des aéronefs) (radionav) (cf. aussi VOR et en-route navigation).

Vortac (vient de « VOR » et « Tacan ») système Vortac (système de radionavigation aérienne combinant le système VOR utilisé pour obtenir des indications de direction et le système Tacan utilisé pour des indications de distance) (cf. aussi VOR et Tacan).

VORTAC cf. Vortac.

vowel articulation articulation des voyelles (essais de qualité de transmission téléphonique).

VOX cf. voice-operated transmission.

VPE cf. vapor-phase epitaxy.

VPM cf. volt per meter.

VPO cf. variable-phase oscillator.

VR 1) cf. voltage regulator. 2) cf. voltage regulation. 3) cf. voltage reference. 4) cf. variable-reluctance ...

VR tube cf. voltage-regulator tube.

VRAM cf. video RAM.

VRC 1) cf. vertical redundancy check. 2) cf. VRC bit.

VRC bit (VRC vient de « vertical redundancy check ») binaire de parité transversale, clé transversale (binaire de parité assurant la parité transversale d'un mot binaire) (inf) (cf. aussi parity bit et vertical parity).

VRM cf. variable range marker.

VRMS cf. volts RMS.

VS 1) cf. virtual storage. 2) cf. voice synthesis.

VSB cf. vestigial sideband.

VSD modulation cf. variable-slope delta modulation.

VSR cf. voltage-sensitive resistor.

VSWR cf. voltage standing-wave ratio.

VSYNC cf. vertical synchronization.

VT fuze cf. variable-time fuze.

VTM cf. voltage-tuned magnetron.

VTO 1) cf. varactor-tuned oscillator. 2) cf. voltage-tuned oscillator.

VTR 1) cf. video tape recorder. 2) cf. video tape recording.

VTVM cf. vacuum-tube voltmeter.

VU cf. volume unit.

VU meter (VU vient de « volume unit ») vumètre (nom forgé par francisation du terme anglais) (indicateur de niveau basse fréquence gradué en unités de volume) (cas général d'un indicateur gradué) (cf. aussi volume indicator et volume unit).

VUV cf. vacuum ultraviolet.

W

W *cf.* watt.

W band bande W *(bande des fréquences comprises entre 56 000 et 100 000 Mhz, soit 0,536 à 0,300 cm de longueur d'onde) (hyper) (cf. aussi* frequency band).

wafer **1)** galette de commutateur, galette *(plaquette isolante portant les contacts d'un commutateur rotatif sur lequels glisse le frotteur réunissant deux ou plusieurs d'entre eux) (cf. aussi* rotary switch 2)). **2)** plaquette à gravure, plaquette *(plaquette de semiconducteur ou autre matière en forme de disque ou, à l'avenir, carrée dans laquelle des puces de composants discrets à semiconducteur ou de circuits intégrés monolithiques à semiconducteur ou autre matière, en nombre généralement grand, sont réalisés simultanément par gravure) (une plaquette à gravure contient généralement au moins plusieurs dizaines de puces de circuits intégrés, ce nombre pouvant atteindre plusieurs milliers pour des composants discrets tels que des transistors notamment) (c'est l'exécution simultanée de chacune des opérations de fabrication sur un grand nombre de puces qui permet le prix de revient généralement très bas de ces composants malgré la complexité et la précision de leur fabrication) (cf. aussi* wafer yield, wafer-scale integration, scribing, semiconductor, chip 1), discrete semiconductor device, monolithic integrated circuit *et* lithography).

wafer distortion déformation des plaquettes (à gravure) *(parf.* de la plaquette) *(idem) (voilage d'une plaquette à gravure dû notamment à une opération de diffusion au four ou de recuit au four dans le cas généralement considéré d'une plaquette de semiconducteur) (cf. aussi* wafer 2), diffusion 1 (b)) *et* annealing).

wafer fabrication fabrication des plaquettes (à gravure) *(préparation et sciage des lingots cylindriques de semiconducteur dans lesquels sont découpées les plaquettes à gravure, suivis du rodage de celles-ci pour mise à l'épaisseur et élimination des défauts superficiels produits par le sciage, et autres opérations associées) (cf. aussi* wafer 2)).

wafer level *cf.* at the wafer level.

wafer lever switch inverseur à levier à galette *(parfois au pluriel) (inverseur à levier réalisé sous la forme d'un commutateur à une ou deux galettes à trois positions commandé par un levier) (un inverseur unipolaire utilise une galette ; un inverseur bipolaire en utilise deux) (cf. aussi* lever switch 2), single-pole switch *et* double-pole switch).

wafer mask masque à plaquette *(nom parfois donné à un masque de gravure classique par opposition à un masque à puce) (fab. CI semi) (cf. aussi* mask[1] 2) *et* chip mask).

wafer processing traitement des plaquettes (à gravure) *(parf.)* traitement de la plaquette *(idem) (cf. aussi* wafer 2) *et* processing (c)).

wafer rotary switch commutateur rotatif à galette *(parfois au pluriel)*, commutateur à galette *(idem) (le terme complet n'est généralement employé que pour préciser qu'il ne s'agit pas d'un commutateur à levier à galette(s)) (commutateur rotatif utilisant une ou plusieurs galettes superposées le long de l'axe de commande) (cf. aussi* open-wafer rotary switch, sealed-wafer rotary switch, multiposition switch *et* wafer lever switch).

wafer-scale integration intégration sur la plaquette (à gravure), intégration sur plaquette *(intégration monolithique de circuits sur toute la surface d'une plaquette à gravure sous forme de modules pour réaliser un ensemble électronique complet sur une « puce géante » au lieu d'utiliser un certain nombre de puces montées chacune dans un boîtier, ceux-ci étant ensuite montés sur une ou plusieurs cartes à circuit imprimé, puis interconnectés) (permet une très grande réduction de l'encombrement total des circuits et du nombre de connexions extérieures nécessaires, mais n'a pas encore donné lieu à des fabrications suivies (en 1990), en partie à cause des problèmes posés par la mise hors circuit des modules défectueux et la mise en service de modules redondants en fin de fabrication ou automatiquement en fonctionnement, ou les deux) (peut être considérée comme l'intégration de circuits intégrés monolithiques, chaque module étant l'équivalent de la puce d'un tel circuit et la notion de rendement de fabrication s'appliquant aux modules comme elle s'applique aux puces d'une plaquette à gravure classique) (semi) (cf. aussi* Masterslice, discretionary wiring, monolithic integration, wafer 2), module (a), chip 1) *et* yield 2)).

wafer scribing découpe des puces *(fab. CI, semi) (cf. aussi* scribing).

wafer socket support plat *(support de tube électronique form essentiellement de deux plaquettes approximativement ova en carton bakelisé ou matière équivalente ou d'une plaque, en stéatite portant les contacts) (cf. aussi* tube socket).

wafer spinner tournette (pour plaquettes à gravure) *(tour nette utilisé pour l'enduction de plaquettes à semi) (cf. aussi* spinner 2) *et* wafer 2)).

wafer stage porte-plaquette *(plateau à dé métrique suivant deux axes perpendiculair quette à gravure dans un photorépétiteur) (* wafer 2) *et* step-and-repeat projection pri

wafer stepper graveur à répétition, répétiteu généralement employés pour désigner un photorépétiteur, mais il est à noter qu'ils couvrent également les graveurs à faisceau dirigé) (fab. CI) (cf. aussi* step-and-repeat projection printer *et* direct-write electron-beam machine).

wafer stepper machine *cf.* wafer stepper.

wafer switch commutateur à galette *(parfois au pluriel)*, *(parf.)* inverseur à galette *(idem) (commutateur ou inverseur utilisant une ou plusieurs galettes pour remplir sa fonction) (le terme anglais désigne généralement un commutateur rotatif à galette(s)) (cf. aussi* wafer rotary switch, wafer lever switch, multiposition switch *et* double-throw switch).

wafer throughput capacité de traitement *(graveur de motifs) (cf. aussi* throughput (a)).

wafer trim *cf.* wafer trimming.

wafer trimming ajustage sur la plaquette *(fab. CI)* *(cf. aussi* laser wafer trimming).

wafer warpage *cf.* wafer distortion.

wafer warping *cf.* wafer distortion.

wafer yield rendement des plaquettes *(rendement de fabrication de plaquettes à gravure) (fab. CI, semi) (cf. aussi* yield 2)).

Wagner earth connection *cf.* Wagner ground.

Wagner ground montage de Wagner *(mise à la terre de la source de courant d'un pont de mesure à courant alternatif à l'aide d'un potentiomètre dont la résistance est connectée aux bornes de la source et la borne du curseur à la terre) (permet de réduire l'effet des capacités parasites sur l'équilibre du pont et, par conséquent, l'erreur de mesure due à celle-ci) (l'équilibre est recherché en agissant alternativement sur l'élément variable du pont et sur le potentiomètre de mise à la terre grâce à un inverseur) (cf. aussi* ac bridge, potentiometer 1) *et* parasitic capacitance).

wait state cycle d'attente *(dans un ordinateur, partie d'un cycle mémoire pendant laquelle l'unité centrale attend une information à lire dans la mémoire centrale lorsque celle-ci est moins rapide qu'elle) (inf) (cf. aussi* zero wait state operation, computer 2), memory cycle, central processing unit, main memory *et* memory speed).

waiting line file d'attente *(tls etc.) (cf. aussi* queuing theory).

waiting-line theory théorie des files d'attente *(tls, etc.) (cf. aussi* queuing theory).

wake signature empreinte du sillage, signature du sillage *(empreinte radar caractéristique du sillage d'un missile balistique à longue portée rentrant dans l'atmosphère) (mil) (cf. aussi* radar signature).

walk-off *s* décrochage *(radar) (cf. aussi* pull-off).

walkie-lookie émetteur de télévision portatif, équipement de prise de vues portatif *(le premier terme est le meilleur car le second couvre également l'équipement formé d'une caméra vidéo et d'un magnétophone portatif) (émetteur de télévision à bretelles porté par un opérateur de reportage utilisant une caméra de télévision portative reliée à l'émetteur par un câble multiconducteur d'environ deux mètres de longueur, l'ensemble étant alimenté par une batterie d'accumulateurs incorporée à l'émetteur) (les signaux émis par l'antenne de l'émetteur sont captés par l'antenne d'un car de reportage ou transmis à celui-ci par un petit relais hertzien installé temporairement ou monté dans un véhicule) (radiodif) (cf. aussi* television transmitter, television camera, mobile unit 1), radio relay *et* video camera).

walkie-talkie talkie-walkie *(terme courant) (noter l'inversion en passant de l'anglais au français pour ce faux anglicisme)*, pédiphone *(terme que j'ai proposé) (émetteur-récepteur portatif utilisable d'une seule main, notamment en marchant) (radiocom) (cf. aussi* transceiver).

walking ones uns baladeurs, « 1 » baladeurs, UNs baladeurs *(binaires d'un mot binaire mis successivement à « 1 », les autres restant à zéro — 10000000, 01000000, 00100000, ..., 00000001 dans le cas d'un octet — pour vérifier le fonctionnement des organes d'un ordinateur, notamment la mémoire centrale, en vérifiant ainsi successivement si chacune des positions de la mémoire peut mémoriser toutes les combinaisons binaires possibles pour son nombre de cellules, le mot lu après mémorisation devant être identique au mot mémorisé) (inf) (cf. aussi* bit, binary word, eight-bit-byte, main memory, memory location, bit pattern *et* memory cell).

walking ones pattern mot d'essai à uns baladeurs, *(etc.)*, combinaison d'essai *(idem) (cf. aussi* walking ones).

walkthrough contrôle collectif *(contrôle d'un programme d'ordinateur, instruction après instruction, par deux ou plusieurs programmeurs comparant en permanence les résultats de leur travail) (inf) (cf. aussi* computer program).

walky-looky *cf.* walkie-lookie.

walky-talky *cf.* walkie-talkie.

wall set *cf.* wall telephone set.

wall telephone set poste téléphonique mural, poste mural *(poste téléphonique conçu pour être fixé à une paroi verticale, notamment dans une cabine téléphonique) (cf. aussi* telephone set).

walled en caisson *(qualificatif souvent appliqué à un élément d'un circuit intégré monolithique fabriqué par le procédé Isoplanar ou un procédé équivalent ou, parfois, à une électrode d'un tel élément) (cf. aussi* Isoplanar process).

WAN *cf.* wide-area network.

wand *(parf.)* crayon-lecteur (de code à barres) *(cf. aussi* bar-code reader).

wander *s cf.* scintillation (a).

wanted signal signal utile *(cf. aussi* useful signal).

warble tone son vobulé *(son à hauteur périodiquement variable produit dans un écouteur ou un haut-parleur par le signal d'un générateur BF vobulé) (cf. aussi* pitch 2) *et* warble-tone generator).

warble-tone generator générateur BF vobulé *(générateur basse fréquence dont la fréquence varie périodiquement à une très basse fréquence entre deux limites déterminées) (cf. aussi* audio-frequency signal generator *et* warble tone).

WARC *cf.* World Administrative Radio Conference.

warm up *v* laisser chauffer *(attendre qu'un appareil électronique ou autre matériel, notamment un appareil à tubes électroniques, ait atteint sa température de fonctionnement normale avant de s'en servir) (cf. aussi* vacuum-tube instrument).

warm-up *s* mise en température, *(parf. aussi)* réchauffage *(cf. aussi* warm up).

warm-up drift dérive de mise en température *(variation du signal de sortie d'un appareil ou étage, notamment de la fréquence d'un oscillateur à tube électronique, pendant la période de mise en température) (cf. aussi* warm-up period).

warm-up period période de mise en température *(partie d'une période de fonctionnement d'un dispositif pendant laquelle s'effectue sa mise en température) (noter qu'il ne s'agit pas de périodes au sens strict du terme) (cf. aussi* warm-up *et* period).

warm-up time temps de mise en température *(durée d'une période de mise en température) (cf. aussi* warm-up period).

warmup *cf.* warm-up *(de même pour les termes dérivés).*

warning capability possibilités d'alarme *(parfois au singulier) (possibilité pour un récepteur d'alarme de signaler la présence d'une menace par une alarme sonore ou vocale) (mil) (cf. aussi* warning receiver, threat, voice warning *et* capability).

warning display présentation de l'alarme *(indication visuelle de la présence d'une menace et éventuellement de sa nature sur un écran cathodique ou autre présenteur vidéo) (mil) (cf. aussi* threat *et* video monitor).

warning light alarme lumineuse *(voyant lumineux dont l'allumage indique une valeur excessive ou insuffisante d'une grandeur, un fonctionnement défectueux d'un appareil ou un dispositif, ou une situation dangereuse) (cf. aussi* pilot light).

warning message message d'alarme *(en informatique, ce terme désigne généralement un message apparaissant sur l'écran de l'opérateur d'un ordinateur pour avertir celui-ci d'une erreur de programmation telle que la division par zéro, par exemple) (cf. aussi* programming error).

warning radar 1) radar d'alerte *(nom parfois donné à un radar de veille) (mil) (cf. aussi* search radar). 2) *cf.* tail warning radar.

warning receiver récepteur d'alarme, détecteur de menaces *(appareil analysant les signaux constitués par des ondes électromagnétiques atteignant un objectif militaire et pouvant constituer une menace pour celui-ci) (les ondes sont captées par une antenne ou par un détecteur optique selon leur longueur) (ces termes génériques désignent souvent un détecteur de radars, mais couvrent également le détecteur de lasers et le détecteur de tirs) (mil) (cf. aussi* radar warning receiver, laser warning receiver, infrared warning receiver, electromagnetic wave *et* threat).

warning satellite *cf.* early-warning satellite.

warning sensor détecteur de menaces *(terme générique couvrant le récepteur d'alarme et le radar de queue) (mil) (cf. aussi* warning receiver, tail warning radar *et* sensor).

warning signal signal d'alarme *(signal constituant une alarme) (est souvent un signal sonore ou lumineux).*

warning system système d'alarme *(système conçu pour émettre des signaux d'alarme) (dans le domaine militaire, le* *terme anglais désigne souvent un récepteur d'alarme) (cf. aussi* system, alarm signal *et* warning receiver).

warning tone tonalité d'alarme *(nom parfois donné à un signal sonore d'alarme, notamment lorsque son intensité est modérée)*.

watch *s* 1) vacation *(opérateur) (cf. aussi* period of duty). 2) montre *(cf. aussi* quartz watch).

watch chip puce de montre *(puce de circuit intégré monolithique de montre à quartz à affichage numérique) (semi) (cf. aussi* chip 1) *et* quartz watch).

watch circuit *cf.* watch chip.

watch crystal quartz de montre *(résonateur à quartz conçu pour être monté dans une montre à quartz) (cf. aussi* quartz resonator *et* quartz watch).

water-activated battery pile amorçable à l'eau (à plusieurs éléments) *(pile amorçable dans laquelle l'électrolyte est de l'eau) (l'eau fournie à la pile peut provenir du milieu ambiant dans lequel le matériel utilisant la pile est immergé, notamment dans le cas d'une torpille) (cf. aussi* reserve battery).

water-cooled electron tube *cf.* water-cooled tube. *(le premier terme étant peu employé)*.

water-cooled load *cf.* water load. *(le premier terme étant peu employé)*.

water-cooled tube tube refroidi par eau, tube électronique *(idem) (tube de grande puissance dans lequel l'anode est munie d'ailettes traversant l'enveloppe du tube et refroidies par circulation ou ébullition d'eau) (émetteur de radiodiffusion, etc.) (cf. aussi* power tube *et* Vapotron).

water load charge à eau *(charge adaptée hyperfréquence de grande puissance dans laquelle l'élément dissipatif est de l'eau en circulation) (cf. aussi* matched load (b) *et* terminating element).

WATS *(vient de « wide-area telephone service »)* service Wats *(service spécial de téléphonie automatique directe couvrant les États-Unis divisés à cet effet en six zones et faisant l'objet d'une taxe forfaitaire mensuelle pour un service à plein temps ou à temps partiel en fonction du nombre de zones désiré, indépendamment du nombre et de la durée des communications établies) (tls) (cf. aussi* automatic telephony).

watt watt, W *(unité de puissance du système SI) (est égale à 1 joule par seconde, ce qui représente la puissance dissipée par effet Joule dans un élément de circuit parcouru par un courant d'intensité égale à l'ampère sous une tension aux bornes de l'élément égale à 1 volt) (le watt a été proposé en 1882 par Siemens : son utilisation d'abord généralement limitée à la mesure des puissances électriques a ensuite été étendue à celle des puissances mécaniques, à la place du cheval-vapeur (CV) et de ses équivalents étrangers, lesquels sont d'ailleurs encore utilisés en 1990) (cf. aussi* watthour, power[1] 1), joule, second, Joule effect (a), circuit element, ampere, volt *et* electrical power 1)).

watt-hour *cf.* watthour. *(plus loin)*.

watt-second *cf.* wattsecond. *(plus loin)*.

wattage puissance (consommée *ou* fournie *selon le contexte) (le terme anglais désigne souvent la puissance nominale) (cf. aussi* wattage rating).

wattage rating puissance nominale *(le terme anglais est utilisé notamment pour une résistance) (cf. aussi* power rating).

watthour wattheure (pluriel : wattheures), watt-heure *(pluriel : watts-heures) (le premier terme est le plus récent) (unité d'énergie du système SI, employée principalement pour l'énergie électrique) (est égale à une puissance de 1 watt mise en jeu pendant 1 heure) (le wattheure et ses multiples sont utilisés principalement pour mesurer une consommation d'électricité, la production d'électricité étant généralement exprimée en unités de puissance) (cf. aussi* electrical energy (b) *et* watt).

watthour meter compteur d'énergie (électrique), compteur électrique, wattheuremètre, *(parf.)* ampèreheuremètre *(le troisième terme est employé principalement pour un appareil à courant continu, le quatrième l'est uniquement pour un tel appareil) (appareil de mesure conçu pour mesurer, généralement en kilowattheures, l'énergie consommée par une installation électrique alimentée par le secteur au fur et à mesure de son temps de fonctionnement) (dans le cas général d'un appareil pour secteur à courant alternatif, un compteur d'éner-*

gie électrique est un appareil à induction utilisé en compteur) (cf. aussi watthour, induction instrument *et* power grid).

wattmeter wattmètre *(appareil de mesure conçu pour mesurer des puissances électriques en watts) (cf. aussi* electrodynamic wattmeter, induction wattmeter, thermocouple wattmeter, electrostatic wattmeter *et* watt).

wattsecond wattseconde, watt-seconde *(unité d'énergie égale à une puissance de 1 watt mise en jeu pendant une seconde) (élec, etc.) (métrologie) (cf. aussi* watt *et* joule).

wave onde *(perturbation périodique ou non d'un milieu se propageant dans celui-ci) (définition la plus générale couvrant tant une impulsion de courant se propageant dans un conducteur ou un courant périodique circulant dans celui-ci qu'une onde au sens généralement donné à ce terme, c.-à-d. une variation spatiale périodique et itinérante d'une ou plusieurs caractéristiques d'un milieu) (cf. aussi* mechanical wave, acoustic wave, elastic wave, electric wave, magnetic wave, electromagnetic wave, spherical wave, plane wave, progressive wave, travelling wave, standing wave, periodic wave, surge, carrier wave, wavelength *et* waveform).

wave aerial *(GB) cf.* wave antenna.

wave amplitude amplitude de l'onde *(parf.* d'une onde) *(valeur maximale de la variation dans un sens ou l'autre d'une caractéristique d'un milieu produite par la propagation d'une onde dans celui-ci) (cf. aussi* amplitude *et* wave).

wave analyzer analyseur d'ondes *(analyseur de signaux permettant de mesurer successivement l'amplitude des composantes d'un signal complexe à haute fréquence à l'aide d'un voltmètre haute fréquence à aiguille précédé d'un filtre à bande étroite accordable à l'aide d'un bouton) (cf. aussi* amplitude, complex signal, RF voltmeter, window filter, tuned voltmeter *et* signal analyzer).

wave angle 1) angle de tir, angle d'émission *(le premier terme est le plus employé) (angle formé dans le plan vertical par la direction de propagation de l'onde émise par une antenne de radiocommunications en ondes courtes et la tangente à la surface de la Terre au point d'émission pour une liaison par propagation ionosphérique) (le choix de cet angle dépend de la hauteur apparente de l'ionosphère) (cf. aussi* ionospheric propagation). 2) angle d'incidence de l'onde, *(parf.)* angle de réception *(angle sous lequel une onde est reçue par une surface ou une antenne de réception directive) (cf. aussi* wave *et* directional antenna).

wave antenna antenne pleine onde *(antenne d'émission bidirectionnelle formée de plusieurs brins horizontaux de longueur égale à la longueur d'onde d'émission ou à un multiple de celle-ci) (cf. aussi* bidirectional antenna)..

wave band gamme d'ondes *(suite de longueurs d'ondes comprises entre deux limites déterminées et généralement considérées dans le sens décroissant, c.-à-d. dans le sens croissant des fréquences correspondantes) (radioélectricité, etc.) (cf. aussi* wavelength *et* frequency band).

wave-band switch commutateur de gammes d'ondes *(commutateur permettant de changer la bande des fréquences sur laquelle un récepteur radio peut être accordé à l'aide du bouton de recherche des stations, c.-à-d. la gamme des longueurs d'onde de réception correspondante) (commutateur PO, GO, OC, etc.) (est souvent un « clavier à touches » sur les postes modernes) (cf. aussi* wave band *et* radio receiver).

wave beam faisceau d'ondes *(nom donné à une onde émise dans un angle solide relativement petit, notamment par une antenne très directive ou par un cornet ou un pavillon acoustique) (cf. aussi* beam[1], wave *et* steradian).

wave clutter échos de houle *(radar) (cf. aussi* sea clutter).

wave converter convertisseur de mode *(hyper) (cf. aussi* mode changer).

wave crest crête de l'onde *(parf.* d'une onde) *(point d'amplitude maximale d'une onde non périodique) (cf. aussi* wave).

wave duct couche-piège *(propa) (cf. aussi* duct 1)).

wave energy énergie de l'onde, *(parf.)* énergie d'une onde *(énergie transportée par une onde électromagnétique ou acoustique) (cf. aussi* energy *et* wave).

wave equation équation d'onde (a) *équation décrivant la propagation d'une onde électromagnétique en espace libre, c.-à-d. l'amplitude du champ électrique ou magnétique de* *l'onde en un point déterminé de l'espace en fonction du temps) (est une équation aux dérivées partielles) (cf. aussi* electromagnetic wave *et* free space) ; (b) *équation d'onde de Schrödinger) (cf. aussi* Schrödinger equation).

wave field 1) champ d'onde *(zone d'un milieu dans lequel se propagent une ou plusieurs ondes acoustiques ou électromagnétiques) (cf. aussi* propagation medium). 2) (le) champ de l'onde *(champ acoustique associé à une onde acoustique ou champ électromagnétique associé à une onde électromagnétique) (cf. aussi* acoustic field *et* electromagnetic field).

wave front front d'onde *(parf.* de l'onde) *(surface de discontinuité entre la zone non perturbée et la zone perturbée d'un milieu dans lequel se propage une onde) (est un plan lorsque l'onde est une onde plane ou une surface sphérique lorsque c'est une onde sphérique et constitue une surface équiphase particulière) (cf. aussi* equiphase surface).

wave function fonction d'onde *(cf. aussi* function[1] 1) (b)) (a) *fonction représentant la probabilité de trouver un électron ou une autre particule en un point déterminé de l'espace à un instant également déterminé) (plus précisément, la densité de probabilité de trouver la particule dans un petit élément de volume centré sur le point considéré à l'instant considéré est égale au carré du module de la fonction) (la fonction d'onde est une solution de l'équation de Schrödinger) (mécanique quantique) (cf. aussi* probability density, Schrödinger equation, orbital *et* quantum mechanics) ; (b) *fonction constituant une solution d'une équation d'onde) (propa) (cf. aussi* wave equation (a)).

wave group groupe d'ondes, paquet d'ondes *(le premier terme est le meilleur et a donné naissance aux termes « vitesse de groupe » et « temps de propagation de groupe » et aux synonymes de ce dernier) (court train d'ondes d'amplitude croissante, puis décroissante, formé périodiquement le long de la direction de propagation d'une onde complexe dans un milieu dispersif et dû au battement des composantes de l'onde complexe) (cf. aussi* wave train, wave amplitude, propagation, complex wave, dispersive medium, beating, group velocity *et* group delay).

wave-guide *cf.* waveguide *(plus loin).*

wave heating échauffement par absorption *(échauffement d'un corps par absorption d'une partie plus ou moins grande de l'énergie d'une onde électromagnétique ou ultrasonore se propageant dans celui-ci) (cf. aussi* absorption, energy, electromagnetic wave *et* ultrasonic wave).

wave impedance impédance d'onde *(rapport entre le module du vecteur champ électrique et le module du vecteur champ magnétique d'une onde électromagnétique progressive) (est à un milieu de propagation d'une onde électromagnétique ce que l'impédance caractéristique est à une ligne de transmission à deux conducteurs) (propa) (cf. aussi* electric field vector, magnetic field vector, electromagnetic wave, travelling wave *et* characteristic impedance).

wave interference interférence d'ondes *(interférence entre deux ou plusieurs ondes de longueurs comparables conduisant à la formation d'une onde nouvelle, de longueur différente, résultant de la superposition des ondes initiales) (cf. aussi* constructive interference, destructive interference *et* wave).

wave length *cf.* wavelength. *(plus loin).*

wave loop (un) ventre de l'onde *(onde stationnaire) (cf. aussi* antinode).

wave mechanics mécanique ondulatoire *(théorie proposée par Louis de Broglie en 1923 et 1924 pour expliquer la dualité onde-corpuscule du rayonnement électromagnétique et concilier ainsi les notions d'onde électromagnétique et de corpuscule, en d'autres termes pour concilier la théorie ondulatoire de la lumière et la théorie des quanta) (dans cette théorie, à chaque particule élémentaire est associée une onde électromagnétique appelée « onde pilote » par le savant, puis « onde de de Broglie » par la suite, caractérisée par une énergie négligeable et par la présence d'une très petite zone de haute concentration d'énergie constituant la particule, la vibration interne de celle-ci étant en phase avec la vibration constituée par l'onde) (Louis de Broglie a élaboré la mécanique ondulatoire en partant de l'extension, faite par Einstein, de l'émission des quanta proposée par Planck, à leur propagation et leur*

absorption et après avoir remarqué le caractère périodique de la théorie de l'atome de Bohr, cette périodicité paraissant pouvoir être attribuée à une nature ondulatoire) (la validité de la mécanique ondulatoire a été confirmée expérimentalement et définitivement par la découverte de la diffraction des électrons par des cristaux faite par Davisson et Germer en 1927) (autrement dit, si ces savants ont pu obtenir des figures de diffraction de l'électron, c'est parce qu'à celui-ci est effectivement associée une onde électromagnétique et c'est l'existence de cette onde qui a permis de réaliser le microscope électronique) (il est à noter que le nom de cette théorie ne lui a pas été donné par son auteur, mais par Erwin Schrödinger, en 1926, après l'avoir développée sous une forme plus mathématique conduisant à l'équation qui porte son nom) (cf. aussi wave, corpuscle, electromagnetic radiation, electromagnetic wave, wave theory of light, quantum theory, energy, phase (a), photoelectric threshold, Bohr atom, wave phenomenon *et* Schrödinger equation).

wave meter *cf.* wavemeter. *(plus loin).*

wave motion mouvement ondulatoire *(mouvement constituant une onde mécanique) (cf. aussi* mechanical wave).

wave nature nature ondulatoire *(nature de ce qui est constitué par une onde ou formé d'ondes) (particule élémentaire, etc.) (cf. aussi* wave-particle duality).

wave number nombre d'ondes *(nom donné, notamment en spectroscopie, à l'inverse de la longueur d'onde mesurée en centimètres pour les ondes de très courte longueur, c.-à-d. nombre d'ondes par centimètre) (cf. aussi* wavelength).

wave packet *cf.* wave group.

wave-particle duality dualité onde-corpuscule *(nom donné à la double nature d'une particule élémentaire) (cf. aussi* wave mechanics).

wave path trajet de l'onde *(parf.* d'une onde), trajet de propagation *(idem) (cf. aussi* propagation path).

wave period période de l'onde *(période d'une onde périodique) (cf. aussi* period *et* periodic wave).

wave phase phase de l'onde *(phase d'une onde sinusoïdale) (cf. aussi* phase (a) *et* sinusoidal wave).

wave phenomenon phénomène ondulatoire *(phénomène constitué par une ou plusieurs ondes ou nécessitant l'existence d'une ou plusieurs ondes) (les critères de caractère ondulatoire d'un phénomène sont la formation de franges d'interférence et la diffraction, ces deux phénomènes ne pouvant être produits que par des ondes) (c'est le critère de la diffraction qui a confirmé la validité de la mécanique ondulatoire) (cf. aussi* diffraction *et* wave mechanics).

wave polarization polarisation de l'onde *(parf.* d'une onde) *(polarisation d'une onde électromagnétique) (cf. aussi* electromagnetic wave polarization).

wave propagation propagation des ondes *(d'une onde, de l'onde) (selon le contexte) (cf. aussi* propagation).

wave range *cf.* wave band.

wave shape *cf.* waveform. *(plus loin).*

wave-solder *v* souder à la vague *(cf. aussi* wave soldering).

wave solderable leads sorties soudables à la vague *(sorties d'un composant conçues pour pouvoir être soudées à la vague) (cf. aussi* lead[2] 2) *et* wave soldering).

wave soldering soudage à la vague, soudure à la vague *(procédé de soudage automatique à l'étain des connexions des circuits imprimés dans lequel la face inférieure du circuit imprimé passe sur une vague transversale arrondie formée dans un bain de soudure à l'étain par une tuyère verticale à section allongée par laquelle s'écoule de l'étain fondu) (cf. aussi* soldering *et* printed circuit).

wave soldering process procédé de soudage à la vague, *(etc.) (cf. aussi* wave soldering).

wave surface surface d'onde *(surface imaginaire associée à une onde acoustique ou électromagnétique) (terme générique couvrant la surface équiphase et le front d'onde et désignant souvent celui-ci) (cf. aussi* equiphase surface *et* wave front).

wave tail queue de l'onde *(parf.* d'une onde) *(partie d'une onde non périodique comprise entre la crête et l'extrémité postérieure de celle-ci) (cf. aussi* wave crest).

wave theory of light théorie ondulatoire de la lumière, théorie ondulatoire *(théorie selon laquelle la lumière est un* *phénomène ondulatoire, c.-à-d. est constituée par des ondes)* *(a été ébauchée par le Hollandais Huygens vers l'année 1680, puis développée par le Français Fresnel vers 1825 et finalisée par l'Anglais Maxwell en 1865 sous la forme de la « théorie électromagnétique de la lumière », ce savant ayant démontré que l'onde mécanique admise par ses prédécesseurs et nécessitant l'existence de l'éther pour se propager est en fait une onde électromagnétique, seule sa longueur extrêmement courte la distinguant des autres ondes électromagnétiques) (optique)* (cf. aussi electromagnetic theory of light, wave mechanics, wave, mechanical wave, ether, electromagnetic wave, wavelength *et* theory of light).

wave tilt   inclinaison de l'onde *(inclinaison de la direction de propagation d'une onde radioélectrique dans l'atmosphère par rapport à l'horizontale locale) (propa)* (cf. aussi radio wave).

wave train   train d'ondes *(suite de cycles d'une onde périodique)* (cf. aussi cycle *et* periodic wave).

wave trap   filtre d'antenne *(filtre accordable monté à l'entrée d'un récepteur radio pour éliminer le signal d'un émetteur proche créant des interférences avec le signal reçu) (est un circuit résonnant parallèle accordable monté en série avec la borne d'antenne du récepteur ou un circuit résonnant série accordable monté en parallèle sur cette borne et la masse du récepteur)* (cf. aussi tunable filter, parallel resonant circuit, series resonant circuit *et* radio receiver).

wave trough   creux de l'onde *(nom parfois donné à un creux d'une enveloppe de modulation)* (cf. aussi modulation envelope).

wave vector   **1)** vecteur de propagation *(vecteur décrivant la propagation d'une onde) (l'origine du vecteur est le front de l'onde, son module est proportionnel à l'amplitude de l'onde, sa droite d'action est la tangente à la direction de propagation au point considéré et son sens est celui de la propagation de l'onde) (noter que dans le cas fréquent où l'onde considérée est une onde de de Broglie, la notion de « vecteur de propagation » fait souvent place à la notion équivalente de « vecteur d'onde », cette distinction n'existant pas en anglais) (voir aussi 2) ci-après)* (cf. aussi vector[1] 1), wave, propagation, wave front *et* de Broglie wave). **2)** vecteur d'onde *(vecteur associé à une particule en mouvement et représentant celle-ci du point de vue cinétique) (l'origine du vecteur est la particule, son module est proportionnel à la quantité de mouvement de celle-ci, sa droite d'action est la tangente à la trajectoire de la particule au point considéré et son sens est celui de mouvement de celle-ci) (électron, etc.) (la quantité de mouvement d'un corps animé d'un mouvement de translation est égale au produit de sa masse et sa vitesse ; cette grandeur ne doit pas être confondue avec l'énergie cinétique, celle-ci étant égale au produit de la masse du corps et du carré de sa vitesse) (voir aussi 1) ci-dessus)* (cf. aussi particle 2)).

wave velocity   vitesse de propagation de l'onde *(parf.* d'une onde) (cf. aussi propagation velocity (a)).

waveband   cf. wave band. *(plus haut).*

waveform   forme d'onde *(anglicisme désignant la forme de la courbe représentant l'amplitude d'une onde en fonction du temps, cette onde pouvant être une tension ou un courant électrique dans un conducteur constituant ou non un signal, et ce terme étant souvent synonyme de « forme du signal » et même de « signal » tout court)* (cf. aussi waveform shape, wave, wave amplitude *et* signal[1]).

waveform ...   cf. signal ... *(pour les termes qui ne figurent pas ci-après)* (cf. aussi waveform).

waveform acquisition   capture du signal *(nom parfois donné à la visualisation d'une impulsion isolée de très courte durée par un oscilloscope fonctionnant en mode de balayage monocourse)* (cf. aussi single sweep).

waveform analyzer   cf. wave analyzer.

waveform monitor   oscilloscope de contrôle d'émission *(oscilloscope utilisé dans la régie image d'un studio de télévision pour contrôler la forme du signal vidéo envoyé à l'antenne) (radiodif)* (cf. aussi oscilloscope, picture control section, video signal *et* waveform).

waveform shape   *(littéralement « forme de la forme d'onde »)* *(le terme anglais, relevé dans plusieurs textes américains,*

montre bien que « waveform » peut signifier autre chose que « forme d'onde ») (cf. aussi waveform).

waveform synthesis   synthèse de signaux *(génération de signaux électriques analogiques de forme déterminée à partir de signaux élémentaires, généralement sinusoïdaux) (synthèse de fréquence, synthèse de la parole, musique synthétisée, etc.)* (cf. aussi analog signal, frequency synthesis, speech synthesis, synthesized music, sinusoidal signal *et* waveform).

wavefront   cf. wave front. *(plus haut).*

waveguide   guide d'onde, guide d'ondes *(le premier terme est le meilleur, mais le second est le plus employé) (tuyau métallique ou à paroi intérieure métallique muni d'une bride à chaque extrémité, conçu pour être utilisé comme ligne de transmission hyperfréquence ou de transport d'énergie hyperfréquence, le signal à transmettre ou l'énergie à transporter se propageant sous la forme d'une onde électromagnétique ultracourte dans le diélectrique remplissant le tuyau) (le diélectrique est généralement de l'air, mais peut être un autre gaz, un solide ou le vide) (en l'absence de précisions, le terme « guide d'ondes » désigne généralement un guide d'onde métallique rectangulaire rigide) (radioélectricité)* (cf. aussi rectangular waveguide, circular waveguide, ridge waveguide, flexible waveguide, field in a conductor, waveguide section 1), pressurization, optical waveguide, propagation mode (a) *et* (b) *et* microwave transmission line).

waveguide adapter   cf. waveguide-to-coaxial adapter.

waveguide aerial   *(GB)* cf. waveguide radiator.

waveguide antenna   cf. waveguide radiator.

waveguide array   réseau de guides d'ondes *(ce terme désigne souvent l'ensemble des guides d'ondes alimentant les différents éléments d'une source primaire multiple ou d'un groupement d'éléments rayonnants, notamment dans certaines antennes de radar) (hyper)* (cf. aussi waveguide, feed[2] 2) *et* radiating element).

waveguide attenuator   atténuateur en guide d'ondes *(atténuateur hyperfréquence réalisé dans un tronçon de guide d'ondes rectangulaire rigide) (dans le cas général, est constitué essentiellement par une lame en matière isolante recouverte d'une mince couche de matière résistive, appelée « lame absorbante », formant l'élément dissipatif)* (cf. aussi fixed waveguide attenuator, variable waveguide attenuator, microwave attenuator *et* waveguide).

waveguide band   bande en guide d'ondes *(ou en guide),* bande de fréquences *(idem), (parf.)* bande du guide d'ondes, *(idem) (bande des fréquences pouvant être transmises par un guide d'ondes sans atténuation excessive) (hyper)* (cf. aussi frequency band, waveguide, attenuation, waveguide cut-off frequency *et* ridge waveguide).

waveguide band-pass filter   filtre passe-bande en guide d'ondes *(filtre passe-bande hyperfréquence réalisé sous la forme d'un filtre en guide d'ondes)* (cf. aussi microwave band-pass filter *et* waveguide filter).

waveguide bend   coude en guide d'ondes, coude *(tronçon de guide d'ondes rectangulaire formant un coude à 90°) (hyper)* (cf. aussi E-plane bend, H-plane bend, waveguide corner *et* waveguide section 1)).

waveguide component   composant en guide d'ondes *(composant hyperfréquence réalisé dans un tronçon de guide d'ondes ou conçu pour être monté à une extrémité d'un ou plusieurs guides d'ondes et comportant autant de brides de raccordement) (tronçon de guide d'ondes, adaptateur guide-guide ou guide-coaxial, jonction en guide, té en guide, coupleur directif en guide, atténuateur en guide, filtre en guide, déphaseur en guide, syntoniseur en guide, mélangeur en guide, etc.) (voir ces termes en anglais)* (cf. aussi waveguide *et* microwave component).

waveguide corner   coude en guide d'ondes à partie droite *(coude de guide d'ondes comportant une courte partie droite formant un angle de 45° avec les deux autres parties) (hyper)* (cf. aussi waveguide bend).

waveguide coupler   cf. waveguide directional coupler.

waveguide coupling   raccordement de guides d'ondes *(fonction remplie et ensemble constitué par deux brides de guides d'ondes assemblées) (hyper)* (cf. aussi waveguide flange).

waveguide cross section   section droite du guide d'ondes *(parf.* d'un ...) *(section droite de l'espace délimité par la paroi intérieure d'un guide d'ondes) (est généralement rectangulaire, mais peut être circulaire) (hyper) (cf. aussi* waveguide*).*

waveguide cross-sectional area aire de la section droite du guide d'ondes, *(etc.) (cf. aussi* waveguide cross section*).*

waveguide crystal detector détecteur à cristal en guide d'ondes *(détecteur à cristal monté sur un court tronçon de guide d'ondes fermé à une extrémité) (hyper) (cf. aussi* crystal detector 2*) et* waveguide section 1*)).*

waveguide cut-off frequency fréquence de coupure du guide d'ondes *(parf.* d'un ... *ou* dans un ... *ou* en ...*) (fréquence correspondant à la longueur d'onde de coupure d'un guide d'ondes, c.-à-d. fréquence au-dessous de laquelle le signal ou l'énergie n'est plus transmis(e)) (hyper) (cf. aussi* waveguide cut-off wavelength*).*

waveguide cut-off wavelength longueur d'onde de coupure (dans le guide d'ondes) *(parf.* dans un ...*) (longueur de l'onde transmise par un guide d'ondes au-delà de laquelle celle-ci ne peut plus se propager dans le guide, les conditions d'angles de réflexion de l'onde sur la paroi du guide n'étant plus remplies) (dans le cas fréquent d'un guide d'ondes rectangulaire, la longueur d'onde de coupure est égale à deux fois la largeur des grands côtés du guide) (noter que l'on observe une tendance à remplacer le terme « longueur d'onde de coupure » par « fréquence de coupure », sauf dans les textes traitant de la théorie des guides d'ondes) (hyper) (cf. aussi* waveguide cut-off frequency, wavelength *et* waveguide*).*

waveguide detector *cf.* waveguide crystal detector.

waveguide device dispositif en guide d'ondes *(autre nom, plus général, d'un composant en guides d'ondes) (hyper) (cf. aussi* waveguide component*).*

waveguide directional coupler coupleur directif en guide d'ondes, coupleur en guide d'ondes, coupleur en guide *(coupleur directif formé de deux tronçons de guide d'ondes rectangulaire accolés par un de leurs grands côtés ou petits côtés et couplés par une ou plusieurs ouvertures pratiquées dans la paroi commune) (le couplage peut être assuré par le champ électrique ou magnétique de l'onde transmise par la ligne principale selon le type exact du coupleur) (hyper) (cf. aussi* Bethe directional coupler, two-hole directional coupler, directional coupler *et* waveguide*).*

waveguide double-balanced mixer mélangeur symétrique double en guide d'ondes *(mélangeur symétrique double monté sur un tronçon de guide d'ondes rectangulaire) (hyper) (cf. aussi* double-balanced mixer *et* waveguide*).*

waveguide dummy load charge fictive en guide d'ondes *(charge fictive réalisée sous la forme d'une charge en guide d'ondes, généralement munie d'ailettes de refroidissement) (hyper) (cf. aussi* dummy load *et* waveguide load*).*

waveguide elbow *cf.* waveguide bend.

waveguide ferrite isolator *cf.* waveguide isolator.

waveguide filter filtre en guide d'ondes *(filtre hyperfréquence réalisé dans un tronçon de guide d'ondes ou monté sur celui-ci) (cf. aussi* microwave filter *et* waveguide*).*

waveguide fixed attenuator atténuateur fixe en guide d'ondes *(le terme anglais est rarement employé) (hyper) (cf. aussi* fixed waveguide attenuator*).*

waveguide fixed load charge fixe en guide d'ondes *(charge adaptée fixe réalisée sous la forme d'une charge en guide d'ondes) (hyper) (cf. aussi* fixed load *et* waveguide load*).*

waveguide fixed termination *cf.* waveguide fixed load.

waveguide flange bride de guide d'ondes, bride *(bride soudée à chaque extrémité ouverte d'un tronçon de guide d'ondes pour permettre de le raccorder à un autre guide ou à un autre composant en guide d'ondes) (est généralement carrée ou, parfois, rectangulaire dans le cas d'un guide rectangulaire, ou circulaire sur un guide circulaire, et comporte presque toujours plusieurs trous d'assemblage sur son pourtour et éventuellement un piège) (hyper) (cf. aussi* choke flange, quick-disconnect *et* waveguide*).*

waveguide frequency fréquence du guide d'ondes *(fréquence correspondant à la longueur d'onde dans un guide d'ondes) (est comprise dans la bande de fréquences du guide d'ondes) (hyper) (cf. aussi* frequency, waveguide wavelength *et* waveguide band*).*

waveguide frequency band *cf.* waveguide band.

waveguide frequency meter fréquencemètre en guide d'ondes *(fréquencemètre hyperfréquence à la lecture directe conçu pour être monté dans une ligne en guide d'ondes, c.-à-d. muni de deux courts tronçons de guide d'ondes alignés terminés chacun par une bride) (hyper) (cf. aussi* direct-reading frequency meter *et* waveguide*).*

waveguide gasket joint de guide d'ondes *(joint plat en caoutchouc conducteur conçu pour assurer la continuité électrique en hyperfréquence entre deux brides de guide d'ondes assemblées, pour empêcher les fuites de rayonnement électromagnétique) (le caoutchouc est rendu conducteur par incorporation de poudre d'argent) (hyper) (cf. aussi* waveguide flange*).*

waveguide holder porte-guide *(partie coulissante d'un support de guide d'ondes) (hyper) (cf. aussi* waveguide stand*).*

waveguide hybrid junction jonction hybride en guide d'ondes *(jonction hybride formée de tronçons de guide d'ondes soudés) (clpf) (hyper) (cf. aussi* hybrid junction *et* waveguide junction*).*

waveguide isolator isolateur en guide d'ondes *(isolateur hyperfréquence réalisé dans un tronçon de guide d'ondes à section droite de forme variable adaptée à la fonction à remplir) (cas général) (cf. aussi* isolator 1*) et* waveguide section 1*)).*

waveguide joint joint tournant (de guide d'ondes) *(hyper) (cf. aussi* rotary coupler*).*

waveguide junction jonction de guides d'ondes *(dispositif hyperfréquence formé de trois ou quatre tronçons de guide d'ondes soudés formant autant de voies conçu pour assurer la transmission sélective d'un signal d'une voie déterminée à une autre, également déterminée) (cf. aussi* T junction, Y junction, waveguide hybrid junction *et* waveguide section 2*)).*

waveguide load charge en guide d'ondes *(charge adaptée hyperfréquence réalisée sous la forme d'un tronçon de guide d'ondes fermé à une extrémité) (cf. aussi* waveguide fixed load, waveguide sliding load *et* matched load (b)*).*

waveguide low-pass filter filtre passe-bas en guide d'ondes *(filtre passe-bas hyperfréquence réalisé sous la forme d'un filtre en guide d'ondes) (cf. aussi* microwave low-pass filter *et* waveguide filter*).*

waveguide matching device dispositif d'adaptation en guide d'ondes *(dispositif conçu pour réaliser l'adaptation d'impédance dans un guide d'ondes) (hyper) (cf. aussi* matching diaphragm, matching post, matching stub, impedance matching *et* waveguide*).*

waveguide measurement mesure en guide d'ondes, mesure en guide *(mesure hyperfréquence effectuée dans un guide d'ondes) (cf. aussi* microwave measurement *et* waveguide*).*

waveguide microwave component *cf.* waveguide component.

waveguide mode *cf.* waveguide propagation mode.

waveguide mode filter *cf.* mode filter.

waveguide suppressor *cf.* mode filter.

waveguide phase shifter déphaseur en guide d'ondes *(déphaseur utilisant un tronçon de guide d'ondes à section droite de forme variable adaptée à la fonction à remplir) (hyper) (cf. aussi* phase shifter *et* waveguide section 1*)).*

waveguide piston *cf.* waveguide plunger.

waveguide plunger piston de guide d'ondes *(hyper) (cf. aussi* plunger 2*) (a).*

waveguide post tige d'adaptation (de guide d'ondes) *(hyper) (cf. aussi* matching post*).*

waveguide pressurization pressurisation des guides d'ondes *(radar, etc.) (cf. aussi* pressurization*).*

waveguide pressurizer groupe de pressurisation (des guides d'ondes) *(groupe motocompresseur assurant la pressurisation de guides d'ondes) (radar, etc.) (cf. aussi* pressurization*).*

waveguide probe sonde de guide d'ondes *(sonde conçue pour être utilisée dans un guide d'ondes) (hyper) (cf. aussi* probe (b)*).*

waveguide propagation propagation dans un guide d'ondes, propagation en guide (d'ondes) *(propagation de l'onde électromagnétique guidée par un guide d'ondes) (est caractérisée par son mode) (hyper) (cf. aussi* waveguide propagation mode, electromagnetic wave propagation *et* waveguide*).*

waveguide propagation mode mode de propagation dans un

guide d'ondes (*ou* en guide (d'ondes)), mode en guide (d'ondes) (*mode de propagation de l'onde guidée par un guide d'ondes, c.-à-d. mode TE ou TM*) (*hyper*) (*cf. aussi* TE mode, TM mode, waveguide propagation *et* propagation mode (a)).

waveguide radiator   guide d'ondes rayonnant, guide rayonnant (*au sens du terme anglais, guide d'ondes rectangulaire ou circulaire, généralement plus ou moins évasé, utilisé comme source primaire ou comme antenne d'émission hyperfréquence*) (*lorsque l'évasement est sensible, le guide d'ondes devient un cornet rayonnant*) (*cf. aussi* radiating waveguide, feed[2] 2) *et* radiating horn).

waveguide resonator   *cf.* cavity resonator.

waveguide seal   capuchon de guide d'ondes, capuchon de guide, capuchon (*membrane en matière plastique atténuant peu les hyperfréquences parfois montée à l'extrémité d'un guide d'ondes rayonnant pour empêcher l'humidité de l'air de pénétrer dans celui-ci*) (*cf. aussi* waveguide radiator).

waveguide section   1) tronçon de guide d'ondes (*guide d'ondes de longueur déterminée muni d'une bride à chaque extrémité, ou à une seule extrémité lorsque l'autre est fermée*) (*hyper*) (*cf. aussi* waveguide *et* waveguide flange). 2) *cf.* waveguide slotted section.

waveguide shifter   *cf.* waveguide phase shifter.

waveguide shim   cale de guide d'ondes (*cale métallique ajourée au centre montée entre deux brides de guides d'ondes assemblées pour compenser un manque de longueur tout en assurant la continuité électrique entre les deux guides*) (*hyper*) (*cf. aussi* waveguide flange).

waveguide short   *cf.* waveguide sliding short.

waveguide shorting switch   *cf.* waveguide shutter.

waveguide shutter   obturateur de guide d'ondes (*tronçon de guide d'ondes comportant un volet coulissant transversalement muni d'une ouverture identique à la section droite intérieure du guide et servant à interrompre temporairement la propagation du signal dans un guide d'ondes, notamment pour faire le zéro d'un wattmètre connecté à un détecteur monté dans le guide*) (*hyper*) (*cf. aussi* waveguide *et* zero adjustment (a)).

waveguide sliding load   charge réglable en guide d'ondes, charge adaptée (*idem*) (*charge adaptée réglable réalisée sous la forme d'une charge en guide d'ondes*) (*hyper*) (*cf. aussi* sliding load *et* waveguide load).

waveguide sliding short   *cf.* sliding short (*et noter qu'un court-circuit réglable ne se fait qu'en guide d'ondes*).

waveguide sliding termination   *cf.* waveguide sliding load.

waveguide slotted line   ligne de mesure en guide d'ondes, ligne en guide (*ligne de mesure utilisant un tronçon de mesure en guide d'ondes*) (*hyper*) (*cf. aussi* slotted line *et* waveguide slotted section).

waveguide slotted section   tronçon de mesure en guide d'ondes (*tronçon de mesure formé d'un tronçon de guide d'ondes rectangulaire spécial présentant une fente longitudinale pratiquée suivant l'axe d'un grand côté et dans laquelle se déplace la sonde*) (*hyper*) (*cf. aussi* slotted section *et* waveguide section 1)).

waveguide slug tuner   *cf.* slug tuner.

waveguide stand   support de guide d'ondes (*socle métallique à fût vertical dans lequel coulisse une tige surmontée d'un étrier destiné à supporter un guide d'ondes d'un montage de mesure ou d'essai sur une table de laboratoire, la tige porte-guide étant immobilisée à la hauteur voulue à l'aide d'une vis à tête moletée ou d'un écrou moleté*) (*hyper*) (*cf. aussi* waveguide holder *et* waveguide).

waveguide stub   adaptateur d'impédance en guide (d'ondes) (*adaptateur d'impédance formé d'un tronçon de guide d'ondes monté à angle droit sur un guide d'ondes et dont la longueur est égale au quart de la longueur de l'onde*) (*hyper*) (*cf. aussi* waveguide *et* wavelength).

waveguide switch   commutateur en guide d'ondes (*dispositif hyperfréquence à boisseau tournant permettant de mettre en communication un guide d'ondes avec l'un ou l'autre de deux autres guides ou éventuellement un autre guide avec l'un des précédents*) (*a donc 3 ou 4 voies, la partie fixe ayant la forme d'un cube, et peut être à commande manuelle ou électrique*) (*cf. aussi* waveguide).

waveguide switching   commutation de guides d'ondes (*mise en communication d'un guide d'ondes avec un autre parmi deux*) (*hyper*) (*cf. aussi* waveguide switch).

waveguide T junction   jonction en T (en guide d'ondes) (*hyper*) (*cf. aussi* T junction).

waveguide taper section   *cf.* waveguide tapered section.

waveguide tapered section   transition de guides d'ondes (*hyper*) (*cf. aussi* tapered section).

waveguide technology   (la) technique des guides d'ondes (*hyper*) (*cf. aussi* waveguide *et* technology).

waveguide tee junction   *cf.* waveguide T junction.

waveguide termination   *cf.* waveguide load. (*cf. aussi* termination 1)).

waveguide thermistor mount   support de thermistance en guide d'ondes (*support de thermistance muni d'une bride de guide d'ondes permettant de le monter à l'extrémité d'un guide d'ondes*) (*hyper*) (*cf. aussi* thermistor mount *et* waveguide flange).

waveguide-to-coaxial adapter   adaptateur guide d'ondes-câble coaxial, adaptateur guide-coaxial (*court tronçon de guide d'ondes fermé à une extrémité et muni d'un socle de prise coaxiale permettant de relier un guide d'ondes à une ligne coaxiale*) (*hyper*) (*cf. aussi* end launch, right-angle launch, waveguide section 1), coaxial connector *et* coaxial line).

waveguide-to-waveguide adapter   adaptateur de guides d'ondes, adaptateur de guides (*tronçon de guide d'ondes pouvant être très court conçu pour raccorder deux guides d'ondes de sections droites différentes en dimensions ou en forme ou munies de brides de formes différentes*) (*hyper*) (*cf. aussi* rectangular-to-rectangular adapter, double-ridge to rectangular adapter, flange adapter *et* waveguide section 1)).

waveguide transformer   adaptateur à lame quart d'onde (*dispositif d'adaptation d'impédance en guide d'ondes formé de deux blocs de diélectrique d'épaisseur égale au quart de la longueur d'onde du guide disposés l'un après l'autre dans celui-ci et séparés par une distance réglable*) (*le passage d'un diélectrique à un autre dans un guide d'ondes étant équivalent à un transformateur, la suite des interfaces air-diélectrique solide, diélectrique solide-air, etc. est équivalente à quatre transformateurs successifs réalisant l'adaptation d'impédance entre les deux extrémités du guide lorsque la distance entre les blocs de diélectrique a la valeur nécessaire*) (*en effet, cette distance étant équivalente au rapport de transformation d'un transformateur classique, elle permet de régler ce rapport à la valeur réalisant l'adaptation*) (*hyper*) (*cf. aussi* impedance matching, waveguide, dielectric[1], waveguide wavelength, transformer 1) *et* turns ratio).

waveguide transition   transition de guides d'ondes, transition (*court tronçon de guide d'ondes permettant de raccorder deux guides dont les sections droites ont des formes ou des dimensions différentes*) (*hyper*) (*cf. aussi* rectangular-to-circular transition *et* waveguide).

waveguide transmission   transmission par guide d'ondes (*parf.* transport ...) (*transmission de signaux ou transport d'énergie électromagnétique par un guide d'ondes*) (*hyper*) (*cf. aussi* waveguide *et* electromagnetic energy).

waveguide tuner   adaptateur d'impédance en guide d'ondes, adaptateur en guide (*adaptateur d'impédance réglable réalisé sous la forme d'un tronçon de guide d'ondes, les éléments coulissants utilisés étant des sondes d'adaptation d'impédance*) (*hyper*) (*cf. aussi* tuner 3) *et* tuning probe).

waveguide twist   guide d'ondes torsadé (*tronçon de guide d'ondes rectangulaire formant une hélice telle que ses extrémités soient orientée à 90° l'une par rapport à l'autre*) (*sert à raccorder des guides rectangulaires alignés disposés dans des plans orthogonaux*) (*hyper*) (*cf. aussi* waveguide section 1) *et* rectangular waveguide).

waveguide variable attenuator   atténuateur variable en guide d'ondes (*le terme anglais est rarement employé*) (*hyper*) (*cf. aussi* variable waveguide attenuator).

waveguide wavelength   longueur d'onde dans le guide (d'ondes) (*parf.* dans un ... *parf.* en ...) (*longueur de l'onde transmise par un guide d'ondes*) (*hyper*) (*cf. aussi* wavelength, waveguide *et* waveguide cut-off wavelength).

waveguide window   iris (de guide d'ondes) (*hyper*) (*cf. aussi* matching diaphragm).

wavelength longueur d'onde (distance entre deux points de même phase de deux cycles consécutifs d'une onde périodique mesurée dans la direction de propagation de l'onde) (noter que conformément à cette définition, la notion de longueur d'onde ne s'applique qu'à une onde périodique) (noter également que la longueur d'onde est souvent définie comme la distance entre deux crêtes successives — sous-entendu, de même signe — de l'onde, ce qui n'est qu'un cas particulier et plus parlant de la définition ci-dessus) (en d'autres termes, distance parcourue par le front d'une onde périodique pendant une période) (est donc proportionnelle à la vitesse de propagation de l'onde et inversement proportionnelle à la fréquence du phénomène vibratoire produisant l'onde) (noter à ce sujet qu'à une même fréquence peuvent correspondre des longueurs d'ondes différentes et même très différentes ; exemple : la longueur d'une onde électromagnétique correspondant à une fréquence de 1 kilohertz est de 300 kilomètres, celle d'une onde acoustique est de 3 mètres en moyenne, cette valeur variant notablement avec la nature du milieu de propagation de l'onde) (on notera donc que, dans la propagation d'une onde périodique, la fréquence du phénomène produisant l'onde peut être considéré comme un invariant, tandis que la longueur de l'onde dépend de la nature de celle-ci et, dans le cas d'une onde acoustique, de la nature du milieu considéré) (cf. aussi phase (a), cycle, periodic wave, wave front et propagation velocity).

wavelength band cf. wavelength range.

wavelength domain cf. wavelength range.

wavelength multiplexing multiplexage de longueurs d'onde (nom donné au multiplexage fréquentiel dans le cas de la transmission de signaux par fibre optique, la notion de longueur d'onde étant généralement préférée à la notion équivalente de fréquence en optique) (tls) (cf. aussi frequency-division multiplexing, wavelength et optical fiber).

wavelength range gamme de longueurs d'onde, domaine de longueurs d'onde (le second terme est employé principalement pour les longueurs d'onde optique) (on ne dit pas « bande de longueurs d'onde ») (est souvent une partie d'un spectre de longueurs d'onde) (cf. aussi range 4), wavelength et wavelength spectrum).

wavelength spectrum spectre de longueurs d'onde (cf. aussi spectrum (a) et (b) et wavelength).

wavelength shifter changeur de longueur d'onde (nom parfois donné à une matière fluorescente convertissant un rayonnement ultraviolet en lumière visible, la longueur d'onde de celle-ci étant plus grande que celle du rayonnement initial) (tube fluorescent, etc.) (cf. aussi fluorescent material et ultraviolet radiation).

wavelength standard étalon de longueur d'onde (nom parfois donné à un laser dont le faisceau est utilisé comme étalon de couleur, celle-ci étant fonction de la longueur de l'onde émise) (cf. aussi laser).

wavemeter ondemètre (nom donné à un fréquencemètre à lecture directe gradué en longueurs d'onde) (cf. aussi direct-reading frequency meter).

waveshape cf. waveform.

wax master cf. wax original.

wax original disque original en cire (disque original dans lequel le milieu d'enregistrement est une couche de cire) (ancien type) (enregistrement du son sur disque classique) (cf. aussi recording disk).

...-way connector cf. N-contact connector.

...-way switch cf. N-position switch.

way-point point à survoler (point au sol qu'un aéronef doit survoler pour suivre un itinéraire déterminé) (est souvent une balise omnidirectionnelle) (nav, radionav) (avia) (cf. aussi non-directional beacon).

waypoint cf. way-point. (ci-dessus).

Wb cf. weber.

WCS 1) cf. writable control store. 2) cf. weapon control system.

WD 1) cf. wiring diagram. 2) cf. word.

WE cf. write enable.

weak coupling couplable lâche (transformateur HF) (cf. aussi loose coupling).

weak inversion faible inversion (formation d'une couche d'inversion incomplètement développée dans un transistor MOS) (semi) (cf. aussi inversion layer).

weak-inversion current (parf. intensité du) courant en mode de faible inversion (courant dans un transistor à effet de champ fonctionnant en mode de faible inversion ou, parfois, intensité de ce courant) (cf. aussi weak inversion).

weak-inversion mode mode de faible inversion (un des deux modes de fonctionnement d'un transistor MOS en ce qui concerne l'inversion) (semi) (cf. aussi weak inversion).

weak inversion region domaine de faible inversion (intervalle des valeurs de la tension de la grille d'un transistor MOS pour lesquelles se produit la faible inversion) (semi) (cf. aussi weak inversion).

weapon-aiming ... cf. weapon-control ...

weapon-control ... cf. fire-control ... (et noter que le premier terme s'applique généralement à des missiles).

weapon-directing ... cf. weapon-control ...

weapon guidance guidage d'engins (mil) (cf. aussi guided weapon).

weapon-locating radar radar de contre-batterie (mil) (cf. aussi counter-battery radar).

weapon-release ... cf. weapon-control ...

weapons ... cf. weapon ...

wear-out failure défaillance due à l'usure (ou par usure), (parf. aussi) panne (idem) (composant électromécanique, etc.) (cf. aussi wear-out failure period).

wear-out failure period période finale, période de défaillance par usure (période finale de la vie d'un composant ou autre matériel, pendant laquelle le taux de défaillance de celui-ci croît constamment par suite d'un vieillissement excessif de certaines de ses parties constitutives) (fiabilité) (cf. aussi failure rate).

weather clutter échos parasites atmosphériques (radar) (cf. aussi precipitation clutter).

weather imagery images météo (ce terme désigne souvent des images de la couverture nuageuse d'une zone plus ou moins étendue de la Terre obtenues à l'aide d'une caméra photographique spéciale, d'une caméra infrarouge ou d'un radar cartographique monté(e) dans un satellite) (cf. aussi infrared camera et ground-mapping radar).

weather radar radar météorologique, radar météo (le second terme est le plus employé pour des raisons de brièveté) (radar à impulsions conçu pour détecter les formations nuageuses et les précipitations atmosphériques : pluie, neige, grêle) (utilise à cette fin notamment une porteuse à fréquence élevée) (est souvent un radar d'aéronef, mais peut être un radar au sol de station météorologique) (cf. aussi pulse radar).

weber weber, WB (unité de flux magnétique du système SI) (est le flux magnétique qui induit une force électromotrice de 1 volt dans un circuit d'une seule spire qui l'embrasse lorsqu'il décroît régulièrement jusqu'à zéro en 1 seconde) (cette unité est beaucoup plus grande que le maxwell qu'elle remplace : 1 weber = 10^8 maxwells) (cf. aussi magnetic flux, electromagnetic force, flux linkage et maxwell).

wedge 1) coin absorbant (chambre anéchoïde) (cf. aussi absorbing wedge). 2) coin dissipatif (élément dissipatif d'une charge en guide d'ondes formé d'un bloc de matière dissipative réfractaire en forme de pyramide à base rectangulaire cimentée au fond du guide) (la matière du coin est souvent du carbone, ou de la céramique contenant de la poudre de fer) (hyper) (cf. aussi dissipative element). 3) faisceau de définition (mire de TV) (cf. aussi resolution wedge).

wedge-base lamp lampe sans culot (petite lampe à incandescence pour voyant lumineux dans laquelle les bornes sont constituées par les fils de sortie repliés sur les côtés opposés de l'extrémité inférieure aplatie de l'ampoule, la lampe étant introduite dans son support par simple emboîtement) (cf. aussi incandescent lamp et base 1)).

wedge-based lamp cf. wedge-base lamp.

wedge bond soudure en biseau (soudure d'une connexion exécutée par soudage en biseau) (semi, etc.) (cf. aussi wedge bonding).

wedge bonder soudeuse en biseau (soudeuse à thermocompression réalisant le soudage en biseau) (fab. semi, etc.) (cf. aussi thermocompression bonder et wedge bonding).

wedge bonding soudage en biseau *(soudage par ultrasons ou par thermocompression de connexions de composants à semi-conducteur ou autres dans lequel le fil à souder est écrasé sur la plage de connexion par un outil dont la face active forme un certain angle avec la plage, ce qui donne une soudure dont la forme en coupe verticale rappelle celle d'un coin, le côté épais étant celui de la connexion et le côté mince celui de l'arrivée du fil en provenance de la bobine) (par rapport au soudage de connexions avec un outil dont la face active parallèle à la plage de connexion, ce procédé a l'avantage de ne pas diminuer l'épaisseur du fil du côté de la connexion, ce qui améliore la résistance aux vibrations, et de la diminuer fortement du côté où le fil doit être coupé après exécution de la soudure, ce qui facilite la cassure automatique du fil par traction) (fab. semi, etc.) (cf. aussi* ultrasonic bonding).

wedge wire bond soudure de connexion en biseau *(cf. aussi* wedge bond).

wedge wire bonder *cf.* wedge bonder.

wedge wire bonding soudage des connexions en biseau *(cf. aussi* wedge bonding).

Wehnelt cathode *cf.* oxide-coated cathode. *(cf. aussi* control grid 2) *à titre d'information).*

weight poids *(en informatique notamment, ce terme désigne le rang d'un chiffre binaire ou, parfois, décimal dans un nombre binaire ou décimal, respectivement, en partant de la droite du nombre) (noter que le terme anglais généralement employé pour un chiffre décimal est « significance », ce terme étant également utilisé pour un chiffre binaire) (cf. aussi* least significant bit *et* most significant bit).

weight capacity capacité massique *(capacité d'un accumulateur électrique par unité de poids) (l'unité de poids employée est le kilogramme) (cf. aussi* capacity 1) (b)).

weighted code code pondéré *(code binaire dans lequel la valeur de chaque binaire d'un nombre binaire dépend de son rang dans le nombre) (le seul code véritablement pondéré est le code binaire pur ; le principal autre code binaire classé dans cette catégorie est le code BCD) (inf) (cf. aussi* pure binary, code, BCD code, binary code, binary number *et* weight).

weighted noise bruit pondéré *(tension de bruit ayant subi une opération de pondération) (cf. aussi* noise weighting).

weighted noise level niveau de bruit pondéré *(cf. aussi* level 1) *et* weighted noise).

weighted noise measurement mesure de bruit pondéré *(cf. aussi* weighted noise *et* measurement).

weighting pondération *(au sens statistique, modification de l'importance relative de différentes valeurs d'une grandeur variable par affectation de coefficients à celles-ci) (cette opération est exécutée notamment sur des résultats de mesure et plus particulièrement de mesure de bruit) (cf. aussi* noise weighting).

weighting constant *cf.* weighting factor.

weighting curve courbe de pondération *(mesure de bruit, etc.) (cf. aussi* noise weighting curve).

weighting factor coefficient de pondération *(cf. aussi* weighting).

weighting filter filtre psophométrique *(tél) (cf. aussi* psophometer).

weighting network *cf.* weighting filter.

weightlessness switch gravicontact *(cf. aussi* zero-gravity switch).

welding transformer transformateur de soudage *(transformateur dévolteur fournissant un courant de grande intensité sous une tension relativement basse nécessaire pour le soudage électrique, à l'arc ou par résistance, à partir du courant du secteur) (dans le premier cas, constitue l'essentiel d'un poste de soudage) (cf. aussi* step-down transformer).

well 1) puits (de potentiel) *(cf. aussi* potential well). 2) caisson (d'isolement) *(CI) (cf. aussi* isolating well).

WER *cf.* word error rate.

Wertheim effect effet Wertheim *(apparition d'une tension aux extrémités d'un fil de métal ferromagnétique soumis à une torsion brusque dans un champ magnétique longitudinal) (est un cas particulier du phénomène d'induction électromagnétique, la torsion produisant une variation du flux magnétique dans le fil) (électromagnétisme) (cf. aussi* ferromagnetic material *et* electromagnetic induction).

Western Union joint épissure ordinaire *(cf. aussi* splice[1] 1)).

Weston cell *cf.* Weston standard cell.

Weston standard cell pile Weston, élément Weston, pile étalon Weston, pile étalon au cadmium, étalon de force électromotrice Weston *(ou au cadmium) (le premier terme est le plus employé) (pile étalon dans laquelle l'électrode négative est un amalgame de cadmium recouvert de sulfate de sodium, lui-même recouvert de sulfate de cadmium formant l'électrolyte, dans un tube de verre, l'électrode positive étant du mercure recouvert de sulfate de mercure, puis d'électrolyte, les deux tubes communiquant par un court tube horizontal à leur partie supérieure) (est l'étalon de force électromotrice universellement employé et fournit une tension de 1,018 636 volt à 20° C) (cf. aussi* standard cell 1)).

wet acid process *cf.* wet process.

wet aluminium *cf.* wet aluminium capacitor

wet aluminium capacitor condensateur à l'aluminium à électrolyte liquide, condensateur électrolytique à l'aluminium à électrolyte liquide, condensateur électrochimique *(idem) (type classique) (cf. aussi* aluminium capacitor).

wet aluminium electrolytic *cf.* wet aluminium capacitor.

wet aluminium electrolytic capacitor *cf.* wet aluminium capacitor *(le premier terme étant peu employé en raison de sa longueur).*

wet aluminiums (les) condensateurs à l'aluminium à électrolyte liquide, *(etc.) (cf. aussi* wet aluminium capacitor).

wet aluminum *(USA) cf.* wet aluminium.

wet-anode ... *cf.* wet ...

wet capacitor *cf.* wet electrolytic capacitor.

wet cell pile à électrolyte liquide *(pile galvanique utilisant un électrolyte liquide) (cf. aussi* galvanic cell).

wet chemical etching *cf.* wet etching.

wet connection connexion humide *(raccordement de deux fibres optiques ou faisceaux de fibres à l'aide d'un connecteur humide) (cf. aussi* wet connector).

wet connector connecteur humide *(connecteur pour fibre optique conçu pour que l'espace compris entre les extrémités des deux fibres ou de la fibre et de la diode émettrice ou réceptrice soit rempli de graisse transparente aux silicones ou de colle époxy pour réduire la différence d'indice de réfraction au passage fibre-air, puis air-fibre ou diode-air, puis air-fibre, ou inversement) (cf. aussi* fiber-optic connector *et* refractive index).

wet-cut etching *cf.* wet etching.

wet device 1) *cf.* wet electrolytic capacitor. 2) *cf.* wet connector.

wet electrolytic *cf.* wet electrolytic capacitor.

wet electrolytic capacitor condensateur électrolytique à électrolyte liquide, condensateur électrochimique *(idem),* condensateur à électrolyte liquide *(l'électrolyte liquide est parfois en fait un électrolyte gélifié) (clpf) (cf. aussi* electrolytic capacitor).

wet electrolytic device *cf.* wet electrolytic capacitor.

wet electrolytic unit version à électrolyte liquide *(condensateur) (cf. aussi* wet electrolytic capacitor *et* unit 3)).

wet electrolytics (les) condensateurs à électrolyte liquide, *(etc.) (cf. aussi* wet capacitor).

wet etch *cf.* wet etchant.

wet-etch process *cf.* wet etching process.

wet etchant réactif d'attaque liquide *(gravure) (cf. aussi* wet etching).

wet etching attaque à l'acide, attaque par réactif liquide, attaque en milieu liquide *(procédé d'attaque chimique dans lequel le réactif d'attaque est un acide tel que l'acide fluorhydrique) (ce procédé, le plus employé en 1990, a l'inconvénient de produire une attaque latérale) (fab. CI, semi, etc.) (cf. aussi* etching *et* undercutting).

wet etching process procédé d'attaque à l'acide, *(etc.),* procédé à l'acide *(cf. aussi* wet etching).

wet method *cf.* wet etching process.

wet process *cf.* wet etching process.

wet processing *cf.* wet etching.

wet-slug capacitor *cf.* wet-slug tantalum capacitor.

wet-slug tantalum *cf.* wet-slug tantalum capacitor.

wet-slug tantalum capacitor condensateur au tantale à anode frittée et électrolyte gélifié, condensateur au tantale à électrolyte gélifié *(condensateur au tantale à anode frittée dans lequel l'électrolyte est un acide gélifié introduit dans le boîtier avant de le sertir) (cf. aussi* all-tantalum wet-slug capacitor *et* sintered-anode tantalum capacitor).

wet slug tantalums (les) condensateurs au tantale … *(voir aussi* wet-slug tantalum capacitor).

wet slugs *cf.* wet slug tantalums.

wet tantalum *cf.* wet tantalum capacitor.

wet tantalum capacitor condensateur au tantale imprégné *(terme générique couvrant le condensateur au tantale bobiné et le condensateur au tantale à électrolyte gélifié) (le terme anglais désigne souvent ce dernier) (cf. aussi* tantalum-foil capacitor *et* wet-slug tantalum capacitor).

wet tantalums (les) condensateurs au tantale imprégné *(cf. aussi* wet tantalum capacitor).

wet unit *(cf. aussi* unit 3)) **1)** version à électrolyte liquide, *(parf.)* modèle à électrolyte liquide *(cf. aussi* wet capacitor). **2)** version humide, *(parf.)* modèle humide *(cf. aussi* wet connector).

WG *cf.* waveguide.

Wh *cf.* watthour.

what you see is what you get *cf.* WYSIWYG.

Wheatstone bridge pont de Wheatstone *(pont de mesure à courant continu conçu pour la mesure des résistances et dans lequel les impédances des quatre branches sont, par conséquent, des résistances) (est le plus utilisé des ponts de mesure et constitue la base de tous les autres ponts) (cf. aussi* bridge *et* resistance).

wheel printer imprimante à roues *(imprimante ligne par ligne dans laquelle les caractères sont portés par la jante de disques disposés côte à côte sur un même axe et portant chacun un jeu complet de caractères, chaque disque étant amené à la position angulaire voulue avant l'impression d'une ligne) (inf) (cf. aussi* line printer).

wheel static parasites de roulement *(parasites susceptibles d'être captés par l'antenne d'un poste autoradio et dus à l'électricité statique produite par le frottement inévitable des pneus sur la chaussée) (cf. aussi* static electricity).

when in tune lorsque l'accord est obtenu, *(parf.)* à l'accord *(récepteur radio) (cf. aussi* tuning).

whip aerial *(GB) cf.* whip antenna.

whip antenna antenne fouet *(antenne verticale formée essentiellement d'une tige d'acier flexible) (la tige peut être formée d'un ou plusieurs éléments) (est utilisée principalement sur véhicule) (cf. aussi* telescopic antenna (a) *et* vertical antenna).

whisker pointe de contact *(diode à pointe) (cf. aussi* point-contact diode).

whistler siffleur *s (parasite atmosphérique à fréquence basse et décroissante produisant un sifflement à timbre passant de l'aigu au grave en quelques secondes dans le haut-parleur d'un récepteur radio) (est dû à la propagation d'une décharge orageuse le long des lignes de force du champ magnétique terrestre) (cf. aussi* radio interference *et* terrestrial magnetism).

white aera zone blanche *(image TV, etc.) (cf. aussi* whites).

white compression compression des blancs *(réduction de l'amplification d'un signal de télévision aux points correspondants aux zones les plus claires de la scène pour réduire le contraste des zones correspondantes de l'image) (cf. aussi* television signal).

white level niveau des blancs *(amplitude d'un signal vidéo de télévision pour les points des zones les plus claires de l'image transmise) (cf. aussi* video signal *et* level 1)).

white light lumière blanche *(nom scientifique de la lumière du jour, plus précisément de la lumière du soleil à midi, et de toute lumière artificielle produisant approximativement la même sensation colorée chez l'homme) (est un mélange de toutes les lumières monochromatiques en proportions uniformes, ces couleurs étant les couleurs de l'arc-en-ciel) (optique, colorimétrie) (TV, etc.) (cf. aussi* monochromatic light *et* standard light source).

white noise bruit blanc *(bruit électrique ou acoustique à spectre de fréquences étendu pour le type de bruit considéré et*

dont la puissance est constante par unité de largeur de bande, c.-à-d. uniformément répartie dans tout ce spectre) (en d'autres termes, bruit électrique dont l'amplitude est approximativement égale pour toutes les fréquences d'un large spectre de fréquences ou bruit acoustique dont l'intensité est approximativement égale pour toutes les fréquences du spectre des fréquences acoustiques) (ce bruit est qualifié de « blanc » par analogie avec la lumière blanche) (cf. aussi* electric noise, acoustic noise, frequency spectrum (b), noise power, frequency spectrum (a), sound frequency, thermal noise *et* white light).

white-noise generator générateur de bruit blanc *(nom parfois donné à un générateur de bruit thermique) (cf. aussi* thermal noise generator).

white-noise signal signal de bruit blanc *(signal électrique ou acoustique constituant un bruit blanc) (cf. aussi* white noise).

white-noise source source de bruit blanc *(phénomène ou dispositif produisant un bruit blanc) (cf. aussi* noise source *et* white noise).

white out *v* brouiller l'écran *(d'un radar hostile) (signal d'un brouilleur à bruit) (mil) (cf. aussi* noise jammer).

white peak crête de blanc *(point d'amplitude maximale du signal vidéo dans un signal de télévision à modulation positive) (correspond à une zone blanche de l'image transmise) (cf. aussi* video signal *et* positive modulation).

white positive blancs positifs *(signal TV) (cf. aussi* positive modulation).

white recording reproduction en modulation positive *(reproduction par un télécopieur d'un document transmis en modulation positive) (tlg) (cf. aussi* white transmission).

white reference level niveau du blanc *(signal TV) (cf. aussi* reference white level).

white saturation *cf.* white compression.

white signal signal de blanc *(signal produit par l'exploration d'une zone blanche du document à transmettre dans un télécopieur fonctionnant en mode d'émission) (tlg) (cf. aussi* white transmission *et* black transmission).

white-to-black amplitude range rapport d'amplitude entre blancs et noirs *(rapport entre l'amplitude maximale et l'amplitude minimale d'un signal de télécopie à modulation d'amplitude positive) (est généralement exprimé en décibels) (cf. aussi* positive modulation 2) (a) *et* decibel).

white-to-black frequency swing différence de fréquence entre blancs et noirs *(différence entre la fréquence maximale et la fréquence minimale d'un signal de télécopie à modulation de fréquence positive) (tlg) (cf. aussi* positive modulation).

white transmission transmission en modulation positive *(transmission d'un document par un télécopieur à l'aide d'une porteuse à modulation positive) (tlg) (cf. aussi* positive modulation).

whites les blancs, les zones blanches *(cf. aussi* white area).

whiz chip puce intelligente *(CI) (cf. aussi* smart chip).

whole circuitry (l')ensemble des circuits *(cf. aussi* circuitry).

wicking remontées d'étain *(noter l'emploi du pluriel) (passage de l'étain fondu sous l'isolant d'un fil isolé, par capilarité, lors de l'étamage de l'extrémité d'un tel fil ou du soudage d'une cosse à l'étain) (cf. aussi* soldering).

wide-angle scanning balayage à grand angle *(balayage couvrant un grand champ angulaire) (antenne de radar, détecteur d'autodirecteur, etc.) (cf. aussi* scanning (a)).

wide-angle search *cf.* wide-angle scanning.

wide-area coverage couverture d'une zone étendue *(radioactif, radionav, sat. tls, etc.) (cf. aussi* coverage (a)).

wide-aera-coverage antenna antenne à couverture régionale *(sat. tls) (cf. aussi* zone-beam antenna).

wide-area network grand réseau *(de télécommunications et notamment de téléinformatique ou de télématique) (ce terme s'emploie souvent par opposition à « réseau local ») (cf. aussi* communications network, data communications network, telematics *et* local-area network).

wide-area telephone service *cf.* WATS.

wide band large bande *(de fréquences) (signal, etc.) (cf. aussi* frequency band *et* bandwidth).

wide-band *a cf.* wideband *(plus loin).*

wide-bandwith ...   *cf.* wideband ... *(plus loin).*

wide dynamic range grande dynamique *(signal, ampli, etc.)* *(cf. aussi* dynamic range).

wide-open receiver récepteur non accordé *(ou* sans balayage), récepteur d'écoute *(idem)* *(récepteur d'écoute ne comportant pas de circuits accordés et recevant, par conséquent, tous les signaux radioélectriques captés par son antenne en opérant la détection à large bande) (a l'avantage de ne manquer aucun des signaux captés simultanément par l'antenne et de la simplicité résultant de l'absence de balayage, et l'inconvénient d'être peu sensible, de fournir un signal global très bruité du fait de son absence de sélectivité et de nécessiter l'analyse de celui-ci pour en tirer les signaux utiles) (lorsqu'un récepteur non accordé est utilisé pour la reconnaissance électronique, le signal global est enregistré dans l'avion et analysé ensuite par des spécialistes) (lorsqu'il est utilisé comme détecteur de radars, le signal global est analysé par des circuits appropriés) (peut être considéré comme un radiomètre à démodulation pour signaux radioélectriques) (mil) (cf. aussi* surveillance receiver, tuned circuit, RF signal, wideband detection, receiver sensitivy, noisy signal, selectivity, electronic reconnaissance (a), signal analysis, radar warning receiver *et* radiometer).

wide screen grand écran *(récepteur TV, etc.) (cf. aussi* projection television).

wide sweep *cf.* wideband sweep. *(plus loin).*

wideband aerial *(GB)* *cf.* wideband antenna.

wideband amplifier amplificateur à large bande *(amplificateur haute fréquence dont le gain est approximativement constant dans une large bande de fréquences) (en d'autres termes, amplificateur pouvant amplifier un signal à large bande sans introduire de distorsion excessive) (ce terme désigne souvent un amplificateur vidéo) (cf. aussi* video amplifier, gain 1, wideband signal, distortion *et* amplifier).

wideband analog link liaison analogique à large bande *(liaison de télécommunications analogique à large bande) (tél, etc.) (cf. aussi* analog link *et* wideband link).

wideband analog transmission transmission analogique à large bande *(transmission de signaux analogiques à large bande par une liaison de télécommunications) (cf. aussi* analog signal *et* wideband signal).

wideband antenna antenne à large bande *(nom parfois donné à une antenne multibande) (le terme anglais est rarement employé) (cf. aussi* multiband antenna).

wideband axis axe I, axe du signal I, axe de la composante à large bande *(direction du vecteur représentant le signal I dans la représentation vectorielle des signaux de chrominance du procédé de télévision en couleurs NTSC) (cf. aussi* I signal *(au début de la lettre I),* phasor representation *et* narrow-band axis).

wideband band-pass filter filtre passe-bande à large bande *(cf. aussi* wideband filter).

wideband cable line ligne en câble à large bande *(ligne en câble conçue pour permettre la transmission à large bande, c-à-d. ligne en câble coaxial ou en câble à fibre optique) (tls) (cf. aussi* wideband transmission, coaxial cable, fiber-optic cable *et* cable line).

wideband cable link liaison par câble à large bande *(liaison de télécommunications utilisant une ligne en câble à large bande) (tls) (cf. aussi* communications link *et* wideband cable line).

wideband coaxial cable *cf.* coaxial cable.

wideband data transmission *cf.* high-speed data transmission.

wideband detection détection à large bande *(détection d'enveloppe dans un récepteur non accordé, un montage ou un analyseur de réseaux comparable à un tel récepteur) (cf. aussi* detection 2), wide-open receiver *et* network analyzer).

wideband detector détecteur à large bande (a) *(détecteur d'enveloppe réalisant la détection à large bande) (cf. aussi* detector 2) *et* wideband detection ; (b) *nom parfois donné à un analyseur de réseau utilisant un tel détecteur).*

wideband device dispositif à large bande *(dispositif électronique ou radioélectrique conçu pour utiliser ou produire un signal à large bande) (amplificateur à large bande, filtre à large bande, récepteur non accordé, etc.) (cf. aussi* wideband signal).

wideband dipole dipôle à large bande *(antenne dipôle à large bande, cette caractéristique étant obtenue par l'emploi d'un dipôle de diamètre relativement grand par rapport à sa longueur) (cf. aussi* dipole antenna *et* wideband antenna).

wideband filter filtre à large bande *(filtre passe-bande, passe-bas ou passe-haut à large bande passante) (cf. aussi* pass-band).

wideband filtering filtrage à large bande *(filtrage réalisé par un filtre à large bande) (cf. aussi* filtering *et* wideband filter).

wideband high-pass filter filtre passe-haut à large bande *(cf. aussi* high-pass filter *et* wideband filter).

wideband input signal signal d'entrée à large bande *(récepteur non accordé, etc.) (cf. aussi* input signal *et* wideband signal).

wideband interference parasites à large bande *(parasites radioélectriques constituant un signal à large bande) (cf. aussi* radio interference *et* wideband signal).

wideband jammer brouilleur à large bande *(brouilleur conçu pour réaliser le brouillage à large bande) (mil) (cf. aussi* jammer *et* barrage jamming).

wideband jamming brouillage à large bande *(mil) (cf. aussi* barrage jamming).

wideband line ligne à large bande, ligne de transmission *(idem) (ligne de transmission permettant la transmission d'un signal à large bande) (ligne téléphonique ou autre à large bande) (cf. aussi* transmission line *et* wideband signal).

wideband link liaison à large bande *(liaison de télécommunications permettant la transmission de signaux à large bande) (cf. aussi* communications link *et* wideband signal).

wide-band low-pass filter filtre passe-bas à large bande *(cf. aussi* low-pass filter *et* wideband filter).

wideband measurement mesure à large bande *(cf. aussi* wideband measurements).

wideband measurement method *(ou* **technique***)* méthode de mesure à large bande, méthode à large bande *(cf. aussi* wideband measurements).

wideband measurements mesures à large bande *(mesures effectuées sur un dispositif dans une large bande de fréquences du signal appliqué à celui-ci) (peuvent être effectuées en faisant varier successivement la fréquence du signal à la main ou, plus commodément et beaucoup plus rapidement, en balayage de fréquence) (hyper, etc.) (cf. aussi* frequency band, swept-frequency measurement *et* measurement).

wideband method *cf.* wideband measurement method.

wideband modem modem à large bande *(modem conçu pour la transmission de signaux à large bande) (cf. aussi* modem *et* wideband signal).

wideband modulation modulation à large bande *(modulation d'une porteuse par un signal à large bande) (cf. aussi* modulation (a) *et* wideband signal).

wideband network réseau à large bande *(réseau de télécommunications conçu pour permettre la transmission de signaux à large bande) (ce résultat est obtenu notamment par l'emploi de câbles coaxiaux ou à fibre optique pour réaliser les lignes du réseau) (cf. aussi* communications network, wideband signal, coaxial cable *et* fiberoptic cable) (a) réseau informatique local à large bande, réseau local à large bande *(noms donnés à un réseau informatique local utilisant un multiplex à répartition de fréquence pour la transmission des signaux) (télinf) (cf. aussi* local-area network *et* frequency-division multiplex) ; (b) réseau à large bande *(nom souvent donné à un réseau téléphonique permettant la transmission de signaux de télévision diffusée et notamment au réseau RNIS) (cf. aussi* integrated-services digital network, telephone network *et, à titre d'information,* slow-scan television).

wideband noise bruit à large bande *(bruit électrique ou acoustique constituant un signal à large bande) (cf. aussi* noise 2) (a), acoustic noise *et* wideband signal).

wideband oscilloscope oscilloscope à large bande *(oscilloscope permettant la visualisation de signaux à large bande) (en d'autres termes, oscilloscope permettant la visualisation de signaux à fréquence élevée, les fréquences basses ne posant pas de problèmes particuliers) (un oscilloscope qui « passe le 100 MHz » est un oscilloscope à large bande) (cf. aussi* oscilloscope *et* wideband signal).

wideband power amplifier amplificateur de puissance à large bande *(cf. aussi* power amplifier *et* wideband amplifier).

wideband power measurement mesure de puissance à large bande *(cf. aussi* power measurement *et* wideband measurements).

wideband receiver récepteur à large bande *(nom parfois donné à un récepteur non accordé pour rappeler que c'est un dispositif à large bande) (cf. aussi* wide-open receiver *et* wideband device).

wideband signal signal à large bande *(signal complexe occupant une bande de fréquences relativement large) (noter que la notion de « bande large » est très relative puisqu'une bande de fréquences large pour un signal acoustique est étroite pour un signal radio et qu'une bande large pour ce dernier est étroite pour un signal de télévision) (cf. aussi* bandwidth 1)).

wideband sweep balayage d'une large bande (de fréquences), (hyper, etc.) *(cf. aussi* wideband sweeping generator).

wideband sweep generator *cf.* wideband sweeping generator.

wideband sweep test *cf.* wideband swept-frequency test.

wideband sweep testing *cf.* wideband swept-frequency testing.

wideband sweeper *cf.* wideband sweeping generator.

wideband sweeping generator générateur à balayage à large bande *(générateur à balayage pouvant couvrir une large bande de fréquences au cours d'un balayage) (hyper, etc.) (cf. aussi* sweeping generator *et* frequency band).

wideband swept-frequency measurement mesure avec balayage de fréquence à large bande, mesure avec balayage à large bande, mesure à large bande *(mesure effectuée à l'aide d'un générateur à balayage à large bande) (hyper, etc.) (cf. aussi* wideband sweeping generator).

wideband swept-frequency test (un) essai avec balayage de fréquence à large bande *(ou* balayage à large bande), (un) essai à large bande *(mesure avec balayage de fréquence à large bande effectuée aux fins d'essai) (hyper) (cf. aussi* wideband swept-frequency measurement).

wideband swept-frequency testing (l')essai avec balayage de fréquence à large bande, (etc.) (hyper) *(cf. aussi* wideband swept-frequency test).

wideband technique *cf.* wideband measurement method.

wideband test (un) essai à large bande *(mesures à large bande effectuées aux fins d'essai) (cf. aussi* wideband measurements).

wideband testing (l')essai à large bande *(cf. aussi* wideband test).

wideband transmission 1) transmission à large bande *(transmission d'un signal à large bande) (télévision par câbles, etc.) (cf. aussi* wideband signal *et* transmission 1)). 2) émission à large bande *(émission d'un signal à large bande) (émission de télévison, etc.) (cf. aussi* wideband signal *et* transmission 2)).

wideband transmission line *cf.* wideband line.

wideband tube tube à large bande, tube hyperfréquence (idem) *(tube hyperfréquence amplificateur pouvant amplifier un signal à bande relativement large) (ces termes désignent notamment un tube à onde progressive) (cf. aussi* travelling-wave tube *et* wideband signal).

wideband tunable oscillator oscillateur accordable à large bande *(oscillateur accordable dans une bande de fréquences relativement large) (ce terme désigne généralement un oscillateur hyperfréquence accordable à large bande) (cf. aussi* tunable oscillator, frequency band *et* microwave oscillator).

wideband voltmeter voltmètre non accordé *(nom parfois donné à un voltmètre haute fréquence utilisé tel quel par opposition à un tel voltmètre monté dans un analyseur d'ondes) (cf. aussi* RF voltmeter *et* wave analyzer).

widely ranging comprises dans un large intervalle *(ou* entre de larges limites) (parf. au masculin), (parf.) à grande variation *(valeurs d'une grandeur variable) (cf. aussi* range 4)).

width coding codage par modulation de largeur *(impulsions) (cf. aussi* pulse-width modulation).

width control commande d'amplitude horizontale, (souvent aussi) potentiomètre d'amplitude horizontale *(commande d'amplitude d'un récepteur de télévision agissant sur la largeur de l'image par action de l'amplitude des dents de scies fournies par la base de temps lignes) (cf. aussi* size control *et* horizontal sweep oscillator).

width jitter gigue de largeur, instabilité de largeur *(gigue affectant la largeur des impulsions d'un train d'impulsions) (cf. aussi* jitter 1) *et* pulse width).

width setting réglage de largeur *(largeur d'impulsion affichée à l'aide d'un commutateur ou d'un dispositif à réglage continu, ou les deux, sur un générateur d'impulsions à largeur réglable) (cf. aussi* pulse width).

Wiedemann effect effet Wiedemann *(effet de magnétostriction liant une tension et un champ magnétique pour un conducteur parcouru par un courant) (il existe deux types, réciproques, d'effet Wiedemann ; le terme « effet Wiedemann » employé sans qualificatif désigne généralement l'effet Wiedemann direct) (cf. aussi* direct Wiedemann effect, inverse Wiedemann effect *et* magnetostriction).

Wiedemann-Franz law loi de Wiedemann-Franz *(loi physique selon laquelle le rapport entre la conductivité thermique d'un métal et sa conductivité électrique est proportionnel à sa température absolue) (cf. aussi* conductivity 2)).

Wiedemann test essai Wiedemann *(essai des relais à tiges avec torsion des tiges par effet Wiedemann direct et application d'une tension alternative variable entre les contacts) (cf. aussi* reed relay *et* direct Wiedemann effect).

Wien bridge pont de Wien *(montagne en pont à courant alternatif utilisé principalement comme pont de mesure de capacité, comme fréquencemètre et dans certains oscillateurs) (cf. aussi* bridge *et* Wien-bridge oscillator).

Wien-bridge oscillator oscillateur à pont de Wien *(oscillateur basse fréquence à fréquence variable dans lequel le résonateur est un pont de Wien, la variation de la fréquence d'oscillation étant obtenue à l'aide d'un condensateur variable à deux cages) (cf. aussi* audio-frequency oscillator, variable-frequency oscillator, Wien bridge *et* two-section variable capacitor).

Wien's displacement law loi de Wien, loi du déplacement (de Wien) *(loi physique selon laquelle la longueur d'onde du rayonnement thermique émis par un corps pour laquelle le pouvoir émissif de celui-ci est maximal est inversement proportionnelle à la température absolue du corps) (en d'autres termes, plus la température d'un corps est élevée, plus est petite la longueur d'onde pour laquelle l'énergie thermique rayonnée est maximale) (il en résulte que le maximum de la courbe de répartition spectrale de l'énergie émise se déplace vers la gauche lorsque la température augmente et que le produit de la longueur d'onde de rayonnement maximal et de la température du corps est constant) (cf. aussi* thermal radiation, emissivity *et* wavelength).

Wien's law *cf.* Wien's displacement law.

willemite willemite *(minéral composé essentiellement d'orthosilicate de zinc) (cf. aussi* zinc orthosilicate).

Wimshurst machine machine de Wimshurst *(ancien générateur électrostatique formé essentiellement de deux disques en verre coaxiaux presque accolés tournant en sens contraire et portant des secteurs métalliques sur lesquels les charges électriques sont induites par influence par deux boules métalliques fixées aux extrémités d'un conducteur diamétral fixe) (les charges créées sur les secteurs sont recueillies, après environ un quart de tour, par des peignes conducteurs fixes diamétralement opposés reliés à une bouteille de Leyde et solidaires des deux tiges courbes terminées par une boule, celles-ci pouvant être rapprochées pour décharger la bouteille en produisant une étincelle) (les charges électriques portées par les boules inductrices sont créées initialement en les faisant frotter sur les disques en rotation, la machine fonctionnant alors en générateur électrostatique à frottement, après quoi elle fonctionne en générateur à influence) (électrostatique) (cf. aussi* electrostatic generator *et* Leyden jar).

Winchester ... *cf.* hard-disk ...

wind s sens de la couche magnétique *(sens d'orientation de la couche magnétique d'une bande magnétique enroulée sur une bobine) (cf. aussi* A wind, B wind *et* magnetic tape).

wind finder *cf.* wind-finding radar.

wind-finding radar radar anémométrique *(radar météorologique utilisé pour mesurer la vitesse des vents à haute altitude) (cf. aussi* weather radar).

winding enroulement *(en électrotechnique et électronique, nom donné à une bobine, au sens électrique, réalisée avec une ou plusieurs autres sur un même support isolant ou répartie, seule ou non, sur plusieurs supports) (cf. aussi* random winding, layer winding, honeycomb winding, non-inductive winding, pi-winding, primary winding, secondary winding, tapped winding, stator winding, rotor winding, coil[1] *et* turn 2)).

winding capacitance capacité de l'enroulement *(parf.* d'un enroulement *parf.* des enroulements) (capacité répartie d'un enroulement ou, parfois, de plusieurs enroulements) (est une capacité parasite) (transfo, etc.) (cf. aussi* distributed capacitance *et* parasitic capacitance).

Windom aerial *(GB) cf.* Windom antenna.

Windom antenna antenne Windom, antenne Hertz-Windom *(antenne d'émission multibande formée d'un fil horizontal excité au tiers de sa longueur et résonnant pour tous les multiples pairs de la fréquence correspondant au double de sa longueur) (est également utilisée pour la réception dans le cas d'un émetteur-récepteur) (radioélectricité) (cf. aussi* multiband antenna).

window 1) fenêtre, *(parf. aussi)* ouverture, *(parf. aussi)* créneau, *(parf. aussi)* iris, *(parf. aussi)* fenêtre dans l'écran *(cf. aussi* erasure window, oxide window, waveguide window, transmission window, range window, angle window, velocity window *et* windowing). 2) feuilles réfléchissantes *(au sens du terme français, « window » est le nom donné par les Anglo-Saxons pendant la Seconde Guerre mondiale aux feuilles de papier métallisé de la taille d'un carreau de fenêtre utilisées comme premiers leurres radar et remplacées ultérieurement par des bandelettes produisant le même effet pour un coût, un poids et un encombrement nettement moindres) (ce terme, impropre depuis longtemps, est encore employé concurremment à « radar chaff ») (avia. mil) (cf. aussi* radar chaff).

window ... *cf.* chaff ... *(pour les termes applicables qui ne figurent pas ci-après).*

window filter filtre à bande étroite accordable *(filtre passe-bande accordable à bande très étroite) (est utilisé notamment dans un analyseur d'ondes) (cf. aussi* band-pass filter, tunable filter, narrow-band filter *et* wave analyzer).

window package boîtier à fenêtre (en quartz) *(boîtier de mémoire EPROM) (CI) (cf. aussi* EPROM).

windowing découpage en fenêtres, découpage de l'écran *(idem)*, fenêtrage *(présentation de plusieurs images distinctes relatives à des processus ou des documents différents ou à divers stades d'un même processus ou diverses parties d'un même document sur l'écran d'un ordinateur ou un terminal informatique) (cf. aussi* display terminal).

wing aerial *(GB) cf.* wing antenna.

wing antenna antenne de voilure *(antenne montée sur ou dans l'aile d'un avion) (cf. aussi* protuding antenna, flush-mounted antenna *et* antenna).

wiper 1) frotteur (a) *lame élastique solidaire de l'organe de commande d'un commutateur ou d'un rhéostat à plots et frottant sur les plots successifs de celui-ci pour effectuer le passage d'un circuit ou d'une résistance à l'autre, respectivement) (la lame peut être simple ou multiple comme un ressort à lames de véhicule ; elle est généralement en métal bon conducteur, notamment en bronze phosphoreux, ou en laiton écroui, donc élastique ; elle est parfois en acier et le frotteur proprement dit est alors constitué par un petit bloc de métal bon conducteur fixé à son extrémité et éventuellement relié par un conducteur souple au support de la lame) (cf. aussi* multiposition switch, rheostat *et* phosphor bronze) ; (b) *frotteur d'alimentation d'un véhicule ou un chariot à un ou plusieurs moteurs électriques alimentés par un rail, une caténaire ou un jeu de conducteurs parallèles au chemin de roulement) (chemin de fer, pont roulant, etc.).* 2) *cf.* slider.

wiper ... *cf.* slider ...

wiping action autonettoyage *(contacts) (cf. aussi* wiping contact).

wiping-action contact *cf.* wiping contact.

wiping-action relay relais à contacts autonettoyants *(cf. aussi* relay[1] 1) *et* wiping action).

wiping-action switch interrupteur à contacts autonettoyants *(cf. aussi* wiping contact).

wiping contact contact autonettoyant *(jeu de contacts d'interrupteur, d'inverseur, de relais ou, par nature, de commutateur dans lequel le contact mobile glisse plus ou moins sur le contact fixe lors de la fermeture et de l'ouverture des contacts, ce qui assure l'élimination par frottement de la pellicule d'oxyde existant éventuellement sur ceux-ci) (cf. aussi* sliding contact).

wire[1] 1) *(en électrotechnique et techniques connexes)* fil électrique, fil *(fil métallique, massif ou divisé, nu ou isolé, étamé ou non, le plus souvent en cuivre ou alliage de cuivre, utilisé comme conducteur électrique) (cf. aussi* solid wire, stranded wire, bare wire, insulated wire, tinned wire, telegraph wire, telephone wire, sleeve wire, tip wire, wire line *et, à titre d'information,* magnetic wire). 2) *cf.* wire pin.

wire[2] *v* 1) câbler *(exécuter un câblage) (cf. aussi* wiring 1)). 2) télégraphier *(cf. aussi* telegraph[2]).

wire aerial *(GB) cf.* wire antenna.

wire antenna antenne filaire *(antenne formée d'un ou plusieurs fils métalliques ou câbles, généralement tendus entre des supports) (radioélectricité) (cf. aussi* single-wire antenna, multiwire antenna, trailing antenna, underground antenna *et* antenna).

wire bond (une) soudure d'un fil *(parf.* de fil *parf.* d'une connexion *(idem)) (cf. aussi* wire bonding).

wire-bond *v* connecter par fil *(ou par des fils) (relier les plages de connexion d'une puce de circuit intégré à celles du boîtier ou du porte-puce dans lequel elle est montée ou du substrat de circuit hybride sur lequel elle est montée, à l'aide de fins conducteurs soudés sur ces plages) (cf. aussi* bonding pad. integrated-circuit connection *et* wire bonding).

wire-bond failure défaillance d'une soudure de connexion, défaillance d'une soudure *(décollement d'une soudure de connexion de circuit intégré ou autre composant ou rupture de la connexion à ras de la soudure) (cf. aussi* wire bonding, wire puller *et* failure rate).

wire-bonded bare-chip multilayer hybrid (circuit) circuit multicouche à puces nues connectées par fils *(cf. aussi* multilayer hybrid circuit, chip-and-wire hybrid circuit *et* wire-bond).

wire-bonded bare-chip hybrid (circuit) circuit hybride à puces nues connectées par fils *(cf. aussi* chip-and-wire hybrid circuit *et* wire-bond).

wire-bonded hybrid (circuit) *cf.* wire-bonded bare-chip hybrid circuit.

wire bonder soudeuse de connexions, soudeuse *(petite machine à souder électrique de très haute précision conçue pour le soudage des connexions de certains composants électroniques ou assimilés et notamment des connexions de circuits intégrés et de composants à semiconducteur) (cf. aussi* thermocompression bonder, ultrasonic bonder, integrated-circuit connection *et* semiconductor device).

wire bonding soudage des connexions, *(souvent aussi)* soudage des fils, *(parf.)* connexions par fils *(exécution de connexions de composants ou modules électroniques ou assimilés par soudage à l'étain ou par diffusion moléculaire ou, parfois, connexions ainsi réalisées) (cf. aussi* connection 1), lead bonding, soldering, bonding 1) *et* wire-bond).

wire-bonding pad plage de connexion *(CP, etc.) (cf. aussi* bonding pad).

wire broadcasting radiodiffusion par fil *(radiodiffusion utilisant des lignes de transmission pour la transmission des signaux, la réception étant limitée aux récepteurs connectés à l'extrémité réceptrice de ces lignes) (noter qu'il ne s'agit pas de « radiodiffusion » à proprement parler) (terme générique et définition générale couvrant la radiodiffusion sonore par fil et la télévision par câbles) (cf. aussi* wired radio, cable television *et* transmission line).

wire bundle faisceau de fils *(le terme anglais désigne plutôt les fils formant le faisceau que celui-ci) (cf. aussi* wire harness).

wire channel *cf.* wire line.

wire circuit circuit en fils *(nom parfois donné à un circuit téléphonique ou télégraphique par opposition à une voie téléphonique ou télégraphique, respectivement) (tls) (cf. aussi* telephone circuit, telegraph circuit, telephone channel *et* telegraph channel).

wire communications télécommunications par fil *(télécommunications utilisant un conducteur dans lequel circule un courant pour la transmission des signaux) (le conducteur forme un circuit électrique entre les deux points à relier, ceux-ci étant donc reliés en fait par deux conducteurs, l'un d'eux pouvant être le sol) (télécommunications par ligne téléphonique ou télégraphique)* (cf. aussi metallic circuit, telephone line, telegraph line *et* communications).

wire core noyau en fils *(noyau magnétique droit formé d'un faisceau de fils de fer doux serrés les uns contre les autres) (bobine d'inductance ou d'allumage)* (cf. aussi I core).

wire end 1) extrémité d'un fil *(souvent du fil)*, *(parf.)* bout de fil (cf. aussi wire[1] 1). 2) cf. wire pin.

wire-end matrix cf. wire-pin matrix.

wire-for-wire connection raccordement fil à fil *(raccordement de deux câbles téléphoniques à paires ou à quartes exécuté sans intervertir la position des paires ou quartes constituant un circuit d'un câble à l'autre pour réduire les couplages parasites entre circuits, c.-à-d. sans opérer le « brassage des circuits »)* (tls) (cf. aussi paired cable, quadded cable *et* stray coupling).

wire gage jauge des fils *(dans les pays anglo-saxons, série de numéros croissants correspondant à des diamètres normalisés décroissants exprimés en fractions décimales de pouce pour les fils métalliques) (il existe une série anglaise et une série américaine) (commence au numéro 0000, qui correspond environ à 10 mm et va au-delà du numéro 40)*.

wire gauge (GB) cf. wire gage. *(ci-dessus)*.

wire guidance guidage par fil, filoguidage *(guidage d'un engin autopropulsé relié au poste de tir par un câble de petit diamètre se dévidant au fur et à mesure de la progression de l'engin tout en transmettant à celui-ci les ordres de pilotage et éventuellement au tireur des signaux le renseignant sur la présence et la position ou la nature d'une cible dans la zone située devant l'engin) (le câble est bobiné d'une façon spéciale à l'arrière de l'engin et se dévide assez facilement pour que l'effort de traction ne risque pas de le rompre) (missible filoguidé, torpille filoguidée, véhicule chargé d'explosif filoguidé) (mil)* (cf. aussi wire-guided missile, wire-guided torpedo, guidance *et* multiplexing).

wire-guide v guider par fil, filoguider *(engin) (mil)* (cf. aussi wire guidance).

wire-guided anti-tank missile cf. wire-guided missile.

wire-guided missile missile filoguidé *(ou guidé par fil)*, *(souvent aussi)* missile antichar filoguidé *(idem) (missile antichar ou autre missile à très courte portée guidé par fil avec vision directe ou par télévision) (le câble se dévide à une telle vitesse qu'il n'a pas le temps d'être endommagé excessivement par le jet de flammes du propulseur) (mil)* (cf. aussi wire guidance) *(a l'avantage d'absence d'émission de signaux pouvant être captés par l'adversaire et de risque de brouillage, ainsi que d'une précision généralement grande pour un tireur entraîné) (a) dans le filoguidage à vision directe, c.-à-d. classique, le tireur du missile doit avoir la cible dans son viseur pour maintenir le missile sur l'axe de visée et peut donc difficilement être totalement dissimulé aux yeux de l'adversaire ; (b) dans le filoguidage par télévision, le câble de liaison est un câble à fibre optique permettant le guidage par télévision du missile avec liaison filaire tant pour les ordres de pilotage dans un sens que pour les signaux de télévision dans l'autre) (ce type de filoguidage permet à un tireur à l'abri derrière un monticule d'attaquer un char dont le tireur ne peut le voir)* (cf. aussi television guidance *et* command-guided missile).

wire-guided torpedo torpille filoguidée *(ou guidée par fil) (torpille à autodirecteur sonar passif dans laquelle l'hydrophone de celui-ci est relié à un câble de filoguidage pour permettre au tireur à bord du navire lanceur de distinguer le bruit d'un sous-marin du bruit d'un leurre sonar et de piloter la torpille au son en conséquence) (mar. mil)* (cf. aussi passive acoustic secker, wire guidance *et* sonar decoy).

wire-guided weapon engin filoguidé *(ou guidé par fil) (missile ou torpille filoguidé(e))* (cf. aussi wire guidance).

wire guiding cf. wire guidance.

wire harness cf. wiring harness. *(le second terme étant le plus employé)*.

wire identification repérage des fils (cf. aussi identification of wires).

wire leads sorties par fils *(sorties d'un composant réalisées sous la forme de fils conducteurs, généralement massifs, nus ou en cuivre étamé, facilement courbables à la pince ronde) (résistance, etc.)* (cf. aussi lead[2] 2)).

wire line ligne filaire *(ligne téléphonique ou autre formée d'une paire) (sdpo à « ligne à fibre optique ») (tls)* (cf. aussi telephone line *et* pair 1) (a)).

wire link liaison filaire, liaison par fils *(liaison de télécommunications ou autre utilisant une ligne filaire) (spdo à « liaison radio », « liaison par faisceau hertzien », « liaison par fibre optique » et, parfois, « liaison par câble coaxial »)* (cf. aussi link[1] 1) *et* wire line).

wire-matrix ... cf. wire ...

wire needle cf. wire pin.

wire pair paire de fils (conducteurs) *(ce terme désigne souvent une paire téléphonique)* (cf. aussi pair 1) (a)).

wire pin aiguille d'imprimante, aiguille (cf. aussi wire printer).

wire-pin-matrix matrice d'aiguilles *(imprimante)* (cf. aussi wire printer).

wire printer imprimante à aiguilles *(imprimante matricielle dans laquelle les points sont imprimés sur le papier par des tiges cylindriques de très petit diamètre appelées « aiguilles » disposées suivant une ou plusieurs lignes verticales et poussées brusquement et sélectivement contre un ruban encreur avec déplacement latéral de la tête porte-aiguilles pour obtenir le nombre de points nécessaire en largeur) (inf)* (cf. aussi matrix printer).

wire printing impression par aiguilles *(imprimante)* (cf. aussi wire printer).

wire pull test (un) essai d'arrachement de connexion *(CI, etc.)* (cf. aussi wire puller).

wire puller machine d'essai de connexions *(petite machine de laboratoire utilisée pour contrôler la résistance mécanique des soudures des connexions des circuits intégrés et des composants à semiconducteur discrets)* (cf. aussi connection 2) (b)).

wire recorder enregistreur à fil (magnétique) (cf. aussi magnetic-wire recorder).

wire recording enregistrement sur fil (magnétique) (cf. aussi magnetic-wire recording).

wire stripper pince à dénuder (cf. aussi stripper).

wire stripping dénudage des fils (cf. aussi stripping 1)).

wire-tap cf. wiretap *(plus loin)*.

wire telegraph télégraphie par fil *(télégraphie utilisant une ligne télégraphique) (clpf) (sdpo à « radiotélégraphie ») (tls)* (cf. aussi telegraphy *et* telegraph line).

wire telephony téléphonie par fil *(téléphonie utilisant une ligne téléphonique) (clpf) (sdpo à « radiotéléphonie ») (tls)* (cf. aussi telephony *et* telephone line).

wire transmission transmission par fil *(transmission de signaux par une ligne filaire) (clpf) (sdpo à « transmission par radio » et, parfois, à « transmission par fibre optique ») (tls)* (cf. aussi wire line *et* transmission 1)).

wire-wound ... cf. wirewound ... *(plus loin)*.

wire wrap cf. wire wrapping.

wire-wrap connection connexion enroulée *(connexion d'un fil sur une borne exécutée par enroulement)* (cf. aussi wire wrapping).

wire-wrap gun pistolet à connexions enroulées *(outil à main en forme de pistolet conçu pour l'exécution des connexions enroulées)* (cf. aussi wire wrapping).

wire-wrap pin broche pour connexion enroulée *(ou à connexion enroulée)* (cf. aussi wire wrapping).

wire-wrap terminal borne pour connexion enroulée *(ou à connexion enroulée) (borne d'un composant constituée par une broche pour connexion enroulée)* (cf. aussi wire wrapping *et* terminal 1)).

wire-wrap tool outil à connexions enroulées, outil à enrouler (cf. aussi wire wrapping).

wire-wrappable ... cf. wire-wrap ...

wire-wrapped à connexion enroulée *(parfois au pluriel)* (cf. aussi wire wrapping).

wire wrapping connexion par enroulement *(procédé de connexion sans soudure de fils massifs nus de petit diamètre à l'aide d'un outil spécial formant plusieurs spirales très serrées* autour d'une borne en forme de broche à section carrée à angles vifs) (est utilisé notamment pour connecter les fonds de panier) (cf. aussi backplane).

wire-wrapping ... cf. wire-wrap ...

wired broadcast émission diffusée par fil, (souvent) émission diffusée par câbles (cf. aussi wire broadcasting).

wired OR OU câblé (opération logique OU réalisée à l'aide d'une porte OU) (inf) (cf. aussi OR operation et OR gate).

wired-program computer calculateur à programme câblé (calculateur numérique à possibilités très limitées dont le programme est établi à l'aide d'un tableau de connexions) (inf) (cf. aussi digital computer et plugboard).

wired radio (la) radiodiffusion par fil, (la) radiodiffusion sonore par fil (le premier terme est le plus employé, mais il est imprécis) (transmission de programmes de radiodiffusion sonore par des lignes de transmission et notamment des lignes téléphoniques) (a été réalisé en Grande-Bretagne) (cf. aussi wire broadcasting).

wired television (la) télévision par câbles (radiodif) (cf. aussi cable television).

wired wiring câblage en fils (câblage réalisé à l'aide de fils électriques généralement isolés) (sdpo à « câblage imprimé ») (type classique) (cf. aussi wiring 1) et wire¹ 1)).

wireless s (la) radio, (la) TSF (terme ancien) (radiodif) (cf. aussi wireless telegraphy).

wireless microphone microphone sans cordon (microphone associé à un émetteur radio miniature dont les signaux sont reçus par un récepteur radio situé à peu de distance du micro) (cf. aussi microphone).

wireless telegraphy (la) télégraphie sans fil, (la) TSF (nom initial et sigle correspondant de la radiotélégraphie) (l'emploi de l'abréviation a ensuite été étendu à la radiotéléphonie et à la radiodiffusion apparues ultérieurement, avant de faire place au terme « la radio ») (cf. aussi radiotelegraphy et radio 1)).

wireman câbleur s (ouvrier exécutant le câblage d'appareils) (cf. aussi wiring 1)).

wirephoto 1) photo transmise par télécopieur, (anciennement) bélinogramme (sens original du terme anglais) (tlg) (cf. aussi fascimile). 2) cf. facsimile.

wiretap dérivation cachée (raccordement dissimulé effectué sur une ligne téléphonique ou une ligne d'interphone aux fins d'écoute, généralement clandestine) (tls) (cf. aussi interception 2) et intercommunication system).

wirewound s 1) cf. wirewound resistor. 2) cf. wirewound potentiometer.

wirewound element cf. wirewound resistive element.

wirewound helical potentiometer potentiomètre hélicoïdal bobiné, potentiomètre multitour bobiné (potentiomètre hélicoïdal dans lequel l'élément résistif est formé d'un fil résistant bobiné sur un support hélicoïdal de section circulaire ou autre) (cas général) (cf. aussi helical potentiometer).

wirewound jump discontinuité mécanique (potentiomètre bobiné) (cf. aussi mechanical jump).

wirewound multiturn potentiometer cf. wirewound helical potentiometer.

wirewound pot (fam) cf. wirewound potentiometer.

wirewound potentiometer potentiomètre bobiné (potentiomètre dans lequel l'élément résistif est un fil résistant enroulé sur un support isolant) (le fil est généralement émaillé et toujours bobiné à spires légèrement espacées, puis l'émail éventuel est enlevé à la place où le curseur doit frotter) (peut être un protentiomètre monotour ou, plus souvent, un potentiomètre hélicoïdal) (cf. aussi potentiometer 1), single-turn potentiometer et helical potentiometer).

wirewound power resistor résistance de puissance bobinée (résistance de puissance réalisée sous la forme d'une résistance bobinée) (clpf) (cf. aussi power resistor et wirewound resistor).

wirewound precision resistor résistance de précision bobinée (résistance de précision réalisée sous la forme d'une résistance bobinée) (cf. aussi precision resistor et wirewound resistor).

wirewound resistive element élément résistif bobiné, élément bobiné (élément résistif de potentiomètre ou rhéostat bobiné) (cf. aussi wirewound potentiometer et wirewound rheostat).

wirewound resistor résistance bobinée (résistance formée

essentiellement d'un fil résistant ou d'un ruban résistant enroulé en hélice autour d'un support isolant réfractaire généralement cylindrique) (le fil peut être nu, émaillé ou oxydé ; il est généralement bobiné à spires espacées et toujours s'il est nu) (le ruban peut être nu ou oxydé ; il est toujours bobiné à spires espacées) (le support est généralement en stéatite ou en alumine, parfois en oxyde de béryllium ; il est souvent tubulaire pour améliorer le refroidissement, principalement en position verticale, et peut être lisse, notamment pour les résistances à fil très fin isolé et les résistances à ruban, ou porter une rainure hélicoïdale dans laquelle le fil, généralement nu, est bobiné) (après bobinage du fil résistant et montage des fils, bagues ou colliers de sortie, la résistance est souvent recouverte d'une peinture, d'un vernis, d'un ciment ou d'une couche de verre spécial aux fins de protection et d'isolement) (cf. aussi precision wirewound resistor, power wirewound resistor, inductive wirewound resistor, non-inductive wirewound resistor, resistance wire et resistor).

wirewound rheostat rhéostat bobiné (rhéostat métallique à résistance bobinée, celle-ci étant réalisée comme une résistance bobinée fixe à support circulaire ou tubulaire sur laquelle glisse un curseur comme dans un potentiomètre ordinaire) (cas général pour les puissances modérées à dissiper et les appareils de laboratoire) (cf. aussi rheostat, tubular rheostat, wirewound resistor et potentiometer 1)).

wirewound unit version bobinée, (parf.) modèle bobiné (résistance ou potentiomètre) (cf. aussi wirewound resistor, wirewound potentiometer et unit 3)).

wiring 1) câblage (exécution des connexions nécessaires entre les bornes des différents composants d'un montage, d'un appareil ou autre ensemble électrique ou électronique ou, par extension, résultat de cette opération, c.-à-d. ensemble des connexions réalisées) (cf. aussi wired wiring, printed wiring, point-to-point wiring et connection 1)). 2) filerie (ensemble des câbles et éventuellement fils courant dans un caniveau à câbles ou sur un chemin de câbles) (élec, tél) (cf. aussi cable trough et raceway). 3) armement (au sens du terme anglais, disposition des fils d'une ligne téléphonique aérienne en fils nus sur leurs supports) (tls) (cf. aussi rectangular wiring, transposition et overhead line).

wiring board tableau de connexions (inf, etc.) (cf. aussi plugboard).

wiring capacitance capacité du câblage (capacité parasite entre deux conducteurs d'un câblage) (cf. aussi parasitic capacitance et wiring 1)).

wiring channel gouttière d'interconnexion (zone rectiligne de la surface d'une puce de circuit intégré monolithique, notamment d'une puce de matrice prédiffusée ou d'une puce à cellules prédéfinies, réservée à la réalisation d'interconnexions) (relie généralement deux bords opposés de la puce, celle-ci comportant plusieurs gouttières d'interconnexion parallèles, équidistantes ou non, et éventuellement des gouttières perpendiculaires aux premières) (cf. aussi chip 1), gate array, standard cell 2) et interconnection (b)).

wiring diagram schéma de câblage (schéma représentant le câblage d'un appareil ou autre ensemble, la disposition et la forme des connexions dans le plan de représentation étant reproduites avec une certaine précision, ainsi que la disposition des composants de l'ensemble et de leurs bornes) (ne pas confondre avec « schéma électrique ») (cf. aussi wiring 1) et circuit diagram).

wiring duct conduit (cf. aussi conduit).

wiring harness faisceau de fils (ensemble formé par plusieurs fils souples isolés et réunis sous une gaine isolante souple ou par enrubannage) (cf. aussi wire bundle).

wiring in diagonal pairs armement Lorrain (ligne tél) (cf. aussi rectangular wiring).

wiring map cf. wiring diagram.

wiring path 1) chemin de câblage (chemin suivi par des conducteurs et notamment gouttière d'interconnexion) (cf. aussi wiring channel). 2) ligne de métallisation (CI, etc.) (cf. aussi metallization line).

wiring-pattern mask cf. metallization mask.

wiring pin broche de câblage (petite tige métallique à section cylindrique ou carrée traversant une carte ou une plaquette à *circuit imprimé pour servir de borne-relais entre un fil ex-térieur et un circuit de la carte) (peut être une broche à souder ou à connexion enroulée du côté extérieur) (cf. aussi wire-wrap pin et pin 1)).*

with plug-in capability avec tiroirs *(appareil) (cf. aussi plug-in[1] et capability).*

with respect to ground par rapport à la masse *(parf. à la terre) (tension ou, plus précisément, potentiel d'un conducteur, celui-ci pouvant être la masse d'un montage ou un appareil dans le second cas) (cf. aussi ground[1] et potential).*

with standby power option avec alimentation de secours en option *(appareil) (cf. aussi standby power supply).*

withdrawal 1) retrait *(d'une cassette, etc.) (cf. aussi cas-sette).* 2) désenfichage, débrochage *(d'un composant enfi-chable) (cf. aussi plug-in component).*

withdrawal force force de désenfichage, *(etc.) (cf. aussi withdrawal 2) et insertion force).*

within rating dans la plage nominale, *(parf.)* dans les tolé-rances *(caractéristiques d'un composant ou un appareil, au repos ou en fonctionnement) (cf. aussi ratings).*

WMRA *(vient de « write many, read always »)* disque WMRA *(ou effaçable ou réinscriptible),* disque optique (numérique) *(idem) (disque optique numérique utilisable comme un disque dur, avec toutefois un temps d'accès moyen nettement plus long, une vitesse de transfert nettement moins grande et un nombre de cycles d'écriture plus limité) (est généralement un disque magnéto-optique, mais il existe des prototypes « à transition de phase » (cristalline) et d'autres « à teinture polymère ») (inf) (cf. aussi magneto-optical disk, digital optical disk, hard disk, access time et transfer rate).*

wobble joint joint oscillant *(dispositif à rotule réunissant deux guides d'ondes dont l'un doit pouvoir pivoter légèrement par rapport à l'autre, les deux guides étant munis de brides à piège à face bombée) (est utilisé notamment dans certaines lignes d'alimentation d'antenne de radar) (hyper) (cf. aussi wave-guide et choke flange).*

wobble modulation *cf. wobbulation.*

wobbulation vobulation *(variation cyclique provoquée de la fréquence d'un signal sinusoïdal) (cf. aussi wobbulator).*

wobbulator vobulateur *s (terme anglais francisé),* générateur vobulé *(générateur de fréquence périodique conçu pour être utilisé en liaison avec un oscilloscope pour relever la courbe de réponse en fréquence d'un filtre ou d'un dispositif équivalent, l'oscilloscope pouvant être incorporé au vobulateur) (la ten-sion de sortie du générateur est appliquée à l'entrée du disposi-tif à contrôler, sa fréquence variant périodiquement entre deux limites réglables avec une période également réglable) (une impulsion de synchronisation fournie par le générateur sur une autre borne au début de chaque cycle de balayage est appliquée à l'entrée de synchronisation de l'oscilloscope fonc-tionnant en mode de balayage déclenché avec une fréquence de balayage égale à la fréquence de vobulation, tandis que le signal de sortie du dispositif contrôlé est appliqué à l'entrée verticale de l'oscilloscope) (la courbe ainsi formée sur l'écran de l'oscilloscope est la courbe de réponse en amplitude du dispositif contrôlé en fonction de la fréquence du signal d'entrée) (un oscillateur à fréquence fixe et stable incorporé au vobulateur produit, par l'intermédiaire d'harmoniques de sa fréquence, des traits verticaux en divers points de la courbe, ces traits appelés « marqueurs » servant de repères de fré-quence) (on notera que le relevé d'une courbe de réponse exécuté à l'aide d'un vobulateur est comparable à une mesure à balayage de fréquence effectuée sur un composant hyper-fréquence, mais qu'ici le balayage est toujours périodique et que la courbe de réponse est toujours tracée sur l'écran d'un oscilloscope et éventuellement photographiée, et qu'il existe des vobulateurs hyperfréquence, l'oscilloscope étant alors incorporé à l'appareil) (cf. aussi sinusoidal signal generator, frequency sweep, frequency-response curve, oscilloscope, filter[1], synchronization pulse, triggered sweep, vertical in-put, harmonic et swept-frequency measurement).*

wolfram *cf. tungsten.*

Wollaston wire fil de Wollaston *(fil de platine de diamètre pouvant descendre jusqu'à 1 micron utilisé notamment comme élément sensible de certains bolomètres) (est obtenu*

par tréfilage d'un fil de platine préalablement recouvert d'une couche d'argent, puis élimination de l'argent par attaque à l'acide) (cf. aussi platinum et bolometer).

wooden telephone pole poteau téléphonique en bois *(tls) (cf. aussi telephone pole).*

woofer haut-parleur de graves *(haut-parleur de grand dia-mètre conçu spécialement pour la reproduction des sons graves) (est utilisé en combinaison avec un haut-parleur d'ai-gus) (hifi) (cf. aussi loudspeaker et crossover network).*

word mot *(en informatique, ce terme désigne souvent un mot binaire, l'équivalent anglais de ce dernier terme étant moins employé que son homologue en français, mais, dans le cadre plus large de l'électronique et des télécommunications, ainsi que de l'informatique parfois, il peut naturellement désigner un mot prononcé, écrit, imprimé ou représenté par un code quelconque) (cf. aussi binary word, machine word, data word, instruction word, program-status word, control word et character).*

word alterability (possibilité de) reprogrammation par mot *(ou au niveau du mot) (autres noms de la possibilité d'efface-ment par mot employés lorsque l'on considère la repro-grammation de la mémoire) (inf) (cf. aussi word erasability).*

word-alterable memory mémoire reprogrammable par mot, *(etc.) (inf) (cf. aussi word alterability).*

word erasability (possibilité d')effacement par mot *(ou au niveau du mot) (possibilité de n'effacer qu'un seul mot binaire dans une mémoire reprogrammable pour modifier le pro-gramme qu'elle contient) (inf) (cf. aussi word alterability et RMM).*

word-erasable memory mémoire effaçable par mot *(ou au niveau du mot) (inf) (cf. aussi word erasability).*

word error erreur dans un mot (binaire) *(présence d'un binaire « 1 » au lieu d'un binaire « 0 » ou vice versa dans un mot binaire) (cf. aussi correctable error, uncorrectable error, error-detecting code, error-correcting code et word).*

word error rate taux d'erreurs en mots *(pourcentage de mots binaires comportant une ou plusieurs erreurs dans une suite de tels mots) (tls, inf) (cf. aussi word error et error rate 1)).*

word format format d'un mot *(parf. du mot parf. des mots) (tls, inf) (cf. aussi format[1] et word).*

word generation génération de mots (binaires), élaboration *(idem) (fonction remplie par un générateur de mots binaires) (inf) (cf. aussi word generator).*

word generator générateur de mots binaires, générateur de mots *(générateur d'impulsions dont les signaux forment des mots binaires utilisés pour contrôler le fonctionnement de circuits logiques à l'aide d'un analyseur logique en appliquant à leur entrée une suite de mots binaires dont certains sont propres à faire apparaître un défaut de fonctionnement éven-tuel des circuits) (inf) (cf. aussi word, logic analyzer et worst-case pattern).*

word length longueur de mot *(parf. du mot) (nombre de binaires contenu dans un mot binaire) (inf) (cf. aussi word width, machine word length et word).*

word line ligne de mots *(conducteur reliant toutes les cellules d'une position de mémoire dans une mémoire numérique) (inf) (cf. aussi memory location).*

word-organized memory mémoire organisée par mots *(nom parfois donné à une mémoire à accès direct pour rappeler qu'elle comprend autant d'ensembles d'organes de mémorisa-tion identiques que de mots binaires qu'elle peut contenir, ces ensembles constituant les positions de mémoire) (noter qu'il s'agit de mots binaires et non de mots ordinaires) (inf) (cf. aussi random-access memory et memory location).*

word-organized storage *cf. word-organized memory.*

word-organized store *cf. word-organized memory.*

word-oriented machine machine à mots *(nom souvent donné à un ordinateur dans lequel l'unité d'information traitée est le mot binaire) (en d'autres termes, ordinateur travaillant sur des mots et non des caractères) (cas général des ordinateurs scientifiques) (inf) (cf. aussi computer 2) et word).*

word pattern *cf. word sequence.*

word processing traitement de textes *(dactylographie de textes à l'aide d'un traiteur de textes) (inf) (cf. aussi word processor).*

word processing equipment matériel de traitement de textes, *(parf.)* traiteur de textes, *(etc.)* (cf. aussi word processing).

word-processing machine cf. word processor.

word processing program programme de traitement de textes *(programme d'ordinateur élaboré pour le traitement des textes) (inf)* (cf. aussi computer program et word processing).

word-processing software logiciel de traitement de textes *(ce terme désigne en fait généralement un programme de traitement de textes) (inf)* (cf. aussi software et word processing program).

word-processing system 1) système de traitement de texte *(système utilisant plusieurs traiteurs de texte et un ordinateur central)* (cf. aussi word processor 1)). 2) cf. word processor 1).

word-processing terminal terminal de traitement de textes *(nom donné à un traiteur de textes faisant partie d'un système de traitement de texte ou relié à un réseau de télécommunications)* (cf. aussi word processor 1)).

word processor 1) traiteur de textes *(terme que j'ai proposé)*, machine de traitement de textes *(terme courant, mais peu maniable et, par conséquent, appelé à céder la place au précédent) (machine à écrire électronique à mémoire réalisée sous la forme d'un terminal à écran permettant de mettre un texte en mémoire et le présenter sur l'écran au fur et à mesure de sa frappe au clavier, puis de le corriger ou le modifier éventuellement dans la mémoire, d'après l'écran et à l'aide du clavier, avant de le sortir sur imprimante par action sur une simple touche) (permet également et notamment de faire défiler sur l'écran toutes les pages contenues dans la mémoire et de modifier simultanément ou non un mot déterminé partout où il apparaît dans le texte mis en mémoire) (la mémoire incorporée ou non à l'appareil est généralement une mémoire à disque souple et l'imprimante, généralement non incorporée, est normalement une imprimante à marguerite, ces deux appareils étant commandés par un régisseur incorporé) (le même résultat est obtenu avec un micro-ordinateur, un programme de traitement de texte et une imprimante, mais l'utilisation des touches de fonction est plus compliquée) (plusieurs traiteurs de textes peuvent être reliés à une mémoire à grande capacité et à une imprimante de taille, vitesse et qualité supérieures commandées par un régisseur distinct pour former un système de traitement de textes) (bureautique)* (cf. aussi display terminal, printer 1), scrolling, floppy-disk drive, daisy-wheel printer, function key et controller 1)). 2) cf. word processing program.

word sequence suite de mots *(ensemble de mots prononcés, écrits, imprimés ou binaires successifs)* (cf. aussi word).

word size cf. word length.

word-structured ... cf. word-organized ...

word template modèle de mot *(mot prononcé converti par un microphone en un signal électrique analogique numérisé ensuite et conservé dans une mémoire numérique aux fins de comparaison aux mots analysés dans un système de reconnaissance de la parole)* (cf. aussi voice template, analog-to-digital conversion, digital memory et speech recognition system).

word time cf. minor cycle.

word width largeur de mot *(parf.* du mot*) (nom souvent donné à la longueur d'un mot binaire considéré sous forme parallèle) (inf)* (cf. aussi word length et parallel form). ·

words per minute mot à la minute, mot par minute *(noter l'emploi du pluriel en anglais et du singulier en français) (unité de vitesse de transmission télégraphique employée pour la transmission par manipulateur et par téléimprimeur) (tls)* (cf. aussi transmission speed, key[1] 2) et teleprinter).

work area zone de manœuvre *(partie de la mémoire centrale d'un ordinateur dans laquelle sont rangées temporairement des informations à traiter, des résultats intermédiaires ou des constantes à utiliser éventuellement dans des calculs répétitifs) (inf)* (cf. aussi main memory).

work function travail de sortie, énergie d'extraction, travail d'extraction *(le premier terme est le plus employé) (énergie minimale à fournir à un électron de la surface d'un métal placé dans le vide à la température du zéro absolu pour le faire sortir du métal) (est proportionnelle à la hauteur de la barrière de potentiel existant à la surface du métal et s'exprime en électron-volts) (cathode émissive)* (cf. aussi thermionic work function, photoelectric work function, field emission, energy, potential barrier et electron-volt).

work space cf. work area.

work station poste de travail, poste d'opérateur *(le terme anglais est souvent employé dans cette langue pour désigner un terminal d'ordinateur utilisé dans une entreprise ou un organisme, c.-à-d. généralement un terminal spécialisé) (inf)* (cf. aussi job-oriented terminal).

working 1) travail *(au sens de « fonctionnement ») (voir aussi 2) ci-après).* 2) fonctionnement (cf. aussi operation 1)). 3) exploitation (cf. aussi operation 3)).

working area 1) surface utile *(surface utilisable sur un écran de terminal à écran ou autre surface) (inf, etc.)* (cf. aussi display terminal). 2) cf. work area.

working chip puce utilisable, bonne puce (cf. aussi working device).

working device composant utilisable, bon composant, *(souvent)* puce *(idem) (le terme anglais désigne souvent une puce de composant à semiconducteur ou de circuit intégré monolithique ayant satisfait aux contrôles électriques sur la plaquette à gravure avant découpe de celle-ci dans les deux cas ou avant la métallisation dans le second cas ou, parfois, une porte logique d'un circuit intégré numérique fonctionnant effectivement en service, notamment dans une mémoire à semiconducteur)* (cf. aussi yield (b), chip 1), discrete semiconductor device, monolithic integrated circuit, wafer 2), scribing, metallization (a), logic gate et redundant cell).

working frequency 1) fréquence de travail *(dispositif)* (cf. aussi operating frequency). 2) fréquence de trafic *(fréquence d'émission d'un émetteur de trafic) (radiocom)* (cf. aussi optimum working frequency et communications receiver).

working Q Q en charge *(résonateur)* (cf. aussi loaded Q).

working register registre de manœuvre *(registre d'ordinateur faisant partie d'une zone de manœuvre) (inf)* (cf. aussi register[1] 1) (a) et work area).

working reticle cf. reticle.

working space *(ou* storage*)* cf. work area.

working temperature cf. operating temperature.

working voltage 1) tension de service *(tension nominale pouvant être supportée en service par un dispositif) (le terme anglais s'applique notamment à un condensateur)* (cf. aussi VDC WKG et voltage). 2) cf. voltage rating 1)).

working voltage rating cf. working voltage.

working volts AC cf. volts AC.

working volts DC cf. volts DC.

workspace cf. work area.

world ... cf. worldwide ... *(pour les termes qui ne figurent pas ci-après).*

World Administrative Radio Conference *(ou* WARC*)* Conférence radio administrative mondiale *(conférence tenue à l'échelon mondial par l'Union internationale des télécommunications pour régler les questions relatives à l'attribution des fréquences) (radio)* (cf. aussi International Telecommunications Union et frequency allocation).

world numbering plan plan de numérotation mondiale, plan de numérotation téléphonique mondiale, plan mondial *(plan de numérotation téléphonique permettant d'obtenir une communication téléphonique en automatique entre deux pays quelconques à l'aide d'un numéro d'appel de 12 chiffres au maximum dont le premier correspond à une zone géographique étendue) (tls)* (cf. aussi telephone numbering system).

worldwide communications télécommunications à l'échelle mondiale *(télécommunications entre deux points quelconques de la surface de la Terre) (utilisent les câbles sous-marins, la transmission radio par ondes courtes, les satellites de télécommunications militaires, la transmission radio par ondes très longues, en plus des moyens de télécommunications aux distances courtes et moyennes)* (cf. aussi communications, submarine cable, metric wave, communications satellite et ELF communications).

worldwide communications network réseau de télécommunications mondial *(réseau de télécommunications couvrant la Terre, c.-à-d. permettant les télécommunications à l'échelle mondiale)* (cf. aussi communications network et worldwide communications).

worldwide communications system *cf.* worldwide communications network.

worldwide coverage couverture mondiale *(couverture s'étendant à toute la surface de la Terre) (en d'autres termes, couverture assurée par une chaîne de radiodiffusion mondiale, un réseau de télécommunications mondial ou un système de radionavigation mondial) (cf. aussi* coverage (a), WWV, worldwide communications network *et* worldwide navigation system).

WorldWide Military Command and Control System *cf.* WWMCCS *(le terme complet étant peu employé).*

worldwide navigation navigation à l'échelle du globe *(ou de la planète ou de la Terre) (mar, avia) (cf. aussi* navigation (b) *et* worldwide navigation system).

worldwide navigation system système de navigation à couverture mondiale *(système de radionavigation dont les signaux sont normalement utilisables en n'importe quel point de la surface de la Terre) (système Oméga et système GPS, notamment) (cf. aussi* radio navigation system, Omega, GPS *et* worldwide coverage).

worldwide satellite communications télécommunications par satellites à l'échelle mondiale *(télécommunications permises par un réseau mondial de télécommunications par satellites) (cf. aussi* worldwide satellite communications network).

worldwide satellite communications network réseau mondial de télécommunications par satellites *(réseau de télécommunications par satellites assurant une couverture mondiale) (utilise en minimum trois satellites géostationnaires ou un nombre nettement plus grand de satellites à défilement) (cf. aussi* satellite communications network, worldwide coverage *et* geostationary satellite).

worldwide satellite communications system *cf.* worldwide satellite communications network.

worldwide telecommunications *cf.* worldwide communications *(de même pour les termes dérivés).*

WORM *(vient de « write once, read many »)* disque WORM *(ou* enregistrable une fois *ou* une seule fois *ou* à enregistrement unique *ou* à un seul enregistrement), disque optique *(idem) (disque optique numérique pouvant être enregistré par l'utilisateur, mais ne pouvant être effacé par la suite et destiné, par conséquent, à servir de disque d'archivage) (inf) (cf. aussi* optical-disk memory *et* archival disk).

worst-case access time temps d'accès dans le cas le plus défavorable *(mémoire) (inf) (cf. aussi* access time) (a) *temps d'accès à la mémoire centrale d'un ordinateur dans le cas où la longueur des conducteurs à parcourir par les signaux de commande de lecture est la plus grande) (cf. aussi* main memory) ; (b) *temps d'accès à une mémoire à défilement lorsque la longueur de déplacement relatif entre la tête de lecture et le support d'informations est la plus grande) (cf. aussi* moving-medium memory).

worst-case pattern combinaison la plus défavorable, combinaison logique *(idem) (structure d'un mot binaire pour laquelle les circuits logiques à l'entrée desquels il est appliqué risquent le plus de fournir un signal de sortie erroné) (si les circuits contrôlés fonctionnent correctement avec ce mot appliqué à l'entrée, ils doivent fonctionner avec toutes les autres combinaisons de binaires) (inf) (cf. aussi* word generator *et* bit pattern).

worst-case-power consumption *(ou* dissipation) consommation dans le cas le plus défavorable *(consommation instantanée maximale d'une mémoire à semiconducteur et notamment d'une mémoire RAM) (est obtenue lorsque le nombre de cellules changeant d'état simultanément est le maximum observé en pratique) (inf) (cf. aussi* power consumption, semiconductor memory, RAM[1] *et* memory cell).

wound armature induit bobiné, *(parf.)* rotor bobiné *(machine électrique tournante) (cf. aussi* wound rotor).

wound capacitor condensateur bobiné *(condensateur dans lequel le diélectrique est constitué par plusieurs minces bandes isolantes souples disposées entre deux minces bandes métalliques formant les armatures, ou par une bande portant deux couches métalliques, l'ensemble étant bobiné avec interposition de deux ou plusieurs bandes isolantes entre les spires successives dans le premier cas) (est réalisé sous la forme d'un* condensateur tubulaire ou, parfois, à section ovale par aplatissement de la bobine obtenue avant introduction dans un boîtier adéquat) (cf. aussi* paper capacitor, film-and-foil capacitor, metallized-paper capacitor, metallized-film capacitor, tubular capacitor (a) *et* capacitor).

wound core noyau en feuillard enroulé *(noyau magnétique toroïdal formé d'une bande de tôle magnétique enroulée en couronne et généralement coupée en deux parties suivant un diamètre) (transfo, etc.) (cf. aussi* toroidal core *et* lamination).

wound-film capacitor condensateur au plastique bobiné *(condensateur au plastique réalisé sous la forme d'un condensateur bobiné) (cas général) (cf. aussi* plastic-film capacitor *et* wound-type capacitor).

wound-film device *cf.* wound-film capacitor.

wound-film unit version bobinée, *(parf.)* modèle bobiné *(condensateur au plastique) (cf. aussi* wound-film capacitor *et* unit 3)).

wound-foil capacitor condensateur bobiné a armature indépendantes *(condensateur bobiné dans lequel les armatures sont constituées par des bandes métalliques très minces bobinées en même temps que le diélectrique) (les bandes métalliques sont en aluminium pur ou, parfois, en étain) (condensateur au papier ordinaire ou condensateur au plastique bobiné ordinaire) (cf. aussi* wound capacitor).

wound-foil device *cf.* wound-foil capacitor.

wound-foil unit version à armatures indépendantes, *(parf.)* modèle *(idem) (condensateur bobiné) (cf. aussi* wound-foil capacitor *et* unit 3)).

wound metallized-film capacitor condensateur au plastique métallisé bobiné *(cf. aussi* metallized-film capacitor).

wound rotor rotor bobiné, *(parfois aussi)* induit bobiné *(rotor de machine électrique tournante portant un bobinage) (en d'autres termes, rotor de machine électrique tournante dans lequel le ou les courants induits par le champ magnétique inducteur ou produits par la tension d'excitation ou d'alimentation circulent dans un ou plusieurs conducteurs isolés formant autant d'enroulements connectés respectivement à deux ou plusieurs bagues collectrices ou à un collecteur) (alternateur à rotor bobiné, dynamo, moteur à rotor bobiné, magnéto à rotor bobiné) (le cas d'un seul conducteur et deux bagues est celui de l'alternateur à rotor bobiné ; la magnéto à rotor bobiné est un type très particulier de machine électrique tournante et n'entre qu'imparfaitement dans le cadre de la définition donnée ici puisqu'elle a deux enroulements et une seule bague collectrice) (élt) (cf. aussi* rotor winding, armature winding, rotor (a), slip ring, commutator, alternator, dynamo, wound-rotor motor *et* magneto (a)).

wound-rotor induction motor moteur asynchrone à rotor bobiné *(ou* à bagues), moteur à bagues *(le troisième terme est le plus employé parce que le plus court) (moteur asynchrone triphasé dans lequel le rotor est bobiné, les extrémités du bobinage rotorique étant connectées à des bagues collectrices pour permettre l'insertion d'une résistance variable dans chaque enroulement lors du démarrage afin de réduire l'intensité du courant absorbé par l'enroulement statorique au démarrage tout en conservant un couple important) (moteur asynchrone triphasé de puissance moyenne ou grande) (élt) (cf. aussi* three-phase induction motor, wound rotor, slip ring *et* starter rheostat).

wound-rotor motor moteur à rotor bobiné, moteur électrique *(idem) (moteur à courant continu, moteur universel, moteur synchrone, moteur asynchrone à rotor bobiné, ce dernier étant souvent le moteur sous-entendu par les termes ci-dessus) (élt) (cf. aussi* wound rotor, dc motor, universal motor, synchronous motor, wound-rotor induction motor *et* electric motor).

wound stator stator bobiné *(stator de machine électrique tournante portant un bobinage) (en d'autres termes, stator de machine électrique tournante dans lequel le ou les courants induits par le champ magnétique inducteur ou produits par la tension d'excitation ou d'alimentation circulent dans un ou plusieurs conducteurs isolés, respectivement, formant autant d'enroulements connectés chacun entre deux bornes ou entre une borne et un balai) (alternateur à stator bobiné, dynamo, moteur à stator bobiné, magnéto à stator bobiné, cette der-*

nière étant un type très particulier de machine électrique tournante) (le cas d'un seul conducteur est celui de l'alternateur monophasé à stator bobiné, de la dynamo à excitation série ou parallèle, du moteur série ou shunt ou du moteur asynchrone monophasé sans enroulement de démarrage) (élt) *(cf. aussi* stator winding, stator (a), alternator, dynamo, wound-stator motor *et* magneto (a)).

wound-stator motor moteur à stator bobiné, moteur électrique *(idem) (moteur électrique autre que le moteur à aimant permanent)* (élt) *(cf. aussi* wound stator *et* permanent-magnet motor).

wound-type ... ... du type bobiné *(cf. aussi* wound ...).

wow *s* pleurage *(fluctuation lente de la fréquence de reproduction d'un enregistrement sonore due à des variations lentes de la vitesse de défilement du support d'enregistrement devant la tête de lecture) (dans le cas général d'un disque phonographique, le pleurage est dû à des variations lentes de la vitesse de rotation du plateau ou à un défaut de concordance entre le centre du disque et l'axe de rotation du plateau) (la fréquence parasite ainsi superposée à celle du signal enregistré est comprise entre 0 et 10 Hz ; au-delà, il s'agit du scintillement)* (électroacou) *(cf. aussi* sound record, phonograph record *et* flutter).

WP *cf.* word processing *et* word processor.

WPM *cf.* words per minute.

WR *cf.* write *(de même pour les mots dérivés).*

wrap-around *s* report de mot *(terme que j'ai proposé) (dans un programme de traitement de texte sans césure automatique, report du dernier mot d'une ligne à la ligne suivante lorsqu'il est trop long pour tenir dans la ligne et que l'opérateur ne le coupe pas par un trait d'union)* (inf) *(cf. aussi* word processing).

wrapped connection connexion enroulée *(cf. aussi* wire-wrap connection).

wrapping tool outil à enrouler *(connexions) (cf. aussi* wire-wrap tool).

wrinkle finish peinture givrée *(peinture imitant l'aspect du givre) (est fréquemment utilisée pour la finition du coffret d'appareils électroniques tels que les générateurs et analyseurs de signaux et les alimentations, notamment) (cf. aussi* stoved hammer finish).

wrist strap bracelet antistatique *(bracelet conducteur relié à la terre porté par une personne travaillant sur des circuits intégrés MOS pour réduire les risques de destruction d'un circuit par claquage de l'oxyde de grille d'un transistor d'entrée sous l'action de l'électricité statique accumulée sur les mains de l'opérateur) (cf. aussi* gate-oxide breakdown *et* static electricity).

writable control store mémoire de commande inscriptible *(nom donné à une mémoire RAM statique utilisée comme mémoire de commande dans un ordinateur) (CI) (inf) (cf. aussi* static RAM *et* control memory).

writable defect défaut à effet localisé *(défaut dans une boucle mineure d'une mémoire à bulles magnétiques n'affectant pas les bulles contenues dans les autres boucles mineures) (CI) (inf) (cf. aussi* magnetic-bubble memory).

write[1] *v* écrire, mémoriser, mettre en mémoire, introduire en mémoire, ranger en mémoire *(le dernier terme ne s'emploie que pour une mémoire numérique)*, enregistrer *(ce terme s'emploie surtout pour une mémoire à défilement) (introduire une ou plusieurs informations dans une mémoire) (voir aussi remarque à « writing ») (cf. aussi* memory) *(a) dans le cas d'une mémoire analogique, l'information à introduire est constituée directement par le signal à enregistrer) (tube à mémoire, etc.) (cf. aussi* analog memory *et* storage tube) ; *(b) dans le cas d'une mémoire numérique, l'écriture est généralement effectuée à l'aide d'impulsions électriques représentant l'information à introduire sous forme numérique et agissant chacune directement ou en créant un champ magnétique)* (inf) *(cf. aussi* digital memory).

write[2] *cf.* writing.

write ... *cf.* writing ... *(pour les termes qui ne figurent pas ci-après).*

write access accès en écriture *(accès à une mémoire à lecture et écriture pour y introduire une ou plusieurs informations)* (inf) *(cf. aussi* memory access, read-write memory *et* write[1]).

write address adresse d'écriture *(adresse d'une position d'écriture)* (inf) *(cf. aussi* address[1] (a) *et* write location).

write address counter compteur d'adresses d'écriture *(compteur contenant la prochaine adresse d'écriture dans l'unité de commande d'un ordinateur)* (inf) *(cf. aussi* counter *et* write address).

write address pointer pointeur d'adresse d'écriture *(pointeur de pile indiquant une adresse d'écriture dans la pile) (CI) (inf) (cf. aussi* stack pointer *et* write address).

write beam faisceau d'écriture, faisceau d'enregistrement *(faisceau laser enregistrant des informations sur le disque d'une mémoire à disque optique)* (inf) *(cf. aussi* optical-disk memory).

write-beam intensity intensité du faisceau d'écriture, *(etc.) (cf. aussi* write beam).

write circuitry circuits d'écriture *(circuits réalisant l'écriture d'informations dans une mémoire)* (inf) *(cf. aussi* write[1] *et* circuitry).

write control commande d'écriture *(mémoire) (cf. aussi* write[1]).

write current *(parf.* intensité du courant d'écriture) *(courant produisant l'écriture d'une information dans une mémoire, notamment l'écriture d'un binaire « 1 » dans une mémoire numérique ou, parfois, intensité de ce courant) (cf. aussi* write[1] *et* bit).

write cycle cycle d'écriture, *(etc.) (suite d'opérations nécessaires pour introduire une information dans une mémoire numérique ou, par extension, temps nécessaire à l'exécution de ces opérations)* (inf) *(cf. aussi* write[1] (b)).

write-cycle time durée d'un cycle d'écriture *(mémoire) (cf. aussi* write cycle).

write-cycle timing cadencement du cycle d'écriture *(émission des impulsions commandant l'exécution d'un cycle d'écriture dans une mémoire)* (inf) *(cf. aussi* write cycle).

write-enable input *cf.* write-enable pulse.

write-enable line ligne de validation d'écriture *(conducteur d'une mémoire RAM devant être porté à un niveau logique déterminé pour qu'un cycle d'écriture dans la mémoire puisse avoir lieu, l'autre niveau logique permettant un cycle de lecture) (CI) (inf) (cf. aussi* RAM[1], logic level *et* write cycle).

write-enable pin broche de validation d'écriture *(broche du boîtier d'une mémoire RAM à laquelle aboutit la ligne de validation d'écriture de la mémoire) (CI, inf) (cf. aussi* write-enable line).

write-enable pulse impulsion de validation d'écriture *(impulsion transmise par une ligne de validation d'écriture pour réaliser celle-ci)* (inf) *(cf. aussi* write-enable line).

write-enable signal *cf.* write-enable pulse.

write gun *cf.* writing gun.

write head tête d'écriture, tête d'enregistrement *(le premier terme est le plus employé) (transducteur convertissant un signal électrique représentant des informations numériques en modifications d'une propriété du support d'informations d'une mémoire à défilement représentant ces informations)* (inf) *(cf. aussi* transducer, digital data *et* moving-medium memory) *(a)* tête d'écriture magnétique) *(tête d'enregistrement magnétique utilisée comme tête d'écriture dans une mémoire à bande magnétique ou à disque(s) magnétique(s)) (cf. aussi* recording head, magnetic-tape memory *et* magnetic-disk memory) ; *(b)* tête d'écriture optique) *(tête d'enregistrement d'informations numériques sur un disque optique) (cf. aussi* optical disk).

write in *v cf.* write[1].

write-in and read-out écriture et lecture, inscription et extraction *(d'informations dans une mémoire numérique)* (inf) *(cf. aussi* writing *et* reading).

write inhibit ring bague d'autorisation d'écriture *(noter la contradiction apparente entre le terme anglais et le terme français et noter en outre que le terme anglais « write permit ring » existe également, mais est moins employé) (dérouleur de bande)* (inf) *(cf. aussi* file protection ring).

write laser laser d'écriture *(laser d'une tête d'écriture optique) (mémoire à disque optique) (cf. aussi* laser *et* write head (b)).

write location position d'écriture *(position de mémoire où une information est écrite)* (inf) *(cf. aussi* memory location *et* write[1] (b)).

write mode mode d'écriture *(mode de fonctionnement d'une* *mémoire à lecture et écriture pendant un cycle d'écriture) (inf) (cf. aussi* read/write memory *et* write cycle).

write-once medium support non effaçable, support d'informations *(idem) (support d'informations, tel qu'un disque optique ordinaire, dans lequel les informations enregistrées ne peuvent pas être effacées) (inf) (cf. aussi* WORM disk *et* storage medium).

write operation opération d'écriture, *(etc.) (action d'écrire dans une mémoire numérique) (inf) (cf. aussi* write[1]).

write out *v* sortir sur support magnétique *(enregistrer des informations contenues dans la mémoire centrale d'un ordinateur sur bande ou disque magnétique) (inf) (cf. aussi* main memory).

write permit ring *cf.* write inhibit ring.

write precompensation compensation à l'écriture *(compensation de la distorsion des impulsions enregistrées sur un disque magnétique à haute densité linéique d'enregistrement effectuée lors de l'écriture des informations enregistrées) (inf) (cf. aussi* magnetic disk *et* linear bit density).

write pulse *cf.* write-enable pulse.

write request demande d'écriture *(signal émis par l'unité de commande d'un ordinateur lorsqu'une information doit être écrite dans la mémoire centrale de l'appareil) (inf) (cf. aussi* control unit (a), main memory *et* write[1]).

write signal *cf.* write-enable pulse.

write speed *cf.* writing speed.

write strobe *cf.* write-enable pulse.

write-through capability possibilité de surimpression *(possibilité, pour un tube à mémoire, de superposer une image rafraîchie par le faisceau d'électrons à l'image présentée en mode mémoire) (cf. aussi* storage tube *et* capability).

write time temps d'écriture, temps d'accès en écriture *(temps d'accès à une mémoire numérique en mode d'écriture) (inf) (cf. aussi* access time *et* write mode).

write winding enroulement d'écriture *(enroulement remplissant la fonction d'écriture dans une tête de lecture/écriture à deux enroulements) (mémoire) (cf. aussi* read/write head).

writing écriture, *(etc.) (d'informations dans une mémoire) (noter que le terme anglais est parfois utilisé pour désigner l'affichage d'un segment ou d'un caractère d'un afficheur; il y a lieu d'en tenir compte dans les définitions des termes commençant par « write » ou « writing » qui peuvent correspondre à ce cas) (cf. aussi* write[1] *et* display[1] 2).

writing ... *cf.* write ... *(pour les termes qui ne figurent pas ci-après).*

writing area **1)** surface d'écriture *(dimensions maximales du graphique ou graphisme qu'un enregistreur xy peut tracer) (cf. aussi* X-Y recorder). **2)** zone d'écriture, *(parf.)* surface d'écriture (a) *(zone d'un écran cathodique ou autre dispositif effectivement utilisable pour la présentation d'informations ou, parfois, dimensions de cette zone) (cf. aussi* CRT screen *et* display[1] 4); (b) *(zone du substrat effectivement atteint par le faisceau d'électrons dans la gravure par faisceau d'électrons dirigé ou, parfois, dimensions de cette zone) (fab. CI) (cf. aussi* direct writing 1)).

writing gun canon d'écriture, canon d'inscription *(canon à électrons à faisceau de petit diamètre produisant la trace sur l'écran d'un tube à mémoire en mode de fonctionnement normal, ou enregistrant celle-ci sur la grille-mémoire en mode de mémorisation) (cf. aussi* storage tube).

writing rate *cf.* writing speed.

writing speed vitesse d'écriture, vitesse d'inscription *(vitesse à laquelle le faisceau d'électrons forme la trace lumineuse sur l'écran d'un tube cathodique, notamment dans un oscilloscope) (ce terme désigne en fait généralement la vitesse maximale à laquelle le faisceau peut se déplacer tout en formant une trace visible sur l'écran) (cf. aussi* stored writing speed *et* cathode-ray tube).

writing spot *(nom parfois donné en anglais au point lumineux d'un écran cathodique, notamment dans le cas d'un écran d'oscilloscope et plus particulièrement d'un oscilloscope à mémoire) (cf. aussi* luminous spot *et* storage oscilloscope).

writing time **1)** temps de gravure *(temps nécessaire à un graveur à faisceau dirigé pour sensibiliser le résist d'une puce ou d'une plaquette à gravure complète selon le cas considéré) (fab. CI) (cf. aussi* direct-write electron beam machine, chip 1) *et* wafer 2)). **2)** *cf.* write time.

written state état écrit *(état d'un tube à mémoire contenant une ou plusieurs informations ou d'une cellule de mémoire contenant une information) (oscillo, inf) (cf. aussi* storage tube *et* memory cell).

wrong number **1)** nombre erroné. **2)** mauvais numéro *(numéro de téléphone erroné) (cf. aussi* telephone number).

Ws *cf.* wattsecond.

WS *cf.* working storage.

WSI *cf.* wafer-scale integration.

WVAC *(vient de « working volts AC ») cf.* volts AC.

WVDC *(vient de « working volts DC ») cf.* volts DC.

WW **1)** *cf.* wirewound resistor. **2)** *cf.* wirewound potentiometer.

WWMCCS *(vient de « World-Wide Military Command and Control System »)* réseau WWMCCS *(réseau mondial américain de télécommunications militaires utilisant notamment des satellites de télécommunications) (cf. aussi* communications network *et* communications satellite).

WWV chaîne WWV *(chaîne de stations d'émission radio de grande puissance américaines du « National Bureau of Standards » (NBS) assurant la couverture mondiale par la diffusion périodique de fréquences étalons et de signaux horaires) (noter que le faux sigle WWV, qui était initialement l'indicatif de la première station, est devenu le nom de la chaîne depuis la construction de la deuxième station) (comprend deux stations seulement) (cf. aussi* WWVB, WWVH, worldwide coverage, standard frequency, time signal *et* call letters).

WWVB *(le B vient de « Boulton »)* WWVB *(indicatif de la première station de la chaîne WWV, située à Boulton, dans le Colorado, et émettant sur 2,5, 5, 10, 15, 20 et 25 MHz) (cf. aussi* WWV).

WWVH *(le H vient de « Hawaï »)* WWVH *(indicatif de la deuxième station de la chaîne WWV, construite dans l'île Kaouai, parmi les îles Hawaï, pour compléter la couverture de la station WWVB) (cf. aussi* WWV).

wye ... *cf.* Y ...

WYSIWYG *(vient de « what you see is what you get » et se prononce « ouizi-ouigue »)* figuratif *(terme que j'ai proposé),* tel écran, tel écrit *(terme descriptif antérieur, difficilement utilisable) (qualificatifs appliqués à un programme de traitement de textes présentant sur l'écran de l'appareil le texte tel qu'il sortira de l'imprimante, c.-à-d. avec la justification éventuelle, les indices et exposants éventuels à leur place, les demi-interlignes éventuels, les colonnes éventuelles, les effets éventuels, etc., au lieu d'afficher des symboles correspondants) (inf) (cf. aussi* word processing program *et* attributes).

X

x ... *cf.* X ...

X *cf.* reactance

X_C *cf.* capacitive reactance.

X_L *cf.* inductive reactance.

X axis 1) axe x, axe des abscisses, axe horizontal *(axe de coordonnées le long duquel la variable indépendante prend des valeurs croissantes de la gauche vers la droite sur un graphique en coordonnées rectangulaires ou un écran d'oscilloscope ou appareil dérivé ou dans un traceur de courbes) (dans un oscilloscope, l'axe x est l'axe de déviation horizontale du faisceau; dans un traceur de courbes, l'axe x est l'axe de déplacement de la réglette) (cf. aussi* time axis, rectangular coordinate system, oscilloscope, X-Y recorder *et* Z axis 1)). 2) axe x *(quartz) (cf. aussi* electric axis).

X-axis *cf.* horizontal ... *ou* horizontal amplifier ... *ou* horizontal deflection ... *(et noter que le premier terme s'applique à un graphique ou un oscilloscope).*

X band bande X *(bande des fréquences comprises entre 5 200 et 10 900 MHz, soit 5,77 à 2,75 cm de longueur d'onde) (hyper) (cf. aussi* frequency band).

X-band aerial *(GB) cf.* X-band antenna.

X-band antenna antenne en bande X *(antenne hyperfréquence conçue pour émettre ou recevoir une onde porteuse dont la fréquence est comprise dans la bande X) (radar, etc.) (cf. aussi* microwave antenna *et* X band).

X-band magnetron magnétron en bande X *(magnétron conçu pour osciller à une fréquence comprise dans la bande X) (radar, etc.) (cf. aussi* magnetron *et* X band).

X-band radar radar en bande X *(radar à impulsions émettant une porteuse dont la fréquence est comprise dans la bande X) (radar de poursuite, de trajectographie, de bord, etc.) (cf. aussi* pulse radar, carrier 1) *et* X band).

X-band sensor capteur en bande X *(nom parfois donné à un radar à ouverture dynamique fonctionnant en bande X) (cf. aussi* synthetic-aperture radar, X band *et* sensor).

X-band travelling-wave tube tube à onde progressive en bande X, TOP en bande X *(tube à onde progressive conçu pour amplifier une porteuse dont la fréquence est comprise dans la bande X) (radar, etc.) (cf. aussi* travelling-wave tube, carrier 1) *et* X band).

X-band TWT *cf.* X-band travelling-wave tube.

X coil bobine x *(mémoire à bulles) (cf. aussi* magnetic-bubble memory).

X cut coupe X *(coupe d'une lame ou d'un barreau de quartz exécutée dans un plan perpendiculaire à l'axe x du cristal) (cf. aussi* crystal cut *et* electric axis).

X-cut crystal quartz à coupe X *(cf. aussi* X cut).

X plate *cf.* horizontal deflection plate.

X radiation *cf.* X rays.

X ray rayon x *(cf. aussi* X rays, *ce terme étant peu employé au singulier).*

X-ray[1] *v* examiner aux rayons X, *(parf. aussi)* contrôler aux rayons X *(cf. aussi* X-ray examination).

X-ray[2] *s cf.* X-ray photograph.

X-ray beam faisceau de rayons X *(cf. aussi* beam[1] *et* X rays).

X-ray check (un) contrôle aux rayons X *(cf. aussi* X-ray inspection).

X-ray diffraction diffraction des rayons X *(diffraction d'un faisceau monochromatique de rayons X par un cristal) (est due à la nature ondulatoire des rayons X et à la nature réticulaire des corps cristallins, ainsi qu'au fait que la longueur d'onde des rayons X utilisés est du même ordre de grandeur que la période élémentaire du réseau cristallin, c.-à-d. la distance interatomique) (a été mise en évidence par l'expérience célèbre du physicien allemand Laue en 1912) (physique des rayonnements ionisants, cristallographie) (cf. aussi* diffraction, monochromatic beam, X rays *et* wavelength).

X-ray enhancement amélioration d'images radiographiques *(médecine, etc.) (cf. aussi* image enhancement *et* radiograph).

X-ray examination examen aux rayons X *(observation de la structure interne d'un corps ou d'un objet à l'aide d'un faisceau de rayons X agissant sur une surface sensible après avoir été plus ou moins absorbé par les différentes parties de la zone irradiée) (médecine, contrôle des matériaux, détection d'armes) (cf. aussi* X-ray inspection, radioscopy, radiography *et* X rays).

X-ray film film pour rayons X *(pellicule photographique couverte d'une émulsion sensible aux rayons X) (cf. aussi* radiography).

X-ray fluorescence fluorescence X *(fluorescence produite par l'action de rayons X sur un corps) (radioscopie, analyse chimique) (cf. aussi* fluorescence *et* X rays).

X-ray hardness dureté des rayons X *(capacité de pénétration des rayons X, c.-à-d. profondeur de pénétration des rayons X dans un corps déterminé en fonction de leur longueur d'onde) (est inversement proportionnelle à la longueur d'onde) (cf. aussi* soft X rays, hard X rays *et* X rays).

X-ray inspection (le) contrôle par rayons X *(ou aux rayons X) (noms donnés, en anglais et en français, respectivement, à l'examen aux rayons X dans le cadre du contrôle des matériaux et de la détection d'armes, cette méthode de contrôle étant par ailleurs une méthode non destructive) (cf. aussi* X-ray examination, X-ray check *et* non-destructive testing).

X-ray laser laser à rayons X *(laser émettant un faisceau monochromatique de rayons X à partir du flux de rayons X fourni par une réaction nucléaire confinée, celle-ci assurant ainsi le pompage du milieu actif) (cf. aussi* laser, X ray, pumping *et* X-ray weapon).

X-ray lithography gravure aux rayons X *(procédé de gravure de motifs analogue à la photogravure, mais dans lequel le rayonnement optique est remplacé par des rayons X pour obtenir des traits plus fins) (la réduction de la largeur des traits est due au fait que la longueur d'onde des rayons X est nettement plus courte que celle des rayonnements optiques)* *(fab. CI) (cf. aussi* photolithography, optical radiation, X rays *et* wavelength).

X-ray lithography machine graveur à rayons X, graveur de motifs à rayons X *(graveur de motifs analogue à un graveur optique, mais utilisant des rayons X au lieu d'un rayonnement optique) (fab. CI) (cf. aussi* optical lithography machine *et* X-ray lithography).

X-ray lithography mask *cf.* X-ray mask.

X-ray lithography process procédé de gravure aux rayons X *(fab. CI) (cf. aussi* X-ray lithography).

X-ray lithography source source pour gravure aux rayons X *(tube à rayons X utilisé dans un graveur à rayons X) (fab. CI) (cf. aussi* X-ray tube *et* X-ray lithography machine).

X-ray lithography system *cf.* X-ray lithography machine.

X-ray lithography technique *cf.* X-ray lithography process.

X-ray lithography technology (la) technique de la gravure aux rayons X *(fab. CI) (cf. aussi* X-ray lithography *et* technology).

X-ray machine appareil à rayons X *(appareil utilisant un tube à rayons X pour remplir sa fonction) (cf. aussi* X-ray tube*)* (a) *appareil de radioscopie ou de radiographie, notamment) (cf. aussi* X-ray examination) ; (b) *graveur à rayons X) (cf. aussi* X-ray lithography machine).

X-ray mask masque pour rayons X, masque à rayons X *(masque de gravure conçu pour la gravure aux rayons X) (masque en or notamment) (fab. CI) (cf. aussi* mask[1] 2) *et* X-ray lithography).

X-ray photograph (une) radiographie, (une) radio, cliché radiographique, cliché *(épreuve photographique obtenue par radiographie) (cf. aussi* radiography).

X-ray picture *cf.* X-ray photograph.

X-ray printer *cf.* X-ray lithography machine.

X-ray printing *cf.* X-ray lithography.

X-ray proximity printing gravure en proximité aux rayons X *(gravure en proximité exécutée dans un graveur à rayons X) (fab. CI) (cf. aussi* proximity printing *et* X-ray lithography machine).

X-ray pulse impulsion de rayons X *(faisceau de rayons X émis pendant un temps relativement court) (cf. aussi* X rays).

X-ray region domaine des rayons X *(partie du spectre des rayonnements électromagnétiques occupée par les longueurs d'ondes des rayons X ou les fréquences correspondantes) (est situé entre le domaine des rayons ultraviolets, qu'il chevauche, et celui des rayons gammas, qu'il chevauche également, et comprend les longueurs d'onde de 10^{-3} micron à 10^{-6} micron) (comprend lui-même le domaine des rayons X mous, situé du côté des rayons ultraviolets et le domaine des rayons X durs, beaucoup moins large et situé du côté des rayons gamma) (cf. aussi* soft X rays, hard X rays, electromagnetic spectrum *et* X rays).

X-ray resist résist pour rayons X, résist à rayons X *(résist sensible aux rayons X) (gravure) (cf. aussi* resist *et* X-ray lithography).

X-ray source source de rayons X *(corps ou dispositif émettant des rayons X) (soleil, étoile, tube à rayons X, etc.) (cf. aussi* X-ray tube).

X-ray spectrum spectre de rayons X *(spectre obtenu par analyse des rayons X émis par un corps pur effectuée à l'aide d'un spectrographe à rayons X) (comprend un fond continu, souvent appelé « spectre continu » produit par les rayons émis directement auquel se superpose un spectre de raies peu nombreuses et caractéristique de la nature du corps analysé) (cf. aussi* spectrum (b) *et* X rays).

X-ray system *cf.* X-ray lithography machine.

X-ray technology 1) (la) technique des rayons X *(technique de la production et l'utilisation des rayons X) (cf. aussi* X rays *et* technology). 2) *cf.* X-ray lithography technology.

X-ray television radioscopie télévisée *(procédé de radioscopie dans lequel l'image est formée sur un écran de télévision) (les rayons X transmis par la zone examinée sont reçus par la fenêtre d'entrée d'un tube vidicon à cible sensible aux rayons X ou d'un convertisseur d'image suivi d'un vidicon ordinaire) (présente l'avantage important de soustraire l'opérateur à l'action des rayons X et, dans le cas de la radioscopie médicale, l'avantage également important, de nécessiter des doses*

de rayonnement beaucoup moins grandes que la radioscopie directe et la radiographie) (cf. aussi* radioscopy, vidicon *et* image converter tube).

X-ray test *cf.* X-ray check.

X-ray testing *cf.* X-ray inspection.

X-ray therapy radiothérapie X *(radiothérapie utilisant des rayons X) (cf. aussi* radiotherapy *et* X rays).

X-ray tube tube à rayons X *(enceinte étanche de forme générale tubulaire, vide d'atmosphère ou non, dans laquelle des rayons X sont produits par bombardement d'une cible métallique par des électrons à haute énergie) (cf. aussi* X rays *et* high-energy electron).

X-ray upset basculement par rayon X *(basculement intempestif d'un circuit logique intégré atteint par un rayon X lors d'une réaction ou une explosion nucléaire) (cf. aussi* upset[1] *et* X ray).

X-ray weapon arme à rayons X *(nom parfois donné au laser à rayons X prévu comme arme laser) (mil) (cf. aussi* X-ray laser *et* laser weapon).

X-rays rayons X *(rayonnement électromagnétique dont la longueur d'onde est comprise entre 10^{-3} micron et 10^{-6} micron, ces limites étant fixées arbitrairement et variant suivant les auteurs) (les rayons X sont émis principalement par les métaux soumis au bombardement d'un faisceau d'électrons rapides) (lors d'un tel bombardement, des rayons X sont émis directement par les atomes touchés, ce rayonnement constituant le rayonnement de freinage, et indirectement lorsqu'un électron d'une couche électronique proche du noyau passe à une couche inférieure vidée d'un électron par le choc, en émettant un photon de rayonnement X représentant l'énergie à perdre pour passer à la couche inférieure) (les rayons X ont des effets chimiques et biologiques) (ils sont utilisés principalement pour l'examen de l'intérieur de corps ou d'objets et en radiothérapie) (en électronique, les rayons X sont utilisés pour la radiographie des tubes électroniques à enveloppe métallique et des transistors ou autres composants à boîtier métallique, ainsi que pour la gravure de circuits intégrés monolithiques) (cf. aussi* X-ray region, X-ray source, X-ray spectrum, electromagnetic radiation, wavelength, bremsstrahlung, photon, X-ray examination, X-ray therapy *et* X-ray lithography).

X unit unité X, XU *(unité de longueur d'onde souvent utilisée pour mesurer la longueur d'onde des rayons X) (est égale à 10^{-3} angström, soit 10^{-7} micron, 10^{-11} cm ou 10^{-13} mètre) (cf. aussi* wavelength *et* X rays).

X wave *cf.* extraordinary wave.

x-y … *cf.* X-Y … *(cette forme étant la plus employée).*

X-Y addressing adressage xy, adressage en coordonnées rectangulaires *(adressage des éléments d'une matrice d'après leur position dans le système de coordonnées rectangulaires formé par celle-ci)* (a) *adressage d'une mémoire matricielle) (cf. aussi* addressing 1) *et* matrix memory) ; (b) *adressage d'un afficheur matriciel) (cf. aussi* addressing 2) *et* matrix display 2)).

X-Y array *cf.* two-dimensional array.

X-Y capability possibilité(s) de présentation xy *(oscillo) (cf. aussi* X-Y display *et* capability).

X-Y display présentation xy, visualisation en mode xy *(visualisation d'un signal périodique sur l'écran d'un oscilloscope en fonction d'un autre signal périodique) (le second signal peut être la tension du secteur, par exemple) (le signal à visualiser est appliqué aux plaques de déviation verticale, c.-à-d. normalement, et l'autre signal est appliqué aux plaques de déviation horizontale, la base de temps étant déconnectée de celles-ci) (est surtout utilisée pour mesurer le déphasage entre deux tensions sinusoïdales de même fréquence) (cf. aussi* X-Y plot 2), oscilloscope display *et* phase shift).

X-Y measurement mesure en mode xy, mesure en xy *(mesure effectuée à l'aide d'un oscilloscope fonctionnant en mode de présentation xy) (cf. aussi* X-Y display *et* measurement).

X-Y mode mode xy *(mode de fonctionnement d'un oscilloscope avec présentation xy) (cf. aussi* X-Y display).

X-Y operation fonctionnement en mode xy *(oscillo, enr) (cf. aussi* X-Y mode *et* X-Y recording).

X-Y oscilloscope oscilloscope en mode xy *(oscilloscope utilisé en mode de présentation xy) (cf. aussi* X-Y display).

X-Y plot 1) graphique en coordonnées rectangulaires, diagramme *(idem)* *(peut être tracé notamment à la main ou par un traceur de courbes, une imprimante graphique ou un terminal graphique)* *(cf. aussi* rectangular coordinates, X-Y recorder *et* graphics terminal). 2) trace xy *(trace formée sur l'écran d'un oscilloscope fonctionnant en mode de présentation xy) (autre nom, plus général, d'une figure de Lissajous)* *(cf. aussi* X-Y display *et* Lissajous figure).

X-Y plotter *cf.* X-Y recorder.

X-Y presentation *cf.* X-Y display *(ce terme étant le plus employé)*.

X-Y recorder traceur de courbes, enregistreur xy, traceur xy, traceur analogique *(termes utilisables dans tous les cas)*, table traçante, table analogique *(termes à n'employer que pour un modèle de grande taille utilisé en position horizontale) (noter que cette règle est rarement respectée) (enregistreur potentiométrique dans lequel le support graphique est constitué par une feuille de papier fixe, la plume se déplaçant suivant des axes de coordonnées rectangulaires, un système asservi étant associé à chaque axe) (la feuille de papier est posée sur un plateau rectangulaire et maintenue sur celui-ci par attraction électrostatique ou par dépression ou, parfois, par des barreaux aimantés appelés « réglettes magnétiques » posés sur le papier, le plateau étant alors nécessairement en acier) (la plume est montée sur un chariot se déplaçant le long d'une réglette parallèle à l'axe des coordonnées, la réglette se déplaçant elle-même suivant l'axe des abscisses) (la réglette se déplace normalement de gauche à droite sous l'action d'une tension en dent de scie constituant une base de temps ou sous l'action d'un signal extérieur quelconque) (le chariot se déplace le long de la réglette sous l'action du signal à enregistrer) (on notera que le déplacement de la réglette est analogue au déplacement horizontal du faisceau d'électrons dans le tube cathodique d'un oscilloscope, c.-à-d. au balayage, et que le déplacement du chariot est analogue à la déviation verticale du faisceau sous l'action du signal à visualiser) (il en résulte que le tracé d'une courbe sur la feuille de papier d'un traceur de courbes est analogue au tracé d'une courbe sur l'écran d'un oscilloscope fonctionnant en mode de balayage monocourse, la vitesse de tracé étant toutefois généralement beaucoup moins grande) (la base de temps est fournie par un générateur souvent incorporé à l'appareil et comportant alors toujours plusieurs vitesse de balayage) (la plume peut être relevée et certains modèles comportent deux plumes portées par deux chariots permettant de tracer simultanément deux courbes indépendantes en fonction d'une même variable) (le traceur de courbes est utilisé notamment pour le tracé automatique de courbes de réponse et a donné naissance au traceur numérique)* *(cf. aussi* pen lift, potentiometer recorder, rectangular coordinate system, sawtooth voltage, time base (b), oscilloscope, single sweep 2), swept-frequency measurement *et* digital plotter).

X-Y recording enregistrement par traceur de courbes, *(etc.)* *(cf. aussi* X-Y recorder).

X-Y stackable juxtaposable en largeur et en hauteur *(ou dans les deux directions) (propriété d'un composant modulaire dont on peut monter plusieurs exemplaires côte à côte dans la direction de leur largeur et de leur hauteur) (interrupteur, voyant, afficheur, etc.)* *(cf. aussi* modular component).

X-Y stage *cf.* wafer stage.

X-Y-Z display présentation xyz *(visualisation d'un signal sur l'écran d'un oscilloscope à mémoire équipé d'un tube cathodique à persistance variable, effectuée en faisant varier la luminosité de la trace)* *(cf. aussi* storage oscilloscope *et* variable-persistence storage tube).

XC *cf.* X_C *(plus haut)*.

XeCl laser *cf.* xenon-chloride laser.

xenon xénon *(gaz rare utilisé notamment dans des tubes-éclair et des lampes à arc en raison de la lumière blanche qu'il émet dans une décharge électrique, ainsi que dans des thyratrons et des redresseurs à vapeur de mercure)* *(cf. aussi* xenon lamp).

xenon arc lamp lampe à arc au xénon, lampe au xénon *(le second terme est le plus employé, mais il prête à confusion avec la lampe-éclair au xénon) (lampe à arc dont l'ampoule contient du xénon mélangé à d'autres gaz rares sous une pression de quelques bars à une quinzaine de bars ou sous faible pression)* *(cf. aussi* arc lamp *et* xenon).

xenon-chloride laser laser au chlorure de xénon, laser XeCl *(laser à solide dans lequel celui-ci est du chlorure de xénon, le rayonnement ultraviolet initial du laser étant généralement converti en une lumière visible par conversion Raman pour en faire un laser bleu-vert)* *(cf. aussi* solid laser, ultraviolet radiation, visible ligtht, Raman conversion *et* blue-green laser).

xenon flash tube *cf.* xenon lamp 1).

xenon flash unit flash à lampe au xénon *(flash électronique utilisant une lampe au xénon)* *(cf. aussi* electronic flash unit *et* xenon lamp (a)).

xenon lamp lampe au xénon (a) *tube-éclair dont l'ampoule contient du xénon mélangé à d'autres gaz rares sous faible pression)* *(cf. aussi* flash tube *et* xenon) ; (b) *lampe à arc aux xénon)* *(cf. aussi* xenon arc lamp).

xenon tube *cf.* xenon lamp.

xeroprinting impression xérographique *(autre nom de la xérographie)* *(cf. aussi* xerography).

xerography *(signifie « écriture à sec »)* xérographie *(procédé de reproduction de documents par voie électrostatique avec utilisation d'une encre en poudre) (le document à reproduire est fortement éclairé et la lumière réfléchie agit sur un cylindre recouvert d'une couche de sélénium préalablement chargée positivement par passage devant un conducteur porté à une tension élevée ; l'image optique formée par réflexion sur le cylindre crée une image électrique identique dans la couche de sélénium en rendant celle-ci plus ou moins conductrice suivant l'éclairement de ses différents points et en permettant ainsi à la charge électrique de s'écouler plus ou moins vers le cylindre métallique, ce qui crée un relief de charges à la surface de la couche) (une poudre résineuse spéciale chargée négativement est attirée par la couche de sélénium en quantité proportionnelle à la charge résiduelle de ses différents points, c.-à-d. à la densité optique, ou noirceur, des différents points du document à reproduire) (la poudre reproduisant ainsi le document sur le cylindre et devenue chargée positivement est transférée sur une feuille de papier chargée négativement et appliquée ensuite contre le cylindre, puis fondue par passage entre deux rouleàux chauffants pour la faire adhérer au papier avant de le sortir de l'appareil) (la xérographie est le procédé d'électrographie universellement employé dans les photocopieurs)* *(cf. aussi* toner, electrostatic, selenium, positive charge, electric image 1), photoconductivity, negative charge *et* electrophotography).

xeroradiography xéroradiographie *(procédé de radiographie dans lequel les rayons ayant plus ou moins traversé le corps examiné agissent sur une plaque couverte d'une couche de semiconducteur de la même façon que la lumière agit dans la xérographie, l'image sur papier étant ensuite obtenue d'une façon analogue) (radiographie quasi-instantanée)* *(cf. aussi* radiography *et* xerography).

XL *cf.* X_L *(plus haut)*.

XMIT *cf.* transmit ...

XMT ... *cf.* transmit ...

XMTR *cf.* transmitter.

XMUX *cf.* transmultiplexer.

XNOR *cf.* exclusivc NOR *(de même pour les termes dérivés)*.

XOR *cf.* exclusive OR *(de même pour les termes dérivés)*.

XTAL *cf.* crystal *(de même pour les termes dérivés)*.

XY ... *cf.* X-Y ... *(la seconde orthographe étant la plus employée)*.

Y

Y *cf.* admittance.

Y aerial *(GB) cf.* Y antenna.

Y antenna antenne à adaptation en delta *(émetteur) (cf. aussi* delta-matched antenna).

Y axis **1)** axe y, axe des coordonnées, axe vertical *(axe de coordonnées suivant la direction duquel une fonction prend des valeurs croissantes de bas en haut sur un graphique en coordonnées rectangulaires ou sur un écran d'oscilloscope ou un appareil dérivé ou dans un traceur de courbes) (dans un oscilloscope, l'axe y est l'axe parallèlement auquel se produit la déviation verticale du faisceau) (dans un traceur de courbes, l'axe Y est l'axe de déplacement du chariot) (cf. aussi* rectangular coordinate system, function[1] 1) (b), oscilloscope, X-Y recorder *et* Z axis 1)). **2)** axe y *(quartz) (cf. aussi* mechanical axis).

Y-axis ... *cf.* vertical ... *ou* vertical amplifier ... *ou* vertical deflection ... *(et noter que le premier terme s'applique à un graphique ou un oscilloscope).*

Y circulator circulateur en Y *(circulateur en guide d'ondes formé d'une jonction en Y en guide d'ondes au centre de laquelle est disposé un bâtonnet de ferrite réunissant les faces opposées de la jonction et aimanté dans un sens ou dans l'autre par un courant continu de sens approprié circulant dans une bobine) (hyper) (cf. aussi* waveguide circulator, Y junction *et* ferrite).

Y coil bobine y *(mémoire à bulles) (cf. aussi* magnetic-bubble memory).

Y-connected monté(e) en étoile *(cf. aussi* Y connection).

Y connection montage en étoile *(machine triphasée) (cf. aussi* star connection).

Y cut coupe Y *(coupe d'une lame ou d'un barreau de quartz exécutée dans un plan perpendiculaire à l'axe y du cristal) (cf. aussi* crystal cut *et* mechanical axis).

Y-cut crystal quartz à coupe Y *(cf. aussi* Y cut).

Y junction jonction en Y *(jonction en guide d'ondes à trois voies formant entre elles un angle de 120°) (hyper) (cf. aussi* waveguide junction).

Y parameters paramètres Y, paramètres d'admittance *(paramètres d'un quadripôle dans lequel les grandeurs prises en compte sont les capacités, les conductances et les admittances des éléments de circuit) (cf. aussi* quadripole parameters, capacitance, conductance *et* admittance).

Y plate *cf.* vertical deflection plate.

Y signal signal Y *(TVC) (cf. aussi* luminance signal).

yag *cf.* YAG *(ci-après).*

YAG *cf.* yttrium-aluminium garnet.

YAG laser laser YAG *(laser à solide au néodyme dans lequel le solide est un grenat d'yttrium et d'aluminium dopé au néodyme) (cf. aussi* neodymium solid laser *et* yttrium-aluminium garnet).

Yagi aerial *(GB) cf.* Yagi antenna.

Yagi antenna antenne Yagi *(antenne directive pour ondes très courtes ou ultra-courtes formée d'un doublet replié en forme de trombone, d'un brin réflecteur disposé derrière celui-ci et de plusieurs brins directeurs disposés devant) (est utilisé principalement comme antenne de réception de télévision et de radiodiffusion sonore en modulation de fréquence) (cf. aussi* directional antenna, dipole antenna *et* director).

Yagi array *cf.* Yagi antenna.

yellow jaune *(couleur secondaire produite par un mélange de rouge et de vert) (cf. aussi* secondary color).

yellow bar *cf.* yellow color bar.

yellow color bar barre de couleur jaune, barre jaune, *(mire TVC) (cf. aussi* color-bar test pattern).

Yellow Pages (les) Pages Jaunes *(pages d'un annuaire téléphonique en papier jaune dans lesquelles sont énumérés et classés par profession à titre gratuit les abonnés qui en ont fait la demande, c.-à-d. principalement les sociétés et les travailleurs indépendants) (tls) (cf. aussi* telephone directory).

yellow-to-cyan color bar transition transition entre les barres de couleur jaune et cyan, transition entre la barre jaune et la barre cyan *(mire TVC) (cf. aussi* color transition, color-bar test pattern *et* cyan).

yield *s* rendement *(sens usuel) (en électronique, on considère notamment les deux rendements suivants: (a) rendement quantique (cf. aussi* quantum efficiency, *le terme « quantum yield » étant moins employé)* ; (b) rendement de fabrication, rendement *(pourcentage de puces utilisables sur une plaquette à gravure) (fab. CI, semi) (cf. aussi* low-yield region, high-yield region, yield crash, wafer 2) *et* working device).

yield crash chute de rendement de fabrication, chute de rendement *(baisse brusque et importante du rendement de fabrication de circuits intégrés ou autres composants due à l'apparition d'un défaut au cours du processus de fabrication) (cf. aussi* yield (b) *et* VMOS memory).

yield data chiffres de rendement (de fabrication), chiffres relatifs au rendement *(idem)*, informations *(idem) (selon le contexte) (fab. CI, semi) (cf. aussi* yield (b)).

yield figure chiffre de rendement (de fabrication), *(etc.) (cf. aussi* yield data).

yig *cf.* YIG *(ci-après).*

YIG *cf.* yttrium-iron garnet.

YIG band-pass filter filtre passe-bande YIG *(filtre passe-bande réalisé sous la forme d'un filtre YIG) (cf. aussi* band-pass filter *et* YIG filter).

YIG crystal cristal de grenat d'yttrium ferreux, *(etc.) (cristal utilisé, sous la forme d'une petite bille polie, comme résonateur accordable par action d'un champ magnétique statique plus ou moins intense dans certains oscillateurs hyperfréquence ou filtres accordés hyperfréquence) (cf. aussi* yttrium-iron garnet, tuned resonator *et* YIG-tuned oscillator).

YIG device dispositif à YIG, montage à YIG *(dispositif hyperfréquence utilisant un cristal YIG aux fins d'accord) (cf. aussi* YIG crystal).

YIG filter   filtre à YIG, filtre YIG *(filtre passe-bande hyper-fréquence accordable utilisant un cristal YIG disposé dans le champ d'un aimant et d'un électro-aimant comme élément de couplage entre l'entrée et la sortie du filtre) (le champ magnétique de l'aimant fixe la fréquence centrale du filtre, tandis que le champ de l'électro-aimant permet de faire varier celle-ci)* (cf. aussi *pass-band filter*, *microwave filter*, *tunable filter et* YIG crystal).

YIG oscillator   cf. YIG-tuned oscillator *(le second terme étant le plus employé)*.

YIG-tuned filter   cf. YIG filter *(le second terme étant le plus employé, contrairement au cas de l'oscillateur)*.

YIG-tuned Gunn-diode oscillator *(ou* **Gunn-effect oscillator***)* cf. YIG-tuned Gunn oscillator.

YIG-tuned Gunn oscillator   oscillateur à diode Gunn à YIG, *(etc.), (parf.)* oscillateur YIG à diode Gunn *(oscillateur à diode Gunn réalisé sous la forme d'un oscillateur YIG)* (hyper) (cf. aussi YIG-tuned oscillator *et* Gunn oscillator).

Yig-tuned oscillator   oscillateur YIG *(ou* à YIG *ou* à cristal YIG) (oscillateur hyperfréquence accordable à diode semi-conductrice ou à transistor dans lequel l'accord est réalisé à l'aide d'un filtre YIG)* (cf. aussi *microwave oscillator*, *tunable oscillator et* YIG filter).

YIG-tuned receiver   récepteur accordé par YIG *(ou* par cristal YIG) *(récepteur hyperfréquence utilisant des circuits d'accord à filtre YIG) (radar, etc.)* (cf. aussi *tuning circuits et* YIG filter).

YIG-tuned transistor oscillator   oscillateur à transistor à YIG, *(etc.) (oscillateur hyperfréquence à transistor réalisé sous la forme d'un oscillateur YIG)* (cf. aussi YIG-tuned oscillator *et* transistor oscillator).

YIG tuning   accord par cristal YIG, accord par YIG *(accord d'un filtre ou d'un oscillateur hyperfréquence réalisé à l'aide d'un cristal YIG)* (cf. aussi *tuning et* YIG crystal).

yoke   **1)** bloc de déviation *(tube-image) (TV)* (cf. aussi *deflection yoke)*. **2)** culasse, *(parf. aussi)* carcasse *(barrette épaisse en fer doux reliant les deux noyaux magnétiques d'un électro-aimant à deux noyaux distincts pour refermer le circuit magnétique à l'arrière de celui-ci — d'où le nom de « culasse » — ou, par extension, partie fixe du circuit magnétique d'un électro-aimant à un ou deux noyaux magnétiques ou d'un relais ou, par extension encore plus grande, nom parfois donné à la carcasse d'une machine électrique tournante lorsque celle-ci est en fonte ou en acier et porte directement les pôles magnétiques, l'ensemble formant la partie fixe du circuit magnétique de la machine) (élt)* (cf. aussi *frame 2), soft iron, magnetic core 1)*, electromagnet *et* rotating electrical machine).

yoke coil   bobine de déviation *(cf. aussi* deflection coil*)*.

YT plot   graphique yt, diagramme yt *(graphique xy dans lequel l'axe des x est un axe des temps)* (cf. aussi X-Y plot *et* time axis).

YTO   cf. YIG-tuned oscillator.

yttrium-aluminium garnet   grenat d'yttrium et d'aluminium, grenat d'yttrium-aluminium, YAG *(corps cristallin transparent bon conducteur de la chaleur utilisé dans un type de laser à solide)* (cf. aussi YAG laser).

yttrium-iron garnet   grenat d'yttrium ferreux *(ou* ferrimagnétique), grenat d'yttrium et de fer *(ou* d'yttrium-fer), YIG *(corps cristallin transparent ferrimagnétique possédant la propriété de résonance ferromagnétique) (est utilisé notamment comme résonateur)* (cf. aussi *ferrimagnetic material*, *ferromagnetic resonnance et* YIG crystal).

Z 1) *cf.* impedance. 2) *cf.* atomic number.

Z axis axe z (a) *axe de coordonnées perpendiculaire aux axes d'un système de coordonnées rectangulaires dans le plan, ajouté à ceux-ci pour former un système de coordonnées rectangulaire dans l'espace et pouvoir ainsi définir la position d'un point dans l'espace) (cf. aussi* rectangular coordinate system) ; (b) *nom parfois donné à la luminosité du point formant la trace sur l'écran d'un oscilloscope, notamment lorsqu'elle est modulée par un signal approprié)* ; (c) *axe optique d'un quartz) (cf. aussi* optical axis (b)).

Z-axis ... *cf.* luminance ... *(pour les termes qui ne figurent pas ci-après).*

Z-axis blanking *cf.* blanking.

Z-axis input entrée de l'axe z *(connecteur permettant d'appliquer un signal à l'axe z d'un oscilloscope) (cf. aussi* Z axis (b)).

Z-axis intensity modulation *cf.* intensity modulation.

Z-axis marker *cf.* intensity-modulated marker.

Z-axis modulation *cf.* intensity modulation.

Z cut coupe Z *(coupe d'une lame ou d'un barreau de quartz exécutée dans un plan perpendiculaire à l'axe z du cristal) (n'est pratiquement pas employée) (cf. aussi* crystal cut *et* optical axis (b)).

Z-cut crystal quartz à coupe Z *(cf. aussi* Z cut).

z-domain domaine temporel *(filtre, etc.) (cf. aussi* time domain).

Z-fold paper papier plié en accordéon *(imprimante) (cf. aussi* fan-folded paper).

Z input *cf.* Z-axis input.

Z-input signal 1) signal de modulation d'intensité, signal appliqué à l'entrée de l'axe z *(oscillo) (cf. aussi* Z axis (b)). 2) *cf.* luminance signal.

Z marker (beacon) *cf.* zone marker.

z parameters paramètres Z, paramètres d'impédance *(paramètres d'un quadripôle dans lequel les grandeurs prises en compte sont les impédances des éléments de circuit) (cf. aussi* quadripole parameters *et* impedance).

Z transform transformée en z *(analogue de la transformée de Laplace pour un signal échantillonné) (est utilisée au lieu de la transformée de Laplace pour un signal échantillonné parce que celle-ci a l'inconvénient de ne pas être une fraction rationnelle en p pour un tel signal) (est obtenue en posant z = e^{Tp} dans l'expression de la transformée de Laplace, avec e = base des logarithmes népériens = 2,718 et T = période d'échantillonnage en secondes) (asser, etc.) (cf. aussi* Laplace transform, sampled signal *et* sampling period).

Zeeman effect effet Zeeman *(dédoublement d'une raie du spectre d'un atome ou d'une molécule sous l'action d'un champ magnétique d'intensité suffisamment élevée) (est dû au dédoublement d'un niveau d'énergie des électrons du corpuscule sous l'action du champ appliqué) (cf. aussi* energy level *et* magnetic field strength).

Zener breakdown claquage par effet Zener, effet Zener *(claquage non destructif de la jonction d'une diode à jonction PN à zones P et N fortement dopées polarisée dans le sens inverse se produisant entre 0 et -6 volts par attraction électrostatique des électrons de la zone P) (cet effet purement électrostatique s'observe lorsque l'intensité du champ électrique dans la jonction est très grande — assez grande pour arracher des électrons de la bande de valence de la zone P de la diode, où ils sont les porteurs minoritaires, pour les précipiter à travers la jonction en créant ainsi un courant inverse d'intensité appréciable) (l'intensité du champ électrique créé entre deux électrodes portées à des potentiels différents étant proportionnelle à la différence de potentiel entre celles-ci et inversement proportionnelle à la distance qui les sépare, pour obtenir une très grande intensité du champ électrique dans une jonction en lui appliquant une tension inverse de quelques volts seulement, il faut que la jonction soit extrêmement mince ; ce résultat est obtenu en dopant fortement les deux zones de la fonction) (le claquage par effet Zener étant un effet purement électrostatique et donc sans chocs entre électrons et atomes, il ne doit pas être confondu avec le claquage par avalanche) (on notera toutefois que le claquage par effet Zener se produisant jusqu'à environ -6 volts et le claquage par avalanche pouvant se produire à -4 volts, il peut y avoir une plage de tensions inverses dans laquelle les deux phénomènes sont superposés et impossibles à distinguer puisque produisant le même effet) (cf. aussi* Zener diode, junction breakdown, p-n junction diode, doping, reverse bias, electrostatic attraction, electric field strength, minority carrier, potential *et* avalanche breakdown).

Zener diode diode Zener *(diode de stabilisation de tension ou de référence de tension dans laquelle le claquage de la jonction est obtenu par effet Zener) (noter que ce terme est souvent employé pour désigner tant une telle diode qu'une diode à avalanche ; cette pratique est à condamner puisque ces deux diodes sont nettement différentes, la diode Zener étant utilisable jusqu'à 6 volts et la diode à avalanche pouvant être conçue pour stabiliser une tension beaucoup plus élevée) (semi) (cf. aussi* voltage-reference diode, voltage-regulator diode *et* Zener breakdown).

Zener effet *cf.* Zener breakdown. *(ce terme étant le plus employé et signifiant la même chose que le premier).*

Zener-like behaviour comportement analogue à celui d'une diode Zener, comportement du type diode Zener *(comportement d'une diode à avalanche ou, dans une certaine mesure, d'une galvanorésistance, ce dernier cas étant le cas le plus souvent considéré) (cf. aussi* Zener diode, avalanche diode *et* voltage-dependent resistor).

Zener reference *cf.* Zener voltage reference.

Zener voltage tension de Zener *(tension inverse à laquelle se produit l'effet Zener dans la jonction d'une diode Zener) (semi) (cf. aussi* Zener breakdown).

Zener voltage reference référence de tension à diode Zener *(semi) (cf. aussi* voltage reference *et* Zener diode).

Zener zapping ajustement Zener *(correction de l'erreur éventuelle de la tension fournie par un dénumériseur pour un mot binaire d'entrée déterminé par mise en court-circuit sélective de diodes Zener polarisées dans le sens inverse et alimentées par des sources de courant constant d'intensité croissante, l'intensité totale du courant ainsi obtenu créant la tension de correction nécessaire aux bornes d'une résistance) (les diodes Zener choisies sont mises en court-circuit par migration induite) (cf. aussi* digital-to-analog converter, Zener diode, constant-current source, Ohm's law *et* AIM).

zeppelin aerial *(GB) cf.* zeppelin antenna.

zeppelin antenna antenne Zeppelin *(antenne d'émission multibande formée d'un conducteur horizontal de longueur égale à un multiple de la demi-longueur d'onde d'émission attaqué à une extrémité par un des conducteurs d'une ligne d'alimentation bifilaire de longueur elle-même égale à un multiple de λ/2) (radio) (cf. aussi* multiband antenna *et* two-wire feeder).

zero[1] *s* zéro (a) *valeur nulle (math) (cf. aussi* value) ; (b) *zéro d'une fonction de transfert) (cf. aussi* poles and zeros) ; (c) *zéro binaire) (cf. aussi* ZERO) *(avant* zero-access memory) ; (d) *zéro d'un appareil de mesure analogique ou d'un capteur électromécanique) (cf. aussi* analog meter *et* electromechanical transducer), (d1) *(zéro de l'échelle ou zéro mécanique d'un appareil de mesure analogique) (cf. aussi* mechanical zero, zero adjustment (a) *et* zero control), (d2) *(zéro électrique d'un capteur électromécanique) (cf. aussi* electrical zero).

zero[2] *v* **1)** faire le zéro *(d'un appareil de mesure) (cf. aussi* zero adjustment (a)). **2)** réduire à zéro, annuler *(une tension, l'intensité d'un courant ou une autre grandeur par un réglage approprié).* **3)** mettre à zéro, *(parf. aussi)* forcer à zéro *(un compteur) (inf. etc.).*

ZERO ZERO *(en informatique, le nombre « zéro » en majuscules est généralement un zéro binaire) (cf. aussi* binary zero).

zero-access memory mémoire à temps d'accès négligeable *(mémoire à temps d'accès inférieur à la nanoseconde, cette valeur étant fixée arbitrairement) (inf) (cf. aussi* access time).

zero-access storage **1)** mémorisation dans une mémoire à temps d'accès négligeable *(inf) (cf. aussi* zero-access memory). **2)** *cf.* zero-access memory.

zero-address instruction instruction sans adresse *(instruction d'un programme d'ordinateur commandant une opération portant sur des opérandes dont l'adresse est contenue implicitement dans le code opération) (inf) (cf. aussi* instruction, operand, address[1] (a) *et* operation code).

zero adjuster dispositif de réglage du zéro *(bouton encastré muni d'une fente pour tournevis ou autre dispositif permettant de faire le zéro d'un appareil de mesure analogique) (cf. aussi* zero adjustment (a)).

zero-adjusting device *cf.* zero adjuster.

zero adjustment réglage du zéro (a) *(réglage du zéro d'un appareil de mesure électromécanique) (a1) (opération consistant à amener l'aiguille d'un appareil de mesure analogique sur le zéro de l'échelle du cadran en l'absence de grandeur à mesurer) (a2) (opération consistant à amener la plume d'un enregistreur graphique sur le zéro du quadrillage du papier en l'absence de grandeur à enregistrer) (en d'autres termes, opération consistant à faire coïncider le zéro mécanique d'un tel appareil avec le zéro de l'échelle de mesure) (cf. aussi* mechanical zero, zero adjuster *et* zero control) ; (b) *(réglage du zéro d'un amplificateur différentiel ou opérationnel) (cf. aussi* offset adjustment).

zero back-off décalage du zéro en arrière *(réglage du zéro mécanique d'un appareil de mesure analogique en arrière du zéro de l'échelle de mesure) (la graduation zéro de l'échelle correspond alors à une certaine valeur, positive, de la grandeur mesurée) (cf. aussi* mechanical zero *et* zero offset 1)).

zero beat battement zéro *(battement obtenu lorsque les deux fréquences sont égales, c.-à-d. absence de battement) (cf. aussi* beat[1]).

zero-beat reception *cf.* homodyne reception.

zero bias polarisation nulle *(absence de tension ou de courant de polarisation) (électrode) (cf. aussi* bias[1]).

0 bit binaire 0, binaire « 0 », binaire « zéro » *(cf. aussi* bit).

zero-center range calibre à zéro au milieu de l'échelle *(un des calibres d'un appareil de mesure à zéro au milieu de l'échelle à plusieurs calibres) (cf. aussi* measurement range 2) *et* zero-center scale).

zero-center scale échelle à zéro central *(échelle d'appareil de mesure analogique dans laquelle le zéro est au milieu de l'échelle, la partie gauche de celle-ci indiquant des valeurs négatives et la partie droite des valeurs positives) (cf.aussi* polarized meter *et* meter scale).

zero change variation nulle, *(parf.)* absence de variation *(d'une grandeur variable) (cf. aussi* variable quantity).

zero check contrôle du zéro *(contrôle du zéro mécanique d'un appareil de mesure analogique pour vérifier s'il coïncide avec le zéro de l'échelle ou la position initialement choisie) (cf. aussi* mechanical zero, zero adjustment (a), zero set *et* zero-check switch).

zero check switch bouton de contrôle du zéro *(bouton-poussoir permettant de contrôler instantanément le zéro d'un enregistreur graphique) (cf. aussi* zero check).

zero compression *cf.* zero suppresion.

zero condition état zéro (a) *(état d'un compteur ou autre dispositif indiquant zéro) ; (b) (état logique zéro) (cf. aussi* ZERO state).

zero control commande de zéro *(parf. du zéro) (potentiomètre permettant de positionner le zéro d'un enregistreur graphique, ou bouton de commande d'un tel potentiomètre) (cf. aussi* zero set *et* potentiometer 1)).

zero crossing passage par zéro, passage au zéro *(instant ou point où une grandeur alternative s'annule en passant d'une valeur positive à une valeur négative ou vice versa) (cf. aussi* alternating quantity) (a) *ces termes désignent souvent l'instant où le courant ou la tension du secteur s'annule entre deux alternances successives) (cette particularité d'une grandeur sinusoïdale est mise à profit dans les régulateurs à thyristor(s) et les triacs) (cf. aussi* half-cycle, sinusoidal quantity, SCR regulator *et* triac) ; (b) *ils peuvent également désigner l'instant où la tension ou le courant s'annule au cours d'une transition d'un signal télégraphique utilisant la modulation à double courant, c.-à-d. deux tensions continues de même valeur et de polarités opposées) (cf. aussi* transition (c)) ; (c) *ils peuvent en outre désigner l'instant ou le flux magnétique et, par conséquent, la force électromotrice induite s'annulent dans une tête de lecture de mémoire à bande ou disque(s) magnétique(s) lors d'une inversion de flux) (cf. aussi* flux reversal).

zero-crossing detection détection du passage par zéro, *(etc.) (détermination des instants où une grandeur alternative passe par zéro) (récepteur télégraphique, mémoire à disque(s) magnétique(s), etc.) (cf. aussi* zero crossing *et* zero-crossing detector).

zero-crossing detector détecteur de passage par zéro, *(etc.) (montage émettant une impulsion à chaque passage par zéro d'une tension alternative appliquée à son entrée) (cf. aussi* zero-crossing detection).

zero-crossing switching commutation au passage par zéro, commutation au zéro *(commutation d'un circuit au passage par zéro du courant dans celui-ci ou de la tension à ses bornes) (cf. aussi* switching (a), zero-current switching *et* zero-voltage switching).

zero-crossing per second (nombre de) passages par zéro par seconde *(grandeur alternative périodique, sinusoïdale ou non) (dépend de la fréquence) (cf. aussi* zero crossing).

zero crossover *cf.* zero crossing.

zero current courant nul, *(parf.)* intensité nulle *(absence de courant dans un conducteur ou un dispositif électrique ou électronique) (cf. aussi* zero-current turn-off).

zero-current switching commutation au zéro du courant, *(etc.) (cf. aussi* zero-current turn-off).

zero-current turn-off ouverture du circuit au zéro du courant *(ou au passage par zéro du courant), ouverture au zéro du courant (idem) (ouverture d'un circuit parcouru par un courant à un instant où celui-ci est nul) (ces termes désignent souvent l'ouverture d'un circuit alimenté par le secteur aux instants où le courant de celui-ci s'annule) (thyristor, etc.) (cf. aussi* zero-crossing switching).

zero-cut crystal quartz à coupe à coefficient de température nul *(lame ou barreau de quartz taillé dans le cristal initial avec une orientation telle que le coefficient de température de sa fréquence soit nul dans la plage de températures normales d'utilisation) (oscillateur) (cf. aussi* crystal cut *et* temperature coefficient of frequency).

0° phase phase 0°, phase zéro degré *(phase constituée par l'axe des abscisses dans un système de coordonnées polaires utilisé pour représenter une grandeur sinusoïdale) (cf. aussi* phase (a) *et* polar coordinate system).

0° phase reference référence de phase 0°, *(etc.) (référence de phase constituée par la phase 0°) (signal TVC NTSC, etc.) (cf. aussi* 0° phase).

zero-dispersion wavelength longueur d'onde à dispersion nulle *(longueur d'onde de la lumière transmise par une fibre optique monomode pour laquelle la dispersion de la lumière est nulle et, par conséquent, les pertes par dispersion le sont également) (tls) (cf. aussi* single-mode optical fiber).

zero drift 1) dérive du zéro *(dérive du zéro mécanique d'un appareil de mesure électromécanique) (cf. aussi* drift[1]), mechanical zero *et* zero check). 2) dérive nulle *(absence de dérive) (cf. aussi* drift[1] 1)).

zero frequencies (les) fréquences des zéros *(fonction de transfert) (cf. aussi* zero frequency 1)).

zero frequency 1) fréquence d'un zéro *(fréquence de la bande passante d'un filtre ou d'un système asservi correspondant à un zéro de la fonction de transfert du dispositif) (cf. aussi* passband *et* poles and zeros). 2) fréquence nulle *(cf. aussi* zero-frequency component).

zero-frequency component composante à fréquence nulle *(nom parfois donné à une composante continue) (cf. aussi* dc component).

zero-gain region plage de gain nul *(nom parfois donné à la plage d'insensibilité d'un servomécanisme) (cf. aussi* dead band).

zero-gravity switch gravicontact *(terme que j'ai proposé) (interrupteur dont les contacts se ferment en l'absence de pesanteur, notamment dans un engin spatial) (est généralement réalisé sous la forme d'un interrupteur à mercure dans lequel les contacts sont deux tiges disposées bout à bout sans se toucher dans une ampoule cylindrique et réunies par le mercure lorsque celui-ci se met en boule sous l'action de l'absence de pesanteur) (cf. aussi* mercury switch).

zero-impedance source source à impédance nulle, source de courant *(idem) (noms donnés à une source de courant dont l'impédance, au sens large du terme, est négligeable en pratique) (le cas idéal d'une source de courant à impédance réellement nulle est un cas théorique) (cf. aussi* current source *et* impedance).

zero in *v (a le sens principal de « viser le centre de la cible »)* 1) se centrer (sur une fréquence) *(filtre suiveur) (cf. aussi* tracking filter). 2) se pointer dans une direction *(dispositif asservi en direction tel qu'un panneau de cellules solaires asservi à la direction du Soleil, par exemple) (cf. aussi* position control system *et* solar-cell panel).

zero index index de zéro *(index indiquant la position zéro théorique de la plume d'un enregistreur graphique auquel correspond le milieu de la largeur du papier d'enregistrement) (cf. aussi* graphic recorder).

zero input entrée nulle *(absence de tension, de courant ou de rayonnement ou, par conséquent, de signal ou de puissance à l'entrée d'un dispositif) (cf. aussi* input[1] 1)).

ZERO input entrée à l'état ZERO *(ou, plus souvent, « 0 ») (circuit logique) (cf. aussi* ZERO state).

zero input voltage tension d'entrée nulle *(cf. aussi* zero input *et* voltage).

zero insertion insertion de zéros *(ajout de zéros binaires dans une suite de binaires transmis par une liaison de transmission de données et notamment d'un zéro après le cinquième « 1 » dans une suite de plus de cinq « 1 » dans le champ d'information du protocole de transmission SDLC pour éviter que ce « 1 » soit interprété comme un drapeau de début ou de fin par le récepteur) (télinf) (cf. aussi* binary zero, SDLC *et* flag 3)).

zero-insertion-force connector connecteur à effort nul *(ou sans effort d'enfichage) (connecteur pour carte à circuit*

imprimé à grand nombre de contacts dans lequel les contacts femelles et la partie du socle qui les porte sont réalisés en deux parties maintenues écartées par un dispositif à came ou autre pendant l'introduction de la partie mâle et resserrées ensuite sur les contacts de celle-ci, et inversement lors de la séparation des deux parties) (du fait de l'ouverture du socle, il est possible de le monter non seulement sur un fond de panier, mais également à la place de glissières dans lesquelles coulisse la carte imprimée, laquelle est alors munie de contacts sur trois de ses côtés) (cf. aussi* printed-circuit connector *et* backplane).

zero-insertion-force socket socle à effort nul, *(etc.) (cf. aussi* zero-insertion-force connector).

zero-leakage capacitor condensateur sans fuites *(ou à fuites nulles) (condensateur conservant sa charge indéfiniment) (cas idéal théorique) (cf. aussi* capacitor leakage current).

zero level *(cf. aussi* level 1)) 1) niveau zéro *(niveau, au sens relatif du terme, pris comme référence).* 2) niveau zéro, niveau nul.

zero-loss ... *cf.* lossless ...

zero method *cf.* null method.

zero offset 1) décalage du zéro *(écart indésirable ou voulu entre le zéro mécanique et la graduation zéro d'un appareil de mesure électromécanique) (cf. aussi* zero suppression *et* zero check). 2) décalage nul, *(etc.) (cf. aussi* offset).

zero-order hold circuit circuit bloqueur d'ordre zéro *(circuit bloqueur dans lequel la valeur de l'échantillon reste constante pendant la période d'échantillonnage) (cf. aussi* hold circuit).

zero-order predictor prédicteur d'ordre zéro, *(etc.) (prédicteur de fréquence dont le fonctionnement est fondé sur l'hypothèse selon laquelle la valeur du prochain échantillon sera égale à celle de l'échantillon précédent, plus ou moins une tolérance) (brouilleur à prédiction) (mil) (cf. aussi* predictor).

zero output sortie nulle *(absence de courant, de tension ou de signal à la sortie d'un dispositif) (cf. aussi* output[1]).

ZERO output sortie à l'état ZERO *(ou, plus souvent « 0 ») (circuit logique) (cf. aussi* ZERO state).

zero phase *cf.* 0° phase *(plus haut).

zero point point zéro *(origine d'un axe de coordonnées ou d'une échelle de mesure) (cf. aussi* coordinate system *et* meter scale).

zero position 1) position zéro (a) *position de repos de l'organe de commande d'un commutateur, d'un potentiomètre, d'un condensateur variable ou autre dispositif réglable) ;* (b) *emplacement de la graduation « 0 » d'une échelle de mesure) (cf. aussi* meter scale). 2) position zéro, *(parf.)* position du zéro *(position de l'équipage mobile d'un appareil de mesure électromécanique ou de l'élément sensible d'un capteur électromécanique correspondant au zéro de celui-ci) (cf. aussi* zero[1] (d)).

zero potential 1) potentiel nul, *(parf.)* potentiel zéro *(potentiel électrique ou autre nul) (cf. aussi* potential). 2) potentiel zéro *(nom parfois donné à un potentiel électrique pris comme référence de potentiel et notamment au potentiel de la masse ou de la terre) (cf. aussi* electrical potential *et* ground[1]).

zero Q Q d'un zéro *(Q d'un filtre à une fréquence d'un zéro) (cf. aussi* Q 1) *et* zero frequency 1)).

zero scale début d'échelle *(début de l'échelle d'un appareil de mesure analogique ou, par extension, début du quadrillage d'un papier d'enregistrement ou, par extension encore plus grande, début de l'intervalle de variation considéré d'une grandeur variable) (sdpo à « pleine échelle ») (cf. aussi* meter scale).

zero set positionnement du zéro *(opération consistant à régler le zéro mécanique d'un enregistreur graphique en un point quelconque de la largeur du papier d'enregistrement, ce point pouvant être le zéro du quadrillage du papier) (cf. aussi* mechanical zero, zero control, zero-check switch *et, à titre d'information,* zero adjustment (a2)).

zero shift *cf.* zero offset.

zero stability stabilité du zéro *(absence plus ou moins complète de dérive du zéro d'un appareil de mesure) (cf. aussi* zero drift 1)).

zero state *cf.* ZERO state. *(ci-après).

ZERO state état ZERO, état « 0 », état 0, état bas, *(le* *troisième terme est le plus employé) (un des deux états lo-giques) (inf) (cf. aussi* ONE state).

zero-subcarrier chromaticity couleur à porteuse nulle *(couleur transmise par la sous-porteuse de chrominance d'un signal de télévision en couleurs lorsque son amplitude est nulle) (cf. aussi* chrominance subcarrier).

zero suppression 1) *(décalage du zéro (au sens du terme anglais, décalage provoqué du zéro d'un appareil de mesure) (cf. aussi* zero offset 1)). **2)** suppression des zéros non significatifs *(math, inf) (cf. aussi* non-significant zero).

zero tempco *cf.* zero temperature coefficient.

zero temperature coefficient 1) coefficient de température du zéro *(coefficient de température de la dérive du zéro d'un appareil de mesure analogique) (cf. aussi* temperature coefficient *et* zero drift 1)). **2)** coefficient de température nul.

zero thermal drift dérive thermique du zéro *(cf. aussi* thermal drift *et* zero drift 1)).

zero time 1) instant zéro, temps zéro *(instant pris comme référence de temps dans le déroulement d'un processus) (cf. aussi* time reference 1). **2)** temps nul.

zero time reference *cf.* zero time 1).

0-to-1 transition transition de 0 à 1 *(ou de l'état de 0 à l'état 1), (etc.) (élément ou circuit logique) (inf) (cf. aussi* ZERO state *et* transition (d)).

zero trim *cf.* zero trimming.

zero trimming ajustage du zéro *(au sens du terme anglais, réglage du zéro d'un amplificateur différentiel ou opérationnel) (cf. aussi* offset adjustment).

zero voltage *cf.* zero volts *(et noter que le premier terme est rarement employé seul et est, par contre, toujours employé dans les termes dérivés, tandis que le second ne l'est jamais)*.

zero voltage drop chute de tension nulle, *(parf.)* absence de chute de tension *(cf. aussi* voltage drop).

zero-voltage point 1) point à tension nulle *(point d'un circuit où la tension est nulle par rapport à un point déterminé) (cf. aussi* voltage). **2)** point de tension nulle (a) *(point d'un réglage agissant sur une tension auquel celle-ci est nulle) (potentiomètre, etc.) (cf. aussi* voltage) ; (b) *point de la représentation graphique d'un cycle d'une tension alternative, notamment d'une tension sinusoïdale, où celle-ci est nulle, c.-à-d. un des trois points d'intersection de la courbe représentative et de l'axe des temps ou, exprimé différemment, point de passage par zéro pour une tension) (cf. aussi* zero crossing (a), ac voltage *et* sinusoidal voltage).

zero-voltage switch interrupteur à tension nulle *(nom parfois donné à un relais à semiconducteur assurant la fermeture d'un circuit d'alimentation d'une charge par le secteur au zéro de la tension) (cf. aussi* solid-state relay *et* zero-voltage turn-on).

zero-voltage switching commutation au zéro de la tension *(etc.) (cf. aussi* zero-voltage turn-on).

zero-voltage turn-on fermeture du circuit au zéro de la tension *(ou au passage par zéro de la tension), fermeture (idem), (fermeture d'un circuit à un instant où la tension appliquée à ses bornes est nulle) (ces termes désignent généralement la fermeture d'un circuit alimenté par le secteur à un instant où la tension de celui-ci s'annule) (cf. aussi* zero-voltage switch *et* zero-crossing switching).

zero volts *(noter l'emploi du pluriel)* tension nulle, *(parf.)* zéro volt *(cf. aussi* zero voltage *et* voltage).

zero wait state operation fonctionnement sans cycles d'attente *(ordinateur) (cf. aussi* wait state).

zeroes ... *cf.* zeros ...

zeroing-in *s (voir aussi* zero in) *(plus haut)* **1)** centrage. **2)** pointage.

zeros and poles pôles et zéros *(fonction de transfert) (cf. aussi* poles and zeros).

ZEROS count nombre de ZEROS *(ou de « 0 » ou de 0) (dans un mot binaire) (inf, tls) (cf. aussi* ZERO *et* parity bit).

zeros per second *cf.* zero-crossings per second.

ZIF ... *cf.* zero-insertion-force ...

zinc-carbon cell pile charbon-zinc *(élec) (cf. aussi* carbon-zinc cell).

zinc-carbon primary cell *cf.* zinc-carbon cell.

zinc-chloride cell pile au chrolure de zinc *(pile Leclanché dans laquelle du chlorure de zinc et, généralement, du chlo-*

rure de lithium sont ajoutés à l'électrolyte pour l'empêcher de geler et permettre ainsi à la pile de fournir du courant à des températures atteignant -40° C) (élec) (cf. aussi Leclanche cell).

zinc-chloride primary cell *cf.* zinc-chloride cell.

zinc-manganese dioxide cell pile au bioxyde de manganèse *(pile galvanique dans laquelle le dépolarisant est du bioxyde de manganèse) (ce terme désigne souvent la pile Leclanché) (élec) (cf. aussi* galvanic cell, depolarizer *et* Leclanche cell).

zinc-manganese dioxide primary cell *cf.* zinc-manganese dioxide cell.

zinc orthosilicate orthosilicate de zinc *(minéral fluorescent utilisé comme luminophore produisant une lumière verte) (cf. aussi* willemite *et* phosphor).

zinc oxide oxyde de zinc, ZnO *(semiconducteur employé dans des galvanorésistances) (cf. aussi* semiconductor *et* zinc-oxide varistor).

zinc-oxide varistor galvanorésistance à l'oxyde de zinc *(galvanorésistance utilisant une poudre d'oxyde de zinc agglomérée avec d'autres oxydes métalliques) (semi) (cf. aussi* voltage-dependent resistor).

zinc-silver chloride cell pile au chlorure d'argent *(pile galvanique dans laquelle le dépolarisant est du chlorure d'argent, la cathode étant en argent et l'anode en zinc, tandis que l'électrolyte est une solution de chlorure d'ammonium) (a la propriété d'être amorçable) (élec) (cf. aussi* galvanic cell, depolarizer *et* reserve cell).

zinc-silver chloride primary cell *cf.* zinc-silver chloride cell.

zinc-silver oxide cell pile à l'oxyde d'argent *(pile galvanique dans laquelle le dépolarisant est de l'oxyde d'argent, la cathode étant du cuivre recouvert d'argent ou de nickel et l'anode du zinc) (a la propriété d'être rechargeable, mais non totalement, la réversibilité des réactions chimiques dans cette pile n'étant pas complète, et de pouvoir ainsi être utilisée et rechargée comme un accumulateur un nombre limité de fois) (cf. aussi* galvanic cell, depolarizer *et* storage cell 1)).

zinc telluride tellurure de zinc, ZnTe *(semiconducteur utilisable jusqu'à 750° C environ) (cf. aussi* semiconductor).

zirconium zirconium, Zr *(métal gris, réfractaire (fond vers 1850° C), de densité moyenne (6,5) et peu oxydable) (est utilisé principalement en technique nucléaire, pour le gaînage des barreaux de combustible, grâce à sa faible section efficace d'absorption des neutrons et à sa résistance à la chaleur et à la corrosion, et comme élément d'addition dans des alliages) (en électronique, le zirconium est utilisé comme dégazeur) (en éclairagisme, il est utilisé sous la forme d'oxyde) (cf. aussi* getter *et* zirconium arc lamp).

zirconium arc lamp lampe à arc au zirconium, lampe au zirconium *(lampe à arc utilisant de la poudre d'oxyde de zirconium Zr_2O_3 chauffée par l'arc pour émettre une lumière blanche très intense) (la poudre est contenue dans une petite cavité ménagée à l'extrémité d'une tige de tungstène constituant la cathode et visible à travers un trou pratiqué dans l'anode en molybdène pour former une source de lumière ponctuelle) (éclairagisme) (cf. aussi* arc lamp, zirconium, white light *et* luminous intensity).

zirconium lamp *cf.* zirconium arc lamp.

zirconium oxide oxyde de zirconium, Zr_2O_3 *(est utilisé notamment comme pierre précieuse synthétique et dans un type de lampe à arc) (cf. aussi* zirconium).

ZnO *cf.* zinc oxide.

ZnTe *cf.* zinc telluride.

zone beam faisceau régional *(ou à couverture régionale) (faisceau d'une antenne d'émission de satellite de télécommunications couvrant une zone relativement étendue de la Terre, généralement plusieurs pays) (cf. aussi* transmitting antenna 1) *et* communications satellite).

zone-beam aerial *(GB) cf.* zone-beam antenna.

zone-beam antenna antenne à couverture régionale *(ou à faisceau régional ou émettant un faisceau régional) (sat. tls) (cf. aussi* zone beam).

zone levelling égalisation par fusion de zone, homogénéisation *(idem) (égalisation de la teneur en impuretés suivant l'axe d'un barreau de semiconducteur par fusion de zone) (cf. aussi* zone melting process).

zone marker (beacon) marqueur de zone *(radioborne à faisceau circulaire généralement adjointe à une station VOR ou à une balise omnidirectionnelle pour en indiquer la verticale approximative) (radionav) (avia) (cf. aussi* marker beacon, VOR *et* non-directional beacon).

zone melting fusion localisée, fusion de zone *(semi, etc.) (cf. aussi* zone melting process).

zone melting process procédé de fusion de zone, méthode *(idem)*, (la) fusion de zone *(le dernier terme est le plus employé) (procédé de purification et d'homogénéisation d'un lingot de semiconducteur par déplacement longitudinal relatif lent de celui-ci et d'un ou plusieurs inducteurs à deux spires parcourus par un courant à haute fréquence créant autant d'anneaux de métal fondu dans lesquels les impuretés s'accumulent par migration au fur et à mesure du déplacement relatif, l'extrémité du lingot contenant les impuretés entraînées étant ensuite sciée) (le lingot peut être placé dans une nacelle réfractaire placée elle-même, avec d'autres, dans un tube de quartz horizontal vidé d'air se déplaçant dans une ou plusieurs boucles de chauffage fixes ou être maintenu, seul, dans un tube de quartz vertical vidé d'air le long duquel monte une boucle de chauffage) (métallurgie des semiconducteurs) (cf. aussi* semiconductor *et* high-frequency heating).

zone of silence zone de silence *(propa) (cf. aussi* skip zone).

zone purification *cf.* zone refining *(le second terme étant le plus employé).*

zone refining purification par fusion de zone *(élimination des impuretés résiduelles dans un barreau de semiconducteur par fusion de zone) (métallurgie) (cf. aussi* zone melting process).

zoning 1) réglage local *(réglage de la position et de l'orientation de chacun des éléments d'un réflecteur d'antenne hyperfréquence, généralement de grandes dimensions et parabolique, formé d'éléments distincts) (est effectué pour obtenir une forme aussi proche que possible de la forme théorique du réflecteur) (radiotélescope, etc.) (cf. aussi* parabolic reflector). 2) *cf.* zone melting.

zoom[1] *s (en électronique)* 1) loupe *(oscillo, etc.) (cf. aussi* expanded sweep). 2) zoom *(cf. aussi* zoom[2]).

zoom[2] *v* 1) dilater la trace *(oscillo, etc.) (cf. aussi* expanded weep). 2) faire un zoom *(dilater une partie de l'image sur l'écran d'un ordinateur) (inf).*

zooming *(voir aussi* zoom[2]) 1) dilatation de la trace. 2) exécution d'un zoom.

ZPS *cf.* zeroes par second.

Zr *cf.* zirconium.

Achevé d'imprimer le 12 juillet 1991
dans les ateliers de Normandie Roto S.A. à Lonrai (Orne)
N° d'imprimeur : R1-0719
Dépôt légal : juillet 1991
Imprimé en France